Bautabellen für Ingenieure

mit Berechnungshinweisen und Beispielen

Begründet von Klaus-Jürgen Schneider

Herausgegeben von
Alfons Goris

Mit Beiträgen von
Klaus Berner · Rudolf Bertig · Ömer Bucak
Hanns Cronen · Erich Cziesielski · Bernhard Falter
Markus Feldmann · Dietrich Franke · Rolf Gelhaus
Alfons Goris · Christof Hausser · Hans-Peter Hockelmann
Erwin Knublauch · Hellmut Losert · Jochen Menkenhagen
Martin Mertens · Otto Oberegge · Michael Raupach
Gerhard Richter · Günther Riegler
Helmut Rubin · Nicole Saenger · Peter Schmelzle
Peter Schmidt · Ulrich P. Schmitz
Klaus-Jürgen Schneider · Christoph Seeßelberg
Günter Steck · Karlheinz Tripler · Heinz Volz
Robert Weber · Silvia Weber · Horst Werkle · Günter Wolf
Rüdiger Wormuth · Josef Zimmermann

17. Auflage 2006

Werner Verlag

17. Auflage 2006

Bibliografische Information Der Deutschen Bibliothek
Die Deutsche Bibliothek verzeichnet diese Publikation in der Deutschen Nationalbibliografie; detaillierte bibliografische Daten sind im Internet über **http://dnb.ddb.de** abrufbar.

ISBN-10 3-8041-5228-7
IBSN-13 978-3-8041-5228-1

Printed in Germany

Druck und Bindung:
Claußen & Bosse, Leck

www.werner-verlag.de

Vorwort zur 17. Auflage

Nachdem ich die „Bautabellen" seit 1974 (1. Auflage) bis einschließlich 16. Auflage herausgegeben habe, übernimmt Herr Professor Goris dankenswerterweise die Herausgabe der 17. und weiterer Auflagen.

Der bisherige Erfolg dieses Buches basiert auf der hervorragenden Mitarbeit eines kompetenten und engagierten Autorenteams. Für diese langjährige konstruktive und angenehme fachliche und menschliche Zusammenarbeit bedanke ich mich sehr herzlich.

An dieser Stelle geht auch noch einmal mein ganz besonderer Dank an den Verleger Klaus Werner, der mit verlegerischem Weitblick die Herausgabe der 1. Auflage der „Bautabellen" im Jahre 1974 beim Werner Verlag, Düsseldorf, sehr gefördert hat.

Herrn Professor Goris und allen alten und neuen Autoren wünsche ich für die 17. und für alle weiteren Auflagen viel Erfolg und eine gute Unterstützung durch den Verlag.

Minden, im Juli 2006 *Klaus-Jürgen Schneider*

„Schneider Bautabellen", seit über 30 Jahren ein Standardwerk für Bauingenieure und Architekten, erscheint jetzt als aktualisierte und erweiterte Neuauflage. In der 17. Auflage der BAUTABELLEN FÜR INGENIEURE wird unter Berücksichtigung des neuesten Stands der Normung und aktueller bautechnischer Entwicklungen ein breites Spektrum des Bauwesens dargestellt.

Neben den erforderlichen Aktualisierungen und Ergänzungen wurden einige Themen grundlegend neu bearbeitet. Beispielhaft seien hier die vollständige Neubearbeitung der Kapitel *Baubetrieb* und *Lastannahmen*, die Erweiterung des Abschnitts Vorbemessung und die Überarbeitung des Themas *Verbundbau* genannt. Neu aufgenommen wurden die Kapitel *Befestigungstechnik*, *Schutz und Instandsetzung von Tragwerken* und die *Umwelttechnik*.

Die beiliegende CD-ROM ergänzt den bereits sehr umfangreichen Textteil um weitere wichtige Fachinformationen, EDV-Anwendungen und Normentexte. Als ständige Arbeitshilfe am Computerarbeitsplatz stehen das bekannte und bewährte *Statikprogramm IQ 100* und zahlreiche *EDV-Tools* aus der Statik, dem Stahlbetonbau, Stahlbau, Mauerwerksbau und Holzbau zur Verfügung. Abschnitte, zu denen EDV-Anwendungen auf der CD zur Verfügung stehen, sind mit einem CD-Symbol am Außenrand gekennzeichnet.

Aktuelle Informationen und Entwicklungen (z. B. bei Normänderungen und bei Druckfehlerkorrekturen) werden auf der Internetseite *www.schneider-bautabellen.de* bereitgestellt.

Der Baupraxis und den Studierenden steht somit mit der 17. Auflage wieder ein unverzichtbares Kompendium zur Verfügung, das aktuell und kompetent über die wichtigsten Bereiche des Planens und Bauens informiert.

Allen Autoren gilt mein besonderer Dank. Neben den aus früheren Auflagen bekannten Autoren – mit den Professoren Gelhaus, Richter, Schneider und Wormuth sogar vier Autoren der ersten Stunde – konnte eine größere Anzahl von neuen Autoren hinzugewonnen werden, die mit großem Engagement und Sachverstand ihre Fachbeiträge bearbeitet haben.

Danken möchte ich auch allen Lesern, die mit kritischen Anmerkungen und Verbesserungsvorschlägen wesentlich zum Gelingen dieses Werkes beigetragen haben.

Die Zusammenarbeit mit dem Werner Verlag war wie auch in der Vergangenheit sehr gut. Hierfür bedanke ich mich im Namen aller Autoren.

Die Bautabellen standen bisher unter der Herausgeberschaft von Prof. Schneider. In den letzten Jahrzehnten ist es ihm gelungen, die „Bautabellen" zu einem Standardwerk für Ingenieure und Architekten auf hohem Niveau und mit einem sehr guten Ruf zu entwickeln. Für diese große Leistung danke ich ihm auch im Namen des Verlages ganz besonders.

Siegen, im Juli 2006 *Alfons Goris*

1 A Öffentliches Bau- und Umweltrecht

1 B Bauprozessmanagement – Baubetrieb

Inhaltsverzeichnis

1 A Öffentliches Bau- und Umweltrecht Nomenklatur wichtiger Begriffe

Prof. Dipl.-Ing. Rüdiger Wormuth

Kursiv gedruckte Begriffe im Text verweisen auf eigene Stichworterläuterungen.

Abfall Abfälle sind bewegliche Sachen, deren sich der Besitzer entledigen will oder deren Entsorgung zur Wahrung des Allgemeinwohls geboten ist. Abfallentstehung ist zu vermeiden. Abfälle sollen verwertet werden. Bei der Entsorgung von Abfällen dürfen die Gesundheit der Menschen sowie Flora, Fauna, Boden, Gewässer und Luft nicht beeinträchtigt werden. Die Belange des Naturschutzes, der Landschaftspflege und des Städtebaus sind zu wahren.

Abfallgesetz „Das Gesetz über die Vermeidung und Entsorgung von Abfällen" (AbfG) regelt als Rahmengesetz des Bundes den Umgang mit *Abfall*. Grundsätze: Abfälle sind zu vermeiden, nicht vermeidbare Abfälle zu verwerten und nicht verwertbare Reststoffe gefahrlos zu entsorgen.

Abnahmen 1. Bauvertragsrecht (privates Baurecht): Abnahme einer Bauleistung nach VOB, Teil B (DIN 1961) § 12 zur Feststellung von vertraglich vereinbartem Ausführungsumfang und vereinbarter Ausführungsqualität. 2. Bauordnungsrecht: Im Rahmen der behördlichen Bauüberwachung können Abnahmen bestimmter Bauteile oder Bauarbeiten, die Abnahme des Rohbaus und die Abnahme des gebrauchsfertigen Bauvorhabens (Schlussabnahme) verlangt werden. Rohbauabnahme und Schlussabnahme sind auch vom *Bauherrn* zu beantragen (Abb. 1.17).

Abstandflächen sind von oberirdischen baulichen Anlagen frei zu haltende Flächen vor den Außenwänden von Gebäuden (Bauordnungsrecht).

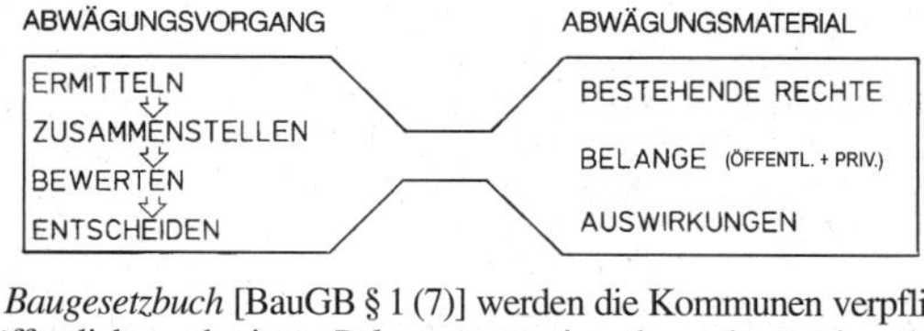

Abb. 1.2 Abwägung

Abwägungsgebot (Abb. 1.2) Im *Baugesetzbuch* [BauGB § 1 (7)] werden die Kommunen verpflichtet, bei der Aufstellung der *Bauleitpläne* öffentliche und private *Belange* gegeneinander und untereinander gerecht abzuwägen. Die öffentlichen Belange werden in § 1 (5–6) BauGB konkretisiert. Gegenstand der Abwägung bei der Aufstellung der Bauleitpläne sind auch die explizit in § 1a BauGB aufgeführten Umwelt schützenden Belange und die Pläne, in denen sie ausgeführt bzw. dargestellt werden. Die Abwägungsentscheidung im Gemeinderat ist eine politische Entscheidung. Sie besteht aus dem Vor- und Zurückstellen von Belangen. Prinzipiell unterliegt sie keiner rechtlichen Nachprüfung, denn sie ist Ausdruck der kommunalen Planungshoheit [Grundgesetz, Art. 28; BauGB § 2 (1)], es sei denn, der Abwägungsvorgang war fehlerhaft (BauGB § 214). Die Prüfung der Anregungen im Verlaufe des *Auslegungsverfahrens* [BauGB § 3 (2)] ist Bestandteil der Abwägung. Das Abwägungsgebot kann durch Abwägungsausfall, Abwägungsdefizit, Abwägungsfehleinschätzung und Abwägungsdisproportionalität verletzt werden.
Auch andere raumwirksame Planungen unterliegen Abwägungsgeboten.

Abwasser (Abb. 1.9) im Sinne des *Wasserrechts* ist durch Gebrauch in seinen Eigenschaften verändertes Wasser (Schmutzwasser) und das von bebauten und befestigten Flächen abfließende und gesammelte Niederschlagswasser.

Abwasserabgabengesetz (Abb. 1.18) Das „Gesetz über Abgaben für das Einleiten von Abwasser in Gewässer" (AbwAG) setzt als Bewertungsgrundlage für die Abwasserabgabe die Schädlichkeit des *Abwassers*. In der Abwasserverordnung (AbwV) sind Anforderungen an eingeleitetes Abwasser festgelegt.

Anhörungsverfahren (Abb. 1.8) 1. [Baugesetzbuch § 3 (1)] Vorgezogene Bürgerbeteiligung im Bauleitplanungsverfahren während der Vorentwurfsphase. Sie besteht i. d. R. aus der Unterrichtung der Bürger über die Ziele und Zwecke der Planung und alternative Vorentwürfe sowie einer öffentlichen Erörterung. Nicht erforderlich, wenn die Grundzüge der Planung nicht berührt werden (BauGB § 13) und in seiner Rechtswirkung eingeschränkt durch BauGB § 214.
2. (Verwaltungsverfahrensgesetz § 73) Im Rahmen eines *Planfeststellungsverfahrens* (Abb. 1.13) ist von der Anhörungsbehörde das Anhörungsverfahren durchzuführen. Gegenstand dieses Anhörungsverfahrens sind: Einholung von Stellungnahmen von Behörden, deren Aufgabenbereich durch das Vorhaben berührt wird; Auslegung der Planunterlagen; Entgegennahme von Einwendungen von Personen, deren Belange durch das Vorhaben berührt werden; Durchführung einer Erörterung.

Anlagen sind ortsfeste Einrichtungen wie Betriebsstätten und Lager. Dazu gehören auch Maschinen, Geräte, Fahrzeuge und sonstige ortsveränderliche technische Einrichtungen, die in einem räumlichen und betriebstechnischen Zusammenhang stehen und für das Entstehen von Umweltwirkungen von Bedeutung sein können.

Anlagen, bauliche siehe *Bauliche Anlagen.*

Anpassungsgebot [BauGB § 1 (4)] Die *Bauleitpläne* sind den Zielen der *Raumordnung* anzupassen.

Aufenthaltsräume An Aufenthaltsräume wird in den Landesbauordnungen eine Reihe von Mindestanforderungen gestellt, um Sicherheit und Gesundheit der dort lebenden oder arbeitenden Menschen zu gewährleisten. Diese Anforderungen betreffen u. a. die Raumgröße, Raumhöhe sowie Belichtung und Belüftung sowie die Lage zur Geländeoberfläche.

Ausgleichsmaßnahmen sind vom Verursacher eines *Eingriffs* auf den betroffenen Grundflächen zur Minderung von Beeinträchtigungen vorzunehmen (BauGB §§ 1a und 135a–c).

Auslegungsverfahren [BauGB § 3 (2)] Bürgerbeteiligung im Bauleitplanungsverfahren (Abb. 1.8). Im Gegensatz zum *Anhörungsverfahren* mit größerer Rechtswirksamkeit ausgestattet. Zu beteiligen sind die Bürger und die *Träger öffentlicher Belange*. Die Anregungen sind zu prüfen, und das Ergebnis ist mitzuteilen. Die im Auslegungsverfahren vorgebrachten und in der Planung nicht berücksichtigten Anregungen müssen der höheren Genehmigungsbehörde vorgelegt werden, wenn es sich um einen Flächennutzungsplan handelt oder um Bebauungspläne, die entweder ohne F-Plan oder zeitlich vor dem Wirksamwerden eines F-Plans aufgestellt wurden. Wird hingegen eine Änderung der Planung bewirkt, ist das Auslegungsverfahren anschließend zu wiederholen, es sei denn, die Änderungen waren geringfügig.

Ausnahme Ausnahmen im Sinne des *Bauordnungsrechts (Landesbauordnungen)* können im Rahmen des Baugenehmigungsverfahrens nach dem Ermessen der Genehmigungsbehörde erteilt werden. Voraussetzung ist die Vereinbarkeit mit den öffentlichen Belangen. Ausnahmen im Sinne des *Planungsrechts* können sich auf die Vorschriften der BauNVO oder die im BauGB enthaltenen Regelungen über Gebote (BauGB §§ 26 u. 175), *Veränderungssperre* (BauGB § 14) oder Erschließungsbeitragspflicht [BauGB § 135 (5)] beziehen. Der Rahmen für Ausnahmen ist dort eindeutig durch die Gesetze gesteckt [BauGB § 31 (1)].

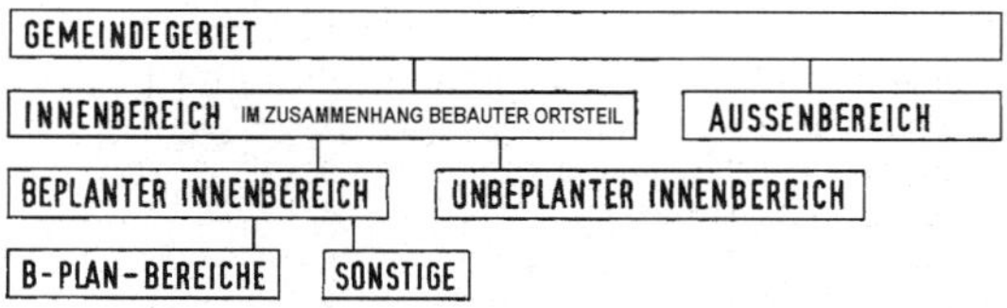

Abb. 1.3 Außenbereich, Innenbereich

Außenbereich (BauGB § 35) (Abb. 1.3) Außenbereich ist die Fläche eines Gemeindebezirks, die außerhalb des räumlichen Geltungsbereichs eines *Bebauungsplanes* (BauGB § 30) und außerhalb der im *Zusammenhang bebauten Ortsteile* (BauGB § 34) liegt. Der Außenbereich ist grundsätzlich von Bebauung freizuhalten mit Ausnahme der nach BauGB § 35 (1) privilegierten Vorhaben und einiger sonstiger Ausnahmen.

Bauantrag Antrag auf Genehmigung genehmigungspflichtiger Bauvorhaben. Er wird gestellt an die Gemeinde (*Landesbauordnungen*) (Abb. 1.17). Dem Bauantrag sind die *Bauvorlagen* beizufügen.

Bauflächen (§ 1 BauNVO) Flächen, dargestellt nach der allgemeinen Art ihrer Nutzung (Tafel 1.4).

Baugebiete (§ 1 BauNVO) Flächen, dargestellt nach der besonderen Art ihrer Nutzung (Tafel 1.4). In BauNVO §§ 2–11 werden Baugebiete hinsichtlich ihrer allgemeinen Zweckbestimmung, den allgemein zulässigen und den ausnahmsweise zulässigen Nutzungen beschrieben.

Baugenehmigungsfreiheit Keiner *Baugenehmigung* bedürfen i. d. R. Umnutzungen ohne planungsrechtliche Auswirkungen, Neuerrichtung und Veränderung *baulicher Anlagen* und Teilen davon ohne besondere Auswirkungen auf die öffentliche Sicherheit und Ordnung sowie kleine Wohngebäude. Einzelheiten regeln die *Landesbauordnungen*. Nach NBauO § 69a bedürfen kleine Wohngebäude keiner Baugenehmigung, wenn das Vorhaben im Geltungsbereich eines qualifizierten *B-Plans* mit einer Festsetzung für die *besondere Art* der baulichen Nutzung als Wohnbaugebiet (WS/WR/WA/ WB) (siehe Tafel 1.4) liegt. Die Verantwortlichkeit der *Entwurfsverfasser* wird erweitert.

Baugenehmigungsverfahren siehe Abb. 1.17.

Baugesetzbuch (BauGB) Zusammenfassung von Bundesbaugesetz und Städtebauförderungsgesetz. Bekanntgemacht am 8.12.1986, Neufassung: 23.9.2004. Es enthält allgemeines Städtebaurecht

(Bauleitplanung, Regelung der baulichen und sonstigen Nutzung, Entschädigung, Bodenordnung, Enteignung und Erschließung) sowie besonderes Städtebaurecht (Städtebauliche Sanierung und Entwicklung, Erhaltungssatzung und städtebauliche Gebote u. a.).

Baugrenzen legen die äußere Begrenzung der überbaubaren Grundstücksfläche fest. Außerhalb sind keine Hauptgebäude zulässig (BauNVO § 23).

Bauherr Der Bauherr ist Veranlasser einer Baumaßnahme (*Landesbauordnungen*). Er ist verantwortlich dafür, dass die Baumaßnahme dem öffentlichen *Baurecht* entspricht. Er bestellt *Entwurfsverfasser, Bauleiter und Unternehmer*. Er kann deren Tätigkeit übernehmen, wenn er den Anforderungen, die an sie nach *Bauordnungsrecht* gestellt werden, genügt.

Bauleiter Die bauordnungsrechtliche Funktion des Bauleiters fällt mit der des *Entwurfsverfassers* zusammen, auch wenn beide Funktionen getrennt wahrgenommen werden. Der Bauleiter hat die Aufgabe der Objektüberwachung nach HOAI (vgl. Kapitel 1B).

Tafel 1.4 Art der baulichen Nutzung

Flächennutzungsplan (F-Plan)	Bebauungsplan (ggf. auch F-Plan)	BauNVO
allgemeine	besondere	§ 1
Art der Nutzung		
Bauflächen	Baugebiete	
Wohnbauflächen (W)	Kleinsiedlungsgebiete (WS)	§ 2
	reine Wohngebiete (WR)	§ 3
	allgemeine Wohngebiete (WA)	§ 4
	besondere Wohngebiete (WB)	§ 4a
gemischte Bauflächen (M)	Dorfgebiete (MD)	§ 5
	Mischgebiete (MI)	§ 6
	Kerngebiete (MK)	§ 7
gewerbliche Bauflächen (G)	Gewerbegebiete (GE)	§ 8
	Industriegebiete (GI)	§ 9
Sonderbauflächen (S)	Sondergebiete (SO)	
	a) Sondergebiete, die der Erholung dienen	§ 10
	b) sonstige Sondergebiete	§ 11

Bauleitplan (Tafel 1.5; Abb. 1.5; Abb. 1.8)

Bauliche Anlagen sind mit dem Erdboden verbundene oder auf ihm ruhende und aus Bauprodukten hergestellte Anlagen (*Landesbauordnungen*).

Baulinie Rechtlich zwingende Vorschrift, eine bauliche Anlage mit einer Kante auf ihr zu errichten (BauNVO § 23).

Baumassenzahl (BMZ) (Tafel 1.11) = m^3 Baumasse (umbauter Raum, Bruttorauminhalt) je m^2 Grundstücksfläche (BauNVO § 21).

Baunutzungsverordnung (BauNVO) Sie enthält die planungsrechtlichen Grundlagen für die Darstellungen in den Flächennutzungsplänen und die Festsetzungen in Bebauungsplänen. Die Vorschriften sind an die Gemeinden als Träger der städtebaulichen Planung gerichtet und bindend für die Planung. Erstmals erlassen 1962. Neufassung 1990 auf Grund BauGB § 2 (5). Ziel der BauNVO ist eine geregelte Bebauung unter Beachtung der im BauGB § 1 (5–6) formulierten Planungsgrundsätze.

Die BauNVO regelt Art (Tafel 1.4) und *Maß der baulichen Nutzung* (Tafel 1.11), die *Bauweise* und die Überbaubarkeit der Grundstücksfläche.

Bauprodukte sind nach dem *Bauproduktengesetz*: Baustoffe, Bauteile und Anlagen, die hergestellt werden, um dauerhaft in *bauliche Anlagen* des Hoch- und Tiefbaus eingebaut zu werden, sowie aus Baustoffen vorgefertigte Anlagen, die hergestellt werden, um mit dem Erdboden verbunden zu werden, wie Fertighäuser und Fertiggaragen (Abb. 1.10). Die *Landesbauordnungen* und die *Musterbauordnung* unterscheiden gleichermaßen zwischen

- geregelten Bauprodukten (§ 20 Abs. 1 Satz 1 Nr. 1 MBO),
- nicht geregelten Bauprodukten (§ 20 Abs. 3 Satz 1 MBO),
- nach BauPG oder Vorschriften zur Umsetzung anderer EU-Richtlinien in Verkehr gebrachten Bauprodukten – mit *CE-Zeichen* (§ 20 Abs. 1 Satz 1 Nr. 2 MBO),
- sonstigen Bauprodukten (§ 20 Abs. 1 Satz 1 Nr. 2 MBO).

Tafel 1.5 Bauleitplanung – Begriffe, Rechtsnatur

BauGB Fundstelle	Bauleitplan		
§ 1 (2)	vorbereitender Bauleitplan	verbindlicher Bauleitplan	Bezeichnung
	Flächennutzungsplan	Bebauungsplan	
	F-Plan	B-Plan	
	1 : 5000 – 1 : 20000	1 : 500 – 1 : 1000	Maßstab
§§ 1 (3), 8 (1)	entwickeln	ordnen	Aufgabe
§ 1 (4)	Ziele der Raumordnung		für Bauleitplanung verbindl. Rahmenplanungen
§ 8 (2)		Flächennutzungsplan	
§§ 5 (1), 8 (1)	Darstellung der Bodennutzung nach den voraussehbaren Bedürfnissen der Gemeinde in den Grundzügen. Keine unmittelbare Rechtswirkung auf das einzelne Grundstück.	Rechtsverbindliche Festsetzungen für die städtebauliche Ordnung. B-Plan ist eine Rechtsnorm.	Rechtsnatur
§§ 7, 8 (2), 10	rahmengebend	Beschluss über B-Plan als Satzung	
§§ 6 (5), 12	F-Plan wird wirksam.,	B-Plan wird rechtsverbindlich.	
§§ 5 (5), 9 (8)	Erläuterungsbericht	Begründung	schriftl. Teil

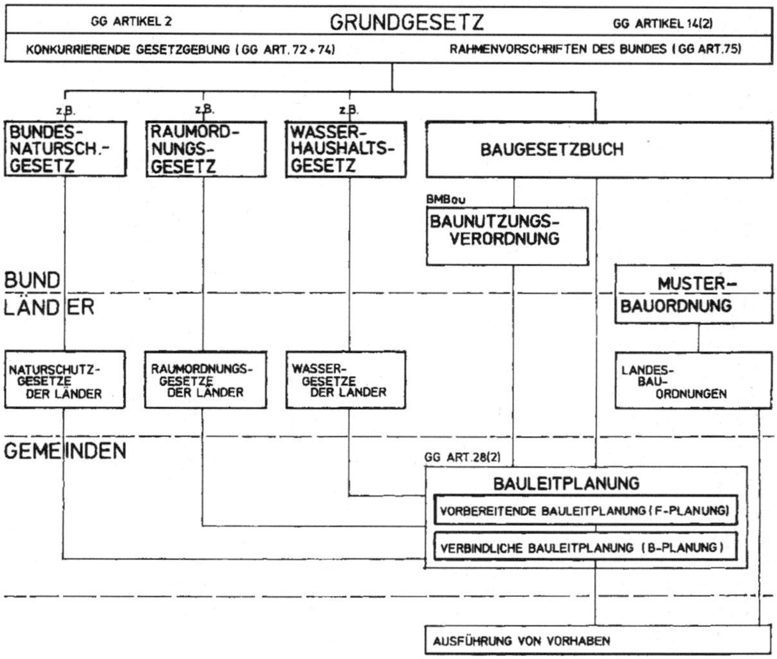

Abb. 1.5 Die Bauleitplanung in der Hierarchie der Gesetze der Bundesrepublik Deutschland

Aufgrund des § 20 Abs.1 Musterbauordnung (MBO) dürfen Bauprodukte in der Regel nur verwendet, d. h. in eine bauliche Anlage eingebaut werden, wenn sie

- bekannt gemachten *technischen Regeln* entsprechen oder nach dem BauPG und anderen EU-Recht umsetzenden Vorschriften in Verkehr gebracht und gehandelt werden dürfen und
- das Übereinstimmungszeichen (*Ü-Zeichen*: künftig das europäische *Konformitätszeichen CE*) tragen,
- vom *Deutschen Institut für Bautechnik* in einer Liste C bekannt gemachte Bauprodukte von untergeordneter baurechtlicher Bedeutung (§ 20 Abs. 3 Satz 2 MBO) sind.

Bauproduktengesetz (BauPG), erlassen erstmals am 10.8.1992 auf Grund der *Bauproduktenrichtlinie* der EU. Es regelt die Einführung von *Bauprodukten* und den freien Warenverkehr mit ihnen innerhalb der EU und enthält allgemeine Anforderungen an deren *Brauchbarkeit*.

Bauproduktenrichtlinie der EU ist Grundlage für das *Bauproduktengesetz*, sie dient der Sicherheit von Menschen, Haustieren und Gütern und im weitesten Sinne dem Allgemeinwohl, indem sie unter Berücksichtigung örtlicher Unterschiede geografischer, klimatischer und lebensgewohnheitlicher Art sowie der vorherrschenden Schutzniveaus nach Maßgabe allgemeiner Anforderungen die Harmonisierung von *Normen für Bauprodukte* auf europäischer Ebene bewirkt. Anhang I enthält Anforderungen an Bauwerke und *Bauprodukte* (Abb. 1.10).

Bauregelliste Im Einvernehmen mit der obersten Bauaufsichtsbehörde (NBauO § 24) vom *Deutschen Institut für Bautechnik* bekannt gemachte technische Regeln zur Erfüllung der an *bauliche Anlagen* zu stellenden Anforderungen (vgl. *Brauchbarkeit*) (Abb. 1.10). Es gibt Bauregelliste A, Bauregelliste B und Liste C. Einzelheiten s. Mitteilungen des DIBt, Sonderheft Nr. 18, 4. Mai 1998.

Baurecht, öffentliches 1. **Planungsrecht** (städtebauliches) ist nach Art. 74 des Grundgesetzes Gegenstand der konkurrierenden Gesetzgebung. Der Bund hat seine Gesetzgebungskompetenz mit *Baugesetzbuch* (BauGB), *Baunutzungsverordnung* (BauNVO) und *Planzeichenverordnung* (PlanzV) ausgeschöpft.
2. **Bauordnungsrecht** fällt in die Gesetzgebungskompetenz der Bundesländer. Die so genannte Dürkheimer Vereinbarung von 1955 zwischen den Bundesländern und dem Bund führte 1959 zur *Musterbauordnung*, die für alle *Landesbauordnungen* als Rahmen diente. Musterbauordnung und Landesbauordnungen werden laufend aktualisiert.
3. Zum **öffentlichen Baurecht** gehören Vorschriften auf Grund der oben genannten Gesetze und sonstigen Vorschriften des öffentlichen Rechts, die Anforderungen an *bauliche Anlagen* oder Baumaßnahmen stellen oder die Bebaubarkeit von Grundstücken regeln. Man rechnet auch Gesetze über Spielplätze und Denkmalschutzgesetze dazu.

Bauvoranfrage, Bauvorbescheid Für eine Baumaßnahme ist auf Antrag (Bauvoranfrage) über einzelne Fragen, über die im *Baugenehmigungsverfahren* zu entscheiden wäre und die selbstständig beurteilt werden können, durch Bauvorbescheid zu entscheiden (*Landesbauordnungen*) (Abb. 1.17).

Bauvorlagen Unterlagen, die zu einem *Bauantrag* gehören. Die Bauvorlagenverordnungen der Bundesländer enthalten Verordnungen über Art und Umfang der Bauvorlagen und der darin enthaltenen Darstellungen. In der Regel sind einem Bauantrag auf Vordruck folgende Unterlagen beizufügen: 1. der Lageplan, 2. die Bauzeichnungen, 3. die Baubeschreibung, 4. der Standsicherheitsnachweis und die anderen technischen Nachweise, 5. die Darstellung der Grundstücksentwässerung. Auch für *genehmigungsfreie Bauvorhaben* nach NBauO § 69 müssen Bauvorlagen erstellt werden. Sie werden nicht geprüft, sondern lediglich archiviert. Für ihre Richtigkeit und Vollständigkeit haftet der Entwurfsverfasser.

Bauvorschriften, örtliche werden in der Regel als *Satzung* erlassen. Inhaltlicher Geltungsumfang und verfahrensrechtliche Bedingungen sind in den *Landesbauordnungen* festgelegt. Örtliche Bauvorschriften können auch als *Festsetzung* in *Bebauungspläne* aufgenommen werden. In der Regel sollen gestalterische, städtebauliche und ökologische Absichten durch sie verwirklicht werden (z. B. NBauO § 56). BauO NW § 81 regelt darüber hinaus z. B. die Anlage von Kinderspielplätzen durch örtliche Bauvorschrift.

Bauweise 1. **Geschlossen**. Bebauung bis an die seitlichen Grundstücksgrenzen ist zwingend vorgeschrieben (BauNVO § 22).
2. **Offen.** Die Einhaltung von Grenzabständen bzw. eines *Bauwichs* ist zwingend vorgeschrieben (Ausnahme: *Landesbauordnungen*) (BauNVO § 22).
3. **Abweichende Bauweise.** Mit besonderer Begründung kann festgesetzt werden, inwieweit an die vorderen, rückwärtigen und seitlichen Grundstücksgrenzen herangebaut werden kann oder muss.

Bauwich siehe *Grenzabstände*.

Bebauungsplan siehe *Bauleitplan* (Tafel 1.5, Abb. 1.8).

Bebauungstiefe Sie legt auf Baugrundstücken die hintere *Baugrenze* oder *Baulinie* fest.

Befreiung (*Landesbauordnungen*) Von Vorschriften der *Landesbauordnungen* oder von Vorschriften, die im Zusammenhang mit einer Landesbauordnung erlassen wurden, können auf begründeten Antrag hin Befreiungen erteilt werden. Sie bedürfen der Zustimmung der oberen Bauaufsichtsbehörde (Abb. 1.17). Befreiungen im Planungsrecht regelt BauGB § 31 (2).

Belange, öffentliche Als öffentliche Belange gelten die in BauGB § 1(5) aufgeführten Planungsgrundsätze. Öffentliche und private Belange unterliegen nach BauGB § 1(6) dem *Abwägungsgebot.* Ein Abwägungsmangel kann nach BauGB §§ 214 (3) und 215 zur Nichtigkeit der Planung führen.

Bewilligung im Sinne des *Wasserrechts* ist die Gewährung einer Befugnis für eine bestimmte Benutzung eines *Gewässers* (WHG § 8). Gegen den Inhaber einer Bewilligung können bei Erfüllung der Bewilligungsauflagen keine Ansprüche geltend gemacht werden (WHG § 11).

Bodenschutz ist eine der wichtigsten Umweltschutzaufgaben der Gesellschaft. Im BauGB und der BauNVO ist er als öffentliche Aufgabe den Kommunen zugewiesen und hat mit Vorschriften über die Gestaltung von Freiflächen sowie einer Erweiterung der Möglichkeiten für *örtliche Bauvorschriften* auch Eingang in *Landesbauordnungen* gefunden (z. B. NBauO §§ 14 und 56).

Bodenschutzklausel [BauGB §1a (2)]: „Mit Grund und Boden soll sparsam und schonend umgegangen werden, dabei sind zur Verringerung der zusätzlichen Inanspruchnahme von Flächen für bauliche Nutzungen die Möglichkeiten der Entwicklung der Gemeinde insbesondere durch Wiedernutzbarmachung von Flächen, Nachverdichtung und andere Maßnahmen zur Innenentwicklung zu nutzen sowie Bodenversiegelungen auf das notwendige Maß zu begrenzen."

Brandabschnitt ist ein nach brandschutztechnischen Gesichtspunkten in sich abgeschlossener Teil eines Gebäudes. Besondere Anforderungen werden in den *Landesbauordnungen* an die Bauteile (z. B. Wände oder Decken) eines Brandabschnitts gestellt, die an andere Brandabschnitte oder Gebäude angrenzen oder ihnen benachbart sind. Grenzen zwei Brandabschnitte aneinander, so ist dort eine *Brandwand* erforderlich. Brandabschnitte dürfen in der Regel eine Längsausdehnung von höchstens 40 m haben (Grundfläche also 1600 m^2), es sei denn, die Nutzung erfordere eine Überschreitung dieses Maßes.

Brandwand Brandwände sollen die Übertragung von Feuer und Rauch auf andere Gebäude, Gebäudeteile und Bauteile verhindern. Sie müssen in der Regel ohne Unterbrechung und Öffnungen in der Feuerwiderstandsklasse F 90-A ausgeführt werden. Anforderungen werden in den *Landesbauordnungen* formuliert, Prüfungen nach DIN 4102-3.

Brauchbarkeit für ein *Bauprodukt* ist dann gegeben, wenn es nach dem *Bauproduktengesetz* folgende allgemeinen Anforderungen bei seiner Verwendung für *bauliche Anlagen* im Wesentlichen erfüllt: mechanische Festigkeit und Standsicherheit, Brandschutz, Hygiene, Gesundheit, Umweltschutz, Nutzungssicherheit, Schallschutz, Energieeinsparung und Wärmeschutz (siehe auch *Bauproduktenrichtlinie*, Anhang I) (Abb. 1.10).

Brauchbarkeitsnachweis *Bauprodukte*, die noch nicht allgemein gebräuchlich und bewährt sind, für deren Herstellung, Bemessung oder Güte insbesondere noch keine *Normen* existieren, bedürfen im Baugenehmigungsverfahren eines Brauchbarkeitsnachweises. Der europäische Weg eines besonderen Brauchbarkeitsnachweises ist der *Konformitätsnachweis* in Form der *europ. techn. Zulassung* oder der Erstprüfung, der nationale Weg der *Übereinstimmungsnachweis* in Form der *allg. bauaufsichtl. Zulassung*, des *allg. bauaufsichtl. Prüfzeugnisses* oder des Nachweises der Verwendbarkeit im Einzelfall (Abb. 1.10).

Bruttowohnbauland Die Summe aller Wohngrundstücksflächen (Nettowohnbauland) und die Summe aller Gemeinbedarfsflächen in einem bestimmten ausgewiesenen Wohnbaugebiet, wobei stets nur dasjenige Land für Gemeinschaftsanlagen einzubeziehen ist, das für die Lebensfunktionen der betrachteten städtebaulichen Einheit selbst nötig ist (je nach Größenordnung für Wohngruppe, Wohnquartier, Wohngemeinde, Stadtteil usw.).

Bruttowohndichte = Zahl der Einwohner je ha *Bruttowohnbauland* (E/ha).

Bundesimmissionsschutzgesetz (BImSchG) Es wurde im Jahre 1974 erlassen. Es bezweckt den Schutz von Menschen, Tieren, Pflanzen und Sachen vor schädlichen Umwelteinwirkungen und die Vorbeugung gegen das Entstehen schädlicher Umwelteinwirkungen.

Bundesnaturschutzgesetz (Abb. 1.5) Als Rahmenvorschrift 1976 auf Grund Art. 75 GG erlassen. In diesem Rahmen haben die Bundesländer Landesnaturschutzgesetze, Landschaftsgesetze u. Ä. erlassen. Es hat die Sicherung des Naturhaushalts und Schutz, Pflege und Entwicklung von Natur und Landschaft zum Ziel.

Bürgerbeteiligung (Abb. 1.8) wird nach BauGB § 3 für die *Bauleitplanung* geregelt. Sie ist zweistufig aufgebaut:

1. Vorgezogene Bürgerbeteiligung nach BauGB § 3 (1) oder *Anhörungsverfahren.*
2. *Auslegungsverfahren* nach BauGB § 3 (2) und (3).

Denkmalschutz fällt in die Gesetzgebungskompetenz der Bundesländer. Denkmalschutzgesetze dienen dem Schutz, der Pflege und der Erforschung von Kulturdenkmalen. Bei der Wahrnehmung dieser Aufgabe wirken Länder, Landkreise und Gemeinden, in der Denkmalpflege tätige Institutionen und die Eigentümer der Kulturdenkmale zusammen. Veränderungen an Kulturdenkmalen oder in deren Umgebung bedürfen der denkmalrechtlichen Genehmigung.

Deutsches Institut für Bautechnik (DIBt), Berlin. Die nach BauPG § 7 für die *europäische technische Zulassung* zuständige Stelle, die im Auftrage des Bundes auch in dem der *Bauproduktenrichtlinie* wirkenden Gremium aus den von den EU-Mitgliedstaaten bestimmten Zulassungsstellen mitarbeitet. Das DIBt ist auch zuständig für nationale *Zulassungen.* Es macht im Einvernehmen mit den obersten Baubehörden der Bundesländer *Bauregellisten* bekannt (z. B. nach NBauO § 24) (Abb. 1.10).

DIN-Normen werden im Deutschen Institut für Normung (DIN) erarbeitet (siehe: *Normen*).

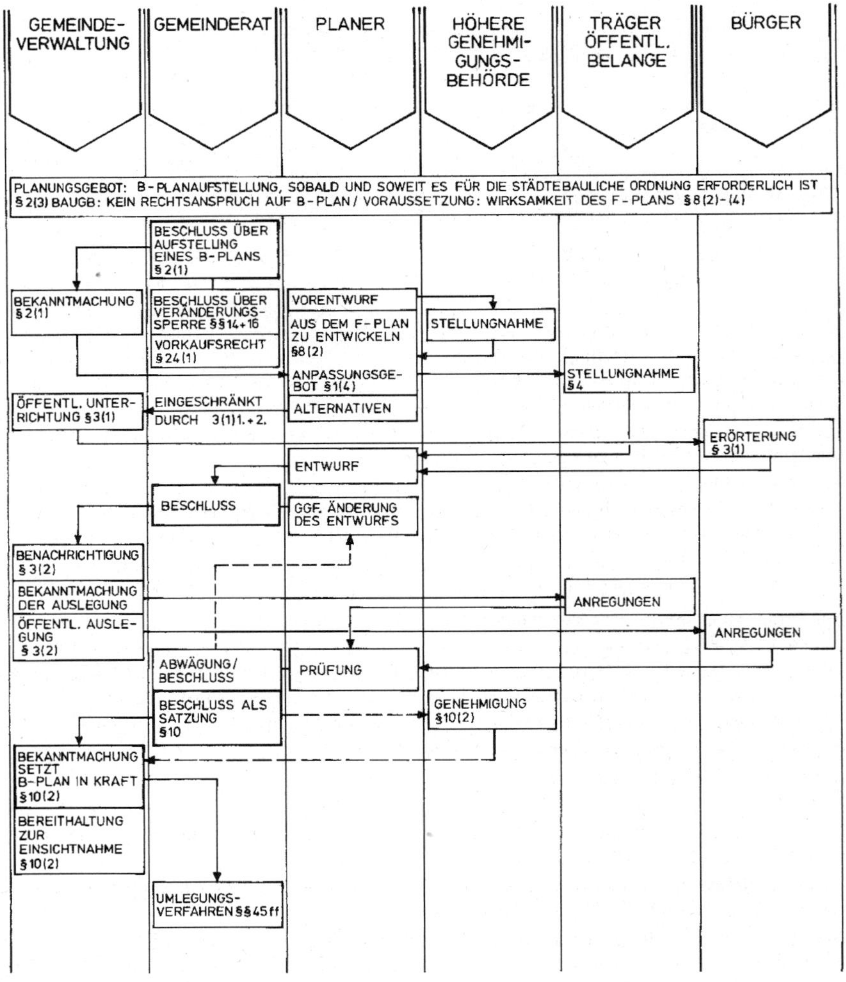

Abb. 1.8 Bebauungsplanverfahren – Regelverfahren
(Für die einzelnen Verfahrensschritte ist die Fundstelle im BauGB angegeben.)
(Das Flächennutzungsplanverfahren wird nach dem gleichen Schema abgewickelt.)

Eingriff im Sinne des *Naturschutzrechts* ist eine Veränderung der Gestalt oder Nutzung von Grundflächen, die die Leistungsfähigkeit des Naturhaushalts oder das Landschaftsbild erheblich beeinträchtigt. Es gelten folgende Grundsätze:

- Eingriffe sind zu vermeiden, mindestens aber
- zu minimieren. Ist dies nicht möglich, sind
- *Ausgleichsmaßnahmen* durchzuführen. Sind diese am Eingriffsort nicht möglich, sollen
- *Ersatzmaßnahmen* an anderer Stelle die zerstörten Funktionen ersetzen.

Ausgleichs- und Ersatzmaßnahmen sind auch Gegenstand der Darstellungen in F-Plänen und der Festsetzungen in B-Plänen, z. B. in Form Landschaftspflegerischer Fachbeiträge. BauGB § 1a enthält Regelungen über Eingriffe.

Einleitung im Sinne des *Wasserrechts* ist die Einbringung von Abwasser in ein *Gewässer* (Abb. 1.9).

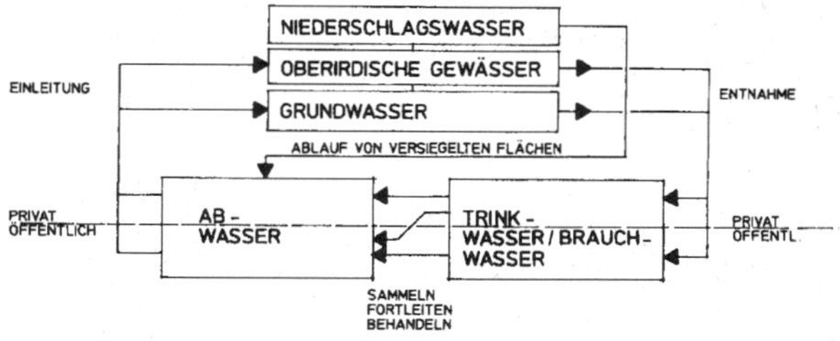

Abb. 1.9 Wasser, Gewässer, Begriffe

Entwicklungsmaßnahmen, städtebauliche Entwicklungsmaßnahmen nach BauGB § 165 sollen der Errichtung von Wohn- und Arbeitsstätten und von Gemeindebedarfs- und Folgeeinrichtungen dienen.

Entwurfsverfasser ist nach den *Landesbauordnungen* der Fachmann, der auf Grund seiner spezifischen Qualifikation bauvorlageberechtigt ist. Er ist dafür verantwortlich, dass der Entwurf dem *öffentlichen Baurecht* entspricht. In der Regel ist die Bauvorlageberechtigung an Personen gebunden, die die Berufsbezeichnung „Architekt" oder „Ingenieur" tragen. Die Berufsbezeichnung „Architekt" ist in den Bundesländern durch entsprechende Architektengesetze geschützt.

Erlaubnis im Sinne des *Wasserrechts* ist die Gewährung einer widerrufbaren Befugnis für eine bestimmte Benutzung eines *Gewässers* (WHG § 7).

Ersatzmaßnahme (*Naturschutzrecht*) Für nicht durch *Ausgleichsmaßnahmen* zu beseitigende Beeinträchtigungen infolge eines *Eingriffs* müssen an anderer Stelle des von dem Eingriff betroffenen Raumes dessen Funktionen und Werte (Naturhaushalt und Landschaftsbild) ähnlich wiederhergestellt werden.

Festsetzungen sind wesentlicher Inhalt des *Bebauungsplanes* (Tafel 1.5). Die Festsetzungselemente sind in BauGB § 9 dargestellt. Mindestfestsetzungen für einen Bebauungsplan nennt BauGB § 30.

Flächennutzungsplan siehe *Bauleitplan* (Tafel 1.5, Abb. 1.8).

Gebote Städtebauliche Gebote sind das Baugebot (BauGB § 176), das Modernisierungs- und Instandsetzungsgebot (BauGB § 177), das Pflanzgebot (BauGB § 178) und das Rückbau- und Entsiegelungsgebot (BauGB § 179). Geplante Gebote sind vorher mit den Betroffenen zu erörtern (BauGB § 175).

Gefährdungshaftung (WHG § 22 / StGB § 324) Der Verursacher einer Veränderung der Beschaffenheit eines Gewässers ist zum Schadensersatz verpflichtet.

Genehmigungsfreie Baumaßnahmen siehe *Baugenehmigungsfreiheit.*

Geschossfläche (Bruttogeschossfläche nach DIN 277) Sie wird nach den Außenmaßen der Gebäude in allen *Vollgeschossen* ermittelt. Balkone sowie bauliche Nebenanlagen und Garagen bleiben bei der Ermittlung unberücksichtigt (§ 20 BauNVO).

Geschossflächenzahl (GFZ) = Verhältnis der Bruttogeschossfläche zur Grundstücksgröße bzw. zum Nettowohnbauland (BauNVO § 20) (Tafel 1.11).

Gestaltung Gute Gestaltung baulicher Anlagen ist ein wesentliches Anliegen der *Landesbauordnungen.* Die Verunstaltungsklauseln (BauO NW § 12, NBauO § 53) können mit ihren unbestimmten Rechtsbegriffen allenfalls bauliche Verunstaltungen verhindern. Positiv wirksam sind örtliche *Bauvorschriften.*

Gewässer (Wasserrecht) Oberirdische Gewässer, das Meer, das Grundwasser. Gewässerbenutzung bedarf der behördlichen *Erlaubnis* oder *Bewilligung.*

Gewässerbenutzung Als Gewässerbenutzung gelten das Entnehmen von Wasser, Ableiten, Aufstauen, Absenken oder Umleiten von oberirdischen *Gewässern* und Grundwasser sowie das Einbringen und Einleiten von Stoffen auch in Küstengewässer und Einwirkungen, die schädliche Veränderungen der physikalischen, chemischen und biologischen Beschaffenheit des Wassers herbeiführen.

Grenzabstände (§ 7 NBauO) (vgl. Abstandflächen) sind Abstände, die Gebäude zu Baugrundstücksgrenzen und Gebäuden einhalten müssen.

Grünordnungsplan wird allgemein verstanden als begleitende Planung zur verbindlichen *Bauleitplanung*. Sie beschränkt sich in der Regel auf den *Innenbereich*. Rechtsgrundlagen und Rechtswirksamkeit sind in den Bundesländern verschieden.

Grundfläche, zulässige (überbaubare) (§ 19 BauNVO). Für ihre Ermittlung ist die im Bebauungsplan ausgewiesene *Grundflächenzahl* maßgebend. Es ist die Fläche, die innerhalb der überbaubaren *Grundflächenzahl* höchstens von baulichen Anlagen bedeckt werden darf (Tafel 1.11). Für die Ermittlung der Grundfläche ist die Fläche des *Baugrundstücks* maßgebend, die im Bauland und hinter der im *Bebauungsplan* festgesetzten Straßenbegrenzungslinie liegt.

Grundflächenzahl (GRZ) = m^2 Gebäudegrundfläche je m^2 Grundstücksfläche. Die GRZ gibt keine Hinweise auf die Lage der überbaubaren Fläche. Es kann auf Grund baurechtlicher Bestimmungen, die die überbaubare Grundstücksfläche festlegen (*Baulinie, Baugrenze, Bebauungstiefe, Bauwich*), sogar möglich sein, dass die zulässige GRZ nicht erreicht wird (BauNVO § 19).

Grundstücksfläche, überbaubare (§ 23 BauNVO). Sie wird durch Festsetzung von *Baulinien, Baugrenzen* oder *Bebauungstiefen* bestimmt.

Hochhaus Als Hochhäuser bezeichnet man im Allgemeinen Gebäude, bei denen der Fußboden mindestens eines *Aufenthaltsraumes* mehr als 22 m über Gelände liegt. An Hochhäuser werden insbesondere hinsichtlich des Brandschutzes in den *Landesbauordnungen* besondere Anforderungen gestellt.

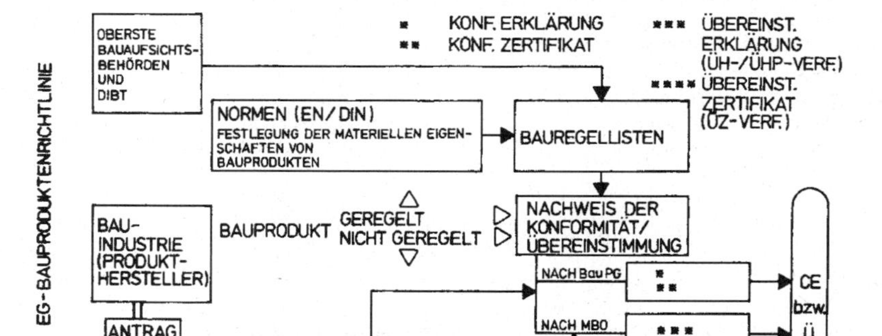

BauPG Bauproduktengesetz vom 10. August 1992
MBO Musterbauordnung (der Länder), Neufassung 2002
EOTA Europäische Organisation für Technische Zulassungen

CE EU-Konformitätszeichen als Herstellerkennzeichnung der Brauchbarkeit nach BauPG
Ü Übereinstimmungszeichen (Ü-Zeichen) als Herstellerkennzeichnung der Verwendbarkeit nach MBO
ÜH Übereinstimmungserklärung des Herstellers
ÜHP Übereinstimmungserklärung des Herstellers nach Erstprüfung durch eine Prüfstelle
ÜZ Übereinstimmungszertifikat einer Zertifizierungsstelle mit Fremdüberwachung durch eine Überwachungsstelle

Abb. 1.10 Bauprodukt und Brauchbarkeit/Verwendbarkeit

Im Zusammenhang bebauter Ortsteil (Innenbereich) (BauGB § 34) (Abb. 1.3) Vorhaben sind im Innenbereich auch zulässig, wenn das Grundstück nicht im Geltungsbereich eines qualifizierten *Bebauungsplanes* nach BauGB § 30 liegt. Die Zulässigkeit von Vorhaben im unbeplanten Innenbereich wird nach BauGB § 34 geregelt. Eine Gemeinde kann durch Satzung nach BauGB § 34 (4) den Innenbereich abgrenzen. Diese Innenbereichssatzung ist allerdings keine Rechtsgrundlage für die Abgrenzung des *Außenbereichs.*

Konformitätskennzeichen Nach *Bauproduktengesetz* Herstellerkennzeichnung der *Brauchbarkeit* eines *Bauprodukts* durch das EU-Konformitätszeichen CE.

Konformitätsnachweise sind Bestätigungen der Übereinstimmungen von *Bauprodukten* mit *harmonisierten* und *anerkannten Normen* oder *europäischen technischen Zulassungen.* Geregelt durch § 8 des *Bauproduktengesetzes.* Konformitätskennzeichnung erfolgt durch das CE-Zeichen (BauPG § 12).

Kulturlandschaft wird auch durch Gebäude geprägt (§ 35 (4) Nr. 4 BauGB). Das *Naturschutzrecht* fordert den Erhalt schützenswerter historischer Kulturlandschaften und der Umgebung von Kulturdenkmalen (z. B. § 2 Nr. 13 NNatSchG).

Landesbauordnung (Abb. 1.5) Landesbauordnungen sind Gesetze der Bundesländer. Sie sind weitgehend auf der Basis der *Musterbauordnung* vereinheitlicht. Unterschiede sind vor allem darin begründet, dass die Bundesländer ihre Bauordnungen zu verschiedenen Zeitpunkten auf dem jeweiligen Wissensstand erlassen oder geändert haben. Inhalt der Landesbauordnungen: Verordnungen über die Anordnung, Beschaffenheit und Benutzung von *baulichen Anlagen.* Die Verordnungen enthalten Anforderungen der Gefahrenabwehr (öffentliche Sicherheit und Ordnung) an gesunde Wohn- und Arbeitsverhältnisse und insbesondere zugunsten Behinderter, alter Menschen und zugunsten von Kindern und Personen mit Kleinkindern. Darüber hinaus ist gute Baugestaltung ein allgemeines Ziel der Landesbauordnungen. Aufgrund der Vorschriften der Landesbauordnungen ist eine Reihe weiterer Vorschriften erlassen worden, die mit der jeweiligen Landesbauordnung zusammen rechtswirksam sind.

Landschaftspflegerischer Begleitplan Aufgrund der gutachtlichen Stellungnahme der zuständigen Naturschutzbehörde vom Träger eines Vorhabens, das einen *Eingriff* darstellt und der *Planfeststellung* bedarf, zu erstellender Plan sowie Plan nach § 1a (3) BauGB mit Darstellung von *Ausgleichs-* und *Ersatzmaßnahmen.* Der LBP wird Bestandteil des planfestzustellenden Plans bzw. des *B-Plans.*

Landschaftsplanung ist im Allgemeinen dreistufig aufgebaut als Landschaftsprogramm auf Landesebene, als Landschaftsrahmenplanung für begrenzte Gebiete (Landkreise) und als Landschaftsplanung der Gemeinden. Landschaftsplanung beschränkt sich in der Regel auf den *Außenbereich.* Rechtsgrundlagen für Landschaftsplanung enthalten die Naturschutz- und Landschaftsgesetze der Bundesländer. Die Rechtswirksamkeit der Landschaftsplanung ist in den Bundesländern verschieden.

Maß der baulichen Nutzung (BauNVO § 17) (Tafel 1.11) wird dargestellt durch die Ausnutzungsziffern *Grundflächenzahl* und *Geschossflächenzahl* oder *Baumassenzahl.*

Musterbauordnung (Abb. 1.5) Musterentwurf zur Vereinheitlichung der dem Landesrecht unterliegenden *Landesbauordnungen.* Von einer eigens zur Erarbeitung eingesetzten Kommission 1959 verabschiedet und seitdem ständig aktualisiert, z. B. in Bezug auf das sich entwickelnde EU-Recht und das Umweltrecht. Neufassung 2002 durch die Bauministerkonferenz, insbesondere mit vereinheitlichenden Begriffen zur Verfahrensfreiheit und *Genehmigungsfreistellung.*

Tafel 1.11 Obergrenzen für die Bestimmung des Maßes der baulichen Nutzung

Baugebiet	Grundflächenzahl (GRZ)	Geschossflächenzahl (GFZ)	Baumassenzahl (BMZ)
Kleinsiedlungsgebiet (WS)	0,2	0,4	
Reines Wohngebiet (WR) Allgemeines Wohngebiet (WA) Ferienhausgebiet	0,4	1,2	
Besonderes Wohngebiet (WB)	0,6	1,6	
Dorfgebiet (MD) Mischgebiet (MI)	0,6	1,2	
Kerngebiet (MK)	1,0	3,0	
Gewerbegebiet (GE) Industriegebiet (GI) Sonstige Sondergebiete	0,8	2,4	10,0
Wochenendhausgebiete	0,2	0,2	

Nachweise Mit dem *Bauantrag* sind alle für die Beurteilung des Bauvorhabens erforderlichen Unterlagen (*Bauvorlagen*) einzureichen. Dazu gehören folgende Nachweise: Die statischen Berechnungen, in der Regel nach eingeführten Rechenverfahren (z.B. DIN 1053, DIN 1045) mit anerkannten Lastannahmen (DIN 1055), müssen die Standsicherheit der Anlage als Ganzes und seiner Teile nachweisen. Der Wärmeschutz wird im Regelfall rechnerisch unter Verwendung amtlich anerkannter Rechenwerte (z. B. für λ) nachgewiesen. Schallschutz und Brandschutz werden fallweise durch Verweise auf die in eingeführten *Normen* genannten Ausführungsbeispiele (z. B. DIN 4109-3, DIN 4102-10), durch Berechnung oder durch *Zulassungen/Prüfzeichen* oder durch *Prüfzeugnisse* nachgewiesen.

Natürliche Lebensgrundlagen Schutz der natürlichen Lebensgrundlagen ist in den Verfassungen einiger Bundesländer zum Staatsziel erhoben worden. Er ist Ziel des Naturschutzes und der Landschaftspflege im *BNatSchG* und den Naturschutzgesetzen der Bundesländer, Planungsgrundsatz im *BauGB* und ein Grundsatz in neu gefassten *Landesbauordnungen* (z. B. NBauO). Natürliche Lebensgrundlagen sind der Boden, das Wasser, die Luft und das Klima und mittelbar Flora und Fauna. Der Schutz der natürlichen Lebensgrundlagen dient der Leistungsfähigkeit des Naturhaushalts und der Nutzbarkeit der Naturgüter.

Naturschutzrecht Es wird im Wesentlichen durch das *Bundesnaturschutzgesetz* als Rahmengesetz und durch Landesnaturschutzgesetze geregelt.

Normen Ergebnis der von den interessierten Kreisen im Rahmen des Deutschen Instituts für Normung (DIN) durchgeführten Vereinheitlichungsbemühungen mit den Zielen Rationalisierung, Qualitätsverbesserung, Erhöhung der Sicherheit. Normen werden auf der Basis des Standes der Wissenschaft und Technik erarbeitet und beschreiben zum Zeitpunkt ihres Erscheinens den Stand der Technik und sollen sich zwanglos als *„anerkannte Regeln der Technik“* einführen. Eine Anwendungspflicht kann sich aus Rechts- oder Verwaltungsvorschriften, Verträgen oder aus anderen Rechtsgrundlagen ergeben. Bei Veränderungen des Standes der Technik werden Normen ggf. überarbeitet und als Neuausgaben herausgegeben oder zurückgezogen.

Der Teil der im Bauwesen wichtigen Normen, der z. B. Fragen der öffentlichen Sicherheit oder Ordnung (§ 3 BauO NW) berührt, wird auf Vorschlag der Bauminister-Konferenz (ARGEBAU) von den Bundesländern als „Liste der *Technischen Baubestimmungen*“ eingeführt. Hieraus ergibt sich für diesen Teil Anwendungspflicht. Die Liste erscheint dort ein- bis zweimal jährlich. Sie wird in den Amtsblättern der Bundesländer abgedruckt.

Normen, anerkannte [BauPG § 2 (3)] In Mitgliedstaaten der EU geltende technische Regeln für *Bauprodukte*, deren *Brauchbarkeit* auf Grund eines nach der *Bauproduktenrichtlinie* durchgeführten Verfahrens anzunehmen ist.

Normen, harmonisierte [BauPG § 2 (2)] Nach Art.7 (1) der *Bauproduktenrichtlinie* von europäischen Normungsorganisationen erarbeitete technische Regeln zur Umsetzung in nationale Normen.

Planfeststellungsverfahren (VwVfG §§ 72 bis 78) wird angewendet bei Planungen auf den Gebieten des Verkehrs-, Wege- und Wasserrechts und der öffentlichen Versorgung. Planfeststellungsverfahren sind Verwaltungsverfahren mit Beteiligung der Planungsbetroffenen. Elemente des Verfahrens sind: Anordnung des Verfahrens durch Rechtsvorschrift; *Anhörungsverfahren*; Planfeststellungsbeschluss (Abb. 1.13). *Eingriffe*, die einer Planfeststellung bedürfen, müssen ausgeglichen werden. *Ausgleichs-* und *Ersatzmaßnahmen* müssen in einem *Landschaftspflegerischen Begleitplan* dargestellt werden.

Planungsgebot [BauGB § 1 (3)] Die Gemeinden sind verpflichtet, Konflikte mittels Bauleitplanung zu bewältigen.

Planzeichenverordnung (PlanzV) Verordnung über die Ausarbeitung der *Bauleitpläne* sowie über die Darstellung des Planinhalts.

Produkt ist jede bewegliche Sache sowie Elektrizität. Ausgenommen sind landwirtschaftliche Naturprodukte, die noch nicht verarbeitet sind.

Produkthaftungsgesetz (ProdHaftG) Es regelt die Haftung für Gefährdungen durch *Produkte*.

Prüfzeugnis, allgemeines bauaufsichtliches *Bauprodukte*, für die es keine besonderen Sicherheitsanforderungen gibt, bedürfen statt einer *allg. bauaufsichtl. Zulassung* nur eines allg. bauaufsichtl. Prüfzeugnisses. Es wird vom *Deutschen Institut für Bautechnik (DIBt)* im Einvernehmen mit der Obersten Landesbaubehörde in der *Bauregelliste* bekannt gemacht.

Raumordnung (Abb. 1.5) Die Raumordnung wird nach Art. 75 GG durch ein Rahmengesetz des Bundes geregelt (Raumordnungsgesetz) (BROG). In diesem Rahmen haben die Bundesländer Landesraumordnungsgesetze erlassen. Aufgaben und Ziele der Raumordnung werden durch die im GG dargestellten Grundrechte und politischen Ziele abgesteckt. Die allgemeine räumliche Struktur ist einer Entwicklung zuzuführen, die unter Berücksichtigung der natürlichen Gegebenheiten und wirtschaftlicher, sozialer und kultureller Erfordernisse der freien Entfaltung der Persönlichkeit in der Gemeinschaft dient. Die Raumordnung ist mehrstufig: Bundesraumordnung, Landesraumordnung, regionale Raumordnung.

Regeln der Technik, allgemein anerkannte siehe *Technische Baubestimmungen* und *Normen*. Nach allgemeinem Rechtsverständnis sind technische Baubestimmungen ein allerdings wesentlicher Teil der allgemein anerkannten Regeln der Technik in Verbindung mit bewährten Baukonstruktionen und -verfahren sowie anerkannter Fachliteratur.

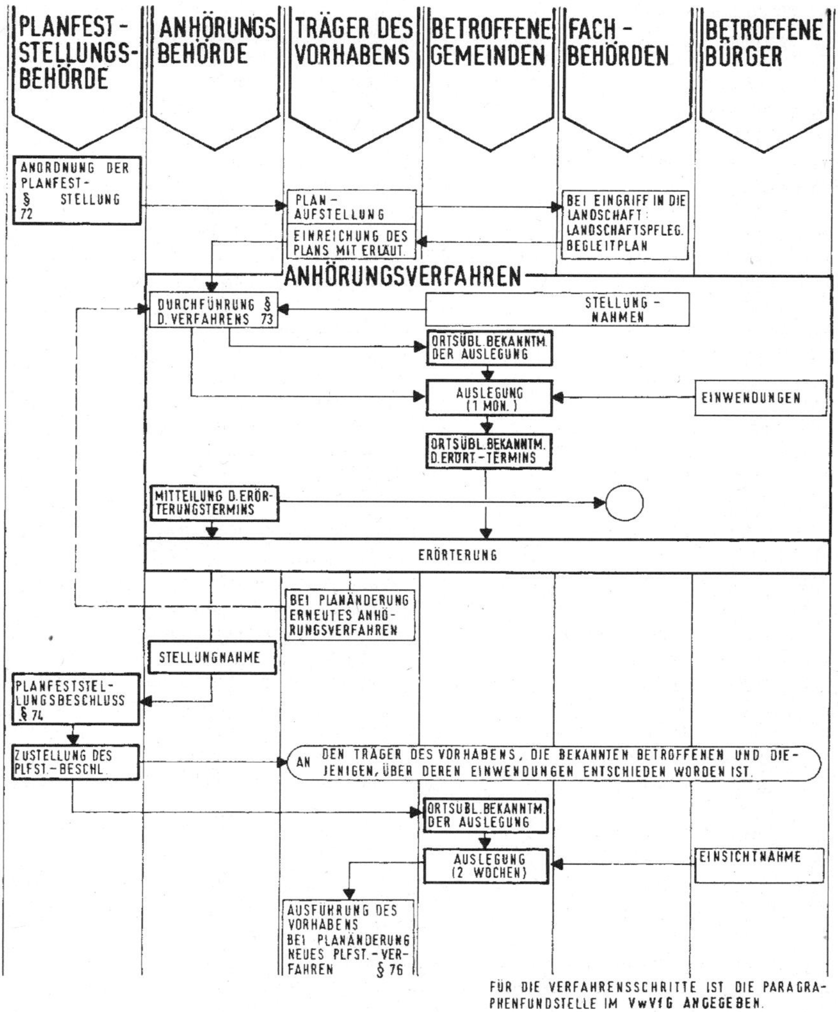

Abb. 1.13 Planfeststellungsverfahren

Sanierungsmaßnahmen, städtebauliche (BauGB §§ 136 bis 164b) Sie dienen der Verbesserung und Umgestaltung von Gebieten, in denen städtebauliche Missstände vorliegen. Sie dienen dem Wohl der Allgemeinheit. Städtebauliche Missstände liegen i. d. R. dann vor, wenn die allgemeinen Anforderungen an gesunde Wohn- und Arbeitsverhältnisse oder die Sicherheit der Wohn- und Arbeitsbevölkerung nicht gewährleistet und die städtebaulichen Funktionen des Gebietes mangelhaft sind. Verfahrensschritte: 1. vorbereitende Untersuchungen, 2. förmliche Festlegung des Sanierungsgebietes, 3. Bestimmung der Ziele und Zwecke der Sanierung, 4. städtebauliche Planung (z. B.: *B-Plan*), 5. Erörterung, 6. Sozialplan, 7. Baumaßnahmen, 8. Aufhebung der Sanierungssatzung nach erfolgter Maßnahme.

Satzung Ein von der kommunalen Legislative (Gemeinderat; Stadtrat) erlassenes Gesetz. Nach GG Art. 28 haben die Gemeinden das Recht, ihre Angelegenheiten in eigener Verantwortung zu regeln. Im Bereich des städtebaulichen Planungsrechts werden verbindliche *Bauleitpläne* (BauGB § 10) sowie die Abgrenzung des im *Zusammenhang bebauten Ortsteils* (BauGB § 34) als Satzung erlassen. Die Durchführung von *Ausgleichsmaßnahmen* ist durch Satzungen regelbar (BauGB § 135a–c). Im besonderen Städtebaurecht gibt es Sanierungssatzungen (BauGB § 142) und Erhaltungssatzungen (BauGB § 172). Grundlage von kommunalen Abwassersatzungen sind hingegen die Gesetze des *Wasserrechts*.

Schallschutz im Städtebau (Tafel 1.15) DIN 18 005-1 (Neufassung 07/2002, das Beiblatt 5/1987 blieb unverändert) enthält Berechnungsgrundlagen für die Ermittlung von Schallemissionen und das zugehörige Beiblatt Orientierungswerte für den Schallschutz. In der 16. Verkehrslärmschutzverordnung (Tafel 1.15) (16. BImSchV) werden Grenzwerte festgesetzt. Die Ermittlung von Verkehrslärmpegeln erfolgt unter Berücksichtigung lärmrelevanter Parameter.

Störungsabwehrklausel [BauNVO § 15 (1)] Bauliche Anlagen sind im Einzelfall unzulässig, wenn von ihnen Belästigungen oder Störungen ausgehen können, die nach der Eigenart des *Baugebiets*, in dem sie verwirklicht werden sollen, im Baugebiet selbst oder in dessen Umgebung unzumutbar sind. Sie sind auch unzulässig, wenn sie solchen Belästigungen oder Störungen ausgesetzt werden können.

Straftaten gegen die Umwelt werden nach dem Strafgesetzbuch (StGB) geahndet, und zwar Verunreinigung eines *Gewässers* (§ 324), Verunreinigung der Luft (§ 325), Umwelt gefährdende *Abfallbeseitigung* (§ 326), unerlaubtes Betreiben von *Anlagen* (§ 327), unerlaubter Umgang mit Kernbrennstoffen (§ 328), Gefährdung schutzbedürftiger Gebiete (§ 329), schwere Umweltgefährdung (§ 330).

Technische Baubestimmung Die oberste Baubehörde eines Bundeslandes kann technische Baubestimmungen erlassen, um die in den *Landesbauordnungen* beschriebenen öffentlichen *Belange* (z. B. öffentliche Sicherheit und Ordnung, insbesondere Leben oder Gesundheit) wahren zu helfen. Technische Baubestimmungen sind in der Regel zu beachten. Sie gelten im Sinne des *Bauordnungsrechts* als *allgemein anerkannte Regeln der Technik. Normen* und andere technische Regeln können durch bauaufsichtliche Einführung zur technischen Baubestimmung erhoben werden. Dies geschieht durch die *Liste der Technischen Baubestimmungen*, die i. d. R. jährlich von den einzelnen Ländern herausgegeben wird.

Träger öffentlicher Belange (Abb. 1.8) werden gemäß BauGB § 4 bei der Aufstellung der *Bauleitpläne* beteiligt. Es sind Stellen und Fachbehörden, die die in den Planungsgrundsätzen des Baugesetzbuches § 1 (5–6) formulierten *öffentlichen Belange* vertreten.

Übereinstimmungsnachweise (Abb. 1.10) sind der nationale Weg besonderer *Brauchbarkeitsnachweise*. Sie können als *allgem. bauaufsichtl. Zulassung*, als *allgem. bauaufsichtl. Prüfzeugnis* oder als Nachweis der Verwendbarkeit im Einzelfall geführt werden.

Überschwemmungsgebiete (WHG § 32) dienen dem schadlosen Abfluss von Hochwasser. Sie sind von Bebauung generell frei zu halten.

Umlegungsverfahren (Abb. 1.8) Die Umlegung von Grundstücken ist ein Rechtsinstrument der Bodenordnung zum Zwecke der Durchführung der verbindlichen Bauleitplanung (Tafel 1.5). Bei der Umlegung werden Grundstücke unter Berücksichtigung ihres Verkehrswertes ohne Wertgewinne oder -verluste ggf. mithilfe von Ausgleichszahlungen derart getauscht, dass eine Parzellierung entsteht, die die Realisierung der Planung ermöglicht. Umlegung ist auf freiwilliger Basis durch die betroffenen Eigentümer, jedoch auch nach BauGB §§ 45 bis 79 in eigener Verantwortung der Gemeinden durchführbar.

Tafel 1.15 Schallschutz im Städtebau
Schalltechnische Orientierungswerte für die städtebauliche Planung
Beiblatt 1 zu DIN 18 005-1 (5.87) (Auszug)

Baugebiet nach BauNVO §§ 2 bis 11 Öffentliche Grünflächen nach BauGB § 9 (1) 15	Höchstwert (dB)		
	tags	nachts	
		Industrie-, Gewerbe-, Freizeitlärm	sonstiger Lärm
Reine Wohngebiete, Wochenend- und Ferienhausgebiete	50	35	40
Allgemeine Wohngebiete, Kleinsiedlungsgebiete, Campingplatzgebiete	55	40	45
Besondere Wohngebiete	60	40	45
Dorf- und Mischgebiete	60	45	50
Kerngebiete, Gewerbegebiete	65	50	55
Sonstige Sondergebiete, soweit sie schutzbedürftig sind (z. B. Klinikgebiete) je nach Nutzungsart	45–65	35–65	
Friedhöfe, Kleingartenanlagen, Parkanlagen		55	
Industriegebiete	Emissionen nach DIN 18 005-1 (5.87) Immissionswerte werden nicht angegeben.		

16. Verordnung zur Durchführung des Bundesimmissionsschutzgesetzes (Verkehrslärmschutzverordnung – 16. BImSchV) (12. 6. 1990) (Auszug)

Baugebiet, Nutzungsart	Immissionsgrenzwert in dB(A)	
	tags	nachts
Krankenhäuser, Schulen, Kur- und Altenheime	57	47
Reine und Allgemeine Wohngebiete, Kleinsiedlungsgebiete	59	49
Misch-, Dorf-, Kerngebiete	64	54
Gewerbegebiete	69	59

Umweltbericht ist nach § 2a BauGB bei B-Plänen für UVP-pflichtige Vorhaben in allgemein verständlicher Form in die B-Plan-Begründung bereits bei der Aufstellung des Plans aufzunehmen, um bei der *Bürgerbeteiligung* und der Beteiligung der *Träger öffentlicher Belange* umwelterhebliche Auswirkungen beurteilen zu können.

Umwelthaftungsgesetz (UmweltHG) Das Gesetz regelt die Haftung für schädliche Umwelteinwirkungen durch *Anlagen.*

Umweltverträglichkeitsprüfung (UVP) Sie wird geregelt durch das Gesetz über die UVP (UVPG). Erlassen am 12.2.1990, i. d. F. vom 5.9.2001 (BGBl. I S. 2350), zuletzt geändert durch Art. 3 Europarechtsanpassungsgesetz Bau v. 24.6.2004 (BGBl. I S. 1359).

Die Umweltverträglichkeitsprüfung ist ein unselbstständiger Teil verwaltungsbehördlicher Verfahren, die der Entscheidung über die Zulässigkeit von Vorhaben dienen. Die UVP umfasst die Ermittlung, Beschreibung und Bewertung der Auswirkungen eines Vorhabens auf

1. Menschen, Tiere und Pflanzen,
2. Boden, Wasser, Luft, Klima und Landschaft,
3. Kulturgüter und sonstige Sachgüter sowie
4. die Wechselwirkungen zwischen den vorgenannten Schutzgütern.

Inhalt [§ 6 (3/4): Grundsatz der Erheblichkeit]

- **Beschreibung** des Vorhabens: Standort/Art und Umfang des Bedarfs an Grund und Boden/ Beschreibung der Anlagen-Verfahren
- **Alternative** Vorhabenkonzepte und deren Bewertung
- Beschreibung der **Emissionen** und **Reststoffe** (Art und Menge)
- Beschreibung der Maßnahmen zur **Vermeidung** von erheblichen **Umweltbeeinträchtigungen** und von **Ersatzmaßnahmen** nach NatSchG
- Beschreibung der erheblichen **Auswirkungen** des Vorhabens auf die Umwelt

Verfahren

- **Auslegung** der Unterlagen (in allgemein verständlicher Art) bei Beginn eines Verfahrens mit den übrigen Unterlagen (§ 6)
- **Einholung von Stellungnahmen** der durch das Vorhaben berührten Behörden (§ 7)
- **Öffentlichkeitsbeteiligung** (*Anhörung*) entsprechend den Vorschriften des VwVfG (§ 9)
- Zusammenfassende und umfassende Darstellung der Umweltauswirkungen (§ 11) mit Ergebnis der Stellungnahmen und der Beteiligung der Öffentlichkeit
- **Bewertung** der Umweltauswirkungen (§ 12)
- **Vorbescheid** bzw. **Teilzulassungen** (§ 13)
- **Zulassung** des Vorhabens (§ 14)

Rechtsnatur

Umweltverträglichkeitsprüfung ist unselbstständiger Teil verwaltungsbehördlicher Verfahren zur Entscheidung über die Zulässigkeit von Vorhaben:

– Bewilligung	
– Erlaubnis	(z. B. wasserrechtl. Art/LWG)
– Genehmigung	(z. B. Baugenehmigung/LBO)
– Planfeststellungsbeschluss	(n. VwVfG)
– B-Plan-Beschluss	
– F-Plan-Beschluss	(... wenn Grundl. f. Zul. v. Vorh.)

Unternehmer (*Landesbauordnungen*) Er führt die vom Bauherrn bestellten Arbeiten aus. Er ist dafür verantwortlich, dass seine Arbeiten dem *öffentlichen Baurecht* entsprechen.

Verantwortliche Personen Nach den *Landesbauordnungen* sind dies Personen, die für eine Baumaßnahme verantwortlich sind. Es sind dies: der *Bauherr*, der *Entwurfsverfasser*, der *Unternehmer* und sonstige Personen, die Gewalt über eine bauliche Anlage oder ein Grundstück ausüben.

Veränderungssperre Sie dient der Sicherung von Planungen in einem räumlich klar umgrenzten Bereich. Veränderungssperren können im Zusammenhang mit verbindlichen *Bauleitplanungen* (BauGB §§ 14 bis 18) beschlossen werden (Abb. 1.8). Nach Bundesfernstraßengesetz (FStrG) § 9a tritt im Zusammenhang mit einem *Planfeststellungsverfahren* eine Veränderungssperre automatisch in Kraft.

Vollgeschoss Der Begriff des Vollgeschosses hat Bedeutung bei der Ermittlung von Geschosszahlen und *Geschossflächenzahlen* (BauNVO §§ 18 und 20) und bei der Einstufung von Gebäuden hinsichtlich der Anforderungen des Brandschutzes und der Anforderungen an Treppen, Treppenräume und Aufzugsanlagen. Nach BauNVO § 17 (Tafel 1.11) wird das *Maß der baulichen Nutzung* unter anderem durch die zulässige Zahl der Vollgeschosse bestimmt. Die Definition für Vollgeschoss unterscheidet sich in den Bauordnungen der Bundesländer. Bestandteile der Definition sind die mittlere Mindestraumhöhe (lichte Raumhöhe) oder mittlere Mindestgeschosshöhe, das Größenverhältnis zu ggf. darunter liegenden Vollgeschossen und die Lage zur Geländeoberfläche.

Vorbescheid siehe *Bauvoranfrage*

Vorhaben sind nach BauGB § 29 die Errichtung, Änderung oder Nutzungsänderung von *baulichen Anlagen*, die nach Landesrecht (*Landesbauordnungen*) einer bauaufsichtlichen Genehmigung (Abb. 1.17) bedürfen oder der Bauaufsichtsbehörde angezeigt werden müssen.

Vorhaben- und Erschließungsplan ist ein auf ein konkretes Vorhaben bezogener Plan. Er wird Bestandteil eines vorhabenbezogenen *Bebauungsplans*, bei dem der Vorhabenträger, von dem i. d. R. die Initiative ausgeht, mit der Gemeinde kooperiert (BauGB § 12).

Vorkaufsrecht (Abb. 1.8) Nach BauGB §§ 24 bis 28 steht den Gemeinden ein gesetzliches Vorkaufsrecht auf Grundstücke zu, die im Geltungsbereich eines rechtskräftigen oder zukünftigen *Bebauungsplanes* liegen oder in ein Verfahren zur Bodenordnung einbezogen sind (z. B. *Umlegungsverfahren*).

Wasserbuch Im Wasserbuch sind *Erlaubnisse, Bewilligungen,* alte Wasserrechte, *Wasserschutzgebiete* und *Überschwemmungsgebiete* einzutragen. Wasserbücher werden von den unteren Wasserbehörden geführt.

Wasserhaushaltsgesetz (WHG) (Abb. 1.18) Das „Gesetz zur Ordnung des Wasserhaushalts" regelt die Bewirtschaftung und Nutzung der *Gewässer* als Bestandteile des Naturhaushalts.

Wasserrecht (Abb. 1.18) Es wird im Wesentlichen durch das *Wasserhaushaltsgesetz* (WHG) und das *Abwasserabgabengesetz* (AbwAG) als Rahmengesetze des Bundes, die Landeswassergesetze und kommunale *Satzungen* geregelt.

Wasserschutzgebiete (WHG § 19) dienen dem Schutz von *Gewässern* zum Zwecke der Wasserversorgung.

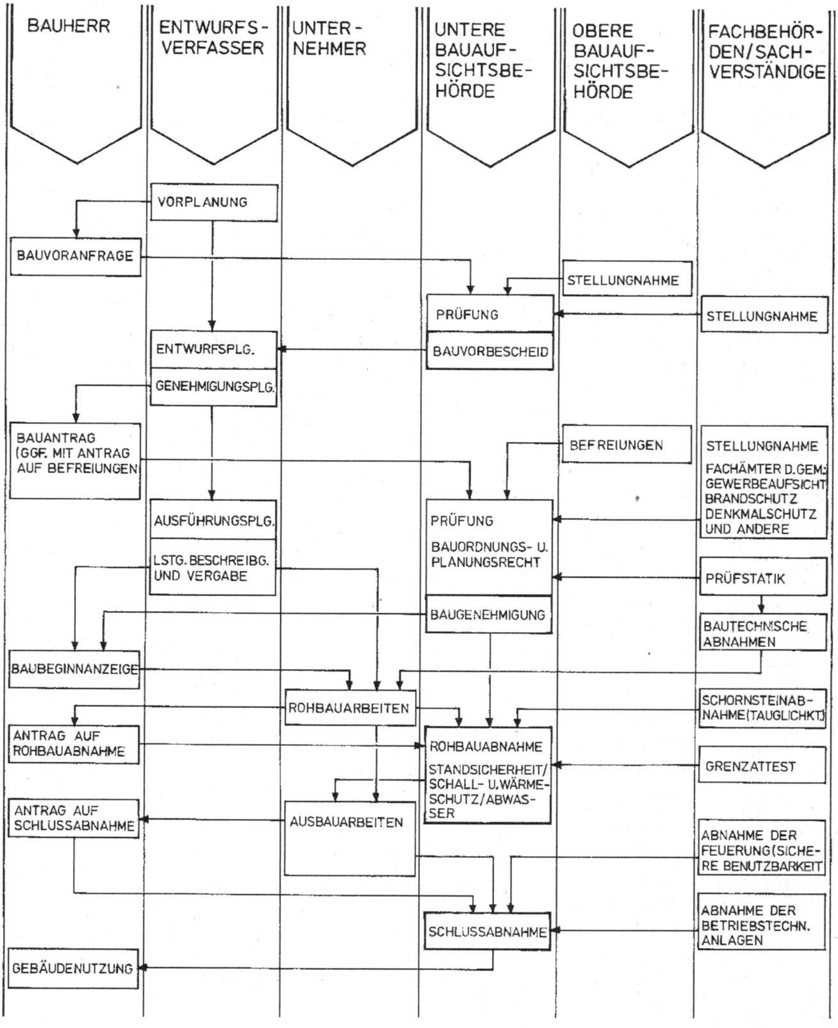

Abb. 1.17 Baugenehmigungsverfahren (bundeslandspezifische Abweichungen von diesem Schema sind möglich)

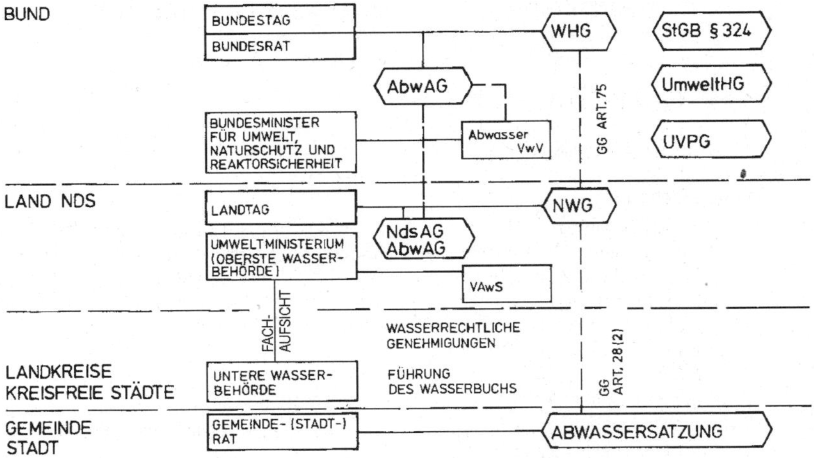

Abb. 1.18 Das Wasserrecht (Beispiel Niedersachsen)

(Abkürzungen: AbwAG = Abwasserabgabengesetz, AbwasserVwV = Abwasserverwaltungsverordnung, NdS AG AbwAG = Niedersächsisches Ausführungsgesetz zum Abwasserabgabengesetz, VAwS = Anlagenverordnung, WHG = Wasserhaushaltsgesetz, NWG = Niedersächsisches Wassergesetz)

Zulässigkeit von Vorhaben Diese regelt sich nach BauGB §§ 29–38. Danach gibt es drei Zulässigkeitsbereiche: Geltungsbereiche von *Bebauungsplänen* (Abb. 1.8), den unbeplanten *Innenbereich* (Abb. 1.3) (siehe auch: *Im Zusammenhang bebauter Ortsteil*) und den *Außenbereich* (Abb. 1.3). Vorhaben müssen darüber hinaus den Anforderungen der *Landesbauordnungen* entsprechen, wenn sie einer *Baugenehmigung* oder -anzeige bedürfen.

Zulassung, allgemeine bauaufsichtliche Zulassung ist ein *Brauchbarkeitsnachweis* für nicht geregelte Bauprodukte und wird vom *Deutschen Institut für Bautechnik* im Auftrag der obersten Bauaufsichtsbehörden der Länder erteilt. Die Gültigkeitsdauer soll 5 Jahre nicht überschreiten und kann verlängert werden. Sie ist zu widerrufen, wenn sich die neuen Baustoffe usw. nicht bewähren.

Das DIBt macht die von ihm erteilten allgemeinen bauaufsichtlichen Zulassungen nach Gegenstand und wesentlichem Inhalt bekannt (Abb. 1.10).

Zulassungen, europäische technische Nach dem *Bauproduktengesetz* dem Hersteller für *Bauprodukte* auf Antrag erteilte *Brauchbarkeitsnachweise*. In Deutschland für Zulassungen zuständige Stelle: *Deutsches Institut für Bautechnik*, Berlin (BauPG §§ 6 und 7) (Abb. 1.10).

Abkürzungen

AbfG	Abfallgesetz
AbwAG	Abwasserabgabengesetz
AbwV	Abwasserverordnung
BauGB	Baugesetzbuch
BauNVO	Baunutzungsverordnung
BauO NW	Bauordnung Nordrhein-Westfalen
BauPG	Bauproduktengesetz
BImSchG	Bundesimmissionsschutzgesetz
BNatSchG	Bundesnaturschutzgesetz
DIBt	Deutsches Institut für Bautechnik
FStrG	Bundesfernstraßengesetz
GFZ	Geschossflächenzahl
GOP	Grünordnungsplan
GG	Grundgesetz
GRZ	Grundflächenzahl
HOAI	Honorarordnung für Architekten und Ingenieure
LBO	Landesbauordnung
LPB	Landschaftspflegerischer Begleitplan
LWG	Landeswassergesetz
MBO	Musterbauordnung
NBauO	Niedersächsische Bauordnung
NNatSchG	Niedersächsisches Naturschutzgesetz
NWG	Niedersächsisches Wassergesetz
PlanzV	Planzeichenverordnung
ProdhaftG	Produkthaftungsgesetz
ROG	Raumordnungsgesetz
StGB	Strafgesetzbuch
VwVfG	Verwaltungsverfahrensgesetz
UmweltHG	Umwelthaftungsgesetz
UVP	Umweltverträglichkeitsprüfung
WHG	Wasserhaushaltsgesetz

1 B Bauprozessmanagement – Baubetrieb

Prof. Dr.-Ing. Josef Zimmermann

1 Bauprojekt – Investition

1.1 Allgemeine Grundlagen

1.1.1 Grundsätzliches

Der Baumarkt ist – im Gegensatz zu dem Markt für Konsumgüter – ein Markt für Investitionsgüter. Jeder Markt ist ein Treffpunkt für Anbieter und Nachfrager, der Baumarkt ist im Wesentlichen ein Nachfragemarkt. Die Nachfrager tätigen ihre Investition mit Ausrichtung auf den rentablen Betrieb des fertig gestellten Objektes. Daher sind die Anforderungen, die ein Investor an Planung und Ausführung an das ausführende Unternehmen stellt, einfach und schwierig zugleich:

- Kostensicherheit
- Terminsicherheit
- Qualität der Bauausführung.

Daneben spielen die Funktionalität des Objektes, niedrige Betriebskosten und eine gute Bonität und Leistungsfähigkeit des Anbieters eine wichtige Rolle für den Investor.

Um dieses fundamentale Ziel zu erreichen, sind die vielen Beteiligten an einem Investitionsprojekt mit ihren zahlreichen Schnittstellen optimal zu koordinieren, eine komplexe Managementaufgabe, die grundsätzlich dem Auftraggeber obliegt. Bei Generalunternehmer(GU)-Verträgen wird diese Aufgabe (z. B. Planungskoordination und Koordination der Nachunternehmer) zusammen mit den zugehörigen Risiken oft weitgehend an den GU übertragen.

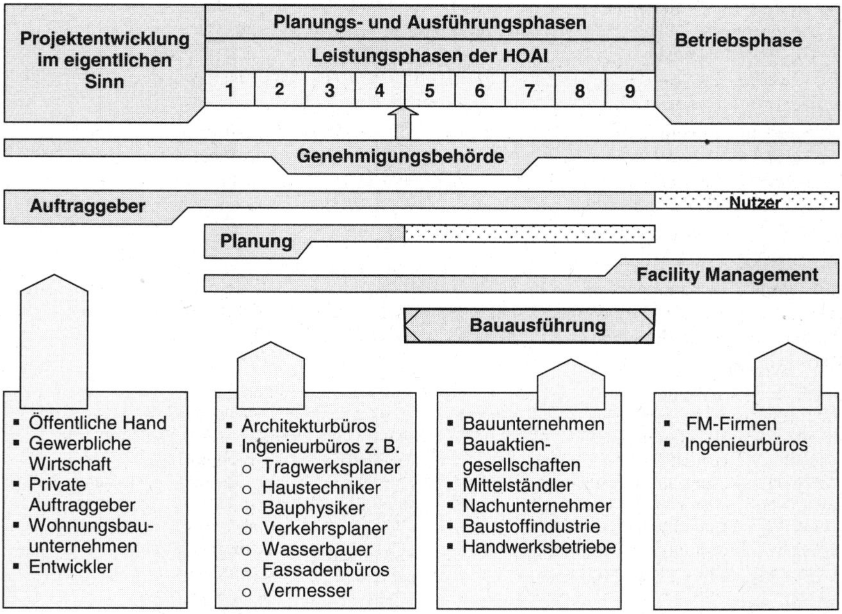

1.1.2 Unternehmensprozesse

Unternehmen der Bauindustrie, sei es als Generalunternehmer oder auch als Auftragnehmer einzelner Gewerke, müssen geeignet organisiert sein, um der vielschichtigen und komplexen Aufgabe des Managements einer effizienten Unikatsfertigung zu begegnen. Allgemein hat sich dafür das Modell der *Geschäftsprozesse* durchgesetzt:

Alle Prozesse innerhalb eines Unternehmens werden als Geschäftsprozesse bezeichnet. Sie haben unterschiedlichen Einfluss auf Kundennutzen und Unternehmenserfolg.

Die meisten Prozesse nehmen interne unterstützende Aufgaben wahr und bilden die Basis, aus der sich die übergreifenden Prozesse zusammensetzen.

Einige wenige Prozesse erzeugen direkte Leistungen für externe Kunden. Diese zentralen Prozesse eines Unternehmens der Bauwirtschaft werden als **„Unternehmensprozesse"** bezeichnet. Entsprechend ihrer exponierten Stellung erfordern sie besonderes Augenmerk hinsichtlich homogener Strategie, Zieldefinition, Kundenorientierung und Steuerung. In diesen Unternehmensprozessen findet die eigentliche Wertschöpfung statt, d. h. die unmittelbare Erstellung und Vermarktung von Produkten und Dienstleistungen für externe Kunden. Für ein Bauunternehmen sind fünf Unternehmensprozesse definiert: *Akquisition, Angebotsbearbeitung, Vertragsverhandlungen, Leistungserbringung* und *Gewährleistung*.

Die einzelnen Unternehmensprozesse sind dadurch gekennzeichnet, dass sie mit der Anforderung des externen Kunden beginnen und mit einem Ergebnis für den externen Kunden enden.

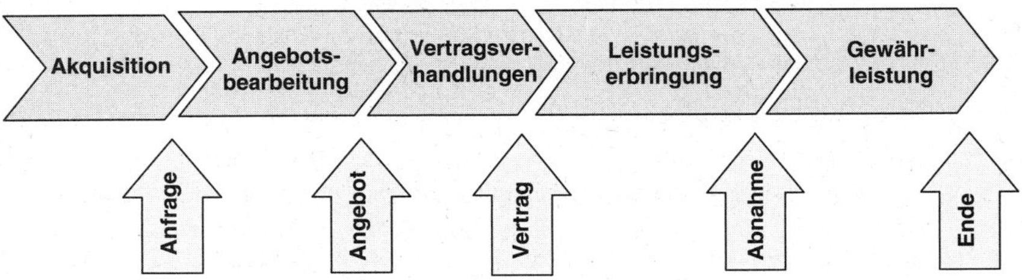

1.2 Projektphasen nach HOAI

Die Honorarordnung für Architekten und Ingenieure (HOAI) gliedert ein Projekt in einzelne Phasen (1 bis 9), die die Abwicklung des Projektes treffend beschreiben:

- (1) Grundlagenermittlung
- (2) Vorplanung
- (3) Entwurfsplanung
- (4) Genehmigungsplanung
- (5) Ausführungsplanung
- (6) Vorbereiten der Vergabe
- (7) Mitwirken bei der Vergabe
- (8) Objektüberwachung
- (9) Objektbetreuung, Dokumentation

Die Planungsleistungen beginnen mit der *Grundlagenermittlung*, in der erste Vorstellungen und die Voraussetzungen zur Lösung der Bauaufgabe durch Planung festgestellt werden. In der *Vorplanung* werden das Planungskonzept und erste zeichnerische Darstellungen angefertigt. Auf Grundlage dieser Phasen erfolgt die *Entwurfsplanung*, in der der Gesamtentwurf im Maßstab 1:500 bis 1:100 angefertigt wird. Die *Genehmigungsplanung* dient als Grundlage für die Einreichung des Bauantrages zur Erteilung der Baugenehmigung bzw. der Planfeststellung bei Infrastrukturprojekten. Die Genehmigung von Seiten der Behörden ist Voraussetzung für den Beginn der Ausführung.

In der Phase der *Ausführungsplanung*, in der z. B. Schal- und Bewehrungspläne angefertigt werden, beginnt normalerweise erst die Beteiligung eines oder mehrerer ausführender Unternehmen. Im Rahmen der *Vorbereitung der Vergabe* an einen Generalunternehmer oder in Einzelvergaben werden die zur Ausschreibung erforderlichen Leistungsverzeichnisse vom Ausschreibenden erstellt. Die Mitwirkung von Architekten und Ingenieuren betrifft die Aufgaben *Ausschreibung* und *Einholen von Angeboten*, *Erstellen eines Preisspiegels*, *Verhandlungen mit Bietern* bis hin zur *Mitwirkung bei der Auftragserteilung*, die durch den Bauherrn erfolgt.

Objektüberwachung bedeutet die Überwachung des Bauvorhabens unter Wahrnehmung der Interessen des Bauherrn. In der Phase *Objektbetreuung* und *Dokumentation* werden die Fragen Mängelfeststellung und Mängelbeseitigung, Verjährungsfristen und Gewährleistungsansprüche, Freigabe von Sicherheitsleistungen sowie die Zusammenstellung der Zeichnungen und Berechnungen abgewickelt.

Erfolgt die Ausführung eines Projektes durch einen Generalunternehmer (GU), so sind die Leistungen nach HOAI *Ausführungsplanung*, *Vorbereitung der Vergabe* und *Mitwirken bei der Vergabe* hinsichtlich seiner Nachunternehmer sowie *Objektüberwachung*, *Objektbetreuung und Dokumentation* im Auftrag des GU enthalten. Es ist jedoch auch möglich, dass ein Generalunternehmer je nach Vertragsmodell auch bereits in früheren Planungsphasen eingeschaltet wird.

1.3 Kostenermittlung nach DIN 276

1.3.1 Grundlagen

Bevor ein Bauprojekt realisiert werden kann, muss ein Investor die voraussichtlichen Kosten abschätzen. Nachdem Angebote von ausführenden Unternehmen erst nach erfolgter Planung eingeholt werden können, wird zunächst, beispielsweise bei Hochbauten, eine Kostenermittlung nach DIN 276 „Kosten im Hochbau" durchgeführt. Diese beruht auf Schätzverfahren nach Erfahrungswerten (Baukostenkennwerte), die sich auf geometrische oder nutzungsspezifische Einheiten beziehen. Geometrische Kennwerte sind nach DIN 277 etwa *Bruttorauminhalt* (BRI), *Bruttogrundfläche* (BGF) oder *Hauptnutzfläche* (HNF) eines Gebäudes, nutzungsabhängige Kennwerte z. B. die *Anzahl der Arbeitsplätze* oder die *Anzahl der Betten* (Hotel, Krankenhaus etc.)

Kennwerte können der Literatur entnommen werden oder in unternehmenseigenen Datenbanken aus der Auswertung von abgewickelten Projekten zur Verfügung stehen.

Kostenermittlungen dieser Art dienen im Weiteren der Festlegung der Honorare für Architekten und Ingenieure nach der Honorarordnung für Architekten und Ingenieure (HOAI).

1.3.2 Kostengruppen nach DIN 276

In der DIN 276 „Kosten im Hochbau" liegt eine Gliederung eines Projektes in drei Ebenen vor.

Die *Basisgliederung* erfolgt nach Kostengruppen (KGR), gekennzeichnet durch die erste Stelle der Ordnungszahl, in

- 100 Baugrundstück
- 200 Herrichten und Erschließen
- 300 Bauwerk und Baukonstruktion
- 400 Bauwerk – Technische Anlagen
- 500 Außenanlagen
- 600 Ausstattung und Kunstbauwerke
- 700 Baunebenkosten

Innerhalb dieser Kostengruppen werden *Grobelemente* durch die zweite Stelle der Ordnungszahl und weiter detaillierte *Funktionselemente* durch die dritte Ordnungszahl definiert, z. B.:

KGR 300 Bauwerk – Baukonstruktion: Grobelemente

- 310 Baugrube
- 320 Gründungsarbeiten
- 330 Außenwände
- 340 Innenwände
  - 341 Tragende Innenwände
  - 342 Nichttragende Innenwände
  - 34... etc.
- 350 Decken
- 360 Dächer
- 370 Baukonstruktionen, Einbauten
- 390 Sonstige Maßnahmen

Zu den jeweiligen Kostengruppen ist der Umfang der eingeschlossenen Leistungen wie folgt angegeben:

KGR 100 Baugrundstück	Kosten, die mit dem Erwerb des Grundstückes zusammenhängen, Vermessung, Notar, Genehmigungsgebühren
KGR 200 Herrichten u. Erschließen	Kosten, die mit Sicherung, Abbruch, Altlasten zusammenhängen; Erschließung, Wasser, Energie, Telekommunikation
KGR 300 Bauwerk – Baukonstruktion	Bauleistungen und Lieferungen, eine Unterteilung in Basis-, Grob- und Gebäudeelemente ist möglich
KGR 400 Bauwerk – Technische Anlagen	Technische Anlagen, Armaturen, Wärmeschutz-, Schall- und Brandschutz
KGR 500 Außenanlagen	Gelände- u. Verkehrsflächen, Pflanzen, Wasserflächen, Wege, Straßen etc.
KGR 600 Ausstattung u. Kunstbauwerke	Möbel, Textilien, Wirtschafts- u. Reinigungsgeräte
KGR 700 Baunebenkosten	Planung, Gutachten, Projektsteuerung, Überwachung, Beschaffung der Finanzierung, Genehmigungen, Abnahmen

Für die Kostengruppen, Grobelemente und Funktionselemente stehen statistische Kostenkennwerte in Sammlungen zur Verfügung. Das Standardwerk wird vom Baukosteninformationszentrum Deutscher Architektenkammern (BKI) herausgegeben.

Eine Kostenermittlung nach DIN 276 stellt keine Kalkulation für die Abgabe eines Angebotspreises eines Bauunternehmens dar, die sehr viel detaillierter ausgeführt werden muss. Die Genauigkeit (etwa in Prozent der Summe) der Kostenermittlung nach DIN 276 hängt vom aktuellen Planungsstand und dem Projektfortschritt ab und führt im Projektverlauf schließlich zur Feststellung der tatsächlichen Kosten.

HOAI-Leistungsphase	Kostenermittlung	Genauigkeit %	Grundlage der Feststellung
Grundlagenermittlung	Kostenüberschlag	40 %	Baukostenkennwerte z. B. je m³ Bruttorauminhalt (BRI)
Vorplanung	Kostenschätzung	30 %	1. und 2. Ebene der Kostengruppen nach DIN 276
Entwurfsplanung	Kostenberechnung	20 %	Gebäudeelemente nach DIN 276
Genehmigungsplanung			
Ausführungsplanung			
Vorbereiten der Vergabe			
Mitwirken bei der Vergabe	Kostenanschlag	10 %	Angebot des Auftragnehmers auf Grundlage der Ausschreibung
Objektüberwachung			
Objektbetreuung, Dokumentation	Kostenfeststellung	0 %	Abrechnung

1.4 HOAI

Die Honorarordnung für Architekten und Ingenieure (HOAI) legt als Rechtsverordnung den Rahmen für Honorarvereinbarungen bindend fest. Sie definiert in 14 Teilen die **Leistungsbilder** diverser Fachingenieurleistungen jeweils in *Grundleistungen* (erforderlich zur Erbringung des Leistungsbildes) und *Besondere Leistungen* (zusätzlich zu vereinbaren) und gibt in beigefügten Honorartafeln diesbezügliche Maximal- und Minimalwerte an.

Inhalt der HOAI:	
Teil I	Allgemeine Vorschriften
Teil II	Leistungen bei Gebäuden, Freianlagen und raumbildenden Ausbauten
Teil III	Zusätzliche Leistungen
Teil IV	Gutachten und Wertermittlungen
Teil V	Städtebauliche Leistungen
Teil VI	Landschaftsplanerische Leistungen
Teil VII	Leistungen bei Ingenieurbauwerken und Verkehrsanlagen
Teil VII a	Verkehrsplanerische Leistungen
Teil VIII	Leistungen bei der Tragwerksplanung
Teil IX	Leistungen bei der Technischen Ausrüstung
Teil X	Leistungen für Thermische Bauphysik
Teil XI	Leistungen für Schallschutz und Raumakustik
Teil XII	Leistungen für Bodenmechanik, Erd- und Grundbau
Teil XIII	Vermessungstechnische Leistungen
Teil XIV	Schluss- und Überleitungsvorschriften

Den Leistungsbildern werden eine Reihenfolge von *Leistungsphasen* zugeordnet, nach denen sinnvollerweise Projektabläufe strukturiert werden können (z. B. § 15 HOAI – Leistungsbild für Gebäude, Freianlagen und raumbildende Ausbauten). Diese werden mit dem angegebenen Anteil an der vollständigen Abwicklung angenommen und können demzufolge auch bei teilweiser Beauftragung anteilig im Honorar berücksichtigt werden.

Phase	Objektplanung § 15	in %	Tragwerksplanung § 64	in %
LP 1	Ermitteln der Voraussetzungen zur Lösung der Bauaufgabe durch die Planung	3	Klären der Aufgabenstellung	3
LP 2	Erarbeiten der wesentlichen Teile der Planungsaufgabe	7	Erarbeiten des statisch-konstruktiven Konzeptes des Tragwerks	10
LP 3	Erarbeiten der endgültigen Lösung der Planungsaufgabe	11	Erarbeiten der Tragwerkslösung mit überschlägiger statischer Berechnung	12
LP 4	Erarbeiten u. Einreichen der Vorlagen für die erfolgreiche Genehmigung oder Zustimmung	6	Anfertigen u. Zusammenstellen der Statik mit Positionsplänen zur Prüfung	30
LP 5	Erarbeiten und Darstellen der ausführungsreifen Planungslösung	25	Anfertigen der Tragwerksausführungszeichnungen	42
LP 6	Ermitteln der Mengen und Aufstellen von Leistungsverzeichnissen	10	Beitrag zur Mengenermittlung und zum Leistungsverzeichnis	3
LP 7	Ermitteln der Kosten und Mitwirken bei der Auftragsvergabe	4		
LP 8	Überwachen der Ausführung des Objektes	31		
LP 9	Überwachen der Beseitigung von Mängeln u. Dokumentation des Gesamtergebnisses	3		

Fünf objektspezifische *Honorarzonen* spiegeln in der HOAI die Planungsanforderungen der jeweiligen Planungsleistung wieder und finden Niederschlag in den Honoraren.

Honorarzone	Beschreibung mit Beispielen nach §12 HOAI Objektliste
I	*Sehr geringe Planungsanforderungen*, z. B. Pausenhallen, Spielhallen, Liege- u. Wandelhallen, Verbindungsgänge, Feldscheunen
II	*Geringe Planungsanforderungen*, z. B. einfache Wohnbauten, Garagenbauten, Parkhäuser, geschlossene eingeschossige Hallen
III	*Durchschnittliche Planungsanforderungen*, z. B. Wohnhäuser, Jugendfreizeitstätten, Altentagesstätten, Bürogebäude mit durchschnittlicher Ausstattung, Ladenbauten, Einkaufszentren, Mensen
IV	*Überdurchschnittliche Planungsanforderungen*, z. B. Wohnhäuser mit überdurchschnittlicher Ausstattung, Brauereien, Schulen, Universitäten, Laborgebäude, Krankenhäuser der Versorgungsstufen I und II, Kirchen, Konzerthallen, Museen
V	*Sehr hohe Planungsanforderungen*, z. B. Krankenhäuser der Versorgungsstufe III, Universitätskliniken, Studios für Rundfunk, Fernsehen und Theater, Konzertgebäude

Grundlage der Honorarberechnung sind die anrechenbaren Kosten nach DIN 276 ohne Grundstück und ohne Baunebenkosten, ggf. mit weiteren Abminderungen je nach Gewerk und Kostengruppe. Nach Zuordnung zu der dem Schwierigkeitsgrad entsprechenden Honorarzone können aus der jeweils maßgeblichen Honorartafel in Abhängigkeit von den anrechenbaren Kosten Basiswerte abgelesen werden, zwischen denen linear zu interpolieren ist. Bei Leistungen mit anrechenbaren Kosten oberhalb einer leistungsbildabhängigen Grenze (z. B. 25.564.594 € bei Gebäuden und Raumbildenden Ausbauten §16) kann das Honorar frei vereinbart werden.

2 Bauverdingung und Vergabe

2.1 Grundlagen

2.1.1 Vertragsarten für Architekten- und Ingenieurleistungen

Das Bürgerliche Gesetzbuch BGB kennt kein ausgesprochenes „Architekten-/Ingenieurrecht". Daher wird dieser Rechtsbereich einem der vorgegebenen Vertragstypen des BGB zugeordnet. Für die Einordnung von Architekten- und Ingenieurverträgen ist daher festzustellen, welche Leistungen im rechtlichen Sinne geschuldet werden. Nach dem Bürgerlichen Gesetzbuch (BGB) werden grundsätzlich die Vertragsarten *Werkvertrag* und *Dienstvertrag* unterschieden.

2.1.2 Werkvertrag

Bei einem Werkvertrag nach BGB wird grundsätzlich der Erfolg geschuldet. Die von einem Architekten oder Ingenieur zu erbringenden Leistungen stellen „Werkvertragliche Leistungen" dar, da sie einen geschuldeten Erfolg zum Gegenstand haben. Die Vornahme einer Tätigkeit alleine gilt nicht als Erfüllung des Vertrages.

Architekten und Ingenieure haben eine dauerhaft genehmigungsfähige Planung oder eine ordnungsgemäße Bauüberwachung zu erbringen. Beides muss auf eine mangelfreie Verwirklichung des Bauwerks gerichtet sein. Sie schulden also das erfolgreiche Entstehen eines Bauwerkes, nicht das Bauwerk selbst. Dessen Errichtung ist Aufgabe des Bauunternehmens.

2.1.3 Dienstvertrag

Im Unterschied dazu ist der Dienstvertrag nicht auf die Herbeiführung eines Erfolges ausgerichtet. Hier genügt die Vornahme der vertraglich definierten und geschuldeten Tätigkeit zur Erfüllung. Der Dienstnehmer verpflichtet sich beispielsweise, dem Dienstberechtigten seine Arbeitskraft zur Verfügung zu stellen. Der Dienstvertrag beinhaltet eine Arbeitsleistung, nicht einen durch Arbeitsleistung erzielten Erfolg, z. B. ein Arbeitsvertrag.

2.1.4 Struktur der VOB

Die *Vergabe- u. Vertragsordnung für Bauleistungen* (VOB) ist kein Gesetz, sondern eine Regelung auf der Basis des BGB, die für einen Vertrag vereinbart werden muss (für die öffentliche Hand allerdings verbindlich). Sie ist in drei Teile gegliedert, die in unterschiedlichen Phasen eines Projektes zur Geltung kommen:

- VOB/A Allgemeine Bestimmungen für die Vergabe von Bauleistungen
- VOB/B Allgemeine Vertragsbedingungen für die Ausführung von Bauleistungen
- VOB/C Allgemeine Technische Vertragsbedingungen für Bauleistungen

VOB/B und VOB/C sind entsprechend auch in der Phase der Angebotsbearbeitung zu berücksichtigen.

2.2 VOB/A

2.2.1 Allgemeines

Die VOB/A enthält Ausschreibungs- und Vergabevorschriften sowie Hinweise zur Vertragsgestaltung und regelt den Ablauf bis zum rechtsgültigen Abschluss eines Bauvertrages. Dabei wird wesentlich auf das Verhalten des Bauherrn als des „Vergebenden“ abgestellt. Sie enthält 33 Paragrafen, die wie folgt thematisch in fünf Teile gegliedert werden können.

2.2.2 Inhaltsübersicht der VOB/A

Vergabe einer Bauleistung	§ 1	Bauleistungen
	§ 2	Grundsätze der Vergabe
Auswahl des Vergabeverfahrens	§ 3	Arten der Vergabe
	§ 4	Einheitliche Vergabe, Vergabe nach Losen
	§ 5	Leistungs-, Stundenlohn-, Selbstkostenerstattungsvertrag
	§ 6	Angebotsverfahren
	§ 7	Mitwirkung von Sachverständigen
	§ 8	Teilnehmer am Wettbewerb
Erstellung der Vergabeunterlagen	§ 9	Beschreibung der Leistung
	§ 10	Vergabeunterlagen
	§§ 11–15	Vertragsregelungen
Durchführung des Vergabeverfahrens	§§ 16-20	Regelungen der Ausschreibung
	§§ 21–25	Form, Inhalt, Prüfung und Wertung der Angebote
Aufhebung/Zuschlag	§ 26	Aufhebung der Ausschreibung
	§ 27	Nicht berücksichtigte Bewerbungen und Angebote
	§§ 28–30	Zuschlag, Vertrag, Vergabe
	§ 31	Nachprüfungsstellen
	§ 32	Baukonzessionen
	§ 33	Melde-, Berichts- und Aufbewahrungspflichten

2.2.3 Standardleistungsbuch

Zur Ausschreibung nach VOB/A können die Leistungen beispielsweise nach einem einheitlichen Katalog, dem *Standardleistungsbuch*, beschrieben werden.

LB-Nr.	Standardleistungsbuch	Ausgabe	LB-Nr.	Standardleistungsbuch	Ausgabe
000	Baustelleneinrichtung	03/95	042	Gas- und Wasserinstallationsarbeiten, Leitungen und Armaturen	05/94
001	Gerüstarbeiten	11/90	043	Druckrohrleitungen für Gas, Wasser und Abwasser	03/96
002	Erdarbeiten	11/93	044	Abwasser-Installationsarbeiten. Leitungen, Abläufe	01/94
003	Landschaftsbauarbeiten	04/97	045	Gas-, Wasser- und Abwasserinstallationsarbeiten; Einrichtungsgegenstände, Sanitärausstattungen	05/94
004	Landschaftsbauarbeiten, Pflanzen	11/96	046	Gas-, Wasser- und Abwasserinstallationsarbeiten. Betriebseinrichtungen	11/93
005	Brunnenarbeiten und Aufschlussbohrungen	11/93	047	Dämmarbeiten an betriebstechnischen Anlagen. Wärme-, Kälte-, Brandschutz	03/98
006	Bohr-, Verbau-, Ramm- und Einpressarbeiten	04/96	048	Sanitärausstattung für den medizinischen Bereich	in Vorb.
007	Untertagebauarbeiten	in Vorb.	049	Feuerlöschanlagen, Feuerlöschgeräte	11/81
008	Wasserhaltungsarbeiten	11/93	050	Blitzschutz- und Erdungsanlagen	03/85
009	Entwässerungskanalarbeiten	03/95	051	Bauleistungen für Kabelanlagen	05/82
010	Dränarbeiten	05/95	052	Mittelspannungsanlagen	05/87
011	Abscheideanlagen, Kleinkläranlagen	11/96	053	Niederspannungsanlagen	04/85
012	Mauerarbeiten	10/92	055	Ersatzstromversorgungsanlagen	09/97
013	Beton- und Stahlbetonarbeiten	11/94	056	Batterien	in LB 055 und LB 059
014	Natursteinarbeiten, Betonwerksteinarbeiten	04/95	058	Leuchten und Lampen	03/91
016	Zimmerer- und Holzbauarbeiten	11/93	059	Notbeleuchtung	11/93
017	Stahlbauarbeiten	11/93	060	Elektro-akustische Anlagen; Sprechanlagen, Personenrufanlagen	10/92
018	Abdichtungsarbeiten	08/97	061	Fernmeldeleitungsanlagen	05/95
020	Dachdeckungsarbeiten	02/96	063	Meldeanlagen	10/89
021	Dachdichtungsarbeiten	08/94	069	Aufzüge	10/89
022	Klempnerarbeiten	07/97	071	Gebäudeautomation. Einrichtungen und Funktionen	08/98
023	Putz- und Stuckarbeiten	12/95	072	Gebäudeautomation. Schaltschränke, Feldgeräte, Verbindungen	11/96
024	Fliesen- und Plattenarbeiten	08/97	074	Raumlufttechnische Anlagen. Zentralgeräte und deren Bauelemente	05/94
025	Estricharbeiten	12/95	075	Raumlufttechnische Anlagen; Luftverteilungsgeräte und deren Bauelemente	05/98
027	Tischlerarbeiten	04/95	076	Raumlufttechnische Anlagen; Einzelgeräte	11/90
028	Parkettarbeiten, Holzpflasterarbeiten	10/91	077	Raumlufttechnische Anlagen; Schutzräume	02/81
029	Beschlagarbeiten	04/97	078	Raumlufttechnische Anlagen; Kälteanlagen	04/89
030	Rollladenarbeiten	11/94	080	Straßen, Wege, Plätze	05/98
031	Metallbauarbeiten, Schlosserarbeiten	04/97	081	Betonerhaltungsarbeiten	01/94
032	Verglasungsarbeiten	05/93	085	Rohrvortrieb	03/97
033	Baureinigungsarbeiten	08/97	098	Winterbau-Schutzmaßnahmen	02/99
034	Maler- und Lackierarbeiten	11/96	099	Allgemeine Standardbeschreibungen	11/96
035	Korrossionsschutzarbeiten an Stahl- und Aluminiumbaukonstruktionen	11/93	998	Testdiskette	
036	Bodenbelagsarbeiten	10/95	999	Testdiskette Volltext	
038	Tapezierarbeiten	03/92	482	Bauarbeiten an Bahnübergängen	1983
039	Trockenbauarbeiten	10/97	486	Bauarbeiten an Gleisen und Weichen	1996
040	Heizungs- und zentrale Brauchwassererwärmungsanlagen	02/95			

(Quelle: Beuth Versandkatalog, Berlin; Stand 1999)

2.3 VOB/B

2.3.1 Allgemeines

Die VOB/B enthält die beidseitigen Rechte und Pflichten der Vertragspartner nach Abschluss des Vertrages und regelt die Allgemeinen Geschäftsbedingungen in Bauverträgen. Diese weichen zum Teil von den Bestimmungen des BGB und des AGB-Rechts ab, um den spezifischen Anforderungen für die Erbringung von Bauleistungen gerecht zu werden. Gesetzliche Ausgangsbasis für die Regelungen VOB/B sind die Bestimmungen über den „Werkvertrag" in § 631 ff. BGB. Ist die VOB/B wirksam vereinbart, so gehen deren Bestimmungen dem § 631 ff. BGB oder anderen einschlägigen gesetzlichen Regelungen des BGB vor.

Die VOB Teil B gliedert sich in folgende Paragraphen:

- § 1 Art und Umfang der Leistung
- § 2 Vergütung
- § 3 Ausführungsunterlagen
- § 4 Ausführung
- § 5 Ausführungsfristen
- § 6 Behinderung und Unterbrechung der Ausführung
- § 7 Verteilung der Gefahr
- § 8 Kündigung durch den Auftraggeber
- § 9 Kündigung durch den Auftragnehmer
- § 10 Haftung der Vertragsparteien
- § 11 Vertragsstrafe
- § 12 Abnahme
- § 13 Mängelansprüche
- § 14 Abrechnung
- § 15 Stundenlohnarbeiten
- § 16 Zahlung
- § 17 Sicherheitsleistung
- § 18 Streitigkeiten

In folgender Tabelle sind korrespondierende Paragraphen der VOB Teil A und B gegenübergestellt.

VOB/A ⟷	VOB/B
§ 1 Definition der Bauleistung	§ 1 Art und Umfang der Bauleistung
§ 5 Vertragsarten Leistungsvertrag, Stundenlohnvertrag, Selbstkostenerstattungsvertrag	§ 2 Vergütung Gilt für die Leistungen gemäß Vertrag und Leistungsbeschreibung
§ 9 Leistungsbeschreibung (Leistungsverzeichnis oder Leistungsprogramm)	§ 2 Vergütung Wenn die Leistungsbeschreibung nicht ausreichend ist, folgen u. U. zusätzliche Vergütungsansprüche.
§ 10 Vertragsbedingungen Zusätzliche + Besondere Vertragsbedingungen	§ 1 Nr. 2 Vertragsbedingungen Reihenfolge bei Widersprüchen
§ 11 Ausführungsfristen Umfang, Bauzeitenplan, Verzugsschaden	§ 5 Ausführungsfristen Durchsetzung der Einhaltung der Fristen
§ 15 Änderung der Vergütung Einzelheiten sind festzulegen.	§ 2 Nr. 3–10 Änderung der Vergütung Beschreibung der Preisanpassung

2.3.2 Leistung (§ 1)

Eine Besonderheit der VOB/B liegt darin, dass allgemeine vertragliche Grundsätze des BGB hier nicht übernommen sind. Normalerweise sind gegenseitige Willenserklärungen beider Vertragsparteien erforderlich, wenn nicht vereinbarte Leistungen ausgeführt werden sollen. Die VOB/B bildet hier eine Ausnahme.

„(1) Die auszuführende Leistung wird nach Art und Umfang durch den Vertrag bestimmt. Als Bestandteil des Vertrags gelten auch die Allgemeinen Technischen Vertragsbedingungen für Bauleistungen.

(2) Bei Widersprüchen im Vertrag gelten nacheinander:

a) die Leistungsbeschreibung,
b) die Besonderen Vertragsbedingungen,
c) etwaige Zusätzliche Vertragsbedingungen,
d) etwaige Zusätzliche Technische Vertragsbedingungen,
e) die Allgemeinen Technischen Vertragsbedingungen für Bauleistungen,
f) die Allgemeinen Vertragsbedingungen für die Ausführung von Bauleistungen.

(3) Änderungen des Bauentwurfs anzuordnen, bleibt dem Auftraggeber vorbehalten.

(4) Nicht vereinbarte Leistungen, die zur Ausführung der vertraglichen Leistung erforderlich werden, hat der Auftragnehmer auf Verlangen des Auftraggebers mit auszuführen, außer wenn sein Betrieb auf derartige Leistungen nicht eingerichtet ist. Andere Leistungen können dem Auftragnehmer nur mit seiner Zustimmung übertragen werden."

2.3.3 Vergütungsregelungen im Einheitspreisvertrag

Die Vergütung wird nach den vertraglichen Einheitspreisen und den tatsächlich ausgeführten Mengen berechnet, wenn keine andere Berechungsart (z. B. Pauschalsumme) vereinbart ist. Wichtigste Grundlage zur Feststellung der Vergütung ist der Vergleich der erbrachten Leistung mit dem vertraglich definierten Bausoll in Quantität und Qualität.

Beim Einheitspreisvertrag wird im Angebot ein Preis für jede Position des Leistungsverzeichnisses je Mengeneinheit festgelegt, der neben den direkten positionsbezogenen Kosten der Herstellung sämtliche Anteile der Projektgemeinkosten, der Allgemeinen Geschäftskosten und von Wagnis und Gewinn anteilig enthält. Die Unabhängigkeit dieser Kalkulation von der tatsächlich ausgeführten Menge ist nur für geringe Abweichungen von der kalkulierten Menge gegeben. Entsprechend ist zur Vermeidung einer Gemeinkostenunterdeckung in der VOB/B § 2 Nr. 3 folgendes Vorgehen festgelegt:

Leistung		Vergütung nach § 2 Nr. 3
Mengenüberschreitung	mehr als 10 %	Auf Verlangen neuen Preis vereinbaren
Mengenabweichung	kleiner als 10 %	Preise nach LV
Mengenunterschreitung	mehr als 10 %	Auf Verlangen Erhöhung des Preises um die Kosten

Beispiel: Mengenunterschreitung von LV-Menge = 10 Stück auf Abrechnungsmenge 8 Stück bei einem Einheitspreis EP = 10 €/Stück (bei gleich bleibenden PGK)

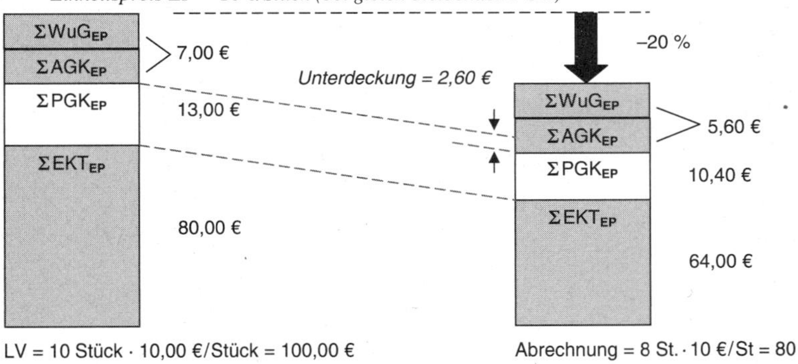

Der aus dieser Pos. mit 10 Stück zu erlösende Anteil der Projektgemeinkosten (PGK) beträgt 13 €. Bei Ausführung von 8 Stück reduziert sich der Betrag zur anteiligen Deckung der PGK auf 10,40 € (vgl. Abschn. 4). Damit ist das Verlangen auf Erhöhung des Preises quantifiziert.

Weitere Regelungen betreffen:

	Leistung	Vergütung
§ 2 Nr. 4	Übernahme von Leistungen durch den Auftraggeber	Vereinbarte Vergütung abzüglich ersparter Aufwendungen
§ 2 Nr. 5	Änderung des Bauentwurfes durch den Auftraggeber	Neuer Preis unter Berücksichtigung der Mehr- und Minderkosten
§ 2 Nr. 6	Im Vertrag nicht vorgesehene Leistungen	Neue Preisermittlung auf Basis der Preisermittlung für die vertragliche Leistung und den besonderen Kosten der zusätzlichen Leistung

2.3.4 Vergütungsregelung im Pauschalvertrag

In einem (Detail-)Pauschalvertrag wird die Leistung detailliert wie beim Einheitspreisvertrag beschrieben und durch eine vertraglich im Vergabegespräch festgelegte Pauschalsumme vergütet. Dann gilt:

- Die Mengenangabe im LV (sog. Vordersatz) spielt keine Rolle.
- Der Einheitspreis spielt keine Rolle.
- Das Mengenermittlungsrisiko liegt beim Auftragnehmer.

VOB/B § 2 Nr. 7 regelt das Vorgehen bei Änderungen der Leistung im Pauschalvertrag. Die Nummern 4, 5 und 6 bleiben dabei jedoch unberührt, d. h. bei Herausnahme von Leistungen, Änderungen des Entwurfes oder bei Forderungen von im Vertrag nicht vorgesehenen Leistungen ist eine Preisanpassung vorzunehmen.

2.4 VOB/C

2.4.1 Allgemeines

Die VOB/C „Allgemeine Technische Vertragsbedingungen für Bauleistungen (ATV)“ setzt sich aus einer Vielzahl von einzelnen ATV zusammen. Sie umfasst weitgehend alle Leistungen, die für die Erstellung eines Bauwerks erforderlich sind.

Eine ATV gliedert sich in folgende Abschnitte:

- Hinweise für das Aufstellen der Leistungsbeschreibung
- Geltungsbereich
- Stoffe, Bauteile
- Ausführung
- Nebenleistungen, Besondere Leistungen
- Abrechnung

Wenn die VOB/B Vertragsbestandteil ist, gelten auch die Vorschriften der VOB/C.

2.4.2 VOB/C: Übersicht

DIN 18299	Allg. Regelungen für Bauarbeiten jeder Art	DIN 18335	Stahlbauarbeiten
DIN 18300	Erdarbeiten	DIN 18336	Abdichtungsarbeiten
DIN 18301	Bohrarbeiten	DIN 18338	Dachdeckungs-/ Dachabdichtungsarbeiten
DIN 18302	Brunnenbauarbeiten	DIN 18339	Klempnerarbeiten
DIN 18303	Verbauarbeiten	DIN 18349	Betonerhaltungsarbeiten
DIN 18304	Ramm-, Rüttel- und Pressarbeiten	DIN 18350	Putz- und Stuckarbeiten
DIN 18305	Wasserhaltungsarbeiten	DIN 18351	Fassadenarbeiten
DIN 18306	Entwässerungskanalarbeiten	DIN 18352	Fliesen- und Plattenarbeiten
DIN 18307	Druckrohrleitungsarbeiten im Erdreich	DIN 18353	Estricharbeiten
DIN 18308	Dränarbeiten	DIN 18354	Gussasphaltarbeiten
DIN 18309	Einpressarbeiten	DIN 18355	Tischlerarbeiten
DIN 18310	Sicherungsarbeiten an Gewässern, Deichen und Küstendünen	DIN 18356	Parkettarbeiten
		DIN 18357	Beschlagarbeiten
DIN 18311	Nassbaggerarbeiten	DIN 18358	Rollladenarbeiten
DIN 18312	Untertagebauarbeiten	DIN 18360	Metallbauarbeiten
DIN 18313	Schlitzwandarbeiten mit stützenden Flüssigkeiten	DIN 18361	Verglasungsarbeiten
		DIN 18363	Maler- und Lackierarbeiten
DIN 18314	Spritzbetonarbeiten	DIN 18364	Korrosionsschutzarbeiten an Stahl- und Aluminiumbauten
DIN 18315	Verkehrswegebauarbeiten – Oberbauschichten ohne Bindemittel	DIN 18365	Bodenbelagsarbeiten
DIN 18316	Verkehrswegebauarbeiten – Oberbauschichten mit hydraulischen Bindemitteln	DIN 18366	Tapezierarbeiten
		DIN 18367	Holzpflasterarbeiten
DIN 18317	Verkehrswegebauarbeiten – Oberbauschichten aus Asphalt	DIN 18379	Raumlufttechnische Anlagen
		DIN 18380	Heizanlagen und zentrale Wassererwärmungsanlagen
DIN 18318	Verkehrswegebauarbeiten – Pflasterdecken, Plattenbelage, Einfassungen	DIN 18381	Gas-, Wasser- und Entwässerungsanlagen innerhalb von Gebäuden
DIN 18319	Rohrvortriebsarbeiten		
DIN 18320	Landschaftsbauarbeiten	DIN 18382	Nieder- und Mittelspannungsanlagen mit Nennspannungen bis 36 kV
DIN 18321	Düsenstrahlarbeiten		
DIN 18325	Gleisbauarbeiten	DIN 18384	Blitzschutzanlagen
DIN 18330	Mauerarbeiten	DIN 18385	Förderanlagen, Aufzugsanlagen, Fahrtreppen und Fahrsteige
DIN 18331	Beton- und Stahlbetonarbeiten		
DIN 18332	Naturwerksteinarbeiten	DIN 18386	Gebäudeautomation
DIN 18333	Betonwerksteinarbeiten	DIN 18421	Dämmarbeiten an technischen Anlagen
DIN 18334	Zimmer- und Holzbauarbeiten	DIN 18451	Gerüstarbeiten

2.4.3 Nebenleistungen und Besondere Leistungen

Hinsichtlich der vertraglich vereinbarten Leistungen unterscheidet die VOB/C jeweils *Nebenleistungen* und *Besondere Leistungen*. Nebenleistungen müssen nicht gesondert im Vertragstext erwähnt werden, sie gehören durch die VOB/C bereits zum Vertrag. Besondere Leistungen werden nur dann zum Vertragsinhalt, wenn sie in der Leistungsbeschreibung ausdrücklich aufgeführt sind. Nachfolgende Tabelle gibt verkürzt die prinzipielle Unterscheidung nach DIN 18 299 „Allgemeine Regelungen für Bauarbeiten jeder Art“ in Nebenleistungen und Besondere Leistungen wieder.

Nebenleistungen	Besondere Leistungen
Baustelleneinrichtung	Beaufsichtigen der Leistungen anderer Unternehmer
Vorhalten der Baustelleneinrichtung	Erfüllen von Aufgaben des Auftraggebers
Messungen für Ausführung und Abrechnung inkl. Geräte	Besondere Schutz- und Sicherheitsmaßnahmen bei Arbeiten in kontaminierten Bereichen, z. B. messtechnische Überwachung
Schutz- und Sicherheitsmaßnahmen	Besondere Schutzmaßnahmen gegen Witterungsschäden, Hochwasser und Grundwasser
Beleuchten, Beheizen und Reinigen von Aufenthalts- und Sanitärräumen	Besondere Prüfung von Stoffen und Bauteilen, die der Auftraggeber liefert
Liefern der Betriebsstoffe	Sichern von Leitungen, Kabeln, Dränen, Kanälen, Grenzsteinen, Bäumen, Pflanzen und dergleichen
Sichern gegen Niederschlagswasser	
Entsorgen von Abfall bis 1 m³	

In den ATV für Einzelgewerke (DIN 18 300 ff.) wird jeweils in Abschnitt 4 Bezug auf diese Einteilung genommen und Gewerke spezifisch ergänzt.

Beispiel zur VOB/C

Abrechnung nach VOB/C, exemplarisch an DIN 18 331 – Betonarbeiten – dargestellt. Abgerechnet wird z. B. nach folgenden Einheiten:

Einheit	Beispiele
m^3	Fundamente, Widerlager, Brückenüberbauten, Pfeiler
m^2	Sauberkeitsschicht, Schalung, Wände, Decken, Bodenplatte
m	Stützen, Balken, Unterzüge, Betonpfähle
Stück	Aussparungen, Stützen, Fertigteile
t	Bewehrung

Ergänzend zu den Abrechnungsgrundlagen nach DIN 18 299 beziehen sich weitere Vorgaben in DIN 18 331 auf Beton und Stahlbeton: Bauteile werden grundsätzlich nach ihren Maßen abgerechnet. Bei Beton und Stahlbeton werden jedoch Volumina nicht abgezogen, die durch Verdrängung des Betons durch die Bewehrung oder durch einbetonierte Pfahlköpfe, Walzprofile und Spundwände entstehen; Aussparungen werden je nach Größe übermessen oder berücksichtigt. Damit gibt es eine Abweichung zwischen realer Menge und Abrechnungsmenge.

Beispiel: Stahlbetonwand mit Fenster- und Türöffnungen

Aus der Abrechnungsregel nach DIN 18 331, Abschnitt 5.1.2, dass bei Abrechnungen nach Raummaß Öffnungen kleiner 0,5 m³ und bei Abrechnungen nach Flächenmaß Öffnungen kleiner 2,5 m² nicht abgezogen werden müssen, ergibt sich:

- Reales Betonvolumen:
  $5{,}40 \cdot 3{,}0 \cdot 0{,}20 = 3{,}240\ m^3$
  $-1{,}35 \cdot 1{,}35 \cdot 0{,}20 = -0{,}365\ m^3 < 0{,}5\ m^3$
  $-2{,}25 \cdot 1{,}35 \cdot 0{,}20 = -0{,}608\ m^3 > 0{,}5\ m^3$
  Gesamtmenge $= 2{,}267\ m^3$
- Abrechnungsmenge Beton:
  $3{,}240 - 0{,}608 = 2{,}632\ m^3$
- Zu schalende Wandoberfläche (einseitig):
  $5{,}40 \cdot 3{,}0 = 16{,}20\ m^2$
  $-1{,}35 \cdot 1{,}35 = -1{,}82\ m^2 < 2{,}5\ m^2$
  $-2{,}25 \cdot 1{,}35 = -3{,}04\ m^2 > 2{,}5\ m^2$
  Gesamtmenge $= 11{,}34\ m^2$,
  wegen Überschalens jedoch $16{,}20\ m^2$
- Abrechnungsmenge Wandschalung (einseitig):
  $16{,}20 - 3{,}04 = 13{,}16\ m^2$

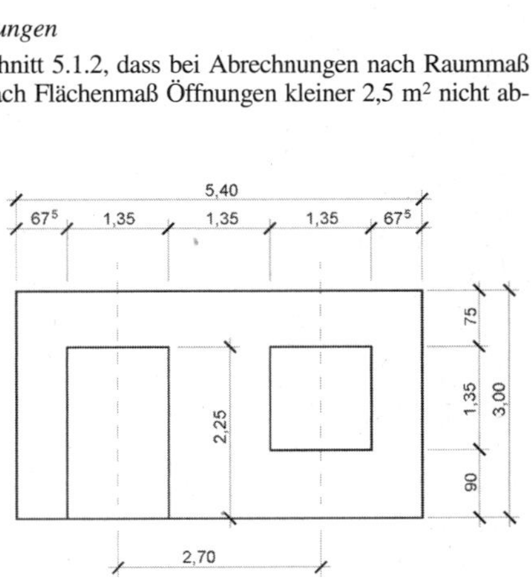

3 Bauverfahren

3.1 Schalungssysteme im Bauprozessmanagement

Nachdem die sinnvolle Koordinierung von Schalungen und Schalungssystemen in der Abwicklung eines Bauprojektes enorme Auswirkungen auf Kosten und Termine hat, soll im Folgenden ein kurzer Überblick gegeben werden.

3.1.1 Deckenschalung

Trägerschalung	Paneel-Träger-Schalung	Deckentische
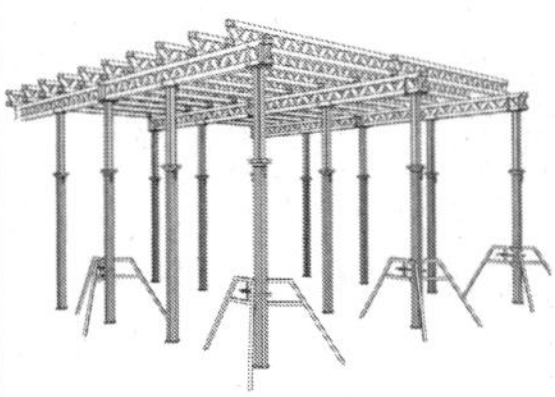 Quelle: PERI	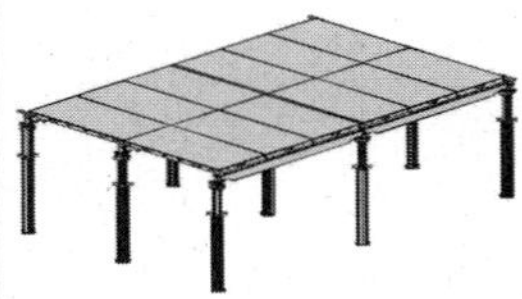 Quelle: PERI	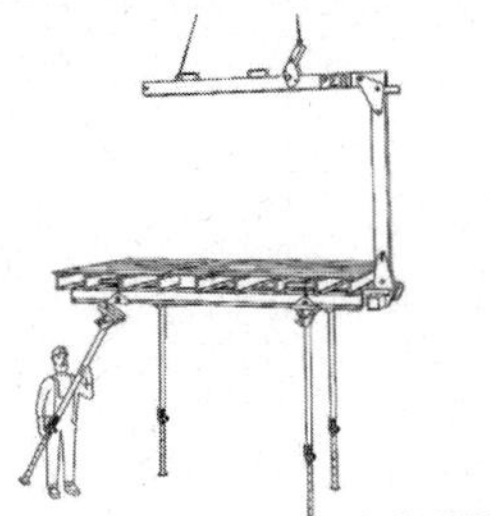 Quelle: PERI
Systemteile: Schalungsplatten, Querträger, Jochträger, Kreuz- und Klauenkopf, Stützen und Dreibeine	Aluminium-Teile: Abdeckleiste, Paneel, Längsträger, Stütze mit Fallkopf	Großflächenschalung (nur Oberbau und Stützen). Stützen am Oberbau über Schwenkkopf befestigt, mit dem die Stützen für den Transport eingeklappt werden.
Vorteile: Anpassung an Gebäudeformen möglich, Träger teleskopierbar, Schaltafeln individuell zugeschnitten Statisch optimal durch individuelle Bemessung Betonoberfläche individuell durch freie Wahl der Schalungsplatte	Vorteile: Fallkopfstützen ermöglichen Frühausschalen, Stützen können als Unterstützung verbleiben Geringere Vorhaltemenge, lediglich Stützen mehrfach vorhalten Weniger Aufwand beim Aufstellen der Schalung, weniger Deckenstützen, Modulsystem Geringes Eigengewicht (15 kg je Stück)	Vorteile: Hoher Vorfertigungsgrad Große Umsetzeinheiten möglich Wenig Personal für Umsetzen und Einschalen Tische mit klappbaren Stützen, über Brüstungen verfahrbar Geringes Transportvolumen Passplattenauflage für die Ausgleichsbereiche möglich Seitenschutz, Randabschalung am Boden vormontierbar
Nachteile: Hoher Montageaufwand Hohe Vorhaltemenge für die Schalung, wenn sie bis Ende Ausschalfrist verbaut bleibt Frühausschalen erfordert das Stellen zusätzlicher Stützen. Glatte Oberfläche erfordert erhöhten Aufwand bzgl. der Schalplattenstöße.	Nachteile: Hoher Neuwert, hohe Abschreibung, Verzinsung Deutliche Abzeichnung der Paneele in der Deckenunterseite, Ungenauigkeiten sichtbar	Nachteile: Bei Lochfassaden nur bedingt einsetzbar Ggf. höhere Krankapazität erforderlich

Im Sinne einer präzisen Produktionsplanung ist eine weitgehende Vorfertigung und ein detaillierter Einsatz- und Umsetzplan für das gewählte Schalungssystem von hoher Bedeutung.

3.1.2 Wandschalung

Trägerschalung	Rahmenschalung
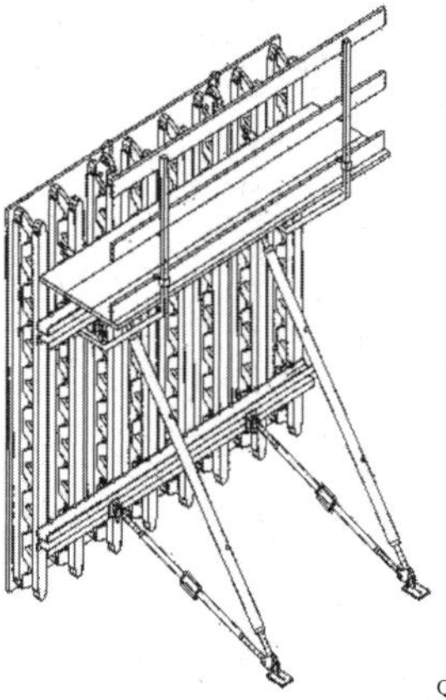 Quelle: PERI	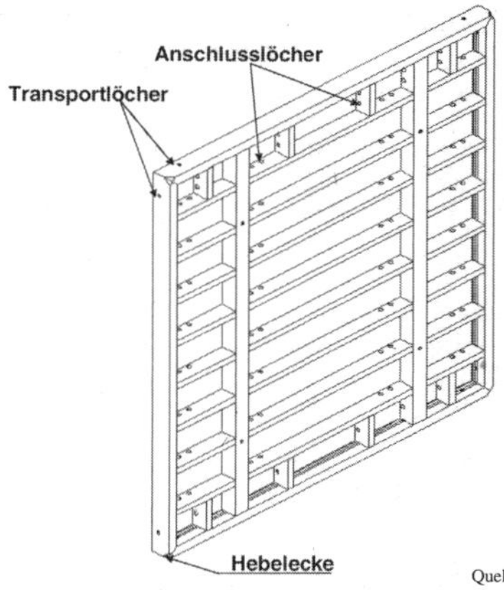 Quelle: PERI
▪ Elemente: Schalhaut, Schalungsträger, Stahlriegel, Absteifung, Arbeitsbühne	▪ Elemente: Geschweißter Stahl- oder Aluminiumrahmen, Streben zur Aussteifung, integrierte Schalhaut
▪ individuell zusammenstellbar; anpassungsfähig an Ankersituation, Sichtbetonanforderungen und Betondruck	▪ Rasterung 30/50 [cm], zwei Höhen, einfaches Umsetzen, Handtransport möglich
▪ Vormontage möglich	▪ Verbindung sehr einfach durch Richtschloss
▪ Schalungsankerstellen können variabel in Höhe und Breite angeordnet werden.	▪ Schalungsankerstellen sind fest im Element platziert.
▪ Verbindungsteil für horizontale Elementverbindung; Verbindungsteil für vertikale Elementverbindung	▪ Horizontales Verbindungsteil kann in der Regel auch zum Aufstocken verwendet werden.
▪ Objektbezogene Vormontage	▪ Variabel einsetzbar
▪ Zulässiger Schalungsdruck variabel	▪ Zulässiger Schalungsdruck vorgegeben
▪ Kranabhängige Schalung	▪ Handschalung möglich

Wirtschaftlichkeitserwägung:

Eine Trägerschalung besteht aus Kaufteilen (Schalhaut, Schalhautbefestigung, Montage und Demontage) und aus Mietteilen (Träger, Stahlriegel, Befestigungsteile, Elementverbindungen).

Eine Rahmenschalung besteht nur aus Mietteilen (Elemente, Elementverbindungen, Zubehör).

Beispielhafte Preise:

Trägerschalung	Rahmenschalung
Kaufteile: 70 €/m^2 (z. B. Schalhaut)	Kaufteile: entfällt
Mietteile: 80 €/m^2 (z. B. Träger, Gurtung)	Mietteile: 349 €/m^2 (z. B. Elemente, Verbindungen)
Miete: 4 €/m^2 Mon. (≈ 5 % der Mietteile)	Miete: 17 €/m^2 Mon. (≈ 5 % der Mietteile)
Ab etwa 6 Monaten wird die Trägerschalung kostengünstiger als die Rahmenschalung, da die höheren Grundkosten aus Montage und Demontage sowie der Kaufteile ausgeglichen werden können. Dabei wird für die Mietteile von einer Abschreibungsdauer von ca. 20 Monaten ausgegangen.	

3.1.3 Stützenschalung

Schalung für Rechteckstützen	Schalung für Rundstützen
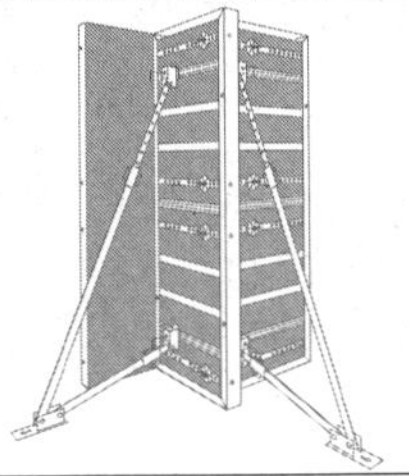 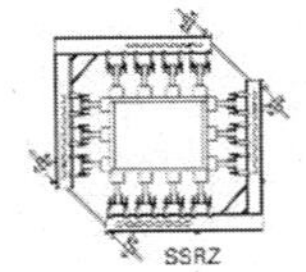	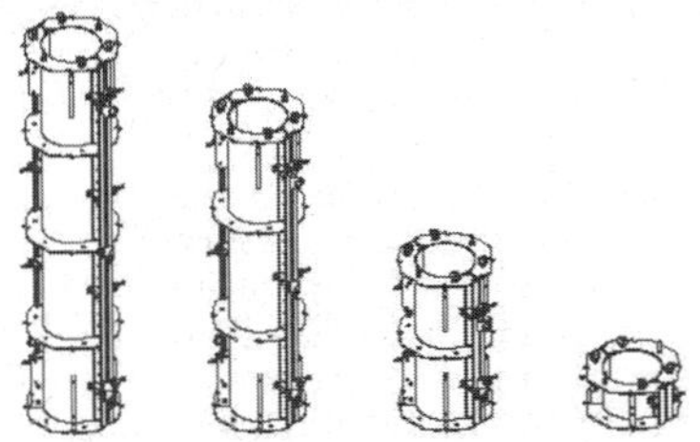
Möglichkeiten analog zur Wandschalung: Trägerschalung, Rahmenschalung, alternativ spezielle Stützenelemente	In der Regel zwei Halbschalen z. B. aus Stahl
Trägerschalung: Aufwendigere Montage Querschnitte: 24 x 24 bis 80 x 120 [cm], Maximale Schalungshöhe: 6,00 m Maximal zulässiger Frischbetondruck: 100 kN/m² Überwiegender Einsatz bei Sichtbetonanforderungen oder komplizierten Querschnitten und hohen Einsatzzahlen	Rasterung 0,30 m Elementhöhen z. B. 3,00 m, 2,40 m, 1,20 m und 0,30 m Durchmesser z. B. von 25 bis 70 cm im 5-cm-Raster Maximaler Schalungsdruck: 150 kN/m²
Rahmenschalung: Einfache Montage Abmessungen bis 75 x 75 [cm] möglich Frischbetondruck bis zu 90 kN/m²	

Die oben aufgeführten Angaben können je nach Hersteller des entsprechenden Schalungssystems variieren.

3.2 Bemessung von Schalung und Rüstung

3.2.1 Betondruck

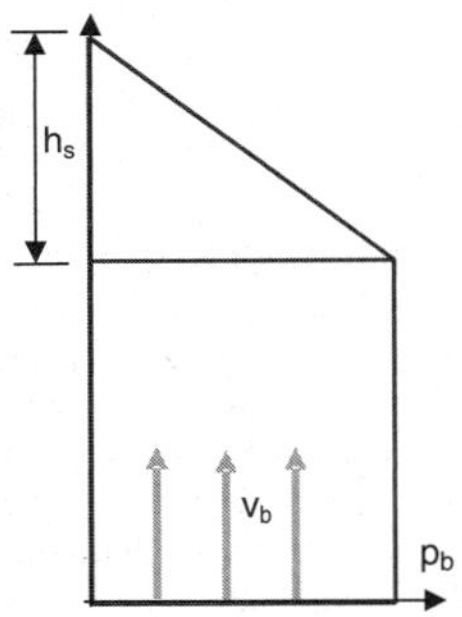

Frischbetondruck führt zu Belastungen der Schalung und der Rüstung. Der maßgebliche Betondruck auf Schalung und Rüstung wird insbesondere beeinflusst durch

- Betonart (Zusatzmittel, Zementart, Temperatur, Konsistenz)
- Schalung (Belag, Steifigkeit, Grundfläche des Schüttquerschnitts)
- Schüttung (Rütteltiefe, Rüttelart, Steiggeschwindigkeit).

Die Tragfähigkeit von Rüstungen und Schalungen ist nach einschlägigen Normen nachzuweisen. Sie sind nach allgemeinen bauaufsichtlichen Zulassungen zu bemessen und nach bautechnischen Unterlagen zu errichten und entfernen.

Insbesondere sind bei lotrechten Schalungen der Frischbetondruck (DIN 18218) und die zulässige Belastung der Schalungsanker (DIN 18216) zu berücksichtigen. Für Bemessung und Konstruktion von Traggerüsten gilt DIN 4421, für verstellbare Baustützen aus Stahl DIN EN 1065.

Vertikaler Betondruck

Beim Betonieren einer Decke als horizontales Bauteil ist der vertikale Betondruck auf Schalung und darunter liegender Rüstung als gleichmäßige Flächenlast zu betrachten. Maßgebend ist in der Regel die Gebrauchstauglichkeit (Beschränkung der Durchbiegung auf die ausgeschriebenen Toleranzen während und nach dem Betonieren). Die Ausschalfristen sind abhängig von der Festigkeitsentwicklung des Betons, also von Betongüte und Rezeptur. Ggf. werden nach dem Ausschalen Hilfsunterstützungen erforderlich.

Horizontaler Betondruck

Für die Bemessung von vertikalen Schalungssystemen, z. B. für Wände und Stützen, ist der Lastansatz des horizontalen Betondrucks zu ermitteln. Das aus dem Frischbetondruck resultierende Lastbild ist für die Bemessung der Schalung maßgebend und nach DIN 18218 wie folgt anzusetzen:

Da der Beton im oberen Bereich noch flüssig ist, stellt sich ein hydrostatischer Druckverlauf ein. Im darunter liegenden Bereich ist der Beton bereits erstarrt und liefert keinen weiteren Druckbeitrag.

Die hydrostatische Druckhöhe h_s hängt von der Betoniergeschwindigkeit v_b und der Konsistenz K des Betons ab. Bei flüssiger Konsistenz ergibt sich eine entsprechend größere hydrostatische Druckhöhe, bei steiferer Konsistenz ist sie entsprechend geringer.

$$p_B = 25\ [\text{kN/m}^3] \cdot h_s\ [\text{m}]$$

Der maximale Druckanstieg ist nach DIN 18218 bei Wänden auf 80 kN/m², bei Stützen 100 kN/m², begrenzt. Die Berechnung des Frischbetondrucks erfolgt mittels nachfolgender Formeln in Abhängigkeit von der Konsistenz des Frischbetons:

- Konsistenz KF (Fließbeton): $p_b = 17 \cdot v_b + 17$
- Konsistenz KR (weich): $p_b = 14 \cdot v_b + 18$
- Konsistenz KP (plastisch): $p_b = 10 \cdot v_b + 19$
- Konsistenz KS (steif): $p_b = 5 \cdot v_b + 21$

Konsistenzbereiche*) des Frischbetons:

nach DIN 1045, Ausgabe 1980

Konsistenzbereiche		Ausbreitmaß a [cm]	Verdichtungsmaß v
Bedeutung	Kurzzeichen		
steif	KS	-	≥ 1,20
plastisch	KP	35 bis 41	1,19 bis 1,08
weich	KR	42 bis 48	1,07 bis 1,02
fließfähig	KF	49 bis 60	-

nach DIN 1045, Ausgabe 1972 bzw. DIN 18218

Konsistenzbereiche		Ausbreitmaß a [cm]	Verdichtungsmaß v
Bedeutung	Kurzzeichen		
steif	K1	-	1,45 bis 1,26
plastisch	K2	≤ 40	1,25 bis 1,11
weich	K3	41 bis 50	1,10 bis 1,04

*) Zur eindeutigen Zuordnung der Konsistenzklassen wird hier Bezug auf bereits zurückgezogene Normen genommen.

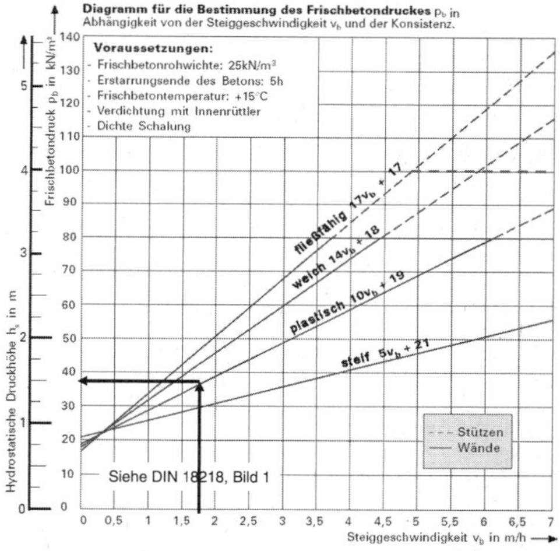

Dem Diagramm liegen folgende Voraussetzungen zugrunde:

- Die Schalung steht lotrecht.
- Die Frischbetonrohdichte beträgt 25,0 kN/m³.
- Die Frischbetontemperatur beträgt beim Einbringen +15 °C ohne Erstarrungsverzögerer.
- Der Frischbeton ist nach spätestens 5 h erstarrt; dies wird von Portlandzement der Festigkeitsklassen PZ 35 F bzw. PZ 45 F erfüllt, bei denen der Erstarrungsbeginn bei ca. 1,5 bis 2,0 h liegt.
- Der Frischbeton wird mit Innenrüttlern der Gruppe 3 nach DIN 4235-1, Ausgabe 1978, verdichtet.
- Die Schalung besitzt eine dichte Schalhaut (z. B. Brett- oder Großflächenschalung aus Sperrholz).
- Die Steiggeschwindigkeit beträgt höchstens 7,0 m/h.

Anmerkung: Der eingebrachte Beton ist schichtweise durch Rütteln zu verdichten. Zu tiefes Eintauchen führt zu einer größeren hydrostatischen Druckhöhe h_s und damit zu einem höheren Frischbetondruck p_b, ggf. zu einem Versagen der Schalung.

Der Frischbetondruck wird durch weitere Parameter beeinflusst:

- Eine *Frischbetontemperatur* über +15 °C kann druckmindernd wirken, eine Frischbetontemperatur unter +15 °C wirkt druckvergrößernd.
- Eine *Außentemperatur* unter +15 C° wirkt ebenfalls druckvergrößernd. Im Winter sind die Belastungen auf die Schalung daher höher, falls keine Maßnahmen zur Isolierung ergriffen werden.
- Beim *Einsatz von Außenrüttlern* darf die Frischbetondruckverteilung nach DIN 18218 nicht angesetzt werden. Generell ist ein höherer Druck anzusetzen, da die Außenrüttler an der Schalung selbst befestigt werden. Dadurch kann die gesamte Schalung gerüttelt werden. Im Extremfall ist die hydrostatische Druckhöhe über die gesamte Wandhöhe anzusetzen.
- *Betonverflüssiger, Luftporenbildner* wirken druckerhöhend durch die Veränderung der Konsistenz. Die verzögerte Erstarrung des Frischbetons ist entsprechend zu berücksichtigen.

3.2.2 Ausschalfristen

Gerüste und Schalungen können erst entfernt werden, wenn der Beton eine ausreichende Festigkeit erreicht hat, um

- die auf das Betonbauteil aufgebrachten Lasten aufnehmen zu können,
- ungewollte Verformungen aus elastischem und plastischem Verhalten des Betons gering zu halten und
- eine Beschädigung der Oberflächen und Kanten durch das Ausschalen zu vermeiden.

Dazu kann eine Erhärtungsprüfung oder eine Reifegradprüfung sinnvoll sein. Bei den ermittelten Ausschalfristen sind zusätzlich aufgebrachte Lasten, z. B. aus dem Arbeitsbetrieb, zu berücksichtigen. Die nach DIN 1045-3, Tab. 2 (2001) angegebenen Dauern für die Nachbehandlung sind im Folgenden dargestellt:

Tabelle 2 — Mindestdauer der Nachbehandlung von Beton bei den Expositionsklassen nach DIN 1045-2 außer X0, XC1 und XM

Nr.	1	2	3	4	5
Oberflächentemperatur ϑ in °C [e]		Mindestdauer der Nachbehandlung in Tagen [a]			
		Festigkeitsentwicklung des Betons [c] $r = f_{cm2}/f_{cm28}$ [d]			
		$r \geq 0{,}50$	$r \geq 0{,}30$	$r \geq 0{,}15$	$r < 0{,}15$
1	$\vartheta \geq 25$	1	2	2	3
2	$25 > \vartheta \geq 15$	1	2	4	5
3	$15 > \vartheta \geq 10$	2	4	7	10
4	$10 > \vartheta \geq 5$ [b]	3	6	10	15

[a] Bei mehr als 5 h Verarbeitbarkeitszeit ist die Nachbehandlungsdauer angemessen zu verlängern.

[b] Bei Temperaturen unter 5 °C ist die Nachbehandlungsdauer um die Zeit zu verlängern, während deren die Temperatur unter 5 °C lag.

[c] Die Festigkeitsentwicklung des Betons wird durch das Verhältnis der Mittelwerte der Druckfestigkeiten nach 2 Tagen und nach 28 Tagen (ermittelt nach DIN 1048-5) beschrieben, das bei der Eignungsprüfung oder auf der Grundlage eines bekannten Verhältnisses von Beton vergleichbarer Zusammensetzung (d. h. gleicher Zement, gleicher w/z-Wert) ermittelt wurde.

[d] Zwischenwerte dürfen eingeschaltet werden.

[e] Anstelle der Oberflächentemperatur des Betons darf die Lufttemperatur angesetzt werden.

3.3 Geräte

3.3.1 Baugeräteliste, Gerätekosten

Die Baugeräteliste (BGL) wird in 10-Jahres-Zyklen vom Bauverlag herausgegeben und enthält als schnelles, umfassendes Nachschlagewerk alle relevanten Informationen zu den meisten Geräten, die in Bauausführung und Baustelleneinrichtung vorkommen:

- Technische Daten
- Zeitbegriffe für Geräteeinsatz und Gerätebewertung
- Angabe des mittleren Neuwerts und des Erzeugerpreisindex
- Kalkulatorische Abschreibung und Verzinsung
- Reparatur und Reparaturkosten
- Zeiteinheiten für Berechnung von Gerätevorhaltung.

Im Wesentlichen dient die Baugeräteliste

- als Grundlage für die betriebliche Verrechnung von Gerätevorhaltekosten,
- als Grundlage für die Disposition und Organisation der Geräteverwaltungen des Bauunternehmens,
- zur Beurteilung von Geräte- und Maschinenkosten und
- als Hilfsmittel für die Bewertung von Versicherungsfällen.

Alle zeitbezogenen Kosten sind je Monat angegeben. Nach BGL beinhaltet ein Monat 30 Kalendertage bzw. 170 Betriebsstunden. Entsprechend sind Einzeltage mit 1/30 des Monatssatzes und Stunden mit 1/170 des Monatssatzes zu rechnen.

3.3.2 Struktur der Baugeräteliste BGL

Die BGL ist in folgende Hauptgruppen gegliedert:

A	Geräte zur Materialaufbereitung	N	*- unbesetzt -*
B	Geräte zur Herstellung, zum Transport und zur Verteilung von Beton, Mörtel und Putz	O	*- unbesetzt -*
C	Hebezeuge	P	Transportfahrzeuge
D	Geräte für Erdbewegung und Bodenverdichtung	Q	Druckluftgeräte, Druckluftwerkzeuge
E	Straßenbaugeräte	R	Geräte zur Energieerzeugung, Energieumwandlung und Energieverteilung
F	Gleisoberbaugeräte	S	Hydraulikzylinder und Hydraulikaggregate
G	Schwimmende Geräte	T	Kreisel- und Kolbenpumpen, Rohrleitungen
H	Geräte für Tunnel- und Stollenbau	U	Schalungen und Rüstungen
I	*- unbesetzt -*	V	*- unbesetzt -*
J	Ramm-, Ziehgeräte, Geräte für Injektionsarbeiten	W	Maschinen und Geräte für Werkstattbetrieb
K	Bohrgeräte, Schlitzwandgeräte	X	Baustellenunterkünfte, Container
L	Geräte für horizontalen Rohrvortrieb und Pipelinebau	Y	Vermessungsgeräte, Laborgeräte, Büromaschinen, Kommunikationsgeräte
M	Geräte und Anlagen zur Dekontamination und zum Umweltschutz	Z	*- unbesetzt -*

Die weitere Untergliederung spezifiziert Eigenschaften und Werte einzelner Gerätetypen. Die Rubrik „C Hebezeuge" gliedert sich z. B. folgendermaßen:

- C *Gerätehauptgruppe*, z. B. Hebezeuge
- C.0 *Gerätegruppe*, z. B. Turmdrehkrane
- C.0.1 *Geräteuntergruppe*, z. B. Turmdrehkrane, obendrehend, stationär oder fahrbar
- C.0.10 *Geräteart*, z. B. Turmdrehkran mit Laufkatzausleger
- C.0.10.0112 *Gerätegröße*, z. B. Turmdrehkran mit Laufkatzausleger und 112 tm Nennlastmoment.

3.3.3 Definitionen der Baugeräteliste (BGL)

Nutzungsdauer: Die Zeitspanne, in der ein Gerät erfahrungsgemäß wirtschaftlich eingesetzt werden kann, gemessen in Jahren oder Monaten. Die Nutzungsdauer wird beeinflusst durch:

- Technische Überalterung
- Verschleiß
- Wartung und Pflege
- Reparaturen
- Witterungseinflüsse.

Die Nutzungsdauern werden in der BGL in Nutzungsjahren und Vorhaltemonaten ausgedrückt.

Lebensdauer: Die Lebensdauer ist die Zeitspanne zwischen der Herstellung (Baujahr) und der Ausmusterung (Verschrottung).

Nutzungsjahre: Die Nutzungsjahre stimmen zum Zeitpunkt des Erscheinens der BGL 2001 überein mit den Nutzungsdauern der amtlichen steuerlichen AfA-Tabellen für den Wirtschaftszweig Baugewerbe vom 01.09.1997.

Vorhaltezeit: Die Vorhaltezeit ist die Zeitspanne, in der ein Gerät einer Baustelle zur Verfügung steht und anderweitig nicht darüber verfügt werden kann. Sie beginnt mit dem Absendetag zum Einsatzort und endet mit dem Absendetag zum neuen Einsatzort bzw. zum Bauhof, alternativ mit dem Zeitpunkt der wirksamen Freimeldung.

Stillliegezeiten: Stillliegezeiten sind Zeiten innerhalb einer Vorhaltezeit, die durch höhere Gewalt oder vergleichbare Umstände das Stillliegen eines Gerätes erzwingen.

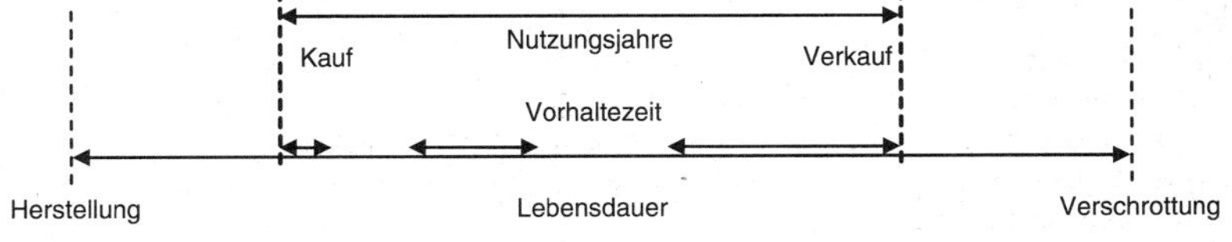

Abschreibung: Abschreibung ist im betriebswirtschaftlichen Sinne definiert als „*Betrag bzw. Methode zur Ermittlung des Betrages, der bei Gegenständen des Anlagevermögens, die im Laufe der Nutzungsdauer durch Nutzung eingetretene Wertminderungen an den einzelnen Vermögensgegenständen erfassen soll* ...“. Abschreibung wird in Kalkulatorische Abschreibung und Bilanzielle Abschreibung unterschieden.

Kalkulatorische Abschreibung: Die Kalkulatorische Abschreibung ist eine Abschreibungsart der Kostenrechnung mit dem Ziel der Substanzerhaltung des Unternehmens. Bemessungsgrundlage sind die Wiederbeschaffungskosten zum Bewertungsstichtag.

Bilanzielle Abschreibung: Nach dem jeweilig geltenden Recht festgelegte Ansätze für Wertverluste, die sich von der kalkulatorischen Abschreibung unterscheiden können.

Verzinsung: Unter kalkulatorischer Verzinsung versteht man die rechnerische Verzinsung des Kapitals, das in den jeweiligen kalkulatorisch noch nicht abgeschriebenen Restwerten der Geräte gebunden ist.

Monatlicher Satz für Abschreibung: $a = 100/\mathrm{v}$

Monatlicher Satz für Verzinsung: $z = \dfrac{p \cdot n \cdot 100}{2 \cdot \mathrm{v}}$

Monatlicher Satz für Abschreibung und Verzinsung:

$$k = \frac{100}{\mathrm{v}} + \frac{p \cdot n \cdot 100}{2 \cdot \mathrm{v}} = \frac{100}{\mathrm{v}} \cdot \left(1 + \frac{p \cdot n}{2}\right) \quad [\%]$$

- k monatlicher Satz für Abschreibung und Verzinsung in Prozent vom mittleren Neuwert
- v Vorhaltemonate der gesamten Nutzungsdauer
- n Nutzungsjahre
- p kalkulatorischer Zinssatz

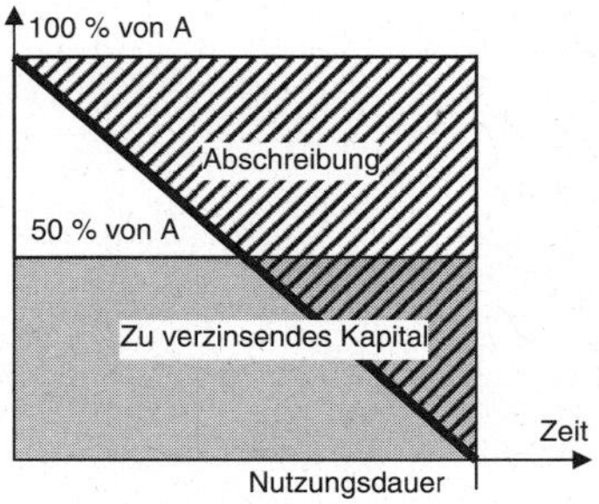

Mittlerer Neuwert: Die angegebenen mittleren Neuwerte (in Euro) sind Mittelwerte der Listenpreise für die gebräuchlichsten Fabrikate inklusive Bezugskosten auf Preisbasis 2000. In den Bezugskosten sind weiter Frachten, Verpackung und Zölle enthalten. Die mittleren Neuwerte gelten für komplett ausgerüstete, betriebsbereite Geräte ohne Ersatzteile und ohne Kraftstoffbefüllung.

Erzeugerpreisindex: Die Entwicklung der Anschaffungskosten bzw. mittleren Neuwerte der Geräte über den Gültigkeitszeitraum der BGL wird durch Wertung mit dem Erzeugerpreisindex i_x berücksichtigt. Durch Multiplikation der mittleren Neuwerte mit i_x (Basisjahr 2000) lassen sich die aktuellen Wiederbeschaffungswerte einfach ermitteln.

$$A_x = A \cdot i_x / 100$$

mit A_x mittlerer Neuwert für die Wiederbeschaffung im Jahre X
A mittlerer Neuwert der BGL 2001
i_x Erzeugerpreisindex für Baumaschinen im Jahr X, bezogen auf 2000 = 100

Der Hauptverband der Deutschen Bauindustrie und der Zentralverband des Deutschen Baugewerbes veröffentlichen regelmäßig die Jahresdurchschnittswerte.

Reparatur und Reparaturkosten: Die Reparaturkosten sind als Durchschnittswerte über die gesamte Nutzungsdauer (Vorhaltemonate) angegeben. Die in der BGL angegebenen Sätze und Beträge für Reparaturkosten gelten unter der Voraussetzung mittelschwerer Betriebsbedingungen, bei einschichtiger Arbeitszeit und fachgerechter Wartung und Pflege.

Monatliche Reparaturkosten:

$$R = r \cdot A \quad \text{(in €/Monat)}$$

mit r monatlicher Reparatursatz (%/Monat)
A mittlerer Neuwert.

Sie bestehen etwa zu 60 % aus Lohnkosten (ohne sonstige Gemeinkosten) und zu 40 % aus Materialkosten (Reparaturstoffe und Ersatzteile frei Reparaturstelle ohne Mehrwertsteuer).

Monatliche Miete: Die monatliche Miete ist der Betrag, den ein Projekt für das Gerät zur Deckung von Abschreibung, Verzinsung und Reparaturkosten zu zahlen hat. Dabei sind außergewöhnliche Kosten für Reparaturen, die durch das spezifische Projekt verursacht sind, nicht abgedeckt.

$$\text{Miete} = k + r = a + z + r$$

Beispiel: Angaben für einen Kran

Art	Zeichen	Daten Unternehmen	Nach BGL
Neuwert	*A*	178.952,00 €	178.952,00 €
Nutzungsjahre	*n*	9 Jahre	8 Jahre
Vorhaltemonate	*v*	80 Monate	55–60 Monate
Kalkulatorischer Zinssatz	*p*	5 % je Jahr	6,5 % je Jahr
Reparatursatz	*r*	1 % im Monat	1,1 % je Monat

3.4 Baustelleneinrichtung

3.4.1 Grundlagen

Mit dem Begriff „Baustelleneinrichtung" wird die Gesamtheit aller auf einer Baustelle während der Bauzeit erforderlichen Maschinen, Geräte, Installationen, Verkehrs- und Lagerflächen sowie Unterkunfts-, Werkstatt-, Büro- und Lagerräume sowie deren Anordnung zueinander und zu dem zu errichtenden Bauwerk bezeichnet. Die Baustelleneinrichtung kann stark je nach Art und der Umfang der Bauaufgabe zusammen mit den lokalen räumlichen und zeitlichen Randbedingungen variieren. Linienbaustellen (Tunnel, Straßen, Kanäle) erfordern andere Einrichtungen als Objekte mit vertikaler Ausrichtung (Hochhäuser, Türme) oder flächenförmige Bauaufgaben (Produktionsanlagen, Hallen).

Die Planung der Baustelleneinrichtung erfordert

- die Klärung der örtlichen Randbedingungen des Projektes und des Umfeldes (z. B. Anbindung, Versorgung, Zugang, Beschränkungen),
- die Festlegung der geeigneten und notwendigen Einrichtungselemente (z. B. Krane, Container) aus dem unternehmenseigenen Bestand bzw. über Anmietung oder Neuanschaffung,
- die Planung des räumlichen Aufbaus der Baustelle unter Beachtung der eigentlichen Bauprozesse unter den vorliegenden Randbedingungen (Baustraßen, Lagerflächen, Kranandienung etc.)

Die Baustelleneinrichtung wird in einem *Baustelleneinrichtungsplan* entwickelt.

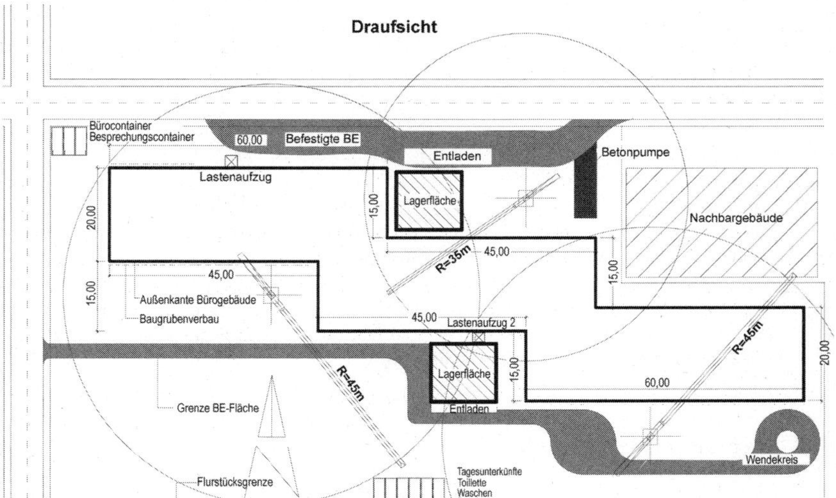

Die Baustelleneinrichtung wird in den Projektgemeinkosten erfasst, soweit sie nicht mit separaten Leistungspositionen wie beispielsweise „Einrichten" und „Räumen" meist jeweils pauschal und mit „Vorhalten" nach Monaten ausgeschrieben ist.

Nachdem die Hochbaukrane sehr großen Einfluss auf die Kapazität und Leistungsfähigkeit der „Produktionsstätte Baustelle" haben, werden diese Geräte im folgenden Abschnitt beispielhaft erläutert.

3.4.2 Hochbaukräne

Für die meisten Arbeiten im Hoch- und Tiefbau sind horizontale und vertikale Transporte notwendig. Das gängige Gerät für den Materialtransport auf einer Baustelle ist der Hochbaukran. Die Hochbaukrane werden nach ihrer Bauweise in drei Kategorien eingeteilt: *Obendreher, Untendreher* und *Nadelausleger.*

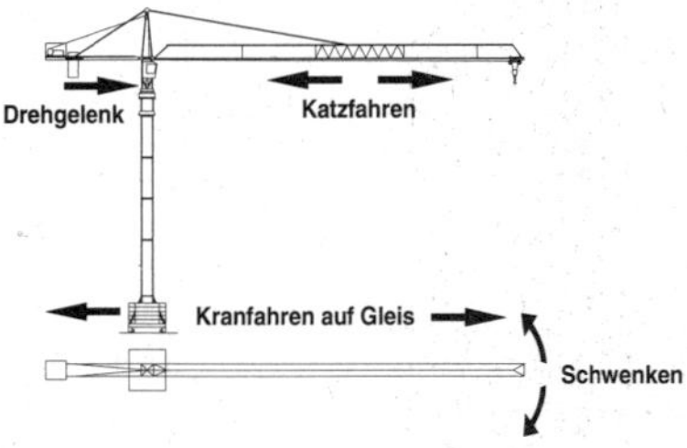

Der *Obendreher* ist der typische Hochbaukran für größere Baustellen. Das Drehgelenk des Auslegers befindet sich im oberen Bereich kurz unter der Fahrerkabine. Der Ballast liegt sowohl am Gegenausleger als auch auf dem Kreuzrahmen an der Basis. Fahrbarkeit auf einem Krangleis ermöglicht ggf. ein als Unterwagen ausgebildeter Kreuzrahmen. Auf diese Weise kann der Kran einen größeren, insbesondere lang gestreckten Bereich andienen. Der Obendreher verfügt über eine relativ hohe Tragkraft. Die genauen Werte sind in den jeweiligen Datenblättern des Krans angegeben. Die Bewegung der Last entlang des Auslegers in radialer Richtung erfolgt über die Laufkatze, an der der Lasthaken hängt.

Das Drehgelenk eines *Untendrehers* sitzt direkt über dem Fundamentkreuz. Untendreher kommen vor allem bei kleineren Baustellen zum Einsatz, da ihre Tragkraft etwas geringer ist. Ihr Vorteil besteht in der kurzen Aufbauzeit. In der Regel verfügen Untendreher über ein eigenes Fahrgestell für den Transport auf öffentlichen Straßen. Weiter gibt es Varianten mit verstellbaren Auslegern. Die radiale Bewegung der Last erfolgt ebenfalls über eine Laufkatze mit Lasthaken.

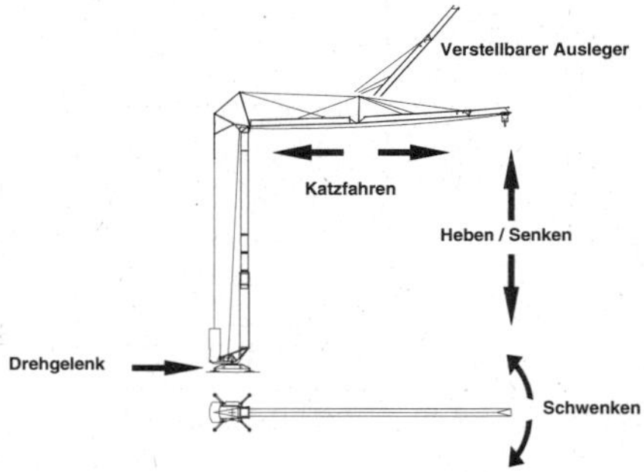

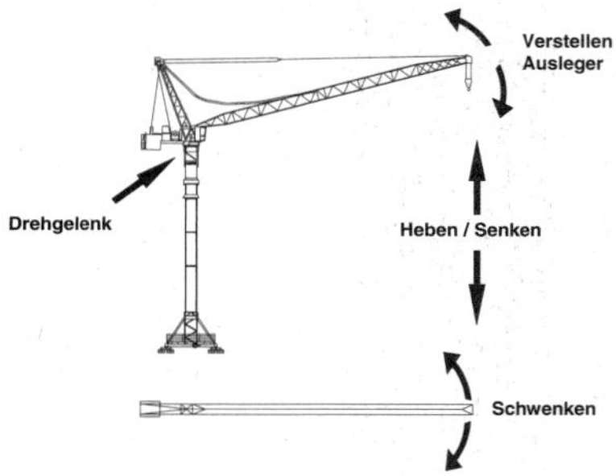

Nadelausleger können über ein Gelenk vertikal verstellt werden. Diese Krane haben daher keine Laufkatze. Das Drehgelenk liegt im oberen Bereich unterhalb der Kabine des Maschinenführers. Im Regelfall werden Nadelausleger auf einem Fundamentkreuz aufgestellt. Ihr Haupteinsatzbereich liegt im Hochhausbau, wenn Beschränkungen im Schwenkbereich z. B. durch Nachbargebäude vorliegen. Ein Vorteil liegt in der schnelleren Hubgeschwindigkeit durch den in der Höhe beweglichen Katzausleger.

3.4.3 Leistungsermittlung von Geräten

Für die Produktionsplanung sind die einzelnen Bewegungen (Heben, Schwenken, Gleisfahren, Katzfahren und Absenken) eines Kranes für den Lasttransport zu untersuchen. Ein vollständiger Lastweg von der Lastaufnahme zum Abschlagen der Last und wieder zurück zum Lastaufnahmepunkt wird als Kranspiel bezeichnet. Für dessen Bestimmung muss insbesondere überprüft werden, welche Wege gleichzeitig zurückgelegt werden können und welche Dauern maßgeblich werden. Das sinnvolle Zusammenwirken hängt dabei stark von den örtlichen Verhältnissen ab. Eine Rolle spielt dabei z. B. die Nachbarbebauung, Lastwegbeschränkungen, Baumbestand, Oberleitungen, Gefahrbereiche, Bauzustand des Objekts, Andienungshöhe, Positionen von An- und Abschlagspunkt, Baustraße und Lagerplatz etc.

Konkret berechnet sich die Leistung eines Krans für eine bestimmte Aufgabe aus folgenden Faktoren:

- Technische Daten des Krans (Ausladung, Geschwindigkeiten, Grenzlast)
- Lastwege (Geometrie der Transportaufgabe)
- Last (zu transportierende Masse)
- Art und Volumen des Transportgutes
- Qualifikation des Bedienungspersonals

- Umweltbedingungen (Witterung)
- Betriebliche Einflüsse (Reparaturzeiten, Wartung, Wartezeiten).

Die Überlegungen zur Geräteleistung lassen sich problemlos auf allgemeine Geräte, z. B. Bagger, Ankergeräte, Transportfahrzeuge etc. übertragen. Generell besteht die Leistung einer Maschine aus der theoretischen Leistung P_{th} (physikalische Leistungsfähigkeit) und einem empirischen Beiwert η für diverse Einflussfaktoren:

$$P = P_{th} \cdot \eta.$$

Die theoretische Leistung P_{th} wird nach den technischen Datenblättern des Herstellers, der Art der Last, der Geometrie des Transportweges und den betrieblichen Bestandteilen der Spielzeiten bestimmt.

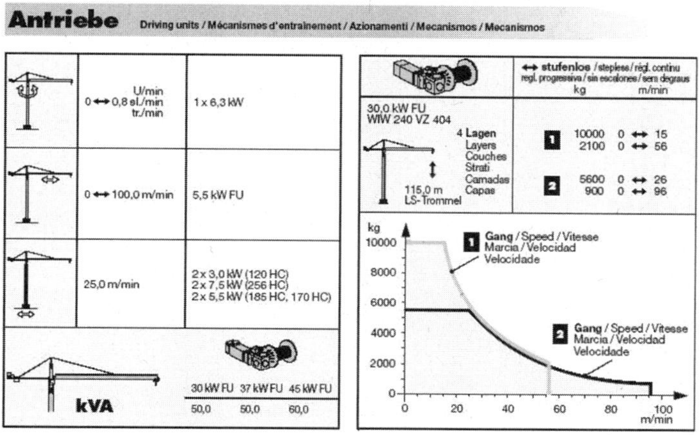

Quelle: Liebherr

Zunächst ist zu überprüfen, welches Volumen bzw. welche Transporteinheiten je Kranspiel oder Gerätespiel befördert werden können. In diese Überlegungen gehen die Grenzlast des Krans bei der erforderlichen Auslegung, der Füllungsgrad eines Gefäßes oder etwa die Aufteilbarkeit der Last ein.

Die Spielzeit t_{ges} ist aus den diversen Komponenten zu bestimmen. Die horizontalen und vertikalen Wege (z. B. aus dem Baustelleneinrichtungsplan) werden optimal kombiniert, mit den jeweiligen Geschwindigkeiten (evtl. lastabhängig) multipliziert und kumuliert.

Die Zeiten für das Anschlagen und Abschlagen der Lasten unterscheiden sich stark je nach Art der Last. Beispielsweise unterscheidet sich die Dauer für das Befüllen und Leeren eines Betonkübels von der An- und Abschlagszeit von Bewehrungsbündeln oder von Schaltafeln und Deckentischen. Dies ist individuell bei der Spielzeitberechnung zu berücksichtigen.

Beispiele für An- und Abschlagszeiten

Material	Anschlagszeit $t_{0,an}$	Abschlagszeit $t_{0,ab}$
Beton	1 bis 2 min	1 bis 2 min
Stahl	3 min	3 min
Schalung	5 bis 10 min	5 bis 10 min
Fertigteile	10 bis 30 min	10 bis 30 min

(Quelle Böttcher/Neuenhagen: Die Baustelleneinrichtung)

Weitere Komponenten der Spielzeit

- t_1 Heben
- t_2 Schwenken
- t_3 Fahren (Gleis)
- t_4 Katzfahren
- t_5 Verstellen des Auslegers
- t_6 Absenken
- t_7 erneut Heben
- t_8 Schwenken
- t_9 Fahren (Gleis)
- t_{10} Katzfahren
- t_{11} Verstellen des Auslegers
- t_{12} Absenken

Die gesamte Spielzeit ist dann $t_{ges} = \sum_{i=0}^{12} t_i$ [min/Spiel] mit $t_0 = t_{0,an} + t_{0,ab}$.

Die Spielzahl z als Anzahl der Gerätespiele pro Stunde ergibt sich aus dem Quotienten (60 [min/h]/t_{ges} [min/Spiel]) = z [Spiele/h].

Die theoretische Leistung (je Stunde) entsprechend:

$$P_{th} = \frac{60}{t_{ges}} \cdot V_R = z \cdot V_R \quad \text{mit } V_R = \text{zu transportierendes Volumen und } z = \text{Spielzahl.}$$

Der Abminderungsfaktor $\eta = \eta_v \cdot \eta_m \cdot \eta_{eff} \cdot \eta_f$ beinhaltet Reduktionen der Bewegungsgeschwindigkeiten η_v, aus den Eigenarten des Transportgutes η_m und aus den betrieblichen Randbedingungen des Einsatzes η_{eff}.

Der Faktor η_v hat die Komponenten

- η_{v1} als Einflussfaktor von Beschleunigung und Verzögerung auf die vom Kranhersteller angegebenen Geschwindigkeiten v_i und ω_i (z. B. $\eta_{v1} = 0{,}8$, nach Meyran, Dissertation TU-München 1973),
- η_{v2} (Humanfaktor) als Einflussfaktor aus Qualifikation und Leistung des Maschinenführers (z. B. $\eta_{v2} = 0{,}88$, nach Meyran, Dissertation TU-München 1973),
- η_{v3} als Einflussfaktor aus Witterung und sonstigen Betriebsbedingungen (z. B. $\eta_{v3} = 0{,}95$, nach Böttcher/Neuenhagen: Die Baustelleneinrichtung).

Faktor η_m ist der Einflussfaktor aus der Art der zu befördernden Last mit der Masse m. Beispielsweise findet sich hier das Verhältnis von fest zu lose bei Bodenmaterial oder die Volumenänderung von Beton nach Einbau aus der Verdichtung (etwa $\eta_m = 0{,}69$ bis 0,96 für Beton oder $\eta_m = 1{,}0$ für Schalung, Bewehrung oder Fertigteile). Weiterhin wird an dieser Stelle der Füllungsgrad η_f etwa eines Transportgefäßes oder einer Baggerschaufel berücksichtigt.

Der Ausnutzungsgrad η_{eff} berücksichtigt z. B. Stillliege- und Standzeiten, etwa $\eta_{eff} \approx 0{,}85$ als Durchschnittswertwert bei Betoneinbau oder $\eta_{eff} \approx 0{,}65$ bei Schalung und Bewehrung, nach Meyran, G.: Optimierungsfragen der Baustelleneinrichtung.

Beispiel zur Berechnung der Kranleistung für das Umsetzen von 24 Deckentischen über ein Geschoss in 2 Tagen. Ansatz einer Kranwahl mit bestimmter Leistung:

- Geplante Dauer für das Umsetzen von 24 Deckentischen: 2 [Tage] · 8 [h] = 16 [h]
- Erforderlicher Aufwand: w = 16 [h] · 60 [min/h] / 24 [Stück] = 40 [min/Stück] = 0,67 [h/Stück]
- Erforderliche Kranleistung $P = 1/w$ = 1,5 [Stück/h]

	Bezeichnung	Formel	s_i [m] bzw. α_i [U] Weg bzw. Winkel aus BE-Plan	v_i [m/min] bzw. ω_i [U/min] Geschwindigkeit bzw. Winkelgeschwindigkeit aus Herstellerdatenblatt	t [min]
$t_{0,an}$	Anschlagen				5,0
$t_{4,1}$	Katzfahren	$s_{4,1} / v_{4,1}$	8,00	5,00	1,6
t_1	Heben	s_1 / v_1	6,35	15,0	0,4
t_2	Schwenken	ω_2 / α_2	0,25	0,8	0,3
$t_{4,2}$	Katzfahren	$s_{4,2} / v_{4,2}$	5,00	5,0	1,0
t_6	Absenken	s_6 / v_6	3,00	15,0	0,2
$t_{0,ab}$	Abschlagen				5,0
t_7	Heben	s_7 / v_7	3,00	5,0	0,6
t_8	Schwenken	ω_8 / α_8	0,25	0,8	0,3
$t_{10,1}$	Katzfahren	$s_{10,1} / v_{10,1}$	5,00	5,0	1,0
t_{12}	Absenken	s_{12} / v_{12}	6,35	15,0	0,4
$t_{10,2}$	Katzfahren	$s_{10,2} / v_{10,2}$	8,00	5,0	1,6
t_{ges}				Summe	**17,4**

(mit s_i = Lastweg und v_i = mögl. Geschwindigkeit sowie α_i = Winkel der erforderlichen Krandrehung und ω_i = mögliche Winkelgeschwindigkeit des Kranes)

Werden die Abminderungsfaktoren $\eta = \eta_{v1} \cdot \eta_{v2} \cdot \eta_{v3} \cdot \eta_m \cdot \eta_{eff} \cdot \eta_f = 0{,}8 \cdot 0{,}88 \cdot 0{,}95 \cdot 1{,}0 \cdot 0{,}65 \cdot 1{,}0 = 0{,}44$ mit den oben angegebenen Werten eingesetzt, so genügt die verfügbare Kranleistung den Anforderungen.

$$P = \frac{60}{t_{ges}} \cdot V_R \cdot \eta = z \cdot V_R \cdot \eta = \frac{60}{17{,}4} \cdot 1{,}0 \cdot 0{,}44 = 1{,}5\,[\text{Stück/h}]$$

4 Kalkulation

4.1 Grundlagen

4.1.1 Allgemeines

Eine Kalkulation ist die möglichst genaue Feststellung der Kosten eines Bauprojektes in Erfüllung der Vertragsleistung unter Ansatz der gewählten Bauverfahren, des Bauablaufes und der Ressourcen. Kosten, die den Leistungspositionen direkt zugeordnet werden können, werden „Einzelkosten der Teilleistungen (EKT)" genannt. Kosten, die für das Betreiben des Projektes an sich notwendig sind, werden „Projektgemeinkosten (PGK)" genannt. Zusätzlich sind übergreifende Ansätze für die „Allgemeinen Geschäftskosten (AGK)" und „Wagnis und Gewinn (WuG)" zu berücksichtigen.

Zunächst werden in der *Angebotskalkulation* auf der Grundlage der Leistungsbeschreibung der Ausschreibung die voraussichtlich zu erwartenden Kosten bestimmt. Sie dienen zur Ermittlung des Angebotspreises. Nach Auftragserteilung wird diese Angebotskalkulation als Werkzeug zur Projektsteuerung weiterentwickelt. Die nach Auftragserteilung folgende *Vertragskalkulation* ist die Basis, auf der der Auftrag nach Verhandlung erteilt wurde. Im Zuge der Projektabwicklung werden in der *Prognosekalkulation* zur Überwachung des Fortschritts und des Auftragszieles die kalkulierten Kosten schrittweise durch die realen Kosten ersetzt und die noch nicht realisierten Positionen in den Annahmen und Ansätzen an die aktuellsten Informationen angepasst. Nach Abnahme des Vorhabens erlaubt die fortgeschriebene Kalkulation (Abnahmekalkulation), die Erfahrungen aus dem Projekt für zukünftige Projekte in Form verbesserter Ansätze einfließen zu lassen. Nach Beendigung der Gewährleistungs- bzw. Mangelhaftungsphase werden mit der Schlusskalkulation die tatsächlichen Gewährleistungs- bzw. Mangelhaftungskosten erfasst.

Projektphase	Kalkulationsstufe	Kalkulationszweck
Angebotsbearbeitung	Angebotskalkulation	Kostenermittlung und Angebotspreis
Auftrag nach Vertragsverhandlung bzw. Zuschlag	Vertragskalkulation	Kosten- und leistungsmäßige Dokumentation des Bausolls und der Auftragssumme
Leistungserbringung	Prognosekalkulation - Budgetkalkulation - Prognosekalkulation 1-n - Abnahmekalkulation	Steuerung der Projektabwicklung, Kostendokumentation und Prognose
Gewährleistung	Prognosekalkulation - Prognosekalkulation 1-m - Schlusskalkulation	Steuerung der Projektabwicklung, Kostendokumentation und Prognose

Bei Ausschreibung mit Leistungsverzeichnis und Positionen führt ein erfolgreiches Angebot zum *Einheitspreisvertrag oder in Einzelfällen auch zum Detailpauschalvertrag*, bei funktionaler Leistungsbeschreibung zum *Globalpauschalvertrag*.

In einem **Einheitspreisvertrag** ist der Umfang der Leistung über ein positionsweises Leistungsverzeichnis detailliert vorgegeben. Der Einheitspreis, der alle Zuschläge und Gemeinkosten enthält, ist vertraglich fixiert. Die Mengenangaben und damit die tatsächlich auszuführenden Mengen bleiben variabel. Dadurch ist die Gesamtsumme der Vergütung ebenfalls nicht festgelegt. In der Bestimmung VOB/B § 2 Nr. 2 ist festgeschrieben, dass die Abrechnung der ausgeführten Leistung je Position nach den vertraglich vereinbarten Einheitspreisen und den ausgeführten Mengen erfolgt.

Bei einer **funktionalen Leistungsbeschreibung** ist vom Ausschreibenden üblicherweise kein Leistungsverzeichnis mit Positionen vorgegeben. Die Leistungsbeschreibung erfolgt über eine Beschreibung der Funktion des Bauwerks mit den späteren Nutzungsanforderungen. Da die Bauaufgabe nur funktional beschrieben ist, muss der Bieter auf Grundlage der verbalen Beschreibung sowie der mit der Ausschreibung versandten Planunterlagen selbst ein kalkulierbares Leistungsverzeichnis mit Positionen zur Angebotsbearbeitung anlegen. Auf der Grundlage dieser eigenen „Leistungsermittlung" hat er selbst die Mengen aus vorhandenen oder selbst erstellten Planunterlagen zu ermitteln. Die Mengenermittlung ist für jede Position dieses Leistungsverzeichnisses durchzuführen. Der Bieter trägt das *Leistungsermittlungsrisiko* und das *Mengenermittlungsrisiko*.

4.1.2 Kalkulation von Positionen

Die Aufgabe einer Kalkulation besteht im Wesentlichen darin, sämtliche Kosten, die bei der Ausführung der ausgeschriebenen Leistung entstehen werden, zutreffend zu bestimmen. Dazu sind alle Einflüsse auf die Kostenentwicklung zu berücksichtigen. Es werden im Allgemeinen vier Positionsarten unterschieden:

- *Grundpositionen* sind in jedem Fall Bestandteil des Auftrages
  Beispiel: Pos. 1.1.10: 1000 m^3 Bodenaushub Bodenklasse 3 – 5, Lösen und Laden
- *Zulagepositionen* ergänzen Grundpositionen, möglicherweise für Teilmengen
  Beispiel: Zulage zu Pos. 1.1.10: 200 m^3 Erschwernis für Bodenklasse 6,
- *Alternativpositionen* können Grund- oder auch Zulagepositionen ersetzen.
  Beispiel: Fertigteiltreppe alternativ zur Ausführung in Ortbeton.
- *Eventualpositionen* können gegebenenfalls beauftragt werden.
  Beispiel: Einrichten und Betreiben einer Wasserhaltung.

Die Kosten einer Position (direkte Kosten EKT) setzen sich aus den Kostenarten *Lohn (Stunden), Stoffe, Geräte, Schalung und Rüstung* und *Nachunternehmerleistungen (NU)* zusammen. Sie werden über eine Umlage mit weiteren Kosten wie folgt beaufschlagt:

Der Angebotspreis enthält neben der Summe der Positionskosten:

ΣEKT	Einzelkosten der Teilleistungen (Lohn, Stoff, Gerät, Schalung/Rüstung/NU)
+ΣPGK	*Projektgemeinkosten* (z. B. Geräte, Personal soweit nicht Positionen zugeordnet)
= HK	Herstellkosten
+ΣAGK	*Allgemeine Geschäftskosten* (z. B. Kosten der Hauptverwaltung, Niederlassung etc.)
+ΣWuG	*Wagnis und Gewinn*
= A_n	Angebotssumme netto

4.1.3 Kalkulation nach Kostenarten

Die Einzelkosten der Teilleistungen sind diejenigen Kosten, die einer Position des Leistungsverzeichnisses direkt zugewiesen werden können. Für die Kalkulation werden die Kosten in Kostenarten eingeteilt. Die Einzelkosten der Teilleistungen (EKT) enthalten:

- Lohnkosten
- Kosten der Baustoffe u. des Fertigungsmaterials (später im Bauwerk enthalten)
- Kosten des Rüst-, Schal- und Verbaumaterials (später nicht im Bauwerk enthalten)
- Gerätekosten, soweit nicht in PGK
- Kosten der Nachunternehmerleistungen
- Kosten der Planung, soweit nicht in PGK.

Die einzelnen Kostenansätze werden je einer der genannten Kostenarten zugeordnet. Die Differenzierung nach Kostenarten ermöglicht die Schaffung von Transparenz in Angebots- und Ausführungsphase. Während der Leistungserbringung ist sie Voraussetzung für Soll-Ist-Vergleiche der Kosten und damit unentbehrliches Hilfsmittel zur Projektsteuerung. Die Kostenarten bilden die Grundlage für die Bildung der Vergabegrenzwerte zu Ausschreibung und Vergabe von Leistungen an Nachunternehmer und Lieferanten sowie zur Steuerung der Eigenleistung.

Beispiele für die Zuordnung zu den einzelnen Kostenarten:

- Lohnkosten erhält man aus dem *Zeitaufwand* für die einzelne Teilleistung (z. B. h/m^2, h/Stück) und dem *Lohn*, der den für die Teilleistung beschäftigten Arbeitnehmern zu zahlen ist: €/h (Mittellohn)
- Stoffkosten ergeben sich durch
  - *Baustoffe:* Stoffe, die für die Ausführung der Teilleistungen verwendet werden und im Bauwerk verbleiben, z. B. Mauersteine, Beton, Türen, Fenster, Betonfertigteile.
  - *Bauhilfsstoffe:* Stoffe, die zur Durchführung der Teilleistungen benötigt, aber nicht in das Bauwerk eingebaut werden, z. B. Schalung, Rüstung.
  - *Baubetriebsstoffe:* Stoffe, die beim Einsatz von Maschinen u. Geräten erforderlich sind (z. B. Diesel, Strom, Schmiermittel)
- Gerätekosten ergeben sich aus
  - Kalkulatorischer *Abschreibung und Verzinsung (A+V),*
  - Kalkulatorischen *Reparaturkosten* (*R*),
  - *Mietkosten* für Fremdgeräte, z. B. Miete für Betonpumpe.
- Kosten für Rüst-, Schal- und Verbaumaterial ergeben sich aus
  - Kalkulatorische *Abschreibung und Verzinsung* (*A+V*),
  - Kalkulatorische *Reparaturkosten* (*R*),
  - *Mietkosten* für Fremdmaterial, z. B. Miete für Schalung.
- Nachunternehmerkosten ergeben sich aus den *Einheitspreisen* oder auch *Pauschalpreisen* der Nachunternehmerangebote.

Die Ermittlung der Einzelkosten der Teilleistungen ergibt sich aus der Produktionsplanung. Dabei sind sämtliche in der Ausschreibung enthaltenen Positionen kostenmäßig zu erfassen.

4.2 Kalkulationsansätze nach Kostenarten

4.2.1 Ermittlung der Lohnkosten

Die Aufwandswerte der Lohnleistung werden in der Produktionsplanung ermittelt. Bei dieser Vorgehensweise wird abgeschätzt wie viel Zeit die Arbeitsvorgänge zur Herstellung eines bestimmten Bauteils erfordern und wie viele Arbeitskräfte (Q) dazu nötig sind. Über die Dauer (D) und die Anzahl der Arbeitskräfte kann der Gesamtstundenaufwand bestimmt werden. Dieser wird anschließend durch die auszuführende Produktionsmenge (V) geteilt, wodurch man den Aufwandswert w erhält (sog. Produktionsfunktion):

$$w = D \cdot Q / V$$

Durch Multiplikation des Aufwandswerts mit dem geschätzten oder berechneten Mittellohn für die betreffenden Arbeitskräfte ergeben sich die Lohnkosten je Mengeneinheit in €.

Alternativ und auch zur Überprüfung der ermittelten Werte kann der Aufwandswert auch durch Erfahrungswerte aus vorangegangenen Projekten oder aus Wertesammlungen, z. B. die Tabellen der Arbeitszeitrichtwerte Hochbau (ARH) entnommen werden. Diese Vorgehensweise erfordert ein gewisses Maß an Erfahrung und Urteilsvermögen, da die Anwendbarkeit auf ein spezielles Projekt mit seinen individuellen Randbedingungen nicht ohne weiteres gegeben ist. Von einem unreflektierten Übernehmen von Werten ist abzusehen. Generell sollten solche Tabellenwerte ausschließlich zur Prüfung aller in der Produktionsplanung selbst ermittelten Ansätze als Plausibilitätsbetrachtung benutzt werden.

Beispielhafte Kalkulationsansätze:

Erdarbeiten

Oberboden abtragen, Bodenklasse 1 (BK 1):			
mit Planierraupe	Std/m³		0,04 bis 0,06
Oberboden andecken (BK 1):			
mit Planierraupe	Std/m³		0,01 bis 0,07
Baugrubenaushub:			
Laderaupe und Löffelbagger, lösen und seitwärts lagern [Std/m³]:			
BK 3	BK 4	BK 5	BK 6
0,05 bis 0,09	0,06 bis 0,11	0,07 bis 0,13	0,15 bis 0,25
Laderaupe und Löffelbagger, lösen und laden [Std/m³]:			
BK 3	BK 4	BK 5	BK 6
0,07 bis 0,11	0,08 bis 0,13	0,09 bis 0,15	0,17 bis 0,27
Bauwerkshinterfüllung:			
mit Raupe [Std/m³]:			
BK 3		BK 4	
0,15		0,15	
Fundamentaushub:			
Löffelbagger [Std/m³]:			
BK 3	BK 4	BK 5	BK 6
0,2 bis 0,32	0,28 bis 0,42	0,38 bis 0,5	0,6 bis 0,8
Greiferbagger [Std/m³]:			
BK 3	BK 4	BK 5	BK 6
0,29 bis 0,38	0,39 bis 0,49	0,55 bis 0,65	0,75 bis 0,85

Verbau

Verbaukasten ($h \leq 1{,}50$ m) (Länge: 3,0 m, Höhe: 1,5 m)	Std/m²	0,05
Verbaukasten ($h > 1{,}50$ m) (Länge: 3,5 m, Höhe: 2,5 m)	Std/m²	0,06
Verbauplatten	Std/m²	0,10
Leichtbauprofile, Kanaldielen	Std/m²	0,65

Bewehrungsarbeiten

Stabstahl (waagerecht/senkrecht) in Std/t:			
ø	Flächige Bauteile	Stabförmige Bauteile	Fundamente
6	38 / 42	43 / 45	27 / 30
8	33 / 37	38 / 40	23 / 27
10	27 / 31	32 / 34	17 / 22
12	24 / 28	29 / 31	15 / 20
14	22 / 25	26 / 28	13 / 18
16	20 / 23	24 / 25	11 / 16
20	16 / 19	20 / 21	9 / 12
25	13 / 15	16 / 17	7 / 9
28	12 / 13	14 / 15	6 / 8

Betonstahlmatten (waagerecht/senkrecht) in Std/t	
über 2,0 bis 3,0 kg/m²	23 / 26
über 3,0 bis 4,0 kg/m²	18 / 20
über 4,0 bis 6,0 kg/m²	14 / 15

Schalen (bei mehrmaligem Einsatz)

Fundamente (Höhe bis 140 cm) in Std/m²			
Bretter	Schalplatten	Bretttafel	
1,05	0,77	0,58	
Wände in Std/m²:			
Höhe	Schalplatte	Verbundplatte	Rahmenschalung
bis 2,50 m	0,55 bis 0,75	0,50 bis 0,70	0,30 bis 0,40
2,50 bis 3,25 m	0,62 bis 0,82	0,57 bis 0,77	
3,25 bis 5,00 m	0,80 bis 1,00	0,75 bis 0,95	
Plattenbauteile (Decken) in Std/m²			
Höhe	Schalplatte	Verbundplatte	
bis 2,50 m	0,56 bis 0,76	0,53 bis 0,72	
2,50 bis 3,50 m	0,59 bis 0,80	0,56 bis 0,76	
3,50 bis 5,00 m	0,72 bis 0,99	0,69 bis 0,94	
Unterzüge (Abwicklung bis 240 cm) in Std/m²:			
Bretttafel	Schalplatte	Verbundplatten	
1,0 bis 1,4	1,1 bis 1,2	1,0 bis 1,4	
Balken (Abwicklung bis 240 cm) in Std/m²:			
Bretttafel	Schalplatten	Verbundplatten	
1,2 bis 1,6	1,35 bis 1,45	1,2 bis 1,6	
Stützen in Std/m²:			
Abwicklung	Bretttafel	Verbundplatten	
bis 1,20 m	1,30	1,30	
1,20 bis 2,00 m	0,95	0,95	
über 2,00 m	0,80	0,80	
Treppen in Std/m²:			
gerader Lauf	gezogener Lauf		
1,50	3,60		
Podeste in Std/m²:	1,05		

Betonarbeiten

Kranbetrieb und Transportbeton, bewehrt in Std/m³			
	375 l Kübel	500 l Kübel	750 l Kübel
Fundamente	0,65	0,60	0,55
Platten	0,60	0,55	0,50
Stützen bis 0,12 m²	1,70	1,60	1,50
Wände d = bis 50 cm	0,85	0,80	0,70

Autopumpe und Transportbeton, P bis 20 m³/h in Std/m³	
Fundamente	0,4
Platten	0,32 bis 0,43
Stützen	1,40 bis 1,60
Wände d = von 20 bis 50 cm	0,55 bis 0,70

Mauerarbeiten

Volles/gegliedertes Mauerwerk, vermörtelt, kleinformatige Steine		
KS-Steine, DF, d = 11,5 cm	Std/m²	0,95 / 1,00
KS-Steine, 2DF, d = 24 cm	Std/m³	4,40 / 4,80
Mauerziegel, 2DF, d = 24 cm	Std/m³	4,15 / 4,45
Volles/gegliedertes Mauerwerk, Feder u. Nut, großformatige Steine		
KS-R-Plansteine, 8DF, d=11,5, o. Verlegehilfe	Std/m²	0,49 / 0,54
KS-R-Plansteine, 8DF, d=11,5, mit Verlegehilfe	Std/m²	0,45 / 0,53
KS-R-Blocksteine, 8DF, d=24, mit Verlegehilfe	Std/m²	0,50 / 0,58

4.2.2 Ermittlung der Schalungs- und Rüstungskosten

Die Kosten für Schalung und Rüstung werden in der Regel über Mietsätze berechnet, die sich aus einem Prozentsatz des Neuwertes des Materials ergeben. Für die Bereitstellung wird üblicherweise ein Pauschalbetrag angesetzt, ebenfalls als Anteil des Neuwertes des Materials. Die Bereitstellung beinhaltet die Kosten für die Zusammenstellung des Materials beim Schalungslieferanten und die Verteilung auf dem Lagerplatz nach dem Rücktransport, den Transport zur Baustelle und zurück für die zu erwartenden Verluste von Verschleißteilen, wie z. B. der Schalhaut. Derzeitige Mietsätze liegen bei 2 % vom Neuwert für die Bereitstellung und 3,5 % vom Neuwert je Monat als monatlicher Mietsatz. Die gesamten Mietkosten für Schalung und Rüstung werden auf den Vordersatz, d. h. die Menge der Position, bezogen, um die Kosten je Mengeneinheit der Position zu erhalten.

4.2.3 Ermittlung der Gerätekosten

Die Gerätekosten beinhalten die Kosten für die Kalkulatorische Abschreibung und Verzinsung $(A + V)$ und die Kalkulatorischen Reparaturkosten (R). Bei einer Anmietung von Fremdgeräten sind diese Ansätze normalerweise in den Mietkosten enthalten.

Bei der Kalkulation von Gerätekosten wird i. Allg. auf die sog. Baugeräteliste (BGL) zurückgegriffen. Dort sind monatliche Sätze für A, V und R, jeweils in [€/Mon.], für Geräte und Geräteteile angegeben. Unternehmen der Bauindustrie führen jedoch meist eigene Versionen mit angepassten Sätzen aus den Erfahrungen eigener Projekte. Über die Geräteleistung P [Volumen/h] als Mengeneinheiten je Stunde

Tafel 1.44 Rechenbeispiel zu 4.2.6: Gesamtdarstellung der EKT

Pos. Nr.	Menge	ME	Leistung Beschreibung	Stunden [h/Einh.]	Lohn [€/Einh.]	Stoffe [€/Einh.]	Geräte [€/Einh.]	Schal./Rüst. [€/Einh.]	NU [€/Einh.]	EKT_{EP} [€/Einh.]
2			**Erdbau**							
2.10	900,00	m²	Oberboden abtragen $d = 20$ cm						3,87	3,87
2.20	4.400,00	m³	Boden lösen, fördern, lagern BKL 3–5	0,074	1,85	1,36	1,35			4,56
2.30	200,00	m³	Zulageposition BKL 6	0,087	2,17	1,56	1,65			5,38
2.40	850,00	m³	Verfüllmaterial Arbeitsräume liefern und einbauen						6,27	6,27
6			**Verbauarbeiten**							
6.20	750,00	m²	Trägerbohlverbau inkl. Träger, Anker, BE	0,506	12,65	16,88	39,67		25,30	94,50
13			**Stahlbetonarbeiten**							
13.10	485,00	m²	Sauberkeitsschicht	0,100	2,50	5,40				7,90
13.20	90,00	m²	Bodenplatte Schalung	0,187	4,68			5,50		10,18
13.30	32,00	t	Bodenplatte Bewehrung			606,00			140,00	746,00
13.40	385,00	m³	Bodenplatte Beton	0,525	13,13	63,56	8,00			84,69
13.50	1.000,00	m²	Wände Schalung	0,356	8,89			11,03		19,91
13.60	38,00	t	Wände Bewehrung			606,00			140,00	746,00
13.70	460,00	m³	Wände Beton	1,333	33,33	63,56				96,89
13.80	410,00	m²	Stützen Schalung	1,111	27,78			3,92		31,70
13.90	5,00	t	Stützen Bewehrung			500,00			140,00	640,00
13.100	31,00	m³	Stützen Beton	1,852	46,30	63,56				109,86
13.110	650,00	m²	Decken Schalung UG	0,400	10,00	0,50		5,50		16,00
13.120	9,05	t	Decken Bewehrung UG			606,00			140,00	746,00
13.130	330,00	m³	Decken Beton UG	0,400	10,00	63,56	8,00			81,56
13.140	2.350,00	m²	Decken Schalung ab EG	0,142	3,56	0,53		5,16		9,25
13.150	75,13	t	Decken Bewehrung ab EG			606,00			140,00	746,00
13.160	985,00	m³	Decken Beton ab EG	0,406	10,16	63,56	8,00			81,72
13.170	64,00	m²	Podeste Schalung	1,500	37,50			10,00		47,50
13.180	2,00	t	Podeste Bewehrung			606,00			140,00	746,00
13.190	17,00	m³	Podeste Beton	1,500	37,50	63,56				101,06
13.200	30,00	St.	Ortbetontreppenlauf inkl. Schalung und Bewehrung	12,000	300,00	87,00		26,00		413,00
			Alternativposition:							
	30,00	St.	Fertigteil-Treppenlauf	2,000	50,00	450,00	40,00			540,00
			Eventualposition:							
	1,00	St.	Kernbohrung						150,00	150,00

Tafel 1.44 (Fortsetzung)

Pos. Nr.	Menge	ME	Leistung Beschreibung	Stunden [h]	Lohn [€]	Stoffe [€]	Geräte [€]	Schal/Rüst [€]	NU [€]	EKT [€]
2			**Erdbau**							
2.10	900,00	m²	Oberboden abtragen $d = 20$ cm						3.483,00	**3.483,00**
2.20	4.400,00	m³	Boden lösen, fördern, lagern BKL 3–5	325,60	8.140,00	5.984,00	5.940,00			**20.064,00**
2.30	200,00	m³	Zulageposition BKL 6	17,36	434,00	312,00	330,00			**1.076,00**
2.40	850,00	m³	Verfüllmaterial Arbeitsräume liefern und einbauen						5.329,50	**5.329,50**
6			**Verbauarbeiten**							
6.20	750,00	m²	Trägerbohlverbau inkl. Träger, Anker, BE	379,50	9.487,50	12.660,00	29.752,50		18.975,00	**70.875,00**
13			**Stahlbetonarbeiten**							
13.10	485,00	m²	Sauberkeitsschicht	48,500	1.212,50	2.619,00				**3.831,50**
13.20	90,00	m²	Bodenplatte Schalung	16,830	420,75			495,00		**915,75**
13.30	32,00	t	Bodenplatte Bewehrung			19.392,00			4.480,00	**23.872,00**
13.40	385,00	m³	Bodenplatte Beton	202,125	5.053,13	24.470,60	3.080,00			**32.603,73**
13.50	1.000,00	m²	Wände Schalung	355,556	8.888,89			11.025,50		**19.914,39**
13.60	38,00	t	Wände Bewehrung			23.028,00			5.320,00	**28.348,00**
13.70	460,00	m³	Wände Beton	613,333	15.333,33	29.237,60				**44.570,93**
13.80	410,00	m²	Stützen Schalung	455,556	11.388,89			1.608,40		**12.997,29**
13.90	5,00	t	Stützen Bewehrung			2.500,00			700,00	**3.200,00**
13.100	31,00	m³	Stützen Beton	57,407	1.435,19	1.970,36				**3.405,55**
13.110	650,00	m²	Decken Schalung UG	260,000	6.500,00	325,00		3.575,00		**10.400,00**
13.120	9,05	t	Decken Bewehrung UG			5.484,30			1.267,00	**6.751,30**
13.130	330,00	m³	Decken Beton UG	132,000	3.300,00	20.974,80	2.640,00			**26.914,80**
13.140	2.350,00	m²	Decken Schalung ab EG	334,222	8.355,56	1.253,33		12.127,97		**21.736,86**
13.150	75,13	t	Decken Bewehrung ab EG			45.525,75			10.517,50	**56.043,25**
13.160	985,00	m³	Decken Beton ab EG	400,254	10.006,35	62.606,60	7.880,00			**80.492,95**
13.170	64,00	m²	Podeste Schalung	96,000	2.400,00			640,00		**3.040,00**
13.180	2,00	t	Podeste Bewehrung			1.212,00			280,00	**1.492,00**
13.190	17,00	m³	Podeste Beton	25,500	637,50	1.080,52				**1.718,02**
13.200	30,00	St.	Ortbetontreppenlauf inkl. Schalung und Bewehrung	360,000	9.000,00	2.610,00		780,00		**12.390,00**
			Alternativposition:							
	30,00	St.	Fertigteil-Treppenlauf	60,000	1.500,00	13.500,00	1.200,00			**16.200,00**
			Eventualposition:							
	1,00	St.	Kernbohrung						150,00	**150,00**
Summe				**3.357,283**	**101.993,59**	**263.245,86**	**49.622,50**	**30.252,00**	**50.352,00**	**495.465,81**

und die monatliche Einsatzdauer D [h/Mon.] werden die Kosten je Mengeneinheit berechnet:

$$\text{EKT}_{\text{Gerät}} = (A + V + R)/(D \cdot P)$$

4.2.4 Ermittlung der Stoffkosten

Die Stoffkosten sind ebenfalls je Mengeneinheit der Position anzugeben. Die Kosten für die Baustoffe ergeben sich direkt aus den Angeboten der Lieferanten. Die Kosten für Bauhilfsstoffe werden meist als Erfahrungswerte angegeben, z. B. bei Schalarbeiten als Ansatz je m² Schalfläche im Leistungsverzeichnis. Die Kosten für die Baubetriebsstoffe werden je kW installierter Leistung eines Gerätes angegeben und auf die Betriebsstunde bezogen, z. B. Liter Diesel je kWh. Die installierte Leistung des Gerätes geht aus dem Gerätedatenblatt hervor. Über die Kosten je Liter Diesel sind die Kosten je Stunde gegeben. Die weitere Umrechung auf die auszuführende Mengeneinheit der Position erfolgt analog zu den Mietkosten der Geräte.

4.2.5 Ermittlung der Kosten für Nachunternehmerleistungen

Die Kosten für Nachunternehmerleistungen sind auf jeden Fall selbst zu ermitteln und durch Angebote von potentiellen Nachunternehmern zu verifizieren. Die vorliegenden Angebote sind auf die Übereinstimmung der vertraglich geschuldeten Leistung, d. h. mit der zu kalkulierenden Leistung, zu überprüfen. Bei angebotenen Pauschalpreisen sind die Mengen detailliert zu ermitteln und zu prüfen.

4.2.6 Gesamtdarstellung EKT

Rechenbeispiel s. Tafel 1.44.

4.2.7 Projektgemeinkosten

Neben den Einzelkosten der Teilleistungen (EKT) müssen weitere Kosten des Projektes, die nicht direkt einer Leistung im Projekt zugeordnet werden können, erfasst werden. Diese „Projektgemeinkosten" (PGK) entstehen durch Aufwand, der für das Betreiben des Projektes an sich notwendig ist, z. B. durch

- Personalkosten: Kosten des Projektteams als Personalkosten
- Kosten für das Errichten und Räumen der Baustelle
- Vorhaltekosten für Einrichtungen und Geräte, z.B. Kräne
- Betriebs- und Bedienungskosten
- Kleingerät und Werkzeuge
- Pachten und Mieten
- Kosten für Versicherungen, Lizenzen, Bürgschaften
- Finanzierungskosten.

Projektgemeinkosten können auch in separaten Leistungspositionen ausgeschrieben sein. Die Ermittlung erfolgt dann wie bei den Einzelkosten der Teilleistungen. Andernf. werden sie detailliert ermittelt und gemeinsam mit den Zuschlägen nach folgender Systematik auf die Leistungspositionen umgelegt, weil bei einem Einheitspreisvertrag nur die in den Positionen ausgeschriebenen Leistungen direkt vergütet werden.

Die Projektgemeinkosten sind im Wesentlichen zeitabhängige Kosten. Die Einsatzdauern des Personals und der Geräte müssen anhand der Ablaufplanung detailliert ermittelt werden.

Beispiel Projektgemeinkosten Personal und Geräte

Gemeinkosten Personal	Anzahl	Kosten pro Monat	Mon.	Kosten Pers.
Projektleiter technisch	0,10	10.000,00 €	6,0	6.000,00 €
Bauleiter Rohbau + Ausbau (inkl. Plankoordination und Vertragsprüfung)	0,50	7.000,00 €	6,0	21.000,00 €
Kaufmann	0,25	6.000,00 €	6,0	9.000,00 €
Polier 1 gesamte Projektlaufzeit	1,00	6.000,00 €	6,0	36.000,00 €
Summe				**72.000,00 €**

Gemeinkosten Geräte	Anzahl	Kosten pro Monat	Mon.	Kosten Geräte
Tagesunterkünfte	2	200,00 €	5,0	2.000,00 €
Container Toilette	1	300,00 €	5,0	1.500,00 €
Container Waschen/Duschen	1	300,00 €	5,0	1.500,00 €
Bürocontainer	1	200,00 €	5,0	1.000,00 €
Kran Vorhaltung	1	6.000,00 €	5,0	30.000,00 €
Kran Auf- und Abbau, Transport	1	6.000,00 €		6.000,00 €
Kleingeräte				1.000,00 €
Summe				**43.000,00 €**

Gesamtsumme Personal + Geräte				**115.000,00 €**

Bei diesem Beispiel handelt es sich um ein kleines Projekt, daher sind z.B. Projekt- und Bauleiter nur anteilmäßig auf dieses Projekt kalkuliert, da sie gleichzeitig noch weitere Projekte abwickeln. Die Personalkosten fallen allerdings bereits vor Beginn der Arbeiten auf der Baustelle und auch noch nach Beendigung der Arbeiten an (Arbeitsvorbereitung, Abrechnung etc.). Die Summe aus Projektgemeinkosten PGK und Einzelkosten der Teilleistungen EKT bezeichnet man als „Herstellkosten". Die Projektgemeinkosten werden in der Literatur auch als „Baustellengemeinkosten" bezeichnet.

Die projektbezogene Sichtweise geht, wie einleitend erläutert, von einem ganzheitlichen Ansatz aus. Insbesondere Projektleiter, Projektkaufleute und etwa Planungskoordinatoren und Arbeitsvorbereiter sollten bereits vor Beginn der eigentlichen „Baustelle" tätig werden. Die Kosten für diese Aktivitäten gehören allerdings eindeutig zum Projekt und müssen daher auch in der Kostenermittlung erfasst werden. Der Begriff „Projektgemeinkosten" beschreibt diese Zusammenhänge, die insbesondere im Schlüsselfertigen Bauen von großer Bedeutung sind, zutreffend.

4.2.8 Angebotssumme – Zuschläge

Zu den Herstellkosten eines Projektes sind als Zuschlag die *Allgemeinen Geschäftskosten* (AGK) und *Wagnis und Gewinn* (WuG) zu berechnen.

Die Allgemeinen Geschäftskosten eines Unternehmens, z. B. die Kosten der Hauptverwaltung und der Niederlassung, sind von den Projekten zu erwirtschaften. Dazu werden die gesamten AGK – soweit sie nicht im Zuge von projektbezogenen Dienstleistungen direkt auf Projekte verrechnet werden konnten – als Prozentsatz p_{AGK} [%] des geplanten Unternehmensumsatzes angegeben. Mit diesem Satz p_{AGK} [%], bezogen auf die Angebotsnettosumme A_n des vorliegenden Projektes, sind sie dann in der Kalkulation zu berücksichtigen.

Wagnis und Gewinn sind strategische Anteile p_{WuG} [%] des Zuschlags, die von der Geschäftsleitung umsatzbezogen festgelegt werden und sich in gleicher Weise in der Kalkulation niederschlagen.

Die Summe dieser Anteile wird als Zuschlag $p_Z = p_{AGK} + p_{WuG}$ [%] bezeichnet. Nachdem diese Angabe zunächst nur umsatzbezogen vorliegt, muss der Satz in einen direkten Aufschlag p'_Z [%] auf die Herstellkosten HK umgerechnet werden:

Σ EKT	Einzelkosten der Teilleistungen
+Σ PGK	Projektgemeinkosten
= **HK**	**Herstellkosten**
+Σ AGK	Allgemeine Geschäftskosten
+Σ WuG	Wagnis und Gewinn
= A_n	**Angebotssumme netto**

Angebot Netto: $A_n = \text{HK} + Z$

Zuschlag:

$$Z = A_n \cdot (p_{AGK} + p_{WuG}) = A_n \cdot p_z = (\text{HK} + Z) \cdot p_z = \text{HK} \cdot p_z + Z \cdot p_z$$

$$Z \cdot (1 - p_z) = \text{HK} \cdot p_z$$

$$Z = \text{HK} \cdot p_z / (1 - p_z) = \text{HK} \cdot p'_z$$

Aufschlag: $p'_z = p_z \cdot 100\,\% / (100\,\% - p_z)$

Beispiel:

AGK:	$6\,\% = p_{AGK}$
WuG:	$1\,\% = p_{WuG}$
Zuschlag:	$7\,\% = p_Z$

HK = 10 Mio €

$Z = 10$ Mio € $\cdot [7\,\% \cdot 100\,\% / (100\,\% - 7\,\%)] = 10$ Mio € $\cdot\, 0{,}0753 = 0{,}753$ Mio €

Diese Vorgehensweise, den Angebotspreis direkt über die Herstellkosten durch die Umrechnung von p_z in p'_z zu ermitteln, nennt man *von „unten"* rechnen. Die Angabe der Zuschläge p_{AGK} und p_{WuG} mit der Bezugsgröße A_n erfolgt entsprechend *von „oben"*.

Beispiel

Angewandt auf das obige Beispiel einer Kalkulation (s. Tafel 1.44) folgt aus $p_Z = 7\,\%$ der Aufschlag $p'_z = 7{,}53\,\%$.

Σ Stunden	Σ Lohn	Σ Stoffe	Σ Geräte	Σ Schal./Rüst.	Σ NU	Σ EKT
[h]	[€]	[€]	[€]	[€]	[€]	[€]
3.357,283	101.993,59	263.245,86	49.622,50	30.251,87	50.352,00	**495.465,81**
Summe PGK						**115.000,00**
Herstellkosten						**610.465,81**
Allgemeine Geschäftskosten (AGK)			6,00 %			
Wagnis und Gewinn (WuG)			1,00 %			
Summe p_Z			7,00 %			
Zuschlagssatz auf Herstellkosten p'_Z			7,53 %			
Summe AGK, WuG						45.968,08
Angebotssumme netto						**656.433,89**

4.3 Bildung der Einheitspreise, Umlage

4.3.1 Gleichmäßige Umlage

Bei einem Einheitspreisvertrag ermittelt sich der Erlös als Abrechnungssumme aller Positionen. Je Position ergibt sich der Abrechnungsbetrag aus dem Produkt aus abgerechneter Menge und dem jeweiligen Einheitspreis (Menge · EP). Projektgemeinkosten und Zuschläge sind dabei ebenfalls über die Einheitspreise zu erlösen. Dazu werden sie als „Umlage“ auf die ermittelten EKT zugeschlagen. Die Umlage U setzt sich aus den Projektgemeinkosten PGK und den Zuschlägen Z zusammen. Die Einheitspreise erhält man, indem man für jede Position die Einzelkosten der Teilleistungen (EKT) mit dem Umlagebetrag beaufschlagt.

Angebotssumme netto: $A_n = \Sigma EKT + \Sigma PGK + Z = \Sigma EKT + U$ mit $U = \Sigma PGK + Z$
Aufschlag auf EKT: $u' = U / \Sigma EKT$
Einheitspreis: $EP = EKT_{EP} \cdot (1 + u')$

Damit werden die Zuschläge AGK und WuG sowie die PGK anteilig auf die EKT umgelegt. Im Beispiel ergibt sich eine prozentuale Umlage von 32,48 %.

	Σ Stunden [h]	Σ Lohn [€]	Σ Stoffe [€]	Σ Geräte [€]	Σ Sch./Rüst. [€]	Σ NU [€]	Σ EKT [€]
Σ EKT	3.357,283	101.993,59	263.245,86	49.622,50	30.251,87	50.352,00	**495.465,81**
Σ PGK							115.000,00
Herstellkosten (HK)							**610.465,81**
Σ AGK, WuG = *Z*							45.968,08
Angebotssumme netto A_n							**656.433,89**
Umlage *U*		**33.127,52**	**85.502,26**	**16.117,39**	**9.825,81**	**16.354,33**	**160.927,31**
Umlage *u'* in Prozent		32,48 %	32,48 %	32,48 %	32,48 %	32,48 %	32,48 %

4.3.2 Differenzierte Umlage

Die Umlage U kann auch mit unterschiedlichen Anteilen auf die einzelnen Kostenarten verteilt werden. Hierbei ist für jede Kostenart eine eigene prozentuale Umlage u'_{KOA} möglich. Um jedoch die freie Verteilung auf die Projektgemeinkosten einzuschränken und mit jeder Kostenart zumindest die Zulagen AGK und WuG zu erlösen, soll die Umlage u' auf jede Kostenart zumindest p'_z betragen.

Insgesamt muss die Summe der differenzierten Umlagen die Gesamtumlage decken:

$$U = U_{Lohn} + U_{Stoff} + U_{Gerät} + U_{S+R} + U_{NU}$$

mit $U_{Lohn} = \Sigma EKT_{Lohn} \cdot u'_{Lohn}$ $\quad U_{S+R} = \Sigma EKT_{S+R} \cdot u'_{S+R}$
$U_{Stoff} = \Sigma EKT_{Stoff} \cdot u'_{Stoff}$ $\quad U_{NU} = \Sigma EKT_{NU} \cdot u'_{NU}$
$U_{Gerät} = \Sigma EKT_{Gerät} \cdot u'_{Gerät}$

Entsprechend ergeben sich die einzelnen Umlageaufschläge dann durch:

$$u'_{Lohn} = \frac{U_{Lohn}}{\Sigma EKT_{Lohn}}, \quad u'_{Stoff} = \frac{U_{Stoff}}{\Sigma EKT_{Stoff}}, \quad u'_{Gerät} = \frac{U_{Gerät}}{\Sigma EKT_{Gerät}}, \quad u'_{S+R} = \frac{U_{S+R}}{\Sigma EKT_{S+R}} \text{ und } u'_{NU} = \frac{U_{NU}}{\Sigma EKT_{NU}}$$

Beispiel:

Die Höhe der Umlage beträgt für jede Kostenart mindestens $p'_z = 7{,}53$ %! In diesem Fall wird für die Kostenarten Stoffe, Gerät, Schalung und Rüstung sowie Nachunternehmer der Mindestwert für u' in Höhe von p'_z gewählt:

$$u'_{Stoff} = u'_{Gerät} = u'_{S+R} = u'_{NU} = p'_z$$

Dann folgt die prozentuale Umlage u'_{Lohn}:

$$U_{Lohn} = U - (U_{Stoff} + U_{Gerät} + U_{S+R} + U_{NU})$$

Die Angebotssumme verändert sich durch eine differenzierte Umlage nicht. Ebenso bleibt der Gesamtbetrag der Umlage der gleiche. Es ergibt sich lediglich eine unterschiedliche Verteilung auf die Kostenarten.

	Σ Stunden [h]	Σ Lohn [€]	Σ Stoffe [€]	Σ Geräte [€]	Σ Schal./Rüst. [€]	Σ NU [€]	Σ EKT [€]
Σ EKT	3.357,283	101.993,59	263.245,86	49.622,50	30.251,87	50.352,00	**495.465,81**
Σ PGK							115.000,00
Herstellkosten (HK)							**610.465,81**
Σ AGK, WuG = Z							45.968,08
Angebotssumme netto A_n							**656.433,89**
Umlage U		**157.926,87**	**19.822,41**	**3.736,57**	**2.277,97**	**3.791,50**	**160.927,31**
Umlage U in Prozent auf die EKT		154,84 %	7,53 %	7,53 %	7,53 %	7,53 %	32,48 %

4.3.3 Bildung der Einheitspreise bei gleichmäßiger Umlage

Die Einheitspreise werden dadurch ermittelt, dass die EKT_{EP} je Position mit dem berechneten Umlagesatz beaufschlagt werden.

$$EP = EKT_{EP} \cdot (1 + u')$$

Für die Positionen des Leistungsverzeichnisses des Beispiels sind 32,48 % umzulegen. Die Einheitspreise EP und die EKT_{EP} jeder Position sind in der folgenden Tabelle dargestellt. Das LV enthält keine separaten Positionen für die PGK. Daher müssen durch die Einheitspreise mit den EKT sämtliche Projektgemeinkosten, Geschäftskosten sowie Wagnis und Gewinn erwirtschaftet werden.

Pos. Nr.	Menge	ME	Leistung Beschreibung	EKT [€/Einh.]	EP [€/Einh.]
2			**Erdbau**		
2.10	900,00	m²	Oberboden abtragen d = 20 cm	3,87	5,13
2.20	4.400,00	m³	Boden lösen,fördern,lagern BKL 3 – 5	4,56	6,04
2.30	200,00	m³	Zulageposition BKL 6	5,38	7,13
2.40	850,00	m³	Verfüllmaterial Arbeitsräume liefern und einbauen	6,27	8,31
6			**Verbauarbeiten**		
6.20	750,00	m²	Trägerbohlverbau inkl. Träger, Anker, BE	94,50	125,19
13			**Stahlbetonarbeiten**		
13.10	485,00	m²	Sauberkeitsschicht	7,90	10,47
13.20	90,00	m²	Bodenplatte Schalung	10,18	13,49
13.30	32,00	t	Bodenplatte Bewehrung	746,00	988,30
13.40	385,00	m³	Bodenplatte Beton	84,69	112,20
13.50	1.000,00	m²	Wände Schalung	19,91	26,38
13.60	38,00	t	Wände Bewehrung	746,00	988,30
13.70	460,00	m³	Wände Beton	96,89	128,36
13.80	410,00	m²	Stützen Schalung	31,70	42,00
13.90	5,00	t	Stützen Bewehrung	640,00	847,87
13.100	31,00	m³	Stützen Beton	109,86	145,54
13.110	650,00	m²	Decken Schalung UG	16,00	21,20
13.120	9,05	t	Decken Bewehrung UG	746,00	988,30
13.130	330,00	m³	Decken Beton UG	81,56	108,05
13.140	2.350,00	m²	Decken Schalung ab EG	9,25	12,25
13.150	75,13	t	Decken Bewehrung ab EG	746,00	988,30
13.160	985,00	m³	Decken Beton ab EG	81,72	108,26
13.170	64,00	m²	Podeste Schalung	47,50	62,93
13.180	2,00	t	Podeste Bewehrung	746,00	988,30
13.190	17,00	m³	Podeste Beton	101,06	133,88
13.200	30,00	St.	Ortbetontreppenlauf inkl. Schalung und Bewehrung	413,00	547,14
			Alternativposition:		
	30,00	St.	Fertigteil-Treppenlauf	540,00	683,70
			Eventualposition:		
	1,00	St.	Kernbohrung	150,00	161,30

4.3.4 Bildung der Einheitspreise bei Umlage auf Kostenarten

Die Einheitspreise bei unterschiedlichen Prozentsätzen je Kostenart werden dadurch ermittelt, dass die einzelnen $EKT_{EP,\,KOA}$ (d. h. EKT_{EP} je Kostenart) mit den Prozentsätzen u'_{KOA} (je Kostenart) beaufschlagt werden:

$$EP = EKT_{Lohn} \cdot (1+u'_{Lohn}) + EKT_{Stoff} \cdot (1+u'_{Stoff}) + EKT_{Gerät} \cdot (1+u'_{Gerät}) + EKT_{S+R} \cdot (1+u'_{S+R}) + EKT_{NU} \cdot (1+u'_{NU})$$

Die nachfolgende Tabelle zeigt den Einfluss der Art der Verteilung der Umlage beispielhaft an zwei Positionen. Dabei stellt die erste Position reine NU-Leistung und die zweite Position Eigenleistung dar. Alle KOA außer Lohn werden mit den angegebenen Umlagewerten u'_i beaufschlagt. Man erkennt, dass sich daraus eine Umlage auf die KOA „Lohn" von 154,84 % ergibt.

Pos.-Nr.	Menge	ME	Leistung Beschreibung	EP [€/Einh.] Gleichmäßige Umlage u' = 32,48 %	EP [€/Einh.] u'_{Lohn} = 154,84 % $u'_{NU} = u'_{SR}$ = 7,53 %
2.10	900,00	m²	Oberboden abtragen d = 20 cm	5,13	4,16
13.80	410	m²	Stützen Schalung	42,00	75,01

4.3.5 Umlage auf Sonderpositionen

Bezüglich der Umlage sind Sonderpositionen unterschiedlich zu handhaben:

Grundpositionen sind in jedem Fall Bestandteil des Auftrages. Daher ist ihnen der oben festgelegte Anteil der Umlage aufzuschlagen.

Zulagepositionen, die die Grundpositionen ergänzen, beschreiben in dem Einheitspreis lediglich eine Erhöhung gegenüber der Grundposition. Entsprechend ist die Umlage mit gleichem Prozentsatz auf die Erhöhung der Herstellkosten anzuwenden.

Beispiel:

1.000 m^3 Pos. 1 : Lösen und Laden, Bodenklasse 3 bis 5

100 m^3 Pos. 2 : Zulage zu Pos. 1, Erschwernis für Bodenklasse 6

Insgesamt werden 1.000 m^3 Aushub ausgeführt.

Pos. 1 : EKT = 2,00 €/m^3 für 1000 m³ Aushub

Pos. 2 : EKT = 3,00 €/m^3 zusätzlich für 100 m^3 des Gesamtaushubes

Für den Normalaushub wird ein Volumen von 900 m^3 mit Kosten von 2,00 €/m^3 erwartet, für das Restvolumen von 100 m³ sind Kosten von 5,00 €/m^3 zu veranschlagen.

Die Umlage *u'* wird auf die EKT der Grundposition, wie auf die der Zulageposition direkt aufgeschlagen:

Pos. 1 : EKT = 2,00 €/m^2 EP = EKT · *u'*

Pos. 2 : EKT = 3,00 €/m^3 EP = EKT · *u'*

Da *Eventualpositionen* oder *Bedarfspositionen* nur gegebenenfalls beauftragt werden, können sie nicht mit Anteilen der Umlage beaufschlagt werden. Andernfalls besteht das Risiko einer Gemeinkosten-Unterdeckung. Falls sich allerdings durch die Ausführung der Eventualposition zusätzliche PGK ergeben, sind diese in der Position selbst als EKT anzusetzen! Nachdem die Eventualposition nach Beauftragung zur Leistung und damit später zum Umsatz wird, werden die Zuschläge für AGK und WuG angesetzt.

Beispiel:

Die Zulage errechnet sich ausschließlich über den Prozentsatz p_z für AGK und WuG:

$Z = 100{,}00$ €/St. $\cdot p_z'$

$Z = 100{,}00$ €/St. $\cdot 7{,}53\,\% = 7{,}53$ €/St.

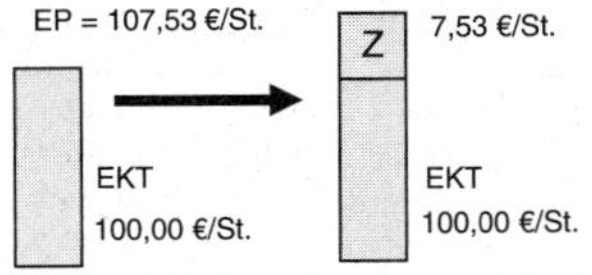

Alternativpositionen, die Grund- oder auch Zulagepositionen ersetzen, müssen in Summe die gleichen Projektgemeinkosten erlösen, die der Grundposition aufgeschlagen waren. Daher ist zunächst der Umlageaufschlag auf die Herstellkosten und den Vordersatz der Grundposition zu berechnen und dieser anschließend auf den Vordersatz der Alternative zu verteilen. Im letzten Schritt werden die Herstellkosten mit den Zuschlägen p_z' für AGK und WuG beaufschlagt und der EP der Alternativposition berechnet.

Beispiel

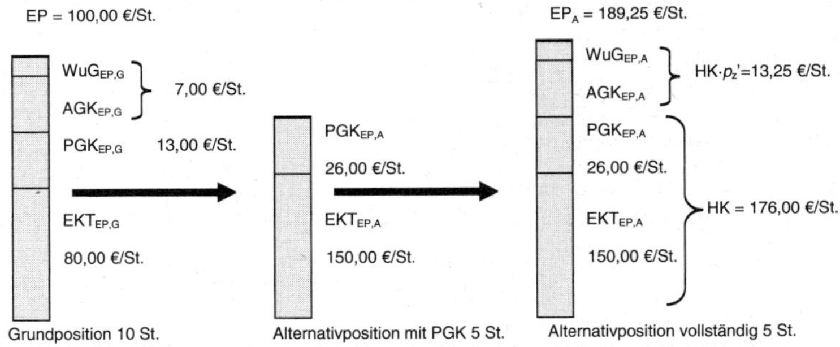

- Berechnung der ΣPGK in der Grundposition:
  Anteil der PGK am EP der Grundposition: $PGK_{EP,G}$ = 13,00 €/St. Dies ergibt für die $\Sigma PGK_{EP,G}$ in der Grundposition $\Sigma PGK_{EP,G}$ = 13,00 €/St. · 10 St. = 130 €.
- Verteilung der $\Sigma PGK_{EP,G}$ auf die EKT der Alternativposition:
  Durch Division durch den Vordersatz der Alternativposition ergibt sich für ein Stück der Alternativposition 130 €/5 St. = 26,00 €/St. als $PGK_{EP,A}$. Die HK der Alternativposition ergeben sich zu $HK_{EP,A}$ = 150,00 €/St. + 26,00 €/St. = 176,00 €/St. Die $EKT_{EP,A}$ ergeben sich aus der entspr. Kalkulation.
- Zuschläge AGK und WuG:
  Die HK der Alternativposition werden mit den Zuschlägen $p'_z = 7{,}53\,\%$ („von unten") beaufschlagt. Z auf Alternativposition Z_A = 176,00 €/St. · 7,53 % = 13,25 €/St. Damit folgt der EP für die Alternativposition: EP_A = 176,00 €/St. + 13,25 €/St. = 189,25 €/St.

4.4 Mittellohn

4.4.1 Bestandteile des Mittellohnes

Der Gesamttarifstundenlohn (GTL) entspricht dem Tarifstundenlohn (TL) zzgl. des Bauzuschlages (BZ). Diese sind im jeweils aktuellen Tarifvertrag für das Baugewerbe regional unterschiedlich (Westdeutschland, Ostdeutschland, Hamburg) festgelegt. Der Bauzuschlag in Höhe von 5,9 % des Tarifstundenlohnes wird zum Ausgleich der besonderen Belastungen gewährt, insbes. durch den ständigen Wechsel der Baustelle (2,5 %), die Abhängigkeit von der Witterung außerhalb der gesetzl. Schlechtwetterzeit (2,9 %) und dem Ausgleich von Lohneinbußen (0,5 %), die sich in der gesetzlichen Schlechtwetterzeit ergeben. Der Bauzuschlag wird für jede lohnzahlungspflichtige Stunde, nicht jedoch für Leistungslohn-Mehrstunden (Überschussstunden im Akkord) gewährt.

Mit Wirkung vom 1. April 2006 gelten, soweit sich aus den nach Maßgabe dieses Tarifvertrages zu erstellenden Bezirkslohntarifverträgen (Lohntafeln) nicht etwas anderes ergibt, nachstehende Löhne:

		TL €/h	BZ €/h	GTL €/h
Lohngruppe 6	Werkpolier / Baumaschinen-Fachmeister	15,80	0,93	16,73
Lohngruppe 5	Vorarbeiter / Baumaschinen-Vorarbeiter	14,45	0,85	15,30
Lohngruppe 4	Spezialfacharbeiter / Baumaschinenführer	13,75	0,81	14,56
Lohngruppe 3	Facharbeiter / Baugeräteführer / Berufskraftfahrer	12,60	0,74	13,34
Lohngruppe 2a	Fachwerker / Maschinisten / Kraftfahrer	12,26	0,72	12,98
Fliesen-, Platten- und Mosaikleger der Lohngr. 4	Spezialfacharbeiter / Baumaschinenführer	14,20	0,84	15,04
Baumaschinenführer der Lohngruppe 4	Spezialfacharbeiter / Baumaschinenführer	13,99	0,82	14,81

Die Gesamttarifstundenlöhne der Lohngruppen 1 (Werker/Maschinenwerker) und 2 (Fachwerker/Maschinisten/Kraftfahrer) nach § 5 Nr. 3 BRTV sind zugleich Mindestlöhne im Sinne des § 1 Abs.1 Nr.1 Arbeitnehmerentsende-Gesetz für alle von dem persönlichen Geltungsbereich des Tarifvertrages erfassten Arbeitnehmer.

a) ab 1. September 2006:

Mindestlöhne		TL €/h	BZ €/h	GTL €/h
in der Bundesrepublik Deutschland, ausgenommen Brandenburg, Mecklenburg-Vorpommern, Sachsen, Sachsen-Anhalt und Thüringen	Lohngruppe 1 Lohngruppe 2	9,73 11,71	0,57 0,69	10,30 12,40
in Brandenburg, Mecklenburg-Vorpommern, Sachsen, Sachsen-Anhalt und Thüringen	Lohngruppe 1 Lohngruppe 2	8,40 9,25	0,50 0,55	8,90 9,80

b) ab 1. September 2007:

Mindestlöhne		TL €/h	BZ €/h	GTL €/h
in der Bundesrepublik Deutschland, ausgenommen Brandenburg, Mecklenburg-Vorpommern, Sachsen, Sachsen-Anhalt und Thüringen	Lohngruppe 1 Lohngruppe 2	9,82 11,80	0,58 0,70	10,40 12,50
in Brandenburg, Mecklenburg-Vorpommern, Sachsen, Sachsen-Anhalt und Thüringen	Lohngruppe 1 Lohngruppe 2	8,50 9,25	0,50 0,55	9,00 9,80

4.4.2 Mittellohn in der Kalkulation

Unter Mittellohn versteht man das arithmetische Mittel sämtl. auf einer Baustelle oder in Teilbereichen einer Baustelle vorauss. entstehenden Lohnkosten je Arbeitsstunde. I. d. R. rechnet man für ein Bauprojekt mit nur einem Mittellohn; er setzt sich aus mehreren Anteilen zusammen, die in Bezeichnung mitgeführt werden.

Grundlohn mit Zulagen und Zuschlägen

Basis des Mittellohns ist stets der Grundlohn, bestehend aus Tariflohn und Bauzulage. Für den Mittellohn (A) werden folgende Zulagen und Zuschläge auf den Grundlohn aufgeschlagen:

- Zulagen für Leistungen (z. B. Stammarbeiterzulage) in EUR
- Zulagen für Erschwernisse gemäß Bundesrahmentarifvertrag (BRTV) nach dem aktuell gültigen Stand (z. B. Zulagen für Straßenarbeiten, Arbeit in großen Höhen u. a.) in EUR
- Zuschläge für Überstunden, Nachtarbeit etc. in Prozent bezogen auf den Gesamttarifstundenlohn.

Sozialkosten/Lohnzusatzkosten

Die Lohnzusatzkosten setzen sich aus den Soziallöhnen, den gesetzlichen und tariflichen Sozialkosten und den lohnbezogenen Kosten zusammen. Die Lohnzusatzkosten können als %-Satz bezogen auf den Mittellohn mit der Kennzeichnung S aufgeschlagen werden. Nach Stand 1.01.2005 betragen sie etwa 85 %.

Lohnnebenkosten

Lohnnebenkosten (LNK) enthalten in der Bauindustrie z. B.

Auslösung, Fahrgeld, Verpflegungszuschuss.

Beispielsweise fallen bei einer Entsendung eines Mitarbeiters wöchentliche Flüge, Reisekosten, Auslösung etc. an. Diese werden ebenfalls als %-Satz des Mittellohnes aufgeschlagen und mit der Kennung L markiert.

Nichtproduktive Stunden

Polierstunden können je nach Organisation der Betriebe als prozentualer Anteil im Mittellohn mitgeführt werden. Dann führt der Mittellohn die Kennung P. Alternativ sind Kosten für Poliere in den Projektgemeinkosten anzusetzen.

Umlage

Auch der Mittellohn kann Anteile aus der Umlage enthalten und wird dann entsprechend durch ein U gekennzeichnet.

Überblick:

ML(A)	= Summe Grundlöhne der gewerbl. Arbeiternehmer / Lohnstunden der gewerbl. Arbeitnehmer	
ML(AS)	= ML(A) + Lohnzusatzkosten in % des ML(A)	
ML(ASL)	= ML(AS) + Lohnnebenkosten (LNK) in % des ML(A)	
ML(APS)	= ML(AP) + Lohnzusatzkosten in % des ML	(Polier enthalten)
ML(APSL)	= ML(APS) + Lohnnebenkosten (LNK) in % des ML	(Polier enthalten)
ML(ASLU)	= ML(ASL) $\cdot u'$	
ML(APSLU)	= ML(APSL) $\cdot u'$	(Polier enthalten)

Beispiel Berechnung Mittellohn A

Die Anzahl der Arbeitskräfte für die vorauss. durchschnittliche Baustellenbelegschaft wird von der Kalkulation und der Produktionsplanung bestimmt. Die Verteilung über die einzelnen Lohngruppen wird nach der erf. Zusammenstellung der Kolonnen festgelegt. Danach werden die Stammarbeiterzulage und event. Überstundenzuschläge addiert. Die Werte für die Stammarbeiterzulage können direkt aus dem Tarifvertrag entnommen werden. Die Überstundenzuschläge sind für die einzelnen Lohngruppen separat zu berechnen.

Belegschaft	Stundenlohn						Gesamt	
	Gesamttarifstundenlohn €	Stammarbeiterzulage €	Überstundenzuschlag in € (1,78 % von 2)	Erschwerniszuschlag €	Zuschlag für Nacht-, Sonn-, Feiertagsarbeit	Lohn pro h in € (Σ2 bis 6)	Anzahl	€ / h (7 x 8)
1	2	3	4	5	6	7	8	9
Werkpolier	16,73		0,30			17,03		0,00
Bauvorarbeiter	15,30	0,20	0,28			15,78	4	63,12
Spezialbaufacharbeiter	14,56	0,20	0,26			15,02	2	30,04
gehob. Baufacharbeiter	13,34		0,24			13,58	2	27,16
Baufachwerker	12,40		0,22			12,62	2	25,24
Bauwerker	10,30		0,18			10,48		0,00
Baumaschinenführer	14,81		0,27			15,08	2	30,16
						Summe	12	175,72

Berechnung eines Überstundenzuschlags für 3 Überstunden pro Woche:

Anzahl Überstunden je Woche · 100 % /(Gesamtstunden je Woche) = 3 h · 100 % / 42 h = 7,14 %

Der Überstundenzuschlag in Höhe von 25 % auf den GTL wird für 7,14 % der Arbeitsstunden fällig. Er wird gleichmäßig auf alle anfallenden Arbeitsstunden verteilt: 7,14 % · 25 % = 1,78 % und auf den Gesamttarifstundenlohn GTL aufgeschlagen.

Für den gehobenen Baufacharbeiter bei einem GTL von 13,34 €/h beträgt der Überstundenzuschlag beispielsweise 13,34 €/h · 1,78 % = 0,24 €/h.

Berechnung Mittellohn ASL

Mittellohn (A)	Summe Stundenlöhne/Anzahl Arbeiter:	175,72 €/h/10A	17,57 €/h
Mittellohn (AS)	Mittellohn (A) + Lohnzusatzkosten (85,47 %):	17,57 € + 17,57 € · 85,47 %	32,59 €/h
Mittellohn (ASL)	Mittellohn (AS)+Lohnnebenkosten (8,01 % von A):	32,59 € + 17,57 € · 8,01 %	34,00 €/h

Dieser Mittellohn geht in die Einzelkosten der Teilleistungen zur Berechnung des EKT Lohn ein.

Beispiel: 0,5Ah/m^2 · 34,00 €/Ah = 17,00 €/m^2

Mittellöhne mit Umlage

Die Mittellöhne (ASL) und (APSL) werden für die Berechnung der Einheitspreise mit dem Umlagefaktor u‘ multipliziert. Der sich daraus ergebende Mittellohn wird ASLU oder APSLU genannt.

Beispiel: Mit u' = 32,48 % und Mittellohn ASL = 34,00 €/Ah folgt:

ASLU = 34,00 €/Ah · (1 + 32,48 %) = 45,04 €/A

5 Ablaufplanung

5.1 Allgemeines

Die große Anzahl der Beteiligten an einem Investitionsprojekt hat eine noch größere Anzahl an Schnittstellen zur Folge. Eines der wesentlichen Werkzeuge zur Koordination der Schnittstellen und zur zielgerichteten Steuerung eines Projektes ist die Produktionsprozessplanung, d. h. die zeitliche, technische und kapazitive Planung aller Prozesse unter Beachtung ihrer vielfältigen Verflechtungen. Die Vorgaben dafür stammen aus der Produktionsplanung, aus den Terminvorgaben des Auftraggebers und aus den Vorgaben der Genehmigungsbehörden.

Die Produktionsprozessplanung stellt neben der Kalkulation den zweiten zentralen Grundbestandteil der Angebotsbearbeitung dar. Ihre Bedeutung geht jedoch über die Angebotsphase hinaus. Sie dient

- als wesentliches Werkzeug des Projektmanagements,
- als Basis für das Baustellencontrolling,
- als Grundlage für die Prognose des Baustellenergebnisses und
- als Grundlage für die Projektdokumentation für Störungen im Bauablauf.

In folgenden Normen sind die grundlegenden Begriffe der Produktionsprozessplanung definiert:

- DIN 69900 Projektwirtschaft; Netzplantechnik
  Teil 1 Begriffe, Teil 2 Darstellungstechnik
- DIN 69901 Projektwirtschaft; Projektmanagement; Begriffe
- DIN 69902 Projektwirtschaft; Einsatzmittel; Begriffe
- DIN 69903 Projektwirtschaft; Kosten und Leistung; Finanzmittel; Begriffe
- DIN 69905 Projektwirtschaft; Projektabwicklung – Begriffe

5.2 Begriffe und Definitionen

5.2.1 Definitionen

Produktionsprozessplanung

Die Produktionsprozessplanung beinhaltet Produktionsplanung, Terminplanung u. Ablaufplanung. Nachdem eine Übersicht über die Bauaufgabe vorliegt, werden diese in gegenseitiger Abstimmung entwickelt.

Produktionsplanung

Die Produktionsplanung beinhaltet das Festlegen des Verfahrens, die Geräteplanung und die Personalplanung. Dazu sind Leistungsdaten von Geräten, Schalung und Rüstung und Nachunternehmern einzuholen. Das Ergebnis der Produktionsplanung wird in einem Produktionsplan zusammengefasst. Eine detaillierte Produktionsplanung ist die Grundlage für die Ermittlung der Produktionsansätze und damit für die Kalkulation. Insbesondere kann eine Optimierung der Prozesse ebenfalls nur auf der Grundlage einer detaillierten Produktionsplanung stattfinden.

Terminplanung

Die Terminplanung bezieht sich auf die Planung der Ereignisse und Meilensteine in einem Projekt. Diese sind z. B. die Baugenehmigung, die Abnahmen durch die Genehmigungsbehörden oder die vertraglichen Vorgaben des Auftraggebers.

Ablaufplanung

Die Ablaufplanung ist die zeitliche Planung des Bauablaufs. Auf Basis der Projektstruktur werden Vorgänge angelegt und um Meilensteine und Ereignisse ergänzt. Zunächst werden die Vorgangsdauern berechnet, dann zwischen den Vorgängen die kausalen Anordnungsbeziehungen festgelegt, die sich aus technischen Gründen zwingend ergeben. Danach werden kapazitive Anordnungsbeziehungen angegeben, die sich aus einem sinnvollen Einsatz von Ressourcen ergeben. Nach Prüfung der Verfügbarkeiten und eventuellen Iterationen zur Optimierung des Ablaufes wird der Ablaufplan schließlich genehmigt.

5.2.2 Elemente der Produktionsprozessplanung

Vorgänge

Ein Vorgang beschreibt ein bestimmtes Geschehen, bei dem Anfang und Ende bzw. Dauer definiert sind. Vorgänge haben eine Dauer $D > 0$. Beispiele für Vorgänge sind die Herstellung der Deckenschalung mit der Dauer $D = 2$ d oder das Betonieren einer Decke mit der Dauer $D = 1$ d. Die Dauern der Vorgänge sind auf der Grundlage der Produktionsplanung über die Produktionsfunktion zu bestimmen.

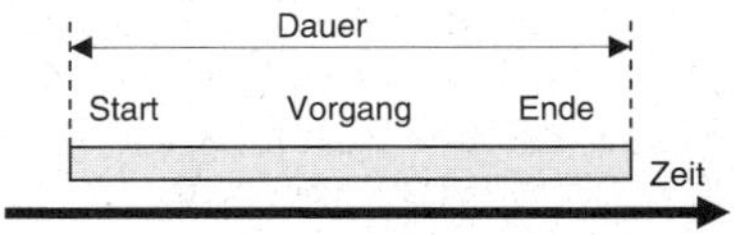

Ereignisse

Ein Ereignis beschreibt das Eintreten eines Zustandes und kann als ein Vorgang mit der Dauer $D = 0$ verstanden werden. Beispiele für Ereignisse sind der Vertragsabschluss, die Erteilung der Baugenehmigung oder die Bewehrungsabnahme.

Anordnungsbeziehungen

Anordnungsbeziehungen sind quantifizierbare Abhängigkeiten zwischen Ereignissen oder Vorgängen. Sie sind in DIN 69900 genormt. Es gibt folgende fünf Typen von Anordnungsbeziehungen:

Normalfolge NF: E(I)–A(J)

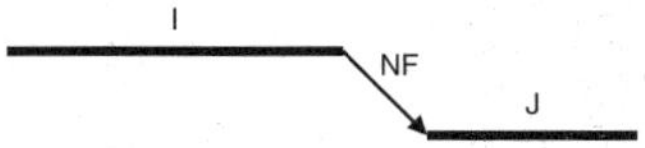

Die Normalfolge ist eine Anordnungsbeziehung vom Ende eines Vorgangs zum Anfang seines Nachfolgers.

Ein Beispiel für eine Normalfolge ist das Bewehren einer Stahlbetondecke mit daran anschließendem Betonieren.

Anfangsfolge AF: A(I)–A(J)

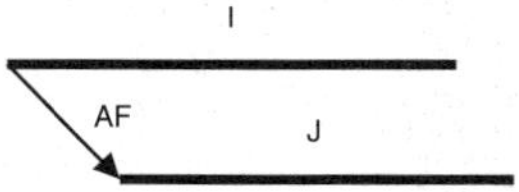

Anordnungsbeziehung vom Anfang eines Vorgangs zum Anfang seines Nachfolgers.

Ein Beispiel für eine Anfangsfolge ist die Anordnungsbeziehung zwischen Beginn der Baustelleneinrichtung und Beginn der Erdarbeiten.

Endfolge EF: E(I)–E(J)

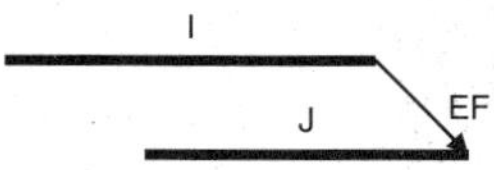

Die Endfolge ist eine Anordnungsbeziehung vom Ende eines Vorgangs zum Ende seines Nachfolgers.

Ein Beispiel für eine Endfolge ist die Anordnungsbeziehung zwischen Betoniervorgang und dem anschließenden Glätten des Betons.

Sprungfolge SP: A(I)–E(J)

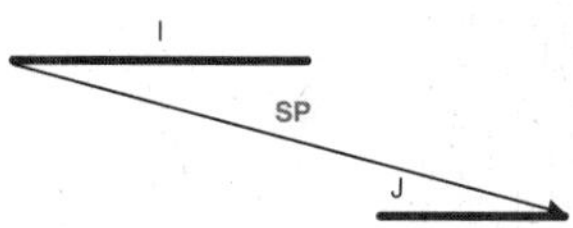

Anordnungsbeziehung vom Anfang eines Vorgangs zum Ende seines Nachfolgers.

Beispiel für eine Sprungfolge ist die Anordnungsbeziehung zwischen dem Beginn Einrichten einer Baustelle und dem Ende Räumen der Baustelleneinrichtung. Durch den Beginn Einrichten einer Baustelle und dem Ende Räumen der Baustelleneinrichtung ist die Projektdauer bestimmt.

Annäherung:

Die Annäherung ist eine Kombination aus Anfangsfolge und Endfolge zwischen zwei Vorgängen. Es sind jeweils der Beginn der zwei Vorgänge und das Ende der zwei Vorgänge durch eine Anordnungsbeziehung verbunden. Beispiel für eine Annäherung ist die Herstellung eines Kanals im Erdreich. Zuerst erfolgt der Grabenaushub mit anschließendem Einbringen des Sandbetts und Verlegen der Rohre. Abschließend wird der Graben wieder verfüllt. Zwischen allen Vorgängen ist jeweils ein räumlicher Mindestabstand einzuhalten, um sich gegenseitig nicht zu behindern.

5.2.3 Zeitabstände

Die Anordnungsbeziehungen zwischen zwei Vorgängen können mit einem Zeitabstand belegt sein, der die Beziehung näher festlegt. Dies kann ein Mindestzeitabstand min Z sein, um z. B. das Aushärten des Betons vor dem Ausschalen sicherzustellen oder auch ein maximal zulässiger Zeitabstand max Z, der z. B. das Glätten einer Betonoberfläche rechtzeitig erzwingt.

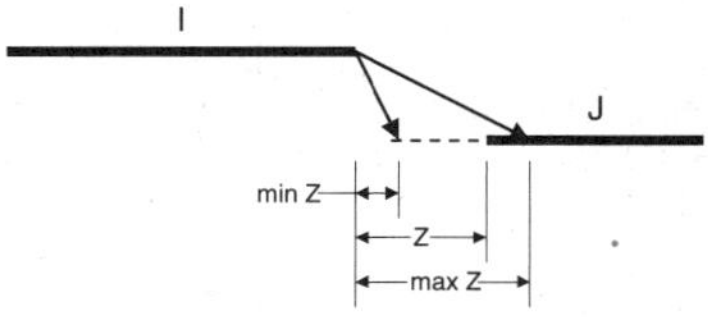

Der tatsächliche Zeitabstand Z liegt entsprechend zwischen den Grenzen min Z und max Z:

$\min Z \leq Z \leq \max Z$

5.2.4 Typen von Anordnungsbeziehungen

Anordnungsbeziehungen stellen notwendige Verknüpfungen zwischen Vorgängen dar. *Kausale Anordnungsbeziehungen* sind dabei diejenigen Beziehungen, die aus technischen Gründen unabdingbar notwendig sind (z. B. der Vorgang „Ausschalen“ kann erst nach Ablauf der Aushärtefrist nach dem Betonieren eines Bauteils erfolgen).

Im Gegensatz dazu werden als *Kapazitive Anordnungsbeziehungen* alle Verknüpfungen zusammengefasst, die aus Gründen der Optimierung des Ressourceneinsatzes eingefügt wurden. Sie sind unter Änderung der Produktionsplanung in einem gewissen Rahmen anpassbar.

5.3 Darstellungsformen

5.3.1 Netzplan

Die Darstellung als Netzplan betont die Zusammenhänge und Strukturen eines Projektes. Er dient in erster Linie der (manuellen) Berechnung der zeitlichen Lage von Vorgängen und Ereignissen und hat zur Anschauung verhältnismäßig wenig Bedeutung.

Allerdings stellt er die Grundlage für die Simulation von komplexen Systemen dar und spielt von daher in einer zukunftsorientierten Betrachtung eine gewisse Rolle und kann systematisch eine große Anzahl von Informationen beinhalten.

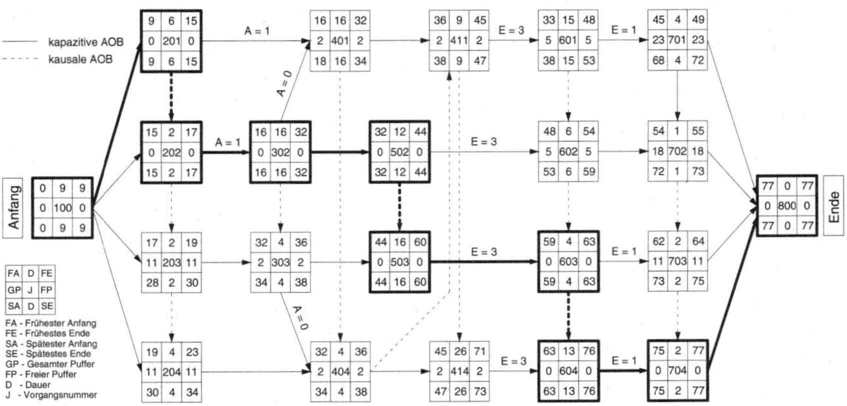

5.3.2 Balkenplan

Im Balkenplan sind die einzelnen Vorgänge in je einer Zeile als Balken dargestellt. Die Länge und horizontale Position der Balken stellen auf einer Zeitachse Dauer und Termin des Vorgangs dar. Anordnungsbeziehungen zwischen den Vorgängen werden als Pfeile zwischen Anfang und Ende der

Balken angezeigt. Der Balkenplan oder auch das Gantt-Diagramm ist aufgrund seiner Übersichtlichkeit das meistgenutzte Darstellungswerkzeug in der Produktionsprozessplanung.

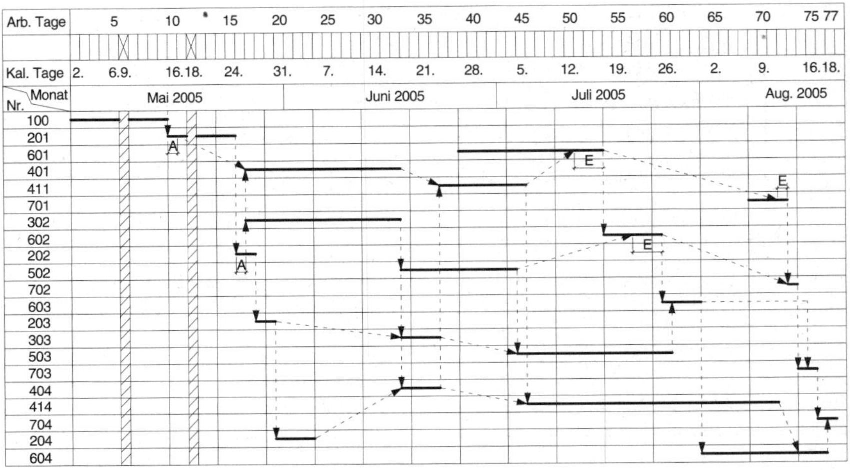

5.3.3 Weg-Zeit-Diagramm

Ein Ablaufplan kann auch als Weg-Zeit-Diagramm dargestellt werden. Die Vorgänge werden dabei als Geraden dargestellt. Weg-Zeit-Diagramme sind vor allem geeignet für Linienbaustellen, die einen gut definierten „Weg" verfolgen (z. B. Straßen, Brücken, Tunnel). Aus Weg-Zeit-Diagrammen kann unmittelbar die Produktionsgeschwindigkeit aus der Steigung der einzelnen Linien abgelesen werden.

Alle Leistungsangaben werden mit Bezug auf die Einheit „Weg" umgerechnet. Örtliche Gegebenheiten oder räumlich konzentrierte Aktivitäten werden als senkrechte Balken dargestellt. Vertikale Abschnitte der Vorgänge stehen für zeitliche Stillstände im Ablauf, während horizontale Abschnitte räumliche Ausnehmungen anzeigen.

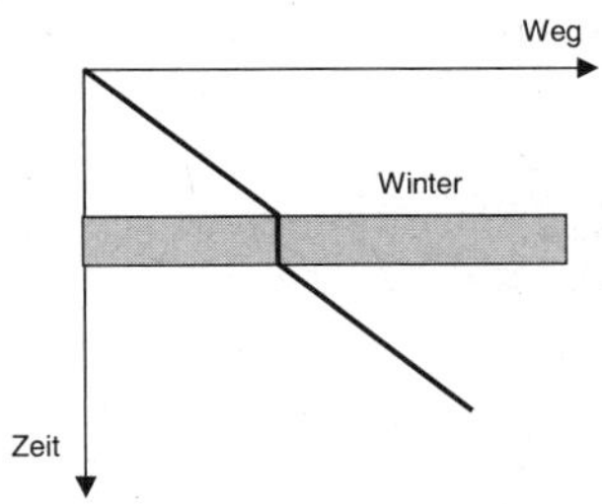

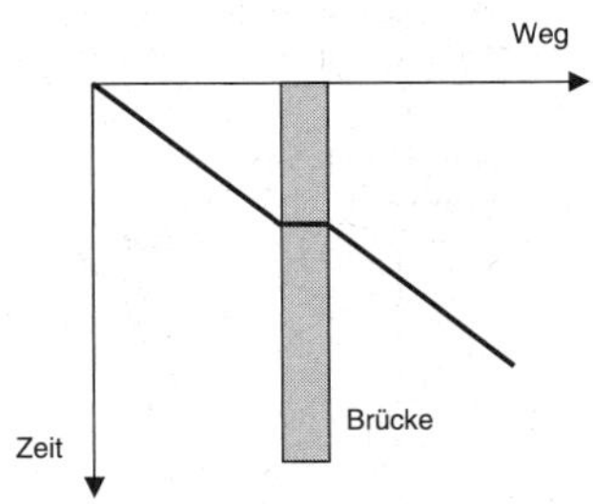

Aufgrund der guten Darstellbarkeit der vielfältigen räumlichen und zeitlichen Zusammenhänge bieten sich Weg-Zeit-Diagramme zur effizienten Ablaufplanung an.

Beispiel Straßenbaustelle.

Für ein 9,6 km langes Teilstück einer Autobahnstrecke soll eine Richtungsfahrbahn erstellt werden. Nach Erstellung des Planums beginnt der Einbau der Entwässerungsleitungen im Mittelstreifen. Zwischen Entwässerung und Frostschutzschicht ist ein Raumabstand von mindestens 2 000 m einzuhalten. Im Anschluss wird die bituminöse Tragschicht, dann eine Binderschicht und schließlich eine Schicht Splittmastixasphalt eingebaut. Der Fertiger kann innerhalb eines Tages innerhalb des gesamten Bauabschnittes umgesetzt werden.

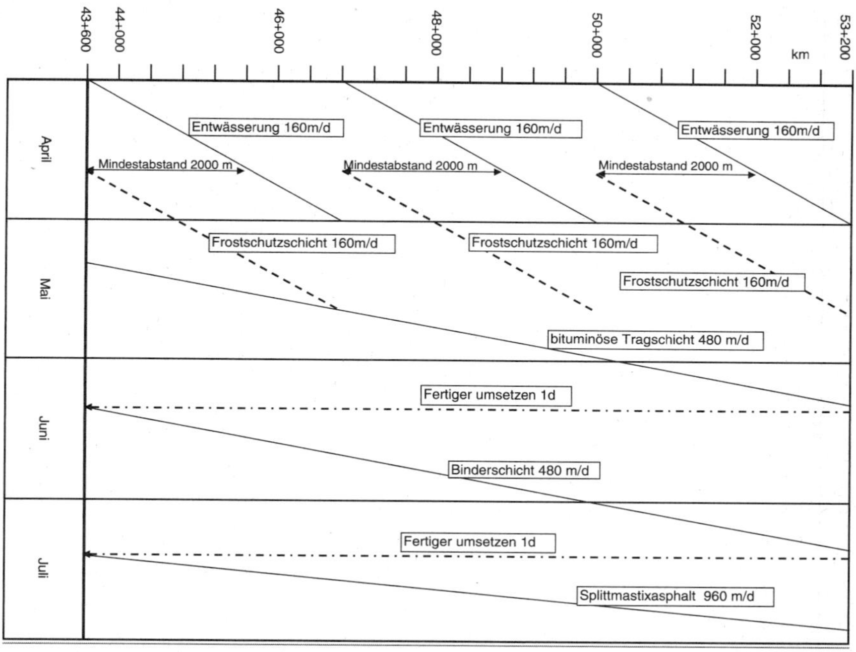

5.3.4 Volumen-Zeit-Diagramm, Produktionsfunktion

Volumen-Zeit-Diagramme stellen den Zusammenhang zwischen herzustellendem Volumen (Menge) über die benötigte Zeit dar. Ähnlich dem Weg-Zeit-Diagramm bezieht sich diese Darstellung allerdings auf ein abstrakteres Produktionsvolumen. Damit werden die Vorteile auch z. B. für den Hochbau nutzbar. Da aber der Bezug der Geraden zu einzelnen Vorgängen durch die Kumulation der Volumina nicht darstellbar ist, dienen Volumen-Zeit-Diagramme weniger der Planung selbst als der Auswertung einer Planung. Die Produktionsgeschwindigkeit, also die Steigung der Geraden, wird durch das nach der Zeit abgeleitete Volumen angegeben: $v = \partial V/\partial t$ und stellt damit unmittelbar die Auswirkungen der Produktionsfunktion dar.

Beispiel: Arbeiten im Stahlbetonbau

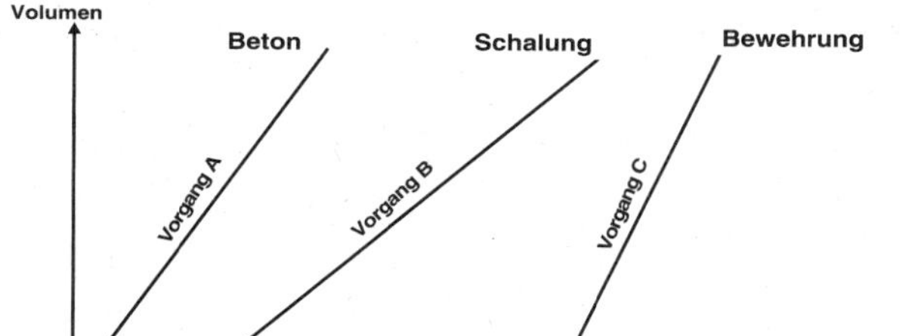

5.4 Analyse und Pflege von Ablaufplänen

5.4.1 Der „Kritische Weg", Puffer

Unter Beachtung aller Anordnungsbeziehungen ist die zeitliche Anordnung eines Vorgangs im Allgemeinen durch eine *Früheste Lage* und eine *Späteste Lage* begrenzt. Vorgänge, für die die früheste und die späteste Lage identisch sind, haben keinerlei Verschiebungsspielraum. Man nennt sie *Kritische Vorgänge*, ihre Gesamtheit den *Kritischen Weg*:

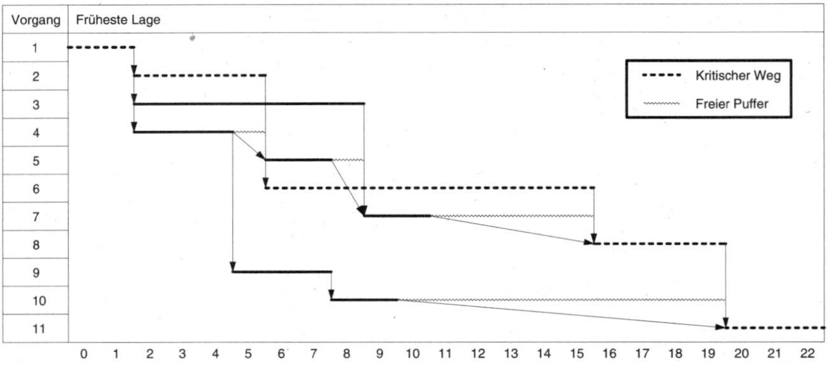

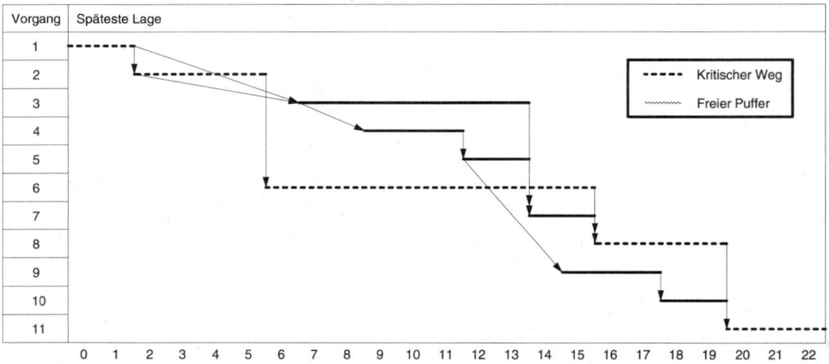

Einen Verschiebungsspielraum eines Vorgangs zwischen frühester und spätester Lage nennt man Puffer. Kann ein Vorgang verschoben werden, ohne dass ein anderer Vorgang mit verschoben wird, so spricht man von *Freiem Puffer*, andernfalls vom *Gesamtpuffer*. Verschiebungen von Vorgängen ohne Puffer (*Kritischer Weg*) bewirken eine Verschiebung des Projektendes.

5.4.2 Kopplung mit Ressourcen

Allen Darstellungen gemeinsam ist die Möglichkeit, den Einsatz von Ressourcen (Arbeitskräfte, Geräte, Material, Finanzmittel) im Zusammenhang mit den betroffenen Vorgängen anzuzeigen. Damit kann nicht nur der zeitliche Ablauf gesteuert und optimiert werden, sondern das gesamte Projekt hinsichtlich seiner vielen unterschiedlichen Parameter.

5.4.3 Optimierung

Prinzipielle oder auch kapazitive Anordnungsbeziehungen werden eingefügt, um den Produktionsprozess bezüglich des Ressourceneinsatzes zu optimieren. Dazu sind in der Regel mehrere Iterationsschritte notwendig. Ziel ist eine ausgeglichene Verteilung und Auslastung der Ressourcen über die Bauzeit.

5.4.4 Soll-Ist-Vergleich

Zur Kontrolle und Steuerung des Produktionsprozesses dient ein kontinuierlicher Vergleich des geplanten Ablaufes mit dem realen Ablauf. Entsprechend ist die Produktionsprozessplanung laufend zu aktualisieren. Die Ist-Termine sowie die Ist-Vorgangsdauern werden den Soll-Terminen und Soll-Vorgangsdauern gegenübergestellt und die Abweichung ermittelt und dokumentiert. Damit wird einerseits eine Prognose für den weiteren Verlauf des Produktionsprozesses bis zum Ende möglich, andererseits können auf dieser Grundlage Steuerungsmaßnahmen rechtzeitig eingeleitet und ihre Wirksamkeit zeitnah kontrolliert werden.

2 A Mathematik
2 B Bauinformatik

Inhaltsverzeichnis

2 A Mathematik

Prof. Dr.-Ing. Rolf Gelhaus; Prof. Dr.-Ing. Helmut Rubin (Abschnitt 9)

1 Tafeln

Mit der Tabellenkalkulation Excel berechnen sich Zahlenwerte der folgenden Tabellen gemäß:

$x_{KL}(l)$	= SUMME (*l*; –POTENZ(*l*; 5)/40; POTENZ(*l*; 9)/3456; –POTENZ(*l*; 13)/599040)
$y_{KL}(l)$	= SUMME (POTENZ(*l*; 3)/6; –POTENZ(*l*; 7)/336; POTENZ(*l*; 11)/42240; –POTENZ(*l*; 15)/9676800)
e^x	= EXP (*x*)
sinh *x*	= SINHYP (*x*)
cosh *x*	= COSHYP (*x*)
ln *x*	= LN (*x*)
$\phi(z)$	= NORMVERT (*f*; 0; 1; WAHR)
$t_{f;0,975}$	= TINV (0,05; *f*)
$\chi^2_{f;0,05}$	= CHIINV (0,95; *f*)
$\chi^2_{f;0,95}$	= CHIINV (0,05; *f*)
$F_{f;f;0,95}$	= FINV (0,05; *f*; *f*)
$F(x)=\sum_{k=0}^{x}\binom{n}{k}\cdot p^k\cdot(1-p)^{n-k}$	= BINOMVERT (*x*; *n*; *p*; WAHR)
$F(x,\mu)=e^{-\mu}\cdot\sum_{k=0}^{x}\frac{\mu^k}{k!}$	= POISSON (*x*; *μ*; WAHR)

Einheitsklothoide (Reihenentwicklung S. 2.26, 2.37, Struktogramm S. 14.11, Programm S. 2.37)

l	x_{KL}	y_{KL}	*l*	x_{KL}	y_{KL}	*l*	x_{KL}	y_{KL}	*l*	x_{KL}	y_{KL}
0,01	0,01000	0,00000	0,41	0,40971	0,01148	0,81	0,80133	0,08789	1,21	1,14675	0,28415
0,02	0,02000	0,00000	0,42	0,41967	0,01234	0,82	0,81078	0,09116	1,22	1,15414	0,29088
0,03	0,03000	0,00000	0,43	0,42963	0,01324	0,83	0,82021	0,09449	1,23	1,16146	0,29770
0,04	0,04000	0,00001	0,44	0,43959	0,01419	0,84	0,82960	0,09791	1,24	1,16869	0,30460
0,05	0,05000	0,00002	0,45	0,44954	0,01518	0,85	0,83897	0,10140	1,25	1,17583	0,31160
0,06	0,06000	0,00004	0,46	0,45949	0,01621	0,86	0,84831	0,10498	1,26	1,18289	0,31869
0,07	0,07000	0,00006	0,47	0,46943	0,01729	0,87	0,85762	0,10863	1,27	1,18985	0,32586
0,08	0,08000	0,00009	0,48	0,47936	0,01841	0,88	0,86690	0,11237	1,28	1,19673	0,33312
0,09	0,09000	0,00012	0,49	0,48929	0,01959	0,89	0,87614	0,11618	1,29	1,20351	0,34047
0,10	0,10000	0,00017	0,50	0,49922	0,02081	0,90	0,88535	0,12008	1,30	1,21020	0,34791
0,11	0,11000	0,00022	0,51	0,50914	0,02208	0,91	0,89452	0,12407	1,31	1,21678	0,35543
0,12	0,12000	0,00029	0,52	0,51905	0,02340	0,92	0,90366	0,12813	1,32	1,22327	0,36304
0,13	0,13000	0,00037	0,53	0,52896	0,02478	0,93	0,91276	0,13228	1,33	1,22966	0,37074
0,14	0,14000	0,00046	0,54	0,53885	0,02620	0,94	0,92182	0,13651	1,34	1,23595	0,37851
0,15	0,15000	0,00056	0,55	0,54874	0,02768	0,95	0,93084	0,14083	1,35	1,24213	0,38637
0,16	0,16000	0,00068	0,56	0,55862	0,02922	0,96	0,93982	0,14523	1,36	1,24820	0,39432
0,17	0,17000	0,00082	0,57	0,56850	0,03081	0,97	0,94875	0,14972	1,37	1,25417	0,40234
0,18	0,18000	0,00097	0,58	0,57836	0,03245	0,98	0,95764	0,15430	1,38	1,26002	0,41045
0,19	0,18999	0,00114	0,59	0,58822	0,03416	0,99	0,96649	0,15896	1,39	1,26576	0,41864
0,20	0,19999	0,00133	0,60	0,59806	0,03592	1,00	0,97529	0,16371	1,40	1,27139	0,42690
0,21	0,20999	0,00154	0,61	0,60789	0,03774	1,01	0,98404	0,16855	1,41	1,27690	0,43525
0,22	0,21999	0,00177	0,62	0,61771	0,03962	1,02	0,99274	0,17348	1,42	1,28230	0,44367
0,23	0,22998	0,00203	0,63	0,62752	0,04156	1,03	1,00139	0,17849	1,43	1,28757	0,45216
0,24	0,23998	0,00230	0,64	0,63732	0,04356	1,04	1,00999	0,18360	1,44	1,29272	0,46073
0,25	0,24998	0,00260	0,65	0,64711	0,04563	1,05	1,01854	0,18879	1,45	1,29775	0,46938
0,26	0,25997	0,00293	0,66	0,65688	0,04775	1,06	1,02703	0,19407	1,46	1,30265	0,47810
0,27	0,26996	0,00328	0,67	0,66663	0,04995	1,07	1,03546	0,19944	1,47	1,30742	0,48688
0,28	0,27996	0,00366	0,68	0,67637	0,05221	1,08	1,04384	0,20491	1,48	1,31207	0,49574
0,29	0,28995	0,00406	0,69	0,68610	0,05453	1,09	1,05216	0,21046	1,49	1,31658	0,50466
0,30	0,29994	0,00450	0,70	0,69581	0,05692	1,10	1,06041	0,21610	1,50	1,32096	0,51365
0,31	0,30993	0,00496	0,71	0,70550	0,05938	1,11	1,06861	0,22183	1,51	1,32520	0,52271
0,32	0,31992	0,00546	0,72	0,71518	0,06191	1,12	1,07674	0,22766	1,52	1,32931	0,53182
0,33	0,32990	0,00599	0,73	0,72483	0,06451	1,13	1,08480	0,23357	1,53	1,33328	0,54100
0,34	0,33989	0,00655	0,74	0,73447	0,06718	1,14	1,09280	0,23958	1,54	1,33711	0,55024
0,35	0,34987	0,00714	0,75	0,74409	0,06992	1,15	1,10072	0,24567	1,55	1,34079	0,55954
0,36	0,35985	0,00777	0,76	0,75369	0,07273	1,16	1,10858	0,25186	1,56	1,34433	0,56889
0,37	0,36983	0,00844	0,77	0,76326	0,07561	1,17	1,11636	0,25814	1,57	1,34772	0,57830
0,38	0,37980	0,00914	0,78	0,77281	0,07857	1,18	1,12408	0,26450	1,58	1,35097	0,58776
0,39	0,38977	0,00988	0,79	0,78234	0,08160	1,19	1,13171	0,27096	1,59	1,35406	0,59727
0,40	0,39974	0,01066	0,80	0,79185	0,08471	1,20	1,13927	0,27751	1,60	1,35700	0,60682

Hyperbelfunktionen

$$\sinh x = \frac{e^x - e^{-x}}{2} \; ; \quad \cosh x = \frac{e^x + e^{-x}}{2} \; ; \quad \tanh x = \frac{\sinh x}{\cosh x}$$

$$\operatorname{arsinh} x = \ln\left(x + \sqrt{x^2+1}\right) \; ; \quad \operatorname{arcosh} x = \ln\left(x + \sqrt{x^2-1}\right)$$

$$\operatorname{artanh} x = \frac{1}{2}\cdot\ln\frac{1+x}{1-x} \quad \text{für } |x|<1 \; ; \quad \cosh^2 x - \sinh^2 x = 1$$

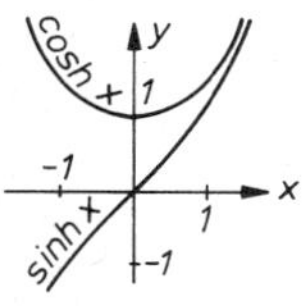

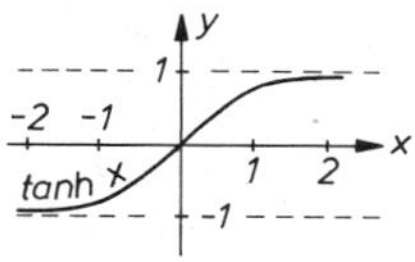

Statistische Verteilungen

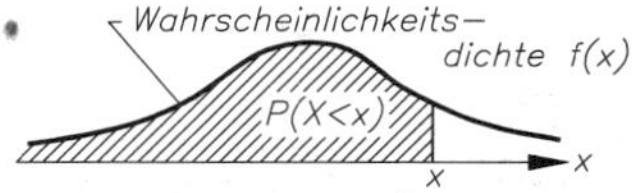

Verteilungsfunktion $F(x) = \int_{-\infty}^{x} f(x)\,\mathrm{d}x$

$F(x)$ ist die Wahrscheinlichkeit dafür, dass die entsprechend verteilte Zufallsvariable X Werte annimmt, die nicht größer als x sind.

p-Fraktil einer Verteilung ist ein Wert, den die Zufallsvariable X mit der vorgegebenen Wahrscheinlichkeit p nicht überschreitet.

Exponential-, Hyperbel-, Logarithmusfunktionen

x	e^x	$\sinh x$	$\cosh x$	x	$\ln x$
0,0	1,000	0,000	1,000	1,0	0,000
0,1	1,105	0,100	1,005	1,1	0,095
0,2	1,221	0,201	1,020	1,2	0,182
0,3	1,350	0,305	1,045	1,3	0,262
0,4	1,492	0,411	1,081	1,4	0,336
0,5	1,649	0,521	1,128	1,5	0,405
0,6	1,822	0,637	1,185	1,6	0,470
0,7	2,014	0,759	1,255	1,7	0,531
0,8	2,226	0,888	1,337	1,8	0,588
0,9	2,460	1,027	1,433	1,9	0,642
1,0	2,718	1,175	1,543	2,0	0,693
1,1	3,004	1,336	1,669	2,1	0,742
1,2	3,320	1,509	1,811	2,2	0,788
1,3	3,669	1,698	1,971	2,3	0,833
1,4	4,055	1,904	2,151	2,4	0,875
1,5	4,482	2,129	2,352	2,5	0,916
1,6	4,953	2,376	2,577	2,6	0,956
1,7	5,474	2,646	2,828	2,7	0,993
1,8	6,050	2,942	3,107	2,8	1,030
1,9	6,686	3,268	3,418	2,9	1,065
2,0	7,389	3,627	3,762	3,0	1,099
2,1	8,166	4,022	4,144	3,1	1,131
2,2	9,025	4,457	4,568	3,2	1,163
2,3	9,974	4,937	5,037	3,3	1,194
2,4	11,023	5,466	5,557	3,4	1,224
2,5	12,182	6,050	6,132	3,5	1,253
2,6	13,464	6,695	6,769	3,6	1,281
2,7	14,880	7,406	7,473	3,7	1,308
2,8	16,445	8,192	8,253	3,8	1,335
2,9	18,174	9,060	9,115	3,9	1,361
3,0	20,086	10,018	10,068	4,0	1,386
3,1	22,198	11,076	11,122	4,1	1,411
3,2	24,533	12,246	12,287	4,2	1,435
3,3	27,113	13,538	13,575	4,3	1,459
3,4	29,964	14,965	14,999	4,4	1,482
3,5	33,115	16,543	16,573	4,5	1,504
3,6	36,598	18,285	18,313	4,6	1,526
3,7	40,447	20,211	20,236	4,7	1,548
3,8	44,701	22,339	22,362	4,8	1,569
3,9	49,402	24,691	24,711	4,9	1,589
4,0	54,598	27,290	27,308	5,0	1,608

Normalverteilung

z	$\phi(z)$ *)
0,0	0,500
0,1	0,540
0,2	0,579
0,3	0,618
0,4	0,655
0,5	0,691
0,6	0,726
0,7	0,758
0,8	0,788
0,9	0,816
1,0	0,841
1,1	0,864
1,2	0,885
1,3	0,903
1,4	0,919
1,5	0,933
1,6	0,945
1,7	0,955
1,8	0,964
1,9	0,971
2,0	0,977
2,1	0,982
2,2	0,986
2,3	0,989
2,4	0,992
2,5	0,994
2,6	0,995
2,7	0,997
2,8	0,997
2,9	0,998
3,0	0,999
3,1	1,000
3,2	1,000
3,3	1,000

$$z = \frac{x-\mu}{\sigma}$$

Fraktile der t– | χ²– | χ²– | F– Verteilung

Freiheitsgrad f	$t_{f;0,975}$	$\chi^2_{f;0,05}$	$\chi^2_{f;0,95}$	$F_{f;f;0,95}$
1	12,71	0,00	3,84	161,5
2	4,30	0,10	5,99	19,0
3	3,18	0,35	7,81	9,28
4	2,78	0,71	9,49	6,39
5	2,57	1,15	11,1	5,05
6	2,45	1,64	12,6	4,28
7	2,37	2,17	14,1	3,79
8	2,31	2,73	15,5	3,44
9	2,26	3,33	16,9	3,18
10	2,23	3,94	18,3	2,98
11	2,20	4,57	19,7	2,82
12	2,18	5,23	21,0	2,69
13	2,16	5,89	22,4	2,57
14	2,15	6,57	23,7	2,48
15	2,13	7,26	25,0	2,40
16	2,12	7,96	26,3	2,33
17	2,11	8,67	27,6	2,27
18	2,10	9,39	28,9	2,22
19	2,09	10,12	30,1	2,17
20	2,09	10,85	31,4	2,12
21	2,08	11,6	32,7	2,09
22	2,07	12,3	33,9	2,05
23	2,07	13,1	35,2	2,01
24	2,06	13,8	36,4	1,98
25	2,06	14,6	37,7	1,95
26	2,06	15,4	38,9	1,93
27	2,05	16,2	40,1	1,90
28	2,05	16,9	41,3	1,88
29	2,05	17,7	42,6	1,86
30	2,04	18,5	43,8	1,84
40	2,02	26,5	55,8	1,69
50	2,01	37,8	67,5	1,60
100	1,98	77,9	124,3	1,39
∞	1,96	∞	∞	1,00

*) $\phi(z) = \int_{-\infty}^{z} f(z)\,\mathrm{d}z = \frac{1}{\sqrt{2\pi}}\int_{-\infty}^{z} e^{-z^2/2}\,\mathrm{d}z$

$\phi(-z) = 1 - \phi(z)$

Binomialverteilung

$$F(x) = \sum_{k=0}^{x} \binom{n}{k} \cdot p^{k} \cdot (1-p)^{n-k}$$

Mittelwert $\mu = n \cdot p$; Varianz $\sigma^2 = n \cdot p \cdot (1-p)$

n	x \ p	0,1	0,2	0,3	0,4	0,5
1	0	0,900	0,800	0,700	0,600	0,500
	1	1,000	1,000	1,000	1,000	1,000
2	0	0,810	0,640	0,490	0,360	0,250
	1	0,990	0,960	0,910	0,840	0,750
	2	1,000	1,000	1,000	1,000	1,000
3	0	0,729	0,512	0,343	0,216	0,125
	1	0,972	0,896	0,784	0,648	0,500
	2	0,999	0,992	0,973	0,936	0,875
	3	1,000	1,000	1,000	1,000	1,000
4	0	0,656	0,410	0,240	0,130	0,062
	1	0,948	0,819	0,652	0,475	0,312
	2	0,996	0,973	0,916	0,821	0,688
	3	1,000	0,998	0,992	0,974	0,938
	4		1,000	1,000	1,000	1,000
5	0	0,590	0,328	0,168	0,078	0,031
	1	0,918	0,737	0,528	0,337	0,188
	2	0,991	0,942	0,837	0,683	0,500
	3	1,000	0,993	0,969	0,913	0,812
	4		1,000	0,998	0,990	0,969
	5			1,000	1,000	1,000
6	0	0,531	0,252	0,118	0,047	0,016
	1	0,886	0,655	0,420	0,233	0,109
	2	0,984	0,901	0,744	0,544	0,344
	3	0,999	0,983	0,930	0,821	0,656
	4	1,000	0,988	0,989	0,959	0,891
	5		1,000	0,999	0,996	0,984
	6			1,000	1,000	1,000
7	0	0,478	0,210	0,082	0,028	0,008
	1	0,850	0,577	0,329	0,159	0,062
	2	0,974	0,852	0,647	0,420	0,227
	3	0,997	0,967	0,874	0,710	0,500
	4	1,000	0,995	0,971	0,904	0,773
	5		1,000	0,996	0,981	0,938
	6			1,000	0,998	0,992
	7				1,000	1,000
8	0	0,430	0,168	0,058	0,017	0,004
	1	0,813	0,503	0,255	0,106	0,035
	2	0,962	0,797	0,552	0,315	0,144
	3	0,995	0,944	0,806	0,594	0,363
	4	1,000	0,990	0,942	0,826	0,637
	5		0,999	0,989	0,950	0,856
	6		1,000	0,999	0,992	0,965
	7			1,000	0,999	0,996
	8				1,000	1,000

Poissonverteilung

$$F(x,\mu) = e^{-\mu} \cdot \sum_{k=0}^{x} \frac{\mu^{k}}{k!}$$

Mittelwert μ ; Varianz $\sigma^2 = \mu$

x \ μ	0,1	0,2	0,3	0,4	0,5
0	0,905	0,819	0,741	0,670	0,607
1	0,995	0,982	0,963	0,938	0,910
2	1,000	0,999	0,996	0,992	0,986
3		1,000	1,000	0,999	0,998
4				1,000	1,000

x \ μ	0,6	0,7	0,8	0,9	1,0
0	0,549	0,497	0,449	0,407	0,368
1	0,878	0,844	0,809	0,772	0,736
2	0,977	0,966	0,953	0,937	0,920
3	0,997	0,994	0,991	0,987	0,981
4	1,000	0,999	0,999	0,998	0,996
5		1,000	1,000	1,000	0,999
6				1,000	1,000

x \ μ	1,1	1,2	1,3	1,4	1,5
0	0,333	0,301	0,273	0,247	0,223
1	0,669	0,663	0,627	0,592	0,558
2	0,900	0,879	0,857	0,833	0,809
3	0,974	0,966	0,957	0,946	0,934
4	0,995	0,992	0,989	0,986	0,981
5	0,999	0,998	0,998	0,997	0,996
6	1,000	1,000	1,000	0,999	0,999
7				1,000	1,000

x \ μ	2,0	3,0	4,0	5,0	6,0
0	0,135	0,050	0,018	0,007	0,002
1	0,406	0,199	0,092	0,040	0,017
2	0,677	0,423	0,238	0,125	0,062
3	0,857	0,647	0,433	0,265	0,151
4	0,947	0,815	0,629	0,440	0,285
5	0,983	0,916	0,785	0,616	0,446
6	0,995	0,966	0,889	0,762	0,606
7	0,999	0,988	0,949	0,867	0,744
8	1,000	0,996	0,979	0,932	0,847
9		0,999	0,992	0,968	0,916
10		1,000	0,997	0,986	0,957
11			0,999	0,995	0,980
12			1,000	0,998	0,991
13				0,999	0,996
14				1,000	0,999
15					0,999

Für Varianzen $\sigma^2 > 9$ können Binomial- und Poissonverteilung genügend genau durch die Normalverteilung mit der Transformation $z = (x + 0{,}5 + \mu)/\sigma$ ersetzt werden.

Beispiel: Vor einer Bahnschranke, die maximal 4 min geschlossen bleibt, können bis zur nächsten zurück liegenden Kreuzung höchstens 10 Fahrzeuge halten.
Wie wahrscheinlich ist ein Stau bis in den Kreuzungsbereich bei einer Verkehrsstärke von 75 Fz./h?
Lösung: Mit $\mu = 75 \cdot 4/60 = 5$ Fz./4 min und $x = 10$ Fz./4 min entnimmt man der Tafel der Poissonverteilung eine Wahrscheinlichkeit von 0,986 dafür, dass nicht mehr als 10 Fz. in 4 min ankommen, also ist die gesuchte Stauwahrscheinlichkeit 0,014.

Gegenbeispiel: Für vorstehendes Beispiel ist mit $z = (10 + 0{,}5 - 5)/\sqrt{5} = 2{,}46$ und somit $\phi(2{,}46) = 0{,}993$ noch keine brauchbare Näherung des genauen Wertes 0,986 erreicht.

2 Arithmetik

2.1 Potenzen

$a^n = \underbrace{a \cdot a \cdot \ldots \cdot a}_{\text{n-mal}} = c$ (a Basis, n Exponent, c Potenzwert)

$a^0 = 1$ für $a \neq 0$ $a^n \cdot b^n = (ab)^n$	$a^m \cdot a^n = a^{m+n}$ $(a^m)^n = a^{m \cdot n}$	$a^m / a^n = a^{m-n}$ $a^2 - b^2 = (a+b) \cdot (a-b)$
$(a \pm b)^2 = a^2 \pm 2ab + b^2$	$(a \pm b)^3 = a^3 \pm 3a^2b + 3ab^2 \pm b^3$	
$(a \pm b)^n = a^n \pm \binom{n}{1} a^{n-1}b^1 + \binom{n}{2} a^{n-2}b^2 \pm \binom{n}{3} a^{n-3}b^3 + \ldots + (\pm 1)^{n-1} \binom{n}{n-1} a^1 b^{n-1} + (\pm 1)^n \cdot b^n$		

$\binom{n}{1} = n$; $\binom{n}{2} = \frac{n \cdot (n-1)}{1 \cdot 2}$; $\binom{n}{3} = \frac{n \cdot (n-1) \cdot (n-2)}{1 \cdot 2 \cdot 3}$; ... für jedes reelle n (gelesen: n über eins usw.)

$\binom{n}{k} = \frac{n!}{k!(n-k)!}$ für natürliches n und k; $n! = 1 \cdot 2 \cdot \ldots \cdot (n-1) \cdot n$; $0! = 1$

2.2 Wurzeln

$\sqrt[n]{a} = c$ (a Radikand, n Wurzelexponent, c Wurzel)

$\sqrt[n]{a} = a^{\frac{1}{n}}$	$\sqrt[n]{a^n} = a$	$\sqrt[n]{a^{m \cdot n}} = a^m$	$\sqrt[n]{a \cdot b} = \sqrt[n]{a} \cdot \sqrt[n]{b}$	$\sqrt[n]{\frac{a}{b}} = \frac{\sqrt[n]{a}}{\sqrt[n]{b}}$
$\sqrt[n]{\frac{1}{a}} = \frac{1}{\sqrt[n]{a}} = a^{-\frac{1}{n}}$	$\sqrt[n]{a^m} = a^{\frac{m}{n}}$	$\sqrt[n]{\sqrt[m]{a}} = \sqrt[n \cdot m]{a} = \sqrt[m]{\sqrt[n]{a}}$		
$\sqrt[m]{a} \cdot \sqrt[n]{a} = a^{\frac{1}{m}} \cdot a^{\frac{1}{n}} = a^{(\frac{1}{m}+\frac{1}{n})} = a^{\frac{n+m}{m \cdot n}} = \sqrt[m \cdot n]{a^{n+m}}$				
$i = \sqrt{-1}$	$i^2 = -1$	$i^3 = -i$	$i^4 = 1$	

2.3 Logarithmen

$\log_b a = c$ (b Basis, a Numerus, c Logarithmus)

$\log_b a = c \Leftrightarrow b^c = a$	$\log_b 0 = -\infty$ (wegen $\lim\limits_{c \to -\infty} b^c = 0$)	
$\log_b (c \cdot d) = \log_b c + \log_b d$ $\log_b (\frac{c}{d}) = \log_b c - \log_b d$	$\log_b a^n = n \cdot \log_b a$ $\log_b \sqrt[n]{a} = \frac{1}{n} \cdot \log_b a$	$\log_b 1 = 0$ (wegen $b^0 = 1$) $\log_b b = 1$ (wegen $b^1 = b$)

Natürliche Logarithmen: $\log_e a = \ln a$ mit $e = \lim\limits_{n \to \infty} \left(1 + \frac{1}{n}\right)^n = 2{,}718281828\ldots$

Dekadische Logarithmen: $\log_{10} a = \lg a$

Umrechnung von einem Logarithmensystem in ein anderes:

$\log_b a = \frac{1}{\log_c b} \cdot \log_c a = \log_b c \cdot \log_c a$ speziell: $\lg a = \frac{1}{\ln 10} \cdot \ln a = \lg e \cdot \ln a$

$\frac{1}{\ln 10} = \lg e = M_{10} = 0{,}4342944819\ldots$ heißt Modul der dekadischen Logarithmen.

2.4 Reihen

Arithmetische Reihe: $a + (a+d) + (a+2d) + \ldots + [a + (n-1)d] = \frac{n}{2}[2a + (n-1) \cdot d]$

Geometrische Reihe: $a + a \cdot q + a \cdot q^2 + \ldots + a \cdot q^{n-1} = a \cdot \frac{q^n - 1}{q - 1}$

Unendliche geometrische Reihe: $a + a \cdot q + a \cdot q^2 + \ldots = \frac{a}{1-q}$ für $|q| < 1$

Spezielle Reihen:

$\sum_{i=1}^{n} i = \frac{1}{2} n(n+1)$	$\sum_{i=1}^{n} i^2 = \frac{1}{3} n(n+1)(n+\frac{1}{2})$
$\sum_{i=1}^{n} (2i-1) = n^2$	$\sum_{i=1}^{n} 2i = n(n-1)$
$\sum_{i=1}^{n} i^3 = \frac{n^2}{4}(n+1)^2$	$\sum_{i=1}^{n} i^4 = \frac{1}{30} n(n+1)(2n+1)(3n^2+3n-1)$

2.5 Zinseszins

K_0 Grundbetrag K_n Endbetrag n Anzahl der Zinsabschnitte p_a Zinssatz pro Jahr p_m Zinssatz pro Monat ($p_m = p_a/12$) q = 1 + p/100 Zinsfaktor R Rate	$K_n = K_0 \cdot q^n$	$q = \sqrt[n]{K_n / K_0}$	$n = \frac{\ln K_n - \ln K_0}{\ln q}$
	Ratenzahlungen: $K_n = R \cdot (q^n - 1)/(q-1)$ (nachschüssig) $K_n = R \cdot q\,(q^n - 1)/(q-1)$ (vorschüssig)		
	Tilgungsrate eines Darlehens K_0 $R_n = K_0 \cdot q^n (q-1)/(q^n - 1)$ (nachschüssigeZahlung)		

Beispiel: Ein Darlehen von 15.000 € soll in 4 Jahren (48 Monaten) in monatlichen Raten zurückgezahlt werden. Für einen Zinssatz von p_a = 6 % pro Jahr ist der monatliche Zinssatz p_m = 6 %/12 = 0,5 % und somit der Zinsfaktor q = 1,005. Als monatliche Tilgungsrate ergibt sich: $R_{48} = 15.000\,€ \cdot 1{,}005^{48} \cdot 0{,}005/(1{,}005^{48} - 1) = 352{,}28\,€$

2.6 Quadratische Gleichung

$$Ax^2 + Bx + C = 0; \quad x_{1/2} = \frac{1}{2A}\left[-B \pm \sqrt{B^2 - 4AC}\right]$$

$$x^2 + px + q = 0; \quad x_{1/2} = \frac{1}{2}\left[-p \pm \sqrt{p^2 - 4q}\right] = -\frac{p}{2} \pm \sqrt{\left(\frac{p}{2}\right)^2 - q}$$

Beispiel: $2 \cdot x^2 + 6 \cdot x + 2 = 0 \Leftrightarrow x^2 + 3 \cdot x + 1 = 0$

$x_1 = \frac{1}{2}\left(-3 + \sqrt{5}\right) \approx -0{,}382$; $x_2 = \frac{1}{2}\left(-3 - \sqrt{5}\right) \approx -2{,}618$

2.7 Kubische Gleichung

$$A \cdot x^3 + B \cdot x^2 + C \cdot x + D = 0 \Leftrightarrow x^3 + a \cdot x^2 + b \cdot x + c = 0 \text{ mit } a = \frac{B}{A}; b = \frac{C}{A}; c = \frac{D}{A}$$

Lösung: $p = \frac{3b - a^2}{3}$; $q = c + \frac{2a^3}{27} - \frac{a \cdot b}{3}$

$D = \left(\frac{p}{3}\right)^3 + \left(\frac{q}{2}\right)^2$ (Diskriminante)

$u = \sqrt[3]{-\frac{q}{2} + \sqrt{D}}$; $v = \sqrt[3]{-\frac{q}{2} - \sqrt{D}}$

$x_1 = -\frac{a}{3} + u + v$

$x_{2,3} = -\frac{a}{3} - \frac{u+v}{2} \pm \sqrt{3} \cdot \frac{u-v}{2} \cdot i$; (i imaginäre Einheit)

Diskriminante:

- $D > 0$: Eine reelle und zwei konjugiert komplexe Lösungen.
- $D = 0$: Drei reelle Lösungen, davon zwei zusammenfallend.
- $D < 0$: Drei verschiedene reelle Lösungen.

Beispiel: $2 \cdot x^3 - 8 \cdot x^2 + 4 \cdot x - 6 = 0 \Leftrightarrow 1 \cdot x^3 - 4 \cdot x^2 + 2 \cdot x - 3 = 0$

$p \approx -3{,}333$; $q \approx -5{,}074$; $D \approx 5{,}065$

$u \approx 1{,}685$; $v \approx 0{,}659$

$x_1 \approx 3{,}678$; $x_{2,3} \approx 0{,}161 \pm 0{,}889i$

2.8 Determinanten

Die Determinante $D = \det(a_{ik})$ eines quadratischen, n-reihigen Schemas reeller Zahlen ist eine reelle Zahl, die auf bestimmte Weise der Gesamtheit der n^2 Einzelzahlen zugeordnet ist.

$$D = \det(a_{ik}) = \begin{vmatrix} a_{11} & a_{12} & \cdots & a_{1n} \\ a_{21} & a_{22} & \cdots & a_{2n} \\ \vdots & \vdots & \ddots & \vdots \\ a_{n1} & a_{n2} & \cdots & a_{nn} \end{vmatrix}$$

Die Indizes geben die Position im Zahlenschema an: Der erste Index bezeichnet die Zeile, der zweite die Spalte der betreffenden Zahl.

Für einreihige Determinanten, die nur aus einer einzigen Zahl bestehen, ist die Determinante diese Zahl selber. Für zwei- und mehrreihige Determinanten kann man die Berechnung der n-reihigen rekursiv auf die Summe von n Determinanten mit $n - 1$ Reihen zurückführen. Dazu verwendet man den Begriff der Unterdeterminante.

Jedem Element a_{ik} einer n-reihigen Determinante wird diejenige $(n - 1)$-reihige **Unterdeterminante** zugeordnet, die durch Streichen der Zeile und Spalte entsteht, in denen dieses Element liegt. Außerdem ordnet man jedem Element das durch $(-1)^{i+k}$ bestimmte Vorzeichen zu. Damit lautet die **Rekursionsvorschrift**:

$$D = a_{11} \cdot \begin{vmatrix} a_{22} & \cdots & a_{2n} \\ \vdots & \ddots & \vdots \\ a_{n2} & \cdots & a_{nn} \end{vmatrix} - a_{12} \cdot \begin{vmatrix} a_{21} & a_{23} & \cdots & a_{2n} \\ \vdots & \vdots & \ddots & \vdots \\ a_{n1} & a_{n3} & \cdots & a_{nn} \end{vmatrix} + \ldots + (-1)^{1+n} \cdot a_{1n} \cdot \begin{vmatrix} a_{21} & \cdots & a_{2,n-1} \\ \vdots & \ddots & \vdots \\ a_{n1} & \cdots & a_{n,n-1} \end{vmatrix}$$

Für zweireihige Determinanten erhält man nach der Rekursionsvorschrift:

$$D = \begin{vmatrix} a_{11} & a_{12} \\ a_{21} & a_{22} \end{vmatrix} = a_{11} \cdot |a_{22}| - a_{12} \cdot |a_{21}| = a_{11} \cdot a_{22} - a_{12} \cdot a_{21}$$

Für dreireihige Determinanten ist:

$$D = \begin{vmatrix} a_{11} & a_{12} & a_{13} \\ a_{21} & a_{22} & a_{23} \\ a_{31} & a_{32} & a_{33} \end{vmatrix} = a_{11} \cdot \begin{vmatrix} a_{22} & a_{23} \\ a_{32} & a_{33} \end{vmatrix} - a_{12} \cdot \begin{vmatrix} a_{21} & a_{23} \\ a_{31} & a_{33} \end{vmatrix} + a_{13} \cdot \begin{vmatrix} a_{21} & a_{22} \\ a_{31} & a_{32} \end{vmatrix}$$

$$= a_{11} \cdot a_{22} \cdot a_{33} - a_{11} \cdot a_{23} \cdot a_{32} - a_{12} \cdot a_{21} \cdot a_{33} + a_{12} \cdot a_{23} \cdot a_{31} + a_{13} \cdot a_{21} \cdot a_{32} - a_{13} \cdot a_{22} \cdot a_{31}$$

Rechenregeln

- Spiegeln an der Hauptdiagonalen (Vertauschen von Zeile i mit Spalte i, $i = 1, 2 \ldots n$) ändert den Wert der Determinante nicht: $\det(a_{ik}) = \det(a_{ki})$.
- Beim Vertauschen von zwei Reihen (Zeilen oder Spalten) wechselt das Vorzeichen der Determinante.
- Bei der Addition des k-fachen einer Reihe zu einer anderen Reihe bleibt der Wert der Determinante erhalten.
- Bei der Multiplikation aller Elemente einer Reihe mit dem gleichen Faktor k entsteht eine Determinante mit k-fachem Wert.
- Ist eine Reihe proportional zu einer anderen Reihe (entsprechende Elemente der einen Reihe also das k-fache der Elemente der anderen Reihe), so hat die Determinante den Wert null.
- Das Prinzip der Entwicklung einer n-reihigen Determinante in n Unterdeterminanten, wie es in der Rekursionsformel nach den Elementen der ersten Zeile vorgenommen ist, gilt allgemein für die Entwicklung nach den Elementen einer beliebigen Reihe. (Man wähle eine Reihe mit möglichst vielen Nullen, um Rechenarbeit zu sparen.)

Beispiel:

Die letzte Zeile enthält die meisten Nullen, daher entwickelt man nach den Elementen der letzten Zeile:

$$\det(a_{ik}) = \begin{vmatrix} 6 & 2 & 0 \\ 4 & 7 & 3 \\ 0 & 0 & 5 \end{vmatrix} = 0 \cdot \begin{vmatrix} 2 & 0 \\ 7 & 3 \end{vmatrix} - 0 \cdot \begin{vmatrix} 6 & 0 \\ 4 & 3 \end{vmatrix} + 5 \cdot \begin{vmatrix} 6 & 2 \\ 4 & 7 \end{vmatrix} = 5 \cdot 6 \cdot 7 - 5 \cdot 2 \cdot 4 = 170$$

(in Excel z. B.: „=MDET(A1:C3)")

2.9 Lineare Gleichungssysteme

Aus den gegebenen Koeffizienten a_{ik} und den rechten Seiten b_i sollen die Lösungen x_k ($i, k = 1, 2 \ldots n$) berechnet werden.

$$\begin{aligned} a_{11} \cdot x_1 + a_{12} \cdot x_2 + \ldots + a_{1n} \cdot x_n &= b_1 \\ a_{21} \cdot x_1 + a_{22} \cdot x_2 + \ldots + a_{2n} \cdot x_n &= b_2 \\ \ldots\ldots\ldots\ldots\ldots\ldots\ldots\ldots\ldots \\ a_{n1} \cdot x_1 + a_{n2} \cdot x_2 + \ldots + a_{nn} \cdot x_n &= b_n \end{aligned}$$

In Matrizenschreibweise:

$$\begin{bmatrix} a_{11} & a_{12} & \cdots & a_{1n} \\ a_{21} & a_{22} & \cdots & a_{2n} \\ \vdots & \vdots & \ddots & \vdots \\ a_{n1} & a_{n2} & \cdots & a_{nn} \end{bmatrix} \cdot \begin{bmatrix} x_1 \\ x_2 \\ \vdots \\ x_n \end{bmatrix} = \begin{bmatrix} b_1 \\ b_2 \\ \vdots \\ b_n \end{bmatrix}$$

kurz: $\boldsymbol{A} \cdot \boldsymbol{x} = \boldsymbol{b}$

Ist die Koeffizientendeterminante $D = \det(a_{ik}) \neq 0$, kann man das Gleichungssystem eindeutig lösen.

2.9.1 Cramersche Regel

Für k = 1, 2 … n bilde man die Determinanten D_k, indem man die k-te Spalte der Koeffizientenmatrix ersetzt durch die Spalte mit den rechten Seiten b_i und aus diesem Koeffizientenschema den Wert der Determinante errechnet. Damit ergeben sich die Lösungen:

$$\boxed{x_k = \frac{D_k}{D}}, \quad k = 1, 2 \ldots n$$

Beispiel:

$$\begin{bmatrix} -0,371 & -0,196 & 0,437 \\ -0,557 & 0,588 & 0,218 \\ -0,743 & -0,784 & -0,873 \end{bmatrix} \cdot \begin{bmatrix} x_1 \\ x_2 \\ x_3 \end{bmatrix} = \begin{bmatrix} -1 \\ -1 \\ 4 \end{bmatrix}; \Rightarrow D = \begin{vmatrix} -0,371 & -0,196 & 0,437 \\ -0,557 & 0,588 & 0,218 \\ -0,743 & -0,784 & -0,873 \end{vmatrix} = 0,636$$

$$D_1 = \begin{vmatrix} -1 & -0,196 & 0,437 \\ -1 & 0,588 & 0,218 \\ 4 & -0,784 & -0,873 \end{vmatrix} = -0,343 \; ; \quad D_2 = \begin{vmatrix} -0,371 & -1 & 0,437 \\ -0,557 & -1 & 0,218 \\ -0,743 & 4 & -0,873 \end{vmatrix} = -0,650$$

$$D_3 = \begin{vmatrix} -0,371 & -0,196 & -1 \\ -0,557 & 0,588 & -1 \\ -0,743 & -0,784 & 4 \end{vmatrix} = -2,038 \; ; \quad \Rightarrow \begin{array}{l} x_1 = -0,343/0,636 = -0,539 \\ x_2 = -0,650/0,636 = -1,022 \\ x_3 = -2,038/0,636 = -3,20 \end{array}$$

2.9.2 Gaußscher Algorithmus

Das ursprüngliche Gleichungssystem wird äquivalent in ein **gestaffeltes Gleichungssystem** umgeformt, bei dem jede folgende Gleichung eine Unbekannte weniger enthält. Die letzte Gleichung enthält schließlich nur noch die Unbekannte x_n.

$$\begin{bmatrix} a_{11} & a_{12} & a_{13} & \ldots & a_{1n} \\ a_{21} & a_{22} & a_{23} & \ldots & a_{2n} \\ a_{31} & a_{32} & a_{33} & \ldots & a_{3n} \\ \vdots & \vdots & \vdots & \ddots & \vdots \\ a_{n1} & a_{n2} & a_{n3} & \ldots & a_{nn} \end{bmatrix} \cdot \begin{bmatrix} x_1 \\ x_2 \\ x_3 \\ \vdots \\ x_n \end{bmatrix} = \begin{bmatrix} b_1 \\ b_2 \\ b_3 \\ \vdots \\ b_n \end{bmatrix} \quad \Leftrightarrow \quad \begin{bmatrix} a'_{11} & a'_{12} & a'_{13} & \ldots & a'_{1n} \\ 0 & a'_{22} & a'_{23} & \ldots & a'_{2n} \\ 0 & 0 & a'_{33} & \ldots & a'_{3n} \\ \vdots & \vdots & \vdots & \ddots & \vdots \\ 0 & 0 & 0 & \ldots & a'_{nn} \end{bmatrix} \cdot \begin{bmatrix} x_1 \\ x_2 \\ x_3 \\ \vdots \\ x_n \end{bmatrix} = \begin{bmatrix} b'_1 \\ b'_2 \\ b'_3 \\ \vdots \\ b'_n \end{bmatrix}$$

Reduktion zur Elimination von x_1 aus den Gleichungen 2 bis n:

- Gleichung 1 bleibt unverändert und dient als Eliminationszeile.
- Gleichung i (i = 2, 3 … n) wird umgeformt, indem die Eliminationszeile mit a_{i1}/a_{11} multipliziert und dann von Zeile i subtrahiert wird. Dadurch werden die Elemente $a'_{i1} = 0$.

In gleicher Weise behandelt man das System der n – 1 Gleichungen 2 bis n mit den Unbekannten x_2 bis x_n. Nach n – 1 gleichartigen Reduktionsschritten ist das gestaffelte Gleichungssystem errechnet. Die Berechnung der gesuchten Unbekannten erfolgt rückwärts von der letzten Gleichung aus:

$$x_n = b'_n / a'_{nn} \; ; \quad x_{n-1} = \left[b'_{n-1} - a'_{n-1,n} \cdot x_n \right] / a'_{n-1,n-1} \quad \ldots$$

$$x_1 = \left[b'_1 - a'_{1n} \cdot x_n - a'_{1,n-1} \cdot x_{n-1} - \ldots - a'_{12} \cdot x_2 \right] / a'_{11}$$

Beispiel:

		Σ	Probe
→ –(–0,557)/(–0,371)·**Zeile 1**: → –(–0,734)/(–0,371)·**Zeile 1**:	$\begin{bmatrix} -0,371 & -0,196 & 0,437 \\ -0,557 & 0,588 & 0,218 \\ -0,743 & -0,784 & -0,873 \end{bmatrix} \cdot \begin{bmatrix} x_1 \\ x_2 \\ x_3 \end{bmatrix} = \begin{bmatrix} -1,000 \\ -1,000 \\ 4,000 \end{bmatrix}$	–1,130 –0,751 1,600	–1,130 –0,751 1,600
1. Reduktion: → –(–0,391)/(0,882)·**Zeile 2**:	$\begin{bmatrix} -0,371 & -0,196 & 0,437 \\ 0 & 0,882 & -0,438 \\ 0 & -0,391 & -1,748 \end{bmatrix} \cdot \begin{bmatrix} x_1 \\ x_2 \\ x_3 \end{bmatrix} = \begin{bmatrix} -1,000 \\ 0,501 \\ 6,003 \end{bmatrix}$	–1,130 0,946 3,863	–1,130 0,945 3,864
2. Reduktion:	$\begin{bmatrix} -0,371 & -0,196 & 0,437 \\ 0 & 0,882 & -0,438 \\ 0 & 0 & -1,942 \end{bmatrix} \cdot \begin{bmatrix} x_1 \\ x_2 \\ x_3 \end{bmatrix} = \begin{bmatrix} -1,000 \\ 0,501 \\ 6,225 \end{bmatrix}$	–1,130 0,946 4,282	–1,130 0,945 4,283

Rückwärtsauflösung:

$x_3 = [6,225]/(-1,942) \qquad = -3,205$

$x_2 = [0,501 - (-0,438) \cdot (-3,205)]/(0,882) \qquad = -1,024$

$x_1 = [-1,000 - (0,437) \cdot (-3,205) - (-0,196) \cdot (-1,024)]/(-0,371) \qquad = -0,539$

Zur Schlussprobe setzt man die errechneten Lösungen in die ursprünglichen Gleichungen ein und vergleicht mit den gegebenen rechten Seiten.

2.9.3 Symmetrische Gleichungssysteme

Bei symmetrischen Gleichungssystemen sind die Koeffizienten a_{ik} spiegelsymmetrisch zu den Koeffizienten a_{ii} der Hauptdiagonalen (d. h. $a_{ik} = a_{ki}$). Sie treten bei praktischen Problemen häufig auf. Man kann hierbei rund die Hälfte an Schreib- und Rechenarbeit (bei Computerrechnung Speicherplatz und Rechenzeit) sparen, da die Koeffizienten unterhalb der Hauptdiagonalen nicht berücksichtigt werden müssen. (Eine geschickte Rechenanordnung dazu heißt „verketteter Algorithmus"). Im Folgenden werden die Koeffizienten a_{ik} oberhalb und einschließlich der Hauptdiagonalen spaltenweise in linearer (Zeilenvektor-) Form angeordnet:

$$A = [a_{11} \quad a_{12} \quad a_{22} \quad a_{13} \quad a_{23} \quad a_{33} \quad a_{14} \quad \ldots \quad a_{nn}]$$

Es gilt also die Indexzuordnung: $i,k \rightarrow i + k(k-1)/2$

Dann beschreiben folgende Struktogramme den verketteten Algorithmus für symmetrische Gleichungssysteme:

Reduktion auf Dreiecksform:

- für $i := 2$ bis n wiederhole:
  - für $k := i$ bis n wiederhole:
    - $s := a_{i+k(k-1)/2}$
    - für $l := 1$ bis $i-1$ wiederhole:
      - $s := s - a_{l+i(i-1)/2} \cdot a_{l+k(k-1)/2} / a_{l+l(l-1)/2}$
    - $a_{i+k(k-1)/2} := s$
  - $s := b_i$
  - für $l := 1$ bis $i-1$ wiederhole:
    - $s := s - a_{l+i(i-1)/2} \cdot r_l / a_{l+l(l-1)/2}$
  - $b_i := s$

Rückwärtsauflösung:

- $x_n := b_n / a_{n+n(n-1)/2}$
- für $i := n-1$ bis 1 wiederhole:
  - $s := b_i$
  - für $k := i+1$ bis n wiederhole:
    - $s := s - a_{i+k(k-1)/2} \cdot x_k$
  - $x_i := s / a_{i+i(i-1)/2}$

Beispiel:

Voll ausgeschriebenes symmetrisches Gleichungssystem:

$$\begin{bmatrix} 16 & 3 & 2 & -1 \\ 3 & 21 & 4 & 2 \\ 2 & 4 & 19 & 3 \\ -1 & 2 & 3 & 17 \end{bmatrix} \cdot \begin{bmatrix} x_1 \\ x_2 \\ x_3 \\ x_4 \end{bmatrix} = \begin{bmatrix} 3 \\ 4 \\ 5 \\ 6 \end{bmatrix}$$

Nur die relevante obere Dreiecksform: Reduktion auf Dreiecksform:

$$\begin{bmatrix} 16 & 3 & 2 & -1 \\ & 21 & 4 & 2 \\ & & 19 & 3 \\ & & & 17 \end{bmatrix} \cdot \begin{bmatrix} x_1 \\ x_2 \\ x_3 \\ x_4 \end{bmatrix} = \begin{bmatrix} 3 \\ 4 \\ 5 \\ 6 \end{bmatrix}; \quad \Rightarrow \quad \begin{bmatrix} 16{,}00 & 3{,}00 & 2{,}00 & -1{,}00 \\ & 20{,}44 & 3{,}63 & 2{,}19 \\ & & 18{,}11 & 2{,}74 \\ & & & 16{,}29 \end{bmatrix} \cdot \begin{bmatrix} x_1 \\ x_2 \\ x_3 \\ x_4 \end{bmatrix} = \begin{bmatrix} 3{,}00 \\ 3{,}44 \\ 4{,}01 \\ 5{,}21 \end{bmatrix}$$

Die Rechenschritte für die Reduktion auf Dreiecksform lauten:

$$\begin{aligned} a_{22} &= 21 - 3 \cdot (\ 3)/16 = 20{,}44 & a_{33} &= 19 - 2 \cdot (\ 2)/16 - 3{,}63 \cdot 3{,}63/20{,}44 = 18{,}11 \\ a_{23} &= 4 - 3 \cdot (\ 2)/16 = 3{,}63 & a_{34} &= 3 - 2 \cdot (-1)/16 - 3{,}63 \cdot 2{,}19/20{,}44 = 2{,}74 \\ a_{24} &= 2 - 3 \cdot (-1)/16 = 2{,}19 & b_3 &= 5 - 2 \cdot (\ 3)/16 - 3{,}63 \cdot 3{,}44/20{,}44 = 4{,}01 \\ b_2 &= 4 - 3 \cdot (\ 3)/16 = 3{,}44 \end{aligned}$$

$$\begin{aligned} a_{44} &= 17 - (-1{,}00) \cdot (-1{,}00)/16{,}00 - 2{,}19 \cdot 2{,}19/20{,}44 - 2{,}74 \cdot 2{,}74/18{,}11 = 16{,}29 \\ b_4 &= 6 - (-1{,}00) \cdot (\ 3{,}00)/16{,}00 - 2{,}19 \cdot 3{,}44/20{,}44 - 2{,}74 \cdot 4{,}01/18{,}11 = 5{,}21 \end{aligned}$$

Rückwärtsauflösung:

$$\begin{aligned} x_4 &= (5{,}21)/16{,}29 = 0{,}320 \\ x_3 &= (4{,}01 - 2{,}74 \cdot 0{,}320)/18{,}11 = 0{,}173 \\ x_2 &= (3{,}44 - 2{,}19 \cdot 0{,}320 - 3{,}63 \cdot 0{,}173)/20{,}44 = 0{,}103 \\ x_1 &= (3{,}00 + 1{,}00 \cdot 0{,}320 - 2{,}00 \cdot 0{,}173 - 3{,}000 \cdot 0{,}103)/16{,}00 = 0{,}167 \end{aligned}$$

2.10 Matrizen

Eine *m,n*-Matrix $\boldsymbol{A}$ ist ein rechteckig angeordnetes System von $m \cdot n$ Zahlen a_{ik} mit m Zeilen und n Spalten, wobei die Zahlen a_{ik} Elemente der Matrix genannt werden:

$$\boldsymbol{A} = (a_{ik}) = \begin{bmatrix} a_{11} & a_{12} & \cdots & a_{1n} \\ a_{21} & a_{22} & \cdots & a_{2n} \\ \vdots & \vdots & \ddots & \vdots \\ a_{m1} & a_{m2} & \cdots & a_{mn} \end{bmatrix}$$

- Zwei Matrizen $\boldsymbol{A}$ und $\boldsymbol{B}$ haben den **gleichen Typ**, wenn sie gleiche Anzahlen von Zeilen und Spalten besitzen.
- Zwei Matrizen $\boldsymbol{A}$ und $\boldsymbol{B}$ vom gleichen Typ heißen **gleich**, wenn alle Zahlen a_{ik} gleich den entsprechenden Zahlen b_{ik} sind: $\boldsymbol{A} = \boldsymbol{B} \Leftrightarrow a_{ik} = b_{ik}$ für alle i, k.
- Die **transponierte** *n,m*-Matrix $\boldsymbol{A}^{\mathrm{T}}$ entsteht aus der gegebenen *m,n*-Matrix $\boldsymbol{A}$ durch Vertauschen von Zeile i mit Spalte i für alle $i = 1, 2 \ldots m$.

- **Quadratisch** heißt eine Matrix, wenn die Anzahl m ihrer Zeilen gleich der Anzahl n der Spalten ist.
- Eine quadratische Matrix D heißt **Diagonalmatrix**, wenn bis auf die Elemente a_{ii} auf der Hauptdiagonalen alle übrigen Elemente gleich null sind ($a_{ik} = 0$ für alle $i \neq k$).
- Eine Diagonalmatrix E heißt **Einheitsmatrix**, wenn alle $e_{ii} = 1$ sind.
- Eine einzeilige Matrix heißt **Zeilenvektor**.
- Eine einspaltige Matrix heißt **Spaltenvektor**.
- Eine quadratische Matrix heißt **symmetrisch**, wenn $\boldsymbol{A}^{\mathrm{T}} = \boldsymbol{A}$ ist.
- Eine quadratische Matrix heißt **obere Dreiecksmatrix**, wenn unterhalb der Hauptdiagonalen nur Nullen stehen.

2.10.1 Verknüpfungen zwischen Matrizen

Die praktische Durchführung von Matrizenoperationen wird durch geeignete Taschenrechner, durch Tabellenkalkulationsprogramme wie Excel oder durch Mathematikprogramme wie MathCad erleichtert.

Addition/Subtraktion von Matrizen gleichen Typs

$\boldsymbol{C} = \boldsymbol{A} \pm \boldsymbol{B}$ mit $c_{ik} = a_{ik} \pm b_{ik}$ für alle i, k

Multiplikation mit einem Faktor f

Alle $m \cdot n$ Elemente werden mit f multipliziert: $f \cdot \boldsymbol{A} = (f \cdot a_{ik})$ für alle i, k

Multiplikation zweier Matrizen

Achtung: Nur möglich, wenn die Spaltenzahl der ersten Matrix gleich der Zeilenzahl der zweiten Matrix ist! Wenn $\boldsymbol{A}$ eine m,n-Matrix und $\boldsymbol{B}$ eine n,l-Matrix ist, dann ist $\boldsymbol{C}$ eine m,l-Matrix:

$$\boldsymbol{C} = \boldsymbol{A} \cdot \boldsymbol{B} \quad \text{mit} \quad c_{ik} = \sum_{j=1}^{n} a_{ij} \cdot b_{jk} \quad \text{für alle } i = 1, 2 \ldots m; \quad k = 1, 2 \ldots l$$

Beispiel:

$$\begin{bmatrix} 1 & 2 \\ 3 & 4 \\ 5 & 6 \end{bmatrix} \cdot \begin{bmatrix} 7 & 8 & 9 \\ 10 & 11 & 12 \end{bmatrix} = \begin{bmatrix} 1\cdot7+2\cdot10 & 1\cdot8+2\cdot11 & 1\cdot9+2\cdot12 \\ 3\cdot7+4\cdot10 & 3\cdot8+4\cdot11 & 3\cdot9+4\cdot12 \\ 5\cdot7+6\cdot10 & 5\cdot8+6\cdot11 & 5\cdot9+6\cdot12 \end{bmatrix} = \begin{bmatrix} 27 & 30 & 33 \\ 61 & 68 & 75 \\ 95 & 106 & 117 \end{bmatrix}$$

(In Excel z. B. „{=MMULT(A1:B3;D1:F2)}“, wenn A in A1 bis B3 und B in D1 bis F2 gespeichert sind.)

Bei Rechnung von Hand schreibt man die zweite Matrix so viel höher als die erste, dass man die Produktsummen in den Schnittpunkt der jeweiligen Zeile der ersten und der jeweiligen Spalte der zweiten Matrix schreiben kann (Schema von *Falk* zur Matrizenmultiplikation):

Struktogramm:

```
für i := 1 bis m wiederhole:
   für k := i bis l wiederhole:
      c_ik = 0
      für j := 1 bis n wiederhole:
         c_ik = c_ik + a_ij · b_jk
```

"mal"

$$\begin{array}{cc} & \begin{bmatrix} 7 & 8 & 9 \\ 10 & 11 & 12 \end{bmatrix} \\ \begin{bmatrix} 1 & 2 \\ 3 & 4 \\ 5 & 6 \end{bmatrix} & \begin{bmatrix} 1\cdot7+2\cdot10 & 1\cdot8+2\cdot11 & 1\cdot9+2\cdot12 \\ 3\cdot7+4\cdot10 & 3\cdot8+4\cdot11 & 3\cdot9+4\cdot12 \\ 5\cdot7+6\cdot10 & 5\cdot8+6\cdot11 & 5\cdot9+6\cdot12 \end{bmatrix} \end{array}$$

Kehrmatrix $\boldsymbol{A}^{-1}$

Die Kehrmatrix $\boldsymbol{A}^{-1}$ einer quadratischen n,n-Matrix $\boldsymbol{A}$ ist diejenige n,n-Matrix, die bei Multiplikation mit $\boldsymbol{A}$ die Einheitsmatrix $\boldsymbol{E}$ ergibt: $\boldsymbol{A} \cdot \boldsymbol{A}^{-1} = \boldsymbol{E}$ (1)

Die Kehrmatrix zu $\boldsymbol{A}$ existiert und ist eindeutig, wenn die Determinante $\det(a_{ik}) \neq 0$ ist.

Die Kehrmatrix für $\boldsymbol{A} = \begin{bmatrix} a_{11} & a_{12} \\ a_{21} & a_{22} \end{bmatrix}$ lautet explizit: $\boldsymbol{A}^{-1} = \dfrac{1}{\det(a_{ik})} \cdot \begin{bmatrix} a_{22} & -a_{12} \\ -a_{21} & a_{11} \end{bmatrix}$

Für dreireihige Matrizen folgen aus der Definitionsgleichung (1)

$\begin{bmatrix} a_{11} & a_{12} & a_{13} \\ a_{21} & a_{22} & a_{23} \\ a_{31} & a_{32} & a_{33} \end{bmatrix} \cdot \begin{bmatrix} x_{11} & x_{12} & x_{13} \\ x_{21} & x_{22} & x_{23} \\ x_{31} & x_{32} & x_{33} \end{bmatrix} = \begin{bmatrix} 1 & 0 & 0 \\ 0 & 1 & 0 \\ 0 & 0 & 1 \end{bmatrix}$ die drei zu lösenden Gleichungssysteme:

$$\boldsymbol{A} \cdot \begin{bmatrix} x_{11} \\ x_{21} \\ x_{31} \end{bmatrix} = \begin{bmatrix} 1 \\ 0 \\ 0 \end{bmatrix}; \quad \boldsymbol{A} \cdot \begin{bmatrix} x_{12} \\ x_{22} \\ x_{32} \end{bmatrix} = \begin{bmatrix} 0 \\ 1 \\ 0 \end{bmatrix}; \quad \boldsymbol{A} \cdot \begin{bmatrix} x_{13} \\ x_{23} \\ x_{33} \end{bmatrix} = \begin{bmatrix} 0 \\ 0 \\ 1 \end{bmatrix}$$

Beispiel:

$$\boldsymbol{A} = \begin{bmatrix} 2{,}40 & 0{,}67 & 0{,}00 \\ 0{,}67 & 3{,}33 & 1{,}00 \\ 0{,}00 & 1{,}00 & 3{,}47 \end{bmatrix} \quad \Rightarrow \quad \begin{bmatrix} 2{,}40 & 0{,}67 & 0{,}00 \\ 0{,}67 & 3{,}33 & 1{,}00 \\ 0{,}00 & 1{,}00 & 3{,}47 \end{bmatrix} \cdot \begin{bmatrix} x_{11} \\ x_{21} \\ x_{31} \end{bmatrix} = \begin{bmatrix} 1 \\ 0 \\ 0 \end{bmatrix} \quad \Rightarrow \quad \begin{bmatrix} x_{11} \\ x_{21} \\ x_{31} \end{bmatrix} = \begin{bmatrix} 0{,}444 \\ -0{,}098 \\ 0{,}028 \end{bmatrix}$$

$$\begin{bmatrix}2{,}40 & 0{,}67 & 0{,}00\\0{,}67 & 3{,}33 & 1{,}00\\0{,}00 & 1{,}00 & 3{,}47\end{bmatrix}\cdot\begin{bmatrix}x_{12}\\x_{22}\\x_{32}\end{bmatrix}=\begin{bmatrix}0\\1\\0\end{bmatrix}\quad\Rightarrow\quad\begin{bmatrix}x_{12}\\x_{22}\\x_{32}\end{bmatrix}=\begin{bmatrix}0{,}098\\0{,}350\\-0{,}101\end{bmatrix}$$

$$\begin{bmatrix}2{,}40 & 0{,}67 & 0{,}00\\0{,}67 & 3{,}33 & 1{,}00\\0{,}00 & 1{,}00 & 3{,}47\end{bmatrix}\cdot\begin{bmatrix}x_{13}\\x_{23}\\x_{33}\end{bmatrix}=\begin{bmatrix}0\\0\\1\end{bmatrix}\quad\Rightarrow\quad\begin{bmatrix}x_{13}\\x_{23}\\x_{33}\end{bmatrix}=\begin{bmatrix}0{,}028\\-0{,}101\\0{,}317\end{bmatrix}$$

Zusammenfügen der x_{ik} liefert die Kehrmatrix: $\boldsymbol{A}^{-1}=\begin{bmatrix}0{,}444 & -0{,}098 & 0{,}028\\-0{,}098 & 0{,}350 & -0{,}101\\0{,}028 & -0{,}101 & 0{,}317\end{bmatrix}$

(In Excel z. B.: „{=MINV(A1:C3)}“, wenn die Matrix in A1 bis C3 gespeichert ist.)

Für Computerrechnung (s. auch die Matrizenoperationen in Tabellenkalkulations-Programmen wie z. B. Excel) besser geeignet ist das Austauschverfahren von *Stiefel*, bei dem die ursprüngliche Matrix auf ihren Speicherplätzen im Laufe der Rechnung durch die Kehrmatrix überschrieben wird:

Struktogramm zum Austauschverfahren:

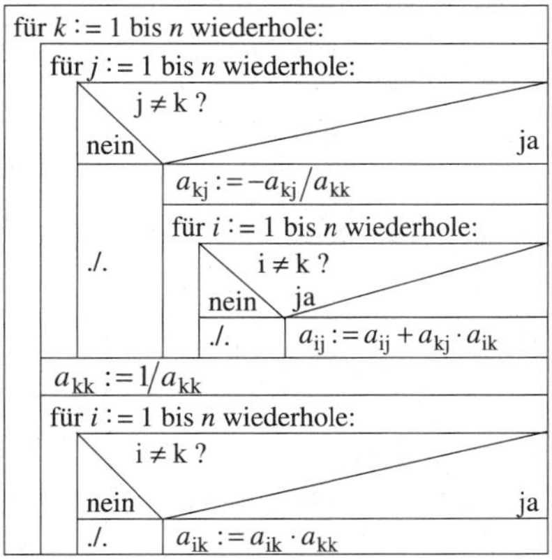

Rechenregeln:

$(\boldsymbol{A}\cdot\boldsymbol{B})\cdot\boldsymbol{C}=\boldsymbol{A}\cdot(\boldsymbol{B}\cdot\boldsymbol{C})$
$(\boldsymbol{A}+\boldsymbol{B})\cdot\boldsymbol{C}=\boldsymbol{A}\cdot\boldsymbol{C}+\boldsymbol{B}\cdot\boldsymbol{C}$
$\boldsymbol{A}\cdot(\boldsymbol{B}+\boldsymbol{C})=\boldsymbol{A}\cdot\boldsymbol{B}+\boldsymbol{A}\cdot\boldsymbol{C}$
$(\boldsymbol{A}\cdot\boldsymbol{B})^{\mathrm{T}}=\boldsymbol{B}^{\mathrm{T}}\cdot\boldsymbol{A}^{\mathrm{T}}$
i. Allg. ist $\boldsymbol{A}\cdot\boldsymbol{B}\neq\boldsymbol{B}\cdot\boldsymbol{A}$
$\boldsymbol{A}\cdot\boldsymbol{A}^{-1}=\boldsymbol{A}^{-1}\cdot\boldsymbol{A}=\boldsymbol{E}$
$\boldsymbol{A}\cdot\boldsymbol{E}=\boldsymbol{E}\cdot\boldsymbol{A}=\boldsymbol{A}$
$(\boldsymbol{A}^{\mathrm{T}})^{-1}=(\boldsymbol{A}^{-1})^{\mathrm{T}}$
det $(\boldsymbol{A}\cdot\boldsymbol{B})=\det(\boldsymbol{A})\cdot\det(\boldsymbol{B})$ für quadratische Matrizen)

2.10.2 Lösung von linearen Gleichungssystemen

Unter Beachtung der Regeln über die Matrizenmultiplikation und die Gleichheit zwischen Matrizen gleichen Typs erkennt man, dass lineare Gleichungssysteme sich als Matrizengleichungen schreiben und lösen lassen: $\boxed{\boldsymbol{A}\cdot\boldsymbol{x}=\boldsymbol{b}}$ (1)

Dabei ist $\boldsymbol{A}$ die Koeffizientenmatrix, $\boldsymbol{b}$ der Spaltenvektor der rechten Seiten und $\boldsymbol{x}$ der Spaltenvektor der gesuchten Lösungen. Durch Multiplikation der Gleichung (1) von links mit der Kehrmatrix $\boldsymbol{A}^{-1}$ und Umformung der linken Seite nach den Regeln der Matrizenrechnung findet man die Lösung:

$$\left.\begin{aligned}\boldsymbol{A}^{-1}\cdot(\boldsymbol{A}\cdot\boldsymbol{x})&=\boldsymbol{A}^{-1}\cdot\boldsymbol{b}\\(\boldsymbol{A}^{-1}\cdot\boldsymbol{A})\cdot\boldsymbol{x}&=\boldsymbol{A}^{-1}\cdot\boldsymbol{b}\\\boldsymbol{E}\cdot\boldsymbol{x}&=\boldsymbol{A}^{-1}\cdot\boldsymbol{b}\end{aligned}\right\}\quad\Rightarrow\quad\boxed{\boldsymbol{x}=\boldsymbol{A}^{-1}\cdot\boldsymbol{b}}\qquad(2)$$

Beispiel: Stützmomente eines Vierfeldträgers mit den Feldweiten l_1 = 3,2 m, l_2 = 4,0 m, l_3 = 6,0 m und l_4 = 4,4 m bei EI = const infolge feldweiser Belastung mit g = 5 kN/m führt nach dem Kraftgrößenverfahren für jeden Lastfall auf ein Gleichungssystem der Form:

$$\begin{bmatrix}2{,}40 & 0{,}67 & 0{,}00\\0{,}67 & 3{,}33 & 1{,}00\\0{,}00 & 1{,}00 & 3{,}47\end{bmatrix}\cdot\begin{bmatrix}x_1\\x_2\\x_3\end{bmatrix}=\begin{bmatrix}b_1\\b_2\\b_3\end{bmatrix};\ \text{mit } b_1=\begin{bmatrix}-6{,}83\\0{,}00\\0{,}00\end{bmatrix}\text{ für } g \text{ auf Feld 1, } b_2=\begin{bmatrix}-13{,}33\\-13{,}33\\0{,}00\end{bmatrix}\text{ für } g \text{ auf Feld 2,}$$

$$b_3=\begin{bmatrix}0{,}00\\-45{,}00\\-45{,}00\end{bmatrix}\text{ für } g \text{ auf Feld 3 und } b_4=\begin{bmatrix}0{,}00\\0{,}00\\-17{,}75\end{bmatrix}\text{ für } g \text{ auf Feld 4.}$$

Mit der Kehrmatrix dieses Gleichungssystems (s. Vorseite) liefern die Matrizenmultiplikationen $\boldsymbol{x}_i=\boldsymbol{A}^{-1}\cdot\boldsymbol{b}_i$ mit i = 1,…, 4 die Lösungen:

$$x_1=\begin{bmatrix}-3{,}03\\0{,}67\\-0{,}19\end{bmatrix};\quad x_2=\begin{bmatrix}-4{,}61\\-3{,}37\\0{,}97\end{bmatrix};\quad x_3=\begin{bmatrix}3{,}13\\-11{,}22\\-9{,}73\end{bmatrix};\quad x_4=\begin{bmatrix}-0{,}50\\1{,}79\\-5{,}63\end{bmatrix}\text{ in kN/m}$$

(In Excel z. B.: „{=MMULT(MINV(A9:C11);E9:H11)}“, wenn die Koeffizientenmatrix in A9 bis C11 und die Matrix der rechten Seiten in E9 bis H11 gespeichert sind.)

3 Geometrie

3.1 Flächenberechnung

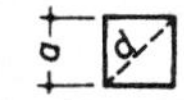	Quadrat $A = a^2 \qquad d = a\sqrt{2}$
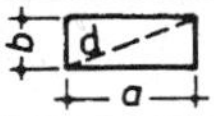	Rechteck $A = a \cdot b \qquad d = \sqrt{a^2 + b^2}$
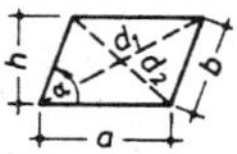	Parallelogramm $A = a \cdot h = a \cdot b \cdot \sin\alpha$ $d_1 = \sqrt{(a + h \cdot \cot\alpha)^2 + h^2}$ $d_2 = \sqrt{(a - h \cdot \cot\alpha)^2 + h^2}$
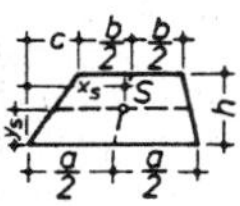	Trapez $\quad A = h \cdot (a+b)/2$ $x_S = \frac{1}{3}\left[a + b + c - b \cdot \frac{a-c}{a+b}\right]$ $y_S = \frac{h}{3} \cdot \frac{a + 2b}{a+b}$
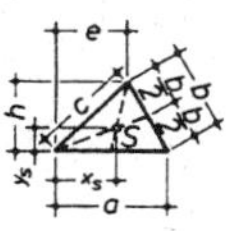	Dreieck $\quad A = a \cdot h/2$ $s = (a+b+c)/2$ $A = \sqrt{s(s-a)(s-b)(s-c)}$ $x_S = (a+e)/3$ $y_S = h/3$
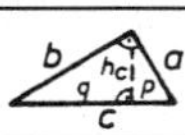	Rechtwinkliges Dreieck [1] $A = a \cdot b/2 = c \cdot h_c/2$
	Gleichseitiges Dreieck $A = 0{,}25 \cdot a^2 \cdot \sqrt{3}$ $h = 0{,}5 \cdot a \cdot \sqrt{3} \quad ; \quad U = 3 \cdot a$
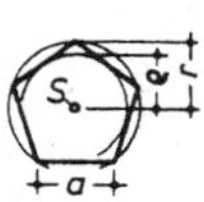	Regelmäßiges Fünfeck $A = 0{,}625 \cdot r^2 \cdot \sqrt{10 + 2 \cdot \sqrt{5}}$ $a = 0{,}500 \cdot r \cdot \sqrt{10 - 2 \cdot \sqrt{5}}$ $\rho = 0{,}250 \cdot r \cdot \sqrt{6 + 2 \cdot \sqrt{5}}$
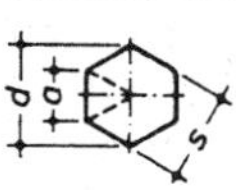	Regelmäßiges Sechseck $A = 1{,}5 \cdot a^2 \cdot \sqrt{3}$ $d = 2 \cdot a = 2 \cdot s/\sqrt{3}$ $s = 0{,}5 \cdot d \cdot \sqrt{3}$
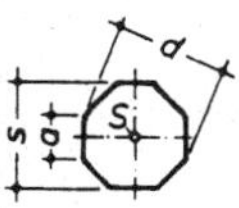	Regelmäßiges Achteck $A = 2 \cdot a \cdot s = 2 \cdot s \cdot \sqrt{d^2 - s^2}$ $a = s \cdot \tan 22{,}5°$ $s = d \cdot \cos 22{,}5°$ $d = s/\cos 22{,}5°$
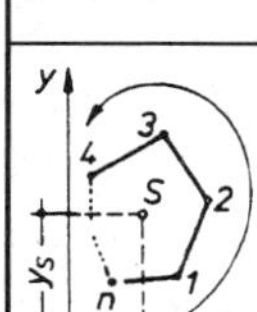	*n*-Eck (Punkt „*n* + 1" = „1") $H_i = x_i \cdot y_{i+1} - x_{i+1} \cdot y_i$ $A = \sum H_i/2$ $s_x = \sum H_i(y_i + y_{i+1})/6$ $s_y = \sum H_i(x_i + x_{i+1})/6$ $(i = 1, 2 \ldots n)$ $x_S = s_y/A; \quad y_S = s_x/A$

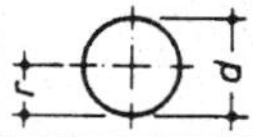	Kreis $A = \pi \cdot d^2/4 \quad = \quad \pi \cdot r^2$ $U = \pi \cdot d \quad = 2 \cdot \pi \cdot r$
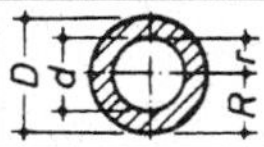	Kreisring $A = \pi \cdot (D^2 - d^2)/4$
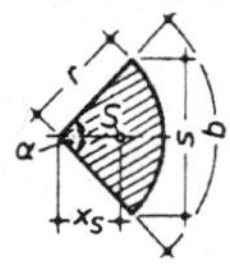	Kreisausschnitt $b = \pi \cdot r \cdot \alpha°/180°$ $s = 2 \cdot r \cdot \sin(\alpha/2)$ $A = b \cdot r/2$ $x_S = (2 \cdot r \cdot s)/(3 \cdot b)$ $= (r^2 \cdot s)/(3 \cdot a)$
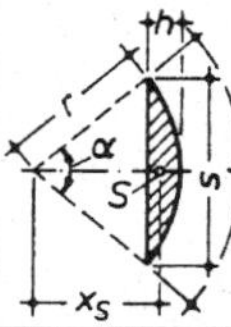	Kreisabschnitt $b = \pi \cdot r \cdot \alpha°/180°$ $s = 2\,r \sin\frac{\alpha}{2} \approx \sqrt{b^2 - \frac{16}{3}h^2}$ $h = 0{,}5\,s \tan\frac{\alpha}{4} = 2\,r \sin^2\frac{\alpha}{4}$ $A = 0{,}5\,r^2 \cdot (\pi \cdot \alpha°/180° - \sin\alpha)$ $x_S = s^3/(12 \cdot A)$
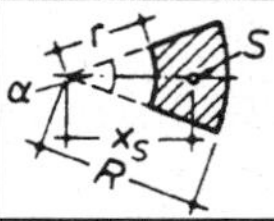	Kreisringstück $A = \pi \cdot \alpha° \cdot (R^2 - r^2)/360°$ $x_S = \frac{240}{\pi} \cdot \frac{R^3 - r^3}{R^2 - r^2} \cdot \frac{\sin(\alpha/2)}{\alpha°}$
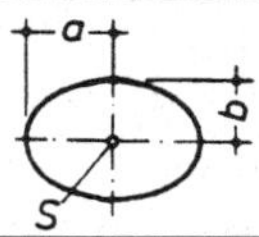	Ellipse $\quad A = \pi \cdot a \cdot b$ $\lambda = (a-b)/(a+b)$ $U = \pi \cdot (a+b) \cdot \left[1 + \frac{1}{4}\lambda^2 + \frac{1}{64}\lambda^4 + \frac{1}{256}\lambda^6 + \frac{25}{16384}\lambda^8 + \ldots\right]$
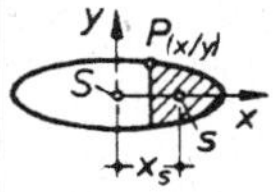	Ellipsenabschnitt $y = \frac{b}{a}\sqrt{a^2 - x^2}$ $A = a \cdot b \cdot \arccos\frac{x}{a} - x \cdot y$ $x_S = \frac{2 \cdot a^2 \cdot y^3}{3 \cdot b^2 \cdot A}$
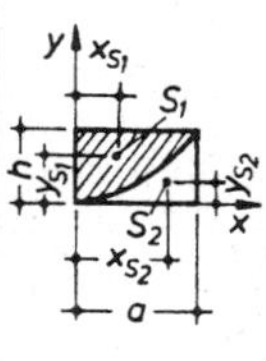	Parabel $\quad y = h \cdot (x/a)^2$ $A_1 = 2 \cdot a \cdot h/3 \; ; \; A_2 = a \cdot h/3$ $x_{S_1} = 3 \cdot a/8 \; ; \; x_{S_2} = 3 \cdot a/4$ $y_{S_1} = 3 \cdot h/5 \; ; \; y_{S_2} = 3 \cdot h/10$ Bogenlänge: mit $H = 2 \cdot h/a$ $b = 0{,}5 \cdot \left[\sqrt{a^2 + 4h^2} + a \cdot \ln\left(H + \sqrt{H^2 + 1}\right)/H\right]$
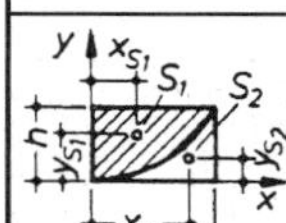	kubische Parabel $\quad y = h \cdot (x/a)^3$ $A_1 = 3 \cdot a \cdot h/4 \; ; \; A_2 = a \cdot h/4$ $x_{S_1} = 2 \cdot a/5 \; ; \; x_{S_2} = 4 \cdot a/5$ $y_{S_1} = 4 \cdot h/7 \; ; \; y_{S_2} = 2 \cdot h/7$

[1] Pythagoras: $a^2 + b^2 = c^2$ Euklid: $a^2 = c \cdot p$ Höhensatz: $h_c^2 = p \cdot q$

3.2 Volumenberechnung

Es bedeuten: V Volumen; O Oberfläche; M Mantelfläche; G Grundfläche; D Deckfläche; $A(h)$ Querschnittsfläche in der Höhe h; h Höhe und u Umfang; s Mantellinie; r, R Radius; a, b, c Seiten

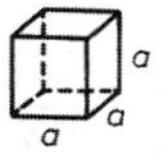	Würfel $V=a^3$	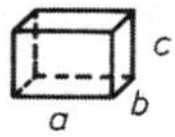	Quader $V=a\,b\,c$
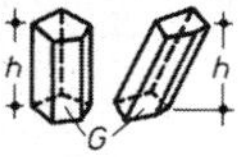	Prisma $V=G\,h$	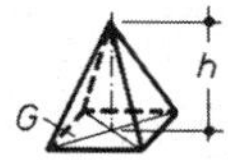	Pyramide $V=\frac{1}{3}G\,h$
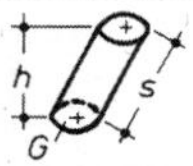	Zylinder $V=G\,h;\quad M=u\,s$	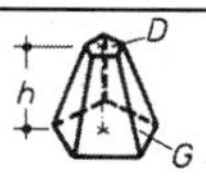	Pyramidenstumpf $V=\frac{1}{3}(G+\sqrt{G\,D}+D)\,h$
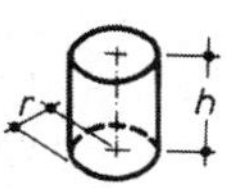	gerader Kreiszylinder $V=\pi\,r^2h;\quad M=2\pi\,r\,s$	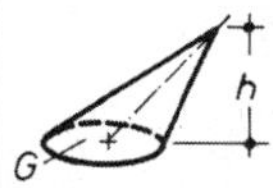	Kegel $V=\frac{1}{3}G\,h$
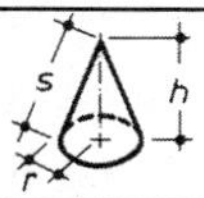	gerader Kreiskegel $V=\frac{1}{3}\pi\,r^2h;\quad M=\pi\,r\,s$	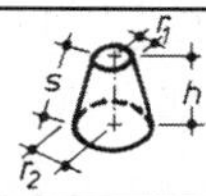	Kreiskegelstumpf $V=\frac{1}{3}\pi(r_1^2+r_1\,r_2+r_2^2)\,h$

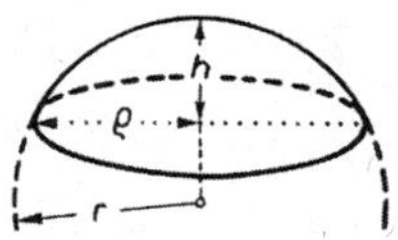	Kugel	$V=\frac{4}{3}\pi\,r^3;\quad O=4\pi\,r^2$
	Kugelabschnitt	$V=\frac{1}{3}\pi\,h^2(3\,r-h)$ $M=2\pi\,r\,h;\quad O=\pi\,h\,(4\,r-h)$ $\rho=\sqrt{h\,(2\,r-h)}$
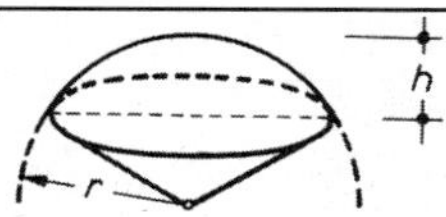	Kugelausschnitt	$V=\frac{2}{3}\pi\,r^2h$ $O=\pi\,r\left(2\,h+\sqrt{h\,(2\,r-h)}\right)$
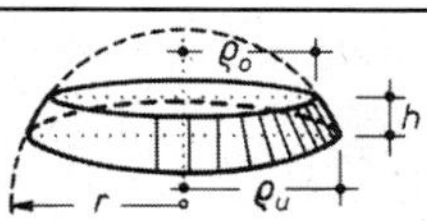	Kugelschicht	$V=\frac{1}{6}\pi\,h\left(3\rho_u^2+3\rho_o^2+h^2\right)$ $M=2\pi\,r\,h$
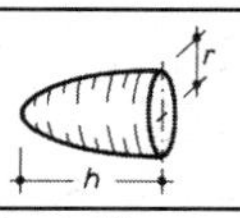	Rotationsparaboloid	$V=\frac{1}{2}\pi\,r^2h$
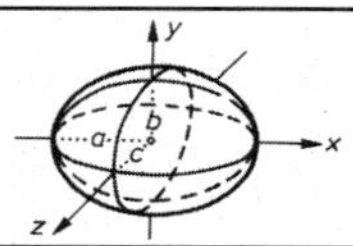	Ellipsoid	$V=\frac{4}{3}\pi\,a\,b\,c$ (a, b, c *Halbachsen*)
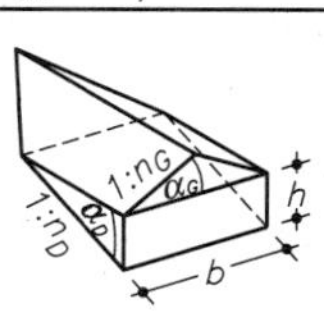	Dachgaube **Beispiel:**	$V=\frac{n_D}{2}\cdot b\cdot h^2+\frac{b^2 n_D}{4\cdot n_G}\left(h+\frac{b}{6\cdot n_G}\right)$ mit $n_D=\cot\alpha_D$; $n_G=\cot\alpha_G$ $b=1{,}10$ m ; $h=1{,}20$ m ; $1:n_G=1:1{,}5$; $1:n_D=1:1{,}8$ $V=0{,}5\cdot 1{,}8\cdot 1{,}10\cdot 1{,}20^2+\frac{1{,}10^2\cdot 1{,}8}{4\cdot 1{,}5}\left(1{,}20+\frac{1{,}10}{6\cdot 1{,}5}\right)\approx 1{,}906\ \text{m}^3$

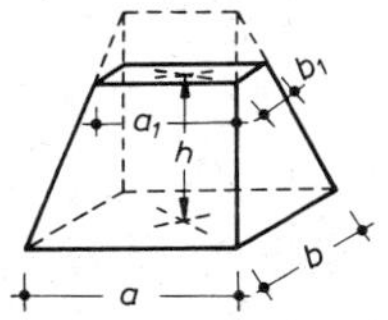

Obelisk

$V=\frac{1}{6}h\left[(2a+a_1)b+(2a_1+a)b_1\right]$

$G=ab$; $D=a_1 b_1$

Keil: $b_1=0 \;\Rightarrow\; V=\frac{1}{6}h\left[(2a+a_1)b\right]$

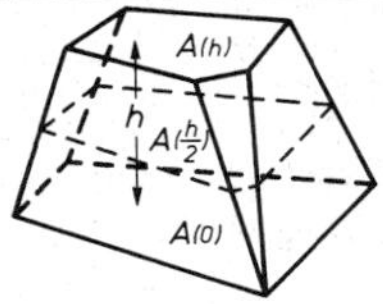

Prismatoid

$V=\frac{1}{6}h\left[A(0)+4\,A(\frac{h}{2})+A(h)\right]$

($A(\frac{h}{2})$ z. B. ist die Querschnittsfläche in der Höhe $\frac{h}{2}$.)

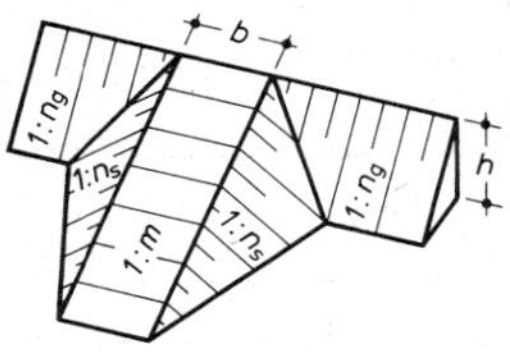

Rampe $V=\frac{1}{6}h^2(m-n_g)\left[3b+2n_s\,h\frac{m-n_g}{m}\right]$

(b Rampenbreite, $1:m$ Rampensteigung
$1:n_s$ Steigung der Rampenseitenböschung
$1:n_g$ Steigung der Gegenböschung; falls senkrecht: $n_g=0$)

Beispiel: $b=2{,}00$ m ; $h=1{,}20$ m ; $1:m=1:10$; $1:n_s=1:1{,}5$; $1:n_g=1:2$

$V=\frac{1}{6}\cdot 1{,}20^2(10-2)\left[3\cdot 2{,}00+2\cdot 1{,}5\cdot 1{,}20\cdot\frac{10-2}{10}\right]=17{,}0496\ \text{m}^3$

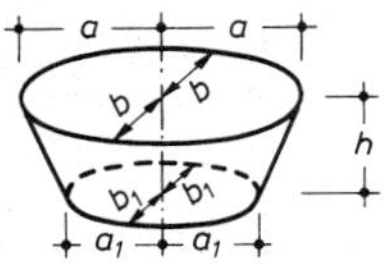

Elliptischer Kübel

$V=\frac{1}{6}\pi\,h\left[(2a+a_1)b+(2a_1+a)b_1\right]$

$G=\pi a_1 b_1$; $D=\pi a b$

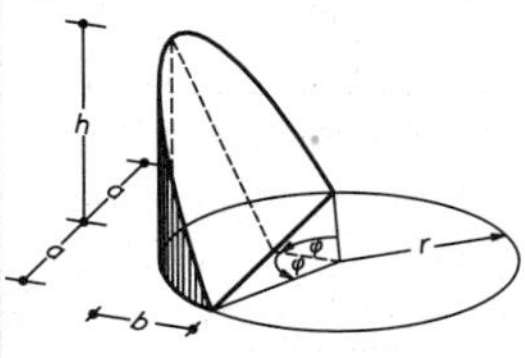

Zylinderabschnitt (Zylinderhuf)

$\widehat{\varphi}=\varphi^\circ\cdot\pi/180^\circ$; $a=r\cdot\sin\varphi$; $b=r-r\cdot\cos\varphi$

$V=\frac{h}{3b}\left[a(3r^2-a^2)+3r^2(b-r)\cdot\widehat{\varphi}\right]$

$M=\frac{2r\cdot h}{b}\left[(b-r)\cdot\widehat{\varphi}+a\right]$

speziell für $a=b=r$: $V=\frac{2}{3}r^2 h$; $M=2r\cdot h$

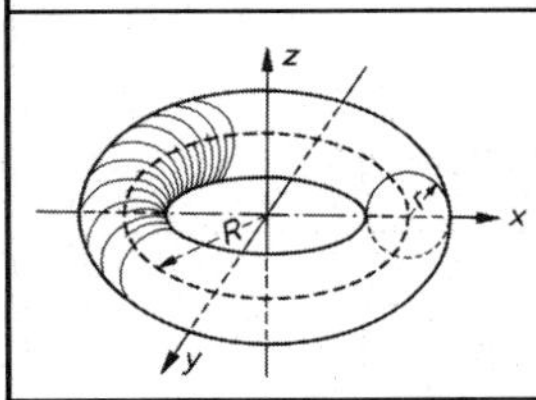

Torus (Kreisring)

$V=2\pi^2 r^2 R$

$O=4\pi^2 r R$

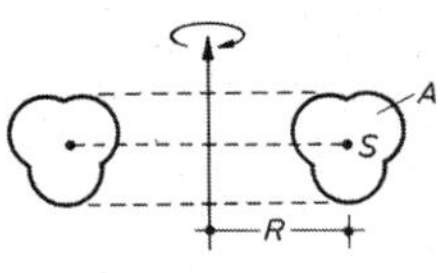

***Guldin*sche Regel**

Das Volumen eines Rotationskörpers ist gleich dem Produkt aus dem Maß der erzeugenden Fläche und der Weglänge ihres Schwerpunktes.

$V=2\pi\cdot R\cdot A$

3.3 Trigonometrie

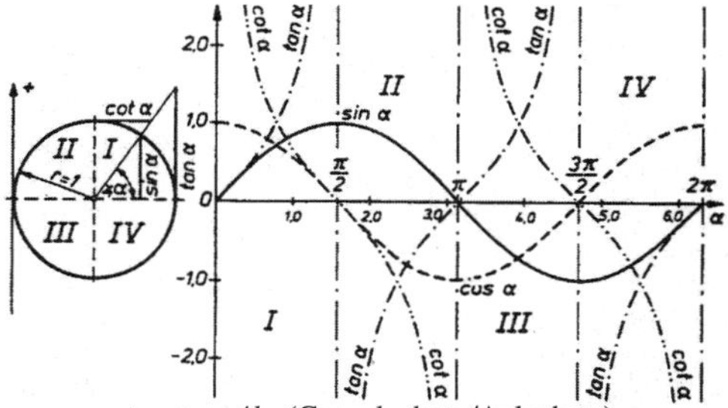

3.3.1 Grundbeziehungen

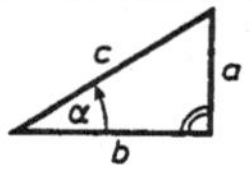

$\sin\alpha = a/c$ (Gegenkathete / Hypotenuse) $\qquad$ $\tan\alpha = a/b$ (Gegenkathete / Ankathete)

$\cos\alpha = b/c$ (Ankathete / Hypotenuse) $\qquad$ $\cot\alpha = b/a$ (Ankathete / Gegenkathete)

Hauptwerte der Umkehrfunktionen:

$\alpha = \arcsin(a/c)$, $(-\frac{\pi}{2} \le \alpha \le \frac{\pi}{2})$; $\alpha = \arccos(b/c)$, $(0 \le \alpha \le \pi)$

$\alpha = \arctan(a/b)$, $(-\frac{\pi}{2} \le \alpha \le \frac{\pi}{2})$; $\alpha = \operatorname{arccot}(b/a)$, $(0 \le \alpha \le \pi)$

$\tan\alpha = \frac{\sin\alpha}{\cos\alpha} = \frac{1}{\cot\alpha}$; $\cot\alpha = \frac{\cos\alpha}{\sin\alpha} = \frac{1}{\tan\alpha}$; $\sin^2\alpha + \cos^2\alpha = 1$

$\sin\alpha =$	$\sin\alpha$	$\pm\sqrt{1-\cos^2\alpha}$	$\pm\frac{\tan\alpha}{\sqrt{1+\tan^2\alpha}}$	$\pm\frac{1}{\sqrt{1+\cot^2\alpha}}$
$\cos\alpha =$	$\pm\sqrt{1-\sin^2\alpha}$	$\cos\alpha$	$\pm\frac{1}{\sqrt{1+\tan^2\alpha}}$	$\pm\frac{\cot\alpha}{\sqrt{1+\cot^2\alpha}}$
$\tan\alpha =$	$\pm\frac{\sin\alpha}{\sqrt{1-\sin^2\alpha}}$	$\pm\frac{\sqrt{1-\cos^2\alpha}}{\cos\alpha}$	$\tan\alpha$	$\frac{1}{\cot\alpha}$
$\cot\alpha =$	$\pm\frac{\sqrt{1-\sin^2\alpha}}{\sin\alpha}$	$\pm\frac{\cos\alpha}{\sqrt{1-\cos^2\alpha}}$	$\frac{1}{\tan\alpha}$	$\cot\alpha$

$\sin(\alpha\pm\beta) = \sin\alpha\cos\beta \pm \cos\alpha\sin\beta$

$\tan(a\pm\beta) = \frac{\tan\alpha \pm \tan\beta}{1\mp\tan\alpha\tan\beta}$

$\sin(\alpha+\beta)\sin(\alpha-\beta) = \cos^2\beta - \cos^2\alpha$

$\cos(\alpha\pm\beta) = \cos\alpha\cos\beta \mp \sin\alpha\sin\beta$

$\cot(a\pm\beta) = \frac{\cot\alpha\cot\beta \mp 1}{\cot\beta \pm \cot\alpha}$

$\cos(\alpha+\beta)\cos(\alpha-\beta) = \cos^2\beta - \sin^2\alpha$

$\sin 2\alpha = 2\sin\alpha\,\cos\alpha$

$\cos 2\alpha = \cos^2\alpha - \sin^2\alpha$
$= 1 - 2\sin^2\alpha$
$= 2\cos^2\alpha - 1$

$\sin\alpha = 2\sin\frac{\alpha}{2}\cos\frac{\alpha}{2}$

$\cos\alpha = \cos^2\frac{\alpha}{2} - \sin^2\frac{\alpha}{2}$
$= 1 - 2\sin^2\frac{\alpha}{2} = 2\cos^2\frac{\alpha}{2} - 1$

$\tan 2\alpha = \frac{2\tan\alpha}{1-\tan^2\alpha} = \frac{2}{\cot\alpha - \tan\alpha}$

$\cot 2\alpha = \frac{\cot^2\alpha - 1}{2\cot\alpha} = \frac{\cot\alpha - \tan\alpha}{2}$

$\tan\alpha = \frac{2\tan\frac{\alpha}{2}}{1-\tan^2\frac{\alpha}{2}} = \frac{2}{\cot\frac{\alpha}{2} - \tan\frac{\alpha}{2}}$

$\cot\alpha = \frac{\cot^2\frac{\alpha}{2} - 1}{2\cot\frac{\alpha}{2}} = \frac{\cot\frac{\alpha}{2} - \tan\frac{\alpha}{2}}{2}$

$\sin\alpha = \sqrt{\frac{1-\cos 2\alpha}{2}}$

$\cos\alpha = \sqrt{\frac{1+\cos 2\alpha}{2}}$

$\sin\frac{\alpha}{2} = \sqrt{\frac{1-\cos\alpha}{2}}$

$\cos\frac{\alpha}{2} = \sqrt{\frac{1+\cos\alpha}{2}}$

$\tan\alpha = \sqrt{\frac{1-\cos 2\alpha}{1+\cos 2\alpha}} = \frac{\sin 2\alpha}{1+\cos 2\alpha}$	$\tan\frac{\alpha}{2} = \sqrt{\frac{1-\cos\alpha}{1+\cos\alpha}} = \frac{\sin\alpha}{1+\cos\alpha}$
$\sin 3\alpha = 3\sin\alpha - 4\sin^3\alpha$ $\sin 4\alpha = 8\sin\alpha\cos^3\alpha - 4\sin\alpha\cos\alpha$ $\sin 5\alpha = 16\sin\alpha\cos^4\alpha - 12\sin\alpha\cos^2\alpha + \sin\alpha$	$\cos 3\alpha = 4\cos^3\alpha - 3\cos\alpha$ $\cos 4\alpha = 8\cos^4\alpha - 8\cos^2\alpha + 1$ $\cos 5\alpha = 16\cos^5\alpha - 20\cos^3\alpha + 5\cos\alpha$
$\sin\alpha + \sin\beta = 2\sin\frac{\alpha+\beta}{2}\cos\frac{\alpha-\beta}{2}$ $\sin\alpha - \sin\beta = 2\cos\frac{\alpha+\beta}{2}\sin\frac{\alpha-\beta}{2}$	$\cos\alpha + \cos\beta = 2\cos\frac{\alpha+\beta}{2}\cos\frac{\alpha-\beta}{2}$ $\cos\alpha - \cos\beta = -2\sin\frac{\alpha+\beta}{2}\sin\frac{\alpha-\beta}{2}$
$\cos\alpha + \sin\alpha = \sqrt{2}\sin(45° + \alpha) = \sqrt{2}\cos(45° - \alpha)$ $\cos\alpha - \sin\alpha = \sqrt{2}\cos(45° + \alpha) = \sqrt{2}\sin(45° - \alpha)$	
$\sin^2\alpha = \frac{1-\cos 2\alpha}{2}$ $\sin^3\alpha = \frac{3\sin\alpha - \sin 3\alpha}{4}$ $\sin^4\alpha = \frac{\cos 4\alpha - 4\cos 2\alpha + 3}{8}$	$\cos^2\alpha = \frac{1+\cos 2\alpha}{2}$ $\cos^3\alpha = \frac{3\cos\alpha + \cos 3\alpha}{4}$ $\cos^4\alpha = \frac{\cos 4\alpha + 4\cos 2\alpha + 3}{8}$

3.3.2 Schiefwinkliges Dreieck

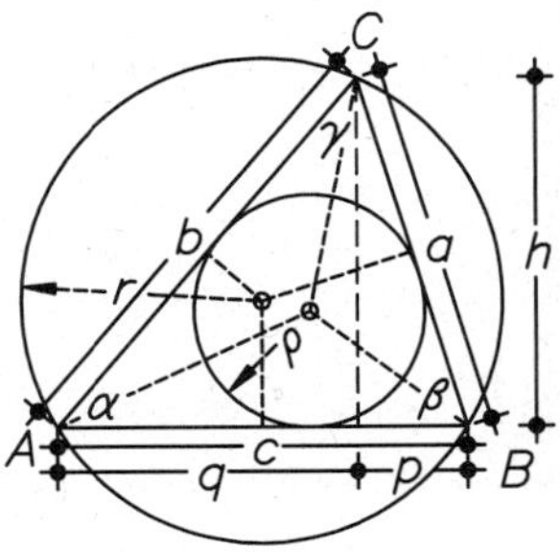

Höhe und Höhenfußpunkt:

$$p = \frac{a^2 - b^2 + c^2}{2c} \; ; \; q = \frac{-a^2 + b^2 + c^2}{2c}$$

$$h = \sqrt{a^2 - p^2} = \sqrt{b^2 - q^2}$$

Sinussatz:

$$a : b : c = \sin\alpha : \sin\beta : \sin\gamma$$

$$\frac{a}{\sin\alpha} = \frac{b}{\sin\beta} = \frac{c}{\sin\gamma} = 2r$$

Cosinussatz:

$$a^2 = b^2 + c^2 - 2bc\cos\alpha$$

$$b^2 = a^2 + c^2 - 2ac\cos\beta$$

$$c^2 = a^2 + b^2 - 2ab\cos\gamma$$

$$\cos\alpha = \frac{b^2 + c^2 - a^2}{2bc} \; ; \; \cos\beta = \frac{a^2 + c^2 - b^2}{2ac} \; ; \; \cos\gamma = \frac{a^2 + b^2 - c^2}{2ab}$$

Tangenssatz:

$$\frac{a+b}{a-b} = \frac{\tan\frac{\alpha+\beta}{2}}{\tan\frac{\alpha-\beta}{2}} \; ; \; \frac{b+c}{b-c} = \frac{\tan\frac{\beta+\gamma}{2}}{\tan\frac{\beta-\gamma}{2}} \; ; \; \frac{a+c}{a-c} = \frac{\tan\frac{\alpha+\gamma}{2}}{\tan\frac{\alpha-\gamma}{2}}$$

Radius des Umkreises: $r = \frac{a}{2\sin\alpha} = \frac{b}{2\sin\beta} = \frac{c}{2\sin\gamma}$

Radius des Inkreises: $\varrho = (s-a)\tan\frac{\alpha}{2} = (s-b)\tan\frac{\beta}{2} = (s-c)\tan\frac{\gamma}{2}$

wobei $s = (a+b+c)/2$

Heronische Formel: $A = \sqrt{s(s-a)(s-b)(s-c)}$

(Dreiecksfläche) $A = \frac{1}{2}ab\sin\gamma = \frac{1}{2}ac\sin\beta = \frac{1}{2}bc\sin\alpha$

4 Ebene analytische Geometrie

4.1 Koordinatensysteme

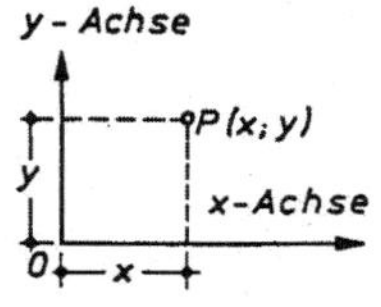

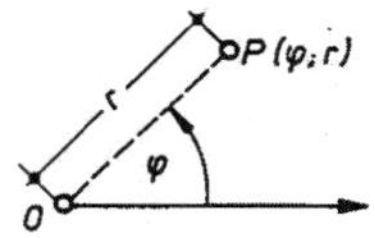

Rechtwinklige Koordinaten:
(x heißt Abszisse, y heißt Ordinate,
O heißt Koordinatenursprung)

Polarkoordinaten:
(φ heißt Polarwinkel, r heißt Radiusvektor,
O heißt Pol)

Transformation rechtwinkliger Koordinaten in Polarkoordinaten und umgekehrt:
$r=\sqrt{x^2+y^2}$; $\quad \varphi=\arctan(y/x)$ bzw. $\quad x=r\cdot\cos\varphi$; $\quad y=r\cdot\sin\varphi$

Parallelverschiebung und Drehung eines rechtwinkligen Koordinatensystems:

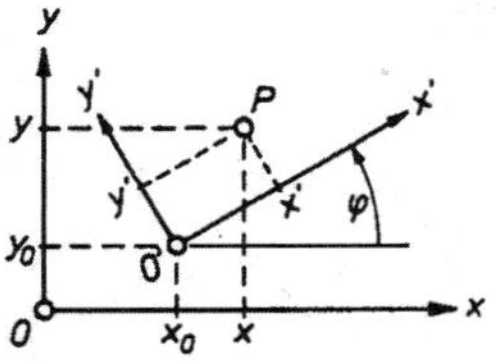

$$x'=\cos\varphi\cdot(x-x_0)+\sin\varphi\cdot(y-y_0)$$
$$y'=-\sin\varphi\cdot(x-x_0)+\cos\varphi\cdot(y-y_0)$$

In Matrizenschreibweise:
$$\begin{bmatrix}x'\\y'\end{bmatrix}=\begin{bmatrix}\cos\varphi & \sin\varphi\\-\sin\varphi & \cos\varphi\end{bmatrix}\cdot\begin{bmatrix}x-x_0\\y-y_0\end{bmatrix}$$

Rücktransformation:
$$x=\cos\varphi\cdot x'-\sin\varphi\cdot y'+x_0$$
$$y=\sin\varphi\cdot x'+\cos\varphi\cdot y'+y_0$$

In Matrizenschreibweise:
$$\begin{bmatrix}x\\y\end{bmatrix}=\begin{bmatrix}\cos\varphi & -\sin\varphi\\\sin\varphi & \cos\varphi\end{bmatrix}\cdot\begin{bmatrix}x'\\y'\end{bmatrix}+\begin{bmatrix}x_0\\y_0\end{bmatrix}$$

4.2 Punkte – Strecken – Flächen

Gegeben: $P_1(x_1;y_1)$, $\quad P_2(x_2;y_2)$, $\quad P_3(x_3;y_3)$

Entfernung e zweier Punkte P_1 und P_2: $\quad e=\sqrt{(x_2-x_1)^2+(y_2-y_1)^2}$

Teilpunkt $T(x_T;y_T)$ einer Strecke $\overline{P_1P_2}$ im Verhältnis $\lambda=\overline{P_1T}/\overline{TP_2}$:
$$x_T=(x_1+\lambda\cdot x_2)/(1+\lambda)\,;\qquad y_T=(y_1+\lambda\cdot y_2)/(1+\lambda)$$

Mittelpunkt $(x_M;y_M)$ einer Strecke $\overline{P_1P_2}$: $\quad x_M=(x_1+x_2)/2$; $\quad y_M=(y_1+y_2)/2$

Schwerpunkt $(x_S;y_S)$ eines Dreiecks: $\quad x_S=\dfrac{x_1+x_2+x_3}{3}$; $\quad y_S=\dfrac{y_1+y_2+y_3}{3}$

Steigung der Strecke $\overline{P_1P_2}$: $\quad m=\tan\alpha=\dfrac{y_2-y_1}{x_2-x_1}$ $\quad$ (α heißt Steigungswinkel)

Fläche eines Dreiecks: $\quad A=\dfrac{1}{2}\cdot\begin{vmatrix}x_1 & y_1 & 1\\x_2 & y_2 & 1\\x_3 & y_3 & 1\end{vmatrix}=\dfrac{1}{2}\cdot[x_1(y_2-y_3)+x_2(y_3-y_1)+x_3(y_1-y_2)]$

Drei Punkte liegen auf einer Geraden, wenn sie ein Dreieck mit dem Flächeninhalt null bilden.

4.3 Gerade

Allgemeine Form: $\quad Ax+By+C=0$

Normalform: $\quad y=mx+b \qquad$ ($m=\tan\alpha$ Steigung, b Abschnitt auf der y-Achse)

Achsenabschnittsform: $\frac{x}{a}+\frac{y}{b}=1$ $\left(\begin{array}{ll} a & \text{Abschnitt auf der } x\text{-Achse,} \\ b & \text{Abschnitt auf der } y\text{-Achse} \end{array}\right)$

Punkt-Steigungsform: $\frac{y-y_1}{x-x_1}=m=\tan\alpha$

Zwei-Punkte-Form: $\frac{y-y_1}{x-x_1}=\frac{y_2-y_1}{x_2-x_1}$

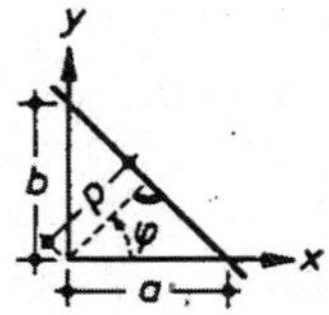

***Hesse*sche Normalform**: $x\cdot\cos\varphi+y\cdot\sin\varphi-p=0$

Umwandlung der allgemeinen Form in die *hesse*sche Normalform:

$$\frac{A\,x+B\,y+C}{-\operatorname{sgn}C\cdot\sqrt{A^2+B^2}}=0 \quad \text{mit} \quad \operatorname{sgn}C=\begin{cases}+1 & \text{für } C>0\\ \;\;0 & \text{für } C=0\\ -1 & \text{für } C<0\end{cases}$$

Abstand d des Punktes $P_1(x_1;\,y_1)$ von der Geraden:

$$d=x_1\cdot\cos\varphi+y_1\cdot\sin\varphi-p=\frac{A\,x_1+B\,y_1+C}{-\operatorname{sgn}C\cdot\sqrt{A^2+B^2}}$$

Schnittpunkt $S(x_S;\,y_S)$ zweier Geraden:

$$\left.\begin{array}{l} y=m_1\,x+b_1\\ y=m_2\,x+b_2\end{array}\right\} \Rightarrow \quad x_S=\frac{b_1-b_2}{m_2-m_1}; \quad y_S=\frac{b_1\,m_2-b_2\,m_1}{m_2-m_1}$$

$$\left.\begin{array}{l} A_1\,x+B_1\,y+C_1=0\\ A_2\,x+B_2\,y+C_2=0\end{array}\right\} \Rightarrow \quad x_S=\frac{B_1\,C_2-B_2\,C_1}{A_1\,B_2-A_2\,B_1}; \quad y_S=\frac{C_1\,A_2-C_2\,A_1}{A_1\,B_2-A_2\,B_1}$$

Winkel φ zwischen zwei Geraden:

$$\left.\begin{array}{l} y=m_1\,x+b_1\\ y=m_2\,x+b_2\end{array}\right\} \Rightarrow \quad \tan\varphi=\frac{m_2-m_1}{1+m_1\cdot m_2}; \quad m_1\cdot m_2=-1 \quad\Rightarrow\quad \varphi=90°$$

4.4 Kegelschnitte

4.4.1 Kreis

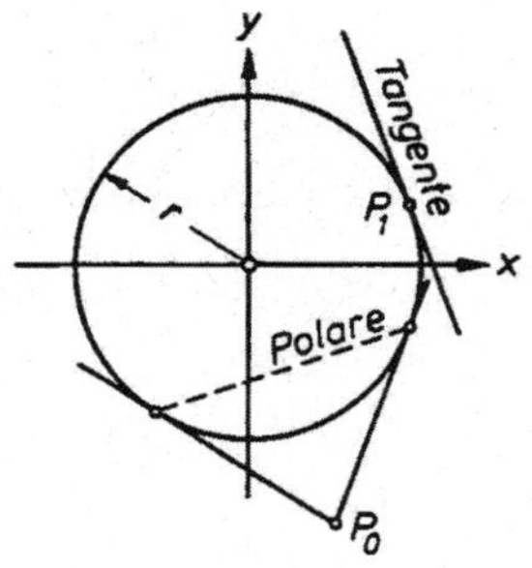

Allgemeine Kreisgleichung: $(x-x_M)^2+(y-y_M)^2=r^2$

Mittelpunktsgleichung: $x^2+y^2=r^2$

Scheitelgleichung: $y^2=2\,r\,x-x^2$

Tangente an $x^2+y^2=r^2$ in $P_1(x_1;\,y_1)$: $\quad x\cdot x_1+y\cdot y_1=r^2$

Polare von $P_0(x_0;\,y_0)$ an $x^2+y^2=r^2$: $\quad x\cdot x_0+y\cdot y_0=r^2$

4.4.2 Ellipse

Allgemeine Gleichung (achsenparallel): $\frac{(x-x_M)^2}{a^2}+\frac{(y-y_M)^2}{b^2}=1$

Mittelpunktsgleichung: $\frac{x^2}{a^2}+\frac{y^2}{b^2}=1$

Scheitelgleichung: $y^2=2\,p\,x-\frac{p}{a}x^2$

mit $2p=2b^2/a$

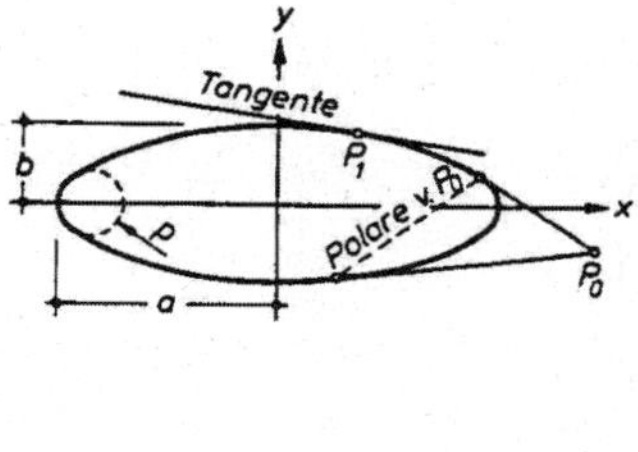

Tangente an $\frac{x^2}{a^2}+\frac{y^2}{b^2}=1$ in $P_1(x_1;\,y_1)$: $\quad \frac{x\cdot x_1}{a^2}+\frac{y\cdot y_1}{b^2}=1$

Polare von $P_0(x_0;\,y_0)$ an $\frac{x^2}{a^2}+\frac{y^2}{b^2}=1$: $\quad \frac{x\cdot x_0}{a^2}+\frac{y\cdot y_0}{b^2}=1$

4.4.3 Hyperbel

Allgemeine Gleichung (achsenparallel): $\frac{(x-x_M)^2}{a^2} - \frac{(y-y_M)^2}{b^2} = 1$

Mittelpunktsgleichung: $\frac{x^2}{a^2} - \frac{y^2}{b^2} = 1$

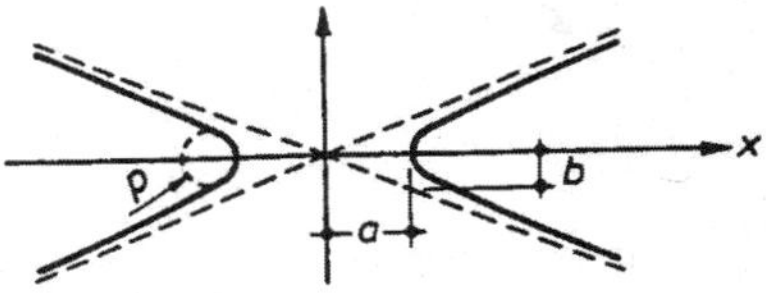

Scheitelgleichung: $y^2 = 2\,p\,x + \frac{p}{a}x^2$

mit $2p = 2b^2/a$

Tangente an $\frac{x^2}{a^2} - \frac{y^2}{b^2} = 1$ in $P_1(x_1; y_1)$: $\frac{x \cdot x_1}{a^2} - \frac{y \cdot y_1}{b^2} = 1$

Polare von $P_0(x_0; y_0)$ an $\frac{x^2}{a^2} - \frac{y^2}{b^2} = 1$: $\frac{x \cdot x_0}{a^2} - \frac{y \cdot y_0}{b^2} = 1$

4.4.4 Parabel

Allgemeine Gleichung (achsenparallel): $(y-y_S)^2 = 2p\,(x-x_S)$ (1)

$(x-x_S)^2 = 2p\,(y-y_S)$ (2)

Scheitelgleichung: $y^2 = 2\,p\,x$ bzw. $x^2 = 2\,p\,y$

Tangente an $y^2 = 2\,p\,x$ in $P_1(x_1; y_1)$: $y \cdot y_1 = p\,(x + x_1)$

Polare von $P_0(x_0; y_0)$ an $y^2 = 2\,p\,x$: $y \cdot y_0 = p\,(x + x_0)$

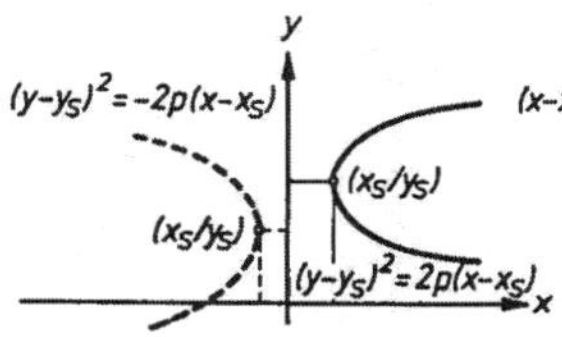

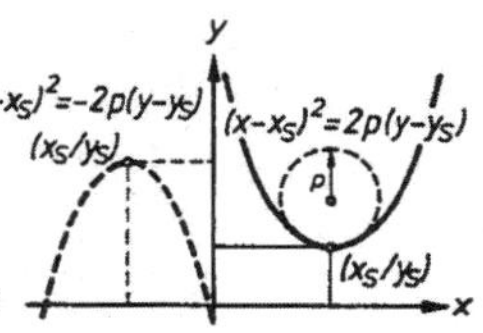

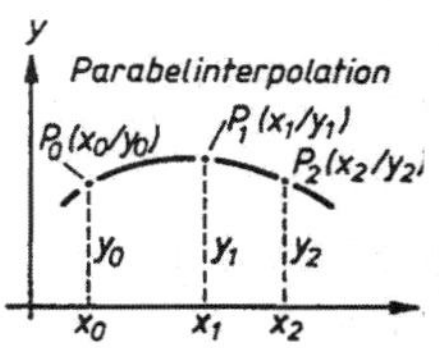

Rechnerische Interpolation einer Parabel mit der Gleichung $y = a_2\,x^2 + a_1\,x + a_0$ durch die drei Punkte P_0, P_1 und P_2:

$$a_2 = \frac{(y_2-y_0)(x_1-x_0)-(y_1-y_0)(x_2-x_0)}{(x_2^2-x_0^2)(x_1-x_0)-(x_1^2-x_0^2)(x_2-x_0)}$$

$$a_1 = -(x_1+x_0)\,a_2 + (y_1-y_0)/(x_1-x_0)$$

$$a_0 = y_0 - a_2\,x_0^2 - a_1\,x_0$$

Speziell für $x_0 = 0$; $x_1 = h$; $x_2 = 2\,h$:

$$a_2 = (y_2 - 2\,y_1 + y_0)/(2\,h^2)$$

$$a_1 = -(3\,y_0 - 4y_1 + y_2)/(2\,h)$$

$$a_0 = y_0$$

Mit $p = 1/(2\,a_2)$; $x_S = -a_1\,p$; $y_S = a_0 - a_2\,x_S^2$ ist dann auch Gleichung (2) bestimmt.

Sind ganz speziell der Ursprung P_0 (0; 0) und der Scheitel $S(x_S; y_S)$ gegeben, so ergibt sich die Gleichung: $y = -(y_S/x_S^2)\,x^2 + 2\,(y_S/x_S)\,x$

Zeichnerische Interpolation durch einhüllende Tangenten

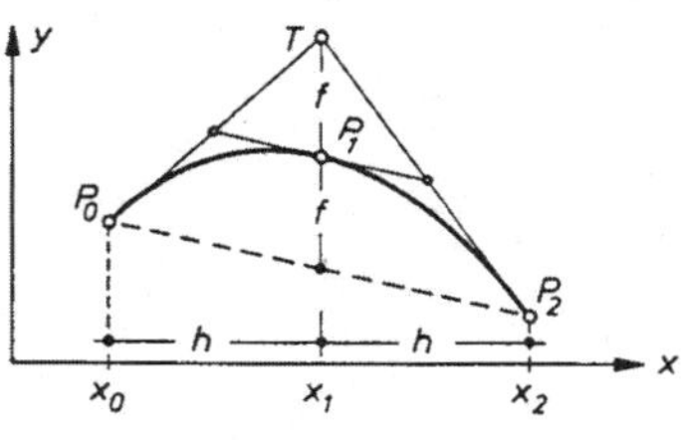

Für den Sonderfall $x_1 = x_0 + h$, $x_2 = x_1 + h$ zeichnet man die Sehne $\overline{P_0P_2}$ ein, verdoppelt die Pfeilhöhe f über P_1 hinaus und findet so den Tangentenschnittpunkt T. Die Tangente in P_1 ist parallel zu $\overline{P_0P_2}$. Weitere Tangenten können konstruiert werden durch Teilung der Strecken $\overline{TP_0}$ und $\overline{TP_2}$ in n gleiche Teile und sinngemäßes geradliniges Verbinden der Teilpunkte.

5 Vektoralgebra

5.1 Grundlagen

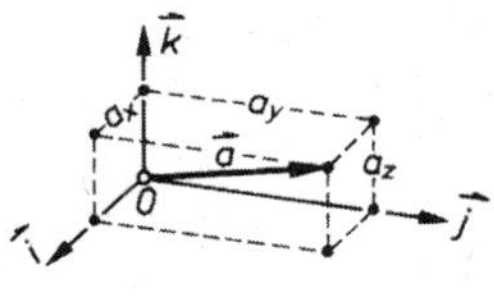

Nach Festlegung eines Ursprungs O und der Basisvektoren $\vec{i}$, $\vec{j}$, $\vec{k}$ genügt zur Bezeichnung von Vektoren die Angabe der Koordinatentripel bezüglich der gewählten Basis.

$\vec{a} = a_x \vec{i} + a_y \vec{j} + a_z \vec{k}$ kurz $\vec{a} = (a_x; a_y; a_z)$

$\vec{b} = b_x \vec{i} + b_y \vec{j} + b_z \vec{k}$ kurz $\vec{b} = (b_x; b_y; b_z)$

$\vec{c} = c_x \vec{i} + c_y \vec{j} + c_z \vec{k}$ kurz $\vec{c} = (c_x; c_y; c_z)$

Falls nicht anders angegeben, werden folgende Vektoren in den **Beispielen** benutzt:
$\vec{a} = (1; 2; 3)$; $\vec{b} = (3; 2; 5)$; $\vec{c} = (2; 3; 1)$

Vektoraddition / -subtraktion:

$\vec{a} \pm \vec{b} = (a_x \pm b_x)\vec{i} + (a_y \pm b_y)\vec{j} + (a_z \pm b_z)\vec{k}$ kurz: $\vec{a} \pm \vec{b} = (a_x \pm b_x; a_y \pm b_y; a_z \pm b_z)$

Beispiel: $\vec{a} + \vec{b} = (4; 4; 8)$; $\vec{a} - \vec{b} = (-2; 0; -2)$

Gesetze: $\vec{a} + (\vec{b} + \vec{c}) = (\vec{a} + \vec{b}) + \vec{c}$; $\vec{a} + \vec{b} = \vec{b} + \vec{a}$

mit dem Nullvektor $\vec{0} = (0; 0; 0)$ gilt $\vec{a} + \vec{0} = \vec{0} + \vec{a} = \vec{a}$ und $\vec{a} - \vec{a} = \vec{0}$

S-Multiplikation mit Skalaren:

$\lambda \vec{a} = \lambda a_x \vec{i} + \lambda a_y \vec{j} + \lambda a_z \vec{k}$ kurz: $\lambda \vec{a} = (\lambda a_x; \lambda a_y; \lambda a_z)$

z. B. $3\vec{a} = (3; 6; 9)$

Gesetze: $(\lambda + \mu)\vec{a} = \lambda \vec{a} + \mu \vec{a}$; $\lambda(\vec{a} + \vec{b}) = \lambda \vec{a} + \lambda \vec{b}$

$(\lambda\mu)\vec{a} = \lambda(\mu \vec{a})$; $1\vec{a} = \vec{a}$

Skalarprodukt:

$\vec{a} \cdot \vec{b} = a_x b_x + a_y b_y + a_z b_z = |\vec{a}| \cdot |\vec{b}| \cdot \cos(\sphericalangle \vec{a}, \vec{b})$

z. B. $\vec{a} \cdot \vec{b} = 1 \cdot 3 + 2 \cdot 2 + 3 \cdot 5 = 22$

Gesetze: $(\vec{a} + \vec{b}) \cdot \vec{c} = \vec{a} \cdot \vec{c} + \vec{b} \cdot \vec{c}$; $\vec{a} \cdot \vec{b} = \vec{b} \cdot \vec{a}$; $(\lambda \vec{a}) \cdot \vec{b} = \lambda(\vec{a} \cdot \vec{b})$

für $\vec{a} \neq \vec{0}$ gilt $\vec{a} \cdot \vec{a} > 0$; $|\vec{a} + \vec{b}| \leq |\vec{a}| + |\vec{b}|$

Betrag: $|\vec{a}| = \sqrt{\vec{a} \cdot \vec{a}} = \sqrt{a_x^2 + a_y^2 + a_z^2}$

z. B. $|\vec{a}| = \sqrt{1^2 + 2^2 + 3^2} = \sqrt{14}$

Einsvektor: $\vec{a}^0 = \vec{a} / |\vec{a}|$; $|\vec{a}^0| = 1$

z. B. $\vec{a}^0 = \left(\frac{1}{\sqrt{14}}; \frac{2}{\sqrt{14}}; \frac{3}{\sqrt{14}}\right)$

Winkel: $\sphericalangle \vec{a}, \vec{b} = \arccos \frac{\vec{a} \cdot \vec{b}}{|\vec{a}| \cdot |\vec{b}|}$; $\left(\vec{a} \perp \vec{b}\right) \Leftrightarrow \left(\vec{a} \cdot \vec{b} = 0\right)$

Beispiel: $\sphericalangle \vec{a}, \vec{b} = \arccos \frac{22}{\sqrt{14} \cdot \sqrt{38}} \approx 17{,}5°$

Vektorprodukt: $\vec{a} \times \vec{b} = (a_y b_z - b_y a_z)\vec{i} + (a_z b_x - a_x b_z)\vec{j} + (a_x b_y - a_y b_x)\vec{k} = \begin{vmatrix} \vec{i} & \vec{j} & \vec{k} \\ a_x & a_y & a_z \\ b_x & b_y & b_z \end{vmatrix}$

Ein Vektor, der senkrecht auf dem von $\vec{a}$ und $\vec{b}$ aufgespannten Parallelogramm steht, wobei $\vec{a}, \vec{b}$ und $\vec{a} \times \vec{b}$ ein Rechtssystem bilden und der Betrag von $\vec{a} \times \vec{b}$ gleich der Maßzahl des Flächeninhalts des Parallelogramm ist: $|\vec{a} \times \vec{b}| = |\vec{a}| \cdot |\vec{b}| \cdot \sin(\sphericalangle \vec{a}, \vec{b})$.

Beispiel: $\vec{a} \times \vec{b} = 4\vec{i} + 4\vec{j} - 4\vec{k}$

Gesetze: $\vec{a} \times \vec{b} = -\vec{b} \times \vec{a}$; $\vec{a} \times (\vec{b} + \vec{c}) = \vec{a} \times \vec{b} + \vec{a} \times \vec{c}$; $\lambda \vec{a} \times \vec{b} = \lambda(\vec{a} \times \vec{b}) = \vec{a} \times \lambda \vec{b}$

Spatprodukt:

(Volumen des von $\vec{a}$, $\vec{b}$, und $\vec{c}$ aufgespannten Spats)

$$(\vec{a}, \vec{b}, \vec{c}) = \vec{a} \cdot (\vec{b} \times \vec{c}) = (\vec{a} \times \vec{b}) \cdot \vec{c} = \begin{vmatrix} a_x & a_y & a_z \\ b_x & b_y & b_z \\ c_x & c_y & c_z \end{vmatrix}$$

Beispiel: $(\vec{a}, \vec{b}, \vec{c}) = 16$

5.2 Anwendungen aus der Geometrie

Ortsvektoren: von einem festen Punkt O ausgehend $\vec{p}_1 = \overrightarrow{OP_1}$, $\vec{a} = \overrightarrow{OA}$ usw.

Geraden: Punkt-Richtungsform: $\overrightarrow{OP} = \overrightarrow{OP_1} + \lambda \vec{a}$; kurz: $\vec{p} = \vec{p}_1 + \lambda \vec{a}$

Zwei-Punkte-Form: $\overrightarrow{OP} = \overrightarrow{OP_1} + \lambda(\overrightarrow{OP_2} - \overrightarrow{OP_1})$; kurz: $\vec{p} = \vec{p}_1 + \lambda(\vec{p}_2 - \vec{p}_1)$

Fußpunkt des Lots auf eine Gerade:

Gerade g: $\vec{p} = \vec{p}_1 + \lambda \vec{a}$; Punkt B mit $\vec{b} = \overrightarrow{OB}$

Fußpunkt F mit $\overrightarrow{OF} = \vec{p}_1 + \dfrac{\vec{a}\cdot(\vec{b}-\vec{p}_1)}{\vec{a}\cdot\vec{a}}\cdot\vec{a}$

Beispiel:
$\vec{a} = (2; 1; 1)$
$\vec{b} = (5; 0; 0)$
$\vec{p}_1 = (1; 1; 1)$
ergibt: $\overrightarrow{OF} = (3; 2; 2)$
$d = \sqrt{12}$

Abstand eines Punkts von der Geraden:

$d = |\vec{b} - \overrightarrow{OF}|$

Abstand zweier Geraden: g_1: $\vec{p} = \vec{p}_1 + \lambda \vec{a}$
g_2: $\vec{q} = \vec{p}_2 + \mu \vec{b}$

$$d = \frac{|(\vec{p}_2 - \vec{p}_1)\cdot(\vec{a}\times\vec{b})|}{|\vec{a}\times\vec{b}|} = \frac{|(\vec{p}_2 - \vec{p}_1, \vec{a}, \vec{b})|}{|\vec{a}\times\vec{b}|}$$

Beispiel:
$\vec{a} = (1; 3; -2)$
$\vec{b} = (-2; 1; 3)$
$\vec{p}_1 = (3; -2; 4)$
$\vec{p}_2 = (-4; 2; -3)$

$d = \left| -122/\sqrt{171} \right|$
$\overrightarrow{OP} = \left(\frac{764}{171}; \frac{411}{171}; \frac{182}{171}\right)$
$\overrightarrow{OQ} = \left(-\frac{578}{171}; \frac{289}{171}; -\frac{672}{171}\right)$

Punkte P und Q minimalen Abstands:

$$\overrightarrow{OP} = \vec{p}_1 + \frac{(\vec{p}_2 - \vec{p}_1, \vec{b}, \vec{a}\times\vec{b})}{(\vec{a}\times\vec{b})^2}\cdot\vec{a} \qquad \overrightarrow{OQ} = \vec{p}_2 + \frac{(\vec{p}_2 - \vec{p}_1, \vec{a}, \vec{a}\times\vec{b})}{(\vec{a}\times\vec{b})^2}\cdot\vec{b}$$

Ebenen: Parameterform: $\vec{x} = \vec{p}_1 + \lambda \vec{a} + \mu \vec{b}$

Normalenform: $(\vec{x} - \vec{p}_1)\cdot\vec{n} = 0$ mit $\vec{n} = \vec{a}\times\vec{b}$

*Hesse*sche-Normalenform: $(\vec{x} - \vec{p}_1)\cdot\vec{n}^0 = 0$ mit $\vec{n}^0 = \vec{n}/|\vec{n}|$

Fußpunkt des Lots auf eine Ebene:

Für P mit $\overrightarrow{OP} = \vec{p}$ ergibt sich der Fußpunkt F mit $\overrightarrow{OF} = \vec{p} - \dfrac{(\vec{p} - \vec{p}_1)\cdot\vec{n}}{\vec{n}\cdot\vec{n}}\cdot\vec{n}$

Abstand eines Punkts P mit $\overrightarrow{OP} = \vec{p}$ von der Ebene: $d = \dfrac{|(\vec{p} - \vec{p}_1)\cdot\vec{n}|}{|\vec{n}|}$

Schnittpunkt von Gerade g und Ebene E:

g: $\vec{x} = \vec{p}_1 + \lambda \vec{a}$ Schnittpunkt S mit $\overrightarrow{OS} = \vec{p}_1 + \dfrac{(\vec{p}_2 - \vec{p}_1, \vec{b}, \vec{c})}{(\vec{a}, \vec{b}, \vec{c})}\cdot\vec{a}$

E: $\vec{x} = \vec{p}_2 + \mu \vec{b} + \nu \vec{c}$

Schnittwinkel zweier Ebenen: $\varphi = \arccos \dfrac{\vec{n}_1\cdot\vec{n}_2}{|\vec{n}_1|\cdot|\vec{n}_2|}$

5.3 Anwendungen aus der Statik

Resultierende aus n Kräften: $\vec{F}_{\text{res}} = \sum_{i=1}^{n} \vec{F}_i$

Beispiel: $\vec{F}_1 = (2; 3; 4)$ kN, $\vec{F}_2 = (-4; 1; 2)$ kN, $\vec{F}_3 = (3; -2; -3)$ kN

Resultierende Kraft: $\vec{F}_{\text{res}} = (1; 2; 3)$ kN

Komponentenzerlegung:

Gegeben: Eine Kraft $\vec{F}$ und ein Richtungsvektor $\vec{a}$

Gesucht: Zwei Kräfte $\vec{F}_{\parallel}$ und $\vec{F}_{\perp}$ parallel bzw. senkrecht zur Richtung $\vec{a}$

Lösung: Mit dem Einsvektor $\vec{a}^0 = \vec{a}/|\vec{a}|$ wird $|\vec{F}| = \vec{F}\cdot\vec{a}^0$ und damit $\vec{F}_{\parallel} = |\vec{F}_{\parallel}|\cdot\vec{a}^0$,

also $\vec{F}_{\parallel} = \dfrac{\vec{F}\cdot\vec{a}}{\vec{a}\cdot\vec{a}}\cdot\vec{a}$ und $\vec{F}_{\perp} = \vec{F} - \vec{F}_{\parallel}$

Beispiel: $\vec{F} = (3; 2; 4)$ kN, $\vec{a} = (1; 1; 1)$ kN, liefert $\vec{F}_{\parallel} = \frac{3\cdot1+2\cdot1+4\cdot1}{1\cdot1+1\cdot1+1\cdot1}\cdot(1; 1; 1)$ kN,

also $\vec{F}_{\parallel} = (3; 3; 3)$ kN, und schließlich $\vec{F}_{\perp} = (0; -1; 1)$ kN

Stabkräfte eines Dreibeins unter Einzellast:

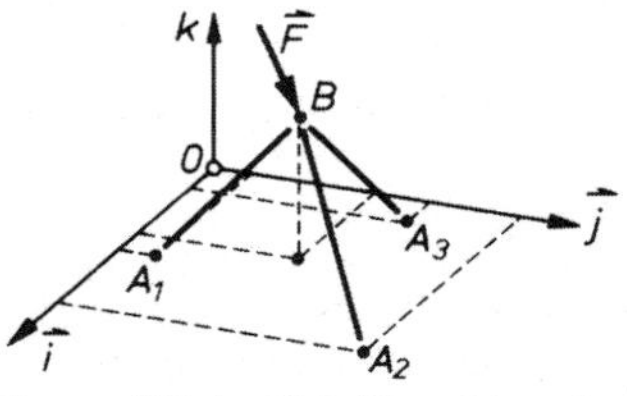

Gegeben: In B angreifende Einzellast $\vec{F}$ sowie die Koordinaten der Punkte $B\,(x_b; y_b; z_b)$,

$A_1\,(x_1; y_1; z_1)$, $A_2\,(x_2; y_2; z_2)$, $A_3\,(x_3; y_3; z_3)$

Gesucht: Stabkräfte $\vec{F_1}$, $\vec{F_2}$ und $\vec{F_3}$ in den Stäben

$\vec{s_1} = \overrightarrow{BA_1} = (x_1 - x_b; y_1 - y_b; z_1 - z_b)$

$\vec{s_2} = \overrightarrow{BA_2} = (x_2 - x_b; y_2 - y_b; z_2 - z_b)$

$\vec{s_3} = \overrightarrow{BA_3} = (x_3 - x_b; y_3 - y_b; z_3 - z_b)$

Lösung: Mit den Stab-Einsvektoren lautet die Gleichgewichtsbedingung für den Knoten B: $F_1\cdot\vec{e_1}+F_2\cdot\vec{e_2}+F_3\cdot\vec{e_3}+\vec{F} = \vec{0}$. Ausgeschrieben lauten die drei linearen Gleichungen mit den gesuchten Kräften F_1, F_2 und F_3:

$$e_{1_x}\cdot F_1 + e_{2_x}\cdot F_2 + e_{3_x}\cdot F_3 + F_x = 0$$
$$e_{1_y}\cdot F_1 + e_{2_y}\cdot F_2 + e_{3_y}\cdot F_3 + F_y = 0$$
$$e_{1_z}\cdot F_1 + e_{2_z}\cdot F_2 + e_{3_z}\cdot F_3 + F_z = 0$$

Die Lösung ergibt sich z. B. nach Abschnitt 2.9.

Mit Hilfe des Spatprodukts dreier Vektoren lässt sich die Lösung auch direkt angeben:

$$F_1 = -\frac{(\vec{F}, \vec{e_2}, \vec{e_3})}{(\vec{e_1}, \vec{e_2}, \vec{e_3})};\quad F_2 = -\frac{(\vec{e_1}, \vec{F}, \vec{e_3})}{(\vec{e_1}, \vec{e_2}, \vec{e_3})};\quad F_3 = -\frac{(\vec{e_1}, \vec{e_2}, \vec{F})}{(\vec{e_1}, \vec{e_2}, \vec{e_3})}$$

Beispiel: $\vec{F_1} = (1; 1; -4)$ kN, $B = (3; 4; 4)$, $A_1 = (1; 1; 0)$, $A_2 = (2; 7; 0)$, $A_3 = (5; 5; 0)$

Mit den Stab-Einsvektoren $\vec{e_1} = (-0{,}371; -0{,}557; -0{,}743)$, $\vec{e_2} = (-0{,}196; 0{,}588; -0{,}784)$

und $\vec{e_3} = (0{,}437; 0{,}218; -0{,}873)$ lauten die Gleichungen:

$$-0{,}371\cdot F_1 - 0{,}196\cdot F_2 + 0{,}437\cdot F_3 + 1 = 0$$
$$-0{,}557\cdot F_1 + 0{,}588\cdot F_2 + 0{,}218\cdot F_3 + 1 = 0$$
$$-0{,}743\cdot F_1 - 0{,}784\cdot F_2 - 0{,}873\cdot F_3 - 4 = 0$$

Dieses Gleichungssystem hat die Lösungen: $F_1 = -0{,}539$ kN, $F_2 = -1{,}023$ kN, $F_3 = -3{,}205$ kN

6 Wahrscheinlichkeit und Statistik

6.1 Wahrscheinlichkeit

Grundeigenschaften:

Die Wahrscheinlichkeit $P(A)$ eines zufälligen Ereignisses A ist eine reelle Zahl zwischen null und eins:

$$0 \le P(A) \le 1$$

Die Wahrscheinlichkeit für das sichere Ereignis S ist eins: $P(S) = 1$

Die Wahrscheinlichkeit dafür, dass ein Zufallsereignis A oder ein Zufallsereignis B eintritt, wenn beide Ereignisse niemals gleichzeitig eintreten können, ist $P(A \text{ oder } B) = P(A) + P(B)$

Beispiel: Beim Würfeln gibt es die sechs einander ausschließenden Ereignisse, 1, 2, 3, 4, 5 oder 6 Augen zu erhalten. Alle haben die gleiche Wahrscheinlichkeit $P(\text{"1"}) = P(\text{"2"}) = \cdots = P(\text{"6"}) = 1/6$. Die Wahrscheinlichkeit dafür, eine "1" oder "2" zu würfeln, ist $P(\text{"1"}) + P(\text{"2"}) = 1/6 + 1/6 = 1/3$.

6.2 Zufallsvariable

Eine Funktion, die zufälligen Ereignissen in geeigneter Weise reelle Zahlen x zuordnet, wobei diese reellen Zahlen x mit gewissen Wahrscheinlichkeiten $f(x)$ auftreten, heißt Zufallsvariable. Eine Zufallsvariable wird durch Angabe dieser **Wahrscheinlichkeitsfunktion** f eindeutig beschrieben.

Beispiel 1: Beim Würfeln ordnet man zweckmäßig dem Ereignis ⚀ die reelle Zahl 1, dem Ereignis ⚃ die reelle Zahl 4 zu usw. Die Wahrscheinlichkeitsfunktion, die das Würfeln beschreibt, ist offenbar durch den rechts stehenden Funktionsgraphen beschrieben:

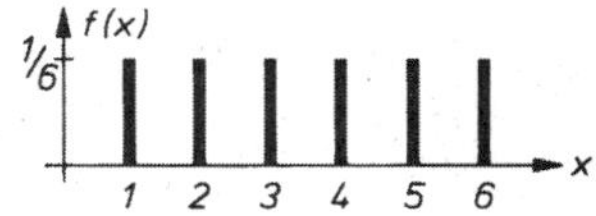

Beispiel 2: Die Frage nach der Wahrscheinlichkeit, bei dreimaligem Würfeln keine, eine oder drei Sechsen zu bekommen, führt auf die **Binomialverteilung**. Für $n=3$, $p=\frac{1}{6}$ ist dafür die Wahrscheinlichkeitsfunktion $f(x)=\binom{n}{x}\cdot p^x\cdot(1-p)^{n-x}$ mit dem rechts stehenden Funktionsgraphen:

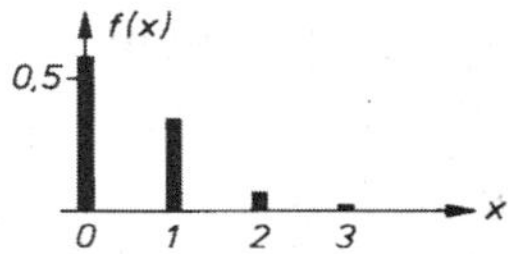

Mit einer Wahrscheinlichkeit von $f(x)=0{,}579$ erzielt man bei drei Würfen keine „6", also mit einer Wahrscheinlichkeit von 0,421 mindestens eine „6".

Wenn die Wahrscheinlichkeitsfunktion einer Zufallsvariablen keine diskreten Funktionswerte besitzt, sondern stetig verläuft (z. B. die Normalverteilung), so wird sie **Wahrscheinlichkeitsdichte** genannt. Für praktische Fragestellungen sind meist die Summen der diskreten Wahrscheinlichkeitswerte $F(x)=\sum f(t_i)$ für $t_i \le x$ bzw. bei stetigen Verteilungen die Integrale $F(x)=\int_{-\infty}^{x} f(t)\,\mathrm{d}t$ geeigneter.

Sie werden **Verteilungsfunktionen** der Zufallsvariablen genannt. Sie geben die Wahrscheinlichkeit dafür an, dass die Zufallsvariable X Werte annimmt, die nicht größer als x sind: $F(x)=P(X\le x)$.

Auf S. 2.3/2.4 sind wichtige Verteilungsfunktionen tabuliert.

6.3 Statistik

Stichprobe: $\{x_1, x_2, \cdots, x_n\}$ **Mittelwert:** $\bar{x}=\frac{1}{n}\sum_{i=1}^{n} x_i$ (1)

Umfang der Stichprobe: n

Standardabweichung: $$s=\sqrt{\frac{1}{n-1}\sum_{i=1}^{n}(x_i-\bar{x})^2}=\sqrt{\frac{1}{n-1}\left[\sum_{i=1}^{n}x_i^2-\frac{1}{n}\left(\sum_{i=1}^{n}x_i\right)^2\right]} \quad (2)$$

Das Quadrat s^2 der Standardabweichung heißt **Varianz** der Stichprobe.

Vertrauensintervall für den Erwartungswert μ der Messgröße X:

$$\bar{x}-s\cdot t_{f;0,975}/\sqrt{n} \;\le\; \mu \;\le\; \bar{x}+s\cdot t_{f;0,975}/\sqrt{n} \quad (3)$$

Mit 95 % Wahrscheinlichkeit liegt der unbekannte Erwartungswert der Messgröße im Vertrauensintervall, d. h. : $P(\bar{x}-s\cdot t_{f;0,975}/\sqrt{n} \;\le\; \mu \;\le\; \bar{x}+s\cdot t_{f;0,975}/\sqrt{n})=0{,}95$

Der für die Stichprobe errechnete Mittelwert $\bar{x}$ ist ein Schätzwert für den Erwartungswert μ. Dessen Freiheitsgrad $f=n-1$ beschreibt die Redundanz der Messanordnung. Mit diesem f schlägt man in der Tafel der ***t*-Verteilung** (s. S. 2.3) den Wert $t_{f;0,975}$ nach und berechnet die Halbbreite $s\cdot t_{f;0,975}/\sqrt{n}$ des Vertrauensintervalls.

Beispiel:

i	1	2	3	4	5	6	7	8	9	10		
x_i	5,63	5,74	5,58	5,69	5,70	5,61	5,71	5,59	5,62	5,60	Gl.(1) $\Rightarrow$ $\bar{x}=5{,}647$	Gl.(2) $\Rightarrow$ $s=0{,}057$

Mit $f=10-1=9$ findet man (S. 2.3) $t_{f;0,975}=2{,}26$ und berechnet $0{,}057\cdot 2{,}26/\sqrt{10}=0{,}041$. Damit lautet das 95%-Vertrauensintervall $(5{,}647-0{,}041 \;\le\; \mu \;\le\; 5{,}647+0{,}041)$

$\Leftrightarrow \quad (5{,}606 \;\le\; \mu \;\le\; 5{,}688)$.

90%-Vertrauensintervall für den Erwartungswert σ **der Standardabweichung** der Messgröße X:

$$s\sqrt{f/\chi^2_{f;0,95}} \;\le\; \sigma \;\le\; s\sqrt{f/\chi^2_{f;0,05}} \quad (4)$$

mit $P\left(s\sqrt{f/\chi^2_{f;0,95}} \;\le\; \sigma \;\le\; s\sqrt{f/\chi^2_{f;0,05}}\right)=0{,}90$

Fortsetzung des **Beispiels**:

Für $f=9$ findet man in der Tafel S. 2.3 $\chi^2_{f;0,95}=16{,}9$ und $\chi^2_{f;0,05}=3{,}33$ und berechnet $0{,}057\sqrt{9/16{,}9}=0{,}042$ bzw. $0{,}057\sqrt{9/3{,}33}=0{,}094$. Das 90%-Vertrauensintervall für σ ist also $(0{,}042\le\sigma\le 0{,}094)$. Es ist nicht symmetrisch zum Schätzwert s und bei einem Freiheitsgrad $f=9$ sehr breit. Um σ durch s genauer schätzen zu können, benötigt man Stichproben mit 30 bis 40 Messwerten.

Varianz-Fortpflanzungsgesetz

Ist $y = f(X_1, X_2, \cdots X_r)$ eine Funktion von r normal-verteilten Größen $X_1, X_1, \cdots, X_r$ mit den Standardabweichungen $s_1, s_2, \cdots, s_r$, dann ist die Varianz von y:

$$s_y^2 = \sum_{i=1}^{r} \left(\frac{\partial f}{\partial X_i} \right)^2 \cdot s_i^2$$

Regressionsgerade und Korrelationskoeffizient

Eine zweidimensionale Stichprobe liegt vor, wenn für zwei Zufallsgrößen X und Y Paare $(x_1 ; y_i)$ von Messwerten ermittelt worden sind. Man kann die Messungspaare als Punkte in einem x,y-Koordinatensystem auftragen und nach einem linearen Zusammenhang zwischen X und Y fragen. Gesucht ist also die Gleichung einer Geraden (der Regressionsgeraden), die sich der aufgetragenen Punktwolke möglichst gut anpasst: $y = a + b \cdot x$

Zur Lösung berechnet man für die Stichprobe die Summen $\sum x_i, \sum y_i, \sum x_i^2, \sum y_i^2$ und $\sum x_i \cdot y_i$, mit deren Hilfe die Varianzen bzw. die Kovarianz bestimmt werden:

Varianz von X: $s_X^2 = \left[\sum x_i^2 - (\sum x_i)^2 / n\right] / (n-1)$

Varianz von Y: $s_Y^2 = \left[\sum y_i^2 - (\sum y_i)^2 / n\right] / (n-1)$

Kovarianz: $s_{XY} = [\sum x_i \cdot y_i - (\sum x_i) \cdot (\sum y_i) / n] / (n-1)$

Mit den Mittelwerten $\overline{x} = \sum x_i / n$ und $\overline{y} = \sum y_i / n$ folgen die Koeffizienten der Geradengleichung:

Regressionskoeffizient: $b = s_{XY} / s_X^2$

y-Achsabschnitt: $a = \overline{y} - b \cdot \overline{x}$

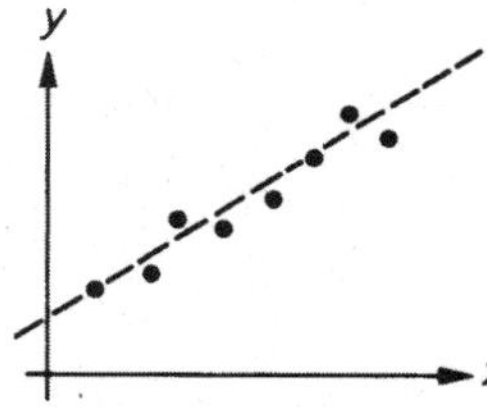

Ein Maß für den Grad des linearen Zusammenhangs ist der **Korrelationskoeffizient**

$r_{XY} = s_{XY} / \sqrt{(s_X^2 \cdot s_Y^2)}$

Er ist eine Zahl zwischen –1 und +1, wobei +1 für exakte Linearität steht.

Beispiel:

Quellverkehr in Abhängigkeit von der Anzahl der gemeldeten Pkw. X ist die Zahl der gemeldeten Pkw pro 1000 Einwohner. Y ist der Quellverkehr in Fahrzeugen pro 16 h und 1000 Einwohner.

i	1	2	3	4	5	6	7	8	9	10
x_i	0,3	0,4	1,1	0,8	0,7	1,6	1,1	1,3	1,7	1,4
y_i	1,1	2,4	3,5	4,1	2,3	3,6	4,6	3,5	3,8	3,0

$\sum x_i = 10{,}4$ $\quad \sum y_i = 31{,}9$ $\quad \sum x_i^2 = 12{,}90$

$\sum y_i^2 = 111{,}13$ $\quad \sum x_i\, y_i = 36{,}06$ $\quad n = 10$

$\overline{x} = 1{,}04$ $\quad \overline{y} = 3{,}19$

$s_X^2 = \left[12{,}90 - 10{,}4^2/10\right]/9 = 0{,}232$; $\quad s_Y^2 = \left[111{,}13 - 31{,}9^2/10\right]/9 = 1{,}040$

$s_{XY} = [36{,}06 - 10{,}4 \cdot 31{,}9/10]/9 = 0{,}320$; $\quad b = 0{,}320/0{,}232 = 1{,}38$; $\quad a = 3{,}19 - 1{,}38 \cdot 1{,}04 = 1{,}75$

$r_{XY} = 0{,}320/\sqrt{0{,}232 \cdot 1{,}040} = 0{,}65$; $\quad \boxed{y = 1{,}75 + 1{,}38 \cdot x}$

7 Differentialrechnung

7.1 Definitionen

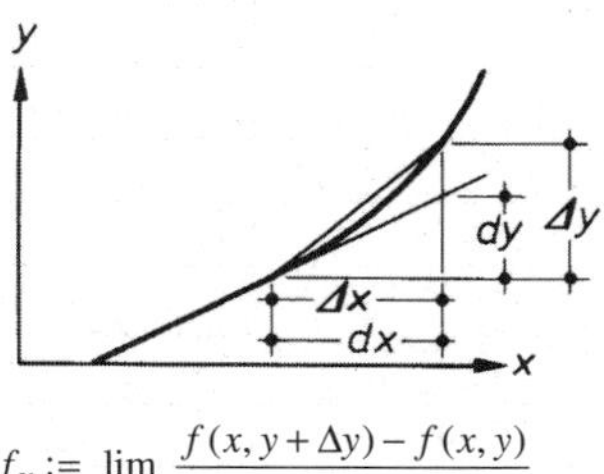

Differenzenquotient: $\Delta y / \Delta x$ (Steigung der Sekante)

Differentialquotient: $\mathrm{d}y / \mathrm{d}x$ (Steigung der Tangente)

$$y' = \mathrm{d}y/\mathrm{d}x = f'(x) = \lim_{\Delta x \to 0} (\Delta y / \Delta x)$$

Differential: $\mathrm{d}y = f'(x) \cdot \mathrm{d}x$

Partieller Differentialquotient von $z = f(x, y)$:

$$\frac{\partial z}{\partial x} = z_x = f_x := \lim_{\Delta x \to 0} \frac{f(x + \Delta x, y) - f(x, y)}{\Delta x} \qquad \frac{\partial z}{\partial y} = z_y = f_y := \lim_{\Delta y \to 0} \frac{f(x, y + \Delta y) - f(x, y)}{\Delta y}$$

7.2 Ableitungsregeln

$y = C$ (Konstante)	$y' = 0$
$y = C \cdot u(x)$	$y' = C \cdot u'(x)$
$y = u_1(x) + u_2(x)$	$y' = u_1'(x) + u_2'(x)$
$y = u(x) \cdot v(x)$ **(Produktregel)**	$y' = u'(x) \cdot v(x) + u(x) \cdot v'(x)$
$y = u(x)/v(x)$ **(Quotientenregel)**	$y' = [u'(x) \cdot v(x) - u(x) \cdot v'(x)]/v^2(x)$
$y = f(g(h(x)))$ **(Kettenregel)** mit $y = f(u),\ u = g(v),\ v = h(x)$	$y' = \frac{df(u)}{du} \cdot \frac{dg(v)}{dv} \cdot \frac{dh(x)}{dx}$
$y = f^{-1}(x)$ mit $x = f(y)$	$y' = \frac{df^{-1}(x)}{dx} = \frac{1}{\frac{df(y)}{dy}}$
$y = u(x)^{v(x)}$ durch Logarithmieren folgt: $\ln y = v(x) \cdot \ln u(x)$	$\frac{1}{y} \cdot \frac{dy}{dx} = v'(x) \cdot \ln u(x) + v(x) \cdot \frac{u'(x)}{u(x)} \Rightarrow$ $\frac{dy}{dx} = y \cdot \left[v'(x) \cdot \ln u(x) + v(x) \cdot \frac{u'(x)}{u(x)} \right]$

Beispiele:

(1) $y = f\{g[h(x)]\} = \sin^7(3x+5)$; $y = f\{u\} = u^7$; $u = g[v] = \sin v$; $v = h(x) = 3x+5$

$$\frac{df\{u\}}{du} = 7u^6 \ ; \ \frac{dg[v]}{dv} = \cos v \ ; \ \frac{dh(x)}{dx} = 3$$

$$y' = 7u^6 \cdot \cos v \cdot 3 = 21 \cdot \sin^6(3x+5) \cdot \cos(3x+5)$$

(2) $y = u(x)^{v(x)} = x^x$; $\ln y = x \cdot \ln x$

$$\frac{d \ln y}{dx} = \frac{1}{y} \cdot \frac{dy}{dx} = \ln x + 1$$

$$y' = \frac{dy}{dx} = y(\ln x + 1) = x^x(\ln x + 1)$$

7.3 Ableitungen der elementaren Funktionen

$y = f(x)$	$y' = f'(x)$	$y = f(x)$	$y' = f'(x)$
C	0	$\sqrt[n]{x}$	$1/(n \cdot \sqrt[n]{x^{n-1}})$
x	1	e^x	e^x
x^n	$n \cdot x^{n-1}$	a^x	$a^x \cdot \ln a$
$\frac{1}{x}$	$-\frac{1}{x^2}$	$\ln x$	$\frac{1}{x}$
$\frac{1}{x^n}$	$-\frac{n}{x^{n+1}}$	$\lg x$	$\frac{1}{x} \cdot \lg e = \frac{1}{x \cdot \ln 10}$
$\sqrt{x}$	$(1/(2\sqrt{x})$	$\log_a x$	$(\log_a e)/x = 1/(x \cdot \ln a)$
$\arcsin x$	$1/\sqrt{1-x^2}$	$\sinh x$	$\cosh x$
$\arccos x$	$-1/\sqrt{1-x^2}$	$\cosh x$	$\sinh x$
$\arctan x$	$1/(1+x^2)$	$\tanh x$	$1/\cosh^2 x$
$\operatorname{arccot} x$	$-1/(1+x^2)$	$\coth x$	$-1/\sinh^2 x$
$\sin x$	$\cos x$	$\operatorname{arsinh} x$	$1/\sqrt{1+x^2}$
$\cos x$	$-\sin x$	$\operatorname{arcosh} x$	$1/\sqrt{x^2-1}$
tan x	$1/\cos^2 x$	artanh x	$1/(1-x^2)$
$\cot x$	$-1/\sin^2 x$	$\operatorname{arcoth} x$	$-1/(x^2-1)$

7.4 Taylorreihen

$$f(x_0+h) = f(x_0) + \frac{f'(x_0)}{1!}h + \frac{f''(x_0)}{2!}h^2 + \ldots + \frac{f^{(n)}(x_0)}{n!}h^n + \ldots$$

$\sin x$	$= x - x^3/3! + x^5/5! - x^7/7! + - \ldots$	$\lvert x \rvert < \infty$
$\cos x$	$= 1 - x^2/2! + x^4/4! - x^6/6! + - \ldots$	$\lvert x \rvert < \infty$
$\tan x$	$= x + x^3/3 + 2x^5/15 + 17x^7/315 + \ldots$	$\lvert x \rvert < \pi/2$
$\arcsin x$	$= x + x^3/(2\cdot 3) + (1\cdot 3\cdot x^5)/(2\cdot 4\cdot 5) + (1\cdot 3\cdot 5\cdot x^7)/(2\cdot 4\cdot 6\cdot 7) + \ldots$	$\lvert x \rvert < 1$
$\arccos x$	$= \pi/2 - \arcsin x$	$\lvert x \rvert < 1$
$\arctan x$	$= x - x^3/3 + x^5/5 - 7x^7/7 + - \ldots$	$\lvert x \rvert < 1$
e^x	$= 1 + x/1! + x^2/2! + x^3/3! + x^4/4! + \ldots$	$\lvert x \rvert < \infty$
$\ln x$	$= 2\left[\frac{x-1}{x+1} + \frac{1}{3}\left(\frac{x-1}{x+1}\right)^3 + \frac{1}{5}\left(\frac{x-1}{x+1}\right)^5 + \ldots\right]$	$x > 0$

Binomische Reihe:

$$(1 \pm x)^a = 1 \pm \binom{a}{1}x + \binom{a}{2}x^2 \pm \binom{a}{3}x^3 + \ldots \qquad a \in \mathbb{R};\ \lvert x \rvert < 1$$

Normal-Verteilung:

$$F(x) = 0{,}5 + \left[x - x^3/(3\cdot 2\cdot 1!) + x^5/(5\cdot 4\cdot 2!) - x^7/(7\cdot 8\cdot 3!) + x^9/(9\cdot 16\cdot 4!) \mp \ldots\right]/\sqrt{2\pi}$$

Poisson-Verteilung:

$$F(x,\mu) = e^{-\mu}\left[1 + \mu + \mu^2/2! + \mu^3/3! + \mu^4/4! + \mu^5/5! + \ldots + \mu^x/x!\right]$$

Einheitsklothoide:

$$x_{KL} = \sum_{n=0}^{\infty} \frac{(-1)^n l^{4n+1}}{(2n)!\,(4n+1)2^{2n}} = l - \frac{l^5}{40} + \frac{l^9}{3456} - \frac{l^{13}}{599\,040} + \frac{l^{17}}{175\,472\,640} \mp \ldots \qquad \lvert l \rvert < \infty$$

$$y_{KL} = \sum_{n=0}^{\infty} \frac{(-1)^n l^{4n+3}}{(2n+1)!\,(4n+3)2^{(2n+1)}} = \frac{l^3}{6} - \frac{l^7}{336} + \frac{l^{11}}{42\,240} - \frac{l^{15}}{9\,676\,800} + \frac{l^{19}}{3\,530\,096\,640} \mp \ldots \qquad \lvert l \rvert < \infty$$

7.5 Extrema und Wendepunkte

$y = f(x)$ hat

ein Maximum bei	$x = x_M$,	wenn $f'(x_M) = 0$	und $f''(x_M) < 0$
ein Minimum bei	$x = x_m$,	wenn $f'(x_m) = 0$	und $f''(x_m) > 0$
einen Wendepunkt bei	$x = x_W$,	wenn $f''(x_W) = 0$	und $f'''(x_W) \neq 0$

Beispiel:

$y = 0{,}25x^3 - 0{,}5x^2 - 1{,}25x + 1{,}5$; $y' = 0{,}75x^2 - x - 1{,}25$; $y'' = 1{,}5x - 1$; $y''' = 1{,}5$

$y'(x_E) = 0 \Rightarrow$	$x_{E_1} = 2{,}120$ $y_{E_1} = -1{,}015$ $y''(x_{E_1}) > 0$ Minimum!	$x_{E_2} = -0{,}786$ $y_{E_2} = 2{,}052$ $y''(x_{E_2}) < 0$ Maximum!
$y''(x_W) = 0 \Rightarrow$	$x_W = \frac{2}{3}$ Wendepunkt!	

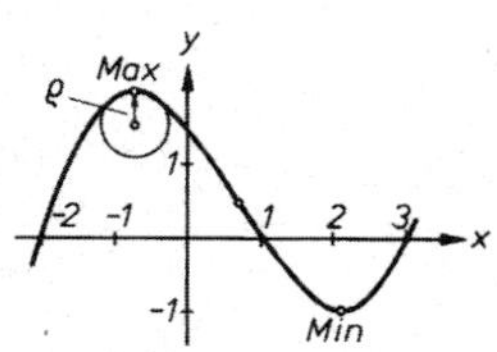

Krümmungsradius: $\varrho = \sqrt{(1+y'^2)^3}/y''$ | **Beispiel:** $\varrho(x_{E_2}) = -0{,}459$

7.6 Nullstellenbestimmung

Newtonsches Iterationsverfahren

In der Nähe der Nullstelle wird die Funktion durch ihre **Tangente** ersetzt. Der Schnittpunkt dieser Tangente mit der x-Achse ist in der Regel ein besserer Näherungswert für die Nullstelle. Man wiederholt mit dem jeweils besten Näherungswert das Verfahren, bis die gewünschte Genauigkeit erreicht ist.

$$x_{i+1} = x_i - \frac{f(x_i)}{f'(x_i)} \qquad i = 0, 1, 2 \cdots$$

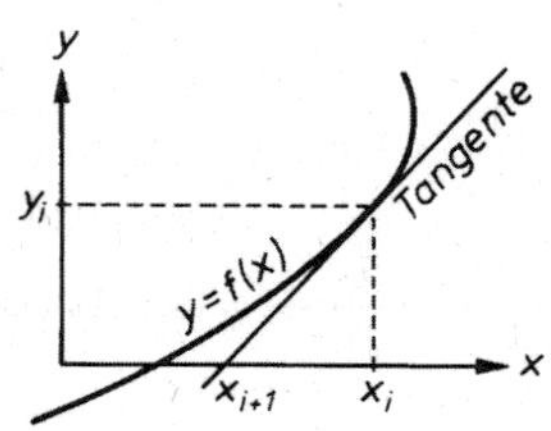

Aufgabe: Bestimmung von $x = \sqrt[n]{R}$

Äquivalent dazu ist die Bestimmung der positiven reellen Nullstelle von $y = x^n - R$:

Mit $y' = n \cdot x^{n-1}$ liefert das newtonsche Iterationsverfahren:

$$x_{i+1} = x_i - \frac{x_i - R}{n \cdot x_i^{n-1}} = \frac{1}{n}\left[(n-1) \cdot x_i + \frac{R}{x_i^{n-1}}\right]$$

Beispiel: $x = \sqrt[3]{45}$; ausgehend von $x_0 = 3$ erhält man die Folge der Näherungswerte, wobei $x_4 = 3{,}55689330449$ bereits auf 12 Stellen genau ist:

i	x_i	x_i^3
0	3,00000000000	27,0000000000
1	3,66666666667	49,2962962963
2	3,56014692378	45,1236023903
3	3,55689627707	45,0001128227
4	3,55689330449	45,0000000001

Newtonsches Iterationsverfahren
Anfangsnäherung: x_0
Genauigkeit: ε (z. B. $0{,}5 \cdot 10^{-5}$)
$x_i := x_0$
$y_i := f(x_i)$
$y'_i := f'(x_i)$
$dx := y_i / y'_i$
$x_i := x_i - dx$
Wiederhole, bis $\lvert dx \rvert < \varepsilon$
$x_N := x_i$

Regula falsi

Wenn die Ableitung y' für das newtonsche Iterationsverfahren sehr aufwändig zu ermitteln ist, kann man statt der Tangente mit etwas numerischem Mehraufwand die **Sehne** zwischen zwei Kurvenpunkten benutzen. Man erhält als Iterationsvorschrift die Regula falsi:

$$x_{i+1} = x_i - y_i \cdot \frac{x_i - x_{i-1}}{y_i - y_{i-1}} \qquad i = 0, 1, 2 \ldots$$

Regula falsi
Anfangsnäherung: x_0, x_{-1}
Genauigkeit: ε (z. B. $0{,}5 \cdot 10^{-5}$)
$x_i := x_0$; $x_{i-1} := x_{-1}$
$y_i := f(x_i)$
$m := \left[y_i - f(x_{i-1})\right] / \left[x_i - x_{i-1}\right]$
$dx := y_i / m$; $x_{i-1} := x_i$
$x_i := x_i - dx$
Wiederhole, bis $\lvert dx \rvert < \varepsilon$
$x_N := x_i$

8 Integralrechnung

8.1 Unbestimmte Integrale

Schreibweise $\quad F(x) + C = \int f(x)\,dx \quad \Leftrightarrow \quad \frac{d(F(x)+C)}{dx} = f(x)$

Dabei heißen: $f(x)$ Integrand, $F(x)$ eine Stammfunktion von $f(x)$, C Integrationskonstante, $F(x) + C$ unbestimmtes Integral von $f(x)$

8.1.1 Integrationsregeln

- Ein **konstanter Faktor** kann vor das Integralzeichen gezogen werden:

  $\int a \cdot f(x)\,dx = a \int f(x)\,dx$

- Das **Integral einer Summe** (Differenz) ist gleich der Summe (Differenz) der Integrale der einzelnen Glieder:

  $\int [f_1(x) + f_2(x) - f_3(x)]\,dx = \int f_1(x)\,dx + \int f_2(x)\,dx - \int f_3(x)\,dx$

- **Substitutionsmethode:** Ist $x = \varphi(t)$, so gilt:

  $\int f(x)\,dx = \int f[\varphi(t)] \cdot \varphi'(t)\,dt$

- **Partielle Integration:** Mit u und v als Funktionen von x gilt: $\int u\,dv = u\,v - \int v\,du$

8.1.2 Tabelle wichtiger Integrale

Die Grundintegrale entnimmt man der Tabelle „Ableitungen der elementaren Funktionen“.

$f(x)$	$\int f(x)\,\mathrm{d}x$	$f(x)$	$\int f(x)\,\mathrm{d}x$
x^{n}	$\frac{x^{\mathrm{n}+1}}{n+1}$ (für $n \neq -1$)	$(a\,x+b)^{\mathrm{n}}$	$\frac{(a\,x+b)^{\mathrm{n}+1}}{a\,(n+1)}$ $(n \neq -1)$
$\frac{1}{x}$	$\ln\lvert x\rvert$	$\frac{1}{a\,x+b}$	$\frac{1}{a}\ln\lvert a\,x+b\rvert$
$\frac{1}{a^2-x^2}$	$\frac{1}{2a}\ln\left\lvert\frac{a+x}{a-x}\right\rvert$	$\frac{1}{x^2-a^2}$	$\frac{1}{2a}\ln\left\lvert\frac{x-a}{x+a}\right\rvert$
$\frac{x}{a\,x+b}$	$\frac{x}{a}-\frac{b}{a^2}\ln\lvert a\,x+b\rvert$	$\frac{x}{(a\,x+b)^2}$	$\frac{b}{a^2\,(a\,x+b)}+\frac{1}{a^2}\ln\lvert a\,x+b\rvert$
$\sqrt{x}$	$\frac{2}{3}\sqrt{x^3}$	$\frac{1}{a\,x^2+b\,x+c}$	$\frac{2}{\sqrt{4ac-b^2}}\arctan\frac{2a\,x+b}{\sqrt{4ac-b^2}}$
$\frac{1}{\sqrt[\mathrm{n}]{x}}$	$\frac{n}{n-1}\cdot x^{\frac{\mathrm{n}-1}{\mathrm{n}}}$		$\frac{1}{\sqrt{b^2-4ac}}\ln\left\lvert\frac{2a\,x+b-\sqrt{b^2-4ac}}{2a\,x+b+\sqrt{b^2-4ac}}\right\rvert$
$\frac{1}{\sqrt{a^2-x^2}}$	$\arcsin\frac{x}{a}$	$\sqrt{a^2-x^2}$	$\frac{1}{2}\left(x\sqrt{a^2-x^2}+a^2\arcsin\frac{x}{a}\right)$
$\frac{1}{\sqrt{a^2+x^2}}$	$\ln\left\lvert x+\sqrt{a^2+x^2}\right\rvert$	$x\sqrt{a^2-x^2}$	$-\frac{1}{3}\sqrt{(a^2-x^2)^3}$
$\frac{1}{\sqrt{x^2-a^2}}$	$\ln\left\lvert x+\sqrt{x^2-a^2}\right\rvert$	$\frac{\sqrt{a^2-x^2}}{x}$	$\sqrt{a^2-x^2}-a\ln\left\lvert\frac{a+\sqrt{a^2-x^2}}{x}\right\rvert$
$\sqrt{x^2-a^2}$	$\frac{1}{2}\left(x\sqrt{x^2-a^2}-a^2\ln\left\lvert x+\sqrt{x^2-a^2}\right\rvert\right)$	$\sqrt{x^2+a^2}$	$\frac{1}{2}\left(x\sqrt{x^2+a^2}+a^2\,\mathrm{arsinh}\frac{x}{a}\right)$
$x\sqrt{x^2-a^2}$	$\frac{1}{3}\sqrt{(x^2-a^2)^3}$	$x\sqrt{x^2+a^2}$	$\frac{1}{3}\sqrt{(x^2+a^2)^3}$
$\frac{\sqrt{x^2-a^2}}{x}$	$\sqrt{x^2-a^2}-a\arccos\frac{a}{x}$	$\frac{\sqrt{x^2+a^2}}{x}$	$\sqrt{x^2+a^2}-a\ln\left\lvert\frac{a+\sqrt{x^2+a^2}}{x}\right\rvert$
$\sin c\,x$	$-(\cos c\,x)/c$	$\tan c\,x$	$-(\ln\lvert\cos c\,x\rvert)/c$
$\cos c\,x$	$(\sin c\,x)/c$	$\cot c\,x$	$(\ln\lvert\sin c\,x\rvert)/c$
$\sin^2 c\,x$	$\frac{1}{2}\left(x-\frac{1}{c}\sin c\,x\;\cos c\,x\right)$	$\cos^2 c\,x$	$\frac{1}{2}\left(x+\frac{1}{c}\sin c\,x\;\cos c\,x\right)$
$\mathrm{e}^{c\,x}$	$\mathrm{e}^{c\,x}/c$	$\ln x$	$x\ln x-x$
$x\cdot\mathrm{e}^{c\,x}$	$\mathrm{e}^{c\,x}(c\,x-1)/c^2$	$(\ln x)^2$	$x\,(\ln x)^2-2x\ln x+2x$

8.2 Bestimmte Integrale

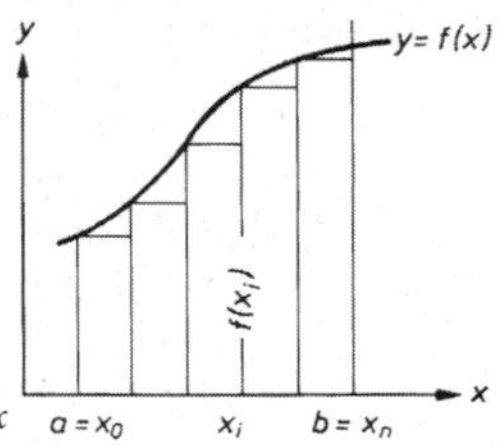

$$\lim_{\substack{\Delta x\to 0\\ n\to\infty}}\sum_{i=0}^{n} f(x_{\mathrm{i}})\cdot\Delta x=\int_a^b f(x)\,\mathrm{d}x$$

$$=\left[F(x)\right]_a^b=F(b)-F(a)$$

8.2.1 Integrationsregeln

- **Vertauschung der Integrationsgrenzen:** $\int_a^b f(x)\,\mathrm{d}x=-\int_b^a f(x)\,\mathrm{d}x$
- **Zerlegung des Integrationsintervalls:** $\int_a^b f(x)\,\mathrm{d}x=\int_a^c f(x)\,\mathrm{d}x+\int_c^b f(x)\,\mathrm{d}x$

- Das **Integral einer Summe** mehrerer Funktionen ist gleich der Summe der Integrale der einzelnen Summanden:

$$\int_a^b \left[f_1(x) + f_2(x) - f_3(x) \right] dx = \int_a^b f_1(x)\,dx + \int_a^b f_2(x)\,dx - \int_a^b f_3(x)\,dx$$

- Ein **konstanter Faktor** kann vor das Integralzeichen gezogen werden:

$$\int_a^b c\, f(x)\,dx = c \int_a^b f(x)\,dx$$

- **Substitutionsmethode:** Mit der Hilfsfunktion $x = \varphi(t)$, $t = \psi(x)$ im Intervall [a, b]:

$$\int_a^b f(x)\,dx = \int_{\psi(a)}^{\psi(b)} f\left[\varphi(t) \right] \varphi'(t)\,dt$$

- **Partielle Integration:**

$$\int_a^b f(x)\,dx = \int_a^b u\,dv = \left[u \cdot v \right]_a^b - \int_a^b v\,du$$

8.2.2 Näherungsweise Integration

- **Rechteckformel** für $i = 1, 2 \ldots n$ ist:

$h = (b-a)/n$; $x_i = a + (i - 0{,}5) \cdot h$; $y_i = f(x_i)$

$$\int_a^b y\,dx \approx h\,(y_1 + y_2 + \ldots + y_n)$$

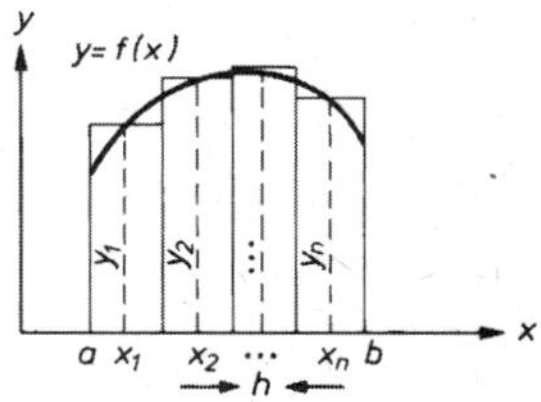

- **Simpsonsche Regel** für $i = 1, 2 \ldots n$ (n gerade) ist:

$h = (b-a)/n$; $x_i = a + i \cdot h$; $y_i = f(x_i)$

$$\int_a^b y\,dx \approx \frac{h}{3}\left(y_0 + 4\,y_1 + 2\,y_2 + 4\,y_3 \ldots + 2\,y_{n-2} + 4\,y_{n-1} + y_n \right)$$

Für $n = 2$ hat man die keplersche Fassregel:

$$\int_a^b y\,dx \approx \frac{h}{3}\left(y_0 + 4\,y_1 + y_2 \right)$$

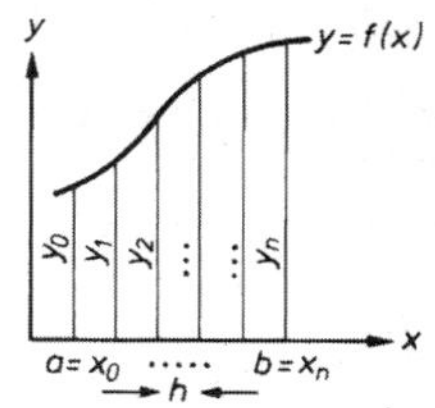

- **Gaußsche Quadraturformel** $h = (b-a)/(2n)$; $x_i = a + (2i-1) \cdot h$

$$\int_a^b y\,dx \approx \frac{h}{9} \sum_{i=1}^{n} \left[5 \cdot f(x_i - h\sqrt{0{,}6}) + 8 \cdot f(x_i) + 5 \cdot f(x_i + h\sqrt{0{,}6}) \right]$$

Beispiel: $\int_1^2 \frac{1}{x}\,dx$ (Exakte Lösung zum Vergleich: $\ln 2 \approx 0{,}693147180\ldots$)

Rechteckformel			Simpsonsche Regel			Gaußsche Quadratur		
$n = 8$; $h = 0{,}125$			$n = 4$; $h = 0{,}25$			$n = 1$; $h = 0{,}5$		
x_i	y_i	G_i	x_i	y_i	G_i	x_i	y_i	G_i
1,0625	0,94118	1	1,00	1,00000	1	1,1127	0,89871	5
1,1875	0,84211	1	1,25	0,80000	4	1,5000	0,66667	8
1,3125	0,76191	1	1,50	0,66667	2	1,8873	0,52986	5
1,4375	0,69565	1	1,75	0,57143	4			
1,5625	0,64000	1	2,00	0,50000	1			
1,6875	0,59259	1						
1,8125	0,55172	1						
1,9375	0,51613	1						
$\sum y_i \cdot G_i$	5,54129		$\sum y_i \cdot G_i$	8,31906		$\sum y_i \cdot G_i$	12,47636	
$h \cdot \sum y_i \cdot G_i$	**0,69266**		$\frac{h}{3} \cdot \sum y_i \cdot G_i$	**0,69326**		$\frac{h}{9} \cdot \sum y_i \cdot G_i$	**0,69313**	
Fehler	0,00049		Fehler	– 0,00011		Fehler	0,00002	

8.3 Geometrische Anwendungen

Flächeninhalte

Fläche auf dem Intervall $[x_1, x_2]$

zwischen $y = f(x)$ und x-Achse und zwischen $y = f(x)$ und $y = g(x)$

$$A = \int_{x_1}^{x_2} f(x)\,dx$$

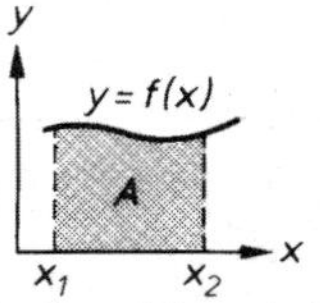

$$A = \int_{x_1}^{x_2} \left[f(x) - g(x) \right] dx$$

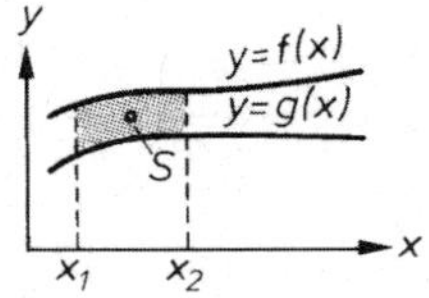

Bogenlänge

Die Länge s eines Graphenstücks zwischen den Punkten $P_1\,(x_1; y_1)$ und $P_2\,(x_2; y_2)$:

$$s = \int_{x_1}^{x_2} \sqrt{1 + y'^2}\,dx \qquad \text{für } y = f(x)$$

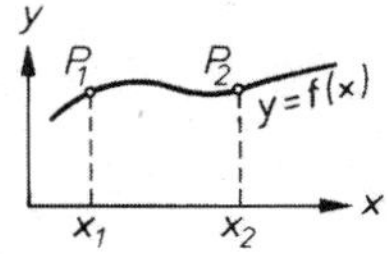

Mantelflächen von Rotationskörpern

Bei Rotation des Graphen von $y = f(x)$

um die x-Achse:	um die y-Achse:
$A_M = 2\pi \int_{x_1}^{x_2} y \sqrt{1 + y'^2}\,dx$	$A_M = 2\pi \int_{y_1}^{y_2} x \sqrt{1 + \left(\frac{dx}{dy}\right)^2}\,dy$

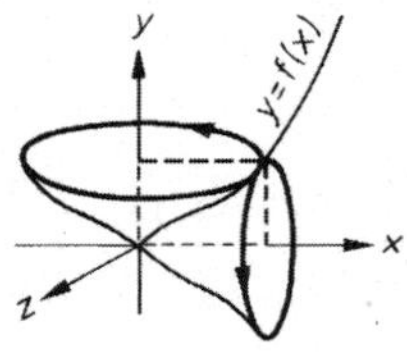

Volumen von Rotationskörpern

Bei Rotation des Graphen von $y = f(x)$

um die x-Achse:	um die y-Achse:
$V_x = \pi \int_{x_1}^{x_2} y^2\,dx$	$V_y = \pi \int_{y_1}^{y_2} x^2\,dy$

8.4 Anwendungen aus der Baustatik

Prinzip der virtuellen Kräfte

Integrale der Form $\int_0^l \overline{M}(x) \cdot M(x) \cdot dx$ sind zu lösen.

Beispiel:

$$\int_0^l \overline{M}(x) \cdot M(x) \cdot dx = \int_0^l \overline{M} \cdot M_k \cdot l^{-1} \cdot x\,dx = \overline{M} \cdot M_k \cdot l^{-1} \int_0^l x\,dx$$

$$= \overline{M} \cdot M_k \cdot l^{-1} \left[x^2/2 \right]_0^l = \tfrac{1}{2} l \cdot \overline{M} \cdot M_k$$

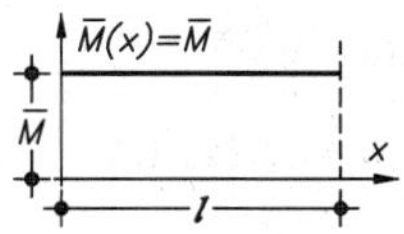

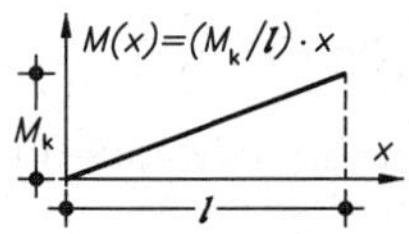

Flächenmoment 1. Grades und Schwerpunkt

$$S_y = \int z \cdot dA; \quad S_z = \int y \cdot dA \quad \text{mit } dA = dx \cdot dy; \; y_S = {}^{S_z}\!/_{A}; \quad z_S = {}^{S_y}\!/_{A}$$

Beispiel: Dreieck

$$S_y = \int_0^h \int_0^{b \cdot z/h} z \cdot dy \cdot dz = \int_0^h z[y]_0^{b \cdot z/h} \cdot dz = \frac{b}{h} \int_0^h z^2 \cdot dz = \frac{b}{3h}\left[z^3\right]_0^h = \frac{1}{3} b \cdot h^2 \; ; \quad z_S = \frac{2\,b\,h^2}{3\,b\,h} = \frac{2}{3} h$$

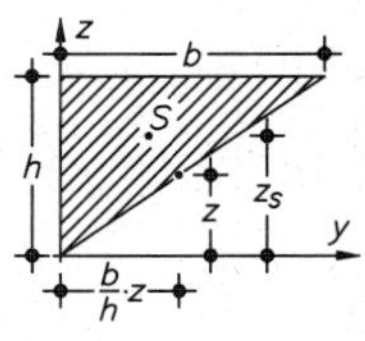

Flächenmoment 2. Grades

$$I_y = \int z^2 \cdot dA \quad \text{mit } dA = dy \cdot dz$$

Beispiel: Rechteckquerschnitt

$$I_y = 2 \int_0^{h/2} 2 \int_0^{b/2} z^2 \cdot dy \cdot dz = 4 \int_0^{h/2} z^2 \cdot [y]_0^{b/2} \cdot dz = 2\,b \int_0^{h/2} z^2 \cdot dz = 2\,b\left[z^3/3\right]_0^{h/2} = \frac{b\,h^3}{12}$$

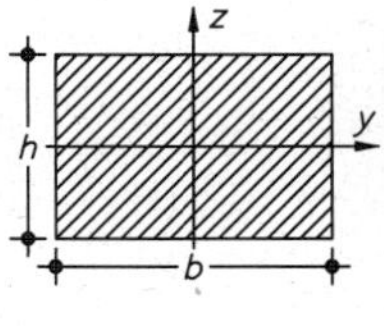

9 Lineare Differentialgleichungen mit konstanten Koeffizienten, Lösungskonzept nach [2.15]

9.1 Differentialgleichung m-ter Ordnung, m beliebig

rechte Seite: Polynom n-ten Grades

$$\boxed{y^{(m)} - K_1\, y^{(m-1)} - K_2\, y^{(m-2)} \ldots - K_m\, y = p_0\, a_0 + p_1\, a_1 \ldots + p_n\, a_n = p} \qquad y = y(x)$$

mit $a_0 = 1,\; a_1 = \frac{x^1}{1!} = x,\; a_2 = \frac{x^2}{2!} = \frac{x^2}{2},\; a_3 = \frac{x^3}{3!} = \frac{x^3}{6}, \ldots a_n = \frac{x^n}{n!}$

K_1 bis K_m und p_0 bis p_n: gegebene Konstante mit $p_0 = p(0),\, p_1 = p'(0),\, p_2 = p''(0) \ldots$

Lösung:

$$\boxed{y = \underbrace{c_0\, b_0 + c_1\, b_1 \ldots + c_{m-1}\, b_{m-1}}_{y_{\text{hom.}}} + \underbrace{p_0\, b_m + p_1\, b_{m+1} \ldots + p_n\, b_{m+n}}_{y_{\text{part.}}}}$$

c_0 bis c_{m-1}: unbekannte Integrationskonstante

$b_j = b_j(x)$ Lösungsfunktionen für homogenen und partikulären Lösungsanteil

Eigenschaften der Funktionen $a_j = a_j(x)$ und $b_j = b_j(x)$

Anfangswerte: $a_0(0) = 1,\; a_1(0) = a_2(0) = a_3(0) \ldots = 0$

$b_0(0) = 1,\; b_1(0) = b_2(0) = b_3(0) \ldots = 0$

Ableiten: $a_j' = a_{j-1}$, Integrieren: $\int_0^x a_j\, \mathrm{d}x = a_{j+1} \quad (j \geq 0)$

$b_j' = b_{j-1}$, Integrieren: $\int_0^x b_j\, \mathrm{d}x = b_{j+1} \quad (j \geq 0)$

Rekursionsformel: $b_j = a_j + K_1\, b_{j+1} + K_2\, b_{j+2} \ldots + K_m\, b_{j+m}$

Wronski Determinante: $e^{K_1 x}$

Reihenformel für $b_j = b_j(x)$ (stets konvergent)

$$j = 0, 1, 2 \ldots:\quad b_j = a_j \sum_{t=0}^{\infty} \beta_{t,m}$$

$\beta_{t,m}$ beginnend mit $\beta_{0,m} = 1,\; \beta_{0,1}$ bis $\beta_{0,m-1} = 0$

$$\text{aus } \beta_{t,m} = \sum_{i=0}^{m-1} \beta_{t,i}\, K_{m-i} \quad (t = 1, 2, 3 \ldots)$$

$$\text{mit } \beta_{t,i} = \beta_{t-1,i+1} \frac{x}{j+t} \quad \text{für } i = 0 \text{ bis } m-1$$

Reihenformel gültig für beliebige Werte von K_1 bis K_m der betrachteten Differentialgleichung

Sonderfall: alle K_1 bis $K_m = 0$ ↪ alle $b_j = a_j$; y ist m-faches Integral von p

Struktogramm für $b_j = b_j(x)$ nach Reihenformel

$m = 1, 2, 3\ldots,$

$j = 0, 1, 2\ldots,$

K_1 bis K_m beliebig

Eingabe von m, x, j, K_1 bis K_m
$k := j;\quad s := 0;\quad b_j := 1;\quad \beta_m := 1;\quad \beta_1$ bis $\beta_{m-1} = 0$
$k := k + 1;\quad f := x/k;\quad \gamma := K_m \cdot \beta_1 \cdot f$
für $i := 1$ bis $m - 1$ wiederhole
$\beta_i := \beta_{i+1} \cdot f;\quad \gamma := \gamma + K_{m-i} \cdot \beta_i$
$\beta_m := \gamma;\quad b_j := b_j + \beta_m$
wenn $\lvert\beta_m\rvert < \lvert b_j\rvert \cdot 10^{-9}$
dann: $s := s + 1$ — sonst: $s := 0$
wiederhole bis $s = m$
$b_j := b_j \cdot a_j;\quad b_j$ ausgeben

Analytische Formeln für $b_j = b_j(x)$

Diese sind abhängig von der Ordnung m der Differentialgleichung und von den Werten der Konstanten K_1 bis K_m und *nur* für bestimmte Fälle (siehe unten) explizit angebbar. An den Grenzen der Gültigkeitsbereiche der analytischen Formeln können *numerische Schwierigkeiten* auftreten.
Bei den sin- und cos-Funktionen ist das Argument jeweils im *Bogenmaß*.

9.2 Differentialgleichung 1. Ordnung, $m = 1$

$$y' - K_1 y = \sum_{j=0}^{n} p_j a_j;\quad y = c_0 b_0 + \sum_{j=0}^{n} p_j b_{j+1}$$

K_1	$b_0=$	$b_1, b_2\ldots$
$\neq 0$	$e^{K_1 x}$	$b_j = (b_{j-1} - a_{j-1})/K_1$
$=0$	$b_j = a_j$	

9.3 Differentialgleichung 2. Ordnung, $m = 2$

$$y'' - K_1 y' - K_2 y = \sum_{j=0}^{n} p_j a_j$$

$$y = c_0 b_0 + c_1 b_1 + \sum_{j=0}^{n} p_j b_{j+2}$$

Hilfswerte:

$k_1 = K_1/2,\quad r = k_1^2 + K_2$

$f = \sqrt{\lvert r\rvert},\quad \varepsilon = e^{k_1 x}$

K_2	r	$b_1=$	$b_0=$	$b_2, b_3\ldots$
$\neq 0$	>0	$\dfrac{\sinh(fx)}{f}\varepsilon$	$\varepsilon\cosh(fx) + k_1 b_1$	$b_j = \dfrac{1}{K_2}\left(b_{j-2} - a_{j-2} - K_1 b_{j-1}\right)$
	<0	$\dfrac{\sin(fx)}{f}\varepsilon$	$\varepsilon\cos(fx) + k_1 b_1$	
	$=0$	$x\varepsilon$	$\varepsilon + k_1 b_1$	
$=0$	Formeln wie bei Differentialgleichung 1. Ordnung			

Sonderfall: $K_1 = 0,\ f = \sqrt{\lvert K_2\rvert}$

K_2	$b_0=$	$b_1=$	$b_2, b_3\ldots$
>0	$\cosh(fx)$	$\dfrac{\sinh(fx)}{f}$	$b_j = \dfrac{b_{j-2} - a_{j-2}}{K_2}$
<0	$\cos(fx)$	$\dfrac{\sin(fx)}{f}$	
$=0$	$b_j = a_j$		

Beispiel:
Differentialgleichung für Biegemoment M eines Stabes nach Theorie II. Ordnung

$$M'' - K_2 M = \sum_{j=0}^{n} q_j a_j = q \quad \text{mit} \quad K_2 = -\frac{N^{II}}{EI}$$

N^{II} Stablängskraft (Druck pos.), EI Biegesteifigkeit, q Streckenlast normal zum Stab

Lösung: $M = c_0 b_0 + c_1 b_1 + \sum_{j=0}^{n} q_j b_{j+2}$ mit $c_0 = M(0),\ c_1 = Q(0),\ Q$ Querkraft, $Q = M'$

9.4 Differentialgleichung 4. Ordnung, $m = 4$ mit $K_1 = K_3 = 0$: $y'''' - K_2 y'' - K_4 y = \sum_{j=0}^{n} p_j a_j$, $y = c_0 b_0 + c_1 b_1 + c_2 b_2 + c_3 b_3 + \sum_{j=0}^{n} p_j b_{j+4}$, Hilfswert $r = \frac{1}{4} K_2^2 + K_4$

K_4	r	K_2	Hilfswerte $f =$	$g =$	$b_0 =$	$b_1 =$	$b_2 =$	$b_3 =$	$b_4,\ b_5 \dots$
>0			$\sqrt{\frac{K_2}{2} + \sqrt{r}}$	$\sqrt{-\frac{K_2}{2} + \sqrt{r}}$	$\frac{f^2 \cosh(fx) + g^2 \cos(gx)}{2\sqrt{r}}$	$\frac{f \sinh(fx) + g \sin(gx)}{2\sqrt{r}}$	$\frac{\cosh(fx) - \cos(gx)}{2\sqrt{r}}$	$\frac{\frac{\sinh(fx)}{f} - \frac{\sin(gx)}{g}}{2\sqrt{r}}$	$b_j = \frac{1}{K_4}\left(b_{j-4} - a_{j-4} - K_2 b_{j-2}\right)$
		$=0$	$\sqrt[4]{K_4}$		$\frac{\cosh(fx) + \cos(fx)}{2}$	$\frac{\sinh(fx) + \sin(fx)}{2f}$	$\frac{\cosh(fx) - \cos(fx)}{2f^2}$	$\frac{\sinh(fx) - \sin(fx)}{2f^3}$	
<0	>0	>0	$\sqrt{\frac{K_2}{2} + \sqrt{r}}$	$\sqrt{\frac{K_2}{2} - \sqrt{r}}$	$\frac{f^2 \cosh(fx) - g^2 \cosh(gx)}{2\sqrt{r}}$	$\frac{f \sinh(fx) - g \sinh(gx)}{2\sqrt{r}}$	$\frac{\cosh(fx) - \cosh(gx)}{2\sqrt{r}}$	$\frac{\frac{\sinh(fx)}{f} - \frac{\sinh(gx)}{g}}{2\sqrt{r}}$	
		<0	$\sqrt{-\frac{K_2}{2} - \sqrt{r}}$	$\sqrt{-\frac{K_2}{2} + \sqrt{r}}$	$\frac{-f^2 \cos(fx) + g^2 \cos(gx)}{2\sqrt{r}}$	$\frac{-f \sin(fx) + g \sin(gx)}{2\sqrt{r}}$	$\frac{\cos(fx) - \cos(gx)}{2\sqrt{r}}$	$\frac{\frac{\sin(fx)}{f} - \frac{\sin(gx)}{g}}{2\sqrt{r}}$	
	$=0$	>0	$\sqrt{\frac{K_2}{2}}$		$\cosh(fx) + \frac{fx}{2}\sinh(fx)$	$\frac{x\cosh(fx) + \frac{\sinh(fx)}{f}}{2}$	$\frac{x\sinh(fx)}{2f}$	$\frac{x\cosh(fx) - \frac{\sinh(fx)}{f}}{2f^2}$	
		<0	$\sqrt{-\frac{K_2}{2}}$		$\cos(fx) - \frac{fx}{2}\sin(fx)$	$\frac{x\cos(fx) + \frac{\sin(fx)}{f}}{2}$	$\frac{x\sin(fx)}{2f}$	$\frac{\frac{\sin(fx)}{f} - x\cos(fx)}{2f^2}$	
	<0		$\sqrt{\frac{\sqrt{-K_4}}{2} + \frac{K_2}{4}}$	$\sqrt{\frac{\sqrt{-K_4}}{2} - \frac{K_2}{4}}$	$\frac{1}{4fg} K_2 \sinh(fx)\sin(gx) + \cosh(fx)\cos(gx)$	$\frac{\cosh(fx)\sin(gx)}{2g} + \frac{\sinh(fx)\cos(gx)}{2f}$	$\frac{\sinh(fx)\sin(gx)}{2fg}$	$\frac{\frac{\cosh(fx)\sin(gx)}{g} - \frac{\sinh(fx)\cos(gx)}{f}}{2\sqrt{-K_4}}$	
		$=0$	$\sqrt[4]{-\frac{K_4}{4}}$		$\cosh(fx)\cos(fx)$	$\frac{\cosh(fx)\sin(fx) + \sinh(fx)\cos(fx)}{2f}$	$\frac{\sinh(fx)\sin(fx)}{2f^2}$	$\frac{\cosh(fx)\sin(fx) - \sinh(fx)\cos(fx)}{4f^3}$	
$=0$		>0	$\sqrt{K_2}$		$\cosh(fx)$	$\frac{\sinh(fx)}{f}$	$b_j = \frac{b_{j-2} - a_{j-2}}{K_2}$		
		<0	$\sqrt{-K_2}$		$\cos(fx)$	$\frac{\sin(fx)}{f}$			
		$=0$			$b_j = a_j$				

Baustatische Anwendungen: z.B. Stab mit elastischer Bettung, mit harmonischen Schwingungen, Wölbkrafttorsion, Kreiszylinderschalen, prismatische Faltwerke

2 B Bauinformatik

Prof. Dr.-Ing. Rolf Gelhaus (Abschnitt 1)
Prof. Dr.-Ing. Bernhard Falter (Abschnitt 2)
Prof. Dr.-Ing. Werkle (Abschnitt 3)

1 Datenverarbeitung

1.1 Prozedurale Programmierung

Die *prozedurale Programmierung* verwendet das ablauforientierte Sprachkonzept, bei dem das zu erstellende Programm eine Folge von Anweisungen enthält, die zeitlich nacheinander ausgeführt werden. Zentraler Begriff ist die *Prozedur*, die das gesamte Programm oder die Lösung eines Teilproblems darstellt. Prozeduren können in anderen Prozeduren durch Aufruf als eine komplexe Anweisung ausgeführt werden. Prozeduren können sogar sich selbst aufrufen. Dadurch wird die Programmierung rekursiver Algorithmen möglich. Eine spezielle Form von Prozeduren sind Funktionen, die in mathematischen Ausdrücken, wie die mathematischen Funktionen Sinus (sin), Kosinus (cos) usw., benutzt werden können.

1.1.1 Allgemeines

Die Technik zum Erstellen von Programm-Systemen heißt *Software-Entwicklung*. Sie gliedert sich in verschiedene Phasen. Zur Erleichterung der Handhabung dieser Phasen werden alle sinnvollen Rechnerprogramme, wie Textverarbeitungssysteme, Netzwerke, Datenbanken, Editoren, Testumgebungen usw., eingesetzt.

Problemanalyse: Das praktische Umfeld, in dem das geplante Programmsystem arbeiten soll, wird vollständig und eindeutig erfasst. Die geforderten Leistungen des Programms, die Eingabe- und Ergebnisdaten, werden in Diskussion der beteiligten Fachleute festgelegt und umgangssprachlich in einem Pflichtenheft fixiert. Irgendeine Spezialisierung auf bestimmte Rechner, Programmiersprachen oder Lösungsalgorithmen wird noch vermieden.

Entwurf: Das Gesamtprogramm wird in überschaubare Einheiten (Prozeduren) mit wohl definierten Teilaufgaben zerlegt. Die Datenstrukturen, insbesondere die Datenschnittstellen (d. h. die Ein- und Ausgabedaten jeder Prozedur), werden zwischen den Bausteinen festgelegt (Datenflussplan). Ein verbreitetes Konzept ist die *hierarchische Modularisierung*, bei der jeder Modul seine Aufgaben an einfachere (verfeinerte) Unterprozeduren delegiert. Bei der *Top-Down*-Methode beginnt man ganz oben und legt in jedem Entwurfsschritt fest, was die Untermoduln leisten sollen. Die schrittweise Verfeinerung endet „unten“ bei der konkreten Formulierung in einer Programmiersprache. Die *Bottom-Up*-Methode beginnt „unten“ bei einem vorhandenen Computersystem mit einer konkreten Programmierumgebung. In jedem Entwurfsschritt werden die Funktionen der jeweils oberen Entwurfsebene zu komfortableren Funktionen zusammengesetzt. Bei der prozeduralen Programmierung wird die Top-Down-Methode der Bottom-Up-Methode vorgezogen. In der Praxis wird häufig zwischen beiden Methoden gewechselt (Jo-Jo-Methode).

Implementierung: Die Quelltexte der gewählten Programmiersprache werden eingegeben, Syntaxfehler (Verstöße gegen die Konstruktionsregeln der Programmiersprache) durch Probeübersetzungen festgestellt und beseitigt. Routine-Algorithmen (z. B. Matrizenoperationen, Lösungen von Gleichungssystemen, Sortierverfahren, Datenbankzugriffe) werden aus Bausteinbibliotheken hinzugefügt. Ein lauffähiges Programm wird durch einen Bindevorgang der Teilmoduln erzeugt.

Funktionsüberprüfung: Unter praxisähnlichen Bedingungen wird durch Eingabe von vielfältigen Testdaten, bei denen die Ergebnisse bereits bekannt sind, das einwandfreie Funktionieren des Programmsystems überprüft. Jeder Modul wird sowohl für sich als auch im Zusammenwirken mit den anderen Moduln überprüft. Festgestellte Fehler werden korrigiert. Leider kann dabei jedoch nicht das korrekte Programmverhalten für alle denkbaren Eingaben der Praxis festgestellt werden.

Installation, Abnahme: Anschließend erfolgt die Installation des Programmsystems beim Kunden auf dessen Rechnersystem. Im Abnahmetest überprüft der Auftraggeber, ob das Programm die vertraglichen Vereinbarungen auf der Grundlage des Pflichtenheftes erfüllt.

Wartung: In der Regel enthält das Programm noch Fehler, die sich erst im laufenden Betrieb herausstellen und im Rahmen der Wartung korrigiert werden. Auch schnellere Algorithmen und neue Benutzerfunktionen können im Rahmen der Wartung hinzugefügt werden.

Für den Programmablauf in einem Modul (einer Prozedur) sind drei einfache Programmkonstrukte erforderlich: die *Folge*, die *Wiederholung* und die *Auswahl* von Verarbeitungsteilen. **Struktogramme** nach *Nassi-Shneiderman* (DIN 66 261) sind beschriftete grafische Symbole und dienen zur Darstellung des Programmablaufs von Programmkonstrukten gemäß DIN 66 262. Das Grundsymbol ist ein Rechteck. Die oberste Linie eines jeden Rechtecks bedeutet den Beginn der Verarbeitung, die unterste Linie das Ende der Verarbeitung. Im Rechteck selbst wird die Verarbeitungsart (was geschehen soll) beschrieben. Die drei wesentlichen Konstrukte werden in den Abschnitten 1.1.2 bis 1.1.4 mit Beispielen erläutert.

Als Beispiel für Programmiersprachen dient *Visual Basic*, das z. B. auf Windows-Rechnern verbreitet ist und in der Variante „Visual Basic für Anwendungen" (VBA) als Makrosprache in Office Programmen wie die Textverarbeitung Word und die Tabellenkalkulation Excel eingebaut ist. Die Programmiersprache C ist in allen Betriebssystemen zu finden.

1.1.2 Folge von Verarbeitungsteilen

Eine Folge von Verarbeitungsteilen wird durch untereinander liegende Rechtecke mit gemeinsamer Trennlinie dargestellt.

Beispiel: Berechnung der Fläche aus den Seiten eines Dreiecks nach der heronischen Formel

Struktogramm

Eingabe von a, b und c
$s = \frac{a+b+c}{2}$
$D = \sqrt{s(s-a)(s-b)(s-c)}$
Ausgabe von D

Visual Basic-Quelle

```
Sub main()
 Dim a,b,c,s,D As Double
 a=InputBox("a=?")
 b=InputBox("b=?")
 c=InputBox("c=?")
 s = (0+a+b+c)/2
 D = sqr(s*(s-a)*(s-b)*(s-c))
 MsgBox("D= " & Format(D,"0.00")
End Sub
```

C-Quelle

```
#include         <math.h>
#include         <stdio.h>
void main()
{float a,b,c,s,D;
 scanf ("%f %f %f",a,b,c);
 s = (a+b+c)/2;
 D = sqrt(s*(s-a)*(s-b)*(s-c));
 printf ("%7.2", D);
}
```

1.1.3 Wiederholung von Verarbeitungsteilen

Die Wiederholung von Verarbeitungsteilen besteht aus einem Verarbeitungsteil und einem Steuerungsteil, der mit Hilfe einer Bedingung angibt, wie oft der Verarbeitungsteil wiederholt werden soll. Man unterscheidet Wiederholungen mit vorausgehender Bedingungsprüfung und Wiederholungen mit nachfolgender Bedingungsprüfung. Das zugehörige Struktogramm ist ein Rechteck, das den Verarbeitungsteil als kleineres Rechteck eingerückt enthält, wobei die steuernde Bedingung als Beschriftung im Rahmen des größeren Rechtecks dort erscheint, wo die Bedingungsprüfung erfolgen soll.

Beispiel 1: Funktionswerte der Momentenlinie eines Trägers unter dreiecksförmiger Belastung

Eingabewerte: Anzahl n der Teilpunkte (z. B. $n = 10$),
der Extremwert q_1 der Lastfunktion,
die Trägerlänge l

Struktogramm

Eingabe von q_1, l und n	
für i := 0 bis n wiederhole:	
	$x = \frac{i}{n}$
	$M = \frac{q_1 l^2}{6}\left(x - x^3\right)$
	Ausgabe von x , M

Visual Basic-Quelle

```
Sub main()
 Dim i,n As Integer
 Dim l,x,q1,M As Double
 q1 = InputBox("q1=?")
 l = InputBox("l=?")
 n = InputBox("n=?")
 For i = 0 To n
  x = i / n
  M = q1*l^2*(x-x^3)/6
  MsgBox(Format(x,"0.00")
     & Format(M,"  0.00"))
 Next i
End Sub
```

C-Quelle

```
#include      <math.h>
#include      <stdio.h>
void main()
{int i,n; float l,q1,x,M;
 scanf ("%f %f %i",&q1,&l,&n);
 for (i=0; i <=n; ++i)
  {x = (float) i / n;
   M = q1*l*l*(x-x*x*x)/6;
   printf ("%7.2f %7.4f\n",x,M);
  }
}
```

Beispiel 2:

Für die Berechnung der Reibungsverluste in Rohren wird der Widerstandsbeiwert λ benötigt, dessen Berechnung bei turbulenter Strömung im Übergangsbereich von der Reynolds-Zahl *Re* und der relativen Rauigkeit $Ra = k/d$ in Form einer iterativen Beziehung abhängt, bei der auf beiden Seiten des Gleichheitszeichens λ auftritt:

$$\frac{1}{\sqrt{\lambda}} = -2 \cdot \lg\left(2{,}51 \cdot \frac{1}{\sqrt{\lambda} \cdot Re} + \frac{Ra}{3{,}71}\right)$$

Die Lösung findet man durch Iteration. Ausgehend von einem Anfangswert für $1/\sqrt{\lambda}$ (Variablenname *WGa*, „Wurzel-Größe alt"), z. B. *WGa* = 0 auf der rechten Seite des Gleichheitszeichens, wird nach obiger Formel *WGn* („Wurzel-Größe neu") ein verbesserter Wert für $1/\sqrt{\lambda}$ berechnet. Mit diesem verbesserten Wert wird der Vorgang wiederholt, wodurch ein noch besserer Näherungswert berechnet wird. Die Folge der Iterationen wird beendet, wenn sich *WGn* und W*Ga* betragsmäßig nur noch geringfügig unterscheiden (hier z. B. um 1‰ von *WGn*). Für die Zahlenwerte des Testbeispiels $Re = 3{,}67 \cdot 10^{6}$ und $Ra = 10^{-4}$ liefern die Programme $\lambda = 0{,}0125$.

Struktogramm

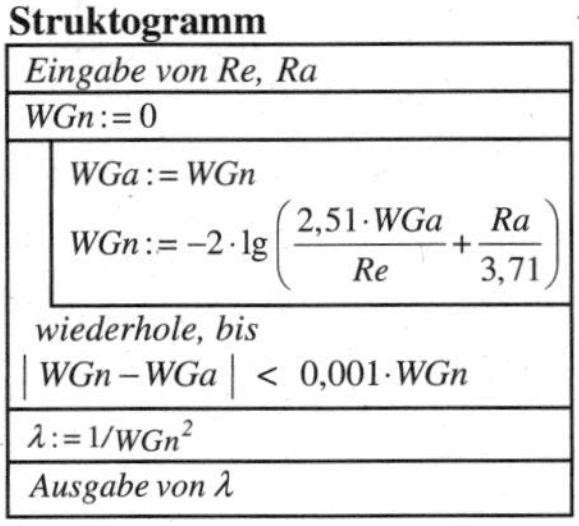

Visual Basic-Quelle

```
Sub main()
 Dim Re,Ra,WGn,WGa,
     lambda As Single
 Re=InputBox("Re=?"
 Ra=InputBox("Ra=?"
 WGn = 0
 Do
  WGa = WGn
  WGn = -2*
       Log(2.51*WGa/Re+
           Ra/3.71)/Log(10)
 Loop Until Abs(WGn-WGa) <
           0.001*WGn
 lambda =  1/(WGn^2)
 MsgBox("lambda= " &
     Format(lambda,"0.0000"))
End Sub
```

C-Quelle

```
#include     <math.h>
#include     <stdio.h>
void main()
{float Re,Ra,WGn,WGa,lambda;
 scanf ("%f %f", &Re,&Ra);
 WGn = 0;
 do{WGa = WGn;
   WGn = -2*
      log10(2.51*WGa/Re+
                Ra/3.71);
   }
 while(fabs(WGn-WGa)>
              0.001*WGn);
 lambda =  1/(WGn*WGn);
 printf ("%7.4f\n",lambda);
}
```

1.1.4 Auswahl von Verarbeitungsteilen

Die Auswahl ist ein Programmkonstrukt, das es gestattet, in Abhängigkeit von einer Auswahlbedingung einen Programmteil zur Verarbeitung auszuwählen. Man unterscheidet drei Varianten der Auswahl.

- **Bedingte Verarbeitung**

Dieses Programmkonstrukt besteht aus einem Verarbeitungsteil und einem Steuerungsteil mit einer Bedingung. Wenn die Bedingung zutrifft, wird der Verarbeitungsteil ausgeführt, andernfalls wird er nicht ausgeführt.

Beispiel: Wenn σ größer als das zulässige σ ist, soll der Text „σ zu groß!" auf dem Bildschirm ausgegeben werden.

Struktogramm

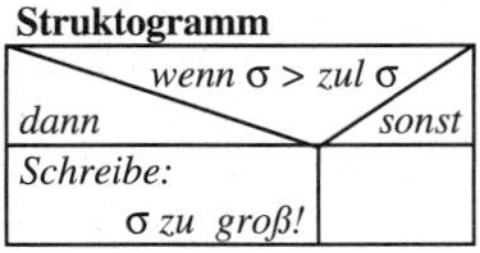

Visual Basic-Quelle

```
...
If Sigma > zulSigma Then
  MsgBox("Sigma zu groß!");
...
```

C-Quelle

```
...
if (Sigma > zulSigma)
  printf("Sigma zu groß!\n");
...
```

- **Einfache Auswahl (Einfache Alternative)**

Dieses Programmkonstrukt besteht aus zwei Verarbeitungsteilen und einem Steuerungsteil mit zwei komplementären Bedingungen. Der Steuerungsteil gibt mit diesen beiden Bedingungen an, welcher der beiden Verarbeitungsteile ausgeführt wird.

Beispiel: Die größere der beiden Zahlen *a* und *b* soll der Variablen *maxi* zugewiesen werden.

Struktogramm

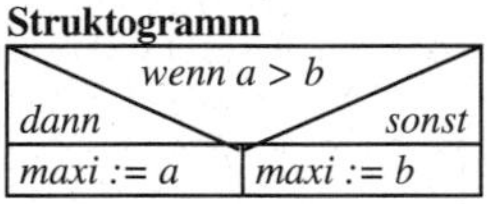

Visual Basic-Quelle

```
...
  If a > b Then
    maxi = a
  Else
    maxi = b
  End If
...
```

C-Quelle

```
...
if (a > b)
   maxi = a; else maxi = b;
...
```

- **Mehrfache Auswahl (Mehrfache Alternative)**

Dieses Programmkonstrukt besteht aus mindestens drei Verarbeitungsteilen und einem Steuerungsteil mit der gleichen Anzahl einander ausschließender Bedingungen, von denen immer genau eine erfüllt ist. Der Steuerungsteil gibt mit diesen Bedingungen an, welcher der Verarbeitungsteile ausgeführt wird.

Beispiel: Je nach der Nummer *nr* (1 ... 13) des zu berechnenden Lastfalls sollen die Formeln für die Belastungsglieder *L* (Variablenname BL) ausgewählt werden.

Struktogramm

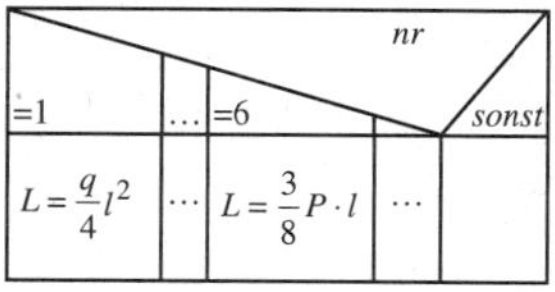

Visual Basic-Quelle

```
...
Select Case nr
 Case Is=1
  BL = q*l^2/4
 Case Is=2
  ...
 Case Is=6
  BL = 3*P*l/8
  ...
End Select
...
```

C-Quelle

```
...
switch (nr)
{case  1 : BL = q*l*l/4; break;
 case  2 : ...           ; break;
  ...
 case  6 : BL = 3*P*l/8; break;
  ...
}
 ...
```

1.1.5 Prozedurbeispiel

Berechnung von Klothoidenpunkten durch Reihenentwicklung

Eine Tabelle der Einheitsklothoide (s. S. 2.2) soll durch Programmierung der Reihenentwicklung (s. S. 2.23) nach dem Struktogramm auf Seite 14.11 erstellt werden. Die *Parameter* A und GL sind in beiden Programmen *Wertparameter* zum Transport von Werten in den Modul hinein. Die Parameter X und Y exportieren die errechneten Klothoidenkoordinaten aus dem Modul (*Referenzparameter*).

Visual Basic-Quelle

```
Sub Klotoidenpunkt
     (ByVal A, ByVal GL As Double,
      ByRef X, ByRef Y As Double)
  Dim j, k As Integer:
  Dim b, L, sx, sy As Double
  L = GL / A
  j = 0: b = L: sx = b: sy = 0: k = -1
  Do
    j = j + 2: k = -k
    b = b * L ^ 2 * (j - 1) / j / (j + 1)
    If k < 0 Then
      b = -b: sx = sx + b
    Else
      sy = sy + b
    End If
  Loop Until Abs(b) < 0.00000005
  X = A * sx: Y = A * sy
End Sub ' Klotoidenpunkt
Sub main() 'Klotoidentafel
  Dim i, n As Integer:
  Dim A, L, X, Y As Double
  A = 1#: L = 0: n = 5
  For i = 0 To n
    Call Klotoidenpunkt(A, L, X, Y)
    MsgBox (Format(L, "0.00") & Format
       (X,"0.00000") & Format(Y,"0.00000"))
    L = L + 1# / n
 Next i
End Sub 'Klotoidentafel
```

C-Quelle

```
#include        <stdio.h>
#include        <math.h>
void Klotoidenpunkt (double A, double GL,
                     double *X, double *Y)
{  int j,k; double l, b, sx, sy;
   l = GL/A;
   j = 0; b  = l; sx = b; sy = 0; k = -1;
   do
   {  j = j + 2; k = -k;
      b = b *l*l*(j-1)/j/(j+1);
      if (k<0) { b = -b; sx = sx + b; }
        else  { sy = sy + b; }
   } while (fabs(b) >= 0.5e-7);
   *X =A * sx; *Y = A * sy;
}   /* Ende von Klotoidenpunkt */

void main()
{ int i, n; double A,L,X,Y;
  A = 1.0; L = 0.0; n=100;
  for (i=0; i<= 100; ++i)
  { Klotoidenpunkt (A, L, &X, &Y);
    printf ("%3i %10.5f %10.5f\n",i,X,Y);
    L = L + 1.0/n;
  }
}
```

1.2 Objektorientierte Programmierung

Als Weiterentwicklung der *prozeduralen Programmierung* hat sich die *objektorientierte Programmierung* (OOP) mit geeigneten Programmiersprachen (z. B. Smalltalk, C++, C#, Java) verbreitet. Zentraler Begriff ist das vom Programmierer definierte *Objekt*, das einen Namen trägt. Es lehnt sich an die Wirklichkeit an und wird durch *Eigenschaften* (*Attribute*) und *Methoden* (*Operationen*) charakterisiert. Objekte sind gleichberechtigte, aktiv handelnde Einheiten. Beim Aufruf dient ein Punkt als Trennzeichen zwischen Objektnamen und Eigenschaftsnamen bzw. Methodennamen. Objekte können *Nachrichten* (Botschaften) austauschen. Das können Aufträge zum Ausführen von Methoden sein. Für das Auftrag gebende Objekt bleibt unsichtbar, wie die Methode ihre Aufgabe erfüllt. Nachrichten können auch Aufträge zum Ändern oder Abfragen von Eigenschaften bedeuten.

Beispiel 1: Ein Objekt der Wirklichkeit z. B. „Bagger" besitzt Eigenschaften wie „Hersteller", „Leistungsklasse", „Gewicht" und kann Methoden ausführen wie „Vorwärtsfahren", „Steuerrad links einschlagen", „Schaufel heben" .

Beispiel 2: Ein Objekt in Excel z. B. ein Zellbereich Range("A1:C5") besitzt Eigenschaften wie

Borders.LineStyle, die man abfragen kann durch:	Range("A1:C5").Borders.LineStyle
oder festlegen kann durch:	Range("A1:C5").Borders.LineStyle = xlContinuous
und Methoden wie Clear (Löschen), die man ausführen kann:	Range("A1:C5").Clear .

Objekte gleichen Verhaltens können zu einer *Klasse* zusammengefasst werden. Dabei handelt es sich um ein Schema zur Beschreibung der Objekte. Zu jeder Klasse können beliebig viele Objekte

(*Instanzen*) durch *Konstruktoren* erzeugt werden. Am Ende der Aufgabe können sie durch *Destruktoren* wieder vernichtet werden, um Speicherplatz frei zu geben. Wichtig zum Vermeiden versehentlicher Programmierfehler ist die *Kapselung*, bei der definiert wird, wer auf die Eigenschaften und Methoden eines Objektes zugreifen darf (*public* für alle, die das Objekt benutzen wollen = Schnittstelle zum Objekt), *private* nur innerhalb des Objektes selbst). Damit wird das separate Testen einer Objektklasse erleichtert. Das Prinzip der *Vererbung* ermöglicht es, auf rationelle Weise speziellere Objekte zu schaffen, die Methoden und Eigenschaften von bereits definierten Klassen von Objekten übernehmen (Elternklasse → Kindklasse). Für wichtige Standardaufgaben stehen Klassenbibliotheken (z. B. für Bildschirmfensterverwaltung, Matrizenrechnung) zur Verfügung. Sie können ohne Programmieraufwand für neue Programme verwendet werden. Objekt orientierte Softwareentwicklung ist die Anwendung von Objekt orientierten Methoden für die Analyse, das Design und die Implementierung von Softwaresystemen. Beim Design unterscheidet man die Komponenten *Mensch-Maschine-Kommunikation*, *Problembereich*, *Aufgabenverwaltung* und *Datenverwaltung*.

1.3 Tabellenkalkulation

Zu den Standardprogrammen eines PC-Arbeitsplatzes zählen z. B. die Textbearbeitung, die Tabellenkalkulation und Datenbankanwendungen. Im Folgenden ein kurzer Einblick in eine Tabellenkalkulation am Beispiel des verbreiteten Microsoft-Excel.

1.3.1 Einführende Beispiele zu Excel

Eine Tabellenkalkulation enthält in einem oder mehreren Arbeitsblättern so genannte Zellen in Zeilen und Spalten. In jede Zelle kann man Texte, Zahlen und Rechenausdrücke eingeben. Tabellarische Rechenarbeiten sind ein typisches Anwendungsgebiet von Tabellenkalkulationen. In den Rechenausdrücken kann man Ergebnisse in anderen Zellen durch relative oder absolute Zellverweise in neue Formeln einbeziehen. Eingebaute Standardfunktionen können über „Einfügen→Funktion→Alle" für Berechnungen benutzt werden. Beispiele zu einigen Funktionen sind auf S. 2.2 zu finden. Mit dem Makrorecorder können häufig wiederkehrende Aufgaben (Aktionen an Tabellen) in der Interpreter-Programmiersprache **V**isual **B**asic für **A**nwendungen (VBA) über „Extras → Makro → Aufzeichnen" aufgezeichnet werden. Mit VBA lassen sich auch eigene Funktionen und richtige Programme entwickeln.

In Excel gibt es zwei Bezeichnungsweisen für die Zellen. In der einen werden die Spalten mit Buchstaben A, B, ... und die Zeilen mit ganzen Zahlen 1, 2, ... bezeichnet. Eine Zelle hat dann in dieser Notation z.B. den Namen C5. In der zweiten Notation (Zeile-Spalte-Notation) hat dieselbe Zelle die Bezeichnung Z5S3 (Zeile 5, Spalte 3). Beide Bezeichnungen gelten als relative Zellbezüge, die beim Kopieren von Formeln von Excel automatisch sinngemäß verändert werden.

Beispiel 1:

Kapitel 14 A, Abschnitt 4.6 Helmerttransformation

In Zeile 1 sind über „Einfügen → Objekt → Formel Editor" die Formeln für die Spaltenüberschriften eingetragen. In den Zeilen 2 bis 5 sind in Spalte A die Punktnummern, in Spalte B die Polarentfernungen in Meter und in Spalte C die Polarwinkel in Gon eingetragen. Bei den in Excel eingebauten Funktionen sin und cos muss das Argument in Radiant (Bogenmaß) angegeben werden. Daher wird die Umrechnung von Gon in Radiant in die Formel mit eingegeben. Der gemessene Gonwert wird durch 200 gon geteilt und dann mit π – eingebaute Konstante PI() – multipliziert. Alle Formeln in Excel-Zellen beginnen mit einem Gleichheitszeichen. In die Zelle D2 wird also die Formel „=B2*SIN(C2/200*PI())" (ohne die Anführungszeichen) und in E2 die Formel „=B2*COS(C2/200*PI())" eingetragen. Es erscheinen sofort die errechneten Koordinaten 8,097 und 20,154 (die Formatierung auf drei Nachkommastellen besorgt man über „Format → Zellen → Zahl"). Um die eingegebenen Rechenformeln für alle weiteren Punkte anzuwenden, markiert man mit der Maus die beiden Zellen D2 und D3 durch „Ziehen mit der linken Maustaste", bewegt dann ohne Tastendruck die Maus auf das kleine schwarze Quadrat an der rechten unteren Ecke des markierten Bereichs. Der Mauszeiger verwandelt sich in ein +-Zeichen. Nun drückt man die linke Maustaste und bewegt bei gedrückter Taste die Maus so weit nach unten, dass alle gemessenen Punkte erfasst werden (also bis in Zeile 5). Nach Loslassen der Taste erscheinen die Rechenergebnisse. Die Formeln sind korrekt angepasst worden, sodass z. B. in E5 die Formel „=B5*COS(C5/200*PI())" eingetragen wurde.

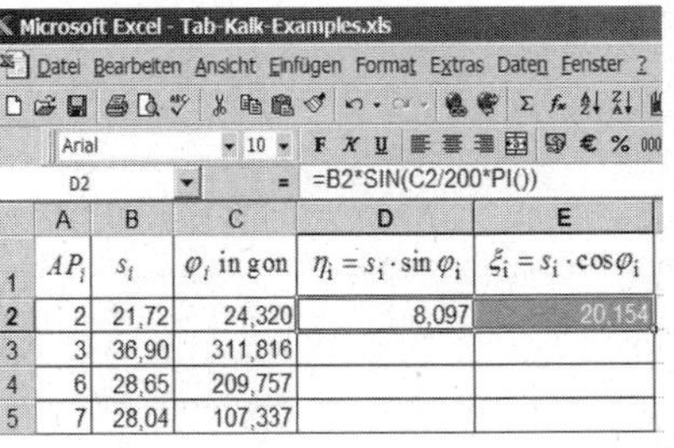

	A	B	C	D	E
1	AP_i	s_i	φ_i in gon	$\eta_i = s_i \cdot \sin\varphi_i$	$\xi_i = s_i \cdot \cos\varphi_i$
2	2	21,72	24,320	8,097	20,154
3	3	36,90	311,816		
4	6	28,65	209,757		
5	7	28,04	107,337		

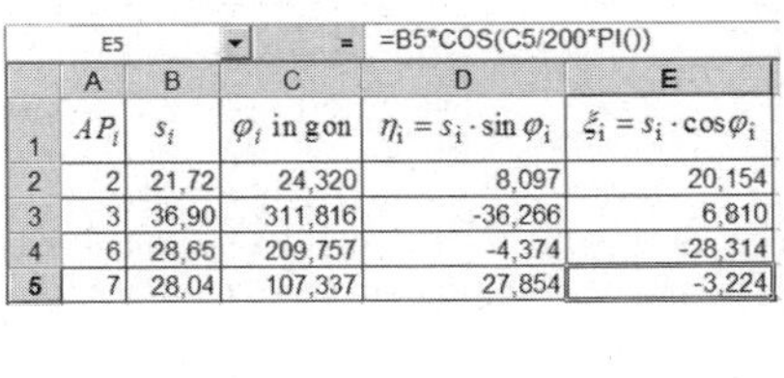

	A	B	C	D	E
1	AP_i	s_i	φ_i in gon	$\eta_i = s_i \cdot \sin\varphi_i$	$\xi_i = s_i \cdot \cos\varphi_i$
2	2	21,72	24,320	8,097	20,154
3	3	36,90	311,816	-36,266	6,810
4	6	28,65	209,757	-4,374	-28,314
5	7	28,04	107,337	27,854	-3,224

Beispiel 2: Kapitel 14 A, Abschnitt 4.6 Helmerttransformation

Wenn die vier Transformationsparameter bereits berechnet sind, kann die eigentliche Transformation für alle Neupunkte durchgeführt werden. Um beim Kopieren der Formeln die Zellbezüge auf die Parameter nicht fälschlicherweise von Excel verändern zu lassen, müssen sie absolut (fest) angegeben werden. Das geschieht durch Vorsetzen eines $-Zeichen vor den Spaltenbuchstaben bzw. die Zeilennummer. In Zelle F2 trägt man daher „=$F$7+$E$7*E2+$D$7*D2“ und in Zelle G2 „=$G$7+$D$7*E2-$E$7*D2“ ein, wenn die Transformationsparameter zuvor z. B. in den Zellen D7 bis G7 berechnet wurden (hier nicht gezeigt). Beim „Herunterkopieren“ der Formeln bleiben die absoluten Zellbezüge unverändert (z. B. in Zelle G5 steht dann: „=$G$7+$D$7*E5-$E$7*D5“). Alternativ können absolute Zellbezüge hergestellt werden, indem für ausgewählte Zellen über „Einfügen → Namen → Festlegen“ prägnante Namen vergeben werden, die direkt in den Formeln benutzt werden.

= =$G$7+$D$7*E5-$E$7*D5

C	D	E	F	G
in gon	$\eta_i = s_i \cdot \sin\varphi_i$	$\xi_i = s_i \cdot \cos\varphi_i$	$y_i^t = y_0 + o \cdot \xi_i + a \cdot \eta_i$	$x_i^t = x_0 + a \cdot \xi_i - o \cdot \eta_i$
24,320	8,097	20,154	104,395	485,777
311,816	-36,266	6,810	58,286	481,239
209,757	-4,374	-28,314	82,807	440,620
107,337	27,854	-3,224	119,272	459,024
	0,981304	0,192902	92,561	467,561

1.3.2 Matrizen in Excel

Normale Formeln beziehen sich auf eine einzige Zelle. Sie werden in der Eingabezeile durch die ENTER-Taste (Eingabetaste) abgeschlossen und damit in diese Zelle eingetragen. Matrizen sind rechteckige Anordnungen von Zellen. Formeln, die Matrizen enthalten oder liefern, werden durch die Tastenkombination „Strg + ⇑ + ENTER“ abgeschlossen. Formeln mit Matrizen erscheinen im Eingabefeld in geschweifte Klammern eingeschlossen. Diese dürfen aber nicht durch die gleich aussehenden Sonderzeichen eingegeben werden, sondern stets durch die dreifache Tastenkombination „Strg + ⇑ + ENTER“.

Beispiel: Kapitel 2 A, Abschnitt 2.10 Matrizen, Lösung linearer Gleichungssysteme.
Lösung der Matrizengleichung $\boldsymbol{A} \cdot \boldsymbol{x} = \boldsymbol{b}$ mittels der Kehrmatrix $\boldsymbol{x} = \boldsymbol{A}^{-1} \cdot \boldsymbol{b}$.
Man trägt zunächst die gegebenen Zahlenwerte der Matrix $\boldsymbol{A}$ in die Zellen B1 bis D3 sowie die rechte Seite des Gleichungssystems $\boldsymbol{b}_1$ in die Zellen I1 bis I3. Dann markiert man mit der Maus die Zellen E5 bis G7, in denen die Kehrmatrix $\boldsymbol{A}^{-1}$ gebildet werden soll. Man gibt die Formel „=MINV(B1:D3)“ in das Eingabefeld ein (MINV = Matrix Inverse) und schließt den Ausdruck durch „Strg + ⇑ + ENTER“ ab. Daraufhin werden von Excel die geschweiften Klammern erzeugt und die Zahlenwerte der Kehrmatrix im Bereich E5:G7 angezeigt. Die Lösung des Gleichungssystems erfolgt durch Markieren des Zielbereichs I5:I7, Eingeben des Ausdrucks „=MMULT(E5:G7;I1:I3)“ in das Eingabefeld (MMULT = Matrizen Multiplikation) und Abschluss der Eingabe durch „Strg + ⇑ + ENTER“.

G7 = {=MINV(B1:D3)}

	A	B	C	D	E	F	G	H	I
1		2,40	0,67	0,00					-6,83
2	A =	0,67	3,33	1,00				b_1 =	0,00
3		0,00	1,00	3,47					0,00
4									
5					0,444	-0,098	0,028		-3,032
6				A^{-1} =	-0,098	0,350	-0,101	$x_1 = A^{-1} b_1$ =	0,668
7					0,028	-0,101	0,317		-0,192
8									

1.3.3 Iterationen in Excel

Für die Bearbeitung einfacher Iterationsverfahren verwendet man die *Zielwertsuche*.

Beispiel: Kapitel 2 A, Abschnitt 2.7, Kubische Gleichung.
Man trage in die Zelle A1 den Anfangswert von x für die Iterationen (hier 3,5) ein und in die Zelle A2 den Formelausdruck:

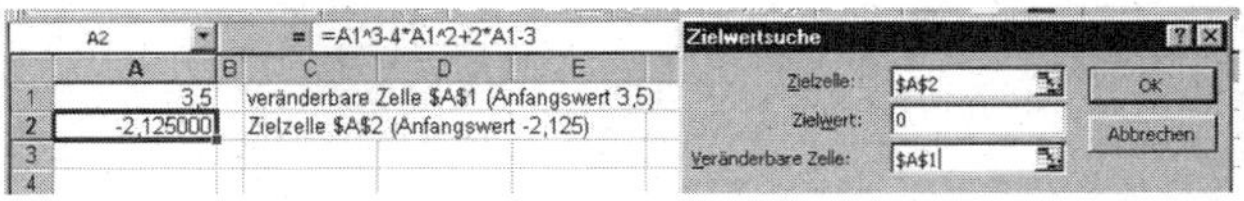

„=A1^3–4*A1^2+2*A1–3“ (also $y = x^3 - 4x^2 + 2x - 3$). Über „Extras → Zielwertsuche“ gelangt man in das Eingabemenü, in dem man die Zielzelle ($A$2), den Zielwert (0) und die veränderbare Zelle ($A$1) angibt. Betätigung des OK-Schalters löst die Iterationen aus, deren Anzahl und die erreichbare Genauigkeit über „Extras→Optionen→Berechnen“ gesteuert werden können (z. B. maximale Änderung 0,000001 statt der voreingestellten 0,001).

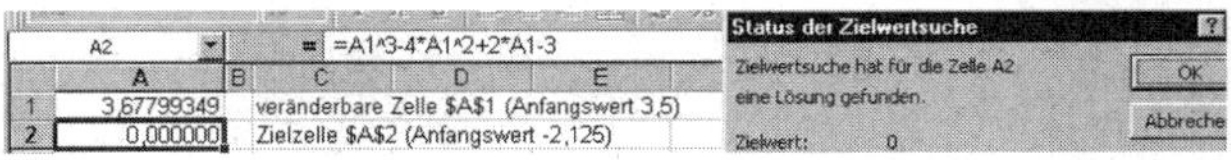

Komplexere Optimierungsverfahren lassen sich mit dem *Solver* lösen. Dazu muss das Add-In „solver.xla“ installiert werden. Er verwendet je nach gewählten Optionen numerische Iterationsverfahren nach der Newton- oder Gradientenmethode. Für eine Zielzelle wünscht man sich Max, Min oder einen festen Zahlenwert. Als veränderbare Zellen kann man auch mehr als eine Zelle benennen. Nebenbedingungen können formuliert werden.

2 Verallgemeinertes Weggrößenverfahren

Anwendungsbeispiel zur *Bauinformatik*

2.1 Voraussetzungen und Annahmen

Allgemeines ebenes Stabwerk mit drei Freiheitsgraden je Knoten (d. h., Längskraftverformungen werden berücksichtigt), Ausschluss von Querkraftverformungen, A und I stabweise konstant.

2.2 Koordinatensysteme

- **Globales Koordinatensystem** zur Beschreibung
  - der Koordinaten x und z der Knotenpunkte (i) (z nach oben positiv)
  - der allgemeinen Knotenkräfte F_x, F_z und Momente M (im Folgenden: Knotenlasten F_i)
  - der Knotenverschiebungen und -drehungen v_x, v_z, φ (im Folgenden: Knotenweggrößen v_i)
  - der Fesselungsbedingungen in Lagerknoten für die x-, z- und φ-Richtung (Vereinbarung: 0 = Fesselung, 1 = freie Verschieblichkeit)

Die unbekannten Größen v_i sind die Freiheitsgrade des Systems. Sie sind in der Reihenfolge der Knoten nummeriert (s. Abb.). Ihre Gesamtzahl beträgt $f = 3 \times$ Knotenzahl abzüglich Anzahl der Fesselungen (im Beispiel: $f = 3 \times 4 - 4 = 8$).

Visual Basic-Quelle

```
Sub Num_Freiheitsgrade()
'Prozedur zur Ermittlung der Nummerierung
'und Anzahl der Freiheitsgrade des Systems
Dim i, j, k, h, hk, f1 As Integer

F = 0
For j = 1 To NS
  For k = 1 To NE
    FS(k, j) = 0
  Next k
Next j

For i = 1 To N
  For k = 1 To FK
    'Lagerknoten
    If r(k, i) <> 0 Then
      F = F + 1
      For h = 1 To KE
        hk = (h - 1) * FK + k
        For j = 1 To NS
          If S(h,j) = i Then FS(hk,j) = F
        Next j
      Next h
    End If
  Next k
Next i

End Sub
```

(Einzelheiten zur Theorie und zur Programmierung sind [2.23], Programm FEM3.BAS, Version 5.8 zu entnehmen)

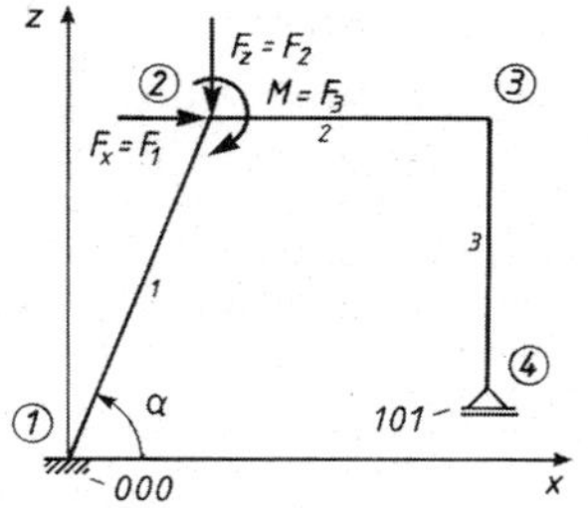

Unverformtes System mit am Knoten ② positiv definierten Knotenlasten F_1, F_2 und F_3, Fesselungsbedingungen der Knoten ① und ④

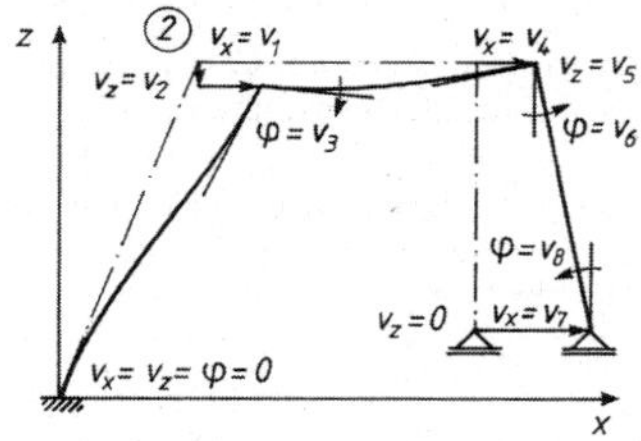

Verformtes System mit am Knoten ② positiv definierten Weggrößen v_1, v_2, und v_3

Erläuterungen

Globale Variablen:

- ns = Anzahl der Stäbe (= „Elemente")
- n = Anzahl der Knoten
- fk = Anzahl der Freiheitsgrade eines Knotens (= 3)
- ke = Anzahl der Knoten eines Elementes (= 2)
- ne = Anzahl der Freiheitsgrade eines Elementes (= 6)
- **S** = stabbezogene Knotennummern, Feldgrenzen (ke, ns)
  $= \begin{bmatrix} 1 & 2 & 3 \\ 2 & 3 & 4 \end{bmatrix}$ (s. Beispiel)
- **r** = Feld der Fesselungsbedingungen, Feldgrenzen (3, n)
  $= \begin{bmatrix} 0 & 1 & 1 & 1 \\ 0 & 1 & 1 & 0 \\ 0 & 1 & 1 & 1 \end{bmatrix}$ (s. Beispiel, Lagerknoten ① und ④)
- **FS** = Feld der Freiheitsgrade des Systems (stabbezogen), Feldgrenzen (ne, ns)

Prozedur Num_Freiheitsgrade:
Durchsuchen aller n Knoten und der 3 Knotenweggrößen nach vorhandenen Fesselungen (r[k,i] = 0);
bei nicht gesperrten Weggrößen (r[k,i] ≠ 0):
Weiterzählen von f, Durchsuchen der Knoten aller ns Stäbe; bei Übereinstimmung der Knotennummer mit dem betrachteten Knoten: Freiheitsgrad in Feld **FS** = f setzen.

Ergebnisse für das Beispiel:

$$f = 8,\ \mathbf{FS} = \begin{bmatrix} 0 & 1 & 4 \\ 0 & 2 & 5 \\ 0 & 3 & 6 \\ 1 & 4 & 7 \\ 2 & 5 & 0 \\ 3 & 6 & 8 \end{bmatrix}$$

• **Lokales Koordinatensystem** zur Beschreibung der lokalen Stabendkräfte und -momente (Stabendkraftgrößen)

$\overline{S} = [\,\overline{S}_1,\ \overline{S}_2,\ \overline{S}_3;\ \overline{S}_4,\ \overline{S}_5,\ \overline{S}_6\,]$

und der lokalen Knotenweggrößen

$\overline{v} = [\,\overline{v}_1,\ \overline{v}_2,\ \overline{v}_3;\ \overline{v}_4,\ \overline{v}_5,\ \overline{v}_6\,]$

an den Stabenden (i_a = Stabanfang, i_e = Stabende; Bedingung $i_a < i_e$). Die positive $\overline{z}$-Richtung ergibt sich durch 90°-Drehung der positiven $\overline{x}$-Achse im Uhrzeigersinn.

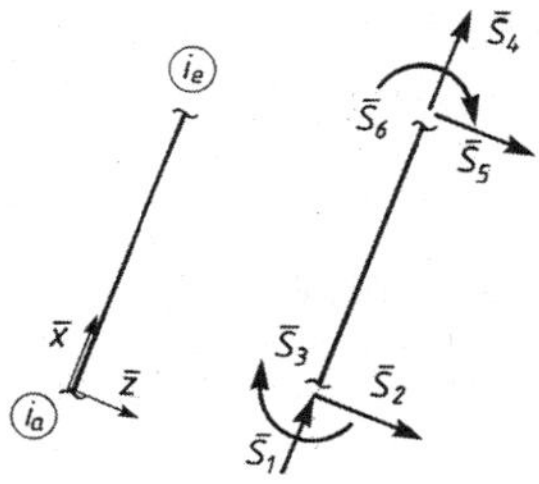

Positive Stabendkraftgrößen

2.3 Lokale Stabsteifigkeitsmatrix $\overline{E}$

Beziehung zwischen den lokalen Knotenweggrößen $\overline{v}$ und den lokalen Stabendkraftgrößen $\overline{S}$, ermittelt, z. B. mit dem Weggrößenverfahren, am kinematisch bestimmten Grundsystem (vgl. Kapitel „Statik“, Abschnitt 5.2):

$$\overline{S} = \overline{E} \cdot \overline{v}$$

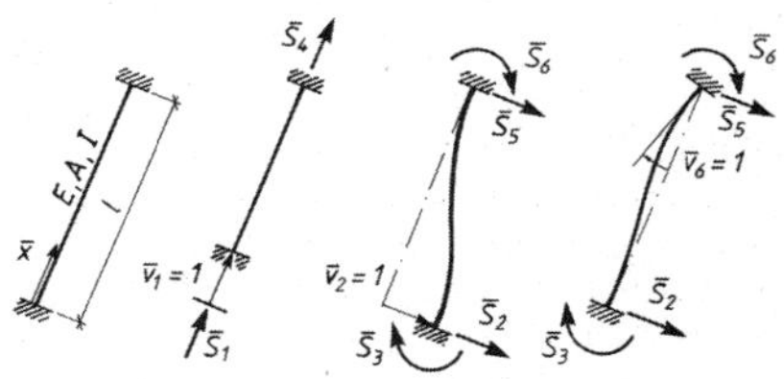

a) b) c) ... g)

a) Kinematisch bestimmtes Grundsystem des Einzelstabes

b) bis g) Positive lokale Weggrößen und zugehörige Stabendkraftgrößen

$$\text{mit}\quad \overline{E} = \frac{EI}{l}\left[\begin{array}{ccc|ccc} A/I & 0 & 0 & -A/I & 0 & 0 \\ 0 & 12/l^2 & 6/l & 0 & -12/l^2 & 6/l \\ 0 & 6/l & 4 & 0 & -6/l & 2 \\ \hline -A/I & 0 & 0 & A/I & 0 & 0 \\ 0 & -12/l^2 & -6/l & 0 & 12/l^2 & -6/l \\ 0 & 6/l & 2 & 0 & -6/l & 4 \end{array}\right]$$

(vgl. z. B. [4.2])

Die lokale Stabsteifigkeitsmatrix $\overline{E}$ ist symmetrisch.

2.4 Globale Stabsteifigkeitsmatrix E

Transformation von $\boldsymbol{v}$ in das lokale Koordinatensystem:

$$\overline{\boldsymbol{v}} = \begin{bmatrix} \overline{v}_1 \\ \overline{v}_2 \\ \overline{v}_3 \end{bmatrix} = \begin{bmatrix} \cos\alpha & -\sin\alpha & 0 \\ \sin\alpha & \cos\alpha & 0 \\ 0 & 0 & 1 \end{bmatrix} \cdot \begin{bmatrix} v_1 \\ v_2 \\ v_3 \end{bmatrix} = \boldsymbol{T}\,\boldsymbol{v}$$

Transformation von $\overline{S}$ in das globale Koordinatensystem (vgl. Abb.):

$$\boldsymbol{S} = \begin{bmatrix} S_1 \\ S_2 \\ S_3 \end{bmatrix} = \begin{bmatrix} \cos\alpha & \sin\alpha & 0 \\ -\sin\alpha & \cos\alpha & 0 \\ 0 & 0 & 1 \end{bmatrix} \cdot \begin{bmatrix} \overline{S}_1 \\ \overline{S}_2 \\ \overline{S}_3 \end{bmatrix} = \boldsymbol{T}^{\mathrm{t}}\,\overline{\boldsymbol{S}}$$

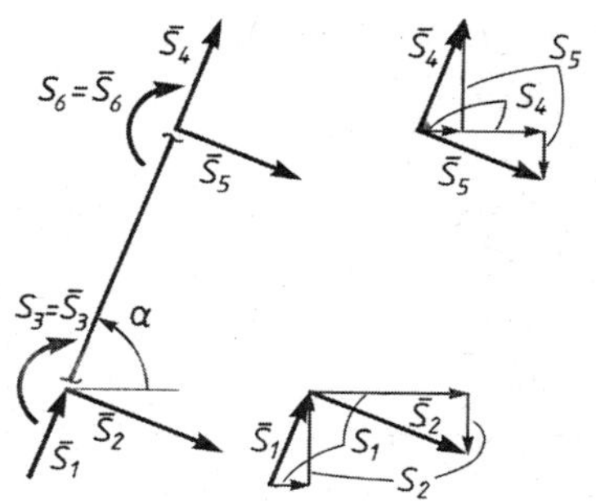

Lokale und globale Stabendkraftgrößen

T^t ist die transponierte Transformationsmatrix T. Entsprechendes gilt am Stabende (Indizes 4, 5 und 6). Damit ergibt sich die Beziehung zwischen globalen Stabendkraftgrößen S und Knotenweggrößen v:

$$S = T^t \, \overline{E} \, T \, v = E \, v \quad \text{mit}$$

$$E = \frac{EI}{l}\left[\begin{array}{ccc|ccc} \kappa c^2 + 12s^2/l^2 & -\kappa sc + 12sc/l^2 & 6s/l & -\kappa c^2 - 12s^2/l^2 & \kappa sc - 12s/l^2 & 6s/l \\ & \kappa s^2 + 12c^2/l^2 & 6c/l & \kappa sc - 12sc/l^2 & -\kappa s^2 - 12c^2/l^2 & 6c/l \\ & & 4 & -6s/l & -6c/l & 2 \\ \hline & & & \kappa c^2 + 12s^2/l^2 & -\kappa sc + 12sc/l^2 & -6s/l \\ & \text{symmetrisch} & & & \kappa s^2 + 12c^2/l^2 & -6c/l \\ & & & & & 4 \end{array}\right]$$

und den Abkürzungen: $\kappa = A/I$, $s = \sin\alpha$, $c = \cos\alpha$. Wie $\overline{E}$ ist auch E symmetrisch. Bei einem Stabwerk mit n_s Stäben wird für jeden Stab die 6×6-Stabsteifigkeitsmatrix E_j berechnet ($j = 1, 2, ..., n_s$).

2.5 Gesamtsteifigkeitsmatrix *G*

G wird aus den Stabsteifigkeitsmatrizen E_j gebildet, indem die Matrizen E_j in das $f \times f$-Matrixschema von G entsprechend den Freiheitsgradnummern eingeordnet werden.

In den Überlappungsbereichen zwischen E_1 und E_2 bzw. zwischen E_2 und E_3 (schraffiert) sind die Untermatrizen von E_j elementweise zu addieren. So ist das Element $g_{1,1}$ die Summe der globalen Stabendkräfte S_4^1 des Stabes 1 (Element $e_{4,4}$ von E_1) und S_1^2 des Stabes 2 (Element $e_{1,1}$ von E_2). Diese Summe ergibt sich im Knoten ② des gewählten Beispiels, wenn dem Knoten ② am kinematisch bestimmten Grundsystem die Verschiebung $v_1 = 1$ erteilt wird (s. Abb.).

Damit stellt das i-te Element des Matrizenprodukts $G \cdot v$ die resultierende Stabendkraftgröße S_i dar, die zu den am Knoten angeschlossenen Stäben gehört. Die resultierende Gesamtsteifigkeitsmatrix G ist symmetrisch und hat eine Bandstruktur, d. h., die Elemente außerhalb der Hauptdiagonalen im Abstand b sind gleich null. Die Bandbreite b lässt sich durch geschickte Knotennummerierung minimieren.

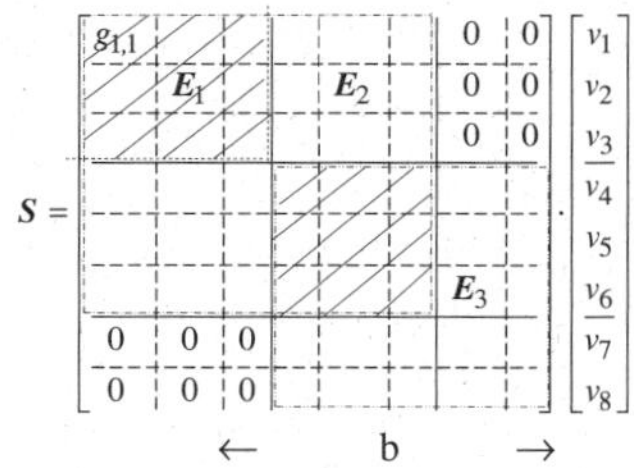

Abkürzung: $S = G \cdot v$

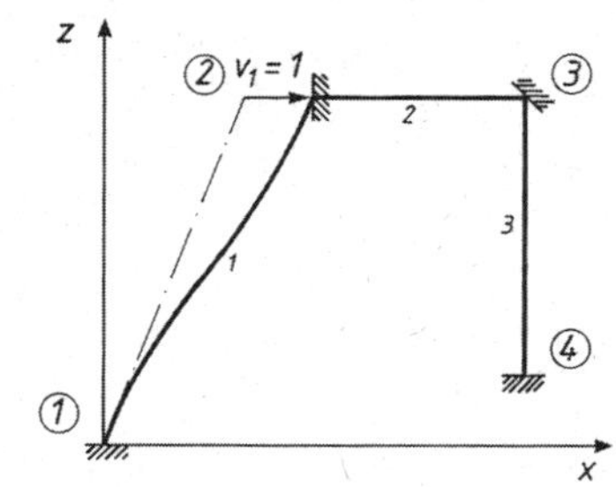

Kinematisch bestimmtes Grundsystem mit $v_1 = 1$ am Knoten ②

Visual Basic-Quelle

```
Sub E_in_G_speichern()
Dim h, i, j As Integer

For j = 1 To NE: I1(j) = FS(j,k): Next j

For i = 1 To NE
  If I1(i) > 0 Then
    For j = 1 To NE
      h = I1(j) + 1 - I1(i)
      If I1(j) > 0 And h > 0 Then
        G(I1(i),h) = G(I1(i),h) + E(i,j)
      End If
    Next j
  End If
Next i

End Sub
```

Erläuterungen

Globale Variablen: ne, **FS**, s. Abschnitt 2.2
E = globale Elementsteifigkeitsmatrix, Feldgrenzen (6, 6)

Prozedur E_in_G_speichern:
Nummern der Freiheitsgrade des Stabes j in das Feld I1 speichern, Feldgrenze (ne);
liegt keine Fesselung vor, wird **E** in **G** gespeichert (addiert);
dabei wird die Spaltennummer h um I1[i] – 1 vermindert
→ linksbündiges Füllen der Matrix **G** mit Bandstruktur

Ergebnis: globale Gesamtsteifigkeitsmatrix **G** mit Berücksichtigung der Fesselungen an den Auflagern, Feldgrenzen **G** (f, b) mit b = Bandbreite, gewähltes Beispiel: b = 6

2.6 Lastvektor *F*

Die Knotenlasten werden im Lastvektor ***F*** in der Reihenfolge der Freiheitsgrade zusammengefasst.

Sind außer Knotenlasten auch über den Stab verteilte Belastungen vorhanden, so werden diese am kinematisch bestimmten Grundsystem in Knotenlasten umgerechnet und zum Knotenlastvektor ***F*** addiert (Gleichlasten s. Abb., andere Stabbelastungen s. Seite 4.8).

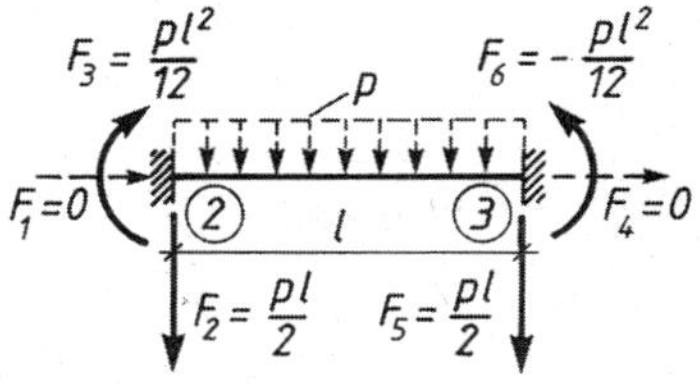

Umrechnung einer Gleichlast in Knotenlasten

Visual Basic-Quelle

```
Sub Knotenlasten_aus_p()
'Prozedur zur Ermittlung der Knotenlasten
'aus vertikalen/horizontalen Trapezlasten
Dim i, j, k As Integer
Dim dx, dz, qm, l2 As Single

For k = 1 To NS
  If p(1, k) <> 0 Or p(2,k) <> 0 _
  Or p(3, k) <> 0 Or p(4,k) <> 0 Then
    dx = L(k)*tc(k)
    dz = L(k)*ts(k)
    QP(3, k) = dx*dx/10*(p(1,k)/2 _
               +p(2,k)/3)*Sgn(dx)
    QP(3, k) = QP(3,k)+dz*dz/10*(p(3,k)/2_
               +p(4,k)/3)*Sgn(dz)
    QP(6, k) = -dx*dx/10*(p(1,k)/3_
               +p(2,k)/2)*Sgn(dx)
    QP(6, k) = QP(6,k)-dz*dz/10*(p(3,k)/3_
               + p(4, k) / 2) * Sgn(dz)

    qm = QP(3, k) + QP(6, k)
    l2 = L(k) * L(k)
    QP(1,k) = Abs(dz) / 6 * (2 * p(3,k) _
              + p(4,k)) + qm * dz / l2
    QP(2,k) = Abs(dx) / 6 * (2 * p(1,k) _
              + p(2,k)) + qm * dx / l2
    QP(4,k) = Abs(dz) / 6 * (p(3,k) _
              + 2 * p(4,k)) - qm * dz / l2
    QP(5,k) = Abs(dx) / 6 * (p(1,k) _
              + 2 * p(2,k)) - qm * dx / l2
    For j = 1 To NE
      If FS(j,k) > 0 Then QL(FS(j,k)) _
                = QL(FS(j,k)) + QP(j,k)
    Next j
  End If
Next k

End Sub
```

Erläuterungen

Globale Variablen: ns (s. Abschnitt 2.2)
l = Feld der Stablängen, Feldgrenzen (ns)
p = Feld der linear verteilten Stabbelastungen, Feldgrenzen (4, ns)
ts, tc = Feld der sin-/cos-Werte der Stabneigungen, Feldgrenzen (ns)

Funktionsprozedur Sgn(...):
erforderlich zur Berücksichtigung der Fälle dx < 0 und /oder dz < 0, d. h. Stablagen im 2. bis 4. Quadranten

Berechnung der Knotenlasten **QP** aus vertikalen/horizontalen Stabbelastungen (p_1, p_2 / p_3, p_4 = Stabanfangs-/Stabendwerte), Feldgrenzen;
Speichern des Vektors **QP** in den Lastvektor **QL** = rechte Seite des Gleichungssystems

Ergebnis:
Lastvektor **QL**, Feldgrenze (f)

2.7 Gleichungssystem

Aus Gleichgewichtsgründen sind die am Knoten resultierenden Stabendkraftgrößen S_i gleich den Knotenlasten F_i (Beispiel: im Knoten ② gilt $S_4^1 + S_1^2 = F_1$). Damit ergibt sich das Gleichungssystem

$\boldsymbol{G} \cdot \boldsymbol{v} = \boldsymbol{F}$

für die unbekannten Knotenweggrößen v_i. Die Lösung des Gleichungssystems erfolgt z. B. mit dem *Gauß*'schen Algorithmus oder dem *Cholesky*-Verfahren.

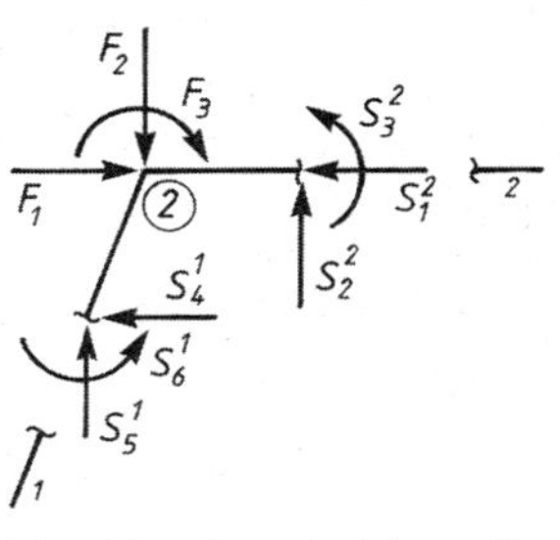

Gleichgewicht am heraus geschnittenen Knoten ②

Die Bandstruktur und die Symmetrie der Matrix *G* ermöglichen spezielle Programmierverfahren mit dem Ziel der Speicher- und Rechenzeitoptimierung (vgl. [2.23]).

2.8 Schnittgrößen

Nach Umrechnung der globalen in lokale Knotenweggrößen mit $\overline{v} = \boldsymbol{T} \cdot \boldsymbol{v}$ gilt für die lokalen Stabendkraftgrößen $\overline{S} = \overline{E} \cdot \overline{v}$. Hieraus ergeben sich die Schnittgrößen *N*, *V* und *M* an den Stabenden nach Vorzeichenänderung (s. Abb.) in der aus der Stabstatik gewohnten Schreibweise.

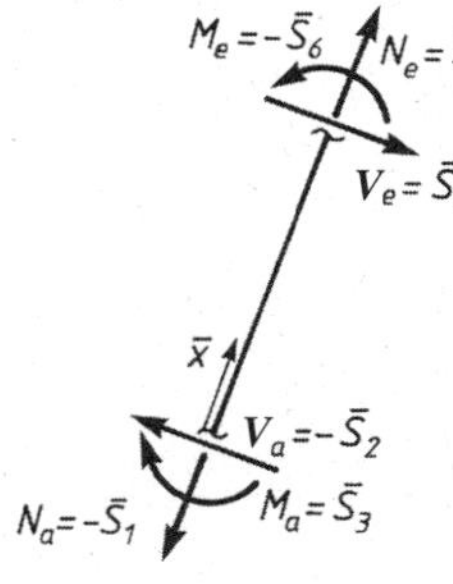

Positive Stabendschnittgrößen

Visual Basic-Quelle

```
Sub Schnittgroessen()
Dim i, j, k, k1 As Integer
Dim l1, ts1, tc1, D, ASt As Single

For i = 1 To NS: For j = 1 To NE
  If FS(j,i) > 0 Then
    V(j,i) = QL(FS(j,i))
  Else
    V(j,i) = 0
  end if
Next j, i
For i = 1 To NS
  l1 = L(i): ts1 = ts(i): tc1 = tc(i)
  For j = 1 To 1 + FK Step FK
    VE(j) = V(j,i)*tc1-V(j+1,i)*ts1
    VE(j+1) = V(j,i)*ts1+V(j+1,i)*tc1
    VE(j+2) = V(j+2,i)
  Next j
  ASt = EMod * A(i) / l1
  D = EMod * Ty(i) / l1
  M(1,i) = -ASt * (VE(1) - VE(4))
  M(2,i) = M(1, i)
  M(3,i) = -2*D/l1*(EC(i)*(VE(3)+VE(6))_
          +2*ED(i)/l1*(VE(2)-VE(5)))
  M(4,i) = M(3, i)
  M(5,i) = 2*D*(EA(i)*VE(3)+EB(i)*VE(6)_
          +EC(i)*(VE(2)-VE(5))/l1)
  M(6,i) = -2*D*(EB(i)*VE(3)+EA(i)*VE(6)_
          +EC(i)*(VE(2)-VE(5))/l1)
  If NP > 0 Then
    M(1,i) = M(1,i)+QP(1,i)*tc1_
             -QP(2,i)*ts1
    M(2,i) = M(2,i)-QP(4,i)*tc1_
             +QP(5,i)*ts1
    M(3,i) = M(3,i)+QP(1,i)*ts1_
             +QP(2,i)*tc1
    M(4,i) = M(4,i)-QP(4,i)*ts1_
             -QP(5,i)*tc1
    M(5,i) = M(5,i) - QP(3,i)
    M(6,i) = M(6,i) + QP(6,i)
  End If
Next i

End Sub
```

Erläuterungen

Globale Variablen: ns, ne, **FS** (s. Abschnitt 2.2)
QL, **l**, **ts**, **tc**, **QP** (s. Abschnitt 2.6)
A, **Ty** = Felder der Querschnittswerte A und I, Feldgrenzen (ns)
np = Anzahl der belasteten Stäbe

Ermittlung der globalen Weggrößen **V** (= 0 an Fesselungen), Feldgrenzen (ns, 6); Transformation in elementbezogene Weggrößen **ve**, Feldgrenze (6); Berechnung von **M** mit Hilfe von **ve** und **E**, abzüglich der Knotenlasten **QP** aus p

Ergebnisse:
M = Feld der stabbezogenen Schnittgrößen in der Reihenfolge Na, Ne, Va, Ve, Ma und Me, Feldgrenzen (6, ns)

2.9 Beispiel für programmgesteuerte Berechnung

(Programm FEM3 nach [2.23])

• Systemskizze

Das statische System wird mit der Belastung in ein *x*/*z*-Koordinatensystem gezeichnet.
Knoten sind erforderlich
- an Auflagern
- an Stabknicken und -verzweigungen
- an Steifigkeitssprüngen (z. B. $I_1 \neq I_2$)
- an Zwischengelenken
- an Lastangriffspunkten und anderen Laständerungen (ggf. abhängig vom Menü „Lastarten" des Programms).

Der Rahmen wird nach Theorie I. Ordnung berechnet.

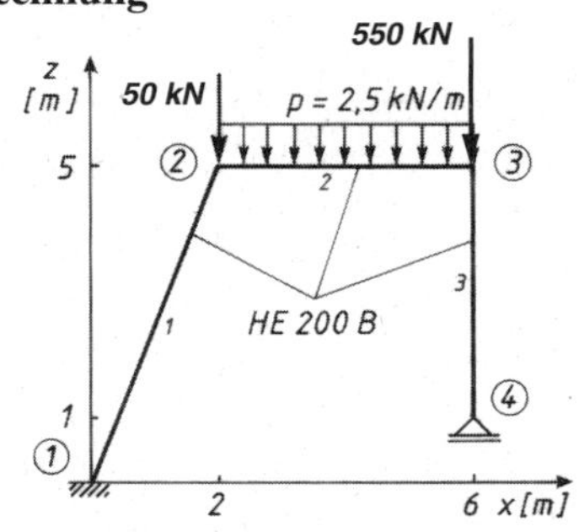

Rahmen mit Belastung; Koordinatensystem, Knoten- und Stabnummerierung

Programm FEM3, Version 5.85

Allgemeines Stabwerkprogramm nach Theorie I. und II. Ordnung - A 1 -
Datum: 13.04.2006
Projekt: Beispiel f\Bautab\Bautab_17\Bauinformatik17\Rahmen.F3B
Position: 1 Einheiten: kN; m

FEM3 - System

	Koordinaten		Auflagerbedingungen: fest = 0, frei = 1		
Knoten	x [m]	z [m]	xR	zR	phiR
1	0,000	0,000	0	0	0
2	2,000	5,000			
3	6,000	5,000			
4	6,000	1,000	1	0	1

Elastizitätsmodul E = 210000 N/mm²

	Knoten						
Stab	Anfang	Ende	A [m²]	I [m4]	Lx [m]	Lz [m]	L [m]
1	1	2	0,007800	0,000057	2,000	5,000	5,385
2	2	3	0,007800	0,000057	4,000	0,000	4,000
3	3	4	0,007800	0,000057	0,000	-4,000	4,000

FEM3 - Belastung, LF 1: g

Knotenlasten

Knoten	Fx [kN]	Fz [kN]	M [kNm]
2	0,000	50,000	0,000
3	0,000	550,000	0,000

Stabbelastung [kN/m]

	vertikal		horizontal	
Stab	Anfang	Ende	Anfang	Ende
2	2,500	2,500	0,000	0,000

• Zwischenergebnisse

Globale Stabsteifigkeitsmatrizen $\boldsymbol{E}_1$, $\boldsymbol{E}_2$ und $\boldsymbol{E}_3$ (vgl. Abschnitt 2.3 und 2.4),
Stab 1:

$$
\begin{array}{r}1\\2\\3\\4\\5\\6\end{array}
\begin{bmatrix}
42801 & -104703 & 2299 & -42801 & 104703 & 2299 \\
-104703 & 262678 & 920 & 104703 & -262678 & 920 \\
2299 & 920 & 8891 & -2299 & -920 & 4446 \\
-42801 & 104703 & -2299 & e_{4,4}^{1} = 42801 & -104703 & -2299 \\
104703 & -262678 & -920 & -104703 & 262678 & -920 \\
2299 & 920 & 4446 & -2299 & -920 & 8891
\end{bmatrix}
$$

Stab 2:

$$
\begin{array}{r}1\\2\\3\\4\\5\\6\end{array}
\begin{bmatrix}
e_{1,1}^{2} = 410025 & 0 & 0 & -410025 & 0 & 0 \\
0 & 2244 & 4489 & 0 & -2244 & 4489 \\
0 & 4489 & 11970 & 0 & -4489 & 5985 \\
-410025 & 0 & 0 & 410025 & 0 & 0 \\
0 & -2244 & -4489 & 0 & 2244 & -4489 \\
0 & 4489 & 5985 & 0 & -4489 & 11970
\end{bmatrix}
$$

Stab 3:

$$
\begin{array}{r}1\\2\\3\\4\\5\\6\end{array}
\begin{bmatrix}
2244 & 0 & -4489 & -2244 & 0 & -4489 \\
0 & 410025 & 0 & 0 & -410025 & 0 \\
-4489 & 0 & 11970 & 4489 & 0 & 5985 \\
-2244 & 0 & 4489 & 2244 & 0 & 4489 \\
0 & -410025 & 0 & 0 & 410025 & 0 \\
-4489 & 0 & 5985 & 4489 & 0 & 11970
\end{bmatrix}
$$

Die Anzahl der Freiheitsgrade des Stabwerks beträgt $f = 8$ (vgl. Abschnitt 2.2), die Bandbreite $b = 6$ (vgl. Abschnitt 2.5). Mit der aus den Elementsteifigkeitsmatrizen $\boldsymbol{E}_1$, $\boldsymbol{E}_2$ und $\boldsymbol{E}_3$ zusammengesetzten Gesamtsteifigkeitsmatrix $\boldsymbol{G}$ (vgl. Abschnitt 2.5) und dem Lastvektor $\boldsymbol{F}$ ergibt sich das Gleichungssystem $\boldsymbol{G} \cdot \boldsymbol{v} = \boldsymbol{F}$ bzw. in ausgeschriebener Form:

$$\downarrow g_{1,1} = e^1_{4,4} + e^2_{1,1}$$

$$\begin{bmatrix} 452826 & -104703 & -2299 & -410025 & 0 & 0 & 0 & 0 \\ -104703 & 264922 & 3569 & 0 & -2244 & 4489 & 0 & 0 \\ -2299 & 3569 & 20861 & 0 & -4489 & 5985 & 0 & 0 \\ -410025 & 0 & 0 & 412269 & 0 & -4489 & -2244 & -4489 \\ 0 & -2244 & -4489 & 0 & 412269 & -4489 & 0 & 0 \\ 0 & 4489 & 5985 & -4489 & -4489 & 23940 & 4489 & 5985 \\ 0 & 0 & 0 & -2244 & 0 & 4489 & 2244 & 4489 \\ 0 & 0 & 0 & -4489 & 0 & 5985 & 4489 & 11970 \end{bmatrix} \cdot \begin{bmatrix} v_1 \\ v_2 \\ v_3 \\ v_4 \\ v_5 \\ v_6 \\ v_7 \\ v_8 \end{bmatrix} = \begin{bmatrix} 0 \\ 55 \\ 3 \\ 0 \\ 555 \\ -3 \\ 0 \\ 0 \end{bmatrix}$$

- **Numerische Ergebnisse (Theorie I. Ordnung)**

FEM3 - Ergebnisse, LF 1: g

Knotenverschiebungen

	Stabanfang			Stabende		
Stab	vx [m]	vz [m]	phi [rad]	vx [m]	vz [m]	phi [rad]
1	0,00000	0,00000	0,00000	0,02395	0,00973	0,00281
2	0,02395	0,00973	0,00281	0,02395	0,00138	-0,00482
3	0,02395	0,00138	-0,00482	0,04321	0,00000	-0,00482

Schnittgrößen

Stab	Na [kN]	Ne [kN]	Va [kN]	Ve [kN]	Ma [kNm]	Me [kNm]
1	-42,014	-42,014	16,806	16,806	-51,505	38,997
2	0,000	0,000	-4,749	-14,749	38,997	0,000
3	-564,749	-564,749	0,000	0,000	0,000	0,000

Auflagerreaktionen

Knoten	Ax [kN]	Az [kN]	M [kNm]
1	0,000	-45,251	-51,505
4	0,000	-564,749	0,000

- **Kontrollen** $\Sigma V = (50 + 2{,}5 \cdot 4 + 550) - 45{,}25 - 564{,}75 = 0$

  $\Sigma H = 0$

  $\Sigma M_{(1)} = (50 \cdot 2 + 2{,}5 \cdot 4 \cdot 4 + 550 \cdot 6) - 51{,}50 - 564{,}75 \cdot 6 = 0$

- **Graphische Ausgabe der *M*-, *N*-, *V*- und Biegelinie**
  (nach Berechnung in 1/10-Punkten, Programm FEM3, Version 5.85 [2.23])

Biegelinie, Schnittgrößen:

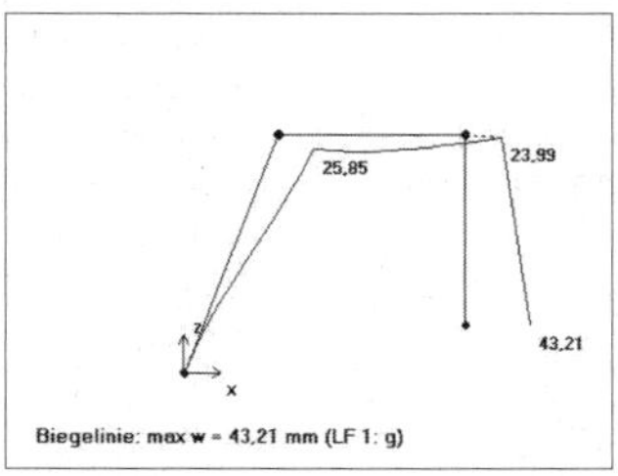

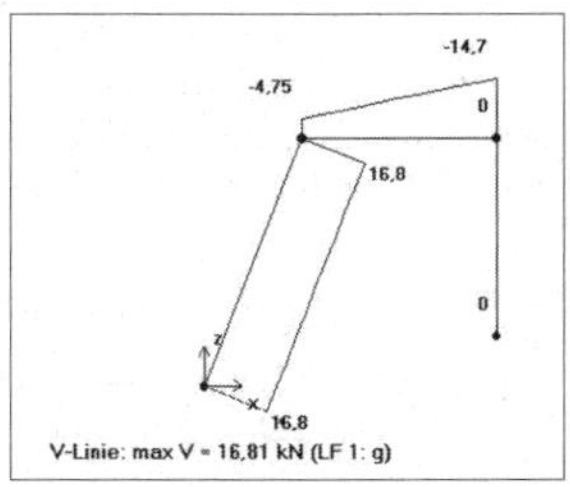

System:

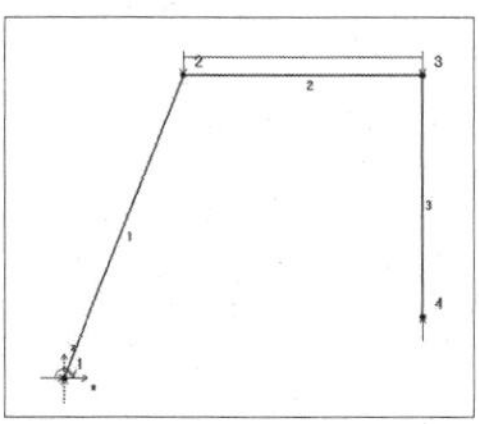

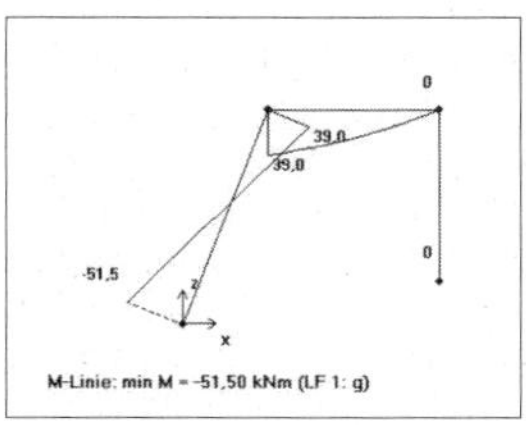

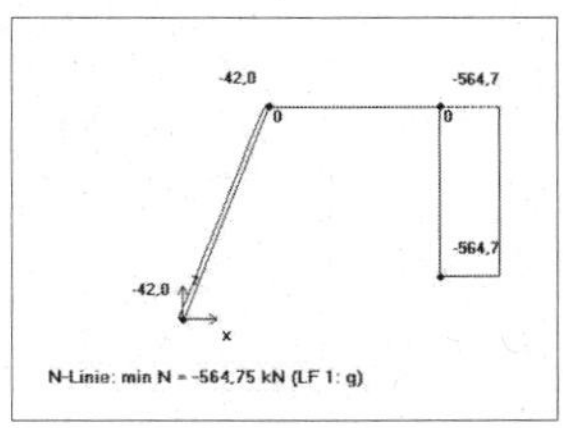

3 Finite-Element-Methode

3.1 Allgemeines

Die Finite-Element-Methode ist ein computerorientiertes numerisches Verfahren, das in der Statik zur Berechnung der Spannungen und Verformungen von Platten, Scheiben, und Schalen sowie von dreidimensionalen elastischen Körpern verwendet wird. Auch Stabilitätsuntersuchungen sowie nichtlineare und dynamische Berechnungen werden damit durchgeführt. Als allgemeines mathematisches Verfahren wird die Finite-Element-Methode auch zur Berechnung von Wärmeleitungsproblemen und von Strömungsproblemen in der Hydromechanik angewandt.

Der Abschnitt gibt einen Einblick in die theoretischen Grundlagen der Methode zur statischen Berechnung linear elastischer Tragwerke sowie einen Überblick über die in der Praxis wichtigen Fragen der Modellbildung und Ergebnisinterpretation bei Stahlbetonplatten und -scheiben. Für eine ausführlichere Darstellung wird auf [2.26 bis 2.30] verwiesen.

3.2 Grundlagen der Finite-Element-Methode

3.2.1 Berechnungsverfahren

Bei Stabwerken entspricht die Finite-Element-Methode dem verallgemeinerten Weggrößenverfahren oder Verschiebungsgrößenverfahren (Abschnitt 2). Das Stabelement nach 2.3 ist ein spezielles Finites Element. Die statische Lösung bei linear elastischen Stabwerken ist exakt und hängt nicht von der Anzahl der Stabelemente ab.

Flächentragwerke wie Scheiben, Platten oder Schalen können ebenfalls nach dem Verschiebungsgrößenverfahren berechnet werden. Das Tragwerk wird in rechteck- oder dreieckförmige Finite Elemente unterteilt, die an ihren Knotenpunkten miteinander verbunden sind. Für jedes Element wird eine Elementsteifigkeitsmatrix aufgestellt und daraus mit Hilfe der Gleichgewichtsbedingungen für die Kräfte, die an den Knotenpunkten wirken, eine Gesamtsteifigkeitsmatrix gebildet. Äußere Lasten greifen an den Knotenpunkten an (bzw. müssen auf die Knotenpunkte umgerechnet werden) und bilden den Lastvektor des Gleichungssystems. Die Lösung des Gleichungssystems ergibt die Verschiebungsgrößen des Tragwerks. Aus den Verschiebungsgrößen werden dann die Schnittgrößen in den Elementen ermittelt.

Während für Stabwerke die Elementsteifigkeitsmatrizen exakt bestimmt werden können, lassen sie sich bei Flächentragwerken nur näherungsweise durch Ansätze ermitteln, die nur für kleine Elemente mit genügender Genauigkeit gelten. Die Finite-Element-Ergebnisse von Flächentragwerken sind damit Näherungslösungen und hängen grundsätzlich von der Anzahl der Finiten Elemente ab, die für die Netzeinteilung verwendet werden. Da die Elemente klein sein müssen, um eine ausreichende Genauigkeit sicherzustellen, ergeben sich in der Regel Gleichungssysteme mit mehreren tausend unbekannten Verschiebungsgrößen, deren Lösung mit dem Computer rechenintensiv ist. Es gibt eine Vielzahl unterschiedlicher Elementtypen für Platten, Scheiben und Schalen.

3.2.2 Elementformulierung eines Finiten Scheibenelements

Der Näherungscharakter der Finite-Element-Methode wird beispielhaft an einem Rechteckelement für Scheiben erläutert, das auf dem klassischen Ansatz linearer Verschiebungsfunktionen beruht. Jeder Knoten des Elements besitzt 2 Freiheitsgrade in der Scheibenebene, nämlich die Verschiebungen u_i und v_i. Das Element besitzt 4 Knoten in den Ecken und damit 8 Freiheitsgrade. Den 8 Verschiebungsfreiheitsgraden entsprechen die 8 Knotenkräfte F_{xi}, F_{yi}.

Der Verlauf der Verschiebungen u und v zwischen den Knoten wird geradlinig angenommen (linearer Verschiebungsansatz, Abb. 2.48a). Damit diese Annahme gerechtfertigt ist, müssen die Elementabmessungen klein gewählt werden. Aus dem Verlauf der Verschiebungen ergeben sich die Verzerrungen ε_x, ε_y, γ_{xy} an jeder Stelle des Elements und aus den Dehnungen mit dem zweidimensionalen Hook'schen Gesetz die Spannungen $\sigma_x, \sigma_y, \tau_{xy}$ (Abb. 2.48b). Beispielsweise ist ε_x aufgrund des linearen Verschiebungsansatzes auf den Rändern 1–2 und 3–4 konstant, während es

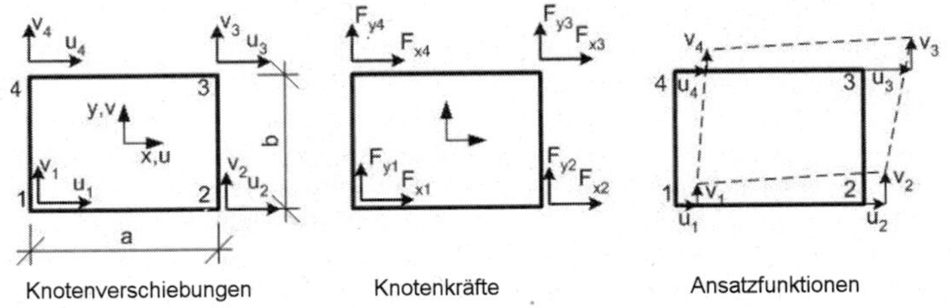

Abb. 2.48a Finites Scheibenelement

sich auf den Rändern 1–4 und 2–3 linear ändert. Bei einer Querdehnzahl $\mu = 0$ gilt dieser Verlauf auch für die Spannungen, z. B. $\sigma_x = E \cdot \varepsilon_x = E \cdot \partial u / \partial x = E \cdot (u_2 - u_1)/a$ auf dem Rand 1–2 und $\sigma_x = E \cdot (u_3 - u_4)/a$ auf dem Rand 3–4 (mit $\mu = 0$, E = Elastizitätsmodul).

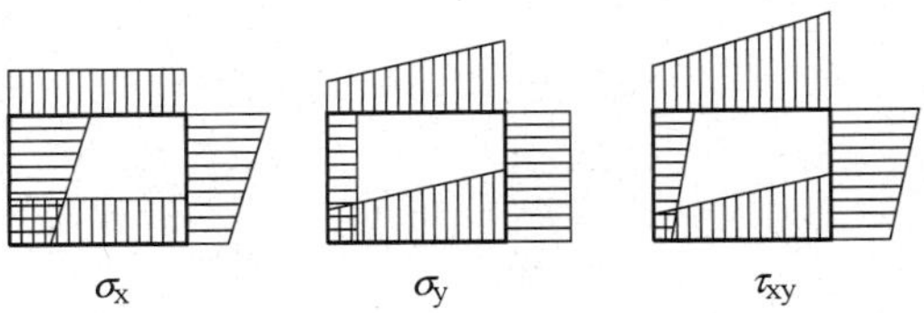

Abb. 2.48b Verlauf der Elementspannungen bei einem linearen Verschiebungsansatz ($\mu = 0$)

Die Elementspannungen lassen sich mit dem Prinzip der virtuellen Verschiebungen näherungsweise in Knotenkräfte umrechnen. Sie erfüllen dann aber die Gleichgewichtsbedingungen mit den Knotenkräften und mit den äußeren Lasten des Systems nicht mehr exakt. Man erhält:

$$\frac{E \cdot t}{12(1-\mu^2)} \begin{bmatrix} k_{11} & k_{12} & k_{13} & k_{14} & k_{15} & k_{16} & k_{17} & k_{18} \\ k_{21} & k_{22} & k_{23} & k_{24} & k_{25} & k_{26} & k_{27} & k_{28} \\ k_{31} & k_{32} & k_{33} & k_{34} & k_{35} & k_{36} & k_{37} & k_{38} \\ k_{41} & k_{42} & k_{43} & k_{44} & k_{45} & k_{46} & k_{47} & k_{48} \\ k_{51} & k_{52} & k_{53} & k_{54} & k_{55} & k_{56} & k_{57} & k_{58} \\ k_{61} & k_{62} & k_{63} & k_{64} & k_{65} & k_{66} & k_{67} & k_{68} \\ k_{71} & k_{72} & k_{73} & k_{74} & k_{75} & k_{76} & k_{77} & k_{78} \\ k_{81} & k_{82} & k_{83} & k_{84} & k_{85} & k_{86} & k_{87} & k_{88} \end{bmatrix} \cdot \begin{bmatrix} u_1 \\ v_1 \\ u_2 \\ v_2 \\ u_3 \\ v_3 \\ u_4 \\ v_4 \end{bmatrix} = \begin{bmatrix} F_{x1} \\ F_{y1} \\ F_{x2} \\ F_{y2} \\ F_{x3} \\ F_{y3} \\ F_{x4} \\ F_{y4} \end{bmatrix}$$

mit

$k_{11} = k_{33} = k_{55} = k_{77} = 4\, b/a + 2(1-\mu)\, a/b$

$k_{22} = k_{44} = k_{66} = k_{88} = 4\, a/b + 2(1-\mu)\, b/a$

$k_{12} = k_{47} = k_{38} = k_{56} = 3/2\,(1+\mu)$

$k_{13} = k_{57} = -4\, b/a + (1-\mu)\, a/b$

$k_{14} = k_{27} = k_{58} = k_{36} = -3/2\,(1-3\mu)$

$k_{15} = k_{37} = -2\, b/a - (1-\mu)\, a/b$

$k_{16} = k_{25} = k_{78} = k_{34} = -3/2\,(1+\mu)$

$k_{17} = k_{35} = 2\, b/a - 2(1-\mu)\, a/b$

$k_{18} = k_{23} = k_{67} = k_{45} = 3/2\,(1-3\mu)$

$k_{24} = k_{68} = 2\, a/b - 2(1-\mu)\, b/a$

$k_{26} = k_{48} = -2\, a/b - (1-\mu)\, b/a$

$k_{28} = k_{46} = -4\, a/b + (1-\mu)\, b/a$

Diese Matrix ist die Steifigkeitsmatrix des Elements. Sie ist symmetrisch. Die Werte a und b sind die Abmessungen des Elements, t bedeutet die Scheibendicke.

Punkt-, Linien und Flächenlasten, die auf das Element wirken, müssen auf die Knotenpunkte bezogen werden. Die Umrechnung von Elementlasten in äquivalente Knotenlasten wird am Beispiel einer Randlast in Abb. 2.49a gezeigt.

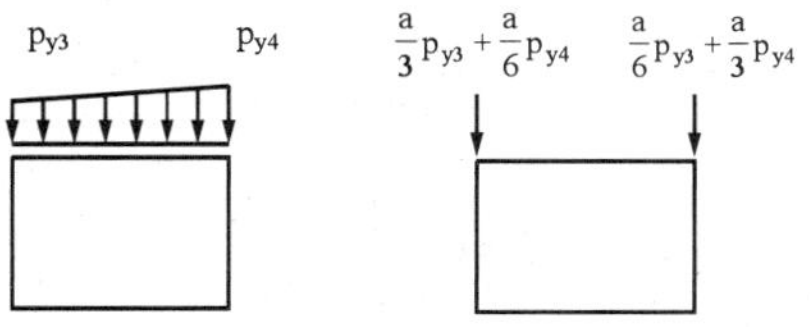

Abb. 2.49a
Ersatz einer Randlast
durch äquivalente Knotenlasten

Aus den Elementsteifigkeitsmatrizen aller Elemente wird die Gesamtsteifigkeitsmatrix des Finite-Element-Modells und aus den Knotenlasten der Lastvektor gebildet. Die Lösung des Gleichungssystems ergibt die Verschiebungen aller Knoten. Aus den Verschiebungen werden, wie oben für σ_x gezeigt, die Elementspannungen ermittelt. Näheres siehe [2.26], [2.27], [2.29].

3.2.3 Berechnungsbeispiel

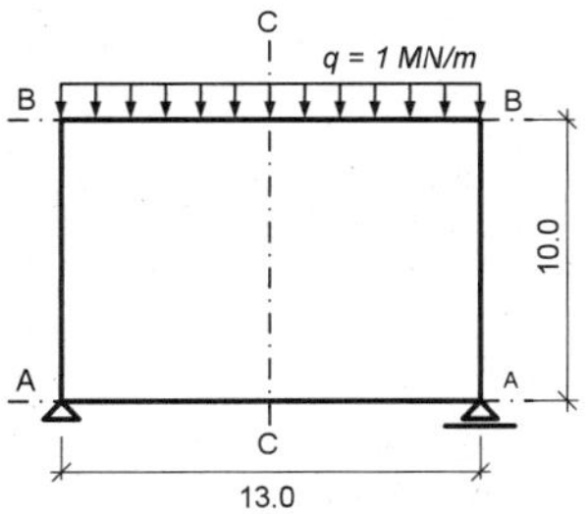

Eine Stahlbeton-Wandscheibe wird mit einem 4x4- und einem 8x8-Netz aus Finiten Elementen mit linearem Verschiebungsansatz berechnet ([2.26], Seite 154). Das 4x4-Netz besitzt 25 Knoten mit $25 \cdot 2 - 3 = 47$ Freiheitsgraden. Drei Freiheitsgrade sind aufgrund der Auflagerbedingungen festgehalten. Beim 4x4-Netz ergeben sich 47, beim 8x8-Netz $81 \cdot 2 - 3 = 159$ Gleichungen.

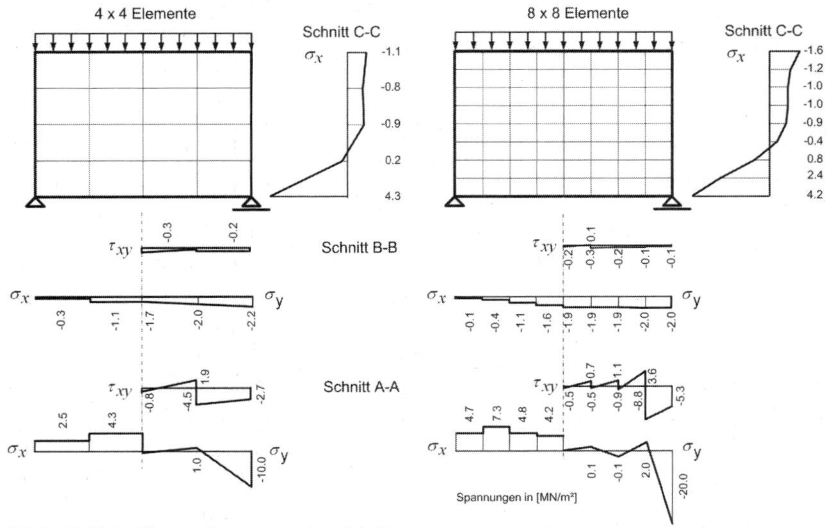

Abb. 2.49b Finite-Element-Spannungen einer Scheibe

Die Spannungen besitzen an den Elementgrenzen Sprünge. Im Schnitt C-C können aufgrund der Symmetrie keine Spannungssprünge auftreten. Bei den meisten Programmen werden die Spannungssprünge an den Knoten gemittelt (Knotenspannungen). Die für die Bemessung maßgebenden Horizontalspannungen im Schnitt C-C konvergieren mit zunehmender Anzahl von Elementen und sind beim 8x8-Netz genauer als beim 4x4-Netz. Einen Eindruck von der Genauigkeit der Berechnung geben auch die Vertikalspannungen, deren genauer Wert am oberen Rand

$\sigma_y = 1{,}0/0{,}5 = 2{,}0$ MN/m² und am unteren Rand $\sigma_y = 0$ beträgt, sowie die Schubspannungen, deren genauer Wert an beiden Rändern $\tau_{xy} = 0$ ist. Die Auflager wurden als Punktlager definiert, an denen Einzelkräfte in die Scheibe eingeleitet werden. Infolge der am Auflagerpunkt auftretenden Singularitäten nehmen die örtlichen Spannungen und Verschiebungen des Gesamtsystems bei zunehmender Elementanzahl immer weiter zu und sind an diesem Punkt für eine ingenieurmäßige Bemessung nicht geeignet (vgl. Abschnitte 3.4 und 3.5).

3.2.4 Eigenschaften der Finite-Element-Methode

- Die Finite-Element-Methode ist ein Näherungsverfahren, dessen Genauigkeit von der Elementgröße bzw. von der Anzahl der Elemente abhängt. Die angenäherten Verschiebungs- und Schnittgrößen sind meistens zu klein, d. h. „auf der unsicheren Seite".
- Statische Größen, die sich durch Differenzieren einer angenäherten Funktion ergeben, sind ungenauer als die Funktion selbst. Daher sind bei der Finite-Element-Berechnung von Scheiben die Dehnungen und Spannungen deutlich ungenauer als die Verschiebungen. Bei Platten sind die Querkräfte ungenauer als die Momente und diese wiederum weniger genau als die Durchbiegungen.
- Schnittgrößen (bzw. Spannungen) werden innerhalb der Finiten Elemente ermittelt. Sie sind in Elementmitte genauer als am Elementrand. Die Schnittgrößensprünge an den gemeinsamen Rändern zweier Elemente bedeuten statisch eine Verletzung der Gleichgewichtsbedingung und sind ein Maß für die Genauigkeit der Finite-Element-Lösung. Bei guten Netzen sind die Schnittgrößensprünge klein. Die sogenannten Knotenschnittgrößen werden aus den Schnittgrößen der Elemente an dem betreffenden Knoten durch Mittelung bestimmt. Sie sind genauer als die Schnittgrößen der einzelnen Elemente im betreffenden Knoten.
- Die Finite-Element-Lösung ist in Bereichen geringer Schnittgrößenänderung genauer als in Bereichen, in denen sich Schnittgrößen stark ändern, sofern alle Elemente die gleiche Größe besitzen. Um eine gleichmäßige Genauigkeit zu erhalten, verfeinert man das Netz in Bereichen starker Schnittgrößenänderungen.
- Auflagerkräfte erfüllen die Gleichgewichtsbedingungen am Gesamtsystem, da sie sich durch Lösung der Gleichungen des Systems ergeben. Sie sind genauer als die Schnittgrößen.

3.3 Elementtypen

3.3.1 Scheibenelemente

Scheiben sind ebene Flächentragwerke. Die Kräfte wirken in der (Mitten-)Ebene der Scheibe.

Isoparametrische Elemente: Elemente mit Verschiebungsansatz, deren Geometrie durch die gleichen Funktionen (z. B. Geraden, Parabeln) beschrieben wird wie der Verschiebungsansatz. Beispiele: Allgemeines Viereckelement, CST-Dreieckelement (Elementspannungen konstant).

Nichtkonforme Elemente: Elemente, bei denen die Verschiebungen benachbarter Elemente zwischen den Knoten nicht übereinstimmen. Verwendung in balkenartigen Scheibenbereichen.

Hybride Elemente: Drei- und Viereckelemente mit Ansatzfunktionen für die Spannungen im Element und für die Verschiebungen nur auf dem Rand. Es sind auch Drehfreiheitsgrade möglich (Abb. 2.50).

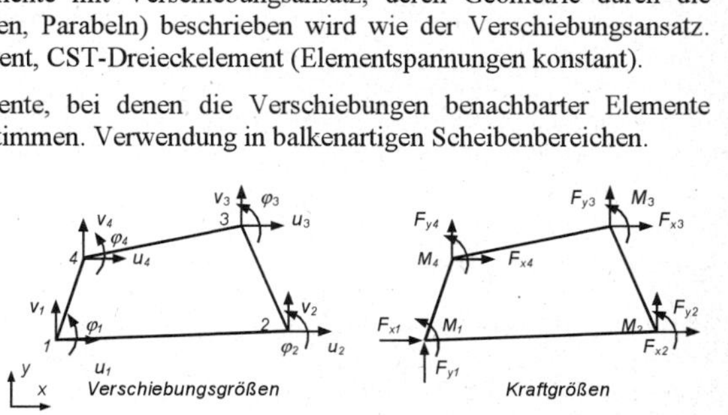

Abb. 2.50 Hybrides Scheibenelement mit Drehfreiheitsgraden

3.3.2 Plattenelemente

Platten sind Tragwerke, die rechtwinklig zu ihrer Ebene beansprucht werden. Man unterscheidet zwischen der Platte ohne Schubverformungen (Kirchhoff'sche Plattentheorie) und der Platte mit Schubverformungen (Reißner-Mindlin'sche Plattentheorie), die aus mathematischen Gründen für Finite-Element-Formulierungen bevorzugt wird.

Schubweiches Viereckelement: Viereckelement für schubweiche Platten (mehrere Elementtypen).

DKT- und DKQ-Element: Dreieck- und Viereckelement, dessen Herleitung von der schubweichen Platte ausgeht, das aber die Bedingung der schubstarren Platte an einzelnen Punkten des Elements erfüllt (DKT: Diskrete Kirchhoff Triangel; DKQ: Diskrete Kirchhoff Quadrilateral).

Schubstarre Elemente: Nur Sonderformen sind mathematisch möglich: Dreieckelement, Viereckelement durch Überlagerung zweier Dreiecke, Rechteckelement mit zusätzlichem Knotenfreiheitsgrad für Verdrillung.

Hybride Elemente: Dreieck- und Viereckelemente mit Ansatzfunktionen für die Schnittgrößen im Element und für die Verschiebungsgrößen nur auf dem Rand.

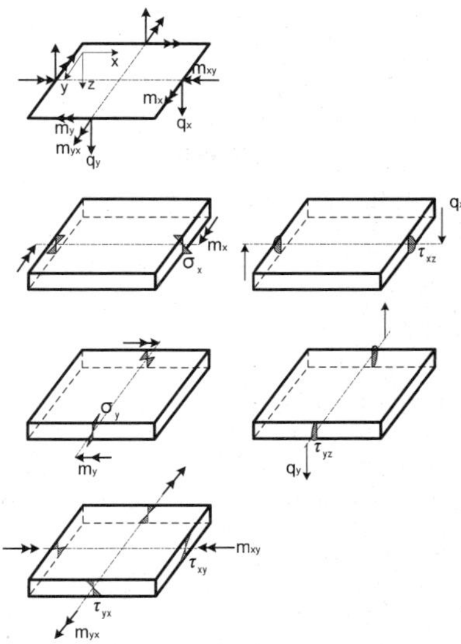

Abb. 2.51a Schnittgrößen der Platte

3.3.3 Schalen- und Faltwerkelemente

Einwirkung sind in Elementebene und rechtwinklig dazu. Die Elemente setzen sich aus einem Scheibenelement (Scheibenspannungen) und einem Plattenelement (Biegespannungen) zusammen. Der Drehfreiheitsgrad senkrecht zur Schalenebene ist weder bei üblichen Scheiben- noch bei Plattenelementen vorhanden. FE-Programme führen daher eine kleine künstliche Drehsteifigkeit ein, um Singularitäten der Steifigkeitsmatrix zu vermeiden. Bei ebenen Schalen empfiehlt sich dessen Festhaltung.

3.4 Modellbildung und Ergebnisinterpretation

3.4.1 Modelle

Man unterscheidet zwischen dem statischen Modell (z. B. Decke als Kirchhoff'sche Platte mit elastischer Linienlagerung) und dem numerischen Modell (Finite-Element-Modell). Bei der Bemessung kommen weitere Modelle hinzu (Bemessungsmodelle). Hinweise und Beispiele zur Modellierung finden sich in [2.26], [2.28] und [2.29].

3.4.2 Statisches Modell

Die Geometrie wird durch Vereinfachung der Bauteilgeometrie (z.B. aus dem CAD-Plan) erhalten. An bestimmten Stellen des statischen Modells können Singularitäten (Unendlichkeitspunkte) auftreten, an denen Schnitt- oder Verschiebungsgrößen dem Grenzwert ∞ zustreben.

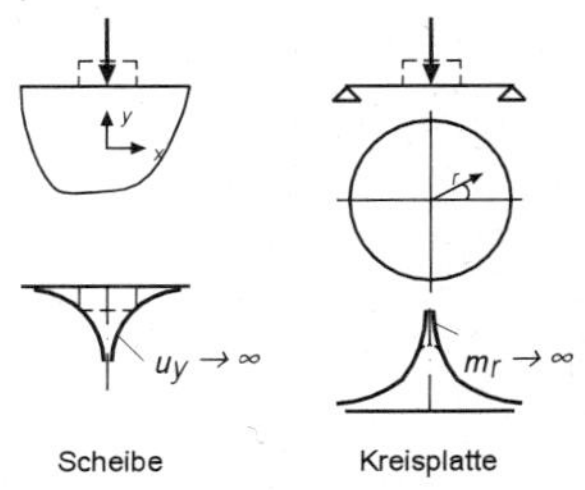

Abb. 2.51b Beispiele für Singularitäten

3.4.3 Finite-Element-Modell

Netz: Die Finiten Elemente sollen ein regelmäßiges Netz bilden. Optimale Elementformen sind das Quadrat für Viereckelemente und das gleichseitige Dreieck für Dreieckelemente.

Netzverfeinerung: Netzverfeinerungen sollen kontinuierlich erfolgen, um „künstliche Steifigkeitssprünge" und Störungen in den Schnittgrößenverläufen zu vermeiden.

Elementtypen: Die Genauigkeit hängt vom Elementtyp und dessen Ansatzfunktionen ab. Viereckelemente sind in der Regel Dreieckelementen vorzuziehen, da sie bei gleicher Knotenanzahl (1 Viereck = 2 Dreiecke) höhere Ansatzfunktionen enthalten.

Singularitäten: An Punkten mit Spannungs- bzw. Verschiebungssingularitäten erhält man im Finite-Element-Modell endliche Werte. Diese nehmen bei einer Netzverfeinerung kontinuierlich zu und konvergieren *nicht* gegen einen endlichen Wert.

Elementspannungen: Schnittgrößen bzw. Spannungen werden in der Elementmitte oder in den Gauß'schen Integrationspunkten ausgegeben.

Knotenspannungen: Schnittgrößen bzw. Spannungen werden an den Knotenpunkten durch Mittelung der Elementspannungen bestimmt. An Innenknoten mit z. B. 4 angrenzenden Elementen sind sie genauer als am Rand (2 Elemente) oder in Eckpunkten (1 Element). Schnittkraftsprünge (z. B. Querkräfte unter Linienlasten bei Platten oder Spannungssprünge bei einer sprunghaften Querschnittsänderung) gehen bei vielen Programmen dabei verloren.

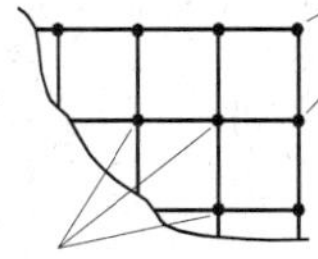

3.5 Modellbildung bei Wandscheiben

3.5.1 Statisches Modell

Auflager: Wandscheiben sind steife Bauteile. Bei statisch unbestimmter Lagerung reagieren sie empfindlich auf die Nachgiebigkeit der Auflager. Zu steife oder starre statisch unbestimmte Lager können zu unrealistischen Bogenwirkungen führen (gilt auch für die horizontale Verschieblichkeit). *Stützen* werden entweder mechanisch konsistent mit Finiten Elementen modelliert oder mit biegesteif angeschlossenen Balkenelementen dargestellt. Zur Modellierung des Spannungsverlaufs im Einleitungsbereich sind bei üblichen Stützenbreiten 2 – 4 Elemente über die Breite ausreichend.

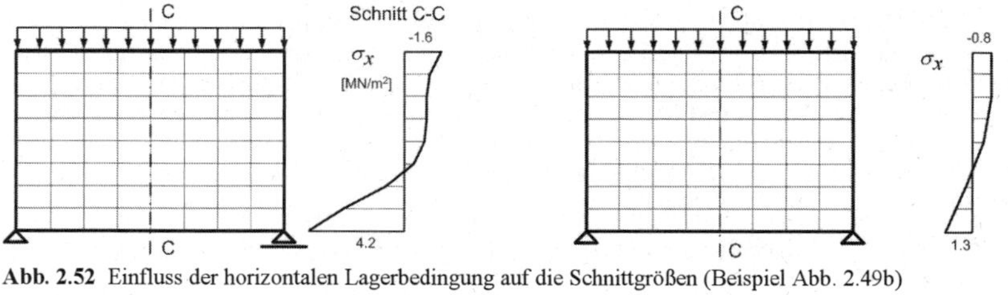

Abb. 2.52 Einfluss der horizontalen Lagerbedingung auf die Schnittgrößen (Beispiel Abb. 2.49b)

Bei der Modellierung mit Finiten Elementen erhält man die Stützenschnittgrößen durch numerische Integration in einem horizontalen Schnitt durch die Stütze. Stabelemente für die Stütze können durch Starrkörperbedingungen (auch Ersatz durch steife Stabelemente *rechtwinklig* zur Stütze) oder durch elastische Koppelbedingungen an das FE-Netz angeschlossen werden [2.26].

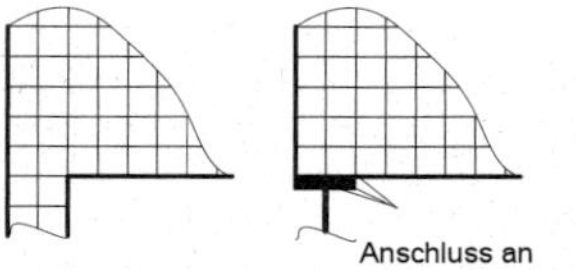

Singularitäten: Spannungssingularitäten treten bei einspringenden Ecken und bestimmten Lasten auf, Verschiebungssingularitäten ($u \to \infty$) bei Einzellasten und Punktlagern. *Bei Punktlagern sind die Verschiebungen des gesamten Systems damit physikalisch sinnlos.* Um dies zu vermeiden, werden Lager linienartig (siehe *Auflager*) und Einzellasten mit ihrer Aufstandsbreite als Linienlasten dargestellt.

LAGERUNG	SPANNUNGEN SINGULÄR FÜR
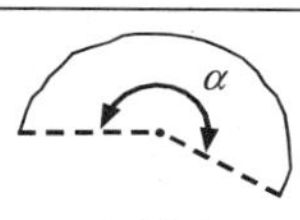 frei-frei	$\alpha > 180°$
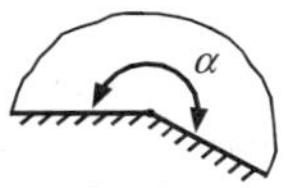 fest-fest	$\alpha > 180°$
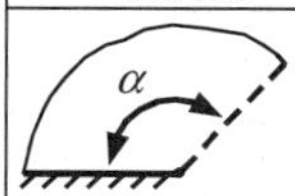 fest-frei	$\alpha > 63°$

Grenzwinkel für Singularitäten der Spannungen

AUFLAGER BZW. LAST	SINGULARITÄT	
	SPANNUNGEN	VERSCHIEBUNGEN
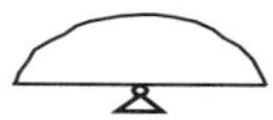	ja	ja
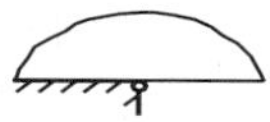	ja	nein
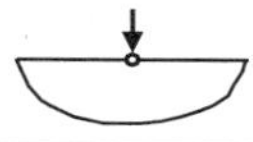	ja	ja
	ja	ja
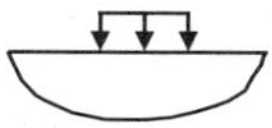	nein	nein
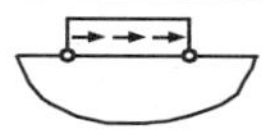	ja (σ_x)	nein
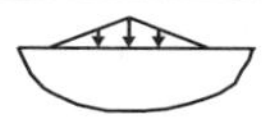	nein	nein
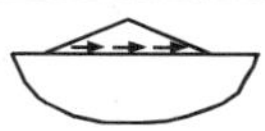	nein	nein

Singularitäten an Auflagern und Lasteinleitungsstellen von Scheiben

3.5.2 Finite-Element-Modell

Regelmäßige Scheibenbereiche: Scheibenbereiche ohne Störungen (z. B. rechteckige Felder durchlaufender Wandscheiben ohne Öffnungen) sollen in 6 bis 10 isoparametrische 4-Knoten-Elemente in der kurzen Richtung unterteilt werden. In biegebeanspruchten Scheibenbereichen (z. B. Stegen von Hohlkästen) ist die erforderliche Elementanzahl in „Balkenrichtung" vom Elementtyp abhängig. Einfache isoparametrische 4-Knoten-Elemente erfordern wesentlich mehr Elemente als Elemente mit höheren Ansatzfunktionen oder nichtkonforme Elemente. In Zweifelsfällen müssen mehrere FE-Netze, die sich jeweils durch Halbierung der Elementabmessungen ergeben, berechnet werden, um den Einfluss der Elementgröße auf die Spannungen bzw. Schnittgrößen zu beurteilen.

Elementtyp: Bei der Eingabe der *Lagerbedingungen* und *Festhaltungen* ist darauf zu achten, ob ein Elementtyp mit 2 Verschiebungsfreiheitsgraden pro Knoten oder ein Elementtyp mit einem zusätzlichen Drehfreiheitsgrad (Einspannung) verwendet wird.

Singularitäten von Zugspannungen an einspringenden Ecken von Stahlbetonscheiben: Diese sind in der Regel unbedenklich. Bei Netzverfeinerung nehmen zwar die Spannungen kontinuierlich zu, nicht aber das Integral über die Spannungen bzw. die resultierende Zugkraft im Eckbereich. Man erhält somit stets die gleiche Gesamtbewehrung im Eckbereich. Lediglich deren genaue rechnerische Verteilung hängt von der Finite-Element-Größe ab. Da das statische Modell aber nicht in der Lage ist, die wirklichen Verhältnisse in der Ecke wiederzugeben, (mathematisch exakt wäre $\sigma_y \to \infty$ im Eckpunkt) darf die Gesamtmenge der Bewehrung in der Ecke konstruktiv umverteilt werden. Eine Netzverfeinerung in der Ecke ist meistens nicht erforderlich.

3.5.3 Beispiel zur Bemessung der Bewehrung an einer Spannungssingularität

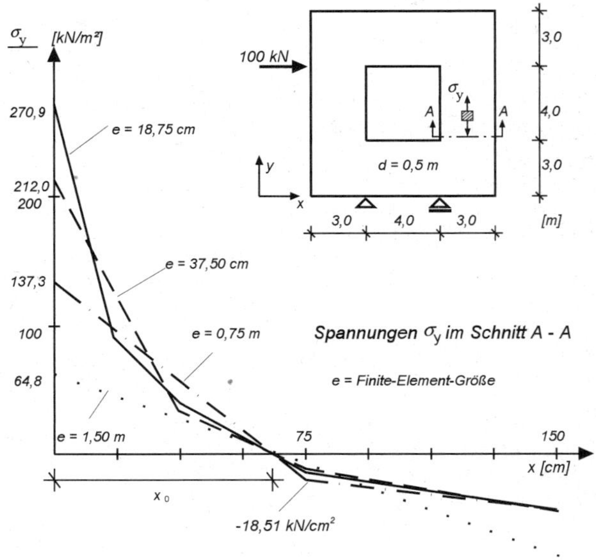

Abb. 2.54a Spannungen in der einspringenden Ecke einer Wandscheibe

Für eine Wandscheibe aus Stahlbeton mit einer großen Öffnung ist die Bewehrung an einer einspringenden Ecke zu ermitteln. Es ist zu untersuchen, wie die Gesamtbewehrungsmenge von der gewählten Größe der Finiten Elemente abhängt.

Es werden gleichmäßige Netze mit Elementen von e =150; 75; 37,5; 18,75 cm Seitenlänge untersucht. Singularitäten treten an den beiden Auflagern sowie in den einspringenden Ecken der Öffnung auf. Die Singularitäten an den beiden Lagern sind auf den hier untersuchten Schnitt A-A ohne Einfluss. Die Singularität in der einspringenden Ecke lässt sich anschaulich als Inkonsistenz des statischen Modells beim Grenzübergang von den benachbarten Rändern in den Eckpunkt deuten, Abb. 2.54b.

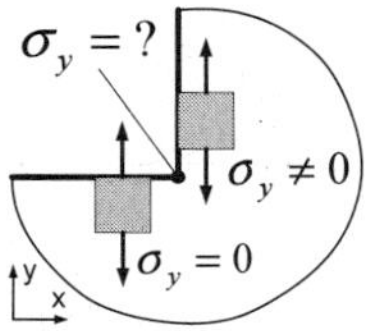

Abb. 2.54b Spannungen im Eckpunkt

Die Spannungen σ_y im Schnitt A-A sind für die Elementgrößen e = 150; 75; 37,5 und 18,75 cm in Abb. 2.54a angegeben. Aufgrund der Singularitätenstelle in der einspringenden Ecke nimmt die Spannung dort mit abnehmender Elementgröße zu (64,8 → 137,3 → 212,0 → 270,9). Für das Modell mit e = 0,75 m (Abb. 2.54b) erhält man:

Randabstand x_o des Spannungsnullpunktes von der Ecke:

$$x_o = 0{,}75 \cdot 137{,}3/(137{,}3 + 18{,}51) = 0{,}66 \text{ m}$$

Resultierende Zugkraft in der Ecke:

$$Z = 137{,}3 \cdot 0{,}66 \cdot 0{,}50 /2 = 22{,}7 \text{ kN}$$

Für die übrigen Elementgrößen gilt:

e [cm]	150,0	75,00	37,50	18,75
Elementanzahl A-A	2	4	8	16
x_O [cm]	82	66	64	64
Z [kN]	13,3	22,7	24,9	25,6

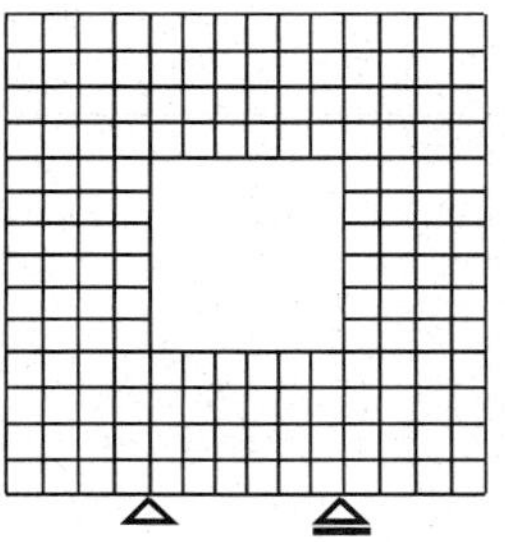

Abb. 2.54c FE-Modell (e = 75 cm)

Die resultierende Zugkraft Z bleibt mit zunehmender Netzverfeinerung konstant, während die Zugspannungen im Eckpunkt fortdauernd ansteigen. In der Praxis betrachtet man den Bereich oberhalb von Schnitt A-A als regelmäßigen Scheibenbereich, dessen kürzere Seite nach der o. g. Regel in 6 - 10 Elemente mit e = 3,0/6 = 0,5 m bzw. e = 3,0/10 = 0,3 m gleichmäßig unterteilt wird. Dieses regelmäßige Netz wird für die Berechnung und Bemessung verwendet. Die vom Programm ermittelte Gesamtbewehrung entspricht einer resultierenden Zugkraft von 26 kN und kann, wenn es konstruktiv sinnvoll ist, im Eckbereich umverteilt werden.

3.6 Modellbildung bei Deckenplatten

3.6.1 Statisches Modell

Plattentheorien: Die Theorie der Platte ohne Schubverformungen ist praktisch ausreichend. Sonderformen sind: drillweiche Platten (z. B. für Rippendecken) und orthotrope Platten (Biegesteifigkeiten *EI* in zwei orthogonalen Richtungen unterschiedlich).

Randstreifeneffekt: Von den drei Schnittgrößen (Querkraft q_n, Biegemoment m_n, Drillmoment m_{ns}) an einem Plattenrand können nach der Kirchhoff'schen Plattentheorie nur zwei, nämlich diejenigen für das Biegemoment und die so genannte *Ersatzquerkraft* $q_n^* = q_n + dm_{ns}/ds$ erfüllt werden. An gelenkig gelagerten Plattenrändern ergeben sich dadurch Auflagerkräfte q_n^*, die sich von den Querkräften q_n um dm_{ns}/ds unterscheiden. An unbelasteten freien Plattenrändern werden weder die Querkräfte noch die Drillmomente zu Null, wobei $q_n = -dm_{ns}/ds$ gilt. An eingespannten Rändern stimmen Auflager- und Querkräfte überein. Bei der schubweichen Platte können alle Auflagerbedingungen erfüllt werden. Deutliche Unterschiede zur Lösung nach der Kirchhoff'schen Theorie ergeben sich allerdings nur in einem Randstreifen mit der ein- bis zweifachen Breite der Plattendicke. Außerhalb des Randstreifens erhält man auch bei der schubweichen Platte die Querkräfte nach Kirchhoff. Bei Finite-Element-Berechnungen mit üblichen Elementgrößen geben die Querkräfte und Drillmomente an freien Rändern sowie am Rand gelenkig gelagerter Platten den Randstreifeneffekt wieder (Beispiel: [2.26], Seite 2.54).

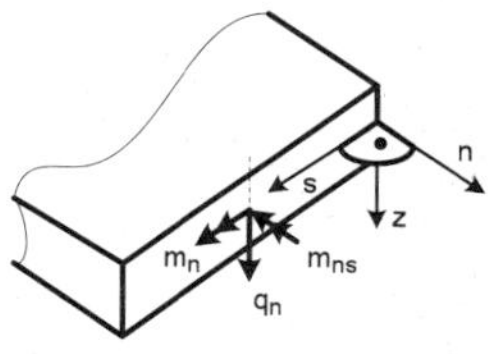

Abb. 2.55
Schnittgrößen am Rand einer Platte

Singularitäten

LAGERUNG	MOMENTE	QUERKRÄFTE
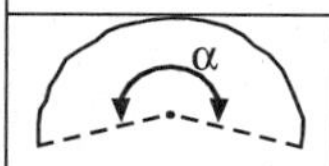	α >180°	α >78°
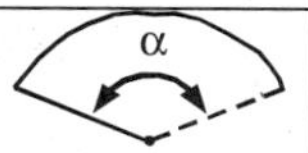	α >90°	α >51°
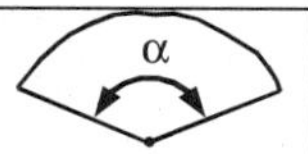	α >90°	α >60°
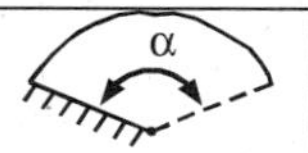	α >95°	α >52°
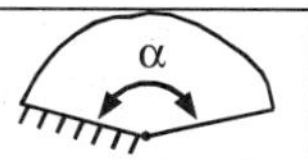	α >129°	α >90°
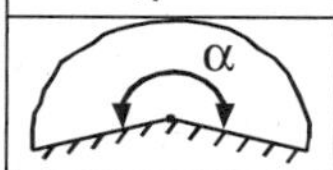	α >180°	α >126°
- - - - -	*freier Rand*	
———	*gelenkige Lagerung*	
///////	*Einspannung*	

Singularitäten von Schnittgrößen an den Eckpunkten schubstarrer Platten

LAST	VERSCHIEBUNGSGRÖSSEN	SCHNITTGRÖSSEN
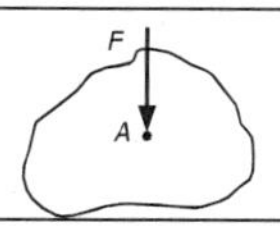	nein	ja (m_x, m_y, q_x, q_y)
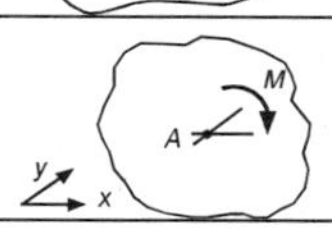	ja ($\varphi_y = \frac{dw}{dx}$)	ja (m_{xy}, q_y)
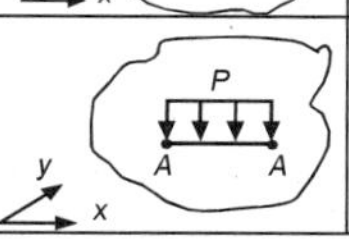	nein	ja (q_x)

Singularitäten bei schubstarren Platten am Lasteinleitungspunkt A

Bei schubweichen Platten kommen weitere Singularitäten hinzu. Beispielsweise sind die Verschiebungen unter einer Einzellast singulär. Eine Zusammenstellung der Singularitäten der schubweichen Platte nach *Rössle* ist in [2.30] angegeben.

3.6.2 Finite-Element-Modell

Plattenbereiche: Regelmäßige Plattenbereiche ohne Störungen oder Zwischenstützungen (z. B. rechteckige Deckenfelder) sollten mindestens in 6 bis 10 4-Knoten-Elemente in der kürzeren Richtung unterteilt werden. Wenn Querkräfte bei einer Finite-Element-Berechnung zuverlässig ermittelt werden sollen, sind erheblich feinere Netze als für Biegemomente und Verschiebungen erforderlich. Bei schubweichen Elementen hängt die Genauigkeit der Querkräfte zudem von der Plattendicke ab d. h. dicke Platten besitzen eine höhere Genauigkeit als dünne Platten. Verzerrte Elementformen (Abweichung von der idealen quadratischen Elementform) verfälschen häufig die Querkräfte. In Zweifelsfällen sollte zum Test des Programmverhaltens ein einfaches überschaubares Beispiel vorab berechnet werden.

Singularitäten der Schnittgrößen: Singularitäten können bei Stahlbetonplatten ähnlich wie bei Scheiben durch eine integrierende Betrachtung berücksichtigt werden.

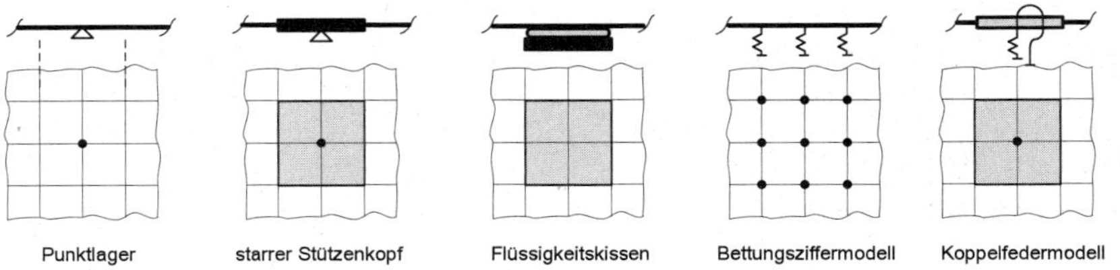

Abb. 2.56 Finite-Element-Modelle an Stützen von Flachdecken

Stützen: Eine einfache *Punktlagerung* ist nur für schmale Stützen (Stützenbreite < 0,1 · Stützweite) möglich, aber auch dort wegen der damit verbundenen Singularitätenstelle zu vermeiden. Eine Modellierung als *starrer Stützenkopf* kann wegen der Singularitätenstellen in den Eckpunkten Störungen der Schnittgrößen im Bereich der Stütze führen. Bei diesem Modell sollten nur die Verschiebungen nicht aber die Verdrehungen kinematisch gekoppelt werden. Eine Sonderform ist das *Flüssigkeitskissen*, bei dem auch bei einer Verdrehung der Deckenplatte ausschließlich Normalkräfte in die Stütze eingeleitet werden. Einspannmomente bei Rand- und Eckstützen können damit nicht erfasst werden. Bei dem in der Regel verwendeten *Bettungsziffermodell* werden Stützen als *elastisch gebetteter Plattenbereich* dargestellt. Den Bettungsmodul ermittelt man häufig aus der Längssteifigkeit der Stütze zu E/h wobei E der Elastizitätsmodul der Stütze und h die Stützenhöhe bedeuten. Sinnvoller ist die Bestimmung aus der Biegesteifigkeit der Stütze mit $3 \cdot E/h$ bei gelenkiger Lagerung des Stützenfußpunktes bzw. $4 \cdot E/h$ bei dessen Einspannung. Die Einspannwirkung einer Stütze oberhalb der Decke kann durch Addition von deren Steifigkeit berücksichtigt werden. Bei dem neueren Koppelfedermodell handelt es sich um eine elastische Lagerung, bei der neben der Längssteifigkeit auch die Biegesteifigkeit der Stütze konsistent erfasst wird [2.31]. Damit können insbesondere bei Rand- und Eckstützen die Biegemomente der Stütze zutreffend wiedergegeben werden.

Die *Bemessung* erfolgt im Anschnitt oder z. B. bei Lagerung auf Mauerwerk für das Moment über der Stütze. Wie bei den klassischen Verfahren zur Bemessung von Flachdecken kann auch für das integrierte Moment bemessen werden. Man integriert die bezogenen Momente [kNm/m] über Streifen (Feld- bzw. Stützstreifen) und erhält ein resultierendes Moment [kNm], für das bemessen wird. Die Bewehrung wird im Integrationsbereich konstruktiv sinnvoll verteilt.

Die für den *Durchstanznachweis* benötigten Schubspannungen werden in der Regel aus der Auflagerkraft der Stütze und nicht mit den i. Allg. ungenauen Finite-Element-Querkräften der Platte ermittelt.

Linienlager: Starre Linienlager führen an stumpfen Plattenecken und Wandvorlagen zu Singularitäten der Momente und unrealistisch hohen örtlichen Auflagerkräften. Um dies zu vermeiden, sollte die Nachgiebigkeit stützender Wände durch elastische Linienlager dargestellt werden. Die Federkonstante der Wand pro [m] ist $k_w = E \cdot b/h$, wobei E der Elastizitätsmodul der Wand, b die Wandstärke und h die Wandhöhe bedeuten (vgl. Beispiel in [2.26], Seite 258).

Unterzüge: Unterzüge führen zu Normalspannungen in der Platte (Plattenbalkenquerschnitt), die mit einem *Faltwerkmodell* berechnet werden können. Im Hochbau verwendet man einfachere *Plattenmodelle* und bildet die Steifigkeit des Stegs zusätzlich durch Biegebalken ab, die entweder in der Plattenebene oder exzentrisch dazu angeordnet werden.

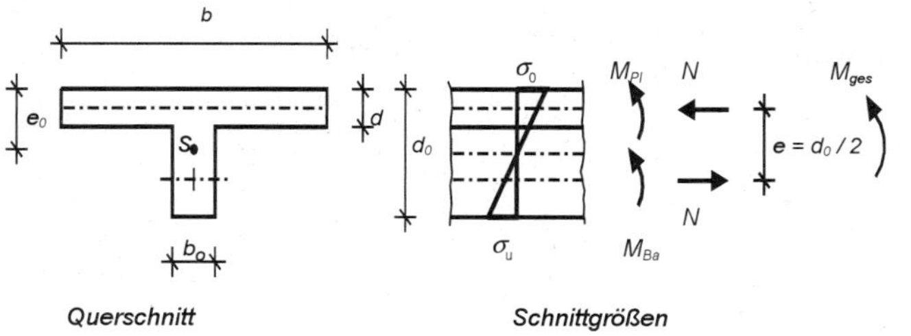

Abb. 2.57 Unterzug

Unterzug als zentrischer Biegebalken: Für den Ersatzstab wird die Biegesteifigkeit eines Plattenbalkens mit einer mitwirkenden Plattenbreite (vgl. Kapitel 5 C, Abschnitt 3.4.2) angesetzt. Dessen Flächenmoment 2. Grades I_{PB} setzt sich aus dem Anteil I_{Pl} der Platte, dem Anteil I_{Ba} des Steges und dem Steineranteil I_{St} zusammen:

$$I_{PB} = I_{Pl} + I_{Ba} + I_{St} \qquad I_{PL} = \frac{b \cdot d^3}{12} \qquad I_{Ba} = \frac{b_0 \cdot (d_0 - d)^3}{12} \qquad I_{St} = \frac{b \cdot d \cdot b_0 \cdot (d_0 - d)}{b \cdot d + b_0 \cdot (d_0 - d)} \cdot \frac{d_0^2}{4}$$

Für den zentrischen Ersatzstab wird hiervon der Anteil $I_{PB}^* = I_{PB} - I_{Pl} = I_{Ba} + I_{St}$ angesetzt, da die Biegesteifigkeit I_{Pl} bereits durch die Plattenelemente im Modell erfasst ist.

Das Gesamtmoment des Plattenbalkens setzt sich aus dem Moment M_{Pl} der Platte und dem Moment M_{PB}^* des Ersatzstabs zusammen. Der Anteil M_{Pl} wird bei der Bemessung der Plattenelemente vom Programm berücksichtigt. Da hierbei der Druckkraftanteil fehlt, ist die Bemessung häufig unrealistisch. Der Plattenbalkenquerschnitt wird von den meisten Programmen für das Moment M_{PB}^* des Ersatzstabes bemessen. Die Biege- und Schubbewehrung eines Unterzugs setzt sich dann aus der Bewehrung des Ersatzstabes und der Bewehrung der Plattenelemente im Bereich der Balkenbreite b_o zusammen. Bei breiten Balken ist der letztere Anteil von erheblicher Größe und muss berücksichtigt werden. Mit den üblichen Bemessungsmodellen des Stahlbetonbaus konsistent ist hingegen eine Bemessung als Plattenbalkenquerschnitt mit dem Moment $M_{ges} = M_{Pl} + M_{PB}^*$.

Unterzug als exzentrischer Biegebalken für den Steg: Für den Stab wird die Biegesteifigkeit des Steges angesetzt. Es gilt für die Querschnittsfläche $A_{Ba} = b_o \cdot (d_o - d)$ und für das Flächenmoment 2. Grades $I_{Ba} = b_o \cdot (d - d_o)^3/12$. Der Stab wird mit der Exzentrizität $e = d_o / 2$ starr an die Platte gekoppelt. Die Biegesteifigkeit entspricht derjenigen des Modells mit zentrischem Ersatzstab mit dem Grenzwert der mitwirkenden Plattenbreite $b \to \infty$ [2.26]. Das Bemessungsmoment $M_{PB}^* = M_{Ba} + N \cdot e$ wird explizit aus der Kraft N und dem Biegemoment M_{Ba} im Balken ermittelt.

Lasten: Bei Punktlasten und eingeprägten Momenten ist eine Singularitätenstelle, an der die Schnittgrößen sinngemäß wie an Punktlagern interpretiert werden können. Um Singularitäten zu vermeiden, werden Einzellasten mit ihrer Aufstandsbreite als verteilte Lasten dargestellt.

3.7 Konstruktive Gesichtspunkte bei Finite-Element-Berechnungen

- Unregelmäßige Bereiche von Bauteilen, wie z. B. Lasteinleitungsbereiche und Querschnittssprünge, erfordern eine konstruktive Bewehrung, die in den FE-Ergebnissen nicht enthalten ist.
- Verankerungslänge und Versatzmaß sind bei Scheiben und Platten für die vom Finite-Element-Programm ermittelte Bewehrung zusätzlich zu berücksichtigen.
- Tragende Wärmedämmelemente (Isokörbe) können ausschließlich Biegemomente, nicht aber Drillmomente übertragen. Bei der Modellierung ist das zu berücksichtigen, z. B. durch die Darstellung der von einem Balkon eingeleiteten Schnittgrößen als Linienlast und -moment anstelle einer Finite-Element-Modellierung eines Balkons als Platte [2.32].

3 Einwirkungen auf Tragwerke

(Lastannahmen nach DIN 1055-3 (6.71), DIN 1055-4 (8.86), DIN 1055-5 (6.75) s. [CD], Fachinformationen.)

Inhaltsverzeichnis

Einführung

Für das Bauen mit Beton, Holz, Mauerwerk, Stahl usw. sind in den letzten Jahren die Bemessungs- und Konstruktionsnormen auf das Sicherheitskonzept mit Teilsicherheitsbeiwerten der DIN 1055-100 umgestellt worden. Die Lastannahmen mussten daher überarbeitet und angepasst werden. Abgesehen von DIN 1055-2 (zzt. Entwurf) sind zwischenzeitlich alle Teile von DIN 1055 als Weißdruck erschienen.

Die Normen der Reihe DIN 1055 wurden auf der Grundlage entsprechender europäischer Vornormen der Reihe ENV 1991 „Grundlagen der Tragwerksplanung und Einwirkungen auf Tragwerke" fast vollständig überarbeitet. In dieser Normenreihe sind das für die Bemessung und Konstruktion von Tragwerken maßgebende Sicherheitskonzept und die Einwirkungen festgelegt. Den gegenwärtigen Stand gibt untenstehende Tafel wieder.

DIN 1055-100 und DIN 1055-1 sind seit 2002 bauaufsichtlich eingeführt. Weitere Teile von DIN 1055 (Teil 3, Teil 4, Teil 5, Teil 6 und Teil 9) werden in die nächste Musterliste der Technischen Baubestimmungen 2006 aufgenommen und sollen ab 1. Januar 2007 **ohne Übergangsfrist** bauaufsichtlich eingeführt werden. Auf entsprechende Erlasse der Bundesländer ist regional zu achten (in Baden-Württemberg wird z. B. eine Einführung noch im Laufe des Jahres 2006 erwogen).

Zu beachten ist, dass zu DIN 1055-3 noch eine Neuausgabe (03.2006) und zu DIN 1055-4 eine Berichtigung (03.2006) erschienen sind.

Die Teile 7 und 8 sollen bauaufsichtlich nicht eingeführt werden. DIN 1055-10 soll im Jahre 2008 mit Ergänzungen für Einwirkungen auf Kranbahnen aus Stahlbeton und Spannbeton neu herausgegeben werden.

Bei den Einwirkungen aus Wind und Schnee ergeben sich regional zum Teil deutlich höhere Lasten als bisher. Diese ggf. größeren Einwirkungen sollten schon jetzt der Tragwerksplanung zugrunde gelegt werden, da sie dem „neuen Stand der Technik" entsprechen. Auf ggf. vorhandene reduzierte Einwirkungen in den neuen Normen kann allerdings ohne Abstimmung mit dem Bauherrn und der Genehmigungsbehörde nicht zurückgegriffen werden. Weitere Hinweise und Erläuterungen vgl. z. B. www.betonverein.de.

Die Fachwelt sollte sich in jedem Fall schon jetzt intensiv mit den neuesten Entwicklungen auf diesem Gebiet befassen und auseinander setzen.

Die Normenstruktur ist nachfolgend dargestellt.

DIN 1055: Einwirkungen auf Tragwerke

Teil 100:
Grundlagen der Tragwerksplanung, Sicherheitskonzept und Bemessungsregeln (03.2001)

Teil 1:	Teil 2:	Teil 3:	Teil 4:	Teil 5:	Teil 6:	Teil 7:	Teil 8:	Teil 9:	Teil 10:
Wichte und Flächenlasten von Baustoffen, Bauteilen und Lagerstoffen	Bodenkenngrößen	Eigen- und Nutzlasten für Hochbauten	Windlasten	Schnee- und Eislasten	Einwirkungen auf Silos und Flüssigkeitsbehälter	Temperatureinwirkungen	Einwirkungen während der Bauausführung	Außergewöhnliche Einwirkungen	Einwirkungen infolge Krane und Maschinen
06.2002	E:06.2002	03.2006	03.2005 (mit Ber.1 03.2006)	07.2005	03.2005	03.2005	01.2003	08.2003	07.2004

Für bestimmte Bauwerke (z.B. Brücken) oder besondere Einwirkungen (z. B. Erdbeben, s. DIN 4149) sind zusätzliche Festlegungen zu berücksichtigen. Für den **Brückenbau** gilt DIN-Fachbericht 101 „Einwirkungen auf Brücken". Der DIN-Fachbericht 101 ist seit 2003 für den Brückenbau verbindlich.

I Grundlagen der Tragwerksplanung, Sicherheitskonzept und Bemessungsregeln (nach DIN 1055-100, Ausg. März 2001)

Prof. Dr.-Ing. Alfons Goris

1 Grundlagen

Grundsätzliches Ziel bei Planung, Konstruktion und Ausführung von Bauwerken ist die Sicherstellung einer angemessenen Zuverlässigkeit gegen Versagen und die Gewährleistung des vorgegebenen Nutzungszwecks für die vorgesehene Dauer unter Berücksichtigung von wirtschaftlichen Gesichtspunkten (s. a. [3.2]). Das Sicherheits- und Bemessungskonzept beruht auf dem Nachweis, dass diese Anforderungen erfüllt und sog. Grenzzustände nicht überschritten werden. Man unterscheidet Grenzzustände der *Tragfähigkeit*, Grenzzustände der *Gebrauchstauglichkeit* und Anforderungen an die *Dauerhaftigkeit*.

Die folgende Ausführungen gelten für die Tragwerksplanung von Hoch- und Ingenieurbauwerken (inkl. der Gründung). Sie gelten auch für die Tragwerksplanung im Bauzustand und für Tragwerke mit befristeter Standzeit sowie für die Planung von Verstärkungs-, Instandsetzungs- oder Umbaumaßnahmen.

Begriffe

Prinzip	Eine Angabe und Festlegung, von der keine Abweichung zulässig ist.
Anwendungsregel	Allgemein anerkannte Regel, die dem Prinzip folgt und dessen Anforderungen erfüllt. Alternativen sind auf der Basis der Prinzipien zulässig.
Grenzzustand	Ein Zustand, bei dem ein Tragwerk die Entwurfsanforderungen gerade noch erfüllt; man unterscheidet Grenzzustände der Tragfähigkeit und der Gebrauchstauglichkeit.
Einwirkung E	Auf ein Tragwerk einwirkende Kräfte, Lasten etc. als direkte Einwirkung, eingeprägte Verformungen (Temperatur, Setzung) als indirekte Einwirkung.
Widerstand R	Durch Materialeigenschaften (Beton, Betonstahl, Spannstahl) und geometrische Größen sich ergebende aufnehmbare Beanspruchungen.
Tragwerk	Miteinander verbundene tragende und aussteifende Bauteile.
Tragsystem	Summe der tragenden Bauteile und ihr Zusammenwirken.
Tragwerksmodell	Idealisierung des Tragsystems für Schnittgrößenermittlung und Bemessung.

2 Charakteristische Werte und Bemessungswerte

2.1 Einwirkungen

Einwirkungen sind als Lastbilder aus Einwirkungsnormen, bauartspezifischen Bemessungsnormen oder gleichwertigen Unterlagen zu entnehmen. Umwelteinflüsse, die die Dauerhaftigkeit beeinflussen können, sind durch geeignete Modelle zu erfassen (z. B. durch die Definition von Umweltklassen mit entsprechenden Anforderungen).

Für die Nachweisführung maßgebende Einwirkungswerte:

- *Charakteristische Werte* (F_k), die i. Allg. in Lastnormen festgelegt werden, und zwar als
  - ständige Einwirkung, i. d. R. als ein einzelner Wert (G_k), ggf. jedoch auch als oberer ($G_{k,sup}$) und unterer ($G_{k,inf}$) Grenzwert
  - veränderliche Einwirkung (Q_k), als oberer/unterer Wert oder als festgelegter Sollwert
  - außergewöhnliche Einwirkung (A_k), i. Allg. als festgelegter (deterministischer) Wert.
- *Repräsentative Werte von veränderlichen Einwirkungen* (Q_{rep}) ergeben sich unter Berücksichtigung von Kombinationsbeiwerten ψ_i; es werden unterschieden
  - charakteristischer Wert (Q_k)
  - Kombinationswert ($\psi_0 \cdot Q_k$)
  - Häufiger Wert ($\psi_1 \cdot Q_k$)
  - Quasi-ständiger Wert ($\psi_2 \cdot Q_k$).
- *Bemessungswerte* der Einwirkung (F_d) ergeben sich aus
  - $F_d = \gamma_F \cdot F_k$ bzw.
  - $Q_d = \gamma_F \cdot Q_{rep}$

  mit γ_F als Teilsicherheitsbeiwert für die betrachtete Einwirkung; der Beiwert γ_F kann mit einem oberen ($\gamma_{F,sup}$) und einem unteren Wert ($\gamma_{F,inf}$) angegeben werden.

2.2 Baustoffeigenschaften

Eigenschaften von Baustoffen, Bauprodukten oder Baugrund werden durch charakteristische Werte X_k beschrieben, die i. Allg. einem festgelegten Quantilwert der statistischen Verteilung entsprechen (bei Festigkeitsgrößen ist der untere charakt. Wert i. d. R. das 5 %-Quantil). Für den Bemessungswert gilt

$$X_d = X_k/\gamma_M \qquad \text{oder} \qquad X_d = \eta \cdot X_k/\gamma_M$$

mit γ_M als Teilsicherheitsbeiwert für die Baustoff- oder Produkteigenschaft nach der bauartspezifischen Bemessungsnorm. In einigen Fällen wird der charakteristsiche Wert X_k zusätzlich mit einem Umrechnungsfaktor η zur Berücksichtigung der Lastdauer, von Maßstabseffekten u. a. m. multipliziert.

2.3 Geometrische Größen

Geometrische Größen werden durch charakteristische Werte und im Fall von Imperfektionen unmittelbar durch ihre Bemessungswerte dargestellt. Die charakteristischen Werte entsprechen üblicherweise den bei der Tragwerksplanung festgelegten Maßen. Der Bemessungwert wird i. Allg. durch den Nennwert

$$a_d = a_{nom}$$

wiedergegeben, ggf. aber auch durch $a_d = a_{nom} + \Delta a$ mit Δa als ungünstige Abweichung.

3 Grenzzustände der Tragfähigkeit (GZT)

3.1 Lagesicherheit

Es ist nachzuweisen, dass die Bemessungswerte der destabilisierenden Einwirkungen $E_{d,dst}$ die Bemessungswerte der stabilisierenden Einwirkungen $E_{d,stb}$ nicht überschreiten (DIN 1055-100, 9.2):

$$\mathbf{E_{d,dst} \leq E_{d,stb}} \qquad \textit{oder} \qquad E_{d,dst} - E_{d,stb} \leq R_d \tag{4.1}$$

mit R_d als Bemessungswert des Tragwiderstands (z. B. einer Verankerung).

3.2 Grenzzustände der Tragfähigkeit infolge Tragwerksversagen

Wenn das Versagen des Tragwerks durch Bruch, übermäßige Verformungen oder durch Materialermüdung betrachtet wird, muss nachgewiesen werden, dass

$$\mathbf{E_d \leq R_d} \tag{4.2}$$

mit E_d als Bemessungswert der Beanspruchung und R_d als Bemessungswert des Tragwiderstands.

Bemessungswert der Beanspruchung E_d

Der Bemessungswert der Beanspruchung wird nach DIN 1055-100, Abschn. 9.4 bestimmt:

Grundkombination
$$\mathbf{E_d = E\,[\sum_{j\geq 1}\gamma_{G,j}\cdot G_{k,j} \oplus \gamma_P\cdot P_k \oplus \gamma_{Q,1}\cdot Q_{k,1} \oplus \sum_{i>1}\gamma_{Q,i}\cdot\psi_{0,i}\cdot Q_{k,i}\,]} \tag{4.3a}$$

Außergew. Situation
$$E_{dA} = E\,[\sum_{j\geq 1}\gamma_{GA,j}\cdot G_{k,j} \oplus \gamma_{PA}\cdot P_k \oplus A_d \oplus \psi_{1,1}\cdot Q_{k,1} \oplus \sum_{i>1}\psi_{2,i}\cdot Q_{k,i}\,] \tag{4.3b}$$

Erdbeben
$$E_{dAE} = E\,[\sum_{j\geq 1} G_{k,j} \oplus P_k \oplus \gamma_1\cdot A_{Ed} \oplus \sum_{i\geq 1}\psi_{2,i}\cdot Q_{k,i}\,] \tag{4.3c}$$

$\gamma_{G,j}$; γ_P	Teilsicherheitsbeiwert für ständige Einwirkungen und für die Vorspannung (s. Tafel 3.5a)
$\gamma_{GA,j}$; γ_{PA}	wie vor, in der außergewöhnlichen Kombination (s. Tafel 3.5a)
γ_{Q1}; γ_{Qi}	Teilsicherheitsbeiwert für die erste, für weitere veränderliche Einwirkungen (s. Tafel 3.5a)
γ_1	Wichtungsfaktor für Einwirkungen aus Erdbeben (s. DIN 4149-1)
$G_{k,j}$; P_k	charakteristische Werte der ständigen Einwirkungen, der Vorspannung
$Q_{k,1}$; $Q_{k,i}$	charakteristische Werte der ersten und der weiteren unabhängigen veränderlichen Einwirkung
A_d	Bemessungswert einer außergewöhnlichen Einwirkung (z. B. Anpralllast; Explosion)
A_{Ed}	Bemessungswert der Einwirkung infolge von Erdbeben
ψ_0, ψ_1, ψ_2	Kombinationsbeiwerte für seltene, häufige und quasi-ständige Einwirkungen (s. Tafel 3.5b)
$\oplus$	„in Kombination mit“

Die *maßgebende* Leiteinwirkung $E_{Qk,1}$ der unabhängigen veränderlichen Einwirkungen kann bei linear-elastischer Schnittgrößenermittlung bestimmt werden aus dem Extremwert von

- Grundkombination extr. $[\gamma_{Q,i}\cdot(1-\psi_{0,i})\cdot E_{Qk,i}]$ (4.4a)
- Außergew. Kombination extr. $[(\psi_{1,i}-\psi_{2,i})\cdot E_{Qk,i}]$ (4.4b)

Bemessungswerte des Tragwiderstands R_d

Die Bemessungswerte des Tragwiderstands R_d werden in den bauartspezifischen Normen festgelegt. Er ist als Funktion der Baustoffeigenschaften und der geometrischen Größen zu bestimmen (s.o.).

Tafel 3.5a Teilsicherheitsbeiwerte γ_F für Einwirkungen (DIN 1055-100, Tab. A.3)

Nachweis	Einwirkung		Symbol	Bemessungssituation P/T[1)]	A[1)]
Verlust der Lagesicherheit des Tragwerks	Ständige Einwirkungen: Eigenlast des Tragwerks und von Ausbauten; ständige Einwirkungen, vom Baugrund herrührend; Grundwasser und frei anstehendes Wasser	ungünstig günstig	$\gamma_{G,sup}$ $\gamma_{G,inf}$	1,10 0,90	1,00 0,95
	Bei kleinen Schwankungen der ständigen Einwirkung (z. B. Nachweis der Auftriebssicherheit)	ungünstig günstig	$\gamma_{G,sup}$ $\gamma_{G,inf}$	1,05 0,95	1,00 0,95
	Veränderliche Einwirkungen	ungünstig	γ_Q	1,50	1,00
	Außergewöhnliche Einwirkungen	ungünstig	γ_A	-	1,00
Versagen des Tragwerks od. der Gründung, durch Bruch, überm. Verformung	Unabhängige ständige Einwirkungen (siehe oben)	ungünstig günstig	$\gamma_{G,sup}$ $\gamma_{G,inf}$	1,35 1,00	1,00 1,00
	Unabhängige veränderliche Einwirkungen	ungünstig	$\gamma_{G,sup}$	1,50	1,00
	Außergewöhnliche Einwirkungen	ungünstig	γ_A	-	1,00
Baugrundversagen durch Böschungs- od. Geländebruch	Unabhängige ständige Einwirkungen (s. o.)		γ_G	1,00	1,00
	Unabhängige veränderliche Einwirkungen	ungünstig	$\gamma_{G,sup}$	1,30	1,00
	Außergewöhnliche Einwirkungen	ungünstig	γ_A	-	1,00

1) P: Ständige Situation; Lastfall 1 nach DIN 1054-100 T: Vorübergehende Situation; Lastfall 2 nach DIN 1054-100 A: Außergewöhnliche Situation; Lastfall 3 nach DIN 1054-100

Tafel 3.5b Kombinationsbeiwerte ψ für Hochbauten (DIN 1055-100, Tab. A.2)

Einwirkung			Kombinationsbeiwerte ψ_0	ψ_1	ψ_2
Nutzlast,	Kategorie A, B:	Wohn-, Aufenthalts-, Büroräume	0,7	0,5	0,3
	Kategorie C, D:	Versammlungsräume; Verkaufsräume	0,7	0,7	0,6
	Kategorie E:	Lagerräume	1,0	0,9	0,8
Verkehrslast,	Kategorie F:	Fahrzeuggewicht $F \leq 30$ kN	0,7	0,7	0,6
	Kategorie G:	Fahrzeuggewicht 30 kN $\leq F \leq$ 160 kN	0,7	0,5	0,3
	Kategorie H:	Dächer	0	0	0
Windlasten			0,6	0,5	0
Schneelasten		Orte bis zu NN +1000	0,5	0,2	0
		Orte über NN +1000	0,7	0,5	0,2
Temperatureinwirkungen		(nicht für Brand!)	0,6	0,5	0
Baugrundsetzungen			1,0	1,0	1,0
Sonstige veränderliche Einwirkungen			0,8	0,7	0,5

Beispiel

Einfeldträger mit Kragarm und Belastung g_{k1} = 10,0 kN/m² (Eigenlasten), q_{k1} = 7,5 kN/m² (Nutzlast in Büroräumen) und Q_{k2} = 5,0 kN/m (Schneelast; Lage bis NN +1000).

Nachweis der Lagesicherheit

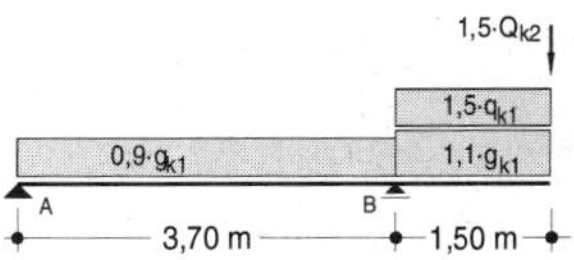

Maßgebende Lastfallkombination mit Q_{k2} als Leiteinwirkung (s.u.)

- $\gamma_{G,sup} \cdot g_{k1} \oplus \gamma_Q \cdot Q_{k2} \oplus \gamma_Q \cdot \psi_0 \cdot q_{k1}$
- $\gamma_{G,inf} \cdot g_{k1}$

$A_{d,dst} = 1{,}1 \cdot 10{,}0 \cdot 1{,}5^2 / (2 \cdot 3{,}7)$
$+ 1{,}5 \cdot 5{,}0 \cdot 1{,}5 / 3{,}7 + 1{,}5 \cdot (0{,}7 \cdot 7{,}5) \cdot 1{,}5^2 / (2 \cdot 3{,}7) = 8{,}8$ kN/m

$A_{d,stb} = 0{,}9 \cdot 10{,}0 \cdot 3{,}70 / 2 = 16{,}7$ kN/m

$A_{d,dst} = 8{,}8$ kN/m $< A_{d,stb} = 16{,}7$ kN/m $\Rightarrow$ Nachweis erfüllt

Versagen an der Stütze B auf Biegung (Einwirkung)

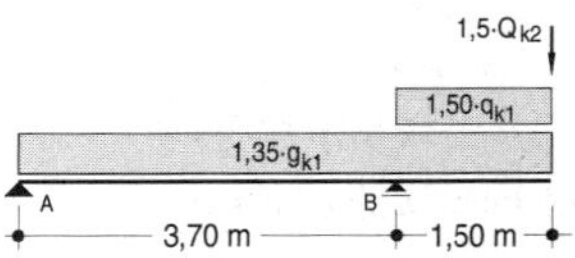

Maßgebende Lastfallkombination mit Q_{k2} als Leiteinwirkung*)

- $\gamma_{G,sup} \cdot g_{k1} \oplus \gamma_Q \cdot Q_{k2} \oplus \gamma_Q \cdot \psi_0 \cdot q_{k1}$

$M_{Ed,B} = 1{,}35 \cdot 10{,}0 \cdot 1{,}5^2 / 2$
$+ 1{,}50 \cdot 5{,}0 \cdot 1{,}5 + 1{,}5 \cdot (0{,}7 \cdot 7{,}5) \cdot 1{,}5^2 / 2 = 35{,}3$ kNm/m

*) $(1 - \psi_{0,i}) \cdot M_{Qk2} = (1 - 0{,}5) \cdot 5{,}0 \cdot 1{,}5 = 3{,}75 > (1 - \psi_{0,i}) \cdot M_{qk1} = (1 - 0{,}7) \cdot 7{,}5 \cdot 1{,}5^2/2 = 2{,}53$ (vgl. Gl. (4.4a))

4 Grenzzustände der Gebrauchstauglichkeit

Die Beanspruchung E_d darf den Nennwert des Gebrauchstauglichkeitskriteriums C_d nicht überschreiten:

$$\boxed{E_d \leq C_d} \qquad (6.1)$$

Kombinationsregeln für Einwirkungen E_d (in symbolischer Form):

seltene Kombination $E_{d,rare} = E\,[\sum_{j\geq 1} G_{k,j} \oplus P_k \oplus Q_{k,1} \oplus \sum_{i>1} \psi_{0,i} \cdot Q_{k,i}]$ (6.2a)

häufige Kombination $E_{d,frequ} = E\,[\sum_{j\geq 1} G_{k,j} \oplus P_k \oplus \psi_{1,1} \cdot Q_{k,1} \oplus \sum_{i>1} \psi_{2,i} \cdot Q_{k,i}]$ (6.2b)

quasi-ständige Kombination $E_{d,perm} = E\,[\sum_{j\geq 1} G_{k,j} \oplus P_k \oplus \sum_{i\geq 1} \psi_{2,i} \cdot Q_{k,i}]$ (6.2c)

nicht-häufige Kombination[1] $E_{d,non\text{-}fr} = E\,[\sum_{j\geq 1} G_{k,j} \oplus P_k \oplus \psi'_{1,1} \cdot Q_{k,1} \oplus \sum_{i>1} \psi_{1,i} \cdot Q_{k,i}]$ (6.2d)

Die maßgebende Leiteinwirkung $E_{Qk,1}$ der unabhängigen veränderlichen Einwirkungen kann bei linear-elastischer Schnittgrößenermittlung bestimmt werden aus dem Extremwert von

- seltene Kombination extr. $[(1 - \psi_{0,i}) \cdot E_{Qk,i}]$ (6.3a)
- häufige Kombination extr. $[(\psi_{1,i} - \psi_{2,i}) \cdot E_{Qk,i}]$ (6.3b)

Bemessungswert des Gebrauchstauglichkeitskriteriums C_d

Entsprechende Grenzwerte sind in den bauartspezifischen Normen festgelegt (z. B. eine Verformung).

Beispiel (Fortsetzung von S. 3.5)

Biegemoment an Stütze B, z. B. in der häufigen Kombination

Maßgebende Lastfallkombination mit q_{k1} als Leiteinwirkung[2]

- $g_{k1} \oplus \psi_{1,1} \cdot q_{k1} \oplus \psi_{2,2} \cdot Q_{k2}$

$M_{frequ,B} = 10{,}0 \cdot 1{,}5^2/2 + (0{,}5 \cdot 7{,}5) \cdot 1{,}5^2/2 + (0{,}0 \cdot 5{,}0) \cdot 1{,}5$
$= 15{,}47$ kNm/m

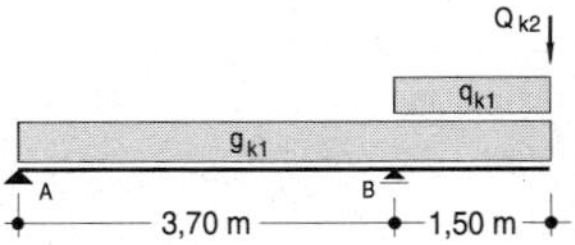

5 Vereinfachte Kombinationsregeln

Bei linear-elastischer Schnittgrößenermittlung darf für Hochbauten eine vereinfachte Kombinationsregel angewendet werden.

Grenzzustand der Tragfähigkeit

Grundkombination $\mathbf{E_d = \gamma_G \cdot E_{Gk} + 1{,}50 \cdot E_{Q,unf} + E_{Pk}}$ (6.4a)

Außergew. Kombination $\mathbf{E_{dA} = E_{Ad} + E_{d,perm}}$ (6.4b)

γ_G Sicherheitsbeiwert für die ständige Einwirkung mit $\gamma_{G,sup} = 1{,}35$ und $\gamma_{G,inf} = 1{,}00$

$E_{Q,unf}$ Kombination der ungünstigen veränderlichen charakteristischen Werte; sie wird ermittelt aus $E_{Q,unf} = E_{Qk,1} + \psi_{0,Q} \cdot \sum_{i>1(unf)} E_{Qk,i}$ mit $E_{Qk,1}$ als vorherrschende veränderliche Einwirkung, $\psi_{0,Q}$ als bauwerksbezogener Größtwert

Beispiel (vgl. S. 3.5)

Biegemoment an Stütze B im Grenzzustand der Tragfähigkeit

Maßgebende Lastfallkombination mit Q_{k2} als Leiteinwirkung

- $\gamma_{G,sup} \cdot g_{k1} \oplus 1{,}50 \cdot (Q_{k,2} \oplus \psi_0 \cdot q_{k1})$

$M_{Ed,B} = 1{,}35 \cdot 10{,}0 \cdot 1{,}5^2/2$
$+ 1{,}50 \cdot (5{,}0 \cdot 1{,}5 + (0{,}7 \cdot 7{,}5) \cdot 1{,}5^2/2) = 35{,}3$ kN/m

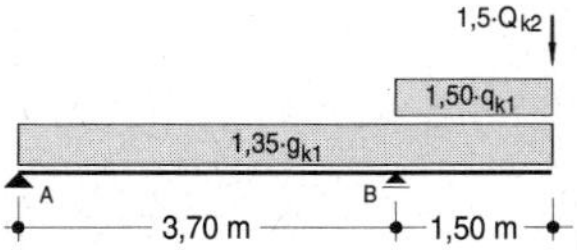

Grenzzustand der Gebrauchstauglichkeit

Für den üblichen Hochbau darf vereinfachend Gl. (6.2a) bis (6.2c) ersetzt werden:

seltene Kombination $E_{d,rare} = E_{Gk} + E_{Pk} + E_{Q,unf}$ (6.5a)

häufige Kombination $E_{d,frequ} = E_{Gk} + E_{Pk} + \psi_{1,Q} \cdot E_{Q,unf}$ (6.5b)

quasi-ständige Kombination $E_{d,perm} = E_{Gk} + E_{Pk} + \sum \psi_{2,i} \cdot E_{Qk,i}$ (6.5c)

Erläuterungen der Formelzeichen s. Hinweise zu Gl. (6.4).

---

[1] Nicht-häufige Kombination für den Brückenbau gemäß DIN FB 101

[2] $(\psi_{1,i} - \psi_{2,i}) \cdot M_{qk1} = (0{,}5 - 0{,}3) \cdot 7{,}5 \cdot 1{,}5^2/2 = 1{,}69 > (\psi_{1,i} - \psi_{2,i}) \cdot M_{Qk2} = (0{,}2 - 0) \cdot 5{,}0 \cdot 1{,}5 = 1{,}50$ (s. Gl. (6.3b))

II Eigenlasten von Baustoffen, Bauteilen und Lagerstoffen

(nach DIN 1055-1, Ausg. Juni 2002)

Prof. Dipl.-Ing. Klaus-Jürgen Schneider

In den folgenden Tabellen werden die charakteristischen Werte von Wichten und Flächenlasten angegeben.

1 Beton

Normalbeton	Wichte[a] in kN/m³	24
Stahlbeton	Wichte[a] in kN/m³	25
Schwerbeton	Wichte[a] in kN/m³	> 28

Leichtbeton											
Rohdichteklasse	0,5	0,6	0,7	0,8	0,9	1,0	1,2	1,4	1,6	1,8	2,0
Wichte[a] in kN/m³	5,0	6,0	7,0	8,0	9,0	10,0	12,0	14,0	16,0	18,0	20,0

Stahlleichtbeton								
Rohdichteklasse	0,8	0,9	1,0	1,2	1,4	1,6	1,8	2,0
Wichte[a] in kN/m³	9,0	10,0	11,0	13,0	15,0	17,0	19,0	21,0

[a] Bei Frischbeton sind die Werte um 1 kN/m³ zu erhöhen.

2 Mauerwerk und Putz

2.1 Mauerwerk

Mauerwerk aus künstlichen Steinen (einschließlich Fugenmörtel und übliche Feuchte)

Steinrohdichte in g/cm³	0,4	0,5	0,6	0,7	0,8	0,9	1,0	1,2	1,4	1,6	1,8	2,0	2,2	2,4
Wichte in kN/m³ bei Normalmörtel	6	7	8	9	10	11	12	14	16	16	18	20	22	24
Wichte in kN/m³ bei Leicht- und Dünnbettmörtel	5	6	7	8	9	10	11	13	15					

Bei Zwischenwerten der Steinrohdichten dürfen die Rechenwerte geradlinig interpoliert werden.

Mauerwerk aus natürlichen Steinen

	Wichte in kN/m³
Amphibolit	30
Basalt	29
Diabas	29
Diorit	29
Dolomit	28
Gabbro	29
Gneis	30
Granit	28
Granulit	30
Grauwacke	27
Kalkstein (dicht)	28
Konglomerate	26
Marmor	28

	Wichte in kN/m³
Melaphyr	30
Muschelkalk	28
Nagelfluh	27
Porphyr	28
Quarzit	27
Rhyolit	26
Sandstein	27
Serpentin	27
Schiefer	28
Syenit	28
Trachyt	26
Travertin	26
Tuffstein	20

Bauplatten und Planbauplatten aus **unbewehrtem Porenbeton** nach DIN 4166

Rohdichteklasse	0,35	0,40	0,45	0,50	0,55	0,60	0,65	0,70	0,80
Wichte[b] in kN/m³	4,5	5,0	5,5	6,0	6,5	7,0	7,5	8,0	9,0

Dach-, Wand- und Deckenplatten aus **bewehrtem Porenbeton** nach DIN 4223

Rohdichteklasse	0,40	0,45	0,50	0,55	0,60	0,65	0,70	0,80
Wichte[b] in N/m³	5,2	5,7	6,2	6,7	7,2	7,8	8,4	9,5

[b] Die Werte schließen den Fugenmörtel und die übliche Feuchte ein. Bei Verwendung von Leicht- und Dünnbettmörtel dürfen die charakteristischen Werte um 0,5 kN/m³ vermindert werden.

Gips-Wandbauplatten nach DIN EN 12859 **und Gipskartonplatten** nach DIN 18180

Gegenstand	Rohdichteklasse	Flächenlast je cm Dicke in kN/m²
Porengips-Wandbauplatten	0,7	0,07
Gips-Wandbauplatten	0,9	0,09
Gipskartonplatten	–	0,09

2.2 Mörtel und Putze (Mörtel und Putze ohne und mit Putzträgern)

Gegenstand	Flächenlast in kN/m²
Drahtputz (Rabitzdecken und Verkleidungen), 30 mm Mörteldicke aus	
▪ Gipsmörtel	0,50
▪ Kalk-, Gipskalk- oder Gipssandmörtel	0,60
▪ Zementmörtel	0,80
Gipskalkputz	
▪ auf Putzträgern (z. B. Ziegeldrahtgewebe, Streckmetall) bei 30 mm Mörteldicke	0,50
▪ auf Holzwolleleichtbauplatten mit 15 mm Dicke u. Mörtel mit 20 mm Dicke	0,35
▪ auf Holzwolleleichtbauplatten mit 25 mm Dicke u. Mörtel mit 20 mm Dicke	0,45
▪ Gipsputz, Dicke 15 mm	0,18
▪ Kalk-, Kalkgips- und Gipssandmörtel, Dicke 20 mm	0,35
▪ Kalkzementmörtel, Dicke 20 mm	0,40
▪ Leichtputz nach DIN 18550-4, Dicke 20 mm	0,30
▪ Putz aus Putz- und Mauerbinder nach DIN 4211, Dicke 20 mm	0,40
▪ Rohrdeckenputz (Gips), Dicke 20 mm	0,30
Wärmedämmputzsystem (WDPS) – Dämmputz	
▪ Dicke 20 mm	0,24
▪ Dicke 60 mm	0,32
▪ Dicke 100 mm	0,40
Wärmedämmbekleidung aus Kalkzementputz mit einer Dicke von 20 mm und Holzwolleleichtbauplatten	
▪ Plattendicke 15 mm	0,49
▪ Plattendicke 50 mm	0,60
▪ Plattendicke 100 mm	0,80
Wärmedämmverbundsystem (WDVS) aus 15 mm dickem bewehrtem Oberputz und Schaumkunststoff nach DIN V 18164-1 und DIN 18164-2 oder Faserdämmstoff nach DIN V 18165-1 und DIN 18165-2	0,30
Zementmörtel, Dicke 20 mm	0,42

3 Metalle

Baustoff	Wichte in kN/m³
Aluminium	27
Aluminiumlegierungen	28
Blei	114
Gusseisen	72,5
Kupfer	89
Kupfer-Zink-Legierung	85

Baustoff	Wichte in kN/m³
Kupfer-Zinn-Legierung	85
Magnesium	18,5
Nickel	89
Stahl	78,5
Zink (gewalzt)	72
Zinn (gewalzt)	74

4 Holz und Holzwerkstoffe[a]

Holz	Wichte in kN/m³
Nadelholz	5
Laubholz	
▪ D 30 bis D 40	7
▪ D 60	9
▪ D 70	11

[a] Die Wichte von Holz bezieht sich auf einen halbtrockenen Zustand. Zuschläge für kleine Stahlteile, Hartholzteile und Anstriche sind enthalten.

Holzwerkstoffe	Wichte in kN/m³
Spanplatten nach DIN 68763	6
Baufurniersperrholz	
▪ nach DIN 68705-3	6
▪ nach DIN 68705-5	8
Holzfaserplatten	
▪ Typ HFM (DIN 68754-1)	7
▪ Typ HFH (DIN 68754-1)	10

5 Dachdeckungen

Die Flächenlasten gelten für 1 m² Dachfläche ohne Sparren, Pfetten und Dachbinder.

Deckungen aus Dachziegeln, Dachsteinen und Glasdeckstoffen

Gegenstand	Flächenlast[1] in kN/m²
Dachsteine aus Beton mit mehrfacher Fußverrippung u. hochliegendem Längsfalz	
▪ bis 10 Stück/m²	0,50
▪ über 10 Stück/m²	0,55
Dachsteine aus Beton mit mehrfacher Fußverrippung u. tief liegendem Längsfalz	
▪ bis 10 Stück/m²	0,60
▪ über 10 Stück/m²	0,65
Biberschwanzziegel 155 mm x 375 mm und 180 mm x 380 mm und ebene Dachsteine aus Beton im Biberformat	
▪ Spließdach (einschließlich Schindeln)	0,60
▪ Doppeldach und Kronendach	0,75
Falzziegel, Reformpfannen, Falzpfannen, Flachdachpfannen	0,55
Glasdeckstoffe	bei gleicher Dachdeckungsart wie in Zeilen 1 bis 6
Großformatige Pfannen bis 10 Stück/m²	0,50
Kleinformatige Biberschwanzziegel u. Sonderformate (Kirchen-, Turmbiber usw.)	0,95
Krempziegel, Hohlpfannen	0,45
Krempziegel, Hohlpfannen in Pappdocken verlegt	0,55
Mönch- und Nonnenziegel (mit Vermörtelung)	0,90
Strangfalzziegel	0,60

[1] Die Flächenlasten gelten, soweit nicht anders angegeben, ohne Vermörtelung, aber einschließlich der Lattung. Bei einer Vermörtelung sind 0,1 kN/m² zuzuschlagen.

Schieferdeckung

Gegenstand	Flächenlast in kN/m²
Altdeutsche Schieferdeckung und Schablonendeckung auf 24 mm Schalung, einschließlich Vordeckung und Schalung	
▪ in Einfachdeckung	0,50
▪ in Doppeldeckung	0,60
▪ Schablonendeckung auf Lattung, einschließlich Lattung	0,45

Metalldeckungen

Gegenstand	Flächenlast in kN/m²
Aluminiumblechdach (Aluminium 0,7 mm dick, einschließlich 24 mm Schalung)	0,25
Aluminiumblechdach aus Well-, Trapez- und Klemmrippenprofilen	0,05
Doppelstehfalzdach aus Titanzink oder Kupfer, 0,7 mm dick, einschließlich Vordeckung und 24 mm Schalung	0,35
Stahlpfannendach (verzinkte Pfannenbleche)	
▪ einschließlich Lattung	0,15
▪ einschließlich Vordeckung und 24 mm Schalung	0,30
Stahlblechdach aus Trapezprofilen	–[1]
Wellblechdach (verzinkte Stahlbleche, einschließlich Befestigungsmaterial)	0,25

[1] Nach Angabe des Herstellers.

Faserzement-Dachplatten nach DIN EN 494

Gegenstand	Flächenlast in kN/m²
Deutsche Deckung auf 24 mm Schalung, einschl. Vordeckung und Schalung	0,40
Doppeldeckung auf Lattung, einschließlich Lattung	0,38[1)]
Waagerechte Deckung auf Lattung, einschließlich Lattung	0,25[1)]
[1)] Bei Verlegung auf Schalung sind 0,1 kN/m² zu addieren.	

Faserzement-Wellplatten nach DIN EN 494

Gegenstand	Flächenlast in kN/m²
Faserzement-Kurzwellplatten	0,24[1)]
Faserzement-Wellplatten	0,20[1)]
[1)] Ohne Pfetten; jedoch einschließlich Befestigungsmaterial.	

Sonstige Deckungen

Gegenstand	Flächenlast in kN/m²
Deckung mit Kunststoffwellplatten (Profilformen nach DIN EN 494), ohne Pfetten, einschließlich Befestigungsmaterial ▪ aus faserverstärkten Polyesterharzen (Rohdichte 1,4 g/cm³), Plattendicke 1 mm ▪ wie vor, jedoch mit Deckkappen ▪ aus glasartigem Kunststoff (Rohdichte 1,2 g/cm³), Plattendicke 3 mm	 0,03 0,06 0,08
PVC-beschichtetes Polyestergewebe, ohne Tragwerk ▪ Typ I (Reißfestigkeit 3,0 kN/5 cm Breite) ▪ Typ II (Reißfestigkeit 4,7 kN/5 cm Breite) ▪ Typ III (Reißfestigkeit 6,0 kN/5 cm Breite)	 0,0075 0,0085 0,01
Rohr- oder Strohdach, einschließlich Lattung	0,70
Schindeldach, einschließlich Lattung	0,25
Sprossenlose Verglasung ▪ Profilbauglas, einschalig ▪ Profilbauglas, zweischalig	 0,27 0,54
Zeltleinwand, ohne Tragwerk	0,03

Dach-/Bauwerksabdichtungen mit Bitumen-, Kunststoff- und Elastomerbahnen

Gegenstand	Flächenlast in kN/m²
Bahnen im Lieferzustand	
Bitumen- u. Polymerbitumen-Dachdichtungsbahn nach DIN 52130 u. DIN 52132	0,04
Bitumen- u. Polymerbitumen-Schweißbahn nach DIN 52131 und DIN 52133	0,07
Bitumen-Dichtungsbahn mit Metallbandeinlage nach DIN 18190-4	0,03
Nackte Bitumenbahn nach DIN 52129	0,01
Glasvlies-Bitumen-Dachbahn nach DIN 52143	0,03
Kunststoffbahnen, 1,5 mm Dicke	0,02
Bahnen in verlegtem Zustand	
Bitumen- und Polymerbitumen-Dachdichtungsbahn nach DIN 52130 und DIN 52132, einschließlich Klebemasse bzw. Bitumen- und Polymerbitumen-Schweißbahn nach DIN 52131 und DIN 52133, je Lage	0,07
Bitumen-Dichtungsbahn nach DIN 18190-4, einschl. Klebemasse, je Lage	0,06
Nackte Bitumenbahn nach DIN 52129, einschließlich Klebemasse, je Lage	0,04
Glasvlies-Bitumen-Dachbahn nach DIN 52143, einschl. Klebemasse, je Lage	0,05
Dampfsperre, einschließlich Klebemasse bzw. Schweißbahn, je Lage	0,07
Ausgleichsschicht, lose verlegt	0,03
Dachabdichtungen u. Bauwerksabdichtungen aus Kunststoffbahnen, lose verlegt, je Lage	0,02
Schwerer Oberflächenschutz auf Dachabdichtungen	
Kiesschüttung, Dicke 5 cm	1,0

6 Fußboden- und Wandbeläge

Gegenstand	Flächenlast je cm Dicke in kN/m^2
Asphaltbeton	0,24
Asphaltmastix	0,18
Gussasphalt	0,23
Betonwerksteinplatten, Terrazzo, kunstharzgebundene Werksteinplatten	0,24
Estrich	
▪ Calciumsulfatestrich (Anhydritestrich, Natur-, Kunst- und REA[1])-Gipsestrich)	0,22
▪ Gipsestrich	0,20
▪ Gussasphaltestrich	0,23
▪ Industrieestrich	0,24
▪ Kunstharzestrich	0,22
▪ Magnesiaestrich nach DIN 272 mit begehbarer Nutzschicht bei ein- oder mehrschichtiger Ausführung	0,22
▪ Unterschicht bei mehrschichtiger Ausführung	0,12
▪ Zementestrich	0,22
Glasscheiben	0,25
Gummi	0,15
Keramische Wandfliesen (Steingut einschließlich Verlegemörtel)	0,19
Keramische Bodenfliesen (Steinzeug und Spaltplatten, einschließlich Verlegemörtel)	0,22
Kunststoff-Fußbodenbelag	0,15
Linoleum	0,13
Natursteinplatten (einschließlich Verlegemörtel)	0,30
Teppichboden	0,03

[1]) Rauchgasentschwefelungsanlagen

7 Sperr-, Dämm- und Füllstoffe

Lose Stoffe

Gegenstand	Flächenlast je cm Dicke in kN/m^2
Bimskies, geschüttet	0,07
Blähglimmer, geschüttet	0,02
Blähperlit	0,01
Blähschiefer und Blähton, geschüttet	0,15
Faserdämmstoffe nach DIN V 18 165-1 und DIN 18 165-2 (z. B. Glas-, Schlacken-, Steinfaser)	0,01
Faserstoffe, bituminiert, als Schüttung	0,02
Gummischnitzel	0,03
Hanfscheben, bituminiert	0,02
Hochofenschaumschlacke (Hüttenbims), Steinkohlenschlacke, Koksasche	0,14
Hochofenschlackensand	0,10
Kieselgur	0,03
Korkschrot, geschüttet	0,02
Magnesia, gebrannt	0,10
Schaumkunststoffe	0,01

Platten, Matten und Bahnen

Gegenstand		Flächenlast je cm Dicke in kN/m²
Asphaltplatten		0,22
Holzwolle-Leichtbauplatten nach DIN 1 101	– Plattendicke ≤ 100 mm	0,06
	– Plattendicke > 100 mm	0,04
Kieselgurplatten		0,03
Korkschrotplatten aus impräg. Kork nach DIN 18 161-1, bituminiert		0,02
Mehrschicht-Leichtbauplatten nach DIN 1102, unabhängig von der Dicke	– Zweischichtplatten	0,05
	– Dreischichtplatten	0,09
Korkschrotplatten aus Backkork nach DIN 18 161-1		0,01
Perliteplatten		0,02
Polyurethan-Ortschaum nach DIN 18 159-1		0,01
Schaumglas (Rohdichte 0,07 g/cm³) in Dicken von 4 cm bis 6 cm mit Pappekaschierung und Verklebung		0,02
Schaumkunststoffplatten nach DIN V 18 164-1 und DIN 18 164-2		0,004

8 Lagerstoffe – Wichten und Böschungswinkel

8.1 Baustoffe als Lagerstoffe

Baustoffe als Lagerstoffe

Gegenstand		Wichte in kN/m³	Böschungswinkel[1)]
Bentonit	– lose	8,0	40°
	– gerüttelt	11,0	–
Blähton, Blähschiefer		15,0[2)]	30°
Braunkohlenfilterasche		15,0	20°
Flugasche		10,0	25°
Gips, gemahlen		15,0	25°
Glas, in Tafeln		25,0	–
Drahtglas		26,0	–
Acrylglas		12,0	–
Hochofenstückschlacke (Körnungen und Mineralstoffgemische)		17,0	40°
Hochofenschlacke, granuliert (Hüttensand)		13,0	30°
Hüttenbims, Naturbims		9,0	35°
Kalk, gebrannt	– in Stücken	13,0	45°
	– gemahlen	13,0	25°
	– gelöscht	6,0	25°
Kalksteinmehl		16,0	27°
Kesselasche		13,0	30°
Koksasche		7,5	25°
Kies und Sand, trocken oder erdfeucht; bei nasser Schüttung (nicht unter Wasser) Erhöhung um 2 kN/m³		18,0	35°
Kunststoffe; Polyethylen, Polystyrol als Granulat		6,5	30°
Polyvinylchlorid als Pulver		6,0	40°
Polyesterharze		12,0	–
Leimharze		13,0	–
Magnesit (kaustisch gebrannte Magnesia), gemahlen		12,0	25°
Stahlwerkschlacke (Körnungen u. Mineralstoffgemische)		22,0	40°
Schaumlava, gebrochen, erdfeucht		10,0	35°
Trass, gemahlen, lose geschüttet		15,0	25°
Zement, gemahlen, lose geschüttet		16,0	28°
Zementklinker		18,0	26°
Ziegelsand, Ziegelsplitt und Ziegelschotter, erdfeucht		15,0	35°

1) Die Böschungswinkel gelten für lose Schüttung. Für Lagerung in Silos s. DIN 1055-6.
2) Höchstwert, der in der Regel unterschritten wird.

8.2 Gewerbliche und industrielle Lagerstoffe

Gewerbliche und industrielle Lagerstoffe

Gegenstand		Wichte in kN/m³	Böschungswinkel
Aktenregale und -schränke, gefüllt		6,0	–
Akten und Bücher, geschichtet		8,5	–
Bitumen		14,0	–
Eis, in Stücken		9,0	–
Eisenerz	– Raseneisenerz	14,0	40°
	– Brasilerz	39,0	40°
Fasern, Zellulose, in Ballen gepresst		12,0	0°
Faulschlamm	– bis 30 % Volumenanteil an Wasser	12,5	20°
	– über 50 % Volumenanteil an Wasser	11,0	0°
Fischmehl		8,0	45°
Holzspäne, lose geschüttet		2,0	45°
Holzmehl	– in Säcken, trocken	3,0	–
	– lose, trocken	2,5	45°
	– lose, nass	5,0	45°
Holzwolle	– lose	1,5	45°
	– gepresst	4,5	–
Karbid in Stücken		9,0	30°
Kleider und Stoffe, gebündelt oder in Ballen		11,0	–
Kork, gepresst		3,0	–
Leder, Häute und Felle, geschichtet oder in Ballen		10,0	–
Linoleum nach DIN EN 548, in Rollen		13,0	–
Papier	– geschichtet	11,0	–
	– in Rollen	15,0	–
Porzellan oder Steingut, gestapelt		11,0	–
PVC-Beläge nach DIN EN 649, in Rollen		15,0	–
Soda	– geglüht	25,0	45°
	– kristallin	15,0	40°
Steinsalz	– gebrochen	22,0	45°
	– gemahlen	12,0	40°
Wolle, Baumwolle, gepresst, luftgetrocknet		13,0	–

Flüssigkeiten

Gegenstand		Wichte in kN/m³
Alkohol und Ether		8,0
Anilin		10,0
Benzin		8,0
Benzol		9,0
Bier		10,0
Erdöl, Dieselöl, Heizöl		10,0
Faulschlamm mit über 50 % Volumenanteil an Wasser (siehe auch Tabelle oben)		11,0
Glycerin		12,5
Milch		10,0
Öle, pflanzliche und tierische		10,0
Petroleum		8,0
Salpetersäure, 91 % Massenanteil		15,0
Salzsäure, 40 % Massenanteil		12,0
Schwefelsäure	– 30 % Massenanteil	14,0
	– rauchend	19,0
Wasser		10,0
Wein		10,0

Brennstoffe

Gegenstand	Wichte in kN/m³	Böschungswinkel
Braunkohle ▪ trocken ▪ erdfeucht	 8,0 10,0	 35° 40°
Braunkohlenbriketts ▪ geschüttet ▪ gestapelt	 8,0 10,0	 40° –
Braunkohlenstaub	5,5	40°
Braunkohlenfeinkoks	4,5	42°
Braunkohlenfeinstkoks	5,5	36°
Braunkohlenkoksstaub	5,5	40°
Brennholz	4,0	45°
Holzkohle ▪ lufterfüllt ▪ luftfrei	 4,0 15,0	 – –
Steinkohle ▪ Koks, je nach Sorte ▪ Steinkohle als Rohkohle, grubenfeucht ▪ Steinkohle als Staubkohle ▪ Eierbriketts und alle anderen Arten Steinkohle ▪ Mittelgut im Zechenbetrieb ▪ Waschberge im Zechenbetrieb	 4,2 bis 5,8 10,0 6,0 8,5 12,5 14,0	 35° bis 45° 35° 45° 35° 35° 35°
Torf; Schwarztorf, getrocknet ▪ fest gepackt ▪ lose geschüttet	 5,0 3,0	 – 45°

Landwirtschaftliche Schütt- und Stapelgüter

Gegenstand	Wichte in kN/m³	Böschungswinkel
Anwelksilage	5,5	0°
Feuchtsilage (Maiskörner)	16,0	0°
Flachs, gestapelt oder in Ballen gepresst	3,0	–
Grünfutter, lose gelagert	4,0	–
Halmfuttersilage, nass	11,0	0°
Heu ▪ lang und lose oder in niederdruckgepressten Ballen oder lang gehäckselt (über 11,5 cm) ▪ wie vor, jedoch drahtgebunden ▪ lang in hochdruckgepressten Ballen oder kurz gehäckselt	 0,9 1,7 1,4	 – – –
Hopfen ▪ in Säcken ▪ in zylindrischen Hopfenbüchsen ▪ gepresst oder in Tuch eingenäht	 1,7 4,7 2,9	 – – –
Kartoffeln, Futter-, Mohr- und Zuckerrüben (lose geschüttet)	7,6	30°
Kartoffelsilage	10,0	0°
Körner ▪ Braugerste ▪ Hafer, Weizen, Roggen, Gerste ▪ Hanfsamen ▪ Hülsenfrüchte ▪ Mais ▪ Ölfrüchte, Lieschgras bespelzt ▪ Reis ▪ Zuckerrüben- und Grassamen	 8,0 9,0 5,0 8,5 8,0 6,5 8,0 3,0	 30° 30° 30° 25° 28° 25° 33° 30°

Landwirtschaftliche Schütt- und Stapelgüter (Fortsetzung)

Gegenstand	Wichte in kN/m³	Böschungswinkel
Kraftfutter		
▪ Getreide- und Malzschrot	4,0	45°
▪ Grünfutterbriketts Durchmesser 50 mm bis 80 mm	4,5	50°
▪ Grünfuttercops Durchmesser 15 mm bis 30 mm	6,0	45°
▪ Grünmehlpellets Durchmesser 4 mm bis 8 mm	7,5	45°
▪ Grünmehl- und Kartoffelflocken	1,5	45°
▪ Kleie und Troblako	3,0	45°
▪ Ölkuchen	10,0	–
▪ Ölschrot und Kraftfuttergemische	5,5	45°
Malz	5,5	20°
Sojabohnen	8,0	23°
Spreu	1,0	–
Stroh		
▪ lang und lose oder in Mähdrescherballen	0,7	–
▪ in Niederdruckballen oder kurz gehäckselt (bis 5 cm)	0,8	–
▪ in Hochdruckballen, garngebunden	1,1	–
▪ in Hochdruckballen, drahtgebunden	2,7	–
Tabak, gebündelt oder in Ballen	5,0	–
Torf, lufttrocken		
▪ geschüttet	1,0	–
▪ eingerüttelt	1,5	–
▪ gepresst, in Ballen	3,0	–
Zuckerrüben		
▪ Nassschnitzel	10,0	0°
▪ Trockenschnitzel	3,0	45°

Düngemittel

Gegenstand	Wichte in kN/m³	Böschungswinkel
Gülle, Jauche, Schwemmmist	10,0	0°
Harnstoffe	8,0	24°
Kalimagnesia	13,0	20°
Kalisulfat	16,0	28°
Kaliumchlorid	12,0	28°
N-Einzeldünger	11,0	25°
NK-Dünger	10,0	28°
NP-Dünger	11,5	25°
NPK-Düngemittel	12,0	25°
P-Dünger (ohne Thomasphosphat)	14,0	25°
PK-Dünger	13,0	25°
Stapelmist	10,0	45°
Thomasphosphat	22,0	25°

III Nutzlasten für Hochbauten

(nach DIN 1055-3, Ausg. März 2006)

Prof. Dipl.-Ing. Klaus-Jürgen Schneider

1 Lotrechte Nutzlasten für Decken, Treppen und Balkone

Tafel 3.16 Lotrechte Nutzlasten für Decken, Treppen und Balkone (charakteristische Werte)

Kategorie		Nutzung	Beispiele	q_k kN/m²	Q_k kN
A	A1	Spitzböden	Für Wohnzwecke nicht geeigneter, aber zugänglicher Dachraum bis 1,80 m lichter Höhe.	1,0	1,0
	A2	Wohn- und Aufenthaltsräume	Räume mit ausreichender Querverteilung der Lasten. Räume und Flure in Wohngebäuden, Bettenräume in Krankenhäusern, Hotelzimmer einschl. zugehöriger Küchen und Bäder.	1,5	–
	A3		wie A2, aber ohne ausreichende Querverteilung der Lasten.	2,0[c)]	1,0
B	B1	Büroflächen, Arbeitsflächen, Flure	Flure in Bürogebäuden, Büroflächen, Arztpraxen, Stationsräume, Aufenthaltsräume einschl. der Flure, Kleinviehställe.	2,0	2,0
	B2		Flure in Krankenhäusern, Hotels, Altenheimen, Internaten usw.; Küchen u. Behandlungsräume einschl. Operationsräume ohne schweres Gerät.	3,0	3,0
	B3		wie B2, jedoch mit schwerem Gerät	5,0	4,0
C	C1	Räume, Versammlungsräume und Flächen, die der Ansammlung von Personen dienen können (mit Ausnahme von unter A, B, D und E festgelegten Kategorien)	Flächen mit Tischen; z. B. Schulräume, Cafés, Restaurants, Speisesäle, Lesesäle, Empfangsräume.	3,0	4,0
	C2		Flächen mit fester Bestuhlung; z. B. Flächen in Kirchen, Theatern oder Kinos, Kongresssäle, Hörsäle, Versammlungsräume, Wartesäle.	4,0	4,0
	C3		Frei begehbare Flächen; z. B. Museumsflächen, Ausstellungsflächen usw. und Eingangsbereiche in öffentlichen Gebäuden und Hotels, nicht befahrbare Hofkellerdecken.	5,0	4,0
	C4		Sport- und Spielflächen; z. B. Tanzsäle, Sporthallen, Gymnastik- und Kraftsporträume, Bühnen.	5,0	7,0
	C5		Flächen für große Menschenansammlungen; z. B. in Gebäuden wie Konzertsäle, Terrassen und Eingangsbereiche sowie Tribünen mit fester Bestuhlung.	5,0	4,0
D	D1	Verkaufsräume	Flächen von Verkaufsräumen bis 50 m² Grundfläche in Wohn-, Büro- und vergleichbaren Gebäuden.	2,0	2,0
	D2		Flächen in Einzelhandelsgeschäften und Warenhäusern.	5,0	4,0
	D3		Fläche wie D2, jedoch mit erhöhten Einzellasten infolge hoher Lagerregale.	5,0	7,0

Tafel 3.16 (Fortsetzung)

Kategorie		Nutzung	Beispiele	q_k kN/m²	Q_k kN
E	E1	Fabriken und Werkstätten, Ställe, Lagerräume und Zugänge, Flächen mit erheblichen Menschenansammlungen	Flächen in Fabriken[a)] und Werkstätten[a)] mit leichtem Betrieb und Flächen in Großviehställen.	5,0	4,0
	E2		Lagerflächen, einschließlich Bibliotheken.	6,0[b)]	7,0
	E3		Flächen in Fabriken[a)] und Werkstätten[a)] mit mittlerem oder schwerem Betrieb, Flächen mit regelmäßiger Nutzung durch erhebliche Menschenansammlungen, Tribünen ohne feste Bestuhlung	7,5[b)]	10,0
T[d)]	T1	Treppen und Treppenpodeste	Treppen und Treppenpodeste der Kategorie A und B1 ohne nennenswerten Publikumsverkehr.	3,0	2,0
	T2		Treppen und Treppenpodeste der Kategorie B1 mit erheblichem Publikumsverkehr, B2 bis E sowie alle Treppen, die als Fluchtweg dienen.	5,0	2,0
	T3		Zugänge und Treppen von Tribünen ohne feste Sitzplätze, die als Fluchtweg dienen.	7,5	3,0
Z[d)]		Zugänge, Balkone und Ähnliches	Dachterrassen, Laubengänge, Loggien usw., Balkone, Ausstiegspodeste.	4,0	2,0

a) Nutzlasten in Fabriken und Werkstätten gelten als vorwiegend ruhend. Im Einzelfall sind sich häufig wiederholende Lasten je nach Gegebenheit als nicht vorwiegend ruhende Lasten nach Abschn. 5 einzuordnen.

b) Bei diesen Werten handelt es sich um Mindestwerte. In Fällen, in denen höhere Lasten vorherrschen, sind die höheren Lasten anzusetzen.

c) Für die Weiterleitung der Lasten in Räumen mit Decken ohne ausreichende Querverteilung auf stützende Bauteile darf der angegebene Wert um 0,5 kN/m² abgemindert werden.

d) Hinsichtlich der Einwirkungskombinationen nach DIN 1055-100 sind die Einwirkungen der Nutzungskategorie des jeweiligen Gebäudes oder Gebäudeteiles zuzuordnen.

- Lasten in diesem Abschnitt gelten als vorwiegend ruhende Lasten. Tragwerke, die durch Menschen zu Schwingungen angeregt werden können, sind gegen die auftretenden Resonanzeffekte auszulegen.
- In Gebäuden und baulichen Anlagen, die in Kategorie E1 bis E3 eingeordnet werden, ist in jedem Raum die nach Tafel 3.16 angenommene Nutzlast anzugeben.
- Falls der Nachweis der örtlichen Mindesttragfähigkeit erforderlich ist (z. B. bei Bauteilen ohne ausreichende Querverteilung der Lasten), so ist er mit den charakteristischen Werten für die Einzellast Q_k nach Tafel 3.16 ohne Überlagerung mit der Flächenlast q_k zu führen. Die Aufstandsfläche für Q_k umfasst ein Quadrat mit einer Seitenlänge von 5 cm.
- Wenn konzentrierte Lasten aus Lagerregalen, Hubeinrichtungen, Tresoren usw. zu erwarten sind, muss die Einzellast für diesen Fall gesondert ermittelt und zusammen mit den gleichmäßig verteilten Nutzlasten beim Tragsicherheitsnachweis berücksichtigt werden.
- Für die Lastweiterleitung auf sekundäre Tragglieder (Unterzüge, Stützen, Wände, Gründungen usw.) dürfen die Nutzlasten nach der folgenden Gleichung abgemindert werden:

  $q'_k = \alpha_A \cdot q_k$

  mit q'_k abgeminderte Nutzlast

  q_k Nutzlast nach Tafel 3.16 (Trennwandzuschlag - Abschn. 2 - darf zusätzl. abgemindert werden)

  α_A Abminderungsbeiwert nach Tafel 3.17; dabei ist

  A Einzugsfläche des sekundären Traggliedes in m²
- Bei Decken, die von Personenfahrzeugen oder von Gabelstaplern befahren werden, ist an den Einfahrten der Räume die zulässige Gesamtlast nach Tafel 3.19b bzw. Tafel 3.20 anzugeben. Zusätzlich gilt für Kategorie G auch Abschn. 5, 1. und 2. Zeile.
- An den Zufahrten von Decken, die von schwereren Fahrzeugen (z. B. solche nach 5.3) befahren werden, ist die zul. Gesamtlast des Fahrzeugs der entsprechenden Brückenklasse nach DIN 1072 anzugeben.

Tafel 3.17 Abminderungsbeiwert α_A

Kategorien A, B, Z	Kategorien C bis E1
$\alpha_A = 0{,}5 + 10/A \le 1{,}0$	$\alpha_A = 0{,}7 + 10/A \le 1{,}0$

Bei mehrfeldrigen statischen Systemen ist die Einzugsfläche für jedes Feld getrennt zu bestimmen. Näherungsweise darf der ungünstigste Abminderungsfaktor für alle Felder angesetzt werden (Abb. 3.18).

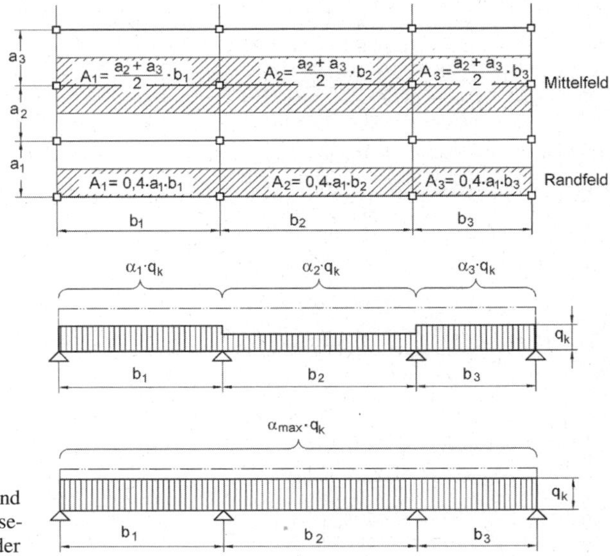

Abb. 3.18 Einzugsflächen und Belastungen für sekundäre Tragglieder

Werden für die Bemessung der vertikalen Tragglieder Nutzlasten aus mehreren Stockwerken maßgebend, dürfen diese für die Kategorien A bis E, T und Z mit einem Faktor α_n abgemindert werden. Wird jedoch bei der Lastkombination der charakteristische Wert der Nutzlast mit einem Kombinationsbeiwert ψ abgemindert, darf der Abminderungsbeiwert α_n nicht angesetzt werden. Weiterhin gilt, dass die Faktoren α_A und α_n nicht gleichzeitig angesetzt werden dürfen, es darf dann der günstigere der beiden Werte verwendet werden. In mehrgeschossigen Gebäuden ist die Nutzlast aller Geschosse bei der Ermittlung der Einwirkungskombination insgesamt als eine unabhängige veränderliche Einwirkung aufzufassen.

Tafel 3.18a Abminderungsbeiwert α_n

Kategorien A bis D, Z	Kategorien E, T
$\alpha_n = 0{,}7 + 0{,}6/n$	$\alpha_n = 1{,}0$
n Anzahl der Geschosse oberhalb des belasteten Bauteils (> 2)	

Für die Weiterleitung der Nutzlasten von Parkhäusern und Flächen mit Fahrzeugen auf Hauptträger, Stützen, Fundamente u. Ä. ist es ausreichend, q_k = 2,0 kN/m^2 in den Kategorien F1 und F2 und q_k = 3,5 kN/m^2 in der Kategorie F3 anzusetzen.

2 Lasten aus leichten Trennwänden

Die Lasten leichter unbelasteter Trennwände (Wandlast ≤ 5 kN/m Wandlänge) dürfen vereinfacht als gleichmäßig verteilter Zuschlag zur Nutzlast berücksichtigt werden. Davon ausgenommen sind Wände mit einer Last von mehr als 3 kN/m Wandlänge, die parallel zu den Balken von Decken ohne ausreichende Querverteilung stehen, sowie bewegliche Trennwände.

Tafel 3.18b Trennwandzuschlag

Trennwandzuschlag für Wände (einschließlich Putz) mit einer Last von	≤ 3 kN/m Wandlänge	0,8 kN/m^2
	> 3 kN/m Wandlänge ≤ 5 kN/m Wandlänge	1,2 kN/m^2
Bei Nutzlasten von ≥ 5 kN/m^2 kann der Zuschlag entfallen.		

3 Gleichmäßig verteilte Nutzlasten und Einzellasten für Dächer

Die Lasten nach Abschn. 3 gelten als vorwiegend ruhend.

Falls der Nachweis der örtlichen Mindesttragfähigkeit erforderlich ist, so ist er mit den charakteristischen Werten für die Einzellast Q_k nach Tafel 3.19a zu führen. Die Aufstandsfläche für Q_k umfasst ein Quadrat mit einer Seitenlänge von 5 cm.

Für die Begehungsstege, die Teil eines Fluchtweges sind, ist eine Nutzlast von 3 kN/m^2 anzusetzen. Befahrbare Dächer oder Dächer für Sonderbetrieb sind in Abschn. 4 und 5 geregelt.

Tafel 3.19a Nutzlasten für Dächer

Kategorie	Nutzung	Q_k in kN
H	Nicht begehbare Dächer, außer für übliche Erhaltungsmaßnahmen, Reparaturen	1,0

Eine Überlagerung der Einwirkungen nach Tafel 3.19a mit den Schneelasten ist nicht erforderlich.
Bei Dachlatten sind zwei Einzellasten von je 0,5 kN in den äußeren Viertelpunkten der Stützweite anzunehmen. Für hölzerne Dachlatten mit Querschnittsabmessungen, die sich erfahrungsgemäß bewährt haben, ist bei Sparrenabständen bis etwa 1 m kein Nachweis erforderlich.
Leichte Sprossen dürfen mit einer Einzellast von 0,5 kN in ungünstigster Stellung berechnet werden, wenn die Dächer nur mit Hilfe von Bohlen und Leitern begehbar sind.

4 Gleichmäßig verteilte Nutzlasten für Parkhäuser und Flächen mit Fahrzeugverkehr

Die in Tafel 3.19b angegebenen charakteristischen Werte der Nutzlasten für Parkhäuser und Flächen mit Fahrzeugverkehr dürfen als vorwiegend ruhende Lasten betrachtet werden. Beim Nachweis der örtlichen Mindesttragfähigkeit mit den charakteristischen Werten für die Einzellasten Q_k ist eine Überlagerung mit der Flächenlast q_k nicht erforderlich.
Zufahrten zu Flächen, die für die Kategorie F bemessen wurden, müssen durch entsprechende Vorrichtungen so abgegrenzt werden, dass die Durchfahrt von schweren Fahrzeugen verhindert wird.

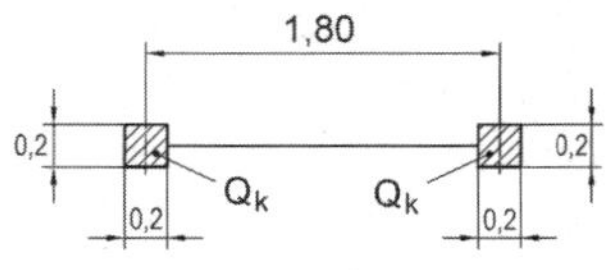

Abb. 3.19 Aufstandsfläche für Q_k

Tafel 3.19b Lotrechte Nutzlasten für Parkhäuser und Flächen mit Fahrzeugverkehr

Kategorie		Nutzung	A m^2	q_k kN/m^2		$2 \cdot Q_k$ kN
F	F1	Verkehrs- und Parkflächen für leichte Fahrzeuge (Gesamtlast ≤ 25 kN)	≤ 20	3,5	oder	20
	F2		≤ 50	2,5		20[1)]
	F3		> 50	2,0		20[1)]
	F4	Zufahrtsrampen	≤ 20	5,0		20
	F5		> 20	3,5		20[1)]

[1)] In den Kategorien F2, F3 und F5 können die Achslast ($2 \cdot Q_k = 20$ kN) oder die Radlasten ($Q_k = 10$ kN) für den Nachweis örtlicher Beanspruchungen (z. B. Querkraft am Auflager oder Durchstanzen unter einer Radlast) maßgebend werden.

5 Gleichmäßig verteilte Nutzlasten und Einzellasten bei nicht vorwiegend ruhenden Einwirkungen

- Die gleichmäßig verteilten Nutzlasten q_k nach Abschn. 5.2 u. 5.4 sind ohne Schwingbeiwert anzusetzen.
- Die Einzellasten Q_k nach Abschn. 5.2 u. 5.4 sind mit den Schwingbeiwerten ϕ zu vervielfachen.

5.1 Schwingbeiwerte

- Der Schwingbeiwert beträgt $\phi = 1{,}4$, sofern kein genauerer Nachweis geführt wird.
  Für überschüttete Bauwerke ist $\phi = 1{,}4 - 0{,}1 \cdot h_{ü} \geq 1{,}0$ (mit $h_{ü}$ als Überschüttungshöhe in m).
- Der Schwingbeiwert ϕ für Flächen nach Abschn. 5.3 ist in DIN 1072 enthalten.

5.2 Flächen für Betrieb mit Gegengewichtsstaplern

Decken in Werkstätten, Fabriken, Lagerräumen und unter Höfen, auf denen Gegengewichtsstapler eingesetzt werden, sind je nach den Betriebsverhältnissen für einen Gegengewichtsstapler in ungünstigster Stellung mit den in Betracht kommenden Einzellasten Q_k nach Tafel 3.20 (Geometrie nach Abb. 3.20) und ringsherum für eine gleichmäßig verteilte Nutzlast q_k nach Tafel 3.20 zu bemessen.

Tafel 3.20 Lotr. Nutzlasten aus Betrieb mit Gegengewichtsstaplern (zulässige Gesamtlast > 25 kN)

Kategorie		Zulässige Gesamtlast[1] in kN	Nenntragfähigkeit in kN	Nutzlast $2 \cdot Q_k$ in kN	Nutzlast q_k in kN/m²
G	G1	31	10	26	12,5
	G2	46	15	40	15,0
	G3	69	25	63	17,5
	G4	100	40	90	20,0
	G5	150	60	140	20,0
	G6[2]	190	80	170	20,0

[1] Summe aus Nenntragfähigkeit und Eigenlast.
[2] Abweichend von DIN 1055-100 ist der Bereich der Kategorie G auf eine zulässige Gesamtlast von 190 kN erweitert.

Maße *a*, *b* und *l* für Gegengewichtsstapler (s. Abb. 3.20)

Kategorie	*a* in m	*b* in m	*l* in m
G1	0,85	1,00	2,60
G2	0,95	1,10	3,00
G3	1,00	1,20	3,30
G4	1,20	1,40	4,00
G5	1,50	1,90	4,60
G6	1,80	2,30	5,10

- Die Gleichlast q_k ist außerdem in ungünstiger Zusammenwirkung – feldweise veränderlich – anzusetzen, sofern die Nutzung als Lagerfläche nicht ungünstiger ist.
- Muss damit gerechnet werden, dass Decken sowohl von Gegengewichtsstaplern als auch von Fahrzeugen der Kategorie F oder von Fahrzeugen nach Abschn. 5.3 befahren werden, so ist die ungünstiger wirkende Nutzlast anzusetzen.

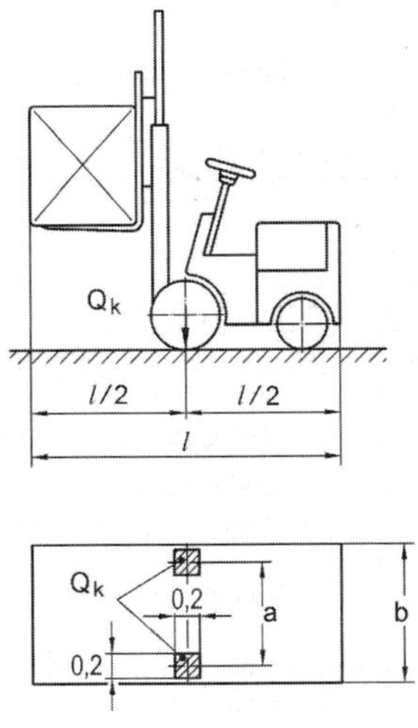

Abb. 3.20 Gegengewichtsstapler

5.3 Flächen für Fahrzeugverkehr auf Hofkellerdecken und planmäßig befahrene Deckenflächen

- Hofkellerdecken und andere Decken, die planmäßig von Fahrzeugen befahren werden, sind für die Lasten der Brückenklasse 6/6 bis 30/30 nach DIN 1072 zu berechnen.
- Hofkellerdecken, die nur im Brandfall von Feuerwehrfahrzeugen befahren werden, sind für die Brückenklasse 16/16 nach DIN 1072, Tabelle 2 zu berechnen. Dabei ist jedoch nur ein Einzelfahrzeug in ungünstigster Stellung anzusetzen; auf den umliegenden Flächen ist die gleichmäßig verteilte Last der Hauptspur in Rechnung zu stellen. Der nach DIN 1072 geforderte Nachweis für eine einzelne Achslast von 110 kN darf entfallen. Die Nutzlast darf als vorwiegend ruhend eingestuft werden.

5.4 Flächen für Hubschrauberlandeplätze

- Für Hubschrauberlandeplätze auf Decken sind entsprechend den zulässigen Abfluggewichten der Hubschrauber die Regelbelastungen der Tafel 3.21a zu entnehmen.
- Außerdem sind die Bauteile auch für eine gleichmäßig verteilte Nutzlast von 5 kN/m² mit Volllast der einzelnen Felder in ungünstigster Zusammenwirkung – feldweise veränderlich – zu berechnen. Der ungünstigste Wert ist maßgebend.

Tafel 3.21a Hubschrauber-Regellasten

Kategorie		Zulässiges Abfluggewicht in t	Hubschrauber-Regellast Q_k in kN	Seitenlängen einer quadratischen Aufstandsfläche in cm
K[1]	K1	3	30	20
	K2	6	60	30
	K3	12	120	30

[1] Die Einwirkungen sind wie diejenigen der Kategorie G zu kombinieren.

6 Horizontale Nutzlasten

6.1 Horizontale Nutzlasten infolge von Personen auf Brüstungen, Geländer und anderen Konstruktionen, die als Absperrung dienen

- Die charakteristischen Werte gleichmäßig verteilter Nutzlasten, die in der Höhe des Handlaufs, aber nicht höher als 1,2 m wirken, sind in Tafel 3.21b enthalten.
- Die horizontalen Nutzlasten nach Tafel 3.21b sind in Absturzrichtung in voller Höhe und in der Gegenrichtung mit 50 % (mindestens jedoch mit 0,5 kN/m) anzusetzen.
- Wind- und horizontale Nutzlasten brauchen nicht überlagert zu werden.

Tafel 3.21b Horizontale Nutzlasten q_k infolge von Personen auf Brüstungen, Geländern und anderen Konstruktionen, die als Absperrung dienen

Belastete Fläche nach Kategorie	Horizontale Nutzlast q_k in kN/m
A, B1 ohne nennenswerten Publikumsverkehr, H, F[1], T1, Z[2]	0,5
B1 mit nennenswertem Publikumsverkehr, B2, B3, C1 bis C4, D, E1 und E2, Z[2], G[1], K, T2	1,0
C5, E3, T3	2,0

[1] Anprall wird durch konstruktive Maßnahmen ausgeschlossen.
[2] Kategorien T und Z entsprechend der Einstufung in die Gebäudekategorie.

6.2 Horizontallasten zur Erzielung einer ausreichenden Längs- und Quersteifigkeit

Neben der vorgeschriebenen Windlast und etwaigen anderen waagerecht wirkenden Lasten sind zum Erzielen einer ausreichenden Längs- und Quersteifigkeit folgende beliebig gerichtete Horizontallasten zu berücksichtigen:

- Für Tribünenbauten und ähnliche Sitz- und Steheinrichtungen ist eine in Fußbodenhöhe angreifende Horizontallast von $^1/_{20}$ der lotrechten Nutzlast anzusetzen.
- Bei Gerüsten ist eine in Schalungshöhe angreifende Horizontallast von $^1/_{100}$ aller lotr. Lasten anzusetzen.
- Zur Sicherung gegen Umkippen von Einbauten, die innerhalb von geschlossenen Bauwerken stehen und keiner Windbeanspruchung unterliegen, ist eine Horizontallast von $^1/_{100}$ der Gesamtlast in Höhe des Schwerpunktes anzusetzen.

6.3 Horizontallasten für Hubschrauberlandeplätze auf Dachdecken

- In der Ebene der Start- und Landefläche und des umgebenden Sicherheitsstreifens ist eine horizontale Nutzlast q_k nach Tafel 3.21b an der für den untersuchten Querschnitt eines Bauteils jeweils ungünstigsten Stelle anzunehmen.
- Für den mindestens 0,25 m hohen Überrollschutz ist am oberen Rand eine Horizontallast von 10 kN anzunehmen.

7 Anpralllasten

Für die Anpralllasten gilt DIN 1055-9.

IV Windlasten (nach DIN 1055-4, Ausg. März 2005 und Ber. 1, Ausg. März 2006)

Prof. Dr.-Ing. Peter Schmidt

1 Allgemeines

Die in der Norm angegebenen Regeln und Verfahren zur Ermittlung der Windlasten gelten für Hoch- und Ingenieurbauwerke bis 300 m Höhe einschließlich deren einzelnen Bauteile und Anbauten. Die Norm enthält Berechnungsverfahren für Schornsteine und andere vertikale Kragsysteme und behandelt die Windlasten für vorübergehende Zustände. Bei der Ermittlung der Windlasten für die Windsogsicherung von kleinformatigen, überlappend verlegten Bauteilen (z. B. Dachziegel, Dachsteine) können abweichende Regelungen zu beachten sein. Die neue Windlastnorm gilt nicht für Brücken, abgespannte Maste und für Bauwerke mit besonderen Zuverlässigkeitsanforderungen (Bauwerke der Kerntechnik).

Die wesentliche Änderung gegenüber der bisherigen Windlastnorm von 1986 besteht darin, dass bei der Berechnung der Windlasten der Einfluss der geografischen Lage eines Bauwerkes sowie die Bodenrauigkeit zu berücksichtigen sind. Das Gebiet der BRD ist in vier Windzonen aufgeteilt, in denen jeweils unterschiedliche Windgeschwindigkeiten und Geschwindigkeitsdrücke gelten. Weiterhin sind verschiedene Geländekategorien zur Berücksichtigung der Bodenrauigkeit zu unterscheiden. Dadurch ergeben sich z. B. für Bauwerke direkt an der Küste größere Windlasten als für vergleichbare Bauwerke im Binnenland.

2 Klassifizierung der Einwirkungen, Bemessungssituationen

Windlasten werden als veränderliche, freie und unabhängige Einwirkungen nach DIN 1055-100 betrachtet. Die angegebenen Geschwindigkeitsdrücke sind charakteristische Größen mit einer jährlichen Überschreitungswahrscheinlichkeit von 0,02, d. h. die Wiederkehrperiode beträgt statistisch gesehen 50 Jahre. Windlasten sind für jeden belasteten Bereich zu ermitteln. Zu den belasteten Bereichen gehören das gesamte Bauwerk und Teile des Bauwerks, d. h. Bauteile, Fassadenelemente und deren Befestigungsteile. Die Folgen anderer Einwirkungen (z. B. Schnee, Verkehr, Eisansatz) sind zu berücksichtigen, wenn sie sich auf die Bezugsfläche oder die aerodynamischen Beiwerte ungünstig auswirken. Für Bauwerke, die durch massive Wände und Decken erfahrungsgemäß ausreichend ausgesteift sind, braucht die Windbeanspruchung der Gesamtkonstruktion nicht nachgewiesen zu werden.

3 Erfassung der Einwirkungen

3.1 Allgemeines

Windlasten werden in Form von Winddrücken und Windkräften erfasst. Die Berechnung der Windlast erfolgt unabhängig von der Himmelsrichtung mit dem vollen Rechenwert des Geschwindigkeitsdruckes. Winddrücke wirken auf die Außenflächen von Baukörpern (Außendruck) und sind bei Durchlässigkeit der äußeren Hülle auch auf die Innenflächen anzusetzen (Innendruck). Der Winddruck wirkt senkrecht zur betrachteten Oberfläche und wird bei Druckbeanspruchung als *positiver Druck*, bei Sogbeanspruchung als *negativer Druck* bezeichnet. Bei ausreichend steifen, nicht schwingungsanfälligen Tragwerken wird die Windbeanspruchung durch eine statische Ersatzlast erfasst. Bei schwingungsanfälligen Konstruktionen wird die Beanspruchung infolge böenerregter Schwingungen durch eine um den Böenreaktionsfaktor vergrößerte statische Ersatzlast berücksichtigt. Nachfolgend werden nur Regeln und Verfahren für die Ermittlung der Windlast von *nicht schwingungsanfälligen* Bauwerken behandelt, für schwingungsanfällige Konstruktionen wird auf die Norm verwiesen.

3.2 Beurteilung der Schwingungsanfälligkeit von Bauwerken

Als nicht schwingungsanfällig gelten Bauwerke, wenn die Verformungen unter Windeinwirkungen durch Böenresonanz um nicht mehr als 10 % vergrößert werden. Für genauere Angaben wird auf die Norm verwiesen. Ohne weiteren Nachweis zählen zu den nicht schwingungsanfälligen Konstruktionen übliche Wohn-, Büro- und Industriegebäude mit einer Höhe bis zu 25 m sowie Bauwerke, die in Form und Konstruktion ähnlich sind.

4 Windzonen, Windgeschwindigkeit, Geschwindigkeitsdruck

4.1 Allgemeines

Der Geschwindigkeitsdruck q ist abhängig von der Windgeschwindigkeit und der Dichte der Luft ρ. Es gilt:

$$q = \frac{\rho}{2} \cdot v^2 = \frac{v^2}{1600}$$

q Geschwindigkeitsdruck in kN/m²
v Windgeschwindigkeit in m/s
ρ Dichte der Luft in kg/m³
(ρ = 1,25 kg/m³ bei 1013 hPa Luftdruck und T = 10 °C in Meereshöhe)

In Tafel 3.23a sind für die vier Windzonen Mittelwerte der Windgeschwindigkeiten v_{ref} und die zugehörigen Geschwindigkeitsdrücke q_{ref} angegeben. Die Werte gelten in einer Höhe von 10 m im ebenen, offenen Gelände für eine Mittelung über einen Zeitraum von 10 Minuten bei einer jährlichen Überschreitungswahrscheinlichkeit von 0,02 (Wiederkehrperiode 50 Jahre).

Tafel 3.23a Windzonenkarte mit den zugehörigen Windgeschwindigkeiten v_{ref} und Geschwindigkeitsdrücken q_{ref} nach DIN 1055-4, Anhang A

Windzonenkarte

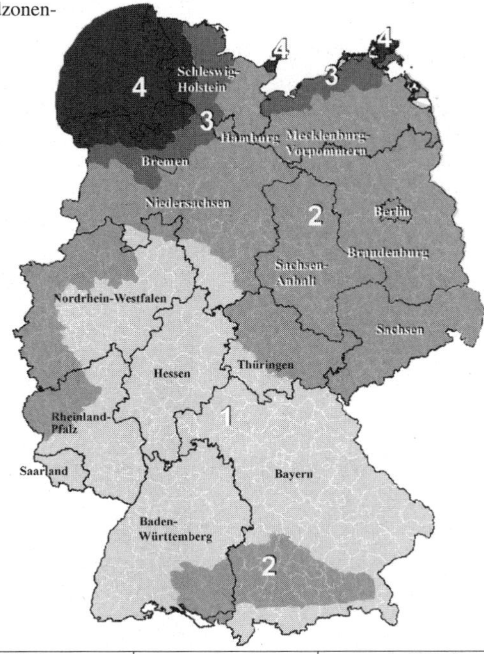

Windzone	v_{ref} in m/s	q_{ref} in kN/m²
1	22,5	0,32
2	25,0	0,39
3	27,5	0,47
4	30,0	0,56

Mittelwerte in 10 m Höhe im ebenen, offenen Gelände für einen Zeitraum von 10 Minuten bei einer jährlichen Überschreitungswahrscheinlichkeit von 0,02.

Tafel 3.23b Geländekategorien nach DIN 1055-4, Anhang B

Geländekategorie I

Geländekategorie II

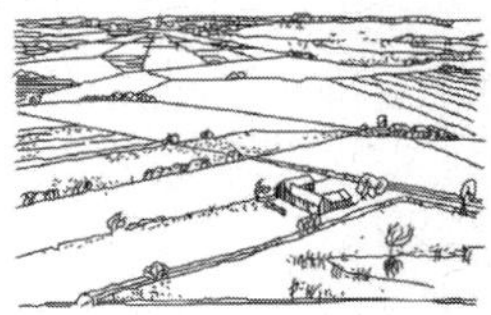

Geländekategorie III

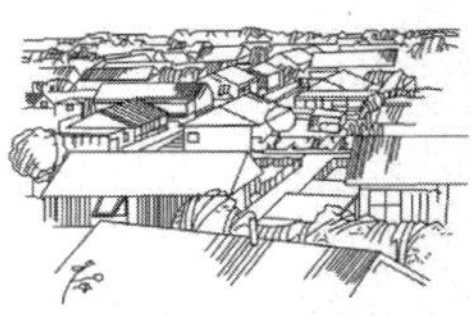

Geländekategorie IV

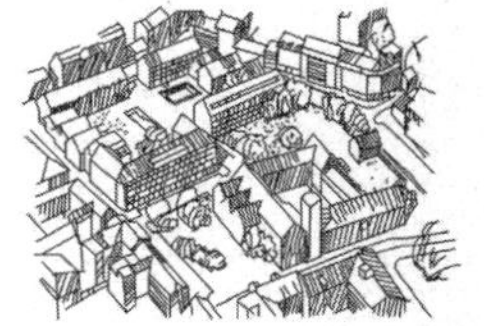

Für die Berechnung der Windlasten wird der Böengeschwindigkeitsdruck benötigt. Dieser ergibt sich für den Regelfall nach Abschnitt 4.3 (Tafel 3.24b). Für Bauwerke bis 25 m Höhe darf der Böengeschwindigkeitsdruck nach Abschnitt 4.2 (Tafel 3.24a) bestimmt werden.

Die Profile der mittleren Windgeschwindigkeit sowie des Böengeschwindigkeitsdruckes sind abhängig von der Bodenrauigkeit und der Topografie. Es werden vier Geländekategorien sowie zwei Mischprofile unterschieden (Tafel 3.23b):

- **Geländekategorie I:** Offene See; Seen mit mindestens 5 km freier Fläche in Windrichtung; glattes flaches Land ohne Hindernisse.
- **Geländekategorie II:** Gelände mit Hecken, einzelnen Gehöften, Häusern oder Bäumen, z. B. landwirtschaftliches Gebiet.

- **Geländekategorie III:** Vorstädte, Industrie- und Gewerbegebiete; Wälder.
- **Geländekategorie IV:** Stadtgebiete, bei denen mindestens 15 % der Fläche mit Gebäuden bebebaut sind, deren mittlere Höhe 15 m überschreitet.
- **Mischprofil Küste:** Übergangsbereich zwischen Geländekategorie I und II.
- **Mischprofil Binnenland:** Übergangsbereich zwischen Geländekategorie II und III.

Vereinfachend kann in küstennahen Gebieten sowie auf den Inseln der Nord- und Ostsee die Geländekategorie I, im Binnenland die Geländekategorie II zu Grunde gelegt werden.

Die Geschwindigkeitsdrücke gelten für ebenes Gelände. Bei exponierten Lagen des Bauwerkstandortes kann eine Erhöhung des Geschwindigkeitsdruckes erforderlich sein (DIN 1055-4, Anhang B); bei Standorten über 800 m NN ist der Wert um 10 % je 100 Höhenmeter zu erhöhen (Faktor = $0{,}2 + H_s/1000$, Meereshöhe H_s in m; DIN 1055-4, Anhang A). Für Kamm- und Gipfellagen der Mittelgebirge sowie für Bauwerksstandorte, die über $H_s = 1100$ m liegen, sind besondere Überlegungen erforderlich.

4.2 Vereinfachte Böengeschwindigkeitsdrücke für Bauwerke bis 25 m Höhe

Bei Bauwerken bis 25 m Höhe darf der Böengeschwindigkeitsdruck vereinfachend nach Tafel 3.24a konstant über die gesamte Bauwerkshöhe angesetzt werden. Für höhere Bauwerke sowie für Bauwerke auf den Inseln der Nordsee mit mehr als 10 m Höhe ist der Böengeschwindigkeitsdruck nach Abschnitt 4.3 zu berechnen.

Tafel 3.24a Vereinfachte Böengeschwindigkeitsdrücke für Bauwerke bis 25 m Höhe

Windzone		Geschwindigkeitsdruck q in kN/m² bei einer Gebäudehöhe h in den Grenzen von		
		$h \leq 10$ m	$10\text{ m} < h \leq 18$ m	$18\text{ m} < h \leq 25$ m
1	Binnenland	0,50	0,65	0,75
2	Binnenland	0,65	0,80	0,90
	Küste[1)] und Inseln der Ostsee	0,85	1,00	1,10
3	Binnenland	0,80	0,95	1,10
	Küste[1)] und Inseln der Ostsee	1,05	1,20	1,30
4	Binnenland	0,95	1,15	1,30
	Küste[1)] der Nord- und Ostsee und Inseln der Ostsee	1,25	1,40	1,55
	Inseln der Nordsee [2)]	1,40	–	–

1) Zur Küste zählt ein 5 km breiter Streifen, der entlang der Küste verläuft und landeinwärts gerichtet ist.
2) Auf den Inseln der Nordsee ist der Böengeschwindigkeitsdruck für Bauwerke über 10 m Höhe nach Abschnitt 4.3 zu bestimmen.

4.3 Höhenabhängiger Böengeschwindigkeitsdruck im Regelfall

Für Bauwerke mit einer Höhe über 25 m über Grund ist bei der Berechnung des Böengeschwindigkeitsdruckes zusätzlich zur geografischen Lage (Windzonen) auch der Einfluss der Bodenrauigkeit zu berücksichtigen. I. d. R. werden drei Profile des Böengeschwindigkeitsdruckes unterschieden (Tafel 3.24b).

Tafel 3.24b Böengeschwindigkeitsdruck für Bauwerke über 25 m Höhe sowie im Regelfall

Binnenland (Mischprofil der Geländekategorien II und III)		Küstennahe Gebiete sowie Inseln der Ostsee (Mischprofil der Geländekategorien I und II)	
$q(z) = 1{,}5 \cdot q_{ref}$	für $z \leq 7$ m	$q(z) = 1{,}8 \cdot q_{ref}$	für $z \leq 4$ m
$q(z) = 1{,}7 \cdot q_{ref} \cdot (z/10)^{0{,}37}$	für $7\text{ m} < z \leq 50$ m	$q(z) = 2{,}3 \cdot q_{ref} \cdot (z/10)^{0{,}27}$	für $4\text{ m} < z \leq 50$ m
$q(z) = 2{,}1 \cdot q_{ref} \cdot (z/10)^{0{,}24}$	für $50\text{ m} < z \leq 300$ m	$q(z) = 2{,}6 \cdot q_{ref} \cdot (z/10)^{0{,}19}$	für $50\text{ m} < z \leq 300$ m
Inseln der Nordsee (Geländekategorie I)		q_{ref}	Mittlerer Geschwindigkeitsdruck in Abhängigkeit von der Windzone nach Tafel 3.23a
$q(z) = 1{,}1$ kN/m²	für $z \leq 2$ m	z	Höhe über Grund bzw. Bezugshöhe z_e oder z_i nach Abschnitt 6 in m
$q(z) = 2{,}6 \cdot q_{ref} \cdot (z/10)^{0{,}19}$	für $2\text{ m} < z \leq 300$ m		

5 Winddruck bei nicht schwingungsanfälligen Konstruktionen

Der Winddruck auf Außenflächen (Außendruck) bzw. auf Innenflächen (Innendruck) eines Bauwerks berechnet sich nach Tafel 3.25a.

Tafel 3.25a Außen- und Innendruck

Außendruck w_e in kN/m²	Innendruck w_i in kN/m²
$w_e = c_{pe} \cdot q(z_e)$	$w_i = c_{pi} \cdot q(z_i)$
c_{pe} Aerodynamischer Beiwert für den Außendruck nach Abschnitt 6	c_{pi} Aerodynamischer Beiwert für den Innendruck nach Abschnitt 6
z_e Bezugshöhe nach Abschnitt 6	z_i Bezugshöhe nach Abschnitt 6
q Geschwindigkeitsdruck für die Bezugshöhe z_e bzw. z_i in kN/m² nach Abschnitt 4.2 (Bauwerke bis 25 m) oder Abschnitt 4.3 (Regelfall, Bauwerke über 25 m)	

Der Innendruck ist abhängig von der Größe und Lage der Öffnungen in der Außenhaut und wirkt auf alle Raumabschlüsse eines Innenraums gleichzeitig und mit gleichem Vorzeichen. Die Belastung inf. Winddrucks ergibt sich als Resultierende von Außen- und Innendruck; Innendruck darf jedoch entlastend nicht angesetzt werden. Beispiele für die Überlagerung von Außen- und Innendruck sind in Abb. 3.25 dargestellt.

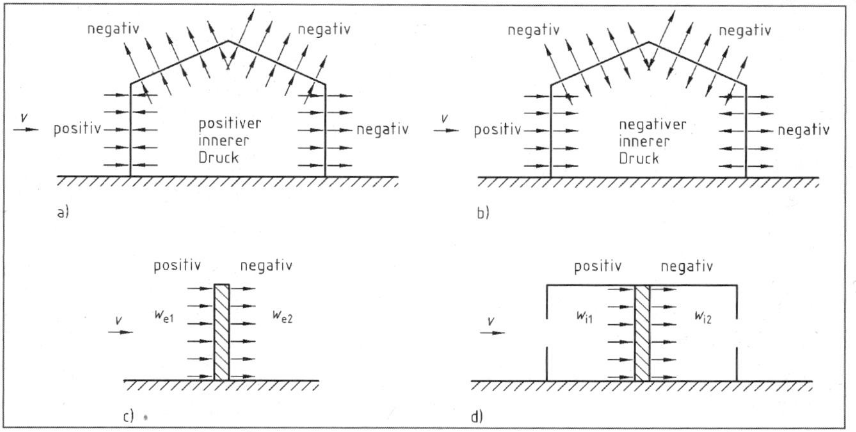

Abb. 3.25 Beispiele für die Überlagerung von Außen- und Innendruck

6 Aerodynamische Beiwerte

6.1 Allgemeines

Die Außendruckbeiwerte c_{pe} sind abhängig von der Lasteinzugsfläche A (Tafel 3.25b). Nachfolgend werden die Außendruckbeiwerte für Lasteinzugsflächen von $A \leq 1$ m² ($c_{pe,1}$) und $A > 10$ m² ($c_{pe,10}$) angegeben.

Tafel 3.25b Zusammenhang zwischen Lasteinzugsfläche und Außendruckbeiwert c_{pe}

Lasteinzugsfläche A	Außendruckbeiwert c_{pe}	Bemerkung
$A \leq 1$ m²	$c_{pe} = c_{pe,1}$	Verwendung nur für die Berechnung der Ankerkräfte und den Nachweis der Verankerungen
1 m² $< A \leq 10$ m²	$c_{pe} = c_{pe,1} + (c_{pe,10} - c_{pe,1}) \cdot \lg A$	
$A > 10$ m²	$c_{pe} = c_{pe,10}$	

Die Außendruckbeiwerte für Lasteinzugsflächen ≤ 10 m² sind nur für die Berechnung der Ankerkräfte von Bauteilen, die unmittelbar durch Wind belastet werden sowie für den Nachweis der Verankerungen einschließlich deren Unterkonstruktion zu verwenden. Die Außendruckbeiwerte gelten nicht für hinterlüftete Wand- und Dachflächen. Bei Dachüberständen ist für den Außendruckbeiwert auf der Unterseite der Wert der anschließenden Wandfläche und für den Außendruckbeiwert auf der Oberseite der Wert der anschließenden Dachfläche anzusetzen.

6.2 Vertikale Wände von Gebäuden mit rechteckigem Grundriss

Für vertikale Wände von Baukörpern mit rechteckigem Grundriss wird der Außendruck in Abhängigkeit vom Verhältnis der Baukörperhöhe h zu -breite b nach Abb. 3.26a angesetzt. Außendruckbeiwerte für vertikale Wände nach Tafel 3.26.

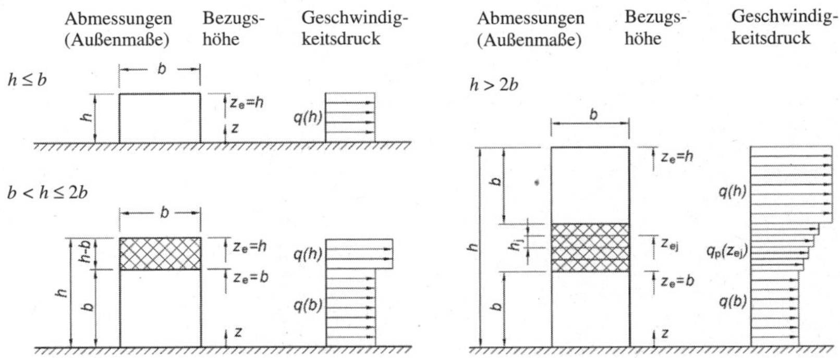

Abb. 3.26a Geschwindigkeitsdruck, Bezugshöhe z_e für vertikale Wände in Abhängigkeit von Baukörperhöhe h und -breite b

Tafel 3.26 Außendruckbeiwerte für vertikale Wände von Gebäuden mit rechteckigem Grundriss (Einteilung der Wandflächen nach Abb. 3.26b)

Bereich	A		B		C		D		E	
h/d	$c_{pe,10}$	$c_{pe,1}$	$c_{pe,10}$	$c_{pe,1}$	$c_{pe,10}$	$c_{pe,1}$	$c_{pe,10}$	$c_{pe,1}$	$c_{pe,10}$	$c_{pe,1}$
≥ 5	–1,4	–1,7	–0,8	–1,1	–0,5	–0,7	+0,8	+1,0	–0,5	–0,7
1	–1,2	–1,4	–0,8	–1,1	–0,5		+0,8	+1,0	–0,5	
≤ 0,25	–1,2	–1,4	–0,8	–1,1	–0,5		+0,7	+1,0	–0,3	–0,5

Für einzeln im offenen Gelände stehende Gebäude können im Sogbereich auch größere Sogkräfte auftreten. Zwischenwerte dürfen linear interpoliert werden. Für Gebäude mit $h/d > 5$ ist die Gesamtwindlast anhand der Kraftbeiwerte aus DIN 1055-4:2005-03, Abschnitte 12.4 bis 12.6 und 12.7.1 zu ermitteln.

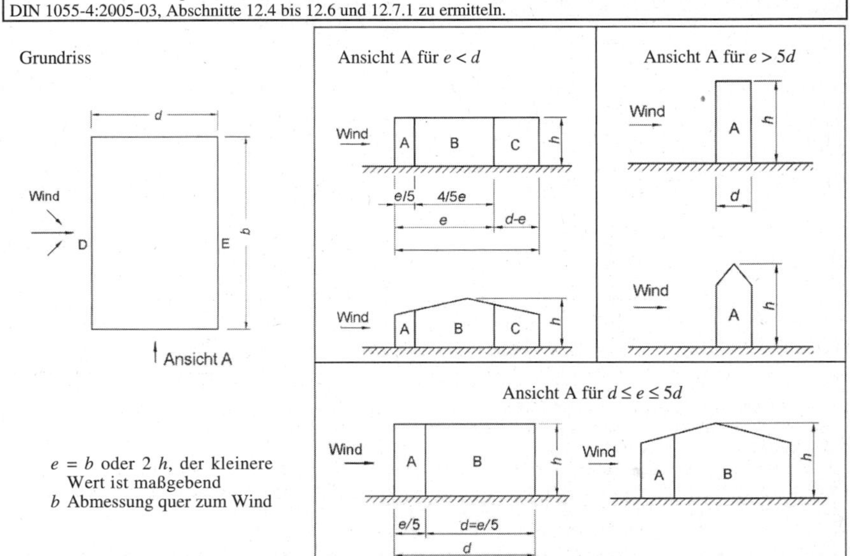

Abb. 3.26b Einteilung der Wandflächen bei vertikalen Wänden

6.3 Flachdächer

Flachdächer im Sinne der Norm sind Dächer mit einer Dachneigung von weniger als 5°. Außendruckbeiwerte nach Tafel 3.27, Einteilung der Dachflächen nach Abb. 3.27. Für sehr flache Baukörper mit $h/d < 0{,}1$ darf der Bereich F entfallen.

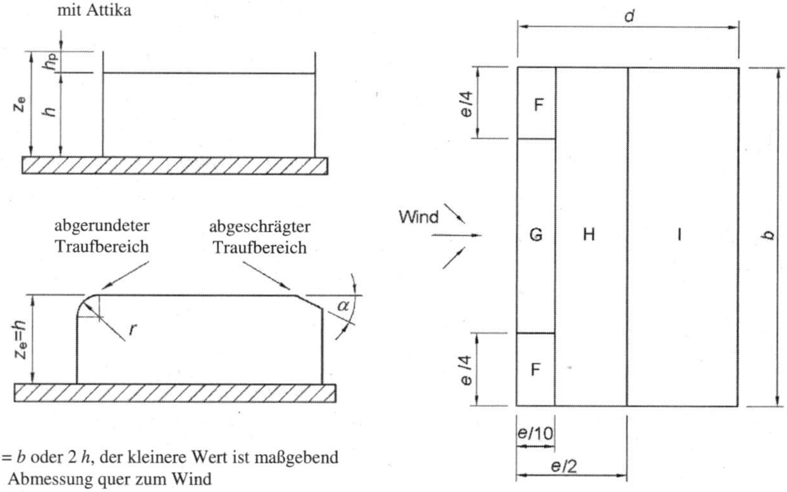

$e = b$ oder $2\,h$, der kleinere Wert ist maßgebend
b Abmessung quer zum Wind

Abb. 3.27 Einteilung der Dachflächen bei Flachdächern

Tafel 3.27 Außendruckbeiwerte für Flachdächer

		Bereich							
		F		G		H		I	
		$c_{pe,10}$	$c_{pe,1}$	$c_{pe,10}$	$c_{pe,1}$	$c_{pe,10}$	$c_{pe,1}$	$c_{pe,10}$	$c_{pe,1}$
Scharfkantiger Traufbereich		–1,8	–2,5	–1,2	–2,0	–0,7	–1,2	+0,2 –0,6	
mit Attika	$h_p/h = 0{,}025$	–1,6	–2,2	–1,1	–1,8	–0,7	–1,2	+0,2 –0,6	
	$h_p/h = 0{,}05$	–1,4	–2,0	–0,9	–1,6	–0,7	–1,2	+0,2 –0,6	
	$h_p/h = 0{,}10$	–1,2	–1,8	–0,8	–1,4	–0,7	–1,2	+0,2 –0,6	
Abgerundeter Traufbereich	$r/h = 0{,}05$	–1,0	–1,5	–1,2	–1,8	–0,4		±0,2	
	$r/h = 0{,}10$	–0,7	–1,2	–0,8	–1,4	–0,3		±0,2	
	$r/h = 0{,}20$	–0,5	–0,8	–0,5	–0,8	–0,3		±0,2	
Abgeschrägter Traufbereich	$\alpha = 30°$	–1,0	–1,5	–1,0	–1,5	–0,3		±0,2	
	$\alpha = 45°$	–1,2	–1,8	–1,3	–1,9	–0,4		±0,2	
	$\alpha = 60°$	–1,3	–1,9	–1,3	–1,9	–0,5		±0,2	

Bei Flachdächern mit Attika oder abgerundetem Traufbereich darf für Zwischenwerte h_p/h und r/h linear interpoliert werden.

Bei Flachdächern mit mansarddachartigem Traufbereich darf für Zwischenwerte von α zwischen $\alpha = 30°$, 45° und 60° linear interpoliert werden. Für $\alpha > 60°$ darf zwischen den Werten für $\alpha = 60°$ und den Werten für Flachdächer mit rechtwinkligem Traufbereich interpoliert werden.

Im Bereich I, für den positive und negative Werte angegeben werden, müssen beide Werte berücksichtigt werden.

Für die Schräge des mansarddachartigen Traufbereichs selbst werden die Außendruckbeiwerte in Abschnitt 6.5 „Außendruckbeiwerte für Sattel- und Trogdächer" Anströmrichtung $\theta = 0°$, Bereiche F und G, in Abhängigkeit von dem Neigungswinkel des mansarddachartigen Traufenbereichs angegeben.

Für den abgerundeten Traufbereich selbst werden die Außendruckbeiwerte entlang der Krümmung durch lineare Interpolation entlang der Kurve zwischen dem Wert an der vertikalen Wand und auf dem Dach ermittelt.

6.4 Pultdächer

Bei Pultdächern sind drei Anströmrichtungen zu untersuchen ($\theta = 0°$: Anströmung auf niedrige Traufe; $\theta = 180°$: Anströmung auf hohe Traufe; $\theta = 90°$: Anströmung parallel zu hoher und niedriger Traufe). Außendruckbeiwerte nach Tafel 3.28, Einteilung der Dachflächen wie nachfolgend dargestellt.

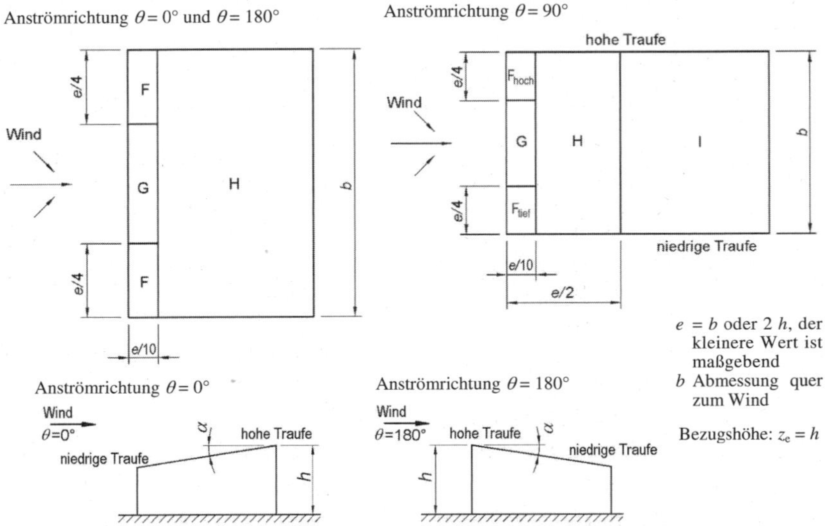

$e = b$ oder $2\,h$, der kleinere Wert ist maßgebend
b Abmessung quer zum Wind

Bezugshöhe: $z_e = h$

Abb. 3.28 Einteilung der Dachflächen bei Pultdächern

Tafel 3.28 Außendruckbeiwerte für Pultdächer

Neigungswinkel α [1]	**Anströmrichtung $\theta = 0°$ [2]**						**Anströmrichtung $\theta = 180°$**					
	Bereich F		Bereich G		Bereich H		Bereich F		Bereich G		Bereich H	
	$c_{pe,10}$	$c_{pe,1}$	$c_{pe,10}$	$c_{pe,1}$	$c_{pe,10}$	$c_{pe,1}$	$c_{pe,10}$	$c_{pe,1}$	$c_{pe,10}$	$c_{pe,1}$	$c_{pe,10}$	$c_{pe,1}$
5°	–1,7	–2,5	–1,2	–2,0	–0,6 +0,2	–1,2	–2,3	–2,5	–1,3	–2,0	–0,8	–1,2
10°	–1,3	–2,2	–1,0	–1,7	–0,4 +0,2	–0,7	–2,4	–2,6	–1,3	–2,0	–0,8	–1,2
15°	–0,9	–2,0	–0,8	–1,5	–0,3		–2,5	–2,8	–1,3	–2,0	–0,8	–1,2
	+0,2		+0,2		+0,2							
30°	–0,5	–1,5	–0,5	–1,5	-0,2		–1,1	–2,3	–0,8	–1,5	–0,8	
	+0,7		+0,7		+0,4							
45°	+0,7		+0,7		+0,6		–0,6	–1,3	–0,5		–0,7	
60°	+0,7		+0,7		+0,7		–0,5	–1,0	–0,5		–0,5	
75°	+0,8		+0,8		+0,8		–0,5	–1,0	–0,5		–0,5	

Neigungswinkel α [1]	**Anströmrichtung $\theta = 90°$**									
	Bereich F_{hoch}		Bereich F_{tief}		Bereich G		Bereich H		Bereich I	
	$c_{pe,10}$	$c_{pe,1}$	$c_{pe,10}$	$c_{pe,1}$	$c_{pe,10}$	$c_{pe,1}$	$c_{pe,10}$	$c_{pe,1}$	$c_{pe,10}$	$c_{pe,1}$
5°	–2,1	–2,6	–2,1	–2,4	–1,8	–2,0	–0,6	–1,2	–0,6/+0,2	
10°	–2,2	–2,7	–1,8	–2,4	–1,8	–2,2	–0,7	–1,2	–0,6/+0,2	
15°	–2,4	–2,9	–1,6	–2,4	–1,9	–2,5	-0,8	–1,2	–0,7	–1,2
30°	–2,1	–2,9	–1,3	–2,0	–1,5	–2,0	–1,0	–1,3	–0,8	–1,2
45°	–1,5	–2,4	–1,3	–2,0	–1,4	–2,0	–1,0	–1,3	–0,9	–1,2
60°	–1,2	–2,0	–1,2	–2,0	–1,2	–2,0	–1,0	–1,3	–0,7	–1,2
75°	–1,2	–2,0	–1,2	–2,0	–1,2	–2,0	–1,0	–1,3	–0,5	

[1] Zwischenwerte dürfen linear interpoliert werden.

[2] Bei Anströmrichtung $\theta = 0°$ und bei Neigungswinkeln $15° \leq \alpha \leq 30°$ ändert sich der Druck schnell zwischen positiven und negativen Werten. Für diesen Bereich wird daher sowohl der positive als auch der negative Außendruckbeiwert angegeben.

6.5 Sattel- und Trogdächer

Außendruckbeiwerte nach Tafel 3.29, Einteilung der Dachflächen nach Abb. 3.29.

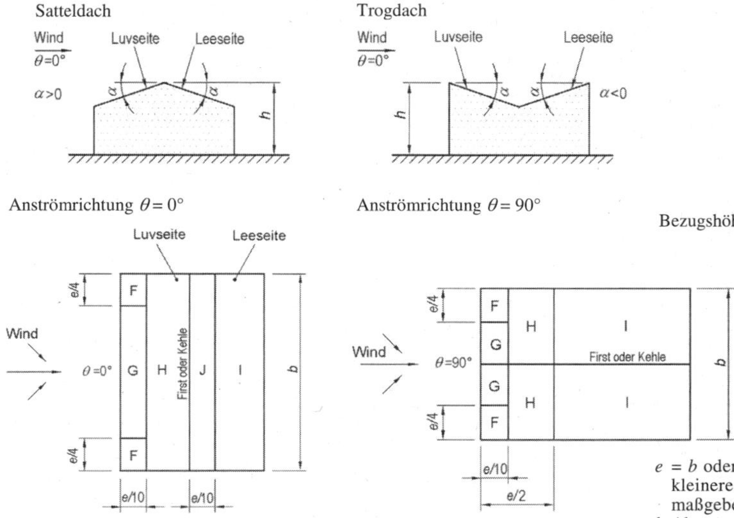

Bezugshöhe: $z_e = h$

e = *b* oder 2 *h*, der kleinere Wert ist maßgebend
b Abmessung quer zum Wind

Abb. 3.29 Einteilung der Dachflächen bei Sattel- und Trogdächern

Tafel 3.29 Außendruckbeiwerte für Sattel- und Trogdächer

Neigungswinkel α[1]	Anströmrichtung θ = 0° [2]; Bereich F		G		H		I		J	
	$c_{pe,10}$	$c_{pe,1}$	$c_{pe,10}$	$c_{pe,1}$	$c_{pe,10}$	$c_{pe,1}$	$c_{pe,10}$	$c_{pe,1}$	$c_{pe,10}$	$c_{pe,1}$
–45°	–0,6		–0,6		–0,8		–0,7		–1,0	–1,5
–30°	–1,1	–2,0	–0,8	–1,5	–0,8		–0,6		–0,8	–1,4
–15°	–2,5	–2,8	–1,3	–2,0	–0,9	–1,2	–0,5		–0,7	–1,2
–5°	–2,3	–2,5	–1,2	–2,0	–0,8	–1,2	–0,6/+0,2		–0,6/+0,2	
5°	–1,7	–2,5	–1,2	–2,0	–0,6	–1,2	–0,6/+0,2		–0,6/+0,2	
10°	–1,3	–2,2	–1,0	–1,7	–0,4		–0,5/+0,2		–0,8/+0,2	
15°	–0,9	–2,0	–0,8	–1,5	–0,3		–0,4		–1,0	–1,5
	+0,2		+0,2		+0,2					
30°	–0,5	–1,5	–0,5	–1,5	–0,2		–0,4		–0,5	
	+0,7		+0,7		+0,4					
45°	+0,7		+0,7		+0,6		–0,4		–0,5	
60°	+0,7		+0,7		+0,7		–0,4		–0,5	
75°	+0,8		+0,8		+0,8		–0,4		–0,5	

Neigungswinkel α[1]	Anströmrichtung θ = 90°; Bereich F		G		H		I	
	$c_{pe,10}$	$c_{pe,1}$	$c_{pe,10}$	$c_{pe,1}$	$c_{pe,10}$	$c_{pe,1}$	$c_{pe,10}$	$c_{pe,1}$
–45°	–1,4	–2,0	–1,2	–2,0	–1,0	–1,3	–0,9	–1,2
–30°	–1,5	–2,1	–1,2	–2,0	–1,0	–1,3	–0,9	–1,2
–15°	–1,9	–2,5	–1,2	–2,0	–0,8	–1,2	–0,8	–1,2
–5°	–1,8	–2,5	–1,2	–2,0	–0,7	–1,2	–0,6	–1,2
5°	–1,6	–2,2	–1,3	–2,0	–0,7	–1,2	–0,6/+0,2	
10°	–1,4	–2,1	–1,3	–2,0	–0,6	–1,2	–0,6/+0,2	
15°	–1,3	–2,0	–1,3	–2,0	–0,6	–1,2	–0,5	
30°	–1,1	–1,5	–1,4	–2,0	–0,8	–1,2	–0,5	
45°	–1,1	–1,5	–1,4	–2,0	–0,9	–1,2	–0,5	
60°, 75°	–1,1	–1,5	–1,2	–2,0	–0,8	–1,0	–0,5	

[1] Zwischenwerte dürfen linear interpoliert werden, sofern nicht das Vorzeichen wechselt.

[2] Bei Anströmrichtung $\theta = 0°$ und bei Neigungswinkeln $15° \leq \alpha \leq 30°$ ändert sich der Druck schnell zwischen positiven und negativen Werten. Für diesen Bereich wird daher sowohl der positive als auch der negative Außendruckbeiwert angegeben.

6.6 Außendruckbeiwerte für Walmdächer

Außendruckbeiwerte nach Tafel 3.30, Einteilung der Dachflächen nach Abb. 3.30. Für Dachneigungen zwischen den angegebenen Werten darf linear interpoliert werden, sofern das Vorzeichen nicht wechselt.

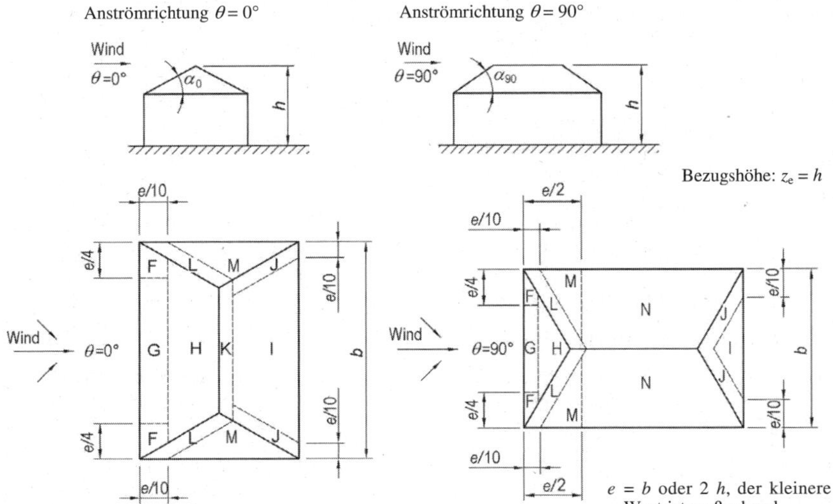

e = *b* oder 2 *h*, der kleinere Wert ist maßgebend
b Abmessung quer zum Wind

Abb. 3.30 Einteilung der Dachflächen bei Walmdächern

Tafel 3.30 Außendruckbeiwerte für Walmdächer

Neigungswinkel α_0 für $\theta = 0°$, α_{90} für $\theta = 90°$	Anströmrichtung $\theta = 0°$ und $\theta = 90°$																	
	Bereich																	
	F		G		H		I		J		K		L		M		N	
	$c_{pe,10}$	$c_{pe,1}$	$c_{pe,10}$	$c_{pe,1}$	$c_{pe,10}$	$c_{pe,1}$	$c_{pe,10}$	$c_{pe,1}$	$c_{pe,10}$	$c_{pe,1}$	$c_{pe,10}$	$c_{pe,1}$	$c_{pe,10}$	$c_{pe,1}$	$c_{pe,10}$	$c_{pe,1}$	$c_{pe,10}$	$c_{pe,1}$
+5°	–1,7	–2,5	–1,2	–2,0	–0,6	–1,2	–0,3		–0,6		–0,6		–1,2	–2,0	–0,6	–1,2	–0,4	
+15°	–0,9	–2,0	–0,8	–1,5	–0,3		–0,5		–1,0	–1,5	–1,2	–2,0	–1,4	–2,0	–0,6	–1,2	–0,3	
	+0,2		+0,2		+0,2													
+30°	–0,5	–1,5	–0,5	–1,5	–0,2		–0,4		–0,7	–1,2	–0,5		–1,4	–2,0	–0,8	–1,2	–0,2	
	+0,5		+0,7		+0,4													
+45°	+0,7		+0,7		+0,6		–0,3		–0,6		–0,3		–1,3	–2,0	–0,8	–1,2	–0,2	
+60°	+0,7		+0,7		+0,7		–0,3		–0,6		–0,3		–1,2	–2,0	–0,4		–0,2	
+75°	+0,8		+0,8		+0,8		–0,3		–0,6		–0,3		–1,2	–2,0	–0,4		–0,2	

6.7 Innendruck bei geschlossenen Baukörpern mit durchlässigen Wänden

Wände gelten als durchlässig, wenn bis zu 30 % der Wandfläche offen sind. Sind mehr als 30 % der Wandfläche offen, gilt die Wand im Sinne der Norm als offene Wand (Abschnitt 6.9). Fenster, Türen und Tore sind als geschlossen anzusehen, wenn sie nicht bei einem Sturm betriebsbedingt geöffnet werden müssen (z. B. Ausfahrtstore bei Gebäuden für Rettungsdienste).

Der Innendruck bei geschlossenen Baukörpern mit durchlässigen Wänden ist in der Regel nur dann bei Gebäuden mit nicht unterteiltem Grundriss (z. B. Hallen) zu berücksichtigen, wenn er ungünstig wirkt. Dabei ist der Innendruck auf alle Raumabschlüsse gleichzeitig und mit gleichem Vorzeichen anzusetzen. Überlagerung von Außen- und Innendruck nach Abschnitt 5.

Bei üblichen Büro- und Wohngebäuden ist der Innendruck in der Regel nicht nachzuweisen. Bei einem Öffnungsanteil der Außenwände unter 1% und annähernd gleichmäßiger Verteilung der Öffnungen ist der Nachweis des Innendruckes ebenfalls nicht erforderlich.

Für Gebäude mit überwiegender Unterteilung durch leichte Trennwände wird der Nachweis des Innendruckes empfohlen.

Der Innendruckbeiwert c_{pi} für Räume, die vollständig von Außenwänden umschlossen und nicht durch Innenwände unterteilt sind, wird in Abhängigkeit vom Flächenparameter μ nach Abb. 3.31 bestimmt. Es gilt:

$$\mu = \frac{A_1}{A}$$

A_1 Gesamtfläche der Öffnungen in den leeseitigen und windparallelen Wandflächen

A Gesamtfläche der Öffnungen aller Wände

Für Flächenparameter $0{,}47 \le \mu \le 0{,}78$ ergeben sich sowohl negative (Sog) als auch positive (Druck) Innendruckbeiwerte. Hier ist der ungünstigere Wert anzusetzen.

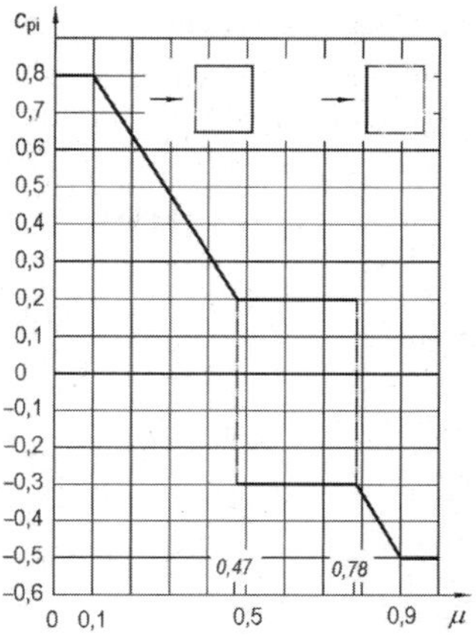

Abb. 3.31 Beiwerte c_{pi} bei durchlässigen Wänden

6.8 Freistehende Dächer

Dächer, an die sich keine durchgehenden Wände anschließen, werden als freistehend bezeichnet (z. B. Tankstellendächer, Bahnsteigüberdachungen). Druck- und Sogbeiwerte sind in Tafel 3.31 angegeben.

Tafel 3.31 Druckbeiwerte für freistehende Dächer

Grundriss [a] 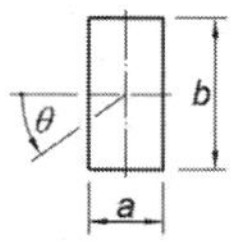	Abmessungen: $a \le b \le 5a$ $0{,}5 \le h/a \le 1$ Querschnittshöhe der Dachscheibe: $\le 0{,}03\,a$	Nachweis der Dachhaut: Für einen umlaufenden 1 m breiten Streifen ist eine erhöhte Soglast mit einem Beiwert für den resultierenden Druck von $c_{pe,res} = -2{,}5$ anzusetzen.
Form und Lage des freistehenden Daches	Druckbeiwert c_p	
Typ 1 – Trogdach (Ansicht) [b] 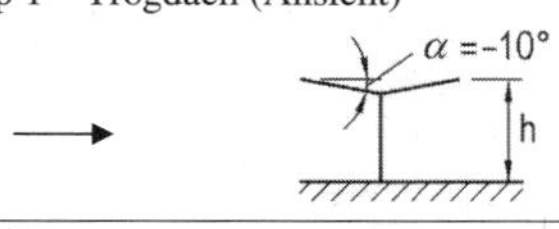	$\theta = 0°$ 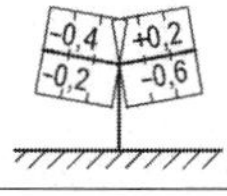	
mit Versperrung 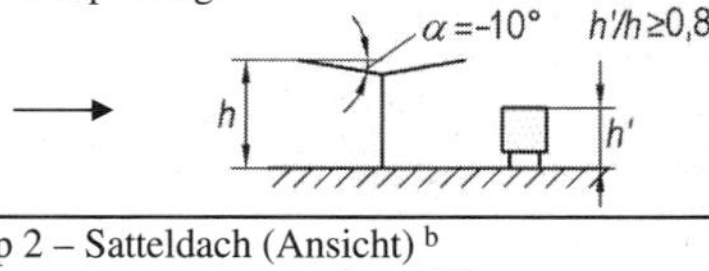	$\theta = 0°$ 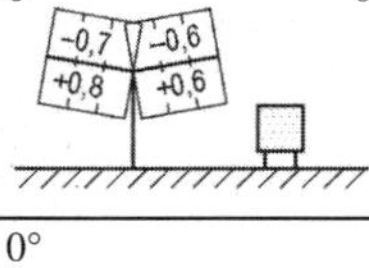	$\theta = 180°$ 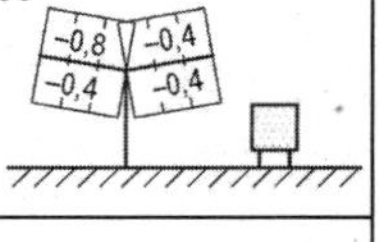
Typ 2 – Satteldach (Ansicht) [b] 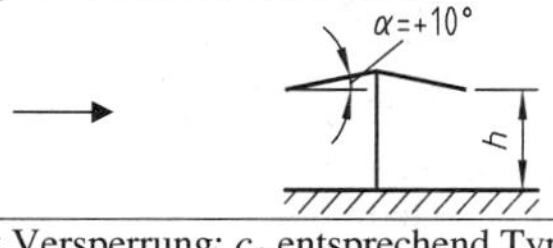	$\theta = 0°$ 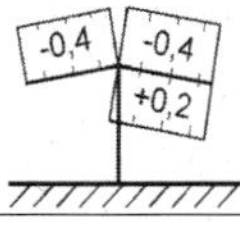	
mit Versperrung: c_p entsprechend Typ 1		
Typ 3 – Pultdach (Ansicht) [b] 	$\theta = 0°$ 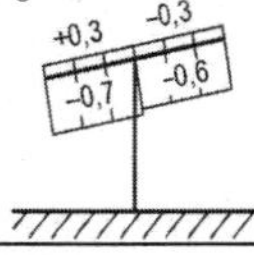	$\theta = 180°$ 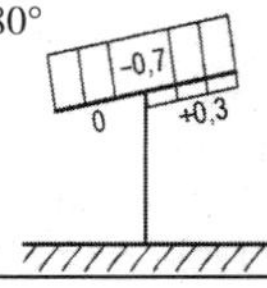
mit Versperrung: c_p entsprechend Typ 1		

[a] Bei Anströmung längs des Daches können die zum Dach tangentialen Windkräfte von Bedeutung sein.
[b] Für Neigungen $-10° \le \alpha \le +10°$ darf zwischen den Werten linear interpoliert werden; in den Beiwerten ist eine mögliche Versperrung der durchströmten Fläche unterhalb des Daches bis zu 15 % berücksichtigt.

6.9 Seitlich offene Baukörper

Wände, bei denen mehr als 30 % der Fläche offen sind, gelten als offen. Fenster, Türen und Tore sind als geschlossen anzusehen, wenn sie nicht betriebsbedingt bei Sturm geöffnet werden müssen (z. B. Ausfahrtstore von Gebäuden für Rettungsdienste). Druckbeiwerte für die innen liegenden Flächen seitlich offener Baukörper sind in Tafel 3.32 angegeben. Für die außen liegenden Flächen gelten die Druckbeiwerte geschlossener Baukörper (Abschnitte 6.2 bis 6.6), sofern in Tafel 3.32 nichts anderes angegeben ist.

Tafel 3.32 Druckbeiwerte seitlich offener Baukörper

Eine Seite offen	Zwei aneinandergrenzende Seiten offen
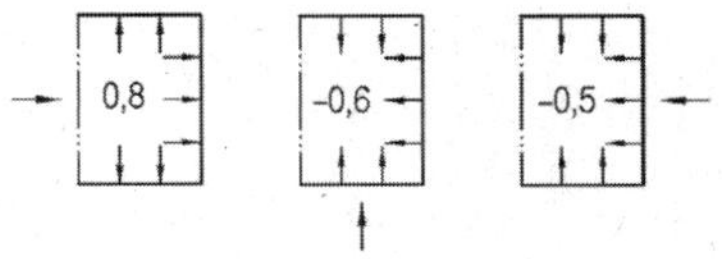	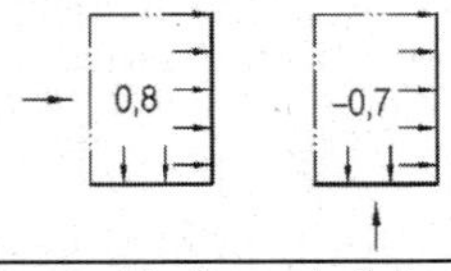
Drei Seiten offen	**Zwei gegenüberliegende Seiten offen**
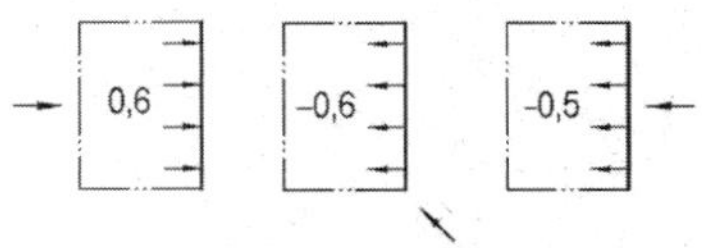	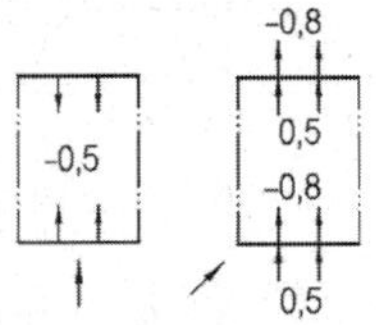
Bezugshöhe z_i = Bezugshöhe z_e für den Außendruck der Wandfläche, in der sich die Öffnung befindet.	

6.10 Durchlässige Außenwandbekleidungen

Bei durchlässigen (hinterlüfteten) Außenwandbekleidungen ist der Innendruck im Hinterlüftungsraum zu berücksichtigen. Der resultierende Winddruck auf die Außenwandbekleidung, der sich aus dem Innendruck im Hinterlüftungsraum und dem Außendruck ergibt, darf mit einem Druckbeiwert von $c_{p,net} = \pm 0{,}5$ berechnet werden. Dabei gelten folgende Randbedingungen:

- An den vertikalen Gebäudekanten befindet sich eine dauerhaft wirksame, vertikale Luftsperre.
- Lichtes Maß der Luftschicht im Hinterlüftungsraum ≤ 100 mm.
- Für die Durchlässigkeit der Außenwandbekleidung gilt:

$$\frac{A_1}{A} \geq 0{,}75\,\%$$

A_1 Fläche der Öffnungen
A Fläche der Außenwandbekleidung

7 Windkräfte bei nicht schwingungsanfälligen Konstruktionen

7.1 Windkräfte

Die auf ein Bauwerk einwirkende Gesamtwindkraft F_w berechnet sich mit folgender Gleichung:

$$F_w = c_f \cdot q(z_e) \cdot A_{ref}$$

c_f Aerodynamischer Kraftbeiwert nach Abschn. 7.2
q Geschwindigkeitsdruck in kN/m² nach Abschn. 4.2 bzw. 4.3 für die Bezugshöhe z_e
A_{ref} Bezugsfläche für den Kraftbeiwert nach Abschn. 7.2

Die Gesamtwindkraft ist mit einer Ausmitte e anzusetzen:

$$e = \frac{b}{10} \quad \text{bzw.} \quad e = \frac{d}{10}$$

b Breite des Baukörpers
d Tiefe des Baukörpers

7.2 Aerodynamische Kraftbeiwerte für ausgewählte Bauteile

Kraftbeiwerte für Bauteile mit rechteckigem Querschnitt

Der Kraftbeiwert c_f von Bauteilen mit rechteckigem Querschnitt ergibt sich bei Anströmung quer zur betrachteten Querschnittsseite mit folgender Gleichung:

$$c_f = c_{f,0} \cdot \psi_r \cdot \psi_\lambda$$

$c_{f,0}$ Grundkraftbeiwert nach Tafel 3.33a

ψ_r Abminderungsfaktor für quadratische Querschnitte mit abgerundeten Ecken nach Tafel 3.33b

ψ_λ Abminderungsfaktor zur Berücksichtigung der Schlankheit nach Tafel 3.33c

Tafel 3.33a Grundkraftbeiwerte $c_{f,0}$ von scharfkantigen Rechteckquerschnitten

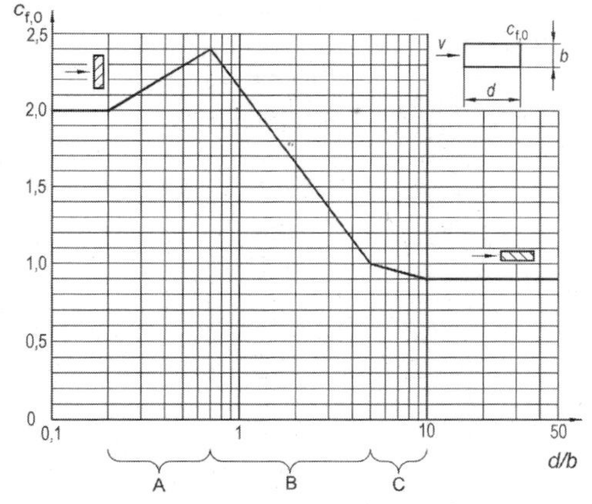

Kurvendefinitionen siehe rechts

Tafel 3.33b Abminderungsfaktor ψ_r

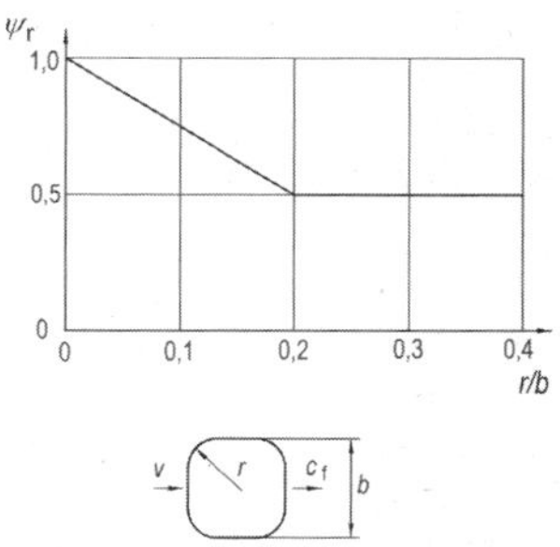

Kurvendefinition in Tafel 3.33a:

A: $c_{f,0} = 0{,}3193 \cdot \ln(d/b) + 2{,}5139$

B: $c_{f,0} = -0{,}7121 \cdot \ln(d/b) + 2{,}1460$

C: $c_{f,0} = -0{,}1443 \cdot \ln(d/b) + 1{,}2322$

Tafel 3.33c Abminderungsfaktor ψ_λ zur Berücksichtigung der Schlankheit

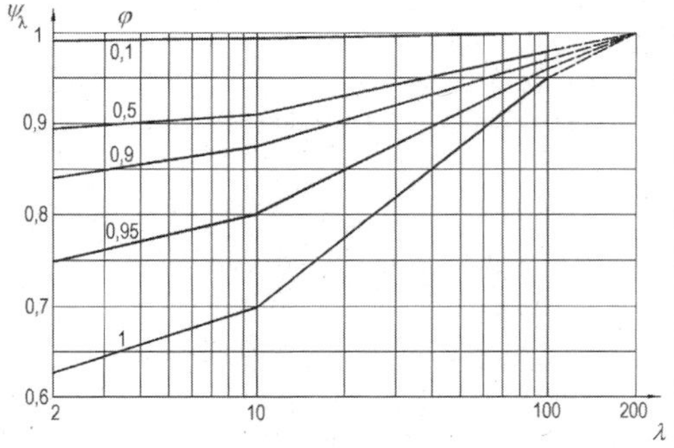

Für $l > b$ gilt:
$\lambda = l/b$ oder $\lambda = 2$,
der größere Wert ist maßgebend

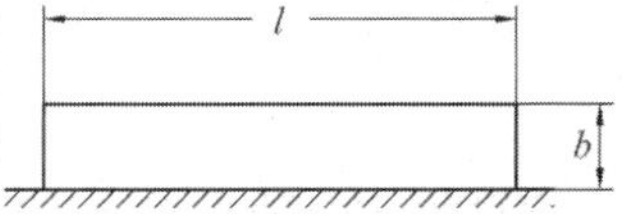

Anströmung senkrecht zur Blattebene

Schlankheiten λ für weitere Bauteile siehe DIN 1055-4, 12.13.

Die Bezugsfläche A_{ref} bei Bauteilen mit rechteckigem Querschnitt ergibt sich zu:

$$A_{ref} = l \cdot b$$

l Länge des betrachteten Abschnittes (Tafel 3.33c)

b Breite bzw. Höhe des Abschnittes

Die Bezugshöhe z_e für Bauteile mit rechteckigem Querschnitt ergibt sich als Summe aus der Höhe der Unterkante des betrachteten Abschnittes und dem 0,6fachen der Abschnittshöhe.

Beispiel: Ermittlung des Winddruckes für ein Einfamilienhaus mit Satteldach

Bauwerksstandort: Windzone 1, Binnenland

Bauwerkshöhe: $h = 7{,}7$ m; Dachneigung: $\alpha = 40°$

Der Baukörper ist allseitig geschlossen, d. h. es ist kein Innendruck anzusetzen.

Böengeschwindigkeitsdruck q

Der Böengeschwindigkeitsdruck kann vereinfachend nach Tafel 3.24a bestimmt werden, da die Bauwerkshöhe h kleiner als 25 m ist ($h = 7{,}7$ m < 25 m).

$q = 0{,}50$ kN/m² konstant über die gesamte Bauwerkshöhe

Außendruckbeiwerte c_{pe} u. Winddruck w_e für das Dach

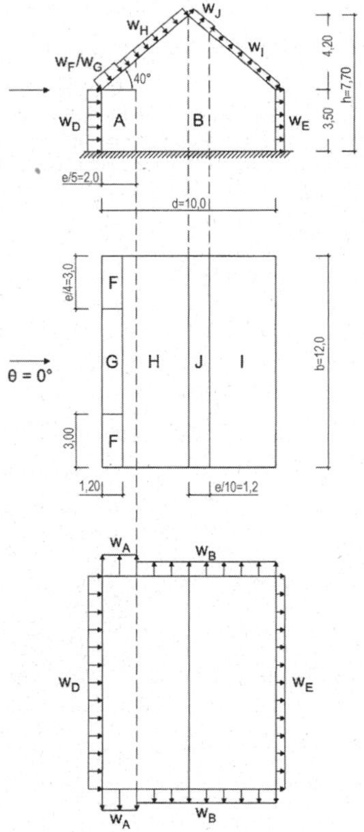

Das Dach ist nach Abb. 3.29 in die Bereiche F, G, H, I und J einzuteilen.

Abmessung e:

$e = b = 12$ m oder $e = 2 \cdot h = 2 \cdot 7{,}7 = 15{,}4$ m;

der kleinere Wert ist maßgebend; hier: $e = 12$ m

Die Außendruckbeiwerte ergeben sich nach Tafel 3.29. Die Ermittlung der Winddrücke $w_e = c_{pe} \cdot q$ erfolgt tabellarisch. Nachfolgend wird der Winddruck nur für die Anströmrichtung $\theta = 0°$ (Wind quer zum First) untersucht. Für eine vollständige Betrachtung müsste auch die Anströmrichtung $\theta = 90°$ (Wind parallel zum First) untersucht werden.

Bereich	Außendruckbeiwert		Winddruck (kN/m²)	
	$c_{pe,10}$	$c_{pe,1}$	$w_{e,10}$	$w_{e,1}$
F	+0,7	+0,7	+0,35	+0,35
G	+0,7	+0,7	+0,35	+0,35
H	+0,53 [1)]	+0,53 [1)]	+0,27	+0,27
I	–0,4	–0,4	–0,20	–0,20
J	–0,5	–0,5	–0,25	–0,25

1) Interpolierter Wert für $\alpha = 40°$: $c_{pe,(40°)} = \dfrac{0{,}6 - 0{,}4}{15} \cdot 10 + 0{,}4 = 0{,}53$

Hinweis:

Für Lasteinzugsflächen $A < 10$ m² ergeben sich erhöhte Druckbeiwerte, die nur für die Berechnung von Ankerkräften bzw. den Nachweis von Verankerungen benötigt werden. Die Sparren haben eine kleinere Lasteinzugsfläche als 10 m² (hier: $A = (5{,}0 / \cos 40°) \cdot 0{,}75 = 4{,}9$ m²; angenommener Sparrenabstand $e = 0{,}75$ m). Bei einer Dachneigung von $\alpha = 40°$ ergeben sich jedoch keine höheren Druckbeiwerte ($c_{pe,10} = c_{pe,1}$).

Außendruckbeiwerte u. Winddruck für die Wände:

Einteilung der Wände in horizontale Streifen nach Abb. 3.26a:

$h = 7{,}7$ m < $b = 12$ m (ein horizontaler Streifen mit konstantem Geschwindigkeitsdruck)

Einteilung in Bereiche nach Abb. 3.26b:

Windparallele Wände: $d = 10$ m < $e = 12$ m < $5d = 50$ m; d. h. Einteilung in Bereiche A und B

Wand auf Luvseite: Bereich D;

Wand auf Leeseite: Bereich E

Bereich	Außendruckbeiwert		Winddruck (kN/m²)	
	$c_{pe,10}$	$c_{pe,1}$	$w_{e,10}$	$w_{e,1}$
A	–1,2	–1,4	–0,60	–0,70
B	–0,8	–1,1	–0,40	–0,55
D	+0,8	+1,0	+0,40	+0,50
E	–0,5	–0,5	–0,25	–0,25

Außendruckbeiwerte (Tafel 3.26) und Winddruck ($w_e = c_{pe} \cdot q$) siehe Tabelle.

$h/d = 7{,}7/10 = 0{,}77$

Vereinfachend werden die Außendruckbeiwerte für $h/d = 1$ (sichere Seite) angesetzt

V Schnee- und Eislasten (nach DIN 1055-5, Ausg. Juli 2005)

Prof. Dr.-Ing. Peter Schmidt

1 Allgemeines

Die Norm gilt für Bauwerksstandorte bis 1500 m über NN. Für höher gelegene Orte sind für jeden Einzelfall Rechenwerte von der zuständigen Behörde festzulegen. Die angegebenen Lasten gelten nur für natürliche Schneelastverteilungen. Lastverteilungen infolge künstlicher Anhäufungen (z.B. durch Abräumen oder Umverteilen) werden nicht berücksichtigt. Die angegebenen Schnee- und Eislasten sind charakteristische Werte und gelten als unabhängige veränderliche Einwirkungen. Es ist zu beachten, dass lastmindernde Einflüsse infolge Wärmedurchgangs durch die Dachhaut nicht berücksichtigt werden.

2 Schneelast auf dem Boden

Der charakteristische Wert der Schneelast s_k auf dem Boden ist abhängig von der Schneelastzone und der Geländehöhe über dem Meeresniveau (Tafel 3.35). Es werden fünf Schneelastzonen (Zone 1, 1a, 2, 2a und 3) unterschieden, wobei die Intensität der Schneelasten von Zone 1 bis Zone 3 zunimmt. In jeder Zone ist ein Mindestwert der Schneelast (Sockelbetrag) anzusetzen. Die charakt. Werte der Schneelasten in den Zonen 1a und 2a ergeben sich durch Erhöhung der jeweiligen Werte der Zonen 1 und 2 um 25 %.

Tafel 3.35 Charakteristische Werte der Schneelast auf dem Boden

Schneelastzonenkarte

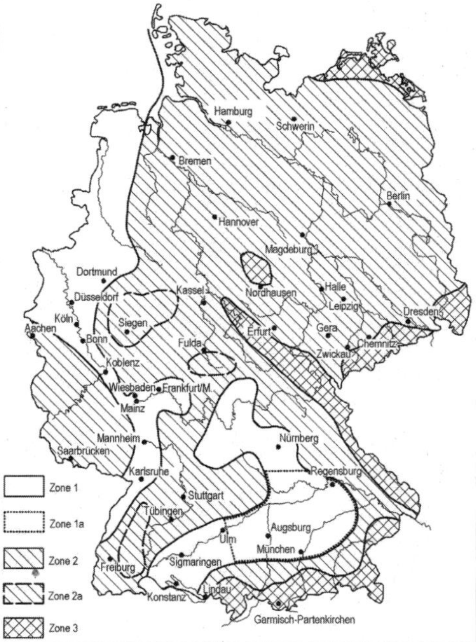

Zone	Charakteristischer Wert der Schneelast auf dem Boden in kN/m²
1	$s_k = 0{,}19 + 0{,}91 \cdot \left(\frac{A+140}{760}\right)^2 \geq 0{,}65$
1a	$s_k = 1{,}25 \cdot \left[0{,}19 + 0{,}91 \cdot \left(\frac{A+140}{760}\right)^2\right] \geq 0{,}81$
2	$s_k = 0{,}25 + 1{,}91 \cdot \left(\frac{A+140}{760}\right)^2 \geq 0{,}85$
2a	$s_k = 1{,}25 \cdot \left[0{,}25 + 1{,}91 \cdot \left(\frac{A+140}{760}\right)^2\right] \geq 1{,}06$
3[1)]	$s_k = 0{,}31 + 2{,}91 \cdot \left(\frac{A+140}{760}\right)^2 \geq 1{,}10$

A Geländehöhe über dem Meeresniveau in m

[1)] In Zone 3 können für bestimmte Lagen (z. B. Oberharz, Hochlagen des Fichtelgebirges, Reit im Winkl, Obernach/Walchensee) höhere Werte als nach der oben angegebenen Gleichung maßgebend sein. Angaben über die Schneelast in diesen Regionen sind bei den zuständigen Stellen einzuholen.

3 Schneelast auf Dächern

3.1 Allgemeines

Die Schneelast s_i auf dem Dach ist abhängig von der Dachform und der charakteristischen Schneelast s_k auf dem Boden. Sie wirkt lotrecht und bezieht sich auf die horizontale Projektion der Dachfläche. Es gilt:

$$s_i = \mu_i \cdot s_k$$

μ_i Formbeiwert der Schneelast in Abhängigkeit von der Dachform und Dachneigung α (Tafeln 3.36a bzw. 3.37b)

s_k Charakt. Wert der Schneelast auf dem Boden in kN/m² (Tafel 3.35)

3.2 Flache und geneigte Dächer

3.2.1 Formbeiwerte

Die Formbeiwerte μ_i sind abhängig von Dachform sowie Dachneigung α und ergeben sich nach Tafel 3.36a. Sie gelten für ausreichend gedämmte Bauteile ($U < 1$ W/(m²K)) mit üblicher Dacheindeckung und dürfen näherungsweise auch für Glaskonstruktionen angewendet werden.

Tafel 3.36a Formbeiwerte für flache und geneigte Dächer

Formbeiwert	Dachneigung α $0° \leq \alpha \leq 30°$	$30° < \alpha \leq 60°$	$\alpha > 60°$
μ_1	0,8	$0{,}8 \cdot (60° - \alpha)/30°$	0
μ_2	$0{,}8 + 0{,}8 \cdot \alpha/30°$	1,6	1,6
Die Formbeiwerte gelten, wenn der Schnee ungehindert vom Dach abrutschen kann. Wird das Abrutschen behindert (z. B. durch Schneefanggitter, Brüstungen o. Ä.) ist der Formbeiwert mindestens mit $\mu = 0{,}8$ anzusetzen.			

3.2.2 Flach- und Pultdächer sowie Satteldächer

Bei Flach- und Pultdächern gilt eine gleichmäßig verteilte Schneelast (Tafel 3.36b). Für Satteldächer sind drei Lastbilder zu untersuchen, das ungünstigste ist maßgebend (Tafel 3.36b). Ohne Windeinfluss stellt sich die Verteilung (a) ein, mit Verwehungs- und Abtaueinflüssen (b) und (c), die nur bei Tragwerken maßgebend sind, die bei ungleich verteilten Lasten empfindlich reagieren (z. B. Sparren- und Kehlbalkendächer).

Tafel 3.36b Lastbilder für Flach- und Pultdächer sowie Satteldächer

Flach- und Pultdächer	Satteldächer
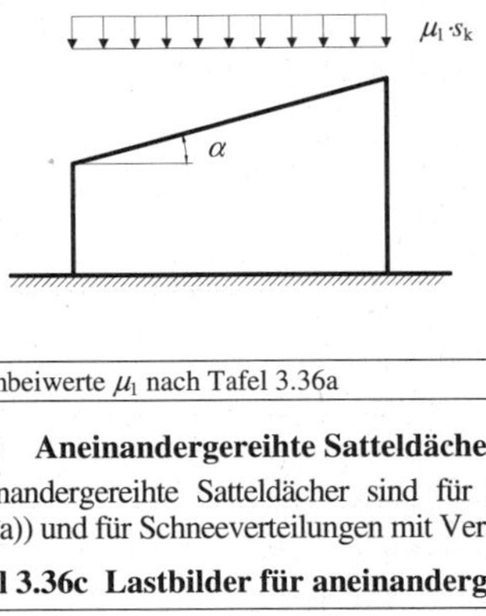	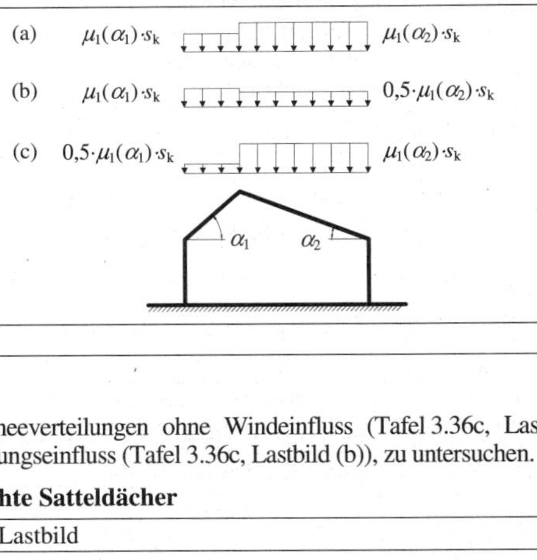
Formbeiwerte μ_1 nach Tafel 3.36a	

3.2.3 Aneinandergereihte Satteldächer

Aneinandergereihte Satteldächer sind für Schneeverteilungen ohne Windeinfluss (Tafel 3.36c, Lastbild (a)) und für Schneeverteilungen mit Verwehungseinfluss (Tafel 3.36c, Lastbild (b)), zu untersuchen.

Tafel 3.36c Lastbilder für aneinandergereihte Satteldächer

Lastbild	
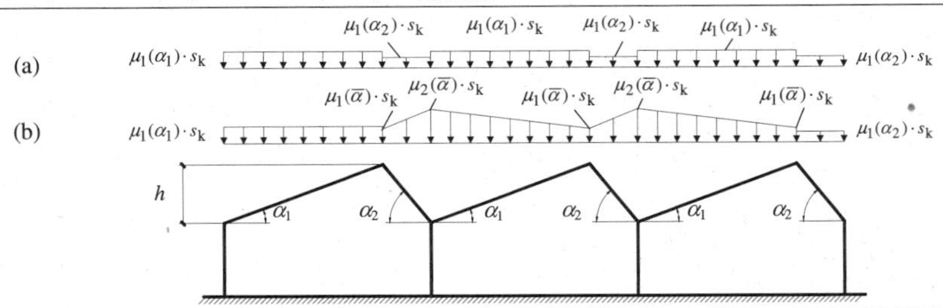	
Für die Berechnung der Formbeiwerte der Innenfelder $\mu_1(\bar{\alpha})$ und $\mu_2(\bar{\alpha})$ ist der mittlere Dachneigungswinkel α anzusetzen: $\bar{\alpha} = 0{,}5 \cdot (\alpha_1 + \alpha_2)$ mit α_1, α_2 Dachneigungswinkel	Formbeiwerte μ_1 und μ_2 nach Tafel 3.36a. Dabei darf der Formbeiwert μ_2 auf folgenden Wert begrenzt werden: max $\mu_2 = \gamma \cdot h/s_k + \mu_1$ γ Wichte des Schnees ($\gamma = 2$ kN/m³) h Höhenlage des Firstes über der Traufe in m s_k charakteristische Schneelast in kN/m²

3.2.4 Sheddächer (aneinandergereihte Pultdächer)

Bei Sheddächern (aneinandergereihte Pultdächer) sind zwei Schneelastverteilungen zu untersuchen (Tafel 3.37a, Lastbilder (a) und (b)).

Tafel 3.37a Lastbilder für Sheddächer (aneinandergereihte Pultdächer)

Lastbild

(a)

(b)

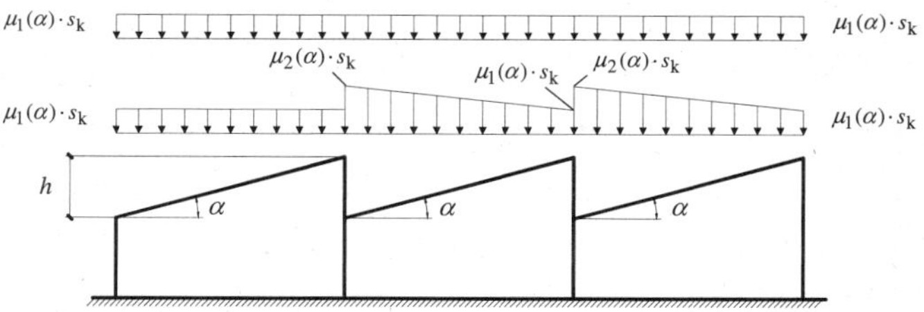

Formbeiwerte μ_1 und μ_2 nach Tafel 3.36a

3.3 Tonnendächer

Tonnendächer sind für die in Tafel 3.37c dargestellte gleichmäßig verteilte Schneelast (a) und die unsymmetrische Schneelast (b) zu untersuchen. Tonnendächer im Sinne der Norm sind alle zylindrischen Formen mit beliebig konvexer Krümmung. Weiterhin ist die Neigung der Tangente am Anschluss zu den vertikalen Bauteilen beliebig. Die Formbeiwerte für Tonnendächer μ_3 sind abhängig vom Verhältnis Stichhöhe des Tonnendaches h zur Breite b (Tafel 3.37b).

Tafel 3.37b Formbeiwerte für Tonnendächer

Verhältnis h/b		Formbeiwert μ_3	
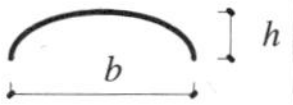	$< 0{,}18$	$0{,}2 + 10 \cdot \frac{h}{b}$	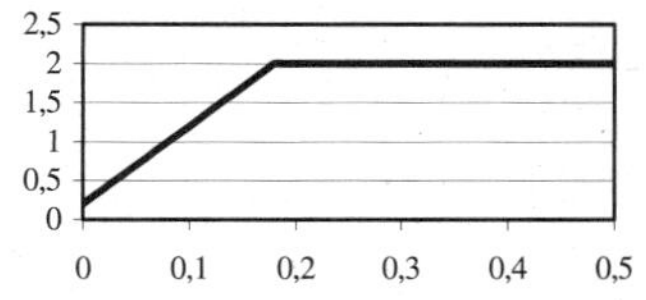
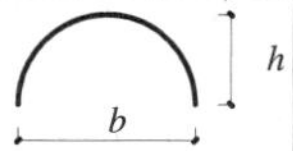	$\geq 0{,}18$	2,0	
Die Formbeiwerte gelten unter der Voraussetzung, dass der Schnee ungehindert vom Tonnendach abrutschen kann.			

Tafel 3.37c Lastbilder für Tonnendächer

Lastbild	Erläuterung
(a) (b) 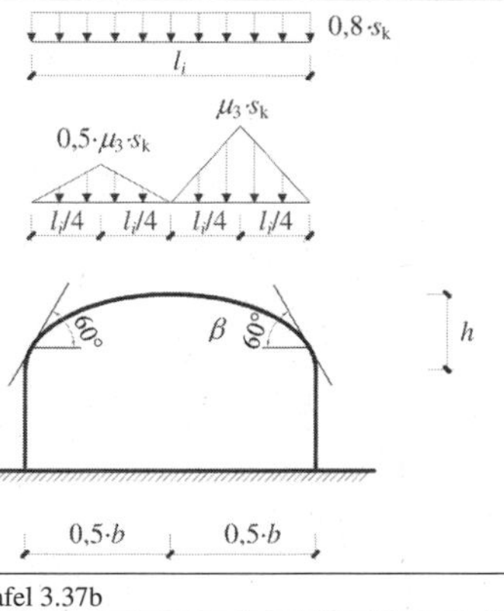	h Stichhöhe des Tonnendaches b Breite l_i Sehnenlänge zwischen den Punkten mit einer Tangentenneigung von $\beta = \pm 60°$
Formbeiwert μ_3 nach Tafel 3.37b	

3.4 Höhensprünge an Dächern

Auf Dächern unterhalb eines Höhensprunges kann es durch Anwehen oder Abrutschen des Schnees vom höher gelegenen Dach zu einer Anhäufung von Schnee kommen. Dieser Lastfall ist auf dem tiefer liegenden Dach bei einem Höhensprung von mehr als 0,5 m nach Tafel 3.38a zu berücksichtigen. Gegebenenfalls sind zusätzlich Stoßlasten aus den abrutschenden Schneemassen zu berücksichtigen.

Tafel 3.38a Lastbild und Formbeiwerte der Schneelast an Höhensprüngen

Lastbild:	Formbeiwerte:
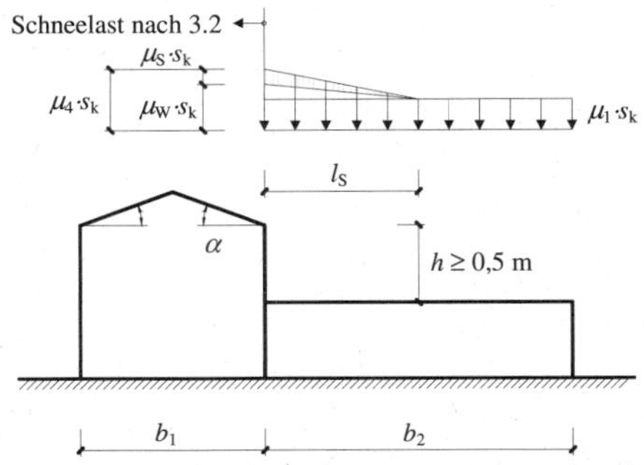 Länge des Verwehungskeils l_S: $l_S = 2 \cdot h \begin{cases} \geq 5\ \text{m} \\ \leq 15\ \text{m} \end{cases}$ Ist die Länge des unten liegenden Daches b_2 kürzer als die Länge des Verwehungskeils l_S, dann sind die Lastordinaten am Dachrand abzuschneiden	$\mu_1 = 0{,}8$ (Annahme: das tiefer liegende Dach ist flach) $\mu_4 = \mu_W + \mu_S \begin{cases} \geq 0{,}8 \\ \leq 4{,}0 \end{cases}$ μ_S Formbeiwert der abrutschenden Schneelast: $\alpha \leq 15°$: $\mu_S = 0$ $\alpha > 15°$: μ_S ergibt sich aus einer Zusatzlast, die dreieckförmig auf die Länge l_S zu verteilen ist. Als Zusatzlast werden 50 % der resultierenden Schneelast auf der anschließenden Dachseite des höher liegenden Daches angesetzt. μ_W Formbeiwert der Schneelast aus Verwehung: $\mu_W = \frac{b_1 + b_2}{2h} \leq \frac{\gamma \cdot h}{s_k} - \mu_S$
In den Gleichungen und in der Abbildung sind: γ Wichte des Schnees ($\gamma = 2$ kN/m³) h Höhe des Dachsprunges in m s_k charakteristischer Wert der Schneelast auf dem Boden in kN/m² nach Tafel 3.35	

3.5 Verwehungen an Wänden und Aufbauten

Im Bereich von Wänden und Aufbauten kann es durch Verwehung zu Schneeanhäufungen kommen. Diese sind als zusätzliche Schneelast zu berücksichtigen, wenn die Ansichtsfläche der Wände und Aufbauten größer gleich 1 m² ist oder ihre Höhe 0,5 m übersteigt. Die Schneelast infolge Verwehung ist als dreiecksförmige Belastung mit der Länge l_S anzusetzen. Lastbild und Formbeiwerte siehe Tafel 3.38b.

Tafel 3.38b Lastbild und Formbeiwerte der Schneelast an Wänden und Aufbauten

Lastbild	Formbeiwerte
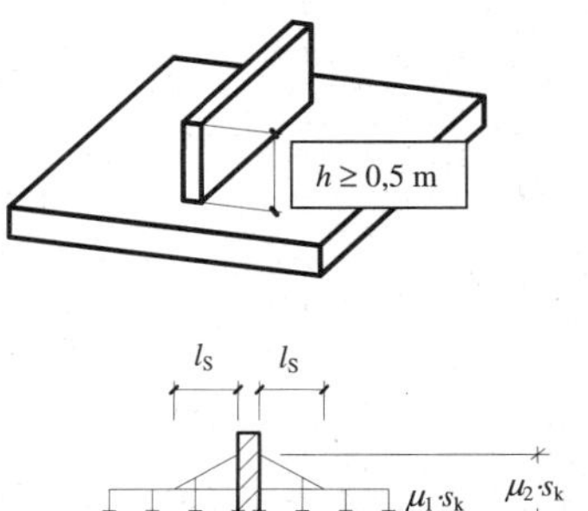 	$\mu_1 = 0{,}8$ $\mu_2 = \frac{\gamma \cdot h}{s_k} \begin{cases} \geq 0{,}8 \\ \leq 2{,}0 \end{cases}$ γ Wichte des Schnees ($\gamma = 2$ kN/m³) h Höhe des Aufbaus in m s_k charakteristischer Wert der Schneelast auf dem Boden in kN/m² nach Tafel 3.35 Länge der Verwehungskeile: $l_S = 2 \cdot h \begin{cases} \geq 5\ \text{m} \\ \leq 15\ \text{m} \end{cases}$

4 Sonderfälle

4.1 Schneeüberhang an der Traufe

Auskragende Teile eines Daches (Dachüberstand) werden durch Schneeüberhang zusätzlich belastet. Diese Belastung ist zusätzlich zur Schneelast an der Traufe als Linienlast anzusetzen und ergibt sich nach Tafel 3.39a.

Tafel 3.39a Lastbild für den Schneeüberhang an der Traufe

Lastbild	Schneelast des Überhangs in kN/m
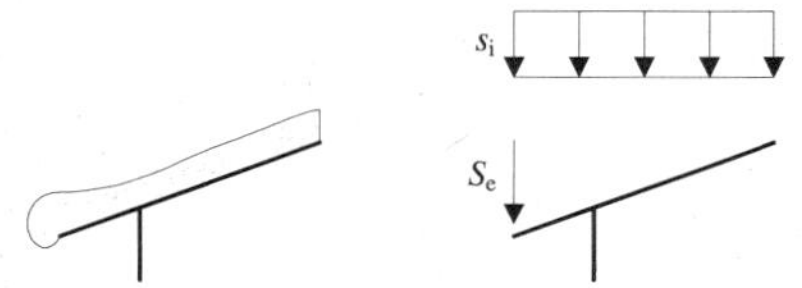	$S_e = \dfrac{s_i^2}{\gamma}$ s_i Schneelast für das Dach in kN/m² nach Abschnitt 3 γ Wichte des Schnees (γ= 3 kN/m³)

4.2 Schneelasten auf Schneefanggitter und Aufbauten von Dachflächen

Schneefanggitter, die abrutschende Schneemassen anstauen, sind für eine Linienlast F_S zu berechnen (Tafel 3.39b). Dabei wird die Reibung zwischen Schnee und Dachfläche vernachlässigt.

Tafel 3.39b Schneelast auf Schneefanggitter

Lastbild	Schneelast auf Schneefanggitter in kN/m
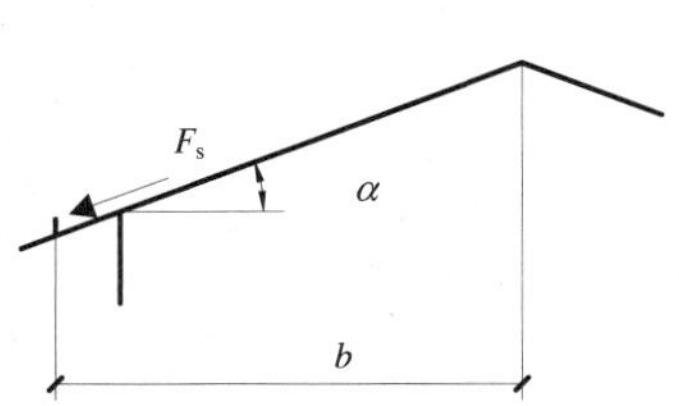	$F_S = \mu_i \cdot s_k \cdot b \cdot \sin\alpha$ μ_i der größte Formbeiwert der Schneelast nach Abschn. 3.2.1 für die betrachtete Dachfläche s_k charakteristischer Wert der Schneelast auf dem Boden in kN/m² nach Tafel 3.35 b Grundrissentfernung zwischen Gitter bzw. Dachaufbau und First oder einem höher liegenden Hindernis in m α Dachneigungswinkel

5 Eislast

Die Vereisung von Bauteilen ist abhängig von verschiedenen Einflüssen wie Lufttemperatur, Luftfeuchtigkeit, Wind, Geländeform und Höhe über NN. Die Berechnung des Eisansatzes erfolgt in Abhängigkeit von der Vereisungsklasse (G: gefrierender Regen; R: Raueis) und der geografischen Lage (Eiszonen). Für genauere Angaben wird auf die Norm verwiesen.

Beispiel: Schneelast für ein Satteldach

Bauwerksstandort: Siegen; Höhe = 350 m ü. d. Meer;
Dachneigung: $\alpha = 40°$

Schneelast auf dem Boden: Schneelastzone 2a (Tafel 3.35)

$$s_k = 1{,}25 \cdot \left[0{,}25 + 1{,}91 \cdot \left(\frac{350+140}{760}\right)^2\right] = 1{,}30 > 1{,}06 \text{ kN/m}^2$$

Schneelast auf dem Dach:

Formbeiwert μ_1 nach Tafel 3.36a:

$\mu_1 = 0{,}8 \cdot (60° - \alpha) / 30° = 0{,}8 \cdot (60° - 40°) / 30° = 0{,}533$

Schneelast auf dem Dach nach Abschnitt 3.1:

$s_1 = \mu_1 \cdot s_k = 0{,}533 \cdot 1{,}30 = 0{,}70$ kN/m²

Schneelastverteilung nach Tafel 3.36b.

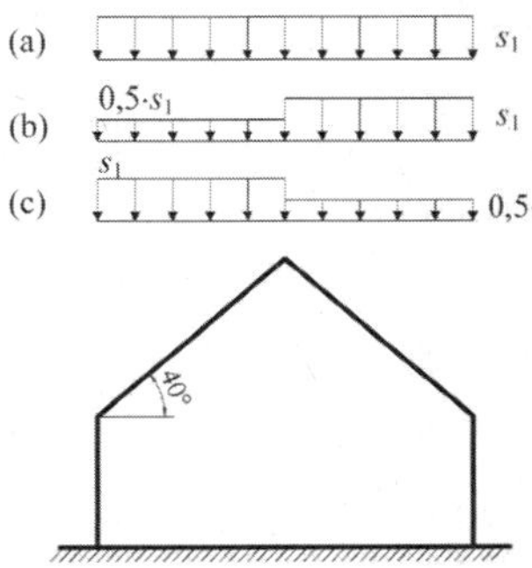

Hinweis: Die Schneelastverteilungen (b) und (c) sind nur bei Tragwerken anzusetzen, die gegenüber ungleichen Lasten empfindlich reagieren (z. B. Sparren- und Kehlbalkendächer).

VI Einwirkungen auf Straßenbrücken

Prof. Dr.-Ing. Martin Mertens

VIa Straßenbrücken nach DIN-Fachbericht 101 (Ausg. März 2003)

1 Anwendungsbereich

Seit Mai 2003 ist die zweite Auflage des DIN-Fachberichtes 101 „Einwirkungen auf Brücken" vom Bundesverkehrsministerium durch die „**A**llgemeinen **R**undschreiben **S**traßenbau" ARS 8/2003 und ARS 10/2003 für Ingenieurbauwerke im Zuge von Bundesfernstraßen verbindlich eingeführt. Anderen Baulastträgern wird die Anwendung empfohlen. Die Regelungen des DIN-Fachberichtes 101 gelten für den Entwurf, die Berechnung und Bemessung von Straßenbrücken mit Einzelstützweiten kleiner als 200 m und/oder Fahrbahnbreiten, die nicht größer als 42 m sind. Bei größeren Abmessungen sind die Verkehrslasten vom Bauherrn (!) festzulegen. Im Gegensatz zum bisherigen Regelwerk wird die übliche Einteilung in Belastungsklassen (60/30, 30/30 ...) im DIN-Fachbericht 101 aufgegeben, d. h. alle neuen Straßenbrücken werden mit denselben Lastmodellen berechnet.

Bei Umbau oder Instandsetzung von Bauwerken, die nach altem Regelwerk erstellt wurden, ist je nach Art und Umfang der Maßnahme abzuwägen, ob nach altem oder neuem Regelwerk berechnet werden soll.

Spezielle Regelungen für die Berücksichtigung von Militärlasten stehen zurzeit noch aus, ein entsprechendes ARS ist in Vorbereitung. Bis auf weiteres sind die STANAG-Lasten als charakteristische Werte anzusehen, Teilsicherheits- und Kombinationsbeiwerte entsprechen denen der zivilen Lasten.

2 Einwirkungen aus Straßenverkehr

2.1 Unterteilung der Fahrbahn in rechnerische Fahrstreifen

Die Fahrbahnbreite w ist die lichte Weite zwischen Schrammborden, wenn die Schrammbordhöhe $\geq$ 70 mm ist. In allen anderen Fällen entspricht w der lichten Weite zwischen den Leiteinrichtungen. Die Breite w_l der rechnerischen Fahrstreifen und die größte Anzahl n_l solcher Streifen sind in Tafel 3.40 angegeben. Anzahl und Lage der Fahrstreifen sind so zu wählen, dass sich für jeden Einzelnachweis die ungünstigsten Beanspruchungen ergeben. Der ungünstigst wirkende Fahrstreifen erhält die Nr. 1, der zweitungünstigst wirkende die Nr. 2 usw., sie sind unmittelbar nebeneinander anzuordnen und nicht durch Restflächen getrennt.

Tafel 3.40 Anzahl und Breite von Fahrstreifen

Fahrbahnbreite w	Anzahl der rechnerischen Fahrstreifen	Breite eines Fahrstreifens w_l	Breite der Restfläche
$w < 5{,}4$ m	$n_l = 1$	3 m	$w - 3$ m
$5{,}4 \text{ m} \leq w < 6$ m	$n_l = 2$	$w/2$	0
$6 \text{ m} \leq w$	$n_l = \text{int}(w/3)$	3 m	$w - 3{,}0 \cdot n_l$

Für jeden Überbau ist eine eigene Nummerierung vorzusehen. Bei zwei getrennten Richtungsfahrbahnen auf einem Überbau sollte nur eine (durchlaufende) Nummerierung vorgenommen werden. Liegen zwei Überbauten auf gemeinsamen Unterbauten wird für die Berechnung und Bemessung der Unterbauten nur eine Nummerierung für beide Überbauten vorgenommen.

2.2 Vertikallasten

Der DIN-FB 101 bietet drei Lastmodelle (1, 2, 4) mit charakteristischen Lasten für die Nachweise in den Grenzzuständen der Gebrauchstauglichkeit und der Tragfähigkeit sowie ein Lastmodell für Ermüdungsnachweise an. Dynamische Einflüsse (Schwingbeiwerte) sind in den charakteristischen Lasten bereits enthalten.

- Lastmodell 1 (Hauptlastmodell)

  Das Lastmodell 1 (Hauptlastmodell, für globale Nachweise) besteht aus je einer Doppelachse (**T**andem-**S**ystem, TS) in den Fahrstreifen 1 und 2 mit Achslasten $\alpha_{Qi} \cdot Q_{ik}$ sowie Flächenlasten q_{ik} bzw. q_{rk} (**U**niform **D**istributed **L**oad System, UDL) auf den Fahrstreifen und den Restflächen. Q_{ik} bzw. q_{ik} sind charakteristische Grundwerte, α_{Qi} sind nationale Anpassungsfaktoren (Abb. 3.41a).

  Die Doppelachsen sind in den Fahrstreifen 1 und 2 jeweils einfach und zentrisch sowie in Querrichtung nebeneinander stehend (gekoppelt) anzuordnen. Zur Berechnung globaler Einwirkungen in Querrichtung müssen die gekoppelten Doppelachsen exzentrisch am Rand der rechnerischen Fahrstreifen angeordnet werden, sofern dies maßgebend ist.

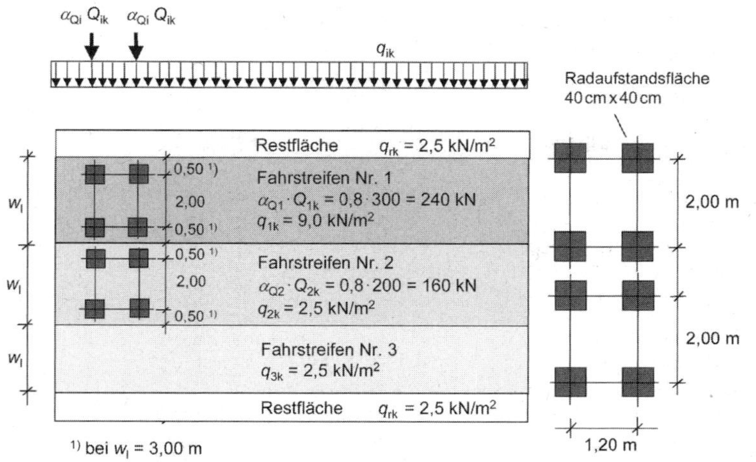

Abb. 3.41a Lastmodell 1

- Lastmodell 2 (Einzelachse)

  Das Lastmodell 2 dient lokalen Nachweisen. Es besteht aus einer Einzelachse, deren Achsgeometrie und Radaufstandsflächen mit den Achsen des Lastmodells 1 identisch sind. Die Achse kann in beliebiger Stellung auf der Fahrbahn (Fahrtrichtung = Brückenlängsachse) angeordnet werden, gegebenenfalls ist nur ein Rad zu berücksichtigen.

  Achslast: $\beta_Q \cdot Q_{ak} = 0{,}8 \cdot 240 = 192$ kN
  Radlast: $0{,}5 \cdot 192 = 96$ kN

- Lastmodell 3 (wurde nicht in DIN FB 101 übernommen)

- Lastmodell 4 (Menschengedränge)

  Flächenlast 5 kN/m² auf den maßgebenden Teilen des Überbaus. Das Lastmodell dient globalen Nachweisen und stellt eine vorübergehende Bemessungssituation dar, wie sie auf Brückenbauwerken im Rahmen von Volksfesten, Marathonläufen usw. entstehen kann. Das Lastmodell 4 ist nur anzuwenden, wenn dies vom Bauherrn verlangt wird.

- Ermüdungslastmodell

  Das Ermüdungslastmodell besteht aus vier Achsen mit Achslasten von je 120 kN (Abb. 3.41b). Bei Durchlaufträgerbrücken mit Spannweiten ≥ 40 m in Stahl- oder Stahlverbundbauweise ist ein zweites Fahrzeug im Abstand von 40 m (von Vorderachse zu Vorderachse) zu berücksichtigen.

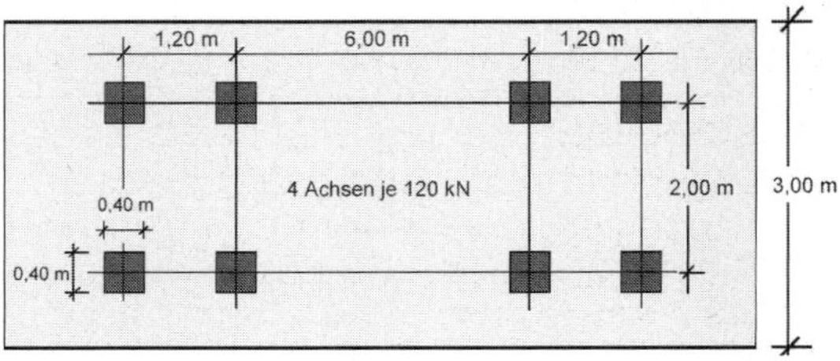

Abb. 3.41b Ermüdungslastmodell

- Geh- und Radweglasten auf Straßenbrücken

  Für Geh- und Radwege auf Straßenbrücken sollte eine gleichmäßig verteilte Flächenlast von 5 kN/m² angesetzt werden. In Kombination mit anderen Straßenverkehrslasten oder wenn es sich um nichtöffentliche Wege handelt, darf dieser Wert auf 2,5 kN/m² abgemindert werden.

2.3 Horizontallasten

- Bremsen und Anfahren

Lasten aus Bremsen und Anfahren sind betragsmäßig gleich jedoch in entgegen gesetzter Richtung entlang der Mittellinie **eines** Fahrstreifens anzusetzen (d. h. positiv oder negativ).

$Q_{lk} = 288 + 2{,}7\,L \leq 900$ kN *L*: Überbaulänge in m

- Zentrifugallasten

Zentrifugallasten Q_{tk} sind in Höhe des Fahrbahnbelages und nur in den Stützenachsen anzusetzen.

$Q_{tk} = 0{,}2 \cdot Q_v$ bei $r < 200$ m
$Q_{tk} = 40 \cdot Q_v / r$ bei $200 \text{ m} \leq r \leq 1500$ m
$Q_{tk} = 0$ bei $r > 1500$ m

mit $Q_v = \Sigma\, \alpha_{Qi} \cdot (2\, Q_{ik})$ [kN] Summe der Achslasten der Tandemfahrzeuge
r Radius der Fahrbahnmittellinie in m

- Windlasten

Tafel 3.42a Windeinwirkungen *w* in kN/m² auf Überbauten

ohne Verkehr und ohne Lärmschutzwand				mit Verkehr und mit Lärmschutzwand		
b/d	$z_e \leq 20$ m	$20 \text{ m} < z_e \leq 50$ m	$50 \text{ m} < z_e \leq 100$ m	$z_e \leq 20$ m	$20 \text{ m} < z_e \leq 50$ m	$50 \text{ m} < z_e \leq 100$ m
$\leq 0{,}5$	3,50	4,30	5,00	2,90	3,55	4,10
$= 4$	1,90	2,30	2,70	1,55	1,90	2,25
≥ 5	1,90	2,30	2,70	1,20	1,50	1,70

In Tafel 3.42a und Tafel 3.42b sind Windlasten auf Überbauten, Stützen und Pfeiler in Abhängigkeit von der Überbaubreite *b*, der Höhe der Windangriffsfläche *d* und der Höhe der horizontalen Windresultierenden über Gelände bzw. mittlerem Wasserstand z_e mit und ohne Verkehrsband oder Lärmschutzwand zusammengestellt (Abb. 3.42). Gegebenenfalls sind vertikale Windkomponenten nach DIN V ENV 1991-2-4:1996 zu berücksichtigen. Für $z_e > 100$ m sollte eine genauere Untersuchung erfolgen. Für Bauzustände können die Windeinwirkungen reduziert werden (s. DIN-FB 101 Anhang N).

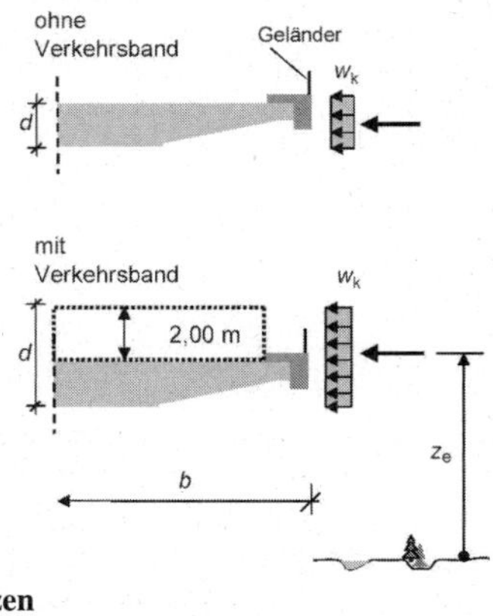

Abb. 3.42 Windeinwirkungen

Tafel 3.42b Windeinwirkungen *w* auf Pfeilern und Stützen

Ohne Verkehr und ohne Lärmschutzwand				mit Verkehr und mit Lärmschutzwand		
b/d	$z_e \leq 20$ m	$20 \text{ m} < z_e \leq 50$ m	$50 \text{ m} < z_e \leq 100$ m	$z_e \leq 20$ m	$20 \text{ m} < z_e \leq 50$ m	$50 \text{ m} < z_e \leq 100$ m
$\leq 0{,}5$	2,90	3,60	4,00	2,10	2,60	3,00
≥ 5	1,20	1,50	1,70	0,90	1,10	1,20

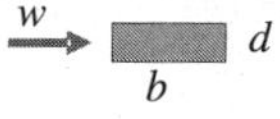

Abminderung bei quadratischen Stützen oder abgerundeten Ecken ($r/d \geq 0{,}20$) auf 50 %

3 Temperaturbeanspruchungen

Für das Temperaturprofil eines Querschnitts werden in der Regel nur ein konstanter Temperaturanteil ΔT_N und ein linearer Temperaturanteil ΔT_M berücksichtigt. Konstanter und linearer Temperaturunterschied sind in der maßgebenden der beiden Kombinationen anzusetzen:

$\Delta T_k = 0{,}35 \cdot \Delta T_N + \Delta T_M$ bzw. $\Delta T_k = \Delta T_N + 0{,}75 \cdot \Delta T_M$

- Konstanter Temperaturanteil

$\Delta T_{N,neg} = T_{e,min} - T_0$ maximale Schwankung des negativen Temperaturanteils
$\Delta T_{N,pos} = T_{e,max} - T_0$ maximale Schwankung des positiven Temperaturanteils
$\Delta T_N = T_{e,max} - T_{e,min}$ Gesamtschwankung des konstanten Temperaturanteils
$T_0 = 10\ °C$ Aufstelltemperatur

Tafel 3.43a $T_{e,min/max}$ für Bauwerke in Deutschland

Überbau	Stahl	Verbund	Beton
$T_{e,min}$ [°C]	–26	–20	–17
$T_{e,max}$ [°C]	+51	+41	+37

Für Fachwerke und Plattenbalken aus Stahl dürfen die Maximalwerte um 3 °C reduziert werden.

- Linearer Temperaturanteil

Tafel 3.43b Charakteristische Werte der linearen Temperaturunterschiede (Belagsdicke 50 mm)

Überbau	Stahl	Verbund	Beton	
			Hohlkasten	Plattenbalken/Platte
Pos. Temperaturunterschied $\Delta T_{M,pos}$ [K]	18	15	10	15
Neg. Temperaturunterschied $\Delta T_{M,neg}$ [K]	–13	–18	–5	–8

Die Werte der Tafel 3.43b sind in Abhängigkeit von der Belagsdicke mit einem Korrekturfaktor K_{sur} (Tafel 3.43c) zu multiplizieren, Zwischenwerte dürfen linear interpoliert werden.

Tafel 3.43c Faktoren K_{sur} zur Berücksichtigung der Belagsdicke

Belagsdicke [mm]	Beton		Stahl		Verbund	
	Oberseite wärmer	Unterseite Wärmer	Oberseite wärmer	Unterseite wärmer	Oberseite wärmer	Unterseite wärmer
0 [1)]	1,5	1,0	1,6	0,6	1,1	0,9
50	1,0	1,0	1,0	1,0	1,0	1,0
80 [2)]	0,82	1,0	0,82	1,1	1,0	1,0
100	0,7	1,0	0,7	1,2	1,0	1,0
150	0,5	1,0	0,7	1,2	1,0	1,0
300	0,3	1,0	0,7	1,2	1,0	1,0

[1)] Bauzustand [2)] Regelfall

4 Außergewöhnliche Einwirkungen

4.1 Fahrzeuganprall an Überbauten, Pfeiler oder andere tragende Bauteile

Lasten aus Fahrzeuganprall sind mit 1000 kN in Fahrtrichtung und 500 kN quer zur Fahrtrichtung 1,25m über Geländeoberfläche und auf 50 cm verteilt anzunehmen (s. nebenstehende Abb.). Es ist kein gleichzeitiger Ansatz erforderlich. Die Anpralllasten auf die Unterbauten sind mit den häufigen Lasten aus Verkehr auf der Brücke zu kombinieren.

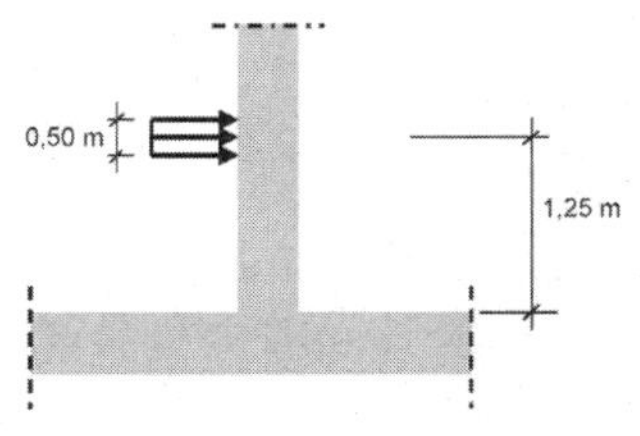

4.2 Fahrzeuganprall an Kappen und Schutzeinrichtungen

Für den Fahrzeuganprall an Schrammborde sind eine in Querrichtung wirkende Last von 100 kN verteilt auf 50 cm sowie – falls maßgebend – gleichzeitig eine vertikale Last von 75 % der Achslast des LM 1 anzusetzen (s. nebenstehende Abb.). Für den Anprall an Schutzeinrichtungen ist eine auf den Überbau zu übertragende Horizontallast von 100 kN anzunehmen. Gegebenenfalls ist gleichzeitig eine Vertikallast von 50 % der Achslast des LM 1 vorzusehen. Auch diese Lasten dürfen auf 50 cm verteilt werden.

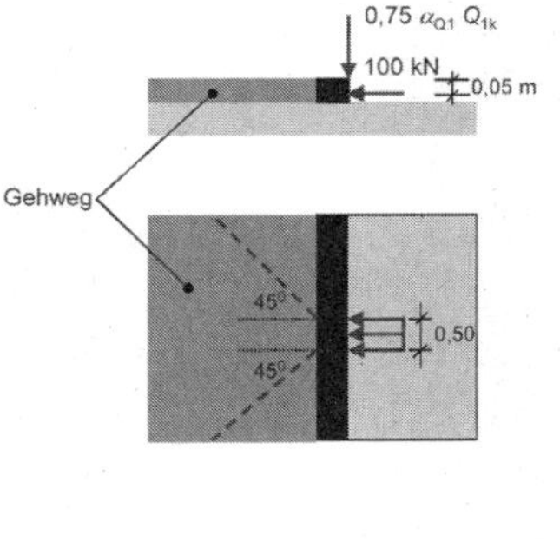

4.3 Fahrzeuge auf Geh- und Radwegen

Starre Schutzeinrichtung: Ansatz einer außergewöhnliche Achslast von 160 kN unmittelbar neben der Schutzeinrichtung. Die Achslast wirkt nicht gleichzeitig mit anderen Verkehrslasten auf der Fahrbahn. Hinter der starren Schutzeinrichtung Radlast von 40 kN (Abb. 3.44).

Keine starre Schutzeinrichtung (z. B. Schutzplanken): Die außergewöhnliche Achslast ist bis 1 m hinter der Schutzeinrichtung anzuordnen, bei ganz fehlender Schutzeinrichtung am Überbaurand.

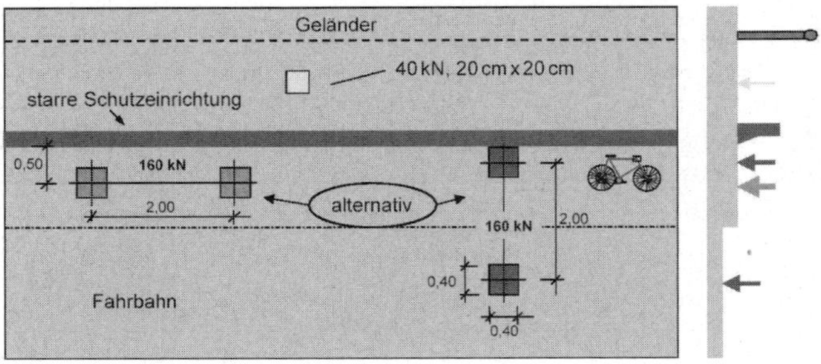

Abb. 3.44
Fahrzeuge auf Geh- und Radwegen

5 Lastmodelle für Hinterfüllungen

5.1 Vertikallasten

Die Lasten der Doppelachsen können durch eine gleichmäßig verteilte Belastung q_{eq} auf einer Belastungsfläche von 3,0 m (quer) x 5,0 m (längs) ersetzt werden. Die Lastausbreitung darf in einem Winkel von 30 ° zur Vertikalen angenommen werden.

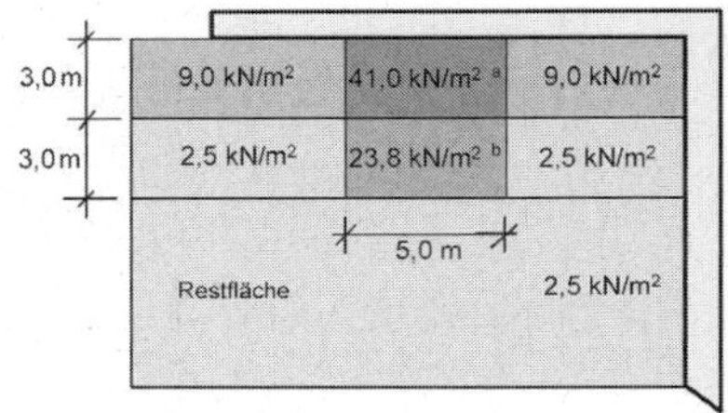

a 0,8 x 2 x 300/15 + 9,0 = 41,0 kN/m²
b 0,8 x 2 x 200/15 + 2,5 = 23,8 kN/m²

5.2 Horizontallasten

Für die Belastung von Kammerwänden ist eine Bremslast (60 % der Achslast des LM 1) zu berücksichtigen, diese wirkt gleichzeitig mit der (vertikalen) Achslast des LM 1 und dem Erddruck aus der Hinterfüllung. Die Fahrbahn hinter der Kammerwand sollte nicht als gleichzeitig belastet angenommen werden.

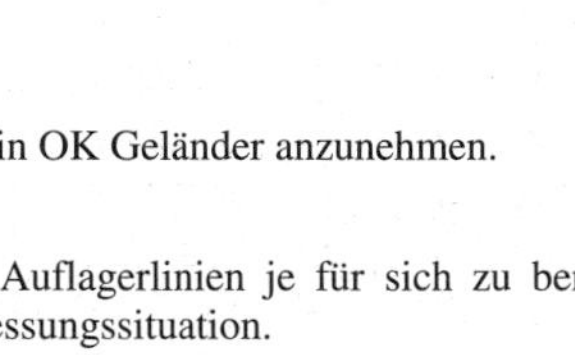

6 Weitere Einwirkungen

- **Einwirkungen auf Geländer**

  Es ist eine horizontal wirkende Linienlast von 0,8 kN/m in OK Geländer anzunehmen.

- **Lagerauswechselung**

  Es ist ein Anhebemaß von 10 mm in den einzelnen Auflagerlinien je für sich zu berücksichtigen. Es handelt sich um eine vorübergehende Bemessungssituation.

- **Fahrbahnbeläge**

  Für den Fahrbahnbelag ist je cm Dicke mindestens eine Flächenlast von 0,24 kN/m^2 anzunehmen. Für den Mehreinbau zum Herstellen einer Ausgleichsgradiente ist eine gleichmäßig verteilte Belastung von 0,5 kN/m^2 auf der gesamten Fahrbahnfläche vorzusehen.

- **Schneelasten**

  Schneelasten werden nur bei überdachten Brücken, Klappbrücken oder für Nachweise im Bauzustand angesetzt.

7 Einwirkungskombinationen

7.1 Kombinationsregeln

DIN-FB 101 nennt analog zu DIN 1055-100 Kombinationsregeln für Nachweise im Grenzzustand der Tragfähigkeit (s. Gl. (4.3a bis c)) und im Grenzzustand der Gebrauchstauglichkeit (vgl. Gl. (6.2a bis d)). Zu beachten sind einige grundlegende Regelungen:

- Windlasten sind nicht gleichzeitig mit Brems- und Anfahrlasten zu kombinieren;
- Windlasten sind nicht gleichzeitig mit Einwirkungen auf Geh- und Radwegen anzusetzen;
- Windlasten sind nicht gleichzeitig mit Temperatureinwirkungen zu berücksichtigen;
- Bei außergewöhnlichen Einwirkungen aus Verkehr auf der Brücke können alle weiteren Einwirkungen aus Straßenverkehr mit ihren quasi-ständigen Werten angesetzt werden.

7.2 Mehrkomponentige Einwirkungen, Verkehrslastgruppen

Es werden fünf Verkehrslastgruppen als charakteristische Werte mehrkomponentiger Einwirkungen definiert, die sich gegenseitig ausschließen. Dadurch wird die Wahrscheinlichkeit des gleichzeitigen Auftretens unterschiedlicher Verkehrslastkomponenten berücksichtigt. Gruppe 6 dient ausschließlich für Nachweise beim Auswechseln von Lagern.

Tafel 3.45a Verkehrslastgruppen

		Fahrbahn				Geh- und Radwege
Lastart		Vertikallasten		Horizontallasten		nur Vertikallasten
Lastmodell		Hauptlastmodell	Menschengedränge	Brems- und Anfahrlasten	Zentrifugallasten	Gleichmäßig verteilte Belastung
Lastgruppe	gr 1	charakt. Wert				abgemindeter Wert
	gr 2	häufiger Wert		charakt. Wert	charakt. Wert	
	gr 3					charakt. Wert
	gr 4		charakt. Wert[1]			
	gr 6	0,5 x charakt. Wert		0,5 x charakt. Wert	0,5 x charakt. Wert	charakt. Wert

[1] Es ist die *gesamte* Brückenbreite zu berücksichtigen!

7.3 Teilsicherheits- und Kombinationsbeiwerte

Tafel 3.45b Teilsicherheitsbeiwerte

Einwirkungen		Bezeichnung	Bemessungssituation S/V	A
Dauernde Einwirkungen: Eigenlasten der tragenden und nichttragenden Bauteile, dauernde Einwirkungen des Baugrundes, Grundwasser, Wasser	ungünstig günstig	γ_{Gsup} γ_{Ginf}	1,35 1,00	1,00 1,00
Horizontaler Erddruck aus Bodeneigengewicht/Auflast	ungünstig günstig	γ_{Gsup} γ_{Ginf}	1,50 1,00	– –
Vorspannung		γ_P	1,00	1,00
Setzung		γ_{Gset}	1,00	–
Verkehr	ungünstig günstig	γ_Q	1,50 0	1,00 0
Andere variable Einwirkungen	ungünstig günstig	γ_Q	1,50 0	1,00 0
Außergewöhnliche Einwirkungen		γ_A	–	1,00

Tafel 3.45c Kombinationsbeiwerte

Einwirkung	Bezeichnung		ψ_0	häufig ψ_1	quasi-ständig ψ_2	nicht häufig ψ'_1
Verkehrslasten	gr 1 (LM 1)	TS	0,75	0,75	0,2	0,8
		UDL[1]	0,40	0,40	0,2	0,8
	Einzelachse (LM 2)		0	0,75	0	0,8
	gr 2 (Horiz. Lasten)		0	0	0	0
	gr 3 (Fußgänger-Lasten)		0	0	0	0,8
Horizontallasten			0	0	0	0
Windlasten	F_{wk}		0,30	0,50	0	0,6
Temperatur	T		0[2]	0,6	0,5	0,8

[1] Für UDL des LM1 und für abgeminderte Lasten auf Geh-/Radwegen.

[2] Wenn der Temperaturlastfall bei der Bemessung im Grenzzustand der Tragfähigkeit relevant wird (d. h. kein vollständiger Abbau der Zwangsschnittgrößen möglich), ist ein Kombinationsbeiwert $\psi_0 = 0{,}8$ zu verwenden.

VIb Straßen- und Wegbrücken nach DIN 1072 (Ausg. 12.85)

Lastannahmen nach DIN 1072, worauf in DIN 1055-3, 6.3.1, 7.4.1 und 8 Bezug genommen wird.

1 Lasten und Lastschema für Regelklassen

	Brückenklasse 60/30	Brückenklasse 30/30	
1	Schwerlastwagen (SLW) SLW 60 in HS, SLW 30 in NS	Schwerlastwagen (SLW) SLW 30 in Hauptspur, SLW 30 in Nebenspur	
	mit Schwingbeiwert φ in der Hauptspur		
	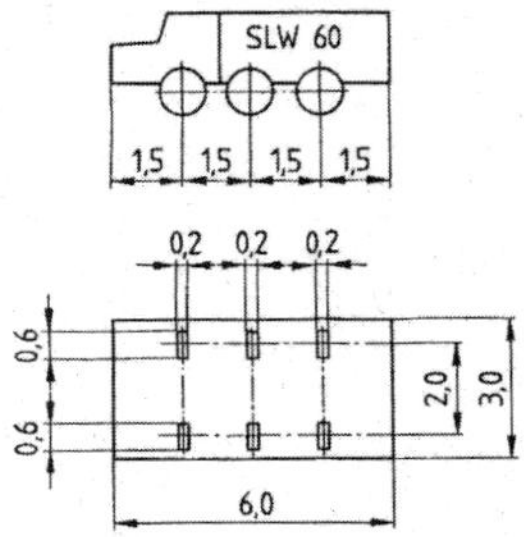 Gesamtlast: 600 kN Radlast: 100 kN Aufstandsfläche: 0,20 x 0,60 (m^2) Ersatzflächenlast: p' = 33,3 kN/m^2	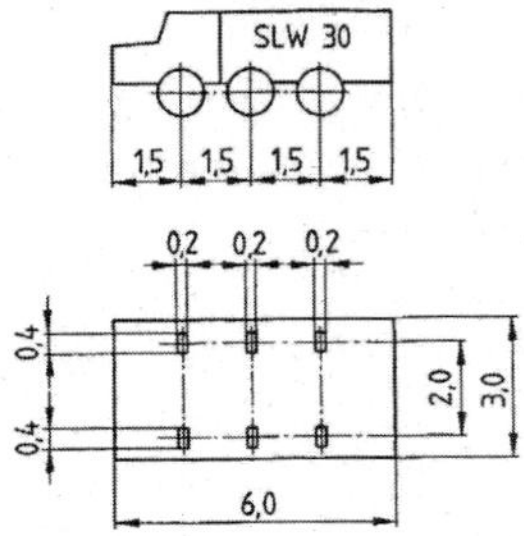 Gesamtlast: 300 kN Radlast: 50 kN Aufstandsfläche: 0,20 x 0,40 (m^2) Ersatzflächenlast: p' = 16,7 kN/m^2	Eine einzelne Achslast von 130 kN bei Brückenklasse 30/30 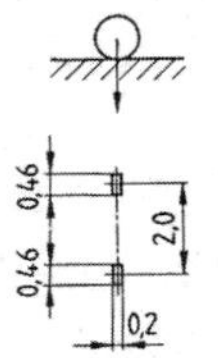
2	Belastungssysteme für die Fahrbahnfläche zwischen den Schrammborden		
	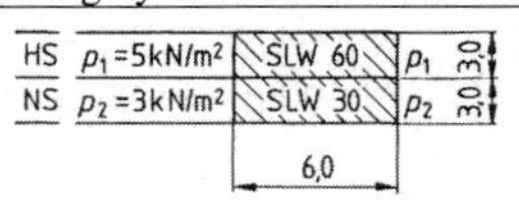	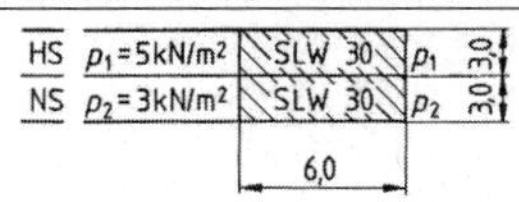	
	Restflächen p_2 = 3 kN/m^2 ohne Schwingbeiwert φ		
3	Lastschema für die übrigen Brückenflächen bis zu den Geländern (Geh- und Radwege, Schrammbordstreifen, erhöhte oder baulich abgegrenzte Mittelstreifen) Der ungünstigste Wert der Zeile 3, a bis c, ist ohne Schwingbeiwert φ einzusetzen.		
	a) p_2 = 3 kN/m^2 zusammen mit den übrigen Lasten der Zeile 2 (HS mit Schwingbeiwert φ)		
	b) p_3 = 5 kN/m^2 ohne Lasten der Zeile 2 (nur für die Belastung einzelner Bauteile, z. B. Gehwegplatten, Längsträger, Konsolen, Oberträger)		
	c) Falls nicht gegen Auffahren durch steife abweisende Schutzeinrichtungen gesichert (nur für die Belastung einzelner Bauteile entsprechend Zeile 3, Aufzählung b): Radlast P = 50 kN; Aufstandsfläche 0,2 x 0,4 (m^2); ohne Lasten der Zeile 2 bzw. Radlast P = 40 kN[1]; Aufstandsfläche 0,2 x 0,3 (m^2); ohne Lasten der Zeile 2		
4	Zuordnung zum Straßen- und Wegenetz[2] Brückenklasse 60/30: BAB, B, L, K, S; Brückenklasse 30/30: K, S, G, W		

[1] Nur für das Nachrechnen bestehender Brücken der bisherigen Brückenklasse 60, 45, 30, auch wenn sie in Brückenklasse 60/30 oder 30/30 eingestuft werden können.

[2] BAB Bundesautobahnen; B Bundesstraßen; L Landstraßen (Land- bzw. Staatsstraßen bzw. L I. O); S Stadt bzw. Gemeindestraßen; K Kreisstraßen (L II. O); G Gemeindewege; W Wirtschaftswege.

Schwingbeiwerte φ

- Bauwerke ohne Überschüttung: $\varphi = 1{,}4 - 0{,}008 \cdot l_\varphi \geq 1{,}0$;
- Bauwerke mit Überschüttung: $\varphi = 1{,}4 - 0{,}008 \cdot l_\varphi - 0{,}1 \cdot h_ü \geq 1{,}0$; $h_ü$ Überschüttungshöhe in m

Für l_φ ist einzusetzen:

a) Schnittgrößenberechnung bei unmittelbarer Belastung: Stützweite bzw. Länge der Auskragung des Bauteils; bei zweiachsig gespannten Platten die kleinere Stützweite.

b) Schnittgrößenberechnung bei mittelbarer Belastung: Stützweite des Bauteils oder Stützweite der Tragglieder, die Last auf das Bauteil übertragen. Der größere Wert darf für l_φ angesetzt werden.

c) Tragglieder, die unmittelbar und mittelbar belastet werden: der für jeden Lastanteil maßgebende Wert l_φ.
d) Durchlaufende Träger (auch mit Gelenken): Arithmetisches Mittel aller Stützweiten; bei Lasten unmittelbar auf Kragarmen und in Feldern mit $l_1 < 0{,}7 \cdot l_{max}$ ist für l_φ die Kraglänge bzw. l_1 anzunehmen, unabhängig von der Lage des untersuchten Schnittes.

2 Lasten und Lastschema für Nachrechnungsklassen

Brückenklassen 16/16, 12/12[1], 9/9, 6/6 und 3/3

1 Lastkraftwagen (LKW)

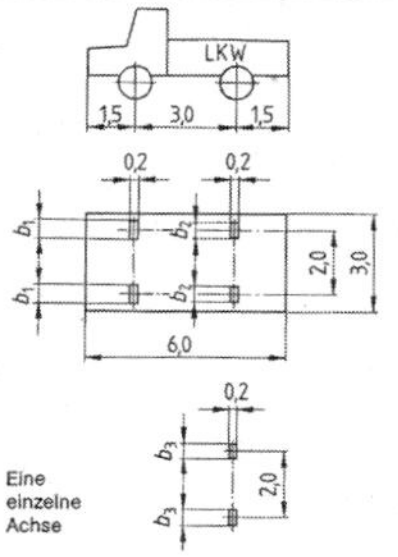

Brückenklasse		16/16	12/12	9/9	6/6	3/3
Gesamtlast kN		160	120	90	60	30
Ersatzflächenlast p' kN/m²		8,9	6,7	5,0	4,0	3,0
Vorderräder	Radlast in kN	30	20	15	10	5
	Aufstandsbreite b_1	0,26	0,20	0,18	0,14	0,14
Hinterräder	Radlast in kN	50	40	30	20	10
	Aufstandsbreite b_2	0,40	0,30	0,26	0,20	0,20
Eine einzelne Achse	Last kN	110	110	90	60	30
	Aufstandsbreite b_3	0,40	0,40	0,30	0,20	0,20

2 Lastschema für die Fahrbahnfläche zwischen den Schrammborden

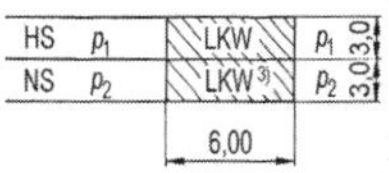

Brückenklasse	16/16[2]	12/12	9/9	6/6	3/3
p_1 in kN/m²	5,0	4,0	4,0	4,0	3,0
p_2 in kN/m²	3,0	3,0	3,0	2,0	2,0

Mit Schwingbeiwert φ: HS (Hauptspur); **ohne Schwingbeiwert:** NS (Nebenspur) und Restfläche mit p_2

3 Lastschema für die übrigen Brückenflächen bis zu den Geländern
(Geh- und Radwege, Schrammbordstreifen, erhöhte oder baulich abgegrenzte Mittelstreifen)
Der ungünstigste Wert der Zeile 3, a bis c, ist ohne Schwingbeiwert φ einzusetzen.

a) p_2 nach Zeile 2 zusammen mit den übrigen Lasten nach Zeile 2, dabei HS mit Schwingbeiwert φ

b) $p_3 = 5$ kN/m² ohne Lasten der Zeile 2 (nur für die Belastung einzelner Bauteile, z.B. Gehwegplatten, Längsträger, Konsolen, Querträger)

c) Falls nicht gegen Auffahren durch steife abweisende Schutzeinrichtungen gesichert (nur für die Belastung einzelner Bauteile entsprechend Zeile 3, Aufzählung b):

Radlast $P = 40$ kN	Radlast $P = 50$ kN
Aufstandsfläche 0,2 x 0,3 (m²)	Aufstandsfläche 0,2 x 0,4 (m²)
ohne Lasten der Zeile 2	ohne Lasten der Zeile 2
Nur bei bestehenden Brücken der Brückenklasse 16/16 und 12/12	Nur bei neuen Brücken der Brückenklasse 12/12[1]

[1] Die Lastannahmen der Brückenklassen 12/12 für das Nachrechnen bestehender Straßen- und Wegbrücken können vom Baulastträger auch für das Berechnen neuer Brücken zugelassen werden.
[2] Zulässig auch Werte aus Rechenwerken mit Aufteilung der Radlasten (Vorderachse : Hinterachse = 1 : 2).
[3] Gegebenenfalls auch einzelne Randlasten.

3 Ersatzlasten für den Anprall von Straßenfahrzeugen

Tragende Stützen, Rahmenstiele, Endstäbe von Fachwerkträgern u. Ä. sind i. d. R. für Fahrzeuganprall zu bemessen und durch besondere Maßnahmen[1] zu sichern. Neben den ungünstig wirkenden Hauptlasten sind waagerechte Ersatzlasten 1,2 m über der Fahrbahnoberfläche von ±1000 kN in und 500 kN senkrecht zur Fahrtrichtung anzusetzen[2]. Eine Anprallbemessung ist nicht erforderlich, wenn die gefährdeten Bauteile durch ihre Lage geschützt oder wenn sie wegen besonders massiger Ausbildung nicht durch Anprall gefährdet sind.

[1] Als besondere Maßnahmen gelten abweisende Schutzeinrichtungen, die in mindestens 1 m Abstand zwischen der Vorderkante der Schutzeinrichtung und der Vorderkante des zu schützenden Bauteils durchzuführen sind, oder Betonsockel neben den zu schützenden Bauteilen, die mindestens 0,8 m hoch sein und parallel zur Verkehrsrichtung mindestens 2 m und rechtwinklig dazu mindestens 0,5 m über die Außenkante dieser Bauteile hinausragen müssen.

[2] Eine gleichzeitige Wirkung beider Ersatzlasten braucht nicht angenommen zu werden.
Nach dem Beiblatt 1 zu DIN 1072 wird empfohlen, auch oberhalb der theoretischen Anprallhöhe von 1,2 m Anprallvorgänge (z. B. durch umkippende Fahrzeugaufbauten) durch konstruktive Maßnahmen zu berücksichtigen.

VII Lastannahmen für lotrechte Schalungen nach DIN 18218 (9.80)

Lotrechte Schalungen werden neben Wind und Arbeitsbetrieb vor allem durch Frischbetondruck belastet. Größe und Verlauf können den Abb. 3.48a und 3.48b entnommen werden. An weiteren Einflüssen müssen nach DIN 18218 berücksichtigt werden:

Die Rütteltiefe. Wird bei Verwendung von Innenrüttlern mit Rütteltiefen $h_r > h_s$ gearbeitet, so ist bis zur Tiefe h_r mit dem hydrostatischen Druck zu rechnen, das heißt, der maximale Frischbetondruck ergibt sich dann zu $p_b = 25 \cdot h_r$. Das Gleiche gilt für Außenrüttler, die auf einen Bereich $h_r > h_s$ wirken.

Die Frischbetontemperatur. Beträgt sie beim Einbringen des Betons weniger als +15°C oder kann diese Temperatur (z. B. infolge niedriger Außentemperatur) nicht bis zum Ende der Erstarrungszeit beibehalten werden, so müssen p_b und h_s je 1 °C, um den die Frischbetontemperatur unter +15 °C sinkt, um 3 % erhöht werden. Kann bis zum Erstarrungsende eine höhere Frischbetontemperatur als +15 °C beibehalten werden, so darf der Schalungsdruck entsprechend ermäßigt werden, insgesamt jedoch höchstens um 30 % (entsprechend +25 °C).

Die Frischbetonrohdichte. Bei Verwendung von Schwerbeton muss p_b je 1 kN/m³, um den die Rohdichte über 25 kN/m³ liegt, um 4 % erhöht werden. Bei Leichtbeton darf um die gleichen Werte ermäßigt werden. h_s bleibt unverändert.

Die Verwendung von *Erstarrungsverzögerern* führt je nach Betonkonsistenz und Zeitraum der Erstarrungsverzögerung bis zu den doppelten Schalungsdrücken (s. im Einzelnen Tab. 1 der Norm).

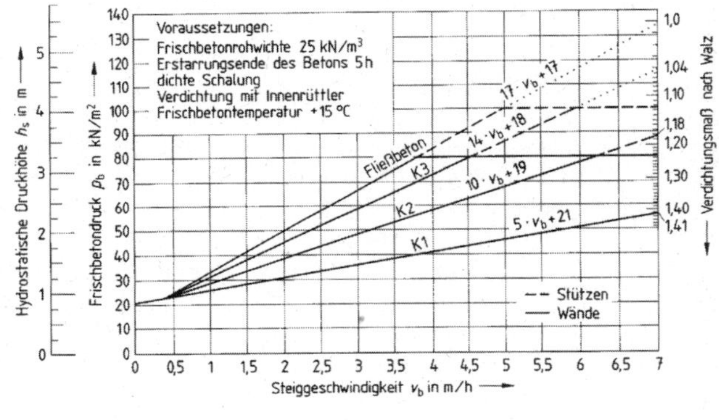

Abb. 3.48a Bestimmung des Frischbetondrucks und der hydrostatischen Druckhöhe

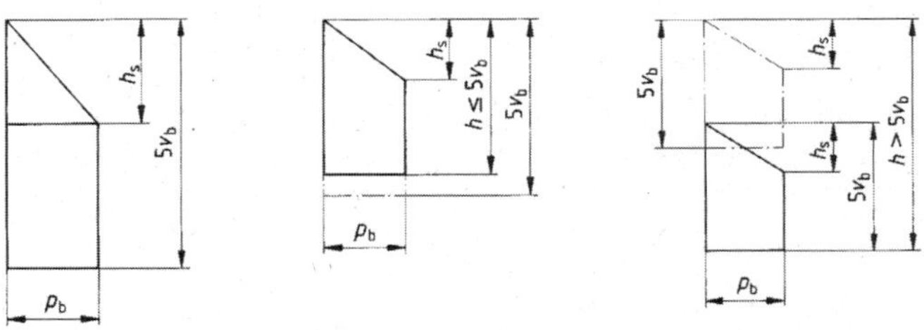

Abb. 3.48b Verteilung des Frischbetondrucks (a) und Ansatz bei unterschiedlichen Höhen der belasteten Schalung (ein Teil der Belastung entfällt (b) oder die Belastung tritt als Wanderlast auf (c))

Anmerkung: Die Konsistenzbereiche K 1, K 2, K 3 und Fließbeton nach DIN 1045, Ausgabe 1978, entsprechen etwa den folgenden Bereichen nach DIN 1045-2, Ausgabe 2001 (s. S. 5.6):

Konsistenz	nach DIN 1045 (12.78)	nach DIN 1045-2 (7.01)	
steif	K 1	C 1	F 1
plastisch	K 2	C 2	F 2
weich	K 3	C 3	F 3
fließfähig	Fließbeton	–	F 4 / F 5

VIII Bauten in deutschen Erdbebengebieten

(nach DIN 4149, April 2005)

Prof. Dr.-Ing. Alfons Goris

Vorbemerkung

Der nachfolgende Beitrag gibt einige grundlegende Anforderungen für den Entwurf von baulichen Anlagen in Erdbebengebieten nach DIN 4149 wieder. Es werden die Erdbebenzonen und die geologischen Untergrundklassen wiedergegeben, so dass der Tragwerksplaner informiert ist, in welchen Regionen DIN 4149 anzuwenden ist. Auf die Wiedergabe von Berechnungsformeln wird verzichtet. Weitere Hinweise zur „Erdbebendimensionierung" s. [3.3], [3.4] u. a. m.

1 Grundlagen

In DIN 4149 werden Entwurf, Bemessung und Konstruktion baulicher Anlagen aus Stahlbeton, Stahl, Holz oder Mauerwerk des *üblichen Hochbaus* in deutschen Erdbebengebieten behandelt. Die Norm gilt nicht für bauliche Anlagen mit besonderem Gefährdungspotential (z. B. kerntechnische Anlagen, chemische Anlagen). Ziel der Norm ist es, im Falle eines Erdbebens menschliches Leben zu schützen, Schäden zu begrenzen und sicherzustellen, dass wichtige bauliche Anlagen funktionstüchtig bleiben.

DIN 4149 teilt die in stärkerem Maße betroffenen Gebiete Deutschlands in die *Erdbebenzonen 1 bis 3* ein, außerhalb dieser Zonen ist der Grad der Erdbebengefährdung so gering, dass DIN 4149 nicht angewendet werden muss.

Begriffe

Verhaltensbeiwert	Beiwert zur Reduzierung der vereinfachten, durch lineare Berechnung ermittelten Erdbebeneinwirkung
Bedeutungsbeiwert	Beiwert zur Berücksichtigung der Bedeutung des Erhalts der Funktionsfähigkeit der baulichen Anlage
dissipatives Tragwerk	Tragwerk, das für den Erdbebenfall unter Berücksichtigung seiner Energiedissipation bemessen ist.
nicht dissipatives Tr.	Tragwerk, das ohne ein mögliches dissipatives Verhalten bemessen ist.
Intensität	Kennzahl für die Stärke der Bodenerschütterung bei Erdbeben anhand der Auswirkungen auf Menschen und Objekte. Es liegt die europäische Makroseismische Skala (EMS) zugrunde.
Baugrund	Im Sinn der Norm Untergrund von 3 m bis 20 m Tiefe
geologischer Untergr.	Untergrund ab 20 m Tiefe

2 Entwurf und Bemessung

2.1 Grundlegende Anforderungen

Bauliche Anlagen sind so zu bemessen und zu konstruieren, dass sie einem definierten Bemessungserdbeben widerstehen können und nach dem Erdbeben eine ausreichende Resttragfähigkeit besitzen. Für nichttragende Bauteile gilt im Falle eines Erdbebens, dass sie keine Personen gefährden dürfen.

Die Bedeutung der baulichen Anlage wird je nach Bedeutungskategorie durch anzusetzende Bedeutungskennwerte berücksichtigt.

Besteht die Gefahr, dass durch Bodenverschiebungen frei aufliegende Bauteile, wie z. B. auf Konsolen aufgelagerte Fertigteile, von ihren Lagern rutschen, so sind diese mit einer Lagesicherung zu versehen.

2.2 Konstruktionsmerkmale für bauliche Anlagen in Erdbebengebieten

Beim Entwurf von baulichen Anlagen sollten folgende Empfehlungen beachtet werden

- Einfachheit des Tragwerks mit eindeutigen und direkten Übertragungswegen der Erdbebenkräfte
- Aussteifende Tragwerksteile mit ähnlicher Steifigkeit in beiden Hauptrichtungen
- Vermeidung von Steifigkeitssprüngen
- Möglichst gleiche Höhenlage horizontal benachbarter Geschosse
- Torsionssteife Konstruktionen mit geringen Massenexzentrizitäten
- Vermeidung von imperfektions- und stabilitätsgefährdeten Konstruktionen

- Geschossdecken mit Scheibenwirkung zur Weiterleitung der horiz. Trägheitskräfte auf die aussteifenden Elemente
- Gründungskonstruktionen mit einheitlicher Verschiebung der verschiedenen Gründungsteile
- Duktile Konstruktionen mit der Fähigkeit zu großen Energiedissipationen
- Vermeidung großer Massen in oberen Geschossen
- Ggf. Aufteilung des Tragwerks mittels Fugen in dynamisch unabhängige Einheiten

2.3 Erdbebenauslegungen

2.3.1 Grundsätzliches

Für den Nachweis der Erdbebensicherheit wird zwischen regelmäßigen und unregelmäßigen Bauwerken unterschieden. Die Auswirkungen der Regelmäßigkeit auf die erforderlichen Nachweise sind in nachfolgender Tafel 3.50 wiedergegeben.

Tafel 3.50 Auswirkungen der Regelmäßigkeit des Bauwerks auf die Erdbebenauslegung

Regelmäßig		Zulässige Vereinfachung		Verhaltensbeiwert
Grundriss	Aufriss	Modell	Berechung	
ja	ja	eben	vereinfacht (Grundschwingungsform)[a]	Referenzwert[c]
ja	nein	eben	mehrere Schwingungsformen	abgemindert
nein	ja	räumlich[b]	mehrere Schwingungsformen[b]	Referenzwert[c]
nein	nein	räumlich	mehrere Schwingungsformen	abgemindert
[a, b, c] Vgl. hierzu DIN 4149.				

2.3.2 Kriterien für die Regelmäßigkeit

Als Kriterien für eine Regelmäßigkeit im Grundriss und Aufriss sind zu nennen

- Regelmäßigkeit im Grundriss (Auswahl):
  - das Gebäude ist im Grundriss bezüglich der Horizontalsteifigkeit und der Massenverteilung nahezu symmetrisch;
  - die Grundrissform des Gebäudes ist kompakt und nicht gegliedert (z. B. H- oder X-förmig);
  - rückspringende Ecken oder Nischen im Grundriss sind zu vermeiden;
  - die Steifigkeit der Decke in ihrer Ebene muss im Vergleich zur Horizontalsteifigkeit der durch die Decke gekoppelten Stützen und Wände ausreichend groß sein (die Verformung der Decke darf sich nur unwesentlich auf die Verteilung der Kräfte auf die aussteifenden Bauteile auswirken);
  - die einzelnen Geschosse müssen über eine ausreichende Torsionssteifigkeit verfügen.
- Regelmäßigkeit im Aufriss (Auswahl):
  - Kerne, tragende Wände etc. verlaufen ohne Unterbrechung von der Gründung bis zur Oberkante;
  - Horizontalsteifigkeit und Masse der einzelnen Geschosse bleiben konstant oder verändern sich nur allmählich mit der Bauwerkshöhe;
  - im Skelettbau treten nur geringe Schwankungen des Verhältnisses zwischen der tatsächlichen und der rechnerisch erforderlichen Beanspruchbarkeit auf;
  - Rücksprünge müssen folgende Bedingungen erfüllen:
    a) axial symmetrische Rücksprünge dürfen *je Stockwerk* nicht größer als 20 % sein (Abb. 3.51a)
    b) unsymmetrische Rücksprünge dürfen in jeder Richtung *je Stockwerk* nicht größer als 10 % und *insgesamt* nicht größer als 30 % sein (s. Abb. 3.51b).
    c) einzelne Rücksprünge oberhalb der unteren 15 % der Gesamthöhe dürfen 20 % betragen (vgl. Abb. 3.51c). Innerhalb der unteren 15 % der Gesamthöhe des Haupttragsystems dürfen Rücksprünge nicht größer als 50 % der ursprünglichen Grundrissabmessung sein (s. Abb. 3.51d); in dem Fall sollte das Tragwerk im unteren Bereich mit den Umrissen der oberen Stockwerke so bemessen werden, dass es mindestens 75 % der horizontalen Schubkräfte aufnehmen kann.

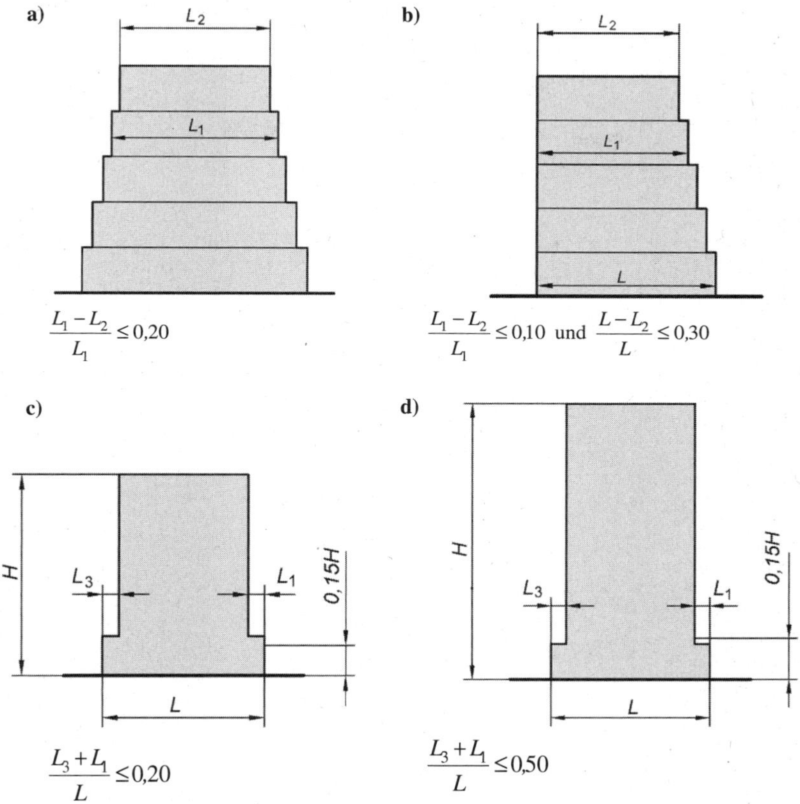

Abb. 3.51 Kriterien für die Regelmäßigkeit von Gebäuden

3 Erdbebeneinwirkungen

3.1 Erdbebenzonen

Die Erdbebenzonen der Bundesrepublik Deutschland sind in Abb. 3.52 dargestellt. (Nicht Gegenstand der Darstellung sind nichttektonische seismische Ereignisse z. B. in Bergbau- oder Erdfallgebieten.) Für die Zuordnung einzelner Kreise und Gemeinden zu den Erdbebenzonen ist ein Beiblatt zu DIN 4149 in Vorbereitung. Derzeit bietet das Geoforschungszentrum Potsdam eine vorläufige Zuordnung an.

Den Erdbebenzonen werden Intensitätsintervalle zugeordnet, die in Tafel 3.52 wiedergegeben sind. Innerhalb der jeweiligen Erdbebenzone wird die Gefährdung als einheitlich angesehen. Als zonenspezifischer Einwirkungsparameter gilt der Bemessungswert der Bodenbeschleunigung a_g (s. Tafel 3.52), der als Grundlage für den rechnerischen Nachweis anzusehen ist.

Für die Erdbebenzonenkarte (Abb. 3.52) gilt eine Referenz-Wiederkehrperiode von 475 Jahren; dem entspricht eine Wahrscheinlichkeit des Auftretens oder Überschreitens von 10 % innerhalb von 50 Jahren. Diese Referenz-Wiederkehrperiode wird dem Bedeutungsbeiwert $\gamma_I = 1{,}0$ zugeordnet.

3.2 Untergundverhältnisse, Geologie und Baugrund

Der Einfluss der örtlichen Untergrundverhältnisse auf die Erdbebeneinwirkung ist durch Einstufung in drei geologische Untergrundklassen R, T, S und in drei Baugrundklassen A, B, C zu berücksichtigen. Als Kombination können A-R, B-R, C-R, B-T, C-T und C-S vorkommen.

Tafel 3.52 Intensitätsintervalle und Bemessungwerte der Bodenbeschleunigung in den Erdbebenzonen

Erdbebenzone	Intensitätsintervalle I	Bemessungswert der Bodenbeschleunigung a_g (in m/s^2)
0	$6{,}0 \leq I < 6{,}5$	–
1	$6{,}5 \leq I < 7{,}0$	0,4
2	$7{,}0 \leq I < 7{,}5$	0,6
3	$7{,}5 \leq I$	0,8

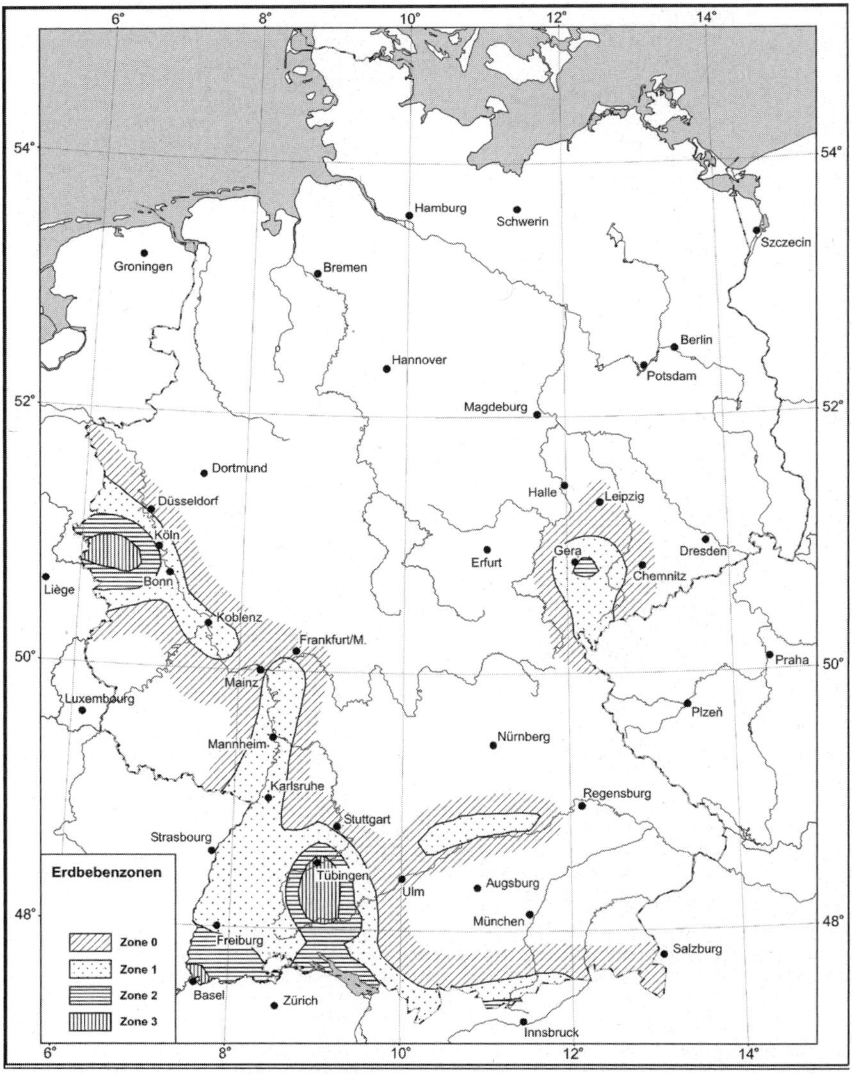

Abb. 3.52 Erdbebenzonen der Bundesrepublik Deutschland

3.2.1 Geologische Untergrundklassen

Es werden folgende geologische Untergrundklassen unterschieden:

- *Untergrundklasse R:* Gebiete mit felsartigem Gesteinsuntergrund
- *Untergrundklasse T:* Übergang zwischen R und S sowie Gebiete relativ flachgründiger Sedimentbecken
- *Untergrundklasse S:* Gebiete tiefer Beckenstrukturen mit mächtiger Sedimentfüllung

Die geologischen Untergrundklassen in den Erdbebengebieten Deutschlands sind in nachfolgender Abb. 3.53 dargestellt.

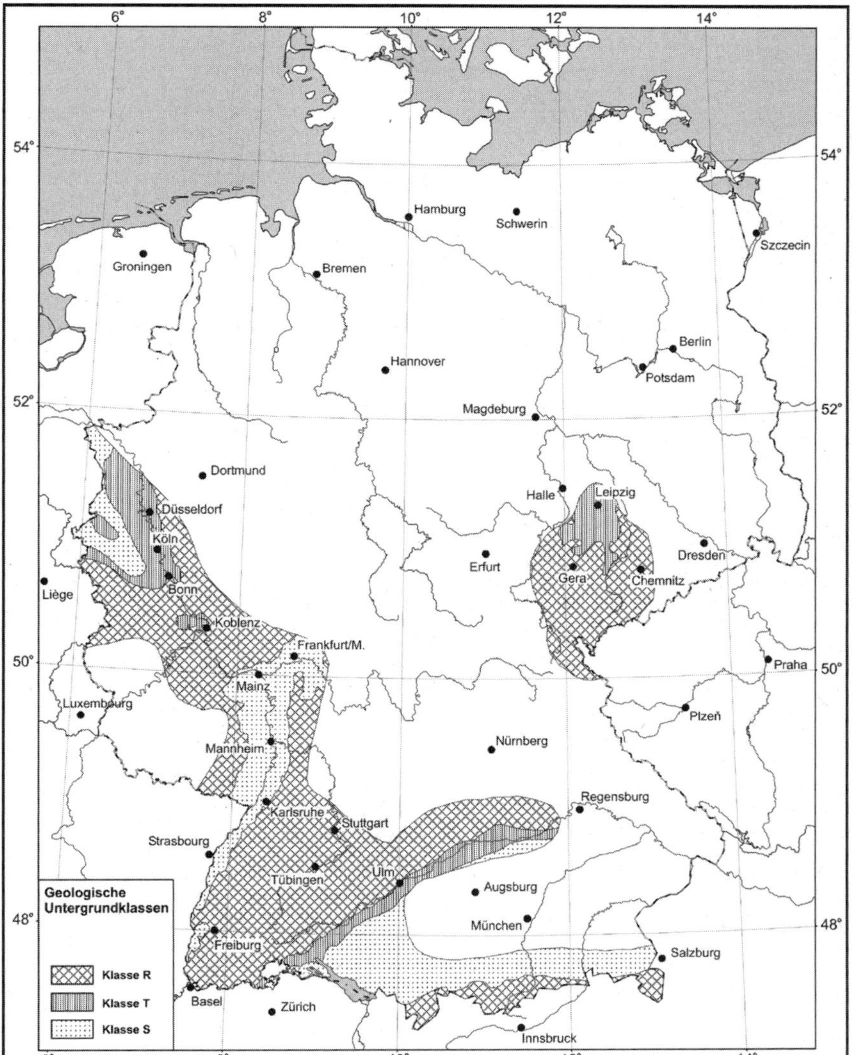

Abb. 3.53 Geologische Untergundklassen in den Erdbebenzonen der Bundesrepublik Deutschland

3.2.2 Baugrundklassen

Es werden die in Tafel 3.54a zusammengestellten Baugrundklassen unterschieden, denen jeweils eine dominierende Scherwellengeschwindigkeit zugeordnet ist. Wenn sich der Baugrund nicht eindeutig zuordnen lässt (insb. bei lockerem Sand, Seeton, Schlick), ist der Einfluss gesondert zu untersuchen. Die Einstufung eines Standortes in die Baugrundklasse ist ggf. durch weitergehende Untersuchungen zu bestimmen.

Tafel 3.54a Baugrundklassen und Scherwellengeschwindigkeit

	Beschreibung (Auswahl)	Dominierende Scherwellengeschwindkeit (m/s)
A	Unverwitterte Festgesteine mit hoher Festigkeit	> 800
B	Mäßig verwitterte Festgesteine mit geringer Festigkeit *oder* Grob- bzw. gemischtkörnige Lockergesteine in dichter Lagerung	350 bis 800
C	Stark bis völlig verwitterte Festgesteine *oder* Grob-/gemischtkörnige Lockergesteine in mitteldichter Lagerung *oder* Feinkörnige Lockergesteine mit mindestens steifer Konsistenz	150 bis 350

3.3 Bedeutungskategorie und Bedeutungsbeiwert

Entsprechend ihrer Bedeutung für den Schutz der Allgemeinheit werden Hochbauten in vier Bedeutungskategorien eingeteilt. Diesen Kategorien sind Bedeutungsbeiwerte γ_I zugeordnet, die bei der Erdbebeneinwirkung berücksichtigt werden; vgl. Tafel 3.54b.

Tafel 3.54b Bedeutungskategorien und -beiwerte

Bedeutungskategorie	Bauwerke (Auswahl)	Bedeutungsbeiwert γ_I
I	Bauwerke von geringerer Bedeutung für die öffentliche Sicherheit (z. B. landwirtschaftliche Bauten)	0,8
II	Gewöhnliche Bauwerke (z. B. Wohngebäude)	1,0
III	Bedeutsamere Bauwerke (z. B. Wohnanlagen, Verwaltungsgebäude, Schulen, Versammlungshallen, kulturelle Einrichtungen, Kaufhäuser)	1,2
IV	Sehr wichtige Bauwerke (z. B. Krankenhäuser, Einrichtungen des Katastrophenschutzes, Feuerwehrhäuser)	1,4

3.4 Regeldarstellung der Erdbebeneinwirkung

Die Erdbebeneinwirkung kann durch ein „elastisches Antwortspektrum" beschrieben werden; es gibt die Einwirkung auf Tragwerke wieder, die bei Erdbebeneinwirkung im linear elastischen Bereich verbleiben, wobei Energie nur durch viskose Dämpfung dissipiert wird (weitere Effekte werden durch Abminderung der Antwortspektren berücksichtigt). Die Bedeutung eines Bauwerks wird durch den Beiwert γ_I (s. vorher) in den Antwortspektren erfasst.

Zur rechnerischen Ermittlung wird auf DIN 4149 verwiesen.

3.5 Kombinationen der Erdbebeneinwirkungen mit anderen Einwirkungen

Für die Ermittlung des Bemessungswertes E_{dAE} gelten die Kombinationsregeln nach Kap. I für die Bemessungssituation Erdbeben (s. Gl. (4.3c)). Der Bemessungswert A_{Ed} ist wie folgt zu ermitteln

$$\Sigma G_{k,j} \oplus \Sigma \psi_{Ei} \cdot Q_{ki}$$

Der Kombinationsbeiwert ψ_{Ei} berücksichtigt die Wahrscheinlichkeit, dass die veränderlichen Einwirkungen $\psi_{2,i} \cdot Q_{ki}$ während des Erdbebens nicht in voller Größe vorhanden sind; er wird wie folgt berechnet

$$\psi_{Ei} = \varphi \cdot \psi_{2,i}$$

mit $\varphi = 1{,}0$ für Nutz- und Verkehrslasten in Lagerräumen, Bibliotheken, Werkstätten und Fabriken mit schwerem Betrieb, Warenhäuser, Parkhäuser

$\varphi = 1{,}0$ für das oberste Geschoss
$\varphi = 0{,}7$ für andere abhängig genutzte Geschosse
$\varphi = 0{,}5$ für andere unabhängig genutzte Geschosse
} bei Nutzlasten von Wohnhäusern, Bürogebäuden, Krankenhäusern u. Ä.

4 Tragwerksberechnung

Für die **Modellbildung** gelten folgende Vereinfachungen und Annahmen:

- Regelmäßige Bauwerke (Kriterien s. Abschn. 2.3.2) dürfen mittels zweier ebener Modelle berechnet werden (eines je Grundrisshauptrichtung).
- In Stahlbeton- und Mauerwerksbauten darf die Steifigkeit der tragenden Bauteile in der Regel unter Annahme von ungerissenen Querschnitten angesetzt werden (s. jedoch auch DIN 4149).
- Nicht tragende Ausfachungen, die das Schwingungsverhalten des Tragwerks wesentlich beeinflussen, sind im Rechenmodell zu berücksichtigen.
- Die Verformbarkeit des Baugrundes muss im Modell bei ungünstigem Einfluss berücksichtigt werden.

Als **Berechnungsverfahren** kann in Abhängigkeit vom Tragwerk verwendet werden:

- *Vereinfachtes Antwortspektrenverfahren*

  Das Verfahren darf nur bei regelmäßigen Tragwerken gemäß Abschn. 2.3.2 angewendet werden, wenn die Grundschwingzeit enstprechende Grenzwerte einhält.

  Hierbei wird die Gesamterdbebenkraft F_b für jede Hauptrichtung getrennt bestimmt. Zur Bestimmung der Schnittgrößen aus Erdbebeneinwirkungen werden aus der Gesamterdbebenkraft F_b am Geschoss i angreifende Horizontalkräfte F_i bestimmt.

- *Antwortspektrenverfahren unter Berücksichtigung von mehreren Schwingformen*

  Das Verfahren ist generell anwendbar.

Weitere detailliertere Hinweise und Bemessungsgleichungen s. DIN 4149.

5 Nachweis der Standsicherheit

Für den Nachweis der Standsicherheit sind die Bemessungssituation infolge von Erdbeben nach DIN 1055-100 (vgl. Kap. I) und die Empfehlungen gemäß Abschn. 2.2 zu berücksichtigen.

Für Hochbauten der Bedeutungskategorie I bis III gilt der Nachweis der Standsicherheit als erfüllt, falls die horizontale Gesamterdbebenkraft kleiner als die maßgebende Horizontalkraft aus anderen zu untersuchenden Einwirkungskombinationen (z. B. mit Windlasten) ist *und* die im Abschn. 2.2 aufgeführten Empfehlungen eingehalten sind. Es wir auf DIN 4149 verwiesen.

Auf einen rechnerischen Nachweis der Tragfähigkeit kann bei Wohn- und ähnlichen Gebäuden (z. B. Bürogebäuden) verzichtet werden, wenn folgende Bedingungen eingehalten sind:

- die Anzahl der Vollgeschosse über Gründungsniveau*) ist nicht größer als die Werte nach Tafel 3.55; dabei braucht das oberste Geschoss nicht berücksichtigt zu werden, wenn die maßgebende Masse (aus Eigenlasten und Verkehrslasten) max. 50 % des darunter liegenden Vollgeschosses beträgt;
- die grundlegenden Empfehlungen nach Abschn. 2.2 werden berücksichtigt;
- bei Bauten in den Erdbebenzonen 2 und 3 die Regelmäßigkeitskriterien entsprechend Abschn. 2.3 sind eingehalten;
- die Geschosshöhe beträgt maximal 3,50 m;
- bei Mauerwerksbauten sind außerdem die Konstruktiven Regelungen nach DIN 4149 einzuhalten.

Tafel 3.55 Bedeutungskategorie und zulässige Anzahl von Vollgeschossen für Hochbauten ohne rechnerischen Standsicherheitsnachweis

Erdbebenzone	Bedeutungskategorie	Maximale Anzahl von Vollgeschossen
1	I bis III	4
2	I und II	3
3	I und II	2

In anderen Fällen ist ein rechnerischer Nachweis zu führen.

*) Wenn das Kellergeschoss bzw. das Geschoss über Gründungsebene als steifer Kasten ausgebildet wird und auf einheitlichem Niveau gegründet ist, muss es bei der Ermittlung der Geschosszahl nicht berücksichtigt werden. Ggf. ist nachzuweisen, dass die Gesamtsteifigkeit dieses Geschosses in jeder Richtung mindestens 5-mal größer ist als die entsprechende Steifigkeit des darüber liegenden Geschosses.

4 A Baustatik (4 B Vorbemessung s. S. 4.101)

Prof. Dr.-Ing. Helmut Rubin und Prof. Dipl.-Ing. Klaus-Jürgen Schneider

Wichtige Bezeichnungen im Kap. 4 A

Schnittgrößen	M, N, V	Moment, Längskraft, Querkraft
Einwirkungen	q, F, M^e	Streckenlast, Einzellast, Lastmoment
	g, q	Eigenlast, Nutzlast
	r	$= (g + q)$ Volllast

*) FEM s. Kapitel 2B Bauinformatik

1 Formeln für Schnitt- und Verschiebungsgrößen

1.1 Einzelstab, Vereinbarung: Lager überträgt nur Vertikalkraft

1.1.1 Träger auf zwei Stützen[1], $\alpha = a/l$, $\beta = b/l$

	EI = konst. i, k, l	Auflagerkräfte A	 B	M-Linie, $x_0 = \xi_0 l$ maxM	Biegelinie, l/2, l/2 w_{Mitte}
1	q	$\frac{ql}{2}$	$\frac{ql}{2}$	$\frac{ql^2}{8}$ bei $\xi_0 = 0{,}5$	$\frac{5ql^4}{384EI}$
2	q	$\frac{ql}{6}$	$\frac{ql}{3}$	$\frac{ql^2}{15{,}59}$ bei $\xi_0 = 0{,}577$	$\frac{5ql^4}{768EI}$
3	q	$\frac{ql}{3}$	$\frac{ql}{6}$	$\frac{ql^2}{15{,}59}$ bei $\xi_0 = 0{,}423$	$\frac{5ql^4}{768EI}$
4	q_i, q_k	$\frac{2q_i+q_k}{6}l$	$\frac{q_i+2q_k}{6}l$	$\left(\frac{q_i}{2}+\frac{q_k-q_i}{3}\xi_0\right)\xi_0^2 l^2$ bei $\xi_0 = \frac{(2q_i+q_k)/\sqrt{3}}{q_i\sqrt{3}+\sqrt{q_i^2+q_i q_k+q_k^2}}$	$\frac{5(q_i+q_k)l^4}{768EI}$
5	q, quadr. Parabel	$\frac{ql}{3}$	$\frac{ql}{3}$	$\frac{5ql^2}{48}$ bei $\xi_0 = 0{,}5$	$\frac{61ql^4}{5760EI}$
6	F, l/2, l/2	$\frac{F}{2}$	$\frac{F}{2}$	$\frac{Fl}{4}$ bei $\xi_0 = 0{,}5$	$\frac{Fl^3}{48EI}$
7	F, a, b	βF	αF	$\alpha\beta Fl$ bei $\xi_0 = \alpha$	$\alpha \le \frac{1}{2}$: $\frac{3-4\alpha^2}{48EI}\alpha F l^3$
8	n−1 Lasten F, a a a a, $a = l/n$	$\frac{n-1}{2}F$	$\frac{n-1}{2}F$	n gerade: $\frac{n}{8}Fl$ n ungerade: $\frac{n}{8}Fl\left(1-\frac{1}{n^2}\right)$	$\frac{5nFl^3}{384EI}\left(1-\frac{0{,}8}{n^2}\right)$ $\frac{5nFl^3}{384EI}\left(1-\frac{0{,}8}{n^2}-\frac{0{,}2}{n^4}\right)$
9	n Lasten F, a/2 a a a a/2, $a = l/n$	$\frac{n}{2}F$	$\frac{n}{2}F$	n gerade: $\frac{n}{8}Fl$ n ungerade: $\frac{n}{8}Fl\left(1+\frac{1}{n^2}\right)$	$\frac{5nFl^3}{384EI}\left(1+\frac{0{,}4}{n^2}\right)$ $\frac{5nFl^3}{384EI}\left(1+\frac{0{,}4}{n^2}+\frac{0{,}2}{n^4}\right)$
10	M^e, a, b	$-\frac{M^e}{l}$	$\frac{M^e}{l}$	$\alpha \le \frac{1}{2}$: βM^e bei $\xi_0 = \alpha$ $\alpha \ge \frac{1}{2}$: $-\alpha M^e$ bei $\xi_0 = \alpha$	$\alpha \le \frac{1}{2}$: $\frac{1-4\alpha^2}{16EI}M^e l^2$ $\alpha \ge \frac{1}{2}$: $\frac{4\beta^2-1}{16EI}M^e l^2$
11	M_i, M_k	$\frac{M_k-M_i}{l}$	$-\frac{M_k-M_i}{l}$	M_i oder M_k	$\frac{M_i+M_k}{16EI}l^2$
12	Temp. T_o, T_u, h; $\kappa^e = \alpha_T(T_u-T_o)/h$	0	0	0	$\frac{\kappa^e l^2}{8}$
13	w_i, w_k	0	0	0	$\frac{w_i+w_k}{2}$

[1] vgl. auch S. 4.13 oben.

Träger auf zwei Stützen (Fortsetzung), $\alpha = a/l$, $\beta = b/l$, $\xi = x/l$, $\bar{\xi} = \bar{x}/l$

Belastungsglieder $L=\varphi_i 6\frac{EI}{l}$ L	$R=\varphi_k 6\frac{EI}{l}$ R	M-Linie 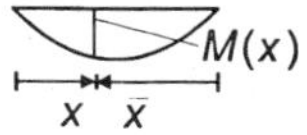 $M(x)$	Biegelinie 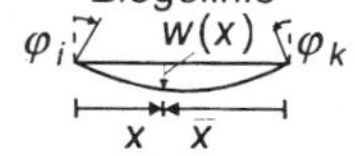 $w(x)$	
$\frac{ql^2}{4}$	$\frac{ql^2}{4}$	$\frac{\xi\bar{\xi}}{2}ql^2$	$\frac{1+\xi\bar{\xi}}{24EI}\xi\bar{\xi}ql^4$	1
$\frac{7ql^2}{60}$	$\frac{ql^2}{7{,}5}$	$\frac{\xi-\xi^3}{6}ql^2$	$\frac{(\xi-\xi^3)(7-3\xi^2)}{360EI}ql^4$	2
$\frac{ql^2}{7{,}5}$	$\frac{7ql^2}{60}$	$\frac{\bar{\xi}-\bar{\xi}^3}{6}ql^2$	$\frac{(\bar{\xi}-\bar{\xi}^3)(7-3\bar{\xi}^2)}{360EI}ql^4$	3
$\frac{8q_i+7q_k}{60}l^2$	$\frac{7q_i+8q_k}{60}l^2$	$\frac{(\bar{\xi}-\bar{\xi}^3)q_i+(\xi-\xi^3)q_k}{6}l^2$	$\left[(\bar{\xi}-\bar{\xi}^3)(7-3\bar{\xi}^2)q_i + (\xi-\xi^3)(7-3\xi^2)q_k\right]\frac{l^4}{360EI}$	4
$\frac{ql^2}{5}$	$\frac{ql^2}{5}$	$\frac{1+\xi\bar{\xi}}{3}\xi\bar{\xi}ql^2$	$\frac{(1+\xi\bar{\xi})^3-1}{90EI}ql^4$	5
$0{,}375Fl$	$0{,}375Fl$	$\xi \le 0{,}5$: $\xi Fl/2$ $\xi \ge 0{,}5$: $\bar{\xi}Fl/2$	$\xi \le 0{,}5$: $(0{,}75-\xi^2)\xi Fl^3/(12EI)$ $\xi \ge 0{,}5$: $(0{,}75-\bar{\xi}^2)\bar{\xi}Fl^3/(12EI)$	6
$(1+\beta)\alpha\beta Fl$	$(1+\alpha)\alpha\beta Fl$	$\xi \le \alpha$: $\xi\beta Fl$ $\xi \ge \alpha$: $\bar{\xi}\alpha Fl$	$\xi \le \alpha$: $(1-\beta^2-\xi^2)\beta\xi Fl^3/(6EI)$ $\xi \ge \alpha$: $(1-\alpha^2-\bar{\xi}^2)\alpha\bar{\xi}Fl^3/(6EI)$	7
$\frac{n}{4}Fl\left(1-\frac{1}{n^2}\right)$	$\frac{n}{4}Fl\left(1-\frac{1}{n^2}\right)$			8
$\frac{n}{4}Fl\left(1+\frac{0{,}5}{n^2}\right)$	$\frac{n}{4}Fl\left(1+\frac{0{,}5}{n^2}\right)$			9
$(3\beta^2-1)M^e$	$(1-3\alpha^2)M^e$	$\xi \le \alpha$: $-\xi M^e$ $\xi \ge \alpha$: $\bar{\xi}M^e$	$\xi \le \alpha$: $-\frac{1-3\beta^2-\xi^2}{6EI}\xi M^e l^2$ $\xi \ge \alpha$: $\frac{1-3\alpha^2-\bar{\xi}^2}{6EI}\bar{\xi}M^e l^2$	10
$2M_i+M_k$	M_i+2M_k	$\bar{\xi}M_i+\xi M_k$	$\frac{(\bar{\xi}-\bar{\xi}^3)M_i+(\xi-\xi^3)M_k}{6EI}l^2$	11
$3\kappa^e EI$	$3\kappa^e EI$	0	$\frac{\xi\bar{\xi}}{2}l^2\kappa^e$	12
$\frac{w_k-w_i}{l^2}6EI$	$-\frac{w_k-w_i}{l^2}6EI$	0	$\bar{\xi}w_i+\xi w_k$	13

Träger auf zwei Stützen (Fortsetzung), $\alpha = a/l$, $\beta = b/l$, $\gamma = c/l$

	EI = konst. (i, k; *l*)	Auflagerkräfte *A*, *B*	M-Linie: $x_0 = \xi_0 l$, $\bar{x}_0 = \bar{\xi}_0 l$, max*M*	Biegelinie ($l/2$, $l/2$): w_{Mitte}
1	$F = qc$ 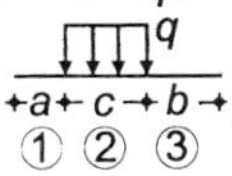 $\delta = \alpha + \gamma/2,\ \varepsilon = 1 - \delta$	$A = \varepsilon F$ $B = \delta F$	$\left(1 - \frac{\gamma}{2}\right)\delta\varepsilon F l$ bei $\xi_0 = \alpha + \gamma\varepsilon$	$\left[\frac{5}{8} - (1{,}5 - \alpha^2)\alpha^2 - (1{,}5 - \beta^2)\beta^2\right]\frac{ql^4}{48EI}$ wenn $\alpha \le 0{,}5$ und $\beta \le 0{,}5$
2	$F = qc/2$ 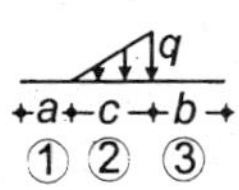 $\delta = \alpha + \frac{\gamma}{1{,}5},\ \varepsilon = 1 - \delta$	$A = \varepsilon F$ $B = \delta F$	$\left(\alpha + \frac{\gamma\sqrt{\varepsilon}}{1{,}5}\right)\varepsilon F l$ bei $\xi_0 = \alpha + \gamma\sqrt{\varepsilon}$	$\left[(0{,}75 - \varepsilon^2)\varepsilon - \left(\frac{\varepsilon}{6} + \frac{\gamma}{135}\right)\gamma^2 + \frac{(0{,}5 - \alpha)^5}{5\gamma^2}\right]\frac{Fl^3}{12EI}$ wenn $\alpha \le 0{,}5$ und $\beta \le 0{,}5$
3	$F = qc/2$ 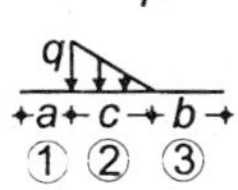 $\delta = \alpha + \frac{\gamma}{3},\ \varepsilon = 1 - \delta$	$A = \varepsilon F$ $B = \delta F$	$\left(\beta + \frac{\gamma\sqrt{\delta}}{1{,}5}\right)\delta F l$ bei $\bar{\xi}_0 = \beta + \gamma\sqrt{\delta}$	$\left[(0{,}75 - \delta^2)\delta - \left(\frac{\delta}{6} + \frac{\gamma}{135}\right)\gamma^2 + \frac{(0{,}5 - \beta)^5}{5\gamma^2}\right]\frac{Fl^3}{12EI}$ wenn $\alpha \le 0{,}5$ und $\beta \le 0{,}5$
4	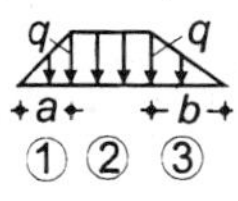 $\rho = \frac{\alpha^2 - \beta^2}{3}$	$A = \frac{1 - \alpha + \rho}{2} ql$ $B = \frac{1 - \beta - \rho}{2} ql$	$\left(\frac{\xi_0^2}{2} - \frac{\alpha^2}{6}\right) ql^2$ bei $\xi_0 = \frac{1 + \rho}{2}$ wenn $\alpha \le \xi_0 \le 1 - \beta$	$\left[\frac{25}{8} - (2{,}5 - \alpha^2)\alpha^2 - (2{,}5 - \beta^2)\beta^2\right]\frac{ql^4}{240EI}$ wenn $\alpha \le 0{,}5$ und $\beta \le 0{,}5$
5	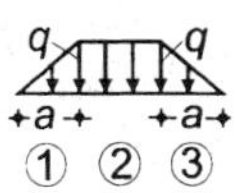	$A = B = \frac{1 - \alpha}{2} ql$	$\left(\frac{1}{8} - \frac{\alpha^2}{6}\right) ql^2$ bei $\xi_0 = \frac{1}{2}$	$\left(\frac{1}{3{,}2} - \frac{\alpha^2}{2} + \frac{\alpha^4}{5}\right)\frac{ql^4}{24EI}$
6	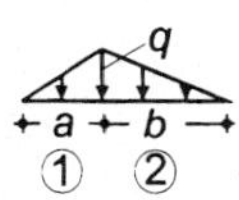	$A = \frac{1 + \beta}{6} ql$ $B = \frac{1 + \alpha}{6} ql$	$\alpha \ge \frac{1}{2}$: $\frac{1 + \beta}{9}\xi_0 ql^2$ bei $\xi_0 = \sqrt{(1 - \beta^2)/3}$ $\alpha \le \frac{1}{2}$: $\beta \to \alpha$, $\xi_0 \to \bar{\xi}_0$	$\alpha \ge \frac{1}{2}$: $\left[(1 + \beta)(1{,}5 - \beta^2) + \frac{1}{16\alpha}\right]\frac{ql^4}{240EI}$ $\alpha \le \frac{1}{2}$: $\left[(1 + \alpha)(1{,}5 - \alpha^2) + \frac{1}{16\beta}\right]\frac{ql^4}{240EI}$
7	$F = qa/2$ 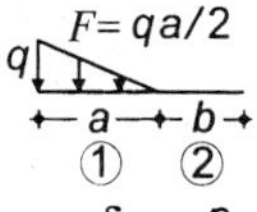 $\delta = \alpha/3$	$A = (1 - \delta)F$ $B = \delta F$	$\left(\beta + \frac{\alpha\sqrt{\delta}}{1{,}5}\right)\delta F l$ bei $\xi_0 = \alpha(1 - \sqrt{\delta})$	$\alpha \ge \frac{1}{2}$: $\left[\frac{\alpha}{4} - \frac{\alpha^3}{10} + \frac{(\alpha - 0{,}5)^5}{5\alpha^2}\right]\frac{Fl^3}{12EI}$ $\alpha \le \frac{1}{2}$: $\left(\frac{\alpha}{4} - \frac{\alpha^3}{10}\right)\frac{Fl^3}{12EI}$

Träger auf zwei Stützen (Fortsetzung), $\alpha = a/l$, $\beta = b/l$, $\xi = x/l$, $\bar{\xi} = \bar{x}/l$

Belastungsglieder $L=\varphi_i 6\frac{EI}{l}$, $R=\varphi_k 6\frac{EI}{l}$ — *M-Linie* 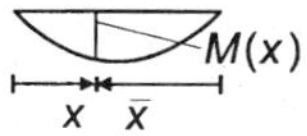 — *Biegelinie* 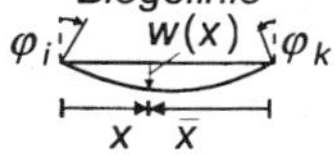 — *Index von M und w auf Bereich ①, ②, ③ bezogen*	
$L=\left(1-\varepsilon^2-\frac{\gamma^2}{4}\right)\varepsilon Fl,\ R=\left(1-\delta^2-\frac{\gamma^2}{4}\right)\delta Fl,\ M_1=\varepsilon\xi Fl,\ M_2=\left[\varepsilon\xi-\frac{(\xi-\alpha)^2}{2\gamma}\right]Fl,\ M_3=\delta\bar{\xi}Fl$ $w_1=\left(1-\varepsilon^2-\frac{\gamma^2}{4}-\xi^2\right)\varepsilon\xi\frac{Fl^3}{6EI},\ w_2=w_1+\frac{(\xi-\alpha)^4Fl^3}{\gamma 24EI},\ w_3=\left(1-\delta^2-\frac{\gamma^2}{4}-\bar{\xi}^2\right)\delta\bar{\xi}\frac{Fl^3}{6EI}$	1
$L=\left[\left(1-\varepsilon^2\right)\varepsilon-\left(\frac{\varepsilon}{6}+\frac{\gamma}{135}\right)\gamma^2\right]Fl,\ R=\left[\left(1-\delta^2\right)\delta-\left(\frac{\delta}{6}-\frac{\gamma}{135}\right)\gamma^2\right]Fl$ $M_1=\varepsilon\xi Fl,\ M_2=\left[\varepsilon\xi-\frac{(\xi-\alpha)^3}{3\gamma^2}\right]Fl,\ M_3=\delta\bar{\xi}Fl,\ w_1=\left[\left(1-\varepsilon^2-\xi^2\right)\varepsilon-\left(\frac{\varepsilon}{6}+\frac{\gamma}{135}\right)\gamma^2\right]\xi\frac{Fl^3}{6EI}$ $w_2=w_1+\frac{(\xi-\alpha)^5Fl^3}{\gamma^2 60EI},\ w_3=\left[\left(1-\delta^2-\bar{\xi}^2\right)\delta-\left(\frac{\delta}{6}-\frac{\gamma}{135}\right)\gamma^2\right]\bar{\xi}\frac{Fl^3}{6EI}$	2
$L=\left[\left(1-\varepsilon^2\right)\varepsilon-\left(\frac{\varepsilon}{6}-\frac{\gamma}{135}\right)\gamma^2\right]Fl,\ R=\left[\left(1-\delta^2\right)\delta-\left(\frac{\delta}{6}+\frac{\gamma}{135}\right)\gamma^2\right]Fl$ $M_1=\varepsilon\xi Fl,\ M_2=\left[\delta\bar{\xi}-\frac{(\bar{\xi}-\beta)^3}{3\gamma^2}\right]Fl,\ M_3=\delta\bar{\xi}Fl,\ w_1=\left[\left(1-\varepsilon^2-\xi^2\right)\varepsilon-\left(\frac{\varepsilon}{6}-\frac{\gamma}{135}\right)\gamma^2\right]\xi\frac{Fl^3}{6EI}$ $w_3=\left[\left(1-\delta^2-\bar{\xi}^2\right)\delta-\left(\frac{\delta}{6}+\frac{\gamma}{135}\right)\gamma^2\right]\bar{\xi}\frac{Fl^3}{6EI},\ w_2=w_3+\frac{(\bar{\xi}-\beta)^5Fl^3}{\gamma^2 60EI}$	3
$L=\left[1-\left(\frac{4}{3}-\alpha+\frac{\alpha^2}{5}\right)\alpha^2-\left(\frac{2}{3}-\frac{\beta^2}{5}\right)\beta^2\right]\frac{ql^2}{4},\ R=\left[1-\left(\frac{4}{3}-\beta+\frac{\beta^2}{5}\right)\beta^2-\left(\frac{2}{3}-\frac{\alpha^2}{5}\right)\alpha^2\right]\frac{ql^2}{4}$ $M_1=\left(1-\alpha+\rho-\frac{\xi^2}{3\alpha}\right)\xi\frac{ql^2}{2},\ M_2=\left(3\xi\bar{\xi}-\alpha^2\bar{\xi}-\beta^2\xi\right)\frac{ql^2}{6},\ M_3=\left(1-\beta-\rho-\frac{\bar{\xi}^2}{3\beta}\right)\bar{\xi}\frac{ql^2}{2}$ $w_2=\left[\left(1+\xi\bar{\xi}\right)\xi\bar{\xi}1{,}5-\left(1-\bar{\xi}^2-0{,}3\alpha^2\right)\alpha^2\bar{\xi}-\left(1-\xi^2-0{,}3\beta^2\right)\beta^2\xi\right]ql^4/(36EI)$ $w_1=w_2-(\alpha-\xi)^5ql^4/(\alpha 120EI),\ w_3=w_2-(\beta-\bar{\xi})^5ql^4/(\beta 120EI)$	4
$L=R=\frac{1-2\alpha^2+\alpha^3}{4}ql^2,\ M_1=\left(1-\alpha-\frac{\xi^2}{3\alpha}\right)\xi\frac{ql^2}{2},\ M_2=\left(\xi\bar{\xi}-\frac{\alpha^2}{3}\right)\frac{ql^2}{2},\ M_3=\left(1-\alpha-\frac{\bar{\xi}^2}{3\alpha}\right)\bar{\xi}\frac{ql^2}{2}$ $w_2=\left[\left(1-2\alpha^2+\xi\bar{\xi}\right)\xi\bar{\xi}+\frac{\alpha^4}{5}\right]\frac{ql^4}{24EI},\ w_1=w_2-\frac{(\alpha-\xi)^5ql^4}{\alpha 120EI},\ w_3=w_2-\frac{(\alpha-\bar{\xi})^5ql^4}{\alpha 120EI}$	5
$L=\frac{7-3\beta^2}{60}(1+\beta)ql^2,\ R=\frac{7-3\alpha^2}{60}(1+\alpha)ql^2,\ M_1=\left(1+\beta-\frac{\xi^2}{\alpha}\right)\frac{\xi}{6}ql^2,\ M_2=\left(1+\alpha-\frac{\bar{\xi}^2}{\beta}\right)\frac{\bar{\xi}}{6}ql^2$ $w_1=\left[(1+\beta)\left(7-3\beta^2-10\xi^2\right)+\frac{3}{\alpha}\xi^4\right]\xi\frac{ql^4}{360EI},\ w_2=\left[(1+\alpha)\left(7-3\alpha^2-10\bar{\xi}^2\right)+\frac{3}{\beta}\bar{\xi}^4\right]\bar{\xi}\frac{ql^4}{360EI}$	6
$L=\left(\frac{2}{3}-\frac{\alpha}{2}+\frac{\alpha^2}{10}\right)\alpha Fl,\ R=\left(\frac{1}{3}-\frac{\alpha^2}{10}\right)\alpha Fl,\ M_1=\left[\alpha\bar{\xi}-\frac{(\alpha-\xi)^3}{\alpha^2}\right]\frac{Fl}{3},\ M_2=\alpha\bar{\xi}\frac{Fl}{3}$ $w_1=\left[\left(1-0{,}3\alpha^2-\bar{\xi}^2\right)\delta\bar{\xi}+\frac{(\alpha-\xi)^5}{10\alpha^2}\right]\frac{Fl^3}{6EI},\ w_2=\left(1-0{,}3\alpha^2-\bar{\xi}^2\right)\delta\bar{\xi}\frac{Fl^3}{6EI}$	7

1.1.2 Einseitig eingespannter Träger[1], $\alpha = a/l$, $\beta = b/l$

Nr.	EI = konst., i – k, l	A	B	M_k
1	q	$\frac{3ql}{8}$	$\frac{5ql}{8}$	$-\frac{ql^2}{8}$
2	q	$\frac{ql}{10}$	$\frac{2ql}{5}$	$-\frac{ql^2}{15}$
3	q	$\frac{11ql}{40}$	$\frac{9ql}{40}$	$-\frac{7ql^2}{120}$
4	q_i, q_k	$\frac{11q_i + 4q_k}{40}l$	$\frac{9q_i + 16q_k}{40}l$	$-\frac{7q_i + 8q_k}{120}l^2$
5	q, quadr. Parabel	$\frac{7ql}{30}$	$\frac{13ql}{30}$	$-\frac{ql^2}{10}$
6	F; $l/2$, $l/2$	$\frac{5F}{16}$	$\frac{11F}{16}$	$-\frac{3Fl}{16}$
7	F; a, b	$\frac{3-\beta}{2}\beta^2 F$	$\frac{3-\alpha^2}{2}\alpha F$	$-\frac{1-\alpha^2}{2}\alpha Fl$
8	$n-1$ Lasten F; a, a, a, a; $a = l/n$	$\left(3n-4+\frac{1}{n}\right)\frac{F}{8}$	$\left(5n-4-\frac{1}{n}\right)\frac{F}{8}$	$-\left(1-\frac{1}{n^2}\right)\frac{n}{8}Fl$
9	n Lasten F; $a/2$, a, a, a, $a/2$; $a = l/n$	$\left(3n-\frac{0{,}5}{n}\right)\frac{F}{8}$	$\left(5n+\frac{0{,}5}{n}\right)\frac{F}{8}$	$-\left(1+\frac{0{,}5}{n^2}\right)\frac{n}{8}Fl$
10	M^e; a, b	$-\left(1-\alpha^2\right)1{,}5\frac{M^e}{l}$	$\left(1-\alpha^2\right)1{,}5\frac{M^e}{l}$	$\frac{3\alpha^2-1}{2}M^e$
11	M_i	$-1{,}5\frac{M_i}{l}$	$1{,}5\frac{M_i}{l}$	$-\frac{1}{2}M_i$
12	Temp. T_o, T_u, h; $\kappa^e = \alpha_T(T_u - T_o)/h$	$-1{,}5\kappa^e\frac{EI}{l}$	$1{,}5\kappa^e\frac{EI}{l}$	$-1{,}5\kappa^e EI$
13	w_i, w_k	$(w_k - w_i)3\frac{EI}{l^3}$	$-(w_k - w_i)3\frac{EI}{l^3}$	$(w_k - w_i)3\frac{EI}{l^2}$
14	φ_k	$3\frac{EI}{l^2}\varphi_k$	$-3\frac{EI}{l^2}\varphi_k$	$3\frac{EI}{l}\varphi_k$

[1] weitere Lastfälle s. S. 4.10

Einseitig eingespannter Träger (Fortsetzung), $\alpha = a/l$, $\beta = b/l$

M-Linie 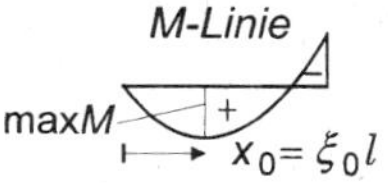 max$M$	Biegelinie 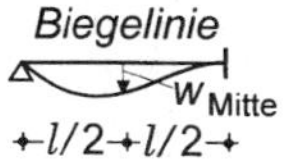 w_{Mitte}	Biegelinie 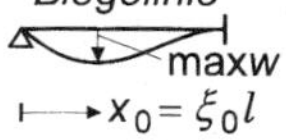 max$w$	
$\frac{9ql^2}{128}$ bei $\xi_0 = 0{,}375$	$\frac{ql^4}{192\,EI}$	$\frac{ql^4}{184{,}6\,EI}$ bei $\xi_0 = 0{,}422$	1
$\frac{ql^2}{33{,}54}$ bei $\xi_0 = 0{,}447$	$\frac{3ql^4}{1280\,EI}$	$\frac{ql^4}{419{,}3\,EI}$ bei $\xi_0 = 0{,}447$	2
$\frac{ql^2}{23{,}65}$ bei $\xi_0 = 0{,}329$	$\frac{11ql^4}{3840\,EI}$	$\frac{ql^4}{328{,}1\,EI}$ bei $\xi_0 = 0{,}402$	3
$\left[1{,}5q_i + (q_k - q_i)\xi_0\right]\xi_0^2 l^2/3$ bei $\xi_0 = \frac{0{,}55q_i + 0{,}2q_k}{\sqrt{\frac{9q_i^2 + 7q_iq_k + 4q_k^2}{20}} + q_i}$	$\frac{11q_i + 9q_k}{3840\,EI}\,l^4$		4
$\frac{ql^2}{16{,}89}$ bei $\xi_0 = 0{,}399$	$\frac{5ql^4}{1152\,EI}$	$\frac{ql^4}{222{,}5\,EI}$ bei $\xi_0 = 0{,}427$	5
$\frac{Fl}{6{,}4}$ bei $\xi_0 = 0{,}5$	$\frac{7Fl^3}{768\,EI}$	$\frac{Fl^3}{107{,}3\,EI}$ bei $\xi_0 = 0{,}447$	6
$\frac{3-\beta}{2}\alpha\beta^2 Fl$ bei $\xi_0 = \alpha$	$\alpha \le 0{,}5$: $(3-5\alpha^2)\alpha Fl^3/(96EI)$ $\alpha \ge 0{,}5$: $(9-11\beta)\beta^2 Fl^3/(96EI)$		7
$\max M < \frac{nFl}{128}\left(3+\frac{1}{n^2}\right)^2$ $\max M > \frac{nFl}{128}\left(9-\frac{10}{n^2}+\frac{1}{n^4}\right)$	n gerade: $\frac{nFl^3}{384\,EI}\left(2-\frac{1}{n^2}\right)$ n unger.: $\frac{nFl^3}{384\,EI}\left(2-\frac{1}{n^2}-\frac{1}{n^4}\right)$		8
$\max M < \frac{nFl}{128}\left(9+\frac{13}{n^2}+\frac{0{,}25}{n^4}\right)$ $\max M > \frac{nFl}{128}\left(3-\frac{0{,}5}{n^2}\right)^2$	n gerade: $\frac{nFl^3}{384\,EI}\left(2+\frac{0{,}5}{n^2}\right)$ n unger.: $\frac{nFl^3}{384\,EI}\left(2+\frac{0{,}5}{n^2}+\frac{1}{n^4}\right)$		9
$-\left(1-\alpha^2\right)\alpha\,1{,}5M^e$ li. von M^e $\left[1-\left(1-\alpha^2\right)\alpha\,1{,}5\right]M^e$ re. von M^e bei $\xi_0 = \alpha$	$\alpha \le 0{,}5$: $\frac{1-5\alpha^2}{32\,EI}M^e l^2$ $\alpha \ge 0{,}5$: $\frac{11\beta-6}{32\,EI}\beta M^e l^2$		10
M_i	$\frac{M_i\,l^2}{32\,EI}$	$\frac{M_i\,l^2}{27\,EI}$ bei $\xi_0 = \frac{1}{3}$	11
M_k	$\frac{\kappa^e l^2}{32}$	$\frac{\kappa^e l^2}{27}$ bei $\xi_0 = \frac{1}{3}$	12
M_k	$\frac{5w_i + 11w_k}{16}$	w_i oder w_k	13
M_k	$\frac{3}{16}\varphi_k l$	$0{,}19245\,\varphi_k l$ bei $\xi_0 = 0{,}577$	14

1.1.3 Beidseitig eingespannter Träger[1)], $\alpha = a/l$, $\beta = b/l$

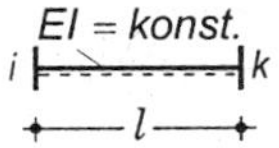	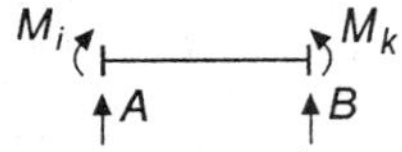				
		A	B	M_i	M_k
1	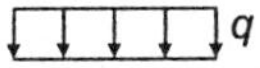	$\frac{ql}{2}$	$\frac{ql}{2}$	$-\frac{ql^2}{12}$	$-\frac{ql^2}{12}$
2		$0{,}15\,ql$	$0{,}35\,ql$	$-\frac{ql^2}{30}$	$-\frac{ql^2}{20}$
3	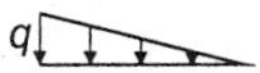	$0{,}35\,ql$	$0{,}15\,ql$	$-\frac{ql^2}{20}$	$-\frac{ql^2}{30}$
4	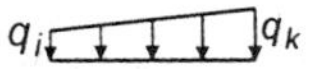	$(0{,}35\,q_i+0{,}15\,q_k)\,l$	$(0{,}15\,q_i+0{,}35\,q_k)\,l$	$-\frac{1{,}5\,q_i+q_k}{30}\,l^2$	$-\frac{q_i+1{,}5\,q_k}{30}\,l^2$
5	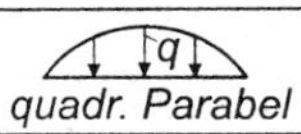	$\frac{ql}{3}$	$\frac{ql}{3}$	$-\frac{ql^2}{15}$	$-\frac{ql^2}{15}$
6	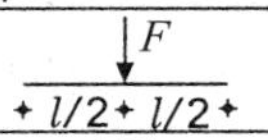	$\frac{F}{2}$	$\frac{F}{2}$	$-\frac{Fl}{8}$	$-\frac{Fl}{8}$
7	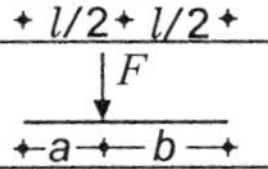	$(3-2\beta)\beta^2 F$	$(3-2\alpha)\alpha^2 F$	$-\alpha\beta^2 Fl$	$-\alpha^2\beta Fl$
8	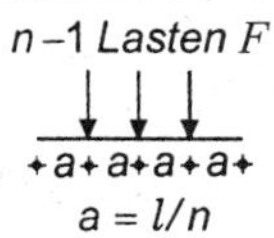	$\frac{n-1}{2}\,F$	$\frac{n-1}{2}\,F$	$-\left(1-\frac{1}{n^2}\right)\frac{n}{12}Fl$	$-\left(1-\frac{1}{n^2}\right)\frac{n}{12}Fl$
9	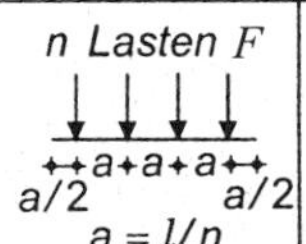	$\frac{n}{2}\,F$	$\frac{n}{2}\,F$	$-\left(1+\frac{0{,}5}{n^2}\right)\frac{n}{12}Fl$	$-\left(1+\frac{0{,}5}{n^2}\right)\frac{n}{12}Fl$
10	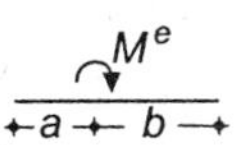	$-6\alpha\beta\frac{M^e}{l}$	$6\alpha\beta\frac{M^e}{l}$	$-(3\beta-2)\beta\,M^e$	$(3\alpha-2)\alpha\,M^e$
11	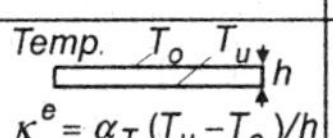	0	0	$-\kappa^e EI$	$-\kappa^e EI$
12		$(w_k-w_i)\,12\frac{EI}{l^3}$	$-(w_k-w_i)\,12\frac{EI}{l^3}$	$-(w_k-w_i)\,6\frac{EI}{l^2}$	$(w_k-w_i)\,6\frac{EI}{l^2}$
13		$-6\frac{EI}{l^2}\varphi_i$	$6\frac{EI}{l^2}\varphi_i$	$4\frac{EI}{l}\varphi_i$	$-2\frac{EI}{l}\varphi_i$
14		$6\frac{EI}{l^2}\varphi_k$	$-6\frac{EI}{l^2}\varphi_k$	$-2\frac{EI}{l}\varphi_k$	$4\frac{EI}{l}\varphi_k$

[1)] weitere Lastfälle s. S. 4.11

Beidseitig eingespannter Träger (Fortsetzung), $\alpha = a/l$, $\beta = b/l$

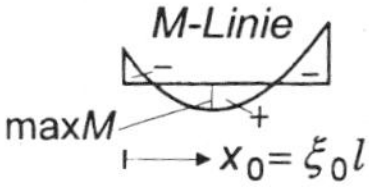 maxM	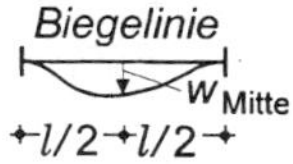 w_{Mitte}	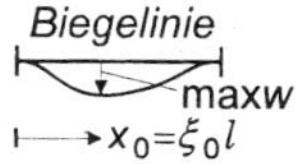 max$w$	
$\frac{ql^2}{24}$ bei $\xi_0 = 0{,}5$	$\frac{ql^4}{384\,EI}$	$\frac{ql^4}{384\,EI}$ bei $\xi_0 = 0{,}5$	1
$\frac{ql^2}{46{,}64}$ bei $\xi_0 = 0{,}548$	$\frac{ql^4}{768\,EI}$	$\frac{ql^4}{764{,}2\,EI}$ bei $\xi_0 = 0{,}525$	2
$\frac{ql^2}{46{,}64}$ bei $\xi_0 = 0{,}452$	$\frac{ql^4}{768\,EI}$	$\frac{ql^4}{764{,}2\,EI}$ bei $\xi_0 = 0{,}475$	3
$\left(\frac{q_i}{2} + \frac{q_k - q_i}{3}\xi_0\right)\xi_0^2 l^2 + M_i$ bei $\xi_0 = \frac{0{,}7q_i + 0{,}3q_k}{\sqrt{0{,}3\left(q_i^2 + q_k^2\right) + 0{,}4q_i q_k} + q_i}$	$\frac{q_i + q_k}{768\,EI} l^4$		4
$\frac{3ql^2}{80}$ bei $\xi_0 = 0{,}5$	$\frac{13\,ql^4}{5760\,EI}$	$\frac{13\,ql^4}{5760\,EI}$ bei $\xi_0 = 0{,}5$	5
$\frac{Fl}{8}$ bei $\xi_0 = 0{,}5$	$\frac{Fl^3}{192\,EI}$	$\frac{Fl^3}{192\,EI}$ bei $\xi_0 = 0{,}5$	6
$2\alpha^2\beta^2 Fl$ bei $\xi_0 = \alpha$	$\alpha \le \frac{1}{2}$: $(3-4\alpha)\alpha^2 Fl^3/(48EI)$ $\alpha \ge \frac{1}{2}$: $(3-4\beta)\beta^2 Fl^3/(48EI)$		7
n gerade: $\frac{nFl}{24}\left(1 + \frac{2}{n^2}\right)$	$\frac{nFl^3}{384\,EI}$	$\frac{nFl^3}{384\,EI}$ bei $\xi_0 = 0{,}5$	8
n unger.: $\frac{nFl}{24}\left(1 - \frac{1}{n^2}\right)$	$\frac{nFl^3}{384\,EI}\left(1 - \frac{1}{n^4}\right)$	$\frac{nFl^3}{384\,EI}\left(1 - \frac{1}{n^4}\right)$ bei $\xi_0 = 0{,}5$	
n gerade: $\frac{nFl}{24}\left(1 - \frac{1}{n^2}\right)$	$\frac{nFl^3}{384\,EI}$	$\frac{nFl^3}{384\,EI}$ bei $\xi_0 = 0{,}5$	9
n unger.: $\frac{nFl}{24}\left(1 + \frac{2}{n^2}\right)$	$\frac{nFl^3}{384\,EI}\left(1 + \frac{1}{n^4}\right)$	$\frac{nFl^3}{384\,EI}\left(1 + \frac{1}{n^4}\right)$ bei $\xi_0 = 0{,}5$	
$-\left(1 - 3\alpha + 6\alpha^2\right)\beta M^e$ li. von M^e $\left(1 - 3\beta + 6\beta^2\right)\alpha M^e$ re. von M^e bei $\xi_0 = \alpha$	$\alpha \le 0{,}5$: $\frac{1-2\alpha}{8EI}\alpha M^e l^2$ $\alpha \ge 0{,}5$: $\frac{2\beta - 1}{8EI}\beta M^e l^2$		10
$-\kappa^e EI$ ($M = konst.$)	0	0	11
M_i oder M_k	$\frac{w_i + w_k}{2}$	w_i oder w_k	12
M_i	$\frac{1}{8}\varphi_i l$	$\frac{4}{27}\varphi_i l$ bei $\xi_0 = \frac{1}{3}$	13
M_k	$\frac{1}{8}\varphi_k l$	$\frac{4}{27}\varphi_k l$ bei $\xi_0 = \frac{2}{3}$	14

Einseitig eingespannter Träger (Fortsetzung von S. 4.6), $\alpha = a/l$, $\beta = b/l$, $\gamma = c/l$

	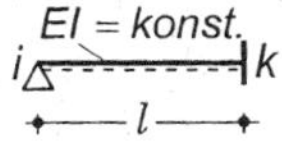	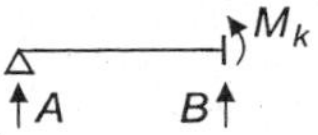 A	B	M_k
1	$F = qc$ 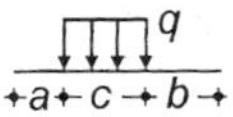 $\delta=\alpha+\gamma/2$, $\varepsilon=1-\delta$	$\left[\varepsilon-\left(1-\delta^2-\frac{\gamma^2}{4}\right)\frac{\delta}{2}\right]F$	$\left[\delta+\left(1-\delta^2-\frac{\gamma^2}{4}\right)\frac{\delta}{2}\right]F$ $= F-A$	$-\left(1-\delta^2-\frac{\gamma^2}{4}\right)\frac{\delta}{2}Fl$
2	$F = qc/2$ 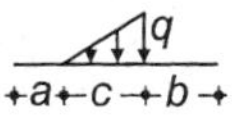 $\delta=\alpha+\frac{\gamma}{1{,}5}$, $\varepsilon=1-\delta$	$\left[\left(1+\frac{\delta}{2}\right)\varepsilon^2 + \left(\frac{\delta}{12}-\frac{\gamma}{270}\right)\gamma^2\right]F$	$\left[\left(3-\delta^2\right)\frac{\delta}{2} - \left(\frac{\delta}{12}-\frac{\gamma}{270}\right)\gamma^2\right]F$ $= F-A$	$-\left[\frac{\delta-\delta^3}{2} - \left(\frac{\delta}{12}-\frac{\gamma}{270}\right)\gamma^2\right]Fl$
3	$F = qc/2$ 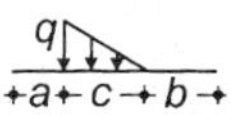 $\delta=\alpha+\frac{\gamma}{3}$, $\varepsilon=1-\delta$	$\left[\left(1+\frac{\delta}{2}\right)\varepsilon^2 + \left(\frac{\delta}{12}+\frac{\gamma}{270}\right)\gamma^2\right]F$	$\left[\left(3-\delta^2\right)\frac{\delta}{2} - \left(\frac{\delta}{12}+\frac{\gamma}{270}\right)\gamma^2\right]F$ $= F-A$	$-\left[\frac{\delta-\delta^3}{2} - \left(\frac{\delta}{12}+\frac{\gamma}{270}\right)\gamma^2\right]Fl$
4	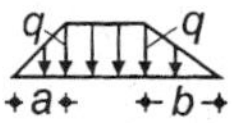 $\rho = \frac{\alpha^2-\beta^2}{3}$	$\left(\frac{3}{8}-\frac{\alpha}{2}+\frac{\alpha^2}{4}-\frac{\beta^3}{8} - \frac{\alpha^4-\beta^4}{40}\right)ql$	$\left(\frac{5}{8}-\frac{\alpha^2}{4}-\frac{\beta}{2}+\frac{\beta^3}{8} + \frac{\alpha^4-\beta^4}{40}\right)ql$ $= \left(1-\frac{\alpha+\beta}{2}\right)ql-A$	$-\left[1-\left(\frac{2}{3}-\frac{\alpha^2}{5}\right)\alpha^2 - \left(\frac{4}{3}-\beta+\frac{\beta^2}{5}\right)\beta^2\right]\frac{ql^2}{8}$
5	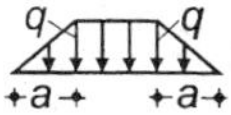	$\left(\frac{3}{8}-\frac{\alpha}{2}+\frac{\alpha^2}{4}-\frac{\alpha^3}{8}\right)ql$	$\left(\frac{5}{8}-\frac{\alpha}{2}-\frac{\alpha^2}{4}+\frac{\alpha^3}{8}\right)ql$ $= (1-\alpha)ql-A$	$-\left(1-2\alpha^2+\alpha^3\right)\frac{ql^2}{8}$
6	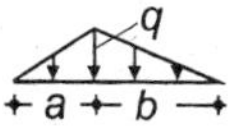	$\left[20-\left(9-\alpha^2\right)(1+\alpha)\right]\frac{ql}{40}$	$\left(9-\alpha^2\right)(1+\alpha)\frac{ql}{40}$ $= \frac{1}{2}ql-A$	$-\left(7-3\alpha^2\right)(1+\alpha)\frac{ql^2}{120}$
7	$F = qa/2$ 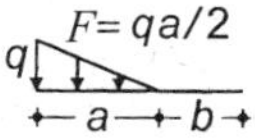 $\delta=\alpha/3$	$\left(1-\frac{\alpha}{2}+\frac{\alpha^3}{20}\right)F$	$\left(\frac{\alpha}{2}-\frac{\alpha^3}{20}\right)F$ $= F-A$	$-\left(\frac{1}{6}-\frac{\alpha^2}{20}\right)\alpha Fl$

Beidseitig eingespannter Träger (Fortsetzung von S. 4.8), $\alpha = a/l$, $\beta = b/l$, $\gamma = c/l$

	EI = konst. 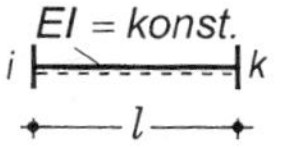	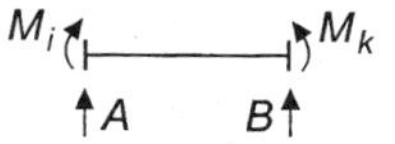 A, B	M_i, M_k
1	$F = qc$ 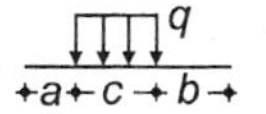 $\delta = \alpha + \gamma/2, \varepsilon = 1-\delta$	$A = \left[\varepsilon + (\varepsilon-\delta)\left(\delta\varepsilon - \frac{\gamma^2}{4}\right)\right] F$ $B = \left[\delta - (\varepsilon-\delta)\left(\delta\varepsilon - \frac{\gamma^2}{4}\right)\right] F$ $= F - A$	$M_i = -\left[\delta\varepsilon^2 + \left(\frac{1}{3} - \varepsilon\right)\frac{\gamma^2}{4}\right] Fl$ $M_k = -\left[\delta^2\varepsilon + \left(\frac{1}{3} - \delta\right)\frac{\gamma^2}{4}\right] Fl$
2	$F = qc/2$ 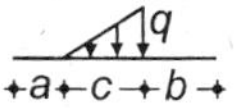 $\delta = \alpha + \frac{\gamma}{1{,}5}$, $\varepsilon = 1-\delta$	$A = \left[\varepsilon + (\varepsilon-\delta)\left(\delta\varepsilon - \frac{\gamma^2}{6}\right) - \frac{2\gamma^3}{135}\right] F$ $B = \left[\delta - (\varepsilon-\delta)\left(\delta\varepsilon - \frac{\gamma^2}{6}\right) + \frac{2\gamma^3}{135}\right] F$ $= F - A$	$M_i = -\left[\delta\varepsilon^2 - \left(\frac{3\varepsilon-1}{18} + \frac{\gamma}{135}\right)\gamma^2\right] Fl$ $M_k = -\left[\delta^2\varepsilon - \left(\frac{3\delta-1}{18} - \frac{\gamma}{135}\right)\gamma^2\right] Fl$
3	$F = qc/2$ 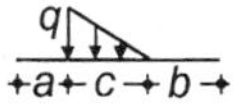 $\delta = \alpha + \frac{\gamma}{3}$, $\varepsilon = 1-\delta$	$A = \left[\varepsilon + (\varepsilon-\delta)\left(\delta\varepsilon - \frac{\gamma^2}{6}\right) + \frac{2\gamma^3}{135}\right] F$ $B = \left[\delta - (\varepsilon-\delta)\left(\delta\varepsilon - \frac{\gamma^2}{6}\right) - \frac{2\gamma^3}{135}\right] F$ $= F - A$	$M_i = -\left[\delta\varepsilon^2 - \left(\frac{3\varepsilon-1}{18} - \frac{\gamma}{135}\right)\gamma^2\right] Fl$ $M_k = -\left[\delta^2\varepsilon - \left(\frac{3\delta-1}{18} + \frac{\gamma}{135}\right)\gamma^2\right] Fl$
4	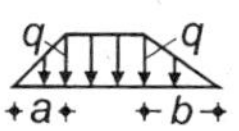 $\rho = \frac{\alpha^2-\beta^2}{3}$	$A = \left(\frac{1-\alpha}{2} + \frac{\alpha^3-\beta^3}{4} - \frac{\alpha^4-\beta^4}{10}\right) ql$ $B = \left(\frac{1-\beta}{2} - \frac{\alpha^3-\beta^3}{4} + \frac{\alpha^4-\beta^4}{10}\right) ql$ $= \left(1 - \frac{\alpha+\beta}{2}\right) ql - A$	$M_i = -\left[1 - \left(1 - \alpha + 0{,}3\alpha^2\right)2\alpha^2 - (1 - 0{,}6\beta)\beta^3\right]\frac{ql^2}{12}$ $M_k = -\left[1 - \left(1 - \beta + 0{,}3\beta^2\right)2\beta^2 - (1 - 0{,}6\alpha)\alpha^3\right]\frac{ql^2}{12}$
5	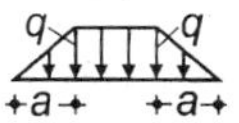	$A = B = \frac{1-\alpha}{2} ql$	$M_i = M_k = -\left(1 - 2\alpha^2 + \alpha^3\right)\frac{ql^2}{12}$
6	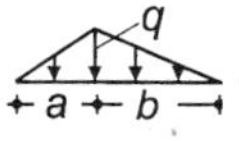	$A = \left[1{,}5\left(1 + \beta + \beta^2\right) - \beta^3\right]\frac{ql}{10}$ $B = \left[1{,}5\left(1 + \alpha + \alpha^2\right) - \alpha^3\right]\frac{ql}{10}$ $= \frac{1}{2} ql - A$	$M_i = -\left(1 + \beta + \beta^2 - 1{,}5\beta^3\right)\frac{ql^2}{30}$ $M_k = -\left(1 + \alpha + \alpha^2 - 1{,}5\alpha^3\right)\frac{ql^2}{30}$
7	$F = qa/2$ 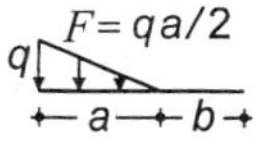 $\delta = \alpha/3$	$A = \left(1 - \frac{\alpha^2}{2} + \frac{\alpha^3}{5}\right) F$ $B = \left(\frac{\alpha^2}{2} - \frac{\alpha^3}{5}\right) F$ $= F - A$	$M_i = -\left(\frac{1-\alpha}{3} + \frac{\alpha^2}{10}\right)\alpha Fl$ $M_k = -\left(\frac{1}{6} - \frac{\alpha}{10}\right)\alpha^2 Fl$

1.1.4 Träger auf zwei Stützen mit Kragarm

	EI = konst.; i, k, j; l, c	M-Linie, Auflagerkräfte (maxM, M_k, A, B): A	B	maxM	M_k	Biegelinie (w_{Mitte}, w_j; $l/2$, $l/2$): w_{Mitte}	w_j
1	q	$\left(l^2-c^2\right)\frac{q}{2l}$	$(l+c)^2\,\frac{q}{2l}$	$\frac{A^2}{2q}$	$-\frac{qc^2}{2}$	$\left(\frac{l^2}{2{,}4}-c^2\right)\frac{ql^2}{32EI}$	$\left(\frac{c^3}{8}+\frac{c^2 l}{6}-\frac{l^3}{24}\right)\frac{qc}{EI}$
2	q	$\frac{ql}{2}$	$\frac{ql}{2}$	$\frac{ql^2}{8}$	0	$\frac{ql^4}{76{,}8EI}$	$-\frac{ql^3 c}{24EI}$
3	q	$-\frac{qc^2}{2l}$	$\left(1+\frac{c}{2l}\right)qc$	M_k	$-\frac{qc^2}{2}$	$-\frac{ql^2c^2}{32EI}$	$\left(\frac{l}{6}+\frac{c}{8}\right)\frac{qc^3}{EI}$
4	F; a, b	$\frac{Fb}{l}$	$\frac{Fa}{l}$	$\frac{Fab}{l}$	0	$\left(\frac{l^2}{16}-\frac{a^2}{12}\right)\frac{Fa}{EI}$ wenn $a \le l/2$	$-(l+a)\frac{Fabc}{6lEI}$
5	F; a	$-\frac{Fa}{l}$	$\left(1+\frac{a}{l}\right)F$	M_k	$-Fa$	$-\frac{Fal^2}{16EI}$	$\left(\frac{lc}{3}+\frac{ac}{2}-\frac{a^2}{6}\right)\frac{Fa}{EI}$
6	M^e	$-\frac{M^e}{l}$	$\frac{M^e}{l}$	$-M^e$	$-M^e$	$-\frac{M^e l^2}{16EI}$	$\left(\frac{l}{3}+\frac{c}{2}\right)\frac{cM^e}{EI}$
7	Temp. T_o T_u; h; $\kappa^e = \alpha_T (T_u - T_o)/h$; κ^e	0	0	0	0	$\kappa^e l^2/8$	$-\kappa^e lc/2$
8	κ^e	0	0	0	0	0	$-\kappa^e c^2/2$

1.1.5 Kragträger

	EI = konst.; i, k; l	M-Linie (M_i, A): A	M_i	Biegelinie (w_k, φ_k): w_k	φ_k
1	q	ql	$-\frac{ql^2}{2}$	$\frac{ql^4}{8EI}$	$\frac{ql^3}{6EI}$
2	q	$\frac{ql}{2}$	$-\frac{ql^2}{6}$	$\frac{ql^4}{30EI}$	$\frac{ql^3}{24EI}$
3	q	$\frac{ql}{2}$	$-\frac{ql^2}{3}$	$\frac{11ql^4}{120EI}$	$\frac{ql^3}{8EI}$
4	F	F	$-Fl$	$\frac{Fl^3}{3EI}$	$\frac{Fl^2}{2EI}$
5	F; a	F	$-Fa$	$\left(\frac{l}{2}-\frac{a}{6}\right)\frac{Fa^2}{EI}$	$\frac{Fa^2}{2EI}$
6	M_k	0	M_k	$-\frac{M_k l^2}{2EI}$	$-\frac{M_k l}{EI}$
7	Temp. T_o T_u; h; $\kappa^e = \alpha_T (T_u - T_o)/h$	0	0	$-\frac{\kappa^e l^2}{2}$	$-\kappa^e l$

Nachtrag zu 1.1.1 Träger auf zwei Stützen

max$M$ für Wanderlasten F_1 und F_2 mit festem Abstand c (Achslasten)

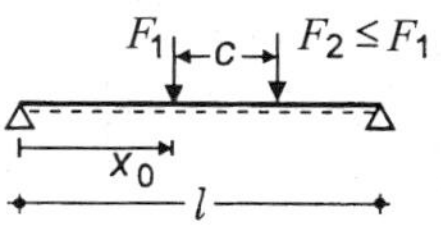

$$R = F_1 + F_2, \quad x_0 = \frac{1}{2}\left(l - \frac{F_2}{R}c\right), \quad \max M = \frac{x_0^2}{l}R$$

$$\text{für } c \geq \frac{l}{1+\sqrt{F_1/R}} \text{ ist } x_0 = \frac{l}{2} \text{ und } \max M = \frac{F_1 l}{4}$$

Sonderfall: $F_1 = F_2 = F$: $x_0 = \frac{1}{2}\left(l - \frac{c}{2}\right)$, $\max M = \frac{x_0^2}{l}2F$

für $c \geq 0{,}586\,l$ ist $x_0 = \frac{l}{2}$ und $\max M = \frac{Fl}{4}$

1.1.6 Längsbeanspruchung

N-Verlauf, Normalkraft N als Zug positiv

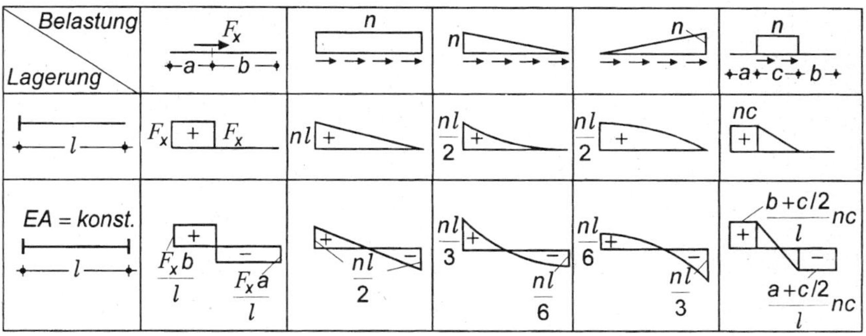

1.1.7 Torsionsbeanspruchung (St. Venant-Torsion)

Voraussetzung: Querschnitt wölbfrei oder Wölbkrafttorsion vernachlässigbar (z.B. bei geschlossenen Hohlquerschnitten)

Positives Torsionsmoment für M_T-Verlauf:

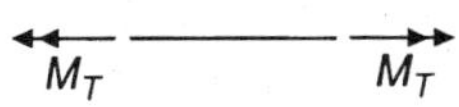

N-Verlauf und M_T-Verlauf *analog*

→ Tafel von Abschnitt 1.1.6 anwendbar, dabei ist zu ersetzen:

$N \rightarrow M_T$

$F_x \rightarrow M_T^e$, eingeprägtes Torsionsmoment

$n \rightarrow m$, Streckentorsionsmoment

Die Pfeilrichtungen bleiben bei der Anwendung der Analogie erhalten.

Im Fall der beidseitigen Einspannung muß die Torsionssteifigkeit GI_T konstant sein.

1.2 Geneigte Einfeldträger (z. B. Dachsparren)

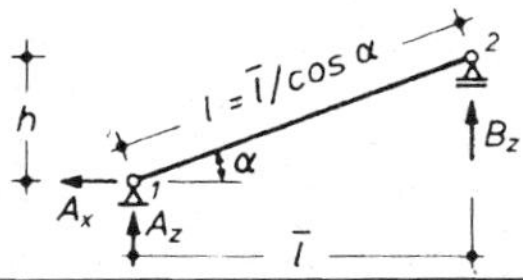 	Bezeichnungen: g Eigenlast, bezogen auf die Dachfläche $\bar{g}$ Eigenlast, bezogen auf die Grundfläche s Schneelast, bezogen auf die Dachfläche $\bar{s}$ Schneelast, bezogen auf die Grundfläche w Windlast senkrecht zur Dachfläche	Umrechnung: $\bar{g} = g/\cos\alpha$ $\bar{s} = s/\cos\alpha$
Lastfall Eigenlast 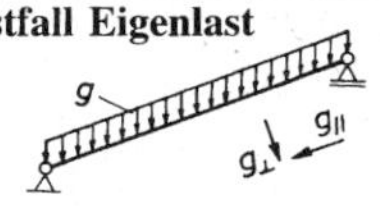 	$g_\perp = g \cdot \cos\alpha$ $g_{II} = g \cdot \sin\alpha$	max $M = \bar{g}\,\bar{l}^2/8 = g \cdot \cos\alpha \cdot l^2/8$ $A_z = B_z = g\, l/2 = \bar{g}\,\bar{l}/2;\ A_x = 0$ $N_1 = -A_z \cdot \sin\alpha;\ N_2 = B_z \cdot \sin\alpha$ $V_1 = A_z \cdot \cos\alpha;\ V_2 = -B_z \cdot \cos\alpha$
Lastfall Schnee	Alle statischen Größen aus „Lastfall Eigenlast“ sind mit dem Faktor $n = s/g = \bar{s}/\bar{g}$ zu multiplizieren.	
Lastfall Wind 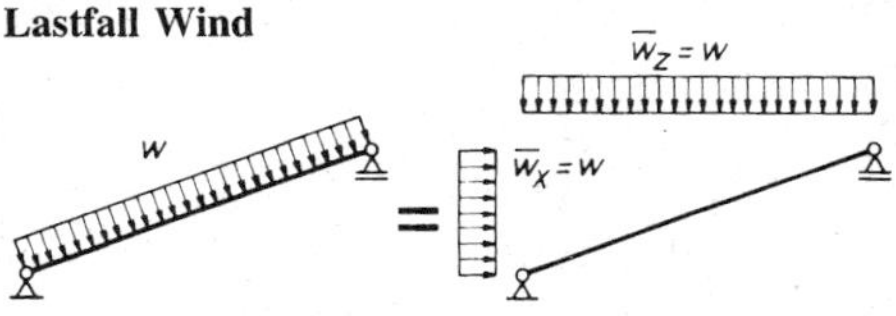 		max $M = w\, l^2/8 = w\,\bar{l}^2/8 + w\, h^2/8$ $A_x = w\, h = w\,\bar{l} \cdot \tan\alpha$ $A_z = w\,\bar{l}/2 - w\, h^2/2\bar{l}$ $B_z = w \cdot \bar{l} - A_z = w \cdot \bar{l}/2 + w\, h^2/2\bar{l}$ $N_1 = -A_z \cdot \sin\alpha + A_x \cdot \cos\alpha$ $N_2 = B_z \cdot \sin\alpha$ $V_1 = A_z \cdot \cos\alpha + A_x \cdot \sin\alpha$ $V_2 = -B_z \cdot \cos\alpha$

1.3 Gelenkträger (Gerberträger)[1)] mit Streckenlast q

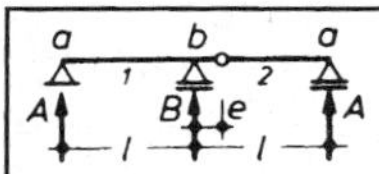	$e = 0{,}1716\, l$	$A = 0{,}414\, ql$ $B = 1{,}172\, ql$	$M_1 = 0{,}0858\, ql^2$ $M_2 = 0{,}0858\, ql^2$ $M_b = -0{,}0858\, ql^2$	$f_1 = \dfrac{ql^4}{130\, EI}$
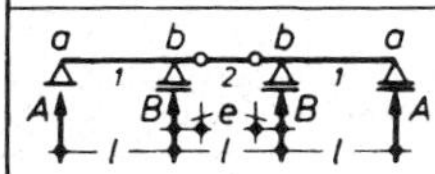	$e = 0{,}22\, l$	$A = 0{,}414\, ql$ $B = 1{,}086\, ql$	$M_1 = 0{,}0858\, ql^2$ $M_2 = 0{,}0392\, ql^2$ $M_b = -0{,}0858\, ql^2$	$f_1 = \dfrac{ql^4}{130\, EI}$
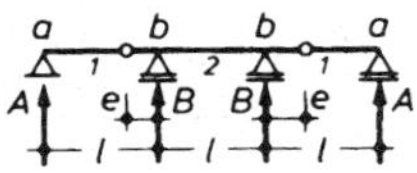	$e = 0{,}125\, l$	$A = 0{,}438\, ql$ $B = 1{,}063\, ql$	$M_1 = 0{,}0957\, ql^2$ $M_2 = 0{,}0625\, ql^2$ $M_b = -0{,}0625\, ql^2$	$f_1 = \dfrac{ql^4}{130\, EI}$
	$e = 0{,}1716\, l$	$A = 0{,}414\, ql$ $B = 1{,}086\, ql$	$M_1 = 0{,}0858\, ql^2$ $M_2 = 0{,}0392\, ql^2$ $M_b = -0{,}0858\, ql^2$	$f_1 = \dfrac{ql^4}{130\, EI}$
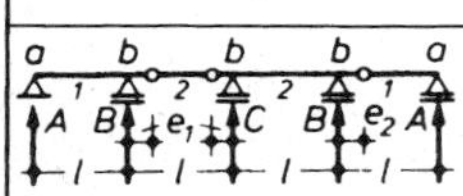	$e_1 = 0{,}1465\, l$ $e_2 = 0{,}1250\, l$	$A = 0{,}438\, ql$ $B = 1{,}063\, ql$ $C = 1{,}000\, ql$	$M_1 = 0{,}0957\, ql^2$ $M_2 = 0{,}0625\, ql^2$ $M_b = -0{,}0625\, ql^2$	$f_1 = \dfrac{ql^4}{110\, EI}$

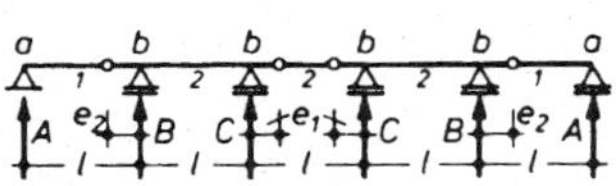

$e_1 = 0{,}1465\, l$
$e_2 = 0{,}1250\, l$

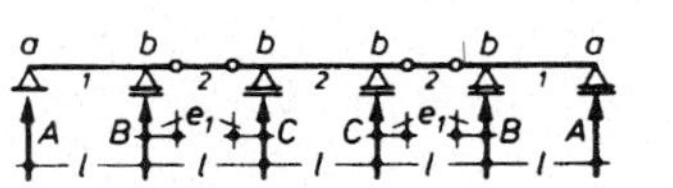

$A = 0{,}438\, ql;\ B = 1{,}063\, ql;\ C = ql;\ M_1 = 0{,}0957\, ql^2;\ M_2 = -M_b = 0{,}0625\, ql^2;\ EI\, f_1 = 0{,}0091\, ql^4$

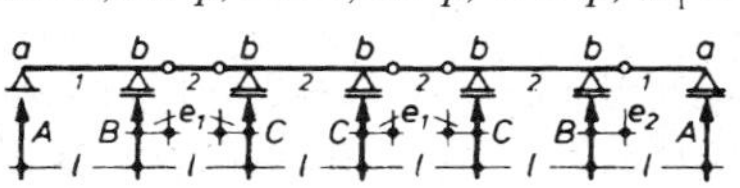

mehr als 5, gerade Felderzahl

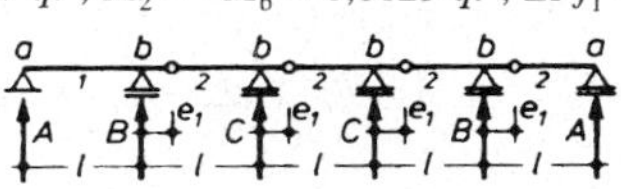

beliebige Felderzahl

1) Die Formeln für die Durchbiegung f_1 gelten nur für EI = const.

1.4 Durchlaufträger[1]

1.4.1 Durchlaufträger mit gleichen Stützweiten und Gleichlast (EI = const)[2]

Größtwerte der Biegemomente, Auflager- und Querkräfte

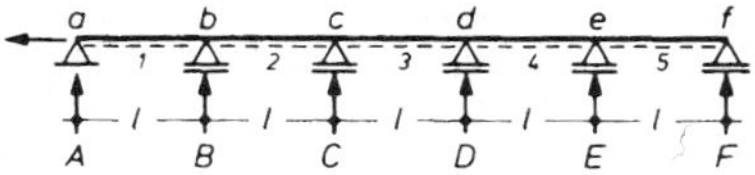

g = const
q = const
$r = g + q$

Momente = Tafelwert · rl^2
Kräfte = Tafelwert · rl

Felder	Kraftgrößen	$q : r$										
		0,0 nur g	0,1	0,2	0,3	0,4	0,5	0,6	0,7	0,8	0,9	1,0
2	M_1	0,070	0,073	0,075	0,078	0,080	0,083	0,085	0,088	0,090	0,093	0,096
	M_b	-0,125	-0,125	-0,125	-0,125	-0,125	-0,125	-0,125	-0,125	-0,125	-0,125	-0,125
	A	0,375	0,382	0,388	0,394	0,400	0,407	0,413	0,418	0,426	0,431	0,437
	B	1,250	1,250	1,250	1,250	1,250	1,250	1,250	1,250	1,250	1,250	1,250
	V_{bl}	-0,625	-0,625	-0,625	-0,625	-0,625	-0,625	-0,625	-0,625	-0,625	-0,625	-0,625
3	M_1	0,080	0,082	0,084	0,086	0,088	0,090	0,092	0,095	0,097	0,099	0,101
	M_2	0,025	0,030	0,035	0,040	0,045	0,050	0,055	0,060	0,065	0,070	0,075
	M_b	-0,100	-0,102	-0,103	-0,105	-0,107	-0,108	-0,110	-0,112	-0,113	-0,115	-0,117
	A	0,400	0,405	0,410	0,415	0,420	0,426	0,429	0,435	0,441	0,444	0,450
	B	1,099	1,110	1,117	1,132	1,141	1,151	1,159	1,172	1,181	1,188	1,202
	V_{bl}	-0,599	-0,602	-0,602	-0,606	-0,606	-0,610	-0,610	-0,613	-0,613	-0,613	-0,617
	V_{br}	0,500	0,508	0,515	0,526	0,535	0,541	0,549	0,559	0,568	0,575	0,585
4	M_1	0,077	0,079	0,081	0,084	0,086	0,088	0,090	0,093	0,095	0,097	0,100
	M_2	0,036	0,041	0,045	0,050	0,054	0,058	0,063	0,067	0,072	0,076	0,081
	M_b	-0,107	-0,108	-0,110	-0,111	-0,113	-0,114	-0,115	-0,117	-0,118	-0,119	-0,121
	M_c	-0,071	-0,075	-0,079	-0,082	-0,086	-0,089	-0,093	-0,096	-0,100	-0,104	-0,107
	A	0,392	0,398	0,403	0,408	0,415	0,420	0,426	0,431	0,435	0,441	0,446
	B	1,141	1,153	1,159	1,166	1,175	1,181	1,188	1,198	1,205	1,216	1,223
	C	0,930	0,948	0,970	0,996	1,016	1,036	1,058	1,082	1,098	1,124	1,142
	V_{bl}	-0,606	-0,610	-0,610	-0,613	-0,613	-0,613	-0,613	-0,617	-0,617	-0,621	-0,621
	V_{br}	0,535	0,544	0,549	0,556	0,562	0,568	0,575	0,581	0,588	0,595	0,602
	V_{cl}	-0,465	-0,474	-0,485	-0,498	-0,508	-0,518	-0,529	-0,541	-0,549	-0,562	-0,571
5	M_1	0,078	0,080	0,082	0,084	0,086	0,089	0,091	0,093	0,095	0,098	0,100
	M_2	0,033	0,038	0,042	0,047	0,052	0,056	0,061	0,065	0,070	0,075	0,079
	M_3	0,046	0,050	0,054	0,058	0,062	0,066	0,070	0,074	0,078	0,082	0,086
	M_b	-0,105	-0,107	-0,108	-0,110	-0,111	-0,112	-0,114	-0,115	-0,117	-0,118	-0,120
	M_c	-0,079	-0,082	-0,085	-0,089	-0,092	-0,095	-0,098	-0,102	-0,105	-0,108	-0,111
	A	0,395	0,400	0,405	0,410	0,415	0,422	0,426	0,431	0,437	0,442	0,447
	B	1,132	1,141	1,151	1,156	1,166	1,175	1,181	1,191	1,202	1,209	1,220
	C	0,974	0,993	1,013	1,031	1,053	1,072	1,091	1,111	1,127	1,146	1,170
	V_{bl}	-0,606	-0,606	-0,610	-0,610	-0,610	-0,613	-0,613	-0,613	-0,617	-0,617	-0,621
	V_{br}	0,526	0,535	0,541	0,546	0,556	0,562	0,568	0,578	0,585	0,592	0,599
	V_{cl}	-0,474	-0,483	-0,495	-0,505	-0,515	-0,526	-0,535	-0,546	-0,556	-0,565	-0,578
	V_{cr}	0,500	0,510	0,518	0,526	0,538	0,546	0,556	0,565	0,571	0,581	0,592

Beispiel:

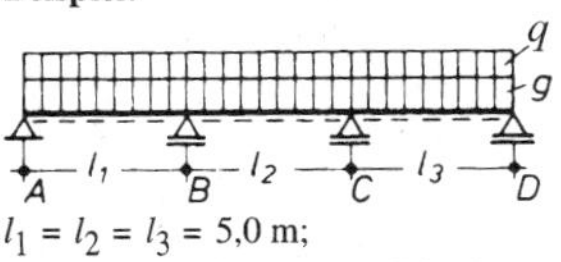

$l_1 = l_2 = l_3 = 5{,}0$ m;
$g = 6{,}0$ kN/m; $q = 1{,}5$ kN/m
$r = 7{,}5$ kN/m; $q / r = 0{,}2$

max M_1 = max $M_3 = 0{,}084 \cdot 7{,}5 \cdot 5{,}0^2 = 15{,}8$ kNm
max M_2 = $0{,}035 \cdot 7{,}5 \cdot 5{,}0^2 = 6{,}6$ kNm
min M_b = min $M_c = -0{,}103 \cdot 7{,}5 \cdot 5{,}0^2 = -19{,}3$ kNm
max A = max $D = 0{,}410 \cdot 7{,}5 \cdot 5{,}0 = 15{,}4$ kN
max B = max $C = 1{,}117 \cdot 7{,}5 \cdot 5{,}0 = 41{,}9$ kN
min V_{bl} = −max $V_{cr} = -0{,}602 \cdot 7{,}5 \cdot 5{,}0 = -22{,}6$ kN
max V_{br} = −min $V_{cl} = 0{,}515 \cdot 7{,}5 \cdot 5{,}0 = 19{,}3$ kN

[1] Ungünstigste Laststellungen siehe S. 4.21.

[2] Fußnote wie auf S. 4.16 – Ähnliche Tafeln für beliebige Stützweiten siehe *Brandt:* „Tabellen für durchlaufende Träger“, Bauverlag.

1.4.2 Durchlaufträger mit gleichen Stützweiten über 2 bis 5 Felder[1)]

Belastung 1	Belastung 2	Belastung 3	Belastung 4	Belastung 5	Belastung 6

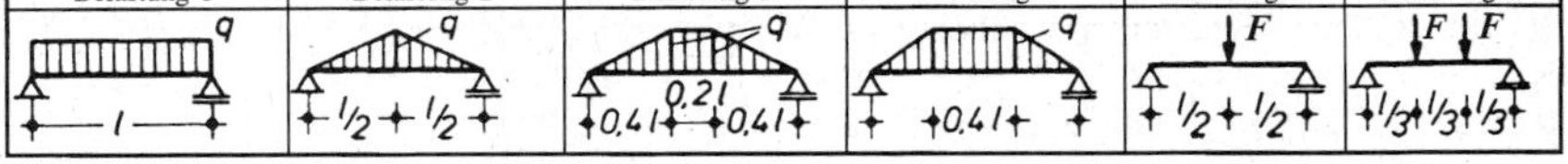

Momente = Tafelwert · ql^2
bzw. = Tafelwert · Fl

Kräfte = Tafelwert · ql
bzw. = Tafelwert · F

Die Feldmomente M_1, M_2 usw. sind die Größtwerte der Feldmomente in den Feldern 1, 2 usw.

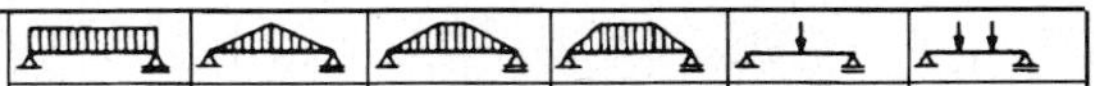

Lastfall	Kraftgrößen	Belastung 1	Belastung 2	Belastung 3	Belastung 4	Belastung 5	Belastung 6
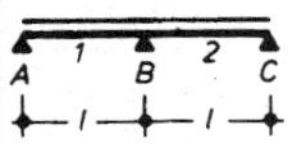	M_1	0,070	0,048	0,056	0,062	0,156	0,222
	M_b	- 0,125	- 0,078	- 0,093	- 0,106	- 0,188	- 0,333
	A	0,375	0,172	0,207	0,244	0,313	0,667
	B	1,250	0,656	0,786	0,911	1,375	2,667
	V_{bl}	- 0,625	- 0,328	- 0,393	- 0,456	- 0,688	- 1,333
	M_1	0,096	0,065	0,076	0,085	0,203	0,278
	M_b	- 0,063	- 0,039	- 0,047	- 0,053	- 0,094	- 0,167
	A	0,438	0,211	0,253	0,297	0,406	0,833
	C	- 0,063	- 0,039	- 0,047	- 0,053	- 0,094	- 0,167
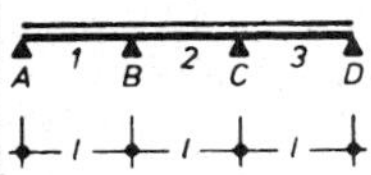	M_1	0,080	0,054	0,064	0,071	0,175	0,244
	M_2	0,025	0,021	0,024	0,025	0,100	0,067
	M_b	- 0,100	- 0,063	- 0,074	- 0,085	- 0,150	- 0,267
	A	0,400	0,188	0,226	0,265	0,350	0,733
	B	1,100	0,563	0,674	0,785	1,150	2,267
	V_{bl}	- 0,600	- 0,313	- 0,374	- 0,435	- 0,650	- 1,267
	V_{br}	0,500	0,250	0,300	0,350	0,500	1,000
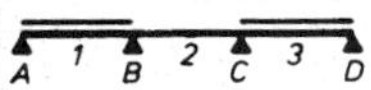	M_1	0,101	0,068	0,080	0,090	0,213	0,289
	M_2	- 0,050	- 0,032	- 0,037	- 0,043	- 0,075	- 0,133
	M_b	- 0,050	- 0,032	- 0,037	- 0,043	- 0,075	- 0,133
	A	0,450	0,219	0,263	0,307	0,425	0,867
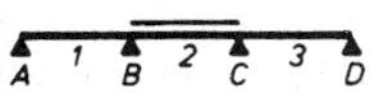	M_2	0,075	0,052	0,061	0,067	0,175	0,200
	M_b	- 0,050	- 0,032	- 0,037	- 0,043	- 0,075	- 0,133
	A	- 0,050	- 0,032	- 0,037	- 0,043	- 0,075	- 0,133
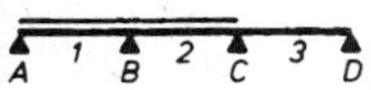	M_b	- 0,117	- 0,073	- 0,087	- 0,099	- 0,175	- 0,311
	M_c	- 0,033	- 0,021	- 0,025	- 0,029	- 0,050	- 0,089
	B	1,200	0,626	0,749	0,871	1,300	2,533
	V_{bl}	- 0,617	- 0,323	- 0,387	- 0,449	- 0,675	- 1,311
	V_{br}	0,583	0,303	0,362	0,421	0,625	1,222
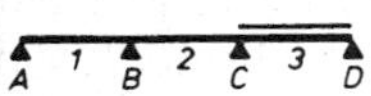	M_b	0,017	0,011	0,013	0,015	0,025	0,044
	M_c	- 0,067	- 0,042	- 0,050	- 0,057	- 0,100	- 0,178
	V_{bl}	0,017	0,011	0,013	0,015	0,025	0,044
	V_{br}	- 0,083	- 0,053	- 0,062	- 0,071	- 0,125	- 0,222
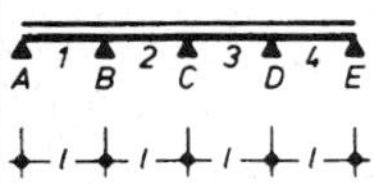	M_1	0,077	0,052	0,062	0,069	0,170	0,238
	M_2	0,036	0,028	0,032	0,034	0,116	0,111
	M_b	- 0,107	- 0,067	- 0,080	- 0,091	- 0,161	- 0,286
	M_c	- 0,071	- 0,045	- 0,053	- 0,060	- 0,107	- 0,190
	A	0,393	0,183	0,220	0,259	0,339	0,714
	B	1,143	0,590	0,707	0,822	1,214	2,381
	C	0,929	0,455	0,546	0,638	0,892	1,810
	V_{bl}	- 0,607	- 0,317	- 0,380	- 0,441	- 0,661	- 1,286
	V_{br}	0,536	0,273	0,327	0,381	0,554	1,095
	V_{cl}	- 0,464	- 0,228	- 0,273	- 0,319	- 0,446	- 0,905
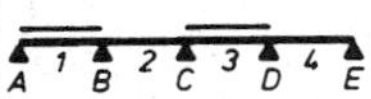	M_1	0,100	0,067	0,079	0,088	0,210	0,286
	M_b	- 0,054	- 0,034	- 0,040	- 0,046	- 0,080	- 0,143
	M_c	- 0,036	- 0,023	- 0,027	- 0,031	- 0,054	- 0,095
	A	0,446	0,217	0,260	0,298	0,420	0,857
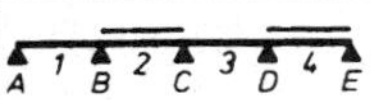	M_2	0,080	0,056	0,065	0,071	0,183	0,222
	M_b	- 0,054	- 0,034	- 0,040	- 0,046	- 0,080	- 0,143
	M_c	- 0,036	- 0,023	- 0,027	- 0,031	- 0,054	- 0,095
	A	- 0,054	- 0,034	- 0,040	- 0,046	- 0,080	- 0,143

[1)] Die folgende Tafel kann auch näherungsweise bei ungleichen Stützweiten verwendet werden, wenn min l > 0,8 max l ist. Die Kraftgrößen an den Innenstützen (Stützmomente, Auflager- und Querkräfte) sind dann mit den Mittelwerten der jeweils benachbarten Stützweiten zu ermitteln.

Lastfall	Kraftgrößen	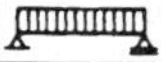 Belastung 1	 Belastung 2	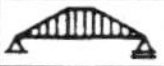 Belastung 3	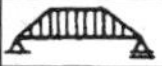 Belastung 4	 Belastung 5	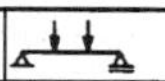 Belastung 6
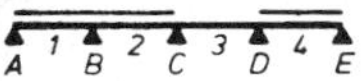	M_b	- 0,121	- 0,076	- 0,090	- 0,102	- 0,181	- 0,321
	M_c	- 0,018	- 0,012	- 0,013	- 0,015	- 0,027	- 0,048
	M_d	- 0,058	- 0,036	- 0,043	- 0,049	- 0,087	- 0,155
	B	1,223	0,640	0,767	0,889	1,335	2,595
	V_{bl}	- 0,621	- 0,326	- 0,390	- 0,452	- 0,681	- 1,321
	V_{br}	0,603	0,314	0,377	0,437	0,654	1,274
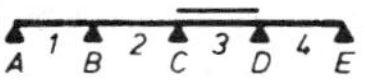	M_b	0,013	0,009	0,010	0,011	0,020	0,036
	M_c	- 0,054	- 0,033	- 0,040	- 0,045	- 0,080	- 0,143
	M_d	- 0,049	- 0,031	- 0,037	- 0,042	- 0,074	- 0,131
	B	- 0,080	- 0,050	- 0,060	- 0,067	- 0,121	- 0,214
	V_{bl}	0,013	0,009	0,010	0,011	0,020	0,036
	V_{br}	- 0,067	- 0,042	- 0,050	- 0,056	- 0,100	- 0,178
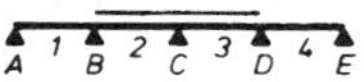	M_b	- 0,036	- 0,023	- 0,027	- 0,031	- 0,054	- 0,095
	M_c	- 0,107	- 0,067	- 0,080	- 0,091	- 0,161	- 0,286
	C	1,143	0,589	0,706	0,820	1,214	2,381
	V_{cl}	- 0,571	- 0,295	- 0,353	- 0,410	- 0,607	- 1,191
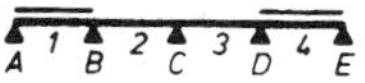	M_b	- 0,071	- 0,045	- 0,053	- 0,060	- 0,107	- 0,190
	M_c	0,036	0,023	0,027	0,031	0,054	0,095
	C	- 0,214	- 0,134	- 0,160	- 0,182	- 0,321	- 0,571
	V_{cl}	0,107	0,067	0,080	0,091	0,161	0,286
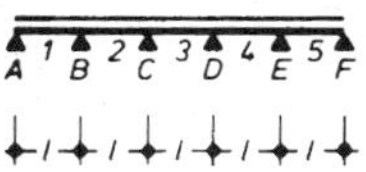	M_1	0,078	0,053	0,062	0,069	0,171	0,240
	M_2	0,033	0,026	0,030	0,032	0,112	0,099
	M_3	0,046	0,034	0,040	0,043	0,132	0,123
	M_b	- 0,105	- 0,066	- 0,078	- 0,089	- 0,158	- 0,281
	M_c	- 0,079	- 0,050	- 0,059	- 0,067	- 0,118	- 0,211
	A	0,395	0,185	0,222	0,261	0,342	0,719
	B	1,132	0,582	0,697	0,811	1,197	2,351
	C	0,974	0,484	0,581	0,678	0,960	1,930
	V_{bl}	- 0,605	- 0,316	- 0,378	- 0,439	- 0,658	- 1,281
	V_{br}	0,526	0,266	0,319	0,372	0,540	1,070
	V_{cl}	- 0,474	- 0,234	- 0,281	- 0,328	- 0,460	- 0,930
	V_{cr}	0,500	0,250	0,300	0,350	0,500	1,000
	M_1	0,100	0,068	0,079	0,088	0,211	0,287
	M_3	0,086	0,059	0,070	0,076	0,191	0,228
	M_b	- 0,053	- 0,033	- 0,040	- 0,045	- 0,079	- 0,140
	M_c	- 0,039	- 0,025	- 0,030	- 0,034	- 0,059	- 0,105
	A	0,447	0,217	0,260	0,305	0,421	0,860
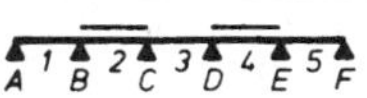	M_2	0,079	0,055	0,064	0,071	0,181	0,205
	M_3	–	- 0,025	- 0,030	- 0,034	- 0,059	- 0,105
	M_b	- 0,053	- 0,033	- 0,040	- 0,045	- 0,079	- 0,140
	M_c	- 0,039	- 0,025	- 0,030	- 0,034	- 0,059	- 0,105
	A	- 0,053	- 0,033	- 0,040	- 0,045	- 0,079	- 0,140
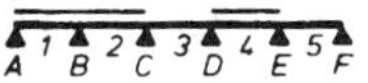	M_b	- 0,120	- 0,075	- 0,089	- 0,101	- 0,179	- 0,319
	M_c	- 0,022	- 0,014	- 0,016	- 0,019	- 0,032	- 0,057
	M_d	- 0,044	- 0,028	- 0,033	- 0,037	- 0,066	- 0,118
	M_e	- 0,051	- 0,032	- 0,038	- 0,043	- 0,077	- 0,137
	B	1,218	0,636	0,761	0,883	1,327	2,581
	V_{bl}	- 0,620	- 0,325	- 0,389	- 0,451	- 0,679	- 1,319
	V_{br}	0,598	0,311	0,373	0,432	0,647	1,262
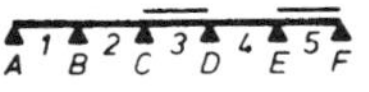	M_b	0,014	0,009	0,011	0,012	0,022	0,038
	M_c	- 0,057	- 0,036	- 0,043	- 0,048	- 0,086	- 0,153
	M_d	- 0,035	- 0,022	- 0,026	- 0,030	- 0,052	- 0,093
	M_e	- 0,054	- 0,034	- 0,040	- 0,046	- 0,081	- 0,144
	B	- 0,086	- 0,054	- 0,065	- 0,072	- 0,129	- 0,230
	V_{bl}	0,014	0,009	0,011	0,012	0,022	0,038
	V_{br}	- 0,072	- 0,045	- 0,053	- 0,060	- 0,108	- 0,191
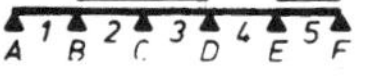	M_b	- 0,035	- 0,022	- 0,026	- 0,029	- 0,052	- 0,093
	M_c	- 0,111	- 0,070	- 0,083	- 0,094	- 0,167	- 0,297
	M_d	- 0,020	- 0,013	- 0,015	- 0,017	- 0,031	- 0,054
	M_e	- 0,057	- 0,036	- 0,043	- 0,048	- 0,086	- 0,153
	C	1,167	0,605	0,725	0,841	1,251	2,447
	V_{cl}	- 0,576	- 0,298	- 0,357	- 0,414	- 0,615	- 1,204
	V_{cr}	0,591	0,307	0,368	0,427	0,636	1,242
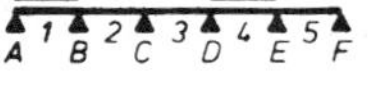	M_b	- 0,071	- 0,044	- 0,052	- 0,060	- 0,106	- 0,188
	M_c	0,032	0,020	0,024	0,027	0,048	0,086
	M_d	- 0,059	- 0,037	- 0,044	- 0,050	- 0,088	- 0,156
	M_e	- 0,048	- 0,030	- 0,035	- 0,041	- 0,072	- 0,128
	C	- 0,194	- 0,121	- 0,144	- 0,163	- 0,291	- 0,517
	V_{cl}	0,103	0,064	0,076	0,086	0,154	0,274
	V_{cr}	- 0,091	- 0,057	- 0,068	- 0,077	- 0,136	- 0,242

Hinweis: Für mehr als 5 Felder siehe *Zellerer:* Durchlaufträger.

1.4.3 Zweifeldträger mit Gleichstreckenlast (EI = const)

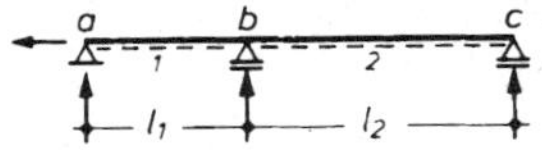

l_1 ist immer die *kleinere* Stützweite.

Momente = Tafelwert $\cdot q \cdot l_1^2$
Kräfte = Tafelwert $\cdot q \cdot l_1$

Für $l_1 \neq l_2$ gilt:

$$M_b = \frac{q_1\, l_1^3 + q_2\, l_2^3\, j}{8\,(l_1 + l_2\, j)}\,;\; j = \frac{l_1}{l_2}$$

	q (Vollast, beide Felder)							q_1 (Feld 1)				
$l_1 : l_2$	M_b	M_1	M_2	A	V_{bl}	V_{br}	C	M_b	M_1	A	V_{bl}	V_{br}
1:1,0	-0,125	0,070	0,070	0,375	-0,625	0,625	0,375	-0,063	0,096	0,438	-0,563	0,063
1,1	-0,139	0,065	0,090	0,361	-0,639	0,676	0,424	-0,060	0,097	0,441	-0,560	0,054
1,2	-0,155	0,060	0,111	0,345	-0,655	0,729	0,471	-0,057	0,098	0,443	-0,557	0,047
1,3	-0,174	0,053	0,133	0,326	-0,674	0,784	0,516	-0,054	0,099	0,446	-0,554	0,042
1,4	-0,195	0,047	0,157	0,305	-0,695	0,839	0,561	-0,052	0,100	0,448	-0,552	0,037
1:1,5	-0,219	0,040	0,183	0,281	-0,719	0,896	0,604	-0,050	0,101	0,450	-0,550	0,033
1,6	-0,245	0,033	0,209	0,255	-0,745	0,953	0,646	-0,048	0,102	0,452	-0,548	0,030
1,7	-0,274	0,026	0,237	0,226	-0,774	1,011	0,689	-0,046	0,103	0,454	-0,546	0,027
1,8	-0,305	0,019	0,267	0,195	-0,805	1,069	0,731	-0,045	0,104	0,455	-0,545	0,025
1,9	-0,339	0,013	0,298	0,161	-0,839	1,128	0,772	-0,043	0,104	0,457	-0,543	0,023
1:2,0	-0,375	0,008	0,330	0,125	-0,875	1,188	0,813	-0,042	0,105	0,458	-0,542	0,021
2,1	-0,414	0,004	0,364	0,086	-0,914	1,247	0,853	-0,040	0,106	0,460	-0,540	0,019
2,2	-0,455	0,001	0,399	0,045	-0,955	1,307	0,893	-0,039	0,106	0,461	-0,539	0,018
2,3	-0,499	0,000	0,435	0,001	-0,999	1,367	0,933	-0,038	0,107	0,462	-0,538	0,017
2,4	-0,545	negat.	0,473	-0,045	-1,045	1,427	0,973	-0,037	0,107	0,463	-0,537	0,015
1:2,5	-0,594	negat.	0,513	-0,094	-1,094	1,488	1,013	-0,036	0,108	0,464	-0,536	0,014

M_1 und M_2 sind die größten Feldmomente in dem jeweiligen Feld. $B = |V_{bl}| + |V_{br}|$

	q_2 (Feld 2)				
$l_1 : l_2$	M_b	M_2	V_{bl}	V_{br}	C
1:1,0	-0,063	0,096	-0,063	0,563	0,438
1,1	-0,079	0,114	-0,079	0,622	0,478
1,2	-0,098	0,134	-0,098	0,682	0,518
1,3	-0,119	0,156	-0,119	0,742	0,558
1,4	-0,143	0,179	-0,143	0,802	0,598
1:1,5	-0,169	0,203	-0,169	0,863	0,638
1,6	-0,197	0,229	-0,197	0,923	0,677
1,7	-0,228	0,257	-0,228	0,984	0,716
1,8	-0,260	0,285	-0,260	1,045	0,755
1,9	-0,296	0,316	-0,296	1,106	0,794
1:2,0	-0,333	0,347	-0,333	1,167	0,833
2,1	-0,373	0,380	-0,373	1,228	0,872
2,2	-0,416	0,415	-0,416	1,289	0,911
2,3	-0,461	0,451	-0,461	1,350	0,950
2,4	-0,508	0,488	-0,508	1,412	0,988
1:2,5	-0,558	0,527	-0,558	1,473	1,027

Beispiel 1

$l_1 = 4{,}1$ m $l_2 = 5{,}3$ m $l_1 : l_2 \approx 1 : 1{,}3$
$g = 5{,}8$ kN/m $q = 3{,}5$ kN/m

① $\max M_1 = 0{,}053 \cdot 5{,}8 \cdot 4{,}1^2 + 0{,}099 \cdot 3{,}5 \cdot 4{,}1^2 = 11{,}0$ kNm

$\max A = (0{,}326 \cdot 5{,}8 + 0{,}446 \cdot 3{,}5) \cdot 4{,}1 = 14{,}2$ kN

$M_b = (-\,0{,}174 \cdot 5{,}8 - 0{,}054 \cdot 3{,}5) \cdot 4{,}1^2 = -\,20{,}1$ kNm

② $\max M_2 = 0{,}133 \cdot 5{,}8 \cdot 4{,}1^2 + 0{,}156 \cdot 3{,}5 \cdot 4{,}1^2 = 22{,}2$ kNm

$\max C = (0{,}516 \cdot 5{,}8 + 0{,}558 \cdot 3{,}5) \cdot 4{,}1 = 20{,}3$ kN

$M_b = (-\,0{,}174 \cdot 5{,}8 - 0{,}119 \cdot 3{,}5) \cdot 4{,}1^2 = -\,24{,}0$ kNm

③ $\min M_b = -\,0{,}174 \cdot 9{,}3 \cdot 4{,}1^2 = -\,27{,}2$ kNm

$\min V_{bl} = -\,0{,}674 \cdot 9{,}3 \cdot 4{,}1 = -\,25{,}7$ kN

$\max V_{br} = 0{,}784 \cdot 9{,}3 \cdot 4{,}1 = 30{,}0$ kN

$\max B = 25{,}7 + 30{,}0 = 55{,}7$ kN

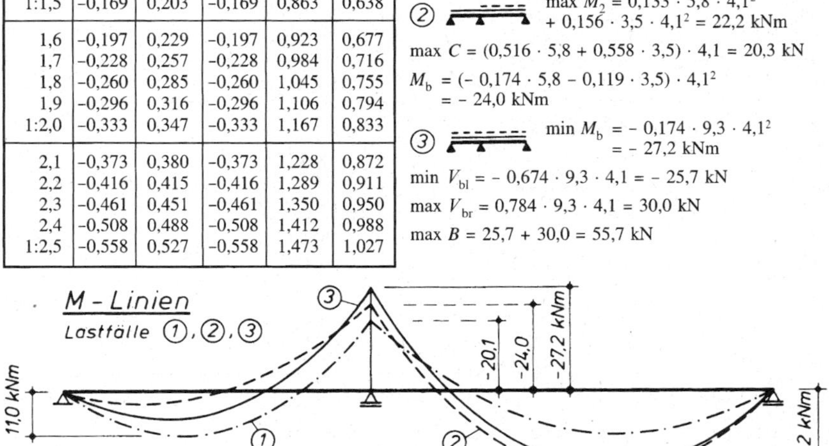

1.4.4 Zweifeldträger mit Randmomenten

$$M_b = -\frac{\gamma M_a + M_c}{2 + 2\gamma}\ ;\ \gamma = \frac{l_1}{l_2} \cdot \frac{I_2}{I_1}$$

Beispiel 2

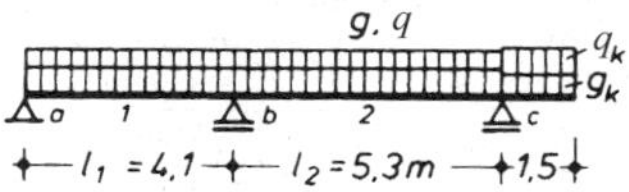

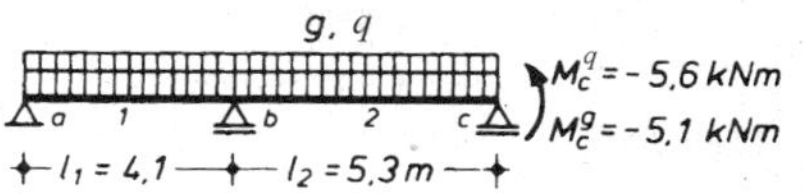

Abmessungen und Belastung der Felder wie Beispiel 1:
Kragarm: $g_k = 4{,}5$ kN/m $q_k = 5{,}0$ kN/m

$g = 5{,}8$ kN/m
$q = 3{,}5$ kN/m
$r = 9{,}3$ kN/m

M_c infolge g_k: $M_c^g = -4{,}5 \cdot 1{,}5^2/2 = -5{,}1$ kNm
M_c infolge q_k: $M_c^q = -5{,}0 \cdot 1{,}5^2/2 = -5{,}6$ kNm min $M_c = -10{,}7$ kNm

Aus obiger Formel: M_b infolge M_c^g: $5{,}1/3{,}54 = 1{,}4$ kNm
M_b infolge M_c^q: $5{,}6/3{,}54 = 1{,}6$ kNm

Tabellarische Zusammenstellung der Stützmomente in kNm:

Lastfall	M_b	M_c
1	$-20{,}1 + 3{,}0 = -17{,}1$	$-10{,}7$
2	$-24{,}0 + 1{,}4 = -22{,}6$	$-5{,}1$
3	$-27{,}2 + 1{,}4 = -25{,}8$	$-5{,}1$
4	$-24{,}0 + 3{,}0 = -21{,}0$	$-10{,}7$

Lastfall 1
max $A = r_1 \cdot l_1/2 + M_b/l_1 = 14{,}9$ kN
max $M_1 = A^2/2\,r_1 = 14{,}9^2/2 \cdot 9{,}3 = 11{,}9$ kNm

Lastfall 2
$V_{br} = r_2 \cdot l_2/2 + (M_c - M_b)/l_2 = 28{,}0$ kN
max $M_2 = V_{br}^2/2\,r_2 + M_b = 19{,}6$ kNm

Lastfall 3
min $M_b = -25{,}8$ kNm
min $V_{bl} = -r_1 \cdot l_1/2 + M_b/l_1 = -25{,}4$ kN
max $V_{br} = r_2 \cdot l_2/2 + (M_c - M_b)/l_2 = 28{,}6$ kN
max $B = -$ min V_{bl} + max $V_{br} = 25{,}4 + 28{,}6 = 54{,}0$ kN

Lastfall 4
min $V_{cl} = -r_2 \cdot l_2/2 + (M_c - M_b)/l_2 = -22{,}7$ kN
max $V_{cr} = r_k \cdot l_k = 14{,}3$ kN
max $C = -$ min V_{cl} + max $V_{cr} = 22{,}7 + 14{,}3 = 37{,}0$ kN

1.4.5 Durchlaufträger mit gleichen Stützweiten und Randmomenten

	M_b	M_c	M_d	M_e
M_l b M_r	$-0{,}250\,M_l - 0{,}250\,M_r$	–	–	–
M_l b c M_r	$-0{,}267\,M_l + 0{,}067\,M_r$	$0{,}067\,M_l - 0{,}267\,M_r$	–	–
M_l b c d M_r	$-0{,}268\,M_l - 0{,}018\,M_r$	$0{,}071\,M_l + 0{,}071\,M_r$	$-0{,}018\,M_l - 0{,}268\,M_r$	–
M_l b c d e M_r	$-0{,}268\,M_l - 0{,}005\,M_r$	$0{,}072\,M_l - 0{,}019\,M_r$	$-0{,}019\,M_l + 0{,}072\,M_r$	$0{,}005\,M_l - 0{,}268\,M_r$

1.4.6 Dreifeldträger mit beliebigen Stützweiten

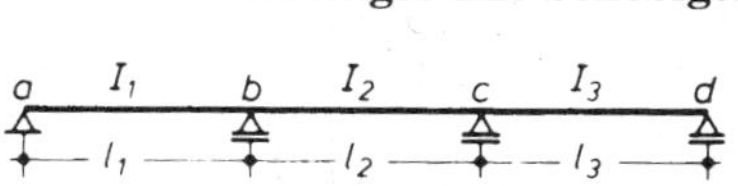

$K = 4\,(l_1' + l_2') \cdot (l_2' + l_3') - l_2'^2$
$l_i' = l_i \cdot I_c/I_i$; für I = const → $l_i' = l_i$
R, L siehe S. 4.3 und 4.5

Belastetes Feld	q		Beliebige Belastung	
	M_b	M_c	M_b	M_c
	$-\frac{q_1 \cdot l_1^2 \cdot l_1'}{2K}(l_2' + l_3')$	$+\frac{q_1 \cdot l_1^2}{4K} l_1' \cdot l_2'$	$-\frac{R_1 \cdot 2l_1'(l_2' + l_3')}{K}$	$+\frac{R_1 \cdot l_1' \cdot l_2'}{K}$
	$-\frac{q_2 \cdot l_2^2 \cdot l_2'}{4K}(l_2' + 2\,l_3')$	$-\frac{q_2 \cdot l_2^2 \cdot l_2'}{4K}(l_2' + 2l_1')$	$-\frac{L_2 \cdot 2l_2'(l_2' + l_3') - R_2 \cdot l_2'^2}{K}$	$-\frac{R_2 \cdot 2l_2'(l_1' + l_2') - L_2 \cdot l_2'^2}{K}$
	$+\frac{q_3 \cdot l_3^2}{4K} l_3' \cdot l_2'$	$-\frac{q_3 \cdot l_3^2 \cdot l_3'}{2K}(l_1' + l_2')$	$+\frac{L_3 \cdot l_3' \cdot l_2'}{K}$	$-\frac{L_3 \cdot 2l_3'(l_1' + l_2')}{K}$

1.4.7 Statische Größen für Durchlaufträger

● Dreifeldträger mit Gleichstreckenlast

Es werden die entsprechenden Formeln für einen Dreifeldträger angegeben. Für Durchlaufträger über vier und mehr Felder können diese Formeln ebenfalls sinngemäß angewendet werden. Die Stützmomente werden als bekannt vorausgesetzt.

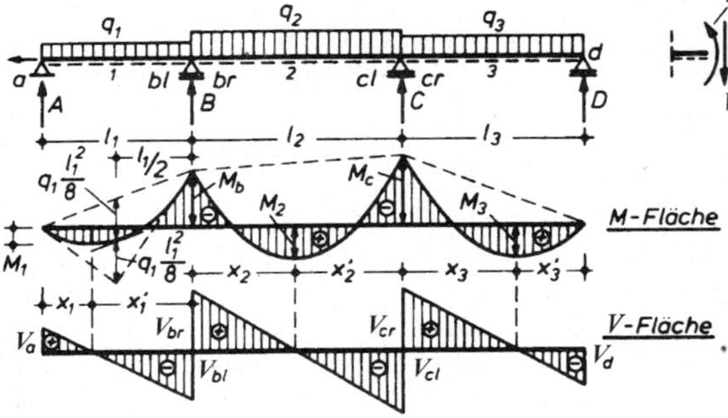

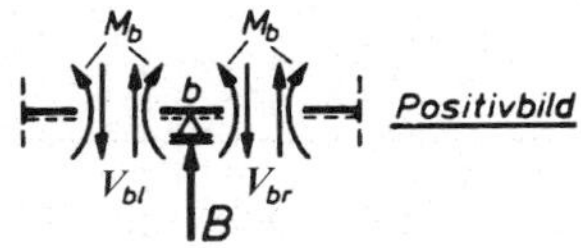

$A = V_a = q_1 \cdot l_1/2 + M_b/l_1$			$V_{bl} = -q_1 \cdot l_1/2 + M_b/l_1$
$x_1 = A/q_1$			$x_1 = -V_{bl}/q_1$
$M_1 = A^2/2q_1 = A \cdot x_1/2$	bzw.		$M_1 = V_{bl}^2/2q_1 + M_b = -V_{bl} \cdot x_1'/2 + M_b$
$V_{br} = q_2 \cdot l_2/2 + (M_c - M_b)/l_2$			$V_{cl} = -q_2 \cdot l_2/2 + (M_c - M_b)/l_2$
$x_2 = V_{br}/q_2$			$x_2' = -V_{cl}/q_2$
$M_2 = V_{br}^2/2q_2 + M_b$	bzw.		$M_2 = V_{cl}^2/2q_2 + M_c$
$V_{cr} = q_3 \cdot l_3/2 - M_c/l_3$			$D = -V_d = q_3 \cdot l_3/2 + M_c/l_3$
$x_3 = V_{cr}/q_3$			$x_3' = D/q_3$
$M_3 = V_{cr}^2/2q_3 + M_c$	bzw.		$M_3 = D^2/2q_3$

● Beispiel: Berechnungsablauf für einen Dreifeldträger mit ständiger Last *g* und Nutzlast *q*

$l_1 = 4{,}25$ m $l_2 = 4{,}95$ m $l_3 = 3{,}80$ m I = const
$g_1 = g_2 = g_3 = 5{,}4$ kN/m; $q_1 = q_2 = q_3 = 2{,}75$ kN/m; $q/g = 0{,}509$

In der folgenden tabellarischen Zusammenstellung werden zunächst in den Zeilen 1 bis 3 die infolge feldweiser Belastung mit g vorab berechneten Stützmomente M_b und M_c (z. B. mit den Formeln auf S. 4.19) eingetragen. Durch Multiplikation dieser Werte mit dem Faktor q/g ergeben sich die entsprechenden Stützmomente infolge q. In den Zeilen 4 bis 8 sind die Stützmomente für verschiedene Lastkombinationen (vgl. S. 4.21 unten) zusammengestellt.
Die maximalen Feldmomente und Querkräfte werden mit Hilfe der obigen Formeln ermittelt.

	Lastfall	M_b [kNm] g	M_b [kNm] q	M_c [kNm] g	M_c [kNm] q
1		-6,1	-3,1	1,7	0,9
2		-6,9	-3,5	-7,4	-3,8
3		1,2	0,6	-4,6	-2,3
4		-11,8		-10,3	
5		-14,3		-11,7	
6		-15,3		-14,1	
7		-18,4		-13,2	
8		-14,7		-16,4	

Lastfall Zeile 5
max $A = 8{,}15 \cdot 4{,}25/2 - 14{,}3/4{,}25 = 13{,}9$ kN
max $M_1 = 13{,}9^2/(2 \cdot 8{,}15) = 11{,}9$ kNm
max $D = 8{,}15 \cdot 3{,}80/2 - 11{,}7/3{,}8 = 12{,}4$ kN
max $M_3 = 12{,}4^2/(2 \cdot 8{,}15) = 9{,}4$ kNm

Lastfall Zeile 6
$V_{br} = 8{,}15 \cdot 4{,}95/2 + (-14{,}1 + 15{,}3)/4{,}95 = 20{,}4$ kN
max $M_2 = 20{,}4^2/(2 \cdot 8{,}15) - 15{,}3 = 10{,}2$ kNm

Lastfall Zeile 7
min $V_{bl} = -8{,}15 \cdot 4{,}25/2 - 18{,}4/4{,}25 = -21{,}6$ kN
max $V_{br} = 8{,}15 \cdot 4{,}95/2 + (-13{,}2 + 18{,}4)/4{,}95 = 21{,}3$ kN
usw.

Auflagerkräfte für Durchlaufträger

Endauflager	Mittelauflager
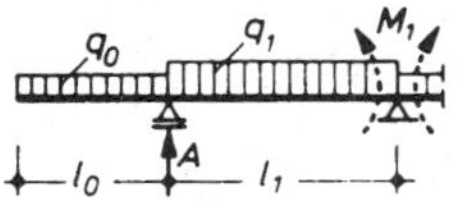	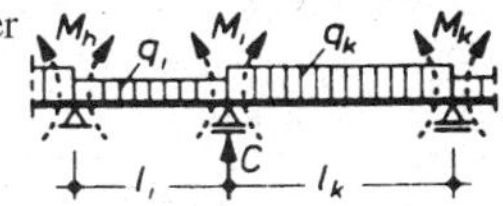
$A = q_0 \cdot l_0 + \frac{q_1 \cdot l_1}{2} + \frac{q_0 \cdot l_0^2}{2\, l_1} + \frac{M_1}{l_1}$	$C = \frac{q_1 \cdot l_1}{2} + \frac{q_k \cdot l_k}{2} + \frac{M_h - M_1}{l_1} + \frac{M_k - M_1}{l_k}$

Gerader Stababschnitt: Querkräfte, maximale Feldmomente

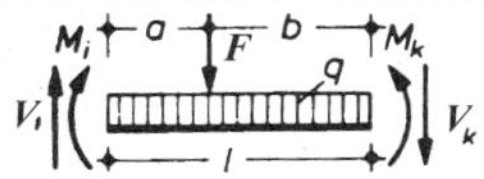	$V_i = ql/2 + Fb/l + (M_k - M_i)/l$ $V_k = -\, ql/2 - Fa/l + (M_k - M_i)/l$
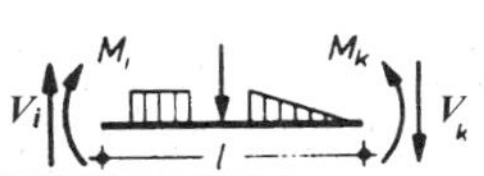	$V_i = V_i^* + (M_k - M_i)/l$ [1] $V_k = V_k^* + (M_k - M_i)/l$ [1]

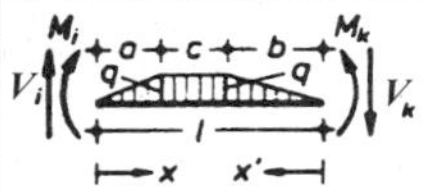

$$V_i = \frac{q}{6l}\,(a^2 + 3ab + 3ac + 6bc + 2b^2 + 3c^2) + (M_k - M_i)/l$$

$$V_k = V_i - q \cdot (a + b)/2 - q \cdot c$$

wenn $x_n = \sqrt{\frac{2a\, V_i}{q}} \le a$ [2], dann $\max M_{Feld} = q\,\frac{x_n^3}{3a} + M_i$

wenn $x_n' = \sqrt{\frac{2b\, V_k}{q}} \le b$ [2], dann $\max M_{Feld} = q\,\frac{x_n'^3}{3b} + M_k$

wenn $x_n = \frac{V_i}{q} + \frac{a}{2} \left\{ \begin{array}{l} > a \\ \le (a + c), \end{array} \right.$ dann $\max M_{Feld} = \frac{q}{2}\left(x_n^2 - \frac{a^2}{3}\right) + M_i$

Sonderfall: Bei Dreieckslast ist $c = 0$ zu setzen.

[1] V_i^* und V_k^* sind die Querkräfte an den Stellen i und k eines Trägers auf zwei Stützen infolge der gegebenen Last ohne Berücksichtigung der Momente M_i und M_k.
[2] Wird x_n bzw. x_n' negativ, so tritt in dem Stababschnitt i, k kein Querkraft-Nulldurchgang auf.

1.4.8 Ungünstigste Laststellungen (Beispiel: 5 Feldträger)[1]

Maximale Auflager- und Schnittgrößen	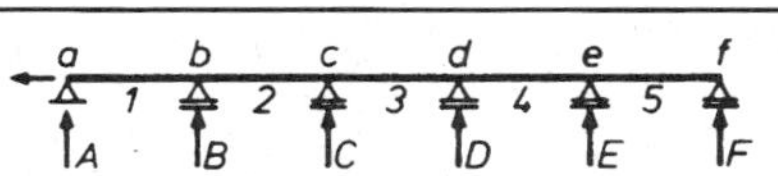	Verkehrslast
M_b V_{bl} V_{br} B		[1] Diese Tafel ist auch für Durchlaufträger mit geringerer Feldzahl zu verwenden, indem die entsprechenden hinteren Felder abgedeckt werden.
M_c V_{cl} V_{cr} C		
M_d V_{dl} V_{dr} D	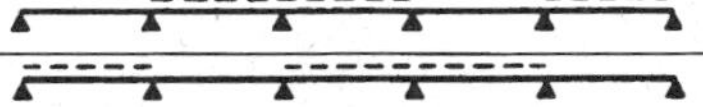	
M_e V_{el} V_{er} E	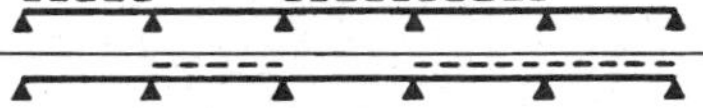	
M_1 M_3 M_5 A, F	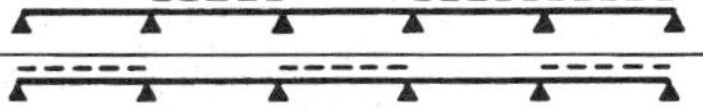	
M_2 M_4	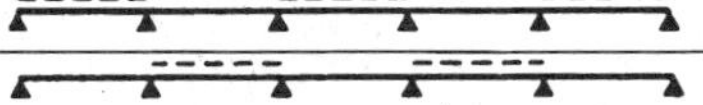	

1.4.9 Ermittlung von Momenten-Nullpunkten

Durchlaufträger mit Gleichstreckenlast

Endfelder:

$$a_1 = l_1 - \frac{2A}{q_1} = -\frac{2M_b}{q_1 \cdot l_1}$$

Mittelfelder:

$$x_{1,2} = \frac{V_i}{q} \pm \sqrt{\frac{2M_F}{q}}$$

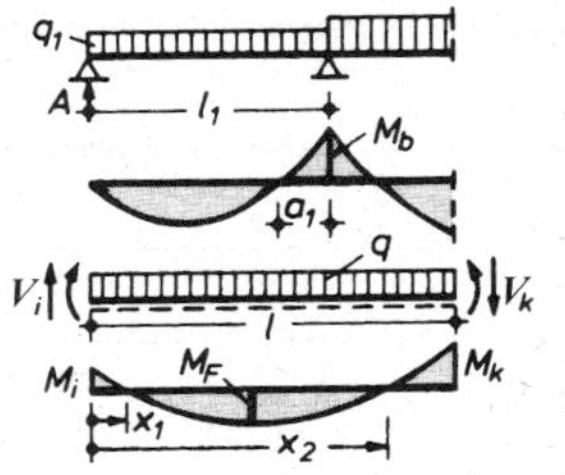

$$M_F = \frac{V_i^2}{2q} + M_i; \quad V_i = \frac{M_k - M_i}{l} + \frac{q \cdot l}{2}$$ (*M*, *V*, *A* mit Vorzeichen setzen)

Zeichnerisch[1)]

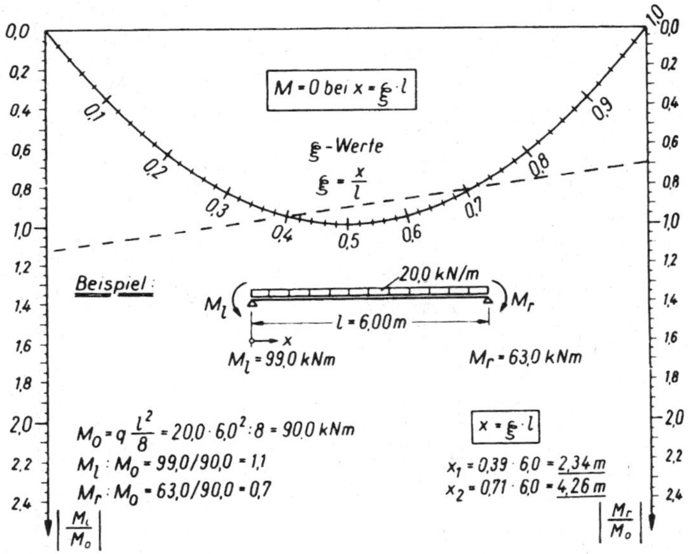

[1)] Entnommen aus *Wommelsdorff*, WIT 15

Zweifeldträger mit Gleichstreckenlast
(EI = const)

$a_1 = T_1 \cdot l_1$	$a_2 = T_2 \cdot l_2$

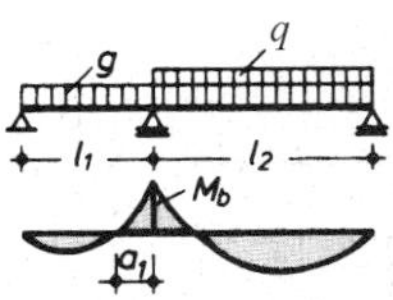

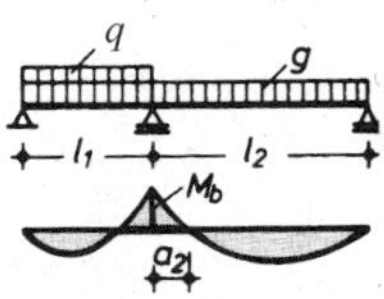

$q : r$ / $l_1 : l_2$	0 (nur *g*)		0,25		0,30		0,35		0,40		0,45		0,50		0,55		0,60	
	T_1	T_2	T_1	T_2	T_1	T_2	T_1	T_2	T_1	T_2	T_1	T_2	T_1	T_2	T_1	T_2	T_1	T_2
1 : 1,0	0,25	0,25	0,29	0,29	0,30	0,30	0,32	0,32	0,33	0,33	0,35	0,35	0,38	0,38	0,40	0,40	0,44	0,44
1,1	0,28	0,23	0,33	0,26	0,35	0,27	0,36	0,28	0,38	0,29	0,41	0,31	0,44	0,33	0,47	0,35	0,52	0,38
1,2	0,31	0,22	0,38	0,24	0,39	0,25	0,42	0,26	0,44	0,27	0,47	0,28	0,51	0,29	0,55	0,31	0,60	0,33
1,3	0,35	0,21	0,43	0,23	0,45	0,23	0,48	0,24	0,51	0,25	0,54	0,26	0,59	0,27	0,64	0,28	0,71	0,30
1,4	0,39	0,20	0,49	0,22	0,51	0,22	0,54	0,23	0,58	0,23	0,62	0,24	0,68	0,25	0,74	0,26	0,82	0,28
1 : 1,5	0,44	0,19	0,55	0,21	0,58	0,21	0,62	0,22	0,66	0,22	0,71	0,23	0,78	0,24	0,85	0,25	0,94	0,26
1,6	0,49	0,19	0,62	0,20	0,66	0,21	0,70	0,21	0,75	0,22	0,81	0,22	0,88	0,23	0,97	0,24	1,00	0,25
1,7	0,55	0,19	0,70	0,20	0,74	0,20	0,79	0,21	0,85	0,21	0,92	0,22	1,00	0,22	1,00	0,23	1,00	0,24
1,8	0,61	0,19	0,78	0,20	0,83	0,20	0,89	0,20	0,96	0,21	1,00	0,21	1,00	0,22	1,00	0,22	1,00	0,23
1,9	0,68	0,19	0,87	0,20	0,93	0,20	1,00	0,20	1,00	0,20	1,00	0,21	1,00	0,21	1,00	0,22	1,00	0,22
1 : 2,0	0,75	0,19	0,97	0,19	1,00	0,20	1,00	0,20	1,00	0,20	1,00	0,20	1,00	0,21	1,00	0,21	1,00	0,22
2,1	0,83	0,19	1,00	0,19	1,00	0,20	1,00	0,20	1,00	0,20	1,00	0,20	1,00	0,21	1,00	0,21	1,00	0,22
2,2	0,91	0,19	1,00	0,19	1,00	0,19	1,00	0,20	1,00	0,20	1,00	0,20	1,00	0,20	1,00	0,21	1,00	0,21
2,3	1,00	0,19	1,00	0,19	1,00	0,19	1,00	0,20	1,00	0,20	1,00	0,20	1,00	0,20	1,00	0,21	1,00	0,21

1.4.10 Einflußlinien für Zweifeldträger mit gleichen Stützweiten[1)]

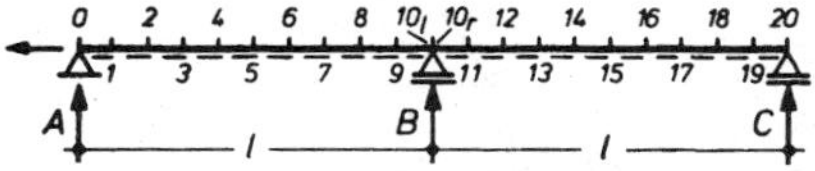

Die Einflußlinien (EL) der Biegemomente im Feld 2 verlaufen spiegelbildlich zu den entsprechenden EL in Feld 1 (z. B. EL M_{16} ≙ EL M_4).

ergibt die Biegemomente M = Tafelwert · $F \cdot l \cdot 10^{-1}$ in den Punkten | V = Tafelwert · $F \cdot 10^{-1}$

Einzellast F im Punkt →

	1	2	3	4	5	6	7	8	9	10	V_0	V_{10l}	V_{10r}
0	0	0	0	0	0	0	0	0	0	0	10	0	0
1	0,88	0,75	0,63	0,50	0,38	0,25	0,13	0,00	-0,12	-0,25	8,75	-1,25	0,25
2	0,75	1,50	1,26	1,01	0,76	0,51	0,26	0,02	-0,23	-0,48	7,52	-2,48	0,48
3	0,63	1,26	1,90	1,53	1,16	0,79	0,42	0,05	-0,31	-0,68	6,32	-3,68	0,68
4	0,52	1,03	1,55	2,06	1,58	1,10	0,61	0,13	-0,36	-0,84	5,16	-4,84	0,84
5	0,41	0,81	1,22	1,63	2,03	1,44	0,84	0,25	-0,34	-0,94	4,06	-5,94	0,94
6	0,30	0,61	0,91	1,22	1,52	1,82	1,13	0,43	-0,26	-0,96	3,04	-6,96	0,96
7	0,21	0,42	0,63	0,84	1,05	1,26	1,48	0,69	-0,10	-0,89	2,11	-7,89	0,89
8	0,13	0,26	0,38	0,51	0,64	0,77	0,90	1,02	0,15	-0,72	1,28	-8,72	0,72
9	0,06	0,11	0,17	0,23	0,29	0,34	0,40	0,46	0,52	-0,43	0,57	-9,43	0,43
10l	0	0	0	0	0	0	0	0	0	0	0	-10	0
10r												0	10
11	-0,04	-0,09	-0,13	-0,17	-0,21	-0,26	-0,30	-0,34	-0,39	-0,43	-0,43	-0,43	9,43
12	-0,07	-0,14	-0,22	-0,29	-0,36	-0,43	-0,50	-0,58	-0,65	-0,72	-0,72	-0,72	8,72
13	-0,09	-0,18	-0,27	-0,36	-0,45	-0,54	-0,63	-0,71	-0,80	-0,89	-0,89	-0,89	7,89
14	-0,10	-0,19	-0,29	-0,38	-0,48	-0,58	-0,67	-0,77	-0,86	-0,96	-0,96	-0,96	6,96
15	-0,09	-0,19	-0,28	-0,38	-0,47	-0,56	-0,66	-0,75	-0,84	-0,94	-0,94	-0,94	5,94
16	-0,08	-0,17	-0,25	-0,34	-0,42	-0,50	-0,59	-0,67	-0,76	-0,84	-0,84	-0,84	4,84
17	-0,07	-0,14	-0,21	-0,27	-0,34	-0,41	-0,48	-0,55	-0,61	-0,68	-0,68	-0,68	3,68
18	-0,05	-0,10	-0,14	-0,19	-0,24	-0,29	-0,34	-0,38	-0,43	-0,48	-0,48	-0,48	2,48
19	-0,03	-0,05	-0,07	-0,10	-0,12	-0,15	-0,17	-0,20	-0,22	-0,25	-0,25	-0,25	1,25
20	0	0	0	0	0	0	0	0	0	0	0	0	0

Hinweis: EL für „A" = EL für „V_0"; EL „B" = EL „V_{10r}" - EL „V_{10l}"

Beispiele

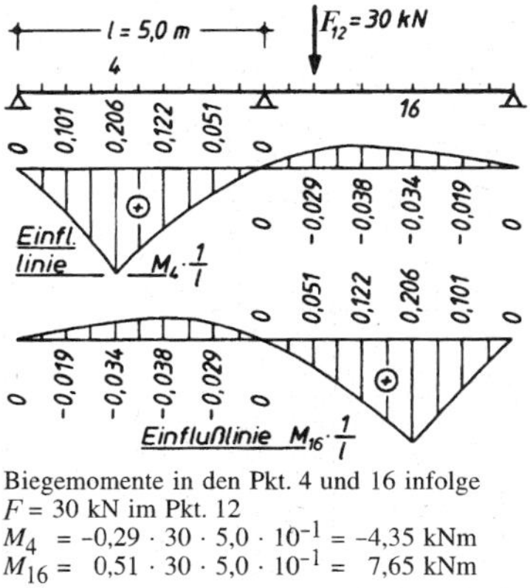

Biegemomente in den Pkt. 4 und 16 infolge F = 30 kN im Pkt. 12

$M_4 = -0{,}29 \cdot 30 \cdot 5{,}0 \cdot 10^{-1} = -4{,}35$ kNm

$M_{16} = 0{,}51 \cdot 30 \cdot 5{,}0 \cdot 10^{-1} = 7{,}65$ kNm

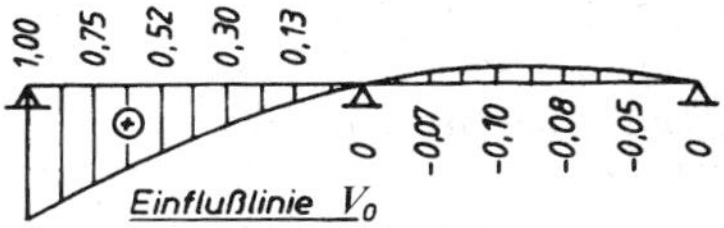

Die EL V_4 ergibt sich aus der EL V_0 durch Addition von (-1) bis zur Stelle 4, dann weiter wie EL V_0.

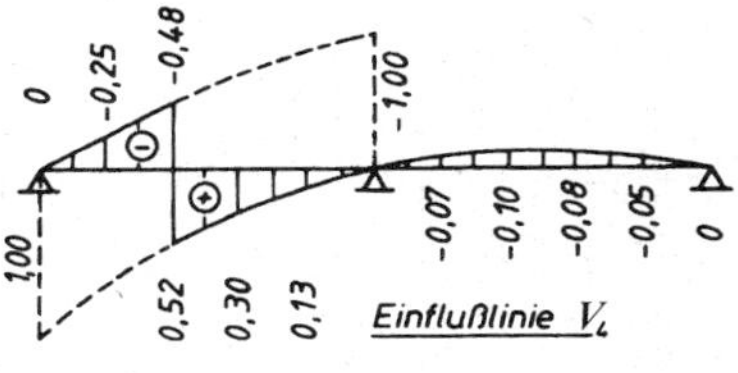

1) Weitere Tafeln für Einflußlinien siehe *Zellerer:* „Durchlaufträger/Einflußlinien und Momentenlinien". Die Tafelwerte gelten für EI = const.

1.5 Rahmenformeln

Zweigelenkrahmen[1)]

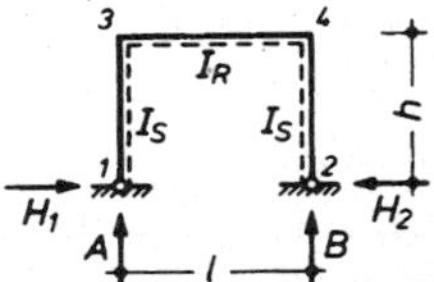		Abkürzung: $k = \frac{I_R}{I_S} \cdot \frac{h}{l}$ ------- M-Linie Bei unbelastetem Stiel: $M_3 = -H_1 \cdot h; \quad M_4 = -H_2 \cdot h$
1	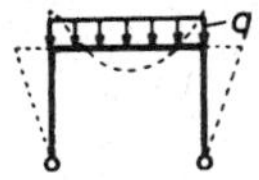	$A = B = \frac{ql}{2}; \quad H_1 = H_2 = \frac{ql^2}{4h(2k+3)}$
2	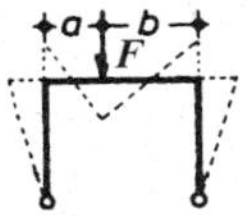	$\begin{matrix} A = Fb/l \\ B = Fa/l \end{matrix}; \quad H_1 = H_2 = \frac{3}{2} \cdot \frac{Fab}{hl(2k+3)}$
3	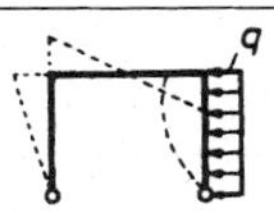	$A = -B = q\,h^2/2l; \quad M_4 = -H_2 \cdot h - q\,h^2/2$ $H_1 = \frac{qh}{8} \cdot \frac{5k+6}{2k+3}; \quad H_2 = H_1 - qh$
4	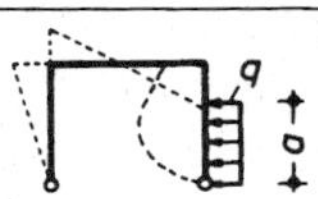	$A = -B = q \cdot a^2/2l; \quad M_3 = -\frac{qa^2}{4}\left[\frac{(2-\alpha^2)k}{2(2k+3)} + 1\right]$ $H_1 = -M_3/h; \quad H_2 = -(qa - H_1); \quad \alpha = a/h$
5	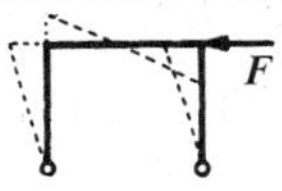	$A = -B = Fh/l; \quad H_1 = -H_2 = F/2$
6	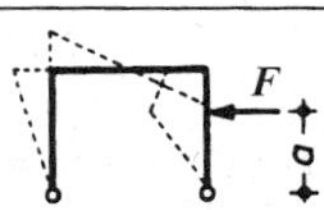	$A = -B = Fa/l; \quad M_4 = -H_2 \cdot h - F(h-a)$ $H_1 = \frac{3Fak}{2h(2k+3)}\left(1 - \frac{a^2}{3h^2} + \frac{1}{k}\right); \quad H_2 = H_1 - F$
7	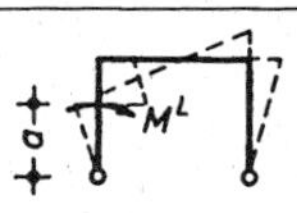	$A = -B = -M^L/l; \quad M_3 = M^L - H_1 \cdot h$ $H_1 = H_2 = \frac{3M^L}{2h}\left(1 - \frac{a^2}{h^2} + \frac{1}{k}\right)\frac{k}{2k+3}$
8	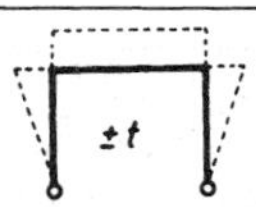	gleichmäßige Erwärmung t $A = B = 0; \quad H_1 = H_2 = \alpha_t \cdot t\,\frac{EI_R}{h^2} \cdot \frac{3}{2k+3}$
9	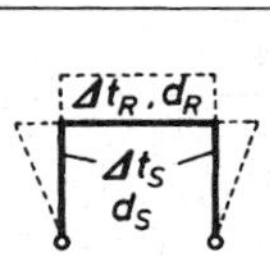	ungleichmäßige Erwärmung $\Delta t = t_i - t_a$ $A = B = 0$ $H_1 = H_2 = \alpha_t\left(\frac{\Delta t_S}{d_S}\,h + \frac{\Delta t_R}{d_R}\,l\right)\frac{EI_R}{hl} \cdot \frac{3}{2k+3}$

[1)] Weitere Rahmenformeln siehe *Kleinlogel/Haselbach:* Rahmenformeln.

Eingespannter Rahmen

	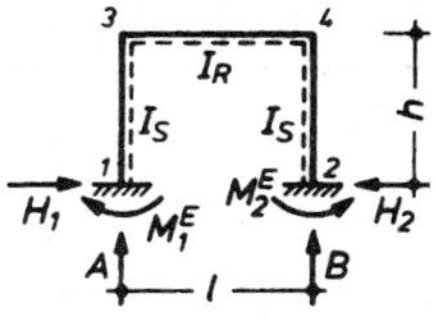	Abkürzung: $k = \frac{I_R}{I_S} \cdot \frac{h}{l}$ ------ *M*-Linie Bei unbelastetem Stiel: $M_3 = M_1^E - H_1 \cdot h\,;\quad M_4 = M_2^E - H_2 \cdot h$
1	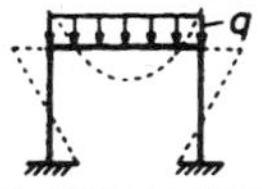	$A = \frac{q\,l}{2}$ $H_1 = H_2 = H = \frac{q\,l^2}{4\,h\,(k+2)}\,;\quad M_1^E = M_2^E = \frac{H\,h}{3}$
2	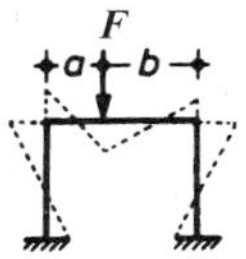	$A = \frac{F\,b}{l}\left[1 + \frac{a\,(b-a)}{l^2\,(6\,k+1)}\right];\quad B = F - A$ $H_1 = H_2 = \frac{3\,F\,a\,b}{2\,hl\,(k+2)}\,;\quad M_1^E = \frac{F\,a\,b}{2\,l^2} \cdot \frac{5\,kl - l + 2\,a\,(k+2)}{(k+2)\,(6\,k+1)}$ $M_2^E = \frac{F\,a\,b}{2\,l^2} \cdot \frac{7\,kl + 3\,l - 2\,a\,(k+2)}{(k+2)\,(6\,k+1)}$
3	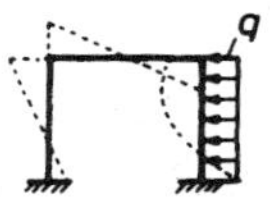	$A = -B = \frac{q\,h^2}{l} \cdot \frac{k}{6\,k+1}\,;\quad H_1 = \frac{q\,h}{8} \cdot \frac{2\,k+3}{k+2}\,;\quad H_2 = H_1 - q\,h$ $M_1^E = \frac{q\,h^2}{24}\left(\frac{5\,k+9}{k+2} - \frac{12\,k}{6\,k+1}\right)$ $M_2^E = -\frac{q\,h^2}{24}\left(12 - \frac{5\,k+9}{k+2} - \frac{12\,k}{6\,k+1}\right);\ M_4 = M_2^E - H_2 \cdot h - \frac{q\,h^2}{2}$
4	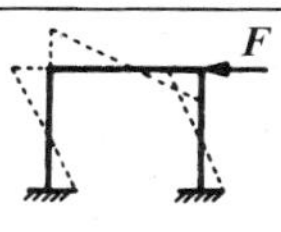	$A = -B = \frac{Fh}{l} \cdot \frac{3\,k}{6\,k+1}\,;\quad H_1 = -H_2 = \frac{F}{2}$ $M_1^E = -M_2^E = \frac{Fh}{2} \cdot \frac{3\,k+1}{6\,k+1}$
5	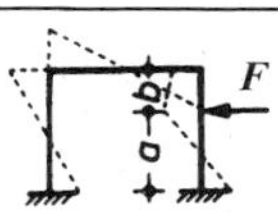 $\alpha = \frac{a}{h}\,;\ \beta = \frac{b}{h}$	$R_1 = \frac{Fab}{h} \cdot \frac{1 + \beta + \beta k}{2\,(k+2)}\,;\quad R_2 = \frac{Fab}{h} \cdot \frac{\alpha k}{2\,(k+2)}\,;\ R_3 = \frac{3\,Fa\alpha k}{2\,(6\,k+1)}$ $A = -B = \frac{2\,R_3}{l}\,;\quad H_1 = \frac{Fa}{2\,h} - \frac{R_1 - R_2}{h}\,;\quad H_2 = -\,(F - H_1)$ $M_1^E = -R_1 + (Fa/2 - R_3)\,;\quad M_2^E = -R_1 - (Fa/2 - R_3)$
6	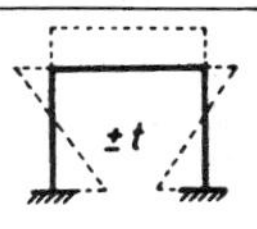	gleichmäßige Erwärmung t $M_1^E = M_2^E = H \cdot \frac{h\,(k+1)}{2\,k+1}$ $A = B = 0\,;\quad H_1 = H_2 = H = 3\,\alpha_t \cdot t\,\frac{EI_R}{h^2} \cdot \frac{2\,k+1}{k\,(k+2)}$
7	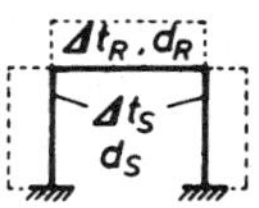	$A = B = 0\,;\quad H_1 = H_2 = \alpha_t\,\frac{EI_R}{h\,l}\left(\frac{\Delta t_R}{d_R}\,kl - \frac{\Delta t_S}{d_S}\,h\right)\frac{3}{k\,(k+2)}$ $M_1^E = M_2^E = \alpha_t\,\frac{EI_R}{l}\left[\frac{\Delta t_R}{d_R}\,kl - \frac{\Delta t_S}{d_S}\,h\,(k+3)\right]\frac{1}{k\,(k+2)}$

1.6 Kehlbalkendach - Formeln

$$\tan\alpha = \frac{2h}{l} \qquad k = n \cdot m$$

$$n = \frac{h_u}{h}$$

$$m = \frac{h_o}{h} = 1 - n$$

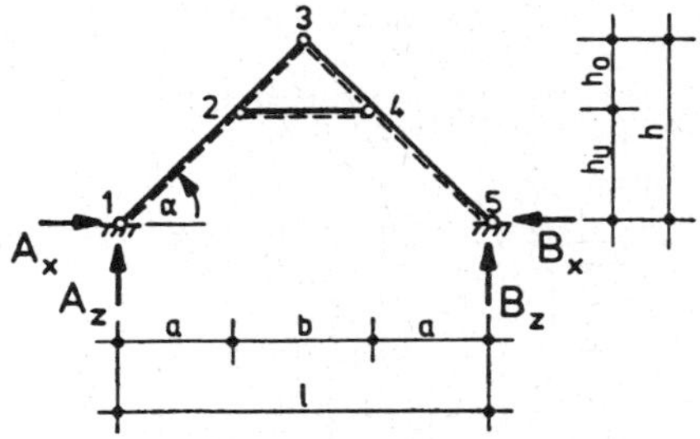

	$A_z = B_z$	$A_x = B_x$	N_{24}	$M_2 = M_4$
g	$\frac{g \cdot l}{2}$	$\frac{1 + 4n + k}{16\,n \tan\alpha}\, g \cdot l$	$-\frac{1 + k}{16\,k \tan\alpha}\, g \cdot l$	$\frac{3k - 1}{32}\, g \cdot l^2$
g_u	$\frac{n}{2}\, g_u \cdot l$	$\frac{n(n + 4)}{16 \tan\alpha}\, g_u \cdot l$	$-\frac{n\,(3m + 1)}{16\,m \tan\alpha}\, g_u \cdot l$	$-\frac{n^3}{32}\, g_u \cdot l^2$
g_k	$g_k \cdot \frac{b}{2} = \frac{m}{2}\, g_k \cdot l$	$\frac{g_k \cdot b}{2 \tan\alpha} = \frac{m}{2 \tan\alpha}\, g_k \cdot l$	$-\frac{g_k \cdot b}{2 \tan\alpha} = -\frac{m}{2 \tan\alpha}\, g_k \cdot l$	0

	s	F	w (links)	w (rechts)
A_z	$\frac{3}{8}\, s \cdot l$	$\frac{b + a}{l} F = \left(m + \frac{n}{2}\right) F$	$\frac{3 - \tan^2\alpha}{8}\, w \cdot l$	$\frac{1 + \tan^2\alpha}{8}\, w \cdot l$
B_z	$\frac{1}{8}\, s \cdot l$	$\frac{a}{l} F = \frac{n}{2} F$	$\frac{1 + \tan^2\alpha}{8}\, w \cdot l$	$\frac{3 - \tan^2\alpha}{8}\, w \cdot l$
A_x	$\frac{1 + 4n + k}{32\,n \tan\alpha}\, s \cdot l$	$\frac{F}{2 \tan\alpha}$	$\frac{k_1}{16}\, w \cdot l$	$\frac{k_2}{16}\, w \cdot l$
B_x	$\frac{1 + 4n + k}{32\,n \tan\alpha}\, s \cdot l$	$\frac{F}{2 \tan\alpha}$	$\frac{k_2}{16}\, w \cdot l$	$\frac{k_1}{16}\, w \cdot l$
N_{24}	$-\frac{1 + k}{32\,k \tan\alpha}\, s \cdot l$	$-\frac{F}{2 \tan\alpha}$	$-\frac{1 + k}{32\,k} \cdot \frac{1 + \tan^2\alpha}{\tan\alpha}\, w \cdot l$	$-\frac{1 + k}{32\,k} \cdot \frac{1 + \tan^2\alpha}{\tan\alpha}\, w \cdot l$
M_2	$\frac{7k - 1}{64}\, s \cdot l^2$	$\frac{k \cdot l}{4} F$	$\frac{k_3}{64}\, w \cdot l^2$	$-\frac{k_4}{64}\, w \cdot l^2$
M_4	$-\frac{1 + k}{64}\, s \cdot l^2$	$-\frac{k \cdot l}{4} F$	$-\frac{k_4}{64}\, w \cdot l^2$	$\frac{k_3}{64}\, w \cdot l^2$

$$k_1 = \frac{2}{\tan\alpha} - 6\tan\alpha + \frac{1 + k}{2\,n} \cdot \frac{1 + \tan^2\alpha}{\tan\alpha} \qquad k_2 = \frac{1 + \tan^2\alpha}{\tan\alpha} \cdot \left(2 + \frac{1 + k}{2\,n}\right)$$

$$k_3 = (1 + \tan^2\alpha)(7k - 1) \qquad k_4 = (1 + \tan^2\alpha)(1 + k)$$

1.7 Durchbiegungen - Baupraktische Formeln

1.7.1 Einfeldträger, Kragträger

(der obere Wert gilt für Stahl, E = 210 000 N/mm²)

(der untere Wert gilt für Holz, $E_{0,mean}$ = 10 000 N/mm²)[**]

Belastungsfall	a für zul $f = \frac{l}{200}$	a für zul $f = \frac{l}{300}$	c	n	Belastungsfall	a für zul $f = \frac{l}{200}$	a für zul $f = \frac{l}{300}$	c	n
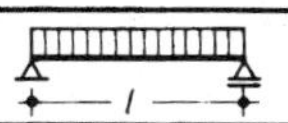	9,91 *208*	14,9 *313*	101 *4,80*	4,96 *104*	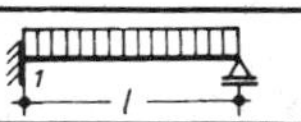	4,12 ***86,5***	6,19 *130*	243 *11,6*	2,06 *43,3*
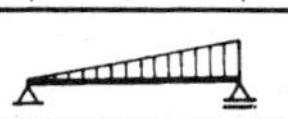	9,71 *204*	14,6 *306*	103 *4,89*	4,84 *102*	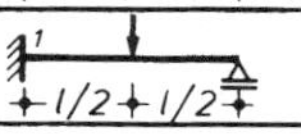	4,73 *99,4*	7,10 *149*	211 *10,1*	2,37 *49,7*
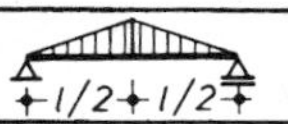	9,52 *200*	14,3 *300*	105 *5,00*	4,76 *100*	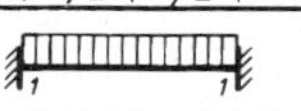	2,98 *62,5*	4,47 *93,8*	336 *16,0*	1,49 *31,3*
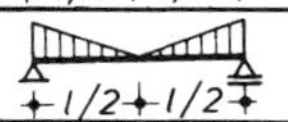	10,7 *225*	16,1 *338*	93,2 *4,44*	5,36 *113*	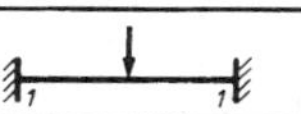	3,97 *83,3*	5,95 *125*	252 *12,0*	1,98 *41,7*
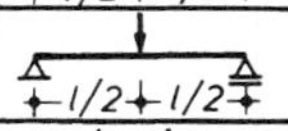	7,95 *167*	11,9 *250*	126 *6,00*	3,97 *83,3*	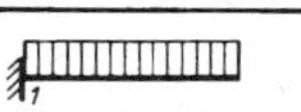	23,8 *500*	35,7 *750*	42 *2,0*	11,9 *250*
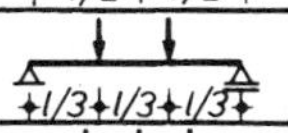	10,1 *213*	15,2 *320*	98,7 *4,70*	5,07 *107*	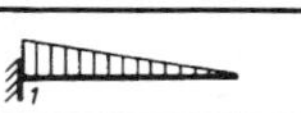	19,1 *400*	28,6 *600*	52,2 *2,5*	9,52 *200*
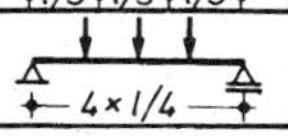	9,43 *198*	14,1 *297*	106 *5,05*	4,71 *98,9*		31,8 *667*	47,6 *1000*	31,5 *1,5*	15,9 *333*
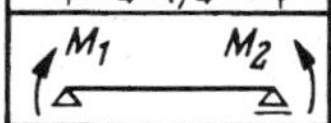	5,95* *125**	8,93* *188**	168* *8,00**	2,98* *62,5**		47,6 *1000*	71,4 *1500*	21 *1*	23,8 *500*

Hinweis: Wirken M_1 und M_2 gleichzeitig, so ist in den folgenden Formeln max M durch $(M_1 + M_2)$ zu ersetzen.

erf I [cm⁴] = $a \cdot$ max M [kNm] $\cdot$ l [m]	erf I [cm⁴] = $a \cdot$ max M [kNm] $\cdot$ l [m]
max f [cm] = $n \cdot$ max M [kNm] $\cdot$ l^2 [m]/I [cm⁴]	max f [cm] = $n \cdot M_1$ [kNm] $\cdot$ l^2 [m]/I [cm⁴]

Für symmetrische Querschnitte (symmetrisch zur Biegeachse) gilt:

$$\max f\ [\text{cm}] = \frac{l^2\,[\text{m}^2] \cdot \max\sigma\,[\text{N/mm}^2]}{h\,[\text{cm}] \cdot c} \qquad \max f\ [\text{cm}] = \frac{l^2\,[\text{m}^2] \cdot \sigma_1\,[\text{N/mm}^2]}{h\,[\text{cm}] \cdot c}$$

1.7.2 Einfeldträger mit Kragarm

Kragarm

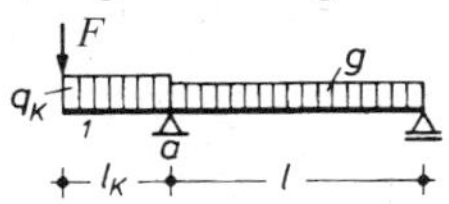

$$\max f_1 = T_1 \cdot l_K\,[l_K\,(M_a - M_{0K}) + l\,(M_a - M_{0F})]/I$$

$$\text{erf } I = T_2 \cdot [l_K\,(M_a - M_{0K}) + l\,(M_a - M_{0F})]$$

$$M_{0K} = q_K\,l_K^2/8;\ M_a = F\,l_K + q_K l_K^2/2;\ M_{0F} = g l^2/8$$

Feld

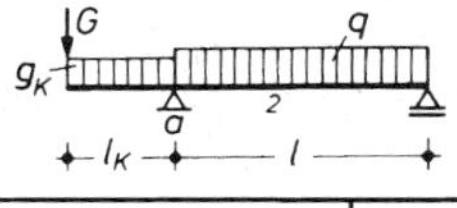

$$\max f_2 \approx f_{Mitte} = T_3 \cdot l^2\,(M_{0F} - 0{,}6\,M_a)/I$$

$$\text{erf } I \approx T_4 \cdot l\,(M_{0F} - 0{,}6\,M_a)$$

l in m
M in kNm
I in cm⁴
f in cm

Stahl				Nadelholz[**]				
	l_K/200		l/300		l_K/150		l/200	l/300
T_1	T_2	T_3	T_4	T_1	T_2	T_3	T_4	T_4
15,9	31,8	4,96	14,9	333	500	104	208	313

$$M_{0F} = q l^2/8$$

$$M_a = G l_K + g_K l_K^2/2$$

---

*) Diese Werte gelten für f_{Mitte}.

**) Bei Holz mit anderen $E_{0,mean}$ Werten sind die ermittelten Ergebnisse durch $E_{0,mean} \cdot 10^{-4}$ zu dividieren.

1.7.3 Durchlaufträger mit gleichen Stützweiten und Gleichstreckenlast

System, Lastfall	max. Durchbiegung max f =			erf I =		
	allgemein	Stahl	Nadelholz*)	Stahl	Nadelholz*)	
				$l/300$	$l/200$	$l/300$
	0,0054 g	0,257 g	5,4 g	0,771 g	10,8 g	16,2 g
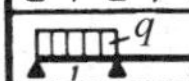	0,0092 q	0,438 q	9,2 q	1,314 q	18,4 q	27,6 q
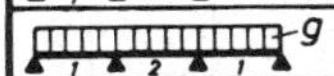	0,0068 g	0,324 g	6,8 g	0,971 g	13,6 g	20,4 g
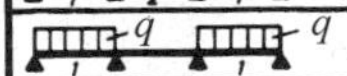	0,0099 q	0,471 q	9,9 q	1,414 q	19,8 q	29,7 q
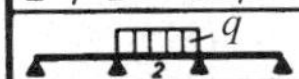	0,0068 q	0,321 q	6,8 q	0,964 q	13,5 q	20,3 q
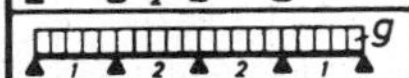	0,0065 g	0,310 g	6,5 g	0,929 g	13,0 g	19,5 g
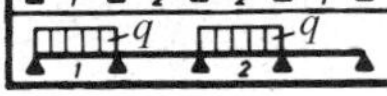	0,0097 q	0,462 q	9,7 q	1,386 q	19,4 q	29,1 q
	$\cdot l^4/EI$	$\cdot l^4/I$	$\cdot l^4/I$	$\cdot l^3$	$\cdot l^3$	$\cdot l^3$

f in cm; g, q in kN/m; l in m; I in cm⁴

*) Für $E_{0,\text{mean}} = 10\,000$ N/mm²; siehe auch Fußnote auf S. 4.27.

1.7.4 Durchlaufträger mit beliebigen Stützweiten

Beispiel:

Zweifeld-Deckenbalken aus Holz mit l_1 = 3,60 m und l_2 = 4,20 m
g = 1,3 kN/m; q = 1,6 kN/m; max M_2 = 4,38 kNm; zugeh. M_b = – 4,42 kNm
b/d = 8/20 cm; NH II; I_v = 5333 cm⁴
Es wird die Durchbiegung in Feld 2 ermittelt, und zwar mit Hilfe der Tafel auf S. 4.27 oben.
Überlagerung: Einfeldträger mit Gleichstreckenlast und Einfeldträger mit Randmoment M = – 4,42 kNM.
max $M = (1{,}3 + 1{,}6) \cdot 4{,}20^2/8 = 6{,}39$ kNm.
max $f_2 = 104 \cdot 6{,}39 \cdot 4{,}20^2/5333 + 62{,}5 \cdot (-4{,}42) \cdot 4{,}20^2/5333 = 1{,}3$ cm
Man kann max f_2 auch mit der Formel auf S. 4.27 unten ermitteln, indem man für das Kragmoment M den Wert für das Stützmoment M_b = – 4,42 kNm einsetzt.

1.8 Reibungsbeiwerte

1. Grenzwerte für den Gleitsicherheitsnachweis bei Traggerüsten[1)]

Holz/Holz (Reibfläche parallel oder quer zur Faser) 0,4–1,0	Holz/Stahl 0,5–1,2
	Holz/Beton (Mörtelbett) 0,8–1,0
	Stahl/Stahl 0,2–0,8
Holz/Holz (mindestens eine Reibfläche zur Faser [Hirnholz]) 0,6–1,0	Beton/Beton 0,5–1,0
	Beton/Stahl 0,2–0,4

2. Näherungswerte *(Zusammenstellung aus älterer Literatur)*

Beton auf Sand und Kies 0,6–0,35	Hirnholz auf Langholz, in Faserrichtung des Langholzes 0,43
Beton auf Lehm und Ton 0,35–0,25	Stahl auf Stein und Kies 0,45
Beton auf Stahl 0,45–0,30	Stahl auf Sand 0,48
Mauerwerk (rauh) auf Sand/Kies 0,60	Stahl auf Stahl, wenig fettig 0,13
Mauerwerk (glatt) auf Sand/Kies 0,30	Stahl auf Stahl, trocken 0,15
Mauerwerk (rauh) auf nassem Ton 0,30	Stahl auf Gußeisen 0,33
Mauerwerk (glatt) auf nassem Ton 0,20	Gummi auf Stahl, trocken/naß 0,35/0,15
Mauerwerk auf Beton 0,76	Faserpreßstoff auf Stahl, trocken 0,25–0,35
Holz auf Metall 0,60	PVC auf Stahl, trocken/naß 0,40/0,25
Holz auf Stein 0,60	Polyurethan auf Stahl, trocken/naß 0,45/0,35
Holz auf Holz 0,50	Keramik auf Stahl, trocken/naß ... 0,45/0,35

1) Ergebnisse eines Forschungsauftrags, durchgeführt vom Lehrstuhl für Ingenieurholzbau und Baukonstruktion der Universität Karlsruhe, abgeschlossen 1977.

2 Festigkeitslehre

2.1 Querschnittswerte

2.1.1 Allgemeine Formeln für Querschnittswerte

- **Schwerpunkt von zusammengesetzten Flächen**

(Einzelflächen siehe Kapitel 2, S. 2.12)

$\bar{y}_S = \dfrac{\sum A_i \cdot \bar{y}_i}{\sum A_i}; \quad \bar{z}_S = \dfrac{\sum A_i \cdot \bar{z}_i}{\sum A_i}$

Beispiel 1

$\bar{y}_S = \dfrac{A_1 \cdot \bar{y}_1 + A_2 \cdot \bar{y}_2}{A_1 + A_2}; \quad \bar{z}_S = \dfrac{A_1 \cdot \bar{z}_1 + A_2 \cdot \bar{z}_2}{A_1 + A_2}$

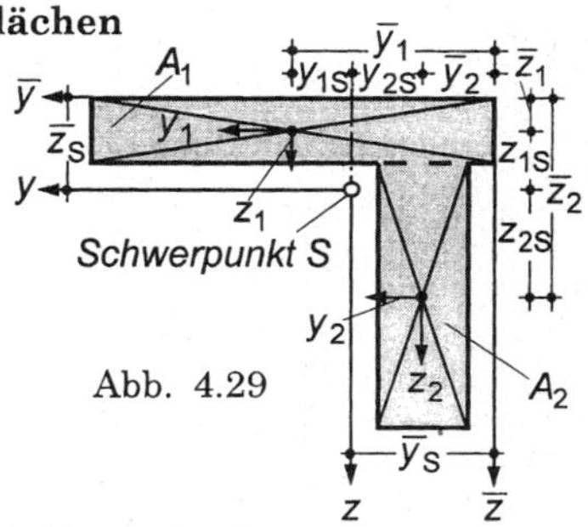

Abb. 4.29

- **Flächenmomente 1. Grades**

(bezogen auf die y-Achse bzw. z-Achse)

$S_y = \int z \cdot dA; \quad S_z = \int y \cdot dA$

Beispiel 2: Ermittlung von S_y der Teilfläche A_1 (Abb. 4.29): $S_y = A_1 \cdot z_{1S}$

Es ist auch möglich, S auf beliebige andere Achsen zu beziehen.

Beispiel 3: Ermittlung des Flächenmoments 1. Grades der Gesamtfläche $A_1 + A_2$ (Abb. 4.29), bezogen auf die $\bar{y}$-Achse: $S_{\bar{y}} = A_1 \cdot \bar{z}_1 + A_2 \cdot \bar{z}_2$

Hinweis: Aus Vergleich der Ergebnisse der Beispiele 1 und 3 ist ersichtlich, daß man bei zusammengesetzten Querschnitten die Schwerpunktabstände von den Bezugsachsen $\bar{y}$ und $\bar{z}$ auch wie folgt angeben kann:

$\bar{y}_S = S_{\bar{z}} / \sum A_i$ und $\bar{z}_S = S_{\bar{y}} / \sum A_i$

- **Flächenmomente 2. Grades** $\quad I_y = \int z^2 dA; \quad I_z = \int y^2 dA$
- **Flächenzentrifugalmoment** $\quad I_{yz} = \int yz \, dA$

(vgl. Tafel S. 4.30)

- **Polares Flächenmoment** $\quad I_p = \int r^2 dA = \int (y^2 + z^2) dA = I_y + I_z$

- **Trägheitsradius** $\quad i_y = \sqrt{\dfrac{I_y}{A}}; \quad i_z = \sqrt{\dfrac{I_z}{A}} \quad$ Rechteck: $i_y = 0{,}289\, d; \quad i_z = 0{,}289\, b$

- **Sätze von Steiner** (vgl. Abb. 4.29)

$I_y = \sum (I_{yi} + A_i \cdot z_{iS}^2); \quad I_z = \sum (I_{zi} + A_i \cdot y_{iS}^2)$

$I_{yz} = \sum (I_{yzi} + A_i \cdot y_{iS} \cdot z_{iS})$

Beispiel 4 (Abb. 4.29)

$I_y = I_{y1} + A_1 \cdot z_{1S}^2 + I_{y2} + A_2 \cdot z_{2S}^2$

$I_z = I_{z1} + A_1 \cdot y_{1S}^2 + I_{z2} + A_2 \cdot y_{2S}^2$

Es bedeuten:

z.B. I_{y1} = Flächenmoment 2. Grades der Teilfläche 1, bezogen auf die Achse y_1

I_{y2} = Flächenmoment 2. Grades der Teilfläche 2, bezogen auf die Achse y_2

- **Hauptachsen**

1. $\tan 2\alpha = 2 I_{yz} / (I_z - I_y)$
2. ⊥ aufeinander
3. Gehen durch Schwerpunkt
4. Flächenzentrifugalmoment = 0

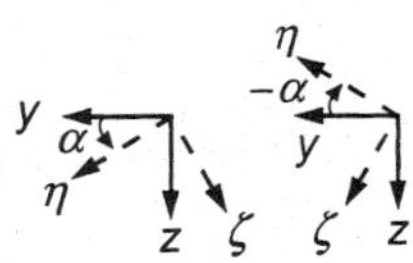

- **Hauptflächenmomente**

$I_\eta = I_y \cos^2\alpha + I_z \sin^2\alpha - I_{yz} \sin 2\alpha = 0{,}5(I_y + I_z) + 0{,}5(I_y - I_z)\cos 2\alpha - I_{yz} \sin 2\alpha$

$I_\zeta = I_y \sin^2\alpha + I_z \cos^2\alpha + I_{yz} \sin 2\alpha = 0{,}5\,(I_y + I_z) - 0{,}5\,(I_y - I_z)\cos 2\alpha + I_{yz} \sin 2\alpha$

$I_\eta + I_\zeta = I_y + I_z; \quad -45° < \alpha < 45°$

2.1.2 Tafel Querschnittswerte

	Querschnitt	A	I_y	I_z	W_y	W_z
1	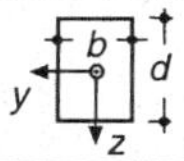	bd	$\frac{bd^3}{12}$	$\frac{db^3}{12}$	$\frac{bd^2}{6}$	$\frac{db^2}{6}$
2	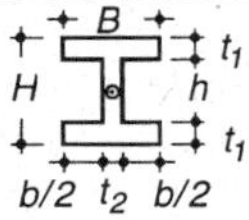	$BH-bh$	$\frac{BH^3-bh^3}{12}$	$\frac{ht_2^3+2t_1B^3}{12}$	$\frac{2I_y}{H}$	$\frac{2I_z}{B}$
3	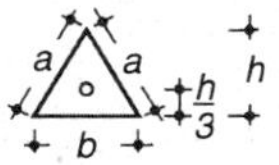	$\frac{bh}{2}$	$\frac{bh^3}{36}$	$\frac{hb^3}{48}$	$W_o=\frac{bh^2}{24}$ $W_u=\frac{bh^2}{12}$	$\frac{hb^2}{24}$
4	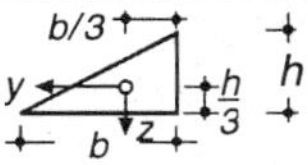	$\frac{bh}{2}$	$\frac{bh^3}{36}$	$\frac{hb^3}{36}$	–	–
5	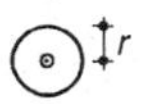	πr^2	$\frac{\pi}{4}r^4$		$\frac{\pi}{4}r^3$	
6	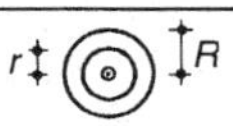	$\pi(R^2-r^2)$	$\frac{\pi}{4}(R^4-r^4)$		$\frac{I_y}{R}$	
7	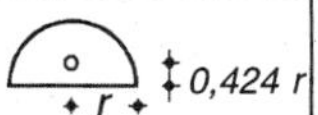	$\frac{\pi}{2}r^2$	$0{,}110r^4$	$\frac{\pi}{8}r^4$	$W_o=0{,}191r^3$ $W_u=0{,}259r^3$	$\frac{\pi}{8}r^3$
8	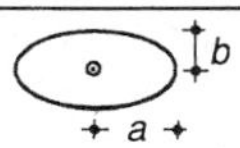	πab	$\frac{\pi}{4}ab^3$	$\frac{\pi}{4}ba^3$	$\frac{\pi}{4}ab^2$	$\frac{\pi}{4}ba^2$
9	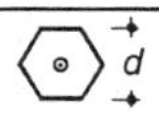	$0{,}866d^2$	$0{,}0601\,d^4$		$0{,}120d^3$	$0{,}104d^3$
10	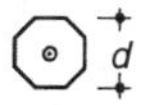	$0{,}828d^2$	$0{,}0547d^4$		$0{,}109d^3$	
11	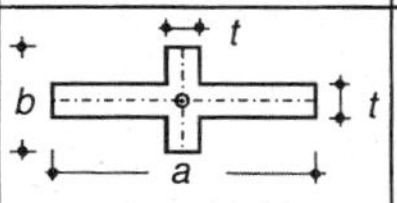	$(a+b-t)t$	$\frac{(a-t)t^3+tb^3}{12}$	$\frac{(b-t)t^3+ta^3}{12}$	$\frac{2I_y}{b}$	$\frac{2I_z}{a}$
12	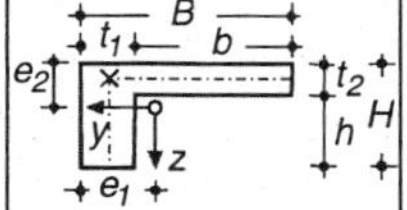	t_1H+bt_2	$\frac{t_1H^3+bt_2^3}{3}-Ae_2^2$	$\frac{ht_1^3+t_2B^3}{3}-Ae_1^2$	–	–
13	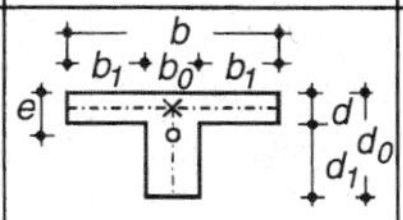	$db+d_1b_0$	$\frac{2b_1d^3+b_0d_0^3}{3}-Ae^2$	$\frac{db^3+d_1b_0^3}{12}$	$W_o=\frac{I_y}{e}$ $W_u=\frac{I_y}{d_0-e}$	$\frac{2I_z}{b}$
14	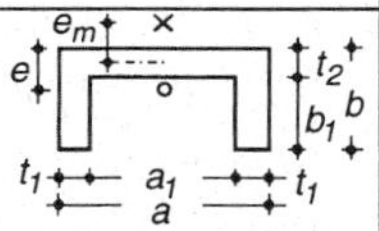	$ba-b_1a_1$	$\frac{a_1t_2^3+2t_1b^3}{3}-Ae^2$	$\frac{ba^3-b_1a_1^3}{12}$	$W_o=\frac{I_y}{e}$ $W_u=\frac{I_y}{b-e}$	$\frac{2I_z}{a}$

∘ Schwerpunkt × Schubmittelpunkt ⊙ Schwerpunkt und Schubmittelpunkt

	I_{yz}	I_T	W_T	Anmerkungen
1	0	$\alpha d b^3$ $(b \le d)$	$\beta d b^2$ $(b \le d)$	zu Zeile 1: siehe Tabelle unten
2	0	$\dfrac{2Bt_1^3 + ht_2^3}{3}$	$\min W_T = \dfrac{I_T}{\max t}$	
3	0	für $a = b$: $\dfrac{h^4}{26{,}0}$	für $a = b$: $\dfrac{h^3}{13{,}0}$	
4	$\dfrac{b^2h^2}{72}$	–	–	**Vorzeichen von I_{yz}:** 
5	0	$\dfrac{\pi}{2} r^4$	$\dfrac{\pi}{2} r^3$	
6	0	$\dfrac{\pi}{2}(R^4 - r^4)$	$\dfrac{I_T}{R}$	
7	0	–	–	
8	0	$\pi \dfrac{a^3b^3}{a^2 + b^2}$	$\dfrac{\pi}{2} a b^2$	
9	0	$0{,}115 d^4$	$0{,}188 d^3$	
10	0	$0{,}108 d^4$	$0{,}184 d^3$	
11	0	$\dfrac{a + b - 0{,}15t}{3} t^3$	$\dfrac{I_T}{t}$	
12	$\dfrac{BHbht_1t_2}{4A}$	$\dfrac{(B+b)t_2^3 + (H+h)t_1^3}{6}$	$\min W_T = \dfrac{I_T}{\max t}$	$e_1 = \dfrac{ht_1^2 + t_2 B^2}{2A}$, $e_2 = \dfrac{t_1 H^2 + bt_2^2}{2A}$ **Vorzeichen von I_{yz}:** ┌ + └ – ┐ – ┘ +
13	0	$\dfrac{\left(b - \dfrac{b_0}{2}\right) d^3 + \left(d_1 + \dfrac{d}{2}\right) b_0^3}{3}$	$\min W_T = \dfrac{I_T}{\max t}$	$e = \dfrac{2b_1 d^2 + b_0 d_0^2}{2A}$
14	0	$\dfrac{(a + a_1)t_2^3 + (b + b_1)t_1^3}{6}$	$\min W_T = \dfrac{I_T}{\max t}$	$e = \dfrac{a_1 t_2^2 + 2t_1 b^2}{2A}$ $e_m = \dfrac{1{,}5(b+b_1)}{6 + \dfrac{(a+a_1)t_2}{(b+b_1)t_1}}$

zu Zeile 1:

d/b	α	β
1,00	0,140	0,208
1,25	0,171	0,221
1,50	0,196	0,231
2,00	0,229	0,246
3,00	0,263	0,267
4,00	0,281	0,282
6,00	0,299	
10,00	0,313	
∞	0,333	

Graue Unterlegung: Gültig nur für dünnwandige Querschnitte

Ergänzungen zur Tafel Querschnittswerte

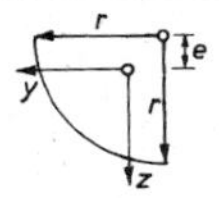	$A = 0{,}78540\ r^2$ $e = 0{,}42441\ r$	$I_y = 5{,}4878 \cdot 10^{-2}\ r^4$ $I_z = I_y$ $I_{yz} = -\ 1{,}6471 \cdot 10^{-2}\ r^4$
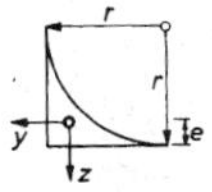	$A = 0{,}21460\ r^2$ $e = 0{,}22337\ r$	$I_y = 7{,}5451 \cdot 10^{-3}\ r^4$ $I_z = I_y$ $I_{yz} = -\ 4{,}4387 \cdot 10^{-3}\ r^4$

2.1.3 Flächenmomente 2. Grades für Plattenbalken (μ-Werte)

$b_0 : b$	$d : d_0$											
	0,05	0,10	0,15	0,20	0,25	0,30	0,35	0,40	0,45	0,50	0,55	0,60
0,05	97	109	111	111	112	115	122	132	148	169	196	231
0,06	110	125	129	129	129	132	137	147	161	181	208	241
0,07	121	140	145	146	146	148	152	161	174	193	218	251
0,08	133	154	161	162	162	163	167	175	187	205	229	260
0,09	143	167	176	177	178	178	182	188	200	217	240	270
0,10	153	180	190	192	192	193	196	202	212	228	250	279
0,11	163	192	203	206	207	207	209	215	225	239	261	288
0,12	173	204	216	220	221	221	223	227	236	251	271	298
0,13	182	215	228	233	234	234	236	240	248	262	281	307
0,14	191	225	240	246	247	247	248	252	260	272	291	316
0,15	200	236	252	258	260	260	261	264	271	283	300	324
0,16	208	246	263	270	272	272	273	276	282	293	310	333
0,17	217	255	274	282	284	284	285	287	293	303	319	342
0,18	225	265	284	293	295	296	296	298	304	314	329	350
0,19	234	274	294	304	307	307	307	309	314	324	338	359
0,20	242	283	304	314	318	318	318	320	325	333	347	367
0,22	258	301	323	335	339	340	340	341	345	352	365	384
0,24	274	318	342	354	359	360	360	361	364	371	383	400
0,26	290	334	359	373	378	380	380	381	383	389	400	415
0,28	305	350	376	390	397	399	399	400	402	407	416	431
0,30	321	366	392	407	415	417	417	418	419	424	432	446
0,32	336	381	408	424	432	435	435	435	437	441	448	461
0,34	351	396	424	440	448	451	452	452	453	457	464	475
0,36	366	411	439	455	464	468	469	469	470	473	479	490
0,38	381	425	453	470	480	484	485	485	485	488	494	503
0,40	396	439	468	485	495	499	500	500	501	503	508	517
0,42	411	454	482	499	509	514	515	515	516	518	522	531
0,44	426	468	496	513	523	528	530	530	530	532	536	544
0,46	441	482	509	527	537	542	544	544	545	546	550	557
0,48	456	495	523	540	551	556	558	558	558	560	563	569
0,50	470	509	536	553	564	569	571	572	572	573	576	582
0,55	507	543	568	585	596	601	604	604	604	605	607	612
0,60	544	576	600	616	626	632	634	635	635	635	637	641
0,65	580	609	630	645	655	660	663	664	664	664	665	668
0,70	616	642	661	674	683	688	690	692	692	692	693	695
0,75	653	674	690	702	709	714	717	718	718	718	718	720
0,80	689	706	719	729	735	740	742	743	743	743	743	744
0,90	761	770	777	782	786	788	789	790	790	790	790	791
1,00	833	833	833	833	833	833	833	833	833	833	833	833

$$I_s = \mu \cdot b \cdot d_0^3 \cdot 10^{-4}$$

Beispiel:

$b = 1{,}5$ m; $b_0 = 0{,}30$ m

$d = 0{,}15$ m; $d_0 = 0{,}60$ m

$b_0/b = 0{,}20$; $d/d_0 = 0{,}25$

$$I_s = 318 \cdot 10^{-4} \cdot 1{,}50 \cdot 0{,}60^3 = 103 \cdot 10^{-4}\ \text{m}^4$$

$$A_{pl} = b\, d$$

$$A_{st} = b_0\, (d_0 - d)$$

$$I_{pl} = A_{pl} \cdot d^2/12$$

$$I_{st} = \frac{A_{st}\, (d_0 - d)^2}{12}$$

$$e_s = \frac{d_0}{2} \cdot \frac{A_{st}}{A_{pl} + A_{st}} + \frac{d}{2}$$

$$I_s = I_{pl} + I_{st} + \frac{A_{pl} \cdot A_{st}}{A_{pl} + A_{st}} \left(\frac{d_0}{2}\right)^2$$

2.2 Spannungen infolge *M*, *N* und *V*

2.2.1 Normal- und Schubspannungen

Die Bezugsachsen für die Anwendung der Formeln müssen Hauptachsen sein.

● Einfach- und doppeltsymmetrische Querschnitte

Die Hauptachsen sind identisch mit den Schwerpunktachsen *y* und *z*.

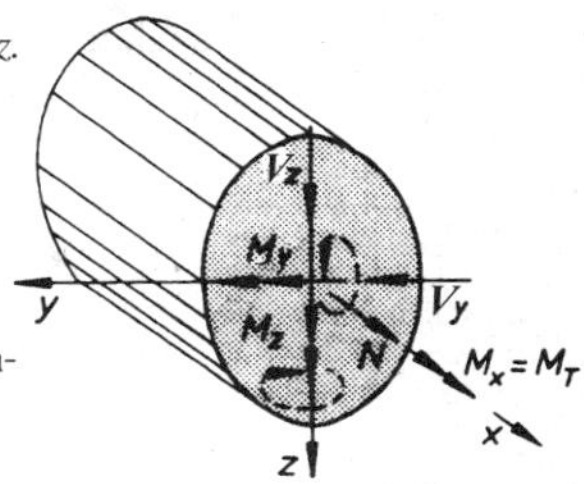

$$\sigma_x = \frac{N}{A} + \frac{M_y}{I_y} z - \frac{M_z}{I_z} y$$

$$\tau_{xz} = \frac{V_z \cdot S_y}{I_y \cdot b}$$

Bedeutung der Fußzeiger bei τ: $\tau_{xz} = \tau_{zx}$

1. Fußzeiger: Orientierung der Bezugsfläche (Richtung der Flächennormalen)
2. Fußzeiger: Richtung der Schubspannung τ

● Unsymmetrische Querschnitte

Die Hauptachsen gehen durch den Schwerpunkt und sind gegenüber den Schwerpunktachsen *y* und *z* um den Winkel α gedreht (vgl. S. 4.29).

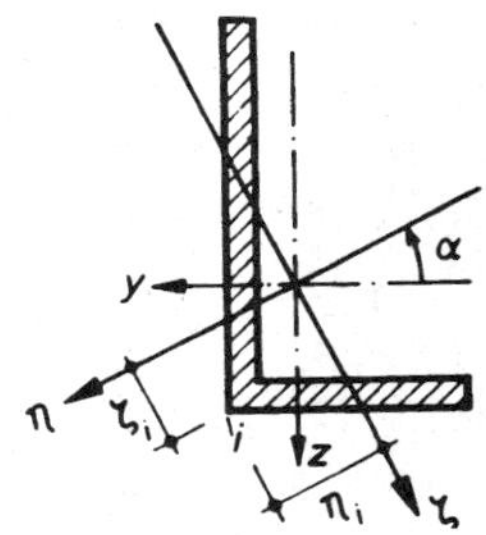

Normalspannungen: $$\sigma_x = \frac{N}{A} + \frac{M_\eta}{I_\eta} \cdot \zeta - \frac{M_\zeta}{I_\zeta} \cdot \eta \qquad (1)$$

Koordinaten eines Punktes *i* im Hauptachsensystem η, ζ:

$$\eta_i = y_i \cdot \cos\alpha + z_i \cdot \sin\alpha \qquad \zeta_i = -y_i \cdot \sin\alpha + z_i \cdot \cos\alpha \qquad (2)$$

Momentenvektoren M_η und M_ζ:

$$M_\eta = M_y \cdot \cos\alpha + M_z \cdot \sin\alpha \qquad M_\zeta = -M_y \cdot \sin\alpha + M_z \cdot \cos\alpha \qquad (3)$$

Gleichung der Spannungsnullinie und Winkel β zwischen η-Achse

und Nullinie: $$\zeta = \frac{M_\zeta \cdot I_\eta}{M_\eta \cdot I_\zeta}\eta - \frac{N \cdot I_\eta}{M_\eta \cdot A} \;;\; \tan\beta = \frac{M_\zeta \cdot I_\eta}{M_\eta \cdot I_\zeta} \qquad (4)$$

Schubspannungen: siehe [4.4]

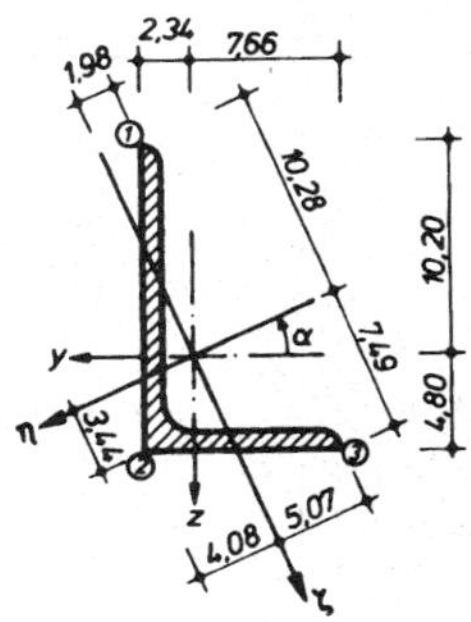

Beispiel:

Geg.: L 150 × 100 × 10; $N = 0$; $M_y = 375$ kNcm; $M_z = -200$ kNcm[1)]

Aus Tafeln Abschnitt 8: $\alpha = 23{,}85°$; $I_\eta = 637$ cm⁴; $I_\zeta = 112$ cm⁴

Ges.: Spannungen in den Eckpunkten des Winkels

Aus Gl. (2):
$\eta_1 = 2{,}34 \cdot \cos 23{,}85° - 10{,}2 \cdot \sin 23{,}85° = -1{,}98$ cm
$\zeta_1 = -2{,}34 \cdot \sin 23{,}85° - 10{,}2 \cdot \cos 23{,}85° = -10{,}28$ cm
$\eta_2 = 2{,}34 \cdot \cos 23{,}85° + 4{,}8 \cdot \sin 23{,}85° = 4{,}08$ cm
$\zeta_2 = -2{,}34 \cdot \sin 23{,}85° + 4{,}8 \cdot \cos 23{,}85° = 3{,}44$ cm
$\eta_3 = -7{,}66 \cdot \cos 23{,}85° + 4{,}8 \cdot \sin 23{,}85° = -5{,}07$ cm
$\zeta_3 = 7{,}66 \cdot \sin 23{,}85° + 4{,}8 \cdot \cos 23{,}85° = 7{,}49$ cm

Aus Gl. (3):
$M_\eta = 375 \cdot \cos 23{,}85° - 200 \cdot \sin 23{,}85° = 262{,}1$ kNcm
$M_\zeta = -375 \cdot \sin 23{,}85° - 200 \cdot \cos 23{,}85° = -334{,}6$ kNcm

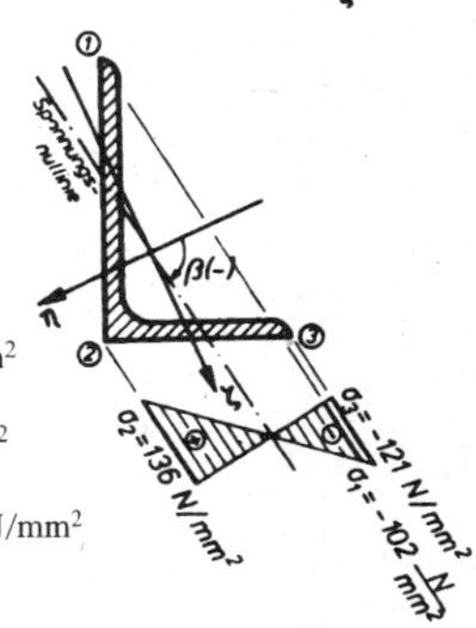

Aus Gl. (1):
$$\sigma_1 = \frac{262{,}1}{637}(-10{,}28) - \frac{-334{,}6}{112}(-1{,}98) = -10{,}2 = -102\ \text{N/mm}^2$$
$$\sigma_2 = \frac{262{,}1}{637}\,3{,}44 - \frac{-334{,}6}{112}\,4{,}08 = 13{,}6\ \text{kN/cm}^2 = 136\ \text{N/mm}^2$$
$$\sigma_3 = \frac{262{,}1}{637}\,7{,}49 - \frac{-334{,}6}{112}(-5{,}07) = -12{,}1\ \text{kN/cm}^2 = -121\ \text{N/mm}^2$$

Aus Gl. (4): $\tan\beta = (-334{,}6/262{,}1) \cdot (637/112) = -7{,}26$; $\beta = -82{,}2°$

[1)] Ein Nachweis auf Torsion kann entfallen ($M_T = 0$), wenn eine der folgenden Voraussetzungen erfüllt ist:
a) Die Lasten gehen durch den Schubmittelpunkt (s. Tafel 4.30/4.31).
b) Eine Verdrehung der Querschnitte wird durch konstruktive Maßnahmen verhindert.

Ermittlung der Spannungen ohne Bestimmung der Hauptachsen [4.9]

$$\sigma_i = \frac{M_y \cdot I_z + M_z \cdot I_{yz}}{I^*} z_i - \frac{M_z \cdot I_y + M_y \cdot I_{yz}}{I^*} y_i \qquad \tan\gamma = \frac{M_z \cdot I_y + M_y \cdot I_{yz}}{M_y \cdot I_z + M_z \cdot I_{yz}}$$

$$I_{yz} = \pm \sqrt{I_y \cdot I_z - I_\eta \cdot I_\zeta}; \qquad I^* = I_y \cdot I_z - I_{yz}^2 = I_\eta \cdot I_\zeta$$

Beispiel (wie auf S. 4.33). Geg.: L 150 × 100 × 10

M_y = 375 kNcm; M_z = - 200 kNcm; I_y = 552 cm^4; I_z = 198 cm^4; I_η = 637 cm^4; I_ζ = 112 cm^4

$I_{yz} = -\sqrt{552 \cdot 198 - 637 \cdot 112} = -194{,}8$ cm^4; $I^* = 637 \cdot 112 = 71\,344$ cm^4

$$\sigma_i = \frac{375 \cdot 198 + 200 \cdot 194{,}8}{71\,344} z_i - \frac{-200 \cdot 552 + 375 \cdot (-194{,}8)}{71\,344} y_i; \qquad \sigma_i = 1{,}587\, z_i + 2{,}571\, y_i$$

$\sigma_1 = -1{,}587 \cdot 10{,}2 + 2{,}571 \cdot 2{,}34 = -10{,}2$ kN/cm^2; $\sigma_2 = 1{,}587 \cdot 4{,}8 + 2{,}571 \cdot 2{,}34$ = 13,6 kN/cm^2

$\sigma_3 = 1{,}587 \cdot 4{,}8 - 2{,}571 \cdot 7{,}66 = -12{,}1$ kN/cm^2; $\tan\gamma = -1{,}62$; $\gamma = -58{,}32°$

Damit ergibt sich der Winkel β (vgl. S. 4.33 unten) zu $\beta = -58{,}32 - 23{,}85 = -82{,}17°$

2.2.2 Randspannungen bei rechteckigen Querschnitten

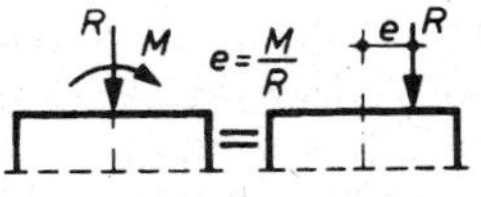

(Zugspannungen können nicht aufgenommen werden)

- **Kantenpressungen bei einachsiger Ausmittigkeit**

Belastungs- und Spannungsschema		Lage der resultierenden Kraft	Randspannungen
1	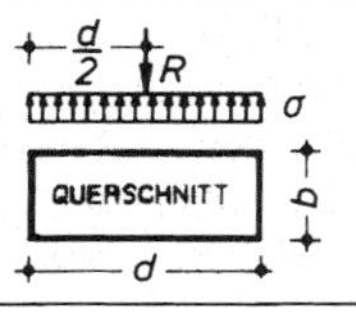	$e = 0$ (R in der Mitte)	$\sigma = \frac{R}{bd}$
2	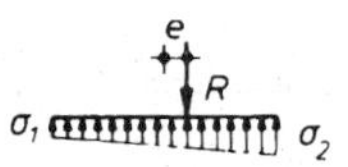	$e < \frac{d}{6}$ (R innerhalb des Kerns)	$\sigma_1 = \frac{R}{bd}\left(1 - \frac{6e}{d}\right)$ $\sigma_2 = \frac{R}{bd}\left(1 + \frac{6e}{d}\right)$
3	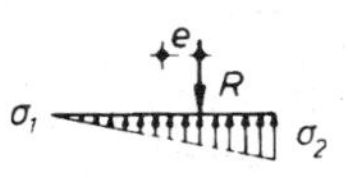	$e = \frac{d}{6}$ (R auf dem Kernrand)	$\sigma_1 = 0$ $\sigma_2 = \frac{2R}{bd}$
4	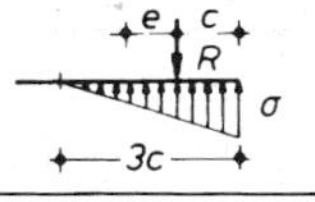	$\frac{d}{6} < e < \frac{d}{3}$ (R außerhalb des Kerns)	$\sigma = \frac{2R}{3cb}$ $c = d/2 - e$
5	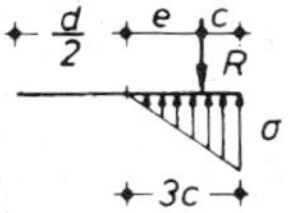	$e = \frac{d}{3}$	$\sigma = \frac{4R}{bd}$

- **Max. Eckpressung bei zweiachsiger Ausmittigkeit $\max\sigma = \mu R/(bd)$**

Tafel: μ-Werte

e_z/b ↑																	
0,32	3,70	3,93	4,17	4,43	4,70	4,99											
0,30	3,33	3,54	3,75	3,98	4,23	4,49	4,78	5,09	5,43								
0,28	3,03	3,22	3,41	3,62	3,84	4,08	4,35	4,63	4,94	5,28	5,66						
0,26	2,78	2,95	3,13	3,32	3,52	3,74	3,98	4,24	4,53	4,84	5,19	5,57					
0,24	2,56	2,72	2,88	3,06	3,25	3,46	3,68	3,92	4,18	4,47	4,79	5,15	5,55				
0,22	2,38	2,53	2,68	2,84	3,02	3,20	3,41	3,64	3,88	4,15	4,44	4,77	5,51	5,57			
0,20	2,22	2,36	2,50	2,66	2,82	2,99	3,18	3,39	3,62	3,86	4,14	4,44	4,79	5,19	5,66		
0,18	2,08	2,21	2,35	2,49	2,64	2,80	2,98	3,17	3,38	3,61	3,86	4,15	4,47	4,84	5,28		
0,16	1,96	2,08	2,21	2,34	2,48	2,63	2,80	2,97	3,17	3,38	3,62	3,88	4,18	4,53	4,94	5,43	
0,14	1,84	1,96	2,08	2,21	2,34	2,48	2,63	2,79	2,97	3,17	3,39	3,64	3,92	4,24	4,63	5,09	
0,12	1,72	1,84	1,96	2,08	2,21	2,34	2,48	2,63	2,80	2,98	3,18	3,41	3,68	3,98	4,35	4,78	
0,10	1,60	1,72	1,84	1,96	2,08	2,20	2,34	2,48	2,63	2,80	2,99	3,20	3,46	3,74	4,08	4,49	4,99
0,08	1,48	1,60	1,72	1,84	1,96	2,08	2,21	2,34	2,48	2,64	2,82	3,02	3,25	3,52	3,84	4,23	4,70
0,06	1,36	1,48	1,60	1,72	1,84	1,96	2,08	2,21	2,34	2,49	2,66	2,84	3,06	3,32	3,62	3,98	4,43
0,04	1,24	1,36	1,48	1,60	1,72	1,84	1,96	2,08	2,21	2,35	2,50	2,68	2,88	3,13	3,41	3,75	4,17
0,02	1,12	1,24	1,36	1,48	1,60	1,72	1,84	1,96	2,08	2,21	2,36	2,53	2,72	2,95	3,22	3,54	3,93
0,00	1,00	1,12	1,24	1,36	1,48	1,60	1,72	1,84	1,96	2,08	2,22	2,38	2,56	2,78	3,03	3,33	3,70
	0,00	0,02	0,04	0,06	0,08	0,10	0,12	0,14	0,16	0,18	0,20	0,22	0,24	0,26	0,28	0,30	0,32
	e_y/d →																

Erläuterungen zur Tafel: Aus dem Angriffspunkt A (Abb.) der resultierenden Längskraft R ergeben sich die Ausmittigkeiten e_y und e_z. Nach Errechnung der Werte e_y/d und e_z/b entnimmt man aus der Tafel den zugehörigen Wert μ. Die max. Eckspannung ist $\sigma = \mu R/(bd)$.

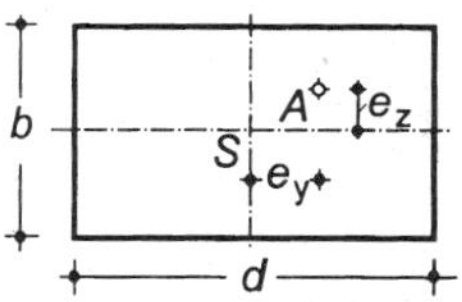

Liegt die resultierende Kraft R im Kern, so ergeben sich μ-Werte unterhalb der Staffellinie. Die μ-Werte oberhalb der Staffellinie ergeben sich bei klaffender Fuge. Bei den Tafelwerten wird die Bedingung eingehalten, daß sich mindestens die Hälfte der Fläche bd an der Druckübertragung beteiligt, d.h., daß im Grenzfall die Nullinie durch den Schwerpunkt S geht.

Beispiel: geg.: $R = 45$ kN; $d = 49$ cm; $b = 36{,}5$ cm; $e_y = 10$ cm; $e_z = 8$ cm.

$e_y/d = 0{,}20$; $e_z/b = 0{,}22$ → $\mu = 4{,}44$; $\max\sigma = 4{,}44 \cdot 45/(49 \cdot 36{,}5) = 0{,}11$ kN/cm^2

2.2.3 Kern

Liegt der Lastangriffspunkt der resultierenden Längskraft im Kern des Querschnitts, so treten nur Spannungen *eines* Vorzeichens auf. *Kernweiten*:

einfachsymmetrischer Querschnitt		Rechteck	Kreis
$k_{y1} = \frac{I_z}{y_2} \cdot \frac{1}{A}$; $k_{y2} = \frac{I_z}{y_1} \cdot \frac{1}{A}$ $k_z = \frac{I_y}{z} \cdot \frac{1}{A}$	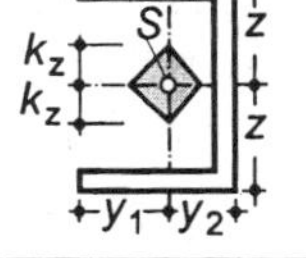	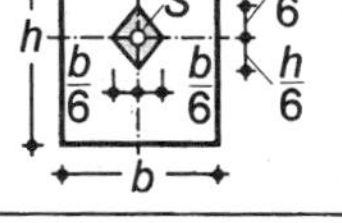	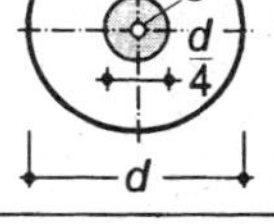

2.2.4 Hauptspannungen

Sie ergeben bei $\varphi = \varphi_0$

$$\tan 2\varphi_0 = \frac{2\tau_{xz}}{\sigma_z - \sigma_x}; \quad \text{dann ist } \tau = 0$$

$$\text{und } \sigma_{1,2} = \frac{\sigma_z + \sigma_x}{2} \pm \frac{1}{2}\sqrt{(\sigma_x - \sigma_z)^2 + 4\tau_{xz}^2}$$

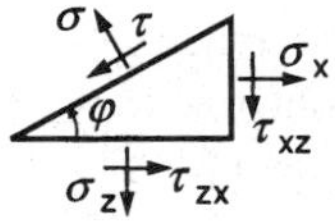

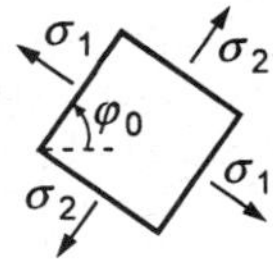

2.3 Torsion

Torsionsmomente treten z.B. auf, wenn der Schubmittelpunkt des Querschnitts nicht in der Lastebene liegt. Schubmittelpunkt: Der Punkt des Querschnitts, für den das Moment aus den Schubspannungen infolge Querkraft gleich Null ist (vgl. Tafel 4.30). Man unterscheidet *reine Torsion* (nach St. Venant), bei der nur Schubspannungen auftreten, und *Wölbkrafttorsion* (z.B. bei offenen, dünnwandigen Querschnitten), bei der neben den Schubspannungen auch Querschnittsverwölbungen und Wölbnormalspannungen auftreten.

2.3.1 Torsion nach St. Venant

- **Torsion bei dünnwandigen Hohlquerschnitten**

Erste Bredtsche Formeln

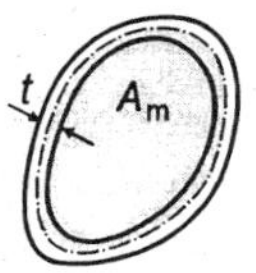

$$\tau = \frac{M_T}{2A_m t} \quad (1) \qquad \max\tau = \frac{M_T}{2A_m \min t} \quad (2)$$

M_T Torsionsmoment

A_m Fläche, die von der Mittellinie der Wandung eingeschlossen ist

t Dicke des Querschnitts an der betrachteten Stelle

Zweite Bredtsche Formeln

$$\vartheta' = \frac{M_T}{G4A_m^2}\int_s \frac{1}{t}\mathrm{d}s \quad (3)$$

ϑ' Verdrillung
G Schubmodul

$$\vartheta' = \frac{M_T}{GI_T} \quad (4) \qquad \text{mit } I_T = 4A_m^2 \Big/ \left(\int_s \frac{1}{t}\mathrm{d}s\right) \quad (5)$$

In vielen Fällen ist für Umfangsabschnitte s_i die Wanddicke t_i eines Hohlprofils konstant. Gl. (5) kann dann wie folgt geschrieben werden:

$$I_T = 4A_m^2 \Big/ \left(\sum_i s_i/t_i\right) \quad (6)$$

Zahlenbeispiel aus [4.3]

Für den Stab ab (s. Abb.) ermittle man M_T, τ, ϑ' (St 37 mit $G = 8100$ kN/cm^2).

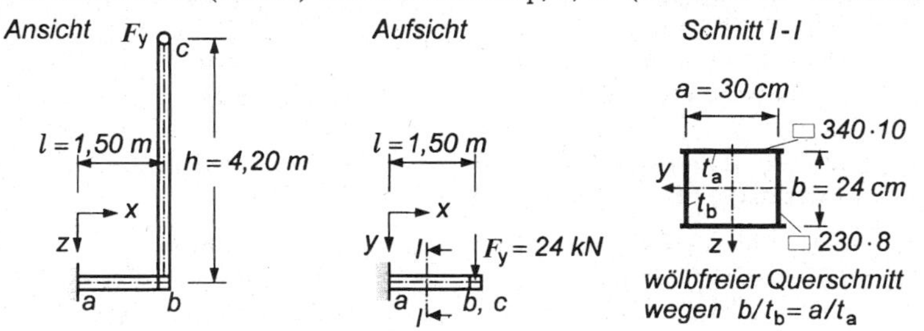

$M_T = F_y h = 24 \cdot 4{,}20 = 100{,}8$ kNm; $A_m = ab = 30 \cdot 24 = 720$ cm^2

Gl. (6): $I_T = \dfrac{4 \cdot 720^2}{2[(30/1)+(24/0{,}8)]} = 17\,280\ \text{cm}^4$

Die Torsionsschubspannungen werden nach Gl. (1) errechnet.

□ 230·8: $\tau = 10080/(2 \cdot 0{,}8 \cdot 720) = 8{,}75\text{kN/cm}^2$

□ 340·10: $\tau = 10080/(2 \cdot 1{,}0 \cdot 720) = 7{,}00\text{kN/cm}^2$

Gl. (4): $\vartheta' = 10080/(8100 \cdot 17280) = 7{,}202 \cdot 10^{-5}\ \text{cm}^{-1}$

- **Torsion bei dünnwandigen, offenen Querschnitten**

Für aus Rechtecken zusammengesetzte Querschnitte gilt:

$\tau = \dfrac{M_T t}{I_T}$; $I_T = \dfrac{1}{3}\sum_{i=1}^{n} t_i^3 h_i$

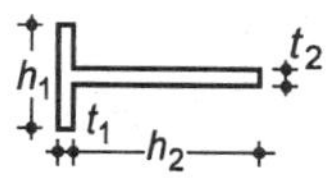

Profil	L	⊏	T	I
η	0,99	1,12	1,12	1,30

Bei *Walzprofilen* ist I_T wegen der Ausrundungen mit einem Korrekturfaktor η zu multiplizieren.

- **Torsion bei dickwandigen Querschnitten**

$\tau = M_T/W_T$; W_T Torsionswiderstandsmoment (Tafel 4.31)

2.3.2 St. Venant- und Wölbkrafttorsion (gemischte Torsion)

Neben der St. Venant-Torsion (primäre Torsion) tritt zusätzlich Wölbkrafttorsion (sekundäre Torsion) auf, wenn

1. nach der Theorie von St. Venant die Querschnitte nicht eben bleiben und
2. die dann auftretenden Verwölbungen behindert sind.

Querschnitte, die bei der St. Venant-Torsion eben bleiben, werden als wölbfrei bezeichnet. Solche wölbfreien Querschnitte sind z.B. L - und ⊥ - Querschnitte, Kreis- und Kreisringquerschnitte, quadratische Hohlquerschnitte mit konstanter Wanddicke und doppeltsymmetrische Rechteckhohlquerschnitte, für die das Verhältnis b/t (Breite/Dicke) für Stege und Gurte gleich ist.

Im Fall der nachfolgend behandelten gemischten Torsion werden zur Berechnung der Schnitt- und Verschiebungsgrößen das Torsionsflächenmoment 2. Grades I_T (wie in Abschnitt 2.3.1) und das Wölbflächenmoment 2. Grades I_ω benötigt, darüber hinaus zur Spannungsberechnung die Hauptverwölbung w_M. I_T und I_ω sind für Walzprofile in den Tafeln 8.46 und 8.47 angegeben. Formeln zur Ermittlung der Schub- und Normalspannungen finden sich auf Seite 8.14 und 8.15.

Analogie: gemischte Torsion – Biegung nach Theorie II. Ordnung, nur für dünnwandige, offene Querschnitte

Diese Analogie erlaubt die Anwendung der Formeln und Verfahren der Theorie II. Ordnung in Abschnitt 6 für das hier vorliegende Problem der gemischten Torsion. Dabei findet die Theorie II. Ordnung nur Anwendung für Längszugkräfte $Z = -N^{II}$, also für $N^{II} < 0$ und für $K = -N^{II}/EI = Z/EI > 0$.

Die *Analogie* lautet für die einzelnen Größen bzw. Randbedingungen:

gemischte Torsion	Biegung nach Theorie II. Ordnung
ϑ Torsionsdrehwinkel +	w Durchbiegung +
$\vartheta' = \mathrm{d}\vartheta/\mathrm{d}x$ Verdrillung	$w' = \mathrm{d}w/\mathrm{d}x = \varphi$ Querschnittsdrehwinkel
M_ω Bimoment	M Biegemoment +
M_T Torsionsmoment +	R Transversalkraft +
M_{Tp} primäres Torsionsmoment (St. Venant-Torsion)	$Z\varphi$ (keine physikalische Größe)
M_{Ts} sekundäres Torsionsmoment (Wölbkrafttorsion)	V Querkraft
$M_T = M_{Tp} + M_{Ts}$	$R = Z\varphi + V$
GI_T St. Venantsche Torsionssteifigkeit	Z Längszugkraft ($= -N^{II}$)
EI_ω Wölbsteifigkeit	EI Biegesteifigkeit
M_T^e eingeprägtes Torsionsmoment	F Einzellast
m_T Streckentorsionsmoment	q Streckenlast
Gabellager (nur Torsionseinspannung)	vertikal unverschiebliches Lager
Torsions- und Wölbeinspannung	unverschiebliche Einspannung
freies Ende	freies Ende
starre Kopfplatte	verschiebliche Einspannung

Die Einheiten analoger Größen sind *nicht* gleich.

Beispiel: Zweifeldträger mit konstantem Torsionsstreckenmoment m_T

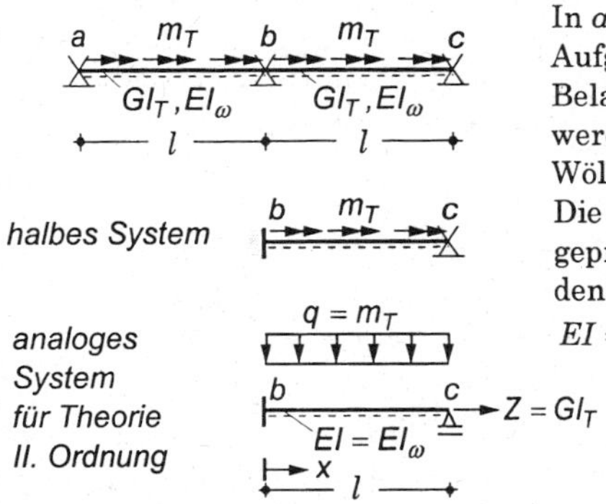

In a, b und c liegt Gabellagerung vor. Aufgrund der Symmetrie von System und Belastung kann das halbe System berechnet werden; in b ist aus Symmetriegründen eine Wölbeinspannung anzunehmen. Die Berechnung wird für das analoge Biegeproblem nach Theorie II. Ordnung mit den ideellen Größen $q = m_T$, $Z = GI_T$ und $EI = EI_\omega$ nach Abschnitt 6 durchgeführt.

Lösungsfunktionen nach Abschnitt 6.7 (analytische Formeln):

$$K = Z/EI,\quad f = \sqrt{K},\quad b_0(x) = \cosh(fx),\quad b_1(x) = [\sinh(fx)]/f,\quad b_2(x) = [b_0(x) - 1]/K$$

$$b_3(x) = [b_1(x) - x]/K,\quad b_4(x) = \left[b_2(x) - x^2/2\right]/K$$

für $x = l$: $b_j(x = l) = b_j$, $j = 0$ bis 4

Tafel 4.67 : $M_b = -\dfrac{b_3 l^2/2 - b_4 l}{b_2 l - b_3}\, q$

Tafel 4.65 : $V_b = (b_2 q - b_0 M_b)/b_1$, $V_c = (-b_2 q - M_b)/b_1$

$R_b = ql/2 - M_b/l$, $R_c = -ql/2 - M_b/l = R_b - ql$

Tafel 4.64 : $M(x) = M_b\, b_0(x) + V_b\, b_1(x) - q\, b_2(x)$

$V(x) = M_b\, K\, b_1(x) + V_b\, b_0(x) - q\, b_1(x)$

$R(x) = R_b - qx$

Mit den Analogiebeziehungen $M_\omega = M$, $M_T = R$, $M_{Ts} = V$ und mit der Formel $M_{Tp} = M_T - M_{Ts} = R - V$ liegen dann auch alle interessierenden Schnittgrößen des realen Torsionsproblems vor.

Fertige Formeln für drei weitere Fälle sind auf S. 8.17 und 8.18 angegeben.

3 Virtuelle Arbeitsprinzipien

3.1 Prinzip der virtuellen Kräfte, Reduktionssatz

Das Prinzip der virtuellen Kräfte dient zur Berechnung einer beliebigen Verschiebungsgröße v an einem bestimmten Punkt eines Systems, wenn die Schnittgrößen M, V, N bekannt sind. Neben den M-, V- und N-Verformungen können auch Längsdehnungen und Verkrümmungen aus Temperaturänderung, eingeprägte Auflagerverschiebungen, eingeprägte (Relativ-)Drehwinkel sowie Federn und Drehfedern berücksichtigt werden.

Benötigt wird ein virtueller Kraftzustand, dessen Schnittgrößen mit Querstrich ($\overline{M}$, $\overline{V}$...) versehen werden. Dieser Zustand entsteht aus der Einwirkung einer Lastgröße 1, die der gesuchten Verschiebungsgröße v zugeordnet ist.

Beispiele:

gesuchte Verschiebungsgröße	virtuelle Lastgröße 1
Verschiebung δ mit bekannter Wirkungslinie	
Vertikalverschiebungskomponente δ_v	
Querschnittsdrehwinkel φ	
Relativdrehwinkel $\Delta\varphi$ an einem Gelenk	

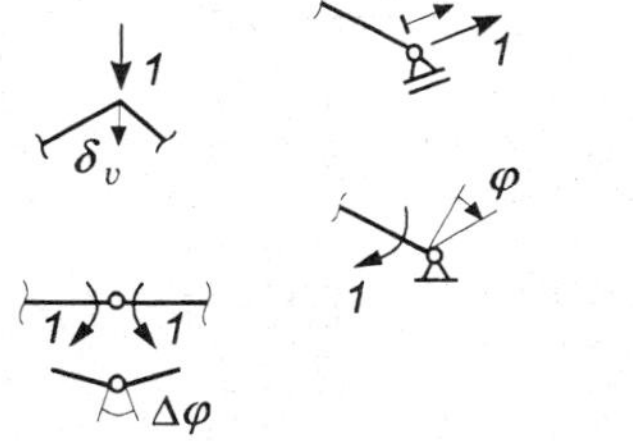

Die virtuelle Lastgröße 1 und die virtuellen Schnittgrößen $\overline{M}$, $\overline{V}$, $\overline{N}$ müssen nur die Gleichgewichtsbedingungen erfüllen, nicht aber auch Verträglichkeitsbedingungen bei statisch unbestimmten Systemen (wie dies beim wirklichen Kraftzustand der Fall ist).

Daraus folgt der **Reduktionssatz für statisch unbestimmte Systeme:**
Der virtuelle Kraftzustand darf an einem beliebigen statisch bestimmten Grund- oder Teilsystem bestimmt werden, also an einem System, das aus dem wirklichen System durch Lösen von Bindungen (z.B. Einführen von Gelenken) oder Weglassen von Teilen hervorgeht und selbst statisch bestimmt ist.

Prinzip der virtuellen Kräfte für beliebige Verschiebungsgröße v:

$$v = \sum_s \int_0^l \overline{M} \frac{M}{EI} \mathrm{d}x$$
Momentenverformung, EI Biegesteifigkeit

$$+ \sum_s \int_0^l \overline{V} \frac{V}{GA_\mathrm{V}} \mathrm{d}x$$
Querkraftverformung, GA_V Schubsteifigkeit, meist vernachlässigt

$$+ \sum_s \int_0^l \overline{N} \frac{N}{EA} \mathrm{d}x$$
Längskraftverformung, EA Längssteifigkeit

$$+ \sum_s \int_0^l \overline{M} \frac{T_\mathrm{u} - T_\mathrm{o}}{h} \alpha_\mathrm{T} \mathrm{d}x$$
$$+ \sum_s \int_0^l \overline{N}\, T_\mathrm{S} \alpha_\mathrm{T} \mathrm{d}x$$
Temperaturdehnungen

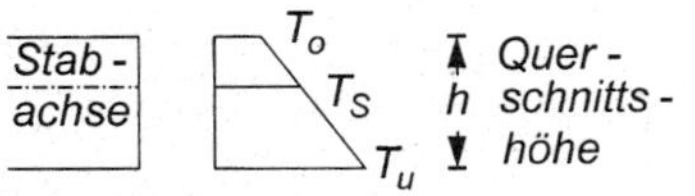

$$+ \overline{F} \frac{F}{c_\mathrm{F}}$$
$\overline{F}$ virtuelle, F wirkliche Federkraft, c_F Federsteifigkeit

$$+ \overline{M} \frac{M}{\hat{c}_\mathrm{M}}$$
$\overline{M}$ virtuelles, M wirkliches Federmoment, $\hat{c}_\mathrm{M}$ Drehfedersteifigkeit

$$+ \overline{A}_\mathrm{v} \delta_\mathrm{a}^e$$
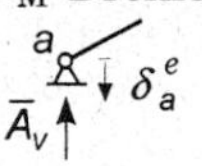

eingeprägte Lagerverschiebung

$$+ \overline{M}_\mathrm{a} \varphi_\mathrm{a}^e$$

eingeprägte Verdrehung einer Einspannung

$$+ \overline{M} \phi^e$$
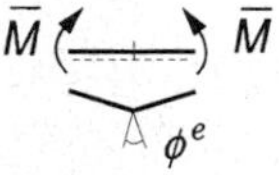

eingeprägter Knickwinkel

$\sum_s$ Summe über alle Stäbe; l Länge des Einzelstabes

Mit der Annahme, daß EI, GA_V, EA, T_u, T_o und T_S über die Stablänge l konstant sind, vereinfacht sich die Rechnung für die einzelnen Integrale wie folgt:

$$\int_0^l \overline{M} \frac{M}{EI} \mathrm{d}x = \frac{l}{EI} \cdot$$ Tafelwert von S. 4.42 und 4.43

$$\int_0^l \overline{V} \frac{V}{GA_\mathrm{V}} \mathrm{d}x = \overline{V} \frac{M_\mathrm{k} - M_\mathrm{i}}{GA_\mathrm{V}},$$ $\overline{V}$ im betrachteten Bereich ik konstant, $\left(\int_0^l V \mathrm{d}x = M_\mathrm{k} - M_\mathrm{i}\right)$

$$\int_0^l \overline{N} \frac{N}{EA} \mathrm{d}x = \overline{N} \frac{A_\mathrm{N}}{EA} = \overline{N} \frac{Nl}{EA},$$ wenn N konstant ist, sonst A_N = Fläche der N-Linie des Stabes; $\overline{N}$ im betrachteten Bereich konstant

$$\int_0^l \overline{M} \frac{T_\mathrm{u} - T_\mathrm{o}}{h} \alpha_\mathrm{T} \mathrm{d}x = \frac{T_\mathrm{u} - T_\mathrm{o}}{h} \alpha_\mathrm{T} \left(\overline{M}_\mathrm{i} + \overline{M}_\mathrm{k}\right) l/2,$$ $\overline{M}$ im betrachteten Bereich $i\,k$ linear

$$\int_0^l \overline{N} T_\mathrm{S} \alpha_\mathrm{T} \mathrm{d}x = \overline{N}\, T_\mathrm{S} \alpha_\mathrm{T} l,$$ $\overline{N}$ im betrachteten Bereich konstant.

Wirkt die virtuelle Lastgröße 1 im *Feld* eines Stabes, so ist $\overline{V}$, $\overline{N}$ konstant bzw. $\overline{M}$ linear nur dann erfüllt, wenn der Stab in 2 Bereiche geteilt wird. Für die Berechnung der M-Verformungen mit der Integraltafel S. 4.42 ist diese Teilung nicht erforderlich.

Beispiel 1: Statisch bestimmtes System

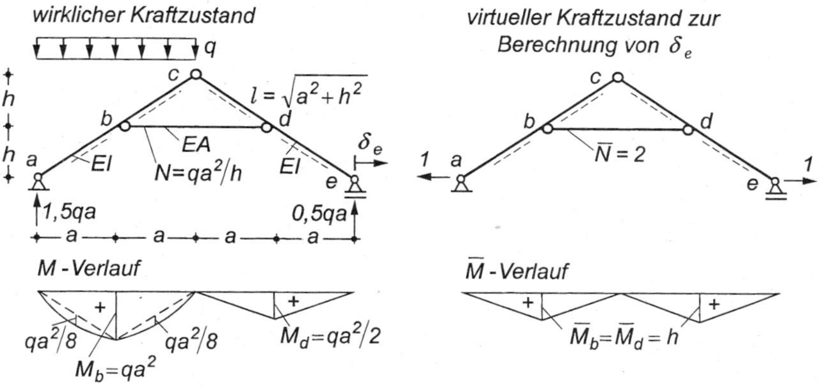

gesucht: Horizontalverschiebung δ_e; zu berücksichtigen sind M-Verformungen der Stäbe ac und ce sowie N-Verformungen des (schlanken) Zuggliedes bd. Für Stab ab beispielsweise wird M zerlegt in ein Dreieck und eine quadratische Parabel (Zeile 3 bzw. 7, S. 4.42).

$$\delta_e = \frac{l}{EI}\left[\overline{M}_b\left(\frac{M_b}{3} + \frac{qa^2/8}{3}\right)2 + \overline{M}_d\frac{M_d}{3}2\right] + \overline{N}\frac{N2a}{EA} = \frac{13}{12}\frac{qa^2hl}{EI} + 4\frac{qa^3}{hEA}$$

Für $a = 4\,\text{m}$, $h = 3\,\text{m}$, $l = 5\,\text{m}$, $EI = 30000\,\text{kNm}^2$, $EA = 40000\,\text{kN}$, $q = 6\,\text{kN/m}$ fogt $\delta_e = 0{,}0520 + 0{,}0128 = 0{,}0648\,\text{m} = 6{,}48\,\text{cm}$

Beispiel 2: Statisch unbestimmtes System, Reduktionssatz

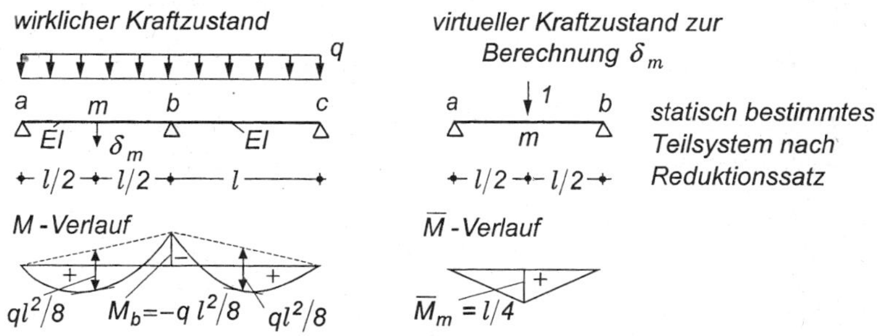

gesucht: Durchbiegung δ_m; zu berücksichtigen sind M-Verformungen.

Die Zerlegung von M erfolgt wie bei Beispiel 1 in ein Dreieck und eine quadratische Parabel (Zeile 3 bzw. 7, S. 4.42).

$$\delta_m = \frac{l}{EI}\overline{M}_m\left(\frac{M_b}{4} + \frac{ql^2/8}{2{,}4}\right) = \frac{1}{192}\frac{ql^4}{EI}$$

3.2 Integraltafel

Integrale $\int_0^l \overline{M}(x)\,M(x)\,\mathrm{d}x = \text{Tafelwert}\cdot l$, für Prinzip der virtuellen Kräfte

(Alle M, $\overline{M}$ sind mit Vorzeichen einzusetzen)

	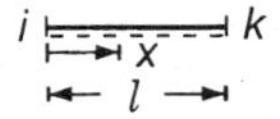 i, k, x, l	 $\overline{M}_i$	 $\overline{M}_k$	 $\overline{M}$
1	 M	$\frac{\overline{M}_i M}{2}$	$\frac{\overline{M}_k M}{2}$	$\overline{M}M$
2	 M_i	$\frac{\overline{M}_i M_i}{3}$	$\frac{\overline{M}_k M_i}{6}$	$\frac{\overline{M}M_i}{2}$
3	 M_k	$\frac{\overline{M}_i M_k}{6}$	$\frac{\overline{M}_k M_k}{3}$	$\frac{\overline{M}M_k}{2}$
4	 M_i, M_k	$\overline{M}_i \frac{2M_i + M_k}{6}$	$\overline{M}_k \frac{M_i + 2M_k}{6}$	$\overline{M} \frac{M_i + M_k}{2}$
5	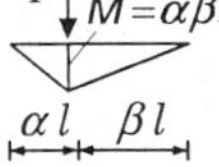 F, $M = \alpha\beta F l$, αl, βl	$\frac{1+\beta}{6}\overline{M}_i M$	$\frac{1+\alpha}{6}\overline{M}_k M$	$\frac{\overline{M}M}{2}$
6	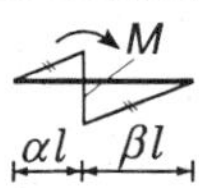 M, αl, βl	$\frac{3\beta^2-1}{6}\overline{M}_i M$	$\frac{1-3\alpha^2}{6}\overline{M}_k M$	$\left(\frac{1}{2}-\alpha\right)\overline{M}M$
7	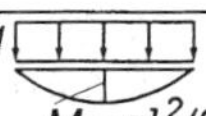 q, $M = ql^2/8$ *	$\frac{\overline{M}_i M}{3}$	$\frac{\overline{M}_k M}{3}$	$2\frac{\overline{M}M}{3}$
8	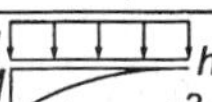 q, M, hT, $M = -ql^2/2$ *	$\frac{\overline{M}_i M}{4}$	$\frac{\overline{M}_k M}{12}$	$\frac{\overline{M}M}{3}$
9	 hT, q, M, $M = -ql^2/2$ *	$\frac{\overline{M}_i M}{12}$	$\frac{\overline{M}_k M}{4}$	$\frac{\overline{M}M}{3}$
10	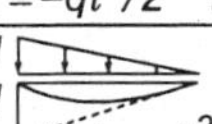 q, M, $M = ql^2/6$ **	$2\frac{\overline{M}_i M}{15}$	$7\frac{\overline{M}_k M}{60}$	$\frac{\overline{M}M}{4}$
11	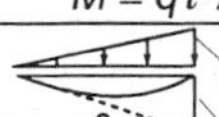 q, M, $M = ql^2/6$ **	$7\frac{\overline{M}_i M}{60}$	$2\frac{\overline{M}_k M}{15}$	$\frac{\overline{M}M}{4}$
12	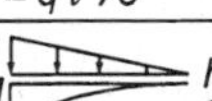 q, M, hT, $M = -ql^2/6$ **	$\frac{\overline{M}_i M}{5}$	$\frac{\overline{M}_k M}{20}$	$\frac{\overline{M}M}{4}$
13	 hT, q, M, $M = -ql^2/6$ **	$\frac{\overline{M}_i M}{20}$	$\frac{\overline{M}_k M}{5}$	$\frac{\overline{M}M}{4}$

hT horizontale Tangente * quadratische Parabel ** kubische Parabel

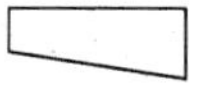 $\overline{M}_i$ $\overline{M}_k$	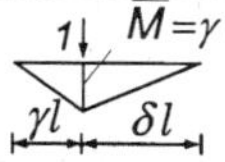 1, $\overline{M}=\gamma\delta l$, γl, δl	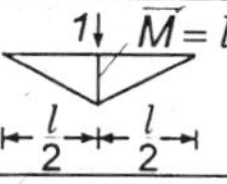 1, $\overline{M}=l/4$, $\frac{l}{2}$, $\frac{l}{2}$	
$\frac{\overline{M}_\mathrm{i}+\overline{M}_\mathrm{k}}{2}M$	$\frac{\overline{M}M}{2}$	$\frac{\overline{M}M}{2}$	1
$\frac{2\overline{M}_\mathrm{i}+\overline{M}_\mathrm{k}}{6}M_\mathrm{i}$	$\frac{1+\delta}{6}\overline{M}M_\mathrm{i}$	$\frac{\overline{M}M_\mathrm{i}}{4}$	2
$\frac{\overline{M}_\mathrm{i}+2\overline{M}_\mathrm{k}}{6}M_\mathrm{k}$	$\frac{1+\gamma}{6}\overline{M}M_\mathrm{k}$	$\frac{\overline{M}M_\mathrm{k}}{4}$	3
$\frac{\overline{M}_\mathrm{i}M_\mathrm{i}+\overline{M}_\mathrm{k}M_\mathrm{k}}{3}+\frac{\overline{M}_\mathrm{i}M_\mathrm{k}+\overline{M}_\mathrm{k}M_\mathrm{i}}{6}$	$\overline{M}\left(\frac{1+\delta}{6}M_\mathrm{i}+\frac{1+\gamma}{6}M_\mathrm{k}\right)$	$\frac{\overline{M}(M_\mathrm{i}+M_\mathrm{k})}{4}$	4
$\left(\frac{1+\beta}{6}\overline{M}_\mathrm{i}+\frac{1+\alpha}{6}\overline{M}_\mathrm{k}\right)M$	$\alpha\le\gamma$: $\frac{1-\alpha^2-\delta^2}{6\beta\gamma}\overline{M}M$ $\alpha\ge\gamma$: $\frac{1-\beta^2-\gamma^2}{6\alpha\delta}\overline{M}M$	$\alpha\le 0{,}5$: $\frac{0{,}75-\alpha^2}{3\beta}\overline{M}M$ $\alpha\ge 0{,}5$: $\frac{0{,}75-\beta^2}{3\alpha}\overline{M}M$	5
$\left(\frac{3\beta^2-1}{6}\overline{M}_\mathrm{i}+\frac{1-3\alpha^2}{6}\overline{M}_\mathrm{k}\right)M$	$\alpha\le\gamma$: $\frac{1-3\alpha^2-\delta^2}{6\gamma}\overline{M}M$ $\alpha\ge\gamma$: $\frac{3\beta^2+\gamma^2-1}{6\delta}\overline{M}M$	$\alpha\le 0{,}5$: $\left(0{,}25-\alpha^2\right)\overline{M}M$ $\alpha\ge 0{,}5$: $\left(\beta^2-0{,}25\right)\overline{M}M$	6
$\frac{\overline{M}_\mathrm{i}+\overline{M}_\mathrm{k}}{3}M$	$\frac{1+\gamma\delta}{3}\overline{M}M$	$\frac{\overline{M}M}{2{,}4}$	7
$\frac{3\overline{M}_\mathrm{i}+\overline{M}_\mathrm{k}}{12}M$	$\frac{1+\delta+\delta^2}{12}\overline{M}M$	$\frac{7}{48}\overline{M}M$	8
$\frac{\overline{M}_\mathrm{i}+3\overline{M}_\mathrm{k}}{12}M$	$\frac{1+\gamma+\gamma^2}{12}\overline{M}M$	$\frac{7}{48}\overline{M}M$	9
$\frac{8\overline{M}_\mathrm{i}+7\overline{M}_\mathrm{k}}{60}M$	$\frac{1+\delta}{20}\left(\frac{7}{3}-\delta^2\right)\overline{M}M$	$\frac{\overline{M}M}{6{,}4}$	10
$\frac{7\overline{M}_\mathrm{i}+8\overline{M}_\mathrm{k}}{60}M$	$\frac{1+\gamma}{20}\left(\frac{7}{3}-\gamma^2\right)\overline{M}M$	$\frac{\overline{M}M}{6{,}4}$	11
$\frac{4\overline{M}_\mathrm{i}+\overline{M}_\mathrm{k}}{20}M$	$\frac{1+\delta}{20}\left(1+\delta^2\right)\overline{M}M$	$\frac{3}{32}\overline{M}M$	12
$\frac{\overline{M}_\mathrm{i}+4\overline{M}_\mathrm{k}}{20}M$	$\frac{1+\gamma}{20}\left(1+\gamma^2\right)\overline{M}M$	$\frac{3}{32}\overline{M}M$	13

3.3 Prinzip der virtuellen Verschiebungen

Das **Prinzip der virtuellen Verschiebungen** lautet:

Für eine willkürlich gewählte virtuelle Verschiebung eines Stabwerks ist die Summe der virtuellen Arbeiten aus Lasten und Schnittgrößen gleich Null.

Für die virtuellen Verschiebungen gelten die Gesetze sehr kleiner Verschiebungen, auch wenn bei der praktischen Anwendung diese Verschiebungen nicht klein gewählt werden (z.B. Drehwinkel 1 eines Stabes oder einer Scheibe).
Das Prinzip der virtuellen Verschiebungen beinhaltet stets eine *Gleichgewichtsaussage*; sie stellt eine Beziehung zwischen Last- und Schnittgrößen (oder Auflagergrößen) dar. Dieses Prinzip wird hier nur in einer speziellen Form behandelt, bei der die virtuellen Verschiebungen abschnittsweise linear sind.

Für die praktische Stabstatik sind drei Anwendungen wichtig:

1. Bestimmung beliebiger Schnittgrößen statisch bestimmter Systeme, wozu auch Einflußlinien für Schnittgrößen zählen.
2. Formulierung des „Systemgleichgewichtes" bei verschieblichen Systemen; das sind Gleichgewichtsbedingungen, die als Schnittgrößen nur Stabendmomente enthalten. Diese werden insbesondere zur Formulierung des Gleichungssystems für das Drehwinkelverfahren bei verschieblichen Systemen benötigt.
3. Traglastberechnung nach Fließgelenktheorie I. Ordnung, wenn die Versagensform, d.h. die Lage der Fließgelenke, bekannt ist.

Beispiel zu Punkt 1

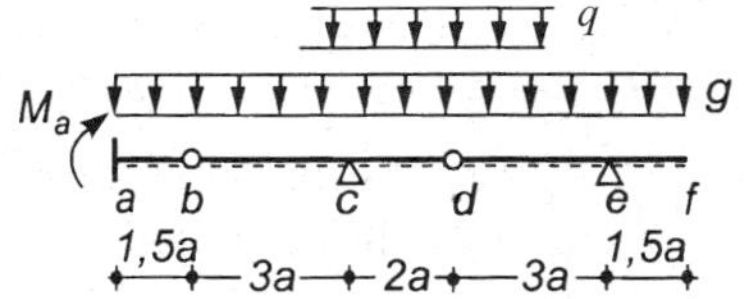

ges.: M_a für *ständige* Last *g*,
max$|M_a|$ für *veränderliche* Last q

virtuelle Verschiebung = Einflußlinie für M_a

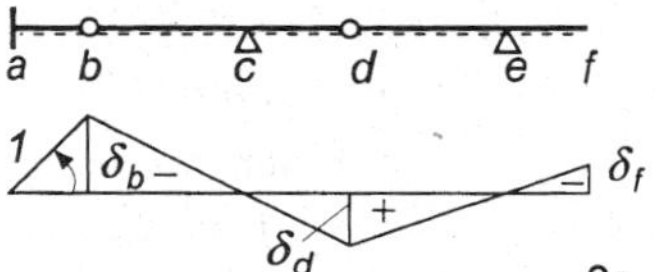

$\delta_b = -1 \cdot 1{,}5a = -1{,}5a, \quad \delta_d = -\delta_b \frac{2a}{3a} = a$

$\delta_f = -\delta_b \frac{a}{3a} = -0{,}5a$

Die virtuelle Verschiebung wird durch den Drehwinkel 1 von Stab *a b* entgegen M_a erzeugt, so daß dessen virtuelle Arbeit $M_a(-1) = -M_a$ wird. Da die Gesamtarbeit Null sein muß, gilt $M_a = A_L$ = virtuelle Arbeit der Lasten, und die Vertikalverschiebungslinie ist dann auch gleich der Einflußlinie für M_a (Wanderlast vertikal).

Für die *ständige* Last *g* im Bereich *a f* erhält man:

$$M_a = \left(\frac{1}{2}\delta_b 4{,}5a + \frac{1}{2}\delta_d 5a + \frac{1}{2}\delta_f 1{,}5a\right)g = -1{,}25ga^2$$

Für die *veränderliche* Last q im Bereich *a c* und *e f* ergibt sich das betragsmäßig größte Moment:

$$M_a = \left(\frac{1}{2}\delta_b 4{,}5a + \frac{1}{2}\delta_f 1{,}5a\right)q = -3{,}75qa^2$$

Allgemein gilt: Wählt man die virtuellen Verschiebungen so, daß die gesuchte Schnittgröße S die virtuelle Arbeit $S(-1)$ leistet, so liefern die Vertikalkomponenten dieser Verschiebungen die Einflußlinie für S.

Beispiel zu Punkt 2

System, Belastung

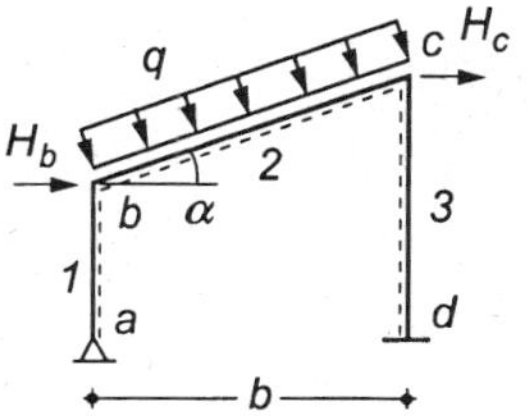

Lasten, Momente

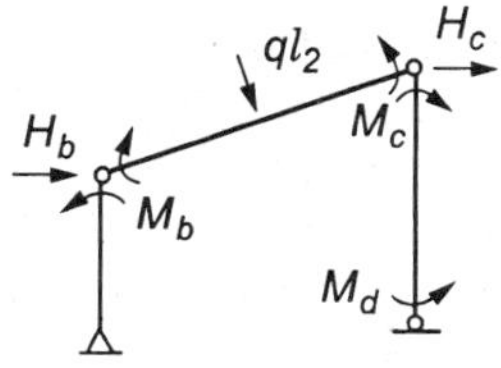

virtuelle Verschiebung

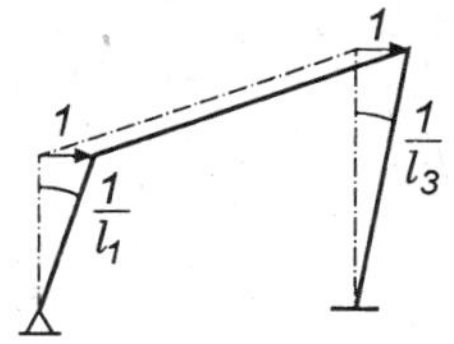

Für den dargestellten Rahmen gibt es *eine* Systemgleichgewichtsbedingung; diese enthält als Schnittgrößen nur die Momente M_b, M_c und M_d. Für die virtuelle Verschiebung wird die Riegelverschiebung 1 gewählt. Das Prinzip der virtuellen Verschiebungen lautet damit

$$(H_b + H_c + ql_2 \sin\alpha)\cdot 1 - M_b \frac{1}{l_1} + (M_c - M_d)\frac{1}{l_3} = 0$$

Diese Beziehung kann als Gleichgewichtskontrolle verwendet werden; sie stellt andererseits eine wesentliche Gleichung beim Drehwinkelverfahren dar (siehe Abschnitt 5.2).

Beispiel zu Punkt 3

Für den oben angegebenen Rahmen sind gegeben:
$l_1 = 6$ m, $b = 12$ m, $l_3 = 10$ m, $H_b = 15$ kN, $H_c = 23$ kN, $q = 3$ kN/m
plastisches Moment $M_{pl} = 150$ kNm für alle 3 Stäbe gleich.

gesucht: Traglastfaktor η_T unter der Annahme, daß sich Fließgelenke in den Punkten *b, c* und *d* bilden, das heißt, eine Versagensform ähnlich zur oben dargestellten virtuellen Verschiebung vorliegt.

System mit Fließgelenken

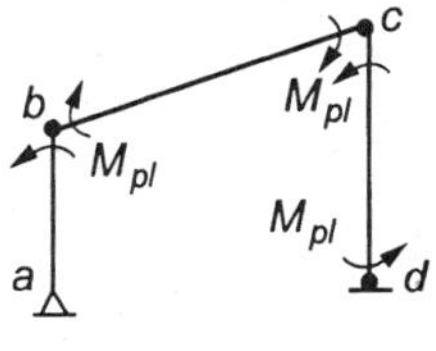

Momente in den Fließgelenken:

$M_b = M_d = M_{pl}$, $M_c = -M_{pl}$

Das Prinzip der virtuellen Verschiebungen lautet hier

$$\eta_T(H_b + H_c + ql_2 \sin\alpha) - \left(\frac{1}{l_1} + 2\frac{1}{l_3}\right)M_{pl} = 0$$

Mit $l_2 \sin\alpha = 4$ m erhält man den Traglastfaktor $\eta_T = 1{,}10$.

Es ist noch nachzuweisen, daß im Feld des Stabes 2 das Moment M_{pl} nicht überschritten wird:

$$V_{bc} = \eta_T q l_2 / 2 + (M_c - M_b) / l_2 = -2{,}85 \text{ kN}$$

Da V_{bc} negativ ist, tritt im Stab 2 kein $\max M$ auf.

Weitere Beispiele siehe Abschnitt 5.3

4 Fachwerke

4.1 Ritterschnitt

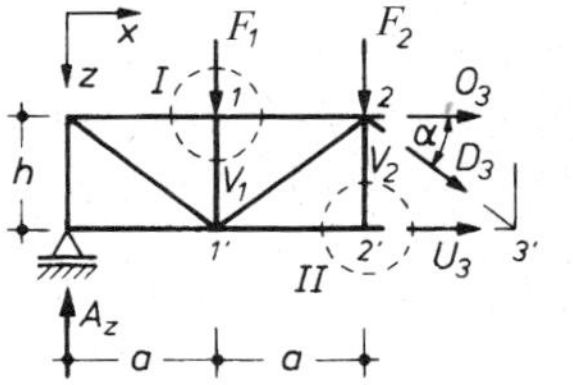

$$\Sigma M_2 = 0{:}\quad U_3 = (A_z \cdot 2a - F_1 \cdot a)\,/\,h = M_2/h$$
$$\Sigma M_3 = 0{:}\quad O_3 = -(A_z \cdot 3a - F_1 \cdot 2a - F_2 \cdot a)\,/\,h = -M_3/h$$
$$\Sigma F_z = 0{:}\quad D_3 = (A_z - F_1 - F_2)\,/\,\sin\alpha$$
$$\Sigma F_z = 0 \quad \text{am Schnitt I}: V_1 = -F_1$$
$$\Sigma F_z = 0 \quad \text{am Schnitt II}: V_2 = 0$$

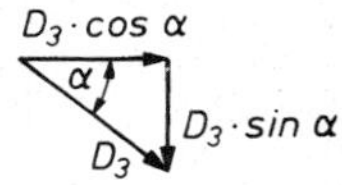

4.2 Cremonaplan mit Feldbezeichnungen

1) Umfahrungssinn festlegen (z. B. im Uhrzeigersinn). **2)** Bezeichnung der Felder mit *a, b, c...* (*Feld:* Jeweils zwischen 2 äußeren Kräften und jedes von Stäben gebildete Dreieck). Jede äußere Kraft und jeder Stab (Stabkraft) liegen zwischen 2 Feldern. **3)** Krafteck der äußeren Kräfte zeichnen. Der Anfangspunkt jeder Kraft erhält die Bezeichnung des unter Beachtung des festgelegten Umfahrungssinnes vorhergehenden Feldes, der Endpunkt die des nachfolgenden Feldes (z. B. die Kraft F_1 „geht von *c* nach *d*"). **4)** Zeichnen der einzelnen Knotenkraftecke, beginnend bei einem Knoten mit 2 unbekannten Stabkräften (z. B. Knoten 0 des folgenden Beispiels).

Beispiel

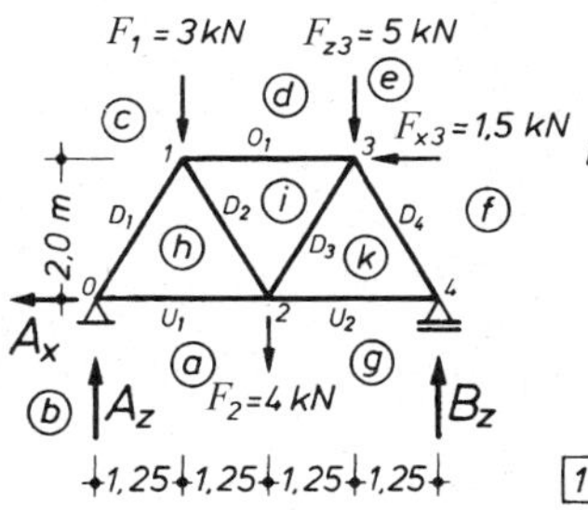

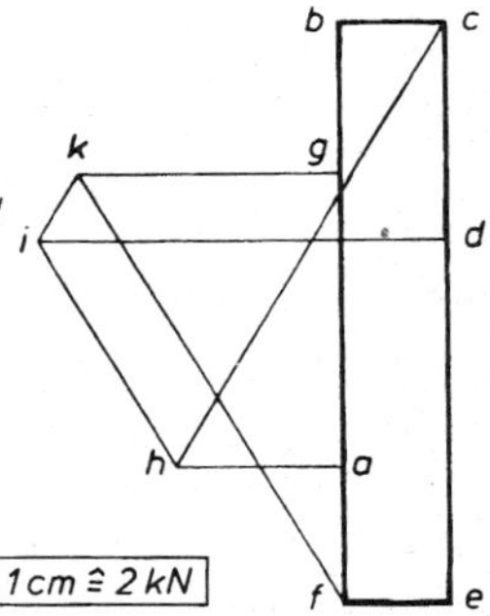

Vorab ermittelt:
A_x = − 1,5 kN
A_z = 6,1 kN
B_z = 5,9 kN

Aus dem Cremonaplan:
D_1 = − 7,2 kN
D_2 = 3,7 kN
D_3 = 1,1 kN
D_4 = − 7,0 kN
O_1 = − 5,7 kN
U_1 = 2,3 kN
U_2 = 3,7 kN

Konstruktionshinweise (die unterstrichenen Kräfte sind jeweils bekannt):

Knoten 0: Krafteck aus $\underline{A_z}$ (*a, b*) ; $\underline{A_x}$ (*b, c*) ; D_1 (*c, h*) ; U_1 (*h, a*)

Knoten 1: Krafteck aus: $\underline{D_1}$ (*h, c*) ; $\underline{F_1}$ (*c, d*) ; O_1 (*d, i*) ; D_2 (*i, h*)

Knoten 2: Krafteck aus $\underline{F_2}$ (*g, a*) ; $\underline{U_1}$ (*a, h*) ; $\underline{D_2}$ (*h, i*) ; D_3 (*i, k*) ; U_2 (*k, g*)

Knoten 3: Krafteck aus $\underline{D_3}$ (*k, i*) ; O_1 (*i, d*) ; $\underline{F_{z3}}$ (*d, e*) ; $\underline{F_{x3}}$ (*e, f*) : D_4 (*f, k*)

Ermittlung der Pfeilspitzen: Knoten im festgelegten Umfahrungssinn umfahren. Z. B. liegt D_1 am Knoten 0 zwischen den Feldern *c* und *h*. Im Cremonaplan „von *c* nach *h* gehen" und diesen Richtungssinn als Pfeil in D_1 am Knoten 0 des Fachwerks eintragen.

4.3 Durchbiegungen

Da bei Lastangriff in den Knotenpunkten *k* in den Fachwerkstäben nur stabweise konstante Längskräfte (Stabkräfte) auftreten (*M* und *V* sind in der Regel vernachlässigbar klein), lautet das Prinzip der virtuellen Kräfte (vgl. S. 4.40) zur Ermittlung von Durchbiegungen w_k:

$$w_k = \sum_{i=1}^{n} \frac{S_i \overline{S}_i}{EA_i}\, s_i + \sum_{i=1}^{n} \overline{S}_i\, \alpha_T\, T_i\, s_i$$

Hinweis: Insbesondere bei Holz-Fachwerken ist bei der Ermittlung von *w* die Nachgiebigkeit der Verbindungen zu berücksichtigen. Vgl. Literatur [9.9], Teil 2.

w_k Duchbiegung eines Knotenpunktes *k*
S_i Stabkräfte des Fachwerks infolge des gegebenen Belastungszustandes
$\overline{S}_i$ Stabkräfte infolge der virtuellen Last $\overline{F}_{zk} = 1$
s_i Stablängen; α_T Temperaturdehnzahl; T_i Temperaturänderung

5 Baustatische Verfahren nach Theorie I. Ordnung

5.1 Kraftgrößenverfahren

Behandelt werden das allgemeine *Kraftgrößenverfahren* und die *Dreimomentengleichung*. Während das allgemeine Kraftgrößenverfahren für beliebige (ebene) Systeme gültig ist, kann die Dreimomentengleichung nur auf Stabzüge mit unverschieblichen Knoten (insbesondere Durchlaufträger) angewendet werden. Die Dreimomentengleichung hat aber den Vorteil, daß die beim allgemeinen Kraftgrößenverfahren erforderlichen Zustände (0), (1), ... nicht benötigt werden und daß das Gleichungssystem für die statisch unbestimmten Momente unmittelbar angeschrieben werden kann.

5.1.1 Kraftgrößenverfahren allgemein

Grad der statischen Unbestimmtheit: n

Wahl von n statisch Unbestimmten $X_1, X_2, \dots X_n$ (Kraftgrößen) durch Lösen von n Bindungen (z.B. Lösen einer Lagerbindung, Einführung eines Gelenks), womit *das statisch bestimmte Grundsystem* erhalten wird. Folgende Zustände an diesem statisch bestimmten Grundsystem sind zu betrachten:

Zustand (1): nur $X_1 = 1$

.

.

.

Zustand (n): nur $X_n = 1$

Zustand (0): alle Einwirkungen

Der wirkliche Zustand (w) des statisch *unbestimmten* Systems wird dann nach folgendem *Überlagerungsgesetz* erhalten:

$$(w) = (1) \cdot X_1 + (2) \cdot X_2 + \dots + (n) \cdot X_n + (0)$$

Das Gleichungssystem für die Unbekannten X_1 bis X_n ergibt sich aus den Verträglichkeitsbedingungen an den Schnittufern dieser statisch Unbestimmten (siehe [4.2]), wobei das genannte Überlagerungsgesetz angewendet wird:

$$\delta_1 = \delta_{11} X_1 + \delta_{12} X_2 + \dots + \delta_{1n} X_n + \delta_{10} = 0$$
$$\delta_2 = \delta_{21} X_1 + \delta_{22} X_2 + \dots + \delta_{2n} X_n + \delta_{20} = 0$$
$$\vdots$$
$$\delta_n = \delta_{n1} X_1 + \delta_{n2} X_2 + \dots + \delta_{nn} X_n + \delta_{n0} = 0$$

δ_{ik} bzw. δ_{i0} ist die Relativverschiebungsgröße an den Schnittufern von X_i im Zustand (k) bzw. (0). Die Berechnung wird mit Hilfe des Prinzips der virtuellen Kräfte durchgeführt, wobei der Zustand (i) als virtueller und der Zustand (k) bzw. (0) als wirklicher Zustand anzunehmen ist. Es gilt $\delta_{ik} = \delta_{ki}$. Für M- und N-Verformungen ergibt sich dann gemäß S. 4.40

$$\delta_{ik} = \sum_s \frac{1}{EI_s} \int_0^l M_i M_k \mathrm{d}x + \sum_s \frac{1}{EA_s} \int_0^l N_i N_k \mathrm{d}x$$

$$\delta_{i0} = \sum_s \frac{1}{EI_s} \int_0^l M_i M_0 \mathrm{d}x + \sum_s \frac{1}{EA_s} \int_0^l N_i N_0 \mathrm{d}x$$

Beispiel: 2fach statisch unbestimmter Rahmen ($n = 2$)

geg.: $F = 20$ kN, $w = 9{,}5$ kN/m, $q = 7$ kN/m

$EI_1 = EI_3 = 11970\,\text{kNm}^2$, $EI_2 = 7749\,\text{kNm}^2$

Es sind nur M-Verformungen zu berücksichtigen.

gewählt: $X_1 = M_a$, $X_2 = M_b$

gegebenes System

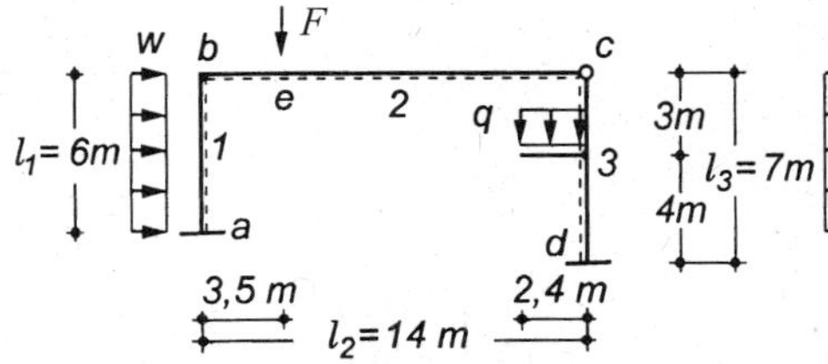

Zustand ⓪, M-Verlauf

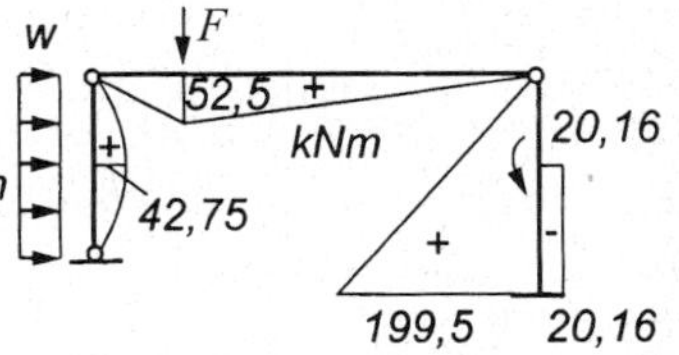

Zustand ①, M-Verlauf

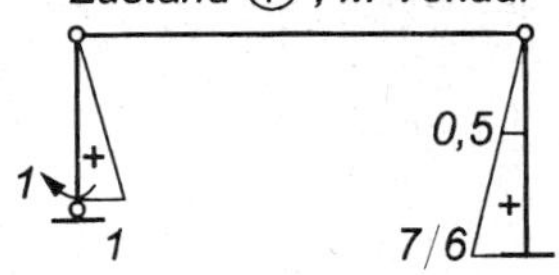

Zustand ②, M-Verlauf

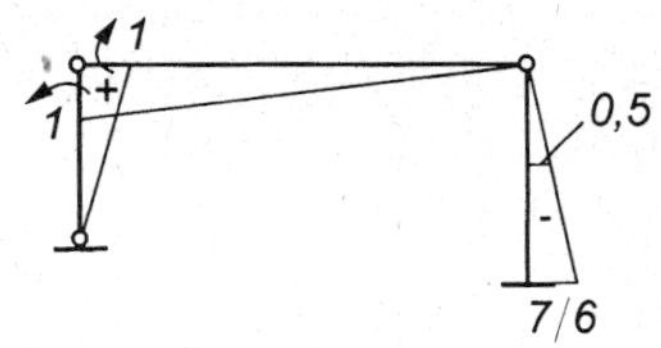

$$\delta_{11} = \frac{l_1}{EI_1}\frac{1}{3}1^2 + \frac{l_3}{EI_3}\frac{1}{3}\left(\frac{7}{6}\right)^2 = 0{,}4324 \cdot 10^{-3}$$

$$\delta_{12} = \frac{l_1}{EI_1}\frac{1}{6}1 \cdot 1 - \frac{l_3}{EI_3}\frac{1}{3}\frac{7}{6}\frac{7}{6} = -0{,}1818 \cdot 10^{-3}$$

$$\delta_{22} = \frac{l_1}{EI_1}\frac{1}{3}1^2 + \frac{l_2}{EI_2}\frac{1}{3}1^2 + \frac{l_3}{EI_3}\frac{1}{3}\left(\frac{7}{6}\right)^2 = 1{,}0346 \cdot 10^{-3}$$

$$\delta_{10} = \frac{l_1}{EI_1}\frac{1}{3}1 \cdot 42{,}75 + \frac{1}{EI_3}\left(l_3\frac{1}{3}\frac{7}{6}199{,}5 - 4\,\frac{0{,}5 + 7/6}{2}\,20{,}16\right) = 46{,}899 \cdot 10^{-3}$$

$$\delta_{20} = \frac{l_1}{EI_1}\frac{1}{3}1 \cdot 42{,}75 + \frac{l_2}{EI_2}\,\frac{1 + 10{,}5/14}{6}\,1 \cdot 52{,}5 - \frac{1}{EI_3}\left(l_3\frac{1}{3}\frac{7}{6}199{,}5 - 4\,\frac{0{,}5 + 7/6}{2}\,20{,}16\right)$$

$$= -4{,}949 \cdot 10^{-3}$$

$$X_1 = \frac{-\delta_{10}\,\delta_{22} + \delta_{20}\,\delta_{12}}{\delta_{11}\,\delta_{22} - \delta_{12}^2} = -114{,}9\,\text{kNm} = M_a$$

$$X_2 = \frac{-\delta_{20}\delta_{11} + \delta_{10}\delta_{12}}{\delta_{11}\delta_{22} - \delta_{12}^2} = -\ 15{,}4\,\text{kNm} = M_b$$

M-Verlauf am statisch unbestimmten System

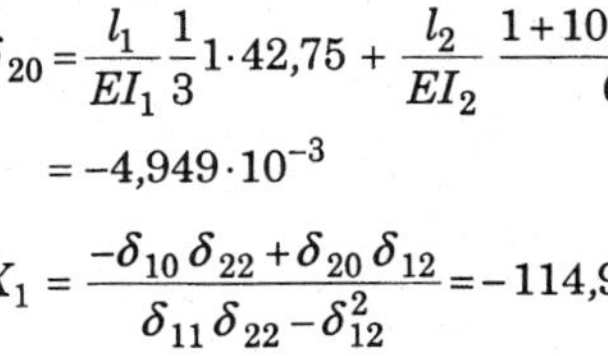

Überlagerungsgesetz:

$$M_d = \frac{7}{6}X_1 - \frac{7}{6}X_2 + 199{,}5 - 20{,}16 = 63{,}2\,\text{kNm}$$

$$M_e = \frac{10{,}5}{14}X_2 + 52{,}5 = 40{,}9\,\text{kNm}$$

5.1.2 Dreimomentengleichung

Mit der Dreimomentengleichung können Stabzüge mit *unverschieblichen* Knoten, insbesondere aber *Durchlaufträger*, berechnet werden. Die Dreimomentengleichung wird aus dem allgemeinen Kraftgrößenverfahren erhalten, indem die Knotenmomente als statisch Unbestimmte gewählt und die Gleichungen mit $6EI_c$ multipliziert werden.

Dreimomentengleichung für Knoten m:

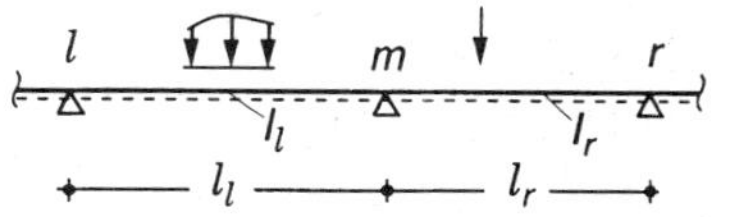

$$l'_l M_l + 2(l'_l + l'_r) M_m + l'_r M_r = -l'_l R_l - l'_r L_r$$

mit $l'_l = l_l I_c / I_l$, $l'_r = l_r I_c / I_r$

I_c beliebig wählbares Bezugsflächenmoment

Sonderfall: alle Felder haben gleiches I: $I_c = I$, $l'_l = l_l$, $l'_r = l_r$

R_l, L_r Belastungsglieder am rechten Ende des Stabes links von m bzw. am linken Ende des Stabes rechts von m nach Tabelle S. 4.3 und 4.5.

Beispiel: Durchlaufträger mit 2 unbekannten Momenten (M_b und M_c)

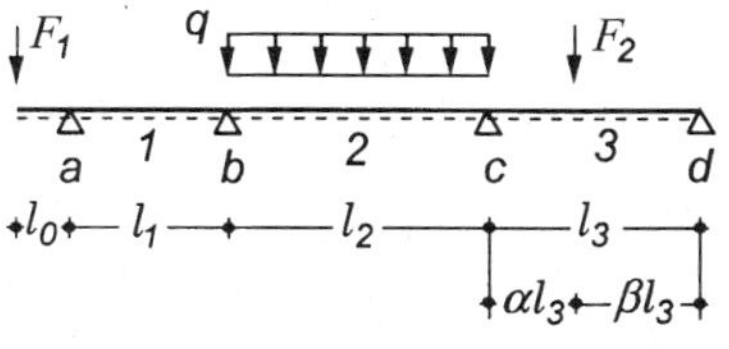

$M_a = -F_1 l_0$

gewählt: $I_c = I_1$

$l'_1 = l_1$, $l'_2 = l_2 I_1 / I_2$, $l'_3 = l_3 I_1 / I_3$

$R_1 = 0$, $L_2 = R_2 = q l_2^2 / 4$

$L_3 = (1+\beta)\,\alpha\beta F_2 l_3$

Knoten b: $l_1 M_a + 2(l_1 + l'_2) M_b + l'_2 M_c = -l'_2 L_2$ ($l_1 M_a$ auf rechte Seite stellen)

Knoten c: $l'_2 M_b + 2(l'_2 + l'_3) M_c = -l'_2 R_2 - l'_3 L_3$

Zahlenwerte für Beispiel:

geg: $l_0 = 1\,\text{m}$, $l_1 = 3\,\text{m}$, $l_2 = 5\,\text{m}$, $l_3 = 4\,\text{m}$, $\alpha = 0{,}4$, $\beta = 0{,}6$

$I_1 = 1500\,\text{cm}^4$, $I_2 = I_3 = 2500\,\text{cm}^4$, $F_1 = 3\,\text{kN}$, $F_2 = 5\,\text{kN}$, $q = 2\,\text{kN/m}$

$M_a = -3\,\text{kNm}$, $l'_2 = 3\,\text{m}$, $l'_3 = 2{,}4\,\text{m}$

$L_2 = R_2 = 12{,}5\ \text{kNm}$, $L_3 = 7{,}68\ \text{kNm}$

$M_b = -1{,}16\,\text{kNm}$, $M_c = -4{,}86\,\text{kNm}$

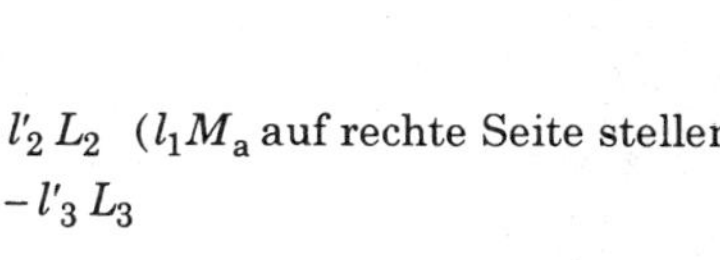

5.2 Drehwinkelverfahren

Das Drehwinkelverfahren nach Theorie I. Ordnung unterscheidet sich von dem nach Theorie II. Ordnung gemäß Abschnitt 6.10*) prinzipiell nicht. Es geht aus letzterem dadurch hervor, daß für alle Stäbe $N_s^{II} = 0$ gesetzt wird. Anstelle der Wiedergabe des Verfahrens nach Theorie I. Ordnung soll deshalb hier nur auf Abschnitt 6.10*) verwiesen werden. Die jetzt maßgebenden Formeln für die Koeffizienten κ_{ik}, κ_{ki} und λ_s seien aber nachfolgend wiederholt:

i —s— k	i —s— k	i —s— k	Symmetriefall i —s— k, l_s	i —s— k
$\kappa_{ik}=\kappa_{ki}=4EI_s/l_s$ $\lambda_s = 2EI_s/l_s$	$\kappa_{ik} = 3EI_s/l_s$ $\kappa_{ki} = \lambda_s = 0$	$\kappa_{ik} = 0$	$\kappa_{ik} = 2EI_s/l_s$ bei Betrachtung des halben Systems	$\kappa_{ik} = \kappa_{ki} = \lambda_s = 0$

Die Volleinspannmomente M_{ik}^0 und M_{ki}^0 müssen *nicht* als Sonderfall der allgemeinen Werte nach Theorie II. Ordnung (Abschnitt 6.10*)) ermittelt werden, sondern können einfacher – je nach Lagerungsfall – aus den Tafeln von S. 4.6, 4.8, 4.10 und 4.11 bestimmt werden, wobei die Vorzeichenänderung am Stabende k zu beachten ist.

Beim folgenden Zahlenbeispiel werden alle zur Berechnung erforderlichen Formeln gemäß Abschnitt 6.10*) angegeben. Dieses Beispiel ist identisch mit dem auf S. 4.48 und stellt andererseits die Berechnung des Beispiels von S. 4.74*) nach Theorie I. Ordnung dar.

Beispiel: verschieblicher Rahmen

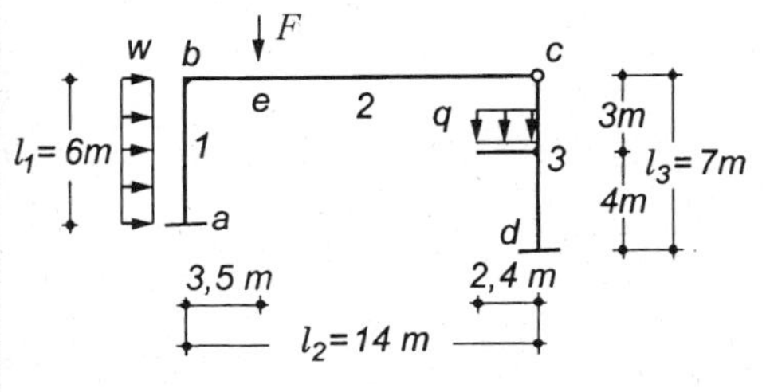

geg: $F = 20$ kN
$w = 9{,}5$ kN/m
$q = 7$ kN/m
$EI_1 = EI_3 = 11970$ kNm²
$EI_2 = 7749$ kNm²

Das zugehörige Gelenksystem hat *einen* kinematischen Freiheitsgrad. Als Grundstab wird Stab 1 gewählt. Damit ergeben sich nach dem Drehwinkelverfahren die beiden folgenden Unbekannten:

φ_b Drehwinkel von Knoten b

$\psi_I = \psi_1$ Drehwinkel von Stab 1

*) Siehe 15. Auflage 2002.

Stab 1: $\kappa_{ab} = \kappa_{ba} = 4EI_1 / l_1 = 7980\,\text{kNm}, \quad \lambda_1 = 2EI_1 / l_1 = 3990\,\text{kNm}$

$\eta_{ab} = \kappa_{ab} + \lambda_1 = 11970\,\text{kNm} = \eta_{ba}$

Tafel S. 4.8, Zeile 1: $M^0_{ab} = -wl_1^2 / 12 = -28{,}5\,\text{kNm} = -M^0_{ba}$

Stab 2: $\kappa_{bc} = 3EI_2 / l_2 = 1660{,}5\,\text{kNm}$

Tafel S. 4.6, Zeile 7: $M^0_{bc} = -\dfrac{1-0{,}75^2}{2}\,0{,}75Fl_2 = -45{,}94\,\text{kNm}$

Stab 3: $\kappa_{dc} = 3EI_3 / l_3 = 5130\,\text{kNm} = \eta_{dc}, \quad \kappa_{cd} = \lambda_3 = \eta_{cd} = 0$

Tafel S. 4.6, Zeile 10: $M^e = -7 \cdot 2{,}4^2 / 2 = -20{,}16\,\text{kNm}$

$$M^0_{dc} = -\frac{3(3/7)^2 - 1}{2} M^e = -4{,}53\,\text{kNm}$$

$\vartheta_1 = 1$ (Grundstab), $\vartheta_3 = l_1 / l_3 = 6/7$

Matrix- und Lastglieder des Gleichungssystems

$\alpha_{bb} = \kappa_{ba} + \kappa_{bc} = 9640{,}5\,\text{kNm}, \quad \alpha_{bI} = -\eta_{ba}\vartheta_1 = -11970\,\text{kNm} = \alpha_{Ib}$

$\alpha_{II} = (\eta_{ab} + \eta_{ba})\vartheta_1^2 + \eta_{dc}\vartheta_3^2 = 27709\,\text{kNm}$

$L_b = -M^0_{ba} - M^0_{bc} = 17{,}44\,\text{kNm}$

$F_{ba} = wl_1 / 2 = 28{,}5\,\text{kN}, \quad F_{cd} = M^e / l_3 = -2{,}88\,\text{kN}$

$L^0_I = (F_{ba} + F_{cd})l_1 = 153{,}72\,\text{kNm}, \quad L_I = L^0_I + (M^0_{ab} + M^0_{ba})\vartheta_1 + M^0_{dc}\vartheta_3 = 149{,}84\,\text{kNm}$

Gleichungssystem

$$\left.\begin{aligned} \alpha_{bb}\varphi_b + \alpha_{bI}\psi_I &= L_b \\ \alpha_{Ib}\varphi_b + \alpha_{II}\psi_I &= L_I \end{aligned}\right\} \rightarrow \varphi_b = 0{,}01838, \quad \psi_I = 0{,}01335$$

$\psi_1 = \psi_I, \quad \psi_3 = \vartheta_3\psi_I = 0{,}01144$

Stabendmomente (+M)

$M_{ab} = M^0_{ab} + \lambda_1\varphi_b - \eta_{ab}\psi_1 = -114{,}9\,\text{kNm}$

$M_{ba} = M^0_{ba} + \kappa_{ba}\varphi_b - \eta_{ba}\psi_1 = 15{,}4\,\text{kNm}$

$M_{bc} = M^0_{bc} + \kappa_{bc}\varphi_b = -15{,}4\,\text{kNm}$

$M_{dc} = M^0_{dc} - \eta_{dc}\psi_3 = -63{,}2\,\text{kNm}$

M-Verlauf (vgl. S. 4.48)

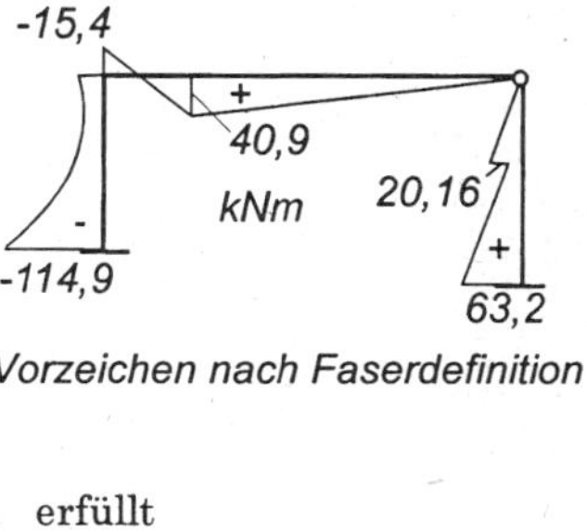

Vorzeichen nach Faserdefinition

Kontrollen

$$\left.\begin{aligned} &\text{Knoten b:} && M_{ab} + M_{bc} = 0 \\ &\text{Stockwerk I:} && L^0_I + (M_{ab} + M_{ba})\vartheta_1 + M_{dc}\vartheta_3 = 0 \end{aligned}\right\} \text{erfüllt}$$

5.3 Traglastverfahren

5.3.1 Allgemeines

Unter dem Begriff „Traglastverfahren" wird hier die Fließgelenktheorie I. Ordnung verstanden, das heißt eine Theorie, die nur für Systeme ohne Stabilitätsgefährdung angewendet werden darf. Diese Theorie entspricht dem Nachweisverfahren „Plastisch-Plastisch", wie es zum Beispiel in DIN 18 800 Teil 1, Nov. 1990, festgelegt ist. Mit der Bezeichnung „Plastisch-Plastisch" soll ausgedrückt werden, daß die plastischen Reserven sowohl

- der *Querschnitte* als auch
- des *Systems* ausgenützt werden,

wobei letzteres nur bei statisch unbestimmten Systemen möglich ist. Bei der Anwendung der Fließgelenktheorie müssen die in den maßgebenden Normen genannten Voraussetzungen beachtet werden. Beispielsweise muß sichergestellt sein, daß bei I-Querschnitten im Stahlbau Beulen einzelner Querschnittsteile nicht auftritt.

Die Fließgelenktheorie erlaubt bei statisch unbestimmten Systemen wegen der Ausnutzung der genannten plastischen Reserven eine wirtschaftlichere Bemessung als die Elastizitätstheorie. Da die *Traglast statisch bestimmt* ist, daß heißt, nur mittels Gleichgewichts-, also ohne Verträglichkeitsbedingungen ermittelt werden kann, ist die Berechnung vergleichsweise einfach. Aus dem genannten Sachverhalt folgt auch, daß die Traglast unabhängig von *Temperaturdehnungen*, eingeprägten *Auflagerverschiebungen* u.ä. ist. Wenn die Lage der Fließgelenke bekannt ist, läßt sich die Traglast – bei mehreren Lasten der Traglastfaktor η_T – stets durch einmalige Anwendung des *Prinzips der virtuellen Verschiebungen* unmittelbar berechnen. Dabei ist η_T der gemeinsame Faktor aller Lasten bei Erreichen der Traglast, das heißt bei Erreichen des Versagensmechanismus (= kinematische Kette). Die Traglast ist die vom System maximal aufnehmbare Last.

Der Tragsicherheitsnachweis ist erfüllt, wenn die Bemessungslast (Bemessungswert der Last) kleiner als die Traglast ist bzw. wenn bei mehreren Lasten $\eta_T \geq 1$ ist.

Hinweis: Bei Anwendung des „statischen Satzes" (siehe Abschnitt 5.3.3) kann der Tragsicherheitsnachweis geführt werden, ohne daß die Traglast bzw. der Traglastfaktor ermittelt werden muß.

Die letztlich maßgebende Voraussetzung für die Anwendbarkeit der Fließgelenktheorie ist die Bedingung, daß sich das wirkliche Momenten-Verkrümmungs-Verhalten durch folgende idealisierte Beziehung – näherungsweise und auf der sicheren Seite liegend – beschreiben läßt:

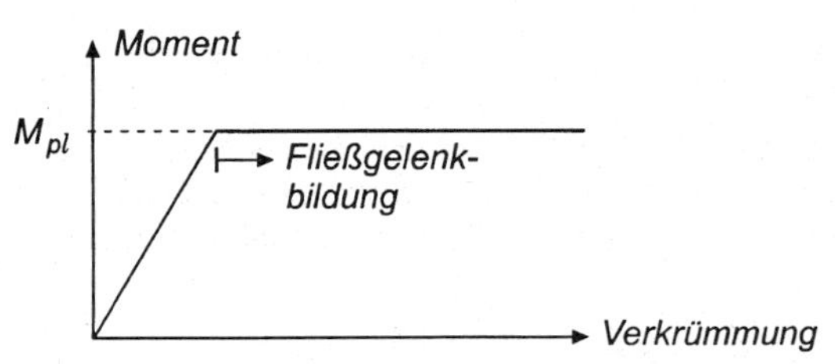

Die Querschnitte müssen also ein „ausreichendes“ Plastizierungsvermögen besitzen.

Formänderungen eines Systems mit Fließgelenken bleiben hier außer Betracht. Diese werden einerseits für den Tragsicherheitsnachweis nicht benötigt, andererseits ist deren Berechnung nicht ohne besondere baustatische Kenntnisse möglich (es muß u.a. das sich zuletzt bildende Fließgelenk bestimmt werden).

5.3.2 Moment M_F eines Fließgelenks

M_F wird als Moment eines vollplastizierten Querschnitts unter Berücksichtigung der gleichzeitig vorhandenen Längs- und Querkraft definiert. Für die Berechnung des *Betrages* von M_F werden die sog. Querschnittsinteraktionsbeziehungen benötigt, die in den maßgebenden Normen enthalten sind. Allerdings werden für die Längs- und Querkräfte vielfach Grenzen angegeben, unterhalb derer die Interaktion vernachlässigt, das heißt $M_F = M_{pl}$ (plastisches Moment ohne Längs- und Querkraft) gesetzt werden darf. Für doppeltsymmetrische I-Querschnitte bei Biegung um die „starke“ Achse beispielsweise ist dies nach DIN 18 800 Teil 1, Nov. 1990, der Fall für $N \le N_{pl}/10$ bzw. $V \le V_{pl}/3$ (V Querkraft). Die plastischen Schnittgrößen M_{pl}, N_{pl} und V_{pl} sind dabei stets mit den Bemessungswerten der Streckgrenze f_y zu berechnen. Für diese doppeltsymmetrischen I-Querschnitte kann M_{pl} näherungsweise, aber mit ausreichender Genauigkeit wie folgt ermittelt werden:

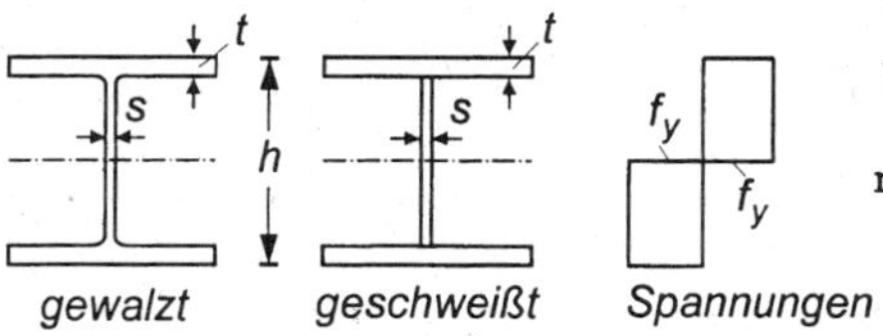

$$W_{pl} = \left(\frac{A}{2} - \frac{h-t}{4} s\right)(h-t), \quad M_{pl} = W_{pl} f_y$$

mit A Querschnittsfläche

f_y Streckgrenze (Bemessungswert)

Beispiel: HE-B 300 mit $A = 149\,\text{cm}^2$, $h = 30\,\text{cm}$, $t = 1{,}9\,\text{cm}$, $s = 1{,}1\,\text{cm}$

nach Formel: $W_{pl} = 1876\,\text{cm}^3$, genau: $1869\,\text{cm}^3$, Fehler < 0,4%

Im folgenden wird davon ausgegangen, daß M_F für alle Stäbe des Systems bereits ermittelt ist.

5.3.3 Bedingungen für Traglast, Traglastsätze

Die Traglast eines Systems ist erreicht, wenn die folgenden Bedingungen (1), (2) und (3) gleichzeitig erfüllt sind:

(1) Die Gleichgewichtsbedingungen für Lasten und Schnittgrößen müssen erfüllt sein.

(2) Die Momentenlinie muß „sicher“ sein, das heißt, für die Fließgelenke muß $|M| = M_F$, für alle übrigen Stellen $|M| \le M_F$ erfüllt sein.

(3) Es muß ein Versagensmechanismus, das heißt eine kinematische Kette, erreicht sein. Für ein n-fach statisch unbestimmtes System können sich höchstens $n+1$ Fließgelenke ausbilden (beim Einzelstabversagen sind dies unabhängig von n höchstens 3 Fließgelenke).

Die Formänderungen des Systems bleiben jeweils außer Betracht.

Statischer Satz
Sind von den 3 Bedingungen nur die Bedingungen (1) und (2) erfüllt, so ist die betrachtete Laststufe *kleiner* oder gleich der Traglast. Die Traglast selbst wird nicht berechnet.

Kinematischer Satz
Sind von den 3 Bedingungen nur die Bedingungen (1) und (3) erfüllt, so ist die betrachtete Laststufe *größer* oder gleich der Traglast.

Praktische Anwendung der beiden Sätze
Das System sei n-fach statisch unbestimmt.

Statischer Satz: Es werden die (bekannten) Bemessungslasten angesetzt. An n Punkten des Systems – vorzugsweise an Stabenden – wird für die Momente $M = M_F$ oder $M = -M_F$ gewählt. Alle weiteren Momente des Systems sind dann *statisch bestimmt* und ergeben sich somit nur aus den Gleichgewichtsbedingungen. Für diese Momente ist schließlich nachzuweisen, daß sie die Bedingung (2) erfüllen. Besonders vorteilhaft ist der statische Satz bei *Durchlaufträgern*. Die (nach Elastizitätstheorie *statisch unbestimmten*) Stützmomente werden gleich $-M_F$ gewählt, und für die Feldmomente wird der Nachweis $\max M < M_F$ erbracht.

Kinematischer Satz: Es wird ein Versagensmechanismus gewählt. Mit dem *Prinzip der virtuellen Verschiebungen* kann dann die zugehörige Laststufe berechnet werden. Wird dies für alle möglichen Versagensformen durchgeführt, so ist der *kleinste* erhaltene Wert gleich der Traglast und damit maßgebend.
Es besteht aber auch die Möglichkeit, für einen betrachteten Versagenszustand und die zugehörige Laststufe die Momente außerhalb der Fließgelenke unter Einhaltung der Gleichgewichtsbedingungen zu bestimmen, hierfür den Nachweis $|M| \leq M_F$ zu erbringen und die Rechnung abzuschließen. Da dann alle 3 Bedingungen erfüllt sind, ist die Laststufe gleich der Traglast.

Wichtig: An einem biegesteifen Knoten mit 2 Stäben bildet sich ein Fließgelenk an dem Stabende mit dem kleineren M_F aus. Allgemein können sich an einem Knoten mit s eingespannten Stäben höchstens $s-1$ Fließgelenke ausbilden.

5.3.4 Prinzip der virtuellen Verschiebungen zur Berechnung der Traglast

Dieses Prinzip (vgl. Abschnitt 3.3) liefert unmittelbar die Traglast, wenn der Versagensmechanismus und die Fließgelenkmomente festliegen. Dabei ist die virtuelle Verschiebung genau *ähnlich* zum Versagensmechanismus und in *gleicher Richtung* zu wählen. Die virtuelle Arbeit der Lasten ist dann stets *positiv*, und die virtuelle Arbeit der Schnittgrößen wird nur von den bekannten Fließgelenkmomenten geleistet. Diese virtuelle Arbeit ist nicht nur insgesamt negativ, sondern sie muß auch für jedes einzelne Fließgelenk *negativ* sein. Ist dies nicht der Fall, so wurde am entsprechenden Fließgelenk das Moment M_F in der falschen Richtung, das heißt, nicht entgegen der Versagensrichtung angesetzt.

Beispiel: Einzelfeldversagen bei einem Durchlaufträger

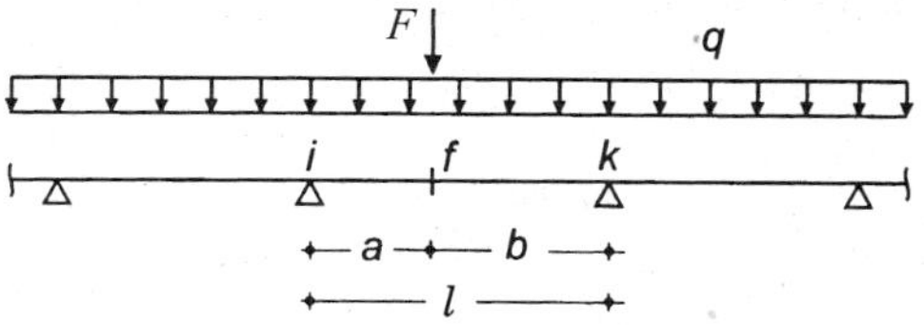

F, q Bemessungslasten

Versagensmechanismus, Fließgelenkmomente (entgegen Versagensrichtung)

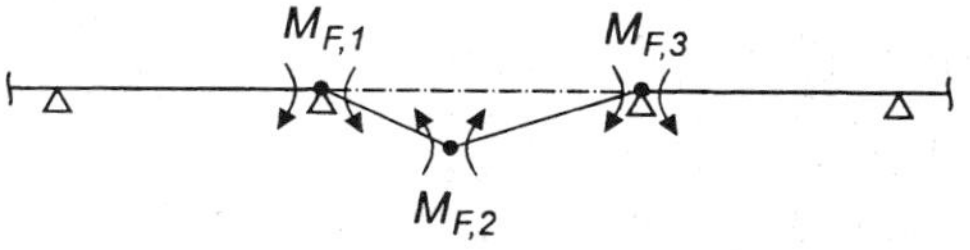

gewählte virtuelle Verschiebung

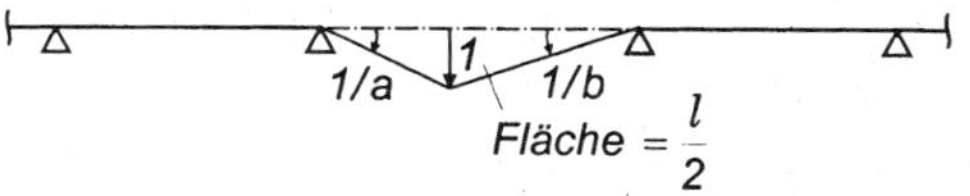

Prinzip der virtuellen Verschiebungen (η_T = Traglastfaktor):

$$\eta_T\left(F \cdot 1 + q \cdot \frac{l}{2}\right) - M_{F,1} \cdot \frac{1}{a} - M_{F,2} \cdot \left(\frac{1}{a} + \frac{1}{b}\right) - M_{F,3} \cdot \frac{1}{b} = 0$$

Daraus erhält man η_T, wobei $\eta_T \geq 1$ erfüllt sein muß. Zusätzlich ist nachzuweisen, daß in f das maximale Feldmoment auftritt. Bedingung hierfür ist, daß die Querkraftlinie in f einen Nulldurchgang aufweist. Es muß also gelten:

$$V_{fi} = -\frac{1}{2} qa + \frac{M_{F,1} + M_{F,2}}{a} \geq 0 \quad \text{und} \quad V_{fk} = V_{fi} - F \leq 0$$

M-Verlauf

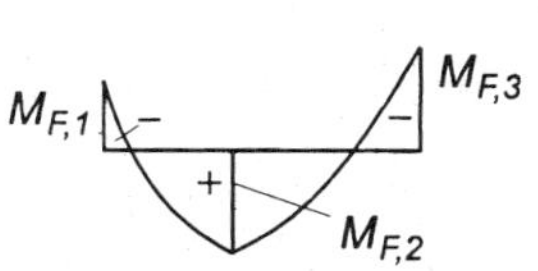

V-Verlauf

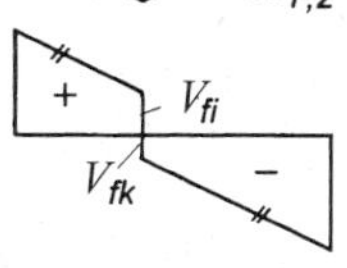

Ist beispielsweise $V_{fk} > 0$, so liegt das Fließgelenk nicht in f, sondern rechts davon, nämlich an der Stelle $V = 0$.

Das angenommene Versagen ist maßgebend, wenn sich für die übrigen Felder keine kleineren Traglastfaktoren η_T ergeben.

Hinweis: Einfacher ist die Anwendung des statischen Satzes, wobei die (bekannten) Bemessungslasten angesetzt, die Stützmomente gleich $-M_F$ gewählt werden und der Nachweis $\max M \leq M_F$ für alle Felder erbracht wird.

5.3.5 Formel für die Traglast q_T (Gleichlast), wenn die Stabendmomente M_i, M_k und das maximale Feldmoment M_f bekannt sind

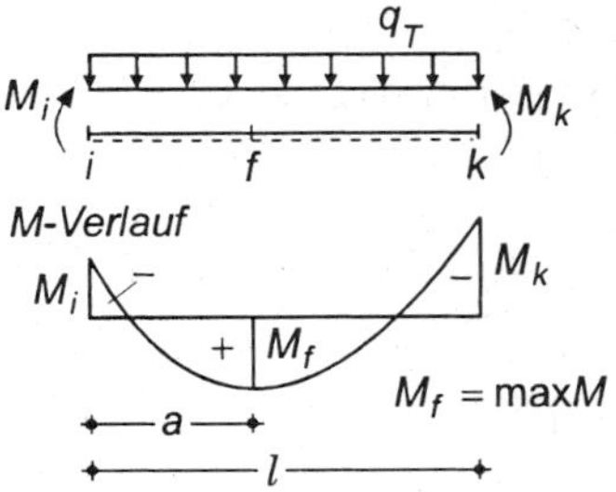

Traglast

$$q_T = \left(\sqrt{M_f - M_i} + \sqrt{M_f - M_k}\right)^2 \frac{2}{l^2}$$

Ort von $M_f = \max M$:

$$a = \frac{l}{\sqrt{\dfrac{M_f - M_k}{M_f - M_i}} + 1}$$

Die Formel ermöglicht die direkte Bestimmung der Traglast q_T, wenn an den Stellen *i, f, k* Fließgelenke vorhanden sind oder wenn bei einseitig gelenkiger Lagerung ein Endmoment Null ist. Im übrigen können die Endpunkte *i* und *k* beliebig (fest oder verschieblich) gelagert sein.

Beispiel: beidseitig eingespannter Stab unter Gleichlast

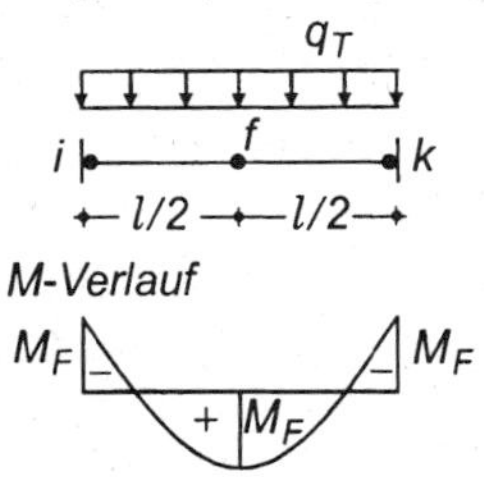

Es bilden sich 3 Fließgelenke. Unter der Annahme, daß alle Fließgelenkmomente betragsmäßig gleich sind, erhält man mit $M_i = M_k = -M_F$ und $M_f = M_F$:

$$q_T = \left(\sqrt{2M_F} + \sqrt{2M_F}\right)^2 \frac{2}{l^2} = 16\frac{M_F}{l^2}$$

$a = l/2$

Bei Auftreten der ersten Fließgelenke (gleichzeitig in *i* und *k*) wäre $q = 12 M_F / l^2$, die Anwendung der Fließgelenktheorie ergibt damit die $16/12 = 1{,}33$fache aufnehmbare Last (plastische Systemreserve 33 %).

Beispiel: einseitig eingespannter Stab unter Gleichlast

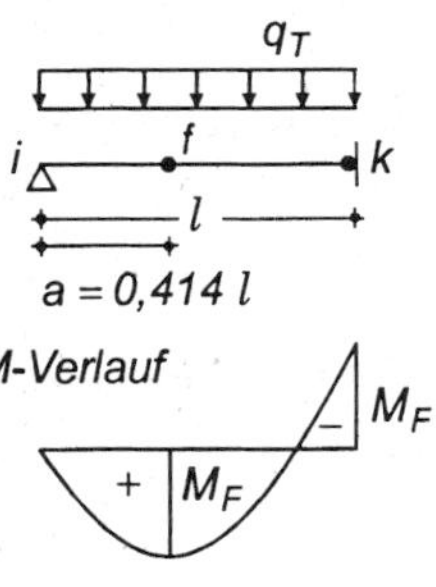

Es bilden sich 2 Fließgelenke. Unter der Annahme, daß beide Fließgelenkmomente in ihrem Betrag gleich sind, erhält man mit $M_i = 0$, $M_f = M_F$ und $M_k = -M_F$:

$$q_T = \left(\sqrt{M_F} + \sqrt{2M_F}\right)^2 \frac{2}{l^2} = 11{,}66\frac{M_F}{l^2}$$

$a = 0{,}414\,l$

Bei Auftreten des 1. Fließgelenks (in *k*) wäre $q = 8 M_F / l^2$, die Anwendung der Fließgelenktheorie ergibt damit die $11{,}66/8 = 1{,}46$fache aufnehmbare Last (plastische Systemreserve 46 %).

5.3.6 Beispiele

Beispiel 1: Durchlaufträger

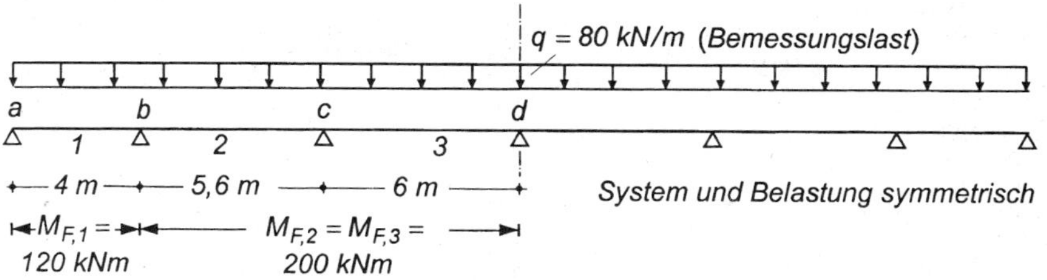

Es ist der Tragsicherheitsnachweis $q \leq q_T$ zu führen.

Statischer Satz

Angesetzt wird: $M_b = -M_{F,1} = -120$ kNm (Fließgelenk im schwächeren Querschnitt links von b), $M_c = M_d = -M_{F,2} = -200$ kNm

Maximale Momente in den Feldern

1: $V_{ab} = ql_1/2 + M_b/l_1 = 130$ kN, $\max M_1 = V_{ab}^2/(2q) = 105{,}6$ kNm $< M_{F,1}$

2: $V_{bc} = ql_2/2 + (M_c - M_b)/l_2 = 209{,}7$ kN, $\max M_2 = M_b + V_{bc}^2/(2q) = 154{,}9$ kNm $< M_{F,2}$

3: $V_{cd} = ql_3/2 + (M_d - M_c)/l_3 = 240$ kN, $\max M_3 = M_c + V_{cd}^2/(2q) = 160{,}0$ kNm $< M_{F,3}$

Der Tragsicherheitsnachweis ist erfüllt; q_T wird nicht ermittelt.

Kinematischer Satz

Für die Felder 1 bis 3 wird q_T nach Abschnitt 5.3.5 bestimmt. Der kleinste Wert ist maßgebend.

Feld 1: $M_a = 0$, $M_f = M_{F,1} = 120$ kNm, $M_b = -M_{F,1} = -120$ kNm
$\rightarrow q_{T,1} = 87{,}43$ kN/m ($a_1 = 1{,}66$ m)

Feld 2: $M_b = -M_{F,1} = -120$ kNm (Fließgelenk im schwächeren Qerschnitt links von b), $M_f = M_{F,2} = 200$ kNm, $M_c = -M_{F,2} = -200$ kNm
$\rightarrow q_{T,2} = 91{,}55$ kN/m ($a_2 = 2{,}64$ m)

Feld 3: $M_c = M_d = -M_{F,3} = -200$ kNm, $M_f = M_{F,3} = 200$ kNm
$\rightarrow q_{T,3} = 88{,}89$ kN/m ($a_3 = 3{,}00$ m)

Maßgebend ist Versagen von Feld 1, d.h. $q_T = q_{T,1} = 87{,}43$ kN/m $> q = 80$ kN/m

Beispiel 2: Verschieblicher Rechteckrahmen

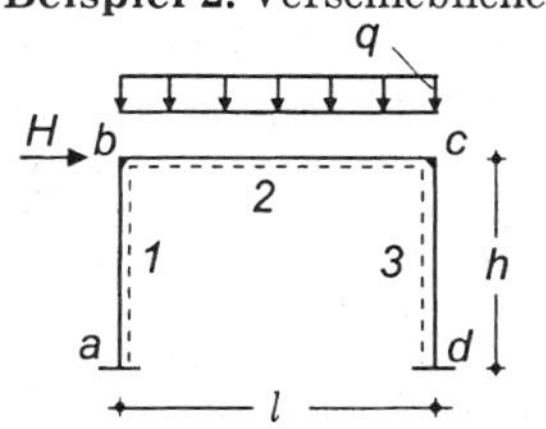

gegeben: l, h, Stiele: $M_F = M_1$, Riegel: $M_F = M_2$
Annahme: $M_1 \leq M_2$
H, q (Bemessungslasten)

gesucht: Tragsicherheit η_T

Das Beispiel wird zunächst allgemein für alle drei möglichen Versagensformen behandelt. Diese sind:

Versagensform 1

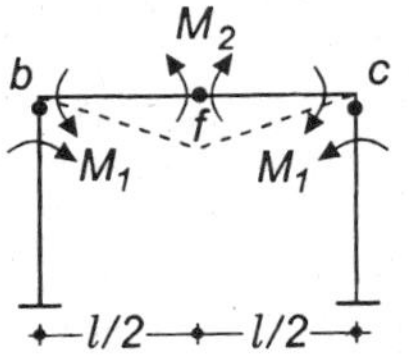

$M_b = M_c = -M_1, \quad M_f = M_2$

nach Abschnitt 5.3.5

$$\eta_{T,1}\, q = \left(\sqrt{M_f - M_b} + \sqrt{M_f - M_c}\right)^2 \frac{2}{l^2} = 8\,\frac{M_2 + M_1}{l^2}$$

$$\boxed{\eta_{T,1} = 8\,\frac{M_1 + M_2}{q l^2}}$$

Versagensform 2

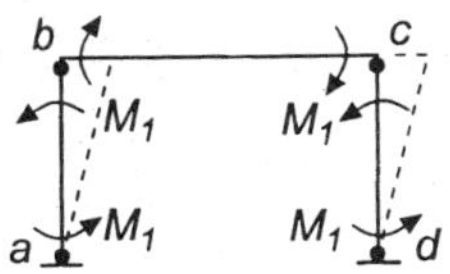

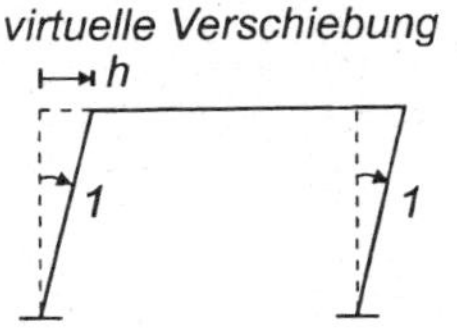

$M_a = M_c = -M_1, \quad M_b = M_d = M_1$

Prinzip der virtuellen Verschiebungen:

$$\eta_{T,2}\, H \cdot h - 4 \cdot M_1 \cdot 1 = 0 \quad \rightarrow \quad \boxed{\eta_{T,2} = 4\,\frac{M_1}{Hh}}$$

Versagensform 3

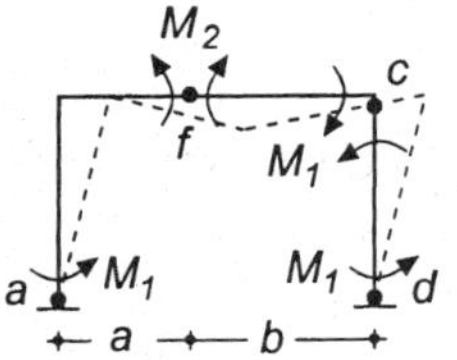

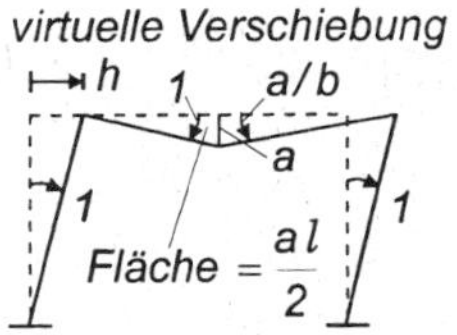

$M_a = M_c = -M_1, \quad M_d = M_1, \quad M_f = M_2$

Prinzip der virtuellen Verschiebungen:

$$\eta_{T,3}\left(H \cdot h + q \cdot \frac{al}{2}\right) - M_1 \cdot \left(1 + \frac{a}{b} + 1 + 1\right) - M_2 \cdot \left(1 + \frac{a}{b}\right) = 0 \qquad (1)$$

a bzw. b ist durch die Bedingung $\max M = M_f$, das heißt durch $V_f = 0$, festgelegt. Für den Abschnitt $f\,c$ ergibt sich

$$V_f = \frac{1}{2}\eta_{T,3}\, q b + \frac{1}{b}\left(M_c - M_f\right) = \eta_{T,3}\,\frac{qb}{2} - \frac{M_1 + M_2}{b} = 0 \qquad (2)$$

Nach Einsetzen von $a = l - b$ liegen mit (1) und (2) zwei Gleichungen für die beiden Unbekannten b und $\eta_{T,3}$ vor. Nach Auflösung erhält man

$$\boxed{b = \left[\sqrt{\left(2\,\frac{Hh}{ql^2} + 1 + \nu\right)\nu} - \nu\right] l, \quad \eta_{T,3} = 2\,\frac{M_1 + M_2}{qb^2}} \qquad \text{mit} \quad \nu = \frac{M_1 + M_2}{2 M_1}$$

Nach dem kinematischen Satz ist die Versagensform mit $\min \eta_T$ *maßgebend.*

Beispiele für die 3 Versagensformen

Systemgrößen: $l = 10$ m, $h = 6$ m, $M_1 = 100$ kNm, $M_2 = 160$ kNm

Hilfswert für Versagensform 3: $\nu = 1{,}3$

Beispiel für Versagensform 1 ($M_b = M_c = -M_1$, $M_f = M_2$)

gegeben: $H = 30$ kN, $q = 20$ kN/m

$\eta_{T,1} = 1{,}040$, $\eta_{T,2} = 2{,}222$, $b = 4{,}956$ m, $\eta_{T,3} = 1{,}059$

maßgebend: $\eta_T = \eta_{T,1} = 1{,}040 > 1$

Zur Angabe der M-Linie kann, da das System mit 3 Fließgelenken noch einfach statisch unbestimmt ist, ein weiteres (nicht aktives) Fließgelenk gewählt werden. Dieses wird in d angenommen, das heißt, dort ist $M_d = M_1$. Aus der Gleichgewichtsbedingung

$$\eta_T H h + M_a - M_b + M_c - M_d = 0$$

erhält man dann $M_a = -87{,}2$ kNm. Die Bedingung $|M_a| < M_1$ muß nun erfüllt sein.

Beispiel für Versagensform 2 ($M_a = M_c = -M_1$, $M_b = M_d = M_1$)

gegeben: $H = 65$ kN, $q = 10$ kN/m

$\eta_{T,1} = 2{,}080$, $\eta_{T,2} = 1{,}026$, $b = 7{,}010$ m, $\eta_{T,3} = 1{,}058$

maßgebend: $\eta_T = \eta_{T,2} = 1{,}026 > 1$

Für den Riegel ergibt sich mit $V_{bc} = \frac{1}{2}\eta_T q l + \frac{1}{l}(M_c - M_b) = 31{,}28$ kN das größte Feldmoment zu $\max M = M_b + V_{bc}^2/(2\eta_T q) = 147{,}7$ kNm. Die Bedingung $\max M < M_2$ muß nun erfüllt sein.

Beispiel für Versagensform 3 ($M_a = M_c = -M_1$, $M_d = M_1$, $M_f = M_2$)

gegeben: $H = 45$ kN, $q = 16$ kN/m

$\eta_{T,1} = 1{,}300$, $\eta_{T,2} = 1{,}481$, $b = 5{,}517$ m, $\eta_{T,3} = 1{,}068$

maßgebend: $\eta_T = \eta_{T,3} = 1{,}068 > 1$

Aus der Gleichgewichtsbedingung $\eta_T H h + M_a - M_b + M_c - M_d = 0$ erhält man dann $M_b = -11{,}7$ kNm.

***M*-Linien für die 3 Beispiele**

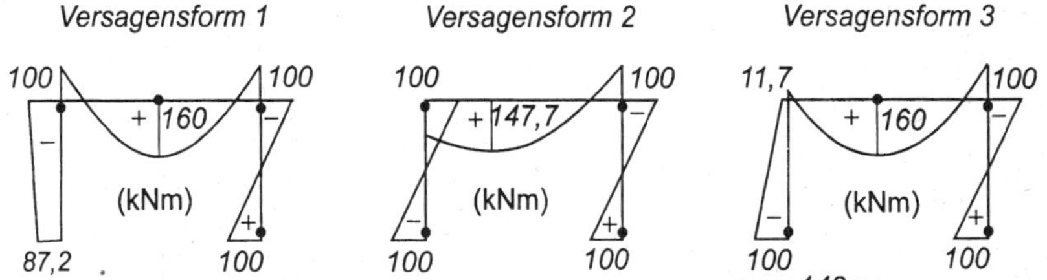

6 Baustatische Verfahren nach Theorie II. Ordnung mit Vorverformungen

Der Abschnitt 6 „Baustatische Verfahren nach Theorie II. Ordnung mit Vorverformungen“ kann der 15. und früheren Auflagen entnommen werden.

Die folgenden beiden Seiten 4.60 und 4.61 enthalten:

Formeln für *M*, *V* und *w* nach Theorie II. Ordnung für einfache Last- und Lagerungsfälle

$$\varepsilon = \ell\sqrt{\frac{N}{EI}},\quad N > 0$$

1. Fall

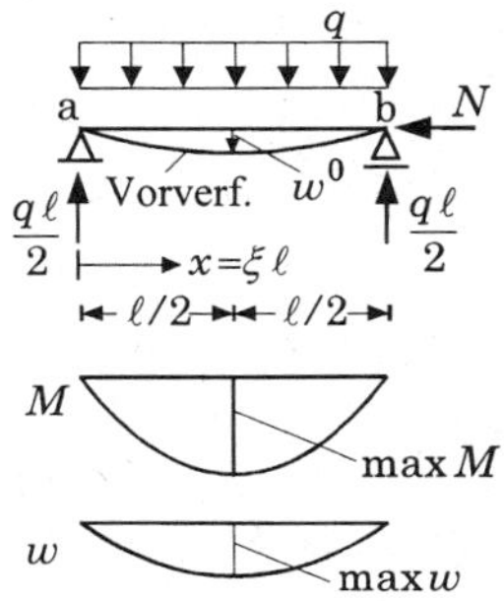

Vorverformung: quadratische Parabel mit Stich w^0

$$\bar{q} = q + N 8 w^0/\ell^2$$

$$M = \left(\frac{\cos[\varepsilon(0{,}5-\xi)]}{\cos(\varepsilon/2)} - 1\right)\frac{\bar{q}\ell^2}{\varepsilon^2},\quad \max M = \left(\frac{1}{\cos(\varepsilon/2)} - 1\right)\frac{\bar{q}\ell^2}{\varepsilon^2}$$

$$V = \frac{\sin[\varepsilon(0{,}5-\xi)]}{\varepsilon\cos(\varepsilon/2)}\bar{q}\ell,\quad V_a = -V_b = \frac{\tan(\varepsilon/2)}{\varepsilon}\bar{q}\ell$$

$$w = \left[\left(\frac{\cos[\varepsilon(0{,}5-\xi)]}{\cos(\varepsilon/2)} - 1\right)\frac{1}{\varepsilon^2} - \frac{\xi-\xi^2}{2}\right]\frac{\bar{q}\ell^4}{\varepsilon^2 EI}$$

$$\max w = \left[\left(\frac{1}{\cos(\varepsilon/2)} - 1\right)\frac{1}{\varepsilon^2} - \frac{1}{8}\right]\frac{\bar{q}\ell^4}{\varepsilon^2 EI}$$

2. Fall

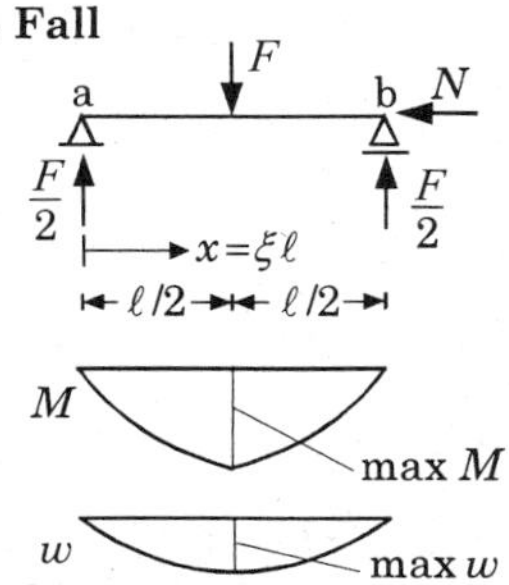

$$\xi \le 0{,}5:\ M = \frac{\sin(\varepsilon\xi)}{2\varepsilon\cos(\varepsilon/2)}F\ell,\quad \max M = \frac{\tan(\varepsilon/2)}{2\varepsilon}F\ell$$

$$\xi \le 0{,}5:\ V = \frac{\cos(\varepsilon\xi)}{2\cos(\varepsilon/2)}F,\quad V_a = -V_b = \frac{1}{2\cos(\varepsilon/2)}F$$

$$\xi \le 0{,}5:\ w = \left(\frac{\sin(\varepsilon\xi)}{2\varepsilon\cos(\varepsilon/2)} - \frac{\xi}{2}\right)\frac{F\ell^3}{\varepsilon^2 EI}$$

$$\max w = \left(\frac{\tan(\varepsilon/2)}{2\varepsilon} - \frac{1}{4}\right)\frac{F\ell^3}{\varepsilon^2 EI}$$

3. Fall mit $\alpha \ge 0{,}5$ (andernfalls System spiegeln)

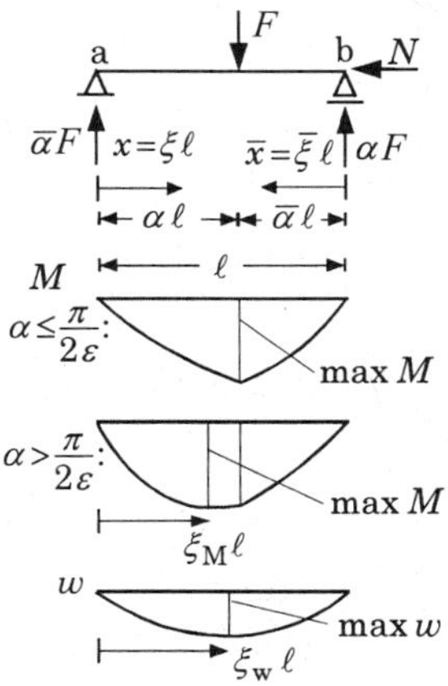

$$\xi \le \alpha:\ M = \frac{\sin(\varepsilon\bar{\alpha})\sin(\varepsilon\xi)}{\varepsilon\sin\varepsilon}F\ell$$

$$\xi \ge \alpha:\ M = \frac{\sin(\varepsilon\alpha)\sin(\varepsilon\bar{\xi})}{\varepsilon\sin\varepsilon}F\ell$$

für $\alpha \le \frac{\pi}{2\varepsilon}$: $\max M = \frac{\sin(\varepsilon\alpha)\sin(\varepsilon\bar{\alpha})}{\varepsilon\sin\varepsilon}F\ell$ bei $\xi = \alpha$

für $\alpha > \frac{\pi}{2\varepsilon}$: $\max M = \frac{\sin(\varepsilon\bar{\alpha})}{\varepsilon\sin\varepsilon}F\ell$ bei $\xi_M = \frac{\pi}{2\varepsilon}$

$$\xi \le \alpha:\ w = \left(\frac{\sin(\varepsilon\bar{\alpha})\sin(\varepsilon\xi)}{\varepsilon\sin\varepsilon} - \bar{\alpha}\xi\right)\frac{F\ell^3}{\varepsilon^2 EI}$$

$$\xi \ge \alpha:\ w = \left(\frac{\sin(\varepsilon\alpha)\sin(\varepsilon\bar{\xi})}{\varepsilon\sin\varepsilon} - \alpha\bar{\xi}\right)\frac{F\ell^3}{\varepsilon^2 EI}$$

$$\xi_w = \frac{1}{\varepsilon}\arccos\frac{\bar{\alpha}\sin\varepsilon}{\sin(\varepsilon\bar{\alpha})} \overset{!}{<} \alpha,\quad \max w = w(\xi=\xi_w)$$

4. Fall

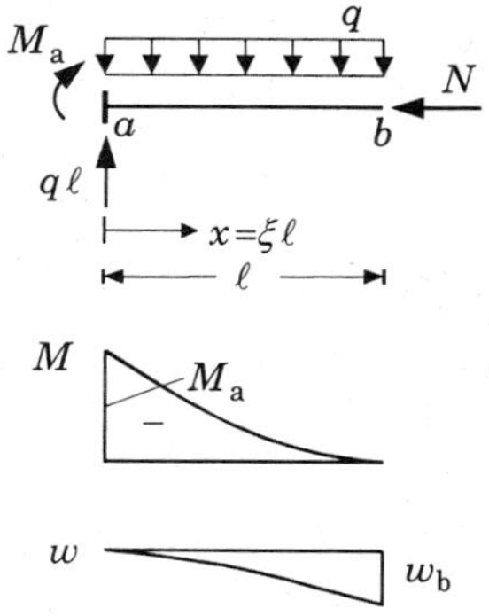

$$M = -\left(1 - \frac{\cos(\varepsilon\xi) - \varepsilon\sin(\varepsilon\bar{\xi})}{\cos\varepsilon}\right)\frac{q\ell^2}{\varepsilon^2}, \quad \bar{\xi} = 1-\xi$$

$$M_a = -\left(1 - \frac{1-\varepsilon\sin\varepsilon}{\cos\varepsilon}\right)\frac{q\ell^2}{\varepsilon^2}$$

$$V = \frac{\varepsilon\cos(\varepsilon\bar{\xi}) - \sin(\varepsilon\xi)}{\varepsilon\cos\varepsilon}\, q\ell, \quad V_a = q\ell$$

$$w = \left(\frac{\left[\sin\varepsilon - \sin(\varepsilon\bar{\xi})\right]\varepsilon + \cos(\varepsilon\xi) - 1}{\varepsilon^2\cos\varepsilon} - \frac{1-\bar{\xi}^2}{2}\right)\frac{q\ell^4}{\varepsilon^2 EI}$$

$$w_b = \left[\left(1 - \frac{1-\varepsilon\sin\varepsilon}{\cos\varepsilon}\right)\frac{1}{\varepsilon^2} - \frac{1}{2}\right]\frac{q\ell^4}{\varepsilon^2 EI}$$

5. Fall

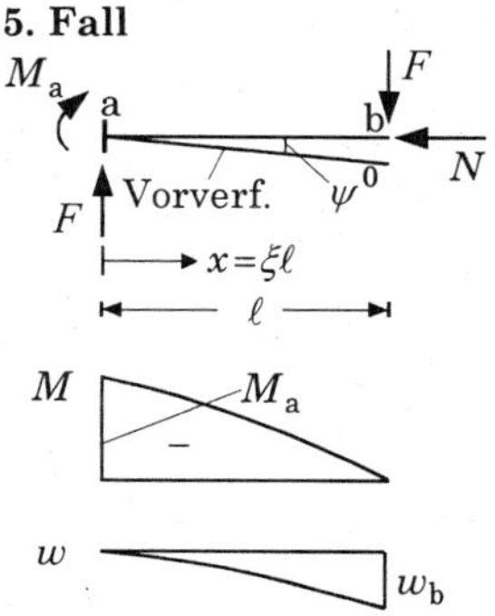

Vorverformung: geradlinig mit Winkel ψ^0

$$\bar{F} = F + N\psi^0$$

$$M = -\frac{\sin(\varepsilon\bar{\xi})}{\varepsilon\cos\varepsilon}\bar{F}\ell, \quad \bar{\xi} = 1-\xi, \quad M_a = -\frac{\tan\varepsilon}{\varepsilon}\bar{F}\ell$$

$$V = \frac{\cos(\varepsilon\bar{\xi})}{\cos\varepsilon}\bar{F}, \quad V_a = \bar{F}$$

$$w = \left(\frac{\sin\varepsilon - \sin(\varepsilon\bar{\xi})}{\varepsilon\cos\varepsilon} - \xi\right)\frac{\bar{F}\ell^3}{\varepsilon^2 EI}$$

$$w_b = \left(\frac{\tan\varepsilon}{\varepsilon} - 1\right)\frac{\bar{F}\ell^3}{\varepsilon^2 EI}$$

6. Fall

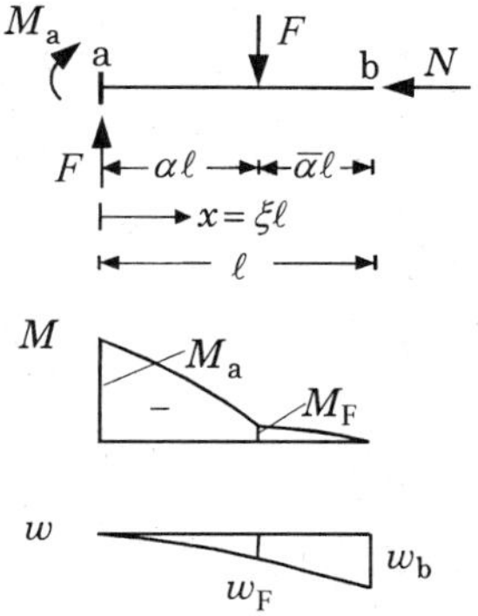

$$\xi \le \alpha:\ M = -\frac{\sin(\varepsilon\bar{\xi}) - \sin(\varepsilon\bar{\alpha})\cos(\varepsilon\xi)}{\varepsilon\cos\varepsilon}F\ell, \quad \bar{\xi} = 1-\xi$$

$$\xi \ge \alpha:\ M = -\frac{1-\cos(\varepsilon\alpha)}{\varepsilon\cos\varepsilon}\sin(\varepsilon\bar{\xi})\, F\ell$$

$$M_a = -\frac{\sin\varepsilon - \sin(\varepsilon\bar{\alpha})}{\varepsilon\cos\varepsilon}F\ell, \quad V_a = F$$

$$M_F = -\frac{1-\cos(\varepsilon\alpha)}{\varepsilon\cos\varepsilon}\sin(\varepsilon\bar{\alpha})\, F\ell \quad \text{bei } \xi = \alpha$$

$$\xi \le \alpha:\ w = \left(\frac{\sin\varepsilon - \sin(\varepsilon\bar{\xi}) - \left[1-\cos(\varepsilon\xi)\right]\sin(\varepsilon\bar{\alpha})}{\varepsilon\cos\varepsilon} - \xi\right)\frac{Fl^3}{\varepsilon^2 EI}$$

$$\xi \ge \alpha:\ w = \left(\frac{\sin\varepsilon - \sin(\varepsilon\bar{\alpha}) - \left[1-\cos(\varepsilon\alpha)\right]\sin(\varepsilon\bar{\xi})}{\varepsilon\cos\varepsilon} - \alpha\right)\frac{Fl^3}{\varepsilon^2 EI}$$

$$w_b = \left(\frac{\sin\varepsilon - \sin(\varepsilon\bar{\alpha})}{\varepsilon\cos\varepsilon} - \alpha\right)\frac{F\ell^3}{\varepsilon^2 EI}$$

$$w_F = \left(\frac{\sin\varepsilon - \left[2-\cos(\varepsilon\alpha)\right]\sin(\varepsilon\bar{\alpha})}{\varepsilon\cos\varepsilon} - \alpha\right)\frac{F\ell^3}{\varepsilon^2 EI}$$

7 Gebrauchsfertige Formeln nach Theorie II. Ordnung mit Vorverformungen

Die Formeln dieses Abschnittes sind *auch* für den Sonderfall *Theorie I. Ordnung* ($N = 0$) anwendbar. Als *Vorverformungen* werden die geradlinige Vorverdrehung ψ^0 und die quadratische Parabel mit dem Stich w^0 verwendet (siehe Bild unten).

Die Hilfswerte M^0, ε und die ε-abhängigen Größen α, β, γ sowie $\overline{\alpha}, \overline{\beta}, \overline{\gamma}$ sind für diesen Abschnitt 7 einheitlich definiert und werden (eingerahmt) auf jeder Doppelseite wiederholt; die Werte nach *Theorie I. Ordnung* sind mit *Raster* hinterlegt. Die Argumente von sin und tan sind im *Bogenmaß*!

7.1 Transversalkräfte R_a, R_b, Querkräfte V_a, V_b, Querschnittsdrehwinkel φ_a, φ_b, Ort und Größe des maximalen Feldmoments max$M$ für Stab mit Gleichlast q und Vorverformungen ψ^0, w^0

Nachfolgende Formeln lassen sich für beliebige Stäbe oder Stababschnitte anwenden, wenn die Stabendmomente M_a, M_b und die Verschiebungen w_a, w_b gegeben oder bereits berechnet sind.
Berücksichtigt werden: q = konst., Vorverdrehung ψ^0, Vorkrümmung mit Stich w^0.

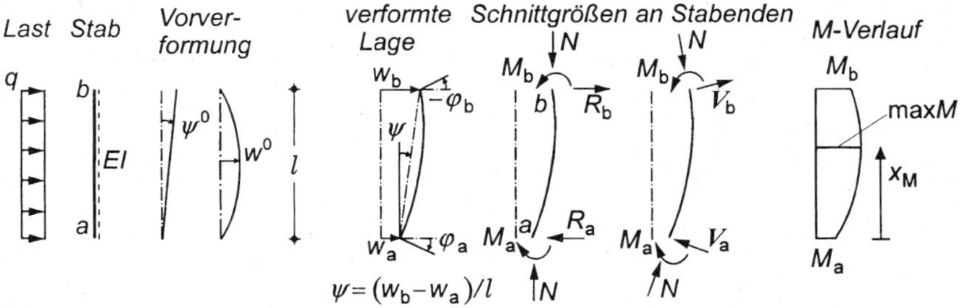

Transversalkräfte R_a, R_b (Schnittkraftkomponenten ⊥ zur *unverformten* Stabachse)

$$R_a = ql/2 + (M_b - M_a)/l - (\psi + \psi^0)N, \quad R_b = R_a - ql$$

Querkräfte V_a, V_b (Schnittkraftkomponenten ⊥ zur *verformten* Stabachse)

$$V_a = (\gamma M^0 - \alpha M_a + \beta M_b)/l, \quad V_b = (-\gamma M^0 - \beta M_a + \alpha M_b)/l$$

Die Transversalkräfte sind maßgebend für die Berechnung der Auflagerkraftkomponenten normal zum Stab, die Querkräfte dagegen für die Berechnung der Schubspannungen.

Ort und Größe von max$M$

$$\max M = \frac{\vartheta^2}{\zeta + 1} M^0 + \zeta M_a \quad \text{mit} \quad \vartheta = \frac{V_a l}{M^0 + \varepsilon^2 M_a}, \quad \zeta = \vartheta\sqrt{\varepsilon^2 + 1/\vartheta^2}$$

Theorie II. Ordnung: $x_M = \dfrac{l}{\varepsilon} \arccos\dfrac{1}{\zeta}$, Theorie I. Ordnung: $x_M = \dfrac{V_a}{q}$

Querschnittsdrehwinkel

$$\varphi_a = (\overline{\alpha} M_a + \overline{\beta} M_b + \overline{\gamma} M^0)\frac{l}{EI} + \psi, \quad \varphi_b = -(\overline{\beta} M_a + \overline{\alpha} M_b + \overline{\gamma} M^0)\frac{l}{EI} + \psi$$

Hilfswerte $M^0 = ql^2 + 8Nw^0$, $\varepsilon = l\sqrt{N/EI}$ (Stabkennzahl) $\rightarrow +N \leftarrow$

Theorie	α	β	γ	$\bar{\alpha}$	$\bar{\beta}$	$\bar{\gamma}$
II. Ordnung, $N > 0$	$\frac{\varepsilon}{\tan\varepsilon}$	$\frac{\varepsilon}{\sin\varepsilon}$	$\frac{\tan(\varepsilon/2)}{\varepsilon}$	$\frac{1-\alpha}{\varepsilon^2}$	$\frac{\beta-1}{\varepsilon^2}$	$\frac{\gamma-0{,}5}{\varepsilon^2}$
I. Ordnung, $N = 0$	1	1	0,5	1/3	1/6	1/24

7.2 Elementare Lagerungsfälle des Einzelstabes

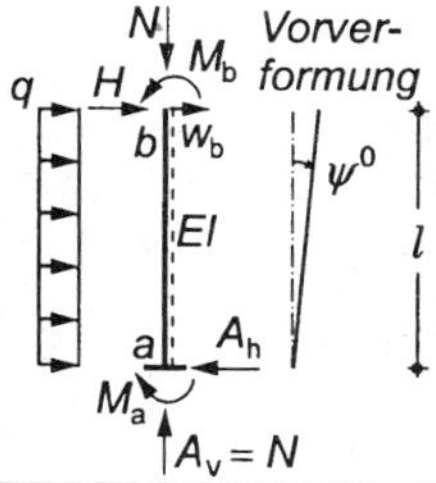

$$M_a = -\left[\left(H + N\psi^0\right)l + (1-\gamma)\,ql^2 - \beta M_b\right]\frac{1}{\alpha}$$

$$w_b = \left[\left(H + N\psi^0\right)l\bar{\alpha} + \left(\frac{\bar{\alpha}}{2} - \bar{\gamma}\right)ql^2 - \gamma M_b\right]\frac{1}{\alpha}\frac{l^2}{EI}$$

$$A_h = H + ql$$

Knicklänge $s_K = 2l$, Knicklast $N_{Ki} = \frac{\pi^2}{4}\frac{EI}{l^2} = 2{,}467\frac{EI}{l^2}$

1. Eulerfall

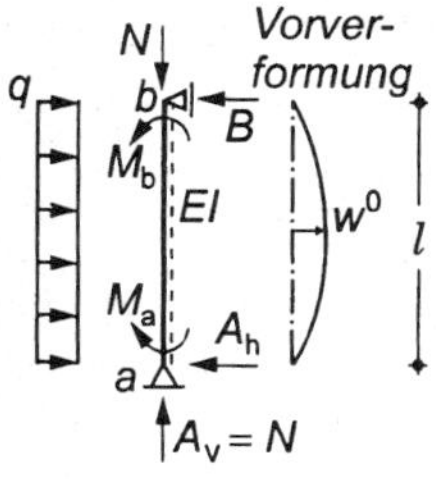

$A_h = \frac{1}{2}ql + \frac{M_b - M_a}{l}$, $B = ql - A_h$

für $M_a = M_b = 0$: $\max M = \frac{\gamma^2 M^0}{1 + \sqrt{\gamma^2\varepsilon^2 + 1}}$ in Stabmitte

$\max M$ für $M_a \neq 0$, $M_b \neq 0$ siehe S. 4.62

Knicklänge $s_K = l$, Knicklast $N_{Ki} = \pi^2\frac{EI}{l^2} = 9{,}870\frac{EI}{l^2}$

2. Eulerfall

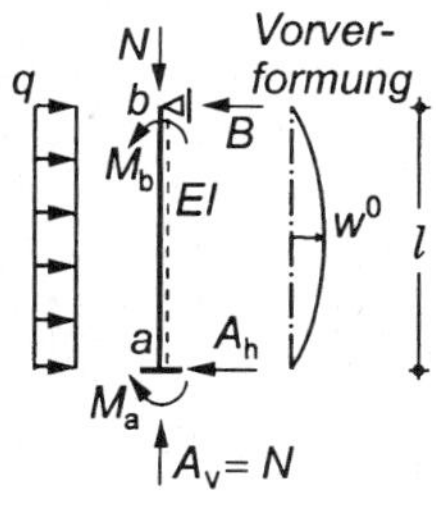

$M_a = -\frac{\bar{\gamma}M^0 + \bar{\beta}M_b}{\bar{\alpha}}$, $A_h = \frac{1}{2}ql + \frac{M_b - M_a}{l}$, $B = ql - A_h$

maximales Feldmoment für $M_b = 0$ mit $\vartheta = \frac{\bar{\gamma} + \bar{\beta}/2}{\bar{\alpha}}$:

$\max M = \frac{\vartheta^2 M^0}{1 + \sqrt{\vartheta^2\varepsilon^2 + 1}}$, $\max M$ für $M_b \neq 0$ siehe S. 4.62

Knicklänge $s_K = 0{,}699l$, Knicklast $N_{Ki} = 20{,}19\frac{EI}{l^2}$

3. Eulerfall

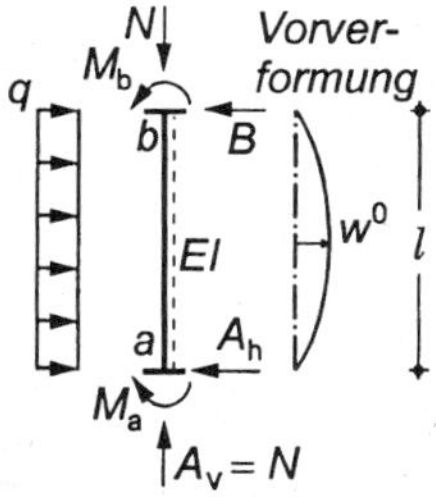

$M_a = M_b = -\frac{\bar{\gamma}}{\gamma}M^0$, $A_h = B = \frac{1}{2}ql$

$\max M = \left(\frac{\gamma^2}{\zeta + 1} - \frac{\bar{\gamma}}{\gamma}\zeta\right)M^0$ mit $\zeta = \gamma\sqrt{\varepsilon^2 + \frac{1}{\gamma^2}}$, $\max M$ in Stabmitte

Knicklänge $s_K = \frac{l}{2}$, Knicklast $N_{Ki} = 4\pi^2\frac{EI}{l^2} = 39{,}48\frac{EI}{l^2}$

4. Eulerfall

Beispiel: 3. Lagerungsfall, S. 4.63

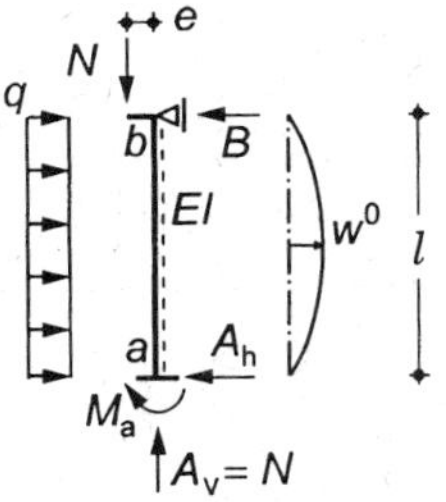

geg.: $l = 7$ m, $e = 0{,}1$ m, $EI = 12000$ kNm², $N = 800$ kN

$w^0 = l/250 = 0{,}028$ m, $q = 6$ kN/m

$\rightarrow M_b = Ne = 80$ kNm

Hilfswerte: $M^0 = 473{,}2$ kNm, $\varepsilon = 1{,}807$

$\alpha = -0{,}4358,\ \beta = 1{,}8592,\ \gamma = 0{,}7025$

$\bar{\alpha} = 0{,}4395,\ \bar{\beta} = 0{,}2630,\ \bar{\gamma} = 0{,}0620$

S. 4.63, 3. Fall:

$M_a = -114{,}6$ kNm, $A_h = 48{,}80$ kN, $B = -6{,}80$ kN

$s_K = 4{,}89$ m, $N_{Ki} = 4944$ kN

S. 4.62: $\psi = 0,\ R_a = A_h = 48{,}80$ kN, $R_b = -B = 6{,}80$ kN

$V_a = 61{,}60$ kN, $V_b = -22{,}03$ kN

Vorzeichenwechsel von $V \rightarrow \max M$ im Feld vorhanden

$\vartheta = 4{,}367,\ \zeta = 7{,}955,\ \max M = 95{,}6$ kNm, $x_M = 5{,}60$ m

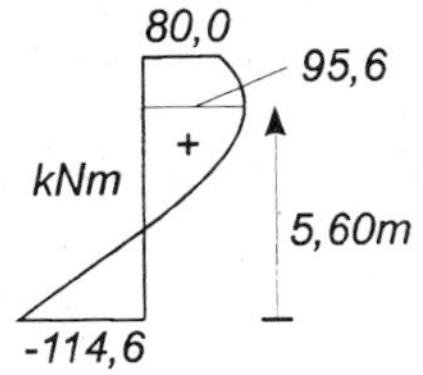

7.3 Stab mit unverschieblichen Endpunkten und Drehfedern

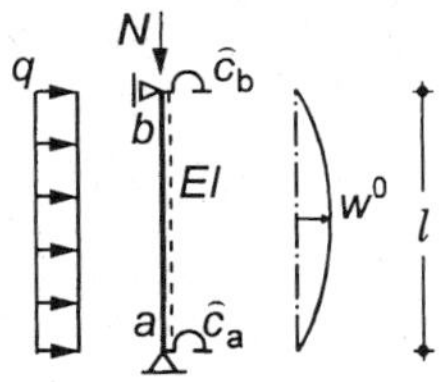

Gelenk | starre Einspannung

$$\mu_b = \frac{1}{\frac{EI}{\bar{c}_b l} + \bar{\alpha}} \qquad \text{Gelenk: } \mu_b = 0 \qquad \text{starre Einspannung: } \mu_b = \frac{1}{\bar{\alpha}}$$

$\bar{c}_a$, $\bar{c}_b$ Drehfederkonstante (= Moment / Drehwinkel)

$$\mu_a = \frac{1}{\frac{EI}{\bar{c}_a l} + \bar{\alpha}} \qquad \mu_a = 0 \qquad \mu_a = \frac{1}{\bar{\alpha}}$$

$$M_a = -\frac{1 - \mu_b \bar{\beta}}{1 - \mu_a \mu_b \bar{\beta}^2} \mu_a \bar{\gamma} M^0, \quad M_b = -\frac{1 - \mu_a \bar{\beta}}{1 - \mu_a \mu_b \bar{\beta}^2} \mu_b \bar{\gamma} M^0, \quad \max M \text{ im Feld s. S. 4.62}$$

Knickbedingung: $1 - \mu_a \mu_b \bar{\beta}^2 = 0$

Knicklänge kann mit Diagramm S. 4.80 bestimmt werden.

Sonderfall:

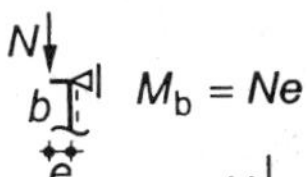

Gelenk in b ($\bar{c}_b = 0$) mit eingeprägtem Moment M_b

$M_a = -\left(\bar{\gamma} M^0 + \bar{\beta} M_b\right) \mu_a$

Beispiel für Berechnung von $\bar{c}_a$ und $\bar{c}_b$:

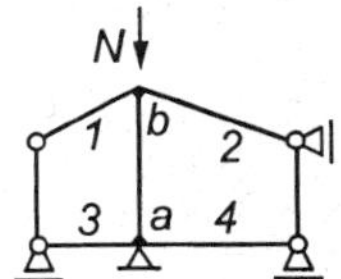

$\bar{c}_a = 3\left(\frac{EI_3}{l_3} + \frac{EI_4}{l_4}\right), \quad \bar{c}_b = 3\left(\frac{EI_1}{l_1} + \frac{EI_2}{l_2}\right)$

l_1, l_2, l_3, l_4 wirkliche Stablängen (Stabneigungen ohne Einfluß)

Beispiel

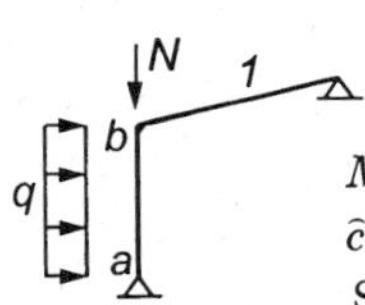

geg.: $N = 300$ kN, $q = 5$ kN/m

Stiel ab: $l = 6$ m, $EI = 5000$ kNm², $w^0 = 0{,}024$ m

Stab 1: $l_1 = 8$ m, $EI_1 = 8000$ kNm²

$M^0 = 237{,}6$ kNm, $\varepsilon = 1{,}470$, $\bar{\alpha} = 0{,}3939$, $\bar{\beta} = 0{,}2209$, $\bar{\gamma} = 0{,}05318$

$\bar{c}_b = 3000$ kNm, $\mu_b = 1{,}489$, $\mu_a = 0$, $M_a = 0$, $M_b = -18{,}8$ kNm

S. 4.62: $\max M = 26{,}3$ kNm, $x_M = 2{,}58$ m

Hilfswerte	$M^0 = ql^2 + 8Nw^0$, $\varepsilon = l\sqrt{N/EI}$ (Stabkennzahl) $\rightarrow +N \leftarrow$					
Theorie	α	β	γ	$\bar{\alpha}$	$\bar{\beta}$	$\bar{\gamma}$
II. Ordnung, $N > 0$	$\frac{\varepsilon}{\tan\varepsilon}$	$\frac{\varepsilon}{\sin\varepsilon}$	$\frac{\tan(\varepsilon/2)}{\varepsilon}$	$\frac{1-\alpha}{\varepsilon^2}$	$\frac{\beta-1}{\varepsilon^2}$	$\frac{\gamma-0{,}5}{\varepsilon^2}$
I. Ordnung, $N = 0$	1	1	0,5	1/3	1/6	1/24

7.4 Stab mit verschieblichem Ende und Drehfedern

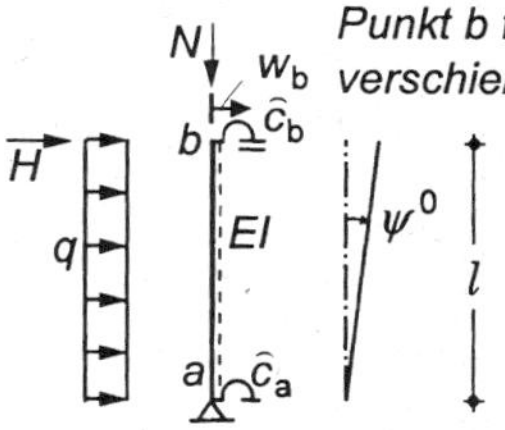

Punkt b frei verschieblich

$$\vartheta_b = \frac{1}{\frac{EI}{\hat{c}_b l} + \gamma}$$

ohne Feder (freies Ende): b $\vartheta_b = 0$

starre Einspannung (verschieblich): b $\vartheta_b = \frac{1}{\gamma}$

$\hat{c}_a$, $\hat{c}_b$ Drehfederkonstante (= Moment / Drehwinkel)

$$\vartheta_a = \frac{1}{\frac{EI}{\hat{c}_a l} + \gamma}$$

a $\vartheta_a = 0$ a $\vartheta_a = \frac{1}{\gamma}$

$\bar{H} = H + N\psi^0$, $w^0 = 0$, $D = (\vartheta_a + \vartheta_b)\beta - \varepsilon^2$

$$M_a = -\left[\bar{H}l + (1 - \gamma + 2\bar{\gamma}\beta\vartheta_b)M^0\right]\frac{\vartheta_a}{D}, \quad M_b = \left[\bar{H}l + (\gamma - 2\bar{\gamma}\beta\vartheta_a)M^0\right]\frac{\vartheta_b}{D}$$

$$w_b = \left\{\left[1 - (\vartheta_a + \vartheta_b)\bar{\beta}\right]\left(\bar{H}l + M^0/2\right) + (\vartheta_b - \vartheta_a)\bar{\gamma}M^0\right\}\frac{1}{D}\frac{l^2}{EI}$$

Gleichgewichtskontrolle: $M_a - M_b + \bar{H}l + M^0/2 + Nw_b = 0$

Knickbedingung: $D = (\vartheta_a + \vartheta_b)\beta - \varepsilon^2 = 0$

Knicklänge kann mit Formeln S. 4.77 bestimmt werden.

Sonderfall: freies Ende in b ($\hat{c}_b = 0$) mit eingeprägtem Moment M_b

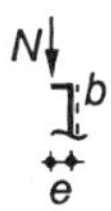

$M_b = Ne$

$$M_a = -\frac{\bar{H}l + (1-\gamma)M^0 - \beta M_b}{\beta\vartheta_a - \varepsilon^2}\vartheta_a$$

$$w_b = \frac{\left(1 - \bar{\beta}\vartheta_a\right)\left(\bar{H}l + M^0/2\right) - \bar{\gamma}\vartheta_a M^0 - M_b}{\beta\vartheta_a - \varepsilon^2}\frac{l^2}{EI}$$

Beispiel für Berechnung von $\hat{c}_a$ und $\hat{c}_b$:

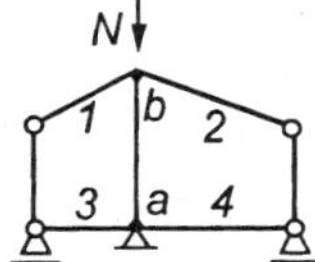

$$\hat{c}_a = 3\left(\frac{EI_3}{l_3} + \frac{EI_4}{l_4}\right), \quad \hat{c}_b = 3\left(\frac{EI_1}{l_1} + \frac{EI_2}{l_2}\right)$$

l_1, l_2, l_3, l_4 wirkliche Stablängen

Beispiel

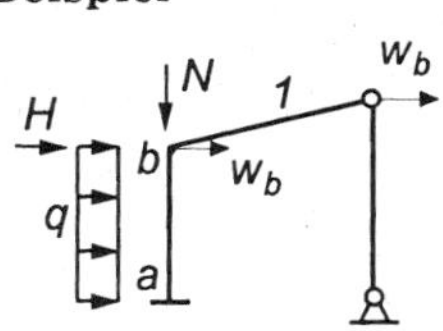

geg.: $N = 200$ kN, $H = 3$ kN, $q = 1{,}5$ kN/m

Stiel *ab*: $l = 6$ m, $EI = 5000$ kNm², $\psi^0 = 1/200$

Stab 1: $l_1 = 8$ m, $EI_1 = 8000$ kNm²

$M^0 = 54$ kNm

$\varepsilon = 1{,}2$, $\beta = 1{,}2875$, $\gamma = 0{,}5701$, $\bar{\beta} = 0{,}1997$, $\bar{\gamma} = 0{,}04869$

$\hat{c}_b = 3000$ kNm, $\vartheta_b = 1{,}179$, $\vartheta_a = 1{,}754$, $\bar{H} = 4$ kN, $D = 2{,}337$

$M_a = -41{,}4$ kNm, $M_b = 21{,}7$ kNm, $w_b = 0{,}0605$ m; D wird 0 für $N_{Ki} = 888{,}4$ kN

7.5 Stab mit Drehfeder am Fußpunkt und Feder am oberen Ende

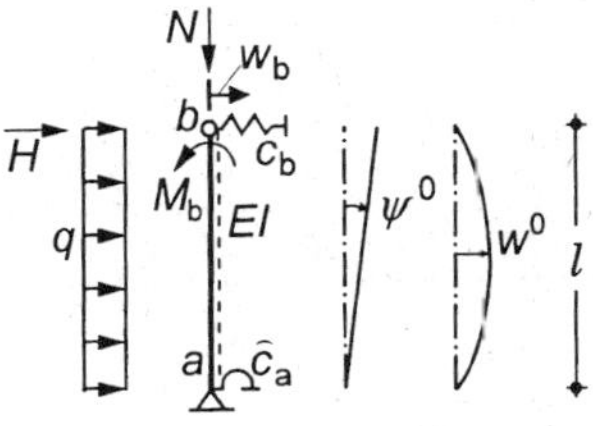

$\bar{c}_b = \frac{c_b l^3}{EI} - \varepsilon^2$

ohne Feder: $c_b = 0,\ \bar{c}_b = -\varepsilon^2$

c_b Federkonstante (= Kraft / Verschiebung)

$\hat{c}_a$ Drehfederkonstante (= Moment / Drehwinkel)

$\mu_a = \frac{1}{\frac{EI}{\hat{c}_a l} + \bar{\alpha}}$ $\quad$ gelenkig: $\mu_a = 0$ $\quad$ eingespannt: $\mu_a = \frac{1}{\bar{\alpha}}$

$$M_a = -\frac{\bar{H}l + (0{,}5 + \bar{c}_b\bar{\gamma})M^0 + (\bar{c}_b\bar{\beta} - 1)M_b}{\mu_a + \bar{c}_b}\mu_a \quad \text{mit} \quad \bar{H} = H + N\left(\psi^0 - 4\frac{w^0}{l}\right)$$

$$w_b = \frac{\bar{H}l + (0{,}5 - \mu_a\bar{\gamma})M^0 - (\mu_a\bar{\beta} + 1)M_b}{\mu_a + \bar{c}_b}\,\frac{l^2}{EI}, \quad \textit{Knickbedingung: } \mu_a + \bar{c}_b = 0$$

Gleichgewichtskontrolle: $M_a - M_b + \bar{H}l + M^0/2 + (N - c_b l)w_b = 0$

Beispiele für Berechnung von c_b:

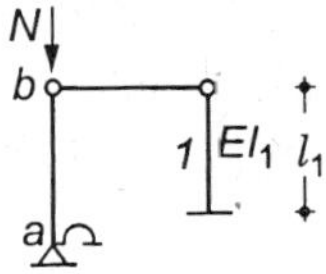

$c_b = 3\frac{EI_1}{l_1^3}$

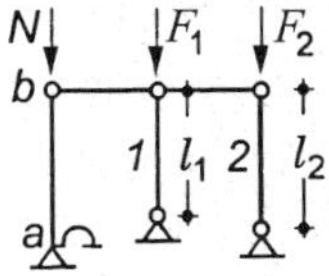

$c_b = -(F_1/l_1 + F_2/l_2)$

Pendelstäbe werden ersetzt durch Feder mit *negativer* Steifigkeit.

Beispiel

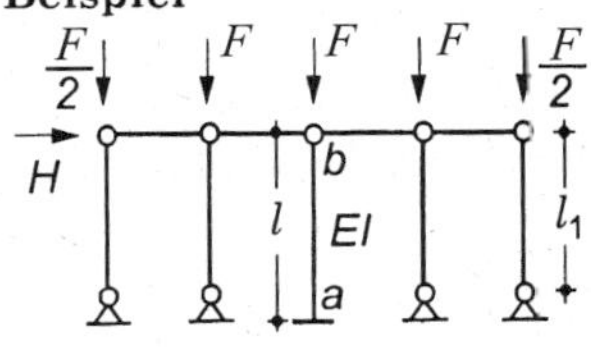

geg.: $l_1 = 4$ m, $l = 5$ m, $EI = 8000$ kNm², $H = 5$ kN

$F = 60$ kN, alle Stiele: $\psi^0 = 1/200,\ w^0 = 0$

$M^0 = 0,\ N = F,\ \varepsilon = 0{,}4330,\ \bar{\alpha} = 0{,}3376$

$\bar{H} = H + (2F/2 + 3F)\psi^0 = 6{,}2$ kN

$c_b = -(2F/2 + 2F)/l_1 = -45$ kN/m, $\bar{c}_b = -0{,}8906$

$\mu_a = 2{,}962,\ M_a = -44{,}3$ kNm, $w_b = 0{,}0468$ m

7.6 Durchlaufstütze über 2 Felder, Fußpunkt mit Drehfeder

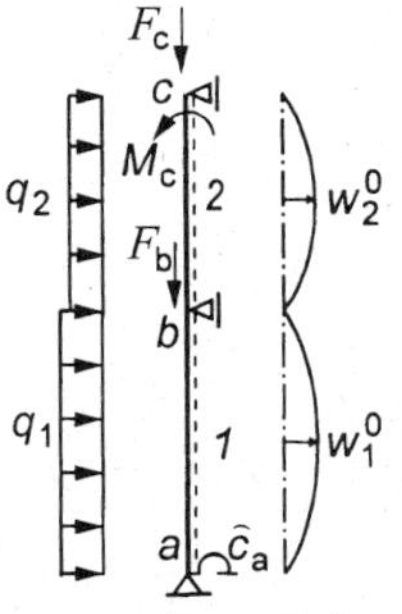

Indizes 1 und 2 auf Stab 1 bzw. 2 bezogen

w_1^0, w_2^0 mit unterschiedlichem Vorzeichen ansetzen

$N_1 = F_b + F_c,\ N_2 = F_c$

$\rightarrow M_s^0,\ \varepsilon_s,\ \alpha_s,\ \beta_s,\ \gamma_s,\ \bar{\alpha}_s,\ \bar{\beta}_s,\ \bar{\gamma}_s$ (für $s = 1$ und 2)

$\hat{c}_a$ Drehfederkonstante (= Moment/Drehwinkel)

$\nu = \frac{l_1 I_2}{l_2 I_1},\ \mu_a = \frac{1}{\frac{EI_1}{\hat{c}_a l_1} + \bar{\alpha}_1}$ $\quad$ gelenkige Lagerung in a: $\mu_a = 0$; starre Einspannung in a: $\mu_a = 1/\bar{\alpha}_1$

$$M_b = -\frac{(1 - \mu_a\bar{\beta}_1)\bar{\gamma}_1 \nu M_1^0 + \bar{\gamma}_2 M_2^0 + \bar{\beta}_2 M_c}{(\bar{\alpha}_1 - \mu_a\bar{\beta}_1^2)\nu + \bar{\alpha}_2}, \quad M_a = -(\bar{\gamma}_1 M_1^0 + \bar{\beta}_1 M_b)\mu_a$$

Knickbedingung: $(\bar{\alpha}_1 - \mu_a\bar{\beta}_1^2)\nu + \bar{\alpha}_2 = 0$

Hilfswerte	$M^0 = ql^2 + 8Nw^0, \quad \varepsilon = l\sqrt{N/EI}$ (Stabkennzahl) $\rightarrow +N \leftarrow$					
Theorie	α	β	γ	$\overline{\alpha}$	$\overline{\beta}$	$\overline{\gamma}$
II. Ordnung, $N > 0$	$\frac{\varepsilon}{\tan\varepsilon}$	$\frac{\varepsilon}{\sin\varepsilon}$	$\frac{\tan(\varepsilon/2)}{\varepsilon}$	$\frac{1-\alpha}{\varepsilon^2}$	$\frac{\beta-1}{\varepsilon^2}$	$\frac{\gamma-0{,}5}{\varepsilon^2}$
I. Ordnung, $N = 0$	1	1	0,5	1/3	1/6	1/24

Beispiel

geg.: $l_1 = 6$ m, $l_2 = 5$ m, $EI_1 = EI_2 = 5000$ kNm^2, starre Einspannung in a, $M_c = 0$
$w_1^0 = 0{,}024$ m, $w_2^0 = -0{,}02$ m, $F_b = 400$ kN, $F_c = 200$ kN, $q_1 = q_2 = 6$ kN/m

$M_1^0 = 331{,}2$ kNm, $N_1 = 600$ kN, $\varepsilon_1 = 2{,}0785$, $\overline{\alpha}_1 = 0{,}4991$, $\overline{\beta}_1 = 0{,}3191$, $\overline{\gamma}_1 = 0{,}07366$

$M_2^0 = 118{,}0$ kNm, $N_2 = 200$ kN, $\varepsilon_2 = 1{,}0$, $\overline{\alpha}_2 = 0{,}3579$, $\overline{\gamma}_2 = 0{,}04630$

$\nu = 1{,}2$, $\mu_a = 2{,}0035$, $M_b = -22{,}5$ kNm, $M_a = -34{,}5$ kNm

S. 4.62: Feld 1: max$M = 18{,}6$ kNm, $x_M = 3{,}21$ m; Feld 2: max$M = 5{,}9$ kNm, $x_M = 3{,}45$ m

7.7 Zweifeldstütze, oberes Ende frei, Fußpunkt mit Drehfeder

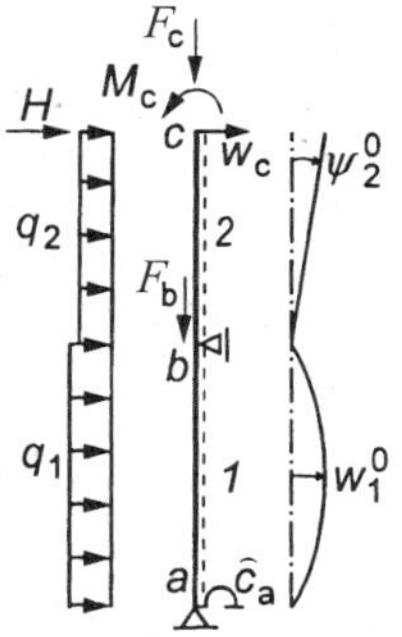

Indizes 1 und 2 auf Stab 1 bzw. 2 bezogen

w_1^0, ψ_2^0 mit unterschiedlichem Vorzeichen ansetzen, $w_2^0 = 0$

$N_1 = F_b + F_c$, $N_2 = F_c$

$\rightarrow M_s^0, \varepsilon_s, \alpha_s, \beta_s, \gamma_s, \overline{\alpha}_s, \overline{\beta}_s, \overline{\gamma}_s$ (für $s = 1$ und 2)

$\hat{c}_a$ Drehfederkonstante (= Moment/Drehwinkel)

$\nu = \frac{l_1 I_2}{l_2 I_1}$, $\mu_a = \frac{1}{\frac{EI_1}{\hat{c}_a l_1} + \overline{\alpha}_1}$ gelenkige Lagerung in a: $\mu_a = 0$; starre Einspannung in a: $\mu_a = 1/\overline{\alpha}_1$

$R_{bc} = H + q_2 l_2$, $\overline{R}_{bc} = R_{bc} + N_2 \psi_2^0$

$$M_b = \frac{-\overline{R}_{bc} l_2 + \gamma_2 M_2^0 + \beta_2 M_c + \left(1 - \mu_a \overline{\beta}_1\right) \varepsilon_2^2 \overline{\gamma}_1 \nu M_1^0}{\alpha_2 - \left(\overline{\alpha}_1 - \mu_a \overline{\beta}_1^2\right) \varepsilon_2^2 \nu}, \quad M_a = -\left(\overline{\gamma}_1 M_1^0 + \overline{\beta}_1 M_b\right) \mu_a$$

$$w_c = -\left[\left(\overline{\beta}_1 M_a + \overline{\alpha}_1 M_b + \overline{\gamma}_1 M_1^0\right)\nu + \overline{\alpha}_2 M_b + \overline{\beta}_2 M_c + \overline{\gamma}_2 M_2^0\right] \frac{l_2^2}{EI_2}$$

Gleichgewichtskontrolle: $M_b = M_c - H l_2 - M_2^0/2 - \left(w_c + \psi_2^0 l_2\right) N_2$

Knickbedingung: $\alpha_2 - \left(\overline{\alpha}_1 - \mu_a \overline{\beta}_1^2\right) \varepsilon_2^2 \nu = 0$

Beispiel

geg.: $l_1 = 6$ m, $l_2 = 5$ m, $EI_1 = EI_2 = 8000$ kNm^2, $\hat{c}_a = 4000$ kNm, $w_1^0 = -0{,}024$ m
$\psi_2^0 = 1/200$, $F_b = 200$ kN, $F_c = 100$ kN, $q_1 = 0$, $q_2 = 2$ kN/m, $H = 3$ kN
$M_c = -20$ kNm

$M_1^0 = -57{,}6$ kNm, $N_1 = 300$ kN, $\varepsilon_1 = 1{,}1619$, $\overline{\alpha}_1 = 0{,}3678$, $\overline{\beta}_1 = 0{,}1973$, $\overline{\gamma}_1 = 0{,}04818$

$M_2^0 = 50$ kNm, $N_2 = F_c$, $\varepsilon_2 = 0{,}5590$, $\alpha_2 = 0{,}8936$, $\beta_2 = 1{,}0540$, $\gamma_2 = 0{,}5134$, $\overline{\alpha}_2 = 0{,}3405$

$\overline{\beta}_2 = 0{,}1729$, $\overline{\gamma}_2 = 0{,}04301$, $\nu = 1{,}2$, $\mu_a = 1{,}426$, $R_{bc} = 13$ kN, $\overline{R}_{bc} = 13{,}5$ kN

$M_b = -82{,}0$ kNm, $M_a = 27{,}0$ kNm, $w_c = 0{,}195$ m

7.8 Zweifeldstütze, Zwischenknoten und oberes Ende frei verschieblich, Fußpunkt elastisch eingespannt (Drehfeder)

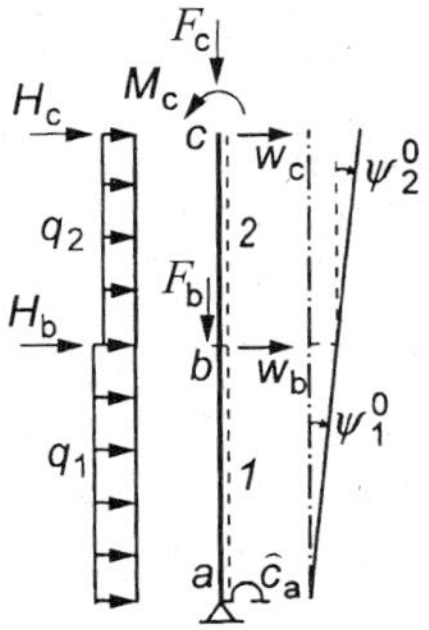

Indizes 1 und 2 auf Stab 1 bzw. 2 bezogen

ψ_1^0, ψ_2^0 mit gleichen Vorzeichen ansetzen, $w_1^0 = w_2^0 = 0$

$N_1 = F_b + F_c$, $N_2 = F_c$

$\rightarrow M_s^0$, ε_s, α_s, β_s, γ_s, $\bar{\alpha}_s$, $\bar{\beta}_s$, $\bar{\gamma}_s$ (für $s = 1$ und 2)

$\hat{c}_a$ Drehfederkonstante (= Moment/Drehwinkel)

$\nu = \dfrac{l_1 I_2}{l_2 I_1}$, $\eta_a = \dfrac{EI_1}{\hat{c}_a l_1}$, starre Einspannung in a: $\eta_a = 0$

$R_{bc} = H_c + q_2 l_2$, $R_{ab} = R_{bc} + H_b + q_1 l_1$

$\bar{R}_{bc} = R_{bc} + N_2 \psi_2^0$, $\bar{R}_{ab} = R_{ab} + N_1 \psi_1^0$

$$M_a = -\frac{\left(\alpha_2 - \varepsilon_2^2 \gamma_1 \nu\right)\bar{R}_{ab} l_1 - \left(\alpha_2 \gamma_1 - \varepsilon_2^2 \bar{\beta}_1 \nu\right) M_1^0 + \left(\bar{R}_{bc} l_2 - \gamma_2 M_2^0 - \beta_2 M_c\right)\beta_1}{\left(\alpha_1 - \eta_a \varepsilon_1^2\right)\alpha_2 - (1 + \eta_a \alpha_1)\varepsilon_2^2 \nu}$$

$$M_b = \left[\left(\alpha_1 - \eta_a \varepsilon_1^2\right) M_a + \bar{R}_{ab} l_1 - \gamma_1 M_1^0\right]\frac{1}{\beta_1}, \quad w_b = -\left[(\eta_a + \bar{\alpha}_1) M_a + \bar{\beta}_1 M_b + \bar{\gamma}_1 M_1^0\right]\frac{l_1^2}{EI_1}$$

$$w_c = -\left[\left(\bar{\beta}_1 M_a + \bar{\alpha}_1 M_b + \bar{\gamma}_1 M_1^0\right)\nu + \bar{\alpha}_2 M_b + \bar{\beta}_2 M_c + \bar{\gamma}_2 M_2^0\right]\frac{l_2^2}{EI_2} + \left(\frac{l_2}{l_1} + 1\right) w_b$$

Gleichgewichtskontrollen: $M_b = M_c - H_c l_2 - M_2^0/2 - \left(w_c - w_b + \psi_2^0 l_2\right) N_2$

$$M_a = M_b - (R_{bc} + H_b) l_1 - M_1^0/2 - \left(w_b + \psi_1^0 l_1\right) N_1$$

Knickbedingung: $\left(\alpha_1 - \eta_a \varepsilon_1^2\right)\alpha_2 - (1 + \eta_a \alpha_1)\varepsilon_2^2 \nu = 0$

Beispiel: geg.: $l_1 = 5$ m, $l_2 = 4$ m, $EI_1 = 40000$ kNm², $EI_2 = 8000$ kNm²
starre Einspannung in a, $\psi_1^0 = \psi_2^0 = 1/200$, $F_b = 300$ kN, $F_c = 200$ kN
$H_b = 8$ kN, $H_c = 5$ kN, $q_1 = q_2 = 2$ kN/m, $M_c = 0$

$N_1 = 500$ kN, $\varepsilon_1 = 0{,}5590$, $\alpha_1 = 0{,}8936$, $\beta_1 = 1{,}0540$, $\gamma_1 = 0{,}5134$, $\bar{\alpha}_1 = 0{,}3405$, $\bar{\beta}_1 = 0{,}1729$
$\bar{\gamma}_1 = 0{,}04301$, $N_2 = F_c$, $\varepsilon_2 = 0{,}6325$, $\alpha_2 = 0{,}8630$, $\gamma_2 = 0{,}5174$, $\bar{\alpha}_2 = 0{,}3426$, $\bar{\gamma}_2 = 0{,}04340$
$M_1^0 = 50$ kNm, $M_2^0 = 32$ kNm, $\nu = 0{,}25$, $\eta_a = 0$, $R_{bc} = 13$ kN, $R_{ab} = 31$ kN, $\bar{R}_{bc} = 14$ kN
$\bar{R}_{ab} = 33{,}5$ kN, $M_a = -232{,}8$ kNm, $M_b = -62{,}8$ kNm, $w_b = 0{,}055$ m, $w_c = 0{,}169$ m

Beispiel zu Abschnitt 7.9 (nächste Seite)

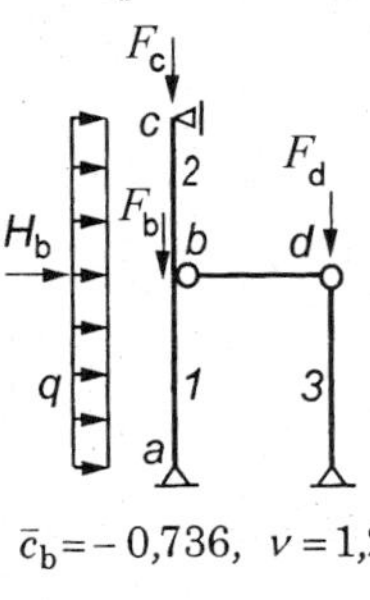

geg.: $l_1 = l_3 = 5$ m, $l_2 = 4$ m, $EI_1 = EI_2 = 20000$ kNm²
$\psi_1^0 = \psi_3^0 = 1/200 = -\psi_2^0$, $w_1^0 = w_2^0 = 0$, $F_b = 300$ kN, $F_c = 200$ kN
$F_d = 400$ kN, $H_b = 15$ kN, $q = 2$ kN/m, $M_a = M_c = 0$
Stab 3 wird durch Feder ersetzt mit $c_b = -F_d/l_3 = -80$ kN/m
$H = H_b + F_d\,\psi_3^0 = 17$ kN (H_b ist um Abtriebskraft $F_d\,\psi_3^0$ zu erhöhen)
$M_1^0 = 50$ kNm, $N_1 = 500$ kN, $\varepsilon_1 = 0{,}7906$, $\bar{\alpha}_1 = 0{,}3481$, $\bar{\gamma}_1 = 0{,}04445$
$M_2^0 = 32$ kNm, $N_2 = 200$ kN, $\varepsilon_2 = 0{,}4000$, $\bar{\alpha}_2 = 0{,}3369$, $\bar{\gamma}_2 = 0{,}04234$

$\bar{c}_b = -0{,}736$, $\nu = 1{,}25$, $\lambda = 1{,}8$, $\bar{H} = 29{,}5$ kN, $D = 2{,}672$, $M_b = 80{,}6$ kNm, $w_b = 0{,}0295$ m

Hilfswerte $M^0 = ql^2 + 8Nw^0$, $\varepsilon = l\sqrt{N/EI}$ (Stabkennzahl) $\rightarrow +N \leftarrow$

Theorie	α	β	γ	$\bar{\alpha}$	$\bar{\beta}$	$\bar{\gamma}$
II. Ordnung, $N > 0$	$\dfrac{\varepsilon}{\tan\varepsilon}$	$\dfrac{\varepsilon}{\sin\varepsilon}$	$\dfrac{\tan(\varepsilon/2)}{\varepsilon}$	$\dfrac{1-\alpha}{\varepsilon^2}$	$\dfrac{\beta-1}{\varepsilon^2}$	$\dfrac{\gamma-0{,}5}{\varepsilon^2}$
I. Ordnung, $N = 0$	1	1	0,5	1/3	1/6	1/24

7.9 Zweifeldstütze, Endpunkte unverschieblich, Zwischenknoten mit Feder

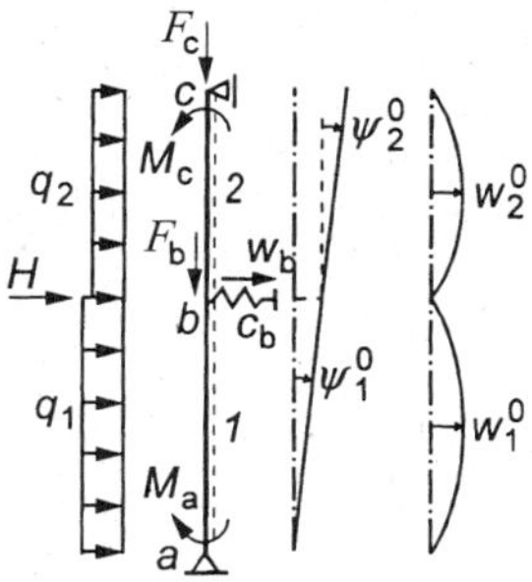

Indizes 1 und 2 auf Stab 1 bzw. 2 bezogen

ψ_1^0, ψ_2^0 und w_1^0, w_2^0 jeweils mit unterschiedlichem Vorzeichen ansetzen

für $c_b = 0$ (keine Feder) nur ψ_1^0, ψ_2^0 ansetzen

für $c_b = \infty$ (festes Lager) nur w_1^0, w_2^0 ansetzen

$N_1 = F_b + F_c$, $N_2 = F_c$

$\rightarrow M_s^0$, ε_s, α_s, β_s, γ_s, $\bar{\alpha}_s$, $\bar{\beta}_s$, $\bar{\gamma}_s$ (für $s = 1$ und 2)

c_b Federkonstante (= Kraft/Verschiebung)

$$\bar{c}_b = \left(c_b - \frac{N_1}{l_1} - \frac{N_2}{l_2}\right)\frac{l_2^3}{EI_2}, \quad \text{keine Feder: } c_b = 0$$

$$\nu = \frac{l_1 I_2}{l_2 I_1}, \quad \lambda = \frac{l_2}{l_1} + 1, \quad \overline{H} = H + (q_1 l_1 + q_2 l_2)/2 + N_1\psi_1^0 - N_2\psi_2^0, \quad D = (\bar{\alpha}_1\nu + \bar{\alpha}_2)\bar{c}_b + \lambda^2$$

$$M_b = -\left\{\left[\left(\bar{\beta}_1 M_a + \bar{\gamma}_1 M_1^0\right)\nu + \bar{\beta}_2 M_c + \bar{\gamma}_2 M_2^0\right]\bar{c}_b - \left(M_a/l_1 + M_c/l_2 + \overline{H}\right)\lambda l_2\right\}/D$$

$$w_b = \left[M_a/l_1 + (M_c - \lambda M_b)/l_2 + \overline{H}\right]\frac{1}{\bar{c}_b}\frac{l_2^3}{EI_2}$$

Knickbedingung: $D = 0$

Sonderfälle:

keine Feder in b: $c_b = 0$ setzen

festes Lager in b, $c_b = \infty$: $M_b = -\left[\left(\bar{\beta}_1 M_a + \bar{\gamma}_1 M_1^0\right)\nu + \bar{\beta}_2 M_c + \bar{\gamma}_2 M_2^0\right]/(\bar{\alpha}_1\nu + \bar{\alpha}_2)$

$w_b = 0$, Knickbedingung: $\bar{\alpha}_1\nu + \bar{\alpha}_2 = 0$

Hinweis: Gemäß Abschnitt 7.5 können angehängte Pendelstäbe durch eine Feder mit negativer Steifigkeit c_b erfaßt werden. Beispiel siehe S. 4.68

7.10 Unverschieblicher Rechteckrahmen

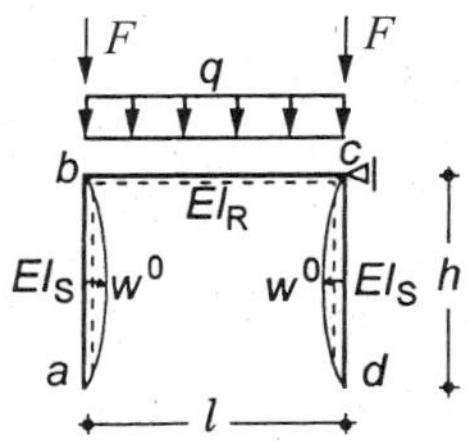

w^0 wird für beide Stiele mit gleichem Vorzeichen angesetzt.

Stiele: $N = F + ql/2 \rightarrow \varepsilon, \alpha, \beta, \gamma, \bar{\alpha}, \bar{\beta}, \bar{\gamma}$

Riegel nach Theorie I. Ordnung

$$\eta = 6\,\frac{h I_R}{l I_S}$$

Knicklänge der Stiele mit S. 4.80 bestimmbar

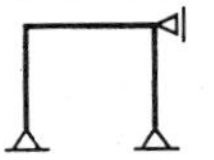	$M_b = M_c = -\frac{ql^2/4 + \eta\bar{\gamma}8Nw^0}{3+\eta\bar{\alpha}}$, *Knickbedingung*: $3+\eta\bar{\alpha} = 0$
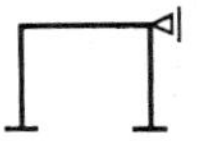	$M_b = M_c = -\frac{\bar{\alpha}ql^2/8 + (\bar{\alpha}-\bar{\beta})\eta\bar{\gamma}4Nw^0}{1{,}5\bar{\alpha}+\eta\bar{\gamma}}$ $M_a = M_d = \frac{\bar{\beta}ql^2/8 - [(\bar{\alpha}-\bar{\beta})\eta+3]\bar{\gamma}4Nw^0}{1{,}5\bar{\alpha}+\eta\bar{\gamma}}$ *Knickbedingung*: $1{,}5\bar{\alpha}+\eta\bar{\gamma} = 0$

Beispiel: *eingespannter* Rahmen

geg.: $h = 5\,\text{m}$, $l = 6\,\text{m}$, $EI_S = 4000\,\text{kNm}^2$, $EI_R = 6000\,\text{kNm}^2$, $w^0 = \pm 0{,}02$ m
$F = 400$ kN, $q = 10$ kN/m

$\eta = 7{,}5$, $N = 430$ kN, $\varepsilon = 1{,}639$, $\bar{\alpha} = 0{,}4140$, $\bar{\beta} = 0{,}2393$, $\bar{\gamma} = 0{,}05705$

für $w^0 = +0{,}02$ m: $M_b = M_c = -20{,}2$ kNm, $M_a = M_d = 2{,}2$ kNm

für $w^0 = -0{,}02$ m: $M_b = M_c = -15{,}3$ kNm, $M_a = M_d = 18{,}3$ kNm

7.11 Verschieblicher Rechteckrahmen

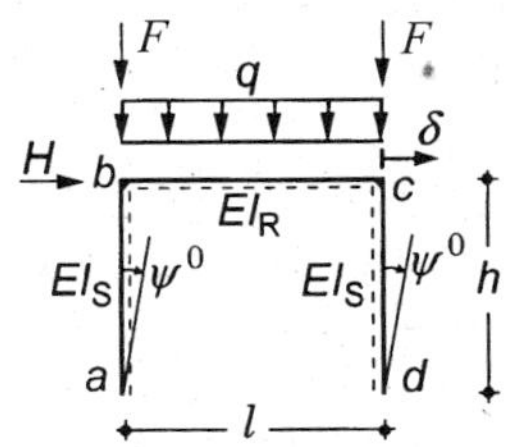

δ Riegelverschiebung

ψ^0 wird für beide Stiele mit gleichem Vorzeichen angesetzt.

Stiele: $N = F + ql/2 \rightarrow \varepsilon, \alpha, \beta, \gamma, \bar{\alpha}, \bar{\beta}, \bar{\gamma}$

Riegel nach Theorie I. Ordnung

$\bar{H} = H/2 + N\psi^0$, $\eta = 6\frac{hI_R}{lI_S}$

Knicklänge mit S. 4.77 bestimmbar

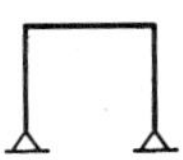	$\left.\begin{matrix}M_b\\M_c\end{matrix}\right\} = -\frac{ql^2/4}{3+\eta\bar{\alpha}}\begin{Bmatrix}+\\-\end{Bmatrix}\frac{\eta\bar{H}h}{\eta\alpha-\varepsilon^2}$, $\delta = \frac{\eta\bar{\alpha}+1}{\eta\alpha-\varepsilon^2}\frac{\bar{H}h^3}{EI_S}$ *Knickbedingung*: $\eta\alpha-\varepsilon^2 = 0$
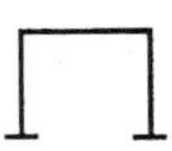	$\left.\begin{matrix}M_b\\M_c\end{matrix}\right\} = -\frac{\bar{\alpha}ql^2/8}{1{,}5\bar{\alpha}+\eta\bar{\gamma}}\begin{Bmatrix}+\\-\end{Bmatrix}\frac{\eta\gamma\bar{H}h}{\alpha+\eta}$, $\left.\begin{matrix}M_a\\M_d\end{matrix}\right\} = \frac{\bar{\beta}ql^2/8}{1{,}5\bar{\alpha}+\eta\bar{\gamma}}\begin{Bmatrix}-\\+\end{Bmatrix}\frac{\eta\gamma+1}{\alpha+\eta}\bar{H}h$ $\delta = \frac{\bar{\alpha}+2\eta\bar{\gamma}}{\alpha+\eta}\frac{\bar{H}h^3}{EI_S}$, *Knickbedingung*: $\alpha+\eta = 0$

Gleichgewichtskontrolle (für beide Lagerungsfälle): $M_a - M_b + M_c - M_d + 2(\bar{H}h + N\delta) = 0$

Beispiel: *eingespannter* Rahmen

geg.: $h = 5\,\text{m}$, $l = 6\,\text{m}$, $EI_S = 4000\,\text{kNm}^2$, $EI_R = 6000\,\text{kNm}^2$, $\psi^0 = 1/200$
$H = 20$ kN, $F = 400$ kN, $q = 10$ kN/m

$N = 430$ kN, $\varepsilon = 1{,}639$, $\alpha = -0{,}1126$, $\gamma = 0{,}6533$, $\bar{\alpha} = 0{,}4140$, $\bar{\beta} = 0{,}2393$, $\bar{\gamma} = 0{,}05705$

$\eta = 7{,}5$, $\bar{H} = 12{,}15$ kN, $M_b = 22{,}5$ kNm, $M_c = -58{,}1$ kNm

$M_a = -38{,}2$ kNm, $M_d = 58{,}8$ kNm, $\delta = 0{,}0653$ m

Hilfswerte	$M^0 = ql^2 + 8Nw^0$, $\varepsilon = l\sqrt{N/EI}$ (Stabkennzahl)		$\rightarrow +N \leftarrow$			
Theorie	α	β	γ	$\bar{\alpha}$	$\bar{\beta}$	$\bar{\gamma}$
II. Ordnung, $N > 0$	$\frac{\varepsilon}{\tan\varepsilon}$	$\frac{\varepsilon}{\sin\varepsilon}$	$\frac{\tan(\varepsilon/2)}{\varepsilon}$	$\frac{1-\alpha}{\varepsilon^2}$	$\frac{\beta-1}{\varepsilon^2}$	$\frac{\gamma-0{,}5}{\varepsilon^2}$
I. Ordnung, $N = 0$	1	1	0,5	1/3	1/6	1/24

7.12 Gekoppelte Stützenreihe

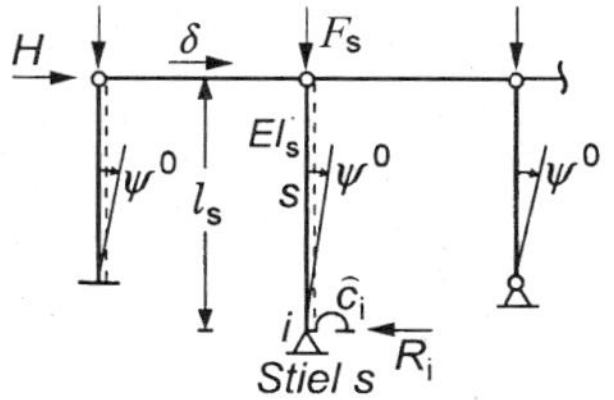

Anzahl der Stützen beliebig

Lagerung der Fußpunkte i drehelastisch, starr eingespannt ($\hat{c}_i = \infty$) oder gelenkig gelagert ($\hat{c}_i = 0$)

$\hat{c}_i$ Drehfederkonstante (= Moment/Drehwinkel)

allgemeine Stütze s: $N_s = F_s \rightarrow \varepsilon_s,\ \bar{\alpha}_s$

$$k_i = \frac{1}{\left(\bar{\alpha}_s \frac{l_s}{EI_s} + \frac{1}{\hat{c}_i}\right) l_s} \qquad \text{(eingespannt)}\ k_i = \frac{EI_s}{\bar{\alpha}_s l_s^2} \qquad \text{(gelenkig)}\ k_i = 0$$

Riegelverschiebung $\delta = \dfrac{H + \psi^0 \sum\limits_s F_s}{\sum\limits_s [(k_i - F_s)/l_s]}$, $\sum\limits_s$ Summe über alle Stützen s

$M_i = -k_i \delta$, $R_i = -M_i/l_s - \left(\delta/l_s + \psi^0\right) F_s$, *Gleichgewichtskontrolle*: $\sum\limits_s R_i = H$

Knickbedingung: $\sum\limits_s [(k_i - F_s)/l_s] = 0$

Ersatz aufgestellter durch angehängte Pendelstützen
Damit wird Berechnung nach obenstehenden Formeln ermöglicht.

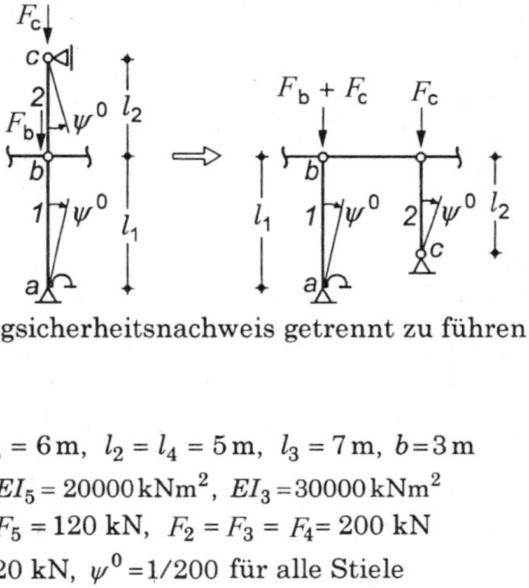

Bemerkung: Für Pendelstäbe ist der Tragsicherheitsnachweis getrennt zu führen (Knicklänge = Stablänge).

Beispiel

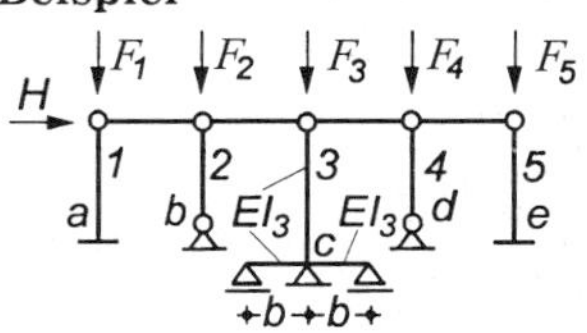

geg.: $l_1 = l_5 = 6\,\text{m}$, $l_2 = l_4 = 5\,\text{m}$, $l_3 = 7\,\text{m}$, $b = 3\,\text{m}$

$EI_1 = EI_5 = 20000\,\text{kNm}^2$, $EI_3 = 30000\,\text{kNm}^2$

$F_1 = F_5 = 120$ kN, $F_2 = F_3 = F_4 = 200$ kN

$H = 20$ kN, $\psi^0 = 1/200$ für alle Stiele

$\varepsilon_1 = \varepsilon_5 = 0{,}4648$, $\bar{\alpha}_1 = \bar{\alpha}_5 = 0{,}3382$

$\varepsilon_3 = 0{,}5715$, $\bar{\alpha}_3 = 0{,}3408$

Drehfederkonstante für beide horizontale Stäbe in c: $\hat{c}_c = 2 \cdot 3EI_3/b = 60000$ kNm

$k_a = k_e = 1643$ kN, $k_b = k_d = 0$, $k_c = 1485$ kN, $\sum\limits_s$ über Stützen 1 bis 5, $\delta = 0{,}0396$ m

$M_a = M_e = -65{,}0$ kNm, $M_b = 0$, $M_c = -58{,}8$ kNm

$R_a = R_e = 9{,}45$ kN, $R_b = R_d = -2{,}58$ kN, $R_c = 6{,}27$ kN, $\sum\limits_s R_i = 20\ \text{kN} = H$

8 Knicklasten und Knicklängen

Annahmen

- Die einzelnen Stäbe haben einen *konstanten Querschnitt* und, sofern nicht anders vermerkt, eine *konstante Längskraft N*; *N* ist als *Druck* positiv.
- Es werden nur *Momentenverformungen* berücksichtigt.

Allgemeines

Längskraft eines Stabes im Verzweigungsfall:

$$N_{\mathrm{Ki}} = \left(\frac{\pi}{s_{\mathrm{K}}}\right)^2 EI, \quad s_{\mathrm{K}} = \text{Knicklänge}, \quad EI \text{ Biegesteifigkeit}$$

Die Knicklänge s_{K} eines Druckstabes ist der Abstand zweier Wendepunkte der (erforderlichenfalls verlängerten) Knickbiegelinie. Da diese stets die Form einer sin-Linie hat, ist s_{K} die Länge einer sin-Halbwelle. Die Wirkungslinie der vom Stab übertragenen resultierenden Schnittkraft (Betrag N) ist identisch mit der Bezugsachse der sin-Linie.

Beispiel

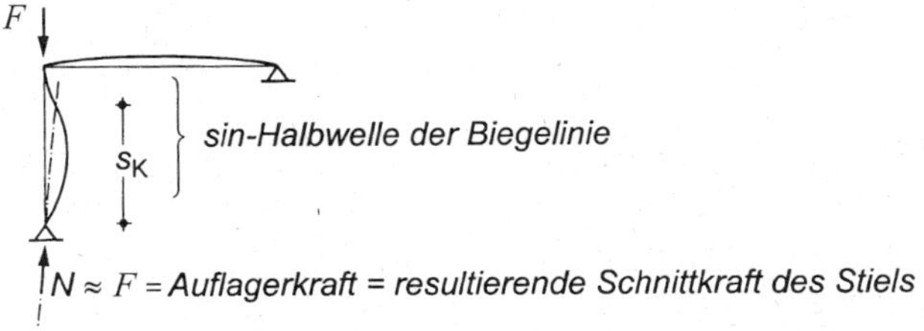

Stäbe, die nach Theorie I. Ordnung, also mit $N = 0$, berechnet werden, haben (rechnerisch) die Knicklänge $s_{\mathrm{K}} = \infty$.

Verzweigungslastfaktor: $\eta_{\mathrm{Ki}} = N_{\mathrm{Ki}}/N$, N vorhandene Längskraft

Sind mehrere Stäbe s mit den Längskräften N_s vorhanden, so ist $\eta_{\mathrm{Ki}} = N_{\mathrm{Ki,s}}/N_s$ für alle Stäbe gleich, das heißt, bis zum Erreichen des Verzweigungsfalls werden alle N_s mit demselben Faktor erhöht. Im allgemeinen muß für $\eta_{\mathrm{Ki}} < 10$ aus *Sicherheitsgründen* Theorie II. Ordnung angewendet werden. Andererseits muß stets $\eta_{\mathrm{Ki}} > 1$ sein, da sonst *instabiles* Gleichgewicht vorliegt.

Eulerfälle

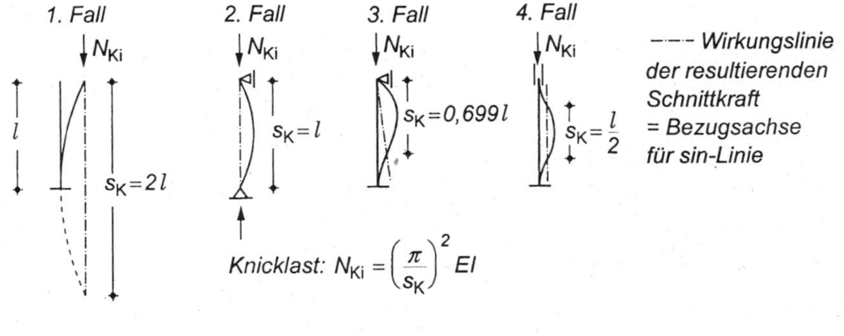

Stäbe mit linear veränderlicher Längskraft N

Diese Stäbe haben eine *konstante* Längsstreckenlast n, die als *richtungstreu* angenommen wird.

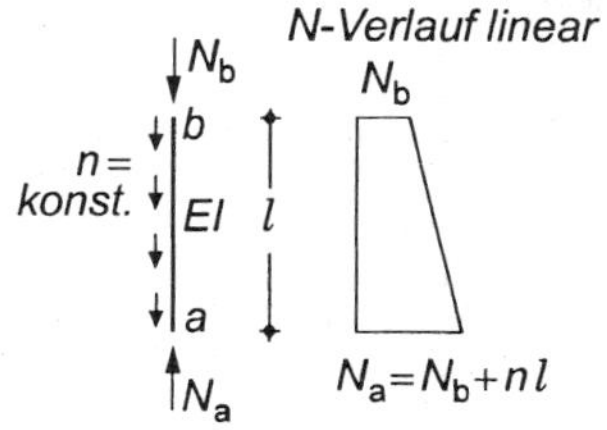

Die rechts stehenden Formeln gelten näherungsweise (Fehler kleiner 0,5 %).

	$N_{a,Ki} = \left(\frac{0{,}4}{N_b/N_a + 0{,}493} - 0{,}018\right)\frac{\pi^2}{l^2}EI$
	$N_{a,Ki} = \left(\frac{2{,}914}{N_b/N_a + 1{,}385} - 0{,}222\right)\frac{\pi^2}{l^2}EI$
	$N_{a,Ki} = \left(\frac{4{,}2}{N_b/N_a + 0{,}736} - 0{,}374\right)\frac{\pi^2}{l^2}EI$
	$N_{a,Ki} = \left(\frac{11}{N_b/N_a + 1{,}325} - 0{,}732\right)\frac{\pi^2}{l^2}EI$
Bedingung: $N_a \geq N_b \geq 0$	
$\eta_{Ki} = N_{a,Ki}/N_a$, $N_{b,Ki} = \eta_{Ki} N_b$	

Bemerkung: Die Knickbiegelinie hat nicht mehr die Form einer sin-Linie; daher ist hier die Definition einer Knicklänge weder sinnvoll noch notwendig.

Beispiel für Lagerungsfall 

geg.: $l = 5$ m, $EI = 2000$ kNm^2, $N_b = 300$ kN, $n = 20$ kN/m

→ $N_a = 400$ kN, $N_b/N_a = 0{,}75$, $N_{a,Ki} = 1936$ kN, $\eta_{Ki} = 4{,}841$, $N_{b,Ki} = 1452$ kN

Gekoppelte Stäbe (z.B. Kopplung durch Pfetten)

Anzahl der Stäbe beliebig

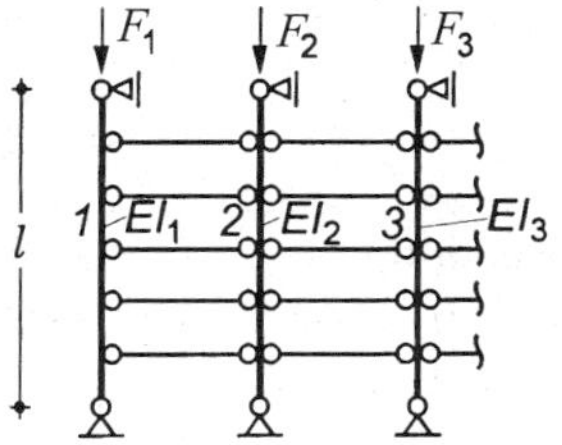

Ersatzsystem für η_{Ki} (2. Eulerfall)

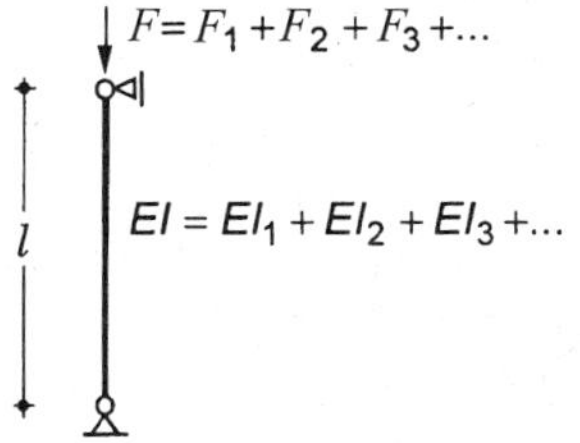

$\eta_{Ki} = \frac{\pi^2}{l^2}\frac{EI}{F}$, $F_{s,Ki} = \eta_{Ki} F_s$, $s = 1, 2, ...$

Bemerkung: Eine Knicklänge der einzelnen Stäbe ist wegen der Kopplungskräfte hier nicht definiert.

Beispiel

geg.: 2 gekoppelte Stäbe, $l = 8$ m

Stab 1: $EI_1 = 15000$ kNm^2, $F_1 = 300$ kN

Stab 2: $EI_2 = 25000$ kNm^2, $F_2 = 400$ kN

→ $EI = EI_1 + EI_2 = 40000$ kNm^2, $F = F_1 + F_2 = 700$ kN

$\eta_{Ki} = 8{,}812$, $F_{1,Ki} = 2644$ kN, $F_{2,Ki} = 3525$ kN

Eingespannter Stab mit angehängten Pendelstützen

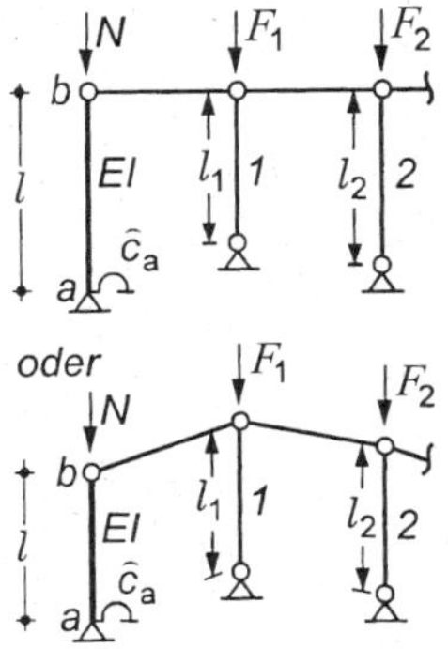

Anzahl der Pendelstützen beliebig, $F^* = F_1 \dfrac{l}{l_1} + F_2 \dfrac{l}{l_2} + \ldots$

ohne Pendelstützen gilt: $F^* = 0$

$\hat{c}_a$ Drehfederkonstante (= Moment / Drehwinkel)

$\nu = \dfrac{1}{3\dfrac{EI}{\hat{c}_a l} + 1}$, starre Einspannung in a: $\nu = 1$

Verzweigungslastfaktor: $\eta_{Ki} = \dfrac{3\nu}{\left(0{,}216\nu^2 + 1\right)N + F^*} \dfrac{EI}{l^2}$

Knicklänge von Stab $a\,b$: $s_K = \pi \sqrt{\dfrac{EI}{\eta_{Ki} N}}$

Pendelstützen: $s_{K,s} = l_s$, $s = 1, 2, \ldots$

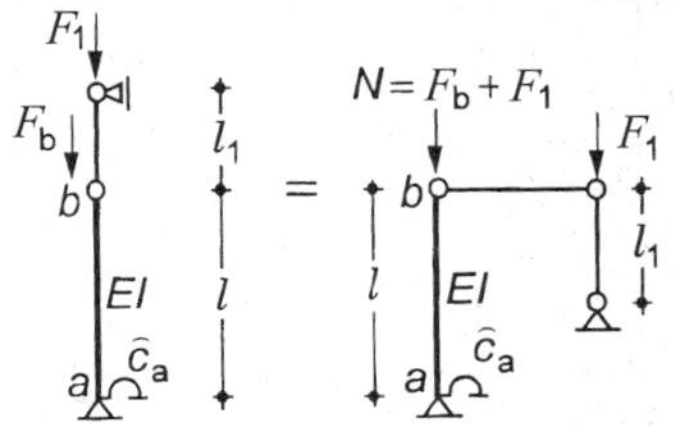

Ersatz einer aufgestellten durch eine angehängte Pendelstütze

1. Beispiel

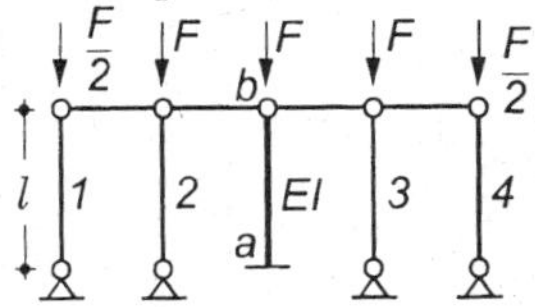

geg.: $l = 4$ m, $EI = 5000$ kNm^2, $F = 60$ kN

$\rightarrow N = 60$ kN, $F_1 = F_4 = 30$ kN, $F_2 = F_3 = 60$ kN

$F^* = 2 \cdot 1{,}5F = 3F = 180$ kN, $\nu = 1$, $\eta_{Ki} = 3{,}706$

Stab $a\,b$: $s_K = 14{,}90$ m

2. Beispiel

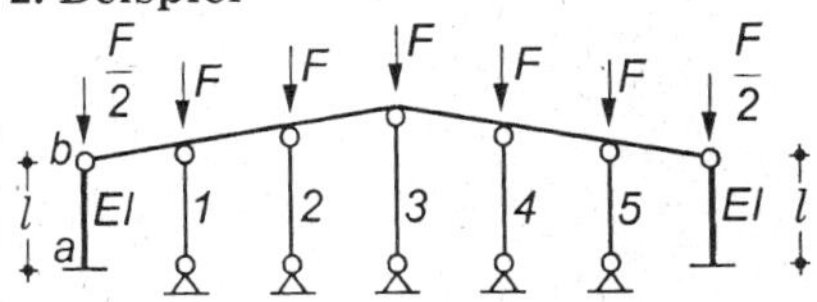

Berechnung des halben Systems

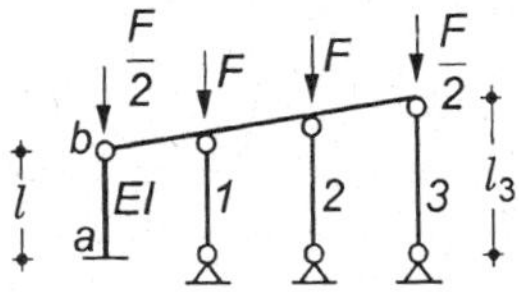

geg.: $l = 6$ m, $l_1 = 7$ m, $l_2 = 8$ m, $l_3 = 9$ m, $EI = 30000$ kNm^2, $F = 240$ kN

$\rightarrow N = 120$ kN $= F_3$, $F_1 = F_2 = 240$ kN, $F^* = 240(6/7 + 6/8) + 120 \cdot 6/9 = 465{,}7$ kN

$\nu = 1$, $\eta_{Ki} = 4{,}087$, Stab $a\,b$: $s_K = 24{,}57$ m

3. Beispiel

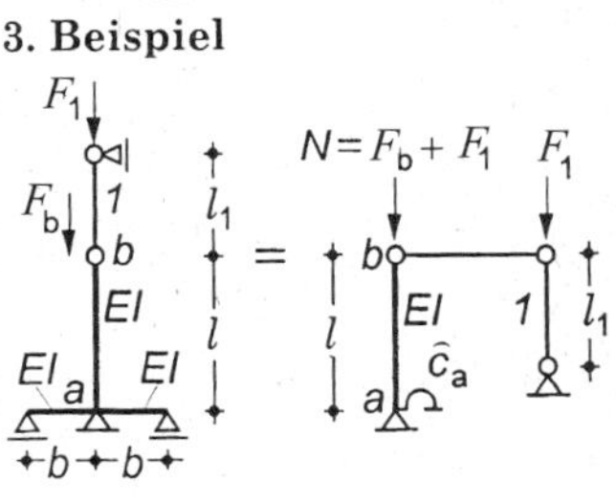

geg.: $b = 3$ m, $l = 6$ m, $l_1 = 4$ m, $EI = 20000$ kNm^2

$F_1 = 60$ kN, $F_b = 100$ kN

$\rightarrow N = 160$ kN, $F^* = 60 \cdot 6/4 = 90$ kN

Drehfederkonstante für beide horizontale Stäbe:

$\hat{c}_a = 2 \cdot 3EI/b = 40000$ kNm

$\nu = 0{,}8$, $\eta_{Ki} = 4{,}900$, Stab $a\,b$: $s_K = 15{,}87$ m

Rahmen mit eingespannten Fußpunkten

Anzahl der Pendelstützen beliebig, $F^* = F_1 \frac{l}{l_1} + F_2 \frac{l}{l_2} + \ldots$

ohne Pendelstützen gilt: $F^* = 0$

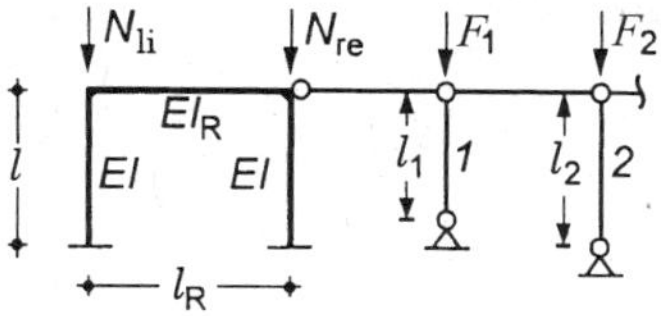

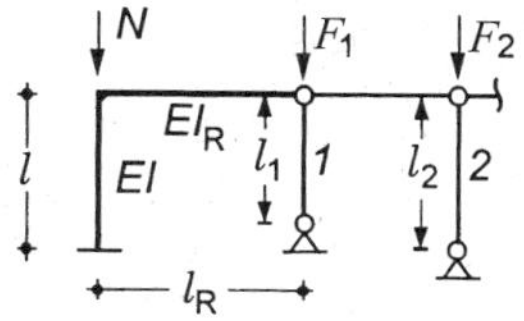

$$\rho = 6 \frac{l\,EI_R}{l_R\,EI} \qquad\qquad \rho = 3 \frac{l\,EI_R}{l_R\,EI}$$

$$R = \left[1 - \frac{1{,}05\,\rho}{(\rho+4)^2}\right] 1{,}216(N_{li} + N_{re}) + F^* \qquad\qquad R = \left[1 - \frac{1{,}05\,\rho}{(\rho+4)^2}\right] 1{,}216\,N + F^*$$

Verzweigungslastfaktor

$$\eta_{Ki} = \frac{\rho+1}{\rho+4}\, 24 \frac{EI}{R l^2} \qquad\qquad \eta_{Ki} = \frac{\rho+1}{\rho+4}\, 12 \frac{EI}{R l^2}$$

Knicklängen der Rahmenstiele

$$s_{K,li} = \pi \sqrt{\frac{EI}{\eta_{Ki} N_{li}}}, \quad s_{K,re} = \pi \sqrt{\frac{EI}{\eta_{Ki} N_{re}}} \qquad\qquad s_K = \pi \sqrt{\frac{EI}{\eta_{Ki} N}}$$

Pendelstützen: $s_{K,s} = l_s$, $s = 1, 2, \ldots$

1. Beispiel

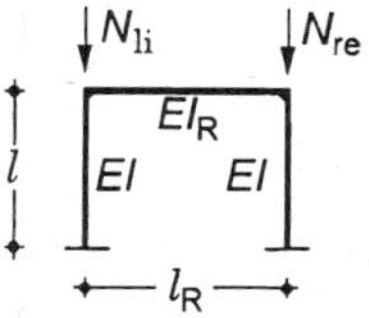

geg.: $l = 7{,}5$ m, $l_R = 12$ m, $EI = 9000$ kNm^2

$EI_R = 12000$ kNm^2, $N_{li} = 300$ kN, $N_{re} = 200$ kN

$F^* = 0$, $\rho = 5$, $R = 568{,}6$ kN, $\eta_{Ki} = 4{,}502$

$s_{K,li} = 8{,}109$ m, $s_{K,re} = 9{,}932$ m

2. Beispiel

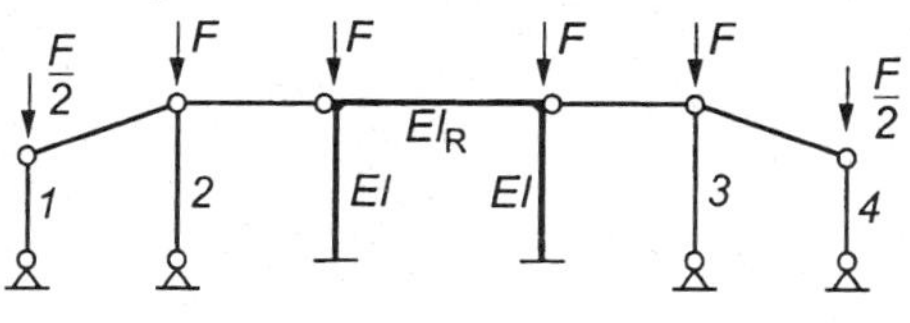

geg.: Rahmen wie beim 1. Beispiel

$l_1 = l_4 = 5$ m, $l_2 = l_3 = 7{,}5$ m

$F = 120$ kN

$$F^* = 2\left(60 \frac{7{,}5}{5} + 120\right) = 420 \text{ kN}$$

$\rho = 5$, $R = 692{,}9$ kN, $\eta_{Ki} = 3{,}694$, $s_{K,li} = s_{K,re} = 14{,}15$ m (Rahmenstiele)

3. Beispiel

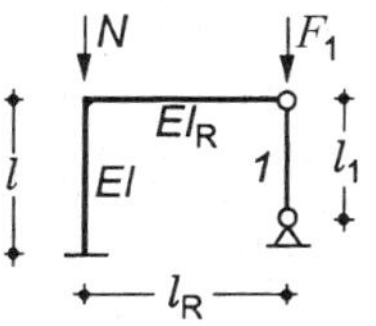

geg.: $l = 7{,}5$ m, $l_R = 12$ m, $l_1 = 6$ m, $EI = 9000$ kNm^2

$EI_R = 12000$ kNm^2, $N = 150$ kN, $F_1 = 100$ kN

$F^* = 100 \frac{7{,}5}{6} = 125$ kN, $\rho = 2{,}5$, $R = 296{,}1$ kN

$\eta_{Ki} = 3{,}492$, $s_K = 13{,}02$ m (Rahmenstiel)

Rahmen mit gelenkig gelagerten Fußpunkten

Anzahl der Pendelstützen beliebig, $F^* = F_1 \frac{l}{l_1} + F_2 \frac{l}{l_2} + \ldots$

ohne Pendelstützen gilt: $F^* = 0$

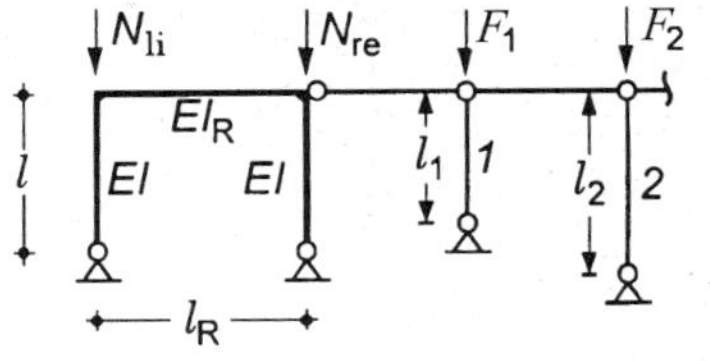

$$\nu = \frac{2}{\frac{l_R EI}{l EI_R} + 2}$$

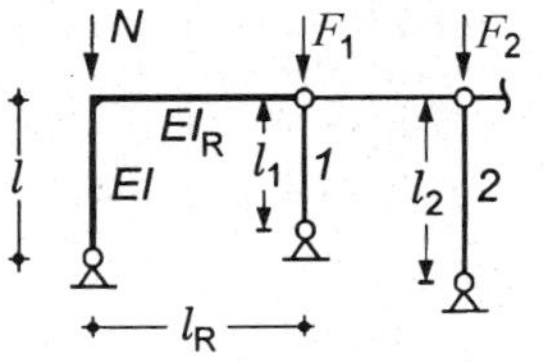

$$\nu = \frac{1}{\frac{l_R EI}{l EI_R} + 1}$$

Verzweigungslastfaktor

$$\eta_{Ki} = \frac{6\nu}{(0{,}216\nu^2+1)(N_{li}+N_{re})+F^*} \frac{EI}{l^2} \qquad \eta_{Ki} = \frac{3\nu}{(0{,}216\nu^2+1)N+F^*} \frac{EI}{l^2}$$

Knicklängen der Rahmenstiele

$$s_{K,li} = \pi\sqrt{\frac{EI}{\eta_{Ki} N_{li}}}, \quad s_{K,re} = \pi\sqrt{\frac{EI}{\eta_{Ki} N_{re}}} \qquad s_K = \pi\sqrt{\frac{EI}{\eta_{Ki} N}}$$

Pendelstützen: $s_{K,s} = l_s$, $s = 1, 2, \ldots$

1. Beispiel

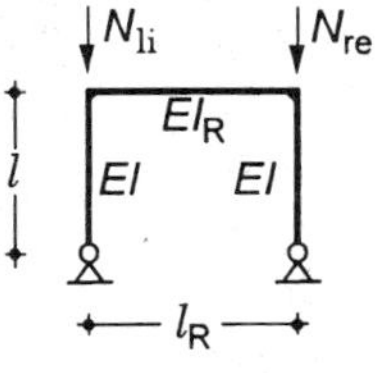

geg.: $l = 7{,}5$ m, $l_R = 12$ m, $EI = 9000$ kNm^2

$EI_R = 12000$ kNm^2, $N_{li} = 75$ kN, $N_{re} = 50$ kN

$F^* = 0$, $\nu = 0{,}625$, $\eta_{Ki} = 4{,}427$

$s_{K,li} = 16{,}36$ m, $s_{K,re} = 20{,}03$ m

2. Beispiel

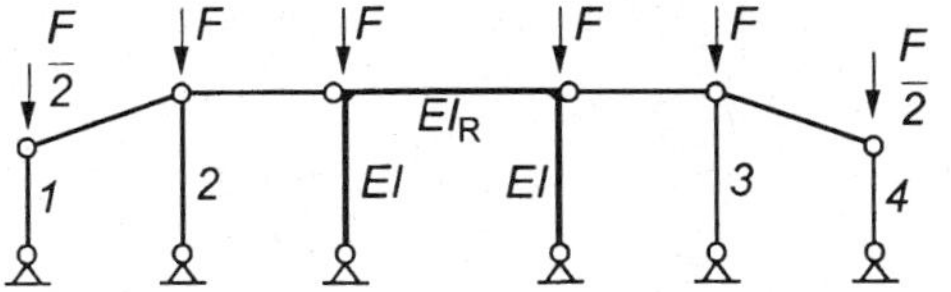

geg.: Rahmen wie bei 1. Beispiel

$l_1 = l_4 = 5$ m, $l_2 = l_3 = 7{,}5$ m

$F = 30$ kN

$F^* = 2\left(15\frac{7{,}5}{5} + 30\right) = 105$ kN

$\nu = 0{,}625$, $\eta_{Ki} = 3{,}528$, $s_{K,li} = s_{K,re} = 28{,}97$ m (Rahmenstiele)

3. Beispiel

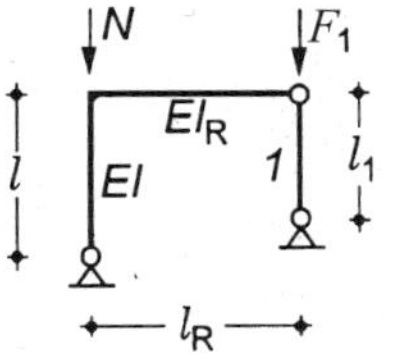

geg.: $l = 7{,}5$ m, $l_R = 12$ m, $l_1 = 6$ m, $EI = 9000$ kNm^2

$EI_R = 12000$ kNm^2, $N = 45$ kN, $F_1 = 30$ kN

$F^* = 30\frac{7{,}5}{6} = 37{,}5$ kN, $\nu = 0{,}4545$, $\eta_{Ki} = 2{,}582$

$s_K = 27{,}65$ m (Rahmenstiel)

Anzahl der Pendelstützen beliebig, $F^* = F_1 \frac{l}{l_1} + F_2 \frac{l}{l_2} + \ldots$

ohne Pendelstützen gilt: $F^* = 0$

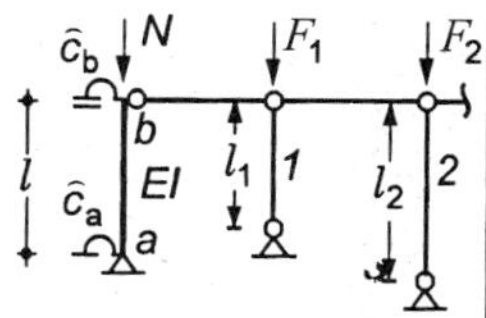

$\hat{c}_a$, $\hat{c}_b$ Drehfederkonstante $= \frac{\text{Moment}}{\text{Drehwinkel}}$

$\nu_a = \frac{\hat{c}_a l}{EI}$, $\nu_b = \frac{\hat{c}_b l}{EI}$

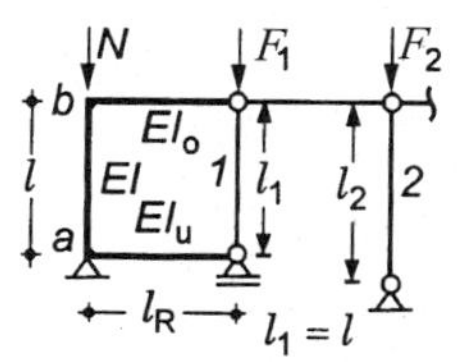

$\nu_a = 3\frac{l\,EI_u}{l_R EI}$, $\nu_b = 3\frac{l\,EI_o}{l_R EI}$

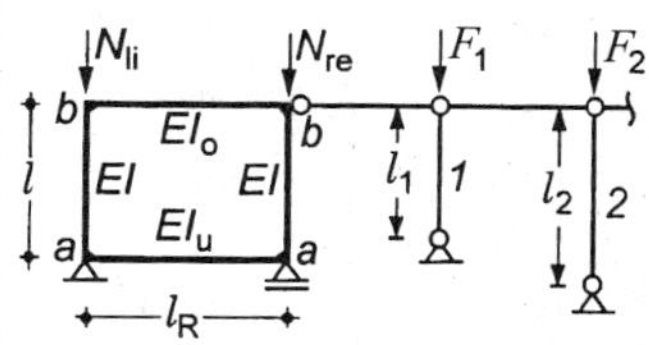

$N = N_{li} + N_{re}$

$\nu_a = 6\frac{l\,EI_u}{l_R EI}$, $\nu_b = 6\frac{l\,EI_o}{l_R EI}$

$\vartheta_a = \frac{1}{2/\nu_a + 1}$, $\vartheta_b = \frac{1}{2/\nu_b + 1}$ gelenkige Lagerung: ϑ_a bzw. $\vartheta_b = 0$
starre Einspannung: ϑ_a bzw. $\vartheta_b = 1$

$$\rho = 1 + 0{,}218\frac{4(\vartheta_a - \vartheta_b)^2 + \vartheta_a\vartheta_b}{(3 - \vartheta_a - \vartheta_b)^2}$$

Verzweigungslastfaktor

$$\eta_{Ki} = \frac{2EI}{\left(\frac{1}{\vartheta_a + \vartheta_b} - \frac{1}{3}\right)(N\rho + F^*)l^2} \qquad \eta_{Ki} = \frac{4EI}{\left(\frac{1}{\vartheta_a + \vartheta_b} - \frac{1}{3}\right)(N\rho + F^*)l^2}$$

Knicklängen der Rahmenstiele

$$s_K = \pi\sqrt{\frac{EI}{\eta_{Ki} N}} \qquad s_{K,li} = \pi\sqrt{\frac{EI}{\eta_{Ki} N_{li}}},\ s_{K,re} = \pi\sqrt{\frac{EI}{\eta_{Ki} N_{re}}}$$

Pendelstützen: $s_{K,s} = l_s$, $s = 1, 2, \ldots$

1. Beispiel

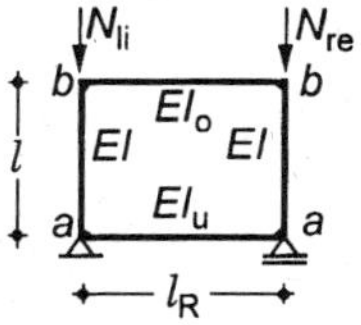

geg.: $l = 6$ m, $l_R = 8$ m, $EI = 50$ MNm^2, $EI_o = 60$ MNm^2
$EI_u = 30$ MNm^2, $N_{li} = 1{,}5$ MN, $N_{re} = 1{,}2$ MN
$F^* = 0$, $N = 2{,}7$ MN, $\nu_a = 2{,}7$, $\nu_b = 5{,}4$, $\vartheta_a = 0{,}5745$, $\vartheta_b = 0{,}7297$
$\rho = 1{,}039$, $\eta_{Ki} = 4{,}569$, $s_{K,li} = 8{,}486$ m, $s_{K,re} = 9{,}487$ m

2. Beispiel

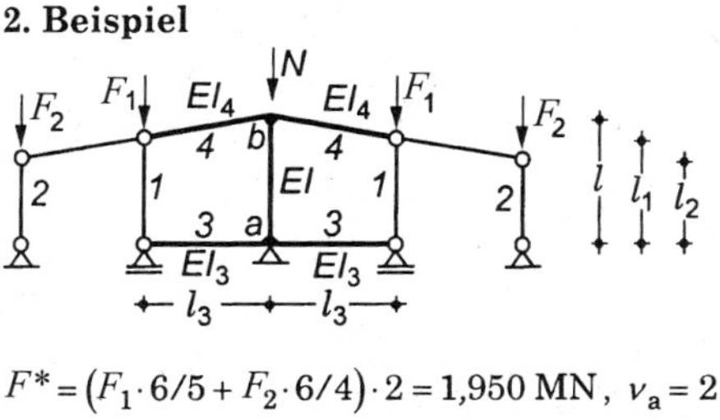

geg.: $l = 6$ m, $l_1 = 5$ m, $l_2 = 4$ m
$l_3 = 8$ m, $l_4 = 8{,}062$ m
$EI = 50$ MNm^2, $EI_3 = 30$ MNm^2
$EI_4 = 60$ MNm^2
$N = F_1 = 0{,}5$ MN, $F_2 = 0{,}25$ MN

$F^* = (F_1 \cdot 6/5 + F_2 \cdot 6/4) \cdot 2 = 1{,}950$ MN, $\nu_a = 2 \cdot 3\frac{l\,EI_3}{l_3 EI} = 2{,}7$, $\nu_b = 2 \cdot 3\frac{l\,EI_4}{l_4 EI} = 5{,}358$

$\vartheta_a = 0{,}5745$, $\vartheta_b = 0{,}7282$, $\rho = 1{,}039$, $\eta_{Ki} = 2{,}590$, $s_K = 19{,}52$ m

Gekoppelte Stützenreihe

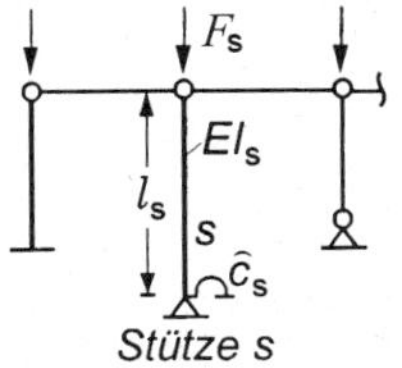

Anzahl der Stützen beliebig
Lagerung der Fußpunkte elastisch eingespannt, starr eingespannt oder gelenkig gelagert
$\hat{c}_s$ Drehfederkonstante = Moment/Drehwinkel
Ein symmetrischer Zweigelenkrahmen kann durch zwei elastisch eingespannte Stützen ersetzt werden (siehe 2. Beispiel).

allgemeine Stütze *s*: Länge l_s, Biegesteifigkeit EI_s, Druckkraft F_s

für alle *eingespannten* Stützen: $\varepsilon_s = l_s\sqrt{F_s/(EI_s)}$

$D = \sum_s (F_s/l_s)$, $\sum_s$ über *alle* Stützen (mit Pendelstützen)

Der Verzweigungslastfaktor η_{Ki} wird *iterativ* bestimmt, Beginn mit $\eta_{Ki} = 1$:

$F_s > 0$: $f_s = \left[1 - \frac{\varepsilon_s\sqrt{\eta_{Ki}}}{\tan\left(\varepsilon_s\sqrt{\eta_{Ki}}\right)}\right]\frac{l_s}{F_s\eta_{Ki}}$,	$F_s = 0$: $f_s = \frac{l_s^3}{3EI_s}$
$k_s = \frac{1}{f_s + l_s^2/\hat{c}_s}$	$k_s = \frac{1}{f_s}$

$\eta_{Ki} = \frac{1}{D}\sum_s k_s$, $\sum_s$ über alle *eingespannten* Stützen (ohne Pendelstützen)

η_{Ki} ist nach wenigen Schritten ausreichend genau.

Knicklängen: eingespannte Stützen: $s_{K,s} = l_s\pi/\left(\varepsilon_s\sqrt{\eta_{Ki}}\right)$, Pendelstützen: $s_{K,s} = l_s$

1. Beispiel

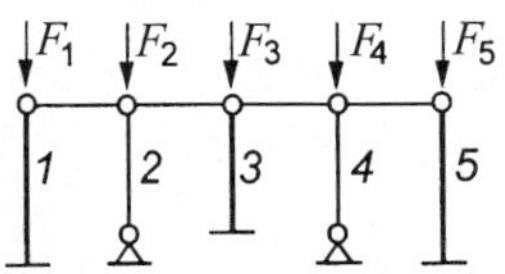

geg.: $l_1 = l_5 = 5$ m, $l_2 = l_3 = l_4 = 4{,}5$ m

$EI_1 = EI_5 = 8$ MNm^2, $EI_3 = 12$ MNm^2

$F_1 = F_5 = 0{,}1$ MN, $F_2 = F_3 = F_4 = 0{,}18$ MN

$\varepsilon_1 = \varepsilon_5 = 0{,}5590$, $\varepsilon_3 = 0{,}5511$, $D = \sum_{s=1}^{5}(F_s/l_s) = 0{,}16$ MN/m

Iteration: $\eta_{Ki} = 4{,}77$; 4,37; 4,41 (Endwert), $s_{K,1} = s_{K,5} = 13{,}38$ m, $s_{K,3} = 12{,}21$ m

2. Beispiel

gleichwertiges Ersatzsystem

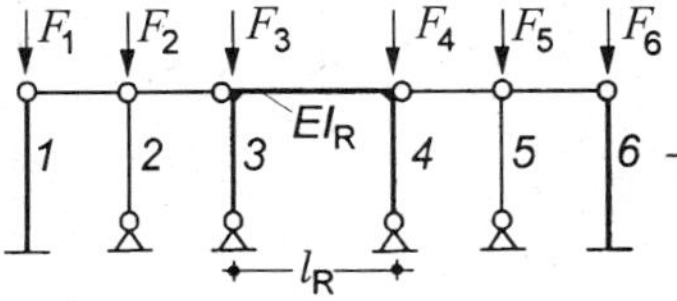

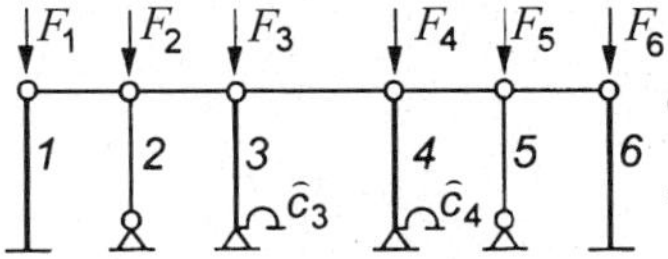

$\hat{c}_3 = \hat{c}_4 = 6\frac{EI_R}{l_R} = 12$ MNm

geg.: $l_1 = l_6 = 5$ m, $l_2 = l_3 = l_4 = l_5 = 4{,}5$ m, $l_R = 6$ m, $EI_1 = EI_6 = 8$ MNm^2

$EI_3 = EI_4 = EI_R = 12$ MNm^2, $F_1 = F_6 = 0{,}1$ MN, $F_2 = F_3 = F_4 = F_5 = 0{,}18$ MN

$\varepsilon_1 = \varepsilon_6 = 0{,}5590$, $\varepsilon_3 = \varepsilon_4 = 0{,}5511$, $D = \sum_{s=1}^{6}(F_s/l_s) = 0{,}2$ MN/m

Iteration: $\eta_{Ki} = 4{,}22$; 3,98; 4,00 (Endwert), $s_{K,1} = s_{K,6} = 14{,}05$ m, $s_{K,3} = s_{K,4} = 12{,}82$ m

Kehlbalkendach

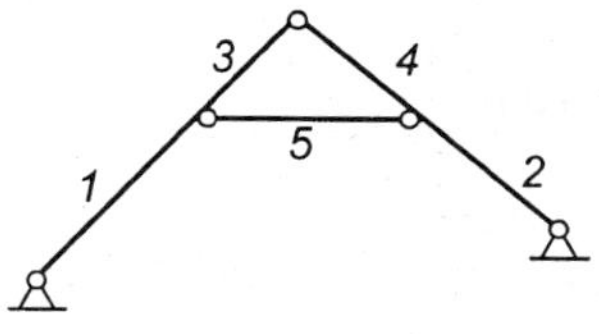

Stäbe $s = 1$ bis 5:

Länge l_s, Biegesteifigkeit EI_s

Druckkraft N_s (ggf. Mittelwert)

$s = 1$ bis 4: $\varepsilon_s = l_s\sqrt{N_s/(EI_s)}$

$\nu_1 = l_3/l_1,\ \nu_2 = l_4/l_2,\ \beta_1 = (\nu_1+1)^2,\ \beta_2 = (\nu_2+1)^2$

$D = (N_1\nu_1 + N_3)\,l_3 + (N_2\nu_2 + N_4)\,l_4 + N_5 l_5$

Der Verzweigungslastfaktor η_{Ki} wird *iterativ* bestimmt, Beginn mit $\eta_{Ki} = 1$:

$$s = 1 \text{ bis } 4:\ N_s > 0:\ f_s = \left[1 - \frac{\varepsilon_s\sqrt{\eta_{Ki}}}{\tan\left(\varepsilon_s\sqrt{\eta_{Ki}}\right)}\right]\frac{1}{N_s l_s \eta_{Ki}}$$

$$N_s = 0:\ f_s = l_s/(3EI_s)$$

$$\eta_{Ki} = \left(\frac{\beta_1}{f_1+f_3} + \frac{\beta_2}{f_2+f_4}\right)\frac{1}{D}$$

η_{Ki} ist nach wenigen Schritten ausreichend genau (siehe Beispiel).

Knicklängen: $s = 1$ bis 4: $s_{K,s} = l_s\pi/\left(\varepsilon_s\sqrt{\eta_{Ki}}\right)$

$s_{K,5} = l_5$

Hinweis: Anstelle von $\eta_{Ki} = 1$ kann im 1. Schritt mit $f_s = 0{,}4\,l_s/(EI_s)$ gerechnet und damit eine bessere erste Näherung für η_{Ki} erhalten werden.

Beispiel

	s	1	2	3	4	5	Einheit
gegeben:	l_s	4,5	3,5	3,0	3,0	4,8	m
gegeben:	EI_s	400	300	400	300	–	kNm^2
gegeben:	N_s	12,9	12,7	3,7	4,0	7,2	kN
	ε_s	0,8081	0,7201	0,2885	0,3464	–	–

$\nu_1 = 0{,}6667,\ \nu_2 = 0{,}8571,\ \beta_1 = 2{,}778,\ \beta_2 = 3{,}449,\ D = 116{,}1$ kNm

Iteration, Beginn mit $\eta_{Ki} = 1$:

Schritt	1	2	3	4	5	6
η_{Ki}	7,73	5,94	6,51	6,34	6,39	6,38
Fehler	+21,2 %	– 6,8 %	+2,0 %	– 0,6 %	+0,2 %	0,0 %

$s_{K,1} = 6{,}93$ m, $s_{K,2} = 6{,}04$ m, $s_{K,3} = 12{,}93$ m, $s_{K,4} = 10{,}77$ m, $s_{K,5} = 4{,}8$ m

Mit $f_s = 0{,}4\,l_s/(EI_s)$ erhält man nach dem 1. Schritt $\eta_{Ki} = 6{,}62$ (3,7 % Fehler).

$\hat{c}_a$, $\hat{c}_b$ Drehfeder-konstante $= \dfrac{\text{Moment}}{\text{Drehwinkel}}$

$\nu_a = \dfrac{\hat{c}_a l}{3EI}$, $\nu_b = \dfrac{\hat{c}_b l}{3EI}$

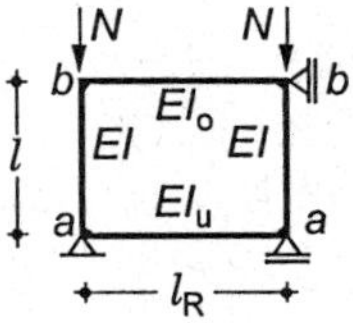

$\nu_a = 2\dfrac{l\,EI_u}{l_R EI}$, $\nu_b = 2\dfrac{l\,EI_o}{l_R EI}$

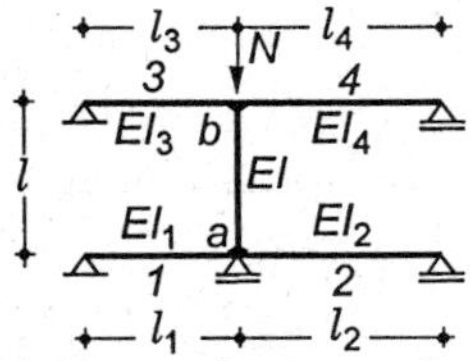

$\nu_a = \dfrac{l}{EI}\left(\dfrac{EI_1}{l_1} + \dfrac{EI_2}{l_2}\right)$, $\nu_b = \dfrac{l}{EI}\left(\dfrac{EI_3}{l_3} + \dfrac{EI_4}{l_4}\right)$

Durchlaufträger, gleiche Felder (Länge l, Biegesteifigkeit EI) nur Feld ab mit Längskraft N (Verbandsfeld)

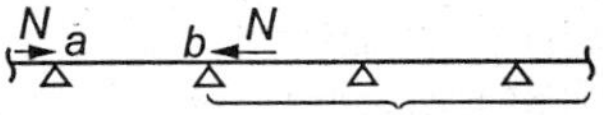

$\nu_b = 1{,}154$

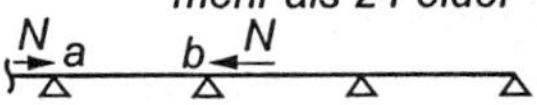

$\nu_b = 1{,}143$

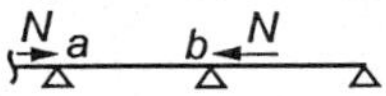

$\nu_b = 1$

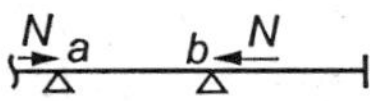

$\nu_b = 4/3$

ν_a analog für Felder links von a

Diagrammanwendung:
ν_{min} kleinerer,
ν_{max} größerer
Wert von ν_a und ν_b

ν_a, $\nu_b \rightarrow s_K/l$

$$\eta_{Ki} = \left(\frac{\pi}{s_K}\right)^2 \frac{EI}{N}$$

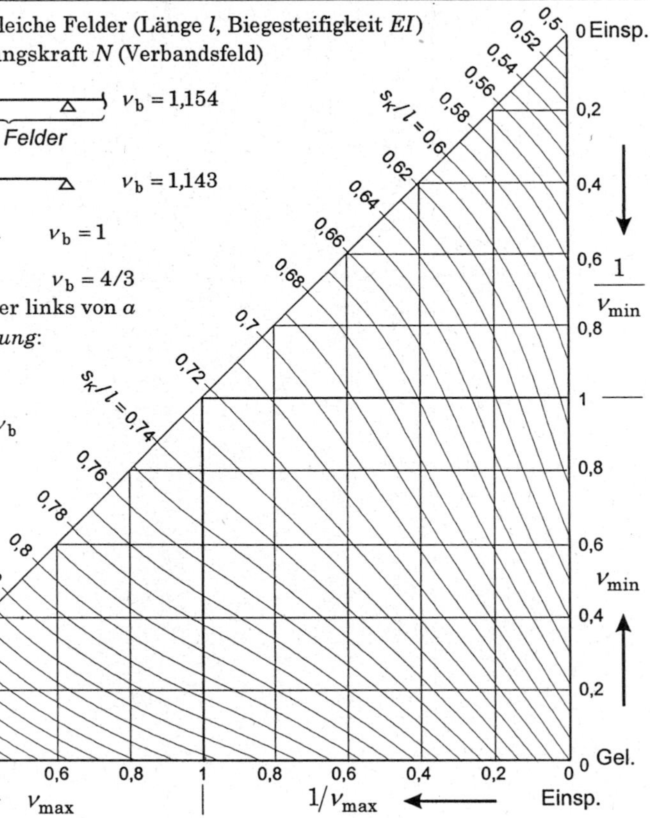

1. Beispiel: geschlossener Rechteckrahmen gemäß Bild oben, Mitte
geg.: l=6 m, l_R=8 m, EI=25 MNm^2, EI_o=30 MNm^2, EI_u=15 MNm^2, N=2 MN
ν_a=0,9=ν_{min}, ν_b=1,8=ν_{max}, $1/\nu_{max}$=0,556 $\rightarrow$ s_K/l=0,692 $\rightarrow$ s_K=4,15 m, η_{Ki}=7,15

2. Beispiel: Durchlaufträger mit Verbandsfeld ab

$\nu_a = 1 = \nu_{min}$, $\nu_b = 1{,}154 = \nu_{max}$, $1/\nu_{max} = 0{,}867$
$\rightarrow s_K = 0{,}713\, l$

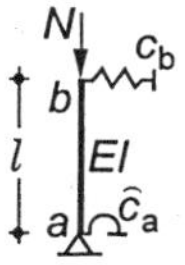

c_b Federkonstante = $\dfrac{\text{Kraft}}{\text{Verschiebung}}$ $\qquad \nu_b = \dfrac{c_b l^3}{3\,EI}$

$\widehat{c}_a$ Drehfederkonstante = $\dfrac{\text{Moment}}{\text{Drehwinkel}}$ $\qquad \nu_a = \dfrac{\widehat{c}_a l}{3\,EI}$

$\nu_a,\ \nu_b \rightarrow$ Diagramm $\rightarrow \dfrac{s_K}{l}$, Verzweigungslastfaktor: $\eta_{Ki} = \left(\dfrac{\pi}{s_K}\right)^2 \dfrac{EI}{N}$

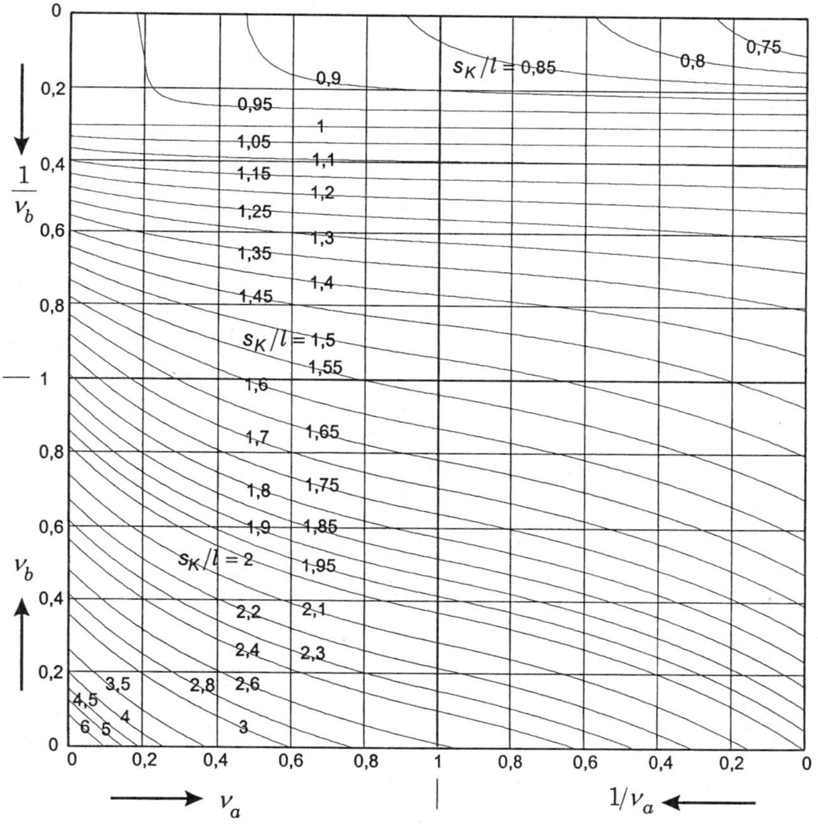

Beispiel

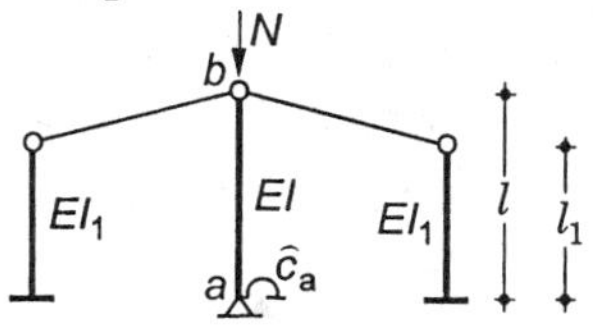

geg.: $l = 4$ m, $l_1 = 3$ m, $EI = 6$ MNm^2

$EI_1 = 2$ MNm^2, $\widehat{c}_a = 2{,}7$ MNm, $N = 0{,}3$ MN

$c_b = 2 \cdot 3 \dfrac{EI_1}{l_1^3} = 0{,}444\ \dfrac{\text{MN}}{\text{m}}$, $\nu_a = \dfrac{\widehat{c}_a l}{3\,EI} = 0{,}6$

$\nu_b = \dfrac{c_b l^3}{3\,EI} = 1{,}58$, $1/\nu_b = 0{,}633$

$\rightarrow s_K/l = 1{,}33$, $s_K = 5{,}31$ m (mittlerer Stiel), $\eta_{Ki} = 7{,}00$

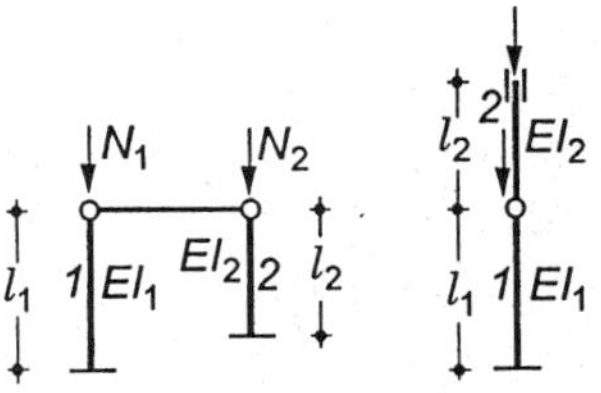

$$\nu = \frac{l_2^3 EI_1}{l_1^3 EI_2}, \quad \rho = \sqrt{\nu \frac{N_2 l_1}{N_1 l_2}} \leq 1$$

Ist $\rho \leq 1$ nicht erfüllt, sind die Stabnummern 1 und 2 zu vertauschen.

$$\nu, \rho \rightarrow \text{Diagramm} \rightarrow \frac{s_{K,1}}{l_1} \rightarrow s_{K,2} = \frac{1}{\rho} \frac{s_{K,1}}{l_1} l_2$$

Verzweigungslastfaktor: $\eta_{Ki} = \pi^2 EI_1 / \left(s_{K,1}^2 N_1\right) = \pi^2 EI_2 / \left(s_{K,2}^2 N_2\right)$

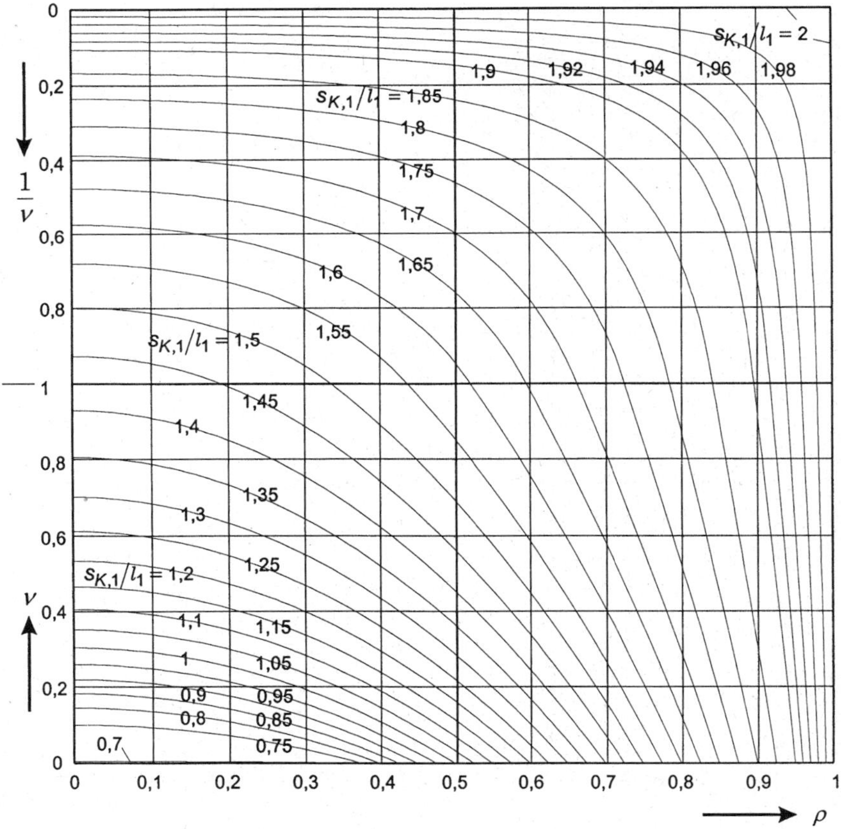

Beispiel

geg.: Stab 1: $l_1 = 6\,\text{m}$, $EI_1 = 80\,\text{MNm}^2$, $N_1 = 1{,}6\,\text{MN}$

Stab 2: $l_2 = 5\,\text{m}$, $EI_2 = 60\,\text{MNm}^2$, $N_2 = 1\,\text{MN}$

$\nu = 0{,}772$, $\rho = 0{,}761$, $\rightarrow s_{K,1}/l_1 = 1{,}75$, $s_{K,1} = 10{,}5\,\text{m}$, $s_{K,2} = 11{,}5\,\text{m}$, $\eta_{Ki} = 4{,}49$

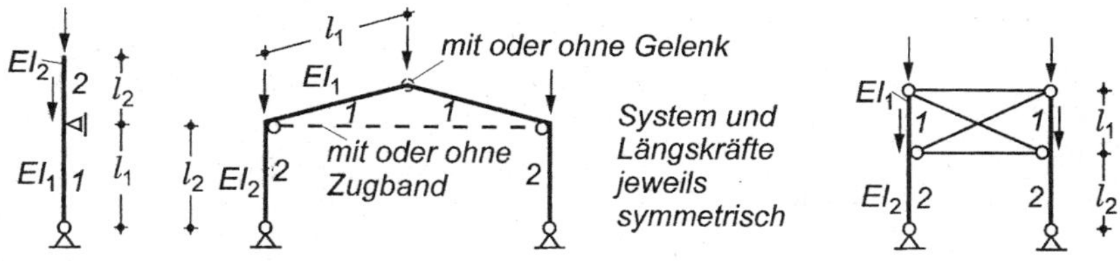

wenn $N_2 \neq 0$: $\nu = \frac{l_1 EI_2}{l_2 EI_1}$, $\rho = \sqrt{\nu \frac{N_1 l_1}{N_2 l_2}}$ → Diagramm → $\frac{s_{K,2}}{l_2}$ → $s_{K,1} = \frac{1}{\rho}\frac{s_{K,2}}{l_2} l_1$

Verzweigungslastfaktor: $\eta_{Ki} = \pi^2 EI_1 / \left(s_{K,1}^2 N_1\right) = \pi^2 EI_2 / \left(s_{K,2}^2 N_2\right)$

wenn $N_2 = 0$: $s_{K1} = l_1$ (2. Eulerfall)

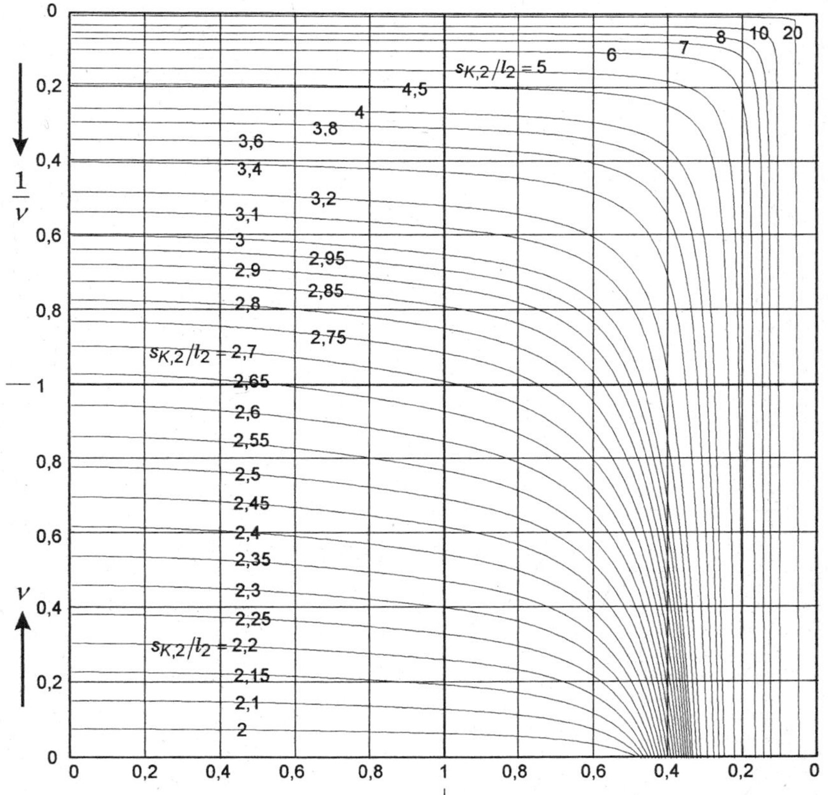

Beispiel

geg.: Stab 1: $l_1 = 16$ m, $EI_1 = 80$ MNm^2, $N_1 = 0{,}3$ MN

Stab 2: $l_2 = 8$ m, $EI_2 = 120$ MNm^2, $N_2 = 0{,}1$ MN

$\nu = 3$, $1/\nu = 0{,}333$, $\rho = 4{,}24$, $1/\rho = 0{,}236$ → $s_{K,2}/l_2 = 5{,}14$, $s_{K,2} = 41{,}1$ m

$s_{K,1} = 19{,}4$ m, $\eta_{Ki} = 7{,}00$

$$\nu = \frac{l_2 EI_1}{l_1 EI_2}, \quad \rho = \sqrt{\nu \frac{N_2 l_2}{N_1 l_1}}$$

$$\nu,\ \rho \rightarrow \text{Diagramm} \rightarrow \frac{s_{K,1}}{l_1} \rightarrow s_{K,2} = \frac{1}{\rho}\frac{s_{K,1}}{l_1} l_2$$

Verzweigungslastfaktor: $\eta_{Ki} = \left(\frac{\pi}{s_{K,1}}\right)^2 \frac{EI_1}{N_1} = \left(\frac{\pi}{s_{K,2}}\right)^2 \frac{EI_2}{N_2}$ (Kontrolle)

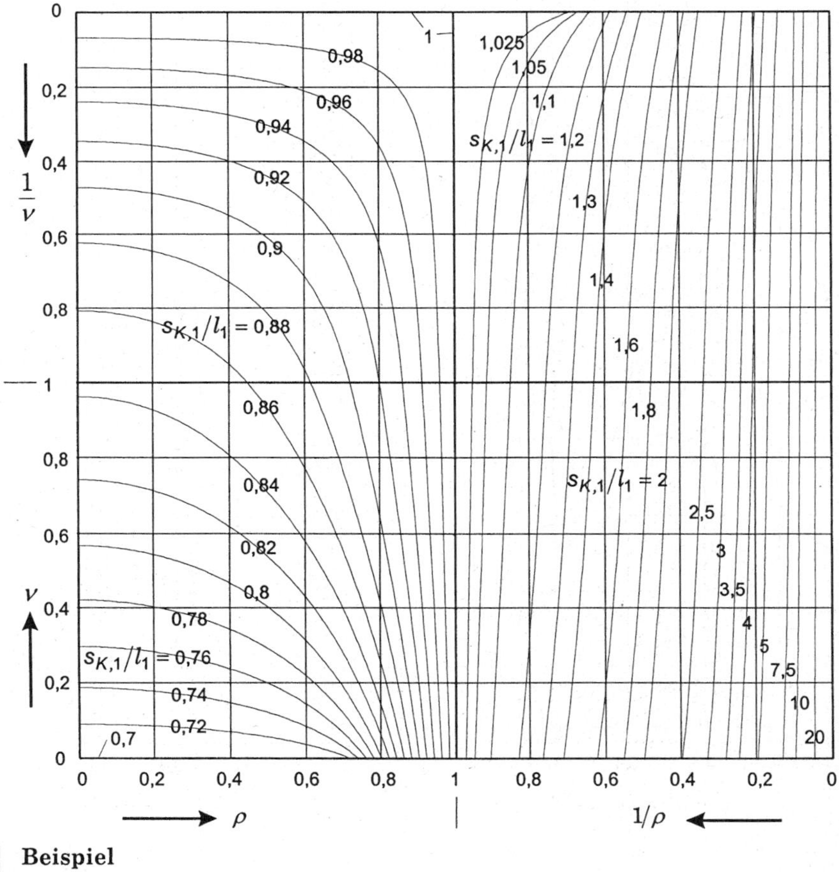

Beispiel

geg.: Stab 1: $l_1 = 5$ m, $EI_1 = 2$ MNm^2, $N_1 = 0{,}15$ MN

Stab 2: $l_2 = 4$ m, $EI_2 = 1{,}2$ MNm^2, $N_2 = 0{,}1$ MN

$\nu = 1{,}33$, $1/\nu = 0{,}75$, $\rho = 0{,}843 \rightarrow s_{K,1}/l_1 = 0{,}945$, $s_{K,1} = 4{,}72$ m, $s_{K,2} = 4{,}48$ m

$\eta_{Ki} = 5{,}90$

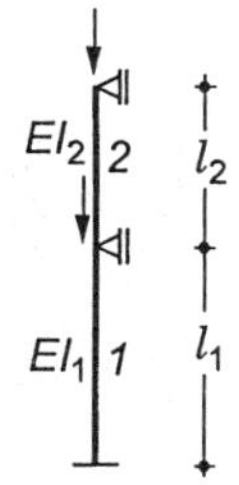

$$\nu = \frac{l_2 EI_1}{l_1 EI_2}, \quad \rho = \sqrt{\nu \frac{N_2 l_2}{N_1 l_1}}$$

$$\nu,\ \rho \rightarrow \text{Diagramm} \rightarrow \frac{s_{K,1}}{l_1} \rightarrow s_{K,2} = \frac{1}{\rho}\frac{s_{K,1}}{l_1} l_2$$

$$\text{Verzweigungslastfaktor: } \eta_{Ki} = \left(\frac{\pi}{s_{K,1}}\right)^2 \frac{EI_1}{N_1} = \left(\frac{\pi}{s_{K,2}}\right)^2 \frac{EI_2}{N_2} \text{ (Kontrolle)}$$

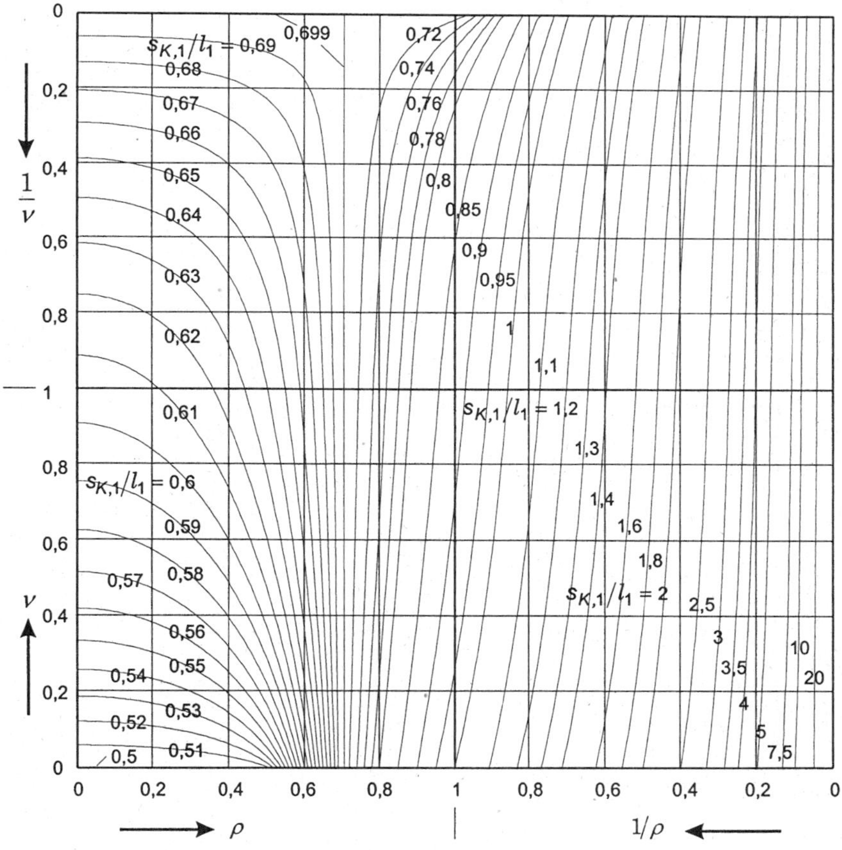

Beispiel

geg.: Stab 1: $l_1 = 5$ m, $EI_1 = 2$ MNm^2, $N_1 = 0{,}15$ MN

Stab 2: $l_2 = 4$ m, $EI_2 = 1{,}2$ MNm^2, $N_2 = 0{,}1$ MN

$\nu = 1{,}33$, $1/\nu = 0{,}75$, $\rho = 0{,}843$ $\rightarrow$ $s_{K,1}/l_1 = 0{,}765$, $s_{K,1} = 3{,}83$ m, $s_{K,2} = 3{,}63$ m

$\eta_{Ki} = 8{,}99$

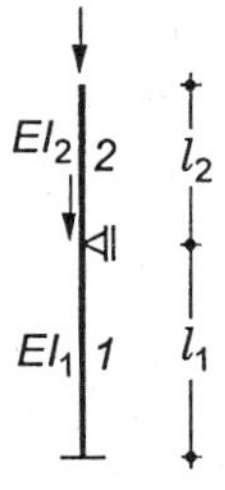

$$\nu = \frac{l_2 EI_1}{l_1 EI_2}, \quad \rho = \sqrt{\nu \frac{N_2 l_2}{N_1 l_1}}$$

$$\nu, \rho \rightarrow \text{Diagramm} \rightarrow \frac{s_{K,1}}{l_1} \rightarrow s_{K,2} = \frac{1}{\rho} \frac{s_{K,1}}{l_1} l_2$$

Verzweigungslastfaktor: $\eta_{Ki} = \left(\frac{\pi}{s_{K,1}}\right)^2 \frac{EI_1}{N_1} = \left(\frac{\pi}{s_{K,2}}\right)^2 \frac{EI_2}{N_2}$ (Kontrolle)

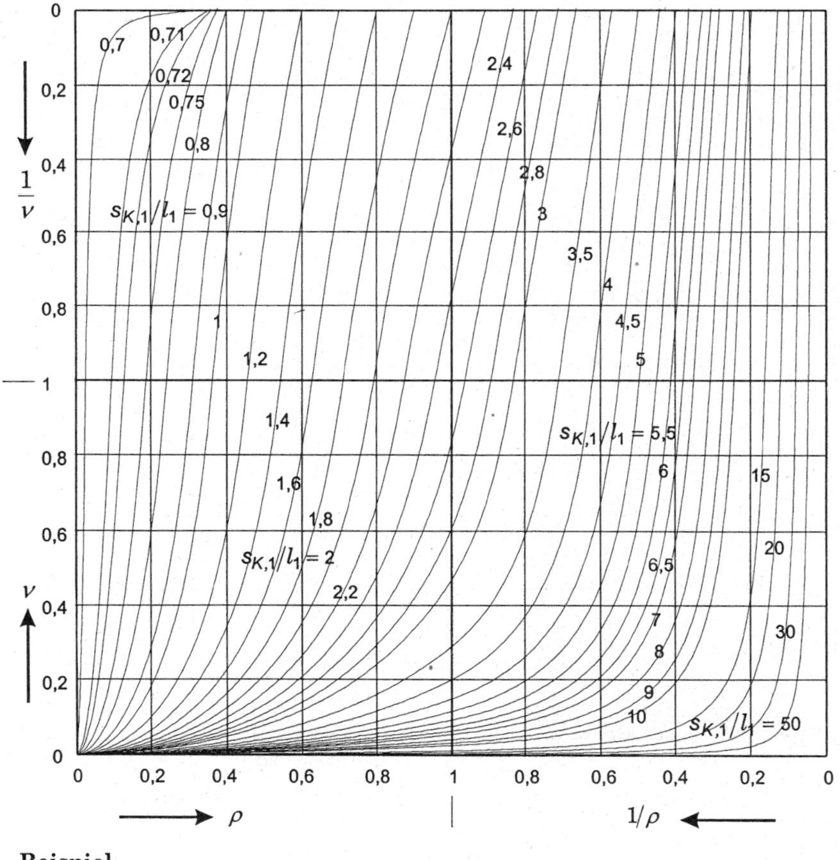

Beispiel

geg.: Stab 1: $l_1 = 5$ m, $EI_1 = 2$ MNm^2, $N_1 = 0{,}15$ MN

Stab 2: $l_2 = 4$ m, $EI_2 = 1{,}2$ MNm^2, $N_2 = 0{,}05$ MN

$\nu = 1{,}33$, $1/\nu = 0{,}75$, $\rho = 0{,}596$ $\rightarrow$ $s_{K,1}/l_1 = 1{,}45$, $s_{K,1} = 7{,}27$ m, $s_{K,2} = 9{,}75$ m

$\eta_{Ki} = 2{,}49$

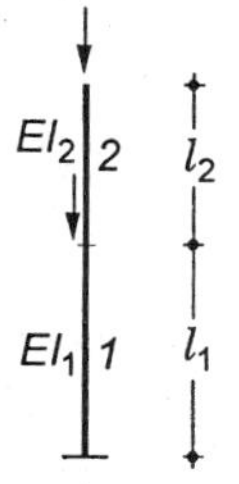

$$\nu = \frac{l_2 EI_1}{l_1 EI_2}, \quad \rho = \sqrt{\nu \frac{N_2 l_2}{N_1 l_1}}$$

$$\nu,\ \rho \rightarrow \text{Diagramm} \rightarrow \frac{s_{K,1}}{l_1} \rightarrow s_{K,2} = \frac{1}{\rho} \frac{s_{K,1}}{l_1} l_2$$

Verzweigungslastfaktor: $\eta_{Ki} = \left(\frac{\pi}{s_{K,1}}\right)^2 \frac{EI_1}{N_1} = \left(\frac{\pi}{s_{K,2}}\right)^2 \frac{EI_2}{N_2}$ (Kontrolle)

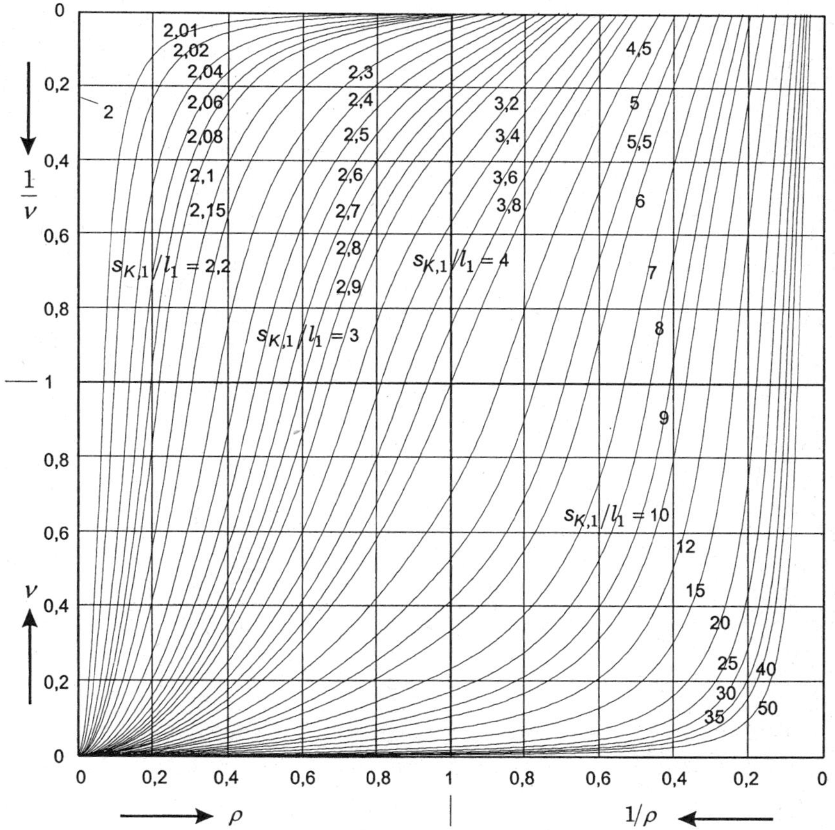

Beispiel

geg.: Stab 1: $l_1 = 4$ m, $EI_1 = 50$ MNm^2, $N_1 = 1$ MN

Stab 2: $l_2 = 3$ m, $EI_2 = 15$ MNm^2, $N_2 = 0,4$ MN

$\nu = 2,5$, $1/\nu = 0,4$, $\rho = 0,866$ $\rightarrow$ $s_{K,1}/l_1 = 2,83$, $s_{K,1} = 11,3$ m, $s_{K,2} = 9,80$ m

$\eta_{Ki} = 3,85$

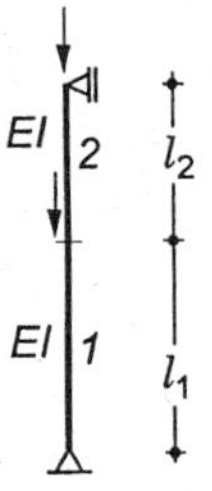

EI für beide Stäbe 1 und 2 gleich

$$\nu = \frac{l_2}{l_1}, \quad \rho = \nu\sqrt{\frac{N_2}{N_1}}$$

$$\nu, \rho \rightarrow \text{Diagramm} \rightarrow \frac{s_{K,1}}{l_1} \rightarrow s_{K,2} = \frac{1}{\rho}\frac{s_{K,1}}{l_1}\, l_2$$

Verzweigungslastfaktor: $\eta_{Ki} = \left(\frac{\pi}{s_{K,1}}\right)^2 \frac{EI}{N_1} = \left(\frac{\pi}{s_{K,2}}\right)^2 \frac{EI}{N_2}$ (Kontrolle)

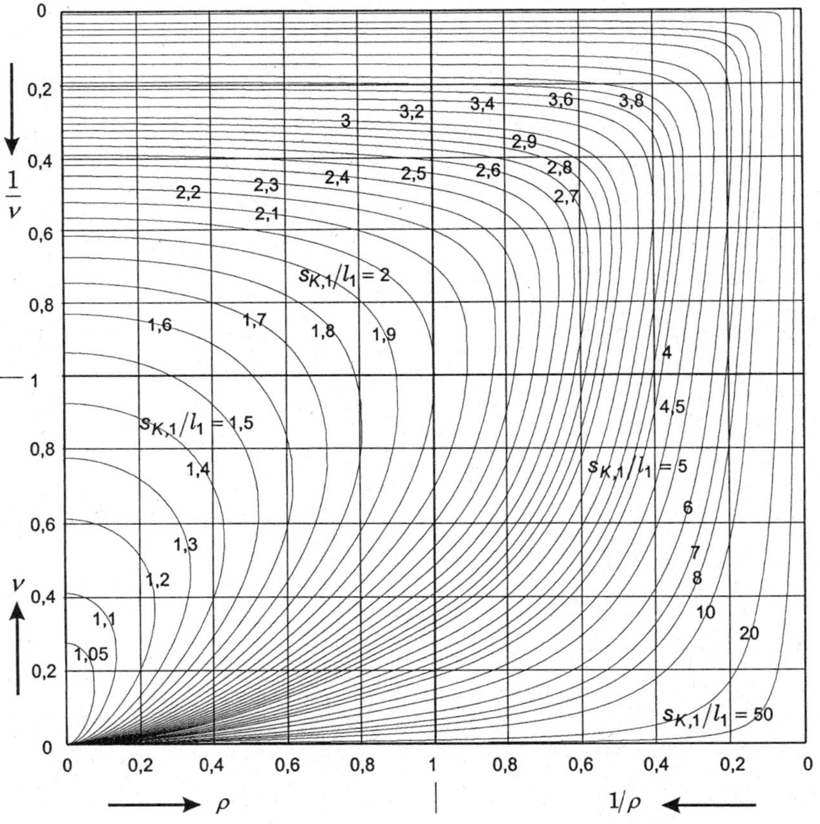

Beispiel

geg.: $l_1 = 4$ m, $l_2 = 3$ m, $EI = 5$ MNm^2, $N_1 = 0{,}4$ MN, $N_2 = 0{,}25$ MN

$\nu = 0{,}75$, $\rho = 0{,}593 \rightarrow s_{K,1}/l_1 = 1{,}58$, $s_{K,1} = 6{,}33$ m, $s_{K,2} = 8{,}00$ m, $\eta_{Ki} = 3{,}08$

Träger und Durchlaufträger mit elastischer Stützung

Die auf dieser und den folgenden Seiten behandelten Träger und Durchlaufträger mit *elastischer Stützung* stellen in der Regel Obergurte der Hauptträger von Trogbrücken dar, wobei die elastische Stützung (Federn) durch die vorhandenen Querrahmen gebildet wird.

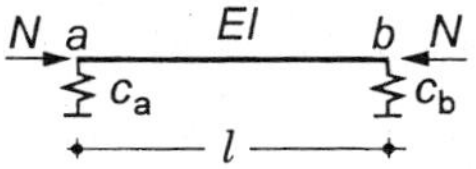

c_a, c_b Federkonstante = $\dfrac{\text{Kraft}}{\text{Verschiebung}}$

Hilfswert: $c = \dfrac{1}{\dfrac{1}{c_a} + \dfrac{1}{c_b}}$

1. Knickform für $c \le \pi^2 \dfrac{EI}{l^3}$

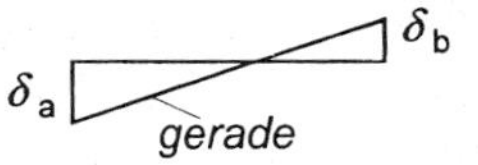

$N_{Ki} = cl, \quad \eta_{Ki} = \dfrac{N_{Ki}}{N}, \quad \delta_b = \dfrac{c_a}{c_b}\delta_a$

$s_K = \pi\sqrt{\dfrac{EI}{cl}}\ (\ge l)$ nur rechnerisch vorhanden

2. Knickform für $c \ge \pi^2 \dfrac{EI}{l^3}$

$N_{Ki} = \left(\dfrac{\pi}{l}\right)^2 EI, \quad \eta_{Ki} = \dfrac{N_{Ki}}{N}, \quad s_K = l$

Beispiele

geg.: $l = 5$ m, $EI = 2\ \text{MNm}^2$, $N = 0{,}15$ MN für *1.* und *2. Fall*

1. Fall: geg.: $c_a = 0{,}2$ MN/m, $c_b = 0{,}12$ MN/m

$c = 0{,}075$ MN/m $< \pi^2 \dfrac{EI}{l^3} = 0{,}158$ MN/m $\rightarrow$ *1. Knickform*

$N_{Ki} = 0{,}375$ MN, $\eta_{Ki} = 2{,}5$, $\delta_b = 1{,}67\ \delta_a$, $s_K = 7{,}26$ m (rechnerisch)

2. Fall: geg.: $c_a = 0{,}3$ MN/m, $c_b = 0{,}4$ MN/m

$c = 0{,}171$ MN/m $> \pi^2 \dfrac{EI}{l^3} = 0{,}158$ MN/m $\rightarrow$ *2. Knickform*

$N_{Ki} = 0{,}790$ MN, $\eta_{Ki} = 5{,}26$, $s_K = l = 5$ m

System und Längskräfte symmetrisch

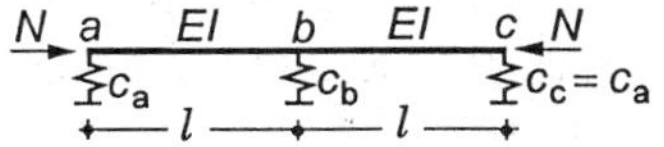

c_a, c_b Federkonstante $= \dfrac{\text{Kraft}}{\text{Verschiebung}}$

$\nu_a = \dfrac{c_a l^3}{3EI}$, $\nu_b = \dfrac{c_b l^3}{3EI}$

ν_a, ν_b → Diagramm → $\dfrac{s_K}{l}$ (beide Stäbe); Verzweigungslastfaktor: $\eta_{Ki} = \left(\dfrac{\pi}{s_K}\right)^2 \dfrac{EI}{N}$

Knickformen

1. Form: 

antimetrisch, gerade

2. Form: 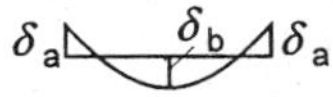

symmetrisch, $\delta_b = \delta_a 2c_a/c_b$

3. Form: 
antimetrisch, $s_K = l$

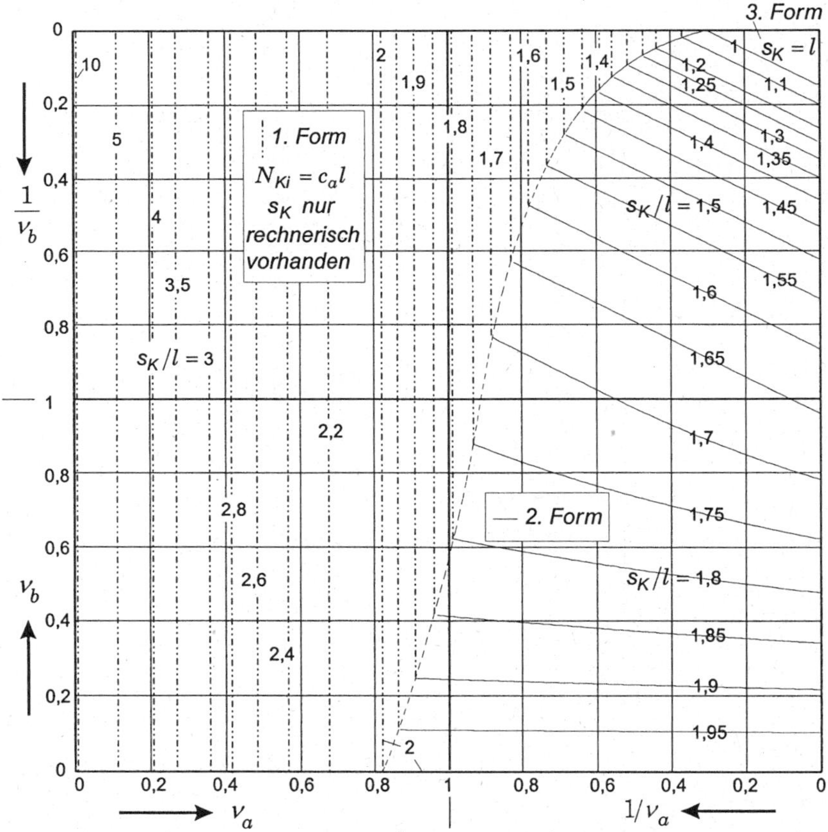

Beispiele: geg.: $l = 5$ m, $EI = 2$ MNm^2, $N = 0{,}05$ MN, für alle 3 Fälle

1. Fall: geg.: $c_a = 0{,}04$ MN/m, $c_b = 0{,}03$ MN/m

$\nu_a = 0{,}833$, $\nu_b = 0{,}625$ → $s_K/l = 1{,}99$, $s_K = 9{,}93$ m, $\eta_{Ki} = 4{,}00$, *1. Form*

2. Fall: geg.: $c_a = 0{,}08$ MN/m, $c_b = 0{,}06$ MN/m

$\nu_a = 1{,}67$, $\nu_b = 1{,}25$, $1/\nu_a = 0{,}6$, $1/\nu_b = 0{,}8$ → $s_K/l = 1{,}66$, $s_K = 8{,}32$ m

$\eta_{Ki} = 5{,}70$, *2. Form* mit $\delta_b = 2{,}67\,\delta_a$

3. Fall: geg.: $c_a = 0{,}4$ MN/m, $c_b = 0{,}8$ MN/m

$\nu_a = 8{,}33$, $\nu_b = 16{,}67$, $1/\nu_a = 0{,}12$, $1/\nu_b = 0{,}06$ → $s_K = l = 5$ m, $\eta_{Ki} = 15{,}8$, *3. Form*

System und Längskräfte symmetrisch

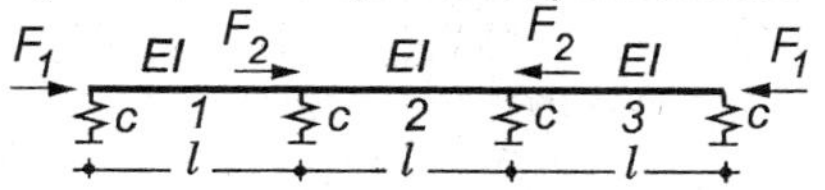

c Federkonstante $= \dfrac{\text{Kraft}}{\text{Verschiebung}}$

$$\nu = \frac{cl^3}{3EI}, \quad \rho = \sqrt{\frac{N_1}{N_2}}, \quad N_1 = F_1, \; N_2 = F_1 + F_2 \quad \text{Bed.: } N_2 > 0$$

ν, ρ → Diagramm → $s_{K,2}/l$ → $s_{K,1} = s_{K,2}/\rho$

Verzweigungslastfaktor: $\eta_{Ki} = \left(\dfrac{\pi}{s_{K,1}}\right)^2 \dfrac{EI}{N_1} = \left(\dfrac{\pi}{s_{K,2}}\right)^2 \dfrac{EI}{N_2}$ (Kontrolle)

Knickformen

1. Form:

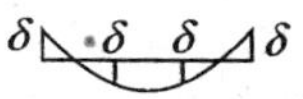

symmetrisch

2. Form:

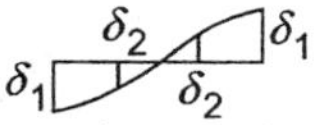

antimetrisch

$$\frac{\delta_2}{\delta_1} = \frac{\eta_{Ki} N_1 - 1{,}5\, cl}{\eta_{Ki}(N_1 - N_2) + 0{,}5\, cl}$$

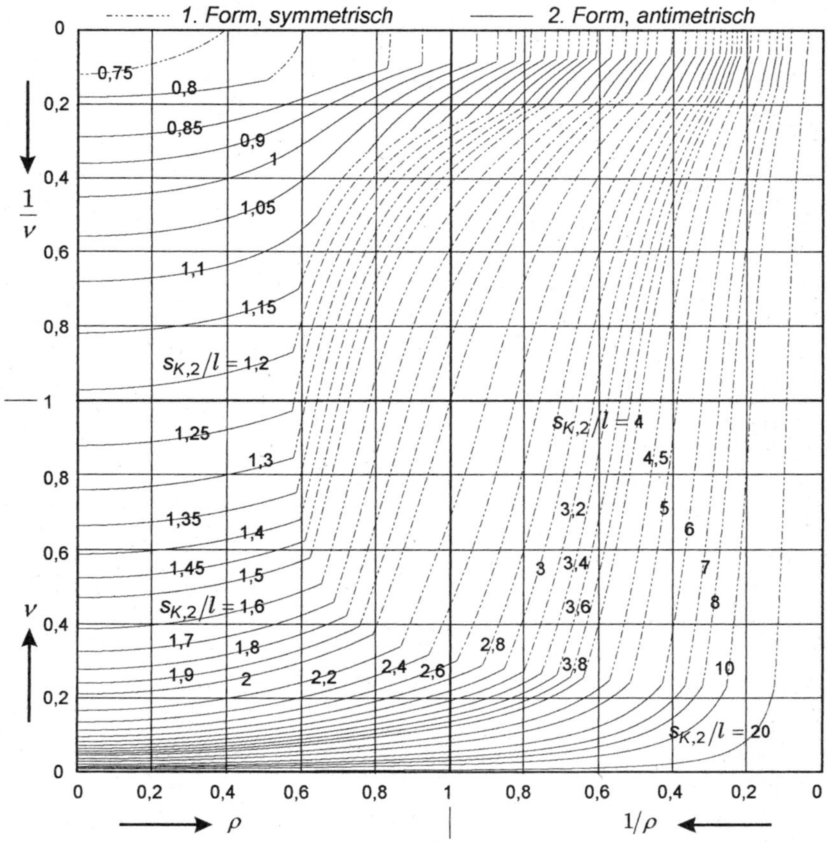

Beispiel: geg.: $l = 5$ m, $EI = 2$ MNm^2, $c = 0{,}012$ MN/m, $N_1 = 0{,}02$ MN, $N_2 = 0{,}05$ MN

$\nu = 0{,}25$, $\rho = 0{,}632$ → $s_{K,2}/l = 2{,}21$, $s_{K,2} = 11{,}0$ m, $s_{K,1} = 17{,}5$ m, $\eta_{Ki} = 3{,}24$

2. Form, antimetrisch mit $\delta_2/\delta_1 = 0{,}376$

System und Längskräfte symmetrisch

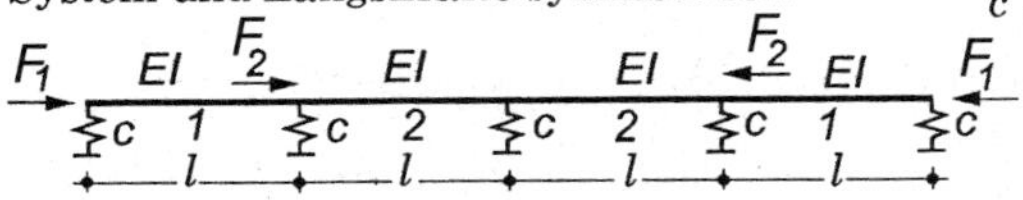

c Federkonstante $= \dfrac{\text{Kraft}}{\text{Verschiebung}}$

$$\nu = \frac{cl^3}{3EI}, \quad \rho = \sqrt{\frac{N_1}{N_2}}, \quad N_1 = F_1, \quad N_2 = F_1 + F_2$$

Bed.: $N_2 > 0$

$\nu, \rho \rightarrow$ Diagramm $\rightarrow s_{K,2}/l \rightarrow s_{K,1} = s_{K,2}/\rho$

Verzweigungslastfaktor: $\eta_{Ki} = \left(\dfrac{\pi}{s_{K,1}}\right)^2 \dfrac{EI}{N_1} = \left(\dfrac{\pi}{s_{K,2}}\right)^2 \dfrac{EI}{N_2}$ (Kontrolle)

Knickformen

1. Form:

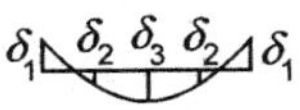

symmetrisch, $\delta_1 + \delta_2 + \delta_3/2 = 0$

2. Form:

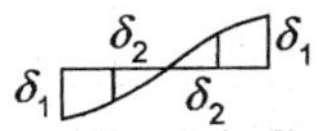

antimetrisch

$$\frac{\delta_2}{\delta_1} = \frac{\eta_{Ki} N_1 - 2\,cl}{\eta_{Ki}(N_1 - N_2) + cl}$$

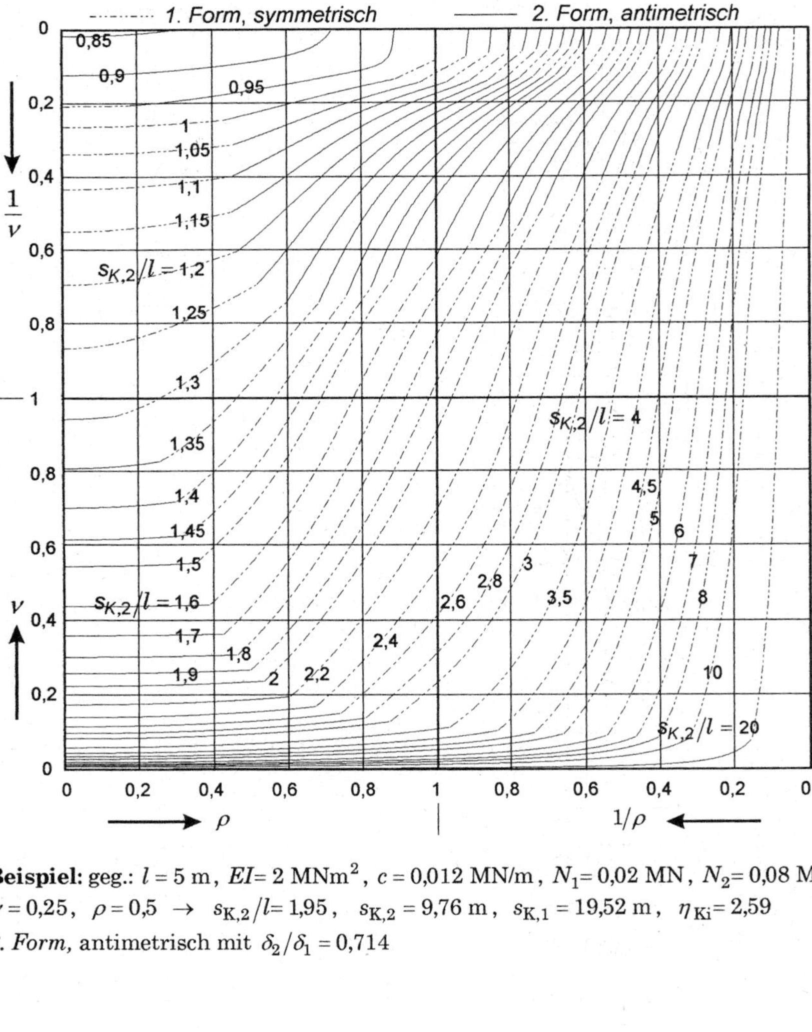

Beispiel: geg.: $l = 5$ m, $EI = 2$ MNm^2, $c = 0{,}012$ MN/m, $N_1 = 0{,}02$ MN, $N_2 = 0{,}08$ MN
$\nu = 0{,}25$, $\rho = 0{,}5 \rightarrow s_{K,2}/l = 1{,}95$, $s_{K,2} = 9{,}76$ m, $s_{K,1} = 19{,}52$ m, $\eta_{Ki} = 2{,}59$
2. Form, antimetrisch mit $\delta_2/\delta_1 = 0{,}714$

Elastisch gebettete Stäbe

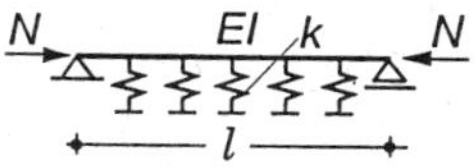

Bettungsziffer k = konst.= Streckenlast/Verschiebung

$\bar{l} = \frac{1}{\pi}\sqrt[4]{\frac{k}{EI}}\, l \rightarrow$ Diagramm $\rightarrow \overline{N}_{Ki}$, $N_{Ki} = \overline{N}_{Ki}\, 2\sqrt{k\,EI}$

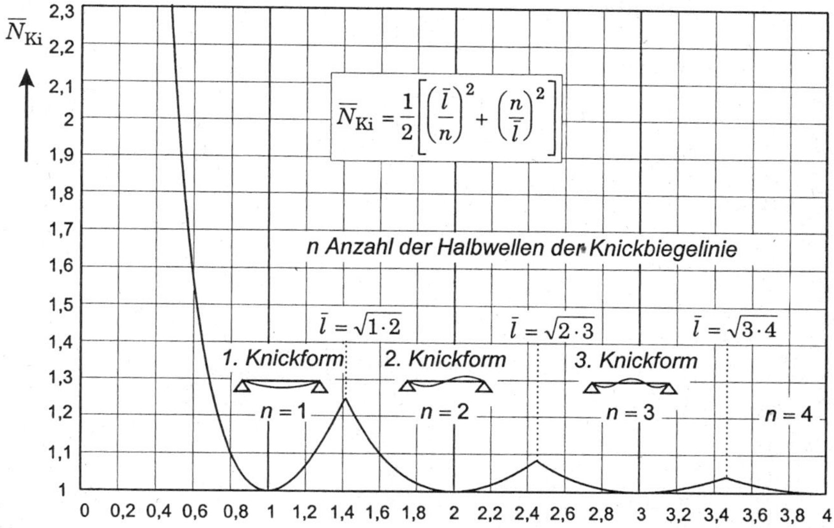

Beispiel: geg.: $l = 6$ m, $EI = 2$ MNm^2, $k = 1{,}2$ MN/m^2

$\rightarrow \bar{l} = 1{,}68$, 2. Knickform, $n = 2$ Halbwellen, $\overline{N}_{Ki} = 1{,}06$, $N_{Ki} = 3{,}29$ MN

$\bar{l} = \frac{\sqrt{0{,}75}}{\pi}\sqrt[4]{\frac{k}{EI}}\, l \rightarrow$ Diagramm $\rightarrow \overline{N}_{Ki}$, $N_{Ki} = \overline{N}_{Ki}\sqrt{k\,EI}$

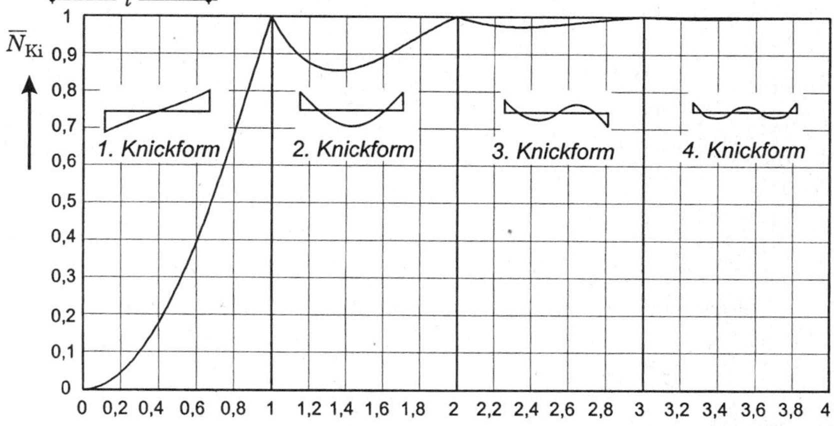

Beispiel: geg.: $l = 6$ m, $EI = 2$ MNm^2, $k = 1{,}2$ MN/m^2

$\rightarrow \bar{l} = 1{,}46$, $\overline{N}_{Ki} = 0{,}863$, $N_{Ki} = 1{,}34$ MN, 2. Knickform, symmetrisch

9 Formeln für den elastisch gebetteten Stab

Bezeichnungen

EI Biegesteifigkeit

k Bettungskonstante
= Bettungsziffer × Balkenbreite
Dimension: Kraft / Länge^2

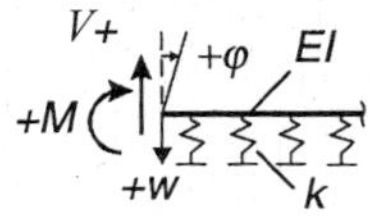

Hilfswert

$$\lambda = \sqrt[4]{\frac{4EI}{k}}$$

Dimension: Länge

M	Biegemoment	$\overline{M} = M$
V	Querkraft	$\overline{V} = V \cdot \lambda$
w	Durchbiegung	$\overline{w} = w \cdot k\lambda^2$
φ	Querschnittsdrehwinkel	$\overline{\varphi} = \varphi \cdot k\lambda^3$
q	Gleichlast	$\overline{q} = q \cdot \lambda^2$
F	Einzellast	$\overline{F} = F \cdot \lambda$
M^0	eingeprägtes Moment	$\overline{M}^0 = M^0$

alle bezogenen (quergestrichenen) Größen haben die Dimension: Kraft × Länge

Schnitt- und Verschiebungsgrößen an festen Stellen für verschiedene Lagerungsfälle

Vorwerte: $\kappa = l/\lambda,\ \varepsilon = e^{-\kappa},\ \alpha = \varepsilon \sin\kappa,\ \beta = \varepsilon\cos\kappa,\ \gamma = (1-\varepsilon^2)/2$

$L = \infty$ (siehe unten) kann näherungsweise angenommen werden, wenn $L \approx> 4\lambda$ ist.

1. Lagerungsfall: freies Ende in a

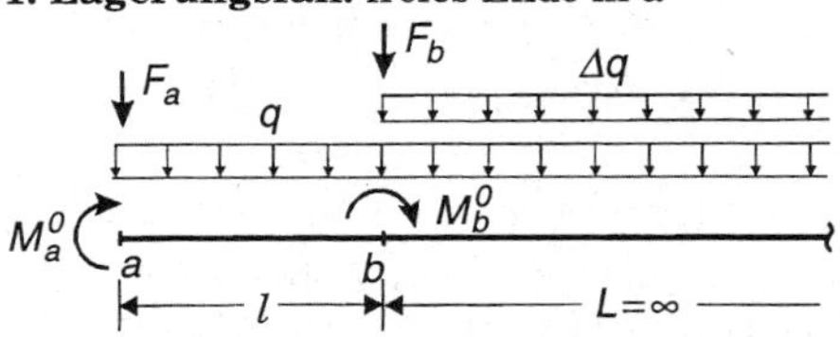

$M_{b,l},\ V_{b,l}$ Schnittgrößen links von b
$M_{b,r},\ V_{b,r}$ Schnittgrößen rechts von b
Sonderfall $\Delta q = -q$: keine Gleichlast rechts von b
Sonderfall $l = \infty$: $\varepsilon = 0,\ \alpha = \beta = 0,\ \gamma = 0{,}5$

Lastfall:	F_a	M_a^0	q	Δq	F_b	M_b^0
Spaltenfaktor:	$\overline{F}_a$	M_a^0	$\overline{q}$	$\Delta\overline{q}$	$\overline{F}_b$	M_b^0
$\overline{w}_a =$	2	-2	1	$\beta-\alpha$	2β	$-2(\alpha+\beta)$
$\overline{\varphi}_a =$	-2	4	0	2α	$2(\alpha-\beta)$	4β
$M_{b,l} =$	$-\alpha$	$\alpha+\beta$	0	$0{,}5\,\alpha^2$	$0{,}5[\gamma+\alpha(\alpha-\beta)]$	$-\gamma+\alpha\beta$
$M_{b,r} =$						$-\gamma+\alpha\beta+1$
$\overline{V}_{b,l} =$	$\alpha-\beta$	-2α	0	$0{,}5[\gamma+\alpha(\beta-\alpha)]$	$\gamma+\alpha\beta$	$-\gamma-\alpha(\alpha+\beta)$
$\overline{V}_{b,r} =$					$\gamma+\alpha\beta-1$	
$\overline{w}_b =$	2β	$2(\alpha-\beta)$	1	$1-\gamma-\alpha\beta$	$1-\gamma+\beta(\beta-\alpha)$	$-2\beta^2$
$\overline{\varphi}_b =$	$-2(\alpha+\beta)$	4β	0	$\gamma+\alpha(\alpha+\beta)$	$-2\beta^2$	$2[1-\gamma+\beta(\alpha+\beta)]$

Zustandsgröße = Tafelwert × Spaltenfaktor

2. Lagerungsfall: gelenkige Lagerung am Ende a

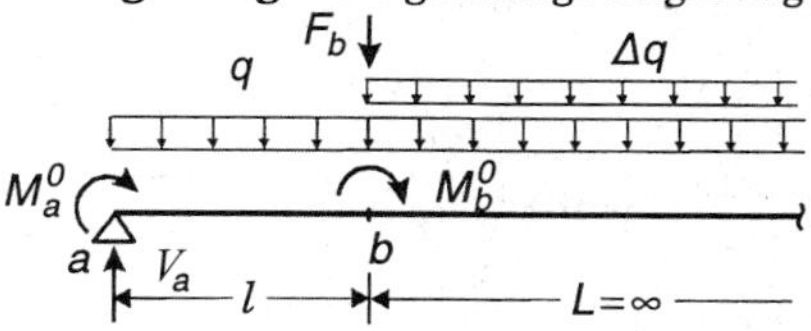

$M_{b,l}$, $V_{b,l}$ Schnittgrößen links von b

$M_{b,r}$, $V_{b,r}$ Schnittgrößen rechts von b

Sonderfall $\Delta q = -q$: keine Gleichlast rechts von b

Sonderfall $l = \infty$: $\varepsilon = 0,\ \alpha = \beta = 0,\ \gamma = 0{,}5$

<table>
<tr><td>Lastfall:</td><td>M_a^0</td><td>q</td><td>Δq</td><td>F_b</td><td>M_b^0</td></tr>
<tr><td>Spalten-faktor:</td><td>M_a^0</td><td>$\overline{q}$</td><td>$\Delta\overline{q}$</td><td>$\overline{F}_b$</td><td>M_b^0</td></tr>
<tr><td>$\overline{V}_a =$</td><td>-1</td><td>0,5</td><td>$0{,}5\,(\beta-\alpha)$</td><td>β</td><td>$-\alpha-\beta$</td></tr>
<tr><td>$\overline{\varphi}_a =$</td><td>2</td><td>1</td><td>$\alpha+\beta$</td><td>2α</td><td>$2(\beta-\alpha)$</td></tr>
<tr><td>$M_{b,l} =$</td><td rowspan="2">β</td><td rowspan="2">$0{,}5\alpha$</td><td rowspan="2">$0{,}5\,\alpha\,\beta$</td><td rowspan="2">$0{,}5[\gamma+\alpha(\alpha+\beta)]$</td><td>$-\gamma-\alpha^2$</td></tr>
<tr><td>$M_{b,r} =$</td><td>$-\gamma-\alpha^2+1$</td></tr>
<tr><td>$\overline{V}_{b,l} =$</td><td rowspan="2">$-\alpha-\beta$</td><td rowspan="2">$0{,}5(\beta-\alpha)$</td><td rowspan="2">$0{,}5[\gamma+\beta(\beta-\alpha)]$</td><td>$\gamma+\beta^2$</td><td rowspan="2">$-\gamma-\beta(\alpha+\beta)$</td></tr>
<tr><td>$\overline{V}_{b,r} =$</td><td>$\gamma+\beta^2-1$</td></tr>
<tr><td>$\overline{w}_b =$</td><td>2α</td><td>$1-\beta$</td><td>$\gamma+\alpha^2$</td><td>$\gamma+\alpha(\alpha-\beta)$</td><td>$2\alpha\,\beta$</td></tr>
<tr><td>$\overline{\varphi}_b =$</td><td>$2(\beta-\alpha)$</td><td>$\alpha+\beta$</td><td>$\gamma+\beta(\alpha+\beta)$</td><td>$2\alpha\,\beta$</td><td>$2[\gamma+\beta(\beta-\alpha)]$</td></tr>
</table>

Der vorliegende Lagerungsfall kann auch angewendet werden, wenn ein bezüglich der Querschnittsebene in a symmetrisches System vorliegt und die Belastung antimetrisch ist. Ein eingeprägtes Moment M_a^0 wäre in diesem Fall zu halbieren.

3. Lagerungsfall: verschiebliche Einspannung am Ende a

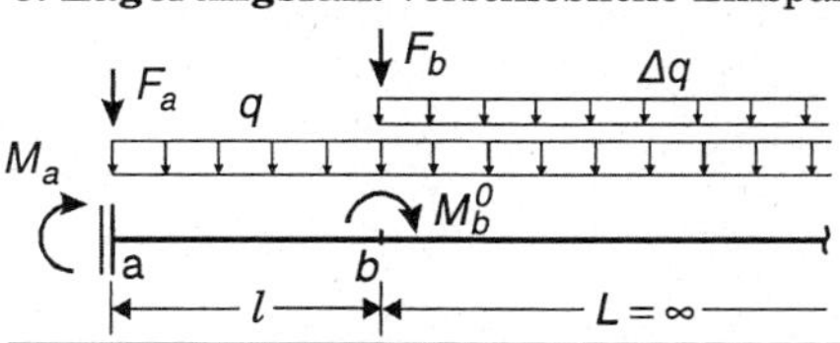

$M_{b,l}$, $V_{b,l}$ Schnittgrößen links von b

$M_{b,r}$, $V_{b,r}$ Schnittgrößen rechts von b

Sonderfall $\Delta q = -q$: keine Gleichlast rechts von b

Sonderfall $l = \infty$: $\varepsilon = 0,\ \alpha = \beta = 0,\ \gamma = 0{,}5$

<table>
<tr><td>Lastfall:</td><td>F_a</td><td>q</td><td>Δq</td><td>F_b</td><td>M_b^0</td></tr>
<tr><td>Spalten-faktor:</td><td>$\overline{F}_a$</td><td>$\overline{q}$</td><td>$\Delta\overline{q}$</td><td>$\overline{F}_b$</td><td>M_b^0</td></tr>
<tr><td>$M_a =$</td><td>0,5</td><td>0</td><td>$-0{,}5\,\alpha$</td><td>$0{,}5\,(\beta-\alpha)$</td><td>$-\beta$</td></tr>
<tr><td>$\overline{w}_a =$</td><td>1</td><td>1</td><td>β</td><td>$\alpha+\beta$</td><td>-2α</td></tr>
<tr><td>$M_{b,l} =$</td><td rowspan="2">$0{,}5\,(\beta-\alpha)$</td><td rowspan="2">0</td><td rowspan="2">$-0{,}5\,\alpha\,\beta$</td><td rowspan="2">$0{,}5[\gamma+\beta(\beta-\alpha)]$</td><td>$-\gamma-\beta^2$</td></tr>
<tr><td>$M_{b,r} =$</td><td>$-\gamma-\beta^2+1$</td></tr>
<tr><td>$\overline{V}_{b,l} =$</td><td rowspan="2">$-\beta$</td><td rowspan="2">0</td><td rowspan="2">$0{,}5\,[\gamma+\alpha(\alpha+\beta)]$</td><td>$\gamma+\alpha^2$</td><td rowspan="2">$-\gamma+\alpha(\beta-\alpha)$</td></tr>
<tr><td>$\overline{V}_{b,r} =$</td><td>$\gamma+\alpha^2-1$</td></tr>
<tr><td>$\overline{w}_b =$</td><td>$\alpha+\beta$</td><td>1</td><td>$\gamma+\beta^2$</td><td>$\gamma+\beta(\alpha+\beta)$</td><td>$-2\alpha\,\beta$</td></tr>
<tr><td>$\overline{\varphi}_b =$</td><td>-2α</td><td>0</td><td>$\gamma+\alpha(\alpha-\beta)$</td><td>$-2\alpha\,\beta$</td><td>$2[\gamma+\alpha(\alpha+\beta)]$</td></tr>
</table>

Der vorliegende Lagerungsfall kann auch angewendet werden, wenn ein bezüglich der Querschnittsebene in a symmetrisches System und eine symmetrische Belastung vorliegen. Eine Einzellast F_a wäre in diesem Fall zu halbieren.

4. Lagerungsfall: volle Einspannung am Ende a

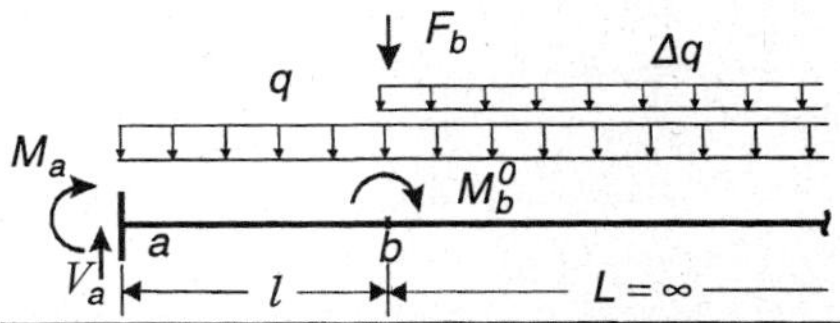

$M_{b,l}$, $V_{b,l}$ Schnittgrößen links von b
$M_{b,r}$, $V_{b,r}$ Schnittgrößen rechts von b
Sonderfall $\Delta q = -q$: keine Gleichlast rechts von b
Sonderfall $l=\infty$: $\varepsilon=0$, $\alpha=\beta=0$, $\gamma=0{,}5$

Lastfall:	q	Δq	F_b	M_b^0
Spaltenfaktor:	$\overline{q}$	$\Delta\overline{q}$	$\overline{F}_b$	M_b^0
M_a =	$-0{,}5$	$-0{,}5(\alpha+\beta)$	$-\alpha$	$\alpha-\beta$
$\overline{V}_a$ =	1	β	$\alpha+\beta$	-2α
$M_{b,l}$ =	$0{,}5(\alpha-\beta)$	$-0{,}5\beta^2$	$0{,}5[\gamma+\alpha(\alpha-\beta)]$	$\gamma+\alpha\beta-1$
$M_{b,r}$ =				$\gamma+\alpha\beta$
$\overline{V}_{b,l}$ =	β	$0{,}5[1-\gamma+\beta(\alpha+\beta)]$	$1-\gamma+\alpha\beta$	$-\gamma-\alpha(\alpha+\beta)$
$\overline{V}_{b,r}$ =			$-\gamma+\alpha\beta$	
$\overline{w}_b$ =	$1-\alpha-\beta$	$\gamma-\alpha\beta$	$\gamma-\alpha(\alpha+\beta)$	$2\alpha^2$
$\overline{\varphi}_b$ =	2α	$\gamma+\alpha(\alpha+\beta)$	$2\alpha^2$	$2[\gamma+\alpha(\beta-\alpha)]$

Der vorliegende Lagerungsfall kann auch angewendet werden, wenn ein bezüglich der Querschnittsebene in a symmetrisches System mit vertikal unverschieblichem Lager in a und eine symmetrische Belastung vorliegen.

5. Lagerungsfall: freies Ende in a und b

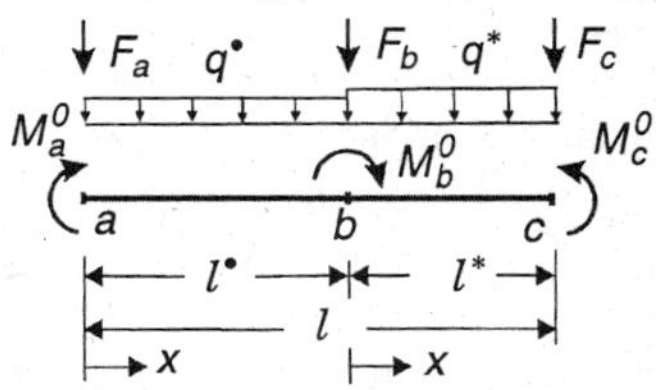

Vorwerte: 3mal auswerten für $x=l$, $x=l^\bullet$, $x=l^*$

$\kappa = x/\lambda$, $s_t=\sin\kappa$, $c_t=\cos\kappa$, $s_h=\sinh\kappa$, $c_h=\cosh\kappa$

$$b_0=c_tc_h,\quad b_1=\frac{s_tc_h+c_ts_h}{2},\quad b_2=\frac{s_ts_h}{2},\quad b_3=\frac{s_tc_h-c_ts_h}{4}$$

$x=l \;\rightarrow\; b_0,\ b_1,\ b_2,\ b_3 \;\rightarrow\; D=b_2^2-b_1b_3$

$x=l^\bullet \;\rightarrow\; b_0^\bullet,\ b_1^\bullet,\ b_2^\bullet,\ b_3^\bullet$

$x=l^* \;\rightarrow\; b_0^*,\ b_1^*,\ b_2^*,\ b_3^*$

Verschiebungsgrößen in a

$$\overline{w}_a=\frac{1}{D}\Big[-\left(b_2b_0+4b_3^2\right)M_a^0+\left(b_2b_1-b_3b_0\right)\overline{F}_a+b_2M_c^0-b_3\overline{F}_c$$
$$-\left(b_2b_0^*+4b_3b_3^*\right)M_b^0+\left(b_2b_1^*-b_3b_0^*\right)\overline{F}_b+\left(b_2b_2^*-b_3b_1^*\right)\left(\overline{q}^*-\overline{q}^\bullet\right)\Big]+\overline{q}^\bullet$$

$$\overline{\varphi}_a=\frac{1}{D}\Big[\left(b_1b_0+4b_2b_3\right)M_a^0+\left(b_2b_0-b_1^2\right)\overline{F}_a-b_1M_c^0+b_2\overline{F}_c$$
$$+\left(b_1b_0^*+4b_2b_3^*\right)M_b^0+\left(b_2b_0^*-b_1b_1^*\right)\overline{F}_b+\left(b_2b_1^*-b_1b_2^*\right)\left(\overline{q}^*-\overline{q}^\bullet\right)\Big]$$

Zustandsgrößen in b (Index l links, Index r rechts von b)

$\overline{w}_b = b_0^{\bullet}\,\overline{w}_a + b_1^{\bullet}\,\overline{\varphi}_a - 4b_2^{\bullet}\,M_a^0 + 4b_3^{\bullet}\,\overline{F}_a + (1-b_0^{\bullet})\,\overline{q}^{\bullet}$

$\overline{\varphi}_b = -4b_3^{\bullet}\,\overline{w}_a + b_0^{\bullet}\,\overline{\varphi}_a - 4b_1^{\bullet}\,M_a^0 + 4b_2^{\bullet}\overline{F}_a + 4b_3^{\bullet}\,\overline{q}^{\bullet}$

$M_{b,l} = b_2^{\bullet}\,\overline{w}_a + b_3^{\bullet}\,\overline{\varphi}_a + b_0^{\bullet}\,M_a^0 - b_1^{\bullet}\,\overline{F}_a - b_2^{\bullet}\,\overline{q}^{\bullet}, \qquad M_{b,r} = M_{b,l} + M_b^0$

$\overline{V}_{b,l} = b_1^{\bullet}\,\overline{w}_a + b_2^{\bullet}\,\overline{\varphi}_a - 4b_3^{\bullet}\,M_a^0 - b_0^{\bullet}\,\overline{F}_a - b_1^{\bullet}\,\overline{q}^{\bullet}, \qquad \overline{V}_{b,r} = \overline{V}_{b,l} - \overline{F}_b$

Verschiebungsgrößen in c, Kontrollen

$\overline{w}_c = b_0^{*}\,\overline{w}_b + b_1^{*}\overline{\varphi}_b - 4b_2^{*}\,M_{b,r} - 4b_3^{*}\,\overline{V}_{b,r} + (1-b_0^{*})\overline{q}^{*}$

$\overline{\varphi}_c = -4b_3^{*}\,\overline{w}_b + b_0^{*}\overline{\varphi}_b - 4b_1^{*}\,M_{b,r} - 4b_2^{*}\,\overline{V}_{b,r} + 4b_3^{*}\,\overline{q}^{*}$

$M_c = b_2^{*}\,\overline{w}_b + b_3^{*}\,\overline{\varphi}_b + b_0^{*}\,M_{b,r} + b_1^{*}\,\overline{V}_{b,r} - b_2^{*}\,\overline{q}^{*}$ Kontrollen: $M_c \overset{!}{=} M_c^0$

$\overline{V}_c = b_1^{*}\,\overline{w}_b + b_2^{*}\,\overline{\varphi}_b - 4\,b_3^{*}\,M_{b,r} + b_0^{*}\,\overline{V}_{b,r} - b_1^{*}\,\overline{q}^{*}$ $\overline{V}_c \overset{!}{=} \overline{F}_c$

Funktionen $\overline{w}(x)$, $\overline{\varphi}(x)$, $M(x)$, $\overline{V}(x)$ in Abhängigkeit der Anfangswerte $\overline{w}_A$, $\overline{\varphi}_A$, M_A, $\overline{V}_A$ bei $x = 0$

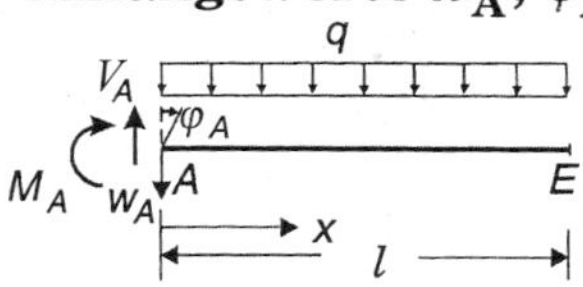

Vorwerte:

$\kappa = x/\lambda,\ s_t = \sin\kappa,\ c_t = \cos\kappa,\ s_h = \sinh\kappa,\ c_h = \cosh\kappa$

$b_0 = c_t c_h,\ b_1 = \frac{s_t c_h + c_t s_h}{2},\ b_2 = \frac{s_t s_h}{2},\ b_3 = \frac{s_t c_h - c_t s_h}{4}$

$\overline{w}(x) = b_0\overline{w}_A + b_1\overline{\varphi}_A - 4b_2 M_A - 4b_3\overline{V}_A + (1-b_0)\,\overline{q}$

$\overline{\varphi}(x) = -4b_3\overline{w}_A + b_0\overline{\varphi}_A - 4b_1 M_A - 4b_2\overline{V}_A + 4b_3\,\overline{q}$

$M(x) = b_2\overline{w}_A + b_3\overline{\varphi}_A + b_0 M_A + b_1\overline{V}_A - b_2\,\overline{q}$

$\overline{V}(x) = b_1\overline{w}_A + b_2\overline{\varphi}_A - 4b_3 M_A + b_0\overline{V}_A - b_1\overline{q}$

Für $x = l$ erhält man die Zustandsgrößen $\overline{w}_E$, $\overline{\varphi}_E$, M_E, $\overline{V}_E$ im Endpunkt E.

Die Formeln können bei allen angegebenen Lagerungsfällen getrennt für den Abschnitt a-b und jenen rechts von b angewendet werden.

Abschnitt a-b: A wird ersetzt durch a, E durch b, in a ist $x = 0$; gegebenenfalls ist zu setzen: $M_a = M_a^0$ und $\overline{V}_a = -\overline{F}_a$. Für $x = l$ ist Kontrolle der Zustandsgrößen möglich.

Abschnitt rechts von b: A wird ersetzt durch b,r (Schnitt rechts von b), in b ist $x = 0$. Für $L = \infty$ sind allerdings die Formeln des folgenden Sonderfalls einfacher. Diese gelten selbstverständlich auch für den ganzen Stab mit Anfangspunkt a, wenn die Einwirkungen Δq, F_b und M_b^0 nicht vorhanden sind (Lagerungsfälle 1 bis 4).

Sonderfall: Stab mit $L = \infty$

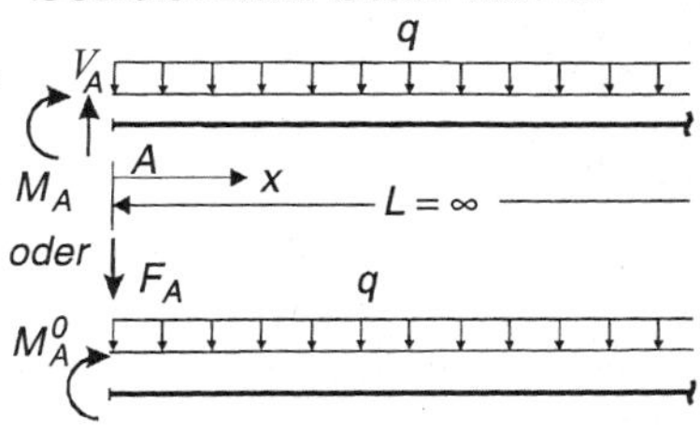

Die Zustandsgrößen $\overline{w}$, $\overline{\varphi}$, M, $\overline{V}$ klingen mit wachsendem x rasch ab (Abklingfaktor ε). Alle Zustandsgrößen sind hier in Abhängigkeit nur von M_A und V_A angebbar. Im Fall eingeprägter Kraftgrößen gilt $M_A = M_A^0$ und $V_A = -F_A$.

Vorwerte:

$\kappa = x/\lambda,\ \varepsilon = e^{-\kappa},\ \alpha = \varepsilon\sin\kappa,\ \beta = \varepsilon\cos\kappa$

$\overline{w}(x) = 2(\alpha - \beta)M_A - 2\beta \overline{V}_A + \overline{q}$ $\quad x = 0$: $\overline{w}_A = -2M_A - 2\overline{V}_A + \overline{q}$

$\overline{\varphi}(x) = 4\beta M_A + 2(\alpha + \beta)\overline{V}_A$ $\quad \overline{\varphi}_A = 4M_A + 2\overline{V}_A$

$M(x) = (\alpha + \beta)M_A + \alpha \overline{V}_A$

$\overline{V}(x) = -2\alpha M_A + (\beta - \alpha)\overline{V}_A$

Die Formeln sind bei den Lagerungsfällen 1 bis 4 für den Abschnitt rechts von b mit $x = 0$ in b, $M_A = M_{b,r}$ und $\overline{V}_A = \overline{V}_{b,r}$ anwendbar und im Fall $\Delta q = 0$, $F_b = 0$ und $M_b^0 = 0$ auch für den gesamten Stab mit $x = 0$ in a.

1. Zahlenbeispiel (1. Lagerungsfall)

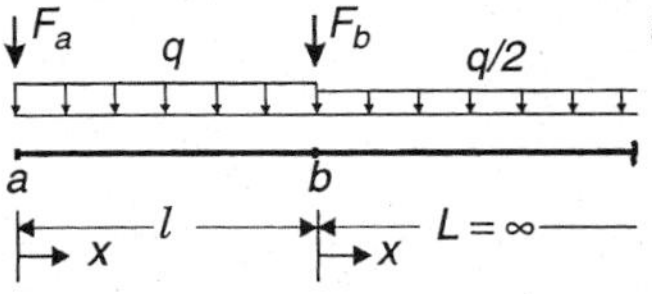

geg.: $l = 3$ m, $EI = 5 \cdot 10^4$ kNm², $k = 12\,500$ kN/m²
$F_a = 50$ kN, $F_b = 100$ kN, $q = 40$ kN/m

$\rightarrow \Delta q = -20$ kN/m, $M_a^0 = 0$, $M_b^0 = 0$, $\lambda = 2$ m

bezogene Größen: $\overline{V} = V \cdot 2\text{m}$, $\overline{F} = F \cdot 2\text{m}$, $\overline{q} = q \cdot 4\text{ m}^2$, $\overline{w} = w \cdot 5 \cdot 10^4$ kN, $\overline{\varphi} = \varphi \cdot 10^5$ kNm

$\overline{F}_a = 100$ kNm, $\overline{F}_b = 200$ kNm, $\overline{q} = 160$ kNm, $\Delta\overline{q} = -80$ kNm

Vorwerte: $\kappa = 1{,}5$, $\varepsilon = 0{,}2231$, $\alpha = 0{,}2226$, $\beta = 0{,}0158$, $\gamma = 0{,}4751$

Zustandsgrößen in a und b nach Formeln der Tabelle

$\overline{w}_a = 382{,}9$ kNm, $\overline{\varphi}_a = -152{,}9$ kNm, $M_{b,l} = M_{b,r} = M_b = 27{,}87$ kNm, $\overline{V}_{b,l} = 99{,}24$ kNm,

$\overline{V}_{b,r} = -100{,}76$ kNm, $\overline{w}_b = 225{,}8$ kNm, $\overline{\varphi}_b = -90{,}0$ kNm

Funktionen $\overline{w}(x)$, $\overline{\varphi}(x)$, $M(x)$, $\overline{V}(x)$

Abschnitt a-b: Anfangswerte $\overline{w}_A = \overline{w}_a$, $\overline{\varphi}_A = \overline{\varphi}_a$, $M_A = 0$, $\overline{V}_A = -\overline{F}_a$, $\overline{q} = 160$ kNm

für $x = l$ müssen die Werte $\overline{w}_b$, $\overline{\varphi}_b$, M_b und $\overline{V}_{b,l}$ bestätigt werden.

Abschnitt rechts von *b* (Sonderfall $L = \infty$):

Anfangswerte $M_A = M_b$, $\overline{V}_A = \overline{V}_{b,r}$, $\overline{q} = 80$ kNm

Zusammenstellung der bezogenen Zustandsgrößen in kNm

	Abschnitt a-b				Abschnitt rechts von b						
$x =$	0 m	1 m	2 m	3 m	0 m	1 m	2 m	3 m	5 m	10 m	∞
$\overline{w} =$	382,9	312,6	264,3	225,8	225,8	173,8	126,2	94,7	73,2	79,9	80
$\overline{\varphi} =$	–152,9	–119,9	–77,6	–90,0	–90,0	–106,5	–80,3	–46,3	–4,0	1,1	0
$M =$	0	–25,24	–11,84	27,87	27,87	6,36	–17,02	–15,78	–5,41	0,52	0
$\overline{V} =$	–100	–6,86	56,47	99,24	–100,76	–40,54	–6,09	8,43	8,84	–0,48	0

Wirkliche Zustandsgrößen: $w = \overline{w}/(5 \cdot 10^4)$ in m, $\varphi = \overline{\varphi}/10^5$, $V = \overline{V}/2$ in kN

2. Zahlenbeispiel (5. Lagerungsfall)

geg.: $l = 7$m, $l^{\bullet} = 4$m, $l^* = 3$m, $EI = 5 \cdot 10^4$ kNm², $k = 12\,500$ kN/m² $\rightarrow \lambda = 2$m

$F_a = 50$kN, $F_b = 80$kN, $F_c = 100$kN, $M_a^0 = -30$kNm, $M_b^0 = 20$kNm,

$M_c^0 = -40$kNm, $q^{\bullet} = 30$kN/m, $q^* = 50$kN/m

bezogene Größen: $\overline{V} = V \cdot 2\text{m}$, $\overline{F} = F \cdot 2\text{m}$, $\overline{q} = q \cdot 4\text{ m}^2$, $\overline{w} = w \cdot 5 \cdot 10^4$ kN, $\overline{\varphi} = \varphi \cdot 10^5$ kNm

$\overline{F}_a = 100$kNm, $\overline{F}_b = 160$kNm, $\overline{F}_c = 200$kNm, $\overline{q}^{\bullet} = 120$kNm, $\overline{q}^* = 200$kNm

Vorwerte:

$\kappa = 3{,}5$, $s_t = -0{,}3508$, $c_t = -0{,}9365$, $s_h = 16{,}5426$, $c_h = 16{,}5728$

$\kappa^\bullet = 2$, $s_t^\bullet = 0{,}9093$, $c_t^\bullet = -0{,}4161$, $s_h^\bullet = 3{,}6269$, $c_h^\bullet = 3{,}7622$

$\kappa^* = 1{,}5$, $s_t^* = 0{,}9975$, $c_t^* = 0{,}0707$, $s_h^* = 2{,}1293$, $c_h^* = 2{,}3524$

$b_0 = -15{,}5197$, $b_1 = -10{,}6525$, $b_2 = -2{,}9014$, $b_3 = 2{,}4195$

$b_0^\bullet = -1{,}5656$, $b_1^\bullet = 0{,}9558$, $b_2^\bullet = 1{,}6489$, $b_3^\bullet = 1{,}2326$

$b_0^* = 0{,}1664$, $b_1^* = 1{,}2486$, $b_2^* = 1{,}0620$, $b_3^* = 0{,}5490$

Verschiebungsgrößen in a: $\overline{w}_a = 333{,}6\,\text{kNm}$, $\overline{\varphi}_a = -276{,}8\,\text{kNm}$

Zustandsgrößen in b: $\overline{w}_b = 211{,}9\,\text{kNm}$, $\overline{\varphi}_b = 154{,}7\,\text{kNm}$, $M_{b,l} = -37{,}65\,\text{kNm}$

$\overline{V}_{b,l} = 52{,}14\,\text{kNm}$, $M_{b,r} = -17{,}65\,\text{kNm}$, $\overline{V}_{b,r} = -107{,}86\,\text{kNm}$

Zustandsgrößen in c: $\overline{w}_c = 707{,}0\,\text{kNm}$, $\overline{\varphi}_c = 545{,}8\,\text{kNm}$

$M_c = -40{,}00\,\text{kNm}$, $\overline{V}_c = 200{,}00\,\text{kNm}$, die Kontrollen sind erfüllt.

Funktionen $\overline{w}(x)$, $\overline{\varphi}(x)$, $M(x)$, $\overline{V}(x)$

Die Formeln werden getrennt für die Abschnitte a-b und b-c angewendet.

Zusammenstellung der bezogenen Zustandsgrößen in kNm

	Abschnitt a-b					Abschnitt b-c			
$x =$	0 m	1 m	2 m	3 m	4 m	0 m	1 m	2 m	3 m
$\overline{w} =$	333,6	216,5	156,1	156,9	211,9	211,9	306,8	466,0	707,0
$\overline{\varphi} =$	-276,8	-181,9	-58,7	59,6	154,7	154,7	241,2	402,6	545,8
$M =$	-30	-58,67	-62,00	-55,01	-37,65	-17,65	-66,57	-87,42	-40
$\overline{V} =$	-100	-24,47	6,12	21,92	52,14	-107,86	-79,99	9,82	200

Wirkliche Zustandsgrößen: $w = \overline{w}/(5 \cdot 10^4)$ in m, $\varphi = \overline{\varphi}/10^5$, $V = \overline{V}/2$ in kN

Verlauf der Zustandsgrößen für 2 einfache Sonderfälle

Einseitig unendlich langer Stab

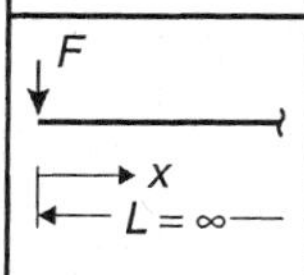

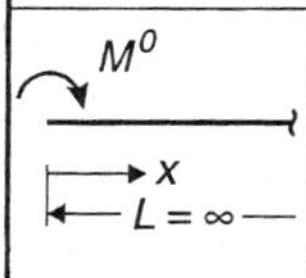

	Funktion	Extremwerte
	$\overline{w} = 2f_1\overline{F}$	$\max\overline{w} = 2\overline{F}$ bei $x = 0$, $\min\overline{w} = -0{,}134\,\overline{F}$ bei $x = 0{,}75\pi\lambda$
	$\overline{\varphi} = -2f_4\overline{F}$	$\min\overline{\varphi} = -2\overline{F}$ bei $x = 0$, $\max\overline{\varphi} = 0{,}086\,\overline{F}$ bei $x = \pi\lambda$
	$M = -f_2\overline{F}$	$\min M = -0{,}322\overline{F}$ bei $x = 0{,}25\pi\lambda$, $\max M$ klein
	$\overline{V} = -f_3\overline{F}$	$\min\overline{V} = -\overline{F}$ bei $x = 0$, $\max\overline{V} = 0{,}208\,\overline{F}$ bei $x = 0{,}5\pi\lambda$
	$\overline{w} = -2f_3M^0$	$\min\overline{w} = -2M^0$ bei $x = 0$, $\max\overline{w} = 0{,}416\,M^0$ bei $x = 0{,}5\pi\lambda$
	$\overline{\varphi} = 4f_1M^0$	$\max\overline{\varphi} = 4M^0$ bei $x = 0$, $\min\overline{\varphi} = -0{,}268M^0$ bei $x = 0{,}75\pi\lambda$
	$M = f_4M^0$	$\max M = M^0$ bei $x = 0$, $\min M = -0{,}043M^0$ bei $x = \pi\lambda$
	$\overline{V} = -2f_2M^0$	$\min\overline{V} = -0{,}645\,M^0$ bei $x = 0{,}25\pi\lambda$, $\max\overline{V}$ klein

Beidseitig unendlich langer Stab

	Funktion für $x \geq 0$	Extremwerte
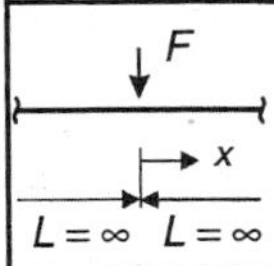	$\overline{w} = 0{,}5 f_4 \overline{F}$ $\overline{\varphi} = -f_2 \overline{F}$ $M = 0{,}25 f_3 \overline{F}$ $\overline{V} = -0{,}5 f_1 \overline{F}$	max $\overline{w} = 0{,}5\overline{F}$ bei $x = 0$, min $\overline{w} = -0{,}022\,\overline{F}$ bei $x = \pi\lambda$ min $\overline{\varphi} = -0{,}322\,\overline{F}$ bei $x = 0{,}25\pi\lambda$, max $\overline{\varphi}$ klein max $M = 0{,}25\,\overline{F}$ bei $x = 0$, min $M = 0{,}052\overline{F}$ bei $x = 0{,}5\pi\lambda$ min $\overline{V} = -0{,}5\overline{F}$ bei $x = 0$, max $\overline{V} = 0{,}034\,\overline{F}$ bei $x = 0{,}75\pi\lambda$
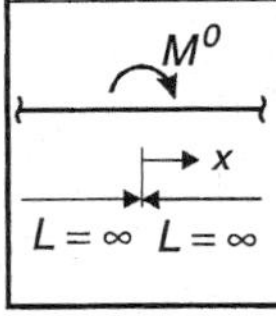	$\overline{w} = f_2 M^0$ $\overline{\varphi} = f_3 M^0$ $M = 0{,}5 f_1 M^0$ $\overline{V} = -0{,}5 f_4 M^0$	max $\overline{w} = 0{,}322 M^0$ bei $x = 0{,}25\,\pi\lambda$, min $\overline{w}$ klein max $\overline{\varphi} = M^0$ bei $x = 0$, min $\overline{\varphi} = -0{,}208\,M^0$ bei $x = 0{,}5\pi\lambda$ max $M = 0{,}5 M^0$ bei $x = 0$, min $M = -0{,}034 M^0$ bei $x = 0{,}75\pi\lambda$ min $\overline{V} = -0{,}5 M^0$ bei $x = 0$, max $\overline{V} = 0{,}022\,M^0$ bei $x = \pi\lambda$

Die Zustandsgrößen für $x \leq 0$ haben dieselben Beträge wie für $x \geq 0$. Das Vorzeichen ist *gleich* bei w, M im Lastfall F und bei φ, V im Lastfall M^0 und *entgegengesetzt* bei φ, V im Lastfall F und bei w, M im Lastfall M^0.

Funktionen f_1 bis f_4, Formeln, Verlauf und Extremwerte

Hilfswerte: $\lambda = \sqrt[4]{\dfrac{4EI}{k}}$, $\quad \kappa = x/\lambda$, $\quad e^{-\kappa}$ ist Abklingfaktor

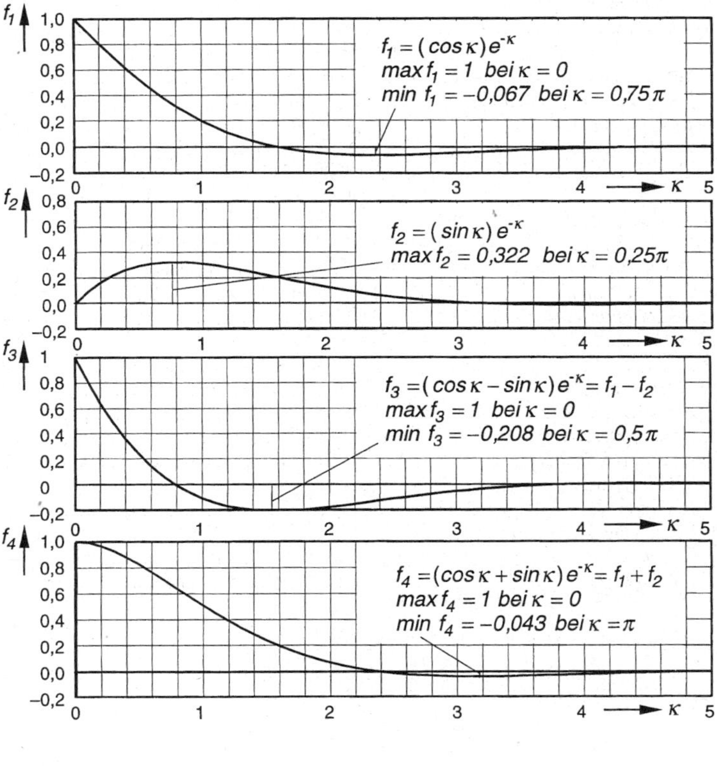

4 B Tragwerksentwurf und Vorbemessung

Prof. Dipl.-Ing. Heinz Volz

Inhaltsverzeichnis

1 Hinweise zum Tragwerksentwurf

1.1 Allgemeines

Der Planungsprozess eines Bauwerks durchläuft nacheinander verschiedene Phasen, in denen die jeweiligen Einflussparameter für die Konzeption eines Bauwerks zusammengestellt, analysiert und bewertet werden. Neben den Zielvorstellungen des Bauherrn sind die funktionellen Anforderungen aus der Nutzung, die Zwänge aus dem Grundstück, die Termin- und Kostenvorgaben mit den baurechtlichen Rahmenbedingungen und den technischen Möglichkeiten in Einklang zu bringen. Die Komplexität des Entwurfsprozesses erfordert für das Erreichen einer in sich schlüssigen Lösung ein systematisch-methodisches Vorgehen, das durch intuitive, kreative Beiträge entscheidend bereichert wird.

Für den **Tragwerksentwurf** wird folgendes Vorgehen empfohlen:

1. **Analyse** (Einspeichern der Daten)
   Systematisch-analytisches Erfassen der Einwirkungen und der Randbedingungen, z. B. anhand einer Checkliste zum Tragwerksentwurf (vgl. Abschn. 1.2)
2. **Kreativität** (möglich erscheinende Lösungen erdenken)
   Studium, Auswahl und Erzeugung einer Vielzahl von möglichen Varianten zum Tragwerk (z. B. anhand einer Übersicht unterschiedlicher Tragwerkstypen; vgl. Abschn. 1.3)
3. **Entscheidungen** (Abwägen der Vor- und Nachteile)
   Überprüfung der Kompatibilität mit den weiteren Anforderungen und der Vertiefung der Problemzonen (z. B. hochbeanspruchte Krafteinleitungsbereiche, komplizierte konstruktive Details), gründliche Bearbeitung der gewählten Lösung.

1.2 Checkliste zum Tragwerksentwurf

Vor dem Einstieg in die eigentliche Projektbearbeitung sollten die für das Tragwerk maßgeblichen Entwurfsparameter abgeklärt sein:

1.2.1 Nutzungsanforderungen

- Welche **Raumtiefen** und -höhen ergeben sich aus den Nutzungen? Welche Konsequenz hat dies für die Spannrichtungen/Stützenstellungen und für die Wahl des statischen Systems? Welches Lichtraumprofil ist einzuhalten? Kann es in den Randzonen eingeschränkt werden (→ Vouten möglich?)?
- Welche **Verkehrslasten** (Nutzlasten) fallen in den einzelnen Geschossen an?
- Sind spätere **Nutzungsänderungen** vorhersehbar und sollen diese schon jetzt bei der Lastaufstellung mit berücksichtigt werden?
- Auf welches Maß müssen aus den Nutzungsanforderungen **Verformungen** der Bauteile begrenzt werden (z. B. Maschinennutzung, Kranbahnverschiebungen, Durchbiegungen, Schwingungsempfindlichkeit, Wassersackbildung bei Flachdächern, Rissempfindlichkeit von nichttragenden Bauelementen)?
- Ist mit **Erschütterungen** (z. B. aus Verkehrseinrichtungen oder aus Erdbebenlasten) zu rechnen?
- Soll das **Dach ausgebaut** werden?
- Wird das **Dach begrünt**?
- Wie erfolgt die **Belichtung** (z. B. Shedkonstruktion)?
- Soll das Bauwerk in **Abschnitten** erstellt werden? Soll eine spätere Erweiterung eingeplant werden?
- Welche Konsequenzen ergeben sich aus der **Installationsführung** (horizontal und vertikal) für die Tragkonstruktion (z. B. Decke, Unterzüge, Stützen)?
- Welche bauphysikalischen Anforderungen müssen erfüllt werden (**Wärme-, Schall-** und **Brandschutz**)? Mit welchen Bau- und Tragsystemen lassen sich diese Anforderungen erfüllen?
- Welche Einschränkungen bzgl. der **Bauzeit** sind zu beachten (Fertigteilbau – Herstellung vor Ort)?
- Ergeben sich aus der Nutzung bzw. aus Außeneinwirkungen erhöhte Anforderungen an den **Korrosionsschutz**, an die **Dichtigkeit** und an die Wahl des Baustoffs der Tragkonstruktion?
- Welche **Lebensdauer** soll das Bauwerk haben? Lässt es sich kostengünstig und umweltschonend rückbauen, abreißen, recyceln?

1.2.2 Grundstück/Bauort

- Welche Vorgaben ergeben sich aus dem **Bauort**? Kommen z. B. bei beengter **Baulückenbebauung** wegen fehlender Lagermöglichkeit auch Fertigteillösungen (Montage vom Lieferfahrzeug) in Frage?
- Steht **Grenzbebauung** an? Wie tief ist das Nachbarbauwerk gegründet? Sollte eine Lastabtragung zur Grenze hin vermieden werden (z. B. Spannrichtung senkrecht zur Straßenfront), oder empfiehlt sich das Zurückziehen der vertikalen Tragelemente von der Grenze? Sind Unterfangungen erforderlich?
- Kann ein **Kran** gestellt werden? Stören z. B. Hochspannungsleitungen und Nachbargebäude den Bauablauf? Welche Konsequenzen ergeben sich daraus für das Bausystem?
- Ist die **Gesamtbauhöhe** begrenzt? Müssen deshalb die Konstruktionsdicken (z. B. Decken, Unterzüge) minimiert werden?

1.2.3 Baugrund

- Welcher **Baugrund** steht in dieser Gegend an? Welche Informationen lassen sich aus der geologischen Karte entnehmen?
- Sind bei Nachbargrundstücken **Bodenaufschlüsse** (Baugruben) einzusehen?
- Liegt ein **Baugrundgutachten** vor?
- Lässt sich aus dem **Bewuchs** oder aus dem **Flurnamen** etwas über die Bodenbeschaffenheit ableiten?
- Wurden **Baugrunduntersuchungen** am Bauplatz selbst oder bei Nachbargrundstücken durchgeführt (Schürfe, Sondierungen etc.)?
- War das Grundstück bereits einmal bebaut? Sind **Gebäudereste** noch **im Untergrund** vorhanden?
- Wurde der natürliche Geländeverlauf geändert? Befinden sich **Ablagerungen**, Deponien, Altlasten o. Ä. im Untergrund?
- Wie hoch steht das **Grund- bzw. Schichtwasser**? Ist mit **Hochwasser** zu rechnen?
- Wie tief sind die **Nachbarbauwerke** gegründet?
- Sind an Nachbarbauwerken **Rissbildungen** infolge von Baugrundbewegungen (Setzungsdifferenzen) aufgetreten (Beweissicherung vornehmen)?
- In welcher Tiefe stehen tragfähige Bodenschichten an? Ist eine **Tiefgründung** erforderlich?
- Welche **Bodenpressungen** können zugelassen werden?
- Welche **Konsequenzen** ergeben sich aus den vorgenannten Erkenntnissen **für die Gründung** und den **Keller** (Flach-, Tief-, Flächengründung, Streifen-, Einzelfundamente, Weiße Wanne)?

1.2.4 Konstruktion/Aussteifung/Fugen

- Wie wird das Gebäude ausgesteift **(Gesamtstabilität)**? Für welche Horizontalbelastungen ist das Bauwerk auszulegen (z. B. Wind, Erddruck, Erdbeben, Anpralllasten)?
- Sind **Fugen** erforderlich (Dehn-, Setz- und Scheinfugen oder Schwindgassen)? Durch Fugen getrennte Bauabschnitte müssen jeweils für sich allein auch für Horizontallasten standsicher sein.
- Können die Decken als **Scheiben** ausgebildet werden? Müssen horizontale Verbände in Deckenebene oder Ringbalken als **Scheibenersatz** angebracht werden?
- Wo werden **vertikale Aussteifungselemente** angeordnet? Ist deren Lage im Grundriss verträglich mit den Zwängen aus Verformungsbehinderung (z. B. Temperaturänderung, Schwinden)?
- Haben die vertikalen Aussteifungselemente genügend Auflast aus einem großen Lasteinzugsgebiet, um die Horizontallasten in den Baugrund ableiten zu können? (Möglichst **keine** Stützen **neben** Wandscheiben, sondern **in** Wandscheiben anordnen.)
- Weisen benachbarte Baukörper unterschiedliche Höhen oder unterschiedlich nachgiebigen Baugrund auf **(Setzfugen)**?

1.3 Anregungen zum praktischen Vorgehen beim Tragwerksentwurf

Um ein für den Entwurf geeignetes Tragwerk zu entwickeln, sollte man die Raumvorstellungen skizzieren (maßstäblich) und verschiedene statische Strukturen ausprobieren. Für die Überprüfung der Realisierbarkeit sollte die Größenordnung der Tragelemente und die Beanspruchungen in den kritischen Zonen rechnerisch überschlagen werden. Hilfreich für das Entwickeln von Tragwerksvarianten sind:

- Studium und Analyse gebauter Objekte als Anregung für Modifikationen zur Tragstruktur; Literaturstudium (siehe Kapitel 15)
- Zusammenarbeit mit erfahrenen Tragwerksplanern

- Anwendung von Vorbemessungshilfen
- Statisch-konstruktive Überlegungen:
  1. Formfindung
  2. Modellbildung (Statisches System)
  3. Lastabschätzung (vertikal und horizontal)
  4. Ermittlung der maximalen Schnittgrößen (*M*, *V*, *N*) an vereinfachten statischen Systemen (In dieser Phase des Entwurfsprozesses werden die Schnittgrößen in ungünstigster Kombination aus den charakteristischen Einwirkungsgrößen (1,0fache Lasten) ermittelt. Die Anforderungen aus der Sicherheit bzw. der Verbindungstechnik werden über die nachfolgend näher definierte „zulässige" Entwurfsspannung σ_E eingebracht.)
  5. Überschlägiges Dimensionieren der Tragelemente und ihrer Verbindungen an den Stellen der maximalen Beanspruchung (z.B. max *M*) und in den Krafteinleitungsbereichen (Auflagern, Knotenpunkte und schwierige konstruktive Details; siehe Ziff. 1.5)
  6. Gewährleistung der Gesamtstabilität (Standsicherheit gegen horizontale Lasten)
  7. Überlegungen zur Gebrauchstauglichkeit (Verformungen), Ausführbarkeit (Montage), Beständigkeit, Brandschutz und Kosten.

Arbeitstechniken

Beim Entwerfen von Geschossbauten haben sich für das praktische Vorgehen unter anderem folgende **Arbeitstechniken** bewährt:

- Werden mehrere Baubereiche mit unterschiedlichen Funktionen übereinander angeordnet, so sollte stets das System mit den stärksten Bindungen zuerst entworfen werden und die weiteren Funktionen sollten sich daran orientieren; z. B. bei Stapelung „Tiefgarage – Ladengeschoss – Wohnungen" sollten zuerst die Möglichkeiten der Verkehrsführung und Stützenstellung in der Tiefgarage abgeklärt werden und danach, darauf aufbauend, die Laden- bzw. Wohngeschosse entwickelt werden. Eine Umkehrung des Entwurfsprozesses erfordert meist die Zwischenschaltung eines aufwändigen Lastverteilungsrostes („Statikgeschoss``).
- Während des Entwurfsprozesses sollten die Tragstruktur und das Lastabtragungssystem des darunter liegenden Geschosses berücksichtigt werden (durch Übereinanderlegen der Transparentpläne oder Miterfassen der darunter liegenden Tragstruktur durch andersfarbige Darstellung; besonders empfehlenswert ist dies bei der Überprüfung alter Bausubstanz!).
- Verwendung von Rastern mit systematisierter Struktur. Hierbei gilt: Zur Erzielung einer **geringen Gesamtkonstruktionshöhe Decke/Unterzug** muss der *Unterzug* über die *kurze* und die *Decke* über die *lange* Spannweite gespannt werden. Die in statischer Hinsicht **wirtschaftlichste Deckenkonstruktion** erhält man, wenn die *Decke* über die *kurze* und der *Unterzug* über die *lange* Richtung gespannt werden.
- Entwicklung der Konstruktionsidee im Grundriss **und** im Schnitt.
- Vertikale Lasten sollten auf kürzestem und direktem Wege ohne Umleitungen über Biegeträger (Abfangungen) abgeleitet werden. Lasten „spazierenführen" ist teuer, vergleichbar mit der Installationsführung bei der Entwässerung.

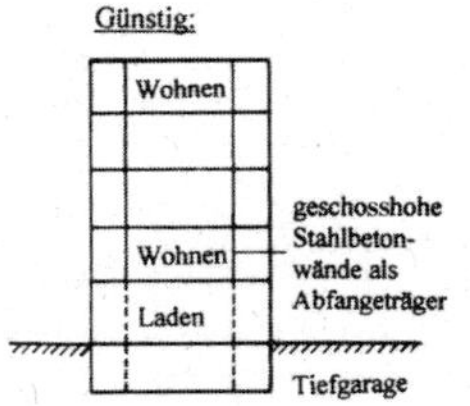

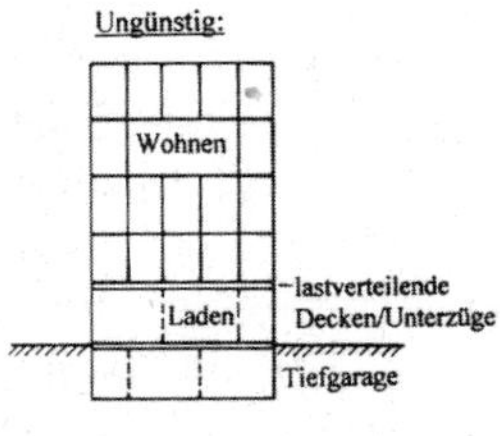

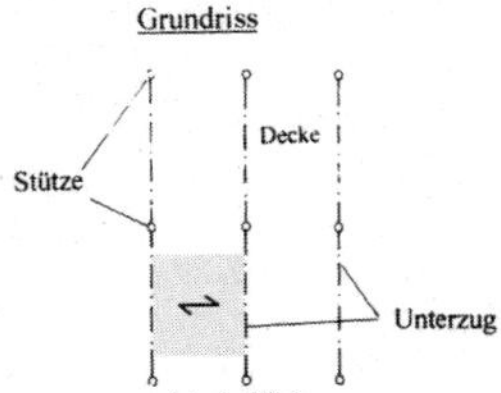

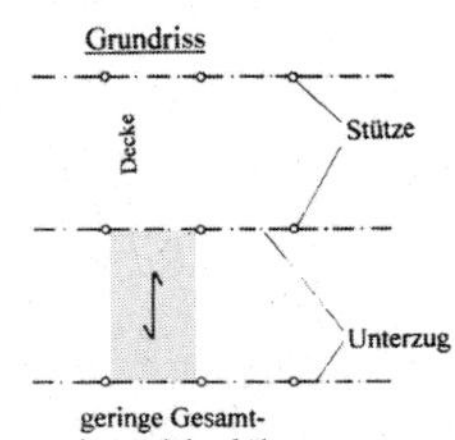

Vorbemessung

Nachfolgend wird als Anregung für einige typische statische Systeme die zur Vorbemessung von Biegetragwerken (= horizontaler Transport der Lasten) anzunehmende Größe des „Hebelarms der inneren Kräfte z" am Ort des maximalen Moments zusammengestellt:

$$M = D \cdot z = Z \cdot z \quad \rightarrow \quad Z = D = M / z$$

z ist der Abstand der Resultierenden aus Biegedruck und Biegezug:
kleiner Hebelarm → große Kräfte
großer Hebelarm → kleine Kräfte

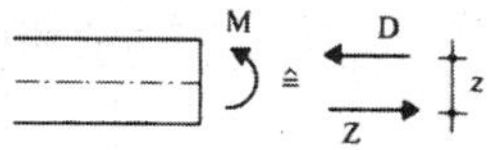

Mit der Kenntnis der im Allgemeinen ausnutzbaren Beanspruchbarkeiten der einzelnen Werkstoffe und der über die jeweiligen Verbindungsmittel übertragbaren Kräfte kann ein Tragwerk mit geringem Aufwand auf Ausführbarkeit hin überprüft und die Größe der Querschnitte und ihrer Verbindungen abgeschätzt werden.

Die zulässige Tragfähigkeit der Materialien kann bei zusammengesetzten Konstruktionen wegen der Schwächung im Bereich der Verbindungen im Allgemeinen nicht voll genutzt werden.

Somit ergibt sich näherungsweise:

Erforderliche Fläche der Zugzone $A_Z \approx Z / \sigma_E$

σ_E Entwurfsspannung (reduziert im Hinblick auf Verbindungstechnik)

Entwurfsspannung σ_E in kN/cm² (Gebrauchszustand)

Material	Verbindungstechnik	σ_E kN/cm²
Holz	z. B. Stabdübel	0,5
St 37 / S235	Schrauben/Schweißen	14
B 25 / C20/25 BSt 500	Übliche Bewehrungsstöße	0,8 28

Erforderliche Fläche der Druckzone $A_D \approx D / \sigma_{E,\lambda}$

$\sigma_{E,\lambda}$ Entwurfsspannung (reduziert im Hinblick auf Schlankheit und Verbindungstechnik); siehe auch Abschnitt 2.4, Vordimensionierung von Stützen in Abhängigkeit von Druckkraft und Knicklänge

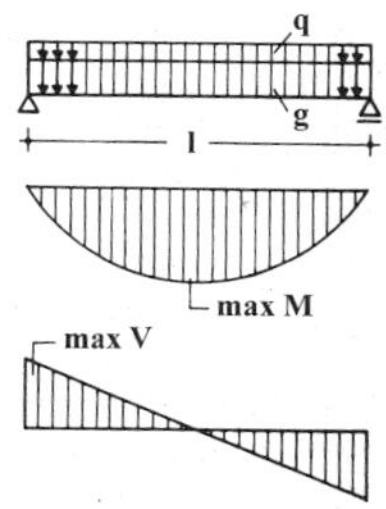

Stahlbetonbalken

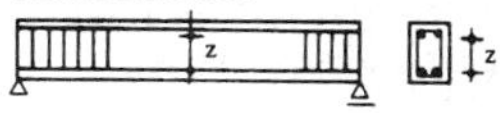

I-Stahlprofil

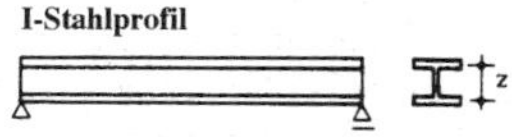

Stahlbeton-Fertigteilbinder

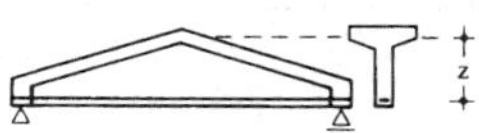

Parallelbinder (Fachwerk)

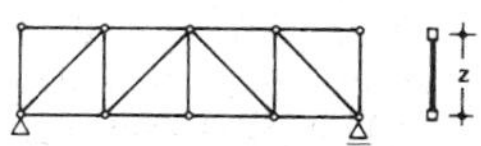

Seil

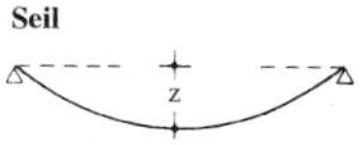

Unterspannter Träger

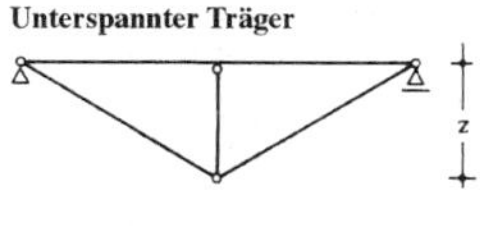

Fachwerk

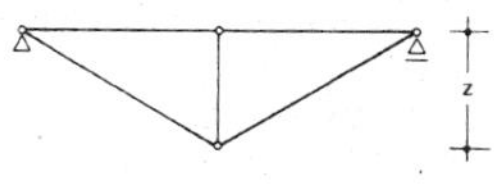

Bogenbinder (Gewölbe-/Rahmenwirkung)

Unterspannter Träger

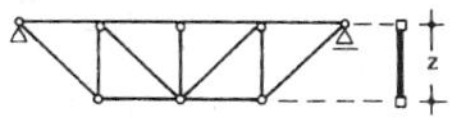

Pultbinder (Fachwerk)

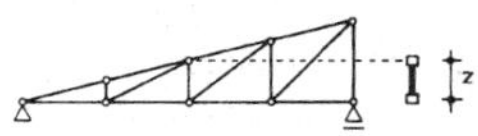

Bogenbinder (Balkenwirkung)

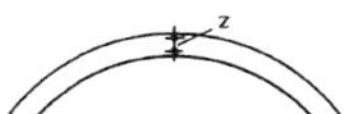

Unterspannter Träger

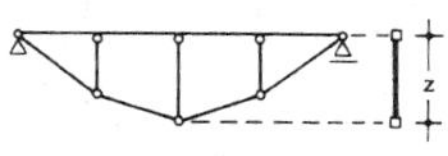

Dreiecksbinder (Fachwerk)

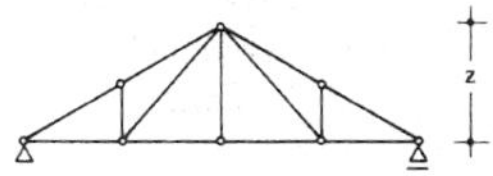

1.4 Optimierung der statischen Systeme

Anregungen, um bei gleichem Lastbild und gleicher Trägerlänge/Spannweite die Trägerhöhe zu minimieren (hier am Beispiel eines Einfeldträgers mit Gesamtlast *r*).

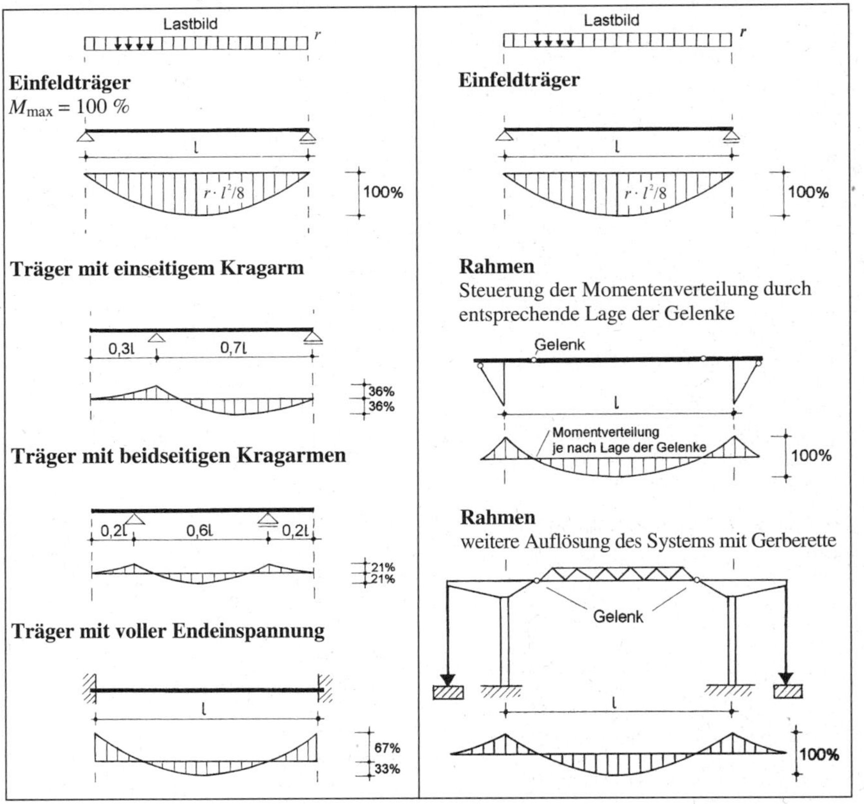

1.5 Verbindungen, Verankerungen, Verbindungsmittel

Holz mit Stahl, Holz mit Holz (vgl. Kap. 9)

Nägel N

d_N (1/10 mm) · l_N (mm) von N 22 · 45 bis N 88 · 260
Platzbedarf in der Anschlussfläche pro Nagel ≈ 60 d_N^2
Tragfähigkeit pro Scherfläche F_N (kN) ≈ 3,5 d_N^2 (cm)
z. B. 1 N 46 · 130 ≈ 0,75 kN (≈ 1 Mannlast)

Stabdübel SDü bzw. Passbolzen PB

Vorteil:

- rel. große Kräfte übertragbar
- guter Brandschutz
- kein Wartungsaufwand.

Nachteil:

- Verbindungsart optisch schlecht ablesbar
- außen liegende Stahllaschen nur mit PB zulässig.

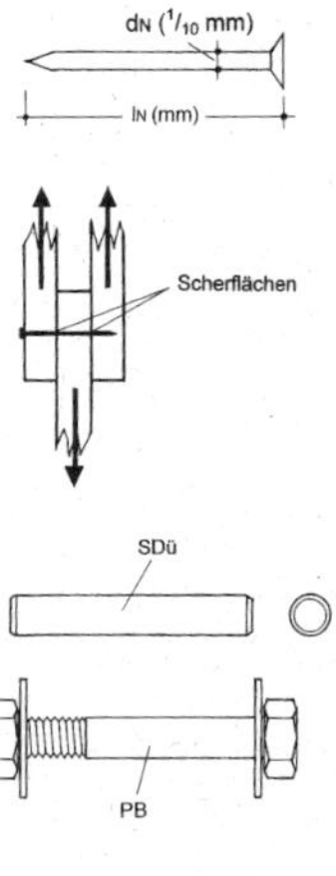

Konstruktionsempfehlung:

bei großen Kräften: mehrere innen liegende Stahllaschen und kleine SDü-Durchmesser verwenden

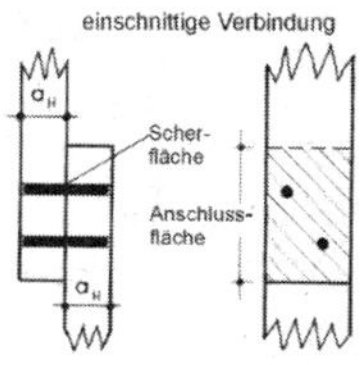

Vorgaben für den Entwurf:

Holzdicke $a_H \geq 5\ d_{SDü}$; optimal:
Summe der Seitenholzdicken $\geq$ 1,5 Mittelholzdicke,
mind. 4 Scherflächen,
erf. Anschlussfläche pro Stabdübel $A_{SDü} \approx 30\ d_{SDü}^2$

Übertragbare Kräfte:

$F_{SDü}$ (kN) $\approx 2{,}0\ d_{SDü}^2$ (cm) – einschnittig
$F_{SDü}$ (kN) $\approx 4{,}4\ d_{SDü}^2$ (cm) – zweischnittig

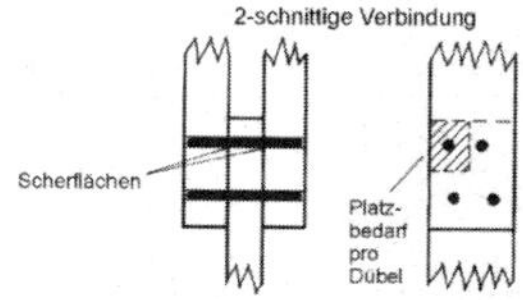

Bei Verbindungen mit Stahllaschen ist die Tragfähigkeit 25 % höher. Bei Abweichungen der Kraftrichtung von der Wuchsrichtung des Holzes: Abminderung der ursprgl. Tragfähigkeit $F_{SDü}$ zu $\bar{F}_{SDü}$

$\bar{F}_{SDü} = (1 - \alpha°/360°)\ F_{SDü}$

(Abminderungsfaktor bei $\alpha = 90$ um ca. 25 %)

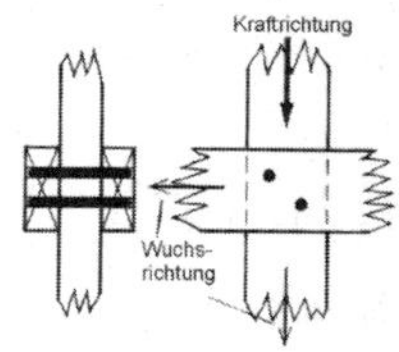

Einpressdübel Typ D (z. B. Geka)

Tragfähigkeit ≈ Anzahl Dorne x Dorntragfähigkeit
1 Dorn trägt ≈ 1 Mann = 0,75 kN
oder ≈ $F_{Dü}$ (kN) ≈ $Ø_{Dü}$ in cm/6

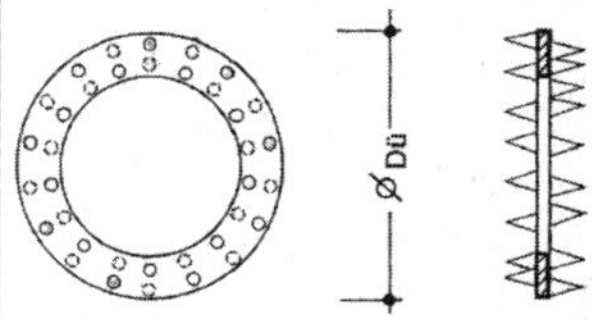

Stahlbau-Verbindungen, Stahl mit Stahl

Schrauben (Baustellen-Verbindung)

- M12 bis M36
- günstig für Verbindungen auf der Baustelle
- demontierbar
- Bemessungshilfen für Schraubverbindungen s. Kap. 8A Stahlbau
- günstig: Scher-Lochleibungsverbindung (SL)
- möglichst gleiche Schraubendurchmesser verwenden
- empf. Schraubendurchmesser = Blechdicke t_{B1} + 7 mm

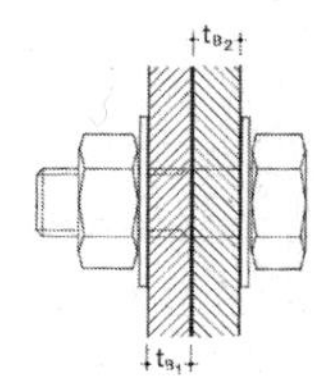

Schweißen (Werkstatt-Verbindung)

kostengünstig
mit Schweißverbindungen lässt sich jedes Stahlbauteil bis zur vollen Tragfähigkeit ausnutzen.

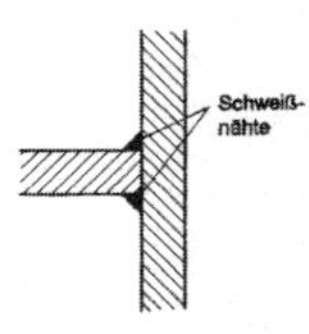

Verankerungen im Beton
(Schwerlastdübel/Spreizdübel)

Beton ≥ C20/25 (B 25)
Verankerung in Druck- und Zugzone des Betons möglich
Innengewindedurchmesser = $d_{D,i}$
Außengewindedurchmesser = $d_{D,a}$
zul Z (kN) = zul V_z zul $V \approx 4\ d_{D,a}^2$ (cm) $\approx 5\ d_{D,i}^2$ (cm)
Z Zugkraft, V_z Schrägzugkraft, V Querlast

Geometrische Randbedingungen/Dübelabstände untereinander: $A = 45\ d_{D,a}$
vom Rand, bzw. von der Ecke: $E = R = 30\ d_{D,a}$
Mindestbohrlochtiefe $t = 8\ d_{D,a}$
Mindestbauteildicke $D \geq 20\ d_{D,a}$
Mindestbauteilbreite $B = 60\ d_{D,a}$

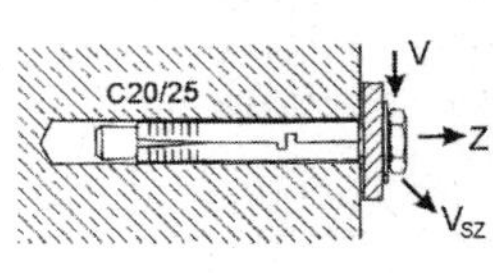

(vgl. auch Kap. 6A „Befestigungstechnik“)

2 Vorbemessung

Überschlagswerte zur Vordimensionierung der tragenden Konstruktionen (Abschätzen der Bauteilabmessungen)

Hinweis:
Soweit nachfolgend eine lastabhängige Vordimensionierung erfolgt, gelten die jeweiligen charakteristischen Werte.

2.1 Dächer

2.1.1 Lastannahmen

(charakteristische Werte der Einwirkungen)

Dachtragelemente in der Regel für späteren Dachausbau auslegen. Die durchschnittliche Gesamtdachlast für überschlägige Lastenermittlung beträgt etwa:

2,0 kN/m² ($\alpha < 60°$) bis 2,5 kN/m² ($\alpha \geq 60°$)

Bei nicht ausgebauten Dächern jeweils ca. 0,5 kN/m² weniger.

- **Zusatzlasten**
  bei Begrünung: extensiv: ca. 1,00 kN/m²
  intensiv: ca. 2 bis 5 kN/m²

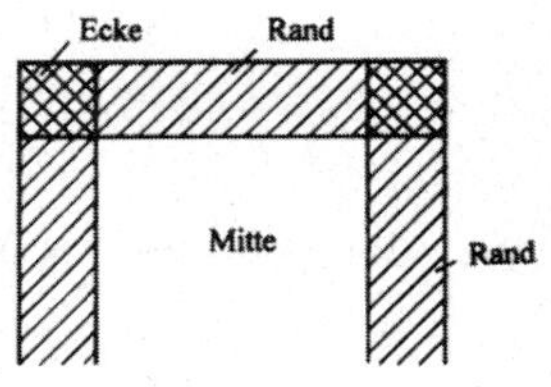

- **Sogsicherung**
  - ist bei flachen und leichten Dächern ($\alpha < 25°$) wichtig
  - insbesondere an den Rändern und Ecken
  - Verankerung in Decken und Wänden
  - Im Regelfall gilt:
    Für Gebäudehöhen **bis 8 m** über OKG:
    Staudruck q = 0,5 kN/m²
    (= ca. 100 km/h Windgeschwindigkeit)
    z. B. Sog im Eckbereich und $\alpha < 25°$:
    $w_s = c_p \cdot q = 3{,}2 \cdot 0{,}5 = 1{,}6$ kN/m²

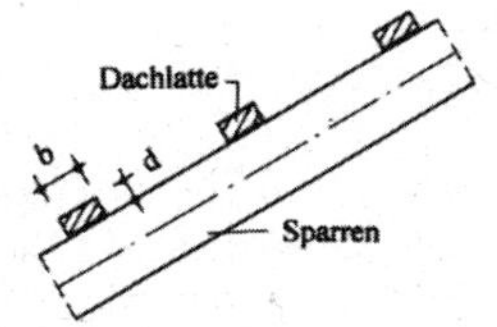

Für Gebäudehöhen über 8 m bis 20 m über OKG:
Staudruck q = 0,8 kN/m² (= ca. 130 km/h Windgeschwindigkeit)

2.1.2 Dachlatten

Mindestabmessungen

Sparrenabstand e (in cm)	d/b (in mm)
< 70	24/48
< 80	30/50
< 90	35/50
< 100	40/60

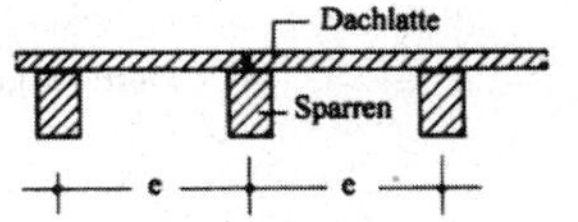

2.1.3 Windrispen (Abmessungen in mm)

- Holz 40/100 an Unterseite Sparren

oder

- Stahl (Windrispenband) 2/40 auf Oberseite Sparren mit Anschluss über Knagge zwischen den Sparren
- Endanschluss mit > 12 Sondernägeln 4 x 40
- Zwischenbefestigung 2 Nägel je Sparren
- Rispenband spannen!

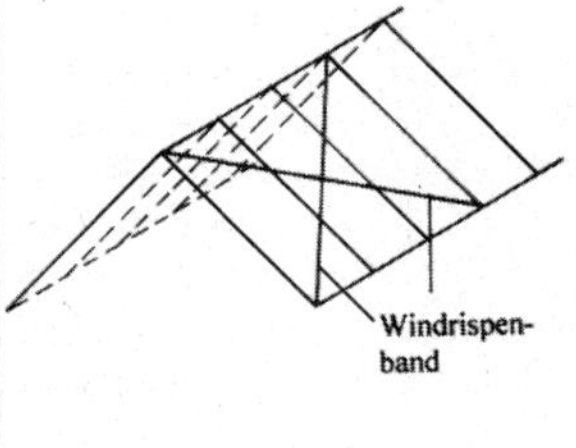

2.1.4 Sparrendach

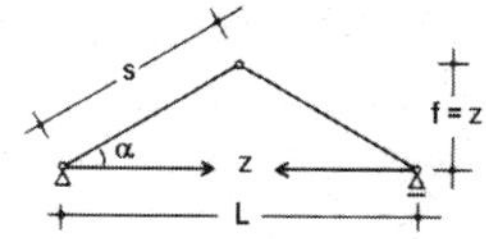

- **Anwendungsbereich**
- Dachneigung > 20°
- Hausbreite: bis $L < 10$ m mit Vollholz möglich
  bei $L > 10$ m Sonderkonstruktion, z. B. DSB
  (Empfehlung: KVH) *).

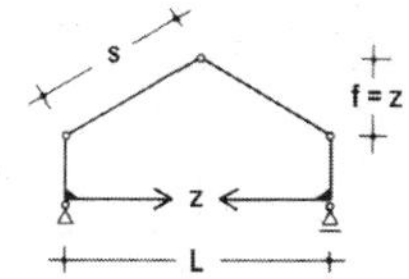

- **Statisch-konstruktive Hinweise**
- keine großen Öffnungen im Dach und/oder Decke anordnen (wegen Dachschub/Zugband)
- Decke muss Zugbandfunktion erfüllen
- Drempel mit biegesteifer Verbindung zur Decke oder oben durch Ringbalken gehalten.

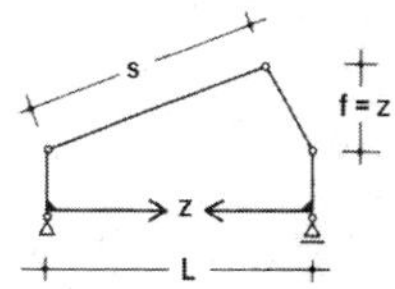

- **Sparren (alle Werte für Dächer mit Dachausbau)**

Sparrenhöhe $h \approx s / 24 + 2$ (cm) (s Sparrenlänge)
(Außerdem für h Dämmung zwischen den Sparren beachten!)
Sparrenbreite $b \approx e / 10 \geq 8$ cm (e Sparrenabstand)

Horizontalschub $H = \dfrac{r \cdot L^2}{8 \cdot f} \approx \dfrac{r \cdot L}{4 \cdot \tan\alpha}$
≈ 10 bis 15 kN/m Trauflänge

(r Gesamtlast aus Eigenlast, Ausbau, Schnee und Wind)

2.1.5 Kehlbalkendach

(Dachraum ausgebaut)

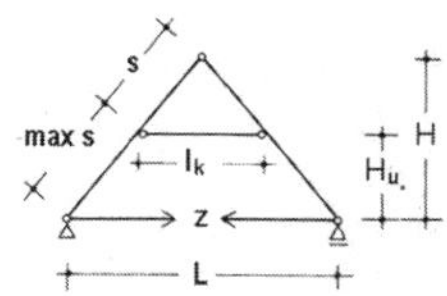

- **Anwendungsbereich**
- Dachneigung > 20°
- Hausbreite: bis $L < 14$ m mit Vollholz möglich
  bei $L > 14$ m Sonderelemente nötig
- **Statisch-konstruktive Hinweise**
- keine großen Öffnungen in Dach und/oder Decke (wegen Dachschub/Zugband)
- Decke muss Zugbandfunktion erfüllen
- Drempel mit biegesteifer Verbindung zur Decke oder obere Halterung durch Ringbalken.

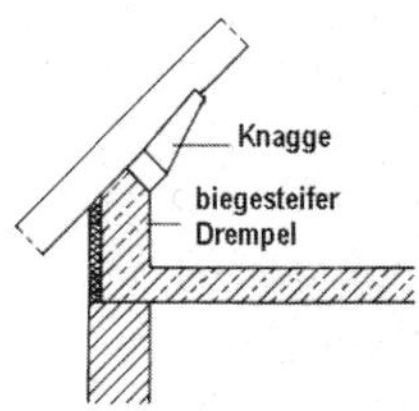

- **Empfehlung für Höhenlage der Kehlbalken**
  H_u: $H \approx 0{,}6$ bis 0,8
- **Sparren**

Sparrenhöhe $h \approx \max s / 24 + 4$ in cm
(max s = max. Sparrenlänge zwischen den Unterstützungen)

h sollte ggf. ausreichend hoch für die Dämmung zwischen den Sparren sein.

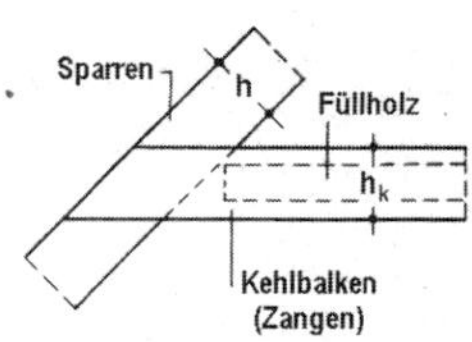

Sparrenbreite	$b \approx e/8 \geq 8$ cm	(e Sparrenabstand)
Kehlbalkenhöhe	$h_K \approx l_K/20$	(mit Spitzbodenlast)
Kehlbalkenbreite	$b_K \approx e/8$	(einteilig)
bzw.	$b_K \approx 2 \cdot e/8$	(zweiteilig, Zangen)

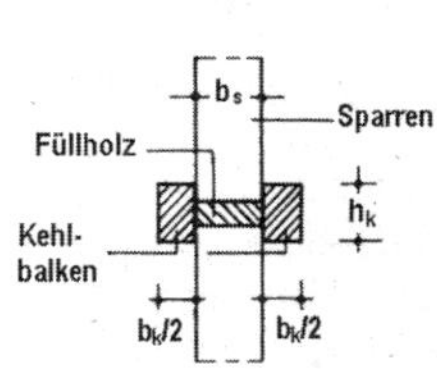

Sonderfall:

Bei **großen Öffnungen** im Dach oder in der Decke kann der Störbereich z. B. mit **beidseitigen** Pfetten ausgewechselt werden.

Hinweis: Keinen H-Schub aus V-Lasten am unteren Sparrenauflager einleiten (unteres Sparrenauflager wie Auflager beim Pfettendach ausbilden).

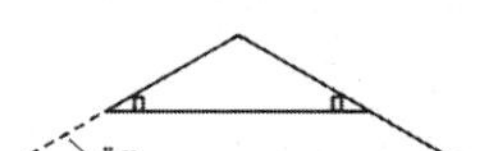

*) KVH = Konstruktionsvollholz.

2.1.6 Pfettendach

(Pultdach = Pfettendachhälfte)

- **Anwendungsbereich**
  - bei geringer Dachneigung
  - bei großen Öffnungen im Dach und/oder in der darunter liegenden Decke
  - die Spannrichtung der darunter liegenden Decke ist beliebig
  - große Dachüberstände an Traufe und Giebel sind möglich.

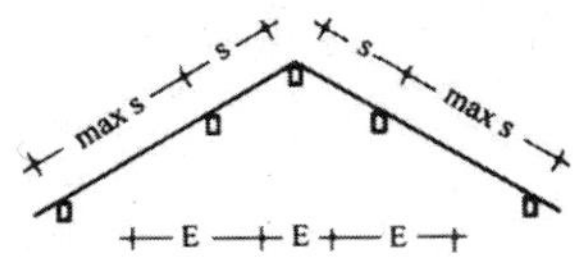

- **Sparren**

Sparrenhöhe $h \approx \frac{\max s}{24}$

Die Sparrenhöhe h sollte ggf. ausreichend hoch für die Dämmung **zwischen** den Sparren sein.

Sparrenbreite $e \approx \frac{e}{10} \geq 8\,\text{cm}$ (e Sparrenabstand)

$b : h = 1 : 2$ günstige Querschnittsform

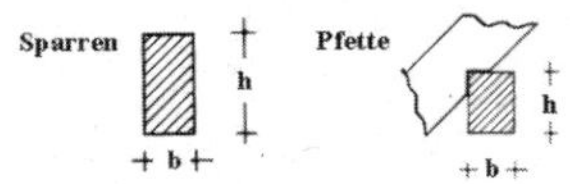

- **Grat- oder Kehlsparren**

$h \approx 1{,}5\ h_{\text{Normalsparren}}$

- **Pfetten**

Last nur aus Dach

Pfettenhöhe $h \approx \frac{L}{24} + \frac{E}{30 \text{ bis } 50}$

Dachneigung $\alpha \approx 45°$: Betrag des Nenners 30
$\alpha \approx 15°$: Betrag des Nenners 50

Pfettenbreite $b \approx \frac{L}{40} + \frac{E}{50}$

bzw. $b \approx 0{,}5\ h$ bis $0{,}7\ h$

(L Spannweite, E Lasteinzugsbreite)

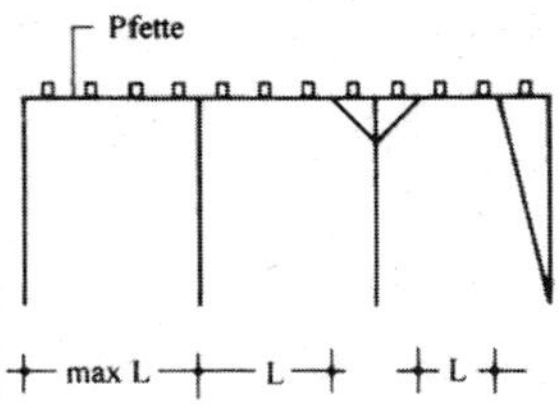

maßgebend = max L

Last aus Dach und ausgebautem Spitzboden

Pfettenhöhe $h \approx \frac{L}{24} + \frac{E_1 + E_2}{30}$

Pfettenbreite $b \approx \frac{L}{40} + \frac{E_1 + E_2}{50}$

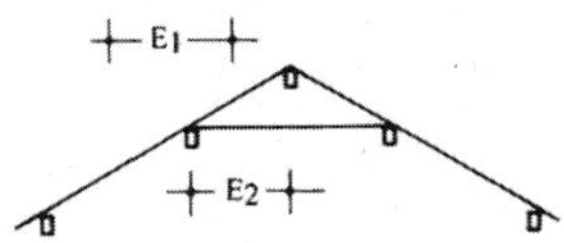

Nicht abgestrebtes Pfettendach

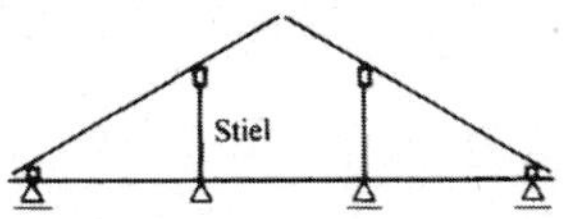

Abgestrebtes Pfettendach

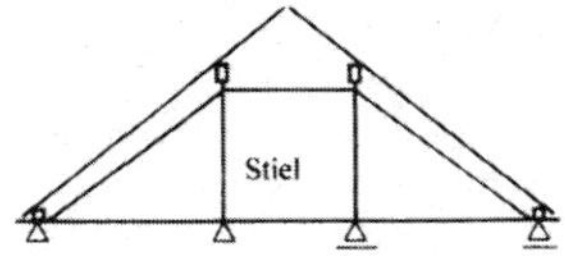

Hinweis:

- o Nicht abgestrebtes Pfettendach = horizontale Festhaltung am Sparrenfuß: Mittelpfetten rechteckig, hochkant
- o Abgestrebtes Pfettendach = horizontale Festhaltung durch seitliche Halterung der Pfetten (seitlich abgestrebte Stiele): Mittelpfetten in etwa quadratisch.

- **Stiele** (= Stützen unter den Pfetten)

Stiellast N = Durchschnittslast x Einzugsfläche

$N \approx (2{,}5 \text{ bis } 3{,}0\ \text{kN/m}^2) \cdot (E_1 + E_1) \cdot L_N\ (\text{m})$

(L_N Mittelwert der an den Stiel angrenzenden Nachbarspannweiten der Pfette)

Stielquerschnitt

$a = \sqrt{6 \cdot N\ (\text{kN})}$ in cm

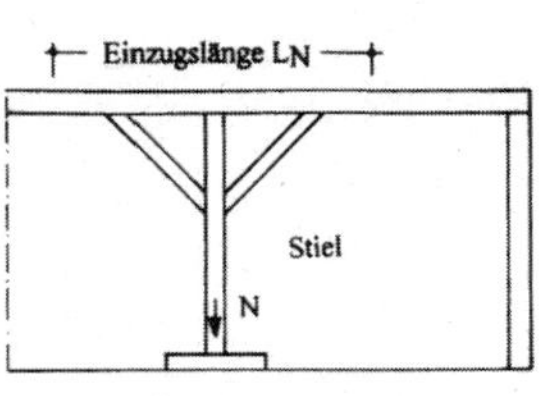

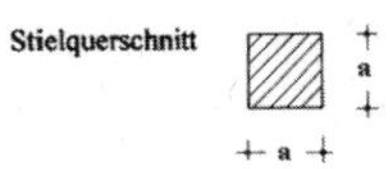

2.1.7 Sprengwerk/Hängewerk

- **Anwendungsbereich**
  - o Dachneigung ≥ 30 °
  - o bei freiem Dachraum.
- **Statisch-konstruktive Hinweise**
  - o wenn Lastabtragung vom Dach nur auf Außenwände möglich ist
  - o beim Fehlen von tragenden Innenwänden
  - o Binderabstand ca. 3,5 m bis 5 m; die Zwischenbereiche können Öffnungen und Störungen aufweisen.
- **Sparren und Pfetten**

  Dimensionierung wie Pfettendach (Abschn. 2.1.6).
- **Spannriegel und Bundstrebe**

  Dimensionierung als Druckstäbe nach Abschn. 2.4.3: Kräfteermittlung über Krafteck

S Bundstrebe	P Last aus Pfette
R Spannriegel	St Streckbalken

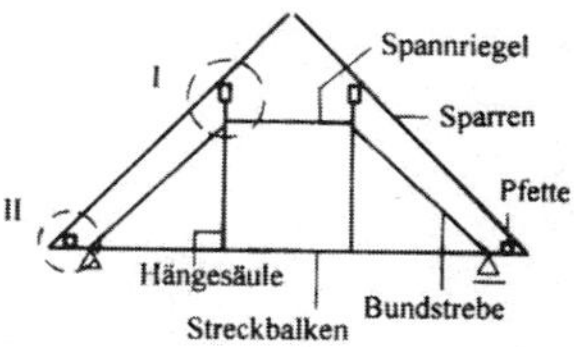

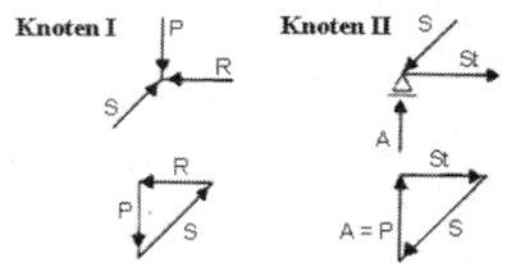

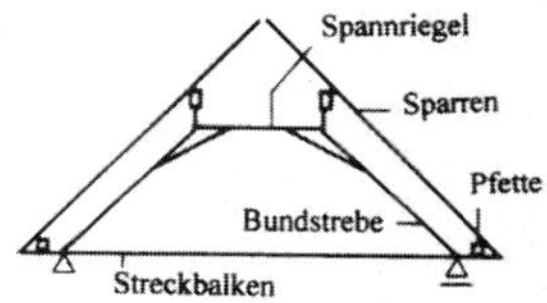

2.1.8 Flachdächer

- **Allgemein**
  - o Gesamtlasten (Eigenlast + Schnee + Wind)

leicht	mittel	schwer
1,5 kN/m²	2,5 kN/m²	4,0 kN/m²
(Kiespressdach)	(Kiesschüttung)	(extensiv begrünt)
  - o Sog an den Dachrändern und besonders an den Gebäudeecken beachten (flache Dächer $\alpha < 25$ ° und Dachüberstände sind besonders gefährdet)
  - o Gefälle beachten: mind. 3 % Dachneigung (Wassersackbildung).

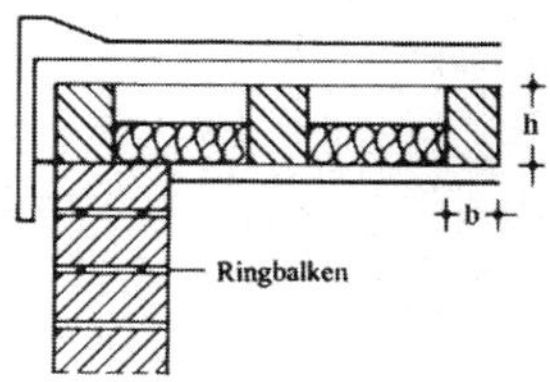

- **Holzbalkenflachdach**

  Anwendungsbereich

  $l < 5$ m (Vollholz), Empfehlung: KVH
  $l > 5$ m (BSH)

  Balken (Vollholz oder BSH)

  Dachlast:

	leicht	mittel	schwer
	$h = l/24$	$l/20$	$l/16$

  (e Balkenabstand = 0,7 m bis 1,0 m bzw. $l/4$)

  $b > 0{,}5\,h$

Dreieck-Streben-Binder

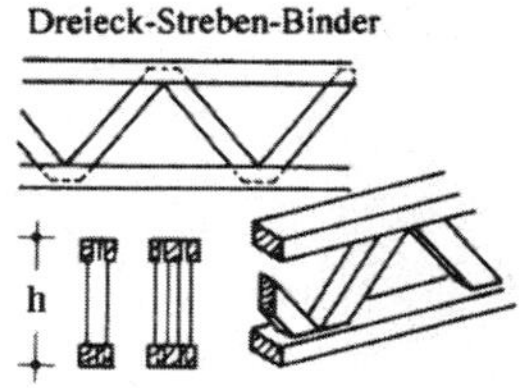

- **Dreieck-Streben-Binder o. Ä.**

  $l = 5$ m bis 10 m $h < 75$ cm

  $h = l/20$ bis $l/15$

  Trägerabstand $e = 0{,}80$ m bis 1,25 m

Trigonit

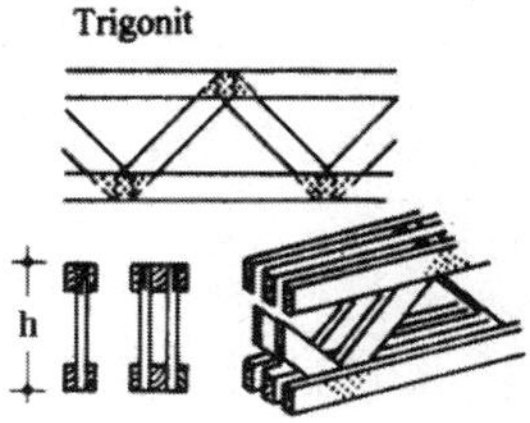

2.1.9 Weitgespannte Dachtragwerke

- **Holzkonstruktionen** (aus: „Informationsdienst Holz)

Bezeichnung	Statisches System	System-Skizze	Spannweite l m	Binderhöhe	Binderabstand	Dachneigung α
Fachwerkträger	Dreieckförmiger Binder		7,5 bis 30	$h \geq \frac{l}{10}$	4 bis 10 m	12 bis 30°
			7,5 bis 20	$h_m \geq \frac{l}{10}$	4 bis 10 m	12 bis 30°
	Trapezförmiger Binder		7,5 bis 30	$h \geq \frac{l}{12}$	4 bis 10 m	3 bis 8°
			7,5 bis 30	$h_m \geq \frac{l}{12}$	4 bis 10 m	3 bis 8°
	Parallelbinder		7,5 bis 60	$h \geq \frac{l}{12} - \frac{l}{15}$	4 bis 10 m	–
			7,5 bis 60	$h \geq \frac{l}{12} - \frac{l}{15}$	4 bis 10 m	–
			7,5 bis 60	$h \geq \frac{l}{12} - \frac{l}{15}$	4 bis 10 m	–
Fachwerkrahmen	Dreigelenkrahmen	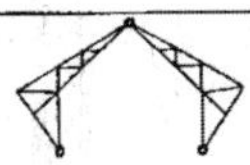	Kantholzrahmen 15 bis 30		Kantholzrahmen $e = 4$ bis 6 m	20°
		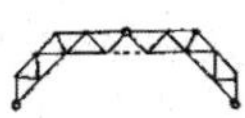	Rahmen mit Stützen aus Brettschichtholz 25 bis 50	$\frac{l}{12}$	weitgespannte Rahmen $e = 6 - 10$ m	–
	Dreigelenkrahmen, einhüftig	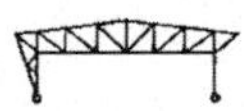	10 bis 20	$\frac{l}{12}$	e=4 bis 6 m	3 bis 8°
	Zweigelenkrahmen	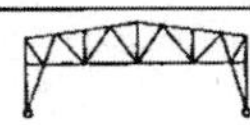	Kantholzrahmen 15 bis 40		Kantholzrahmen $e = 4$ bis 6 m	3 bis 8°
		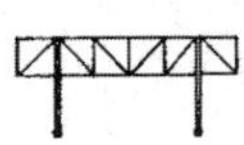	Rahmen mit Stäben aus Brettschichtholz 25 bis 60	$\frac{l}{12}$	weitgespannte Rahmen $e = 6 - 10$ m	–
Brettschichtträger	Einfeldträger, parallel	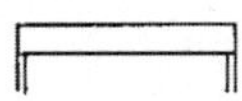	10 bis 35	$\frac{l}{17}$	5 bis 7,50 m	–
	Einfeldträger, satteldachförmig	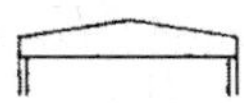	10 bis 35	$\frac{l}{16} / \frac{l}{30}$	5 bis 7,50 m	3 bis 8°
	Einfeldträger, geknicktes Satteldach	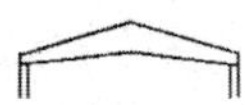	10 bis 35	$\frac{l}{16} / \frac{l}{30}$	5 bis 7,50 m	max 12°

- **Stahlkonstruktionen** (Beispiele)

Nr	Binderform	System	Binderspann-weite	Binderhöhe
1		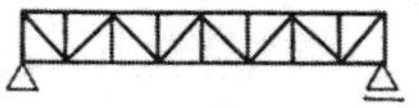	ca. 40 m	$\left(\frac{1}{8} \text{ bis } \frac{1}{10}\right) \cdot l$
2	parallelgurtig, eben	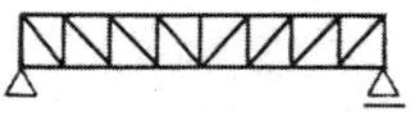	ca. 40 m	$\left(\frac{1}{8} \text{ bis } \frac{1}{12}\right) \cdot l$
3		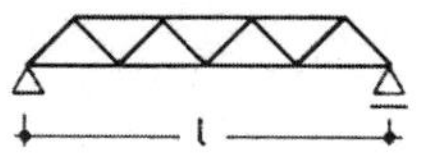	ca. 40 m	$\left(\frac{1}{8} \text{ bis } \frac{1}{12}\right) \cdot l$
4		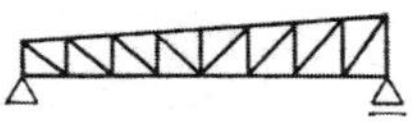	ca. 40 m	$\left(\frac{1}{8} \text{ bis } \frac{1}{12}\right) \cdot l$
5	Pultdach, geneigter Obergurt	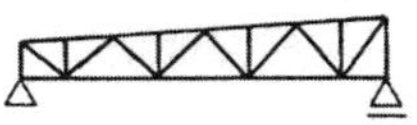	ca. 40 m	$\left(\frac{1}{8} \text{ bis } \frac{1}{12}\right) \cdot l$
6		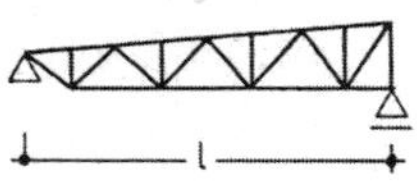	ca. 40 m	$\left(\frac{1}{8} \text{ bis } \frac{1}{12}\right) \cdot l$
7		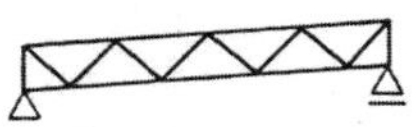	ca. 40 m	$\left(\frac{1}{8} \text{ bis } \frac{1}{12}\right) \cdot l$
8	Satteldach Dreieck-form		ca. 40 m	$\left(\frac{1}{8} \text{ bis } \frac{1}{12}\right) \cdot l$
9		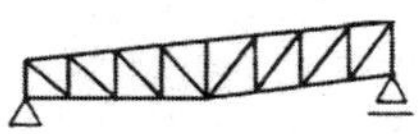	ca. 40 m	$\left(\frac{1}{8} \text{ bis } \frac{1}{12}\right) \cdot l$
10		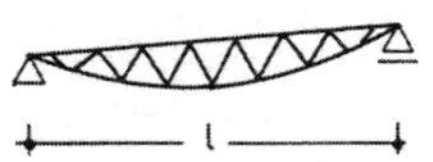	ca. 40 m	$\left(\frac{1}{10} \text{ bis } \frac{1}{14}\right) \cdot l$
11		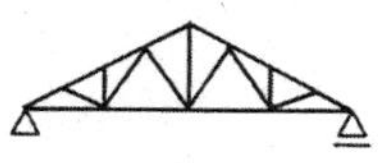	ca. 20 m	$\left(\frac{1}{6} \text{ bis } \frac{1}{9}\right) \cdot l$
12	Satteldach Dreieck-form	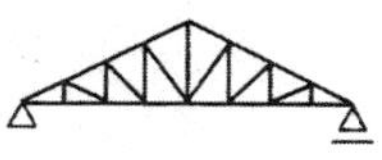	ca. 20 m	$\left(\frac{1}{6} \text{ bis } \frac{1}{9}\right) \cdot l$
13		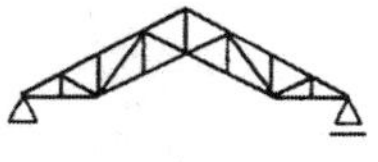	ca. 20 m	$\left(\frac{1}{6} \text{ bis } \frac{1}{9}\right) \cdot l$
14		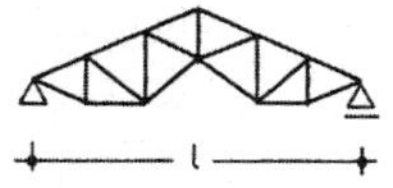	ca. 20 m	$\left(\frac{1}{6} \text{ bis } \frac{1}{9}\right) \cdot l$
15	Polonceau-binder	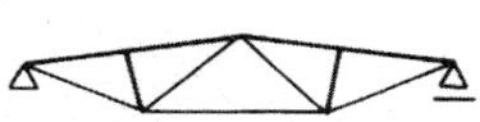	ca. 20 m	$\left(\frac{1}{6} \text{ bis } \frac{1}{9}\right) \cdot l$
16		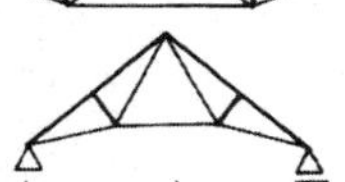	ca. 20 m	$\left(\frac{1}{6} \text{ bis } \frac{1}{9}\right) \cdot l$

Unterspannter Träger
(Träger mit „Luftstützen“ = Spreizen)

geeignet für gleichmäßig verteilte Lasten (z. B. Dachträger und Glaskonstruktionen),

Obergurt = auch biegebeanspruchter Druckgurt, soll zur Stabilisierung leicht überhöht werden (Überhöhungswert ca. l / 200).

Geneigter Träger mit Vertikalspreize

l Spannweite des Gesamtträgers
l_{Sp} Spannweite zwischen den Spreizen

$$h \approx \frac{l}{12} \text{ bis } \frac{l}{6}$$

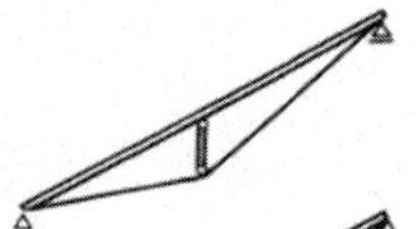

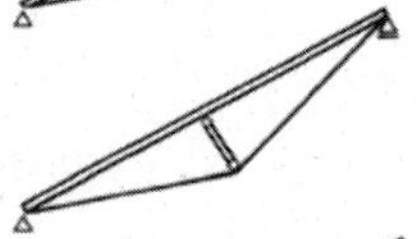

Geneigter Träger mit senkrechter Spreize

D_{Sp} Druckkraft in Spreize
$D_{Sp} \approx 1{,}1 \cdot r \cdot l_{Sp}$
(r = gleichmäßig verteilte Volllast)

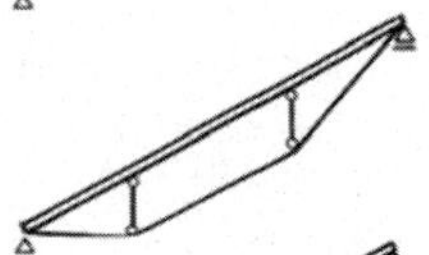

Im Balken:

Zweifachunterspreizung $\quad |M| \leq r \cdot \frac{l_{Sp}^2}{9}$ (Feld/Stütze)

$N \approx 3$ bis $6\ D_{Sp}$

Dreifachunterspreizung an jeder Spreize Umlenkung erforderlich („Knick“ im Seil)

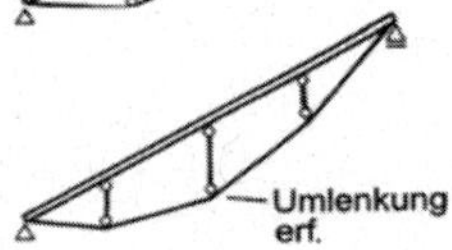

Polonceaubinder ≈ Sparrendach mit angehobenem Zugband und unterspannten Sparren

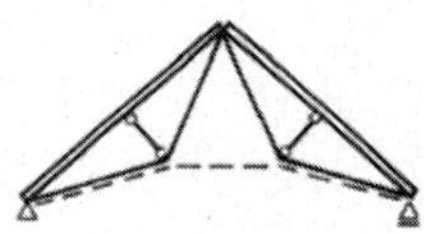

Flachgeneigter Polonceaubinder mit tiefliegendem Zugband

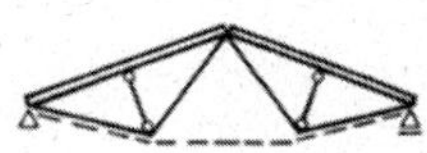

Polonceaubinder mit zweifach gestütztem Sparren als Viergelenkstabzug

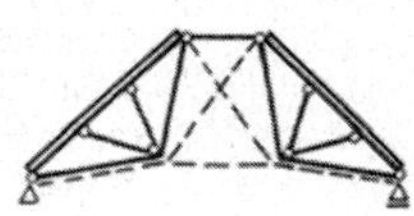

- **Stahlbeton- und Spannbetonkonstruktionen** (Beispiele)

Satteldachbinder oder parallelgurtiger Träger; Ausführung als Stahlbetonbinder oder – bei größeren Spannweiten – als Spannbetonbinder. Bauhöhen etwa l / 12 (Stahlbeton) bis l / 18 (Spannbeton).

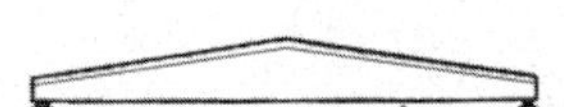

Querschnitt häufig mit verbreitertem Obergurt; bei großen Bewehrungsgraden auch Verstärkung des Untergurts (Zugzone) zur einwandfreien Unterbringung der Bewehrung

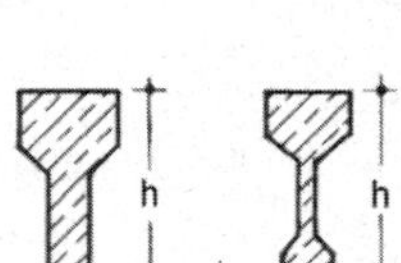

2.2 Geschossdecken

2.2.1 Allgemeines

- Werte gültig für Verkehrslast $q \leq 5$ kN/m²
- Wohnungsbau: $q = 1{,}5$ kN/m² (*mit* ausreichender Querverteilung der Lasten)
- Wohnungsbau: $q = 2{,}0$ kN/m² (*ohne* ausreichende Querverteilung, z. B. Holzbalkendecke)
- Berücksichtigung unbelasteter leichter Trennwände durch Zuschlag zur Verkehrslast:
  $\Delta q = 1{,}20$ kN/m² für Wandgewicht ≤ 150 kg/m²
- Deckengesamtlast 5 (Holz) bis 10 (Stahlbeton) kN/m².

Empfehlung: Immer Trennwandzuschlag berücksichtigen, damit Umnutzungen möglich sind.

2.2.2 Stahlbetonplattendecken (Vollbetondecken)

Maßgebend für die Wahl der Deckendicke ist die ideelle Stützweite $l_i = \alpha \cdot l$ (≈ Abstand der Momentennullpunkte)

Einfeldträger:	$l_i = l$
Mehrfeldträger, Endfeld:	$l_i = 0{,}8$ bis $0{,}9\,l$
Mittelfelder:	$l_i = 0{,}6\,l$
Kragarm:	$l_i = 2{,}4\,l$

α - Werte:

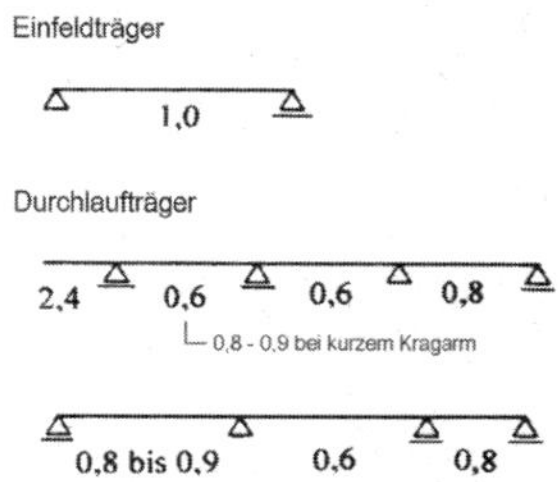

- **einachsig gespannte Platten**
  Beton C20/25 (B25), BSt 500 M oder S
  - *Anwendungsbereich*
    $l_i < 6$ m (wirtschaftlich)
  - *Deckendicke* (Mindestanforderung!)
    $h \approx \frac{l_i}{30}$ bzw. genauer: $h(\text{m}) \geq \frac{l_i(\text{m})}{35} + 0{,}03\,\text{m}$
    Bei Decken mit leichten Trennwänden und bei $l_i > 4{,}30$ m
    $h(\text{m}) \geq \frac{l_i^2(\text{m})}{150} + 0{,}03\,\text{m}$

Ortbetondecke

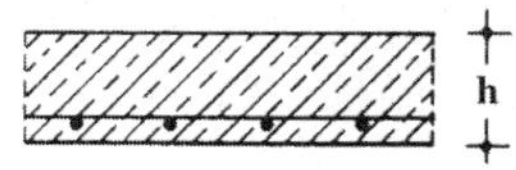

  - *Bewehrung für Verkehrslast $q = 2{,}75$ kN/m²*
    (Wohnungsbau, C20/25 (B25), BSt 500)
    Nachfolgende Werte sind nur gültig für Verkehrslast „Wohnungsbau" und Plattendicken in der Nähe der o. g. Entwurfswerte ($h \approx l_i/30$). Bei Abweichungen der Spannweiten benachbarter Felder > 30 % sollte l_i der jeweils großen Felder reichlich gewählt werden.

    ***Feld*bewehrung** (unten):
    $a_s\,(\text{in cm}^2/\text{m}) = \frac{l_i^2(\text{m})}{4}$

    ***Stütz*bewehrung** (oben):
    $a_s\,(\text{in cm}^2/\text{m}) = \frac{l_m^2(\text{m})}{4}$

    l_i ideelle Stützweite
    l_m jeweiliger Mittelwert der benachbarten Spannweiten für die betreffende Stützung:
    $l_m = \frac{l_{\text{links}} + l_{\text{rechts}}}{2}$
  - *Stahlbedarf* (einachsig gespannt)
    Einfeldsystem: g_{Stahl} (kg/m² Decke) ≈ 1,3 a_s (cm²/m)
    Durchlaufsystem: g_{Stahl} (kg/m² Decke) ≈ 1,7 a_s (cm²/m)
    a_s Bewehrungsquerschnitt im Feld in Haupttragrichtung

Beispiel Zweifeldträger:

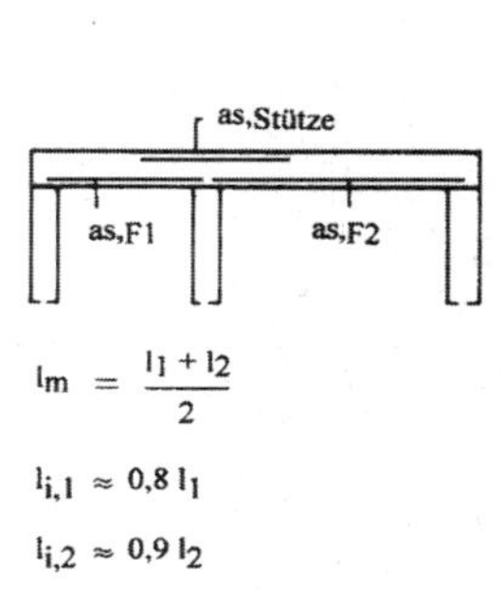

$l_m = \frac{l_1 + l_2}{2}$

$l_{i,1} \approx 0{,}8\,l_1$

$l_{i,2} \approx 0{,}9\,l_2$

- **zweiachsig gespannte Platten**
  - *Anwendungsbereich*: $l \leq 7$ m
    wirtschaftlich für $e = l_{max} / l_{min} < 1{,}4$
    Nur bedingt zu empfehlen bei Halbfertigteilkonstruktionen (z. B. Elementdecke) wegen reduzierter statischer Höhe. Querbewehrung muss zudem einzeln eingefädelt werden!
  - *Deckendicke*
    Maßgebend für die Dimensionierung ist die kleinere der beiden Spannweiten l_i. Bei durchlaufenden Deckenfeldern mit einheitlicher Dicke ist die maßgebende Spannweite die größte der jeweils kleineren Spannweiten.

$$h\,(\text{m}) > \frac{l_i\,(\text{m})}{30} \quad \text{bzw.} \quad \frac{l_i^2\,(\text{m})}{150} + 0{,}03\,\text{m}\,^{*)}$$

*) Maßgebend bei Decken mit leichten Trennwänden und $l_i > 4{,}30$ m.

Zur Vermeidung von Rissen in den Mauerwerkswänden in den freien Ecken ist eine Abhebesicherung (Verankerung/Auflast/Randversteifung/Unter- bzw. Überzug) erforderlich, oder die Decke darf im Eckbereich nicht auflagern! (Kein Abheben, siehe Abbildungen, keine Wärmebrücke, geringere obere Drillbewehrung, aber größeres Feldmoment.)

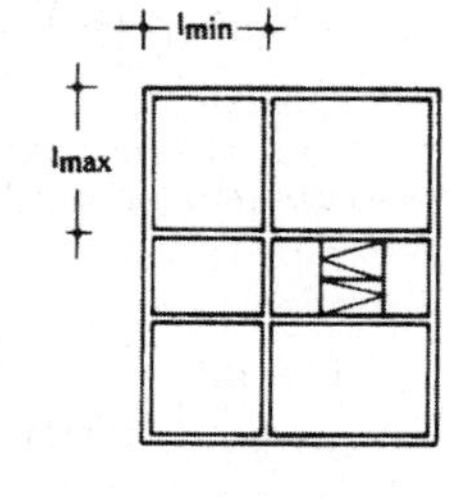

Schnitt in die Deckenebene

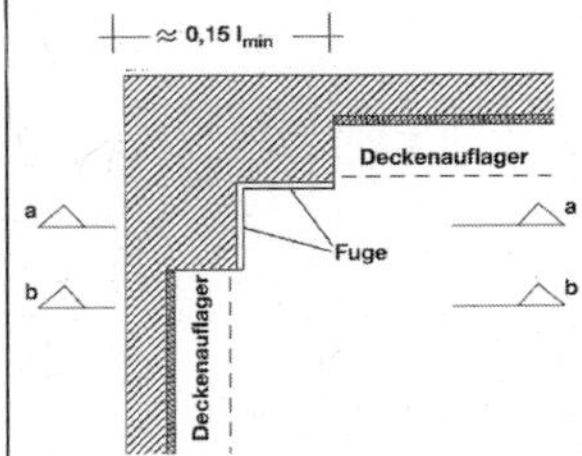

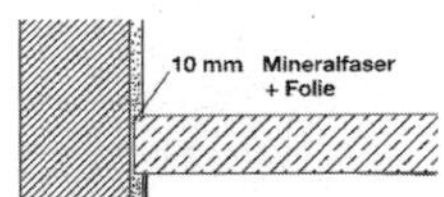

Schnitt a - a

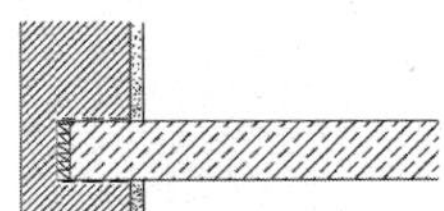

Schnitt b - b
Regelauflager

2.2.3 Stahlbeton-Rippendecken

- **Anwendungsbereich**
  - $6\text{ m} < l < 12\text{ m}$
  - Verkehrslast ≤ 5 kN/m²
  - lichter Rippenabstand $a_L \leq 70$ cm
  - günstige Installationsführung zwischen den Rippen.
- **Dimensionierung**
  $h \geq 5$ cm bzw. $> a_L/10$
  $h_0 \approx l/15$ bis 20
  Nur einlagige Querbewehrung in der Druckplatte!
  Bei Decken mit leichten Trennwänden:

$$h_0\,(\text{m}) > {l_i^2}/{150} + 0{,}035\,\text{m}$$

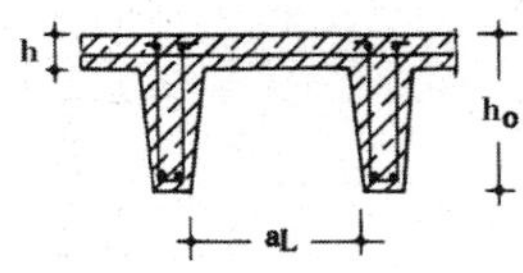

- **Voll- und Halbmassivstreifen**

Erforderlich bei durchlaufenden Systemen im Bereich der Innenstützungen (Aufnahme der Biegedruckkräfte)

Empfehlung:
Deckendurchbrüche möglichst im Bereich der Druckplatte neben den Rippen und nicht in Unterzugsachsen anbringen. Bei großen Spannweiten sind Querrippen erforderlich.

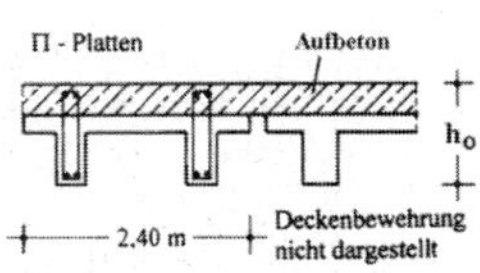

2.2.4 Plattenbalkendecken/π-Platten

- **Anwendungsbereich**
  - wie Rippendecken, jedoch
  - Verkehrslast > 5 kN/m²
  - lichter Rippenabstand > 70 cm $\approx l_{Rippe}/4$
  - Druckplatte mit oberer und unterer Querbewehrung
- **Dimensionierung**
  $h_0 \approx l/15$ bis $l/20$

Empfehlung für π-Platten:
Aufbeton zur einfachen Erzielung einer Deckenscheibenwirkung und zum Ausgleich von eventuell vorhandenen Höhendifferenzen.

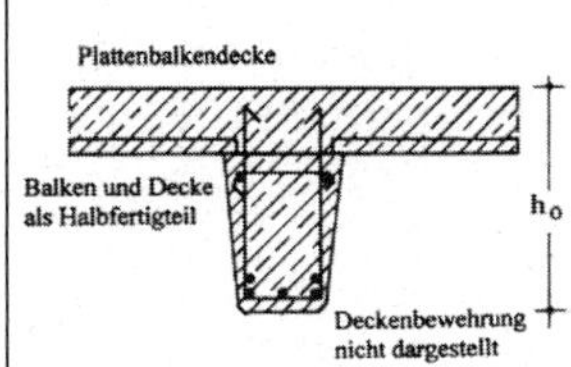

2.2.5 Kassettendecken/Trägerrost

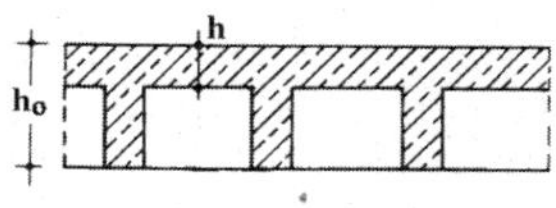

- **Anwendungsbereich**

Statisch nur sinnvoll, wenn zweiachsige Lastabtragung möglich ist und annähernd quadratisches Raster vorliegt.

$$\varepsilon = \frac{l_y}{l_x} \begin{array}{l} < 1{,}1 \\ > 0{,}9 \end{array}$$

- **Dimensionierung**

Durchlaufwirkungen sind mit ideeller Ersatzstützweite l_i zu erfassen

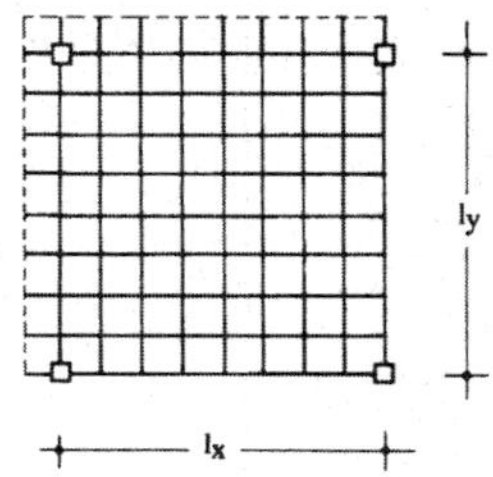

Decke mit Rechteck-Grundriss
umlaufend gestützt
(durch Wand oder Randträger)

- o *Vollwandträger*

  Stahlbeton $H = h_0 \approx \frac{l_i}{20}$

  Holz $H \approx \frac{l_i}{20}$ (schwierige Verbindungen!)

  Stahl $H \approx \frac{l_i}{30}$

(aus nebenstehender Rechteckdecke werden durch Mittel- bzw. Zwischenstützung zwei Quadratfelder)

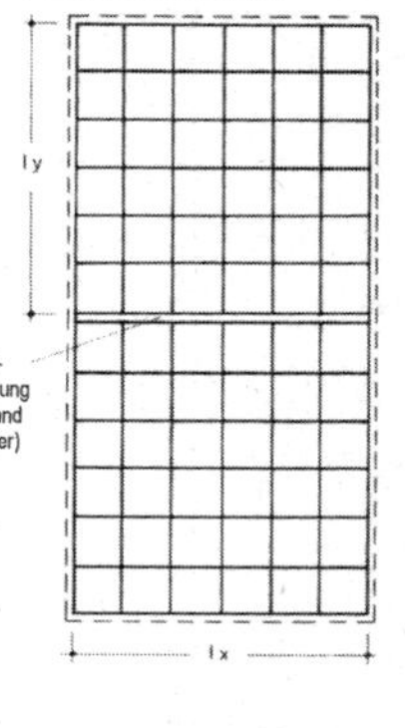

- o *Fachwerk* (große Stützweiten)

  Stahlbeton: nicht gebräuchlich

  Holz $H \approx \frac{l_i}{15}$

  Stahl $H \approx \frac{l_i}{20}$

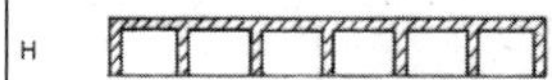

Vollwandträgerrost

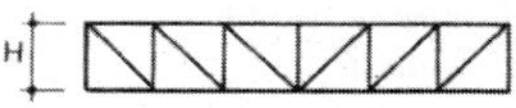

Fachwerk

- o *Raumfachwerke* bei sehr großen Stützweiten (z. B. Mero/ Durchdringungen von Dreigurtbindern) dreilagige Struktur, bei räumlich gekrümmten Strukturen sind geringere Bauhöhen möglich.

  Stahlbeton: als Raumfachwerk zu aufwendig

  Holz $H \approx \frac{l_i}{20}$

  Stahl $H \approx \frac{l_i}{15}$ bis $\frac{l_i}{20}$

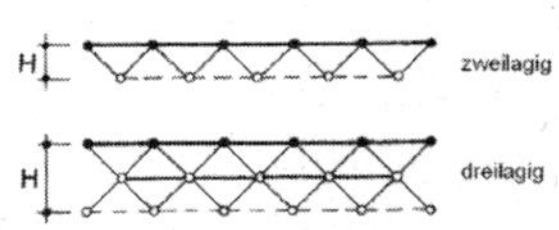

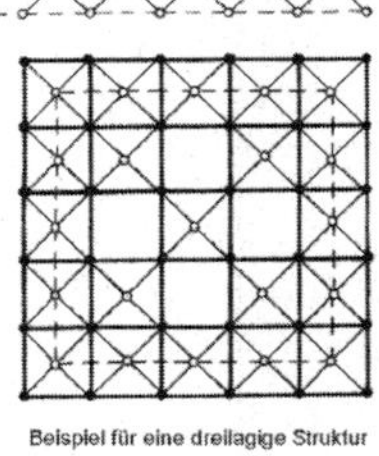

Beispiel für eine dreilagige Struktur

2.2.6 Flach- und Pilzdecken

Unterzugslose, punktgestützte Stahlbetonplattendecke auf quadratischem, rechteckigem oder dreiecksförmigem Stützenraster:

Pilzdecke – mit Verstärkung im Stützenbereich („Pilzkopf")
Flachdecke – ohne Verstärkung im Stützenbereich.

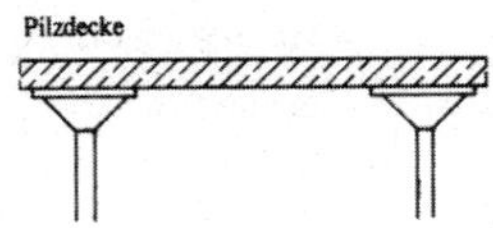

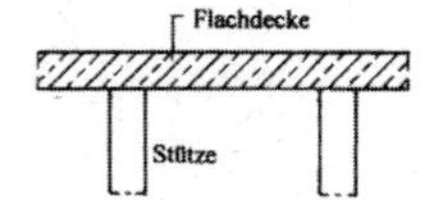

- **Anwendungsbereich**
  - o bei niedriger Gesamtkonstruktionshöhe
  - o freie Installationsführung möglich
  - o ausgedehnte Bereiche ohne Fugen ausführbar
  - o $0{,}67 < \varepsilon = \frac{l_y}{l_x} < 1{,}5$

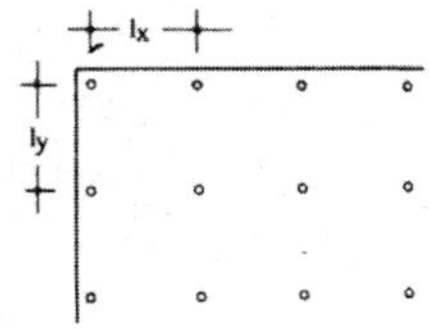

- **Dimensionierung**

Flachdecke: $h_{Platte} \approx \frac{l}{25}$ bis $\frac{l}{20}$ > 15 cm

$h_{Stütze} \approx 1{,}1\ h_{Platte}$

Pilzdecke: $h_{Platte} \approx 0{,}8\ h_{Platte,Fl}$ (Flachdecke)

Achtung:

- möglichst keine Deckendurchbrüche neben den Stützen
- große Öffnungen besser im Innenbereich und nicht in den Stützenfluchten
- Deckendurchbiegungen ca. 30 % größer als bei analogen Decken mit Unterzügen (Schalung überhöhen!).

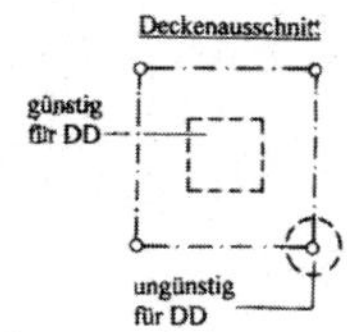

Bei **unregelmäßigem** Stützenraster bzw.

$$\frac{2}{3} > \varepsilon = \frac{l_y}{l_x} > 1{,}5$$

kann der maßgebliche Beanspruchungsbereich auch über die Ermittlung der Diagonalspannweiten abgeschätzt werden, d. h. man legt einen fiktiven, diagonalen Trägerrost von sich kreuzenden Deckenstreifen zwischen den Stützen an. Der maßgebliche, hauptsächlich tragende Deckenstreifen von den beiden sich kreuzenden Streifen ist der mit der kürzeren ideellen Ersatzstützweite l_i (siehe auch Abschnitt 2.2.2).

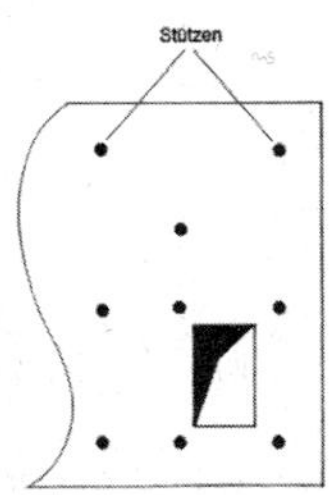

Die größte aller vorkommenden maßgeblichen ideellen Stützweiten $l_{i,max}$ ist dann ausschlaggebend für die Dimensionierung:

$$h_{Platte} \geq \frac{l_{i,max}}{25} \text{ bis } \frac{l_{i,max}}{30}$$

$$h_{Stütze} \approx 1{,}1\ h_{Platte}$$

2.2.7 Stahlträger-Verbunddecken

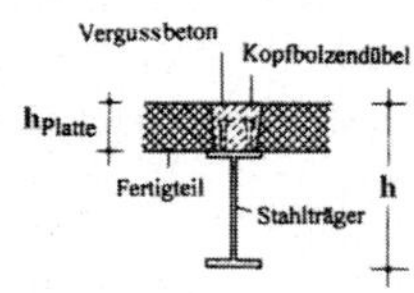

- **Anwendungsbereich**

  Verkehrslast ≥ 5 kN/m^2

- **Dimensionierung**
  - Deckenraster = 1,20; 2,40; 3,60 m
  - Spannweite Deckenträger
    $\leq$ 3- bis 4faches Deckenraster $\leq$ 14,40 m
  - $h_{Platte} \approx \frac{\text{Deckenraster}}{30}$ (i. Allg. 12 bis 20 cm)
  - Gesamthöhe $h \approx \frac{l}{17}$ (bei St 37 / S 235).

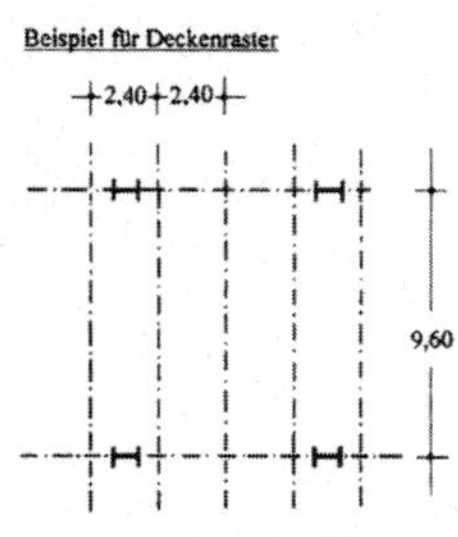

2.2.8 Holzbalkendecken

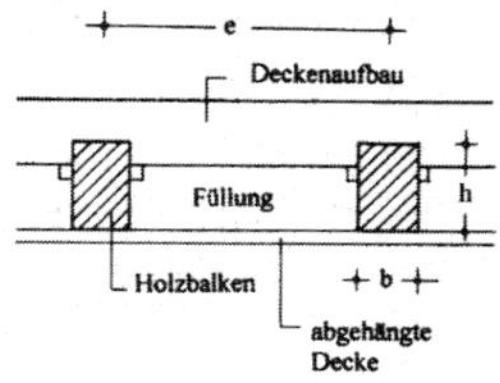

Eigenlast: g = ca. 2 kN/m²
Verkehrslast: q = 2 kN/m²

- **Balken**

  $h \approx l / 20$
  $b \approx (1/2 \text{ bis } 2/3)\ h \geq 10$ cm
  Balkenachsabstand $e \approx l/4$ (günstig $e \approx 65$ cm bis 100 cm).

- **Brandschutz**

  F 30-B mit Verkleidungen und Abdeckungen und/oder Überdimensionierung möglich.

2.3 Unterzüge/Überzüge

2.3.1 Unterzüge aus Holz (unter Holzbalkendecken)

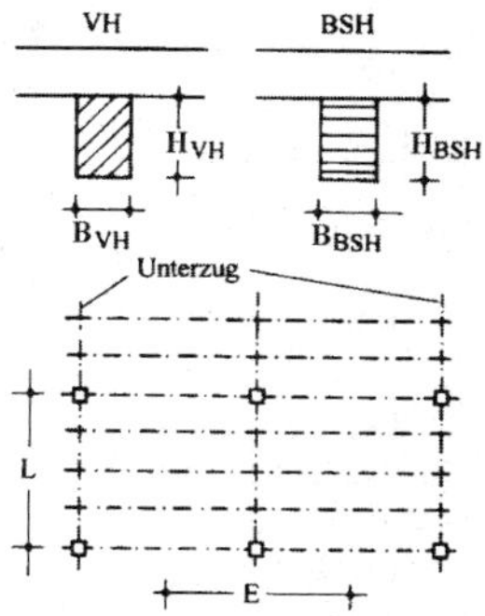

- **Vollholz** (VH u. KVH)

  $$H_{VH} \approx \frac{L}{22} + \frac{E}{33}$$

  $$B_{VH} \approx \frac{L}{40} + \frac{E}{50}$$

- **Brettschichtholz** (BSH)

  $H_{BSH} = 0{,}95\ H_{VH}$
  $B_{BSH} \leq 18$ cm

2.3.2 Stahlbetonunterzüge/-überzüge

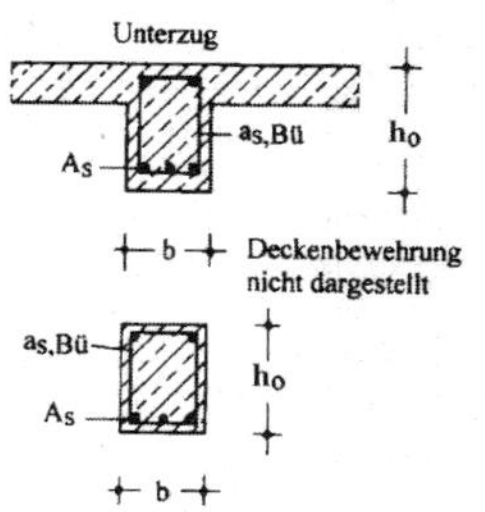

- **Einfeldträger**

  $$h_0 \approx \frac{l}{8} \text{ bis } \frac{l}{12}$$

  $b \geq 24$ cm
  A_s (cm²) $\approx (0{,}045 \text{ bis } 0{,}08) \cdot GL$ (kN)
  $a_{s,Bü}$ (cm²/m) $\approx (0{,}030 \text{ bis } 0{,}09) \cdot GL$ (kN)

  mit
  A_s Längsbewehrung in cm²
  $a_{s,Bü}$ Bügelquerschnitt je m Balkenlänge
  GL **gesamte** Trägerlast eines Feldes in kN

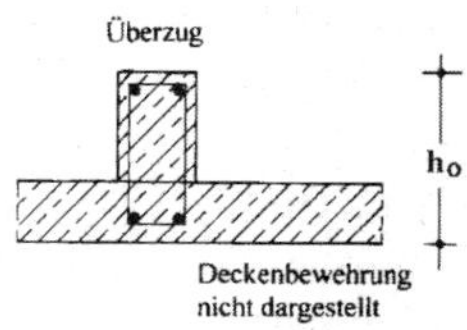

- **Durchlaufträger**

  $$h_0 \approx \frac{l}{8} \text{ bis } \frac{l}{12}$$

  $A_{s,Feld}$ (cm²) $\approx (0{,}025 \text{ bis } 0{,}05) \cdot GL$ (kN)
  $A_{s,Stütze}$ (cm²) $\approx (0{,}040 \text{ bis } 0{,}08) \cdot GL$ (kN)

- **Wandartiger Träger**

  Bei Ausführung einer tragenden Wand in Stahlbeton ergibt sich die Möglichkeit zur Ausbildung eines leistungsfähigen geschosshohen Trägers.

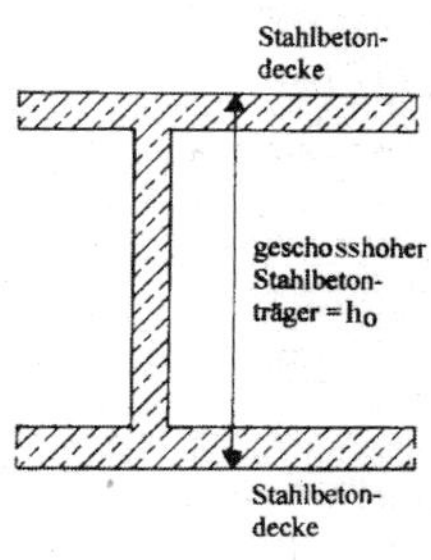

2.3.3 Deckengleicher Unterzug

- **Stahlbetonblindbalken** (deckengleicher Unterzug)
  $L \leq 18 \cdot h_{Platte}$
  L Spannweite
- **Stahlträger:**

  HEA: $h \approx \dfrac{L+E}{35}$

  L Spannweite
  E Einzugsbreite

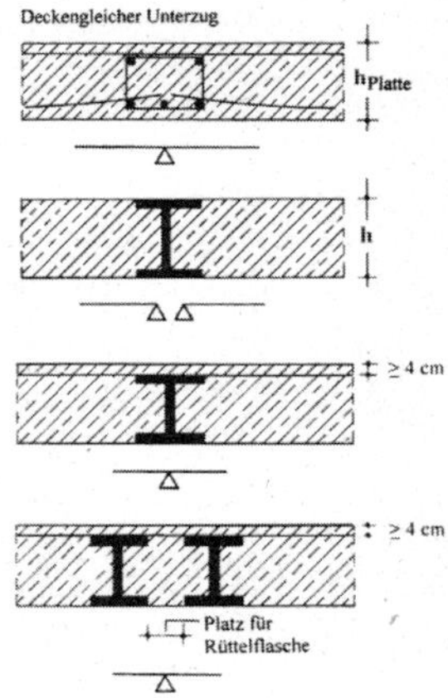

2.4 Stützen

Voraussetzung für die nachfolgenden Angaben:
Gesamtstabilität des Bauwerks ist durch Decken- und Wandscheiben gewährleistet. Stützen sind oben und unten gehalten.

2.4.1 Stahlbeton

Für Stockwerkshöhe < 13b ($b < h$), Beton C20/25 und Bewehrungsprozentsatz $\rho \approx 1$ % gilt:

$A_{Stütze}$ (cm²) $\approx N_{Stütze}$ (kN)

bei Steigerung von $\rho = 1$ % auf $\rho = 3$ % gilt:

$A_{Stütze}$ (cm²) $\approx 0{,}7 \cdot N_{Stütze}$ (kN)

bei Verwendung von C 30/37 statt C 20/25 gilt:

$A_{Stütze}$ (cm²) $\approx 0{,}77 \cdot N_{Stütze}$ (kN)

bei $\rho \approx 3$ % und Verwendung von C30/37 gilt:

$A_{Stütze}$ (cm²) $\approx 0{,}55 \cdot N_{Stütze}$ (kN)

Für dicke, runde Stützen („umschnürte Säule") mit $s_K > 5 \cdot Ø_{Stütze}$ gilt:

$A_{Stütze}$ (cm²) $\approx 0{,}5 \cdot N_{Stütze}$ (kN)

$\rho = A_{Stahl}/A_{Beton}$

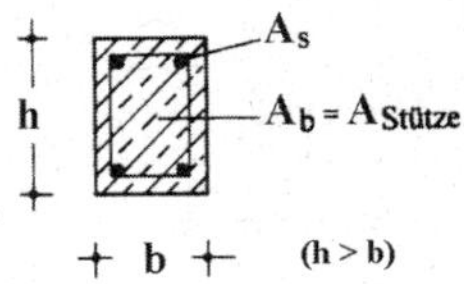

2.4.2 Stahl

IPBl (HEA): $h\,(\text{mm}) \approx \sqrt{22 \cdot N\,(\text{kN}) \cdot s_k\,(\text{m})}$
IPB (HEB): $h\,(\text{mm}) \approx \sqrt{16 \cdot N\,(\text{kN}) \cdot s_k\,(\text{m})}$
IPBv (HEM): $h\,(\text{mm}) \approx \sqrt{10 \cdot N\,(\text{kN}) \cdot s_k\,(\text{m})}$

Näherung für beliebige Profile und übliche Geschosshöhen:

erf A (cm²) $\approx 0{,}10 \cdot N$ (kN)
h Profilhöhe
N Stützenlast
s_K Knicklänge

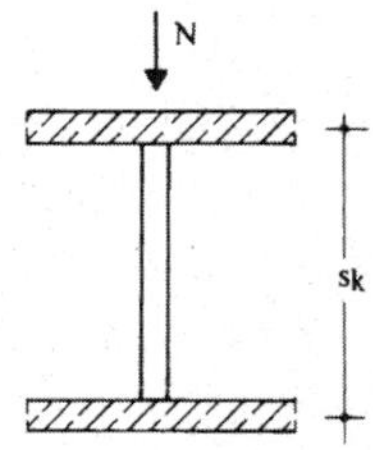

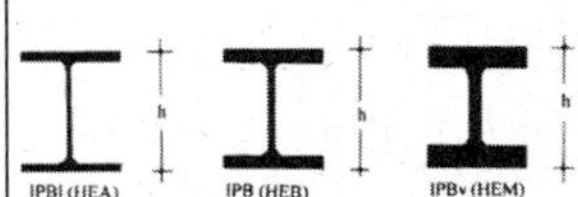

2.4.3 Holz

Für $s_K < 34\, d_{min}$ (z. B. Stütze 10/10, $s_K \leq 3{,}4$ m) und Krafteinleitung an den Stützenenden ⊥ zum Faserverlauf (z. B. Stütze/Schwelle oder Stütze/Unterzug):

erf A (cm²) $\approx$ (5 bis 6) $\cdot N$ (kN)
bzw. $a \approx 2{,}3 \cdot \sqrt{N\,(\text{kN})}$

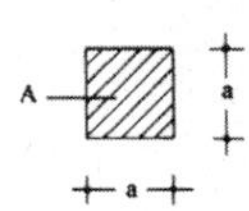

2.4.4 Planungshilfen für die Querschnitts- und Materialwahl von Geschossstützen

Tafel 4.121a Tragfähigkeit im Vergleich

Knicklänge $s_k = 3{,}0$ m										
	Stahl						Verbund[2]	Stahlbeton		Holz[3]
Last in kN	HEA St 37 S235	HEB St 37 S235	HEM St 37 S235	Rohr St 37 S235	□[1] St 37 S235	□[1] St 37 S235	Querschnitt HEM (*b*/*h*)	C20/25 $\rho = 0{,}8$ %	C30/37 $\rho = 3$ %	NH/ Gkl. II
100	100	100	100	101,6 × 3,6	80 × 4	70 × 7,1		20/20	20/20	16/16 (24/24)
200	140	120	100	152,4 × 4,5	80 × 10	80 × 10		20/20	20/20	20/20 (32/32)
300	160	140	100	193,7 × 5,6	100 × 5,6	100 × 6,3		20/20	20/20	22/22 (32/32)
500	200	160	120	244,5 × 6,3	120 × 11	110 × 10		24/24	20/20	
800	240	200	160	323,9 × 7,1	150 × 14,2	140 × 10		30/30	22/22	
1000	260	220	180	323,9 × 7,1	180 × 12,5	150 × 11	100 (22/22)	32/32	24/24	
1500	320	280	220	406,4 × 8,8	220 × 14,2	160 × 16	120 (24/24)	40/40	30/30	
2000	450	340	240		260 × 16	220 × 16	140 (26/26)	45/45	34/34	
3000	700	550	280			260 × 17,3	180 (30/30)	55/55	42/42	
5000	900						260 (40/40)	72/72	55/55	
8000							300 (45/45)	90/90	68/68	
10000							400 (45/55)	100/100	75/75	

1) Quadratische MSH-Hohlprofile
2) S355 und C45/55 (bzw. St 52 und B55)
3) Klammerwerte: zulässige Pressungen senkrecht zur Faser (Schwelle)

Tafel 4.121b Tragfähigkeit im Vergleich

Knicklänge $s_k = 4{,}2$ m										
	Stahl						Verbund[2]	Stahlbeton		Holz[3]
Last in kN	HEA St 37 S235	HEB St 37 S235	HEM St 37 S235	Rohr St 37 S235	□[1] St 37 S235	□[1] St 37 S235	Querschnitt HEM (*b*/*h*)	C20/25 $\rho = 0{,}8$ %	C30/37 $\rho = 3$ %	NH/ Gkl. II
100	120	120	100	133,0 × 4,0	80 × 10	80 × 10				20/20 (32/32)
200	160	140	120	152,4 × 4,5	100 × 8,8	100 × 8,8				22/22 (32/32)
300	180	160	120	193,7 × 5,6	120 × 8,8	120 × 7,1				26/26 (32/32)
500	220	180	140	244,5 × 6,3	150 × 10	150 × 7,1		24/24		
800	260	220	180	323,9 × 7,1	160 × 14,2	160 × 10	100 (22/22)	30/30	22/22	
1000	280	240	200	406,4 × 8,8	180 × 14,2	160 × 14,2	120 (24/24)	32/32	24/24	
1500	360	300	240		220 × 16	200 × 14,2	140 (26/26)	40/40	30/30	
2000	500	360	240		260 × 17,5	220 × 16	160 (30/30)	45/45	34/34	
3000	800	650	300			260 × 17,3	200 (35/35)	55/55	42/42	
5000							260 (40/40)	72/72	55/55	
8000							320 (45/50)	90/90	68/68	
10000							500 (45/65)	100/100	75/75	

1) Quadratische MSH-Hohlprofile
2) S355 und C45/55 (bzw. St 52 und B55)
3) Klammerwerte: zulässige Pressungen senkrecht zur Faser (Schwelle)

2.5 Fundamente

Für zulässige Bodenpressung zul $\sigma_B \approx 200\ kN/m^2$ bis $300\ kN/m^2$ sowie Erdauflast und Fundamenteigenlast ≈ 20 % der Stützenlast N_{St} gilt:

$$\text{erf } A_{Fu} \approx \frac{G_{Fu} + N_{St}}{\text{zul } \sigma_B}$$

N_{St} Stützenlast OK Fundament aus Summe aller Lasten × Stützeneinzugsflächen

G_{Fu} Fundamenteigenlast und Erdauflast

- **Quadratische Einzelfundamente**

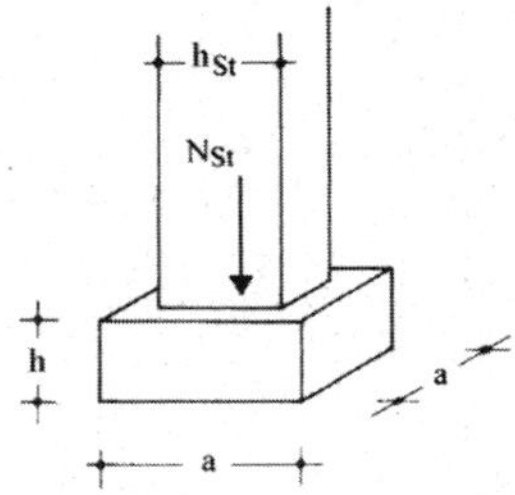

Seitenlänge $$a(\text{m}) = \sqrt{\frac{1{,}2 \cdot N_{St}(\text{kN})}{\text{zul } \sigma_B(\text{kN/m}^2)}}$$

Ausführung in C20/25 **unbewehrt**:

Fundamentdicke $$h(\text{m}) \approx \frac{a - h_{St}}{2}$$

Ausführung in Stahlbeton C20/25 **bewehrt**:

Fundamentdicke $$h(\text{m}) \approx \frac{a}{3} > 30\ \text{cm}$$

- **Streifenfundamente C20/25**

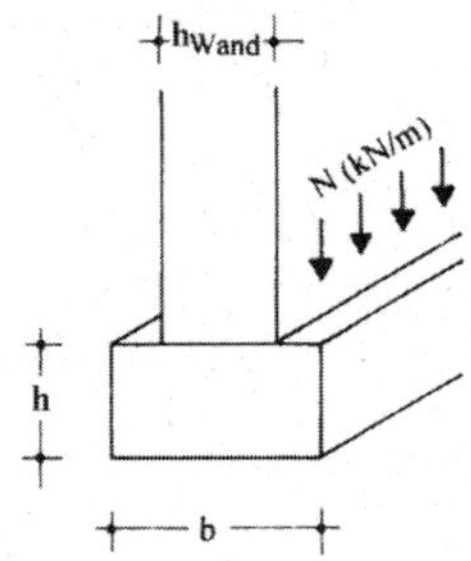

Fundamentbreite $$b \approx \frac{1{,}2N(\text{kN/m})}{\text{zul } \sigma_B(\text{kN/m}^2)}$$

Fundamentdicke $$h \approx \frac{b_{Fu} - h_{Wand}}{2},$$

jedoch mindestens 30 bis 40 cm

- **Plattenfundamente**

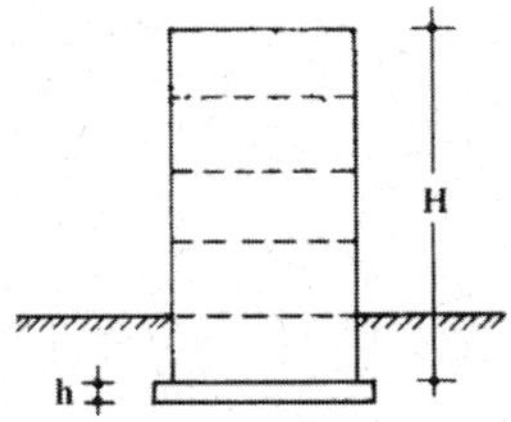

Durchgehende bewehrte Gründungsplatte unter dem gesamten Bauwerk:
  - o zur Vermeidung von Schäden bei unterschiedlicher Baugrundsetzung
  - o bei hohen Lasten (Hochhäuser)
  - o bei drückendem Grundwasser, in Verbindung mit Wannenausbildung (steifer Kellerkasten)
  - o aus wirtschaftlichen Gründen auch bei kleineren Bauwerken (das Ausschachten von Fundamentgräben entfällt).

Plattendicke $$h \approx \frac{\text{Gebäudehöhe } H}{30} \geq 25\ \text{cm}$$

Wannengründung:

bei Eintauchen des Kellers ins Grundwasser

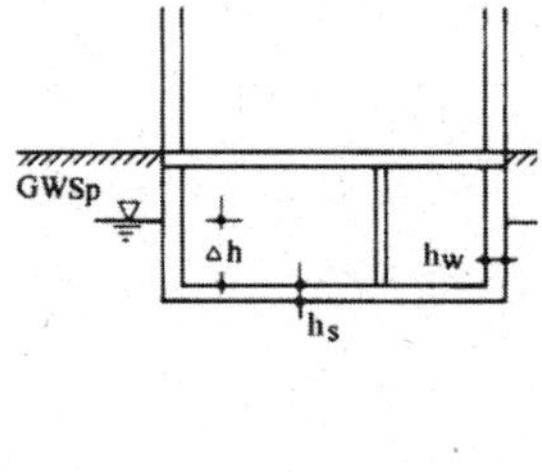

Sohlendicke $$h_s \approx \frac{2}{3} \cdot \Delta h \geq 30\ \text{cm}$$

Wanddicke $$h_w \geq 30\ \text{cm}$$

2.6 Vorbemessungsbeispiel: 2-geschossiges Wohnhaus mit Satteldach (nicht unterkellert)

Übersicht mit Positionen der untersuchten Bauteile s. nebenstehend.

Schnitt

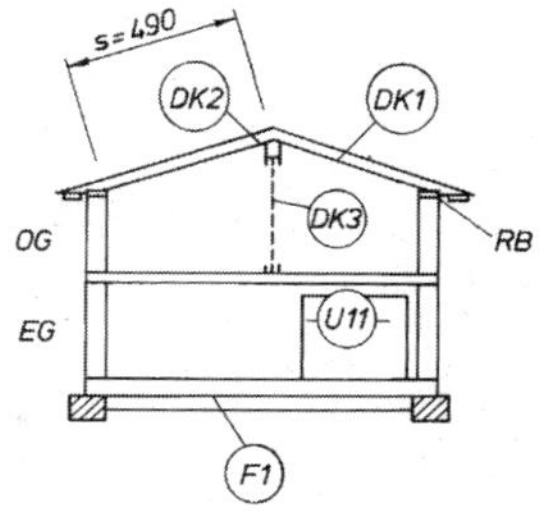

Dach

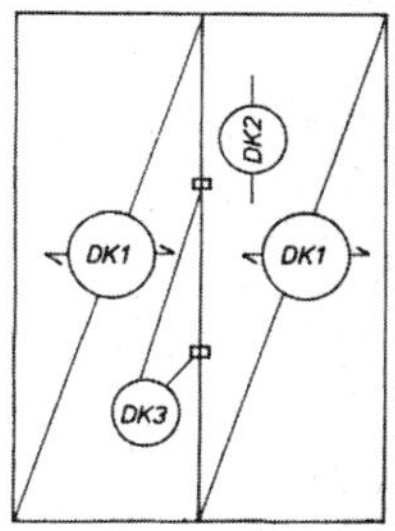

Obergeschoss

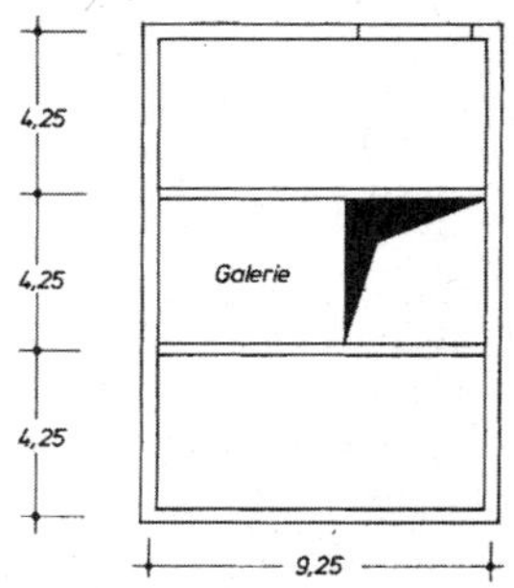

Erdgeschoss

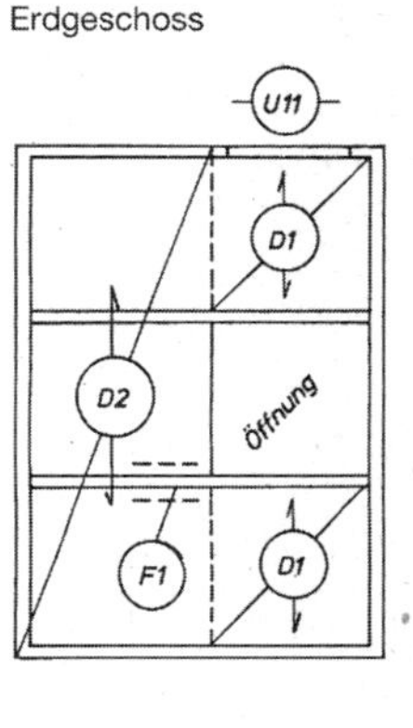

Dachkonstruktion (Holzdach)

Pos. DK1 *Sparren* (s. Abschn. 2.1.6)

$h = \max s/24 = 490/24 \approx 22$ cm

$b = e/8 \geq 8$ cm; $e = 80$ cm; $b = 80/8 = 10$ cm

gew. $b/h = 10/22$

Pos. DK2 *Pfette* (s. Abschn. 2.1.6)

$h = L/24 + E/50 = 425/24 + 462/50 = 27$ cm

$b = L/40 + E/50 = 425/40 + 462/50 = 20$ cm

gew. $b/h = 20/28$

(wegen großer Länge Unterteilung der Pfette in 2 Teile nötig)

Pos. DK3 *Stiel* (bei Holzständerwand s. Abschn. 2.1.6 u. 2.4.3)

Stiellast $N = (2{,}5$ bis $3{,}0$ kN/m$^2) \times$ Einzugsfläche

$N = 2{,}5 \cdot 4{,}90 \cdot 4{,}25 = 52$ kN

Stielquerschnitt $A = (5$ bis $6) \times N$

$A = 5 \cdot 52 = 260$ cm^2

Seitenlänge des Querschnitts: $a = \sqrt{260} = 16$ cm

gew. 16/16 oder 14/18

Decke über Erdgeschoss

Stahlbetondecke

C20/25, BSt 500 (IV)

Wahl der Deckendicke:

$h \geq l_i/30$ (s. Abschn. 2.2.2)

Bei Wahl einer einheitlichen Deckendicke ist die größte der maßgebenden ideellen Spannweiten zugrunde zu legen.

Einfelddecke: $l_i = 1{,}0 \cdot 4{,}25 = 4{,}25$

Dreifelddecke: $l_i = 0{,}9 \cdot 4{,}25 < 4{,}25$

maßgebend: $l_i = 4{,}25$ m

$h = 425/30 = 17$ cm

gew. $h = 18$ cm

Pos. D1 *Einfelddecke*

a_s (cm^2/m) $\doteq l_i^2$ (m)/4 $= 4{,}25^2/4 = 4{,}5$ cm^2/m

unten R 513 A (vorh $a_s = 5{,}13$ cm^2/m)

Pos. D2 *Dreifelddecke*

Feld 1 und Feld 3 (unten)

$l_i = 0{,}8 \cdot 4{,}25 = 3{,}8$ m (Endfelder)

$a_s = l_i^2/4 = 3{,}80^2/4 = 3{,}6$ cm^2/m

unten R 377 A (vorh $a_s = 3{,}77$ cm^2/m)

Feld 2 (unten)

$l_i = 0{,}6 \cdot 4{,}25 = 2{,}6$ m (Innenfeld)

$a_s = l_i^2/4 = 2{,}60^2/4 = 1{,}7$ cm^2/m

unten R 188 A (vorh $a_s = 1{,}88$ cm^2/m)

Stützungsbereiche (obere Lage)

$$a_s = \left(\frac{l_1 + l_2}{2}\right)^2 \cdot \frac{1}{4} = \left(\frac{4{,}25 + 4{,}25}{2}\right)^2 \cdot \frac{1}{4}$$
$$= 4{,}5\ \text{cm}^2/\text{m}$$

oben R 513 A (vorh $a_s = 5{,}13$ cm²/m)

Alternativ: Holzbalkendecke

Pos. D1 *Einfeldbalken*
$l = 4{,}25$ m
$h = l/20 = 425/20 = 21$ cm
$b = h/2 = 10$ bis 12 cm
gew. $b/h = 10/22$ Balkenabstand $e = 80$ cm

Pos. D2 wie Pos. D1

Erdgeschoss

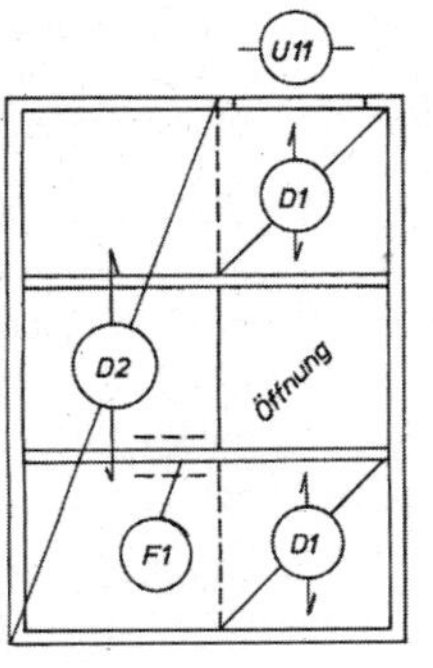

Unterzüge

Pos. U1 *Stahlbetonunterzug* (s. Abschn. 2.3.2)
$l = 3{,}50 + 0{,}20 = 3{,}70$ m
$h = l/8$ bis $l/12$ bei $b \geq 24$ cm
$h = l/9 = 370/9 = 40$ cm
$b = 25$ cm

Belastung:

Trägergesamtbelastung G_L = Deckenlast × Einzugsbereich
G_L = ca. 10 (kN/m²) · (4,25/2) · 3,70 = 79 kN

Längsbewehrung:

A_s (cm²) = (0,045 bis 0,08) · G_L (kN) (hoher/niedriger Träger)
$A_s = 0{,}055 \cdot 79 = 4{,}4$ cm²
gew. z. B. 3 ∅ 14^{IV} vorh $A_s = 4{,}6$ cm²

Bügel

$a_{sBü}$ (cm²/m) = (0,03 bis 0,09) · G_L
$a_{sBü} = 0{,}04 \cdot 79 = 3{,}2$ cm²/m
gew. z. B. ∅ 6^{IV}/15 cm vorh $a_{s,Bü} = 3{,}8$ cm²/m

Fundamente

Pos. F1 Streifenfundament unter Mittelwand (s. Abschn. 2.5)
Fundamentbreite $b = 1{,}2 \cdot N$ (kN/m) /zul σ_B (kN/m);
zul $\sigma_B = 250$ kN/m² (Annahme)
Belastung N:

aus Dach 2,5 kN/m² · 4,25 m	= 10,6 kN/m
aus Decke über EG 10 kN/m² · 4,25 m	= 40,3 kN/m
aus Decken/Bodenplatte ca. 10kN/m²·2,0m	= 20,0 kN/m
Wände (2,5 + 2,75) kN/m² · 4,63 m	= 24,3 kN/m
	N = 95,2 kN/m

$b = 1{,}2 \cdot 95{,}2/250 = 0{,}46$ m

Mindestbreite $b = 0{,}50$ m
$h = (b_{Fu} - h_{Wand})/2 = (0{,}50 - 0{,}24)/2 = 0{,}13$ m
gew. $b/h = 50/50$

Schnitt

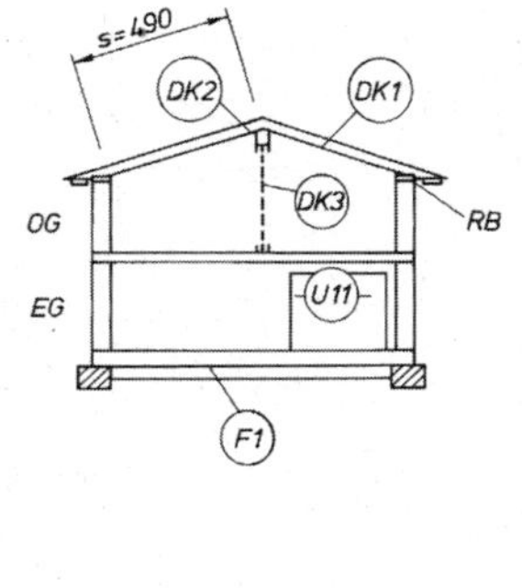

3 Hallentragwerke

Standardhallen in Holz- und Stahlbau sowie in Stahlbeton- und Spannbetonbauweise für Spannweiten (l) von ca. 12 m bis 30 m und übliche Standardlasten; erhöhte Schnee- und Windlasten sowie Sonderlasten (z. B. Anprall) erfordern größere Bauteilabmessungen. Weitere wichtige Entwurfskriterien:

Wirtschaftlichkeit, Unterhaltsaufwand, Dauerhaftigkeit, Fertigung, Transport und Montage sowie Brand- und Wärmeschutz und Recyclebarkeit

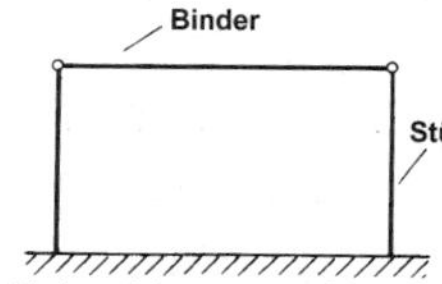

Binder auf eingespannten Stützen

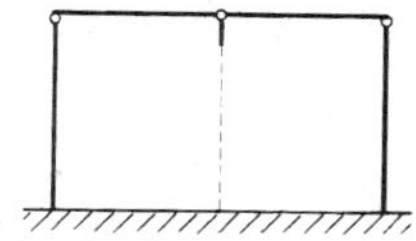
2-schiffige Halle mit mittigem Abfangeträger (Innenstützen im doppelten Binderabstand)

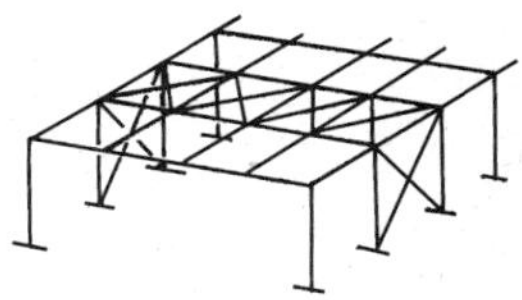

3.1 Aussteifung

Die Aussteifung erfolgt in Binderebene bzw. Querrichtung (Halle i. d. R. länger als breit) über in Fundamente eingespannte Stützen bzw. über Rahmentragwirkung in Binderebene (ermöglicht Erweiterbarkeit in Längsrichtung). In Längsrichtung werden bei Hallen in Stahl- und Holzbauweise i. Allg. Verbände bzw. Scheiben in Dach- und Wandebene angeordnet, bei Hallen aus Stahlbeton erfolgt die Stabilisierung aber auch über eingespannte Stützen.

3.2 Haupttragsystem

3.2.1 Rahmen

Übliche statische Systeme zur Hallen-Queraussteifung (Haupttragsystem) und Abmessungen von Vollwandbindern

- **Holz- und Stahlhallen**

System	Querschnittshöhe h Holz	Querschnittshöhe h Stahl	
Eingespannter Rahmen	$\frac{l}{27}$	$\frac{l}{33}$	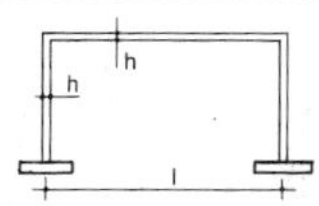
Zweigelenkrahmen	$\frac{l}{25}$	$\frac{l}{30}$	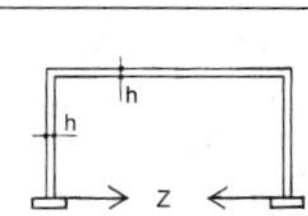
Zweigelenkrahmen mit Voute	$\frac{l}{20}$	$\frac{l}{27}$	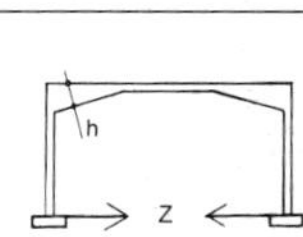
Dreigelenkrahmen mit Voute	$\frac{l}{10}$	$\frac{l}{12}$	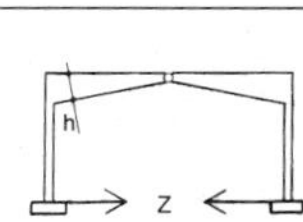
Fachwerkkonstruktion	Konstruktionshöhe ca. 2- bis 3-mal höher als bei Vollwandbindern		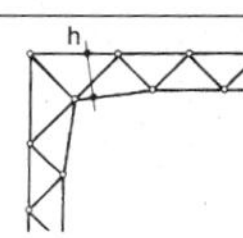

- **Stahlbeton/Spannbeton**

System	Binder-Querschnittshöhe h		
	Stahlbeton	Spannbeton	
Binder auf Kragstütze[1]	$\frac{l}{13}$	$\frac{l}{17}$	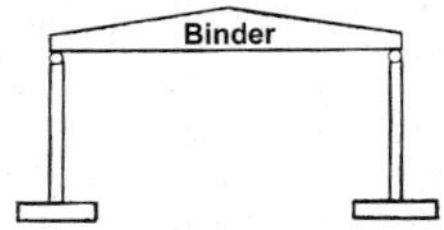

[1] Kragstütze in Block- oder Köcherfundament bzw. FT-Stütze mit sog. „angeformtem" Fundament

3.2.2 Bogen

Voraussetzung: annähernd gleichmäßig verteilte Gleichlast und Aufnahme des Horizontalschubs gewährleistet

Bogenstich: $f \approx \frac{l}{6}$ bis $\frac{l}{10}$

Spannweite: für große Spannweite bis 100 m

System	Querschnittshöhe h und Bogenstich f		
	Holz	Stahl	
Eingespannter Bogen	nicht empfohlen	$h > \frac{l}{60}$ $f > \frac{l}{9}$	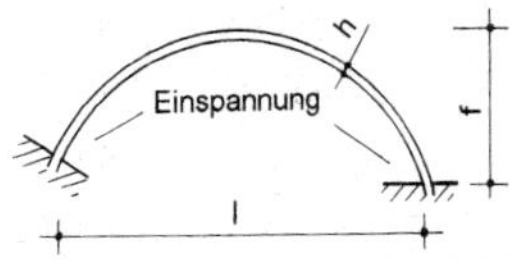
Zweigelenkbogen	$h > \frac{l}{40}$ $f > \frac{l}{8}$	$h > \frac{l}{50}$ $f > \frac{l}{8}$	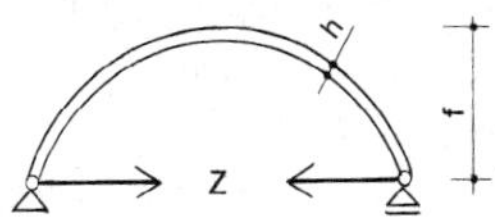
Dreigelenkbogen	$h > \frac{l}{30}$	$h > \frac{l}{40}$	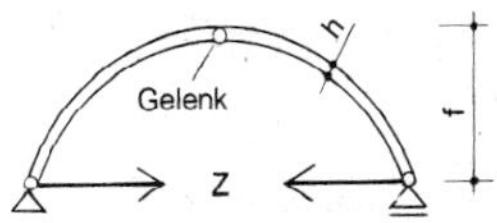

3.3 Dach

- **Dachaufbau**

  Lasten: leicht 1,5 kN/m^2,
  schwer 2,5 kN/m^2

- **Dacheindeckung**
  - Porenbetonplatten
    $h = l/30$ bis $l/25$
  - Trapezblech
    Einfeldträger: $h = l/45$
    Durchlaufträger: $h = l/55$

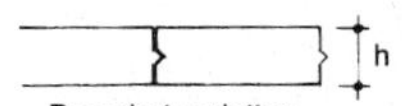

Porenbetonplatten

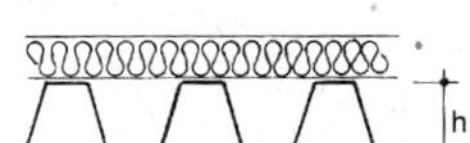

Trapezbleche

- **Dachpfetten**
  - o Stahlbeton $b/h = 1 : 2$
    $h = l/25$

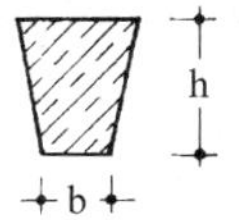

  - o Holz $b/h = 1 : 2$
    Einfeldträger $h = l/20$
    Koppelpfetten $h = l/24$

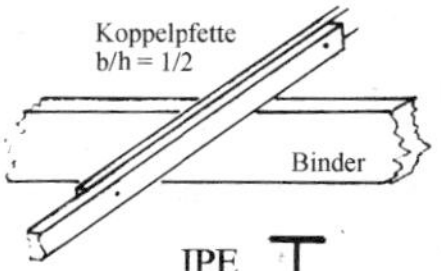

  - o Stahl
    IPE-Profil

3.4 Dachbinder

Binderabstand kostengünstig bei ca. 5 m bzw. ¼ der Binderspannweite ($L/4$)

3.4.1 Vollwandbinder

- o Betonfertigteile
  Stahlbeton $h = 0{,}075\ l$
  Spannbeton $h = 0{,}060\ l$
  (Spannbeton: empfehlenswert erst ab $l > 25$ m)

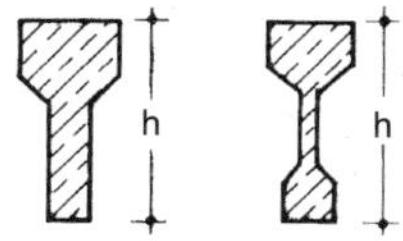

- o Holzbinder BS $b < 20$ cm
  Parallelträger $h = l/20$
  Trapezträger $h = l/24$

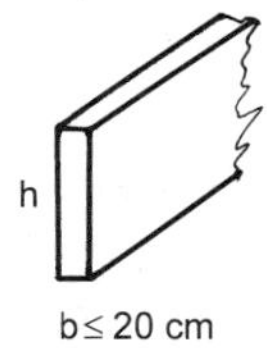

- o Stahlbinder
  HEA $h = 0{,}05\ l$

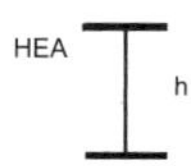

  HEA, Wabenträger $H = 0{,}07\ l$

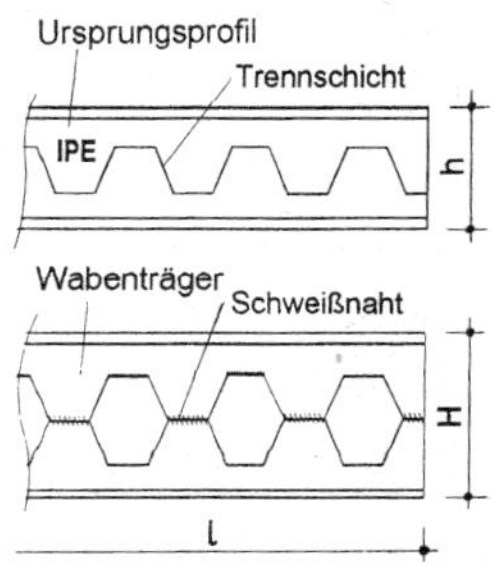

3.4.2 Fachwerkbinder/Dreigurtbinder

(s. a. Abschn. 2.1.9)

- o Stahl, Hohlprofil $h = 0{,}06\ l$ bis $0{,}10\ l$
- o Holz, Kantholz $h = 0{,}11\ l$

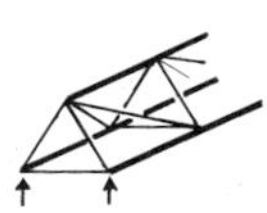

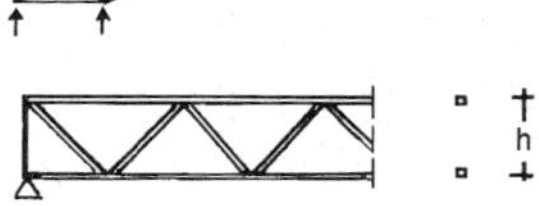

3.4.3 Unterspannte Träger aus Holz oder Stahl
(s. a. Abschn. 2.1.9)

- einfach unterspreizt $h = L/6$ bis $L/12$

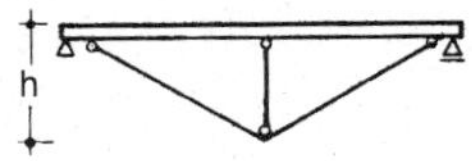

- zweifach unterspreizt $h = L/8$

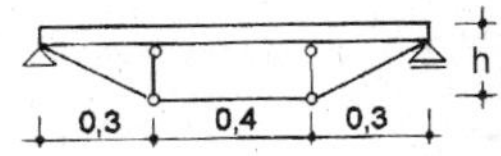

- dreifach unterspreizt $h = L/6$
  ohne Einhängeträger

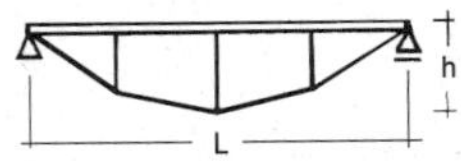

- dreifach unterspreizt $h = L/8$
  mit Einhängeträger

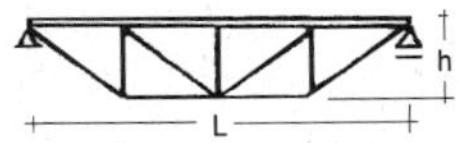

3.4.4 Bogenträger

- ohne Zugband $h = 0{,}06\ L$

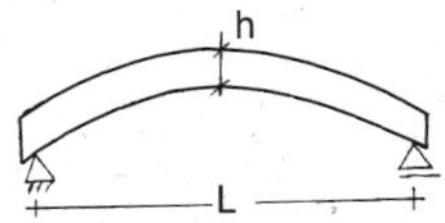

- mit Zugband $h = 0{,}03\ L$

für $f/L \geq 1/7$

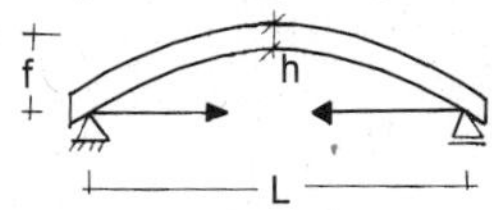

3.5 Hallenrandstützen

aus Beton

- ohne Kranbahn: $h = H/10$ für $H = 4$ m
  $h = H/16$ für $H = 10$ m

mit H als Hallenhöhe

- mit Kranbahn: Zuschlag zur Dicke
  1 cm je 10 kN Nutzlast

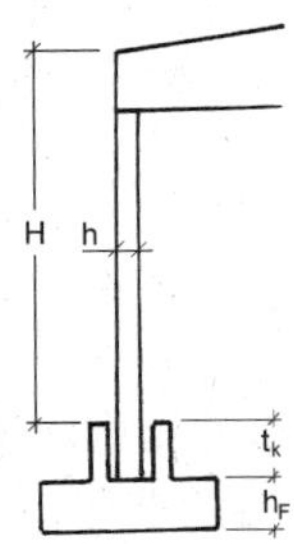

3.6 Gründungen/Stützmauern

3.6.1 Fundamente

Köcherfundamente

- Köchertiefe $t_k \leq 1{,}5$ bis 2,0 x Stützendicke
- Fundamentköper $l_F : b_F = 2 : 1$
  frostfreie Gründung
  Fundamentlänge $l_F = 0{,}40$ x Hallenhöhe
  Fundamentdicke $h_F = 0{,}15$ x Hallenhöhe

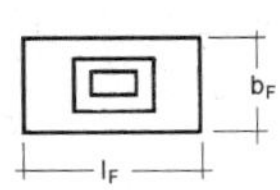

3.6.2 Winkelstützmauern

Bodenart / Abmessungen	bindig Lehm/Ton	rollig Sand/Kies
h	$0{,}08 \cdot H$	$0{,}07 \cdot H$
h_F	$0{,}10 \cdot H$	$0{,}10 \cdot H$
l_F	$0{,}50 \cdot H$	$0{,}40 \cdot H$

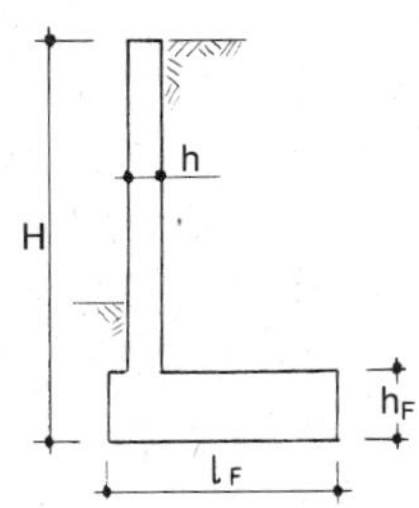

4 Gesamtstabilität
Aussteifung/Abtragung horizontaler Lasten

4.1 Allgemeines

Gebäude müssen auch gegen Horizontallasten (z. B. Wind, seitlicher Erddruck, Erdbeben oder infolge von Lotabweichungen der vertikalen Tragelemente) standsicher sein.

Für die Sicherstellung der Gesamtstabilität einer Tragkonstruktion gibt es prinzipiell folgende Möglichkeiten, die auch miteinander kombiniert werden können:

a) Rahmenstabilisierung

Hierbei werden Rahmenkonstruktionen oder auch eingespannte Einzelstützen ohne zusätzliche Verbände und Scheiben ausgebildet; sie müssen alle einwirkenden Lasten aufnehmen und in den tragfähigen Baugrund weiterleiten können.

Diese Form der Stabilisierung kommt insbesondere bei ein- und zweigeschossigen Tragwerken (Industriehallen) vor. Als Tragsystem werden dann z. B. im Fertigteilbau eingespannte Stützen mit einem gelenkig aufgelagerten Riegel gewählt.

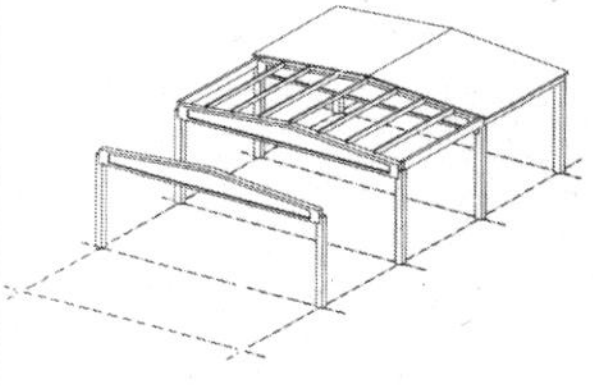

Die Rahmensysteme selbst bzw. die Stützen sind verschieblich und müssen entsprechend bemessen werden.

b) Stabilisierung mit Verbänden

Zur Aufnahme der Horizontallasten werden Verbände angeordnet; die Stützen selbst werden somit nicht mehr zur Abtragung von Horizontallasten z. B. aus Wind herangezogen.

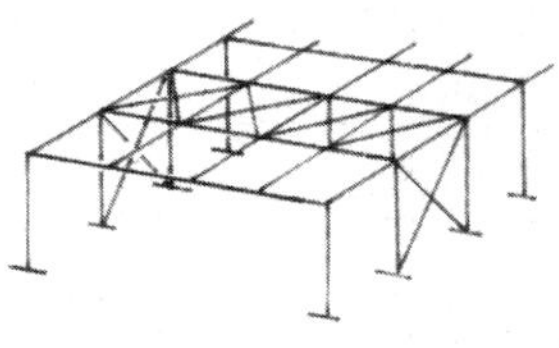

c) Scheibenstabilisierung

Durch eine ausreichende Anzahl von horizontalen und vertikalen Scheiben werden alle horizontalen Einwirkungen aufgenommen. Die Stützen im Gebäude werden nur noch zur vertikalen Lastabtragung herangezogen.

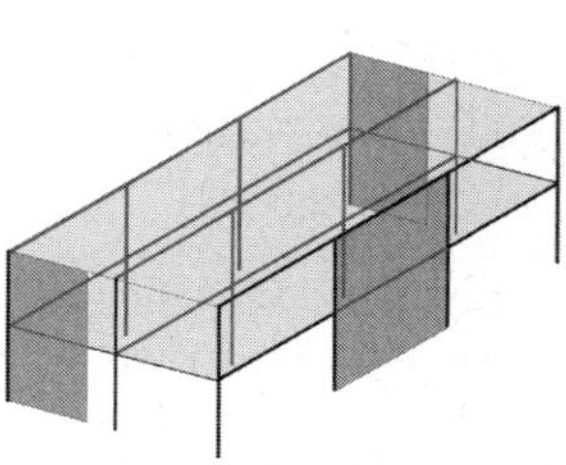

Eine Scheibenstabilisierung ist insbesondere bei mehrgeschossigen Wohn- und Bürogebäuden wirtschaftlich, da Decken als horizontale und Wände als vertikale Scheiben i. d. R. vorhanden sind.

Wänden und Decken stützen sich gegenseitig ab und sind damit als Ganzes formstabil gegen jede beliebig gerichtete Horizontalbelastung (Schachtel- bzw. Zellenstruktur).

Jede tragende Teilbegrenzungsfläche des Raumes muss dabei imstande sein, sowohl die senkrecht auf sie entfallende Last aufzunehmen und an die angrenzenden Teilflächen weiterzuleiten (Plattentragwirkung) als auch die in der Mittelebene wirkende Last an die angrenzenden Elemente zu übertragen (Scheibenwirkung).

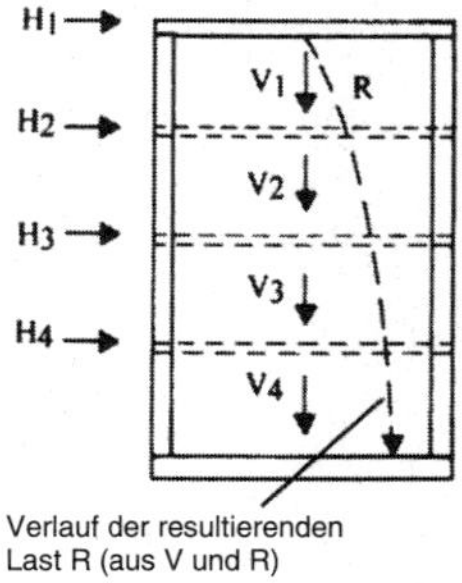

Verlauf der resultierenden Last R (aus V und R)

4.2 Ringbalken RB

Fehlt bei einer Decke die Scheibentragwirkung ganz oder teilweise (z. B. bei Holzbalkendecken oder Fertigteildecken) oder können wegen gleitender Lagerung die horizontalen Haltekräfte nicht übertragen werden, so muss die obere Halterung insbesondere der Außenwände durch einen Ringbalken erfolgen. (Von der eigentlich notwendigen Scheibe verbleibt nach dem „Ausschneiden" der Öffnung nur noch der „äußere Rand" → Ringbalken = Deckenscheibenersatz!)

Der Ringbalken wird auf Biegung beansprucht und leitet die senkrecht zu seiner Längsachse wirkende horizontale Last an quer dazu angeordnete Wände, die als Ringbalkenauflager wirken, weiter. Von diesen vertikalen Wandscheiben werden die Horizontalkräfte zusammen mit den Vertikallasten in den Baugrund weitergeleitet.

Die Spannweite der Ringbalken ist der Abstand der Querwände (u. U. sind Kragstützen als Querwandersatz möglich). Seine wirksame statische Höhe ergibt sich aus der horizontalen Breite des Balkens (Wanddicke).

Ringbalken müssen sowohl Winddruck- als auch Windsogkräfte aufnehmen können. Sie können aus bewehrtem Mauerwerk (bei Mauerwerkswänden), aus Stahlbeton, aus Holz oder aus Stahl ausgeführt werden. Dabei ist auf eine kraftschlüssige Verbindung mit der zu haltenden Wand und den Querwänden zu achten. Ringbalken aus Stahlbeton müssen beidseitig längsbewehrt und mit Bügeln (Schubbewehrung) versehen werden.

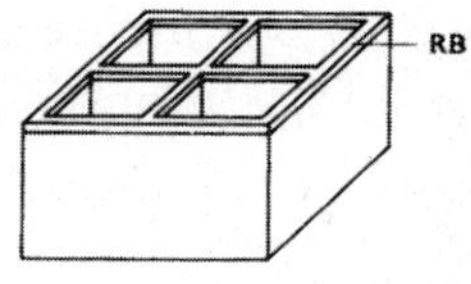

Ringbalken (Prinzipskizze)

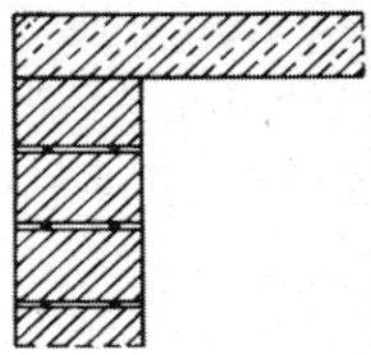

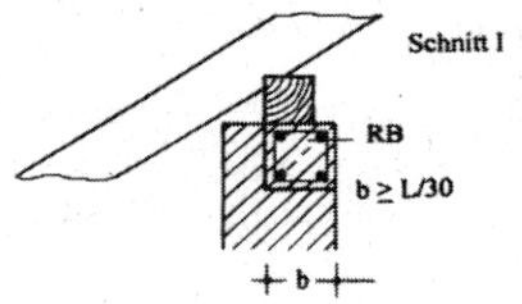

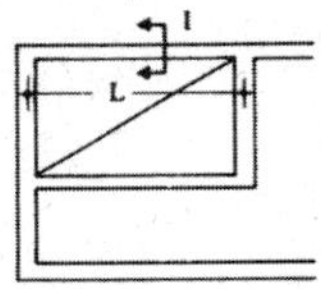

4.3 Ringanker RA

Im Unterschied zum Ringbalken nehmen Ringanker nur Zugkräfte auf. In besonders rissgefährdeten Wänden (DIN 1053-1, 8.2), insbesondere wenn diese

- viele oder große Öffnungen aufweisen und/oder
- eine besonders große Länge haben (≥ 18 m) und/oder
- diese durch mögliche Setzungsdifferenzen (Baugrundverhältnisse) gefährdet sind,

müssen Ringanker angeordnet werden. Diese müssen eine Zugkraft von mindestens 30 kN aufnehmen können.

Ausführungsmöglichkeiten:

- Rundstähle in Lagerfugen von Mauerwerk (z. B. 4 ∅ 6^{IV}, korrosionsgeschützt) oder mit Beton ummantelt (z. B. 2 ∅ 10^{IV})
- Holz
- Stahl.

Ringanker sind bei Mauerwerksbauten in jeder Deckenebene anzuordnen und umschließen das Bauwerk wie eine „Paketschnur".

Ringbalken können bei entsprechender Ausführung auch die Ringankerfunktion übernehmen.

Ringanker (Prinzipskizze)

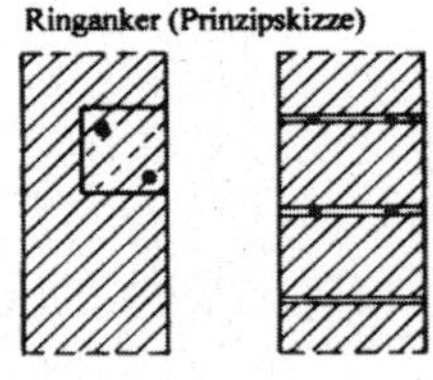

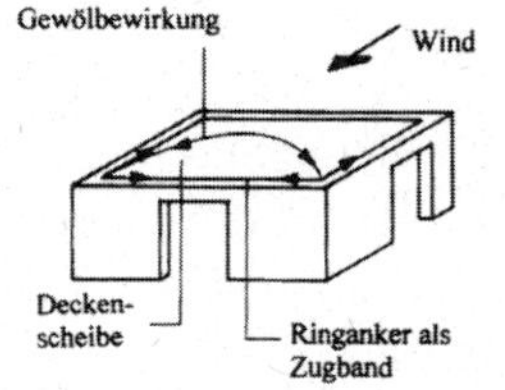

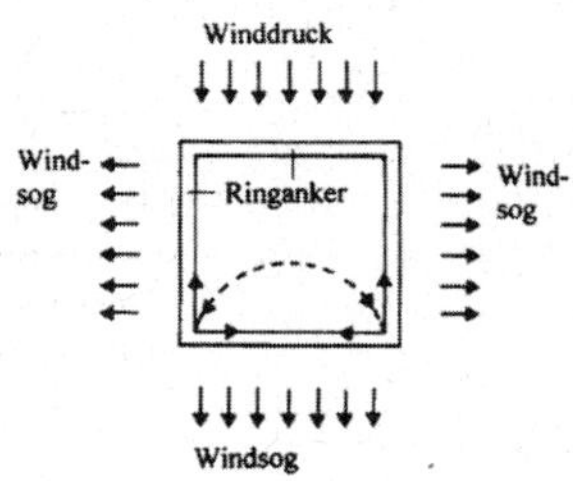

4.4 Aussteifungselemente

- **Vertikale Aussteifungselemente:**

Wandscheiben, Fachwerkscheiben (Verbände), Rahmen, eingespannte Stützen.

- **Horizontale Aussteifungselemente:**

Deckenscheiben, Fachwerkscheiben (Verbände), Ringbalken.

Die als Scheiben wirksamen Decken (Deckenscheiben) oder speziell angeordnete Scheiben (z. B. Fachwerkscheiben) sammeln die horizontalen Kräfte und leiten sie an vertikale Aussteifungselemente (Wände, Rahmen, Fachwerkscheiben, eingespannte Stützen) weiter.

Vertikale Scheiben wirken dabei als im Baugrund eingespannte Kragscheiben, sie dienen als horizontale Halterungen der Deckenscheiben.

Es müssen mindestens 4 Aussteifungselemente angeordnet werden:

- eine horizontale Scheibe (z. B. Deckenscheibe), deren Auflager durch die vertikalen Aussteifungselemente gebildet werden,

sowie

- drei vertikale Aussteifungselemente (leisten Widerstand gegen Verschiebungen in Richtung ihrer Mittelebene),

deren Achsen sich nicht in einem gemeinsamen Punkt schneiden dürfen (mindestens 3 Festhaltungen im Grundriss). Es kann aber auch ein möglichst zentral im Grundriss angeordneter Treppenhauskern als biegesteife Röhre die Aussteifung übernehmen. Zusätzliche Wandscheiben verbessern das Tragverhalten.

Folgendes ist zu beachten:

- Jedes Einzelbauwerk muss ausgesteift sein, z. B. auch Reihenmittelhäuser, aber auch die einzelnen, voneinander durch Dehnfugen getrennten Bauabschnitte eines Bauwerks.
- Die Aussteifung erfolgt geschossweise. Aussteifungselemente sollten übereinander stehen.
- Um rissefreie Konstruktionen zu erhalten, sollte die Lage der Wände zwängungsarme Verformungen infolge von Temperaturschwankungen und Schwinden ermöglichen: Keine steifen Elemente einander gegenüberliegend anordnen, gegebenenfalls „Schwindgassen“ freilassen!

  Ständig wirkende vertikale Auflasten verbessern das Tragverhalten der Wandscheiben und verringern den Aufwand für die Gründung. Öffnungen in den Wänden sind begrenzt möglich.
- Aussteifungen über Rahmenwirkung (biegesteife Verbindungen Stütze/Riegel) oder durch eingespannte Stützen sind „weich“ und können große Verformungen aufweisen. Gefahr der Rissbildung in angrenzenden, nichttragenden Bauteilen. Rahmenaussteifung sollte daher nur in Ausnahmefällen und höchstens bis zu ca. 4 Geschossen erfolgen. Dies gilt ebenfalls für eingespannte Stützen, wobei eingespannte Stahlbeton- und Stahlstützen z. B. bei Hallenbauten ≤ 10 m sein sollten. Von eingespannten Holzstützen wird abgeraten.

Sehr gut

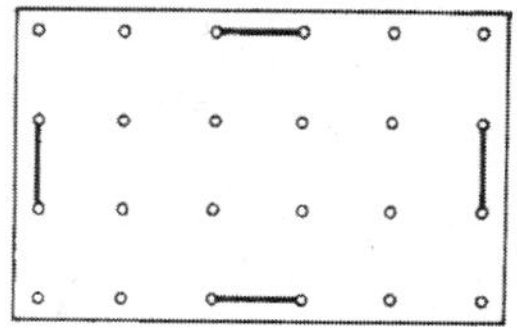

Gut

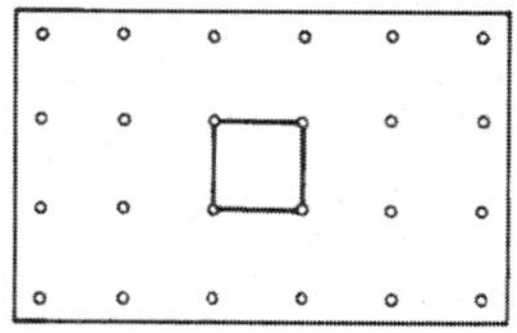

Möglich

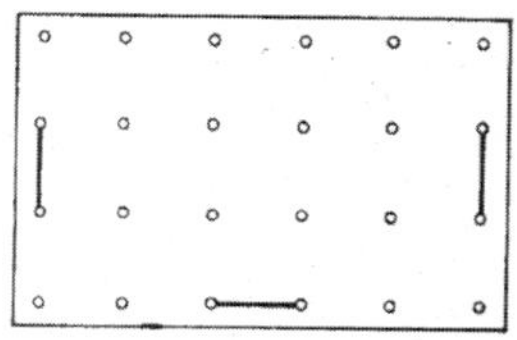

Möglich (schlecht)

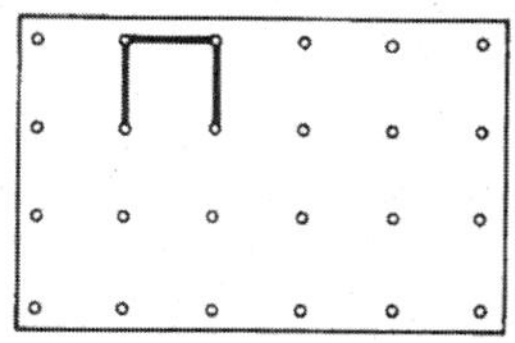

Nicht möglich

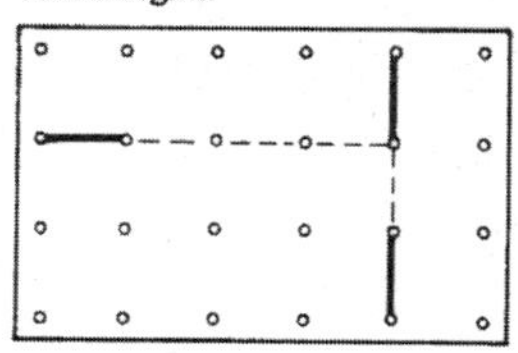

Gegenüberliegende steife Elemente

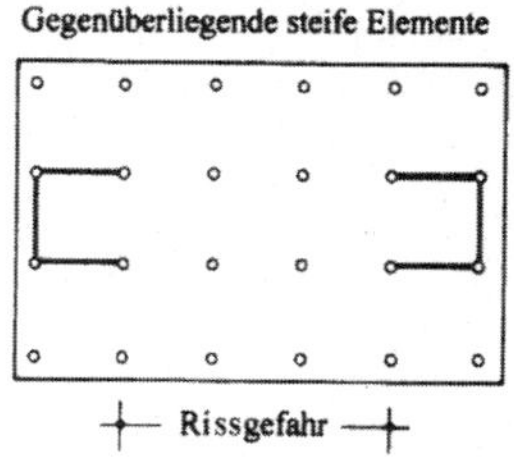

5 Fugen

5.1 Allgemeines

Fugen begrenzen die wirksame Länge der Bauelemente bei Längenänderungen. Sie schaffen Bewegungsmöglichkeit für Verformungen (z. B. durch unterschiedliche Bauteilsetzung, Temperaturänderung, Schwinden).

Fugen sind „geplante" Risse, die sonst wegen der behinderten Verformbarkeit unkontrolliert entstehen würden. Ihre Lage und Anzahl sollte möglichst früh planerisch festgelegt werden.

5.2 Fugenarten

- **Dehnfugen** sind Raumfugen, die für Temperaturerhöhungen (Brandfall) horizontalen Bewegungsspielraum vorhalten, die aber auch Bewegungen infolge von Temperaturdifferenz (Wärmedämmung!) und Schwinden ermöglichen. Sie gehen durch das gesamte Gebäude und enden oberhalb der Gründung.

$$\text{Fugenbreite} \approx \frac{\text{wirksame Dehnlänge } l_w}{1200} \text{ bzw. } \frac{l_w}{600}$$

(bei hoher Brandlast)

Dehnfuge als Trennfuge

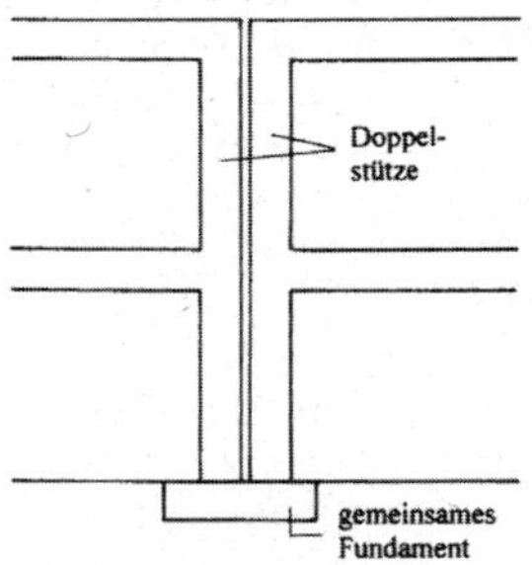

Dehnfuge als Gleitfuge

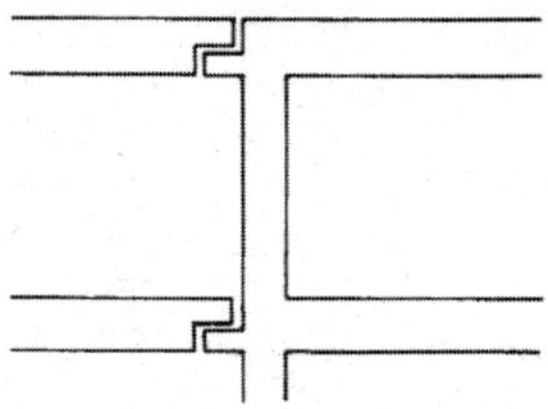

- **Setzfugen** ermöglichen zwängungsfrei unterschiedliche vertikale Bewegungen benachbarter Bauteile. Setzfugen trennen auch die Fundamente. Notwendig z. B. bei unterschiedlicher Belastung, bei hohen neben niedrigen Gebäuden!

  Setzfugen wegen unterschiedlichen Baugrunds lassen sich gegebenenfalls vermeiden durch:

  - o Bodenaustausch (Magerbeton oder Kies)
  - o Gründung unterhalb des nachgiebigen Bereichs
  - o Gründung auf Pfählen
  - o Anordnung eines steifen Kellerkastens.

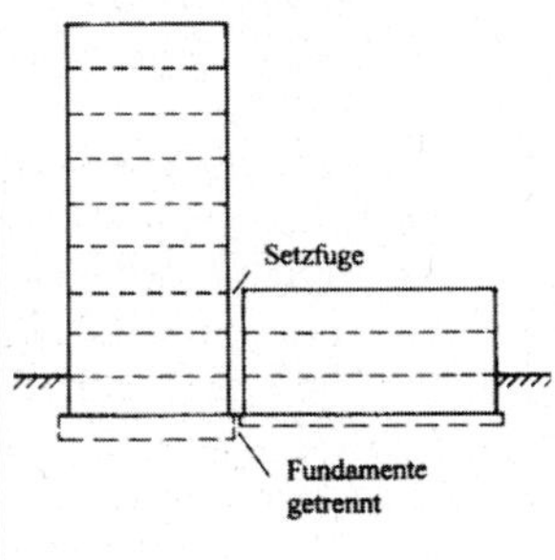

- **Scheinfugen** (z. B. durch Einlegen von Dreikantleisten) sind geplante Sollbruchstellen. Sie sind ohne Arbeitsunterbrechung herstellbar. Querschnittsschwächung ca. 25 % der Konstruktionsdicke erforderlich.
- Arbeitsfugen ergeben sich aus dem taktweisen Arbeitsfortschritt (möglichst ⊥ zur resultierenden Kraft anordnen).
- Schwindfugen (oder Schwindgassen) sind vorübergehend offen bleibende schmale Betoniergassen, die erst nach dem weitgehenden Abklingen des Schwindvorgangs geschlossen werden (aufwändig; lassen sich oft mit dem Arbeitsfortschritt nicht vereinbaren).

5.3 Dehnungsfugenabstände

Fugen sind aufwendig in der Herstellung und im Unterhalt; daher sollten nur so viel Fugen wie unbedingt nötig angeordnet werden. Allgemeingültige Regeln und Angaben über erforderliche Fugenabstände sind nicht möglich, da eine Vielfalt von Einflüssen eine Rolle spielt, wie z. B. Temperatur, Schwinden, Kriechen, Wärmedämmung, Alter und Nachbehandlung der Baustoffe. Nachfolgend werden in den Tafeln 4.133 bis 4.134 (Auszug aus TGL*) 2903, Ausg. 04.83 – Bewegungsfugen in Bauwerken) für einige Konstruktionen grobe Anhaltswerte für Fugenabstände angegeben.

*) „Technische Güte- und Lieferbedingungen" der ehemaligen DDR.

Tafel 4.133 Gebäude mit Tragkonstruktion aus Beton oder Stahlbeton

Nr.	Konstruktion des Gebäudes		max. Abstand der Fugen in m bei Ortbeton-bauweise	Montage-bauweise
1	SKELETTBAU			
1.1	**Stahlbeton, eingeschossig, gelenkig gekoppelt**			
1.1.1	ohne Witterungseinfluss auf die verbindenden Tragglieder Stützenkennwert[1] bei Betrachtung des Gebäudes in Längsrichtung	Querrichtung[2]		
	$\alpha = 40$ bis 85	$\alpha = 90$ bis 130	36	48
	$\alpha = 86$ bis 140	$\alpha = 131$ bis 175	48	72
	$\alpha > 140$	$\alpha > 175$	72	96
1.1.2	mit Witterungseinfluss auf die verbindenden Tragglieder Stützenkennwert[1] bei Betrachtung des Gebäudes in Längsrichtung	Querrichtung[2]		
	$\alpha = 40$ bis 85	$\alpha = 90$ bis 130	24	36
	$\alpha = 86$ bis 140	$\alpha = 131$ bis 175	36	48
	$\alpha > 140$	$\alpha > 175$	48	54
1.2	**Stahlbeton, mehrgeschossig**			
1.2.1	rahmenstabilisierte Konstruktion Stütze – Riegel in Richtung der betrachteten Fugenabstände			
	ohne Witterungseinfluss auf die verbindenden Tragglieder		36	48
	mit Witterungseinfluss auf die verbindenden Tragglieder		24	36
1.2.2	scheiben- oder kernstabilisierte bzw. rahmenstabilisierte Konstruktion Stütze – Riegel in Richtung der betrachteten Fugenabstände			
	ohne Witterungseinfluss auf die verbindenden Tragglieder		48	72
	mit Witterungseinfluss auf die verbindenden Tragglieder		36	48
2	WANDBAU			
2.3	**Ortbetonkonstruktion**			
	in Querwandbauweise, Montageaußenwand		48	–
	in Längswandbauweise, Ortbetonaußenwand		36	–

1) Stützenkennwert $\alpha = h^2/s$ mit h als Stützenhöhe in m und s als Stützendicke in m in Richtung des Dehnungsfugenabstands.
2) Richtung der Hauptbeanspruchung aus den äußeren Kräften, z. B. Wind, Kranseitenstoß.

Es kann durchaus wirtschaftlich sinnvoll sein, größere Fugenabstände zu wählen oder sogar **fugenlose Bauwerke** zu erstellen. Der bei derartig ausgeführten Bauwerken entstehende große Zwang bzw. dessen Auswirkung kann z. B. reduziert werden

- durch besondere Vorkehrungen bei der Herstellung (z. B. schwindarmer Zement, Nachbehandlung des Betons, Gleitfolien)
- durch ausreichende Wärmedämmung (Außendämmung ist im Hinblick auf die Rissgefahr sehr günstig, Innendämmung sehr ungünstig!)
- durch höheren Bewehrungsaufwand (bis etwa +30 %). Die entstehenden Rissbreiten im Beton werden dadurch auf ein unschädliches Maß reduziert.

Tafel 4.134a Gebäude aus Mauerwerk

Nr.	Konstruktion des Gebäudes	Abstand der Fugen in m höchstens
1	Mauerwerk aus gebrannten Voll- und Hochlochziegeln	72
2	Mauerwerk aus Kalksandsteinen	36
3	Mauerwerk aus Leichtbeton-Hohlblocksteinen	36
4	Mauerwerk aus Porenbeton	48
5	Mauerwerk aus Holzbeton	18
6	Mauerwerk aus natürlichen Steinen	24
7	Mauerwerk nach Nr. 1 bis 6 bei Auflagerung von Ortbetongeschossdecken	24

Für **Außenschalen** von zweischaligem Mauerwerk werden folgende Dehnfugenabstände empfohlen: bei Mauerwerk aus Ziegeln etwa 12 m und aus Kalksandstein ca. 7 m. Unabhängig davon sollten Dehnungsfugen immer an Gebäudeecken angeordnet werden; an welcher Seite der Ecke die Fuge angeordnet werden sollte, hängt von der Himmelsrichtung ab, siehe z. B. [7.2].

Tafel 4.134b Gebäude mit Tragkonstruktion aus Stahl

Nr.	Konstruktion des Gebäudes		Maximaler Abstand der Fugen (in m) in eingeschossigen Gebäuden	mehrgeschossigen Gebäuden
1	Festpunkt in der Mitte eines Gebäudeabschnitts	ohne Witterungseinfluss auf die verbindenden Tragglieder	144	96
		mit Witterungseinfluss auf die verbindenden Tragglieder	120	72
2	Festpunkte an beiden Enden eines Gebäudeabschnitts oder Festpunkte neben den Fugen, nachgiebiger Anschluss der Koppelglieder in Richtung des betrachteten Fugenabstands, z. B. mit rohen, abscherbeanspruchten Schrauben	ohne Witterungseinfluss auf die verbindenden Tragglieder	120	72
		mit Witterungseinfluss auf die verbindenden Tragglieder	196	60
3	Festpunkte an beiden Enden eines Gebäudeabschnitts oder Festpunkte neben den Fugen, unnachgiebiger Anschluss der Koppelglieder in Richtung des betrachteten Fugenabstands, z. B. mit Schweiß-, Stirnplattenverbindungen, Passschrauben, gleitfesten Schraubverbindungen	ohne Witterungseinfluss auf die verbindenden Tragglieder	196	60
		mit Witterungseinfluss auf die verbindenden Tragglieder	172	48
4	keine Festpunkte, in Richtung des betrachteten Fugenabstands durchgehendes Rahmentragwerk oder Tragwerk mit in den Fundamenten eingespannten Stützen	ohne Witterungseinfluss auf die verbindenden Tragglieder	172	48
		mit Witterungseinfluss auf die verbindenden Tragglieder	160	36

5 A Beton nach DIN EN 206-1/DIN 1045-2
5 B Betonstahl und Spannstahl
5 C Stahlbeton- und Spannbetonbau nach DIN 1045-1

Inhaltsverzeichnis

5 A Beton nach DIN EN 206-1/DIN 1045-2

Prof. Dr.-Ing. Robert Weber

0 Zuordnungen des Betons nach DIN 1045 (1988) zu den neuen Normen

DIN 1045 (1988) wird ersetzt durch das neue Normenwerk für den Betonbau: DIN 1045, Teile 1 bis 4 (2001), DIN EN 206-1 (2001) und DIN 1055-100 (2001). Diese Normen sind bauaufsichtlich eingeführt. Nachfolgende Übersichten zeigen eine Zuordnung der Betone nach DIN 1045 (1988) zu Betonen nach DIN EN 206-1 (2001) mit DIN 1045-2 (2001).

Die Festigkeitsklassen nach DIN 1045 (1988), der DAfStb-Richtlinie „Hochfester Beton" und der Leichtbetonnorm DIN 4219-1 (1979) werden den Festigkeitsklassen, die Betone mit besonderen Eigenschaften den Expositionsklassen der neuen Betonnormen zugeordnet.

Zuordnung der „Festigkeitsklassen"

- DIN 1045 (1988) – DIN EN 206-1/DIN 1045-2

DIN 1045 (1988)	B 5	B 10	B 15	B 25	B 35	B 45	B 55
DIN EN 206-1/DIN 1045-2	C8/10	C8/10	C12/15	C20/25	C30/37	C35/45	C45/55

- DAfStb-Richtlinie – DIN EN 206-1/DIN 1045-2

DAfStb-Richtlinie „Hochfester Beton"	B 65	B 75	B 85	B 95	B 105	B 115
DIN EN 206-1/DIN 1045-2	C55/67	C60/75	C70/85	C80/95	C90/105	C100/115

- DIN 4219-1 (1979) – DIN EN 206-1/DIN 1045-2

DIN 4219-1 (1979)	LB 8	LB 10	LB 15	LB 25	LB 35	LB 45	LB 55
DIN EN 206-1/DIN 1045-2	LC8/9	LC12/13	LC16/18	LC25/28	LC35/38	LC45/50	LC50/55

Zuordnung „Besondere Eigenschaften – Expositionsklassen"

	DIN 1045 (1988) und DAfStb-Richtlinien	DIN EN 206-1 / DIN 1045-2
DIN 1045 (88), Abschnitt ...	Beschreibung / Besondere Eigenschaft	Expositionsklasse(n) / Anwendungsregeln DIN 1045-2
6.5.5.1	Unbewehrter Beton	X0
6.5.1 / 6.5.5.1	Innenbauteil	XC1
6.5.1 / 6.5.5.1	Außenbauteil	XC4/XF1
6.5.7.2	Wasserundurchlässiger Beton	DIN 1045-2, Abschnitt 5.5.3
6.5.7.3	Beton mit hohem Frostwiderstand	XC4/XF1
6.5.7.4	Beton mit hohem Frost- und Tausalzwiderstand	XF4
6.5.7.4	Beton mit hohem Frost- und Tausalzwiderstand, sehr starker Frost-Tausalzangriff	XF4
6.5.7.5	Beton mit hohem Widerstand gegen schwachen chemischen Angriff	XA1
6.5.7.5	Beton mit hohem Widerstand gegen starken chemischen Angriff	XA2
6.5.7.5	Beton mit hohem Widerstand gegen sehr starken chemischen Angriff	XA2
6.5.7.6	Beton mit hohem Verschleißwiderstand	XM1
6.5.7.7	Beton für hohe Gebrauchstemperaturen bis 250 °C	DIN 1045-2, Abschnitt 5.3.6
6.5.7.8	Beton für Unterwasserschüttung (Unterwasserbeton)	DIN 1045-2, Abschnitt 5.3.4
DAfStb-Richtlinie	Hochfester Beton	DIN EN 206-1, Abschn. 3.1.10
DAfStb-Richtlinie	Fließbeton	DIN 1045-2, Abschnitt 3.1.51

1 Ausgangsstoffe

1.1 Zement

Als geeignet gelten Zemente nach DIN EN 197-1. Für Zemente mit den besonderen Eigenschaften HS (hoher Sulfatwiderstand), NA (niedriger wirksamer Alkaligehalt), FE (frühes Erstarren), SE (schnelles Erstarren) und HO (erhöhter Anteil an organischen Bestandteilen) gilt DIN 1164. Zemente mit niedriger Hydratationswärme (LH) sind in DIN EN 197, die mit sehr niedriger Hydratationswärme (VLH) in DIN EN 14216 genormt.

Arten und Zusammensetzung der Zemente nach DIN EN 197-1

Zementart			Hauptbestandteile außer Portlandzementklinker	
Hauptart	Benennung	Kurzzeichen	Art	Anteil in M.-%
CEM I	Portlandzement	CEM I	–	0
CEM II	Portlandhüttenzement	CEM II/A-S	Hüttensand (S)	6…20
		CEM II/B-S		21…35
	Portlandsilikastaubzement	CEM II/A-D	Silikastaub (D)	6…10
	Portlandpuzzolanzement	CEM II/A-P	natürliches Puzzolan (P)	6…20
		CEM II/B-P		21…35
		CEM II/A-Q	künstliches Puzzolan (Q)	6…20
		CEM II/B-Q		21…35
	Portlandflugaschezement	CEM II/A-V	kieselsäurereiche Flugasche (V)	6…20
		CEM II/B-V		21…35
		CEM II/A-W	kalkreiche Flugasche (W)	6…20
		CEM II/B-W		21…35
	Portlandschieferzement	CEM II/A-T	gebrannter Schiefer (T)	6…20
		CEM II/B-T		21…35
	Portlandkalksteinzement	CEM II/A-L	Kalkstein (L)	6…20
		CEM II/B-L		21…35
		CEM II/A-LL	Kalkstein (LL)	6…20
		CEM II/B-LL		21…35
	Portlandkompositzement	CEM II/A-M	alle Hauptbestandteile möglich (S, D, P, Q, V, W, T, L, LL)	6…20
		CEM II/B-M		21…35
CEM III	Hochofenzement	CEM III/A	Hüttensand (S)	36…65
		CEM III/B		66…80
		CEM III/C		81…95
CEM IV	Puzzolanzement	CEM IV/A	Puzzolane (D, P, Q, V, W)	11…35
		CEM IV/B		36…55
CEM V	Kompositzement	CEM V/A	Hüttensand (S) und Puzzolane (P, Q, V)	18…30
		CEM V/B		31…50

Festigkeitsklassen nach DIN EN 197-1 und DIN EN 14216

Festigkeitsklasse	Druckfestigkeit in N/mm²			
	Anfangsfestigkeit		Normfestigkeit	
	2 Tage	7 Tage	28 Tage	
22,5	–	–	> 22,5	≤ 42,5
32,5 L	–	≥ 12	≥ 32,5	≤ 52,5
32,5 N	–	≥ 16		
32,5 R	≥ 10	–		
42,5 L	–	≥ 16	≥ 42,5	≤ 62,5
42,5 N	≥ 10	–		
42,5 R	≥ 20	–		
52,5 L	≥ 10	–	≥ 52,5	–
52,5 N	≥ 20	–		
52,5 R	≥ 30	–		

1.2 Gesteinskörnungen

Gesteinskörnungen und Gesteinsmehle für Normal- und Schwerbeton müssen den Anforderungen der DIN EN 12620 genügen. Anforderungen an Gesteinskörnungen mit Trockenrohdichten unter 2000 kg/m³ sind in DIN EN 13055-1 festgelegt. Beide europäischen Normen ersetzen die Teile 1 und 2 der bisherigen DIN 4226. Für rezyklierte Gesteinskörnungen gilt Teil 100 von DIN 4226.

Die Verwendung der Gesteinskörnungen für Normal- und Schwerbeton nach DIN EN 206-1 in Verbindung mit DIN 1045-2 ist in der Vornorm DIN V 20000-103 geregelt. Für die Anwendung von leichten Gesteinskörnungen ist DIN V 20000-104 gültig. In den beiden Anwendungsnormen wird auf Prüfverfahren verwiesen, die europäisch nicht genormt sind. Diese Prüfverfahren sind in DIN V 18004 beschrieben.

Enthält die Gesteinskörnung alkaliempfindliche Bestandteile und ist der Beton Feuchtezufuhr ausgesetzt, sind Vorsichtsmaßnahmen entsprechend DAfStb-Richtlinie „Vorbeugende Maßnahmen gegen schädigende Alkalireaktion im Beton" zu ergreifen. Für die Herstellung von hochfestem Beton sind hinsichtlich Alkalireaktion unbedenkliche Gesteinskörnungen zu verwenden.

Der Frostwiderstand wird durch Einfrieren der Gesteinskörnung unter Wasser geprüft und das Ergebnis in Kategorien F eingestuft (z. B. Kategorie F_2 bedeutet Masseverlust ≤ 2 %). Bei Einwirkung von Frost und Tausalz wird mit dem Kristallisationsverfahren (Magnesiumsulfat-Verfahren) geprüft und in Kategorien MS eingestuft (z. B. Kategorie MS_{25} bedeutet Masseverlust ≤ 25 %). Der Frost- sowie der Frost-Tausalz-Widerstand von Gesteinskörnungen können auch mit einer Prüfung eines Betons bestimmter Zusammensetzung nachgewiesen werden.

Die Kornzusammensetzung der Gesteinskörnungen wird durch Sieblinien und ggf. durch Kennwerte der Kornverteilung (Körnungsziffer K, D-Summe) gekennzeichnet.

Bezeichnung der Gesteinskörnungen nach DIN EN 12620

Gesteinskörnung mit Kleinstkorn in mm	Gesteinskörnung mit Größtkorn in mm	Bezeichnung
0	0,063[1]	Füller (Gesteinsmehl)
0	≤ 4	feine Gesteinskörnung (Sand, Brechsand, Edelbrechsand)
≥ 2	≥ 4	grobe Gesteinskörnung (Kies, Splitt, Edelsplitt)

1) Überwiegend ≤ 0,063 mm

Sieblinienbereiche

- **für Korngemische 0/16 nach DIN 1045-2**

① grobkörnig
② Ausfallkörnung
③ grob- bis mittelkörnig
④ mittel- bis feinkörnig
⑤ feinkörnig

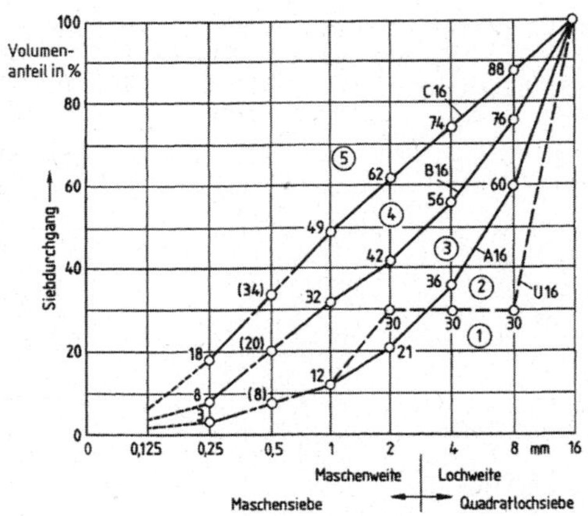

♦ **für Korngemische 0/32 nach DIN 1045-2**

① grobkörnig
② Ausfallkörnung
③ grob- bis mittelkörnig
④ mittel- bis feinkörnig
⑤ feinkörnig

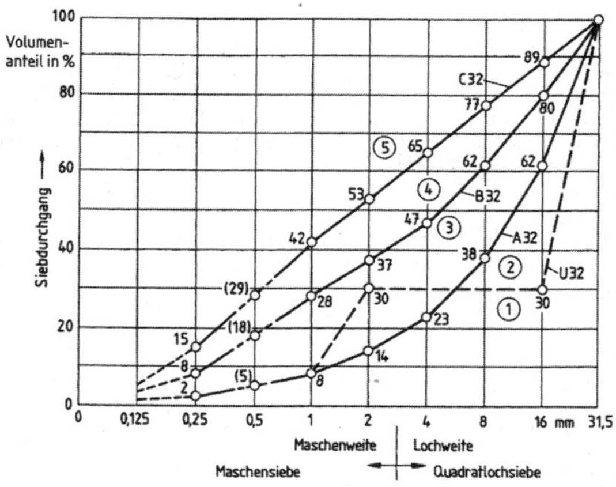

Richtwerte für den Wasseranspruch in Liter je m³ Frischbeton in Abhängigkeit von der Sieblinie und der Konsistenz

Körnungsziffer *K*	Sieblinie	Konsistenz steif	plastisch	weich
5,48	A 32	130	150	170
4,60	A 16	140	160	180
4,20	B 32	150	170	190
3,66	B 16	160	180	200
3,30	C 32	170	190	210
2,75	C 16	190	210	230

1.3 Zugabewasser

Trinkwasser sowie i. Allg. das in der Natur vorkommende Wasser ist als Zugabewasser geeignet, soweit es nicht Bestandteile enthält, die das Erhärten, andere Eigenschaften des Betons oder den Korrosionsschutz der Bewehrung ungünstig beeinflussen. Für die Wiederverwendung von Restwasser aus dem Frischbeton-recycling bei Betonen bis C50/60 oder LC50/55 ist DIN EN 1008 zu beachten. Für die Herstellung von hochfestem Beton darf Restwasser nicht verwendet werden.

1.4 Betonzusatzmittel

Betonzusatzmittel sind flüssige oder pulverförmige Mittel, die dem Beton zugesetzt werden, um durch chemische und/oder physikalische Wirkung Eigenschaften des Frisch- oder Festbetons zu ändern, z. B. Verarbeitbarkeit oder Luftgehalt. Für die Herstellung, Prüfung und Überwachung von Zusatzmitteln gilt DIN EN 934, Teile 2, 4 und 6. Nationale Festlegungen sind in DIN V 18998 sowie in DIN V 20000, Teil 100 und 101 getroffen.

Bezeichnung der Wirkungsgruppen (Typbezeichnung) und ihre Farbkennzeichen nach DIN EN 934

Typbezeichnung	Kurzzeichen	Farbkennzeichen
Betonverflüssiger	BV	gelb
Fließmittel	FM	grau
Luftporenbildner	LP	blau
Dichtungsmittel	DM	braun
Verzögerer	VZ	rot
Beschleuniger	BE	grün
Einpresshilfen für Einpressmörtel bei Spannbeton	EH	weiß
Stabilisierer	ST	violett
Chromatreduzierer[1]	CR	rosa
Recyclinghilfe für Waschwasser[1]	RH	schwarz

[1] Da diese Zusatzmittel nicht unter die europäische Norm fallen, verbleiben sie weiterhin im Zulassungsverfahren mit Fremdüberwachung und Zertifizierung.

1.5 Betonzusatzstoffe

Betonzusatzstoffe sind fein aufgeteilte Stoffe, die dem Beton zugegeben werden, um bestimmte Eigenschaften des Frisch- oder Festbetons zu beeinflussen, z. B. Verarbeitbarkeit, Dichtigkeit.

Es werden zwei Arten von anorganischen Betonzusatzstoffen unterschieden:

Typ I: nahezu inaktive (inerte) Betonzusatzstoffe
(Gesteinsmehl, Pigment)

Typ II: puzzolanische oder latenthydraulische Betonzusatzstoffe
(Flugasche, Silikastaub)

Ihre allgemeine Eignung gilt als nachgewiesen, wenn sie der entsprechenden Norm nachkommen:

Gesteinsmehl: DIN EN 12 620
Pigment: DIN EN 12 878
Flugasche: DIN EN 450
Trass: DIN 51 043
Silikastaub: allgemeine bauaufsichtliche Zulassung

2 Eigenschaften des Frischbetons und Nachweisverfahren

2.1 Konsistenz

Entsprechend dem Prüfverfahren (Ausbreit-, Verdichtungs-, Slump- und Vebéprüfung) werden vier Konsistenzklassen unterschieden, die nicht unmittelbar vergleichbar sind. Für die in Deutschland meist gebräuchlichen Konsistenzmessverfahren Ausbreitungsversuch und Verdichtungsversuch sind die Betone der einzelnen Konsistenzklassen beschrieben.

Konsistenzklassen, bestimmt mit der Ausbreitprüfung nach DIN EN 12 350-5

Klasse	Ausbreitmaß d (Durchmesser) in mm	Konsistenzbeschreibung
F1[1)]	≤ 340	steif
F2	350 bis 410	plastisch
F3	420 bis 480	weich
F4	490 bis 550	sehr weich
F5	560 bis 620	fließfähig
F6[2)]	≥ 630	sehr fließfähig

1) Bei steifen Betonen empfiehlt sich die Verdichtungsprüfung.
2) Bei Ausbreitmaßen >700 mm ist die DAfStb-Richtlinie „Selbstverdichtender Beton“ zu beachten.

Konsistenzklassen, bestimmt mit der Verdichtungsprüfung nach DIN EN 12 350-4

Klasse	Verdichtungsmaß c	Konsistenzbeschreibung
C0	$\geq 1{,}46$	sehr steif
C1	1,45 bis 1,26	steif
C2	1,25 bis 1,11	plastisch
C3[1)]	1,10 bis 1,04	weich

1) Bei weichen Betonen empfiehlt sich die Ausbreitprüfung.

2.2 Mehlkorngehalt

Der Mehlkorngehalt setzt sich zusammen aus dem Zement, dem in der Gesteinskörnung enthaltenen Kornanteil bis 0,125 mm und dem möglicherweise zugegebenen Betonzusatzstoff.

Höchstzulässiger Mehlkorngehalt, abhängig von Betonfestigkeitsklasse und Expositionsklasse, für Beton mit einem Größtkorn des Korngemisches von 16 mm bis 63 mm[1)]

Betonfestigkeitsklasse		Expositions-klasse	Gehalt an Zement in kg/m³	höchstzulässiger Gehalt an Mehlkorn in kg/m³
Normal- und Schwerbeton	Leichtbeton			
bis C50/60	bis LC50/55	XF, XM[2)]	≤ 300[3)]	400[4)]
			≥ 350[3)]	450[4)]
ab C55/67	ab LC55/60	alle	≤ 400[5)]	500[6)]
			450[5)]	550[6)]
			≥ 500[5)]	600[6)]

1) Bei Größtkorn 8 mm kann der Mehlkorngehalt 50 kg/m³ höher sein.
2) Bei allen anderen Expositionsklassen Mehlkorngehalt ≤ 550 kg/m³.
3) Bei Zementgehalten zwischen 300 kg/m³ und 350 kg/m³ ist der Mehlkorngehalt geradlinig zu interpolieren.
4) Die Werte dürfen insgesamt um max. 50 kg/m³ erhöht werden, wenn
– ein puzzolanischer Zusatzstoff verwendet wird, um dessen Gehalt,
– der Zementgehalt 350 kg/m³ übersteigt, um den über 350 kg/m³ hinausgehenden Zementgehalt.
5) Bei Zementgehalten zwischen 400 kg/m³ und 500 kg/m³ ist der Mehlkorngehalt geradlinig zu interpolieren.
6) Die Werte dürfen um max. 50 kg/m³ erhöht werden, wenn ein puzzolanischer Zusatzstoff verwendet wird.

2.3 Luftgehalt

Der Luftgehalt von Normal- und Schwerbeton ist nach DIN EN 12 350-7, der von Leichtbeton nach ASTM C173 zu ermitteln.

2.4 Frischbetontemperatur

Die Frischbetontemperatur darf i. Allg. +30 °C nicht überschreiten und +5 °C nicht unterschreiten.

2.5 Frischbetonrohdichte

Die Frischbetonrohdichte kann nach DIN EN 12 350-6 ermittelt werden.

3 Eigenschaften des Festbetons

3.1 Dauerhaftigkeit

Damit Beton dauerhaft ist, muss er widerstandsfähig gegenüber den Umgebungsbedingungen sein. Darunter sind diejenigen chemischen und physikalischen Einwirkungen zu verstehen, denen der Beton und die Bewehrung ausgesetzt sind, die bei der statischen Berechnung des Bauwerks nicht als Lasten in Ansatz gebracht werden. Die Einwirkungen der Umgebungsbedingungen werden in Expositionsklassen eingeteilt, die sowohl Grundlage für die Anforderungen an die Ausgangsstoffe und die Zusammensetzung des Betons als auch an die Mindestmaße der Betondeckung (s. Kap. 5C, Abschn. 5.1.2) sind.

Die Expositionsklasse ist in der Leistungsbeschreibung anzugeben.

Expositionsklassen, allgemeine Übersicht

Klassenbezeichnung	Korrosionsbedingungen
X0	unbewehrter Beton ohne Korrosions- und Angriffsrisiko
XC	Bewehrungskorrosion, verursacht durch Karbonatisierung
XD	Bewehrungskorrosion, verursacht durch Chloride (ausgenommen Meerwasser)
XS	Bewehrungskorrosion, verursacht durch Chloride aus Meerwasser
XF	Frostangriff ohne und mit Taumittel
XA	Betonkorrosion, verursacht durch chemischen Angriff
XM	Betonkorrosion, verursacht durch Verschleißbeanspruchung

Expositionsklasse „Kein Korrosions- oder Angriffsrisiko“

Klassenbezeichnung	Umgebung	Beispiele für die Zuordnung
X0	alle Umgebungsbedingungen außer XF, XA und XM	– unbewehrte Fundamente ohne Frost – unbewehrte Innenbauteile

Expositionsklassen bei Bewehrungskorrosion, verursacht durch Karbonatisierung

Klassenbezeichnung	Umgebung	Beispiele für die Zuordnung
XC1	trocken oder ständig nass	– Bauteile in Innenräumen mit üblicher Luftfeuchte – Bauteile ständig in Wasser
XC2	nass, selten trocken	– Teile von Wasserbehältern – Gründungsbauteile
XC3	mäßige Feuchte	– Bauteile, zu denen die Außenluft häufig oder ständig Zugang hat, aber vor Regen geschützt
XC4	wechselnd nass und trocken	– Außenbauteile mit direkter Beregnung

Expositionsklassen bei Bewehrungskorrosion, verursacht durch Chloride

	Klassenbezeichnung	Umgebung	Beispiele für die Zuordnung
ausgenommen Chloride aus Meerwasser	XD1	mäßige Feuchte	– Einzelgaragen – Bauteile im Sprühnebelbereich von Verkehrsflächen
	XD2	nass, selten trocken	– Solebäder – Bauteile, die chloridhaltigen Industrieabwässern ausgesetzt sind
	XD3	wechselnd nass und trocken	– Teile von Brücken mit häufiger Spritzwasserbeanspruchung – Fahrbahndecken – direkt befahrene Parkdecks
Chloride aus Meerwasser	XS1	salzhaltige Luft ohne Meerwasserkontakt	– Außenbauteile in Küstennähe
	XS2	unter Wasser	– Teile von Meerwasserbauwerken
	XS3	Tidebereich; Spritzwasser- und Sprühnebelbereiche	– Teile von Meerwasserbauwerken

Expositionsklassen bei Frostangriff ohne und mit Taumittel

Klassenbezeichnung	Umgebung	Beispiele für die Zuordnung
XF1	mäßige Wassersättigung, ohne Taumittel	– Außenbauteile
XF2	mäßige Wassersättigung, mit Taumittel	– Bauteile im Sprühnebel- und Spritzwasserbereich taumittelbehandelter Verkehrsflächen, soweit nicht XF4 – Bauteile im Sprühnebelbereich von Meerwasser
XF3	hohe Wassersättigung, ohne Taumittel	– offene Wasserbehälter – Bauteile in der Wasserwechselzone von Süßwasser
XF4	hohe Wassersättigung, mit Taumittel	– Verkehrsflächen – überwiegend horizontale Bauteile im Spritzwasserbereich von taumittelbehandelten Verkehrsflächen – Räumerlaufbahnen von Kläranlagen – Meerwasserbauteile in der Wasserwechselzone

Expositionsklassen bei Betonkorrosion, verursacht durch chemischen Angriff

Klassenbezeichnung	Umgebung	Beispiele für die Zuordnung
XA1	chemisch schwach angreifend	– Bauteile in Kläranlagen – Güllebehälter
XA2	chemisch mäßig angreifend	– Bauteile in betonangreifenden Böden – Bauteile, die mit Meerwasser in Berührung kommen
XA3	chemisch stark angreifend	– Industrieabwasseranlagen – Gärfuttersilos – Kühltürme mit Rauchgasableitung

Expositionsklassen bei Betonkorrosion, verursacht durch Verschleißbeanspruchung

Klassenbezeichnung	Umgebung	Beispiele für die Zuordnung
XM1	mäßige Beanspruchung	– Industrieböden mit Beanspruchung durch luftbereifte Fahrzeuge
XM2	starke Beanspruchung	– Industrieböden mit Beanspruchung durch luft- oder vollgummibereifte Gabelstapler
XM3	sehr starke Beanspruchung	– Oberflächen, die häufig mit Kettenfahrzeugen befahren werden – Industrieböden mit Beanspruchung durch elastomer- oder stahlrollenbereifte Gabelstapler – Wasserbauwerke in geschiebebelasteten Gewässern (z. B. Tosbecken)

Grenzwerte zur Beurteilung des Angriffsgrads von Wässern und Böden[1)]

Vorkommen	chemisches Merkmal		Expositionsklasse		
			XA1 schwach	XA2 mäßig	XA3 stark
Wässer	pH-Wert		$\leq 6{,}5 \ldots \geq 5{,}5$	$< 5{,}5 \ldots \geq 4{,}5$	$< 4{,}5 \ldots \geq 4{,}0$
	kalklösende Kohlensäure (CO_2)	mg/l	$\geq 15 \ldots \leq 40$	$> 40 \ldots \leq 100$	> 100 bis zur Sättigung
	Ammonium (NH_4^+)[2)]	mg/l	$\geq 15 \ldots \leq 30$	$> 30 \ldots \leq 60$	$> 60 \ldots \leq 100$
	Magnesium (Mg^{2+})	mg/l	$\geq 300 \ldots \leq 1000$	$> 1000 \ldots \leq 3000$	> 3000 bis zur Sättigung
	Sulfat (SO_4^{2-})	mg/l	$\geq 200 \ldots \leq 600$	$> 600 \ldots \leq 3000$	$> 3000 \ldots \leq 6000$
Böden	Säuregrad nach Baumann-Gully	ml/kg	> 200	in der Praxis nicht anzutreffen	
	Sulfat (SO_4^{2-})	mg/kg	$\geq 2000 \ldots \leq 3000$	$> 3000 \ldots \leq 12000$	$> 12000 \ldots \leq 24000$

1) Für die Beurteilung ist der höchste Angriffsgrad maßgebend, auch wenn er nur von einem der Werte erreicht wird. Liegen zwei oder mehrere Werte in derselben Klasse, davon mindestens einer im oberen Viertel (bei pH im unteren Viertel), ist die Umgebung der nächsthöheren Stufe zuzuordnen.

2) Gülle kann, unabhängig vom NH_4^+-Gehalt, in die Expositionsklasse XA1 eingeordnet werden.

3.2 Druckfestigkeit

Wenn nicht anders vereinbart, wird die Druckfestigkeit an Probewürfeln mit 150 mm Kantenlänge $f_{c,dry,cube}$ ermittelt, die nach DIN EN 12 390-2 einen Tag in ihrer Form verbleiben, sechs Tage wassergelagert und anschließend bis zum Prüftermin luftgelagert werden (bisherige Lagerung nach DIN 1048-5). Die Druckfestigkeit an Probewürfeln mit 150 mm Kantenlänge $f_{c,cube}$, die entsprechend dem Referenzverfahren nach DIN EN 12 390-2 bis zum Prüftermin wassergelagert werden, kann aus der Druckfestigkeit $f_{c,dry,cube}$ berechnet werden:

- Normalbeton bis einschließlich C50/60 $\quad f_{c,cube} = 0{,}92 \cdot f_{c,dry,cube}$
- Hochfester Normalbeton ab C55/67 $\quad f_{c,cube} = 0{,}95 \cdot f_{c,dry,cube}$

Diese Beziehung gilt nur für die Umrechnung von Würfeldruckfestigkeiten; sie berücksichtigt ausschließlich die unterschiedlichen Lagerungsbedingungen.

Zur Klassifizierung der Druckfestigkeit wird die charakteristische Festigkeit (Festigkeitswert, den erwartungsgemäß 5 % der Grundgesamtheit aller möglichen Festigkeitsmessungen der Menge des betrachteten Betons unterschreiten) verwendet, und zwar von Zylindern (∅ 150 mm, $h = 300$ mm) nach 28 Tagen $f_{ck,cyl}$ oder die charakteristische Festigkeit von 150-mm-Würfeln nach 28 Tagen $f_{ck,cube}$. Für besondere Anwendungen kann es notwendig oder zweckmäßig sein, die Druckfestigkeit zu einem früheren oder späteren Zeitpunkt als 28 Tage oder nach Lagerung unter bes. Bedingungen, z. B. Wärmebehandlung, zu bestimmen.

Die Einteilung in Druckfestigkeitsklassen wird getrennt für Normal- und Schwerbeton bzw. für Leichtbeton vorgenommen. Normal- und Schwerbetone mit einer Festigkeitsklasse über C50/60 sowie Leichtbetone mit einer Festigkeitsklasse über LC50/55 sind hochfeste Betone. Für Beton der Festigkeitsklassen C90/105 und C100/115 sowie für hochfesten Leichtbeton der Festigkeitsklassen LC70/77 und LC80/88 ist eine allgemeine bauaufsichtliche Zulassung oder eine Zustimmung im Einzelfall erforderlich.

Druckfestigkeitsklassen für Normal- und Schwerbeton

Druckfestig-keitsklasse	$f_{ck,cyl}$ in N/mm²	$f_{ck,cube}$ in N/mm²
C8/10	8	10
C12/15	12	15
C16/20	16	20
C20/25	20	25
C25/30	25	30
C30/37	30	37
C35/45	35	45
C40/50	40	50
C45/55	45	55
C50/60	50	60
C55/67	55	67
C60/75	60	75
C70/85	70	85
C80/95	80	95
C90/105	90	105
C100/115	100	115

Druckfestigkeitsklassen für Leichtbeton

Druckfestig-keitsklasse	$f_{ck,cyl}$ in N/mm²	$f_{ck,cube}$ in N/mm²
LC8/9	8	9
LC12/13	12	13
LC16/18	16	18
LC20/22	20	22
LC25/28	25	28
LC30/33	30	33
LC35/38	35	38
LC40/44	40	44
LC45/50	45	50
LC50/55	50	55
LC55/60	55	60
LC60/66	60	66
LC70/77	70	77
LC80/88	80	88

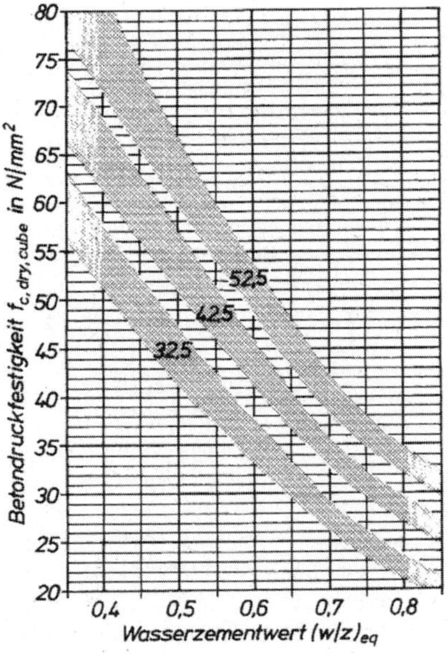

Abhängigkeit der Würfeldruckfestigkeit $f_{c,dry,cube}$ des Betons von der Festigkeitsklasse des Zements und vom Wasserzementwert

3.3 Trockenrohdichte

Die Trockenrohdichte ist nach DIN EN 12390-7 zu bestimmen.

Klassifizierung von Beton nach der Trockenrohdichte

	Leichtbeton						Normalbeton	Schwerbeton
Rohdichte-klasse	D 1,0	D 1,2	D 1,4	D 1,6	D 1,8	D 2,0		
Trocken-rohdichte in kg/m³	≥ 800 und ≤ 1000	> 1000 und ≤ 1200	> 1200 und ≤ 1400	> 1400 und ≤ 1600	> 1600 und ≤ 1800	> 1800 und ≤ 2000	2000 bis ≤ 2600	> 2600

4 Anforderungen an die Zusammensetzung des Betons

4.1 Allgemeine Anforderungen

4.1.1 Zugabe von Betonzusatzmitteln

Grenzwerte für die Zugabemenge in ml (g) je kg Zement + anrechenbarer Zusatzstoff

		Beton bis C50/60	hochfester Beton
Mindest-Zugabemenge		2	2
Höchst-Zugabemenge bei Einsatz	eines Zusatzmittels	50	70
	mehrerer Zusatzmittel	60	80

Flüssige Betonzusatzmittel sind dem Wassergehalt bei der Bestimmung des Wasserzementwerts dann zuzurechnen, wenn ihre gesamte Zugabemenge ≥ 3 l/m³ beträgt.

4.1.2 Zugabe von Betonzusatzstoffen

		Flugasche f	Silikastaub s
Anrechenbarkeitswert k		0,4	1,0
Höchstmenge in kg/m³		0,33 z	0,11 z
Mindestzementgehalt in kg/m³ bei Anrechnung des Zusatzstoffs bei Expositionsklasse	XC3	240[1)]	240[2)]
	XC4, XS, XD, XA, XM, XF1, XF3[3)]	270[1)]	270[2)]

1) Die Anrechnung ist nur bei Verwendung von Portlandzement, Portlandsilikastaubzement, Portlandhüttenzement, Portlandschieferzement, Portlandkalksteinzement, Portlandpuzzolanzement, Portlandflugaschezement, Portlandkompositzement und Hochofenzement mit ≤ 70 M.-% Hüttensand möglich.
2) Zusätzlich zu Fußnote 1) ist die Anrechnung möglich bei Verwendung von Hochofenzement bis zu 80 M.-% Hüttensand.
3) Für XF2 und XF4 ist keine Anrechnung möglich.

Für alle Expositionsklassen – mit Ausnahme XF2 und XF4 – darf anstelle des höchstzulässigen Wasserzementwerts w/z bei Verwendung von Flugasche und/oder Silikastaub gerechnet werden, mit

$$\frac{w}{z + 0{,}4f + 1{,}0\,s}$$

4.2 Anforderungen an die Betonzusammensetzung in Abhängigkeit von den Expositionsklassen

Die bei den verschiedenen Expositionsklassen verwendbaren Zementarten sind in einer Tafel auf Seite 5.13 aufgeführt.

An die unbewehrten Betone der Expositionsklasse X0 (kein Korrosions- oder Angriffsrisiko) werden keine Anforderungen an ihre Zusammensetzung gestellt. Sie müssen mindestens die Festigkeitsklasse C8/10 erzielen.

Anforderungen an die Zusammensetzung von Beton nach Eigenschaften zum Schutz vor Bewehrungskorrosion infolge Karbonatisierung (Expositionsklassen XC)

Expositionsklasse	XC1	XC2	XC3	XC4
Umgebungsbedingung	trocken oder ständig nass	nass, selten trocken	mäßige Feuchte	wechselnd nass und trocken
höchstzulässiger w/z-Wert	0,75		0,65	0,60
Mindestzementgehalt in kg/m³ [1)]	240		260	280
Mindestfestigkeitsklasse	C16/20		C20/25	C25/30

1) Bei einem Größtkorn der Gesteinskörnung von 63 mm darf der Zementgehalt um 30 kg/m³ reduziert werden.

Anforderungen an die Zusammensetzung von Beton nach Eigenschaften zum Schutz vor Bewehrungskorrosion durch Chloride (Expositionsklassen XD und XS)

Expositionsklasse	XD1	XD2	XD3	XS1	XS2	XS3
Umgebungsbedingung	andere Chloride als aus Meerwasser			Chloride aus Meerwasser		
	mäßig feucht	nass, selten trocken	wechselnd nass/trocken	salzhaltige Luft	unter Meerwasser	Bereiche von Tide, Spritzwasser, Sprühnebel
höchstzulässiger *w/z*-Wert	0,55	0,50	0,45	0,55	0,50	0,45
Mindestzementgehalt in kg/m^3 [1]	300	320	320	300	320	320
Mindestfestigkeitsklasse[3]	C30/37	C35/45[2]	C35/45	C30/37	C35/45[2]	C35/45

1) Bei einem Größtkorn der Gesteinskörnung von 63 mm darf der Zementgehalt um 30 kg/m^3 reduziert werden.
2) Bei langsam und sehr langsam erhärtenden Betonen eine Festigkeitsklasse niedriger.
3) Bei Verwendung von Luftporenbeton, z. B. aufgrund gleichzeitiger Anforderungen aus der Expositionsklasse XF, eine Festigkeitsklasse niedriger.

Anforderungen an die Zusammensetzung eines Betons nach Eigenschaften mit Widerstand gegen Frost ohne und mit Taumittel (Expositionsklassen XF)

Expositionsklasse		XF1	XF2[1]		XF3		XF4[1]
Wassersättigung		mäßig	mäßig		hoch		hoch
Taumittel		ohne	mit		ohne		mit
höchstzulässiger *w/z*-Wert		0,60	0,55	0,50	0,55	0,50	0,50
Mindestzementgehalt in kg/m^3 [2]		280	300	320	300	320	320
Mindestfestigkeitsklasse		C25/30	C25/30	C35/45[3]	C25/30	C35/45[3]	C30/37
mittl. Luftgehalt in Vol.-%[4], [5] bei Größtkorn der Gesteinskörnung in mm	8	–	≥ 5,5	–	≥ 5,5	–	≥ 5,5
	16	–	≥ 4,5	–	≥ 4,5	–	≥ 4,5
	32	–	≥ 4,0	–	≥ 4,0	–	≥ 4,0
	63	–	≥ 3,5	–	≥ 3,5	–	≥ 3,5
Widerstand der Gesteinskörnung gegen Frost bzw. Frost und Taumittel		F_4[6]	MS_{25}[7]		F_2[6]		MS_{18}[7]

1) Zusatzstoffe des Typs II dürfen zugegeben, aber nicht auf den Zementgehalt oder den *w/z*-Wert angerechnet werden.
2) Bei einem Größtkorn der Gesteinskörnung von 63 mm darf der Zementgehalt um 30 kg/m^3 reduziert werden.
3) Bei langsam und sehr langsam erhärtenden Betonen eine Festigkeitsklasse niedriger.
4) Einzelwerte dürfen die Anforderungen um höchstens 0,5 Vol.-% unterschreiten. Für sehr weichen Beton sowie beim Einsatz von Fließmittel ist der Luftgehalt um 1 Vol.-% zu erhöhen.
5) Erdfeuchter Beton (z. B. Pflastersteine) mit $w/z < 0{,}40$ darf ohne LP hergestellt werden.
6) Kategorie des Frostwiderstands nach DIN EN 12620 (s. Abschnitt 1.2).
7) Kategorie der Magnesiumsulfat-Widerstandsfähigkeit nach DIN EN 12620 (s. Abschnitt 1.2).

Anforderungen an die Zusammensetzung von Beton nach Eigenschaften mit Widerstand gegen Verschleißbeanspruchung (Expositionsklassen XM)

Expositionsklasse	XM1	XM2[1]	XM2	XM3[2]
Beanspruchung	mäßig	stark	stark	sehr stark
höchstzulässiger *w/z*-Wert	0,55	0,55	0,45	0,45
Mindestzementgehalt[3] in kg/m^3	300	300	320	320
Mindestfestigkeitsklasse[4]	C30/37	C30/37	C35/45	C35/45
Anforderungen an die Gesteinskörnung	Die Körner sollten eine mäßig raue Oberfläche und eine gedrungene Gestalt haben; das Gemisch sollte möglichst grobkörnig sein.			

1) Oberflächenbehandlung erforderlich, z. B. Vakuumbehandlung und Glätten der Oberfläche.
2) Hartstoffe nach DIN 1100 erforderlich.
3) Für alle Festigkeitsklassen ≤ C50/60: $z \leq 360\ kg/m^3$.
4) Bei Verwendung von Luftporenbeton, z. B. aufgrund gleichzeitiger Anforderungen aus der Expositionsklasse XF, eine Festigkeitsklasse niedriger.

Anforderungen an die Zusammensetzung von Beton nach Eigenschaften mit Widerstand gegen chemischen Angriff (Expositionsklassen XA)

Expositionsklasse	XA1	XA2	XA3[1]
Angriffsgrad	schwach	mäßig	stark
höchstzulässiger *w/z*-Wert	0,60	0,50	0,45
Mindestzementgehalt in kg/m³	280	320	320
Mindestfestigkeitsklasse	C25/30	C35/45[2]	C35/45[2]

[1] Schutz des Betons z. B. durch Schutzschichten oder dauerhafte Bekleidungen oder Gutachten für Sonderlösung erforderlich.
[2] Bei Verwendung von Luftporenbeton, z. B. aufgrund gleichzeitiger Anforderungen aus der Expositionsklasse XF, eine Festigkeitsklasse niedriger.

Anwendung der Zemente nach DIN EN 197-1, DIN 1164-10, DIN 1164-12 und von FE-Zementen sowie CEM I-SE und CEM II-SE nach DIN 1164-11 (s. S. 5.3) in Abhängigkeit von den Expositionsklassen

Expositionsklasse			X0 XC2	XC1	XC3 XC4 XD1 XD3 XS1 XS3 XM1 XM2 XM3	XD2 XS2 XA1 XA2[1] XA3[1]	XF1	XF2 XF4[2]	XF3
CEM I			■	■	■	■	■	■	■
CEM II /	A/B	S	■	■	■	■	■	■	■
	A	D	■	■	■	■	■	■	■
	A/B	P/Q	■	■	■	■	■	□	■
	A	V	■	■	■	■	■	□	■
	B	V	■	■	■	■	■	□	□
	A	W	■	■	□	□	□	□	□
	B	W	■	□	□	□	□	□	□
	A/B	T	■	■	■	■	■	■	■
	A	LL	■	■	■	■	■	■	■
	B	LL	■	□	□	□	□	□	□
	A	L	■	■	■	■	□	□	□
	B	L	■	■	□	□	□	□	□
	A	M	■	■	□	□	□	□	□
	B	M	■	□	□	□	□	□	□
CEM III /	A		■	■	■	■	■	■	■
	B		■	■	■	■	■	■	■
	C		■	□	□	■	□	□	□
CEM IV			■	□	□	□	□	□	□
CEM V			■	□	□	□	□	□	□

■ = gültiger Anwendungsbereich   □ = für die Expositionsklasse nicht anwendbar

[1] Bei Sulfatangriff (ausgenommen bei Meerwasser) HS-Zement; bei $SO_4^{2-} \leq 1500$ mg/l darf anstelle von HS-Zement eine Mischung von Zement + Flugasche verwendet werden.
[2] Bei Verwendung von CEM III A Festigkeitsklasse ≥ 42,5 oder Festigkeitsklasse ≥ 32,5R mit Hüttensandanteil ≤ 50 M.-%. CEM III B darf nur verwendet werden (dabei kann auf LP verzichtet werden), bei
– Meerwasserbauteile: $w/z \leq 0,45$; $z \geq 340$ kg/m³; ≥ C35/45,
– Räumerlaufbahnen: $w/z \leq 0,35$; $z \geq 360$ kg/m³; ≥ C40/50.

4.3 Anforderungen an die Zusammensetzung von Standardbeton

Standardbeton = Normalbeton der Festigkeitsklassen C8/10, C12/15 und C16/20 ohne Betonzusatzmittel und -zusatzstoffe und nur für die Expositionsklassen X0, XC1 und XC2.

Mindestzementgehalt für Standardbeton
Zement: Festigkeitsklasse 32,5 / Gesteinskörnung: Größtkorn 32 mm

Festigkeitsklasse des Betons	Mindestzementgehalt in kg/m³ [1] für Konsistenzbeschreibung		
	steif	plastisch	weich
C8/10	210	230	260
C12/15	270	300	330
C16/20	290	320	360

[1] Der Zementgehalt muss vergrößert werden um:
- 10 % bei einem Größtkorn der Gesteinskörnung von 16 mm,
- 20 % bei einem Größtkorn der Gesteinskörnung von 8 mm.

Der Zementgehalt darf verringert werden um:
- max. 10 % bei Zement der Festigkeitsklasse 42,5,
- max. 10 % bei einem Größtkorn der Gesteinskörnung von 63 mm.

4.4 Anforderungen an die Zusammensetzung von Beton mit hohem Wassereindringwiderstand

- bei Bauteildicken > 0,40 m: w/z-Wert $\leq 0{,}70$,
- bei Bauteildicken $\leq 0{,}40$ m: w/z-Wert $\leq 0{,}60$; $z \geq 280$ kg/m³ (bei Anrechnung von Zusatzstoffen ≥ 270 kg/m³); Mindestdruckfestigkeitsklasse C25/30.

Bei Beanspruchung des Bauteils durch Druckwasser nach DAfStb-Richtlinie „Wasserundurchlässige Bauteile aus Beton" $w/z \leq 0{,}55$.

4.5 Anforderungen an die Zusammensetzung von Unterwasserbeton für tragende Bauteile

- w/z-Wert: $\leq 0{,}60$; bei weitergehenden Beanspruchungen kleinerer w/z-Wert,
- Zementgehalt bei Größtkorn der Gesteinskörnung 32 mm: ≥ 350 kg/m³,
- bei Einsatz von Flugasche: $z + f \geq 350$ kg/m³; Anrechenbarkeitswert $k = 0{,}7$; folglich bei Anrechnung auf den w/z-Wert: $w/(z+0{,}7f) \leq 0{,}60$; dabei $f \leq 0{,}33\,z$.

5 Festlegung des Betons

Der Beton kann in der Ausschreibung festgelegt werden als
- Beton nach Eigenschaften,
- Beton nach Zusammensetzung,
- Standardbeton.

5.1 Beton nach Eigenschaften

Beim Beton nach Eigenschaften entwirft der Betonhersteller die Zusammensetzung der Mischung und ist dafür verantwortlich, dass die geforderten Eigenschaften und zusätzlichen Anforderungen erfüllt werden.

- Grundlegende Anforderungen:
  Bezug auf DIN EN 206-1 und DIN 1045-2 / Druckfestigkeitsklasse (ggf. von 28 Tagen abweichender Zeitpunkt der Prüfung) / Expositionsklasse(n) / Größtkorn der Gesteinskörnung / Art der Verwendung des Betons / Konsistenzklasse / bei Leichtbeton oder Schwerbeton Rohdichteklasse oder Zielwert der Rohdichte.
- Zusätzliche Anforderungen:
  besondere Zementeigenschaften (z. B. LH) / Arten oder Klassen von Gesteinskörnungen (z. B. Frostwiderstand) / Luftgehalt / besondere Anforderungen an die Frischbetontemperatur / Festigkeitsentwicklung / Wärmeentwicklung während der Hydratation / Verarbeitbarkeitsdauer / Wassereindringwiderstand / Abriebwiderstand / Spaltzugfestigkeit / besondere technische Anforderungen.

5.2 Beton nach Zusammensetzung

Beim Beton nach Zusammensetzung werden die zu verwendenden Ausgangsstoffe und deren Zusammensetzung dem Hersteller vorgegeben. Während der Verfasser der Festlegung verantwortlich dafür ist, dass die Anforderungen der Norm berücksichtigt sind und dass mit den vorgegebenen Ausgangsstoffen und der festgelegten Betonzusammensetzung die vorgesehenen Frisch- und Festbetoneigenschaften erreicht werden, ist durch den Hersteller lediglich die Einhaltung der festgelegten Zusammensetzung nachzuweisen.

– Grundlegende Anforderungen:

  Bezug auf DIN EN 206-1 und DIN 1045-2 / Zementart, Festigkeitsklasse des Zements, Zementgehalt / *w/z*-Wert oder Konsistenzklasse bzw. Zielwert / Art der Gesteinskörnung, Größtkorn, bei Leicht- und Schwerbeton Rohdichte der Gesteinskörnung / Art, Menge und Herkunft von Zusatzmittel und Zusatzstoff.

– Zusätzliche Anforderungen:

  Herkunft der Betonausgangsstoffe / besondere Anforderungen an die Gesteinskörnung / besondere Anforderungen an die Frischbetontemperatur / besondere technische Anforderungen.

5.3 Standardbeton

Beim Standardbeton (Normalbeton der Festigkeitsklassen C8/10, C12/15 oder C16/20 ohne Zusätze sowie nur für die Expositionsklassen X0, XC1 und XC2) ist der Hersteller dafür verantwortlich, dass die Normvorgaben für den Zementgehalt berücksichtigt sind.

– Grundlegende Anforderungen:

  Druckfestigkeitsklasse / Expositionsklasse / Konsistenzbezeichnung / Größtkorn der Gesteinskörnung / Festigkeitsentwicklung (falls erforderlich).

6 Herstellung des Betons

Für Betonmengen > 1 m³ sind alle Ausgangsstoffe mit einer Genauigkeit von ± 3 % der in der Mischanweisung vorgegebenen Menge zu dosieren. Zement, Gesteinskörnung und pulverförmige Zusatzstoffe müssen nach Masse dosiert werden; andere Verfahren sind zulässig, falls die geforderte Dosiergenauigkeit erreicht wird. Zugabewasser, Zusatzmittel, flüssige Zusatzstoffe und leichte Gesteinskörnung dürfen nach Masse oder Volumen dosiert werden.

Das Mischen der Ausgangsstoffe muss in einem Mischer erfolgen und so lange dauern, bis die Mischung gleichförmig erscheint. Zusatzmittel sind während des Hauptmischgangs zuzugeben. Wenn Fließmittel nach dem Hauptmischgang zugesetzt werden, muss der Beton nochmals gemischt werden. In einem Fahrmischer darf die Mischdauer nach Zugabe eines Zusatzmittels nicht weniger als 1 min/m³ und nicht kürzer als 5 min sein. Nach Verlassen des Mischers darf die Zusammensetzung des Betons nicht mehr verändert werden.

7 Nachbehandlung und Schutz des Betons

Um die vom Beton erwarteten Eigenschaften – insbesondere im Oberflächenbereich – zu erhalten, ist eine sorgfältige Nachbehandlung und ein Schutz über einen angemessenen Zeitraum erforderlich. Bevorzugte Maßnahmen sind: Belassen in der Schalung / Abdecken der Betonoberfläche mit dampfdichten Folien / Auflegen von wasserspeichernden Abdeckungen unter ständigem Feuchthalten bei gleichzeitigem Verdunstungsschutz / kontinuierliches Besprühen mit Wasser bzw. Fluten / Aufsprühen eines Nachbehandlungsmittels mit nachgewiesener Eignung.

Nachbehandlungsdauer

– Bei den Expositionsklassen X0 (unbewehrte Bauteile) und XC1 (Innenbauteile) ist der Beton mindestens einen halben Tag nachzubehandeln, wenn Verarbeitbarkeitszeit < 5 h und Temperatur der Betonoberfläche ≥ 5 °C; anderenfalls ist die Nachbehandlungsdauer angemessen zu verlängern.

- Bei der Expositionsklasse XM (Verschleißbeanspruchung) ist der Beton so lange nachzubehandeln, bis die Festigkeit des oberflächennahen Bereichs 70 % der charakteristischen Festigkeit erreicht hat. Ohne besonderen Nachweis sind die Werte der nachfolgenden Tafel zu verdoppeln.
- Bei allen übrigen Expositionsklassen ist der Beton so lange nachzubehandeln, bis die Festigkeit im oberflächennahen Bereich 50 % der charakteristischen Festigkeit erreicht hat. Ohne besonderen Nachweis sind die Werte der nachfolgenden Tafel zu berücksichtigen. Die Nachbehandlungsdauer ist angemessen zu verlängern bei Verarbeitbarkeitszeit > 5 h.

Mindestdauer der Nachbehandlung in Tagen für alle Expositionsklassen außer X0, XC1 und XM nach DIN 1045-3

Oberflächentemperatur[1] in °C	Festigkeitsentwicklung des Betons $\beta_{cm\,2}/\beta_{cm\,28}$[2]			
	schnell ≥ 0,50	mittel ≥ 0,30 ... < 0,50	langsam ≥ 0,15 ... < 0,30	sehr langsam < 0,15
≥ 25	1	2	2	3
< 25 ... ≥ 15	1	2	4	5
< 15 ... ≥ 10	2	4	7	10
< 10 ... ≥ 5[3]	3	6	10	15

1) Anstelle der Oberflächentemperatur des Betons darf die Lufttemperatur angesetzt werden.
2) Verhältnis mittlere Druckfestigkeit nach 2 Tagen zur mittleren Druckfestigkeit nach 28 Tagen, ermittelt entweder bei der Erstprüfung oder aus bekanntem Verhältnis von Betonen vergleichbarer Zusammensetzung.
3) Bei Temperaturen < 5 °C Nachbehandlungsdauer um die Zeit verlängern, während der die Temperatur unter 5 °C lag.

8 Produktionskontrolle beim Betonhersteller

Von allen Herstellern von Frischbeton muss eine Produktionskontrolle durchgeführt werden, die alle Maßnahmen umfassen muss, die für die Erzielung der Konformität des Betons mit den festgelegten Anforderungen erforderlich sind (Eigenüberwachung). Hierzu zählen u. a. Baustoffauswahl / Betonentwurf / Überwachung und Prüfung der Ausgangsstoffe, der Vorrichtungen für die Lagerung, der Wäge- und Messeinrichtungen, des Mischers und der Steuerungsgeräte sowie der Betoneigenschaften. Das System der Produktionskontrolle muss mindestens alle zwei Jahre überprüft werden, um die Eignung und die Wirksamkeit des Systems sicherzustellen. Alle maßgebenden Daten müssen aufgezeichnet und mindestens fünf Jahre aufbewahrt werden.

Die mit der werkseigenen Produktionskontrolle beauftragte Stelle muss von einem in Betontechnik und Betonherstellung erfahrenen Fachmann (z. B. Betoningenieur) geleitet werden.

Die Produktionskontrolle des Herstellers ist für alle Betone – ausgenommen Standardbetone – durch eine anerkannte Überwachungsstelle nachzuweisen und zu überwachen (Fremdüberwachung) und dann durch eine Zertifizierungsstelle zu zertifizieren.

Vor Verwendung einer neuen Zusammensetzung eines Betons nach Eigenschaften muss i. Allg. eine Erstprüfung (Eignungsprüfung) durchgeführt werden, um nachzuweisen, dass die festgelegten Eigenschaften mit einem angemessenen Vorhaltemaß erfüllt werden. Für Standardbeton sowie bei Beton nach Zusammensetzung ist keine Erstprüfung erforderlich.

Art und Mindesthäufigkeit der Prüfungen

- an den Ausgangsstoffen siehe DIN EN 206-1 Tabelle 22,
- an der Ausstattung siehe DIN EN 206-1 Tabelle 23,
- an Beton nach Eigenschaften siehe Tafel S. 5.17.

Überwachung von Beton nach Eigenschaften im Rahmen der Produktionskontrolle

Prüfgegenstand	Überwachung/Prüfung	Mindesthäufigkeit
Mischungsentwurf Beton nach Eigenschaften	Erstprüfung (Eignungsprüfung)	vor Verwendung einer neuen Zusammensetzung
Wassergehalt der feinen Gesteinskörnung	kontinuierliches Messsystem, Darrversuch oder Gleichwertiges	wenn nicht kontinuierlich, dann täglich; abhängig von örtlichen Bedingungen und Wetterbedingungen
Wassergehalt der groben Gesteinskörnung	Darrversuch oder Gleichwertiges	abhängig von örtlichen Bedingungen und Wetterbedingungen
Wassergehalt des Frischbetons	Menge des Zugabewassers[1)]	jede Mischung oder Ladung
Chloridgehalt des Betons	Erstbestimmung durch Berechnung	bei Erstprüfung sowie bei Anstieg des Chloridgehalts der Ausgangsstoffe
Konsistenz	Augenscheinprüfung	jede Mischung oder Ladung
	Konsistenzprüfung	– bei Herstellung der Probekörper für Druckfestigkeitsprüfung – bei Prüfung des Luftgehalts – im Zweifelsfall nach Augenscheinprüfung
Rohdichte des Frischbetons	Rohdichteprüfung	täglich
Zementgehalt	Zugabemenge[1)]	jede Mischung
Gehalt an Zusatzstoffen	Zugabemenge[1)]	jede Mischung
Gehalt an Zusatzmittel	Zugabemenge oder -volumen[1)]	jede Lieferung
Wasserzementwert	durch Berechnung oder durch Prüfung	täglich, wenn festgelegt
Luftgehalt des Frischbetons, wenn festgelegt	Prüfung nach DIN EN 12350-7 für Normal- und Schwerbeton, nach ASTM C173 für Leichtbeton	für Betone mit LP bei erster Mischerfüllung oder Ladung jeder Tagesproduktion, bis sich die Werte stabilisiert haben
Temperatur des Frischbetons	Temperaturmessung	– im Zweifelsfall – wenn Temperatur festgelegt, in regelmäßigen Abständen je nach Situation – wenn Temperatur nahe am Grenzwert, jede Mischung oder Ladung
Trockenrohdichte von Leicht- und Schwerbeton	Rohdichteprüfung	wenn die Rohdichte festgelegt ist, so häufig wie Druckfestigkeitsprüfung
Druckfestigkeit	Prüfung an in Formen hergestellten Probekörpern	so häufig, wie für die Beurteilung der Konformität erforderlich (s. S. 5.18)

1) Wird kein Aufzeichnungsgerät verwendet und sind die Toleranzen für die Mischung oder Ladung überschritten, ist die Menge in der Mischung in den Aufzeichnungen über die Herstellung anzugeben.

9 Konformitätskontrolle beim Betonhersteller und Konformitätskriterien

Die Konformitätskontrolle umfasst Handlungen und Entscheidungen, die durchgeführt und getroffen werden müssen, um die Übereinstimmung des Betons mit den Festlegungen nachzuprüfen. Die Konformitätskontrollen sind unterschiedlich für Beton nach Zusammensetzung und Standardbeton sowie für Beton nach Eigenschaften.

9.1 Beton nach Zusammensetzung und Standardbeton

Beim Beton nach Zusammensetzung hat der Hersteller lediglich nachzuweisen, dass die Mengen der Ausgangsstoffe innerhalb der vorgeschriebenen Dosiergenauigkeit entsprechend der Festlegung abgemessen worden sind. Der Wasserzementwert darf den festgelegten Wert um nicht mehr als 0,02 überschreiten.

Beim Standardbeton muss nachgewiesen werden, dass die Anforderungen der Norm eingehalten werden.

9.2 Beton nach Eigenschaften

Der Hersteller kann die Konformitätskontrolle entweder an einzelnen Betonzusammensetzungen oder bei Normal- und Schwerbeton bis einschließlich der Festigkeitsklasse C50/60 oder bei Leichtbeton bis zur Festigkeitsklasse LC55/60 an Betonfamilien durchführen. Bei einer Betonfamilie handelt es sich um eine Gruppe von Betonzusammensetzungen, für die ein verlässlicher Zusammenhang zwischen den maßgebenden Eigenschaften besteht und dokumentiert ist. Voraussetzungen für eine Betonfamilie sind:

- Betone mit einem begrenzten Bereich von Festigkeitsklassen,
- Zement einer Art, Festigkeitsklasse und eines Ursprungs,
- nachweisbar ähnliche Gesteinskörnung und Zusatzstoffe des Typs I,
- Betone sowohl mit als auch ohne wasserreduzierende/verflüssigende Zusatzmittel,
- Betone ohne Einschränkung hinsichtlich der Konsistenzklassen.

Separate Betonfamilien sind zu bilden für

- Betone mit Zusatzstoffen des Typs II (Flugasche, Silikastaub),
- Betone mit Zusatzmitteln, die Auswirkungen auf die Druckfestigkeit haben, wie hochwirksame wasserreduzierende/verflüssigende Zusatzmittel, Beschleuniger, Verzögerer oder Luftporenbildner.

Wenn die Konformitätskontrolle auf eine Betonfamilie angewendet wird, ist als Referenzbeton entweder der am häufigsten hergestellte Beton oder ein Beton aus dem Mittelfeld der Betonfamilie auszuwählen. Um Ergebnisse aus Druckfestigkeitsprüfungen jeder einzelnen Betonprüfung auf den Referenzbeton übertragen zu können, werden Zusammenhänge zwischen jeder einzelnen Betonzusammensetzung und dem Referenzbeton aufgestellt.

Mindesthäufigkeit der Probenahme zur Beurteilung der Konformität[1)]

Herstellung	erste 50 m^3 der Produktion	nach den ersten 50 m^3 der Produktion[2)]		
		Normalbeton ≤ C50/60 Schwerbeton	hochfester Beton ≥ C55/67	Leichtbeton
Erstherstellung (≤35 Ergebnisse)	3 Proben	1 je 200 m^3 oder 2 je Produktionswoche	1 je 100 m^3 oder 1 je Produktionstag	1 je 100 m^3 oder 1 je Produktionstag
stetige Herstellung (>35 Ergebnisse)		1 je 400 m^3 oder 1 je Produktionswoche	1 je 200 m^3 oder 1 je Produktionstag	1 je 200 m^3 oder 1 je Produktionstag

1) Diejenige Häufigkeit ist maßgebend, die die größte Probenanzahl ergibt.
2) Verteilung der Probenahme über die Herstellung und nicht mehr als eine Probe für 25 m^3.

9.2.1 Konformität der Betondruckfestigkeit

Die Konformität der Betondruckfestigkeit ist an Probekörpern im Alter von 28 Tagen nachzuweisen. In Abhängigkeit von Erstherstellung oder stetiger Herstellung sowie davon, ob hochfester Beton vorliegt, sind zwei Kriterien zu erfüllen:

- Kriterium 1: Mittelwert von n aufeinander folgenden Prüfergebnissen f_{cm}
- Kriterium 2: Einzelergebnis f_{ci}

Wenn die Konformität auf der Grundlage einer Betonfamilie nachgewiesen wird, ist zusätzlich ein Kriterium 3 zu berücksichtigen.

Konformitätskriterien 1 und 2 für Ergebnisse der Druckfestigkeitsprüfung

Herstellung	Anzahl n der Ergebnisse	Kriterium 1 Mittelwert von n Ergebnissen f_{cm} in N/mm^2		Kriterium 2 Einzelwert f_{ci} in N/mm^2	
		≤ C50/60	≥ C55/67	≤ C50/60	≥ C55/67
Erstherstellung	3	$\geq f_{ck} + 4$	$\geq f_{ck} + 5$	$\geq f_{ck} - 4$	$\geq f_{ck} - 5$
stetige Herstellung	15	$\geq f_{ck} + 1{,}48\,\sigma$ $\sigma \geq 3$ N/mm²	$\geq f_{ck} + 1{,}48\,\sigma$ $\sigma \geq 5$ N/mm²	$\geq f_{ck} - 4$	$\geq 0{,}9\,f_{ck}$

Bestätigungskriterium für einen Beton aus einer Betonfamilie

Anzahl „n" der Prüfergebnisse für die Druckfestigkeit eines einzelnen Betons	Kriterium 3 Mittelwert f_{cm} von „n" Ergebnissen für einen einzelnen Beton der Betonfamilie in N/mm²
2	$\geq f_{ck} - 1{,}0$
3	$\geq f_{ck} + 1{,}0$
4	$\geq f_{ck} + 2{,}0$
5	$\geq f_{ck} + 2{,}5$
6 bis 14	$\geq f_{ck} + 3{,}0$
≥ 15	$\geq f_{ck} + 1{,}48 \cdot \sigma$

9.2.2 Konformitätskriterien für Ergebnisse der Konsistenzprüfung

Prüfverfahren	Grenzabweichung einzelner Prüfergebnisse Untergrenze	Obergrenze
Ausbreitmaß	– 20 mm	+ 30 mm
	– 30 mm[1]	+ 40 mm[1]
Verdichtungsmaß	– 0,03	+ 0,05
	– 0,05[1]	+ 0,07[1]

[1] Nur anwendbar bei Proben, die zu Beginn des Entladens eines Fahrmischers entnommen worden sind.

9.2.3 Konformitätskriterien für Rohdichte, *w/z*-Wert, Zement- und Luftgehalt

Eigenschaft		Grenzabweichung einzelner Prüfergebnisse Untergrenze	Obergrenze
Trockenrohdichte	von Schwerbeton	– 30 kg/m³	keine Beschränkung[1]
	von Leichtbeton	– 30 kg/m³	+ 30 kg/m³
Wasserzementwert		keine Beschränkung[1]	+ 0,02
Zementgehalt		– 10 kg/m³	keine Beschränkung[1]
Luftgehalt von LP-Beton		– 0,5 % Absolutwert	+ 1% Absolutwert

[1] Falls keine Grenze festgelegt ist.

10 Überwachungsprüfungen durch das Bauunternehmen

Für die Überprüfung der maßgebenden Frisch- und Festbetoneigenschaften wird der Beton in drei Überwachungsklassen eingeteilt; bei mehreren Kriterien ist die höhere Überwachungsklasse maßgebend. Bei Beton der Überwachungsklassen 2 und 3 muss das Bauunternehmen über eine ständige Betonprüfstelle verfügen, die von einem in der Betontechnik erfahrenen Fachmann geleitet wird. Zudem müssen die Ergebnisse der Überwachung durch eine dafür anerkannte Überwachungsstelle überprüft werden (Fremdüberwachung).

Überwachungsklassen für Beton nach DIN 1045-3

Überwachungsklasse	1	2	3
Festigkeitsklasse für Normal- und Schwerbeton	≤ C25/30[1]	≥ C30/37 und ≤ C50/60	≥ C55/67
Festigkeitsklasse für Leichtbeton der Rohdichteklassen D 1,0 … D 1,4	nicht anwendbar	≤ LC25/28	≥ LC30/33
D 1,6 … D 2,0	≤ LC25/28	LC30/33 und LC35/38	≥ LC40/44
Expositionsklasse	X0, XC, XF1	XS, XD, XA, XM[2], ≥ XF2	–
besondere Eigenschaften		Beton für wasserundurchlässige Baukörper / Unterwasserbeton / Beton für hohe Gebrauchstemperaturen ≤ 250°C / Strahlenschutzbeton / Beton für besondere Anwendungsfälle (z. B. Verzögerter Beton, Beton beim Umgang mit wassergefährdenden Stoffen)	

[1] Spannbeton der Festigkeitsklasse C25/30 ist in Überwachungsklasse 2 einzuordnen.
[2] Gilt nicht für übliche Industrieböden.

10.1 Art und Häufigkeit der Prüfungen

Die Proben müssen zufällig ausgewählt und nach DIN EN 12350-1 entnommen werden.

Umfang und Häufigkeit der Prüfungen an Beton nach Eigenschaften auf der Baustelle bei Verwendung von Transportbeton nach DIN 1045-3

Prüfgegenstand	Prüfung	Häufigkeit für Überwachungsklasse		
		1	2	3
Lieferschein	Augenscheinprüfung	jedes Lieferfahrzeug		
Konsistenz	Augenscheinprüfung	Stichprobe	jedes Lieferfahrzeug	
	Konsistenzprüfung	– in Zweifelsfällen	– beim ersten Einbringen jeder Betonzusammensetzung – bei Herstellung von Probekörpern für die Festigkeitsprüfung – in Zweifelsfällen	
Frischbetonrohdichte von Leicht- und Schwerbeton	Rohdichteprüfung	– bei Herstellung von Probekörpern für die Festigkeitsprüfung – in Zweifelsfällen		
Gleichmäßigkeit des Betons	Augenscheinprüfung	Stichprobe	jedes Lieferfahrzeug	
Luftgehalt von Luftporenbeton	Prüfung nach DIN EN 12350-7 für Normal- und Schwerbeton, nach ASTM C173 für Leichtbeton	–	– zu Beginn jedes Betonierabschnitts – in Zweifelsfällen	
Druckfestigkeit	Prüfung an in Formen hergestellten Probekörpern	– in Zweifelsfällen	3 Proben – je 300 m^3 [1)] oder – je 3 Betoniertage[1)]	3 Proben – je 50 m^3 [1)] oder – je Betoniertag[1)]

1) Die Forderung, die die größte Anzahl von Probekörpern ergibt, ist maßgebend.

10.2 Beurteilung der Ergebnisse der Druckfestigkeitsprüfung

Annahmekriterien für Ergebnisse von Druckfestigkeitsprüfungen von Beton nach Eigenschaften bei Verwendung von Transportbeton nach DIN 1045-3

Anzahl n der Einzelwerte	Kriterium 1 Mittelwert von n Einzelwerten f_{cm} in N/mm^2	Kriterium 2 Einzelwert f_{ci} in N/mm^2 Überwachungsklasse	
		1 und 2	3
3 bis 4	$\geq f_{ck} + 1$	$\geq f_{ck} - 4$	$\geq 0{,}9\, f_{ck}$
5 bis 6	$\geq f_{ck} + 2$		
7 bis 34	$\geq f_{ck} + \left(1{,}65 - \frac{2{,}58}{\sqrt{n}}\right) \cdot \sigma$ [1)]		
≥ 35	$\geq f_{ck} + \left(1{,}65 - \frac{2{,}58}{\sqrt{n}}\right) \cdot \sigma$ [2)]		

1) Schätzwert der Standardabweichung der Grundgesamtheit $\sigma = 4\ N/mm^2$.

2) Schätzwert der Standardabweichung der Grundgesamtheit bei Überwachungsklasse 1 und 2 $\sigma \geq 3\ N/mm^2$, bei Beton der Überwachungsklasse 3 $\sigma \geq 5\ N/mm^2$.

5 B Betonstahl und Spannstahl

Prof. Dr.-Ing. Alfons Goris

1 Betonstahl

Betonstahl kann unterschieden werden nach

- Verarbeitungsform: Betonstabstahl (S), Betonstahlmatten (M), Bewehrungsdraht
- Duktilität: normalduktil (Kennbuchstabe A) oder hochduktil (Kennbuchstabe B)
- Oberflächengestaltung: Betonstabstahl und Betonstahlmatte: gerippt
  Bewehrungsdraht: glatt oder profiliert (nicht allgemein für eine Anwendung nach DIN 1045-1, nur für Sonderzwecke)
- Herstellverfahren: warmgewalzt (ohne oder mit Nachbehandlung), kaltverformt.

1.1 Betonstabstahl

Betonstabstahl wird entweder als gerader Stab oder als Betonstahl vom Ring zum Richten geliefert. Für *gerade Einzelstäbe* können folgende Anwendungen genannt werden

- Durchmesser: 6, 8, 10, 12, 14, 16, 20, 25, 28 mm für BSt 500 S nach DIN 488
  32, 40 mm für BSt 500 S nach Zulassung
- Lieferlängen: 12 m bis 15 m.

Betonstahl vom Ring wird bis zu einem Stabdurchmesser $d_s \leq 14$ mm geliefert. Der Betonstahl wird vor dem Einbau gerichtet (Richtanlage). Der Biegebetrieb muss die Eignung für das Weiterverarbeiten (Richten) nachweisen.

1.2 Geschweißte Betonstahlmatten

Geschweißte Betonstahlmatten sind werkmäßig vorgefertigte Bewehrungen aus sich kreuzenden Stäben, die an den Kreuzungsstellen durch Widerstandspunktschweißung scherfest miteinander verbunden sind. Betonstahlmatten werden als Lagermatten und Nichtlagermatten angeboten.

Lagermatten werden nach einem festen Programm hergestellt; die Matten sind 2,15 m breit und haben eine Länge von 5,0 m bzw. 6,0 m und Bewehrungsquerschnitte zwischen 1,88 cm²/m und 5,13 cm²/m.

Die Matten werden durch Kurzzeichen charakterisiert. Die Kennzeichnung gibt an

- Art der Lagermatte:
  R-Matte, die bei einachsiger Lastabtragung eingesetzt werden. Die Haupttragrichtung verläuft in Richtung der längeren Richtung, in Querrichtung sind ≥ 20 % der Längsrichtung vorhanden;
  Q-Matte, die in Längs- und Querrichtung näherungsweise den gleichen Querschnitt aufweisen und eingesetzt werden, wenn die Beanspruchung in beiden Richtungen etwa gleich groß ist;
- Stahlquerschnitt in mm²/m: Nach dem Kurzzeichen „R“ bzw. „Q“ erfolgt die Angabe des Bewehrungsquerschnitts der Längsrichtung in mm²/m;
- Duktilitätsklasse: Die Duktilität wird durch einen nachgestellten Buchstaben gekennzeichnet.

Beispiel: „Q513 A“ bezeichnet eine Matte, die in Längsrichtung einen Stahlquerschnitt von 5,13 cm²/m und in Querrichtung 5,03 cm²/m (d. h. ungefähr 5,13 cm²/m) aufweist und normalduktil ist.

Das vollständige Lagermattenprogramm ist auf S. 5.171 wiedergegeben.

Bei **Nichtlagermatten** kann der Mattenaufbau weitgehend frei gewählt und die Bewehrung der jeweiligen Aufgabe angepasst werden. *Listenmatten* sind Matten, deren Stababstände, Stabdurchmesser und Mattenabmessungen vom Besteller festgelegt werden. Für den Mattenaufbau sind jedoch bestimmte Vorgaben zu beachten

- Abmessungen: Mattenlänge von 3,00 m bis 12,00 m; Mattenbreite von 1,85 m bis 3,00 m
- Längsstäbe: Einzel- oder Doppelstäbe, max. zwei unterschiedliche Durchmesser, Längsstäbe sind staffelbar (Feldspareffekt)
- Querstäbe: Einzelstäbe (keine Doppelstäbe möglich), keine unterschiedlichen Durchmesser Querstäbe, nicht staffelbar
- Überstände: minimale Mattenüberstände 25 mm, maximale Mattenüberstände 100 d_s.

Die Beschreibung von Matten erfolgt in einer nach Längs- und Querrichtung achsengetrennten Schreibweise. Die wählbaren Längs- und Querstabdurchmesser sowie Abstände sind in Tafel 5.22 angegeben.

Seit Kurzem sind außerdem sog. *Vorratsmatten* auf dem Markt, die die Eigenschaften von Lagermatten und Listenmatten miteinander verknüpfen. Weitere Hinweise s. z. B. [5.7], [5.8].

Mattenbeschreibung

	Mattenaufbau	Umriss	Überstände	Feldspareffekt
Längsrichtung	$a_L \cdot d_{s1} / d_{s2} - n_{links} / n_{rechts}$	L	$ü_1 / ü_2$	A_k L_k
Querrichtung	$a_Q \cdot d_{s3}$	B	$ü_3 / ü_4$	

Erläuterungen

a_L	Abstand der Längsstäbe in mm
a_Q	Abstand der Querstäbe in mm
d_{s1}	Längsstabdurchmesser, Innenbereich
d_{s2}	Längsstabdurchmesser, Randbereich
d_{s3}	Querstabdurchmesser
d	Doppelstäbe
n_{links}	Anzahl Längsrandstäbe links
n_{rechts}	Anzahl Längsrandstäbe rechts
L	Mattenlänge in m
B	Mattenbreite in m
$ü_1$	Überstand am Mattenanfang in mm
$ü_2$	Überstand am Mattenende in mm
$ü_3$	Überstand am linken Mattenrand in mm
$ü_4$	Überstand am rechten Mattenrand in mm
A_k	Abstand der kurzen Stäbe (vom Anfang)
L_k	Länge der kurzen Stäbe in mm

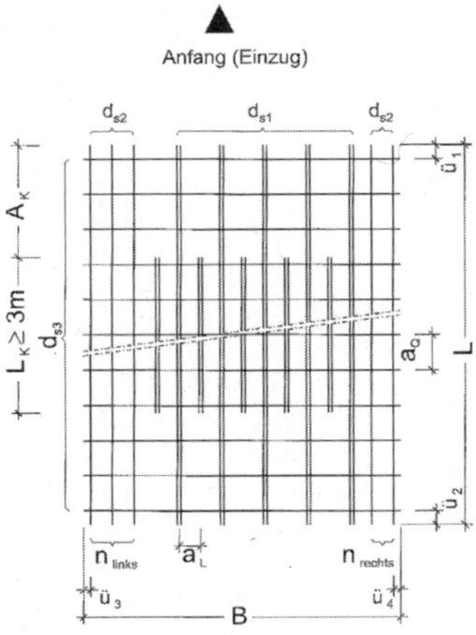

Beispiel

Mattenbeschreibung:

150 · 7,0d / 7,0 – 4 / 4	6,00	125 / 125
100 · 8,0	2,15	25 / 25

(Mattenbeschreibung der Q 513; s. S. 5.171)

Tafel 5.22 Durchmesserkombinationen und Querschnitte von Listenmatten

Längsstabdurchmesser	↓ Querschnitt der Längsstäbe $a_{s,längs}$ ↓													Verschweißbarkeit			
	vorrangig verwendete Querschnitte grau unterlegt																
	Längsstababstand in mm																
	50	-	100	-	150	-	200	-	250	-	300	-	-	Einfachlängsstäbe	verschweißbar mit Einfachquerstäben	Doppellängsstäbe	verschweißbar mit Einfachquerstäben
	100d*	150d*	200d*														
mm	cm²/m													⌀ (mm)	⌀ (mm)	⌀ (mm)	⌀ (mm)
6,0	5,65	3,77	2,82	2,26	1,88	1,62	1,41	1,26	1,13	1,03	0,94	0,87	0,81	6,0	6 - 8	6,0d	6 - 8
7,0	7,70	5,13	3,85	3,08	2,57	2,20	1,92	1,71	1,54	1,40	1,28	1,18	1,10	7,0	6 - 10	7,0d	6 - 10
8,0	10,1	6,70	5,03	4,02	3,35	2,87	2,51	2,23	2,01	1,83	1,67	1,55	1,44	8,0	6 - 11	8,0d	7 - 11
9,0	12,7	8,48	6,36	5,09	4,24	3,63	3,18	2,83	2,54	2,31	2,12	1,96	1,82	9,0	7 - 12	9,0d	8 - 12
10,0	15,7	10,5	7,85	6,28	5,24	4,49	3,92	3,49	3,14	2,85	2,61	2,42	2,24	10,0	7 - 12	10,0d	8 - 12
11,0	19,0	12,7	9,50	7,60	6,34	5,43	4,74	4,22	3,80	3,45	3,16	2,92	2,71	11,0	8 - 12	11,0d	9 - 12
12,0	22,6	15,1	11,3	9,04	7,54	6,46	5,66	5,02	4,52	4,11	3,76	3,48	3,23	12,0	9 - 12	12,0d	10 - 12
mm	cm²/m																
Querstabdurchmesser	50	75	100	125	150	175	200	225	250	275	300	325	350				
	Querstababstand in mm																
	vorrangig verwendete Querschnitte grau unterlegt																
	↑ Querschnitt der Querstäbe $a_{s,quer}$ ↑																

* Doppelstäbe nur als Längsstäbe.

1.3 Eigenschaften und zulässige Schweißverfahren

Die Festlegungen und konstruktiven Regelungen von DIN 1045-1 beziehen sich auf schweißgeeignete, gerippte Betonstähle mit einer charakteristische Streckgrenze von f_{yk} = 500 N/mm² und den weiteren in den Tafeln 5.23a und 5.23b angegebenen Eigenschaften.

Tafel 5.23a Eigenschaften von Betonstählen (DIN 1045-1, Tab. 11)

Benennung		BSt 500 S(A)	BSt 500 M(A)	BSt 500 S(B)	BSt 500 M(B)	Art der Anforderung / Quantilwert p in %
Erzeugnisform		Betonstabstahl	Betonstahlmatte	Betonstabstahl	Betonstahlmatte	
Duktilität		normal		hoch		
Streckgrenze f_{yk} in N/mm²		500				5
Verhältnis $(f_t / f_y)_k$		≥ 1,05		≥ 1,08		min. 10
Verhältnis $(f_y / f_{yk})_{0,90}$		–		≤ 1,3		max. 10
Stahldehnung unter Höchstlast ε_{uk} in ‰		25		50		10
Kennwert für die Ermüdungsfestigkeit $N = 2 \cdot 10^6$ in N/mm² (mit einer oberen Spannung von nicht mehr als $0{,}6 f_y$)[a]	$d_s \leq 28$	190	100	190	100	10
	$d_s > 28$	–	–	150	–	–
Bezogene Rippenfläche f_R für Nenndurchmesser d_s (in mm)	5,0 – 6,0	0,039				10
	6,5 – 8,5	0,045				
	9,0–10,5	0,052				
	11 – 40	0,056				
Unterschreitung des Nennquerschnitts		4				max. 5
Biegerollendurchmesser beim Rückbiegeversuch für Nenndurchmesser d_s (mm)	6 bis 12	5 d_s				min. 1
	14 bis 16	6 d_s				
	20 bis 25	8 d_s				
	28 bis 40	10 d_s				

[a] Falls im Versuch höhere Werte nachgewiesen werden, dürfen die Bemessungswerte aus DIN 1045-1, Tab. 16 (Parameter der Wöhlerlinie), abgeleitet werden

Tafel 5.23b Zulässige Schweißverfahren bei Betonstählen

Belastungsart	Schweißverfahren mit Kurzzeichen und Ordnungsnummer nach DIN EN ISO 4063			Zugstäbe[a]	Druckstäbe[a]
Vorwiegend ruhend	Abbrennstumpfschweißen	(RA)	24	Stumpfstoß	
	Lichtbogenhandschweißen Metall-Lichtbogenschweißen	(E) (MF)	111 114	Stumpfstoß mit $d_s \geq 20$ mm, Laschenstoß, Überlappungsstoß, Kreuzungsstoß[c], Verbindungen mit anderen Stahlteilen	
	Metall-Aktivgasschweißen[b]	(MAG)	135	Laschenstoß, Überlappungsstoß, Kreuzungsstoß[c], Verbindung mit anderen Stahlteilen	
			136	–	Stumpfstoß mit $d_s \geq 20$ mm
	Reinschweißen	(FR)	42	Stumpfstoß, Verbindung mit anderen Stahlteilen	
	Widerstandspunktschweißen (mit Einpunktschweißmaschine)	(RP)	21	Überlappungsstoß[d] Kreuzungsstoß[b)d)]	
Nicht vorwiegend ruhend	Abbrennstumpfschweißen	(RA)	24	Stumpfstoß	
	Lichtbogenhandschweißen	(E)	111	–	Stumpfstoß mit $d_s \geq 16$ mm
	Metall-Aktivgasschweißen	(MAG)	135 136	–	Stumpfstoß mit $d_s \geq 20$ mm

[a] Es dürfen gleiche Durchmesser sowie benachbarte Stabdurchmesser verbunden werden.
[b] Zulässiges Verhältnis der Stabnenndurchmesser sich kreuzender Stäbe ≥ 0,57.
[c] Für tragende Verbindungen $d_s \leq 16$ mm.
[d] Für tragende Verbindungen $d_s \leq 28$ mm.

2 Spannstahl

Spannstähle haben eine deutlich höhere Festigkeit als Betonstähle. Sie werden nach der charakteristischen Streckgrenze bei 0,2 % bleibender Dehnung $f_{p0,2k}$ und der Zugfestigkeit f_{pk} bezeichnet. Für die Berechnung nach DIN 1045-1 ist jedoch die *charakteristische Streckgrenze* $f_{p0,1k}$ bei 0,1 % bleibender Dehnung maßgebend. In Tafel 5.24b sind die in Deutschland zugelassenen Spannstähle zusammengestellt (vgl. [5.9]).

Spannglieder bestehen aus dem Spannstahl, einem Hüllrohr, Anker und ggf. Koppelstellen. Spannglieder bzw. die Spannverfahren müssen bauaufsichtlich zugelassen sein. Gegenwärtig sind in Deutschland die in Tafel 5.24a angegebenen Spannverfahren zugelassen (Auswahl).

Tafel 5.24a Allg. bauaufsichtlich zugelassene Spannverfahren (auf der Basis von DIN 1045-1)

Verbundart	Stahlsorte $f_{p0,1k}/f_{pk}$ [N/mm²]	Litzenzahl und Durchmesser [mm]	$P_{0,max}$ je nach Litzenanzahl[a)] [kN]	Firma	Zulassungs-nummer	Geltungs-dauer
nachträglich	1500/1770 1600/1860	4 – 31 / ∅15,7 4 – 31 / ∅15,7	810 – 6278 864 – 6696	BBR-Systems www.bbrsystems.ch	Z-13.1-108	28.02.2009
nachträglich	1500/1770 1600/1860	3 – 31 / ∅15,3 3 – 31 / ∅15,7	567 – 5859 648 – 6696	BBV-Vorspanntechnik www.bbv-vorspanntechnik.de	Z-13.1-114	28.02.2010
ohne	1500/1770	1 – 5 / ∅15,3 1 – 5 / ∅15,7	173 – 867 186 – 929		Z-13.2-70	31.12.2009
ohne, extern	1500/1770	9 – 19 / ∅15,3	1561 – 3296		Z-13.3-99	31.12.2009
nachträglich	1500/1770	1 – 19 / ∅15,7	203 – 3213	Suspa-DSI www.suspa.de	Z-13.1-82	31.01.2007
nachträglich	1500/1770	1 – 22 / ∅15,3	189 – 4158		Z-13.1-116	28.02.2010
nachträglich	1500/1770	3 – 22 / ∅15,7	608 – 4455		Z-13.1-118	31.07.2010
ohne	1500/1770	1 / ∅15,3 1 / ∅15,7	186 199		Z-13.2-95	28.02.2010
ohne	1500/1770	2 – 5 / ∅15,7	405 – 1012		Z-13.2-113	28.02.2010
ohne	1500/1770 1600/1860	1 – 5 / ∅15,7 1 – 5 / ∅15,7	205 – 1025 216 – 1080	Suspa-DSI www.suspa-dsi.de	ETA-03/0036	31.03.2009
nachträglich, ohne, extern	950/1050	∅ 26,5 – 40	499 – 1131		ETA-05/0123	18.09.2010

a) $P_{0,max}$ Maximal zulässige Vorspannkraft während des Vorspannens (vgl. a. Kap. C, 2.2.3)

Tafel 5.24b Spannstähle der zugelassenen Spannverfahren

Form		Stahlsorte (Kurzname) $f_{p0,2k}/f_{pk}$ [N/mm²]	$f_{p0,1k}$[a)] [N/mm²]	$f_{p0,01k}$[b)] [N/mm²]	Elastizitätsmodul [N/mm²]	Herstellung	Zulassungsnummer	Hersteller
Stabstahl, rund	glatt	St 835/1030	835	735	205 000	warmgewalzt, gereckt und angelassen	Z-12.4-20	Stahlwerke Annahütte www.stahlwerke-annahuette.de
	gerippt				205 000[c]		Z-12.4-19	
	glatt	St 1080/1230	1080	950	205 000		Z-12.4-46	
	gerippt						Z-12.4-40	
	glatt	St 900/1030	900	800		warmgewalzt, wärmebehandelt, gereckt, angelassen	Z-12.4-26	
	gerippt						Z-12.4-70	
	gerippt	St 950/1050	950	850			Z-12.4-71	
Draht, rund	glatt	St 1420/1570	1400	1220	205 000	warmgewalzt, vergütet	Z-12.2-9	Sigma-Stahl www.sigma-stahl.de
	gerippt						Z-12.2-67	
	glatt	St 1470/1620	1450	1260			Z-12.2-74	
	gerippt						Z-12.2-75	
	glatt	St 1470/1670	1420	1300	205 000[c)]	kaltgezogen	Z-12.2-17	DWK Drahtwerke www.drahtwerke-koeln.de
	profiliert	St 1470/1670	1420	1300	200 000		Z-12.2-27	
			1500	1350			Z-12.2-28	
	glatt	St 1570/1770	1500	1350			Z-12.2-18	
Litze (7-drähtig)	glatt	St 1570/1770	1500	1350	195 000	kaltgezogen	Z-12.3-29	
		St 1660/1860	1600	1860			Z-12.3-88	

a) Charakteristischer Wert bei 0,1 % bleibender Dehnung.
b) Charakteristischer Wert bei 0,01 % bleibender Dehnung.
c) Je nach verwendeter Bemessungsnorm ggf. auch 200 000 N/mm².

5 C Stahlbeton- und Spannbetonbau nach DIN 1045-1

Prof. Dr.-Ing. Alfons Goris;
Prof. Dr.-Ing. Alfons Goris, Prof. Dipl.-Ing. Dipl.-Wirtsch.-Ing. Gerhard Richter (Abschnitt 3);
Prof. Dr.-Ing. Ulrich P. Schmitz (Abschnitt 6, Tafeln 4 bis 14 und 16)

1 Formelzeichen, Begriffe, Geltungsbereich

1.1 Formelzeichen (Auswahl)

Lateinische Großbuchstaben

A	Fläche	(area)
E	Elastizitätsmodul	(modulus of elasticity)
E	Einwirkung, Schnittgröße	(internal forces and moments)
G	ständige Einwirkung	(permanent action)
I	Flächenmoment 2. Grades	(second moment of area)
M	Biegemoment	(bending moment)
N	Längskraft	(axial force)
P	Vorspannkraft	(prestressing force)
Q	Verkehrslast	(variable action)
R	Widerstand, Tragfähigkeit	(resistance)
T	Torsionsmoment	(torsional moment)
V	Querkraft	(shear force)

Lateinische Kleinbuchstaben

b	Breite	(width)
c	Betondeckung	(concrete cover)
d	Nutzhöhe	(effective depth)
f	Festigkeit eines Materials	(strength of a material)
g	verteilte ständige Last	(distributed permanent load)
h	Querschnittshöhe	(overall depth)
i	Trägheitsradius	(radius of gyration)
l	Stützweite	(span)
q	verteilte veränderliche Last	(distributed variable load)
t	Dicke	(thickness)
w	Rissbreite	(crack width)
x	Druckzonenhöhe	(neutral axis depth)
z	Hebelarm der inneren Kräfte	(lever arm of internal force)

Griechische Kleinbuchstaben

γ	Teilsicherheitsbeiwert	(partial safety factor)
ε	Dehnung	(strain)
λ	Schlankheitsgrad	(slenderness ratio)
μ	bezogenes Biegemoment	(reduced bending moment)
ν	bezogene Längskraft	(reduced axial force)
ν	Querdehnzahl	(Poisson's ratio)
ρ	geometrischer Bewehrungsgrad	(geometrical reinforcement ratio)
ρ	Trockenrohdichte	(oven-dry density)
σ	Längsspannung	(axial stress)
τ	Schubspannung	(shear stress)
ω	mechanischer Bewehrungsgrad	(mechanical reinforcement ratio)

Fußzeiger

c	Beton	(concrete)
c	Druck	(compression)
d	Bemessungswert	(design value)
dir	unmittelbar	(direct)
eff	wirksam	(effective)
g, G	ständig	(permanent)
ind	mittelbar	(indirect)
inf	unterer, niedriger	(inferior)
k	charakt. Wert	(charact. value)
p	Vorspannung Spannstahl	(prestressing force, prestressing steel)
q, Q	Verkehrslast	(variable action)
s	Betonstahl	(reinforcing steel)
sup	oberer, höherer	(superior)
t	Zug	(tension)
v	Querkraft	(shear)
y	Streckgrenze	(yield)

Zusammengesetzte Formelzeichen

G_k	charakteristischer Wert einer ständigen Last
Q_k	charakteristischer Wert einer Verkehrslast
M_{Ed}	einwirkendes Bemessungsmoment
M_{Eds}	einwirkendes, auf die Zugbewehrung „versetztes“ Bemessungsmoment
N_{Ed}	einwirkende Bemessungslängskraft
V_{Ed}	einwirkende Bemessungsquerkraft
V_{Rd}	aufnehmbare Querkraft
f_{ck}	charakt. Wert der Betondruckfestigkeit
f_{cd}	Bemessungswert der Betondruckfestigkeit
f_{ct}	Zugfestigkeit des Betons
f_{yk}	charakt. Wert der Stahlstreckgrenze
f_{yd}	Bemessungswert der Stahlstreckgrenze
μ_{Ed}	bezogenes Bemessungsmoment
μ_{Eds}	auf die Biegezugbewehrung „versetztes“, bezogenes Bemessungsmoment
ν_{Ed}	bezogene Bemessungslängskraft

1.2 Begriffe

Prinzip Eine Angabe und Festlegung, von der keine Abweichung zulässig ist. (Prinzipien sind in DIN 1045-1 durch gerade Schreibweise gekennzeichnet.)

Anwendungsregel Allgemein anerkannte Regel, die dem Prinzip folgt und dessen Anforderungen erfüllt. Alternativen sind auf der Basis der Prinzipien zulässig (in DIN 1045-1 durch kursive Schreibweise gekennzeichnet).

Grenzzustand Ein Zustand, bei dem ein Tragwerk die Entwurfsanforderungen gerade noch erfüllt; es werden Grenzzustände der Tragfähigkeit und der Gebrauchstauglichkeit sowie Anforderungen an die Dauerhaftigkeit unterschieden.

Einwirkung *E* Auf ein Tragwerk einwirkende Kräfte, Lasten etc. als direkte Einwirkung, eingeprägte Verformungen (Temperatur, Setzung) als indirekte Einwirkung. Einteilung in
- ständige Einwirkung (G): z. B. Eigenlast der Konstruktion
- veränderliche Einwirkung (Q): z. B. Nutzlast, Wind, Schnee, Temperatur
- außergewöhnliche Einwirkungen (A): z. B. Explosion, Anprall von Fahrzeugen
- vorübergehende Einwirkungen: z. B. Bauzustände, Montagelasten

Charakteristische Werte der Einwirkungen (F_k) werden i. Allg. in Lastnormen festgelegt:
- ständige Einwirkung i.d.R. als ein einzelner Wert (G_k), ggf. jedoch auch als oberer ($G_{k,sup}$) und unterer ($G_{k,inf}$) Grenzwert
- veränderliche Einwirkung (Q_k) als oberer / unterer Wert oder als festgelegter Sollwert
- außergewöhnliche Einwirkung (A_k) i. Allg. als festgelegter (deterministischer) Wert

Kombinationen von veränderlichen Einwirkungen ergeben sich unter Berücksichtigung von Kombinationsbeiwerten ψ_i (s. Abschn. 2.1.2 und 2.1.3)

Bemessungswerte der Einwirkung (F_d) ergeben sich aus $F_d = \gamma_F \cdot F_k$ mit γ_F als Teilsicherheitsbeiwert für die betrachtete Einwirkung; der Beiwert γ_F kann mit einem oberen ($\gamma_{F,sup}$) und einem unteren Wert ($\gamma_{F,inf}$) angegeben werden (s. Abschn. 2.1.2).

Widerstand *R* Durch Materialeigenschaften (Beton, Betonstahl, Spannstahl) und geometrische Größen sich ergebende aufnehmbare Beanspruchungen.

Charakteristische Werte der Baustoffe (X_k) werden in Baustoff- und Bemessungsnormen als Quantile einer statistischen Verteilung festgelegt, ggf. mit oberen und unteren Werten.

Bemessungswert einer Baustoffeigenschaft ergibt sich aus $X_d = X_k/\gamma_M$ mit γ_M als Teilsicherheitsbeiwert für die Baustoffeigenschaften (Beiwerte γ_M s. Abschn. 2.1.2).

Üblicher Hochbau Hochbau, der für vorwiegend ruhende, gleichmäßig verteilte Nutzlasten bis 5,0 kN/m², ggf. für Einzellasten bis 7,0 kN und für Personenkraftwagen bemessen ist.

1.3 Geltungsbereich

DIN 1045-1 gilt für die Bemessung und Konstruktion von Tragwerken des Hoch- und Ingenieurbaus aus unbewehrtem Beton, Stahlbeton und Spannbeton mit Normal- und Leichtzuschlägen:
- C12/15 bis C100/115[1) (Normalbeton)
- LC12/13 bis LC60/66 (Leichtbeton).

In diesem Beitrag wird überwiegend die Bemessung und Konstruktion mit *Normalbeton C12/15 bis C50/60* behandelt. In einigen Abschnitten wird zusätzlich auf die besonderen Anforderungen für *Hochfesten Normalbeton C55/67 bis C100/115* und für *Leichtbeton LC12/13 bis LC60/66* eingegangen.

DIN 1045-1 behandelt ausschließlich Anforderungen an die Tragfähigheit, die Gebrauchstauglichkeit und die Dauerhaftigkeit von Tragwerken. Gebrauchstauglichkeitsnachweise sichern zum einen die Nutzung, zum anderen die Dauerhaftigkeit der Konstruktion. Grenzwerte zur Sicherung der Dauerhaftigkeit sind verbindlich formuliert, Grenzwerte zur Sicherung der Nutzung sind als Richtwerte angegeben.

Die Norm behandelt nicht
- bauphysikalische Anforderungen (Wärme- und Schallschutz)
- Bemessung im Brandfall
- Bauteile aus Beton mit haufwerksporigem Gefüge und Porenbeton sowie Bauteile aus Schwerzuschlägen oder mit mittragendem Baustahl
- besondere Bauformen (z. B. Schächte im Bergbau).

Für die Bemessung von bestimmten Bauteilen (z. B. Brücken, Dämme, Druckbehälter, Flüssigkeitsbehälter, Offshore-Plattformen) sind i.d.R. zusätzliche Anforderungen zu berücksichtigen.

[1)] Normalbeton der Festigkeitsklassen C55/67 bis C100/115 wird als Hochfester Normalbeton bezeichnet. Die Anwendung von C90/105 und C100/115 bedarf weiterer, auf den Verwendungszweck abgestimmter Nachweise.

2 Bemessungsgrundlagen

2.1 Nachweisform und Sicherheitsbeiwerte [1)]

2.1.1 Bemessungskonzept und Bemessungssituation

Das *Bemessungskonzept* beruht auf dem Nachweis, dass bestimmte Zustände, sog. *Grenzzustände,* nicht überschritten werden. Man unterscheidet

- Grenzzustände der Tragfähigkeit (Bruch, Verlust des Gleichgewichts, Ermüdung)
- Grenzzustände der Gebrauchstauglichkeit (unzulässigeVerformungen, Schwingungen, Rissbreiten)
- Anforderungen an die Dauerhaftigkeit.

Bei den Nachweisen in den Grenzzuständen der Tragfähigkeit und der Gebrauchstauglichkeit werden drei *Bemessungssituationen* unterschieden:

- ständige Bemessungssituation (normale Nutzungsbedingungen des Tragwerks) } Grundkombination
- vorübergehende Bemessungssituation (z. B. Bauzustand, Instandsetzungsarbeiten) } Grundkombination
- außergewöhnliche Bemessungssituation (z. B. Anprall, Erschütterungen).

2.1.2 Grenzzustände der Tragfähigkeit

Nachweis der Lagesicherheit

Der Nachweis der Lagesicherheit wird in DIN 1055-100, 9.2 behandelt. Es ist nachzuweisen, dass die Bemessungswerte der destabilisierenden Einwirkungen $E_{d,dst}$ die Bemessungswerte der stabilisierenden Einwirkungen $E_{d,stb}$ nicht überschreiten.

$$\boldsymbol{E_{d,dst} \leq E_{d,stb}} \tag{27.1}$$

Wird die Lagesicherheit durch Verankerungen bewirkt, wird Gl. (27.1) wie folgt modifiziert

$$E_{d,dst} - E_{d,stb} \leq R_d$$

mit R_d als Bemessungswert des Tragwiderstandes der Verankerung (hierfür ist dann zusätzlich Gl. (28.1) nachzuweisen).

Ermüdung

Die Schädigungssumme D_{Ed} darf den Wert 1 nicht überschreiten (DIN 1045-1, 10.8):

$$\boldsymbol{D_{Ed} \leq 1} \tag{27.2}$$

Vereinfachend kann der Nachweis auch nach DIN 1045-1, 10.8.4 mit den Einwirkungskombinationen nach Abschn. 2.1.3 – d. h. mit $\gamma_F = 1$ – geführt werden (vgl. Abschn. 4.1.6).

Versagen ohne Vorankündigung / Sicherstellung eines duktilen Bauteilverhaltens

Ein Versagen ohne Vorankündigung bei Erstrissbildung muss vermieden werden. Dies kann unter folgenden Voraussetzungen als erfüllt angesehen werden (DIN 1045-1, 5.3.2):

- Unbew. Beton: Für stabförmige Bauteile mit Rechteckquerschnitt ist die Ausmitte der Längskraft unter der maßgebenden Einwirkungskombination des Grenzzustandes der Tragfähigkeit zu begrenzen auf $\boldsymbol{e_d / h < 0{,}4}$ (s. a. Abschn. 4.1.1.5).
- Stahlbeton: Es ist eine Mindestbewehrung anzuordnen, die entsprechend DIN 1045-1, 13.1.1 für das Rissmoment mit dem Mittelwert der Zugfestigkeit f_{ctm} und mit der Stahlspannung $\sigma_s = f_{yk}$ berechnet wird (vgl. Abschn. 5.4.1.1).
- Spannbeton: Für Spannbetonbauteile gilt *alternativ*:
  - Anordnung einer Mindestbewehrung (wie für Stahlbetonbauteile und ohne Anrechnung der Vorspannkraft)
  - geregelte Überwachung, wenn die Zugänglichkeit der Spannglieder gewährleistet ist, sodass deren Unversehrtheit mit geeigneten, zerstörungsfreien Prüfverfahren oder durch laufende Überwachung (Monitoring) überprüft werden kann.

---

1) Für die Anwendung von DIN 1045-1 gilt das in DIN 1055-100 festgelegte Sicherheitskonzept; in DIN 1045-1 sind nur einige zusätzliche bauartspezifische Festlegungen getroffen.

Grenzzustand der Tragfähigkeit infolge von Bruch oder übermäßiger Verformung

Wenn das Versagen des Tragwerks durch Bruch oder übermäßige Verformungen betrachtet wird, muss nachgewiesen werden, dass

$$\boxed{E_d \leq R_d} \tag{28.1}$$

mit E_d als Bemessungswert der Beanspruchung (Schnittgröße ...) und R_d als Bemessungswert des Tragwiderstands (Materialfestigkeiten ...).

Bemessungswert der Beanspruchungen E_d

Der Bemessungswert der Beanspruchung wird nach DIN 1055-100, Abschn. 9.4 bestimmt (s. a. [5.10])

Grundkombination $$\mathbf{E_d = E\,[\sum_{j\geq 1} \gamma_{G,j} \cdot G_{k,j} \oplus \gamma_P \cdot P_k \oplus \gamma_{Q,1} \cdot Q_{k,1} \oplus \sum_{i>1} \gamma_{Q,i} \cdot \psi_{0,i} \cdot Q_{k,i}\,]} \tag{28.2a}$$

Außergew. Situation: $$E_{dA} = E\,[\sum_{j\geq 1} \gamma_{GA,j} \cdot G_{k,j} \oplus \gamma_{PA} \cdot P_k \oplus A_d \oplus \psi_{1,1} \cdot Q_{k,1} \oplus \sum_{i>1} \psi_{2,i} \cdot Q_{k,i}\,] \tag{28.2b}$$

$\gamma_{G,j}$	Teilsicherheitsbeiwert für ständige Einwirkungen (s. Tafel 5.29a)
γ_P	Teilsicherheitsbeiwert für Einwirkungen infolge Vorspannung (s. Tafel 5.29a)
γ_Q	Teilsicherheitsbeiwert für veränderliche Einwirkungen (s. Tafel 5.29a)
$\gamma_{GA,j}$	Beiwerte der ständigen Einwirkung in der außergewöhnlichen Kombination (i. Allg.: 1,0)
γ_{PA}	Teilsicherheitsbeiwert für Einwirkungen infolge Vorspannung in der außergew. Kombination
$G_{k,j}$	charakteristische Werte der ständigen Einwirkungen
P_k	charakteristischer Wert der Vorspannung als unabhängige Einwirkung
$Q_{k,1}$; $Q_{k,i}$	charakteristische Werte der ersten veränderlichen Einwirkung bzw. weiterer veränderlicher E.
A_d	Bemessungswert einer außergewöhnlichen Einwirkung (z. B. Anpralllast)
ψ_0, ψ_1, ψ_2	Kombinationsbeiwerte für seltene, häufige und quasi-ständige Einwirkungen (s. Tafel 5.29b)
$\oplus$	„in Kombination mit"

Vereinfachte Kombinationsregeln für Hochbauten

Nach DIN 1055-100 (vgl. [5.10]) dürfen Gln. (28.2a) und (28.2b) bei einer linear-elastischen Schnittgrößenermittlung ersetzt werden durch:

Grundkombination $$\mathbf{E_d = \gamma_G \cdot E_{Gk} + 1{,}50 \cdot E_{Q,unf} + E_{Pk}} \tag{28.3a}$$

Außergewöhnliche Situation $$E_{dA} = E_{Ad} + E_{d,frequ} \tag{28.3b}$$

$E_{Q,unf}$ Kombination der ungünstigen veränderlichen charakteristischen Werte; sie wird ermittelt aus

$$E_{Q,unf} = E_{Qk,1} + \psi_{0,Q} \cdot \sum_{i>1} E_{Qk,i}$$

mit $E_{Qk,1}$ als vorherrschender veränderlicher Einwirkung

$E_{d,frequ}$ Häufige Kombination, die sich ergibt zu

$$E_{d,frequ} = E_{Gk} + E_{Pk} + \psi_{1,Q} \cdot E_{Q,unf}$$

mit $\psi_{1,Q}$ als bauwerksbezogenem Größtwert

Für die Weiterleitung der vertikalen Lasten im Tragwerk darf für den häufigen Fall, dass die ständigen Einwirkungen insgesamt ungünstig sind, die Grundkombination nach Gl. (28.3a) wie folgt vereinfacht werden (DIN 1055-100, Gl. (A.8) und Gl. (A.9); vgl. a. Kap. 3, Abschn. 1):

$$\max E_d = 1{,}35 \cdot E_{Gk} + 1{,}50 \cdot E_{Q,unf} \tag{28.4a}$$

$$\min E_d = 1{,}00 \cdot E_{Gk} \tag{28.4b}$$

Bemessungswerte des Widerstands (der Tragfähigkeit) R_d

Sie werden bei linear-elastischen Schnittgrößenermittlungen oder bei plastischen Berechnungen gebildet aus (für eine nichtlineare Schnittgrößenermittlung s. DIN 1045-1, 5.3.3 und 8.5):

$$\mathbf{R_d = R\,(\alpha \cdot f_{ck}/\gamma_c;\ f_{yk}/\gamma_s;\ f_{tk,cal}/\gamma_s;\ f_{p0,1k}/\gamma_s;\ f_{pk}/\gamma_s\,)} \tag{28.5}$$

α	Abminderungsbeiwert zur Berücksichtigung von Langzeiteinwirkungen u. a. (s. S. 5.31)
f_{ck}	charakteristischer Wert der Betonfestigkeit (s. S. 5.31f.)
f_{yk}	charakteristischer Wert der Streckgrenze des Betonstahls (s. S. 5.34)
$f_{tk,cal}$	charakteristischer Wert der Zugfestigkeit des Betonstahls (s. S. 5.34)
$f_{p0,1k}$	charakteristischer Wert der 0,1%-Dehngrenze des Spannstahls (s. S. 5.35)
f_{pk}	charakteristischer Wert der Zugfestigkeit des Spannstahls (s. S. 5.35)
γ_c, γ_s	Teilsicherheitsbeiwert für den Beton bzw. den Betonstahl oder Spannstahl nach Tafel 5.29c

Für den Nachweis bestehender Tragwerke darf nach DIN 1045-1, 5.2 (4) der Bemessungswert des Tragwiderstands auch aus Versuchen abgeleitet werden (z. B. nach DAfStb-Richtlinie für Belastungsversuche an Massivbauwerken).

Tafel 5.29a Teilsicherheitsbeiwerte γ_F für Einwirkungen im Grenzzustand der Tragfähigkeit (DIN 1055-100, Tab. A.3 und DIN 1045-1, Tab. 1)

	ständige Einwirkung (G_k) γ_G [1) 4)]	veränderliche Einwirkung (Q_k) γ_Q [2) 4)]	Vorspannung (P_k) γ_P [3)]
günstige Auswirkung	1,00	0	1,0
ungünstige Auswirkung	1,35	1,50	1,0

1) Sind günstige und ungünstige Anteile einer ständigen Einwirkung als eigenständige Anteile zu betrachten (z. B. beim Nachweis der Lagesicherheit), gilt $\gamma_{G,sup} = 1{,}1$ (ungünstig) und $\gamma_{G,inf} = 0{,}9$ (günstig); s. Kap. 3, Abschn. I.
2) Für Zwang darf bei linear-elastischer Schnittgrößenermittlung mit der Steifigkeit nach Zustand I und mit dem mittleren E-Modul E_{cm} $\gamma_Q = 1{,}0$ gesetzt werden.
3) Sofern Vorspannung als einwirkende Schnittgröße berücksichtigt wird.
4) Bei Fertigteilen dürfen in den Bauzuständen für Biegung und Längskraft die Teilsicherheitsbeiwerte der ständigen Einwirkung auf $\gamma_G = 1{,}15$ und der veränderlichen Einwirkung auf $\gamma_Q = 1{,}15$ herabgesetzt werden.

Tafel 5.29b Kombinationsbeiwerte ψ für Hochbauten (DIN 1055-100, Tab. A.2; weitere Werte vgl. Kap. 3, Abschn. I)

Einwirkung		Kombinationsbeiwerte ψ_0	ψ_1	ψ_2
Nutzlast: Kategorie A, B:	Wohn-, Aufenthalts-, Büroräume	0,7	0,5	0,3
Kategorie C, D:	Versammlungsräume; Verkaufsräume	0,7	0,7	0,6
Kategorie E:	Lagerräume	1,0	0,9	0,8
Windlasten		0,6	0,5	0
Schneelasten	Orte bis zu NN +1000	0,5	0,2	0
	Orte über NN +1000	0,7	0,5	0,2
Temperatureinwirkungen	(nicht für Brand!)	0,6	0,5	0
Baugrundsetzungen		1,0	1,0	1,0
Sonstige veränderliche Einwirkungen		0,8	0,7	0,5

Tafel 5.29c Teilsicherheitsbeiwert γ_M für Baustoffeigenschaften (DIN 1045-1, Tab. 2)

Kombination	Beton (γ_c) unbewehrtes Bauteil	Beton (γ_c) Stahlbeton-/Spannbetonbauteil	Betonstahl, Spannstahl (γ_s)
Grundkombination	1,80	1,50 [1)]	1,15
Außergewöhnliche Kombination	1,55	1,30 [1)]	1,00

1) Bei Fertigteilen (werksmäßige Herstellung und ständige Überwachung) darf $\gamma_c = 1{,}35$ gesetzt werden. Bei Festigkeitsklassen ≥C55/67 bzw. ≥LC55/60 ist γ_c mit dem Faktor $\gamma_c' = 1/(1{,}1 - 0{,}002 \cdot f_{ck}) \geq 1$ zu vergrößern.

Beispiel (wird unter Abschn. 2.1.3 „Grenzzustände der Gebrauchstauglichkeit" fortgesetzt)

gegeben: Stütze mit Eigenlast (G_k), Schnee (S_k; Ortslage bis zu NN + 1000) und Wind (W_k)

gesucht: Bemessungswert der Schnittgrößen an der Einspannstelle für den Grenzzustand der Tragfähigkeit (ohne Einflüsse aus ungewollter Ausmitte und Theorie II. Ordnung)

Mit der Kombinationsregel in Gl. (28.3a) und den Kombinationsfaktoren $\psi_{0,W} = 0{,}6$ und $\psi_{0,S} = 0{,}5$ ergeben sich für N_{Ed} und M_{Ed} im Grenzzustand der Tragfähigkeit (Längsdruckkräfte absolut):

Komb. 1 $E_d = E(\gamma_G \cdot G_k \oplus \gamma_Q \cdot S_k \oplus \gamma_Q \cdot \psi_0 \cdot W_k)$

$N_{Ed} = 1{,}35 \cdot 200 + 1{,}50 \cdot 100 + 1{,}50 \cdot 0{,}6 \cdot 0 = 420{,}0$ kN

$M_{Ed} = 1{,}35 \cdot 200 \cdot 0{,}10 + 1{,}50 \cdot 100 \cdot 0{,}10 + 1{,}50 \cdot 0{,}6 \cdot 5 \cdot 5{,}0 = 64{,}5$ kNm

Komb. 2 $E_d = E(\gamma_G \cdot G_k \oplus \gamma_Q \cdot W_k \oplus \gamma_Q \cdot \psi_0 \cdot S_k)$

$N_{Ed} = 1{,}35 \cdot 200 + 1{,}50 \cdot 0 + 1{,}50 \cdot 0{,}5 \cdot 100 = 345{,}0$ kN

$M_{Ed} = 1{,}35 \cdot 200 \cdot 0{,}10 + 1{,}5 \cdot 5 \cdot 5{,}00 + 1{,}5 \cdot 0{,}5 \cdot 100 \cdot 0{,}10 = 72{,}0$ kNm

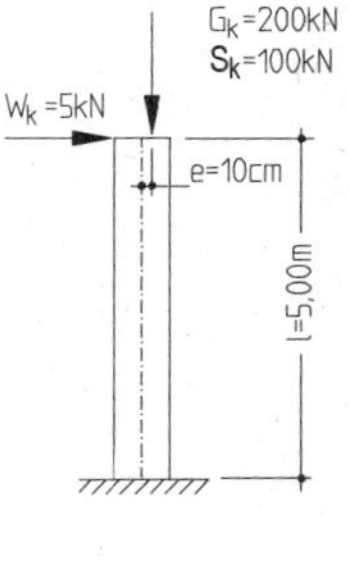

Bei günstiger Wirkung von geringfügig exzentrischen Druckkräften (hier ggf. für G_k und S_k) ist zusätzlich zu untersuchen:

Komb. 3 $E_d = E(\gamma_{G,inf} \cdot G_k \oplus \gamma_Q \cdot W_k \oplus \gamma_{Q,inf} \cdot \psi_0 \cdot S_k)$

$N_{Ed} = 1{,}00 \cdot 200 + 1{,}50 \cdot 0 + 0 \cdot 0{,}5 \cdot 100 = 200{,}0$ kN

$M_{Ed} = 1{,}00 \cdot 200 \cdot 0{,}10 + 1{,}5 \cdot 5 \cdot 5{,}00 + 0 \cdot 0{,}5 \cdot 100 \cdot 0{,}10 = 57{,}5$ kNm

2.1.3 Grenzzustände der Gebrauchstauglichkeit

Der Bemessungswert der Beanspruchung E_d (s. nachfolgende Gleichungen (30.2a) bis (30.2c)) darf den Nennwert des Gebrauchstauglichkeitskriteriums C_d nicht überschreiten (DIN 1055-100, 10.2 und 10.4):

$$\boxed{E_d \leq C_d} \qquad (30.1)$$

Kombinationsregeln für Einwirkungen E_d (in symbolischer Form):

seltene Kombination $E_{d,rare} = E\,[\sum_{j\geq 1} G_{k,j} \oplus P_k \oplus Q_{k,1} \oplus \sum_{i>1} \psi_{0,i} \cdot Q_{k,i}]$ (30.2a)

häufige Kombination $E_{d,frequ} = E\,[\sum_{j\geq 1} G_{k,j} \oplus P_k \oplus \psi_{1,1} \cdot Q_{k,1} \oplus \sum_{i>1} \psi_{2,i} \cdot Q_{k,i}]$ (30.2b)

quasi-ständige Kombination $E_{d,perm} = E\,[\sum_{j\geq 1} G_{k,j} \oplus P_k \oplus \sum_{i\geq 1} \psi_{2,i} \cdot Q_{k,i}]$ (30.2c)

(Erläuterungen der Formelzeichen s. Hinweise zu Gl. (28.2))

Bei linear-elastischer Schnittgrößenermittlung darf vereinfachend Gl. (30.2a) bis (30.2c) ersetzt werden:

seltene Kombination $E_{d,rare} = E_{Gk} + E_{Pk} + E_{Q,unf}$ (30.3a)

häufige Kombination $E_{d,frequ} = E_{Gk} + E_{Pk} + \psi_{1,Q} \cdot E_{Q,unf}$ (30.3b)

quasi-ständige Kombination $E_{d,perm} = E_{Gk} + E_{Pk} + \sum_{i\geq 1} \psi_{2,i} \cdot E_{Qk,i}$ (30.3c)

(Erläuterungen der Formelzeichen s. Hinweise zu Gl. (28.3))

Bemessungswert des Gebrauchstauglichkeitskriteriums C_d

Als Gebrauchstauglichkeitskriterien sind in DIN 1045-1 beispielsweise zulässige Spannungen, zulässige Rissbreiten und Verformungen definiert (s. hierzu Abschn. 4.2).

Beispiel

Stütze mit Belastungen aus Eigenlast (G_k), Schnee (S_k) und Wind (W_k), wie im Beispiel S. 5.29 dargestellt. Gesucht sind die Schnittgrößen M und N im Grenzzustand der Gebrauchstauglichkeit für die seltene, häufige und quasi-ständige Kombination an der Einspannstelle (die Längsdruckkräfte werden nachfolgend mit absoluten Werten dargestellt).

Mit den Gln. (30.2a) bis (30.2c) und den Kombinationsbeiwerten nach Tafel 5.29b erhält man

seltene Kombination (Index rare)

Lf. 1: $E_{d,rare} = E\,(G_k \oplus S_k \oplus \psi_0 \cdot W_k)$; mit $\psi_{0,W} = 0{,}6 \rightarrow$
$N_{rare} = 200 + 100 + 0{,}6 \cdot 0 = 300$ kN $\quad M_{rare} = 200 \cdot 0{,}10 + 100 \cdot 0{,}10 + 0{,}6 \cdot 5 \cdot 5{,}0 = 45$ kNm

Lf. 2: $E_{d,rare} = E\,(G_k \oplus W_k \oplus \psi_0 \cdot S_k)$; mit $\psi_{0,S} = 0{,}5 \rightarrow$
$N_{rare} = 200 + 0 + 0{,}5 \cdot 100 = 250$ kN $\quad M_{rare} = 200 \cdot 0{,}10 + 5 \cdot 5{,}0 + 0{,}5 \cdot 100 \cdot 0{,}10 = 50$ kNm

Lf. 3: $E_{d,rare} = E\,(G_k \oplus W_k)$
$N_{rare} = 200 + 0 = 200$ kN $\quad M_{rare} = 200 \cdot 0{,}10 + 5 \cdot 5{,}0 = 45$ kNm

häufige Kombination (Index frequ)

Lf. 1: $E_{frequ} = E\,(G_k \oplus \psi_1 \cdot S_k \oplus \psi_2 \cdot W_k)$; mit $\psi_{1,S} = 0{,}2$ und $\psi_{2,W} = 0 \rightarrow$
$N_{frequ} = 200 + 0{,}2 \cdot 100 + 0 = 220$ kN $\quad M_{frequ} = 200 \cdot 0{,}10 + 0{,}2 \cdot 100 \cdot 0{,}10 + 0 = 22$ kNm

Lf. 2: $E_{frequ} = E\,(G_k \oplus \psi_1 \cdot W_k \oplus \psi_2 \cdot Q_k)$; mit $\psi_{1,W} = 0{,}5$ und $\psi_{2,S} = 0 \rightarrow$
$N_{frequ} = 200 + 0 + 0 \cdot 100 = 200$ kN $\quad M_{frequ} = 200 \cdot 0{,}10 + 0{,}5 \cdot 5{,}0 \cdot 5{,}0 + 0 \approx 33$ kNm

quasi-ständige Kombination (Index perm)

Lf. 1: $E_{perm} = E\,(G_k \oplus \psi_2 \cdot S_k \oplus \psi_2 \cdot W_k)$; mit $\psi_{2,S} = 0$ und $\psi_{2,W} = 0 \rightarrow$
$N_{perm} = 200$ kN $\quad M_{perm} = 200 \cdot 0{,}10 = 20$ kNm

2.1.4 Dauerhaftigkeit

Die Forderung einer angemessenen Dauerhaftigkeit eines Tragwerks gilt als sichergestellt, wenn folgende Regeln nach DIN 1045-1 eingehalten werden:

- eine Mindestbetonfestigkeit je nach Expositionsklasse (s. Abschn. 5.1)
- eine Mindestbetondeckung c_{min} und ein Vorhaltemaß Δc (s. Abschn. 5.1)
- die konstruktiven Regeln (s. Abschn. 5.2 bis 5.5)
- die Grenzzustände der Tragfähigkeit und der Gebrauchstauglichkeit (s. Abschn. 4.1 und 4.2)
- Zusammensetzung und Eigenschaften des Betons nach DIN EN 206-1 und DIN 1045-2
- Bauausführung nach DIN 1045-3.

2.2 Ausgangswerte für die Bemessung

2.2.1 Beton

DIN 1045-1 gilt für Beton (Normal- und Leichtbeton) nach DIN EN 206-1 und DIN 1045-2. Die Festigkeitsklassen für Normalbeton werden durch das vorangestellte Symbol C, für Leichtbeton durch LC gekennzeichnet. Der erste Zahlenwert bezeichnet die Zylinder-, der zweite die Würfeldruckfestigkeit (z. B. C30/37). Als charakteristischer Wert f_{ck} von DIN 1045-1 gilt die Zylinderdruckfestigkeit. Die Betonkennwerte sind für Normalbeton und für Leichtbeton in Tafel 5.32 zusammengestellt.

2.2.1.1 Spannungs-Dehnungs-Linien[1)]

Für nichtlineare Schnittgrößenermittlung und Verformungsberechnungen

Gleichung der Parabel für kurzzeitig wirkende Beanspruchungen und einaxiale Spannungszustände

$$\sigma_c = -f_c \cdot \frac{k \cdot \eta - \eta^2}{1 + (k-2) \cdot \eta} \qquad (31.1)$$

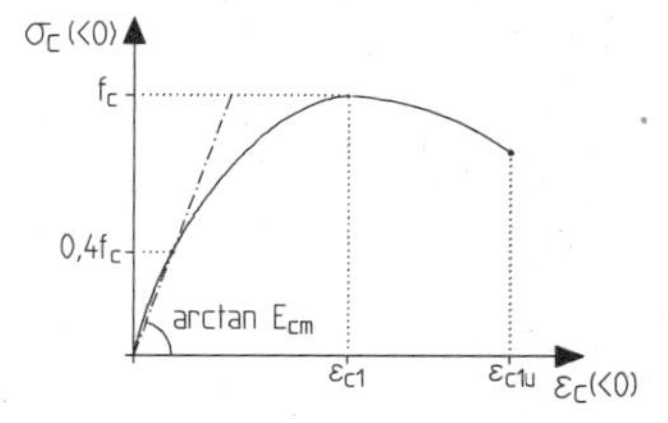

$k = -E_{c0m} \cdot (\varepsilon_{c1} / f_c)$

$\eta = \varepsilon_c / \varepsilon_{c1}$ $\quad$ ε_c, ε_{c1}, σ_c mit Vorzeichen (negativ); ε_{c1} nach Tafel 5.32

Für den Höchstwert f_c gilt bei der Schnittgrößenermittlung der Rechenwert f_{cR}, bei Verformungsberechungen f_{cm}.

E_{c0m} s. Tafel 5.32; zum Ansatz des E-Moduls wird auf die Erläuterungen im DAfStb-H. 525 verwiesen.

Für die Querschnittsbemessung

- Spannungs-Dehnungs-Linie bis **C50/60**

  Gleichung der Parabel für die Bemessungsdruckspannungen

$$\sigma_c = +1000 \cdot (\varepsilon_c + 250 \cdot \varepsilon_c^2) \cdot f_{cd} \qquad (31.2)$$

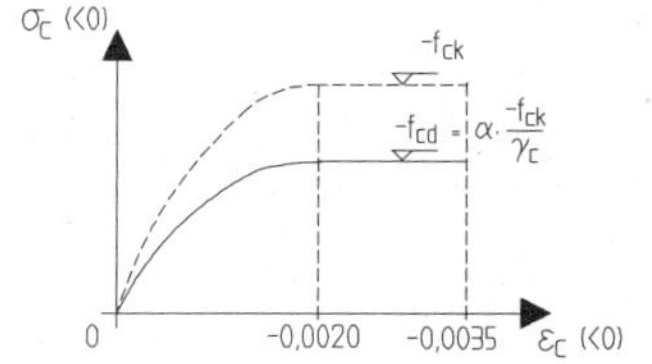

$f_{cd} = \alpha \cdot f_{ck} / \gamma_c$ $\quad$ mit α als Faktor zur Berücksichtigung von Langzeiteinwirkungen u. a.; hierfür gilt bei Normalbeton: $\alpha = 0{,}85$

- Spannungs-Dehnungs-Linie ab **C55/67 und für Leichtbeton**

  Gleichung der Parabel für die Bemessungsdruckspannungen

$$\sigma_c = -[1 - (1 - \varepsilon_c / \varepsilon_{c2})^n] \cdot f_{cd} \qquad (31.3)$$

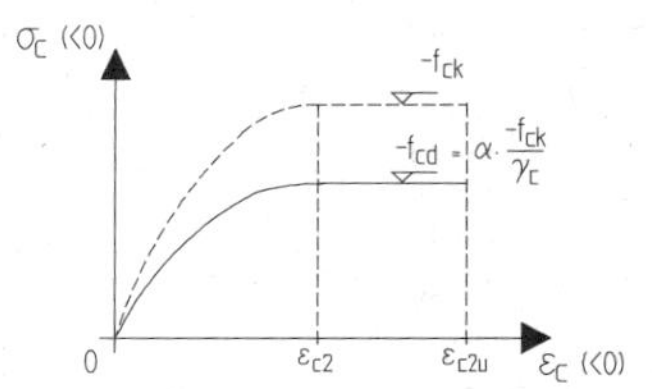

ε_{c2} Dehnung bei Erreichen der Festigkeitsgrenze (Tafel 5.32)
ε_{c2u} maximale Dehnung (s. Tafel 5.32)
n Exponent nach Tafel 5.32
f_{cd} wie oben, jedoch ist für hochfesten Beton der erhöhte Sicherheitsfaktor $\gamma_c' \cdot \gamma_c = 1{,}5 / (1{,}1 - 0{,}002 \cdot f_{ck}) \geq 1{,}5$ (vgl. Tafel 5.29c) und für Leichtbeton $\alpha = 0{,}75$[2)] zu beachten.

Für Beton sind andere idealisierte Spannungs-Dehnungs-Linien zulässig, wenn sie dem Parabel-Rechteck-Diagramm gleichwertig sind, wie z. B. die bilineare Spannungs-Dehnungs-Linie. Wenn die Dehnungsnulllinie im Querschnitt liegt, darf außerdem der rechteckige Spannungsblock angesetzt werden; falls die Querschnittsbreite zum gedrückten Rand hin abnimmt, ist f_{cd} jedoch zusätzlich mit dem Faktor 0,9 abzumindern.

- bilineare σ-ε-Linie

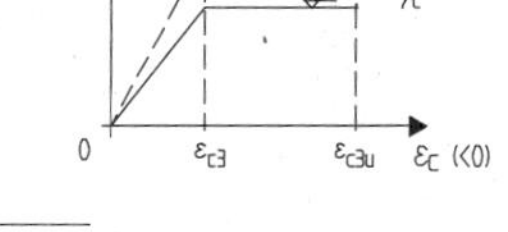

- rechteckiger Spannungsblock

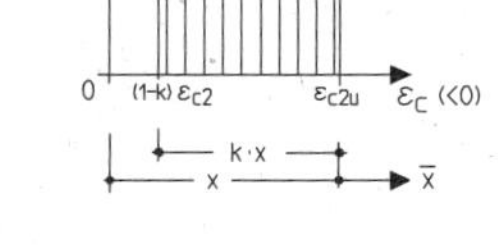

$f_{ck} \leq 50$ N/mm² $\rightarrow$ $\chi = 0{,}95$, $k = 0{,}8$

$f_{ck} > 50$ N/mm² $\rightarrow$ $\chi = 1{,}05 - \frac{f_{ck}}{500}$, $k = 1{,}0 - \frac{f_{ck}}{250}$

[1)] Formelzeichen gelten für Normalbeton; bei Leichtbeton ist der Index jeweils um ein vorangestelltes „l" zu ergänzen.
[2)] Für die bilineare σ-ε-Linie gilt $\alpha = 0{,}80$.

Tafel 5.32 Mechanische Eigenschaften von Normalbeton und Leichtbeton
(nach DIN 1045-1, Abschn. 9.1.7; Spannungen und E-Moduln in N/mm²)

Normalbeton	C	12/15[1]	16/20	20/25	25/30	30/37	35/45	40/50	45/55	50/60	55/67	60/75	70/85	80/95	90/105	100/115	Analytische Beziehung
Druck-festigkeit	f_{ck} f_{cm}	12 20	16 24	20 28	25 33	30 38	35 43	40 48	45 53	50 58	55 63	60 68	70 78	80 88	90 98	100 108	(Zylinderdruckfestigkeit $f_{ck,zyl}$) $f_{cm} = f_{ck} + 8$ N/mm²
Zug-festigkeit	f_{ctm}	1,6	1,9	2,2	2,6	2,9	3,2	3,5	3,8	4,1	4,2	4,4	4,6	4,8	5,0	5,2	$f_{ctm} = 0{,}30 \cdot f_{ck}^{2/3}$ $f_{ctm} = 2{,}12 \cdot \ln(1+(f_{cm}/10))$
	$f_{ctk;\,0,05}$ $f_{ctk;\,0,95}$	1,1 2,0	1,3 2,5	1,5 2,9	1,8 3,3	2,0 3,8	2,2 4,2	2,5 4,6	2,7 4,9	2,9 5,3	3,0 5,5	3,1 5,7	3,2 6,0	3,4 6,3	3,5 6,6	3,7 6,8	$f_{ctk;0.05} = 0{,}7 \cdot f_{ctm}$ $f_{ctk;0.95} = 1{,}3 \cdot f_{ctm}$
E-Modul	E_{c0m} [2] E_{cm}	25800 21800	27400 23400	28800 24900	30500 26700	31900 28300	33300 29900	34500 31400	35700 32800	36800 34300	37800 35700	38800 37000	40600 39700	42300 42300	43800 43800	45200 45200	$E_{c0m} = 9500 \cdot (f_{ck}+8)^{1/3}$
Dehnung	ε_{c1} ‰ ε_{c1u} ‰	−1,80	−1,90	−2,10	−2,20	−2,30 −3,50	−2,40	−2,50	−2,55	−2,60	−2,65 −3,40	−2,70 −3,30	−2,80 −3,20	−2,90 −3,10	−2,95 −3,00	−3,00 −3,00	Gilt nur für Gl. (31.1) und zug. Abb.
Dehnung	ε_{c2} ‰ ε_{c2u} ‰					−2,00 −3,50					−2,03 −3,10	−2,06 −2,70	−2,10 −2,50	−2,14 −2,40	−2,17 −2,30	−2,20 −2,20	Gilt nur für Gl. (31.3) und zug. Abb.
Dehnung	ε_{c3} ‰ ε_{c3u} ‰					−1,35 −3,50					−1,35 −3,10	−1,40 −2,70	−1,50 −2,50	−1,60 −2,40	−1,65 −2,30	−1,70 −2,20	Gilt für die bilineare σ-ε-Linie nach S. 5.31
n						2,0					2,0	1,9	1,8	1,7	1,6	1,55	Exponent nach Gl. (31.3)

Leichtbeton	LC	12/13[1]	16/18	20/22	25/28	30/33	35/38	40/44	45/50	50/55	55/60	60/66	Analytische Beziehung; Erläuterungen	
Druck-festigkeit	f_{lck} f_{lcm}	12 20	16 24	20 28	25 33	30 38	35 43	40 48	45 53	50 58	55 63	60 68	Zylinderdruckfestigkeit $f_{lck,cyl}$ $f_{lcm} = f_{lck} + 8$ N/mm²	
Zug-festigkeit	f_{lctm}					$f_{lctm} = f_{ctm} \cdot \eta_1$							$\eta_1 = 0{,}40 + 0{,}60 \cdot (\rho/2200)$	ρ Trockenrohdichte in kg/m³
	$f_{lctk;\,0,05}$ $f_{lctk;\,0,95}$					$f_{lctk;0.05} = f_{ctk;0.05} \cdot \eta_1$ $f_{lctk;0.95} = f_{ctk;0.95} \cdot \eta_1$							$f_{ctk;0.05}$ s. o; 5%-Quantil $f_{ctk;0.95}$ s. o; 95%-Quantil	
E-Modul	E_{lc0m} [2]					$E_{lc0m} = E_{c0m} \cdot \eta_E$								$\eta_E = (\rho/2200)^2$ (ρ s. o.)
Dehnung	ε_{lc1} ε_{lc1u}					$\varepsilon_{lc1} = -k \cdot f_{lcm} / E_{lc0m}$ $\varepsilon_{lc1u} = \varepsilon_{lc1}$							Gilt nur für Gl. (31.1) und zug. Abb.	$k = 1{,}1$ bei Leichtsand $k = 1{,}3$ bei Natursand
Dehnung	ε_{lc2} ‰ ε_{lc2u} ‰					−2,00 $-3{,}50 \cdot \eta_1 \geq \varepsilon_{c2u}$					−2,03	−2,06	Gilt nur für Gl. (31.3) und zug. Abb.	
Dehnung	ε_{lc3} ‰ ε_{lc3u} ‰					−1,80 $-3{,}50 \cdot \eta_1 \geq \varepsilon_{c3u}$							Gilt nur für die bilineare σ-ε-Linie nach S. 5.31	
n						2,0					2,0	1,9	Exponent nach Gl. (31.3)	

[1] Die Festigkeitsklassen C12/15 und LC12/13 dürfen nur bei vorwiegend ruhenden Lasten verwendet werden.
[2] Mittlerer E-Modul als Tangentenmodul E_{c0m} bzw. E_{lc0m}; Zusammenhang zwischen Tagentenmodul E_{c0m} und Sekantenmodul E_{cm} s. S. 5.33.

2.2.1.2 Elastische Verformungseigenschaften

Die elastischen Verformungen des Betons hängen im hohen Maße von seiner Zusammensetzung (insbesondere den Betonzuschlagstoffen) ab. Die Angaben nach DIN 1045-1, 9.1.3 gelten daher nur als Richtwerte.

- Elastizitätsmodul: Der mittlere E-Modul E_{c0m} gemäß Tafel 5.32 gilt für Beton im Alter von 28 Tagen mit quarzitischen Gesteinskörnungen (je nach Gesteinskörnung liegt der tatsächliche E-Modul um bis zu 20 % höher oder bis zu 30 % niedriger).
  Zusammenhang zwischen dem Sekantenmodul E_{cm} und Tangentenmodul E_{c0m}:
  $E_{cm} = \alpha_i \cdot E_{c0m}$ mit $\alpha_i = 0{,}8 + 0{,}2 \cdot (f_{cm}/88) \leq 1{,}0$ (f_{cm} in N/mm²)
- Querdehnzahl: Die Querdehnzahl darf i. Allg. zu 0 angenommen werden.
- Wärmedehnung: Die Wärmedehnzahl beträgt für Normalbeton $\alpha_T = 10 \cdot 10^{-6} \cdot K^{-1}$
  für Leichtbeton $\alpha_T = 8 \cdot 10^{-6} \cdot K^{-1}$

Die genannten Werte sind genauer zu ermitteln, wenn ein Tragwerk empfindlich auf Abweichungen reagiert. Weitere Erläuterungen und Berechnungsangaben s. DAfStb-H. 525.

2.2.1.3 Kriechen und Schwinden

Mit *Kriechen* wird die zeitabhängige Zunahme der Verformungen unter andauernden Spannungen bezeichnet (*Relaxation* ist dagegen die zeitabhängige Abnahme der Spannungen unter einer aufgezwungenen Verformung konstanter Größe). Unter *Schwinden* wird die Verkürzung des unbelasteten Betons während der Austrocknung verstanden.

Einflüsse aus Kriechen und Schwinden können nach DIN 1045-1, Abschn. 9.1.4 bzw. DIN 1045-1, Bild 18 bis 21 für den Zeitpunkt $t = \infty$ – Endkriechzahlen $\varphi(\infty, t_0)$ und die Endschwindmaße $\varepsilon_{cs,\infty}$ – ermittelt werden. Für die Anwendung dieser Werte gelten folgende Voraussetzungen:

- Die kriecherzeugenden Betondruckspannungen überschreiten den Wert $\sigma_c = 0{,}45 \cdot f_{ck}$ nicht.
- Die mittlere Bauwerkstemperatur liegt zwischen 10 °C und 30 °C.
- Die relative Luftfeuchte entspricht den angegebenen Mittelwerten, wobei zwischen den Werten für RH = 50 % und RH = 80 % interpoliert werden darf.

Zur groben Abschätzung sind in Tafel 5.33a und b Endkriechzahlen und Endschwindmaße in Abhängigkeit von der wirksamen Bauteildicke $2 \cdot A_c / u$ (A_c Querschnittsfläche; u der Luft ausgesetzter Querschnittsumfang) wiedergegeben. Die genannten Werte gelten für Normalbeton C20/25 (und C30/37, Angaben in Klammern), die weiteren genannten Parameter und Voraussetzungen sind zu beachten.

Tafel 5.33a Endkriechzahlen $\varphi(\infty, t_0)$ [1)]

Alter bei Belastung t_0 (Tage)	Wirksame Bauteildicke $2 \cdot A_c / u$ in cm (!)					
	15	50	100	15	50	100
	Trockene Umgebungsbedingung (innen; rel. Luftfeuchte = 50 %)			Feuchte Umgebungsbedingung (außen; rel. Luftfeuchte = 80 %)		
7	4,4 (3,2)	3,6 (2,7)	3,3 (2,5)	3,0 (2,3)	2,7 (2,1)	2,5 (2,0)
28	3,4 (2,5)	2,8 (2,1)	2,5 (1,9)	2,3 (1,8)	2,1 (1,6)	2,0 (1,5)
Die Werte gelten für Beton C20/25 und für – Angaben in Klammern – Beton C30/37.						

Tafel 5.33b Endschwindmaße $\varepsilon_{cs,\infty}$ in ‰ [1) 2)]

Wirksame Bauteildicke $2 \cdot A_c / u$ in cm (!)					
15	50	100	15	50	100
Trockene Umgebungsbedingung (RH = 50 %)			Feuchte Umgebungsbedingung (RH = 80 %)		
–0,67 (–0,62)	–0,59 (–0,56)	–0,46 (–0,43)	–0,39 (–0,38)	–0,35 (–0,34)	–0,27 (–0,27)
Die Werte gelten für Beton C20/25 und für – Angaben in Klammern – Beton C30/37.					

Eine genauere Ermittlung der Kriechzahlen und Schwindmaße zu einem beliebigen Zeitpunkt t ist mit Hilfe der Gleichungen im Abschn. 3.7 möglich, ebenso sind dort Modifikationsfaktoren für Leichtbeton angegeben. Weitere Erläuterungen s. dort.

1) Die angegebenen Betonfestigkeitsklassen sind zu beachten; die Werte gelten für Zement 32,5R bzw. 42,5N und Beton, der nicht länger als 14 Tage feucht nachbehandelt wird.

2) Die angegebenen Endschwindmaße gelten für einen Zeitpunkt von t = 70 Jahren.

2.2.2 Betonstahl

Allgemeines

Die nachfolgenden Festlegungen gelten für Betonstabstahl, für Betonstahl vom Ring (nach dem Richten) und für Betonstahlmatten (im Bereich von −60 °C bis +200 °C). Betonstahl ist nach Stahlsorte, Duktilitätsklasse, Maßen, Oberflächeneigenschaften und Schweißbarkeit eingeteilt. Betonstahlsorten und ihre Eigenschaften werden in der Reihe DIN 488 oder in bauaufsichtlichen Zulassungsbescheiden beschrieben. Betonstahl nach Zulassung dürfen für Beton ab C70/85 nur verwendet werden, wenn dies in der Zulassung geregelt ist.

Schweißgeeignete Betonstähle und Einordnung in Duktilitätsklassen

Die Oberflächengestaltung, Nennstreckgrenze f_{yk} und die Duktilitätsklassen können nachfolgender Tafel entnommen werden. Bezüglich weiterer Eigenschaften (Schweißverfahren etc.) wird auf DIN 1045-1, Abschn. 9.2.2 bzw. Kap. 5B, Abschn. 1 verwiesen.

Kurzzeichen	Lieferform	Oberfläche	Nennstreckgrenze f_{yk} N/mm²	Duktilität[1]
1	2	3	4	6
BSt 500 S(A)	Stab	gerippt	500	normal
BSt 500 S(B)	Stab	gerippt	500	hoch
BSt 500 M(A)	Matte	gerippt	500	normal
BSt 500 M(B)	Matte	gerippt	500	hoch

[1] Für Betonstähle nach bauaufsichtlichen Zulassungsbescheiden sind die Duktilitätsmerkmale in der Zulassung geregelt (andernfalls gelten sie als normalduktil).

Duktilitätsklassen

Betonstähle müssen eine angemessene Dehnfähigkeit (Duktilität) aufweisen. Das darf angenommen werden, wenn folgende Duktilitätsanforderungen erfüllt sind:

- normale Duktilität (Kurzzeichen A): $\varepsilon_{uk} \geq 25$ ‰; $(f_t/f_y)_k \geq 1{,}05$
- hohe Duktilität (Kurzzeichen B): $\varepsilon_{uk} \geq 50$ ‰; $(f_t/f_y)_k \geq 1{,}08$; $f_y/f_{yk} \leq 1{,}30$

Hierin ist ε_{uk} der charakteristische Wert der Dehnung bei Höchstlast, f_t bezeichnet die Zugfestigkeit und f_y die tatsächliche Streckgrenze.

Spannungs-Dehnungs-Linie

Für nichtlineare *Verfahren der Schnittgrößenermittlung* ist eine wirklichkeitsnahe Spannungs-Dehnungs-Linie anzusetzen; es wird auf DIN 1045-1, 9.2.3 verwiesen.

Für die *Bemessung im Querschnitt* sind zwei unterschiedliche Annahmen zugelassen:

- *Linie I:* Begrenzung der Stahlspannung auf f_{yk} bzw. $f_{yd} = f_{yk}/\gamma_s$ und der Dehnung ε_s auf $\varepsilon_{su} \leq 25$ ‰.
- *Linie II:* Der Anstieg der Stahlspannung zur Zugfestigkeit f_{tk} bzw. f_{tk}/γ_s hin wird berücksichtigt; die Dehnung darf dann maximal $\varepsilon_{su} = 25$ ‰ betragen, der Rechenwert der Zugfestigkeit ist mit $f_{tk,cal} = 525$ N/mm² (bzw. $f_{tk,cal}/\gamma_s$) festgelegt.

Physikalische Eigenschaften

Es dürfen folgende physikalischen Werte angenommen werden:

- Elastizitätsmodul: $E_s = 200\,000$ N/mm²
- Wärmedehnzahl: $\alpha_T = 10 \cdot 10^{-6}$ K⁻¹

Spannungs-Dehnungs-Linie für die Querschnittsbemessung

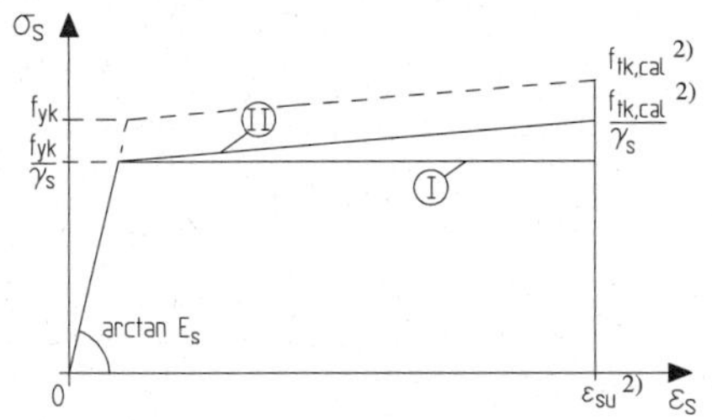

[2] Für die Querschnittsbemessung gilt:
$f_{tk} = f_{tk,cal} = 525$ N/mm²
$\varepsilon_{uk} = \varepsilon_{su} = 25$ ‰

2.2.3 Spannstahl

Die Anforderungen für Spannstähle im Lieferzustand sind in DIN 1045-1, 9.3 festgelegt. Sie gelten für Drähte, Litzen und Stäbe. Für Spannstähle und ihre Eigenschaften sind bauaufsichtliche Zulassungsbescheide zu beachten. Das Verhalten von Spannstählen ist durch die Streckgrenze (0,1%-Dehngrenze $f_{p0,1k}$), Duktilität, Gesamtdehnung unter Höchstlast, Dauerschwingfestigkeit, Querschnitte und Toleranzen, Oberflächenstruktur, E-Modul und Relaxation bestimmt. Charakteristische Werte sind die 0,1%-Dehngrenze $f_{p0,1k}$ und die Zugfestigkeit f_{pk} (vgl. a. Kap. 5B, Abschn. 2).

Eingangsvorspannung (zul. Spannstahlspannung)

während des Vorspannens: $\sigma_{p0} \leq 0{,}80 \cdot f_{pk}$ nach Absetzen der Presse: $\sigma_{pm0} \leq 0{,}75 \cdot f_{pk}$
(auch im Spannbett) $\sigma_{p0} \leq 0{,}90 \cdot f_{p0,1k}$ (der Vorspannkraft) $\sigma_{pm0} \leq 0{,}85 \cdot f_{p0,1k}$

Spannungs-Dehnungs-Linie

Für *nichtlineare Verfahren der Schnittgrößenermittlung* wird auf DIN 1045-1, 9.3.2 verwiesen.

Für die *Querschnittstragfähigkeit* darf die dargestellte σ-ε-Linie verwendet werden; die Stahldehnung ist auf $\varepsilon_p \leq \varepsilon_p^{(0)} + 0{,}025$ zu begrenzen mit $\varepsilon_p^{(0)}$ als Vordehnung.

- *Linie I:* Stahlspannungsbegrenzung auf $f_{p0,1k}/\gamma_s$
- *Linie II:* Anstieg der Stahlspannung oberhalb von $f_{p0,1k}/\gamma_s$ wird berücksichtigt.

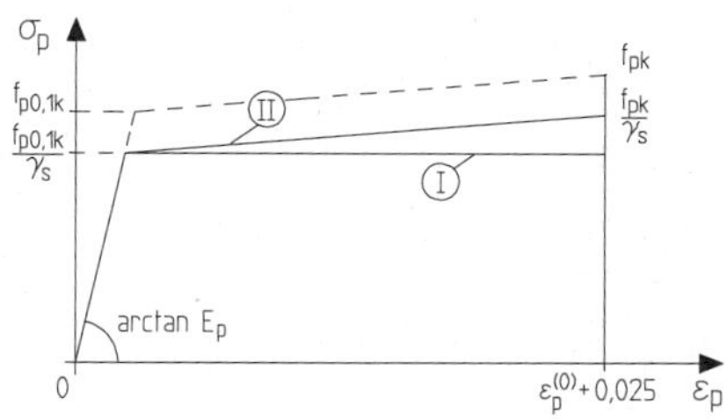

Physikalische Eigenschaften

Soweit nicht anderweitig anders festgelegt, dürfen für die Bemessung folgende physikalische Eigenschaften angenommen werden (im Temperaturbereich von –20 °C bis +200 °C):

- Elastizitätsmodul, bei Litzen $E_p = 195\,000$ N/mm²
  bei Drähten, Stäben $E_p = 205\,000$ N/mm²
- Wärmedehnzahl: $\alpha_T = 10 \cdot 10^{-6}$ K⁻¹

Duktilität

Spannglieder mit nachträglichem Verbund und ohne Verbund → hohe Duktilität
Spannglieder mit sofortigem Verbund → normale Duktilität

Relaxation

Relaxation bezeichnet die zeitabhängige Abnahme der Spannungen unter einer aufgezwungenen Verformung (Dehnung) von konstanter Größe. Die Relaxationskennwerte sind der Zulassung zu entnehmen.

Mindestbetonfestigkeit

Die für das Spannverfahren erforderliche Mindestbetonfestigkeitsklasse ist der allgemeinen bauaufsichtlichen Zulassung zu entnehmen. Beim Vorspannen von Spanngliedern mit nachträglichem Verbund oder ohne Verbund muss der Beton eine Mindestfestigkeit gemäß Tabelle – DIN 1045-1, Abschn. 8.7.2 – aufweisen (Eingangswert ist die Betonfestigkeitsklasse nach Zulassungsbescheid).

Festigkeitsklasse[1)]	Festigkeiten f_{cm} [2)] beim Teilvorspannen N/mm²	Festigkeiten f_{cm} [2)] beim endgültigen Vorspannen N/mm²
1	2	3
C25/30	13	26
C30/37	15	30
C35/45	17	34
C40/50	19	38
C45/55	21	42
C50/60	23	46
C55/67	25	50
C60/75	27	54
C70/85	31	62
C80/95	35	70
C90/105	39	78
C100/115	43	86

Beim Teilvorspannen sind die Werte der Spalte 2 einzuhalten, wobei die Spannkraft des einzelnen Spanngliedes nur 30 % des zulässigen Wertes betragen darf. Liegt die nachgewiesene Betondruckfestigkeit zwischen den Werten der Spalten 2 und 3, darf die Spannkraft linear zwischen 30 % und 100 % – je nach erreichter Betonfestigkeit – interpoliert werden.

1) Gilt sinngemäß auch für Leichtbeton der Festigkeitsklassen LC25/28 bis LC60/66.

2) Es gilt der Mittelwert der Zylinderdruckfestigkeit (bei Verwendung von Würfeln ist entsprechend umzurechnen).

3 Schnittgrößenermittlung

3.1 Allgemeine Grundlagen

3.1.1 Grundsätzliches

Tragwerke oder Tragwerksteile müssen für die ungünstigsten Beanspruchungen im Grenzzustand der Tragfähigkeit und der Gebrauchstauglichkeit bemessen werden. Bei Ermittlung der Beanspruchungen werden Idealisierungen vorgenommen, und zwar bei der Geometrie und beim Tragverhalten.

Idealisierung der Geometrie	*Idealisierung des Trag- und Materialverhaltens*
stabförmige Bauteile	elastisches Verhalten
ebene Flächentragwerke	elastisches Verhalten mit begrenzter Umlagerung
Schalen	plastisches Verhalten und Anwendung von Stabwerkmodellen
(seltener) dreidimensionale Tragwerke	nichtlineares Verhalten

Zusätzliche Untersuchungen können in Bereichen nichtlinearer Verzerrungen erforderlich sein, z. B. an Auflagern, Lasteinleitungsbereichen, bei sprunghaften Querschnittsänderungen.

3.1.2 Einwirkungsgrößen (Lastgrößen) und Belastungsanordung

Die Größen der Einwirkungen werden i. Allg. durch ihre Bemessungswerte dargestellt. Im Grenzzustand der Tragfähigkeit gelten die Kombinationsregeln nach Abschn. 2.1.2, Gl. (28.2), im Grenzzustand der Gebrauchstauglichkeit nach Abschn. 2.1.3, Gl. (30.2). Die für eine Bemessung „ungünstigen" Einwirkungen sind mit ihrem oberen, die „günstig wirkenden" mit ihrem unteren Bemessungswert zu berücksichtigen.

Für die *ständige Einwirkung* muss im Regelfall der obere oder untere Grenzwert im gesamten Tragwerk berücksichtigt werden. Bei einer linear-elastischen Berechnung nicht vorgespannter Durchlaufträger und -platten braucht der untere Grenzwert der ständigen Einwirkung („Bemessungssituationen mit günstigen ständigen Einwirkungen") nicht berücksichtigt zu werden, wenn die Konstruktionsregeln für die Mindestbewehrung eingehalten sind (DIN 1045-1, 8.2). Sind jedoch die Ergebnisse eines Nachweises im hohen Maß anfällig gegen Schwankungen in der Größe einer ständigen Einwirkung, müssen die günstigen und ungünstigen Anteile der Einwirkung als eigenständige Einwirkung betrachtet werden (z. B. beim Nachweis der Lagesicherheit nach DIN 1055-100; s. Kap. 3, Abschn. I).

Veränderliche Einwirkungen (Verkehrslasten) werden mit dem oberen Bemessungswert berücksichtigt, wenn sie ungünstig wirken; bei günstiger Wirkung bleiben sie unberücksichtigt, da der untere Bemessungswert mit dem Teilsicherheitsbeiwert $\gamma_Q = 0$ zu ermitteln ist.

Beispiel

Für den dargestellten Zweifeldträger ist die maßgebende Belastungsanordnung für das maximale Bemessungs*feldmoment* im Grenzzustand der Tragfähigkeit gesucht. Als Belastung seien eine ständige Einwirkung $g_k = 20$ kN/m und eine veränderliche Einwirkung $q_k = 10$ kN/m vorhanden.

Es ergibt sich die dargestellte Belastungsanordnung. Eine feldweise ungünstige Anordnung der Eigenlast als eigenständige Einwirkung ist nicht erforderlich.

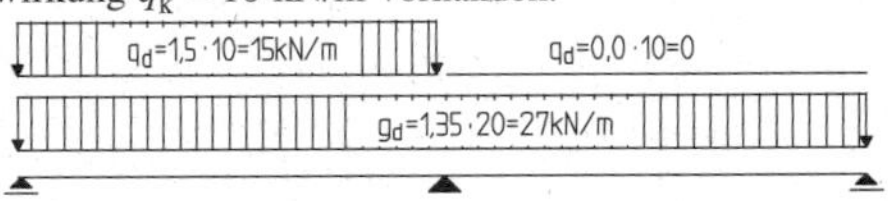

Einwirkungen sind „ungünstigst" anzuordnen. Ggf. muss eine solche Anordnung mit Hilfe von Einflusslinien ermittelt werden. Jedoch dürfen auch vereinfachende Belastungsanordnungen verwendet werden, sofern sie das Tragverhalten sinnvoll wiedergeben. Die *Stützkräfte* von einachsig gespannten Platten, Rippendecken, Balken und Plattenbalken dürfen unter Vernachlässigung der Durchlaufwirkung ermittelt werden; an der ersten Innenstütze und an Auflagern, bei denen das Stützweitenverhältnis benachbarter Felder außerhalb des Bereichs $0,5 < l_1/l_2 < 2,0$ liegt, sollte die Durchlaufwirkung jedoch stets berücksichtigt werden (DIN 1045-1, 7.3.2 (4)). Die maßgebenden *Querkräfte* dürfen bei Tragwerken des üblichen Hochbaus für Vollbelastung aller Felder ermittelt werden, wenn das Stützweitenverhältnis benachbarter Felder im Bereich $0,5 < l_1/l_2 < 2,0$ liegt (DIN 1045-1, 7.3.2 (5)).

Die maßgebende Belastungsanordnung für Durchlaufträger kann S. 4.21 entnommen werden.

3.1.3 Längs- und Querkraftverformung; Auswirkung nach Theorie II. Ordnung

Bei der Schnittgrößenermittlung von Stabtragwerken und Platten dürfen die *Längskraft- und Querkraftverformungen* vernachlässigt werden, sofern der Einfluss geringer als 10 % ist. (DIN 1045-1, 7.1 (5)).

Auswirkungen nach *Theorie II. Ordnung* dürfen unberücksichtigt bleiben, wenn sie die Gesamtstabilität oder die Tragfähigkeit in kritischen Querschnitten nicht nennenswert beeinflussen. Hiervon ist auszugehen, wenn diese Auswirkungen die Tragfähigkeit um weniger als 10 % verringern (DIN 1045-1, 7.1 (5)).

3.2 Imperfektionen

Imperfektionen sind im Grenzzustand der Tragfähigkeit (außer in der außergewöhnlichen Bemessungssitutation) zu berücksichtigen. Bei der Schnittgrößenermittlung am Tragwerk als Ganzes dürfen die Auswirkungen der Imperfektionen über eine Schiefstellung des Tragwerks um den Winkel α_{a1} erfasst werden:

$$\boxed{\alpha_{a1} = 1/(100 \cdot \sqrt{l}) \leq 1/200} \text{ (im Bogenmaß)} \qquad (37.1)$$

mit l als Gesamthöhe h_{ges} des Tragwerks in Metern.

Beim Zusammenwirken von n lotrechten Baugliedern darf α_{a1} mit dem Faktor α_n [1] abgemindert werden:

$$\alpha_n = \sqrt{0{,}5 \cdot \left(1 + \frac{1}{n}\right)}$$

α_n-Werte

n	1	2	3	4	5	10	$\to \infty$
α_n	1	0,87	0,82	0,79	0,77	0,74	0,71

Alternativ zu der Schiefstellung nach Gl. (37.1) dürfen die Abweichungen von der Vertikalen durch die Wirkung äquivalenter Horizontalkräfte ersetzt werden (s. Abb.; es sind die *beiden* Alternativen – Schiefstellung oder Ersatzhorizontalkräfte – gleichzeitig dargestellt):

$$\Delta H_j = \sum_{i=1}^{n} V_{ji} \cdot \alpha_{a1} \qquad (37.2)$$

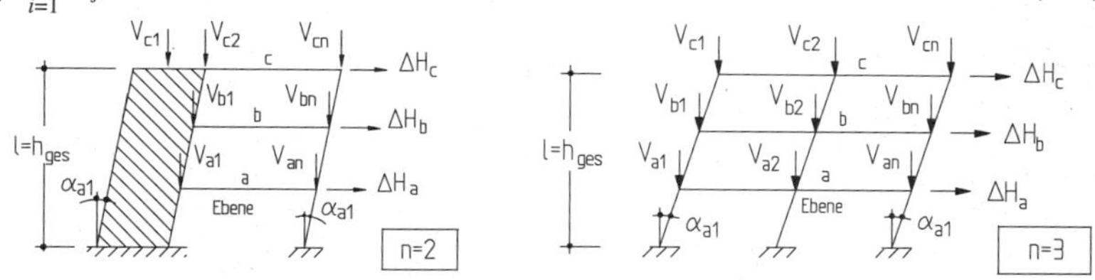

Waagerecht aussteifende Bauteile

Waagerechte Bauteile, die Stabilisierungskräfte von den auszusteifenden Bauteilen zu den aussteifenden Bauteilen übertragen, sind für die Aufnahme einer zusätzlichen Horizontalkraft zu bemessen:

$$H_{fd} = (N_{bc} + N_{ba}) \cdot \alpha_{a2} \qquad (37.3)$$

mit $\alpha_{a2} = 0{,}008 / \sqrt{2k}$ und k als Anzahl der auszusteifenden Tragwerksteile im betrachteten Geschoss (α_{a2} im Bogenmaß); s. a. [5.37]. Die Ersatzhorizontalkräfte H_{fd} sind als eigenständige Einwirkungen zu betrachten und dürfen nicht zusätzlich durch Kombinationsfaktoren abgemindert werden, da diese bereits in den vertikalen Längskräften enthalten sind. (H_{fd} braucht nicht für die Bemessung der vertikalen aussteifenden Bauteile berücksichtigt zu werden.)

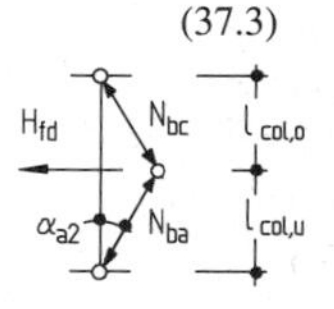

Beispiel

Tragwerk nach Abb. mit Bemessungslasten bzw. -kräften

Lotrecht aussteifendes Bauteil

Schiefstellung: $\alpha_{a1} = 1/(100 \cdot \sqrt{10}) = 1/316$

Abminderung: $a_n = \sqrt{0{,}5 \cdot (1+1/3)} = 0{,}82$ [2]

Ersatzhorizontalkräfte:

$\Delta H_c = (\ 800+1500+1000) \cdot 0{,}82 / 316 = 8{,}6$ kN
$\Delta H_b = (1600+3000+2000) \cdot 0{,}82 / 316 = 17{,}1$ kN
$\Delta H_a = (1600+3000+2000) \cdot 0{,}82 / 316 = 17{,}1$ kN

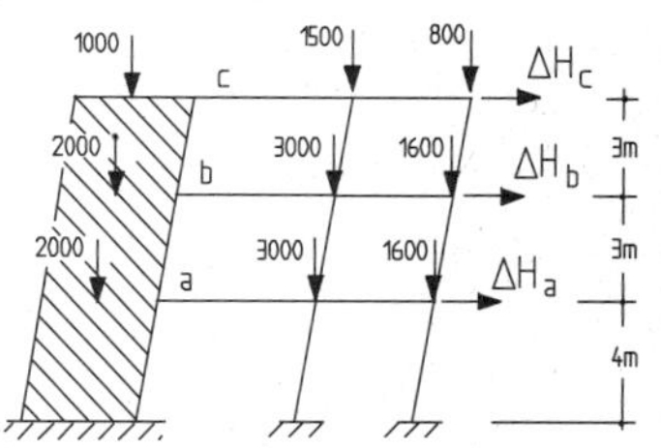

Waagerecht aussteifendes Bauteil (z. B. Decke a):

Schiefstellung: $\alpha_{a2,k=1} = 0{,}008 / \sqrt{2 \cdot 1} = 0{,}0056$
$\alpha_{a2,k=2} = 0{,}008 / \sqrt{2 \cdot 2} = 0{,}0040$

Ersatzhorizontalkräfte:

$H_{a2} = (2400+4000) \cdot 0{,}0056 = 36{,}2$ kN
$H_{a1} = (2400+4000+4500+7500) \cdot 0{,}0040 = 73{,}6$ kN

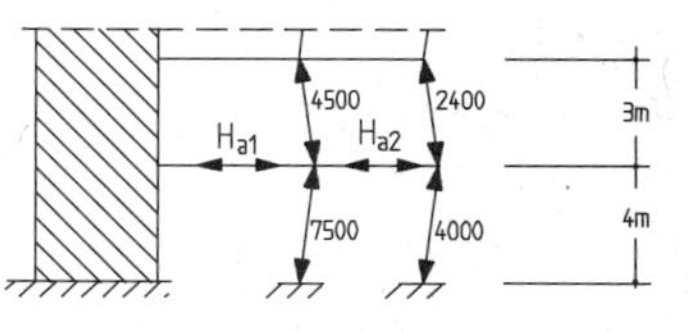

[1] Für den Abminderungswert α_n dürfen nur die lotrechten Bauteile n berücksichtigt werden, die mindestens 70 % einer mittleren Längskraft $N_{Ed,m} = F_{Ed}/n$ aufnehmen (F_{Ed} Summe der Längskräfte im betrachteten Geschoss).

[2] Es dürfen alle 3 „Stützen"reihen berücksichtigt werden, da die in Fußnote 1) genannte Bedingung erfüllt ist. Beispielsweise gilt für Ebene a: $0{,}7 \cdot N_{Ed,m} = 0{,}7 \cdot (2000 + 3000 + 1600) / 3 = 1540$ kN $< N_{Ed,min} = 1600$ kN.

3.3 Räumliche Steifigkeit und Stabilität

3.3.1 Grundsätzliches

Bauwerke müssen in der Lage sein, außer den vertikalen auch alle horizontalen oder geneigten Einwirkungen aufzunehmen. Ist ein Bauwerk durch Raumfugen in Bauwerksabschnitte unterteilt, dann gilt dieses für jeden Abschnitt. Hochbauten werden häufig durch eine genügende Anzahl von vertikalen Aussteifungselementen – Wände, Treppenhauskerne u. Ä. – und durch Decken mit Scheibenwirkung – horizontale Aussteifungselemente – ausgesteift.

Entsprechend den Bewegungsmöglichkeiten eines Bauwerks wird zwischen Verschiebungen in Richtung der Gebäudehauptachsen y und z (Translation) und Verdrehungen (Rotation) unterschieden. Um die Verdrehungen klein zu halten, sollten die vertikal aussteifenden Bauteile über dem Grundriss annähernd symmetrisch verteilt sein.

Offensichtlich ausreichend ausgesteifte Tragwerke dürfen als unverschieblich gehalten angesehen werden. In Zweifelsfällen dient der Aussteifungsbeurteilung von Bauwerken mit aussteifenden Bauteilen die in DIN 1045-1, 8.6.2 angegebene Labilitätszahl. Aussteifende Bauteile müssen alle Horizontallasten aufnehmen und in die Fundamente weiterleiten können.

Vertikale Aussteifungselemente sollten einen möglichst großen Abstand zum Gesamtschubmittelpunkt haben, um die Verdrehung des Bauwerks klein zu halten. Im Zweifelsfalle kann die Verdrehungssteifigkeit mit Hilfe von DIN 1045-1, Abschn. 8.6.2 (s. a. *Brandt* [5.14]) beurteilt werden.

3.3.2 Unverschieblichkeit von Tragwerken

Die Beurteilung, ob ein Tragwerk oder ein Tragwerksteil als unverschieblich anzusehen ist, kann mit DIN 1045-1 erfolgen. Im Einzelnen müssen ggf. folgende Kriterien überprüft werden:

- Translationssteifigkeit von Tragwerken mit aussteifenden Bauteilen
- Rotationssteifigkeit von Tragwerken (mit aussteifenden Bauteilen).

Translationssteifigkeit von Tragwerken mit aussteifenden Bauteilen

Tragwerke dürfen als unverschieblich betrachtet werden, wenn die aussteifenden Bauteile die nachfolgenden Bedingungen erfüllen (die sog. Labilitätszahl muss für jede der beiden Gebäudehauptachsen y und z erfüllt sein).

$$\frac{1}{h_{ges}} \cdot \sqrt{\frac{E_{cm} \cdot I_c}{F_{Ed}}} \begin{cases} \geq 1/(0{,}2+0{,}1m) & \text{für } m \leq 3 \\ \geq 1/0{,}6 & \text{für } m \geq 4 \end{cases} \qquad (38)$$

Es sind (s. a. nebenstehende Abb.):

h_{ges} Gesamthöhe des Tragwerkes über OK Fundament bzw. Einspannebene

m Anzahl der Geschosse

F_{Ed} Summe aller Vertikallasten $F_{Ed,nj}$ im Gebrauchszustand (d. h. $\gamma_F = 1$), die auf die aussteifenden und auf die nicht aussteifenden Bauteile wirken

$E_{cm} \cdot I_c$ Summe der Nennbiegesteifigkeiten (Zustand I) aller vertikalen aussteifenden Bauteile, die in der betrachteten Richtung wirken. In den aussteifenden Bauteilen sollte die Betonzugspannung unter der maßgebenden Lastkombination des Gebrauchszustandes den Wert f_{ctm} nicht überschreiten (E_{cm} und f_{ctm} s. S. 5.32).

Wenn die Steifigkeit der aussteifenden Bauteile sich über die Höhe ändert, sollte eine Ersatzsteifigkeit eingeführt werden; sie kann aus der Bedingung ermittelt werden, dass sie die gleiche maximale Horizontalverschiebung ergibt wie der genaue Steifigkeitsverlauf (s. S. 5.39).

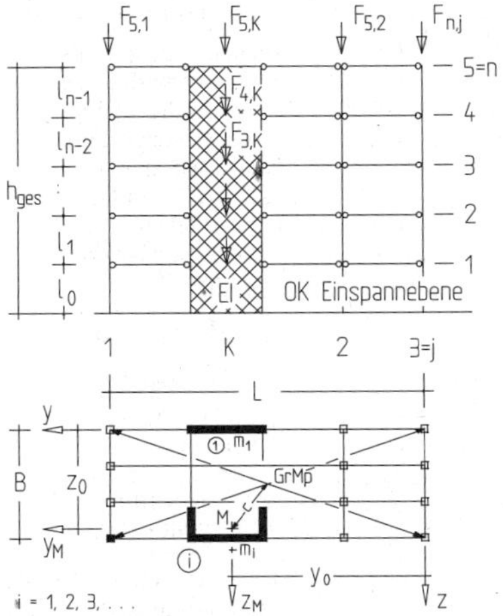

Bei aussteifenden Wänden aus Mauerwerk sind die maßgebenden E-Moduln von Mauerwerk nach DIN 1053, bei Wänden nach DIN 1045 (alt) die E-Moduln für Beton nach DIN 1045 anzusetzen.

Mittlere Biegesteifigkeit $(E_{cm} \cdot I_c)_m$ *von Wandscheiben mit veränderlichem* $(E_{cm} \cdot I_c)$

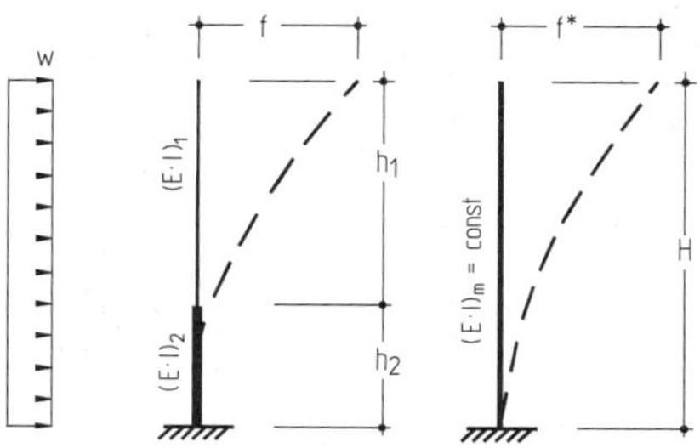

$$f = \frac{1}{E_c \cdot I_c} \cdot \int \frac{E_c \cdot I_c}{E \cdot I} \cdot M \overline{M}\, dh$$

$$f^* = \frac{w \cdot H^4}{8 \cdot (E \cdot I)_m}$$

aus $f = f^*$ folgt

$$(E \cdot I)_m = \frac{w \cdot H^4}{8 \cdot f}$$

f-Werte für einfeldrige, regelmäßig gegliederte Scheiben s. z.B. [5.13]

(Materialbezogene Indizes nicht mitgeschrieben; $E_c \cdot I_c$ steht für Vergleichssteifigkeit.)

Beispiel

Für das dargestellte System mit abschnittsweise konstantem $(EI)_i$ ist die mittlere Biegesteifigkeit $(EI)_m$ zu ermitteln.

$I_1 = 0{,}54\ \text{m}^4$; $I_2 = 0{,}82\ \text{m}^4$; $I_3 = 0{,}45\ \text{m}^4$

$h_1 = 8{,}25\ \text{m}$; $h_2 = 2{,}75\ \text{m}$; $h_3 = 5{,}50\ \text{m}$

$w = 1\ \text{kN/m}$; $H = 16{,}5\ \text{m}$; $E = \text{const}$

gewählt: $I_c = I_1 = 0{,}54\ \text{m}^4$

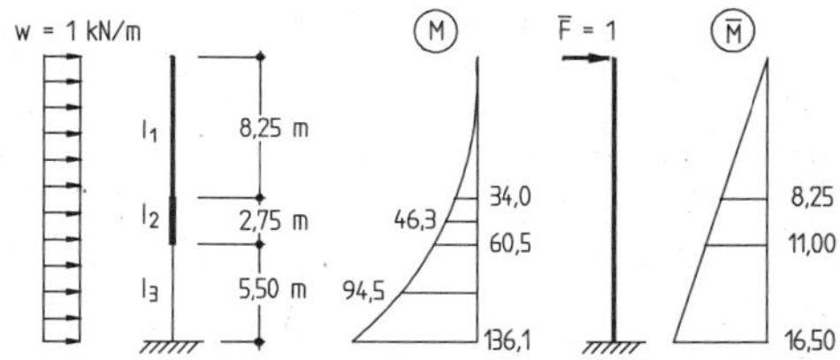

$E \cdot I_c \cdot f = 8{,}25^2 \cdot 34{,}0 / 4 + (0{,}54 / 0{,}82) \cdot (2{,}75 / 6) \cdot [34{,}0 \cdot 8{,}25 + 2 \cdot 46{,}32 \cdot (8{,}25 + 11{,}0) + 60{,}5 \cdot 11{,}0]$
$\quad + (0{,}54 / 0{,}45) \cdot (5{,}50 / 6) \cdot [60{,}5 \cdot 11{,}0 + 2 \cdot 94{,}5 \cdot (11{,}0 + 16{,}5) + 136{,}1 \cdot 16{,}5] = 10\,322\ \text{kNm}^3$

$\rightarrow f = 10\,322 / (0{,}54 \cdot E) = 19\,115 / E$

$E \cdot I_m = 1 \cdot 16{,}5^4 / (8 \cdot 19115 / E) = 0{,}4847 \cdot E \rightarrow I_m \approx 0{,}48\ \text{m}^4$

Unverschieblichkeit von nicht ausgesteiften Tragwerken oder Bauteilen

Es ist zu unterscheiden nach ausgesteiften oder nicht ausgesteiften Tragwerken (je nach Vorhandensein von aussteifenden Bauteilen; s. vorher) und nach unverschieblichen oder verschieblichen Tragwerken (je nachdem, ob die Auswirkungen nach Theorie II. Ordnung berücksichtigt werden müssen).

Nicht ausgesteifte Bauteile gelten als unverschieblich, wenn die Auswirkungen von Bauteilverformungen die Tragfähigkeit um weniger als 10 % verringern. Eine Abschätzung dieses Sachverhalts kann mit DIN 1045-1, 8.6.3 erfolgen, wonach *Einzelbauteile* als unverschieblich gelten, wenn die Grenzschlankheit λ_{max} nicht überschritten wird:

$$\lambda_{max} = \begin{cases} 16 / \sqrt{|\nu_{Ed}|} & \text{für } |\nu_{Ed}| < 0{,}41 \\ 25 & \text{für } |\nu_{Ed}| \geq 0{,}41 \end{cases}$$

mit $\nu_{Ed} = \dfrac{N_{Ed}}{A_c \cdot f_{cd}}$

Die Grenzschlankheiten λ_{max} sind in nebenstehender Grafik dargestellt.

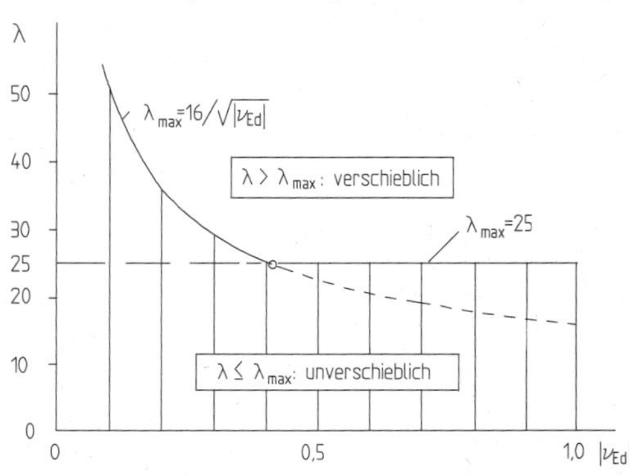

(In EC 2 ist diese Bedingung ebenfalls enthalten. Außerdem sieht EC 2 die Regelungen zur Grenzschlankheit λ_{max} für nicht ausgesteifte *Rahmentragwerke* vor, wenn die genannte Grenzschlankheit für alle Einzelstützen des Rahmens erfüllt sind, die von einer mittleren Längskraft $N_{Ed,m} = F_{Ed} / n$ mindestens 70 % aufnehmen.)

Rotationssteifigkeit von Tragwerken mit aussteifenden Bauteilen

Die Beurteilung der Rotationssteifigkeit erfolgt mit DIN 1045-1, Abschn. 8.6.2*)

$$\frac{1}{h_{\text{ges}}}\cdot\sqrt{\frac{E_{\text{cm}}\cdot I_{\omega}}{\sum_j F_{\text{Ed,j}}\cdot r_j^2}}+\frac{1}{2{,}28}\cdot\sqrt{\frac{G_{\text{cm}}\cdot I_{\text{T}}}{\sum_j F_{\text{Ed,j}}\cdot r_j^2}}\ \begin{array}{ll}\geq 1/(0{,}2+0{,}1m) & \text{für } m\leq 3\\ \geq 1/0{,}6 & \text{für } m\geq 4\end{array} \qquad (40)$$

Es sind:

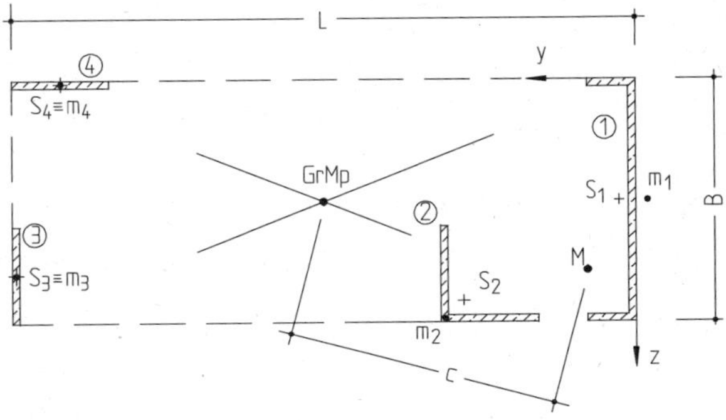

m Anzahl der Geschosse

$F_{\text{Ed,j}}$ Vertikallast aller stützenden Bauteile j [5.26] im Gebrauchszustand (d. h. $\gamma_F = 1$)

r_j Abstand der Stütze j vom Schubmittelpunkt M des Gesamtsystems

h_{ges} Gesamthöhe des Tragwerks über Einspannebene der lotrechten aussteifenden Bauteile in m

$E_{\text{cm}}\cdot I_{\omega}$ Summe der Nennwölbsteifigkeiten aller gegen Verdrehung aussteifenden Bauteile

$E_{\text{cm}}\cdot I_{\omega} = \Sigma\,(E_i\cdot I_{y,i}\cdot y^2_{\text{Mmi}} + E_i\cdot I_{z,i}\cdot z^2_{\text{Mmi}} + E_i\cdot I_{\omega i} - 2\cdot E_i\cdot I_{yz,i}\cdot y_{\text{Mmi}}\cdot z_{\text{Mmi}})$**)

- $I_{y,i}$; $I_{z,i}$ Flächenmoment 2. Grades des aussteifenden Bauteils i
- $I_{yz,i}$ Flächenzentrifugalmoment des aussteifenden Bauteils i
- $I_{\omega,i}$ Wölbflächenmoment 2. Grades des aussteifenden Bauteils i
- y_{Mmi}; z_{Mmi} Abstände zwischen M und m_i
- M Schubmittelpunkt (y_0; z_0) der zu einem Gesamtstab zusammengefassten lotrechten aussteifenden Bauteile i im Zustand I nach der Elastizitätstheorie (s. unten)
- m_i Schubmittelpunkt des aussteifenden Bauteils i

G_{cm} Schubmodul in MN/m²; $G_{\text{cm}} = E_{\text{cm}} / [2\cdot(1+\mu)]$
$\mu = 0 \rightarrow E_{\text{cm}}/G_{\text{cm}} = 2$; $\mu = 0{,}2 \rightarrow E_{\text{cm}}/G_{\text{cm}} = 2{,}4$

I_{T} *St. Venant*'sches Torsionsflächenmoment; s. Kapitel 4, Statik

*Koordinaten des Schubmittelpunktes M bei gleich hohen Aussteifungselementen***)

allgemein	$y_0 = \dfrac{(\Sigma EI_{y,i}\cdot y_i - \Sigma EI_{yz,i}\cdot z_i)\cdot\Sigma EI_{z,i} - (\Sigma EI_{yz,i}\cdot y_i - \Sigma EI_{z,i}\cdot z_i)\cdot\Sigma EI_{yz,i}}{\Sigma EI_{y,i}\cdot\Sigma EI_{z,i} - (\Sigma EI_{yz,i})^2}$ $z_0 = \dfrac{(\Sigma EI_{y,i}\cdot y_i - \Sigma EI_{yz,i}\cdot z_i)\cdot\Sigma EI_{yz,i} - (\Sigma EI_{yz,i}\cdot y_i - \Sigma EI_{z,i}\cdot z_i)\cdot\Sigma EI_{y,i}}{\Sigma EI_{y,i}\cdot\Sigma EI_{z,i} - (\Sigma EI_{yz,i})^2}$
$\Sigma EI_{yz,i} = 0$ und $\Sigma\,(EI_{yz,i}\cdot z_i) = 0$, $\Sigma\,(EI_{yz,i}\cdot y_i) = 0$	$y_0 = (\Sigma I_{y,i}\cdot y_i)/(\Sigma I_{y,i})$ $z_0 = (\Sigma I_{z,i}\cdot z_i)/(\Sigma I_{z,i})$ — für E = const

*) Wenn eine große Anzahl von Vertikallasten $F_{\text{Ed,j}}$ der Stützen nach Lage und Größe gleichmäßig über den Grundriss verteilt sind, erhält man für Gebäude mit rechteckigem Grundriss (s. hierzu auch *Brandt* [5.14]):

$$\frac{1}{h_{\text{ges}}}\cdot\sqrt{\frac{E_{\text{cm}}\cdot I_{\omega}}{F_{\text{Ed}}\cdot(d^2/12+c^2)}}+\frac{1}{2{,}28}\cdot\sqrt{\frac{G_{\text{cm}}\cdot I_{\text{T}}}{F_{\text{Ed}}\cdot(d^2/12+c^2)}}\ \begin{array}{ll}\geq 1/(0{,}2+0{,}1m) & \text{für } m\leq 3\\ \geq 1/0{,}6 & \text{für } m\geq 4\end{array}$$

mit F_{Ed} Summe aller Vertikallasten $F_{\text{Ed,j}}$
- d Grundrissdiagonale in m ($d^2 = L^2 + B^2$; s. Skizze oben)
- c Abstand zwischen Schubmittelpunkt M und Grundrissmittelpunkt GrMp (s. Abb. oben)

**) Gleichungen vereinfachend ohne materialbezogene Indizes „c“ bzw. „cm“.

Beispiel

Für das dargestellte Aussteifungssystem (s. a. S. 5.40) ist der Nachweis der Unverschieblichkeit zu erbringen. (Die Aussteifungselemente sind so angeordnet, dass der Rechengang umfassend gezeigt werden kann. Die Lage stellt keine „optimierte" Lösung dar; so wird z. B. ein empfohlener Dehnfugenabstand von 30 m überschritten, so dass Zwängungen ggf. nicht mehr vernachlässigt werden können. Zur Lage von aussteifenden Wände s. z. B. [5.13], [5.43].)

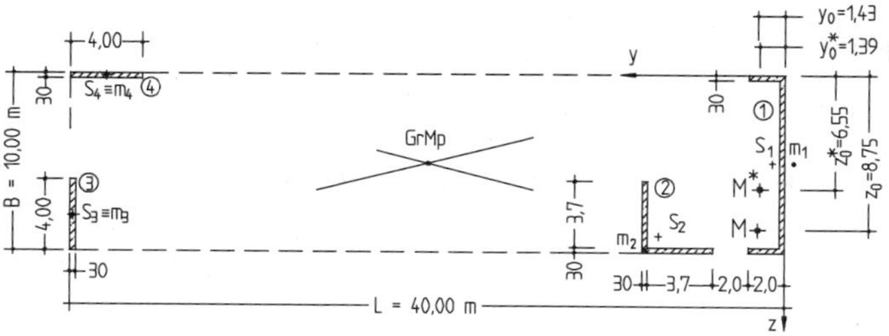

Gesamthöhe und Anzahl Geschosse

$h_{ges} = 24$ m, $n = 8$

Beton

C30/37; $E_{cm} \approx 29000 \text{MN/m}^2$

Deckenlasten (einschl. Unterzüge, Wände etc.)

$(g_k+q_k)=11{,}4 \text{kN/m}^2$

a) Labilitätszahlen für Translation**)

Translation in z-Richtung (Biegung um y)

$\sqrt{(E \cdot I_y)/F_{Ed}} \,/\, h_{tot}$

$F_{Ed} = 8 \cdot 11{,}4 \cdot 10^{-3} \cdot 40{,}0 \cdot 10{,}0 = 36{,}48$ MN

$I_y = 54{,}18 \text{ m}^4$ (s. Tabelle unten)

$\sqrt{(29000 \cdot 54{,}18)/36{,}48} \,/\, 24{,}0 = 8{,}6 > 1/0{,}6$

⇒ Unverschieblichkeit in z-Richtung gegeben.

Translation in y-Richtung (Biegung um z)

$\sqrt{(E \cdot I_z)/F_{Ed}} \,/\, h_{tot}$

$F_{Ed} = 8 \cdot 11{,}4 \cdot 10^{-3} \cdot 40{,}0 \cdot 10{,}0 = 36{,}48$ MN

$I_z = 6{,}21 \text{ m}^4$ (s. Tabelle unten)

$\sqrt{(29000 \cdot 6{,}21)/36{,}48} \,/\, 24{,}0 = 2{,}9 > 1/0{,}6 = 1{,}7$

⇒ Unverschieblichkeit in y-Richtung gegeben.

b) Labilitätszahl α_T für Torsion um die x_M-Achse**)

Berechnung des Schubmittelpunkts M (M) des Gesamtstabes*

Bauteil i	$I_{y,i}$ m⁴	$I_{z,i}$ m⁴	$I_{yz,i}$ m⁴	y_i 1) m	z_i 1) m	$I_{y,i} \cdot y_i$ m⁵	$I_{z,i} \cdot z_i$ m⁵	$I_{yz,i} \cdot y_i$ m⁵	$I_{yz,i} \cdot z_i$ m⁵
1	49,00	1,03	0	–0,34	5,00	–16,66	5,15	0	0
2	3,58	3,58	–2,13	7,85	9,85	28,10	35,26	–16,72	–20,98
3	1,60	≈0	0	39,85	8,00	63,76	0	0	0
4	≈0	1,60	0	38,00	0,15	0	0,24	0	0
Σ	54,18	6,21	–2,13			75,20	40,65	–16,72	–20,98

1) Koordinaten des Schubmittelpunktes des Einzelbauteils i.

Schubmittelpunktkoordinaten für M

$y_0 = \{(75{,}20 + 20{,}98) \cdot 6{,}21 - [(-16{,}72) - 40{,}65] \cdot (-2{,}13)\} \,/\, [54{,}18 \cdot 6{,}21 - (-2{,}13)^2] = 1{,}43$ m

$z_0 = \{(75{,}20 + 20{,}98) \cdot (-2{,}13) - [(-16{,}72) - 40{,}65] \cdot 54{,}18\} \,/\, [54{,}18 \cdot 6{,}21 - (-2{,}13)^2] = 8{,}75$ m

Schubmittelpunktkoordinaten für M* bei Vernachlässigung von $I_{yz,i}$

$y_0^* = 75{,}20/54{,}18 = 1{,}39$ m; $z_0^* = 40{,}65/6{,}21 = 6{,}55$ m

Berechnung der Labilitätszahl für Torsion um die x_M-Achse 2)

Bauteil i	$I_{y,i}$ m⁴	$I_{z,i}$ m⁴	y_{Mmi} m	z_{Mmi} m	$I_{y,i} \cdot y_{Mmi}$ m⁵	$I_{z,i} \cdot z_{Mmi}$ m⁵	$I_{y,i} \cdot y^2_{Mmi}$ m⁶	$I_{z,i} \cdot z^2_{Mmi}$ m⁶	$I_{T,i}$ m⁴
1	49,00	1,03	–1,77	–3,75	–86,73	–3,86	153,51	14,48	0,12
2	3,58	3,58	6,42	1,10	22,98	3,94	147,55	4,33	0,07
3	1,60	≈0	38,42	–0,75	61,47	0	2361,75	0	0,03
4	≈0	1,60	36,57	–8,60	0	–13,76	0	118,34	0,03
Σ	54,18	6,21	–	–	–	–	2662,81	137,15	0,25
2) Bei Vernachlässigung von $I_{yz,i}$ und von $I_{\omega,i}$.							$I_\omega \approx 2800 \text{ m}^6$		

Bei gleichmäßiger Verteilung von $F_{Ed,j}$ erhält man mit $d = 41{,}23$ m und $c = 18{,}94$ m (s. Anm. S. 5.40)

$$\frac{1}{24{,}0} \cdot \sqrt{\frac{29000 \cdot 2800}{36{,}48 \cdot (41{,}23^2/12 + 18{,}94^2)}} + \frac{1}{2{,}28} \cdot \sqrt{\frac{(29000/2{,}4) \cdot 0{,}25}{36{,}48 \cdot (41{,}23^2/12 + 18{,}94^2)}} = 2{,}78 + 0{,}18 = 2{,}96 > 1{,}7$$

⇒ Ausreichende Verdrehungssteifigkeit um die x-Achse gegeben.

**) Gleichungen vereinfachend ohne materialbezogene Indizes „c" bzw. „cm".

3.3.3 Lastaufteilung horizontaler Lasten auf gleich hohe aussteifende Bauteile

• Statisch bestimmte Aussteifungssysteme

Die infolge von Horizontallasten z. B. aus Wind *W* auf die Scheiben entfallenden Kräfte werden allein aus den Gleichgewichtsbedingungen (rechnerisch oder graphisch) bestimmt. Voraussetzungen [5.13]:

- Drillsteifigkeiten der Einzelscheiben werden vernachlässigt.
- Berücksichtigung der Biegesteifigkeiten der Einzelscheiben nur in der Hauptrichtung
- Betrachtung der Decken als starre Scheiben.

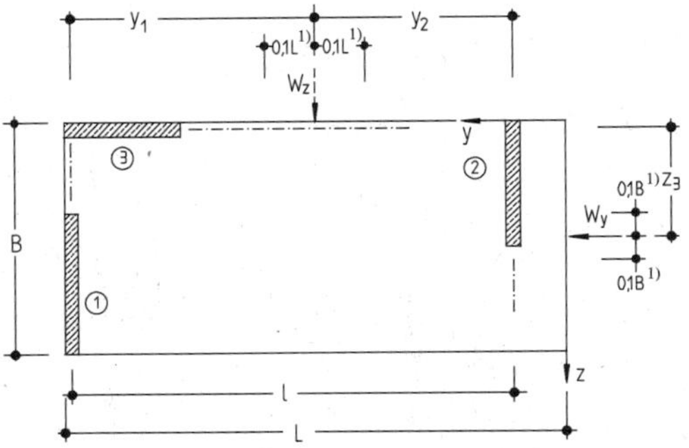

Beispiele

a) Rechnerische Lastaufteilung

Die infolge *W* auf die Scheiben entfallenden Kräfte werden rechnerisch aus Gleichgewichtsbedingungen bestimmt:

Lastfall W_z: $H_{1,z} = W_z \cdot y_2 / l$
$H_{2,z} = W_z \cdot y_1 / l$

Lastfall W_y: $H_{1,z} = -W_y \cdot z_3 / l$
$H_{2,z} = -H_{1,z} = W_y \cdot z_3 / l$
$H_{3,y} = W_y$

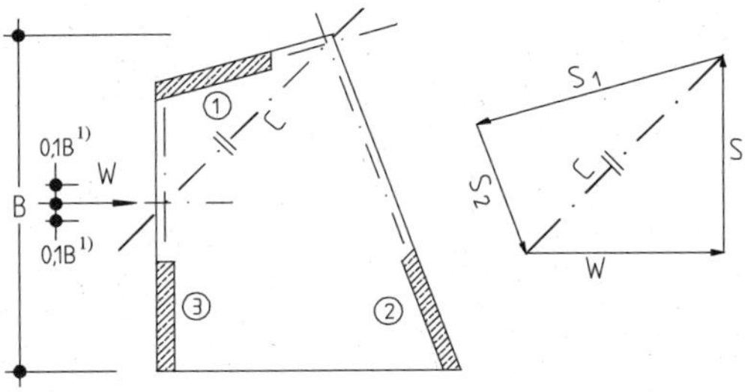

b) Graphische Lastaufteilung

Die infolge *W* auf die Scheiben entfallenden Kräfte *S* werden graphisch (z. B. nach *Culmann*) ermittelt.

1) Bei der Ermittlung von H_{max} bzw. H_{min} einer jeden Scheibe ist eine mögliche Exzentrizität des Windangriffs von ±10% der entsprechenden Gebäudeseitenlänge zu berücksichtigen. Das erfordert eine Berechnung mehrerer Lastfälle. In den Beispielen wurde jeweils nur eine Laststellung von *W* behandelt.

• Statisch unbestimmte Aussteifungssysteme

Die nachfolgenden Gleichungen gelten ohne Berücksichtigung des Flächenzentrifugalmoments I_{yz}, der Wölbsteifigkeiten $I_{\omega,i}$ und der St. Venant'schen Torsionssteifigkeit der Einzelelemente sowie der Torsionssteifigkeit $G_{cm} \cdot I_T$ des Gesamtstabes (nach [5.13] etwa bei $h_{ges} \cdot [I_T/((E_{cm}/G_{cm}) \cdot I_\omega)]^{0,5} \leq 0,5$ zulässig).

Lastanteile aus Translation ($i = 1, 2 \ldots n$)**)

$$\overset{\leftarrow}{H}_{y,i} = (H_{y,M} \cdot E \cdot I_{z,i}) / (\sum_1^n E \cdot I_{z,i})$$

$$\overset{\leftarrow}{H}_{z,i} = (H_{z,M} \cdot E \cdot I_{y,i}) / (\sum_1^n E \cdot I_{y,i})$$

Lastanteil aus Rotation ($i = 1, 2 \ldots n$)**)

$$\overset{\curvearrowleft}{H}_{y,i} = -(M_{x,M} \cdot E \cdot I_{z,i} \cdot z_{Mmi}) / (\sum_1^n E \cdot I_\omega)$$

$$\overset{\curvearrowleft}{H}_{z,i} = +(M_{x,M} \cdot E \cdot I_{y,i} \cdot y_{Mmi}) / (\sum_1^n E \cdot I_\omega)$$

Resultierende Lastanteile für Scheibe i ($i = 1, 2 \ldots n$)

$$H_{y,i} = \overset{\leftarrow}{H}_{y,i} + \overset{\curvearrowleft}{H}_{y,i}; \qquad H_{z,i} = \overset{\leftarrow}{H}_{z,i} + \overset{\curvearrowleft}{H}_{z,i}$$

Hierin sind (s. a. Bezeichnungen S. 5.40):

$H_{y,M}$; $H_{z,M}$ resultierende, auf den Schubmittelpunkt bezogene Horizontallast
$M_{x,M}$ resultierendes, auf den Schubmittelpunkt bezogenes Torsionsmoment

(Weitere Erläuterungen zur Lastaufteilung horizontaler Lasten bei statisch unbestimmten Systemen s. nachfolgendes Beispiel.)

**) Gleichungen vereinfachend ohne materialbezogene Indizes „c" bzw. „cm".

Beispiel **)

Für das dargestellte Aussteifungssystem (s. a. S. 5.41) sind die auf die Scheiben 1 bis 4 entfallenden Lastanteile infolge $H_{y,M}$ und $M_{x,M}$ bzw. $H_{z,M}$ und $M_{x,M}$ gesucht.

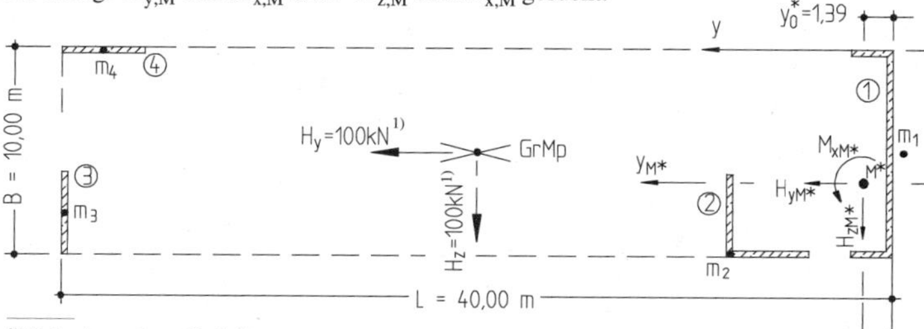

1) Siehe Anmerkung S. 5.42

Berechnung der Kennwerte für die Lastaufteilung 2)

Bauteil i	$I_{y,i}$ m^4	$I_{z,i}$ m^4	y^*_{Mmi} m	z^*_{Mmi} m	$I_{y,i} \cdot y^*_{Mmi}$ m^5	$I_{z,i} \cdot z^*_{Mmi}$ m^5	$I_{y,i} \cdot y^{*2}_{Mmi}$ m^6	$I_{z,i} \cdot z^{*2}_{Mmi}$ m^6
1	49,00	1,03	−1,73	−1,55	−84,77	−1,60	146,65	2,47
2	3,58	3,58	6,46	3,30	23,13	11,81	149,40	38,99
3	1,60	≈0	38,46	1,45	61,54	0	2366,67	0
4	≈0	1,60	36,61	−6,40	0	−10,24	0	65,54
Σ	54,18	6,21			≈0	≈0	$I^*_\omega \approx 2770$	

2) Bei Vernachlässigung von $I_{yz,i}$ und $I_{\omega,i}$; die Abstände y^*_{Mmi} und z^*_{Mmi} sind auf M* bezogen.

a) Lastfall $H_y = H_{yM*} = 100$ kN $\rightarrow$ $M_{x,M*} = 100 \cdot 1{,}55 = 155$ kNm; $M_{x,M*}/I^*_\omega = 155/2770 = 0{,}056$

Lastanteile infolge	y-Richtung $i = 1$	2	3	4	infolge	z-Richtung $i = 1$	2	3	4
$H_{y,i} = 100 \cdot I_{z,i}/6{,}21$	16,59	57,65	0	25,76		-	-	-	-
$H_{y,i} = -0{,}056 \cdot I_{z,i} \cdot z^*_{Mmi}$	0,09	−0,66	0	0,57	$H_{z,i} = +0{,}056 \cdot I_{y,i} \cdot y^*_{Mmi}$	−4,74	1,29	3,44	0
$\Sigma H_{y,i}$	16,68	56,99	0	26,33	$\Sigma H_{z,i}$	−4,74	1,29	3,44	0

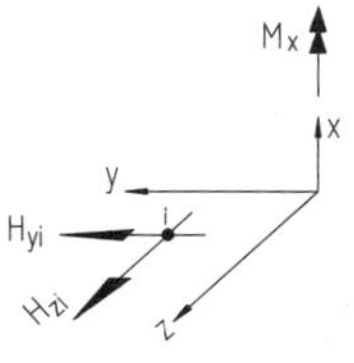

Kontrolle der Gleichgewichtsbedingungen:

$\Sigma H_{y,i} = 16{,}68 + 56{,}99 + 0 + 26{,}33 = 100$ kN $\equiv 100$ kN

$\Sigma H_{z,i} = -4{,}74 + 1{,}29 + 3{,}44 + 0 = -0{,}01$ kN ≈ 0 kN

$\Sigma M_{x,M*} = (-4{,}74) \cdot (-1{,}73) + 1{,}29 \cdot 6{,}46 + 3{,}44 \cdot 38{,}46$
$-[16{,}68 \cdot (-1{,}55) + 56{,}99 \cdot 3{,}30 + 26{,}33 \cdot (-6{,}40)] = 155{,}1$ kNm ≈ 155 kNm

b) Lastfall $H_z = H_{zM*} = 100$ kN $\rightarrow$ $M_{x,M*} = 100 \cdot 18{,}61 = 1861$ kNm; $M_{x,M*}/I^*_\omega = 1861/2770 = 0{,}672$

Lastanteile infolge	y-Richtung $i = 1$	2	3	4	infolge	z-Richtung $i = 1$	2	3	4
	-	-	-	-	$H_{z,i} = 100 \cdot I_{y,i}/54{,}18$	90,44	6,61	2,95	0
$H_{y,i} = -0{,}672 \cdot I_{z,i} \cdot z^*_{Mmi}$	1,07	−7,95	0	6,88	$H_{z,i} = 0{,}672 \cdot I_{y,i} \cdot y^*_{Mmi}$	−56,90	15,54	41,36	0
$\Sigma H_{y,i}$	1,07	−7,95	0	6,88	$\Sigma H_{z,i}$	33,54	22,15	44,31	0

Kontrolle der Gleichgewichtsbedingungen:

(Vorzeichenregelung s. Skizze oben)

$\Sigma H_{y,i} = 1{,}07 - 7{,}95 + 0 + 6{,}88 = 0$ kN $\equiv 0$ kN

$\Sigma H_{z,i} = 33{,}54 + 22{,}15 + 44{,}31 + 0 = 100$ kN $\equiv 100$ kN

$\Sigma M_{x,M*} = 33{,}54 \cdot (-1{,}73) + 22{,}15 \cdot 6{,}46 + 44{,}31 \cdot 38{,}46$
$-[1{,}07 \cdot (-1{,}55) + (-7{,}95) \cdot 3{,}30 + 6{,}88 \cdot (-6{,}40)] = 1861{,}2$ kNm ≈ 1861 kNm

**) Gleichungen vereinfachend ohne materialbezogene Indizes „c“ bzw. „cm“.

3.4 Tragwerksidealisierung

3.4.1 Definition, Vereinfachungen

Tragelemente und Bauteile werden nach ihrer Eigenschaft und Funktion unterteilt und gelten als

– *Balken, Platte* bei	$l / h \geq 2$	l, l_{min}	Stützweite, kürzere Stützweite
– *Scheibe, wandartiger Träger* bei	$l / h < 2$	h	Bauhöhe
– *Platte* bei	$b / h \geq 4$	b	Querschnittsbreite
– *Balken* bei	$b / h < 4$	h	Bauhöhe
– *Stützen*	$b / h \leq 4$	b, h	Querschnittsseiten ($b \geq h$)
– *Wände*	$b / h > 4$		

– *Einachsig gespannte Platten* dürfen bei gleichmäßig verteilten Lasten unterstellt werden
- bei zwei freien ungelagerten, gegenüber liegenden und parallelen Rändern *oder*
- bei einem Verhältnis der größeren Stützweite zur kleineren $l_{max} / l_{min} \geq 2$.

– *Rippen- und Kassettendecken* dürfen bei einer linear-elastischen Schnittgrößenermittlung als Vollplatten betrachtet werden, falls die nebenstehenden Bedingungen erfüllt sind.

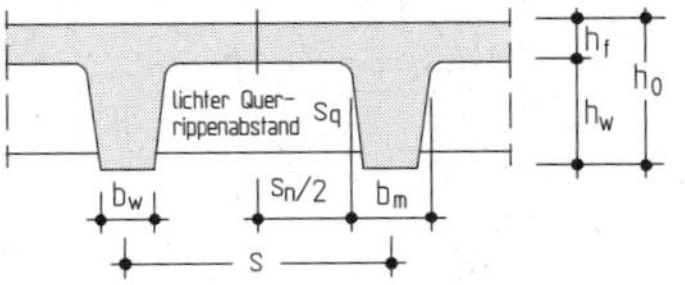

$s \leq 150$ cm

$h_f \begin{cases} \geq s_n/10 \\ \geq 5 \text{ cm} \end{cases}$

$h_w \leq 4\ b_m$

$s_q \leq 10\ h_0$

3.4.2 Mitwirkende Plattenbreite

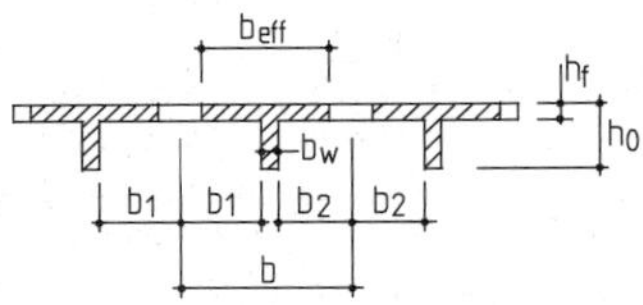

Die mitwirkende Breite b_{eff} darf für *Biegebeanspruchung* infolge annähernd gleichmäßig verteilter Einwirkungen für die Nachweise in den Grenzzuständen der Tragfähigkeit und der Gebrauchstauglichkeit nach DIN 1045-1, 7.3.1 (s. jedoch auch [5.22], [5.31]) angenommen werden zu:

$$b_{eff} = b_w + \Sigma b_{eff,i}$$

$$\text{mit } b_{eff,i} = 0{,}2 \cdot b_i + 0{,}1 \cdot l_0 \leq 0{,}2 \cdot l_0 \\ \leq b_i$$

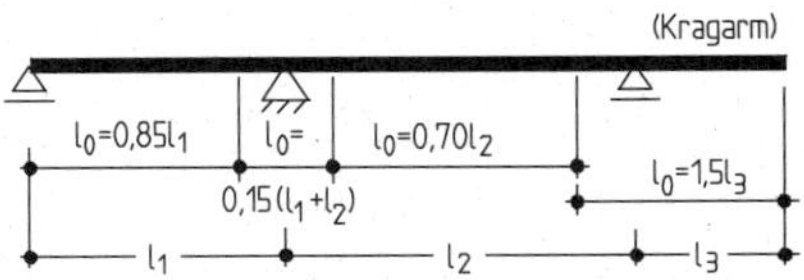

Der Abstand der Momentennullpunkte l_0 darf bei etwa gleichen Steifigkeitsverhältnissen wie nebenstehend dargestellt abgeschätzt werden.

Bei durchlaufenden Plattenbalken unter überwiegender Gleichlast ist es für die Schnittgrößenermittlung im Allg. ausreichend, die mitwirkende Breite konstant über die Feldlänge anzusetzen [5.26].

3.4.3 Stützweite

Die Stützweite wird wie folgt berechnet (DIN 1045-1, 7.3.1):

$$\boxed{l_{eff} = l_n + a_1 + a_2}$$

(DIN 1045-1 enthält nur die nachfolgenden Fälle a) und b); die weiteren Angaben stammen aus EC 2.)

a) nicht durchlaufende Bauteile

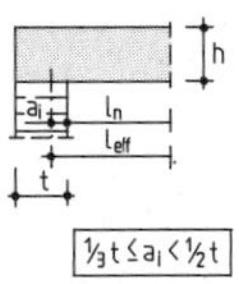

b) durchlaufende Bauteile

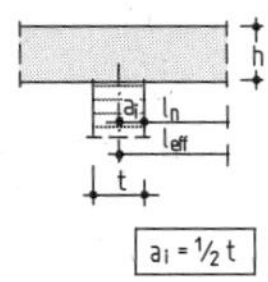

c) Auflager mit voller Einspannung

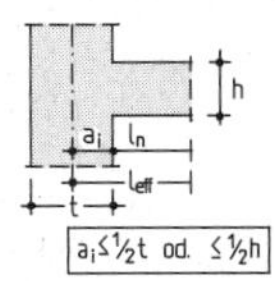

d) freie Kragträger

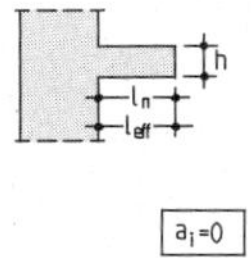

e) Kragarm eines Durchlaufträgers

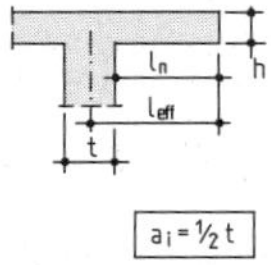

f) Anordnung eines Lagers

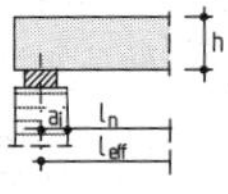

3.5 Berechnungsverfahren

3.5.1 Verfahren zur Schnittgrößenermittlung

Für die Schnittgrößenermittlung sind folgende Verfahren zulässig im Grenzzustand der

Gebrauchstauglichkeit – linear-elastische Verfahren
(Eine Rissbildung muss berücksichtigt werden bei deutlich ungünstigem Einfluss, sie darf berücksichtigt werden bei günstigem Einfluss unter Berücksichtigung der Verträglichkeit.)

Tragfähigkeit
- linear-elastische Schnittgrößenermittlung ohne Umlagerung
- linear-elastische Schnittgrößenermittlung mit begrenzter Umlagerung
- plastische Schnittgrößenermittlung
- nichtlineare Schnittgrößenermittlung.

3.5.2 Vereinfachungen

Bei nicht vorgespannten Durchlaufträgern und -platten des üblichen Hochbaus brauchen Bemessungssituationen mit günstigen ständigen Einwirkungen ($\gamma_G = 1{,}0$) nicht berücksichtigt zu werden, wenn die konstruktiven Regeln für die Mindestbewehrung eingehalten werden. (Für den Nachweis der Lagesicherheit gilt jedoch S. 5.27 bzw. Tafel 5.29a.)

Durchlaufende Platten und Balken werden i. Allg. unter der Annahme frei drehbarer Lagerung berechnet.

Stützkräfte von einachsig gespannten Platten, Rippendecken und (Platten-)Balken dürfen ohne Berücksichtigung einer Durchlaufwirkung ermittelt werden; sie muss jedoch bei der ersten Innenstütze stets, bei den übrigen Innenstützen dann berücksichtigt werden, wenn die Spannweiten der angrenzenden Felder außerhalb des Bereichs $0{,}5 < l_1 / l_2 < 2{,}0$ liegen.

Querkräfte dürfen bei Tragwerken des üblichen Hochbaus für eine Vollbelastung aller Felder ermittelt werden, wenn das Stützweitenverhältnis benachbarter Felder bei annähernd gleicher Steifigkeit zwischen $0{,}5 < l_1 / l_2 < 2{,}0$ liegt.

Die *Querdehnzahl* ν darf gleich 0 gesetzt werden.

Bei *frei drehbarer Lagerung* darf das Stützmoment über die Breite der Unterstützung ausgerundet werden; das Bemessungsmoment ergibt sich zu

$$|M'_{Ed}| = |M_{Ed}| - |C_{Ed}| \cdot a/8$$

C_{Ed} Bemessungswert der Auflagerreaktion
a Auflagerbreite

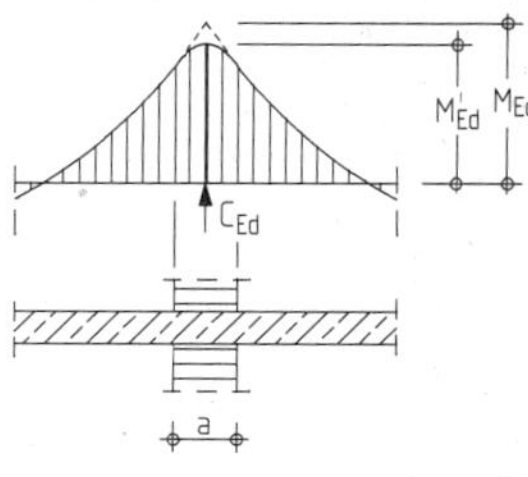

Bei *monolithischem Anschluss* einer Platte oder eines Balkens darf nach DIN 1045-1, 7.3.2 als Bemessungsmoment das am Rand der Unterstützung zugrunde gelegt werden[1)], Mindestmomente sind jedoch zu beachten (s. u.). Als Bemessungsmoment erhält man

$$|M_I| = |M_{Ed}| - |V_{Ed,li}| \cdot a/2$$
$$|M_{II}| = |M_{Ed}| - |V_{Ed,re}| \cdot a/2$$

$V_{Ed,li}$ Bemessungsquerkraft links von der Unterstützung
$V_{Ed,re}$ Bemessungsquerkraft rechts von der Unterstützung

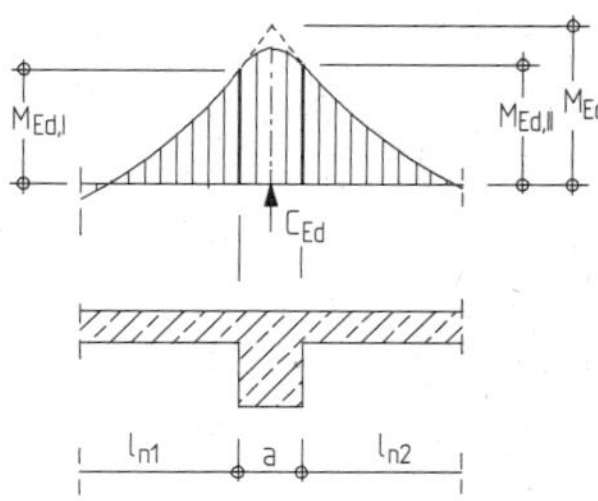

Zur Berücksichtigung von Idealisierungen und unbeabsichtigten Abweichungen ist als *Mindestbemessungsmoment* min $|M_{Ed}|$ am Auflagerrand mindestens 65 % des Moments bei Annahme einer vollen Randeinspannung zu berücksichtigen. Für eine gleichmäßig verteilte, konstante Streckenlast erhält man

min $|M_{Ed}| \approx (1/12) \cdot F_d \cdot l_n^2$ an der ersten Innenstütze im Randfeld (einseitige Einspannung)
min $|M_{Ed}| \approx (1/18) \cdot F_d \cdot l_n^2$ an den übrigen Innenstützen in Innenfeldern (beidseitige Einspannung)

mit F_d als gleichmäßig verteilter Bemessungslast und l_n als lichter Weite zwischen den Auflagern.

1) In [5.73] wird ausgeführt, dass eine Bemessung für das Mittenmoment unter Berücksichtigung einer Momentenausrundung und Nutzhöhenvergrößerung unter 1:3 im Bereich der Unterstützung in vielen Fällen als nicht ausreichend anzusehen ist. Lediglich bei sehr kleinen Schlankheiten (etwa ab $l/d \leq 10$) kann das Mittenmoment maßgebend werden. Weitere Hinweise s. a. [5.85].

3.5.3 Lineare Berechnung ohne oder mit begrenzter Umlagerung

Die linear-elastisch ermittelten Momente dürfen unter Einhaltung der Gleichgewichtsbedingungen (Mindestmomente nach Abschn. 3.5.2 sind zu beachten!) umgelagert werden. Eine Umlagerung darf jedoch nicht vorgenommen werden, falls das Rotationsvermögen nicht mit Sicherheit vorausgesetzt werden kann (z. B. bei verschieblichen Rahmen, in den Ecken vorgespannter Rahmen, bei großer Zwangbeanspruchung).

Für Durchlaufträger (in Querrichtung kontinuierlich gestützte Platten, Balken, Riegel in unverschieblichen Rahmen und andere überwiegend auf Biegung beanspruchte Bauteile) mit einem Stützweitenverhältnis der benachbarten Felder $0{,}5 < l_1 / l_2 < 2{,}0$ darf der Umlagerungsfaktor δ (= $M_{\text{mit Uml.}} / M_{\text{ohne Uml.}}$) betragen:

– Betonfestigkeitsklassen	C ≤ C50/60[1]:	$\delta \geq 0{,}64 + 0{,}80 \cdot x_d / d$	(46.1)
– Duktilität des Stahls	hochduktil :	$\delta \geq 0{,}70$	(46.2a)
	normalduktil :	$\delta \geq 0{,}85$	(46.2b)

mit x_d / d als Verhältnis der Druckzonenhöhe x zur Nutzhöhe d *nach* Umlagerung. Für die Eckknoten unverschieblicher Rahmen ist die Umlagerung auf $\delta = 0{,}9$ zu begrenzen.

Eine Umlagerung ist damit für Beton bis C50/60[1] nicht zulässig (d. h. $\delta = 1$), wenn das Verhältnis x_d/d den Wert 0,45 erreicht. Dieser Wert ist generell einzuhalten, wenn keine geeigneten konstruktiven Maßnahmen (z. B. enge Verbügelung, siehe DIN 1045-1, 13.1.1(5)) getroffen werden.

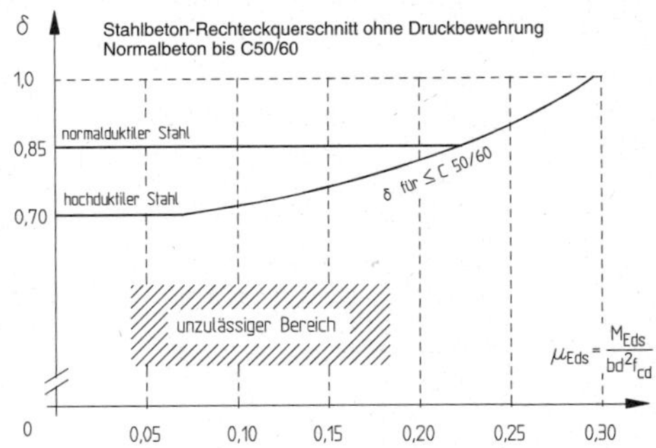

Die Einhaltung der Bedingungen nach Gln. (46.1) und (46.2) erfordert im Regelfall eine Iteration, da der Faktor δ mit der bezogenen Druckzonenhöhe x_d/d nach Umlagerung zu ermitteln ist. In nebenstehendem Diagramm ist diese Iteration bereits durchgeführt, sodass mit dem auf die Bewehrung bezogenen Moment M_{Eds} *vor* Umlagerung der zulässige Anwendungsbereich von δ direkt abgelesen werden kann. Für den Beton wurde das Parabel-Rechteck-Diagramm der Querschnittsbemessung (s. Abschn. 2.2.1) berücksichtigt.

Beispiel

Für einen Zweifeldträger mit den Querschnittsabmessungen $b/h/d$ = 30/70/65 cm soll das Stützmoment unter Ausnutzung der maximal zulässigen Umlagerung bestimmt werden.

Bemessungslasten: $g_d = \gamma_G \cdot g_k = 1{,}35 \cdot 20 = 27$ kN/m
$q_d = \gamma_Q \cdot q_k = 1{,}50 \cdot 36 = 54$ kN/m

Baustoffe: Beton C30/37; Stahl BSt 500 S(B) (hochduktil)

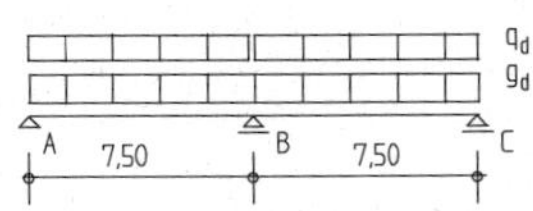

lineare Berechnung

$M_{Ed,b} = -0{,}125 \cdot (27 + 54) \cdot 7{,}50^2$
$= -570$ kNm (q_d im Feld 1 u. 2)

$\max M_{Ed,1} \approx (0{,}070 \cdot 27 + 0{,}096 \cdot 54) \cdot 7{,}50^2$
$=$ **398** kNm (q_d im Feld 1)

$\text{zug } M_{Ed,b} = -(0{,}125 \cdot 27 + 0{,}063 \cdot 54) \cdot 7{,}50^2$
$= -381$ kNm (q_d im Feld 1)

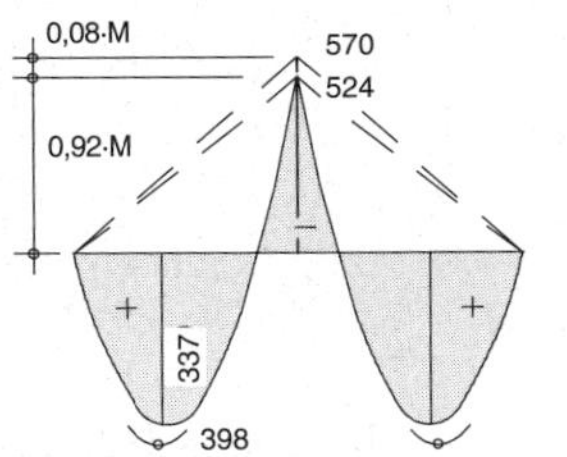

lineare Berechnung mit begrenzter Umlagerung

$\mu_{Eds} = 0{,}570 / [0{,}30 \cdot 0{,}65^2 \cdot (0{,}85 \cdot 30/1{,}5)] = 0{,}265$

$\Rightarrow$ zul $\delta = 0{,}92$ („Beton“ wird maßgebend)

$M_{Ed,b;\ \delta=0{,}92} = 0{,}92 \cdot (-570) = \mathbf{-524}$ kNm < -381 kNm

Das Stützmoment $|M_{Ed}|$ = 524 kNm nach Umlagerung in der Lastfallkombination „Volllast“ (g_d und q_d in beiden Feldern) ist noch größer als das zugehörige Stützmoment $|M_{Ed}|$ = 381 kNm in der Lastfallkombination „einseitige Verkehrslast“ (g_d in beiden Feldern, q_d nur im Feld 1). Für die Bemessung an der Stütze bleibt daher der Lastfall „Volllast“ maßgebend, ebenso gilt für das maximale Feldmoment unverändert max M_{Ed} = 398 kNm.

Kontrollen: Faktor δ mit Gl. (46.1): $\mu_{Eds} = 0{,}524 / (0{,}3 \cdot 0{,}65^2 \cdot (0{,}85 \cdot 30 / 1{,}5)) = 0{,}243$
$\Rightarrow x / d = 0{,}35$ (Tafel 2a, S. 5.132); zul $\delta = 0{,}64 + 0{,}80 \cdot 0{,}35 = 0{,}92$

[1] Für Hochfesten Beton (ab C55/67) und für Leichtbeton gelten verschärfte Bedingungen; s. DIN 1045-1, 8.3(3).

Biegemomente in rahmenartigen Tragwerken

In ausreichend ausgesteiften Hochbauten können bei Innenstützen die Biegemomente aus Rahmenwirkung infolge von lotrechter Belastung vernachlässigt werden. Randstützen müssen für Eckmomente bemessen werden. Diese können näherungsweise nach DAfStb-H. 240, Abschn. 1.6 [5.15] bestimmt werden. In einer DIN 1045-1 angepassten Schreibweise erhält man im Grenzzustand der Tragfähigkeit für eine Belas-tung aus Eigenlast g_k und veränderlicher Last q_k nachstehend angegebene Randmomente.

Näherungsweise Ermittlung der Momente in rahmenartigen Tragwerken

$$M_b = \frac{c_o + c_u}{3 \cdot (c_o + c_u) + 2{,}5} \cdot \left(3 + \frac{\gamma_Q \cdot q_k}{\gamma_G \cdot g_k + \gamma_Q \cdot q_k}\right) \cdot M_b^{(0)}$$

$$M_{col,o} = \frac{-c_o}{3 \cdot (c_o + c_u) + 2{,}5} \cdot \left(3 + \frac{\gamma_Q \cdot q_k}{\gamma_G \cdot g_k + \gamma_Q \cdot q_k}\right) \cdot M_b^{(0)}$$

$$M_{col,u} = \frac{c_u}{3 \cdot (c_o + c_u) + 2{,}5} \cdot \left(3 + \frac{\gamma_Q \cdot q_k}{\gamma_G \cdot g_k + \gamma_Q \cdot q_k}\right) \cdot M_b^{(0)}$$

$$c_o = \frac{I_{col,o}}{I_b} \cdot \frac{l_{eff}}{l_{col,o}}$$

$$c_u = \frac{I_{col,u}}{I_b} \cdot \frac{l_{eff}}{l_{col,u}}$$

Es sind:

- $M_b^{(0)}$ Stützmoment des Endfeldes für eine beidseitige Volleinspannung unter Volllast $(\gamma_G \cdot g_k + \gamma_Q \cdot q_k)$
- M_b Stützmoment des Riegels am Endauflager
- $M_{col,o/u}$ Einspannmoment des oberen (o) / unteren (u) Rahmenstiels am Riegelanschnitt
- I_b Flächenmoment 2. Grades des Rahmenriegels [1)]
- $c_{o/u}$ Steifigkeitsbeiwert der oberen (o) / unteren (u) Stütze
- $I_{col,o/u}$ Flächenmoment 2. Grades der oberen (o) / unteren (u) Randstütze

[1)] Bei Rahmenriegeln als Plattenbalken ist das Flächenmoment unter Berücksichtigung der mitwirkenden Plattenbreite zu bestimmen.

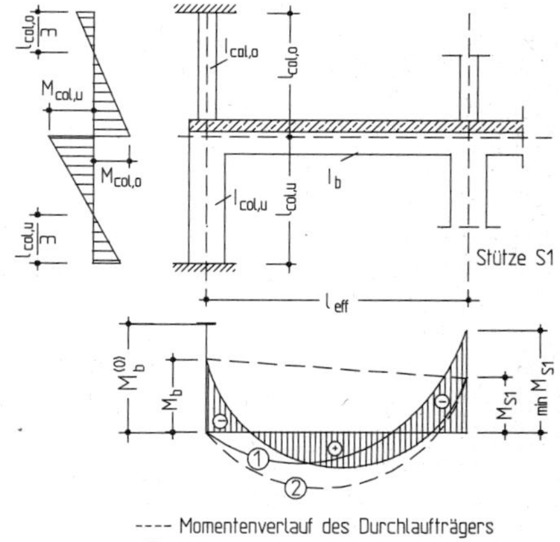

---- Momentenverlauf des Durchlaufträgers
① für das absolut größte Stützmoment in Achse 1
② für das größte Feldmoment im Endfeld

Die Genauigkeit des c_o-c_u-Verfahrens nimmt ab, sofern sich die Riegelstützweiten sehr stark unterscheiden. Um die Ungenauigkeit des Verfahrens zu kompensieren, kann auf eine Verringerung des Feldmomentes verzichtet werden (Randmoment M_b in Kombination mit Linie 2 in der Darstellung oben); s. a. [5.16], [5.84].

Das Näherungsverfahren darf auch auf die Verbindung von Stahlbetonwänden mit Stahlbetonplatten angewandt werden. Die Verwendung der Formeln ist außerdem – bei entsprechender Angleichung des Momentenverlaufs in den Stielen – auch bei *gelenkiger* Lagerung der abliegenden Stützenenden erlaubt. Auf eine Verminderung der Stielsteifigkeit, z. B. auf $0{,}75 \cdot I_{col}$, darf in diesem Falle verzichtet werden.

Beispiel

Eckmomente eines unverschieblichen Rahmentragwerks mit gegebenen Querschnittswerten und Belastung

Steifigkeiten: $I_b = 128$ dm⁴ ; $I_{col,o} = 6{,}8$ dm⁴ ; $I_{col,u} = 12{,}5$ dm⁴ ; $l_{eff} = 6$ m $= 60$ dm; $l_{col,o} = l_{col,u} = 3{,}5$ m $= 35$ dm
} $c_o = (6{,}8/35)/(128/60) = 0{,}091$; $c_u = (12{,}5/35)/(128/60) = 0{,}167$

Belastung: $(\gamma_G \cdot g_k + \gamma_Q \cdot q_k) = 30$ kN/m; $\gamma_Q \cdot q_k = 12$ kN/m

Volleinspannung: $M_b^{(0)} = -30 \cdot 6{,}0^2 / 12 = -90$ kNm

Hilfswerte: $3\,(c_o + c_u) + 2{,}5 = 3{,}274$; $[3 + \gamma_Q \cdot q_k / (\gamma_G \cdot g_k + \gamma_Q \cdot q_k)] \cdot M_b^{(0)} = -306$ kNm

Eckmomente: $M_b = (0{,}091+0{,}167) \cdot (-306) / 3{,}274 = -24{,}11$ kNm

$M_{col,o} = -0{,}091 \cdot (-306) / 3{,}274 = +8{,}51$ kNm

$M_{col,o} = 0{,}167 \cdot (-306) / 3{,}274 = -15{,}61$ kNm

3.5.4 Schnittgrößenermittlung bei Platten

3.5.4.1 Einachsig gespannte Platten

Für einachsig gespannte Platten unter Gleichflächenlast gilt Abschn. 3.5.3. Die Tragwirkung einachsig gespannter Platten unter Punkt-, Linien- und Rechtecklasten kann näherungsweise durch einen gedachten Plattenstreifen mit in Querrichtung konstanter Beanspruchung, d. h. mit Hilfe der mitwirkenden Breite b_{eff} als Stabwerk, erfasst werden. Die Breite b_{eff} kann mit nachstehender Tafel (s. DAfStb-H. 240 [5.15]) ermittelt werden, wobei größere Breiten als die vorhandenen nicht berücksichtigt werden dürfen (s. u.).

Lastverteilungsbreite bei einachsig gespannten Platten unter Punkt-, Linien- und Rechtecklasten

	1	2	3			4	
	Stat. System Schnittgröße	Mitwirkende Breite (rechn. Lastverteilungs-breite) b_{eff}	Gültigkeitsgrenzen			Breite b_{eff} für durchgehende Linienlast ($t_x = l$) $t_y = 0{,}05 \cdot l$	$t_y = 0{,}10 \cdot l$
1	m_F (x, l)	$b_{eff} = t_y + 2{,}5 \cdot x \cdot \left(1 - \frac{x}{l}\right)$	$0 < x < l$	$t_y \le 0{,}8l$	$t_x \le l$	$b_{eff} = 1{,}36\,l$	
2	v_S	$b_{eff} = t_y + 0{,}5 \cdot x$	$0 < x < l$	$t_y \le 0{,}8l$	$t_x \le l$	$b_{eff} = 0{,}25l$	$b_{eff} = 0{,}30l$
3	m_F	$b_{eff} = t_y + 1{,}5 \cdot x \cdot \left(1 - \frac{x}{l}\right)$	$0 < x < l$	$t_y \le 0{,}8\,l$	$t_x \le l$	$b_{eff} = 1{,}01\,l$	
4	m_S	$b_{eff} = t_y + 0{,}5 \cdot x \cdot \left(2 - \frac{x}{l}\right)$	$0 < x < l$	$t_y \le 0{,}8\,l$	$t_x \le l$	$b_{eff} = 0{,}67\,l$	
5	v_S	$b_{eff} = t_y + 0{,}3 \cdot x$	$0{,}2l < x < l$	$t_y \le 0{,}4l$	$t_x \le 0{,}2l$	$b_{eff} = 0{,}25l$	$b_{eff} = 0{,}30l$
6	v_S	$b_{eff} = t_y + 0{,}4 \cdot (l - x)$	$0 < x < 0{,}8l$	$t_y \le 0{,}4l$	$t_x \le 0{,}2l$	$b_{eff} = 0{,}17l$	$b_{eff} = 0{,}21l$
7	m_F	$b_{eff} = t_y + x \cdot \left(1 - \frac{x}{l}\right)$	$0 < x < l$	$t_y \le 0{,}8\,l$	$t_x \le l$	$b_{eff} = 0{,}86\,l$	
8	m_S	$b_{eff} = t_y + 0{,}5 \cdot x \cdot \left(2 - \frac{x}{l}\right)$	$0 < x < l$	$t_y \le 0{,}4\,l$	$t_x \le l$	$b_{eff} = 0{,}52\,l$	
9	v_S	$b_{eff} = t_y + 0{,}3 \cdot x$	$0{,}2l < x < l$	$t_y \le 0{,}4l$	$t_x \le 0{,}2l$	$b_{eff} = 0{,}21l$	$b_{eff} = 0{,}25l$
10	m_S (x, l_k)	$b_{eff} = 0{,}2\,l_k + 1{,}5 \cdot x$ $b_{eff} = t_y + 1{,}5 \cdot x$	$0 < x < l_k$ $0 < x < l_k$	$t_y < 0{,}2l_k$ $0{,}2l_k \le t_y \le 0{,}8l_k$	$t_x \le l_k$ $t_x \le l_k$	$b_{eff} = 1{,}35\,l_k$	
11	v_S	$b_{eff} = 0{,}2\,l_k + 0{,}3 \cdot x$ $b_{eff} = t_y + 0{,}3 \cdot x$	$0{,}2l_k < x < l_k$ $0{,}2l_k < x < l_k$	$t_y < 0{,}2l_k$ $0{,}2l_k \le t_y \le 0{,}4l_k$	$t_x \le 0{,}2l_k$ $t_x \le 0{,}2l_k$	$b_{eff} = 0{,}36l_k$	$b_{eff} = 0{,}43l_k$

Lasteintragungsbreite t:

$$t = b_0 + 2 \cdot h_1 + h$$

b_0 Lastaufstandsbreite
h_1 lastverteilende Deckschicht
h Plattendicke

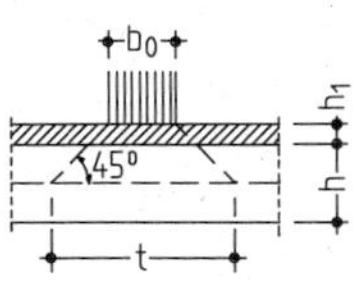

Beispiele für die rechnerische Verteilungsbreite b_{eff}

a) Feldmoment

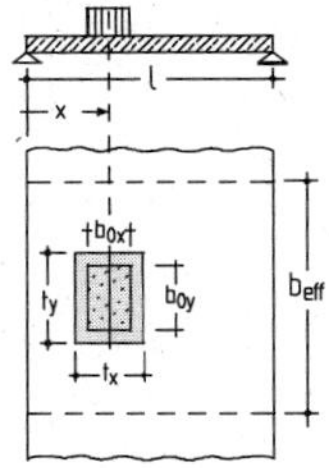

b) Kragmoment

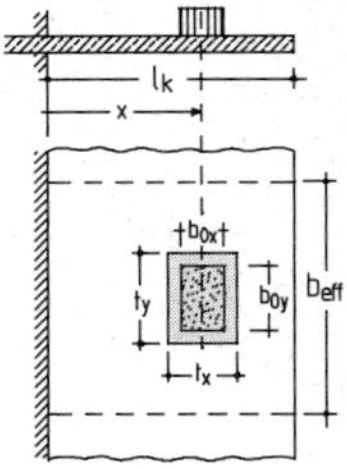

c) Last in Randnähe

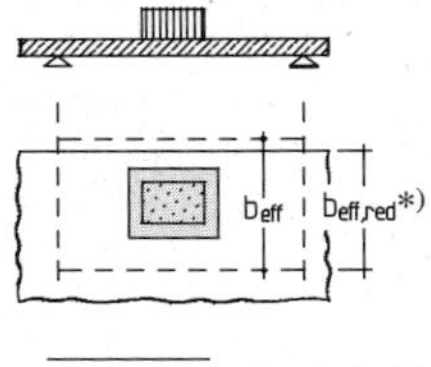

*) Die Breite b_{eff} darf nicht größer als die vorhandene angesetzt werden!

Die Biegemomente m und die Querkräfte v je Meter Plattenbreite ergeben sich dann aus den „Balken"-schnittgrößen M und V (die Schnittgrößen aus den Gleichflächenlasten sind zusätzlich zu beachten):

$$m = M / b_{eff}\,; \qquad v = V / b_{eff}$$

Konstruktiver Hinweis: Unter Einzellasten und Streckenlasten muss nach DIN 1045 (07.88) eine untere Querbewehrung eingelegt werden, deren Querschnitt je Meter mindestens 60 % der durch diesen Lastanteil bedingten Hauptbewehrung sein muss (Anordnung und Verteilung s. DIN 1045, Bild 47).

3.5.4.2 Schnittgrößenermittlung bei zweiachsig gespannten Platten

Bei der Berechnung von zweiachsig gespannten Platten gelten die Grundsätze wie für Balken. Berechnungsansätze mit gleicher Steifigkeit in beiden Richtungen gelten nur, wenn die Längsbewehrung und die Querbewehrung in der Höhe max. 50 mm bzw. $d/10$ (größerer Wert maßgebend) auseinander liegen.

Ein auf der linear-elastischen Theorie beruhendes Verfahren ist die Berechung nach *Pieper/Martens* [5.18].

Vierseitig gestützte Platten – Berechnung nach Pieper/Martens

Bedingungen für die Anwendung: $q \leq 2 \cdot (g+q)/3$; $q \leq 2 \cdot g$

- **Feldmomente** (Sonderfälle s. S. 5.50)

Fall 1: Platten mit voller Drilltragfähigkeit

$m_{fx} = (g+q) \cdot l_x^2 / f_x$	$m_{fy} = (g+q) \cdot l_x^2 / f_y$

Fall 2: Platten ohne volle Drilltragfähigkeit

$m_{fx} = (g+q) \cdot l_x^2 / f_x^0$	$m_{fy} = (g+q) \cdot l_x^2 / f_y^0$

- **Stützmomente**

$m_{s0,x} = -(g+q) \cdot l_x^2 / s_x$	$m_{s0,y} = -(g+q) \cdot l_x^2 / s_y$

Bei unterschiedlichen Einspannmomenten von zusammenstoßenden Plattenrändern werden die Momente m_{s0} wie folgt gemittelt (Kragmomente und Einspannmomente in sehr steife Bauteile sind *nicht* zu mitteln):

Stützweitenverhältnis $l_1 : l_2 < 5 : 1 \rightarrow m_s \geq \begin{cases} |0{,}5 \cdot (m_{s0,1} + m_{s0,2})| \\ 0{,}75 \cdot \max\,(|m_{s0,1}|\,;\,|m_{s0,2}|) \end{cases}$

Stützweitenverhältnis $l_1 : l_2 > 5 : 1 \rightarrow m_s \geq \max\,(|m_{s0,1}|\,;\,|m_{s0,2}|)$

Die so gemittelten Stützmomente gelten unmittelbar als Bemessungswerte (s. a. DAfStb-H.240, [5.15]).

Stützungsart	Beiwert	Stützweitenverhältnis l_y / l_x bzw. l_y' / l_x' (l_x bzw. $l_x' = l_{min}$)											
		1,0	1,1	1,2	1,3	1,4	1,5	1,6	1,7	1,8	1,9	2,0	→ ∞
1	f_x	27,2	22,4	19,1	16,8	15,0	13,7	12,7	11,9	11,3	10,8	10,4	8,0
	f_y	27,2	27,9	29,1	30,9	32,8	34,7	36,1	37,3	38,5	39,4	40,3	*
	f_x^0	20,0	16,6	14,5	13,0	11,9	11,1	10,6	10,2	9,8	9,5	9,3	8,0
	f_y^0	20,0	20,7	22,1	24,0	26,2	28,3	30,2	31,9	33,4	34,7	35,9	*
2.1	f_x	32,8	26,3	22,0	18,9	16,7	15,0	13,7	12,8	12,0	11,4	10,9	8,0
	f_y	29,1	29,2	29,8	30,6	31,8	33,5	34,8	36,1	37,3	38,4	39,5	*
	s_y	11,9	10,9	10,1	9,6	9,2	8,9	8,7	8,5	8,4	8,3	8,2	8,0
	f_x^0	26,4	21,4	18,2	15,9	14,3	13,0	12,1	11,5	10,9	10,4	10,1	8,0
	f_y^0	22,4	22,8	23,9	25,1	26,7	28,6	30,4	32,0	33,4	34,8	36,2	*
2.2	f_x	29,1	24,6	21,5	19,2	17,5	16,2	15,2	14,4	13,8	13,3	12,9	10,2
	f_y	32,8	34,5	36,8	38,8	40,9	42,7	44,1	45,3	46,5	47,2	47,9	*
	s_x	11,9	10,9	10,2	9,7	9,3	9,0	8,8	8,6	8,4	8,3	8,3	8,0
	f_x^0	22,4	19,2	17,2	15,7	14,7	13,9	13,2	12,7	12,3	12,0	11,8	10,2
	f_y^0	26,4	28,1	30,3	32,7	35,1	37,3	39,1	40,7	42,2	43,3	44,8	*
3.1	f_x	38,0	30,2	24,8	21,1	18,4	16,4	14,8	13,6	12,7	12,0	11,4	8,0
	f_y	30,6	30,2	30,3	31,0	32,2	33,8	35,9	38,3	41,1	44,9	46,3	*
	s_y	14,3	12,7	11,5	10,7	10,0	9,5	9,2	8,9	8,7	8,5	8,4	8,0
3.2	f_x	30,6	26,3	23,2	20,9	19,2	17,9	16,9	16,1	15,4	14,9	14,5	12,0
	f_y	38,0	39,5	41,4	43,5	45,6	47,6	49,1	50,3	51,3	52,1	52,9	*
	s_x	14,3	13,5	13,0	12,6	12,3	12,2	12,0	12,0	12,0	12,0	12,0	12,0
4	f_x	33,2	27,3	23,3	20,6	18,5	16,9	15,8	14,9	14,2	13,6	13,1	10,2
	f_y	33,2	34,1	35,5	37,7	39,9	41,9	43,5	44,9	46,2	47,2	48,3	*
	s_x	14,3	12,7	11,5	10,7	10,0	9,6	9,2	8,9	8,7	8,5	8,4	8,0
	s_y	14,3	13,6	13,1	12,8	12,6	12,4	12,3	12,2	12,2	12,2	12,2	11,2
	f_x^0	26,7	22,1	19,2	17,2	15,7	14,6	13,8	13,2	12,7	12,3	12,0	10,2
	f_y^0	26,7	27,6	29,2	31,4	33,8	36,2	38,1	39,8	41,4	42,8	44,2	*
5.1	f_x	33,6	28,2	24,4	21,8	19,8	18,3	17,2	16,3	15,6	15,0	14,6	12,0
	f_y	37,3	38,7	40,4	42,7	45,1	47,5	49,5	51,4	53,3	55,1	58,9	*
	s_x	16,2	14,8	13,9	13,2	12,7	12,5	12,3	12,2	12,1	12,0	12,0	12,0
	s_y	18,3	17,7	17,5	17,5	17,5	17,5	17,5	17,5	17,5	17,5	17,5	17,5
5.2	f_x	37,3	30,3	25,3	22,0	19,5	17,7	16,4	15,4	14,6	13,9	13,4	10,2
	f_y	33,6	34,1	35,1	37,3	39,8	43,1	46,6	52,3	55,5	60,5	66,1	*
	s_x	18,3	15,4	13,5	12,2	11,2	10,6	10,1	9,7	9,4	9,0	8,9	8,0
	s_y	16,2	14,8	13,9	13,3	13,0	12,7	12,6	12,5	12,4	12,3	12,3	11,2
6	f_x	36,8	30,2	25,7	22,7	20,4	18,7	17,5	16,5	15,7	15,1	14,7	12,0
	f_y	36,8	38,1	40,4	43,5	47,1	50,6	52,8	54,5	56,1	57,3	58,3	*
	s_x	19,4	17,1	15,5	14,5	13,7	13,2	12,8	12,5	12,3	12,1	12,0	12,0
	s_y	19,4	18,4	17,9	17,6	17,5	17,5	17,5	17,5	17,5	17,5	17,5	17,5
Den Tafelwerten liegt für die Feldmomente eine 50%ige, für die Stützmomente eine volle Einspannung zugrunde.													

- **Sonderfall:** *Kragarme oder angrenzende, einspannende Systeme*

  Kragarme können hinsichtlich der Stützungsart des angrenzenden Feldes dann als einspannend angesetzt werden, wenn das Kragmoment aus Eigenlast größer ist als das halbe Volleinspannmoment des Feldes bei Belastung durch $(g+q)$. Bei angrenzenden anderen einspannenden Systemen, z. B. dreiseitig gelagerten Platten, ist sinngemäß ebenso zu verfahren.

- **Sonderfall:** *Auf zwei kleine Felder folgt ein großes Feld.*

Feldmomente

Feld 1:	*Feld 2:*
$m_{fx1} = \dfrac{(g+q) \cdot l_{x1}^2}{f_{x1}}$	Wenn $f_{x1} < 10{,}2$, dann Bemessung für $m_{fx2} = (g+q) \cdot l_{x2}^2/12$ und/ oder das positive Stützmoment zwischen ① und ② (s. unten)

Wenn $f_{x1} > 10{,}2$ bzw. $l_{y3} / l_{x1} \leq 2{,}0$, kann die Tafel auf S. 5.49 verwendet werden.

Hinweise für die Anwendung der folgenden Tafeln:

Eine Interpolation innerhalb einer Tafel und zwischen den Tafeln ist möglich. Im Allgemeinen genügt es jedoch, die Tafel zu verwenden, deren Seitenverhältnis im Feld ③ dem vorhandenen am nächsten liegt, und, wenn die Tafel mit dem niedrigeren l_{y3} / l_{x3} gewählt wurde, etwas reichlicher zu bewehren.

Tafel 5.50a

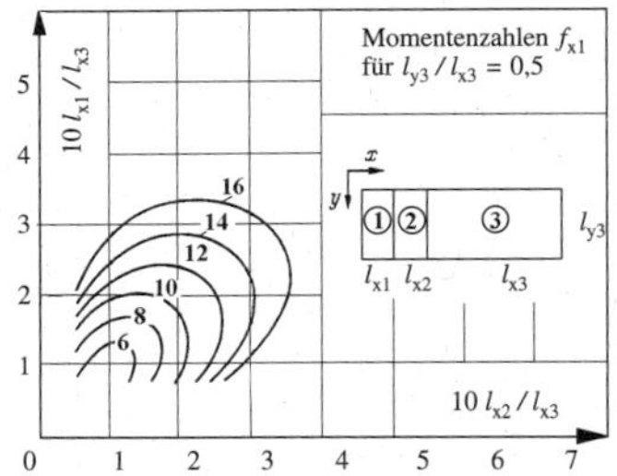

Tafel 5.50b

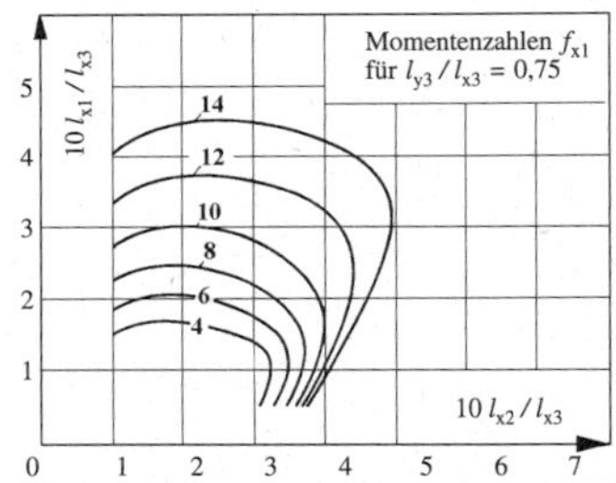

Tafel 5.50c

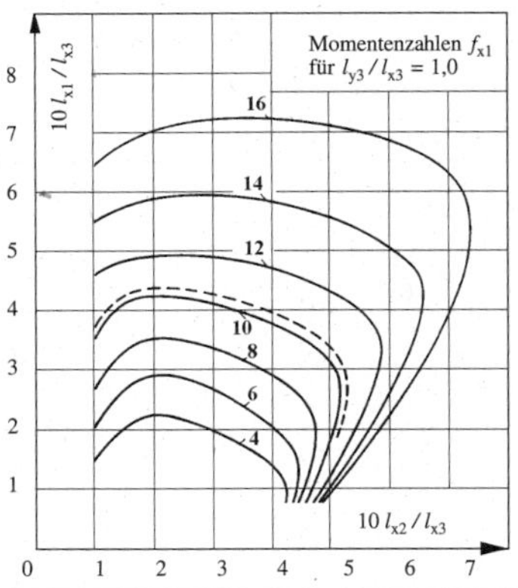

Tafel 5.50d

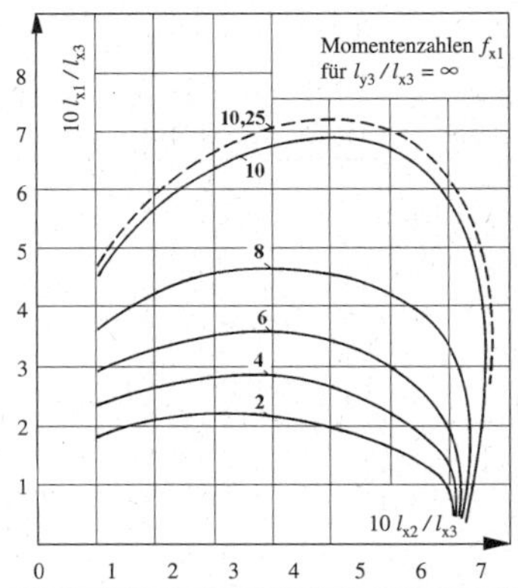

Stützmoment zwischen ① und ②

Aus dem ermittelten Feldmoment m_{fx1} lässt sich aus der Endauflagerkraft A der Platte ① das Stützmoment m_b zwischen Platte ① und ② ermitteln. Das Moment m_b ist meistens positiv und ist bei der Bemessung des Feldes ② entsprechend zu berücksichtigen.

Mit $A = \sqrt{2 \cdot (g+q) \cdot m_{fx1}}$ $\rightarrow$ $m_b = A \cdot l_{x1} - \dfrac{(g+q) \cdot l_{x1}^2}{2}$

Beispiel – Momentenberechnung nach Pieper/Martens

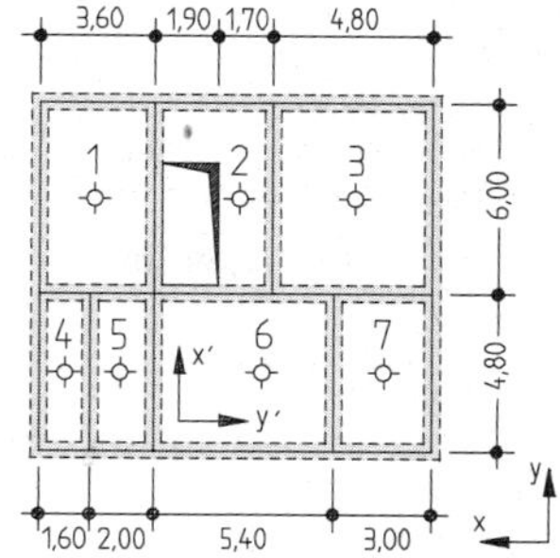

Es empfiehlt sich eine Rechnung mit
- globalen Koordinaten (x / y) für das gesamte Plattensystem
- lokalen Koordinaten (x' / y') für das einzelne Plattenfeld.

Baustoffe: Beton C25/30; Betonstahl BSt 500 M

Belastung: $g_k = 6{,}00$ kN/m² [1)]
$q_k = 1{,}50+1{,}25 = 2{,}75$ kN/m² (inkl. Trennwandzuschlag)
$q_k = 3{,}50$ kN/m² (im Treppenhaus)

→ $(g_d+q_d) = 1{,}35 \cdot 6{,}00 + 1{,}5 \cdot 2{,}75 = 12{,}23$ kN/m²

→ $(g_d+q_d) = 1{,}35 \cdot 6{,}00 + 1{,}5 \cdot 3{,}50 = 13{,}35$ kN/m²

Momente in kNm/m

Platten-Nr.	Stützung	l_x / l'_y	l_y / l'_x	$\varepsilon = l_y / l_x$ / $\varepsilon' = l'_y / l'_x$	f_x	f_y	s_x	s_y	Feldmomente m_{fx}	m_{fy}	Stützmomente m_{s0x}	m_{s0y}
1	2.1	3,60 / -	6,00 / -	1,67	13,1	35,7	-	8,6	12,10	4,44	-	−18,43
2	b)	1,70	6,00	0,28	nach *Hahn* [5.19]				−6,13 c)	2,49 c)	−30,50	−39,11 d)
3	4	4,80 / -	6,00 / -	1,25	21,95	36,6	11,1	12,95	12,83	7,70	−25,38	−21,75
4	4	1,60 / -	4,80 / -	3,00	7,9 a)	*	8,0	11,2	3,96	*	−3,91	−2,80
5	5.1	2,00 / -	4,80 / -	2,40	12 a)	*	12,0	17,5	4,09	*	−4,09	−2,80
6	5.2	- / 5,40	- / 4,80	1,13	34,4	28,8	14,5	14,8	8,19	9,78	−19,44	−19,04
7	4	3,00 / -	4,80 / -	1,60	15,8	43,5	9,2	12,3	6,97	2,53	−11,97	−8,95

a) Gemäß Sonderfall S. 5.50: nach Tafel 5.50c für $l_{y3} / l_{x3} = 4{,}80 / 5{,}40 = 0{,}9 \rightarrow \approx 1{,}0$; für $10 \cdot 1{,}60 / 5{,}40 = 2{,}96$ und $10 \cdot 2{,}0 / 5{,}40 = 3{,}70$: Ablesung $f_{x1} \approx 7{,}9$; wegen $f_{x1} < 10{,}2$ gilt $f_{x2} = 12$.

b) Dreiseitig gelagerte Platte nach [5.19] – zwei anliegende Ränder eingespannt, ein Rand frei aufliegend; Lastfälle: Gleichlast 13,35 kN/m² und Randlast $13{,}35 \cdot 1{,}90 / 2 = 12{,}68$ kN/m. Das restliche Plattenfeld ist konstruktiv wie Pos. 2 zu bewehren. Wird auch dieses Plattenfeld als dreiseitig gelagerte Platte mit zwei gegenüber liegenden eingespannten und einem frei aufliegenden Rand berechnet, kann der Lastfall „Randlast“ entfallen.

c) Der Bewehrung für positive Biegemomente in x-Richtung kann m_{fy} als Mindestwert zugrunde gelegt werden. In y-Richtung beträgt das Moment am freien Rand $m_{ry} = 7{,}91$ kNm/m.

d) Stützmoment am freien Rand. In Randmitte beträgt das Stützmoment $m_{sym} = -11{,}20$ kNm/m.

In obiger Tabelle sind mit der Plattennummer, der Stützungsart nach S. 5.49 und den beiden Spannweiten die Felder eindeutig beschrieben. Ob für das einzelne Feld das Verhältnis $\varepsilon = l_y / l_x$ oder $\varepsilon' = l'_y / l'_x$ zu bilden ist, hängt von der Lage der eingespannten Ränder im Achsenkreuz ab und wird bei der Plattennummer durch Schreiben am oberen bzw. unteren Zeilenrand kenntlich gemacht. Die Beiwerte f und s werden in der Berechnungstabelle durch entsprechendes Vertauschen unmittelbar auf globale Koordinaten bezogen.

---

1) Zur Bestimmung der Eigenlast ist die Plattendicke festzulegen, die zunächst aus dem Nachweis zur Begrenzung der Biegeschlankheit bestimmt wird. Näherungsweise erhält man (s. Abschn. 4.2.3)

erf $d \geq l_i / 35$ bzw. erf $d \geq l_i^2 / 150$

$l_i = 0{,}9 \cdot 4{,}80$ m $= 4{,}32$ m (Endfeld; wegen der ungleichen Stützweiten jedoch näherungsweise $\alpha = 0{,}9$ gewählt)

erf $d \geq 4{,}32^2 / 150 = 0{,}124$ m $(> 4{,}32 / 35 = 0{,}123$ m)

→ $h \geq 16$ cm; gew.: $h \approx 18$ cm

Dafür ergibt sich, mit einer angenommen Ausbaulast von 1,5 kN/m², die oben genannte Eigenlast.

Die gewählte Bauhöhe erfüllt den Nachweis zur Begrenzung der Biegeschlankheit großzügig. Auf eine Reduzierung der Plattendicke wurde jedoch bewusst verzichtet; die hier gewählte Bauhöhe erfüllt nämlich auch näherungsweise die Anforderungen nach EC 2, die gegenüber DIN 1045-1 erheblich verschärft sind (vgl. auch Fortschreibung des EC 2 in prEN 1992-1, Ausg. 10.2001).

Es wird darauf hingewiesen, dass nach Auffassung verschiedener Autoren (s. z. B. [5.44], [5.48] u. a.) mit den Anforderungen nach DIN 1045-1 Ergebnisse erzielt werden, die auf der unsicheren Seite liegen können. Es wird daher empfohlen, die nach dem Biegeschlankheitskriterium ermittelten Deckenstärken großzügig zu wählen, es sei denn, dass größere Durchbiegungen unbedenklich sind oder dass andere nicht berücksichtigte günstige Einflüsse vorhanden sind (s. hierzu Abschn. 4.2.3).

Stützmomente in kNm/m

Rand i - k / m	x-Richtung 2 - 3	4 - 5	5 - 6	6 - 7	y-Richtung 1 - 4	1 - 5	2(3) - 6	3 - 7
m_{s0}[1)] = m_{ik}	–30,50	–3,91	–4,09	–19,44	–18,43	–18,43	–39,11	–21,75
m_{s0}[1)] = m_{ki}	–25,38	–4,09	–19,44	–11,97	–2,80	–2,80	–19,04	–8,95
0,5 · (m_{ik} + m_{ki})	–27,94	–4,00	–11,77	–15,71	Bemessung für Volleinspannmomente wegen durchgehender Mittellängswand			
0,75 · min m_{s0}	–22,88	–3,07	–14,58	–14,58				
min m_{sik}	–27,94	–4,00	–14,58	–15,71	–18,43	–18,43	–39,11	–21,75

1) Aus vorstehender Berechnungstabelle „Momente".

Die Ränder werden durch die Nummern der beiden benachbarten Felder bezeichnet. Das maßgebende Stützmoment min m_{sik} wird aus dem Mittelwert 0,5 · (m_{ik} + m_{ki}) bzw. 0,75 · min m_{s0} gebildet, soweit nicht ingenieurmäßige Überlegungen für die Bemessung nach dem Volleinspannmoment sprechen. Über der ganzen Mittellängswand werden die Volleinspannmomente der Bemessung zugrunde gelegt. Im Feld 6 ist die Bewehrung reichlich zu wählen, da eine Einspannung nur auf etwa 2/3 der Länge vorhanden ist. Das Feld 2 ist auch mit einer Bewehrung in x-Richtung an Plattenunterseite zu versehen. Der Bewehrung in y-Richtung sollte das Moment am freien Rand m_{ry} = 7,91 kNm/m zugrunde gelegt werden. Der freie Rand sollte mit Steckbügeln und Stabstahlzulagen eingefasst werden. Die Drillmomente beim „Zusammenstoß" eines freien Randes mit dem frei drehbar gelagerten und das rechnerisch nicht erfasste Stützmoment zwischen Pos. 1 und Pos. 2 sind durch ausreichend zu wählende Bewehrung abzudecken.

Bemessung:

Baustoffe, Umwelt: C25/30; BSt 500 M; Umweltklasse XC 1
Nutzhöhen: untere Bewehrung: d_x = 15,0 cm; d_y = 14,5 cm; obere Bewehrung: d = 15,0 cm (Werte sind nach der Bewehrungswahl zu überprüfen.)

Die Bemessung erfolgt mit Tafel 3a (S. 5.136); auf eine Bewehrungswahl wird im Beispiel verzichtet. Außerdem ist das *Mindestmoment* nach Abschn. 5.4.1.1 zu überprüfen, das sich als Rissmoment zu

$$M_{cr} = (b \cdot h^2 / 6) \cdot f_{ctm} = (1{,}0 \cdot 0{,}18^2 / 6) \cdot 2{,}6 = 0{,}0140 \text{ MNm/m} = 14{,}0 \text{ kNm/m}$$

ergibt (entspricht min $a_s \approx 2{,}1$ cm²/m); es wird im Feld generell maßgebend, an der Stütze nur am Ort 1-4.

Bewehrung an Plattenunterseite – „Feldbewehrung" (a_s in cm²/m)

Ort Pos.	x-Richtung (d_x = 15 cm) m_x	k_d	k_s	erf a_{sx}	y-Richtung (d_y = 14,5 cm) m_y	k_d	k_s	erf a_{sy}
1	12,10	4,31	2,36	1,90	4,44	6,88	2,34	0,72
2	2,49[1)]	9,51	2,34	0,39	7,91[1)]	5,16	2,36	1,29 [3)]
3	12,83	4,19	2,38	2,04	7,70	5,23	2,36	1,25
4	3,96	7,54	2,34	0,62	-	-	-	- [2)]
5	4,09	7,42	2,34	0,64	-	-	-	- [2)]
6	8,19	5,24	2,36	1,29	9,78	4,64	2,36	1,59
7	6,97	5,68	2,36	1,10	2,53	9,12	2,34	0,41

Bemerkungen
1) Vgl. Fußnote 3 in Berechnungstabelle „Momente", S. 5.51.
2) Konstruktiv „sinnvolle" Bewehrungswahl durchgehend über beide Felder, z. B. im Anschluss an Pos. 6.
3) Freien Rand „reichlich" bewehren und „einfassen". Momentenvergrößerung, da Stützmoment nicht volle Einspannung erreicht.

Bewehrung an Plattenoberseite – „Stützbewehrung" (a_s in cm²/m)

Ort Pos.	Bew.-richtung	m_s [1)]	k_d	k_s	erf a_s
1-2	x	–15,78[2)]	3,78	2,38	2,50
2-3		–27,94	2,84	2,42	4,51
4-5		–4,00	7,50	2,34	0,62
5-6		–14,58	3,93	2,38	2,31
6-7		–15,71	3,78	2,38	2,49
1-4	y	–18,43	3,49	2,40	2,95
1-5		–18,43	3,49	2,40	2,95
2(3)-6		–39,11[3)]	2,40	2,48	6,47 [3)]
3-7		–21,75	3,22	2,40	3,48

Bemerkungen
1) Entnommen aus Berechnungstabelle „Stützmomente", s. oben. Eine Abminderung dieser Werte ist beim Verfahren nach Pieper/Martens nicht vorzunehmen, die Stützmomente sind bereits *Bemessungswerte*.
2) Nach Mittelbildung aus Überschlagsrechnung für Pos. 1 als Stützungsart 4 und dreiseitig gelagerter Platte mit zwei gegenüber liegenden eingespannten Rändern für Pos. 2 nach [5.19]. Randbewehrung gegen unbeabsichtigte Einspannung ist konstruktiv zu wählen.
3) Im Bereich der Einbindung des freien Randes von Pos. 2 in Pos. 6 für einen Plattenstreifen von etwa 0,80 m Breite maßgebend, dann Bewehrungsabstufung auf a_s = 3,48 cm²/m.

- **Vereinfachte Momentengrenzlinien für Einfeldplatten nach *Czerny* [5.20]** (für $l_y / l_x = 1{,}5$)
  (a_{sx} wird aus m_x und a_{sy} aus m_y berechnet.)

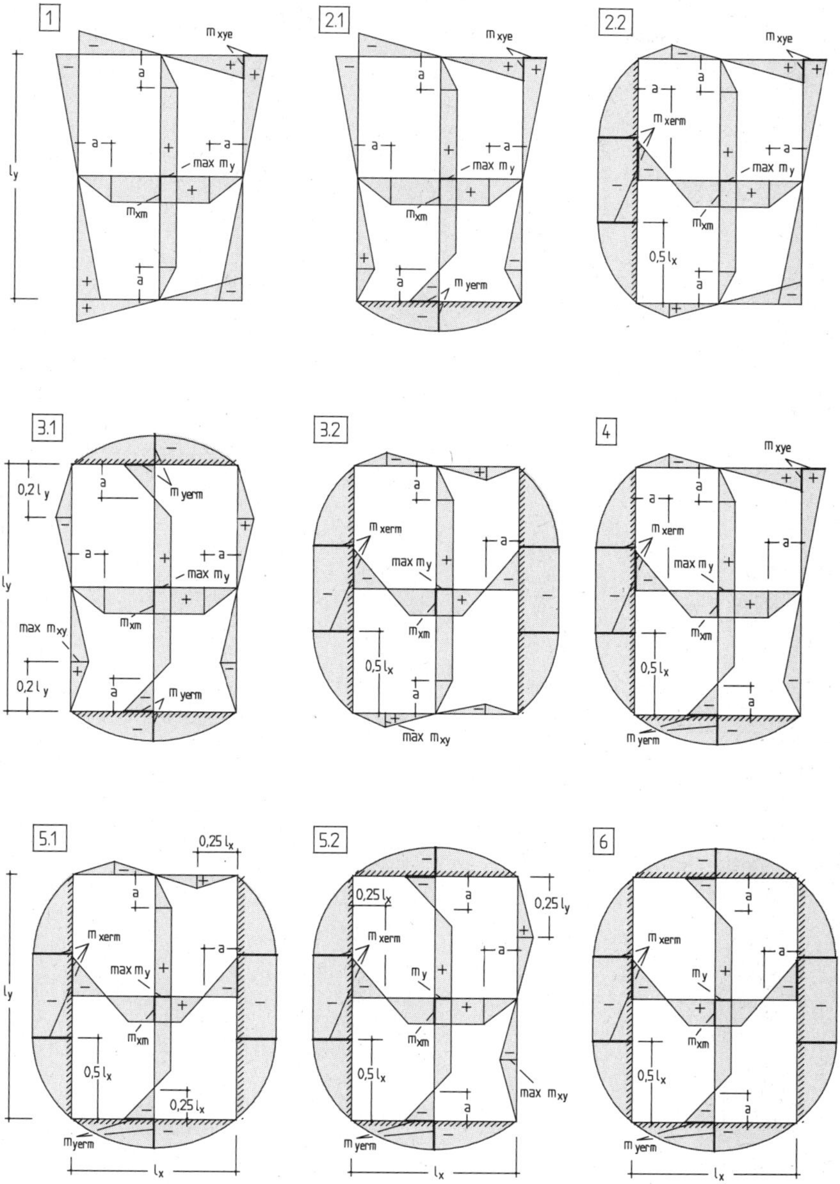

$l_y \geq l_x \qquad a = 0{,}2 \cdot l_x$

• Auflager- und Eckkräfte vierseitig gelagerter Platten

Ersatzlastbilder zur Berechnung der Randunterzüge bei Gleichflächenlast F_d

Für Balken (Unterzüge) als Auflager von zweiachsig gespannten, gleichmäßig belasteten Platten werden die Lastbilder näherungsweise berechnet aus der Zerlegung der Grundrissfläche der Platte in Trapeze und Dreiecke [5.15]. Für den Zerlegungswinkel gilt in Ecken mit zwei Rändern gleichartiger Stützung 45°, in Ecken mit einem eingespannten und einem frei drehbar gelagerten Rand 60° zum eingespannten Rand hin. Bei Platten mit teilweiser Einspannung darf der Zerlegungswinkel zwischen 45° und 60° angenommen werden.

Aus der Zerlegung der Last F_d unter 45° und 60° ergeben sich die dargestellten Ersatzlastbilder. Werden die Eckabhebekräfte R (Berechnung s. unten) in den Plattenecken nicht gesondert erfasst, wird empfohlen, eine *rechteckförmige* Ersatzlast mit dem angegebenen Maximalwert als Lastordinate anzusetzen [5.15].

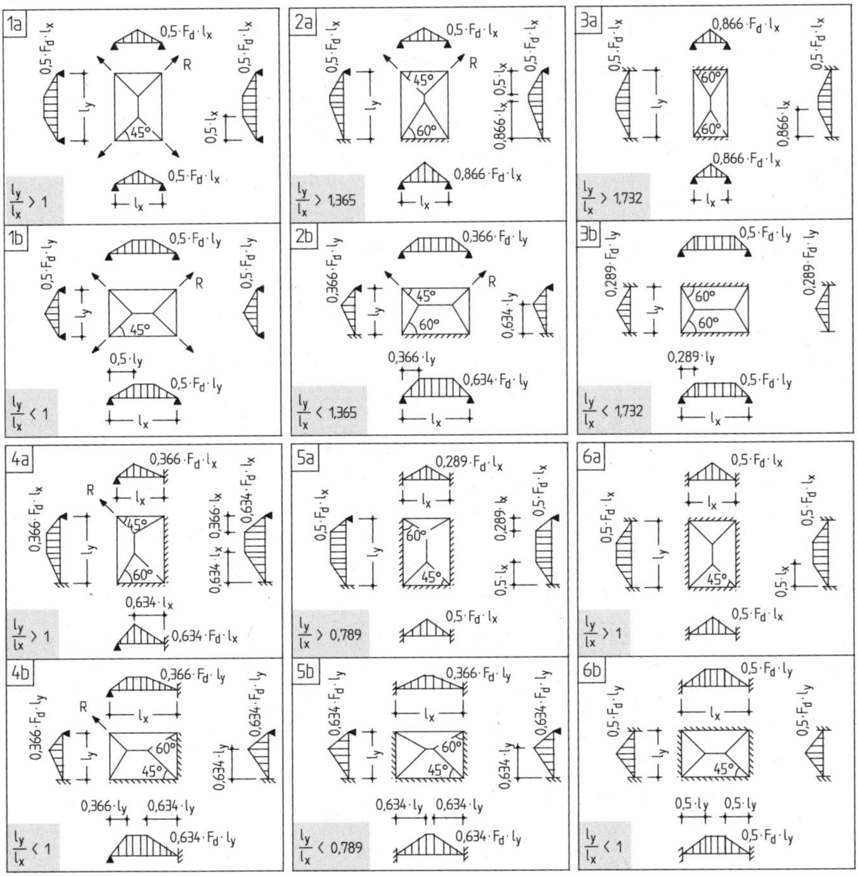

κ-Werte zur Berechnung der Eckabhebekräfte vierseitig gelagerter Platten bei Gleichflächenlast F_d

$$R = F_d \cdot l_x^2 / \kappa$$

Stützung \ $\varepsilon = l_y / l_x$	1,00	1,10	1,20	1,30	1,40	1,50	1,60	1,70	1,80	1,90	2,00
1	10,8	9,85	9,20	8,75	8,40	8,15	7,95	7,80	7,70	7,65	7,55
2.1	13,1	11,6	10,5	9,70	9,10	8,70	8,40	8,10	7,90	7,80	7,70
2.2	13,1	12,4	12,0	11,7	11,5	11,4	11,3	11,2	11,2	11,2	11,2
4	13,9	13,0	12,4	12,0	11,7	11,5	11,4	11,3	11,2	11,2	11,2

- **Streifenkreuzverfahren – Lastaufteilung bei Platten mit Hauptbewehrung in zwei Richtungen**

Für Überschläge und für Betrachtungen über das Tragverhalten von zweiachsig gespannten Platten eignet sich das sog. Streifenkreuzverfahren. Zwei sich kreuzende Streifen tragen gemeinsam die Last ab. Die Lastaufteilung auf die beiden Streifen wird aus der Bedingung gewonnen, dass die Durchbiegungen an einer Stelle gleich sind; Drillmomente bzw. eine Drillsteifigkeit werden vernachlässigt. Es gilt:

$$F_d = F_{dx} + F_{dy} \quad \text{mit} \quad F_{dx} = k_x \cdot F_d \quad \text{bzw.} \quad F_{dy} = k_y \cdot F_d$$

Es ist F_d die Gesamtlast und F_{dx} bzw. F_{dy} der Lastanteil für die *x*- bzw. *y*-Richtung; die Faktoren k_x und k_y können in Abhängigkeit von der Stützungsart der folgenden Tafel entnommen werden.

Stützungsart	analytische Beziehung	Stützweitenverhältnis $\varepsilon = l_y / l_x$ $(l_x = l_{min})$										
		1,0	1,1	1,2	1,3	1,4	1,5	1,6	1,7	1,8	1,9	2,0
1	$k_x = \left(1+\frac{1}{\varepsilon^4}\right)^{-1}$	0,500	0,594	0,675	0,741	0,794	0,835	0,867	0,893	0,912	0,929	0,942
	$k_y = \left(1+\varepsilon^4\right)^{-1}$	0,500	0,406	0,325	0,259	0,206	0,165	0,133	0,107	0,088	0,071	0,058
2.1	$k_x = \left(1+\frac{1}{0{,}4\varepsilon^4}\right)^{-1}$	0,286	0,369	0,453	0,533	0,606	0,669	0,724	0,770	0,808	0,839	0,865
	$k_y = \left(1+0{,}4\varepsilon^4\right)^{-1}$	0,714	0,631	0,547	0,467	0,394	0,331	0,276	0,230	0,192	0,161	0,135
2.2	$k_x = \left(1+\frac{1}{2{,}5\varepsilon^4}\right)^{-1}$	0,714	0,785	0,838	0,877	0,906	0,927	0,942	0,954	0,963	0,970	0,976
	$k_y = \left(1+2{,}5\varepsilon^4\right)^{-1}$	0,286	0,215	0,162	0,123	0,094	0,073	0,058	0,046	0,037	0,030	0,024
3.1	$k_x = \left(1+\frac{1}{0{,}2\varepsilon^4}\right)^{-1}$	0,167	0,226	0,293	0,364	0,434	0,503	0,567	0,626	0,677	0,723	0,762
	$k_y = \left(1+0{,}2\varepsilon^4\right)^{-1}$	0,833	0,774	0,707	0,636	0,566	0,497	0,433	0,374	0,323	0,277	0,238
3.2	$k_x = \left(1+\frac{1}{5{,}0\varepsilon^4}\right)^{-1}$	0,833	0,880	0,912	0,935	0,951	0,962	0,970	0,977	0,981	0,985	0,988
	$k_y = \left(1+5{,}0\varepsilon^4\right)^{-1}$	0,167	0,120	0,088	0,065	0,049	0,038	0,030	0,023	0,019	0,015	0,012
4	$k_x = \left(1+\frac{1}{\varepsilon^4}\right)^{-1}$	0,500	0,594	0,675	0,741	0,794	0,835	0,867	0,893	0,912	0,929	0,942
	$k_y = \left(1+\varepsilon^4\right)^{-1}$	0,500	0,406	0,325	0,259	0,206	0,165	0,133	0,107	0,088	0,071	0,058
5.1	$k_x = \left(1+\frac{1}{2{,}0\varepsilon^4}\right)^{-1}$	0,667	0,745	0,806	0,851	0,885	0,910	0,929	0,944	0,955	0,963	0,970
	$k_y = \left(1+2{,}0\varepsilon^4\right)^{-1}$	0,333	0,255	0,194	0,149	0,115	0,090	0,071	0,056	0,045	0,037	0,030
5.2	$k_x = \left(1+\frac{1}{0{,}5\varepsilon^4}\right)^{-1}$	0,333	0,423	0,509	0,588	0,658	0,717	0,766	0,807	0,840	0,867	0,889
	$k_y = \left(1+0{,}5\varepsilon^4\right)^{-1}$	0,667	0,577	0,491	0,412	0,342	0,283	0,234	0,193	0,160	0,133	0,111
6	$k_x = \left(1+\frac{1}{\varepsilon^4}\right)^{-1}$	0,500	0,594	0,675	0,741	0,794	0,835	0,867	0,893	0,912	0,929	0,942
	$k_y = \left(1+\varepsilon^4\right)^{-1}$	0,500	0,406	0,325	0,259	0,206	0,165	0,133	0,107	0,088	0,071	0,058

Beispiel

Ermittlung der Bemessungsmomente für eine zweifeldrige Platte (vgl. a. S. 5.59) nach dem Streifenkreuzverfahren.

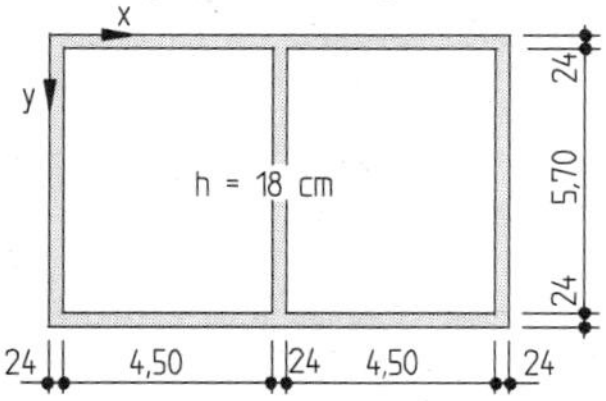

Belastung: $g_k = 5{,}60$ kN/m² → $g_d = 7{,}56$ kN/m²
$q_k = 3{,}25$ kN/m² → $q_d = 4{,}88$ kN/m²

System: $\varepsilon = l_y / l_x = 5{,}86 / 4{,}70 = 1{,}25$
Stützungsart 2.2

Momente: $m_{Feld,x} \approx 0{,}070 \cdot (0{,}858 \cdot 7{,}56) \cdot 4{,}70^2$
$+ 0{,}096 \cdot (0{,}858 \cdot 4{,}88) \cdot 4{,}70^2 = 18{,}91$ kNm/m
$m_{Feld,y} = 0{,}125 \cdot (0{,}142 \cdot 12{,}44) \cdot 5{,}86^2 = 7{,}58$ kNm/m
$m_{Stütze,x} = -0{,}125 \cdot (0{,}858 \cdot 12{,}44) \cdot 4{,}70^2 = -29{,}47$ kNm/m

Nach *Pieper/Martens* ergibt sich bei Annahme einer *verminderten* Drillsteifigkeit (vgl. S. 5.49):

$m_{Feld,x} = (7{,}56 + 4{,}88) \cdot 4{,}70^2 / 16{,}5 = 16{,}65$ kNm/m
$m_{Feld,y} = (7{,}56 + 4{,}88) \cdot 4{,}70^2 / 31{,}5 = 8{,}72$ kNm/m
$m_{Stütze,x} = -(7{,}56 + 4{,}88) \cdot 4{,}70^2 / 10 = -27{,}48$ kNm/m

- **Punktförmig gestützte Platten**

Bei punktförmig gestützten Platten ist das Plattentragwerk direkt auf Stützen aufgelagert. Wenn die Stützenköpfe ohne Verstärkung ausgeführt werden, spricht man von einer Flachdecke, andernfalls von einer Pilzdecke. Bei punktförmig gestützten Platten treten hohe Beanspruchungen im Bereich der Lasteintragung auf. Ein ähnliches Tragverhalten weisen auch Einzelfundamente und Fundamentplatten auf, die durch Einzelstützen belastet sind (vgl. Abschn. 5.4.6).

Im Gegensatz zu den umfanggelagerten Platten treten bei punktförmig gelagerten Platten die größten Biegemomente in Richtung der längeren Stützweite auf. Für einfache Fälle und zur Kontrolle elektronischer Berechnungen bietet sich zur Schnittgrößenermittlung das in [5.15] angegebene Näherungsverfahren an. Danach kann die Berechnung mit Hilfe von Ersatzrahmen, wenn Stütze und Platte biegesteif miteinander verbunden sind, oder von Ersatzdurchlaufträgern bei gelenkiger Verbindung von Stütze und Platte erfolgen. Das Verfahren gilt bei vorwiegend lotrechter Belastung in ausgesteiften (unverschieblichen) Systemen und bei einem Stützweitenverhältnis von $0{,}75 \le l_x/l_y \le 1{,}33$.

Die beiden sich kreuzenden Richtungen *x* und *y* werden als durchlaufende kontinuierlich gestützte Balken bzw. Rahmenriegel betrachtet. Für jede Richtung ist dabei die volle Belastungsbreite zu berücksichtigen.

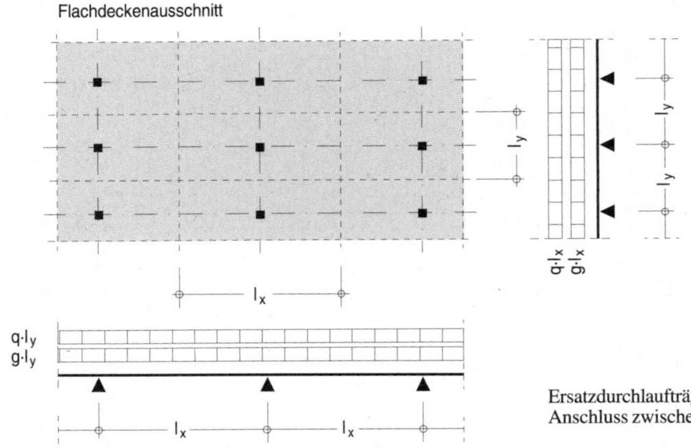

Ersatzdurchlaufträger bei gelenkigem Anschluss zwischen Platte und Stütze

Die Feld- und Stützmomente werden dann mit den üblichen Methoden der Stabstatik bestimmt. Die so ermittelten (Gesamt-)Biegemomente werden in Querrichtung mittels Verteilungszahlen auf Gurt- und Feldstreifen aufgeteilt (s. Darstellung unten). Ein ausführliches Berechnungs- und Bemessungsbeispiel findet sich in [5.85].

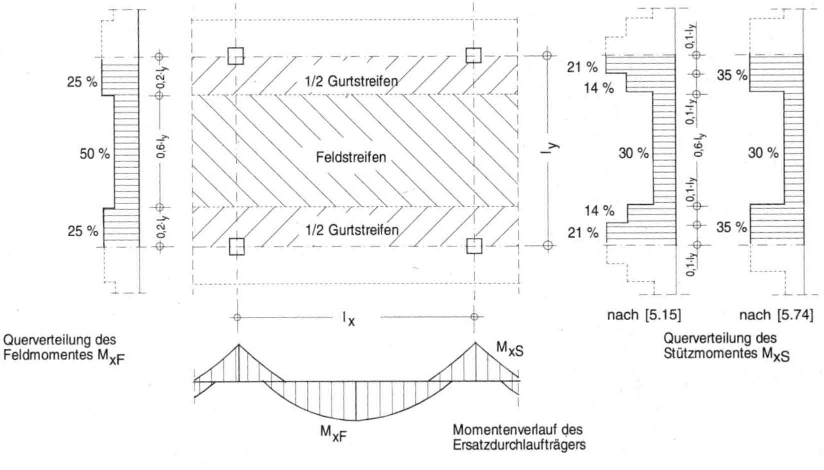

Dreiseitig gestützte Platten – Berechnung nach *Hahn* [5.19]

- **Dreiseitig frei gestützte Platte**

– **Lastfall 1:** Gleichlast F_d

Hilfswerte: $K = F_d \cdot l_x \cdot l_y$; $D = \bar{\omega}_r \cdot E \cdot d^3$

Momente: $m_i = K / f_i$

Auflagerkräfte: $K_x = v_x \cdot K$; $K_y = v_y \cdot K$ (s. Abb.)

Eckkräfte: $R_1 = 2\, m_{xy1}$; $R_2 = 2\, m_{xy2}$ (Zug)

Durchbiegung: $\omega_r = K \cdot l_x^2 / D$

Hinweis: Die Momente sind als Vektoren dargestellt; aus m_x wird a_{sx}, aus m_y wird a_{sy} ermittelt.

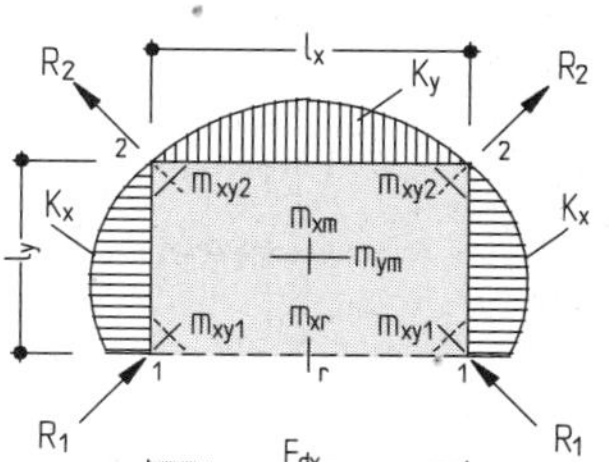

– **Lastfall 2:** Randlast F_{dx}

Hilfswerte: $S = F_{dx} \cdot l_x$; $D = \bar{\omega}_r \cdot E \cdot d^3$

Momente: $m_i = S / f_i$

Durchbiegung: $\omega_r = S \cdot l_x^2 / D$

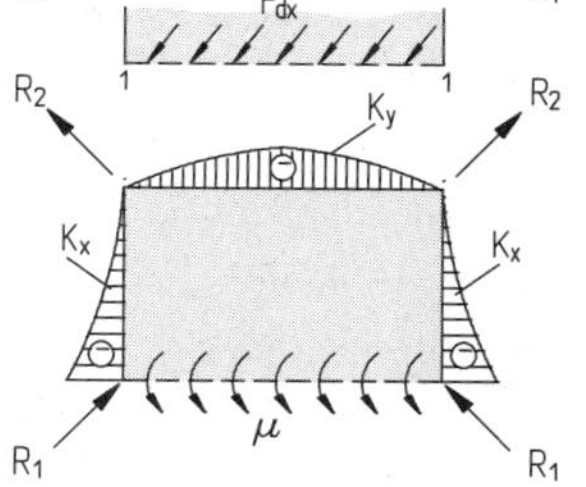

– **Lastfall 3:** Randmoment μ

Hilfswerte: $D = \bar{\omega}_r \cdot E \cdot d^3$

Momente: $m_i = \mu / f_i$

Auflagerkräfte: $K_x = v_x \cdot \mu$; $K_y = v_y \cdot \mu$ (s. Abb.)

Eckkräfte: $R_1 = \rho_1 \cdot \mu$; $R_2 = \rho_2 \cdot \mu$

Durchbiegung: $\omega_r = \mu \cdot l_x^2 / D$

Fall	$\varepsilon = l_y/l_x$	1,5	1,4	1,3	1,2	1,1	1,0	0,9	0,8	0,7	0,6	0,5	0,4	0,3	0,25
1	f_{xr}	12,6	11,9	11,3	10,7	10,2	9,8	9,4	9,1	9,1	9,2	9,8	11,0	13,7	16,2
	f_{xm}	15,3	14,9	14,5	14,1	13,8	13,7	13,6	13,8	14,2	15,2	17,0	20,2	26,3	31,5
	f_{ym}	62,4	58,4	54,2	50,0	45,9	41,7	37,1	33,2	29,9	27,4	25,9	26,3	29,7	33,7
	$\pm f_{xy2}$	22,3	20,6	19,3	17,9	16,7	15,4	14,1	12,9	11,8	10,8	10,1	9,4	8,8	8,6
	$\pm f_{xy1}$	412	300	220	161	118	86,5	63,6	47,0	35,0	26,3	20,2	15,8	12,8	11,6
	$\bar{\omega}_r$	9,10	8,70	8,35	8,05	7,80	7,60	7,45	7,35	7,35	7,40	7,65	8,25	9,90	11,60
	v_x	0,45	0,45	0,44	0,43	0,42	0,41	0,39	0,37	0,34	0,31	0,28	0,22	0,16	0,13
	v_y	0,28	0,30	0,32	0,34	0,36	0,40	0,44	0,49	0,54	0,59	0,64	0,72	0,80	0,84
2	f_{xr}	4,1	4,1	4,1	4,1	4,1	4,1	4,1	4,2	4,3	4,5	4,9	5,6	6,9	8,1
	f_{xm}	18,0	16,1	14,3	13,1	11,9	10,9	10,2	9,6	9,4	9,3	9,7	10,8	13,1	16,1
	$-f_{ym}$	36,2	33,0	30,8	29,2	27,9	27,2	27,2	29,3	32,8	39,4	52,5	91,0	200	500
	$\pm f_{xy2}$	65,0	51,5	40,5	32,4	25,6	20,4	16,0	12,6	10,2	8,3	6,9	5,8	5,2	4,9
	$\bar{\omega}_r$	3,10	3,10	3,10	3,10	3,10	3,10	3,05	3,05	3,10	3,35	3,70	4,45	5,75	7,00
3	f_{xr}	2,95	2,94	2,93	2,92	2,91	2,90	2,85	2,80	2,74	2,65	2,50	2,35	2,20	2,08
	f_{xm}	-18,2	-18,4	-18,8	-20,5	-23,2	-31,0	-69	105	30,0	12,5	7,9	5,7	4,6	4,2
	$-f_{ym}$	32,1	22,4	16,5	12,8	9,8	7,6	6,1	4,8	3,4	3,1	2,5	2,2	2,1	2,0
	$\bar{\omega}_r$	2,00	2,00	2,00	2,00	2,00	2,00	1,95	1,90	1,85	1,78	1,71	1,63	1,54	1,49
	$-v_x$						1,19	1,39	1,52	1,55	1,52	1,49	1,46	1,36	1,20
	$-v_y$						0,62	0,64	0,70	0,78	0,80	0,80	0,70	0,50	0,28
	ρ_1						1,25	1,55	1,78	1,94	2,03	2,15	2,35	2,65	2,96
	$-\rho_2$						-0,25	-0,16	-0,09	-0,01	0,11	0,26	0,54	1,04	1,52

Beispiel

Dreiseitig frei drehbar gestützte Platte mit $l_y = 1{,}50$ m und $l_x = 2{,}50$ m $\rightarrow \varepsilon = 1{,}50 / 2{,}50 = 0{,}60$

Belastung: $F_d = 9{,}50$ kN/m² (Lastfall 1)

Schnittgrößen: Hilfswert: $K = 9{,}50 \cdot 1{,}50 \cdot 2{,}50 = 35{,}63$ kN

$m_{xr} = 35{,}63/9{,}2 = 3{,}87$ kNm/m $m_{xm} = 35{,}63/15{,}2 = 2{,}34$ kNm/m

$m_{ym} = 35{,}63/27{,}4 = 1{,}30$ kNm/m

$m_{xy2} = \pm 35{,}63/10{,}8 = \pm 3{,}30$ kNm/m $m_{xy1} = \pm\ 35{,}63/26{,}3 = \pm\ 1{,}35$ kNm/m

$K_x = 35{,}63 \cdot 0{,}31 = 11{,}05$ kN $K_y = 35{,}63 \cdot 0{,}59 = 21{,}02$ kN

$R_1 = 2 \cdot 1{,}35 = 2{,}70$ kN $R_2 = 2 \cdot 3{,}30 = 6{,}60$ kN (Zug)

Kontrolle: $\Sigma F_v = 0 = 2 \cdot 11{,}05 + 21{,}02 + 2 \cdot 2{,}70 - 2 \cdot 6{,}60 - 35{,}63 \approx 0$

• Dreiseitig gestützte Platte mit Einspannung der drei Ränder

– **Lastfall 1:** Gleichlast F_d

Hilfswert: $K = F_d \cdot l_x \cdot l_y$

Momente: $m_i = K / f_i$

Auflagerkräfte: $K_x = v_x \cdot K$; $K_y = v_y \cdot K$
(Verteilung s. Abb.)

Hinweis: Die Momente sind als Vektoren dargestellt; aus m_x wird a_{sx}, aus m_y wird a_{sy} ermittelt.

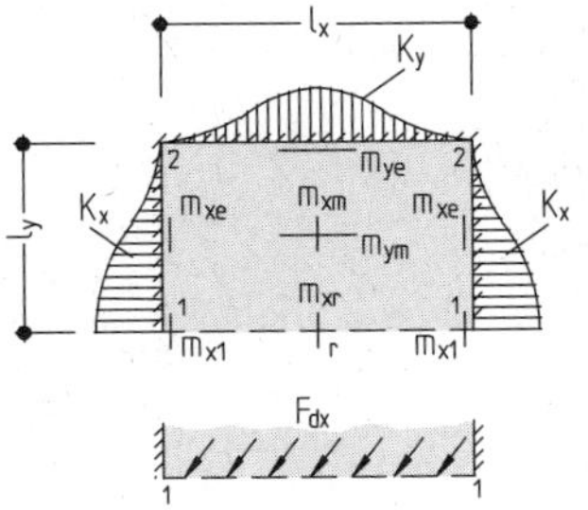

– **Lastfall 2:** Randlast F_{dx}

Hilfswert: $S = F_{dx} \cdot l_x$

Momente: $m_i = S / f_i$

– **Lastfall 3:** Dreieckslast F_d (max F_d am Rand 2-2)

Hilfswerte: $K = 0{,}5 \cdot \max F_d \cdot l_x \cdot l_y$

Momente: $m_i = K / f_i$

Fall	$\varepsilon = l_y / l_x$	1,5	1,4	1,3	1,2	1,1	1,0	0,9	0,8	0,7	0,6	0,5	0,4	0,3	0,25
1	f_{xr}	35,8	33,4	31,0	28,6	26,4	24,3	22,4	20,9	19,9	19,8	21,3	26,8	46,4	77,0
	f_{xm}	39,8	38,3	37,0	35,8	34,9	34,3	34,0	34,3	35,6	38,6	45,6	63,6	126	228
	f_{ym}	163	152	141	130	119	109	99,5	91,0	83,4	80,0	83,4	108	208	417
	$-f_{x1}$	17,8	16,6	15,3	14,1	12,8	11,6	10,4	9,3	8,2	7,4	6,8	6,8	7,6	8,6
	$-f_{xe}$	18,7	17,8	17,0	16,2	15,6	15,0	14,5	14,3	14,2	14,7	15,8	18,1	23,0	27,2
	$-f_{ye}$	26,4	24,6	22,8	21,1	19,3	17,6	15,8	14,2	12,6	11,1	9,8	9,0	9,0	9,6
	v_x	0,42	0,41	0,40	0,39	0,38	0,37	0,35	0,34	0,32	0,30	0,27	0,23	0,19	0,17
	v_y	0,16	0,18	0,20	0,22	0,24	0,26	0,30	0,32	0,36	0,40	0,46	0,54	0,62	0,66
2	f_{xr}	7,0	7,0	7,1	7,1	7,2	7,2	7,3	7,3	7,4	7,9	9,2	13,0	21,2	33,5
	f_{xm}	143	112	85	63	47,5	35,5	28,2	24,0	22,1	23,3	27,1	34,3	54	84
	$-f_{ym}$	22	22	22	22	22	22	22	21	21	19	17	15	13	12
	$-f_{x1}$	2,3	2,3	2,3	2,2	2,2	2,2	2,1	2,1	2,1	2,2	2,2	2,6	3,3	4,1
	$-f_{xe}$	262	165	102	68	47,1	35,8	27,0	20,5	15,8	13,2	12,1	12,5	13,9	15,6
	$-f_{ye}$	$\approx\infty$	-	-	-	250	120	59	35	20	12,4	8,6	5,9	5,3	5,2
3	f_{xr}	115	100	86,3	73,7	63,0	54,1	46,8	41,4	37,9	36,6	38,9	48,7	85,5	143
	f_{xm}	42,4	41,5	41,1	41,0	41,3	42,2	44,0	46,8	51,4	59,2	74,2	110	230	430
	$-f_{ym}$	80,6	76,2	71,3	66,7	62,5	58,8	56,9	54,0	56,5	59,1	69,0	91,0	172	313
	$-f_{x1}$	85,8	74,8	64,0	54,1	45,1	37,1	30,0	24,6	20,2	17,0	15,0	14,3	15,7	17,7
	$-f_{xe}$	19,1	18,4	17,8	17,3	16,9	16,6	16,5	16,7	17,2	18,3	20,3	23,9	30,7	36,5
	$-f_{ye}$	17,8	17,0	16,3	15,6	14,9	14,2	13,5	13,0	12,5	12,0	11,7	11,7	12,6	13,8

Beispiel

Dreiseitig gestützte Platte mit Einspannung der drei Ränder

Abmessungen: $l_y = 1{,}50$ m und $l_x = 2{,}50$ m → $\varepsilon = 1{,}50 / 2{,}50 = 0{,}60$

Belastung: Gleichlast $F_d = 7{,}5$ kN/m² (Lastfall 1) und Randlast $F_{dx} = 9{,}5$ kN/m (Lastfall 2)

Schnittgrößen: Hilfswerte: $K = 7{,}5 \cdot 1{,}50 \cdot 2{,}50 = 28{,}13$ kN; $S = 9{,}5 \cdot 2{,}50 = 23{,}75$ kN

$$m_{xr} = 28{,}13 / 19{,}8 + 23{,}75 / 7{,}9 = 4{,}43 \text{ kNm/m}$$
$$m_{xm} = 28{,}13 / 38{,}6 + 23{,}75 / 23{,}3 = 1{,}75 \text{ kNm/m}$$
$$m_{ym} = 28{,}13 / 80{,}0 - 23{,}75 / 19 = -0{,}90 \text{ kNm/m}$$
$$m_{x1} = -28{,}13 / 7{,}4 - 23{,}75 / 2{,}2 = -14{,}60 \text{ kNm/m}$$
$$m_{xe} = -28{,}13 / 14{,}7 - 23{,}75 / 13{,}2 = -3{,}71 \text{ kNm/m}$$
$$m_{ye} = -28{,}13 / 11{,}1 - 23{,}75 / 12{,}4 = -4{,}45 \text{ kNm/m}$$

Nichtlineare und plastische Verfahren

Bei Anwendung von nichtlinearen Verfahren muss im Grenzzustand der Tragfähigkeit in kritischen Schnitten eine ausreichende Rotationsfähigkeit nachgewiesen werden. Es wird auf DIN 1045-1, 8.4 und 8.5 und auf entsprechende Literatur (z. B. [5.11], [5.23], [5.27]) verwiesen.

Plastische Verfahren haben bei zweiachsig gespannten Platten eine besondere Bedeutung. In DIN 1045-1, 8.4.1 sind vereinfachende Regelungen genannt, bei deren Erfüllung auf einen Nachweis der Rotationsfähigkeit der plastischen Gelenke verzichtet werden kann. Hierzu gehören:

- Die bezogene Druckzonenhöhe ξ darf für Beton ≤ C50/60 den Wert $\xi = x/d = 0{,}25$ (für Beton ab C55/67 den Wert $\xi = 0{,}15$) nicht überschreiten.
- Es ist Betonstahl mit hoher Duktilität zu verwenden (BSt 500 S(B) bzw. BSt 500 M(B)).
- Das Verhältnis von Stütz- zu Feldmomenten muss zwischen 0,5 und 2,0 liegen.

Plastische Verfahren mit ihrem hohen Vereinfachungsgrad sind nur für vorwiegend biegebeanspruchte Bauteile im Grenzzustand der Tragfähigkeit zulässig; die Gebrauchstauglichkeit (Spannungsbegrenzungen – Rissbreitenbegrenzung – Verformungsnachweise; s. Abschn. 4.2) ist mit den Schnittgrößen nach der Elastizitätstheorie ggf. unter Berücksichtigung der Rissbildung nachzuweisen.

Plastische Berechnung umfanggelagerter Platten unter Gleichlast – Berechnung nach *Herzog* [5.27]

Voraussetzungen:
- $|M_{\text{Stütze}}| = 2 \cdot |M_{\text{Feld}}|$ (für die jeweilige Tragrichtung)
- $M_{\text{Feld,x}} = \varepsilon \cdot M_{\text{Feld,y}}$ ($\varepsilon = l_y / l_x$; $l_x = l_{min}$)
- Stützweiten: – bei Auflagerung auf Mauerwerk $l = l_{eff}$
  – bei monolithischer Stützung $l = l_n$

(Die oben genannten Bedingungen nach DIN 1045-1 sind zu beachten; es wird darauf hingewiesen, dass den Nachweisen im Grenzzustand der Gebrauchstauglichkeit eine besondere Bedeutung zukommt.)

Plastische Bemessungsmomente – Grenzzustand der Tragfähigkeit (mit den Bemessungslasten F_d)

$m_{\text{Feld,x}}$ = (Tafelwert) $\cdot F_d \cdot l_x^2$	$m_{\text{Feld,y}} = m_{\text{Feld,x}} / \varepsilon$
$m_{\text{Stütze,x}} = -2 \cdot m_{\text{Feld,x}}$	$m_{\text{Stütze,y}} = -2 \cdot m_{\text{Feld,x}} / \varepsilon$

Tafelwerte (Momentenbeiwerte) zur Berechnung von $m_{\text{Feld,x}}$ für Gleichlast nach *Herzog* [5.27]

$\varepsilon = l_y/l_x$	1	2.1	2.2	3.1	3.2	4	5.1	5.2	6
1,0	0,0417	0,0294	0,0294	0,0214	0,0214	0,0223	0,0172	0,0172	0,0139
1,1	0,0477	0,0348	0,0327	0,0261	0,0236	0,0256	0,0193	0,0202	0,0159
1,2	0,0533	0,0401	0,0356	0,0307	0,0252	0,0286	0,0211	0,0231	0,0178
1,3	0,0584	0,0451	0,0381	0,0353	0,0266	0,0313	0,0227	0,0259	0,0195
1,4	0,0630	0,0499	0,0404	0,0398	0,0279	0,0338	0,0242	0,0284	0,0210
1,5	0,0673	0,0542	0,0425	0,0441	0,0290	0,0361	0,0255	0,0308	0,0224
1,6	0,0712	0,0584	0,0442	0,0482	0,0300	0,0381	0,0266	0,0330	0,0237
1,7	0,0747	0,0622	0,0458	0,0522	0,0308	0,0400	0,0277	0,0350	0,0249
1,8	0,0779	0,0657	0,0473	0,0559	0,0316	0,0417	0,0286	0,0369	0,0260
1,9	0,0807	0,0690	0,0486	0,0593	0,0323	0,0433	0,0295	0,0385	0,0269
2,0	0,0833	0,0721	0,0497	0,0625	0,0329	0,0446	0,0302	0,0401	0,0278
Zwischenwerte dürfen linear interpoliert werden.									

Beispiel

Für die zuvor nach dem Streifenkreuzverfahren berechnete Platte (vgl. S. 5.55) sind die Momente im Grenzzustand der Tragfähigkeit nach der Plastizitätstheorie zu ermitteln (für eine Berechnung nach der Elastizitätstheorie und bzgl. weiterer Nachweise wird auf [5.79] verwiesen).

Belastung: $g_k = 5{,}60$ kN/m²
$q_k = 3{,}25$ kN/m² → $F_d = 12{,}44$ kN/m²

System: $\varepsilon = l_y / l_x = 5{,}86 / 4{,}70 = 1{,}25$
Stützungsart 2.2

Momente: $m_{\text{Feld,x}} = 0{,}0369 \cdot 12{,}44 \cdot 4{,}70^2 = 10{,}14$ kNm/m
$m_{\text{Feld,y}} = 10{,}14 / 1{,}25 = 8{,}11$ kNm/m
$m_{\text{Stütze,x}} = -2 \cdot 10{,}14 = -20{,}28$ kNm/m

(Auf eine Bemessung mit Überprüfung der Druckzonenhöhe $x/d \leq 0{,}25$ wird verzichtet. Für die Bewehrung ist Betonstahl mit hoher Duktilität zu verwenden, also BSt 500 S(B) oder BSt 500 M(B).)

3.5.5 Scheiben, wandartige Träger

Wandartige Träger und Scheiben können mit Stabwerkmodellen bemessen werden. In den fiktiven Druckstreben müssen die Betondruckspannungen σ_c nachgewiesen und in den Zugstreben die Zugkräfte durch Bewehrung abgedeckt werden. Ausbildung von Stabwerkmodellen s. z. B. [5.11], [5.28] u. a.

Mit praxisüblichen Rechenprogrammen auf der Basis isotroper Materialeigenschaften können die Zug- und Druckkräfte im Zustand II ggf. näherungsweise durch Berechnung mit oberen und unteren Grenzen des E-Moduls abgeschätzt werden. Die Bewehrung muss für die Resultierende der Zugspannungen ausgelegt sein, sodass zumindest Gleichgewicht erfüllt ist (s. nebenstehende Abb.).

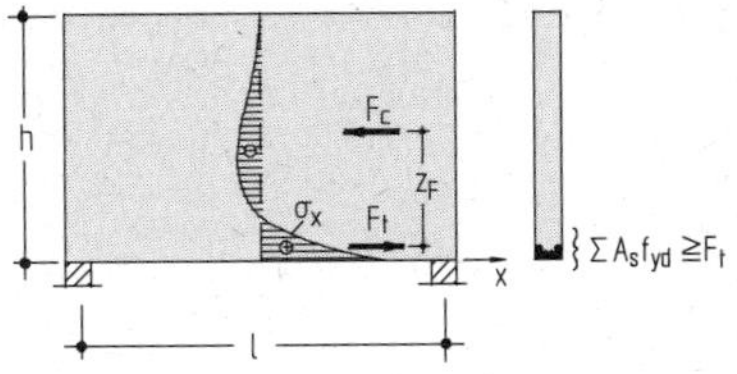

Näherungsverfahren zur Ermittlung der Längszugkräfte

Für Standardfälle sind in [5.15] (s. z. B. auch [5.21]) die Resultierenden der sich aus der Elastizitätstheorie ergebenden Zugkräfte F_t angegeben. Näherungsweise können diese Längszugkräfte auch aus den für Balken bestimmten Schnittmomenten M_{Ed} im Feld oder an der Stütze ermittelt werden, wenn der Hebelarm der inneren Kräfte z entsprechend angepasst wird. Nach [5.15] gilt:

Resultierende Zugkraft im Feld: $F_{td,F} = M_{Ed,F} / z_F$

Resultierende Zugkraft an der Stütze: $F_{td,S} = M_{Ed,S} / z_S$

Hierin sind $M_{Ed,F}$ und $M_{Ed,S}$ das Bemessungsfeldmoment und Bemessungsstützmoment bzw. -kragmoment eines entsprechend schlanken Trägers und z_F und z_S der rechnerische Hebelarm der inneren Kräfte im Feld und an der Stütze. Der Hebelarm z wird abgeschätzt zu:

Einfeldträger	mit $0{,}5 < h/l < 1{,}0$	$z_F = 0{,}3\, h\, (3 - h/l)$
	$h/l \geq 1{,}0$	$z_F = 0{,}6\, l$
Endfelder von Durchlaufträgern	mit $0{,}4 < h/l < 1{,}0$	$z_F = z_S = 0{,}5\, h\, (1{,}9 - h/l)$
	$h/l \geq 1{,}0$	$z_F = z_S = 0{,}45\, l$
Innenfelder von Durchlaufträgern	mit $0{,}3 < h/l < 1{,}0$	$z_F = z_S = 0{,}5\, h\, (1{,}8 - h/l)$
	$h/l \geq 1{,}0$	$z_F = z_S = 0{,}4\, l$
Kragträger	mit $1{,}0 < h/l_k < 2{,}0$	$z_S = 0{,}65\, l_k + 0{,}10\, h$
	$h/l_k \geq 2{,}0$	$z_S = 0{,}85\, l_k$

h Bauhöhe
l Stützweite
l_k Kraglänge

Begrenzung der Druckspannungen im Beton

Die maßgebenden auflagernahen Hauptdruckspannungen im Zustand II sind auf die zulässigen Werte (s. vorher) zu begrenzen.

Besonderheiten der Bewehrungsführung

Die Bewehrung von wandartigen Trägern muss je Außenfläche und je Richtungen mindestens $a_s = 1{,}5$ cm²/m und 0,075 % der Betonfläche betragen (DIN 1045-1, 13.6). Für die Hauptbewehrung [1)] gilt nach [5.15]:

- Feldbewehrung vollständig über die Auflager führen und für eine Zugkraft $0{,}8 \cdot F_{td,F}$ verankern (stehende Haken sind zu vermeiden)
- Anordnung der Feldbewehrung über eine Höhe von 0,1 h bzw. 0,1 l (kleinerer Wert ist maßgebend)
- Anordnung der Stütz- und Kragbewehrung nach nebenstehender Abb.

Verteilung der Hauptbewehrung [1)] für die Zugkraft F_t über den Stützen mehrfeldriger wandartiger Träger

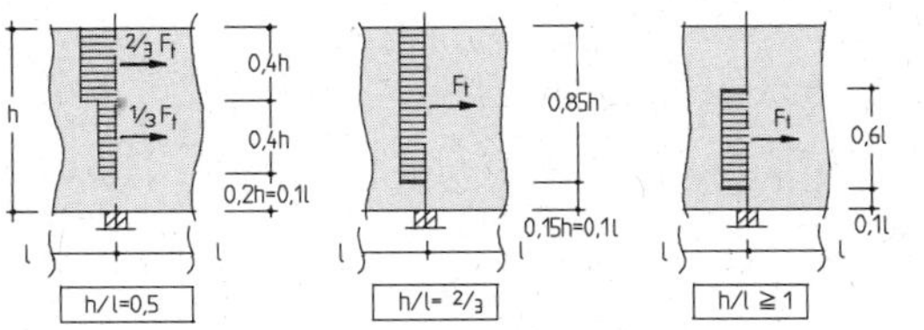

Verteilung der Hauptbewehrung [1)] für die Zugkraft F_t über dem Auflager einer Kragscheibe

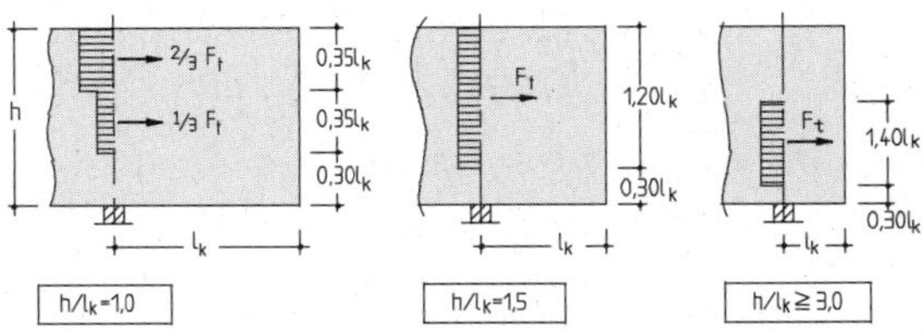

1) Spalt- und Randzugkräfte unter Einzellasten und eine Aufhängebewehrung bei unten angreifenden Lasten sind zusätzlich zu beachten; s. [5.15].

3.6 Vorspannung

3.6.1 Wirkung der Vorspannung und Spanngliedführung

Die Vorspannung kann als Einwirkung aus Anker- und Umlenkkräften (bzw. als einwirkende Schnittgröße) oder alternativ als Dehnungszustand mit entsprechender Vorkrümmung betrachtet werden.

An den Ankern und bei jedem Richtungswechsel wirken Kräfte auf den Beton. Die „Umlenkkräfte" sind in Richtung der Winkelhalbierenden gerichtet; hierfür gilt

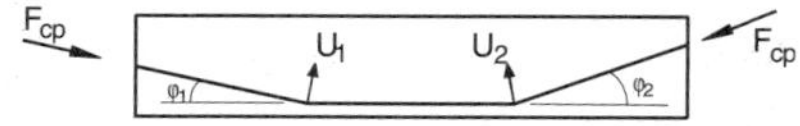

$$U_i = 2 \cdot F_{cp} \cdot \sin(\varphi_i/2)$$

Bei gekrümmtem Spanngliedverlauf wirken die Umlenkkräfte radial zur Spanngliedachse

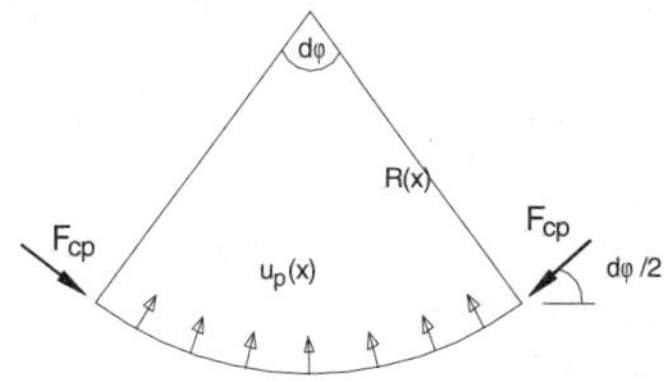

$$u_i(x) = P_{mt}(x) \,/\, R(x)$$

$$\text{mit} \quad \frac{1}{R(x)} = \frac{z_p''(x)}{\left[1 + \left(z_p'(x)\right)^2\right]^{3/2}} \approx z_p''(x)$$

Für die Funktion z_p'' gilt bei Spanngliedführung nach einer quadratischer Parabel

$$z_p'' = 8 \cdot f / l^2$$

Für übliche Spanngliedverläufe in schlanken Tragwerken ($f/l \leq 1/12$) kann der Term $z_p'(x)^2$ vernachlässigt werden und die Umlenkkräfte können genügend genau vertikal angesetzt werden (siehe nebenstehende Skizze).

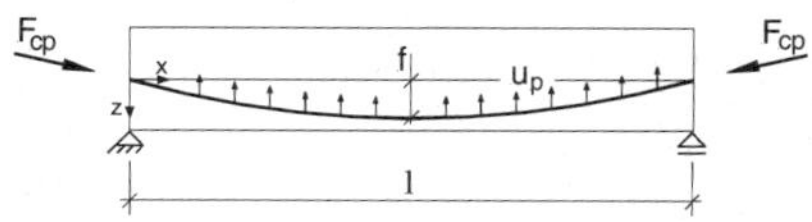

(Darstellungen jeweils ohne Reibungskräfte)

Für die Ermittlung der kennzeichnenden Größen der quadratischen Parabel können die in nachfolgender Tafel angegebenen Gleichungen verwendet werden. Für den Bogenstich f_1 der Hauptparabel sind dabei die Werte $z_{cp;0,5L}$ (Ordinate der Hauptparabel bei $x = 0{,}5\,L$) und $z_{cp;1,0L}$ (Ordinate der Ausrundungsparabel bei $x = 1{,}0\,L$) mit Vorzeichen einzusetzen.

Bezeichnungen am einseitig bzw. beidseitig eingespannten Tragwerk	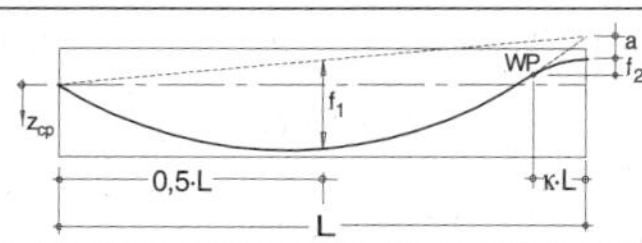	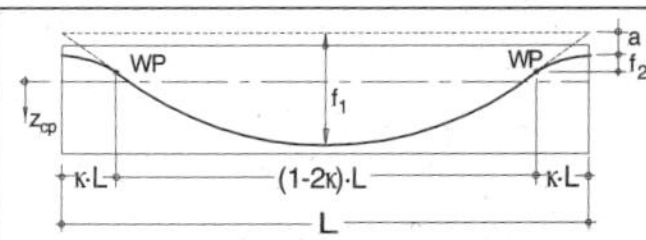
Bogenstich und Umlenkung	$f_1 = \frac{z_{cp;0,5L} \cdot (2-\kappa) - z_{cp;1,0L}}{2 - 3 \cdot \kappa}$ | $\bar{u}_1 = \frac{8 \cdot f_1}{L^2}$	$f_1 = \frac{z_{cp;0,5L} - z_{cp;1,0L}}{1 - 2 \cdot \kappa}$ | $\bar{u}_1 = \frac{8 \cdot f_1}{L^2}$
Spannglied-abrückung	$a = (3 \cdot f_1 - z_{cp;0,5L}) \cdot \kappa$	$a = 2 \cdot \kappa \cdot f_1$
Bogenstich und Umlenkung (Ausrundungsparabel)	$f_2 = a - 4 \cdot f_1 \cdot \kappa^2$ | $\bar{u}_2 = \frac{8 \cdot f_2}{(2 \cdot \kappa \cdot L)^2}$	$f_2 = 2 \cdot \kappa \cdot f_1 \cdot (1 - 2\kappa)$ | $\bar{u}_2 = \frac{8 \cdot f_2}{(2 \cdot \kappa \cdot L)^2}$
Neigung des Spannglieds im Wendepunkt „WP"	$\tan\gamma = \frac{2 \cdot f_2}{\kappa \cdot L} = \frac{[2 \cdot (f_1 - z_{cp;0,5L}) + 4 \cdot f_1 \cdot (1 - 2 \cdot \kappa)]}{L}$	$\tan\gamma = \frac{2 \cdot f_2}{\kappa \cdot L} = \frac{4 \cdot f_1 \cdot (1 - 2 \cdot \kappa)]}{L}$
Ausrundungs-radius	$R_2 = \frac{0{,}5 \cdot \kappa^2 \cdot L^2}{f_2}$	$R_2 = \frac{0{,}5 \cdot \kappa^2 \cdot L^2}{f_2}$

3.6.2 Schnittgrößen aus Vorspannung

a) Statisch bestimmte Tragwerke

Die Schnittgrößen N_{cp}, V_{cp} und M_{cp} können direkt mit den Gleichgewichtsbedingungen bestimmt werden. Für eine über die Breite bzw. in Querrichtung symmetrische Spanngliedanordnung gilt:

$N_{cp} = -P_{mt}(x) \cdot \cos\varphi$
$\approx -P_{mt}(x)$ (für kleine Winkel φ)
$V_{cp} = -P_{mt}(x) \cdot \sin\varphi$
$M_{cp} = -P_{mt}(x) \cdot \cos\varphi \cdot z_p$
$\approx -P_{mt}(x) \cdot z_p$ (für kleine Winkel φ)

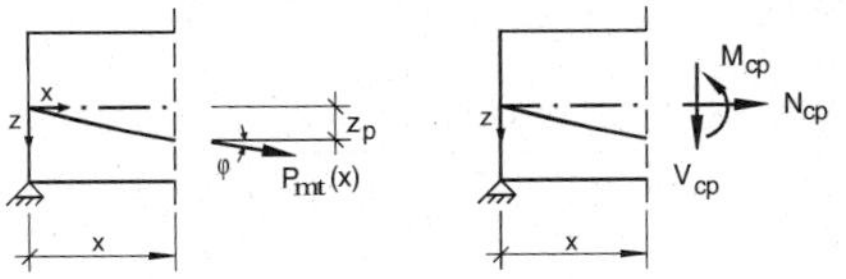

b) Statisch unbestimmte Tragwerke

Die Ermittlung der Schnittgrößen N_{cp}, V_{cp} und M_{cp} kann mit den üblichen baustatischen Verfahren (z. B. Kraftgrößenverfahren) erfolgen.

Darstellung des Rechengangs am Beispiel eines Zweifeldträgers

– Statisch bestimmtes Grundsystem
– Statisch bestimmtes Moment:
  $M_{cp,dir} = -P_{mt}(x) \cdot z_p$
– Statisch unbestimmtes Moment:
  $M_{cp,ind} = -\,\delta_{10}/\delta_{11}$ mit
  $\delta_{10} = \int (M_{cp,dir} \cdot M_1 / EI)\,ds$
  $\delta_{11} = \int (M_1 \cdot M_1 / EI)\,ds$
– Gesamtmoment
  $M_{cp} = M_{cp,dir} + M_{cp,ind}$

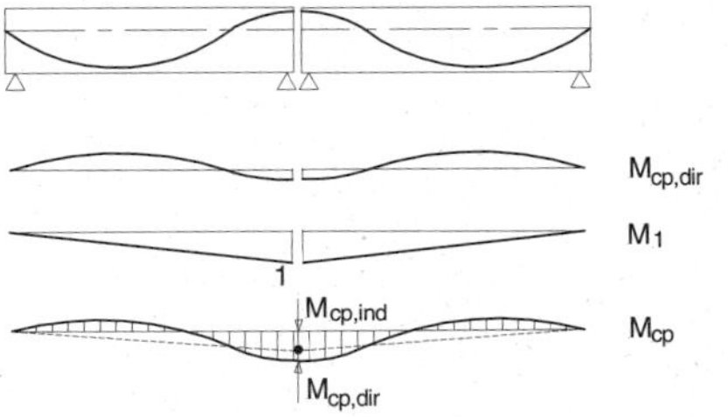

Für die Anwendung von Tabellen (z. B. für eingespannte Einfeldträger, Durchlaufträger, Rahmen) und von EDV-Programmen kann man die Vorspannung als Einwirkung aus Anker- und Umlenkkräften (unter Berücksichtigung des Spannkraftverlaufs über die Trägerlänge) betrachten.

Zweifeldträger mit Vorspannung

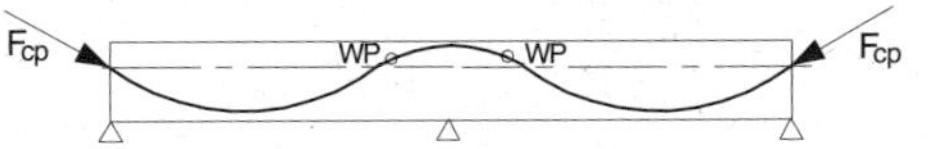

Ankerkräfte und Umlenkpressungen (Umlenkkräfte hier näherungsweise konstant angesetzt)

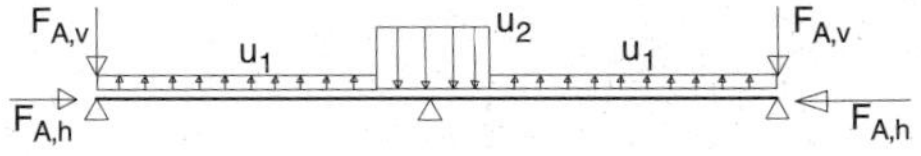

Momentenverlauf infolge Vorspannung

3.6.3 Vorspannkraft

Die am Spannende während des Spannvorgangs aufgebrachte Höchstkraft P_0 darf höchstens betragen:

$$P_0 = A_p \cdot \sigma_{0,max} \qquad (62.1a)$$

mit A_p Querschnittsfläche des Spanngliedes
$\sigma_{0,max} \leq 0{,}80 \cdot f_{pk}$ bzw. $\sigma_{0,max} \leq 0{,}90 \cdot f_{p0,1k}$ (der kleinere Wert ist maßgebend)
Bei Vorspannung mit *nachträglichem* Verbund ist $\sigma_{0,max}$ mit dem Faktor k_1 abzumindern:
$k_1 = e^{-\mu(\theta + k \cdot x)\cdot(\kappa - 1)}$ mit $\kappa = 1{,}5$ bei bis zu 3 Wochen ungeschützter Lage des Spannstahls im Hüllrohr und $\kappa = 2{,}0$ bei mehr als 3 Wochen (vgl. Erl. zu Gl. (63.2))

Der Mittelwert der Vorspannung P_{m0} nach Absetzen der Pressenkraft oder nach Lösen der Verankerung darf folgenden Wert an keiner Stelle überschreiten:

$$P_{m0} = A_p \cdot \sigma_{pm0} \qquad (62.1b)$$

mit $\sigma_{pm0} \leq 0{,}75 \cdot f_{pk}$ bzw. $\sigma_{pm0} \leq 0{,}85 \cdot f_{p0,1k}$ (der kleinere Wert ist maßgebend)

Bei P_{m0} zum Zeitpunkt t_0 sind – soweit relevant – die elastischen Verformungen des Bauteils bei der Spannkraftübertragung, die Kurzzeitrelaxation des Spannstahls, die Reibungsverluste und der Verankerungsschlupf zu berücksichtigen, für $t > t_0$ zusätzlich das Kriechen und Schwinden des Betons und die Langzeitrelaxation des Spannstahls. Der Mittelwert der Vorspannung zum Zeitpunkt t ergibt sich

$$P_{mt} = P_0 - \Delta P_c - \Delta P_t(t) - \Delta P_\mu(x) - \Delta P_{sl} \qquad (62.2)$$

P_0 Kraft am Spannende während des Spannvorgangs
ΔP_c Spannkraftverlust infolge elastischer Verformung des Bauteils beim Vorspannen (soweit relevant)
$\Delta P_t(t)$ Spannkraftverlust infolge Kriechen, Schwinden und Relaxation
$\Delta P_\mu(x)$ Spannkraftverlust infolge Reibung
ΔP_{sl} Spannkraftverlust infolge Schlupf in der Verankerung (nicht bei sofortigem Verbund)

Spannkraftänderung infolge von Kriechen, Schwinden und Relaxation

Die Spannungsänderung $\Delta\sigma_{p,c+s+r}(t)$ bzw. Spannkraftänderung $\Delta P_{c+s+r}(t)$ beträgt bei einsträngiger Vorspannung mit Verbund (DIN 1045-1, 8.7.3):

$$\Delta P_{c+s+r} = \Delta\sigma_{p,c+s+r} \cdot A_p = \frac{\varepsilon_{cs}(t,t_0) \cdot E_p + \Delta\sigma_{pr} + \alpha_p \cdot \varphi(t,t_0) \cdot (\sigma_{cg} + \sigma_{cp0})}{1 + \alpha_p \cdot \frac{A_p}{A_c} \cdot (1 + \frac{A_c}{I_c} \cdot z_{cp}^2) \cdot [1 + 0{,}8 \cdot \varphi(t,t_0)]} \cdot A_p \tag{63.1}$$

$\varepsilon_{cs}(t, t_0)$ Schwindmaß zum Zeitpunkt t, bezogen auf das maßgebende Betonalter t_0 (s. Abschn. 3.7)
$\varphi(t, t_0)$ Kriechzahl zum Zeitpunkt t, bezogen auf das Alter t_0 bei Belastungsbeginn (s. Abschn. 3.7)
α_p $\alpha_p = E_p / E_{cm}$ (Verhältnis der E-Moduln von Spannstahl und Beton; s. Abschn. 2)
$\Delta\sigma_{pr}$ Spannungsänderung im Spannstahl infolge Relaxation in Abhängigkeit von der Ausgangsspannung zur charakteristischen Zugfestigkeit (σ_{p0}/f_{pk}) mit $\sigma_{p0} = \sigma_{pg0} - 0{,}3\Delta\sigma_{p,c+s+r}$ (σ_{pg0} ist die anfängliche Spannstahlspannung aus Vorspannung und ständigen Einwirkungen). Für den üblichen Hochbau darf σ_{p0} zu $0{,}95 \cdot \sigma_{pg0}$ angenommen werden; vgl. a. DIN 1045-1, Gl. (51).
σ_{cg} Betonspannungen in Höhe der Spannstahlachse infolge quasi-ständiger Einwirkungen
σ_{cp0} Anfangsbetonspannungen in Höhe der Spannstahlachse infolge von Vorspannung
A_p; A_c; I_c Fläche des Spannstahls; Fläche bzw. Flächenmoment 2. Grades des Betonquerschnitts
z_{cp} Abstand zwischen Schwerpunkt des Betonquerschnitts und der Spanngliedachse

Spannkraftverluste infolge von Reibung

Die Spannkraftverluste ΔP_μ infolge Reibung können wie folgt berechnet werden (DIN 1045-1, 8.7.3):

$$\Delta P_\mu(x) = P_0 \cdot [1 - e^{-\mu(\theta + k \cdot x)}] \tag{63.2}$$

μ Reibungsbeiwert zwischen Spannglied und Hüllrohr (nach Zulassung)
θ Summe der planmäßigen, horizontalen und vertikalen Umlenkwinkel über die Länge x
k ungewollter Umlenkwinkel (nach Zulassung)

Spannkraftverluste infolge von elastischer Bauteilverkürzung

Bei Vorspannung mit nachträglichem Verbund und ohne Verbund treten Spannkraftverluste dann auf, wenn nicht alle Spannglieder gleichzeitig vorgespannt werden (Regelfall). Durch die Bauteilverkürzung beim Vorspannen verlieren die bereits gespannten Spannglieder einen Teil der Vorspannung.

Die Gesamtverkürzung des Spanngliedes k durch das Spannen von $(i-k)$ weiteren Spanngliedern mit der Kraft P_j beträgt

$$\Delta L = \sum_{k+1}^{i} \frac{P_j \cdot L}{E_{cm} \cdot A_{cn}} \tag{63.3a}$$

A_{cn} Nettoquerschnittsfläche
L Länge zwischen den Spann- bzw. Festankern

Daraus ergibt sich der Spannkraftverlust im Spannglied k

$$\Delta P_{c,k} = \sum_{k+1}^{i} P_j \cdot \frac{E_p \cdot A_{p,j}}{E_{cm} \cdot A_{cn}} \tag{63.3b}$$

$A_{p,j}$ Spannstahlquerschnitt der Spanngliedes j
L Länge zwischen den Spann- bzw. Festankern

3.6.4 Bemessungswerte der Vorspannung

Grenzzustand der Tragfähigkeit

Der Bemessungwert der Vorspannkraft darf ermittelt werden aus

$$P_d = \gamma_p \cdot P_{m,t} \tag{63.4}$$

mit $\gamma_p = 1$. Wird bei Spanngliedern ohne Verbund der Spannungszuwachs im Spannstahl berücksichtigt, ist der charakteristische Wert des Spannungszuwachses im Spannstahl $\Delta\sigma_{pk}$ mit den Mittelwerten der Baustoffeigenschaften zu bestimmen. Der Bemessungswert wird bestimmt aus $\Delta\sigma_{pd} = \gamma_p \cdot \Delta\sigma_{pk}$ mit $\gamma_p = 1$ bei linear-elastischer Schnittgrößenermittlung. (Bei nichtlinearen Verfahren s. DIN 1045-1, 8.7.5.)

Grenzzustand der Gebrauchstauglichkeit

Für die Nachweise werden zwei charakteristische Werte der Vorspannkraft festgelegt, um mögliche Streuungen der Vorspannkraft zu berücksichtigen:

$$P_{k,sup} = r_{sup} \cdot P_{m,t} \quad \text{(oberer charakteristischer Wert)} \tag{63.5a}$$
$$P_{k,inf} = r_{inf} \cdot P_{m,t} \quad \text{(unterer charakteristischer Wert)} \tag{63.5b}$$

mit $r_{sup} = 1{,}05$ und $r_{inf} = 0{,}95$ bei Vorspannung mit sofortigem Verbund oder ohne Verbund
$r_{sup} = 1{,}10$ und $r_{inf} = 0{,}90$ bei Vorspannung mit nachträglichem Verbund

3.7 Zeitabhängiges Betonverhalten

Kriechen und Schwinden müssen dann berücksichtigt werden, wenn ihr Einfluss merklich ist, wie z. B. bei Verformungen, Spannungsermittlungen, bei Einflüssen nach Theorie II. Ordnung und bei vorgespannten Tragwerken. Unter der Voraussetzung, dass die kriecherzeugenden Betondruckspannungen $\leq 0{,}45 \cdot f_{ckj}$, die mittlere Temperatur zwischen 10 °C und 30 °C und die relative Feuchte der Umgebung RH-Werte zwischen 40 % und 100 % aufweist, darf angenommen werden (s. [5.17], [5.22]):

- Kriechen und Schwinden sind voneinander unabhängig.
- Es gilt ein linearer Zusammenhang zwischen Kriechverformungen und kriecherzeugenden Spannungen.
- Das Superpositionsprinzip gilt auch für zu verschiedenen Altersstufen gehörenden Einflüssen.
- Einflüsse aus ungleichmäßigen Temperatur- und Feuchtigkeitsverläufen werden vernachlässigt.

Den Dehnungen von Beton liegen somit die Aufspaltung der Verformungskomponenten zugrunde; für konstante Umgebungsbedingungen gilt:

$$\varepsilon_c(t) = \varepsilon_{cc}(t, t_0) + \varepsilon_{cs}(t, t_s) + \varepsilon_{ci}(t_0) \quad (64.1)$$

mit $\varepsilon_{cc}(t, t_0)$ als Kriechdehnung, $\varepsilon_{cs}(t, t_s)$ als Schwinddehnung und $\varepsilon_{ci}(t_0)$ als elastischer Dehnung. Für die Kriechdehnung des Betons $\varepsilon_{cc}(t, t_0)$ gilt folgende Beziehung:

$$\varepsilon_{cc}(t, t_0) = \varphi(t, t_0) \cdot \sigma_c(t_0) / E_{c0} \quad (64.2)$$

Es sind E_{c0} — E-Modul des Betons (Tangentenmodul) nach 28 Tagen; s. hierzu Abschnitt 2.2.1 bzw. Tafel 5.32.
$\sigma_c(t_0)$ — die zeitlich konstante kriecherzeugende Betonspannung, die bei t_0 aufgebracht wird
$\varphi(t, t_0)$ — Kriechzahl (s. nachfolgend)

Wenn die Betonspannungen sich nur wenig ändern, können Verformungen unter Verwendung eines wirksamen Elastizitätsmoduls berechnet werden:

$$E_{c,eff} = E_{cm} / (1 + \varphi(t, t_0)) \quad (64.3)$$

Für typische Verhältnisse sind die Endkriechzahlen $\varphi(\infty, t_0)$ und Endschwindmaße $\varepsilon_{cs,\infty}$ in DIN 1045-1, Abschn. 9.1.4 (s. S. 5.65) wiedergegeben. Eine Ermittlung der Kriechzahlen φ_t und Schwindmaße ε_{cs} für einen beliebigen Zeitpunkt t ist mit Hilfe der nachfolgenden Angaben möglich (nach [5.22]); detailliertere Angaben sind außerdem im DAfStb-H. 525 enthalten.

Kriechzahl $\varphi(t, t_0)$

$$\varphi(t, t_0) = \varphi_0 \cdot \beta_c(t, t_0) \quad (64.4a)$$

Hierin sind

$\varphi_0 = \varphi_{RH} \cdot \beta(f_{cm}) \cdot \beta(t_0)$

$\beta_c(t, t_0) = [((t-t_0)/t_1) / (\beta_H + (t-t_0)/t_1)]^{0,3}$

$\varphi_{RH} = [1 + (1 - RH/RH_0) \cdot \alpha_1 / (0{,}10 \cdot h_0/h_1)^{1/3}] \cdot \alpha_2$

$\beta(f_{cm}) = 5{,}3 / \sqrt{f_{cm}/f_{cm0}}$

$\beta(t_0) = 1/[0{,}1 + (t_{0,eff}/t_1)^{0,20}]$

$\beta_H = 150 \cdot [1 + (1{,}2 \cdot RH/RH_0)^{18}] \cdot h_0/h_1 + 250 \cdot \alpha_3 \leq 1500 \cdot \alpha_3$

$t_{0,eff} = t_0 \cdot [9/(2 + (t_0/t_1)^{1,2}) + 1]^{\alpha} \geq 0{,}5$ Tage

RH — rel. Feuchte der Umgebung in %
RH_0 — = 100 % (Bezugsgröße)
h_0 — $= 2 \cdot A_c/u$ wirksame Bauteildicke in mm (S. 5.33)
h_1 — = 100 mm (Bezugsgröße)
f_{cm} — mittlere Betondruckfestigkeit in N/mm²
f_{cm0} — = 10 N/mm² (Bezugsgröße)
t — Betonalter in Tagen zum betrachteten Zeitpunkt
$t_{0,eff}$ — wirksames Betonalter (in Tagen) bei Belastungsbeginn
t_0 — tatsächliches Betonalter (in Tagen) bei Belastungsbeginn *)
t_1, $t_{1,T}$ — 1 Tag
$\alpha_1 = (3{,}5 f_{cm0}/f_{cm})^{0,7}$
$\alpha_2 = (3{,}5 f_{cm0}/f_{cm})^{0,2}$
$\alpha_3 = (3{,}5 f_{cm0}/f_{cm})^{0,5}$
α = −1 für Zement 32,5N (Zementtyp SL)
0 für Zement 32,5R, 42,5N (Zementtyp N, R)
1 für Zement 42,5R, 52,5 (Zementtyp RS)

Schwindmaß $\varepsilon_{cs}(t, t_s)$

$$\varepsilon_{cs}(t, t_s) = \varepsilon_{cas}(t) + \varepsilon_{cds}(t, t_s) \quad (64.4b)$$

Hierin sind

$\varepsilon_{cas}(t) = \varepsilon_{cas0}(f_{cm}) \cdot \beta_{as}(t)$

$\varepsilon_{cds}(t, t_s) = \varepsilon_{cds0}(f_{cm}) \cdot \beta_{RH}(RH) \cdot \beta_{ds}(t - t_s)$

$\varepsilon_{cas0}(f_{cm}) = -\alpha_{as} \cdot [(f_{cm}/f_{cm0})/(6 + f_{cm}/f_{cm0})]^{2,5} \cdot 10^{-6}$

$\varepsilon_{cds0}(f_{cm}) = (220 + 110 \cdot \alpha_{ds1}) \cdot e^{-\alpha_{ds2} \cdot f_{cm}/f_{cm0}} \cdot 10^{-6}$

$\beta_{as}(t) = 1 - e^{-0,2 \cdot \sqrt{t/t_1}}$

$\beta_{ds}(t - t_s) = [((t-t_s)/t_1)/(350 \cdot (h_0/h_1)^2 + (t-t_s)/t_1)]^{0,5}$

$\beta_{RH} = -1{,}55 \cdot (1 - (RH/RH_0)^3)$ für $40\,\% \leq RH < 99\,\% \cdot \beta_{s1}$

$\beta_{RH} = +0{,}25$ für $RH \geq 99\,\% \cdot \beta_{s1}$

t_s — Betonalter in Tagen zu Beginn des Schwindens
$\beta_{s1} = (3{,}5 f_{cm0}/f_{cm})^{0,1} \leq 1$

Beiwerte α_{as}, α_{ds1}, α_{ds1}

Zement	32,5N	32,5R, 42,5N	42,5R, 52,5
α_{as}	800	700	600
α_{ds1}	3	4	6
α_{ds2}	0,13	0,12	0,12

Für Leichtbeton sind die Endkriechzahlen mit
η_E nach Tafel 5.32
(für LC12/13 bis LC16/18 zusätzlich mit $\eta_2 = 1{,}3$)
die Endschwindmaße mit
$\eta_3 = 1{,}5$ für Beton LC12/13 bis LC16/18
$\eta_3 = 1{,}2$ für Beton ab LC20/25
zu multiplizieren, wenn keine Versuchsergebnisse vorliegen.

*) t_0 muss korrigiert werden, wenn die Lagerungstemperatur vor Belastungbeginn deutlich von 20 °C abweicht; s. hierzu z. B. [5.22].

Tafel 5.65a Endkriechzahlen $\varphi(\infty, t_0)$

$\varphi(\infty, t_0)$ für Normalbeton und trockene Umgebungsbedingungen (RH = 50 %)

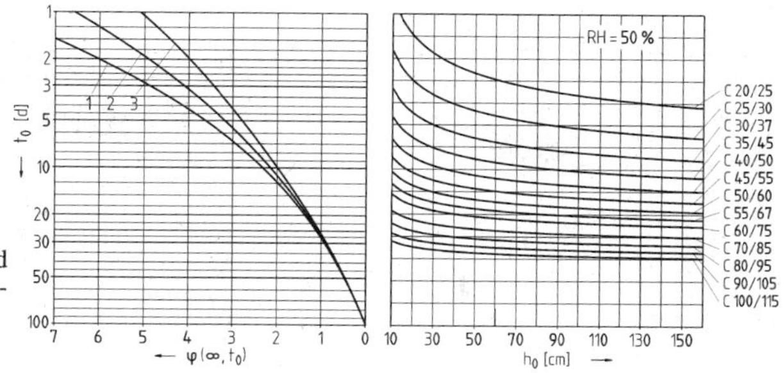

$\varphi(\infty, t_0)$ für Normalbeton und feuchte Umgebungsbedingungen (RH = 80 %)

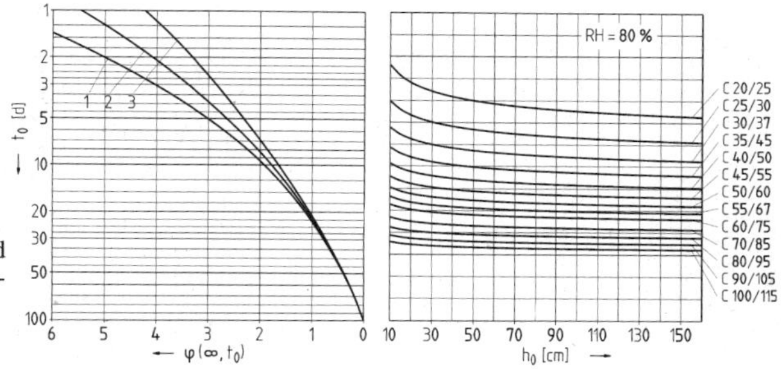

Tafel 5.65b Endschwinddehnung $\varepsilon_{cs\infty}$

Schrumpfdehnung $\varepsilon_{cas\infty}$

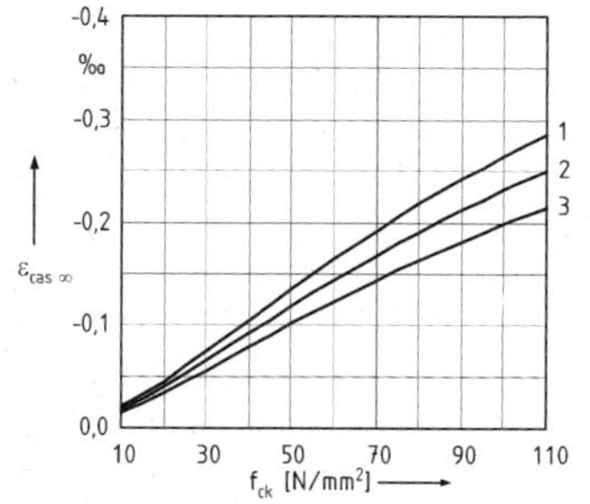

Trocknungsschwinddehnung $\varepsilon_{cds\infty}$

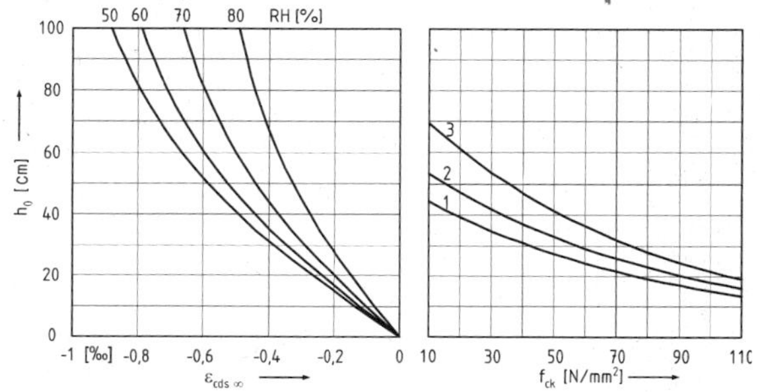

$$\varepsilon_{cs\infty} = \varepsilon_{cas\infty} + \varepsilon_{cds\infty}$$

Erläuterung zu Tafel 5.65a und 5.65b

Ablesevorschrift

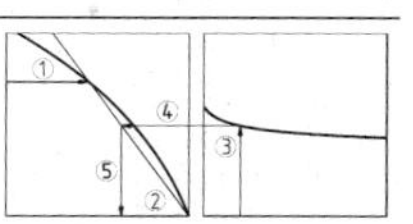

Legende: 1 Festigkeitsklasse des Zements 32,5 N
2 Festigkeitsklassen des Zements 32,5 R; 42,5 N
3 Festigkeitsklassen des Zements 42,5 R; 52,5 N; 52,5 R

4 Bemessung

4.1 Grenzzustände der Tragfähigkeit

4.1.1 Biegung und Längskraft

4.1.1.1 Voraussetzungen und Annahmen

Für die Bestimmung der Grenztragfähigkeit von Querschnitten gelten folgende Annahmen:

Ebenbleiben der Querschnitte	Dehnungen der Fasern eines Querschnitts verhalten sich wie ihre Abstände von der Dehnungsnulllinie.
Vollkommener Verbund	Dehnungen der im Verbund liegenden Bewehrung und des Betons, die sich in einer Faser befinden, sind gleich.
Zugfestigkeit des Betons	Sie wird im Grenzzustand der Tragfähigkeit nicht berücksichtigt.
(Druck-)Spannungen im Beton	Es gilt die σ-ε-Linie der *Querschnittsbemessung* nach Abschn. 2.2.1.
Spannungen im Beton-, Spannstahl	Sie werden aus den σ-ε-Linien nach Abschn. 2.2.2 u. 2.2.3 hergeleitet.
Dehnungsverteilung im Beton	Die Dehnungen im *Beton* sind am Druckrand auf ε_{c2u} bzw. ε_{lc2u} nach Tafel 5.32 zu begrenzen. Bei vollständig überdrückten Querschnitten darf die Dehnung im Punkt C (s. Abb.) ε_{c2} bzw. ε_{lc2} (s. S. 5.32) betragen[1)] (bei geringer Ausmitte mit $e_d/h \leq 0{,}1$ darf für Normalbeton auch $\varepsilon_{c2} = -2{,}2$ ‰ zugelassen werden).
Dehnungsverteilung im Stahl	Für *Betonstahl* gilt $\varepsilon_s \leq 25$ ‰, für *Spannstahl* gilt die Grenze für die Zusatzdehnung $\Delta\varepsilon_p$ (zusätzlich ist die Vordehnung $\varepsilon_p^{(0)}$ im Spannstahl zu beachten).

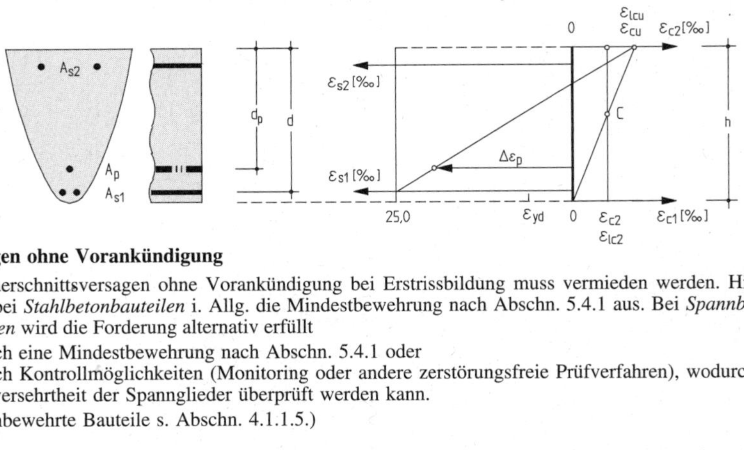

Versagen ohne Vorankündigung

Ein Querschnittsversagen ohne Vorankündigung bei Erstrissbildung muss vermieden werden. Hierfür reicht bei *Stahlbetonbauteilen* i. Allg. die Mindestbewehrung nach Abschn. 5.4.1 aus. Bei *Spannbetonbauteilen* wird die Forderung alternativ erfüllt

- durch eine Mindestbewehrung nach Abschn. 5.4.1 oder
- durch Kontrollmöglichkeiten (Monitoring oder andere zerstörungsfreie Prüfverfahren), wodurch die Unversehrtheit der Spannglieder überprüft werden kann.

(Für unbewehrte Bauteile s. Abschn. 4.1.1.5.)

Schnittgrößen in der Schwerachse und „versetzte" Schnittgrößen

Für verschiedene Bemessungsaufgaben müssen die auf die Schwerachse bezogenen Schnittgrößen in ausgewählte, „versetzte" Schnittgrößen umgewandelt werden. Die dargestellten Schnittgrößen sind jeweils identisch mit dem auf die Schwerachse bezogenen Moment M_{Ed} und der entsprechenden Längskraft N_{Ed}.

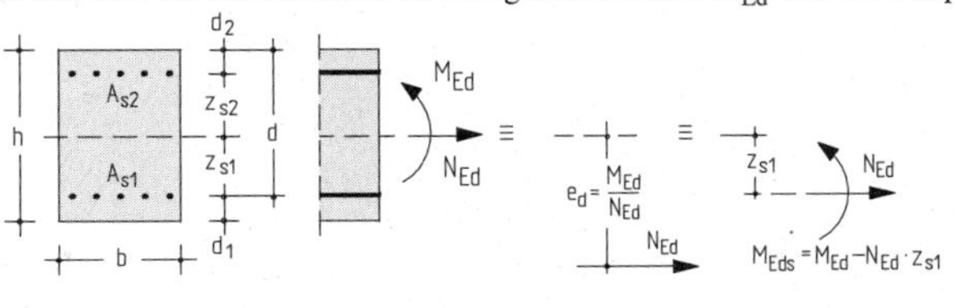

1) In vollständig überdrückten Platten von gegliederten Querschnitten ist die Dehnung in Plattenmitte auf ε_{c2} bzw. ε_{lc2} zu begrenzen; die Tragfähigkeit braucht jedoch nicht kleiner angesetzt zu werden als die des Stegquerschnitts mit der Höhe h und mit der o. g. Dehnungsverteilung.

4.1.1.2 Mittiger Zug oder Zugkraft mit kleiner Ausmitte

Die Kraft greift innerhalb der Bewehrungslagen an, d. h., dass der gesamte Querschnitt gezogen ist und die einwirkende Kraft ausschließlich durch Bewehrung aufgenommen werden muss. Die Zugkraft wird nach dem Hebelgesetz aufgeteilt, wobei vereinfachend angenommen wird, dass in beiden Bewehrungslagen die Streckgrenze erreicht wird.

$$A_{s1} = \frac{N_{Ed}}{f_{yd}} \cdot \frac{z_{s2} + e_d}{z_{s1} + z_{s2}} \qquad (67.1a)$$

$$A_{s2} = \frac{N_{Ed}}{f_{yd}} \cdot \frac{z_{s1} - e_d}{z_{s1} + z_{s2}} \qquad (67.1b)$$

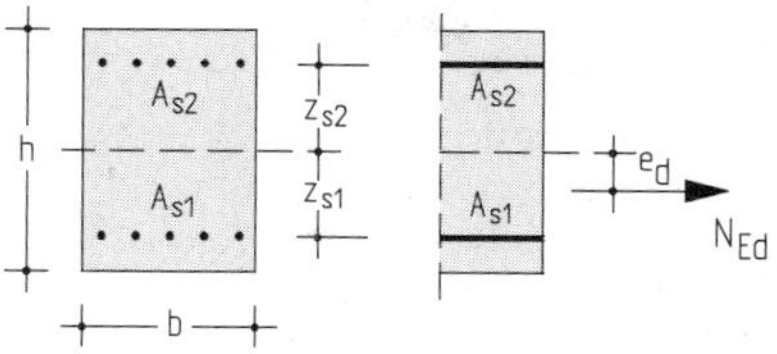

Beispiel

Zugstab mit Bemessungsschnittgrößen infolge von Biegung und Längskraft nach Abbildung. Es ist der Grenzzustand der Tragfähigkeit nachzuweisen. Bei Verwendung von Betonstahl BSt 500 erhält man:

$$f_{yd} = f_{yk} / \gamma_s = 500/1{,}15 = 435 \text{ MN/m}^2$$

$$e_d = M_{Ed} / N_{Ed} = 40/800 = 0{,}05 \text{ m} < 0{,}20 \text{ m}$$

$$A_{s1} = \frac{0{,}800}{435} \cdot \frac{0{,}20+0{,}05}{0{,}20+0{,}20} \cdot 10^4 = 11{,}5 \text{ cm}^2$$

$$A_{s2} = \frac{0{,}800}{435} \cdot \frac{0{,}20-0{,}05}{0{,}20+0{,}20} \cdot 10^4 = 6{,}9 \text{ cm}^2$$

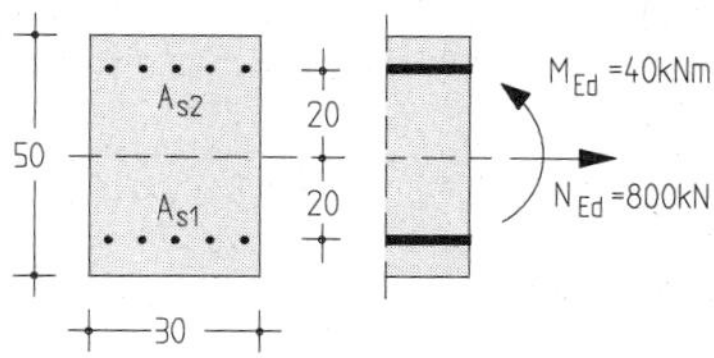

(Hinweis: Bei Zuggliedern ist stets ein Nachweis zur Begrenzung der Rissbreite zu führen; hierfür ist es häufig erforderlich, $\sigma_s \le f_{yd}$ zu wählen.)

4.1.1.3 Biegung (mit Längskraft)

Der Nachweis der Tragfähigkeit erfolgt in der Regel in Form einer Bemessung. Für Querschnitte mit rechteckiger Druckzone und für Plattenbalken sind Bemessungshilfen in Form von Diagrammen und Nomogrammen vorhanden (s. Abschn. 6, Tafeln 1 bis 4; es gelten die dort angegebenen Annahmen und Voraussetzungen).

Beispiel 1

(Beispiel wird in Abschn. 4.1.2.2 „Bauteile ohne Schubbewehrung" fortgesetzt.)

Für die dargestellte einfeldrige, einachsig gespannte Platte mit g_k= 6,5 kN/m² und q_k= 5,0 kN/m² ist die Biegebemessung (= Nachweis der Grenztragfähigkeit für Biegung) in Feldmitte durchzuführen.

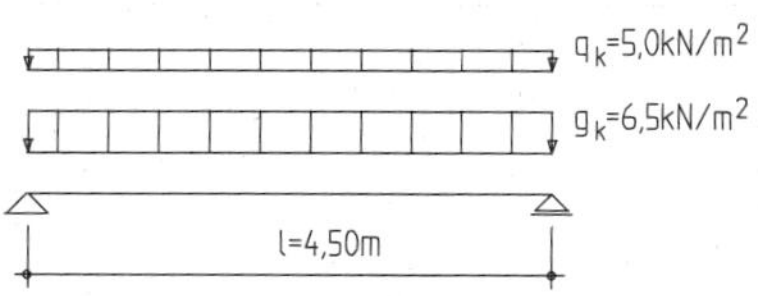

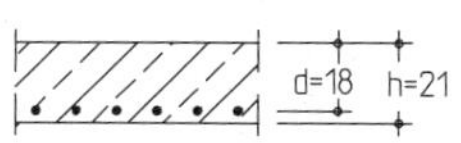

Baustoffe:

C20/25: $f_{ck} = 20 \text{ MN/m}^2$
$f_{cd} = \alpha f_{ck}/\gamma_c = 0{,}85 \cdot 20/1{,}5 = 11{,}3 \text{ MN/m}^2$

BSt 500: $f_{yk} = 500 \text{ MN/m}^2$
$f_{yd} = f_{yk}/\gamma_s = 500/1{,}15 = 435 \text{ MN/m}^2$

Bemessungsmoment:

$$M_{Ed} = 0{,}125 \cdot (\gamma_G \cdot g_k + \gamma_Q \cdot q_k) \cdot l^2 = 0{,}125 \cdot (1{,}35 \cdot 6{,}50 + 1{,}50 \cdot 5{,}00) \cdot 4{,}5^2 = 41{,}2 \text{ kNm/m}$$

Bemessung:

$M_{Eds} = M_{Ed} = 41{,}2$ kNm/m (wegen $N_{Ed} = 0$)

$\mu_{Eds} = M_{Eds}/(b \cdot d^2 \cdot f_{cd}) = 41{,}2 \cdot 10^{-3} / (1{,}0 \cdot 0{,}18^2 \cdot 11{,}3) = 0{,}113$

$\Rightarrow \omega = 0{,}120; \quad \sigma_{sd} = f_{yd} = 435$ (s. Abschn. 6, Tafel 2a)

$\zeta = 0{,}94; \quad z = \zeta \cdot d = 0{,}94 \cdot 0{,}18 = 0{,}169$ m

$$A_s = \frac{1}{\sigma_{sd}} \cdot (\omega \cdot b \cdot d \cdot f_{cd} + N_{Ed}) = \frac{1}{435} \cdot (0{,}120 \cdot 1{,}0 \cdot 0{,}18 \cdot 11{,}3 + 0)$$

$$= 5{,}61 \cdot 10^{-4} \text{ m}^2/\text{m} = 5{,}61 \text{ cm}^2/\text{m}$$

Beispiel 2 (wird unter Abschn. 4.1.2 (S. 5.74) „Querkraft“ fortgesetzt)

Ein einfeldriger Plattenbalken ist für die größte Biegebeanspruchung in Feldmitte zu bemessen. Es seien die angegebenen charakteristischen Lasten vorhanden.

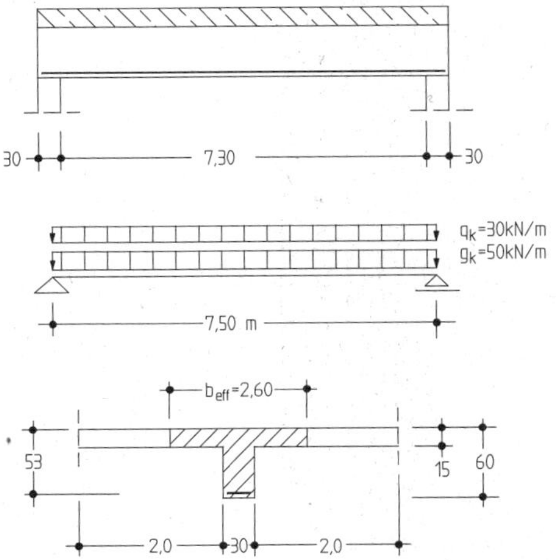

Baustoffe:

C 30/37: $f_{cd} = \alpha \cdot f_{ck} / \gamma_c = 0{,}85 \cdot 30/1{,}5 = 17$ MN/m²

BSt 500: $f_{yd} = f_{yk} / \gamma_s = 500/1{,}15 = 435$ MN/m²

Bemessungsmoment:

$\max M_{Ed} = 0{,}125 \cdot (1{,}35 \cdot 50 + 1{,}50 \cdot 30) \cdot 7{,}5^2 = 791$ kNm

mitwirkende Plattenbreite:
(s. S. 5.44, Abschn. 3.4.2)

$b_{eff} = b_w + 2 \cdot (0{,}2 \cdot b_i + l_0 / 10) = 0{,}30 + 2 \cdot (0{,}2 \cdot 2{,}0 + 7{,}50/10) = 2{,}60$ m

Bemessung:

$M_{Eds} = M_{Ed} = 791$ kNm

$\mu_{Eds} = M_{Eds} / (b_{eff} \cdot d^2 \cdot f_{cd}) = 0{,}791 / (2{,}60 \cdot 0{,}53^2 \cdot 17{,}0) = 0{,}064$

$\rightarrow \xi = 0{,}09$ (s. Abschn. 6, Tafel 2a)

$x = \xi \cdot d = 0{,}09 \cdot 53 \approx 5 \text{ cm} < 15 \text{ cm}$

d. h., Druckzone innerhalb der rechteckigen Platte, Bemessung als Rechteckquerschnitt

$\Rightarrow \omega = 0{,}0664$ (s. Abschn. 6, Tafel 2a)

$A_s = \omega \cdot b_{eff} \cdot d / (f_{yd} / f_{cd}) = 0{,}0664 \cdot 260 \cdot 53 / (435/17{,}0) = 35{,}8$ cm²

Alternativ ist auch eine Bemessung mit Tafel 4 möglich; hierbei wird mit $b_{eff} / b = 2{,}60/0{,}30 = 8{,}7$ und $h_f / d = 15/53 = 0{,}28$ für $\mu_{Eds} = 0{,}064$ (s. o.) ebenfalls $\omega = 0{,}0664$ (nach Interpolation) abgelesen.

Beispiel 3

Für den dargestellten Trapezquerschnitt ist im Grenzzustand der Tragfähigkeit die erforderliche Bewehrung zu bestimmen. In der Betondruckzone wird näherungsweise eine rechteckförmige Spannungsverteilung entsprechend Abschn. 2.2.1 (S. 5.31) angenommen.

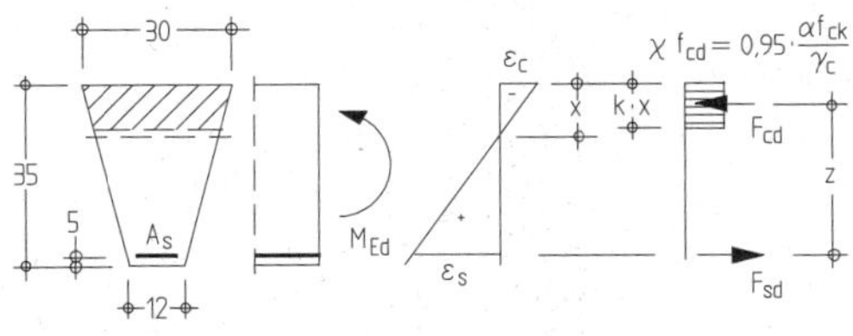

Beanspruchung:

$M_{Ed} = 70$ kNm

Baustoffe:

C 20/25: $\chi \cdot f_{cd} = 0{,}95 \cdot (0{,}85 \cdot 20/1{,}5) = 10{,}8$ MN/m²

(Eine weitere Abminderung mit dem Faktor 0,9 entfällt, da die Querschnittsbreite zum Druckrand hin *breiter* wird.)

BSt 500: $f_{yd} = 435$ MN/m²

Bemessung:

Dehnungsverteilung	$\varepsilon_c / \varepsilon_s = -3{,}5/5{,}7$ in ‰ (Annahme; s. unten) $\Rightarrow x = d \cdot \lvert\varepsilon_c\rvert / (\lvert\varepsilon_c\rvert + \varepsilon_s) = 0{,}30 \cdot 3{,}5 / (3{,}5+5{,}7) = 0{,}114$ m
Betondruckkraft	$F_{cd} = A_{cc,red} \cdot (\chi \cdot f_{cd})$ $A_{cc,red} = 0{,}5 \cdot (b_o + b_{k \cdot x}) \cdot (k \cdot x) = 0{,}5 \cdot (0{,}30+0{,}253) \cdot 0{,}8 \cdot 0{,}114 = 0{,}0252$ m² $\uparrow k = 0{,}8$ (s. S. 5.31) $F_{cd} = 0{,}0252 \cdot 10{,}8 = 0{,}272$ MN
Hebelarm z	$z = d - a = 0{,}30 - 0{,}044 = 0{,}256$ m (a Schwerpunktabstand der trapezförmigen reduzierten Druckzone vom oberen Rand)
Identitätsbedingung	$M_{Ed} \equiv F_{cd} \cdot z$ $0{,}070 \equiv 0{,}272 \cdot 0{,}256 = 0{,}070$ MNm $\Rightarrow$ Dehnungsverteilung richtig geschätzt
Stahlzugkraft	$F_{sd} = F_{cd} = 0{,}272$ MN (Gleichgewicht im Querschnitt bei reiner Biegung)
Bewehrung	$\varepsilon_s = 5{,}7$ ‰ $\Rightarrow \sigma_{sd} = f_{yd} = 435$ MN/m² $A_s = F_{sd} / f_{yd} = 0{,}272/435 = 6{,}3 \cdot 10^{-4}$ m² $= 6{,}3$ cm²

4.1.1.4 Längsdruckkraft mit kleiner Ausmitte

Die Gesamttragfähigkeit ergibt sich aus der Addition der Traganteile des Betons und Betonstahls. Bei zentrisch oder annähernd zentrisch belasteteten Querschnitten ($e_d/h \leq 0{,}1$) gilt $|\varepsilon_{c2}| = 2{,}2$ ‰ (siehe DIN 1045-1, 10.2) und damit für die Stahlspannung $\sigma_{sd} = f_{yd}$.

Beispiel 1

Der dargestellte Querschnitt wird zentrisch auf Druck beansprucht; es ist die im Grenzzustand der Tragfähigkeit aufnehmbare Bemessungskraft N_{Rd} gesucht.

Baustoffe: C20/25; BSt 500

$|N_{Rd}| = |F_{cd}| + |F_{sd}| = b \cdot h \cdot (\alpha \cdot f_{ck}/\gamma_c) + (A_{s1} + A_{s2}) \cdot \sigma_{sd}$
$= 0{,}30 \cdot 0{,}40 \cdot (0{,}85 \cdot 20/1{,}5) + 2 \cdot 6{,}3 \cdot 10^{-4} \cdot 435$
$= 1{,}360 + 0{,}548 = 1{,}908$ MN (*Bemessungs*druckkraft!)

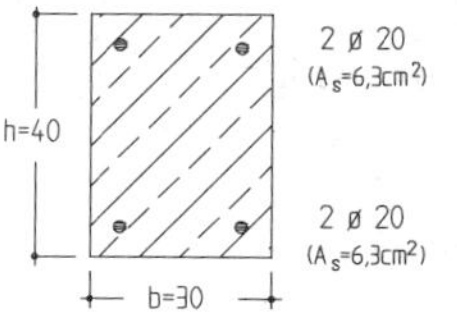

Exzentrisch belastete Stahlbetonstützen

Die Bemessung für Längsdruck mit kleiner Ausmitte erfolgt häufig – insbesondere im Zusammenhang mit Stabilitätsnachweisen – mit Interaktionsdiagrammen für symmetrische Bewehrung. Der Anwendungsbereich dieser Diagramme geht allerdings über den Bereich „Längsdruckkraft mit kleiner Ausmitte" hinaus und erstreckt sich vom zentrischen Zug bis zum zentrischen Druck (s. Abschn. 6.1.2, Tafeln 5 bis 8 sowie Tafel 9 für zweiachsige Ausmitte).

Beispiel 2

Die dargestellte Stütze wird durch eine zentrische Druckkraft aus Eigenlasten und durch eine horizontal gerichtete veränderliche Einwirkung beansprucht. Gesucht ist die Bemessung am Stützenfuß, wobei die Stütze nur in der dargestellten Ebene ausweichen kann.

Baustoffe C20/25; BSt 500
Belastungen $G_{k,v} = 900$ kN; $Q_{k,h} = 100$ kN

Bemessungsschnittgrößen

Wegen $\lambda = 2 \cdot 1{,}75 / (0{,}289 \cdot 0{,}50) = 24 < 25$ kann auf eine Untersuchung am verformten System verzichtet werden; d. h., es gelten die „Regel"bemessungsschnittgrößen (s. hierzu Abschn. 4.1.5).

$N_{Ed} = \gamma_G \cdot G_{k,v} = \mathbf{1{,}35}^{*)} \cdot (-900) = -1215$ kN
$M_{Ed} = \gamma_Q \cdot Q_{k,h} \cdot l = 1{,}50 \cdot 100 \cdot 1{,}75 \approx 263$ kNm

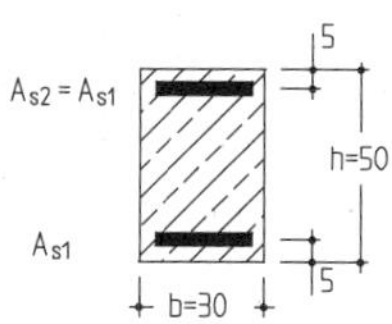

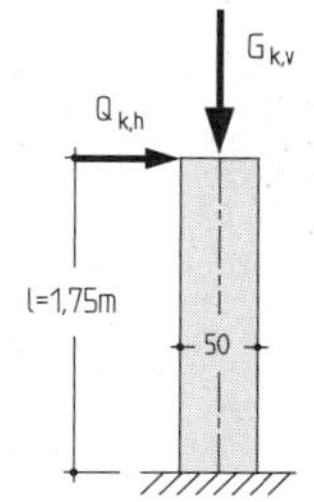

Bemessung

$d_1/h = d_2/h = 5/50 = 0{,}10$; BSt 500 $\Rightarrow$ Tafel 5b
$\nu_{Ed} = N_{Ed}/(b \cdot h \cdot f_{cd}) = -1{,}215/(0{,}30 \cdot 0{,}50 \cdot 11{,}3) = -0{,}714$
$\mu_{Ed} = M_{Ed}/(b \cdot h^2 \cdot f_{cd}) = 0{,}263/(0{,}30 \cdot 0{,}50^2 \cdot 11{,}3) = 0{,}310$
$\Rightarrow \omega_{tot} = 0{,}65$
$A_{s,tot} = \omega_{tot} \cdot b \cdot h / (f_{yd}/f_{cd}) = 0{,}65 \cdot 0{,}30 \cdot 0{,}50 / (435/11{,}3) = 25{,}3 \cdot 10^{-4}\ m^2 = 25{,}3\ cm^2$
$A_{s1} = A_{s2} = 12{,}7\ cm^2$

Beipiel 3

Die im Beispiel 2 berechnete Stütze wird für eine geänderte Belastung aus Eigenlast bemessen. Im Übrigen gelten die zuvor gemachten Angaben.

Belastung $G_{k,v} = 400$ kN; $Q_{k,h} = 100$ kN
Bemessungsschnittgrößen $N_{Ed} = \gamma_G \cdot G_{k,v} = \mathbf{1{,}00}^{*)} \cdot (-400) = -400$ kN
$M_{Ed} = \gamma_Q \cdot Q_{k,h} \cdot l = 1{,}50 \cdot 100 \cdot 1{,}75 \approx 263$ kNm
Bemessung $\nu_{Ed} = N_{Ed}/(b \cdot h \cdot f_{cd}) = -0{,}400/(0{,}30 \cdot 0{,}50 \cdot 11{,}3) = -0{,}235$
$\mu_{Ed} = M_{Ed}/(b \cdot h^2 \cdot f_{cd}) = 0{,}263/(0{,}30 \cdot 0{,}50^2 \cdot 11{,}3) = 0{,}310$
$\Rightarrow \omega_{tot} = 0{,}55$
$A_{s,tot} = \omega_{tot} \cdot b \cdot h / (f_{yd}/f_{cd}) = 0{,}55 \cdot 0{,}30 \cdot 0{,}50 / (435/11{,}3) \cdot 10^4 = 21{,}4\ cm^2$
$A_{s1} = A_{s2} = 10{,}7\ cm^2$

---

*) Im Beispiel 3 wirkt im Gegensatz zum Beispiel 2 die Eigenlast günstig und darf daher nur mit $\gamma_{G,inf} = 1{,}0$ multipliziert werden (vgl. Abschn. 2.1.2, S. 5.27 ff).

4.1.1.5 Biegung und Längskraft bei unbewehrten Betonquerschnitten

Voraussetzungen und Annahmen (vgl. Abschn. 4.1.1.1):

Ebenbleiben der Querschnitte	Dehnungen der Fasern eines Querschnitts verhalten sich wie ihre Abstände von der Dehnungsnulllinie.
Zugfestigkeit des Betons	Sie darf im Allgemeinen nicht berücksichtigt werden.
Spannungsverteilung im Beton	Es gelten die σ-ε-Linien der Querschnittsbemessung nach Abschn. 2.2.1.
Duktiles Bauteilverhalten	Ein Versagen ohne Vorankündigung bei Erstrissbildung muss vermieden werden. Für stabförmige Bauteile mit Rechteckquerschnitt gilt dies als erfüllt, wenn die Ausmitte der Längskraft in der maßg. Einwirkungskombination des Grenzzustandes der Tragfähigkeit auf $e_d/h < 0{,}4$ beschränkt wird; nach [5.26] gilt $e_d = e_{tot}$, d. h. eine ungewollte Ausmitte, Kriechausmitte usw. ist ggf. zusätzlich zu berücksichtigen (s. Abschn. 4.1.5.7).
Sicherheitsbeiwert	Wegen der geringen Verformungsfähigkeit gilt als Teilsicherheitsbeiwert – $\gamma_c = 1{,}80$ in der Grundkombination – $\gamma_c = 1{,}55$ in der außergewöhnlichen Kombination.
Betonfestigkeitsklassen	Rechnerisch darf keine höhere Festigkeitsklasse als C35/45 oder LC20/22 ausgenutzt werden (DIN 1045-1, 10.2).

Nachweisprinzip

Die äußeren Lasten und / oder Zwängungen müssen vom Querschnitt aufgenommen werden können. Dabei müssen mögliche Unsicherheiten bezüglich der Lage der Spannungsresultierenden, Öffnungen, Schlitze oder Aussparungen berücksichtigt werden.

Allgemeine Nachweisbedingung:

$$\boldsymbol{N_{Ed} \leq N_{Rd}}$$

Bemessungswert der aufnehmbaren Längsdruckkraft für Rechteckquerschnitte

Für Rechteckquerschnitte und Normalbeton erhält man unter Annahme des Parabel-Rechteck-Diagramms bei einachsiger Lastausmitte im Grenzzustand der Tragfähigkeit als aufnehmbare Längskraft N_{Rd}

$$N_{Rd} = -f_{cd} \cdot k \cdot A_c$$

- f_{cd} Bemessungswert der Betondruckfestigkeit (s. o.; vgl. auch Abschn. 2.2.1)
- A_c Fläche des Betonquerschnitts
- k Abminderungsfaktor zur Berücksichtigung eines Klaffens der Fuge und der parabelförmigen Spannungsverteilung in der Druckzone (s. nebenstehende Tafel).

e_d/h	0,0	0,1	0,2	0,3	0,4
k	1,0	0,778	0,584	0,389	0,195

e_d Lastexzentrizität; h Bauhöhe

Bei der Ermittlung der Ausmitte e_d von N_{Ed} sind erforderlichenfalls auch Einflüsse nach Theorie II. Ordnung und von geometrischen Imperfektionen zu erfassen (s. Abschn. 4.1.5.7).

Beispiel (vgl. auch Abschn. 4.1.5.7)

Rechteckquerschnitt mit Schnittgrößen $N_{Gk} = -300$ kN sowie $N_{Qk} = -150$ kN und $M_{Qk} = 30$ kNm. Es soll überprüft werden, ob der Querschnitt unbewehrt ausgeführt werden kann. Einflüsse aus Theorie II. Ordnung und Imperfektionen seien vernachlässigbar klein.

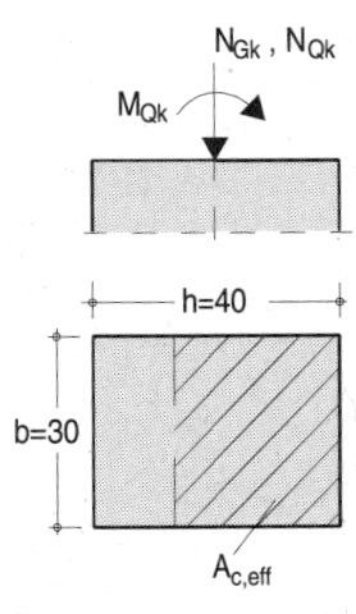

Baustoffe: Beton C20/25

Einwirkende Schnittgrößen N_{Ed} und Exzentrizität e_d *)

$$N_{Ed} = \gamma_G \cdot N_{Gk} + \gamma_Q \cdot N_{Qk} = -1{,}00 \cdot 0{,}300 - 1{,}50 \cdot 0{,}150 = -0{,}525 \text{ MN}$$

$$M_{Ed} = \gamma_G \cdot M_{Gk} + \gamma_Q \cdot M_{Qk} = 0 + 1{,}50 \cdot 0{,}030 = 0{,}045 \text{ MNm}$$

$$|e_d| = M_{Ed} / N_{Ed} = 0{,}045 / 0{,}525 = 0{,}086 \text{ m} \quad \text{(s. nebenstehende Abb.)}$$

Nachweis eines duktilen Bauteilverhaltens

$$e_d = 0{,}086 \text{ m} < 0{,}4\,h = 0{,}4 \cdot 0{,}40 = 0{,}16 \text{ m} \quad \text{(erfüllt)}$$

Aufnehmbare Längsdruckkraft N_{Rd}

$$N_{Rd} = -f_{cd} \cdot b \cdot h \cdot k$$

$$e_d / h = 8{,}6 / 40{,}0 = 0{,}215 \rightarrow k = 0{,}556$$

$$N_{Rd} = -0{,}85 \cdot (20/1{,}8) \cdot 0{,}30 \cdot 0{,}40 \cdot 0{,}556 = -0{,}630 \text{ MN}$$

Nachweis

$$|N_{Ed}| = 525 \text{ kN} < |N_{Rd}| = 630 \text{ kN} \rightarrow \text{Die Tragfähigkeit ist ohne Bewehrung gegeben.}$$

*) Der Nachweis erfolgt im Rahmen des Beipiels nur mit $\gamma_{G,inf} = 1{,}0$ (maßgebend für die ungünstigste Ausmitte e_d/h der Längskraft); zusätzlich ist ein Nachweis für $\gamma_{G,sup} = 1{,}35$ zu führen (ggf. für den Nachweis der Tragfähigkeit ungünstiger).

4.1.2 Querkraft

4.1.2.1 Nachweisform

Es ist nachzuweisen, dass der Bemessungswert der einwirkenden Querkraft V_{Ed} den Bemessungswert des Widerstandes V_{Rd} nicht überschreitet.

$$\boxed{V_{Ed} \leq V_{Rd}} \qquad (71.1)$$

Die Tragfähigkeit für Querkraft wird durch verschiedene Versagensmechanismen begrenzt; es gelten folgende Bemessungswerte der aufnehmbaren Querkraft:

- $V_{Rd,ct}$ aufnehmbare Bemessungsquerkraft eines Bauteils ohne Schubbewehrung (Abschn. 4.1.2.2)
- $V_{Rd,max}$ Bemessungswert der Querkraft, die ohne Versagen des Balkenstegs („Betondruckstrebe") aufnehmbar ist (Abschn. 4.1.2.3)
- $V_{Rd,sy}$ Bemessungswert der aufnehmbaren Querkraft eines Bauteils mit Schubbewehrung (ohne Versagen der „Zugstrebe" aufnehmbare Querkraft; Abschn. 4.1.2.3)

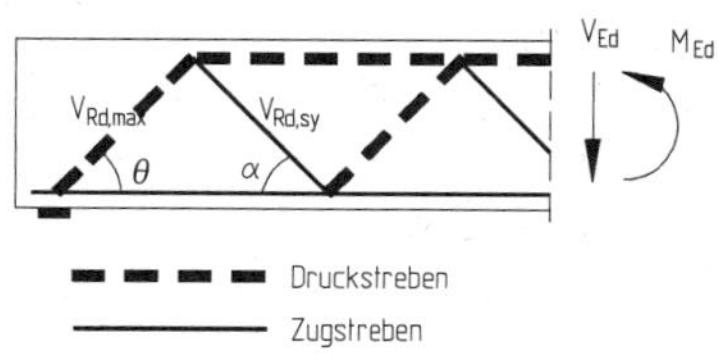

Das dargestellte, stark vereinfachte Fachwerkmodell erläutert das Tragverhalten eines Stahlbetonträgers. Druck- und Zuggurt sind durch Fachwerkstäbe verbunden, wobei die Druckstrebenkraft $V_{Rd,max}$ durch die Betontragfähigkeit und die Zugstrebentragfähigkeit $V_{Rd,sy}$ durch die Schubbewehrung begrenzt ist.

Bei $V_{Ed} \leq V_{Rd,ct}$ ist rechnerisch keine Querkraftbewehrung erforderlich (Balken und Platten mit $b/h < 5$ sind jedoch stets mit einer Mindestquerkaftbewehrung zu versehen). In Querschnitten mit $V_{Ed} > V_{Rd,ct}$ ist die Querkraftbewehrung zu bemessen, sodass $V_{Ed} \leq V_{Rd,sy}$ ist (die erforderliche Mindestquerkraftbewehrung ist zusätzlich zu beachten).

Der Bemessungswert der einwirkenden Querkraft V_{Ed} darf in keinem Querschnitt des Bauteils den Wert $V_{Rd,max}$ überschreiten.

Bemessungswert V_{Ed} der einwirkenden Querkraft

Maßgebende Querkraft im Auflagerbereich (bei Balken und Platten mit gleichmäßig verteilter Belastung)

- unmittelbare (direkte) Stützung ⇒ V_{Ed} im Abstand $1{,}0 \cdot d$ vom Auflagerrand
- mittelbare (indirekte) Stützung ⇒ V_{Ed} am Auflagerrand

Bauteile mit veränderlicher Höhe:

Berücksichtigung der Querkraftkomponente der geneigten Gurtkräfte F_{cd} und F_{sd} (nachfolgend ist der Fall der Querkraftverminderung bei positiven Schnittgrößen dargestellt):

$$V_{Ed} = V_{Ed,0} - V_{ccd} - V_{td} \qquad (71.2a)$$

$V_{Ed,0}$ Grundwert der Bemessungsquerkraft

V_{ccd} Querkraftkomponente der Betondruckkraft F_{cd} [1)] parallel zu $V_{Ed,0}$

$$V_{ccd} = (M_{Eds}/z) \cdot \tan \varphi_o \approx (M_{Eds}/d) \cdot \tan \psi_o$$

$$M_{Eds} = M_{Ed} - N_{Ed} \cdot z_s$$

V_{td} Querkraftkomponente von F_{sd} parallel zu $V_{Ed,0}$

$$V_{td} = (M_{Eds}/z + N_{Ed}) \cdot \tan \varphi_u \approx (M_{Eds}/d + N_{Ed}) \cdot \tan \varphi_u$$

(M_{Eds} wie vorher)

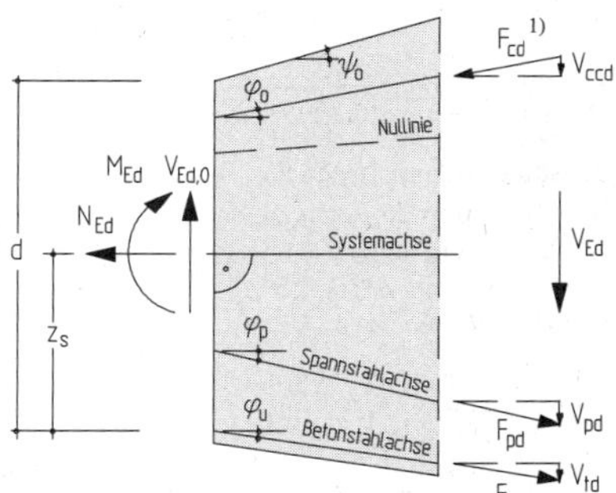

1) Erläuterung und Darstellung ohne Anordnung von Druckbewehrung.

V_{ccd} und V_{td} sind positiv, wenn sie – bezogen auf dasselbe Schnittufer – in Richtung von $V_{Ed,0}$ weisen.

Bauteile mit geneigten Spanngliedern:

Die Bemessungsquerkraft ergibt sich aus (s. oben)

$$V_{Ed} = V_{Ed,0} - V_{pd} \qquad (71.2b)$$

V_{pd} Querkraftkomponente parallel zu $V_{Ed,0}$ infolge Spanngliedneigung im Grenzzustand der Tragfähigkeit; V_{pd} ist positiv, wenn es – bezogen auf dasselbe Schnittufer – in Richtung von $V_{Ed,0}$ weist. Die mittlere Vorspannkraft muss dabei die Bedingung $P_{mt} \leq A_p \cdot f_{p0,1k} / \gamma_s$ erfüllen.

4.1.2.2 Bauteile ohne Schubbewehrung (DIN 1045-1, 10.3.3)

Auf Schubbewehrung darf i. Allg. nur bei Platten verzichtet werden. Dabei darf die Querkraft V_{Ed} die Tragfähigkeit $V_{Rd,ct}$ nicht überschreiten. Außerdem muss an jeder Stelle $V_{Rd,max}$ (s. Abschn. 4.1.2.3) eingehalten werden (der Nachweis von $V_{Rd,max}$ erübrigt sich bei Platten ohne nennenswerte Längskräfte i. d. R.).

Bemessungswiderstand $V_{Rd,ct}$

Der Bemessungswert der Querkrafttragfähigkeit $V_{Rd,ct}$ ergibt sich aus:

$$V_{Rd,ct} = [0{,}10 \cdot \eta_1 \cdot \kappa \cdot (100 \cdot \rho_l \cdot f_{ck})^{1/3} - 0{,}12 \cdot \sigma_{cd}] \cdot b_w \cdot d \qquad (72.1)$$

Hierin sind

η_1 Tragfähigkeitsbeiwert; $\eta_1 = 1{,}0$ für Normalbeton
$\eta_1 = 0{,}40 + 0{,}60 \cdot (\rho / 2200)$ für Leichtbeton (ρ Trockenrohdichte in kg/m³)
κ $= 1 + \sqrt{200/d} \leq 2$ Beiwert für den Einfluss der Nutzhöhe d (mit d in mm)
b_w kleinste Querschnittsbreite innerhalb der Zugzone in mm (s. a. Abschn. 4.1.2.3)
σ_{cd} $\sigma_{cd} = N_{Ed} / A_c$ (in N/mm²) mit N_{Ed} als Längskraft infolge von Last oder Vorspannung (Druck negativ!)
f_{ck} charakteristische Betondruckspannung (in N/mm²)
ρ_l Längsbewehrungsgrad $\rho_l = A_{sl} / (b_w \cdot d) \leq 0{,}02$

A_{sl} Fläche der Längsbewehrung, die mindestens mit d über den betrachteten Querschnitt hinausgeführt und dort verankert wird (s. Skizze); Spannstahl im sofortigem Verbund darf angerechnet werden

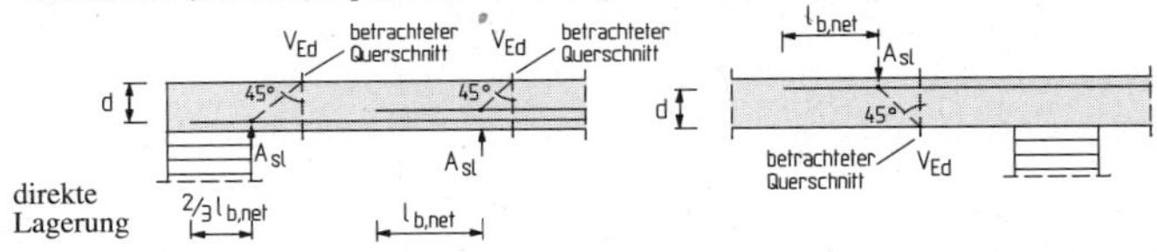

Wenn die Betonzugspannung stets kleiner als $f_{ctk;0,05} / \gamma_c$ ist (γ_c für unbewehrten Beton), darf die Querkrafttragfähigkeit in den auflagernahen Bereichen von Stahlbeton- und Spannbetonbauwerken unter vorwiegend ruhender Belastung wie folgt geführt werden:

$$V_{Rd,ct} = \frac{I \cdot b_w}{S} \cdot \sqrt{\left(\frac{f_{ctk;0.05}}{\gamma_c}\right)^2 - \alpha_1 \cdot \sigma_{cd} \cdot \frac{f_{ctk;0.05}}{\gamma_c}} \qquad (72.2)$$

mit I Flächenmoment 2. Grades des Querschnitts (Trägheitsmoment)
S Flächenmoment 1. Grades des Querschnitts (Statisches Moment)
$f_{ctk;0,05}$ Betonzugfestigkeit nach Tafel 5.32, jedoch mit $f_{ctk;0,05} \leq 2{,}7$ N/mm²
α_1 $= l_x / l_{bpd} \leq 1$ bei Vorspannung mit sofortigem Verbund
$= 1$ in den übrigen Fällen
l_x Abstand des betrachteten Querschnitts vom Beginn der Verankerungslänge (s. 5.3.2.1)
l_{bpd} oberer Bemessungswert der Übertragungslänge (s. Abschn. 5.3.2.1)

Unbewehrte Bauteile

Die Querkraft V_{Ed} ist im ungerissenen (Rest-)Querschnitt zu berechnen. Ein Betonbauteil darf dabei als ungerissen angesehen werden, wenn es im Grenzzustand der Tragfähigkeit vollständig überdrückt ist oder die Hauptzugspannung im Beton den Wert 1,0 N/mm² nicht überschreitet. Für unbewehrte Betonbauteile mit einer kombinierten Beanspruchung aus Querkraft, Längskraft und Biegung gilt Gl. (72.2) mit $\alpha_1 = 1$.

Beispiel (wird unter Abschn. 4.2.3 „Begrenzung der Verformungen" fortgesetzt)

Platte wie dargestellt bewehrt (s. Abschn. 4.1.1.3); gesucht ist der Tragfähigkeitsnachweis für Querkraft.

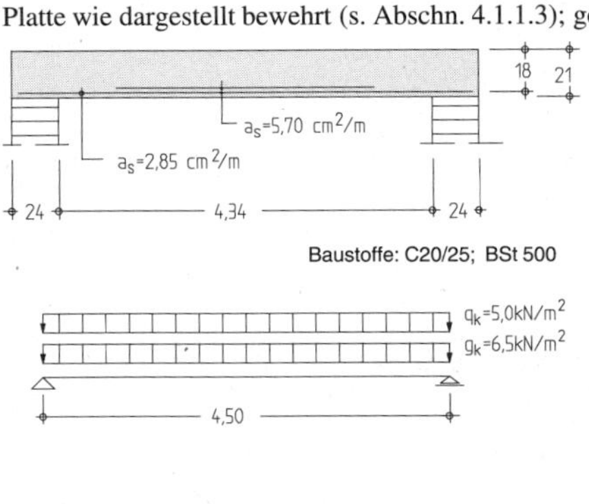

Bemessungsquerkraft:

$V_{d,li} = (1{,}35 \cdot 6{,}5 + 1{,}5 \cdot 5{,}0) \cdot 4{,}5 / 2 = 36{,}6$ kN/m
$V_{Ed} = 36{,}6 - (0{,}08 + 0{,}18) \cdot 16{,}3 = 32{,}4$ kN/m *)
↑ Bemessungslast

Bemessung:

$V_{Rd,ct} = 0{,}10 \cdot \kappa \cdot (100 \cdot \rho_l \cdot f_{ck})^{1/3} \cdot b_w \cdot d$ ($\sigma_{cd} = 0$)
$\kappa = 2$ (für $d \leq 200$ mm)
$\rho_l = 2{,}85 / (100 \cdot 18) = 0{,}0016$
$V_{Rd,ct} = 0{,}10 \cdot 2 \cdot (0{,}16 \cdot 20)^{1/3} \cdot 1{,}0 \cdot 0{,}18$
$= 0{,}0531$ MN/m $= 53{,}1$ kN/m $> V_{Ed}$ (s.o.)

$V_{Rd,max}$: ohne Nachweis (s. o.)

*) Nachweis im Abstand d vom Auflagerrand; vgl. [5.26]

4.1.2.3 Bauteile mit Schubbewehrung

In Balken, Plattenbalken sowie bei Platten mit $b/h < 5$ ist stets eine Querkraftbewehrung anzuordnen, auch wenn rechnerisch keine Schubbewehrung erforderlich ist (Mindestbewehrung). Wenn die Querkraft V_{Ed} den Widerstand $V_{Rd,ct}$ überschreitet, ist die Querkraftbewehrung zu bemessen:

$V_{Ed} \leq V_{Rd,max}$ (Nachweis der „Druckstrebe")
$V_{Ed} \leq V_{Rd,sy}$ (Nachweis der „Zugstrebe")

Bemessungswiderstand $V_{Rd,max}$

$$V_{Rd,max} = \alpha_c \cdot f_{cd} \cdot b_w \cdot z \cdot \frac{(\cot\theta + \cot\alpha)}{(1 + \cot^2\theta)} \tag{73.1}$$

mit $f_{cd} = \alpha \cdot f_{ck} / \gamma_c$ (Bemessungswert der Betondruckfestigkeit)
$\alpha_c = 0{,}75 \cdot \eta_1$ mit $\eta_1 = 1{,}0$ für Normalbeton
$\eta_1 = 0{,}40 + 0{,}60 \cdot (\rho/2200)$ für Leichtbeton (ρ Trockenrohdichte in kg/m³)
b_w kleinste Stegbreite innerhalb der Zugzonenhöhe (für Kreisquerschnitte s. [5.26], [5.33])
Bei verpressten Spanngliedern mit einer Durchmessersumme $\Sigma d_h > b_w/8$ im Steg ist b_w zu ersetzen durch
$b_{w,nom} = b_w - 0{,}5\ \Sigma d_h$ für Beton ≤ C50/60 bzw. LC50/55
$b_{w,nom} = b_w - 1{,}0\ \Sigma d_h$ für Beton ≥ C55/67 bzw. LC55/60 (d_h äußerer Hüllrohrdurchmesser)
Wenn der Steg nicht verpresste Spannglieder oder Spannglieder ohne Verbund enthält, ist b_w zu ersetzen durch
$b_{w,nom} = b_w - 1{,}3\ \Sigma d_h$
z Hebelarm der inneren Kräfte, i. Allg. $z \approx 0{,}9 \cdot d$, ein ggf. ungünstigerer Wert ist zu berücksichtigen; außerdem gilt $z \leq d - 2 \cdot c_{nom} \geq d - c_{nom} - 3{,}0$ cm (mit c_{nom} der Längsbewehrung in der Druckzone). Bei geneigten Spanngliedern muss in der vorgedrückten Zugzone Betonstahl zur Aufnahme der Längszugkräfte infolge Querkraft vorhanden sein.
θ Neigungswinkel der Druckstrebe (s. u.)
α Winkel zwischen Schubbewehrung und Bauteilachse

Bemessungswiderstand $V_{Rd,sy}$

$$V_{Rd,sy} = a_{sw} \cdot f_{yd} \cdot z \cdot (\cot\theta + \cot\alpha) \cdot \sin\alpha \tag{73.2}$$

mit $a_{sw} = A_{sw}/s_w$ (Querschnitt der Schubbewehrung je Längeneinheit)
θ Neigungswinkel der Druckstrebe; hierfür gilt

$$0{,}58^{*)} \leq \cot\theta \leq \frac{(1{,}2 - 1{,}4 \cdot \sigma_{cd}/f_{cd})}{(1 - V_{Rd,c}/V_{Ed})} \begin{cases} \leq 2{,}0 & \text{(für Leichtbeton)} \\ \leq 3{,}0 & \text{(für Normalbeton)} \end{cases}$$

mit $\sigma_{cd} = N_{Ed}/A_c$ (σ_{cd} als Druck negativ)
$V_{Rd,c} = [\eta_1 \cdot \beta_{ct} \cdot 0{,}10 \cdot f_{ck}^{1/3} \cdot (1 + 1{,}2 \cdot (\sigma_{cd}/f_{cd}))] \cdot b_w \cdot z$ (mit $\beta_{ct} = 2{,}4$)

Näherungsweise darf auch gesetzt werden:
$\cot\theta = 1{,}2$ bei „reiner" Biegung sowie Biegung und Längsdruck
$\cot\theta = 1{,}0$ bei Biegung und Längszug

Bauteile aus Normalbeton mit lotrechter Schubbewehrung ($\alpha = 90°$) und ohne Längskraft ($\sigma_{cd} = 0$)

Bemessungswiderstand $V_{Rd,max}$

$$V_{Rd,max} = \alpha_c \cdot f_{cd} \cdot b_w \cdot z / (\tan\theta + \cot\theta) \tag{73.3}$$

Schubbewehrung a_{sw}

$$a_{sw} = V_{Ed} / (f_{yd} \cdot z \cdot \cot\theta) \tag{73.4}$$

Neigungswinkel θ $0{,}58^{*)} \leq \cot\theta \leq 1{,}2/(1 - 0{,}24 \cdot f_{ck}^{1/3} \cdot b_w \cdot z / V_{Ed}) \leq 3{,}0$ (Normalbeton, $\sigma_{cd} = 0$)
Näherungsweise darf $\cot\theta = 1{,}2$ gesetzt werden (s. o.).

Werte $\alpha_c \cdot f_{cd}$ und $0{,}24 \cdot f_{ck}^{1/3}$ für Normalbeton bis C50/60

Betonfestigkeitsklasse C	12/15	16/20	20/25	25/30	30/37	35/45	40/50	45/55	50/60
$\alpha_c \cdot f_{cd}$ in MN/m²	5,10	6,80	8,50	10,6	12,8	14,9	17,0	19,1	21,2
$0{,}24 \cdot f_{ck}^{1/3}$ in MN/m²	0,55	0,60	0,65	0,70	0,75	0,79	0,82	0,85	0,88

4.1.2.4 Auflagernahe Einzellasten

Der Querkraftanteil zur Ermittlung der Querkraftbewehrung für eine Einzellast im Abstand $x \leq 2{,}5 \cdot d$ vom Auflagerrand darf bei *direkter* Lagerung mit dem Beiwert β abgemindert werden:

$\beta = x/(2{,}5 \cdot d)$

Beim Nachweis von $V_{Rd,max}$ darf die Abminderung jedoch nicht vorgenommen werden. Eine Bemessung sollte mit Stabwerkmodellen erfolgen (eine „direkte" Anwendung der Gleichungen nach den vorhergehenden Abschnitt ist problematisch). Weitere Hinweise und Beispiel s. z. B. [5.85], Bd. 2.

*) Nach [5.24] sollte $\cot\theta < 1$ nur in Ausnahmefällen verwendet werden, bei Längszug ist $\cot\theta \geq 1$ einzuhalten.

4.1.2.5 Anschluss von Druck- und Zuggurten

Die Schubkraft V_{Ed} darf die Tragfähigkeiten $V_{Rd,max}$ und $V_{Rd,sy}$ nicht überschreiten.

$$V_{Ed} \leq V_{Rd,max} \quad (74.1a)$$
$$V_{Ed} \leq V_{Rd,sy} \quad (74.1b)$$

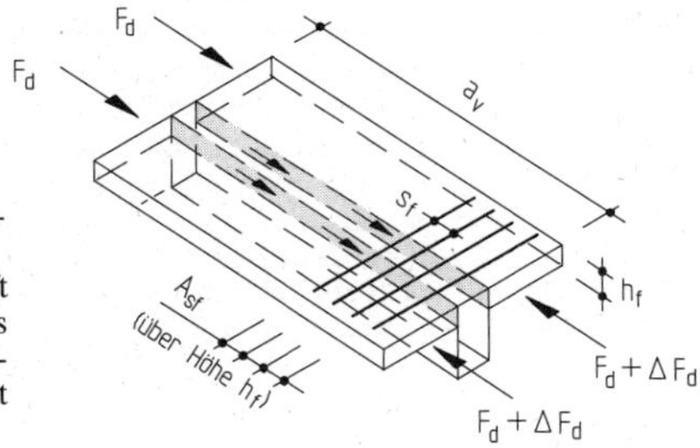

Einwirkende Schubkraft V_{Ed}

$$V_{Ed} = \Delta F_d \quad (74.2)$$

ΔF_d Längskraftdifferenz in einem einseitigen Gurtabschnitt auf der Länge a_v

a_v Abschnittslänge, in der die Längsschubkraft konstant angenommen werden darf, höchstens jedoch halber Abstand zwischen Momentennullpunkt und -höchstwert (bei Einzellasten nicht über die Querkraftsprünge hinausgehend)

Tragfähigkeit $V_{Rd,max}$ *und* $V_{Rd,sy}$

Nachweis nach Abschn. 4.1.2.3 mit $b_w = h_f$ und $z = a_v$. Für eine lotrecht zur Fuge angeordnete Anschlussbewehrung und mit – näherungsweise – $\cot\theta = 1$ (Zuggurt) bzw. $\cot\theta = 1{,}2$ (Druckgurt) ergibt sich

$$V_{Rd,max} = \alpha_c \cdot f_{cd} \cdot h_f \cdot a_v \,/\, (\tan\theta + \cot\theta) \quad (74.3)$$
$$a_{sw} = V_{Ed} \,/\, (f_{yd} \cdot a_v \cdot \cot\theta) \quad (74.4)$$

Kombinierte Beanspruchung durch Schub und Querbiegung

Bei einer Beanspruchung durch Schub und Querbiegung ist der größere erforderliche Stahlquerschnitt aus den beiden Beanspruchungsarten anzuordnen (DIN 1045-1, 10.3.5). Die Biegedruck- und -zugzone sind dabei mit je der Hälfte der erforderlichen Anschlussbewehrung getrennt zu betrachten (s. jedoch [5.22]).

Beispiel zu Abschn. 4.1.2.3 und 4.1.2.5 (Fortsetzung von S. 5.68)

Nachweis der Querkrafttragfähigkeit für lotrechte Schubbewehrung und des Druckgurtanschlusses

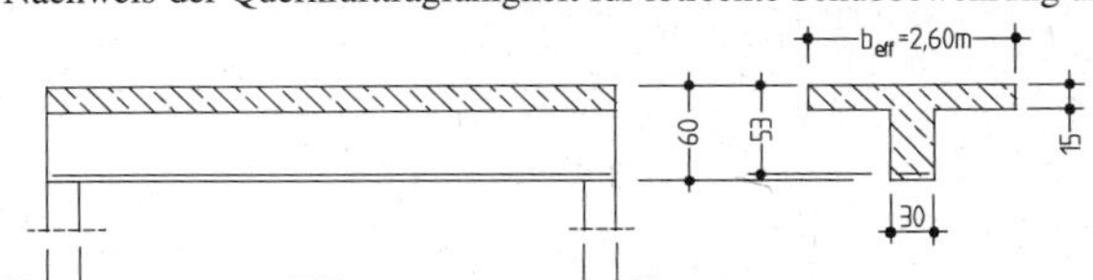

Baustoffe: C30/37; BSt 500

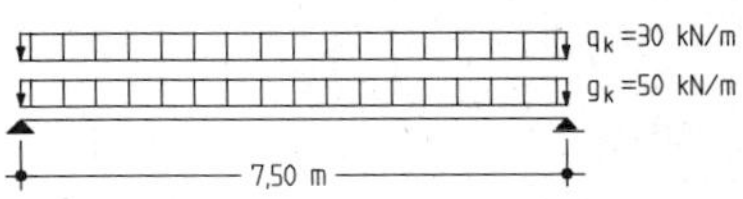

Bemessungsquerkraft:

$V_{Ed,A} = (1{,}35 \cdot 50 + 1{,}50 \cdot 30) \cdot 7{,}50/2 = 422$ kN

$V_{Ed} = 422 - (0{,}10 + 0{,}53) \cdot 112{,}5 = 351$ kN

↑ Bemessungslast

Querkraftbewehrung a_{sw}

$a_{sw} = V_{Ed} \,/\, (f_{yd} \cdot z \cdot \cot\theta)$

$z \approx 0{,}9 \cdot d = 0{,}9 \cdot 0{,}53 = 0{,}48$ m $(< d - 2c_{nom};$ Annahme)

$\cot\theta \leq 1{,}2 \,/\, (1 - 0{,}24 \cdot f_{ck}^{1/3} \cdot b_w \cdot z \,/\, V_{Ed}) = 1{,}2 \,/\, (1 - 0{,}75 \cdot 0{,}30 \cdot 0{,}48 \,/\, 0{,}351) = 1{,}733$

$a_{sw} = 0{,}351 \,/\, (435 \cdot 0{,}48 \cdot 1{,}733) = 9{,}70 \cdot 10^{-4}$ m²/m $= 9{,}70$ cm²/m

Bemessungswiderstand $V_{Rd,max}$

$V_{Rd,max} = \alpha_c \cdot f_{cd} \cdot b_w \cdot z \,/\, (\tan\theta + \cot\theta)$

$\alpha_c \cdot f_{cd} = 12{,}8$ MN/m²; $\cot\theta = 1{,}733$ (Winkel θ aus der Bemessung der Querkaftbewehrung [5.26])

$V_{Rd,max} = 12{,}8 \cdot 0{,}30 \cdot 0{,}48 \,/\, (0{,}577 + 1{,}733) = 0{,}798$ MN $> V_{Ed} = 0{,}422$ MN

Nachweis für den Anschluss eines Druckgurts

$V_{Ed} = \Delta F_d$ $\quad \Delta F_d \approx F_{cd} \cdot A_{ca} \,/\, A_{cc} \approx F_{cd} \cdot b_a \,/\, b_f = 1{,}235 \cdot 1{,}15 \,/\, 2{,}60 = 0{,}546$ MN

$F_{cd} = M_{Ed} \,/\, z = 0{,}593 / 0{,}48 = 1{,}235$ MN $\quad$ (M_{Ed} bei $x = 1{,}88$ m)

$b_a = (2{,}60 - 0{,}30) \,/\, 2 = 1{,}15$ m

$a_v = 1{,}88$ m $\quad$ halber Abstand zwischen $M = 0$ und $M = M_{max}$

$V_{Rd,max} = \alpha_c \cdot f_{cd} \cdot h_f \cdot a_v \,/\, (\tan\theta + \cot\theta) = 12{,}8 \cdot 0{,}15 \cdot 1{,}88 \,/\, (0{,}83 + 1{,}2) = 1{,}775$ MN $> \Delta F_d$

$a_{sw} = V_{Ed} \,/\, (f_{yd} \cdot a_v \cdot \cot\theta) = 0{,}546 \,/\, (435 \cdot 1{,}88 \cdot 1{,}2) = 5{,}56 \cdot 10^{-4}$ m²/m $= 5{,}56$ cm²/m

Die Bewehrung ist je zur Hälfte auf der Plattenober- und -unterseite anzuordnen, eine vorhandene Bewehrung (aus Querbiegung) darf angerechnet werden (s. o.); die Mindestschubbewehrung ist zu beachten.

4.1.2.6 Schubfugen

Schubfugen übertragen Schubkräfte zwischen nebeneinander liegenden Fertigteilen oder zwischen Ortbeton und einem vorgefertigten Bauteil. Bezüglich der Rauigkeit der Fuge wird unterschieden:

- sehr glatte Fuge: Sie liegt dann vor, wenn gegen Stahl- oder glatte Holzschalungen betoniert wurde.
- glatte Fuge: Eine Fuge gilt als glatt, wenn sie abgezogen oder im Extruderverfahren hergestellt ist oder die Betonoberfläche nach dem Verdichten ohne weitere Behandlung glatt ist.
- raue Fuge: Die Oberfläche weist eine definierte Rauigkeit auf (mittlere Rautiefe $R_t > 0{,}9$ mm oder maximale Profilkuppenhöhe $R_p > 0{,}7$ mm; s. hierzu DAfStb-H. 525).
- verzahnte Fuge: Bei einer verzahnten Fuge sollte die Verzahnung wie nebenstehend ausgeführt (mit $0{,}8 \leq h_1/h_2 \leq 1{,}25$) oder das Korngerüst freigelegt sein.

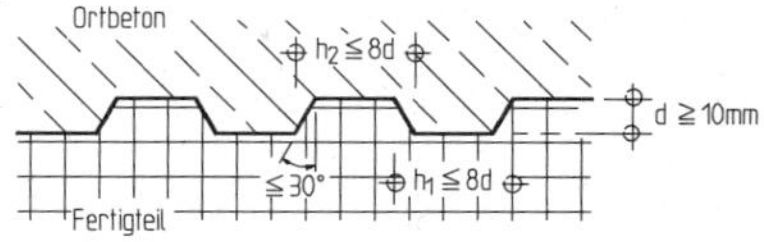

Nachweis

Die aufnehmbare Querkraft von nachträglich ergänzten Querschnitten wird, wie zuvor dargestellt, mit nachfolgenden Besonderheiten nachgewiesen.

Die aufzunehmende Schubkraft je Längeneinheit v_{Ed} darf die aufnehmbare v_{Rd} nicht überschreiten:

$$\boxed{v_{Ed} \leq v_{Rd}} \tag{75.1}$$

Bemessungswert der aufzunehmenden Schubkraft (von nachträglich ergänzten Querschnitten)

$$v_{Ed} = \frac{F_{cdj}}{F_{cd}} \cdot \frac{V_{Ed}}{z} \tag{75.2}$$

Mit $F_{cd} = M_{Ed}/z$ (Gurtlängskraft aus Biegung), F_{cdj} als Längskraftanteil, der über die Fuge übertragen wird, V_{Ed} als Bemessungswert der Querkraft und z als Hebelarm der inneren Kräfte.

Ohne Anordung einer Verbundbewehrung aufnehmbare Bemessungsschubkraft

$$v_{Rd,ct} = [\eta_1 \cdot 0{,}42 \cdot \beta_{ct} \cdot 0{,}10 \cdot f_{ck}^{1/3} - \mu \cdot \sigma_{Nd}] \cdot b_j \tag{75.3}$$

mit β_{ct} Beiwert nach Tafel; bei Zug rechtwinklig zur Fuge gilt jedoch bei rauen oder glatten Fugen $\beta_{ct} = 0$

μ Beiwert der Schubreibung nach Tafel

σ_{Nd} Spannungen infolge der äußeren Längskraft in der Fugenfläche (Druck negativ!) mit $\sigma_{Nd} = n_{Ed}/b \geq -0{,}6 \cdot f_{cd}$ (in N/mm²)

f_{ck} charak. Druckfestigkeit des Ortbetons oder Fertigteils in N/mm² (kleinere Wert maßgebend)

b_j Breite der Kontaktfuge zwischen Ortbeton und Fertigteil (s. Abb.)

η_1 Tragfähigkeitsbeiwert

$\eta_1 = 1{,}0$ für Normalbeton

$\eta_1 = 0{,}40 + 0{,}60 \cdot (\rho/2200)$ für Leichtbeton (ρ Rohdichte in kg/m³)

Oberfläche	β_{ct}	μ
verzahnt	2,4	1,0
rau	2,0	0,7
glatt	1,4	0,6
sehr glatt	0	0,5

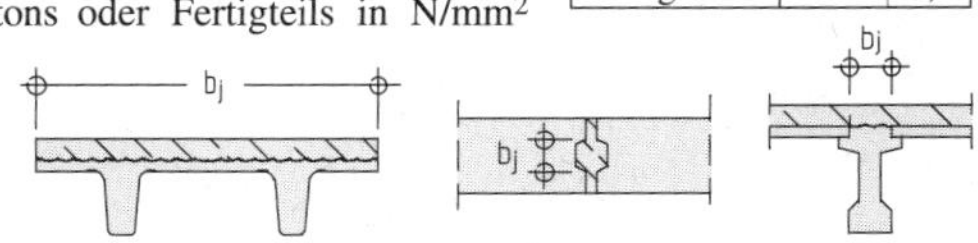

Mit Anordung einer Verbundbewehrung aufnehmbare Bemessungsschubkraft

$$v_{Rd,sy} = a_s \cdot f_{yd} \cdot (\cot\theta + \cot\alpha) \cdot \sin\alpha - \mu \cdot \sigma_{Nd} \cdot b_j \quad \text{(Verbundbewehrung)} \tag{75.4}$$

mit α Winkel zwischen Fuge und kreuzender Bewehrung, jedoch mit $45° \leq \alpha \leq 90°$

a_s Querschnitt der die Fuge kreuzenden Bewehrung pro Längeneinheit

θ Neigung der Druckstrebe; hierfür gilt

$$1{,}00 \leq \cot\theta \leq \frac{1{,}2\mu - 1{,}4 \cdot \sigma_{cd}/f_{cd}}{1 - v_{Rd,ct}/v_{Ed}} \begin{cases} \leq 2{,}0 & \text{(für Leichtbeton)} \\ \leq 3{,}0 & \text{(für Normalbeton)} \end{cases}$$

mit $v_{Rd,ct}$ gemäß Gl. (75.3), jedoch ohne Berücksichtigung von σ_{Nd}. Ergibt sich $\cot\theta < 1$, ist gemäß [5.26] eine Ausführung nach DIN 1045-1 nicht zulässig.

Die notwendige Bewehrung darf abgestuft verteilt werden (vgl. Skizze), bei Scheibenbeanspruchung kann sie auch konzentriert ausgeführt werden. Die Schubbewehrung muss auf beiden Seiten der Kontaktfläche verankert sein.

Bei Scheiben mit Ringanker- und Pfostenbewehrung sollte die mittlere Scheibenkraft v_{Rd} zwischen Platten ohne Verzahnung auf ($b_j \cdot 0{,}15$ N/mm²) begrenzt werden.

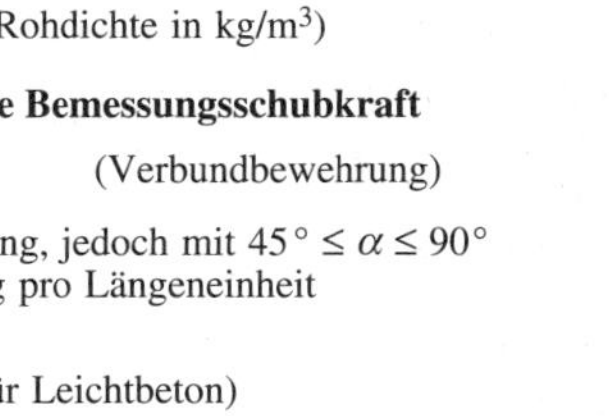

4.1.3 Torsion

Grundsätzliches

Ein rechnerischer Nachweis der Torsionsbeanspruchung ist im Allgemeinen nur erforderlich, wenn das statische Gleichgewicht von der Torsionstragfähigkeit abhängt („Gleichgewichtstorsion"). Wenn Torsion aus Verträglichkeitsbedingungen auftritt („Verträglichkeitstorsion"), ist ein rechnerischer Nachweis im Grenzzustand der Tragfähigkeit nicht erforderlich; es ist jedoch eine konstruktive Torsionsbewehrung (Mindestbewehrung) anzuordnen, gegebenenfalls sind rechnerische Nachweise im Grenzzustand der Gebrauchstauglichkeit (Beschränkung der Rissbreite usw.) notwendig.

Als Torsionsbewehrung sind geschlossene Bügel und über den Querschnittsumfang verteilte Längsstäbe anzuordnen. Bei polygonal begrenzten Querschnitten müssen sich Längsstäbe in den Ecken befinden.

Nachweis bei reiner Torsion

Der Torsionswiderstand wird unter Annahme eines dünnwandigen, geschlossenen Querschnitts bestimmt. Vollquerschnitte werden durch gleichwertige dünnwandige Querschnitte ersetzt. Die Wanddicke bzw. die Ersatzwanddicke des Hohlkastens ergibt sich aus

t_{eff} zweifacher Schwerpunktabstand der Längsbewehrung vom Rand, jedoch nicht größer als die vorhandene Wanddicke

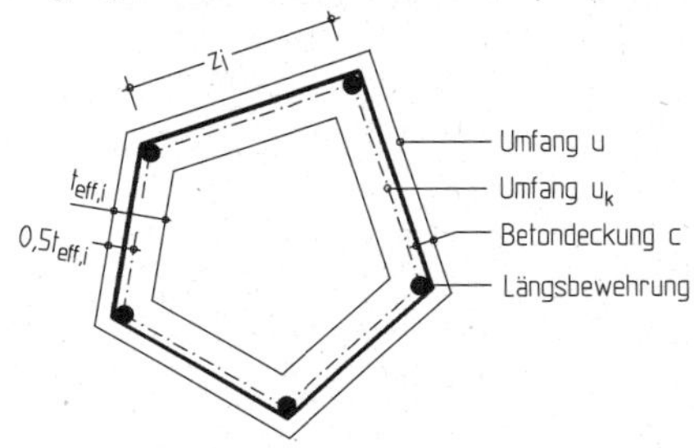

Hohlkastenquerschnitt zur Bestimmung der Torsionstragfähigkeit

Nachweis im Grenzzustand der Tragfähigkeit

$$T_{Ed} \leq T_{Rd,max} \quad (76.1a)$$

$$T_{Ed} \leq T_{Rd,sy} \quad (76.1b)$$

T_{Ed} Bemessungswert des einwirkenden Torsionsmoments
$T_{Rd,max}$ Bemessungswert des durch die Betondruckstrebe aufnehmbaren Torsionsmoments
$T_{Rd,sy}$ Bemessungswert des durch die Bewehrung aufnehmbaren Torsionsmoments

Druckstrebennachw.: $T_{Rd,max} = \alpha_{c,red} \cdot f_{cd} \cdot 2A_k \cdot t_{eff} / (\cot\theta + \tan\theta)$ (76.2)

$\alpha_{c,red} = 0{,}7 \cdot \alpha_c$ (mit α_c nach Abschn. 4.1.2.3)

Bei geschlossenen Bügeln an beiden Seiten der Begrenzungswände eines Kastenquerschnitts darf $\alpha_{c,red} = \alpha_c$ angenommen werden.

f_{cd} Bemessungswert der Betonfestigkeit
A_k Fläche, die durch die Mittellinie u_k eingeschlossen ist
t_{eff} Wandstärke des (Ersatz-)Hohlquerschnitts
θ Druckstrebenneigung; für Torsion allein vereinfachend $\theta = 45°$ (s. u.)

Zugstrebennachweis: $T_{Rd,syw} = 2 \cdot A_k \cdot (A_{sw}/s_w) \cdot f_{yd} \cdot \cot\theta$ (Bügelbewehrung) (76.3a)

$T_{Rd,syl} = 2 \cdot A_k \cdot (A_{sl}/u_k) \cdot f_{yd} \cdot \tan\theta$ (Längsbewehrung) (76.3b)

A_{sw}, A_{sl} Querschnittsfläche der Bügelbewehrung, der Torsionslängsbewehrung
s_w Abstand der Bügel in Trägerlängsrichtung
u_k Umfang der Fläche A_k
f_{yd} Bemessungswert der Streckgrenze der Bewehrung

Kombinierte Beanspruchung

Bei Beanspruchung aus Querkraft und Torsion wird die Neigung θ der Druckstrebe nach Abschn. 4.1.2.3 bestimmt; für V_{Ed} ist jedoch der Schubfluss $V_{Ed,T+V}$ jedes Teilquerschnitts und für b_w die effektive Wanddicke t_{eff} einzusetzen. Die Schubkraft der Wand unter kombinierter Beanspruchung erhält man aus:

$$V_{Ed,T+V} = V_{Ed,T} + V_{Ed} \cdot t_{eff} / b_w \quad (76.4)$$

$$\text{mit } V_{Ed,T} = T_{Ed} \cdot z / (2A_k)$$

Mit dem gewählten Neigungswinkel ist dann der Nachweis sowohl für Querkraft als auch für Torsion zu führen. Vereinfachend darf jedoch auch die Bewehrung für Torsion allein unter der Annahme von $\theta = 45°$ ermittelt werden und zu der nach Abschn. 4.1.2.3 ermittelten Querkraftbewehrung addiert werden.

Nachweise unter kombinierter Beanspruchung

– **Biegung und/oder Längskraft mit Torsion**

Betondruckspannungen Bei großen Biegemomenten – insbesondere bei Hohlkästen – sind die Hauptdruckspannungen nachzuweisen und zu begrenzen.

Längsbewehrung getrennte Ermittlung der Bewehrung aus Biegung und/oder Längskraft und Torsion und Addition der Anteile (im Druckgurt darf die Torsionslängsbewehrung entsprechend der vorhandenen Druckkraft abgemindert werden)

– **Querkraft und Torsion**

Druckstrebentragfähigkeit $(T_{Ed}/T_{Rd,max})^2 + (V_{Ed}/V_{Rd,max})^2 \le 1$ (für Kompaktquerschnitte) (77.1)

$(T_{Ed}/T_{Rd,max}) + (V_{Ed}/V_{Rd,max}) \le 1$ (für Kastenquerschnitte) (77.2)

mit $T_{Rd,max}$ nach Gl. (76.2), $V_{Rd,max}$ s. Abschn. 4.1.2.3

Bügelbewehrung Bewehrung wird getrennt für Querkraft und Torsion ermittelt; die Anteile sind zu addieren.

Bei rechteckförmigen Vollquerschnitten und bei kleiner Schubbeanspruchung kann auf einen rechnerischen Nachweis der Bewehrung verzichtet werden, falls

$T_{Ed} \le V_{Ed} \cdot b_w / 4{,}5$ und $V_{Ed} + (4{,}5 \cdot T_{Ed} / b_w) \le V_{Rd,ct}$

eingehalten sind. Es ist jedoch immer die Mindestbewehrung anzuordnen.

Beispiel

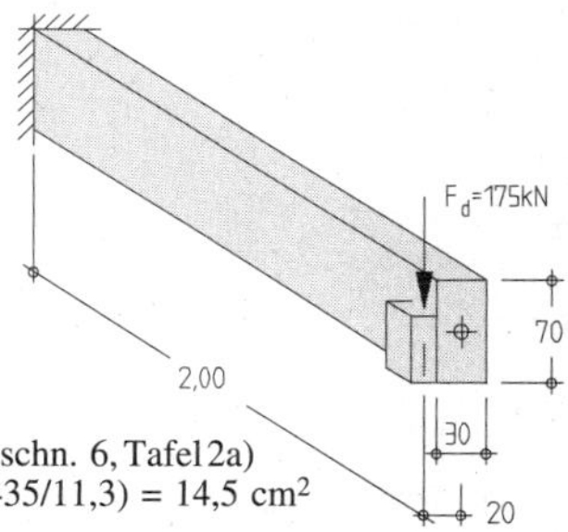

Kragbalken mit (Bemessungs-)Last F_d

Baustoffe C20/25; BSt 500

Bemessungsschnittgrößen $M_{Ed} = 175 \cdot 2{,}0 = 350$ kNm

$V_{Ed} = 175$ kN

$T_{Ed} = 175 \cdot 0{,}20 = 35$ kNm

Biegebemessung $b/h/d = 30/70/65$ cm

$\mu_{Eds} = M_{Eds} / (b \cdot d^2 \cdot f_{cd})$

$= 0{,}35/(0{,}3 \cdot 0{,}65^2 \cdot 11{,}3) = 0{,}244$

$\Rightarrow \omega = 0{,}286;\ \sigma_{sd} = f_{yd} = 435$ MN/m² (s. Abschn. 6, Tafel 2a)

$A_s = \omega \cdot b \cdot d / (f_{yd}/f_{cd}) = 0{,}286 \cdot 30 \cdot 65 / (435/11{,}3) = 14{,}5$ cm²

Bemessung für Querkraft und Torsion; Nachweis der Druckstrebe:

(Nachfolgend wird der Neigungswinkel θ für die Querkraftbemessung nach Abschn. 4.1.2.3 ermittelt, für Torison jedoch mit $\theta = 45°$ angenommen.)

Querkraft (V_{Ed}) $V_{Rd,max} = \alpha_c \cdot f_{cd} \cdot b_w \cdot z/(\cot\theta + \tan\theta)$

$\alpha_c \cdot f_{cd} = 0{,}75 \cdot (0{,}85 \cdot 20/1{,}5) = 8{,}50$ MN/m²

$z = 0{,}85 \cdot 0{,}65 = 0{,}55$ m (z aus Biegebemessung)

$\cot\theta \le 1{,}2/(1 - V_{Rd,c}/V_{Ed}) \le 3{,}0$ (für $\sigma_{cd} = 0$)

$V_{Ed} = 0{,}175$ MN

$V_{Rd,c} = 0{,}24 \cdot f_{ck}^{1/3} \cdot b_w \cdot z = 0{,}24 \cdot 2{,}71 \cdot 0{,}30 \cdot 0{,}55 = 0{,}108$ MN

$\cot\theta \le 1{,}2/(1 - 0{,}108/0{,}175) = 3{,}13 > 3{,}0$

$V_{Rd,max} = 8{,}50 \cdot 0{,}30 \cdot 0{,}55/(3{,}0 + 0{,}33) = 0{,}421\text{ MN} > V_{Ed} = 0{,}175$ MN

Torsion (T_{Ed}) $T_{Rd,max} = 2 \cdot \alpha_{c,red} \cdot f_{cd} \cdot A_k \cdot t/(\cot\theta + \tan\theta)$

$\alpha_{c,red} \cdot f_{cd} = 0{,}7 \cdot 0{,}75 \cdot (0{,}85 \cdot 20/1{,}5) = 5{,}95$ MN/m²

$t_{eff} = 2 \cdot 0{,}05 = 0{,}10$ m (Schwerpunktabstand der Längsbewehrung = 5 cm)

$A_k = (0{,}70 - 0{,}10) \cdot (0{,}30 - 0{,}10) = 0{,}12$ m²

$\cot\theta = 1{,}0$ (Näherung; ohne genauere Berechnung)

$T_{Rd,max} = 2 \cdot 5{,}95 \cdot 0{,}12 \cdot 0{,}10/(1{,}0 + 1{,}0) = 0{,}071\text{ MNm} > T_{Ed} = 0{,}035$ MNm

$V_{Ed} + T_{Ed}$: $(V_{Ed}/V_{Rd,max})^2 + (T_{Ed}/T_{Rd,max})^2 = (175/421)^2 + (35/71)^2 = 0{,}42 < 1$

Bemessung für Querkraft und Torsion, Nachweis der Bewehrung:

Querkraft $a_{sw} \ge (V_{Ed}/z)/(\cot\theta \cdot f_{yd}) = (0{,}175/0{,}55) \cdot 10^4/(3{,}0 \cdot 435) = 2{,}44$ cm²/m

Torsion $a_{sw} \ge [T_{Ed}/(2 \cdot A_k)]/(\cot\theta \cdot f_{yd}) = [0{,}035/(2 \cdot 0{,}12)] \cdot 10^4/(1{,}0 \cdot 435) = 3{,}35$ cm²/m

$A_{sl} \ge [T_{Ed} \cdot u_k/(2 \cdot A_k)]/(\tan\theta \cdot f_{yd})$; $u_k = 2 \cdot (0{,}60 + 0{,}20) = 1{,}60$ m

$A_{sl} \ge 0{,}035 \cdot 1{,}60/(2 \cdot 0{,}12 \cdot 1{,}0 \cdot 435) = 5{,}36 \cdot 10^{-4}\text{ m}^2 = 5{,}36$ cm²

$V_{Ed} + T_{Ed}$ $a_{sw} = 2{,}44 + 2 \cdot 3{,}35 = 9{,}14$ cm²/m bzw. $9{,}14/2 = 4{,}57$ cm²/m je Seite (2-schn. Bügel)

$A_{sl} = 5{,}36$ cm² (umlaufend; Biegezugbewehrung anteilmäßig verstärken)

4.1.4 Durchstanzen

4.1.4.1 Nachweisform

Es gelten die Tragfähigkeitsnachweise für Querkraft mit Ergänzungen. Die Einwirkung v_{Ed} darf den Widerstand v_{Rd} nicht überschreiten:

$$v_{Ed} \leq v_{Rd} \quad (78.1)$$

Nachfolgend werden Platten mit konstanter Dicke erläutert (Platten mit Stützenkopfverstärkungen s. DIN 1045-1).

Für gedrungene Fundamente mit Auskragungen $< 1{,}5 d_f$ (d. h. Stanzkegel außerhalb des Fundamentes) ist ein modifizierter Nachweis im Abstand $1{,}0\, d_f$ zu führen (s. DAfStb-H. 525; vgl. a. [5.85]).

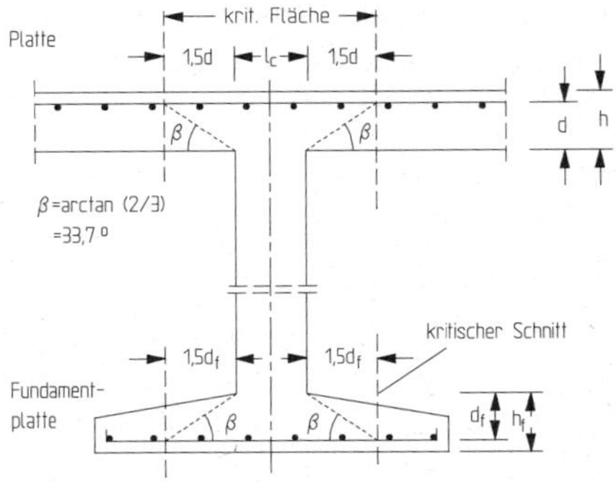

Bemessungswert v_{Ed} der einwirkenden Querkraft

Die auf einen kritischen Schnitt bezogene Bemessungsquerkraft erhält man aus

$$v_{Ed} = V_{Ed} \cdot \beta / u \quad (78.2)$$

V_{Ed} Bemessungswert der gesamten aufzunehmenden Querkraft
Eine Reduzierung von V_{Ed} infolge auflagernaher Einzellasten ist nicht zulässig. Bei Fundamentplatten darf die Querkraft V_{Ed} um die günstige Wirkung der Bodenpressung innerhalb der kritischen Fläche abgemindert werden; dabei darf für die Ermittlung der resultierenden Bodenpressungen jedoch höchstens 50 % der kritischen Fläche in Ansatz gebracht werden.

β Faktor zur Berücksichtigung von Lastausmitten; für horiz. unverschiebliche Systeme unter Gleichlast näherungsweise: $\beta = 1{,}00$: rotationssymmetrische Beanspruchung $\beta = 1{,}05$: bei Innenstützen
$\beta = 1{,}40$: bei Randstützen $\beta = 1{,}50$: bei Eckstützen

u Umfang des kritischen Schnitts im Abstand $1{,}5 \cdot d$ von der Lastaufstandsfläche (s. nachfolgend)

Lasteinleitungsfläche und kritischer Rundschnitt

Die Festlegungen für das Durchstanzen mit den dargestellten kritischen Rundschnitten (s. auch oben) gelten für folgende Formen von Lasteinleitungsflächen:

- kreisförmige mit einem Durchmesser $\leq 3{,}5 \cdot d$
- rechteckige mit einem Umfang $\leq 11 \cdot d$ und mit einem Verhältnis von Länge zu Breite ≤ 2
- beliebig mit den oben genannten Grenzen

(d mittlere Nutzhöhe der Platte)

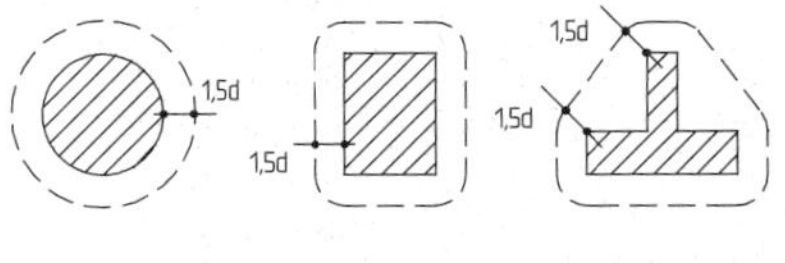

Die Lasteinleitungsfläche darf sich nicht im Bereich anderweitig verursachter Querkräfte und nicht in der Nähe von anderen konzentrierten Lasten befinden, sodass sich die kritischen Rundschnitte überschneiden.

Wenn die oben genannten Bedingungen bzgl. der Form bei Auflagerungen auf Wänden oder Stützen mit Rechteckquerschnitt nicht erfüllt sind, dürfen nur die nebenstehend dargestellten Rundschnitte für den Durchstanznachweis in Ansatz gebracht werden.

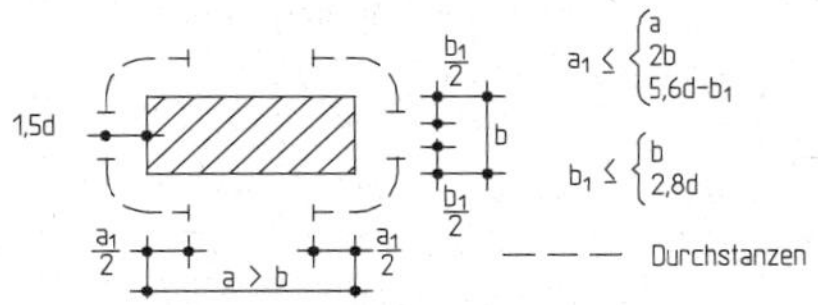

Für Lasteinleitungsflächen in der Nähe von Öffnungen (Abstand $\leq 6 \cdot d$) oder von freien Rändern (Abstand $\leq 3 \cdot d$) gilt ein reduzierter Rundschnitt, sofern dieser einen kleineren Umfang ergibt (s. u.).

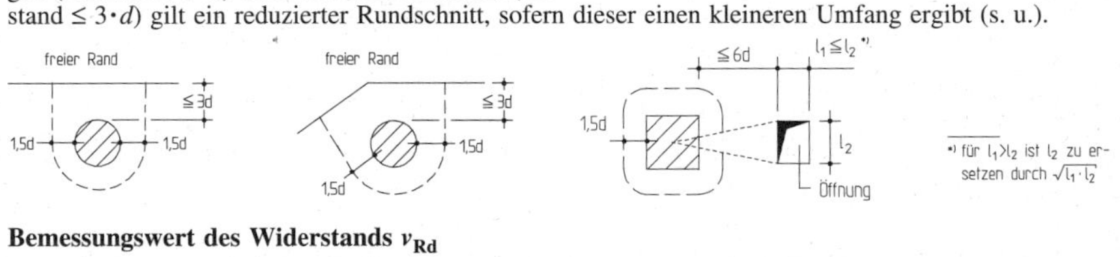

Bemessungswert des Widerstands v_{Rd}

Der Bemessungswiderstand v_{Rd} wird durch die nachfolgenden Werte bestimmt:

- $v_{Rd,ct}$ Querkrafttragfähigkeit längs des kritischen Schnitts einer Platte ohne Schubbewehrung
- $v_{Rd,max}$ größte zulässige Tragfähigkeit längs des kritischen Schnitts einer Platte mit Schubbewehrung
- $v_{Rd,sy}$ Querkrafttragfähigkeit längs innerer Nachweisschnitte einer Platte mit Schubbewehrung
- $v_{Rd,cta}$ Querkrafttragfähigkeit im äußeren Rundschnitt außerhalb des durchstanzbewehrten Bereichs

4.1.4.2 Punktförmig gestützte Platten oder Fundamente ohne Durchstanzbewehrung

Die einwirkende Querkraft v_{Ed} längs des kritischen Rundschnitts darf die Tragfähigkeit $v_{Rd,ct}$ nach Gl. (79) nicht überschreiten:

$\mathbf{v_{Ed} \leq v_{Rd,ct}}$

Bemessungswiderstand $v_{Rd,ct}$

$$v_{Rd,ct} = [0{,}14 \cdot \eta_1 \cdot \kappa \cdot (100 \cdot \rho_l \cdot f_{ck})^{1/3} - 0{,}12 \cdot \sigma_{cd}] \cdot d \qquad (79)$$

η_1 Tragfähigkeitsbeiwert; hierfür gilt
- $\eta_1 = 1{,}0$ für Normalbeton
- $\eta_1 = 0{,}40 + 0{,}60 \cdot (\rho / 2200)$ für Leichtbeton (ρ: Trockenrohdichte in kg/m³)

$\kappa = 1 + \sqrt{200/d} \leq 2$ Beiwert für den Einfluss der Bauteilhöhe d (mit d in mm)

$\sigma_{cd} = 0{,}5 \cdot (\sigma_{cd,x} + \sigma_{cd,y})$ Betonlängsspannung (in N/mm²) innerhalb des krit. Rundschnitts
$\sigma_{cd,x} = N_{Ed,x} / A_c$ und $\sigma_{cd,y} = N_{Ed,y} / A_c$ mit $N_{Ed,x}$ bzw. $N_{Ed,y}$ als mittlere Längskraft infolge von Last oder Vorspannung (Druck negativ!)

$\rho_l = \sqrt{\rho_{lx} \cdot \rho_{ly}} \leq 0{,}02$
$\leq 0{,}40 \cdot f_{cd} / (\alpha \cdot f_{yd})$ mit α nach Abschn. 2.2.1 (vgl. DAfStb-H. 525)
ρ_{lx}, ρ_{ly} Bewehrungsgrad der Zugbewehrung in x-, y-Richtung, die innerhalb des betrachteten Rundschnitts im Verbund liegt und außerhalb des betrachteten Rundschnitts verankert ist.

d mittlere Nutzhöhe; es gilt
$d = 0{,}5 \cdot (d_x + d_y)$ mit d_x und d_y als Nutzhöhen in x- und y-Richtung

Beispiel

Für das dargestellte Einzelfundament soll der Grenzzustand der Tragfähigkeit[1)] für Biegung und Durchstanzen nachgewiesen werden.

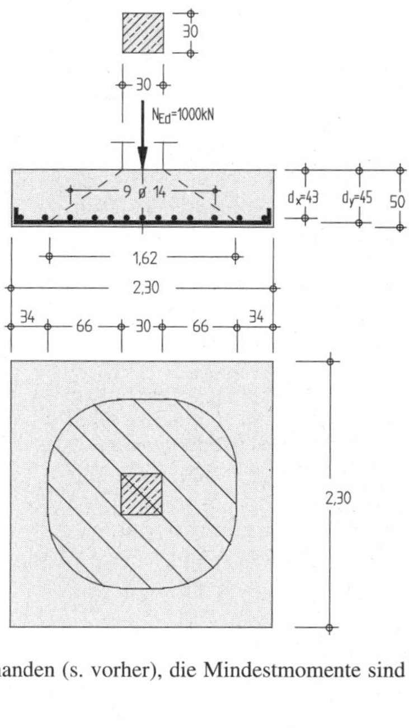

Baustoffe C30/37; BSt 500

Biegebemessung

$M_{Ed} = N_{Ed} \cdot (b/8) \cdot (1 - c/b)$
$= 1000 \cdot (2{,}30/8) \cdot (1 - 0{,}30/2{,}30) = 250$ kNm

(Unter Berücksichtigung einer Momentenausrundung an der Stütze; nach [5.39] und [5.40] könnte ggf. auch das Anschnittmoment für eine Bemessung gewählt werden, s. a. Abschn. 5.4.6.)

$\mu_{Eds} = 0{,}250 / [2{,}30 \cdot 0{,}43^2 \cdot (0{,}85 \cdot 30/1{,}5)] = 0{,}0346$ [2)]
$\Rightarrow \omega = 0{,}0354$ (s. Abschn. 6, Tafel 2a)
$A_s = 0{,}0354 \cdot 230 \cdot 43 \cdot (17/435) = 13{,}7$ cm²

Die Bewehrung wird zur Plattenmitte hin konzentriert[2)]; sie wird wie folgt angeordnet:

in Fundamentmitte: 7 ∅ 14 - 15 cm
außen: 2 × 3 ∅ 14 - 22 cm

Mindestmomente (s. Abschn. 4.1.4.4)

$m_{Ed} = \eta \cdot V_{Ed} = 0{,}125 \cdot 1000 = 125$ kNm/m
$\mu_{Eds} = 0{,}125 / (1{,}00 \cdot 0{,}43^2 \cdot 17) = 0{,}040$
$\Rightarrow \omega = 0{,}041$ (S. 5.132, Tafel 2a)
$a_s = 0{,}041 \cdot 100 \cdot 43 \cdot (17/435) = 6{,}9$ cm²/m
$b_{eff} = b = 2{,}30$ m [3)]
$A_s = a_s \cdot b_{eff} = 6{,}9 \cdot 2{,}30 = 15{,}9$ cm²

Auf der Fundamentbreite sind 13 ∅ 14 = 20,0 cm² vorhanden (s. vorher), die Mindestmomente sind daher eingehalten.

---

1) Für den Nachweis der Bodenpressungen ist ggf. der Übergang auf ein anderes Sicherheitskonzept zu beachten.

2) Die Ermittlung der Bewehrung erfolgt hier zunächst näherungsweise für eine über die Fundamentbreite gleichmäßig verteilte Momentenbeanspruchung. Die Konzentration der Momente zur Plattenmitte hin wird jedoch konstruktiv durch die Verteilung der Längsbewehrung berücksichtigt.

3) Die Mindestbewehrung wird hier vereinfachend für eine mitwirkende Breite nachgewiesen, die der gesamten Fundamentbreite entspricht.

Nachweis der Tragfähigkeit für Durchstanzen

Bemessungsquerkraft:

$v_{Ed} = V_{Ed} \cdot \beta / u$ (s. Gl. (78.2))

$V_{Ed} = N_{Ed} - \sigma_0 \cdot A_{crit} \cdot 0{,}50$ (Abminderung um die Bodenpressungen innerhalb der kritischen Fläche; sie darf nur zu 50 % angesetzt werden.)

$\sigma_0 = N_{Ed} / A = 1{,}000/(2{,}30 \cdot 2{,}30) = 0{,}189\ \text{MN/m}^2$

$A_{crit} = 0{,}30 \cdot 0{,}30 + 4 \cdot 0{,}30 \cdot 0{,}66 + \pi \cdot 0{,}66^2 = 2{,}25\ \text{m}^2$

$V_{Ed} = 1{,}000 - 0{,}189 \cdot 2{,}25 \cdot 0{,}50 = 1{,}000 - 0{,}213 = 0{,}787\ \text{MN}$

$\beta = 1{,}05$ (gewählt wegen des monolithischen Anschlusses)

$u = 4 \cdot 0{,}30 + 2 \cdot \pi \cdot 0{,}66 = 5{,}35\ \text{m}$ (Umfang des kritischen Schnitts)

$v_{Ed} = 0{,}787 \cdot 1{,}05 / 5{,}35 = 0{,}154\ \text{MN/m}$

Bemessungswiderstand:

$v_{Rd,ct} = [0{,}14 \cdot \eta_1 \cdot \kappa \cdot (100 \cdot \rho_l \cdot f_{ck})^{1/3} - 0{,}12 \cdot \sigma_{cd}] \cdot d$

$\kappa = 1 + \sqrt{200/d} = 1 + \sqrt{200/440} = 1{,}67$ (mit $d = 0{,}44$ m als mittlere Nutzhöhe)

$\rho_l = \sqrt{\rho_{lx} \cdot \rho_{ly}}$

$\rho_{lx} = 13{,}9/(162 \cdot 43) = 0{,}0020$

$\rho_{ly} = 13{,}9/(162 \cdot 45) = 0{,}0019$

(Innerhalb der kritischen Fläche sind jeweils 9 ∅ 14 bzw. 13,9 cm² Längsbewehrung vorhanden; es wird eine ausreichende Verankerung entspr. Abschn. 4.1.2.2 unterstellt.)

$\rho_l = 0{,}0020 \begin{array}{l} < 0{,}02 \\ < 0{,}40 \cdot f_{cd}/(\alpha \cdot f_{yd}) = 0{,}40 \cdot 17 / (0{,}85 \cdot 435) = 0{,}018 \end{array}$

$v_{Rd,ct} = 0{,}14 \cdot 1{,}67 \cdot (100 \cdot 0{,}0020 \cdot 30)^{1/3} \cdot 0{,}44 = 0{,}187\ \text{MN/m}$

Nachweis: $v_{Ed} = 0{,}154\ \text{MN/m} < v_{Rd,ct} = 0{,}187\ \text{MN/m} \Rightarrow$ keine Durchstanzbewehrung erforderlich.

4.1.4.3 Platten mit Durchstanzbewehrung

Wenn die einwirkende Querkraft v_{Ed} den Widerstand $v_{Rd,ct}$ überschreitet, ist eine Schubbewehrung anzuordnen. Es sind dann folgende Nachweise zu führen:

$v_{Ed} \le v_{Rd,max}$ (im kritischen Schnitt)

$v_{Ed} \le v_{Rd,sy}$ (in jeder Bewehrungsreihe)

$v_{Ed} \le v_{Rd,cta}$ (im äußeren Rundschnitt)

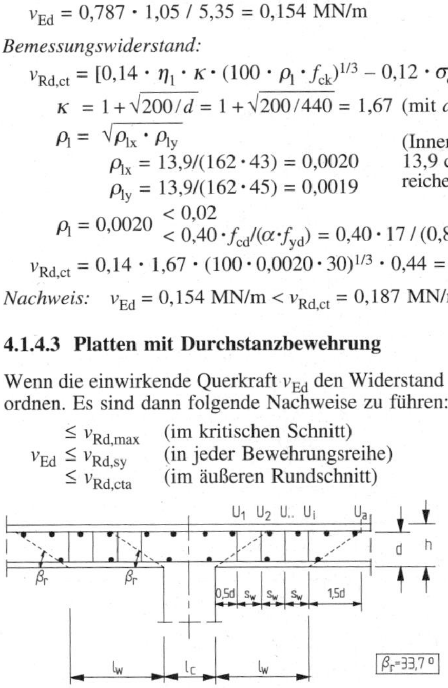

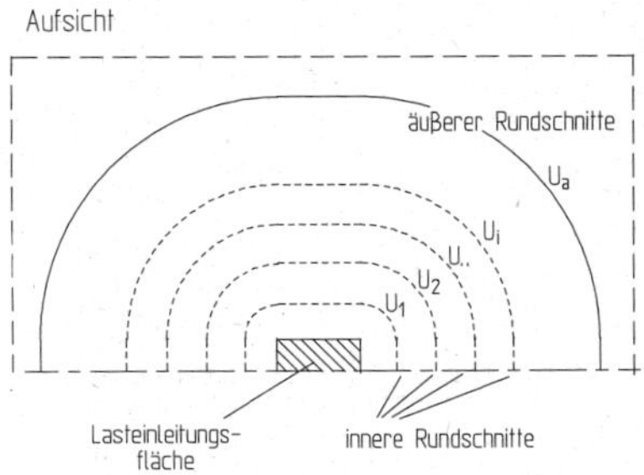

Querkrafttragfähigkeit $v_{Rd,max}$

Die maximale Querkrafttragfähigkeit $v_{Rd,max}$ im kritischen Schnitt ergibt sich zu

$$v_{Rd,max} = 1{,}5 \cdot v_{Rd,ct} \tag{80.1}$$

Querkrafttragfähigkeit $v_{Rd,sy}$ bei Durchstanzbewehrung rechtwinklig zur Plattenebene

Die erforderliche Durchstanzbewehrung ist für die jeweilige Bewehrungsreihe zu ermitteln und gleichmäßig auf den Umfang anzuordnen. Für die erste Bewehrungsreihe im Abstand $0{,}5 \cdot d$ vom Stützenrand gilt:

$$v_{Rd,sy} = v_{Rd,ct} + \kappa_s \cdot A_{sw} \cdot f_{yd} / u \tag{80.2}$$

Für die weiteren Reihen im Abstand $s_w \le 0{,}75 \cdot d$ untereinander gilt

$$v_{Rd,sy} = v_{Rd,ct} + \kappa_s \cdot A_{sw} \cdot f_{yd} \cdot d / (u \cdot s_w) \tag{80.3}$$

$v_{Rd,ct}$ Betontraganteil (s. Abschn. 4.1.4.2)

$\kappa_s \cdot A_{sw} \cdot f_{yd}$ Bemessungskraft der Durchstanzbewehrung in Richtung von v_{Ed} für jede Bewehrungsreihe $0{,}7 \le \kappa_s = 0{,}7 + 0{,}3 \cdot (d/400 - 1) \le 1{,}0$ (Beiwert für die Bauteilhöhe (d in mm))

u Umfang des jeweiligen Nachweisschnitts

s_w wirksame Breite einer Bewehrungsreihe (s. Abb. oben) mit $s_w \le 0{,}75 \cdot d$

Querkrafttragfähigkeit $v_{Rd,sy}$ bei Schrägstäben als Durchstanzbewehrung

Schrägstäbe müssen eine Neigung von $45° \leq \alpha \leq 60°$ gegen die Plattenebene aufweisen. Werden ausschließlich Schrägstäbe angeordnet, dürfen sie nur im Bereich $1{,}5 \cdot d$ um die Stütze angeordnet werden (s. DIN 1045-1, Bild 45). Die Bewehrung ist im Abstand $0{,}5 \cdot d$ vom Stützenrand nachzuweisen:

$$v_{Rd,sy} = v_{Rd,ct} + 1{,}3\, A_s \cdot \sin\alpha \cdot f_{yd} / u \qquad (81.1)$$

mit $(1{,}3 \cdot A_s \cdot \sin\alpha \cdot f_{yd})$ als Querkraft der Durchstanzbewehrung in Richtung der aufzunehmenden Querkraft.

Querkrafttragfähigkeit $v_{Rd,cta}$

Längs des äußeren Rundschnitts – Abstand $1{,}5 \cdot d$ von der letzten Bewehrungsreihe – ist nachzuweisen:

$$v_{Ed} \leq v_{Rd,cta} = \kappa_a \cdot v_{Rd,ct} \qquad (81.2)$$

$\kappa_a = 1 - 0{,}29 \cdot l_w / 3{,}5d \geq 0{,}71$ (Beiwert für den Übergang zum Plattenbereich (s. Abschn. 4.1.2.2))
l_w Breite des Bereichs mit Durchstanzbewehrung außerhalb der Lasteinleitungsfläche

Mindestschubbewehrung

Die Durchstanzbewehrung der inneren Rundschnitte darf bei lotrechter Schubbewehrung den Wert

$$\rho_w = A_{sw} / (s_w \cdot u) \geq \min \rho_w$$

und bei geneigter Schubbewehurng

$$\rho_w = A_{sw} \cdot \sin\alpha / (s_w \cdot u) \geq \min \rho_w$$

mit $s_w = d$ und min ρ_w nach Absch. 5.4.2.2 nicht unterschreiten; weitere Hinweise s. a. Abschn. 5.4.3.

4.1.4.4 Mindestmomente für Platten-Stützen-Verbindungen bei ausmittiger Belastung

Zur Sicherstellung einer ausreichenden Querkrafttragfähigkeit ist die Platte in x- und y-Richtung für folgende Mindestmomente je Längeneinheit zu bemessen:

$m_{Edx} \geq \eta \cdot V_{Ed}$ bzw. $m_{Edy} \geq \eta \cdot V_{Ed}$ (V_{Ed} aufzunehmende Querkraft; η Beiwert nach Tabelle)

Lage der Stütze	η für m_{Edx}			η für m_{Edy}		
	Zug an Platten-oberseite[1)]	Zug an Platten-unterseite[1)]	anzusetzende Breite	Zug an Platten-oberseite[1)]	Zug an Platten-unterseite[1)]	anzusetzende Breite
Innenstütze	0,125	0	$0{,}30 \cdot l_y$	0,125	0	$0{,}3 \cdot l_x$
Randstütze, Plattenrand parallel zu x	0,25	0	$0{,}15 \cdot l_y$	0,125	+0,125	(je m Breite)
Randstütze, Plattenrand parallel zu y	0,125	+0,125	(je m Breite)	0,25	0	$0{,}15 \cdot l_x$
Eckstütze	0,50	+0,50	(je m Breite)	0,50	+0,50	(je m Breite)

1) Oberseite bezeichnet die der Lasteinleitungsfläche entgegen liegende Seite, Unterseite die andere Seite.

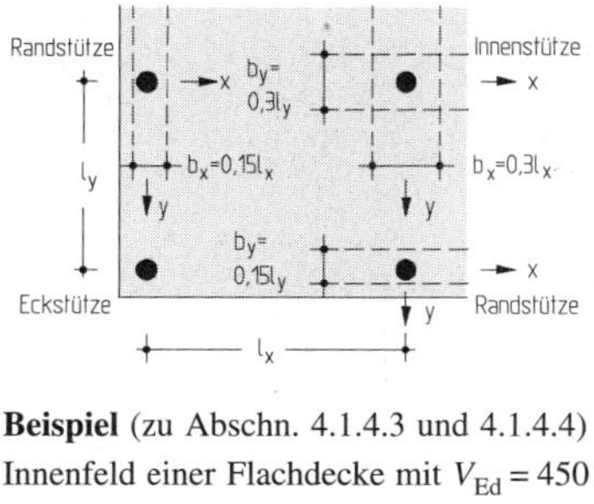

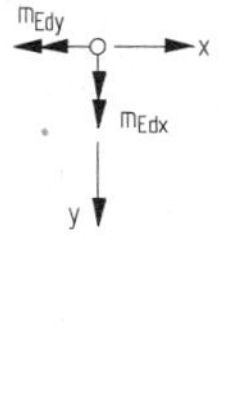

Biegemomente m_{Edx} und m_{Edy} in Platten-Stützen-Verbindungen bei ausmittiger Belastung und mitwirkender Plattenbreite zur Ermittlung der aufnehmbaren Biegemomente

Für den Nachweis der Mindestmomente dürfen nur die Bewehrungsstäbe berücksichtigt werden, die außerhalb der kritischen Querschnittsfläche verankert sind.

Beispiel (zu Abschn. 4.1.4.3 und 4.1.4.4)

Innenfeld einer Flachdecke mit $V_{Ed} = 450$ kN und vorgegebener Biegezugbewehrung (vgl. a. [5.80]).

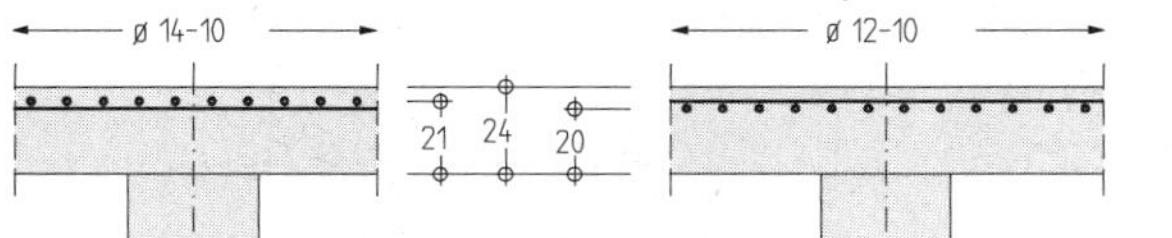

Baustoffe:
C 20/25; BSt 500

(untere Bewehrung – s. hierzu auch DIN 1045-1, 13.3.2 (12) – und Durchstanzbewehrung nicht dargestellt)

Mindestbewehrung und Mindestmomente

Bewehrung:

Biegebewehrungsgrad der zwei Richtungen x und y

x-Richtung: $\rho_{crit} = a_{sx} / d_x = 15{,}39/21 = 0{,}73\ \%$ ($a_{sx} = 15{,}39$ cm²/m bei ∅ 14-10)
y-Richtung: $\rho_{crit} = a_{sy} / d_y = 11{,}31/20 = 0{,}57\ \%$ ($a_{sy} = 11{,}31$ cm²/m bei ∅ 12-10)

Mindestmomente: (Nachweis nur für die – hier ungünstigere – y-Richtung)

$m_{Edy} \geq \eta \cdot V_{Ed} = -0{,}125 \cdot 450 = -56{,}3$ kNm/m
$\eta = 0{,}125$ für Innenstütze
$\mu_{Eds} = m_{Eds} / (b \cdot d^2 \cdot f_{cd}) = 0{,}0563 / (1{,}00 \cdot 0{,}20^2 \cdot 11{,}33) = 0{,}1242$
$\Rightarrow \omega = 0{,}1334$
$\min a_{sy} = \omega \cdot b \cdot d \cdot (f_{cd} / \sigma_{sd}) = 0{,}1334 \cdot 100 \cdot 20 \cdot (11{,}33/435) = 6{,}95$ cm²/m

Die Mindestbewehrung ist auf einer Breite $b_x = 0{,}3 \cdot l_x$ zu überprüfen.

Nachweis der Tragfähigkeit für Durchstanzen

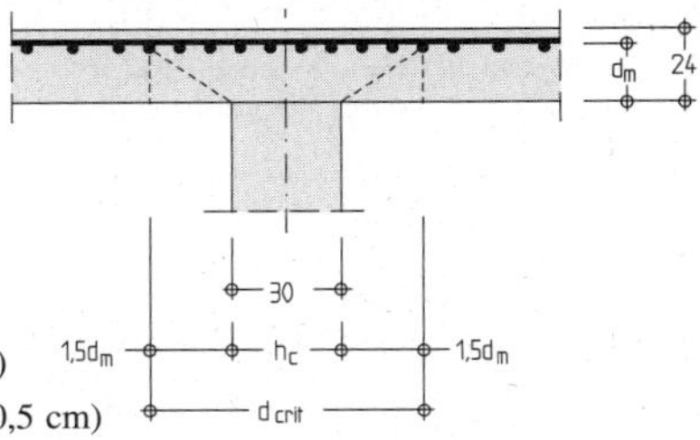

Bemessungsquerkraft v_{Ed}:

$v_{Ed} = V_{Ed} \cdot \beta / u$
$u = 4 \cdot 0{,}30 + 2 \cdot 1{,}5 \cdot 0{,}205 \cdot \pi = 3{,}13$ m
$v_{Ed} = 0{,}450 \cdot 1{,}05 / 3{,}13 = 0{,}151$ MN/m

Bemessungswiderstand:

$v_{Rd,ct} = [0{,}14 \cdot \eta_1 \cdot \kappa \cdot (100 \cdot \rho_l \cdot f_{ck})^{1/3}] \cdot d$ (für $\sigma_{cd} = 0$)
$\eta_1 = 1;\ \kappa = 1{,}99$ (für $d_m = 20{,}5$ cm)
$\rho_l = \sqrt{\rho_{lx} \cdot \rho_{ly}} = \sqrt{0{,}0073 \cdot 0{,}0057} = 0{,}0065 < \rho_{l,zul}$
$v_{Rd,ct} = 0{,}14 \cdot 1 \cdot 1{,}99 \cdot (100 \cdot 0{,}0065 \cdot 20)^{1/3} \cdot 0{,}205 = 0{,}134$ MN/m $< v_{Ed} = 0{,}151$ MN/m
$\Rightarrow$ Durchstanzbewehrung erforderlich.

Größter Durchstanzwiderstand bei Anordnung von Schubbewehrung:

$v_{Rd,max} = 1{,}5 \cdot v_{Rd,ct} = 1{,}5 \cdot 0{,}134 = 0{,}201$ MN/m $> v_{Ed} = 0{,}151$ MN/m
$\Rightarrow$ Ausführung mit Durchstanzbewehrung zulässig.

Ermittlung der Durchstanzbewehrung:

Es ist zunächst die Breite l_w festzulegen, auf der Durchstanzbewehrung benötigt wird. In einer Berechnung „von Hand" geschieht dies zweckmäßiger Weise iterativ (s. nachfolgende Tabelle).

l_w	$u_a = 4\,h_c + (3d + 2l_w)\pi$	$v_{Ed} = \beta \cdot V_{Ed} / u_a$	$\kappa_a = 1 - (0{,}29\,l_w / 3{,}5d)$	$v_{Rd,cta} = v_{Rd,ct} \cdot \kappa_a$
0,10	3,76	0,126	0,959	0,128

Im Abstand $(l_w + 1{,}5 \cdot d) = 0{,}10 + 0{,}31 = 0{,}41$ m vom Stützenrand ist der Nachweis $v_{Ed} \leq v_{Rd,cta}$ erfüllt, so dass dort keine Durchstanz- bzw. Schubbewehrung mehr erforderlich ist. Auf der Breite l_w ist Durchstanzbewehrung anzuordnen (damit ist theoretisch eine Reihe ausreichend).

Für lotrechte Bügel ergibt sich:

Erste Bügelreihe

$A_{sw} \geq (v_{Ed} - v_{Rd,ct}) \cdot u / (\kappa_s \cdot f_{yd})$
$u = 4 \cdot 0{,}30 + 2\pi \cdot (0{,}5 \cdot 0{,}205) = 1{,}84$ m (erste Nachweisstelle $0{,}5 \cdot d$ vom Stützenrand)
$v_{Ed} = 1{,}05 \cdot 0{,}450 / 1{,}84 = 0{,}257$ MN/m (Bemessungsschubkraft an der Nachweisstelle)
$\kappa_s = 0{,}7$ ($\kappa_s = 0{,}7$ für $d \leq 400$ mm)
$A_{sw} = (0{,}257 - 0{,}134) \cdot 1{,}84 / (0{,}7 \cdot 435) = 7{,}43 \cdot 10^{-4}\ m^2 = 7{,}43$ cm²

Zweite Bügelreihe

Es ist rechnerisch keine Bewehrung erforderlich. Es ist daher eine zweite Reihe mit Mindestbewehrung vorzusehen; mit $\min \rho_w = 0{,}7$ ‰, $s_w = 0{,}75 \cdot d$ und einem Abstand $(0{,}5 \cdot d + 0{,}75 \cdot d) = 0{,}256$ m der zweiten Bügelreihe vom Stützenrand erhält man

$A_{sw} \geq \rho_w \cdot s_w \cdot u = 0{,}00070 \cdot (0{,}75 \cdot 0{,}205) \cdot (4 \cdot 0{,}30 + 2 \cdot \pi \cdot 0{,}256) \cdot 10^4 = 3{,}02$ cm²

Für die bauliche Durchbildung ist Abschn. 5.4.3 zu beachten.

4.1.5 Grenzzustand der Tragfähigkeit infolge von Tragwerksverformungen
(Knicksicherheitsnachweis)

4.1.5.1 Unterscheidung zwischen unverschieblichen und verschieblichen Tragwerken

Rahmenartige Tragwerke gelten als unverschieblich, wenn ihre Nachgiebigkeit gering ist. Dieses gilt
- für hinreichend ausgesteifte Tragsysteme
- für nicht ausgesteifte Tragsysteme, wenn der Einfluss der Knotenverschiebungen vernachlässigbar ist (Auswirkungen ≤ 10 %).

Definition und rechnerische Nachweis der Unverschieblichkeit ausgesteifter Tragsystemen s. Abschn.3.2.

4.1.5.2 Ersatzlänge l_0 und Schlankheit λ

Die Schlankheit eines Druckglieds ergibt sich zu

$\lambda = l_0 / i$ $\quad i = \sqrt{I/A}$ Flächenträgheitsradius

$l_0 = \beta \cdot l_s$ Ersatzlänge (auch „Knick"-Länge)

mit β als Verhältnis der Ersatzlänge zur Stützenlänge l_{col}. In einfachen Fällen gelten für β folgende Werte:

	unverschieblich				verschieblich		
System (oben)	gelenkig	gelenkig	starr eingesp.	elast. eingesp.	frei	starr eingesp.	elast. eingesp.
System	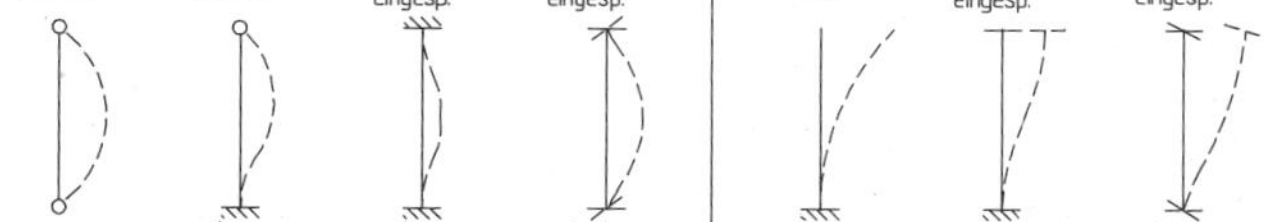						
System (unten)	gelenkig	starr eingesp.	starr eingesp.	elast. eingesp.		starr eingesp.	elast. eingesp.
β (theoretisch)	1,0	0,7	0,5	0,5 bis 1,0	2,0	1,0	1,0 bis ∞
β (realistisch)	1,0	0,76	0,59	0,59 bis 1,0	2,2	1,2	1,2 bis ∞

Die „realistischen" Beiwerte β berücksichtigen eine begrenzte Nachgiebigkeit der Einspannung ($k_1 = k_2 = 0{,}1$, s. u.)

Eine genauere Ermittlung der Ersatzlänge von Druckgliedern in regelmäßigen Rahmentragwerken kann mit nachfolgenden Nomogrammen erfolgen; s. [5.47]. Die Beiwerte k_1 und k_2 ergeben sich als Summe der Stabsteifigkeiten $\Sigma(EI_{col}/l_{col})$ aller an einem Knoten elastisch eingespannter Druckglieder im Verhältnis zur Summe der Drehwiderstandsmomente $\Sigma M_{R,i}$ infolge einer Knotendrehung φ (Einheitsdrehung $\varphi = 1$).

$k_i = \Sigma(EI_{col}/l_{col}) \,/\, \Sigma M_{R,i}$

Zur Berechnung der Ersatzlänge l_0 sollte für die Druckglieder die Steifigkeit des ungerissenen Betonquerschnitts, für die einspannenenden Riegel jedoch nur die halbe Steifigkeit berücksichtigt werden. Für die Beiwerte k_i sollten nach DAfStb-H. 525 keine kleineren Werte als 0,1 verwendet werden (vgl. a. [5.85]).

Für verschiebliche Rahmen sollte die vereinfachten Verfahren nur bei regelmäßigen Systemen mit geringen Schlankheiten angewendet werden.

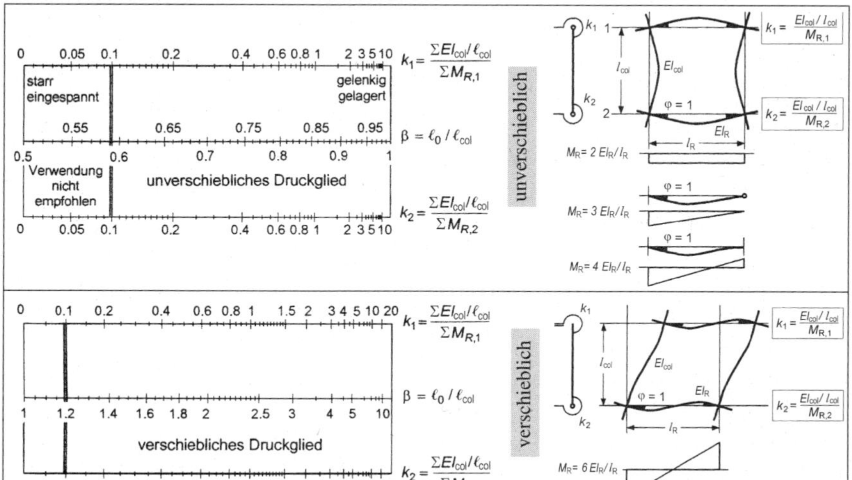

4.1.5.3 Vereinfachtes Bemessungsverfahren für Einzeldruckglieder

Einzeldruckglieder können sein (s. DIN 1045-1, 8.6.2 und Bild 8.3)

- einzelstehende Stützen (z. B. Kragstützen)
- schlanke, aussteifende Bauteile, die als Einzeldruckglieder betrachtet werden
- gelenkig oder biegesteif angeschlossene Stützen in einem unverschieblichen Tragwerk.

Abgrenzung zwischen schlanken und gedrungenen Druckgliedern

Verzicht auf eine Untersuchung am verformten System (kein Nachweis der Knicksicherheit), falls geringer Einfluss der Zusatzmomente nach Theorie II. Ordnung. Hiervon kann ausgegangen werden, wenn eine der nachfolgenden Bedingungen erfüllt ist:

$\lambda_{crit} \leq 25$ (84.1a)

$\lambda_{crit} \leq \frac{16}{\sqrt{|\nu_{Ed}|}}$ (84.1b) mit $\nu_{Ed} = \frac{N_{Ed}}{A_c \cdot f_{cd}}$ (s. auch Darstellung S. 5.39)

Für Stützen in unverschieblichen Tragwerken, die zwischen den Stützenenden nicht durch Querlasten beansprucht werden, gilt außerdem

$\lambda_{crit} \leq 25 \cdot (2 - e_{01}/e_{02})$ (84.1c) mit $|e_{01}| \leq |e_{02}|$

Die Stützenenden sind jedoch mindestens zu bemessen für $N_{Rd} = N_{Ed}$ und $M_{Rd} \geq N_{Ed} \cdot h/20$.

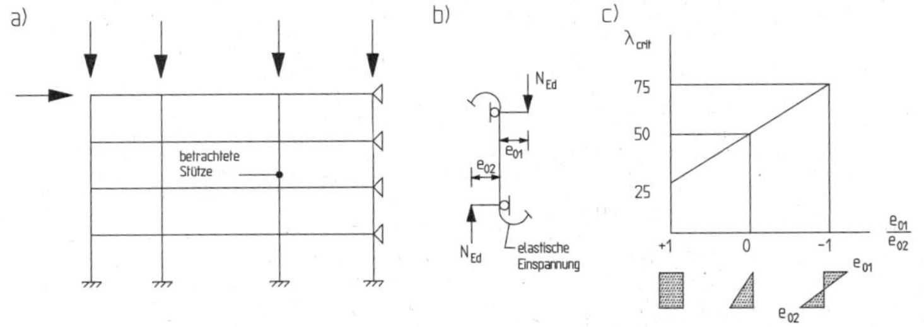

statisches Gesamtsystem idealisierte Stütze Grenzschlankheit λ_{crit} (s. Gl. (84.1c))

Für den Sonderfall der *beiseitig gelenkig gelagerten* Stütze gilt $\lambda_{crit} = 25$, auch wenn dies nur zur Rechenvereinfachung angenommen wird (z. B. Innenstützen durchlaufender Rahmen).

Modellstützenverfahren

Für schlanke Druckglieder dürfen die Auswirkungen nach Theorie II. Ordnung nach dem Modellstützenverfahren ermittelt werden. Es darf angewendet werden bei

- rechteck- oder kreisförmigen konstanten Querschnitten (Beton und Bewehrung)
- planmäßigen Lastausmitten $e_0 \geq 0{,}1 \cdot h$ (für $e_0 < 0{,}1 \cdot h$ liegt das Verfahren auf der sicheren Seite).

Die Modellstütze ist eine Kragstütze unter der Wirkung von Längskräften und Momenten, wobei am Stützenfuß das maximale Moment auftritt. Der Stabilitätsnachweis wird im kritischen Querschnitt am Fuß der Modellstütze mit der Krümmung (1/*r*) des Querschnitts erbracht.

Die zu berücksichtigende Gesamtbemessungsausmitte im Schnitt A beträgt

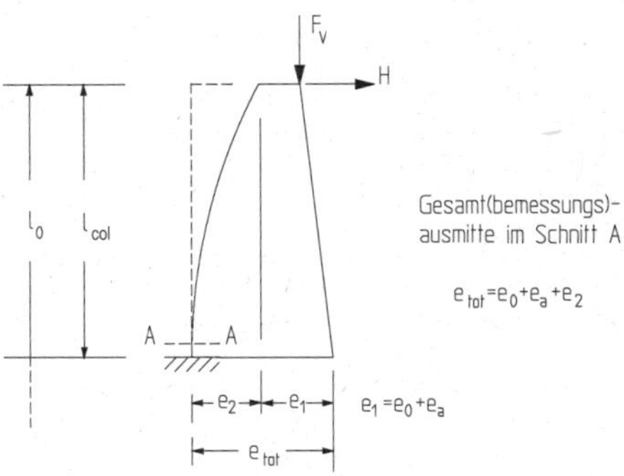

$$e_{tot} = e_0 + e_a + e_2 \quad (84.2)$$

e_0 Lastausmitte nach Theorie I. Ordnung; $e_0 = M_{Ed}/N_{Ed}$ (s. a. Gl. (85.1a) bis (85.1c))
e_a ungewollte zusätzliche Ausmitte nach Gl. (85.2)
e_2 Lastausmitte nach Theorie II. Ordnung; näherungsweise nach Gl. (85.3)

Eine Kriechausmitte darf i. d. R. vernachlässigt werden, wenn die Stützen an beiden Enden monolithisch mit lastabtragenden Bauteilen verbunden sind oder bei verschieblichen Tragwerken die Schlankheit des Druckgliedes $\lambda < 50$ und gleichzeitig die bezogene Lastausmitte $e_0/h > 2$ ist.

Lastausmitte e_0

allgemein: $\Rightarrow$ $e_0 = M_{Ed,0} / N_{Ed}$ (85.1a)

für unverschieblich gehaltene Stützen ohne Querlasten (s. nachf. Skizze):

bei $e_{01} = e_{02}$ (Fall a) $\Rightarrow$ $e_0 = e_{01} = e_{02}$ (85.1b)

bei $|e_{01}| \leq |e_{02}|$ (Fall b und c) $\Rightarrow$ $e_0 \geq 0{,}6 \cdot e_{02} + 0{,}4 \cdot e_{01}$ $\geq 0{,}4 \cdot e_{02}$ (85.1c)

(e_{01}, e_{02} mit Vorzeichen)

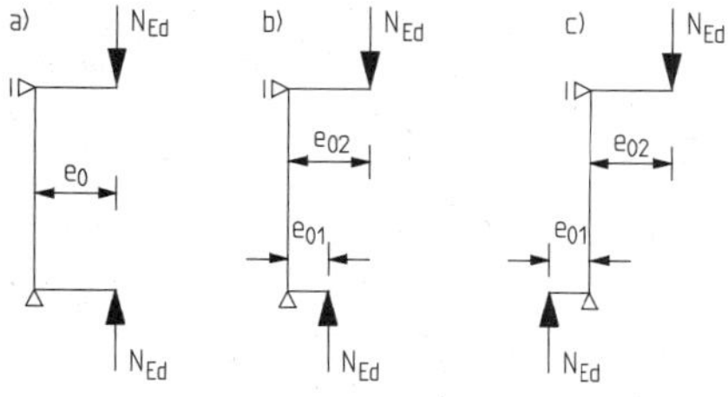

Imperfektionen e_a

zusätzliche Lastausmitte $\Rightarrow$ $e_a = \alpha_{a1} \cdot l_0 / 2$ (85.2)

mit $\alpha_{a1} = 1 / (100 \cdot \sqrt{l}) \leq 1/200$ mit $l = l_{col}$ (l_{col} in m).

Lastausmitte e_2

Ausmitte nach Theorie II. Ordnung $\Rightarrow$ $e_2 = K_1 \cdot 0{,}1 \cdot l_0^2 \cdot (1/r)$ (85.3)

$K_1 = (\lambda/10) - 2{,}5$ für $25 \leq \lambda \leq 35$

$K_1 = 1$ für $\lambda > 35$

$1/r$ Stabkrümmung im maßgebenden Schnitt; näherungsweise gilt:

$(1/r) = 2 \cdot K_2 \cdot \varepsilon_{yd} / (0{,}9 \cdot d)$ (85.4)

K_2 Beiwert zur Berücksichtigung der Krümmungsabnahme beim Anstieg der Längsdruckkräfte

$K_2 = (N_{ud} - N_{Ed})/(N_{ud} - N_{bal}) \leq 1$ (85.5)

N_{Ed} Bemessungswert der aufzunehmenden Längskraft

N_{ud} Längskrafttragfähigkeit für $M_{Ed} = 0$

$N_{ud} = f_{cd} \cdot A_c + f_{yd} \cdot A_s$

N_{bal} Längskrafttragfähigkeit für $M_{Ed} = M_{max}$

$N_{bal} \approx -0{,}40 \cdot f_{cd} \cdot A_c$ (für sym. bewehrte Rechtecke)

ε_{yd} Bemessungswert der Stahldehnung an der Streckgrenze: $\varepsilon_{yd} = f_{yd} / E_s$

Beispiel Unverschieblich gehaltene Stütze (ohne Knickgefahr senkrecht zur dargestellten Ebene) mit Bemessungsschnittgrößen

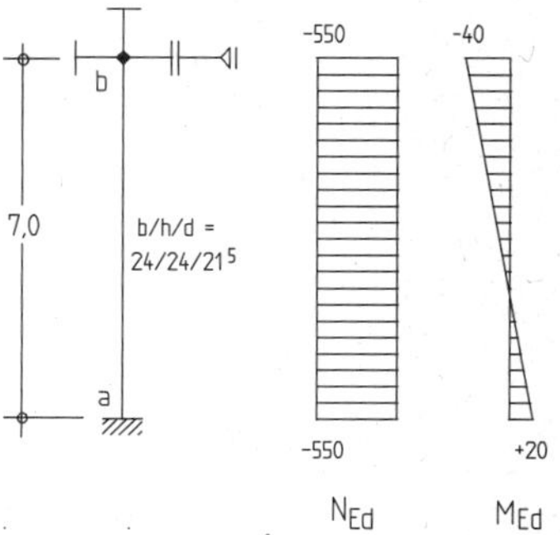

Einspanngrad

$k_1 = 0{,}10$
$k_2 = 0{,}55$ $\rightarrow \beta = 0{,}68$ (s. Pkt. 4.1.5.2)

Baustoffe: C20/25; BSt 500

Schlankheit $l_0 = \beta \cdot l_{col} = 0{,}68 \cdot 7{,}0 = 4{,}76$ m

$\lambda_{eff} = l_0 / i = 476 / (0{,}289 \cdot 24) = 69$

$\lambda_{lim} = 25 \cdot (2 - 20/(-40)) = 63 < 69$

$\Rightarrow$ KSNW erforderlich

Gesamtausmitte

$e_{tot} = e_0 + e_a + e_2$

$e_0 = 0{,}60 \cdot e_{02} + 0{,}4 \cdot e_{01} \geq 0{,}4 \cdot e_{02}$

$= (-0{,}60 \cdot 40 + 0{,}40 \cdot 20) / (-550) = 0{,}029$ m

$\geq (-0{,}4 \cdot 40) / (-550) = 0{,}029$ m

$e_a = \alpha_{a1} \cdot l_0 / 2 = 1/(100 \cdot \sqrt{7{,}00}) \cdot (4{,}76/2) = 0{,}009$ m

$e_2 = K_1 \cdot 0{,}1 \cdot l_0^2 \cdot (2 \cdot K_2 \cdot \varepsilon_{yd} / 0{,}9 \cdot d)$

$K_2 = 1$ (sichere Seite)

$e_2 = 1 \cdot 0{,}1 \cdot 4{,}76^2 \cdot 2 \cdot 1 \cdot 0{,}0022 / (0{,}9 \cdot 0{,}215)$

$= 0{,}052$ m

$e_{tot} = 0{,}029 + 0{,}009 + 0{,}052 = 0{,}090$ m

Bemessungsschnittgrößen:

im kritischen Schnitt: $N_{Ed} = -550$ kN; $M_{Ed} = 0{,}090 \cdot 550 = 50$ kNm

Zusätzlich ist eine Bemessung am Stützenkopf bzw. Stützenfuß ohne Zusatzmomente nach Theorie II. Ordnung zu überprüfen; im vorliegenden Fall werden diese Stellen nicht maßgebend.

4.1.5.4 Stützen, die nach zwei Richtungen ausweichen können

Für Stützen, die nach zwei Richtungen ausweichen können, ist i. Allg. ein Nachweis für schiefe Biegung mit Längsdruck zu führen.

Getrennte Nachweise

Für Druckglieder mit Rechteckquerschnitt sind getrennte Nachweise in Richtung der beiden Hauptachsen *y* und *z* zulässig, wenn das Verhältnis der bezogenen Lastausmitten e_y/b und e_z/h eine der nachfolgenden Bedingungen erfüllt:

$$(e_{0z}/h)\ /\ (e_{0y}/b) \leq 0{,}2 \quad \textit{oder} \qquad (86.1a)$$

$$(e_{0y}/b)\ /\ (e_{0z}/h) \leq 0{,}2 \qquad (86.1b)$$

e_{0y}, e_{0z} Lastausmitten nach Theorie I. Ordnung in *y*- bzw. *z*-Richtung

(Der Lastangriff der resultierenden Längskraft N_{Ed} liegt dann innerhalb des schraffierten Bereichs in Abb.5.86a)

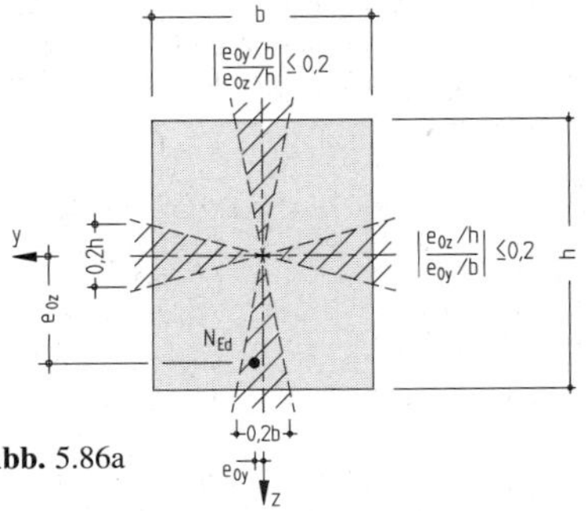

Abb. 5.86a

Getrennte Nachweise mit reduzierter Breite

Getrennte Nachweise sind bei $e_{0z} > 0{,}2\ h$ nur dann zulässig, wenn der Nachweis in Richtung der schwächeren Achse *y* mit einer reduzierten Breite h_{red} geführt wird. Der Wert h_{red} darf für eine linearen Spannungsverteilung nach Zustand I bestimmt werden:

$$\frac{N_{Ed}}{A_c} - \frac{N_{Ed} \cdot e}{I_{cy}} \cdot (h_{red} - 0{,}5 \cdot h) \stackrel{!}{=} 0$$

mit I_{cy} als Flächenmoment 2. Grades von A_c. Für Rechteckquerschnitte ergibt sich hieraus unmittelbar

$$h_{red} = 0{,}5 \cdot h + h^2 / (12 \cdot e) \leq h \qquad (86.2)$$

e Ausmitte: $e = e_{0z} + e_{az}$

e_{0z} planmäßige Lastausmitte in *z*-Richtung

e_{az} ungewollte Lastausmitte in *z*-Richtung

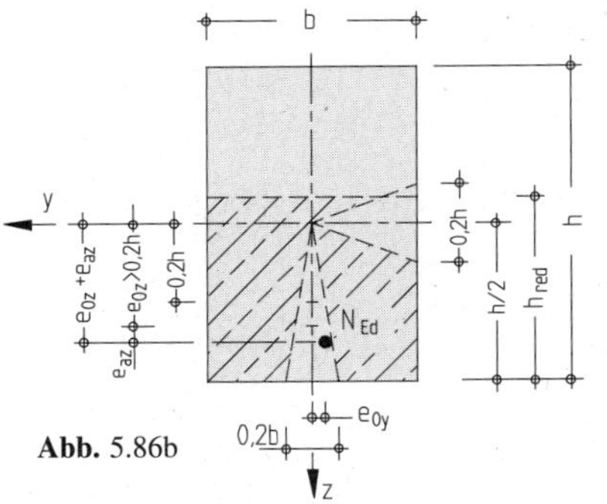

Abb. 5.86b

Gl. (86.2) gilt für Biegung mit Längsdruck, wenn *e* bzw. e_{0z} und e_{az} als Absolutwert eingesetzt werden. Die Bedingungen für getrennte Nachweise mit reduzierter Breite h_{red} sind in Abb. 5.86b dargestellt.

Beispiel

Fertigteilstütze mit Belastung aus Wind W_k und in z-Richtung exzentrischen Längskräften infolge Eigenlasten N_{gk} und Schneelasten N_{qk} (Lage des Bauwerks über NN + 1000 m); s. Abb. Die Stütze kann in Richtung beider Hauptachsen ausweichen.

Gesucht ist der Tragfähigkeitsnachweis unter Berücksichtigung von Zusatzverformungen nach Theorie II. Ordnung.

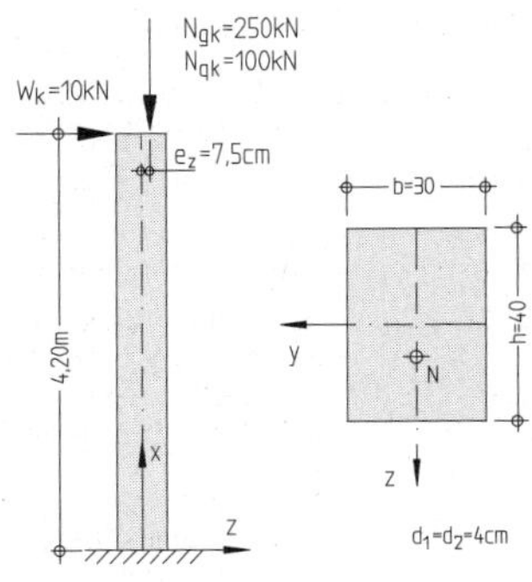

Baustoffe

Beton	C35/45	⇒	$f_{ck} = 35{,}0$ MN/m² $f_{cd} = 19{,}8$ MN/m²
Betonstahl	BSt 500	⇒	$f_{yk} = 500$ MN/m² $f_{yd} = 435$ MN/m²

Schnittgrößen nach Theorie I. Ordnung

Es müssen mindestens die nachfolgenden zwei Kombinationen untersucht werden (Biegemomente jeweils um *y*-Achse; Längskräfte absolut dargestellt). Mit $\psi_0 = 0{,}6$ für Wind und $\psi_0 = 0{,}7$ für Schnee:

Komb. 1: $N_{Ed} = 1{,}35 \cdot 250 + 1{,}50 \cdot 100 + 1{,}50 \cdot 0{,}6 \cdot 0 = 487{,}5$ kN

$M_{Ed} = 1{,}35 \cdot 250 \cdot 0{,}075 + 1{,}50 \cdot 100 \cdot 0{,}075 + 1{,}50 \cdot 0{,}6 \cdot 10 \cdot 4{,}20 = 74{,}4$ kNm

Komb. 2: $N_{Ed} = 1{,}35 \cdot 250 + 1{,}50 \cdot 0 + 1{,}50 \cdot 0{,}7 \cdot 100 = 442{,}5$ kN

$M_{Ed} = 1{,}35 \cdot 250 \cdot 0{,}075 + 1{,}50 \cdot 10 \cdot 4{,}20 + 1{,}50 \cdot 0{,}7 \cdot 100 \cdot 0{,}075 = 96{,}2$ kNm

Falls Eigenlasten und Schnee günstig wirken, ist außerdem eine Kombination mit $\gamma_G = 1{,}0$ zu untersuchen (die Schneelast bleibt dann unberücksichtigt). Der Berechnungsablauf wird nur für die Komb. 2 gezeigt.

Da $(e_{0y}/b)/(e_{0z}/h) = 0 < 0{,}2$ ist, dürfen die Nachweise getrennt für beide Richtungen geführt werden.

Knicken in z-Richtung

Nachweisverfahren

$\lambda = l_0/i = 2{,}2 \cdot 4{,}20/(0{,}289 \cdot 0{,}40) = 80 < 140$

$\uparrow\ l_0 = \beta \cdot l_{col} = 2{,}2 \cdot 4{,}20$ m (s. S. 5.83)

Gesamtausmitte

$e_{tot} = e_0 + e_a + e_2$

$e_0 = 96{,}2/442{,}5 = 0{,}217$ m

$e_a = 1/(100 \cdot \sqrt{4{,}2}) \cdot (2{,}2 \cdot 4{,}20/2) = 0{,}022$ m

($l_s = 4{,}20$ m; s. S. 5.86)

$e_2 = 1 \cdot 0{,}1 \cdot 9{,}24^2 \cdot (2 \cdot 1 \cdot 0{,}0022)/(0{,}9 \cdot 0{,}36) = 0{,}116$ m

$e_{tot} = 0{,}217 + 0{,}022 + 0{,}116 = 0{,}355$ m

Kriechausmitte

Die Kriechausmitte e_c kann z. B. nach [5.42] ermittelt werden. Es wird angenommen:

$e_c = 0{,}011$ m

Maßgebende Ausmitte

$e = e_{tot} + e_c = 0{,}355 + 0{,}011 = 0{,}366$ m

Wirksame Breite b

Eine Reduzierung der Breite b ist nur für den Nachweis um die schwächere Hauptachse (s. rechts) erforderlich.

$b = 0{,}30$ m

Bemessung

$N_{Ed} = -442{,}5$ kN

$M_{Ed} = 0{,}366 \cdot 442{,}5 = 162$ kNm

$\nu_{Ed} = -0{,}4425/(0{,}30 \cdot 0{,}40 \cdot 19{,}8) = -0{,}186$

$\mu_{Ed} = 0{,}162/(0{,}30 \cdot 0{,}40^2 \cdot 19{,}8) = 0{,}170$

$\Rightarrow \omega_{tot} = 0{,}23$ (s. Abschn. 6, Tafel 5b)

$A_{s,tot} = 0{,}23 \cdot 40 \cdot 30/(435/19{,}8) = 12{,}6\ \text{cm}^2$

gew.: 2 ⌀ 20 je Seite

Knicken in y-Richtung

Nachweisverfahren

$\lambda = l_0/i = 2{,}2 \cdot 4{,}20/(0{,}289 \cdot 0{,}30) = 107 < 140$

$\uparrow\ l_0 = \beta \cdot l_{col} = 2{,}2 \cdot 4{,}20$ m (s. S. 5.83)

Gesamtausmitte

$e_{tot} = e_0 + e_a + e_2$

$e_0 = 0$

$e_a = 0{,}022$ m (wie links)

$e_2 = 1 \cdot 0{,}1 \cdot 9{,}24^2 \cdot (2 \cdot 1 \cdot 0{,}0022)/(0{,}9 \cdot 0{,}26) = 0{,}161$ m

$e_{tot} = 0 + 0{,}022 + 0{,}161 = 0{,}183$ m

Kriechausmitte

Berechnung der Kriechausmitte z. B. nach [5.42] (mit der ungewollten Ausmitte). Es sei:

$e_c = 0{,}004$ m

Maßgebende Ausmitte

$e = e_{tot} + e_c = 0{,}183 + 0{,}004 = 0{,}187$ m

Wirksame Breite h_{red}

$e_{0z} = 96{,}2/442{,}5 = 0{,}217\ \text{m} > 0{,}2 \cdot 0{,}40 = 0{,}08$ m

$\Rightarrow$ Reduzierung der Breite h auf h_{red}

$h_{red} = 0{,}5 \cdot h + h^2/(12 \cdot e)$

$e = e_{0z} + e_{az} = 0{,}217 + 0{,}022 = 0{,}239$ m

$h_{red} = 0{,}5 \cdot 0{,}40 + 0{,}40^2/(12 \cdot 0{,}239) = 0{,}26$ m

Bemessung

$N_{Ed} = -442{,}5$ kN

$M_{Ed} = 0{,}187 \cdot 442{,}5 = 83$ kNm

$\nu_{Ed} = -0{,}4425/(0{,}26 \cdot 0{,}30 \cdot 19{,}8) = -0{,}29$

$\mu_{Ed} = 0{,}083/(0{,}26 \cdot 0{,}30^2 \cdot 19{,}8) = 0{,}179$

$\Rightarrow \omega_{tot} = 0{,}21$ (s. Abschn. 6, Tafel 5c)

$A_{s,tot} = 0{,}21 \cdot 26 \cdot 30/(435/19{,}8) = 7{,}5\ \text{cm}^2$

gew.: 2 ⌀ 20 je Seite

Bewehrung: Nach [5.26] dürfen die Bewehrungsstäbe in beiden Richtungen mit ihren jeweiligen Hebelarmen berücksichtigt werden. Unter dieser Voraussetzung genügt damit 1 ⌀ 20 je Ecke.

Hinweis: Zusätzlich ist ggf. eine Regelbemessung für schiefe Biegung mit Achsdruck erforderlich.

4.1.5.5 Direkte Bemessung von Stützen mit Bemessungshilfen

Auf der Grundlage des Modellstützenverfahrens sind Bemessungshilfen entwickelt worden, die die Berechnung der Krümmung nach Abschn. 4.1.5.3, Gl. (85.3) bis (85.5) exakt berücksichtigen (s. Abschn. 6, Tafeln 10 bis 12). Bezüglich der Ausgangsdaten, der Anwendungsgrenzen und weiterer Erläuterungen wird auf [5.83] verwiesen, Hintergründe sind ausführlich in [5.61], [5.85] u. a. erläutert.

Beispiel

Stütze nach Abschn. 4.1.5.4, Komb. 2. Es wird nur das maßgebende Knicken in z-Richtung betrachtet.

Maßgebende Tafel: $d_1/h = 0{,}10$, $\lambda = 80$ → Tafel 10a

Tafeleingangswerte: Es werden die Schnittgrößen nach Theorie I. Ordnung benötigt; eine ungewollte Ausmitte und eine Kriechausmitte müssen jedoch zusätzlich erfasst werden.

$N_{Ed} = -442{,}5$ kN

$M_{Ed} = 96{,}2 + (0{,}022 + 0{,}011) \cdot 442{,}5 = 110{,}8$ kNm

$\nu_{Ed} = -0{,}4425/(0{,}30 \cdot 0{,}40 \cdot 19{,}8) = -0{,}19$

$\mu_{Ed} = 0{,}1108/(0{,}30 \cdot 0{,}40^2 \cdot 19{,}8) = 0{,}12$

Ablesung (für $\lambda = 80$) $\omega_{tot} = 0{,}24$ → $A_{s,tot} = \omega_{tot} \cdot A_c/(f_{yd}/f_{cd}) = 0{,}24 \cdot 40 \cdot 30/22{,}0 = 13{,}0\ \text{cm}^2$

4.1.5.6 Kippen schlanker Träger

Die Sicherheit von schlanken Trägern gegen seitliches Ausweichen ist nachzuweisen. Sie darf als ausreichend angenommen werden, wenn nachfolgende Bedingung erfüllt ist:

$$b \geq \sqrt[4]{\left(\frac{l_{0t}}{50}\right)^3 \cdot h} \qquad (88.1)$$

mit l_{0t} als Länge des Druckgurts zwischen den seitlichen Abstützungen, h als Gesamthöhe des Trägers und mit b als Breite des Druckgurts. Schlanke Fertigteilträger müssen während des Anhebens, Transports und der Montage gegen seitliches Ausweichen ausreichend gesichert sein.

Falls die Bedingungen der Gl. (88.1) nicht eingehalten sind, muss ein genauerer Nachweis geführt werden. Die Nachweisführung muss eine unbeabsichtigte ausmittige Auflagerung berücksichtigen.

Die Auflagerung ist so zu bemessen, dass sie mindestens ein Moment

$$T_{Ed} = V_{Ed} \cdot l_{eff}/300 \qquad (88.2)$$

aufnehmen kann, mit l_{eff} als wirksame Stützweite des Trägers und V_{Ed} als Bemessungswert der senkrechten Auflagerkraft (DIN 1045-1, Abschn. 8.6.8).

4.1.5.7 Unbewehrte Stützen und Wände

Schlankheit von Einzeldruckgliedern und Wänden

Die Schlankheit eines Einzeldruckglieds oder einer Wand ergibt sich aus $\lambda = l_0 / i$ mit i als Trägheitsradius und l_0 als Ersatzlänge (Knicklänge); es ist

$l_0 = \beta \cdot l$ mit l Höhe (Länge) des Druckglieds

Der Beiwert β kann wie folgt angenommen werden:

- (Pendel)-Stütze $\beta = 1$
- Kragstützen und -wände $\beta = 2$
- zwei-, drei- und vierseitig gehaltene Wände: β gem. Tabelle mit $l = l_w$ (nach ENV 1992-1-6)[1)]

Beiwert β [1)]

zweiseitig gehaltene Wand	dreiseitig gehaltene Wand	vierseitig gehaltene Wand	
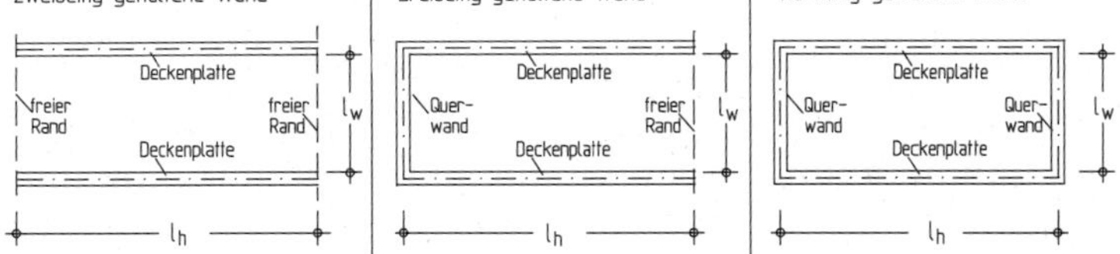			
		$l_w \leq l_h$	$l_w > l_h$
$\beta = 1{,}0$ *) (für alle Verhältnisse $\frac{l_w}{l_h}$)	$\beta = \frac{1}{1+\left(\frac{l_w}{3 \cdot l_h}\right)^2}$	$\beta = \frac{1}{1+\left(\frac{l_w}{l_h}\right)^2}$	$\beta = \frac{1}{2 \cdot \left(\frac{l_w}{l_h}\right)}$

*) Der Beiwert darf bei zweiseitig gehaltenen Wänden auf $\beta = 0{,}85$ vermindert werden, die am Kopf- und Fußende durch Ortbeton und Bewehrung biegesteif angeschlossen sind, sodass die Randmomente vollständig aufgenommen werden können.

Voraussetzungen für die Anwendung der Tafel [1)]

- Die Wand darf keine Öffnungen aufweisen, deren Höhe $^1/_3$ der lichten Wandhöhe oder deren Fläche $^1/_{10}$ der Wandfläche überschreitet. Andernfalls sollten bei drei- und vierseitig gehaltenen Wänden die zwischen den Öffnungen liegenden Teile als zweiseitig gehalten angesehen und entsprechend bemessen werden.
- Die Quertragfähigkeit darf durch Schlitze oder Aussparungen nicht beeinträchtigt werden (andernfalls sind die β-Werte angemessen zu vergrößern).
- Die Querwände dürfen nur dann als aussteifend angesehen werden, wenn
  - die Gesamtdicke $\leq 0{,}5\,h_w$ ist (mit h_w als Gesamtdicke der ausgesteiften Wand),
  - sie die gleiche Höhe l_w wie die ausgesteifte Wand besitzen,
  - ihre Länge l_{ht} mindestens $l_w/5$ der lichten Höhe l_w der ausgesteiften Wand beträgt,
  - innerhalb der Länge l_{ht} der Querwand keine Öffnungen vorhanden sind.

Klaffende Fuge

Für stabförmige unbewehrte Bauteile mit Rechteckquerschnitt ist die Ausmitte der Längskraft in der maßgebenden Einwirkungskombination des Grenzzustandes der Tragfähigkeit auf $e_d/h < 0{,}4$ zu begrenzen.

1) Angaben aus ENV 1992-1-6; s. a. DAfStb-Heft 525.

Grenzschlankheiten λ

Nach DIN 1045-1, 8.6.7 sind Druckglieder aus unbewehrtem Beton stets als schlanke Bauteile zu betrachten. Ein *Verzicht auf eine Untersuchung am verformten System* (d. h. Vernachlässigung des Einflusses der Zusatzausmitte nach Theorie II. Ordnung) ist jedoch gestattet bei Schlankheiten

$$\lambda \leq 8{,}5 \text{ bzw. } l_0/h \leq 2{,}5 \quad (89.1)$$

Die *größte zulässige Schlankheit* für unbewehrte Ortbetonwände und -einzeldruckglieder beträgt:

$$\lambda \leq 85 \text{ bzw. } l_0/h \leq 25 \quad (89.2)$$

Vereinfachtes Bemessungsverfahren für unbewehrte Wände und Einzeldruckglieder

Die aufnehmbare Längskraft $N_{\mathrm{Rd},\lambda}$ von schlanken Stützen oder Wänden in *unverschieblichen* Tragwerken kann ermittelt werden aus

$$N_{\mathrm{Rd},\lambda} = -b \cdot h \cdot f_{\mathrm{cd}} \cdot \Phi$$

$$\Phi = 1{,}14 \cdot (1 - 2 \cdot e_{\mathrm{tot}}/h) - 0{,}020 \cdot l_0/h \qquad \text{mit } 0 \leq \Phi \leq 1 - 2 \cdot e_{\mathrm{tot}}/h$$

$$e_{\mathrm{tot}} = e_0 + e_{\mathrm{a}} + e_{\varphi}$$

Φ Funktion zur Berücksichtigung der Auswirkungen nach Theorie II. Ordnung auf die Tragfähigkeit (s. nachfolgendes Diagramm)

e_0 Lastausmitte nach Theorie I. Ordnung unter Berücksichtigung von Momenten infolge einer Einspannung in anschließende Decken, infolge von Wind etc.

e_{a} ungewollte Lastausmitte; näherungsweise darf hierfür angenommen werden $e_{\mathrm{a}} = l_0/400$

e_{φ} Ausmitte infolge Kriechens; sie darf in der Regel vernachlässigt werden.

Traglastfunktion Φ
(für Rechteckquerschnitte)

Die ungewollte Ausmitte e_{a} ist von $\lambda = 0$ bis $\lambda = 85$ berücksichtigt (mit $e_{\mathrm{a}} = l_0/400$).

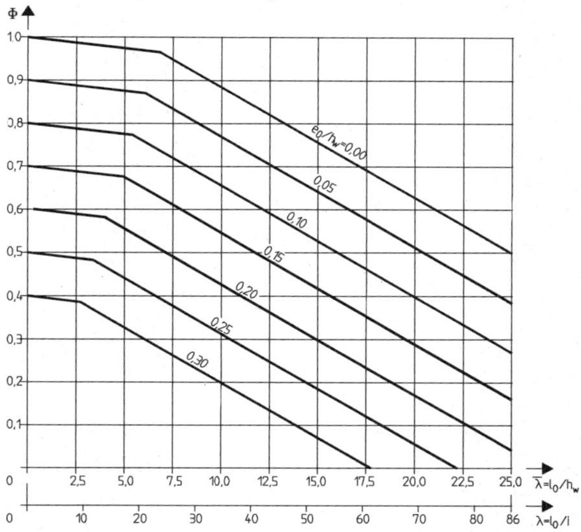

Beispiel (vgl. a. S. 5.70)

Zweiseitig gehaltene Stütze mit b/h = 30/40 cm und exzentrischer Belastung aus Eigenlast $N_{\mathrm{Gk}} = -300$ kN und Verkehrslast $N_{\mathrm{Qk}} = -150$ kN. Die Stütze soll nur in der dargestellten Ebene ausweichen können.

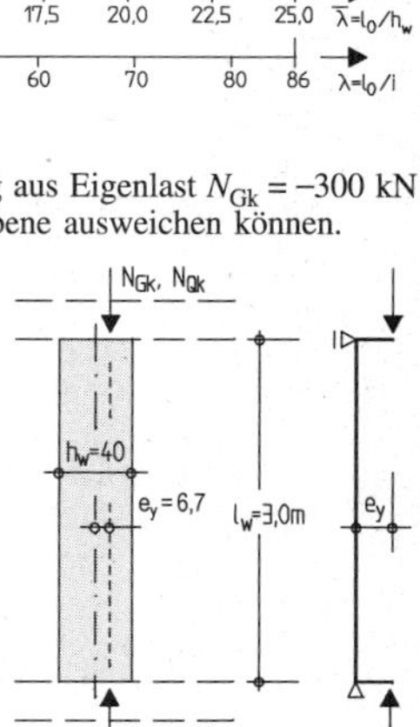

Baustoffe: Beton C20/25

Einwirkende Schnittgrößen nach Theorie I. Ordnung

$$N_{\mathrm{Ed}} = -1{,}35 \cdot 0{,}300 - 1{,}50 \cdot 0{,}150 = -0{,}630 \text{ MN}$$

$$M_{\mathrm{Ed}} = 0{,}630 \cdot 0{,}067 = 0{,}042 \text{ MNm}$$

Schlankheit

$$\lambda_{\mathrm{eff}} = l_0 / i = \beta \cdot l_{\mathrm{w}} / i = 1{,}0 \cdot 3{,}00 / (0{,}289 \cdot 0{,}40) = 26 < \lambda_{\mathrm{lim}} = 85$$

Wegen $\lambda_{\mathrm{eff}} > 8{,}5$ sind Ausmitten nach Th. II. O. zu berücksichtigen.

Aufnehmbare Längsdruckkraft $N_{\mathrm{Rd},\lambda}$

$$N_{\mathrm{Rd},\lambda} = -b \cdot h \cdot f_{\mathrm{cd}} \cdot \Phi$$

$\Phi \approx 0{,}56$ (s. Abb. oben für $\lambda = 26$ bzw. $l_0/h = 7{,}5$ und $e_0/h = 0{,}167$)

$$N_{\mathrm{Rd},\lambda} = -0{,}30 \cdot 0{,}40 \cdot (0{,}85 \cdot 20/1{,}8) \cdot 0{,}56 = -0{,}634 \text{ MN}$$

Nachweis der Tragfähigkeit

$|N_{\mathrm{Ed}}| = 630 \text{ kN} < |N_{\mathrm{Rd},\lambda}| = 634 \text{kN} \rightarrow$ Tragfähigkeit ist gegeben.

4.1.6 Nachweis gegen Ermüdung

Grundsätzliches

Tragende Bauteile, die beträchtlichen Spannungsänderungen unter nicht vorwiegend ruhenden Einwirkungen unterworfen sind, müssen gegen Ermüdung bemessen werden. Der Nachweis ist getrennt für Beton und Stahl zu führen. *Für Tragwerke des üblichen Hochbaus braucht im Allgemeinen kein Nachweis gegen Ermüdung geführt zu werden.* Für Leichtbeton sind gesonderte Betrachtungen erforderlich.

Die Ermittlung der Spannungen muss unter Vernachlässigung der Zugfestigkeit des Betons auf der Grundlage gerissener Querschnitte erfolgen. Das Verhältnis der E-Moduln darf vereinfachend zu $\alpha_e = 10$ angenommen werden. Bei vorgespannten Tragwerken darf das unterschiedliche Verbundverhalten von Beton- und Spannstahl berücksichtigt werden durch Erhöhung der Betonstahlspannung mit dem Faktor

$$\eta = \frac{A_s + A_p}{A_s + A_p \cdot \xi_1}$$ (weitere Erläuterungen und Ermittlung von ξ_1 s. Abschn. 4.2.2.3)

Bei Bauteilen mit Querkraftbewehrung sind die Kräfte in der Bewehrung und im Beton auf der Grundlage eines Fachwerkmodells zu ermitteln. Die Spannungsschwingbreite für die Querkraftbewehrung darf mit einer Druckstrebenneigung $\tan \vartheta_{fat} = \sqrt{\tan \vartheta}$ mit ϑ nach Abschn. 4.1.2 ermittelt werden.

Nachfolgend wird nur der vereinfachte Nachweis nach DIN 1045-1, 10.8.4 dargestellt.

Vereinfachtes Nachweisverfahren

Der Nachweis wird mit den *Einwirkungskombinationen des Grenzzustandes der Gebrauchstauglichkeit* entsprechend Abschnitt 2.1.3 geführt (obwohl der Nachweis den Grenzzuständen der Tragfähigkeit zuzuordnen ist). Der Nachweis gilt als erfüllt, wenn in der häufigen Einwirkungskombination die Spannungsschwankungen bzw. die Ober- und Untergrenze der Spannungen folgende Grenzwerte nicht überschreiten:

- Ungeschweißte Bewehrungsstäbe unter Zugbeanspruchung:

  $\Delta\sigma_s \leq 70$ N/mm²

- Geschweißte Betonstähle oder Spanngliedkopplungen:

  $\sigma_{c,frequ} \leq 0$ (in diesen Bereichen muss unter der häufigen Einwirkungskombination der Querschnitt vollständig unter Druckbeanspruchung stehen)

  Eine Vorspannkraft darf bei diesem Nachweis nur mit 75 % des Mittelwertes der Vorspannkraft $P_{m,t}$ berücksichtigt werden.

- Beton unter Druckbeanspruchung:

  $$\frac{|\sigma_{cd,max}|}{f_{cd,fat}} \leq 0{,}5 + 0{,}45 \cdot \frac{|\sigma_{cd,min}|}{f_{cd,fat}} \begin{cases} \leq 0{,}9 \text{ bis C50/60 oder LC50/55} \\ \leq 0{,}8 \text{ ab C55/67 oder LC55/60} \end{cases}$$

  Dabei ist

  $\sigma_{cd,max}$ Bemessungswert der max. Betondruckspannung (unter häufiger Einwirkungskombination)
  $\sigma_{cd,min}$ Bemessungswert der min. Betondruckspannung (am Ort von $\sigma_{cd,max}$); bei Zugspannungen ist $\sigma_{cd,min} = 0$ zu setzen.

  $f_{cd,fat} = \beta_{cc}(t_0) \cdot f_{cd} \cdot (1 - 0{,}004 \cdot f_{ck})$ (modifizierte Betondruckfestigkeit)

  $\beta_{cc}(t_0) = e^{0{,}2 \cdot (1 - \sqrt{28/t_0})}$ (Beiwert für die Nacherhärtung)

  t_0 Zeitpunkt der Erstbelastung des Betons in Tagen

- Beton unter Querkraftbeanspruchung bei Bauteilen mit Querkraftbewehrung:

  Der Nachweis für Beton unter Druckbeanspruchung gilt auch für die Druckstrebe von querkraftbeanspruchten Bauteilen mit Querkraftbewehrung; die Betondruckfestigkeit $f_{cd,fat}$ ist dann jedoch zusätzlich mit α_c nach Abschnitt 4.1.2 abzumindern.

- Beton unter Querkraftbeanspruchung bei Bauteilen ohne Querkraftbewehrung:

  – für $\frac{V_{Ed,min}}{V_{Ed,max}} \geq 0$: $\frac{|V_{Ed,max}|}{|V_{Rd,ct}|} \leq 0{,}5 + 0{,}45 \cdot \frac{|V_{Ed,min}|}{|V_{Rd,ct}|} \begin{cases} \leq 0{,}9 \text{ bis C50/60 oder LC50/55} \\ \leq 0{,}8 \text{ ab C55/67 oder LC55/60} \end{cases}$

  – für $\frac{V_{Ed,min}}{V_{Ed,max}} < 0$: $\frac{|V_{Ed,max}|}{|V_{Rd,ct}|} \leq 0{,}5 - \frac{|V_{Ed,min}|}{|V_{Rd,ct}|}$

  mit $V_{Ed,max}$ Bemessungswert der maximalen Querkraft unter häufiger Einwirkungskombination
  $V_{Ed,min}$ Bemessungswert der minimalen Querkraft (am Ort von $V_{Ed,max}$)
  $V_{Rd,ct}$ Bemessungswert der aufnehmbaren Querkraft nach Abschnitt 4.1.2

4.1.7 Stabwerkmodelle

Das in DIN 1045-1, 10.6 angegebene Berechungsverfahren mit Stabwerkmodellen eignet sich insbesondere für Scheibenbemessungen mit Diskontinuitäten von Geometrie und/oder Belastung (sog. „D-Bereiche"; vgl. [5.28]). Es wird auch auf Konsolen (siehe Abschn. 5.4.7) und auf D-Bereiche von Balken (Ausklinkungen u. Ä.) angewendet. Hierbei werden die Tragwerke bzw. Tragwerksteile durch Stabwerkmodelle dargestellt bzw. beschrieben, die aus

- Betondruckstreben und Zugstreben sowie
- verbindenden Knoten

bestehen. Stabwerkmodelle sollten sich in etwa an der Spannungsverteilung nach der linearen Elastizitätstheorie orientieren. Die Zugstreben müssen nach Lage und Richtung mit der zugehörigen Bewehrung übereinstimmen.

Bemessung der Betondruckstreben und Zugstreben

Die Druckstreben des Stabwerksmodells sind für Druck und Querzug zu bemessen. Die Querzugkraft F_{td} entsteht dabei aus der Einschnürung eines Druckfeldes an einem Knoten. F_{td} kann mit Hilfe eines *örtlichen* Stabwerkmodells bestimmt werden; sie ergibt sich im ungünstigsten Fall nach [5.28] bei *freier* Ausbreitung des Druckfeldes zu (s. a. S. 5.124)

$$F_{td} = 0{,}25 \cdot F_d \cdot (1 - 0{,}7\, a/h)$$

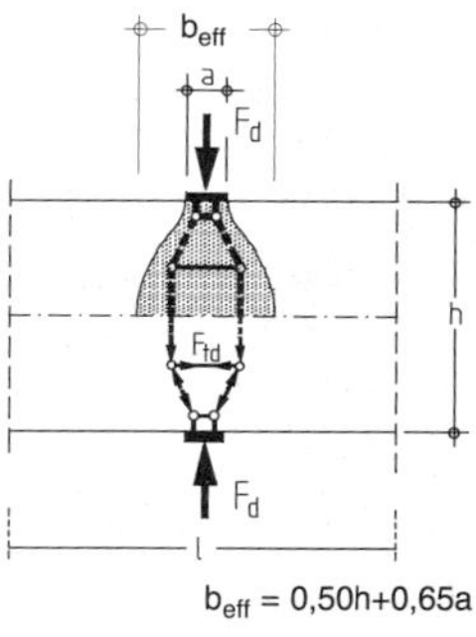

Der Bemessungswert der *Druckstrebenfestigkeit* ist wie folgt zu begrenzen:

$$\sigma_{Rd,max} = 1{,}00 \cdot \eta_1 \cdot f_{cd} \text{ für ungerissene Betondruckzonen}$$
$$\sigma_{Rd,max} = 0{,}75 \cdot \eta_1 \cdot f_{cd} \text{ bei Druckstreben parallel zu Rissen}$$

mit $\eta_1 = 1$ für Normalbeton (η_1 für Leichtbeton nach Tafel 5.32).

Bei Druckstreben mit kreuzenden Rissen können kleinere Werte erforderlich sein.*)

Bei Druckstreben, deren Druckfelder sich zu konzentrierenden Knoten hin stark einschnüren, erübrigen sich die Nachweise der Druckspannungen, wenn die angrenzenden Knoten nachgewiesen werden (s. nachfolgend „Bemessung der Knoten").

Für die Bewehrung der Zugstreben und zur Aufnahme der Querzugspannungen in Druckstreben ist der Bemessunsgwert der *Stahlspannung* bei Betonstahl auf $\sigma_s = f_{yk}/\gamma_s$ und bei Spannstahl auf $\sigma_p = f_{p0,1k}/\gamma_s$ zu begrenzen. Die Bewehrung ist bis zu den Knoten ungeschwächt durchzuführen. Die Verankerungslänge der Bewehrung beginnt im Druck-Zug-Knoten am Knotenanfang. Weitere Hinweise s. DIN 1045-1, 10.6.2.

Bemessung der Knoten

In konzentrierten Knoten sind die Druckspannungen wie folgt zu begrenzen:

- $\sigma_{Rd,max} = 1{,}10 \cdot \eta_1 \cdot f_{cd}$ in Druckknoten ohne Verankerung von Zugstreben
- $\sigma_{Rd,max} = 0{,}75 \cdot \eta_1 \cdot f_{cd}$ in Druck-Zug-Knoten mit Verankerungen von Zugstreben, wenn alle Winkel zwischen Druck- und Zugstreben mindestens 45° betragen (s. nebenstehende Abbildung; entnommen aus [5.81])

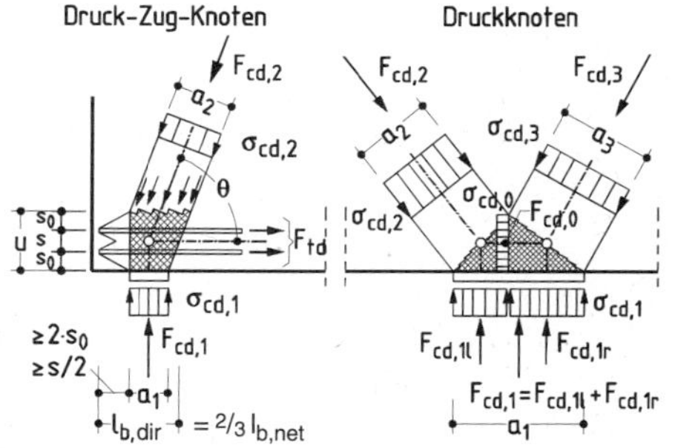

Bei Knoten mit Abbiegungen von Bewehrung (Rahmenecken o. Ä., siehe Abb. unten) ist der zulässige Biegerollendurchmesser nachzuweisen.*) Diese Regelungen gelten auch für Bereiche konzentrierter Krafteinleitung in Tragwerken, die in den übrigen Bereichen nicht mit Stabwerkmodellen berechnet werden.

Weitere Erläuterungen mit Beispielen vgl. [5.85], Band 2.

Nachweise für eine Teilflächenbelastung werden auf S. 5.124 behandelt.

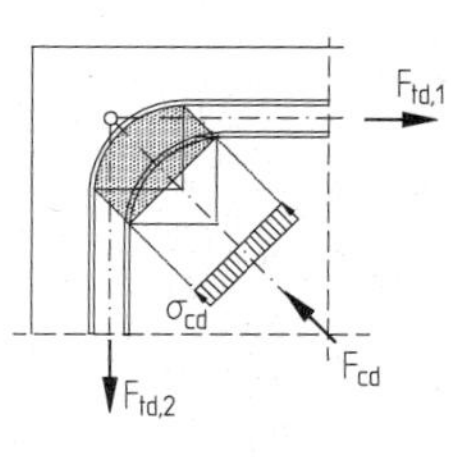

*) Bei einlagige Bewehrung Einhaltung des Biegerollenradius für abgebogene Stäbe nach Abschn. 5.2.1, bei mehrlagige Bewehrung rechnerischer Nachweis. Weitere Hinweise s.a. DAfStb-H. 525.

4.2 Grenzzustände der Gebrauchstauglichkeit

4.2.1 Begrenzung der Spannungen

4.2.1.1 Grundlagen

Durch große *Betondruckspannungen* im Gebrauchszustand entstehen Querzugspannungen in der Betondruckzone, die zu Rissen parallel zu der vorhandenen Längsbewehrung führen können. Durch diese Rissbildung wird die Dauerhaftigkeit von Stahlbeton- und Spannbetonbauteilen beeinträchtigt. Außerdem führen Betondruckspannungen unter den quasi-ständigen Einwirkungen, die etwa 45 % der charakteristischen Betonfestigkeit überschreiten, zu einer erhöhten Kriechverformung, bei der nicht mehr von einem proportionalen Zusammenhang zwischen den elastischen und den kriechbedingten Verformungen ausgegangen werden kann.

Stahlspannungen unter Gebrauchslasten oberhalb der Streckgrenze führen im Allgemeinen zu großen und ständig offenen Rissen im Beton. Die Dauerhaftigkeit wird dadurch nachteilig beeinflusst.

4.2.1.2 Nachweisform

Einhaltung von Bemessungs- und Konstruktionsregeln

Die nachfolgend dargestellten Spannungsnachweise dürfen für nicht vorgespannte Tragwerke des üblichen Hochbaus entfallen, falls folgende Bedingungen eingehalten sind (DIN 1045-1, 11.1.1):

- Die Bemessung für den Grenzzustand der Tragfähigkeit erfolgt nach DIN 1045-1, 10 (s. Abschn. 4.1 dieses Beitrags).
- Die Mindestbewehrung nach DIN 1045-1, 13.1.1 ist eingehalten (s. Abschn. 5.4.1).
- Die bauliche Durchbildung ist nach DIN 1045-1, 13 erfolgt (s. Abschn. 5).
- Die Schnittgrößen werden nach der Elastizitätstheorie ermittelt und im Grenzzustand der Tragfähigkeit um nicht mehr als 15 % umgelagert (s. Abschn. 3.5).

Rechnerischer Nachweis der Spannungen

Wenn die genannten Regeln nicht eingehalten werden, sind nach DIN 1045-1, 11.1.2 bis 11.1.4 die Betondruck- und Stahlzugspannungen zu begrenzen.

Betondruckspannungen:

unter der seltenen Einwirkungskombination in den Expositionsklassen
XD 1 bis XD 3, XF 1 bis XF 4 und XS 1 bis XS 3: $\sigma_c \leq 0{,}60 \cdot f_{ck}$ (92.1a)
in der quasi-ständigen Kombination, falls Kriechen von Bedeutung: $\sigma_c \leq 0{,}45 \cdot f_{ck}$ (92.1b)

Im Bereich von Verankerungen oder Auflagern dürfen die Nachweise entfallen, wenn die Festlegungen nach Abschn. 5 eingehalten werden und eine ggf. erforderliche Spaltzug- und Zusatzbewehrung vorhanden ist.

Betonstahlspannungen:

unter seltener Kombination bei Lasteinwirkungen $\sigma_s \leq 0{,}80 \cdot f_{yk}$ (92.2a)
bei reinen Zwangseinwirkungen $\sigma_s \leq 1{,}00 \cdot f_{yk}$ (92.2b)

Spannstahlspannungen:

unter quasi-ständiger Kombination nach Abzug der Spannkraftverluste $\sigma_s \leq 0{,}65 \cdot f_{pk}$ (92.3a)
unter seltener Kombination nach Absetzen der Spannkraft $\sigma_s \leq 0{,}80 \cdot f_{pk}$ (92.3b)
und $\sigma_s \leq 0{,}90 \cdot f_{p0,1k}$ (92.3c)
(berechnet jeweils mit dem Mittelwert der Vorspannung)

Die **Schnittgrößenermittlung** erfolgt in der Regel linear-elastisch; eine Rissbildung muss berücksichtigt werden bei deutlich ungünstigem Einfluss (ggf. unter Berücksichtigung von Zwangseinwirkungen), andernfalls darf sie berücksichtigt werden (s. a. Abschn. 3.5.1).

Zur **Spannungsermittlung** selbst enthält DIN 1045-1 keine konkreteren Angaben; die folgenden Hinweise sind EC 2 entnommen. Es sollte der gerissene Zustand (s. Abschn. 4.2.1.3) zugrunde gelegt werden, wenn die im ungerissenen Zustand berechneten Zugspannungen unter den seltenen Einwirkungen (ggf. unter Berücksichtigung von Zwangseinwirkungen aus Kriechen, Schwinden, Temperatur etc.) die Betonzugspannungen überschreiten. Langzeiteinflüsse sind bei ungünstiger Wirkung zu berücksichtigen (z. B. Kriechen durch den effektiven E-Modul $E_{c,eff} = E_{cm} /(1+\varphi)$).

Hilfsmittel zur Spannungsermittlung bewehrter Querschnitte im Gebrauchszustand s. nachfolgend.

4.2.1.3 Spannungsermittlung bewehrter Stahlbetonquerschnitte im Gebrauchszustand

Für die Nachweise im Grenzzustand der Gebrauchstauglichkeit werden häufig die Stahlspannungen der Biegezugbewehrung benötigt. In den Fällen, wo keine allzu große Genauigkeit gefordert ist, können die Stahlspannungen im gerissenen Zustand genügend genau mit dem Hebelarm z der inneren Kräfte aus dem Tragfähigkeitsnachweis ermittelt werden. Es gilt:

$$\sigma_{s1} \approx \left(\frac{M_s}{z} + N\right) \cdot \frac{1}{A_{s1}}$$

wobei M_s und N die auf die Biegezugbewehrung A_{s1} bezogenen Schnittgrößen in der maßgebenden Belastungskombination sind.

Für eine genauere Berechnung der Längsspannungen im Zustand II von *Stahlbetonbauteilen mit Rechteckquerschnitt* können die nachfolgenden Gleichungen verwendet werden (s. z. B. [5.12]). Plattenbalken ohne oder mit Druckbewehrung s. [5.12] u. a.

Spannungsnachweis bei reiner Biegung

Rechteckquerschnitt ohne Druckbewehrung

$$|\sigma_c| = \frac{2 \cdot M}{b \cdot x \cdot z} \qquad x = \frac{\alpha_e \cdot A_{s1}}{b} \cdot \left(-1 + \sqrt{1 + \frac{2 \cdot b \cdot d}{\alpha_e \cdot A_{s1}}}\right)$$

$$\sigma_{s1} = \frac{M}{z \cdot A_{s1}} = |\sigma_c| \cdot \frac{\alpha_e \cdot (d - x)}{x} \qquad z = d - \frac{x}{3}$$

Rechteckquerschnitt mit Druckbewehrung

$$|\sigma_c| = \frac{M}{\frac{b \cdot x}{6} \cdot (3 \cdot d - x) + \alpha_e \cdot A_{s2} \cdot (d - d_2) \cdot \frac{x - d_2}{x}}$$

$$\sigma_{s1} = |\sigma_c| \cdot \frac{\alpha_e \cdot (d - x)}{x} \qquad x = -\frac{\alpha_e \cdot (A_{s1} + A_{s2})}{b} + \sqrt{\left(\frac{\alpha_e \cdot (A_{s1} + A_{s2})}{b}\right)^2 + \frac{2 \cdot \alpha_e}{b}(A_{s1} \cdot d + A_{s2} \cdot d_2)}$$

Spannungsnachweis bei Biegung mit Längskraft

Ein geschlossener Ansatz führt zu einer kubischen Gleichung, eine direkte Lösung ist z. B. mit Hilfe von Diagrammen möglich; s. S. 5.167f. Alternativ wird folgende Iteration empfohlen:

In obigen Gleichungen wird A_{s1} durch den vom Biegemoment M_s allein verursachten Bewehrungsanteil A_{sM} (s. u.) und M durch das auf die Zugbewehrung bezogene Moment M_s ersetzt.

$$A_{sM} = A_{s1} - (N/\sigma_{s1})$$

Die noch unbekannte Stahlspannung σ_{s1} muss zunächst geschätzt werden und wird so lange iterativ verbessert, bis eine ausreichende Übereinstimmung erreicht ist.

Beispiel

Gegeben ist ein Rahmenriegel mit Rechteckquerschnitt ($b/h/d$ = 30/60/55 cm) und mit einer Biegezugbewehrung von A_{s1} = 22,0 cm². Für die Schnittgrößen M = 300 kNm und N = −100 kN (Druck) des Gebrauchszustandes und einem Verhältnis der E-Moduln von Stahl zu Beton α_e = 15 sollen die Betondruck- und Stahlzugspannungen ermittelt werden.

Iterative Lösung:

Stahlspannung σ_{s1}	σ_{s1} = 275 MN/m² = 27,5 kN/cm² (geschätzt, ist noch zu überprüfen.)
Bewehrungsanteil A_{sM}	$A_{sM} = A_{s1} - (N/\sigma_{s1})$ = 22,0 – (–100/27,5) = 25,6 cm²
Moment M_s	$M_s = M - N \cdot z_s$ = 300 – (–100) · 0,25 = 325 kNm
Druckzonenhöhe x	$x = 15 \cdot (25{,}6/30) \cdot [-1 + \sqrt{1 + 2 \cdot 30 \cdot 55 / (15 \cdot 25{,}6)}]$ = 26,8 cm
Hebelarm z	$z = d - (x/3)$ = 55 – 26,8/3 = 46,1 cm
Stahlspannung σ_{s1}	$\sigma_{s1} = M_s/(A_{sM} \cdot z)$ = 325/ (25,6 · 0,461) = 27,5 kN/cm² ≡ 27,5 kN/cm²
[bzw.	$\sigma_{s1} = M_s/(A_{s1} \cdot z) + N/A_{s1}$ = 325/(22,0 · 0,461) – 100/22,0 = 27,5 kN/cm²]
	→ die Stahlspannung σ_{s1} wurde also richtig geschätzt (s. o.)
Betonspannung σ_c	$\sigma_c = 2 \cdot M_s/(b \cdot x \cdot z)$ = 2 · 325 / (0,30 · 26,8 · 46,1) = 1,75 kN/cm² = 17,5 MN/m²

Lösung mit Diagrammen (Tafel 16, S. 5.167):

Tafeleingangswerte	$N \cdot d / M_s$ = –100 · 0,55/325	= –0,169	(M_s s. vorher)
	$\alpha_e \cdot \rho$ = 15 · (22,0/(30 · 55)) = 0,20		
Ablesung	ξ = 0,48; x = 0,48 · 55 = 26,4 cm		(weiterer Rechengang wie vorher)

4.2.2 Begrenzung der Rissbreiten

4.2.2.1 Grundsätzliches

Rissbildung ist in der Betonzugzone nahezu unvermeidbar. Die Rissbreite ist jedoch so zu beschränken, dass die ordnungsgemäße Nutzung des Tragwerkes, das Erscheinungsbild und die Dauerhaftigkeit als Folge von Rissen nicht beeinträchtigt werden.

Die Anforderungen an die Dauerhaftigkeit und das Erscheinungsbild eines Bauteils gelten im Sinne dieses Abschnitts als erfüllt, wenn die Anforderungen nachfolgender Tafeln 5.94a und 5.94b eingehalten sind. In besonderen Anwendungsfällen kann eine weitergehende Beschränkung der Rissbreiten erforderlich sein (z. B. bei Wasserbehältern).

Tafel 5.94a: Anforderungen an die Begrenzung der Rissbreite und die Dekompression

Anforderungsklasse	Einwirkungskombination für den Nachweis der Dekompression*)	Einwirkungskombination für den Nachweis der Rissbreitenbegrenzung	Rechenwert der Rissbreite w_k (in mm)
A	selten	–	0,2
B	häufig	selten	
C	quasi-ständig	häufig	
D	–	häufig	
E	–	quasi-ständig	0,3
F	–	quasi-ständig	0,4

*) Dekompression bedeutet, dass unter der maßg. Einwirkungskombination im Bauzustand die vorgedrückte Zugzone am Rand, im Endzustand der Betonquerschnitt vollständig unter Druckspannungen steht; Ausnahmen s. [5.24].

Tafel 5.94b: Mindestanforderungen in Abhängigkeit von den Umweltbedingungen

Umgebungsklasse für Bewehrungskorrosion	Vorspannung nachträglicher Verbund	Vorspannung sofortiger Verbund	Vorspannung ohne Verbund	Stahlbetonbauteile
XC 1	D	D	F	F
XC 2 bis XC 4	C[1]	C	E	E
XD 1, XD 2, XD 3[2], XS 1 bis XS 3	C[1]	B	E	E

1) Wird der Korrosionsschutz anderweitig sichergestellt, gilt Anforderungsklasse D (s. Zulassung).

2) Im Einzelfall können zusätzlich besondere Maßnahmen für den Korrosionschutz notwendig sein.

Bauteile mit einer Kombination von Spanngliedern im Verbund und ohne Verbund sind bezüglich der Anforderungen an die Rissbreitenbegrenzung und Dekompression wie Bauteile mit Vorspannung im Verbund zu behandeln.

Beim Stoß von Betonstahlmatten in zwei Ebenen mit $a_s \geq 6$ cm²/m ist der Nachweis der Rissbreitenbegrenzung im Stoßbereich mit einer um 25 % erhöhten Stahlspannung zu führen.

Die Begrenzung der Rissbreite auf zulässige Werte wird erreicht durch

- Anordnung einer Mindestbewehrung nach Abschn. 4.2.2.2
- einen Nachweis unter der maßgebenden Einwirkungskombination nach Abschn. 4.2.2.3.

Bei Platten mit einer Gesamtdicke $h \leq 20$ cm in der Expositionsklasse XC 1, die durch Biegung ohne wesentlichen zentrischen Zug beansprucht werden, sind keine Nachweise zur Begrenzung der Rissbreite notwendig, wenn die Festlegungen nach Abschn. 5.4 eingehalten werden und keine strengere Begrenzung der Rissbreite erforderlich ist.

4.2.2.2 Mindestbewehrung

Zur Aufnahme von Zwangseinwirkungen und Eigenspannungen ist eine Mindestbewehrung anzuordnen, die für die Rissschnittgrößen zu bemessen ist.

Bei Stahlbetonbauteilen und bei Bauteilen mit Vorspannung ohne Verbund darf die Mindestbewehrung vermindert werden, wenn die Zwangsschnittgröße die Rissschnittgröße nicht erreicht. Die Mindestbewehrung ist dann durch eine Bemessung für die nachgewiesenen Zwangsschnittgrößen zu ermitteln unter Berücksichtigung der Anforderungen an die Rissbreitenbegrenzung.

In Bauteilen mit Vorspannung im Verbund ist die Mindestbewehrung in den Bereichen nicht erforderlich, in denen im Beton unter der seltenen Einwirkungskombination und unter den maßgebenden charakteristischen Werten der Vorspannung Betondruckspannungen am Querschnittsrand auftreten, die dem Betrag nach größer als 1 N/mm² sind.

Der erforderliche Mindestquerschnitt kann mit Gl. (95.1) bestimmt werden:

$$A_s = k_c \cdot k \cdot f_{ct,eff} \cdot A_{ct} / \sigma_s \qquad (95.1)$$

A_s Betonstahlbewehrung in der Zugzone; sie ist überwiegend am gezogenen Rand anzuordnen, mit einem angemessenen Teil aber auch über die Zugzonenhöhe zu verteilen, so dass die Bildung von breiteren Sammelrissen vermieden wird

A_{ct} Betonquerschnitt oder -teilquerschnitt in der Zugzone unmittelbar vor der Rissbildung

σ_s zulässige Spannung in der Bewehrung zur Begrenzung der Rissbreite in Abhängigkeit vom Grenzdurchmesser d_s^* nach Tafel 5.96a

$f_{ct,eff}$ Zugfestigkeit des Betons beim Auftreten der Risse; für $f_{ct,eff}$ ist der Mittelwert der Zugfestigkeit f_{ctm} einzusetzen. Es gilt die Festigkeit, die beim Auftreten der Risse zu erwarten ist. Wenn Zwang z. B. infolge der Hydratationswärme entsteht, kann Rissbildung nach den ersten 3 bis 5 Tagen auftreten; es darf dann $f_{ct,eff}$ zu 50 % der mittleren Zugfestigkeit nach 28 Tagen gesetzt werden. Falls diese Annahme getroffen wird, ist dies dem Bauausführenden rechtzeitig mitzuteilen (Baubeschreibung, Ausführungspläne)[1], damit für den Beton eine entsprechende Anforderung aufgenommen werden kann. Wenn Rissbildung jedoch nicht mit Sicherheit in den ersten 28 Tagen festgelegt werden kann, sollte mindestens $f_{ct,eff}$ = 3 N/mm² für Normalbeton und $f_{ct,eff}$ = 2,5 N/mm² für Leichtbeton angenommen werden (ggf. die höhere Zugfestigkeit der entspr. Betonfestigkeitsklasse).

k_c Faktor zur Berücksichtigung der Spannungsverteilung in der Zugzone A_{ct} vor Rissbildung sowie der Änderung des inneren Hebelarms beim Übergang in den Zustand II:

$$k_c = 0{,}4 \cdot \left[1 + \frac{\sigma_c}{k_1 \cdot f_{ct,eff}}\right] \leq 1$$

σ_c Betonspannung in der Schwerlinie des Querschnitts/Teilquerschnitts im Zustand I unter der Einwirkung, die am Gesamtquerschnitt zur Erstrissbildung führt (negativ bei Druck)

k_1 = 1,5 für Längsdruckkraft bei $h < 1$ m
= 1,5 h für Längsdruckkraft bei $h \geq 1$ m
= 2/3 für Zuglängskraft

Hieraus folgt: k_c = 1,0 bei reinem Zug
k_c = 0,4 bei reiner Biegung

k Faktor zur Berücksichtigung einer nichtlinearen Spannungsverteilung
- k = 1,0 bei Zugspannungen infolge äußerer Zwangsverformung (z. B. Setzung)
- k = 0,8 bei Zugspannungen infolge inneren Zwangs für $h \leq 30$ cm | Zwischenwerte
- k = 0,5 bei Zugspannungen infolge inneren Zwangs für $h \geq 80$ cm | interpolieren

(Für h gilt der kleinere Wert von Höhe oder Breite des Querschnitts/Teilquerschnitts.)

Der Nachweis der Rissbreite erfolgt durch eine Begrenzung des Stabdurchmessers

$$d_s = d_s^* \cdot \frac{k_c \cdot k \cdot h_t}{4 \cdot (h - d)} \cdot \frac{f_{ct,eff}}{f_{ct0}} \geq d_s^* \cdot \frac{f_{ct,eff}}{f_{ct0}} \qquad (95.2)$$

d_s^* Grenzdurchmesser nach Tafel 5.96a
h Bauteilhöhe
h_t Höhe der Zugzone im Querschnitt bzw. Teilquerschnitt vor Rissbildung
d Nutzhöhe
f_{ct0} = 3,0 N/mm² (Bezugswert der Betonzugfestigkeit in Tafel 5.96a)
$f_{ct,eff}$ Zugfestigkeit des Betons beim Auftreten der Risse (s. o.)

Dem Grenzdurchmesser d_s^* nach Tafel 5.96a liegt eine Betonzugfestigkeit f_{ct0} = 3,0 N/mm² zugrunde, die Tabellenwerte müssen daher für $f_{ct,eff}$ < 3,0 N/mm² im Verhältnis $f_{ct,eff}/f_{ct0}$ herabgesetzt werden (s. Gl. (95.2)); nach DAfStb-H. 425 (Erläuterungen für eine Bemessung nach EC 2) sollte eine Erhöhung von lim d_s für $f_{ct,eff} > f_{ct0}$ jedoch nur bei einem genaueren Nachweis über die Rissgleichung erfolgen.

Spannglieder dürfen unter Berücksichtigung des unterschiedlichen Verbundverhaltens innerhalb eines sie umgebenden Quadrats von 30 cm Seitenlänge auf die Mindestbewehrung mit

$$\xi_1 \cdot A_p$$

angerechnet werden (DIN 1045-1, 11.2.2 (7)); es sind:

A_p Querschnittsfläche des Spannstahls

ξ_1 = $\sqrt{\xi \cdot d_s / d_p}$ mit d_s als größter vorhandener Stabdurchmesser der Betonstahlbewehrung, d_p als äquivalenter Durchmesser der Spannstahlbewehrung (Werte für d_p s. S. 5.96) und ξ als Verhältnis der Verbundfestigkeit von Spannstahl zu Betonstahl (Zahlenangaben für ξ s. S. 5.96).

[1] Textvorschlag nach [5.26]: „Bei der Begrenzung der Rissbreite für dieses Bauteil wurde ein Beton angenommen, dessen Betonzugfestigkeit $f_{ct,eff}$ nach 5 Tagen höchstens 50 % der max. Zugfestigkeit f_{ctm} erreicht (max $f_{ct,eff,5d} = 0{,}5 \cdot f_{ctm,28d}$). Dies ist bei der Festlegung des Betons und der Bauausführung zu berücksichtigen."

4.2.2.3 Rissbreitenbegrenzung durch Einhaltung von Konstruktionsregeln

Die Rissbreiten werden auf zulässige Werte begrenzt, wenn bei Zwangbeanspruchung die Grenzdurchmesser nach Gl. (96.1) und bei Lastbeanspruchung entweder die Grenzdurchmesser nach Gl. (96.2a) oder die Stababstände nach Gl. (96.2b) eingehalten sind:

– Zwangbeanspruchung $$d_s = d_s{}^* \cdot \frac{k_c \cdot k \cdot h_t}{4 \cdot (h-d)} \cdot \frac{f_{ct,eff}}{f_{ct0}} \geq d_s{}^* \cdot \frac{f_{ct,eff}}{f_{ct0}} \qquad (96.1)$$

– Lastbeanspruchung $$d_s = d_s{}^* \cdot \frac{\sigma_s \cdot A_s}{4 \cdot (h-d) \cdot b \cdot f_{ct0}} \geq d_s{}^* \cdot \frac{f_{ct,eff}}{f_{ct0}} \qquad (96.2a)$$

oder $$s_l \leq \lim s_l \qquad (96.2b)$$

mit dem Grenzdurchmesser d_s^* nach Tafel 5.96a, der Bauteildicke h, der Nutzhöhe d, der Zugzonenhöhe h_t vor Rissbildung und f_{ct0} = 3 N/mm² (s. a. Erläuterungen zu Gl. (95.2)).

Die *Stahlspannungen* σ_s in Tafel 5.96a und 5.96b sind für den gerissenen Querschnitt und die maßgebende Einwirkungskombination nach Tafel 5.94a, bei vorgespannten Bauteilen mit den maßgebenden charakteristischen Werten der Vorspannung zu ermitteln.

Tafel 5.96a Grenzdurchmesser d_s^* in mm für Betonrippenstähle

Stahlspannung	σ_s in N/mm²	160	200	240	280	320	360	400	450
w_k = 0,2 mm	d_s^* in mm	28	18	13	9	7	6	5	4
w_k = 0,3 mm	d_s^* in mm	42	27	19	14	11	8	7	5
w_k = 0,4 mm	d_s^* in mm	56	36	25	18	14	11	9	7

Tafel 5.96b Höchstwerte der Stababstände lim s_l in mm für Betonrippenstähle

Stahlspannung	σ_s in N/mm²	160	200	240	280	320	360
w_k = 0,2 mm	lim s_l in mm	200	150	100	50	-	-
w_k = 0,3 mm	lim s_l in mm	300	250	200	150	100	50
w_k = 0,4 mm	lim s_l in mm	300	300	250	200	150	100

Bei unterschiedlichen Durchmessern darf ein mittlerer Durchmesser $d_{sm} = (\Sigma d_{s,i}^2)/(\Sigma d_{s,i})$ angesetzt werden. Bei Stabbündeln muss der Vergleichsdurchmesser $d_{sV} = d_s \cdot \sqrt{n}$ (n Anzahl der Einzelstäbe), bei Betonstahlmatten mit Doppelstäben darf jedoch der Durchmesser des Einzelstabes nachgewiesen werden.

Bei Bauteilen mit im Verbund liegenden Spanngliedern ist die Stahlspannung unter Berücksichtigung des unterschiedlichen Verbundverhaltens von Bewehrungsstahl und Spannstahl wie folgt zu berechnen:

$$\sigma_s = \sigma_{s2} + 0{,}4 \cdot f_{ct,eff} \cdot (1/\rho_{eff} - 1/\rho_{tot}) \qquad (96.3)$$

σ_{s2} Spannung im Betonstahl bzw. Spannungszuwachs im Spannstahl im Zustand II unter Annahme eines starren Verbundes für die maßgebende Einwirkungskombination

ρ_{eff} $= (A_s + \xi_1{}^2 \cdot A_p) / A_{c,eff}$ (effektiver Bewehrungsgrad)

ρ_{tot} $= (A_s + A_p) / A_{c,eff}$ (geometrischer Bewehrungsgrad)

mit $A_{c,eff}$ als Wirkungsbereich der Bewehrung nach Abb. und $\xi_1 = \sqrt{\xi \cdot d_s/d_p}$ als Verhältnis der Verbundsteifigkeiten (ξ-Werte nach Tafel)

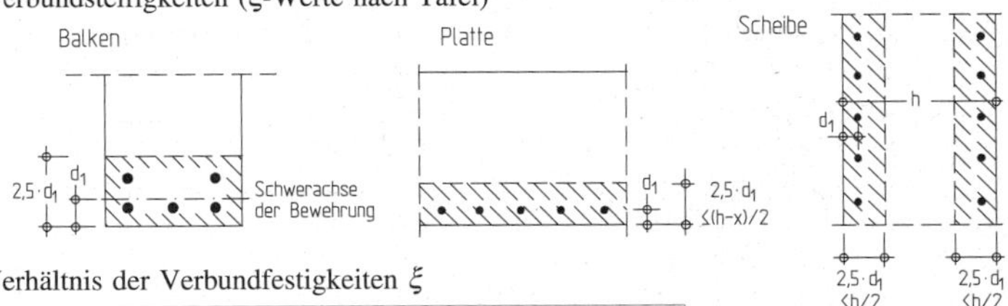

Verhältnis der Verbundfestigkeiten ξ

	sofortiger Verbund	nachträglicher Verbund bis C50/LC50	nachträglicher Verbund ab C55/LC55
glatte Stäbe	–	0,3	0,15
Litzen	0,6	0,5	0,25
profilierte Drähte	0,7	0,6	0,30
gerippte Stäbe	0,8	0,7	0,35

Äquivalenter Durchmesser d_p von Spannstahl

Bündelspannglieder	$1{,}60 \cdot \sqrt{A_p}$
3-drähtige Einzellitzen	$1{,}20 \cdot d_{Draht}$
7-drähtige Einzellitzen	$1{,}75 \cdot d_{Draht}$

Die Begrenzung der Schubrissbreite darf als sichergestellt angenommen werden, wenn die Konstruktionsregeln nach DIN 1045-1, 13.2.3 (s. Abschn. 5.4.2.2) eingehalten werden.

Beispiel 1

Stützwand nach Abb., im jungen Betonalter infolge abfließender Hydratationswärme durch das verformungsbehindernde Fundament auf zentrischen Zwang beansprucht. ***Horizontale** Mindestbewehrung:*

min $A_s = k_c \cdot k \cdot f_{ct,eff} \cdot A_{ct} / \sigma_s$

$k_c = 1{,}0$ (zentrischer Zwang); $k = 0{,}8$ (Zwang wird durch das Bauteil selbst hervorgerufen.)

$f_{ct,eff}$ Rissbildung im jungen Betonalter $\Rightarrow f_{ct,eff} = 0{,}5 \cdot 2{,}9 = 1{,}5$ MN/m² (50 % von f_{ctm})

$A_{ct} = 0{,}25 \cdot 1{,}00 = 0{,}25$ m² /m; $\sigma_s = 240$ MN/m² (gewählt)

min $A_s = 1{,}0 \cdot 0{,}8 \cdot 1{,}5 \cdot 0{,}25 / 240 = 12{,}5 \cdot 10^{-4}$ m² /m = 12,5 cm²/m

gew.: 2 ⌀ 10/12,5 (= 12,6 cm²/m)

Nachweis des gewählten Durchmessers (für $w_k = 0{,}3$ mm):

$d_s = d_s^* \cdot (f_{ct,eff} / f_{ct0})$ (vereinfachend; vgl. Gl. (95.2))

$= 19 \cdot (1{,}5/3{,}0) \approx 10$ mm = vorh d_s (d_s^* für $\sigma_s = 240$ MN/m²; s. Tafel 5.96a)

Beispiel 2

Für die erdseitige, lotrechte Biegezugbewehrung der skizzierten Stützwand ist die Rissbreitenbeschränkung nachzuweisen.

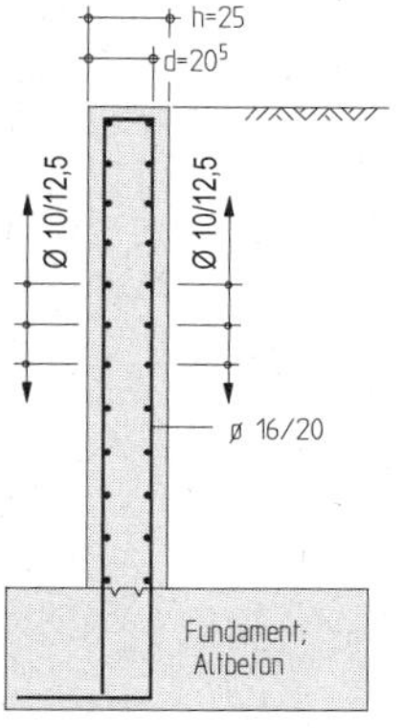

Baustoffe

C30/37; BSt 500

Schnittgrößen

$M_{gk} = 40$ kNm/m

$M_{qk} = 16$ kNm/m

Biegebemessung

$a_{s,erf} = 9{,}30$ cm²/m

$a_{s,vorh} = 10{,}1$ cm²/m

Allgemeiner Hinweis:
Falls die vertikale Bewehrung gestoßen wird, muss wegen $d_s = 16$ mm die Querbewehrung außen angeordnet werden (s. Abschn. 5.2.4).

Quasi-ständiger Lastanteil ($\psi_2 = 0{,}5$)

$M_{perm} = 1{,}0 \cdot M_{g,k} + 0{,}5 \cdot M_{q,k}$

$= 1{,}0 \cdot 40 + 0{,}5 \cdot 16 = 48$ kNm/m

(Längskraft aus Eigenlast der Wand sei vernachlässigbar.)

Stahlspannung

$\sigma_s = M_{perm} / (z \cdot a_s)$

(Die Stahlspannung wird näherungsweise mit dem Hebelarm z aus dem Tragfähigkeitsnachweis ermittelt; es ist $z \approx 0{,}19$ m.)

$\sigma_s = 48 \cdot 10^{-3} / (0{,}19 \cdot 10{,}1 \cdot 10^{-4}) = 250$ MN/m² $\rightarrow d_s^* = 18$ mm

Nachweis **entweder** a) $d_s = d_s^* \cdot \sigma_s \cdot A_s / [4 \cdot (h-d) \cdot b \cdot f_{ct0}] \geq d_s^* \cdot f_{ct,eff} / f_{ct0}$

$\sigma_s = 250$ MN/m² $\Rightarrow d_s^* = 18$ mm

$d_s = 18 \cdot 250 \cdot 0{,}00101 / [4 \cdot (0{,}25 - 0{,}205) \cdot 3{,}0] = 18 \cdot 0{,}47 = 8{,}5 < 18 \cdot 2{,}9/3{,}0 = 17{,}5$

$d_s = 17{,}5$ mm > vorh $d_s = 16$ mm (erfüllt)

oder b) $\sigma_s = 250$ MN/m² $\Rightarrow$ lim $s_l \approx 19$ cm < vorh $s_l = 20$ cm (nicht erfüllt)

$\Rightarrow$ Nachweis ist durch Einhaltung der Bedingung a) erbracht, weitere Nachweise erübrigen sich.

Beispiel 3

Für den dargestellten Plattenbalken (vgl. S. 5.68) soll der Nachweis zur Rissbreitenbegrenzung geführt werden. Annahme: Bauteil im Freien (Umweltklasse XC 4), Verkehrslast als „Sonstige Einwirkung".

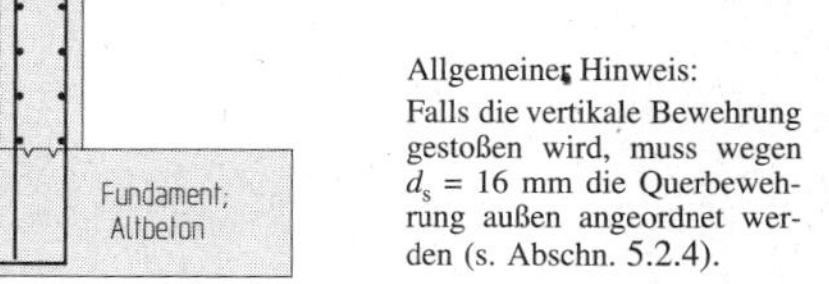

Quasi-ständiger Lastanteil ($\psi_2 = 0{,}5$)

$M_{perm} = 1{,}0 \cdot M_{g,k} + 0{,}5 \cdot M_{q,k}$

$= (1{,}0 \cdot 50 + 0{,}5 \cdot 30) \cdot 7{,}50^2 / 8 = 457$ kNm

Stahlspannung

$\sigma_s = M_{perm} / (z \cdot A_s)$

$z \approx 0{,}9 \cdot d = 0{,}9 \cdot 0{,}53 = 0{,}48$ m

$A_s = 35{,}8$ cm² (vgl. S. 5.68)

$\sigma_s = 0{,}457 / (0{,}48 \cdot 0{,}00358) = 266$ MN/m²

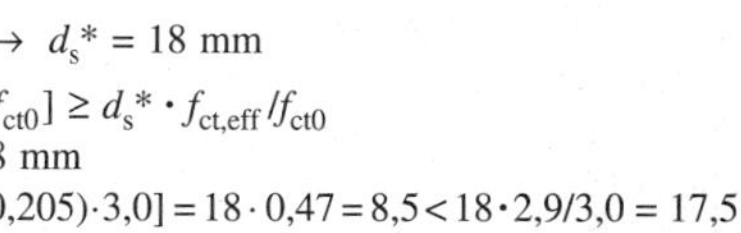

Nachweis

$d_s = d_s^* \cdot \sigma_s \cdot A_s / [4 \cdot (h-d) \cdot b \cdot f_{ct0}] \geq d_s^* \cdot f_{ct,eff} / f_{ct0}$

$\sigma_s = 266$ MN/m² $\Rightarrow d_s^* = 16$ mm

$\sigma_s \cdot A_s / [4 \cdot (h-d) \cdot b \cdot f_{ct0}] = 266 \cdot 0{,}00358 / [4 \cdot (0{,}60 - 0{,}53) \cdot 0{,}30 \cdot 3{,}0] = 3{,}8$

$d_s = 16 \cdot 3{,}8 = 61$ mm $\Rightarrow$ keine Stabdurchmesserbegrenzung im Bereich der Zugbewehrung

4.2.3 Begrenzung der Verformungen

Die Verformungen eines Tragwerkes müssen so begrenzt werden, dass sie das Erscheinungsbild und die ordnungsgemäße Funktion nicht beeinträchtigen. In Abhängigkeit von der Stützweite l (bei Kragarmen mit $l = 2{,}5 \cdot l_k$) gilt für den Durchhang f bzw. für die Durchbiegung w unter der quasi-ständigen Last:

allgemein $f \leq l/250$ (98.1a)

in Hinblick auf Ausbauten (z. B. Trennwände) $w \leq l/500$ (98.1b)

mit f als vertikale Bauteilverformung, bezogen auf die Verbindungslinie der Unterstützungspunkte, und w als vertikale Bauteilverformung, bezogen auf die Systemlinie des Bauteils, bei Schalungsüberhöhung bezogen auf die überhöhte Lage (es gilt die nach dem Einbau der Ausbauten auftretende Verformung).

Ein Nachweis kann für *Deckenplatten des üblichen Hochbaus* aus Normalbeton über die Begrenzung der Biegeschlankheit erfolgen (für Leichtbeton sind die Werte mit $\eta_E^{0,15}$ – η_E s. Tafel 5.32 – abzumindern):

$$l_i/d \leq \begin{cases} 35 & \text{allgemein} \\ 150/l_i & \text{für Bauteile mit erhöhten Anforderungen } (l_i \text{ in m}) \text{ zur Vermeidung von Schäden an angrenzenden Bauteilen} \end{cases} \quad (98.2)$$

Hierin ist $l_i = \alpha \cdot l$ die Ersatzstützweite.

Der Beiwert α kann für häufig vorkommende Fälle der nebenstehenden Tafel entnommen werden. Bei vierseitig gestützten Platten ist die kleinere Stützweite maßgebend, bei dreiseitig gestützten Platten die Stützweite parallel zum freien Rand (ggf. auch die Kraglänge → Nachweis als Kragarm); für Flachdecken gelten die Werte auf der Basis der größeren Stützweite. Für durchlaufende Tragwerke dürfen die Beiwerte nur verwendet werden, wenn min $l \geq 0{,}8 \cdot$ max l ist, für Kragarme, falls annähernd eine starre Einspannung gegeben ist.

Statisches System	$\alpha = l_i / l$
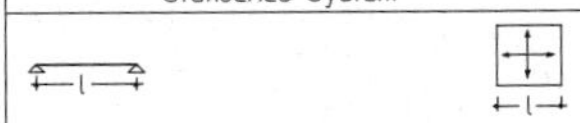	1,00
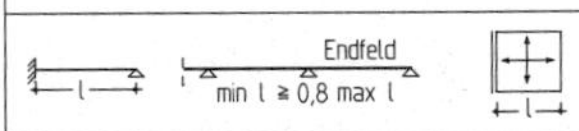 Endfeld; min l ≥ 0,8 max l	0,80[1)]
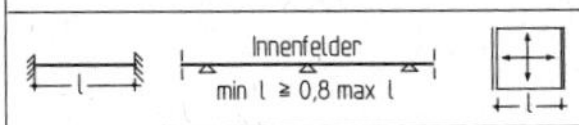 Innenfelder; min l ≥ 0,8 max l	0,60[1)]
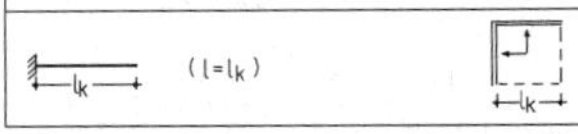 (l = l_k)	2,40

1) Für punktförmig gestütze Platten – Flachdecken – bis C25/30 gilt 0,9 (Endfeld) bzw. 0,7 (Innenfeld).

Für andere Fälle kann der Beiwert α mit Hilfe der Angaben in [5.15] ermittelt werden:

- Durchlaufträger mit beliebigen Stützweiten

$$\alpha = \frac{1 + 4{,}8 \cdot (m_1 + m_2)}{1 + 4 \cdot (m_1 + m_2)} \quad (98.3)$$

Grenze: $m_1 \geq -(m_2 + 5/24)$

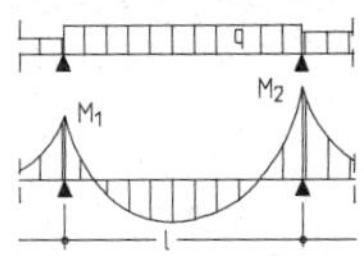

- Kragbalken an Durchlaufträgern

$$\alpha = 0{,}8 \cdot \left[\frac{l}{l_k} \cdot \left(4 + 3 \cdot \frac{l_k}{l}\right) - \frac{q}{q_k} \cdot \left(\frac{l}{l_k}\right)^3 \cdot (4 \cdot m + 1)\right] \quad (98.4)$$

Grenze: $m \leq \frac{q_k}{q} \cdot \left(\frac{l_k}{l}\right)^2 \cdot \left(1 + \frac{3}{4} \cdot \frac{l_k}{l}\right) - \frac{1}{4}$

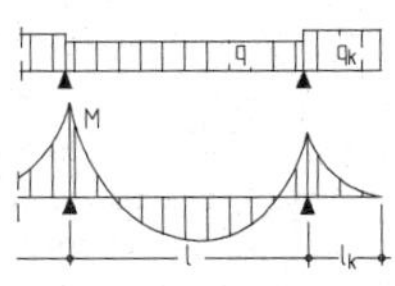

Es sind (s. hierzu auch Abb.):

$m = M/(q \cdot l^2)$ bezogene Momente über den Stützen des betrachteten Innenfeldes (m_1, m_2 bzw. M_1, M_2) bzw. über der vom Kragarm abliegenden Stütze des anschließenden Innenfeldes (m, M); mit VZ!

q Gleichlast des untersuchten Feldes bzw. bei Kragträgern des an den Kragarm anschließenden Feldes

q_k maßgebliche Gleichlast des Kragarms

l Stützweite des untersuchten Feldes bzw. bei Kragträgern des an den Kragarm anschließenden Feldes

l_k Kragarmlänge

Ergibt sich in Gl. (98.4) der Wert α erheblich größer als 2,4, ist von der Anwendung des vereinfachten Verfahrens abzuraten, es wird ein rechnerischer Nachweis der Verformungen empfohlen.

Bei Deckenplatten sollte eine angemessene Überhöhung der Schalung (Überhöhung $\leq l_i/250$) vorgesehen werden. Wegen Unsicherheiten des Nachweises wird empfohlen, die nach Gl. (98.2) ermittelten Deckenstärken großzügig zu wählen oder aber einen genaueren Nachweis zu führen. Für Vordimensionierungen eignet sich auch das nachfolgend (S. 5.99) dargestellte Verfahren.

Beispiel

Einfeldplatte mit leichten Trennwänden (erhöhte Anforderungen an die Durchbiegung) bei einer Stützweite $l = 4{,}50$ m und einer Nutzhöhe $d = 18$ cm (Fortsetzung des Beispiels 1 von Abschn. 4.1.1.3 u. 4.1.2.2)

$$l_i/d = 4{,}50/0{,}18 = 25 < \begin{cases} 35 \\ 150/l_i = 150/4{,}50 = 33 \end{cases} \quad \rightarrow \text{Nachweis erfüllt}$$

Erweiterte Nachweise der Biegeschlankheit

Mit dem vereinfachten Nachweis nach Gl. (98.2) können die in Gl. (98.1a/b) genannten Grenzen rechnerisch häufig nicht nachgewiesen werden. Gemäß DAfStb-H. 525 werden damit dennoch weitgehend schadensfreie Ergebnisse wegen günstiger Einflussparameter wie Überfestigkeiten, konstruktive Randeinspannungen, zweiachsige Lastabtragungen, geringe Belastung usw. erzielt. Insbesondere wenn diese Einflüsse nicht vorliegen (s. DAfStb- H. 525), sind zusätzliche Überlegungen erforderlich.

In [5.48] wurden erweiterte Tafeln für den Nachweis der Biegeschlankheit *rechnerisch* bestimmt, die nachfolgend wiedergegeben sind und ggf. zusätzlich beachtet werden sollten. Sie gelten für Platten, aber auch für Balken und erweitern damit den Gültigkeitsbereich von DIN 1045-1, 11.3.2.

Bei hohen Anforderungen an die Verformungsbegrenzung sollte jedoch in jedem Falle eine rechnerische Kontrolle der Verformungen erfolgen.

Nachweis für Platten (nicht für Flachdecken)

Voraussetzung: $q \leq 5{,}0$ kN/m²; Kriechzahl $\varphi \leq 2{,}50$ (weitere Hinweise s. [5.48])

$d \geq k_c \cdot l_i / \lambda_i$ mit $l_i = \eta_1 \cdot l_{eff}$ und $l_{eff} = l_{min} = L_y$ und η_1 gemäß Tafel 5.99a
λ_i nach Tafel 5.99b
$k_c = (f_{ck0} / f_{ck})^{1/6}$ und $f_{ck0} = 20$ N/mm²

Tafel 5.99a η_1-Beiwerte

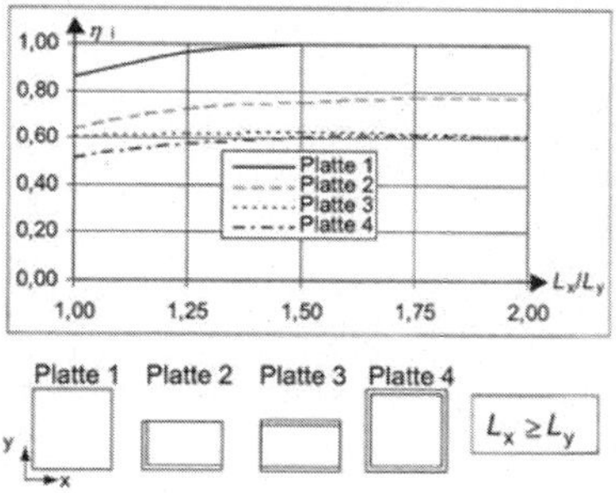

Tafel 5.99b λ_i-Werte bei Platten

zul. Durchbiegung	l_i	λ_i
$l/250$	≤ 4,0 m	29
	6,0 m	26
	8,0 m	23
	10,0 m	21
	12,0 m	19
$l/500$	≤ 4,0 m	23
	6,0 m	19
	8,0 m	16
	10,0 m	14
	12,0 m	13

Beispiel

Einfeldplatte mit leichten Trennwänden (erhöhte Anforderungen an die Durchbiegung) bei einer Stützweite $l = 4{,}50$ m und einer Nutzhöhe $d = 18$ cm (s. S. 5.98); Beton C20/25

$l_i = l = 4{,}50$ m

$l_i / d = 4{,}50 / 0{,}18 = 25 > \lambda_i / k_c = 22 / 1 = 22 \rightarrow$

Nachweis nicht erfüllt, Überschreitung jedoch unbedenklich, falls Trennwände erst nach dem Ausschalen der Decke eingebaut werden (Verformungen inf. Eigenlast zum Zeitpunkt t_0 sind dann bereits vorhanden).

Nachweis für Flachdecken

Für Flachdecken erfolgt der Nachweis wie bei Platten, jedoch mit $l_i = \alpha_1 \cdot l_{eff}$; dabei ist $\alpha_1 = 0{,}85$ und $l_{eff} = L_{max}$, d. h., der Nachweis erfolgt auf der Basis der größeren Stützweite.

Nachweis für Balken

Voraussetzung: Kriechzahl $\varphi \leq 2{,}50$, „übliche" Bewehrungsgrade (weitere Hinweise s. [5.48])

$$d \geq \frac{l_i}{\lambda_i} \cdot k_c$$

mit $l_i = \alpha_1 \cdot l_{eff}$ (α_1 gemäß Tafel 5.99c)
λ_i nach Tafel 5.99d
$k_c = (f_{ck0} / f_{ck})^{1/6}$ mit $f_{ck0} = 20$ N/mm²

Tafel 5.99c α_1-Beiwerte

Statisches System	α_1
frei drehbar gelagerter Endfeldträger	1,00
Endfeld eines Durchlaufträgers	0,80
Mittelfeld eines Balkens	0,70
Kragträger	2,50

Tafel 5.99d λ_i-Werte bei Balken

zul. Durchbiegung	l_i	λ_i
$l/250$	≤ 4,0 m	28
	6,0 m	26
	8,0 m	23
	10,0 m	21
	12,0 m	19
$l/500$	≤ 4,0 m	16
	6,0 m	15
	8,0 m	14
	10,0 m	13
	12,0 m	13

5 Konstruktionsgrundlagen

5.1 Expositionsklassen und Mindestbetonfestigkeit; Betondeckung und Stababstände

5.1.1 Expositionsklassen und Mindestbetonfestigkeit

Die *Umgebungsbedingungen* eines Bauteils sind durch chemische und physikalische Einflüsse gekennzeichnet, denen ein Tragwerk als Ganzes, einzelne Bauteile, der Spann- und der Betonstahl und der Beton selbst ausgesetzt sind. Bei den Umgebungsbedingungen wird unterschieden nach

- Bewehrungskorrosion
- Betonangriff.

Für beide Angriffsarten sind die Expositionsklassen zu bestimmen. Jeder Expositionsklasse ist eine Mindestbetonfestigkeitsklasse zugeordnet, die jeweils höhere Festigkeit ist maßgebend.

Für vorgespannte Bauteile gelten zusätzlich als Mindestbetonfestigkeiten

- Vorspannen mit nachträglichem Verbund oder ohne Verbund: C25/30 bzw. LC25/28
- Vorspannen mit sofortigem Verbund: C30/37 bzw. LC30/33

5.1.2 Mindestmaß c_{min} und Nennmaß c_{nom} der Betondeckung

Mindestmaß c_{min} Betondeckung, die an keiner Stelle unterschritten werden darf; sie wird bestimmt aus
- Korrosionsschutz der Bewehrung
- Sicherung des Verbundes
- Brandschutz (s. gesonderte Festlegungen in den Brandschutzbestimmungen).

Nennmaß c_{nom} Nennmaß unter Berücksichtigung von Maßabweichungen, das in den Berechnungen zu berücksichtigen ist; es ergibt sich aus:
- Mindestmaß zzgl.
- Vorhaltemaß.

Grundsätzlich gilt, dass auch rechnerisch nicht berücksichtigte Bewehrung den Anforderungen an die Betondeckung genügen muss.

Tafel 5.100a Mindestmaß c_{min} der Betondeckung (Korrosionschutz) (DIN 1045-1, 6.3)

	Mindestbetondeckung c_{min} in mm[1)2)3)]									
	karbonatisierungsinduzierte Korrosion				chloridinduzierte Korrosion			chloridinduzierte Korrosion aus Meerwasser		
Expositionsklasse	XC 1	XC 2	XC 3	XC 4	XD 1	XD 2	XD 3[5)]	XS 1	XS 2	XS 3
Betonstahl	10	20		25	40			40		
Spannglieder[4)]	20	30		35	50			50		

1) Die Mindestbetondeckung darf bei Bauteilen, deren Festigkeitsklasse um 2 Klassen höher liegt als nach Tafel 5.101 erforderlich, um 5 mm vermindert werden (gilt nicht für Umweltklasse XC 1).
2) Zusätzlich sind 5 mm für die Umweltklasse XM 1, 10 mm für XM 2 und 15 mm für XM 3 vorzusehen, sofern nicht zusätzliche Anforderungen an die Betonzuschläge nach DIN 1045-2 berücksichtigt werden.
3) Wird Ortbeton kraftschlüssig mit einem Fertigteil verbunden, darf die Mindestbetondeckung an den der Fuge zugewandten Rändern auf 5 mm im Fertigteil und 10 mm im Ortbeton verringert werden; die Bedingungen zur Sicherstellung des Verbundes müssen jedoch eingehalten werden, wenn die Bewehrung im Bauzustand berücksichtigt wird.
4) Die Mindestbetondeckung bezieht sich bei Spanngliedern im nachträglichen Verbund auf Oberfläche Hüllrohr.
5) Im Einzelfall können besondere Maßnahmen zum Korrosionsschutz der Bewehrung nötig werden.

Tafel 5.100b Mindestmaß der Betondeckung c_{min} zur Sicherung des Verbundes (DIN 1045-1, 6.3)

Stahlbeton	$c_{min} \geq d_s$ bzw. d_{sV}			d_s Stabdurchmesser d_{sV} Vergleichsdurchmesser
Spannbeton	sofortiger Verbund	Litze	$c_{min} \geq 2{,}5\ d_p$	d_p Nenndurchmesser
		gerippte Drähte	$c_{min} \geq 3{,}0\ d_p$	
	nachträglicher Verbund		$c_{min} \geq d_{duct}$	d_{duct} Hüllrohraußendurchmesser

Für *Leichtbeton* gelten die in Tafel 5.100a und 5.100b genannten Mindestwerte; zusätzlich muss die Mindestbetondeckung c_{min} (außer für XC 1) mindestens 5 mm größer sein als der Durchmesser des Größtkorns des porigen Leichtzuschlags.

Tafel 5.101 Expositionsklassen

		Klasse	Beschreibung der Umgebung	Beispiele für Umgebungsbedingungen (weitere Beispiele und Erläuterungen s. DIN 1045-1, 6.2)	Mindest-festigkeits-klasse
1	Kein Korrosions- oder Angriffsrisiko	X 0	Beton o. Bewehrung: alle Umgebungsbed. außer XF, XA, XM	Bauteil ohne Bewehrung in nicht betonangreifender Umgebung, z. B. unbewehrte Fundamente ohne Frost, unbewehrte Innenbauteile	C12/15 LC12/13
2	Bewehrungskorrosion, ausgelöst durch Karbonatisierung[1]	XC 1	Trocken oder ständig nass	Bauteile in Innenräumen mit normaler Luftfeuchte; Bauteile, die sich ständig unter Wasser befinden	C16/20 LC16/18
		XC 2	Nass, selten trocken	Teile von Wasserbehältern; Gründungsbauteile	C16/20 LC16/18
		XC 3	Mäßige Feuchte	Bauteil, zu dem die Außenluft häufig oder ständig Zugang hat, z. B. offene Hallen, Innenräume mit hoher Luftfeuchte, Viehställe	C20/25 LC20/22
		XC 4	Wechselnd nass und trocken	Außenbauteile mit direkter Beregnung; Bauteile in Wasserwechselzonen	C25/30 LC25/28
3	Bewehrungskorrosion, ausgelöst durch Chloride	XD 1	Mäßige Feuchte	Bauteile im Sprühnebelbereich von Verkehrsflächen; Einzelgaragen	C30/37[3)] LC30/33
		XD 2	Nass, selten trocken	Solebecken; Bauteile, die chloridhaltigen Industriewässern ausgesetzt sind	C35/45[3) 8)] LC35/38
		XD 3	Wechselnd nass und trocken	Bauteile mit häufiger Spritzwasserbeanspruchung; Fahrbahndecken; direkt befahrene Parkdecks[2)]	C35/45[3)] LC35/38
4	Bewehrungskorrosion, ausgelöst durch Chloride aus Meerwasser	XS 1	Salzhaltige Luft (ohne Meerwasserkontakt)	Außenbauteile in Küstennähe	C30/37[3)] LC30/33
		XS 2	Unter Wasser	Bauteile in Hafenanlagen, die ständig unter Wasser liegen	C35/45[3) 8)] LC35/38
		XS 3	Tidebereiche, Spritzwasser- und Sprühnebelbereiche	Kaimauern in Hafenanlagen	C35/45[3)] LC35/38
5	Betonangriff durch Frost mit und ohne Taumittel	XF 1	Mäßige Wassersättigung ohne Taumittel	Außenbauteile	C25/30 LC25/28
		XF 2	Mäßige Wassersättigung mit Taumittel oder Meerwasser	Bauteile im Sprühnebel- oder Spritzwasserbereich tausalzbehandelter Verkehrsflächen (s. a. XF 4), Bauteile im Sprühnebelbereich von Meerwasser	C35/45[5) 8)] LC25/28
		XF 3	Hohe Wassersättigung ohne Taumittel	offene Wasserbehälter; Bauteile in der Wasserwechselzone von Süßwasser	C35/45[5) 8)] LC25/28
		XF 4	Hohe Wassersättigung mit Taumittel oder Meerwasser	tausalzbehandelte Bauteile; überwiegend horiz. Bauteile im Spritzwasserbereich von tausalzbehandelten Verkehrsflächen, direkt befahrene Parkdecks[2)]; Bauteile in der Wechselwasserzone von Meerwasser; Räumerlaufbahnen von Kläranlagen	C40/50[6)] LC30/33
6	Betonangriff durch chemischen Angriff der Umgebung[4)]	XA 1	Chemisch schwach angreifende Umgeb.	Behälter von Kläranlagen; Güllebehälter	C25/30 LC25/28
		XA 2	Chemisch mäßig angreifende Umgebung	Bauteile, die mit Meerwasser in Berührung kommen oder in betonangreifenden Böden	C35/45[3) 8)] LC35/38
		XA 3	Chemisch stark angreifende Umgebung	Industrieabwasseranlagen mit chemisch angreifenden Abwässern, Gärfuttersilos, ggf. Kühltürme u.a.	C35/45[3)] LC35/38
7	Betonangriff durch Verschleißbeanspruchung	XM 1	Mäßige Verschleißbeanspruchung	Bauteile mit Beanspruchung durch luftbereifte Fahrzeuge	C30/37[3)] LC30/33
		XM 2	Schwere Verschleißbeanspruchung	Bauteile mit Beanspruchung durch luft- oder vollgummibereiften Gabelstaplerverkehr	C35/45[3) 7)] LC30/33
		XM 3	Extreme Verschleißbeanspruchung	Beanspruchung durch elastomer- od. stahlrollenbereifte Gabelstapler u. Kettenfahrzeuge; Tosbecken	C35/45[3)] LC35/38

1) Feuchteangabe für den Zustand innerhalb der Betondeckung der Bewehrung, die i. Allg. gleich den Umgebungsbedingungen ist; dies braucht jedoch nicht der Fall zu sein, wenn sich zwischen dem Beton und seiner Umgebung eine Sperrschicht befindet.
2) Ausführung nur mit zusätzlichen Maßnahmen (z. B. rissüberbrückende Beschichtung).
3) Bei Verwendung von Luftporenbeton , z.B. wegen gleichzeitiger Anforderungen aus XF, eine Betonfestigkeitsklasse niedriger.
4) Grenzwerte für die Expositionsklassen bei chemischem Angriff siehe DIN EN 206-1 und DIN 1045-2.
5) Bei Verwendung von Luftporenbeton (mit Mindestluftgehalt unmittelbar vor dem Betoneinbau nach DIN 1045-2) gilt C25/30.
6) Bei Räumerlaufbahnen ohne Luftporen. Bei Verwendung von Luftporenbeton oder erdfeuchtem Beton ($w/z \leq 0{,}40$) gilt C30/37.
7) Bei C30/37 Oberflächenbehandlung des Betons nach DIN 1045-2 erforderlich, z.B. Vakuumieren und Flügelglätten.
8) Bei langsam und sehr langsam erhärtenden Betonen eine Festigkeitsklasse im Alter von 28 Tagen niedriger (s. DIN 1045-1).

Nennmaß der Betondeckung c_{nom}

Das Nennmaß c_{nom} ist der statischen Berechnung zugrunde zu legen. Es ergibt sich durch Vergrößerung der Mindestbetondeckung um ein Vorhaltemaß Δc:

$$\boxed{c_{nom} = c_{min} + \Delta c}$$

Vorhaltemaß Δc	im Allgemeinen	Δc = 15 mm
	für Umweltklasse XC 1	Δc = 10 mm
	falls Verbundbedingung maßgebend	Δc = 10 mm (vgl. [5.26])

Eine *Vergrößerung des Vorhaltemaßes* Δc ist grundsätzlich dann erforderlich, wenn der Beton gegen unebene Oberflächen geschüttet wird. Die Erhöhung erfolgt generell um das Differenzmaß der Unebenheit, mindestens jedoch um 20 mm, bei Schüttung gegen Erdreich um 50 mm. Bei Oberflächen mit architektonischer Gestaltung (strukturierte Oberflächen, Waschbeton u. a.) ist ebenfalls eine angemessene erhöhte Betondeckung erforderlich.

Eine *Verminderung des Vorhaltemaßes* Δc um 5 mm ist nur in Ausnahmefällen und bei entsprechender Qualitätskontrolle zulässig; genauere Angaben hierzu enthalten die DBV-Merkblätter „Betondeckung und Bewehrung“ und „Abstandhalter“.

Im Bereich von *Verbundfugen* (mit Ortbeton ergänzte Fertigplatten) darf an der Fuge zwischen Fertigteil und Ortbeton das Vorhaltemaß Δc entfallen; Voraussetzung: ausreichend dichte Verfüllung des Spaltes zwischen den Fertigteilen (vgl. [5.24], [5.26]) bzw. Einhaltung von c_{nom} am Spalt.

Auf der Konstruktionszeichnung ist das für die Abstandhalter maßgebende Verlegemaß c_v anzugeben[1], und zwar für die Stäbe, die unterstützt werden sollen (im Allgemeinen die der Betonoberfläche am nächsten liegenden Stäbe).

Für nebenstehende Abbildung gilt als Verlegemaß c_v

$$c_v \geq \begin{cases} c_{nom,bü} \\ c_{nom,l} - d_{sbü} \end{cases}$$

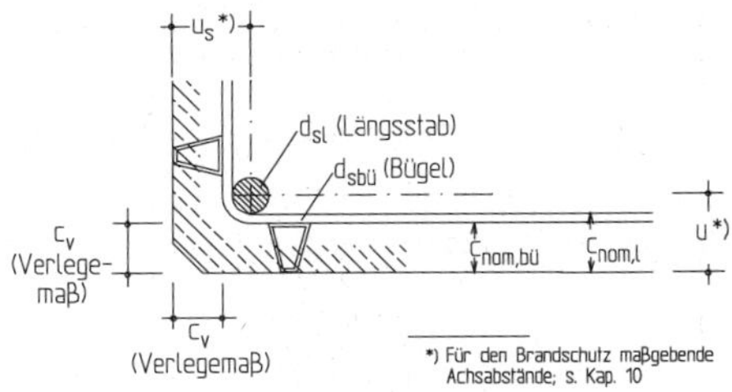

*) Für den Brandschutz maßgebende Achsabstände; s. Kap. 10

[1] Zusätzlich ist das Vorhaltemaß Δc anzugeben (DIN 1045-1, 4.2.1).

Hinweis: Die genannten Betondeckungen können für den Brandschutz unzureichend sein. Die hierfür geforderten Betondeckungen sind gesondert in den Brandschutzbestimmungen festgelegt.

5.1.3 Stababstände

Der Stababstand muss so groß sein, dass der Beton eingebracht und ausreichend verdichtet werden kann, sowie ausreichend Verbund sichergestellt ist.

Der Mindestwert des gegenseitigen lichten Stababstands s_n paralleler Einzelstäbe bestimmt sich nach folgender Tafel (DIN 1045-1, 12.2 und 12.10).

Betonstahl	allgemein		$s_n \geq \begin{cases} d_s \\ 20\text{ mm} \end{cases}$	
	Größtkorndurchmesser d_g > 16 mm		$s_n \geq d_g + 5\text{ mm}$	
Spannstahl[1]	sofortiger Verbund	horizontal	$s_{nh} \geq \begin{cases} d_p \\ 20\text{ mm} \\ d_g + 5\text{ mm} \end{cases}$	d_g Größtkorndurchmesser
		vertikal	$s_{nv} \geq \begin{cases} d_p \\ 10\text{ mm} \\ d_g \end{cases}$	
	nachträglicher Verbund	horizontal	$s_{nh} \geq \begin{cases} 0{,}8\, d_{duct} \\ 50\text{ mm} \end{cases}$	d_{duct} Hüllrohraußendurchmesser
		vertikal	$s_{nv} \geq \begin{cases} 0{,}8\, d_{duct} \\ 40\text{ mm} \end{cases}$	

[1] Zwischen den im Verbund liegenden Spanngliedern und verzinkten Einbauteilen oder verzinkter Bewehrung muss mindestens 2 cm Beton vorhanden sein; es darf keine metallische Verbindung bestehen.

5.2 Betonstahl

5.2.1 Krümmungen

Mindestwerte der Biegerollendurchmesser d_{br}; allgemein

Betonstahl	Haken, Winkelhaken, Schlaufen		Schrägstäbe und andere gebogene Stäbe		
	Stabdurchmesser		Mindestmaße der Betondeckung min c rechtwinklig zur Krümmungsebene		
	$d_s < 20$ mm	$d_s \geq 20$ mm	> 100 mm > 7 d_s	> 50 mm > 3 d_s	≤ 50 mm oder ≤ 3 d_s
Rippenstäbe BSt 500	4,0 d_s	7,0 d_s	10 d_s	15 d_s	20 d_s

Mindestwerte der Biegerollendurchmesser d_{br}; geschweißte Bewehrung und Betonstahlmatten

- Abstand zwischen Krümmungsbeginn und Schweißstelle ≥ 4 d_s ⇒ d_{br} nach Tabelle oben
- Abstand zwischen Krümmungsbeginn und Schweißstelle < 4 d_s oder Schweißung innerhalb des Biegebereichs ⇒ $d_{br} \geq 20\ d_s$

Bei nicht vorwiegend ruhender Belastung ist zusätzlich DIN 1045-1, 12.3.1 zu beachten.

Das *Hin- und Zurückbiegen* von Betonstählen stellt für den Betonstahl und den umgebenden Beton eine zusätzliche Beanspruchung dar; hierfür gelten die besonderen Bedingungen nach DIN 1045-1, 12.3.2.

5.2.2 Verbund und Bemessungswert der Verbundspannungen

Verbundbedingungen

Gute Verbundbedingungen gelten für alle Stäbe
- mit Neigungen 45° ≤ α ≤ 90°
- mit Neigungen 0° ≤ α ≤ 45°, die
  - in Bauteilen mit h ≤ 300 mm
  - in Bauteilen mit h > 300 mm *entweder* ≤ 300 mm von Unterkante *oder* ≥ 300 mm von Oberkante

  eingebaut sind,
- in liegend gefertigten stabförmigen Bauteilen mit h ≤ 500 mm, die mit Außenrüttlern verdichtet werden.

Mäßige Verbundbedingungen gelten für alle übrigen Stäbe und für alle Stäbe von Bauteilen, die im Gleitbauverfahren hergestellt werden.

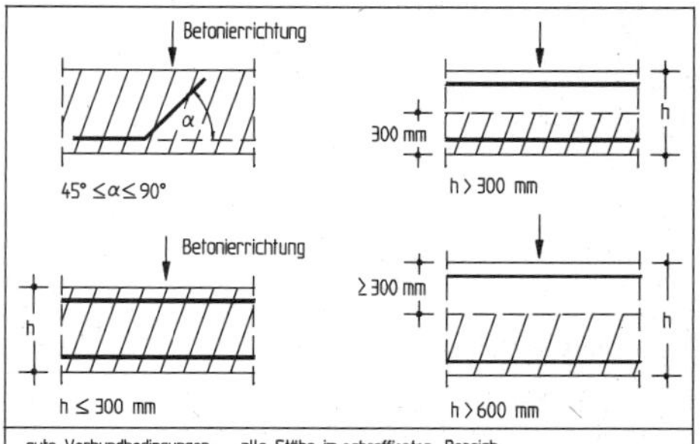

gute Verbundbedingungen: alle Stäbe im *schraffierten* Bereich
mäßige Verbundbedingungen: alle Stäbe im *nichtschraffierten* Bereich

Bemessungswert der Verbundspannung f_{bd}[1] in N/mm² für Rippenstähle bei $d_s \leq 32$ mm und Normalbeton

	charakteristische Werte der Betonfestigkeit f_{ck}														
	12	16	20	25	30	35	40	45	50	55	60	70	80	90	100
guter Verbund	1,6	2,0	2,3	2,7	3,0	3,4	3,7	4,0	4,3	4,4	4,5	4,7	4,8	4,9	4,9
mäßiger Verbund	70 % der Werte des guten Verbunds														

Für Leichtbeton sind die Verbundspannungen f_{bd} mit $\eta_1 = 0{,}40 + 0{,}60 \cdot (\rho/2200)$ zu multiplizieren (ρ Trockenrohdichte in kg/m³). Für Stabdurchmesser $d_s > 32$ mm s. Abschn. 5.2.7.

Die Werte dürfen erhöht werden (es ist nur eine der beiden genannten Möglichkeiten zulässig):
- bei einem Querdruck p senkrecht zur Bewehrungsebene mit dem Faktor $1/(1 - 0{,}04 \cdot p) \leq 1{,}5$ (jedoch nicht für die Verankerungslänge am Endauflager bei direkter Lagerung)
- bei allseitig durch Bewehrung gesicherter Betondeckung von mindestens $10\,d_s$ um 50 % (gilt nicht für Übergreifungsstöße mit einem Achsabstand der gestoßenen Stäbe ≤ $10\,d_s$).

Die Werte müssen bei Querzug senkrecht zur Bewehrungsebene um 33 % herabgesetzt werden.

[1] Die Verbundspannung f_{bd} ergibt sich mit $\gamma_c = 1{,}5$ (bzw. $\gamma_c' \cdot \gamma_c$; s. Tafel 5.29c) aus $f_{bd} = (2{,}25 \cdot f_{ctk;0.05}) / \gamma_c$.

5.2.3 Verankerungen

Verankerungsarten:

	1	2[1)]	3
	Art und Ausbildung der Verankerung	Beiwert α_a[3)] Zugstäbe	Beiwert α_a[3)] Druckstäbe
1	a) Gerade Stabenden 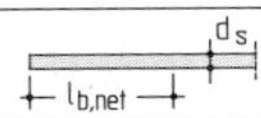	1,0	1,0
2	b) Haken c) Winkelhaken d) Schlaufe 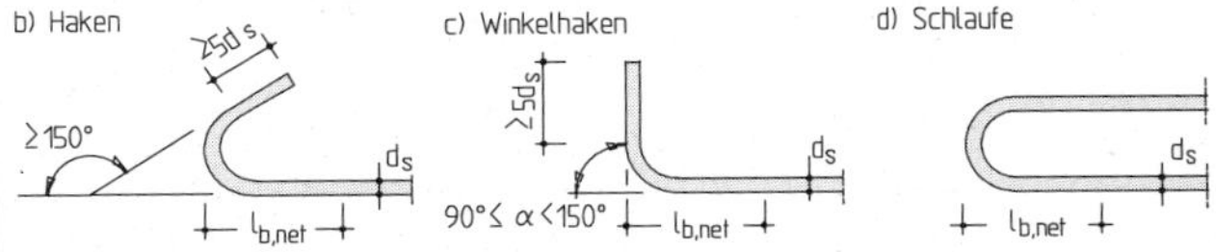	0,7[2)] (1,0)	– (nicht zulässig)
3	e) Gerade Stabenden mit mindestens einem angeschweißten Stab innerhalb von $l_{b,net}$ 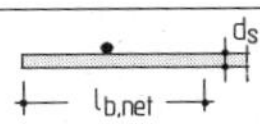	0,7	0,7
4	f) Haken g) Winkelhaken h) Schlaufe mit jeweils mindestens einem angeschweißten Stab innerhalb von $l_{b,net}$ vor dem Krümmungsbeginn 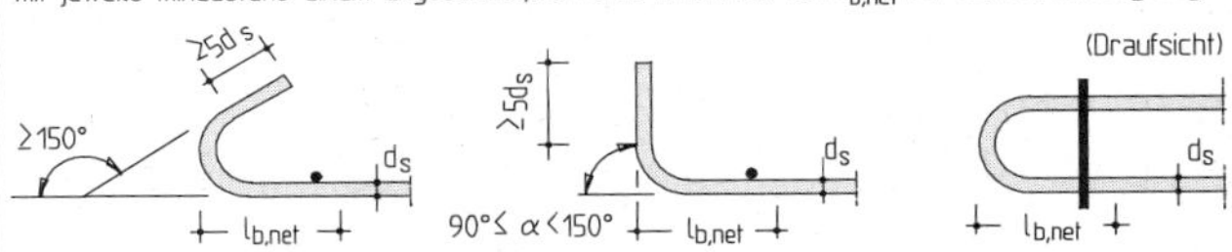	0,5 (0,7)	– (nicht zulässig)
5	i) Gerade Stabenden mit mindestens zwei angeschweißten Stäben innerhalb von $l_{b,net}$ (nur zulässig bei Einzelstäben mit $d_s \le 16$ mm bzw. bei Doppelstäben mit $d_s \le 12$ mm) 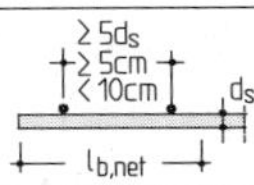	0,5	0,5

1) Die in Spalte 2 in Klammern angegebenen Werte gelten, wenn im Krümmungsbereich rechtwinklig zur Krümmungsebene die Betondeckung weniger als 3 d_s beträgt bzw. wenn kein Querdruck oder keine enge Verbügelung vorhanden ist.

2) Bei Schlaufenverankerung mit $d_{br} \ge 15\ d_s$ darf α_a auf 0,5 reduziert werden.

3) Für angeschweißte Querstäbe gilt $d_{s,q}/d_{s,l} \ge 0{,}7$, die Verbindungen sind als tragend auszuführen.

Grundmaß der Verankerungslänge l_b

$$l_b = (d_s / 4) \cdot (f_{yd} / f_{bd}) \qquad (104.1)$$

f_{bd} Bemessungswert der Verbundspannung (s. Tafel S. 5.103)

f_{yd} Bemessungswert der Stahlspannung; falls erhöhte Betonstahlspannungen $\sigma_{sd} = \sigma_{su}/\gamma_s > f_{yd}$ ausgenutzt werden (s. Linie II der σ-ε-Linie auf S. 5.34), ist f_{yd} durch σ_{sd} zu ersetzen

d_s Stabdurchmesser (bei Doppelstäben $d_{sV} = d_s \cdot \sqrt{2}$)

Verankerungslänge:

Die erforderliche Verankerungslänge $l_{b,net}$ wird aus dem Grundmaß l_b hergeleitet:

$$l_{b,net} = \alpha_a \cdot (A_{s,erf} / A_{s,vorh}) \cdot l_b \ge l_{b,min} \qquad (104.2)$$

α_a Beiwert zur Berücksichtigung der Wirksamkeit der Verankerung; s. Tafel oben

$A_{s,erf}$; $A_{s,vorh}$ erforderliche bzw. vorhandene Querschnittsfläche der Bewehrung

l_b Grundmaß der Verankerungslänge nach Gl. (104.1)

$l_{b,min}$ Mindestmaß der Verankerungslänge; es gilt:

– für Verankerungen von Zugstäben $l_{b,min} = 0{,}3 \cdot \alpha_a \cdot l_b \ge 10 \cdot d_s$

– für Verankerungen von Druckstäben $l_{b,min} = 0{,}6 \cdot l_b \ge 10 \cdot d_s$

Querbewehrung im Verankerungsbereich:

Im Verankerungsbereich ist eine Querbewehrung anzuordnen. Die Forderung gilt als erfüllt, wenn

- konstr. Maßnahmen oder günstige Einflüsse (z. B. Querdruck) ein Spalten des Betons verhindern,
- die erforderliche Bügelbewehrung (Balken, Stützen) oder Querbewehrung (Platte, Wand) gemäß Abschn. 5.4 eingelegt wird.

(Für Stabdurchmesser $d_s > 32$ mm s. Abschn. 5.2.7.)

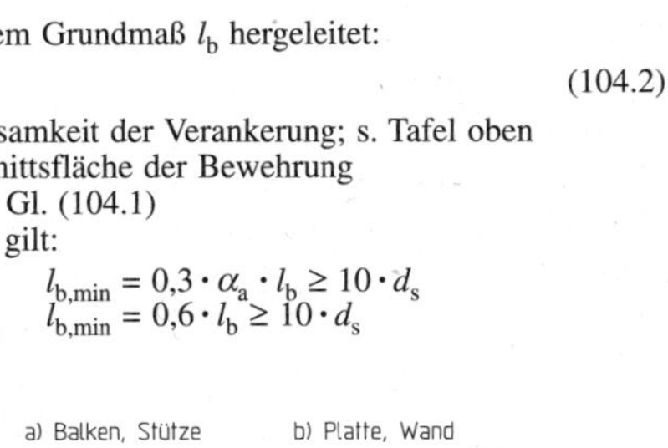

5.2.4 Übergreifungsstöße von Stäben oder Drähten

Anordnung der Übergreifungsstöße

- Stöße sollten versetzt und im Bereich mit geringer Beanspruchung angeordnet werden.
- Stöße sollten parallel zur Bauteilaußenfläche und im Querschnitt symmetrisch ausgebildet werden.
- Für die Ausbildung der Stöße gelten die Ausführungen über die Verankerungsarten (s. vorher).
- Für die lichten Stababstände und den Längsversatz sind die Werte gemäß Abb. [1] einzuhalten.

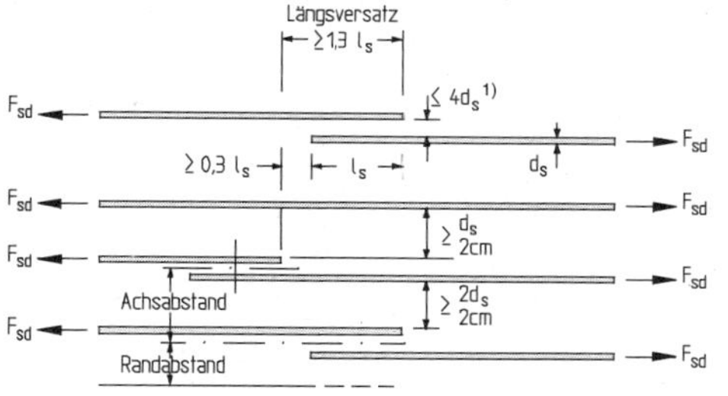

[1] Für einen lichten Abstand größer als $4d_s$ muss die Übergreifungslänge um den Betrag erhöht werden, um den der Abstand von $4d_s$ überschritten wird; außerdem ist eine Querbewehrung anzuordnen, die für die Zugkraft *jedes* gestoßenen Stabes zu bemessen und wie unten dargestellt zu verteilen ist.

Übergreifungslänge

Die erforderliche Übergreifungslänge l_s ergibt sich aus:

$$l_s = \alpha_1 \cdot l_{b,net} \geq l_{s,min} \qquad (105)$$

$l_{b,net}$ Verankerungslänge nach Gl. (104.2); s. vorher

$l_{s,min}$ Mindestmaß der Übergreifungslänge; es ist

$$l_{s,min} \geq 0{,}3 \cdot \alpha_a \cdot \alpha_1 \cdot l_b \geq \begin{cases} 15 \cdot d_s \\ 200 \text{ mm} \end{cases}$$

α_a nach Abschn. 5.2.3, jedoch ohne Berücksichtigung von angeschweißten Querstäben

α_1 Beiwert für die Wirksamkeit von Bewehrungsstößen nach Tafel:

Stoßanteil			≤ 30 %	> 30 %
Zugstöße	$d_s < 16$ mm	$s \geq 10\,d_s$; $s_0 \geq 5\,d_s$	1,0	1,0
		$s < 10\,d_s$; $s_0 < 5\,d_s$	1,2	1,4
	$d_s \geq 16$ mm	$s \geq 10\,d_s$; $s_0 \geq 5\,d_s$	1,0	1,4
		$s < 10\,d_s$; $s_0 < 5\,d_s$	1,4	2,0
Druckstöße			1,0	

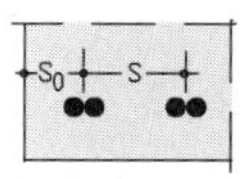

Abstände s und s_0

Querbewehrung

Im Bereich von Übergreifungsstößen ist eine Querbewehrung vorzusehen. Für Stäbe mit $d_s < 16$ mm bei Beton ≤ C55/67 bzw. ≤ LC45/50 und mit $d_s < 12$ mm bei Beton C60/75 bzw. ab LC50/55 oder für einen Stoßanteil ≤ 20 % genügt eine konstruktive Querbewehrung. In diesen Fällen darf bei Platten und Wänden die Querbewehrung innen angeordnet werden (DAfStb-H. 525).

Für andere Fälle gilt bei vorwiegend biegebeanspruchten Bauteilen (s. a. Abb. oben) :

- Achsabstand $s > 10\,d_s$: Querbewehrung: $\Sigma A_{st} \geq A_s$;
- Achsabstand $s \leq 10\,d_s$: Querbewehrung: $\Sigma A_{st} \geq A_s$; Form: Bügel

(A_s Fläche eines gestoßenen Stabs)

Die Querbewehrung ist zwischen Längsbewehrung und Betonoberfläche („außen") anzuordnen und bei einem Achsabstand $s \leq 10\,d_s$ bügelartig*) auszubilden. Werden bei mehrlagiger Bewehrung mehr als 50 % des Querschnitts der einzelnen Lage in einem Schnitt gestoßen, sind die Übergreifungsstöße generell durch Bügel zu umschließen, die für die Kraft aller gestoßenen Stäbe zu bemessen sind. Ebenso ist in vorwiegend biegebeanspruchten Bauteilen ab C70/85 die Querbewehrung grundsätzlich bügelartig auszubilden, die Querschnittsfläche der vertikalen Bügelschenkel ist für die Kraft aller gestoßenen Stäbe zu bestimmen.

Verteilung der Querbewehrung

*) Auf eine bügelartige Ausbildung darf nach [5.26] verzichtet werden, falls
- der Abstand der Stoßmitten benachbarter Stöße mit geraden Stabenden in Längsrichtung etwa $0{,}5\,l_s$ beträgt;
- bei *flächenartigen Bauteilen* die Übergreifungslänge um 30 % erhöht wird (andernfalls ist eine bügelartige Ausbildung für $s \leq 7d_s$ erforderlich).

5.2.5 Übergreifungsstöße von Betonstahlmatten aus Rippenstäben

Hauptbewehrung

Ausbildung und Anordnung

- DIN 1045-1 bezieht sich nur auf den häufigen Fall des „Zwei-Ebenen-Stoßes".

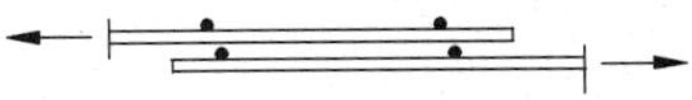

Zwei-Ebenen-Stoß (Stäbe liegen übereinander)

Ein-Ebenen-Stoß (Stäbe liegen nebeneinander)

- Die Stöße sollten nicht in hoch beanspruchten Bereichen liegen, anderfalls ist bei Betonstahlmatten mit $a_s \geq 6$ cm²/m die Rissbreitenbegrenzung mit einer um 25 % erhöhten Stahlspannung zu führen.
- Der zulässige Stoßanteil in einem Schnitt beträgt
  100 % bei Matten mit einem Bewehrungsquerschnitt $a_s \leq 12$ cm²/m
  60 % bei Matten mit $a_s > 12$ cm²/m; Stoß nur in innerer Lage mehrlagiger Bewehrung zulässig.
  Stöße von mehreren Bewehrungslagen sind um $1{,}3 \cdot l_s$ (s. u.) in Längsrichtung zu versetzen.
- Eine zusätzliche Querbewehrung ist im Übergreifungsbereich nicht erforderlich.

Übergreifungslänge:

Die erforderliche Übergreifungslänge von Betonstahlmatten wird ermittelt aus

$$l_s = \alpha_2 \cdot (a_{s,erf} / a_{s,vorh}) \cdot l_b \geq l_{s,min} \quad (106)$$

α_2 Beiwert für die Übergreifungslänge von Betonstahlmatten

$$\alpha_2 = 0{,}4 + (a_{s,vorh}/8) \begin{cases} \geq 1{,}0 \\ \leq 2{,}0 \end{cases}$$

$a_{s,erf}$ erforderliche Querschnittsfläche der Bewehrung im betrachteten Schnitt (in cm²/m)
$a_{s,vorh}$ vorhandene Querschnittsfläche der Bewehrung im betrachteten Schnitt (in cm²/m)
l_b Grundmaß der Verankerungslänge nach Gl. (104.1)
$l_{s,min}$ Mindestmaß der Übergreifungslänge; es ist

$$l_{s,min} = 0{,}3 \cdot \alpha_2 \cdot l_b \geq \begin{cases} 200 \text{ mm} \\ s_q \end{cases}$$

(s_q Abstand der angeschweißten Querstäbe)

Querbewehrung

Die gesamte Querbewehrung darf in einem Schnitt gestoßen werden.

Übergreifungslänge:

Erforderliche Übergreifungslängen der Querbewehrung nach folgender Tafel (DIN 1045-1, 12.8.4). Mindestens zwei Querstäbe (eine Masche bzw. zwei sich abstützende Querstäbe der Längsbewehrung mit einem Abstand $\geq 5d_s$ bzw. 5 cm) müssen innerhalb der Übergreifungslänge vorhanden sein.

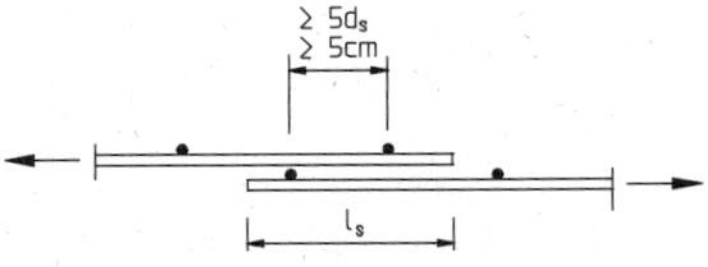

Stabdurchmesser der Querbewehrung d_s in mm	$\leq 6{,}0$	$> 6{,}0$ $\leq 8{,}5$	$> 8{,}5$ ≤ 12	$> 12{,}0$
Übergreifungslänge l_s (s_l Abstand der Längsstäbe)	$\geq s_l$ ≥ 150 mm	$\geq s_l$ ≥ 250 mm	$\geq s_l$ ≥ 350 mm	$\geq s_l$ ≥ 500 mm

5.2.6 Verankerungen von Bügeln und Querkraftbewehrung (DIN 1045-1, 12.7)

Bügel und Schubbewehrung werden mit Haken, Winkelhaken oder angeschweißten Querstäben verankert. Die Verankerung muss in der Druckzone zwischen dem Schwerpunkt der Druckzonenfläche und dem Druckrand erfolgen; Bügel müssen die Zugbewehrung umfassen. Mögliche Verankerungselemente bzw. -arten sind in nachfolgenden Abb. dargestellt. Eine Verankerung mit angeschweißten Querstäben ist nur zulässig, wenn eine seitliche Betondeckung $c_{min} \geq 3d_s$ und mindestens 5 cm vorhanden ist.

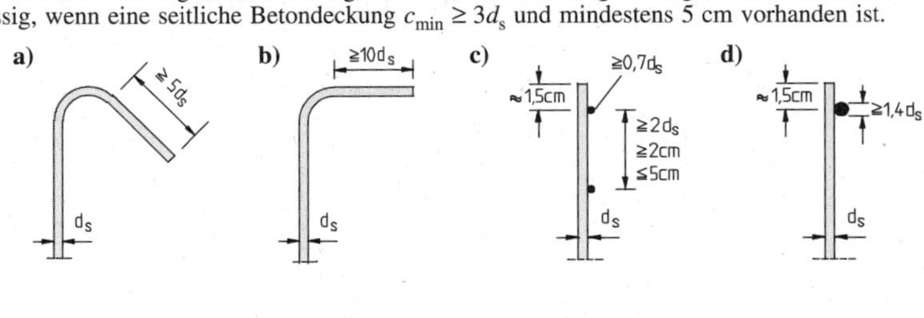

Die Verankerung muss betragen

- bei Haken und Winkelhaken mit einer Mindest-Hakenlänge ab Krümmungsende von
  5 d_s wenn der Krümmungswinkel ≥ 135° (Fall a in der Abb. oben)
  10 d_s wenn der Krümmungswinkel 90° beträgt (Fall b in der Abb.)
- bei angeschweißten Querstäben
  mit zwei angeschweißten Querstäben nach Fall c in der Abb.
  mit einem angeschweißten Querstab $d_{sq} \leq 1{,}4\ d_{s,bü}$ (Fall d in der Abb.).

Bei Balken sind Bügel in der Druckzone mit Haken oder Winkelhaken (in Verbindung mit Kappenbügeln) zu schließen, in der Zugzone ist jedoch eine Übergreifung mit der Länge l_s erforderlich. Bei Plattenbalken dürfen die erforderlichen Bügel im Bereich der Platte mit durchgehenden Querstäben geschlossen werden, wenn der Bemessungswert der Querkraft $V_{Ed} \leq 0{,}67 \cdot V_{Rd,max}$ ist (s. Abschn. 4.1.2 und 5.4.2.2).

Für die zulässigen Mindestwerte der Biegerollendurchmesser von Haken und Winkelhaken gelten die zuvor angegebenen Werte (Abschn. 5.2.1). Wegen weiterer Hinweise für die Ausbildung von Bügeln in Platten, Balken und Stützen usw. wird auf Abschn. 5.4 verwiesen.

5.2.7 Zusätzliche Regeln für Rippenstäbe mit d_s > 32 mm

Bauliche Durchbildung

Bauteile mit Stabdurchmessern d_s > 32 mm sollten eine Mindestdicke von $h \geq 15\ d_s$ aufweisen, Betondeckung und gegenseitigen Stababstand nach Abschn. 5.1. Die Rissbreitenbegrenzung sollte durch Anordnung einer Hautbewehrung oder/und durch entsprechende Nachweise erfolgen.

Hautbewehrung

Der Querschnitt sollte nicht kleiner als $A_{s,surf} = 0{,}02 \cdot A_{ct,ext}$ sein (weitere Hinweise s. Abschn. 5.4.2.4).

Verbund und Grundmaß der Verankerungslänge

Bei Stabdurchmessern d_s > 32 mm sind die Verbundbeiwerte f_{bd} für $d_s \leq 32$ mm (s. vorher) mit dem Faktor $(132 - d_s)/100$ zu multiplizieren (d_s in mm). Für Leichtbeton gilt als Faktor $\eta_1 \cdot (132 - d_s)/100$ mit $\eta_1 = 0{,}40 + 0{,}60 \cdot (\rho/2200)$, s. vorher; die Verwendung von Stäben mit d_s > 32 mm muss bei Leichtbeton jedoch aufgrund von Erfahrungen oder Versuchsergebnissen gerechtfertigt sein.

Verankerungen und Stöße:

- Verankerungen
  als gerade Stäbe oder mit Ankerkörpern
- Übergreifungsstöße
  sind nur in Bauteilen zulässig, die überwiegend auf Biegung beansprucht werden (d. h. in Zug- und Druckgliedern nicht zulässig)
- Querbewehrung
  Ergänzend zu den Festlegungen für Verankerungen (s. Abschn. 5.2.3) gilt:
  - Im Verankerungsbereich ohne Querdruck ist eine zusätzliche Querbewehrung erforderlich.
  - Größe der Zusatzbewehrung bei geraden Stabenden:
    parallel zur Bauteiloberfläche (Unterseite) $A_{st} = n_1 \cdot 0{,}25 \cdot A_s$
    senkrecht zur Bauteiloberfläche $A_{sv} = n_2 \cdot 0{,}25 \cdot A_s$
    n_1 Anzahl der im gleichen Schnitt verankerten Bewehrungslagen
    n_2 Anzahl der in jeder Lage verankerten Bewehrungsstäbe
    A_s Querschnittsfläche eines verankerten Stabes
  - Anordnung der Zusatzbewehrung:
    gleichmäßig über den Verankerungsbereich, Stababstände etwa 5 d_s
    (d_s Stabdurchmesser der Längsbewehrung).

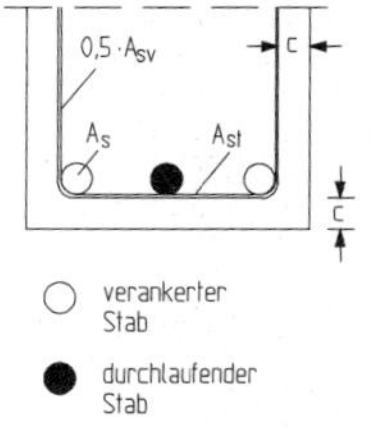

(Weitere konstruktive Hinweise s. a. DAfStb-H. 525.)

5.2.8 Zusätzliche Regeln für Stabbündel aus Rippenstäben

Stabbündel bestehen aus zwei oder drei Einzelstäben mit $d_s \leq 28$ mm. Es gelten die Regeln für Einzelstäbe, soweit nachfolgend nicht anders festgelegt. Für die Bemessung wird das Stabbündel in einen Ersatzstab mit gleicher Fläche und Schwerpunktlage umgewandelt; der Vergleichsdurchmesser beträgt

$$d_{sV} = d_s \cdot \sqrt{n}$$

mit n als Anzahl der Bewehrungsstäbe des Stabbündels; d_{sV} darf folgende Grenzen nicht überschreiten:

- in Bauteilen mit überwiegendem Zug $d_{sV} \leq 36$ mm
- für Betonfestigkeitsklassen ab C70/85 $d_{sV} \leq 28$ mm

Bauliche Durchbildung: Es wird auf DIN 1045-1, 12.9 verwiesen.

5.3 Spannstahl, Spannglieder

5.3.1 Betondeckung, Anordnung der Spannglieder

Für die *Betondeckung* gilt Abschnitt 5.1.2. Der gegenseitige waagerechte und lotrechte *Abstand* von Spannstählen bzw. Spanngliedern ist in Abschnitt 5.1.3 angegeben; außerdem gilt:

- Vorspannen mit sofortigem Verbund: Eine Bündelung ist nur außerhalb der Verankerung zulässig.
- Vorspannen ohne Verbund: Eine Bündelung interner Spannglieder ist außerhalb der Verankerung zulässig.

5.3.2 Verankerungsbereiche

Im Bereich der konzentrierten Krafteinleitung sind Querzugeinflüsse zu berücksichtigen und durch enge Querbewehrung aufzunehmen. Bei Vorspannung mit sofortigem Verbund darf hierauf in einfachen Fällen (z. B. Spannbetonhohlplatten) verzichtet werden, wenn die Spaltzugspannung den Wert $f_{ctk;0,05} / \gamma_c$ (mit γ_c für unbewehrten Beton) nicht überschreitet.

5.3.2.1 Verankerungsbereiche von Spanngliedern mit sofortigem Verbund (DIN 1045-1, 8.7.6)

Eine Verwendung von glatten Drähten ist bei Vorspannung mit sofortigem Verbund nicht zulässig. Es wird unterschieden zwischen (s. nachfolgende Abb.):

- Übertragungslänge l_{bp}, über die die Spannkraft P_0 eines Spannglieds mit sofortigem Verbund voll auf den Beton übertragen wird;
- Eintragungslänge $l_{p,eff}$, innerhalb der die Betonspannung aus Vorspannung in eine lineare Verteilung über den Querschnitt übergeht;
- Verankerungslänge l_{ba}, innerhalb der der Höchstwert der Vorspannung vollständig in den Beton eingeleitet ist.

- *Übertragungslänge* l_{bp}

Die Übertragungslänge l_{bp} wird unter der Voraussetzung einer konstanten Verbundspannung f_{bp} in Abhängigkeit von der Betonfestigkeit bestimmt aus:

$$l_{bp} = \alpha_1 \cdot \frac{\sigma_{pm0}}{f_{bp} \cdot \eta_1} \cdot \frac{A_p}{\pi \cdot d_p} \qquad (108.1)$$

mit α_1 = 1,00 bei stufenweisem Eintragen der Vorspannung
= 1,25 bei schlagartigem Eintragen der Vorspannung
A_p Nennquerschnitt der Litze oder des Drahts
d_p Nenndurchmesser der Litze oder des Drahts
σ_{pm0} Spannung im Spannstahl nach der Spannkraftübertragung auf den Beton
η_1 = 1,0 für Normalbeton
= $0{,}40 + 0{,}60 \cdot (\rho/2200)$ für Leichtbeton (ρ Trockenrohdichte in kg/m³)

Verbundspannung f_{bp} in der Übertragungslänge von Litzen und Drähte im sofortigen Verbund

Betondruckfestigkeit f_{cm} [1] in N/mm² bei der Spannkraftübertragung		25	30	35	40	45	50	60	70	80	≥90
f_{bp} [3] (N/mm²)	Litzen mit $A_p \le 100$ mm² Profilierte Drähte mit $d_s \le 8$ mm	2,9	3,3	3,7	4,0	4,3	4,6	5,0	5,3	5,5	5,7
	Gerippte Drähte mit $d_s \le 12$ mm [2]	3,8	4,3	4,8	5,2	5,6	6,0	6,5	6,9	7,2	7,4

[1] Es gilt die mittlere Zylinderdruckfestigkeit, Zwischenwerte sind linear zu interpolieren.
[2] Näherungswerte; f_{bp}-Werte sollten auf Versuchsergebnissen beruhen.
[3] Bei mäßigen Verbundbedingungen sind die Werte mit dem Faktor 0,7 abzumindern.

Weitere Hinweise und Erläuterungen s. DIN 1045-1, 8.7.6.

Bemessungswert l_{bpd} der Übertragungslänge

$$l_{bpd} = \begin{cases} 0{,}8 \cdot l_{bp} \\ 1{,}2 \cdot l_{bp} \end{cases} \quad \text{(Der ungünstigere Wert ist maßgebend.)} \qquad (108.2)$$

- *Eintragungslänge* $l_{p,eff}$

Für Rechteckquerschnitte mit geraden, unten liegenden Spanngliedern gilt

$$l_{p,eff} = \sqrt{l_{bpd}^2 + d^2} \qquad (108.3)$$

- *Verankerungslänge* l_{ba}

Die Verankerung der Vorspannung wird entscheidend durch Rissbildung beeinflusst. Der Verankerungsbereich gilt als ungerissen, wenn die Betonzugspannungen im Grenzzustand der Tragfähigkeit unter Berücksichtigung der maßgebenden Vorspannkraft den Wert $f_{ctk;0,05}$ nicht überschreiten. Für die Verankerungslänge gilt:

Ungerissener Verankerungsbereich

l_{ba} innerhalb der Länge l_{bpd} gegeben (ohne Nachweis)

Rissbildung außerhalb der Übertragungslänge l_{bpd}

$$l_{ba} = l_{bpd} + \frac{A_p}{\pi \cdot d_p} \cdot \frac{\sigma_{pd} - \sigma_{pmt}}{\eta_1 \cdot \eta_p \cdot f_{bp}} \qquad (109.1a)$$

Rissbildung innerhalb der Übertragungslänge l_{bpd}

$$l_{ba} = l_r + \frac{A_p}{\pi \cdot d_p} \cdot \frac{\sigma_{pd} - \sigma_{pt(x = l_r)}}{\eta_1 \cdot \eta_p \cdot f_{bp}} \qquad (109.1b)$$

Es sind $\sigma_{pd} = f_{p0,1k} / \gamma_p$
η_p = 0,5 für Litzen und profilierte Drähte
= 0,7 für gerippte Drähte
(Weitere Formelzeichen s. nebenstehende Abb.).

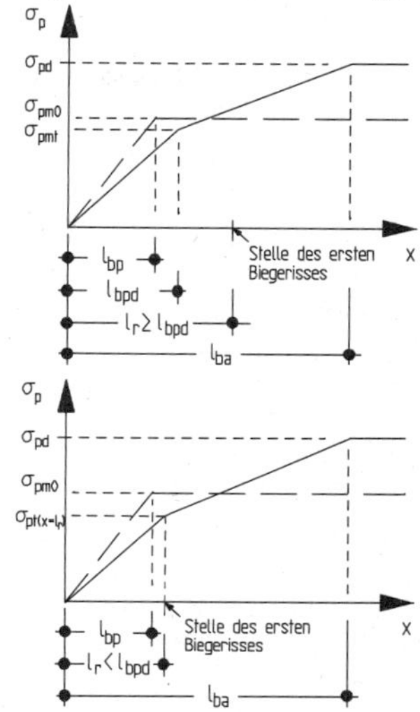

Die Zugkraft $F_{sd}(x)$ im Abstand x vom Bauteilende kann ermittelt werden aus

$$F_{sd}(x) = M_{Ed}(x) / z + 0{,}5 \cdot V_{Ed}(x) \cdot (\cot \vartheta - \cot \alpha)$$

mit $M_{Ed}(x)$ als aufzunehmendes Biegemoment an der Stelle x (gemessen vom Auflagerschwerpunkt), dem inneren Hebelarm z, der aufzunehmenden Querkraft $V_{Ed}(x)$ an der Stelle x sowie ϑ als Winkel zwischen den Betondruckstreben und der Bauteillängsachse und α als Neigungswinkel der Querkraftbewehrung (für Bauteile ohne Querkraftbewehrung gilt $\cot \vartheta = 3{,}0$ und $\cot \alpha = 0$).

5.3.2.2 Verankerungsbereich von Spanngliedern mit nachträglichem Verbund und ohne Verbund

Im Bereich der konzentrierten Krafteinleitung der Vorspannkraft sind Querzugeinflüsse zu berücksichtigen und durch Querbewehrung aufzunehmen. Die erforderliche Spaltzug- und Zusatzbewehrung ist der allgemeinen bauaufsichtlichen Zulassung zu entnehmen. Der Nachweis der Kraftaufnahme und -weiterleitung im Tragwerk ist mit einem geeigneten Verfahren (z. B. Stabwerkmodell) zu führen.

Die Einleitung der Vorspannkraft darf unter Annahme eines Ausbreitungswinkels im Verhältnis 2 zu 3 ($\beta \approx 35°$) nach nebenstehender Abbildung angenommen werden (vgl. DIN 1045-1, 7.3.1).

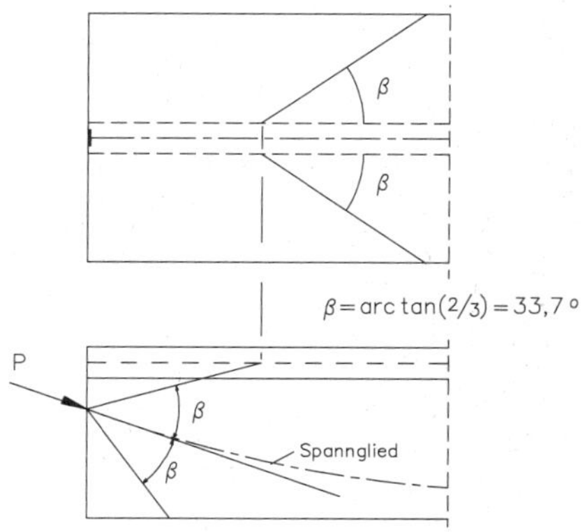

5.3.2.3 Spannglieder ohne Verbund

Besonderheiten von Spanngliedern ohne Verbund betreffen insbesondere

- Mindestkrümmungsradien
- Umlenkungen und Fixierungen.

Es wird auf DIN 1045-1, 12.10.4 verwiesen.

5.3.2.4 Kopplungen

Kopplungen sollten im Bereich geringer Beanspruchung und nicht an Zwischenauflagern liegen; die Kopplung von mehr als 70 % der Spannglieder in einem Querschnitt sollte bei nicht vorwiegend ruhender Belastung vermieden werden.

5.4 Konstruktive Durchbildung einzelner Bauteile

5.4.1 Überwiegend biegebeanspruchte Bauteile

5.4.1.1 Mindestbewehrung und Höchstbewehrung

Mindestbewehrung

Die Mindestbewehrung zur Sicherstellung eines duktilen Bauteilverhaltens ist für das Rissmoment M_{cr} mit dem Mittelwert der Zugfestigkeit des Betons f_{ctm} und einer Stahlspannung $\sigma_s = f_{yk}$ zu berechnen.

$A_{s,min} = M_{cr} / (z_{II} \cdot f_{yk})$ mit $M_{cr} = f_{ctm} \cdot I_I / z_{I,c1}$

z_{II} Hebelarm der inneren Kräfte nach Rissbildung (Zustand II)
I_I Flächenmoment 2. Grades vor Rissbildung (Zustand I)
$z_{I,c1}$ Schwerachsenabstand bis zum Zugrand im Zustand I

Eine ggf. vorhandene Längskraft ist zusätzlich zu berücksichtigen.

Bei Spannbetonbauteilen ist die Mindestbewehrung ohne Anrechnung der Vorspannkraft zu bestimmen. Es darf jedoch ein Drittel der Spannglieder im Verbund angerechnet werden, wenn mindestens zwei Spannglieder vorhanden sind und diese nicht mehr als $0{,}2 \cdot h$ bzw. 25 cm (kleinerer Wert maßgebend) von der Betonstahlbewehrung entfernt liegen. Die anrechenbare Stahlspannung ist auf f_{yk} des Betonstahls zu begrenzen.

Anordnung der Mindestbewehrung

Die Mindestbewehrung ist gleichmäßig über die Zugzonenbreite sowie anteilmäßig über die Höhe der Zugzone zu verteilen. Stöße sind für die volle Zugkraft auszubilden. Für die Bewehrungsführung gilt:

- Feldbewehrung: Die untere Mindestbewehrung muss zwischen den Auflagern durchlaufen (hochgeführte Spannglieder und Bewehrung dürfen nicht berücksichtigt werden). Sie ist mit der Mindestverankerungslänge nach Abschn. 5.4.2.1 an den Auflagern zu verankern.
- Stützbewehrung: Über den Innenauflagern ist die obere Mindestbewehrung in beiden anschließenden Feldern über eine Länge von mindestens einem Viertel der Stützweite einzulegen.
- Kragarme: Bei Kragarmen muss die Mindestbewehrung über die gesamte Kraglänge durchlaufen.

Verzicht auf die Mindestbewehrung

Nach [5.26] darf in folgenden Fällen auf eine Mindestbewehrung verzichtet werden:

- Einzelfundamente ohne äußere Zwangbeanspruchungen, falls die Schnittgrößenermittlung für die äußere Lasten linear-elastisch erfolgt und alle Nachweis der Grenzzustände erfüllt sind;
- Streifenfundamente in Querrichtung, da hierfür i. d. R. keine Biegetragwirkung vorliegt,
- Platten für die Tragwirkung der Nebenrichtung.

Beispiel

Für eine einfeldrige Platte (d/h = 18/21 cm; C20/25, BSt 500) ist die Mindestbewehrung gesucht.

$A_{s,min} = M_{cr} / (z_{II} \cdot f_{yk})$

$M_{cr} = f_{ctm} \cdot I_I / z_{I,c1}$

$f_{ctm} = 2{,}2$ MN/m²; $I_I = 1{,}0 \cdot 0{,}21^3/12 = 0{,}000772$ m⁴; $z_{I,c1} = 0{,}21/2 = 0{,}105$ m

$M_{cr} = 2{,}2 \cdot 0{,}000772 / 0{,}105 = 0{,}0162$ MNm

$z_{II} \approx 0{,}9 \cdot d = 0{,}9 \cdot 0{,}18 = 0{,}162$ m

$A_{s,min} = 0{,}0162 / (0{,}162 \cdot 500) = 2{,}0 \cdot 10^{-4}$ m²/m $= 2{,}0$ cm²/m

Höchstbewehrung / Umschnürung der Biegedruckzone

Die Höchstbewehrung eines Querschnitts darf maximal betragen (auch im Bereich von Übergeifungsstößen)

$A_{s,max} = 0{,}08 \cdot A_c$

Bei *hochbewehrten* Balken – als Maß gilt die bezogene Druckzonenhöhe x/d – ist als Mindestbügelbewehrung zur Umschnürung der Biegedruckzone einzulegen:

- Normalbeton bis C50/60 bei $x/d > 0{,}45$: $d_s \geq 10$ mm; Abstand längs $s_l \leq 0{,}25h$ bzw. 20 cm; Abstand quer $s_q \leq h$ bzw. 60 cm
- Normalbeton ab C55/67 und Leichtbeton bei $x/d > 0{,}35$: $d_s \geq 10$ mm; Abstand längs $s_l \leq 0{,}25h$ bzw. 20 cm; Abstand quer $s_q \leq h$ bzw. 40 cm

5.4.1.2 Oberflächenbewehrung bei Bauteilen mit Vorspannung

Bei vorgespannten Bauteilen ist stets eine Oberflächenbewehrung gem. Tafel 5.111b mit den Grundwerte der Bewehrungsgrade ρ nach Tafel 5.111a anzuordnen. Die Oberflächenbewehrung ist in der Zug- und Druckzone von Platten in Form von Bewehrungsnetzen anzuordnen, die aus zwei sich annähernd rechtwinklig kreuzenden Bewehrungslagen bestehen, der Stababstand darf 20 cm nicht überschritten.

Auf die Oberflächenbewehrung darf angerechnet werden,

- die im Grenzzustand der Tragfähigkeit oder Gebrauchstauglichkeit erforderliche Betonstahlbewehrung,
- die im Bereich der zweifachen Betondeckung im sofortigen Verbund liegenden Spannstähle.

Tafel 5.111a Grundwerte der Oberflächenbewehrung

f_{ck}	12	16	20	25	30	35	40	45	50	55	60	70	80	90	100
ρ (‰)[1]	0,51	0,61	0,70	0,83	0,93	1,02	1,12	1,21	1,31	1,34	1,41	1,47	1,54	1,60	1,66

[1] Die Werte ergeben sich aus $\rho = 0{,}16 \cdot f_{ctm} / f_{yk}$. Bei Leichtbeton sind die ρ-Werte mit $\eta_1 = 0{,}40 + 0{,}60\rho / 2200 \geq 0{,}85$ (mit ρ als Trockenrohdichte in kg/m³) zu multiplizieren.

Tafel 5.111b Oberflächenbewehrung für die verschiedenen Bereiche eines Spannbetonbauteils

	Platten bzw. Gurtplatten und breite Balken ($b_w > h$) je m		Balken mit $b_w \leq h$ und Stege von Plattenbalken und Kastenträgern	
	Bauteile in Umgebungsbedingungen der Expositionsklassen XC 1 bis XC 4	Bauteile in Umgebungsbedingungen sonstiger Expositionsklassen	Bauteile in Umgebungsbedingungen der Expositionsklassen XC 1 bis XC 4	Bauteile in Umgebungsbedingungen sonstiger Expositionsklassen
bei Balken an jeder Seitenfläche bei Platten mit $h \geq 1{,}0$ m an jedem gestützten oder nichtgestützten Rand[1]	$0{,}5\,\rho h$ bzw. $0{,}5\,\rho h_f$	$1{,}0\,\rho h$ bzw. $1{,}0\,\rho h_f$	$0{,}5\,\rho b_w$ (je m)	$1{,}0\,\rho b_w$ (je m)
in der Druckzone von Balken u. Platten am äußeren Rand[2) 3)] in der vorgedrückten Zugzone von Platten[1) 2) 3)]	$0{,}5\,\rho h$ bzw. $0{,}5\,\rho h_f$	$1{,}0\,\rho h$ bzw. $1{,}0\,\rho h_f$	–	$1{,}0\,\rho h b_w$
in Druckgurten mit $h > 12$ cm (obere und untere Lage je für sich)[1]	–	$1{,}0\,\rho h_f$	–	–

[1] Eine Oberflächenbewehrung größer als 3,4 cm²/m je Richtung ist nicht erforderlich.
[2] Bei Platten aus Fertigteilen mit einer Breite < 1,20 m darf die Oberflächenbewehrung in Querrichtung entfallen.
[3] In Bauteilen mit Umgebungsbedingungen der Klasse XC 1 darf die Oberflächenbewehrung am äußeren Rand der Druckzone entfallen.

5.4.2 Balken

5.4.2.1 Längsbewehrung

Konstruktive Einspannbewehrung

Zur Aufnahme einer rechnerisch nicht berücksichtigten Einspannung ist eine geeignete Bewehrung anzuordnen. Die Querschnitte der Endauflager sind dann für ein Stützmoment bemessen, das mindestens 25 % des benachbarten Feldmoments entspricht. Die Bewehrung muss, vom Auflageranschnitt gemessen, mindestens über $0{,}25 \cdot l$ des Endfeldes eingelegt werden.

Ausgelagerte Bewehrung

Die Zugbewehrung darf bei Plattenbalken- und bei Hohlkastenquerschnitten in der Platte neben den Stegen höchstens auf einer Breite entsprechend der halben mitwirkenden Breite $b_{eff,i}$ des jeweils anschließenden Gurtes (s. Abschn. 3.4.2) angeordnet werden [5.26]; s. nebenstehende Abb.

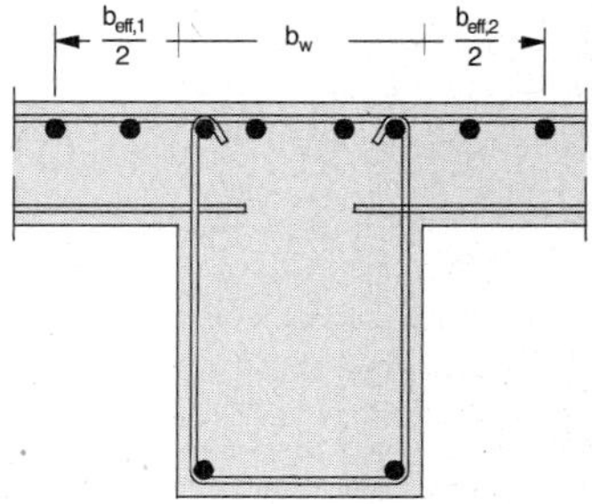

Zugkraftdeckung

Die Zugkraftlinie der Längsbewehrung erhält man durch Verschiebung der F_{sd}-Linie um das Versatzmaß a_l in Richtung der Bauteilachse; F_{sd} ist die Zugkraft in der Längsbewehrung, die sich aus

$$F_{sd} = M_{Eds}/z + N_{Ed}$$

ergibt. Beispiele zur Zugkraftdeckung sind in [5.84], [5.85] enthalten.

Bei einer Schnittgrößenermittlung nach dem linear-elastischen Verfahren ohne oder mit Umlagerung genügt der Nachweis der Zugkraftdeckung für den Grenzzustand der Tragfähigkeit; andernfalls muss zusätzlich auch der Grenzzustand der Gebrauchstauglichkeit nachgewiesen werden.

Versatzmaß:

$$a_l = z \cdot (\cot\theta - \cot\alpha)/2 \geq 0$$ [1)]

- θ Neigung der Betondruckstrebe
- z Hebelarm der inneren Kräfte (i.Allg. $z \approx 0{,}9 \cdot d$, s. a. Abschn. 4.1.2.3)
- α Neigung der Schubbewehrung (bezogen auf die Längsachse)

1) Wird bei Plattenbalken ein Teil der Biegezugbewehrung außerhalb des Steges angeordnet (s. vorher), muss das Versatzmaß a_l um den Abstand x der Stäbe vom Stegrand vergrößert werden.

Zugkraftdeckungslinie s. a. Fußnote [2)]

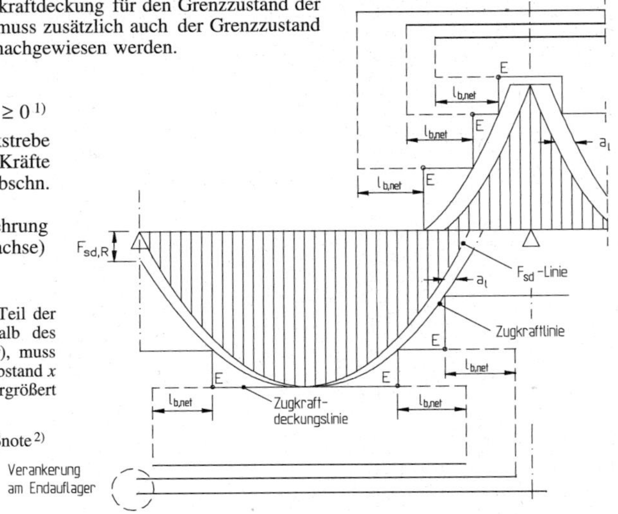

Verankerung am Endauflager

- Am frei drehbaren oder schwach eingespannten Endauflager muss eine Bewehrung zur Aufnahme der Randzugkraft

  $$F_{sd,R} = V_{Ed} \cdot (a_l/z) + N_{Ed} \geq V_{Ed}/2$$

  ausreichend verankert sein.
- Bis zum Endauflager sind mindestens 25 % der Feldbewehrung zu führen und dort zu verankern.
- Erforderliche Verankerungslängen (s. Abb.):

  direkte Auflagerung $l_{b,dir} = 2/3 \cdot l_{b,net} \geq 6\,d_s$
  indirekte Auflagerung $l_{b,ind} = 1{,}0 \cdot l_{b,net} \geq 10\,d_s$

  Die Verankerung beginnt an der *Innen*kante des Auflagers. Die Bewehrung ist jedoch in allen Fällen mindestens über die rechnerische Auflagerlinie zu führen.

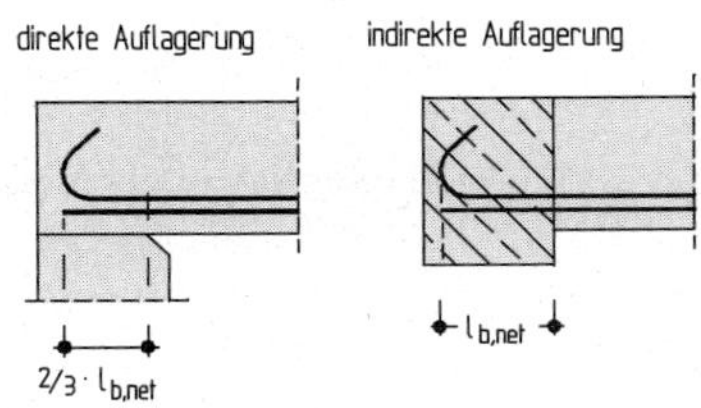

Verankerung am Zwischenauflager

- Es sind mindestens 25 % der Feldbewehrung über das Auflager zu führen (s. o.).
- Die erforderliche Bewehrung ist mindestens mit $6 \cdot d_s$ bis hinter den Auflagerrand zu führen.
- Zur Aufnahme positiver Momente infolge außergewöhnlicher Beanspruchungen (Auflagersetzungen, Explosion u. a.) sollte die Bewehrung durchlaufend ausgeführt werden (ggf. kraftschlüssig gestoßen).

Verankerungen außerhalb von Auflagern

- Verankerungslänge der Biegezugbewehrung
  ab dem rechnerischen Endpunkt E: $l \geq l_{b,net}$ [2)]
- Verankerungslängen von Schrägstäben zur Aufnahme von Schubkräften (nach EC 2; in DIN 1045-1 fehlen entsprechende Angaben)

  im Zugbereich: $l \geq 1{,}3 \cdot l_{b,net}$; im Druckbereich: $l \geq 0{,}7 \cdot l_{b,net}$

2) In DAfStb-H. 525 wird auf die erforderliche Verlängerung der gestaffelten Bewehrung bei Ausnutzung von Stahlspannungen $\sigma_{su} > f_{yd}$ und bei Umlagerungen hingewiesen (vgl. a. DAfStb-H. 484).

5.4.2.2 Schubbewehrung

Ausbildung der Schubbewehrung

Die Neigung der Schubbewehrung zur Bauteilachse sollte zwischen 45° und 90° liegen. Die Schubbewehrung kann aus einer Kombination folgender Bewehrungen bestehen (s. a. Abb. unten):

- Bügel, die die Längszugbewehrung und die Druckzone umfassen
- Schrägstäbe
- Schubzulagen als Körbe, Leitern usw., die die Längsbewehrung nicht umfassen, aber ausreichend im Zug- und Druckbereich verankert sind.

Mindestens 50 % der aufzunehmenden Querkraft müssen durch Bügel abgedeckt sein.

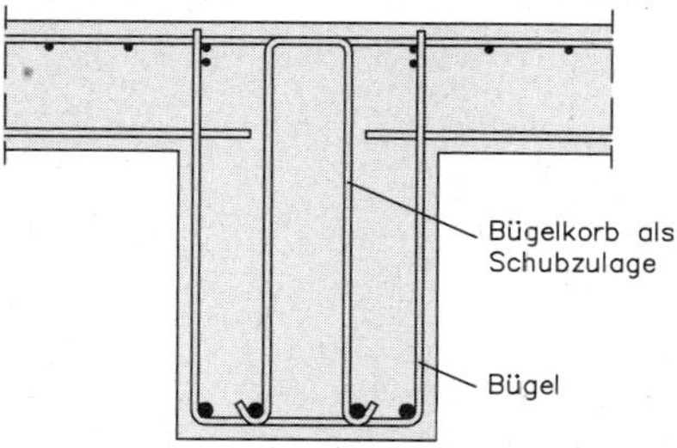

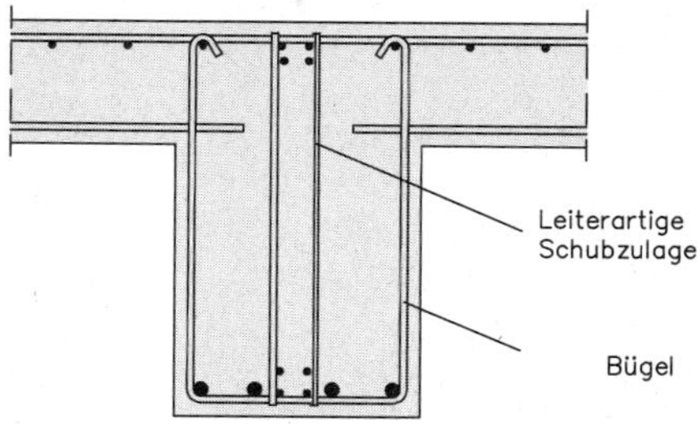

Bei Plattenbalken dürfen die für die Querkrafttragfähigkeit erforderlichen Bügel im Bereich der Platte mit durchgehenden Querstäben geschlossen werden, wenn der Bemessungswert der Querkraft V_{Ed} höchstens 2/3 der maximalen Querkrafttragfähigkeit $V_{Rd,max}$ beträgt.

Bei feingliedrigen Bauteilen (z. B. I-, T- oder Hohlquerschnitten mit Stegbreiten $b_w \leq 80$ mm) dürfen einschnittige Querkraftzulagen auch allein als Querkraftbewehrung verwendet werden, wenn die Druckzone und die Biegezugbewehrung gesondert durch Bügel umschlossen sind.

Die Querkaftbewehrung ist längs der Bauteilachse so zu verteilen, dass an jeder Stelle die Bemessungsquerkraft abgedeckt ist (Schubkraftdeckung).

Mindestschubbewehrung

Für balkenartige Tragwerke ist eine Mindestschubbewehrung vorgeschrieben; es gilt:

$$A_{sw}/s \geq \min \rho_w \cdot (b_w \cdot \sin \alpha)$$

A_{sw}/s Querschnitt der Schubbewehrung je Längeneinheit
$\min \rho_w$ Mindestbewehrungsgrad nach Tafel 5.113a
b_w maßgebende Stegbreite
α Neigungswinkel der Schubbewehrung

Tafel 5.113a Mindestschubbewehrungsgrad min ρ_w

f_{ck}		12	16	20	25	30	35	40	45	50	55	60	70	80	90	100
ρ_w (‰)	*allgemein*[1)]	0,51	0,61	0,70	0,83	0,93	1,02	1,12	1,21	1,31	1,34	1,41	1,47	1,54	1,60	1,66
	Sonderfall[1) 2)]	0,82	0,98	1,12	1,33	1,49	1,63	1,79	1,94	2,10	2,14	2,26	2,35	2,46	2,56	2,66

1) Bei Leichtbeton sind die Werte mit $\eta_1 = 0{,}40 + 0{,}60 \cdot \rho / 2200 \geq 0{,}85$ (ρ Trockenrohdichte in kg/m³) zu multiplizieren.
2) Die Werte gelten bei gegliederten Querschnitten mit vorgespannten Zuggurten.

Tafel 5.113b Höchstabstände der Schubbewehrung

Schubbeanspruchung[1)]	Bügelabstände s_{max} Längsabstand		Bügelabstände s_{max} Querabstand		Schrägstäbe Längsabstand (Querabstand s. Bügel)
	≤ C50/60 ≤ LC50/55	> C50/60 > LC50/55	≤ C50/60 ≤ LC50/55	> C50/60 > LC50/55	
$0 \leq V_{Ed}/V_{Rd,max} \leq 0{,}30$	$0{,}7\,h \leq 30$ cm	$0{,}7\,h \leq 20$ cm	$1{,}0\,h \leq 80$ cm	$1{,}0\,h \leq 60$ cm	$s_{max} \leq 0{,}5\,h\,(1+\cot\alpha)$
$0{,}30 < V_{Ed}/V_{Rd,max} \leq 0{,}60$	$0{,}5\,h \leq 30$ cm	$0{,}5\,h \leq 20$ cm	$1{,}0\,h \leq 60$ cm	$1{,}0\,h \leq 40$ cm	
$0{,}60 < V_{Ed}/V_{Rd,max} \leq 1{,}00$	$0{,}25\,h \leq 20$ cm	$0{,}25\,h \leq 20$ cm	$1{,}0\,h \leq 60$ cm	$1{,}0\,h \leq 40$ cm	

1) $V_{Rd,max}$ darf hierfür näherungsweise mit $\theta = 40°$ bestimmt werden.

Begrenzung der Schubrissbreite

Die Begrenzung der Schubrissbreite gilt als sichergestellt, wenn die Mindestschubbewehrung und der größte zulässige Längs- und Querabstand von Bügeln und Schrägstäben eingehalten sind.

Querkraftdeckung

Entlang der Bauteilachse ist die Querkraftbewehrung so anzuordnen, dass sie an jeder Stelle die Bemessungsquerkraft abdeckt.

Bei Bauteilen des üblichen Hochbaus darf bei der Verteilung der Querkraftbewehrung die Linie der durch die Bewehrung aufzunehmenden Querkraft V_{Ed} eingeschnitten werden. Es muss jedoch gewährleistet sein, dass die Auftragsfläche mindestens gleich der Einschnittsfläche ist; im Abstand *d* vom Auflager ist mit einer Auftragsfläche zu beginnen [5.26]. Als größte Einschnitts- bzw. Auftragslänge ist dabei der Wert *d*/2 einzuhalten (s. nebenstehende Abbildung).

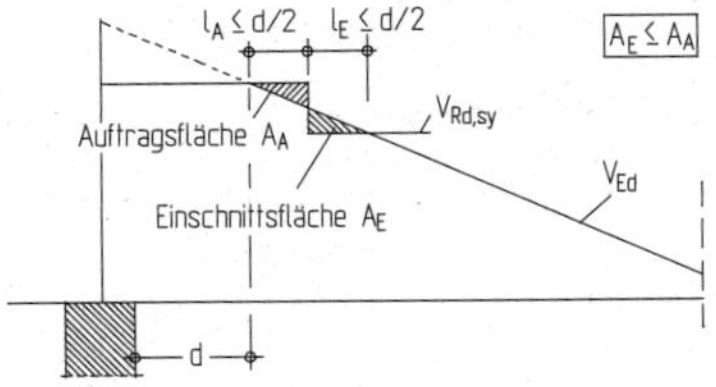

5.4.2.3 Torsionsbewehrung

Für die Ausbildung der Torsionsbewehrung sind die nachfolgenden Ausführungen zu beachten (vgl. DIN 1045-1, 13.2.4):

Ausbildung — Für die Torsionsbewehrung ist ein rechtwinkliges Bewehrungsnetz aus Bügeln und Längsstäben zu verwenden. Die Torsionsbügel sind zu schließen und durch Übergreifen zu verankern.

Mindestbügelbew. — Es gelten die im Abschnitt 5.4.2.2 angegebenen Mindestbewehrungsgrade.

Bügelabstände — Sie sollten das Maß $u_k/8$ nicht überschreiten (u_k Umfang des Kernquerschnitts); die Abstände nach Abschn. 5.4.2.2 sind zusätzlich zu beachten.

Abstände der Längsbewehrung — Sie sollten keinen größeren Abstand als 35 cm haben, wobei in jeder Querschnittsecke mindestens ein Stab angeordnet werden sollte.

5.4.2.4 Hautbewehrung

Zur Vermeidung von Betonabplatzungen und zur Begrenzung der Rissbreite ist unter bestimmten Voraussetzungen die Anordnung einer Hautbewehrung erforderlich (DIN 1045-1, 13.2.5):

- Bei Anordnung von Stabbündeln oder Stäben mit d_s bzw. $d_{sV} > 32$ mm (und ggf. aus Brandschutzgründen) sollte eine Hautbewehrung angeordnet werden.
- Die Hautbewehrung sollte aus Betonstahlmatten oder Rippenstäben mit Durchmesser $d_s \leq 10$ mm bestehen und außerhalb der Bügel angeordnet werden; der Stababstand in Längs- (s_l) und Querrichtung (s_t) sollte 15 cm nicht überschreiten (s. Abb.).
- Es gilt die Betondeckung nach Abschnitt 5.1.2.
- Die Querschnittsfläche der Hautbewehrung $A_{s,surf}$ sollte betragen (s. Abb.):

  $A_{s,surf} \geq 0{,}02 \cdot A_{ct,ext}$

  mit $A_{ct,ext}$ als Querschnittsfläche der Zugzone außerhalb der Bügel.
- Die Längsstäbe der Hautbewehrung dürfen als Biegezugbewehrung und die Querstäbe als Schubbewehrung angerechnet werden (entsprechende bauliche Durchbildung vorausgesetzt).

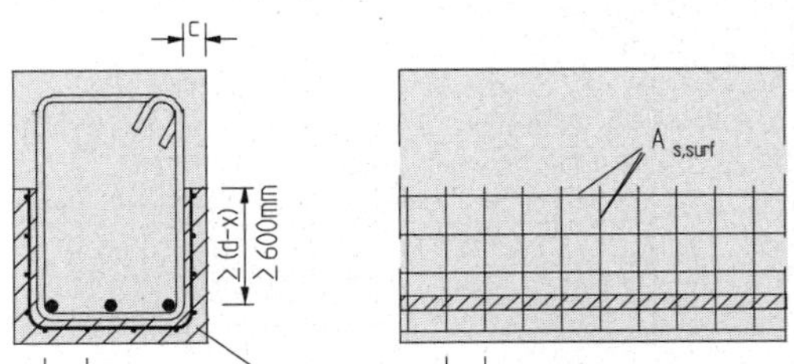

5.4.3 Vollplatten

Geltungsbereich

Die nachfolgenden Festlegungen beziehen sich auf ein- und zweiachsig gespannte Ortbeton-Vollplatten mit einer Breite $b \geq 4\ h$ (s. Abschn. 3.4.1).

Mindestabmessung

Die Mindestdicke von Vollplatten beträgt i. Allg. 70 mm, für Platten mit aufgebogener Querkraftbewehrung 160 mm, bei Platten mit Bügeln 200 mm.

Biegezugbewehrung

Hauptbewehrung Für die Ausbildung der Hauptbewehrung (Mindest- und Höchstbewehrungsgrade; Verankerungslängen usw.) gilt Abschnitt 5.4.2, soweit nachfolgend nichts anderes festgelegt ist; als Versatzmaß a_l gilt für Platten ohne Schubbewehrung: $a_l = d$.

Querbewehrung Bei Platten ist eine Querbewehrung mit einem Querschnitt von mindestens 20 % der Hauptbewehrung vorzusehen; bei Betonstahlmatten muss $d_s \geq$ 5mm sein.

Stababstände Für die Hauptbewehrung s_l = 150 mm für $h \leq$ 150 mm; s_l = 250 mm für $h \geq$ 250 mm | Zwischenwerte interpolieren

Für die Querbewehrung $s_q \leq$ 250 mm

Auflagerbewehrung Es sind mindestens 50 % der maximalen Feldbewehrung über das Auflager zu führen und zu verankern.

Konstruktive Einspannbewehrung Eine teilweise, rechnerisch nicht berücksichtigte Endeinspannung sollte mindestens für 25 % des max. Feldmoments bemessen werden; Bewehrung auf der 0,25fachen Feldlänge (vom Auflageranschnitt) anordnen.

Randbewehrung Am freien ungestützten Rand ist eine Bewehrung anzuordnen (s. Abb.). Bei Fundamenten und innen liegenden Bauteilen des üblichen Hochbaus darf hierauf verzichtet werden.

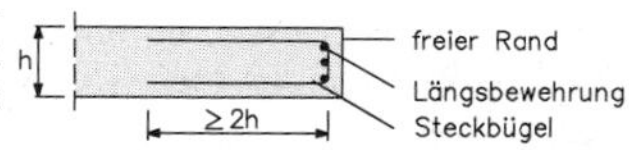

Drillbewehrung (DIN 1045-1, 13.3.2)

Bei drillsteifen Platten ist für die Bemessung der Eckbewehrung das Drillmoment zu berücksichtigen, in anderen Fällen sollte sie konstruktiv angeordnet werden.

Als Drillbewehrung sollte bei vierseitig gelagerten Platten unter Berücksichtigung der vorhandenen Bewehrung angeordnet werden

- Ecken mit zwei frei aufliegenden Rändern: a_{sx} in beiden Richtungen oben und unten
- Ecken mit einem frei aufliegenden und einem eingespannten Rand: $0{,}5 \cdot a_{sx}$ rechtwinklig zum freien Rand mit $a_{sx} = \max a_{s,\text{Feld}}$.

Bei anderen Platten, z. B. bei dreiseitig gelagerten Platten, ist ein rechnerischer Nachweis der Drillbewehrung erforderlich.

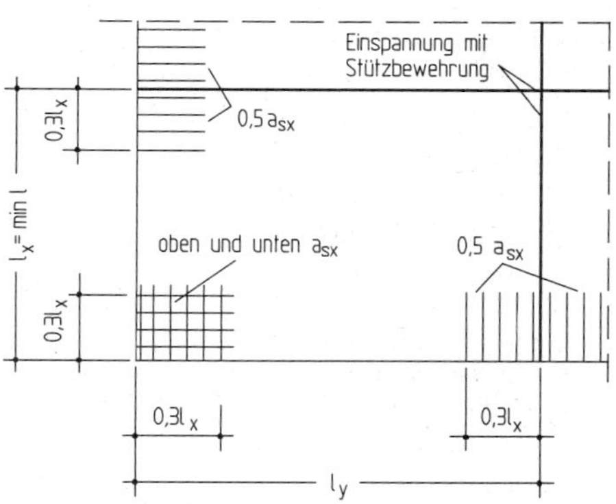

(Darstellung für eine parallel zu den Seiten verlaufende Netzbewehrung)

Querkraftbewehrung

Für die bauliche Durchbildung schubbewehrter Platten gilt Abschn. 5.4.2 mit nachfolgenden Ergänzungen.

- Bei Platten mit $b/h > 5$ darf auf Schubbewehrung verzichtet werden, falls rechnerisch keine Schubbewehrung erforderlich ist.
- Bauteile mit $b/h < 4$ sind als Balken nach Abschn. 5.4.2 zu betrachten.
- Bei Platten mit $5 \geq b/h \geq 4$ und ohne rechnerisch erforderliche Schubbewehrung gilt als Mindestschubbewehrungsgrad der 0,0fache bis 1,0fache Wert nach Tafel 5.113a (Zwischenwerte interpolieren).
- Bei Platten mit $5 \geq b/h \geq 4$ und mit rechnerisch erforderlicher Schubbewehrung ist der 0,6fache bis 1,0fache Wert nach Tafel 5.113a maßgebend.
- Schubbewehrung darf bei $V_{Ed} \leq (1/3) \cdot V_{Rd,max}$ vollständig aus Schrägstäben oder Schubzulagen bestehen, anderfalls gilt Abschn. 5.4.2.
- Für den größten Längs- und Querabstand der Bügel gilt Tafel 5.113b (ohne Berücksichtigung der Absolutwerte in mm).
- Der größte Längsabstand von Aufbiegungen beträgt $s_{max} \leq h$.

Bewehrung bei punktförmig gestützten Platten

Zur Vermeidung eines fortschreitenden Versagens ist stets ein Teil (≥ 50 %) der Feldbewehrung über die Stützstreifen hinwegzuführen bzw. dort zu verankern. Im Bereich der Lasteinleitungsfläche ist eine Bewehrung für V_{Ek} (Gebrauchslast!) – Abminderungen von V_{Ek} sind dabei nicht zulässig – anzuordnen von

$A_s \geq V_{Ek} / f_{yk}$ (s. DAfStb-H. 525; näherungsweise gilt $V_{Ek} = V_{Ed} / 1{,}4$)

Durchstanzbewehrung

Es gelten die Regelungen für Schubbewehrung bei Platten mit nachfolgenden Ergänzungen:

- Die Mindestdicke von Platten mit Durchstanzbewehrung beträgt 20 cm.
- Die Anordnung der Durchstanzbewehrung richtet sich nach Skizze (im Bereich der Ausrundungen sind begrenzte Lagetoleranzen der Bügelschenkel zulässig; s. [5.24]).
- Für die Stabdurchmesser der Durchstanzbewehrung gilt $d_s \leq 0{,}05\,d$ (mit d als Nutzhöhe der Platte in mm).
- Falls bei Bügeln nur *eine* Reihe als Durchstanzbewehrung rechnerisch erforderlich ist, so ist aus konstruktiven Gründen eine zweite Reihe mit einer Mindestbewehrung von $\rho_w = A_{sw} / (s_w \cdot u) \geq \min \rho_w$ vorzusehen; dabei ist $s_w = 0{,}75d$ anzusetzen.

b) Schrägstäbe als Durchstanzbewehrung

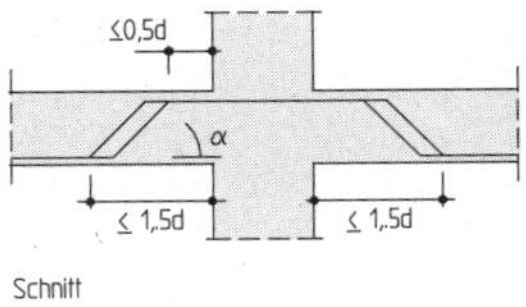

a) Bügel als Durchstanzbewehrung

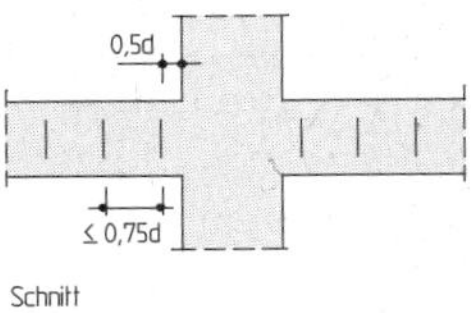

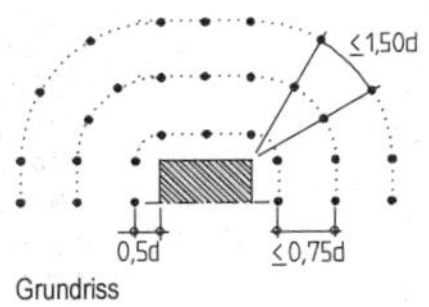

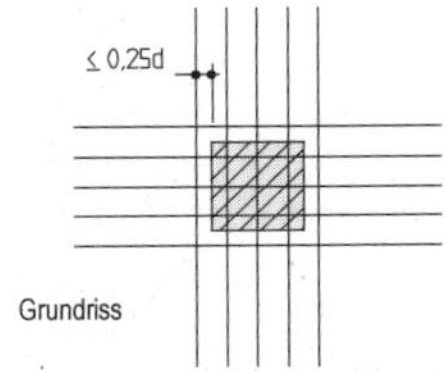

Besonderheiten bei vorgefertigten Deckensystemen

Für die Bemessung vorgefertigter Deckensysteme sind – soweit relevant – die Zulassungen des Instituts für Bautechnik, ggf. die Festlegungen von CEN-Produktnormen zu beachten. Außerdem gilt (weitere Hinweise s. DIN 1045-1, 13.4):

a) Die *Querverteilung* von Lasten zwischen nebeneinander liegenden Deckenteilen muss durch geeignete Verbindungen zur Querkraftübertragung gesichert werden, wie z. B. durch ausbetonierte bzw. ausgegossene Fugen, Schweiß- oder Bolzenverbindung, bewehrten Aufbeton. Die Querverteilung von Punkt- bzw. Linienlasten darf rechnerisch oder durch Versuche nachgewiesen werden.
Für Platten aus Fertigteilen mit einer Breite ≤ 1,20 m darf die Querbewehrung (s. S. 5.115) entfallen.

b) Die *Scheibenwirkung* vorgefertigter Decken zur Übertragung von horizontalen Kräften ist durch ein wirklichkeitsnahes Tragwerksmodell zu erfassen, das auch die Verträglichkeit berücksichtigt. Die Auswirkungen der horizontalen Verschiebungen auf alle Tragwerksteile sind zu berücksichtigen. Die in dem Tragmodell auftretenden Zugkräfte sind durch Bewehrung abzudecken. Bereiche mit Spannungskonzentrationen (z. B. Öffnungen, Verbindungen zu aussteifenden Bauteilen) sollten in geeigneter Weise baulich durchgebildet werden.
Bei Berücksichtigung der Scheibenwirkung ist eine Querbewehrung anzuordnen; sie darf konzentriert werden, wenn die Fertigteile so miteinander verbunden sind, dass eine Übertragung der Horizontalkräfte durch Bogen- oder Fachwerkwirkung möglich ist. Die Bewehrung darf im Aufbeton liegen, sofern vorhanden. Fugen, die von Druckstreben gekreuzt werden, müssen nachgewiesen werden.

c) Fertigteile mit einer mindestens 50 mm dicken und statisch mitwirkenden *Ortbetonergänzung* dürfen als Verbundbauteile bemessen werden, wenn die Aufnahme des Schubes zwischen Ortbeton und Fertigteil gewährleistet ist. Die Querbewehrung darf vollständig im Fertigteil oder im Ortbeton liegen.
Bei zweiachsig gespannten Platten wird nur die Querbewehrung angerechnet, die durchläuft oder kraftschlüssig gestoßen ist. Voraussetzung hierfür ist außerdem, dass der Durchmesser der Bewehrungsstäbe $d_s \leq 14$ mm, der Bewehrungsquerschnitt $a_s \leq 10$ cm²/m und die Querkraft $V_{Ed} \leq 0{,}5 \cdot V_{Rd,max}$ ist. Die Fuge ist durch biegesteife Bewehrung (z. B. Gitterträger) im Abstand $s \leq 2 \cdot h$ zu sichern, die für die Querkraft zu bemessen ist.
Die Drillsteifigkeit darf bei der Schnittgrößenermittlung berücksichtigt werden, falls innerhalb des Bereichs von $0{,}3 \cdot l$ ab der Ecke keine Stoßfuge vorhanden ist oder die Fuge durch Verbundbewehrung im Abstand $s \leq 10$ cm gesichert wird. Die Aufnahme der Drillmomente ist nachzuweisen.
Bei Endauflagern ohne Wandauflasten ist eine Verbundsicherung von mindestens 6 cm²/m entlang der Auflagerlinie auf einer Breite von 0,75 m anzuordnen.

Unterbrochene Stützung (Deckengleiche Unterzüge)

Wenn linienförmige Unterstützungen von Platten in begrenzten Bereichen – *nicht* auf einer ganzen Plattenseite – unterbrochen sind, darf die gegenüber der durchgehenden Stützung geänderte Tragwirkung bei üblichen Abmessungen und Belastungen wie folgt erfasst werden (DAfStb-H. 240 [5.15]; weitere Hinweise s. dort):

- $l/h \leq 7$: Konstruktive Bewehrung ohne rechnerischen Nachweis
- $7 < l/h \leq 15$: *In Richtung der unterbrochenen Unterstützung* wird die Bemessung am Ersatzbalken mit einer Breite $b_{M,F}$ für die Momentenbeanspruchung im Feld und $b_{M,S}$ für das Moment an der Stütze durchgeführt; für die Schubbemessung ist die Breite b_V anzusetzen; als Lasteinzugsbereich gilt die unten dargestellte Fläche.
  Rechtwinklig zur unterbrochenen Unterstützung ist an **Innen**auflagern die Stützbewehrung und Feldbewehrung wie bei Platten mit durchgehender Stützung anzuordnen; zusätzlich ist eine Verstärkung der Stützbewehrung ab $l = 10\,d$ linear bis um 40 %, bei $l = 15\,d$ in einem Bereich von $0{,}4 \cdot l$ erforderlich; an **End**auflagern sind Steckbügel mit Ausbildung und Bewehrungsquerschnitt wie dargestellt erforderlich.
- $l/h > 15$: Das wirkliche Tragverhalten ist durch eine genauere Berechnung nach der Plattentheorie zu erfassen (z. B. nach [5.49]).

l/h	Berechnungs- und Bewehrungshinweise
≤ 7	Konstruktive Bewehrung ohne rechnerischen Nachweis
> 7 … ≤ 15	nach der Plattentheorie z. B. [5.49] oder genähert nach DAfStb-H.240 [5.15] wie nachfolgend dargestellt:
> 15	Berechnung nach der Plattentheorie; s. z. B. [5.49]

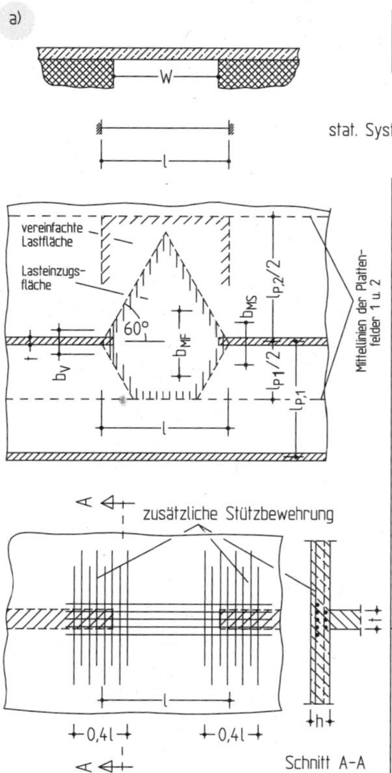

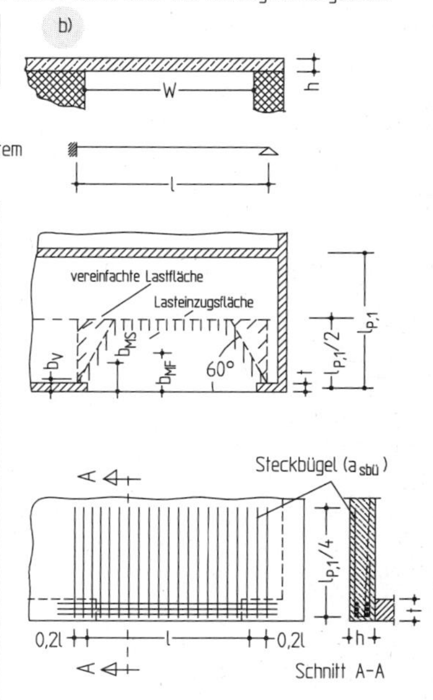

Mitw. Breiten für Biegung b_M und Querkraft b_V		
Fall	a)	b) 1)
$b_{M,F}$	0,50 l	0,25 l
$b_{M,S}$	0,25 l	0,125 l
b_V	t + h	t + 0,5h

1) Steckbü. je Plattenseite in cm^2/m: $a_{sbü} = h/10$ (h in cm)

5.4.4 Stützen, Wände

5.4.4.1 Stützen, Druckglieder

Geltungsbereich Verhältnis der größeren zur kleineren Querschnittsseite $b/h < 4$

Mindestabmessung stehend hergestellte Ortbetonstützen $h_{min} = 20$ cm
liegend hergestellte Fertigteilstützen $h_{min} = 12$ cm

Längsbewehrung Mindestdurchmesser $d_{s,l} \geq 12$ mm
Mindestbewehrung $A_{s,min} \geq 0{,}15 \cdot |N_{Ed}| / f_{yd}$
Höchstbewehrung $A_{s,max} \leq 0{,}09 \cdot A_c$ (auch im Bereich von Stößen)
(A_c Fläche des Betonquerschnitts; N_{Ed} Bemessungslängsdruckkraft)
Mindestanzahl polygonaler Querschnitt: 1 Stab je Ecke
Kreisquerschnitt: 6 Stäbe
Höchstabstand $s_l \leq 30$ cm
(bei $b \leq 40$ cm – mit $h \leq b$ – genügt 1 Stab je Ecke)

Bügelbewehrung Durch Bügel können max. 5 Stäbe in oder in der Nähe der Ecke (s. Skizze) gegen Ausknicken gesichert werden; für weitere Stäbe sind Zusatzbügel – mit höchstens doppeltem Abstand – erforderlich.

$$\text{Durchmesser } d_{sbü} \geq \begin{cases} 6 \text{ mm (Stabstahl)} \\ 5 \text{ mm (Matte)} \\ d_{sl}/4 \end{cases}$$

$$\text{Bügelabstand}^{1)} \; s_{bü} \leq \begin{cases} 12\, d_{sl} \\ \min h \\ 30 \text{ cm} \end{cases}$$

Für $d_{sV} > 28$ mm s. DIN 1045-1, 13.5.3.

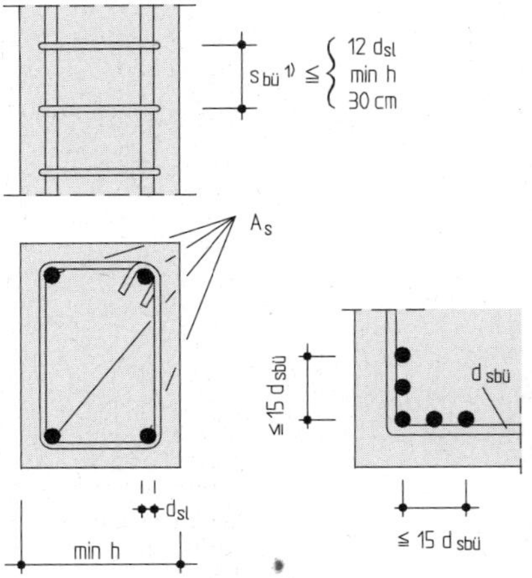

1) Der Bügelabstand ist mit 0,6 zu multiplizieren:
- im Bereich unmittelbar unter und über Platten oder Balken auf einer Höhe gleich der größeren Stützenabmessung
- bei Übergreifungsstößen der Längsbewehrung mit $d_{sl} > 14$ mm (s. außerdem Abschn. 5.2.4).

Bei Richtungsänderung der Längsbewehrung (z. B. Änderung der Stützenabmessung) sollte der Abstand der Querbewehrung unter Berücksichtigung der Umlenkkräfte ermittelt werden.

5.4.4.2 Wände

Stahlbetonwände

Nachfolgende Angaben gelten für Stahlbetonwände; für Wände aus Halbfertigteilen sind zusätzlich die jeweiligen Zulassungen zu beachten. Bei Wänden ist die waagerechte Länge größer als die 4fache Dicke, andernfalls s. Stützen.

Für die *Mindestwanddicken* gelten die Angaben in nachfolgender Tafel 5.118.

Tafel 5.118 Mindestwanddicke für tragende Wände

Betonfestigkeitsklasse	Herstellung	Mindestwanddicke (in cm) für Wände aus unbewehrtem Beton – Decken über Wände nicht durchlaufend	unbewehrtem Beton – Decken über Wände durchlaufend	Stahlbeton – Decken über Wände nicht durchlaufend	Stahlbeton – Decken über Wände durchlaufend
< C12/15 < LC12/13	Ortbeton	20	14	-	-
≥ C16/20 ≥ LC16/18	Ortbeton	14	12	12	10
	Fertigteil	12	10	10	8

Bewehrung

Lotrechte Bewehrung

Mindestbewehrung je Wandseite
i. Allg.: $A_{s,min} \geq 0{,}0015 \cdot A_c$
bei $|N_{Ed}| \geq 0{,}3 f_{cd} A_c$ und bei schlanken Wänden: $A_{s,min} \geq 0{,}0030 \cdot A_c$
Höchstbewehrung $A_{s,max} \leq 0{,}04 \cdot A_c$
Der Bewehrungsgehalt an beiden Wandseiten sollte etwa gleich groß sein.
Stababstand $s \leq 300$ mm und $\leq 2\,h$ mit h als Wanddicke

Waagerechte Bewehrung

Mindestbewehrung
i. Allg.: 20 % der lotr. Bewehrung
bei $|N_{Ed}| \geq 0{,}3 \cdot f_{cd} \cdot A_c$ u. bei schlanken Wänden: 50 % der lotr. Bewehrung
Stababstand $s \leq 350$ mm
Stabdurchmesser $\geq$ 1/4 des Durchmessers der Längsbewehrung
Anordnung außen (zwischen der lotrechten Bewehrung und der Wandoberfläche)

S-Haken, Steckbügel, Bügelbewehrung

Wenn die Querschnittsfläche der lastabtragenden lotrechten Bewehrung $0{,}02 \cdot A_c$ übersteigt, sollte sie nach Abschn. 5.4.4.1 verbügelt werden. Andernfalls gilt:
- Außen liegende Bewehrung ist durch 4 S-Haken je m² zu sichern (alternativ bei dicken Wänden durch Steckbügel, die mindestens mit $0{,}5\,l_b$ im Inneren der Wand zu verankern sind).
- Bei Tragstäben $d_s \leq 16$ mm und bei einer Betondeckung $\geq 2\,d_s$ sind keine Maßnahmen erforderlich (in diesem Fall und stets bei Betonstahlmatten dürfen die druckbeanspruchten Stäbe außen liegen).

An freien Rändern von Wänden mit $A_s \geq 0{,}003 \cdot A_c$ sind die Eckstäbe durch Steckbügel zu sichern.

Besonderheiten bei vorgefertigten Wänden und Sandwichtafeln

Wand-Decken-Verbindungen:

Steht eine Wand auf einer Fuge zwischen zwei Deckenplatten oder auf einer in einen Außenwandknoten einbindenden Deckenplatte, dürfen nur 50 % des lastabtragenden Querschnitts der Wand als mittragend angesetzt werden.
Der wirksame Querschnitt darf auf 60 % erhöht werden, wenn im Wandfuß angeordnet werden (vgl. Abb.)
- Bügel mit $a_{sw} \geq b_w/8$ (a_{sw} in cm²/m, b_w in cm) und $s \leq b_w \leq 20$ cm
- Längsbewehrung mit $d_s \geq 6$ mm

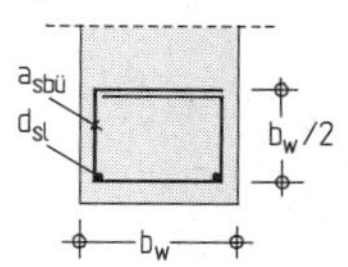

Sandwichplatten

Einflüsse aus Temperatur, Schwinden, Ermüdung usw. sind zu berücksichtigen. Für die Verbindung der einzelnen Schichten dürfen nur bauaufsichtlich zugelassene, korrosionsbeständige Werkstoffe verwendet werden.

Die Bewehrung der *tragenden* Schicht sollte an beiden Seiten und in beiden Richtungen mindestens 1,3 cm²/m betragen, eine Randbewehrung (s. S. 5.115) ist i. Allg. nicht erforderlich. In der *nichttragenden* Schicht (Vorsatzschale) darf die Bewehrung einlagig angeordnet werden.

Die Mindestdicke für Trag- und Vorsatzschicht beträgt 7 cm.

5.4.4.3 Unbewehrte Wände

Für die Mindestdicke von unbewehrten Wänden gilt Tafel 5.118.

Aussparungen, Schlitze, Durchbrüche und Hohlräume sind i. Allg. zu berücksichtigen. Ausgenommen hiervon sind lediglich lotrechte Schlitze mit einer Tiefe bis zu 30 mm, wenn die Tiefe höchstens 1/6 der Wanddicke, die Breite höchstens gleich der Wanddicke und der gegenseitige Abstand mindestens 2 m beträgt; die Wand muss dann außerdem mindestens 12 cm dick sein.

5.4.5 Wandartige Träger

Die Berechnung erfolgt bevorzugt mit Stabwerkmodellen. Die Bewehrung ist sorgfältig außerhalb der Knotenpunkte zu verankern (durch Aufbiegungen, durch U-Bügel oder durch Ankerkörper, wenn eine ausreichende Verankerungslänge $l_{b,net}$ für gerade Stabenden nicht vorhanden ist).

Für die *Mindestdicken* gelten die Regelungen für Wände (s. Tafel 5.118). Als *Mindestbewehrung* ist an beiden Außenflächen ein rechtwinkliges Bewehrungsnetz vorzusehen, das je Außenfläche und Richtung den Wert $a_s = 1{,}5$ cm²/m bzw. 0,075 % des Betonquerschnitts A_c nicht unterschreiten darf. Die Maschenweite des Bewehrungsnetzes darf maximal gleich der doppelten Wanddicke und höchstens 30 cm sein.

5.4.6 Fundamente

Bewehrte Einzelfundamente

In Fundamentplatten verlaufen die Hauptmomente in Stützennähe radial und tangential. Anstelle dieser Hauptmomente darf man jedoch näherungsweise die Momente M_x und M_y parallel zu den Kanten der Fundamentplatte berücksichtigen [5.15]. Das größte *Gesamt*biegemoment je Richtung einer Fundamentplatte mit rechteckigem Grundriss, die durch eine mittig und lotrecht angreifende Stützenlast beansprucht wird, beträgt unter der Annahme gleichmäßig verteilter Bodenpressungen (die nachfolgenden Gleichungen sind für die x-Richtung aufgestellt, für die y-Richtung gelten sie analog):

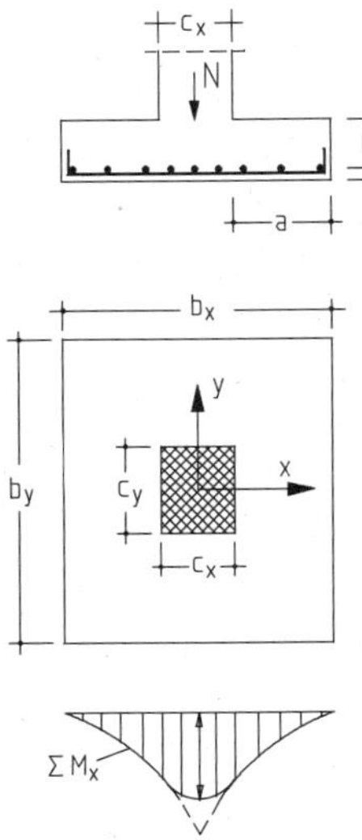

Verteilung von ΣM_x
(Anteil am Gesamtmoment in %)

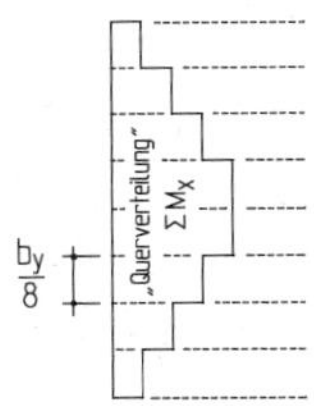

$c_y/b_y =$		
0,1	0,2	0,3
7	8	9
10	10	11
14	14	14
19	18	16
19	18	16
14	14	14
10	10	11
7	8	9

$$\Sigma M_x = N \cdot \frac{b_x}{8}$$

Unter Berücksichtigung einer ggf. zulässigen Momentenausrundung (s. Abschn. 3.5.2; vgl. auch Abschn. 4.1.4.2, Beispiel) erhält man als

Ausgerundetes Moment

$$\Sigma M_x' = N \cdot \frac{b_x}{8} \cdot \left(1 - \frac{c_x}{b_x}\right)$$

*Anschnitt*moment

$$\Sigma M_{x,I} = N \cdot \frac{b_x}{8} \cdot \left(1 - \frac{c_x}{b_x}\right)^2$$

Die Verteilung der Plattenmomente rechtwinklig zur betrachteten Richtung darf näherungsweise nach nebenstehender Tabelle erfolgen. Bei gedrungenen Fundamenten (etwa bei $c_y/b_y > 0{,}3$, $h/a > 1{,}0$) darf das Gesamtmoment gleichmäßig über die Breite verteilt werden.

Wird durch die Stütze gleichzeitig ein Biegemoment eingeleitet bzw. die Stütze exzentrisch angeordnet, ist das Plattenmoment aus der trapez- oder dreieckförmig verteilten Bodenpressung zu berechnen.

Die Biegebewehrung sollte wegen der hohen Verbundspannungen ohne Abstufung bis zum Rand geführt und dort sorgfältig verankert werden (z. B. mit Haken), die Betondeckung sollte reichlich gewählt werden; ggf. ist ein Nachweis der Verbundspannungen erforderlich.

Wegen des Durchstanznachweises wird auf Abschn. 4.1.4 verwiesen (s. auch ausführliches Beispiel zur Fundamentbemessung in Abschn. 4.1.4.2).

Köcherfundamente (vgl. EC 2 Teil 1-3)

Betonköcher müssen in der Lage sein, vertikale Lasten, Biegemomente und Horizontalkräfte aus den Stützen in den Baugrund zu übertragen. Der Köcher muss groß genug sein, um ein einwandfreies Verfüllen unter und seitlich der Stütze zu ermöglichen.

Köcher mit profilierter Oberfläche

Köcher mit Profilierung oder Verzahnung dürfen als monolithische Fundamente betrachtet werden. Für die Übergreifung von auf Zug beanspruchter Bewehrung ist der horizontale Abstand s zwischen dem Stab in der Stütze und dem senkrechten übergreifenden Stab im Köcher zu beachten. Die Übergreifungslänge ist angemessen zu vergrößern (s. Abb.), außerdem ist eine Horizontalbewehrung anzuordnen.

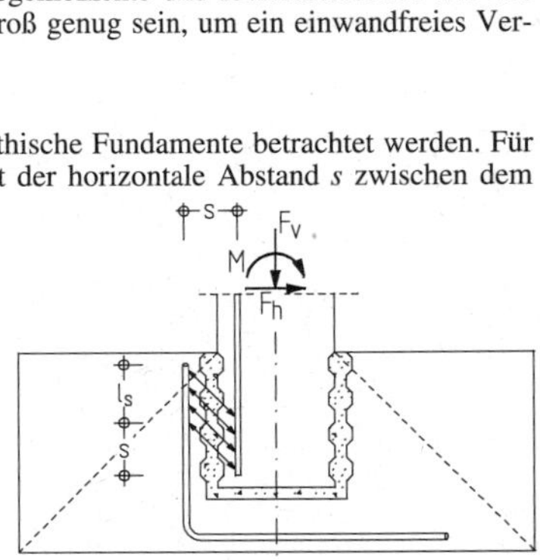

Der Nachweis auf Durchstanzen sollte wie für eine monolithische Verbindung von Stütze und Fundament erfolgen (s. Abschn. 4.1.4), wenn die Querkraftübertragung zwischen Stütze und Fundament gesichert ist. Andernfalls sollte die Bemessung auf Durchstanzen wie für Köcher mit glatter Oberfläche erfolgen.

Köcher mit glatter Oberfläche

Die Kräfte und das Moment werden durch Druckkräfte F_1 und F_2 und entsprechende Reibungskräfte übertragen (s. Abb.); der Reibungsbeiwert sollte nicht größer als $\mu = 0{,}3$ gewählt werden. Das dargestellte Modell setzt voraus, dass $l \geq 1{,}2\,h$ ist. Besonders zu beachten ist

- die Bewehrungsanordnung für F_1 an der Oberseite und die Kraftübertragung über die Seitenflächen,
- die Verankerung der Hauptbewehrung in Stütze und Köcher,
- die Querkrafttragfähigkeit der Stützenfüße,
- die Durchstanztragfähigkeit der Bodenplatte unter Berücksichtigung des Füllbetons unter dem Fertigteil.

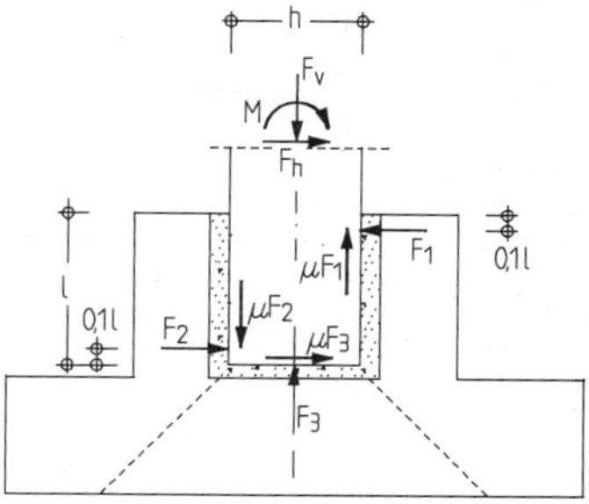

Unbewehrte Fundamente

(nach DIN EN 1992, Ausg. 10.05; DIN 1045-1 enthält keine konkreten Angaben über unbew. Fundamente)

Annähernd zentrisch belastete streifenförmige und flache Einzelfundamente dürfen dann unbewehrt ausgeführt werden, wenn das Verhältnis h_F/a folgende Bedingung erfüllt (s. hierzu Diagramm unten):

$$0{,}85 \cdot \frac{h_F}{a} \geq \sqrt{\frac{3 \cdot \sigma_{gd}}{f_{ctd}}}$$

mit σ_{gd} Bemessungswert der Bodenpressungen
f_{ctd} Bemessungswert der Betonzugfestigkeit ($f_{ctd} = f_{ctk;0,05} / \gamma_c$; s. Abschn. 2)

Es wird eine Begrenzung auf $h_F/a \geq 1$ empfohlen.

Ohne weiteren Nachweis dürfen Streifenfundamente mit $h_F/a \geq 2$ stets unbewehrt ausgeführt werden.

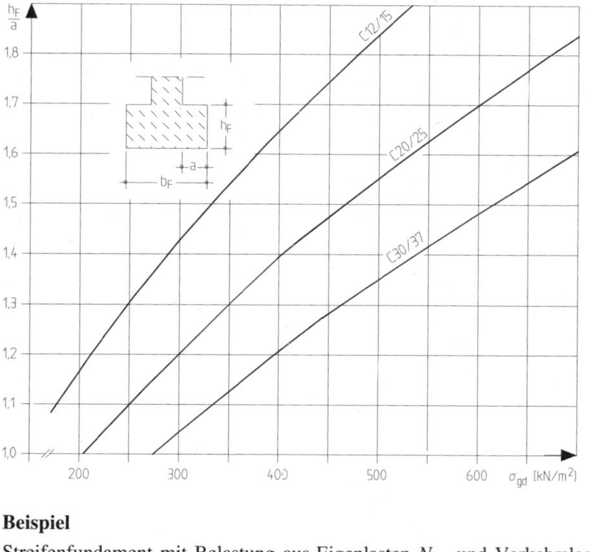

Zulässige Fundamentschlankheit h_F/a
(unter Berücksichtigung von $h_F/a \geq 1$)

Beispiel

Streifenfundament mit Belastung aus Eigenlasten N_{Gk} und Verkehrslasten N_{Qk}. Zur Erfüllung der bodenmechanischen Nachweise wurde eine Fundamentbreite $b_F = 0{,}90$ m festgelegt. Gesucht ist die Fundamenthöhe h_F.

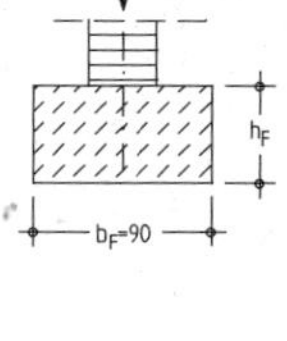

Baustoffe: Beton C12/15

Bodenpressungen: $\sigma_{gd} = N_{Ed}/b_F = (1{,}35 \cdot 150 + 1{,}50 \cdot 100)/0{,}90 = 392$ kN/m²

→ $(h_F/a)_{erf} \geq 1{,}63$ (aus Diagramm für $\sigma_{gd} = 392$ kN/m² und C12/15)
$h_{F,req} \geq 1{,}63 \cdot a = 1{,}63 \cdot (0{,}90 - 0{,}24)/2 = 0{,}54$ m

gew.: $h_{F,prov} = 0{,}55$ m (Für eine frostfreie Gründung sind ggf. größere Fundamentdicken erforderlich.)

5.4.7 Konsolen, ausgeklinkte Trägerenden

Bauteile wie Scheiben, Konsolen mit einer nicht-linearen Dehnungsverteilung werden mit Stabwerkmodellen berechnet (vgl. Abschn. 4.1.7). Die Kräfte im Stabwerkmodell ergeben sich aus Gleichgewichtsbedingungen, für die Verträglichkeit sollten sich Lage und Richtung der Druck- und Zugstreben an der Schnittgrößenverteilung der Elastizitätstheorie orientieren. Die Zugkräfte F_t sind durch Bewehrung abzudecken; die Betondruckspannung σ_{cd} der Stabdruckkräfte dürfen folgende Werte nicht überschreiten:

$\sigma_{Rd,max} = 1{,}00 \cdot \eta_1 \cdot f_{cd}$ für ungerissene Betondruckzonen

$\sigma_{Rd,max} = 0{,}75 \cdot \eta_1 \cdot f_{cd}$ für Druckstreben parallel zu Rissen und in Druck-Zug-Knoten mit Verankerungen von Zugstreben und mind. 45° Druckstrebenneigung

mit $\eta_1 = 1{,}0$ für Normalbeton und $\eta_1 = 0{,}40 + 0{,}60 \cdot \rho / 2200$ für Leichtbeton (ρ Trockenrohdichte in kg/m³).

Konsolen

Konsolen sind Bauteile mit einem Verhältnis $a_c \leq h_c$ ($a_c > h_c \rightarrow$ Kragträger). Sie sind für die Vertikallasten F_{Ed} und Horizontallast H_{Ed} zu bemessen (nach *EC 2* sind mindestens $H_{Ed} = 0{,}2 \cdot F_{Ed}$ – falls planmäßig nicht größere vorhanden – anzusetzen).

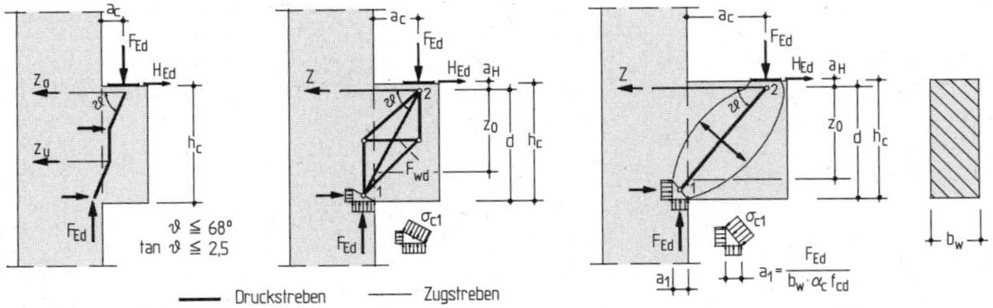

Sehr kurze Konsolen ($a_c \leq 0{,}2\, h_c$; nach [5.28]) — Kurze Konsolen ($a_c \leq 0{,}5\, h_c$; s. [5.11], [5.24]) — Einfaches Streben-Zugband-Modell für Konsolen mit $0{,}4\, h_c \leq a_c \leq h_c$ ([5.11], [5.24])

In [5.24] wurde der Nachweis aus [5.11] übernommen und wie folgt geführt:

– Betondruckkraft $V_{Ed} = F_{Ed} \leq V_{Rd,max} = 0{,}5 \cdot (0{,}7 - f_{ck}/200) \cdot b \cdot z \cdot f_{ck}/\gamma_c$

– Zuggurtkraft $Z_{Ed} = F_{Ed} \cdot (a_c/z_0) + H_{Ed} \cdot (a_h + z_0)/z_0$

mit $a_c/z_0 \geq 0{,}4$ und $z_0 = d \cdot (1 - 0{,}4 \cdot V_{Ed}/V_{Rd,max})$

Die Verankerung des Zuggurtes erfolgt i. d. R. durch Schlaufen und ist ab Innenkante Lagerplatte nachzuweisen. Zusätzlich sollten geschlossene Bügel gewählt werden. Für Konsolen mit $a_c \leq 0{,}5\, h_c$ sind die Bügel horizontal oder geneigt auszuführen (Abb. links) mit einem Gesamtquerschnitt von mindestens 50 % der Gurtbewehrung; für Konsolen mit $a_c > 0{,}5\, h_c$ sind die Bügel vertikal anzuordnen, der Querschnitt sollte für 70 % der Vertikallast F_{Ed} ausgelegt sein, falls $V_{Ed} \geq V_{Rd,ct}$.

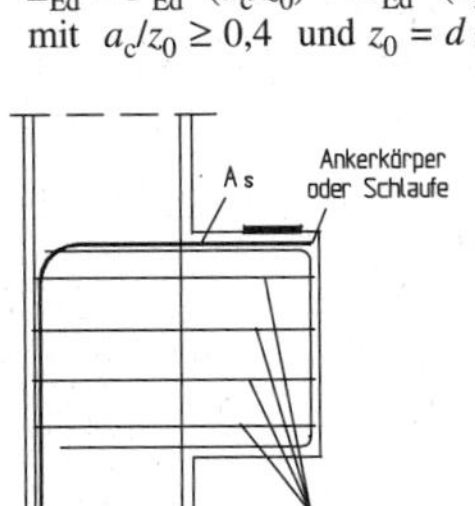

Konsolen mit $a_c \leq 0{,}5\, h_c$

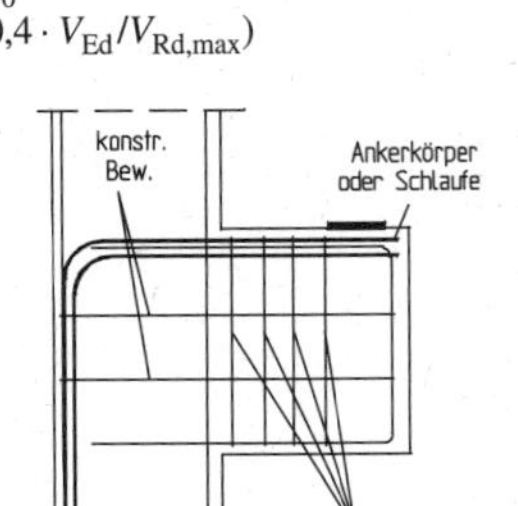

Konsolen mit $a_c > 0{,}5\, h_c$

Von *Reineck* (s. Beton-Kalender 2005) wird auf Ungereimtheiten bei den genannten Bemessungsansätzen hingewiesen. Es wird daher insbesondere für genauere Untersuchungen die konsequente Anwendung von Stabwerkmodellen angeraten. Weitere Hinweise und ausführliches Bemessungsbeispiel s. [5.85]).

Ausgeklinkte Trägerenden

Ausgeklinkte Trägerenden können mit Stabwerkmodellen nach Abb. a) und b) oder einer Kombination der beiden Modelle bemessen werden. Die gesamte Bewehrung ist kraftschlüssig zu verankern (s. nachf.).

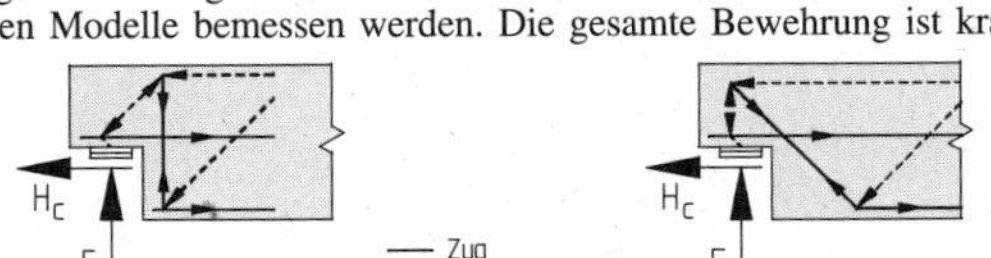

a) b)

Hinweis

Die skizzierten Modelle sind unvollständig und zeigen nicht das vollständige Gleichgewichtssystem.

Eine Bewehrungsführung nach dem zuvor gezeigten Modell b) ist wegen frühzeitiger und starker Rissbildung in der einspringenden Ecke nicht zulässig. Die Bewehrungsführung orientiert sich daher an dem Modell a) oder an einer Kombination der Modelle a) und b). Weitere Hinweise s. [5.63].

Im Modell a) wird das ausgeklinkte Ende wie bei Konsolen mit horizontalem Zugband und schräg gerichteter Druckstrebe bemessen. Das Zugband wird aus liegenden Schlaufen ausgeführt und ist wirksam im Auflagerbereich zu verankern. Zur anderen Seite hin sollte es weit in den Träger geführt werden. Im ungeschwächten Balkensteg ist eine vertikale Rückhängebewehrung mindestens für die Größe der Auflagerkraft zu bemessen, die vorzugsweise aus geschlossenen Bügeln (ggf. mit einer leichten Schrägstellung zur Ausklinkung hin) besteht. Die unten endende Biegezugbewehrung muss mit $l_{b,net}$ (indirekte Auflagerung) verankert werden, was häufig nur durch Zulage von liegenden Schlaufen möglich ist (s. Abb. rechts).

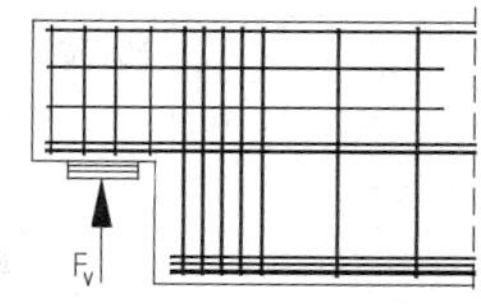

Die Bewehrungsführung für eine Kombination aus den Stabwerkmodellen a) und b) (s. S. 5.122) ist nebenstehend dargestellt. Hierbei wird die Auflagerkraft F_v innerhalb gewisser Grenzen frei auf die Teilmodelle a) und b) aufgeteilt, wobei der dem Modell b) zugewiesene Anteil der Auflagerkraft durch die schräge Bewehrung aufgenommen wird. Hierfür werden in der Regel liegende Schlaufen als Zulagen verwendet.

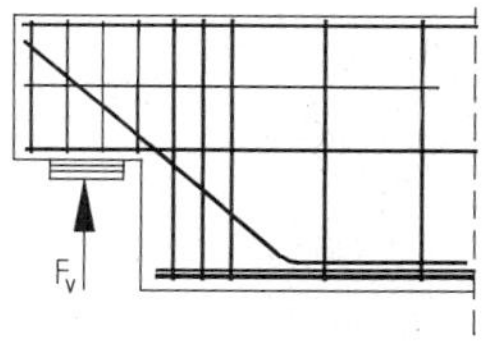

5.4.8 Andere Bauteile und besondere Bestimmungen

Rahmenecken

In Rahmenecken bzw. Bauteilen mit stark geknickter Leibung sollte der Beton sorgfältig verdichtet werden; die Festigkeitsklasse des Betons sollte mindestens C25/30 betragen (vgl. DAfStb-H. 525), die Bewehrung sollte aus Rippenstählen bestehen. Bei Rahmenecken sollte zur Begrenzung der Rissbreite eine Zusatzbewehrung an den Seitenflächen angeordnet werden. Für die Bewehrungsführung ist zu unterscheiden, ob die Ecke durch ein positives oder durch ein negatives Moment beansprucht wird. Nachfolgend sind beispielhaft für zwei Standardfälle Konstruktionsregeln angegeben; detaillierte Angaben enthält z. B. [5.24], [5.25]; vgl. a. [5.85].

Bei Rahmenecken mit *positivem Biegemoment* und einer Bauteildicke bis zu $h = 1{,}0$ m wird als Standardlösung eine schlaufenartige Bewehrungsführung empfohlen (s. a. DIN 1045, Ausg. 88); je nach Beanspruchungs- bzw. Bewehrungsgrad ist dabei zusätzlich eine Schrägbewehrung erforderlich (Zahlenanagaben aus DIN 1045, Ausg. 88). In [5.25] sind die erforderlichen Nachweise und die vollständige Bewehrungsführung mit Alternativen ausführlich dargestellt. Weitere Einzelheiten s. a. [5.36], [5.41], [5.46] und [5.85].

Bei Rahmenecken mit *negativem Biegemoment* und Stoßausbildung im Bereich der Ecke ist die Bewehrung mit Übergreifung l_s auszubilden (s. untenstehende Abbildung). Auf eine erforderliche Querbewehrung im Bereich der Übergreifung wird hingewiesen.

α [°]	Möglichkeiten der Bewehrungsführung	ρ[%]*)	A_{ss}
≧ 45 ≦100	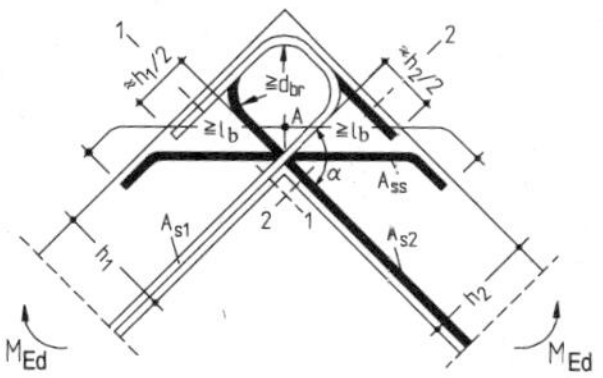 d_{br} nach Pkt. 5.2.1 ; h_1 bzw. $h_2 \leqq 100$ cm Bemessungsschnitte 1-1 und 2-2 Querbewehrung bzw. Bügel nicht dargestellt	< 0,4	nicht vorgeschrieben (ggf. konstruktiv)
		≧ 0,4 ≦ 1,0	erforderlich : $A_{ss} \geqq 0{,}5 \max\rho$
		> 1,0	erforderlich : $A_{ss} \geqq 1{,}0 \max\rho$
> 100	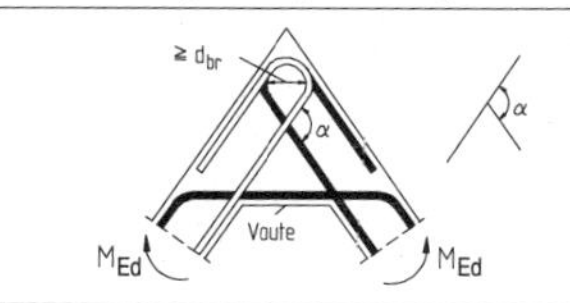	alle	Voute anordnen; außerdem erforderlich: $A_{ss} \geqq 1{,}0 \max\rho$

*) Maximaler Bewehrungsquerschnitt im Schnitt 1-1 bzw. 2-2: $\rho = A_s/(b \cdot d)$

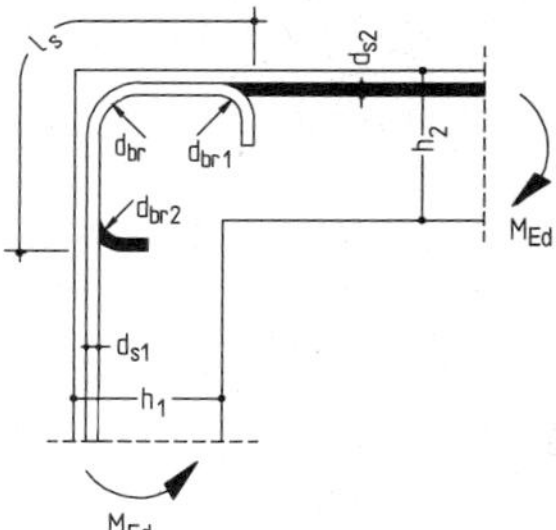

Biegerollendurchmesser s. 5.2.1; d_{br} nach Tab., Spalte 4 bis 6, d_{br1} und d_{br2} Spalte 2 bis 3. (Querbewehrung und Bügel nicht dargestellt)

Umlenkkräfte

In Bereichen mit großen Richtungsänderungen der inneren Kräfte müssen die zugehörigen Umlenkkräfte i. Allg. durch eine Zusatzbewehrung aufgenommen werden. Bei geringer Beanspruchung ($\rho \leq 0{,}4$ %) und Richtungsänderung $\alpha < 45°$ (z. B. bei Treppen) wird eine Bewehrungsführung mit sich kreuzender Biegezugbewehrung gewählt; die Biegezugbewehrung wird mit l_b in der Druckzone verankert.

Größere Umlenkkräfte sind durch eine Zusatzbewehrung aufzunehmen. Im dargestellten Beispiel eines Satteldachbinders sind Zusatzbügel für die Umlenkung der Betondruckkraft F_{cd} erforderlich (s. Abb.), die für die Umlenkkraft $U = 2 \cdot F_{cd} \cdot \sin(\alpha/2)$ zu bemessen sind.

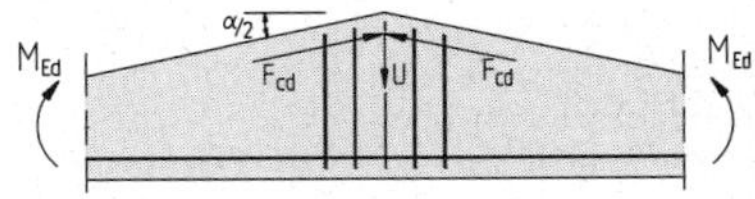

Anschluss von Nebenträgern

Im Kreuzungsbereich von Haupt- und Nebenträgern muss eine Aufhängebewehrung für die volle aufzunehmende Auflagerkraft des Nebenträgers vorgesehen werden. Die Aufhängebewehrung sollte vorzugsweise aus Bügeln bestehen, die die Hauptbewehrung des unterstützenden Bauteils (Hauptträger) umfassen.

Größtmöglicher Kreuzungsbereich für die Anordnung der Aufhängebewehrung s. Abb.

h_1 Höhe des Hauptträgers (stützendes Bauteil)
h_2 Konstruktionshöhe des Nebenträgers ($h_2 \leq h_1$)

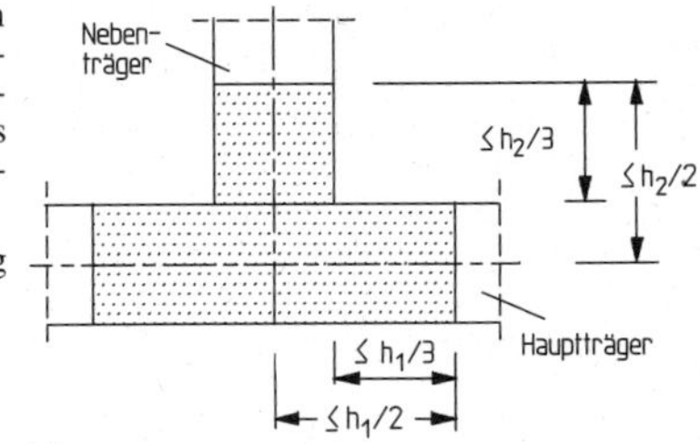

Teilflächenbelastung

Bei einer örtlichen Krafteinleitung (nicht für die Verankerung von Spanngliedern) darf die aufnehmbare Teilflächenbelastung ermittelt werden aus

$$F_{Rdu} = A_{c0} \cdot f_{cd} \cdot \sqrt{A_{c1} / A_{c0}} \leq 3{,}0 \cdot f_{cd} \cdot A_{c0} \quad \text{für Normalbeton} \qquad (124a)$$

$$F_{Rdu} = A_{c0} \cdot f_{lcd} \cdot (A_{c1}/A_{c0})^{\rho/4800} \leq \rho/800 \cdot f_{lcd} \cdot A_{c0} \quad \text{für Leichtbeton} \qquad (124b)$$

mit ρ (in kg/m³) als Trockenrohdichte des Leichtbetons, der Belastungsfläche A_{c0} und der Verteilungsfläche A_{c1}. Die im Lasteinleitungsbereich vorhandenen Querzugkräfte sind durch Bewehrung aufzunehmen.

Die für die Aufnahme der Kraft F_{Rdu} rechnerische Verteilungsfläche A_{c1} muss folgende Bedingungen erfüllen:

- Die Fläche A_{c1} muss der Fläche A_{c0} geometrisch ähnlich sein.
- Der Schwerpunkt der Verteilungsfläche A_{c1} muss in Belastungsrichtung mit dem der Belastungsfläche A_{c0} übereinstimmen.
- Für die zur Lastverteilung in Belastungsrichtung zur Verfügung stehende Höhe h muss gelten: $h \geq b_2 - b_1$ und $h \geq d_2 - d_1$.
  Die Maße der rechnerischen Verteilungsfläche A_{c1} müssen den Bedingungen nach nebenstehender Abb. entsprechen.
- Bei mehreren Druckkräften dürfen sich die rechnerischen Verteilungsflächen innerhalb der Höhe h nicht überschneiden.
- Bei ungleichmäßiger Belastung über die Teilfläche A_{c0} oder bei größeren Querkräften ist der Wert von F_{Rdu} zu verringern.

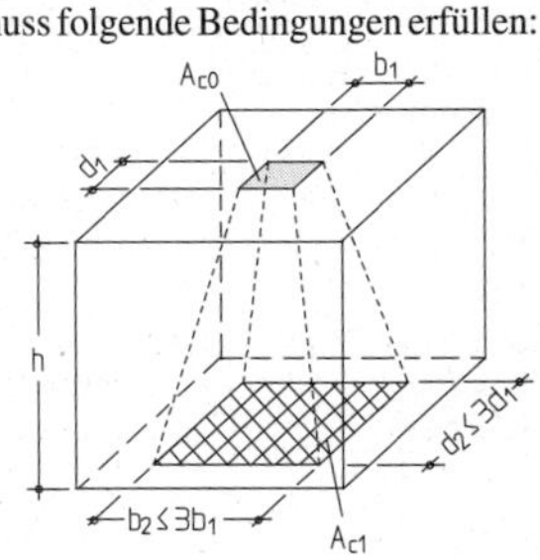

Die *Spalt- und Randzugkräfte* bei Teilflächenbelastung können nach DAfStb-H. 240 [5.15] ermittelt werden. Bei Angriff *einer* Längsdruckkraft N_{Ed} erhält man (bei mehreren s. DAfStb-H. 240):

mittig angreifende Druckkraft

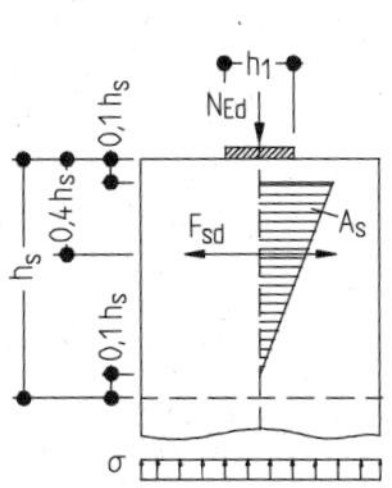

$$F_{sd} = \frac{N_{Ed}}{4} \cdot \left(1 - \frac{h_1}{h_s}\right)$$

$F_{sd,R}$: konstruktiv

exzentrisch angreifende Druckkraft

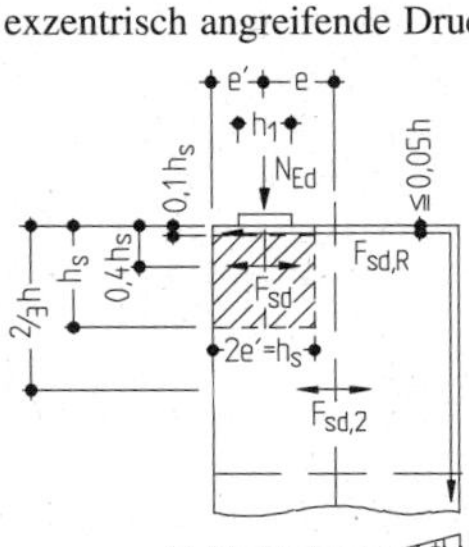

$$F_{sd} = \frac{N_{Ed}}{4} \cdot \left(1 - \frac{h_1}{h_s}\right)$$

$$F_{sd,R} = N_{Ed} \cdot \left(\frac{e}{h} - \frac{1}{6}\right)$$

$$F_{sd,2} \approx 0{,}3\ F_{sd,R}$$

5.4.9 Schadensbegrenzung bei außergewöhnlichen Einwirkungen (DIN 1045-1, 13.12)

Nach DIN 1045-1 sind Zuganker vorzusehen, um einen örtlichen Schaden infolge außergewöhnlicher Einwirkungen (Anprall, Explosion) zu begrenzen und im Falle eines solchen Schadens alternative Lastpfade zu ermöglichen. Zuganker müssen wirksam durchlaufend sein und entsprechend verankert werden.

Als Zugankersystem sind in einem Bauwerk bzw. – bei einem durch Dehnfugen in unabhängige Abschnitte geteilten Bauwerk – in einem Bauwerksabschnitt vorzusehen (s. Darstellung):
- Ringanker
- innen liegende Zuganker
- horizontale Stützen- oder Wandzuganker.

Für die Bemessung von Zugankern darf die charakteristische Festigkeit f_{yk} der Bewehrung ausgenutzt werden, eine aus anderen Gründen vorhandene Bewehrung darf ganz oder teilweise angerechnet werden.

Zugankersystem zur Aufnahme außergewöhnlicher Einwirkungen

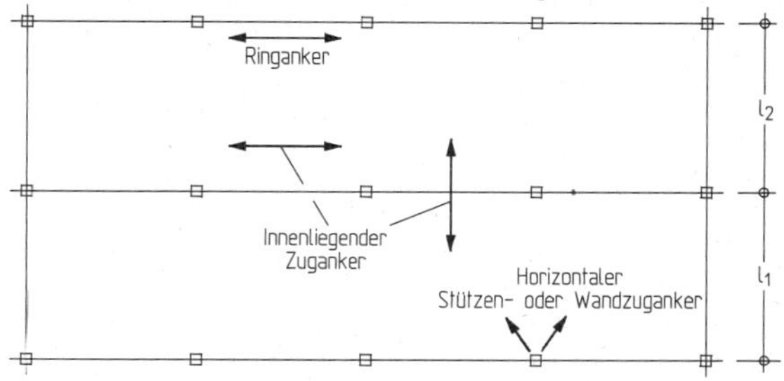

Ringanker

In jeder Decken- und Dachebene muss ein wirksamer durchlaufender Ringanker innerhalb eines Randabstandes angeordnet werden, wenn eine Scheibenwirkung zur Sicherung der Gesamtstabilität erforderlich ist (der Ringanker kann Bewehrung einschließen, die Teil der inneren Zuganker ist). Der Ringanker sollte eine Zugkraft von

$F_{Ed} = l_i \cdot 10\ (kN) \leq 70\ kN$ *)

aufnehmen können (l_i Spannweite des Endfeldes senkrecht zum Ringanker in m). Einspringende Ecken (z. B. Atrium) müssen Ringanker wie bei Außenecken aufweisen, die sorgfältig zu verankern sind.

Ringanker sind über den Umfang des Tragwerks durchlaufend auszubilden. Die Durchlaufwirkung wird durch Übergreifungslängen $l_s = 2 \cdot l_b$ sichergestellt, die von Bügeln oder Spiralen mit $s \leq 100$ mm umgeben sind (alternativ ist auch Verschweißen oder Verwendung mechanischer Verbindungsmittel möglich). Die Ringanker am Umfang des Tragwerks sollten im Randbereich des Tragwerks mit mechanischen Verankerungen versehen werden.

Innen liegende Zuganker

Sie müssen in jeder Decken- und Dachebene in zwei zueinander rechtwinkligen Richtungen liegen und an ihren Enden in den außen liegenden Ringankern verankert sein. Die innen liegenden Zuganker dürfen sich gleichmäßig in den Platten, an oder in Balken und/oder in Wänden (0,5 m über bzw. unter den Deckenplatten) befinden. In jeder Richtung sollten sie eine Zugkraft aufnehmen können (je Meter Breite) von

$F_{Ed} = 20$ kN

In Decken ohne Aufbeton, in denen die Zuganker in den Fugen zwischen den Fertigteilen liegen, ist in einer Fuge eine Mindestkraft anzusetzen von

$F_{Ed} = 0{,}5 \cdot (l_1 + l_2) \cdot 20\ (kN) \leq 70\ kN$ *)

mit l_1 und l_2 als Spannweiten (in m) der Deckenplatten auf beiden Seiten der Fuge senkrecht zur Fuge.

Horizontale Stützen- und Wandzuganker

Randstützen und Außenwände müssen in jeder Decken- und Dachebene horizontal im Tragwerk verankert sein. Die Zuganker sollten eine Zugkraft je Fassadenmeter von

$F_{Ed} = 10$ kN

aufnehmen können. Für Stützen beträgt jedoch der Höchstwert je Stütze

$F_{Ed} = 150$ kN *)

Bei Eckstützen sollte in zwei Richtungen verankert werden, wobei die vorhandene Ringankerbewehrung angerechnet werden kann.

Am oberen Rand von tragenden Innenwandtafeln sollte mindestens eine Bewehung von 0,7 cm^2/m in den Zwischenraum zwischen den Deckentafeln eingreifen. Weitere Hinweise s. DIN 1045-1, 13.12.

*) In [5.63] wird ausgeführt, dass die genannten Höchstwerte besser als Mindestwerte aufgefasst werden sollten.

5.5 Verbindungen und Lagerungsbereiche

5.5.1 Allgemeines

Verbindungen müssen so bemessen werden, dass sie allen Einwirkungen widerstehen und alle Verformungen aufnehmen können; der Einfluss von Imperfektionen ist zu beachten. Verbindungen müssen unter Beachtung von Toleranzen, Anforderungen der Montage, einfacher Ausführbarkeit und einfacher Überprüfbarkeit geplant werden. Die Widerstandsfähigkeit und die Festigkeit der Verbindungen sind nachzuweisen.

5.5.2 Druckfugen

Druckfugen sind mittigem Druck oder Druck mit kleiner Ausmitte ausgesetzt. Bei Lagerfugen mit Mörtel, Beton oder härtenden Polymeren als Füllmaterial dürfen während der Erhärtung des Füllmaterials keine relativen Bewegungen zwischen den verbundenen Flächen auftreten. Trockene Fugen sollten nur verwendet werden, wenn sie mit der erforderlichen Qualität ausgeführt werden und die mittlere Betondruckspannung auf $0{,}4 \cdot f_{cd}$ begrenzt wird. Druckfugen können zu beträchtlichen Querzugspannungen führen. Zu unterscheiden ist:

- hartes Fugenmaterial: Eine harte Lagerung liegt dann vor, wenn der Elastizitätsmodul des Fugenmaterials mehr als 70 % des E-Moduls der angrenzenden Bauteile beträgt. Eine harte Lagerung bildet auch eine vollflächig mit Zementmörtel gefüllte Fuge.

  Bei harter Lagerung treten Querzugspannungen als Spaltzugkräfte in den benachbarten Bauteilen auf (s. Abb.), die durch eine entsprechende Bewehrung aufzunehmen sind.
- weiches Fugenmaterial: Bei einer weichen Lagerung ist der Elastizitätsmodul deutlich geringer als der der angrenzenden Bauteile.

  Querzugspannungen treten als Stirnzugkräfte auf (s. Abb.) und müssen durch eine entsprechende Bewehrung in den benachbarten Bauteilen und ggf. in der Fuge – sofern ihre Querdehnung nicht behindert ist – aufgenommen werden.

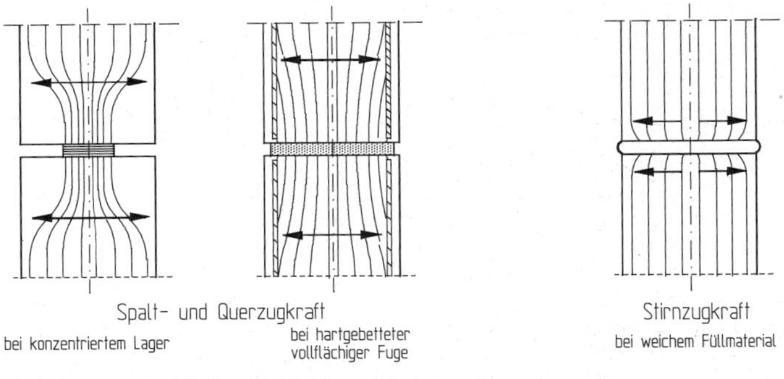

Die Tragfähigkeit von zentrisch belasteten Stützenstöße ist nachzuweisen mit

$$N_{Rd} = -\kappa \cdot (A_c \cdot f_{cd} + A_s \cdot f_{yd}) \qquad (126)$$

Der Abminderungbeiwert κ berücksichtigt dabei nach DIN 1045-1, 13.8.2 (7) den Bewehrungsgrad der Stütze und die Fugendicke. Nach DAfStb-Heft 525 darf für einen Fertigteilstützenstoß mit Stahlplatten $\kappa = 1{,}0$ gewählt, für einen Stoß mit Stirnflächenbewehrung $\kappa = 0{,}9$ angenommen werden.

Auf die in den angrenzenden Bauteilen erforderliche Querzugbewehrung wird hingewiesen (weitere Hinweise s. a. [5.63], [5.65] bis [5.68]). Neuere Untersuchungsergebnisse sind in [5.53] zusammenfassend dargestellt. Bei gleichzeitiger Wirkung von Längs- und Querkraft in der Fuge darf letztere vernachlässigt werden, wenn die Querkraft $V_{Ed} < 0{,}1 \cdot N_{Ed}$ ist.

5.5.3 Lager, Lagerungsbereiche

Die Funktionstüchtigkeit von Lagern für Fertigteile muss durch eine Begrenzung der Lagerpressungen und Lagerverformungen und durch ausreichend Bewehrung in den anschließenden Bauteilen sichergestellt sein. Horizontalkräfte am Lager, die durch Kriechen, Schwinden, Temperatureinflüsse etc. der Bauteile verursacht sein können, sowie Herstellungs- und Montagetoleranzen sind in geeigneter Weise zu berücksichtigen.

Für die Durchbildung der Lagerungsbereiche ist zu unterscheiden zwischen „Bauteilen mit Umlagerungsmöglichkeiten" und „Einzelbauteilen". Erstere weisen bei einem Lagerausfall zusätzliche Tragreserven auf (z. B. bei Fertigplatten mit Fugenverguss wegen einer möglichen Querabtragung der Lasten). Einzelbauteile, wie z. B. Unterzüge, Dachbinder, weisen dagegen keine Umlagerungsmöglichkeiten auf [5.63].

Bei *Bauteilen mit Umlagerungsmöglichkeiten* ergibt sich der Nennwert der Auflagertiefe a eines Auflagers zu

$$a = a_1 + a_2 + a_3 + \sqrt{\Delta a_2^2 + \Delta a_3^2}$$

mit a_1 Grundwert der Auflagertiefe; $a_1 = F_{\mathrm{Ed,sup}} / (b_1 \cdot f_{\mathrm{Rd}}) \geq a_{1,\mathrm{min}}$ (s. Tafel 5.127a)

$F_{\mathrm{Ed,sup}}$ Bemessungswert der Auflagerkraft

b_1 Auflagerbreite; bei annähernd gleichmäßiger Verteilung der Lagerpressungen in Querrichtung darf die tatsächliche Breite angesetzt werden; andernfalls sollte für b_1 kein größerer Wert als 600 mm angesetzt werden (alternativ: genauere Überprüfung).

f_{Rd} Bemessungswert der ansetzbaren Festigkeit der Unterstützung; ohne genaueren Nachweis

$f_{\mathrm{Rd}} \leq 0{,}40 f_{\mathrm{cd}}$ bei trockenen Fugen

$f_{\mathrm{Rd}} \leq 0{,}85 f_{\mathrm{cd}}$ } in anderen Fällen (bei Teilflächenbelastung s. a. S. 5.124)

$f_{\mathrm{Rd}} \leq f_{\mathrm{bed}}$ } in anderen Fällen (f_{bed} Festigkeit des Lagermaterials)

a_2 erforderlicher Überstand vom äußeren Rand des unterstützenden Bauteils (s. Tafel 5.127b)

a_3 erforderlicher Überstand vom äußeren Rand des unterstützten Bauteils (s. Tafel 5.127c)

Δa_2 Vorhaltemaß zur Berücksichtigung von Maßtoleranzen des unterstützenden Bauteils:

$10 \leq l/1200 \leq 30$ mm für Auflagerung auf Stahl oder Fertigteilen

$15 \leq l/1200 + 5 \leq 40$ mm für Auflagerung auf Ortbeton oder Mauerwerk

Δa_3 Vorhaltemaß zur Berücksichtigung von Maßtoleranzen des unterstützten Bauteils

$\Delta a_3 \geq l_{\mathrm{n}}/2500$ mit l_{n} als lichter Abstand zwischen den Auflagern in mm

Bei *Einzelbauteilen* sollte der Nennwert der Auflagertiefe a eines Auflagers um 20 mm größer sein als bei Bauteilen mit Umlagerungsmöglichkeiten. Ebenso muss bei verschieblichen Lagern und bei horizontaler Halterung eines Trägers außerhalb der Lagerebene die Auflagertiefe angemessen vergrößert werden.

Tafel 5.127a Mindestmaß für a_1 (in mm)

Art des Lagers		Lagerpressung $\sigma_{\mathrm{Ed}}/f_{\mathrm{cd}}$		
		≤ 0,15	0,15 - 0,40	> 0,40
Linienlagerung (Decken)		25	30	40
Einzellager	Rippendecken, Pfetten	55	70	80
	Balken	90	110	140

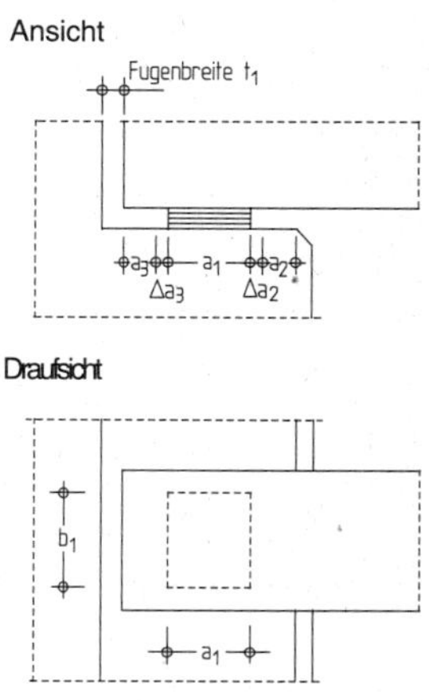

Tafel 5.127b Mindestabstand a_2 (in mm)
(Lagersockel aus Beton sollten berücksichtigt werden.)

Material und Art des Lagers		Lagerpressung $\sigma_{\mathrm{Ed}}/f_{\mathrm{cd}}$		
		≤ 0,15	0,15 - 0,40	> 0,40
Stahl	Linienlager	0	0	10
	Einzellager	5	10	15
Stahlbeton ≥ C30/37	Linienlager	5	10	15
	Einzellager	10	15	25
Stahlbeton ≤ C30/37	Linienlager	10	15	25
Unbewehrter Beton	Einzellager	20	25	35
Mauerwerk	Linienlager	10	15	–
	Einzellager	20	25	–

Tafel 5.127c Mindestabstand a_3 (in mm)

Bauliche Durchbildung	Unterstützung	
	Linienlagerung	Einzellagerung
durchgehende gerade Stäbe über das Auflager hinweg	0	0
gerade Stäbe oder horizontale Bewehrungsschlaufen, hinter dem Auflager geschlossen	5	$15 \geq c_{\mathrm{nom}}$
Spannglieder am Bauteilende verankert	5	15
vertikale Bewehrungsschlaufen	15	$c_{\mathrm{nom}} + d_{\mathrm{br}}/2$

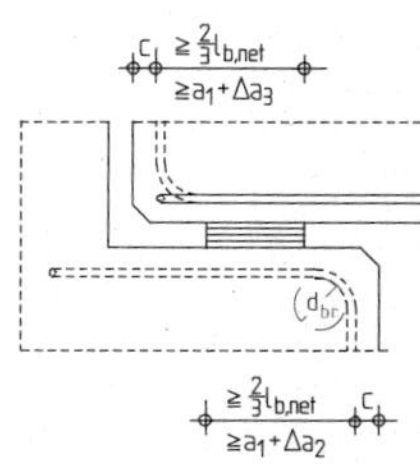

5.5.4 Verankerungen

Die Abmessungen von *Montagefugen* sind unter Beachtung der Bewehrungführung, von Montageungenauigkeiten und der Möglichkeiten für das Einbringen und Verdichten des Betons zu bestimmen. Die Hauptbewehrung in den stützenden und gestützten Bauteilen ist wirksam zu verankern.

6 Bemessungstafeln

6.1 Grundsätzliche Hinweise

Den nachfolgenden Bemessungstafeln liegt für den Beton das Parabel-Rechteck-Diagramm der Querschnittsbemessung zugrunde (s. Abschn. 2.2.1). Es wird von einem für alle Betonfestigkeitsklassen affinen Verlauf der Spannungs-Dehnungs-Linie ausgegangen, die Bemessungshilfen gelten daher nur für Normalbeton bis zu einer Betonfestigkeitsklasse C50/60. Eine Ausnahme bilden jedoch die Tafeln 13 bis 15, bei denen beispielhaft Bemessungshilfen für den hochfesten Beton und für Leichtbeton dargestellt sind. Diese Tafeln gelten wegen der nicht mehr gegebenen Affinität (vgl. Gl. (31.3)) nur für die jeweils angegebene Betonfestigkeitsklasse bzw. Rohdichte. Für Betonstahl wurde eine Dehnungsbegrenzung auf $\varepsilon_s \leq 25$ ‰ berücksichtigt (vgl. Abschn. 2.2.2).

6.1.1 Tafeln 1 bis 4

In den Bemessungstafeln werden die auf die Zugbewehrung A_{s1} bezogenen Schnittgrößen M_{Eds} und N_{Ed} benötigt. Der Zusammenhang zwischen diesen Größen ist der nachfolgenden Darstellung zu entnehmen.

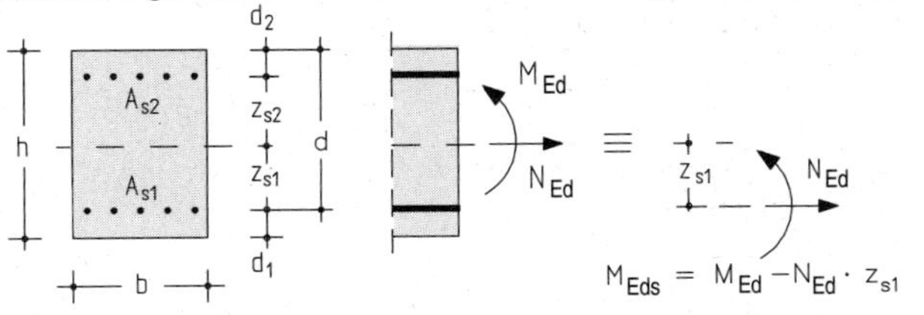

Tafeln 1 und 2

Eingangswert für Tafel 1 und 2 (aus [5.83]) ist das auf die Biegezugbewehrung bezogene Moment:

$$\mu_{Eds} = M_{Eds} / (b \cdot d^2 \cdot f_{cd}) \quad \text{mit } M_{Eds} = M_{Ed} - N_{Ed} \cdot z_{s1}$$

Als Bemessungswert der Betonfestigkeit gilt nach DIN 1045-1 $f_{cd} = \alpha \cdot f_{ck} / \gamma_c$ *), der auch bei der Ermittlung des Tafeleingangswertes anzusetzen ist. Die Ermittlung der Biegezugbewehrung und einer ggf. erforderlichen Druckbewehrung erfolgt mit den in der Tafel angegebenen Gleichungen. Die bezogene Druckzonenhöhe $\xi = x/d$ darf zur Sicherstellung einer ausreichenden Rotationsfähigkeit, sofern keine anderen Maßnahmen getroffen werden, folgende Grenzwerte nicht überschreiten (s. Abschn. 3.5.3 und 3.5.4):

$\xi_{lim} = 0{,}25$ oder $\mu_{Eds,lim} = 0{,}181$ bei Anwendung der Plastizitätstheorie bei Platten
$\xi_{lim} = 0{,}45$ oder $\mu_{Eds,lim} = 0{,}296$ für Beton der Festigkeitsklasse bis C50/60

Aus wirtschaftlichen Gründen – Ausnutzung der Streckgrenze der Bewehrung – gilt für Betonstahl BSt 500 außerdem als Grenze (die konstruktiven Maßnahmen nach DIN 1045-1, 13.1.1 (5) sind dann zu beachten)

$\xi_{lim} = 0{,}617$ oder $\mu_{Eds,lim} = 0{,}372$

Tafel 2a ermöglicht alternativ sowohl die Bemessung mit horizontalem Ast der Spannungs-Dehnungs-Linie des Betonstahls als auch mit ansteigendem Ast bis zum Wert $f_{tk}^*/\gamma_s = 525$ N/mm² (vgl. Abschn. 2.2.2). Für die weiteren Tafeln 2b bis 2d (Bemessung mit Druckbewehrung) wurde zur Vereinfachung des Bemessungsverfahrens der ansteigende Ast nicht berücksichtigt, der Einfluss ist i. Allg. sehr gering.

Tafeln 3 (aus [5.83])

Das k_d-Verfahren (vergleichbar mit dem aus DAfStb-H. 220 [5.42] für eine Bemessung auf der Grundlage von DIN 1045 bekannten k_h-Verfahren) kann alternativ zu den Tafeln 1 und 2 zur Querschnittsbemessung angewendet werden. Der k_d-Wert ist dimensionsgebunden und mit den angegebenen Dimensionen als Eingangswert zu verwenden:

$$k_d = \frac{d\,[\text{cm}]}{\sqrt{M_{Eds}\,[\text{kNm}] / b[\text{m}]}} \quad \text{mit } M_{Eds} = M_{Ed} - N_{Ed} \cdot z_{s1}$$

Für die bezogenen Druckzonenhöhen ξ gelten dieselben Grenzen wie in Tafel 1 und 2. Die Ermittlung der Bewehrung erfolgt mit den in den Tafeln angegebenen – dimensionsgebundenen (!) – Gleichungen. Zur Vereinfachung der Bemessung wurde vom horizontalen Ast der σ-ε-Linie des Betonstahls ausgegangen.

Tafeln 4

Diese Tafeln (s. [5.83]) sind für eine direkte Bemessung von Plattenbalken geeignet. Hierfür gelten die Ausführungen zu Tafel 1 und 2 sinngemäß. Für die Stahlspannung wurde der horizontale Ast der Spannungs-Dehnungs-Linie berücksichtigt.

---

*) Abweichend von EC 2, in dem der Bemessungswert f_{cd} ohne (!) den Faktor α definiert ist; der Beiwert α ist in den Bemessungshilfen nach EC 2 eingearbeitet.

Übersicht Tafeln 1 bis 4

Darstellung	Beschreibung	Tafel	Seite
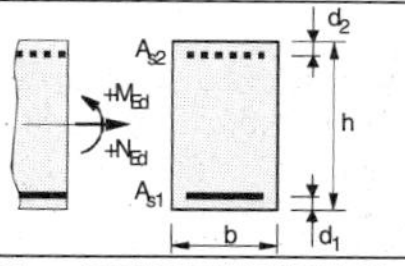	Allgemeines Bemessungsdiagramm	1	5.131
	μ_s-Tafeln	2	5.132
	k_d-Tafeln	3	5.136
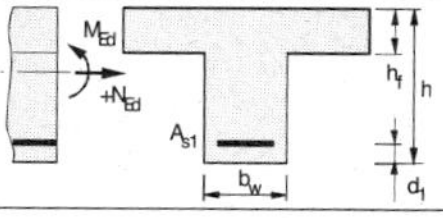	μ_s-Tafel für den Plattenbalkenquerschnitt	4	5.138

6.1.2 Tafeln 5 bis 9

Bei der Aufstellung der Tafeln wurde generell der ansteigende Ast der Spannungs-Dehnungs-Linie des Betonstahls berücksichtigt (vgl. Abschn. 2.2.2).

Tafeln 5 und 6

Die Tafeln 5 (Bemessungsdiagramme von Rechteckquerschnitten mit symmetrischer Bewehrung – „Interaktionsdiagramme"; s. [5.83]) haben als Eingangswerte die auf die Schwerachse des Querschnitts bezogenen Momente und Längskräfte

$$\mu_{Ed} = M_{Ed} / (b \cdot h^2 \cdot f_{cd}) \quad \text{und} \quad \nu_{Ed} = N_{Ed} / (b \cdot h \cdot f_{cd})$$

Die Ermittlung der Bewehrung erfolgt mit den in den Diagrammen angegebenen Gleichungen.

Die Tafeln 5 und 6 unterscheiden sich durch unterschiedliche Anordnung und verschiedene Randabstände der Bewehrung (s. a. Zusammenstellung S. 5.130).

Tafeln 7 und 8

Für die Interaktionsdiagramme von Kreis- und Kreisringquerschnitten gelten die Ausführungen zu den Tafeln 5 und 6 sinngemäß.

Tafeln 9

Für einige ausgewählte Fälle sind in Tafel 9 (aus [5.83]) Interaktionsdiagramme für zweiachsige Biegung mit Längsdruck aufgestellt. Die Anordnung und Randabstände der Bewehrung sind jeweils zu beachten. Es wird auf die Erläuterungen und Gleichungen im Tafelwerk verwiesen.

6.1.3 Tafeln 10 bis 12

Mit diesen Tafeln (vgl. [5.83]) ist eine direkte Bemessung von „knick"gefährdeten Stützen mit Rechteck- und Kreisquerschnitt möglich. Die Tafeln wurden in Anlehnung an *Avak* [5.61] entwickelt und aufgestellt.

Auch bei diesen Tafeln ist generell der ansteigende Ast der Spannungs-Dehnungs-Linie des Betonstahls berücksichtigt.

Weitere Hinweise zur Anwendung sind den Erläuterungen in nachfolgender Zusammenstellung (S. 5.130) und den Hinweisen im Tafelwerk zu entnehmen.

6.1.4 Tafeln 13 bis 15

Die **Tafeln 13 und 14** gelten für hochfesten Normalbeton. Anders als bei den normalfesten Betonfestigkeitsklassen ist bei einer Bemessung mit Druckbewehrung der Nettoquerschnitt in der Druckzone zu berücksichtigen (vgl. DAfStb-H. 525). Dies ist in den hier beispielhaft wiedergegebenen Tafeln bereits erfasst. Die Tafeln sind [5.83] entnommen, weitere Bemessungstafeln und erläuternde Hinweise s. dort.

Die **Tafel 15** gilt für eine Biegebemessung von Leichtbeton und zwar jeweils bis zu der angegebenen Rohdichteklasse. Weitere Bemessungstafeln und Erläuterungen s. [5.83].

6.1.5 Tafel 16

Mit den **Tafeln 16** ist eine einfache Spannungsermittlung im **Gebrauchszustand** unter Biegung und Längskraft im Zustand II möglich; es liegt die Annahme einer linearen Spannungsverteilung im Beton zugrunde (vgl. Abschn. 4.2.1). Die Tafeln können auch bei vorgespannten Querschnitten angewendet werden, es sind jedoch die unterschiedlichen Höhenlagen und das unterschiedliche Verbundverhalten von Betonstahl und Spannstahl bei den Tafeleingangsgrößen zu berücksichtigen; weitere Hinweise vgl. [5.62].

Übersicht Tafeln 5 bis 12

Darstellung	Beschreibung			Tafel	Seite
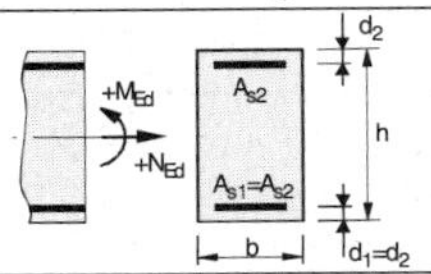	Interaktionsdiagramme zur Biegebemessung beidseitig symmetrisch bewehrter Rechteckquerschnitte	$d_1/h = 0{,}05$ $d_1/h = 0{,}10$ $d_1/h = 0{,}15$ $d_1/h = 0{,}20$		5a 5b 5c 5d	5.140 5.141 5.142 5.143
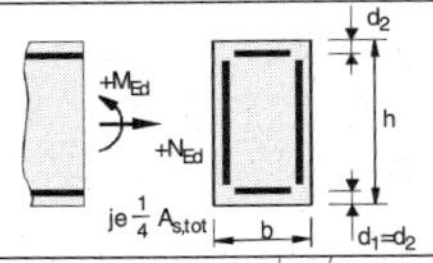	Interaktionsdiagramme zur Biegebemessung allseitig symmetrisch bewehrter Rechteckquerschnitte	$d_1/h = 0{,}10$ $d_1/h = 0{,}20$		6a 6b	5.144 5.145
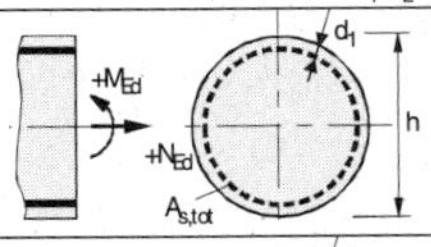	Interaktionsdiagramme für umfangsbewehrte Kreisquerschnitte	$d_1/h = 0{,}10$ $d_1/h = 0{,}20$		7a 7b	5.146 5.147
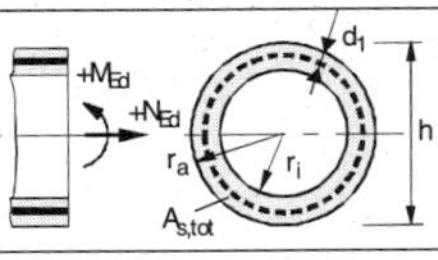	Interaktionsdiagramme für umfangsbewehrte Kreisringquerschnitte	$r_i/r_a = 0{,}90$ $d_1/(r_a\text{-}r_i) = 0{,}50$		8	5.148
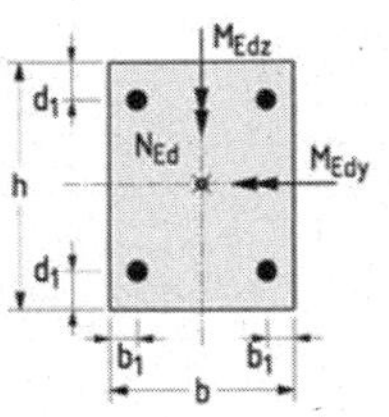	Interaktionsdiagramme für schiefe Biegung mit Längsdruck für unterschiedlich bewehrte Rechteckquerschnitte	$d_1/h = 0{,}10$ $b_1/h = 0{,}10$		9a	5.149
				9b	5.150
				9c	5.151
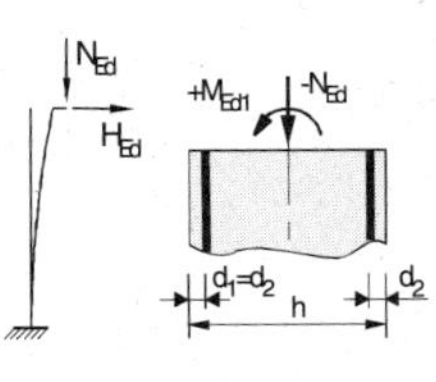 Schlankheiten λ: 25 / 40 / 50 / 60 70 / 80 / 90 / 100 (λ > 100 s. [5.83])	Modellstützenverfahren (Knicksicherheitsnachweis)				
	Die Tafeln berücksichtigen die für das Modellstützenverfahren angegebenen Gleichungen exakt. Der für die Krümmung ansetzbare Abminderungsbeiwert $K_2 \leq 1$, der von der gesuchten Bewehrung abhängt, wird dabei erfasst. Eingangswerte sind das Biegemoment nach Theorie I. Ordnung einschließlich ungewollter Lastausmitte und Kriechausmitte sowie die Normalkraft. Der Bereich $e/h \leq 0{,}1$, in dem das Modellstützenverfahren zu unwirtschaftlichen Ergebnissen führt, ist in den Diagrammen schattiert dargestellt. Die Diagramme wurden in Anlehnung an [5.61] für die DIN 1045-1 entwickelt.		$d_1/h = 0{,}10$ $d_1/h = 0{,}20$	10a 10b	5.152 5.154
		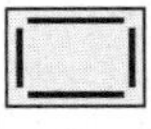	$d_1/h = 0{,}10$ $d_1/h = 0{,}20$	11a 11b	5.156 5.158
		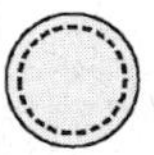	$d_1/h = 0{,}10$ $d_1/h = 0{,}20$	12a 12b	5.160 5.162

Tafel 1

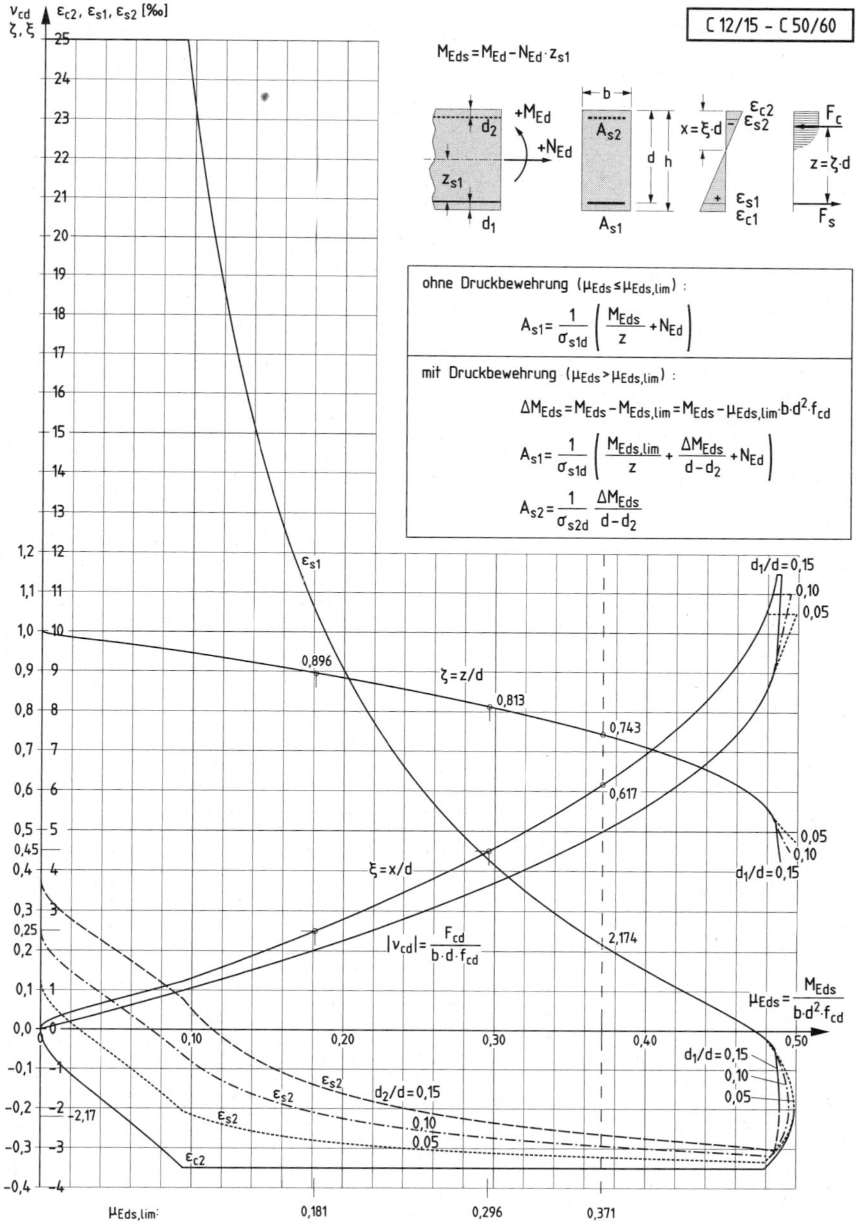

Allgemeines Bemessungsdiagramm für Rechteckquerschnitte mit den Bemessungsschnittgrößen und einer Dehnungsbegrenzung $\varepsilon_s \leq 25$ ‰ für Betonfestigkeitsklassen ≤ C50/60 (aus [5.83])

Tafel 2a

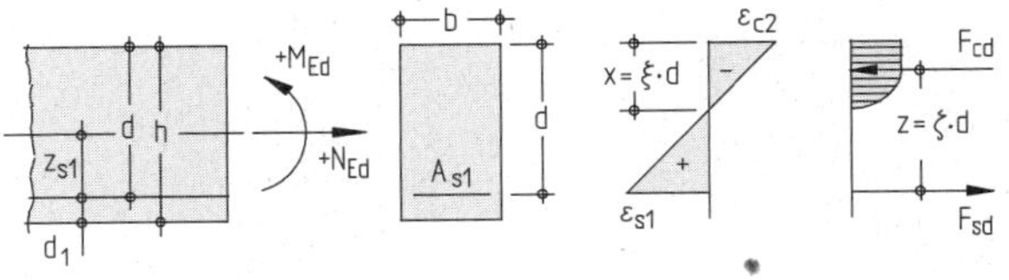

$$\mu_{Eds} = \frac{M_{Eds}}{b \cdot d^2 \cdot f_{cd}} \quad \text{mit} \quad M_{Eds} = M_{Ed} - N_{Ed} \cdot z_{s1}$$

$$f_{cd} = \alpha \cdot f_{ck} / \gamma_c \qquad \text{(i.Allg. gilt } \alpha = 0{,}85\text{)}$$

μ_{Eds}	ω	$\xi = \frac{x}{d}$	$\zeta = \frac{z}{d}$	ε_{c2} in ‰	ε_{s1} in ‰	σ_{sd} 1) in MPa BSt 500	σ_{sd}* 2) in MPa BSt 500
0,01	0,0101	0,030	0,990	–0,77	25,00	435	457
0,02	0,0203	0,044	0,985	–1,15	25,00	435	457
0,03	0,0306	0,055	0,980	–1,46	25,00	435	457
0,04	0,0410	0,066	0,976	–1,76	25,00	435	457
0,05	0,0515	0,076	0,971	–2,06	25,00	435	457
0,06	0,0621	0,086	0,967	–2,37	25,00	435	457
0,07	0,0728	0,097	0,962	–2,68	25,00	435	457
0,08	0,0836	0,107	0,956	–3,01	25,00	435	457
0,09	0,0946	0,118	0,951	–3,35	25,00	435	457
0,10	0,1057	0,131	0,946	–3,50	23,29	435	455
0,11	0,1170	0,145	0,940	–3,50	20,71	435	452
0,12	0,1285	0,159	0,934	–3,50	18,55	435	450
0,13	0,1401	0,173	0,928	–3,50	16,73	435	449
0,14	0,1518	0,188	0,922	–3,50	15,16	435	447
0,15	0,1638	0,202	0,916	–3,50	13,80	435	446
0,16	0,1759	0,217	0,910	–3,50	12,61	435	445
0,17	0,1882	0,232	0,903	–3,50	11,56	435	444
0,18	0,2007	0,248	0,897	–3,50	10,62	435	443
0,19	0,2134	0,264	0,890	–3,50	9,78	435	442
0,20	0,2263	0,280	0,884	–3,50	9,02	435	441
0,21	0,2395	0,296	0,877	–3,50	8,33	435	441
0,22	0,2528	0,312	0,870	–3,50	7,71	435	440
0,23	0,2665	0,329	0,863	–3,50	7,13	435	440
0,24	0,2804	0,346	0,856	–3,50	6,60	435	439
0,25	0,2946	0,364	0,849	–3,50	6,12	435	439
0,26	0,3091	0,382	0,841	–3,50	5,67	435	438
0,27	0,3239	0,400	0,834	–3,50	5,25	435	438
0,28	0,3391	0,419	0,826	–3,50	4,86	435	437
0,29	0,3546	0,438	0,818	–3,50	4,49	435	437
0,30	0,3706	0,458	0,810	–3,50	4,15	435	437
0,31	0,3869	0,478	0,801	–3,50	3,82	435	436
0,32	0,4038	0,499	0,793	–3,50	3,52	435	436
0,33	0,4211	0,520	0,784	–3,50	3,23	435	436
0,34	0,4391	0,542	0,774	–3,50	2,95	435	436
0,35	0,4576	0,565	0,765	–3,50	2,69	435	435
0,36	0,4768	0,589	0,755	–3,50	2,44	435	435
0,37	0,4968	0,614	0,745	–3,50	2,20	435	435
0,38	0,5177	0,640	0,734	–3,50	1,97	395	395
0,39	0,5396	0,667	0,723	–3,50	1,75	350	350
0,40	0,5627	0,695	0,711	–3,50	1,54	307	307

unwirtschaftlicher Bereich

1) Begrenzung der Stahlspannung auf $f_{yd} = f_{yk} / \gamma_s$ (horizontaler Ast der σ-ε-Linie).
2) Begrenzung der Stahlspannung auf $f_{td,cal} = f_{tk,cal} / \gamma_s$ (geneigter Ast der σ-ε-Linie).

$$A_{s1} = \frac{1}{\sigma_{sd}} (\omega \cdot b \cdot d \cdot f_{cd} + N_{Ed})$$

Bemessungstafeln mit dimensionslosen Beiwerten für den Rechteckquerschnitt ohne Druckbewehrung für Biegung mit Längskraft (Betonstahl BSt 500 und $\gamma_s = 1{,}15$; Normalbeton $\leq$ C50/60)

Tafel 2b

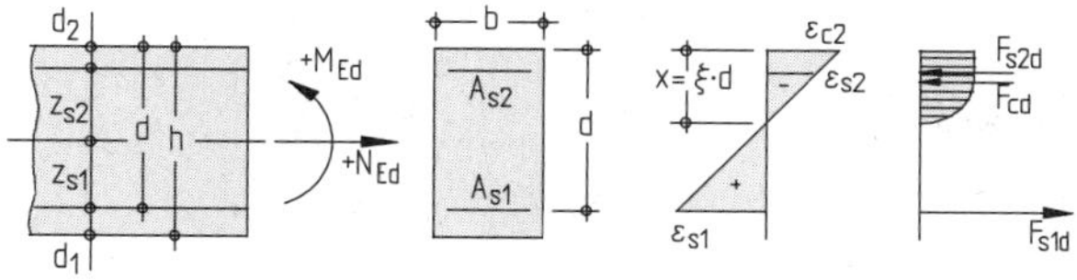

$$\mu_{Eds} = \frac{M_{Eds}}{b \cdot d^2 \cdot f_{cd}}$$ mit $M_{Eds} = M_{Ed} - N_{Ed} \cdot z_{s1}$

$f_{cd} = \alpha \cdot f_{ck}/\gamma_c$ (i.Allg. gilt $\alpha = 0{,}85$)

$\boldsymbol{\xi} = \mathbf{0{,}25}$ ($\varepsilon_{s1} = 10{,}5$ ‰, $\varepsilon_{c2} = -3{,}5$ ‰)

d_2/d	0,05		0,10		0,15		0,20	
$\varepsilon_{s1}/\varepsilon_{s2}$	10,5 ‰	–2,80 ‰	10,5 ‰	–2,10 ‰	10,5 ‰	–1,40 ‰	10,5 ‰	–0,70 ‰
μ_{Eds}	ω_1	ω_2	ω_1	ω_2	ω_1	ω_2	ω_1	ω_2
0,19	0,212	0,009	0,212	0,010	0,213	0,016	0,213	0,034
0,20	0,222	0,020	0,223	0,021	0,224	0,034	0,226	0,072
0,21	0,233	0,030	0,234	0,033	0,236	0,052	0,238	0,111
0,22	0,243	0,041	0,245	0,044	0,248	0,071	0,251	0,150
0,23	0,254	0,051	0,256	0,056	0,260	0,089	0,263	0,189
0,24	0,264	0,062	0,268	0,067	0,271	0,107	0,276	0,228
0,25	0,275	0,072	0,279	0,079	0,283	0,125	0,288	0,267
0,26	0,285	0,083	0,290	0,090	0,295	0,144	0,301	0,305
0,27	0,296	0,093	0,301	0,102	0,307	0,162	0,313	0,344
0,28	0,306	0,104	0,312	0,113	0,318	0,180	0,326	0,383
0,29	0,317	0,114	0,323	0,125	0,330	0,199	0,338	0,422
0,30	0,327	0,125	0,334	0,136	0,342	0,217	0,351	0,461
0,31	0,338	0,135	0,345	0,148	0,354	0,235	0,363	0,499
0,32	0,348	0,146	0,356	0,159	0,366	0,253	0,376	0,538
0,33	0,359	0,156	0,368	0,171	0,377	0,272	0,388	0,577
0,34	0,369	0,167	0,379	0,182	0,389	0,290	0,401	0,616
0,35	0,380	0,178	0,390	0,194	0,401	0,308	0,413	0,655
0,36	0,390	0,188	0,401	0,206	0,413	0,326	0,426	0,694
0,37	0,401	0,199	0,412	0,217	0,424	0,345	0,438	0,732
0,38	0,412	0,209	0,423	0,229	0,436	0,363	0,451	0,771
0,39	0,422	0,220	0,434	0,240	0,448	0,381	0,463	0,810
0,40	0,433	0,230	0,445	0,252	0,460	0,399	0,476	0,849
0,41	0,443	0,241	0,456	0,263	0,471	0,418	0,488	0,888
0,42	0,454	0,251	0,468	0,275	0,483	0,436	0,501	0,926
0,43	0,464	0,262	0,479	0,286	0,495	0,454	0,513	0,965
0,44	0,475	0,272	0,490	0,298	0,507	0,473	0,526	1,004
0,45	0,485	0,283	0,501	0,309	0,518	0,491	0,538	1,043
0,46	0,496	0,293	0,512	0,321	0,530	0,509	0,551	1,082
0,47	0,506	0,304	0,523	0,332	0,542	0,527	0,563	1,121
0,48	0,517	0,314	0,534	0,344	0,554	0,546	0,576	1,159
0,49	0,527	0,325	0,545	0,355	0,566	0,564	0,588	1,198
0,50	0,538	0,335	0,556	0,367	0,577	0,582	0,601	1,237
0,51	0,548	0,346	0,568	0,378	0,589	0,600	0,613	1,276
0,52	0,559	0,356	0,579	0,390	0,601	0,619	0,626	1,315
0,53	0,569	0,367	0,590	0,401	0,613	0,637	0,638	1,354
0,54	0,580	0,378	0,601	0,413	0,624	0,655	[illegible]	[illegible]
0,55	0,590	0,388	0,612	0,424	0,636	0,673	0,663	1,431

Im schraffierten Bereich ist $\omega_2 > \omega_1$ *)

*) Gemäß [5.26] sollte die Druckbewehrung rechnerisch die Zugbewehrung nicht überschreiten.

$$A_{s1} = \frac{1}{f_{yd}} (\omega_1 \cdot b \cdot d \cdot f_{cd} + N_{Ed})$$

$$A_{s2} = \omega_2 \cdot b \cdot d \cdot \frac{f_{cd}}{f_{yd}}$$

Bemessungstafeln mit dimensionslosen Beiwerten für den Rechteckquerschnitt mit Druckbewehrung für Biegung mit Längskraft (Betonstahl BSt 500 und $\gamma_s = 1{,}15$; Normalbeton ≤ C50/60)

Tafel 2c

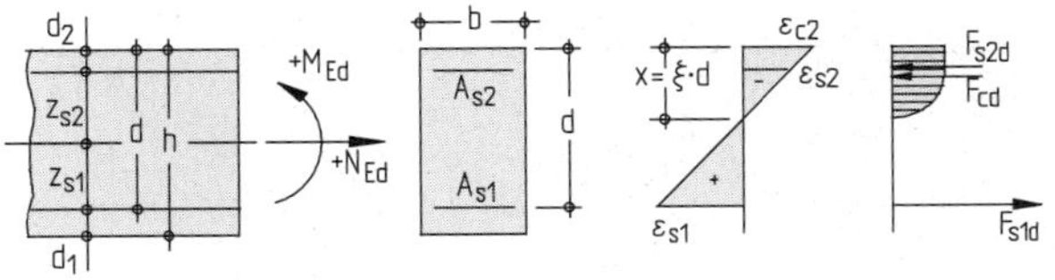

$$\mu_{\mathrm{Eds}} = \frac{M_{\mathrm{Eds}}}{b \cdot d^2 \cdot f_{\mathrm{cd}}}$$ mit $M_{\mathrm{Eds}} = M_{\mathrm{Ed}} - N_{\mathrm{Ed}} \cdot z_{\mathrm{s1}}$, $f_{\mathrm{cd}} = \alpha \cdot f_{\mathrm{ck}}/\gamma_{\mathrm{c}}$ (i.Allg. gilt $\alpha = 0{,}85$)

$\boldsymbol{\xi = 0{,}45}$ ($\varepsilon_{\mathrm{s1}} = 4{,}3$ ‰, $\varepsilon_{\mathrm{c2}} = -3{,}5$ ‰)

d_2/d	0,05		0,10		0,15		0,20	
$\varepsilon_{\mathrm{s1}}/\varepsilon_{\mathrm{s2}}$	4,28 ‰	−3,11 ‰	4,28 ‰	−2,72 ‰	4,28 ‰	−2,33 ‰	4,28 ‰	−1,94 ‰
μ_{Eds}	ω_1	ω_2	ω_1	ω_2	ω_1	ω_2	ω_1	ω_2
0,30	0,368	0,004	0,369	0,004	0,369	0,005	0,369	0,005
0,31	0,379	0,015	0,380	0,015	0,381	0,016	0,382	0,019
0,32	0,389	0,025	0,391	0,027	0,392	0,028	0,394	0,033
0,33	0,400	0,036	0,402	0,038	0,404	0,040	0,407	0,047
0,34	0,410	0,046	0,413	0,049	0,416	0,052	0,419	0,061
0,35	0,421	0,057	0,424	0,060	0,428	0,063	0,432	0,075
0,36	0,432	0,067	0,435	0,071	0,439	0,075	0,444	0,089
0,37	0,442	0,078	0,446	0,082	0,451	0,087	0,457	0,103
0,38	0,453	0,088	0,458	0,093	0,463	0,099	0,469	0,117
0,39	0,463	0,099	0,469	0,104	0,475	0,110	0,482	0,131
0,40	0,474	0,109	0,480	0,115	0,487	0,122	0,494	0,145
0,41	0,484	0,120	0,491	0,127	0,498	0,134	0,507	0,159
0,42	0,495	0,130	0,502	0,138	0,510	0,146	0,519	0,173
0,43	0,505	0,141	0,513	0,149	0,522	0,158	0,532	0,187
0,44	0,516	0,151	0,524	0,160	0,534	0,169	0,544	0,201
0,45	0,526	0,162	0,535	0,171	0,545	0,181	0,557	0,215
0,46	0,537	0,173	0,546	0,182	0,557	0,193	0,569	0,229
0,47	0,547	0,183	0,558	0,193	0,569	0,205	0,582	0,243
0,48	0,558	0,194	0,569	0,204	0,581	0,216	0,594	0,257
0,49	0,568	0,204	0,580	0,215	0,592	0,228	0,607	0,271
0,50	0,579	0,215	0,591	0,227	0,604	0,240	0,619	0,285
0,51	0,589	0,225	0,602	0,238	0,616	0,252	0,632	0,299
0,52	0,600	0,236	0,613	0,249	0,628	0,263	0,644	0,313
0,53	0,610	0,246	0,624	0,260	0,639	0,275	0,657	0,327
0,54	0,621	0,257	0,635	0,271	0,651	0,287	0,669	0,341
0,55	0,632	0,267	0,646	0,282	0,663	0,299	0,682	0,355
0,56	0,642	0,278	0,658	0,293	0,675	0,310	0,694	0,369
0,57	0,653	0,288	0,669	0,304	0,687	0,322	0,707	0,383
0,58	0,663	0,299	0,680	0,315	0,698	0,334	0,719	0,397
0,59	0,674	0,309	0,691	0,327	0,710	0,346	0,732	0,411
0,60	0,684	0,320	0,702	0,338	0,722	0,358	0,744	0,425

$$A_{\mathrm{s1}} = \frac{1}{f_{\mathrm{yd}}} (\omega_1 \cdot b \cdot d \cdot f_{\mathrm{cd}} + N_{\mathrm{Ed}})$$

$$A_{\mathrm{s2}} = \omega_2 \cdot b \cdot d \cdot \frac{f_{\mathrm{cd}}}{f_{\mathrm{yd}}}$$

Bemessungstafeln mit dimensionslosen Beiwerten für den Rechteckquerschnitt mit Druckbewehrung für Biegung mit Längskraft (Betonstahl BSt 500 und $\gamma_{\mathrm{s}} = 1{,}15$; Normalbeton ≤ C50/60)

Tafel 2d

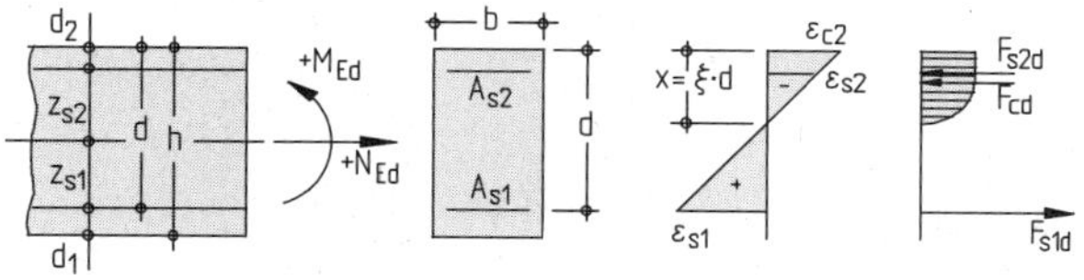

$$\mu_{Eds} = \frac{M_{Eds}}{b \cdot d^2 \cdot f_{cd}}$$ mit $M_{Eds} = M_{Ed} - N_{Ed} \cdot z_{s1}$

$f_{cd} = \alpha \cdot f_{ck}/\gamma_c$ (i.Allg. gilt $\alpha = 0{,}85$)

$\boldsymbol{\xi = 0{,}617}$ ($\varepsilon_{s1} = 2{,}17$ ‰, $\varepsilon_{c2} = -3{,}5$ ‰)

d_2/d	0,05		0,10		0,15		0,20	
$\varepsilon_{s1}/\varepsilon_{s2}$	2,17 ‰	−3,22 ‰	2,17 ‰	−2,93 ‰	2,17 ‰	−2,65 ‰	2,17 ‰	−2,37 ‰
μ_{Eds}	ω_1	ω_2	ω_1	ω_2	ω_1	ω_2	ω_1	ω_2
0,38	0,509	0,009	0,509	0,010	0,510	0,010	0,510	0,011
0,39	0,519	0,020	0,520	0,021	0,521	0,022	0,523	0,023
0,40	0,530	0,030	0,531	0,032	0,533	0,034	0,535	0,036
0,41	0,540	0,041	0,542	0,043	0,545	0,046	0,548	0,048
0,42	0,551	0,051	0,554	0,054	0,557	0,057	0,560	0,061
0,43	0,561	0,062	0,565	0,065	0,569	0,069	0,573	0,073
0,44	0,572	0,072	0,576	0,076	0,580	0,081	0,585	0,086
0,45	0,582	0,083	0,587	0,088	0,592	0,093	0,598	0,098
0,46	0,593	0,093	0,598	0,099	0,604	0,104	0,610	0,111
0,47	0,603	0,104	0,609	0,110	0,616	0,116	0,623	0,123
0,48	0,614	0,114	0,620	0,121	0,627	0,128	0,635	0,136
0,49	0,624	0,125	0,631	0,132	0,639	0,140	0,648	0,148
0,50	0,635	0,136	0,642	0,143	0,651	0,151	0,660	0,161
0,51	0,645	0,146	0,654	0,154	0,663	0,163	0,673	0,173
0,52	0,656	0,157	0,665	0,165	0,674	0,175	0,685	0,186
0,53	0,666	0,167	0,676	0,176	0,686	0,187	0,698	0,198
0,54	0,677	0,178	0,687	0,188	0,698	0,199	0,710	0,211
0,55	0,688	0,188	0,698	0,199	0,710	0,210	0,723	0,223
0,56	0,698	0,199	0,709	0,210	0,721	0,222	0,735	0,236
0,57	0,709	0,209	0,720	0,221	0,733	0,234	0,748	0,248
0,58	0,719	0,220	0,731	0,232	0,745	0,246	0,760	0,261
0,59	0,730	0,230	0,742	0,243	0,757	0,257	0,773	0,273
0,60	0,740	0,241	0,754	0,254	0,769	0,269	0,785	0,286

$$A_{s1} = \frac{1}{f_{yd}} (\omega_1 \cdot b \cdot d \cdot f_{cd} + N_{Ed})$$

$$A_{s2} = \omega_2 \cdot b \cdot d \cdot \frac{f_{cd}}{f_{yd}}$$

Bemessungstafeln mit dimensionslosen Beiwerten für den Rechteckquerschnitt mit Druckbewehrung für Biegung mit Längskraft (Betonstahl BSt 500 und $\gamma_s = 1{,}15$; Normalbeton ≤ C50/60)

Tafel 3a

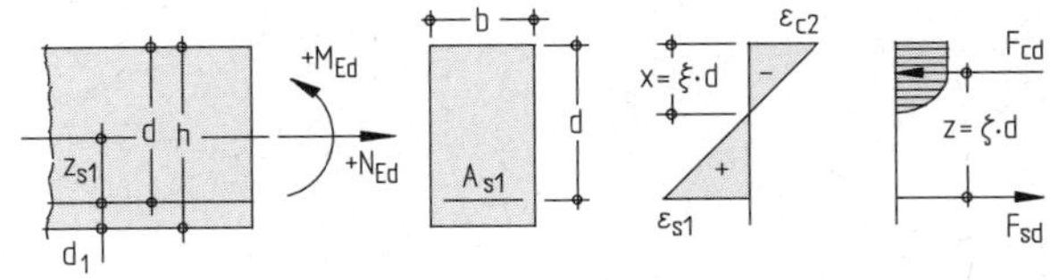

$$k_d = \frac{d\ [\mathrm{cm}]}{\sqrt{M_{\mathrm{Eds}}\ [\mathrm{kNm}] / b\ [\mathrm{m}]}} \qquad \text{mit } M_{\mathrm{Eds}} = M_{\mathrm{Ed}} - N_{\mathrm{Ed}} \cdot z_{s1}$$

k_d für Betonfestigkeitsklasse C									k_s	ξ	ζ	ε_{c2} ‰	ε_{s1} ‰
12/15	16/20	20/25	25/30	30/37	35/45	40/50	45/55	50/60					
14,37	12,44	11,13	9,95	9,09	8,41	7,87	7,42	7,04	2,32	0,025	0,991	−0,64	25,00
7,90	6,84	6,12	5,47	5,00	4,63	4,33	4,08	3,87	2,34	0,048	0,983	−1,26	25,00
5,87	5,08	4,55	4,07	3,71	3,44	3,22	3,03	2,88	2,36	0,069	0,975	−1,84	25,00
4,94	4,27	3,82	3,42	3,12	2,89	2,70	2,55	2,42	2,38	0,087	0,966	−2,38	25,00
4,38	3,80	3,40	3,04	2,77	2,57	2,40	2,26	2,15	2,40	0,104	0,958	−2,89	25,00
4,00	3,47	3,10	2,78	2,53	2,35	2,20	2,07	1,96	2,42	0,120	0,950	−3,40	25,00
3,63	3,14	2,81	2,51	2,29	2,12	1,99	1,87	1,78	2,45	0,147	0,939	−3,50	20,29
3,35	2,90	2,60	2,32	2,12	1,96	1,84	1,73	1,64	2,48	0,174	0,927	−3,50	16,56
3,14	2,72	2,43	2,18	1,99	1,84	1,72	1,62	1,54	2,51	0,201	0,916	−3,50	13,90
2,97	2,57	2,30	2,06	1,88	1,74	1,63	1,53	1,46	2,54	0,227	0,906	−3,50	11,91
2,85	2,47	2,21	1,97	1,80	1,67	1,56	1,47	1,40	2,57	0,250	0,896	−3,50	10,52
2,72	2,36	2,11	1,89	1,72	1,59	1,49	1,41	1,33	2,60	0,277	0,885	−3,50	9,12
2,62	2,27	2,03	1,82	1,66	1,54	1,44	1,36	1,29	2,63	0,302	0,875	−3,50	8,10
2,54	2,20	1,97	1,76	1,61	1,49	1,39	1,31	1,24	2,66	0,325	0,865	−3,50	7,26
2,47	2,14	1,91	1,71	1,56	1,44	1,35	1,27	1,21	2,69	0,350	0,854	−3,50	6,50
2,41	2,08	1,86	1,67	1,52	1,41	1,32	1,24	1,18	2,72	0,371	0,846	−3,50	5,93
2,35	2,03	1,82	1,63	1,49	1,38	1,29	1,21	1,15	2,75	0,393	0,836	−3,50	5,40
2,28	1,98	1,77	1,58	1,44	1,34	1,25	1,18	1,12	2,79	0,422	0,824	−3,50	4,79
2,23	1,93	1,73	1,54	1,41	1,30	1,22	1,15	1,09	2,83	0,450	0,813	−3,50	4,27
2,18	1,89	1,69	1,51	1,38	1,28	1,19	1,13	1,07	2,87	0,477	0,801	−3,50	3,83
2,14	1,85	1,65	1,48	1,35	1,25	1,17	1,10	1,05	2,91	0,504	0,790	−3,50	3,44
2,10	1,82	1,62	1,45	1,33	1,23	1,15	1,08	1,03	2,95	0,530	0,780	−3,50	3,11
2,06	1,79	1,60	1,43	1,30	1,21	1,13	1,07	1,01	2,99	0,555	0,769	−3,50	2,81
2,03	1,75	1,57	1,40	1,28	1,19	1,11	1,05	0,99	3,04	0,585	0,757	−3,50	2,48
1,99	1,72	1,54	1,38	1,26	1,17	1,09	1,03	0,98	3,09	0,617	0,743	−3,50	2,17

$$A_s\,[\mathrm{cm}^2] = \boldsymbol{k_s} \cdot \frac{M_{\mathrm{Eds}}\ [\mathrm{kNm}]}{d\ [\mathrm{cm}]} + \frac{N_{\mathrm{Ed}}\ [\mathrm{kN}]}{43{,}5}$$

Dimensionsgebundene Bemessungstafel (k_d-Verfahren) für den Rechteckquerschnitt ohne Druckbewehrung für Biegung mit Längskraft (Betonstahl BSt 500 und $\gamma_s = 1{,}15$; Normalbeton ≤ C50/60)

Tafel 3b

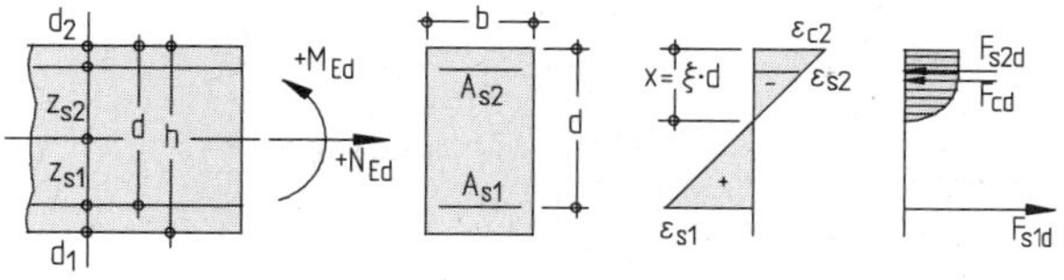

$$k_d = \frac{d\ [\text{cm}]}{\sqrt{M_{Eds}\ [\text{kNm}] / b\ [\text{m}]}} \qquad \text{mit } M_{Eds} = M_{Ed} - N_{Ed} \cdot z_{s1}$$

Beiwerte k_{s1} und k_{s2}

$\xi = 0{,}45$										$\xi = 0{,}617$										$\xi = \begin{cases}0{,}450\\0{,}617\end{cases}$
k_d für f_{ck}									k_{s1}	k_d für f_{ck}									k_{s1}	k_{s2}
12	16	20	25	30	35	40	45	50		12	16	20	25	30	35	40	45	50		
2,23	1,93	1,73	1,54	1,41	1,30	1,22	1,15	1,09	2,83	1,99	1,72	1,54	1,38	1,26	1,17	1,09	1,03	0,98	3,09	0
2,18	1,89	1,69	1,51	1,38	1,28	1,19	1,13	1,07	2,82	1,95	1,69	1,51	1,35	1,23	1,14	1,07	1,01	0,96	3,07	0,10
2,14	1,85	1,65	1,48	1,35	1,25	1,17	1,10	1,05	2,80	1,91	1,65	1,48	1,32	1,21	1,12	1,05	0,99	0,93	3,04	0,20
2,09	1,81	1,62	1,45	1,32	1,22	1,14	1,07	1,02	2,79	1,87	1,62	1,45	1,29	1,18	1,09	1,02	0,96	0,91	3,02	0,30
2,04	1,77	1,58	1,41	1,29	1,19	1,11	1,05	1,00	2,77	1,82	1,58	1,41	1,26	1,15	1,07	1,00	0,94	0,89	2,99	0,40
1,99	1,72	1,54	1,38	1,26	1,17	1,09	1,03	0,98	2,76	1,78	1,54	1,38	1,23	1,12	1,04	0,97	0,92	0,87	2,97	0,50
1,94	1,68	1,50	1,34	1,23	1,14	1,07	1,01	0,96	2,74	1,73	1,50	1,34	1,20	1,10	1,01	0,95	0,89	0,85	2,94	0,60
1,89	1,63	1,46	1,31	1,19	1,10	1,03	0,97	0,92	2,73	1,69	1,46	1,31	1,17	1,07	0,99	0,92	0,87	0,83	2,92	0,70
1,83	1,59	1,42	1,27	1,16	1,07	1,00	0,94	0,89	2,71	1,64	1,42	1,27	1,13	1,04	0,96	0,90	0,85	0,80	2,89	0,80
1,78	1,54	1,38	1,23	1,12	1,04	0,97	0,92	0,87	2,70	1,59	1,37	1,23	1,10	1,00	0,93	0,87	0,82	0,78	2,87	0,90
1,72	1,49	1,33	1,19	1,09	1,01	0,95	0,89	0,85	2,69	1,54	1,33	1,19	1,06	0,97	0,90	0,84	0,79	0,75	2,84	1,00
1,66	1,44	1,29	1,15	1,05	0,97	0,91	0,86	0,81	2,67	1,48	1,28	1,15	1,03	0,94	0,87	0,81	0,77	0,73	2,82	1,10
1,60	1,38	1,24	1,11	1,01	0,94	0,88	0,83	0,79	2,66	1,43	1,24	1,11	0,99	0,90	0,84	0,78	0,74	0,70	2,79	1,20
1,53	1,33	1,19	1,06	0,97	0,90	0,84	0,79	0,75	2,64	1,37	1,19	1,06	0,95	0,87	0,80	0,75	0,71	0,67	2,77	1,30
1,47	1,27	1,14	1,02	0,93	0,86	0,80	0,76	0,72	2,63	1,31	1,14	1,02	0,91	0,83	0,77	0,72	0,68	0,64	2,74	1,40

Beiwerte ρ_1 und ρ_2

d_2/d	$\xi = 0{,}45$					$\xi = 0{,}617$				
	ρ_1 für k_{s1} =				ρ_2	ρ_1 für k_{s1} =				ρ_2
	2,83	2,74	2,68	2,63		3,09	2,97	2,85	2,74	
≤0,07	1,00	1,00	1,00	1,00	1,00	1,00	1,00	1,00	1,00	1,00
0,08	1,00	1,00	1,00	1,01	1,01	1,00	1,00	1,00	1,01	1,01
0,10	1,00	1,01	1,01	1,02	1,03	1,00	1,01	1,01	1,02	1,03
0,12	1,00	1,01	1,02	1,03	1,06	1,00	1,01	1,02	1,03	1,06
0,14	1,00	1,02	1,03	1,04	1,08	1,00	1,01	1,03	1,04	1,08
0,16	1,00	1,02	1,04	1,06	1,11	1,00	1,02	1,04	1,06	1,11
0,18	1,00	1,03	1,05	1,07	1,17	1,00	1,02	1,05	1,07	1,13
0,20	1,00	1,04	1,06	1,09	1,30	1,00	1,03	1,06	1,08	1,16
0,22	1,00	1,04	1,07	1,10	1,45	1,00	1,03	1,07	1,10	1,19
0,24	1,00	1,05	1,09	1,12	1,63	1,00	1,04	1,08	1,12	1,24

$$A_{s1}\ [\text{cm}^2] = \rho_1 \cdot k_{s1} \cdot \frac{M_{Eds}\ [\text{kNm}]}{d\ [\text{cm}]} + \frac{N_{Ed}\ [\text{kN}]}{43{,}5}$$

$$A_{s2}\ [\text{cm}^2] = \rho_2 \cdot k_{s2} \cdot \frac{M_{Eds}\ [\text{kNm}]}{d\ [\text{cm}]}$$

Dimensionsgebundene Bemessungstafel (k_d-Verfahren) für den Rechteckquerschnitt mit Druckbewehrung für Biegung mit Längskraft (Betonstahl BSt 500 und $\gamma_s = 1{,}15$; Normalbeton ≤ C50/60)

Tafel 4

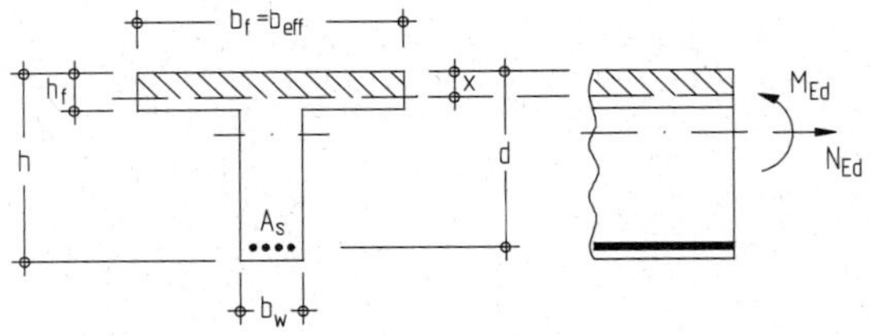

$$\mu_{Eds} = \frac{M_{Eds}}{b_f \cdot d^2 \cdot f_{cd}} \quad \text{mit} \quad M_{Eds} = M_{Ed} - N_{Ed} \cdot z_s$$

$$A_{s1} = \frac{1}{f_{yd}} \left(\omega_1 \cdot b_f \cdot d \cdot f_{cd} + N_{Ed} \right)$$

(Für die Stahlspannung wird vereinfachend von einem horizontalen Ast der Spannungs-Dehnungs-Linie ausgegangen)

h_f/d=0,05	ω_1-Werte für b_f/b_w =				
μ_{Eds}	1	2	3	5	≥ 10
0,01	0,0101	0,0101	0,0101	0,0101	0,0101
0,02	0,0203	0,0203	0,0203	0,0203	0,0203
0,03	0,0306	0,0306	0,0306	0,0306	0,0306
0,04	0,0410	0,0410	0,0410	0,0409	0,0409
0,05	0,0515	0,0514	0,0514	0,0514	0,0514
0,06	0,0621	0,0621	0,0622	0,0624	0,0629
0,07	0,0728	0,0731	0,0735	0,0742	0,0767
0,08	0,0836	0,0844	0,0852	0,0871	
0,09	0,0946	0,0961	0,0976	0,1014	
0,10	0,1057	0,1082	0,1107		
0,11	0,1170	0,1206	0,1246		
0,12	0,1285	0,1336	0,1396		
0,13	0,1401	0,1470			
0,14	0,1519	0,1611			
0,15	0,1638	0,1757			
0,16	0,1759	0,1912			
0,17	0,1882				
0,18	0,2007				
0,19	0,2134				
0,20	0,2263				
0,21	0,2395				
0,22	0,2529				
0,23	0,2665				
0,24	0,2804				
0,25	0,2946				
0,26	0,3091				
0,27	0,3240				
0,28	0,3391				
0,29	0,3546				
0,30	0,3706				
0,31	0,3870				
0,32	0,4038				
0,33	0,4212				
0,34	0,4391				
0,35	0,4577				
0,36	0,4769				
0,37	0,4969				

unterhalb dieser Linie gilt: $\xi = x/d > 0{,}45$

h_f/d=0,10	ω_1-Werte für b_f/b_w =				
μ_{Eds}	1	2	3	5	≥ 10
0,01	0,0101	0,0101	0,0101	0,0101	0,0101
0,02	0,0203	0,0203	0,0203	0,0203	0,0203
0,03	0,0306	0,0306	0,0306	0,0306	0,0306
0,04	0,0410	0,0410	0,0410	0,0410	0,0410
0,05	0,0515	0,0515	0,0515	0,0515	0,0515
0,06	0,0621	0,0621	0,0621	0,0621	0,0621
0,07	0,0728	0,0728	0,0728	0,0728	0,0728
0,08	0,0836	0,0836	0,0836	0,0836	0,0836
0,09	0,0946	0,0946	0,0946	0,0946	0,0945
0,10	0,1057	0,1058	0,1058	0,1059	0,1060
0,11	0,1170	0,1173	0,1175	0,1179	0,1192
0,12	0,1285	0,1292	0,1298	0,1311	
0,13	0,1401	0,1415	0,1427	0,1459	
0,14	0,1518	0,1542	0,1565		
0,15	0,1638	0,1674	0,1712		
0,16	0,1759	0,1812			
0,17	0,1882	0,1955			
0,18	0,2007	0,2106			
0,19	0,2134	0,2266			
0,20	0,2263				
0,21	0,2395				
0,22	0,2529				
0,23	0,2665				
0,24	0,2804				
0,25	0,2946				
0,26	0,3091				
0,27	0,3240				
0,28	0,3391				
0,29	0,3546				
0,30	0,3706				
0,31	0,3870				
0,32	0,4038				
0,33	0,4212				
0,34	0,4391				
0,35	0,4577				
0,36	0,4769				
0,37	0,4969				

oberhalb der gestrichelten Linie liegt die Nulllinie in der Platte

Bemessungstabelle mit dimensionslosen Beiwerten für Plattenbalkenquerschnitte (BSt 500 mit γ_s = 1,15, Normalbeton ≤ C50/60); h_f/d = 0,05 und h_f/d = 0,10 (aus [5.83])

Tafel 4

$h_f/d=0{,}15$	ω_1-Werte für b_f/b_w =				
μ_{Eds}	1	2	3	5	≥ 10
0,01	0,0101	0,0101	0,0101	0,0101	0,0101
0,02	0,0203	0,0203	0,0203	0,0203	0,0203
0,03	0,0306	0,0306	0,0306	0,0306	0,0306
0,04	0,0410	0,0410	0,0410	0,0410	0,0410
0,05	0,0515	0,0515	0,0515	0,0515	0,0515
0,06	0,0621	0,0621	0,0621	0,0621	0,0621
0,07	0,0728	0,0728	0,0728	0,0728	0,0728
0,08	0,0836	0,0836	0,0836	0,0836	0,0836
0,09	0,0946	0,0946	0,0946	0,0946	0,0946
0,10	0,1057	0,1057	0,1057	0,1057	0,1057
0,11	0,1170	0,1170	0,1170	0,1170	0,1170
0,12	0,1285	0,1285	0,1285	0,1285	0,1285
0,13	0,1401	0,1400	0,1400	0,1400	0,1400
0,14	0,1518	0,1519	0,1519	0,1519	0,1518
0,15	0,1638	0,1641	0,1642	0,1644	0,1652
0,16	0,1759	0,1766	0,1771	0,1783	
0,17	0,1882	0,1897	0,1909		
0,18	0,2007	0,2032	0,2056		
0,19	0,2134	0,2174	0,2215		
0,20	0,2263	0,2323			
0,21	0,2395	0,2479			
0,22	0,2529				
0,23	0,2665				
0,24	0,2804				
0,25	0,2946				
0,26	0,3091				
...	...				
0,37	0,4969				

unterhalb dieser Linie gilt: $\xi = x/d > 0{,}45$

→ s. Tabelle für $h_f/d=0{,}05$

$h_f/d=0{,}20$	ω_1-Werte für b_f/b_w =				
μ_{Eds}	1	2	3	5	≥ 10
0,01	0,0101	0,0101	0,0101	0,0101	0,0101
0,02	0,0203	0,0203	0,0203	0,0203	0,0203
0,03	0,0306	0,0306	0,0306	0,0306	0,0306
0,04	0,0410	0,0410	0,0410	0,0410	0,0410
0,05	0,0515	0,0515	0,0515	0,0515	0,0515
0,06	0,0621	0,0621	0,0621	0,0621	0,0621
0,07	0,0728	0,0728	0,0728	0,0728	0,0728
0,08	0,0836	0,0836	0,0836	0,0836	0,0836
0,09	0,0946	0,0946	0,0946	0,0946	0,0946
0,10	0,1057	0,1057	0,1057	0,1057	0,1057
0,11	0,1170	0,1170	0,1170	0,1170	0,1170
0,12	0,1285	0,1285	0,1285	0,1285	0,1285
0,13	0,1401	0,1401	0,1401	0,1401	0,1401
0,14	0,1519	0,1519	0,1519	0,1519	0,1519
0,15	0,1638	0,1638	0,1638	0,1638	0,1638
0,16	0,1759	0,1759	0,1758	0,1758	0,1758
0,17	0,1882	0,1881	0,1881	0,1880	0,1880
0,18	0,2007	0,2007	0,2007	0,2006	0,2006
0,19	0,2134	0,2137	0,2139	0,2141	0,2149
0,20	0,2263	0,2272	0,2278	0,2290	
0,21	0,2395	0,2413	0,2427		
0,22	0,2529	0,2560	0,2589		
0,23	0,2665	0,2715			
0,24	0,2804	0,2879			
0,25	0,2946				
0,26	0,3091				
...	...				
0,37	0,4969				

→ s. Tabelle für $h_f/d=0{,}05$

$h_f/d=0{,}30$	ω_1-Werte für b_f/b_w =				
μ_{Eds}	1	2	3	5	≥ 10
0,01	0,0101	0,0101	0,0101	0,0101	0,0101
0,02	0,0203	0,0203	0,0203	0,0203	0,0203
0,03	0,0306	0,0306	0,0306	0,0306	0,0306
0,04	0,0410	0,0410	0,0410	0,0410	0,0410
0,05	0,0515	0,0515	0,0515	0,0515	0,0515
0,06	0,0621	0,0621	0,0621	0,0621	0,0621
0,07	0,0728	0,0728	0,0728	0,0728	0,0728
0,08	0,0836	0,0836	0,0836	0,0836	0,0836
0,09	0,0946	0,0946	0,0946	0,0946	0,0946
0,10	0,1057	0,1057	0,1057	0,1057	0,1057
0,11	0,1170	0,1170	0,1170	0,1170	0,1170
0,12	0,1285	0,1285	0,1285	0,1285	0,1285
0,13	0,1401	0,1401	0,1401	0,1401	0,1401
0,14	0,1519	0,1519	0,1519	0,1519	0,1519
0,15	0,1638	0,1638	0,1638	0,1638	0,1638
0,16	0,1759	0,1759	0,1759	0,1759	0,1759
0,17	0,1882	0,1882	0,1882	0,1882	0,1882
0,18	0,2007	0,2007	0,2007	0,2007	0,2007
0,19	0,2134	0,2134	0,2134	0,2134	0,2134
0,20	0,2263	0,2263	0,2263	0,2263	0,2263
0,21	0,2395	0,2395	0,2395	0,2395	0,2395
0,22	0,2529	0,2528	0,2528	0,2528	0,2528
0,23	0,2665	0,2664	0,2663	0,2663	0,2662
0,24	0,2804	0,2802	0,2801	0,2800	0,2798
0,25	0,2946	0,2945	0,2944	0,2942	0,2940
0,26	0,3091	0,3095	0,3095	0,3095	
0,27	0,3239	0,3251	0,3256		
0,28	0,3391	0,3416			
0,29	0,3546				
0,30	0,3706				
0,31	0,3870				
0,32	0,4038				
0,33	0,4212				
...	...				
0,37	0,4969				

oberhalb der gestrichelten Linie liegt die Nulllinie in der Platte

→ s. Tabelle für $h_f/d=0{,}05$

$h_f/d=0{,}40$	ω_1-Werte für b_f/b_w =				
μ_{Eds}	1	2	3	5	≥ 10
0,01	0,0101	0,0101	0,0101	0,0101	0,0101
0,02	0,0203	0,0203	0,0203	0,0203	0,0203
0,03	0,0306	0,0306	0,0306	0,0306	0,0306
0,04	0,0410	0,0410	0,0410	0,0410	0,0410
0,05	0,0515	0,0515	0,0515	0,0515	0,0515
0,06	0,0621	0,0621	0,0621	0,0621	0,0621
0,07	0,0728	0,0728	0,0728	0,0728	0,0728
0,08	0,0836	0,0836	0,0836	0,0836	0,0836
0,09	0,0946	0,0946	0,0946	0,0946	0,0946
0,10	0,1057	0,1057	0,1057	0,1057	0,1057
0,11	0,1170	0,1170	0,1170	0,1170	0,1170
0,12	0,1285	0,1285	0,1285	0,1285	0,1285
0,13	0,1401	0,1401	0,1401	0,1401	0,1401
0,14	0,1518	0,1518	0,1518	0,1518	0,1518
0,15	0,1638	0,1638	0,1638	0,1638	0,1638
0,16	0,1759	0,1759	0,1759	0,1759	0,1759
0,17	0,1882	0,1882	0,1882	0,1882	0,1882
0,18	0,2007	0,2007	0,2007	0,2007	0,2007
0,19	0,2134	0,2134	0,2134	0,2134	0,2134
0,20	0,2263	0,2263	0,2263	0,2263	0,2263
0,21	0,2395	0,2395	0,2395	0,2395	0,2395
0,22	0,2529	0,2529	0,2529	0,2529	0,2529
0,23	0,2665	0,2665	0,2665	0,2665	0,2665
0,24	0,2805	0,2805	0,2805	0,2805	0,2805
0,25	0,2946	0,2946	0,2946	0,2946	0,2946
0,26	0,3093	0,3093	0,3093	0,3093	0,3093
0,27	0,3239	0,3239	0,3239	0,3239	0,3239
0,28	0,3391	0,3390	0,3390	0,3390	0,3389
0,29	0,3546	0,3544	0,3543	0,3542	0,3541
0,30	0,3706	0,3701	0,3699	0,3697	0,3695
0,31	0,3870	0,3867	0,3864	0,3861	0,3856
0,32	0,4038	0,4041	0,4039		
0,33	0,4212				
...	...				
0,37	0,4969				

→ s. Tabelle für $h_f/d=0{,}05$

Bemessungstabelle mit dimensionslosen Beiwerten für Plattenbalkenquerschnitte (BSt 500 mit $\gamma_s = 1{,}15$, Normalbeton ≤ C50/60); $h_f/d = 0{,}15$, $h_f/d = 0{,}20$, $h_f/d = 0{,}30$ und $h_f/d = 0{,}40$ (aus [5.83])

Tafel 5a

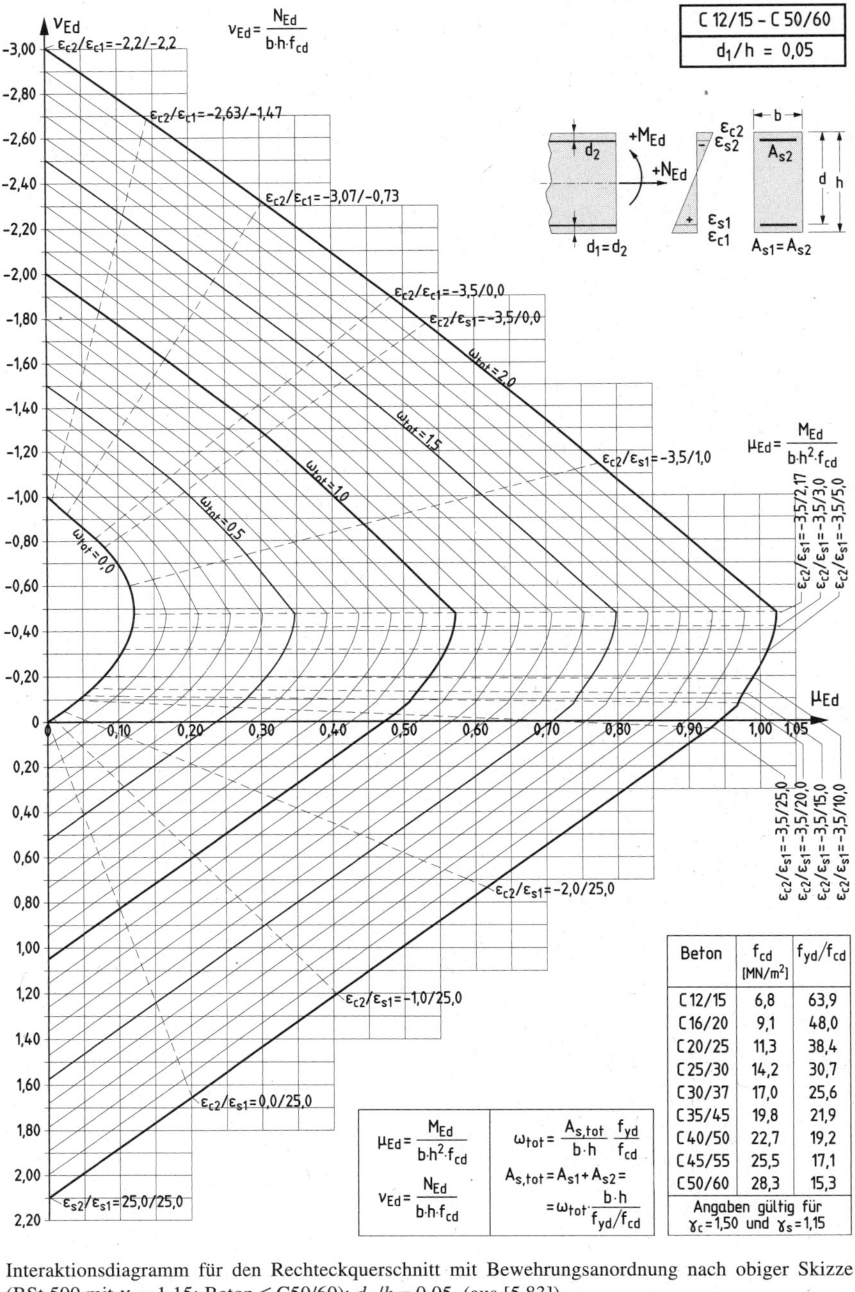

$$\mu_{Ed} = \frac{M_{Ed}}{b \cdot h^2 \cdot f_{cd}} \qquad \nu_{Ed} = \frac{N_{Ed}}{b \cdot h \cdot f_{cd}}$$

$$\omega_{tot} = \frac{A_{s,tot}}{b \cdot h} \cdot \frac{f_{yd}}{f_{cd}}$$

$$A_{s,tot} = A_{s1} + A_{s2} = \omega_{tot} \cdot \frac{b \cdot h}{f_{yd}/f_{cd}}$$

Beton	f_{cd} [MN/m²]	f_{yd}/f_{cd}
C12/15	6,8	63,9
C16/20	9,1	48,0
C20/25	11,3	38,4
C25/30	14,2	30,7
C30/37	17,0	25,6
C35/45	19,8	21,9
C40/50	22,7	19,2
C45/55	25,5	17,1
C50/60	28,3	15,3
Angaben gültig für $\gamma_c = 1{,}50$ und $\gamma_s = 1{,}15$		

Interaktionsdiagramm für den Rechteckquerschnitt mit Bewehrungsanordnung nach obiger Skizze (BSt 500 mit $\gamma_s = 1{,}15$; Beton ≤ C50/60); $d_1/h = 0{,}05$ (aus [5.83])

Tafel 5b

C 12/15 – C 50/60
$d_1/h = 0{,}10$

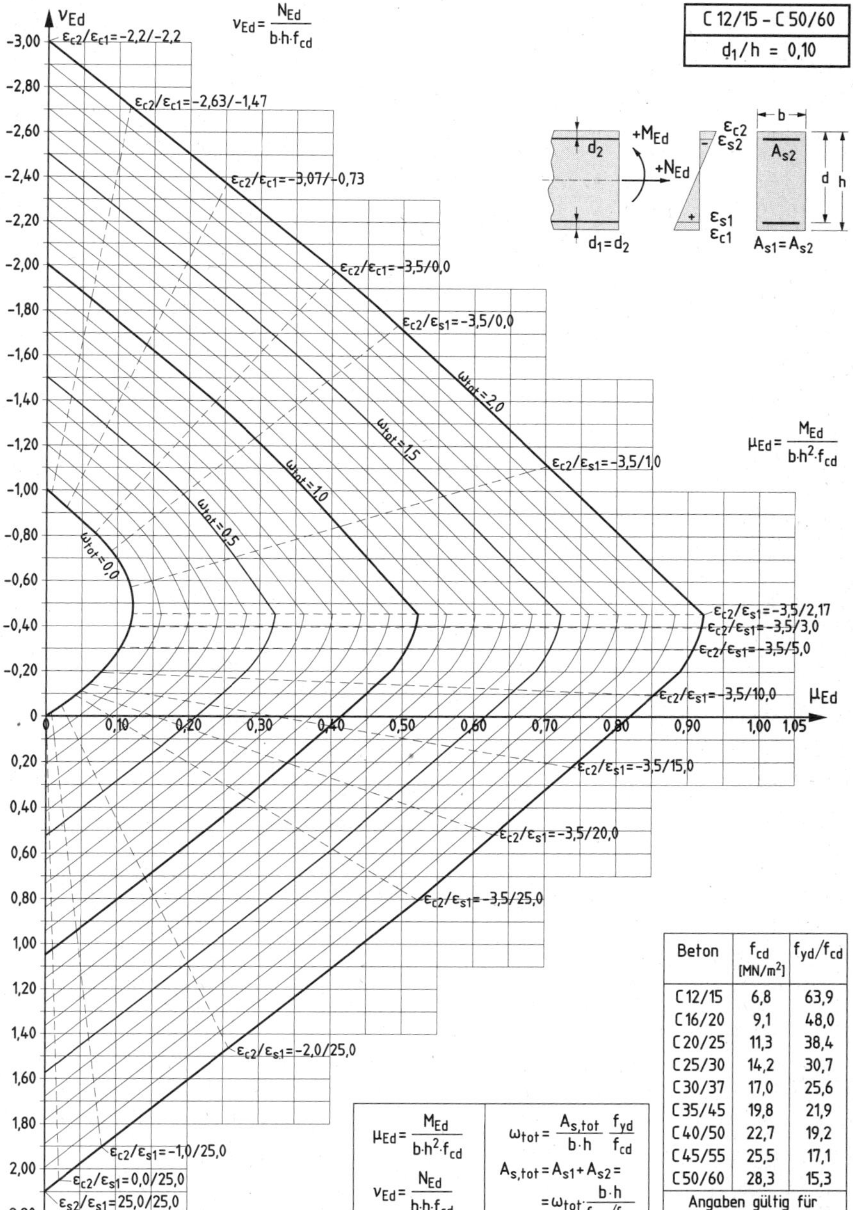

$$\mu_{Ed} = \frac{M_{Ed}}{b \cdot h^2 \cdot f_{cd}} \qquad \omega_{tot} = \frac{A_{s,tot}}{b \cdot h} \cdot \frac{f_{yd}}{f_{cd}}$$

$$\nu_{Ed} = \frac{N_{Ed}}{b \cdot h \cdot f_{cd}} \qquad A_{s,tot} = A_{s1} + A_{s2} = \omega_{tot} \cdot \frac{b \cdot h}{f_{yd}/f_{cd}}$$

Beton	f_{cd} [MN/m²]	f_{yd}/f_{cd}
C 12/15	6,8	63,9
C 16/20	9,1	48,0
C 20/25	11,3	38,4
C 25/30	14,2	30,7
C 30/37	17,0	25,6
C 35/45	19,8	21,9
C 40/50	22,7	19,2
C 45/55	25,5	17,1
C 50/60	28,3	15,3
Angaben gültig für $\gamma_c = 1{,}50$ und $\gamma_s = 1{,}15$		

Interaktionsdiagramm für den Rechteckquerschnitt mit Bewehrungsanordnung nach obiger Skizze (BSt 500 mit $\gamma_s = 1{,}15$; Beton ≤ C50/60); $d_1/h = 0{,}10$ (aus [5.83])

Tafel 5c

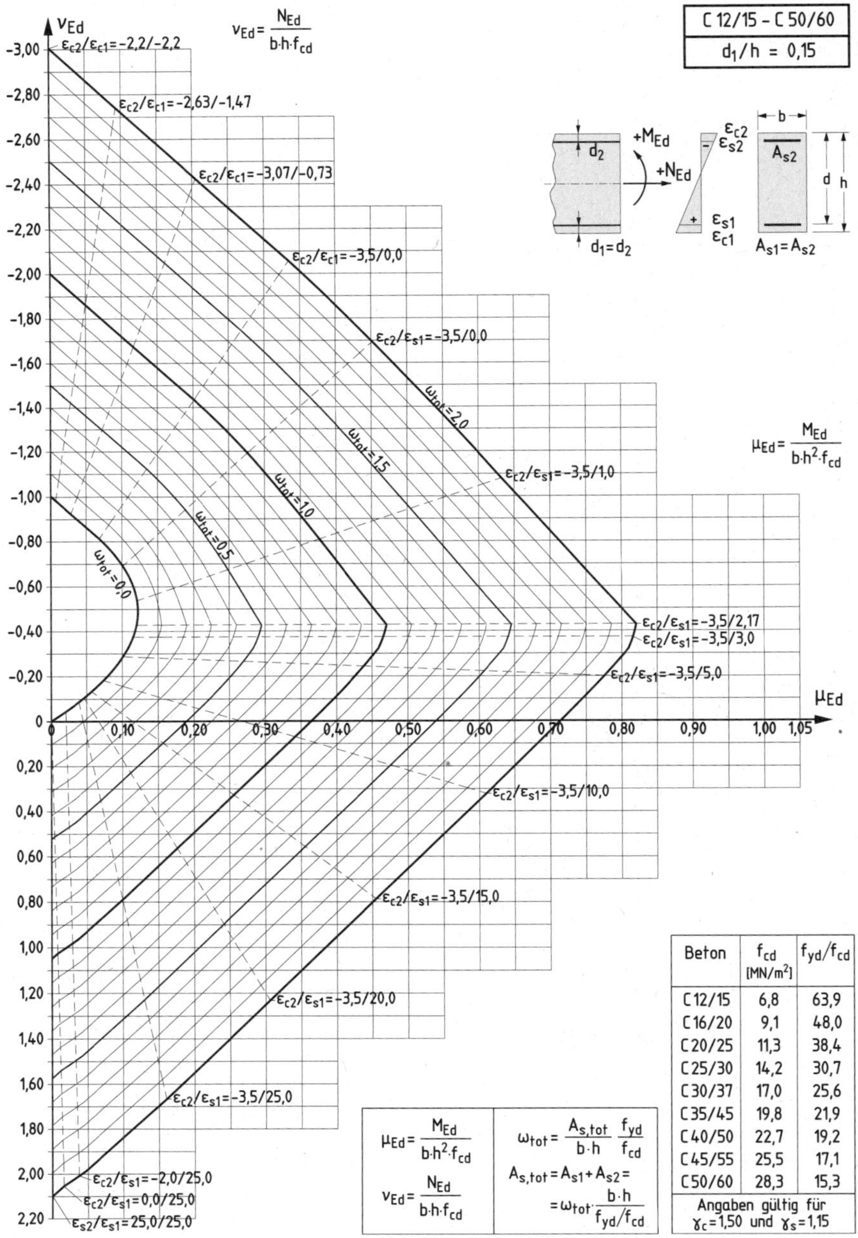

$\mu_{Ed} = \dfrac{M_{Ed}}{b \cdot h^2 \cdot f_{cd}}$ $\nu_{Ed} = \dfrac{N_{Ed}}{b \cdot h \cdot f_{cd}}$	$\omega_{tot} = \dfrac{A_{s,tot}}{b \cdot h} \cdot \dfrac{f_{yd}}{f_{cd}}$ $A_{s,tot} = A_{s1} + A_{s2} = \omega_{tot} \cdot \dfrac{b \cdot h}{f_{yd}/f_{cd}}$

Beton	f_{cd} [MN/m²]	f_{yd}/f_{cd}
C 12/15	6,8	63,9
C 16/20	9,1	48,0
C 20/25	11,3	38,4
C 25/30	14,2	30,7
C 30/37	17,0	25,6
C 35/45	19,8	21,9
C 40/50	22,7	19,2
C 45/55	25,5	17,1
C 50/60	28,3	15,3
Angaben gültig für $\gamma_c = 1{,}50$ und $\gamma_s = 1{,}15$		

Interaktionsdiagramm für den Rechteckquerschnitt mit Bewehrungsanordnung nach obiger Skizze (BSt 500 mit $\gamma_s = 1{,}15$; Beton ≤ C50/60); $d_1/h = 0{,}15$ (aus [5.83])

Tafel 5d

C 12/15 – C 50/60
d_1/h = 0,20

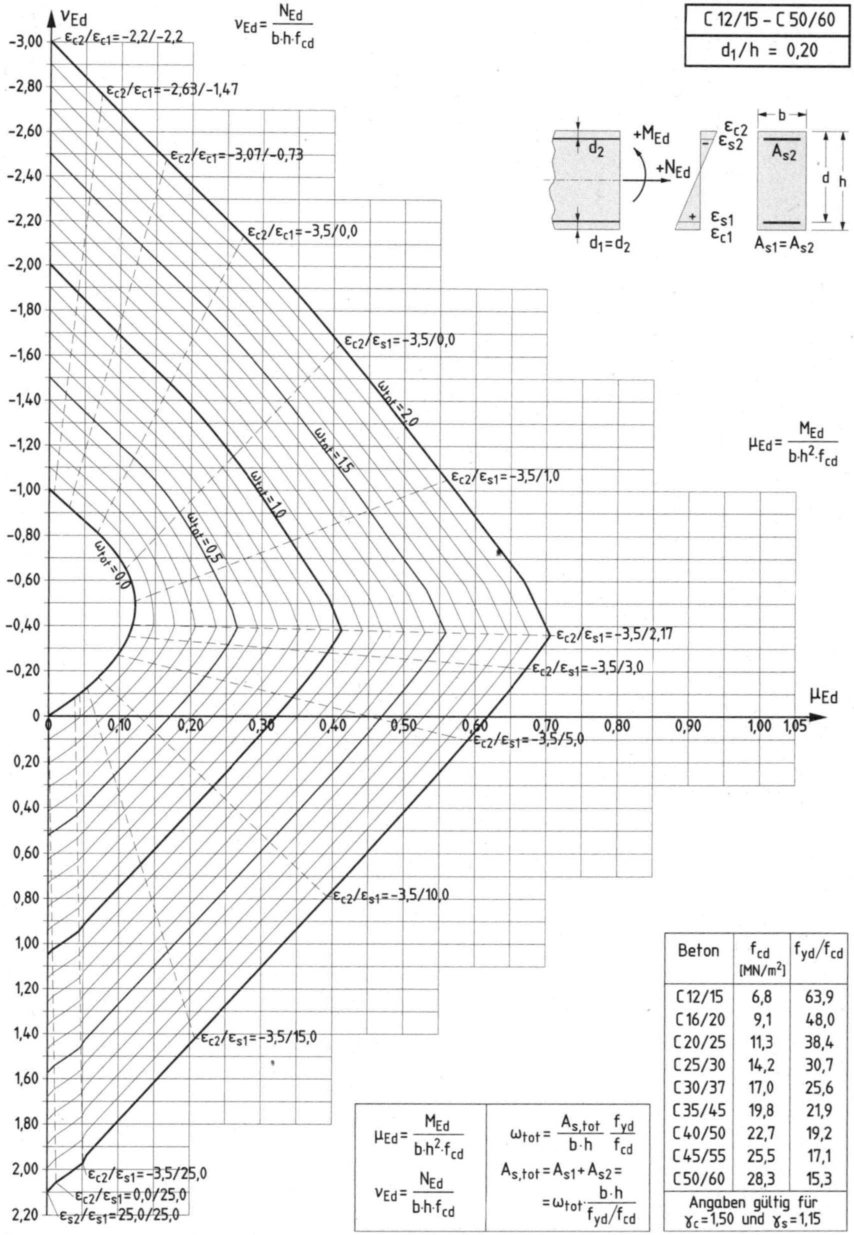

$$\nu_{Ed} = \frac{N_{Ed}}{b \cdot h \cdot f_{cd}} \qquad \mu_{Ed} = \frac{M_{Ed}}{b \cdot h^2 \cdot f_{cd}}$$

$$\mu_{Ed} = \frac{M_{Ed}}{b \cdot h^2 \cdot f_{cd}} \qquad \nu_{Ed} = \frac{N_{Ed}}{b \cdot h \cdot f_{cd}}$$

$$\omega_{tot} = \frac{A_{s,tot}}{b \cdot h} \cdot \frac{f_{yd}}{f_{cd}}$$

$$A_{s,tot} = A_{s1} + A_{s2} = \omega_{tot} \cdot \frac{b \cdot h}{f_{yd}/f_{cd}}$$

Beton	f_{cd} [MN/m²]	f_{yd}/f_{cd}
C 12/15	6,8	63,9
C 16/20	9,1	48,0
C 20/25	11,3	38,4
C 25/30	14,2	30,7
C 30/37	17,0	25,6
C 35/45	19,8	21,9
C 40/50	22,7	19,2
C 45/55	25,5	17,1
C 50/60	28,3	15,3
Angaben gültig für γ_c = 1,50 und γ_s = 1,15		

Interaktionsdiagramm für den Rechteckquerschnitt mit Bewehrungsanordnung nach obiger Skizze (BSt 500 mit γ_s = 1,15; Beton ≤ C50/60); d_1/h = 0,20 (aus [5.83])

Tafel 6a

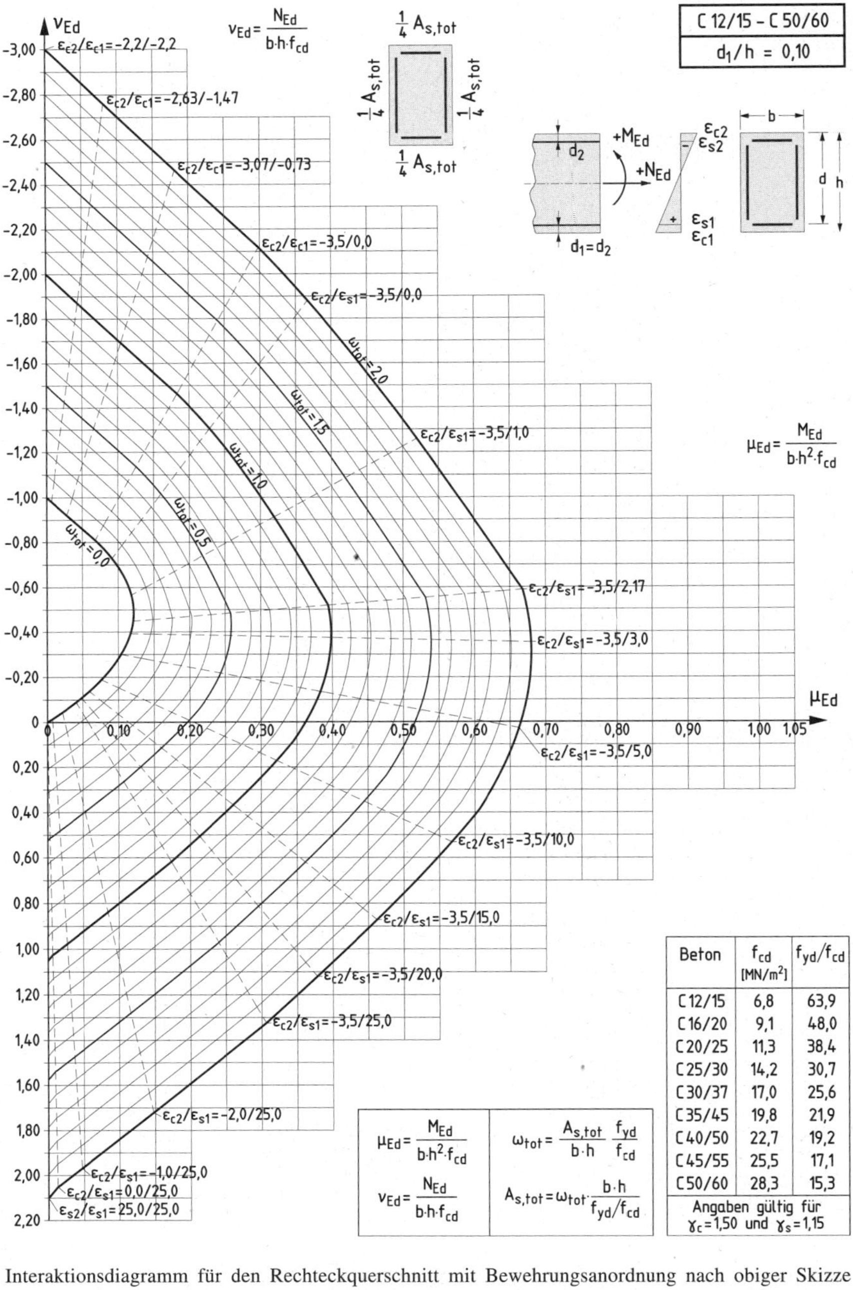

$\mu_{Ed} = \frac{M_{Ed}}{b \cdot h^2 \cdot f_{cd}}$	$\omega_{tot} = \frac{A_{s,tot}}{b \cdot h} \cdot \frac{f_{yd}}{f_{cd}}$
$\nu_{Ed} = \frac{N_{Ed}}{b \cdot h \cdot f_{cd}}$	$A_{s,tot} = \omega_{tot} \cdot \frac{b \cdot h}{f_{yd}/f_{cd}}$

Beton	f_{cd} [MN/m²]	f_{yd}/f_{cd}
C 12/15	6,8	63,9
C 16/20	9,1	48,0
C 20/25	11,3	38,4
C 25/30	14,2	30,7
C 30/37	17,0	25,6
C 35/45	19,8	21,9
C 40/50	22,7	19,2
C 45/55	25,5	17,1
C 50/60	28,3	15,3
Angaben gültig für $\gamma_c = 1{,}50$ und $\gamma_s = 1{,}15$		

Interaktionsdiagramm für den Rechteckquerschnitt mit Bewehrungsanordnung nach obiger Skizze (BSt 500 mit $\gamma_s = 1{,}15$; Beton ≤ C50/60); $d_1/h = 0{,}10$ (aus [5.83])

Tafel 6b

C 12/15 – C 50/60
d_1/h = 0,20

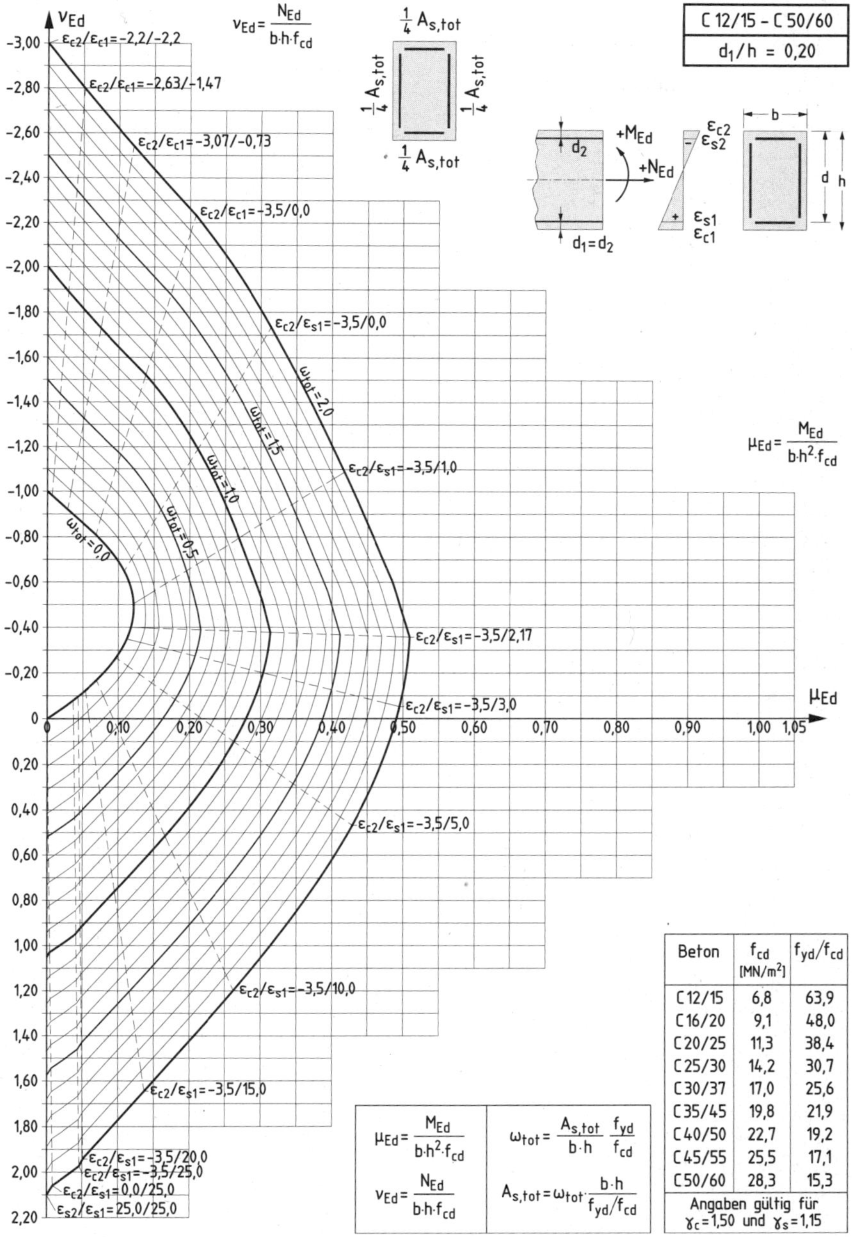

$\mu_{Ed} = \frac{M_{Ed}}{b \cdot h^2 \cdot f_{cd}}$	$\omega_{tot} = \frac{A_{s,tot}}{b \cdot h} \cdot \frac{f_{yd}}{f_{cd}}$
$\nu_{Ed} = \frac{N_{Ed}}{b \cdot h \cdot f_{cd}}$	$A_{s,tot} = \omega_{tot} \cdot \frac{b \cdot h}{f_{yd}/f_{cd}}$

Beton	f_{cd} [MN/m²]	f_{yd}/f_{cd}
C 12/15	6,8	63,9
C 16/20	9,1	48,0
C 20/25	11,3	38,4
C 25/30	14,2	30,7
C 30/37	17,0	25,6
C 35/45	19,8	21,9
C 40/50	22,7	19,2
C 45/55	25,5	17,1
C 50/60	28,3	15,3
Angaben gültig für γ_c = 1,50 und γ_s = 1,15		

Interaktionsdiagramm für den Rechteckquerschnitt mit Bewehrungsanordnung nach obiger Skizze (BSt 500 mit γ_s = 1,15; Beton ≤ C50/60); d_1/h = 0,20 (aus [5.83])

Tafel 7a

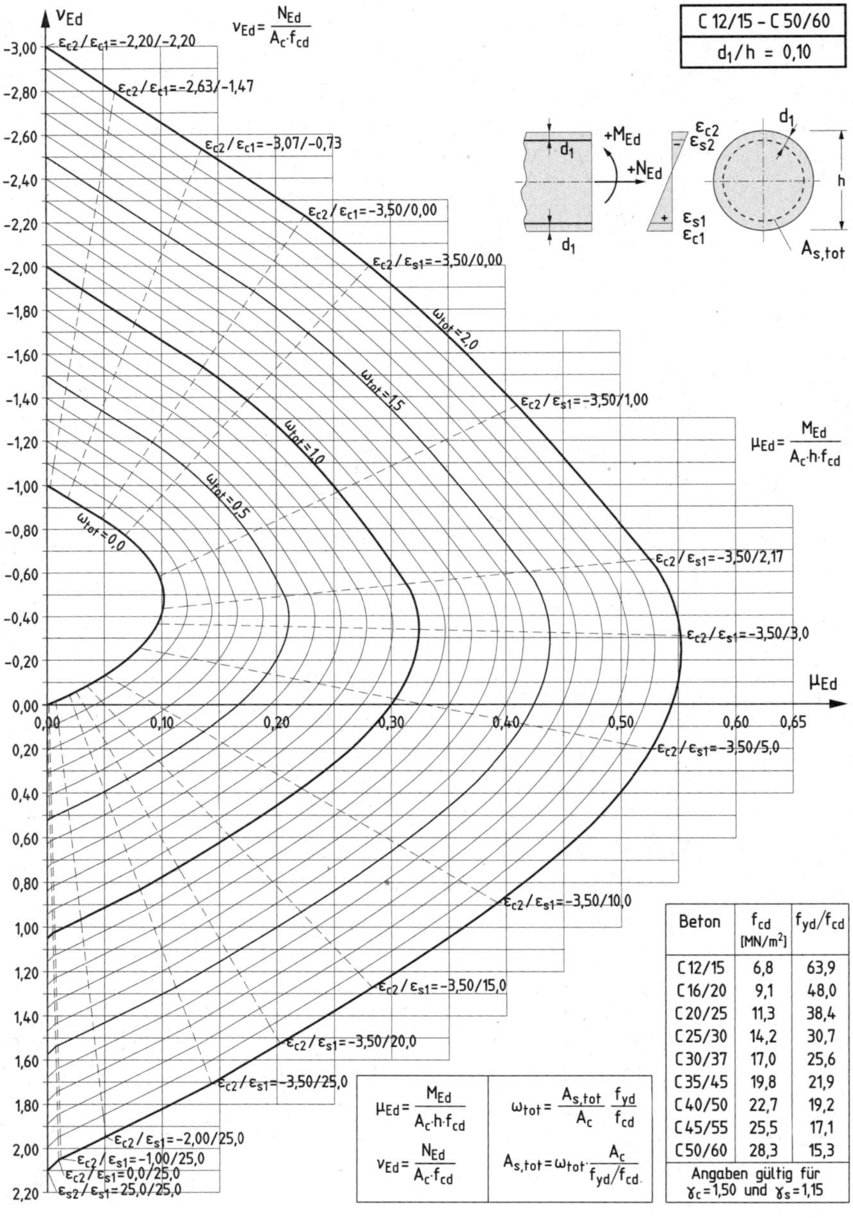

$$\mu_{Ed} = \frac{M_{Ed}}{A_c \cdot h \cdot f_{cd}} \qquad \omega_{tot} = \frac{A_{s,tot}}{A_c} \cdot \frac{f_{yd}}{f_{cd}}$$

$$\nu_{Ed} = \frac{N_{Ed}}{A_c \cdot f_{cd}} \qquad A_{s,tot} = \omega_{tot} \cdot \frac{A_c}{f_{yd}/f_{cd}}$$

Beton	f_{cd} [MN/m²]	f_{yd}/f_{cd}
C12/15	6,8	63,9
C16/20	9,1	48,0
C20/25	11,3	38,4
C25/30	14,2	30,7
C30/37	17,0	25,6
C35/45	19,8	21,9
C40/50	22,7	19,2
C45/55	25,5	17,1
C50/60	28,3	15,3
Angaben gültig für γ_c=1,50 und γ_s=1,15		

Interaktionsdiagramm für den Kreisquerschnitt mit Bewehrungsanordnung nach obiger Skizze (BSt 500 mit γ_s = 1,15; Beton ≤ C50/60); d_1/h = 0,10 (aus [5.83])

Tafel 7b

C 12/15 – C 50/60
d_1/h = 0,20

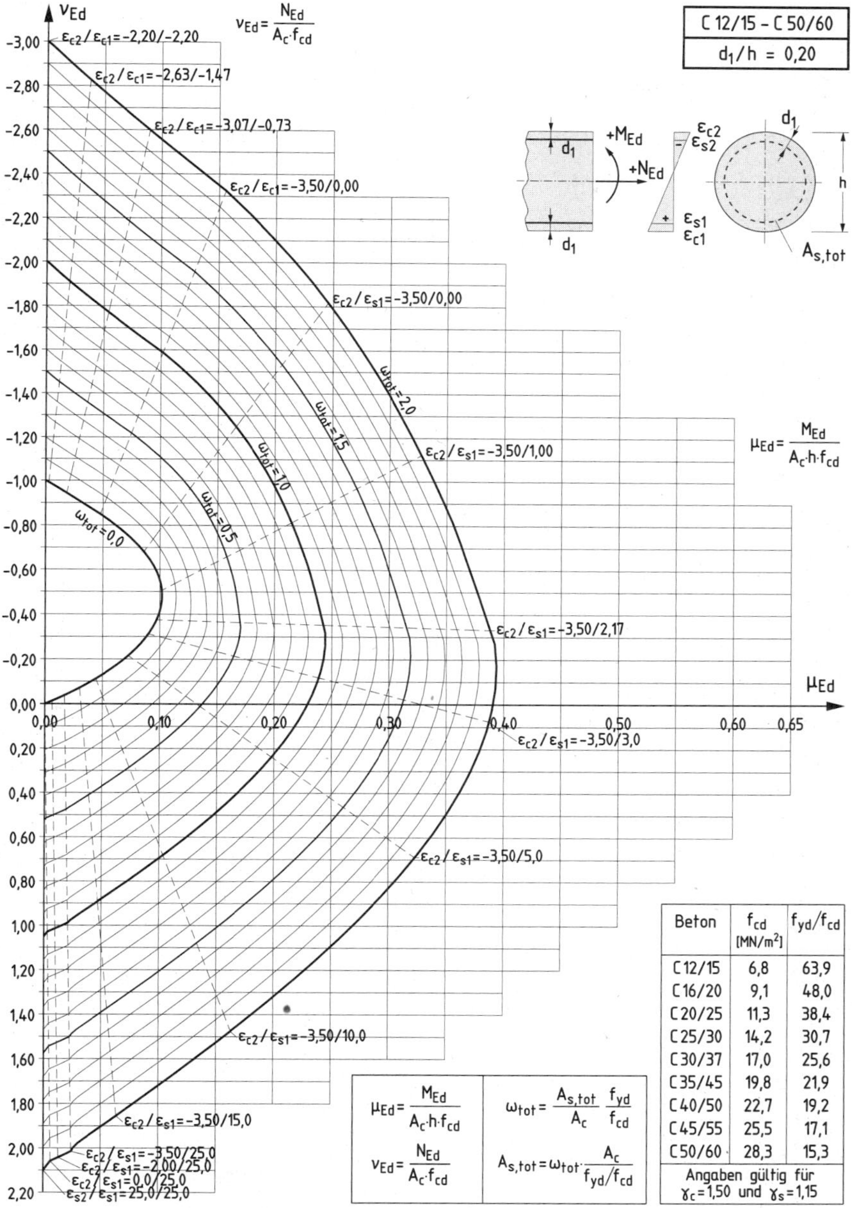

$\mu_{Ed} = \frac{M_{Ed}}{A_c \cdot h \cdot f_{cd}}$	$\omega_{tot} = \frac{A_{s,tot}}{A_c} \cdot \frac{f_{yd}}{f_{cd}}$
$\nu_{Ed} = \frac{N_{Ed}}{A_c \cdot f_{cd}}$	$A_{s,tot} = \omega_{tot} \cdot \frac{A_c}{f_{yd}/f_{cd}}$

Beton	f_{cd} [MN/m²]	f_{yd}/f_{cd}
C 12/15	6,8	63,9
C 16/20	9,1	48,0
C 20/25	11,3	38,4
C 25/30	14,2	30,7
C 30/37	17,0	25,6
C 35/45	19,8	21,9
C 40/50	22,7	19,2
C 45/55	25,5	17,1
C 50/60	28,3	15,3
Angaben gültig für γ_c = 1,50 und γ_s = 1,15		

Interaktionsdiagramm für den Kreisquerschnitt mit Bewehrungsanordnung nach obiger Skizze (BSt 500 mit γ_s = 1,15; Beton ≤ C50/60); d_1/h = 0,20 (aus [5.83])

Tafel 8

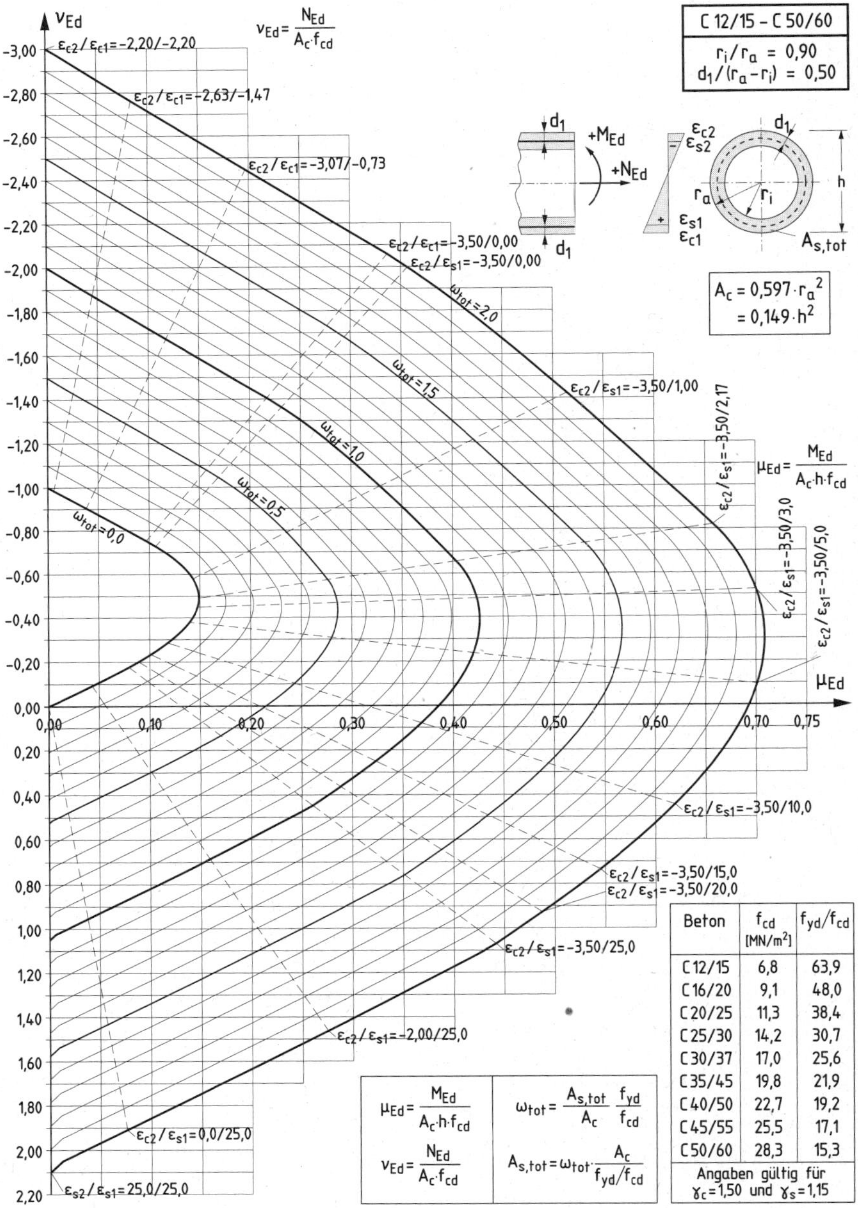

$$\mu_{Ed} = \frac{M_{Ed}}{A_c \cdot h \cdot f_{cd}} \qquad \omega_{tot} = \frac{A_{s,tot}}{A_c} \cdot \frac{f_{yd}}{f_{cd}}$$

$$\nu_{Ed} = \frac{N_{Ed}}{A_c \cdot f_{cd}} \qquad A_{s,tot} = \omega_{tot} \cdot \frac{A_c}{f_{yd}/f_{cd}}$$

Beton	f_{cd} [MN/m²]	f_{yd}/f_{cd}
C12/15	6,8	63,9
C16/20	9,1	48,0
C20/25	11,3	38,4
C25/30	14,2	30,7
C30/37	17,0	25,6
C35/45	19,8	21,9
C40/50	22,7	19,2
C45/55	25,5	17,1
C50/60	28,3	15,3
Angaben gültig für γ_c = 1,50 und γ_s = 1,15		

Interaktionsdiagramm für den Kreisringquerschnitt mit Bewehrungsanordnung nach obiger Skizze (BSt 500 mit γ_s = 1,15; Beton ≤ C50/60); (aus [5.83])

Tafel 9a

C12/15 - C50/60
d_1/h = 0,10 b_1/b = 0,10

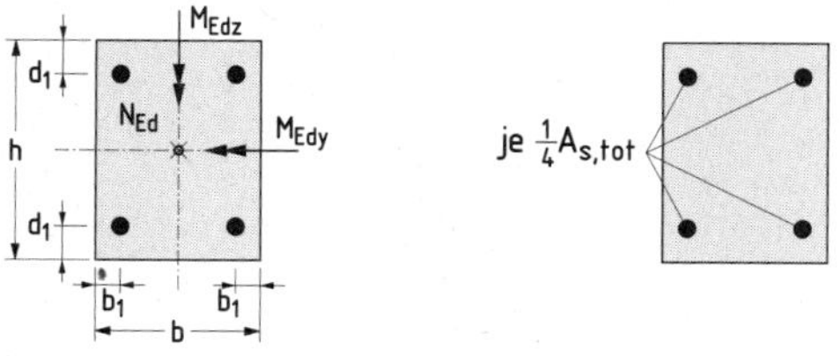

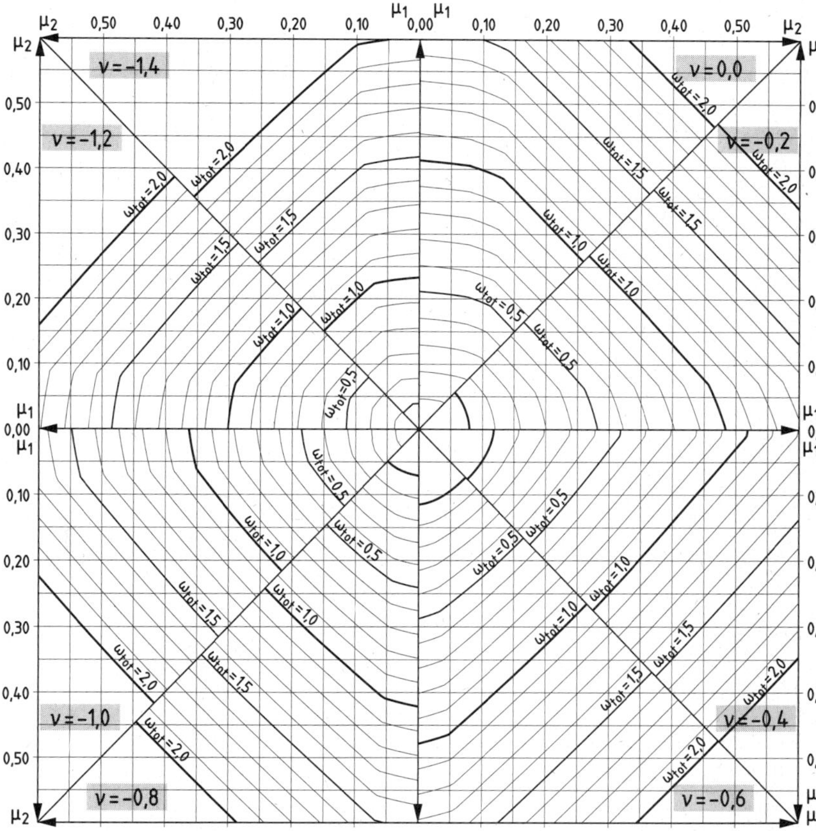

$$\mu_{Edy} = \frac{|M_{Edy}|}{b \cdot h^2 \cdot f_{cd}} \qquad \mu_1 = \max\{\mu_{Edy},\ \mu_{Edz}\} \qquad \omega_{tot} = \frac{A_{s,tot}}{b \cdot h}\,\frac{f_{yd}}{f_{cd}}$$

$$\mu_{Edz} = \frac{|M_{Edz}|}{b^2 \cdot h \cdot f_{cd}} \qquad \mu_2 = \min\{\mu_{Edy},\ \mu_{Edz}\} \qquad A_{s,tot} = \omega_{tot} \cdot \frac{b \cdot h}{f_{yd}/f_{cd}}$$

$$\nu_{Ed} = \frac{N_{Ed}}{b \cdot h \cdot f_{cd}} \qquad \nu = \nu_{Ed}$$

Interaktionsdiagramm für schiefe Biegung mit Längsdruckkraft; Rechteckquerschnitt mit Bewehrungsanordnung nach obiger Skizze (BSt 500 mit $\gamma_s = 1{,}15$; Beton ≤ C50/60); $d_1/h = b_1/b = 0{,}10$ (aus [5.83])

Tafel 9b

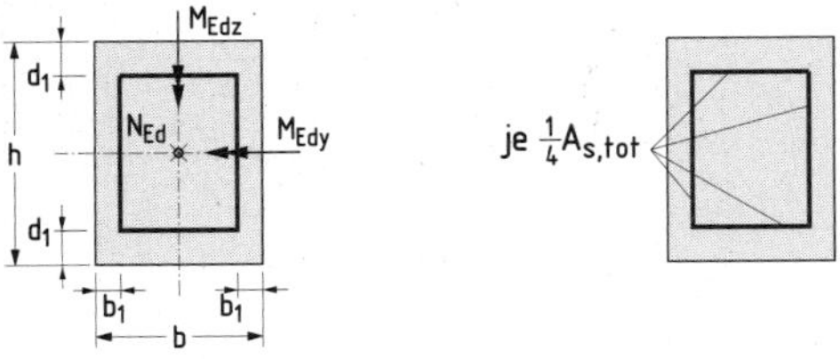

C12/15 – C50/60
d_1/h = 0,10 b_1/b = 0,10

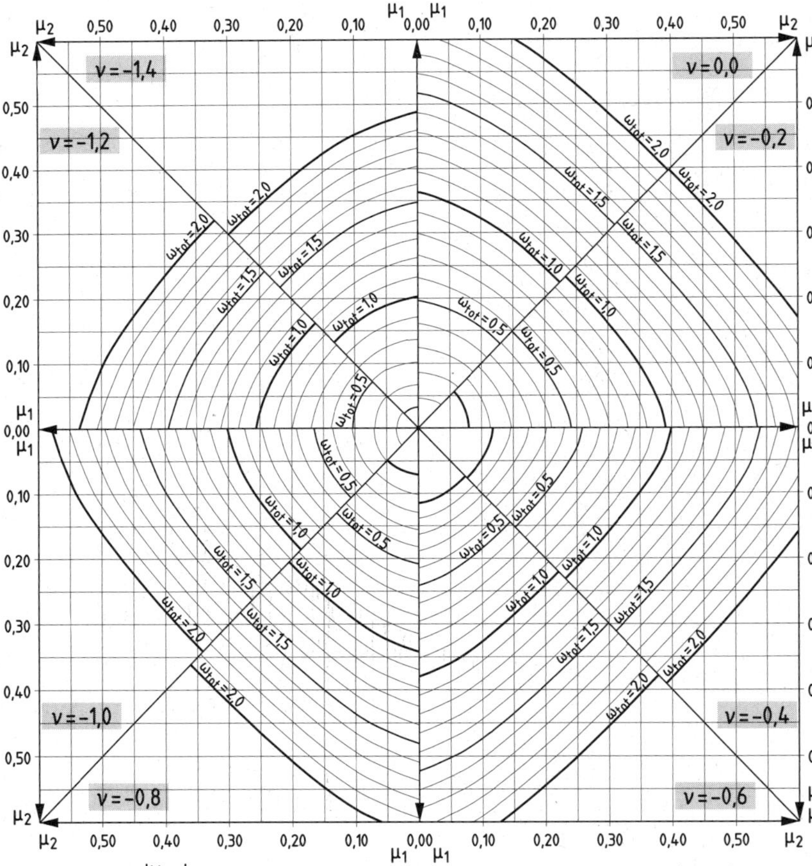

$$\mu_{Edy} = \frac{|M_{Edy}|}{b \cdot h^2 \cdot f_{cd}} \qquad \mu_1 = \max\{\mu_{Edy}, \mu_{Edz}\} \qquad \omega_{tot} = \frac{A_{s,tot}}{b \cdot h} \cdot \frac{f_{yd}}{f_{cd}}$$

$$\mu_{Edz} = \frac{|M_{Edz}|}{b^2 \cdot h \cdot f_{cd}} \qquad \mu_2 = \min\{\mu_{Edy}, \mu_{Edz}\} \qquad A_{s,tot} = \omega_{tot} \cdot \frac{b \cdot h}{f_{yd}/f_{cd}}$$

$$\nu_{Ed} = \frac{N_{Ed}}{b \cdot h \cdot f_{cd}} \qquad \nu = \nu_{Ed}$$

Interaktionsdiagramm für schiefe Biegung mit Längsdruckkraft; Rechteckquerschnitt mit Bewehrungsanordnung nach obiger Skizze (BSt 500 mit γ_s = 1,15; Beton ≤ C50/60); $d_1/h = b_1/b$ = 0,10 (aus [5.83])

Tafel 9c

C12/15 - C50/60
$d_1/h = 0{,}10$ $b_1/b = 0{,}10$

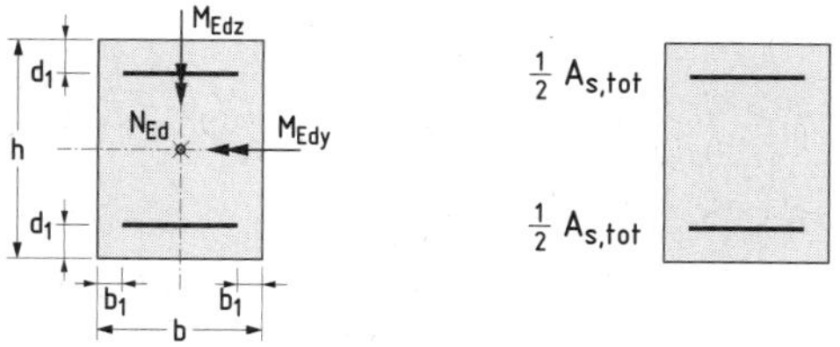

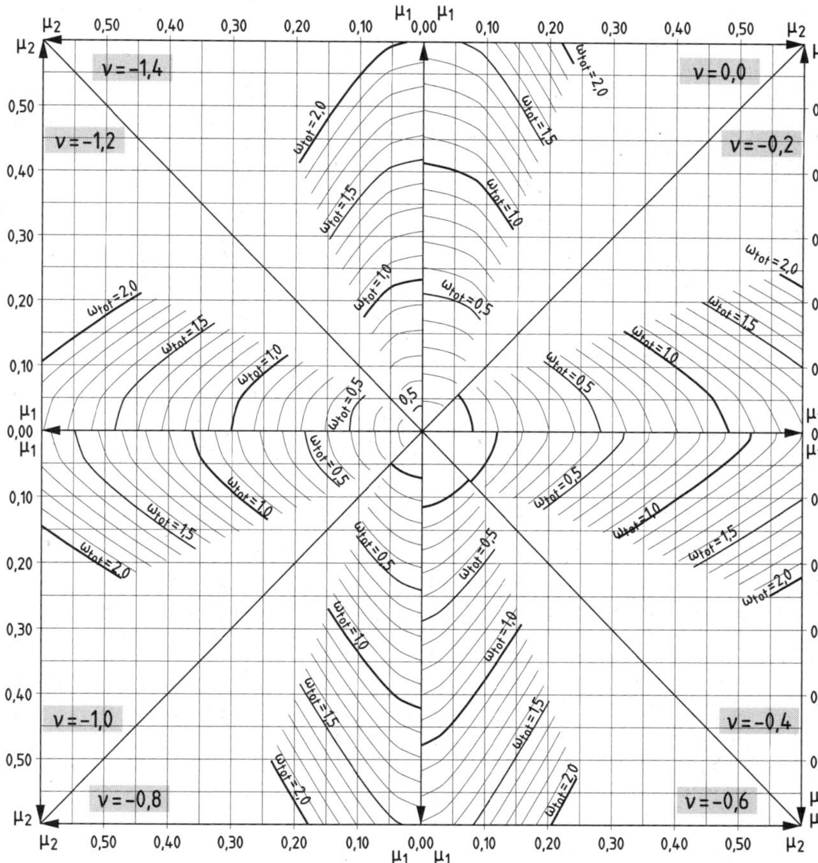

$$\mu_{Edy} = \frac{|M_{Edy}|}{b \cdot h^2 \cdot f_{cd}} \longrightarrow \mu_1 = \mu_{Edy}$$

$$\mu_{Edz} = \frac{|M_{Edz}|}{b^2 \cdot h \cdot f_{cd}} \longrightarrow \mu_2 = \mu_{Edz}$$

$$\nu_{Ed} = \frac{N_{Ed}}{b \cdot h \cdot f_{cd}} \longrightarrow \nu = \nu_{Ed}$$

$$\omega_{tot} = \frac{A_{s,tot}}{b \cdot h} \cdot \frac{f_{yd}}{f_{cd}}$$

$$A_{s,tot} = \omega_{tot} \cdot \frac{b \cdot h}{f_{yd}/f_{cd}}$$

Interaktionsdiagramm für schiefe Biegung mit Längsdruckkraft; Rechteckquerschnitt mit Bewehrungsanordnung nach obiger Skizze (BSt 500 mit $\gamma_s = 1{,}15$; Beton ≤ C50/60); $d_1/h = b_1/b = 0{,}10$ (aus [5.83])

Tafel 10a

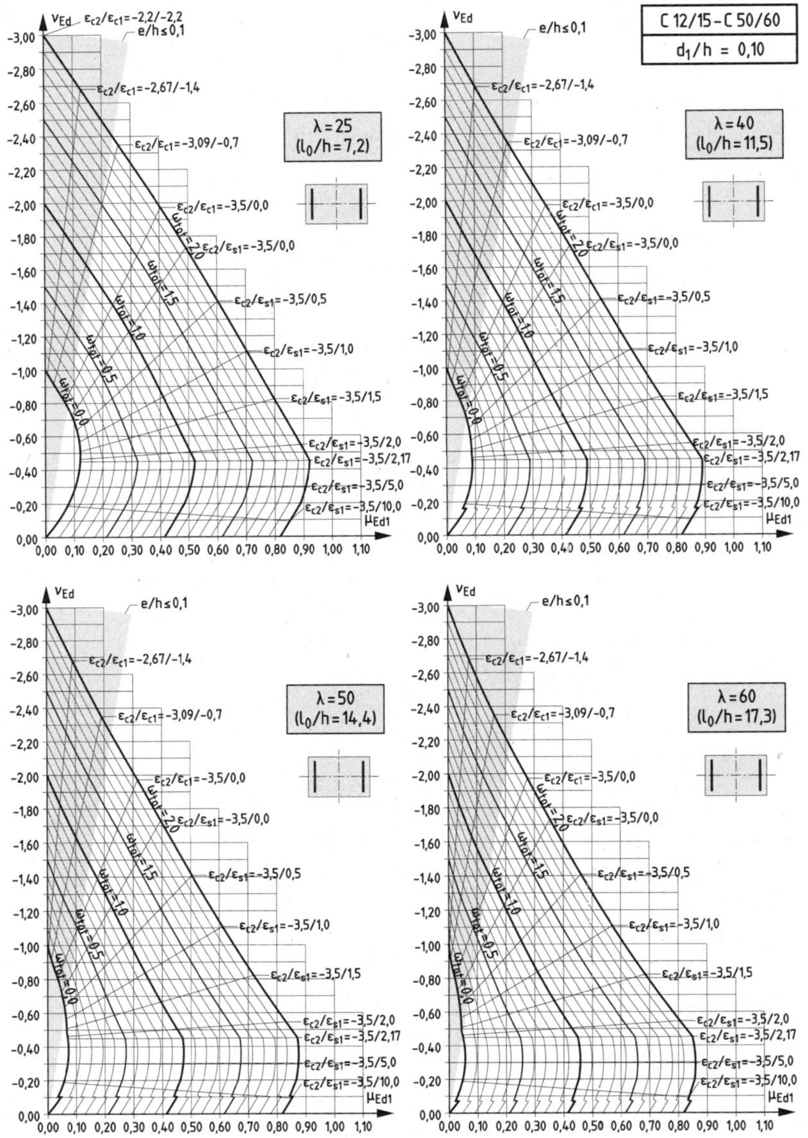

Interaktionsdiagramm nach dem Modellstützenverfahren für den Rechteckquerschnitt; Bewehrungsanordnung nach Skizze (BSt 500 mit γ_s = 1,15; Beton ≤ C50/60); d_1/h = 0,10 (aus [5.83])

Tafel 10a (Fortsetzung)

C 12/15 - C 50/60
$d_1/h = 0{,}10$

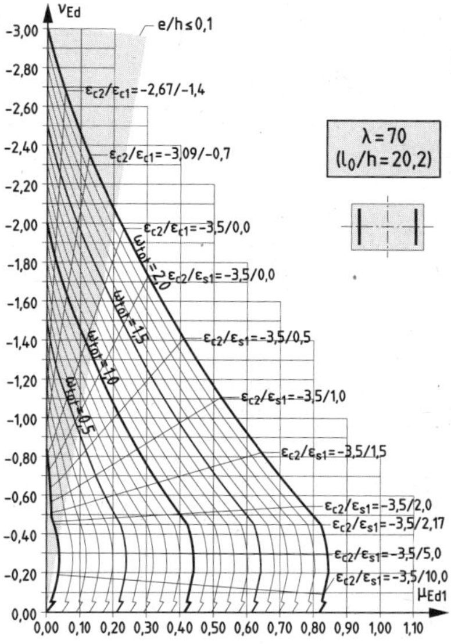

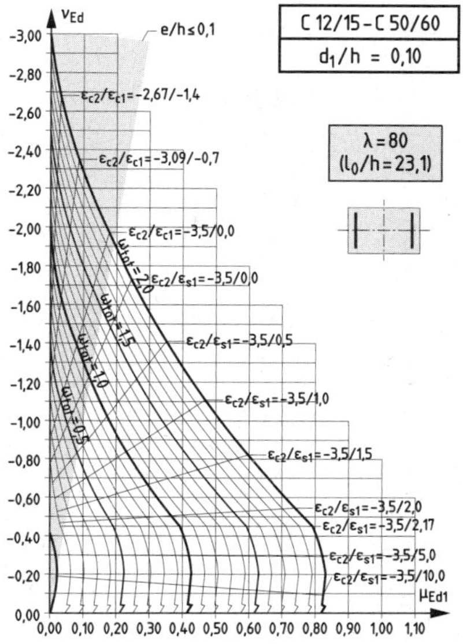

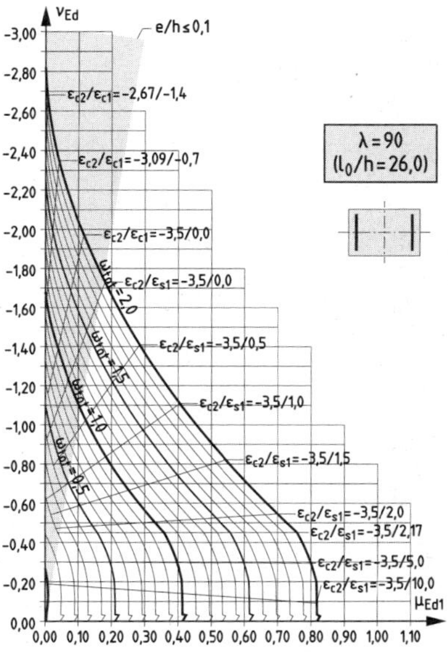

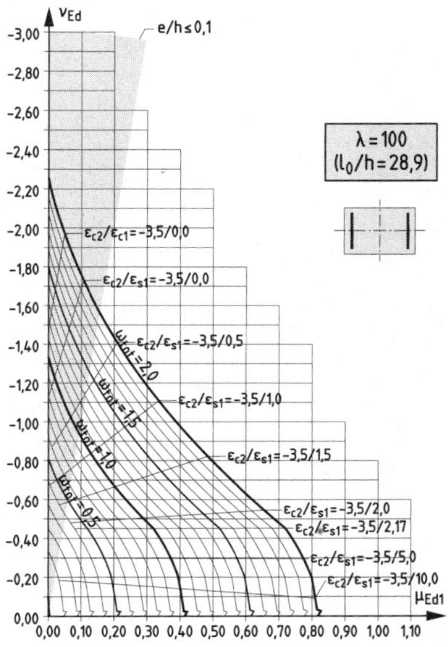

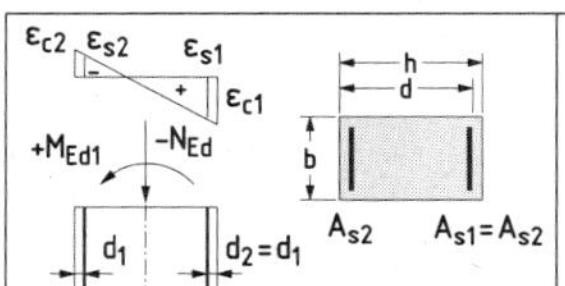

M_{Ed1}: Biegemoment nach Theorie I. Ordnung einschließlich ungewollter Lastausmitte und Kriechausmitte.

$M_{Ed1} = M_{Ed0} + N_{Ed} \cdot (e_a + e_c)$

$$\nu_{Ed} = \frac{N_{Ed}}{b \cdot h \cdot f_{cd}}$$

$$\mu_{Ed1} = \frac{M_{Ed1}}{b \cdot h^2 \cdot f_{cd}}$$

$$\omega_{tot} = \frac{A_{s,tot}}{b \cdot h} \cdot \frac{f_{yd}}{f_{cd}}$$

$$A_{s,tot} = \omega_{tot} \cdot \frac{b \cdot h}{f_{yd}/f_{cd}}$$

Tafel 10b

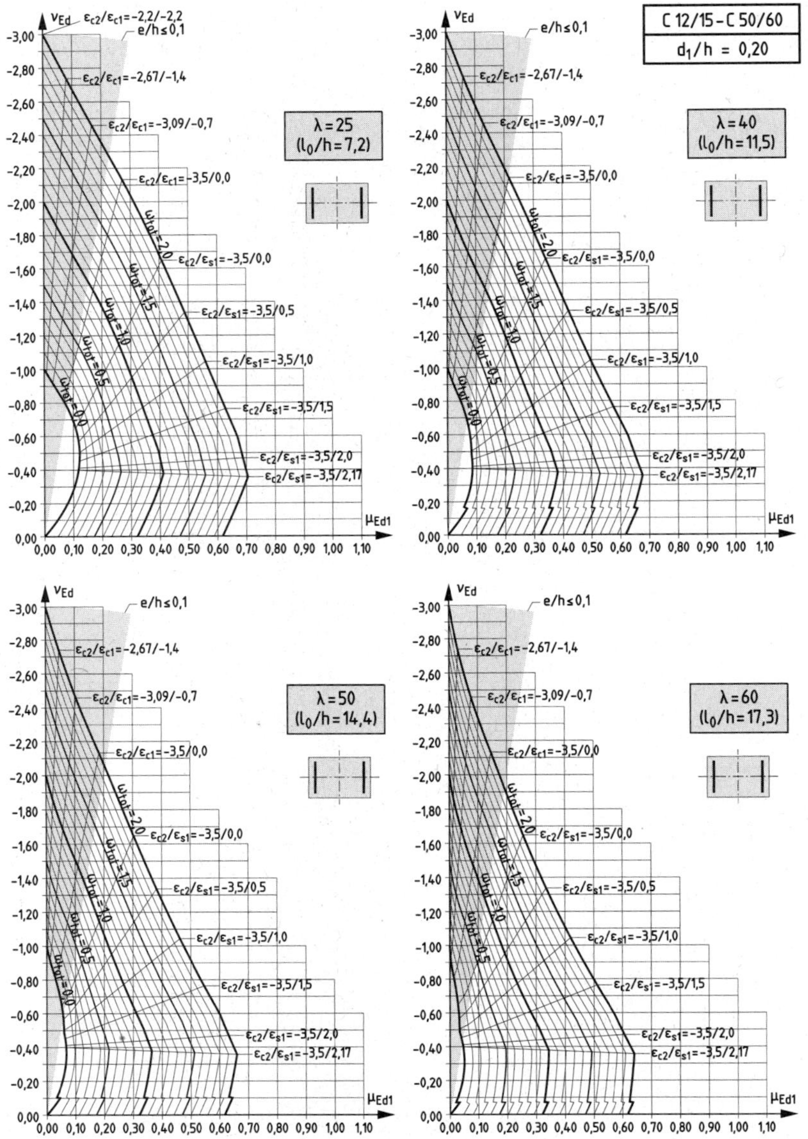

Interaktionsdiagramm nach dem Modellstützenverfahren für den Rechteckquerschnitt; Bewehrungsanordnung nach Skizze (BSt 500 mit $\gamma_s = 1{,}15$; Beton ≤ C50/60); $d_1/h = 0{,}20$ (aus [5.83])

Tafel 10b (Fortsetzung)

C 12/15 – C 50/60
d_1/h = 0,20

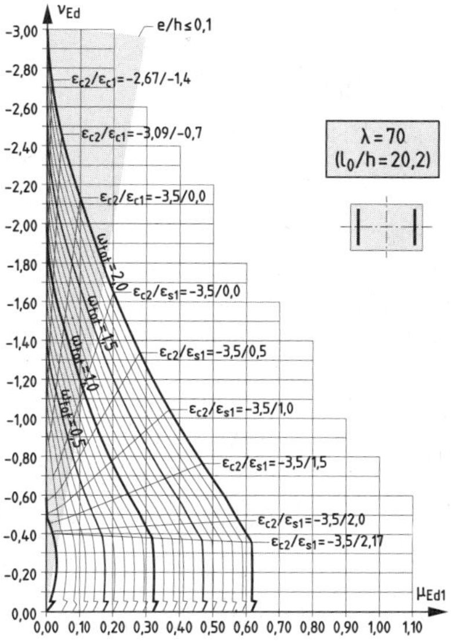

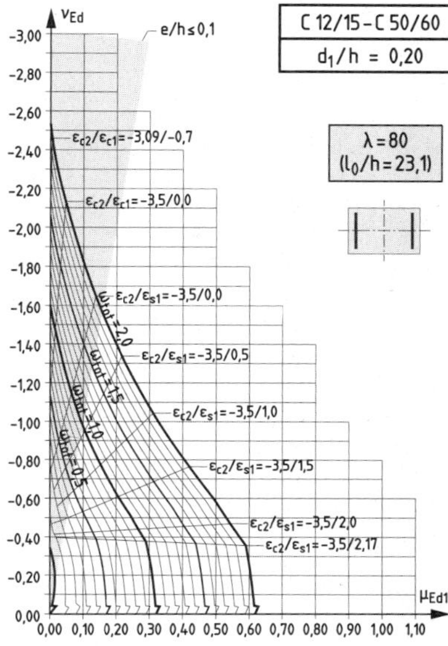

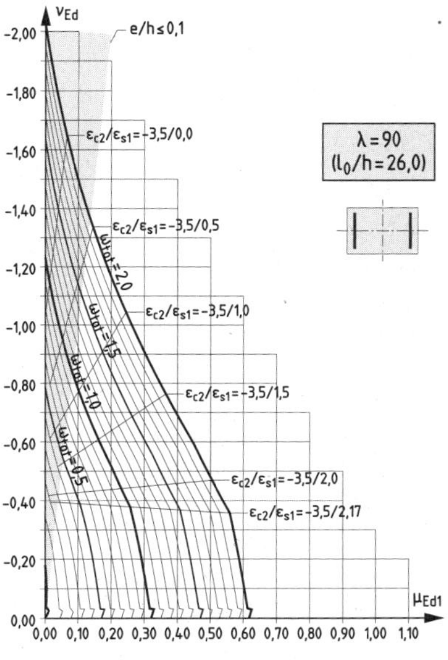

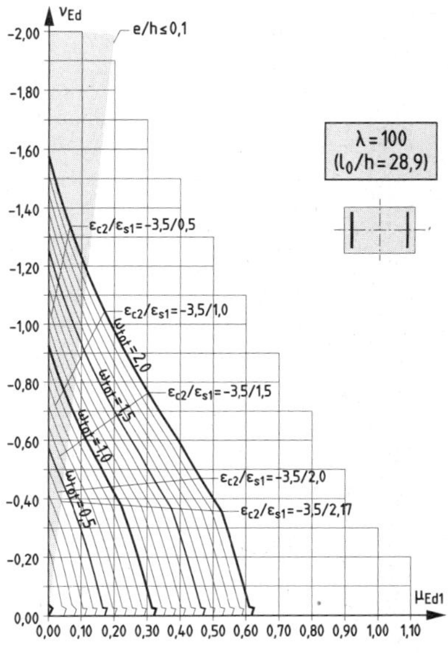

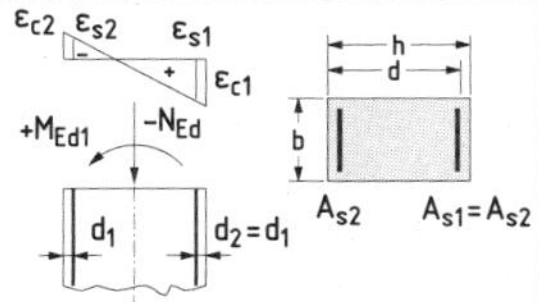

M_{Ed1}: Biegemoment nach Theorie I. Ordnung einschließlich ungewollter Lastausmitte und Kriechausmitte.

$M_{Ed1} = M_{Ed0} + N_{Ed} \cdot (e_a + e_c)$

$$\nu_{Ed} = \frac{N_{Ed}}{b \cdot h \cdot f_{cd}}$$

$$\mu_{Ed1} = \frac{M_{Ed1}}{b \cdot h^2 \cdot f_{cd}}$$

$$\omega_{tot} = \frac{A_{s,tot}}{b \cdot h} \cdot \frac{f_{yd}}{f_{cd}}$$

$$A_{s,tot} = \omega_{tot} \cdot \frac{b \cdot h}{f_{yd}/f_{cd}}$$

Tafel 11a

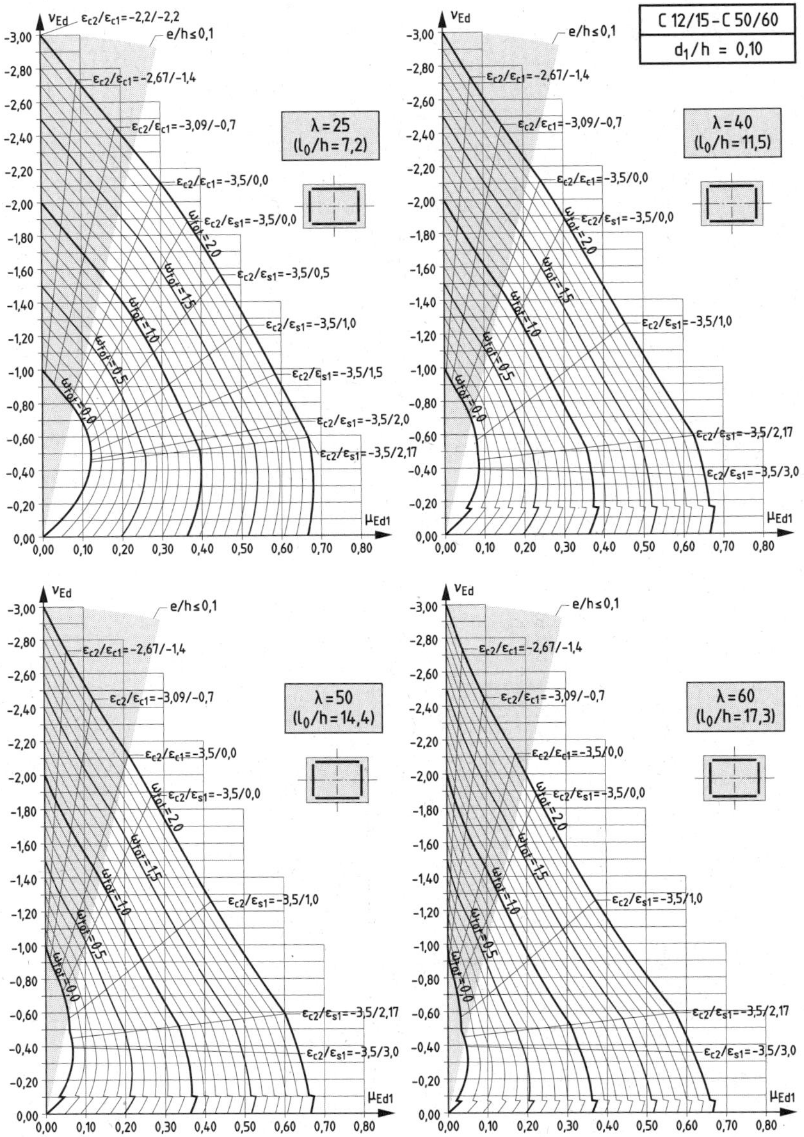

Interaktionsdiagramm nach dem Modellstützenverfahren für den Rechteckquerschnitt; Bewehrungsanordnung nach Skizze (BSt 500 mit $\gamma_s = 1{,}15$; Beton ≤ C50/60); $d_1/h = 0{,}10$ (aus [5.83])

Tafel 11a (Fortsetzung)

C 12/15 – C 50/60
d_1/h = 0,10

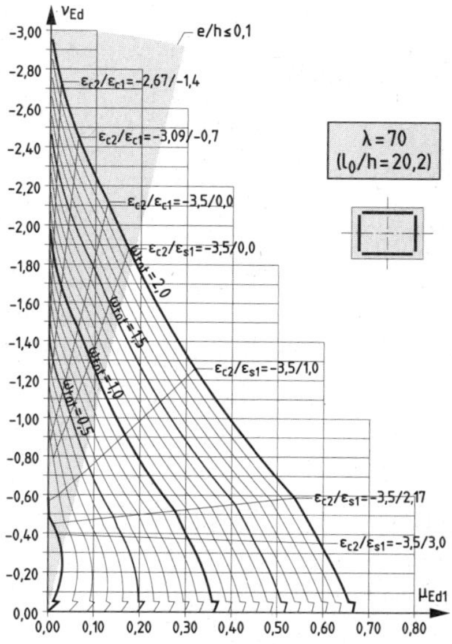

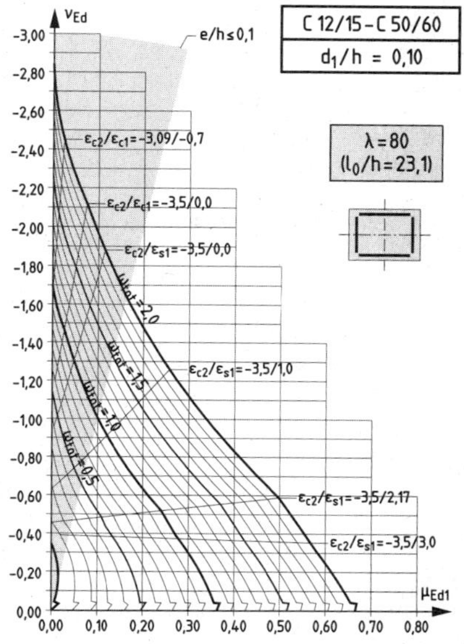

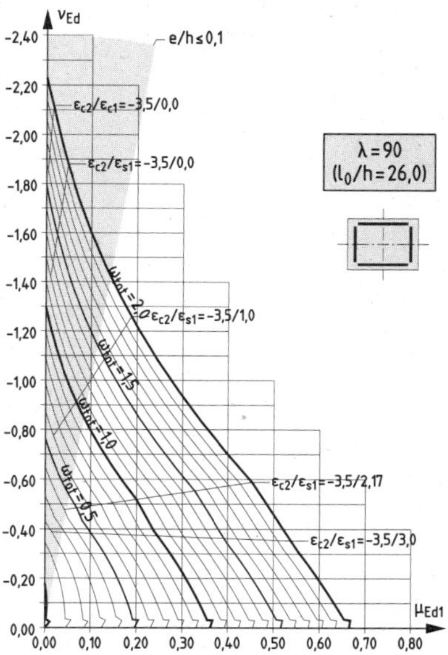

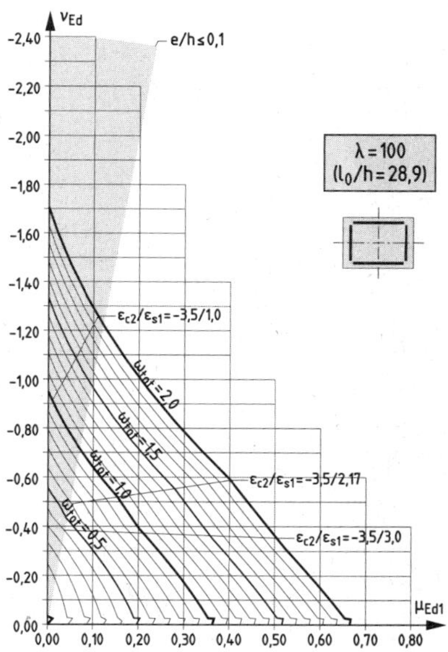

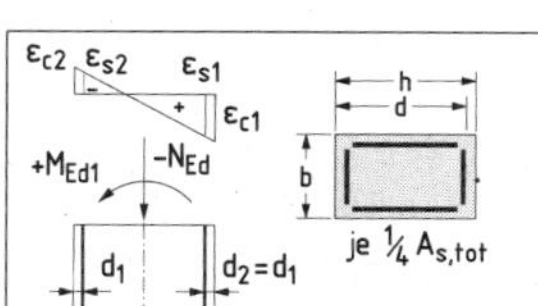

M_{Ed1}: Biegemoment nach Theorie I. Ordnung einschließlich ungewollter Lastausmitte und Kriechausmitte.

$M_{Ed1} = M_{Ed0} + N_{Ed} \cdot (e_a + e_c)$

$$\nu_{Ed} = \frac{N_{Ed}}{b \cdot h \cdot f_{cd}}$$

$$\mu_{Ed1} = \frac{M_{Ed1}}{b \cdot h^2 \cdot f_{cd}}$$

$$\omega_{tot} = \frac{A_{s,tot}}{b \cdot h} \cdot \frac{f_{yd}}{f_{cd}}$$

$$A_{s,tot} = \omega_{tot} \cdot \frac{b \cdot h}{f_{yd}/f_{cd}}$$

Tafel 11b

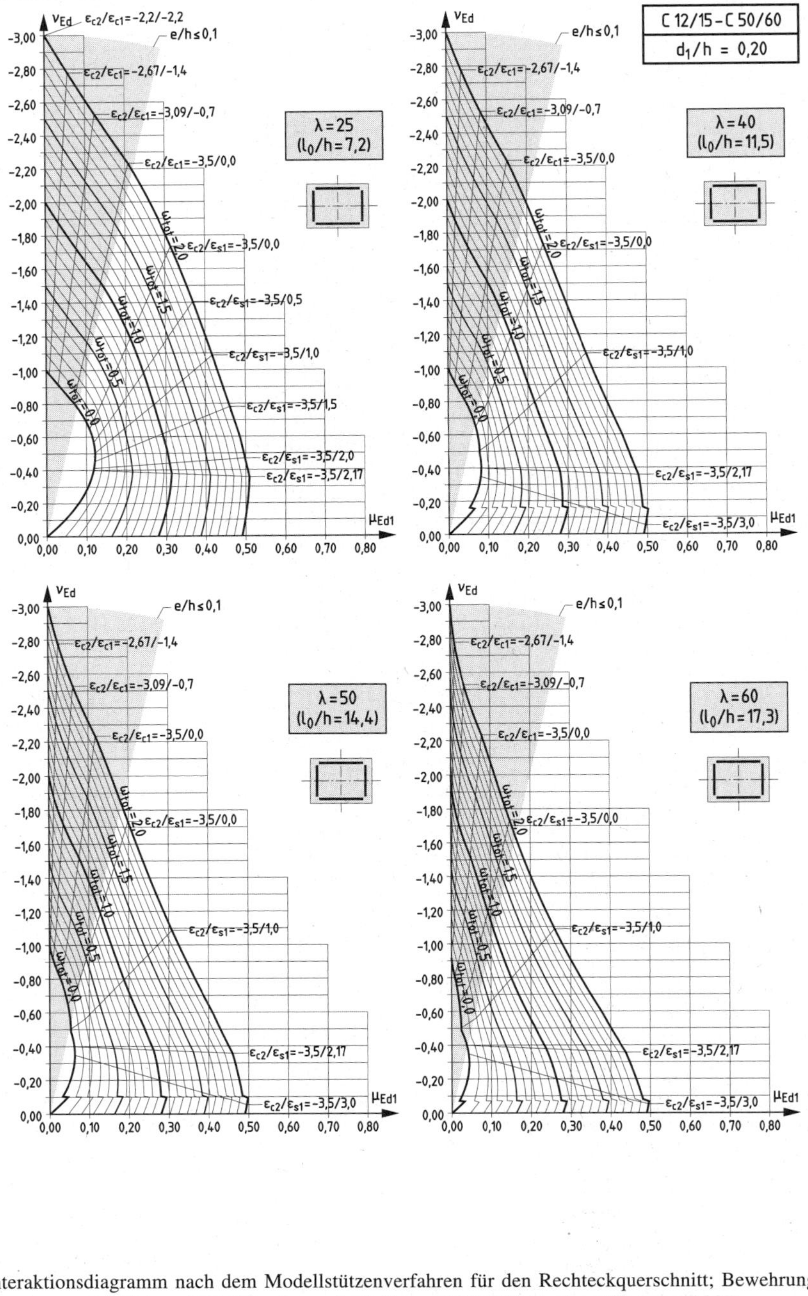

Interaktionsdiagramm nach dem Modellstützenverfahren für den Rechteckquerschnitt; Bewehrungsanordnung nach Skizze (BSt 500 mit $\gamma_s = 1{,}15$; Beton ≤ C50/60); $d_1/h = 0{,}20$ (aus [5.83])

Tafel 11b (Fortsetzung)

C 12/15 – C 50/60
d_1/h = 0,20

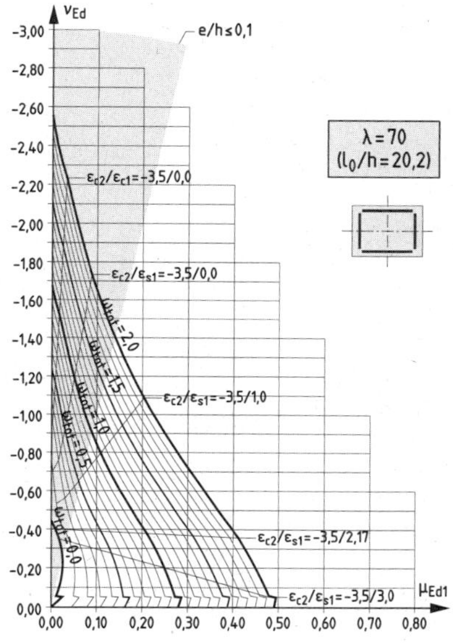

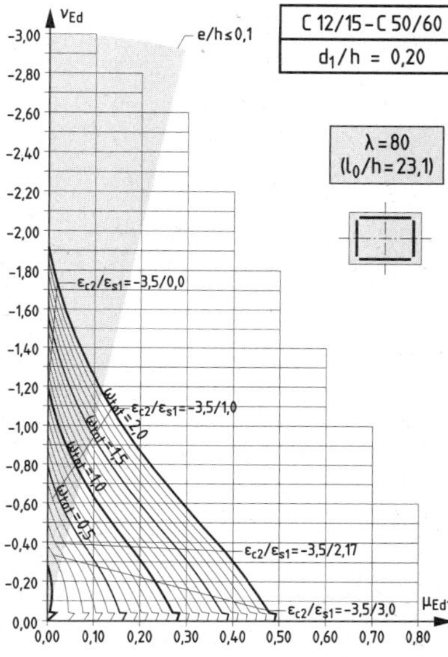

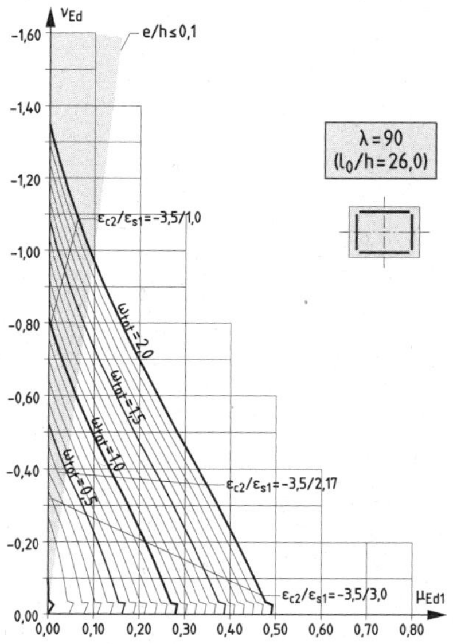

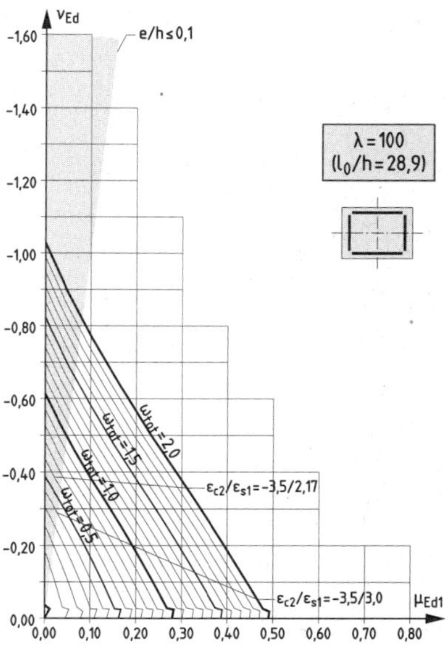

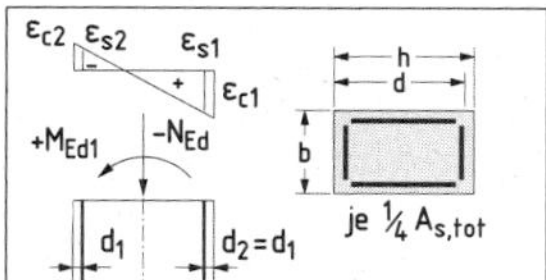

M_{Ed1}: Biegemoment nach Theorie I. Ordnung einschließlich ungewollter Lastausmitte und Kriechausmitte.

$M_{Ed1} = M_{Ed0} + N_{Ed} \cdot (e_a + e_c)$

$$\nu_{Ed} = \frac{N_{Ed}}{b \cdot h \cdot f_{cd}} \qquad \mu_{Ed1} = \frac{M_{Ed1}}{b \cdot h^2 \cdot f_{cd}}$$

$$\omega_{tot} = \frac{A_{s,tot}}{b \cdot h} \cdot \frac{f_{yd}}{f_{cd}} \qquad A_{s,tot} = \omega_{tot} \cdot \frac{b \cdot h}{f_{yd}/f_{cd}}$$

Tafel 12a

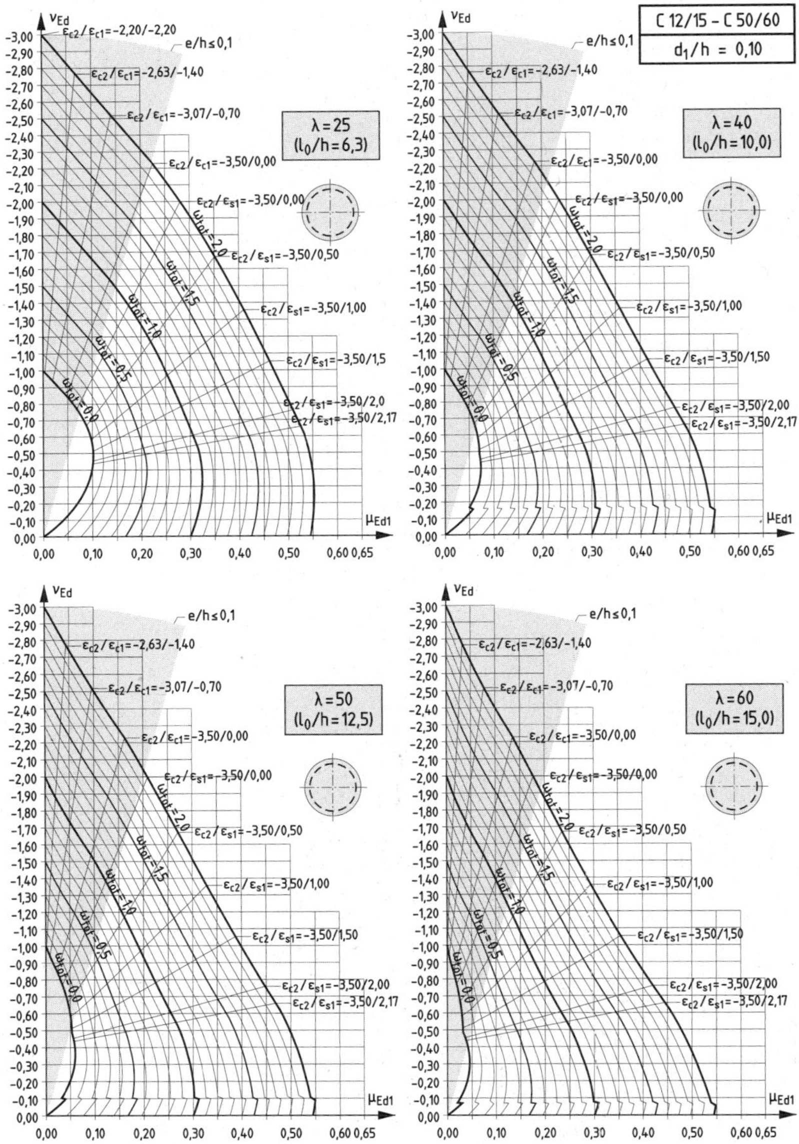

Interaktionsdiagramm nach dem Modellstützenverfahren für den Kreisquerschnitt; Bewehrungsanordnung nach Skizze (BSt 500 mit $\gamma_s = 1{,}15$; Beton ≤ C50/60); $d_1/h = 0{,}10$ (aus [5.83])

Tafel 12a (Fortsetzung)

C 12/15 – C 50/60
d_1/h = 0,10

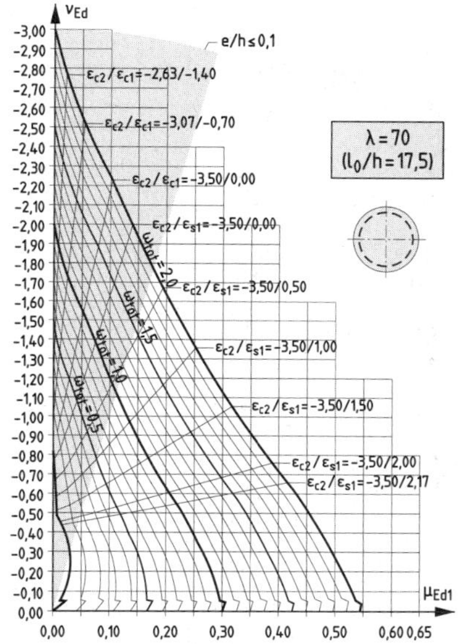

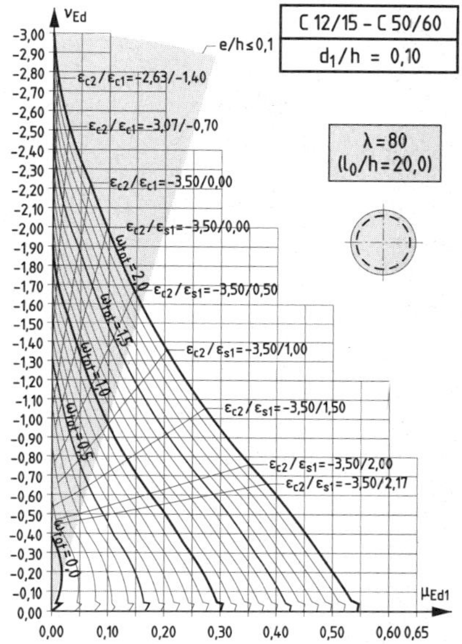

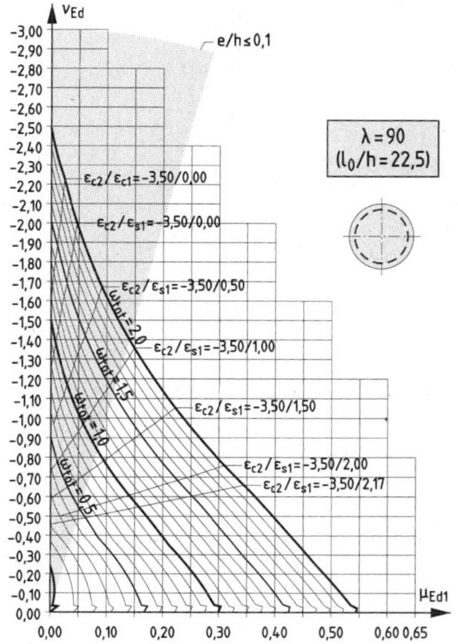

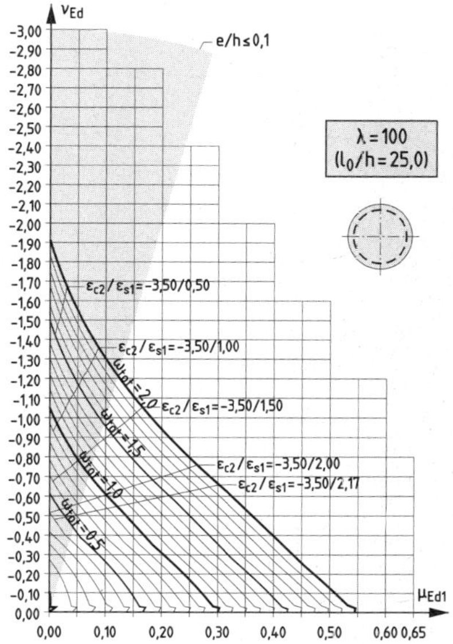

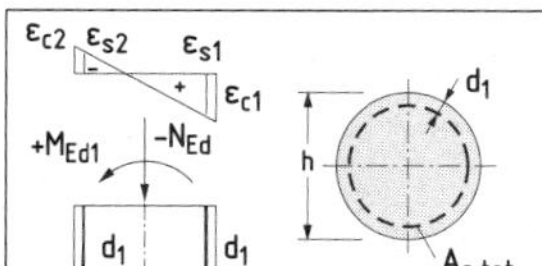

M_{Ed1}: Biegemoment nach Theorie I. Ordnung einschließlich ungewollter Lastausmitte und Kriechausmitte.

$M_{Ed1} = M_{Ed0} + N_{Ed} \cdot (e_a + e_c)$

$$\nu_{Ed} = \frac{N_{Ed}}{A_c \cdot f_{cd}}$$

$$\mu_{Ed1} = \frac{M_{Ed1}}{A_c \cdot h \cdot f_{cd}}$$

$$\omega_{tot} = \frac{A_{s,tot}}{A_c} \cdot \frac{f_{yd}}{f_{cd}}$$

$$A_{s,tot} = \omega_{tot} \cdot \frac{A_c}{f_{yd}/f_{cd}}$$

Tafel 12b

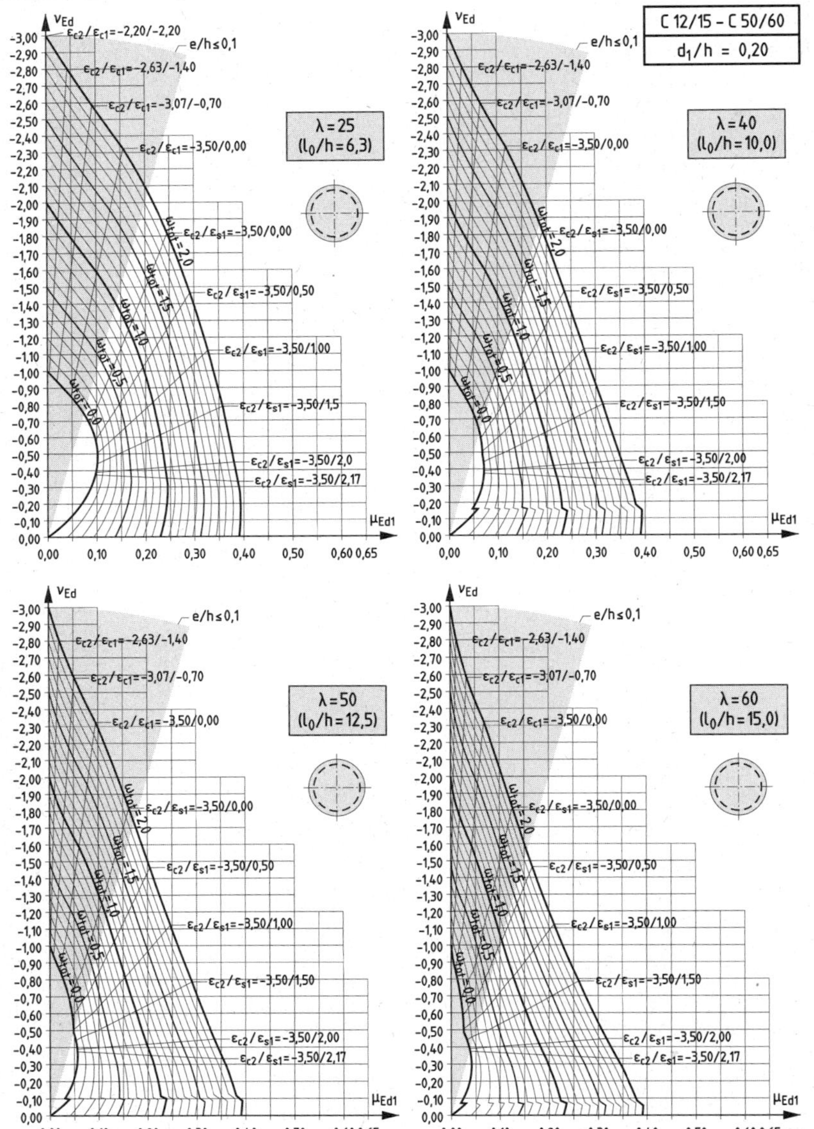

Interaktionsdiagramm nach dem Modellstützenverfahren für den Kreisquerschnitt; Bewehrungsanordnung nach Skizze (BSt 500 mit $\gamma_s = 1{,}15$; Beton ≤ C50/60); $d_1/h = 0{,}20$ (aus [5.83])

Tafel 12b (Fortsetzung)

C 12/15 – C 50/60

$d_1/h = 0{,}20$

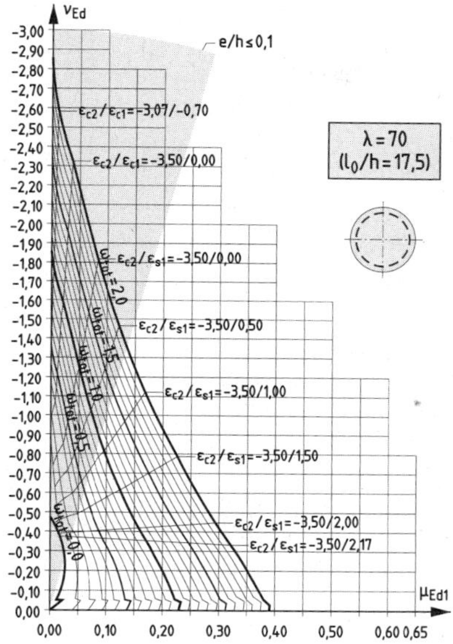

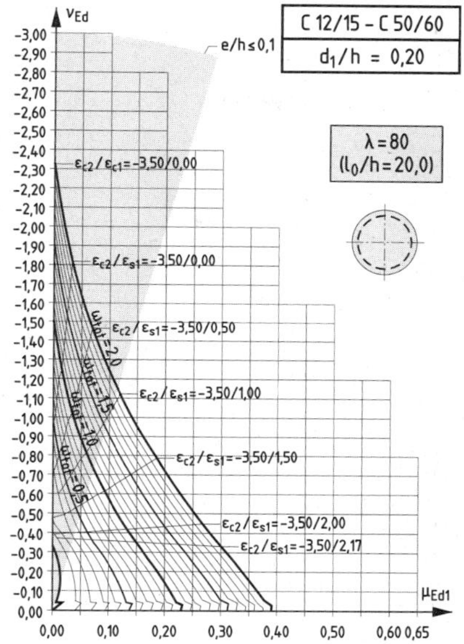

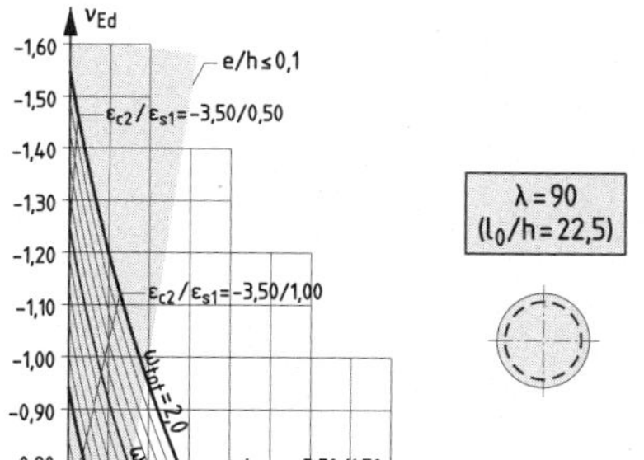

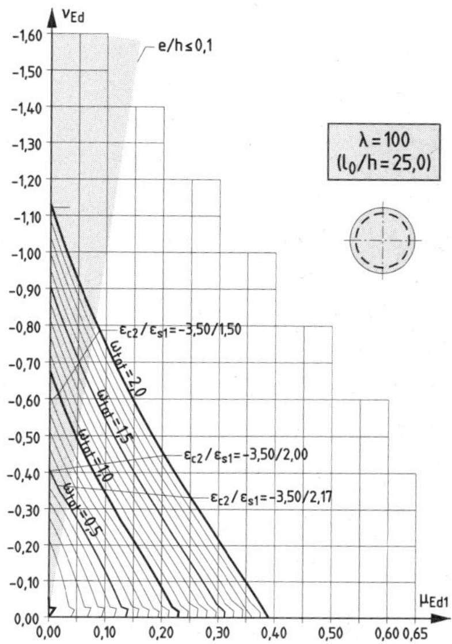

M_{Ed1}: Biegemoment nach Theorie I. Ordnung einschließlich ungewollter Lastausmitte und Kriechausmitte.

$M_{Ed1} = M_{Ed0} + N_{Ed} \cdot (e_a + e_c)$

$$\nu_{Ed} = \frac{N_{Ed}}{A_c \cdot f_{cd}}$$

$$\mu_{Ed1} = \frac{M_{Ed1}}{A_c \cdot h \cdot f_{cd}}$$

$$\omega_{tot} = \frac{A_{s,tot}}{A_c} \cdot \frac{f_{yd}}{f_{cd}}$$

$$A_{s,tot} = \omega_{tot} \cdot \frac{A_c}{f_{yd}/f_{cd}}$$

Tafel 13

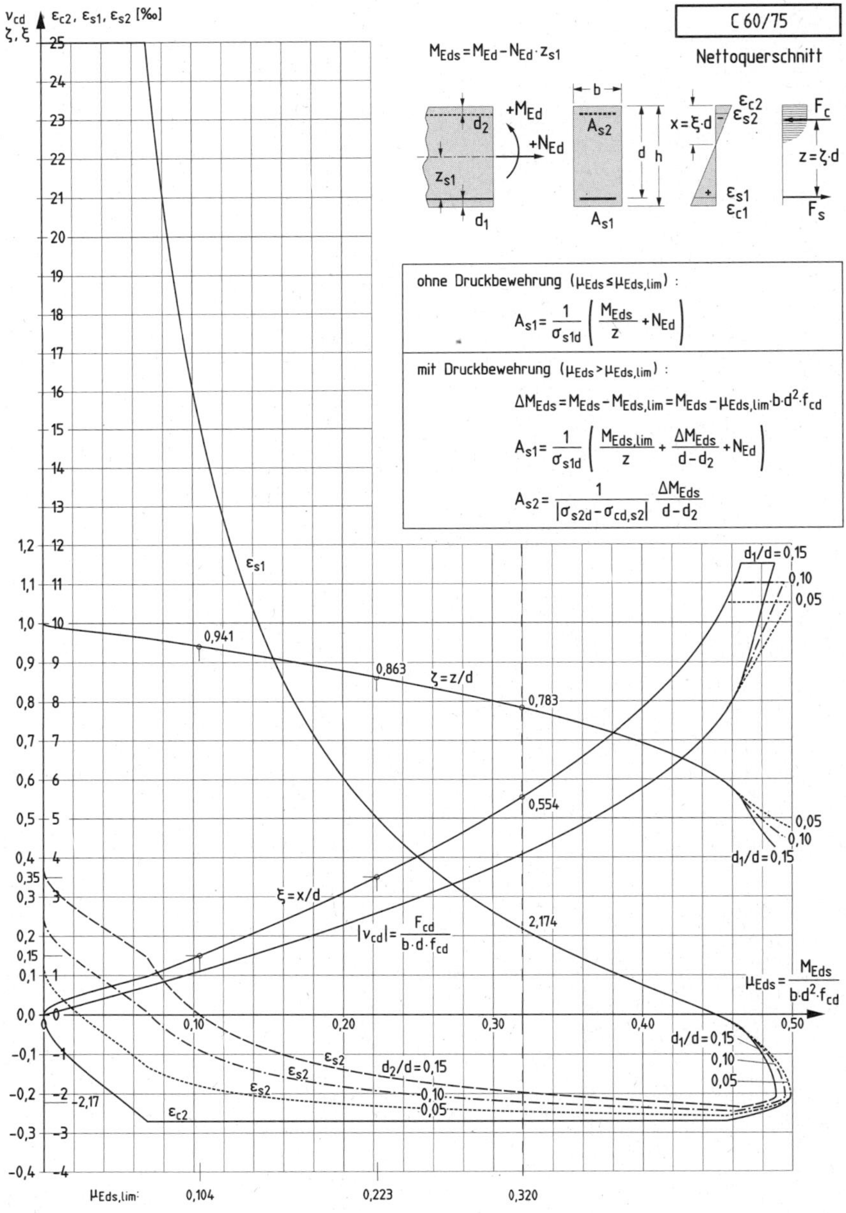

Allgemeines Bemessungsdiagramm für den **hochfesten Beton C60/75** mit Nettowerten (aus [5.83])

Tafel 14

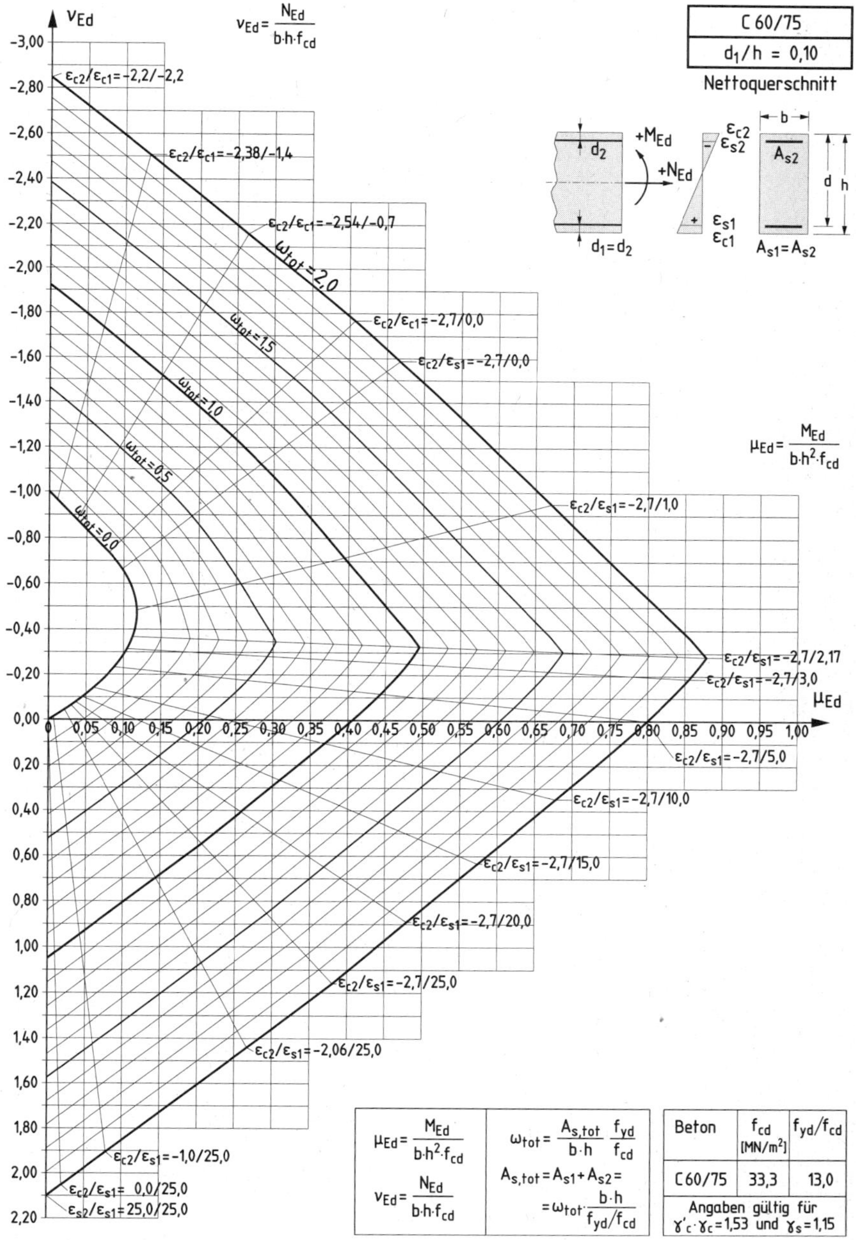

$\mu_{Ed} = \frac{M_{Ed}}{b \cdot h^2 \cdot f_{cd}}$ $\nu_{Ed} = \frac{N_{Ed}}{b \cdot h \cdot f_{cd}}$	$\omega_{tot} = \frac{A_{s,tot}}{b \cdot h} \cdot \frac{f_{yd}}{f_{cd}}$ $A_{s,tot} = A_{s1} + A_{s2} = \omega_{tot} \cdot \frac{b \cdot h}{f_{yd}/f_{cd}}$

Beton	f_{cd} [MN/m²]	f_{yd}/f_{cd}
C60/75	33,3	13,0
Angaben gültig für $\gamma'_c \cdot \gamma_c = 1{,}53$ und $\gamma_s = 1{,}15$		

Interaktionsdiagramm für den Rechteckquerschnitt mit Nettowerten; **hochfester Beton C60/75** und BSt 500 mit $\gamma_s = 1{,}15$; Bewehrungsanordnung nach Skizze mit $d_1/h = 0{,}10$ (aus [5.83])

Tafel 15

μ_s – Tafel
LC 12/13 – LC 50/55

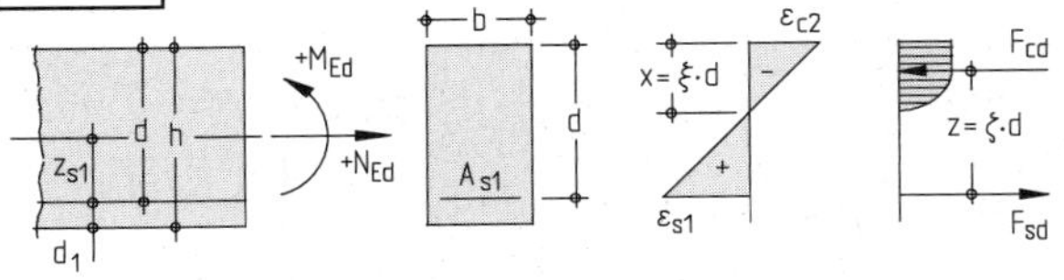

$$\mu_{Eds} = \frac{M_{Eds}}{b \cdot d^2 \cdot f_{cd}}$$ mit $M_{Eds} = M_{Ed} - N_{Ed} \cdot z_{s1}$
$f_{cd} = \alpha \cdot f_{ck}/\gamma_c$ (i. Allg. gilt $\alpha = 0{,}75$)

Die in der Tafel angegebenen Werte gelten exakt nur für die jeweils angegebenen unteren Grenzen der Rohdichten. Für höhere Rohdichten sind die Dehnungen und der bezogene Hebelarm ζ größer bzw. die bezogene Druckzonenhöhe ξ kleiner; die ω-Werte liegen damit – i. d. R. nur geringfügig – auf der sicheren Seite. Genauere Werte für ausgewählte Rohdichteklassen und weitere Erläuterungen s. [5.83].

Rohdichte ρ in kg/m³	μ_{Eds}	ω	$\xi = \frac{x}{d}$	$\zeta = \frac{z}{d}$	ε_{c2} in ‰	ε_{s1} in ‰	σ_{sd}[1)] in MPa BSt 500	σ_{sd}*[2)] in MPa BSt 500
≥ 800	0,01	0,0101	0,030	0,990	–0,77	25,00	435	457
	0,02	0,0203	0,044	0,985	–1,15	25,00	435	457
	0,03	0,0306	0,055	0,980	–1,46	25,00	435	457
	0,04	0,0410	0,066	0,976	–1,76	25,00	435	457
	0,05	0,0515	0,076	0,971	–2,06	25,00	435	457
	0,06	0,0621	0,090	0,966	–2,16	21,93	435	454
	0,07	0,0729	0,105	0,960	–2,16	18,36	435	450
	0,08	0,0839	0,121	0,954	–2,16	15,69	435	448
	0,09	0,0950	0,137	0,948	–2,16	13,60	435	446
	0,10	0,1062	0,153	0,942	–2,16	11,93	435	444
	0,11	0,1176	0,170	0,935	–2,16	10,57	435	443
	0,12	0,1292	0,187	0,929	–2,16	9,43	435	442
	0,13	0,1409	0,204	0,923	–2,16	8,46	435	441
	0,14	0,1528	0,221	0,916	–2,16	7,63	435	440
	0,15	0,1650	0,238	0,909	–2,16	6,91	435	439
	0,16	0,1773	0,256	0,903	–2,16	6,28	435	439
	0,17	0,1898	0,274	0,896	–2,16	5,72	435	438
	0,18	0,2025	0,293	0,889	–2,16	5,23	435	438
	0,19	0,2155	0,312	0,882	–2,16	4,78	435	437
	0,20	0,2288	0,331	0,874	–2,16	4,38	435	437
	0,21	0,2423	0,350	0,867	–2,16	4,02	435	437
	0,22	0,2560	0,370	0,859	–2,16	3,68	435	436
	0,23	0,2701	0,390	0,852	–2,16	3,38	435	436
	0,24	0,2845	0,411	0,844	–2,16	3,10	435	436
	0,25	0,2992	0,432	0,836	–2,16	2,84	435	435
	0,26	0,3143	0,454	0,827	–2,16	2,60	435	435
	0,27	0,3298	0,477	0,819	–2,16	2,38	435	435
≥ 1000	0,28	0,3437	0,479	0,815	–2,36	2,56	435	435
	0,29	0,3598	0,502	0,806	–2,36	2,34	435	435
≥ 1200	0,30	0,3746	0,508	0,801	–2,55	2,47	435	435
	0,31	0,3914	0,530	0,792	–2,55	2,26	435	435
≥ 1400	0,32	0,4072	0,538	0,786	–2,74	2,35	435	435
≥ 1600	0,33	0,4236	0,549	0,779	–2,93	2,41	435	435
	0,34	0,4419	0,572	0,769	–2,93	2,19	435	435
≥ 1800	0,35	0,4594	0,584	0,762	–3,12	2,22	435	435
≥ 2000	0,36	0,4778	0,598	0,754	–3,31	2,22	435	435
≥ 2200	0,37	0,4968	0,614	0,745	–3,50	2,20	435	435

1) Begrenzung der Stahlspannung auf $f_{yd} = f_{yk} / \gamma_s$ (horizontaler Ast der σ-ε-Linie)
2) Begrenzung der Stahlspannung auf $f_{td,cal} = f_{tk,cal} / \gamma_s$ (geneigter Ast der σ-ε-Linie)

$$A_{s1} = \frac{1}{\sigma_{sd}} (\omega \cdot b \cdot d \cdot f_{cd} + N_{Ed})$$

Bemessungstafel (μ_s-Tafel) für Rechteckquerschnitte ohne Druckbewehrung;
Leichtbeton LC12/13 bis LC50/55 und Betonstahl BSt 500 (mit $\gamma_s = 1{,}15$)

Tafel 16

a) Rechteck

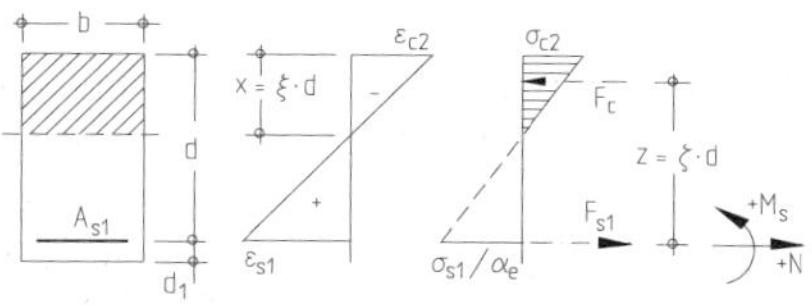

M_s auf die Bewehrung bezogenes Biegemoment in der maßgebenden Kombination – selten, häufige, quasi-ständige – des Gebrauchszustandes
N zugehörige Längskraft
ρ $= A_{s1}/(b \cdot d)$; Längsbewehrungsgrad

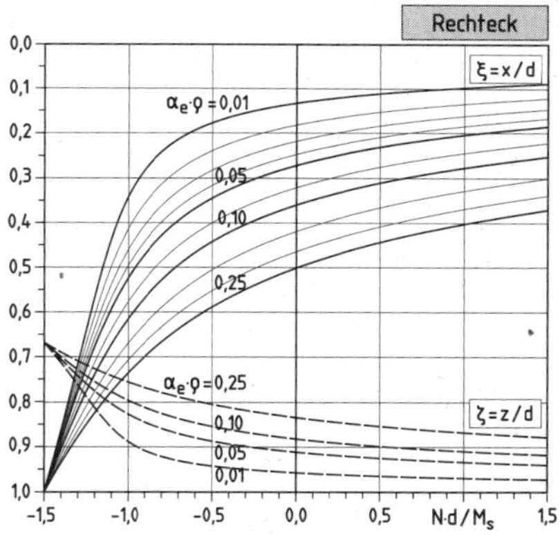

b) Plattenbalken

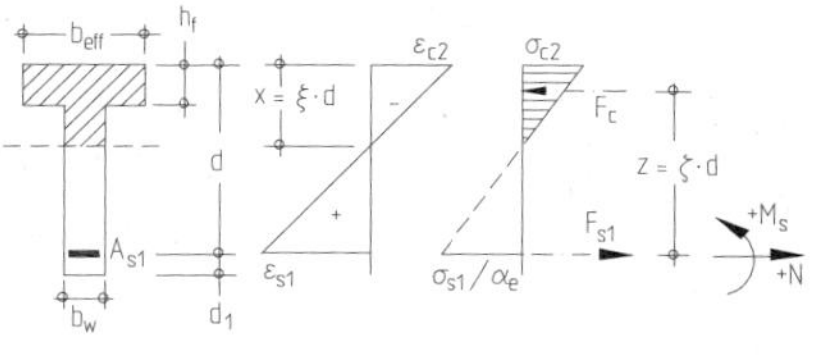

M_s auf die Bewehrung bezogenes Biegemoment in der maßgebenden Kombination – selten, häufige, quasi-ständige – des Gebrauchszustandes
N zugehörige Längskraft
ρ $= A_{s1}/(b_{eff} \cdot d)$; Längsbewehrungsgrad

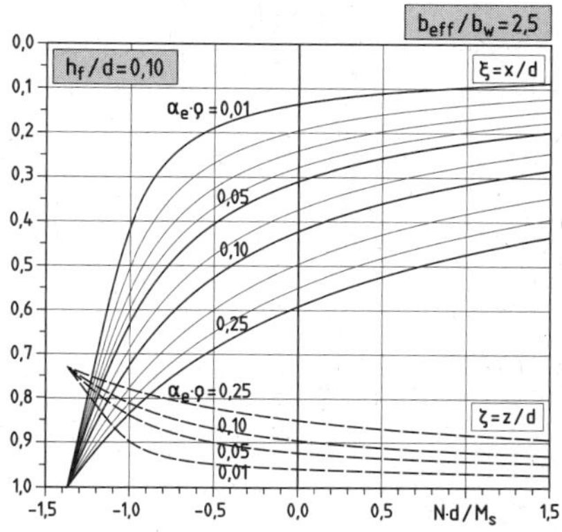

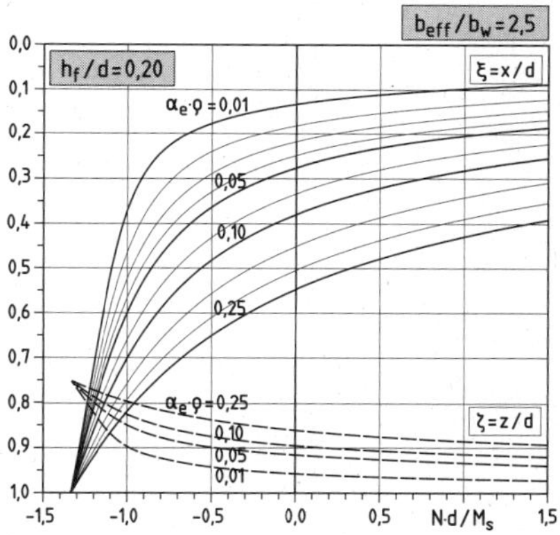

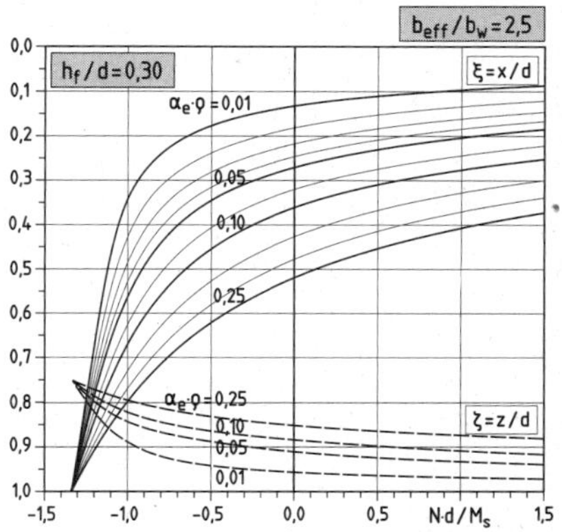

Tafeln zur Ermittlung der Druckzonenhöhe x und des Hebelarms z im **Gebrauchszustand** unter Biegung und Längskraft (Zustand II, Querschnitte ohne Druckbewehrung)

Tafel 16 (Fortsetzung)

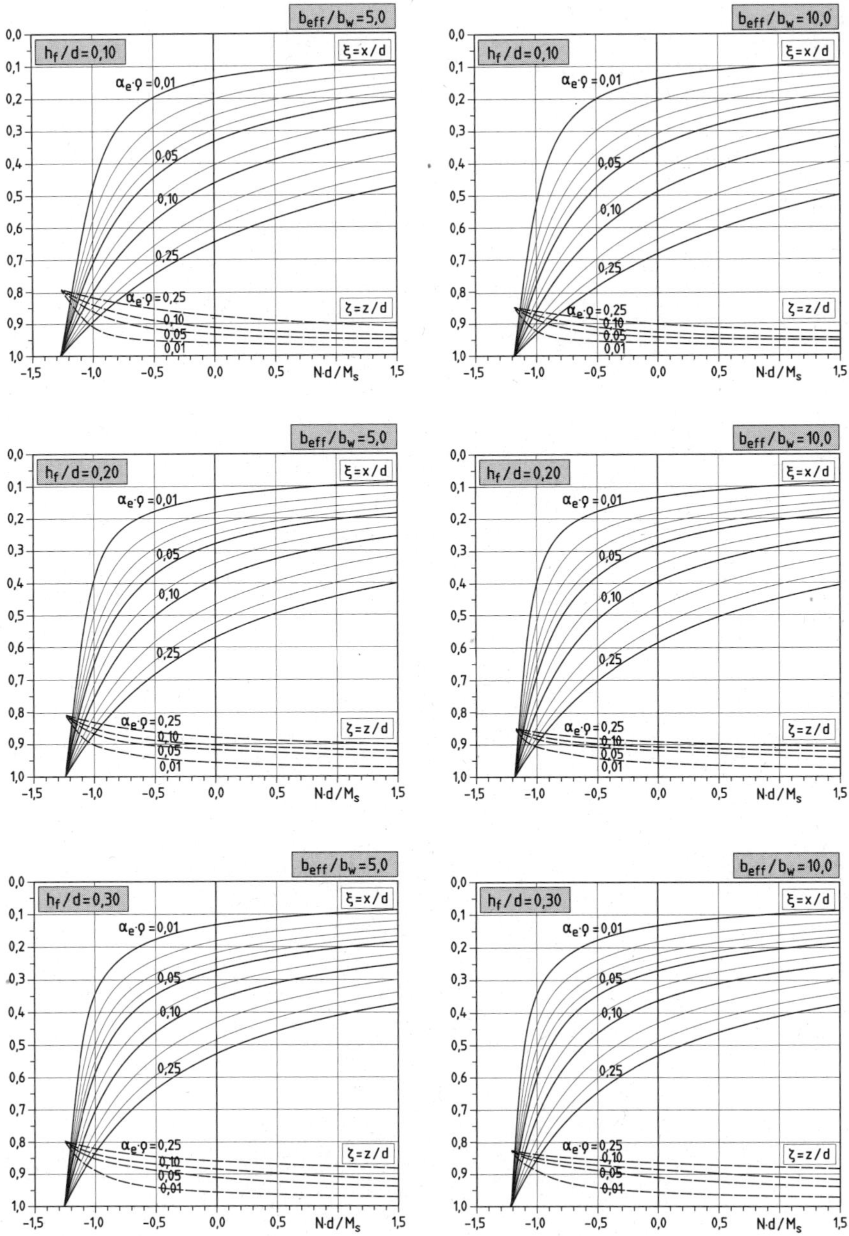

Tafeln zur Ermittlung der Druckzonenhöhe *x* und des Hebelarms *z* im **Gebrauchszustand** unter Biegung und Längskraft (Zustand II, Querschnitte ohne Druckbewehrung)

7 Konstruktionstafeln

7.1 Betonstabstahl BSt 500 S

Abmessungen und Gewichte

Nenndurchmesser d_s in mm	6	8	10	12	14	16	20	25	28	32	36	40
Nennquerschnitt A_s in cm²	0,283	0,503	0,785	1,13	1,54	2,01	3,14	4,91	6,16	8,04	10,18	12,57
Nenngewicht G in kg/m	0,222	0,395	0,617	0,888	1,21	1,58	2,47	3,85	4,83	6,31	7,99	9,87

Querschnitte von Flächenbewehrungen a_s in cm²/m

Stababstand s in cm	Durchmesser d_s in mm 6	8	10	12	14	16	20	25	28	Stäbe pro m
5,0	5,65	10,05	15,71	22,62	30,79	40,21	62,83	98,17		20,00
5,5	5,14	9,14	14,28	20,56	27,99	36,56	57,12	89,25		18,18
6,0	4,71	8,38	13,09	18,85	25,66	33,51	52,36	81,81	102,63	16,67
6,5	4,35	7,73	12,08	17,40	23,68	30,93	48,33	75,52	94,73	15,38
7,0	4,04	7,18	11,22	16,16	21,99	28,72	44,88	70,12	87,96	14,29
7,5	3,77	6,70	10,47	15,08	20,53	26,81	41,89	65,45	82,10	13,33
8,0	3,53	6,28	9,82	14,14	19,24	25,13	39,27	61,36	76,97	12,50
8,5	3,33	5,91	9,24	13,31	18,11	23,65	36,96	57,75	72,44	11,76
9,0	3,14	5,59	8,73	12,57	17,10	22,34	34,91	54,54	68,42	11,11
9,5	2,98	5,29	8,27	11,90	16,20	21,16	33,07	51,67	64,82	10,53
10,0	2,83	5,03	7,85	11,31	15,39	20,11	31,42	49,09	61,58	10,00
10,5	2,69	4,79	7,48	10,77	14,66	19,15	29,92	46,75	58,64	9,52
11,0	2,57	4,57	7,14	10,28	13,99	18,28	28,56	44,62	55,98	9,09
11,5	2,46	4,37	6,83	9,83	13,39	17,48	27,32	42,68	53,54	8,70
12,0	2,36	4,19	6,54	9,42	12,83	16,76	26,18	40,91	51,31	8,33
12,5	2,26	4,02	6,28	9,05	12,32	16,08	25,13	39,27	49,26	8,00
13,0	2,17	3,87	6,04	8,70	11,84	15,47	24,17	37,76	47,37	7,69
13,5	2,09	3,72	5,82	8,38	11,40	14,89	23,27	36,36	45,61	7,41
14,0	2,02	3,59	5,61	8,08	11,00	14,36	22,44	35,06	43,98	7,14
14,5	1,95	3,47	5,42	7,80	10,62	13,87	21,67	33,85	42,47	6,90
15,0	1,88	3,35	5,24	7,54	10,26	13,40	20,94	32,72	41,05	6,67
16,0	1,77	3,14	4,91	7,07	9,62	12,57	19,63	30,68	38,48	6,25
17,0	1,66	2,96	4,62	6,65	9,06	11,83	18,48	28,87	36,22	5,88
18,0	1,57	2,79	4,36	6,28	8,55	11,17	17,45	27,27	34,21	5,56
19,0	1,49	2,65	4,13	5,95	8,10	10,58	16,53	25,84	32,41	5,26
20,0	1,41	2,51	3,93	5,65	7,70	10,05	15,71	24,54	30,79	5,00
21,0	1,35	2,39	3,74	5,39	7,33	9,57	14,96	23,37	29,32	4,76
22,0	1,29	2,28	3,57	5,14	7,00	9,14	14,28	22,31	27,99	4,55
23,0	1,23	2,19	3,41	4,92	6,69	8,74	13,66	21,34	26,77	4,35
24,0	1,18	2,09	3,27	4,71	6,41	8,38	13,09	20,45	25,66	4,17
25,0	1,13	2,01	3,14	4,52	6,16	8,04	12,57	19,63	24,63	4,00

Querschnitte von Balkenbewehrungen A_s in cm²

Stabdurchmesser d_s in mm	Anzahl der Stäbe 1	2	3	4	5	6	7	8	9	10
6	0,28	0,57	0,85	1,13	1,41	1,70	1,98	2,26	2,54	2,83
8	0,50	1,01	1,51	2,01	2,51	3,02	3,52	4,02	4,52	5,03
10	0,79	1,57	2,36	3,14	3,93	4,71	5,50	6,28	7,07	7,85
12	1,13	2,26	3,39	4,52	5,65	6,79	7,92	9,05	10,18	11,31
14	1,54	3,08	4,62	6,16	7,70	9,24	10,78	12,32	13,85	15,39
16	2,01	4,02	6,03	8,04	10,05	12,06	14,07	16,09	18,10	20,11
20	3,14	6,28	9,42	12,57	15,71	18,85	21,99	25,13	28,27	31,42
25	4,91	9,82	14,73	19,64	24,54	29,45	34,36	39,27	44,18	49,09
28	6,16	12,32	18,47	24,63	30,79	36,95	43,10	49,26	55,42	61,58

Größte Anzahl von Stäben in einer Lage bei Balken

Nachfolgende Werte gelten für ein Nennmaß der Betondeckung c_{nom} = 2,5 cm (bezogen auf den Bügel) ohne Berücksichtigung von Rüttellücken. Bei den Werten in ( ) werden die geforderten Abstände geringfügig unterschritten.

Balkenbreite b in cm	Durchmesser d_s in mm 10	12	14	16	20	25	28
10	1	1	1	1	1	1	–
15	3	3	3	(3)	2	2	1
20	5	4	4	4	3	3	2
25	6	6	6	5	5	4	3
30	8	(8)	7	7	6	5	4
35	10	9	(9)	8	7	6	5
40	11	11	10	9	8	7	6
45	13	12	(12)	11	10	8	7
50	15	14	13	12	11	9	(8)
55	16	15	14	14	12	10	8
60	18	17	16	15	13	11	9
Bügeldurchmesser $d_{sbü}$	≤ 8 mm				≤ 10 mm	≤ 12 mm	≤ 16 mm

Verbundbedingungen (s. auch S. 5.103)

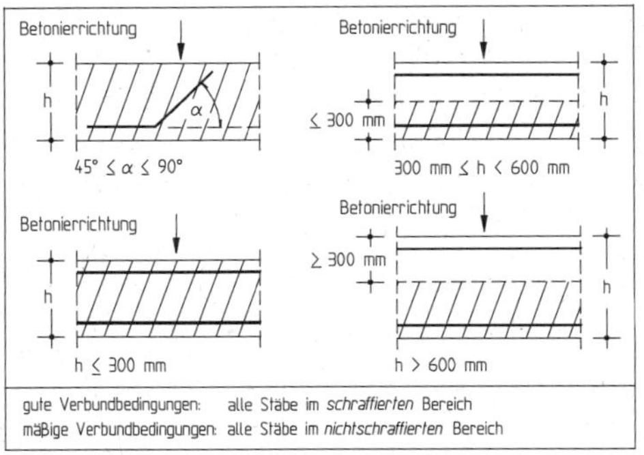

Verbundspannungen f_{bd} in N/mm²

(für Rippenstäbe mit $d_s \leq 32$ mm; s. S. 5.103)

Betonfestigkeitsklasse	Verbundspannung f_{bd} in N/mm² guter Verbund	mäßiger Verbund
C12/15	1,6	1,1
C16/20	2,0	1,4
C20/25	2,3	1,6
C25/30	2,7	1,9
C30/37	3,0	2,1
C35/45	3,4	2,4
C40/50	3,7	2,6
C45/55	4,0	2,8
C50/60	4,3	3,0

Grundmaß der Verankerungslänge l_b in cm

Betonfestigkeitsklasse	Verbundbedingung	Stabdurchmesser d_s in mm 6	8	10	12	14	16	20	25	28
C12/15	gut	40	53	66	79	92	105	132	165	184
	mäßig	56	75	94	113	132	150	188	235	263
C16/20	gut	33	43	54	65	76	87	109	136	152
	mäßig	47	62	78	93	109	124	155	194	217
C20/25	gut	28	37	47	56	66	75	94	117	131
	mäßig	40	54	67	80	94	107	134	167	187
C25/30	gut	24	32	40	48	57	65	81	101	113
	mäßig	35	46	58	69	81	92	115	144	161
C30/37	gut	21	29	36	43	50	57	71	89	100
	mäßig	31	41	51	61	71	82	102	128	143
C35/45	gut	19	26	32	39	45	52	64	81	90
	mäßig	28	37	46	55	64	74	92	115	129
C40/50	gut	18	24	30	35	41	47	59	74	83
	mäßig	25	34	42	51	59	67	84	105	118
C45/55	gut	16	22	27	33	38	44	55	68	76
	mäßig	23	31	39	47	55	62	78	97	109
C50/60	gut	15	20	25	31	36	41	51	64	71
	mäßig	22	29	36	44	51	58	73	91	102

7.2 Betonstahlmatten BSt 500 M (A)

Lagermatten Lieferprogramm

(mit Materialeigenschaften gemäß DIN 1045-1, Tabelle 11; ab 01.10.2001)

Die neue DIN 1045-1 definiert erhöhte Anforderungen an die Duktilität von Betonstählen, die über den Anforderungen nach DIN 488 liegen. Das geforderte Qualitätsniveau wird mit einer neuen, tiefgerippten Betonstahlmatte erreicht. Im Zuge der Anpassung der Betonstahlmatten an die DIN' 1045-1 wird das Lagermattenprogramm außerdem reduziert. Nachfolgend ist das neue Lagermattenprogramm wiedergegeben.

Länge / Breite	Randeinsparung (Längsrichtung)	Matten-bezeichnung	Mattenaufbau in Längsrichtung / Querrichtung: Stababstände	Stabdurchmesser: Innenbereich	Stabdurchmesser: Randbereich	Anzahl der Längsrandstäbe: links	Anzahl der Längsrandstäbe: rechts	Querschnitte längs / quer	Gewicht je Matte	Gewicht je m²
m			mm	mm	mm			cm²/m	kg	kg
5,00 / 2,15	ohne	**Q188 A**	150 150	6,0 6,0				1,88 1,88	32,4	3,01
		Q257 A	150 150	7,0 7,0				2,57 2,57	44,1	4,10
		Q335 A	150 150	8,0 8,0				3,35 3,35	57,7	5,37
6,00 / 2,15	mit	**Q377 A**	150 100	6,0 d 7,0	6,0	4	4	3,77 3,85	67,6	5,24
		Q513 A	150 100	7,0 d 8,0	7,0	4	4	5,13 5,03	90,0	6,98
5,00 / 2,15	ohne	**R188 A**	150 250	6,0 6,0				1,88 1,13	26,2	2,44
		R257 A	150 250	7,0 6,0				2,57 1,13	32,2	3,00
		R335 A	150 250	8,0 6,0				3,35 1,13	39,2	3,65
6,00 / 2,15	mit	**R377 A**	150 250	6,0 d 6,0	6,0	2	2	3,77 1,13	46,1	3,57
		R513 A	150 250	7,0 d 6,0	7,0	2	2	5,13 1,13	58,6	4,54

Der Gewichtsermittlung der Lagermatten liegen folgende Überstände zugrunde:

Q188 A – Q335 A: Überstände längs: 100/100 mm Überstände quer: 25/25 mm
Q377 A – Q513 A: Überstände längs: 100/100 mm Überstände quer: 25/25 mm
R188 A – R335 A: Überstände längs: 125/125 mm Überstände quer: 25/25 mm
R377 A – R513 A: Überstände längs: 125/125 mm Überstände quer: 25/25 mm

„d": Doppelstab in Längsrichtung

Randausbildung der Lagermatten:

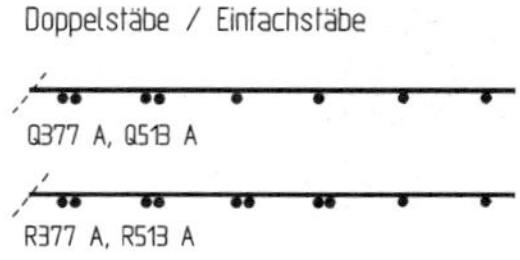

6 A Befestigungstechnik
6 B Schutz und Instandsetzung von Betonbauwerken
6 C Schutz von Stahlbauten
6 D Schutz und Dauerhaftigkeit von Holzbauwerken

Inhaltsverzeichnis

6 A Befestigungstechnik

Prof. Dr.-Ing. Silvia Weber, Dr.-Ing. Thomas M. Sippel

Formelzeichen

Lateinische Buchstaben [1]

$A^0_{c,N}$ Fläche des idealisierten Betonausbruchkörpers eines Einzeldübels mit großen Achs- und Randabständen auf der Bauteiloberfläche (vgl. Abb. 6.7)
$A^0_{c,V}$ w. v., mit großem Achsabstand zu anderen Dübeln bzw. zu weiteren Rändern auf der Bauteilseitenfläche (vgl. Abb. 6.11b).
$A_{c,N}$ vorhandene Fläche des idealisierten Betonausbruchkörpers eines Einzeldübels oder einer Dübelgruppe (Bsp. s. Abb. 6.8)
$A_{c,V}$ w. v., eines randnahen Einzeldübels oder einer randnahen Dübelgruppe auf der Seitenfläche des Bauteils (s. Abb. 6.11c)
c vorhandener Randabstand, bei Einwirkung mehrerer Bauteilränder ist der kleinste Randabstand einzusetzen
c_1 Randabstand in Lastrichtung
c_2 Randabstand senkrecht zur Lastrichtung; bei Befestigungen in schmalen Bauteilen gilt der kleinere der beiden Abstände
$c_{cr,N}$ charakteristischer Randabstand
d Durchmesser des Ankerbolzens oder des Gewindes
N_{Rd} zentrischer Zug
$N^0_{Rk,c}$ charakteristische Tragfähigkeit bei Betonversagen unter Zuglast ohne Einfluss von Rand- und Achsabständen
N_{Rk} charakteristische Zugtragfähigkeit
$N_{Rk,s}$ w. v., beim Stahlversagen unter Zuglast
$N_{Rk,c}$ w. v., beim Betonversagen unter Zuglast
$N_{Rk,sp}$ w. v., beim Spalten unter Zuglast
$N_{Rk,p}$ w. v., beim Heraus-/Durchziehen
N_{Sd} Bemessungswert der einwirkenden Zuglast des Einzeldübels
N^h_{Sd} w. v., für den höchstbeanspruchten Dübel
N^g_{Sd} w. v., aller zugbeanspr. Dübel der Gruppe
R_k charakt. Tragfähigkeit (5-%-Fraktile)
S Schnittgrößen (Zuglast oder Querlast)
$s_{cr,N}$ charakteristischer Achsabstand
V_{Rd} Querlast
V_{Rk} charakteristische Quertragfähigkeit
$V_{Rk,s}$ charakteristische Tragfähigkeit beim Stahlversagen unter Querlast
$V_{Rk,c}$ w. v., beim Betonkantenversagen unter Querlast
$V_{Rk,cp}$ w. v., beim Betonversagen zur lastabgewandten Seite
V_{Sd} Bemessungswert der einwirkenden Zuglast des Einzeldübels
V^h_{Sd} w. v., für den höchstbeanspruchten Dübel
V^g_{Sd} w. v., aller zugbeanspr. Dübel der Gruppe

[1] Einwirkungen hier mit „S" gekennzeichnet (abweichend von DIN 1055-100 mit „E" als Kurzzeichen).

Griechische Buchstaben

Teilsicherheitsbeiwerte

γ_F Teilsicherheitsbeiwert für die Last
γ_M Teilsicherheitsbeiwert für das Material
γ_{Ms} Teilsicherheitsbeiwert für Stahlversagen
γ_{Mc} Teilsicherheitsbeiwert für Betonversagen
γ_{MP} Teilsicherheitsbeiwert für Herausziehen
γ_{Msp} Teilsicherheitsbeiwert für Spalten

Faktoren

α_M Einspanngrad
$\psi_{\alpha,V}$ Lastrichtung bei Querlast
$\psi_{eci,N}$ Exzentrizität der Resultierenden der Dübelkräfte der Gruppe
$\psi_{h,sp}$ Einfluss der Bauteildicke h bei Zuglast
$\psi_{h,V}$ Bauteildicke bei Querlast
$\psi_{re,N}$ (negativer) Einfluss einer starken Bewehrung bei Zuglast
$\psi_{re,V}$ (negativer) Einfluss einer starken Bewehrung bei Querlast
$\psi_{s,N}$ Störung des rotationssymmetrischen Spannungszustandes durch einen oder mehrere Bauteilränder bei Zuglast
$\psi_{s,V}$ Störung des rotationssymmetrischen Spannungszustandes durch weitere Bauteilränder bei Querlast
$\psi_{ucr,N}$ Anwendungsfall (gerissener/ungerissener Beton) bei Zuglast
$\psi_{ucr,V}$ Anwendungsfall (gerissener/ungerissener Beton) bei Querlast

Fußzeiger

α Winkel zwischen V_{Sd} und der Richtung senkrecht zur freien Bauteilkante
ef wirksam
d Bemessungswert
h Bauteildicke
k charakteristische Werte
R Widerstand
re Bewehrung
s Stahl
sp Spalten
ucr ungerissen

Hochzeiger

h höchstbeanspruchter Einzeldübel
g Gruppe von Dübeln

1 Einführung

Eine wesentliche Aufgabe des Bauens besteht darin, Bauteile miteinander zu verbinden. Die Vielzahl unterschiedlicher Befestigungselemente für nachträgliche Montage, die in den letzten Jahren bauaufsichtlich zugelassen wurden, stellen den Planer und Entwurfsverfasser vor die Entscheidung, für seinen speziellen Anwendungsfall ein geeignetes System zu finden. Hierfür benötigt er Angaben über die Leistungsfähigkeit der Dübel und muss zusätzlich eine Reihe von Randbedingungen kennen, die das Tragverhalten und damit die Auswahl des Dübelsystems beeinflussen. Als wesentliche Kenngrößen sind z. B. die Rand- und Achsabstände, die erforderlichen Bauteildicken sowie die Art und der Zustand des Ankergrundes zu nennen.

1.1 Wirkungsprinzipien

Dübel können die zu befestigende Last auf verschiedene Arten in den Ankergrund einleiten. Man unterscheidet die Wirkungsprinzipien Formschluss, Reibschluss und Stoffschluss.

Beim Formschluss werden die Lasten über mechanische Verzahnung zwischen Dübel und Ankergrund übertragen. Dies ist das Wirkungsprinzip von Hinterschnittdübeln, bei denen das Bohrloch mit Hilfe eines speziell auf den Dübel abgestimmten Bohrers in der Tiefe erweitert wird.

Das Wirkungsprinzip Reibschluss basiert auf der beim Setzen hervorgerufenen Spreizkraft, die eine Reibkraft zwischen Dübel und Bohrlochwand hervorruft. Die Spreizkraft kann auf zwei Arten erzeugt werden: drehmomentkontrolliert (kraftkontrolliert) oder wegkontrolliert. Spreiz- und Kunststoffdübel weisen dieses Wirkungsprinzip auf.

Beim Wirkungsprinzip Stoffschluss wird die Last über Verbund in den Ankergrund eingeleitet. Typische Vertreter sind die Verbundanker, bei denen der Verbund zwischen Ankerstange und Bohrlochwand durch Kunstharzmörtel erzeugt wird.

1.2 Versagen

Dübel können auf verschiedene Arten versagen. Dabei ist nach den unterschiedlichen, in der Praxis auftretenden Belastungsrichtungen (z. B. Zuglast, Querlast bzw. Kombination von Zug- und Querlast) zu unterscheiden.

1.2.1 Versagen unter Zuglast

Die Versagensarten unter Zuglast sind: Herausziehen des Dübels bzw. des Konusbolzens, Betonausbruch oder Betonkantenbruch, Spalten des Untergrundes und Versagen des Dübels infolge Stahlbruch, bei Verbunddübeln Versagen des Verbundes.

Herausziehen des Dübels tritt bei zu geringer Spreizkraft auf. Bei hohen Spreizkräften hingegen wird der Konusbolzen aus der im Ankergrund verbleibenden Spreizschale gezogen. Beim Betonausbruch erzeugt der Dübel einen kegelförmigen Betonausbruchkörper, der in Höhe des Spreizbereiches oder des Hinterschnitts beginnt. Werden benachbarte Dübel mit geringem Achsabstand durch eine gemeinsame Ankerplatte belastet, dann kann es zu einer Überschneidung der Ausbruchkegel und somit zu einem gemeinsamen Ausbruchkörper kommen. Werden Dübel mit geringem Randabstand gesetzt, tritt ein Betonkantenbruch auf.

Beim Spalten wird entweder das gesamte Bauteil gespalten oder es entstehen Spaltrisse zwischen benachbarten Dübeln bzw. von randnahen Dübeln zum freien Bauteilrand. Diese Bruchart tritt nur dann auf, wenn die Bauteilabmessungen zu gering sind und/oder die Achs- bzw. die Randabstände der Dübel zu klein gewählt werden.

Beim Stahlbruch versagt der Bolzen oder die Schraube des Dübels. Somit stellt die Stahlbruchlast die obere Grenze der erreichbaren Tragfähigkeit dar. Ähnliche Versagensarten wie bei Hinterschnittankern und Metallspreizdübeln können auch bei Reaktionsankern auftreten. Beim Herausziehen versagt der Verbund zwischen Bohrlochwand und Mörtel bzw. zwischen Gewindestange und Mörtel und beim Betonausbruch beginnt die Spitze des Ausbruchkegels in etwa bei der 0,3- bis 0,7-fachen Verbundlänge.

In anderen Ankergründen wie z. B. Vollziegeln, Kalksandvollsteinen, Hochlochziegeln oder Kalksandlochsteinen wird die maximale Traglast der Dübel in der Regel durch Versagen des Mauersteins begrenzt. In Vollziegeln oder in massiven Bereichen von Lochziegeln (z. B. in breiten Stegen) können Dübel auch durch Herausziehen bzw. Spalten versagen. Die obere Grenze der Traglast wird wiederum durch die Stahlbruchlast bestimmt.

1.2.2 Versagen unter Querlast

Werden Dübel mit großem Randabstand gesetzt, dann versagen sie unter Querlast in der Regel durch Stahlbruch. Werden Dübel mit geringem Randabstand gesetzt, dann kommt es zum Ausbrechen der Betonkante (Betonkantenbruch). Bei randnahen Dübeln mit geringem Achsabstand kann sich ein gemeinsamer Ausbruchkörper bilden und bei Anordnung von Dübeln in der Bauteilecke kann die gesamte Bauteilecke abplatzen. Kurze Dübel mit gleichzeitig großem Durchmesser bzw. Dübelgruppen mit geringem inneren Achsabstand können unter Querlast auch durch Betonausbruch zur lastabgewandten Seite versagen. Dübel in anderen Ankergründen wie z. B. Voll- oder Lochsteinen versagen entweder durch Stahlbruch oder aber durch Bruch des Mauersteins.

1.3 Befestigungen in Abhängigkeit vom Ankergrund

In Beton werden üblicherweise Stahldübel (Hinterschnittanker, Spreizdübel oder Verbunddübel) verwendet. Zudem können auch Kunststoffdübel eingesetzt werden. Derzeit sind nachträgliche Befestigungen auf Normalbeton (≤ C50/60), Porenbeton sowie Mauerwerk aus Voll- und Lochsteinen beschränkt. Für die Verwendung in Leichtbeton liegen bei verschiedenen Herstellern Gutachten und Empfehlungen vor. Außerdem besteht die Möglichkeit, die Tragfähigkeit von Dübeln durch Versuche auf der Baustelle zu ermitteln.

Bei Befestigungen im Mauerwerk sind die Herstellerangaben nur als grobe Orientierung anzusehen und ggf. sind Versuche auf der Baustelle durchzuführen. Zur Befestigung in Vollsteinen eignen sich Kunststoffdübel. Für Hochlochziegel und Kalksandlochsteine wurden spezielle Injektionssysteme bzw. Kunststoffdübel mit langem Spreizteil entwickelt. Für optimale Befestigungen in Vollsteine aus Leichtbeton oder Porenbeton sind Spezialdübel zu verwenden, während sich für Leichthochlochziegel oder Leichtbetonhohlblocksteine Kunststoffdübel mit langem Spreizbereich oder aber formschlüssig wirkende Injektionssysteme anbieten.

Für Plattenbauelemente (z. B. Gipskartonplatten, Gipsfaserplatten) eignen sich Hohlraumdübel.

2 Befestigungen

2.1 Verankerungstiefe, Festigkeit des Ankergrunds, Risse

Die Verankerungstiefe h_{ef} beeinflusst als wichtiger Parameter die Tragfähigkeit von Dübeln. Sie entspricht bei Hinterschnittdübeln bzw. Metallspreizdübeln dem Abstand von der Oberfläche des tragfähigen Ankergrundes bis zum Ende der Spreizschalen (Abb. 6.4(a)). Bei Verbunddübeln wird die Verankerungstiefe bis zum Ende der Gewindestange (Abb. 6.4(b)) und bei Kunststoffdübeln bis zum Ende des Kunststoffspreizteiles gemessen (Abb. 6.4(c)).

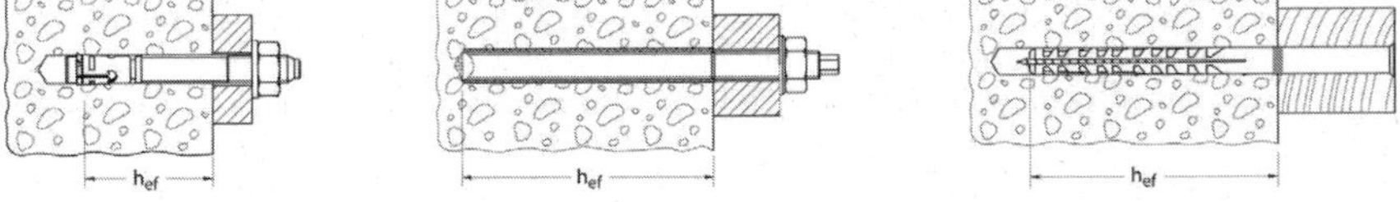

(a) Spreizdübel **(b)** Verbunddübel **(c)** Kunststoffdübel

Abb. 6.4 Definition der Verankerungstiefe h_{ef}

Sind der Hinterschnitt oder die Spreizkraft groß genug, um bei der geplanten Verankerungstiefe einen Betonausbruch zu erzwingen, steigt bei Hinterschnittdübeln im ungerissenen Beton die Betonausbruchlast proportional zu $(h_{ef})^{1,5}$ an und wird durch die Stahlbruchlast der Dübel begrenzt [6.1], [6.2].

Die Bruchlasten hängen sowohl unter Zugbeanspruchung als auch unter Querlast von der Betondruckfestigkeit ab. Dies ist erklärlich, da die Dübel in beiden Fällen die Betonzugfestigkeit ausnutzen, die sich ihrerseits über die Wurzel der Betondruckfestigkeit beschreiben lässt.

Stahlbetonbauteile werden unter Annahme einer gerissenen Zugzone bemessen. Die Erfahrung zeigt, dass die Rissbreiten bei überwiegender Beanspruchung unter ständiger Last die als zulässig angesehenen Werte von 0,3 bis 0,4 mm nicht überschreiten. Unter voller Gebrauchslast sind im Allgemeinen jedoch größere Rissbreiten zu erwarten. Treten Risse im Beton auf, dann besteht eine hohe Wahrscheinlichkeit, dass diese die Dübel treffen oder tangieren. Die Bruchlasten sind im gerissenen Beton niedriger als im ungerissenen. Ist ein Dübel nicht geeignet für Anwendungen in Rissen, verändert sich sein Verhalten im Riss signifikant. Falls nicht in jedem Einzelfall untersucht wird, in welchen Bereichen und unter welchen Lasten mit Rissen zu rechnen ist, wird empfohlen grundsätzlich Dübel zu verwenden, die für Anwendungen in gerissenem Beton geeignet sind.

2.2 Rand- und Achsabstand, Bauteildicke

Als Achsabstand s bzw. Randabstand c eines Dübels wird der Abstand der Dübelachse zum benachbarten Dübel bzw. zu einem freien Bauteilrand bezeichnet. Als Bauteildicke h bezeichnet man die Dicke des Ankergrundes (Abb. 6.5).

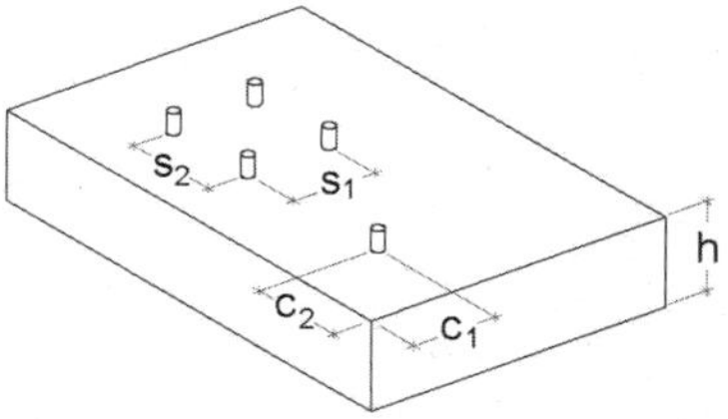

Abb. 6.5 Definition der Achsabstände (s_1, s_2), Randabstände (c_1, c_2) und der Bauteildicke h

Um mit einem Dübel die maximal mögliche Last übertragen zu können, sind bestimmte Achs- und Randabstände sowie Bauteildicken erforderlich. Um Abplatzungen, Rissbildungen bzw. Spalten des Ankergrundes zu vermeiden, sind Mindestwerte s_{min} und c_{min} einzuhalten. Die Mindestwerte sind für zugelassene Dübelsysteme in den jeweiligen Zulassungsbescheiden angegeben. Die zur Übertragung der maximal möglichen Last erforderlichen Werte $s_{cr,N}$, $c_{cr,N}$, $s_{cr,sp}$ und $c_{cr,sp}$ betragen für übliche Hinterschnitt- und Spreizdübel in der Regel $s_{cr,N} = 2 \cdot c_{cr,N} = 3 \cdot h_{ef}$.

Bei zu geringer Bauteildicke kann es entweder bei der Montage der Dübel oder unter Last zum Spalten des Bauteils kommen, wobei die maximal mögliche Betonausbruchlast nicht erreicht wird. Um dies zu verhindern, sollte bei Hinterschnittdübeln sowie bei drehmomentkontrolliert spreizenden Dübeln eine Mindestbauteildicke von etwa dem 2fachen der Verankerungstiefe eingehalten werden. Bei anderen Dübeltypen wie z. B. Einschlagankern, die bei der Montage deutlich höhere Spreizkräfte in den Beton einleiten, sollte eine größere Bauteildicke vorhanden sein. Die Mindestwerte sind für die einzelnen Dübel in den Zulassungsbescheiden angegeben.

3 Bemessung von Befestigungen nach dem CC-Verfahren

3.1 Grundlagen der Bemessung, Bemessungskonzept

Zurzeit ist das am häufigsten verwendete Bemessungsverfahren das in [6.1] und [6.2] beschriebene CC-Verfahren (Concrete Capacity Verfahren), das auch im Folgenden angewendet wird.

Das CC-Verfahren wird für Befestigungen mit Hinterschnittankern, drehmomentkontrolliert spreizenden Metallspreizdübeln und Reaktionsankern in Normalbeton empfohlen. Es kann für Einzeldübel und für Dübelgruppen mit 2, 3, 4 oder 6 Dübeln (randferne Verankerungen) bzw. für Einzeldübel und Dübelgruppen mit 2 und 4 Dübeln (randnahe Verankerungen) angewendet werden. Eine randnahe Verankerung liegt vor, wenn mindestens ein Randabstand kleiner als 10 h_{ef} (h_{ef} = Verankerungstiefe des Dübels) ist.

Zur Auswahl eines geeigneten Dübelsystems und der optimalen Dübelgröße müssen die angreifenden Einwirkungen bekannt sein. Sie werden charakterisiert durch Betrag, Größe, Richtung und Angriffspunkt. In Abb. 6.6 sind die möglichen Beanspruchungsarten auf einen Dübel dargestellt.

Als wichtigste Einflussgrößen auf die Tragfähigkeit von Dübelbefestigungen sind die Betonfestigkeit f_c, die Abstände zu benachbarten Dübeln und zu freien Bauteilrändern sowie der Zustand des Ankergrundes (ungerissen oder gerissen) zu nennen. Je nach Richtung der einwirkenden Last (Zug-

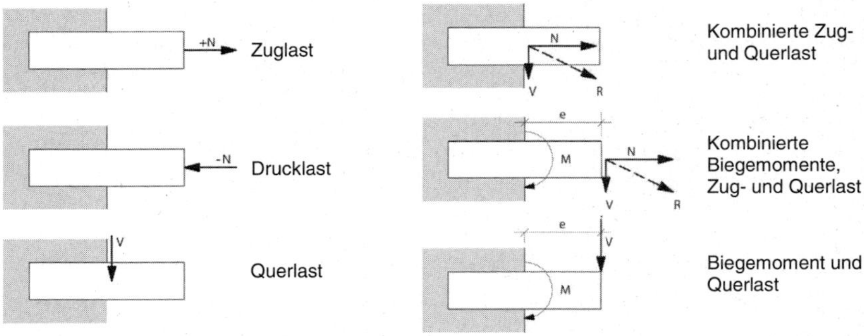

Abb. 6.6 Beanspruchungsarten

last, Querlast oder kombinierte Zug- und Querlast) wirken sich die genannten Parameter zudem noch unterschiedlich stark aus. Maßgebend für die Tragfähigkeit sind in der Regel nicht die einzelnen Einwirkungen, sondern deren Kombinationen. Im Sinne einer optimalen Ausnutzung der Dübel und damit einer wirtschaftlichen Bemessung ist es deshalb notwendig, bei der Bemessung der Befestigungen nach Lastrichtung und Bruchart zu unterscheiden.

Die Bemessung erfolgt für den Grenzzustand der Tragfähigkeit. Sie lässt sich vereinfacht durch die Gleichung (6.1) ausdrücken:

$$S_d \leq R_d \tag{6.1}$$

Darin ist S_d der Bemessungswert der Schnittgrößen (Einwirkung) und R_d der Bemessungswert der Tragfähigkeit (Widerstand). Ist die Einwirkung kleiner oder gleich dem Widerstand, dann ist die Befestigung ausreichend tragfähig. Die Bemessungswerte der Schnittgrößen und der Tragfähigkeit errechnen sich nach Gleichung (6.2) und (6.3) wie folgt:

$$S_d = \gamma_F \cdot S \tag{6.2}$$

$$R_d = R_k / \gamma_M \tag{6.3}$$

Bei Zugbeanspruchung ist S_d der Bemessungswert N_{Sd} der einwirkenden Dübelzuglast und bei Dübelquerbeanspruchung der Bemessungswert V_{Sd} der einwirkenden Dübelquerlast, die sich nach Gleichung (6.2) durch Multiplikation der Dübelzuglast (N) bzw. Dübelquerlast (V) mit dem Teilsicherheitsbeiwert γ_F für die Last errechnen. Liegt eine kombinierte Belastung vor (Schräglast), dann wird der Nachweis der Tragfähigkeit nach Gleichung (6.1), für beide Beanspruchungsrichtungen getrennt geführt. Zusätzlich ist die Interaktion nach Gleichung (12.2), (12.2a) oder (12.2b) nachzuweisen.

Die Bemessungswerte der Tragfähigkeit werden getrennt für zentrischen Zug (N_{Rd}) und Querlast (V_{Rd}) für die möglichen Brucharten ermittelt. Sie errechnen sich nach Gleichung (6.3) aus den charakteristischen Tragfähigkeiten (5-%-Fraktile) dividiert durch die Teilsicherheitsbeiwerte des Materials.

Die charakteristischen Tragfähigkeiten sind entweder in den jeweiligen Zulassungsbescheiden angegeben, oder sie können mit Hilfe der in den nachfolgenden Abschnitten angegebenen Gleichungen ermittelt werden. Im Einzelnen sind dies beim zentrischen Zug: die charakteristische Tragfähigkeit beim Stahlversagen ($N_{Rk,s}$), die charakteristische Tragfähigkeit beim Betonversagen ($N_{Rk,c}$), die charakteristische Tragfähigkeit beim Spalten ($N_{Rk,sp}$) sowie die charakteristische Tragfähigkeit beim Herausziehen/Durchziehen $N_{Rk,p}$. Bei Querlast sind das analog die charakteristische Tragfähigkeit beim Stahlversagen ($V_{Rk,s}$), die charakteristische Tragfähigkeit beim Betonkantenversagen ($V_{Rk,c}$) sowie die charakteristische Tragfähigkeit beim Betonversagen zur lastabgewandten Seite ($V_{Rk,cp}$).

Der Nachweis der örtlichen Einleitung der Dübellasten in den Ankergrund ist durch Gleichung (6.1) erbracht. Die Weiterleitung der verankerten Lasten im Bauteil muss gesondert nachgewiesen werden. So ist z. B. nachzuweisen, dass die in einem Balken verankerten Lasten von diesem über Biegung bis zu seinen Auflagern weitergeleitet werden können. Zur Gewährleistung der Bauteiltragfähigkeit sind zusätzliche Nachweise erforderlich. Sie sind im Bemessungsverfahren [6.4] ausführlich beschrieben.

Die Dübelzugkräfte werden aus den an der Ankerplatte angreifenden Zug- und Drucklasten sowie Biegemomenten nach der Elastizitätstheorie berechnet. Dabei werden die Annahmen getroffen, dass die Ankerplatte eben bleibt (d. h. sie muss ausreichend steif sein und vollflächig auf dem Beton bzw. auf einer Mörtelausgleichsschicht aufliegen), dass die Steifigkeit aller Dübel gleich ist und der Steifigkeit des Stahlquerschnitts entspricht und dass das Verhältnis des E-Moduls von Stahl zum E-Modul des Betons 7 beträgt.

Die Dübelquerkräfte werden unter der Annahme berechnet, dass sich alle Dübel an der Aufnahme der Querlast beteiligen (Ausnahmen siehe Abschnitte 3.3.1 bis 3.3.3).

In den neueren Vorschriften zur Bemessung von Stahlbetonbauteilen werden die globalen Sicherheitsbeiwerte in Teilsicherheitsbeiwerte aufgeteilt [6.3], [6.4]. Dieses Verfahren wird auch für die Bemessung von Dübeln eingeführt. Dadurch wird es möglich, dübelspezifische Kennwerte wie z. B. die Montagesicherheit zu berücksichtigen. Für die Last wird ein Teilsicherheitsbeiwert von $\gamma_F = 1{,}35$ für ständige Last und $\gamma_F = 1{,}5$ für veränderliche Lasten empfohlen.

Die Teilsicherheitsbeiwerte für die Materialfestigkeit γ_M hängen von der Bruchart ab.

3.2 Bemessung für Zuglast

3.2.1 Stahlversagen

Die charakteristische Tragfähigkeit $N_{Rk,s}$ bei Stahlversagen ist den jeweiligen Zulassungsbescheiden zu entnehmen. Greift bei Dübelgruppen die Zuglast exzentrisch an, dann ist der höchstbeanspruchte Dübel der Gruppe nachzuweisen.

3.2.2 Betonversagen

Die charakteristische Tragfähigkeit $N_{Rk,c}$ bei Betonversagen berechnet sich nach Gleichung (7.1) zu:

$$N_{Rk,c} = N^0_{Rk,c} \cdot \frac{A_{c,N}}{A^0_{c,N}} \cdot \psi_{s,N} \cdot \psi_{ec1,N} \cdot \psi_{ec2,N} \cdot \psi_{re,N} \cdot \psi_{ucr,N} \quad [\text{kN}] \tag{7.1}$$

mit:

$N^0_{Rk,c} = 7{,}2 \cdot \sqrt{f_{c,150}} \cdot h_{ef}^{1,5} / 1000 \;\; [\text{kN}]$, ($f_{c,150}$ Würfeldruckfestigkeit in N/mm²; h_{ef} in mm)

$$\psi_{s,N} = 0{,}7 + 0{,}3 \cdot c/c_{cr,N} \le 1 \tag{7.1a}$$

$$\psi_{eci,N} = \frac{1}{1 + 2 \cdot \frac{e_{i,N}}{s_{cr,N}}} \le 1 \quad (i = 1, 2) \tag{7.1b}$$

$$\psi_{re,N} = 0{,}5 + \frac{h_{ef}[mm]}{200} \le 1 \quad \text{für Anwendungen in Beton mit dichter Bewehrung} \tag{7.1c}$$

$= 1{,}0$ für Anwendungen in unbewehrtem Beton bzw. in Beton mit normaler Bewehrung

$\psi_{ucr,N} = 1{,}0$ Anwendungen in gerissenem Beton

$= 1{,}4$ Anwendungen in ungerissenem Beton

Normale Bewehrung liegt vor, wenn der Achsabstand s der Bewehrungsstäbe unabhängig vom Stabdurchmesser $s \ge 150$ mm bzw. bei Stabdurchmessern ≤ 10 mm $s \ge 100$ mm beträgt.

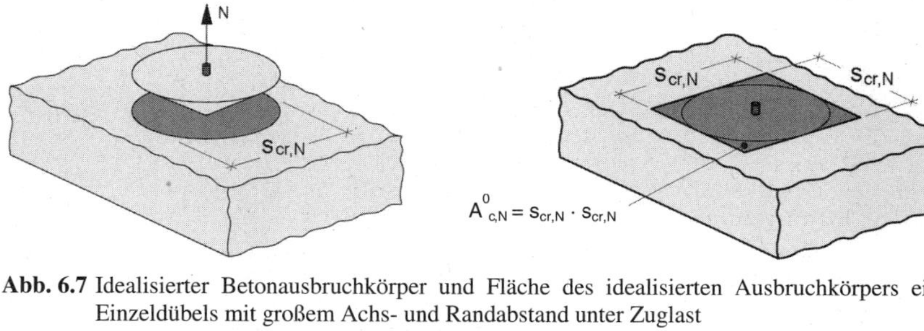

Abb. 6.7 Idealisierter Betonausbruchkörper und Fläche des idealisierten Ausbruchkörpers eines Einzeldübels mit großem Achs- und Randabstand unter Zuglast

Gleichung (7.1) ist nur auf die zugbeanspruchten Dübel einer Gruppe anzuwenden (vgl. Abb. 6.8). Weisen die zugbeanspruchten Dübel keine rechteckige Anordnung auf (z. B. infolge exzentrischer Lasteinleitung), dann kann die Gruppe gedanklich zu einer Rechteckform ergänzt werden.

Bei Befestigungen mit 3 oder mehr Rändern und einem Randabstand $c_{max} \leq c_{cr,N}$ (dabei ist c_{max} der größte Randabstand) führt die Berechnung nach Gleichung (7.1) zu auf der sicheren Seite liegenden Ergebnissen. Genauere und wirklichkeitsnahere Ergebnisse werden erzielt, wenn bei der Berechnung von $N^0_{Rk,c}$ die Verankerungstiefe h_{ef} durch den Wert nach Gleichung (8.1) ersetzt wird:

$$h'_{ef} = \frac{c_{max}}{c_{cr,N}} \cdot h_{ef} \tag{8.1}$$

Außerdem sind bei der Ermittlung der Flächen $A^0_{c,N}$ und $A_{c,N}$ sowie in den Gleichungen (7.1a) und (7.1b) anstelle $s_{cr,N}$ bzw. $c_{cr,N}$ die Werte $s'_{cr,N} = 2 \cdot c_{max}$ bzw. $c'_{cr,N} = c_{max}$ einzusetzen.

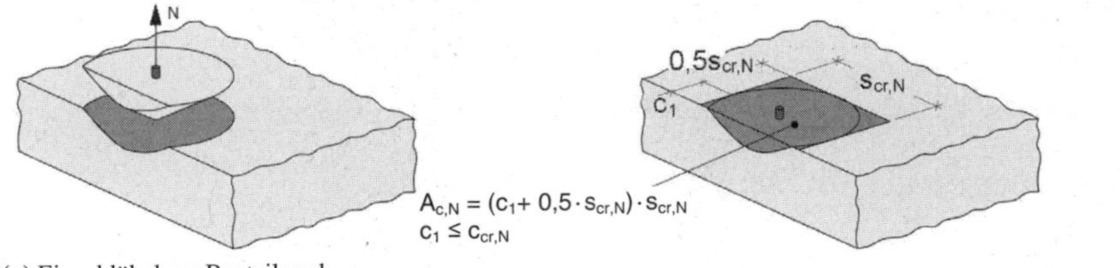

(**a**) Einzeldübel am Bauteilrand

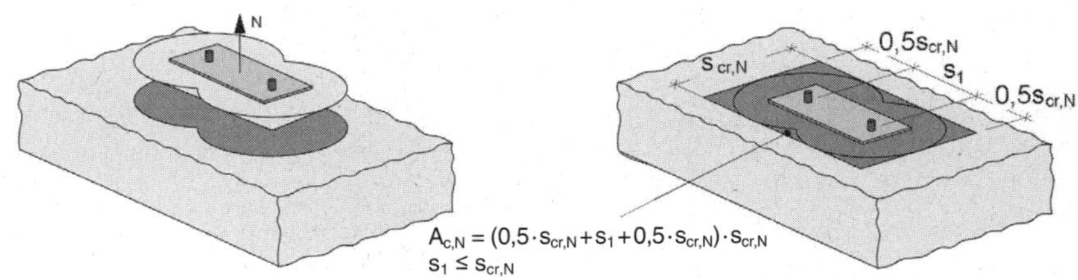

(**b**) Dübelgruppe mit 2 Dübeln mit großen Randabständen

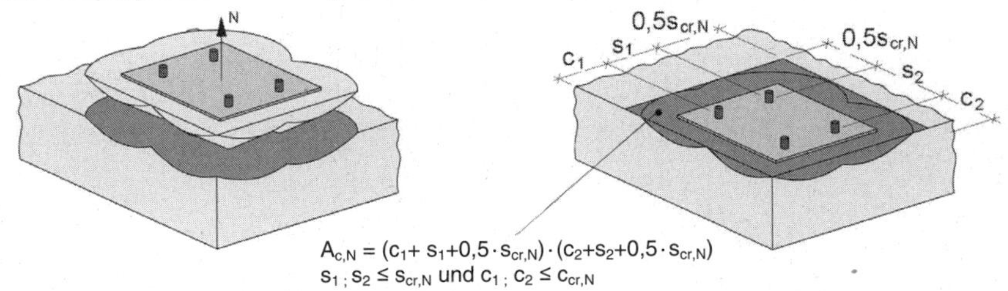

(**c**) Dübelgruppe mit 4 Dübeln in der Bauteilecke

Abb. 6.8 Beispiele für vorhandene Flächen der idealisierten Betonausbruchkörper bei verschiedenen Dübelanordnungen unter Zuglast

3.2.3 Spalten

Die Versagensart Spalten unter Zuglast muss nur berücksichtigt werden, wenn bei Einzeldübeln der Randabstand $c < 1{,}0 \cdot c_{cr,sp}$ oder bei einer Dübelgruppe der Randabstand $c < 1{,}5 \cdot c_{cr,sp}$ ist. Die charakteristische Tragfähigkeit $N_{Rk,sp}$ beim Spalten errechnet sich nach Gleichung (8.2) zu:

$$N_{Rk,sp} = N^0_{Rk,c} \cdot \frac{A_{c,N}}{A^0_{c,N}} \cdot \psi_{s,N} \cdot \psi_{ec1,N} \cdot \psi_{ec2,N} \cdot \psi_{re,N} \cdot \psi_{ucr,N} \cdot \psi_{h,sp} \tag{8.2}$$

mit $N^0_{Rk,c}$, $A^0_{c,N}$, $A_{c,N}$, $\psi_{s,N}$, $\psi_{ec1,N}$, $\psi_{ec2,N}$, $\psi_{re,N}$, $\psi_{ucr,N}$ nach Gleichung (7.1), dabei sind anstelle der Werte $s_{cr,N}$ und $c_{cr,N}$ die Werte $s_{cr,sp}$ und $c_{cr,sp}$ zu setzen.

$$\psi_{h,sp} = \left(\frac{h}{2 \cdot h_{ef}}\right)^{2/3} \leq 1{,}5 \tag{8.2a}$$

3.2.4 Herausziehen/Durchziehen

Die charakteristische Tragfähigkeit $N^0_{Rk,p}$ beim Herausziehen/Durchziehen ist den Zulassungsbescheiden zu entnehmen. Die charakteristische Tragfähigkeit $N_{Rk,p}$ errechnet sich durch Multiplikation des Wertes $N^0_{Rk,p}$ mit dem Faktor $\psi_{ucr,p} = 1{,}0$ für Anwendungen in gerissenen Beton oder für Anwendungen in ungerissenen Beton $\psi_{ucr,p} \geq 1{,}0$. Greift bei Dübelgruppen die Zuglast exzentrisch an, dann ist der höchstbeanspruchte Dübel der Gruppe nachzuweisen.

3.2.5 Zusammenstellung der erforderlichen Nachweise

Die erforderlichen Nachweise sind in der folgenden Tafel 6.9 zusammengestellt. Der Nachweis für Spalten ist nur dann zu führen, wenn die unter Abschn. 3.2.3 gegebenen Bedingungen erfüllt sind.

Tafel 6.9 Erforderliche Nachweise für Zuglasten

	Einzeldübel	Dübelgruppen
Stahlversagen	$N_{Sd} \leq N_{Rk,s}/\gamma_{Ms}$	$N^h_{Sd} \leq N_{Rk,s}/\gamma_{Ms}$
Betonausbruch	$N_{Sd} \leq N_{Rk,c}/\gamma_{Mc}$	$N^g_{Sd} \leq N_{Rk,c}/\gamma_{Mc}$
Spalten des Betons	$N_{Sd} \leq N_{Rk,sp}/\gamma_{Msp}$	$N^g_{Sd} \leq N_{Rk,sp}/\gamma_{Msp}$
Herausziehen/Durchziehen	$N_{Sd} \leq N_{Rk,p}/\gamma_{Mp}$	$N^h_{Sd} \leq N_{Rk,p}/\gamma_{Mp}$

3.3 Bemessung für Querlast

3.3.1 Stahlversagen ohne Biegebeanspruchung des Dübels

Die charakteristische Tragfähigkeit $V_{Rk,s}$ bei Stahlversagen ohne Biegebeanspruchung des Dübels ist den jeweiligen Zulassungsbescheiden zu entnehmen. Sie ist bei Dübelgruppen mit dem Faktor 0,8 abzumindern, wenn die Bruchdehnung des verwendeten Stahles < 8 % beträgt. Bei exzentrischer Belastung ist der höchstbeanspruchte Dübel der Gruppe nachzuweisen.

3.3.2 Stahlversagen mit Biegebeanspruchung des Dübels

Eine Biegebeanspruchung des Dübels ist zu berücksichtigen, wenn unter dem Anbauteil eine nichttragende Schicht oder eine Mörtelausgleichsschicht (> 3 mm) vorhanden ist oder wenn das maximale Durchgangsloch im anzuschließenden Bauteil nicht eingehalten ist.

Die charakteristische Tragfähigkeit $V_{Rk,s}$ bei Stahlversagen mit Biegebeanspruchung des Dübels errechnet sich nach Gleichung (9.1) zu:

$$V_{Rk,s} = \alpha_M \cdot M_{Rk,s}/l \tag{9.1}$$

mit $\alpha_M = 1{,}0$ bei freier Drehbarkeit (siehe Abb. 6.9a) bzw. $\alpha_M = 2{,}0$ bei voller Einspannung (siehe Abb. 6.9b) und $M_{Rk,s} = M^0_{Rk,s} \cdot (1 - N_{Sd}/N_{Rd,s})$. $M^0_{Rk,s}$ ist in den jeweiligen Zulassungsbescheiden angegeben. N_{Sd} ist der Bemessungswert der einwirkenden Zuglast. $N_{Rd,s}$ wird ermittelt aus $N_{Rd,s} = N_{Rk,s}/\gamma_{Ms}$, wobei $N_{Rk,s}$ dem Zulassungsbescheid zu entnehmen ist. Der Hebelarm der Querlast berechnet sich aus $l = a_3 + e_1$ mit $a_3 = 0{,}5 \cdot d$. Bei Dübelgruppen ist in der Gleichung zur Berechnung von $M_{Rk,s}$ N_{Sd} durch N^h_{Sd} zu ersetzen.

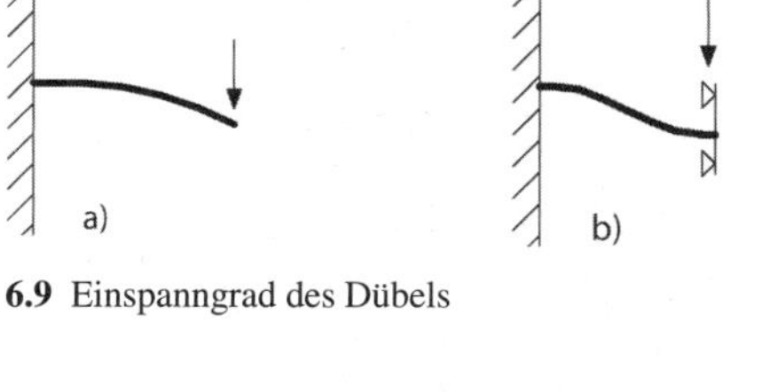

Abb. 6.9 Einspanngrad des Dübels

3.3.3 Betonkantenbruch

Die charakteristische Tragfähigkeit $V_{Rk,c}$ beim Betonkantenbruch beträgt nach Gleichung (10.1):

$$V_{Rk,c} = V^0_{Rk,c} \cdot \frac{A_{c,V}}{A^0_{c,V}} \cdot \psi_{s,V} \cdot \psi_{h,V} \cdot \psi_{ec,V} \cdot \psi_{\alpha,V} \cdot \psi_{ucr,V} \quad (10.1)$$

mit

$$V^0_{Rk,c} = 0{,}45 \cdot \sqrt{d_{nom}} \cdot (l_f / d_{nom})^{0,2} \cdot \sqrt{f_{c,150}} \cdot c_1^{1,5} \quad (10.1a)$$

l_f wirksame Lasteinleitungslänge in mm
= h_{ef} bei Befestigungselementen mit konstanter Steifigkeit
= Länge der Distanzhülse im Beton bei Dübeln mit nicht konstanter Steifigkeit
d_{nom} Außendurchmesser des Dübels bzw. Schaftdurchmesser des Kopfbolzens in mm
c_1 Randabstand in mm (s. Abb. 6.10a)
$f_{c,150}$ Würfeldruckfestigkeit des Betons in N/mm²

$$\psi_{s,V} = 0{,}7 + 0{,}3 \cdot c_2/(1{,}5 \cdot c_1) \le 1 \quad (10.1b)$$

$$\psi_{h,V} = \left(\frac{1{,}5 \cdot c_1}{h}\right)^{1/3} \ge 1{,}0 \quad (10.1c)$$

$$\psi_{ec,V} = \frac{1}{1 + 2 \cdot \frac{e_V}{3 \cdot c_1}} \le 1$$

$\psi_{\alpha,V}$ = 1,0 (Bereich 1, $0° \le \alpha_V \le 55°$) (10.1d)
1,0/(cos α_V + 0,5 · sin α_V) (Bereich 2, $55° < \alpha_V \le 90°$) (10.1e)
2,0 (Bereich 3, $90° < \alpha_V \le 180°$) (10.1f)

$\psi_{ucr,V}$ = 1,0 (gerissener Beton, ohne Randbewehrung)
1,2 (gerissener Beton, gerade Randbewehrung ≥ ∅ 12 mm)
1,4 (gerissener Beton, gerade Randbewehrung ≥ ∅ 12 mm und Bügel im Abstand ≤ 10 cm bzw. geschweißte Bewehrungsmatte ≥ ∅ 8 mm, im Abstand ≤ 10 cm)
1,4 (ungerissener Beton)

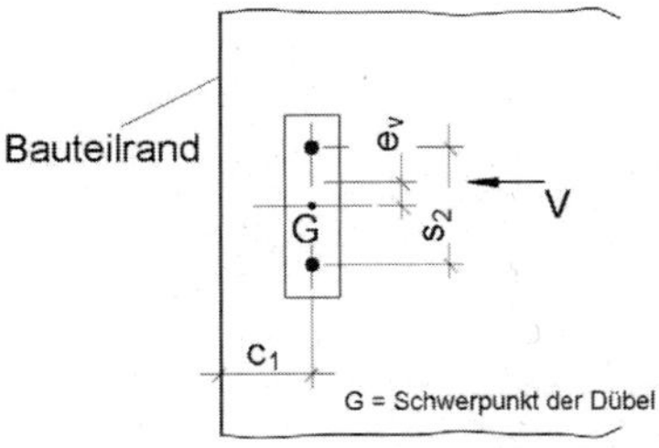

Abb. 6.10a Beispiel für eine Verankerung bei exzentrischer Querbeanspruchung

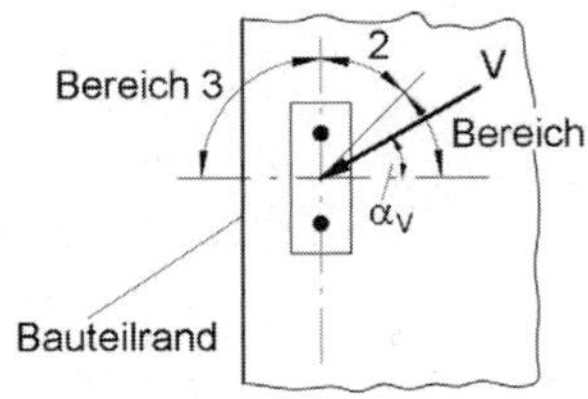

Abb. 6.10b Definition des Winkels α_V

Bei Zweiergruppen senkrecht zum Rand wird in Gleichung (10.1) der Randabstand c_1 des randnahen Dübels eingesetzt. Dasselbe gilt auch für die Ermittlung der Fläche $A_{c,V}$. Ebenso werden bei Vierergruppen nur die beiden randnahen Dübel in Ansatz gebracht (vgl. Abb. 6.11c(c)), d. h. es wird sowohl bei Zweiergruppen senkrecht zum Rand als auch bei Vierergruppen davon ausgegangen, dass die gesamte einwirkende Querlast allein von dem einen bzw. den beiden randnahen Dübeln aufgenommen wird. Diese Annahme ist sinnvoll, da zwischen Dübel und Ankerplatte üblicherweise ein Lochspiel vorhanden ist, was im ungünstigsten Fall zu einer Beanspruchung ausschließlich der randnahen Dübel führen kann (vgl. Abb. 6.11a).

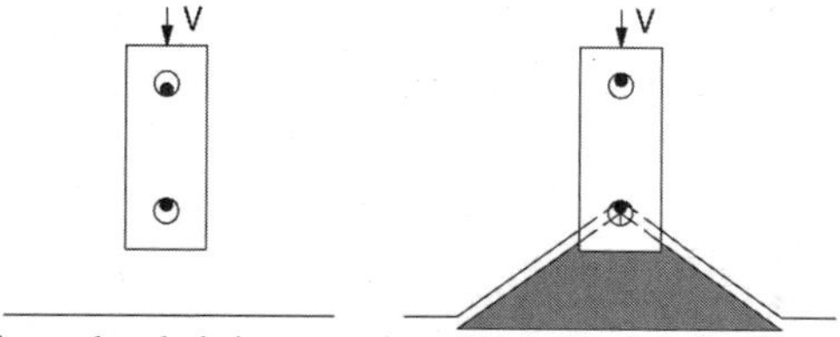

Abb. 6.11a Betonkantenbruch bei ungünstiger Lage der Dübel in Bezug auf die Löcher im Anbauteil (Anmerkung: die Löcher sind stark vergrößert dargestellt.)

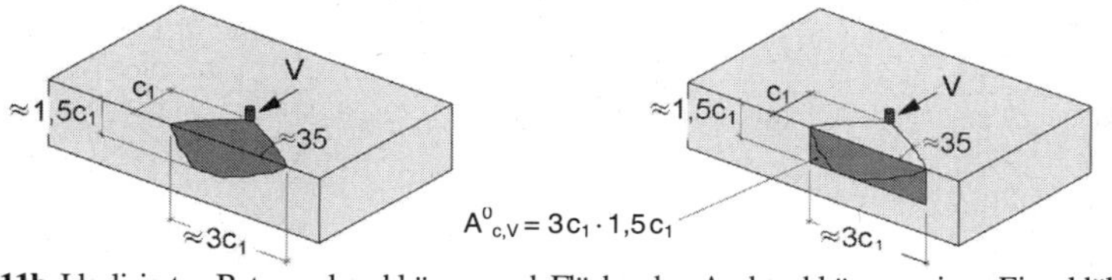

Abb. 6.11b Idealisierter Betonausbruchkörper und Fläche des Ausbruchkörpers eines Einzeldübels mit großem Achsabstand bzw. mit großem Randabstand zu weiteren Rändern auf der Bauteilseitenfläche unter Querlast

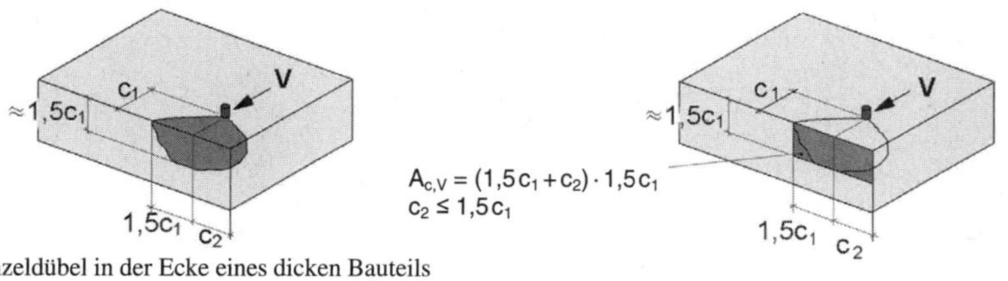

(a) Einzeldübel in der Ecke eines dicken Bauteils

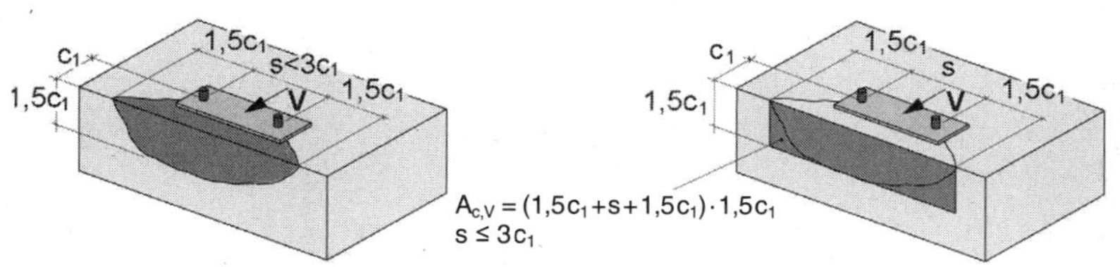

(b) Zweiergruppe am Rand eines dicken Bauteils

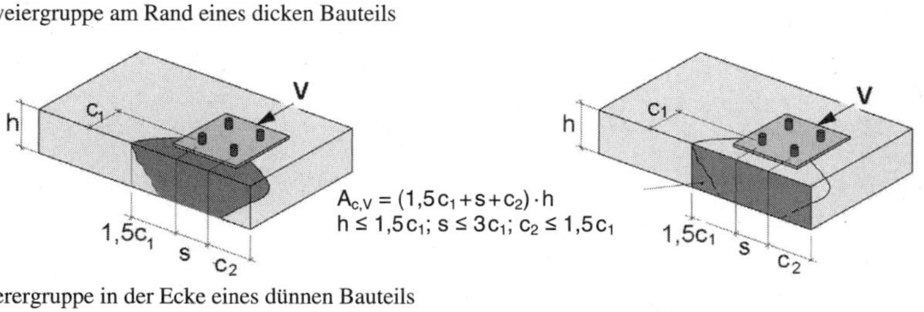

(c) Vierergruppe in der Ecke eines dünnen Bauteils

Abb. 6.11c Beispiele für vorhandene Flächen der idealisierten Betonausbruchkörper bei verschiedenen Dübelanordnungen unter Querlast

3.3.4 Betonversagen auf der lastabgewandten Seite (pryout-Versagen)

$$V_{Rk,cp} = k \cdot N_{Rk,c} \tag{12.1}$$

mit $N_{Rk,c}$ nach Gleichung (7.1). Aus den jeweiligen Zulassungsbescheiden kann k entnommen werden (i. Allg. $k = 1{,}0$ für Dübel mit $h_{ef} < 60$ mm und $k = 2{,}0$ für Dübel mit $h_{ef} \geq 60$ mm).

3.3.5 Zusammenstellung der erforderlichen Nachweise

Die erforderlichen Nachweise sind in der folgenden Tafel 6.12 zusammengestellt.

Tafel 6.12 Erforderliche Nachweise für Querlasten

	Einzeldübel	Dübelgruppen
Stahlversagen	$V_{Sd} \leq V_{Rk,s}/\gamma_{Ms}$	$V_{Sd}^{h} \leq V_{Rk,s}/\gamma_{Ms}$
Betonkantenbruch	$V_{Sd} \leq V_{Rk,c}/\gamma_{Mc}$	$V_{Sd}^{g} \leq V_{Rk,c}/\gamma_{Mc}$
Betonausbruch auf der lastabgewandten Seite	$V_{Sd} \leq V_{Rk,cp}/\gamma_{Mc}$	$V_{Sd}^{g} \leq V_{Rk,cp}/\gamma_{Mc}$

3.4 Kombinierte Zug- und Querbelastung

Bei kombinierter Beanspruchung durch Zug- und Querlasten ist zusätzlich zu den Einzelnachweisen gemäß den vorausgegangenen Abschnitten eine der Interaktionsgleichungen (12.2), (12.2a) oder (12.2b) zu erfüllen (vgl. Abb. 6.12). Gleichung (12.2a) gilt nur dann, wenn sowohl unter Zuglast als auch unter Querlast Stahlversagen maßgebend ist. Die Gleichungen (12.2) und (12.2b) gelten für alle übrigen Versagensarten, wobei Gleichung (12.2) konservative Ergebnisse ergibt.

$$\left(\frac{N_{Sd}}{N_{Rd}}\right) + \left(\frac{V_{Sd}}{V_{Rd}}\right) \leq 1{,}2 \tag{12.2}$$

$$\left(\frac{N_{Sd}}{N_{Rd}}\right)^2 + \left(\frac{V_{Sd}}{V_{Rd}}\right)^2 \leq 1{,}0 \tag{12.2a}$$

$$\left(\frac{N_{Sd}}{N_{Rd}}\right)^{1,5} + \left(\frac{V_{Sd}}{V_{Rd}}\right)^{1,5} \leq 1{,}0 \tag{12.2b}$$

Für die Quotienten (N_{Sd}/N_{Rd}) und (V_{Sd}/V_{Rd}) sind jeweils die größten Werte für die einzelnen Versagensarten einzusetzen.

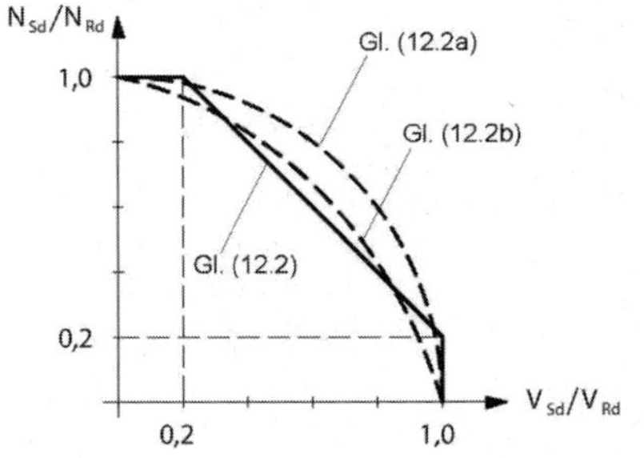

Abb. 6.12 Interaktionsdiagramm für kombinierte Zug- und Querbeanspruchung

3.5 Zusätzliche Nachweise zur Gewährleistung der Bauteiltragfähigkeit

Der Nachweis der örtlichen Krafteinleitung in den Beton ist durch das Bemessungsverfahren (CC-Verfahren) erbracht. Die Weiterleitung der Kräfte im Bauteil bis zu den Auflagern ist gesondert nachzuweisen. Details hierzu sind in der Bemessungsrichtlinie [6.4] zu finden.

4 Beispiel

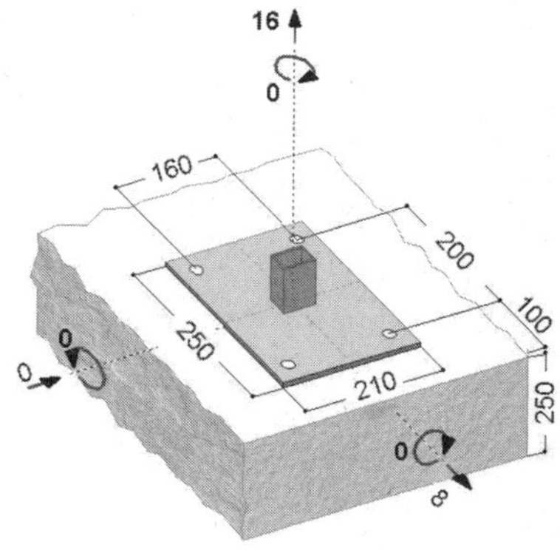

Vierergruppe am Bauteilrand unter kombinierter Zug- und Querlast

Hinterschnittdübel M12, h_{ef} = 80 mm, d_{nom} = 18 mm
Stahldehnung > 8 %

Betonfestigkeitsklasse C20/25
gerissener Beton, dicht bewehrt

Achsabstände s_1 = 20 cm, s_2 = 16 cm
Randabstand c_1 = 10 cm
Bauteildicke h = 25 cm
Bauteilrand bewehrt: ∅ 12 mm (gerade)

Belastung: N = 16 kN (Eigengewicht)
V = 8 kN (Eigengewicht)

Abmessungen der Stahlplatte 21 cm x 25 cm
γ_F = 1,35 (Eigengewicht)

a) Bemessung für Zuglast

$N_{Rk,s}$ = 67,4 kN (aus Zulassung)
$N^0_{Rk,c} = 7{,}2 \cdot 25^{0,5} \cdot 80^{1,5}/1000 = 25{,}8$ kN (nach Gleichung (7.1a))
$\psi_{ucr,N} = 1{,}0$
$s_{cr,N} = s_{cr,sp} = 3 \cdot h_{ef} = 24$ cm
$c_{cr,N} = c_{cr,sp} = 1{,}5 \cdot h_{ef} = 12$ cm
$\gamma_{Ms} = 1{,}5$; $\gamma_{Mc} = \gamma_{Mp} = \gamma_{Msp} = 1{,}5$ (aus Zulassung)

nach Gleichung (6.2): $N_{Sd} = 1{,}35 \cdot 16 = 21{,}6$ kN
$N^h_{Sd} = 1{,}35 \cdot 16/4 = 5{,}4$ kN

Stahlversagen Nachweis $5{,}4 \leq 67{,}4 / 1{,}5 = 44{,}9$ kN

Betonversagen nach Abb. 6.8: $A_{c,N} / A^0_{c,N} = (12 + 20 + 10) \cdot (12 + 16 + 12) / (9 \cdot 8{,}0^2) = 2{,}92$
Gl. (7.1a): $\psi_{s,N} = 0{,}7 + 0{,}3 \cdot 10/12 = 0{,}95$
Gl. (7.1b): $\psi_{ec1,N} = \psi_{ec2,N} = 1{,}0$ (keine Biegung)
gerissener Beton, dicht bewehrt:
Gl. (7.1c): $\psi_{re,N} = 0{,}5 + 80/200 = 0{,}9 < 1{,}0$
Gl. (7.1): $N_{Rk,c} = 25{,}8 \cdot 2{,}92 \cdot 0{,}95 \cdot 1{,}0 \cdot 1{,}0 \cdot 0{,}9 \cdot 1{,}0 = 64{,}2$ kN
Nachweis: $21{,}6 \leq 64{,}2 / 1{,}5 = 42{,}8$ kN

Spalten Gl. (8.2a): $\psi_{h,sp} = (250/(2 \cdot 80))^{2/3} = 1{,}35$
Gl. (8.2): $N_{Rk,sp} = 64{,}2 \cdot 1{,}35 = 87{,}0$ kN
Nachweis: $21{,}6 \leq 87{,}0 / 1{,}5 = 58{,}0$ kN

Heraus-/Durchziehen $N_{Rk,p} = 20{,}0$ kN (aus Zulassung)
Nachweis: $5{,}4 \leq 20/1{,}5 = 13{,}3$ kN

b) Bemessung für Querlast

$V_{Rk,s} = 33{,}8$ kN (aus Zulassung)
$k = 2{,}0$ (aus Zulassung)
$\gamma_{Ms} = 1{,}25$; $\gamma_{Mc} = \gamma_{Mcp} = 1{,}5$

nach Gleichung (6.2): $V_{Sd} = 1{,}35 \cdot 8 = 10{,}8$ kN
$V^h_{Sd} = 1{,}35 \cdot 8/4 = 2{,}7$ kN

Stahlversagen Nachweis $10{,}8 \leq 33{,}8 / 1{,}25 = 27{,}0$ kN

Betonversagen Gl. (10.1a): $V^0_{Rk,c} = 12{,}9$ kN
Abb. 6.11b/
Abb. 6.11c $A_{c,V}/ A^0_{cV} = (1{,}5 \cdot 10 + 16 + 1{,}5 \cdot 10) \cdot (1{,}5 \cdot 10)/(4{,}5 \cdot 10^2) = 1{,}53$
Gl. (10.1b): $\psi_{s,V} = 1{,}0$ (keine weiteren Bauteilränder vorhanden)
Gl. (10.1c): $\psi_{h,V} = (1{,}5 \cdot 10 / 25)^{1/3} = 0{,}84 \leq 1{,}0$

zentrische Querlast: $\psi_{ec,V} = 1{,}0$

Last senkrecht zum Rand: $\psi_{\alpha,V} = 1{,}0$

Beton gerissen und Rand bewehrt mit ∅ 12 mm: $\psi_{ucr,V} = 1{,}2$

Gl. (10.1): $V_{Rk,c} = 12{,}9 \cdot 1{,}53 \cdot 1{,}0 \cdot 1{,}0 \cdot 1{,}0 \cdot 1{,}0 \cdot 1{,}2 = 23{,}7$ kN

Nachweis $10{,}8 \leq 23{,}7 / 1{,}5 = 15{,}8$ kN

Betonversagen auf der lastabgewandten Seite

Gemäß Abschnitt 3.3.4 werden bei der Berechnung von $N_{Rk,c}$ alle Dübel der Gruppe berücksichtigt.
Damit ergibt sich $N_{Rk,c}$ zu:

Gl. (7.1): $N_{Rk,c} = 25{,}8 \cdot 2{,}92 \cdot 0{,}95 \cdot 1{,}0 \cdot 1{,}0 \cdot 0{,}9 \cdot 1{,}0 = 64{,}2$ kN

Gl. (12.1): $V_{Rk,cp} = 2{,}0 \cdot 64{,}2 = 128{,}4$ kN

Nachweis: $10{,}8 \leq 128{,}4/1{,}5 = 85{,}6$ kN

c) Kombinierte Zug- und Querbelastung

Gl. (12.2b): $(21{,}6 / 42{,}8)^{1{,}5} + (10{,}8 / 15{,}8)^{1{,}5} = 0{,}92 < 1{,}0$

5 Korrosion

Um eine Korrosion des Metallteils der Befestigungselemente zu vermeiden, werden oft um den Stahl günstige Schutzummantelungen aufgebracht oder ein Material ausgewählt, das die Entstehung von Korrosion verhindert.

Bei Verzinkungen verhindert die dichte und in der Regel intakte Ummantelung den Kontakt des korrosiven Mediums mit dem Stahl. Ausreichender Korrosionsschutz wird auch noch bei leichter Beschädigung des Mantels erreicht.

Durch galvanische Verzinkung besitzen Metalldübel in der Regel eine minimale Ummantelungsdicke von 5 µm und eine gelbe oder blaue Passivierung. Dies garantiert einen ausreichenden Transportschutz auch unter ungünstigen Bedingungen und einen Langzeitschutz für Innenanwendungen.

Die Feuerverzinkung ermöglicht Ummantelungsdicken von maximal 15 bis 20 µm und somit einen höheren Korrosionsschutz. Feuerverzinkte Metalldübel können für Außenanwendungen mit geringer Korrosionsgefahr verwendet werden und stellen eine günstige Alternative zu Produkten in rostfreiem Stahl dar.

Als langzeitkorrosionsbeständiges Material wird nicht rostender Stahl Anspruchsklasse 316 (A4) wie z. B. die Material-Nr. 1.4401, 1.4571 und 1.4404 verwendet. Diese Stähle bieten einen optimalen Korrosionsschutz gegen gewöhnliche Umwelteinflüsse und industrielle Atmosphären, sind aber nicht geeignet bei Kontakt mit Chloriden und Meereswasser. Für diese Fälle sowie für Metalldübel im Verkehrstunnel, bei Kraftwerken oder Wasserwerken bieten die Hersteller Produkte aus Stählen mit den Material-Nr. 1.4529 oder 1.4565 an.

6 Brandschutz

Während eines Feuerversuchs können bei Metallspreiz- und Hinterschnittdübeln drei verschiedene Versagensarten auftreten: Stahlversagen, Betonversagen oder Herausziehen/Durchziehen. Die Feuerwiderstandsdauer von Befestigungsmitteln kann in der Regel nur aufgrund von Versuchen beurteilt werden.

Hohe Feuertemperaturen verändern die mechanischen Eigenschaften von Stahl und Beton. Die Stahlfestigkeit nimmt bei hohen Temperaturen deutlich ab, dabei bietet Stahl mit einem niedrigen Kohlenstoffgehalt unter Feuerbelastung die höhere Sicherheit. Die bei einer bestimmten Feuerwiderstandsdauer ertragbare Stahlspannung wird außerdem von der Größe und Dicke des Anbauteils beeinflusst.

Die Betonausbruchlast wird durch eine Brandbeanspruchung reduziert. Bei Befestigungen mit geringerer Verankerungstiefe findet eine größere Reduktion der Betonausbruchlast statt als bei Befestigungen mit großer Verankerungstiefe.

Die Festigkeit von Kunstharzmörteln bei Temperaturen über 80 °C nimmt zwar stark ab und das Temperaturverhalten von Kunstharzmörteln ist produktabhängig, generell jedoch zeigen Verbundanker eine deutliche Verschlechterung der Tragfähigkeit im Brandfall.

6 B Schutz und Instandsetzung von Betonbauwerken

Prof. Dr.-Ing. Michael Raupach und Dr.-Ing. Jeanette Orlowsky

1 Regelwerke

Beim Schutz und bei der Instandsetzung von Betonbauteilen sind verschiedene Regelwerke zu beachten. Die Instandsetzungsarbeiten sind nach einem von einem sachkundigen Planer aufgestellten Instandsetzungsplan auszuführen. Der detaillierte Arbeitsplan muss von einer qualifizierten Führungskraft aufgestellt werden. Die Qualifikation wird durch den SIVV-Schein (Schützen, Instandsetzen, Verbinden, Verstärken) nachgewiesen. Kunststoffmodifizierte Spritzmörtel dürfen nur von Personen mit dem sogenannten Düsenführerschein (D-Schein) verarbeitet werden.

Alle Materialien müssen die Anforderungen der Richtlinie für Schutz und Instandsetzung von Betonbauteilen (Rili-SIB) des DAfStB [6.20], Teil 2, bzw. der Technischen Vertragsbedingungen der ZTV-ING [6.21] erfüllen.

Alle Stoffe, die im Bereich der Betoninstandsetzung angewendet werden dürfen, sind in der Bauregelliste enthalten [6.22]. Die genormten Stoffe wie Beton und Spritzbeton sind in der Bauregelliste A, Teil 1, die nicht genormten Stoffe in der Bauregelliste A, Teil 2, aufgeführt, soweit sie eingesetzt werden, wo die Standsicherheit des Bauwerkes betroffen ist. Stoffe von untergeordneter Bedeutung sind in Liste C enthalten.

Als Nachweis der grundsätzlichen Eignung eines Instandsetzungsproduktes bzw. -systems nach Bauregelliste A, Teil 2, dient ein allgemeines bauaufsichtliches Prüfzeugnis (abP). Grundlage dieses Zeugnisses ist die Grundprüfung des Produktes, die nur von einer dafür vom Deutschen Institut für Bautechnik anerkannten Stelle durchgeführt werden darf. Auch das abP wird von der Prüfstelle ausgestellt. Bestandteil eines abP sind u. a. die Ausführungsanweisungen des Herstellers, die bei Untergrundvorbehandlung, Anmischen, Verarbeitung, Ausführung und Nachbehandlung unbedingt zu beachten sind. Dort sind unter anderem auch Angaben zu den minimalen und maximalen Verarbeitungstemperaturen sowie Schichtdicken enthalten. Zurzeit sind alle kunststoffhaltigen Instandsetzungsprodukte in der Bauregelliste A, Teil 2, enthalten.

Angewendet werden dürfen Instandsetzungsprodukte bzw. -systeme grundsätzlich nur, wenn für sie ein Übereinstimmungszertifikat (ÜZ) vorliegt. Zur Kennzeichnung der ÜZ-Produkte ist auf ihrer Verpackung ein Übereinstimmungszeichen (Ü-Zeichen) angebracht.

2 Angriffe auf Stahlbeton

Mögliche Angriffe auf Stahlbetonbauteile sind im nachfolgenden Schema zusammengestellt.

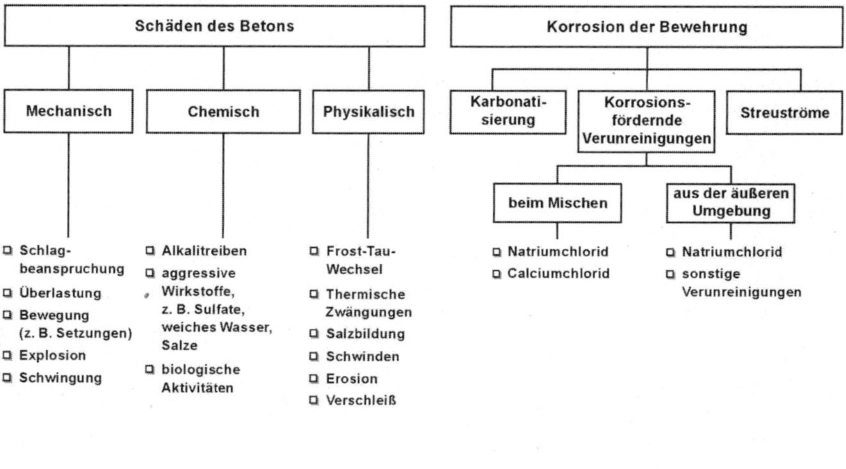

3 Bauwerksdiagnose

3.1 Erfassung des Ist-Zustandes

Tafel 6.16 Untersuchung des Ist-Zustandes eines Bauwerks (Beispiele nach [6.20])

	Kriterien zur Beschreibung des Ist-Zustandes	Untersuchungsmethoden, Hilfsmittel	Untersuchungsergebnisse und Bewertung
	1	2	3
1	**Umgebungs- und Nutzungsbedingungen**		
1.1	Mechanische Einwirkungen (z. B. Fahrzeuganprall, Überlastung)	Inaugenscheinnahme	Bewertung im Einzelfall
1.2	Physikalische und chemische Einwirkung (z. B. von Temperatur, Feuchte, Frost, Tausalzen, Gasen, Ölen, Fetten)	Messungen, Erkundungen	Angabe über Art und Umfang der Einwirkungen, Bewertung im Einzelfall
1.3	Einwirkungen aus Betrieb (Reinigung, Wartung)	Auswertung von Protokollen, z. B. der Streckenwartung	Häufigkeit und Art der Reinigung, Reinigungsmittel, Bewertung im Einzelfall
1.4	Zugänglichkeit	Örtliche Feststellungen	Bewertung im Einzelfall (Hinweis auf Zugänglichkeit und/oder Unzugänglichkeit, evtl. auf Geräte und Beleuchtung)
2	**Bauwerks- und Bauteileigenschaften**		
2.1	Brückenklasse, statisches System	Bauwerksbuch, Bauwerksakten	Bewertung im Einzelfall
2.2	Herstellungsbedingungen (z. B. Witterung, Besonderheiten)	Bautagebuch, Wetteramt, Bauwerksakten	Bewertung im Einzelfall
2.3	Optischer Eindruck (z. B. Abplatzungen, Risse, Rostfahnen, Ausblühungen, Verschmutzungen, Absandungen)	Inaugenscheinnahme, Rissaufnahme, z. B. mit Risslupe	Lokalisierung und Ausmaß, Bewertung im Einzelfall
2.4	Hohlstellen	Abklopfen, Impuls-Echo-Verfahren	Lokalisierung und Ausmaß, Bewertung im Einzelfall
2.5	Betondeckung	Induktivitätsmessungen, Anbohren	Bewertung durch Vergleich mit den Anforderungen
2.6	Verformung, Zwang, Pressungen	Messungen und Berechnungen	Bewertung im Einzelfall
2.7	Entwässerung, Abdichtung, Belag, Fugen	Inaugenscheinnahme, Abklopfen, ggf. Öffnen und/oder Messen	Bewertung nach dem Zustand und dem Grad der Funktionsfähigkeit
2.8	Fahrbahnübergänge, Einbauten	Inaugenscheinnahme	
2.9	Bewehrungskorrosion	Elektrochemische Potentialmessung	Lokalisierung von Bewehrungskorrosion in Stahlbetonbauwerken
3	**Baustoffeigenschaften**		
3.1	Druckfestigkeit	Zerstörungsfreie Prüfung („Schmidt-Hammer"), in begründeten Einzelfällen zerstörende Prüfung durch Entnahme von Bohrkernen; DIN 1048-2	Nennfestigkeit, Vergleich mit geforderten Werten
3.2	Oberflächenzugfestigkeit	Geregeltes Abreißprüfgerät a) Oberfläche b) ggf. tiefer liegende Schichten (Profilaufnahme); DAfStb-Heft 420	Vergleich mit geforderten Werten. Falls nicht ausreichend, Überprüfung des Festigkeits- und Verformungsverhaltens
3.3	Korrosion der Bewehrung	Augenscheinliche Betrachtung	Zur Bewertung sind sowohl die Absolutwerte als auch die gegenseitigen Abhängigkeiten der einzelnen Baustoffeigenschaften in ihrer Gesamtheit zu berücksichtigen. Grenzwerte einzelner Baustoffeigenschaften werden daher nicht angegeben.
3.4	Karbonatisierung	Phenolphthalein, Thymolphthalein. DAfStb-Heft 422	
3.5	Chloridbelastung	DAfStb-Heft 401	
3.6	Gesamtporosität, Kapillarität	z. B. nach DIN 52 103	
3.7	Wasseraufnahmekoeffizient	z. B. nach DIN 52 617	

3.2 Karbonatisierung

Bei der Karbonatisierung des Betons diffundiert das in der Luft enthaltene Kohlendioxid in den Zementstein und bildet mit Calciumhydroxid ($Ca(OH)_2$) sowie anderen calciumhaltigen Hydratationsprodukten Calciumcarbonat ($CaCO_3$). Dadurch kann der pH-Wert des Porenwassers bis unter 9 sinken und der Porenraum wird in Abhängigkeit vom Bindemittel verändert. Durch den reduzierten pH-Wert bedingt die Karbonatisierung eine Depassivierung der Bewehrung. Die Karbonatisierung ist mit Hilfe des Phenolphthalein-Tests oder durch Bestimmung des pH-Wertes des Betonporenwassers festzustellen. Dabei ist die Verteilung der Karbonatisierungstiefe über die Bauteiloberfläche zu ermitteln.

3.3 Kritischer Chloridgehalt

Der kritische, korrosionsauslösende Chloridgehalt im Beton hängt von einer Reihe von Einflussfaktoren ab und muss daher im jeweiligen Einzelfall bei Überschreitung der im Folgenden genannten Grenzwerte durch den sachkundigen Planer beurteilt werden. Hierbei sind außer dem Chloridgehalt auch die Umgebungsbedingungen zu berücksichtigen. Diese Beurteilung betrifft auch die Festlegung der abzutragenden Betonbereiche. Die nachfolgenden Angaben in den einzelnen Grundsatzlösungen sind deshalb nur als Richtwerte zu verstehen.

Wenn erhöhte Chloridgehalte nicht ausgeschlossen werden können, sind sie nach [6.20] im Bereich der Betondeckung der Bewehrung zunächst überschlägig zu prüfen. Werden hierbei Chloridgehalte über 0,2 % der Zementmasse oder über 0,03 % der Betonmasse festgestellt, so sind die Konzentrationsverteilungen über die Bauteildicke im Bereich der mit Chlorid beaufschlagten Bauteiloberflächen zu ermitteln.

Wenn nach [6.20] bei Stahlbetonbauteilen in der Betondeckungsschicht Chloridgehalte über 0,5 % Cl^-, bezogen auf die Zementmasse, und bei Spannbetonbauteilen Werte über 0,2 % Cl^- ermittelt werden, ist zur Beurteilung der erforderlichen Maßnahmen der sachkundige Planer einzuschalten. Dies gilt auch dann, wenn an der Betonoberfläche keine Anzeichen von Korrosion an der Bewehrung feststellbar sind. Bei unbekannter Betonzusammensetzung ist der Zementgehalt auf der sicheren Seite liegend abzuschätzen.

3.4 Klassifizierung der Betonfeuchte

Die Betonfeuchte wird nach [6.20] wie folgt eingeteilt:

trocken Eine ca. 2 cm tiefe, frisch hergestellte Bruchfläche darf (infolge Austrocknens) nicht augenscheinlich heller werden. Unter einer am Rand aufgeklebten PE-Folie (500 mm x 500 mm) darf über Nacht keine Dunkelfärbung des Betons und keine Kondensation von Feuchtigkeit auftreten.

feucht Die Oberfläche hat ein mattfeuchtes Aussehen, darf aber keinen glänzenden Wasserfilm aufweisen; das Porensystem des Betonuntergrundes darf nicht wassergesättigt sein, d. h. aufgebrachte Wassertropfen müssen eingesogen werden und nach kurzer Zeit muss die Oberfläche wieder matt erscheinen. Der Feuchtegehalt kann mit der CM-Methode bzw. durch Darren bei 105 °C genauer bestimmt und mit dem in den Angaben zur Ausführung angegebenen zulässigen Wert verglichen werden. Der zulässige Wassergehalt hängt u. a. vom Zementgehalt, Wasserzementwert und Porenvolumen ab. Ein fester Prozentsatz lässt sich nicht angeben. Für Bewertung und Zuordnung ist eine besondere Sachkenntnis erforderlich.

nass Das Porensystem des Betonuntergrundes ist wassergesättigt; die Betonoberfläche wirkt glänzend, weist jedoch keinen tropfbaren Wasserfilm auf.

4 Instandsetzungsprinzipien

4.1 Instandsetzungsprinzipien bei Bewehrungskorrosion nach Rili-SIB

4.1.1 Instandsetzungsprinzip R

Das Instandsetzungsprinzip R beruht auf der erneuten Bildung einer Passivschicht auf der Oberfläche der Stahlbewehrung (Repassivierung) durch Auftragen eines zementgebundenen Mörtels bzw. Betons, im Weiteren einheitlich als Mörtel bezeichnet, der zu einem erneut hohen pH-Wert an der Stahloberfläche führt. Die Bewehrung wird bei dieser Vorgehensweise nicht wie früher üblich beschichtet, da der pH-Wert des Mörtels sonst nicht einwirken kann.

Bei Grundsatzlösung R1-K wird der alkalische Mörtel sowohl für die örtliche Reprofilierung als auch für den großflächigen Auftrag auf die ursprüngliche Betonoberfläche oder großflächig abgetragene Bereiche verwendet, s. Abb. 6.18a. Der Instandsetzungsmörtel muss eine ausreichende Alkalität besitzen bzw. einen ausreichenden Karbonatisierungswiderstand haben. Seine Dicke muss so bemessen werden, dass sie größer ist als die Karbonatisierungstiefe am Ende der Lebensdauer des Bauteils. Dabei darf die günstige Wirkung von eventuell zusätzlich aufgebrachten Oberflächenschutzsystemen aus Sicherheitsgründen nicht in Rechnung gestellt werden.

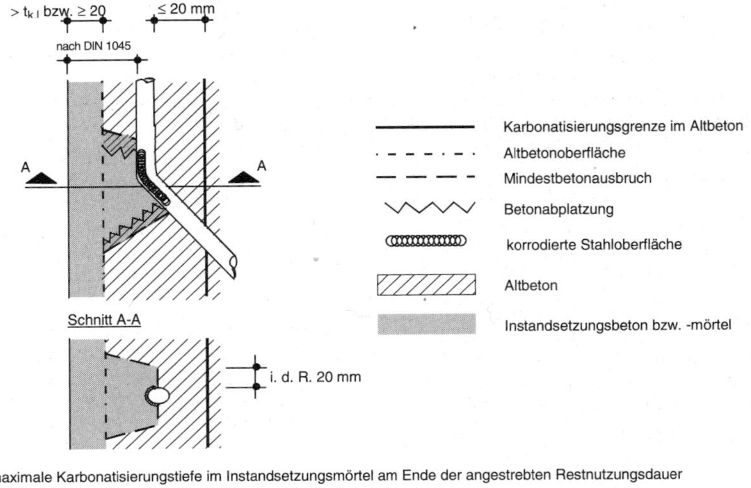

Abb. 6.18a Grundsatzlösung R1-K, schematische Darstellung nach [6.20]

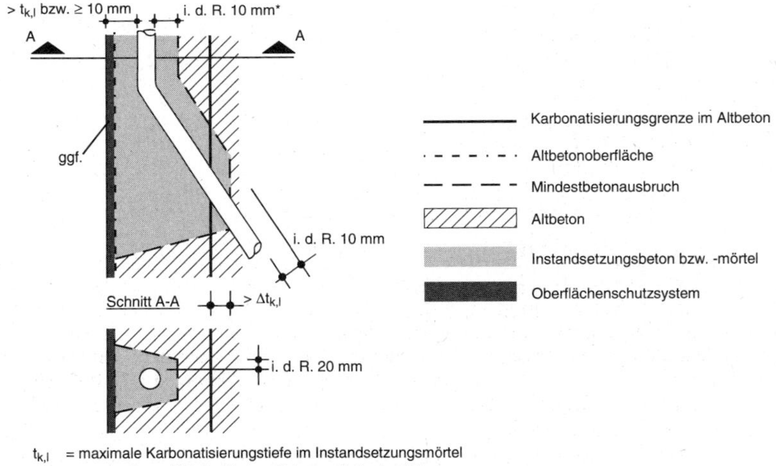

* kann 0 sein, wenn Betondeckung nach der Instandsetzung ≥ 20 mm

Abb. 6.18b Grundsatzlösung R2-K nach [6.20]

Abgetragen werden muss lediglich lockerer Beton. Neben den Betonstählen ist soviel Altbeton zu entfernen, dass der Instandsetzungsmörtel hohlstellenfrei eingebracht werden kann. In seltenen Fällen, wenn die mittlere Karbonatisierungstiefe mehr als 20 mm hinter die äußerste Bewehrungslage vorgedrungen ist, ist der Altbeton bis zur Oberfläche der äußeren Bewehrungslage zu entfernen, um eine Realkalisierung zu ermöglichen. Die Stahloberfläche muss dann so behandelt werden, dass mindestens ein Oberflächenvorbereitungsgrad Sa 2 nach DIN EN ISO 12944-4 erreicht wird.

Bei Grundsatzlösung R2-K wird der alkalische Mörtel nur zur Ausbesserung örtlich begrenzter Bereiche verwendet, wenn dort zu große Karbonatisierungstiefen oder zu geringe Betondeckungen festgestellt wurden. In der Regel wird zur Verbesserung des Karbonatisierungswiderstandes des Bauteils dessen gesamte Oberfläche mit einem Oberflächenschutzsystem OS 2, OS 4 oder OS 5 beschichtet. Dabei muss die begrenzte Dauerhaftigkeit solcher Maßnahmen im Instandhaltungsplan berücksichtigt werden. Verzichtet werden kann auf ein Oberflächenschutzsystem nur, wenn nach der Instandsetzung auch außerhalb der örtlichen Reprofilierungsstellen ohne ein Oberflächenschutzsystem die Betondeckung am Ende der Nutzungsdauer größer als die Karbonatisierungstiefe ist. Unabhängig davon darf Verfahren R2 nur angewendet werden, wenn die Betondeckung nach der Instandsetzung mindestens 10 mm beträgt. Im anderen Fall muss Instandsetzungsprinzip C oder W angewendet werden.

In den Bereichen, in denen Stahlbewehrung im karbonatisierten Bereich liegt, wird der Altbeton 10 mm bzw. 15 mm bei Durchmessern ≥ 20 mm um den Stabstahl herum entfernt, um ein hohlstellenfreies Einbringen des Instandsetzungsmörtels zu ermöglichen.

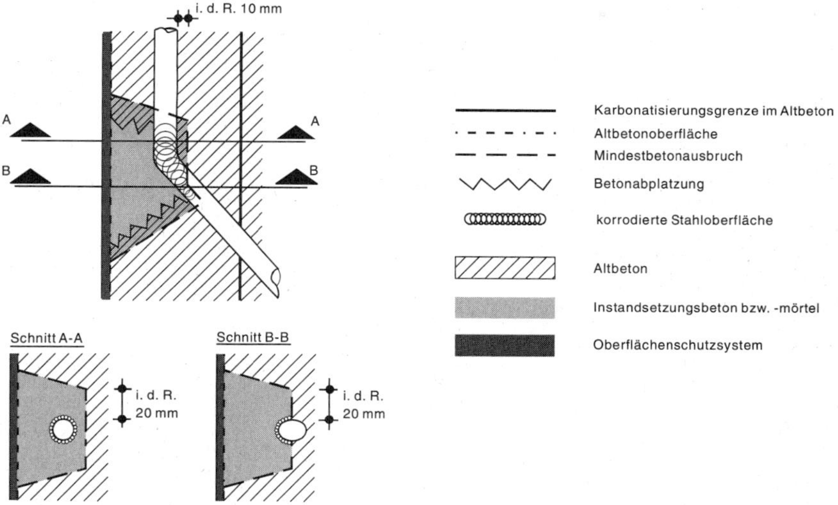

Abb. 6.19 Schematische Darstellung des Instandsetzungsprinzips W nach [6.20]

4.1.2 Instandsetzungsprinzip W

Das Prinzip beruht auf einer Absenkung des Wassergehaltes im Beton, die die elektrolytische Leitfähigkeit so stark reduziert, dass die Korrosionsgeschwindigkeit auf praktisch vernachlässigbare Werte gesenkt wird. Dies kann durch geeignete Oberflächenschutzsysteme (z. B. auf Basis von Kunststoffen oder durch Metallabdeckungen) erreicht werden, die das Eindringen von Wasser weitgehend verhindern können. Darüber hinaus muss auch verhindert werden, dass Wasserdampf von innen oder Bodenfeuchte in das Bauteil eindringt. Die Vorgehensweise bei der Instandsetzung ist in Abb. 6.19 schematisch dargestellt.

Neben lockeren Bereichen ist Altbeton nur von den korrodierten Abschnitten der Bewehrung zu entfernen. Ist die der Bauteiloberfläche abgewandte Umfangsfläche von Stählen betroffen, muss auch hinter dem Stabstahl Beton entfernt werden, um ein hohlstellenfreies Einbringen des Instandsetzungsmörtels zu ermöglichen.

Da der Erfolg der Instandsetzungsmaßnahme von der Wirksamkeit des Oberflächenschutzsystems abhängt, dürfen nur OS-Systeme verwendet werden, die ein Wassereindringen verhindern.

4.1.3 Instandsetzungsprinzip C

Das Prinzip beruht auf der Verhinderung der anodischen Eisenauflösung durch eine geeignete Beschichtung der Stahloberfläche. Es wird angewendet, wenn die Anforderungen an die Grundsatzlösungen R1-K bzw. R2-K und W nicht erreicht werden können. Dies ist insbesondere der Fall, wenn die Betondeckung auch nach der Instandsetzung kleiner als 10 mm ist und z. B. aufsteigende Feuchtigkeit oder rückseitige Feuchteeinwirkungen vorliegen.

Im Normalfall muss der Altbeton rund um die Bewehrungsabschnitte abgetragen werden, die im karbonatisierten Bereich liegen, zzgl. eines Sicherheitszuschlags $\Delta t_{k,l}$, der den Karbonatisierungsfortschritt bis

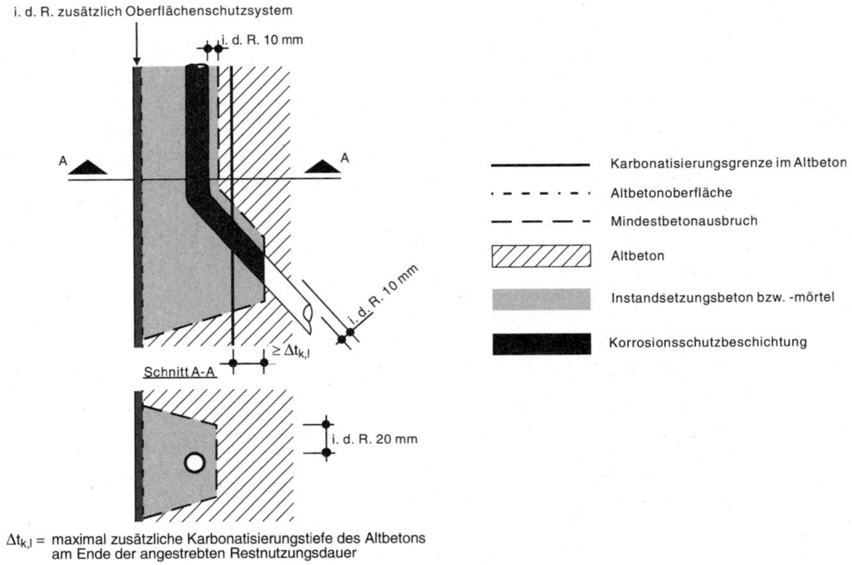

Abb. 6.20 Schematische Darstellung des Korrosionsschutzprinzips C nach [6.20]

zum Ende der Nutzungszeit berücksichtigt, s. Abb. 6.20. Danach ist die freigelegte Stahloberfläche mittels Strahlen mit einem trockenen oder feuchten Strahlmittel so zu entrosten, dass der Oberflächenvorbereitungsgrad Sa 2½ nach DIN EN ISO 12 944-4 an jeder Stelle erreicht wird. Dies gilt auch für Kreuzungsbereiche von Betonstählen und die Rückseiten der Stahloberflächen. Auf die so vorbereiteten Stahloberflächen ist ein Korrosionsschutzsystem aufzubringen. Im Regelfall wird die gesamte Betonoberfläche des Beton zur Verbesserung seines Karbonatisierungswiderstandes zusätzlich mit einem Oberflächenschutzsystem OS 2, OS 4 oder OS 5 beschichtet, wobei dessen günstige Wirkung berücksichtigt werden darf. Auf das Oberflächenschutzsystem darf nur verzichtet werden, wenn das Korrosionsproblem lediglich auf eine örtliche Unterschreitung der Betondeckung zurückzuführen war. Kann der karbonatisierte Altbeton nicht in dem oben beschriebenen Umfang entfernt werden, kann das Verfahren mit dem Verfahren W kombiniert werden.

4.1.4 Instandsetzungsprinzipien bei Bewehrungskorrosion infolge Chlorideinwirkung

Ist die Depassivierung der Stahloberfläche auf die Einwirkung von Chloriden zurückzuführen, muss sämtlicher Altbeton, dessen Chloridgehalt über dem dort maßgebenden korrosionsauslösenden Chloridgehalt liegt, im Bereich von Stahlbewehrung zzgl. eines Sicherheitszuschlags entfernt werden. Grundsätzlich muss sichergestellt werden, dass während der gesamten Restnutzungszeit der korrosionsauslösende Chloridgehalt auf der Stahloberfläche nicht mehr erreicht wird. Das heißt, es muss nachgewiesen werden, dass die maximal erreichbare Tiefe des korrosionsauslösenden Chloridgehaltes kleiner ist als die Betondeckung nach der Instandsetzung. Um dies sicher zu erreichen, wird in der Regel ein Oberflächenschutzsystem auf die Betonoberfläche aufgebracht, dessen günstige Wirkung berücksichtigt werden darf.

Liegt die Front des korrosionsauslösenden Chloridgehaltes in größeren Bereichen oder über das gesamte Bauteil hinter der Bewehrung, kann es – analog zur Grundsatzlösung R1-K – erforderlich sein, eine flächige Mörtel-Beschichtung aufzubringen. Diese Grundsatzlösung wird als R1-Cl bezeichnet und ist exemplarisch in Abb. 6.21a dargestellt. Liegt der korrosionsauslösenden Chloridgehalt dagegen nur örtlich hinter der Bewehrung oder kann z. B. aus statischen Gründen keine flächige Mörtel-Beschichtung aufgebracht werden, ist die Grundsatzlösung R2-Cl möglich. In diesem Fall muss die Betondeckung nach der Instandsetzung mindestens 10 mm groß sein und das zwingend aufzubringende Oberflächenschutzsystem muss das weitere bzw. erneute Eindringen von Chloriden verhindern.

4.1.5 Kathodischer Korrosionsschutz

Haupteinsatzgebiet des kathodischen Schutzes sind Stahlbetonbauteile, die bis zur ersten Bewehrungslage oder auch in tiefer liegenden Zonen korrosionsauslösende Chloridgehalte enthalten. Der Korrosionsschutz erfolgt i. d. R. durch fremdstrominduzierte Polarisierung mit inerten Anoden (Abb. 6.21b).

Die Wirksamkeit des kathodischen Schutzes ist an die Dauerhaftigkeit der Anoden während der Nutzungsdauer des Bauwerkes und die elektrolytische Leitfähigkeit des Betons gebunden. Die verwendeten Anodensysteme müssen über die Nutzungsdauer des Bauwerks den Stromübergang gewährleisten und eine hinreichende bautechnische Robustheit aufweisen. Außerdem dürfen sie sowohl nach dem Aufbringen des Instandsetzungsbetons als auch im Betrieb die Verbundwirkung zwischen Alt- und Neubeton nicht beeinträchtigen. In DIN EN 12696 ist der kathodische Korrosionsschutz geregelt.

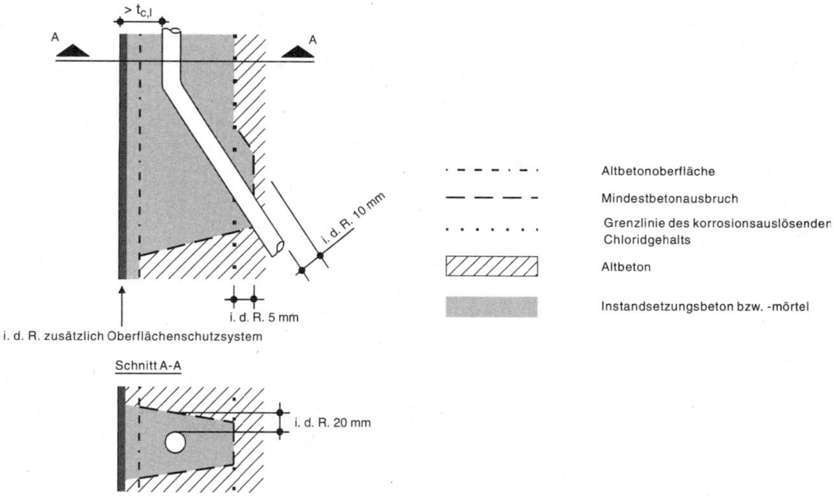

$t_{c,l}$ = maximale Chlorideindringtiefe am Ende der Restnutzungsdauer

Abb. 6.21a Korrosionsschutzprinzip R1-Cl nach [6.20]

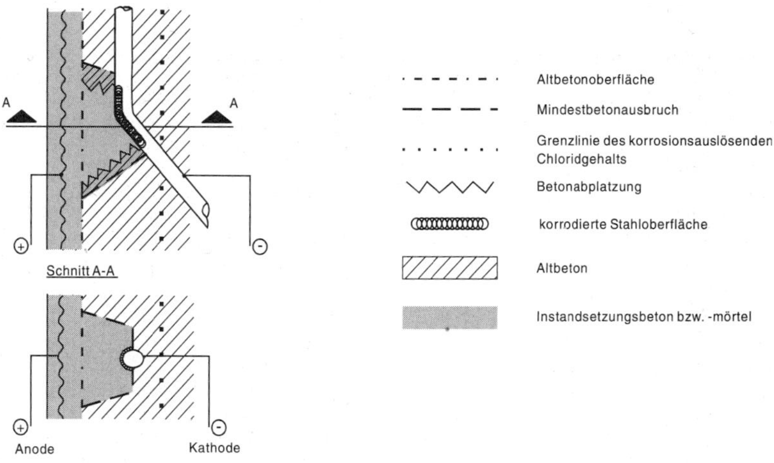

Abb. 6.21b Grundsatzlösung kathodischer Korrosionsschutz (Schema) nach [6.20]

4.2 Instandsetzungsprinzipien nach EN 1504

Prinzip			Methoden zur Realisierung des Prinzips
lfd. Nr.	Kurzzeichen	Definition	
1	PI	"Protection against Ingress" Schutz gegen Eindringen von Schadstoffen (z.B. Wasser und andere Flüssigkeiten, Dampf, Gase, Ionen, biologische Schadstoffe)	1. 1 Imprägnierung (Versiegelung): kapillares Aufsaugen flüssiger Produkte, die im Porensystem aushärten und dieses blockieren 1. 2 Filmbildende Beschichtung ohne oder mit rissüberbrückender Wirkung 1. 3 Örtliche Rissüberdeckung 1. 4 Füllen von Rissen 1. 5 Umwandlung von Rissen in Fugen 1. 6 Plattenverkleidung 1. 7 Membranabdichtung
2	MC	"Moisture Control" Trockung bzw. Senkung des Feuchtegehaltes des Betons unter einen definierten Grenzwert	2. 1 Hydrophobierende Imprägnierung 2. 2 Filmbildende Beschichtung 2. 3 Externe Verkleidungen
3	CR	"Concrete Restauration" Reprofilierung oder Austausch von Bauteilen	3. 1 Mörtelauftrag von Hand 3. 2 Betonieren gemäß EN 206 3. 3 Spritzbetonauftrag 3. 4 Ersatz von Bauteilen
4	SS	"Structural Strengthening" Wiederherstellung oder Erhöhung der Belastbarkeit des Betonbauteils	4. 1 Ersatz oder Ergänzung von integrierter oder externer Bewehrung 4. 2 Einlegen von Bewehrung in gebohrte Löcher oder gefräste Schlitze 4. 3 Ankleben von Laschen aus Stahl oder faserverstärktem Kunststoff 4. 4 Vergrößerung der Bauteildicke durch Anbetonieren 4. 5 Injektion von Rissen und Fehlstellen 4. 6 Füllen von Rissen und Fehlstellen
5	PR	"Physical Resistance" Erhöhung der Widerstandsfähigkeit gegen physikalische und mechanische Beanspruchungen	5. 1 Mörtelbeläge oder Beschichtungen 5. 2 Festigende Imprägnierung
6	RC	"Resistance to Chemicals" Erhöhung der Widerstandsfähigkeit der Betonoberfläche gegen chemischen Angriff	6. 1 Mörtelbeläge oder Beschichtungen 6. 2 Porenfüllende Imprägnierungen
7	PR	"Preserving or Restoring Passivity" Erzeugung chemischer Bedingungen, unter denen die Bewehrung durch Passivität geschützt ist	7. 1 Erhöhung der Betondeckung 7. 2 Ersatz karbonatisierten oder schadstoffhaltigen Betons 7. 3 Elektrochemische Realkalisation karbonatisierten Betons 7. 4 Realkalisation karbonatisierten Betons durch Diffusion aus alkalischen Bereichen 7. 5 Elektrochemische Chlorid-extraktion
8	IR	"Increasing Resistivity" Erhöhung des elektrischen Widerstandes des Betons	8. 1 Absenkung des Feuchtigkeitsgehaltes des Betons (durch Beschichten oder Bekleiden)
9	CC	"Cathodic Control" Herstellung von Bedingungen, unter denen potentiell kathodische Bereiche der Bewehrung gehindert werden, eine anodische Reaktion hervorzurufen	9. 1 Begrenzung des Sauerstoffgehaltes in den potentiellen Kathodenbereichen auf ein unschädliches Maß
10	CP	"Cathodic Protection"	10. 1 Erzeugung einer geeigneten elektrischen Potentialdifferenz im Bauteil
11	CA	"Control of Anodic Areas" Erzeugung von Bedingungen, unter denen potentiell anodische Bereiche der Bewehrung gehindert werden, korrosionsaktiv zu werden	11. 1 Beschichtung der Bewehrung mit aktiv pigmentierten Anstrichen 11. 2 Beschichtung der Bewehrung mit isolierenden Anstrichen 11. 3 Anwendung von Inhibitoren im Beton

5 Untergrundvorbehandlung

Tafel 6.23 Verfahren für die Vorbereitung des Betonuntergrundes (nach [6.20])

Verfahren		Anwendungszweck*					Anwendungsbereich	Anforderungen	Umfang der Nachbearbeitung
Art	Gerät, Material, Stoff	1	2	3	4	5			
1	2	3					4	5	6
Stemmen	Hammer Meißel – von Hand	x	x	x			örtlich, für kleinere Flächen [a]	Beschädigungen des Betonstahls sind zu vermeiden; besondere Vorsicht bei Spanngliedern	Strahlen
	Meißel – Pressluft od. elektrisch			x [a]					
	Nadelpistole	x	x		(x)[g]				
Bürsten	rotierende Stahlbürste	x	x		(x)[g]		Anwendungsbereich ist geräteabhängig		Säubern
Fräsen	Fräsmaschine großflächiger Abtrag mit definierter Tiefe	x	x [i]	x [i, k]			großflächige Abtragung auf waagerechten Oberflächen	Betonabtrag je Arbeitsgang ≤ 5 mm; höhengleiche Überlappung der Fräsbahnen ≤ 5 cm: Einsatz eines elektronischen Nivelliergerätes	Strahlen einschließlich unbehandelt verbliebener kleinerer Flächen
Schleifen	Schleifgerät	x	x				örtlich, für kleinere Flächen		Säubern
Flammstrahlen	Geräte zur thermischen und mechanischen Behandlung [b]	x	x				waagerechte und senkrechte Flächen	Gemäß DIN 32539, aber mit Geschwindigkeit ≥ 1,0 m/min und mechanischem Vortrieb	Säubern nach mechanischer Behandlung
Staubarmes Strahlen	Strahlen mit festen Strahlmitteln bei gleichzeitigem Absaugen; Kugelstrahlen	x	x	(x)[c]	x		geräteabhängig, auf waagerechten und/oder senkrechten Flächen		
Strahlen	Druckluftstrahlen mit festen Strahlmitteln	x	x	(x)[c]	x		waagerechte und senkrechte Flächen	Staubschutz erforderlich; Gefahrstoffverordnung beachten; Druckluft ölfrei! [d]	Säubern
	Nebelstrahlen; Feuchtstrahlen mit festem Strahlmittel	x	x	(x)[c]	(x)[h]			Staubschutz kann entfallen; Druckluft ölfrei! [d]	
	Hochdruckwasserstrahlen ≥ 60 N/mm²	x	x	(x)[e]	(x)[h]				
Säubern	Abblasen mit Druckluft					x	vorzugsweise auf nicht waagerechten Flächen [a]	Druckluft ölfrei! [d] Staubschutz erforderlich	
	Absaugen mit Industriesaugern					x	Regelverfahren auf großen waagerechten Flächen	Verwendete Sauger müssen Wasser und grobe Teile aufnehmen können.	
	Wasserstrahlen, Dampfstrahlen, Heißwasserstrahlen	(x)[f]				x	Entfernen von atmosphärischen Verunreinigungen des Betonuntergrundes		

* **Anwendungszweck** (Spalte 3):

1 Entfernen der Reste von Beschichtungen und Nachbehandlungsfilmen sowie von oberflächigen Verunreinigungen
2 Entfernen von Zementschlämmen und minderfesten Schichten
3 Abtragen von schadhaftem Beton/Betonersatz sowie Freilegen der Bewehrung
4 Entfernen von Rostprodukten an freiliegender Bewehrung und anderen Metallteilen
5 Säubern des Betonuntergrundes von Wasser, Staub und losen Teilen.

a) Gefahr der tiefergehenden Zerstörung des Betons.
b) Die thermisch geschädigten Bereiche des Betons sind zu entfernen.
c) Grad des Betonabtrags ist abhängig vom Druck und von der Art und Menge des Strahlmittels.
d) Ölfrei: Die eingesetzten Baukompressoren müssen Ölausscheider mit einem nachgewiesenen Wirkungsgrad von ≤ 0,01 ppm Restölgehalt haben.
e) Grad des Betonabtrags ist druckabhängig.
f) Reste von Beschichtungen können nicht immer entfernt werden.
g) Nicht für zu beschichtende Bewehrungen und andere Metallteile.
h) Gegebenenfalls trocken nachstrahlen.
i) Der maximale Abtrag von ≤ 5 mm ist unbedingt einzuhalten, da bei größerem Abtrag eine tiefergehende Zerstörung des Betons wahrscheinlich ist.
k) Nicht zum Freilegen der Bewehrung.

Tafel 6.24a Vorbereitung der Bewehrung
(Bewehrungen nach DIN 1045 und DIN 488, Verfahren s. Tafel 6.23)

Instandsetzungsprinzip	Oberflächenvorbereitungsgrad
R	Sa 2
W	Sa 2
W mit Reaktionsharzbeschichtung	Sa 2½
C	Sa 2½
K	–

Tafel 6.24b Beschichtung des Stahls

Beschichtungsmaterial	Schichtdicke in µm	Anzahl der Schichten
Reaktionshärtende Systeme	> 300	1
Reaktionshärtende Systeme mit Besanden	> 200 + Sand und 2. Schicht	2
Kunststoffmodifizierte zementhaltige Systeme	> 1000	2

Tafel 6.24c Witterungsbedingungen (nach [6.20])

Exposition	zementgebundene Stoffe, auch mit Kunststoffzusatz	kunststoffgebundene Stoffe
relative Luftfeuchte	keine Forderung	Bauteiltemperatur muss mindestens 3 K über dem Taupunkt liegen.
Niederschlag	kein Regen	kein Regen oder Nebelnässen
Wind	Windstärke ≤ 3 Beaufort*), entsprechend ≤ ca. 5 m/s	Staub muss ferngehalten werden.
Sonne	Austrocknung durch Sonneneinstrahlung muss vermieden werden.	keine Anforderung

*) Blätter und dünne Zweige bewegen sich.

Tafel 6.24d Mechanische Eigenschaften
(geforderte Oberflächenzugfestigkeiten des Betonuntergrundes; nach [6.20])

Schutz- bzw. Instandsetzungsmaßnahme: Örtliche Ausbesserung bzw. flächige Beschichtung	Mindestwerte der Oberflächenzugfestigkeit [N/mm²]	
	Mittelwert	kleinster Einzelwert
Mörtel und Beton	1,5	1,0
OS 2 (OS B)	0,8	0,5
OS 5 (ohne Feinspachtel) (OS D)	1,0	0,6
OS 4 (OS C), OS 5 (OS D), OS 9 (mit Feinspachtel) (OS E)	1,3	0,8
OS 11 (OS F), OS 13	1,5	1,0

Oberflächenbeschaffenheit

- Für örtliche Ausbesserungen bzw. flächige Beschichtungen muss der Betonuntergrund
  - frei sein von losen und mürben Teilen (z. B. auch von minderfesten Risskanten) und von sich leicht ablösenden arteigenen Schichten (z. B. Zementhaut) und darf nicht abmehlen oder absanden,
  - frei sein von etwa parallel zur Oberfläche oder schalenförmig im oberflächennahen Bereich verlaufenden Rissen und Ablösungen,
  - frei sein von Graten; in zu begründenden Fällen können sie belassen werden,
  - eine dem zu verwendenden Stoff angepasste Rauheit aufweisen,
  - frei sein von artfremden Stoffen (wie Gummiabrieb, Trennmittel, ungeeigneten Altbeschichtungen, Ausblühungen, Öl, Bewuchs u. Ä.).
- An der Oberfläche vorhandene, nicht im System geprüfte Instandsetzungsbetone und -mörtel müssen sachgerecht vorbereitet werden.
- Kiesnester und andere Hohlstellen sind sachgerecht auszuarbeiten und auszufüllen.
- Hinsichtlich senkrecht zur Oberfläche verlaufender Risse siehe Abschn. 6. Hinsichtlich der Betonfeuchte siehe Abschn. 3.4. Für Hydrophobierungen gelten die vom Hersteller bereitgestellten Angaben zur Ausführung.

6 Füllen von Rissen und Hohlräumen

6.1 Riss- und Hohlraumbeurteilung

Tafel 6.25a Feuchtezustand von Rissen und Hohlräumen (nach [6.20])

Zeile	Begriff	Merkmal
1	Trocken mit umgebungsbedingter Ausgleichsfeuchte	– Wasserzutritt nicht möglich – Beeinflussung des Riss-/Hohlraumbereiches durch Wasser nicht feststellbar bzw. seit ausreichend langer Zeit ausschließbar
2	Feucht	– Farbtonveränderung im Riss- oder Hohlraumbereich durch Wasser, jedoch kein Wasseraustritt – Anzeichen auf Wasseraustritt in der unmittelbar zurückliegenden Zeit (z. B. Aussinterungen, Kalkfahnen) – Riss oder Hohlraum erkennbar feucht oder matt-feucht (beurteilt an Trockenbohrkernen)
3	Drucklos, wasserführend	– Wasser in feinen Tröpfchen im Rissbereich erkennbar – Wasser perlt aus dem Riss
4	Unter Druck, wasserführend	– Zusammenhängender Wasserstrom tritt aus dem Riss aus

Tafel 6.25b Mögliche Rissursachen (nach [6.23])

Zeile	Risse nach ihrer Ursache		Erscheinungsform	Beschreibung
1a	Risse infolge der rheologischen Eigenschaften des Betons	Oberflächige Netzrisse	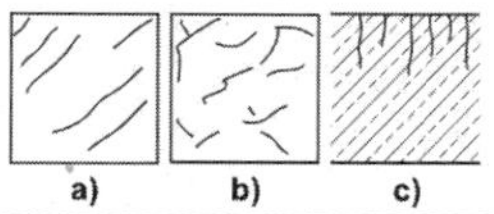	Treten vor allem an der Oberfläche von flächigen Bauteilen auf. Sie können der Bewehrung folgen, aber auch „wild" verlaufen. Die Risstiefe ist meist gering.
1b		Schwindrisse	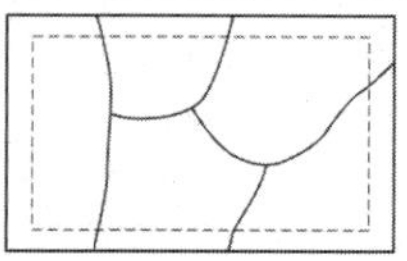	Durch die Volumenverminderung infolge Schwinden treten diese Risse dort auf, wo die Bewehrung nicht ausreichend ausgebildet ist. Die Risse gehen meist durch die ganze Bauteildicke und verlaufen „wild".
1c		Risse längs der Bewehrung	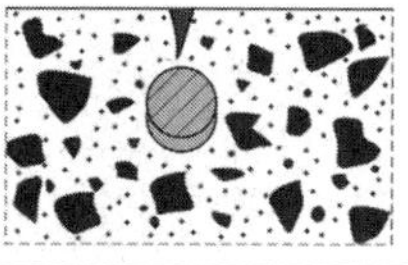	Verlaufen häufig oberhalb von obenliegenden Bewehrungsstäben an nicht geschalten Bauteilflächen. Je nach Ursache entstehen Fehlstellen unter der Bewehrung.
2a	Risse infolge von äußeren Kräften bzw. Zwang	Biegerisse	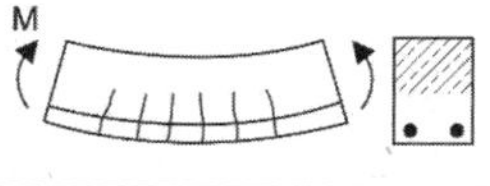	Verlaufen etwa senkrecht zur Biegezugbewehrung; beginnen am Zugrand und enden im Bereich der Nulllinie. Verlauf ist oft affin zum Biegemomentverlauf.
2b		Schubrisse	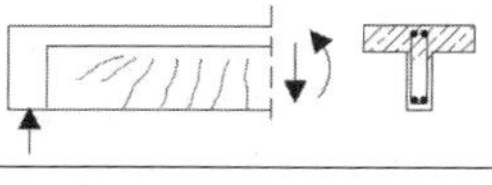	Bilden sich aus Biegerissen; verlaufen meist schräg zur Stabachse; treten im Bereich großer Querkräfte auf.
2c		Trennrisse	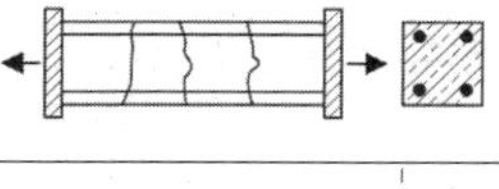	Verlaufen durch den gesamten Querschnitt; treten bei zentrischem Zug oder bei Zugbeanspruchung mit kleiner Ausmitte auf.
2d		Verbundrisse	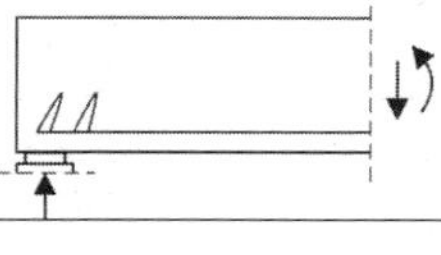	Verlaufen parallel zu den Bewehrungsstäben. Diese Risse treten vor allem im Verankerungsbereich der Bewehrung auf.

Tafel 6.26a Erfassung und Beurteilung von Riss-/Hohlraummerkmalen (nach [6.20])

	Merkmal		Erfassungs- und Untersuchungsmethode	Dokumentation
	1		2	3
1	Rissart		Inaugenscheinnahme, gegebenenfalls Bohrkernentnahme [1]	Unterscheidung nach oberflächennahen und Trennrissen
2	Rissverlauf		Inaugenscheinnahme	zeichnerische Darstellung, gegebenenfalls pauschale Angaben (z. B. Biegerisse in Abständen von ...., Netzrisse mit Maschenweite von ...)
3	Rissbreite		Linienstärkenmaßstab, Risslupe (Genauigkeit 0,05 mm)	Angaben mit Datum, gegebenenfalls Messort bei Rissbreitenänderungen nach Zeilen 4.1 und 4.2 auch mit Uhrzeit und Witterungsbedingungen, gegebenenfalls Bauteiltemperatur [3]
4.1	Rissbreiten-änderung	kurzzeitig	Wegänderungen, z. B. mit Wegaufnehmer	Höchständerung mit Datum, Uhrzeit und Witterungsbedingungen
4.2		täglich	Wegänderungen, z. B. mit Messuhr, Setzdehnungsmesser, Wegaufnehmer	Änderungen zwischen Morgen- und Abendmesswert mit einem Zeitabstand von ca. 12 Stunden, mit Datum, Witterungsbedingungen und Bauteiltemperatur
4.3		langzeitig	Kleben von (gegebenenfalls kalibrierten) Marken, Setzdehnungsmessung	Änderungen in großen Zeitabständen (u. U. mehrere Monate) mit Angabe des Datums und der Witterungsbedingungen, gegebenenfalls Bauteiltemperatur [3]
5	Hohlraumeigenschaften		Bohrkernentnahme, Endoskopie	Lage und Ausmaße des hohlraumreichen Gefüges, Durchgängigkeit
6	Zustand der Risse		Inaugenscheinnahme, gegebenenfalls Bohrkernentnahme [1, 2]	
7	Vorangegangene Maßnahmen		Bauwerksbuch, Erkundungen	Unterscheidung gemäß Definition, gegebenenfalls Abschätzung der Wahrscheinlichkeit wiederkehrender Rissursachen
8	Beurteilung der Rissursache oder Hohlraumursache		Inaugenscheinnahme, Erkundungen einschl. Herstellungsbedingungen, Wertung der Ergebnisse von Zeile 1 – 4, gegebenenfalls Berechnungen	Angaben über frühere Maßnahmen, z. B. Füllung der Risse

[1] Bohrkernentnahme nur in Ausnahmefällen und mit geringem Durchmesser (50 mm).
[2] Ermittlung des Feuchtegehaltes durch Inaugenscheinnahme oder mit Labormethoden.
[3] Angabe der Bauteiltemperatur ist notwendig, sofern die Witterungsbedingungen keine Rückschlüsse zulassen (z. B. Straßentunnel, Parkhäuser o. Ä.).

Tafel 6.26b Anwendungsbereiche der Rissfüllstoffe (nach [6.20])

		Feuchtezustand der Füllbereiche			
		trocken [1]	feucht	„drucklos" Wasserführend	„unter Druck" wasserführend [2]
	Anwendungsziel	**zulässige Maßnahmen**			
1	Schließen durch Tränkung	EP – T ZL – T ZS – T	ZL – T ZS – T		
2	Schließen und Abdichten durch Injektion	EP – I PUR – I ZL – I ZS – I	PUR – I ZL – I ZS – I	PUR – I ZL – I ZS – I	PUR – I ZL – I ZS – I
3	Begrenzt dehnfähiges Verbinden	PUR – I	PUR – I	PUR – I	PUR – I
4	Kraftschlüssiges Verbinden	EP – I ZL – I ZS – I	ZL – I ZS – I	ZL – I ZS – I	ZL – I ZS – I

[1] Flanken von Rissen und innere Oberflächen von Hohlräumen müssen ggf. gem. Angaben zur Ausführung vorgenässt werden.
[2] Zusammen mit Maßnahmen zur Druckminderung (z. B. Entlastungsbohrungen, Wasserhaltung) und rückseitigem Abdichten.

6.2 Verfahren zum Füllen von Rissen und Hohlräumen

Vor dem Füllen müssen die Risse von losen Feinstoffen befreit werden, z. B. mit einem geeigneten Staubsauger. Je nach Durchfeuchtung des Betons sind vor der Rissbehandlung die Rissufer zu trocknen. Hinsichtlich des Einbringens unterscheidet man zwischen Tränkung und Injektion.

Tränkung ist definiert als das Füllen von Rissen auf annähernd waagerechten Flächen von oben unter einem maximalen Druck von 0,1 bar. Der Tränkstoff dringt aufgrund der Schwerkraft und der Kapillarität in den Riss ein. Durch Tränkung können im Allgemeinen nur oberflächennahe Rissbereiche gefüllt werden. Epoxidharze sind aufgrund niedriger Oberflächenspannung für die Tränkung sehr schmaler Risse besonders geeignet.

Im Gegensatz zur Tränkung wird mit der Injektion die vollständige Füllung eines Risses angestrebt. Eingebracht wird der Füllstoff unter Druck mit Hilfe von Einfüllstutzen, sogenannten Packern. Gebräuchlich sind Bohrpacker und Klebepacker. Die Bohrpacker benötigen ein Bohrloch, das unter einem Winkel von 45° angelegt wird und den Riss kreuzen muss, s. Abb. 6.27. Bohrpacker werden für höhere Drücke verwendet und sind mit einem Rückschlagventil ausgerüstet. Klebepacker werden mittels einer Platte über dem Riss auf das Bauteil geklebt.

Nach dem Setzen der Packer wird der Riss vollständig verdämmt, wozu meist schnell abbindende Reaktionsharzmassen verwendet werden. Beim Injizieren an geneigten Bauteilen wird grundsätzlich von unten nach oben vorgegangen. Am obersten Punkt muss eine Entlüftungsöffnung vorhanden sein. Sobald der Füllstoff am nächst höheren Einfüllstutzen austritt, wird die Injektion dort fortgesetzt. Unabhängig vom Füllgut sollte innerhalb seiner Verarbeitbarkeitszeit eine Nachinjektion vorgenommen werden. Da mit niedrigerem Druck über längere Zeit ein höherer Rissfüllgrad erreicht werden kann als mit hohem Druck über kurze Zeit, haben sich sogenannte Ballon- und Federdruck-Packer bewährt. Bei unter Druck wasserführenden Rissen, die mit PUR abgedichtet werden sollen, kann eine Vorinjektion mit Polyurethanschaum, sogenanntem Sekundenschaum (SPUR), der einen feinzelligen Schaum mit großem Volumen bildet, zur Herabsetzung des Wasserzutritts vorgenommen werden. Das PUR soll unmittelbar nach dem SPUR über zusätzliche Bohrpacker injiziert werden.

Das kraftschlüssige Füllen eines Risses ist nur sinnvoll, wenn im Zuge der weiteren Nutzung des Bauteils die Betonzugfestigkeit in der Umgebung des Risses nicht überschritten wird. Die Beurteilung dieses Sachverhaltes ist Aufgabe des sachkundigen Planers.

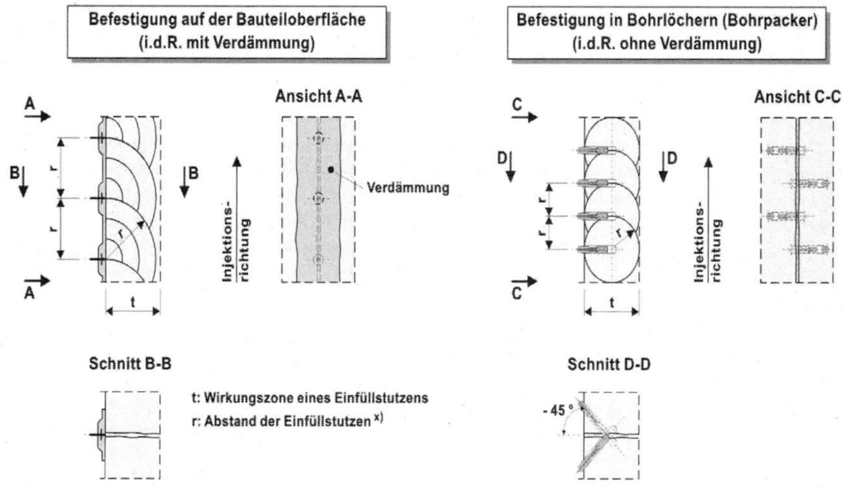

Anwendungsprinzip: wesentliche Bereiche der Rissufer müssen stets von den benachbarten Einfüllstutzen benetzbar sein

x) Der Abstand r darf in beiden Fällen nur unwesentlich überschritten werden. Unterschreitungen in einer Größenordnung von 10 bis 15 % sind unbedenklich.

Abb. 6.27 Anordnung von Klebe- und Bohrpacker

7 Einsatz von Instandsetzungsmörteln

7.1 Beanspruchbarkeitsklassen

Tafel 6.28 Beanspruchbarkeitsklassen

	Anwendungsbereich								
	Beanspruchbarkeitsklasse	Stofftyp	Stoffbezeichnung	Für Instandsetzungsprinzip R geeignet	dynamische Beanspruchung bei und nach Applikation zulässig	statische Mitwirkung zulässig	maximale Flächengröße	Lage der Auftragsfläche	Anwendungsbeispiele
	1	2	3	4	5	6	7	8	9
1	M 1	zementgebunden	–	–	–	–	örtlich begrenzt	beliebig	Fassaden
2	M 2	zementgebunden	PCC I	x	x	–	beliebig	waagerechte/ schwach geneigte Oberseiten	befahrbare Flächen unter Belägen auf Brücken und in Parkhäusern
			PCC II	x	x	–		beliebig	Brückenuntersichten, Stützwände, Widerlager, Fassaden
3	M 2	zementgebunden	SPCC	x	x	–		Unterseiten, vertikale und stark geneigte Flächen	
4	M 2	reaktionsharzgebunden	PC II	–	x	–	örtlich begrenzt[1]	beliebig	
5			PC I	–	x	–		waagerechte/ schwach geneigte Oberseiten	befahrbare Flächen unter Belägen auf Brücken und in Parkhäusern
6	M 3	zementgebunden	–	x	x	x	beliebig	beliebig	Stützen, Platten [2], Balken

[1] Im Verkehrsbereich < 1 m² zulässig.
[2] Im Hochbau auch direkt befahrbare Flächen.

7.2 Kunststoffmodifizierte Zementmörtel

Bei SPCC und PCC ist Zement das Hauptbindemittel. Der Kunststofffeststoffanteil liegt zwischen 0,5 und 5 % bezogen auf die Trockenmörtelmasse. Auf die Baustelle werden die Ausgangsstoffe für PCC entweder in 2 Komponenten (Werk-Trockenmörtel und Kunststoffdispersion) od. einkomponentig (1-K; nur Werk-Trockenmörtel) geliefert. Für SPCC werden meistens Dispersionspulver verwendet. SPCC unterscheiden sich von den PCC durch die Art der Verdichtung: während PCC von Hand verdichtet wird, erfolgt die Verdichtung beim SPCC durch die Spritzenergie. SPCC wird vor allem für eine großflächige Erhöhung der Betondeckung verwendet. Die Oberfläche wird oft spritzrau gelassen. Soll sie geglättet werden, wird der SPCC mindestens zweilagig aufgebracht und erst die zweite Lage abgerieben.

7.3 Mörtel und Beton ohne Kunststoffmodifizierung

Reiner Zementmörtel muss aus Zement hergestellt werden, der DIN EN 197-1 oder DIN 1164 entspricht oder bauaufsichtlich zugelassen ist und dessen Festigkeit mindestens der Klasse 32,5 entspricht. Der Zementgehalt muss mindestens 400 kg pro m³ verdichteten Mörtels betragen. Der Wasserzementwert darf 0,50 nicht überschreiten.

7.4 Reaktionsharzgebundene Mörtel und Betone (PC)

PC soll nur in Ausnahmefällen eingesetzt werden, z. B. wenn

- eine schnelle Aushärtung erforderlich ist,

- Nachbehandlungsmaßnahmen, die bei allen zementgebundenen Stoffen erforderlich sind, nicht durchführbar sind oder
- eine sehr geringe Schichtdicke erforderlich ist.

Als Bindemittel werden ausschließlich kalthärtende, lösemittelfreie und alkalibeständige Epoxidharzsysteme verwendet. PC erhärtet durch chemische Vernetzung von Harz und Härter. Da die Gefahr des Austrocknens nicht besteht, können PC in noch dünneren Schichten als PCC/SPCC aufgebracht werden. Risse sollten bei geeigneten und planmäßig hergestellten PC gar nicht auftreten. Die Haftfestigkeit von PC am Untergrund ist noch besser als bei PCC. Wenn der Untergrund nicht tragfähig ist und die Flächen größer sind, kann es durch den höheren Wärmedehnungskoeffizienten zu Schäden im Betonuntergrund kommen.

7.5 Betonersatzsysteme

Da im Zusammenhang mit Instandsetzungsmörteln und -betonen noch andere Komponenten verwendet werden, spricht man von Betonersatz-Systemen (BES). Komponenten von BES sind:

- Korrosionsschutz (zementgebunden oder epoxidharzgebunden); nur bei Instandsetzungsprinzip C und Verwendung von PC
- Haftbrücke (zementgebunden oder epoxidharzgebunden); nicht bei SPCC
- Feinspachtel; nur auf vertikalen Flächen in Verbindung mit einem Oberflächenschutzsystem
- Freigelegte Bewehrung ist vor der Reprofilierung mit PC immer mit einem epoxidharzgebundenen Korrosionsschutzsystem zu beschichten, da PC nicht alkalisch ist und daher die Stahloberfläche nicht passiviert.

8 Oberflächenschutzsysteme

8.1 Oberflächenschutz nach Rili-SIB

Hinsichtlich ihrer Erscheinungsform werden drei Typen von Oberflächenschutzschichten unterschieden: Hydrophobierung, Imprägnierung und Beschichtung.

Hydrophobierungen bilden keinen sichtbaren Film auf der Beton- bzw. Mörteloberfläche und verändern diese optisch nur unwesentlich. Die Poren sind nicht gefüllt, sondern nur ausgekleidet. Ziel einer Hydrophobierung ist es, die Beton- bzw. Mörteloberfläche wasserabweisend auszurüsten. Als Bestandteil eines Oberflächenschutzsystems soll eine Hydrophobierung die langfristige Haftung einer Beschichtung am Untergrund verbessern.

Imprägnierungen dienen dazu, das Eindringen flüssiger oder gasförmiger Stoffe in den Beton weitgehend zu verhindern. Als Grundierung sollen sie die Festigkeit des Untergrundes oder die Haftung zur nächsten Schicht verbessern. Sie bestehen aus niedermolekularen Stoffen auf der Basis von Epoxidharz, Polyurethan oder Acrylat, enthalten mehr oder weniger Lösemittel und weder Pigmente noch Füllstoffe.

Beschichtungen dienen dazu, das Eindringen flüssiger und gasförmiger Stoffe in den Beton zu verhindern, den Beton vor mechanischen und chemischen Beanspruchungen zu schützen und Risse zu überbrücken. Sie bilden eine geschlossene, 0,1 bis 5 mm dicke Schicht auf der Betonoberfläche. Verwendet werden – je nach Aufgabe der Beschichtung – Reaktionsharze auf der Basis von Epoxid, Polyurethan und Acrylat, sowie mehr oder weniger gefüllte Polymerdispersionen und kunststoffmodifizierte Zementschlämmen. Der Begriff „gefüllt“ bezeichnet in diesem Zusammenhang die Verwendung eines Zuschlags in der Dispersion, in der Regel Quarzsand. Oberflächenschutzsysteme sind aus einer oder mehreren Schichten der o. g. Typen aufgebaut. Hinsichtlich der Funktion werden folgende Arten von Oberflächenschutzschichten unterschieden: Grundierungen, Kratz- und Ausgleichsspachtelungen, hauptsächlich wirksame Oberflächenschutzschichten sowie Deckversiegelungen und Verschleißschichten.

Eine **Kratz- bzw. Ausgleichsspachtelung** soll

- die Rauheit der Betonoberfläche ausgleichen und
- Poren, Lunker und Kiesnester schließen,

damit die nachfolgenden Schichten in einer gleichmäßigen Schichtdicke aufgetragen werden können. Verwendet werden hierfür überwiegend kunststoffmodifizierte Zementmörtel, zum Teil auch Reaktionsharzmörtel mit einem Größtkorn bis 0,5 mm, in Ausnahmefällen bis 1 mm, die auch als Feinspachtel bezeichnet werden. Die Schichtdicke kann bis zu 3 mm betragen.

Eine **Grundierung** soll

- Poren verschließen und das Absaugen des Bindemittels nachfolgender Schichten verhindern,
- das Eindringen von Luft, Feuchtigkeit und beschichtungsschädlichen Stoffen (z. B. Alkalien) aus dem Untergrund in die nachfolgenden Schichten verhindern,
- den Untergrund im oberflächennahen Bereich verfestigen,
- den Verbund zu nachfolgenden Schichten herstellen (evtl. in Verbindung mit eingestreutem Korn).

Die **hauptsächlich wirksamen Oberflächenschutzschichten (hwO)** haben eine oder mehrere der folgenden Eigenschaften:

- Wasserdampfdurchlässigkeit
- Kohlenstoffdioxiddichtigkeit
- Rissüberbrückung
- Widerstandsfähigkeit gegenüber mechanischer Beanspruchung (Verschleißfestigkeit, Zwangsspannungen durch Temperaturwechsel).

Aus diesen Eigenschaften ergeben sich folgende 3 Typen von hwO:

- abdichtende Oberflächenschutzschichten
- rissüberbrückende Oberflächenschutzschichten
- Verschleißschichten.

Die rissüberbrückende Eigenschaft einer Beschichtung wird durch Elastifizierung bzw. ausreichende Dicke erreicht. Zusätzlich kann die Beschichtung mit textilen Einlagen bewehrt werden, z. B. mit Glasgewebe. Verschleißschichten werden i. d. R. zusätzlich aufgebracht, wenn die Oberfläche mechanisch oder chemisch beansprucht wird, z. B. wenn die Oberfläche befahrenen wird. Die Dichtungs- und Rissüberbrückungsfunktion wird dagegen häufiger von der darunter liegenden Schicht erfüllt.

Verschleißschichten werden aus einem Reaktionsharzmörtel in fließfähiger Konsistenz in einer Dicke bis zu 5 mm ausgeführt. Eine griffige Oberfläche wird durch Abstreuen mit trockenem Sand erreicht. Da die Härte des Korns den Verschleißwiderstand bestimmt, wird bei hoch beanspruchten Flächen statt Quarz oft Siliziumkarbid oder Korund verwendet. Nachteil der abgestreuten Flächen ist deren extreme Verschmutzungsneigung, insbesondere in Bereichen, die nicht beregnet werden. Verbessert werden kann die Reinigungsfähigkeit in überdachten Bereichen durch eine Deckversiegelung. Durch die aufgebrachte Menge kann die Griffigkeit in innerhalb eines breiten Spektrums beliebig eingestellt werden. Darüber hinaus wird das Abstreukorn durch die Deckversiegelung auch besser in die Beschichtung eingebunden.

Oberflächenschutzsysteme bestehen i. d. R. aus mehreren der o. g. Funktionsschichten, die je nach Anforderungsprofil unterschiedlich aufgebaut sind. In der Rili-SIB [6.20] werden 9 Oberflächenschutzsysteme (OS-Systeme) unterschieden, s. Tafel 6.33. Die dort genannten Bindemittel haben sich bisher bewährt. Andere Bindemittel sind aber zulässig, wenn die in der Rili-SIB, Teil 2, genannten Anforderungen an die OS-Systeme und deren Ausgangsstoffe erfüllt werden. Darüber hinaus müssen für zementgebundene Kratz- und Ausgleichsspachtel und OS 5b (OS DI) Zemente nach DIN EN 197-1 oder DIN 1164 sowie Zuschlag nach DIN 4226-1 verwendet werden. Verschleißschichten von OS-11-Systemen müssen geeignete Füllstoffe und anorganische Abstreumaterialien enthalten. OS 4 und OS 5 werden standardmäßig im Zusammenhang mit den Instandsetzungsprinzipien C und W verwendet.

OS 5b werden auch als elastische Dichtungsschlämmen bezeichnet. Da sie bei Freibewitterung zu starker Verschmutzung neigen, ist eine Deckversiegelung sinnvoll. Um Verschmutzungen der Oberfläche infolge Klebrigkeit vorzubeugen, hat sich die Ausführung von OS 5a mit UV-vernetzenden Acrylat-Dispersionen bewährt. Beim 2-schichtigen OS 11 (OS 11a) ist die unten liegende hwO elastisch eingestellt und für die Rissüberbrückung zuständig. Die oben liegende, meistens härter eingestellte hwO übernimmt die Funktion der Verschleißschicht. Das einschichtige OS 11b stellt eine Ausnahme dar, weil die elastische hwO gleichzeitig beide Funktionen übernimmt. Verwendet werden hierfür praktisch ausschließlich Polyurethan-Bindemittel.

Da das Funktionieren eines OS-Systems maßgebend von seiner Gesamtdicke bzw. der Dicke der hwO ist, müssen die in der Ausführungsanweisung enthaltenen Schichtdicken-Angaben beim Aufbringen eines OS-Systems unbedingt beachtet werden. Sie beziehen sich immer auf die getrocknete Schicht (Trockenschichtdicke).

Folgende Begriffe werden hinsichtlich der Schichtdicke unterschieden:

- Mindestschichtdicke d_{min}
- Sollschichtdicke d_s
- Schichtdickenzuschlag d_z
- Maximalschichtdicke d_{max}.

Mindest- und Maximalschichtdicke der hwO werden im Rahmen der Grundprüfung von der Prüfstelle ermittelt. Die Mindestschichtdicke ergibt sich als größter Wert der Schichtdicke, die erforderlich ist, um

- Spannungen bei Temperaturwechselbeanspruchung zu ertragen,
- die entsprechende Rissüberbrückungsprüfung zu bestehen und
- den geforderten CO_2-Diffusionswiderstand zu erreichen.

Darüber hinaus ist aber mindestens der in der Tafel 6.31 angegebene Wert für d_{min} anzusetzen.

Damit die in der Grundprüfung ermittelte Mindestschichtdicke in der Praxis auch sicher erreicht wird, ist in Abhängigkeit vom OS-System und der Untergrundrauheit (Rautiefe) ein Schichtdickenzuschlag d_z erforderlich, der ebenfalls der Tafel 6.31 zu entnehmen ist. Die Rautiefe wird mit dem Sandflächenverfahren bestimmt, s. Rili-SIB [6.20], Teil 3.

Tafel 6.31 Mindestschichtdicken und Schichtdickenzuschlag (abhängig von der Rautiefe; nach [6.20])

Oberflächenschutzsystem		Mindestschichtdicke d_{min} [µm]	Rautiefe R_t [mm]	Schichtdicken-zuschlag d_Z [µm]
1		2	3	4
OS 2 (OS B)		80	0,2	50
			0,5	70
OS 4 (OS C)		80	0,2	50
			0,5	70
OS 5a (OS DII)		300	0,2	70
			0,5	100
OS 5b (OS DI)		2 000	0,2	250
			0,5	400
			1,0	600
OS 9 (OS E)		1 000	0,2	250
			0,5	400
OS 11a (OS F a)	Verschleißschicht	3 000	0,2	300
	elastische Oberflächenschutzschicht	1 500	0,5	600
			1,0	1 000
OS 11b (OS F b)		4 000	0,5	750
			1,0	1 200
OS 13		2 500*	0,5	750
			1,0	1 200
		* Gesamtschichtdicke	Zwischenwerte geradlinig interpolieren.	

Rautiefe

Die Rautiefe ist der absolute Wert der Rauheit einer Oberfläche in mm, im Regelfall bestimmt nach dem Sandflächenverfahren. Die Rautiefe R_t ist definiert als Höhe des gedachten, zylindrischen Körpers mit dem Kreisdurchmesser d und dem Sandvolumen V, der alle Spitzen des Untergrundes einschließt. Beispiele für verschiedene Rauheiten sind nachfolgend genannt:

- $R_t = 0{,}2$ mm:
  - glatter Betonuntergrund, grundiert und abgestreut mit Quarzsand 0,1 bis 0,3 mm;
  - glatt geschalter, nicht gestrahlter Beton;
  - Feinspachtel, der mit Kunststoff- oder Stahltraufel aufgezogen bzw. geglättet ist;
  - nicht abgestreute, elastische Oberflächenschutzschicht z. B. OS 11a (OS Fa).
- $R_t = 0{,}5$ mm:
  - gestrahlter Betonuntergrund, grundiert und abgestreut mit feuergetrocknetem Quarzsand der Körnung 0,2 bis 0,7 mm;
  - glatt geschalter bzw. abgeriebener Beton, der gesandstrahlt ist;
  - Feinspachtel, der an der Oberfläche abgerieben bzw. abgefilzt wurde.
- $R_t = 1{,}0$ mm:
  - gestrahlter Betonuntergrund, der grundiert und mit Quarzsand der Körnung 0,7 bis 1,2 mm abgestreut ist;
  - rauer, abgewitterter, gestrahlter Beton.
- $R_t = 1{,}5$ mm:
  - gestrahlter Betonuntergrund, der grundiert und mit Quarzsand der Körnung 1 bis 2 mm abgestreut ist;
  - Waschbeton.

Die Maximalschichtdicke ist die Schichtdicke, die maximal vorhanden sein darf, damit der zulässige H_2O-Diffusionswiderstand nicht überschritten wird.

Die in der Praxis aufzubringende Schichtdicke (Trockenschichtdicke) muss zwischen der Sollschichtdicke $d_s = d_{min} + d_z$ und der Maximalschichtdicke liegen.

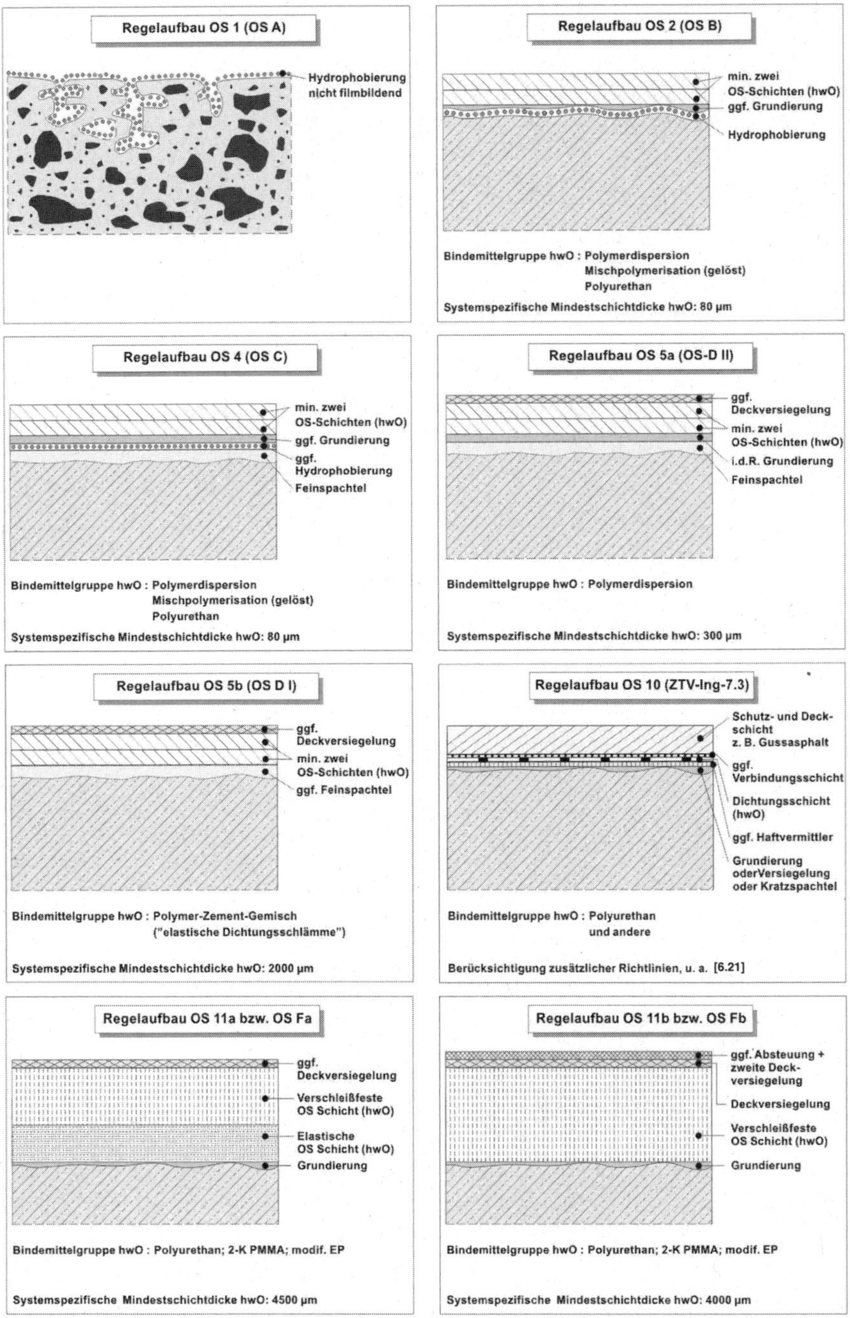

Abb. 6.32 Schematischer Aufbau ausgewählter Oberflächenschutzsysteme nach Rili-SIB [6.20]

Tafel 6.33 Oberflächenschutzsysteme [A] (nach [6.20])

Blatt 1

	System-bezeichnung	OS 1 (OS A)	OS 2 (OS B)	OS 4 (OS C)
	1	2	3	4
1	Kurzbe-schreibung	Hydrophobierung	Beschichtung für nicht begeh- und befahrbare Flächen (ohne Kratz- bzw. Ausgleichs-spachtelung)	Beschichtung mit erhöhter Dichtheit für nicht begeh- und befahrbare Flächen (mit Kratz- bzw. Ausgleichsspachtelung)
2	Anwendungs-bereiche	Bedingter Feuchteschutz bei vertikalen und geneigten freibe-witterten Betonbauteilen z. B. Brückenkappen, Stützwände. Nicht wirksam bei drückendem Wasser.	Vorbeugender Schutz von freibewitterten Betonbauteilen mit ausreichendem Wasserabfluss auch im Sprühbereich von Auftausalzen. Bedingt geeignet als Beschichtungssystem für Instandsetzungen nach Teil 1, Abschnitt 6 [6.20].	Freibewitterte Betonbauteile auch im Sprühbereich [2] von Auftausalzen. Regelmaßnahme bei Instandsetzungen nach den Korrosionsschutzprinzipien W und C, wenn der Untergrund rissfrei ist
3	Eigenschaften	**Gefordert** – zeitlich begrenzte Reduzierung der kapillaren Wasseraufnahme – zeitlich begrenzte Verbesserung des Frost- und Frost-Tausalz-Widerstandes **nicht gefordert** – Reduzierung der Aufnahme von in Wasser gelösten Schadstoffen – größerer Karbonatisierungs-fortschritt im Vergleich zu nicht hydrophobiertem Beton im Freien – keine Veränderung der Wasserdampfdurchlässigkeit – keine Veränderung des optischen Erscheinungsbildes	**gefordert** – Reduzierung der Wasseraufnahme – Reduzierung des Eindringens beton- und stahlangreifender Stoffe – Reduzierung der Kohlendioxiddiffusion – begrenzte Wasserdampfdurchlässigkeit – Verbesserung des Frost- und Frost-Tausalz-Widerstandes **nicht gefordert** – optische Wirkung, farbliche Oberflächengestaltung möglich	
4	Bindemittel-gruppen der hauptsächlich wirksamen Oberflächen-schutzschicht	Silan Siloxan	Polymerdispersion Mischpolymerisat (gelöst) Polyurethan Silan / Siloxan: für Hydrophobierung	
5	Regelaufbau	Hydrophobierung	1. Hydrophobierung [5] 2. gegebenenfalls Grundierung 3. mindestens zwei Oberflächenschutz-schichten (hwO)	1. Kratz-/Ausgleichsspachtelung[6] 2. gegebenenfalls Hydrophobierung[5] 3. gegebenenfalls Grundierung 4. mindestens zwei Ober-flächenschutzschichten (hwO)
6	Schichtdicke der hauptsäch-lich wirksamen Oberflächen-schutzschicht	keine filmbildenden Formulierungen zulässig	(Die für die Bauausführung relevanten Schichtdicken sind den Angaben zur Ausführung zu entnehmen.)	
7	Rissüber-brückung	–	–	–

[A] Da sich die ursprüngliche Nomenklatur OS 1 bis OS 12 allgemein etabliert hat, wird trotz Wegfalls einzelner OS-Systeme die alte Nummerierung beibehalten.

[1] Siehe [6.20] Teil 4, Tabelle 5.2.
[2] Mit entsprechendem Nachweis auch im Spritzbereich.
[3] Mit entsprechendem Nachweis auch für Bauwerke mit Trennrissen.
[4] Bei nur gelegentlichem Begang (z. B. Dienststege) kein Nachweis der Verschleißfestigkeit erforderlich.
[5] Ggf. Wirksamkeitsnachweis gemäß [6.20] Teil 4, Abschnitt 5.5.9.
[6] Dispersionsspachtel u. Ä. erfordern u. U. eine gesondert zu vereinbarende Prüfung.
[7] Spritzauftrag mehrlagig auch in einem Arbeitsgang.
[8] Nur durch Abstreuen gefüllte Schicht ist nur bei gelegentlichem Begang zulässig.
[9] Abhängig von der Viskosität (mind. 20 M.-%).
[10] Systeme mit Deckversiegelung sind ohne Versiegelung komplett zu prüfen; Griffigkeit, Verschleiß und Rissüberbrückung sind zusätzlich mit Versiegelung zu prüfen.
[11] Außerhalb ZTV-BEL B-3 können systemkonforme Grundierungen eingesetzt werden.

Tafel 6.33 Oberflächenschutzsysteme [A] (Fortsetzung)

Blatt 2

	Systembezeichnung	OS 5a (OS DII) OS 5b (OS DI)	OS 7 (TL/TP-BEL-EP)	OS 9 (OS E)
	1	5	6	7
1	Kurzbeschreibung	Beschichtung mit geringer Rissüberbrückungsfähigkeit [1] für nicht begeh- und befahrbare Flächen (mit Kratz- bzw. Ausgleichsspachtelung)	Beschichtung unter Dichtungsschichten für begeh- und befahrbare Flächen	Beschichtung mit erhöhter Rissüberbrückungsfähigkeit [1] für nicht begeh- und befahrbare Flächen (mit Kratz- bzw. Ausgleichsspachtelung.)
2	Anwendungsbereiche	Freibewitterte Betonbauteile mit oberflächennahen Rissen [3] auch im Sprühbereich [2] von Auftausalzen.	Grundierungen, Versiegelungen, Kratzspachtelungen als Teil der Abdichtung von Brücken und ähnlichen Bauwerken	Freibewitterte Betonbauteile mit oberflächennahen Rissen und/oder Trennrissen auch im Sprüh- oder Spritzbereich von Auftausalzen.
3	Eigenschaften	**gefordert** - Reduzierung der Wasseraufnahme - Reduzierung des Eindringens beton- und stahlangreifender Stoffe - starke Reduzierung der Kohlendioxiddiffusion - Rissüberbrückungsfähigkeit für oberflächennahe Risse - begrenzte Wasserdampfdurchlässigkeit - Verbesserung des Frost- und Frost-Tausalz-Widerstandes **nicht gefordert** - optische Wirkung, farbliche Oberflächengestaltung möglich	- Porenverschluss der Beton- bzw. Betonersatzoberfläche - Rauigkeitsausgleich (Kratzspachtel) - Hitzebeständigkeit bis 250 °C (kurzzeitig)	**gefordert** - Verhinderung der Wasseraufnahme - Verhinderung des Eindringens beton- und stahlangreifender Stoffe - dauerhafte Rissüberbrückung vorhandener und neu entstehender oberflächennaher Risse und Trennrisse unter temperatur- und/oder lastabhängigen Bewegungen - Verbesserung des Frost- und Frost-Tausalz-Widerstandes **nicht gefordert** - Verhinderung der Kohlendioxiddiffusion - starke Reduzierung der Wasserdampfdiffusion
4	Bindemittelgruppen der hauptsächlich wirksamen Oberflächenschutzschicht	a) Polymerdispersion b) Polymer/Zement-Gemisch	Epoxidharz	Polyurethan, mod. Epoxidharze, Polymerdispersion, 2-K Polymethylmethacrylat
5	Regelaufbau	a) Polymerdispersion 1. Kratz-/Ausgleichsspachtelung 2. i. d. R. Grundierung 3. mindestens zwei Oberflächenschutzschichten (hwO) 4. gegebenenfalls Deckversiegelung b) Polymer/Zement-Gemisch 1. gegebenenfalls Kratz-/Ausgleichsspachtelung [6] 2. mindestens zwei elastische Oberflächenschutzschichten (hwO) 3. gegebenenfalls Deckversiegelung	Grundierung oder Versiegelung oder Kratzspachtelung gem. TL-BEL-EP [6.26]	1. Kratz-/Ausgleichsspachtelung [6] 2. i. d. R. Grundierung 3. mindestens zwei elastische Oberflächenschutzschichten [7] (hwO) 4. gegebenenfalls Deckversiegelung
6	Schichtdicke der hauptsächlich wirksamen Oberflächenschutzschicht	(Die für die Bauausführung relevanten Schichtdicken sind den Anweisungen zur Ausführung zu entnehmen.)		
7	Rissüberbrückung	Klasse I_T [1]	–	Klasse II_{T+V} [1]

Fußnoten, siehe Blatt 1.

Tafel 6.33 Oberflächenschutzsysteme [A] (Fortsetzung)

Blatt 3

	System-bezeichnung	OS 10 (TL/TP-BEL-B3)	OS 11 (OS F)	OS 13
	1	8	9	10
1	Kurzbe-schreibung	Beschichtung als Dichtungs-schicht mit hoher Rissüber-brückung unter Schutz- und Deckschichten für begeh- und befahrbare Flächen	Beschichtung mit erhöhter dynamischer Rissüberbrückungs-fähigkeit[1] für begeh- und befahr-bare Flächen	Beschichtung mit nicht dynami-scher Rissüberbrückungsfähig-keit für begeh- und befahrbare, mechanisch belastete Flächen
2	Anwendungs-bereiche	Abdichtung von Betonbauteilen mit Trennrissen und planmäßiger mechanischer Beanspruchung, z. B. Brücke, Trog- und Tunnel-sohlen u. ä. Bauwerken wie Parkdecks	Freibewitterte Betonbauteile mit oberflächennahen Rissen und/ oder Trennrissen und planmäßi-ger[4] mechanischer Beanspruchung auch im Sprüh- od. Spritzbereich von Auftausalzen z. B. Parkhaus-Freidecks und Brückenkappen.	Mechanisch und chemisch beanspruchte, überdachte Betonbauteile mit ober-flächennahen Rissen auch im Einwirkungsbereich von Auftausalzen, z. B. geschlossene Parkgaragen und Tiefgaragen.
3	Eigenschaften	**gefordert** (für alle): – Verhinderung der Wasseraufnahme – Verhinderung des Eindringens beton- und stahlangreifender Stoffe – dauerhafte Rissüberbrückung vorhandener und neu entstehender Trennrisse unter temperatur- und lastabhängigen Bewegungen – Hitzebeständigkeit bis 250 °C (kurzzeitig) – Übertragung von Schub-kräften aus Verkehr über Gussasphaltschutzschicht	– Verbesserung des Frost-Tausalz-Widerstandes (OS 11 und OS 13) – Verbesserung der Griffigkeit (OS 11 und OS 13) – Verbesserung des Frost-Widerstandes **nicht gefordert** (OS 11 und OS 13): – Verhinderung der Kohlendioxiddiffusion – starke Reduzierung der Wasserdampfdiffusion	– Verbesserung der Chemikalienbeständigkeit – Verminderung des Verschleißes – Schlagverhalten (impact resistance) – zusätzlich, je nach Anfor-derung: Eignung bei rück-seitiger Durchfeuchtung
4	Bindemittel-gruppen der hauptsächlich wirksamen Ober-flächenschutz-schicht	Polyurethan und andere	Polyurethan mod. Epoxidharze 2-K Polymethylmethacrylat	modifizierte Epoxidharze Polyurethan 2-K Polymethylmethacrylat
5	Regelaufbau	1. Behandlung der Betonoberfläche nach OS 7 2. gegebenenfalls Haftvermittler 3. Dichtungsschicht (hwO) 4. gegebenenfalls Verbindungsschicht 5. Gussasphalt. In bestimmten Fällen ist auch eine verschleißfeste, vorgefüllte, ggf. abgestreute Deckschicht, ggf. mit Deckversiegelung möglich; diese Richtlinie enthält jedoch dafür keine Prüfvorschriften	a) 1. Grundierung 2. elastische Oberflächen-schutzschicht (hwO) 3. verschleißfeste vorgefüllte[8, 9] Deckschicht, abgestreut (hwO) 4. gegebenenfalls Deckversiegelung[10] b) 1. Grundierung 2. verschleißfeste, vorgefüllte[8, 9] Ober-flächenschutzschicht, abgestreut (hwO) 3. Deckversiegelung 4. ggf. Abstreuung und zweite Deckversiegelung	1. Grundierung 2. verschleißfeste gegebenen falls vorgefüllte Oberflächenschutzschicht, abgestreut 3. Deckversiegelung
6	Schichtdicke der hauptsächlich wirksamen Ober-flächenschutz-schicht	(Die für die Bauausführung relevanten Schichtdicken sind den Anweisungen zur Ausführung zu entnehmen.)		
7	Rissüber-brückung	Klasse IV_{T+V} (ZTV-BEL-B-3)	Klasse II_{T-V}	Klasse A1 (-10 °C)

Fußnoten, siehe Blatt 1.

8.2 Brückenabdichtungen

Die Ausführung von Brückenabdichtungen auf Beton erfolgt heute i. d. R. nach den zusätzlichen Technischen Vertragsbedingungen und Richtlinien für Ingenieurbauten (ZTV-ING [6.21]). Entsprechend Abb. 6.36a bis 6.36c sind dabei prinzipiell drei Varianten möglich.

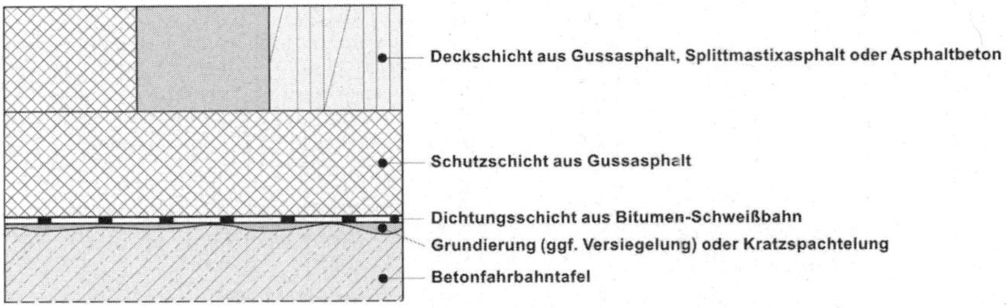

Abb. 6.36a Brückenbelag auf Beton mit Dichtungsschicht aus Bitumen-Schweißbahn nach ZTV-Ing, Teil 7

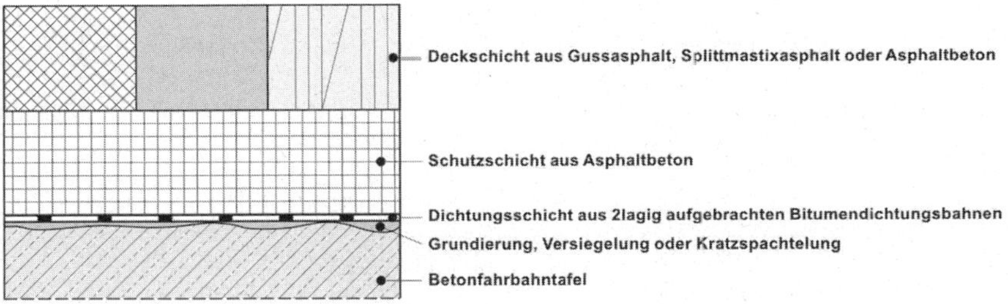

Abb. 6.36b Brückenbelag auf Beton mit Dichtungsschicht aus zweilagig aufgebrachten Bitumendichtungsbahnen nach ZTV-Ing, Teil 7

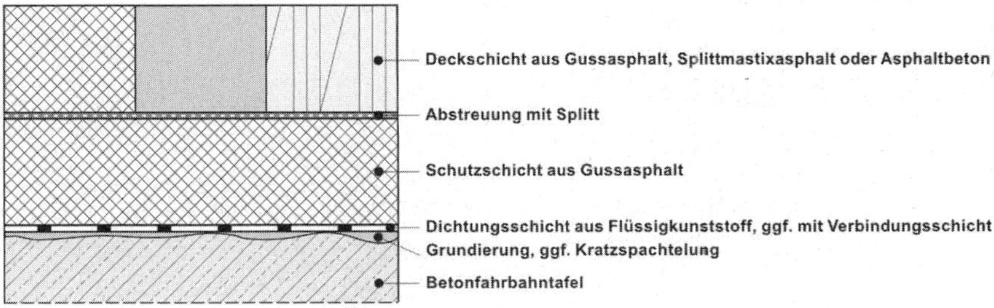

Abb. 6.36c Brückenbelag auf Beton mit einer Dichtungsschicht aus Flüssigkunststoff nach ZTV-Ing, Teil 7

Für das Herstellen eines Anschlusses an einen bestehenden Brückenbelag bei einer Teilerneuerung gilt Abb. 6.37. Bei Teilerneuerung ist die Funktionsfähigkeit der verbleibenden Schichten zu untersuchen. Die Erneuerung der Asphaltschichten einschließlich Dichtungsschicht setzt eine erneute Behandlung der Betonoberfläche voraus.

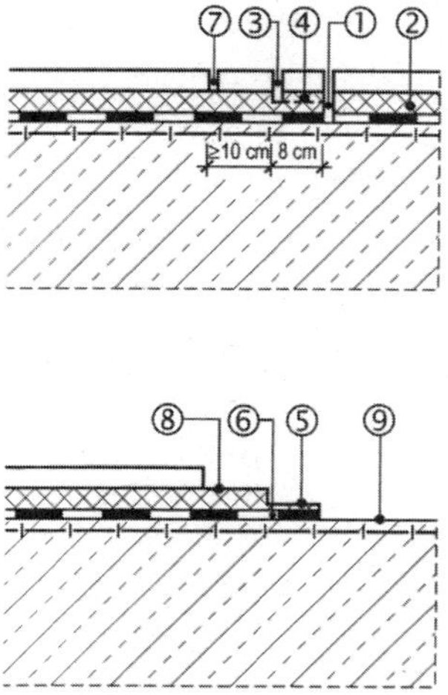

Arbeitsablauf

① Trennschnitt in Asphaltschichten bis OK Beton.

② Entfernen der Asphaltschichten einschließlich Dichtungsschicht und Feststellung der vorhandenen Dicke.

③ Trennschnitt in Asphaltschichten bis 1 - 2 cm oberhalb der Dichtungsschicht, ggf. zweiten Schnitt zwischen ① und ③ legen.

④ Asphaltschichten zwischen Trennschnitt ① und Trennschnitt ③ vorsichtig entfernen.

⑤ Rest der Schutzschicht vorsichtig, ggf. mit Wärmewirkung, entfernen.

⑥ Bei vorhandener Dichtungsschicht nach Teil 7 Abschnitte 1 oder 2 sind die durch den Aufbruch losen Teile ggf. durch Wärmewirkung wieder mit der Unterlage zu verkleben.

⑦ Trennschnitt in der Deckschicht.

⑧ Abtreppung herstellen, ggf. erst nach Einbau der Abdichtung.

⑨ Neuaufbau des Belages einschließlich Anschluss unter Beachtung des M SNAR [6].

Abb. 6.37 Anschluss an einen vorhandenen Brückenbelag bei Teilerneuerung nach [6.21]

9 Verstärkung von Betonbauteilen

Das Verstärken von Massivbauteilen ist eine örtliche oder eine die Gesamtkonstruktion betreffende konstruktive Maßnahme, um die Tragfähigkeit, Gebrauchstauglichkeit oder Dauerhaftigkeit wiederherzustellen oder zu steigern. Tafel 6.37 gibt Verfahren zur Verstärkung von Betonbauteilen an.

Eine Verstärkungsmaßnahme erfordert einen statischen Nachweis des Gesamtbauteils bzw. -bauwerks. Dies gilt auch für den Brandsicherheitsnachweis. Bei einer Verstärkung mittels Kohlefaserlamellen darf die rechnerische Gesamttragfähigkeit des verstärkten Bauteils i. d. R. nicht größer sein als das Zweifache des unverstärkten Bauteiles (Verstärkungsgrad: rechnerisches Biegebruchmoment des verstärkten Bauteils dividiert durch rechnerisches Biegebruchmoment des unverstärkten Bauteils ≤ 2).

Tafel 6.37 Verfahren zur Verstärkung von Betonbauteilen

Ziel	Verfahren	Voraussetzung
1	2	3
Druckzonenverstärkung	Betonersatz bzw. Betonergänzung	• Mindestschichtdicke: 30 mm • Oberflächenzugfestigkeit: MW ≥ 1,5 N/mm²
Zugzonenverstärkung	Zusätzliche Bewehrung in Schlitze bzw. Spritzbeton	• Ausreichender Randabstand zur bestehenden Bewehrung (bei Schlitzen) • Ausreichende Betondeckung • Oberflächenzugfestigkeit: MW ≥ 1,5 N/mm² (bei Spritzbeton)
	Lamellen	• Oberflächenzugfestigkeit: MW ≥ 1,5 N/mm² • Betondeckung ≥ 10 mm • Ebene Klebefläche • Betonfestigkeitsklasse ≥ C12/15
	Externe Spannglieder	• Gewährleistung des Korrosionsschutzes • Gewährleistung der Krafteinleitung • Gewährleistung der Auswechselbarkeit

6 C Schutz von Stahlbauten

Prof. Dr.-Ing. Christof Hausser

1 Korrosion von Stahl

1.1 Chemische Grundlagen

Korrosion bezeichnet die chemische Reaktion eines Metalls mit seiner Umgebung, die zur Auflösung eines Bauteils bis hin zu seiner Zerstörung führen kann. Alle Metalle besitzen die Eigenschaft, dass sie in Anwesenheit einer ionenhaltigen, wässrigen Lösung, dem Elektrolyten, in Form von Ionen in geringem Umfang in Lösung gehen:

$$Me \rightarrow Me^{n+} + n \cdot e^-$$

Die Bereitschaft eines Metalls zu dieser Reaktion kann in der Normalspannungsreihe dargestellt werden, die das elektrische Potential dieser Reaktion im Verhältnis zu einer Wasserstoffelektrode angibt. Ein Metall geht umso leichter in Lösung, je niedriger sein elektrisches Potential ist. Unedle Metalle wie Aluminium (Al), Zink (Zn) und Eisen (Fe) sind mit ihrem negativen Potential stärker korrosionsgefährdet als edle Metalle wie Kupfer (Cu), Silber (Ag) oder Gold (Au).

Element	Al	Zn	Cr	Fe	Cd	Ni	Sn	Pb	H	Cu	Ag	Pt	Au
Potentialdifferenz	negativ, unedel ←								0	→ edel, positiv			

Eisen wird unter hohem Energieaufwand durch Reduktion des Eisenerzes im Hochofenprozess gewonnen. Es befindet sich in einem chemisch instabilen Zustand und strebt danach, durch Oxidation und Energieabgabe in einen stabilen Zustand zurückzukehren.

Im Stahlbau tritt überwiegend *elektrochemische Korrosion* an einem Korrosionselement auf, welches sich aus Kathode, Anode und einem ionenleitenden Elektrolyten zusammensetzt. Kathode und Anode können im Falle einer homogenen Mischelektrode gleichmäßig über das Bauteil verteilt sein, was zu gleichmäßiger Flächenkorrosion führt. Sind Kathode und Anode örtlich voneinander getrennt, wird von einer heterogenen Mischelektrode gesprochen und es entstehen örtliche Korrosionserscheinungen wie Loch- oder Spaltkorrosion.

Voraussetzungen für das Einsetzen einer Korrosionsreaktion sind elektrisch leitende Verbindungen zwischen Kathode und Anode sowohl im Metall als auch im Elektrolyt, sowie geringe Potentialunterschiede an der Metalloberfläche, die durch Ungleichheiten innerhalb des Metalls und des Elektrolyts stets gegeben sind.

Als Primärreaktion der elektrochemischen Korrosion gehen an der Anode Stahlionen in Lösung:

$$Fe \rightarrow Fe^{2+} + 2e^-$$

Der Stahl löst sich auf, und in das Material werden freie Elektronen abgegeben. Um eine kontinuierliche Reaktion zu ermöglichen, reagieren die Elektronen an der Kathode in neutral bis basischen Elektrolyten mit dem in Wasser gelösten Sauerstoff (Sauerstofftyp):

$$½O_2 + H_2O + 2e^- \rightarrow 2OH^-$$

Im Elektrolyt ziehen sich die Eisenionen Fe^{2+} und die Hydroxylionen OH^- aufgrund ihrer entgegengesetzten elektrischen Ladung an und bilden Eisen(II)-Hydroxid:

$$Fe^{2+} + 2OH^- \rightarrow Fe(OH)_2$$

Durch Sauerstoffzutritt wird in einer Sekundärreaktion Eisen(III)-Hydroxid gebildet, welches sich als Rost auf dem Bauteil ablagert:

$$2Fe(OH)_2 + ½O_2 \rightarrow 2FeOOH + H_2O$$

In sauren Elektrolyten erfolgt die Kathodenreaktion dagegen nach dem Wasserstofftyp, bei der unter Bildung von Wasser Eisensalze entstehen.

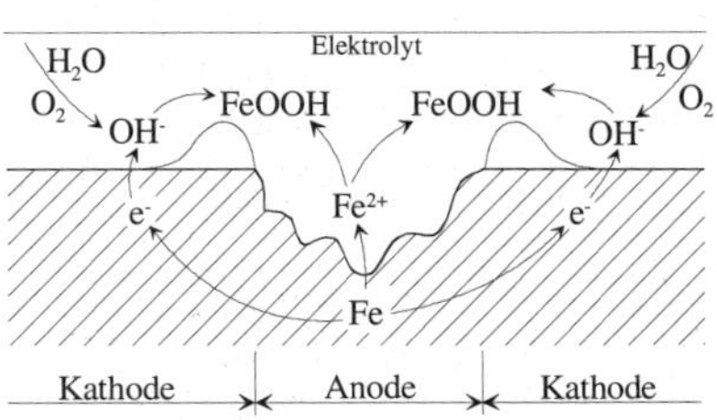

Abb. 6.38 Elektrochemische Korrosion

Neben der elektrochemischen Korrosion kann Stahl bei sehr hohen Temperaturen in einer rein *chemischen Korrosion* direkt mit Sauerstoff reagieren. Bei Schweißvorgängen z. B. verfärbt sich der Stahl und es bilden sich direkt Metalloxide, so genannter Zunder. *Physikalische Korrosionsvorgänge* treten z. B. bei Anwesenheit von Wasserstoff im Elektrolyten auf. Wasserstoff wird vom Stahl absorbiert, was zu einer Materialversprödung führt und bei Zugbeanspruchung eine Rissbildung auslösen kann.

1.2 Umgebungsbedingungen

Die Stärke und Schnelligkeit eines Korrosionsprozesses wird wesentlich von den Umgebungsbedingungen eines Bauteils beeinflusst. Hohe Luftfeuchtigkeit, langanhaltende Benetzung durch ein Elektrolyt, agressive Medien wie Luftschadstoffe oder Meersalz beschleunigen den Korrosionsvorgang. In DIN EN ISO 12 944-2 werden die Umgebungsbedingungen wie folgt definiert:

Tafel 6.39 Umgebungsbedigungen

Korrosivitäts-kategorie	Flächenabtrag pro Jahr Stahl [μm]	Zink [μm]	Typische Beispiele im Freien	in Gebäuden
C1 unbedeutend	≤ 1,3	≤ 0,1	-	geheizte Gebäude (Büros, Läden, Schulen, Hotels)
C2 gering	1,3–24	0,1–0,7	trockenes, ländliches Klima	Ungeheizte Gebäude (Lager, Produktionsräume, Sporthallen)
C3 mäßig	25–50	0,7–2,1	Stadt- und Industrieatmosphäre, Küsten mit geringer Salzbelastung	Produktionsräume mit hoher Luftfeuchtigkeit (Wäschereien, Brauereien, Molkereien)
C4 stark	50–80	2,1–4,2	Industrielle Bereiche, Küsten mit mäßiger Salzbelastung	Chemieanlagen, Schwimmbäder
C5-I sehr stark (Industrie)	80–200	4,2–8,4	Industrieatmosphäre mit hoher Feuchtigkeit und Aggressivität	Gebäude mit nahezu ständiger Kondensation und starken Verunreinigungen
C5-M sehr stark (Meer)	80–200	4,2–8,4	Küsten- und Offshorebereiche mit hoher Salzbelastung	

1.3 Erscheinungsformen der Korrosion

Korrosion kann in sehr unterschiedlichen Erscheinungsformen auftreten. Ohne mechanische Beanspruchung werden die folgenden Formen unterschieden:

Flächenkorrosion: Anoden und Kathoden sind gleichmäßig über das Bauteil verteilt und führen zu einem gleichmäßigen Flächenabtrag, häufig auch in Form von Mulden.

Mulden- und Lochkorrosion: Anode und Kathode sind räumlich voneinander getrennt und führen zu einem punktuellen Materialabtrag zunächst in Muldenform, dann als Loch oder als unterhöhlende Vertiefung. Der Korrosionsfortschritt verläuft schnell und die Tragfähigkeit des Bauteils kann nach kurzer Zeit beeinträchtigt sein. Bei hochfesten Stählen kann Lochkorrosion durch hohe Kerbspannungen zu Spannungsrisskorrosion führen.

Spaltkorrosion: In Spalten mit einer Breite kleiner als 1 mm tritt örtlich verstärkte Korrosion auf. Der Korrosionsvorgang findet an nicht einsehbaren Stellen statt und wird durch länger einwirkende Feuchtigkeit beschleunigt. In den meisten Fällen sind die Spalte konstruktionsbedingt, z. B. an geschraubten Knotenpunkten.

Kontaktkorrosion: Werden Bauteile aus zwei verschiedenen Metallen elektrisch leitend miteinander verbunden, so entsteht ein elektrochemisches Kontaktelement, bei der das unedlere Metall die sich auflösende Anode bildet. Unterschiedliche Metalle sollten deswegen nur kombiniert werden, wenn das Vorhandensein eines geschlossenen Elektrolytfilms ausgeschlossen werden kann.

Unter mechanischer Beanspruchung treten u. a. die folgenden Korrosionsformen auf:

Spannungsrisskorrosion: Bei Anwesenheit von Zugspannungen und Korrosion kann sehr schnell und ohne Vorwarnung ein Bauteilversagen auftreten. Ausgehend von einer Störung wie z.B. einem Mikroriss oder einer punktuellen Lochkorrosion entstehen inter- oder transkristalline Risse im Stahl. Am Rissende vergrößert die Kerbwirkung die vorhandene Zugspannung und es setzt erneut Korrosion ein. Es treten kaum Korrosionsprodukte in Erscheinung, so dass die Spannungsrisskorrosion schwer erkennbar ist. Voraussetzung für das Auftreten dieser Korrosionsart ist ein kritisches System aus Werkstoff und Korrosionsmedium, s. [6.52].

Schwingungsrisskorrosion: Werden dynamisch beanspruchte Bauteile einem korrosiven Medium ausgesetzt, so sinkt die maximal aufnehmbare Lastspielzahl des Bauteils. Dabei nimmt die Intensität der Schwingungsrisskorrosion mit abnehmender Lastfrequenz zu. Als korrosives Medium reicht bereits Umgebungsluft aus, Wasser und insbesondere Meerwasser haben eine verstärkende Wirkung.

Reibkorrosion: An der Kontaktstelle zweier Bauteile, die aufeinander gedrückt und gegeneinander bewegt werden, treten zugleich mehrere Effekte auf. Die Oberflächen der Bauteile werden ständig elastisch und plastisch verformt, es entstehen kurzzeitig lokal hohe Temperaturen, und die das Metall umgebenden schützenden Oxidschichten werden ständig aufgebrochen. Die Kontaktstelle ist deshalb besonders korrosionsgefährdet, ausserdem wird die Dauerschwingfestigkeit des Bauteils durch Reibkorrosion stark reduziert.

2 Maßnahmen des Korrosionsschutzes

2.1 Übersicht

Mit den Maßnahmen des Korrosionsschutzes soll die zerstörende Wirkung der Korrosion vermindert oder verhindert werden. Dabei muss Korrosion nicht generell vermieden werden, solange sie nicht zu einer Schädigung des Bauteils führt. Bei der Planung eines wirtschaftlichen Korrosionsschutzes sind daher die Funktion des Bauteils und die zu erwartenden Umgebungsbedingungen von großer Bedeutung.

Grundsätzlich wird zwischen passiven und aktiven Schutzmaßnahmen unterschieden. Während passive Maßnahmen den Korrosionsvorgang durch Fernhalten von angreifenden Stoffen unterbinden, greifen aktive Maßnahmen direkt in den Korrosionsprozess ein.

Tafel 6.40 Übersicht der Korrosionsschutzmaßnahmen

Typ	Maßnahme	Beispiel
Passiver Korrosionsschutz	Organische Beschichtung	Anstrich
	Metallischer Überzug	Feuerverzinken
	Umhüllung / Überzug	Spannanker in Kunststoffrohr
	Öl, Fett, Wachs	Temporäre Schutzmaßnahme
Aktiver Korrosionsschutz	Umhüllung (Passivierung)	Bewehrungsstahl in Beton
	Kathodischer Schutz	Elektrochem. Schutz durch Opferanode
	Inhibitoren	Zusatzstoffe in Kühlkreisläufen
Aktiver Korrosionsschutz durch Planung	Werkstoffwahl	Nichtrostende Stähle
	Konstruktive Gestaltung	Vermeiden von Wasseransammlungen

2.2 Organische Beschichtung

Die Beschichtung eines Bauteils mit einer festhaftenden Schicht aus Kunststoff, z. B. durch Anstrich oder Spritzen führt zu einer Abschirmung des Stahls von seiner Umgebung. Um Korrosion dauerhaft zu vermeiden ist die Dichtheit der Beschichtung, ihre Stärke sowie die Vermeidung von Poren und Beschädigungen von entscheidender Bedeutung. Durch Zugabe von Pigmenten, wie z. B. Zinkstaub, kann die Auflösung des Stahls zusätzlich behindert werden (aktive Schutzkomponente).

Ein Beschichtungssystem besteht i.d.R. aus mindestens zwei Grund- und zwei Deckbeschichtungen. Ein Beschichtungsstoff setzt sich aus Bindemittel, Füllstoffen (z. B. Farbstoffe und Pigmente) sowie einem Lösemittel zusammen. Beschichtungen können sowohl im Werk, als auch auf der Baustelle aufgebracht werden. Beispiele für Beschichtungssysteme sind in DIN EN ISO 12 944-5 angegeben. Unter Berücksichtigung praktischer Belange werden in [6.57] die in Tafel 6.41 angegebenen Beschichtungen empfohlen.

Tafel 6.41 Beschichtungssysteme nach [6.57]

Werkstatt					Baustelle			System	Korrosivitätskategorie														
GB	NDFT [µm]	ZB/DB	NDFT [µm]	Anzahl	DB	NDFT [µm]	Anzahl	NDFT [µm]	C2			C3			C4			C5-I			C5-M		
									k	m	l	k	m	l	k	m	l	k	m	l	k	m	l
AK	100	–	–	1 – 2	AK	60	1	160	■	■	■	■	■	□	□	□	□	□	□	□	□	□	□
EP	160	–	–	1 – 2	–	–	–	160	■	■	■	■	■	□	□	□	□	□	□	□	□	□	□
AK	100	–	–	1 – 2	AK	100	1 – 2	200	▒	▒	▒	■	■	■	■	□	□	□	□	□	□	□	□
EP-Zn	60	EP, PUR	100	2 – 3	–	–	–	160	▒	▒	▒	■	■	■	■	□	□	□	□	□	□	□	□
EP	80	EP, PUR	120	2 – 3	–	–	–	200	▒	▒	▒	■	■	■	■	□	□	□	□	□	□	□	□
EP-Zn	80	EP, PUR	100	2 – 3	PUR	60	1	240	▒	▒	▒	▒	▒	▒	■	■	■	■	■	□	□	□	□
EP	160	EP, PUR	120	2 – 4	–	–	–	280	▒	▒	▒	▒	▒	▒	■	■	■	■	■	■	■	■	□
EP-Zn	80	EP, PUR	160	2 – 3	PUR	80	1 – 2	320	▒	▒	▒	▒	▒	▒	■	■	■	■	■	■	■	■	■

GB = Grundbeschichtung
ZB = Zwischenbeschichtung
DB = Deckbeschichtung
NDFT = Sollschichtstärke

AK = Alkydharz
EP = Epoxidharz
PUR = Polyurethan
Zn = Zinkpigmente

k = kurz (2-5 Jahre)
m = lang (3-15 Jahre)
l = lang (über 15 Jahre)

■ = geeignet
▒ = unwirtschaftlich
□ = ungeeignet

Vor Aufbringen einer Beschichtung muss i. d. R. die Stahloberfläche vorbereitet werden. DIN EN ISO 12 944-4 unterscheidet folgende Vorbereitungsgrade: Sa1 bis Sa3 für gestrahlte Oberflächen, St2 und St3 für manuelle bzw. maschinelle Entrostung, Fl für Flammstrahlen und Be für Beizen. Das Beschichtungssystem kann als Nassbeschichtung durch Streichen, Rollen oder Spritzen, als Bandbeschichtung (Coil Coating) oder als Pulverbeschichtung aufgebracht werden.

2.3 Metallische Überzüge

Der Überzug eines Stahlbauteils mit einer Metallschicht bewirkt zunächst einen passiven Korrosionsschutz durch Fernhalten des aggressiven Mediums. Wird die Metallschicht an einer Stelle beschädigt und der Stahl punktuell freigelegt, entsteht zwischen den beiden Metallen Kontaktkorrosion. Sofern der metallische Überzug aus einem unedleren Metall, z. B. Zink besteht, übernimmt der Überzug die Funktion der Anode und geht in Lösung, während das Bauteil aus Stahl aktiv geschützt bleibt.

In der Praxis haben Überzüge aus Zink die größte Bedeutung. Zum Aufbringen des Überzugs wird neben Spritzverzinken und galvanischen Verfahren vor allem das Schmelztauchverzinken (Feuerverzinken) eingesetzt. Zur Vorbereitung der Oberfläche muss dazu das Bauteil in mehreren Arbeitsgängen entfettet, gebeizt, gespült und mit einem Flussmittel versehen werden. Der Zinküberzug wird anschließend durch Eintauchen in flüssiges Zink bei ca. 450 °C aufgebracht.

Beim Eintauchen in das Zinkbad erfolgt eine chemische Reaktion zwischen Eisen und Zink. Es bildet sich eine Eisen-Zink-Legierungsschicht, überdeckt von einer reinen Zinkschicht in einer Stärke von insgesamt 50 – 150 µm. DIN EN ISO 1461 fordert bei Bauteilstärken von mehr als 6 mm eine minimale Zinkauflage von 85 µm. Dickere Zinkschichten führen zu einem besseren Korrosionsschutz, allerdings senken sie auch das Haftvermögen des Zinks an dem Bauteil. Die Stärke der Zinkschicht hängt neben der Tauchdauer und Temperatur des Tauchbades besonders vom Siliciumgehalt des Stahles ab.

Aufgrund der Abmessungen der Tauchbäder ist die Größe der Bauteile, die in einem Stück feuerverzinkt werden können, begrenzt. Die größten in Deutschland verfügbaren Zinkbäder haben eine Länge von maximal 16,5 m, eine Breite von 2,0 m und eine Tiefe von 3,2 m. Durch mehrfaches Eintauchen in das Zinkbad können auch übergroße Bauteile feuerverzinkt werden.

Durch die hohe Temperatur des Zinkbades sind die Bauteile während des Verzinkens hohen Beanspruchungen ausgesetzt. Bauteile mit hohen Eigenspannungen, die z. B. durch umfangreiche Schweißarbeiten entstanden sind, können sich stark verziehen, da sich die Spannungen durch die hohe Temperatur des Zinkbades abbauen. Bauteile, die in mehreren Schritten verzinkt werden, sollten möglichst

lichst zwängungsfrei konstruiert sein, damit sich die größten Temperaturdehnungen ohne große Zwangskräfte einstellen können. Hohlprofile müssen mit ausreichend vielen Öffnungen versehen sein, damit das Zink leicht in die Hohlräume ein- und wieder austreten kann. Werden Hohlräume vollständig verschlossen, besteht die Gefahr einer Explosion, da sich die eingeschlossene Luft und Feuchtigkeit bei der Erhitzung auf 450 °C schlagartig ausdehnt.

Sollen größere Bauteile mit einem Zinküberzug versehen werden, besteht die Möglichkeit des Spritzverzinkens (thermisches Spritzen). Damit können Bauteile auch nachträglich und lokal begrenzt mit einem Zinküberzug versehen werden.

2.4 Duplexsysteme

Duplexsysteme bestehen aus einer Kombination von metallischem Überzug und organischer Beschichtung. Bei überdurchschnittlich hoher Korrosionsbelastung kann durch Duplexsysteme ein verbesserter Schutz des Bauteils erreicht werden. Gleichzeitig besteht die Möglichkeit einer farblichen Gestaltung.

Duplexsysteme erreichen eine bis zu 2,5-fach längere Schutzdauer als die jeweiligen Einzelsysteme. Dieser Synergieeffekt beruht auf einem gegenseitigen Schutz von Zinküberzug und Beschichtung. Die Beschichtung schützt den Zinküberzug vor Einflüssen aus der Umgebung und verhindert den Abtrag des Zinks. Gleichzeitig bleibt das Bauteil bei Beschädigungen der Beschichtung gegen Korrosion geschützt, es kommt zu keiner Unterrostung und damit zum Abblättern der Beschichtung. Beispiele geeigneter Duplex-Beschichtungssysteme sind in DIN EN ISO 12 944-5 und [6.57] enthalten.

Tafel 6.42 Duplexsysteme nach [6.57]

Werkstatt					Baustelle			System	Korrosivitätskategorie														
Oberflächenvorbereitung		GB/ZB	NDFT [µm]	Anzahl	DB	NDFT [µm]	Anzahl	NDFT [µm]	C2			C3			C4			C5-I			C5-M		
Reinigen	Sweepen								k	m	l	k	m	l	k	m	l	k	m	l	k	m	l
x		AY-Hydro	120	1 – 2	–	–	–	120															
x		AY-Hydro	80	1	AY/PVC	80	1 – 2	160															
x		AY-Hydro	80	1	EP/PUR	80	1 – 2	160															
x		EP-Komb.	120	1 – 2	–	–	–	120															
x		EP-Komb.	80	1	EP/PUR	80	1 – 2	160															
	x	EP	80	1	EP/PUR	80	1 – 2	160															
x	o	EP-Komb.	160	2	EP/PUR	80	1 – 2	240															
	x	EP	160	2	EP/PUR	80	1 – 2	240															

GB = Grundbeschichtung
ZB = Zwischenbeschichtung
DB = Deckbeschichtung
NDFT = Sollschichtstärke
AY = Acrylharz
EP = Epoxidharz
PVC = Polyvinylchlorid
PUR = Polyurethan
k = kurz (2-5 Jahre)
m = lang (3-15 Jahre)
l = lang (über 15 Jahre)
■ = geeignet
▒ = unwirtschaftlich
□ = ungeeignet

2.5 Kathodischer Schutz

Der kathodische Korrosionsschutz ist eine aktive Schutzmaßnahme, bei der die elektrochemische Korrosionsreaktion umgekehrt wird, d. h. das Stahlbauteil wird zur Kathode und bleibt dadurch vor Auflösung geschützt. Dazu muss das elektrische Potential im Elektrolyt aktiv verändert werden. Dies kann durch Verwendung einer unedleren galvanischen Opferanode (z. B. aus Zink) geschehen, die sich infolge des Korrosionsprozesses auflöst und die in regelmäßigen Abständen ausgetauscht werden muss. Alternativ kann eine inerte Hilfsanode zusammen mit einer externen Fremdstromquelle eingesetzt werden, um die Oberfläche des Stahlbauteils kathodisch zu polarisieren (vgl. Abb. 6.43a).

Der kathodische Korrosionsschutz wird vor allem bei Bauteilen im Erdreich oder im Wasser eingesetzt, bei der eine Kontrolle und Erneuerung des Korrosionsschutz unmöglich oder zu teuer wäre, wie z. B. Rohrleitungen, Behälter, Schleusen oder Bohrinseln. Um den Schutzstrombedarf zu reduzieren bzw. um die Opferanode zu schonen, sollte das Bauteil mit einer elektrisch isolierenden Beschichtung versehen werden. Damit beschränkt sich der kathodische Schutz nur auf den kleinen Bereich unvermeidbarer Beschädigungen und Poren.

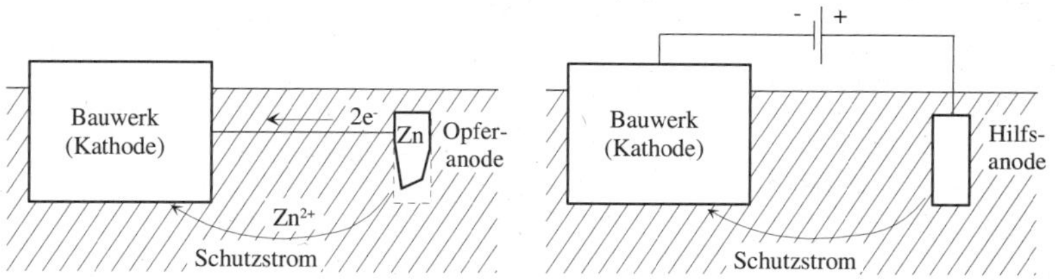

Abb. 6.43a Kathodischer Korrosionsschutz mit Opferanode bzw. Fremdstromquelle

2.6 Werkstoffwahl

Das Korrosionsverhalten von Stahl kann durch die Zugabe von Legierungsstoffen bei der Stahlherstellung so günstig beeinflusst werden, dass weitere Korrosionsschutzmaßnahmen nicht erforderlich werden.

Wetterfeste Stähle (Kurzbezeichnung WT) nach DIN EN 10 025 sind niedriglegierte Stähle mit geringen Zusätzen (< 0,5 %) von Kupfer, Chrom und Nickel. Bei diesen Stählen wird die atmosphärische Korrosion nicht verhindert, es bilden sich jedoch aus den Rostprodukten zusammenhängende Sperrschichten, die den Stahl bei normaler Bewitterung vor dem Zutritt aggressiver Medien schützen. So stellt sich bei wetterfesten Stählen ein deutlich geringerer Massenverlust durch Abrostung als bei unlegierten Stählen ein. Bei Industrieatmosphäre, hohem Salzgehalt oder langanhaltender Wasserbenetzung steigt die Abrostung wetterfester Stähle stark an, so dass sie in diesen Fällen ohne zusätzliche Schutzmaßnahmen, wie z. B. einer organischen Beschichtung, nicht verwendet werden sollten.

Nichtrostende Stähle nach DIN 17 440 sind hochlegierte Stähle mit einem Chromgehalt von mindestens 10,5 %. In sauerstoffhaltiger Atmosphäre bildet sich an der Oberfläche dieser Stähle eine sehr dünne Oxidschicht, die eine anodische Auflösung des Stahles verhindert. Diese Passivschicht bildet sich bei Beschädigungen sofort neu, so dass ein dauerhafter Korrosionsschutz des Bauteils gewährleistet ist. Allerdings besteht in saurer Umgebung eine Anfälligkeit nichtrostender Stähle gegenüber Loch- und Spannungsrisskorrosion. Deswegen ist vor allem bei der Verwendung in Schwimmbädern, Straßentunneln und Schornsteinen auf eine geeignete Werkstoffwahl zu achten, s. [6.52].

2.7 Konstruktive Gestaltung

Durch korrosionsschutzgerechtes Konstruieren können Ausmaß und Geschwindigkeit von Korrosionsvorgängen deutlich reduziert und damit die Lebensdauer eines Bauwerkes verlängert werden. In Anlehnung an DIN EN ISO 12 944-3 werden die folgenden Grundregeln genannt:

Bauliche Gestaltung: Am wirkungsvollsten lässt sich eine Stahlkonstruktion vor Korrosion schützen, wenn der Zutritt von aggressiven Medien und insbesondere von Feuchtigkeit verhindert wird. Deshalb sollte die tragende Stahlkonstruktion innerhalb eines Gebäudes, geschützt durch Dach und Fassade, angeordnet werden.

Zugänglichkeit: Zur Überwachung und Instandsetzung von Beschichtungen oder Überzügen sollten Bauteile so gestaltet sein, dass sie auch nachträglich zugänglich und erreichbar sind. Neben Hilfseinrichtungen wie Stege oder Arbeitsbühnen ist darauf zu achten, dass Mindestabstände zwischen den einzelnen Bauteilen und angrenzenden Flächen eingehalten werden (vgl. Abb. 6.43b und 6.44). Korrosionsgefährdete Bauteile, die nach der Montage unzugänglich sind, sollten so geschützt werden, dass der Korrosionsschutz während der gesamten Nutzungsdauer des Bauwerks gewährleistet bleibt.

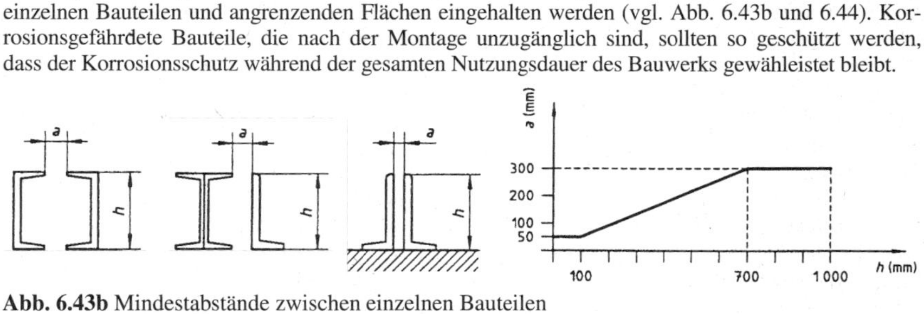

Abb. 6.43b Mindestabstände zwischen einzelnen Bauteilen

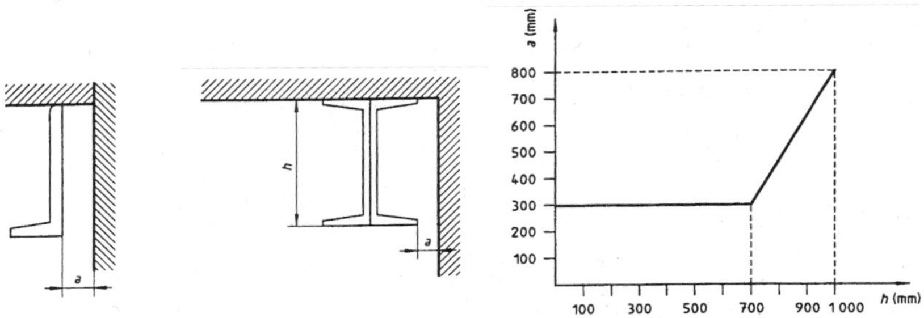

Abb. 6.44 Mindestabstände zwischen Bauteilen und angrenzenden Flächen

Wasseransammlungen und Ablagerungen: Stahlbauteile, die der Witterung ausgesetzt sind, sollten so gestaltet sein, dass sich keine Ansammlungen von Wasser und Ablagerungen bilden können. Dies kann durch abgeschrägte und geneigte Oberflächen geschehen, durch das Vermeiden von oben offenen Profilen, Taschen und Vertiefungen sowie durch das kontrollierte Ableiten von Wasser durch geeignete Entwässerungseinrichtungen.

Spalten: Spalten, Fugen und sich überlappende Verbindungen führen leicht zu Spaltkorrosion und sollten durch geeignete Gestaltung vermieden werden. Berührungsflächen können z. B. mit durchgehenden Schweißnähten vor Wasserzutritt geschützt werden. Übergangsstellen zwischen Beton und Stahl erfordern besondere Maßnahmen des Korrosionsschutzes.

Kanten: An scharfen Kanten haften Beschichtungen schlechter und sind leichter Beschädigungen ausgesetzt. Alle scharfen Kanten sollten deshalb abgerundet oder zumindest gebrochen werden.

Schweißstellen: Oberflächenfehler an Schweißnähten führen zu lokalen Schmutzablagerungen und zu geringen Dicken der Beschichtung und sind deshalb zu vermeiden.

Rippen und Aussteifungen: Um Spalte zu vermeiden, sind Rippen und Aussteifungen ringsum mit den angrenzenden Bauteilen zu verschweißen. Außerdem sind zur Vermeidung von Wasseransammlungen in den Ecken Aussparungen anzuordnen.

Unterschiedliche Metalle: Zur Vermeidung von Kontaktkorrosion sollten Stähle mit einem unterschiedlichen elektrochemischen Potential nicht miteinander verbunden werden. Kritisch ist vor allem die Kombination kleiner, unedler Bauteile mit großen, edleren Bauteilen. Dagegen kann eine Verbindung von kleinen, edlen Bauteilen, wie z. B. Schrauben aus nichtrostendem Stahl, mit weniger edlen Baustählen durchaus erfolgen. Ist eine Kombination verschiedener Metalle unvermeidbar, kann Kontaktkorrosion durch die elektrische Isolierung der beiden Bauteile voneinander vermieden werden.

Korrosionsschutzgerechte Gestaltung nach DIN EN ISO 12 944-3

schlecht —> besser —> gut

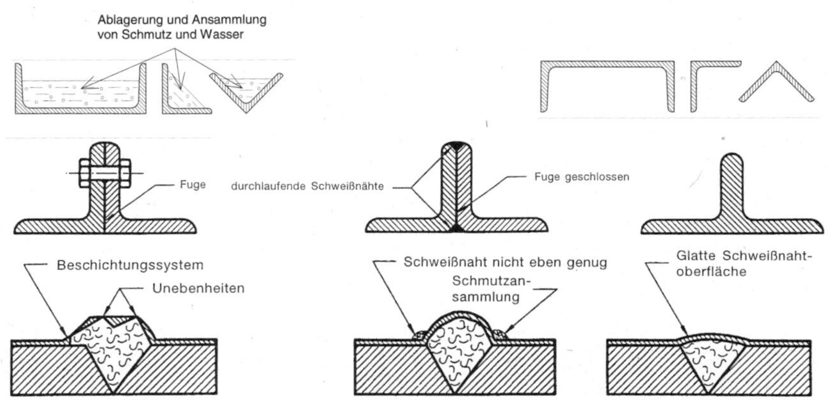

6 D Schutz und Dauerhaftigkeit von Holzbauwerken

Die Dauerhaftigkeit von Holzbauwerken wird gewährleistet

- vorrangig durch vorbeugende bauliche Maßnahmen (DIN 68 800-2)
- ggf. zusätzlich durch vorbeugenden chemischen Holzschutz (DIN 68 800-3).

Auf den vorbeugenden chemischen Holzschutz kann verzichtet werden, wenn eine Gefährdung der Holzteile durch Pilze und Insekten auf Dauer und ausreichend zuverlässig durch bauliche Maßnahmen ausgeschlossen ist.

Die wichtigsten Schadenseinflüsse sind

- biologische Einflüsse auf Holzbaustoffe (z. B. Pilz- oder Insektenbefall)
- chemische Einwirkungen auf metallische Baustoffe (z. B. Korrosion).

Als Vorkehrungen gegen Schadenseinflüsse kommen die Auswahl geeigneter Baustoffe mit natürlicher Dauerhaftigkeit, baulich-konstruktive Schutzmaßnahmen sowie Schutzmaßnahmen für die Baustoffe bzw. Baustoffoberfläche in Betracht.

Detaillierte Angaben zur Thematik „Dauerhaftigkeit von Holzbauwerken“ enthält Kap. 9, Abschnitt 4.

7 A Mauerwerksbau
7 B Glas im konstruktiven Ingenieurbau

Inhaltsverzeichnis

7 A Mauerwerksbau (DIN 1053)

Prof. Dipl.-Ing. Klaus-Jürgen Schneider

1 Maßordnung im Hochbau nach DIN 4172 (7.55)

Baunormzahlen

Reihen vorzugsweise für								
den Rohbau				Einzelmaße	den Ausbau			
a	b	c	d	e	f	g	h	i
25	$\frac{25}{2}$	$\frac{25}{3}$	$\frac{25}{4}$	$\frac{25}{10} = \frac{5}{2}$	5	2 × 5	4 × 5	5 × 5
				2,5				
			$6\frac{1}{4}$	5	5			
		$8\frac{1}{3}$		10	10	10		
	$12\frac{1}{2}$		$12\frac{1}{2}$	12,5				
		$16\frac{2}{3}$		15	15			
			$18\frac{3}{4}$	17,5				
				20	20	20	20	
				22,5				
25	25	25	25	25	25			25
				27,5				
		$31\frac{1}{4}$	30	30	30			
	$33\frac{1}{3}$		35	35				
	$37\frac{1}{2}$		$37\frac{1}{2}$	37,5				
		$41\frac{2}{3}$		40	40	40	40	
			$43\frac{3}{4}$	42,5				
				45	45			
				47,5				
50	50	50	50	50	50	50		50

Baunormzahlen sind Zahlen für Baurichtmaße und die daraus abgeleiteten Einzel-, Rohbau- und Ausbaumaße.
Baurichtmaße sind die theoretischen Grundlagen für die Baumaße der Praxis. Sie sind Maße von Bauteilen einschl. ihrer Fugen.

Nennmaße sind Maße, die die Bauten haben sollen. Sie werden in der Regel in die Bauzeichnungen eingetragen. Bei Bauarten ohne Fugen sind die Nennmaße gleich den Baurichtmaßen. Bauarten mit Fugen vgl. unten.

Kleinmaße sind Maße von 2,5 cm und darunter. Sie sind nach DIN 323 wie folgt zu wählen:

2,5; 2; 1,6; 1,25; 1 cm;
8; 6,3; 5; 4; 3,2; 2,5; 2; 1,6; 1,25; 1 mm.

Fugen und Verband

Bauteile (Mauersteine, Bauplatten usw.) sind so zu bemessen, dass ihre Baurichtmaße im Verband Baunormzahlen sind.

2 Vermaßung von Mauerwerk

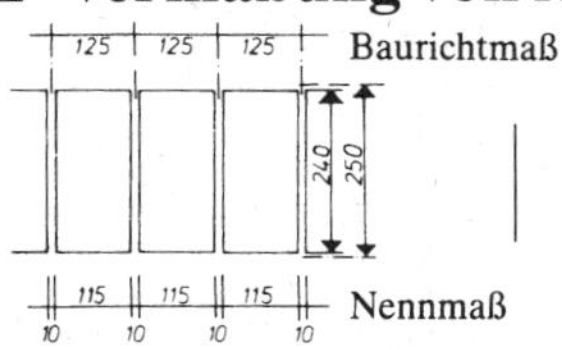

	Baurichtmaß	Nennmaß
A	$x \cdot 12{,}5$	$x \cdot 12{,}5 - 1$
Ö	$x \cdot 12{,}5$	$x \cdot 12{,}5 + 1$
V	$x \cdot 12{,}5$	$x \cdot 12{,}5$

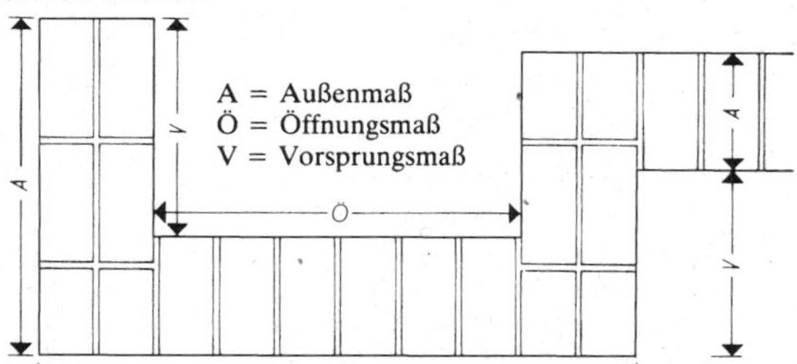

Kopf-zahl	Längenmaße in m			Schich-ten	Höhenmaße in m bei Ziegeldicken in mm					
	A	*O*	*V*		52	71	113	155	175	238
1	0,115	0,135	0,125	1	0,0625	0,0833	0,125	0,1666	0,1875	0,250
2	0,240	0,260	0,250	2	0,1250	0,1667	0,250	0,3334	0,3750	0,500
3	0,365	0,385	0,375	3	0,1875	0,2500	0,375	0,5000	0,5625	0,750
4	0,490	0,510	0,500	4	0,2500	0,3333	0,500	0,6666	0,7500	1,000
5	0,615	0,635	0,625	5	0,3125	0,4167	0,625	0,8334	0,9375	1,250
6	0,740	0,760	0,750	6	0,3750	0,5000	0,750	1,0000	1,1250	1,500
7	0,865	0,885	0,875	7	0,4375	0,5833	0,875	1,1666	1,3125	1,750
8	0,990	1,010	1,000	8	0,5000	0,6667	1,000	1,3334	1,5000	2,000
9	1,115	1,135	1,125	9	0,5625	0,7500	1,125	1,5000	1,6875	2,250
10	1,240	1,260	1,250	10	0,6250	0,8333	1,250	1,6666	1,8750	2,500
11	1,365	1,385	1,375	11	0,6875	0,9167	1,375	1,8334	2,0625	2,750
12	1,490	1,510	1,500	12	0,7500	1,0000	1,500	2,0000	2,2500	3,000
13	1,615	1,635	1,625	13	0,8125	1,0833	1,625	2,1666	2,4375	3,250
14	1,740	1,760	1,750	14	0,8750	1,1667	1,750	2,3334	2,6250	3,500
15	1,865	1,885	1,875	15	0,9375	1,2500	1,875	2,5000	2,8125	3,750

3 Rohdichteklassen und Festigkeitsklassen gängiger genormter Mauersteine

Darüber hinaus werden weitere genormte Steine hergestellt.

Bezeichnung	Rohdichtekl.	Festigkeitsklassen 2	4	6	8	12	20	28	G_M*) kN/m³
Mauerziegel DIN V 105-100 bzw. DIN EN 771-1 und DIN V 20 000-401 Mz Vollziegel (1,6–2,0 kg/dm³) HLz Hochlochziegel (0,6–1,4 kg/dm³) KMz Vollklinker (2,0–2,2 kg/dm³) KHLz Hochlochklinker (1,6–1,8 kg/dm³) VHLz Hochlochziegel, frostbeständig (1,0–1,4 kg/dm³) VMz Vollziegel, frostbeständig (1,6–1,8 kg/dm³)	0,6		•	•	•				7
	0,65		•	•	•				7,5
	0,7		•	•	•	•			9
	0,75		•	•	•	•			9,5
	0,8		•	•	•	•			10
	0,9			•	•	•			11
	1,0				•	•	•		12
	1,2				•	•	•		14
	1,4					•	•	•	15
	1,6					•	•	•	17
	1,8					•	•	•	18
	2,0					•	•	•	20
Kalksandsteine DIN V 106 bzw. DIN EN 771-2 und DIN V 20 000-402 KS Vollsteine (1,6–2,0 kg/dm³) KS L Lochsteine (1,2–1,6 kg/dm³) KS-R Blocksteine (1,6–2,0 kg/dm³) KS L-R Hohlblocksteine (1,2–1,6 kg) KS Vm Vormauersteine (1,8–2,0 kg/dm³) KS Vb Verblender (1,8–2,0 kg/dm³)	1,2				•	•			14
	1,4				•	•	•		16
	1,6				•	•	•	•	16
	1,8					•	•	•	18
	2,0					•	•	•	20
	2,2					•	•	•	22
Porenbetonsteine DIN V 4165-100 bzw. DIN EN 771-4 und DIN V 20 000-404 PP Porenbeton-Plansteine PPE Porenbeton-Planelemente	0,35	•							4,5
	0,4	•							5
	0,5	•							6
	0,55		•						6,5
	0,6		•						7
	0,65			•					7,5
	0,7			•					8
	0,8				•				9
Leichtbeton und Beton Hbl Leichtbeton-Hohlblocksteine DIN V 18 151-100 (0,45–1,6 kg/dm³) Vbl, V Vollblöcke und Vollsteine aus Leichtbeton DIN V 18 152-100 (0,45–2,0 kg/dm³) Hbn Mauersteine aus Beton DIN V 18 153-100 (0,8–2,4 kg/dm³) Es können auch DIN EN 771-3 und DIN V 20 000-403 verwendet werden	0,45	•							6,5
	0,5	•							7
	0,6	•							8
	0,7	•	•						9
	0,8	•	•	•					10
	0,9	•	•	•	•				11
	1,0	•	•	•					12
	1,2	•	•	•	•				14
	1,4		•	•	•				16
	1,6			•	•	•			16
	1,8			•	•	•			18
	2,0					•	•		20
	2,2					•	•		22
	2,4					•	•		24

Hinweis: Neben den genormten Mauersteinen gibt es weitere Steine auf Grund von Zulassungen des Deutschen Instituts für Normung.

*) GM Eigenlast des Mauerwerks bei Verwendung von Normalmörtel.

4 Baustoffbedarf

Bedarf an Mauersteinen und Mörtel[1)]

Steinformat und **Wanddicke**		je m^2 Wand		je m^3 Mauerwerk	
		Steine	Mörtel	Steine	Mörtel
a) Steine mit glatten, vermörtelten Stoßflächen					
DF	(240 × **115** × 52)	66	35	570	300
NF	(240 × **115** × 71)	50	30	430	260
	(115 × **240** × 71)	100	70	415	290
2 DF	(240 × **115** × 113)	33	20	285	175
	(115 × **240** × 113)	66	55	275	230
3 DF	(240 × **175** × 113)	33	30	188	175
	(175 × **240** × 113)	44	50	183	210
2+3 DF	**300**	je 33	je 65	je 110	je 215
5 DF	(300 × **240** × 113)	26	40	110	170
	(240 × **300** × 113)	33	55	110	185
6 DF	(365 × **240** × 113)	22	40	92	170
	(240 × **365** × 113)	33	65	90	180
10 DF	(300 × **240** × 238)	13,5	25	55	105
	(240 × **300** × 238)	16,5	33	55	110
12 DF	(365 × **240** × 238)	11	23	46	95
	(240 × **365** × 238)	16,5	38	45	105
b) Steine mit Nut und Feder, unvermörtelte Stoßfugen[2)]					
6 DF	(373 × **115** × 238)	11	8	96	70
8 DF	(498 × **115** × 238)	8,3	8	72	70
7,5 DF	(308 × **175** × 238)	13,5	12	77	70
9 DF	(373 × **175** × 238)	11	12	63	70
12 DF	(498 × **175** × 238)	8,3	12	48	70
10 DF	(308 × **240** × 238)	13,5	17	55	70
12 DF	(373 × **240** × 238)	11	17	46	70
16 DF	(498 × **240** × 238)	8,3	17	35	70
10 DF	(248 × **300** × 238)	16,5	22	55	70
12 DF	(308 × **300** × 238)	13,5	22	45	70
20 DF	(498 × **300** × 238)	8,3	22	28	70
12 DF	(248 × **365** × 238)	16,5	26	45	70
24 DF	(498 × **365** × 238)	8,3	26	23	70
14 DF	(248 × **425** × 238)	16,5	30	39	70
16 DF	(248 × **490** × 238)	16,5	35	33	70
Ausfugen von Sichtmauerwerk			10		

1) Bedarf an Normal- oder Leichtmörtel in Liter für Lochsteine; für Vollsteine (Mz, KS, V, Vbl, PB) kann ein um etwa 15 % geringerer Bedarf angenommen werden. Für gelochte Plansteine werden etwa 20 kg Dünnbettmörtel je m^3 Mauerwerk benötigt. Bei der Bestellung von Planziegeln wird der benötigte Dünnbetonmörtel systemabhängig vom Ziegellieferanten mitgeliefert.

2) Bei Mauerblöcken mit glatten, vermörtelten Stoßflächen oder mit Mörteltaschen ist der Mörtelbedarf je m^3 Mauerwerk um etwa 20 Liter (bei Blocklängen von 490 mm) bis 40 Liter (bei Blocklängen von 240 mm) höher.

5 Mauerwerk nach DIN 1053-1 (11.96)

5.1 Baustoffe

5.1.1 Mauersteine

Es dürfen Mauersteine nach DIN V 105-100, DIN V 106, DIN V 4165-100, DIN V 18151-100, DIN V 1852-100, DIN V 1853-100 bzw. nach der Normenreihe DIN EN 771-1 bis -4, in Verbindung mit DIN V 20 000-401 bis -404 verwendet werden.

5.1.2 Mörtel

Es dürfen Mörtel verwendet werden, die den Bedingungen des Anhangs A der DIN 1053-1 entsprechen. Für die Anwendung der verschiedenen Mörtelarten gelten folgende Einschränkungen:

- **Normalmörtel, Mörtelgruppe I**
  - Nicht zulässig für Gewölbe und Kellermauerwerk[*].
  - Nicht zulässig bei mehr als zwei Vollgeschossen und bei Wanddicken kleiner als 240 mm, dabei ist als Wanddicke bei zweischaligen Außenwänden die Dicke der Innenschale maßgebend.
  - Nicht zulässig für Vermauern der Außenschale bei zweischaligem Außenmauerwerk.
- **Normalmörtel, Mörtelgruppe II und IIa**
  - Keine Einschränkung.
- **Normalmörtel, Mörtelgruppe III und IIIa**
  - Nicht zulässig für Vermauern der Außenschale bei zweischaligem Außenmauerwerk. Abweichend davon darf MG III zum nachträglichen Verfugen und für diejenigen Bereiche von Außenschalen verwendet werden, die als bewehrtes Mauerwerk nach DIN 1053-3 ausgeführt werden.
- **Leichtmörtel**
  - Nicht zulässig für Gewölbe und der Witterung ausgesetztes Sichtmauerwerk.
- **Dünnbettmörtel**
  - Nicht zulässig für Gewölbe und für Mauersteine mit Maßabweichungen der Höhe von mehr als 1,0 mm (Anforderungen an Plansteine).

Normalmörtel, der nach der folgenden Tafel zusammengesetzt ist, bedarf keiner Eignungsprüfung.

Tafel 7.5 Mörtelzusammensetzung, Mischungsverhältnisse für Normalmörtel in Raumteilen

Mörtelgruppe	Luftkalk		Hydraulischer Kalk	Hydraulischer Kalk (HL 5) Putz- und Mauerbinder (MC 5)	Zement	Sand[1] aus natürlichem Gestein
	Kalkteig	Kalkhydrat	HL 2			
I	1	–	–	–	–	4
	–	1	–	–	–	3
	–	–	1	–	–	3
	–	–	–	1	–	4,5
II	1,5	–	–	–	1	8
	–	2	–	–	1	8
	–	–	2	–	1	8
	–	–	–	1	–	3
IIa	–	1	–	–	1	6
	–	–	–	2	1	8
III	–	–	–	–	1	4
IIIa[2]	–	–	–	–	1	4

[1] Die Werte des Sandanteils beziehen sich auf den lagerfeuchten Zustand.
[2] Die größere Festigkeit soll vorzugsweise durch Auswahl geeigneter Sande erreicht werden.

[*] Anwendung erlaubt bei Instandsetzung von Natursteinmauerwerk in MG I.

5.1.3 Rezeptmauerwerk (RM)

Mauerwerk aus Stein/Mörtel-Kombinationen gemäß Tafel 7.15

5.1.4 Mauerwerk nach Eignungsprüfung (EM)

Mauerwerk, dessen Grundwerte der zulässigen Druckspannungen σ_0 aufgrund von Eignungsprüfungen nach DIN 1053-2 und nach Tafel 7.16 bestimmt werden.

5.2 Standsicherheit

5.2.1 Räumliche Steifigkeit

Auf einen Nachweis der räumlichen Steifigkeit kann verzichtet werden, wenn folgende Bedingungen erfüllt sind:

- Die Decken sind als steife Scheiben ausgebildet, oder es sind statt dessen statisch nachgewiesene Ringbalken vorhanden.
- In Längs- und Querrichtung des Bauwerks ist eine offensichtlich ausreichende Anzahl von aussteifenden Wänden vorhanden.

Diese müssen ohne größere Schwächungen und Versprünge bis auf die Fundamente gehen.

DIN 1053-1 enthält keine Hinweise darüber, was unter „offensichtlich ausreichend“ zu verstehen ist. Es wird daher empfohlen, die bewährte Konstruktionsregel der *alten* DIN 1053 (Norm ist zurückgezogen) sinngemäß anzuwenden, dass bei Mauerwerksbauten bis zu 6 Geschossen auf einen Windnachweis verzichtet werden kann, wenn die Bedingungen der folgenden Tabelle in etwa erfüllt sind:

Dicken und Abstände aussteifender Wände (Tab. 3, DIN 1053 **alt**)

<table>
<tr><th rowspan="2">Zeile</th><th rowspan="2">Dicke der auszusteifenden belasteten Wand in cm</th><th rowspan="2">Geschosshöhe in m</th><th colspan="3">Aussteifende Wand</th></tr>
<tr><th>im 1. bis 4. Vollgeschoss von oben</th><th>im 5. u. 6. Vollgeschoss von oben</th><th>Mittenabstand in m</th></tr>
<tr><td>1</td><td>≥ 11,5 < 17,5</td><td rowspan="2">≤ 3,25</td><td rowspan="4">≥ 11,5 cm</td><td rowspan="4">≥ 17,5 cm</td><td>≤ 4,50</td></tr>
<tr><td>2</td><td>≥ 17,5 < 24</td><td>≤ 6,00</td></tr>
<tr><td>3</td><td>≥ 24 < 30</td><td>≤ 3,50</td><td rowspan="2">≤ 8,00</td></tr>
<tr><td>4</td><td>≥ 30</td><td>≤ 5,00</td></tr>
</table>

Ist bei einem Bauwerk nicht von vornherein erkennbar, dass die räumliche Steifigkeit durch genügend vertikale und horizontale Scheiben gewährleistet ist, so muss ein Nachweis gemäß Kapitel 5C (S. 5.38 ff.) geführt werden.

5.2.2 Standsicherheit einzelner Wände

Der Nachweis kann nach dem *vereinfachten* Berechnungsverfahren (Abschn. 5.5) oder nach dem *genaueren Berechnungsverfahren* (Abschn. 5.6) durchgeführt werden.

Es wird zwischen ein-, zwei-, drei- und vierseitig gehaltenen Wänden unterschieden. Einseitig gehaltene (frei stehende) Wände sollten nach dem *genaueren Verfahren* nachgewiesen werden.

5.3 Wandkonstruktionen

5.3.1 Tragende Wände und Pfeiler (Begriff)

Wände und Pfeiler gelten als tragend, wenn sie
- vertikale Lasten (z. B. aus Decken, Dachstielen) und/oder
- horizontale Lasten (z. B. aus Wind) aufnehmen und/oder
- zur Knickaussteifung von tragenden Wänden dienen.

5.3.2 Mindestabmessungen von tragenden Wänden und Pfeilern

Die Mindestdicke von tragenden Innen- und Außenwänden beträgt $d = 11{,}5$ cm, sofern aus statischen oder bauphysikalischen Gründen nicht größere Dicken erforderlich sind.

Mindestabmessungen von tragenden Pfeilern: 11,5 cm × 36,5 cm bzw. 17,5 cm × 24 cm.

5.3.3 Zweischalige Außenwände

Nach dem Wandaufbau wird unterschieden nach zweischaligen Außenwänden
- mit Luftschicht
- mit Luftschicht und Wärmedämmung
- mit Kerndämmung
- mit Putzschicht.

Maximaler Abstand der Außen- und Innenschale: 15 cm. Bei größerem Abstand ist die Verankerung durch andere Verankerungsarten gemäß DIN 1053-1, 8.4.3.1, Aufzählung e, 4. Absatz, nachzuweisen.

Mindestdicke der Luftschicht: 6 cm. Sie darf bis zu 4 cm vermindert werden, wenn der Fugenmörtel mindestens an einer Hohlraumseite abgestrichen wird.

Bei der Bemessung ist als Wanddicke nur die Dicke der tragenden Innenschale anzusetzen.

In Außenschalen dürfen glasierte Steine oder Steine mit Oberflächenbeschichtungen nur verwendet werden, wenn deren Frostwiderstandsfähigkeit unter erhöhter Beanspruchung geprüft wurde (Mauerziegel nach DIN 55 252-1, Kalksandsteine nach DIN 106-2).

● **Mindestdicken**
- Tragende Innenschalen: $d = 11{,}5$ cm (vgl. jedoch Abschnitt 5.5.1)
- Außenschalen: $d = 9$ cm (dünnere Außenschalen sind Bekleidungen nach DIN 18 515)

● **Mindestlänge**

Die Mindestlänge von gemauerten Pfeilern in der Außenschale beträgt 24 cm.

● **Verankerung der Außenschalen**

Die Mauerwerksschalen sind durch Drahtanker aus nichtrostendem Stahl nach DIN 17 440, Werkstoff-Nr. 1.4401 oder 1.4571, zu verbinden. Anzahl der Drahtanker siehe Tafel 7.8; Form und Maße siehe Abb. Der vertikale Abstand der Drahtanker soll höchstens 500 mm, der horizontale Abstand höchstens 750 mm betragen.

An allen freien Rändern (von Öffnungen, an Gebäudeecken, entlang von Dehnungsfugen und an den oberen Enden der Außenschalen) sind zusätzlich zur folgenden Tafel 7.8 drei Drahtanker je m Randlänge anzuordnen.

Werden die Drahtanker (s. Abb.) in Leichtmörtel eingebettet, so ist dafür LM 36 erforderlich. Drahtanker in Leichtmörtel LM 21 bedürfen einer anderen Verankerungsart.

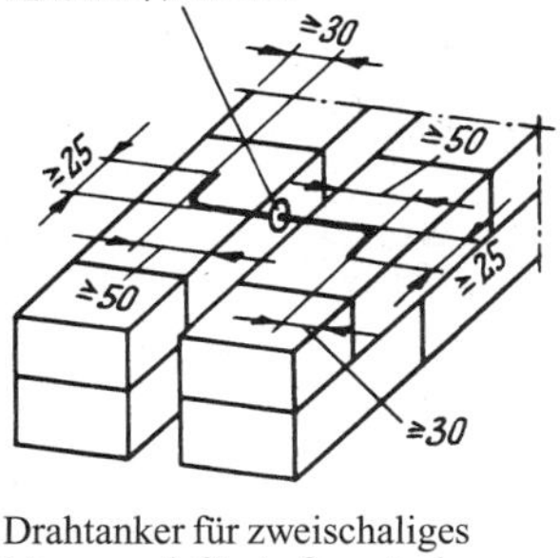

Drahtanker für zweischaliges Mauerwerk für Außenwände

Maße in cm

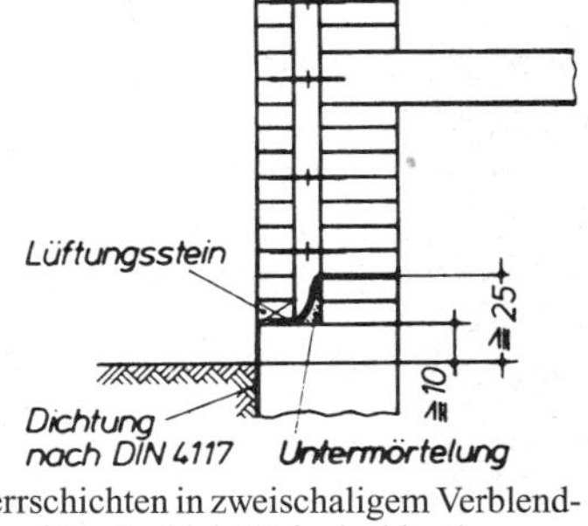

Untere Sperrschichten in zweischaligem Verblendmauerwerk mit Luftschicht (Prinzipskizze)

Tafel 7.8 Mindestanzahl und Durchmesser von Drahtankern je m² Wandfläche

	Drahtanker	
	Mindestanzahl	Durchmesser
mindestens, sofern nicht folgende Zeilen maßgebend	5	3
Wandbereich höher als 12 m über Gelände oder Abstand der Mauerwerksschalen über 7 bis 12 cm	5	4
Abstand der Mauerwerksschalen über 12 bis 15 cm	7 oder 5	4 5
Bei zweischaligen Außenwänden mit Putzschicht genügt grundsätzlich eine Drahtankerdicke von 3 mm.		

● **Auflagerung und Abfangung der Außenschalen**

- Die Außenschalen sollen über ihre ganze Länge und vollflächig aufgelagert sein. Sie dürfen bis zu 25 mm über ihr Auflager vorstehen.
- Außenschalen von 11,5 cm Dicke sollen in Höhenabständen von etwa 12 m abgefangen werden. Ist die 11,5 cm dicke Außenschale nicht höher als zwei Geschosse oder wird sie alle zwei Geschosse abgefangen, dann darf sie bis zu einem Drittel ihrer Dicke über ihr Auflager vorstehen. Für die Ausführung der Fugen der Sichtflächen von Verblendschalen siehe DIN 1053-1, 8.4.2.2 oder [7.2].
- Außenschalen von weniger als 11,5 cm Dicke dürfen nicht höher als 20 m über Gelände geführt werden und sind in Höhenabständen von etwa 6 m abzufangen. Bei Gebäuden bis zwei Vollgeschossen darf ein Giebeldreieck bis 4 m Höhe ohne zusätzliche Abfangung ausgeführt werden. Diese Außenschalen dürfen maximal 15 mm über ihr Auflager vorstehen. Die Fugen der Sichtflächen von diesen Verblendschalen sollen in Glattstrich ausgeführt werden.

5.3.4 Kellerwände

Auf einen rechnerischen Erddruck-Nachweis kann verzichtet werden, wenn folgende Bedingungen erfüllt sind:

a) lichte Wandhöhe $h_s \leq 2{,}60$ m und Wanddicke $d \geq 240$ mm.

b) Die Kellerdecke wirkt als Scheibe, die die aus dem Erddruck entstehenden Kräfte aufnimmt.

c) Im Einflussbereich Erddruck/Kellerwand beträgt die Verkehrslast auf der Geländeoberfläche ≤ 5 kN/m^2.

d) Die Geländeoberfläche steigt nicht an, und Anschütthöhe $h_e \leq$ lichter Wandhöhe h_s.

e) Die Auflast N_o der Kellerwand unterhalb der Kellerdecke liegt innerhalb folgender Grenzen:

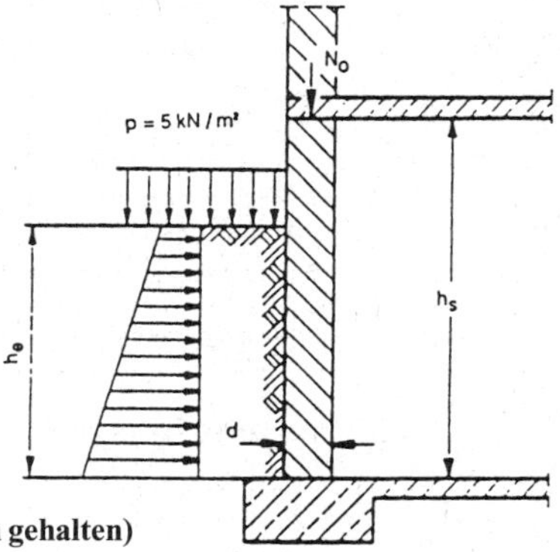

● **Kellerwand ohne Querwände (nur oben und unten gehalten)**

zul $N_o > N_o > \min N_o$ mit zul $N_o = 0{,}45 \cdot d \cdot \sigma_o$

σ_o siehe Tafel 7.15
min N_o siehe Tafel 7.9a

● **Kellerwand mit Querwänden**

Ist die durch Erddruck belastete Kellerwand durch Querwände oder statisch nachgewiesene Bauteile im Abstand b ausgesteift, so gelten für N_o folgende Mindestwerte:

$b \leq h_s$	$N_o \geq 1/2 \min N_o$
$b \geq 2\,h_s$	$N_o \geq \min N_o$

Zwischenwerte dürfen geradlinig interpoliert werden.

Tafel 7.9a min N_0 für Kellerwände ohne rechnerischen Nachweis

Wanddicke *d* *mm*	min N_0 in kN/m bei einer Anschütthöhe h_e 1,0 m	1,5 m	2,0 m	2,5 m
240	6	20	45	75
300	3	15	30	50
365	0	10	25	40
490	0	5	15	30
Zwischenwerte sind geradlinig zu interpolieren.				

Eine modifizierte (genauere) Darstellung befindet sich in DIN 1053-1, 8.1.2.3 bzw. [7.2].

Die Gln. auf der Seite zuvor setzen rechnerisch klaffende Fugen voraus.

5.3.5 Nichttragende Wände (Begriff)

Wände, die überwiegend nur durch ihre Eigenlast belastet sind und nicht zur Knickaussteifung tragender Wände dienen, werden als nichttragende Wände bezeichnet. Sie müssen jedoch in der Lage sein, rechtwinklig auf die Wand wirkende Lasten (z. B. aus Wind) auf tragende Bauteile (z. B. Wand- oder Deckenscheiben) abzutragen.

5.3.6 Nichttragende Außenwände

Nichttragende Außenwände können ohne statischen Nachweis ausgeführt werden, wenn sie vierseitig gehalten sind (z. B. durch Verzahnung, Versatz oder Anker), den Bedingungen der Tafel 7.9b genügen und mindestens Mörtelgruppe IIa oder Dünnbettmörtel bzw. Leichtmörtel LM 36 verwendet wird.

Werden Steine der Festigkeitsklassen 20 verwendet und ist $\varepsilon = h/l \geq 2$ (h = Höhe und l = Breite der Ausfachungsfläche), so dürfen die entsprechenden Tafelwerte verdoppelt werden.

Tafel 7.9b Zulässige Größtwerte der Ausfachungsfläche von nichttragenden Außenwänden ohne rechnerischen Nachweis

Wanddicke in cm	Zulässiger Größtwert[1)] der Ausfachungsfläche in m^2 bei einer Höhe über Gelände von: bis 8,0 m, ε						8 bis 20 m, ε						20 bis 100 m, ε					
	= 1,0	= 1,2	= 1,4	= 1,6	= 1,8	≥2,0	= 1,0	= 1,2	= 1,4	= 1,6	= 1,8	≥2,0	= 1,0	= 1,2	= 1,4	= 1,6	= 1,8	≥2,0
11,5[2)]	12,0	11,2	10,4	9,6	8,8	8,0	8,0	7,4	6,8	6,2	5,6	5,0	6,0	5,6	5,2	4,8	4,4	4,0
17,5	20,0	18,8	17,6	16,4	15,2	14,0	13,0	12,2	11,4	10,6	9,8	9,0	9,0	8,8	8,6	8,4	8,2	8,0
24	36,0	33,8	31,6	29,4	27,2	25,0	23,0	21,6	20,2	18,8	17,4	16,0	16,0	15,2	14,4	13,6	12,8	12,0
≥30	50,0	46,6	43,2	39,8	36,4	33,0	35,0	32,6	30,2	27,8	25,4	23,0	25,0	23,4	21,8	20,2	18,6	17,0

1) Zwischenwerte dürfen geradlinig eingeschaltet werden. ε ist das Verhältnis der größeren zur kleineren Seite der Ausfachungsfläche.
2) Bei Verwendung von Steinen der Festigkeitsklassen ≥ 12 dürfen die Werte dieser Zeile um 33 % vergrößert werden.

5.3.7 Nichttragende innere Trennwände

Für nichttragende innere Trennwände, die nicht rechtwinklig zur Wandfläche durch Wind beansprucht werden, ist DIN 4103-1 (7.84) maßgebend.

Abhängig vom Einbauort werden nach DIN 4103-1 zwei unterschiedliche Einbaubereiche unterschieden.

Einbaubereich I:

Bereiche mit geringer Menschenansammlung, wie sie z. B. in Wohnungen, Hotel-, Büro- und Krankenräumen sowie ähnlich genutzten Räumen einschließlich der Flure vorausgesetzt werden können.

Einbaubereich II:

Bereiche mit großen Menschenansammlungen, wie sie z. B. in größeren Versammlungs- und Schulräumen, Hörsälen, Ausstellungs- und Verkaufsräumen und ähnlich genutzten Räumen vorausgesetzt werden müssen.

Aufgrund neuer Forschungsergebnisse hat die Deutsche Gesellschaft für Mauerwerksbau ein Merkblatt über „Nichttragende innere Trennwände aus künstlichen Steinen und Wandbauplatten“ herausgegeben. Die folgenden Ausführungen basieren auf diesem Merkblatt. Bei Einhaltung der in den folgenden Tafeln angegebenen Grenzabmessungen ist kein statischer Nachweis erforderlich.

Tafel 7.10a Grenzabmessungen für vierseitig[1] gehaltene Wände ohne Auflast[2)3)]

d cm	max. Wandlänge in m (Tabellenwerte) im Einbaubereich I (oberer Wert)/ Einbaubereich II (unterer Wert) bei einer Wandhöhe in m					
	2,5	3,0	3,5	4,0	4,5	≤ 6,0
5,0	3,0	3,5	4,0	–	–	–
	1,5	2,0	2,5	–	–	–
6,0	4,0	4,5	5,0	5,5	–	–
	2,5	3,0	3,5	–	–	–
7,0	5,0	5,5	6,0	6,5	7,0	–
	3,0	3,5	4,0	4,5	5,0	–
9,0	6,0	6,5	7,0	7,5	8,0	–
	3,5	4,0	4,5	5,0	5,5	–
10,0	7,0	7,5	8,0	8,5	9,0	–
	5,0	5,5	6,0	6,5	7,0	–
11,5	10,0	10,0	10,0	10,0	10,0	–
	6,0	6,5	7,0	7,5	8,0	–
17,5	12,0	12,0	12,0	12,0	12,0	12,0
	12,0	12,0	12,0	12,0	12,0	12,0
24,0	12,0	12,0	12,0	12,0	12,0	12,0
	12,0	12,0	12,0	12,0	12,0	12,0

Tafel 7.10b Grenzabmessungen für vierseitig[1] gehaltene Wände mit Auflast[3)4)]

d cm	max. Wandlänge in m (Tabellenwerte) im Einbaubereich I (oberer Wert)/ Einbaubereich II (unterer Wert) bei einer Wandhöhe in m					
	2,5	3,0	3,5	4,0	4,5	≤ 6,0
5,0	5,5	6,0	6,5	–	–	–
	2,5	3,0	3,5	–	–	–
6,0	6,0	6,5	7,0	–	–	–
	4,0	4,5	5,0	–	–	–
7,0	8,0	8,5	9,0	9,5	–	–
	5,5	6,0	6,5	7,0	7,5	–
9,0	12,0	12,0	12,0	12,0	12,0	–
	7,0	7,5	8,0	8,5	9,0	–
10,0	12,0	12,0	12,0	12,0	12,0	–
	8,0	8,5	9,0	9,5	10,0	–
11,5	12,0	12,0	12,0	12,0	12,0	–
	12,0	12,0	12,0	12,0	12,0	–
17,5	12,0	12,0	12,0	12,0	12,0	12,0
	12,0	12,0	12,0	12,0	12,0	12,0
24,0	12,0	12,0	12,0	12,0	12,0	12,0
	12,0	12,0	12,0	12,0	12,0	12,0

Hinweis: Die Stoßfugen sind zu vermörteln. Ausnahmen s. Merkblatt DGfM, Abschnitt 8.

Tafel 7.10c Grenzabmessungen für dreiseitig gehaltene Wände (der obere Rand ist frei) ohne Auflast[3)5)]

d cm	max. Wandlänge in m (Tabellenwerte) im Einbaubereich I (oberer Wert)/Einbaubereich II (unterer Wert) bei einer Wandhöhe in m							
	2,0	2,25	2,50	3,0	3,50	4,0	4,50	≤ 6,0
5,0	3,0	3,5	4,0	5,0	6,0	–	–	–
	1,5	2,0	2,5	–	–	–	–	–
6,0	5,0	5,5	6,0	7,0	8,0	9,0	–	–
	2,5	2,5	3,0	3,5	4,0	–	–	–
7,0	7,0	7,5	8,0	9,0	10,0	10,0	10,0	–
	3,5	3,5	4,0	4,5	5,0	6,0	7,0	–
9,0	8,0	8,5	9,0	10,0	10,0	12,0	12,0	–
	4,0	4,0	5,0	6,0	7,0	8,0	9,0	–
10,0	8,0	9,0	10,0	12,0	12,0	12,0	12,0	–
	5,0	5,0	6,0	7,0	8,0	9,0	10,0	–
11,5	8,0	9,0	10,0	12,0	12,0	12,0	12,0	–
	6,0	6,0	7,0	8,0	9,0	10,0	10,0	–
17,5	12,0	12,0	12,0	12,0	12,0	12,0	12,0	12,0
	8,0	9,0	10,0	12,0	12,0	12,0	12,0	12,0
24,0	12,0	12,0	12,0	12,0	12,0	12,0	12,0	12,0
	8,0	9,0	10,0	12,0	12,0	12,0	12,0	12,0

Hinweis: Stoßfugen sind zu vermörteln.

1) Bei dreiseitiger Halterung (ein freier, vertikaler Rand) sind die max. Wandlängen zu halbieren.

2) Für Porenbeton gelten die angegebenen Werte bei Verwendung von Normalmörtel der MG III oder Dünnbettmörtel. Bei Wanddicken < 17,5 cm und Verwendung der MG II oder IIa sind die Werte für die max. Wandlängen zu halbieren.

3) Für Kalksandsteine gelten die angegebenen Werte bei Verwendung von Normalmörtel der Mörtelgruppe III (trockene Kalksandsteine sind vorzunässen) oder Dünnbettmörtel bei Wanddicken < 11,5 cm. Bei Wanddicken ≥ 11,5 ist Normalmörtel mindestens der Mörtelgruppe IIa oder Dünnbettmörtel zu verwenden (trockene Kalksandsteine sind vorzunässen).

4) Für Porenbeton gelten die angegebenen Werte bei Verwendung von Normalmörtel der MG III oder Dünnbettmörtel. Bei Wanddicken ≥ 11,5 cm ist auch Normalmörtel min. der MG II zulässig. Werden Wanddicken ≤ 10 cm mit Normalmörtel der MG II und IIa ausgeführt, so sind die Werte für die max. Wandlängen zu halbieren.

5) (Siehe nächste Seite.)

5.4 Weitere Konstruktionen und Konstruktionsdetails

5.4.1 Ringbalken

Ringbalken sind in der Wandebene liegende horizontale Balken, die Biegemomente infolge von **rechtwinklig** zur Wandebene wirkenden Lasten (z. B. Wind) aufnehmen können. Ringbalken können auch Ringankerfunktionen übernehmen, wenn sie als „geschlossener Ring" um das ganze Gebäude herumgeführt werden.

Ausführungsmöglichkeiten: bewehrtes Mauerwerk, Stahlbeton, Stahl, Holz.

5.4.2 Ringanker

In alle Außenwände und in die Querwände, die als lotrechte Scheiben der Abtragung waagerechter Lasten (z. B. Wind) dienen, sind durchlaufende Ringanker zu legen:

- bei Bauten, die insgesamt mehr als 2 Vollgeschosse haben oder länger als 18 m sind,
- bei Wänden mit vielen oder besonders großen Öffnungen, besonders dann, wenn die Summe der Öffnungsbreiten 60 % der Wandlänge oder bei Fensterbreiten von mehr als 2/3 der Geschosshöhe 40 % der Wandlänge übersteigt,
- wenn die Baugrundverhältnisse es erfordern.

Die Ringanker sind in jeder Deckenlage oder unmittelbar darunter anzubringen. Sie können mit Massivdecken oder Fensterstürzen aus Stahlbeton vereinigt werden.

In Gebäuden, in denen die Ringanker nicht durchgehend ausgebildet werden können, ist die Ringankerwirkung auf andere Weise sicherzustellen.

Ringanker aus Stahlbeton sind mit mindestens zwei durchlaufenden Rundstäben zu bewehren, die unter Gebrauchslast eine Zugkraft von mindestens 30 kN aufnehmen können (z. B. 2 ∅ 010, BSt III bzw. BSt 500). Auf die Ringanker dürfen dazu parallel liegende durchlaufende Bewehrungen mit vollem Querschnitt angerechnet werden, wenn sie in Decken oder in Fensterstürzen im Abstand von höchstens 50 cm von der Mittelebene der Wand bzw. der Decke liegen. Ringanker können auch aus bewehrtem Mauerwerk, Stahl oder Holz ausgeführt werden.

5.4.3 Anschluss der Wände an Decken und Dachstuhl

Umfassungswände müssen an die Decken durch Zuganker oder über Haftung und Reibung angeschlossen werden.

- Zuganker müssen in belasteten Wandbereichen (nicht in Brüstungen) angeordnet werden. Bei fehlender Auflast sind zusätzlich Ringanker anzuordnen. Abstand der Zuganker (bei Holzbalkendecken mit Splinten): 2 m bis 3 m. Bei parallel spannenden Decken müssen die Anker mindestens einen 1 m breiten Deckenstreifen erfassen (bei Holzbalkendecken mindestens 3 Balken). Balken, die mit Außenwänden verankert und über der Innenwand gestoßen sind, müssen untereinander zugfest verbunden sein. Giebelwände sind durch Querwände auszusteifen oder mit dem Dachstuhl kraftschlüssig zu verbinden.
- Haftung und Reibung dürfen bei Massivdecken angesetzt werden, wenn die Decke mindestens 10 cm aufliegt.

5.4.4 Gewölbe, Bogen, gewölbte Kappen

Gewölbe und *Bogen* sollen möglichst nach der Stützlinie für ständige Last geformt werden. Gewölbe und Bogen mit günstigem Stichverhältnis ($f/l > 1/10$), voller Hintermauerung oder reichlicher Überschüttungshöhe und mit überwiegend ständiger Last sowie Gewölbe und Bogen mit kleineren Stützweiten dürfen nach dem Stützlinienverfahren berechnet werden.

Für gewölbte Kappen zwischen Trägern, die durch vorwiegend ruhende Belastung nach DIN 1055-3 belastet sind, ist i. Allg. kein statischer Nachweis erforderlich, da die vorhandene Kappendicke erfahrungsgemäß ausreicht.

Fußnote zu S. 7.10

[5] Für Porenbeton gelten die angegebenen Werte bei Verwendung von Normalmörtel der Mörtelgruppe III oder Dünnbettmörtel. Bei Verwendung der Mörtelgruppen II und IIa sind die Werte wie folgt abzumindern:
a) bei 5, 6 und 7 cm dicken Wänden auf 40 %
b) bei 9 und 10 cm dicken Wänden auf 50 %
c) bei 11,5 cm dicken Wänden im Einbaubereich II auf 50 % (keine Abminderung im Einbaubereich I). Die Reduzierung der Wandlängen ist nicht erforderlich bei Verwendung von Dünnbettmörteln oder Mörteln der Gruppe III. Bei Verwendung der Mörtelgruppe III sind die Steine vorzunässen.

Für die Konstruktion von gewölbten Kappen sind die folgenden Punkte zu beachten:

- Die Mindestdicke der Kappen beträgt 11,5 cm. Die Kappen sind im Verband zu mauern (Kuff oder Schwalbenschwanz; vgl. z. B. [7.2]).
- Die Stichhöhe f muss mindestens 1/10 der Kappenstützweite betragen.
- Die auftretenden Horizontalschübe müssen über die Endfelder einwandfrei auf die seitlichen Wandscheiben (parallel zur Spannrichtung der Kappen) übertragen werden. Hierzu sind in den Endfeldern zwischen den Stahlträgern Zuganker anzuordnen, und zwar mindestens in den Drittelpunkten und an den Trägerenden. Die „Endscheiben mit Zugankern" müssen mindestens so breit sein wie 1/3 ihrer Länge (vgl. Abb.). Es kann also bei schmalen Endfeldern u. U. erforderlich sein, die Zuganker über mehrere Felder zu führen.

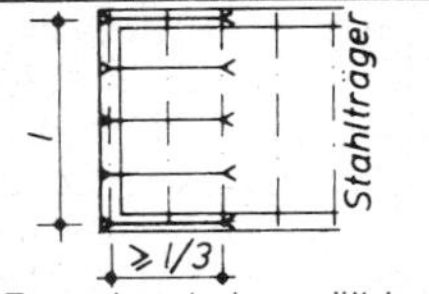

Zuganker bei gewölbten Kappen mind. in den Drittelpunkten und an Trägerenden

- Die Endfelder als Ganzes müssen seitliche Auflager erhalten, die in der Lage sind, den Horizontalschub der Mittelfelder auch dann aufzunehmen, wenn die Endfelder unbelastet sind. Die Auflager dürfen durch Vormauerung, dauernde Auflast, Verankerung oder andere geeignete Maßnahmen gesichert werden.
- Bei Kellerdecken in Wohngebäuden und Decken in einfachen Stallgebäuden mit einer Kappenstützweite bis zu 1,30 m gilt die Aufnahme des Horizontalschubes unter folgenden Voraussetzungen als gewährleistet: Es müssen mindestens 2 m lange und 24 cm dicke Querwände (ohne Öffnungen) im Abstand ≤ 6 m vorhanden sein. Die Wände müssen mit der Endauflagerwand (meistens Außenwand) im Verband hochgemauert oder – bei Loch- bzw. stehender Verzahnung – kraftschlüssig verbunden werden.

5.5 Vereinfachtes Berechnungsverfahren

5.5.1 Anwendungsgrenzen

Das vereinfachte Berechnungsverfahren nach DIN 1053-1 darf nur angewendet werden, wenn folgende Anwendungsgrenzen eingehalten werden:

- Gebäudehöhe < 20 m über Gelände (bei geneigten Dächern darf die Mitte zwischen First- und Traufhöhe zugrunde gelegt werden)
- Verkehrslast $p \leq 5{,}0$ kN/m²
- Deckenstützweiten $l \leq 6{,}0$ m[1]
  (bei zweiachsig gespannten Decken gilt für l die kürzere Seite)
- **Innenwände**
  Wanddicke 11,5 cm $\leq d <$ 24 cm: lichte Geschosshöhe $h_s \leq 2{,}75$ m
  Wanddicke ≥ 24 cm: h_s ohne Einschränkung
- **Einschalige Außenwände**
  Wanddicke 17,5 cm[2] $\leq d <$ 24 cm: lichte Geschosshöhe $h_s \leq 2{,}75$ m
  Wanddicke $d \geq$ 24 cm: lichte Geschosshöhe $h_s \leq 12\,d$
- **Zweischalige Außenwände und Haustrennwände**
  Tragschale 11,5 cm $\leq d <$ 24 cm: $h_s \leq 2{,}75$ m
  Tragschale $d \geq$ 24 cm: $h_s \leq 12\,d$

  Zusätzliche Bedingungen, wenn d = 11,5 cm:
  a) Maximal 2 Vollgeschosse zuzüglich ausgebautem Dachgeschoss
  b) Verkehrslast einschließlich Zuschlag für unbelastete Trennwände $p \leq 3$ kN/m²[3]
  c) Abstand der aussteifenden Querwände $e \leq 4{,}50$ m bzw. Randabstand ≤ 2,0 m
- Als horizontale Last darf nur Wind oder Erddruck angreifen.
- Es dürfen keine Lasten mit größeren planmäßigen Exzentrizitäten eingeleitet werden.

---

[1] Es dürfen auch Stützweiten $l > 6$ m vorhanden sein, wenn die Deckenauflagerkraft durch Zentrierung mittig eingeleitet wird (Verringerung des Einflusses des Deckendrehwinkels).

[2] Bei eingeschossigen Garagen und vergleichbaren Bauwerken, die nicht zum dauernden Aufenthalt von Menschen dienen, ist auch d = 11,5 cm zulässig.

[3] Auch wenn in der Norm $p \leq 3$ kN/m² festgelegt ist, ist die Anordnung von Balkonen mit $p = 3{,}5$ kN/m² vertretbar, da durch Balkone die Exzentrizität der Endauflagerkraft verringert wird.

5.5.2 Lastannahmen

Bei Hoch- und Ingenieurbauten gilt DIN 1055, soweit bei Ingenieurbauten keine Sondervorschriften (z. B. DIN 4131 für Kranlasten) maßgebend sind.

Bei Sturz- und Abfangeträgern brauchen nur die Lasten gemäß Abb. 7.13 angesetzt zu werden.

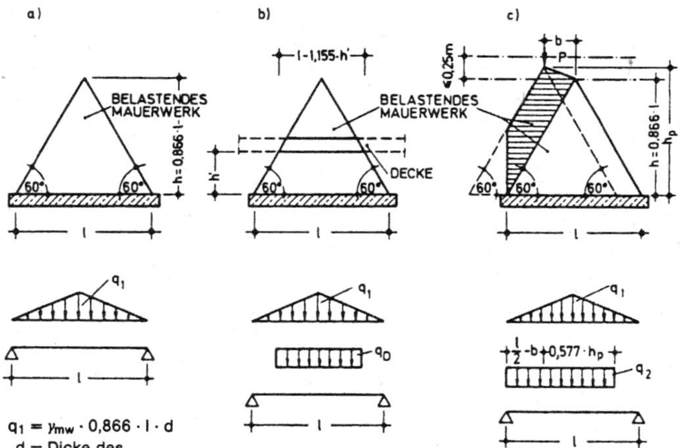

a) $q_1 = \gamma_{mw} \cdot 0{,}866 \cdot l \cdot d$

d = Dicke des Mauerwerks

γ_{mw} = Wichte des Mauerwerks

b) $q_1 = \gamma_{mw} \cdot 0{,}866 \cdot l \cdot d$

q_D = max. Auflagerkraft der Decke

c) $q_1 = \gamma_{mw} \cdot 0{,}866 \cdot l \cdot d$

$q_2 = \frac{0{,}866}{h_p} (P + A_{mw} \cdot d \cdot \gamma_{mw})$

$A_{mw} = 0{,}5\,(1{,}73b - 0{,}866\,l + h_p) \cdot (l - b)$

Abb. 7.13 Gewölbewirkung bei Mauerwerksöffnungen

Für Einzellasten, die innerhalb oder in der Nähe des Belastungsdreiecks liegen, darf eine Lastverteilung von 60° angenommen werden. Liegen Einzellasten außerhalb des Belastungsdreiecks, so brauchen sie nur berücksichtigt zu werden, wenn sie noch innerhalb der Stützweite des Trägers und unterhalb einer Waagerechten angreifen, die 25 cm über der Dreiecksspitze liegt. Solchen Einzellasten ist das Gewicht des waagerecht schraffierten Mauerwerks zuzuschlagen.

Man beachte: Die verminderten Belastungsannahmen nach Abb. 7.13 a) bis c) sind nur zulässig, wenn sich oberhalb und neben dem Träger und der Belastungsfläche ein Gewölbe ausbilden (keine störenden Öffnungen!) und der Gewölbeschub aufgenommen werden kann.

Angaben über erforderliche Abmessungen des ungestörten Mauerwerks neben und über der Öffnung findet man in der Vorschrift 158 (Ausgabe 1985) der Staatl. Bauaufsicht (ehemalige DDR); siehe nebenstehende Abb. und Tabelle.

h/l	n
0,85	0,4
1,2	0,5
1,6	0,6
2,0	0,7
2,5	0,8
3,0	0,9
3,6	1,0

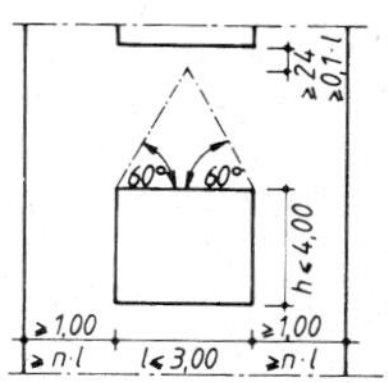

5.5.3 Wind rechtwinklig zur Wandebene

Ein Nachweis für Windlasten rechtwinklig zur Wand ist in der Regel nicht erforderlich. Voraussetzung ist jedoch, dass die Wände durch Deckenscheiben oder statisch nachgewiesene Ringbalken oben und unten einwandfrei gehalten sind.

5.5.4 Zwängungen

Bei Baustoffen mit unterschiedlichem Verformungsverhalten und starren Verbindungen kann es infolge von Temperatur, Schwinden und Kriechen zu Zwängungen und somit zu Schäden im Mauerwerk kommen. Verformungskennwerte für Normalmörtel siehe DIN 1053-1 oder [7.2]. Zur Vermeidung von Schäden sind konstruktive Maßnahmen zu ergreifen (z. B. ausreichende Wärmedämmung, geeignete Baustoffwahl, zwängungsfreie Anschlüsse, Fugen; vgl. auch [7.7]).

5.5.5 Knicklängen

a) Zweiseitig gehaltene Wände

- Allgemein: $h_K = h_s$
- Bei Einspannung der Wand in flächig[1] aufgelagerten Massivdecken: $h_K = \beta \cdot h_s$

Für β gilt:

β	Wanddicke d in mm
0,75	≤ 175
0,90	$175 < d \leq 250$
1,00	> 250

[1] Als flächig aufgelagerte Massivdecken gelten auch Stahlbetonbalken- und Stahlbetonrippendecken mit Zwischenbauteilen nach DIN 1045, bei denen die Auflagerung durch Randbalken erfolgt.

- Abminderung der Knicklänge nur zulässig, wenn
  - als horizontale Last nur Wind vorhanden ist,
  - folgende Mindestauflagertiefen gegeben sind:

Wanddicke d in mm	Auflagertiefe a in mm
= 240	≥ 175
< 240	$= d$

b) Drei- und vierseitig gehaltene Wände

- **Für die Knicklänge gilt:** $h_K = \beta \cdot h_s$

– wenn $h_s \leq 3{,}50$ m, β nach Tafel 7.14a
– wenn $b > 30\,d$ bzw. $b' > 15\,d$, Wände wie zweiseitig gehalten berechnen
– ein Faktor β größer als bei zweiseitiger Halterung braucht nicht angesetzt zu werden.

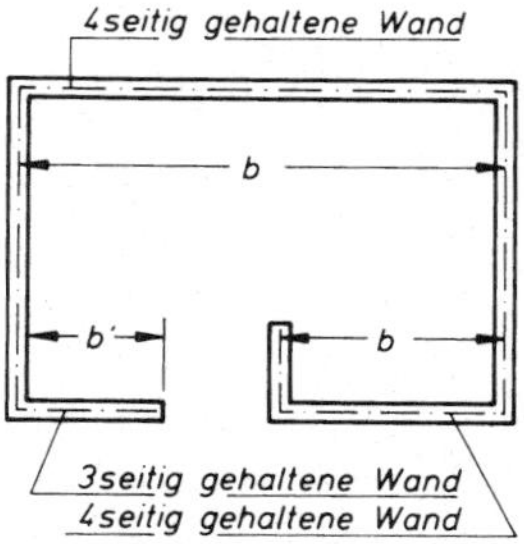

- **Schwächung der Wände durch Schlitze oder Nischen**
  a) vertikal in Höhe des mittleren Drittels:
  d = Restwanddicke oder freien Rand annehmen
  b) unabhängig von der Lage eines vertikalen Schlitzes oder einer Nische Wandöffnung annehmen, wenn Restwanddicke $d <$ halbe Wanddicke oder < 115 mm ist
- **Öffnungen in Wänden**
  Bei Wänden, deren Öffnungen
  – in ihrer lichten Höhe $> 1/4$ der Geschosshöhe oder
  – in ihrer lichten Breite $> 1/4$ der Wandbreite oder
  – in ihrer Gesamtfläche $> 1/10$ der Wandfläche sind, gelten die Wandteile
    – zwischen der Wandöffnung und der aussteifenden Wand als dreiseitig
    – zwischen den Wandöffnungen als zweiseitig gehalten.

Tafel 7.14a β-Werte für drei- und vierseitig gehaltene Wände

b' in m	0,65	0,75	0,85	0,95	1,05	1,15	1,25	1,40	1,60	1,85	2,20	2,80
β	0,35	0,40	0,45	0,50	0,55	0,60	0,65	0,70	0,75	0,80	0,85	0,90
b in m	2,00	2,25	2,50	2,80	3,10	3,40	3,80	4,30	4,80	5,60	6,60	8,40

Tafel 7.14b Grenzwerte für b' und b in m

Wanddicke in cm	11,5	17,5	24	30
max $b' = 15\,d$	1,75	2,60	3,60	–
max $b = 30\,d$	3,45	5,25	7,20	9,00

5.5.6 Halterungen zur Knickaussteifung

Als unverschiebliche Halterungen von belasteten Wänden dürfen Deckenscheiben und aussteifende Querwände oder andere ausreichend steife Bauteile angesehen werden.

Ist die aussteifende Wand durch Öffnungen unterbrochen, so muss die Bedingung der nebenstehenden Abbildung erfüllt sein. Bei Fenstern gilt die jeweilige lichte Höhe als h_1 und h_2.

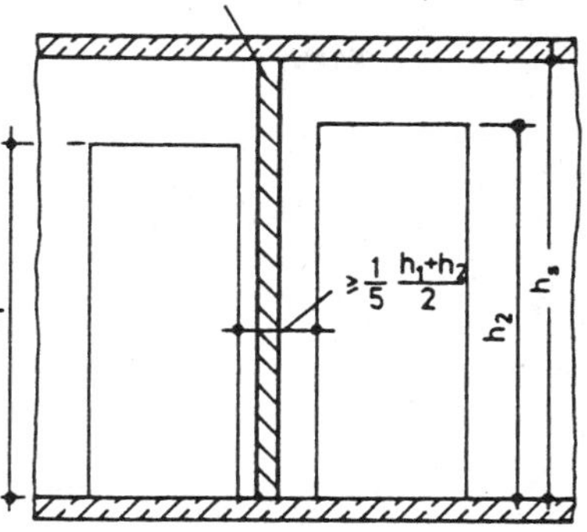

Abb. 7.15 Mindestlänge einer knickaussteifenden Wand bei Öffnungen

5.5.7 Mitwirkende Breite b_m

b_m = 1/4 der über dem betrachteten Schnitt liegenden Höhe des zusammengesetzten Querschnitts, jedoch nicht größer als die vorhandene Querschnittsbreite.

5.5.8 Bemessung nach dem vereinfachten Verfahren

5.5.8.1 Zentrische und exzentrische Druckbeanspruchung

Der Spannungsnachweis ist unter Ausschluss von Zugspannungen zu führen (klaffende Fugen maximal bis zum Schwerpunkt des Querschnitts zulässig).

$$\text{zul}\ \sigma = k \cdot \sigma_0$$

σ_0 Grundwert der zulässigen Spannungen
k Abminderungsfaktor

Tafel 7.15 Grundwerte der zulässigen Druckspannungen in MN/m²

Steinfestigkeitsklasse	Normalmörtel mit Mörtelgruppe					Dünnbettmörtel[2)]	Leichtmörtel	
	I	II	IIa	III	IIIa		LM 21	LM 36
2	0,3	0,5	0,5[1)]	–	–	0,6	0,5[3)]	0,5[3)4)]
4	0,4	0,7	0,8	0,9	–	1,1	0,7[5)]	0,8[6)]
6	0,5	0,9	1,0	1,2	–	1,5	0,7	0,9
8	0,6	1,0	1,2	1,4	–	2,0	0,8	1,0
12	0,8	1,2	1,6	1,8	1,9	2,2	0,9	1,1
20	1,0	1,6	1,9	2,4	3,0	3,2	0,9	1,1
28	–	1,8	2,3	3,0	3,5	3,7	0,9	1,1
36	–	–	–	3,5	4,0	–	–	–
48	–	–	–	4,0	4,5	–	–	–
60	–	–	–	4,5	5,0	–	–	–

1) $\sigma_0 = 0{,}6$ MN/m² bei Außenwänden mit Dicken ≥ 300 mm. Diese Erhöhung gilt jedoch nicht für den Nachweis der Auflagerpressung nach Abschnitt 5.5.8.4.
2) Verwendung nur bei Porenbeton-Plansteinen nach DIN 4165 und bei Kalksand-Plansteinen. Die Werte gelten für Vollsteine. Für Kalksand-Lochsteine und Kalksand-Hohlblocksteine nach DIN 106-1 gelten die entsprechenden Werte bei Mörtelgruppe III bis Steinfestigkeitsklasse 20.
3) Für Mauerwerk mit Mauerziegeln nach DIN 105-1 bis -4 gilt $\sigma_0 = 0{,}4$ MN/m².
4) $\sigma_0 = 0{,}6$ MN/m² bei Außenwänden mit Dicken ≥ 300 mm. Diese Erhöhung gilt jedoch nicht für den Nachweis der Auflagerpressung.
5) Für Kalksandsteine nach DIN 106-1 der Rohdichteklasse ≥ 0,9 und für Mauerziegel nach DIN 105-1 bis -4 gilt $\sigma_0 = 0{,}5$ MN/m².
6) Für Mauerwerk mit den in Fußnote 5 genannten Mauersteinen gilt $\sigma_0 = 0{,}7$ MN/m².

Tafel 7.16 Grundwerte der zulässigen Druckspannungen σ_0 für Mauerwerk nach Eignungsprüfung

Nennfestigkeit β_M [1)] in MN/m²	1,0 bis 9,0	11,0 und 13,0	16,0 bis 25,0
σ_0 in MN/m² [2)]	0,35 β_M	0,32 β_M	0,30 β_M
1) β_M nach DIN 1053-2. 2) Abrunden auf 0,01 MN/m².			

Ermittlung der Abminderungsfaktoren k_i

- Wände als Zwischenauflager: $k = k_1 \cdot k_2$
- Wände als einseitiges Endauflager: $k = k_1 \cdot k_2$ oder $k = k_1 \cdot k_3$
  Der kleinere Wert ist maßgebend.

a) k_1 für Pfeiler/Wände

Ein Pfeiler im Sinne der Norm liegt vor, wenn $A < 1000\,\text{cm}^2$ ist. Pfeiler mit einer Fläche $A < 400\,\text{cm}^2$ (Nettofläche) sind unzulässig.

1. Wände sowie *Pfeiler*, die aus einem oder mehreren ungetrennten Steinen bestehen oder aus getrennten Steinen mit einem Lochanteil von < 35 %: $k_1 = 1{,}0$
2. Alle anderen *Pfeiler*: $k_1 = 0{,}8$

b) k_2 für Knicken

$h_K/d \leq 10$	$k_2 = 1{,}0$
$10 < h_K/d \leq 25$	$k_2 = \dfrac{25 - h_K/d}{15}$

h_K Knicklänge

c) k_3 für Deckendrehwinkel (Endauflager)

Geschossdecken

$l \leq 4{,}20$ m	$k_3 = 1{,}0$
$l > 4{,}20$ m	$k_3 = 1{,}7 - l/6$

Bei zweiachsig gespannten Decken: l kürzere Stützweite

Dachdecken (oberstes Geschoss)

Für alle l: $k_3 = 0{,}5$

Bei mittiger Auflagerkrafteinleitung (z. B. Zentrierung): $k_3 = 1$

Zahlenbeispiel 1

Gegeben:

Innenwand: $d = 11{,}5$ cm
lichte Geschosshöhe: $h_S = 2{,}75$ m
Belastung UK Wand: $R = 49{,}6$ kN
Stahlbetondecke

Knicklänge: $h_K = \beta \cdot h_s = 0{,}75 \cdot 2{,}75 = 2{,}06$ m

a) $k_1 = 1$ (Wand)

b) k_2

$h_K/d = 206/11{,}5 = 17{,}9 > 10$

$$k_2 = \frac{25 - h_K/d}{15} = \frac{25 - 17{,}9}{15} = 0{,}47$$

Ermittlung des Abminderungsfaktors *k*

$k = k_1 \cdot k_2 = 1 \cdot 0{,}47 = 0{,}47$

*) Getrennte Steine mit Lochanteil > 35 % (vgl. unter a).

Zahlenbeispiel 2

Gegeben:

Außenwandpfeiler: $b/d = 49/17{,}5$ cm*)
lichte Geschosshöhe: $h_s = 2{,}75$ m
Stützweite Decke: $l = 4{,}80$ m
Belastung UK Pfeiler: $R = 68$ kN
Stahlbetondecke

Knicklänge: $h_K = \beta \cdot h_S = 0{,}75 \cdot 2{,}75 = 2{,}06$ m

a) $k_1 = 0{,}8$ (Pfeiler, vgl. Fußnote*))

b) k_2

$h_K/d = 206/17{,}5 = 11{,}8$

$$k_2 = \frac{25 - h_K/d}{15} = \frac{25 - 11{,}8}{15} = 0{,}88$$

c) $k_3 = 1{,}7 - l/6 = 1{,}7 - 4{,}8/6 = 0{,}9$

Ermittlung des Abminderungsfaktors *k*

$k = k_1 \cdot k_2 = 0{,}8 \cdot 0{,}88 = 0{,}70$

bzw.

$k = k_1 \cdot k_3 = 0{,}8 \cdot 0{,}9 = 0{,}72$

Spannungsnachweis

$$\sigma = \frac{49{,}6}{100 \cdot 11{,}5} = 0{,}043\ \text{kN/cm}^2 = 0{,}43\ \text{MN/m}^2$$

gew. HLz 12/II

$\sigma_0 = 1{,}2\ \text{MN/m}^2$

zul $\sigma = k \cdot \sigma_0 = 0{,}47 \cdot 1{,}2 = 0{,}56\ \text{MN/m}^2$
$> 0{,}43$

Spannungsnachweis

$$\sigma = \frac{68}{49 \cdot 17{,}5} = 0{,}079\ \text{kN/cm}^2 = 0{,}79\ \text{MN/m}^2$$

gew. KSL 12/II

$\sigma_0 = 1{,}2\ \text{MN/m}^2$

zul $\sigma = k \cdot \sigma_0 = 0{,}70 \cdot 1{,}2 = 0{,}84\ \text{MN/m}^2$
$> 0{,}79$

5.5.8.2 Zusätzlicher Nachweis bei Scheibenbeanspruchung

Sind Wandscheiben infolge Windbeanspruchung rechnerisch nachzuweisen, so ist bei klaffender Fuge neben dem Spannungsnachweis ein Nachweis der Randdehnung $\varepsilon_R \leq 10^{-4}$ zu führen. Der Elastizitätsmodul für Mauerwerk darf zu $E = 3000\ \sigma_0$ angenommen werden.

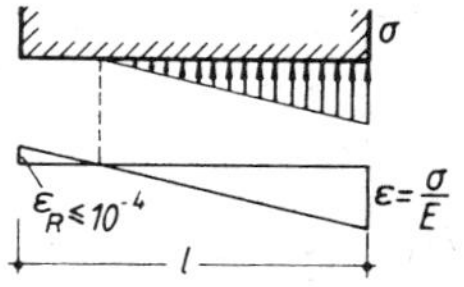

5.5.8.3 Zusätzlicher Nachweis bei dünnen, schmalen Wänden

Bei zweiseitig gehaltenen Wänden mit $d < 17$ cm und mit Schlankheiten $h_K/d > 12$ und Wandbreiten $< 2{,}0$ m ist der Einfluss einer ungewollten horizontalen Einzellast $H = 0{,}5$ kN in halber Geschosshöhe zu berücksichtigen. H darf über die Wandbreite gleichmäßig verteilt werden. zul σ darf hierbei um 33 % erhöht werden.
Dieser Nachweis darf entfallen, wenn Gl. (1) in Abschn. 5.6.9.4 erfüllt ist.

5.5.8.4 Teilflächenpressung

- **Belastung in Richtung der Wandebene**

Gleichmäßig verteilte Auflagerpressung mit zul $\sigma = 1{,}3\ \sigma_0$. Zusätzlich Nachweis in Wandmitte (Lastverteilung unter 60°) erforderlich.

- **Belastung rechtwinklig zur Wandebene**

Ebenfalls gilt zul $\sigma = 1{,}3\ \sigma_0$. Bei $F \geq 3$ kN ist zusätzlich ein Schubnachweis in den Lagerfugen der belasteten Steine nach Abschn. 5.5.8.6 zu führen.
Bei Loch- und Kammersteinen muss die Last mindestens über zwei Stege eingeleitet werden (Unterlagsplatten).

5.5.8.5 Biegezug

Nur zulässig parallel zur Lagerfuge in Wandrichtung.

$$\text{zul}\ \sigma_Z = 0{,}4\ \sigma_{0HS} + 0{,}12\ \sigma_D \leq \max \sigma_Z$$

zul σ_Z zulässige Biegezugspannung parallel zur Lagerfuge
σ_D zugehörige Druckspannung rechtwinklig zur Lagerfuge
σ_{0HS} und max σ_Z siehe nachfolgende Tafeln

Tafel 7.17a σ_{0HS}

Mörtelgruppe	I	II	IIa	III	IIIa	LM 21	LM 36	DM
σ_{0HS} in MN/m²	0,01	0,04	0,09	0,11	0,13	0,09	0,09	0,11
Bei unvermörtelten Stoßfugen (weniger als die halbe Wanddicke ist vermörtelt) sind die σ_{0HS}-Werte zu halbieren. DM = Dünnbettmörtel								

Tafel 7.17b max σ_Z

Steinfestigkeitsklasse	2	4	6	8	12	20	≥ 28
max σ_Z in MN/m²	0,01	0,02	0,04	0,05	0,10	0,15	0,20

5.5.8.6 Schubbeanspruchung

● **Scheibenschub**

Ein Schubnachweis ist in der Regel nicht erforderlich, wenn ausreichende räumliche Steifigkeit des Bauwerks gegeben ist.
Anderenfalls gilt für Rechteckquerschnitte (andere Querschnittsformen sind nach dem *genaueren Verfahren* nachzuweisen):

$$\tau = c\, Q/A \leq \text{zul}\, \tau \quad \text{mit} \quad \text{zul}\, \tau = \sigma_{0HS} + 0{,}20\, \sigma_{Dm} \leq \max \tau$$

c Formbeiwert

$\frac{H}{L} \geq 2 \rightarrow c = 1{,}5$

$\frac{H}{L} \leq 1 \rightarrow c = 1{,}0$

(H Höhe der Mauerwerksscheibe)
(L Länge der Mauerwerksscheibe)
Zwischenwerte für c sind linear zu interpolieren.

A überdrückte Querschnittsfläche
σ_{0HS} aus Tafel 7.17a
σ_{Dm} mittlere zugehörige Druckspannung rechtwinklig zur Lagerfuge im ungerissenen Querschnitt A
$\max \tau = n \cdot \beta_{NSt}$
$n = 0{,}010$ bei Hohlblocksteinen
$n = 0{,}012$ bei Hochlochsteinen und Steinen mit Grifföffnungen oder -löchern
$n = 0{,}014$ bei Vollsteinen ohne Grifföffnungen oder -löcher
β_{NSt} Steindruckfestigkeit

● **Plattenschub**

$$\text{zul}\, \tau = \sigma_{0HS} + 0{,}30\, \sigma_D$$

A überdrückte Querschnittsfläche
σ_{0HS} aus Tafel 7.17a
σ_D Druckspannung rechtwinklig zur Lagerfuge

Nachweis für einen Rechteckquerschnitt:

$$\tau = \frac{1{,}5\, Q}{A} \leq \text{zul}\, \tau$$

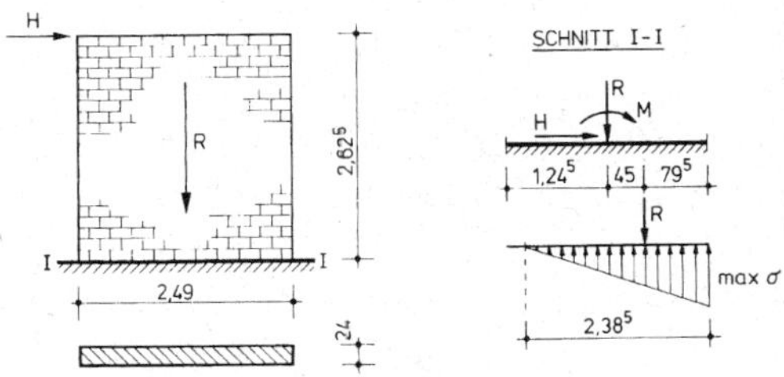

Zahlenbeispiel

Gegeben:

Wandscheibe mit Rechteckquerschnitt
Vertikale Belastung $R = 350$ kN
Horizontale Last $H = 60$ kN
Nachweis der *Randdehnung* siehe 5.5.8.2

Biegespannung (vgl. Tafel S. 4.34)
Der Nachweis wird in der unteren Fuge I–I geführt.

$M = H \cdot 2{,}625 = 60 \cdot 2{,}625 = 157{,}5$ kNm
$e = M/R = 157{,}5/350 = 0{,}45$ m $< d/3 = 2{,}49/3 = 0{,}83$ m
$c = d/2 - e = 2{,}49/2 - 0{,}45 = 0{,}795$ m
$3c = 2{,}385$ m
$\max \sigma = 2 \cdot 350/(238{,}5 \cdot 24) = 0{,}122\ \text{kN/cm}^2 = 1{,}22\ \text{MN/m}^2$

Schubspannung

$c \approx 1$
$\tau \approx Q/A = 60/238{,}5 \cdot 24 = 0{,}01\ \text{kN/cm}^2 = 0{,}1\ \text{MN/m}^2$

Zulässige Schubspannung

gew. KS 12/II (Vollsteine)
$\sigma_{0HS} = 0{,}04\ \text{MN/m}^2$
$\sigma_{Dm} = 1{,}22/2 = 0{,}61\ \text{MN/m}^2$
$\max \tau = n \cdot \beta_{NSt} = 0{,}014 \cdot 12 = 0{,}17\ \text{MN/m}^2$
$\text{zul}\, \tau = 0{,}04 + 0{,}20 \cdot 0{,}61 = 0{,}16\ \text{MN/m}^2$

Schubnachweis

$\tau = 0{,}10\ \text{MN/m}^2 < 0{,}16\ \text{MN/m}^2 = \text{zul}\, \tau$

5.6 Genaueres Berechnungsverfahren

5.6.1 Anwendungsbereich

Das genauere Berechnungsverfahren darf bei einzelnen Bauteilen oder bei ganzen Bauwerken angewendet werden.

5.6.2 **Lastannahmen** wie 5.5.2

5.6.3 Wind rechtwinklig zur Wandebene

Momente aus Wind rechtwinklig zur Wandebene dürfen in der Regel bei Wänden mit $d \geq 24$ cm und $h_s \leq 3{,}0$ m bis 20 m über Gelände vernachlässigt werden. Bei Berücksichtigung der Momente dürfen diese unter Einhaltung des Gleichgewichtes zwischen den Grenzfällen Volleinspannung und gelenkiger Lagerung umgelagert werden.

5.6.4 **Zwängungen** wie 5.5.4

5.6.5 Knicklängen

- Mindestlängen von Aussteifungen

a) Einbindende Wände

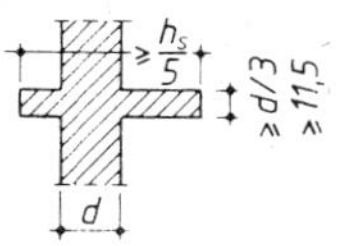

b) Wände im Druckkontakt

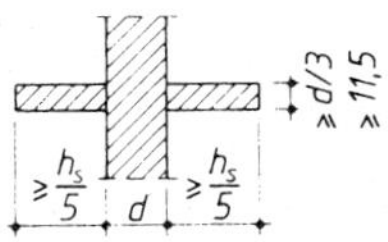

- **Knicklängen**

a) Frei stehende Wände:

$$h_K = 2 \cdot h_s \sqrt{\frac{1 + 2N_o/N_u}{3}}$$

N_o Längskraft am Wandkopf
N_u Längskraft am Wandfuß
h_s lichte Geschosshöhe

b) Zweiseitig gehaltene Wände:

$$h_K = \beta \cdot h_s$$

Im Allgemeinen: $\beta = 1$

Eine Reduzierung der Knicklänge h_K bei kontinuierlich aufgelagerten Massivdecken (elastische Einspannung) ist gemäß und unter Beachtung der Bedingungen der Tafel unten möglich.

Bei Wanddicken $\leq$ 17,5 cm darf ohne Nachweis $\beta = 0{,}75$ gesetzt werden. Ist die rechnerische Exzentrizität e am Wandkopf bzw. Wandfuß gleich $d/3$, so ist stets $\beta = 1$ zu setzen.

Tafel 7.19 Reduzierung der Knicklänge zweiseitig gehaltener Wände (Bedingungen)

	Wanddicke d in cm			Für $e_1 \leq d/6 \rightarrow \beta$ nach Gl. (*) Für $e_1 = d/3 \rightarrow \beta = 1$ Zwischenwerte dürfen geradlinig eingeschaltet werden.
	< 24	≥ 24 ≤ 30	> 30	
erf $a \geq$	d	$0{,}75\,d$	$0{,}67\,d$	
a Auflagertiefe der Decke auf der Wand				e_1 Planmäßige Ausmitte (ohne f_1 und f_2 nach Abschnitt 5.6.9.3)

$$\beta = 1 - 0{,}15 \cdot \frac{E_b \cdot I_b}{E_{mw} \cdot I_{mw}} \cdot h_s \cdot \left(\frac{1}{l_1} + \frac{1}{l_2}\right) \geq 0{,}75 \quad (*)$$

I_b, I_{mw} Flächenmoment der Betondecke bzw der Wand (z.B. Rechteck: $I = b \cdot d^3/12$)
E_b, E_{mw} E-Modul des Betons (= E_{cm} gem. S. 5.32) bzw. des Mauerwerks (E_{mw} nach Abschn. 5.8)
l_1, l_2 angrenzende Deckenstützweiten (bei Außenwänden $1/l_2 = 0$)

c) *Dreiseitig gehaltene Wände:*
(mit einem freien vertikalen Rand)

$$h_K = \frac{1}{1 + \left(\frac{\beta \cdot h_s}{3b}\right)^2} \beta \cdot h_s \geq 0{,}3\,h_s$$

d) *Vierseitig gehaltene Wände:*

Für $h_s \leq b \rightarrow$ $\boxed{h_K = \dfrac{1}{1+(\beta \cdot h_s/b)^2} \cdot \beta \cdot h_s}$ für $h_s > b \rightarrow$ $\boxed{h_K = \dfrac{b}{2}}$

Hierin bedeutet:

b Abstand des freien Randes von der Mitte der aussteifenden Wand bzw. Mittenabstand der aussteifenden Wände

Ist bei vierseitig gehaltenen Wänden $b > 30\,d$ bzw. bei dreiseitig gehaltenen Wänden $b > 15\,d$, so sind diese wie zweiseitig gehaltene Wände zu behandeln (d = Dicke der gehaltenen Wand). Bei Schlitzen und Nischen im mittleren Wanddrittel ist für d die Restwanddicke einzusetzen. Ist die Restwanddicke kleiner als die halbe Wanddicke oder < 11,5 cm, so ist unabhängig von der Lage der Wandschwächung ein freier Rand anzunehmen.

Öffnungen in Wänden

Bei Öffnungen mit einer lichten Höhe > 1/4 der Wandhöhe oder einer lichten Breite > 1/4 der Wandbreite oder einer Gesamtfläche > 1/10 der Wandfläche sind die Wandteile zwischen Wandöffnung und aussteifender Wand als dreiseitig, die Wandteile zwischen Wandöffnungen als zweiseitig gehalten zu rechnen.

5.6.6 Halterungen zur Knickaussteifung wie 5.5.6

5.6.7 Mitwirkende Breite wie 5.5.7

5.6.8 Knotenmomente

Der Einfluss der Decken-Auflagerdrehwinkel auf die Ausmitte der Lasteintragung in die Wände muss berücksichtigt werden. Vereinfachende Annahme: Ungerissene Querschnitte $E_{mw} = 3000\,\sigma_0$; 0,5 p darf wie g behandelt werden; bei der Wandbemessung braucht nur 2/3 des Momentes angesetzt zu werden. Bei Außenwandmomenten im Abschn. 5.6.8.2, Gln. 1, 3, 5, 7 wurde auf Vorschlag von Prof. *Mann* [7.8] eine zusätzliche Abminderung von 25 % vorgenommen.

Begründung: Im Allgemeinen ist der Endauflagerbereich im Gegensatz zum Feld- und Innenstützenbereich nur schwach (konstruktiv) bewehrt. Damit ergibt sich in diesem Bereich eine geringere Steifigkeit und als Folge ein kleineres Einspannmoment.

5.6.8.1 Vereinfachte Ermittlung der Knotenmomente

Die Berücksichtigung der Knotenmomente darf bei $p \leq 5$ kN/m² durch eine Näherungsberechnung gemäß nebenstehender Abb. erfolgen.

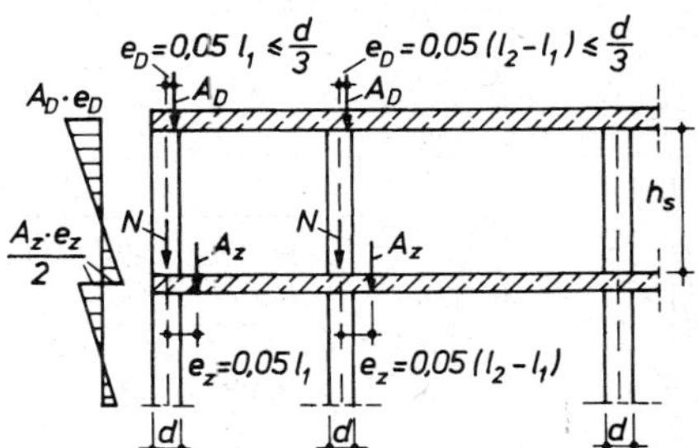

Hinweise:

- Das Moment $M_D = A_D \cdot e_D$ ist bei Dachdecken voll in den Wandkopf, bei Geschossdecken das Moment $M_Z = A_Z \cdot e_Z$ je zur Hälfte in den angrenzenden Wandkopf und Wandfuß einzuleiten.
- Lasten N aus oberen Geschossen dürfen zentrisch angesetzt werden.
- Bei zweiachsig gespannten Decken mit Spannweitenverhältnissen bis 1 : 2 darf mit $e = 0{,}05\, l_1 \cdot 2/3$ gerechnet werden.
- Ist e aus Deckenlast und N größer als 1/3 der Wanddicke d, so darf $e = d/3$ gesetzt werden. In diesem Fall ist eventuellen Rissen im Mauerwerk mit besonderen konstruktiven Maßnahmen entgegenzuwirken (z. B. Fugen, Zentrierleisten, Kantennut). Dies gilt auch für Abschn. 5.6.8.2.

5.6.8.2 Genauere Ermittlung der Knotenmomente

Auf der Grundlage der nebenstehenden Definitionen der Zugfaser für die Wände und der positiven Exzentrizität e ergeben sich die folgenden Formeln für die Wandmomente und für e.

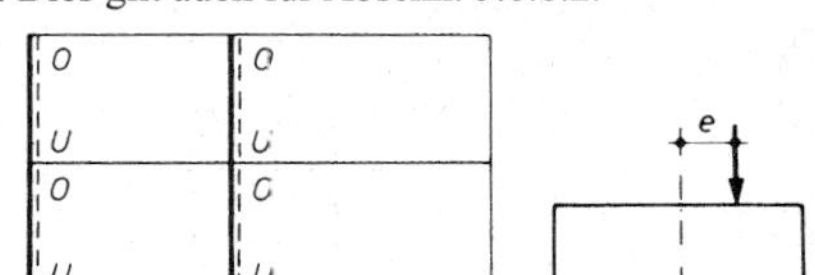

Die in diesem Abschnitt zusammengestellten Formeln gelten für Mauerwerksbauten mit Stahlbeton-Vollplatten.

Liegen andere Ortbetondecken vor, z. B. Stahlbetonrippendecken, so ist in den folgenden Formeln $d^3_b \cdot b_b$ durch $12 \cdot I_b$ zu ersetzen (I_b Flächenmoment 2. Grades der Betondecke).

Abkürzungen und Bezeichnungen

b_i, b_j, b_k	Breite des betrachteten Wandstreifens im Geschoss i, j, k
b_{bi}, b_{bj}, b_{bk}	Breite des betrachteten Stahlbetondeckenstreifens im Geschoss i, j, k
d_i, d_j, d_k	Wanddicke im Geschoss i, j, k
d_{bi}, d_{bj}, d_{bk}	Dicke der Stahlbetondecke über dem Geschoss i, j, k
E_i, E_j, E_k	Elastizitätsmodul des Mauerwerks im Geschoss i, j, k
E_{bi}, E_{bj}, E_{bk}	Elastizitätsmodul der Stahlbetondecke über dem Geschoss i, j, k
l_1, l_2, l_k	Stützweiten linkes Feld, rechtes Feld, Kragarm
q_i, q_j, q_k	Belastung der Decke über dem Geschoss i, j, k

● Außenwand im Dachgeschoss

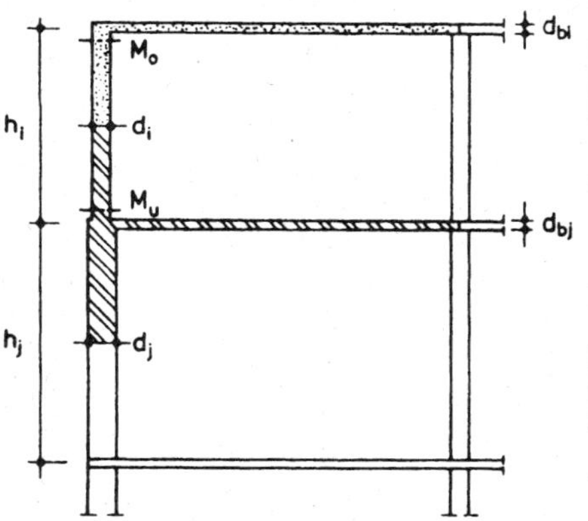

Wandmoment M_o:

$$M_o = -\frac{1}{24} \cdot q_i \cdot l^2_1 \cdot \frac{1}{1 + k_i} \qquad (1)$$

$$\text{mit } k_i = \frac{2 \cdot E_{bi} \cdot d^3_{bi} \cdot b_{bi} \cdot h_i}{3 \cdot E_i \cdot d^3_i \cdot b_i \cdot l_1}$$

Rechnerische Exzentrizität am Wandkopf:

$$e_o = -\frac{M_o}{A_D} \qquad (2)$$

A_D Auflagerkraft am Deckenendauflager der Dachdecke

Wandmoment M_u:

$$M_u = \frac{1}{24} \cdot q_j \cdot l^2_1 \cdot \frac{1}{1 + \frac{E_j \cdot d^3_j \cdot b_j \cdot h_i}{E_i \cdot d^3_i \cdot b_i \cdot h_j} + k_j} \qquad (3)$$

$$\text{mit } k_j = \frac{2 \cdot E_{bj} \cdot d^3_{bj} \cdot b_{bj} \cdot h_i}{3 \cdot E_i \cdot d^3_i \cdot b_i \cdot l_1}$$

Rechnerische Exzentrizität am Wandfuß:

$$e_u = -\frac{M_u}{R_u} \qquad (4)$$

$R_u = N$ Längskraft oberhalb der Zwischendecke

● Außenwand im Normalgeschoss

Wandmoment M_o:

$$M_o = -\frac{1}{24} \cdot q_j \cdot l^2_1 \cdot \frac{1}{1 + \frac{E_i \cdot d^3_i \cdot b_i \cdot h_j}{E_j \cdot d^3_j \cdot b_j \cdot h_i} + \bar{k}_j} \qquad (5)$$

$$\text{mit } \bar{k}_j = \frac{2 \cdot E_{bj} \cdot d^3_{bj} \cdot b_{bj} \cdot h_j}{3 \cdot E_j \cdot d^3_j \cdot b_j \cdot l_1}$$

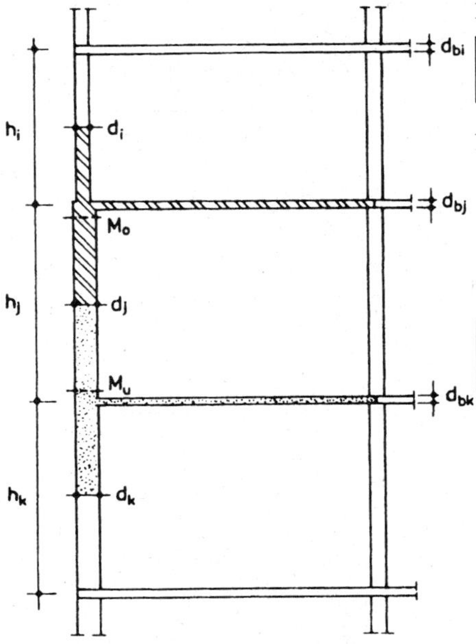

Rechnerische Exzentrizität am Wandkopf:

$$e_o = -\frac{M_o}{R_o} \quad (6)$$

$R_o = N + A_z$

N Längskraft oberhalb der Zwischendecke j

A_z Auflagerkraft am Endauflager der Zwischendecke j

Wandmoment M_u: (7)

$$M_u = \frac{1}{24} \cdot q_k \cdot l^2{}_1 \cdot \frac{1}{1 + \dfrac{E_k \cdot d^3{}_k \cdot b_k \cdot h_j}{E_j \cdot d^3{}_j \cdot b_j \cdot h_k} + k_k}$$

$$\text{mit } k_k = \frac{2 \cdot E_{bk} \cdot d^3{}_{bk} \cdot b_{bk} \cdot h_j}{3 \cdot E_j \cdot d^3{}_j \cdot b_j \cdot l_1}$$

Rechnerische Exzentrizität am Wandfuß:

$$e_u = -\frac{M_u}{R_u} \quad (8)$$

$R_u = N$ (Längskraft oberhalb der Zwischendecke k)

● Innenwand im Dachgeschoss

Die Vorzeichen der Wandmomente in den folgenden Formeln ergeben sich gemäß „Zugfaser" (vgl. Abb. S. 7.20), wenn l_1 jeweils die Stützweite links neben der betrachteten Wand ist.

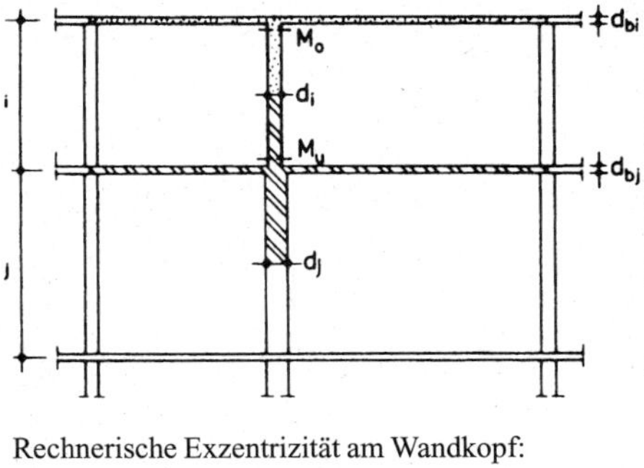

Wandmoment M_o: (9)

$$M_o = \frac{1}{18} \cdot (q_{1i} \cdot l^2{}_1 - q_{2i} \cdot l^2{}_2) \cdot \frac{1}{1 + k_i \left(1 + \dfrac{l_1}{l_2}\right)}$$

$$\text{mit } k_i = \frac{2 \cdot E_{bi} \cdot d^3{}_{bi} \cdot b_{bi} \cdot h_i}{3 \cdot E_i \cdot d^3{}_i \cdot b_i \cdot l_1}$$

Rechnerische Exzentrizität am Wandkopf:

$$e_o = -\frac{M_o}{B_D} \quad (10)$$

B_D Auflagerkraft am Mittelauflager der Dachdecke

Wandmoment M_u:

$$M_u = -\frac{1}{18} \cdot (q_{1j} \cdot l^2{}_1 - q_{2j} \cdot l^2{}_2) \cdot \frac{1}{1 + \frac{E_j \cdot d^3{}_j \cdot b_j \cdot h_i}{E_i \cdot d^3{}_i \cdot b_i \cdot h_j} + k_j \left(1 + \frac{l_1}{l_2}\right)} \qquad (11)$$

mit $k_j = \frac{2 \cdot E_{bj} \cdot d^3{}_{bj} \cdot b_{bj} \cdot h_i}{3 \cdot E_i \cdot d^3{}_i \cdot b_i \cdot l_1}$

Rechnerische Exzentrizität am Wandfuß:

$$e_u = -\frac{M_u}{R_u} \qquad (12)$$

$R_u = N$ (Längskraft oberhalb der Zwischendecke j)

- **Innenwand im Normalgeschoss**

Wandmoment M_o:

$$M_o = \frac{1}{18} \cdot (q_{1j} \cdot l^2{}_1 - q_{2j} \cdot l^2{}_2) \cdot \frac{1}{1 + \frac{E_i \cdot d^3{}_i \cdot b_i \cdot h_j}{E_j \cdot d^3{}_j \cdot b_j \cdot h_i} + \overline{k_j} \left(1 + \frac{l_1}{l_2}\right)} \qquad (13)$$

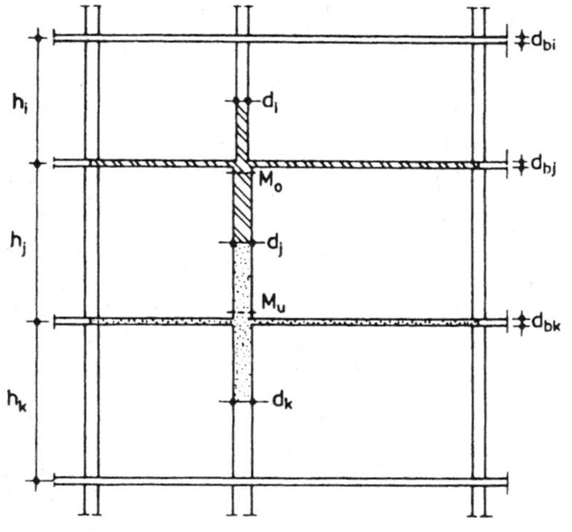

mit $\overline{k_j} = \frac{2 \cdot E_{bj} \cdot d^3{}_{bj} \cdot b_{bj} \cdot h_j}{3 \cdot E_j \cdot d^3{}_j \cdot b_j \cdot l_1}$

Rechnerische Exzentrizität am Wandkopf:

$$e_o = -\frac{M_o}{R_o} \qquad (14)$$

$R_o = N + B_Z$

N Längskraft oberhalb der Zwischendecke j

B_Z Auflagerkraft am Mittelauflager der Zwischendecke j

Wandmoment M_u:

$$M_u = -\frac{1}{18} \cdot (q_{1k} \cdot l^2{}_1 - q_{2k} \cdot l^2{}_2) \cdot \frac{1}{1 + \frac{E_k \cdot d^3{}_k \cdot b_k \cdot h_j}{E_j \cdot d^3{}_j \cdot b_j \cdot h_k} + k_k \left(1 + \frac{l_1}{l_2}\right)} \qquad (15)$$

mit $k_k = \frac{2 \cdot E_{bk} \cdot d^3{}_{bk} \cdot b_{bk} \cdot h_j}{3 \cdot E_j \cdot d^3{}_j \cdot b_j \cdot l_1}$

Rechnerische Exzentrizität am Wandfuß:

$$e_u = -\frac{M_u}{R_u} \qquad (16)$$

$R_u = N$ (Längskraft oberhalb der Zwischendecke k)

Decken mit Kragarm

Eine Abminderung der Volleinspannmomente im Endfeld auf 75 % gemäß Abschn. 5.6.8 wird nicht vorgenommen, da bei vorhandenen Kragplatten die erforderliche obere Kragbewehrung in das Endfeld hineingeführt wird. Diese obere Bewehrung ist in der Regel erheblich größer als eine konstruktive Einspannbewehrung bei Endfeldern ohne Kragarm.

Aufgrund dieser unterschiedlichen Rechenansätze lassen sich daher die Gleichungen (1) bis (7) für $l_k = 0$ nicht ohne weiteres in die Gleichungen (17) bis (23) überführen.

- **Außenwand im Dachgeschoss**

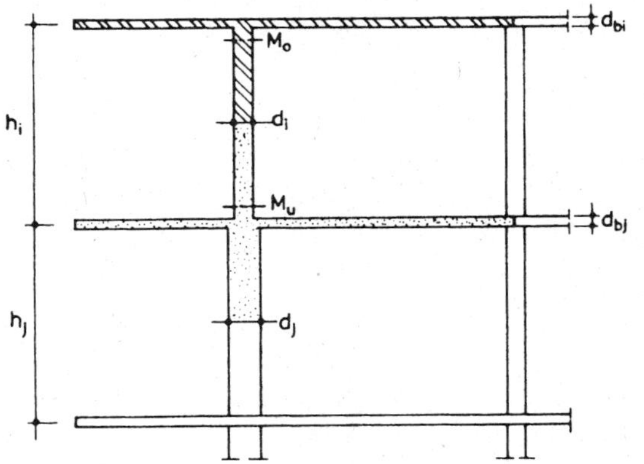

Wandmoment M_o:

$$M_o = -\frac{1}{18} \cdot (q_i \cdot l^2_1 - 9\, q_{ki} \cdot l^2_{ki}) \cdot \frac{1}{1+k_i} \qquad (17) \qquad \text{mit } k_i = \frac{2 \cdot E_{bi} \cdot b_{bi} \cdot d^3_{bi} \cdot h_i}{3 \cdot E_i \cdot b_i \cdot d^3_i \cdot l_1}$$

Rechnerische Exzentrizität am Wandkopf:

$$e_o = -\frac{M_o}{R_o} \qquad (18)$$

$R_o = A_D$ (Auflagerkraft am Endauflager der Dachdecke)

Wandmoment M_u:

$$M_u = \frac{1}{18} \cdot (q_j \cdot l^2_1 - 9\, q_{kj} \cdot l^2_{kj}) \cdot \frac{1}{1 + \frac{E_j \cdot b_j \cdot d^3_j \cdot h_i}{E_i \cdot b_i \cdot d^3_i \cdot h_j} + k_j} \qquad (19)$$

$$\text{mit } k_j = \frac{2 \cdot E_{bj} \cdot b_{bj} \cdot d^3_{bj} \cdot h_i}{3 \cdot E_i \cdot b_i \cdot d^3_i \cdot l_1}$$

Rechnerische Exzentrizität am Wandfuß:

$$e_u = -\frac{M_u}{R_u} \qquad (20)$$

$R_u = N$ (Längskraft oberhalb der Zwischendecke j)

- **Außenwand im Normalgeschoss**

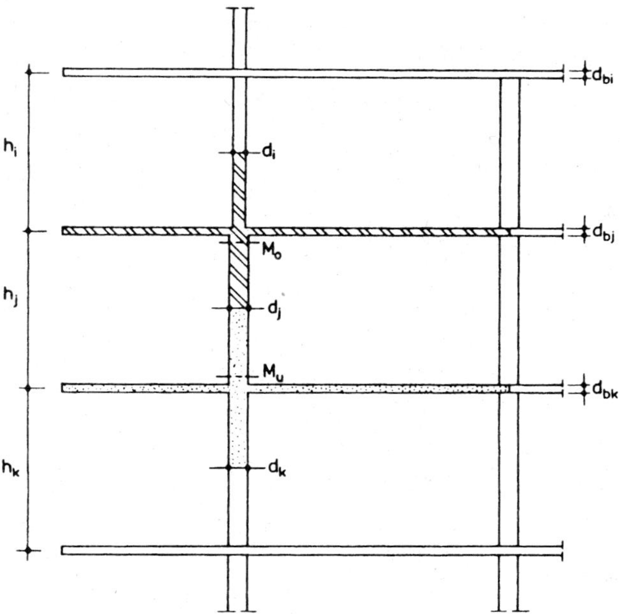

Wandmoment M_o:

$$M_o = -\frac{1}{18} \cdot (q_j \cdot l^2_j - 9\, q_{kj} \cdot l^2_{kj}) \cdot \frac{1}{1 + \dfrac{E_i \cdot d^3_i \cdot b_i \cdot h_j}{E_j \cdot d^3_j \cdot b_j \cdot h_i} + \overline{k_j}} \tag{21}$$

$$\text{mit } \overline{k_j} = \frac{2 \cdot E_{bj} \cdot d^3_{bj} \cdot b_{bj} \cdot h_j}{3 \cdot E_j \cdot d^3_j \cdot b_j \cdot l_1}$$

Rechnerische Exzentrizität am Wandkopf:

$$e_o = -\frac{M_o}{R_o} \tag{22}$$

$R_o = N + A_Z$

N Längskraft oberhalb der Zwischendecke j

A_Z Auflagerkraft am Endauflager der Zwischendecke j

Wandmoment M_u:

$$M_u = \frac{1}{18} \cdot (q_k \cdot l^2_1 - 9\, q_{kk} \cdot l^2_{kk}) \cdot \frac{1}{1 + \dfrac{E_k \cdot d^3_k \cdot b_k \cdot h_j}{E_j \cdot d^3_j \cdot b_j \cdot h_k} + k_k} \tag{23}$$

$$\text{mit } k_k = \frac{2 \cdot E_{bk} \cdot d^3_{bk} \cdot b_{bk} \cdot h_j}{3 \cdot E_j \cdot d^3_j \cdot b_j \cdot l_1}$$

Rechnerische Exzentrizität am Wandfuß:

$$e_u = -\frac{M_u}{R_u} \qquad (24)$$

$R_u = N$ Längskraft oberhalb der Zwischendecke k

5.6.9 Bemessung

5.6.9.1 Nachweis der Bruchsicherheit

$$\gamma \cdot \text{vorh}\,\sigma \leq \beta_R$$

$\beta_R = 2{,}67\,\sigma_0$ Rechenwert der Druckfestigkeit σ_0 siehe Tafeln 7.15 u. 7.16
γ Sicherheitsbeiwert

Bei exzentrischer Beanspruchung darf die Kantenpressung im Bruchzustand 1,33 β_R betragen, während für die mittlere Spannung β_R eingehalten werden muss.

Sicherheitsbeiwerte

Durch den Sicherheitsbeiwert γ wird der Sicherheitsabstand zwischen Bruchlast und Gebrauchslast wiedergegeben. Da von einer linearen Spannungsverteilung ausgegangen wird, wird durch γ auch der Abstand zwischen der Rechenfestigkeit β_R und der unter Gebrauchslast auftretenden Spannung σ angegeben.

Es gibt zwei Sicherheitsbeiwerte:

- $\gamma_w = 2{,}0$ für Wände und Pfeiler ($A < 1000\,\text{cm}^2$), die aus einem oder mehreren ungetrennten Steinen oder aus getrennten Steinen mit einem Lochanteil < 35 % bestehen und keine Aussparungen oder Schlitze enthalten
- $\gamma_p = 2{,}5$ für alle anderen Pfeiler

Querschnitte mit $A < 400\,\text{cm}^2$ sind unzulässig.

Klaffende Fugen infolge planmäßiger Exzentrizität e_1 dürfen im Gebrauchszustand höchstens bis zum Schwerpunkt des Gesamtquerschnitts entstehen.

5.6.9.2 Zusätzlicher Nachweis bei Scheibenbeanspruchung wie 5.5.8.2

5.6.9.3 Knicknachweis

Hierbei sind außer der planmäßigen Ausmitte e_1 eine ungewollte sinusförmige Ausmitte mit dem Maximalwert $f_1 = h_K/300$ (h_K Knicklänge nach Abschnitt 5.6.5) und die Stabauslenkung f_2 nach Theorie II. Ordnung zu berücksichtigen. Für die Erfassung der Spannungs-Dehnungs-Beziehung gilt $E_s = 110 \cdot \sigma_0$ (E_s Sekantenmodul).

Näherungsverfahren:

$$f_1 + f_2 = f = \overline{\lambda}\,\frac{1+m}{1800}\,h_K$$

In dieser Gleichung ist der Einfluss des Kriechens näherungsweise erfasst.

h_K Knicklänge (Abschn. 5.6.5); $\overline{\lambda} = h_K/d$ Schlankheit ($\overline{\lambda} > 25$ ist unzulässig)

$m = 6|e_1|/d$ bezogene planmäßige Ausmitte in halber Geschosshöhe

Wandmomente nach Abschnitt 5.6.8 und gegebenenfalls Windmomente sind mit ihren Werten in halber Wandhöhe als planmäßige Ausmittigkeiten e_1 zu berücksichtigen.

5.6.9.4 Zusätzlicher Nachweis bei dünnen, schmalen Wänden

Bei zweiseitig gehaltenen Wänden mit Schlankheiten $\lambda > 12$ und Wandbreiten < 2,0 m ist zusätzlich nachzuweisen, dass unter dem Einfluss einer ungewollten horizontalen Einzellast $H = 0{,}5$ kN die Sicherheit γ mindestens 1,5 beträgt. Die Horizontalkraft H ist in halber Wandhöhe anzusetzen und darf auf die vorhandene Wandbreite b gleichmäßig verteilt werden.

Dieser Nachweis darf **entfallen**, wenn

$$\overline{\lambda} \leq 20 - 1000 \cdot \frac{H}{A \cdot \beta_R} \qquad (1)$$

A Wandquerschnitt $b \cdot d$
$H =$ 0,5 kN (Horizontalkraft)

5.6.9.5 Beispiel

24 cm Außenwand im Dachgeschoss (zweiseitig gehalten)

geg.: Geschosshöhe: $h = 2{,}875$ m; lichte Höhe $h_s = 2{,}72$ m; Stützweite (Endfeld) $l = 4{,}10$ m; Dachdecke: $q = 7{,}0$ kN/m²; $A_D = 9{,}4$ kN/m; Zwischendecke: $q = 8{,}55$ kN/m²

gew.: Rezeptmauerwerk 2/II, $\sigma_0 = 0{,}5$ MN/m²; $E_{mw} = 3000 \cdot \sigma_0 = 1500$ MN/m²; $\beta_R = 2{,}67 \cdot \sigma_0 = 1{,}33$. Steinrohdichte $\varrho = 1{,}6$ kg/dm³; Stahlbetondecke $d = 16$ cm; B 25; $E_b = 30\,000$ MN/m²; Belastung am Wandfuß: 22 kN/m; Wanddicke unterhalb des Dachgeschosses auch $d = 24$ cm.

Nach Abschnitt 5.6.8.2: $k_i = \dfrac{2 \cdot 30\,000 \cdot 0{,}16^3 \cdot 1{,}0 \cdot 2{,}875}{3 \cdot 1500 \cdot 0{,}24^3 \cdot 1{,}0 \cdot 4{,}10} = 2{,}77 = k_j$

Wandkopf: Gl. (1): $M_o = -\dfrac{1}{24} \cdot 7{,}0 \cdot 4{,}10^2 / (1 + 2{,}77) = -1{,}3$ kNm/m

Gl. (2): $e_o = 1{,}39/9{,}4 = 0{,}14 \text{ m} > d/3 = 0{,}08$ m
Bemessungswert $e_o =$ **0,08 m** (vgl. Abschn. 5.6.8.1)

Wandfuß: Gl. (3): $M_u = \dfrac{1}{24} \cdot 8{,}55 \cdot 4{,}10^2 / (1 + 1 + 2{,}77) = 1{,}26$ kNm/m

Gl. (4): $e_u = -1{,}26/22 =$ **– 0,06 m** $\quad |e_u| < e/3 = 0{,}08$ m

Wandmitte: Planmäßige Exzentrizität $e_1 = (e_o + e_u)/2 = 0{,}01$ m; Abschnitt 5.6.5b: $h_K = \beta \cdot h_s = 1 \cdot 2{,}72 = 2{,}72$ m; Abschnitt 5.6.9.3: $m = 6 \cdot 0{,}01/0{,}24 = 0{,}25$; $\lambda = 2{,}72/0{,}24 = 11{,}3$

$f = 11{,}3 \cdot \dfrac{1 + 0{,}25}{1800} \cdot 2{,}72 = 0{,}02; \qquad e_m = e_1 + f = 0{,}01 + 0{,}02 = \mathbf{0{,}03\ m}$

Bemessung: Wandfuß maßgebend. $|e_u| = 0{,}06$ m; $N_u = 22$ kN/m; s. Tafel S. 4.34, Zeile 4:

$$\max \sigma = \frac{2 \cdot 22}{3(24/2 - 6) \cdot 100} = 0{,}024 \text{ kN/cm}^2 = 0{,}24 \text{ MN/m}^2$$

$$< 1{,}33 \frac{\beta_R}{\gamma} = 1{,}33 \frac{1{,}335}{2} = 0{,}88 \text{ MN/m}^2$$

5.6.9.6 Teilflächenpressung in Richtung der Wandebene

Wird nur eine Teilfläche A_1 (Übertragungsfläche) durch eine Druckkraft mittig oder ausmittig belastet, so ist eine Teilflächenpressung σ_1 nach Gleichung (*) zulässig, wenn folgende Bedingungen erfüllt sind:

- Teilfläche $A_1 \leq 2\,d^2$
- $e \leq d/6$, wobei e die Exzentrizität des Schwerpunktes der Teilfläche A_1 ist (vgl. Abb.)

Zulässige Teilflächenpressung:

$$\sigma_1 = \frac{\beta_R}{\gamma}\left(1 + 0{,}1 \cdot \frac{a_1}{l_1}\right) \leq 1{,}5 \cdot \frac{\beta_R}{\gamma} \qquad (*)$$

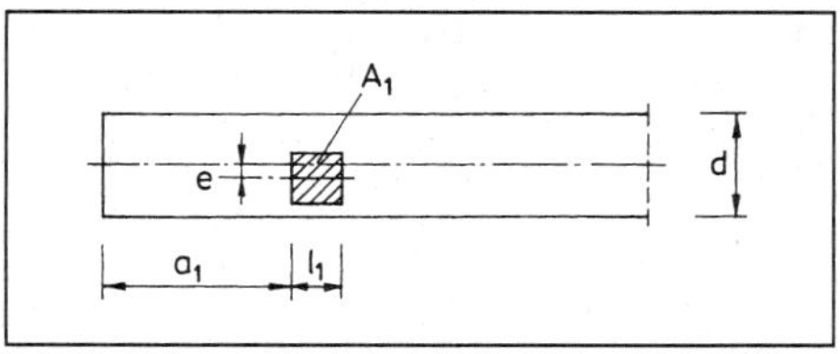

Teilflächenpressung

Hierin bedeuten:
- a_1 Abstand der Teilfläche vom nächsten Rand der Wand in Längsrichtung
- l_1 Länge der Teilfläche in Längsrichtung
- d Dicke der Wand
- γ Sicherheitsbeiwert nach Abschnitt 5.6.9.1
- β_R nach Abschnitt 5.6.9.1

5.6.9.7 Teilflächenpressung senkrecht zur Wandebene

Die zulässige Teilflächenpressung für eine Beanspruchung senkrecht zur Wandebene ist: $\sigma_1 = 0{,}5\,\beta_R$

Bei Einzellasten $F \geq 3$ kN ist zusätzlich die Schubspannung in den Lagerfugen der belasteten Einzelsteine nachzuweisen. Bei Loch- und Kammersteinen ist z. B. durch Unterlagsplatten sicherzustellen, dass die Druckkraft auf mindestens 2 Stege übertragen wird.

5.6.9.8 Nachweis der Zugfestigkeit

Die Zugfestigkeit des Mauerwerks senkrecht zur Lagerfuge darf für tragende Bauteile nicht angesetzt werden. Zugspannungen und Biegezugspannungen parallel zur Lagerfuge dürfen im Gebrauchszustand bis zu folgenden Höchstwerten in Rechnung gestellt werden:

$$\text{zul}\,\sigma_Z \leq \frac{1}{\gamma}\,(\beta_{RHS} + \mu \cdot \sigma_D) \cdot \frac{\ddot{u}}{h} \quad \text{bzw.} \quad \text{zul}\,\sigma_Z \leq \frac{\beta_{RZ}}{2\gamma} \leq 0{,}3\ \text{MN/m}^2$$

Der ungünstigste Wert ist maßgebend.

Hierin bedeuten:

zul σ_Z	zulässige Zugspannung parallel zur Lagerfuge im Gebrauchszustand
σ_D	vorhandene Druckspannung rechtwinklig zur Lagerfuge
β_{RHS}	Rechenwert der Haftscherfestigkeit: $\beta_{RHS} = 2 \cdot \sigma_{0HS}$ (Tafel 7.17a)
β_{RZ}	Rechenwert der Steinzugfestigkeit nach Tafel 7.28
μ	Reibungsbeiwert = 0,6
$\ddot{u}$	Überbindemaß nach DIN 1053-1 (vgl. Abschnitt 5.7)
h	Steinhöhe
γ	Sicherheitsbeiwert nach Abschnitt 5.6.9.1

Tafel 7.28 Rechenwerte der Steinzugfestigkeit β_{RZ} in MN/m²

	Hohlblocksteine	Hochlochsteine und Steine mit Grifföffnungen oder Grifflöchern	Vollsteine ohne Grifföffnungen oder Grifflöcher
β_{RZ}	$0{,}025 \cdot \beta_{NSt}$	$0{,}033 \cdot \beta_{NSt}$	$0{,}04 \cdot \beta_{NSt}$
β_{NSt} Nennwert der Steindruckfestigkeit (Steindruckfestigkeitsklasse)			

5.6.9.9 Nachweis der Schubfestigkeit

- **Scheibenschub**

Folgende Bedingungen müssen erfüllt sein:

$$\gamma \cdot \tau \leq \beta_{RHS} + \mu \cdot \sigma_{Dm} \quad \text{bzw.} \quad \gamma \cdot \tau \leq 0{,}45\,\beta_{RZ} \cdot \sqrt{1 + \sigma_{Dm}/\beta_{RZ}}$$

Es bedeutet:

τ	vorhandene Schubspannung unter Gebrauchslast. Die Schubspannungen sind nach der technischen Biegelehre bzw. nach der Scheibentheorie für homogenes Material zu ermitteln, wobei Querschnittsbereiche, in denen die Fugen rechnerisch klaffen, nicht in Rechnung gestellt werden dürfen.
σ_{Dm}	zugehörige mittlere Normalspannung in der Lagerfuge des ungerissenen Querschnitts
β_{RHS}	Rechenwert der Haftscherfestigkeit $\beta_{RHS} = 2 \cdot \sigma_{0HS}$ (Tafel 7.17a) Auf die erforderliche Vorbehandlung der Steine und Fugen nach DIN 1053-1, 9.1 ist besonders zu achten.
μ	abgeminderter Reibungswert. Hierfür darf für alle Mörtelgruppen $\mu = 0{,}4$ gesetzt werden.
β_{RZ}	Rechenwert der Steinzugfestigkeit nach Tafel 7.28
γ	Sicherheitswert nach Abschnitt 5.6.9.1

- **Plattenschub**

Es muss folgende Bedingung erfüllt werden:

$$\gamma \cdot \tau \leq \beta_{RHS} + \mu \cdot \sigma_D$$

γ, τ, β_{RHS} siehe oben; $\mu = 0{,}6$ (Reibungsbeiwert)

σ_D vorhandene Druckspannung rechtwinklig zur Lagerfuge

5.7 Verband

Es muss im Verband gemauert werden, d. h., die Stoß- und Längsfugen übereinander liegender Schichten müssen versetzt sein. Erforderliches Überbindemaß *ü* siehe Abb. 7.29a.

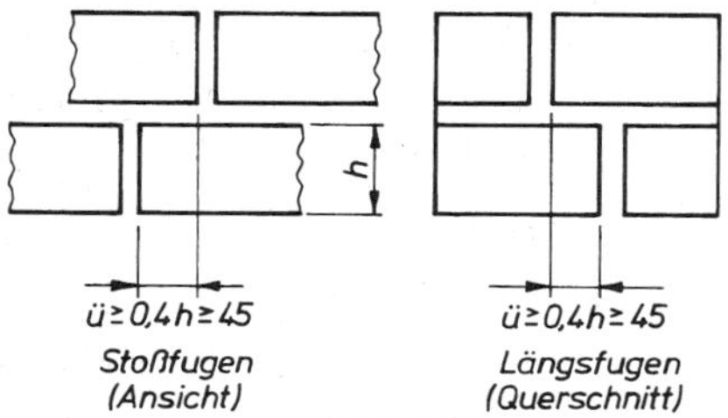

Abb. 7.29a

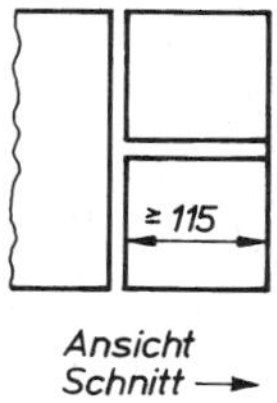

Abb. 7.29b

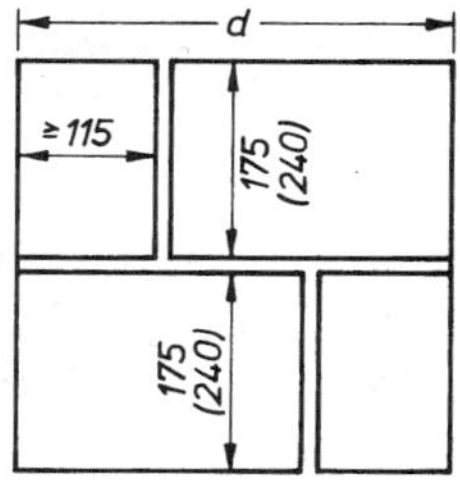

Abb. 7.29c

Steine einer Schicht sollen die gleiche Höhe haben. Ausnahmsweise ist an Wandenden und unter Stürzen eine zusätzliche Lagerfuge pro Schicht als Höhenausgleich auf eine Länge von mindestens 115 mm möglich (Abb. 7.29b). Steine und Mörtel müssen mindestens die Festigkeit des übrigen Mauerwerks aufweisen.

In Schichten mit Längsfugen darf die Steinhöhe nicht größer als die Steinbreite sein. Eine Abweichung von dieser Regel ist bei 175 mm und 240 mm hohen Steinen möglich, wenn die Aufstandsbreite mindestens 115 mm beträgt (Abb. 7.29c).

5.8 Verformungskennwerte und Elastizitätsmoduln

Mauersteinart	Endwert der Feuchtedehnung (Schwinden, chemisches Quellen)[1]		Endkriechzahl		Wärmedehnungskoeffizient		Elastizitätsmodul	
	$\varepsilon_{f\infty}$[1]		φ_∞[2]		α_T		E[3]	
	Rechenwert	Wertebereich	Rechenwert	Wertebereich	Rechenwert	Wertebereich	Rechenwert	Wertebereich
	mm/m				10^{-6}/K		MN/m²	
1	2	3	4	5	6	7	8	9
Mauerziegel	0	+0,3 bis −0,2	1,0	0,5 bis 1,5	6	5 bis 7	$3500 \cdot \sigma_0$	3000 bis $4000 \cdot \sigma_0$
Kalksandsteine[4]	−0,2	−0,1 bis −0,3	1,5	1,0 bis 2,0	8	7 bis 9	$3000 \cdot \sigma_0$	2500 bis $4000 \cdot \sigma_0$
Leichtbetonsteine	−0,4	−0,2 bis −0,5	2,0	1,5 bis 2,5	10[5]	8 bis 12	$5000 \cdot \sigma_0$	4000 bis $5000 \cdot \sigma_0$
Betonsteine	−0,2	−0,1 bis −0,3	1,0	–	10	8 bis 12	$7500 . \sigma_0$	6500 bis $8500 \cdot \sigma_0$
Porenbetonsteine	−0,2	+0,1 bis −0,3	1,5	1,0 bis 2,5	8	7 bis 9	$2500 \cdot \sigma_0$	2000 bis $3000 \cdot \sigma_0$

[1] Verkürzung (Schwinden): Vorzeichen minus; Verlängerung (chemisches Quellen): Vorzeichen plus.
[2] $\varphi_\infty = \varepsilon_{k\infty}/\varepsilon_{el}$; $\varepsilon_{k\infty}$ Endkriechdehnung; $\varepsilon_{el} = \sigma/E$.
[3] E Sekantenmodul aus Gesamtdehnung bei etwa ⅓ der Mauerwerksdruckfestigkeit.
[4] Gilt auch für Hüttensteine.
[5] Für Leichtbeton mit überwiegend Blähton als Zuschlag.

6 Mauerwerk nach DIN 1053-2 (Hinweis zur Neuausgabe 11.96)

Das bisher in dieser Norm enthaltene genauere Berechnungsverfahren ist jetzt in DIN 1053-1 enthalten (vgl. Abschn. 5.6). DIN 1053-2 ist eine reine Baustoffnorm und dient zur Festlegung von Mauerwerksfestigkeitsklassen durch Eignungsprüfung. Näheres siehe z. B. [7.2].

7 Mauerwerksbemessung nach DIN 1053-100

7.1 Allgemeines

Als Ergänzung zur Standardnorm für den Mauerwerksbau DIN 1053-1 ist im August 2004 DIN 1053-100 als „Weißdruck" (endgültige Norm) erschienen. DIN 1053-100 enthält die Bemessung von Mauerwerk nach dem neuen Sicherheitskonzept mit Teilsicherheitsbeiwerten. Im Januar 2006 ist eine Änderung A1 (DIN 1053-100/A1) herausgekommen. Mit Ausgabedatum August 2006 wird eine „neue" DIN 1053-100 herauskommen. Diese „neue" Norm basiert auf dem Inhalt von DIN 1053-100 (08.2004), in den die Änderungen aus DIN 1053-100/A1 eingearbeitet sind.

7.2 Bemessung nach dem vereinfachten Verfahren

Die Anwendungsgrenzen für das Vereinfachte Verfahren sind in Abschn. 5.5.1 dargestellt.

7.2.1 Nachweis nach dem neuen Sicherheitskonzept

Es ist folgender Nachweis zu führen:

$$N_{Ed} \leq N_{Rd}$$

N_{Ed} Bemessungswert der einwirkenden Normalkraft

N_{Rd} Bemessungswert der aufnehmbaren Normalkraft

7.2.2 Bemessungswert der einwirkenden Normalkraft N_{Ed}

$$N_{Ed} = 1{,}35\ N_{Gk} + 1{,}50\ N_{Qk}$$

N_{Gk} Charakteristischer Wert der einwirkenden Normalkraft infolge von Eigenlast

N_{Qk} Charakteristischer Wert der einwirkenden Normalkraft infolge von Nutzlast

1,35 und 1,50 sind Sicherheitsbeiwerte.

Vereinfachung beim Sonderfall:

Bei Hochbauten mit Decken aus Stahlbeton und charakteristischen Nutzlasten von maximal 2,5 kN/m^2 darf vereinfachend angesetzt werden:

$$N_{Ed} = 1{,}4\ (N_{Gk} + N_{Qk})$$

N_{Gk} und N_{Qk} siehe oben.

Hinweis:

Bei größeren Biegemomenten (z. B. bei Windscheiben) ist auch ein Nachweis für max M + min N zu führen. Hierbei gilt:

min $N_{Ed} = 1{,}0\ N_{Gk}$

7.2.3 Bemessungswert der aufnehmbaren Normalkraft N_{Rd}

$$N_{Rd} = A \cdot f_d \cdot \Phi$$

A Querschnittsfläche (abzüglich eventueller Schlitze und Aussparungen)
$A < 400$ cm^2 ist unzulässig.

$f_d = 0{,}85 f_k / \gamma_M$ Bemessungswert der Druckfestigkeit des Mauerwerks

f_k Charakteristische Druckfestigkeit des Mauerwerks nach den Tafeln 7.31 a und b

γ_M Teilsicherheitsbeiwert nach Tafel 7.32

Φ Abminderungsfaktor zur Berücksichtigung des Knickens und von Lastexzentrizitäten (vgl. Abschn. 7.2.4)

Tafel 7.31 a Charakteristische Werte f_k der Druckfestigkeit von Mauerwerk mit Normalmörtel

Steinfestigkeitsklasse	Mörtelgruppe				
	I N/mm²	II N/mm²	IIa N/mm²	III N/mm²	IIIa N/mm²
2	0,9	1,5	1,5 [1)]	–	–
4	1,2	2,2	2,5	2,8	–
6	1,5	2,8	3,1	3,7	–
8	1,8	3,1	3,7	4,4	–
12	2,5	3,7	5,0	5,6	6,0
20	3,1	5,0	6,0	7,5	9,4
28	–	5,6	7,2	9,4	11,0
36	–	–	–	11,0	12,5
48	–	–	–	12,5 [2)]	14,0 [2)]
60	–	–	–	14,0 [2)]	15,5 [2)]

1) $f_k = 1{,}8$ N/mm² bei Außenwänden mit Dicken ≥ 300 mm. Diese Erhöhung gilt jedoch nicht für den Nachweis der Auflagerpressung nach Abschn. 7.2.8.
2) Die Werte $f_k \geq 11{,}0$ N/mm² enthalten einen zusätzlichen Sicherheitsbeiwert zwischen 1,0 und 1,17 wegen Gefahr von Sprödbruch.

Tafel 7.31 b Charakteristische Werte f_k der Druckfestigkeit von Mauerwerk mit Dünnbett- und Leichtmörtel

Steinfestigkeitsklasse	Dünnbettmörtel [1)]	Leichtmörtel	
	N/mm²	LM 21 N/mm²	LM 36 N/mm²
2	1,8	1,5 (1,2) [2)]	1,5 (1,2) [2)] (1,8) [3)]
4	3,4	2,2 (1,5) [4)]	2,5 (2,2) [5)]
6	4,7	2,2	2,8
8	6,2	2,5	3,1
12	6,9	2,8	3,4
20	10,0	2,8	3,4
28	11,6	2,8	3,4

1) Anwendung nur bei Porenbeton-Plansteinen nach DIN V 4165-100 bzw. DIN EN 771-4 und DIN V 20 000-404 und bei Kalksand-Plansteinen. Die Werte gelten für Vollsteine. Für Kalksand-Lochsteine und Kalksand-Hohlblocksteine nach DIN V 106 bzw. DIN EN 771-2 und DIN V 20 000-402 gelten die entsprechenden Werte der Tabelle 5 bei Mörtelgruppe III bis Steinfestigkeitsklasse 20.
2) Für Mauerwerk mit Mauerziegeln nach DIN V 105-100 bzw. DIN EN 771-1 und DIN V 20 000-401 gilt $f_k = 1{,}2$ N/mm².
3) $f_k = 1{,}8$ N/mm² bei Außenwänden mit Dicken ≥ 300 mm. Diese Erhöhung gilt jedoch nicht für den Fall der Fußnote 2) und nicht für den Nachweis der Auflagerpressung nach Abschn. 7.2.8.
4) Für Kalksandsteine nach DIN V 106 bzw. DIN EN 771-2 und DIN V 20 000-402 der Rohdichteklasse $\geq 0{,}9$ und Mauerziegel nach DIN V 105-100 bzw. DIN EN 771-1 und DIN 20 000-401 gilt $f_k = 1{,}5$ N/mm².
5) Für Mauerwerk mit den in Fußnote 4) genannten Mauersteinen gilt $f_k = 2{,}2$ N/mm².

Tafel 7.32 Teilsicherheitsbeiwerte γ_M für Baustoffeigenschaften

Konstruktionsarten	γ_M	
	Normale Einwirkungen	Außergewöhnliche Einwirkungen
Mauerwerk	$1{,}5 \cdot k_0$	$1{,}3 \cdot k_0$
Verbund-, Zug- und Druckwiderstand von Wandankern und Bändern	2,5	2,5

In der Tafel bedeuten:

$k_0 = 1$ bei Wänden und Pfeilern ($1000 > A \geq 400\ \text{cm}^2$), wenn letztere aus ungeteilten Steinen oder aus geteilten Steinen mit einem Lochanteil < 35 % bestehen

$k_0 = 1{,}25$ bei allen anderen Pfeilern.

7.2.4 Abminderungsfaktoren Φ

7.2.4.1 Abminderungsfaktor Φ_2 bei Knickgefahr von geschosshohen Wänden

$$\Phi = \Phi_2 = 0{,}85 - 0{,}0011 \cdot (h_k/d)^2$$

h_k Knicklänge nach Abschnitt 5.5.5 $\quad$ d Dicke des Querschnitts

Schlankheiten $h_k/d > 25$ sind unzulässig.

7.2.4.2 Abminderungsfaktor Φ_3 bei geschosshohen Wänden („Deckendrehwinkel")

Φ_3 berücksichtigt die exzentrische Beanspruchung von Wänden infolge „Deckendrehwinkel". Es sind die folgenden Abminderungsfaktoren einzusetzen:

Bei Endauflagern von Außen- und Innenwänden und folgenden Stützweiten:

$l \leq 4{,}20\ \text{m} \rightarrow$ $\Phi = \Phi_3 = 0{,}9$

$4{,}20 < l \leq 6\ \text{m} \rightarrow$ $\Phi = \Phi_3 = 1{,}6 - l/6 \leq 0{,}9$ für $f_k \geq 1{,}8\ \text{N/mm}^2$

$\Phi = \Phi_3 = 1{,}6 - l/5 \leq 0{,}9$ für $f_k < 1{,}8\ \text{N/mm}^2$

Sonderfall: Decken über dem obersten Geschoss, insbesondere Dachdecken

Für alle $l \rightarrow \Phi = \Phi_3 = 0{,}33$

Wird der Einfluss „Deckendrehwinkel" durch konstruktive Maßnahmen verhindert (z. B. Zentrierleisten), so darf unabhängig von der Deckenstützweite

$\Phi = \Phi_3 = 1{,}0$ gesetzt werden.

7.2.4.3 Abminderungsfaktor Φ_1 bei vorwiegender Biegebeanspruchung

Bei vorwiegender Biegebeanspruchung, z. B. bei Windscheiben, ist

$$\Phi = \Phi_1 = 1 - 2\,e/b$$

$e = M_{Ed}/N_{Ed}$ die Exzentrizität der Last, zum Lastfall max M + min N

$M_{Ed} = \gamma_F \cdot M_{Ek}$ der Bemessungswert des Biegemoments; bei Windscheiben gilt $M_{Ed} = 1{,}5 \cdot H_{Wk} \cdot h_W$; eventuell vorhandene Exzentrizitäten der Normalkraft sind zusätzlich zu berücksichtigen.

H_{Wk} der charakteristische Wert der resultierenden Windlast bezogen auf den nachzuweisenden Querschnitt

h_W der Hebelarm von H_{Wk} auf den nachzuweisenden Querschnitt

N_{Ed} der Bemessungswert der Normalkraft im nachzuweisenden Querschnitt nach Abschnitt 7.2.2

Bei Exzentrizitäten bzw. $e > b/6$ sind rechnerisch klaffende Fugen vorausgesetzt. Bei Windscheiben ist zusätzlich nachzuweisen, dass die rechnerische Randdehnung aus der Scheibenbeanspruchung auf der Seite der Klaffung $\varepsilon_R = \varepsilon_D \cdot a/c$ unter charakteristischen Lasten den Wert $\varepsilon_{Rk} = 10^{-4}$ nicht überschreitet (siehe Abb.). Der Elastizitätsmodul für Mauerwerk darf hierfür zu $E = 1000 f_k$ angenommen werden.

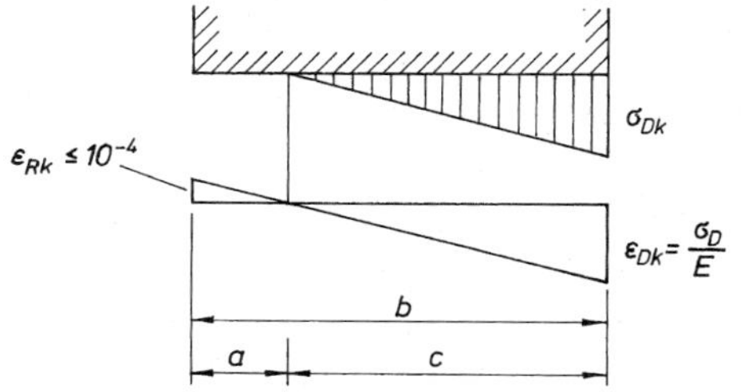

Legende

h Länge der Windscheibe

σ_{Dk} Kantenpressung auf Basis eines linear-elastischen Stoffgesetzes

ε_{Dk} rechnerische Randstauchung

ε_{Rk} rechnerische Randdehnung

7.2.5 Knicklängen

Für die Ermittlung der Knicklängen gilt Abschn. 5.5.5, entsprechend DIN 1053-1, 6.7.2.

7.2.6 Zusätzlicher Nachweis bei schmalen und dünnen Wänden

Bei zweiseitig gehaltenen Wänden mit Wanddicken $d < 175$ mm und mit Schlankheiten $h_k/d > 12$ und mit Wandbreiten < 2,0 m ist der Einfluss einer ungewollten horizontalen Einzellast $H = 0{,}5$ kN, die als außergewöhnliche Einwirkung A_d in halber Geschosshöhe angreift, nachzuweisen. Sie darf als Linienlast über die Wandbreite gleichmäßig verteilt werden. Der Nachweis ist nach DIN 1053-100 Anhang A, Gleichung (A.3) zu führen. Er darf entfallen, wenn die folgende Gleichung erfüllt ist:

$$h_k/d \leq 20 - 1000 \cdot H/(A \cdot f_k)$$

A Wandquerschnitt $b \cdot d$

7.2.7 Knicksicherheitsnachweis bei größeren Exzentrizitäten

Der Faktor Φ_2 nach 7.2.4.1 berücksichtigt die ungewollte Ausmitte und die Verformung nach Theorie II. Ordnung. Dabei ist vorausgesetzt, dass in halber Geschosshöhe nur Biegemomente aus Knotenmomenten und aus Windlasten auftreten. Greifen größere horizontale Lasten an oder werden vertikale Lasten mit größerer planmäßiger Exzentrizität eingeleitet, so ist der Knicksicherheitsnachweis nach dem „Genaueren Berechnungsverfahren“ zu führen. Ein Versatz der Wandachsen infolge einer Änderung der Wanddicken gilt dann nicht als größere Exzentrizität, wenn der Querschnitt der dickeren tragenden Wand den Querschnitt der dünneren tragenden Wand umschreibt.

7.2.8 Teilflächenpressung

Bei mittiger oder ausmittiger Belastung einer Mauerwerkskonstruktion durch eine Einzellast F_d (z. B. durch eine Stütze) darf im Bereich der Teilfläche A_1 folgende Pressung auftreten:

$$\boxed{\sigma_{1d} = F_d/A_1 \leq \alpha \cdot 0{,}85 \cdot f_k/\gamma_M}$$

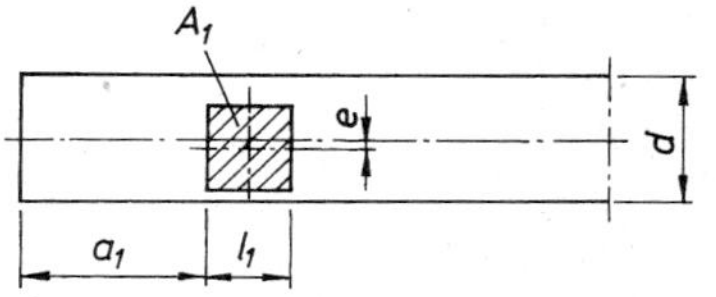

$\alpha = 1$ im Allgemeinen

$\alpha = 1{,}3$, wenn folgende Voraussetzungen erfüllt sind:

- Teilfläche $A_1 \leq 2\,d^2$
- $e < d/6$ sowie $a_1 > 3l_1$

Teilflächenpressung rechtwinklig zur Wandebene

Für diesen Fall beträgt die zulässige Teilflächenpressung:

$$\sigma_{1d} = 1{,}3 \cdot 0{,}85 \cdot f_k / \gamma_M$$

Bei horizontalen Lasten $F_d \geq 4{,}0$ kN muss zusätzlich ein Schubspannungsnachweis für die Lagerfugen der belasteten Steine geführt werden. Bei Loch- und Kammersteinen ist z. B. durch Unterlagsplatten sicherzustellen, dass die Druckkraft auf mindestens zwei Stege übertragen wird.

7.2.9 Zug- und Biegezug

Zug- und Biegezugspannungen rechtwinklig zu Lagerfugen dürfen in tragendem Mauerwerk nicht in Rechnung gestellt werden.

Nachweis für Zugbeanspruchung parallel zu Lagerfugen:

$$n_{Ed} \leq n_{Rd} = d \cdot f_{x2} / \gamma_M$$

Nachweis für Biegezugbeanspruchung parallel zu Lagerfugen:

$$m_{Ed} \leq m_{Rd} = d^2 \cdot f_{x2} / (6\gamma_M)$$

n_{Ed} bzw. m_{Ed} Bemessungswert der wirkenden Zugkraft bzw. des Biegemoments (je Längeneinheit)

n_{Rd} bzw. m_{Rd} Bemessungswert der aufnehmbaren Zugkraft bzw. des Biegemoments

γ_M Teilsicherheitsbeiwert nach Tafel 7.32

$f_{x2} = 0{,}4 f_{vk0} + 0{,}24\, \sigma_{Dd} \leq \max f_{x2}$

σ_{Dd} Bemessungswert der zugehörigen Druckspannung rechtwinklig zur Lagerfuge. In der Regel ist der geringste Wert einzusetzen.

Tafel 7.34 a Abgeminderte Haftscherfestigkeit f_{vk0} in N/mm²

Mörtelart, Mörtelgruppe	NM I	NM II	NM IIa LM 21 LM 36	NM III DM	NM IIIa
f_{vk0} [1)]	0,02	0,08	0,18	0,22	0,26

[1)] Für Mauerwerk mit unvermörtelten Stoßfugen sind die Werte f_{vk0} zu halbieren. Als vermörtelt in diesem Sinn gilt eine Stoßfuge, bei der etwa die halbe Wanddicke oder mehr vermörtelt ist.

Tafel 7.34 b Höchstwerte der Zugfestigkeit $\max f_{x2}$ parallel zur Lagerfuge in N/mm²

Steinfestigkeits-klasse	2	4	6	8	12	20	≥ 28
$\max f_{x2}$	0,02	0,04	0,08	0,10	0,20	0,30	0,40

7.2.10 Schubbeanspruchung

Im Grenzzustand der Tragfähigkeit ist nachzuweisen:

$$V_{Ed} \leq V_{Rd}$$

Für Rechteckquerschnitte ist

$V_{Rd} = \alpha_s \cdot f_{vd} \cdot d/c$

Dabei ist:

V_{Ed} Bemessungswert der Querkraft

V_{Rd} Bemessungswert des Bauteilwiderstands bei Querkraftbeanspruchung

α_s Schubtragfähigkeitsbeiwert. Für Wandscheiben mit Windbeanspruchung, und ggf. Erddruckbeanspruchung gilt $\alpha_s = 1{,}125\ l$ bzw. $\alpha_s = 1{,}333\ l_c$, wobei der kleinere der beiden Werte maßgebend ist. In allen anderen Fällen gilt $\alpha_s = l$ bzw. $\alpha_s = l_c$.

$f_{vd} = f_{vk}/\gamma_M$ Bemessungswert der Schubfestigkeit mit f_{vk} siehe unten

γ_M Teilsicherheitsbeiwert nach Tafel 7.32

d Dicke der nachzuweisenden Wand, bei Plattenschub: überdrückte Breite d_c

l Länge der nachzuweisenden Wand

l_c Überdrückte Länge des Querschnitts; $l_c = 1{,}5 \cdot (l - 2 \cdot e) \leq l$

c Faktor zur Berücksichtigung der Verteilung der Schubspannungen über den Querschnitt. Für hohe Wände $h_w/l \geq 2$ gilt $c = 1{,}5$; für Wände mit $h_w/l \leq 1$ gilt $c = 1{,}0$; dazwischen darf linear interpoliert werden. h_w bedeutet die Gesamthöhe, l die Länge der Wand. Bei Plattenschub gilt stets $c = 1{,}5$.

Scheibenschub:

$f_{vk} = f_{vk0} + 0{,}4 \cdot \sigma_{Db} \leq \max f_{vk}$

Plattenschub:

$f_{vk} = f_{vk0} + 0{,}6 \cdot \sigma_{Dd}$

Dabei ist:

f_{vk0} abgeminderte Haftscherfestigkeit nach Tafel 7.34a

σ_{Dd} Bemessungswert der zugehörigen Druckspannung im untersuchten Lastfall an der Stelle der maximalen Schubspannung. Für Rechteckquerschnitte gilt $\sigma_{Dd} = N_{Ed}/A$, dabei ist A der überdrückte Querschnitt. Im Regelfall ist die minimale Einwirkung $N_{Ed} = 1{,}0\ N_G$ maßgebend.

$\max f_{vk}$ Höchstwert der Schubfestigkeit nach Tafel 7.35, abhängig vom Rissverhalten

Tafel 7.35 Höchstwerte der Schubfestigkeit max f_k im vereinfachten Nachweisverfahren

Steinart	$\max f_{vk}$
Hohlblocksteine	$0{,}012 \cdot f_{bk}$
Hochlochsteine und Steine mit Grifflöchern oder mit Grifföffnungen	$0{,}016 \cdot f_{bk}$
Vollsteine ohne Grifflöcher und ohne Grifföffnungen	$0{,}020 \cdot f_{bk}$

7.2.11 Zahlenbeispiele

Zahlenbeispiel 1

Gegeben:

Innenwand $d = 11{,}5$ cm

Lichte Geschosshöhe $h_s = 2{,}75$ m

Belastung UK Wand $R_k = 49{,}6$ kN/m

(Nutzlast der Stahlbetondecke $q_k = 2{,}25$ kN/m^2)

Knicklänge $h_k = 0{,}75\ h_s = 0{,}75 \cdot 2{,}75 = 2{,}06$ m

$N_{Ed} = 1{,}4 \cdot (N_{Gk} + N_{Qk})$

$N_{Ed} = 1{,}4 \cdot 49{,}6 = 69{,}4$ kN/m

$N_{Rd} = A \cdot f_d \cdot \Phi = A \cdot (0{,}85 \cdot f_k / \gamma_M) \cdot \Phi$

$\gamma_M = 1{,}5 \cdot k_0 \qquad k_0 = 1$ (Wand)

$\gamma_M = 1{,}5$

Da keine „vorwiegende Biegebeanspruchung" vorliegt, spielt Φ_1 keine Rolle.

$\Phi_2 = 0{,}85 - 0{,}0011 \cdot (h_k/d)^2$
$= 0{,}85 - 0{,}0011 \cdot (2{,}06/0{,}115)^2 = 0{,}50$

$\Phi_3 = 1$ (Innenwand, kein „Deckendrehwinkel")

gew. 6/II → $f_k = 2,8\ N/mm^2 = 0,28\ kN/cm^2$

$\Phi = \Phi_2 = 0,5$

(Der kleinste Φ-Wert ist maßgebend.)

$N_{Rd} = 11,5 \cdot 100 \cdot (0,85 \cdot 0,28/1,5) \cdot 0,5$

$N_{Rd} = 91,2\ kN/m$

Nachweis:

$N_{Ed} = 69,4\ kN/m < N_{Rd} = 91,2\ kN/m$

Zahlenbeispiel 2

Gegeben:

Außenwandpfeiler $b/d = 49/17,5$ (getrennte Steine mit Lochanteil > 35 %)

Lichte Geschosshöhe $h_s = 2,75\ m$

Stützweite der Stahlbetondecke $l = 4,80\ m$

Nutzlast der Stahlbetondecke $q_k = 2,25\ kN/m^2$

Belastung UK Pfeiler $R_k = 68\ kN$

Knicklänge $h_k = 0,75 \cdot 2,75 = 2,06\ m$

$N_{Ed} = 1,4\ (N_{Gk} + N_{Qk})$
$= 1,4 \cdot 68 = 95,2\ kN$

$N_{Rd} = A \cdot f_d \cdot \Phi = A \cdot (0,85 \cdot f_k / \gamma_M) \cdot \Phi$

$\gamma_M = 1,5 \cdot k_0 \qquad k_0 = 1,25$

$\gamma_M = 1,5 \cdot 1,25 = 1,875$

Da keine „vorwiegende Biegebeanspruchung“ vorliegt, spielt Φ_1 keine Rolle.

$\Phi_2 = 0,85 - 0,011 \cdot (h_k/d)^2$
$= 0,85 - 0,0011 \cdot (2,06/0,175)^2 = 0,70$

$\Phi_3 = 1,6 - l/6 = 1,6 - 4,8/6 = 0,80$

Maßgebend: $\Phi = \Phi_2 = 0,70$

gew. 12/II → $f_k = 0,37\ kN/cm^2$

$N_{Rd} = 49 \cdot 17,5 \cdot (0,85 \cdot 0,37/1,875) \cdot 0,70$
$= 100,7\ kN$

Nachweis:

$N_{Ed} = 95,2\ kN < N_{Rd} = 100,7\ kN$

7.3 Genaueres Berechnungsverfahren

Siehe DIN 1053-100, Abschnitt 9.

7 B Glas im konstruktiven Ingenieurbau

Prof. Dr.-Ing. Jochen Menkenhagen

1 Glasprodukte im Bauwesen

1.1 Begriffe, Bezeichnungen und Abkürzungen

- *Glas* ist ein organisches Schmelzprodukt, das im Wesentlichen ohne Kristallisation erstarrt.
- Unter dem Begriff *Glasarten* werden Gläser zusammengefasst, die sich durch ihre chemische Zusammensetzung unterscheiden.
- Als *Basis-Gläser* oder *Basis-Produkte* werden die direkt aus der Glasschmelze hergestellten Gläser bezeichnet.
- *Veredelungsprodukte* ist der Sammelbegriff für Basis-Gläser, die einen weiteren Schritt in der Verarbeitung durchlaufen.

AbZ	Allgemeine baurechtliche Zulassung des DIBt
Basisglas	direkt aus der Glasschmelze hergestelltes Glas
BRL	Bauregelliste A, Bauregelliste B und Liste C; Mitteilungen des DIBt
DIBt	Deutsches Institut für Bautechnik, Berlin; http://www.dibt.de
Einfach-Verglasung	Verglasungseinheit ohne Scheibenzwischenraum
EOTA	Europäische Organisation für technische Zulassungen
ESG	Einscheiben-Sicherheitsglas
ESG-H	heißgelagertes Einscheiben-Sicherheitsglas
FKG	Fachverband konstruktiver Glasbau e. V.
Flachglas	Glas mit planparallelen ebenen Außenflächen
Float	Abkürzung für Floatglas nach DIN 1249-3
Glasarten	Gläser, die sich durch ihre chemische Zusammensetzung unterscheiden
MIG	Mehrscheiben-Isolierglas
NiS	Nickel-Sulfid
OBB	oberste Baubehörde
PVB	Polyvinyl-Butyral
SPG	Spiegelglas
SZR	Scheibenzwischenraum
Transformationstemperatur	Temperatur, bei der die Glasschmelze in den Festkörper übergeht
TRAV	Technische Regeln für die Verwendung von absturzsichernden Verglasungen, 01.03
TRLV	Technische Regeln für die Verwendung von linienförmig gelagerten Verglasungen, 03.98, DIBt-Mitteilungen Nr. 06.98; Erläuterungen, 03.99
TVG	teilvorgespanntes Glas
Veredelungsprodukte	Basisgläser, die einen weiteren Schritt der Verarbeitung durchlaufen
VG	Verbundglas
VSG	Verbund-Sicherheitsglas
ZiE	Zustimmung im Einzelfall

1.2 Glasarten im konstruktiven Ingenieurbau

Im konstruktiven Ingenieurbau werden fast ausschließlich *Silikatgläser* verwendet, wobei im Wesentlichen die Glasarten *Kalk-Natron-Silikatglas* und *Borosilikatglas* zum Einsatz kommen. Die Schmelztemperatur der Gläser beträgt je nach Zusammensetzung ca. 1300 °C bis 1600 °C.

Tafel 7.37 Hauptbestandteile von Kalk-Natron-Silikatglas[1)] und Borosilikatglas[2)]

	Kalk-Natron-Silikatglas	Borosilikatglas
Siliciumoxid (Quarzsand) SiO_2	69 - 74 %	70 – 87 %
Calciumoxid CaO	5 - 12 %	-
Bortrioxid B_2O_3	-	7 – 15 %
Natriumoxid/Kaliumoxid Na_2O/K_2O	12 - 16 %	0 – 16 %
Magnesiumoxid MgO	0 - 6 %	-
Aluminiumoxid Al_2O_3	0 - 3 %	0 - 8 %

1) Mengenmäßig größte Bedeutung im Bauwesen. Größere thermische Ausdehnung und geringere Beständigkeit gegen Temperaturwechsel und Temperaturunterschiede als Borosilikatgläser.
2) Glas mit hoher chemischer und guter Temperaturwechselbeständigkeit. Vornehmliche Verwendung im Bauwesen für Brandschutzverglasungen.

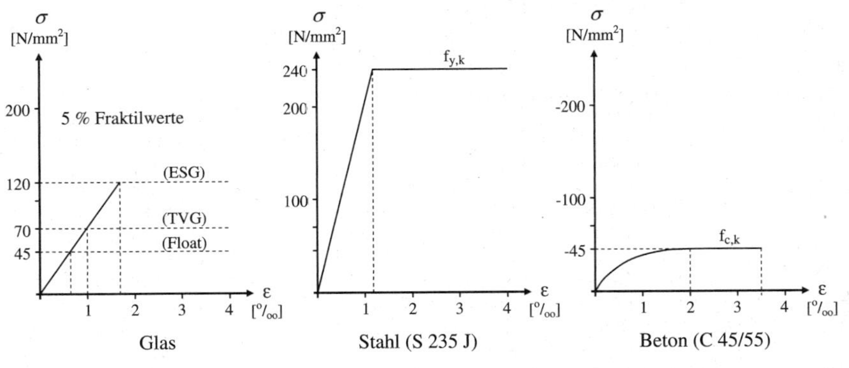

Abb. 7.38 Gegenüberstellung des rechnerischen Spannungs-Dehnungs-Diagramms von Glas (Zugspannungen) im Vergleich zu Stahl (Zugspannungen) und Beton (Druckspannungen) (aus [7.43])

Tafel 7.38a Mechanische und physikalische Eigenschaften von Kalk-Natron-Silikatglas und Borosilikatglas nach [7.40] und [7.41]

	Kalk-Natron-Silikatglas	Borosilikatglas
Dichte ρ	2500 kg/m³	2200 - 2500 kg/m³
Elastizitätsmodul E	ca. 70 000 - 75 000 N/mm²	ca. 63 000 N/mm²
Querdehnzahl (Poisson-Zahl) ν	0,22	0,20
spezifische Wärmekapazität C_p	$0{,}72 \cdot 10^3$ J/(kg·K)	$0{,}8 \cdot 10^3$ J/(kg·K)
mittlerer thermischer Längenausdehnungskoeffizient (20 bis 300 °C)	$9 \cdot 10^{-6}$ K^{-1}	Klasse 1: $3{,}1 - 4{,}0 \cdot 10^{-6}$ K^{-1} Klasse 2: $4{,}1 - 5{,}0 \cdot 10^{-6}$ K^{-1} Klasse 3: $5{,}1 - 6{,}0 \cdot 10^{-6}$ K^{-1}
Wärmeleitfähigkeit λ	1,05 W/(m·K)	1,0 W/(m·K)
mittlerer Brechungsindex	1,52	1,50
Mohs-Härte	5,3	ca. 6

Tafel 7.38b Chemische Beständigkeit von Kalk-Natron-Silikatglas

Reagenzen	Beständigkeit	
aliphatische Kohlenwasserstoffe	0/-	
Alkohole	+	
aromatische Kohlenwasserstoffe	+	
Chlorkohlenwasserstoffe	+	
Ester	+	+ = beständig 0 = bedingt beständig - = nicht beständig
Ketone	+	
nicht oxidierende Basen	+	
nicht oxidierende Säuren	+	
Öle und Fette	+	
Oxidierende Basen	0/-	
oxidierende Säuren	+	
Salze	+	
SiO_2 lösende Säuren	0/-	

2 Basisgläser und Basis-Produkte

2.1 Übersicht

- **Betongläser** Glaskörper für Bauteile aus Glasstahlbeton nach DIN 1045
  Aus einem Stück im Pressverfahren oder aus zwei Stück durch Verschmelzung fest verbundener Teile hergestellte Glaskörper für begehbare und befahrbare Glasflächen. Betongläser müssen den Anforderungen der DIN 4243 entsprechen.
- **Drahtglas** Spezielle Form des *Gussglases* mit Drahteinlage nach DIN 1249-4
  Drahtglas wird nach dem *kontinuierlichen Walzverfahren* hergestellt. Zur Verhinderung von Verletzungen nach Glasbruch werden Drahteinlagen eingezogen. Die dadurch bedingte Festigkeitsminderung lässt Drahtgläser in kleine Teile zersplittern, die durch das Drahtnetz zusammengehalten werden. Drahtglas zählt nach heutigen Anforderungen nicht mehr zu den Sicherheitsgläsern.
- **Fensterglas** Maschinell gezogenes durchsichtiges Flachglas (Alkali-Kalk-Silikatglas) nach DIN 1249-1
  Fensterglas weist beiderseits feuerblanke, ebene und gleichmäßig dicke Oberflächen auf. Es wird maschinell im Ziehverfahren hergestellt. Fensterglas wurde früher als *Tafelglas* bezeichnet.
- **Floatglas** Am häufigsten verwendetes Bauglas (Pilkington 1952) nach DIN 1249-3
  Floatglas[1)] ist ein hochwertiges durchsichtiges Flachglas mit ebenen planparallelen Oberflächen. Die Glasschmelze schwimmt unter Schutzgasatmosphäre auf einer flüssigen Zinnbadoberfläche. Die Glasdickenregulierung erfolgt über die Geschwindigkeit der Rollen im Kühlbereich.
- **Gefärbtes Glas** Durch chemische Zusätze in der Schmelze eingefärbte Gläser
  Neben dem farblichen Erscheinungsbild lassen sich durch die Färbung die physikalischen Eigenschaften von Glas beeinflussen. Beispielsweise wird die Transmission von Wärmestrahlung durch Hinzugeben von grün färbendem Eisenoxid herabgesetzt.
- **Glasbausteine** Durch Verschmelzen von zwei, im Pressverfahren hergestellten Glaskörpern gefertigte Glassteine nach DIN 18 175
  Beim Abkühlen des Glasbausteins entsteht in dem luftdicht abgeschlossenen Hohlraum ein Unterdruck. Gängige Kantenabmessungen der Glasbausteine liegen zwischen 19 cm und 30 cm. Glasbausteinwände können nach DIN 4242 bemessen werden.
- **Gussglas** Herstellung häufig als Ornamentglas mit Ornamentierung und Drahtglas mit Drahtnetzeinlage
  Glas, das aus der Schmelze entweder diskontinuierlich auf eine Platte ausgegossen und anschließend ausgewalzt wird oder das nach kontinuierlichem Auslaufen aus der Schmelzwanne zwischen zwei Walzen zu einem Band geformt wird. Die Glasdickenregulierung erfolgt über Zulaufmenge der Glasschmelze und durch die Spaltbreite zwischen den Formwalzen. Durch entsprechende Profilierung der Walzen und durch Verwendung von Eindruckwalzen lassen sich Ornamentglas und Drahtglas herstellen. Gussglas ist durchscheinend und lichtstreuend, aber nicht völlig klar durchsichtig.
  Für die Herstellung von *Spiegelglas*[1)] (durchsichtiges Glas mit planparallelen Oberflächen) muss Gussglas einer zusätzlichen mechanischen Oberflächenbearbeitung unterzogen werden. Spiegelglas aus Gussglas weist die gleichen Qualitätsmerkmale wie Floatglas auf.
- **Profilbauglas** Spezielle Form des Gussglases in Form von U-Profilen nach DIN 1249-5, prEN 572-7
  Profilbauglas wird nach dem *kontinuierlichen Walzverfahren* immer mit Ornamentierung, mit und ohne Drahteinlage, hergestellt. Durch die statisch günstige U-Form eignen sich Profilbaugläser zur Überbrückung größerer Spannweiten.
- **Schaumglas** Ein aus silikatischem Glas thermisch aufgeschäumter Wärmedämmstoff mit geschlossenem Zellgefüge nach DIN 18 174
  Die Grundeigenschaften von Schaumglas wie Ausdehnung und chemische Beständig-

[1)] Wegen der gleichen Qualitätseigenschaften von **Spiegelglas** aus *Gussglas* und *Floatglas* wird in verschiedenen Normen und in der Literatur für *Floatglas* auch der Begriff *Spiegelglas* verwendet. Wird im Folgenden die Bezeichnung Spiegelglas ohne Zusatz von (Float) angegeben, dann handelt es sich um ein Flachglas, das sowohl aus *Gussglas* wie auch aus *Floatglas* hergestellt sein kann.

keit entsprechen denen eines Silikatglases. Schaumglas ist wasserdampfdiffusionsdicht und somit formbeständig. Aufgrund seiner besonderen Eigenschaften und seiner hohen Druckfestigkeit (Mittelwert der Druckfestigkeit 0,50 - 0,70 N/mm^2) eignet sich Schaumglas insbesondere für die Dämmung von bitumenhaltigen Flachdachkonstruktionen, Außenwandkonstruktionen, begeh- bzw. befahrbaren Böden (Parkdecks und Terrassen) und als Perimeter-Wärmedämmung.

- **Tafelglas** Maschinell gezogenes durchsichtiges Flachglas (Alkali-Kalk-Silikatglas) Tafelglas weist beiderseits feuerblanke, ebene und gleichmäßig dicke Oberflächen auf. Es wird maschinell im Ziehverfahren hergestellt. Tafelglas wird in die Arten Dünnglas, Fensterglas und Dickglas eingeteilt. Da die Herstellungsverfahren in Bezug auf Produktivität und Qualität dem Floatglasverfahren unterlegen sind, hat Tafelglas seine frühere Bedeutung verloren. In der DIN 1249-1 wird der Begriff „Tafelglas" nicht mehr verwendet, im Ziehverfahren hergestelltes Glas wird als *Fensterglas* bezeichnet.

2.2 Flachgläser

Unter dem Sammelbegriff *Flachglas* werden alle Gläser zusammengefasst, die in Form flacher Tafeln hergestellt werden, deren Dicke im Verhältnis zu Länge und Breite gering ist und deren Oberflächen sowohl glatt und planparallel als auch strukturiert sein können.

2.2.1 Verfügbare Abmessungen

Tafel 7.40a Verfügbare Dicken[1)] d und zul. Abweichungen Δd von Basis-Gläsern

Nenndicke	Floatglas: Kalk-Natron-Silikatglas	Floatglas: Borosilikatglas	Spiegelglas	Profilbauglas [2)]
d in mm	$\pm \Delta d$ in mm	Δd in mm	$\pm \Delta d$ in mm	$\pm \Delta d$ in mm
3	0,2	–0,4/+0,5	0,2	
4	0,2	–0,4/+0,5	0,2	
5	0,2	–0,4/+0,5	0,2	
6	0,2	–0,4/+0,5	0,2	0,2
7		–0,4/+0,5		0,2
8	0,3	–0,4/+0,5	0,2	
10	0,3	–0,9/+1,0	0,2	
12	0,3	–0,9/+1,0	0,2	
15	0,5	–0,9/+1,0	0,2	
19	1,0		0,2	

1) Andere Standarddicken können verfügbar sein. Einzelheiten hierzu sind den Herstellerangaben zu entnehmen.
2) Profilbauglas stellt gem. Definition kein Flachglas dar und ist in der Tafel der Vollständigkeit halber aufgenommen.

Tafel 7.40b Verfügbare Dicken[1)] d und zul. Abweichungen Δd von Basis-Gläsern

Nenndicke	Gussglas [2)]: Drahtglas	Gussglas [2)]: Draht-Ornamentglas	Gussglas [2)]: Ornamentglas	Fensterglas
d in mm	$\pm \Delta d$ in mm	$\pm \Delta d$ in mm	$\pm \Delta d$ in mm	$\pm \Delta d$ in mm
3			0,5	0,2
4			0,5	0,3
5			0,5	0,3
6			0,5	0,3
7	0,7	0,7		
8			0,8	0,4
9	1,0	1,0		
10			1,0	0,5
12				0,6
15				1,0
19				1,0

1) Andere Standarddicken können verfügbar sein. Einzelheiten hierzu sind den Herstellerangaben zu entnehmen.
2) Angegeben ist die maximale Glasdicke (Tellerdicke), gemessen von Spitze zu Spitze der Profilierung.

Tafel 7.41 Maximale Längen und Breiten von Basis-Gläsern in mm

Nenndicke d in mm	Spiegelglas [1]		Gussglas [2] Drahtglas		Gussglas [2] Draht-Ornamentglas		Gussglas [2] Ornamentglas		Fensterglas [3]	
	Länge	Breite	Länge	Breite	Länge	Breite	Länge	Breite	Länge	Breite
3	4500	3180							3620	3180
4	6000	3180					2100	1500	3620	3180
5	6000	3180							3620	3180
6	6000	3180	4500	2520	4500	2520	4500	2520	3620	3180
8	7500	3180							3620	3180
9			4500	2520	4500	2520	4500	2520		
10	9000	3180							3620	3180
12	9000	3180							3620	3180
15	6000	3180							3620	3180
19	4500	2820							3620	3180

[1] Die Breite von Spiegelglas entspricht der Breite des Glasbandes (Bandmaß) ohne Borten, meist 3,21 m bzw. 3,18 m. Aus herstellungstechnischen Gründen sind größere Längen (Überlängen) sowie größere Breiten (Überbreiten) Sonderanfertigungen. Bezeichnung von Spiegelglas (S) nach DIN 1249-3 mit einer Nenndicke 6 mm, Länge 6000 mm und Breite 3180 mm: „Spiegelglas DIN 1249 – S – 6 – 6000 × 3180".

[2] Bezeichnung von Gussglas (DO) nach DIN 1249-4 mit einer Nenndicke 7 mm, Breite 2520 mm und Länge 4500 mm: „Gussglas DIN 1249 – DO – 7 – 2520 × 4500".

[3] Bezeichnung von Fensterglas (F) nach DIN 1249-1 mit einer Nenndicke 5 mm, Breite 3180 mm und Länge 3620 mm: „Fensterglas DIN 1249 – F – 5 – 3180 × 3620".

2.2.2 Bohrungen

- Bohrungen können für die Befestigung von Scheiben innerhalb der Glasfläche herangezogen werden.
- Bohrungen sollten wegen der hohen lokalen Beanspruchungen nur in thermisch vorgespannten Gläsern (ESG, TVG) ausgeführt werden.
- Thermisch vorgespannte Gläser (ESG, TVG) sind *vor* dem Vorspannprozess zu bohren.
- Bohrungen sind als zylindrische oder konische Bohrungen auszuführen.

Empfohlene Ausbildung von Bohrungen in thermisch vorgespannten Gläsern

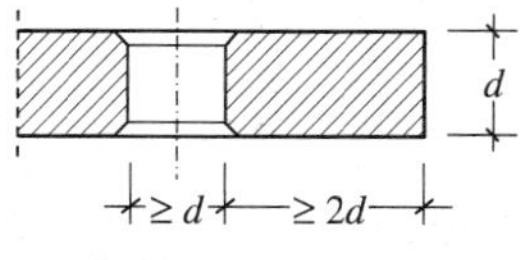

zylindrische Bohrung

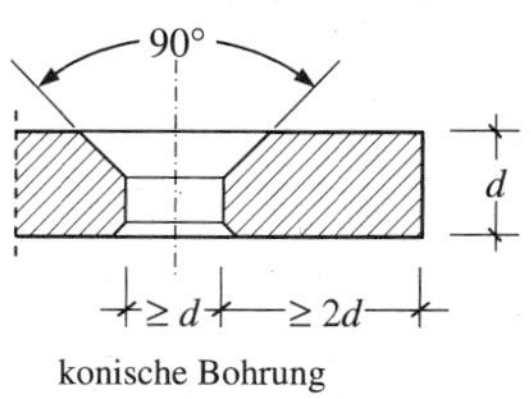

konische Bohrung

2.2.3 Kantenbearbeitung

- Eine unbearbeitete Glaskante mit scharfen Rändern wird nur dort eingesetzt, wo diese im Rahmen liegt.
- Bei thermisch vorgespannten Gläsern (ESG, TVG) ist die Kantenbearbeitung vor dem Vorspannprozess durchzuführen, eine nachträgliche Bearbeitung ist nur bedingt möglich.
- Bei thermisch vorgespannten Gläsern (ESG, TVG) führt ein fehlender Kantenschliff während des Vorspannprozesses häufig zum Bruch der Scheibe.

Tafel 7.42a Ausführung der Glaskante nach DIN 1249-11, DIN EN 1863-1:2000-03

Benennung	Kurzzeichen	Beschreibung	Skizze
geschnitten	KG	Geschnittene, unbearbeitete Glaskante mit scharfkantigen Rändern. Quer zu den Rändern weist die Kante leichte Wellenlinien (Wallnerlinien) auf.	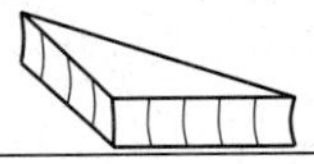
gesäumt	KGS	Schnittkante, deren Ränder mit einem Schleifwerkzeug gebrochen bzw. gefast sind.	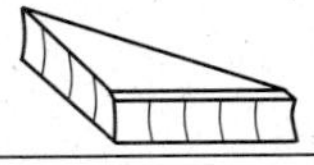
maßgeschliffen (justiert)	KMG	Die Glasscheibe wird durch Schleifen der Kantenoberfläche auf das erforderliche Maß gebracht. Die Kante kann sowohl geschnitten als auch gesäumt sein.	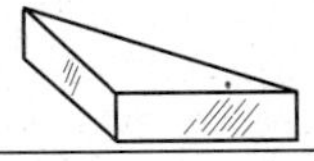
geschliffen (feinjustiert)	KGN	Die Kantenoberfläche wird durch Schleifen ganzflächig bearbeitet. Die Kante kann sowohl geschnitten als auch gesäumt sein.	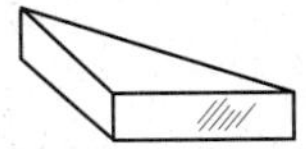
poliert	KPO	Die polierte Kante ist eine durch Überpolieren verfeinerte geschliffene Kante. Polierspuren sind in gewissem Umfang zulässig.	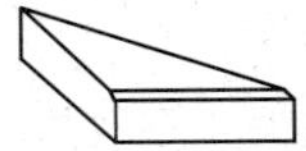

2.3 Profilbauglas

2.3.1 Querschnittswerte

Tafel 7.42b Liefermaße[1)] und Querschnittswerte von Profilbauglas

- Lieferlängen: 100 bis 700 cm
- Elastizitätsmodul: $E = 60\,000$ bis $70\,000$ N/mm^2
- Härte nach Mohs: 6 bis 7
- spezifisches Gewicht: 2500 kg/m^3
- linearer Ausdehnungskoeffizient bei Erwärmung um 1°C: 75 bis $85 \cdot 10^{-7}$

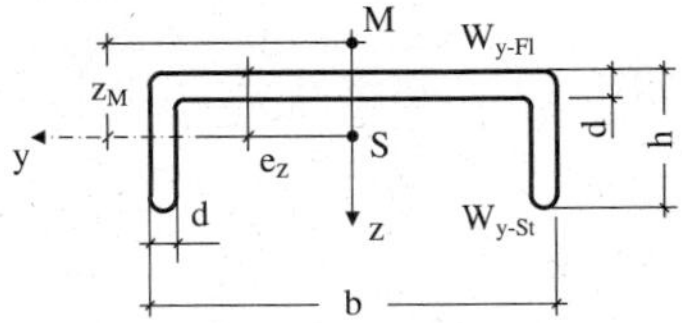

Profilmaße[2)]			Statische Werte						
b mm	h mm	d mm	A cm^2	I_y cm^4	$W_{y\text{-St}}$ cm^3	$W_{y\text{-Fl}}$ cm^3	e_z cm	z_M cm	g[3)] kg/m
232	41	6	18,0	17,4	22,9	5,2	0,76	1,29	4,5
232	60	7	23,6	61,5	48,4	13,0	1,27	2,44	5,9
262	41	6	19,8	17,8	24,7	5,3	0,72	1,19	5,0
262	60	7	25,7	63,3	52,9	13,2	1,12	2,28	6,4
270	40	6	20,2	16,6	24,1	5,0	0,69	1,12	5,1
331	41	6	24,0	18,6	28,6	5,4	0,65	1,02	6,0
331	60	7	30,5	66,4	62,5	13,4	1,06	2,00	7,6
498	41	6	34,0	19,7	36,0	5,5	0,55	0,76	8,5
748	41	6	49,0	20,8	44,2	5,7	0,47	0,55	12,3

1) Andere Liefermaße und Abmessungen können verfügbar sein. Einzelheiten hierzu sind den Herstellerangaben zu entnehmen.

2) Grenzabweichungen Δd: für die gesamte Profilbreite b: ± 2 mm; für die gesamte Flanschhöhe h: ± 2 mm; für die gesamte Glasdicke t: ± 0,2 mm.

3) Die angegebenen statischen Werte und Profilgewichte können in Abhängigkeit der Radien und der Oberflächenbeschaffenheit variieren. Einzelheiten hierzu sind den Herstellerangaben (Zulassungen) zu entnehmen.

2.3.2 Hinweise

- Die Verwendbarkeit von Profilbauglas ist in *Allgemeinen bauaufsichtlichen Zulassungen* geregelt.
- *Profilbauglas* darf stehend und/oder liegend nur für nichttragende Außenwände und nichttragende Innenwände verwendet werden, sofern keine Anforderungen an die Stoßsicherheit gestellt sind.
- Die Verglasung darf nur durch ihr Eigengewicht und Wind beansprucht werden. Zulässige Beanspruchbarkeit sowie die Ausbildung der Lager u. Fugen sind in bauaufsichtlichen Zulassungen geregelt.
- Die Verglasung darf nicht zur Absturzsicherung od. zur Aussteifung anderer Bauteile verwendet werden.
- *Bohrungen, Ausschnitte* und *Ausklinkungen* sowie eine nachträgliche Oberflächenbehandlung (z. B. durch Sandstrahlen) sind nur im Rahmen eines gesonderten Verwendbarkeitsnachweises (z. B. Zustimmung im Einzelfall) zulässig.

Tafel 7.43a Beispiele für Verlegearten von Profilbauglas

Einschalige Bauweise		Doppelschalige Bauweise	
einschalig, Flansch innen		doppelschalig, mit paarweisen Flanschstößen	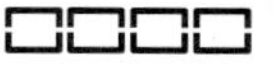
einschalig, Flansch außen		doppelschalig, leicht gekrümmt	
Spundwand angereiht		paarweise, doppelschalige Zickzackanordnung	
Spundwand eingehakt			

2.3.3 Bemessung

- Für innerhalb der Wandebene stehend *(vertikal)* angeordnete Glasbahnen ist nachzuweisen, dass infolge Einwirkungen aus *Wind* die in Tafel 7.43b angegebenen zulässigen Hauptzugspannungen nicht überschritten werden.
- Für innerhalb der Wandebene liegend *(horizontal)* angeordnete Glasbahnen ist nachzuweisen, dass in Feldmitte die Einwirkungen aus *Eigengewicht* und *Wind* die Ungleichung

$$\frac{\sigma_{\text{vorh,Wind}}}{\sigma_{\text{zul,Wind}}} + \frac{\sigma_{\text{vorh,Eigengewicht}}}{\sigma_{\text{zul,Eigengewicht}}} \leq 1$$

  mit $\sigma_{\text{zul,Wind}}$ nach Tafel 7.43b und $\sigma_{\text{zul, Eigengewicht}} = 5{,}0$ N/mm² erfüllen. Zusätzlich ist für die Flansche im Bereich der Glasbahnenden unter Berücksichtigung der konkreten Lagergeometrie nachzuweisen, dass die zulässige Hauptzugspannung $\sigma_{\text{zul, Eigengewicht}} = 5{,}0$ N/mm² nicht überschritten wird.
- Die zulässige Durchbiegung für Profilbauglas beträgt 1/100 der Einbaulänge.
- Bezogen auf eine Wandbreite von 500 mm dürfen Abweichungen der Auflagerung zur Horizontalen auch unter Last einen Betrag von 2 mm nicht überschreiten.

Tafel 7.43b Richtwerte[1)] für zul. Spannungen für Profilbauglas für Windlast $\sigma_{\text{zul,Wind}}$

Verglasungsart	$\sigma_{\text{zul,Wind}}$ in N/mm² Flansch in der Zugzone	Steg in der Zugzone
	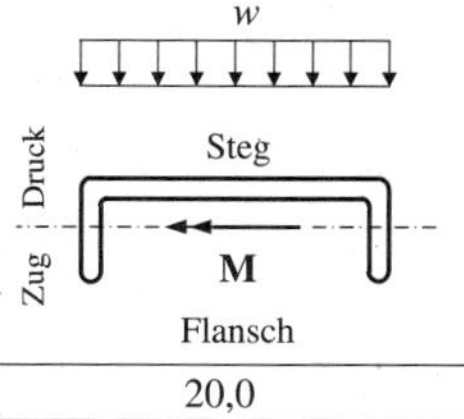	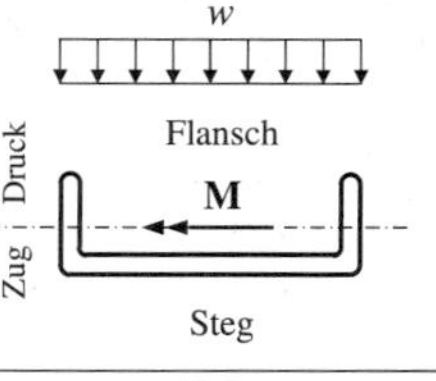
mit Versiegelung[2)]	20,0	13,0
ohne Versiegelung	16,0	11,0

[1)] Andere Werte sind möglich. Einzelheiten hierzu sind den Allgemeinen bauaufsichtlichen Zulassungen zu entnehmen.
[2)] Ausbildung der Versiegelung entsprechend bauaufsichtlicher Zulassung.

2.3.4 Wärmeschutz

- In Bereichen, in denen Anforderungen an den Wärmeschutz gestellt werden, sind die Werte für den Wärmedurchgangskoeffizienten *UG* und den Bemessungswert *g* des Gesamtenergiedurchlassgrades nach Tafel 7.44 einzusetzen.

Tafel 7.44 Richtwerte[1)] für Bemessungswert *UG* des Wärmedurchgangskoeffizienten und *g* des Gesamtenergiedurchlassgrades für Profilbauglas nach [7.42]

Profilbauglas	UG-Wert $W/(m^2K)$	*g*-Wert
einschalig, ohne Beschichtung	5,7	0,87
doppelschalig, ohne Beschichtung	2,8	0,90
doppelschalig, mit Wärmeschutzbeschichtung	1,8	0,73
doppelschalig, mit Sonnenschutzbeschichtung	2,8	0,65
doppelschalig, mit Sonnen- und Wärmeschutzbeschichtung	1,8	0,62
doppelschalig, mit blauer Farbbeschichtung	2,8	0,62
doppelschalig, mit blauer Farb- und Wärmeschutzbeschichtung	1,8	0,62

1) Andere Werte sind möglich. Einzelheiten hierzu sind den Allgemeinen bauaufsichtlichen Zulassungen zu entnehmen.

3 Veredelungsprodukte

3.1 Allgemeines

Die Oberflächen von Glas sind infolge Herstellung, Gebrauch und mechanischer Witterungs- und Alterungseinflüsse durch Mikro- und Makrorisse geschädigt, während das Glasinnere weitestgehend aus fehlerfreiem Material besteht. Infolge Zugbeanspruchung kommt es am Rissgrund durch Kerbwirkung zu Spannungsspitzen, die nicht umgelagert werden und bei Überschreitung der spezifischen Bruchzähigkeit zum Versagen führen können. Wie bei allen spröden Werkstoffen tritt das Versagen schlagartig und ohne jede Vorankündigung ein; Glas besitzt keine plastischen Tragreserven und somit keinerlei Resttragfähigkeit (vgl. Abb. 7.38).

Art, Form und Tiefe der auftretenden Schädigungen bleiben beim praktischen Einsatz von Glas unbekannt, da die Rissbildung durch ständige, gegenläufig wirkende *rissheilende* Prozesse, die von der Wechselwirkung Glas und umgebendem Medium abhängen, beeinflusst werden [7.43], [7.49].

Im Vergleich zu anderen Baustoffen lässt sich somit für Glas keine absolute Festigkeit definieren, vielmehr geben die in den technischen Regeln angegebenen zulässigen Beanspruchbarkeiten ein Maß für die Wahrscheinlichkeit signifikanter Oberflächenschädigungen für eine bestimmte Nutzung an.

Für die Druckfestigkeit von Glas spielen die Defekte eine untergeordnete Rolle, da die Risse zusammengedrückt werden. Darüber hinaus liegt die Druckfestigkeit mit $\geq 800\ N/mm^2$ weit über der Zugfestigkeit von $\approx 120\ N/mm^2$, sodass die Druckfestigkeit für die Bemessung von Flachgläsern nicht maßgebend wird (die angegebenen Werte gelten für „Reinglas", d. h. für Glas ohne jegliche Schädigungen).

Erst durch die ***Veredelung*** der Basisprodukte zu *vorgespannten* Gläsern, Verbundgläsern und Isoliergläsern wird die Verwendung von Glas im konstruktiven Bereich ermöglicht. Hierfür stehen im Wesentlichen zwei Verfahren zur Verfügung:

- **Thermische Vorspannung**
  Durch Erhitzen und anschließendes schnelles Abkühlen werden die in Abb. 7.45 dargestellten Oberflächendruckspannungen erzeugt. Durch die Vorspannung zerspringt das Glas beim Bruch in kleine würfelförmige Teile, wodurch das Verletzungsrisiko gesenkt wird. Der Großteil der Gläser für baupraktische Anwendungen ist thermisch vorgespannt; als Ausgangsmaterial dient meist Floatglas.
- **Chemische Vorspannung**
  Der Vorspannprozess erfolgt in einer Kaliumsalzlösung knapp unterhalb der Transformationstemperatur. In chemisch vorgespannten Gläsern lassen sich sehr hohe Werte für die Vorspannung bei geringen Druckzonentiefen erreichen, wodurch sie sich Spezialanwendungen erschließen. Da die Materialfestigkeit von der Dauer des Vorspannprozesses abhängt, ist die Herstellung hoch vorgespannter Gläser sehr teuer. Die geringeren Druckzonentiefen vergrößern die Anfälligkeit für Oberflächenschädigungen, welche die Biegefestigkeit stark herabsetzen können.

Bei allen vorgespannten Gläsern müssen Kantenbearbeitung, Bohrungen etc. vor dem Vorspannprozess erfolgen. Zusätzlich ist wegen der thermischen Behandlung der Gläser mit Maßtoleranzen und Vorkrümmungen zu rechnen.

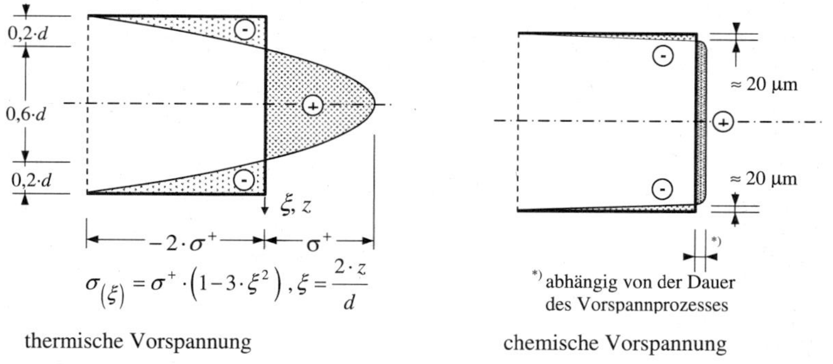

Abb. 7.45 Spannungsverlauf bei vorgespanntem Glas, aus [7.43]

3.2 Einscheiben-Sicherheitsglas ESG

Vorgespanntes Flachglas mit einem Eigenspannungszustand nach Abb. 7.45. ESG im Bauwesen ist i. d. R. thermisch vorgespannt.

Mindestbiegefestigkeit von ESG, DIN 149-10: $f_{c,t} = 120$ N/mm^2 (5%-Fraktile)

Oberflächendruckspannung von ESG: 100 N/mm^2 $\leq \sigma_O \leq$ 150 N/mm^2

ESG zerspringt beim Bruch in kleine würfelförmige Teile, wodurch das Verletzungsrisiko gesenkt wird.

Unvermeidbare Verunreinigungen der Glasschmelze beim Herstellungsprozess führen zu ***Nickel-Sulfid-Einschlüssen***, die sich durch chemische Prozesse und zusätzlich durch Temperaturänderungen (der Temperaturausdehnungskoeffizient von NiS ist größer als der von Glas) im Volumen vergrößern. Eine Überlagerung der daraus resultierenden Spannungskonzentrationen mit den Zugspannungen aus Vorspannung im Scheibeninneren können zu einer Überschreitung der Glasfestigkeit und zu einem sog. ***Spontanbruch*** der Glasscheibe führen.

Zur Vermeidung von Spontanbruch wird ESG vor dem Einbau einer erneuten Wärmebehandlung, dem sog. ***Heißlagerungstest*** (*Heat-Soak-Test*), unterzogen, bei dem der Spontanbruch bei Vorhandensein von NiS künstlich erzeugt wird. ESG, das den Heißlagerungstest bestanden hat, wird als *ESG-H* bezeichnet.

Bei Borosilikat-Glas ist die Möglichkeit einer Nickel-Sulfid-Bildung erheblich geringer und die Versagenswahrscheinlichkeit aufgrund Spontanbruch hinreichend klein.

3.3 Teilvorgespanntes Glas TVG

Vorgespanntes Flachglas mit einem Eigenspannungszustand nach Abb. 7.45. TVG im Bauwesen ist i. d. R. thermisch vorgespannt.

Charakt. Biegefestigkeit von TVG [7.52]: $f_{c,t} = 70$ N/mm^2 (5%-Fraktile)

Der Herstellungsprozess von TVG entspricht dem von ESG, wobei durch langsamere Abkühlung eine geringere Vorspannung erzeugt wird. TVG hat folglich eine geringere Biegefestigkeit als ESG. Das Bruchbild ähnelt dem von Floatglas, wodurch bei Folienverbund eine bessere Verzahnung der größeren Bruchstücke zu einer Verbesserung der Resttragfähigkeit führt. TVG wird in Allgemeinen bauaufsichtlichen Zulassungen geregelt; vgl. z. B. [7.52].

3.4 Verbund-Sicherheitsglas VSG

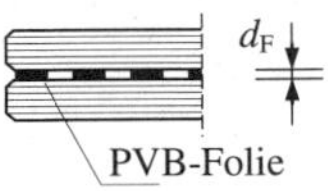

$0{,}38\ \text{mm} \leq d_F \leq 2{,}28$

Mit einer elastischen, reißfesten Folie, meist Poly-Vinyl-Butyral (PVB), aus mindestens zwei Flachgläsern verbundene Glaseinheit.

Bei Versagen der Scheibe haften die Bruchstücke an der Folie, wodurch die Verletzungsgefahr herabgesetzt und durch den Folienverbund eine Resttragfähigkeit der VSG-Einheit gewährleistet wird. Die PVB-Folien der Dicke 0,38 mm werden unter Druck und Erwärmung, ein- oder mehrlagig bis zu $d_F = 2{,}28$ mm, eingebaut.

3.5 Verbundglas VG

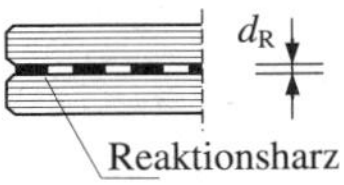

$1{,}0\ \text{mm} \leq d_R \leq 4{,}0\ \text{mm}$

Mit Reaktionsharzen der Dicke 1 bis 4 mm aus mindestens zwei Flachgläsern verbundene Glaseinheit.

Gläser aus Verbundglas eignen sich in besonderem Maß für Spezialanwendungen (z. B. Verglasungen mit innen liegenden Solarzellen oder Schallschutzgläser), da die Gießharze in ihrer Zusammensetzung auf spezielle Anwendungen angepasst werden können.

3.6 Isoliergläser

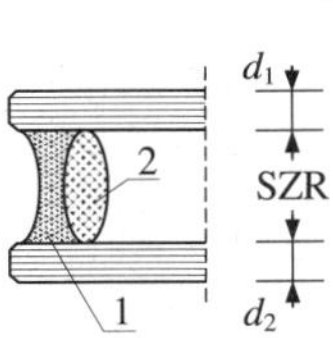

1 Dichtmaterial
2 Randverbund

Verglasungseinheit aus mindestens zwei Gläsern, die durch einen Scheibenzwischenraum mit eingeschlossenem Luft-/Gasvolumen (SZR, meist 8 - 16 mm) voneinander getrennt und nur durch einen Randverbund miteinander verbunden sind.

Isoliergläser werden zur Wärme- und Schalldämmung oder zum Sonnenschutz eingesetzt. Zur Verbesserung von Wärmedämmeigenschaften und zur Verbesserung des Schallschutzes erfolgt eine Füllung des SZR mit Spezialgasen. Innere und äußere Scheibenaufbauten können aus unterschiedlichen Gläsern bestehen, wobei der Einsatz von VSG und/oder VG erforderlich werden kann.

Tafel 7.46 Gängige Aufbauten von Isolierglas und Marktanteile, aus [7.43]

Isolierverglasung	Scheibenaufbau d_1/SZR/d_2 in mm	Marktanteil %
Standard-Wärmeschutzglas	4/16/4	50
konventionelles Isolierglas	4/16/4	10
Schallschutz-Isolierglas	6/16/4	10
Sonnenschutzglas	6/16/4	10
andere (z. B. Sprossen- und Sicherheitsglas)	-	20

3.7 Brandschutzverglasungen

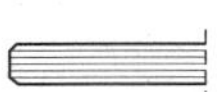

Vorgespannte Gläser mit hohem Widerstand gegen Hitzeeinwirkungen

Gläser, die allein oder im System (mit Rahmen, Dichtungen und Befestigungsmitteln) den Flammen- und den Brandgasdurchtritt für einen bestimmten Zeitraum verhindern, werden als Brandschutzverglasungen bezeichnet und können in die Gruppen G30 bis G120 eingestuft werden. Verhindern die Gläser zusätzlich den Durchtritt von Hitzestrahlung, gehören sie den Feuerwiderstandsklassen F30 bis F120 an, vgl. DIN 4102. Die feuerhemmende Wirkung bei Brandschutzgläsern wird über Verdampfen oder Aufschäumen von speziellen Zwischenschichten erzielt. Brandschutzverglasungen werden in Allgemeinen bauaufsichtlichen Zulassungen geregelt.

3.8 Sonstige Veredelungsprodukte

- Angriffhemmende Verglasungen
  - Klasse A: durchwurfhemmend — DIN 52 290-4
  - Klasse B: durchbruchhemmend — DIN 52 290-3
  - Klasse C: durchschusshemmend — DIN 52 290-2
  - Klasse D: sprengwirkungshemmend — DIN 52 290-1
- Ballwurfsichere Gläser, DIN 18 032-3
- Alarmgläser
- Heizscheiben
- Gebogenes Glas

4 Ermittlung von Spannungen und Verformungen

4.1 Allgemeines

Für praxisrelevante Abmessungen von Glasscheiben ergeben sich i. d. R. Durchbiegungen, die größer sind als die Glasscheibendicke. Werden diese bei vierseitiger Lagerung zugelassen, so überschätzen die nach der linearen Plattentheorie ermittelten Beanspruchungen die auftretenden Beanspruchungen teilweise erheblich. In diesen Fällen kann eine nichtlineare Berechnungsmethode zur Ermittlung der Schnittgrößen und Verformungen gewählt werden. Die bei Berücksichtigung der Membran- und Vorspannungen denkbar größeren Hauptzugspannungen im Scheibeninneren sind nicht kritisch und brauchen nicht nachgewiesen zu werden. Versagensbestimmend sind immer die Hauptzugspannungen an der Scheibenoberfläche [7.55].

4.2 Biegespannungen in allseitig linienförmig gelagerten rechteckigen Glasplatten

Die maximalen Biegespannungen in der Plattenmitte von allseitig linienförmig gelagerten rechteckigen Glasplatten ergeben sich näherungsweise in Abhängigkeit der normierten Belastung p^* zur Berücksichtigung großer Verformungen ([7.56], [7.57]) nach Tafel 7.47.

Tafel 7.47 Beiwerte k_1 zur Berechnung der maximalen Hauptzugspannungen σ_{max} allseitig gelagerter rechteckiger Glasplatten [7.43], [7.49]

$$\sigma_{max} = k_1 \cdot q \cdot \left(\frac{\ell_{min}}{d}\right)^2 ; \quad p^* = \frac{q}{E} \cdot \left(\frac{\ell_{min}}{d}\right)^4$$

$$\varepsilon = \ell_{max} / \ell_{min} ; \; \nu = 0{,}22^{1)}$$

q gleichförmig verteilte Flächenlast
ℓ_{min} Länge der kürzeren Glaskante
E Elastizitätsmodul, vgl. Tafel 7.38a
ν Querdehnzahl, vgl. Tafel 7.38a
d Glasscheibendicke
p^* normierte Belastung

p^*	k_1					
	$\varepsilon = 1$	$\varepsilon = 1{,}25$	$\varepsilon = 1{,}5$	$\varepsilon = 1{,}75$	$\varepsilon = 2$	$\varepsilon = 3$
0[2)]	0,272	0,383	0,475	0,548	0,603	0,711
10	0,270	0,378	0,450	0,512	0,557	0,694
20	0,261	0,331	0,384	0,437	0,486	0,654
30	0,244	0,291	0,336	0,379	0,426	0,603
40	0,234	0,271	0,306	0,334	0,380	0,559
50	0,227	0,263	0,290	0,318	0,346	0,519
100	0,206	0,239	0,264	0,294	0,308	0,382
200	0,188	0,220	0,244	0,276	0,287	0,338
300	0,178	0,211	0,232	0,266	0,275	0,326
400	0,172	0,206	0,225	0,257	0,266	0,318
500	0,167	0,202	0,219	0,250	0,259	0,312

1) Die Berechnungsergebnisse decken mit hinreichender Genauigkeit den Bereich von $0{,}20 < \nu \leq 0{,}24$ ab.
2) Für kleine Verformungen gilt $p^* = 0$.

4.3 Durchbiegungen in allseitig linienförmig gelagerten rechteckigen Glasplatten

Die maximalen Durchbiegungen in der Plattenmitte von allseitig linienförmig gelagerten rechteckigen Glasplatten ergeben sich näherungsweise in Abhängigkeit der normierten Belastung p^* zur Berücksichtigung großer Verformungen ([7.56] [7.57]) nach Tafel 7.48a.

Tafel 7.48a Beiwerte k_2 zur Berechnung der maximalen Durchbiegungen f_{max} allseitig gelagerter rechteckiger Glasplatten [7.43] [7.49]

$$f_{max} = k_2 \cdot q \cdot \frac{\ell_{min}^4}{E \cdot d^3}; \quad p^* = \frac{q}{E} \cdot \left(\frac{\ell_{min}}{d} \right)^4$$

$$\varepsilon = \ell_{max} / \ell_{min}; \quad \nu = 0{,}22^{1)}$$

q gleichförmig verteilte Flächenlast
ℓ_{min} Länge der kürzeren Glaskante
E Elastizitätsmodul, vgl. Tafel 7.38a
ν Querdehnzahl, vgl. Tafel 7.38a
d Glasscheibendicke
p^* normierte Belastung

p^*	k_2					
	$\varepsilon = 1$	$\varepsilon = 1{,}25$	$\varepsilon = 1{,}5$	$\varepsilon = 1{,}75$	$\varepsilon = 2$	$\varepsilon = 3$
0[2)]	0,0464	0,0685	0,0878	0,103	0,115	0,139
10	0,0445	0,0643	0,0820	0,0957	0,110	0,136
20	0,0413	0,0568	0,0708	0,0832	0,0953	0,129
30	0,0376	0,0503	0,0623	0,0738	0,0848	0,120
40	0,0347	0,0455	0,0559	0,0663	0,0767	0,111
50	0,0320	0,0417	0,0512	0,0608	0,0702	0,104
100	0,0239	0,0304	0,0373	0,0443	0,0516	0,0795
200	0,0171	0,0215	0,0263	0,0313	0,0365	0,0573
300	0,0139	0,0173	0,0211	0,0252	0,0294	0,0463
400	0,0119	0,0155	0,0181	0,0228	0,0251	0,0396
500	0,0106	0,0147	0,0160	0,0200	0,0222	0,0349

1) Die Berechnungsergebnisse decken mit hinreichender Genauigkeit den Bereich von $0{,}20 < \nu \leq 0{,}24$ ab.
2) Für kleine Verformungen gilt $p^* = 0$.

5 Linienförmig gelagerte Verglasungen nach TRLV – 9.1998

5.1 Anwendungsbereich

Linienförmig gelagerte Verglasungen sind in den *„Technischen Regeln für die Verwendung von linienförmig gelagerten Verglasungen“* (TRLV 9.1998) geregelt. Nur Scheibenränder, die für die Abtragung von Soglasten durch *Abdeckleisten* gehalten sind, gelten als *liniengelagert.*

- Alle Überkopf- und Vertikal-Verglasungen, die nicht der TRLV entsprechen, bedürfen einer *Zustimmung im Einzelfall* bei der zuständigen entscheidungsbefugten Baubehörde.

Tafel 7.48b Linienlagerung

Linienlagerungen[1)]

zulässig

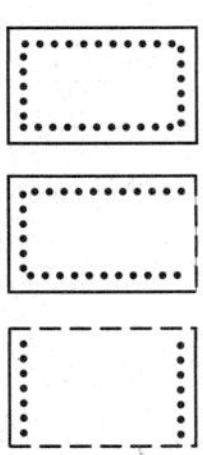

nicht zulässig

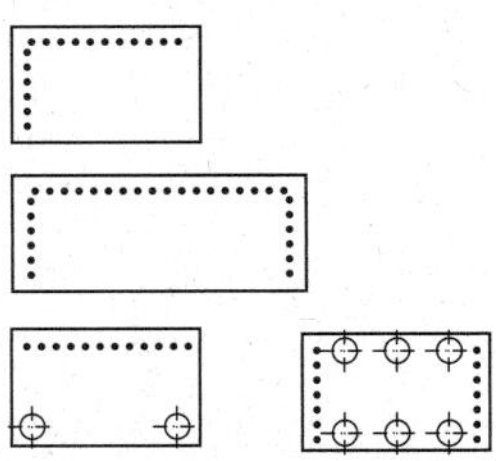

Prinzipdarstellung eines liniengelagerten Scheibenrandes

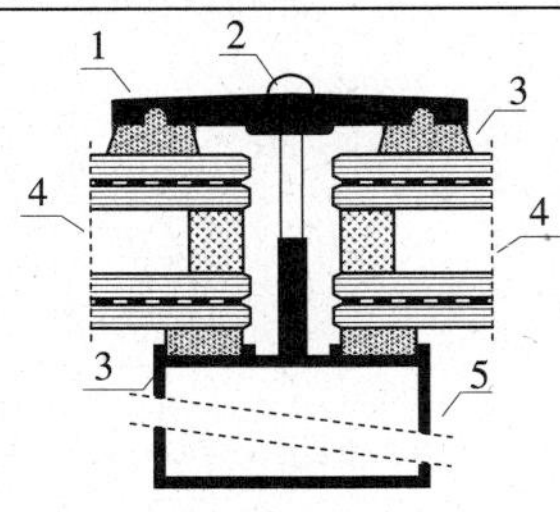

—— gelagerter Rand (unterstützt, ohne Abdeckleiste)
•••• Abdeckleiste
– – freier Rand/Kante (nicht unterstützt)
⌖ Punktstützung (punktuelle Befestigung) [2)]

1 Abdeckleiste [2)]
2 Befestigungselement
3 Silikonprofil
4 z.B. Isolierverglasung
5 Auflagerprofil (tragend)

1) Die Kombination von punkt- und linienförmig gelagerten Verglasungen ist nicht geregelt.
2) Punktuelle Halterungen sind nicht zulässig.

- Je nach ihrer Neigung zur Vertikalen werden die linienförmig gelagerten Verglasungen in *Überkopfverglasungen* und *Vertikalverglasungen* eingeteilt.

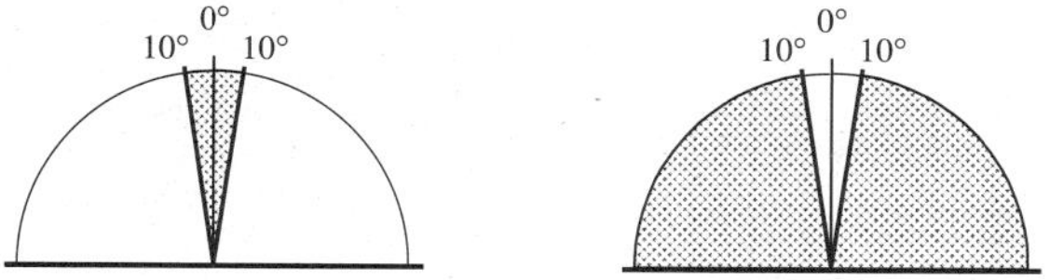

Vertikalverglasungen
Neigung ≤ 10° zur Senkrechten

Überkopfverglasungen
Neigung > 10° zur Senkrechten

- Vertikalverglasungen, die nicht nur kurzzeitigen veränderlichen Einwirkungen (z. B. Wind) ausgesetzt sind, wie z. B. die lotrechten Teile von Shed-Verglasungen, bei denen eine Belastung durch Schneeanhäufungen möglich ist, sind wie Überkopfverglasungen zu behandeln.

Die Technischen Regeln gelten bei Verwendung von Glaserzeugnissen nach Tafel 7.49a für:

- Einfach-Verglasung
- Verglasungen aus Isolierglas
- Überkopfverglasungen
- Vertikalverglasungen, auch gebogen.
  Für hinterlüftete Außenwandbekleidungen aus ESG gilt DIN 18 516-4 (2.90)

Tafel 7.49a Verwendbare Glaserzeugnisse für linienförmig gelagerte Verglasungen

	Baustoffe und Glaserzeugnisse
a	*Spiegelglas* nach DIN 1249-3 (2.80)
b	*Gussglas*: Drahtglas[1] oder Ornamentglas nach DIN 1249-4 (8.81)
c	*Einscheiben-Sicherheitsglas*: ESG nach DIN 1249-12 (9.90) sowie *Heißgelagertes Einscheiben-Sicherheitsglas* [2]: ESG-H nach Bauregelliste A Teil 1, lfd. Nr. 11.4.2 aus Glas nach a oder b
d	*Verbund-Sicherheitsglas*: VSG aus Gläsern nach a bis c mit Zwischenfolien aus Polyvinyl-Butyral (PVB-Folie) oder aus anderen Gläsern bzw. mit anderen Zwischenschichten, deren Verwendbarkeit z. B. durch eine Allgemeine bauaufsichtliche Zulassung nachgewiesen ist
e	*Verbundglas*: VG aus Gläsern nach a bis c mit sonstigen Zwischenschichten

[1] Kanten von Drahtglas dürfen nicht ständig der Feuchtigkeit ausgesetzt sein. Freie Kanten dürfen der Bewitterung ausgesetzt sein, wenn die Abtrocknung nicht behindert ist.

[2] Vgl. [7.59]. Für die Gläser der Zeilen a bis c ist ein Elastizitätsmodul von $E = 70\,000$ N/mm^2 und eine Querdehnzahl von $\nu = 0{,}23$ anzunehmen. Im Weiteren gelten die physikalischen Eigenschaften nach DIN 1249-10 (8.90) und DIN 1249-12 (9.90).

Tafel 7.49b Zulässige Glasarten bei linienförmig gelagerten Überkopfverglasungen

		SPG	ESG[1]	VSG aus			Draht-glas	Guss-glas	VG
				SPG	ESG[1]	TVG[2]			
Einfach-Verglasung				•		•	•		
Isolier-Verglasung	obere Scheibe	•	•	•	•	•	•	•	•
	untere Scheibe			•		•	•		

[1] Schließt die Verwendung von ESG-H ein. [2] Geregelt durch AbZ, siehe z. B. [7.52].

Für zustimmungspflichtige Überkopfverglasungen, die nicht Tafel 7.49b entsprechen, sind neben den Tragfähigkeitsnachweisen i.d.R. auch Nachweise zur Resttragfähigkeit erforderlich. Können diese Nachweise nicht erbracht werden, sind Zusatzmaßnahmen (z. B. Netzunterspannungen) erforderlich. Da der Nachweis zur Resttragfähigkeit bislang nicht in den Technischen Regeln definiert ist, muss dieser durch Versuche erbracht werden.

Die Technischen Regeln brauchen nicht angewendet zu werden für

- Verglasungen von Kulturgewächshäusern (siehe DIN V 11 535 (2.98))
- Vertikalverglasungen, deren Oberkante nicht mehr als 4,0 m über einer Verkehrsfläche liegt (z. B. Schaufensterverglasungen)
- Dachflächenfenster in Wohnungen und Räumen ähnlicher Nutzung (z. B. Hotelzimmer, Büroräume) mit einer Lichtfläche (Rahmeninnenmaß) bis zu 1,6 m^2.

Die Technischen Regeln gelten nicht für

- Verglasungen, die planmäßig zur Aussteifung dienen.
- gekrümmte Überkopfverglasungen
- Kombinationen aus linien- und punktförmig gelagerten Verglasungen
- Verglasungen, bei denen mit zusätzlichen Belastungen zu rechnen ist, die über Wind, Schnee, Eigen- oder Klimalasten hinausgehen.

Zusätzliche Anforderungen sind zu berücksichtigen bei

- absturzsichernden Verglasungen
- begehbaren Verglasungen.

5.2 Standsicherheit

- Die Glasscheiben sind für die Einwirkungen nach DIN 1055 zu bemessen.
- Einflüsse, welche die Spannungen erhöhen (z. B. Bohrungen und Ausschnitte, sowie bei Isolier-Verglasungen die Kopplung der Einzelscheiben über das geschlossene Gasvolumen), sind zu berücksichtigen (vgl. Abschn. 5.6).
- Die untere Scheibe einer Überkopfverglasung aus Isolierglas ist außer für den Fall der planmäßigen Einwirkungen (Wind, Schnee, Klimalasten ...) auch für den Fall des Versagens der oberen Scheibe mit deren Belastung zu bemessen.
- Beim Nachweis von Einfach-Verglasungen aus VSG oder VG darf ein günstig wirkender Schubverbund der Scheiben nicht berücksichtigt werden. Gleiches gilt für die Schubkopplung von Isolier-Verglasungen über den Randverbund.
- Bei Vertikalverglasungen aus Isolierglas mit VSG oder VG ist für veränderliche Einwirkungen zusätzlich der Grenzzustand des vollen Schubverbundes zu berücksichtigen.

Tafel 7.50a Zulässige Biegezugspannungen bei Einfach-Verglasungen in N/mm²

Glassorte	Überkopfverglasung	Vertikalverglasung
ESG aus Spiegelglas	50,0	50,0
ESG aus Gussglas	37,0	37,0
Emailliertes[1] ESG aus Spiegelglas	30,0	30,0
Spiegelglas	12,0	18,0
Gussglas	8,0	10,0
VSG aus Spiegelglas	15,0	22,5

[1] Emaille auf der Zugseite

Tafel 7.50b Zulässige Biegezugspannungen bei Isolier-Verglasungen in N/mm²

Glassorte	Überkopf-verglasung	Vertikalverglasung	
		Glasflächen > 1,6 m²	Glasflächen ≤ 1,6 m²
ESG aus Spiegelglas	57,5	57,5	62,5
ESG aus Gussglas	42,5	42,5	42,5
Emailliertes[1] ESG aus Spiegelglas	34,5	34,5	37,5
Spiegelglas	13,8	20,7	22,5
Gussglas	9,2	11,5	11,5
VSG aus Spiegelglas	17,3 (25,0)[2]	25,8	28,0

[1] Emaille auf der Zugseite. [2] Nur für die untere Scheibe beim Lastfall „Versagen der oberen Scheibe“ zulässig.

5.3 Gebrauchstauglichkeit

- Die Glasscheiben sind für die Einwirkungen nach DIN 1055 zu bemessen.
- Bei Isolier-Verglasungen ist die Kopplung der Einzelscheiben über das geschlossene Gasvolumen zu berücksichtigen.

- Beim Nachweis von Einfach-Verglasungen aus VSG oder VG darf ein günstig wirkender Schubverbund der Scheiben nicht berücksichtigt werden. Gleiches gilt für die Schubkopplung von Isolier-Verglasungen über den Randverbund.
- Bei Vertikal-Verglasungen aus Isolierglas mit VSG oder VG ist für veränderliche Einwirkungen zusätzlich der Grenzzustand des vollen Schubverbundes zu berücksichtigen.

Die Durchbiegungen der Glasscheiben dürfen an der ungünstigsten Stelle nicht größer sein als die Werte nach Tafel 7.51a.

Tafel 7.51a Zulässige Durchbiegungen f von Glasscheiben

Lagerung	Überkopfverglasung	Vertikalverglasung
vierseitig	*Einfach-Verglasung und Scheiben einer Isolier-Verglasung*	
	ℓ/100 der Scheibenstützweite in Haupttragrichtung[2)]	keine Anforderungen[2)]
drei- und zweiseitig	*Einfach-Verglasung*	
	ℓ/100 der Scheibenstützweite in Haupttragrichtung	ℓ/100 der freien Kante[1)]
	Scheiben einer Isolier-Verglasung	
	ℓ/200 der freien Kante[2)]	ℓ/100 der freien Kante[2)]

[1)] Auf die Einhaltung der Durchbiegungsbegrenzungen kann verzichtet werden, wenn nachgewiesen wird, dass unter Last ein Glaseinstand von 5 mm nicht unterschritten wird.
[2)] Die Durchbiegungsbegrenzungen des Isolierglasherstellers sind zu beachten. Richtwerte für die Vorbemessung [7.50]: $8\ \text{mm} \geq f \leq \ell/100$; ℓ maßgebende Stützweite.

5.4 Konstruktionsregeln

5.4.1 Glaskanten, Bohrungen und Ausschnitte

- Scheiben aus ESG sind auf Kantenverletzungen zu prüfen. Scheiben mit Kantenverletzungen, die tiefer als 15 % der Scheibendicke d in das Glasvolumen eingreifen, dürfen nicht eingebaut werden.
- Bohrungen und Ausschnitte sind nur in Scheiben aus ESG und VSG bei Vertikal-Verglasungen zulässig. Lasten aus durchgeführten Bauteilen (z. B. Regenrohre) dürfen nicht an die Verglasung abgegeben werden.

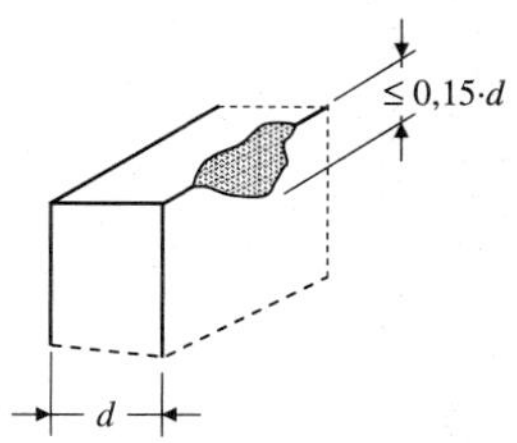

5.4.2 Zwischenfolien

- Zwischenfolien aus Polyvinyl-Butyral (PVB) müssen bei 23 °C die folgenden mechanischen Eigenschaften aufweisen.

Tafel 7.51b Mechanische Eigenschaften von Zwischenfolien bei 23 °C

Folie	Reißfestigkeit	Bruchdehnung
Polyvinyl-Butyral (PVB)	> 20 [1)]	> 250

[1)] Prüfung nach EN ISO 527-3 : 1995-10, Prüfungsgeschwindigkeit 50 mm/min.
Die Eigenschaften sind vom Hersteller der Folien durch Werksbescheinigung „2.1" nach DIN EN 10 204:1995-08 zu bestätigen.

5.4.3 Glaseinstand und Falzhöhe

- Der Glaseinstand ist so zu wählen, dass die Standsicherheit der Verglasung langfristig sichergestellt ist. Grundlage hierfür ist DIN 18 545 (2.92) oder DIN 18 516-4 (2.90).
  Der Glaseinstand soll in der Regel 2/3 der Glasfalzhöhe betragen.
- Unter Last- und Temperatureinwirkung darf kein Kontakt zwischen Glas und harten Werkstoffen (z. B. Metall, Glas) auftreten.

- Ein Verrutschen der Scheiben ist durch Distanzklötze zu verhindern. Der Abstand zwischen Falzgrund und Scheibenrand muss unter Beachtung der Grenzmaße von Unterkonstruktion und Verglasung so groß sein, dass ein Dampfdruckausgleich möglich ist.

Tafel 7.52a Glaseinstand nach DIN 18 516-4

Scheibenlagerung linienförmig	Glaseinstand mm
allseitig	≥ 10[1)]
zwei oder dreiseitig	$d + \ell/500 \cdot$ Stützweite, mindestens aber 15 mm

1) Der Glaseinstand sollte zur Vermeidung von Temperaturzwängungen 20 mm nicht überschreiten [7.43].

Beispiel: Scheibe mit Stützweite 1000 mm,
Scheibendicke d = 16 mm ⇒
Glaseinstand = 16 + 1000 / 500 = 18 > 15 mm

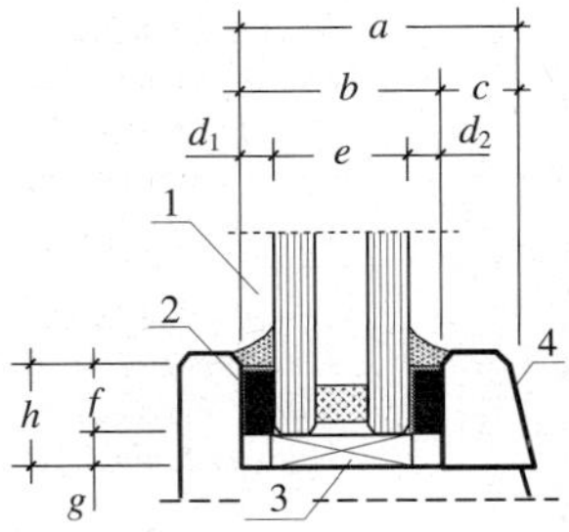

1 Verglasung
2 Glasfalzanschlag
3 Klotzung
4 Glashalteleiste

a Gesamtfalzbreite
b Glasfalzbreite
c Auflagerbreite der Glashalteleiste
d_1 äußere Dichtstoffdicke
d_2 innere Dichtstoffdicke
($3 \text{ mm} < d_i \leq 6 \text{ mm}, i = 1, 2$)
e Dicke der Verglasungseinheit
f Glaseinstand
g Glasfalzgrund
h Glasfalzhöhe

Tafel 7.52b Mindestwerte für die Glasfalzhöhe nach DIN 18 545-1

Längste Seite der Verglasungseinheit mm	Glasfalzhöhe bei Einfachglas mm	Glasfalzhöhe bei Isolierglas mm
< 1000	10	18
1000 bis 3500	12	18
> 3500	15	20

Bei Mehrscheiben-Isolierglas mit einer Kantenlänge bis 500 mm darf mit Rücksicht auf eine schmale Sprossenausbildung der Glaseinstand auf 11 mm und die Glasfalzhöhe auf 14 mm reduziert werden.

5.4.4 Unterkonstruktion/Unterstützungen

- Die Durchbiegung f_U der Auflagerprofile/Unterkonstruktion darf nicht mehr als $\ell/200$ der aufzulagernden Scheibenlänge, höchstens jedoch 15 mm betragen. Bei der Ermittlung der Schnittgrößen der Glasscheiben kann näherungsweise eine kontinuierliche Lagerung angesetzt werden.

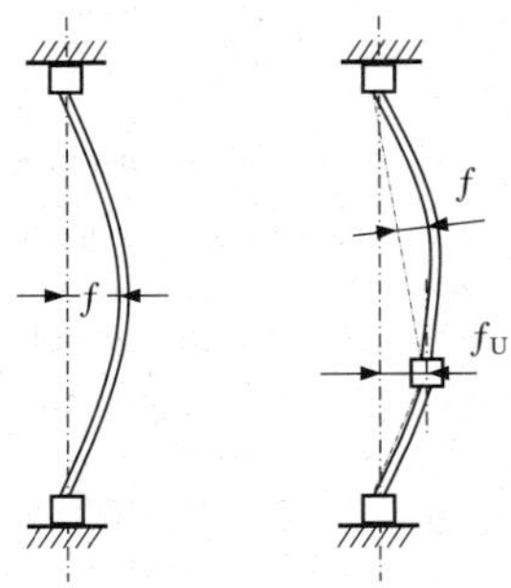

$15 \text{ mm} \geq f_U \leq \ell/200$
f nach Tafel 7.51a

5.5 Anwendungsbedingungen

5.5.1 Überkopfverglasungen

- Für Überkopfverglasungen von Wohnungen (z. B. Wintergärten, Balkonüberdachungen) mit einer Scheibenspannweite ≤ 80 cm und einer Einbauhöhe ≤ 3,50 m dürfen alle Gläser nach Tafel 7.49a verwendet werden.
- Bohrungen und Ausschnitte in Überkopfverglasungen sind unzulässig.
- Für Einfach-Verglasungen und für die untere Scheibe von Isolier-Verglasungen darf nur Drahtglas oder VSG aus Spiegelglas verwendet werden; Ausnahmen siehe Fußnote zu Tafel 7.49b.

- Bei Stützweiten größer 1,20 m sind VSG-Scheiben aus Spiegelglas allseitig zu lagern, dabei darf das Seitenverhältnis nicht größer als 3:1 sein.
- Drahtglas ist nur bei einer Stützweite in Haupttragrichtung von 0,7 m zulässig. Der Glaseinstand von Drahtglas muss mindestens 15 mm betragen.
- Bei VSG als Einfach-Verglasung oder als untere Scheibe einer Isolier-Verglasung muss die Gesamtdicke der PVB-Folie im Allgemeinen mindestens 0,76 mm betragen. Eine Dicke von 0,38 mm ist zulässig bei allseitiger Lagerung mit einem Seitenverhältnis nicht größer als 3:1 und einer Stützweite in Haupttragrichtung bis zu 0,8 m.
- Die Auflagerung von zweiseitig gelagerten Verglasungen ist mit Dichtstoffen nach DIN 18 545-2 Gruppe E auszuführen. Bei geschraubten Andruckprofilen/Abdeckleisten sind vorgefertigte Dichtprofile nach DIN 7863 Gruppe A bis D zulässig.
- Wird durch geeignete Maßnahmen, wie z. B. durch dauerhafte, ausreichend tragfähige Netze mit einer Maschenweite ≤ 40 mm, verhindert, dass größere Glasteile auf Verkehrsflächen herabfallen, dann kann von den o. a. Regeln abgewichen werden. Eine Zustimmung der entscheidungsbefugten Behörde ist zweckmäßig.

5.5.2 Vertikalverglasungen

Unter Berücksichtigung der nachstehenden Anwendungsbedingungen dürfen alle geregelten Glasarten nach Bauregelliste A Teil 1 (vgl. Tafel 7.78) verwendet werden.

- Vertikalverglasungen müssen mechanisch, also z.B. nicht durch Klebung, befestigt sein und dürfen nur ausfachende Funktion haben.
- Bohrungen und Ausschnitte sind nur in Scheiben aus ESG oder VSG zulässig.
- Einfach-Verglasungen aus Spiegelglas, Ornamentglas oder VG müssen allseitig gelagert sein.
- Für Scheiben
  - bei denen die Gefahr besteht, dass sie einer besonderen Temperaturbeanspruchung unterliegen (z. B. durch Aufheizen aufgrund unmittelbar dahinter angeordneter Dämmung) oder
  - die eine Energieabsorption von mehr als 65 % ausweisen (z. B. aufgrund von Einfärbung oder Beschichtung) oder
  - die nicht allseitig durchgehend eingefasst [2] sind, ist heißgelagertes Einscheiben-Sicherheitsglas (ESG-H) nach Bauregelliste A Teil 1, lfd. Nr. 11.4.2 zu verwenden [1].

[1] Vergleiche [7.49].

[2] Für Isolierverglasungen aus ESG ist der Heißlagerungstest nicht grundsätzlich gefordert, da diese durch den Randverbund als auf allen Seiten durchgehend eingefasst gelten und somit ein Herausfallen durch Spontanbruch unwahrscheinlich ist.

5.5.3 Verwendung von TVG

Abweichend von Tafel 7.49a können für die Herstellung linienförmig gelagerter Verglasungen andere Glaserzeugnisse, wie z.B. TVG, verwendet werden, wenn dies in der Allgemeinen bauaufsichtlichen Zulassung für das betreffende Glasprodukt geregelt ist.

In Tafel 7.53 sind Richtwerte für die zulässigen Spannungen von TVG angegeben, aus [7.52].

Tafel 7.53 Zulässige Biegezugspannungen [1] N/mm² für TVG aus [7.52]

Glassorte		Überkopfverglasung	Vertikalverglasung
TVG		29,0	29,0
emailliertes TVG	Emaille auf Druckseite	29,0	29,0
	Emaille auf Zugseite	18,0	18,0

[1] Andere Werte sind möglich; Einzelheiten hierzu sind den Allgemeinen bauaufsichtlichen Zulassungen zu entnehmen.

5.6 Berechnungsverfahren für Isolierglas Anhang A, TRLV – 9.1998

Bei Isolier-Verglasungen ist die Wirkung *Klimalasten*, d. h. von Druckdifferenzen, die sich aus der Veränderung der Temperatur, des meteorologischen Luftdrucks sowie aus der Differenz der Ortshöhe zwischen Herstellungs- und Einbauort ergeben, zu berücksichtigen.

Der Lastabtragungsteil der äußeren und der inneren Scheibe und die Einwirkungen infolge klimatischer Veränderungen können bei kleinen Deformationen wie folgt ermittelt werden:

Anteile δ_a und δ_i der Einzelscheiben an der Gesamtbiegesteifigkeit:

$$\delta_a = \frac{d_a^3}{d_a^3 + d_i^3} \quad (1) \qquad \delta_i = \frac{d_i^3}{d_a^3 + d_i^3} = 1 - \delta_a \quad (2)$$

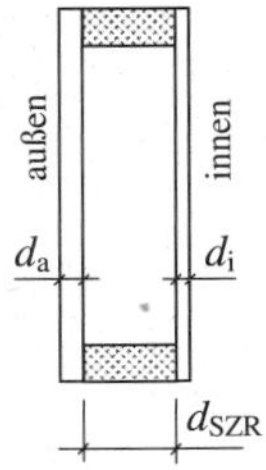

Ersatzdicken d^* bei VSG und VG bestehend aus n Einzelscheiben:

– voller Verbund: $d^* = d_1 + d_2 + ... + d_n$

– ohne Verbund: $d^* = \sqrt[3]{d_1^3 + d_2^3 + ... + d_n^3}$

Charakteristische Kantenlänge a^*:

$$a^* = 28{,}9 \cdot \sqrt[4]{\frac{d_{SZR} \cdot d_a^3 \cdot d_i^3}{\left(d_a^3 + d_i^3\right) \cdot B_v}} \quad (3)$$

Faktor φ:

$$\varphi = \frac{1}{1 + \left(a / a^*\right)^4} \quad (4)$$

B_v Der Beiwert B_v ist in Abhängigkeit vom Seitenverhältnis *a*/*b* in Tafel 7.55b angegeben.

a^* Werte für a^* sind für gebräuchliche Isolierglasaufbauten in Abhängigkeit vom Seitenverhältnis *a*/*b* in Tafel 7.55a zusammengestellt.

Isochorer Druck p_0 (Druck bei gleich bleibendem Volumen) im Scheibenzwischenraum:

$$p_0 = c_1 \cdot \Delta T - \Delta p_{met} + c_2 \cdot \Delta H \quad (5)$$

$c_1 = 0{,}340$ kPa/K
$c_2 = 0{,}012$ kPa/m

Verteilung der Einwirkungen:

Zur Verteilung der Einwirkungen und der Wirkung des isochoren Drucks auf die äußere und innere Scheibe siehe Tafel 7.56b

Bezeichnungen:

a	kleinere Kantenlänge ℓ_{min} der Isolierverglasung in mm
b	größere Kantenlänge ℓ_{max} der Isolierverglasung in mm
d_{SRZ}	Abstand zwischen den Scheiben (Scheibenzwischenraum) in mm
d_a	Dicke der äußeren Scheibe in mm
d_i	Dicke der inneren Scheibe in mm
d^*	Ersatzdicke bei VSG und VG mit n Einzelscheiben

Tafel 7.55a Anteil δ_i und δ_a der Einzelscheiben an der Gesamtsteifigkeit eines Zweischeiben-Isolierglases und charakteristische Kantenlänge a^*

Scheiben-abstand mm	Glasdicke mm		Steifigkeits-anteil %		Charakteristische Kantenlänge a^* mm			
d_{SZR}	d_i	d_a	δ_i	δ_a	a/b = 0,33	a/b = 0,50	a/b = 0,67	a/b = 1,00
10	4	4	50	50	234	259	279	328
	4	6	23	77	270	288	311	365
	4	8	11	89	280	299	322	379
	4	10	6	94	284	303	326	384
	6	6	50	50	329	351	378	444
	6	8	30	70	358	382	411	484
	6	10	18	82	373	397	428	503
	8	8	50	50	408	435	469	551
	8	10	34	66	438	466	503	591
	10	10	50	50	483	514	554	652
12	4	4	50	50	254	271	292	343
	4	6	23	77	283	302	325	382
	4	8	11	89	293	313	337	396
	4	10	6	94	297	317	341	402
	6	6	50	50	344	367	395	465
	6	8	30	70	375	400	430	507
	6	10	18	82	390	415	448	527
	8	8	50	50	427	455	490	577
	8	10	34	66	458	488	526	619
	10	10	50	50	505	538	580	682
14	4	4	50	50	264	281	303	357
	4	6	23	77	294	314	338	397
	4	8	11	89	305	325	350	412
	4	10	6	94	309	329	355	418
	6	6	50	50	358	381	411	483
	6	8	30	70	390	415	447	526
	6	10	18	82	405	432	465	547
	8	8	50	50	444	473	510	600
	8	10	34	66	476	507	547	643
	10	10	50	50	525	559	603	709
16	4	4	50	50	273	291	313	369
	4	6	23	77	304	324	349	411
	4	8	11	89	315	336	362	426
	4	10	6	94	320	341	367	432
	6	6	50	50	370	394	425	500
	6	8	30	70	403	429	463	544
	6	10	18	82	419	446	481	566
	8	8	50	50	459	489	527	620
	8	10	34	66	492	525	565	665
	10	10	50	50	543	578	623	733

Tafel 7.55b Beiwerte B_v [1)]

a/b	1,0	0,9	0,8	0,7	0,6	0,5	0,4	0,3	0,2	0,1
B_v	0,0194	0,0237	0,0288	0,0350	0,0421	0,0501	0,0587	0,0676	0,0767	0,0857

[1)] Die Werte wurden auf Basis der Kirchhoff´schen Plattentheorie für ν = 0,23 berechnet. Zwischenwerte können linear interpoliert werden.

5.6.1 Einwirkungen

Zu berücksichtigende Beanspruchungen bei Isolier-Verglasungen:

- Einwirkungen nach DIN 1055
- Druckdifferenzen p_0 aus der Veränderung der Temperatur ΔT und des meteorologischen Luftdrucks Δp_{met}
- Druckdifferenzen p_0 aus der Differenz ΔH der Ortshöhe zwischen Herstellungs- und Einbauort. Als Herstellungsort gilt der Ort, an dem die endgültige Scheibenabdichtung eingebaut wurde.
- Für die untere Scheibe einer Überkopfverglasung:
  Lasten der oberen Scheibe für den Fall, dass diese versagt (Lastfall Versagen der oberen Scheibe).

5.6.2 Einwirkungskombinationen

Es sind die Einwirkungskombinationen nach Tafel 7.56a zu berücksichtigen.

Tafel 7.56a Rechenwerte für klimatische Einwirkungen und den resultierenden isochoren Druck p_0

Einwirkungs kombination	ΔT [1) [K]	Δp_{met} [kN/m²]	ΔH [2) [m]	p_0 [3) [kN/m²]
Sommer	+ 20	− 2	+ 600	+ 16
Winter	− 25	+ 4	− 300	− 16

[1) Voraussetzung für den Ansatz der Rechenwerte der Temperaturdifferenz ΔT ist die Verwendung von Isolierglas, das einen Gesamtabsorptionsgrad von weniger als 30 % aufweist und nicht durch andere Bauteile oder Sonnenschutzeinrichtungen aufgeheizt wird.

[2) Falls die Differenz zwischen Ortshöhen ΔH bekannt ist, so ist der tatsächliche Wert zu berücksichtigen.

[3) Ist aufgrund außergewöhnlicher Einbaubedingungen mit ungünstigeren Temperaturbedingungen zu rechnen, so sind zusätzlich die Werte ΔT oder Δp_0 nach Tafel 7.57 zu verwenden.

Bezeichnungen:

ΔT	Temperaturdifferenz zwischen Herstellung und Gebrauch
Δp_{met}	Differenz des meteorologischen Luftdrucks am Einbauort und am Ort der Herstellung
ΔH	Differenz der Ortshöhe zwischen Einbauort und Herstellungsort
d_a	Dicke der äußeren Scheibe in mm
p_0	aus ΔT, Δp_{met} und ΔH resultierender isochorer Druck, nach Abschn. 5.6, Gleichung (5)

Tafel 7.56b Verteilung der Einwirkungen [1)

Lastangriff auf	Einwirkung [2)	Lastanteil in kN/m² auf äußere Scheibe	innere Scheibe
äußere Scheibe	Wind w_a	$(\delta_a + \varphi \cdot \delta_i) \cdot w_a$	$(1 - \varphi) \cdot \delta_i \cdot w_a$
	Schnee s	$(\delta_a + \varphi \cdot \delta_i) \cdot s$	$(1 - \varphi) \cdot \delta_i \cdot s$
innere Scheibe	Wind w_i	$(1 - \varphi) \cdot \delta_a \cdot w_i$	$(\varphi \cdot \delta_a + \delta_i) \cdot w_i$
beide Scheiben	isochorer Druck p_0	$- \varphi \cdot p_0$	$+ \varphi \cdot p_0$

[1) Vorzeichendefinition nach Tafel 7.58, δ_i, δ_a und φ nach Abschn. 5.6.

[2) Die Verteilung der Eigengewichtslasten ist bei Überkopfverglasungen entsprechend den Einwirkungen aus Schnee zu berücksichtigen.

5.6.3 Erläuterungen zu den Mindestwerten für klimatische Einwirkungen

Randbedingungen für die Klimawerte nach Tafel 7.56a

- **Einwirkungskombination Sommer**

  Einbaubedingungen:
  - Einstrahlung 800 W/m² unter Einstrahlwinkel 45°
  - Absorption der Scheiben 30 %
  - Lufttemperatur innen und außen 28 °C
  - mittlerer Luftdruck 1010 hPa
  - Wärmeübergangswiderstand innen und außen 0,12 m²K/W
  - resultierende Temperatur im Scheibenzwischenraum ca. +39 °C.

  Produktionsbedingungen:
  - Herstellung im Winter bei +19 °C und einem hohen Luftdruck von 1030 hPa.

- **Einwirkungskombination Winter**

  Einbaubedingungen:
  - keine Einstrahlung
  - U-Wert des Glases 1,8 W/(m²K)
  - Lufttemperatur innen 19 °C und außen −10 °C
  - hoher Luftdruck 1030 hPa
  - Wärmeübergangswiderstand innen 0,13 m²K/W und außen 0,04 m²K/W
  - resultierende Temperatur im Scheibenzwischenraum ca. +2 °C.

  Produktionsbedingungen:
  - Herstellung im Sommer bei +27 °C und einem niedrigen Luftdruck von 990 hPa.

Eventuell vorhandene besondere Temperaturbedingungen am Einbauort können durch die in Tafel 7.57 angegebenen Werte für ΔT und Δp_0 berücksichtigt werden.

Tafel 7.57 Zusätzliche Werte[1)] für ΔT und Δp_0 zur Berücksichtigung besonderer Temperaturbedingungen am Einbauort einer Isolier-Verglasung

Einwirkungs-kombination	Ursache für erhöhte Temperaturdifferenz	ΔT K	Δp_0 kN/m²
Sommer	Absorption zwischen 30 % und 50 %	+ 9	+ 3
	innen liegender Sonnenschutz (ventiliert)	+ 9	+ 3
	Absorption größer als 50 %	+ 18	+ 6
	innen liegender Sonnenschutz (nicht ventiliert)	+ 18	+ 6
	dahinter liegende Wärmedämmung (Paneel)	+ 35	+ 12
Winter	unbeheiztes Gebäude	− 12	− 4

1) Die Werte (Standardwerte) sollen dann angewendet werden, wenn keine tatsächlichen Werte bekannt sind.

5.6.4 Erläuterungen zur Vorzeichenregelung Anhang B, TRLV – 9.1998

Das positive Vorzeichen wird in Richtung der „Hauptlast“ gewählt, z. B. bei einer Vertikalverglasung in Richtung des Winddrucks auf die äußere Scheibe. Der Richtungspfeil zeigt damit von „außen“ nach „innen“. Diese Regelung bleibt auch erhalten, wenn andere Lasten dominieren, z. B. Windsog oder bei Isolierglas der Innendruck.

Tafel 7.58 Vorzeichen der Einwirkungen und der Verformungen f bei einer Vertikalverglasung (dargestellt ist der verformte Zustand)

Einwirkungen		
Winddruck w_D	Überdruck	Unterdruck
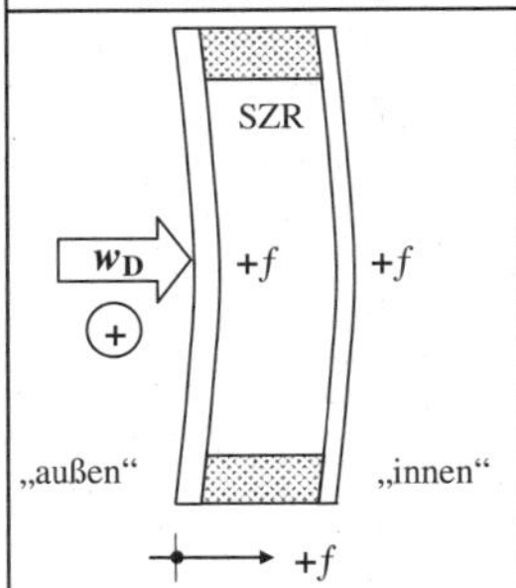	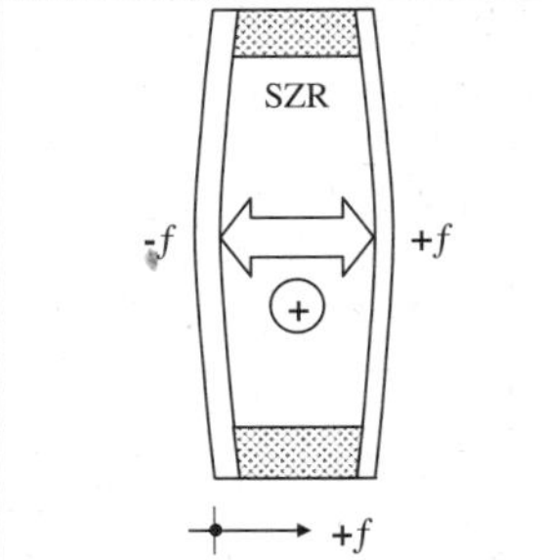	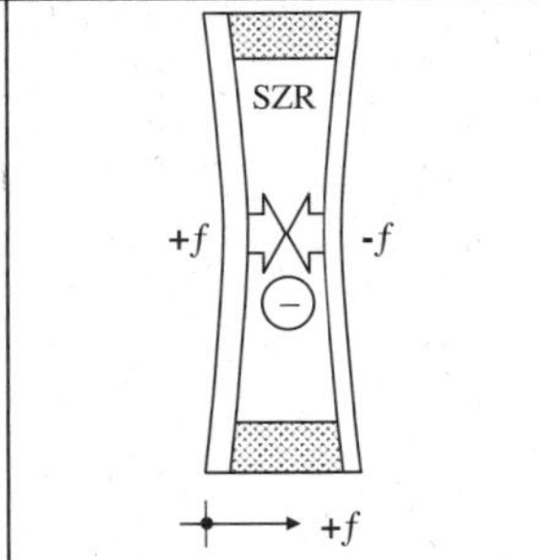
Die Hauptlast Winddruck w_D wirkt auf die äußere Scheibe, damit sind die Durchbiegungen in Richtung der Windlast positiv.	Überdruck im Scheibenzwischenraum (positiv) bewirkt eine Durchbiegung der Innenscheibe in Richtung der Hauptlast (positiv) und eine Durchbiegung der Außenscheibe entgegengesetzt zur Richtung der Hauptlast (negativ).	Unterdruck im Scheibenzwischenraum (negativ) bewirkt eine Durchbiegung der Innenscheibe entgegengesetzt zur Richtung der Hauptlast (negativ) und eine Verschiebung der Außenscheiben in Richtung der Hauptlast (positiv).

5.6.5 Spannungsnachweise

Für liniengelagerte Isolier-Verglasungen ist nachzuweisen, dass die zulässigen Biegezugspannungen nach Tafel 7.50a nicht überschritten werden.

Die maximalen Biegespannungen in der Plattenmitte von allseitig linienförmig gelagerten rechteckigen Glasplatten können in Abhängigkeit der normierten Belastung p^* zur Berücksichtigung großer Verformungen ([7.56] [7.57]) näherungsweise nach Tafel 7.47 berechnet werden.

5.6.6 Gebrauchstauglichkeitsnachweise

Für liniengelagerte Isolier-Verglasungen ist nachzuweisen, dass die zulässigen Durchbiegungen nach Tafel 7.51a nicht überschritten werden.

Für den Lastfall Versagen der oberen Scheibe nach Abschn. 5.6.1 ist der Verformungsnachweis für die untere Scheibe einer Überkopfverglasung nicht erforderlich.

Die maximalen Durchbiegungen in der Plattenmitte von allseitig linienförmig gelagerten rechteckigen Glasplatten können in Abhängigkeit der normierten Belastung p^* zur Berücksichtigung großer Verformungen ([7.56] [7.57]) näherungsweise nach Tafel 7.48a berechnet werden.

5.6.7 Nachweiserleichterungen

Kein gesonderter Nachweis ist für Isolier-Verglasungen zu erbringen, wenn sämtliche der folgenden Kriterien erfüllt sind:

- Vertikalverglasung aus Spiegelglas oder ESG
- Einbauhöhe unter 20 m über der Verkehrsfläche, Windlast $w \leq 0{,}8$ kN/m²
- Scheibenfläche $\leq 1{,}6$ m²
- allseitig gelagert
- kurze Scheibenkante ≥ 500 mm
- lange Scheibenkante ≤ 3200 mm
- Scheibendicke 2×4 mm, SZR ≤ 16 mm
- Differenz zwischen den Scheibendicken ≤ 4 mm (z. B. Schallschutz-Verglasungen)
- normale Produktions- und Einbaubedingungen nach Tafel 7.56a (Abschn. 5.6.2).

Unabhängig von der entfallenden Nachweispflicht ist die Glasdicke auf Grundlage der vorliegenden Lastannahmen zu bemessen. Wenn *alle* aufgeführten Bedingungen eingehalten werden, gelten die Forderungen der technischen Regeln als erfüllt.

5.7 Übersicht zur Bemessung linienförmig gelagerter Verglasungen TRLV – 9.1998

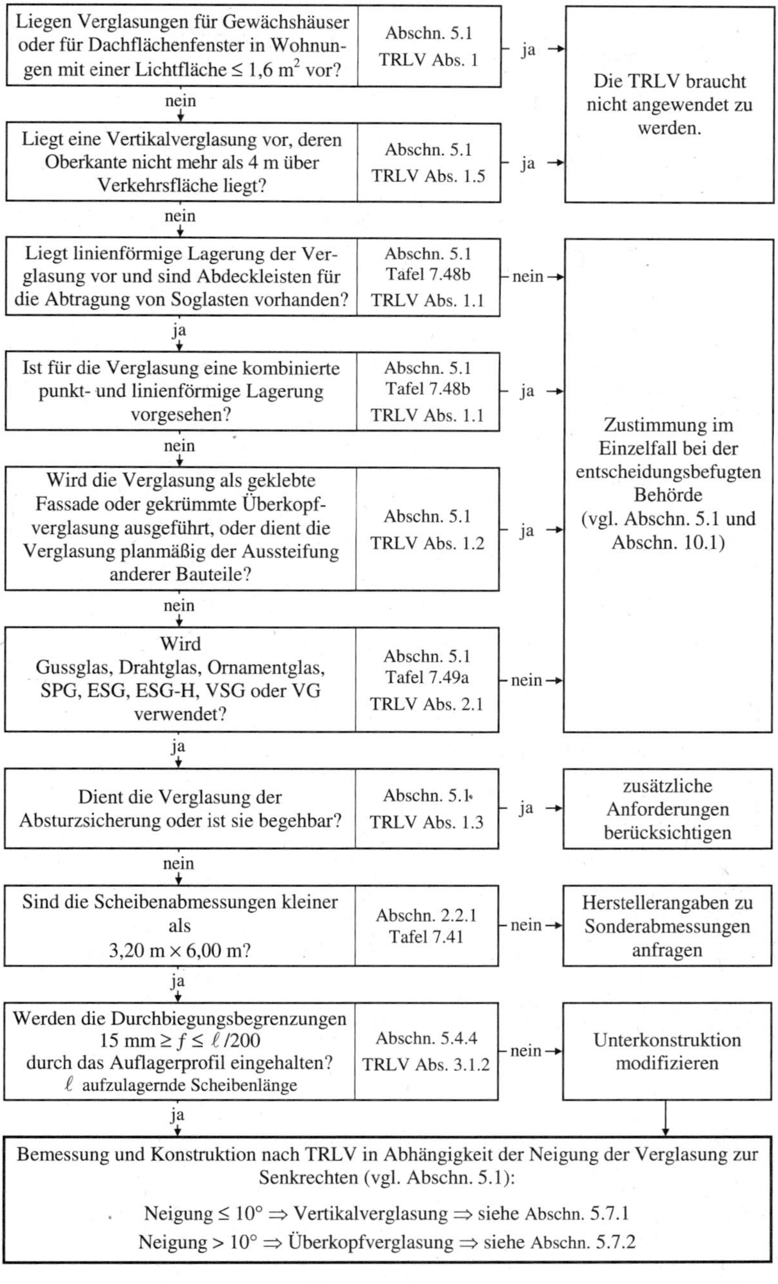

5.7.1 Übersicht zur Bemessung von Vertikalverglasungen TRLV – 9.1998

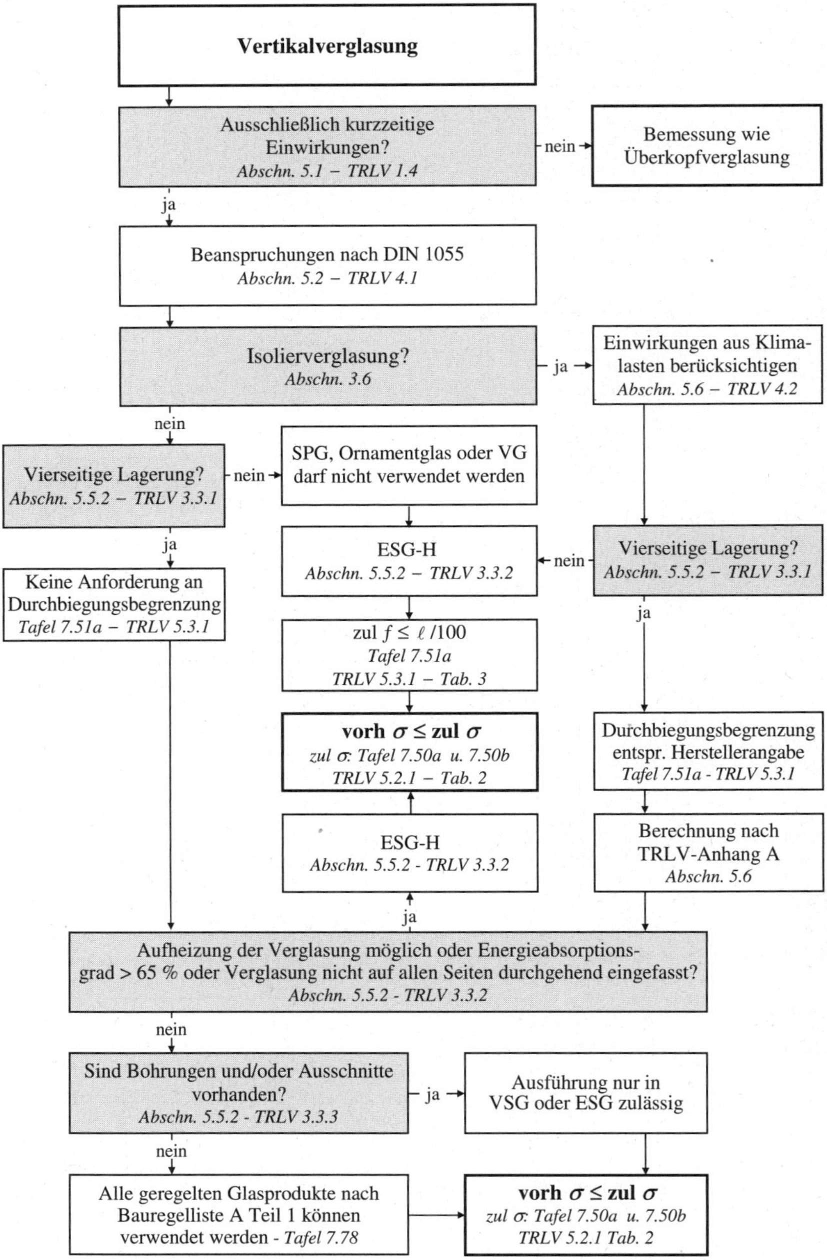

5.7.2 Übersicht zur Bemessung von Überkopfverglasungen TRLV – 9.1998

Überkopfverglasungen

Einbausituation: Verglasungen im Wohnbereich mit Stützweite ≤ 0,8 m und Einbauhöhe ≤ 3,50 m? *Abschn. 5.5.1 - TRLV 3* [7.59]

– ja → Zulässig: SPG, Gussglas (Draht- u. Ornamentglas), ESG, VSG und VG *Abschn. 5.5.1 Tafel 7.49a*

– nein → Sind Bohrungen und/oder Ausschnitte vorhanden? *Abschn. 5.5.1 - TRLV 3.2.7*

– ja → unzulässig ⇒ ZiE

– nein →

Zulässige Glaserzeugnisse		Drahtglas	VSG aus SPG	VSG aus TVG [1]	VSG aus ESG[2]	SPG, ESG[2], Gussglas, VG
Einfach-Verglasung		•	•	•		
Isolier-Verglasung	obere Scheibe	•	•	•	•	•
	untere Scheibe	•	•	•		

Mindestdicke der PVB-Folie bei VSG: 0,38 mm bei allseitiger Lagerung und $\ell_{max} / \ell_{min} \leq 3:1$

Glaseinstand bei Verwendung von Drahtglas: ≥ 15 mm *Abschn. 5.5.1 TRLV 3.2.3*

Mindestdicke der PVB-Folie:
allgemein: 0,76 mm,
Ausnahme: 0,38 mm zulässig bei allseitiger Lagerung und Stützweite ≤ 0,8 m und $\ell_{max} / \ell_{min} \leq 3:1$; *Abschn. 5.5.1 – TRLV 3.2.3*
Bei VSG aus SPG und Stützweite > 1,20 m ist allseitige Lagerung mit $\ell_{max} / \ell_{min} \leq 3:1$ erforderlich. *Abschn. 5.5.1 – TRLV 3.2.2*

Drahtglas: Nur zulässig bei: Stützweite ≤ 0,7 m und Glaseinstand ≥ 15 mm *Abschn. 5.5.1 – TRLV 3.2.5*

Untere Scheibe: Wird das Herabfallen größerer Glasteile auf die Verkehrsfläche durch konstruktive Maßnahmen verhindert? *Abschn. 5.5.1 – TRLV 3.2.6*

– ja → Abweichungen von den Anwendungsbedingungen: Glaseinstand, Durchbiegung der Auflagerprofile, Befestigung und Ausbildung der Abdeckprofile, Abstand Falzgrund Scheibenrand, Grenzabmessungen der Unterkonstruktion und Verglasung, Bewitterung von Drahtglaskanten, zulässige Glassorten, Stützweiten, Auflagerausbildung und Foliendicken möglich. *Abschn. 5.4 – TRLV 3.1 und 3.2.1 bis 3.2.5*

– nein → Beanspruchungen nach DIN 1055 *Abschn. 5.2 – TRLV 4.1*

→ Isolierverglasung? *Abschn. 3.6*

– ja → Einwirkungen aus Klimalasten berücksichtigen *Abschn. 5.6. – TRLV 4.2* → Bei vierseitiger Lagerung Berechnung nach TRLV Anhang A *Abschn. 5.6*

– nein →

vorh $\sigma \leq$ zul σ

zul. σ: Tafel 7.50a u. 7.50b - TRLV 5.2.1, Tab. 2

vorh $f \leq$ zul f

zul. f: Tafel 7.51a – TRLV 5.3.1, Tab. 3

[1] Nur wenn durch AbZ geregelt, siehe z. B. [7.52]. [2] Schließt die Verwendung von ESG-H ein.

5.8 Zahlenbeispiele

5.8.1 Überkopfverglasung

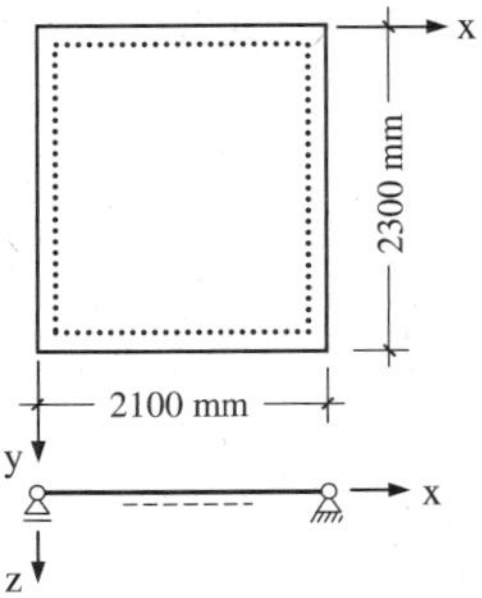

- Allseitig linienförmig gelagerte Überkopfverglasung als Einfachverglasung
- Neigung der Verglasung zur Vertikalen: $\alpha = 90°$
- Einbausituation: Außenbereich, nicht betretbar
- Scheibenabmessungen: $\ell_x = 2100$ mm, $\ell_y = 2300$ mm
- Schneelastzone I - DIN 1055-5 $\Rightarrow$ $s_0 = 0{,}75$ kN/m²
- $\ell_{min} > 1200$ mm $\Rightarrow$ VSG aus SPG
- $\ell_y / \ell_x \approx 1{,}1 < 3{,}0$ (Abschn. 5.5.1, Abs. 4)

Gewählt: VSG aus 2 × 10 mm Spiegelglas
PVB-Folie = 0,76 mm (Abschn.5.5.1)

Nachweis:

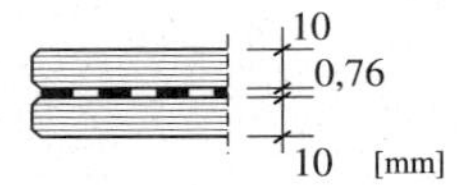

- Belastung:
  Windsoglasten bleiben unberücksichtigt.
  $q_{k,z} = 2 \cdot d \cdot \rho_{Glas} + s_0 = 2 \cdot 0{,}01 \cdot 25{,}0 + 0{,}75 = 1{,}25 \text{ kN/m}^2$ — *Tafel 7.49a*
- Spannungsnachweis:
  $E = 7{,}0 \cdot 10^4 \text{ N/mm}^2$ — *Tafel 7.47*
  $$p^* = \frac{1{,}25 \cdot 10^{-3}}{2 \cdot 70\,000} \cdot \left(\frac{2100}{10}\right)^4 = 17{,}36 \Rightarrow k_1 \approx 0{,}295$$ — *Abschn. 5.2, Tafel 7.50a*
  $$\sigma_{max} = 0{,}295 \cdot \frac{1{,}25 \cdot 10^{-3}}{2} \cdot \left(\frac{2100}{10}\right)^2 = 8{,}13 \text{ N/mm}^2$$
  $$< \text{zul } \sigma = 15{,}0 \text{ N/mm}^2$$
  Ein günstig wirkender Schubverbund bei Einfach-Verglasungen aus VSG darf nicht berücksichtigt werden. Die Lasten werden entsprechend den Steifigkeitsanteilen auf die Einzelscheiben aufgeteilt.
- Gebrauchstauglichkeitsnachweis: — *Abschn. 4.3, Tafel 7.48a*
  $p^* = 17{,}36 \Rightarrow k_2 = 0{,}0488$
  $$f_{max} = 0{,}0488 \cdot \frac{1{,}25 \cdot 10^{-3}}{2} \cdot \frac{2100^4}{70\,000 \cdot 10^3} = 8{,}5 \text{ mm}$$
  $$< \text{zul } f = \ell / 100 = 21{,}0 \text{ mm}$$ — *Tafel 7.51a*

Unter Verwendung praxisrelevanter Tafelwerke ([7.53] [7.54]) und der FE-Methode ergeben sich die nachstehend angegebenen Berechnungsergebnisse.

	Pieper-Martens	Marcus	Czerny	FEM
m kNm/m	0,332	0,322	0,329	0,290
σ N/mm²	9,97	9,65	9,87	8,70
f mm	-	-	-	9,55

5.8.2 Vertikalverglasung

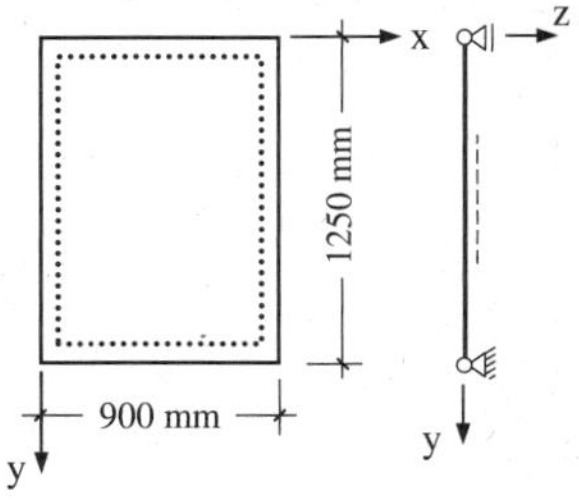

- Allseitig linienförmig gelagerte Vertikalverglasung als Isolierverglasung
- Neigung der Verglasung zur Vertikalen: $\alpha = 0°$
- Die Ortshöhen sind unbekannt, ein Aufheizen der Verglasung ist nicht möglich.
- Scheibenabmessungen: $\ell_x = 900$ mm, $\ell_y = 1250$ mm
- Höhe über Verkehrsfläche: 8,0 m < h < 20,0 m

Gewählt: Isolierglas aus Spiegelglas
$d_a/d_{SZR}/d_i = 4/16/4$

Nachweis:

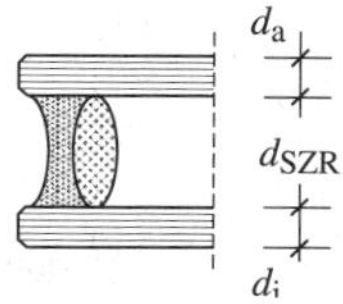

- Belastung
- Einwirkungen aus Wind für die äußere Scheibe:
  für 8,0 m < h < 20,0 m ⇒ Staudruck $q = 0{,}8$ kN/m²
  $w_D = w_a = c_f \cdot q = 1{,}3 \cdot 0{,}8 = 1{,}04$ kN/m²

– Lastabtragungsanteil für die äußere und innere Glasscheibe

Tafel 7.56b

Seitenverhältnis:	$\ell_{min} / \ell_{max} = 0{,}72$	*Tafel 7.55b*
Beiwert:	$B_v = 0{,}0338$	
Charakteristische Kantenlänge:	$a^* = 321$ mm	*Abschn. 5.6, Gl. (3), Tafel 7.55a*
bezogene Kantenlänge:	$\ell_{min} / a^* = 2{,}80$	

⇒ $\varphi = 1/(1 + 2{,}80^4) = 0{,}016$ — *Abschn. 5.6, Gl. (1), (2), Tafel 7.55a*

Lastverteilungsfaktoren: $\delta_a = \delta_i = 0{,}50$

⇒ Belastung der Scheiben aus Winddruck:

äußere Scheibe: $(\delta_a + \varphi \cdot \delta_i) \cdot w_a = 0{,}53$ kN/m² — *Tafel 7.56b*

innere Scheibe: $(1 - \varphi) \cdot \delta_i \cdot w_a = 0{,}51$ kN/m²

- Klimatische Einwirkungen

Sommer:	$\Delta H = +600$ m	Winter:	$\Delta H = -300$ m
	$\Delta T = 20$ K		$\Delta T = -25$ K
	$\Delta p_{met} = -2$ kN/m²		$\Delta p_{met} = 4$ kN/m²

Bei unbekannten Ortshöhen können die Rechenwerte für die klimatischen Einwirkungen und den resultierenden isochoren Druck Tafel 7.56a entnommen werden.

– Isochorer Druck im SZR

Abschn. 5.6, Gl. (5); $c_1 = 0{,}340$ kN/m²; $c_2 = 0{,}012$ kN/m²

$$p_0 = c_1 \cdot \Delta T - \Delta p_{met} + c_2 \cdot \Delta H \Rightarrow$$

$p_{0,Sommer} = 16{,}0$ kN/m² Überdruck

$p_{0,Winter} = -16{,}1$ kN/m² Unterdruck

- Resultierende Einwirkungen:

Sommer: — *Tafel 7.56a*; Vorzeichen nach *Tafel 7.58*

äußere Scheibe: $\Sigma p_{Sommer} = 0{,}53 - 0{,}016 \cdot 16{,}0 = 0{,}27$ kN/m²

innere Scheibe: $\Sigma p_{Sommer} = 0{,}51 + 0{,}016 \cdot 16{,}0 = 0{,}77$ kN/m²

Winter: — *Tafeln 7.56a, 7.58*

äußere Scheibe: $\Sigma p_{Winter} = 0{,}53 + 0{,}016 \cdot 16{,}1 = 0{,}79$ kN/m²

innere Scheibe: $\Sigma p_{Winter} = 0{,}53 - 0{,}016 \cdot 16{,}1 = 0{,}27$ kN/m²

maßgebend: **äußere Scheibe im Winter**

- Spannungsnachweis: — *Abschn. 5.2*

$E = 7{,}0 \cdot 10^4$ N/mm² — *Tafel 7.49a*

$$p^* = \frac{0{,}79 \cdot 10^{-3}}{70\,000} \cdot \left(\frac{900}{4}\right)^4 \approx 30 \Rightarrow k_1 \approx 0{,}32$$

Tafel 7.47

$$\sigma_{max} = 0{,}32 \cdot 0{,}79 \cdot 10^{-3} \cdot \left(\frac{900}{4}\right)^2 = 12{,}80 \text{ N/mm}^2$$

$$< \text{zul } \sigma = 22{,}5 \text{ N/mm}^2$$

- Gebrauchstauglichkeitsnachweis: — *Abschn. 5.3*

$p^* \approx 30{,}0 \Rightarrow k_2 = 0{,}0570$

$$f_{max} = 0{,}0570 \cdot 0{,}79 \cdot 10^{-3} \cdot \frac{900^4}{70\,000 \cdot 4^3} = 6{,}6 \text{ mm}$$

Tafel 7.48a

Nach den TRLV bestehen für allseitig gelagerte Vertikalverglasungen keine Anforderungen an die Durchbiegungsbegrenzungen. Es sind die zulässigen Verformungen nach Herstellerangabe zu berücksichtigen. — *Tafel 7.51a*

6 Absturzsichernde Verglasungen nach TRAV-1.2003

6.1 Anwendungsbereich

Die *„Technischen Regeln für die Verwendung von absturzsichernden Verglasungen"* (TRAV – 01.03) gelten für mechanisch gelagerte Verglasungen, die auch dazu dienen, Personen auf Verkehrsflächen gegen seitlichen Absturz zu sichern. Geregelt werden:

- Verglasungen nach den „Technischen Regeln für die Verwendung linienförmig gelagerter Verglasungen" (TRLV) mit absturzsichernder Funktion
- am Fußpunkt eingespannte Ganzglasbrüstungen mit tragendem Handlauf
- Geländerausfachungen.

Tafel 7.64 Unterteilung absturzsichernder Verglasungen nach TRAV

Kategorie A Linienförmig gelagerte Vertikalverglasung ohne tragenden Brüstungsriegel oder vorgesetzten Holm zur Aufnahme von Horizontallasten Die Kanten der Verglasung sind durch Lagerung (z. B. Pfosten, Riegel, benachbarte Scheiben) oder direkt angrenzende Bauwerksteile (z. B. Wände oder Decken) vor Stößen zu schützen (Kantenschutz).	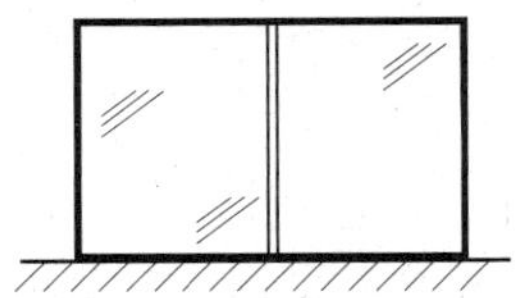
Kategorie B Am Fußpunkt eingespannte tragende Ganzglasbrüstung mit durchgehendem tragendem Handlauf Neben dem Schutz der oberen Kante durch den Handlauf muss er die sichere Abtragung der planmäßigen Holmlasten auch bei Ausfall eines Brüstungselementes gewährleisten.	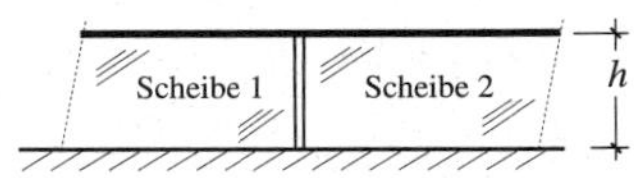
Kategorie C Absturzsichernde Verglasung, die nicht zur Abtragung von Horizontallasten in Holmhöhe dienen und einer der folgenden Gruppen entsprechen **C1**: Geländerausfachungen **C2**: linienförmig gelagerte Vertikalverglasungen unterhalb eines lastabtragenden Querriegels **C3**: Verglasungen der Kategorie A mit vorgesetztem, nicht an der Verglasung befestigtem, lastabtragendem Handlauf	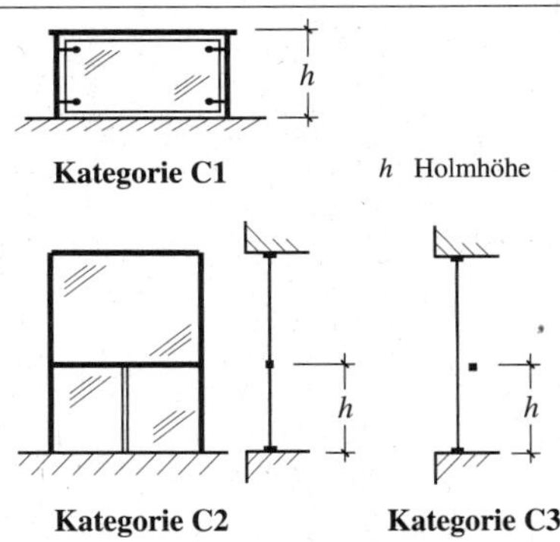

Die technischen Regeln gelten nicht für:

- Fassadenverglasungen, die auch ohne absturzsichernde Anforderungen als nicht geregelt einzustufen sind, z. B. bei punktförmiger Lagerung oder bei Befestigung durch Kleben.

Zusätzliche Anforderungen können erforderlich werden bei:

- außergewöhnlichen Nutzungsbedingungen, z. B. Fußballstadien
- besonderen Stoßrisiken, z. B. beim Transport schwerer Lasten auf abschüssigen Rampen vor absturzsichernde Verglasungen.

Die technischen Regeln sind auch anzuwenden für:

- Verglasungen, deren Oberkante maximal 4 m über einer Verkehrsfläche liegt.

6.2 Bauprodukte

- Verwendet werden dürfen alle Glaserzeugnisse nach Tafel 7.49a sowie Glasprodukte, die über eine Allgemeine bauaufsichtliche Zulassung ausdrücklich für die Verwendung im Rahmen der TRLV zugelassen sind, wie z. B. TVG und Borosilikatglas.
- Die tragenden Teile der Glashaltekonstruktionen müssen den Technischen Baubestimmungen entsprechen.

Tafel 7.65 Zulässige Glasarten bei Einfachverglasungen und zulässige Glaskombination bei Mehrscheiben-Isolier-Verglasungen (MIG)

Kategorie	Einfachverglasungen	Isolier-Verglasungen (MIG)	
		stoßzugewandte Seite	stoßabgewandte Seite
A	VSG [2]	VSG [2]	Glas nach Tafel 7.49a
		ESG [3) 4)]	VSG [2]
		VG aus ESG [3) 4)]	
B	VSG [2]	-	-
C1	VSG [2]	VSG [2]	Glas nach Tafel 7.49a
C2	ESG [1) 3) 4)]	ESG [3) 4)]	
C3	VSG [2]	VSG [2]	Glas nach Tafel 7.49a
		ESG [3) 4)]	VSG [2]
		VG aus ESG [3) 4)]	

1) Nur zulässig bei allseitig linienförmiger Lagerung.
2) Die Dicken der verwendeten Glastafeln dürfen maximal um den Faktor 1,5 voneinander abweichen.
3) Anwendungsbereiche, für die nach TRLV heißlagerungsgeprüftes ESG (ESG-H) vorgesehen ist, sind auch für absturzsichernde Verglasungen in ESG-H auszuführen.
4) Thermisch vorgespanntes Borosilikatglas mit AbZ darf in den technischen Regeln für absturzsichernde Verglasungen für Anwendungsbereiche von ESG verwendet werden.

6.3 Anwendungsbedingungen

- Zur Gewährleistung eines Schutzes von freien Kanten randgelagerter Scheiben vor unbeabsichtigten Stößen ist ihr Abstand zu Gebäude- und Geländerkonstruktionen sowie der Abstand benachbarter Scheiben auf 30 mm (gemessen in der Scheibenebene) zu begrenzen (Kanntenschutz).
- Bohrungen sind nur in Scheiben aus VSG aus ESG bzw. VSG aus TVG zulässig.
- Unter Last- und Temperatureinwirkung darf kein Kontakt zwischen Glas und harten Werkstoffen (z. B. Metall, Glas) auftreten.
- Ein Verrutschen der Scheiben ist durch Distanzklötze zu verhindern. Der Abstand zwischen Falzgrund und Scheibenrand muss unter Beachtung der Grenzmaße von Unterkonstruktion und Verglasung so groß sein, dass ein Dampfdruckausgleich möglich ist.

6.4 Nachweis der Standsicherheit unter statischen Einwirkungen

- Die charakteristischen Werte der Einwirkungen auf absturzsichernde Verglasungen (z. B. Wind, Holmlast) sind nach den technischen Baubestimmungen anzusetzen.
- Für Verglasung und Haltekonstruktion ist stets ein rechnerischer Nachweis der Tragfähigkeit unter Belastung mit den Einwirkungskombinationen nach Tafel 7.66a zu führen.
- Beim Nachweis von Verglasungen aus VSG oder VG darf ein günstig wirkender Schubverbund der Scheiben nicht angesetzt werden. Gleiches gilt für die Schubkopplung von Isolier-Verglasungen über den Randverbund. Für veränderliche Einwirkungen ist zusätzlich der Grenzzustand des vollen Schubverbundes zu berücksichtigen.
- Bei Isolier-Verglasungen ist die Wirkung von *Klimalasten*, d.h. von Druckdifferenzen, die sich aus der Veränderung der Temperatur, des meteorologischen Luftdrucks sowie aus der Differenz der Ortshöhe zwischen Herstellungs- und Einbauort ergeben, zu berücksichtigen.

Hierbei darf
- die Kopplung von Innen- und Außenscheibe über das im SZR eingeschlossene Gasvolumen angesetzt werden;
- für allseitig linienförmig gelagerte Verglasungen unter Gleichlast das Näherungsverfahren nach TRLV, vgl. Abschn. 5.6, verwendet werden;
- unter gleichzeitiger Einwirkung von Wind (w) und Holmlast (h) die Beanspruchung aus Klimalasten (d) vernachlässigt werden.

Tafel 7.66a Einwirkungskombinationen[1)] für Einfach- und Isolierverglasungen

Einwirkungen	Einfach-Verglasung	Isolier-Verglasung
Wind (w) Holmlast (h) Klimalast (d)	$w + h/2$ $h + w/2$	$w + h/2$ $h + w/2$ $h + d$ $w + \mathrm{d}$

[1)] Neben den statischen Einwirkungen aus Wind- und Holmlast muss auch die hinreichende Tragfähigkeit der Verglasungskonstruktion beim Anprall von Personen nachgewiesen werden.

- Bei nicht gleichmäßig verteilten Belastungen (z.B. Holmlast) oder nicht allseitiger Scheibenlagerung ist die Kopplung der Innen- und Außenscheibe über das im SZR eingeschlossene Gasvolumen in jedem Einzelfall unter Berücksichtigung der Scheibensteifigkeiten und der allgemeinen Gasgleichung zu berechnen.
- Für den Nachweis der Haltekonstruktion gelten die einschlägigen Technischen Baubestimmungen.
- Die für die verwendbaren Glasarten zulässigen Biegespannungen sind in Tafel 7.66b angegeben.

Tafel 7.66b Zulässige Biegezugspannungen[1)] für absturzsichernde Verglasungen in N/mm²

Glassorte	Einfach-Verglasung	Isolier-Verglasung	
		Glasflächen > 1,6 m²	Glasflächen ≤ 1,6 m²
ESG aus Spiegelglas	50,0	57,5	62,5
ESG aus Gussglas	37,0	42,5	42,5
Emailliertes[2)] ESG aus Spiegelglas	30,0	34,5	37,5
Spiegelglas	18,0	20,7	22,5
Gussglas	10,0	11,5	11,5
VSG aus Spiegelglas	22,5	25,8	28,0

[1)] Bei Glaserzeugnissen mit AbZ sind die zulässigen Biegezugspannungen dem Zulassungsbescheid zu entnehmen. Für den Nachweis „Ausfall Brüstungselement" für Verglasungen der Kategorie B darf der 1,5-fache Wert der zul. Biegezugspannungen angesetzt werden.
[2)] Emaille auf der Zugseite.

Besondere Nachweise bei Glasbrüstungen der Kategorie B

Für Glasbrüstungen der Kategorie B ist die Beschädigung eines beliebigen Brüstungselementes zu untersuchen.

Es ist nachzuweisen, dass der durchgehende Handlauf die Holmlasten bei vollständigem Ausfall eines Brüstungselementes auf Nachbarscheiben, Endpfosten oder die Verankerung am Gebäude übertragen kann (vgl. Abb. 7.67).

Für den Nachweis der beschädigten Brüstungskonstruktion darf für die Verglasung der 1,5-fache Wert der zulässigen Biegezugspannungen nach Tafel 7.66b angesetzt werden.

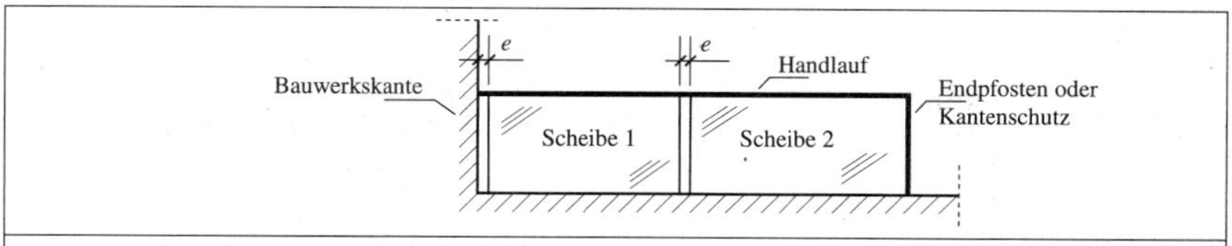

$e \leq 30$ mm und alle freien Glaskanten, z. B. durch Endpfosten, massive Bauteile oder dauerhaft befestigtes Kantenschutzprofil geschützt	⇒	Nur die der Verkehrsfläche zugewandte VSG-Schicht fällt stoßbedingt aus.
$e > 30$ mm oder ungeschützte Glaskanten	⇒	Totalausfall der betreffenden Scheibe

Abb. 7.67 Glasbrüstung der Kategorie B

6.5 Standsicherheit unter stoßartigen Einwirkungen

Neben der ausreichenden Standsicherheit unter statischen Lasten ist auch der Lastfall „Anprall von Personen“ zu untersuchen. Der Nachweis der ausreichenden Standsicherheit der Verglasungen und ihrer unmittelbaren Befestigung (z. B. Klemmleisten, Verschraubungen) bei stoßartigen Einwirkungen kann durch Versuche geführt werden.

6.5.1 Experimenteller Nachweis

Als Nachweis der ausreichenden Stoßsicherheit dienen in Anlehnung an prEN 12 600 (Doppelreif-Pendelkörper $m = 50$ kg, Reifendruck 4,0 bar) Pendelschlagversuche, die nur von einer dafür bauaufsichtlich zugelassenen anerkannten Prüfstelle durchgeführt werden dürfen. Die Versuchsdurchführung erfolgt entsprechend der technischen Richtlinie Abs. 6.2.

6.5.2 Linienförmig gelagerte Verglasungen der Kategorie A und C mit versuchstechnisch nachgewiesener Stoßsicherheit

Für die in Tafel 7.68 tabellierten linienförmig gelagerten Verglasungen kann der Nachweis der Tragfähigkeit unter stoßartiger Belastung entfallen, wenn folgende konstruktiven Bedingungen eingehalten sind.

- Glaseinstand: bei allseitiger linienförmiger Lagerung: ≥ 12 mm
  bei zweiseitiger Lagerung: ≥ 18 mm
- Klemmleisten aus Metall und hinreichend steif
- Befestigung der Klemmleisten an die Tragkonstruktion mit metallischer Verschraubung alle 300 mm. Die charakteristische Auszugskraft der Verschraubung muss mindestens 3,0 kN betragen.
  Bei kleineren Schraubenabständen dürfen Verschraubungen geringerer Tragkraft verwendet werden, wenn nachgewiesen wird, dass die resultierende Tragkraft der unmittelbaren Glasbefestigung eine statische Ersatzlast von 10,0 kN/m nicht unterschreitet.
- Verwendung hinreichend tragfähiger Rahmensysteme, in denen der stoßbeanspruchte Glasfalzanschlag einer statischen Ersatzlast von mindestens 10,0 kN standhält. Der Nachweis kann rechnerisch erfolgen, wenn der Rahmen aus geregelten Bauprodukten mit bauaufsichtlich bekannt gemachten Bemessungsnormen besteht.
- Die Verglasung darf nicht durch Bohrungen oder Ausnehmungen geschwächt sein.
- Die in Tafel 7.68 angegebenen Glas- und Foliendicken dürfen überschritten werden.
- Der Scheibenzwischenraum von Isolier-Verglasungen muss mindestens 12 mm und darf höchstens 20 mm betragen.
- Anstelle von VSG aus SPG darf auch VSG aus TVG der gleichen Dicke verwendet werden.
- Die Verglasung muss rechteckig und eben sein. Zulässige Abweichungen von der Rechteckform sind in Abb. 7.69 angegeben.
- Die Einzelscheiben dürfen keine festigkeitsreduzierende Oberflächenbehandlung (z. B. Emaillierung) aufweisen.

Tafel 7.68 Linienförmig gelagerte Glasaufbauten mit nachgewiesener Stoßsicherheit [1)]

Kat.	Typ	Lagerung	Breite mm min.	Breite mm max.	Höhe mm min.	Höhe mm max.	Glasaufbau mm von innen [2)] nach außen	
1	2	3	4	5	6	7	8	
A	MIG	allseitig	500	1300	1000	2000	8 ESG/ SZR/ 4 SPG/ 0,76 PVB/ 4 SPG	1
			1000	2000	500	1300	8 ESG/ SZR/ 4 SPG/ 0,76 PVB/ 4 SPG	2
			900	2000	1000	2100	8 ESG/ SZR/ 5 SPG/ 0,76 PVB/ 5 SPG	3
			1000	2100	900	2000	8 ESG/ SZR/ 5 SPG/ 0,76 PVB/ 5 SPG	4
			1100	1500	2100	2500	5 SPG/ 0,76 PVB/ 5 SPG/ SZR/ 8 ESG	5
			2100	2500	1100	1500	5 SPG/ 0,76 PVB/ 5 SPG/ SZR/ 8 ESG	6
			900	2500	1000	4000	8 ESG/ SZR/ 6 SPG/ 0,76 PVB/ 6 SPG	7
			1000	4000	900	2500	8 ESG/ SZR/ 6 SPG/ 0,76 PVB/ 6 SPG	8
			300	500	1000	4000	4 ESG/ SZR/ 4 SPG/ 0,76 PVB/ 4 SPG	9
			300	500	1000	4000	4 SPG/ 0,76 PVB/ 4 SPG/ SZR/ 4 ESG	10
	einfach	allseitig	500	1200	1000	2000	6 SPG/ 0,76 PVB/ 6 SPG	11
			500	2000	1000	1200	6 SPG/ 0,76 PVB/ 6 SPG	12
			500	1500	1000	2500	8 SPG/ 0,76 PVB/ 8 SPG	13
			500	2500	1000	1500	8 SPG/ 0,76 PVB/ 8 SPG	14
			1200	2100	1000	3000	10 SPG/ 0,76 PVB/ 10 SPG	15
			1000	3000	1200	2100	10 SPG/ 0,76 PVB/ 10 SPG	16
			300	500	500	3000	6 SPG/ 0,76 PVB/ 6 SPG	17
C1 und C2	MIG	allseitig	500	2000	500	1000	6 ESG/ SZR/ 4 SPG/ 0,76 PVB/ 4 SPG	18
			500	1300	500	1000	4 SPG/ 0,76 PVB/ 4 SPG/ SZR/ 6 ESG	19
		zweiseitig, oben u. unten	1000	bel.	500	1000	6 ESG/ SZR/ 5 SPG/ 0,76 PVB/ 5 SPG	20
	einfach	allseitig	500	2000	500	1000	5 SPG/ 0,76 PVB/ 5 SPG	21
		zweiseitig, oben u. unten	1000	bel.	500	800	6 SPG/ 0,76 PVB/ 6 SPG	22
			800	bel.	500	1000	5 ESG/ 0,76 PVB/ 5 ESG	23
			800	bel.	500	1000	8 SPG/ 0,76 PVB/ 8 SPG	24
		zweiseitig, links u. rechts	500	800	1000	1100	6 SPG/ 0,76 PVB/ 6 SPG	25
			500	1000	800	1100	6 ESG/ 0,76 PVB/ 6 ESG	26
			500	1000	800	1100	8 SPG/ 0,76 PVB/ 8 SPG	27
C3	MIG	allseitig	500	1500	1000	3000	6 ESG/ SZR/ 4 SPG/ 0,76 PVB/ 4 SPG	28
			500	1300	1000	3000	4 SPG/ 0,76 PVB/ 4 SPG/ SZR/ 12 ESG	29
	einfach	allseitig	500	1500	1000	3000	5 SPG/ 0,76 PVB/ 5 SPG	30

1) Die statischen Nachweise mit den Einwirkungen nach Abschn. 6.4 sind stets zu führen.
2) Mit „innen“ ist stets die Angriffseite, mit „außen“ die Absturzseite der Verglasung gemeint.

Bezeichnungen:
- MIG Mehrscheiben-Isolierverglasung
- einfach Einfachverglasung
- SZR Scheibenzwischenraum, mindestens 12 mm, höchstens 20 mm
- SPG Spiegelglas (Float-Glas)
- ESG Einscheiben-Sicherheitsglas aus SPG
- PVB Polyvinyl-Butyral-Folie

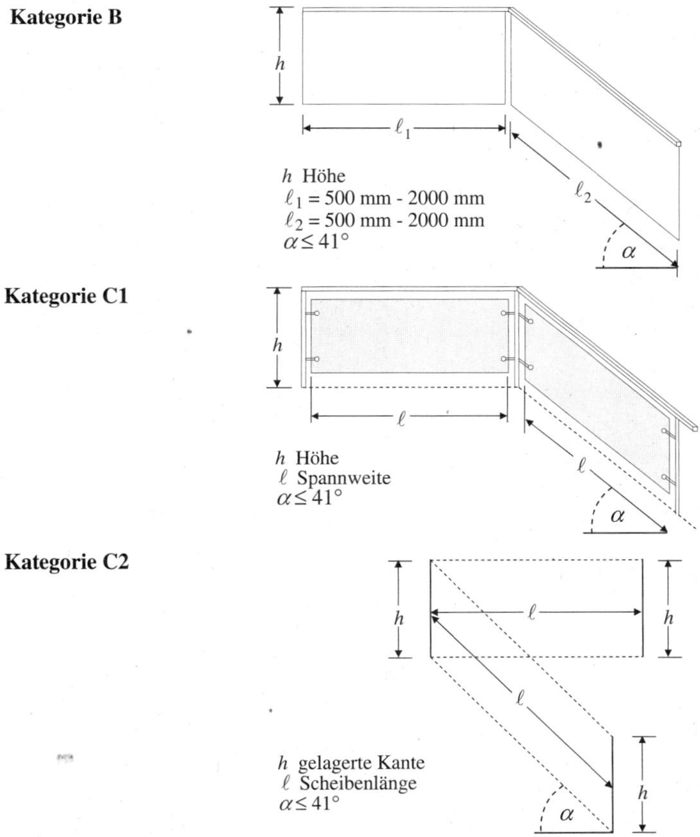

Abb. 7.69 Zulässige Abweichungen von der Rechteckform bei von Stoßversuchen freigestellten Verglasungen [1)]

[1)] Die Stoßsicherheit der in Tafel 7.68, 7.70 und 7.71a aufgelisteten Rechteckverglasungen gilt als erbracht. Dies kann für Verglasungen der Kategorie B, C1 und C2 auch dann angenommen werden, wenn die von Versuchen freigestellten Rechteckverglasungen so auf Parallelogrammform transformiert werden, dass die Stützungsverhältnisse entsprechend den in Abb. 7.69 dargestellten Vorgaben erhalten bleiben. Der Nachweis unter statischer Belastung bleibt von dieser Nachweiserleichterung unberührt.

6.5.3 Am Fußpunkt eingespannte Ganzglasbrüstungen der Kategorie B mit versuchstechnisch nachgewiesener Stoßsicherheit

Für die in Tafel 7.70 tabellierten tragenden, am Fußpunkt eingespannten Ganzglasbrüstungen mit durchgehendem tragendem Handlauf kann der Nachweis der Tragfähigkeit unter stoßartiger Belastung entfallen, wenn folgende konstruktiven Bedingungen eingehalten sind:

- Ausführung der Verglasung in VSG
- Für die VSG-Scheiben, den Handlauf und die Klemmkonstruktion sind die in Abschn. 6.4 vorgesehenen statischen Nachweise zu führen.
- Die konstruktiven Vorgaben nach Abb. 7.70 sind einzuhalten.
- Die Verglasung muss rechteckig und eben sein. Zulässige Abweichungen von der Rechteckform sind in Abb. 7.69 angegeben.
- Die Einzelscheiben dürfen keine festigkeitsreduzierende Oberflächenbehandlung (z. B. Emaillierung) aufweisen.

Tafel 7.70 Vorgaben für am Fußpunkt eingespannte Ganzglasbrüstungen aus VSG mit durchgehendem tragendem Handlauf

Breite in mm		Höhe in mm		Glasaufbau
min.	max.	min.	max.	mm
500	2000	900	1100	≥ (10 ESG/ 1,52 PVB/ 10 ESG)
500	2000	900	1100	≥ (10 TVG/ 1,52 PVB/ 10 TVG)

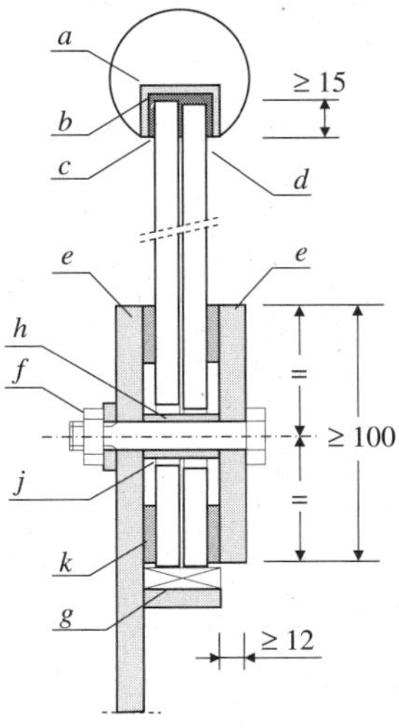

Prinzipskizze unmaßstäblich, Maße in mm

Konstruktionsmerkmale Handlauf:

a tragendes U-Profil mit beliebigem nichttragendem Aufsatz oder tragendem metallischem Handlauf mit integriertem U-Profil

b Verhinderung von Glas-Metall-Kontakt durch in das U-Profil eingelegten druckfesten Elastomerstreifen, Abstand ca. 200 bis 300 mm

c Verbindung des Handlaufs mit den Scheiben durch Verfüllung des verbleibenden Hohlraums im U-Profil mit Dichtstoffen nach DIN 18 545-2 Gruppe E

d Glaseinstand im U-Profil ≥ 15 mm

Konstruktionsmerkmale Einspannung:

Einspannhöhe ≥ 100 mm

e Klemmblech aus Stahl ($t \geq 12$ mm)

f Verschraubungsabstand ≤ 300 mm

g Klotzung am unteren Ende der Scheibe

h Kunststoffhülse über Verschraubung

j Glasbohrungen mittig zum Klemmblech (25 mm ≤ d ≤ 35 mm)

k in Längsrichtung durchgehende Zwischenlagen aus druckfestem Elastomer

Die Klemmung der Scheiben darf auch über hinreichend steife andere Haltekonstruktionen realisiert werden.

Abb. 7.70 Konstruktive Vorgaben für von Versuchen freigestellte Brüstungen der Kategorie B

6.5.4 Punktförmig über Bohrungen gelagerte Verglasungen der Kategorie C1 mit versuchstechnisch nachgewiesener Stoßsicherheit

Für die in Tafel 7.71a tabellierten punktförmig gelagerten Verglasungen für die Anwendung im Innenbereich, ohne planmäßige Querlasten, kann der Nachweis der Tragfähigkeit unter stoßartiger Belastung entfallen, wenn folgende Bedingungen eingehalten sind.

- Die Verglasung ist in VSG auszuführen.
- Die Höhe der Verglasung darf 1,0 m nicht überschreiten.
- Die Befestigung der Glastafeln ist mit durchgehender Verschraubung und beidseitigen kreisförmigen Klemmtellern, jeweils aus Stahl, auszuführen.
- Die Klemmteller müssen die Glasbohrungen mindestens 10 mm überdecken.
- Jede Glashalterung muss für eine statische Last von mindestens 2,8 kN ausgelegt sein.
- Der Abstand der Glasbohrungen von den Glaskanten muss zwischen 80 und 250 mm betragen.
- Die Verglasung darf nicht durch zusätzliche Bohrungen oder Ausnehmungen geschwächt sein.
- Es darf kein direkter Kontakt zwischen Klemmteller, Verschraubung und Glas bestehen.
- Die Verglasung muss rechteckig und eben sein. Zulässige Abweichungen von der Rechteckform sind in Abb. 7.69 angegeben.
- Die Einzelscheiben dürfen keine festigkeitsreduzierende Oberflächenbehandlung (z. B. Emaillierung) aufweisen.

Tafel 7.71a Vorgaben für punktförmig über Bohrungen gelagerte Geländerausfachungen aus VSG

Spannweite [1] in mm min.	max.	Tellerdurchmesser mm	Glasaufbau mm
500	1200	≥ 50	≥ (6 ESG/ 1,52 PVB/ 6 ESG)
500	1600	≥ 70	≥ (8 ESG/ 1,52 PVB/ 8 ESG)
500	1600	≥ 70	≥ (10 ESG/ 1,52 PVB/ 10 TVG)

[1] Maßgebender Abstand zwischen den Punkthaltern.

6.5.5 Nachweis der Stoßsicherheit für Einfachverglasungen mittels Spannungstabellen

Für durch Pendelschlagversuche beanspruchte linienförmig gelagerte rechteckige Einfachverglasungen sind in den Tafeln 7.71b und 7.72a rechnerisch ermittelte maximale Biegezugspannungen für eine Pendelfallhöhe von 450 mm angegeben. Die bei Fallhöhen von 900 mm auftretenden Spannungswerte ergeben sich durch Multiplikation der Tafelwerte mit dem Faktor 1,4.

Es ist nachzuweisen, dass die mittels der Tafeln 7.71b und 7.72a ermittelten maximalen Biegezugspannungen im Glas die Werte nach Tafel 7.72b nicht überschreiten.

Tafel 7.71b Maximale Kurzzeitspannung in N/mm² bei einer Pendelfallhöhe von 450 mm bei allseitig linienförmiger Lagerung

ℓ_1 in m		1,0	1,0	1,5	1,5	1,5	2,0	2,0	2,0
ℓ_2 in m		1,0	2,0	1,0	2,0	3,0	2,0	3,0	4,0
Glasdicke t in mm	6	184	188	197	193	194	192	193	192
	8	154	159	163	157	158	151	152	151
	10	133	141	140	134	135	129	129	132
	12	95	106	104	95	97	93	93	95
	14	81	93	91	84	85	82	82	84
	15	74	86	84	81	82	76	76	77
	16	67	79	76	77	79	70	69	71
	20	37	45	44	50	52	48	46	47
	22	33	40	39	45	48	44	44	44
	24	29	36	35	40	43	40	40	41
	27	23	28	28	32	35	33	34	35
	30	17	21	20	24	26	25	27	28

ℓ_1, ℓ_2 Seitenlänge der Verglasung
t Glasdicke (Bei VSG-Tafeln ist t die Summe der Einzelscheibendicken.)

Für den Nachweis sind folgende konstruktive Vorgaben und Beschränkungen einzuhalten.

- Alle Verglasungen müssen grundsätzlich den Vorgaben dieser Regel entsprechen.
- Die Verglasungen müssen im Sinne der TRLV gelagert sein.
- Die Verglasungen müssen den Vorgaben nach Abschn. 6.5.2 entsprechen.
- Die PVB-Folie von VSG muss eine Mindestdicke von 0,76 mm ausweisen.
- Isolierverglasungen der Kategorie A sind grundsätzlich mit den Aufbauten VSG/VSG, ESG/VSG oder VSG/ESG (jeweils von innen nach außen) herzustellen.
- Die in den Tafeln 7.71b und 7.72a vorgegebenen kleinsten Glasabmessungen dürfen nicht unterschritten und die größten Glasabmessungen nicht überschritten werden. Die Tabellenwerte dürfen nicht auf andere Lagerungsarten übertragen werden.
- Es gelten die Pendelfallhöhen nach Tafel 7.72c.
- Isolier-Verglasungen müssen allseitig gelagert sein.

- Die Angriffseite von Isolier-Verglasungen ist ohne Ansatz der Mitwirkung der Außenscheibe für die volle planmäßige Pendelfallhöhe auszulegen.
- Die Außenscheibe von Isolier-Verglasungen ist grundsätzlich für eine Pendelfallhöhe von 450 mm nachzuweisen.
- Druckdifferenzen zwischen dem eingeschlossenen Gasvolumen und der Umgebungsluft aus Temperatur- und atmosphärischen Druckdifferenzen sowie Änderungen der Höhenlage zwischen Herstell- und Einbauort brauchen nicht berücksichtigt zu werden.

Tafel 7.72a Maximale Kurzzeitspannung in N/mm² bei einer Pendelfallhöhe von 450 mm bei zweiseitiger Lagerung

ℓ_1 in m		1,0	1,0	1,5	1,5
ℓ_2 in m		1,0	≥ 2,0	1,0	≥ 2,0
Glasdicke t in mm	6	240	223	226	195
	8	192	183	167	157
	10	159	155	129	126
	12	136	134	110	105
	14	107	105	99	94
	15	96	94	94	89
	16	87	85	89	85
	20	62	60	75	71
	22	52	50	65	61
	24	44	43	58	54
	27	36	34	49	45
	30	39	28	43	39
	38	19	19	31	28

ℓ_1, ℓ_2 Seitenlänge der Verglasung
t Glasdicke (Bei VSG-Tafeln ist t die Summe der Einzelscheibendicken.)

Tafel 7.72b Zulässige Biegespannungen bei kurzzeitiger Einwirkung durch Pendelschlag

	SPG	TVG	ESG
zul. Biegespannung in N/mm²	80	120	170

Tafel 7.72c Pendelfallhöhen

	Kategorie A	Kategorie B	Kategorie C
Pendelfallhöhen in mm	900	700	450

6.6 Nachweis der Gebrauchstauglichkeit

Die unter statischer Last auftretenden Verformungen sind so zu begrenzen, dass die Gebrauchstauglichkeit der absturzsichernden Verglasung gewährleistet ist. Für Verglasungen im Geltungsbereich der TRLV sind die Durchbiegungsbegrenzungen nach Tafel 7.51a zu beachten.

Bei Isolierverglasungen sind die Verformungen so zu begrenzen, dass sich Innen- und Außenscheibe nicht berühren.

7 Punktförmig gelagerte Verglasungen nach TRPV-Entwurf 8.2005

7.1 Anwendungsbereich

Die „*Technischen Regeln für die Bemessung und Ausführung einfacher punktförmig gelagerter Vertikal- und Überkopfverglasungen (TRPV - Entwurfsfassung August 2005)* beziehen sich ausschließlich auf Aspekte der Standsicherheit und Gebrauchstauglichkeit.

- Baurechtl. Anforderungen an den Brand-, Schall- und Wärmeschutz bleiben unberührt.
- Geregelt werden nur Verglasungskonstruktionen, bei denen alle Glastafeln ausschließlich durch mechanische Halterungen formschlüssig gelagert sind.
- Jede Einzelscheibe darf nur planmäßig durch Eigengewicht, Temperatur, Wind und Schnee beansprucht werden.
- Für absturzsichernde Verglasungen und begehbare Verglasungen sind zusätzliche Anforderungen zu berücksichtigen.
- Die Oberkante der Verglasung darf maximal 20 m über OK-Gelände liegen.
- Die maximalen Abmessungen der Glastafel betragen 2500 mm × 3000 mm.
- Als *Randklemmhalter* werden Halter bezeichnete, die den Rand einer Verglasung U-förmig umschließen, vgl. Abb. 7.73.
- Als *Tellerhalter* werden Halter mit zwei Tellern bezeichnet, die über einen Bolzen durch eine zylindrische Glasbohrung miteinander verbunden sind, vgl. Abb. 7.73. Tellerhalter bedürfen einer allgemeinen bauaufsichtlichen Zulassung, wenn sie nicht nach bauaufsichtlich bekannt gemachten Technischen Baubestimmungen nachgewiesen werden können.

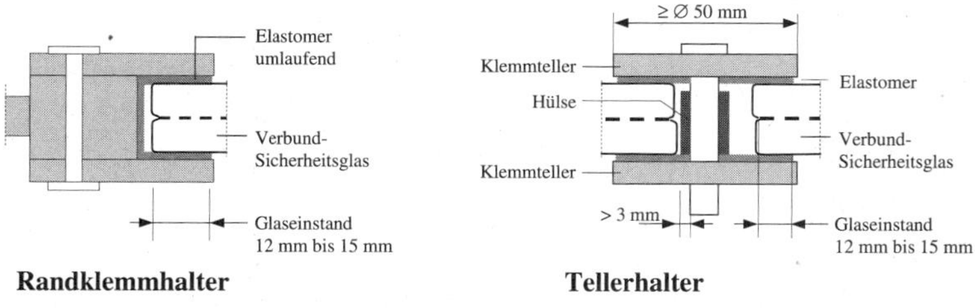

Abb. 7.73 Prinzipskizze Randklemmhalter und Tellerhalter

7.2 Bauprodukte

Zulässige Glaserzeugnisse:

a) Verbund-Sicherheitsglas (VSG) mit Übereinstimmungsnachweis nach Bauregelliste A (BRL A) Teil 1 lfd. Nr. 11.8 bestehend aus:
   ESG nach BRL A Teil 1 lfd. Nr. 11.4.1 oder
   ESG-H nach BRL A Teil 1 lfd. Nr. 11.4.2.

b) VSG aus teilvorgespanntem Glas (TVG) nach allg. bauaufsichtlicher Zulassung.

c) Zweischeibige Isolierverglasung, die durch Randklemmhalter gehalten ist, mit Übereinstimmungsnachweis nach BRL A Teil 1 lfd. Nr. 11.5.2, 11.6 und 11.7 mit mindestens einer Scheibe aus VSG nach a) oder b). Wenn die zweite Scheibe nicht der Verkehrsfläche zugewandt ist, darf diese aus ESG-H bestehen.

d) Bohrungsoberflächen müssen glatt und riefenfrei sein. Ein Kantenversatz infolge zweiseitiger Bohrung darf 0,5 mm nicht überschreiten. Die Ränder von Bohrungen sind auf beiden Seiten der Scheibe mit einer Fase von 0,5 bis 1,0 mm unter 45° zu säumen.

- Die Dicken der Scheiben von VSG dürfen sich höchstens um den Faktor 1,5 unterscheiden.
- Die zur Herstellung von VSG verwendete PVB-Folie muss mindestens 0,76 mm betragen.
- Die Punkthalter müssen aus nichtrostendem Stahl mit geeigneter Korrosionswiderstandsklasse, mindestens jedoch Korrosionswiderstandsklasse II, bestehen.

7.3 Allgemeine Anforderungen

- Die Verglasungskonstruktion ist zwängungsfrei zu montieren. Unter Betriebsbedingungen (Lasteinwirkung, Temperatur, Verformungen/Nachgiebigkeit der tragenden Konstruktion) darf kein Kontakt zwischen Glas und Glas und zwischen sonstigen harten Bauteilen entstehen.
- Jede einzelne Glasscheibe ist in allen Richtungen formschlüssig zu halten.
- Alle zur Verwendung kommenden Glasscheiben müssen sowohl vor als auch nach dem Einbau eben sein.
- Freie Glasränder dürfen maximal 300 mm über die von den Glashaltern aufgespannte Innenfläche auskragen, vgl. Abb. 7.74a.

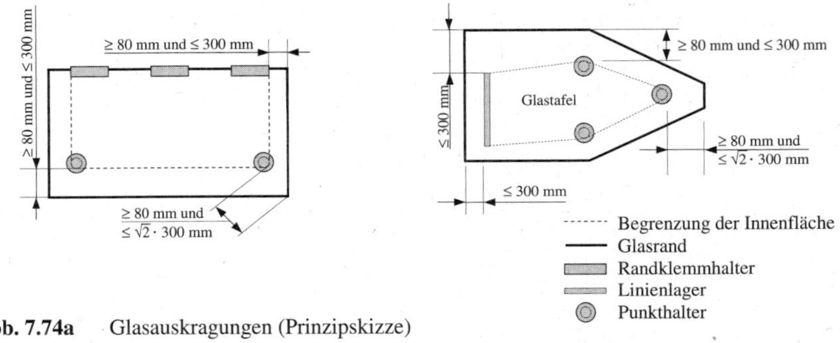

Abb. 7.74a Glasauskragungen (Prinzipskizze)

- Verglasungen dürfen sich nicht mehr als 1/100 der maßgebenden Stützweite durchbiegen.
- Abstände von Bohrungen für Tellerhalter müssen den Angaben nach Abb. 7.74b entsprechen.
- Für Tellerhalter sind die Abmessungen von Tellerdurchmesser, Glaseinstand und Hülsendicke entsprechend Abb. 7.73 festzulegen.
- Jede punktgelagerte VSG-Scheibe ist durch mindestens drei Punkthalter zu lagern. Der größte eingeschlossene Winkel des von den drei Punkthaltern aufgespannten Dreiecks darf 120° nicht überschreiten, vgl. Abb. 7.74b.
- Zur Befestigung der Verglasung verwendete Schraubenverbindungen sind gegen selbstständiges Lösen zu sichern.

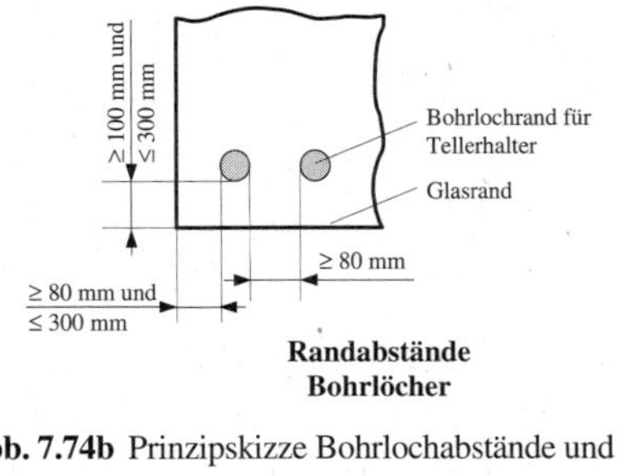

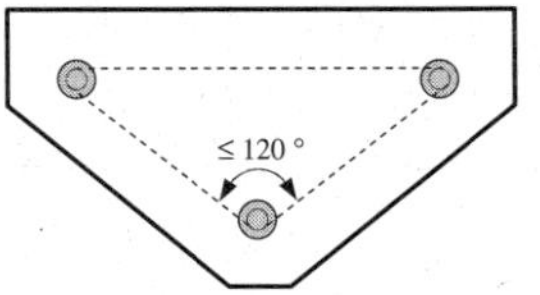

Abb. 7.74b Prinzipskizze Bohrlochabstände und Winkeldefinition für punktgelagerte VSG-Scheiben

7.4 Einwirkungen, Standsicherheits-, Gebrauchstauglichkeitsnachweise

- Die für den Nachweis der Standsicherheit und Gebrauchstauglichkeit anzusetzenden Einwirkungen ergeben sich aus den technischen Baubestimmungen.
- Alle relevanten Einflüsse (z.B. Spannungskonzentrationen am Bohrlochrand, Exzentrizitäten, Verformungen der Unterkonstruktion, Steifigkeiten der Zwischenschichten von Teller und Hülse, Grenztemperaturen von –20 C° bis +80 C° sind bei der rechnerischen Ermittlung der maßgebenden Beanspruchungen für die Bemessung zu berücksichtigen.

- Ein günstig wirkender Schubverbund zwischen den Einzelscheiben von VSG bzw. dem Randverbund von Isolierverglasungen darf nicht angesetzt werden. Ein ungünstig wirkender Schubverbund ist für die Bemessung im Lastfall „voller Schubverbund" zu berücksichtigen.
- Bei den Nachweisen von Isolierverglasungen sind Klimalasten zu berücksichtigen.
- Die zulässigen Hauptzugspannungen für die verwendete Glasart sind der TRLV und im Falle von VSG aus TVG der entsprechenden bauaufsichtlichen Zulassung zu entnehmen.
- Die Tragfähigkeit der Glashalterung muss auf Basis der Technischen Baubestimmungen rechnerisch nachgewiesen werden.

7.5 Zusätzliche Anforderungen an Vertikalverglasungen

- Bei Vertikalverglasungen muss die Glaseinstandstiefe von Randklemmhaltern mindestens 25 mm betragen. Die glasüberdeckte Klemmfläche je Halterung darf 1000 mm^2 nicht unterschreiten.
- Bei Vertikalverglasungen ist die Anwendung von Kombinationen aus linienförmiger Lagerung nach der TRLV und punktförmiger Lagerung zulässig. Hierbei dürfen zwei Punkthalter durch ein Linienlager ersetzt werden. Außer bei Isolierverglasungen darf die Verglasung zur Befestigung von Klemmleisten durchbohrt werden.

7.6 Zusätzliche Anforderungen an Überkopfverglasungen

- Für Einfachverglasungen ist VSG aus TVG aus gleich dicken Glasscheiben, mindestens 2 × 6 mm, und PVB-Folie mit einer Nenndicke von mindestens 1,52 mm zu verwenden.
- Der von äußeren Punkthaltern eingeschlossene Scheibenbereich darf, außer durch Bohrungen für innen liegende Punkthalter, nicht durch sonstige Bohrungen, Öffnungen oder Ausschnitte geschwächt sein, vgl. Abb. 7.75.
- Es müssen Tellerhalter nach Abb. 7.73 verwendet werden.
- Das maximale Stützraster bei gleichmäßig verteilter Schneelast kleiner 1,0 kN/m^2 ist entsprechend Tafel 7.75 festzulegen. Diese Tabelle ersetzt nicht die in jedem Fall zu führenden statischen Nachweise.

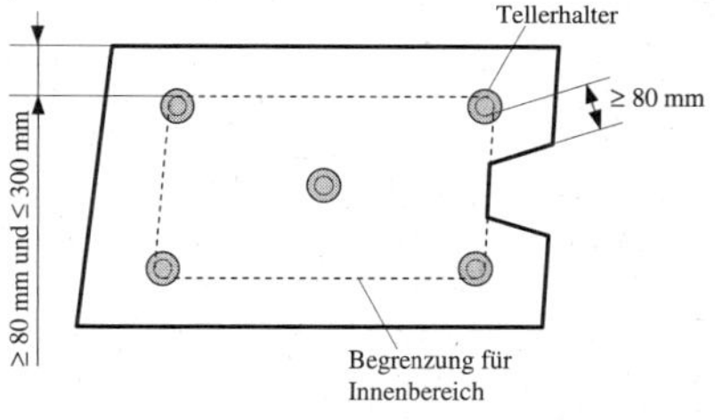

Abb. 7.75 Innenbereiche punktförmig gestützter Überkopfverglasungen

Tafel 7.75 Maximal zulässiges Stützraster der Glasaufbauten für rechteckige[1)] Raster mit nachgewiesener Resttragfähigkeit

Tellerdurchmesser in mm	Minimale Glasdicke für TVG in mm	Stützweite in mm Richtung 1	Stützweite in mm Richtung 2
70	2 × 6	900	750
70	2 × 8	1100	750
60	2 × 8	950	750
70	2 × 10	1400	1000
60	2 × 10	1000	900

1) Bei von der Rechteckform abweichenden Glastafeln ist das umschließende Rechteck maßgebend.

8 Begehbare Verglasungen

Für begehbare Verglasungen gibt es derzeit keine Technischen Baubestimmungen, sodass für ihre Verwendung stets eine Allgemeine baurechtliche Zulassung oder Zustimmung im Einzelfall erforderlich ist. Nach den Empfehlungen sind planmäßig begehbare Verglasungen in der Regel aus VSG mit mindestens drei Glasschichten herzustellen.

- *Begehbare Verglasungen* sind Konstruktionen, die *planmäßig* durch Personenverkehr belastet werden können, wie z. B. Treppen, Podeste und Galerien.
- *Betretbare Verglasungen* sind Gläser, die nur zu Reinigungszwecken betreten werden dürfen. Für sie gelten die Regeln für *Überkopfverglasungen*.

9 Glasbemessung bei Reparatur-Verglasungen

Bei Reparatur-Verglasungen sollte die vorhandene Glasdicke mindestens den zum Zeitpunkt der Errichtung geltenden Regelwerken entsprechen. Bei Abweichungen gelten die Regeln für den Bestandschutz, d. h., die ursprüngliche Glasdicke kann ersetzt und die Auflagerung unverändert übernommen werden. Ein Bestandschutz gilt nicht, wenn

- die Sicherheit oder Gesundheit der Allgemeinheit gefährdet ist (MBO – § 83 „Bestehende bauliche Anlagen"),
- der Glasbruch ursächlich auf eine falsche Bemessung bzw. Auflagerung zum Zeitpunkt der Errichtung zurückzuführen ist,
- Forderungen aus anderen Gesetzen im Einzelfall andere Festlegungen nach sich ziehen,
- der Glasbruch nachweislich auf zu dünn bemessene Scheiben zurückzuführen ist.

10 Baurechtliche Grundlagen

10.1 Zustimmung im Einzelfall

Nach dem Bauordnungsrecht werden

- *geregelte,*
- *nichtgeregelte* und
- *sonstige Bauprodukte*

unterschieden. Für geregelte Glasprodukte kann die Konstruktion und Berechnung nach dem allgemein anerkannten Stand der Technik, i. Allg. festgelegt in Normen, Richtlinien und Regelwerken, durchgeführt und den zuständigen Behörden zur Prüfung vorgelegt werden.

Bauprodukte, die nicht den in der *Bauregelliste A* (vgl. Tafel 7.78) des *Deutschen Instituts für Bautechnik* (DIBt) bekannt gemachten technischen Regeln entsprechen oder von ihnen wesentlich abweichen, werden nur genehmigt, wenn eine *Allgemeine bauaufsichtliche Zulassung* oder *Prüfzeugnis* vorliegt oder eine **Zustimmung im Einzelfall** (ZiE) erteilt wird. Gleiches gilt für Bauprodukte, für die es keine Regel gibt, und für die sonstigen Bauprodukte, die nicht in der *Bauregelliste A* aufgenommen sind.

Im Unterschied zur *Allgemeinen bauaufsichtlichen Zulassung*, die nur durch das DIBt erteilt werden kann und die bundesweit für alle zugelassenen Anwendungen eines Glasprodukts oder einer Bauart Gültigkeit hat, gilt die *Zustimmung im Einzelfall* nur bei einem ganz bestimmten Bauvorhaben für ein *nichtgeregeltes* oder *sonstiges* Glasbauteil.

Beispiele für Glaskonstruktionen und Glasprodukte, für die eine *ZiE* erforderlich ist, sind:

- punktförmig gelagerte Fassaden und Überkopfverglasungen, soweit nicht durch Erlasse freigestellt
- Structural Glazing
- absturzsichernde Verglasung, soweit nicht durch Erlasse freigestellt
- begehbares Glas
- betretbare Verglasung
- tragende Glasbauteile.

Die Beantragung der *ZiE* erfolgt durch den Bauherrn in Zusammenarbeit mit Planern und Fachingenieuren bei der *obersten Baubehörde* (OBB) des Bundeslandes, in dem das Projekt/Bauvorhaben durchgeführt werden soll. Die Adressen der entscheidungsbefugten Baubehörden sind in der Tafel 7.77 angegeben. Folgende Unterlagen und Anlagen sind erforderlich:

- Antragsgegenstand (Bauprodukt bzw. Bauart)
- Bauvorhaben mit Aktenzeichen und Baugenehmigung
- Antragsteller und/oder Bauherr
- zuständige Bauaufsichtsbehörde
- Aufsteller der Standsicherheitsnachweise
- Prüfingenieur für Baustatik, falls zum Zeitpunkt der Antragstellung bekannt
- Konstruktionszeichnungen
- Nachweis der Standsicherheit und der Gebrauchstauglichkeit
- falls vorhanden, Versuchsberichte anderer Bauvorhaben, wenn diese auf den vorliegenden Fall übertragbar sind
- ggf. eine gutachtliche Stellungnahme durch einen Sachverständigen; es ist zu beachten, dass der Aufsteller der Statik nicht gleichzeitig als Gutachter für die beantragte Verglasung tätig sein darf.

Tafel 7.77 Adressen der obersten Baubehörden

Bundesland	oberste Baubehörde
Baden-Württemberg	Wirtschaftsministerium – Oberste Baubehörde – Theodor-Heuss-Straße 4, 70174 Stuttgart Tel.: 0711/123-0, 0711/123-3378
Bayern	Oberste Baubehörde im Bayerischen Staatsministerium des Innern Franz-Josef-Strauß-Ring 4, 80539 München Tel.: 089/2192-202, 089/2192-3485
Berlin	Senatsverwaltung für Bauen, Wohnen und Verkehr – Abt. VI – Württembergische Str. 6-10, 10707 Berlin Tel.: 030/90-0, 030/90-125704
Brandenburg	Ministerium für Stadtentwicklung, Wohnen und Verkehr – Bauabteilung – Dortustr. 30-33, 14411 Potsdam Tel.: 0331/866-8668343, 0355/7828-113
Bremen	Freie Hansestadt Bremen – Der Senator für Bau, Umwelt und Verkehr – Ansgaritorstr. 2, 28195 Bremen Tel.: 0421/361-1, 0421/361-2506
Hansestadt Hamburg	Freie und Hansestadt Hamburg, Amt für Bauordnung und Hochbau Stadthausbrücke 8, 20355 Hamburg Tel.: 040/4284-0, 040/4284-2278
Hessen	Ministerium für Wirtschaft, Verkehr und Landesentwicklung, Abt. VI 1 Friedrich-Ebert-Allee 12, 65185 Wiesbaden Tel.: 0611/353-631, 0611/353-296
Mecklenburg-Vorpommern	Ministerium für Arbeit und Bau des Landes Mecklenburg-Vorpommern Schlossstr. 6-8, 19053 Schwerin Tel.: 0385/588-0, 0385/588-3620
Niedersachsen	Niedersächsisches Sozialministerium Hinrich-Wilhelm-Kopf-Platz 2, 30159 Hannover Tel.: 0511/1202-1, 0511/1202-928
Nordrhein-Westfalen	Ministerium für Bauen und Wohnen des Landes Nordrhein-Westfalen Elisabethstraße 5-11, 40217 Düsseldorf Tel.: 0211/3843-0, 0211/3843-389
Rheinland-Pfalz	Ministerium der Finanzen des Landes Rheinland-Pfalz Kaiser-Friedrich-Str. 1, 55116 Mainz Tel.: 06131/16-1, 06131/16-4234
Saarland	Ministerium für Umwelt, Energie und Verkehr des Saarlandes Hardenbergstr. 8, 66119 Saarbrücken Tel.: 0681/501-1, 0681/501-4766
Sachsen	Staatsministerium des Inneren des Freistaates Sachsen Archivstr. 1, 01097 Dresden Tel.: 0351/564-0, 0351/564-3537
Sachsen-Anhalt	Ministerium für Wohnungswesen, Städtebau und Verkehr Turmschanzenstr. 30, 39114 Magdeburg Tel.: 0391/56701
Schleswig-Holstein	Innenministerium des Landes Schleswig-Holstein, Landeshaus Düsternbrooker Weg 92, 24105 Kiel Tel.: 0431/988-0, 0431/988-3330
Thüringen	Thüringer Ministerium für Wirtschaft und Infrastruktur Johann-Sebastian-Bach-Str. 1, 99005 Erfurt Tel.: 0361/342-0, 0361/3797642

10.2 Geregelte Bauprodukte aus Glas

In Tafel 7.78 sind die geregelten Bauprodukte aus Glas, entsprechend Bauregelliste A, Teil 1 (2005/1) Stand (01.05), angegeben.

Tafel 7.78 Auszug aus der Bauregelliste A, Teil 1 (2005/1), DIBt-Mitteilungen (01/05)

Lfd. Nr.	Glasprodukt	Technische Regeln (Ausgabe)	Übereinstimmungsnachweis	Verwendbarkeitsnachweis bei Abweichung von den technischen Regeln
11.1	Spiegelglas	DIN 1249-3:1980-02 Zusätzlich gilt: DIN 1249-10:1990-08, DIN 1249-11:1986-09.	ÜH	Z
11.2	Gussglas	DIN 1249-4:1981-08 Zusätzlich gilt: DIN 1249-10:1990-08, DIN 1249-11:1986-09.	ÜH	Z
11.4.1	Einscheiben-Sicherheitsglas (ESG)	DIN 1249-12:1990-09	ÜHP	Z
11.4.2	Heißgelagertes Einscheiben-Sicherheitsglas (ESG-H)	DIN 1249-12:1990-09 Zusätzl. gilt Anlage 11.4.	ÜZ	Z
11.5.2	Luftgefülltes Mehrscheiben-Isolierglas ohne Beschichtung	DIN 1286-1: 1994-03 ohne Fußnote 2 Zusätzl. gilt Anlage 11.1 ohne Abschnitt 5.2.	ÜHP	P
11.6	Gasgefülltes Mehrscheiben-Isolierglas ohne oder mit Beschichtung	DIN 1286-2:1989-05 ohne Fußnote 4 Zusätzl. gilt Anlage 11.1.	ÜZ gilt auch für Nichtserienfertigung	Z
11.7	Luftgefülltes Mehrscheiben-Isolierglas mit Beschichtung	DIN 1286-1:1994-03 ohne Fußnote 2 Zusätzl. gilt Anlage 11.1.	ÜZ gilt auch für Nichtserienfertigung	Z
11.8	Verbund-Sicherheitsglas mit PVB-Folie	DIN EN ISO 12543-2, -5, -6: 1998-08 Zusätzl. gilt Anlage 11.3.	ÜHP	Z
11.9	Vorgefertigte absturzsichernde Verglasung nach TRAV, deren Tragfähigkeit unter stoßartigen Einwirkungen bereits nachgewiesen wurde (Abschnitt 6.3) oder rechnerisch nachweisbar ist (Abschn. 6.4)	Technische Regeln für die Verwendung von absturzsichernden Verglasungen TRAV, 2003-01, außer den Abschnitten 6.2 und 6.3.2 b und c	ÜH	Z

Bezeichnungen:
- ÜH Übereinstimmungserklärung des Herstellers
- ÜHP Übereinstimmungserklärung des Herstellers nach Prüfung des Bauproduktes durch eine anerkannte Prüfstelle
- ÜZ Übereinstimmungserklärung durch eine anerkannte Zertifizierungsstelle
- Z Allgemeine bauaufsichtliche Zulassung
- P Allgemeines bauaufsichtliches Prüfzeugnis

Hinweis: Profilbauglas und teilvorgespanntes Glas (TVG) werden durch Allgemeine bauaufsichtliche Zulassungen geregelt.

Tafel 7.78 Auszug aus der Bauregelliste A, Teil 1 (2005/1) (Fortsetzung)

Lfd. Nr.	Glasprodukt	Technische Regeln	Übereinstimmungsnachweis	Verwendbarkeitsnachweis bei Abweichung von den techn. Regeln
11.10 neu	Basiserzeugnisse aus Kalk-Natronsilicatglas nach EN 572-9 – Floatglas – Poliertes Drahtglas – Gezogwenes Flachglas – Ornamentglas – Drahtornamentglas – Profilbauglas	Anlage 11.5	ÜH	Z
11.11 neu	Beschichtetes Glas nach EN 1096-4	Anlage 11.6	ÜH	Z
11.12 neu	Thermisch vorgespanntes Kalknatron-Einscheibensicherheitsglas nach EN 12 150-2	Anlage 11.7	ÜHP	Z
Erläuterungen s. Seite vorher				

10.3 Glaskonstruktionen und Regelwerke

Bauaufsichtliche Regelwerke für die Verwendung von Glas als tragendes Material existieren nur für ausgewählte Konstruktionen. Tafel 7.79 enthält eine Zusammenstellung von Glaskonstruktionen und zugehörige Regelwerke.

Tafel 7.79 Glaskonstruktionen und Regelwerke aus [7.43]

Konstruktion	Regelwerk	Status
linienförmig gelagerte Verglasung	Technische Regel für die Verwendung von linienförmig gelagerten Verglasungen (TRLV), Ausgabe 09.98	bauaufsichtlich eingeführt
hinterlüftete Außenwandbekleidungen aus Einscheiben-Sicherheitsglas (ESG)	DIN 18 516-4, Ausgabe 02.90 Außenwandbekleidungen hinterlüftet	bauaufsichtlich eingeführt
geklebte, lastabtragende Glasfassaden (Structural Sealant Glazing Systems, SSGS)	Richtlinie für europäische Zulassungen (ETA), Ausgabe 1997	Grundlage für Zulassungen, sonst ZiE[1)]
absturzsichernde Verglasungen	Technische Regel für die Verwendung von absturzsichernden Verglasungen (TRAV), 01.2003	bauaufsichtlich eingeführt
zu Reinigungszwecken betretbare Überkopfverglasungen	–	Zulassung, ZiE
begehbare Verglasungen	–	Zulassung, ZiE
punktförmig gelagerte Eingangs- o. Schaufensterüberdachungen aus Glas für rechteckige Flächen < 1,6 m^2 aus VSG o. TVG	Nachweiserleichterung in einigen Bundesländern	Zulassung, ZiE
punktförmig gelagerte Verglasungen	–	Zulassung, ZiE
sonstige tragende Glasbauelemente, z. B. Balken, Glaselemente zur Aussteifung, Stützen	–	Zulassung, ZiE

[1)] ZiE Zustimmung im Einzelfall.

Abweichend von den Angaben der Tafel 7.79 können durch die OBB der einzelnen Bundesländer zusätzliche Sonderregelungen und Nachweiserleichterungen (vgl. z. B. [7.51]) festgelegt sein, die bei den betreffenden Stellen zu erfragen sind.

8 A Stahlbau nach DIN 18 800 (11.90)
8 B Betriebsfestigkeit
8 C Kranbahnen nach DIN 4132 und DIN 18 800
8 D Verbundbau nach DIN 18 800-5
8 E Stähle im Bauwesen
8 F Trapezprofile und Sandwichbauteile
8 G Stahlbauprofile

Inhaltsverzeichnis

8 A Stahlbau nach DIN 18 800 (11.90)

Prof. Dr.-Ing. Otto Oberegge und Dipl.-Ing. Hans-Peter Hockelmann

1 Werkstoffe

Tafel 8.2a Mechanische Eigenschaften warmgewalzter Flach- und Langerzeugnisse aus unlegierten Baustählen, Auszug aus DIN EN 10 025-2 (4.05)

Stahlsorte nach DIN EN 10 027-1		**S235 JR**[1]	**S235JRG**[1]	**S235 JRG2**	**S235 JO**	**S355 JO**
Werkst.-Nr. nach DIN EN 10 027-2		1.0037	1.0036	1.0038	1.0114	1.0553
Bezeichnung in DIN 18800 (11.90)		St 37-2	USt 37-2	RSt 37-2	St 37-3 U	St 52-3 U
Stahlart [2]		BS	BS	BS	QS	QS
Desoxidationsart [3]		freigestellt	FU	FN	FN	FN
Zugfestigkeit [4] R_m in N/mm² für Nenndicken t in mm	$3 \le t \le 100$	-	340–470	340–470	340–470	490–630
	$100 < t \le 150$	-	-	-	340–470	470–630
	$150 < t \le 250$	-	-	-	320–470	450–630
Mindestwert der oberen Streckgrenze [4] R_{eH} in N/mm² für Nenndicken t in mm	$t \le 16$	235	235	235	235	355
	$16 < t \le 40$	225	225	225	225	345
	$40 < t \le 63$	-	-	215	215	335
	$63 < t \le 80$	-	-	215	215	325
	$80 < t \le 100$	-	-	215	215	315
	$100 < t \le 150$	-	-	195	195	295
	$150 < t \le 200$	-	-	185	185	285
	$200 < t \le 250$	-	-	175	175	275
Mindestwert der Bruchdehnung [5] A in % für Nenndicken t in mm	$3 \le t \le 40$	26 (24)	26 (24)	26 (24)	26 (24)	22 (20)
	$40 < t \le 63$	25 (23)	25 (23)	25 (23)	25 (23)	21 (19)
	$63 < t \le 100$	24 (22)	24 (22)	24 (22)	24 (22)	20 (18)
	$100 < t \le 150$	22 (22)	22 (22)	22 (22)	22 (22)	18 (18)
	$150 < t \le 250$	21 (21)	21 (21)	21 (21)	21 (21)	17 (17)
Mindestwert der Kerbschlagarbeit in J für Nenndicken t in mm	$10 \le t \le 150$	-	27 bei 20 °C	27 bei 20 °C	27 bei 0 °C	27 bei 0 °C
	$150 < t \le 250$	-	-	23 bei 20 °C	23 bei 0 °C	23 bei 0 °C

[1] Nur in Nenndicken $t \le 25$ mm lieferbar. [2] BS Grundstahl, QS Qualitätsstahl.
[3] FU unberuhigt; FN unberuhigt nicht zulässig; FF vollberuhigt.
[4] Die Tabellenwerte für den Zugversuch gelten für Längsproben, bei Band, Blech und Breitflachstahl in Breiten ≥ 600 mm für Querproben.
[5] Die Tabellenwerte für den Zugversuch gelten für Längsproben, die Werte in Klammern für Querproben bei Band, Blech und Breitflachstahl in Breiten ≥ 600 mm.

Tafel 8.2b Mechanische Eigenschaften von Schraubenwerkstoffen
Auszug aus DIN EN ISO 898-1 (11.99)

Eigenschaft		Festigkeitsklasse				
		4.6	5.6	8.8 $d \le 16$ mm	8.8 $d > 16$ mm	10.9
Zugfestigkeit R_m in N/mm²	Nennwert	400	500	800	800	1000
	min	400	500	800	830	1040
Untere Streckgrenze R_{eL} in N/mm²	Nennwert	240	300	-	-	-
	min	240	300	-	-	-
0,2-%-Dehngrenze $R_{p0,2}$ in N/mm²	Nennwert	-	-	640	640	900
	min	-	-	640	660	940
Bruchdehnung A in %		22	20	12	12	9

2 Grundlagen der Berechnung nach DIN 18 800 (11.90)

2.1 Regelwerke

Die Normenreihe DIN 18 800 besteht aus folgenden Teilen:

DIN 18 800-1	Stahlbauten, Bemessung und Konstruktion
DIN 18 800-1/A1	Änderung A1
DIN 18 800-2	Stahlbauten, Stabilitätsfälle, Knicken von Stäben und Stabwerken
DIN 18 800-2/A1	Änderung A1
DIN 18 800-3	Stahlbauten, Stabilitätsfälle, Plattenbeulen
DIN 18 800-3/A1	Änderung A1
DIN 18 800-4	Stahlbauten, Stabilitätsfälle, Schalenbeulen
DIN 18 800-7	Ausführung und Herstellerqualifikation

Das dieser Norm zugrunde liegende Sicherheitskonzept ist auf die zu erwartende europäische Norm abgestimmt. Die Anpassungsrichtlinie Stahlbau [8.32] enthält Festlegungen zu einzelnen Normelementen sowie Regelungen zur Anwendung von Fachnormen und DASt-Richtlinien, die noch auf dem alten Sicherheitskonzept basieren.

Die probeweise Anwendung der Vornorm DIN V ENV 1993 Teil 1-1 Ausgabe 4.93 (Eurocode 3), deren Regelungsumfang weitgehend DIN 18 800-1 und -2 entspricht, ist ebenfalls erlaubt. Hierbei sind die in der „Richtlinie zur Anwendung von DIN V ENV 1993-1-1" (DASt-Ri 103 Ausgabe 11.93) enthaltenen Regelungen zu beachten.

2.2 Begriffe, Größen und anzunehmende Werte

- **Einwirkungen** sind Ursachen von Kraft- und Verformungsgrößen in einem Tragwerk. Allgemein werden diese mit F (engl. force) bezeichnet. Nach ihrer zeitlichen Veränderlichkeit sind zu unterscheiden:

  G ständige Einwirkungen
  Q veränderliche Einwirkungen
  F_A außergewöhnliche Einwirkungen.

  Wahrscheinliche Baugrundbewegungen sind wie ständige Einwirkungen G, Temperaturänderungen wie veränderliche Einwirkungen Q und der Anprall von Fahrzeugen wie außergewöhnliche Einwirkungen F_A zu behandeln.
- **Einwirkungsgrößen** sind die zur Beschreibung der Einwirkungen verwendeten Größen.
- **Widerstand** ist im Sinne der Norm der Widerstand eines Tragwerkes, seiner Bauteile und Verbindungen gegen Einwirkungen.
- **Widerstandsgrößen** sind aus geometrischen Größen und Werkstoffkennwerten abgeleitete Größen. Allgemein werden diese mit M (engl. material) gekennzeichnet. Festigkeiten und Steifigkeiten sind z. B. Widerstandsgrößen.
- **Bemessungswerte** sind diejenigen Werte der Einwirkungs- und Widerstandsgrößen, die für die Nachweise anzunehmen sind. Sie beschreiben einen Fall ungünstiger Einwirkungen auf Tragwerke mit ungünstigen Eigenschaften. Ungünstigere Fälle sind in der Realität nur mit sehr geringer Wahrscheinlichkeit zu erwarten. Bemessungswerte werden im Allgemeinen durch den Index d (engl. design) gekennzeichnet.

– **Bemessungswerte von Einwirkungen** werden aus den charakteristischen Werten der Einwirkungen durch Multiplikation mit den Teilsicherheitsbeiwerten γ_F und den Kombinationsbeiwerten ψ berechnet: $F_d = \gamma_F \cdot \psi \cdot F_k$. Die Beanspruchungen werden aus Grund- und eventuell zusätzlichen Grundkombinationen der Bemessungswerte von Einwirkungsgrößen berechnet.

– **Bemessungswerte von Widerstandsgrößen** sind im Allgemeinen – eine Ausnahme ist das Nachweisverfahren Plastisch-Plastisch – aus den charakteristischen Werten der Widerstandsgrößen M_k durch Division durch den Teilsicherheitsbeiwert γ_M zu berechnen: $M_d = M_k / \gamma_M$.

- **Charakteristische Werte für Einwirkungs- und Widerstandsgrößen** sind die Bezugsgrößen für die Bemessungsgrößen. Als charakteristische Werte für Einwirkungen gelten die Werte der einschlägigen Normen über Lastannahmen. Charakteristische Werte von Festigkeiten, z. B. Streckgrenze $f_{y,k}$ (y: engl. yieldpoint) und Zugfestigkeit $f_{u,k}$ (u: engl. ultimate), können den Tafeln 8.4a und 8.4b entnommen werden. Charakteristische Werte von Steifigkeiten, z. B. $(E \cdot I)_k$, $(E \cdot A)_k$ und $(G \cdot A_S)_k$ sind mit den Nennwerten der Querschnittswerte und dem charakteristischen Wert für den Elastizitätsmodul E und den Schubmodul G zu berechnen.

Tafel 8.4a Charakteristische Werte für Walzstahl und Stahlguss

Stahl		Erzeugnisdicke t mm	Streckgrenze $f_{y,k}$ N/mm²	Zugfestigkeit $f_{u,k}$ N/mm²	E-Modul E N/mm²	Schubmodul G N/mm²	Temperaturdehnzahl α_T K^{-1}
Baustahl	S235	$t \leq 40$	240	360			
		$40 < t \leq 100$	215				
	S275	$t \leq 40$	275	410			
		$40 < t \leq 80$	255				
	S355	$t \leq 40$	360	490			
		$40 < t \leq 80$	335				
Feinkornbaustahl	S275N u. NL M u. ML	$t \leq 40$	275	370			
		$40 < t \leq 80$	255				
	S355N u. NL	$t \leq 40$	360	470			
		$40 < t \leq 80$	335				
	M u. ML	$t \leq 40$	360	450			
		$40 < t \leq 80$	335				
	S460N u. NL	$t \leq 40$	460	550			
		$40 < t \leq 80$	430				
	M u. ML	$t \leq 40$	460	530	210 000	81 000	$12 \cdot 10^{-6}$
		$40 < t \leq 80$	430				
Vergütungsstahl	C35+N	$t \leq 16$	300	550			
		$16 < t \leq 100$	270	520			
	C45+N	$t \leq 16$	340	620			
		$16 < t \leq 100$	305	580			
Gusswerkstoffe	CS-38	$t \leq 100$	200	380			
	GS-45		230	450			
	GS-52		260	520			
	GS 16 Mn 5 N	$t \leq 50$	260	430			
		$50 < t \leq 100$	230				
	GS 20 Mn 5 N	$t \leq 50$	300	500			
		$50 < t \leq 100$	280				
	GS 20 Mn 5 V	$t \leq 50$	360				
		$50 < t \leq 100$	300				
	EN-GJS-400-15	$t \leq 60$	250	390	169 000	46 000	$12{,}5 \cdot 10^{-6}$
	EN-GJS-400-18		250				
	EN-GJS-400-18-LT		230				
	EN-GJS-400-18-RT		250				

Tafel 8.4b Charakteristische Werte der Schraubenwerkstoffe

Charakteristischer Wert	Festigkeitsklasse 4.6	5.6	8.8	10.9
Streckgrenze $f_{y,b,k}$ in N/mm²	240	300	640	900
Zugfestigkeit $f_{u,b,k}$ in N/mm²	400	500	800	1000

- **Teilsicherheitsbeiwerte** γ_F und γ_M berücksichtigen die Streuung der Einwirkungen F und der Widerstandsgrößen M

Tafel 8.5a Größen der Teilsicherheitsbeiwerte der Einwirkungen γ_F

γ_F	Anwendung
1,35	für ständige Einwirkungen G
1,5	für ungünstig wirkende veränderliche Einwirkungen Q
1,0	wenn ständige Einwirkungen G Beanspruchungen aus veränderlichen Einwirkungen Q verringern, z. B. beim Tragsicherheitsnachweis von Dächern bei Windsog
1,0	wenn neben einer außergewöhnlichen Einwirkung F_A ständige Einwirkungen G und veränderliche Einwirkungen Q wirken, für alle drei Einwirkungen
Für Tragwerke vom Typ Waagebalken gilt:	
1,1	wenn Teile ständiger Einwirkungen die Beanspruchungen aus veränderlichen Einwirkungen erhöhen
0,9	wenn Teile ständiger Einwirkungen die Beanspruchungen aus veränderlichen Einwirkungen verringern zur Untersuchung einer zusätzlichen Grundkombination

Tafel 8.5b Größen der Teilsicherheitsbeiwerte der Widerstandsgrößen γ_M

γ_M	Anwendung
1,1	zur Berechnung der Bemessungswerte der Festigkeiten beim Nachweis der Tragsicherheit
1,1	zur Berechnung der Bemessungswerte der Steifigkeiten beim Nachweis der Tragsicherheit
1,0	ist erlaubt, falls sich eine abgeminderte Steifigkeit weder erhöhend auf die Beanspruchung noch ermäßigend auf die Beanspruchbarkeit auswirkt
1,0	ist erlaubt zur Berechnung der Bemessungswerte der Steifigkeiten, falls kein Nachweis der Biegeknick- und Biegedrillknicksicherheit erforderlich ist
1,0	bei der Berechnung von Schnittgrößen aus Zwängungen nach der Elastizitätstheorie, wenn γ_M = 1,1 die Zwängungsbeanspruchungen reduzieren würde
1,0	für den Nachweis der Gebrauchstauglichkeit, wenn **keine** Gefahr für Leib und Leben besteht
1,1	für den Nachweis der Gebrauchstauglichkeit, wenn Gefahr für Leib und Leben besteht

- **Kombinationsbeiwerte** ψ berücksichtigen die Wahrscheinlichkeit des gleichzeitigen Auftretens von Einwirkungen

Tafel 8.5c Größen der Kombinationsbeiwerte ψ

ψ	Anwendung
1,0	für ständige Einwirkungen
1,0	bei der Berücksichtigung von jeweils nur **einer** veränderlichen Einwirkung bei der Bildung einer Grundkombination
0,9	bei der Berücksichtigung **aller** ungünstig wirkenden veränderlichen Einwirkungen bei der Bildung einer Grundkombination

- **Einwirkungskombinationen**

Zur Berechnung der Beanspruchungen aus Einwirkungen sind Einwirkungskombinationen zu bilden. Es werden Grundkombinationen, zusätzliche Grundkombinationen und außergewöhnliche Kombinationen unterschieden.

Grundkombination 1

Ständige Einwirkungen G und **alle** ungünstig wirkenden veränderlichen Einwirkungen Q_i.

$$G_d = \gamma_F \cdot \psi \cdot G_k = 1{,}35 \cdot 1{,}0 \cdot G_k = 1{,}35 \cdot G_k$$
$$Q_{i,d} = \gamma_F \cdot \psi \cdot Q_{i,k} = 1{,}5 \cdot 0{,}9 \cdot Q_{i,k} = 1{,}35 \cdot Q_{i,k}$$

Anmerkung: Vertikale Verkehrslasten nach DIN 1055-3 gelten als **eine** Einwirkung Q_i.

Grundkombination 2

Ständige Einwirkungen G und **eine** ungünstig wirkende veränderliche Einwirkung Q_i.

$$G_d = \gamma_F \cdot \psi \cdot G_k = 1{,}35 \cdot 1{,}0 \cdot G_k = 1{,}35 \cdot G_k$$
$$Q_{i,d} = \gamma_F \cdot \psi \cdot Q_{i,k} = 1{,}5 \cdot 1{,}0 \cdot Q_{i,k} = 1{,}5 \cdot Q_{i,k}$$

Zusätzliche Grundkombinationen,

– wenn ständige Einwirkungen Beanspruchungen aus veränderlichen Einwirkungen verringern:
$G_d = \gamma_F \cdot \psi \cdot G_k = 1{,}0 \cdot 1{,}0 \cdot G_k = 1{,}0 \cdot G_k$

– wenn die Teile ständiger Einwirkungen die Beanspruchungen aus veränderlichen Einwirkungen vergrößern: $G_d = \gamma_F \cdot \psi \cdot G_k = 1{,}1 \cdot 1{,}0 \cdot G_k = 1{,}1 \cdot G_k$ verkleinern: $G_d = \gamma_F \cdot \psi \cdot G_k = 0{,}9 \cdot 1{,}0 \cdot G_k = 0{,}9 \cdot G_k$

Außergewöhnliche Kombinationen

Ständige Einwirkungen, alle ungünstig wirkenden veränderlichen Einwirkungen und eine außergewöhnliche Einwirkung.

$$G_d = \gamma_F \cdot \psi \cdot G_k = 1{,}0 \cdot 1{,}0 \cdot G_k = 1{,}0 \cdot G_k$$
$$Q_{i,d} = \gamma_F \cdot \psi \cdot Q_{i,k} = 1{,}0 \cdot 0{,}9 \cdot Q_{i,k} = 0{,}9 \cdot Q_{i,k}$$
$$F_{A,d} = \gamma_F \cdot \psi \cdot F_{A,k} = 1{,}0 \cdot 1{,}0 \cdot F_{A,k} = 1{,}0 \cdot F_{A,k}$$

Beispiel: Zusammenstellung der Einwirkungskombinationen für ein System

Statisches System mit den charakteristischen Werten der Einwirkungen

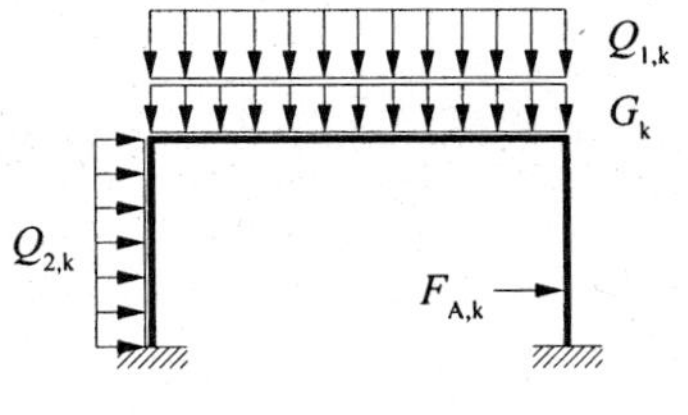

Grundkombination 1

$G_d = 1{,}35 \cdot G_k$
$Q_{1,d} = 1{,}5 \cdot 0{,}9 \cdot Q_{1,k} = 1{,}35 \cdot Q_{1,k}$
$Q_{2,d} = 1{,}5 \cdot 0{,}9 \cdot Q_{2,k} = 1{,}35 \cdot Q_{2,k}$

Grundkombination 2

2.1 $G_d = 1{,}35 \cdot G_k$
$Q_{1,d} = 1{,}5 \cdot Q_{1,k}$

2.2 $G_d = 1{,}35 \cdot G_k$
$Q_{2,d} = 1{,}5 \cdot Q_{2,k}$

Außergewöhnliche Kombination

$G_d = 1{,}0 \cdot G_k$
$Q_{1,d} = 1{,}0 \cdot 0{,}9 \cdot Q_{1,k} = 0{,}9 \cdot Q_{1,k}$
$Q_{2,d} = 1{,}0 \cdot 0{,}9 \cdot Q_{2,k} = 0{,}9 \cdot Q_{2,k}$
$F_{A,d} = 1{,}0 \cdot 1{,}0 \cdot F_{A,k} = 1{,}0 \cdot F_{A,k}$

- **Beanspruchungen S_d** (S: engl. stress) sind die von den Bemessungswerten der Einwirkungen F_d verursachten Zustandsgrößen (vorhandene Größen) in einem Tragwerk. Zustandsgrößen sind Momentenschnittgrößen M_x, M_y, M_z, Kraftschnittgrößen N, V_y, V_z, Verschiebungen u, v, w und Verdrehungen (siehe Abb. 8.7).

- **Grenzzustände** können auf Bauteile, Querschnitte, Werkstoffe und Verbindungsmittel bezogen sein. Zu unterscheiden sind:
  – Beginn des Fließens
  – Durchplastizieren eines Querschnittes
  – Ausbilden einer Fließgelenkkette
  – Bruch.

  Es sind Zustände des Tragwerks, die den Bereich der Beanspruchung, in dem das Tragwerk tragsicher bzw. gebrauchstauglich ist, begrenzen.

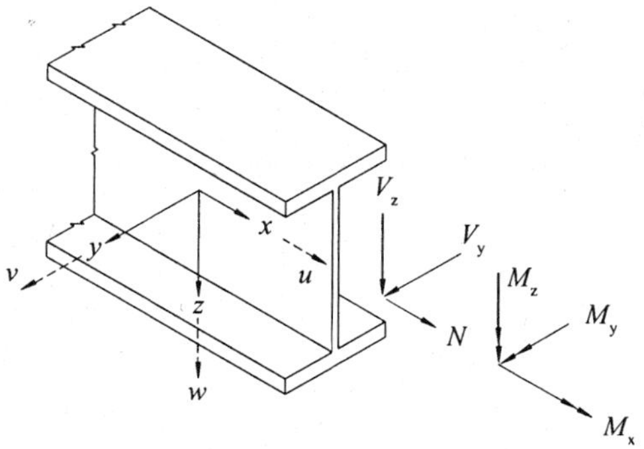

Anmerkung: Querkräfte werden mit V bezeichnet, um Verwechslungen mit der veränderlichen Einwirkung Q zu vermeiden.

Abb. 8.7 Koordinaten, Verschiebungs- und Schnittgrößen

- **Beanspruchbarkeiten R_d** (R: engl. resistance) sind die zu den Grenzzuständen gehörenden Zustandsgrößen. Sie sind mit den Bemessungswerten der Widerstandsgrößen M_d zu berechnen und werden als **Grenzgrößen** bezeichnet.
  Beanspruchbarkeiten sind z. B. Grenzspannungen, Grenzschnittgrößen, Grenzabscherkräfte von Schrauben.

Beispiel:

Ermittlung des Grenzbiegemoments bezogen auf die y-Achse eines Walzprofils IPE 500 aus S235

1. elastischer Zustand

$M_{el,y,d} = W_y \cdot \sigma_{R,d}$; $\sigma_{R,d} = f_{y,k} / \gamma_M$

$M_{el,y,d} = 1930 \cdot 24 \cdot 10^{-2} / 1{,}1$

$= 421$ kNm

2. plastischer Zustand

$M_{pl,y,d} = W_{pl,y} \cdot \sigma_{R,d}$; $W_{pl,y} = \alpha_{pl,y} \cdot W_y$

$\alpha_{pl,y}$ plastischer Formbeiwert

$M_{pl,y,d} = 1{,}14 \cdot 1930 \cdot 24 \cdot 10^{-2} / 1{,}1 = 480$ kNm

2.3 Nachweisverfahren

- **Nachweis der Tragsicherheit**
  Der Tragsicherheitsnachweis belegt, dass das Tragwerk und seine Teile während der Errichtung und geplanten Nutzung gegen Versagen ausreichend sicher sind. Es dürfen während der Nutzung keine die Standsicherheit beeinträchtigenden Veränderungen – z. B. Korrosion – eintreten. Der Tragsicherheitsnachweis ist geführt, wenn nachgewiesen ist, dass der Quotient Beanspruchung S_d zu Beanspruchbarkeit R_d kleiner oder gleich 1 ist.

  $$S_d / R_d \leq 1$$

  Tragsicherheitsnachweise können nach einem den Grenzzuständen entsprechenden Verfahren geführt werden.

Tafel 8.7 Übersicht über die Nachweisverfahren

Verfahren	Ermittlung der Beanspruchungen S_d nach	Ermittlung der Beanspruchbarkeiten R_d nach
Elastisch-Elastisch (E-E)	Elastizitätstheorie	Elastizitätstheorie
Elastisch-Plastisch (E-P)	Elastizitätstheorie	Plastizitätstheorie
Plastisch-Plastisch (P-P)	Plastizitätstheorie	Plastizitätstheorie

Bei den Nachweisen sind grundsätzlich folgende Einflüsse zu berücksichtigen:
- Tragwerksverformungen
- geometrische Imperfektionen
- Schlupf in Verbindungen
- planmäßige Außermittigkeiten.

- **Tragwerksverformungen** sind zu berücksichtigen, wenn sie zu einer Vergrößerung der Beanspruchungen führen. Hierbei sind die Gleichgewichtsbedingungen am verformten System (Theorie II. Ordnung) anzusetzen, wenn die Vergrößerung der Schnittgrößen infolge der nach Theorie I. Ordnung ermittelten Verformungen mehr als 10 % beträgt. Bei druckbeanspruchten Stäben und Stabwerken können Abtriebskräfte zu einer Vergrößerung der Beanspruchungen führen. Ob in diesen Fällen die Beanspruchungen nach Theorie II. Ordnung zu ermitteln sind, kann anhand der in Abschnitt 2.4 dargestellten Abgrenzungskriterien entschieden werden.

- **Geometrische Imperfektionen,** die durch Abweichungen von den planmäßigen Maßen verursacht werden können, sind bei druckbeanspruchten Stäben und Stabwerken durch den Ansatz von Stabdrehwinkeln zu berücksichtigen.

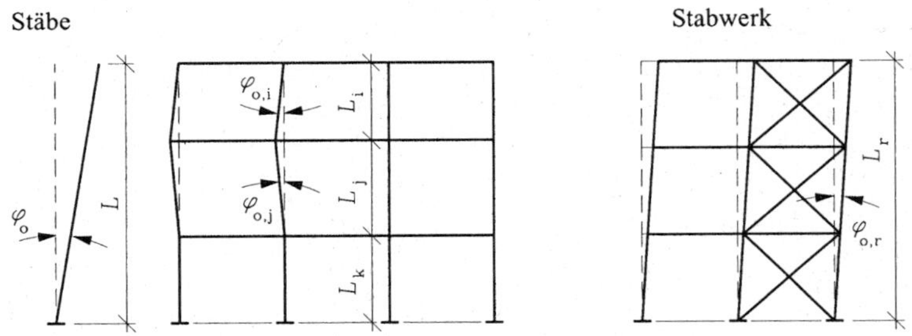

Abb. 8.8a Winkel der Vorverdrehung φ_o bei Stäben und Stabwerken

Allgemein gilt:

$$\boxed{\varphi_o = 1/400 \cdot r_1 \cdot r_2}$$ Reduktionsfaktoren: $r_1 = \sqrt{5/L} \leq 1$; $r_2 = 0{,}5\,(1 + \sqrt{1/n})$

L Länge des Stabes oder Stabzuges, für den Stabdrehwinkel anzusetzen sind ($L > 5$ m).

n Anzahl der unabhängigen Ursachen für Vorverdrehungen von Stäben und Stabzügen. Bei Rahmen ist n die Anzahl der Stiele in einem Stockwerk. Stiele, deren Normalkraft (Druck) kleiner als 25 % der maximalen Normalkraft im jeweiligen Geschoss ist, werden nicht mitgezählt.

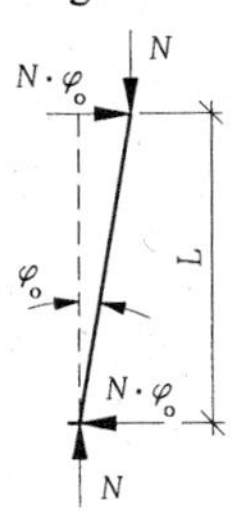

Beanspruchungen von Stabwerken mit geringen horizontalen Einwirkungen, die gemäß Abschnitt 2.4 nach Theorie I. Ordnung ermittelt werden dürfen, sind mit den 2fachen Imperfektionen zu berechnen. Geringe horizontale Einwirkungen liegen vor, wenn die ungünstigen horizontalen Einwirkungen kleiner sind als 1 / 400 der ungünstigen vertikalen Einwirkungen.

Imperfektionen können auch durch den Ansatz von Ersatzlasten berücksichtigt werden.

Nach DIN 18 800-2 (11.90) sind zusätzliche strukturelle Imperfektionen zu berücksichtigen.

Abb. 8.8b Berücksichtigung von Imperfektionen durch Ersatzlasten

- **Schlupf in Verbindungen** ist zu berücksichtigen, wenn die daraus resultierende Vergrößerung der Beanspruchungen offensichtlich nicht vernachlässigbar ist. Dies ist zum Beispiel bei Aussteifungsfachwerken mit Schraubverbindungen und kurzen Stäben der Fall. Bei Durchlaufträgern wird z. B. durch Laschenstöße der Flansche, die als SL-Verbindungen ausgeführt sind, die Durchlaufwirkung stark reduziert.

- **Planmäßige Außermittigkeiten**, die oft konstruktiv bedingt sind, müssen berücksichtigt werden. Dies ist z. B. der Fall, wenn die Schwerachsen der Füllstäbe bei Fachwerken keinen gemeinsamen Schnittpunkt mit der Schwerachse eines Gurtstabes haben.

2.4 Abgrenzungskriterien

Folgende Nachweise sind im Rahmen des Tragsicherheitsnachweises zu führen:

- Biegeknicknachweis nach DIN 18 800-2 (siehe Abschnitt 4.1)
- Biegedrillknicknachweis nach DIN 18 800-2 (siehe Abschnitt 4.1)
- Betriebsfestigkeitsnachweis.

- **Biegeknicknachweis**
  Der Nachweis darf entfallen, wenn die maßgebenden Biegemomente nach Theorie II. Ordnung nicht größer sind als die 1,1fachen maßgebenden Biegemomente nach Theorie I. Ordnung. Hiervon kann ausgegangen werden, wenn eine der folgenden Bedingungen erfüllt ist:

a) $\boxed{\dfrac{N_d}{0{,}1 \cdot N_{ki,d}} \leq 1}$ $\quad N_{ki,d} = \dfrac{\pi^2 \cdot (E \cdot I)_d}{s_k^{\,2}}; \quad (E \cdot I)_d = E \cdot I / \gamma_M; \quad s_k = \beta \cdot l$

b) $\boxed{\bar{\lambda}_k / (0{,}3 \sqrt{f_{y,d} / \sigma_{N,d}}) \leq 1}$ $\quad \bar{\lambda}_k = \lambda_k / \lambda_a; \quad \lambda_k = s_k / i; \quad \lambda_a = \pi \sqrt{E / f_{y,k}}; \quad \sigma_{N,d} = N_d / A$

c) $\boxed{\beta \cdot \varepsilon \leq 1}$ $\quad \varepsilon = l \sqrt{N_d / (E \cdot I)_d}$ Diese Bedingung muss für alle Stäbe erfüllt sein.

N_d Normalkraft (als Druckkraft positiv)
$\bar{\lambda}_k$ bezogener Schlankheitsgrad
λ_a Bezugsschlankheitsgrad; S235: $\lambda_a = 92{,}9$; S355: $\lambda_a = 75{,}9$

β Knicklängenbeiwert
l Systemlänge
ε Stabkennzahl

Beispiel:

Profil: HEA 400; S235
$N_d = 700$ kN
$l = 500$ cm
$\beta_y = 2$
Ausweichen senkrecht zur z-Achse sei ausgeschlossen.

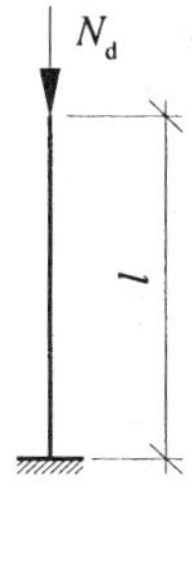

Bedingung a):

$$N_{ki,d} = \frac{\pi^2 \cdot 21\,000 \cdot 45\,070}{2^2 \cdot 500^2 \cdot 1{,}1} = 8\,492 \text{ kN}$$

$$\frac{N_d}{0{,}1 \cdot N_{ki,d}} = \frac{700}{0{,}1 \cdot 8\,492} = 0{,}82 < 1$$

Bedingung b):

$\lambda_a = \pi \sqrt{21\,000 / 24} = 92{,}93$

$\lambda_k = 2 \cdot 500 / 16{,}8 = 59{,}52$

$\bar{\lambda}_k = 59{,}52 / 92{,}93 = 0{,}641$

$\sigma_{N,d} = 700 / 159 = 4{,}40$ kN/cm²; $f_{y,d} = 24 / 1{,}1 = 21{,}8$ kN/cm²

$\bar{\lambda}_k / (0{,}3 \sqrt{f_{y,d} / \sigma_{N,d}}) = 0{,}641 / (0{,}3 \sqrt{21{,}8 / 4{,}40}) = 0{,}96 < 1$

Bedingung c):

$\varepsilon = 500 \sqrt{700 / (21\,000 \cdot 45\,070 / 1{,}1)} = 0{,}451$

$\beta \cdot \varepsilon = 2 \cdot 0{,}451 = 0{,}90 < 1$

Bei diesem Beispiel ist der Biegeknicknachweis nach DIN 18 800-2 (11.90) nicht erforderlich.

- **Biegedrillknicknachweis**

Der Nachweis nach DIN 18 800-2 darf entfallen

- bei Stäben mit Hohlquerschnitt;
- wenn Stäbe mit I-förmigem Querschnitt nur durch ein Biegemoment M_z beansprucht sind;
- wenn bei einfachsymmetrischen Querschnitten (Symmetrie zur z-Achse), die durch ein Biegemoment M_y beansprucht sind, der Druckgurt im Abstand c seitlich unverschieblich gehalten und die folgende Bedingung erfüllt ist:

$$c \leq 0{,}5\ \lambda_a \cdot i_{z,g} \cdot M_{pl,y,d} / M_{y,d}$$

$i_{z,g}$ Trägheitsradius um die Stegachse z der aus Druckgurt und 1/5 des Steges gebildeten Querschnittsfläche (siehe Tafel 8.42)

$M_{pl,y,d}$ Biegemoment im plastischen Zustand (siehe Tafel 8.23a)

$M_{y,d}$ größter Absolutwert des Biegemoments

Beispiel:

Profil IPEa 500; S235

$G_d + Q_d = 30$ kN/m; $c = 250$ cm

Der Druckgurt ist an den Auflagern sowie in den Punkten 1, 2 und 3 seitlich unverschieblich gehalten.

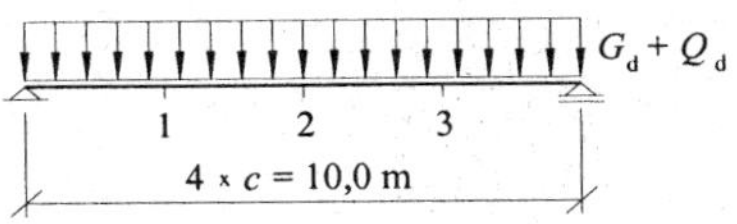

$M_{y,d} = 30 \cdot 10^2 / 8 = 375$ kNm

$M_{pl,y,d} = 430$ kNm

$i_{z,g} = 5{,}0$ cm

$\lambda_a = 92{,}93$

$0{,}5 \cdot 92{,}93 \cdot 5{,}0 \cdot 430 / 375 = 266$ cm

$c = 250 < 266$ cm

Der Biegedrillknicknachweis nach DIN 18 800-2 (11.90) kann bei diesem System entfallen.

- **Betriebsfestigkeitsnachweis**

Auf den Betriebsfestigkeitsnachweis darf verzichtet werden

- wenn als veränderliche Einwirkungen neben Schnee, Temperatur und Verkehrslasten nur Windlasten auftreten, die das Bauwerk nicht periodisch anfachen;
- wenn eine der folgenden Bedingungen erfüllt ist:

a) $\Delta\sigma_d < 26$ N/mm² — $\Delta\sigma_d = \max\ \sigma_d - \min\ \sigma_d$
Spannungsschwingbreite in N/mm² unter den Bemessungswerten der veränderlichen Einwirkungen für den Tragsicherheitsnachweis

b) $n < 5 \cdot 10^6 \cdot (26 / \Delta\sigma_d)^3$ — n Anzahl der Spannungsspiele

Bei der Berechnung von $\Delta\sigma_d$ brauchen die o. g. veränderlichen Einwirkungen nicht berücksichtigt zu werden. Wenn mehrere veränderliche Einwirkungen auftreten, darf $\Delta\sigma_d$ für die einzelnen Einwirkungen getrennt berechnet werden.

3 Trag-, Lage- und Gebrauchstauglichkeitsnachweise nicht stabilitätsgefährdeter Bauteile

3.1 Nachweisverfahren Elastisch-Elastisch (E-E)

- **Ermittlung der Beanspruchungen**
  Beim Nachweisverfahren E-E sind die Beanspruchungen nach der Elastizitätstheorie zu ermitteln.

- **Ermittlung der Grenzwerte grenz (*b*/*t*) der Querschnittsteile**
  Bei Einhaltung der Werte grenz (*b*/*t*) ist das volle Mitwirken der Querschnittsteile unter Druckspannungen gewährleistet. Ein Nachweis ausreichender Beulsicherheit nach DIN 18 800-3 (11.90) ist in diesem Fall nicht erforderlich. Die Querschnitte werden in ein- bzw. zweiseitig gelagerte Plattenstreifen eingeteilt und nachgewiesen.

- **Zweiseitig gelagerte Plattenstreifen** (z. B. Stege von Walz-, Schweiß- und Hohlprofilen)

Lagerung Spannungsverteilung

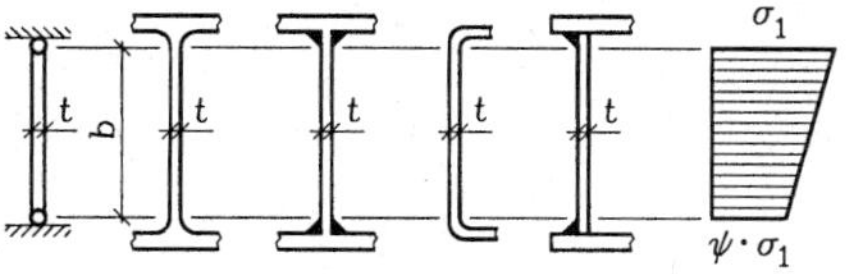

σ_1 größte Druckspannung im betrachteten Plattenstreifen in N/mm²
ψ Spannungsverhältnis (Druck: positiv; Zug: negativ)

Walzprofile $b = h - (2 \cdot t + 2 \cdot r)$; Schweißprofile $b = h - \left(2 \cdot t + 2 \cdot a \cdot \sqrt{2}\right)$;
a Kehlnahtdicke nach Abschnitt 5

Für $-1 < \psi \leq 0$ gilt: $\text{grenz}\,(b/t) = 420{,}4\sqrt{\left(7{,}81 - 6{,}29 \cdot \psi + 9{,}78 \cdot \psi^2\right) \cdot \frac{1}{\sigma_1 \cdot \gamma_M}}$; mit σ_1 in N/mm²

Für $0 < \psi \leq 1$ gilt: $\text{grenz}\,(b/t) = 420{,}4\left(1 - 0{,}278 \cdot \psi - 0{,}025 \cdot \psi^2\right)\sqrt{\frac{8{,}2}{\psi + 1{,}05} \cdot \frac{1}{\sigma_1 \cdot \gamma_M}}$

Sonderfälle

$M_y = 0$; $N \neq 0$ (reine Druckbeanspruchung)

$\psi = 1$ $\quad \text{grenz}\,(b/t) = 37{,}8\sqrt{\frac{240}{\sigma_1 \cdot \gamma_M}}$

$M_y \neq 0$; $N = 0$ (reine Biegebeanspruchung)

$\psi = -1$ $\quad \text{grenz}\,(b/t) = 133\sqrt{\frac{240}{\sigma_1 \cdot \gamma_M}}$

Tafel 8.11 Grenz (*b*/*t*) zweiseitig gelagerter Plattenstreifen mit $t \leq 40$ mm und $\sigma_1 = \sigma_{R,d}$

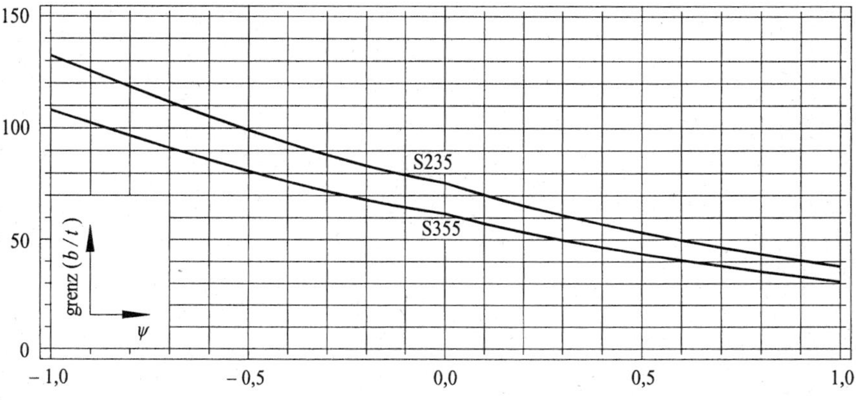

- **Nachweis**

vorh $(b/t) \leq$ grenz (b/t)

vorh (b/t) für I-förmige Walzprofile siehe Tafel 8.12

Beispiel:

Profil IPE 500, S235
Beanspruchungen:
$M_{y,d}$ = 340 kNm
$N_{x,d}$ = 470 kN (Druck)

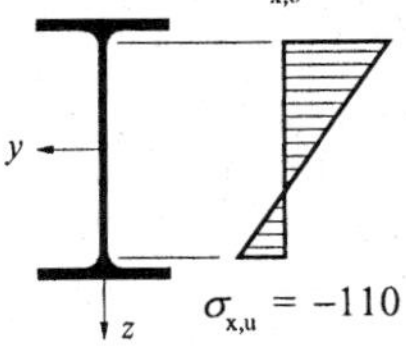

Berechnung der Normalspannungen siehe Seite 8.14
$\sigma_1 = \sigma_{x,o}$ = 191 N/mm²
$\psi = \sigma_{x,u} / \sigma_{x,o} = -110 / 191 = -0{,}58$
Berechnung von grenz (b/t)

$$420{,}4\sqrt{\left[7{,}81 - 6{,}29\cdot(-0{,}58) + 9{,}78\cdot(-0{,}58)^2\right]\cdot\frac{1}{191\cdot 1{,}1}} = 111$$

grenz (b/t) = 111
vorh (b/t) = <u>41,8 < 111</u> (vorh $(b/t)_{Steg}$ nach Tafel 8.12)

Ein Nachweis der Beulsicherheit nach DIN 18 800-3 (11.90) ist in diesem Fall nicht erforderlich.

Tafel 8.12 Verhältnisse vorh (b/t) zum Nachweis der Schlankheit des Steges von Walzprofilen vorh $(b/t)_{Steg}$

Nenn-höhe	I	IPEa	IPE	IPEo	IPEv	HEAA	HEA	HEB	HEM
80	15,1	-	15,7	-	-	-	-	-	-
100	16,7	-	18,2	-	-	13,3	11,2	9,33	4,67
120	18,0	24,6	21,2	-	-	17,6	14,8	11,4	5,92
140	19,1	29,5	23,9	-	-	21,4	16,7	13,1	7,08
160	19,8	31,8	25,4	-	-	23,1	17,3	13,0	7,43
180	20,6	34,0	27,5	24,3	-	24,4	20,3	14,4	8,41
200	21,2	35,3	28,4	25,6	-	24,4	20,6	14,9	8,93
220	21,7	35,5	30,1	26,9	-	25,3	21,7	16,0	9,81
240	22,1	36,6	30,7	27,2	-	25,2	21,9	16,4	9,11
260	22,1	-	-	-	-	27,2	23,6	17,7	9,83
270	-	39,9	33,3	29,3	-	-	-	-	-
280	22,3	-	-	-	-	28,0	24,5	18,7	10,6
300	22,3	40,8	35,0	31,1	-	27,7	24,5	18,9	9,90
320	22,4	-	-	-	-	28,1	25,0	19,6	10,7
330	-	41,7	36,1	31,9	-	-	-	-	-
340	22,5	-	-	-	-	28,6	25,6	20,3	11,6
360	22,3	45,2	37,3	32,5	-	29,0	26,1	20,9	12,4
400	22,4	47,3	38,5	34,1	31,2	31,4	27,1	22,1	14,2
450	22,4	49,8	40,3	34,4	30,5	34,4	29,9	24,6	16,4
500	22,4	50,7	41,8	35,5	30,0	37,1	32,5	26,9	18,6
550	23,4	52,0	42,1	36,8	27,3	38,1	35,0	29,2	20,9
600	22,5	52,4	42,8	34,3	28,6	40,5	37,4	31,4	23,1
650	-	-	-	-	-	42,7	39,6	33,4	25,4
700	-	-	-	-	-	44,8	40,1	34,2	27,7
800	-	-	-	-	-	48,1	44,9	38,5	32,1
900	-	-	-	-	-	51,3	48,1	41,6	36,7
1000	-	-	-	-	-	54,3	52,6	45,7	41,3

vorh $(b/t)_{Steg} = (h - 2\cdot t - 2\cdot r) / s$

- **Einseitig gelagerte Plattenstreifen** (z. B. Flansche von Walz- und Schweißprofilen)

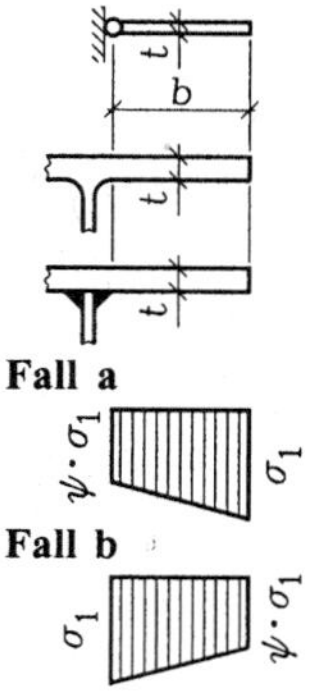

Fall a: Größte Druckspannung am freien Rand (siehe Tafel 8.13a)

Für $\boxed{-1 \leq \psi \leq 1}$ gilt: $\text{grenz}\,(b/t) = 305\sqrt{\dfrac{0{,}57 - 0{,}21 \cdot \psi + 0{,}07 \cdot \psi^2}{\sigma_1 \cdot \gamma_M}}$

Fall b: Größte Druckspannung am gelagerten Rand (siehe Tafel 8.13b)

Für $\boxed{-1 \leq \psi < 0}$ gilt: $\text{grenz}\,(b/t) = 305\sqrt{\dfrac{1{,}7 - 5 \cdot \psi + 17{,}1 \cdot \psi^2}{\sigma_1 \cdot \gamma_M}}$

Für $\boxed{0 \leq \psi \leq 1}$ gilt: $\text{grenz}\,(b/t) = 305\sqrt{\dfrac{0{,}578}{\psi + 0{,}34} \cdot \dfrac{1}{\sigma_1 \cdot \gamma_M}}$

σ_1 Größte Druckspannung im betrachteten Plattenstreifen in N/mm²

ψ Spannungsverhältnis (Druck: positiv; Zug: negativ)

Tafel 8.13a Grenz (b/t) einseitig gelagerter Plattenstreifen mit $t \leq 40$ mm und $\sigma_1 = \sigma_{R,d}$
Fall a: Größte Druckspannung am freien Rand

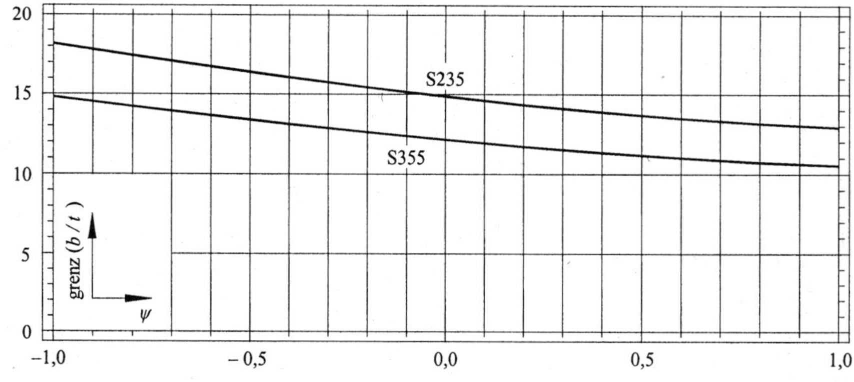

Tafel 8.13b Grenz (b/t) einseitig gelagerter Plattenstreifen mit $t \leq 40$ mm und $\sigma_1 = \sigma_{R,d}$
Fall b: Größte Druckspannung am gelagerten Rand

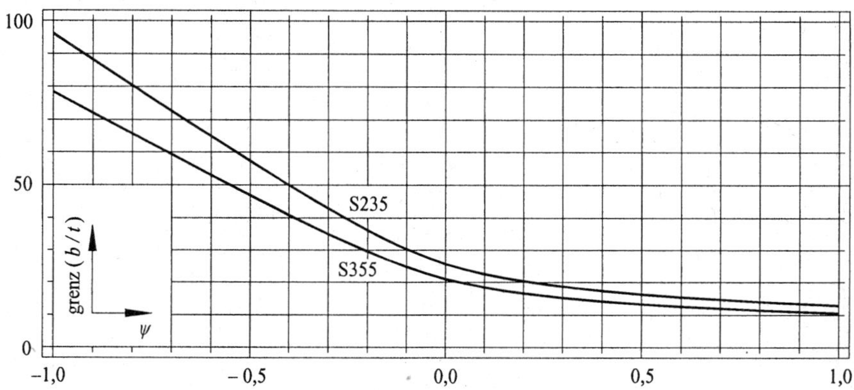

- **Nachweis** $\boxed{\text{vorh } (b/t) \leq \text{grenz } (b/t)}$

Tafel 8.14 Verhältnisse vorh (*b/t*) zum Nachweis der Schlankheit des Flansches von Walzprofilen vorh $(b/t)_{\text{Flansch}}$

Nenn-höhe	I	IPEa	IPE	IPEo	IPEv	HEAA	HEA	HEB	HEM
80	2,57	-	3,10	-	-	-	-	-	-
100	2,68	-	3,24	-	-	6,53	4,44	3,50	1,75
120	2,77	4,53	3,62	-	-	8,35	5,69	4,07	2,13
140	2,84	4,93	3,93	-	-	9,31	6,50	4,54	2,48
160	2,90	5,08	3,99	-	-	8,96	6,89	4,69	2,65
180	2,95	5,28	4,23	3,78	-	9,67	7,58	5,05	2,95
200	2,99	5,11	4,14	3,78	-	9,91	7,88	5,17	3,10
220	3,02	5,26	4,35	3,99	-	10,5	8,05	5,45	3,36
240	3,05	5,11	4,28	3,94	-	10,6	7,94	5,53	2,94
260	3,01	-	-	-	-	10,8	8,18	5,77	3,11
270	-	5,72	4,82	4,04	-	-	-	-	-
280	2,92	-	-	-	-	11,3	8,62	6,15	3,36
300	2,86	6,19	5,28	4,49	-	11,4	8,48	6,18	3,01
320	2,79	-	-	-	-	10,8	7,65	5,72	2,93
330	-	5,88	5,07	4,35	-	-	-	-	-
340	2,74	-	-	-	-	10,3	7,17	5,44	2,93
360	2,67	5,54	4,96	4,31	-	9,88	6,74	5,19	2,91
400	2,59	5,46	4,79	4,20	3,70	9,10	6,18	4,84	2,90
450	2,50	5,36	4,75	3,95	3,56	8,74	5,58	4,46	2,90
500	2,43	5,16	4,62	3,89	3,21	8,41	5,09	4,13	2,89
550	2,38	4,87	4,39	3,75	2,99	7,82	4,86	3,98	2,89
600	2,32	4,63	4,21	3,35	2,89	7,55	4,66	3,84	2,88
650	-	-	-	-	-	7,30	4,47	3,71	2,88
700	-	-	-	-	-	6,85	4,29	3,58	2,86
800	-	-	-	-	-	6,28	4,02	3,37	2,78
900	-	-	-	-	-	5,63	3,73	3,16	2,76
1000	-	-	-	-	-	5,33	3,60	3,07	2,76

$$\text{vorh } (b/t)_{\text{Flansch}} = (b/2 - s/2 - r)/t$$

- **Normalspannung**

– Normalspannung an einer beliebigen Querschnittsstelle:

$$\sigma_x = \frac{N}{A} + \frac{M_y}{I_y} \cdot z - \frac{M_z}{I_z} \cdot y$$

– Maximale Normalspannung bei doppeltsymmetrischen Querschnitten:

$$\sigma_x = \frac{N}{A} \pm \frac{M_y}{W_y} \pm \frac{M_z}{W_z}$$

– Erlaubnis örtlich begrenzter Plastizierung für Stäbe mit doppeltsymetrischem I-Querschnitt: Wenn für diese Querschnitte die Nachweise vorh $(b/t) \leq$ grenz (b/t) nach dem Verfahren E-P (siehe Seite 8.21) erfüllt sind, darf die Normalspannung σ_x wie folgt berechnet werden:

$$\sigma_x = \left| \frac{N}{A} \pm \frac{M_y}{\alpha^*_{\text{pl,y}} \cdot W_y} \pm \frac{M_z}{\alpha^*_{\text{pl,z}} \cdot W_z} \right|$$

Für α^*_{pl} ist der jeweilige plastische Formbeiwert $\alpha_{\text{pl}} \leq 1{,}25$ einzusetzen. Für gewalzte I-Profile darf $\alpha^*_{\text{pl,y}} = 1{,}14$ und $\alpha^*_{\text{pl,z}} = 1{,}25$ angenommen werden.

Nachweis $\boxed{\sigma_d / \sigma_{R,d} \leq 1}$ bzw. $\boxed{\sigma_d / (1{,}1 \cdot \sigma_{R,d}) \leq 1}$ [1)] Grenznormalspannung $\sigma_{R,d} = f_{y,k} / \gamma_M$

Fußnote siehe Seite 8.15 unten.

- **Schubspannung**

Für doppeltsymmetrische I-Profile mit ausgeprägten Flanschen darf die Schubspannung infolge Querkraft V_z wie folgt berechnet werden:

$\tau = V_z / A_{Steg}$ (mittlere Schubspannung) mit $A_{Steg} = (h - t) \cdot s$ nach Tafel 8.16

Ausgeprägte Flansche liegen vor, wenn die Bedingung $A_{Gurt} / A_{Steg} > 0{,}6$ erfüllt ist. Für A_{Gurt} ist die Querschnittsfläche eines Gurtes bzw. Flansches einzusetzen.

Die maximale Schubspannung infolge V_z und V_y kann nach der Theorie für dünnwandige Querschnitte an den in der Skizze angegebenen Querschnittsstellen wie folgt bestimmt werden:

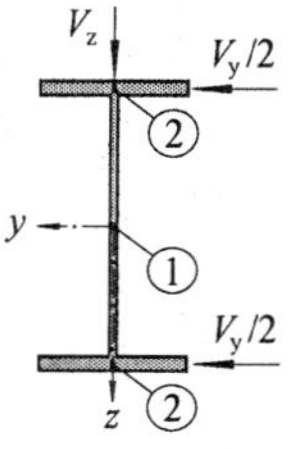

	Stelle 1	Stelle 2
a) V_z und V_y wirken nicht gleichzeitig	$\tau_1 = \dfrac{V_z \cdot S_y}{I_y \cdot s}$	$\tau_2 = \dfrac{V_y \cdot b^2/8}{I_z}$
b) Bei gleichzeitiger Wirkung von V_z und V_y	$\tau_1 = \left\lvert \dfrac{V_z \cdot S_y}{I_y \cdot s} \right\rvert$	$\tau_2 = \left\lvert \dfrac{V_z \cdot (h-t) \cdot b/4}{I_y} \pm \dfrac{V_y \cdot b^2/8}{I_z} \right\rvert$

Nachweis $\boxed{\tau_d / \tau_{R,d} \leq 1}$ bzw. $\boxed{\tau_d / (1{,}1 \cdot \tau_{R,d}) \leq 1}$ [1] Grenzschubspannung $\tau_{Rd} = f_{y,k} / (\sqrt{3} \cdot \gamma_M)$

- **Vergleichsspannung** (bei gleichzeitiger Wirkung mehrerer Spannungen)

– Allgemein gilt: $\sigma_v = \sqrt{\sigma_x^2 + \sigma_y^2 + \sigma_z^2 - \sigma_x \cdot \sigma_y - \sigma_x \cdot \sigma_z - \sigma_y \cdot \sigma_z + 3\,\tau_{xy}^2 + 3\,\tau_{xz}^2 + 3\,\tau_{yz}^2}$

– Für doppeltsymmetrische Profile mit I-Querschnitt und den Beanspruchungen N, M_y und V_z darf die Vergleichsspannung wie folgt berechnet werden:

$\sigma_v = \sqrt{\sigma^2 + 3\,\tau^2}$ mit $\sigma = \left\lvert \dfrac{N}{A} \pm \dfrac{M_y}{I_y} \cdot \dfrac{h-t}{2} \right\rvert$ und $\tau = V_z / A_{Steg}$ für $A_{Gurt} / A_{Steg} > 0{,}6$

Nachweis $\boxed{\sigma_{v,d} / \sigma_{R,d} \leq 1}$ Bei alleiniger Wirkung von σ_x und τ oder σ_y und τ ist der Nachweis erfüllt, wenn $\sigma_d / \sigma_{R,d} \leq 0{,}5$ oder $\tau_d / \tau_{R,d} \leq 0{,}5$ ist.

Erlaubnis örtlich begrenzter Plastizierung

– Allgemein darf in kleinen Bereichen die Vergleichsspannung $\sigma_{v,d}$ rechnerisch die Grenzspannung $\sigma_{R,d}$ um 10 % überschreiten. Für Stäbe mit Normalkraft und zweiachsiger Biegung kann ein kleiner Bereich unterstellt werden, wenn gleichzeitig gilt:

$\left\lvert \dfrac{N}{A} + \dfrac{M_y}{I_y} \cdot z \right\rvert \leq 0{,}8 \cdot \sigma_{R,d}$ und $\left\lvert \dfrac{N}{A} + \dfrac{M_z}{I_z} \cdot y \right\rvert \leq 0{,}8 \cdot \sigma_{R,d}$

Nachweis: $\boxed{\sigma_{v,d} / (1{,}1 \cdot \sigma_{R,d}) \leq 1}$

Der Vergleichsspannungsnachweis ist nicht maßgebend bei:

– Einfeldträgern mit Beanspruchung aus Gleichstreckenlast, wenn am Auflager der Schubspannungsnachweis und bei $l/2$ der Normalspannungsnachweis erfüllt ist;

– Rechteck- oder T-Querschnitten mit den Beanspruchungen M_y und V_z. Derartige Querschnitte liegen z. B. bei Trägerausklinkungen vor.

---

[1] Nach DIN 18 800-1/A1 (2.96) darf die Grenzspannung um 10 % erhöht werden, wenn die Erlaubnis örtlich begrenzter Plastizierung nicht in Anspruch genommen wird und kein Stabilitätsnachweis nach folgenden Normteilen zu führen ist:
Teil 2 → Prüfung anhand der Abgrenzungskriterien auf Seite 8.9 und 8.10;
Teil 3 → Nachweis vorh $(b/t) \leq$ grenz (b/t) nach Seite 8.11 bis 8.14;
Teil 4 → Nachweis vorh $(d/t) \leq$ grenz (d/t) nach DIN 18 800-1 Tabelle 14.

Tafel 8.16 Querschnittsfläche A_{Steg} in cm^2 zur Berechnung der mittleren Schubspannung τ für Walzprofile mit Beanspruchung durch V_z

A_{Steg}

Nenn-höhe	I	IPEa	IPE	IPEo	IPEv	HEAA	HEA	HEB	HEM
80	2,89	-	2,84	-	-	-	-	-	-
100	4,19	-	3,87	-	-	3,59	4,40	5,40	12,0
120	5,73	4,27	5,00	-	-	4,35	5,30	7,09	14,9
140	7,49	5,01	6,26	-	-	5,25	6,85	8,96	17,9
160	9,48	6,04	7,63	-	-	6,35	8,58	11,8	22,0
180	11,7	7,33	9,12	10,4	-	7,98	9,69	14,1	25,5
200	14,2	8,55	10,7	11,9	-	9,79	11,7	16,6	29,3
220	16,8	10,5	12,4	14,0	-	11,8	13,9	19,4	33,2
240	19,7	11,9	14,3	16,2	-	14,0	16,4	22,3	42,8
260	23,1	-	-	-	-	15,2	17,8	24,3	46,4
270	-	14,2	17,1	19,6	-	-	-	-	-
280	26,7	-	-	-	-	17,8	20,6	27,5	51,2
300	30,7	17,6	20,5	23,3	-	20,4	23,5	30,9	63,2
320	34,8	-	-	-	-	23,2	26,5	34,4	67,0
330	-	20,6	23,9	27,2	-	-	-	-	-
340	39,2	-	-	-	-	26,2	29,8	38,2	70,8
360	44,3	22,8	27,8	32,1	-	29,4	33,3	42,2	74,6
400	*54,5*	27,0	33,2	37,7	41,4	34,7	40,8	50,8	82,3
450	*69,0*	33,0	40,9	48,2	54,6	41,2	48,2	59,4	92,0
500	*85,1*	40,5	49,4	58,4	69,7	48,1	56,0	68,4	102
550	*98,8*	47,8	59,1	68,0	92,5	58,3	64,5	78,2	112
600	*123*	56,8	69,7	87,9	106	66,7	73,5	88,3	122
650	-	-	-	-	-	75,5	82,9	99,0	132
700	-	-	-	-	-	84,9	96,1	114	142
800	-	-	-	-	-	*105*	114	134	163
900	-	-	-	-	-	*128*	138	160	183
1000	-	-	-	-	-	*152*	*158*	*183*	*203*

$A_{Steg} = (h - t) \cdot s$ (bei *kursiv* gedruckten Werten ist $A_{Gurt} / A_{Steg} \leq 0{,}6$)

- **Beanspruchungen infolge Torsionseinwirkungen bei I-förmigen Profilen**
  (siehe auch Seite 4.37, Abschn. 2.3.2)

Wenn bei Torsionsbeanspruchung Verwölbungen an offenen Profilen behindert werden, treten neben den primären Schubspannungen aus St. Venant'scher Torsion zusätzliche sekundäre Schub-span-nungen und Wölbnormalspannungen auf (Wölbkrafttorsion). Diese zusätzlichen Spannungen entstehen bei Änderungen des Torsionsmomentes M_x in Stablängsrichtung oder bei einer Wölbbehinderung durch Stirnplatten. Außer für I-förmige Profile trifft dies auch für U- und Z-Profile zu.

Wölbfreie Querschnitte können nach der St. Venant'schen Torsionstheorie (siehe auch Seite 4.36, Abschn. 2.3.1) nachgewiesen werden. Hierzu zählen Winkel, T-Profile, Rohre und quadratische Hohlprofile. Rechteckige Hohlprofile gelten als wölbarm und können wie wölbfreie Querschnitte behandelt werden.

Folgende Querschnittswerte werden zur Berechnung der Torsionsbeanspruchungen benötigt:

λ Abklingfaktor; $\lambda = \sqrt{(G \cdot I_T) / (E \cdot I_\omega)}$ (siehe Tafel 8.20)
w_M Hauptverwölbung (siehe Tafel 8.19)
I_T Torsionsflächenmoment 2. Grades (siehe Tafel 8.47)
I_ω Wölbflächenmoment 2. Grades (siehe Tafel 8.46)

- **Zustandslinien ausgewählter Systeme mit I-förmigen Profilen unter Torsionsbeanspruchung**

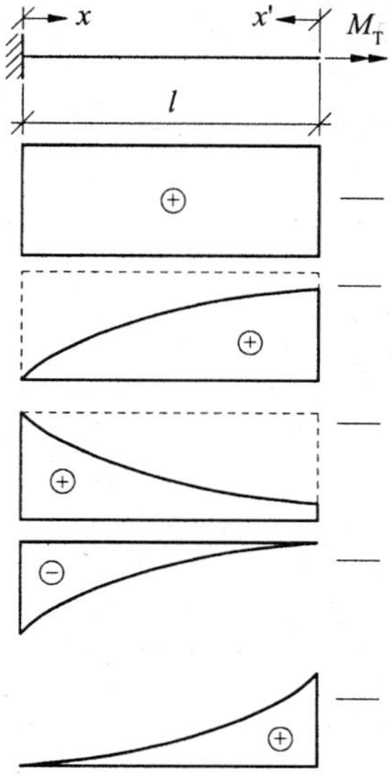

System 1 Kragträger mit Wölbbehinderung an der Einspannstelle

Beanspruchungen:

— $M_x = M_T = M_{x,p} + M_{x,s}$

— Primäres Torsionsmoment:

$$M_{x,p}(x') = M_x\left[1 - \frac{\cosh(\lambda \cdot x')}{\cosh(\lambda \cdot l)}\right] \quad M_{x,p}(l) = M_x\left[1 - \frac{1}{\cosh(\lambda \cdot l)}\right]$$

— Sekundäres Torsionsmoment:

$$M_{x,s}(x') = M_x\left[\frac{\cosh(\lambda \cdot x')}{\cosh(\lambda \cdot l)}\right] \quad M_{x,s}(x = 0) = M_x$$

— Wölbbimoment:

$$M_\omega(x') = -\frac{M_x}{\lambda}\left[\frac{\sinh(\lambda \cdot x')}{\cosh(\lambda \cdot l)}\right] \quad M_\omega(x = 0) = -\frac{M_x}{\lambda}\tanh(\lambda \cdot l)$$

— Verdrehung:

$$\vartheta(x) = \frac{M_x}{E \cdot I_\omega \cdot \lambda^3}\left[\lambda \cdot x - \frac{\sinh(\lambda \cdot l) - \sinh(\lambda \cdot x')}{\cosh(\lambda \cdot l)}\right]$$

$$\vartheta(x' = 0) = \frac{M_x}{E \cdot I_\omega \cdot \lambda^3}[\lambda \cdot l - \tanh(\lambda \cdot l)]$$

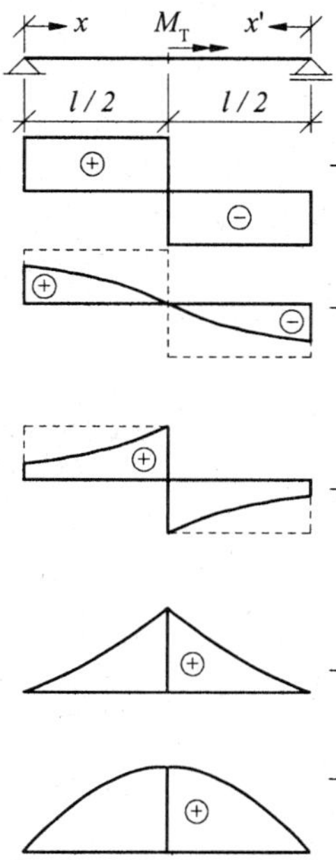

System 2 Einfeldträger mit Gabellagerung an den Auflagern

Beanspruchungen:

— $M_x = M_T / 2 = M_{x,p} + M_{x,s};\ 0 \le x \le l/2$

— Primäres Torsionsmoment:

$$M_{x,p}(x) = M_T\left[\frac{1}{2} - \frac{\sinh(\lambda \cdot l/2)}{\sinh(\lambda \cdot l)}\cosh(\lambda \cdot x)\right]$$

$$M_{x,p}(x = 0) = M_T\left[\frac{1}{2} - \frac{\sinh(\lambda \cdot l/2)}{\sinh(\lambda \cdot l)}\right]$$

— Sekundäres Torsionsmoment:

$$M_{x,s}(x) = M_T\frac{\sinh(\lambda \cdot l/2)}{\sinh(\lambda \cdot l)}\cosh(\lambda \cdot x)$$

$$M_{x,s}(l/2) = \frac{M_T}{2}$$

— Wölbbimoment:

$$M_\omega(x) = \frac{M_T}{\lambda} \cdot \frac{\sinh(\lambda \cdot l/2)}{\sinh(\lambda \cdot l)}\sinh(\lambda \cdot x)$$

$$M_\omega(l/2) = \frac{M_T}{\lambda} \cdot \frac{\sinh^2(\lambda \cdot l/2)}{\sinh(\lambda \cdot l)}$$

— Verdrehung:

$$\vartheta(x) = \frac{M_T}{E \cdot I_\omega \cdot \lambda^3}\left[\frac{\lambda \cdot x}{2} - \frac{\sinh(\lambda \cdot l/2)}{\sinh(\lambda \cdot l)}\sinh(\lambda \cdot x)\right]$$

$$\vartheta(l/2) = \frac{M_T}{E \cdot I_\omega \cdot \lambda^3}\left[\frac{\lambda \cdot l}{4} - \frac{\sinh^2(\lambda \cdot l/2)}{\sinh(\lambda \cdot l)}\right]$$

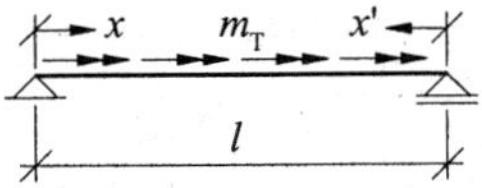

System 3 Einfeldträger mit Gabellagerung an den Auflagern und Streckentorsionsmoment

Beanspruchungen:

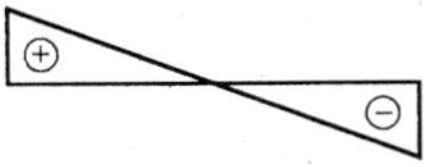

— $M_x(x) = m_T \cdot l(0{,}5 - x/l) = M_{x,p}(x) + M_{x,s}(x)$

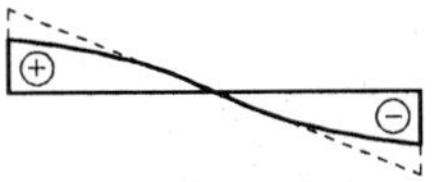

— Primäres Torsionsmoment:

$$M_{x,p}(x) = \frac{m_T}{\lambda}\left[\lambda(l/2 - x) + \frac{\cosh(\lambda \cdot x) - \cosh(\lambda \cdot x')}{\sinh(\lambda \cdot l)}\right]$$

$$M_{x,p}(x=0) = \frac{m_T}{\lambda}\left[\lambda \cdot l/2 + \frac{1 - \cosh(\lambda \cdot l)}{\sinh(\lambda \cdot l)}\right]$$

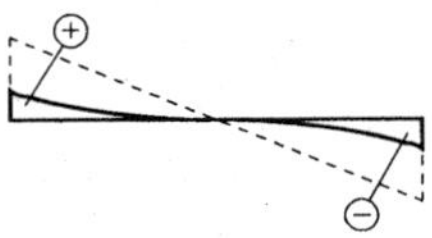

— Sekundäres Torsionsmoment:

$$M_{x,s}(x) = -\frac{m_T}{\lambda} \cdot \frac{\cosh(\lambda \cdot x) - \cosh(\lambda \cdot x')}{\sinh(\lambda \cdot l)}$$

$$M_{x,s}(x=0) = -\frac{m_T}{\lambda} \cdot \frac{1 - \cosh(\lambda \cdot l)}{\sinh(\lambda \cdot l)}$$

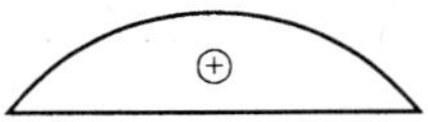

— Wölbbimoment:

$$M_\omega(x) = \frac{m_T}{\lambda^2}\left[1 - \frac{\sinh(\lambda \cdot x) + \sinh(\lambda \cdot x')}{\sinh(\lambda \cdot l)}\right]$$

$$M_\omega(x = l/2) = \frac{m_T}{\lambda^2}\left[1 - \frac{2 \cdot \sinh(\lambda \cdot l/2)}{\sinh(\lambda \cdot l)}\right]$$

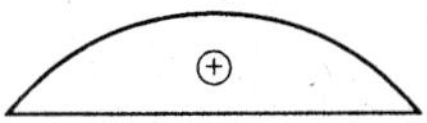

— Verdrehung:

$$\vartheta(x) = \frac{m_T}{E \cdot I_\omega \cdot \lambda^4}\left[\frac{\lambda^2}{2} \cdot x \cdot x' - 1 + \frac{\sinh(\lambda \cdot x) + \sinh(\lambda \cdot x')}{\sinh(\lambda \cdot l)}\right]$$

$$\vartheta(x = l/2) = \frac{m_T}{E \cdot I_\omega \cdot \lambda^4}\left[\frac{\lambda^2 \cdot l^2}{8} - 1 + \frac{2 \cdot \sinh(\lambda \cdot l/2)}{\sinh(\lambda \cdot l)}\right]$$

- **Hauptverwölbung und Spannungen infolge Torsionseinwirkungen bei I-förmigen Profilen**

Vorzeichen der Hauptverwölbung w_M

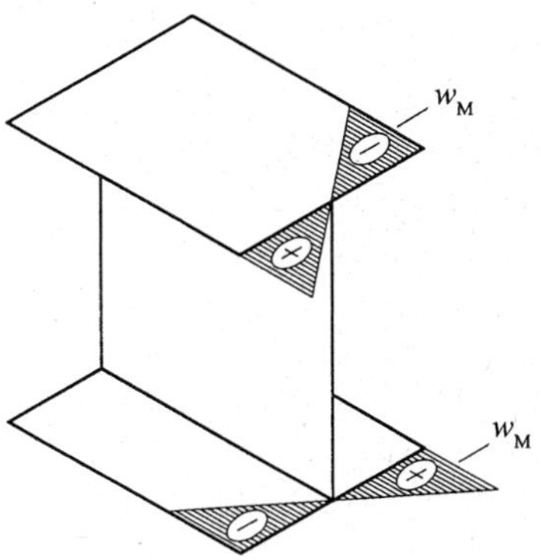

Die Hauptverwölbung ist eine geometrische Größe.

Normalspannungen infolge des positiven Wölbbimoments M_ω

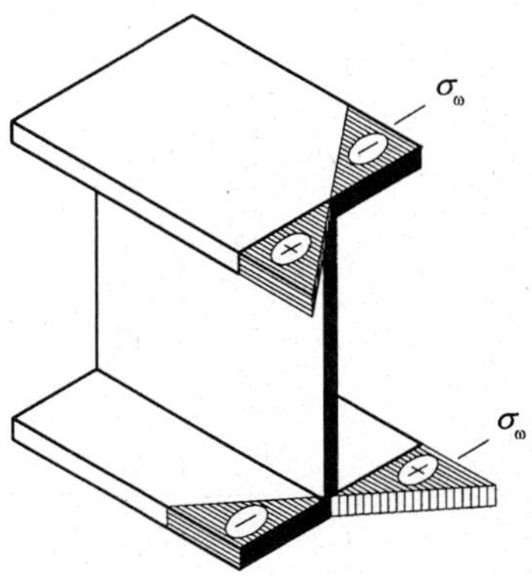

$\sigma_\omega = M_\omega \cdot w_M / I_\omega$

Schubspannungen infolge des positiven primären Torsionsmoments $M_{x,p}$

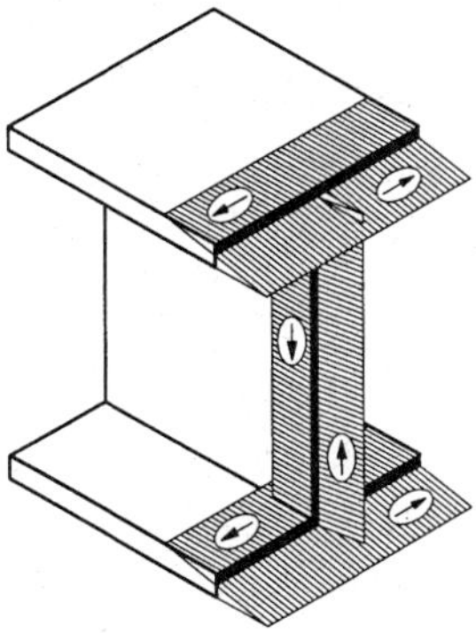

im Steg: $\tau = M_{x,p} \cdot s / I_T$

im Flansch: $\tau = M_{x,p} \cdot t / I_T$ (Maximalwert)

Schubspannungen infolge des positiven sekundären Torsionsmoments $M_{x,s}$

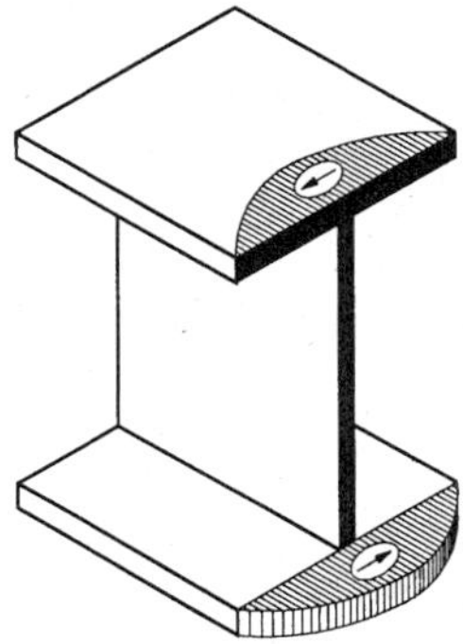

max $\tau = M_{x,s} \cdot w_M \cdot (b / 4) / I_\omega$

Tafel 8.19 Hauptverwölbung in cm² für Walzprofile w_M

Nenn-höhe	I	IPEa	IPE	IPEo	IPEv	HEAA	HEA	HEB	HEM
80	7,78	-	8,60	-	-	-	-	-	-
100	11,7	-	13,0	-	-	21,4	22,0	22,5	26,5
120	16,3	18,0	18,2	-	-	31,1	31,8	32,7	37,5
140	21,7	24,1	24,3	-	-	42,7	43,6	44,8	50,4
160	27,8	31,0	31,3	-	-	56,4	57,2	58,8	65,2
180	34,8	38,8	39,1	39,8	-	71,8	72,7	74,7	81,8
200	42,5	47,5	47,9	49,1	-	89,0	90,0	92,5	100
220	50,9	57,6	58,0	59,3	-	108	109	112	121
240	60,1	68,6	69,1	70,5	-	129	131	134	148
260	69,5	-	-	-	-	152	154	158	173
270	-	87,2	87,7	89,0	-	-	-	-	-
280	78,8	-	-	-	-	178	180	183	199
300	88,5	108	108	111	-	204	207	211	233
320	99,1	-	-	-	-	218	221	225	246
330	-	127	127	130	-	-	-	-	-
340	110	-	-	-	-	231	235	239	260
360	122	147	148	150	-	245	249	253	273
400	147	173	174	177	178	274	278	282	301
450	181	206	207	210	214	309	314	318	336
500	219	241	242	246	250	344	350	354	370
550	260	279	280	284	292	380	387	391	407
600	305	319	320	328	336	417	424	428	442
650	-	-	-	-	-	453	461	464	479
700	-	-	-	-	-	490	497	501	514
800	-	-	-	-	-	564	572	575	586
900	-	-	-	-	-	638	645	649	657
1000	-	-	-	-	-	712	719	723	731

$w_M = 0{,}25 \cdot (h - t) \cdot b$

Tafel 8.20 Abklingfaktor in cm^{-1} für Walzprofile

λ

Nenn-höhe	I	IPEa	IPE	IPEo	IPEv	HEAA	HEA	HEB	HEM
80	-	-	0,04780	-	-	-	-	-	-
100	0,04790	-	0,03630	-	-	0,02410	0,02800	0,03250	0,05150
120	0,03900	0,02390	0,02740	-	-	0,01590	0,01890	0,02380	0,03780
140	0,03290	0,01820	0,02180	-	-	0,01160	0,01440	0,01860	0,02920
160	0,02840	0,01560	0,01870	-	-	0,01010	0,01220	0,01590	0,02410
180	0,02490	0,01320	0,01580	0,01730	-	0,00833	0,00974	0,01320	0,01980
200	0,02220	0,01230	0,01440	0,01530	-	0,00761	0,00866	0,01160	0,01700
220	0,02010	0,01080	0,01240	0,01330	-	0,00650	0,00754	0,01000	0,01460
240	0,01830	0,01020	0,01150	0,01230	-	0,00608	0,00699	0,00902	0,01450
260	0,01710	-	-	-	-	0,00553	0,00625	0,00796	0,01270
270	-	0,00817	0,00933	0,01050	-	-	-	-	-
280	0,01620	-	-	-	-	0,00487	0,00552	0,00700	0,01110
300	0,01540	0,00695	0,00785	0,00872	-	0,00466	0,00523	0,00650	0,01110
320	0,01470	-	-	-	-	0,00455	0,00525	0,00648	0,01080
330	-	0,00663	0,00738	0,00814	-	-	-	-	-
340	0,01400	-	-	-	-	0,00445	0,00519	0,00636	0,01020
360	0,01350	0,00602	0,00678	0,00752	-	0,00436	0,00514	0,00625	0,00973
400	0,01250	0,00557	0,00634	0,00693	0,00755	0,00409	0,00498	0,00600	0,00888
450	0,01140	0,00500	0,00571	0,00649	0,00707	0,00379	0,00476	0,00568	0,00798
500	0,01050	0,00464	0,00525	0,00598	0,00691	0,00355	0,00460	0,00544	0,00728
550	0,00936	0,00442	0,00502	0,00561	0,00688	0,00345	0,00434	0,00511	0,00666
600	0,00905	0,00419	0,00474	0,00564	0,00641	0,00328	0,00413	0,00484	0,00616
650	-	-	-	-	-	0,00314	0,00396	0,00462	0,00571
700	-	-	-	-	-	0,00304	0,00385	0,00447	0,00535
800	-	-	-	-	-	0,00294	0,00355	0,00409	0,00478
900	-	-	-	-	-	0,00282	0,00337	0,00386	0,00431
1000	-	-	-	-	-	0,00270	0,00314	0,00359	0,00391

$$\lambda = \sqrt{G \cdot I_T / (E \cdot I_\omega)}$$

Beispiel: Kragträger mit Wölbbehinderung an der Einspannstelle

System:

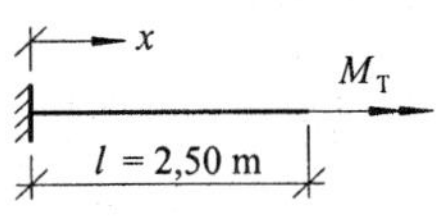

Profil: HEB 240, S235
$M_T = M_x = 6{,}50$ kNm

$I_T = 103\ cm^4$
$I_\omega = 486{,}9 \cdot 10^3\ cm^6$
$w_M = 134\ cm^2$
$\lambda = 0{,}00902\ cm^{-1}$

– Normalspannungen infolge M_ω $(x = 0)$:

$$M_\omega = -\frac{650}{0{,}00902} \cdot \tanh(0{,}00902 \cdot 250) = -70\,494 \text{ kNcm}^2; \quad \sigma_\omega = \pm\frac{70\,494 \cdot 134}{486{,}9 \cdot 10^3} = \pm 19{,}4 \text{ kN/cm}^2$$

– Schubspannungen infolge $M_{x,p}$ $(x = l)$:

$$M_{x,p} = 650\left[1 - \frac{1}{\cosh(0{,}00902 \cdot 250)}\right] = 515 \text{ kNcm}; \quad \tau_{(Steg)} = 515 \cdot 1{,}0 / 103 = 5{,}0 \text{ kN/cm}^2$$

$$\tau_{(Flansch)} = 515 \cdot 1{,}7 / 103 = 8{,}5 \text{ kN/cm}^2$$

– Schubspannungen infolge $M_{x,s}$ $(x = 0)$:

$$M_{x,s} = M_x = 650 \text{ kNcm}; \quad \tau = \frac{650 \cdot 134 \cdot 24 / 4}{486{,}9 \cdot 10^3} = 1{,}07 \text{ kN/cm}^2$$

– Verdrehung $\vartheta(x = l)$:

$$\vartheta = \frac{650}{21\,000 \cdot 486{,}9 \cdot 10^3 \cdot 0{,}00902^3} \cdot [0{,}00902 \cdot 250 - \tanh(0{,}00902 \cdot 250)] \cdot \frac{180}{\pi} = 6{,}3°$$

3.2 Nachweisverfahren Elastisch-Plastisch (E-P)

- **Ermittlung der Beanspruchungen**
  Beim Verfahren E-P sind die Beanspruchungen nach der Elastizitätstheorie und die Beanspruchbarkeiten unter Ausnutzung plastischer Tragfähigkeiten zu ermitteln.

  Ermittlung der Grenzwerte grenz (*b*/*t*) der Querschnittsteile
  Bei Einhaltung der Werte grenz (*b*/*t*) ist das volle Mitwirken der Querschnittsteile unter Druckspannungen gewährleistet. Ein Nachweis ausreichender Beulsicherheit nach DIN 18 800-3 (11.90) ist in diesem Fall nicht erforderlich. Für Bereiche, in denen die Schnittgrößen nicht größer als die elastischen Grenzschnittgrößen sind, darf der Nachweis nach dem Verfahren E-E geführt werden. Die Querschnitte werden in ein- bzw. zweiseitig gelagerte Plattenstreifen aufgeteilt und nachgewiesen.

- **Zweiseitig gelagerte Plattenstreifen** (z. B. Stege von Walz-, Schweiß- und Hohlprofilen)

Lagerung: Spannungsverteilung:

$f_{y,d} = f_{y,k} / \gamma_M$ (Druck)

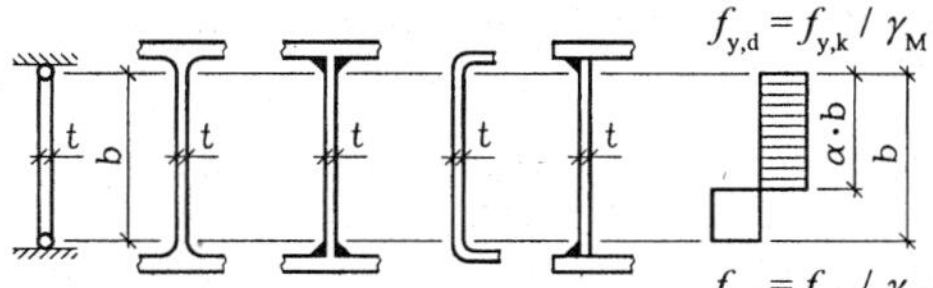

$f_{y,d} = f_{y,k} / \gamma_M$ (Zug)

Allgemein gilt:

$$\text{grenz}\,(b/t) = \frac{37}{\alpha}\sqrt{\frac{240}{f_{y,k}}}$$

mit $f_{y,k}$ in N/mm

Sonderfälle

- Reine Druckbeanspruchung

  $\boxed{\alpha = 1}$ Für S235 und $t \leq 40$ gilt: grenz $(b/t) = 37$
  Für S355 und $t \leq 40$ gilt: grenz $(b/t) = 30{,}2$

- Beanspruchung $M_{y,d}$ und $M_{z,d}$ bei doppeltsymmetrischen I-Profilen

  $\boxed{\alpha = 0{,}5}$ Für S235 und $t \leq 40$ gilt: grenz $(b/t) = 74$
  Für S355 und $t \leq 40$ gilt: grenz $(b/t) = 60{,}4$

- Beanspruchung N_d, $M_{y,d}$ und $M_{z,d}$ bei doppeltsymmetrischen I-Profilen

$$\boxed{0 < \alpha \leq 1} \qquad \alpha = \frac{1}{2}\cdot\left[1 + \frac{N_d}{f_{y,k}/\gamma_M \cdot (h - 2t - 2r)\cdot s}\right]$$

N_d ist als Druckkraft positiv und als Zukraft negativ einzusetzen.

Nachweis $\boxed{\text{vorh}\,(b/t) \leq \text{grenz}\,(b/t)}$ vorh $(b/t)_{\text{Steg}}$ für I-förmige Walzprofile siehe Tafel 8.12

- **Einseitig gelagerte Plattenstreifen** (z. B. Flansche von Walz- und Schweißprofilen)

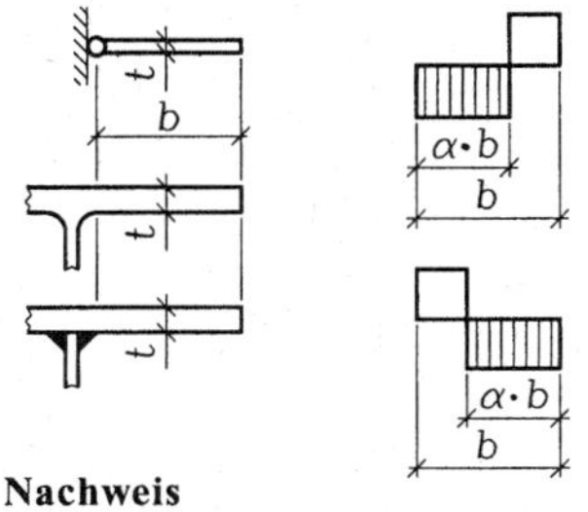

Fall a: Druckspannung $f_{y,k} / \gamma_M$ am gelagerten Rand:

$$\text{grenz}\,(b/t) = \frac{11}{\alpha\cdot\sqrt{\alpha}}\sqrt{\frac{240}{f_{y,k}}}$$

Fall b: Druckspannung $f_{y,k} / \gamma_M$ am freien Rand:

$$\text{grenz}\,(b/t) = \frac{11}{\alpha}\sqrt{\frac{240}{f_{y,k}}}$$

Nachweis

$\boxed{\text{vorh}\,(b/t) \leq \text{grenz}\,(b/t)}$ vorh $(b/t)_{\text{Flansch}}$ für I-förmige Walzprofile siehe Tafel 8.14

• Spannungsverteilung und Grenzschnittgrößen im vollplastischen Zustand

Für die Berechnung der Grenzschnittgrößen von Stabquerschnitten im vollplastischen Zustand gelten folgende Annahmen:

- Linearelastische-idealplastische Spannungs-Dehnungs-Beziehung des Werkstoffes mit der Streckgrenze $f_{y,d} = f_{y,k} / \gamma_M$
- Ebenbleiben der Querschnitte und Fließbedingung nach Seite 8.15 (Vergleichsspannung).

Die Grenzbiegemomente sind im Allg. für einen beliebigen Querschnitt auf den 1,25fachen Wert des Grenzbiegemomentes im elastischen Zustand zu begrenzen. Ausgenommen sind Einfeld- und Durchlaufträger mit konstantem Querschnitt.

Für gewalzte I-Profile gilt: $M_{pl,y,d} < 1{,}25 \cdot \sigma_{R,d} \cdot W_y$ und $M_{pl,z,d} \geq 1{,}25 \cdot \sigma_{R,d} \cdot W_z$. Daraus folgt, dass die o. g. Begrenzung für $M_{pl,z,d}$ nur dann zu berücksichtigen ist, wenn es sich nicht um Einfeld- oder Durchlaufträger mit konstantem Querschnitt handelt.

Grenzschnittgrößen

a) $N_{pl,d} = \sigma_{R,d} \cdot A$

b) $M_{pl,y,d}$ [1] $= \sigma_{R,d} \cdot W_{pl,y} = \sigma_{R,d} \cdot 2 \cdot S_y$

c) $V_{pl,z,d} = \tau_{R,d} \cdot (h - t) \cdot s$

d) $M_{pl,z,d} = \sigma_{R,d} \cdot W_{pl,z} = \sigma_{R,d} \cdot 2 \cdot S_z$

$M_{pl,z,d,red} = 1{,}25 \cdot \sigma_{R,d} \cdot W_z$

e) $V_{pl,y,d} = \tau_{R,d} \cdot 2 \cdot b \cdot t$

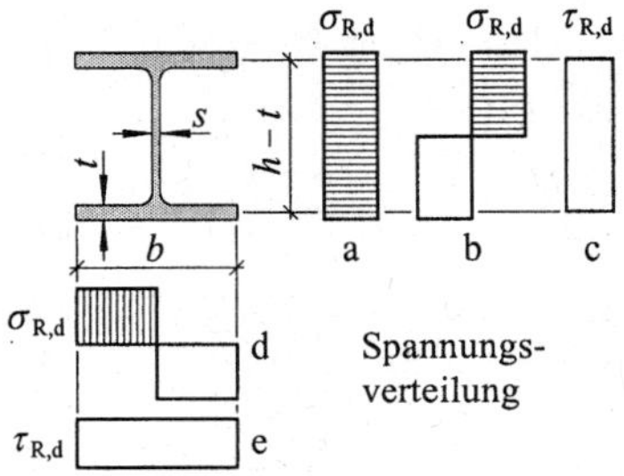

[1] Für gewalzte I-Profile darf $M_{pl,y,d} = 1{,}14 \cdot \sigma_{R,d} \cdot W_y$ angenommen werden.
Die Werte in Tafel 8.23a sind wie folgt ermittelt: $M_{pl,y,d} = \max(\sigma_{R,d} \cdot 2 \cdot S_y;\ 1{,}14 \cdot \sigma_{R,d} \cdot W_y)$.

Tafel 8.22 Normalkraft im plastischen Zustand in kN für Walzprofile aus S235 (für S355 gilt der 1,5fache Wert) $N_{pl,d}$

Nenn-höhe	IPEa	IPE	IPEo	IPEv	HEAA	HEA	HEB	HEM
80	-	167	-	-	-	-	-	-
100	-	225	-	-	340	463	568	1 160
120	241	288	-	-	405	553	742	1 450
140	292	358	-	-	502	685	937	1 760
160	353	438	-	-	662	846	1 180	2 120
180	427	521	591	-	797	987	1 420	2 470
200	512	622	697	-	963	1 170	1 700	2 860
220	617	728	816	-	1 120	1 400	1 990	3 260
240	727	853	954	-	1 320	1 680	2 310	4 360
260	-	-	-	-	1 510	1 890	2 580	4 790
270	854	1 000	1 170	-	-	-	-	-
280	-	-	-	-	1 700	2 120	2 870	5 240
300	1 010	1 170	1 370	-	1 940	2 460	3 250	6 610
320	-	-	-	-	2 060	2 710	3 520	6 810
330	1 190	1 370	1 580	-	-	-	-	-
340	-	-	-	-	2 190	2 910	3 730	6 890
360	1 400	1 590	1 840	-	2 330	3 120	3 940	6 960
400	1 590	1 840	2 100	2 330	2 570	3 470	4 320	7 110
450	1 870	2 160	2 570	2 880	2 770	3 880	4 760	7 320
500	2 210	2 520	2 980	3 580	2 990	4 310	5 210	7 510
550	2 560	2 930	3 400	4 410	3 340	4 620	5 540	7 730
600	2 990	3 400	4 290	5 100	3 580	4 940	5 890	7 930

Tafel 8.23a Biegemoment im plastischen Zustand in kNm für Walzprofile aus S235 (für S355 gilt der 1,5fache Wert) $M_{pl,y,d}$

Nennhöhe	IPEa	IPE	IPEo	IPEv	HEAA	HEA	HEB	HEM
80	-	5,06	-	-	-	-	-	-
100	-	8,60	-	-	12,9	18,1	22,7	51,5
120	10,9	13,3	-	-	18,9	26,4	36,0	76,4
140	15,7	19,3	-	-	27,9	38,6	53,7	108
160	21,8	27,1	-	-	43,0	54,7	77,4	147
180	29,8	36,3	41,3	-	58,7	73,1	106	193
200	40,3	48,3	54,5	-	78,8	96,8	142	248
220	53,2	62,7	70,3	-	101	128	183	310
240	69,1	80,6	89,8	-	130	168	233	463
260	-	-	-	-	163	208	286	550
270	91,5	107	126	-	-	-	-	-
280	-	-	-	-	199	251	343	646
300	120	139	164	-	243	313	418	890
320	-	-	-	-	271	368	480	969
330	156	177	207	-	-	-	-	-
340	-	-	-	-	303	418	537	1 030
360	202	225	261	-	338	470	597	1 090
400	254	289	328	368	410	575	716	1 220
450	331	373	445	502	490	721	883	1 380
500	430	480	572	689	577	883	1 070	1 550
550	545	607	711	916	694	1 030	1 240	1 730
600	691	768	977	1 160	801	1 190	1 420	1 920

Tafel 8.23b Biegemoment im plastischen Zustand in kNm für Walzprofile aus S235 (für S355 gilt der 1,5fache Wert) $M_{pl,z,d}$

Nennhöhe	IPEa		IPE		IPEo		IPEv		HEAA		HEA		HEB		HEM	
	1	2	1	2	1	2	1	2	1	2	1	2	1	2	1	2
100	-	-	2,00	1,58	-	-	-	-	6,21	5,02	8,98	7,30	11,2	9,12	25,4	20,5
120	2,40	1,91	2,96	2,36	-	-	-	-	8,86	7,22	12,8	10,5	17,7	14,4	37,4	30,4
140	3,39	2,72	4,20	3,36	-	-	-	-	13,1	10,7	18,5	15,2	26,1	21,4	52,5	42,8
160	4,52	3,62	5,69	4,54	-	-	-	-	19,9	16,3	25,7	21,0	37,1	30,3	71,0	57,8
180	6,10	4,91	7,55	6,04	8,71	6,95	-	-	27,0	22,1	34,1	28,0	50,4	41,3	92,8	75,7
200	7,97	6,39	9,73	7,77	11,3	9,03	-	-	35,6	29,1	44,5	36,4	66,7	54,6	119	96,7
220	10,6	8,50	12,7	10,2	14,6	11,7	-	-	45,7	37,5	59,0	48,5	85,9	70,5	148	121
240	13,6	10,9	16,1	12,9	18,4	14,7	-	-	57,7	47,2	76,7	62,9	109	89,2	219	179
260	-	-	-	-	-	-	-	-	71,5	58,5	93,9	76,9	132	108	260	213
270	18,0	14,5	21,2	17,0	25,7	20,6	-	-	-	-	-	-	-	-	-	-
280	-	-	-	-	-	-	-	-	87,1	71,4	113	92,8	157	128	305	249
300	23,4	18,9	27,3	22,0	33,3	26,8	-	-	105	86,1	140	115	190	156	417	341
320	-	-	-	-	-	-	-	-	110	90,2	155	127	205	168	426	348
330	29,1	23,4	33,5	26,9	40,4	32,3	-	-	-	-	-	-	-	-	-	-
340	-	-	-	-	-	-	-	-	115	94,3	165	135	215	176	426	348
360	37,5	30,3	41,7	33,5	49,5	39,7	-	-	121	98,4	175	143	225	184	424	346
400	44,1	35,5	50,0	39,9	58,7	46,9	66,3	52,9	131	107	190	156	241	197	422	344
450	53,6	43,1	60,3	48,1	74,4	59,2	84,9	67,4	136	111	211	172	261	213	423	344
500	65,8	52,9	73,3	58,4	89,1	70,8	111	87,5	142	115	231	188	282	230	422	341
550	78,9	63,2	87,4	69,3	105	83,0	138	108	152	123	242	197	293	238	423	342
600	96,5	77,3	106	84,0	140	110	170	133	158	127	252	205	304	246	421	339

Spalte 1: $M_{pl,z,d} = \sigma_{R,d} \cdot W_{pl,z}$; Spalte 2: $M_{pl,z,d,red} = 1,25 \cdot \sigma_{R,d} \cdot W_z$ (Erläuterung siehe Seite 8.22)

Tafel 8.24a Querkraft im plastischen Zustand in kN für Walzprofile aus S235 (für S355 gilt der 1,5fache Wert) $V_{pl,z,d}$

Nenn-höhe	IPEa	IPE	IPEo	IPEv	HEAA	HEA	HEB	HEM
80	-	35,8	-	-	-	-	-	-
100	-	48,7	-	-	45,2	55,4	68,0	151
120	53,9	63,0	-	-	54,8	66,8	89,2	187
140	63,1	78,8	-	-	66,1	86,3	113	226
160	76,1	96,1	-	-	79,9	108	148	277
180	92,4	115	131	-	100	122	178	321
200	108	135	150	-	123	147	210	368
220	132	157	176	-	149	175	244	418
240	150	180	204	-	176	206	281	540
260	-	-	-	-	192	224	305	584
270	179	216	247	-	-	-	-	-
280	-	-	-	-	224	259	347	646
300	221	259	294	-	257	296	389	796
320	-	-	-	-	292	334	434	844
330	260	301	343	-	-	-	-	-
340	-	-	-	-	330	375	481	891
360	288	350	405	-	371	419	531	939
400	339	419	475	521	437	514	639	1 040
450	415	516	607	688	518	607	748	1 160
500	511	622	736	878	606	706	862	1 280
550	602	745	857	1170	734	812	984	1 410
600	715	878	1110	1340	840	925	1 110	1 530

Tafel 8.24b Querkraft im plastischen Zustand in kN für Walzprofile aus S235 (für S355 gilt der 1,5fache Wert) $V_{pl,y,d}$

Nenn-höhe	IPEa	IPE	IPEo	IPEv	HEAA	HEA	HEB	HEM
80	-	60,3	-	-	-	-	-	-
100	-	79,0	-	-	139	202	252	534
120	82,2	102	-	-	166	242	333	667
140	103	127	-	-	212	300	423	809
160	122	153	-	-	282	363	524	962
180	149	183	209	-	340	431	635	1 130
200	176	214	244	-	403	504	756	1 300
220	213	255	288	-	471	610	887	1 480
240	251	296	332	-	544	726	1 030	2 000
260	-	-	-	-	622	819	1 150	2 190
270	296	347	418	-	-	-	-	-
280	-	-	-	-	705	917	1 270	2 390
300	348	404	486	-	794	1 060	1 440	3 050
320	-	-	-	-	831	1 170	1 550	3 110
330	403	464	551	-	-	-	-	-
340	-	-	-	-	869	1 250	1 630	3 110
360	493	544	637	-	907	1 320	1 700	3 100
400	544	612	711	802	983	1 440	1 810	3 090
450	627	699	851	958	1 020	1 590	1 970	3 090
500	731	806	967	1 180	1 060	1 740	2 120	3 080
550	831	910	1 080	1 370	1 130	1 810	2 190	3 080
600	970	1 050	1 350	1 610	1 170	1 890	2 270	3 070

- **Tragsicherheitsnachweis nach dem Verfahren Elastisch-Plastisch (E-P)**
  Es ist nachzuweisen, dass die Grenzschnittgrößen im plastischen Zustand nicht überschritten sind.

Tafel 8.25a Vereinfachte Tragsicherheitsnachweise für doppeltsymmetrische I-Profile mit den Beanspruchungen N, M_y, V_z (siehe auch [8.3], Teil A, Seite 197)

Gültigkeits-bereich	$\frac{V_z}{V_{pl,z,d}} \le 0{,}33$	$0{,}33 < \frac{V_z}{V_{pl,z,d}} \le 1$
$\frac{N}{N_{pl,d}} \le 0{,}1$	$\frac{M_y}{M_{pl,y,d}} \le 1$	$0{,}88\,\frac{M_y}{M_{pl,y,d}} + 0{,}37\,\frac{V_z}{V_{pl,z,d}} \le 1$
$0{,}1 < \frac{N}{N_{pl,d}} \le 1$	$0{,}9\,\frac{M_y}{M_{pl,y,d}} + \frac{N}{N_{pl,d}} \le 1$	$0{,}8\,\frac{M_y}{M_{pl,y,d}} + 0{,}89\,\frac{N}{N_{pl,d}} + 0{,}33\,\frac{V_z}{V_{pl,z,d}} \le 1$

Tafel 8.25b Interaktionsdiagramm für die Beanspruchungen

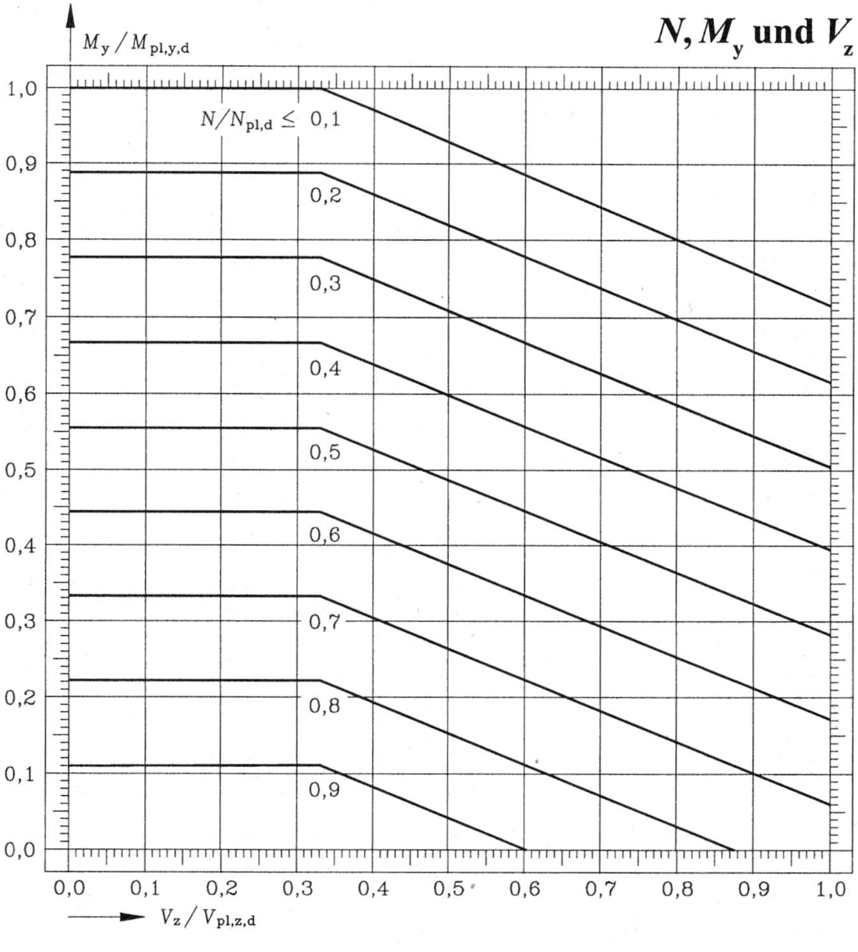

Tafel 8.26a Vereinfachte Tragsicherheitsnachweise für doppeltsymmetrische I-Profile mit den Beanspruchungen N, M_z und V_y (siehe auch [8.3], Teil A, Seite 197)

Gültigkeitsbereich	$\frac{V_y}{V_{pl,y,d}} \leq 0{,}25$	$0{,}25 < \frac{V_y}{V_{pl,y,d}} \leq 0{,}9$
$\frac{N}{N_{pl,d}} \leq 0{,}3$	$\frac{M_z}{M_{pl,z,d}} \leq 1$	$0{,}95 \frac{M_z}{M_{pl,z,d}} + 0{,}82 \left[\frac{V_y}{V_{pl,y,d}}\right]^2 \leq 1$
$0{,}3 < \frac{N}{N_{pl,d}} \leq 1$	$0{,}91 \frac{M_z}{M_{pl,z,d}} + \left[\frac{N}{N_{pl,d}}\right]^2 \leq 1$	$0{,}87 \frac{M_z}{M_{pl,z,d}} + 0{,}95 \left[\frac{N}{N_{pl,d}}\right]^2 + 0{,}75 \left[\frac{V_y}{V_{pl,y,d}}\right]^2 \leq 1$

Tafel 8.26b Interaktionsdiagramm für die Beanspruchungen

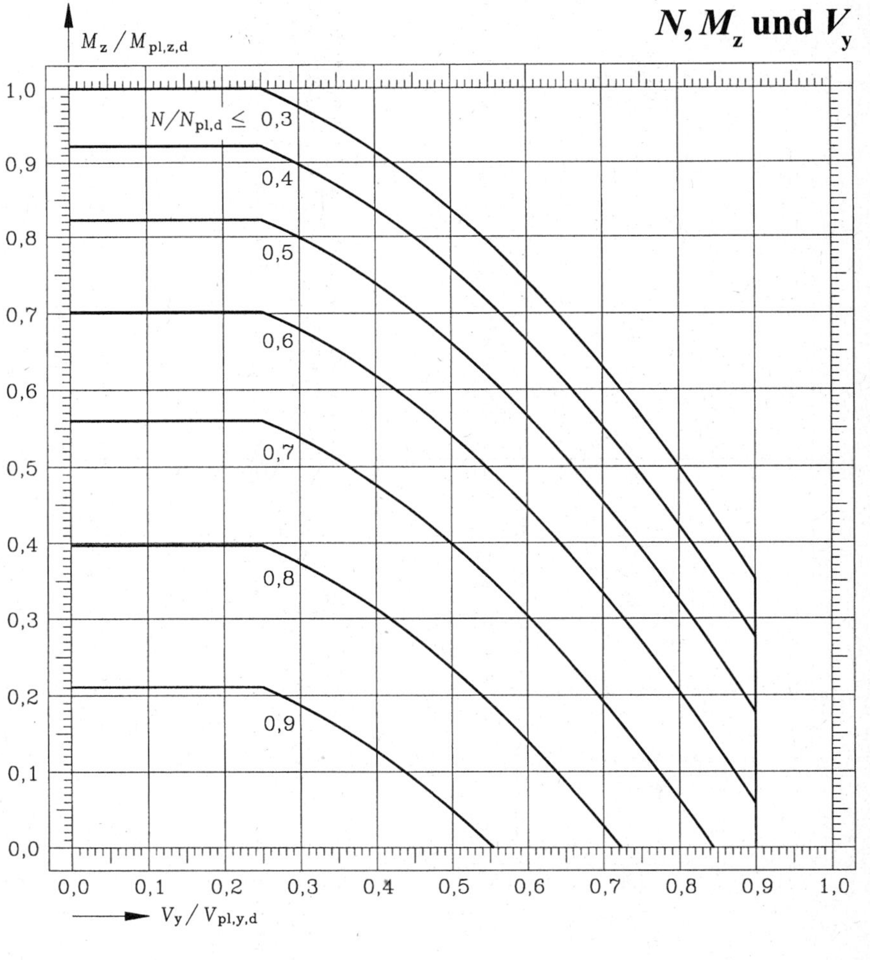

- **Tragsicherheitsnachweis für doppeltsymmetrische I-Profile mit den Beanspruchungen N, M_y, V_z, M_z und V_y** (siehe auch [8.3], Teil A, Seite 197)

Unter der Voraussetzung, dass die Schnittgrößen $V_z \leq 0{,}33 \cdot V_{pl,z,d}$ und $V_y \leq 0{,}25 \cdot V_{pl,y,d}$ sind, darf der Tragsicherheitsnachweis mit den folgenden Formeln geführt werden:

Mit $M_y^* = [1 - (N / N_{pl,d})^{1,2}] \cdot M_{pl,y,d}$

gilt für $\boxed{M_y \leq M_y^*}$ $\quad \dfrac{M_z}{M_{pl,z,d}} + c_1 + c_2 \left[\dfrac{M_y}{M_{pl,y,d}}\right]^{2,3} \leq 1$ $\quad$ mit $c_1 = (N / N_{pl,d})^{2,6}$ und $c_2 = (1 - c_1)^{-N_{pl,d}/N}$

und für $\boxed{M_y > M_y^*}$

$$\frac{1}{40}\left[\frac{M_z}{M_{pl,z,d}} - \frac{M_z^*}{M_{pl,z,d}}\right] + \left[\frac{N}{N_{pl,d}}\right]^{1,2} + \frac{M_y}{M_{pl,y,d}} \leq 1 \qquad \text{mit} \quad \frac{M_z^*}{M_{pl,z,d}} = 1 - c_1 - c_2\left[\frac{M_y^*}{M_{pl,y,d}}\right]^{2,3}$$

Tafel 8.27 Interaktionsdiagramm für die Beanspruchungen

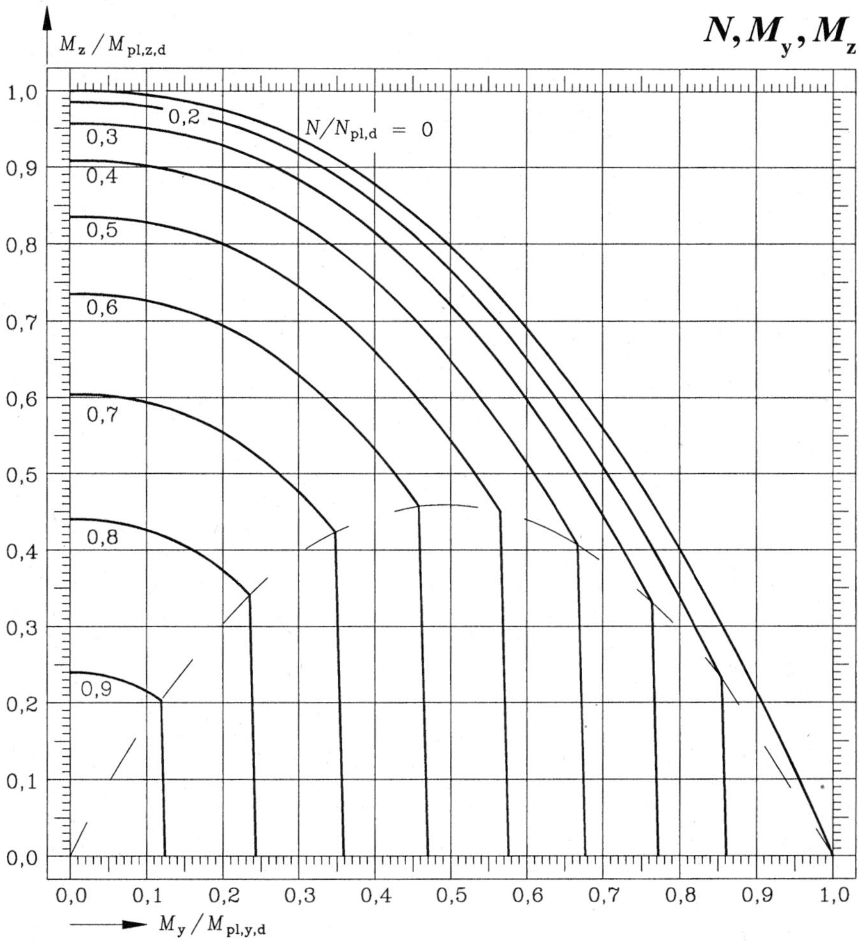

- **Momentenumlagerung**

Wenn entsprechend den Abgrenzungskriterien in Abschnitt 2.4 Biegeknicken und Biegedrillknicken nicht zu berücksichtigen sind, dürfen die nach der Elastizitätstheorie ermittelten Stützmomente von Durchlaufsystemen um bis zu 15 % ihrer Maximalwerte vermindert oder vergrößert werden. Bei der Bestimmung der zugehörigen Feldmomente sind hierbei die Gleichgewichtsbedingungen einzuhalten. Gegebenenfalls sind obere Werte der Streckgrenze zu berücksichtigen (siehe Seite 8.29). Für die Ausbildung von Schweißverbindungen im Bereich von Fließgelenken ist Abschnitt 5.4 (Seite 8.69) zu beachten.

Beispiel zum Nachweisverfahren E-P

Ein Profil HEB 400 aus S235 wird für unterschiedliche Kombinationen von Beanspruchungen nachgewiesen (Annahme: Kein Einfeld- oder Durchlaufsystem mit konstantem Querschnitt).

– **Vorwerte**

vorh $(b/t)_{\text{Steg}}$ = 22,1 (siehe Tafel 8.12); vorh $(b/t)_{\text{Flansch}}$ = 4,84 (siehe Tafel 8.14)

$M_{pl,y,d}$ = 716 kNm (siehe Tafel 8.23a) $V_{pl,y,d}$ = 1810 kN (siehe Tafel 8.24b)

$M_{pl,z,d}$ = (1,25 · 721 · 24 / 1,1) / 100 $V_{pl,z,d}$ = 639 kN (siehe Tafel 8.24a)

= 197 kNm (siehe Seite 8.22 oben) $N_{pl,d}$ = 4320 kN (siehe Tafel 8.22)

– **Nachweis von grenz (*b*/*t*)**

Es wird hier der ungünstigste Fall – alle Querschnittsteile weisen Druckspannungen auf (α =1) – untersucht.

vorh $(b/t)_{\text{Steg}}$ = 22,1 < grenz $(b/t)_{\text{Steg}}$ = 37 (siehe Seite 8.21)

vorh $(b/t)_{\text{Flansch}}$ = 4,84 < grenz $(b/t)_{\text{Flansch}}$ = 11 (siehe Seite 8.21)

→ Das volle Mitwirken aller Querschnittsteile unter Druckspannungen ist gewährleistet. Ein Beulsicherheitsnachweis nach DIN 18 800-3 ist nicht erforderlich.

– **Tragsicherheitsnachweise**

Beanspruchungskombination 1

N_d = 400 kN; $M_{y,d}$ = 700 kNm; $V_{z,d}$ = 200 kN

$N_d / N_{pl,d}$ = 400 / 4320 = 0,093 < 0,1

$V_{z,d} / V_{pl,z,d}$ = 200 / 639 = 0,313 < 0,33

→ $M_{y,d} / M_{pl,y,d}$ = 700 / 716 = 0,978 < 1

Beanspruchungskombination 2

N_d = 2000 kN; $M_{y,d}$ = 280 kNm; $V_{z,d}$ = 500 kN

$N_d / N_{pl,d}$ = 2000 / 4320 = 0,463 > 0,1

$V_{z,d} / V_{pl,z,d}$ = 500 / 639 = 0,782 < 1

$M_{y,d} / M_{pl,y,d}$ = 280 / 716 = 0,391

→ 0,8 · 0,391 + 0,89 · 0,463 + 0,33 · 0,782 = 0,983 < 1

Beanspruchungskombination 3

N_d = 1200 kN; $M_{z,d}$ = 195 kNm; $V_{y,d}$ = 360 kN

$N_d / N_{pl,d}$ = 1200 / 4320 = 0,278 < 0,3

$V_y / V_{pl,y,d}$ = 360 / 1810 = 0,199 < 0,25

→ $M_{z,d} / M_{pl,z,d}$ = 195 / 197 = 0,99 < 1

Beanspruchungskombination 4

N_d = 2400 kN; $M_{z,d}$ = 140 kNm; $V_{y,d}$ = 540 kN

$N_d / N_{pl,d}$ = 2400 / 4320 = 0,556 > 0,3

$V_{y,d} / V_{pl,y,d}$ = 540 / 1810 = 0,298 < 0,9

$M_{z,d} / M_{pl,z,d}$ = 140 / 197 = 0,711

→ $0{,}87 \cdot 0{,}711 + 0{,}95 \cdot 0{,}556^2 + 0{,}75 \cdot 0{,}298^2$ = 0,994 < 1

Beanspruchungskombination 5

N_d = 1000 kN; $M_{y,d}$ = 400 kNm; $V_{z,d}$ = 95 kN;

$M_{z,d}$ = 165 kNm; $V_{y,d}$ = 350 kN

$V_{z,d} / V_{pl,z,d}$ = 95 / 639 = 0,149 < 0,33

$V_{y,d} / V_{pl,y,d}$ = 350 / 1810 = 0,193 < 0,25

→ Es darf nach dem Verfahren von Seite 8.27 nachgewiesen werden:

$N_d / N_{pl,d}$ = 1000 / 4320 = 0,231

$M^*_{y,d} = (1 - 0{,}231^{1,2}) \cdot 716 = 592{,}6 > 400$ kNm

→ $M_{y,d} < M^*_{y,d}$

$c_1 = 0{,}231^{2,6} = 0{,}0222$

$c_2 = (1 - 0{,}0222)^{-1/0,231} = 1{,}102$

→ $165 / 241 + 0{,}0223 + 1{,}102\,(400 / 716)^{2,3}$ = 0,996 < 1

3.3 Nachweisverfahren Plastisch-Plastisch (P-P)

- **Grundsätze des Tragsicherheitsnachweises**

– Ermittlung der Beanspruchungen nach der Fließgelenk- oder Fließzonentheorie unter Ausnutzung plastischer Tragfähigkeiten des Systems

– Sicherstellung des stabilen Systemgleichgewichtes

– Berücksichtigung der Interaktionen gleichzeitig wirkender Beanspruchungen (siehe Tafeln 8.25a, 8.25b, 8.26a und 8.26b)

– Berücksichtigung eines oberen Grenzwertes der Streckgrenze
Wenn für einen Nachweis eine Erhöhung der Streckgrenze zu einer Erhöhung der Beanspruchung führt, die jedoch nicht gleichzeitig eine proportionale Erhöhung der zugeordneten Beanspruchbarkeit bewirkt, ist für die Streckgrenze auch ein oberer Grenzwert

$\boxed{\sigma_{R,d}^{oben} = 1{,}3 \cdot \sigma_{R,d}}$ anzunehmen.

Eine proportionale Erhöhung der Beanspruchbarkeit von zugbeanspruchten Schweißverbindungen mit durch- oder gegengeschweißten Nähten nach Tafel 8.66 Zeilen 1 bis 4, kann angenommen werden, wenn die Nahtgüte im Zugbereich nachgewiesen wird (siehe auch Fußnote zu Tafel 8.69a). Bei Systemen mit konstantem Querschnitt über die Stablänge genügt es, wenn für die Beanspruchung aller Verbindungen die 1,25fache Grenzschnittgröße im plastischen Zustand der durch sie verbundenen Teile angesetzt wird. Auf die Erhöhung der Auflagerkräfte infolge der Annahme eines oberen Grenzwertes der Streckgrenze darf bei üblichen Tragwerken verzichtet werden.

- **Nachweis der Grenzwerte grenz (*b*/*t*) für volles Mitwirken von Querschnittsteilen unter Druckbeanspruchung**

Der Nachweis erfolgt analog zum Nachweisverfahren E-P (siehe Seite 8.21) mit folgenden Abweichungen:

– Zweiseitig gelagerte Plattenstreifen

$$\text{grenz}\,(b/t) = \frac{32}{\alpha}\sqrt{\frac{240}{f_{y,k}}}$$

(vorh $(b/t)_{Steg}$ und vorh $(b/t)_{Flansch}$ für I-förmige Walzprofile siehe Tafel 8.12 und 8.14)

– Einseitig gelagerte Plattenstreifen

Fall a) Druckspannung $f_{y,k} \,/\, \gamma_M$ am gelagerten Rand

$$\text{grenz}\,(b/t) = \frac{9}{\alpha \cdot \sqrt{\alpha}}\sqrt{\frac{240}{f_{y,k}}}$$

Fall b) Druckspannung $f_{y,k} \,/\, \gamma_M$ am freien Rand

$$\text{grenz}\,(b/t) = \frac{9}{\alpha}\sqrt{\frac{240}{f_{y,k}}}$$

- **Tragsicherheitsnachweis von Durchlaufträgern mit konstantem I-förmigem Querschnitt nach der Fließgelenktheorie** (siehe auch [8.9])

Berechnungsablauf

– Zerlegung des Durchlaufsystems in Teilsysteme

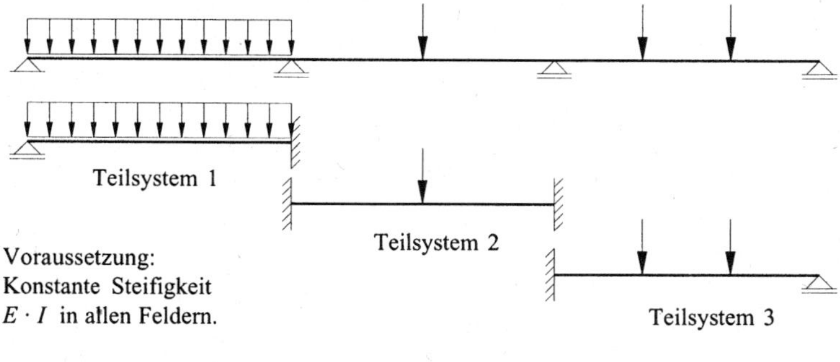

Voraussetzung:
Konstante Steifigkeit
$E \cdot I$ in allen Feldern.

- Ermittlung von erf $M_{pl,d}$ für jedes Teilsystem z.B. nach Tafel 8.30.
  Die Interaktion M_y-V_z wird erst beim Tragsicherheitsnachweis berücksichtigt.
- Wahl des Profils in Abhängigkeit des Maximalwertes aller erf $M_{pl,d}$.
  Vorh $M_{pl,y,d}$ bzw. vorh $M_{pl,z,d}$ für I-förmige Walzprofile siehe Tafeln 8.23a und 8.23b.
- Ermittlung der Querkräfte aus den Gleichgewichtsbedingungen pro Feld.
- Tragsicherheitsnachweis mit den Interaktionsbedingungen auf Seite 8.25 bzw. 8.26.
  Bei Systemen mit kurzen Stützweiten kann $V_{z,d} > 0{,}33 \cdot V_{pl,z,d}$ bzw. $V_{y,d} > 0{,}25 \cdot V_{pl,y,d}$ sein.
  In diesem Fall ist eventuell ein größeres Profil zu wählen und der Nachweis erneut zu führen.

Tafel 8.30 erf $M_{pl,d}$ für Durchlaufträger mit konstantem Querschnitt

Endfeld		Innenfeld	
Teilsystem und Fließgelenkkette	erf $M_{pl,d}$	Teilsystem und Fließgelenkkette	erf $M_{pl,d}$
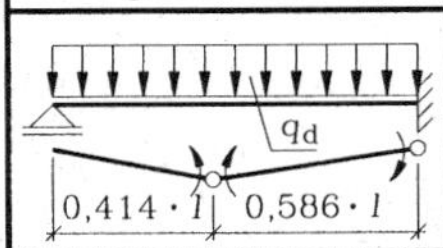	erf $M_{pl,d} = q_d \cdot l^2/11{,}66$	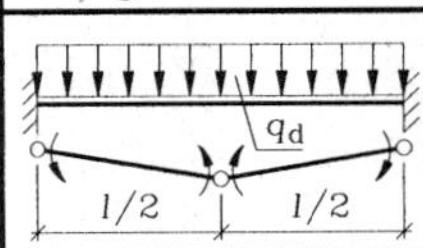	erf $M_{pl,d} = q_d \cdot l^2 / 16$
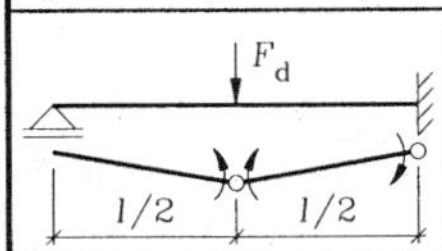	erf $M_{pl,d} = F_d \cdot l / 6$	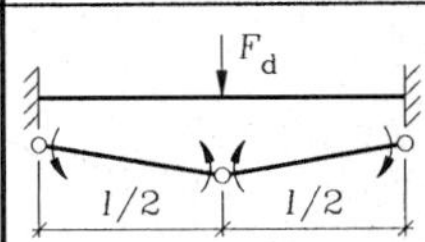	erf $M_{pl,d} = F_d \cdot l / 8$
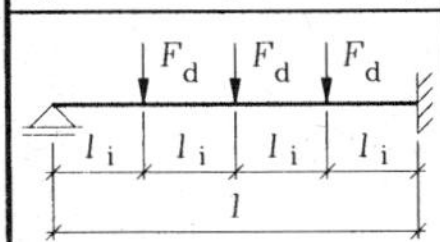	$l_i = l/3 \rightarrow$ erf $M_{pl,d} = F_d \cdot l / 4$ $l_i = l/4 \rightarrow$ erf $M_{pl,d} = F_d \cdot l / 3$	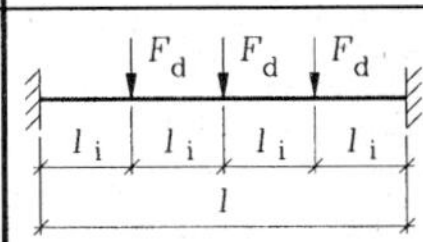	$l_i = l/3 \rightarrow$ erf $M_{pl,d} = F_d \cdot l / 6$ $l_i = l/4 \rightarrow$ erf $M_{pl,d} = F_d \cdot l / 4$
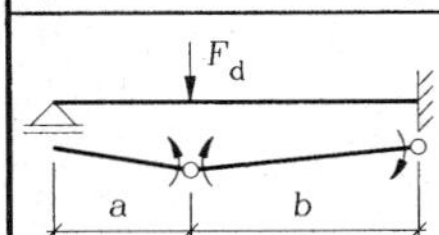	erf $M_{pl,d} =$ $F_d \cdot a \cdot b / (a + l)$	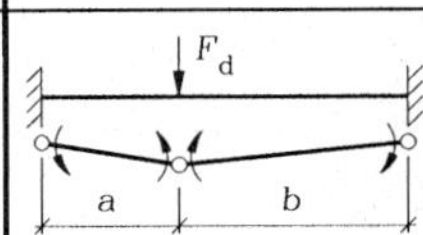	erf $M_{pl,d} =$ $F_d \cdot a \cdot b / (2 \cdot l)$
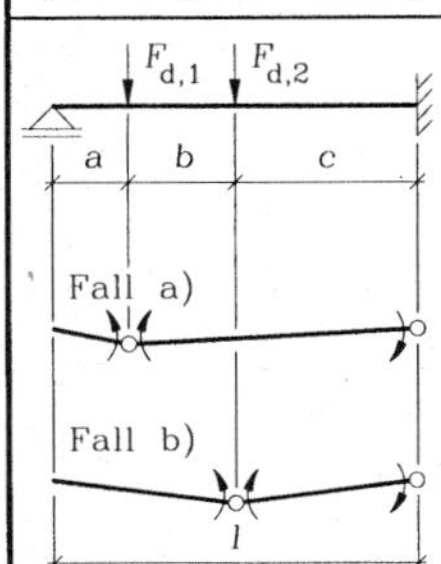	Fall a) [1] erf $M_{pl,d,1} = \frac{a \cdot (l - a)}{a + l} \cdot F_{d,1} \left[1 + \frac{F_{d,2}}{F_{d,1}} \cdot \frac{c}{l - a}\right]$ Fall b) [1] erf $M_{pl,d,2} = \frac{c \cdot (l - c)}{2 \cdot l - c} \cdot F_{d,2} \left[1 + \frac{F_{d,1}}{F_{d,2}} \cdot \frac{a}{l - c}\right]$	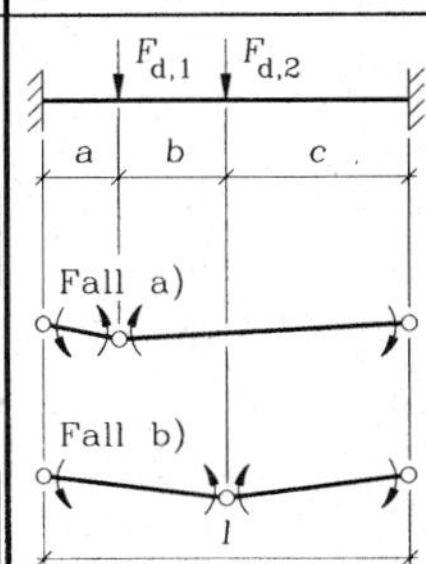	Fall a) [1] erf $M_{pl,d,1} = \frac{a \cdot (l - a)}{2 \cdot l} \cdot F_{d,1} \left[1 + \frac{F_{d,2}}{F_{d,1}} \cdot \frac{c}{l - a}\right]$ Fall b) [1] erf $M_{pl,d,2} = \frac{c \cdot (l - c)}{2 \cdot l} \cdot F_{d,2} \left[1 + \frac{F_{d,1}}{F_{d,2}} \cdot \frac{a}{l - c}\right]$
[1] erf $M_{pl,d}$ = max (erf $M_{pl,d,1}$; erf $M_{pl,d,2}$)			

3.4 Krafteinleitungen

In Bereichen von Krafteinleitungen, Kraftumlenkungen, Krümmungen und Ausschnitten ist zu prüfen, ob konstruktive Maßnahmen erforderlich sind.
Bei Walz- und Schweißprofilen mit I-förmigem Querschnitt dürfen Kräfte ohne Aussteifungen eingeleitet werden, wenn

- der Betriebsfestigkeitsnachweis nicht maßgebend ist,
- der Trägerquerschnitt gegen Verdrehen und seitliches Ausweichen gesichert ist und
- die Tragsicherheit wie folgt nachgewiesen wird:

$$F_d / F_{R,d} \leq 1$$

Für σ_x und σ_z mit unterschiedlichem Vorzeichen und $|\sigma_x| > 0{,}5\, f_{y,k}$ gilt:

$$F_{R,d} = \frac{1}{\gamma_M}\, s \cdot l \cdot f_{y,k}\, (1{,}25 - 0{,}5\, |\sigma_x| / f_{y,k})$$

Für alle anderen Fälle gilt:

$$F_{R,d} = \frac{1}{\gamma_M}\, s \cdot l \cdot f_{y,k}$$

F_d einzuleitende Kraft
σ_x Normalspannung im maßgebenden Schnitt
σ_z konstante Spannung über die Bereiche l bzw. l_i aus der Krafteinleitung (siehe Tafel 8.31)
s Stegdicke des Trägers
l mittragende Länge nach Tafel 8.31

Bei Profilen mit Stegschlankheiten $h/s > 60$ ist zusätzlich ein Beulsicherheitsnachweis für den Steg zu führen.

Tafel 8.31 Rippenlose Krafteinleitung bei Walz- und Schweißprofilen mit I-Querschnitt

Auflagerkraft am Trägerende	Einzellast in Feldmitte oder Auflagerkraft an einer Zwischenstützung

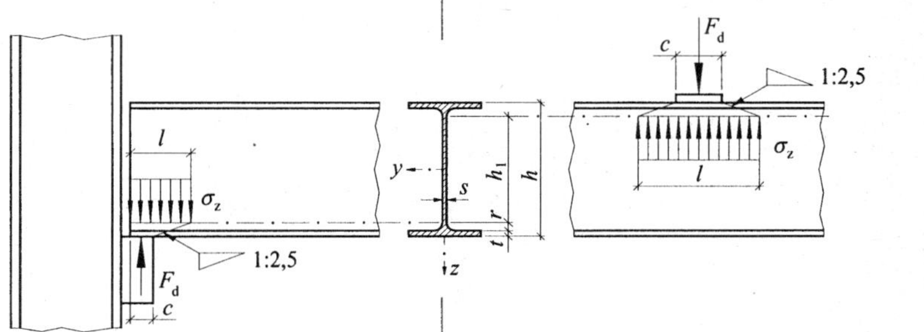

$l = c + 2{,}5\,(t + r)$	$l = c + 5\,(t + r)$

Trägerkreuzung

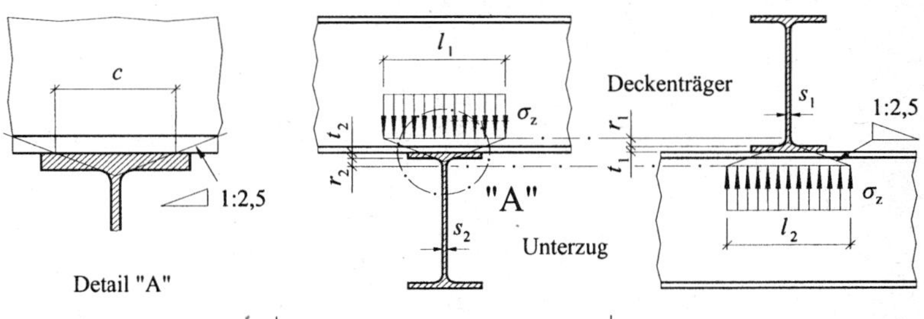

$c = s + 1{,}61 \cdot r + 5 \cdot t$	$l_1 = c_2 + 5\,(t_1 + r_1)$	$l_2 = c_1 + 5\,(t_2 + r_2)$

Bei geschweißten I-förmigen Profilen ist der Wert $r = a$ (Schweißnahtdicke) zu setzen.

3.5 Lochschwächungen

Bei der Berechnung der Beanspruchbarkeiten sind Lochschwächungen zu berücksichtigen. Die Grenzzugkraft von Querschnitten und Querschnittsteilen aus S235 bzw. S355 darf unabhängig von der Art der Lochherstellung wie folgt ermittelt werden:

$$\boxed{N_{R,d} = A_{Netto} \cdot f_{u,k} \,/\, (1{,}25 \cdot \gamma_M)}$$

$f_{u,k}$ Charakteristischer Wert der Zugfestigkeit des Werkstoffes

Für andere Stähle gilt dies nur, wenn die Löcher gebohrt sind.

Der Lochabzug **darf entfallen,**

- wenn die Bedingung $A_{Brutto} \,/\, A_{Netto} \leq 1{,}2$ (S235) bzw. $\leq 1{,}1$ (S355) erfüllt ist;
- bei der Berechnung der Beanspruchungen (Schnittgrößen) und Formänderungen;
- wenn im Bereich von Druck- oder Schubspannungen liegende Löcher durch Verbindungsmittel ausgefüllt sind, deren Lochspiel höchstens 1 mm beträgt. Ist das Lochspiel größer, können größere Verformungen im Bereich der Löcher entstehen, die ggf. zu berücksichtigen sind.

Der durch die Lochschwächung verursachte Versatz darf unberücksichtigt bleiben, wenn die Grenzzugkraft in der Form

$$\boxed{N_{R,d} = A_{Netto} \cdot f_{y,k} \,/\, \gamma_M}$$

$f_{y,k}$ Charakteristischer Wert der Streckgrenze des Werkstoffes

ermittelt wird oder die Bedingung $A_{Brutto} \,/\, A_{Netto} \leq 1{,}2$ (S235) bzw. $\leq 1{,}1$ (S355) eingehalten ist.

Lochabzug bei Zugstäben, die nur durch eine Schraube angeschlossen sind (unsymmetrische Anschlüsse)

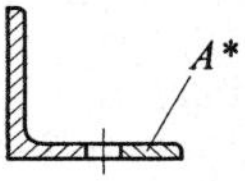

Falls kein genauer Nachweis geführt wird, ist $A_{Netto} = 2 \cdot A^*$ anzunehmen.

3.6 Lagesicherheit

Grundsätze

- Im Allgemeinen genügt es, nur die Zustände unter den Bemessungswerten der Einwirkungen zu berücksichtigen. Zwischenzustände können maßgebend werden, wenn alle oder einige Einwirkungen noch nicht den Bemessungswert erreicht haben.
- Zwischenzustände sind zu berücksichtigen, wenn das Nachweisverfahren P-P angewendet wird.
- Der Lagesicherheitsnachweis kann mit den nach Theorie II. Ordnung ermittelten Beanspruchungen geführt werden.

- **Gleiten**

  Es darf angenommen werden, dass der Reibwiderstand und der Scherwiderstand mechanischer Schubsicherungen gleichzeitig wirken.

– **Ermittlung der Grenzgleitkraft** $\boxed{V_{R,d} = \mu_d \cdot N_d \,/\, 1{,}5 + V_{a,R,d}}$

μ_d Bemessungswert für die Reibungszahl in der Lagerfuge (Fuge Stahl/Stahl: $\mu_d = 0{,}20$; Fuge Stahl/Beton: $\mu_d = 0{,}50$). Siehe hierzu auch DIN 4141-1 (9.84) Abschnitt 6.

N_d resultierende Druckkraft

$V_{a,R,d}$ Grenzabscherkraft der mechanischen Schubsicherung

– **Nachweis der Sicherheit gegen Gleiten** $\boxed{V_d \,/\, V_{R,d} \leq 1}$

- **Abheben**

– **Nachweis unverankerter Lagerfugen**

Es ist nachzuweisen, dass die Beanspruchung keine abhebende Kraftkomponente senkrecht zur Lagerfuge aufweist.

– **Nachweis verankerter Lagerfugen** $\boxed{Z_d \,/\, Z_{R,d} \leq 1}$

Z_d resultierende Zugkraft; $Z_{R,d}$ Grenzzugkraft der Anker (siehe Abschnitt 6.2.2)

- **Umkippen**

– **Nachweis unverankerter Lagerfugen**

Die Druckspannungen (Pressungen) sind konstant über eine beliebig anzusetzende Teilfläche der Lagerfugenfläche anzunehmen. Diese dürfen nicht größer als die Grenzpressungen der angrenzenden Bauteile sein.

$\boxed{\sigma_d / \sigma_{La,R,d} \leq 1}$ σ_d Druckspannung (Pressung); $\sigma_{La,R,d}$ Grenzpressung der Lagerfuge nach Tafel 8.33

Tafel 8.33 Grenzpressung $\sigma_{La,R,d}$ in N/mm² für Stahlbeton[1)]

Festigkeitsklasse	C16/20	C20/25	C30/37	C35/45
f_{ck}	16	20	30	35
$\sigma_{La,R,d} = f_{cd} = (0{,}85 \cdot f_{ck})/1{,}5$	9,1	11,3	17,0	19,8

Falls die Pressung als Teilflächenpressung auftritt, darf $\sigma_{La,R,d}$ in Anlehnung an DIN 1045-1 Abschnitt 10.7 erhöht werden.

[1)] Empfehlung der Autoren zur Anpassung an DIN 1045 (07.2001) bis zu einer endgültigen Regelung in einer Ergänzung zur Anpassungsrichtlinie.

– **Nachweis verankerter Lagerfugen**

Zusätzlich ist nachzuweisen, dass die Beanspruchung der Zuganker nicht größer als deren Beanspruchbarkeit ist. Siehe hierzu Seite 8.32 (Abheben).

Statische Systeme zur Berechnung der resultierenden Kräfte und der Pressung bei eingespannten Stützenfüßen nach [8.31]

a) Beanspruchung durch ein Biegemoment und eine Druckkraft

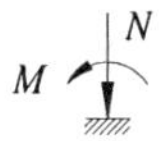

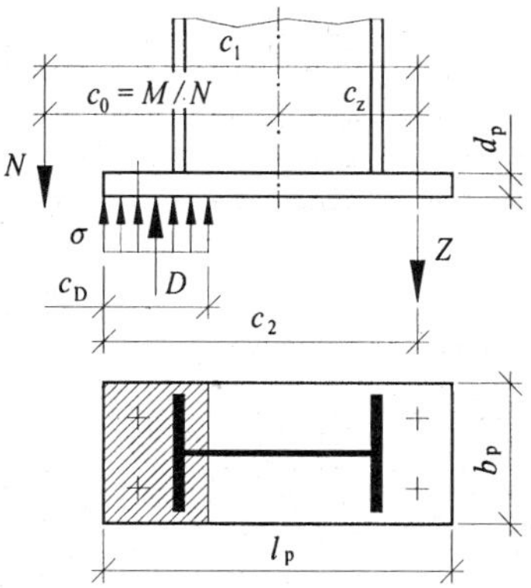

b) Beanspruchung durch ein Biegemoment und eine Zugkraft

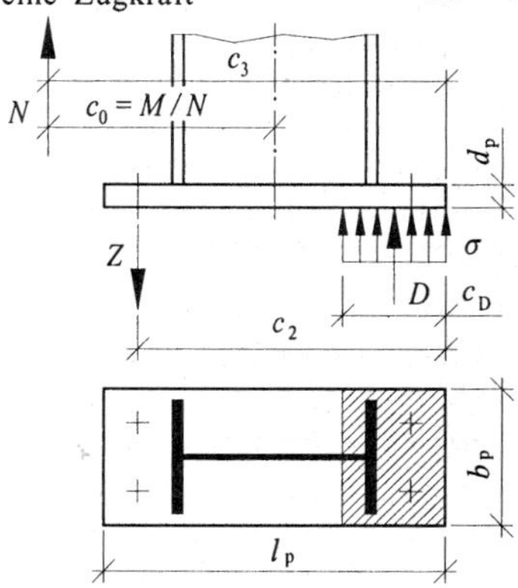

Die Druckfläche $A_D = c_D \cdot b_p$ mit konstanter Pressung ist schraffiert dargestellt.

Formeln zur direkten Bestimmung der Druckzonenlänge c_D und der resultierenden Kräfte Z und D

a)

$$D = \sigma \cdot b_p \cdot c_D; \quad Z = D - N$$

$$c_D = c_2 \cdot \left[1 - \sqrt{1 - \frac{2 \cdot N \cdot c_1}{\sigma \cdot b_p \cdot c_2^2}}\right]$$

b)

$$D = \sigma \cdot b_p \cdot c_D; \quad Z = D + N$$

$$c_D = c_2 \cdot \left[1 - \sqrt{1 - 2 \cdot \frac{N}{\sigma \cdot b_p} \cdot \frac{c_3 - c_2}{c_2^2}}\right]$$

Der Nachweis $\sigma_d / \sigma_{La,R,d} \leq 1$ ist erfüllt, wenn für σ die Grenzpressung $\sigma_{La,R,d}$ der entsprechenden Betonfestigkeitsklasse eingesetzt wird. Zusätzlich ist der Nachweis $Z_d / Z_{R,d} \leq 1$ zu führen.

Beispiel: Lagesicherheitsnachweise für den Stützenfuß einer Einspannstütze HEB 400

Betonfestigkeitsklasse des Fundaments: C30/37

Zuganker: M 22; 10.9

Beanspruchungen:

N_d = 500 kN

$M_{y,d}$ = 300 kNm

V_d = 120 kN

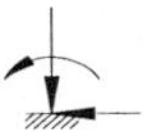

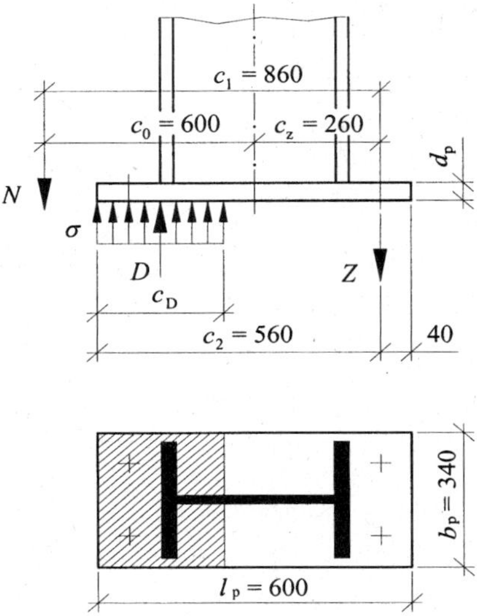

Nachweis gegen Umkippen durch direkte Berechnung der Druckzonenlänge c_D

Außermittigkeit der Normalkraft:

c_0 = 30 000 / 500 = 60 cm

Druckzonenlänge c_D:

C30,37 → $\sigma_{La,R,d}$ = 1,70 kN/cm² (Tafel 8.33)

$$c_D = 56 \cdot \left[1 - \sqrt{1 - \frac{2 \cdot 500 \cdot 86}{1{,}70 \cdot 34 \cdot 56^2}}\right] = 15{,}4 \text{ cm}$$

Berechnung der resultierenden Kräfte

D = 1,70 · 15,4 · 34 = 890,1 kN

Z = 890,1 − 500 = 390,1 kN

Nachweis gegen Abheben

Anker M 22; 10.9

→ $Z_{R,d} = A_{Sp} \cdot f_{u,b,k} / (1{,}25 \cdot \gamma_M)$

A_S Spannungsquerschnitt (siehe Tafel 8.82b)

$f_{u,b,k}$ Charakteristischer Wert der Zugfestigkeit des Schraubenwerkstoffs (siehe Tafel 8.4b)

$Z_{R,d}$ = 3,03 · 100 / (1,25 · 1,1)
= 220 kN je Anker (siehe auch Tafel 8.73a)

$Z_d / Z_{R,d}$ = 390,1 / (2 · 220) = 0,89 < 1

Nachweis gegen Gleiten

Fuge Stahl/Beton → μ_d = 0,50

$V_{R,d} = \mu_d \cdot N_d / 1{,}5$ = 0,50 · 939,6 / 1,5 = 313,2 kN

$V_d / V_{R,d}$ = 120 / 313,2 = 0,38 < 1

3.7 Gebrauchstauglichkeit

Der Nachweis der Gebrauchstauglichkeit ist in den meisten Fällen ein Nachweis der Größe der Verformungen. Hierbei muss ggf. das plastische Verhalten berücksichtigt werden, insbesondere bei Systemen, die nach dem Verfahren P-P nachgewiesen werden.

Da DIN 18 800-1 keine Angaben über Grenzzustände für den Nachweis der Gebrauchstauglichkeit enthält, sind Teilsicherheitsbeiwerte, Kombinationsbeiwerte und Einwirkungskombinationen zu vereinbaren, soweit sie nicht entsprechenden Fachnormen zu entnehmen sind.

Beim Nachweis der Gebrauchstauglichkeit sind zwei Fälle zu unterscheiden:

– **Es besteht keine Gefahr für Leib und Leben**

  Die Verformungsberechnungen werden mit den charakteristischen Einwirkungsgrößen durchgeführt (γ_F und γ_M = 1,0).

– **Es besteht Gefahr für Leib und Leben**

  Für die Berechnung gelten die gleichen Bestimmungen wie beim Nachweis der Tragsicherheit. Die Streuung der Einwirkungen und Widerstandsgrößen ist also durch die entsprechenden γ_F- und γ_M-Werte nach den Tafeln 8.5a und 8.5b zu berücksichtigen.

4 Tragsicherheitsnachweise stabilitätsgefährdeter Bauteile

4.1 Knicken von Stäben und Stabwerken

Wenn die Abgrenzungskriterien nach Abschnitt 2.4 für Biegeknicken und Biegedrillknicken nicht eingehalten sind, muss die Sicherheit gegenüber diesen Versagensformen nachgewiesen werden.

4.1.1 Biegeknicksicherheitsnachweis nach Theorie II. Ordnung

Diese Nachweisform ist in Kapitel 4 A, Abschnitt 6 und 7 behandelt.

4.1.2 Planmäßig mittiger Druck

- **Biegeknicken**

Berechnungsablauf:

– **Ermittlung der Knicklänge** getrennt für die Querschnittshauptachsen des Einzelstabes oder des gedanklich aus dem Stabwerk herausgelösten Stabes mit den realen Randbedingungen (Ersatzstabverfahren).

$$s_K = \beta \cdot l$$

β Knicklängenbeiwert
l Stablänge

Knicklängenbeiwerte einfacher Stäbe mit konstantem Querschnitt nach Euler

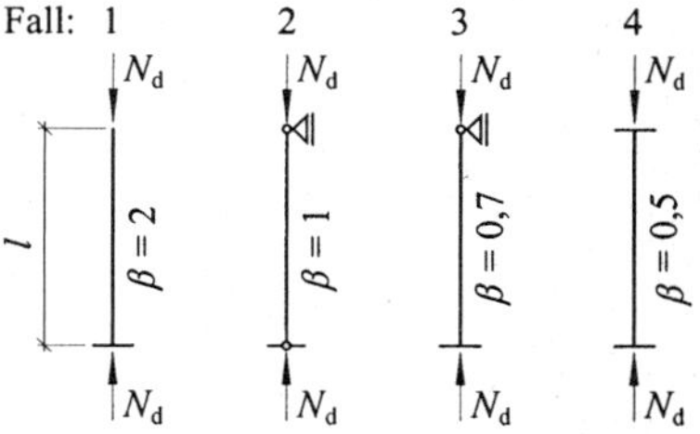

Zur Ermittlung der Knicklängen bei unverschieblichen und verschieblichen Stabwerken siehe Abschnitt 4.3.

– **Schlankheitsgrad** $\lambda_K = s_K / i$ — i Trägheitsradius

– **Bezogener Schlankheitsgrad** $\bar{\lambda}_K = \lambda_K / \lambda_a$ — λ_a Bezugsschlankheitsgrad $\lambda_a = \pi \sqrt{E / f_{y,k}}$

S235: $t \leq 40$ mm $\rightarrow \lambda_a = 92,9$
S355: $t \leq 40$ mm $\rightarrow \lambda_a = 75,9$

– **Zuordnung des Querschnitts zu einer Knickspannungslinie** (siehe Tafel 8.36)

– **Abminderungsfaktor κ nach den Europäischen Knickspannungslinien**
Der Abminderungsfaktor für die Knickspannungslinien a, b, c und d kann den Tafeln 8.38 bzw. 8.39 entnommen oder mit folgenden Formeln berechnet werden.

Bereich: $\bar{\lambda}_K \leq 0,2$	$\bar{\lambda}_K > 0,2$	$\bar{\lambda}_K > 0,3$ (vereinfachend)
$\kappa = 1$	$\kappa = 1/(k + \sqrt{k + \bar{\lambda}_K^2})$	$\kappa = 1/[\bar{\lambda}_K \cdot (\bar{\lambda}_K + \alpha)]$
	$k = 0,5 \cdot [1 + \alpha(\bar{\lambda}_K - 0,2) + \bar{\lambda}_K^2]$	

Tafel 8.35 Parameter α zur Berechnung des Abminderungsfaktors κ

Knickspannungslinie	a	b	c	d
α	0,21	0,34	0,49	0,76

– **Berechnung der Normalkraft im plastischen Zustand** $N_{pl,d}$ (für I-förmige Walzprofile siehe hierzu Tafel 8.22)

– **Nachweis der Biegeknicksicherheit** $N_d / (\kappa \cdot N_{pl,d}) \leq 1$

N_d Bemessungswert der Normalkraft (Druck positiv)

Tafel 8.36 Zuordnung der Querschnitte zu den Knickspannungslinien

Querschnitt			Ausweichen rechtwinklig zur Achse	Knick-spannungs-linie
Hohlprofile	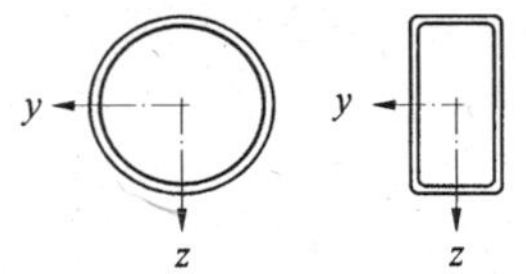	warm gefertigt	y und z	a
		kalt gefertigt	y und z	b
geschweißte Kasten-querschnitte	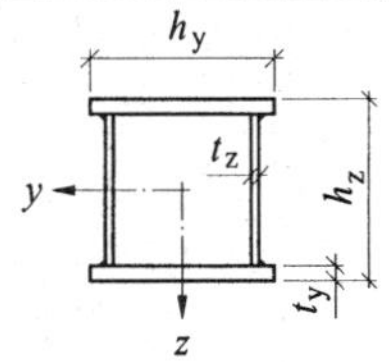		y und z	b
		Schweißnaht $a \geq \min t$ und $h_y / t_y < 30$ $h_z / t_z < 30$	y und z	c
gewalzte I-Profile	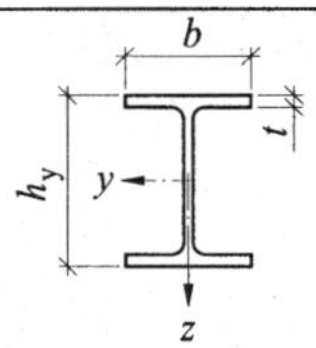	$h/b > 1{,}2$; $t \leq 40$ mm	y z	a b
		$h/b > 1{,}2$; $40 < t \leq 80$ mm $h/b \leq 1{,}2$; $t \leq 80$ mm	y z	b c
		$t > 80$ mm	y und z	d
geschweißte I-Querschnitte	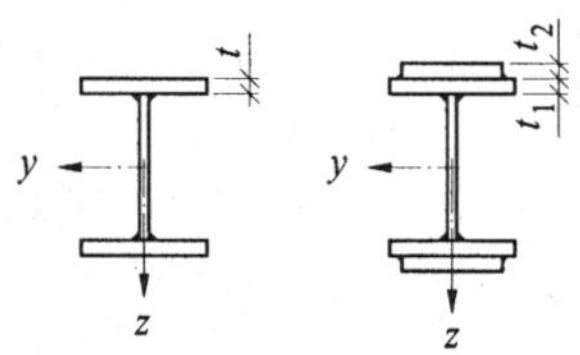	$t_i \leq 40$ mm	y z	b c
		$t_i > 40$ mm	y z	c d
U-, L-, T- und Vollquer-schnitte	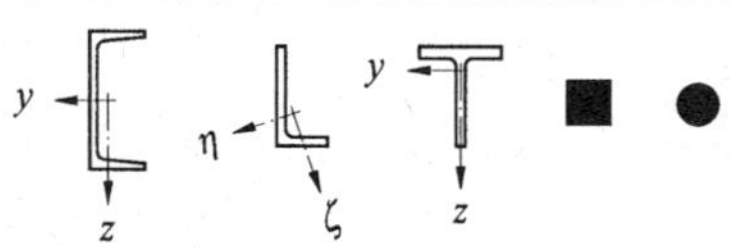		y und z bzw. η und ζ	c
Hier nicht aufgeführte Querschnitte sind nach den möglichen Eigenspannungen und Blechdicken sinngemäß einzuordnen.				

Beispiel:

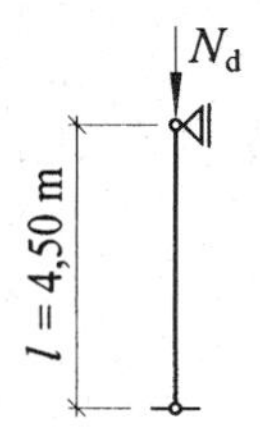

Profil: HEB 360; S355

Beanspruchung: $N_d = 3900$ kN

Maßgebend ist in diesem Fall Ausweichen senkrecht zur z-Achse.

$s_{K,z} = \beta_z \cdot l = 1{,}0 \cdot 450 = 450$ cm; $i_z = 7{,}49$ cm

$\lambda_K = s_{K,z} / i_z = 450 / 7{,}49 = 60{,}1$; $\bar{\lambda}_K = \lambda_K / \lambda_a = 60{,}1 / 75{,}9 = 0{,}79$

$h / b = 360 / 300 = 1{,}2 \rightarrow$ Knickspannungslinie c (siehe Tafel 8.36)

$\kappa = 0{,}67$ (Tafel 8.38)

$N_{pl,d} = 3940 \cdot 1{,}5 = 5910$ kN ($N_{pl,d}$ nach Tafel 8.22; Faktor 1,5 für S355)

Biegeknicknachweis: $3900 / (0{,}67 \cdot 5910) = \underline{0{,}98 < 1}$

Tafel 8.37 Beanspruchbarkeiten $N_{R,d}$ in kN von Druckstäben aus S235 für Biegeknicken senkrecht zur z-Achse

Profilreihe	Nennhöhe	Knicklänge (bezogen auf die z-Achse) $s_{K,z}$ in m										
		3,00	3,50	4,00	4,50	5,00	5,50	6,00	6,50	7,00	7,50	8,00
HEA (IPBl)	**100**	183	146	118	96,6	80,6	68,1	58,3	50,4	44,0	38,8	34,4
	120	277	227	188	156	132	112	96,5	83,8	73,4	64,8	57,7
	140	404	343	290	246	209	180	156	136	120	106	94,4
	160	555	484	418	361	311	270	235	207	183	162	145
	180	707	633	561	493	433	380	334	296	263	235	210
	200	888	810	730	653	581	516	458	408	365	327	294
	220	1 110	1 030	946	860	777	699	628	564	508	458	414
	240	1 380	1 290	1 200	1 100	1 010	919	834	755	684	621	564
	260	1 600	1 510	1 420	1 320	1 220	1 120	1 030	941	859	785	717
	280	1 830	1 740	1 650	1 550	1 450	1 340	1 240	1 150	1 050	969	890
	300	2 160	2 070	1 960	1 860	1 750	1 640	1 530	1 420	1 320	1 220	1 130
	320	2 390	2 280	2 170	2 060	1 940	1 810	1 690	1 570	1 460	1 350	1 240
	340	2 560	2 450	2 330	2 200	2 070	1 940	1 810	1 680	1 560	1 440	1 330
	360	2 740	2 610	2 480	2 350	2 210	2 070	1 930	1 790	1 660	1 530	1 410
	400	3 160	3 050	2 930	2 800	2 650	2 500	2 340	2 170	2 010	1 860	1 710
	450	3 530	3 410	3 270	3 120	2 960	2 790	2 600	2 420	2 240	2 060	1 900
	500	3 910	3 770	3 620	3 450	3 270	3 080	2 870	2 670	2 460	2 270	2 090
HEB (IPB)	**100**	227	181	147	120	100	85,0	72,7	62,9	54,9	48,4	42,9
	120	377	310	257	214	180	154	132	115	101	89,0	79,1
	140	561	478	405	344	293	252	219	191	168	149	133
	160	786	688	597	515	446	387	338	297	262	233	209
	180	1 030	921	817	720	633	556	490	434	386	344	309
	200	1 300	1 190	1 070	964	860	765	681	607	543	487	439
	220	1 590	1 470	1 350	1 230	1 120	1 010	905	814	733	662	599
	240	1 910	1 790	1 660	1 540	1 410	1 280	1 170	1 060	961	873	794
	260	2 190	2 070	1 950	1 820	1 680	1 550	1 420	1 300	1 190	1 090	996
	280	2 490	2 360	2 240	2 110	1 970	1 830	1 700	1 570	1 440	1 330	1 220
	300	2 870	2 750	2 620	2 480	2 340	2 190	2 050	1 900	1 770	1 640	1 510
	320	3 110	2 970	2 830	2 680	2 530	2 370	2 210	2 060	1 910	1 770	1 630
	340	3 290	3 140	2 990	2 830	2 670	2 500	2 330	2 170	2 010	1 860	1 720
	360	3 470	3 320	3 150	2 990	2 810	2 630	2 460	2 280	2 120	1 960	1 810
	400	3 930	3 800	3 650	3 490	3 310	3 120	2 930	2 730	2 530	2 330	2 150
	450	4 330	4 180	4 010	3 830	3 630	3 420	3 200	2 980	2 760	2 540	2 340
	500	4 730	4 560	4 380	4 180	3 960	3 730	3 480	3 230	2 990	2 760	2 540
	550	5 020	4 840	4 640	4 420	4 180	3 930	3 660	3 400	3 130	2 880	2 650
	600	5 320	5 120	4 910	4 670	4 410	4 130	3 850	3 560	3 280	3 010	2 760
HEM (IPBv)	**100**	515	416	339	280	235	199	171	148	129	114	101
	120	788	658	549	461	390	334	288	251	220	194	173
	140	1 100	949	812	694	596	514	447	391	345	306	273
	160	1 460	1 290	1 130	984	856	747	654	576	511	455	407
	180	1 830	1 650	1 480	1 310	1 160	1 030	907	805	717	642	577
	200	2 230	2 050	1 870	1 690	1 510	1 350	1 210	1 080	970	873	788
	220	2 640	2 460	2 270	2 080	1 900	1 720	1 550	1 400	1 270	1 150	1 040
	240	3 660	3 450	3 230	3 000	2 770	2 540	2 320	2 120	1 930	1 760	1 610
	260	4 120	3 910	3 690	3 470	3 230	3 000	2 770	2 550	2 340	2 150	1 970
	280	4 600	4 390	4 170	3 940	3 710	3 470	3 230	3 000	2 780	2 560	2 370
	300	5 920	5 680	5 430	5 170	4 900	4 630	4 350	4 070	3 800	3 540	3 290
	320	6 090	5 840	5 580	5 310	5 030	4 740	4 450	4 170	3 880	3 610	3 360
	340	6 360	6 160	5 950	5 720	5 470	5 200	4 920	4 620	4 320	4 020	3 730
	360	6 410	6 210	5 990	5 760	5 500	5 220	4 930	4 630	4 320	4 010	3 720
	400	6 530	6 320	6 090	5 850	5 580	5 290	4 980	4 660	4 340	4 030	3 730
	450	6 700	6 480	6 240	5 980	5 700	5 390	5 070	4 740	4 400	4 080	3 770
	500	6 860	6 630	6 370	6 100	5 790	5 470	5 130	4 780	4 440	4 100	3 780
	550	7 040	6 790	6 530	6 240	5 920	5 580	5 220	4 860	4 500	4 150	3 820
	600	7 200	6 940	6 660	6 350	6 010	5 650	5 280	4 900	4 520	4 160	3 830

Tafel 8.38 Abminderungsfaktoren κ für Biegeknicken

Bezogener Schlankheitsgrad $\bar{\lambda}_k$ für Knickspannungslinie:				κ	Bezogener Schlankheitsgrad $\bar{\lambda}_k$ für Knickspannungslinie:				κ
a	b	c	d		a	b	c	d	
0,20	0,20	0,20	0,20	**1,00**	1,17	1,08	0,98	0,85	**0,55**
0,25	0,23	0,22	0,21	**0,99**	1,18	1,09	1,00	0,87	**0,54**
0,29	0,26	0,24	0,23	**0,98**	1,20	1,11	1,02	0,88	**0,53**
0,33	0,28	0,26	0,24	**0,97**	1,22	1,13	1,03	0,90	**0,52**
0,37	0,31	0,28	0,25	**0,96**	1,23	1,14	1,05	0,92	**0,51**
0,41	0,34	0,30	0,26	**0,95**	1,25	1,16	1,07	0,94	**0,50**
0,45	0,36	0,32	0,28	**0,94**	1,27	1,18	1,09	0,96	**0,49**
0,48	0,39	0,34	0,29	**0,93**	1,28	1,20	1,11	0,98	**0,48**
0,51	0,42	0,36	0,30	**0,92**	1,30	1,22	1,13	0,99	**0,47**
0,54	0,44	0,38	0,32	**0,91**	1,32	1,23	1,15	1,01	**0,46**
0,57	0,46	0,39	0,33	**0,90**	1,34	1,25	1,17	1,03	**0,45**
0,60	0,49	0,41	0,35	**0,89**	1,36	1,27	1,19	1,05	**0,44**
0,63	0,51	0,43	0,36	**0,88**	1,38	1,29	1,21	1,08	**0,43**
0,65	0,53	0,45	0,37	**0,87**	1,40	1,31	1,23	1,10	**0,42**
0,67	0,55	0,47	0,39	**0,86**	1,42	1,34	1,25	1,12	**0,41**
0,70	0,57	0,49	0,40	**0,85**	1,44	1,36	1,27	1,14	**0,40**
0,72	0,59	0,51	0,41	**0,84**	1,46	1,38	1,30	1,17	**0,39**
0,74	0,61	0,52	0,43	**0,83**	1,48	1,40	1,32	1,19	**0,38**
0,76	0,63	0,54	0,44	**0,82**	1,51	1,43	1,35	1,22	**0,37**
0,77	0,65	0,56	0,46	**0,81**	1,53	1,45	1,37	1,24	**0,36**
0,79	0,67	0,58	0,47	**0,80**	1,56	1,48	1,40	1,27	**0,35**
0,81	0,69	0,59	0,48	**0,79**	1,58	1,51	1,43	1,30	**0,34**
0,83	0,71	0,61	0,50	**0,78**	1,61	1,53	1,45	1,32	**0,33**
0,84	0,72	0,63	0,51	**0,77**	1,64	1,56	1,48	1,35	**0,32**
0,86	0,74	0,64	0,53	**0,76**	1,67	1,59	1,51	1,39	**0,31**
0,88	0,76	0,66	0,54	**0,75**	1,70	1,63	1,55	1,42	**0,30**
0,89	0,77	0,68	0,56	**0,74**	1,73	1,66	1,58	1,45	**0,29**
0,91	0,79	0,69	0,57	**0,73**	1,76	1,69	1,61	1,49	**0,28**
0,92	0,81	0,71	0,59	**0,72**	1,80	1,73	1,65	1,53	**0,27**
0,94	0,82	0,72	0,60	**0,71**	1,84	1,77	1,69	1,56	**0,26**
0,95	0,84	0,74	0,61	**0,70**	1,88	1,81	1,73	1,60	**0,25**
0,96	0,86	0,76	0,63	**0,69**	1,92	1,85	1,78	1,65	**0,24**
0,98	0,87	0,77	0,64	**0,68**	1,97	1,90	1,82	1,69	**0,23**
0,99	0,89	0,79	0,66	**0,67**	2,01	1,95	1,87	1,74	**0,22**
1,01	0,90	0,80	0,67	**0,66**	2,07	2,00	1,92	1,80	**0,21**
1,02	0,92	0,82	0,69	**0,65**	2,12	2,05	1,98	1,85	**0,20**
1,04	0,93	0,84	0,70	**0,64**	2,18	2,11	2,04	1,91	**0,19**
1,05	0,95	0,85	0,72	**0,63**	2,24	2,18	2,10	1,98	**0,18**
1,07	0,96	0,87	0,74	**0,62**	2,31	2,25	2,17	2,05	**0,17**
1,08	0,98	0,88	0,75	**0,61**	2,39	2,32	2,25	2,12	**0,16**
1,09	1,00	0,90	0,77	**0,60**	2,47	2,40	2,33	2,21	**0,15**
1,11	1,01	0,92	0,78	**0,59**	2,56	2,50	2,42	2,30	**0,14**
1,12	1,03	0,93	0,80	**0,58**	2,66	2,60	2,53	2,40	**0,13**
1,14	1,04	0,95	0,82	**0,57**	2,78	2,71	2,64	2,52	**0,12**
1,15	1,06	0,97	0,83	**0,56**	2,91	2,84	2,77	2,65	**0,11**
					3,06	2,99	2,92	2,79	**0,10**

Tafel 8.39 Abminderungsfaktoren κ für Biegeknicken (Knickspannungslinien a, b, c und d)

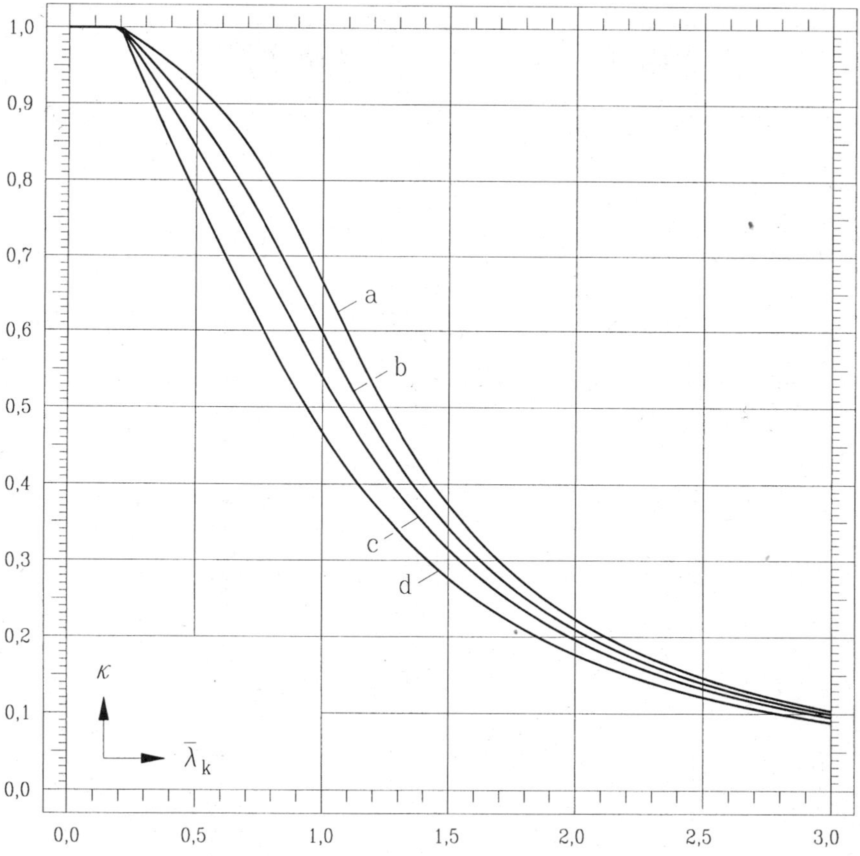

- **Biegedrillknicken**

Für Walzprofile mit I-förmigem Querschnitt und Träger mit ähnlichen Abmessungen sowie für Hohlprofile ist bei *Beanspruchung durch planmäßig mittigen Druck* kein Tragsicherheitsnachweis für Biegedrillknicken erforderlich.

Bei Stäben mit beliebiger, aber unverschieblicher Lagerung der Enden, mit unveränderlichem Querschnitt und konstanter Normalkraft kann der Tragsicherheitsnachweis formal wie der Biegeknicksicherheitsnachweis geführt werden. An Stelle des bezogenen Schlankheitsgrades $\bar{\lambda}_K$ ist $\bar{\lambda}_{Vi}$ (bezogener Vergleichsschlankheitsgrad) zu berücksichtigen.

Dieser vereinfachte Nachweis gliedert sich in folgende Schritte:

– **Ermittlung der Querschnittswerte**

Formelzeichen

S Schwerpunkt; M Schubmittelpunkt
z_M Abstand zwischen Schwerpunkt und Schubmittelpunkt
e Maß zur Festlegung der Schwerpunktslage
I_ω Wölbflächenmoment 2. Grades (Wölbwiderstand; alternative Bezeichnung C_M)
I_T Torsionsflächenmoment 2. Grades (St. Venant'scher Torsionswiderstand)

Tafel 8.40 Querschnittswerte ausgewählter Profile für den Biegedrillknicknachweis [8.27]

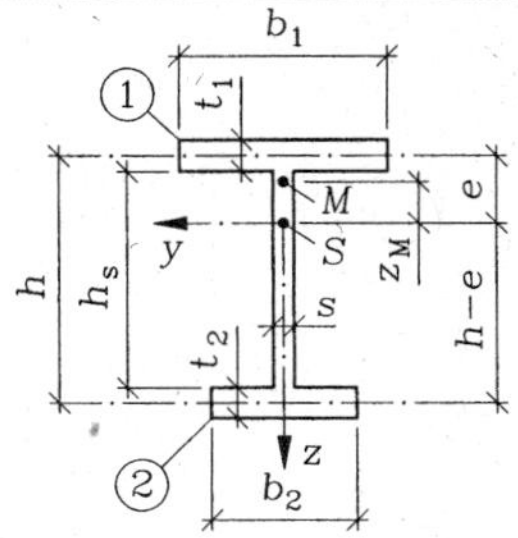

$z_M = -(1/I_z)\cdot[e\cdot I_1 - (h-e)\cdot I_2] = -e + (I_2/I_z)\cdot h$

$I_\omega = [(I_1\cdot I_2)/(I_1+I_2)]\cdot h^2 = (I_1\cdot I_2/I_z)\cdot h^2$

$I_T = (b_1\cdot t_1^3 + b_2\cdot t_2^3 + h_s\cdot s^3)/3$

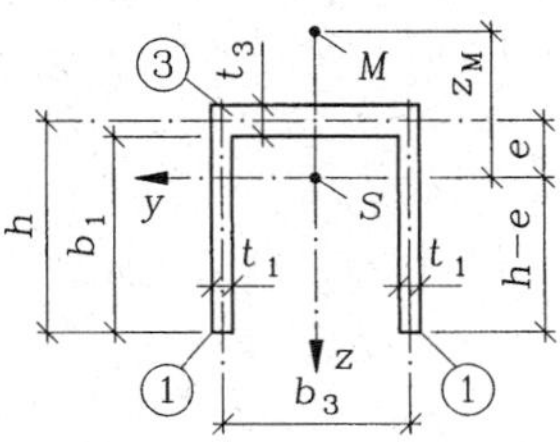

$z_M = -[e + (I_1\cdot h/I_z)]$; $I_z = 2\cdot I_1 + I_3$

$I_\omega = [(I_1^2 + 2\cdot I_1\cdot I_3)/I_z]\cdot(h^2/3)$

$I_T = (2\cdot b_1\cdot t_1^3 + b_3\cdot t_3^3)/3$

$I_1; I_2; I_3$ Flächenmoment 2. Grades einer Teilfläche, bezogen auf die z-Achse des Gesamtquerschnitts

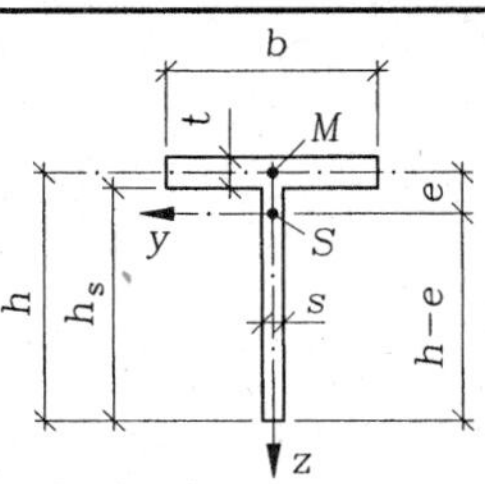

$z_M = -e$

$I_\omega = 0$

$I_T = (b\cdot t^3 + h_s\cdot s^3)/3$

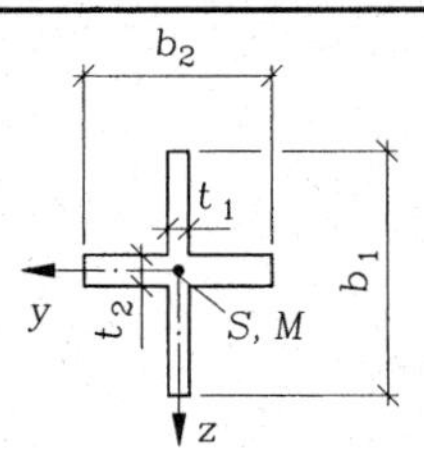

$z_M = 0$

$I_\omega = 0$

$I_T = (b_1\cdot t_1^3 + b_2\cdot t_2^3)/3$

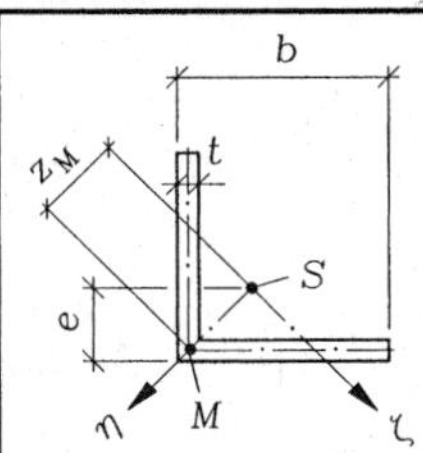

$z_M = [e - (t/2)]\cdot\sqrt{2}$

$I_\omega = 0$

$I_T = (2\cdot b - t)\cdot t^3/3$

- **Drehradius c des Querschnitts** $c = \sqrt{(I_\omega + 0{,}039\cdot l^2\cdot I_T)/I_z}$ Bei Winkeln ist I_z durch I_η zu ersetzen.
- **ideeller Vergleichsschlankheitsgrad λ_{Vi}**

  Vorwerte: $i_P = \sqrt{i_y^2 + i_z^2}$; $i_y^2 = I_y/A$; $i_z^2 = I_z/A$; $i_M^2 = i_P^2 + z_M^2$

  $i_y; i_z$ Trägheitsradius, bezogen auf die Querschnittshauptachsen (bei Winkeln i_η bzw. i_ζ)
  i_P polarer Trägheitsradius, bezogen auf den Schwerpunkt
  i_M polarer Trägheitsradius, bezogen auf den Schubmittelpunkt

$$\lambda_{Vi} = \frac{\beta\cdot l}{i_z}\cdot\sqrt{\frac{c^2 + i_M^2}{2\cdot c^2}\cdot\left[1 + \sqrt{1 - \frac{4\cdot c^2\cdot i_P^2}{(c^2 + i_M^2)^2}}\right]}$$

β Knicklängenbeiwert
Bei Winkeln ist i_z durch i_η zu ersetzen.

- **bezogener, ideeller Vergleichsschlankheitsgrad $\bar{\lambda}_{Vi}$**

  $\bar{\lambda}_{Vi} = \lambda_{Vi}/\lambda_a$ S235 und $t \leq 40$ mm: $\lambda_a = 92{,}9$; S355 und $t \leq 40$ mm: $\lambda_a = 75{,}9$
- **Abminderungsfaktor κ ($\bar{\lambda}_{Vi}$)**

  Für die oben dargestellten Querschnitte gilt Knickspannungslinie c (Tafel 8.36) und $\alpha = 0{,}49$ (Tafel 8.35). Der Abminderungsfaktor kann anhand der Formeln auf Seite 8.35 berechnet bzw. Tafel 8.38 oder 8.39 entnommen werden.
- **Biegedrillknicknachweis** $N_d/(\kappa\cdot N_{pl,d}) \leq 1$

Beispiel:

L 100 × 10

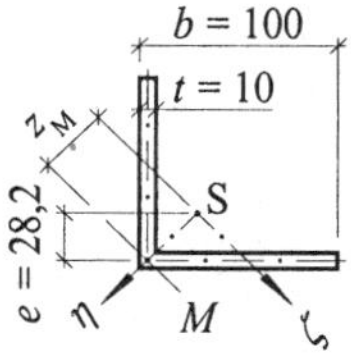

Ein Fachwerkstab aus gleichschenkligem Winkel 100 × 10, S235, ist durch eine in der Schwerachse wirkende Druckkraft N_d = 250 kN beansprucht. Die Knicklänge beträgt für die Querschnittshauptachsen $s_{K,\eta} = s_{K,\zeta}$ = 1,50 m.

– **Biegeknicken**

$N_{pl,d} = A \cdot f_{y,k} / \gamma_M = 19{,}2 \cdot 24 / 1{,}1 = 419$ kN

min $i = i_\zeta \rightarrow \lambda_{K,\zeta} = s_{K,\zeta} / i_\zeta = 150 / 1{,}95 = 76{,}9$; $\bar{\lambda}_{K,\zeta} = \lambda_{K,\zeta} / \lambda_a = 76{,}9 / 92{,}9 = 0{,}83$

Knickspannungslinie c nach Tafel 8.36; $\kappa = 0{,}64$ (siehe Tafel 8.38)

Nachweis: $N_d / (\kappa \cdot N_{pl,d}) = 250 / (0{,}64 \cdot 419) = \underline{0{,}93 < 1}$

– **Biegedrillknicken**

Querschnittswerte (siehe Tafel 8.40):

$z_M = (2{,}82 - 1{,}0 / 2) \cdot \sqrt{2} = 3{,}28$ cm; $I_\omega = 0$; $I_T = (2 \cdot 10{,}0 - 1{,}0) \cdot 1{,}0^3 / 3 = 6{,}33$ cm^4

$c^2 = (0 + 0{,}039 \cdot 150^2 \cdot 6{,}33) / 280 = 19{,}84$ cm^2 mit $I_\eta = 280$ cm^4

$i_\eta = 3{,}83$ cm; $i_\zeta = 1{,}95$ cm $\rightarrow i_p^2 = 3{,}83^2 + 1{,}95^2 = 18{,}47$ cm^2; $i_M^2 = 18{,}47 + 3{,}28^2 = 29{,}23$ cm^2

$$\lambda_{Vi} = \frac{1{,}0 \cdot 150}{3{,}83}\sqrt{\frac{19{,}84 + 29{,}23}{2 \cdot 19{,}84}\left[1 + \sqrt{1 - \frac{4 \cdot 19{,}84 \cdot 18{,}47}{(19{,}84 + 29{,}23)^2}}\right]}$$

$\lambda_{Vi} = 55{,}5 < \lambda_{K,\zeta} = 76{,}9 \rightarrow$ Biegeknicken ist maßgebend.

4.1.3 Einachsige Biegung ohne Normalkraft

Behandelt werden hier I-förmige Profile mit der Beanspruchung M_y. Bei der alleinigen Beanspruchung durch M_z ist der Biegedrillknicksicherheitsnachweis nicht erforderlich.

- **Nachweis des Druckgurtes als Druckstab**

Eine genauere Biegedrillknickuntersuchung kann entfallen, wenn der Druckgurt im Abstand c seitlich unverschieblich gehalten und folgende Bedingung erfüllt ist:

$\boxed{\bar{\lambda} \le 0{,}5 \cdot M_{pl,y,d} / M_{y,d}}$ mit $\bar{\lambda} = \dfrac{c \cdot k_c}{i_{z,g} \cdot \lambda_a}$

$i_{z,g}$ Trägheitsradius um die Steg-Achse z der aus Druckgurt und 1/5 des Steges gebildeten Querschnittsfläche (Tafel 8.42)

k_c Beiwert für den Verlauf der Druckkraft im Druckgurt

$\rightarrow$ $\boxed{c \le 0{,}5 \dfrac{M_{pl,y,d}}{M_{y,d}} \dfrac{i_{z,g} \cdot \lambda_a}{k_c}}$

Tafel 8.41 Druckkraftbeiwerte k_c

Normalkraftverlauf	k_c
max N (konstant)	1,00
max N (parabelförmig)	0,94
max N (dreieckförmig)	0,86
max N … $\psi \cdot$ max N; $-1 \le \psi \le 1$	$\dfrac{1}{1{,}33 - 0{,}33 \cdot \psi}$

Beispiel:

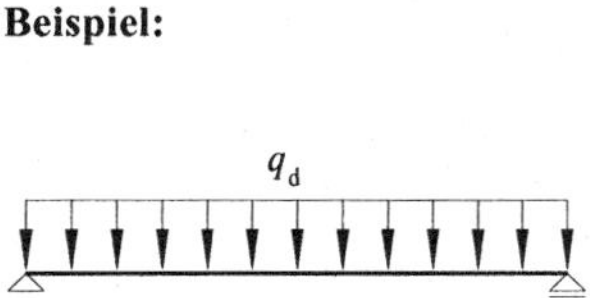

Profil: IPE 400, S235; q_d = 23,5 kN/m

$M_{y,d} = 23{,}5 \cdot 6{,}0^2 / 8 = 105{,}75$ kNm;

$M_{pl,y,d} = 289$ kNm (siehe Tafel 8.23a)

$\lambda_a = 92{,}9$; $i_{z,g} = 4{,}49$ cm (Tafel 8.42); $k_c = 0{,}94$ (Tafel 8.41)

$c \le 0{,}5 \cdot \dfrac{289}{105{,}75} \cdot \dfrac{4{,}49 \cdot 92{,}9}{0{,}94} \le 606$ cm; vorh $c = 600 < 606$ cm

Tafel 8.42 Trägheitsradius um die Stegachse z der aus Druckgurt und 1/5 der Stegfläche gebildeten Querschnittsfläche für Walzprofile in cm $i_{z,g}$

Nenn-höhe	I	IPEa	IPE	IPEo	IPEv	HEAA	HEA	HEB	HEM
80	1,02	-	1,18	-	-	-	-	-	-
100	1,21	-	1,40	-	-	2,60	2,66	2,69	2,90
120	1,40	1,61	1,63	-	-	3,14	3,21	3,24	3,45
140	1,58	1,86	1,87	-	-	3,70	3,76	3,80	4,00
160	1,76	2,07	2,08	-	-	4,23	4,26	4,31	4,53
180	1,95	2,31	2,32	2,35	-	4,78	4,82	4,87	5,08
200	2,14	2,51	2,52	2,59	-	5,27	5,32	5,39	5,61
220	2,32	2,78	2,79	2,85	-	5,81	5,88	5,95	6,16
240	2,51	3,01	3,03	3,09	-	6,30	6,40	6,47	6,78
260	2,67	-	-	-	-	6,81	6,91	6,99	7,31
270	-	3,40	3,41	3,47	-	-	-	-	-
280	2,81	-	-	-	-	7,35	7,46	7,54	7,86
300	2,94	3,78	3,79	3,88	-	7,83	7,98	8,06	8,47
320	3,94	-	-	-	-	7,81	7,99	8,06	8,43
330	-	4,00	4,02	4,10	-	-	-	-	-
340	3,23	-	-	-	-	7,79	7,99	8,05	8,41
360	3,36	4,31	4,29	4,36	-	7,77	7,98	8,04	8,36
400	3,64	4,51	4,49	4,57	4,60	7,75	7,94	7,99	8,29
450	3,99	4,76	4,72	4,81	4,87	7,68	7,93	7,97	8,23
500	4,34	5,00	4,96	5,04	5,13	7,61	7,91	7,94	8,15
550	4,72	5,21	5,16	5,25	5,34	7,54	7,86	7,89	8,09
600	5,01	5,47	5,41	5,56	5,66	7,47	7,82	7,84	8,01
650	-	-	-	-	-	7,40	7,77	7,80	7,95
700	-	-	-	-	-	7,36	7,70	7,73	7,87
800	-	-	-	-	-	7,20	7,58	7,61	7,72
900	-	-	-	-	-	7,13	7,50	7,52	7,60
1000	-	-	-	-	-	7,01	7,41	7,43	7,50

- **Vereinfachter Nachweis auf Biegedrillknicken**

– **Bezugsschlankheit** $\bar{\lambda} = c \cdot k_c \,/\, (i_{z,g} \cdot \lambda_a)$; c Abstand der unverschieblichen, seitlichen Abstützungen des Druckgurtes; k_c Druckkraftbeiwert nach Tafel 8.41

– **Abminderungsfaktor** κ Der Abminderungsfaktor ist nach Seite 8.35 für die Knickspannungslinie c mit $\alpha = 0{,}49$ zu bestimmen (siehe auch Tafeln 8.38 und 8.39).
Ausnahme: Bei geschweißten Profilen mit Querbelastung am Druckgurt ist der Abminderungsfaktor für die Knickspannungslinie d mit $\alpha = 0{,}76$ zu ermitteln.
Zusätzlich ist folgende Bedingung einzuhalten:
$h \,/\, t \leq 44\sqrt{240 \,/\, f_{y,k}}$; h größte Gesamthöhe des Querschnitts; t Dicke des Druckgurtes

– **Biegedrillknicknachweis:**
$$\frac{0{,}843 \cdot |M_{y,d}|}{\kappa \cdot M_{pl,y,d}} \leq 1$$

Beispiel:

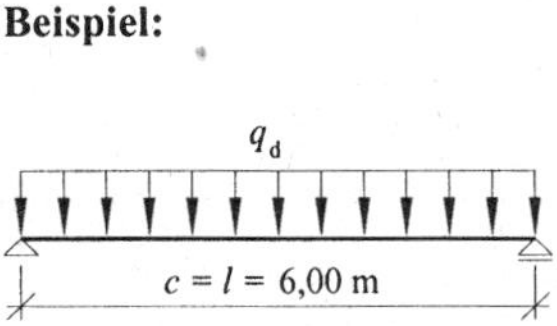

Profil: IPE 400, S235; $q_d = 28$ kN/m

$M_{y,d} = 28 \cdot 6{,}0^2 \,/\, 8 = 126$ kNm; $M_{pl,y,d} = 289$ kNm (Tafel 8.23a)

$i_{z,g} = 4{,}49$ cm (Tafel 8.42); $k_c = 0{,}94$ (Tafel 8.41); $\lambda_a = 92{,}9$

$\bar{\lambda} = 600 \cdot 0{,}94 \,/\, (4{,}49 \cdot 92{,}9) = 1{,}35$; $\rightarrow \kappa = 0{,}37$ (siehe Tafel 8.38)

Nachweis: $\dfrac{0{,}843 \cdot 126}{0{,}37 \cdot 289} = 0{,}99 < 1$

- **Biegedrillknicken** bei Beanspruchung durch einachsige Biegung

– **Bemessungswert des idealen Biegedrillknickmomentes** $M_{Ki,y,d}$ (siehe auch [8.13])

$$M_{Ki,y,d} = \zeta \cdot N_{Ki,z,d} \cdot (\sqrt{c^2 + 0{,}25 \cdot z_p^2} + 0{,}5 \cdot z_p)$$

ζ Momentenbeiwert für Gabellagerung an den Stabenden

$N_{Ki,z,d}$ Bemessungswert der Normalkraft unter der kleinsten Verzweigungslast für Ausweichen senkrecht zur z-Achse nach der Elastizitätstheorie

$$N_{Ki,z,d} = \frac{\pi^2 \cdot E \cdot I_z}{l^2 \cdot \gamma_M}; \quad \gamma_M = 1{,}1$$

l Abstand der Gabellager

c Drehradius des Querschnitts $c^2 = (I_\omega + 0{,}039 \cdot l^2 \cdot I_T) / I_z$

I_ω Wölbflächenmoment 2. Grades bezogen auf den Schubmittelpunkt (für I-förmige Profile s. Tafel 8.46)

I_T Torsionsflächenmoment 2. Grades (St. Venant'scher Torsionswiderstand; siehe Tafel 8.47)

z_p Abstand des Angriffspunktes der Querbelastung vom Schwerpunkt, auf der Biegezugseite positiv ($\rightarrow z_p > 0$, wenn die Querlast am Zuggurt angreift)

Tafel 8.43a Momentenbeiwerte ζ

Momentenverlauf	ζ
 max M	1,00
 max M	1,12
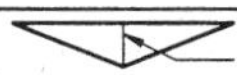 max M	1,35
max M 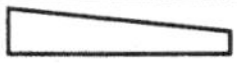 $\psi \cdot$ max M $-1 \leq \psi \leq 1$	$1{,}77 - 0{,}77 \cdot \psi$

Bei Trägerhöhen $h \leq 600$ mm darf $M_{Ki,y,d}$ wie folgt berechnet werden:

$$M_{Ki,y,d} = \frac{1{,}32\, b \cdot t \cdot E \cdot I_y}{l \cdot h^2 \cdot \gamma_M}$$

b Flanschbreite
t Flanschdicke
h Profilhöhe

– **Bezogener Schlankheitsgrad** $\bar{\lambda}_M = \sqrt{M_{pl,y,d} / M_{Ki,y,d}}$

– **Abminderungsfaktor für Biegemomente** κ_M

Bei Trägerhöhen $h \leq 600$ mm, konstantem Querschnitt und $l \leq b \cdot t / h \cdot 200 \cdot 240 / f_{y,k}$ darf $\kappa_M = 1$ angenommen werden ($f_{y,k}$ in N/mm²).

Für $\bar{\lambda}_M \leq 0{,}4$ gilt: $\kappa_M = 1$
Für $\bar{\lambda}_M > 0{,}4$ gilt: $\kappa_M = [1 / (1 + \bar{\lambda}_M^{2n})]^{1/n}$
n Trägerbeiwert nach Tafel 8.43b

Tafel 8.43b Trägerbeiwert n für Biegedrillknicken

gewalzte Träger	geschweißte Träger	Wabenträger	ausgeklinkte Träger	Voutenträger[1)]
		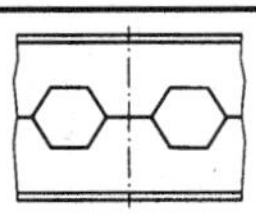 M_{pl}	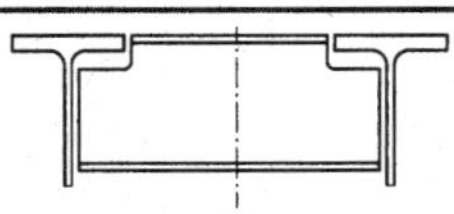 M_{pl}	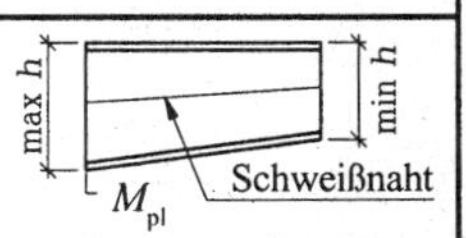 min h/max $h \geq 0{,}25$
$n = 2{,}5$	$n = 2{,}0$	$n = 1{,}5$	$n = 2{,}0$	$n = 0{,}7 + 1{,}8$ (min h/max h)

1) Wenn die Flansche an den Steg angeschweißt sind, ist n zusätzlich mit 0,8 zu multiplizieren.

Tafel 8.43c Faktor k_n für den Trägerbeiwert n

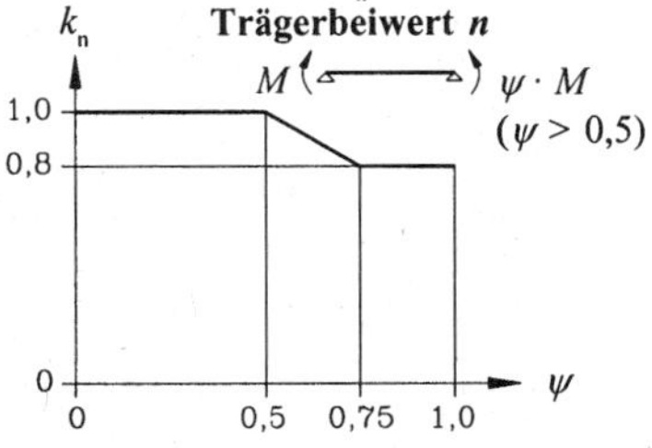

Bei Momentenverhältnissen $\psi > 0{,}5$ ist der Trägerbeiwert n mit dem Faktor k_n nach Tafel 8.43c zu multiplizieren und κ_M nach den o. a. Formeln zu berechnen. Für Trägerbeiwerte $n = 1{,}5$, $n = 2{,}0$ und $n = 2{,}5$ kann κ_M in Abhängigkeit von $\bar{\lambda}_M$ den Tafeln 8.44 bzw. 8.45 entnommen werden.

– **Nachweis**

$$\frac{M_{y,d}}{\kappa_M \cdot M_{pl,y,d}} \leq 1$$

$M_{pl,y,d}$ für I-förmige Walzprofile siehe Tafel 8.23a.

Tafel 8.44 Abminderungsfaktoren κ_M für Biegedrillknicken

Bezogener Schlankheitsgrad $\bar{\lambda}_M$ für Trägerbeiwert: n = 1,5	n = 2,0	n = 2,5	κ_M	Bezogener Schlankheitsgrad $\bar{\lambda}_M$ für Trägerbeiwert: n = 1,5	n = 2,0	n = 2,5	κ_M
0,40	0,40	0,40	**1,00**	1,13	1,23	1,28	**0,55**
		0,48	**0,99**	1,15	1,25	1,30	**0,54**
	0,45	0,55	**0,98**	1,17	1,26	1,31	**0,53**
	0,50	0,60	**0,97**	1,19	1,28	1,33	**0,52**
	0,54	0,64	**0,96**	1,20	1,30	1,34	**0,51**
0,43	0,57	0,67	**0,95**	1,22	1,32	1,36	**0,50**
0,46	0,60	0,70	**0,94**	1,24	1,33	1,38	**0,49**
0,49	0,63	0,72	**0,93**	1,26	1,35	1,39	**0,48**
0,51	0,65	0,75	**0,92**	1,28	1,37	1,41	**0,47**
0,53	0,68	0,77	**0,91**	1,30	1,39	1,43	**0,46**
0,56	0,70	0,79	**0,90**	1,32	1,41	1,45	**0,45**
0,58	0,72	0,81	**0,89**	1,34	1,43	1,47	**0,44**
0,60	0,73	0,82	**0,88**	1,37	1,45	1,49	**0,43**
0,61	0,75	0,84	**0,87**	1,39	1,47	1,51	**0,42**
0,63	0,77	0,86	**0,86**	1,41	1,49	1,53	**0,41**
0,65	0,79	0,87	**0,85**	1,43	1,51	1,55	**0,40**
0,67	0,80	0,89	**0,84**	1,46	1,54	1,57	**0,39**
0,69	0,82	0,90	**0,83**	1,48	1,56	1,59	**0,38**
0,70	0,84	0,92	**0,82**	1,51	1,58	1,62	**0,37**
0,72	0,85	0,93	**0,81**	1,54	1,61	1,64	**0,36**
0,74	0,87	0,94	**0,80**	1,56	1,64	1,66	**0,35**
0,75	0,88	0,96	**0,79**	1,59	1,66	1,69	**0,34**
0,77	0,90	0,97	**0,78**	1,62	1,69	1,72	**0,33**
0,78	0,91	0,98	**0,77**	1,65	1,72	1,75	**0,32**
0,80	0,92	1,00	**0,76**	1,69	1,75	1,78	**0,31**
0,81	0,94	1,01	**0,75**	1,72	1,78	1,81	**0,30**
0,83	0,95	1,02	**0,74**	1,75	1,82	1,84	**0,29**
0,85	0,97	1,04	**0,73**	1,79	1,85	1,87	**0,28**
0,86	0,98	1,05	**0,72**	1,83	1,89	1,91	**0,27**
0,88	1,00	1,06	**0,71**	1,87	1,93	1,95	**0,26**
0,89	1,01	1,08	**0,70**	1,91	1,97	1,99	**0,25**
0,91	1,02	1,09	**0,69**	1,96	2,01	2,03	**0,24**
0,92	1,04	1,10	**0,68**	2,01	2,06	2,07	**0,23**
0,94	1,05	1,11	**0,67**	2,06	2,11	2,12	**0,22**
0,95	1,07	1,13	**0,66**	2,11	2,16	2,17	**0,21**
0,97	1,08	1,14	**0,65**	2,17	2,21	2,23	**0,20**
0,98	1,10	1,15	**0,64**	2,23	2,27	2,29	**0,19**
1,00	1,11	1,17	**0,63**	2,30	2,34	2,35	**0,18**
1,02	1,12	1,18	**0,62**	2,37	2,41	2,42	**0,17**
1,03	1,14	1,20	**0,61**	2,45	2,48	2,49	**0,16**
1,05	1,15	1,21	**0,60**	2,53	2,57	2,58	**0,15**
1,06	1,17	1,22	**0,59**	2,62	2,66	2,67	**0,14**
1,08	1,19	1,24	**0,58**	2,73	2,76	2,77	**0,13**
1,10	1,20	1,25	**0,57**	2,85	2,88	2,88	**0,12**
1,12	1,22	1,27	**0,56**	2,98	3,01	3,01	**0,11**
				3,13	3,16	3,16	**0,10**

Tafel 8.45 Abminderungsfaktoren κ_M für Biegedrillknicken

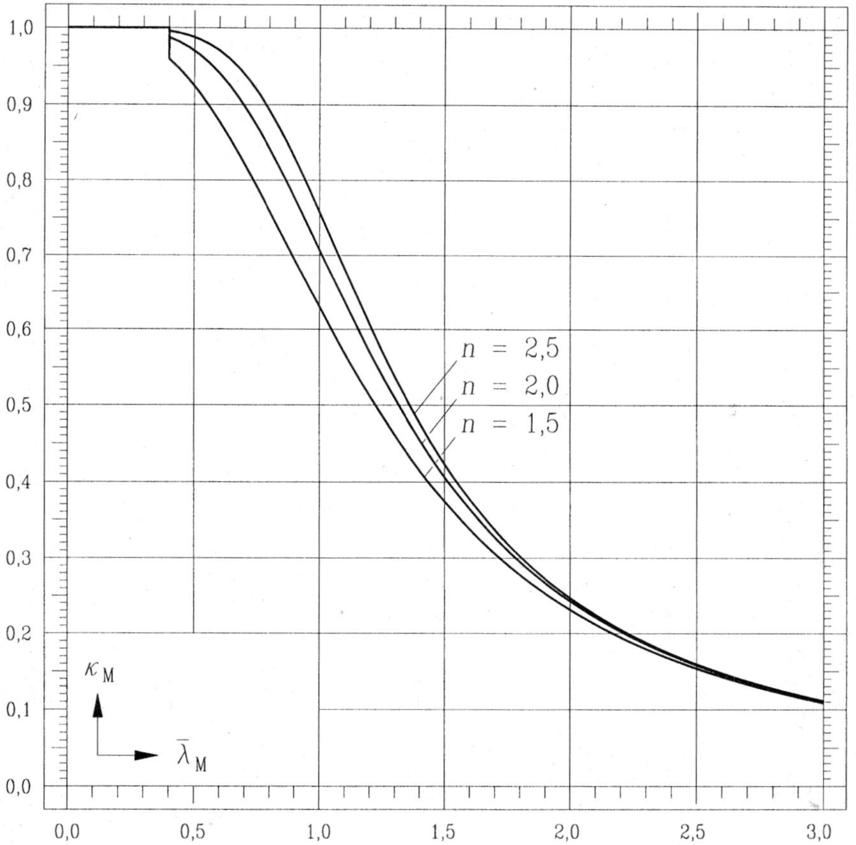

Beispiel:

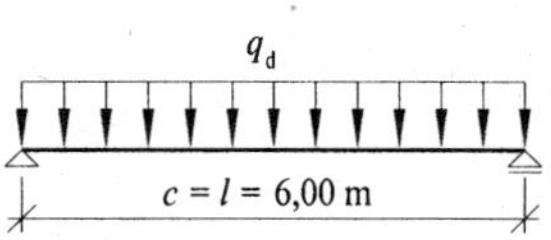

Profil: **IPE 400**, S235; q_d = 30 kN/m

Vorwerte:

h = 400 < 600 mm → Der Nachweis darf mit der vereinfachten Formel für $M_{Ki,y,d}$ geführt werden.

b = 180 mm; t = 13,5 mm; I_y = 23 130 cm⁴

$M_{y,d} = 30 \cdot 6{,}0^2 / 8 = 135$ kNm; $M_{pl,y,d}$ = 289 kNm (Tafel 8.23a)

$$M_{Ki,y,d} = \frac{1{,}32 \cdot 18 \cdot 1{,}35 \cdot 21\,000 \cdot 23\,130}{600 \cdot 40^2 \cdot 1{,}1} = 14\,754 \text{ kNcm}; \; \bar{\lambda}_M = \sqrt{289 / 147{,}5} = 1{,}40 > 0{,}4$$

Die Bedingung:

$l \leq b \cdot t / h \cdot 200 \cdot 240 / f_{y,k} \leq 18 \cdot 1{,}35 / 40 \cdot 200 \cdot 240 / 240 \leq 121{,}5$ cm ist nicht erfüllt,

→ $\kappa_M = 1$ darf nicht angenommen werden.

Der Träger ist nicht ausgeklinkt → n = 2,5 nach Tafel 8.43b.

$\kappa_M = [1 / (1 + 1{,}40^{2 \cdot 2{,}5})]^{1/2{,}5} = 0{,}476$ (siehe hierzu auch Tafeln 8.44 bzw. 8.45)

Biegedrillknicknachweis: 135 / (0,476 · 289) = <u>0,99 < 1</u>

Tafel 8.46 Wölbflächenmoment 2. Grades (Wölbwiderstand) für Walzprofile in $cm^6 \cdot 10^{-3}$, bezogen auf den Schubmittelpunkt I_ω

Nenn-höhe	I	IPEa	IPE	IPEo	IPEv	HEAA	HEA	HEB	HEM
80	0,087	-	0,118	-	-	-	-	-	-
100	0,268	-	0,351	-	-	1,68	2,58	3,38	9,93
120	0,685	0,705	0,89	-	-	4,24	6,47	9,41	24,79
140	1,54	1,58	1,98	-	-	10,21	15,06	22,48	54,33
160	3,14	3,09	3,96	-	-	23,75	31,41	47,94	108,1
180	5,92	5,93	7,43	8,74	-	46,36	60,21	93,75	199,3
200	10,52	10,53	12,99	15,57	-	84,49	108,0	171,1	346,3
220	17,76	18,71	22,67	26,79	-	145,6	193,3	295,4	572,7
240	28,73	31,26	37,39	43,68	-	239,6	328,5	486,9	1 152
260	44,07	-	-	-	-	382,6	516,4	753,7	1 728
270	-	59,51	70,58	87,64	-	-	-	-	-
280	64,58	-	-	-	-	590,1	785,4	1 130	2 520
300	91,95	107,2	125,9	157,7	-	877,2	1 200	1 688	4 386
320	128,8	-	-	-	-	1 041	1 512	2 069	5 004
330	-	171,5	199,1	245,7	-	-	-	-	-
340	176,3	-	-	-	-	1 231	1 824	2 454	5 584
360	240,1	282	313,6	380,3	-	1 444	2 177	2 883	6 137
400	419,6	432,2	490	587,6	670,3	1 948	2 942	3 817	7 410
450	791,1	704,9	791	997,6	1 156	2 572	4 148	5 258	9 251
500	1 403	1 125	1 249	1 548	1 961	3 304	5 643	7 018	11 190
550	2 389	1 710	1 884	2 302	3 095	4 338	7 189	8 856	13 520
600	3 821	2 607	2 846	3 860	4 813	5 381	8 978	10 970	15 910
650	-	-	-	-	-	6 567	11 030	13 360	18 650
700	-	-	-	-	-	8 155	13 350	16 060	21 400
800	-	-	-	-	-	11 450	18 290	21 840	27 780
900	-	-	-	-	-	16 260	24 960	29 460	34 750
1000	-	-	-	-	-	21 280	32 070	37 640	43 020

$I_\omega = t \cdot b^3 (h - t)^2 / 24$ (alternativ wird I_ω in der Literatur auch mit C_M bezeichnet)

I_ω in cm^6 ergibt sich durch Multiplikation des Tafelwertes mit 10^3

Beispiel:

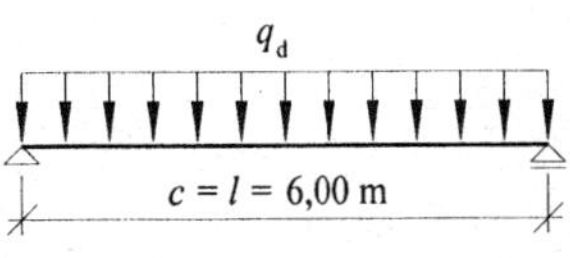

Profil: **IPE 400**, S235; q_d = 34 kN/m

Der Nachweis wird in diesem Fall mit dem genaueren idealen Biegedrillknickmoment geführt.

Vorwerte

Parabelförmiger Momentenverlauf → $\zeta = 1{,}12$ (Tafel 8.43a)

$I_z = 1\,320$ cm⁴; $I_\omega = 490\,000$ cm⁶ (Tafel 8.46); $I_T = 51{,}1$ cm⁴

$N_{Ki,z,d} = \pi^2 \cdot 21\,000 \cdot 1\,320 / (600^2 \cdot 1{,}1) = 691$ kN

$M_{y,d} = 34 \cdot 6{,}0^2 / 8 = 153$ kNm; $M_{pl,y,d} = 289$ kNm (Tafel 8.23a)

$c^2 = (490\,000 + 0{,}039 \cdot 600^2 \cdot 51{,}1) / 1\,320 = 915$ cm²

Die Querlast greift am gedrückten Gurt an → $z_p = -20$ cm

$M_{Ki,y,d} = 1{,}12 \cdot 691\,(\sqrt{915 + 0{,}25 \cdot 20^2} - 0{,}5 \cdot 20) = 16\,917$ kNcm; $\bar{\lambda}_M = \sqrt{289 / 169{,}2} = 1{,}31$

Für $n = 2{,}5$ → $\kappa_M = 0{,}53$ (siehe Tafeln 8.44 bzw. 8.45); Nachweis: $153 / (0{,}53 \cdot 289) = 0{,}99 < 1$

Ein Vergleich der dargestellten Beispiele für ein System mit gleichem Profil und gleicher Stützweite zeigt, dass die wirtschaftlichste Lösung mit dem zuletzt geführten Nachweis erreicht wird, da hier die größte Bemessungslast aufgenommen werden kann.

Tafel 8.47 Torsionsflächenmoment 2. Grades (St. Venant'scher Torsionswiderstand) in cm⁴ für Walzprofile I_T

Nennhöhe	I	IPEa	IPE	IPEo	IPEv	HEAA	HEA	HEB	HEM
80	0,869	-	0,70	-	-	-	-	-	-
100	1,60	-	1,20	-	-	2,51	5,24	9,25	68,2
120	2,71	1,04	1,74	-	-	2,78	5,99	13,8	91,7
140	4,32	1,36	2,45	-	-	3,54	8,13	20,1	120
160	6,57	1,96	3,60	-	-	6,33	12,2	31,2	162
180	9,58	2,70	4,79	6,76	-	8,33	14,8	42,2	203
200	13,5	4,11	6,98	9,45	-	12,7	21,0	59,3	259
220	18,6	5,69	9,07	12,3	-	15,9	28,5	76,6	315
240	25,0	8,35	12,9	17,2	-	23,0	41,6	103	628
260	33,5	-	-	-	-	30,3	52,4	124	719
270	-	10,3	15,9	24,9	-	-	-	-	-
280	44,2	-	-	-	-	36,2	62,1	144	807
300	56,8	13,4	20,1	31,1	-	49,3	85,2	185	1 410
320	72,5	-	-	-	-	55,9	108	225	1 500
330	-	19,6	28,1	42,2	-	-	-	-	-
340	90,4	-	-	-	-	63,1	127	257	1 510
360	115	26,5	37,3	55,8	-	71,0	149	292	1 510
400	170	34,8	51,1	73,1	99	84,7	189	356	1 510
450	267	45,7	66,9	109	150	95,6	244	440	1 530
500	402	62,8	89,3	143	243	108	309	538	1 540
550	544	86,5	123	188	380	134	352	600	1 550
600	813	119	165	318	512	150	398	667	1 560
650	-	-	-	-	-	168	448	739	1 580
700	-	-	-	-	-	195	514	831	1 590
800	-	-	-	-	-	257	597	946	1 650
900	-	-	-	-	-	335	737	1 140	1 670
1000	-	-	-	-	-	403	822	1 250	1 700

$$I_T = \frac{2}{3} t^3 (b - 0{,}63\,t) + \frac{s^3}{3} (h - 2\,t) + \left[\frac{(r + s/2)^2 + (r + t)^2 - r^2}{2 \cdot r + t}\right]^4 2\,\frac{s}{t} (0{,}145 + 0{,}1\,r/t)$$

4.1.4 Einachsige Biegung mit Normalkraft

Der Einfluss der Querkraft kann durch Reduktion der Grenzschnittgrößen berücksichtigt werden (siehe Seite 8.25 und 8.26).

- **Biegeknicken bei Stäben mit geringer Normalkraft**

Der Nachweis kann unter Vernachlässigung der Normalkraft nach Abschnitt 4.1.3 (einachsige Biegung ohne Normalkraft) geführt werden, wenn folgende Bedingung erfüllt ist:

$N_d / (\kappa \cdot N_{pl,d}) \le 0{,}1$ $\quad\kappa$ Abminderungsfaktor für Biegeknicken nach Abschnitt 4.1.2 (Tafeln 8.38 und 8.39)

- **Vereinfachter Nachweis auf Biegeknicken**

Für den beidseitig gelenkig gelagerten Stab mit Querbelastungen (Strecken- oder Einzellast) darf der Nachweis nach Abschnitt 4.1.2 (planmäßig mittiger Druck) erfolgen. Bei der Ermittlung des Abminderungsfaktors κ (siehe Seite 8.35) ist hierbei für k der Wert:

$$k = 0{,}5\left[1 + \alpha\left(\bar{\lambda}_K - 0{,}2\right) + \bar{\lambda}_K^2 + \frac{M_d / M_{pl,d}}{N_d / N_{pl,d}}\right]$$ einzusetzen.

α Parameter zur Berechnung des Abminderungsfaktors κ (siehe Tafel 8.35)

- **Biegeknicken**

Berechnungsablauf

- **Beanspruchungen** N_d Bemessungswert der Normalkraft
  M_d Größter Absolutwert des Biegemomentes (Bemessungswert) nach der Elastizitätstheorie I. Ordnung ohne Ansatz von Imperfektionen
- **Bezogener Schlankheitsgrad $\bar{\lambda}_K$** nach Abschnitt 4.1.2 Seite 8.35
- **Abminderungsfaktor κ für Biegeknicken** nach Abschnitt 4.1.2 Seite 8.35
- **Momentenbeiwert β_m für Biegeknicken** nach Tafel 8.48
  Momentenbeiwerte $\beta_m < 1$ sind nur bei Stäben mit unverschieblicher Lagerung der Stabenden, konstantem Querschnitt und konstanter Druckkraft zulässig, wenn keine Querlasten wirken.
- **Wert Δn** $\Delta n = N_d / (\kappa \cdot N_{pl,d}) \cdot [1 - N_d / (\kappa \cdot N_{pl,d})] \cdot \kappa^2 \cdot \bar{\lambda}_K^2 \leq 0{,}1$
- **Biegeknicksicherheitsnachweis**

$$\frac{N_d}{\kappa \cdot N_{pl,d}} + \frac{\beta_m \cdot M_d}{M_{pl,d}} + \Delta n \leq 1$$

Grenzschnittgrößen für gewalzte I-Profile

$N_{pl,d}$ nach Tafel 8.22

$M_{pl,y,d}$ nach Tafel 8.23a; $M_{pl,z,d} = 1{,}25 \cdot \sigma_{R,d} \cdot W_z$

Bei doppeltsymmetrischen Querschnitten, die mindestens einen Stegflächenanteil von 18 % haben, darf beim Nachweis $M_{pl,d}$ durch $1{,}1 \cdot M_{pl,d}$ ersetzt werden, wenn $N_d / N_{pl,d} > 0{,}2$ ist.

Tafel 8.48 Momentenbeiwerte für Biegeknicken und Biegedrillknicken

Momentenverlauf	Momentenbeiwerte β_m für Biegeknicken	Momentenbeiwerte β_M für Biegedrillknicken
Stabendmomente 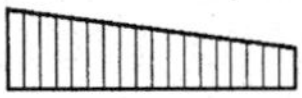 M_1 … $\psi \cdot M_1$ $-1 \leq \psi \leq 1$	$\beta_{m,\psi} = 0{,}66 + 0{,}44\,\psi$ jedoch $\beta_{m,\psi} \geq 1 - (1/\eta_{Ki,d}$ [1]) und $\beta_{m,\psi} \geq 0{,}44$	$\beta_{M,\psi} = 1{,}8 - 0{,}7\,\psi$
Momente aus Querlast 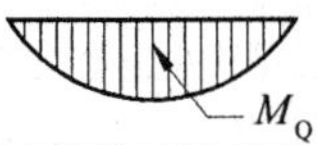 M_Q	$\beta_{m,Q} = 1{,}0$	$\beta_{M,Q} = 1{,}3$
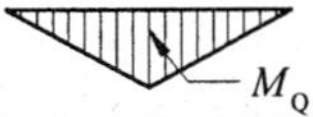 M_Q		$\beta_{M,Q} = 1{,}4$
Momente aus Querlasten mit Stabendmomenten 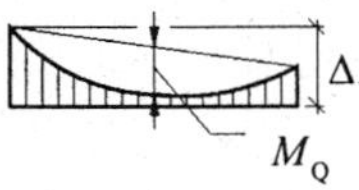 M_1, ΔM, M_Q 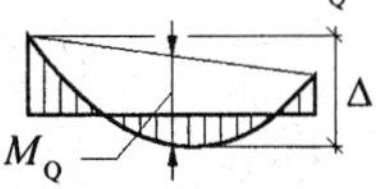 M_1, ΔM, M_Q 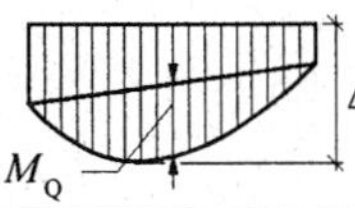 M_1, ΔM, M_Q	$\psi \leq 0{,}77$: $\beta_m = 1{,}0$ $\psi > 0{,}77$: $\beta_m = \frac{M_Q + M_1 \cdot \beta_{m,\psi}}{M_Q + M_1}$	$\beta_M = \beta_{M,\psi} + (M_Q / \Delta M) \cdot (\beta_{M,Q} - \beta_{M,\psi})$ $M_Q = \lvert\max M\rvert$ nur aus Querlast Bei nicht durchschlagendem Momentenverlauf: $\Delta M = \lvert\max M\rvert$ Bei durchschlagendem Momentenverlauf: $\Delta M = \lvert\max M\rvert + \lvert\min M\rvert$

[1] $\eta_{Ki,d}$ Verzweigungslastfaktor des Systems; $\eta_{Ki,d} = N_{Ki,d} / N_d$; $N_{Ki,d} = \pi^2 \cdot (E \cdot I)_d / s_K^2$

- **Biegedrillknicken**

Berechnungsablauf

- **Beanspruchungen** N_d Bemessungswert der Normalkraft; $M_{y,d}$ Größter Absolutwert des Biegemomentes um die y-Achse (Bemessungswert)
- **Bezogener Schlankheitsgrad** $\bar{\lambda}_{K,z}$ für Ausweichen senkrecht zur z-Achse
  $\bar{\lambda}_{K,z} = \sqrt{N_{pl,d} / N_{Ki,z,d}}$; $N_{Ki,z,d} = \pi^2 \cdot (E \cdot I_z)_d / s_{K,z}^2$; $(E \cdot I_z)_d = E \cdot I_z / \gamma_M$
  $s_{K,z}$ Knicklänge für Ausweichen senkrecht zur z-Achse; $s_{K,z} = \beta_z \cdot l$
- **Abminderungsfaktor κ_z ($\bar{\lambda}_{K,z}$) für Biegeknicken** nach Abschnitt 4.1.2 Seite 8.35
- **Abminderungsfaktor κ_M für Biegedrillknicken** nach Abschnitt 4.1.3 Seite 8.43
- **Beiwert k_y** zur Berücksichtigung des Momentenverlaufs M_y und des bezogenen Schlankheitsgrades $\bar{\lambda}_{K,z}$
  $k_y = 1 - N_d / (\kappa_z \cdot N_{pl,d}) \cdot a_y \leq 1$;
  $a_y = 0{,}15 \cdot \bar{\lambda}_{K,z} \cdot \beta_{M,y} - 0{,}15 \leq 0{,}9$;
  κ_z Abminderungsfaktor für Biegeknicken s. o.
  $\beta_{M,y}$ Momentenbeiwert für Biegedrillknicken zur Erfassung der Form des Biegemoments M_y nach Tafel 8.48 Spalte 3
- **Biegedrillknicknachweis**

$$\frac{N_d}{\kappa_z \cdot N_{pl,d}} + \frac{M_{y,d}}{\kappa_M \cdot M_{pl,y,d}} \cdot k_y \leq 1$$

Dieser Nachweis gilt für Stäbe mit doppelt- oder einfachsymmetrischem I-förmigem Querschnitt, deren Abmessungsverhältnisse denen der Walzprofile entsprechen, sowie für U- und C-Profile, jedoch nicht bei Beanspruchung durch planmäßigeTorsion.

Beispiel: Stütze mit außermittigem Trägeranschluss

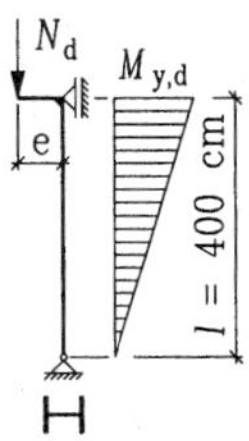

Systemwerte
Profil **HEA 180**; S235
$e = h / 2 = 171 / 2 = 85{,}5$ mm

Querschnittswerte

h = 171 mm	A = 45,3 cm²		
b = 180 mm	I_z = 925 cm⁴		
s = 6 mm	i_z = 4,52 cm		
t = 9,5 mm	I_y = 2510 cm⁴		
	i_y = 7,45 cm		

Beanspruchungen
N_d = 305 kN
$M_{y,d}$ = 305 · 8,55 = 2607,5 kNcm
$V_{z,d}$ = 2607,5 / 400 = 6,5 kN

Beanspruchbarkeiten (siehe Tafeln 8.22, 8.23a und 8.24a)
$N_{pl,d}$ = 987 kN
$M_{pl,y,d}$ = 7310 kNcm
$V_{pl,z,d}$ = 122 kN

Biegeknicknachweis

- Ausweichen senkrecht zur z-Achse
  $s_{K,z} = 400$ cm; $\lambda_{K,z} = 400 / 4{,}52 = 88{,}4$; $\lambda_a = 92{,}9$; $\bar{\lambda}_{K,z} = 88{,}4 / 92{,}9 = 0{,}95$
  $h / b = 171 / 180 < 1{,}2 \rightarrow$ Knickspannungslinie c nach Tafel 8.36 $\rightarrow \kappa_z = 0{,}57$ nach Tafel 8.38 bzw. 8.39; **Nachweis:** 305 / (0,57 · 987) = 0,54 < 1
- Ausweichen senkrecht zur y-Achse
  $s_{K,y} = 400$ cm; $\lambda_{K,y} = 400 / 7{,}45 = 53{,}7$; $\lambda_a = 92{,}9$; $\bar{\lambda}_{K,y} = 53{,}7 / 92{,}9 = 0{,}58$
  $h / b < 1{,}2 \rightarrow$ Knickspannungslinie b nach Tafel 8.36 $\rightarrow \kappa_y = 0{,}84$ nach Tafel 8.38 bzw. 8.39
  Momentenbeiwert β_m (siehe Tafel 8.48):

$$\eta_{Ki,y,d} = \frac{N_{Ki,y,d}}{N_d} = \frac{\pi^2 \cdot 21\,000 \cdot 2510}{400^2 \cdot 1{,}1 \cdot 305} = 9{,}69;$$

$\psi = 0 \rightarrow \beta_m = 0{,}66 + 0{,}44 \cdot 0 = 0{,}66 > 0{,}44$
$\geq 1 - (1 / 9{,}69) = 0{,}90$ (maßgeb.)

$\Delta n = (305 / 0{,}84 \cdot 987) \cdot [1 - (305 / 0{,}84 \cdot 987)] \cdot 0{,}84^2 \cdot 0{,}58^2 = 0{,}055 < 0{,}1$

Stegflächenanteil: (17,1 – 0,95) · 0,6 / 45,3 = 0,213 > 0,18 (18 %)

$N_d / N_{pl,d} = 305 / 987 = 0{,}31 > 0{,}2 \rightarrow M_{pl,y,d}$ darf für den Nachweis um 10 % erhöht werden.

$V_{z,d} = 6{,}5 < 0{,}33 \cdot V_{pl,z,d} = 0{,}33 \cdot 122 = 40{,}3$ kN $\rightarrow$ Abminderung von $M_{pl,y,d}$ nicht erforderlich.

Nachweis: $\dfrac{305}{0{,}84 \cdot 987} + \dfrac{0{,}90 \cdot 26{,}1}{1{,}1 \cdot 73{,}1} + 0{,}055 = 0{,}72 < 1$

Fortsetzung des Beispiels von Seite 8.49:

Biegedrillknicknachweis

$$N_{\text{Ki,z,d}} = \frac{\pi^2 \cdot 21\,000 \cdot 925}{400^2 \cdot 1{,}1} = 1089 \text{ kN}$$

$\bar{\lambda}_{\text{k,z}} = \sqrt{987 / 1089} = 0{,}95$

$h / b \leq 1{,}2 \rightarrow$ Knickspannungslinie c nach Tafel 8.36 $\rightarrow \kappa_z = 0{,}57$ nach Tafel 8.38 bzw. 8.39

$$M_{\text{Ki,y,d}} = \frac{1{,}32 \cdot 18 \cdot 0{,}95 \cdot 21\,000 \cdot 2510}{400 \cdot 17{,}1^2 \cdot 1{,}1} = 9247 \text{ kNcm}; \quad \bar{\lambda}_{\text{M}} = \sqrt{73{,}1 / 92{,}47} = 0{,}89$$

$\rightarrow \kappa_{\text{M}} = 0{,}84$ mit $n = 2{,}5$ nach Tafel 8.44 bzw. 8.45

Momentenbeiwert β_{M} (siehe Tafel 8.48): $\beta_{\text{M}} = 1{,}8 - 0{,}7 \cdot 0 = 1{,}8$

$a_y = 0{,}15 \cdot 0{,}95 \cdot 1{,}8 - 0{,}15 = 0{,}11 < 0{,}9$; $k_y = 1 - 305 / (0{,}57 \cdot 987) \cdot 0{,}11 = 0{,}94 < 1$

Nachweis:

$$\frac{305}{0{,}57 \cdot 987} + \frac{26{,}1}{0{,}84 \cdot 73{,}1} \cdot 0{,}94 = \underline{0{,}94 < 1}$$

Ein Biegeknicksicherheitsnachweis senkrecht zur z-Achse ist nicht erforderlich.

4.1.5 Zweiachsige Biegung mit und ohne Normalkraft

- **Biegeknicken, Nachweismethode 1**

Berechnungsablauf

– **Beanspruchungen:** N_d Bemessungswert der Normalkraft; $M_{y,d}$; $M_{z,d}$ Größte Absolutwerte der Biegemomente um die jeweilige Querschnittsachse (Bemessungswerte)

– **Bezogene Schlankheitsgrade** $\bar{\lambda}_K$ für Ausweichen senkrecht zur jeweiligen Querschnittsachse:

$\bar{\lambda}_{\text{K,y}} = \sqrt{N_{\text{pl,d}} / N_{\text{Ki,y,d}}}$	$\bar{\lambda}_{\text{K,z}} = \sqrt{N_{\text{pl,d}} / N_{\text{Ki,z,d}}}$
$N_{\text{Ki,y,d}} = \pi^2 \cdot (E \cdot I_y)_d / s_{\text{K,y}}^2$; $(E \cdot I_y)_d = E \cdot I_y / \gamma_M$	$N_{\text{Ki,z,d}} = \pi^2 \cdot (E \cdot I_z)_d / s_{\text{K,z}}^2$; $(E \cdot I_z)_d = E \cdot I_z / \gamma_M$
$s_{\text{K,y}}$ Knicklänge für Ausweichen senkrecht zur y-Achse; $s_{\text{K,y}} = \beta_y \cdot l$	$s_{\text{K,z}}$ Knicklänge für Ausweichen senkrecht zur z-Achse; $s_{\text{K,z}} = \beta_z \cdot l$

– **Abminderungsfaktoren κ_y bzw. κ_z für Biegeknicken** nach Tafel 8.38 bzw. 8.39

– **Beiwerte k** zur Berücksichtigung des Momentenverlaufs und des bezogenen Schlankheitsgrades für die jeweilige Querschnittsachse:

$k_y = 1 - N_d / (\kappa_y \cdot N_{\text{pl,d}}) \cdot a_y \leq 1{,}5$	$k_z = 1 - N_d / (\kappa_z \cdot N_{\text{pl,d}}) \cdot a_z \leq 1{,}5$
$a_y = \bar{\lambda}_{\text{K,y}} (2 \cdot \beta_{\text{M,y}} - 4) + (\alpha_{\text{pl,y}} - 1) \leq 0{,}8$	$a_z = \bar{\lambda}_{\text{K,z}} (2 \cdot \beta_{\text{M,z}} - 4) + (\alpha_{\text{pl,z}} - 1) \leq 0{,}8$
$\beta_{\text{M,y}}$ Momentenbeiwert für Biegedrillknicken nach Tafel 8.48 Spalte 3	$\beta_{\text{M,z}}$ Momentenbeiwert für Biegedrillknicken nach Tafel 8.48 Spalte 3
$\alpha_{\text{pl,y}}$ Plastischer Formbeiwert; $\alpha_{\text{pl,y}} = W_{\text{pl,y}} / W_y$	$\alpha_{\text{pl,z}}$ Plastischer Formbeiwert; $\alpha_{\text{pl,z}} = W_{\text{pl,z}} / W_z$

– **Biegeknicknachweis**

$$\boxed{\frac{N_d}{\kappa \cdot N_{\text{pl,d}}} + \frac{M_{y,d}}{M_{\text{pl,y,d}}} \cdot k_y + \frac{M_{z,d}}{M_{\text{pl,z,d}}} \cdot k_z \leq 1} \qquad \kappa = \min(\kappa_y, \kappa_z)$$

- **Biegeknicken, Nachweismethode 2**

In diesem Fall ist der Nachweis wie folgt zu führen:

– **Biegeknicknachweis**

$$\boxed{\frac{N_d}{\kappa \cdot N_{\text{pl,d}}} + \frac{\beta_{\text{m,y}} \cdot M_{y,d}}{M_{\text{pl,y,d}}} \cdot k_y + \frac{\beta_{\text{m,z}} \cdot M_{z,d}}{M_{\text{pl,z,d}}} \cdot k_z + \Delta n \leq 1}$$

$\kappa = \min(\kappa_y, \kappa_z)$; zur Ermittlung von κ_y und κ_z siehe Nachweismethode 1

$\beta_{\text{m,y}}$; $\beta_{\text{m,z}}$ Momentenbeiwerte für Biegeknicken nach Tafel 8.48 Spalte 2

Beiwerte k:
$\kappa_y < \kappa_z \rightarrow k_y = 1$ und $k_z = c_z$
$\kappa_y = \kappa_z \rightarrow k_y = 1$ und $k_z = 1$
$\kappa_z < \kappa_y \rightarrow k_y = c_y$ und $k_z = 1$

$$c_z = \frac{1}{c_y} = \frac{1 - (N_d / N_{\text{pl,d}}) \cdot \bar{\lambda}_{\text{K,y}}^2}{1 - (N_d / N_{\text{pl,d}}) \cdot \bar{\lambda}_{\text{K,z}}^2}; \quad c_y = \frac{1}{c_z}$$

$\Delta n = N_d / (\kappa \cdot N_{\text{pl,d}}) \cdot [1 - N_d / (\kappa \cdot N_{\text{pl,d}})] \cdot \kappa^2 \cdot \bar{\lambda}_K^2 \leq 0{,}1$; ($\bar{\lambda}_K$ zugehörig zu $\kappa = \min(\kappa_y, \kappa_z)$)

- **Biegedrillknicken**

  Der Nachweis ist wie folgt zu führen: $\frac{N_d}{\kappa_z \cdot N_{pl,d}} + \frac{M_{y,d}}{\kappa_M \cdot M_{pl,y,d}} \cdot k_y + \frac{M_{z,d}}{M_{pl,z,d}} \cdot k_z \leq 1$

κ_z Abminderungsfaktor für Biegeknicken (siehe Seite 8.35,Tafel 8.38 bzw. 8.39)
κ_M Abminderungsfaktor für Biegedrillknicken (siehe Seite 8.43,Tafel 8.44 bzw. 8.45)
k_y Beiwert zur Berücksichtigung des Verlaufs von M_y (siehe Abschnitt 4.1.4 Biegedrillknicken, Seite 8.49)
k_z Beiwert zur Berücksichtigung des Verlaufs von M_z (siehe Abschnitt 4.1.5 Biegeknicken, Nachweismethode 1, Seite 8.50)

4.2 Zweiteilige, einfeldrige Rahmenstäbe

Mehrteilige Stäbe, deren Querschnitte eine Stoffachse haben, sind für Ausweichen rechtwinklig zu dieser Stoffachse wie einteilige Stäbe nach Abschnitt 4.1 zu berechnen. Dies gilt jedoch nur für die Beanspruchungen N und M_y. Für Ausweichen rechtwinklig zur stofffreien Achse darf die Berechnung ersatzweise wie für einteilige Stäbe mit konstantem Querschnitt durchgeführt werden, wobei die Momenten- und Querkraftverformungen zu berücksichtigen sind. Die Einzelglieder sind dabei für die sich aus den Schnittgrößen des Gesamtstabes ergebenden Schnittgrößen zu bemessen.

4.2.1 Bezeichnungen

l Systemlänge des mehrteiligen Stabes
r Anzahl der einzelnen Gurte (hier $r = 2$)
h_y Schwerlinienabstand der Gurtstäbe (Spreizung)
a Länge zwischen benachbarten Knotenpunkten
A_G ungeschwächte Querschnittsfläche eines Gurtstabes
i_1 kleinster Trägheitsradius eines Gurtes
$I_{z,G}$ Flächenmoment 2. Grades eines Gurtstabes um seine zur stofffreien z-Achse parallele Schwerachse
y_s Schwerpunktabstand des einzelnen Gurtstabes zur z-Achse
I_z Flächenmoment 2. Grades des Gesamtquerschnittes um die stofffreie z-Achse
$s_{K,z}$ Knicklänge des Ersatzstabes
$\lambda_{K,z}$ Schlankheitsgrad des Ersatzstabes
η Korrekturwert nach Tafel 8.52
I_z^* Rechenwert für das Flächenmoment 2. Grades des Gesamtquerschnittes um die stofffreie z-Achse
W_z^* Widerstandsmoment des Gesamtquerschnittes, bezogen auf die Schwerachse des Gurtes
$S_{z,d}^*$ Bemessungswert der Schubsteifigkeit des Ersatzstabes
Nebenzeichen: Index G: Gurtstab; Index B: Bindeblech

Rahmenstab:

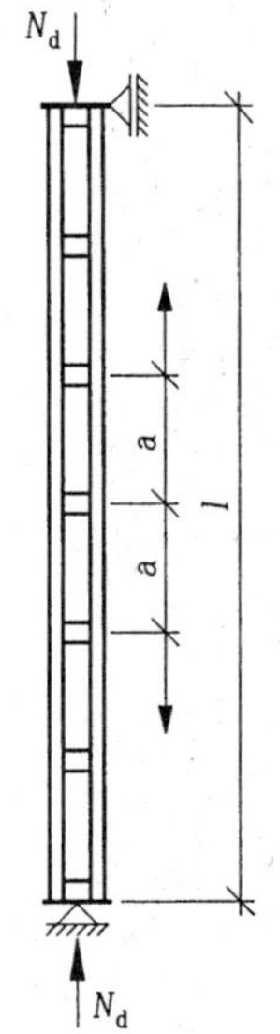

Querschnitt:

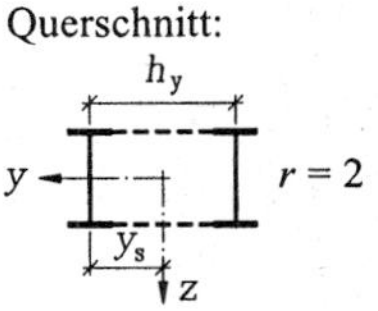

4.2.2 Konstruktive Anforderungen

- Anordnung von Bindeblechen an den Stabenden
- Wahl gleicher bzw. annähernd gleicher Bindeblechabstände über die Stablänge
- Begrenzung des Bindeblechabstandes auf $a \leq 70 \cdot i_1$
- Felderzahl $n \geq 3$
- schlupffreie Bindeblechanschlüsse, z. B. durch Passschrauben, gleitfeste Schraubenverbindung oder Schweißverbindung, andernfalls ist eine Erhöhung der geometrischen Ersatzimperfektionen erforderlich.

4.2.3 Tragsicherheitsnachweise zweiteiliger Rahmenstäbe mit mittigem Kraftangriff

- **Ermittlung der Beanspruchung N_d**
- **Ausweichen rechtwinklig zur Stoffachse (y-Achse)**

Der Tragsicherheitsnachweis ist wie für einen einteiligen Stab nach Abschnitt 4.1.2 zu führen, wobei auf den einzelnen Gurtstab die halbe Normalkraft entfällt (siehe Seiten 8.35 bis 8.39).

- **Ausweichen rechtwinklig zur stofffreien Achse (z-Achse)**

– **Nachweis des Bindeblechabstandes** $a / i_1 \leq 70$

– **Ermittlung der Schnittgrößen am Gesamtstab**

in Stabmitte

$$\max M_{z,d} = \frac{N_d \cdot v_0}{1 - (N_d / N_{Ki,z,d})}$$

v_0 Stich der Vorkrümmung im unbelasteten Zustand $v_0 = l / 500$

am Stabende

$$\max V_{y,d} = \frac{\pi \cdot M_{z,d}}{l}$$

$$N_{Ki,z,d} = \frac{1}{\dfrac{l^2}{\pi^2 (E \cdot I_z^*)_d} + \dfrac{1}{S_{z,d}^*}};$$

$$(E \cdot I_z^*)_d = [E \cdot \Sigma (A_G \cdot y_s^2 + \eta \cdot I_{z,G})] / 1{,}1$$

$$S_{z,d}^* = 2 \cdot \pi^2 \cdot E \cdot I_{z,G} / (a^2 \cdot 1{,}1)$$

– **Ermittlung des Korrekturwertes η**

Schlankheitsgrad $\lambda_{K,z} = s_{K,z} / \sqrt{I_z / A}$; $s_{K,z} = l$; $I_z = \Sigma (A_G \cdot y_s^2 + I_{z,G})$; $A = 2 \cdot A_G$

– **Nachweis des Gurtstabes**

$$N_{G,d} / \kappa \cdot N_{pl,d}$$

$N_{G,d} = N_d / r + M_{z,d} \cdot A_G / W_z^*$

$W_z^* = I_z^* / y_s$

Abminderungsfaktor κ nach Abschnitt 4.1.2, Seiten 8.35 bis 8.39, mit

$\lambda_{K,1} = s_{K,1} / i_1$; $s_{K,1} = a \rightarrow \bar{\lambda}_{K,1} = \lambda_{K,1} / \lambda_a$

Knickspannungslinie nach Tafel 8.36

Tafel 8.52 Korrekturwerte η für Rahmenstäbe

$\lambda_{K,z}$	η
≤ 75	1
$75 < \lambda_{K,z} \leq 150$	$\eta = 2 - (\lambda_{K,z} / 75)$
> 150	0

- **Nachweis des Einzelfeldes zwischen zwei Bindeblechen**

Mit den folgenden Schnittgrößen können die Tragsicherheitsnachweise nach Abschnitt 3.2 (Nachweisverfahren E-P) geführt werden.

$$M_{G,d} = \frac{\max V_{y,d}}{r} \cdot \frac{a}{2} \qquad V_{G,d} = \max V_{y,d} / r \qquad N_{G,d} = \frac{N_d}{r} + \frac{M_{z,d}(x_B)}{W_z^*} \cdot A_G$$

x_B Längskoordinate an der Stelle des Bindeblechs

Für den beidseitig gelenkig gelagerten Stab kann $M_{z,d}(x_B) = 4\, x_B\, (l - x_B) \max M_{z,d} / l^2$ angenommen werden.

- **Nachweis der Bindebleche**

Die Bindebleche werden durch die Schubkraft T beansprucht. Bei $r = 2$ ergeben sich je Bindeblech folgende Beanspruchungen:

$V_{B,1} = T / 2$

$M_{B,1} = M_B / 2$

Für diese Beanspruchungen kann der Tragsicherheitsnachweis nach Abschnitt 3.1 (Nachweisverfahren E-E) geführt werden.

Anschluss der Bindebleche:
Die Bindebleche sind für die o.g. Beanspruchungen an den Gurtstäben anzuschließen (siehe hierzu Abschnitte 5 und 6).

Statisches Modell für die Ermittlung der Beanspruchung aus der Schubkraft T:

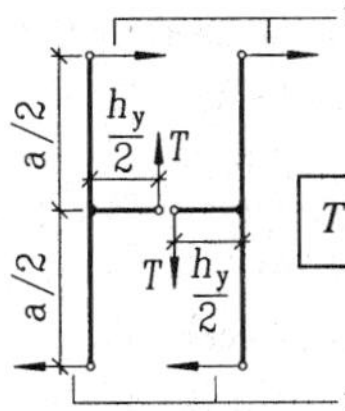

$$T = \max V_{y,d} \cdot a / h_y$$

Momentenverlauf in den Bindeblechen:

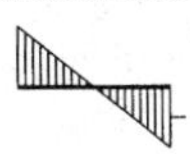

$$M_B = \frac{\max V_{y,d} \cdot a}{r}$$

Beispiel:

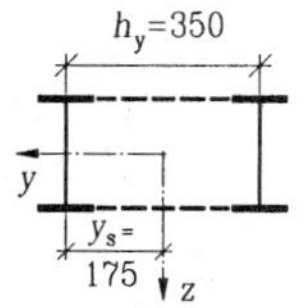

2 IPE 200, S235

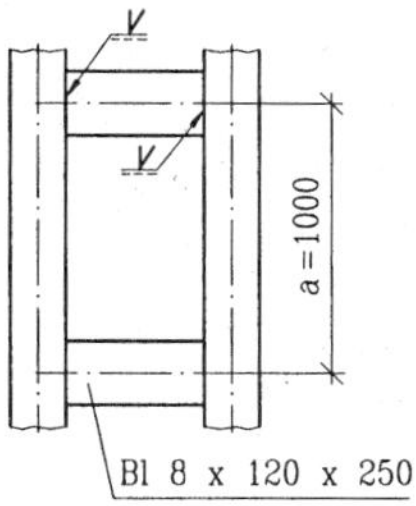

Systemlänge l = 6,00 m; Ständige Einwirkung G_K = 200 kN
Veränderliche Einwirkung Q_K = 450 kN

Querschnittswerte für den Gurtstab IPE 200: A = 28,5 cm²
h = 200 mm; t = 8,5 mm; I_y = 1940 cm⁴; i_y = 8,26 cm
b = 100 mm; s = 5,6 mm; I_z = 142 cm⁴; i_z = 2,24 cm

Ermittlung der Beanspruchung N_d

Da nur eine veränderliche Einwirkung auftritt, ist die Grundkombination 2 zu untersuchen (siehe Seite 8.6).
$N_d = 1{,}35 \cdot 200 + 1{,}5 \cdot 450 = \underline{945\ \text{kN}}$

Ausweichen rechtwinklig zur Stoffachse (y-Achse)

$\lambda_{K,y} = 600 / 8{,}26 = 72{,}6$; $\bar{\lambda}_{K,y} = \lambda_{K,y} / \lambda_a = 72{,}6 / 92{,}9 = 0{,}781$
$h / b = 200 / 100 = 2 \rightarrow$ Knickspannungslinie a nach Tafel 8.36 und
$\kappa_y = 0{,}805$ nach Tafel 8.38 bzw. 8.39
$N_{G,d} = N_d / 2 = 945 / 2 = 472{,}5$ kN; $N_{pl,d} = 622$ kN nach Tafel 8.22
Nachweis: $472{,}5 / (0{,}805 \cdot 622) = \underline{0{,}94 < 1}$

Ausweichen rechtwinklig zur stofffreien Achse (z-Achse)
Nachweis des Bindeblechabstandes

$a / i_1 = 100 / 2{,}24 = \underline{44{,}6 < 70}$

Schnittgrößen am Gesamtstab

Vorwerte:

$v_0 = 600 / 500 = 1{,}2$ cm
$A = 2 \cdot 28{,}5 = 57$ cm²
$y_s = 17{,}5$ cm
$I_{z,G} = I_z$ (IPE 200) = 142 cm⁴
$I_z = 2 \cdot (28{,}5 \cdot 17{,}5^2 + 142)$
$= 17\,740$ cm⁴
$\lambda_{K,z} = 600 / \sqrt{17\,740 / 57} = 34$
$0 < \lambda_{K,z} < 75 \rightarrow$ Korrekturwert nach Tafel 8.52: $\eta = 1 \rightarrow I_z^* = I_z$

$$S^*_{z,d} = 2 \cdot \pi^2 (21\,000 \cdot 142 / 1{,}1) / 100^2 = 5\,351\ \text{kN}$$

$$N_{Ki,z,d} = \frac{1}{\dfrac{600^2}{\pi^2 (21\,000 \cdot 17\,740 / 1{,}1)} + \dfrac{1}{5351}} = 3\,395\ \text{kN}$$

$$\max M_{z,d} = \frac{945 \cdot 1{,}2}{1 - (945 / 3\,395)} = 1\,571\ \text{kNcm}$$

$$\max V_{y,d} = \frac{\pi \cdot 1\,571}{\cdot\, 600} = 8{,}23\ \text{kN}$$

Nachweis des Gurtstabes

$W_z^* = 17\,740 / 17{,}5 = 1\,014$ cm³; $N_{G,d} = 945 / 2 + (1\,571 / 1\,014) \cdot 28{,}5 = 517$ kN; $N_{pl,d} = 622$ kN;
$\lambda_{K,1} = \lambda_{K,z} = 100 / 2{,}24 = 44{,}6$; $\bar{\lambda}_{K,1} = 44{,}6 / 92{,}9 = 0{,}48 \rightarrow \kappa = 0{,}895$ nach Tafel 8.38 u. 8.39
für Knickspannungslinie b nach Tafel 8.35; Nachweis: $517 / (0{,}895 \cdot 622) = \underline{0{,}93 < 1}$

Nachweis des Einzelfeldes zwischen zwei Bindeblechen (Nachweisverfahren E-P siehe Seite 8.26)

$M_{G,d} = 8{,}23 / 2 \cdot 100 / 2 = 206$ kNcm; $V_{G,d} = 8{,}23 / 2 = 4{,}12$ kN; $N_{G,d} = 517$ kN
Schnittgrößen im plastischen Zustand für IPE 200 siehe Seiten 8.22 bis 8.24.
$V_{G,d} / V_{pl,y,d} = 4{,}12 / 214 = 0{,}019 < 0{,}25$; $N_{G,d} / N_{pl,d} = 517 / 622 = 0{,}831$; $0{,}3 < 0{,}83 < 1$
Tragsicherheitsnachweis (siehe Seite 8.26): $0{,}91 \cdot 206 / 777 + (517 / 622)^2 = \underline{0{,}93 < 1}$

Nachweis der Bindebleche (Nachweisverfahren E-E siehe Seite 8.11)

$T = 8{,}23 \cdot 100 / 17{,}5 = 47{,}0$ kN $\rightarrow$ je Bindeblech: $V_y = 47{,}0 / 2 = 23{,}5$ kN; $M_y = 23{,}5 \cdot 25 / 2 = 294$ kNcm
$\tau = 1{,}5 \cdot 23{,}5 / (12 \cdot 0{,}8) = 3{,}67$ kN/cm²; $\tau / \tau_{R,d} = 3{,}67 / [24 / (\sqrt{3} \cdot 1{,}1)] = \underline{0{,}291 < 1}$
$\sigma = 294 / (0{,}8 \cdot 12^2 / 6) = 15{,}3$ kN/cm²; $\sigma / \sigma_{R,d} = 15{,}3 / (24 \cdot 1{,}1) = \underline{0{,}58 < 1}$

Nachweis der Schweißverbindung (siehe hierzu Abschnitt 5)

vorh: HV-Naht mit $a = t$; Beanspruchungen siehe Nachweis der Bindebleche
$W_w = 0{,}8 \cdot 12^2 / 6 = 19{,}2$ cm²;
$\sigma_\perp = 294 / 19{,}2 = 15{,}3$ kN/cm²; $\tau_{||} = 23{,}5 / (0{,}8 \cdot 12) = 2{,}45$ kN/cm²
$\sigma_{W,V} = \sqrt{15{,}3^2 + 2{,}45^2} = 15{,}5$ kN/cm²; $\sigma_{W,R,d} = 0{,}95 \cdot 24 / 1{,}1 = 20{,}7$ kN/cm²
Nachweis: $\sigma_{W,V} / \sigma_{W,R,d} = 15{,}5 / 20{,}7 = \underline{0{,}75 < 1}$

4.3 Knicklängen s_K und Verzweigungslastfaktoren η_{Ki} für Rahmenstiele

4.3.1 Unverschiebliche Systeme

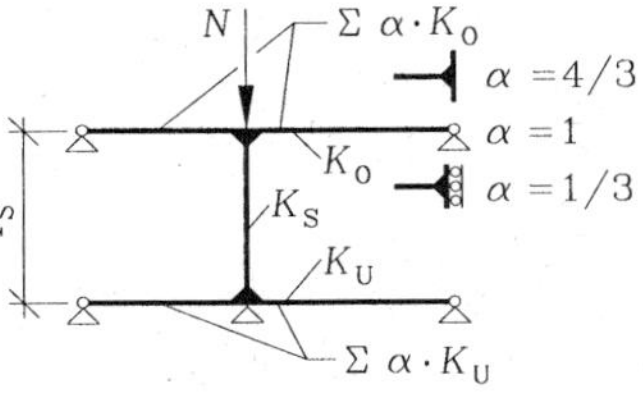

$\varepsilon_{Riegel} = l \cdot \sqrt{N_{Riegel} / (E \cdot I)_d}$

$(E \cdot I)_d = (E \cdot I) / 1{,}1$

alle Stäbe: $K = I / l$

$$c_O = \frac{1}{1 + \frac{\Sigma\,\alpha \cdot K_O}{K_S}}$$

$$c_U = \frac{1}{1 + \frac{\Sigma\,\alpha \cdot K_U}{K_S}}$$

β aus Diagramm →

$$\boxed{s_K = \beta \cdot l_S}$$

$$\boxed{\eta_{Ki} = \frac{N_{Ki}}{N} = \left[\frac{\pi}{\beta}\right]^2 \cdot \frac{E \cdot K_S}{N \cdot l_S}}$$

$\eta_{Ki,d} = \eta_{Ki} / \gamma_M = \eta_{Ki} / 1{,}1$

Für $\eta_{Ki,d} \geq 10$ ist kein Biegeknicknachweis erforderlich.

Tafel 8.54 Knicklängenbeiwerte β der Stiele unverschieblicher Rahmen mit $\varepsilon_{Riegel} \leq 0{,}3$

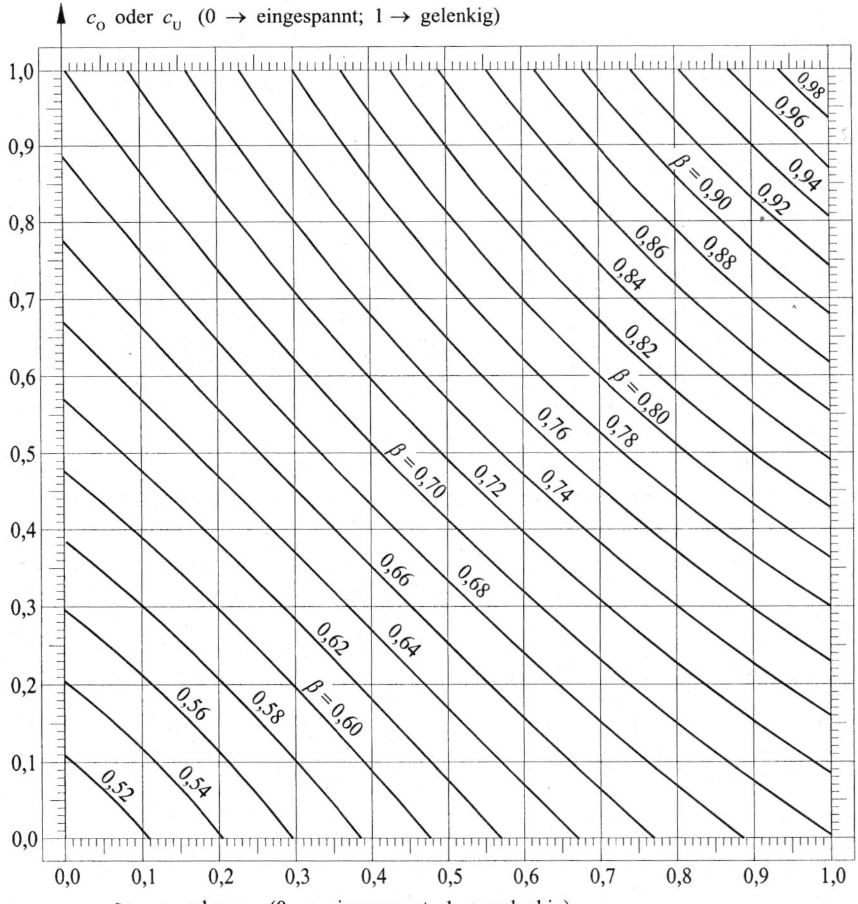

Formel für die direkte Auswertung von β

$$\left[\frac{\gamma^2}{3\,(1/c_O - 1)} + 1 - \frac{\gamma}{\tan\gamma}\right] \cdot \left[\frac{\gamma^2}{3\,(1/c_U - 1)} + 1 - \frac{\gamma}{\tan\gamma}\right] - \left[\frac{\gamma}{\sin\gamma} - 1\right]^2 = 0$$

Hilfswert $\gamma = \pi / \beta$

Sonderfälle

für alle 3 Fälle gilt:

$$c_O = \frac{1}{1 + \frac{2}{3} \cdot \frac{I_2 \cdot l_S}{I_S \cdot l_2}}$$

$$s_K = \beta \cdot l_S$$

$$\eta_{Ki} = \frac{\left[\frac{\pi}{\beta \cdot l_S}\right]^2 \cdot E \cdot I_S}{N}$$

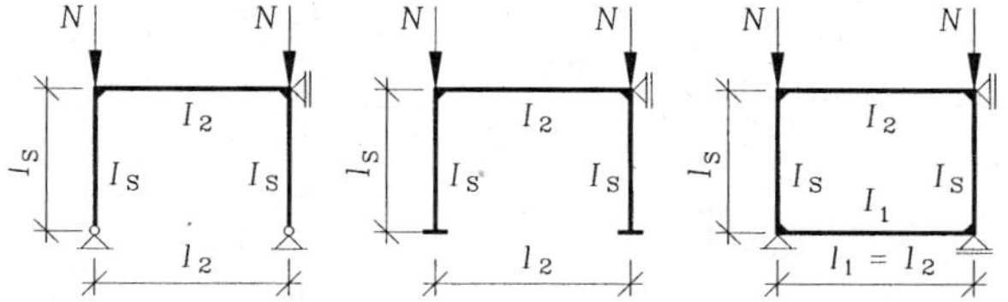

$c_U = 1$ $\qquad$ $c_U = 0$ $\qquad$ $c_U = \dfrac{1}{1 + \frac{2}{3} \cdot \frac{I_1 \cdot l_S}{I_S \cdot l_1}}$

Beispiel für die Zerlegung eines unverschieblichen Rahmens in einstielige Teilrahmen, für die das Diagramm nach Tafel 8.54 angewendet werden kann:

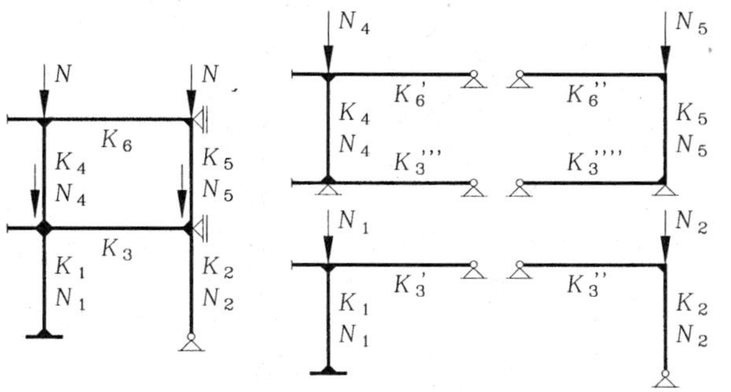

$K_6' + K_6'' = K_6$

$K_3' + K_3'' + K_3''' + K_3'''' = K_3$

(Aufteilung von K_3 und K_6 beliebig)

Beispiel: Bestimmung der Knicklänge für den Stiel eines einhüftigen, unverschieblichen Rahmens

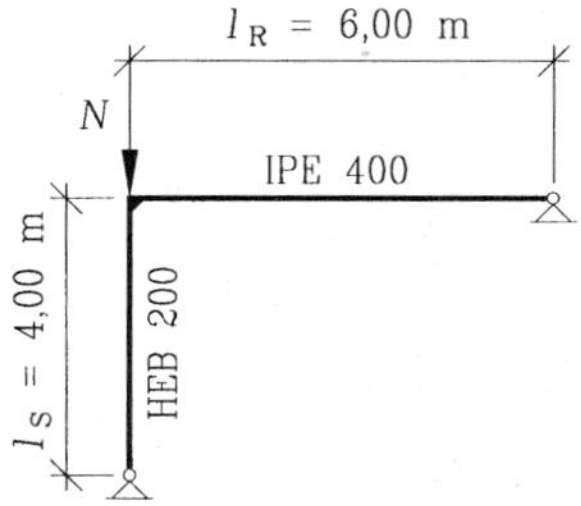

Flächenmomente 2. Grades bezogen auf die *y*-Achse

Riegel I_R = 23 130 cm⁴

Stiel I_S = 5 700 cm⁴

$\Sigma\,\alpha \cdot K_O = 1 \cdot I_R / l_R = 1 \cdot 23\,130 / 600 = 38{,}55$ cm³

$K_S = I_S / l_S = 5\,700 / 400 = 14{,}25$ cm³

$$c_O = \frac{1}{1 + \Sigma\,\alpha \cdot K_O / K_S} = \frac{1}{1 + 38{,}55 / 14{,}25} = 0{,}27$$

$c_U = 1 \rightarrow \beta = 0{,}77$ nach Tafel 8.54 (linear interpoliert)

Weitere ausführliche Beispiele siehe [8.35]

4.3.2 Verschiebliche Systeme

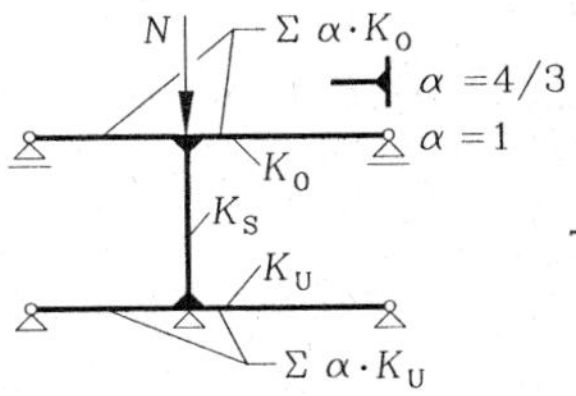

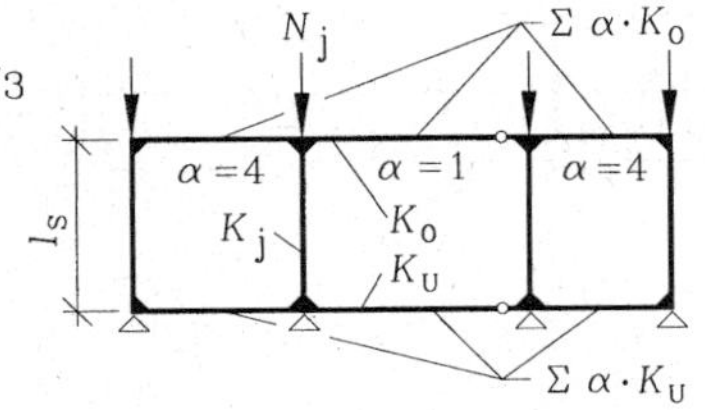

alle Stäbe: $K = I / l$

$N = \Sigma N_j$

$K_s = \Sigma K_j$

$$c_o = \frac{1}{1 + \dfrac{\Sigma \alpha \cdot K_o}{K_s}}; \quad c_u = \frac{1}{1 + \dfrac{\Sigma \alpha \cdot K_u}{K_s}};$$

β aus Diagramm $\rightarrow$ $\beta_j = \sqrt{\dfrac{N \cdot K_j}{N_j \cdot K_s}} \cdot \beta$; $\boxed{s_{K,j} = \beta_j \cdot l_s}$

$\varepsilon_{Riegel} = l \cdot \sqrt{N_{Riegel} / (E \cdot I)_d}$

$(E \cdot I)_d = (E \cdot I) / 1{,}1$

$$\boxed{\eta_{Ki} = \frac{N_{Ki}}{N} = \left[\frac{\pi}{\beta}\right]^2 \cdot \frac{E \cdot K_s}{N \cdot l_s}}$$

$\eta_{Ki,d} = \eta_{Ki} / \gamma_M = \eta_{Ki} / 1{,}1$

Für $\eta_{Ki,d} \geq 10$ ist kein Biegeknicknachweis erforderlich.

Tafel 8.56 Knicklängenbeiwerte β der Stiele verschieblicher Rahmen mit $\varepsilon_{Riegel} \leq 0{,}3$

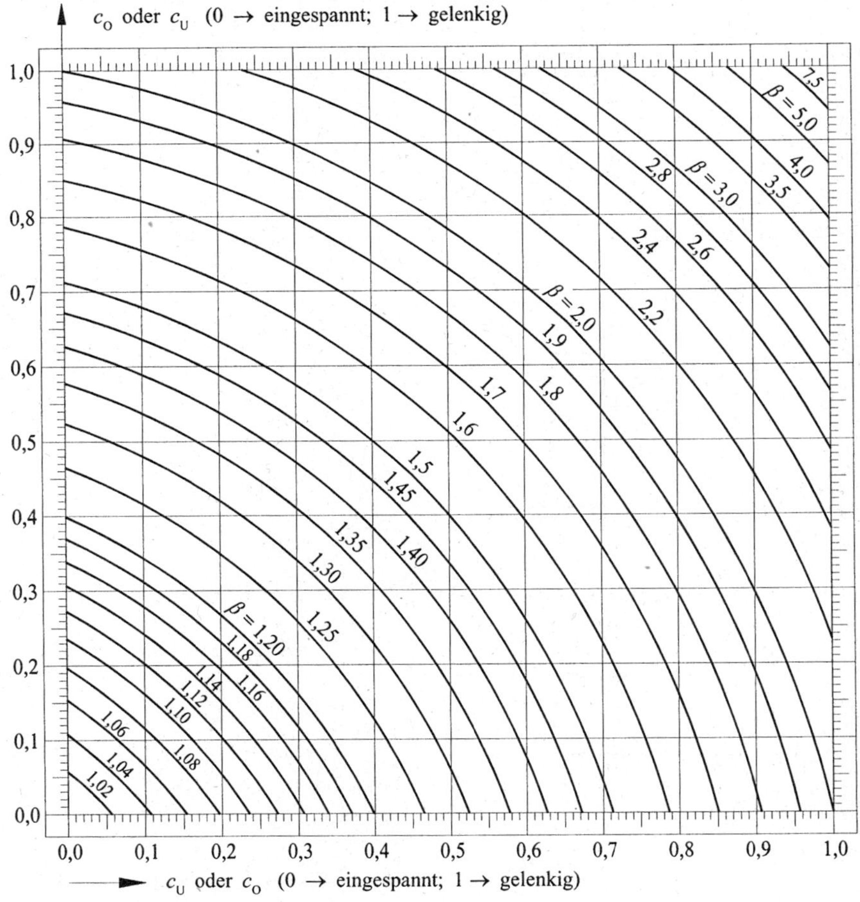

Formel für die direkte Auswertung von β

$$\left[\frac{\gamma}{3\,(1/c_{\mathrm{O}}-1)}-\frac{1}{\tan\gamma}\right]\cdot\left[\frac{\gamma}{3\,(1/c_{\mathrm{U}}-1)}-\frac{1}{\tan\gamma}\right]-\frac{1}{\sin^2\gamma}=0$$

Hilfswert $\gamma = \pi / \beta$

Sonderfälle

für alle 6 Fälle gilt:

$$c_{\mathrm{O}} = \frac{1}{1 + 2 \cdot \dfrac{I_2 \cdot l_{\mathrm{S}}}{I_{\mathrm{S}} \cdot l_2}}$$

$$s_{\mathrm{K}} = \beta \cdot l_{\mathrm{S}}$$

$$\eta_{\mathrm{Ki}} = \frac{\left[\dfrac{\pi}{\beta \cdot l_{\mathrm{S}}}\right]^2 \cdot E \cdot I_{\mathrm{S}}}{N}$$

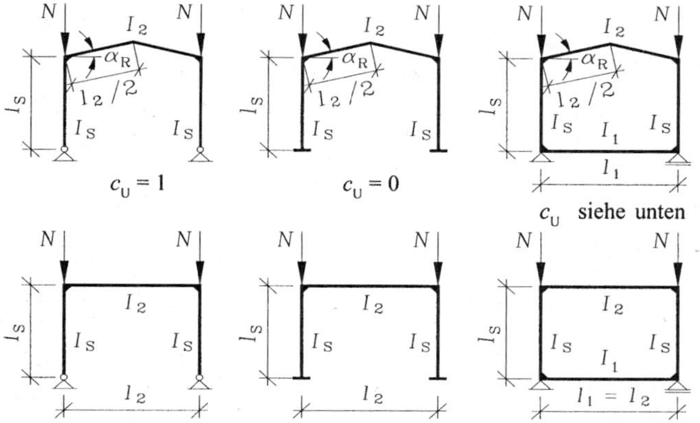

$c_{\mathrm{U}} = 1$ $c_{\mathrm{U}} = 0$ c_{U} siehe unten

$c_{\mathrm{U}} = 1$ $c_{\mathrm{U}} = 0$ $c_{\mathrm{U}} = \dfrac{1}{1 + 2 \cdot \dfrac{I_1 \cdot l_{\mathrm{S}}}{I_{\mathrm{S}} \cdot l_1}}$

Mehrgeschossiger Rahmen

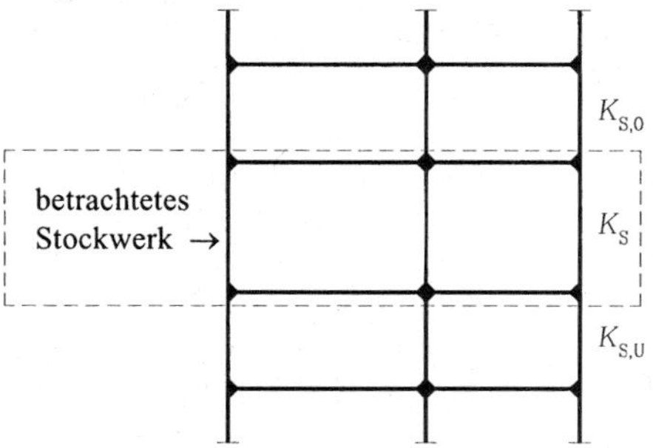

Die Formeln für c_{O} und c_{U} sind zu ersetzen durch:

$$c_{\mathrm{O}} = \frac{1}{1 + \dfrac{\Sigma\,\alpha \cdot K_{\mathrm{O}}}{K_{\mathrm{S}} + K_{\mathrm{S,O}}}}$$

$$c_{\mathrm{U}} = \frac{1}{1 + \dfrac{\Sigma\,\alpha \cdot K_{\mathrm{U}}}{K_{\mathrm{S}} + K_{\mathrm{S,U}}}}$$

Beispiel: Bestimmung der Knicklängen für die Stiele eines verschieblichen Zweigelenkrahmens

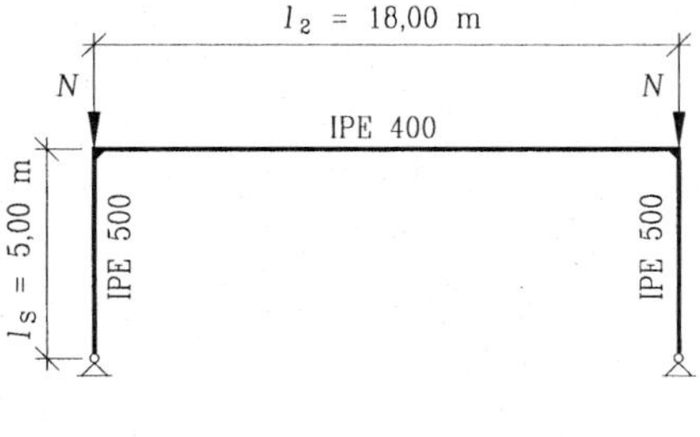

Riegel I_2 = 23 130 cm⁴

Stiel I_{S} = 48 200 cm⁴

$$c_{\mathrm{O}} = \frac{1}{1 + 2 \cdot \dfrac{23\,130 \cdot 500}{48\,200 \cdot 1\,800}} = 0{,}79$$

$c_{\mathrm{U}} = 1 \rightarrow \beta = 4{,}0$ nach Tafel 8.56

Weitere ausführliche Beispiele siehe [8.35]

4.4 Plattenbeulen

Formelzeichen

a Länge des untersuchten Beulfeldes

b Breite des untersuchten Beulfeldes

α Seitenverhältnis; $\alpha = a/b$

t Plattendicke

σ_e Bezugsspannung; $\sigma_e = \frac{\pi^2 \cdot E}{12(1-\mu^2)} \cdot \left[\frac{t}{b}\right]^2$

$k_{\sigma x}$, $k_{\sigma y}$, k_τ Beulwerte des untersuchten Beulfeldes bei alleiniger Wirkung von Randspannungen σ_x, σ_y oder τ

σ_{xPi} Ideale Beulspannung bei alleiniger Wirkung von Randspannungen σ_x; $\sigma_{xPi} = k_{\sigma x} \cdot \sigma_e$

σ_{yPi} Ideale Beulspannung bei alleiniger Wirkung von Randspannungen σ_y; $\sigma_{yPi} = k_{\sigma y} \cdot \sigma_e$

τ_{Pi} Ideale Beulspannung bei alleiniger Wirkung von Randspannungen τ; $\tau_{Pi} = k_\tau \cdot \sigma_e$

λ_a Bezugsschlankheitsgrad; $\lambda_a = \pi \cdot \sqrt{E/f_{y,k}}$

λ_P Plattenschlankheitsgrad; $\lambda_P = \pi \cdot \sqrt{E/\sigma_{Pi}}$ bzw. $\lambda_P = \pi \cdot \sqrt{E/(\tau_{Pi} \cdot \sqrt{3})}$

$\bar{\lambda}_P$ Bezogener Plattenschlankheitsgrad; $\bar{\lambda}_P = \lambda_P / \lambda_a$

$\kappa_x, \kappa_y, \kappa_\tau$ Abminderungsfaktoren für das Plattenbeulen (bezogene Tragbeulspannungen)

κ_K Abminderungsfaktor für Stabknicken nach DIN 18 800-2 (siehe Abschnitt 4.1)

$\sigma_{xP,R,d}$, $\sigma_{yP,R,d}$, $\tau_{P,R,d}$ Grenzbeulspannungen

$\sigma_{PK,R,d}$ Grenzbeulspannung bei knickstabähnlichem Verhalten

4.4.1 Beulfelder

Gesamtfelder sind versteifte oder unversteifte Platten, die in der Regel an ihren Längs- und Querrändern unverschieblich gelagert sind. Die Längsränder können auch frei sein.

Teilfelder sind längsversteifte oder unversteifte Platten, die zwischen benachbarten Quersteifen oder zwischen einem Querrand und einer benachbarten Quersteife und den Längsrändern des Gesamtfeldes liegen.

Einzelfelder sind unversteifte Platten, die zwischen Steifen oder zwischen Steifen und Rändern längsversteifter Teilfelder liegen.

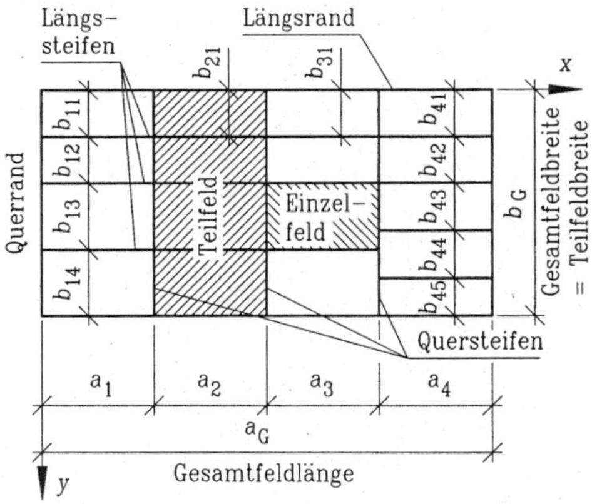

4.4.2 Beanspruchungen

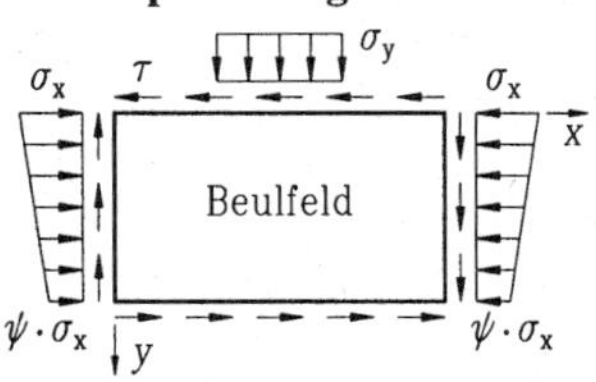

x Achse in Plattenlängsrichtung

y Achse in Plattenquerrichtung

σ_x, σ_y Normalspannungen in Richtung der jeweiligen Plattenachse (Druck positiv)

τ Schubspannung

ψ Randspannungsverhältnis im betrachteten Beulfeld, bezogen auf die größte Druckspannung

Bei der Berechnung der idealen Beulspannungen gelten die Voraussetzungen:

- Gültigkeit des Hooke'schen Gesetzes
- ideal isotroper Werkstoff
- ideal ebenes Blech
- ideal mittige Lasteinleitung
- Berücksichtigung nur linearer Glieder der Verschiebungen in den Gleichgewichtsbedingungen.

Die Bezugsspannung σ_e ist gleich der eulerschen Knickspannung eines an beiden Enden einspannungsfrei gelagerten Plattenstreifens der Länge b und der Dicke t, dessen Biegesteifigkeit durch die Plattensteifigkeit ersetzt wird.
Mit E = 21 000 kN/cm² und μ = 0,3 ist
σ_e = 18 980 · $(t/b)^2$ kN/cm².

μ Querkontraktionszahl

4.4.3 Abgrenzungskriterien

Beulsicherheitsnachweise sind nicht erforderlich, wenn

- bei zweiseitig oder einseitig gelagerten Plattenstreifen die Werte grenz (b/t) nach den auf den Seiten 8.12, 8.14, 8.21 und 8.29 genannten Bedingungen eingehalten werden;
- das Ausbeulen durch angrenzende Bauteile verhindert wird;
- Stege von I-Profilen nach DIN 1025-1 und U-Profilen nach DIN 1026 aus S235 nur durch Normalspannungen σ_x, Schubspannungen τ und vernachlässigbar kleine Normalspannungen σ_y beansprucht werden;
- Stege von IPE-, IPEo-, IPEv-, HEA-, HEB- und HEM-Profilen nur durch die Spannungen σ_x, τ und vernachlässigbar kleine Spannungen σ_y beansprucht sind und in Abhängigkeit von der Stahlsorte folgende Bedingung erfüllen –
  S235: Randspannungsverhältnis $\psi \leq 0{,}7$; **S355**: Randspannungsverhältnis $\psi \leq 0{,}4$;
- bei Platten mit unverschieblich gelagerten Rändern das Verhältnis $b/t \leq 0{,}64 \cdot \sqrt{k_{\sigma x} \cdot E / f_{y,k}}$ ist.

4.4.4 Vereinfachter Nachweis

Anstelle eines genauen Beulnachweises darf der Nachweis in der Form $(b/t) \leq$ grenz (b/t) geführt werden (siehe auch Seite 8.60).

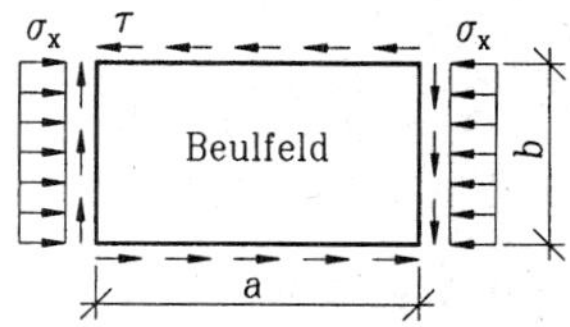

Tafel 8.59 Werte grenz (b/t) für Randspannungsverhältnisse $\psi = 1$ und Stahlsorte S235

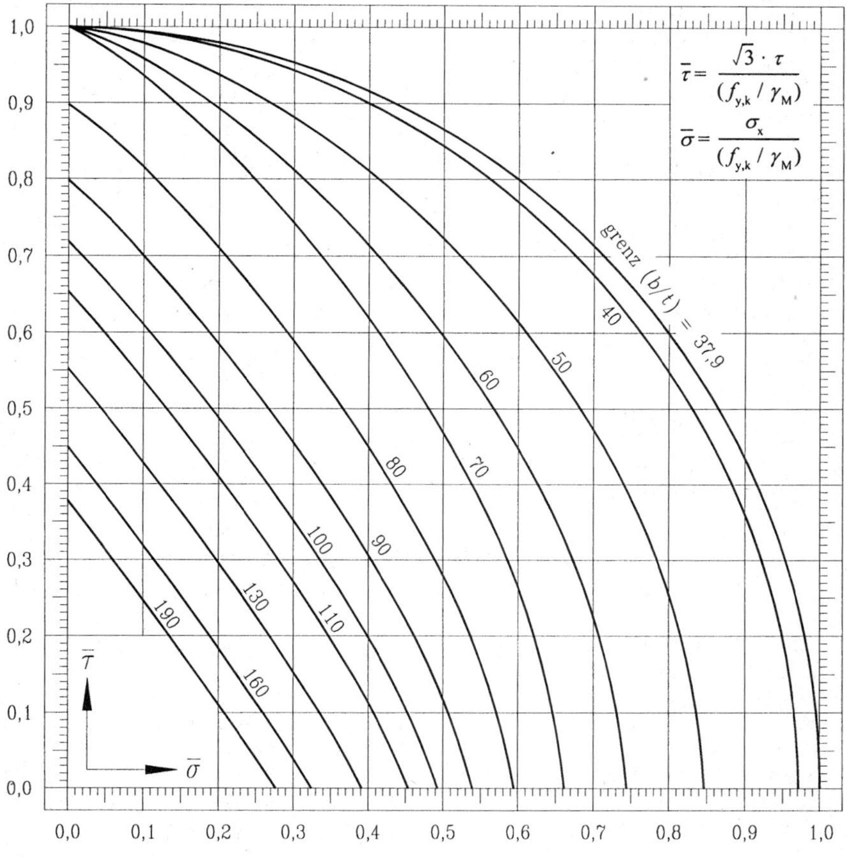

Für Randspannungsverhältnisse $\psi < 1$ liegen die in den Tafeln 8.59 und 8.60 angegebenen Werte grenz (b/t) auf der sicheren Seite. Genauere Angaben können [8.34] entnommen werden. Für $\psi << 1$ ist knickstabähnliches Verhalten nach Abschnitt 4.4.7 auszuschließen.

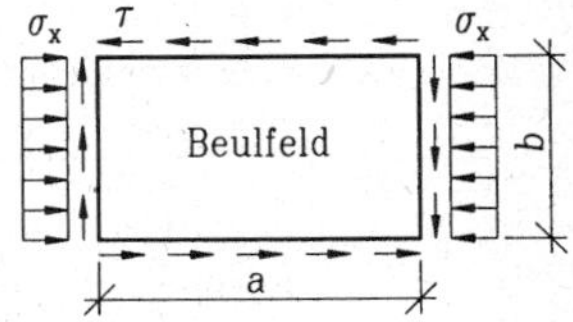

Tafel 8.60 Werte grenz (b/t) für Randspannungsverhältnisse $\psi = 1$ und Stahlsorte S355

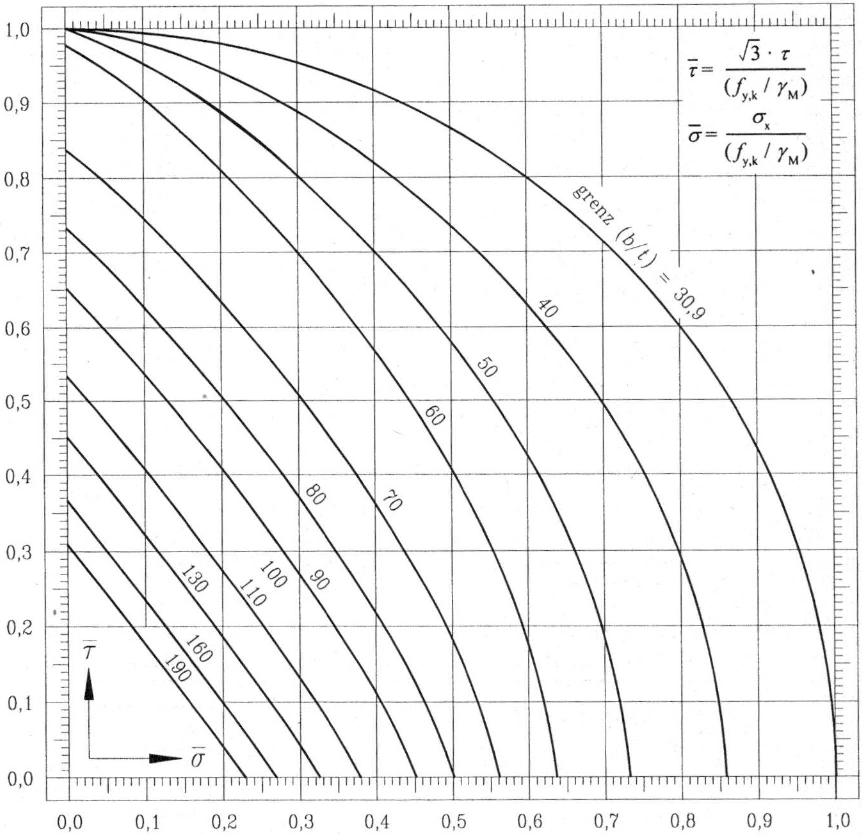

4.4.5 Nachweis von Beulfeldern in nicht knickgefährdeten Bauteilen

- **Vorwerte**

– **Bezugsspannung** $\sigma_e = 18\,980 \cdot (t/b)^2$ kN/cm²

– **ideale Einzelbeulspannungen** $\sigma_{xPi} = k_{\sigma x} \cdot \sigma_e$; $\sigma_{yPi} = k_{\sigma y} \cdot \sigma_e$; $\tau_{Pi} = k_\tau \cdot \sigma_e$
Beulwerte k_σ und k_τ nach Tafel 8.61

– **Grenzbeulspannungen** $\sigma_{P,R,d} = \kappa_\sigma \cdot f_{y,k} / \gamma_M$; $\tau_{P,R,d} = \kappa_\tau \cdot f_{y,k} / (\gamma_M \cdot \sqrt{3})$
Abminderungsfaktoren κ_σ und κ_τ nach Tafel 8.62

- **Nachweis bei alleiniger Wirkung von σ_x oder σ_y** $\boxed{\sigma / \sigma_{P,R,d} \leq 1}$

- **Nachweis bei alleiniger Wirkung von τ** $\boxed{\tau / \tau_{P,R,d} \leq 1}$

Tafel 8.61 Beulwerte *k* für unversteifte Beulfelder nach DIN 4114-1

1	Beanspruchung		Ideale Beulspannung	Gültigkeitsbereich	Beulwert
2	Geradlinig verteilte Druckspannungen $0 \le \psi \le 1$	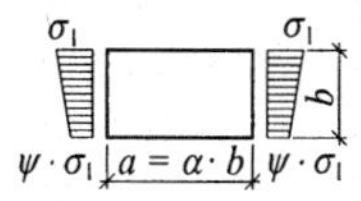	$\sigma_{x,Pi} = k_\sigma \cdot \sigma_e$	$\alpha \ge 1$	$k_\sigma = \dfrac{8{,}4}{\psi + 1{,}1}$
				$\alpha < 1$	$k_\sigma = \left[\alpha + \dfrac{1}{\alpha}\right]^2 \cdot \dfrac{2{,}1}{\psi + 1{,}1}$
3	Geradlinig verteilte Druck- und Zugspannungen mit überwiegendem Druck $-1 < \psi < 0$	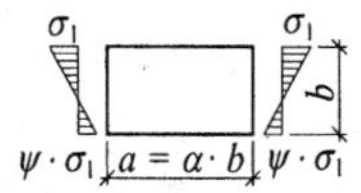	$\sigma_{x,Pi} = k_\sigma \cdot \sigma_e$		$k_\sigma = (1 + \psi) \cdot k' - \psi \cdot k'' + 10\, \psi \cdot (1 + \psi)$ k': Beulwert für $\psi = 0$ nach Zeile 2 k'': Beulwert für $\psi = -1$ nach Zeile 4
4	Geradlinig verteilte Druck- und Zugspannungen mit gegengleichen Randwerten $\psi = -1$ oder mit überwiegendem Zug [1] $\psi < -1$	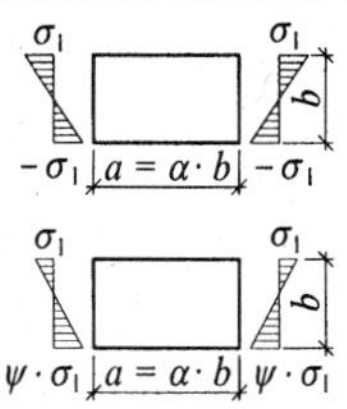	$\sigma_{x,Pi} = k_\sigma \cdot \sigma_e$	$\alpha \ge \frac{2}{3}$	$k_\sigma = 23{,}9$
				$\alpha < \frac{2}{3}$	$k_\sigma = 15{,}87 + \dfrac{1{,}87}{\alpha^2} + 8{,}6 \cdot \alpha^2$
5	Gleichmäßig verteilte Schubspannungen	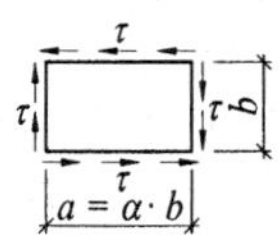	$\tau_{Pi} = k_\tau \cdot \sigma_e$	$\alpha \ge 1$	$k_\tau = 5{,}34 + \dfrac{4{,}00}{\alpha^2}$
				$\alpha < 1$	$k_\tau = 4{,}00 + \dfrac{5{,}34}{\alpha^2}$

[1] Bei der Berechnung des Seitenverhältnisses α und der Eulerspannung σ_e ist hier b durch den ideellen Wert $b_i = 2 \cdot b_D$ zu ersetzen, wobei $b_D < 0{,}5 \cdot b$ die Breite der Druckzone ist. Dies ist jedoch nicht zulässig für die Berechnung des Beulwertes k gleichzeitig wirkender Schubspannungen und der Bezugsspannung σ_e zur Ermittlung der Beulspannung τ_{Pi}.

- **Nachweis bei Beanspruchung durch σ_x, σ_y und τ**

$$\left[\frac{|\sigma_x|}{\sigma_{xP,R,d}}\right]^{e_1} + \left[\frac{|\sigma_y|}{\sigma_{yP,R,d}}\right]^{e_2} - V \cdot \left[\frac{|\sigma_x \cdot \sigma_y|}{\sigma_{xP,R,d} \cdot \sigma_{yP,R,d}}\right] + \left[\frac{\tau}{\tau_{P,R,d}}\right]^{e_3} \le 1$$

mit: $e_1 = 1 + \kappa_x^4$; $e_2 = 1 + \kappa_y^4$; $e_3 = 1 + \kappa_x \cdot \kappa_y \cdot \kappa_\tau^2$

$V = (\kappa_x \cdot \kappa_y)^6$, wenn σ_x und σ_y Druckspannungen sind;

$V = \dfrac{\sigma_x \cdot \sigma_y}{|\sigma_x \cdot \sigma_y|}$, wenn σ_x und σ_y ungleiche Vorzeichen haben.

Abminderungsfaktoren κ siehe Tafel 8.62.

- **Nachweis bei Beanspruchung durch σ_x und τ**

$$\left[\frac{|\sigma_x|}{\sigma_{xP,R,d}}\right]^{e_1} + \left[\frac{\tau}{\tau_{P,R,d}}\right]^{e_3} \le 1$$

mit: $e_1 = 1 + \kappa_x^4$; $e_3 = 1 + \kappa_x \cdot \kappa_\tau^2$

4.4.6 Nachweis von Beulfeldern in knickgefährdeten Bauteilen

Der Nachweis erfolgt analog zu den Angaben in Abschnitt 4.4.5, wobei die Grenzbeulspannung jedoch wie folgt zu berechnen ist:

$$\sigma_{xP,R,d} = \kappa_\sigma \cdot \kappa_K \cdot f_{y,k} / \gamma_M$$

κ_K Abminderungsfaktor für Knicken nach Abschnitt 4.1

Tafel 8.62 Abminderungsfaktoren κ (= bezogene Tragbeulspannungen) bei alleiniger Wirkung von σ_x, σ_y oder τ

	Beulfeld	Lagerung	Beanspruchung	Bezogener Schlankheitsgrad	Abminderungsfaktor
1	Einzelfeld	allseitig gelagert	Normalspannungen σ mit dem Randspannungsverhältnis $\psi_T \leq 1$ *)	$\bar{\lambda}_P = \sqrt{\frac{f_{y,k}}{\sigma_{Pi}}}$	$\kappa = c\left[\frac{1}{\bar{\lambda}_P} - \frac{0{,}22}{\bar{\lambda}_P^2}\right] \leq 1$ mit $c = 1{,}25 - 0{,}12 \cdot \psi_T \leq 1{,}25$
2		allseitig gelagert	Schubspannungen τ	$\bar{\lambda}_P = \sqrt{\frac{f_{y,k}}{\tau_{Pi} \cdot \sqrt{3}}}$	$\kappa_\tau = \frac{0{,}84}{\bar{\lambda}_P} \leq 1$
3	Teil- und Gesamtfeld	allseitig gelagert	Normalspannungen σ mit dem Randspannungsverhältnis $\psi \leq 1$	$\bar{\lambda}_P = \sqrt{\frac{f_{y,k}}{\sigma_{Pi}}}$	$\kappa = c\left[\frac{1}{\bar{\lambda}_P} - \frac{0{,}22}{\bar{\lambda}_P^2}\right] \leq 1$ mit $c = 1{,}25 - 0{,}25 \cdot \psi_T \leq 1{,}25$
4		dreiseitig gelagert	Normalspannungen σ	$\bar{\lambda}_P = \sqrt{\frac{f_{y,k}}{\sigma_{Pi}}}$ **)	$\kappa = \frac{1}{\bar{\lambda}_P^2 + 0{,}51} \leq 1$
5		dreiseitig gelagert	konstante Randverschiebung u	$\bar{\lambda}_P = \sqrt{\frac{f_{y,k}}{\sigma_{Pi}}}$ **)	$\kappa = \frac{0{,}7}{\bar{\lambda}_P} \leq 1$
6		allseitig gel., ohne Längssteifen	Schubspannungen τ	$\bar{\lambda}_P = \sqrt{\frac{f_{y,k}}{\tau_{Pi} \cdot \sqrt{3}}}$	$\kappa_\tau = \frac{0{,}84}{\bar{\lambda}_P} \leq 1$
7		allseitig gel., mit Längssteifen	Schubspannungen τ	$\bar{\lambda}_P = \sqrt{\frac{f_{y,k}}{\tau_{Pi} \cdot \sqrt{3}}}$	$\kappa_\tau = \frac{0{,}84}{\bar{\lambda}_P} \leq 1$ für $\bar{\lambda}_P \leq 1{,}38$; $\kappa_\tau = \frac{1{,}16}{\bar{\lambda}_P^2}$ für $\bar{\lambda}_P > 1{,}38$

*) Bei Einzelfeldern ist ψ_T das Randspannungsverhältnis des Teilfeldes, in dem das Einzelfeld liegt.
**) Zur Ermittlung von σ_{Pi} ist der Beulwert min k_σ (α) für $\psi = 1$ einzusetzen.

Beispiel

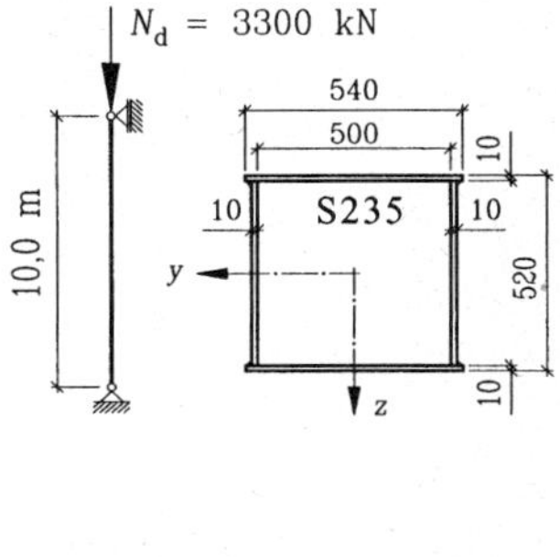

– **Querschnittswerte**

$A = 2 \cdot (50 \cdot 1 + 54 \cdot 1) = 208$ cm²

$I_y = 2 \cdot (50^3 / 12 + 54 \cdot 25{,}5^2) = 91\,060$ cm⁴

$I_z = 2 \cdot (54^3 / 12 + 50 \cdot 25{,}5^2) = 91\,270$ cm⁴

$i_y = \min i = \sqrt{91\,060 / 208} = 20{,}9$ cm

– **Beanspruchungen** $\sigma_x = 3\,300 / 208 = 15{,}87$ kN/cm²
$\tau = 0$; $\psi = 1$

– **Knickeinfluss** $\bar{\lambda}_K = 1\,000 / (20{,}9 \cdot 92{,}9) = 0{,}52$
$\rightarrow \kappa_K = 0{,}88$ nach Tafel 8.36

– **Beuleinfluss**

$\sigma_e = 18\,980 \cdot (10 / 500)^2 = 7{,}59$ kN/cm²;
$\alpha >> 1$ und $\psi = 1 \rightarrow k_\sigma = 8{,}4 / (1 + 1{,}1) = 4$ (siehe Tafel 8.61 Zeile 2); $\sigma_{x,Pi} = 4 \cdot 7{,}59 = 30{,}36$ kN/cm²

Bezogener Schlankheitsgrad $\bar{\lambda}_P$ und Abminderungsfaktor κ für Beulen (siehe Tafel 8.62 Zeile3)
$\bar{\lambda}_P = \sqrt{24 / 30{,}36} = 0{,}889$; $c = 1{,}25 - 0{,}25 \cdot 1 = 1{,}0 \rightarrow \kappa_\sigma = 1{,}0 \cdot (1 / 0{,}889 - 0{,}22 / 0{,}889^2) = 0{,}846$
Grenzbeulspannung $\sigma_{x\,P,R,d} = \kappa_\sigma \cdot \kappa_K \cdot f_{y,k} / \gamma_M = 0{,}846 \cdot 0{,}88 \cdot 24 / 1{,}1 = 16{,}24$ kN/cm²
Nachweis $\sigma_x / \sigma_{x\,P,R,d} = 15{,}87 / 16{,}24 = \underline{0{,}98 < 1}$

4.4.7 Nachweis unversteifter Beulfelder mit knickstabähnlichem Verhalten

Der Einfluss des knickstabähnlichen Verhaltens auf das Beulen ist zu berücksichtigen, wenn folgende Bedingung erfüllt ist:

– **Wichtungsfaktor ρ**

$$\rho = \frac{\Lambda - \sigma_{Pi} / \sigma_{Ki}}{\Lambda - 1} \geq 0$$

$\Lambda = \bar{\lambda}_P^2 + 0{,}5$, jedoch $2 \leq \Lambda \leq 4$; $\bar{\lambda}_P$ siehe Tafel 8.62
σ_{Ki} Euler'sche Knickspannung des untersuchten Beulfeldes, jedoch mit frei angenommenen Längsrändern

Im Falle gleichbleibender Spannungen in Beanspruchungsrichtung gilt:
$\sigma_{Pi} / \sigma_{Ki} = k_\sigma \cdot \alpha^2$; k_σ Beulwert nach Tafel 8.61;
α Seitenverhältnis bzw. Quotient aus Beulfeldlänge und Beulfeldbreite

– **Abminderungsfaktor bei knickstabähnlichem Verhalten**

$$\kappa_{PK} = (1 - \rho^2) \cdot \kappa + \rho^2 \cdot \kappa_K$$

κ Abminderungsfaktor nach Tafel 8.62

κ_K Abminderungsfaktor für Knickspannungslinie b nach Abschnitt 4.1 für einen gedachten Stab mit dem bezogenen Plattenschlankheitsgrad $\bar{\lambda}_P$ (siehe Seiten 8.35 bis 8.39)

– **Grenzbeulspannung** $\sigma_{P,R,d} = \kappa_{PK} \cdot f_{y,k} / \gamma_M$ – **Nachweis** $\sigma / \sigma_{P,R,d} \leq 1$

Beispiel:

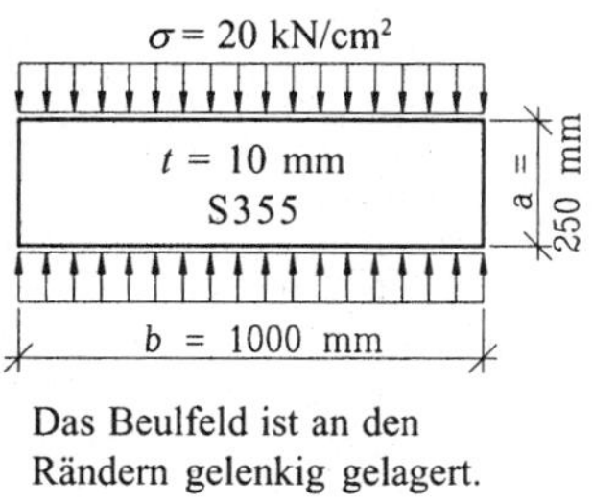

Das Beulfeld ist an den Rändern gelenkig gelagert.

– **Wichtungsfaktor ρ**

$\alpha = 250 / 1000 = 0{,}25 < 1$; $\psi = 1$
$k_\sigma = (0{,}25 + 1 / 0{,}25)^2 \cdot 2{,}1 / (1{,}0 + 1{,}1) = 18{,}06$
(siehe Tafel 8.61 Zeile 2)
$\sigma_{Pi} = 18{,}06 \cdot 18\,980\,(10 / 1000)^2 = 34{,}28$ kN/cm²
Bezogener Plattenschlankheitsgrad nach Tafel 8.62 Zeile 3:
$\bar{\lambda}_P = \sqrt{f_{y,k} / \sigma_{Pi}} = \sqrt{36 / 34{,}28} = 1{,}025$
$\Lambda = 1{,}025^2 + 0{,}5 = 1{,}55 < 2 \rightarrow \Lambda = 2$
$\sigma_{Pi} / \sigma_{Ki} = k_\sigma \cdot \alpha^2 = 18{,}06 \cdot 0{,}25^2 = 1{,}129$
$\rightarrow \rho = (2 - 1{,}129) / (2 - 1) = 0{,}871 > 0 \rightarrow$ für das Beulfeld ist das knickstabähnliche Verhalten zu berücksichtigen.

– **Abminderungsfaktor κ_{PK} für knickstabähnliches Verhalten**

Abminderungsfaktor κ für Beulen nach Tafel 8.62 Zeile 3:
$\psi_T = 1$; $c = 1{,}25 - 0{,}25 \cdot 1 = 1 \rightarrow \kappa = 1 \cdot (1 / 1{,}025 - 0{,}22 / 1{,}025^2) = 0{,}766$
Abminderungsfaktor κ für Knicken nach Tafel 8.38:
Mit $\bar{\lambda}_P = 1{,}025$ folgt $\kappa_K = 0{,}58$ (Knickspannungslinie b)
$\rightarrow \kappa_{PK} = (1 - 0{,}871^2) \cdot 0{,}766 + 0{,}871^2 \cdot 0{,}58 = 0{,}625$

– **Beulsicherheitsnachweis**

$\sigma_{P,R,d} = 0{,}625 \cdot 36 / 1{,}1 = 20{,}45$; $\sigma / \sigma_{P,R,d} = 20 / 20{,}45 = \underline{0{,}98 < 1}$

5 Verbindungen mit Schweißnähten

5.1 Allgemeine Regeln

Schweißverbindungen müssen schweißgerecht konstruiert sein. Die Werkstoffe sind nach ihrem Verwendungszweck und ihrer Schweißeignung auszuwählen (siehe DASt-Ri 009 und Änderung und Ergänzung der Anpassungsrichtlinie Stahlbau (Ausg. Dez. 2001). Anhäufungen von Schweißnähten sollen vermieden werden.

In **Hohlkehlen von Walzprofilen** aus unberuhigt vergossenen Stählen dürfen in Längsrichtung keine Schweißnähte ausgeführt werden.

Bei **kaltverformten Bauteilen**, die vor dem Schweißen nicht normalgeglüht werden, darf im kaltverformten und im angrenzenden Bereich mit der Breite $5\,t$ nur geschweißt werden, wenn die in Tafel 8.64 angegebenen Grenzwerte min (r/t) eingehalten sind. Für Zwischenwerte darf linear interpoliert werden.

Tafel 8.64 Grenzwerte min (r/t) für das Schweißen in kaltverformten Bereichen

max t mm	min (r/t)	
50	10	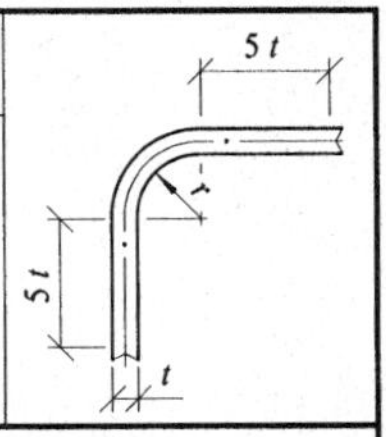
24	3	
12	2	
8	1,5	
4*)	1	
< 4*)	1	

*) Für S235JO: max t = 6 mm

Stumpfstöße von Querschnittsteilen mit einem Dickenunterschied > 10 mm sind wie folgt auszuführen:

a) einseitig bündiger Stoß

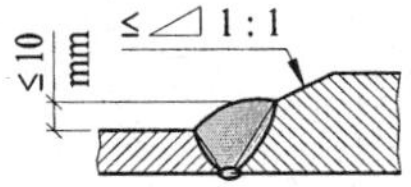

b) zentrischer Stoß

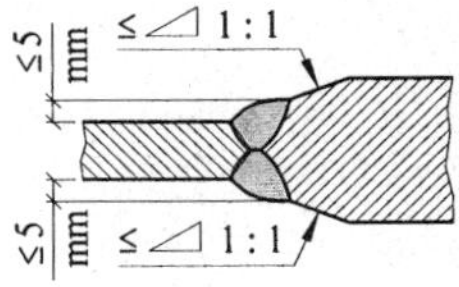

5.2 Maße und Querschnittswerte

- **Rechnerische Schweißnahtdicke *a***

Für verschiedene Nahtarten siehe hierzu Tafel 8.66. Dort nicht aufgeführte Nahtarten sind sinnvoll einzuordnen. Zur Nahtdickenbegrenzung bei Kehlnähten siehe Seite 8.67.

- **Rechnerische Schweißnahtlänge *l***

Die rechnerische Schweißnahtlänge entspricht der geometrischen Nahtlänge. Bei Kehlnähten ist das die Länge der Wurzellinie. Zur Nahtlängenbegrenzung bei Kehlnähten siehe Seite 8.67. Tafel 8.65 enthält Angaben über die anzunehmende Nahtlänge bei unmittelbaren Stabanschlüssen. Die Nahtlänge bei mittelbaren Anschlüssen ist nach folgender Abb. anzunehmen.

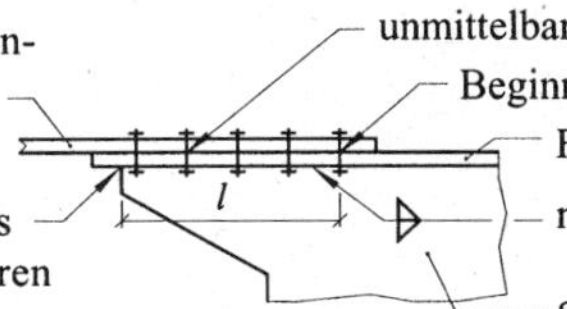

- **Rechnerische Schweißnahtfläche A_w**

$$A_w = \Sigma\, a \cdot l$$

Beim Nachweis dürfen nur die Schweißnahtflächen derjenigen Nähte angesetzt werden, die aufgrund ihrer Lage vorzugsweise imstande sind, die Schnittgrößen in der Verbindung zu übertragen. Bei einem Trägeranschluss mit Flansch- und Stegkehlnähten sind z.B. nur die Stegnähte zur Übertragung der Querkraft V_z heranzuziehen.

- **Rechnerische Schweißnahtlage**

Bei der Ermittlung der Querschnittswerte von Kehlnähten ist die Schweißnahtfläche konzentriert in der Wurzellinie anzunehmen.

Tafel 8.65 Rechnerische Schweißnahtlängen Σl bei unmittelbaren Stabanschlüssen

	1	2	3
	Nahtart	**Bild**	**Rechnerische Nahtlänge** Σl
1	Flankenkehlnähte	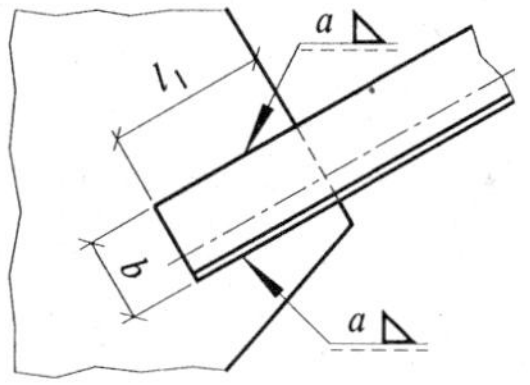	$\Sigma l = 2\,l_1$
2	Stirn- und Flankenkehlnähte	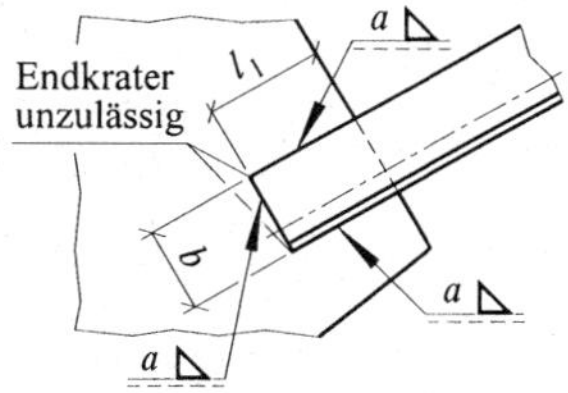	$\Sigma l = b + 2\,l_1$
3	Ringsumlaufende Kehlnaht – Schwerachse näher zur längeren Naht	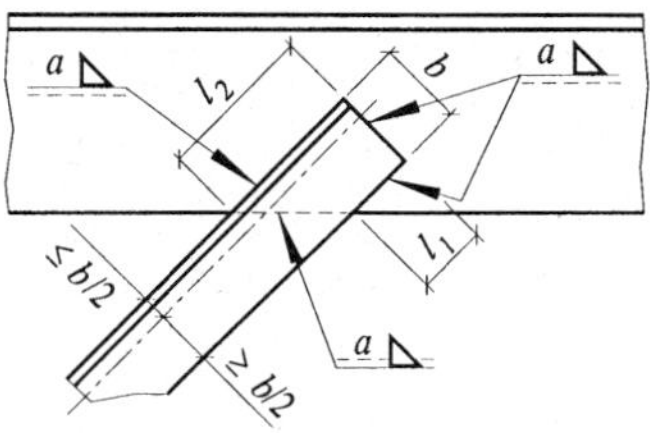	$\Sigma l = l_1 + l_2 + 2\,b$
4	Ringsumlaufende Kehlnaht – Schwerachse näher zur kürzeren Naht	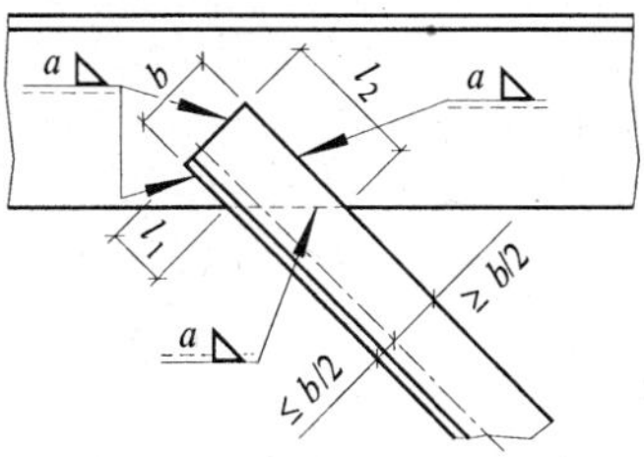	$\Sigma l = 2\,l_1 + 2\,b$
5	Kehlnaht oder HV-Naht bei geschlitztem Winkelprofil	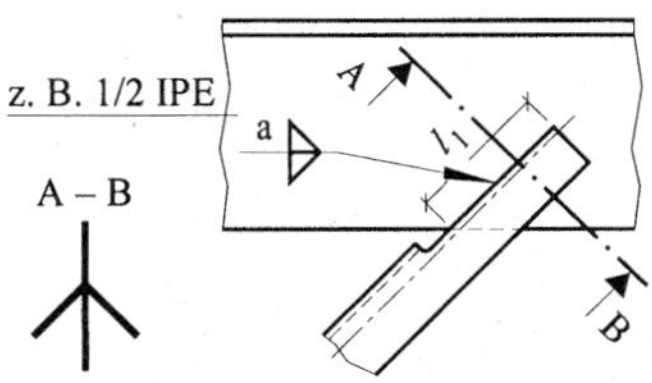	$\Sigma l = 2\,l_1$

Die Momente aus den Außermittigkeiten des Nahtschwerpunktes zur Stabachse dürfen unberücksichtigt bleiben, wenn die rechnerische Schweißnahtlänge nach dieser Tafel bestimmt wird. Dies gilt auch für den Anschluss anderer, hier nicht dargestellter Profilarten.

Tafel 8.66 Rechnerische Schweißnahtdicken *a*

		1	2	3
		Nahtart	**Bild**	**Rechnerische Nahtdicke *a***
1	Durch- oder gegengeschweißte Nähte	Stumpfnaht	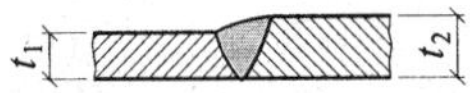	$a = t_1$
2	Durch- oder gegengeschweißte Nähte	D(oppel)HV-Naht (K-Naht)	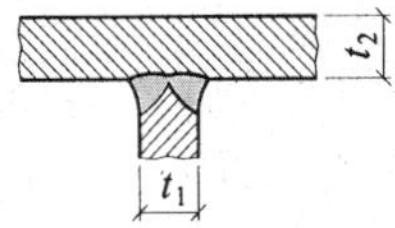	$a = t_1$
3	Durch- oder gegengeschweißte Nähte	HV-Naht: Kapplage gegengeschweißt	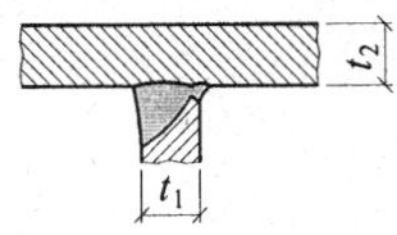	$a = t_1$
4	Durch- oder gegengeschweißte Nähte	HV-Naht: Wurzel durchgeschweißt	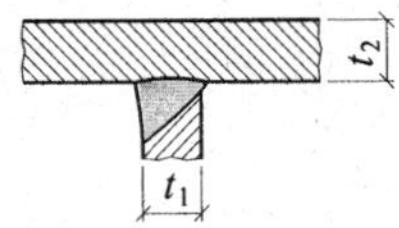	$a = t_1$
5	Nicht durchgeschweißte Nähte	HY-Naht mit Kehlnaht[1)]	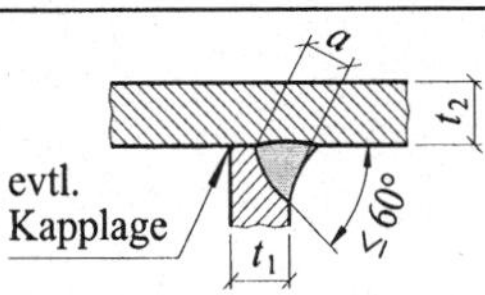	Die Nahtdicke *a* ist gleich dem Abstand vom theoretischen Wurzelpunkt zur Nahtoberfläche
6	Nicht durchgeschweißte Nähte	HY-Naht[1)]	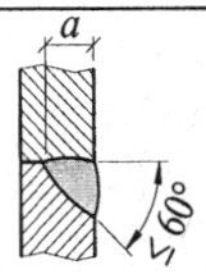	Die Nahtdicke *a* ist gleich dem Abstand vom theoretischen Wurzelpunkt zur Nahtoberfläche
7	Nicht durchgeschweißte Nähte	D(oppel)HY-Naht mit Doppelkehlnaht[1)]	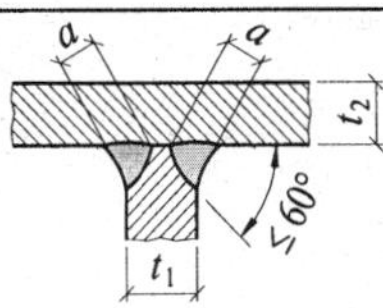	Die Nahtdicke *a* ist gleich dem Abstand vom theoretischen Wurzelpunkt zur Nahtoberfläche
8	Nicht durchgeschweißte Nähte	D(oppel)HY-Naht[1)]	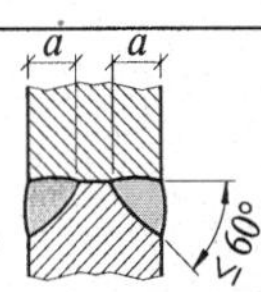	Die Nahtdicke *a* ist gleich dem Abstand vom theoretischen Wurzelpunkt zur Nahtoberfläche
9	Nicht durchgeschweißte Nähte	Doppel I-Naht ohne Nahtvorbereitung (Vollmechanische Naht)	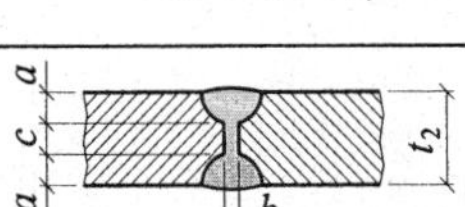	Nahtdicke *a* mit Verfahrensprüfung festlegen; Spalt *b* ist verfahrensabhängig; UP: $b = 0$

Tafel 8.66 (Fortsetzung)

	1			2	3
	Nahtart			**Bild**	**Rechnerische Nahtdicke *a***
10	Kehlnähte	Kehlnaht		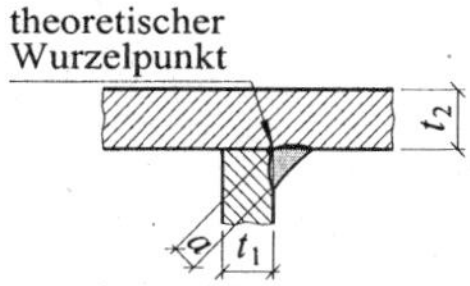	Nahtdicke a ist gleich der bis zum theoretischen Wurzelpunkt gemessenen Höhe des einschreibbaren gleichschenkligen Dreiecks
11	Kehlnähte	Doppelkehlnaht		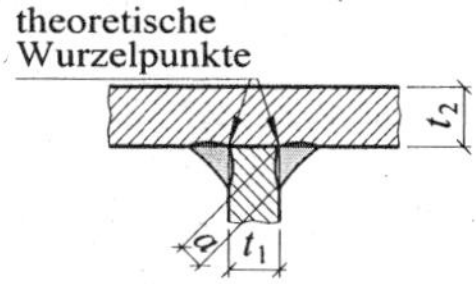	
12	Kehlnähte	Kehlnaht	mit tiefem Einbrand	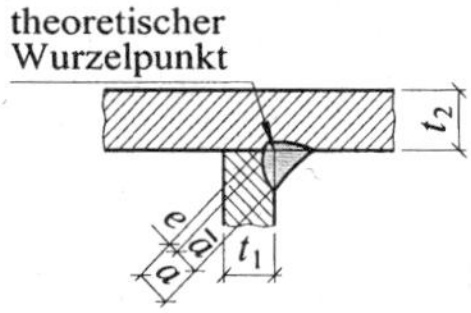	$a = \bar{a} + e$ $\bar{a}$: entspricht a nach Zeile 10 und 11 e: mit Verfahrensprüfung festlegen
13	Kehlnähte	Doppelkehlnaht	mit tiefem Einbrand	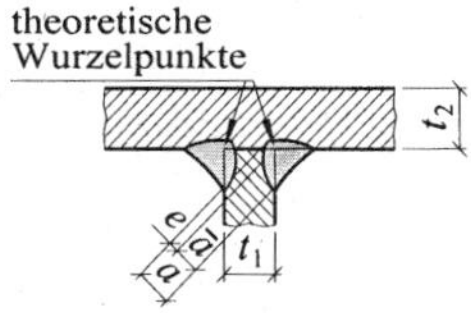	
14	Dreiblechnaht Steilflankennaht			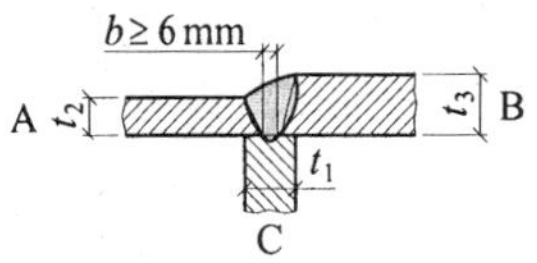	Kraftübertragung von ... A nach B: $a = t_2$ für $t_2 < t_3$
15	Dreiblechnaht Steilflankennaht				C nach A und B: $a = b$

[1] Bei Nähten nach Zeile 5 bis 8 mit einem Öffnungswinkel < 45° ist das rechnerische a-Maß um 2 mm zu vermindern oder durch eine Verfahrensprüfung festzulegen. Ausgenommen hiervon sind Nähte, die in Wannenposition (w) und Horizontalposition (h) mit Schutzgasschweißung ausgeführt werden.

- **Nahtdickenbegrenzung bei Kehlnähten**

$$2 \leq a \leq 0{,}7 \cdot \min t$$

$$a \geq \sqrt{\max t} - 0{,}5 \;^{*)}$$

mit a und t in mm

*) Hierdurch wird die Versprödungs- und Kaltrissgefahr berücksichtigt, die durch einen schnellen Wärmeabfluss beim Schweißen entstehen kann (siehe auch [8.36]). In Abhängigkeit von den Schweißbedingungen darf auf die Einhaltung der Bedingung verzichtet werden, wenn bei $t \geq 30$ mm die Nahtdicke mit $a \geq 5$ mm gewählt wird.

- **Nahtlängenbegrenzung bei Kehlnähten**

Kehlnähte dürfen rechnerisch nur berücksichtigt werden, wenn folgende Bedingung erfüllt ist:

$$30 < l \geq 6 \cdot a$$ mit l und a in mm

Bei unmittelbaren Laschen- und Stabanschlüssen mit nicht kontinuierlicher Krafteinleitung gilt:

$$\max l \leq 150 \cdot a$$

5.3 Beanspruchungen und Nachweise

Die Beanspruchungen der Schweißverbindungen sind mit den Schnittgrößenanteilen der anzuschließenden Querschnittsteile zu bestimmen. Bei Biegeträgern mit I-förmigem Querschnitt und den Schnittgrößen N_x, M_y und V_z darf vereinfachend von folgenden Schnittgrößenanteilen ausgegangen werden:

Zugflansch	$N_Z = N_x / 2 + M_y / h_F$	h_F Schwerpunktabstand der Flansche
Druckflansch	$N_D = N_x / 2 - M_y / h_F$	Die Beanspruchungen N_Z und N_D dürfen jedoch nicht
Steg	$V_{St} = V_z$	größer sein als die Beanspruchbarkeit der Flansche.

- **Ermittlung der Schweißnahtspannungen**
  (siehe hierzu auch Abschnitt 5.2)

– **Beanspruchung durch Normalkraft *N* oder Querkraft *V***

$$\left.\begin{matrix}\sigma_\perp \\ \tau_\perp \\ \tau_{||}\end{matrix}\right\} = \frac{F}{A_w}$$

– **Beanspruchung durch Biegemoment *M***

$$\sigma_\perp = \frac{M \cdot z}{I_w}$$

I_w Flächenmoment 2. Grades des Nahtquerschnitts

– **Schweißnahtschubspannung in der Verbindung Steg – Flansch bei Schweißträgern**

$$\tau_{||} = \frac{V \cdot S}{I \cdot \Sigma a}$$

S Flächenmoment 1. Grades der angeschlossenen Gurtfläche
I Flächenmoment 2. Grades des Gesamtquerschnitts

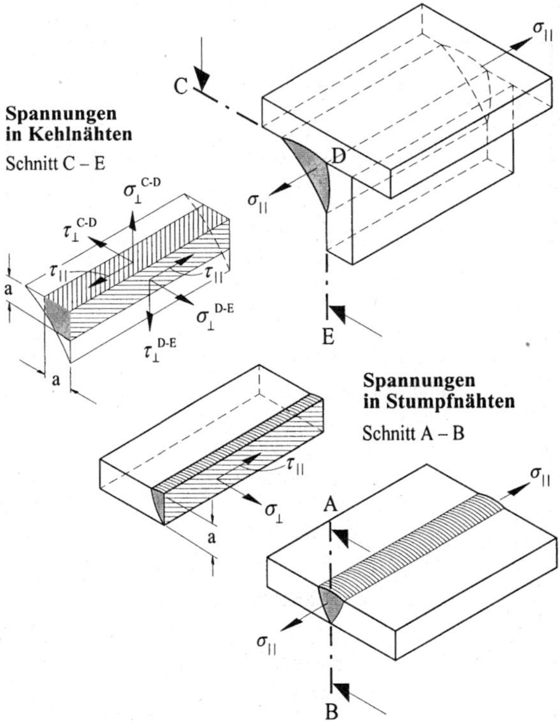

In unterbrochenen Nähten ist $\tau_{||}$ mit dem Faktor $(e + l) / l$ zu erhöhen.
e nahtfreie Länge; *l* Nahtlänge

- **Nachweis von Stumpf- und Kehlnähten**
  Es ist nachzuweisen, dass der Vergleichswert $\sigma_{w,v}$ der vorhandenen Schweißnahtspannungen ($\sigma_{||}$ bleibt unberücksichtigt) die Grenzschweißnahtspannung $\sigma_{w,R,d}$ nicht überschreitet.

$$\sigma_{w,v} / \sigma_{w,R,d} \le 1$$

mit $\sigma_{w,v} = \sqrt{\sigma_\perp^2 + \tau_\perp^2 + \tau_{||}^2}$

und $\sigma_{w,R,d} = \alpha_w \cdot f_{y,k} / \gamma_M$

Mit α_w nach Tafel 8.69a und $f_{y,k}$ nach Tafel 8.4a (bei Bauteilen mit $t > 40$ mm ist der Wert für $t \le 40$ mm anzunehmen).

Bei Stumpfstößen von Formstählen aus S235JR und S235JRG1 mit Erzeugnisdicken $t > 16$ mm und Zugbeanspruchung ist $\boldsymbol{\alpha_w = 0{,}55}$ anzunehmen.

Tafel 8.69a α_w-Werte zur Berechnung der Grenzschweißnahtspannung

Nahtart nach Tafel 8.66	Nahtgüte	Beanspruchungsart	Werkstoff[1)] Gruppe 1	Werkstoff[1)] Gruppe 2
durch- oder gegengeschweißte Nähte; Zeile 1– 4	alle Nahtgüten	Druck	1,0[2)]	1,0[2)]
	Nahtgüte nachgewiesen	Zug		
	Nahtgüte nicht nachgewiesen		0,95	0,80
nicht durchgeschweißte Nähte; Zeile 5 – 15	alle Nahtgüten	Druck, Zug		
alle Nähte; Zeile 1 – 15		Schub		

[1)] Gruppe 1: S235JR, S235JRG1, S235JRG2, S235JO — Gruppe 2: S355JO, S355 N + NL

[2)] Ein Nachweis ist i. Allg. nicht erforderlich, da der Bauteilwiderstand maßgebend ist. Wenn die Schnittgrößen nach dem Verfahren E-P mit Umlagerung von Momenten oder nach dem Verfahren P-P ermittelt werden, kann der Nachweis mit einem oberen Grenzwert der Streckgrenze entfallen.

Für den Anschluss oder Querstoß eines Walzprofils mit I-Querschnitt oder eines I-Trägers mit ähnlichen Abmessungen ist kein weiterer Nachweis erforderlich, wenn die Ausführung nach Tafel 8.69b erfolgt.

Tafel 8.69b Trägeranschluss oder -querstoß ohne weiteren Tragsicherheitsnachweis

Werkstoff	Nahtdicken
S235	$a_F \geq 0{,}5\ t_F$ $a_S \geq 0{,}5\ t_S$
S355	$a_F = 0{,}7\ t_F$ $a_S = 0{,}7\ t_S$

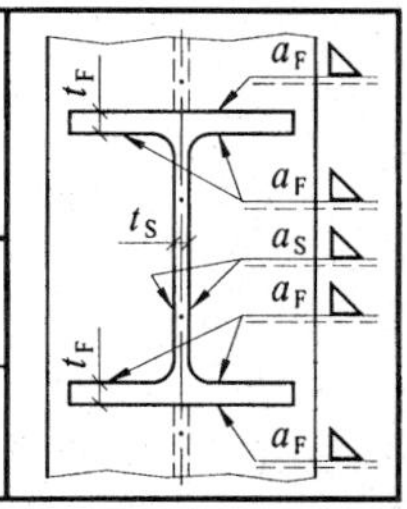

5.4 Sonstige Regelungen

Nicht erlaubte Schweißnähte

Bei der Ermittlung der Schnittgrößen nach dem Verfahren E-P mit Umlagerung von Momenten oder nach dem Verfahren P-P dürfen Schweißnähte nach Tafel 8.66 Zeilen 4, 5, 6, 10, 12 und 15 in Bereichen von Fließgelenken nicht verwendet werden, wenn sie durch Spannungen $\sigma_\perp$ oder $\tau_\perp$ beansprucht sind.

Zusammenwirken von Schweißnähten mit anderen Verbindungsmitteln siehe Abschnitt 6.3.

Beispiel
Schweißanschluss eines Knotenbleches

Werkstoff: S235JRG2

Schnittgrößen in der Anschlussebene:

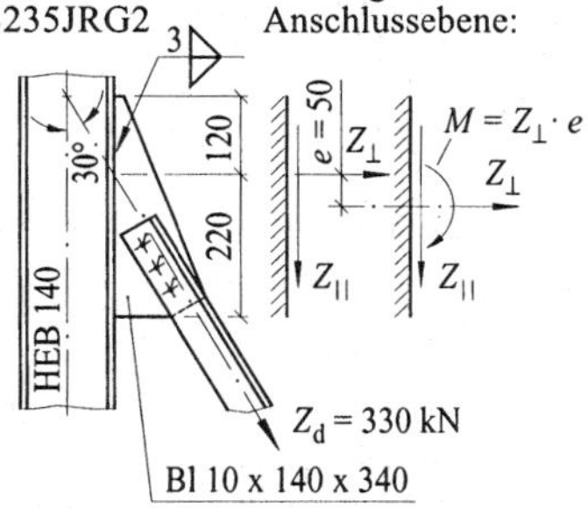

$Z_{||} = 330 \cdot \cos(30°) = 286$ kN
$Z_\perp = 330 \cdot \sin(30°) = 165$ kN
$M = 165 \cdot 5{,}0 = 825$ kNcm

Nachweis der Schweißnahtdicke

min t = 10 (Knotenblech); max t = 12 (HEB 140)
2 mm < a = 3 mm < 0,7 · 10 = 7 mm
a = 3 mm > $\sqrt{12} - 0{,}5$ = 2,96 mm

Querschnittswerte

$A_w = 2 \cdot 0{,}3 \cdot 34{,}0 = 20{,}4\ \text{cm}^2$
$W_w = 2 \cdot 0{,}3 \cdot 34{,}0^2 / 6 = 116\ \text{cm}^3$

Nachweis

$\tau_{||} = Z_{||} / A_w = 286 / 20{,}4 = 14{,}0\ \text{kN/cm}^2$
$\sigma_\perp = Z_\perp / A_w + M / W_w$
$= 165 / 20{,}4 + 825 / 116 = 15{,}2\ \text{kN/cm}^2$

$\sigma_{w,v} = \sqrt{14{,}0^2 + 15{,}2^2} = 20{,}7\ \text{kN/cm}^2$

$\sigma_{w,R,d} = \alpha_w \cdot f_{y,k} / \gamma_M$ (siehe Tafel 8.69a und 8.4a)
$= 0{,}95 \cdot 24 / 1{,}1 = 20{,}7\ \text{kN/cm}^2$

$\sigma_{w,v} / \sigma_{w,R,d} = \underline{20{,}7 / 20{,}7 = 1}$

5.5 Symbole für Schweißverbindungen

Beispiele nach DIN EN 22 553 (8.94)

Grundsymbole für Nahtarten			**Zusammengesetzte Symbole für Nahtarten**		
Benennung	Illustration	Symbol	Benennung	Illustration	Symbol
Kehlnaht	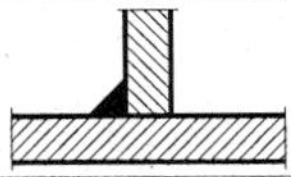		Doppelkehlnaht	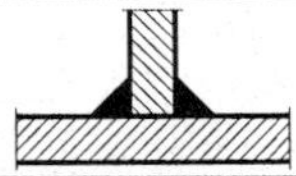	
V-Naht			DV-Naht		
HV-Naht			DHV-Naht		
Y-Naht			DY-Naht	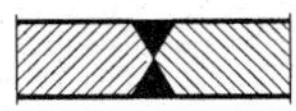	
HY-Naht			DHY-Naht		
Gegennaht (Gegenlage)			V-Naht mit Gegennaht		
I-Naht			**Bezugszeichen**	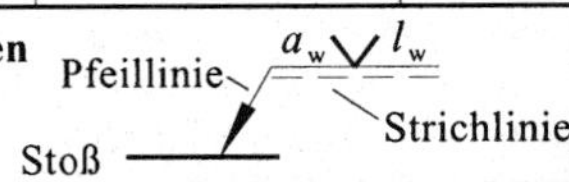	

Zusatzsymbole		**Ergänzungssymbole**
Oberflächenform	Nahtausführung	
hohl (konkav) flach gewölbt (konvex) 	Wurzel ausgearbeitet und gegengeschweißt Naht durch zusätzliche Bearbeitung eingeebnet 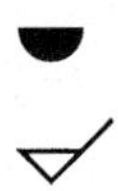	ringsum-verlaufende Naht Baustellennaht 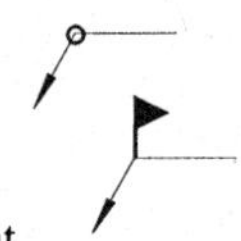

Kombinationen	
V-Naht mit ebener Oberfläche, Wurzel ausgearbeitet und gegengeschweißt 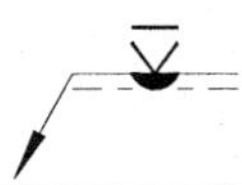	ringsum-verlaufende Kehlnaht mit hohler Oberflächenform, auf der Baustelle geschweißt 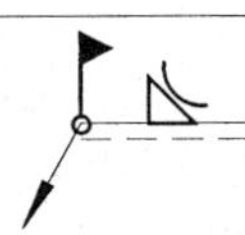

Stellung des Bezugszeichens bzw. des Symbols	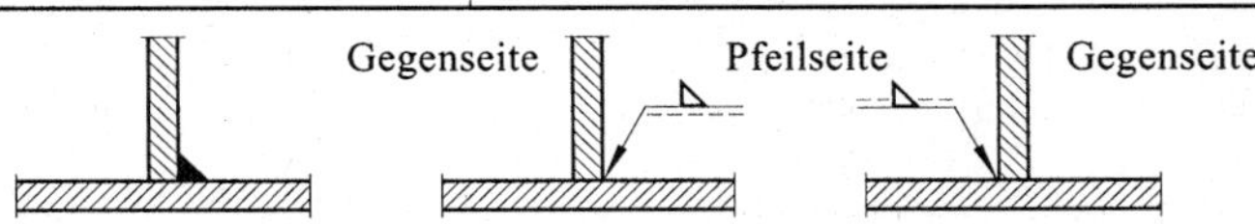
	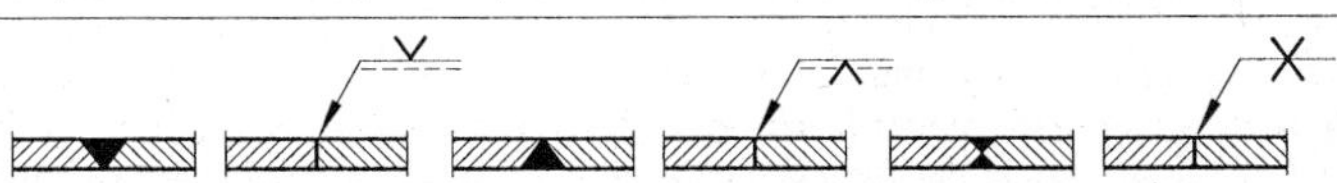

6 Verbindungen mit Schrauben

6.1 Allgemeine Regeln

Tafel 8.71a Ausführungsformen von Schraubenverbindungen

Nennlochspiel [1] $\Delta d = d_L - d_{Sch}$ mm	ohne planmäßige Vorspannung	mit planmäßiger Vorspannung [2] ohne gleitfeste Reibfläche	mit planmäßiger Vorspannung [2] mit gleitfester Reibfläche [3]
$0{,}3 < \Delta d \leq \max \Delta d$	SL	SLV	GV
$\Delta d \leq 0{,}3$	SLP	SLVP	GVP
Schraubenfestigkeitsklasse →	4.6; 5.6; 8.8; 10.9	8.8; 10.9	8.8; 10.9

d_L Lochdurchmesser; d_{Sch} Schaftdurchmesser;
max Δd Größtwert des Nennlochspiels:
1 mm für Schrauben < M 16; 2 mm für Schrauben M 16 bis M 24; 3 mm für Schrauben > M 24

SL Scher-Lochleibungsverbindung
SLP Scher-Lochleibungsverbindung mit Passschrauben
SLV Scher-Lochleibungsverbindung mit planmäßiger Vorspannung
SLVP Scher-Lochleibungsverbindung mit planmäßiger Vorspannung und Passschrauben
GV Gleitfeste, planmäßig vorgespannte Verbindung
GVP Gleitfeste, planmäßig vorgespannte Verbindung mit Passschrauben

[1] Das Nennlochspiel ist auf $\Delta d \leq 1$ mm zu begrenzen
- wenn beim Nachweis von Vollwandträgern der Schlupf in den Endanschlüssen zusätzlicher Gurtplatten nicht berücksichtigt wird;
- für die Bohrung einer Senkschraubenverbindung in dem Bauteil das die Senkung erhält.

[2] Vorspannung nach DIN 18 800-7.
[3] Reibflächenbehandlung nach DIN 18 800-7.

In unmittelbaren Laschen- und Stabanschlüssen mit nicht kontinuierlicher Krafteinleitung dürfen maximal 8 Schrauben in Kraftrichtung hintereinanderliegend beim Nachweis berücksichtigt werden.

Unsymmetrische Anschlüsse mit nur einer Schraube dürfen ausgeführt werden, wenn bei Zugstäben der Nettoquerschnitt nach Abschnitt 3.5 berechnet wird. Dieser Abschnitt enthält außerdem Angaben über die Berücksichtigung von Lochschwächungen.

Bezeichnung der Rand- und Lochabstände

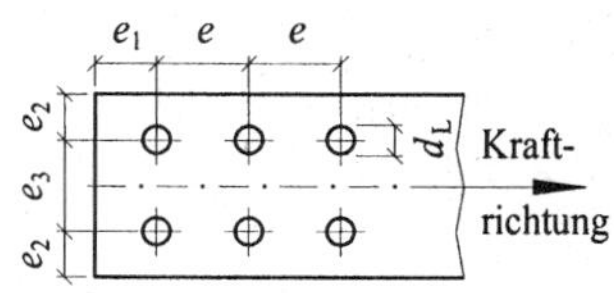

Tafel 8.71b Rand- und Lochabstände von Schrauben und Nieten

Randabstände			Lochabstände		
Kleinster Rand-abstand	In Kraftrichtung e_1	1,2 d_L	Kleinster Loch-abstand	In Kraftrichtung e	2,2 d_L
	⊥ zur Kraftrichtung e_2	1,2 d_L		⊥ zur Kraftrichtung e_3	2,4 d_L
Größter Rand-abstand	In und ⊥ zur Kraftrichtung e_1 bzw. e_2	3 d_L oder 6 t [1]	Größter Loch-abstand e bzw. e_3	Zur Sicherung gegen lokales Beulen	6 d_L oder 12 t
				wenn lokale Beulgefahr nicht besteht	10 d_L oder 20 t

Bei gestanzten Löchern sind die kleinsten Randabstände 1,5 d_L, die kleinsten Lochabstände 3 d_L. Die Rand- und Lochabstände dürfen vergrößert werden, wenn keine lokale Beulgefahr besteht und wenn ein ausreichender Korrosionsschutz durch besondere Maßnahmen sichergestellt ist.
[1] Maximal 8 t, wenn der freie Rand durch die Querschnittsform versteift wird.

6.2 Tragsicherheitsnachweise

6.2.1 Beanspruchung auf Abscheren

Die Tragsicherheit auf Abscheren ist nachgewiesen, wenn die vorhandene Abscherkraft $V_{a,d}$ je Scherfuge und je Schraube die Grenzabscherkraft $V_{a,R,d}$ nicht überschreitet.

- **Grenzabscherkraft**

$$V_{a,R,d} = A \cdot \tau_{a,R,d} = A \cdot \alpha_a \cdot f_{u,b,k} / \gamma_M$$

A Schaftquerschnittsfläche nach Tafel 8.82b, wenn der glatte Teil des Schaftes in der Scherfuge liegt; Spannungsquerschnittsfläche A_S nach Tafel 8.82b, wenn das Gewinde in der Scherfuge liegt.

α_a = 0,60 für Festigkeitsklasse 4.6, 5.6 und 8.8; α_a = 0,55 für Festigkeitsklasse 10.9
α_a = 0,44 für Festigkeitsklasse 10.9, wenn das Gewinde in der Scherfuge liegt.
γ_M = 1,1 bzw. γ_M = 1,25, wenn es sich um eine einschnittige ungestützte Verbindung handelt.
$f_{u,b,k}$ Charakteristischer Wert der Zugfestigkeit des Schraubenwerkstoffes nach Tafel 8.4b

Tafel 8.72 Grenzabscherkräfte $V_{a,R,d}$ in kN je Scherfuge für einschnittige gestützte und mehrschnittige Verbindungen

Verbindungsart		Festigkeitsklasse	M 12	M 16	M 20	M 22	M 24	M 27	M 30	M 36
Schaft in der Scherfuge	SL	4.6	24,7	43,9	68,5	82,9	98,6	125	154	222
		5.6	30,8	54,8	85,6	104	123	156	193	278
	SL bzw. SLV	8.8	49,3	87,7	137	166	197	250	309	444
		10.9	56,5	101	157	190	226	287	354	509
Gewinde in der Scherfuge	SL	4.6	18,4	34,3	53,5	66,1	77,0	100	122	178
		5.6	23,0	42,8	66,8	82,6	96,3	125	153	223
	SL bzw. SLV	8.8	36,8	68,5	107	132	154	200	245	357
		10.9	33,7	62,8	98,0	121	141	184	224	327
	SLP	4.6	29,0	49,5	75,5	90,5	107	134	165	235
		5.6	36,3	61,9	94,4	113	134	168	206	293
	SLP bzw. SLVP	8.8	58,0	99,1	151	181	214	269	329	469
		10.9	66,5	114	173	208	246	308	378	538

- **Nachweis auf Abscheren** $V_{a,d} / V_{a,R,d} \leq 1$

6.2.2 Beanspruchung auf Zug in Richtung der Schraubenachse

Es ist nachzuweisen, dass die in der Schraube vorhandene Zugkraft N_d die Grenzzugkraft $N_{R,d}$ nicht überschreitet. Schrauben der Festigkeitsklassen 8.8 und 10.9 sind planmäßig vorzuspannen, wenn die zu erwartenden Verformungen im Tragsicherheitsnachweis nicht berücksichtigt bzw. im Gebrauchszustand nicht in Kauf genommen werden.

- **Grenzzugkraft**

$$N_{R,d} = \min \begin{bmatrix} A \cdot \sigma_{1,R,d} \\ A_S \cdot \sigma_{1,R,d} \end{bmatrix}$$

mit $\sigma_{1,R,d} = f_{y,b,k} / (1{,}1 \cdot \gamma_M)$ und $\sigma_{2,R,d} = f_{u,b,k} / (1{,}25 \cdot \gamma_M)$
$f_{y,b,k}$ Charakteristischer Wert der Streckgrenze nach Tafel 8.4b
$f_{u,b,k}$ Charakteristischer Wert der Zugfestigkeit nach Tafel 8.4b

Für Schrauben mit Gewinde bis annähernd zum Kopf, Gewindestangen und aufgeschweißte Gewindebolzen und wenn die durch das Fließen der Schrauben verursachten Verformungen nicht zulässig sind, ist an Stelle des Schaftquerschnittes A der Spannungsquerschnitt A_S (siehe Tafel 8.82b) einzusetzen.

- **Nachweis auf Zug** $N_d / N_{R,d} \leq 1$

Tafel 8.73a Grenzzugkräfte $N_{R,d}$ in kN je Schraube

Schraubenart	Festigkeitsklasse	M 12	M 16	M 20	M 22	M 24	M 27	M 30	M 36
Sechskantschrauben	4.6	22,4	39,9	62,3	75,4	89,7	114	140	202
	5.6	28,0	49,8	77,9	94,2	112	142	175	252
	8.8	49,0	91,3	143	176	205	267	326	475
	10.9	61,3	114	178	220	257	334	408	594
Sechskant-Passschrauben	4.6	24,5	45,0	68,6	82,3	97,4	122	150	213
	5.6	30,7	56,3	85,8	103	122	153	187	267
	8.8	49,0	91,3	143	176	205	267	326	475
	10.9	61,3	114	178	220	257	334	408	594

(Schraubengröße: M 12 … M 36)

6.2.3 Beanspruchung auf Zug und Abscheren

Bei dieser Beanspruchungskombination ist zusätzlich zum Nachweis nach Abschnitt 6.2.2 (Zugbeanspruchung) folgender Interaktionsnachweis zu führen:

$$\left[\frac{N_d}{N_{R,d}}\right]^2 + \left[\frac{V_{a,d}}{V_{a,R,d}}\right]^2 \leq 1$$

Der Nachweis darf entfallen, wenn $N_d / N_{R,d}$ oder $V_{a,d} / V_{a,R,d} < 0{,}25$ ist. Für die Berechnung von $N_{R,d}$ ist die in der Scherfuge liegende Querschnittsfläche maßgebend.

6.2.4 Beanspruchung auf Lochleibung

Die Tragsicherheit auf Lochleibung ist nachgewiesen, wenn die vorhandene Lochleibungskraft $V_{l,d}$ einer Schraube an einer Lochwandung die Grenzlochleibungskraft $V_{l,R,d}$ nicht überschreitet.

- **Grenzlochleibungskraft** $V_{l,R,d} = t \cdot d_{Sch} \cdot \sigma_{l,R,d} = t \cdot d_{Sch} \cdot \alpha_l \cdot f_{y,k} / \gamma_M$

t Maßgebende Blechdicke ≥ 3 mm

α_l Beiwert nach Tafel 8.73b

d_{Sch} Schaft-∅ nach Tafel 8.81b bzw. 8.82a

$f_{y,k}$ Streckgrenze des Werkstoffes nach Tafel 8.4a

Tafel 8.73b Bestimmungsgleichungen für α_l

Maßgebender Abstand	Bedingungen für Abstände in Kraftrichtung	Bedingungen für Abstände ⊥ zur Kraftrichtung: $e_2 \geq 1{,}5\ d_L$ und $e_3 \geq 3{,}0\ d_L$	$e_2 = 1{,}2\ d_L$ und $e_3 = 2{,}4\ d_L$
Randabstand in Kraftrichtung	$1{,}2\ d_L \leq e_l \leq 3{,}0\ d_L$	$\alpha_l = 1{,}1 \cdot e_l / d_L - 0{,}3$	$\alpha_l = 0{,}73 \cdot e_l / d_L - 0{,}2$
Lochabstand in Kraftrichtung	$2{,}2\ d_L \leq e \leq 3{,}5\ d_L$	$\alpha_l = 1{,}08 \cdot e / d_L - 0{,}77$	$\alpha_l = 0{,}72 \cdot e / d_L - 0{,}51$
Unabhängig von den tatsächlichen Abständen darf e_l höchstens mit 3 d_L und e höchstens mit 3,5 d_L in Rechnung gestellt werden. Für Zwischenwerte von e_2 und e_3 darf linear interpoliert werden.			

Bezeichnungen

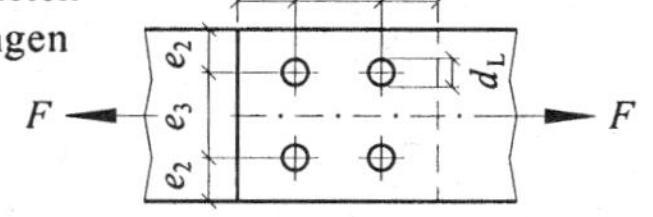

Die maximale Beanspruchbarkeit auf Lochleibung ergibt sich für die Abstände: $e_l = 3 \cdot d_L$, $e_2 = 1{,}5 \cdot d_L$, $e = 3{,}5 \cdot d_L$ und $e_3 = 3 \cdot d_L$. Für die Mindestabstände nach Tafel 8.71b werden wesentlich kleinere Werte erreicht.

Grenzlochleibungskräfte für praxisübliche Rand- bzw. Lochabstände sind den Tafeln 8.74, 8.75 bzw. 8.76 zu entnehmen.

Die Grenzlochleibungskräfte der Schrauben einer Verbindung dürfen innerhalb eines Anschlusses addiert werden, wenn die einzelnen Schraubenkräfte beim Nachweis auf Abscheren berücksichtigt werden. Zur Ermittlung des Kleinstwertes der Beanspruchbarkeit auf Abscheren und Lochleibung innerhalb einer Verbindung ist für jede Schraube die Summe der Grenzabscherkräfte sowie die Summe der für die vorhandenen Rand- und Lochabstände maßgebenden Grenzlochleibungskräfte zu bestimmen. Dies gilt ebenfalls für die entgegengesetzte Kraftrichtung.

Tafel 8.74 Grenzlochleibungskräfte in kN für SL-, SLV- und GV-Verbindungen, bezogen auf 10 mm Bauteildicke und Baustahl S235 mit 3 mm ≤ t ≤ 40 mm

		Abstand mm	Schrauben (alle Festigkeitsklassen) M 16	M 20	M 22	M 24	M 27	M 30	M 36
Nennlochspiel Δd = 2 mm	Lochabstand in Kraftrichtung	e = 30							
		35							
		40	56,9						
		45	67,4						
		50	77,8	73,5					
		55	88,3	84,2	81,8				
		60	98,8	94,9	92,6	90,2			
		65	105	106	103	101	97,2		
		70	105	116	114	112	108		
		75	↓	127	125	123	119	115	
		80		131	136	134	130	126	
		85		131	144	145	141	137	129
		90		↓	144	155	152	148	140
		95			↓	158	163	159	152
		100				158	174	171	163
		105				↓	177	182	174
		110					177	193	185
		115					↓	197	196
		120						197	207
		125						↓	219
		130							230
		135							236
	Randabstand in Kraftrichtung	e_1 = 20							
		25	42,9						
		30	53,5	52,4	51,6				
		35	64,2	63,3	62,6	61,8	60,5		
		40	74,9	74,2	73,6	72,9	71,7	70,4	
		45	85,5	85,1	84,6	84,0	82,9	81,6	
		50	96,2	96,0	95,6	95,1	94,1	92,9	90,1
		55	105	107	107	106	105	104	101
		60	105	118	118	117	116	115	113
		65	↓	129	129	128	128	127	124
		70		131	140	139	139	138	136
		75		131	144	150	150	149	147
		80		↓	144	157	161	160	158
		85			↓	157	172	172	170
		90				↓	177	183	181
		95					177	194	192
		100					↓	196	204
		105						196	215
		110						↓	227
		115							236

Die Tafelwerte sind mit der maßgebenden Bauteildicke min Σt (in cm) zu multiplizieren. Sie gelten nur, wenn senkrecht zur Kraftrichtung die Abstände $e_2 \geq 1{,}5\, d_L$ und $e_3 \geq 3\, d_L$ eingehalten werden. Die maximale Beanspruchbarkeit auf Lochleibung ergibt sich bei einem Lochabstand $e = 3{,}5\, d_L$ bzw. einem Randabstand $e_1 = 3\, d_L$. Das Zeichen "↓" bedeutet, dass es sich bei dem davor angegebenen Wert um max $V_{l,Rd}$ handelt, der auch für größere Abstände anzunehmen ist. Für die Stahlsorte S355 können die Tafelwerte mit dem Faktor 1,5 umgerechnet werden.

Tafel 8.75 Grenzlochleibungskräfte in kN für SL-, SLV- und GV-Verbindungen, bezogen auf 10 mm Bauteildicke und Baustahl S235 mit 3 mm ≤ t ≤ 40 mm

Nennlochspiel Δd = 1 mm	Abstand mm	Schrauben (alle Festigkeitsklassen) M 12	M 16	M 20	M 22	M 24	M 27	M 30	M 36
Lochabstand in Kraftrichtung	e = 30	45,1							
	35	56,0							
	40	66,8	61,8						
	45	77,7	72,9						
	50	78,8	84,0	78,6					
	55	78,8	95,1	89,8	87,0	84,1			
	60	↓	105	101	98,3	95,4			
	65		105	112	110	107	102		
	70		↓	123	121	118	114	109	
	75			131	132	129	125	121	
	80			131	143	141	136	132	
	85			↓	144	152	148	143	134
	90				144	158	159	155	146
	95				↓	158	170	166	157
	100					↓	177	178	169
	105						177	189	180
	110						↓	197	192
	115							197	203
	120							↓	215
	125								226
	130								236
	135								236
Randabstand in Kraftrichtung	e_1 = 20	36,5							
	25	47,5	46,0						
	30	58,6	57,3	55,5	54,5	53,4			
	35	69,7	68,6	66,9	65,9	64,9	63,3		
	40	78,5	79,9	78,3	77,4	76,5	74,9	73,3	
	45	78,5	91,2	89,9	88,9	88,0	86,5	84,9	81,5
	50	↓	102	101	100	99,5	98,0	96,5	93,2
	55		105	113	112	111	110	108	105
	60		105	124	123	123	121	120	117
	65		↓	131	135	134	133	131	128
	70			131	144	146	144	143	140
	75			↓	144	157	156	155	152
	80				↓	157	167	166	163
	85					↓	177	178	175
	90						177	189	187
	95						↓	196	189
	100							196	210
	105							↓	222
	110								233
	115								236

Die Tafelwerte sind mit der maßgebenden Bauteildicke min Σt (in cm) zu multiplizieren. Sie gelten nur, wenn senkrecht zur Kraftrichtung die Abstände $e_2 \geq 1{,}5\ d_L$ und $e_3 \geq 3\ d_L$ eingehalten werden. Die maximale Beanspruchbarkeit auf Lochleibung ergibt sich bei einem Lochabstand $e = 3{,}5\ d_L$ bzw. einem Randabstand $e_1 = 3\ d_L$. Das Zeichen "↓" bedeutet, dass es sich bei dem davor angegebenen Wert um max $V_{l,Rd}$ handelt, der auch für größere Abstände anzunehmen ist. Für die Stahlsorte S355 können die Tafelwerte mit dem Faktor 1,5 umgerechnet werden.

Tafel 8.76 Grenzlochleibungskräfte in kN für SLP-, SLVP- und GVP- Verbindungen bezogen auf 10 mm Bauteildicke und Baustahl S235 mit 3 mm ≤ t ≤ 40 mm

Nennlochspiel Δd = 0 mm

	Abstand mm	Schrauben (alle Festigkeitsklassen) M 12	M 16	M 20	M 22	M 24	M 27	M 30	M 36
Lochabstand in Kraftrichtung	e = 30	48,9							
	35	60,6							
	40	72,4	65,7						
	45	84,2	77,5						
	50	85,4	89,3	82,5					
	55	85,4	101	94,3	91,0	87,6			
	60	↓	112	106	103	99,4			
	65		112	118	115	111	106		
	70		↓	130	126	123	118	113	
	75			138	138	135	130	125	
	80			138	150	147	141	136	
	85			↓	151	158	153	148	138
	90				151	164	165	160	150
	95				↓	164	177	172	162
	100					↓	184	184	173
	105						184	195	185
	110						↓	204	197
	115							204	209
	120							↓	221
	125								232
	130								243
	135								243
Randabstand in Kraftrichtung	e_1 = 20	39,5							
	25	51,5	48,9						
	30	63,5	60,9	58,3	56,9	55,6			
	35	75,5	72,9	70,3	68,9	67,6	65,7		
	40	85,1	84,9	82,3	80,9	79,6	77,7	75,7	
	45	85,1	96,9	94,3	92,9	91,6	89,7	87,7	83,8
	50	↓	109	106	105	104	102	99,7	95,8
	55		111	118	117	116	114	112	108
	60		111	130	129	128	126	124	120
	65		↓	137	141	140	138	136	132
	70			137	151	152	150	148	144
	75			↓	151	164	162	160	156
	80				↓	164	174	172	168
	85					↓	183	184	180
	90						183	196	192
	95						↓	203	204
	100							203	216
	105							↓	228
	110								240
	115								242

Die Tafelwerte sind mit der maßgebenden Bauteildicke min Σt (in cm) zu multiplizieren. Sie gelten nur, wenn senkrecht zur Kraftrichtung die Abstände $e_2 \geq 1{,}5\ d_L$ und $e_3 \geq 3\ d_L$ eingehalten werden. Die maximale Beanspruchbarkeit auf Lochleibung ergibt sich bei einem Lochabstand $e = 3{,}5\ d_L$ bzw. einem Randabstand $e_1 = 3\ d_L$. Das Zeichen "↓" bedeutet, dass es sich bei dem davor angegebenen Wert um max $V_{l,Rd}$ handelt, der auch für größere Abstände anzunehmen ist. Für die Stahlsorte S355 können die Tafelwerte mit dem Faktor 1,5 umgerechnet werden.

Bei GV- und GVP-Verbindungen darf eine erhöhte Grenzlochleibungskraft angenommen werden, wenn beim Tragsicherheitsnachweis die Grenznormalspannung $\sigma_{R,d}$ des Bauteilwerkstoffes nicht erreicht wird.

$$V_{l,R,d} = \min\begin{bmatrix}(\alpha_l + 0{,}5)\cdot t\cdot d_{Sch}\cdot f_{y,k}/\gamma_M \\ 3{,}0\cdot t\cdot d_{Sch}\cdot f_{y,k}/\gamma_M\end{bmatrix}$$

- **Nachweis auf Lochleibung** $V_{l,d} / V_{l,R,d} \le 1$ bzw. $1{,}2 \cdot V_{l,d} / V_{l,R,d} \le 1$ wenn es sich um eine einschnittige, ungestützte Verbindung mit nur einer Schraubenreihe senkrecht zur Kraftrichtung nach folgender Skizze handelt:

  Für die Randabstände gilt in diesem Fall: $e_1 \ge 2 \cdot d_L$ und $e_2 \ge 1{,}5 \cdot d_L$.

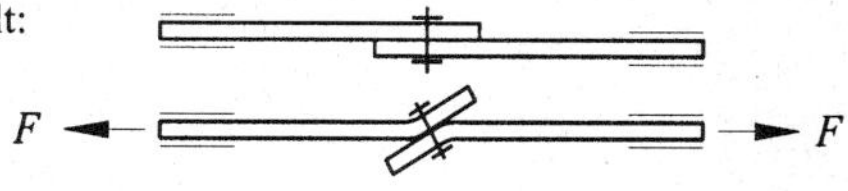

6.3 Gebrauchstauglichkeitsnachweis für gleitfeste Verbindungen

Bei GV- und GVP-Verbindungen ist nachzuweisen, dass die auf eine Scherfuge entfallende Gleitkraft $V_{g,d}$ die Grenzgleitkraft $V_{g,R,d}$ nicht überschreitet.

- **Grenzgleitkraft**

$$V_{g,R,d} = \mu \cdot F_V (1 - N / F_V) / (1{,}15 \cdot \gamma_M)$$

mit $\gamma_M = 1{,}0$ Für $N = 0$ folgt:

$$V_{g,R,d} = \mu \cdot F_V / (1{,}15 \cdot \gamma_M)$$

$\mu = 0{,}5$ Reibungszahl nach Vorbehandlung der Reibflächen gemäß DIN 18 800-7
F_V Vorspannkraft nach DIN 18 800-7
N Zugkraftanteil der Schraube

Tafel 8.77a Vorspannkraft F_V nach DIN 18 800-7 in kN

Verbindungsart	Festigkeitsklasse	Schraubengröße M 12	M 16	M 20	M 22	M 24	M 27	M 30	M 36
GV; GVP	8.8	35	70	110	130	150	200	245	355
	10.9	50	100	160	190	220	290	350	510

Tafel 8.77b Grenzgleitkräfte $V_{g,R,d}$ in kN je Scherfuge für $N = 0$

Verbindungsart	Festigkeitsklasse	Schraubengröße M 12	M 16	M 20	M 22	M 24	M 27	M 30	M 36
GV; GVP	10.9	21,7	43,5	69,6	82,6	95,7	126	152	222

- **Gebrauchstauglichkeitsnachweis** $V_{g,d} / V_{g,R,d} \le 1$

6.4 Ergänzende Bestimmungen

- **Beanspruchung der Verbindungen**
  Die Beanspruchung der Verbindung ergibt sich aus den Schnittgrößenanteilen des anzuschließenden Querschnittsteils. Angaben zu den Schnittgrößenanteilen bei I-förmigen Biegeträgern enthält Abschnitt 5.3.

- **Bedingungen für das Nachweisverfahren Plastisch-Plastisch**
  Wenn die Beanspruchbarkeit einer SL-Verbindung mit mehr als 1 mm Lochspiel und Schrauben der Festigkeitsklasse 8.8 oder 10.9 kleiner als die Beanspruchbarkeit der anzuschließenden Querschnitte und der Ausnutzungsgrad auf Abscheren $V_{a,d} / V_{a,R,d} > 0{,}5$ ist, muss für alle Schrauben der Verbindung folgende Bedingung erfüllt sein:

$$V_{l,d} / V_{l,R,d} \ge V_{a,d} / V_{a,R,d}$$

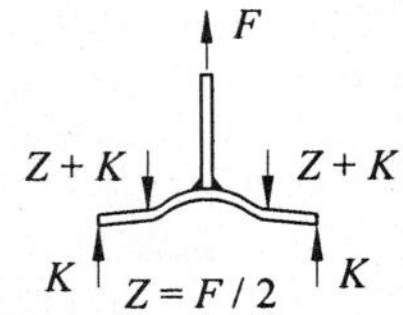

- **Geschraubter T-Stoß von Zugstäben**
  Bei dieser Verbindungsart können in Abhängigkeit von den Abmessungen der Schrauben und der Stirnplatte Abstützkräfte K hervorgerufen werden. Die in der Schraubenachse wirkende Zugkraft ergibt sich aus einer Gleichgewichtsbetrachtung nach nebenstehender Skizze.
- **Druckübertragung durch Kontakt**
  Druckkräfte ⊥ zur Kontaktfuge dürfen vollständig durch Kontakt übertragen werden, wenn die Stoßflächen zueinander eben und parallel sind und seitliches Ausweichen der Bauteile am Kontaktstoß ausgeschlossen ist. Beim Nachweis der Bauteile sind Verformungen, Toleranzen und evtl. klaffende Fugen zu berücksichtigen.
- **Zusammenwirken von Verbindungsmitteln**
  Gemeinsame Kraftübertragung darf bei Passschrauben und Nieten oder bei GVP-Verbindungen und Schweißnähten angenommen werden. Die Beanspruchbarkeit der Verbindung ergibt sich in diesen Fällen aus der Addition der Beanspruchbarkeit der einzelnen Verbindungsmittel.

6.5 Anwendungen

6.5.1 Rechteckiges Schraubenbild mit den Beanspruchungen V_z, N, und M_S

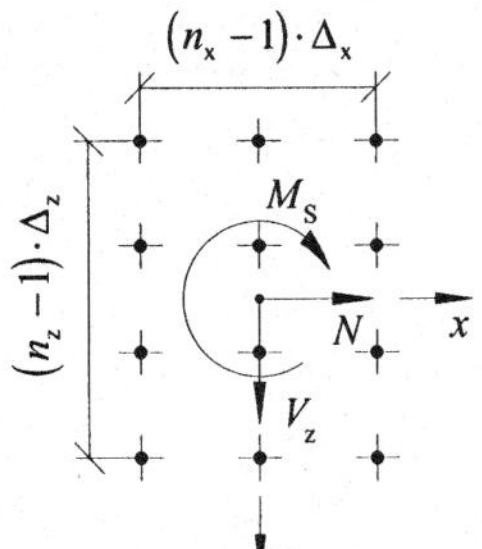

n_x Anzahl der Schrauben je Reihe in x-Richtung
Δ_x Abstand der Schrauben in x-Richtung
n_z Anzahl der Schrauben je Reihe in z-Richtung
Δ_z Abstand der Schrauben in z-Richtung
Anzahl der Schrauben $n = n_x \cdot n_z$

- **Schraubenkraft V_b der maximal beanspruchten Schraube**

$$V_b = \sqrt{\left[\frac{V_z}{n} + \frac{M_S}{I_P}\cdot\frac{(n_x-1)\cdot\Delta_x}{2}\right]^2 + \left[\frac{N}{n} + \frac{M_S}{I_P}\cdot\frac{(n_z-1)\cdot\Delta_z}{2}\right]^2}$$

$$\text{mit } I_P = \sum r_i^2 = \frac{n}{12}\cdot\left[(n_x^2-1)\cdot\Delta_x^2 + (n_z^2-1)\cdot\Delta_z^2\right]$$

– **Sonderfall $N = 0$, $M_S = V_z \cdot a$**

$$V_b = V_z\cdot\sqrt{\left[\frac{1}{n} + \frac{a}{I_P}\cdot\frac{(n_x-1)\cdot\Delta_x}{2}\right]^2 + \left[\frac{a}{I_P}\cdot\frac{(n_z-1)\cdot\Delta_z}{2}\right]^2}$$

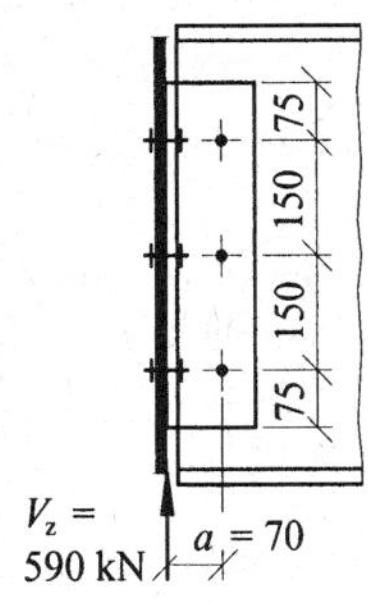

Beispiel: Gelenkiger Winkelanschluss

$$n = 3;\ n_x = 1;\ n_z = 3;\ I_P = \frac{3}{12}\cdot(3^2-1)\cdot 15^2 = 450\,\text{cm}^2$$

$$V_b = 590\cdot\sqrt{\left[\frac{1}{3}\right]^2 + \left[\frac{7}{450}\cdot\frac{(3-1)\cdot 15}{2}\right]^2} = \underline{240{,}1\,\text{kN}}$$

Gelenkige Winkelanschlüsse sind in [8.29] typisiert. Die Abmessungen und Beanspruchbarkeiten dieser Anschlüsse können [8.30] entnommen werden.

6.5.2 Biegesteife Stirnplattenverbindungen

Diese Verbindungsart ist in [8.29] typisiert. In [8.30] sind die Beanspruchbarkeiten hierfür zu entnehmen.

- **Voraussetzungen**

– vorwiegend ruhende Beanspruchungen M_y und V_z
– Walzträger aus S235JRG2 und Stirnplatten aus S235JRG2 bzw. S235JO
– Schraubenverbindung als SLV-Verbindung (siehe Tafel 8.71a) mit Schrauben der Festigkeitsklasse 10.9 und planmäßiger Vorspannung.

- **Geometrie** (Abmessungen typisierter Stirnplattenverbindungen siehe [8.29] bzw. [8.30])

Typ 1 **Typ 2** **Typ 3** **Typ 4**

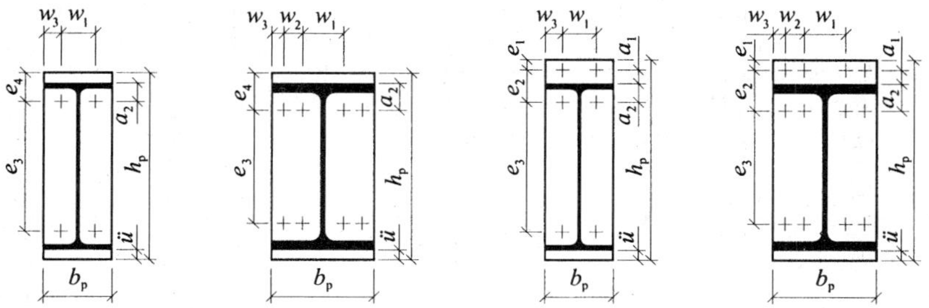

- **Ermittlung der Grenzanschlussmomente**

Das Anschlussmoment im Grenzzustand der Tragfähigkeit ($M_{y,A,d}$) ist mit der Zugkraft Z_t zu berechnen, die sich aus einem der in der angegebenen Reihenfolge zu untersuchenden Versagenszustände ergibt. Die maßgebende Zugkraft folgt aus dem Versagenszustand, für den die angegebenen Bedingungen erstmalig erfüllt sind. Nach [8.29] ist zusätzlich das Anschlussmoment im Grenzzustand der Gebrauchstauglichkeit ($M_{y,A,k}$) nachzuweisen, um sicherzustellen, dass im Zugbereich zwischen Stirnplatte und angrenzendem Bauteil eine Restklemmkraft wirkt und somit die Verformungen in elastischen Größenordnungen verbleiben.

a) Anschlüsse Typ 1 und 2 (bündige Stirnplatte)

System

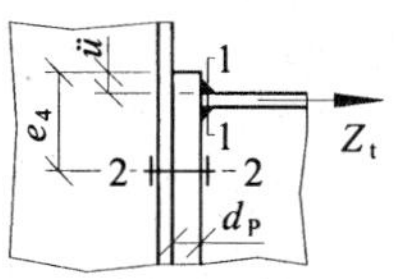

Ersatz-system

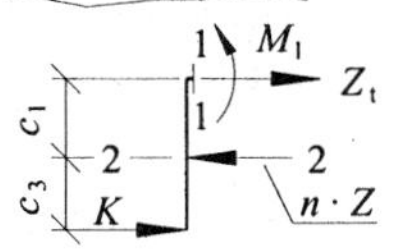

$c_1 = e_4 - ü - t - (D/4 + d_P/2) > 0$

$c_3 = D/2 + d_P$

D Scheibenaußendurchmesser nach Tafel 8.82a

n Schraubenanzahl im betrachteten Schnitt

– **Vorwerte**

$M_{1,pl,d} = 1{,}1 \cdot \sigma_{R,d} \cdot b \cdot t^2 / 4;\ Z_{pl,d} = b \cdot t \cdot \sigma_{R,d}$

$M_{2,pl,d} = 1{,}1 \cdot \sigma_{R,d} \cdot [(b_p - n \cdot d_L) \cdot d_P^2] / 4$

d_L Lochdurchmesser (Δd = 1mm)

– **Versagenszustand 1:** Die Schrauben versagen, und der Zugflansch ist im Schnitt 1-1 durchplastiziert ($Z_{t1} \geq Z_{pl,d}$).

$$\boxed{Z_{t1} = c_3 / (c_3 + c_1) \cdot n \cdot N_{R,d}} \qquad n \cdot N_{R,d} = n \cdot Z$$

$N_{R,d}$ Grenzzugkraft der Schraube nach Tafel 8.73a

Für $0 \leq c_1 \cdot Z_{t1} \leq M_{2,pl,d}$ gilt: $Z_t = Z_{t1}$.

– **Versagenszustand 2:** Der Zugflansch ist im Schnitt 1-1 und die Stirnplatte im Schnitt 2-2 durchplastiziert.

$$\boxed{Z_{t2} = M_{2,pl,d} / c_1 \leq n \cdot N_{R,d} - M_{2,pl,d} / c_3}$$

Für $Z_{t2} \geq Z_{pl,d}$ folgt: $Z_t = Z_{t2}$.

– **Versagenszustand 3:** Die Schrauben versagen, und der Zugflansch ist im Schnitt 1-1 durchplastiziert ($Z_{t3} < Z_{pl,d}$).

$$\boxed{Z_{t3} = \frac{Z_{pl,d}^2}{2 \cdot M_{1,pl,d}} \left[-(c_1 + c_3) + \sqrt{(c_1 + c_3)^2 + \frac{4 \cdot M_{1,pl,d}}{Z_{pl,d}^2} \cdot (M_{1,pl,d} + n \cdot N_{R,d} \cdot c_3)} \right]}$$

Für $0 \leq (n \cdot N_{R,d} - Z_{t3}) \cdot c_3 \leq M_{2,pl,d}$ gilt: $Z_t = Z_{t3}$.

– **Versagenszustand 4:** Der Zugflansch ist im Schnitt 1-1 und die Stirnplatte im Schnitt 2-2 durchplastiziert.

$$\boxed{Z_{t4} = \frac{Z_{pl,d}^2}{2 \cdot M_{1,pl,d}} \left[-c_1 + \sqrt{c_1^2 + \frac{4 \cdot M_{1,pl,d} \cdot (M_{1,pl,d} + M_{2,pl,d})}{Z_{pl,d}^2}} \right]}$$

Für $Z_{t4} \leq n \cdot N_{R,d}$ gilt: $Z_t = Z_{t4}$.

– **Anschlussmoment im Grenzzustand der Tragfähigkeit**

$\boxed{M_{y,A,d} = Z_t \cdot (h - t) \leq M_{el,y,d}}$ mit $Z_t \leq b_P \cdot d_P \cdot \tau_{R,d}$ und $M_{el,y,d} = W_y \cdot \sigma_{R,d}$

– **Anschlussmoment im Grenzzustand der Gebrauchstauglichkeit**

Typ 1 $\boxed{M_{y,A,k} = (h - a_2 - t/2) \cdot 2 \cdot 0{,}8 \cdot F_V}$ Typ 2 $\boxed{M_{y,A,k} = (h - a_2 - t/2) \cdot 3{,}6 \cdot 0{,}8 \cdot F_V}$

F_V Vorspannkraft nach Tafel 8.77a

b) **Anschlüsse Typ 3 und 4 (überstehende Stirnplatte)**

System

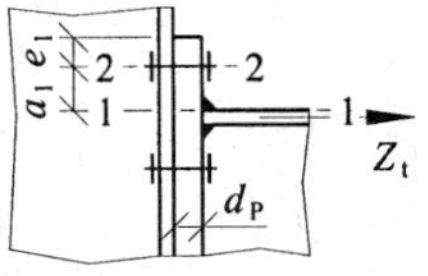

Ersatz-system

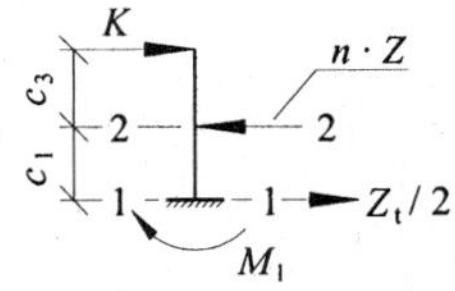

$c_1 = a_1 - a_F \sqrt{2}/3 - (D + d_P)/4 > 0$
$c_3 = e_1$
a_F Dicke der Flanschkehlnaht

– **Vorwerte**

$M_{1,pl,d} = 1{,}1 \cdot \sigma_{R,d} \cdot b_P \cdot d_P^2 / 4$
$M_{2,pl,d} = 1{,}1 \cdot \sigma_{R,d} \cdot (b_P - n \cdot d_L) \cdot d_P^2 / 4$

– **Versagenszustand 1:** Die Schrauben versagen und die Stirnplatte ist im Schnitt 1-1 durchplastiziert.

$\boxed{Z_{t1} = 2/(c_3 + c_1) \cdot (M_{1,pl,d} + n \cdot N_{R,d} \cdot c_3)}$

Für $0 \leq (n \cdot N_{R,d} - Z_{t1}/2) \cdot c_3 \leq M_{2,pl,d}$ gilt: $Z_t = Z_{t1}$.

– **Versagenszustand 2:** Die Stirnplatte ist in den Schnitten 1-1 und 2-2 durchplastiziert.

$\boxed{Z_{t2} = 2/c_1 \cdot (M_{1,pl,d} + M_{2,pl,d})}$

Für $Z_{t2} \leq 2 \cdot n \cdot N_{R,d}$ gilt: $Z_t = Z_{t2}$.

– **Anschlussmoment im Grenzzust. der Tragfähigkeit**

$\boxed{M_{y,A1,d} = Z_t \cdot (h - t) \leq M_{el,y,d}}$

mit $Z_t \leq 2 \cdot b_P \cdot d_P \cdot \tau_{R,d}$ und $M_{el,y,d} = W_y \cdot \sigma_{R,d}$

Das Umkehrmoment $M_{y,A2,d}$ (Druckbeanspruchung auf der Seite der überstehenden Stirnplatte) kann analog zu dem vorhergehenden Abschnitt (bündige Stirnplatte) ermittelt werden.

– **Anschlussmoment im Grenzzustand der Gebrauchstauglichkeit**

Typ 3 $\boxed{M_{y,A1,k} = (h - t) \cdot 4 \cdot 0{,}8 \cdot F_V}$ Typ 4 $\boxed{M_{y,A1,k} = (h - t) \cdot 7{,}2 \cdot 0{,}8 \cdot F_V}$

Umkehrmoment $M_{y,A2,k}$ analog zu Typ 1 Umkehrmoment $M_{y,A2,k}$ analog zu Typ 2

- **Aufnahme der Querkraft V_z**
  Bei beiden Ausführungsformen können die auf der Druckseite des Anschlusses vorhandenen Schrauben zur Übertragung der Querkraft herangezogen werden.

6.5.3 Anschluss eines Zugstabes an ein Knotenblech

(Werkstoff: S235)

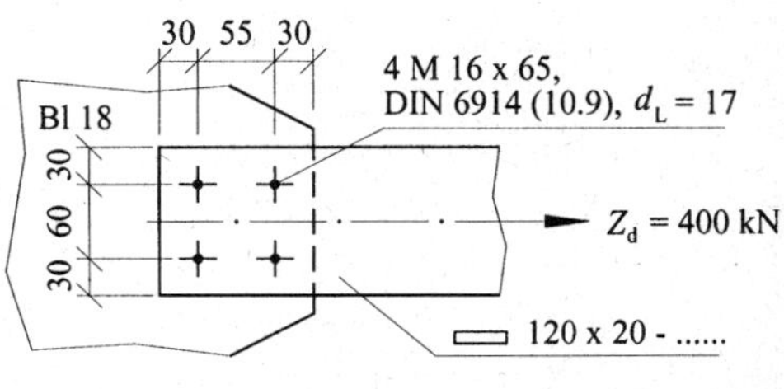

- **Nachweis auf Abscheren**
  (Schaft in der Scherfuge)
  $V_{b,d} = 400 / 4 = 100$ kN;
  $V_{a,R,d} = 101$ kN (Tafel 8.72);
  $V_{b,d} / V_{a,R,d} = 100 / 101 = \underline{0{,}99 < 1}$

- **Nachweis auf Lochleibung** (Hinweis: Bei identischen Lochabständen in beiden Bauteilen ist das Knotenblech mit min $t = 18$ mm maßgebend. Da die Bedingungen $e_2 \geq 1{,}5\ d_L$ und $e_3 \geq 3\ d_L$ erfüllt sind, kann Tafel 8.75 benutzt werden.)

  Für $e = 55$ mm folgt $V_{l,R,d} = 1{,}8 \cdot 95{,}1 = 171{,}18$ kN;
  Für $e_1 = 30$ mm folgt $V_{l,R,d} = 1{,}8 \cdot 57{,}3 = 103{,}14$ kN; $V_{b,d}$ / min $V_{l,R,d} = 100 / 103{,}14 = \underline{0{,}97 < 1}$

6.6 Schraubentafeln

Tafel 8.81a Übersicht über die Produktnormen von Schrauben, Muttern und Scheiben

Ausführungsform [1]	Schraube	Festigkeitsklasse	Mutter	Festigkeitsklasse	Scheibe	Härteklasse
SL	DIN 7990 DIN 7969	4.6	DIN EN ISO 4034 DIN EN ISO 4032	> M 16: 4 [4] ≤ M 16: 5 [4]	DIN 7989-1 DIN 7989-2 DIN 434 DIN 435	100
SL	DIN 7990	5.6		5 [4]		
SLP [2]	DIN 7968					
SL	DIN EN ISO 4014 DIN EN ISO 4017	8.8	DIN EN ISO 4034 DIN EN ISO 4032	8	DIN EN ISO 7089 DIN EN ISO 7090 DIN EN ISO 7091 DIN 434; DIN 435	200; 300 200; 300 100 100
SLV [3]					DIN EN ISO 7089 [5]	300
SL SLV [3] GV [2,3]	DIN 6914	10.9	DIN 6915	10	DIN 6916 DIN 6917 DIN 6918	300
SLP [2] SLVP [2,3] GVP [2,3]	DIN 7999					

[1] Bei allen Ausführungsformen ist vorwiegend ruhende Zugbeanspruchung zulässig.
[2] Auch nicht vorwiegend ruhende Scherbeanspruchung zulässig.
[3] Auch nicht vorwiegend ruhende Zugbeanspruchung zulässig.
[4] Auch Muttern der Festigkeitsklasse 8 zulässig. [5] Mit Innenfase; zusätzlich gekennzeichnet mit dem Herstellerkennzeichen an der der Fase gegenüberliegenden Seite.

Tafel 8.81b Schraubenmaße in mm für Sechskantschrauben nach DIN 7990 und DIN 7968

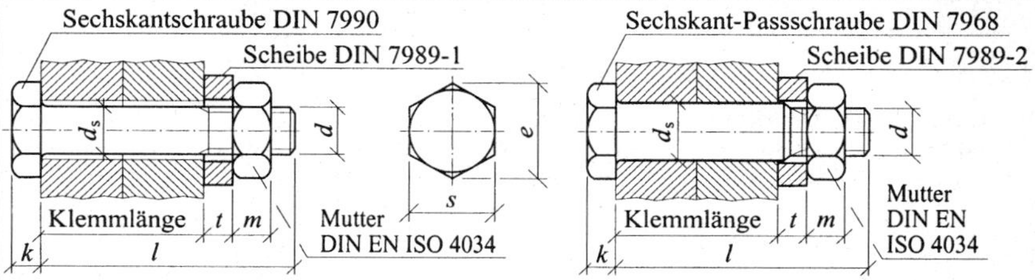

Schraubengröße →	M 12	M 16	M 20	M 22	M 24	M 27	M 30	M 36
Gewinde-∅ d	12	16	20	22	24	27	30	36
Schaft-∅ d_s	= Gewinde-∅ d							
dto. Passschraube d_s	13	17	21	23	25	28	31	37
Kopfhöhe k	8	10	13	14	15	17	19	23
Mutterhöhe max m	12,2	15,9	19	20,2	22,3	24,7	26,4	31,5
Schlüsselweite s	18	24	30	34	36	41	46	55
Eckenmaß min e	19,85	26,17	32,95	37,29	39,55	45,20	50,85	60,79
Scheiben-∅	24	30	37	39	44	50	56	60
Scheibendicke t	8	8	8	8	8	8	8	8

Tafel 8.82a Schraubenmaße in mm für Sechskantschrauben mit großen Schlüsselweiten (HV-Schrauben) nach DIN 6914 und DIN 7999

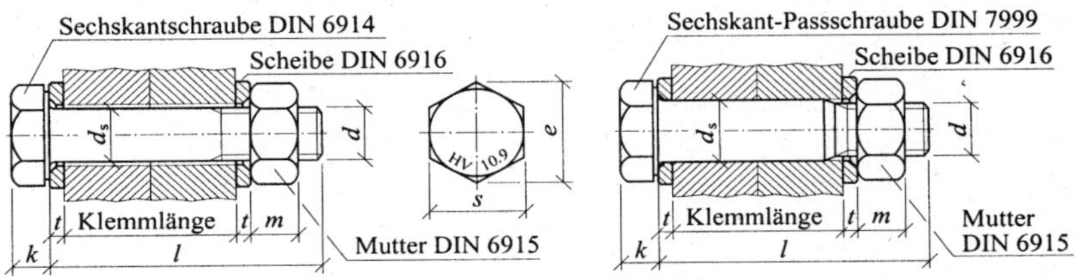

Schraubengröße →	M 12	M 16	M 20	M 22	M 24	M 27	M 30	M 36
Gewinde-∅ d	12	16	20	22	24	27	30	36
Schaft-∅ d_s	= Gewinde-∅ d							
dto. Passschraube d_s	13	17	21	23	25	28	31	37
Kopfhöhe k	8	10	13	14	15	17	19	23
Mutterhöhe max m	10	13	16	18	19	22	24	29
Schlüsselweite s	22	27	32	36	41	46	50	60
Eckenmaß min e	23,91	29,56	35,03	39,55	45,20	50,85	55,37	66,44
Scheiben-∅	24	30	37	39	44	50	56	66
Scheibendicke t	3	4	4	4	4	5	5	6

Tafel 8.82b Schaftquerschnittsfläche A und Spannungsquerschnittsfläche A_S in cm²

Schraubengröße →	M 12	M 16	M 20	M 22	M 24	M 27	M 30	M 36
Schaftquerschnitt A	1,13	2,01	3,14	3,80	4,52	5,73	7,07	10,18
dto. Passschraube A	1,33	2,27	3,46	4,15	4,91	6,16	7,55	10,75
Spannungsquerschnitt A_S	0,843	1,57	2,45	3,03	3,53	4,59	5,61	8,17

Tafel 8.82c Symbole für Schrauben in Zeichnungen nach DIN ISO 5261 (2.83)

Zeichenebene →	senkrecht zur Achse			parallel zur Achse		
Bedeutung des Symbols	nicht gesenkt	Senkung auf der Vorderseite	Senkung auf der Rückseite	Mutterseite freigestellt	Mutterseite rechts	Senkung rechts
Schraube in der Werkstatt eingebaut					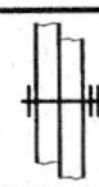	
Schraube auf der Baustelle eingebaut						
Schraube auf der Baustelle gebohrt und eingebaut				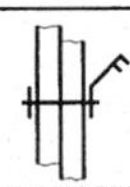	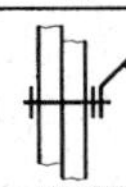	

Bei den Sinnbildern für Löcher entfallen der Punkt in der Mitte bzw. in der Ansicht parallel zur Achse die senkrechten Striche. Zusätzlich ist der Loch-∅ in mm anzugeben.

Bezeichnung einer Schraube bzw. Schraubengruppe:

4 M 20 × (Länge in mm) DIN ....

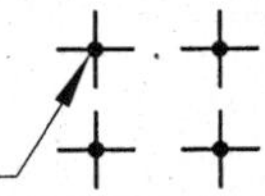

8 B Grundlagen und Hinweise für den Betriebsfestigkeitsnachweis von Bauteilen und Verbindungen

Prof. Dipl.-Ing. Hellmut Losert

1 Kräfte – Allgemeines

Der auslösende Faktor für eine Schädigung eines Bauteiles oder einer Verbindung ist ursächlich die Kraft *F*, die auf falsch oder schlecht bemessene Konstruktionen einwirkt. Die verschiedenen Formen der Krafteinwirkungen sind jedoch zu beachten.

2 Verschiedene Formen der Krafteinwirkungen

Die Kraft oder Einwirkung kann in verschiedenen Formen auftreten und unterschiedliche Reaktionen und Beanspruchungen hervorrufen.

2.1 Statische Belastung

Die wohl am meisten vorkommende Form ist die **statische oder ruhende Belastung**, die langsam aufgebracht wird und dann konstant wirkt (beispielsweise wie nebenstehend dargestellt).

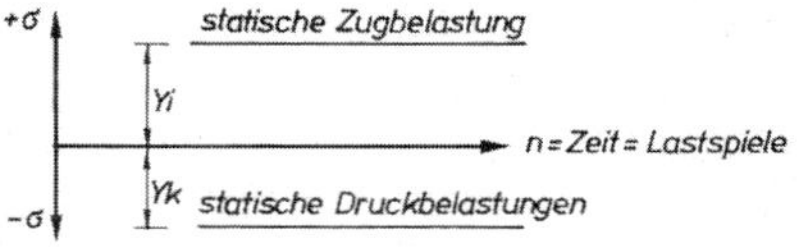

2.2 Harmonische Einwirkungen

Diese treten als gleichmäßige dynamische Einwirkungen auf.

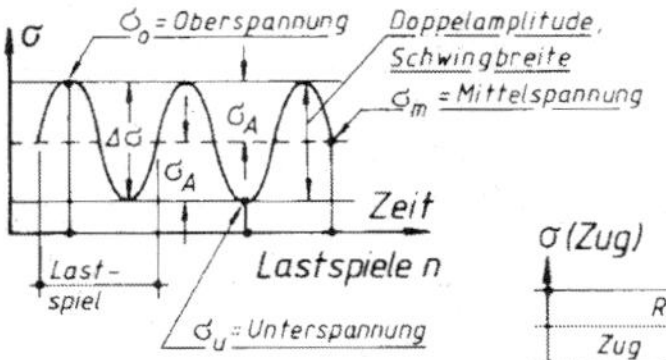

Beachte: $-1 \leq R = \varkappa = \frac{\text{Vorzeichen}\,[\min|\sigma|]}{\text{Vorzeichen}\,[\max|\sigma|]} \leq +1$

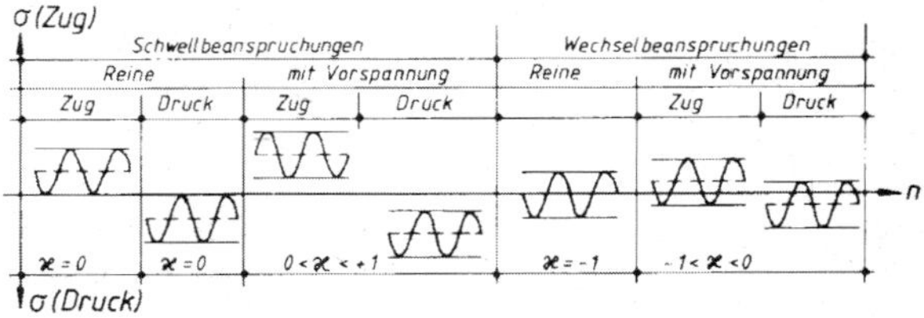

Man unterscheidet:

a) reine Zugbeanspruchungen mit oder ohne Vorspannungen
b) reine Druckbeanspruchungen mit oder ohne Vorspannungen
c) reine Wechselbeanspruchungen mit gleich großen Ausschlägen in den Zug- und Druckbereich
d) Wechselbeanspruchungen mit Vorspannungen nach dem Verhältnis

$$-1 \leq R = \kappa = \frac{\text{Vorzeichen}\,[\min|\sigma|]}{\text{Vorzeichen}\,[\max|\sigma|]} \leq +1$$

(statt „κ" wird heute häufig die Bezeichnung *R* verwendet)

„Vorzeichen" bedeutet, dass die Spannungen mit Vorzeichen einzusetzen sind (d. h., Zugspannung positiv, Druckspannung negativ).

R = + 1: statische Belastung, also ruhende Beanspruchungen
R = – 1: reine Wechselbeanspruchung (gleich große Werte im Zug- und Druckbereich).

Diese Verfahren werden auch heute noch in verschiedenen Anwendungen, meist mit korrigierenden Übergangsbestimmungen und Anpassungsrichtlinien (RILI) benutzt, z. B. in DIN 15 018, DIN 4132, DIN 4133, DS 804 und DS 852.

2.3 Periodisch wirkende Lasten

Dies sind Lastzyklen mit unterschiedlich großen Einwirkungen, die sich aber immer wiederholen.

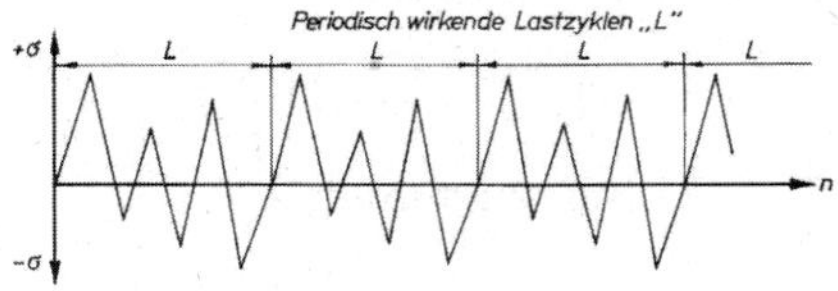

2.4 Zufallslasten

Diese Lastart wird über geschätzte oder festgelegte Beiwerte erfasst. Sie kann durch Beiwerte kompensiert werden, z. B. Anpralllasten, Erdbebeneinwirkungen, die in verschiedenen Vorschriften über Faktoren berücksichtigt werden.

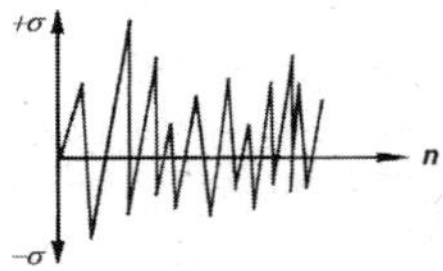

2.5 Nichtperiodische/impulsartige Lasten bis hin zu Explosionen

Diese sind in Normen nicht erfasst, können aber äußerst kritisch werden, da sie meist Höchst- und Spitzenspannungen auslösen, die ein Vielfaches an Spannungen der ruhenden Einwirkungen ergeben. Somit kommen diese Bauteile (z. B. aus Stahl) nicht ins Fließen, d. h. zu größeren Verformungen. Bei Isoliermaterialien, wie Bitumen oder Kunststoffhäuten, wird es zum sofortigen Reißen führen.

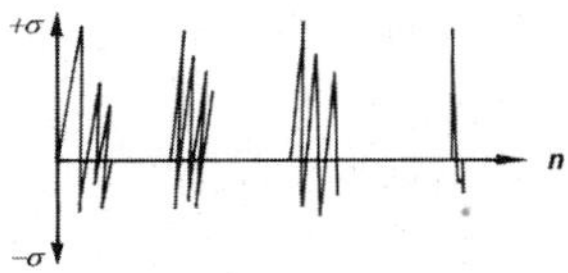

3 Allgemeine Begriffe (auch im Hinblick auf den EC 3)

3.1 Lastspielzahl „*n*“

Diese gibt an, wie oft eine bestimmte Stelle beansprucht wird – so z. B. eine Stelle eines Trägers überfahren wird.

3.2 Verschiedene Bereiche der Festigkeiten

Es werden folgende Bereiche unterschieden:

a) Kurzzeitfestigkeit (LFC = Low Cycle Fatigue) bis ca. $n = 10^4$
b) Zeitfestigkeit bis ca. $n = 5 \cdot 10^6$
c) Dauerfestigkeit $> 5 \cdot 10^6$ Lastspiele

(unmaßstäblich)

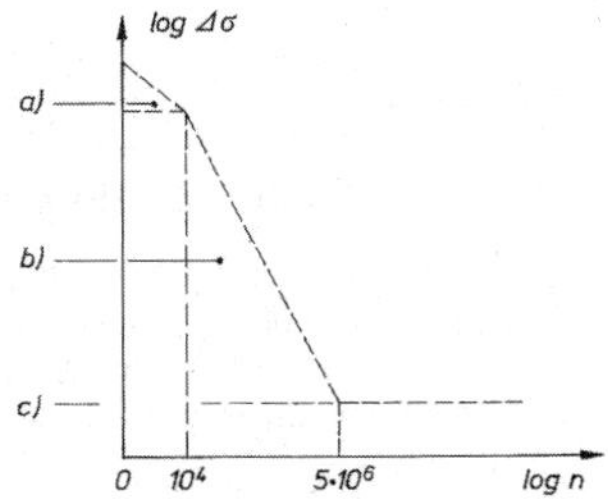

3.3 Amplitude

Dem Begriff der Schwingbreite wird im EUROCODE 3 eine große Bedeutung zugemessen und daraus folgernd hoch bewertet.

Der *R*- bzw. *κ*-Wert wird nicht mehr berücksichtigt. Das beruht darauf, dass in den Bauteilen und Verbindungen vorwiegend hohe Eigen- und/oder Schrumpfspannungen vorhanden sind und Zugeigenspannungen (Druckeigenspannungen wirken in den meisten Fällen begünstigend, nur im Stabilitätsbereich sind sie ungünstig) auslösen.

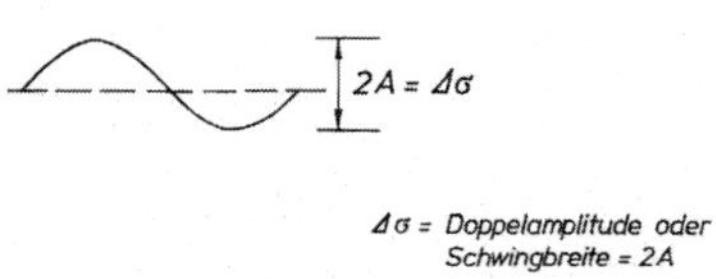

Je kleiner die Schwingbreite „2A“ ist, umso mehr nähert sich die Belastung der statischen, also der ruhenden Belastung.

3.4 Errechnete Spannungen

Die errechnete Spannung darf in keinem Fall größer als die zulässige Spannung aus „ruhenden Lasten" sein. Die Werte der zulässigen ruhenden Belastungsspannungen schneiden alle höher errechneten Werte ab.

3.5 Der Kollektivbeiwert

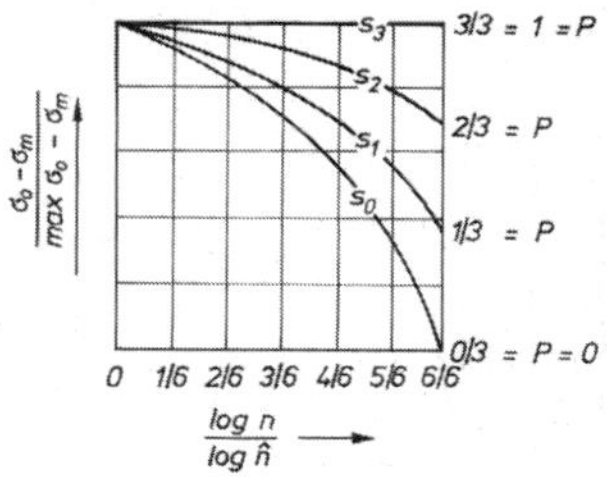

Der Kollektivbeiwert gibt an, wie stark die Konstruktion und/oder die Verbindung beansprucht werden. Er ist quasi der „**Ausnutzungsfaktor**".

Leicht erkennbar aus dem Bild 8 in der DIN 15 018, z. B.

- S3 schwere Einwirkungen, also dauernd Höchstlasten
- S2 mittlere Einwirkungen
- S1 leichte Einwirkungen
- S0 sehr leichte Einwirkungen, die Höchstlast wird nur selten erreicht.

3.6 Beanspruchungsgruppen

Aus der Lastspielzahl „n" und dem Kollektivbeiwert kann, wie z. B. in DIN 15 018, eine Beanspruchungsgruppe (B1 bis B6) bestimmt werden.

3.7 Zählmethoden

Um eine genauere Bestimmung der Beanspruchungen bestimmter Bauteile zu erfassen, wurden Zählmethoden eingeführt. Sehr gebräuchlich ist die **Reservoirmethode**.

Wie aus den Schaubildern ersichtlich, werden die maximalen und die jeweils unterschiedlichen Beanspruchungen in einer Summenhäufigkeitslinie aufgelistet:

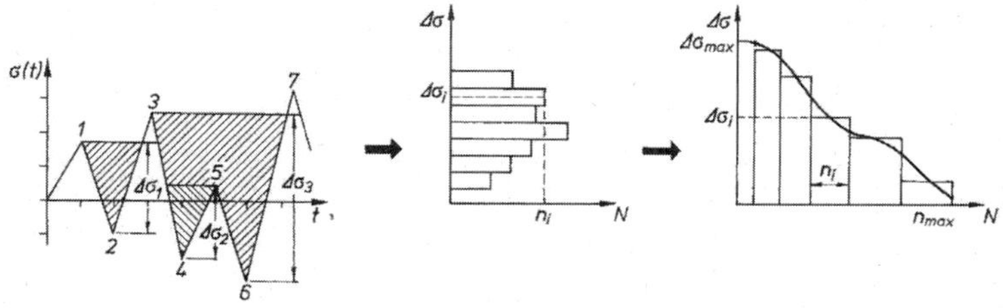

a) Spannungszeit b) Häufigkeitsverteilung c) Spannungskollektiv-Diagramm

3.8 Schadensakkumulationshypothese nach *Palmgren/Miner*

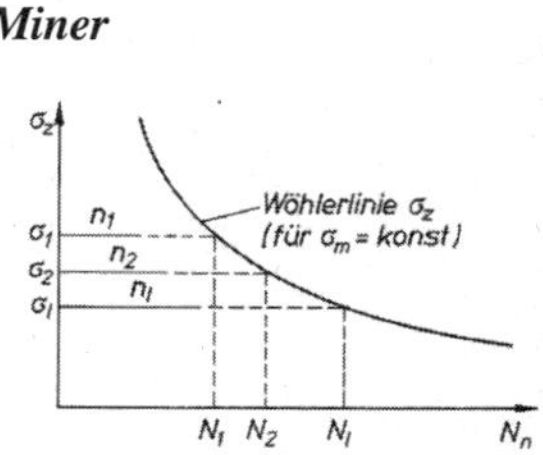

Die lineare Schadensakkumulationshypothese nach *Palmgren/Miner* sagt aus, dass bei verschiedenen Beanspruchungen „n_i" unterschiedliche Spannungen auftreten. Die Summe der Teilschädigungen auf den verschiedenen Spannungshorizonten der Wöhlerlinie dürfen den Wert 1 nicht überschreiten.

$$\frac{n_1}{N_1}+\frac{n_2}{N_2}+\frac{n_3}{N_3}+\ldots=\sum\frac{n_i}{N_i}\leq 1$$

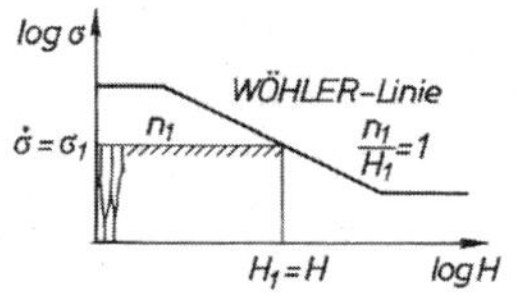

einstufige Wöhlerbelastung

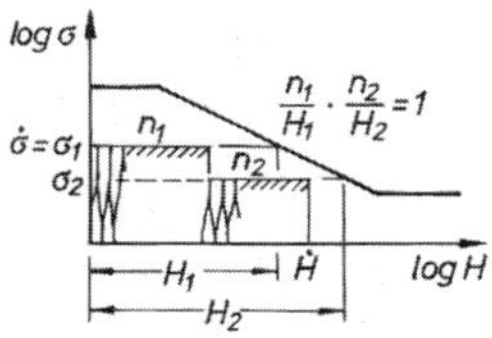

zweistufige Wöhlerbelastung

4 Anwendungen für Baustähle und andere Baustoffe

Die vorstehend aufgeführten Feststellungen gelten **für alle Baustoffe**. Der Baustoff Stahl (allgemeine Stähle und Sonderstähle) ist weitgehend untersucht. Dafür liegen spezielle Vorschriften und Tabellenwerte vor.

Aber auch **andere Baustoffe** verhalten sich entsprechend den nachstehend aufgeführten Kriterien.

5 Kerben und Kerbwirkungen

Kerben in einem Konstruktionsteil sind Abweichungen von der Normalform – der Dicke und Breite – in denen ursprünglich ein gleichmäßiger Kraftlinienfluss mit gleich hohen Spannungen vorgelegen hat. Wird aber das Konstruktionsteil verändert, so führt dies zu ungleichmäßigen Spannungen mit Spannungsspitzen und Spannungsmulden.

Wenn eine Kerbe vorhanden ist, sodass sich die Kraftlinien am verengten Querschnitt (Kerbgrund) verdichten müssen, ergibt dies **Spannungsspitzen und Spannungsmulden**.

Das heißt: Kerben bewirken immer höhere Spannungen (Spitzen und Mulden).

Aber auch bei gleichmäßigen durchlaufenden Konstruktionsformen, die z. B. infolge von **Wärmebehandlungen** (Wärmezufuhr und Abkühlung) **Aufhärtungen** (je nach Tiefenwirkung) zeigen, verhalten sich diese **wie Kerben**, da der ursprünglich gleichmäßige Spannungszustand hier ebenfalls Spannungen mit Spitzen und Mulden aufweist.

Zusätzlich zu den vorgenannten Beeinträchtigungen der Härten und Festigkeiten (Härte kann in Spannung umgerechnet werden) ergibt sich bei Umlenkung der Kraftlinien eine **Veränderung des Spannungszustandes** von einem einachsigen zu einem mehrachsigen (meist 2-achsigen) Spannungszustand:

a) Die senkrecht zur normalen Kraftlinie entstehende Komponente verhindert die Kontraktion des Materiales und so das Verformungsvermögen, d. h. das Plastizieren oder im Stahl das „Fließen".

b) Beachtet man den Kerbradius im Kerbgrund, so kann gefolgert werden, dass dies bis zum spröden – also verformungslosen – Bruch führen kann.

Hinweis:

Je kleiner der Kerbradius, desto größer die Kerbwirkung und damit die Sprödbruchgefahr.

Auch **Steifigkeitssprünge** in einer Konstruktion sind Kerben, da die Kraftlinienumlenkungen mehrachsige (meist 2-achsige) Spannungszustände erzeugen und damit das Material in Richtung Versprödung verändern.

Kraftlinienverlauf mit **großen** und **kleinen Kerbradien**:

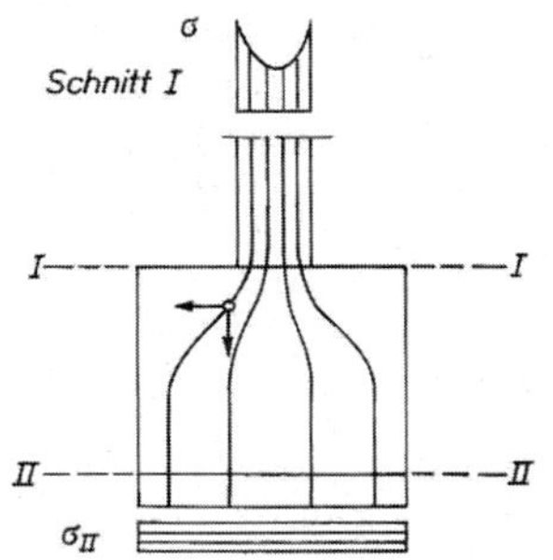

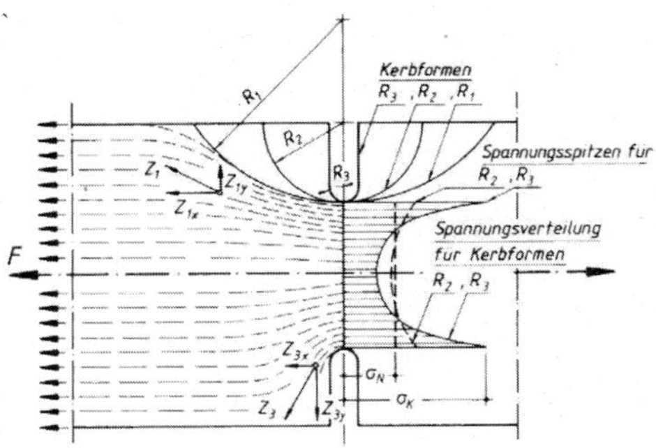

Versuche zur Kerbwirkung:

Aus dem gleichen Stahlmaterial hergestellte Probestäbe ∅ 20 mm, jeweils auf ∅ 16 mm abgedreht, aus St 37 bzw. S 235 werden wie folgt behandelt und belastet:

Proportionalstab

Kerbstab

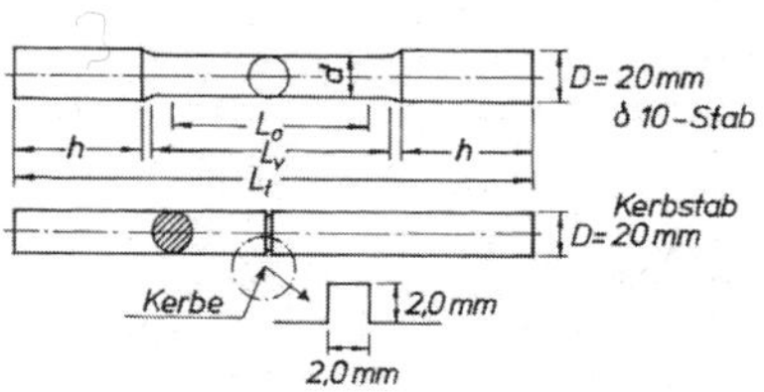

Stäbe/Belastungen	δ10-Stab statisch belastet	Kerbstab statisch belastet	Kerbstab dynamisch belastet
F-Bruch in kN	≈ 92	≈ 121	≈ 72
δ-Bruch in kN/cm²	≈ 46	≈ 60,5	≈ 36
Lastspielzahl			bei reiner Zugschwellbelastung $R = 0$, $n \approx 28\,000$

6 Kraftlinienverlauf mit kleinen, mittleren und großen Kerbradien an Hand von Beispielen – graphische Darstellungen

Nach dem Kraftlinienverlauf sind kleine Kerbradien in ihrer Kerbwirkung äußerst kritisch bzgl. der Tragfähigkeit wegen des Aufbaus mehrachsiger Spannungszustände, die im Endeffekt zu Versprödungen und zum verformungslosen Bruch führen; sie sollten vermieden werden. Trotz dieser Erkenntnisse werden selbst in Vorschriften noch immer solche Lösungen angeboten.

Allgemein gilt:

a) Herzform – sehr kleiner Kerbradius = große Kerbwirkung
b) Halbkreisform – wirtschaftlich = noch verträglich
c) Tropfenform – aufwändiger = ideal kleine Kerbwirkung

Beispiel: Trapezhohlsteifen

Die Herzform a) zeigt bei verhältnismäßig kleinen Lastspielzahlen „n"-Anrisse, während bei den Formen b) und c) Anrisse erst viel später auftreten.

Nachzuweisende Bereiche beim Betriebsfestigkeitsnachweis

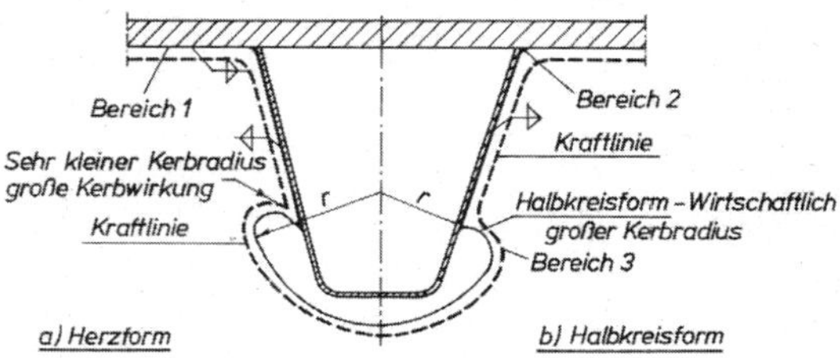

Beispiel: Nahtkreuzungen – Gurtplatten und Steg

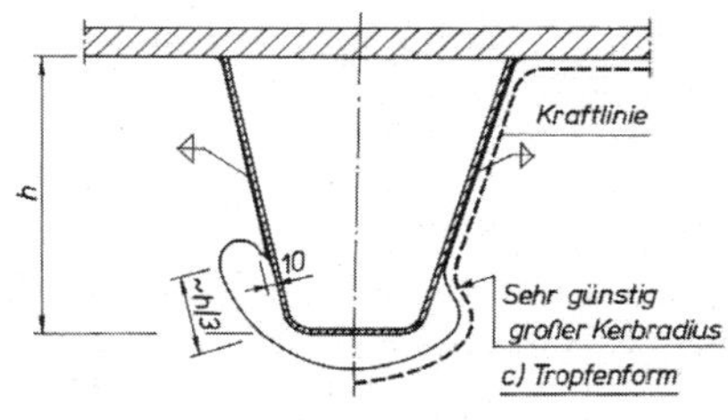

7 Zusammengefasste und weitere Einflüsse auf die Festigkeit bei dynamisch beanspruchten Konstruktionen

- Schwingbreite oder Doppelamplitude (2A oder $\Delta\delta$)
- Spannungsverhältnisse κ oder R
- Kerbwirkungen (Gestaltfestigkeit)

  a) Strukturelle, also geometrisch erkennbare Kerben und

  b) ideelle Kerben, wie z. B. Eigen- und Schrumpfspannungen.
- **Eigen- und Schrumpfspannungen** werden immer größere Bedeutung zugemessen.

  Hierbei ist zu beachten, ob – je nach Wahl der Stahlgütengruppe – mit „niedrigen, mittleren oder hohen Eigenspannungszuständen" zu rechnen ist.
- Da in Schweißverbindungen in den meisten Fällen **Zugeigenspannungen** verbleiben, werden diese zu Grunde gelegt. Auf das **κ-Verfahren** bzw. ***R*-Verfahren** wird im EUROCODE **verzichtet** und die **Schwingbreite** als **dominierend** eingeführt.
- Belastungsfrequenzen (wird geringer Einfluss zugemessen)
- Vorbelastungen, z. B. aus Vorspannungen
- Häufig und schnell wechselnde Temperaturen (normalerweise soll die Temperatur mit $\Delta t \leq 150$ °C nicht überschritten werden)

  Beispiel: In einer räumlichen Rahmenkonstruktion für einen drehbaren Schmelzofen mit unterschiedlichen Abstichstellen, werden die Rahmenriegel der Trag-Stahlkonstruktion, die in der gleichen Ebene wie die starre Stahlbeton-Deckenscheibe liegen, press eingebaut und angeschlossen. Eine Ausdehnung der Konstruktionen ist nicht möglich. Während des normalen Abstiches (Dauer ca. 20 Minuten) erhöhen sich die Temperaturen der Rahmenriegel auf ca. 300 °C. Da keine Ausdehnungsmöglichkeiten bestehen, werden in diesen Bereichen Stauchungen auftreten, die bei der anschließenden Abkühlung zu ca. 90 % erhalten bleiben. Die Einspannungen in die Stahlbeton-Verbunddecke bewirken, dass Zugspannungen aufgebaut werden, die in Bereichen (nach der Statik eindeutige Druckbereiche) Zugrisse provozieren und geöffnete Risse in diesen Druckbereichen aufweisen. Bei mehrmaligen Stauchungen – z. B. auch bei Abstichstörungen (längere Abstichzeiten) mit Auftreten noch höherer Temperaturen und stärkeren Ausdehnungen – werden infolge dynamischer Temperaturbeanspruchungen diese Bauteile der Konstruktion in einen enormen Eigenzugspannungszustand versetzt. An Schwach- oder Fehlstellen (auch im Druckbereich) führt dies zu geöffneten Zugrissen. Ein solcher Fall wird in keiner DIN oder anderen Vorschriften behandelt.
- Große Blechdicken sind bei den Umlenkungen der Kraftlinien räumlich zu betrachten. (Meistens wird der 2-achsige Spannungszustand als ausreichend erachtet.)
- Bei Stählen ist die Korrosionsform „Lochfraß" insofern besonders gefährlich, da die Schädigung an der Oberfläche verhältnismäßig gering aussieht, die Schädigung sich aber nach innen räumlich erweitert und dadurch die Gefahr der Kerbwirkung schlechter erkennbar wird. Aber auch andere Korrosionsformen, wie z. B. Spannungsrisskorrosion, müssen beachtet werden.

8 Dachhäute, Folien und andere Materialien

Für Dachhäute, bei denen Muldenbildungen mit stehendem Wasser zu Schmutzansammlungen führt und daraus resultierend eine bewuchsfördernde, verkrustete und harte Schicht entsteht, gilt, dass bei unterschiedlichen Ausdehnungen Beanspruchungen aus der oberen Schicht (der Schmutzschicht) in die Isolierschicht (Dachhaut) übertragen werden. Das gilt besonders bei länger liegenden Dachhäuten, die zur Außenfläche hin bereits versprödet sind.

In vielen Fällen führt außerdem bei lose verlegten und nur mechanisch linien- oder punktförmig befestigten Dachhäuten die Windbeanspruchung zu einem „Flattern" der Dachhaut. An den Rändern der Befestigungsstellen werden durch Wechselbeanspruchungen Risse und Undichtigkeiten provoziert.

9 Schweißverfahren

Zum Beispiel beim Elektrohandschweißen kann mit kaltgehenden oder heißgehenden Elektroden gearbeitet werden. Kaltgehende Elektroden (basische) haben ein besseres Verformungsvermögen – aber mit einer schuppigeren Oberfläche – als heißgehende (erz- und titansaure) Elektroden. Die heißgehenden Elektroden ergeben eine gleichmäßigere fließende Oberfläche und sind leichter zu verschweißen. Sie sind aber weniger verformungsfähig – also rissempflindlicher.

Bei dynamischen Beanspruchungen sollten deshalb möglichst basische Elektroden, zumindest im Wurzelbereich, verwendet werden.

10 Aufschaukeln der Belastungshorizonte σ_{mittel}

10.1 Überlastungen

Bei Überlastungen verschiebt sich σ_{mittel} zu einem höheren Wert. Die dynamische Belastung wirkt nun auf diesem Niveau weiter (s. nachfolgende Abb. links).

10.2 Rhythmusstörungen

Bei einer Rhythmusstörung wird die Doppelamplitude vorzeitig abgebrochen, sodass von diesem Niveau aus die dynamische Belastung weiter wirkt (s. Abb. rechts).

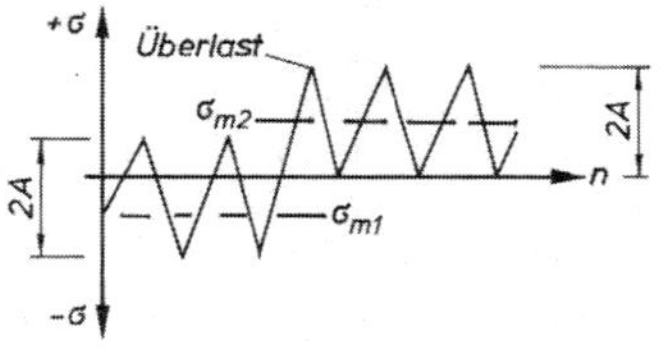

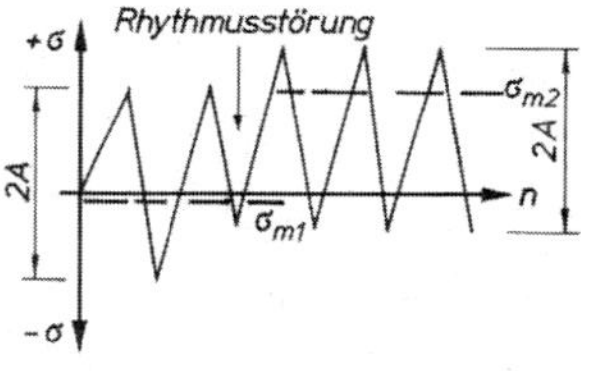

11 Gleich hohe zulässige Spannungen bei großen dynamischen Beanspruchungen und großen Kerbwirkungen für normale und höherlegierte Stähle

Bei normalen Stählen (z. B. S 235 bzw. St 37) sind im Verhältnis zu hochfesteren Stahlsorten (z. B. S 335, S 420, S 460) im Falle großer Schwingbreiten und starken Kerbwirkungen die zulässigen Spannungen alle **gleich groß – aber und nur ca. 17 bis 20 % der zulässigen Spannungen von S 235** (270 N/mm²) der ruhenden Lasten! Das ist darin begründet, dass im Atom-Kornaufbau Gitterbaufehler – das sind unstetige Gleitebenen, Leerstellen, Schraubversetzungen etc. – vorhanden sind, die bei Krafteinwirkung auch im Mikrobereich – wie vorher im Makrobereich besprochen – Spannungserhöhungen bewirken und zu ersten Anrissen im Atom-Kornaufbau führen. Bei weiteren ungünstigen dynamischen Lastverhältnissen kann sich die Rissbildung reißverschlussartig fortpflanzen.

Diese Gitterbaufehler liegen in etwa gleich großer Anzahl bei allen vorhandenen Stählen vor.

Es gibt aber auch noch weitere Erklärungen, auf die hier nicht eingegangen wird.

Die Stahlhersteller sind bestrebt, weitere Feinkörnigkeiten und weniger Gitterbaufehler zu erreichen, um dadurch größere Festigkeiten für die höherfesten Stähle bei ungünstigstem Zusammenwirken von Belastungsbreite (2A) und starker Kerbwirkung zu erzielen.

12 Weitere Einflüsse

Diese sind gemäß besonderer Vorschriften und dem Materialverhalten entsprechend zu berücksichtigen.

8 C Kranbahnen nach DIN 4132 und DIN 18 800

Prof. Dr.-Ing. Christoph Seeßelberg

1 Regelwerke

Für Kranbahnen maßgebend sind u. a. DIN 4132 „Kranbahnen“, DIN 18 800-1 bis -3 und die Anpassungsrichtlinie Stahlbau. Ebenfalls zu beachten sind die VDI Richtlinien 2388 und 3576 und die Vorschriften [8.50] und [8.51].

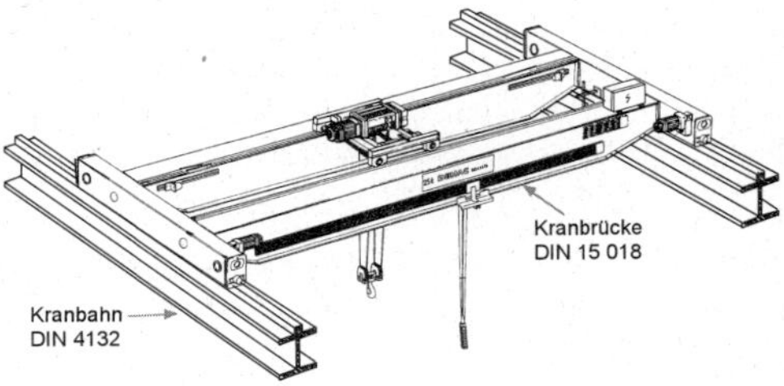

2 Einwirkungen auf Kranbahnträger nach DIN 4132

2.1 Einstufung der Krananlage

- Hubklasse H 1 bis H 4 je nach zu erwartender Größe und Stetigkeit der Hublastbeschleunigung, siehe Tafel 8.91b.
- Beanspruchungsgruppe B 1 (leichter Betrieb) bis B 6 (schwerer Betrieb) je nach Anzahl der zu erwartenden Lastwechsel und dem Anteil der Belastungsvorgänge mit hoher Last an der Gesamtzahl der Lastwechsel, siehe Tafel 8.91a oder alternativ Tafel 8.91b.
- Kranfahrwerksystem: EFF, EFL, WFF, WFL

  E Räder einer Achse einzeln gelagert, nicht drehzahlgekoppelt
  W Räder einer Achse sind drehzahlgekoppelt
  F Rad in Achsrichtung festgehalten
  L Rad in Achsrichtung lose gelagert

  EFF (keine Drehzahlkopplung, beide Räder festgehalten) ist der Regelfall.
- Seitenführung der Kranbrücke über Spurkränze der Laufräder (meist bei Krananlagen für leichten Betrieb), oder Seitenführung über separate Seitenführungsrollen (wird eher bei schwerem Betrieb gewählt).

2.2 Vertikale Belastung des Kranbahnträgers

a) Ständige Lasten: Eigengewicht aus Kranbahnträger und Kranschiene

b) Veränderliche Lasten:

- Vertikale Radlasten R_i aus dem Betrieb der Kranbrücke
  R_i aus dem vom Hersteller der Kranbrücke bereitgestellten Kranleistungsblatt ablesen oder – falls ein solches nicht vorliegt – abgeschätzte Werte aus Tafel 8.109b entnehmen. Grundsätzlich darf ein mittiger Angriff der Radlast angenommen werden. Nur bei der Betriebsfestigkeitsuntersuchung in den Beanspruchungsgruppen B 4 bis B 6 ist ein exzentrischer Angriff der vertikalen Radlasten um 1/4 der Schienenkopfbreite zu unterstellen (DIN 4132, Abschn. 3.1.2).
- Die Radlasten R_i werden mit dem Schwingbeiwert φ vergrößert. $F_i = R_i \cdot \varphi$ ist eine mit dem Schwingbeiwert vergrößerte vertikale Radlast. Für eine Hubklasse H i gilt: $\varphi = 1 + i/10$.
  Beispiel Hubklasse H 2: $i = 2$; $\varphi = 1 + 2/10 = 1{,}2$.
  Zur Bemessung der Auflagerungen ist φ um 0,1 zu reduzieren (DIN 4132, Tab.1).
- Sämtliche vertikalen Radlasten nach DIN 4132, Abschn. 3.1, die von bis zu zwei Kranbrücken verursacht werden, sind als eine einzige veränderliche Einwirkung zu werten. Bei gleichzeitiger Wirkung von zwei oder mehr Kranbrücken sind die Schwingbeiwerte für den zweiten und alle weiteren Krane nach Hubklasse 1 zu bestimmen.

Tafel 8.91a Beanspruchungsgruppen als Funktion von Spannungsspielbereich und Spannungskollektiv (DIN 15 018, Tab. 14)

Spannungsspielbereich	**N 1**	**N 2**	**N 3**	**N 4**
Gesamte Anzahl der vorgesehenen Spannungsspiele	über $2 \cdot 10^4$ bis $2 \cdot 10^5$ Gelegentliche Nutzung mit langen Ruhezeiten	über $2 \cdot 10^5$ bis $6 \cdot 10^5$ Regelmäßige Benutzung bei unterbrochenem Betrieb	über $6 \cdot 10^5$ bis $2 \cdot 10^6$ Regelmäßige Benutzung im Dauerbetrieb	über $2 \cdot 10^6$ Regelmäßige Benutzung im angestrengten Dauerbetrieb
Spannungskollektiv	Beanspruchungsgruppe			
S 0 sehr leicht – Größte Spannungen treten kaum auf.	**B 1**	**B 2**	**B 3**	**B 4**
S 1 leicht – Geringe Häufigkeit der maximalen Spannungen	**B 2**	**B 3**	**B 4**	**B 5**
S 2 mittel – Etwa gleiche Häufigkeit kleiner und großer Spannungen	**B 3**	**B 4**	**B 5**	**B 6**
S 3 schwer – Es treten nahezu nur große Spannungen auf.	**B 4**	**B 5**	**B 6**	**B 6**

Tafel 8.91b Hubklassen und Beanspruchungsgr. (BG) nach DIN 15 018, Tab. 23 (Auswahl)

	Hubklasse	BG
Montagekrane	H 1	B 1, B 2
Maschinenhauskrane	H 1, H 2	B 1, B 2
Lagerkrane, unterbrochener Betrieb	H 2	B 4
Lager-, Traversen-, Schrottplatzkrane; im Dauerbetrieb	H 3, H 4	B 5, B 6
Werkstattkrane	H 2, H 3	B 3, B 4
Brückenkrane, Fallwerkkrane; im Greifer- oder Magnetbetrieb	H 3, H 4	B 5, B 6
Gießkrane	H 2, H 3	B 5, B 6
Tiefofenkrane	H 3, H 4	B 6
Stripperkrane, Chargierkrane	H 4	B 6
Schmiedekrane	H 4	B 5, B 6
Verladebrücken, Halbportalkrane, Vollportalkr. mit Laufkatze; Hakenbetrieb	H 2	B 4, B 5
… wie vorige Zeile, jedoch im Greifer- oder Magnetbetrieb	H 3, H 4	B 5, B 6

2.3 Horizontale Lasten H_i aus Kranbetrieb

a) Veränderliche Lasten:

- Spurführungskräfte S und die mit ihnen im Gleichgewicht stehenden Reaktionskräfte H_s ergeben sich aus der unvermeidlichen Schrägstellung der Kranbrücke. Für den Standardfall eines Krans mit Fahrwerksystem EFF und Seitenführung über Spurkränze ergeben sich für die in Fahrtrichtung hintere Achse keine Lasten. Die Kräfte an der vorderen Achse lassen sich auf der sicheren Seite liegend abschätzen mit:

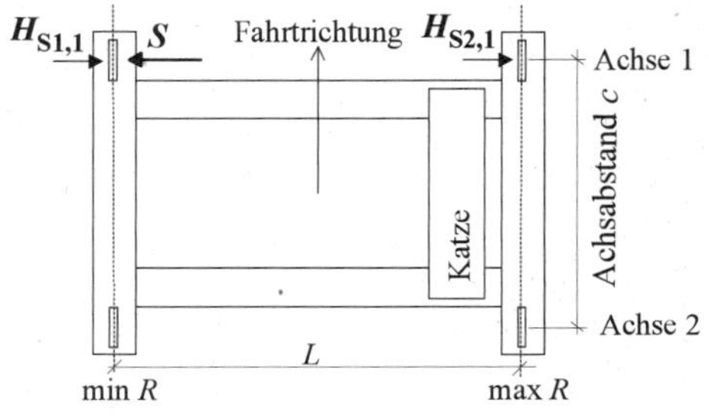

$$H_{S1,1} = 0{,}15 \cdot \sum \min R \;; \qquad H_{S2,1} = 0{,}15 \cdot \sum \max R \;; \qquad S = 0{,}15 \cdot \sum R = H_{S1,1} + H_{S2,1}$$

$\Sigma \min R$ Summe der auf einer Kranbrückenseite wirkenden minimalen Radlasten aus Eigengewicht der Kranbrücke und Hublast

$\Sigma \max R$ Summe der auf der anderen Kranbrückenseite gleichzeitig wirkenden maximalen Radlasten aus Eigengewicht der Kranbrücke und Hublast

$\Sigma R = \Sigma \min R + \Sigma \max R$

(Zur Berechnung der Spurführungskräfte für andere Fälle siehe [8.54].)

- Anfahren bzw. Bremsen der Kranbrücke führt zu horizontalen Kräften längs und quer zur Kranbahn. Zur Berechnung der Masselasten siehe [8.54]. Die Auswirkungen der Kräfte längs der Kranbahn auf die Kranbahnbemessung sind i. d. R. vernachlässigbar. Für die Auslegung der Bremsverbände müssen sie jedoch berücksichtigt werden. Massenkräfte H_M quer zur Fahrbahn sind bei der Bemessung der Kranbahn zu berücksichtigen.
- Die gemeinsame Wirkung von S, H_s und H_M kann durch einen Aufschlag von 10 % auf die Spurführungskräfte S und H_s berücksichtigt werden (DIN 4132, Abschn. 3.2.1.1). In der oben angegebenen Näherung für die Spurführungskräfte eines Standardkrans ist dieser Zuschlag bereits enthalten.
- Seitenführungs- und Masselasten werden im Regelfall vom Hersteller der Kranbrücke angegeben.
- Die an der Schienenoberkante angreifenden horizontalen Lasten H verursachen im Kranbahnträger nicht nur Querbiegung M_z, sondern auch Torsionsmomente M_x infolge der Last $M_T = H \cdot e_z$.
- Horizontale Lasten werden grundsätzlich als separate veränderliche Einwirkung angesehen. Beim Verkehr von mehreren Kranen sind jeweils nur die für den Kranbahnträger ungünstigsten waagerechten Seitenlasten von einem einzigen Kran zu berücksichtigen.

b) Außergewöhnliche Einwirkungen:

- Pufferlasten resultieren aus einem möglichen Aufprall der Kranbrücke auf die Puffer. Diese Lasten längs der Kranbahn können bei der Dimensionierung des Kranbahnträgers i. d. R. vernachlässigt werden, für die Auslegung der Bremsverbände sind sie jedoch zu berücksichtigen. Die Kräfte werden meist vom Hersteller der Kranbrücke angegeben.

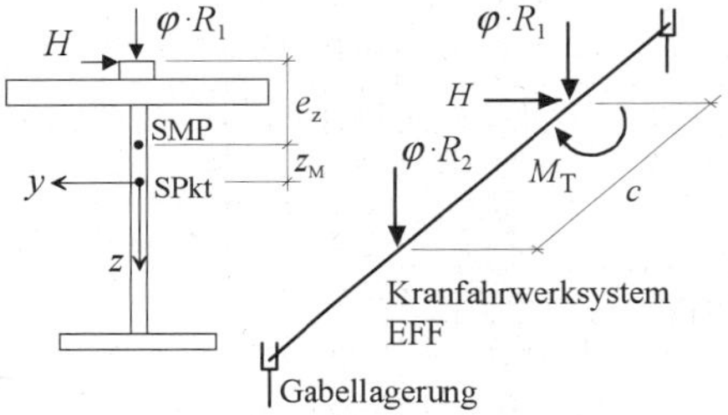

2.4 Einwirkungskombinationen (EK) nach DIN 18 800

Aus den Einwirkungen werden die Grundkombinationen nach DIN 18 800-1 El.710 gebildet. Wichtig sind folgende Kombinationen (G Eigengewicht Kranbahn und Schiene; R vertikale Radlasten; φ Schwingbeiwert als Funktion der Hubklasse; H Horizontallasten):

- $1{,}35 \cdot (G + \varphi \cdot R + H)$ i. d. R. maßgebend für den Spannungs- und den BDK-Nachweis
- $1{,}35 \cdot G + 1{,}5 \cdot \varphi \cdot R$ i. d. R. maßgebend für den Beulnachweis des Stegblechs unter der Radlast
- $1{,}0 \cdot G + 1{,}0 \cdot \varphi \cdot R$ maßgebend für die Betriebsfestigkeitsuntersuchung (BFU).

3 Schnittgrößen des Kranbahnträgers

Kranbahnen für leichten bis mittleren Betrieb werden häufig als Zweifeldträger oder – bei Feldweiten kleiner 6 m – als Dreifeldträger ausgeführt [8.54]. Bei den üblichen Walzprofil-Lieferlängen bis 18 m lassen sich so biegesteife Stöße vermeiden. Durchlaufträger über eine höhere Anzahl von Feldern erfordern teure biegesteife Stoßkonstruktionen. Die Bemessungsschnittgrößen bei einem Zweifeldträger werden von mehrfeldrigen Kranbahnen kaum mehr unterschritten. Für Einfeldträger gilt: Es gibt keine abhebenden Auflagerkräfte, sie sind setzungsunempfindlich und einfach montierbar. Ihre deutlich größeren Biegemomente sind jedoch nachteilig.

3.1 Schnittgrößen bei einfeldrigen Kranbahnen

a) Zwei vertikale Radlasten F_1 und F_2 mit $F_1 \geq F_2$; Culmann'sche Laststellung x^* liefert $\max M_{y,R}$. Die Lastengruppe wird so aufgestellt, dass die Resultierende $\sum F = F_1 + F_2$ und die größere der beiden Radlasten F_1 den gleichen Abstand $a/2$ zur Trägermitte haben (siehe nachfolgende Abbildung).

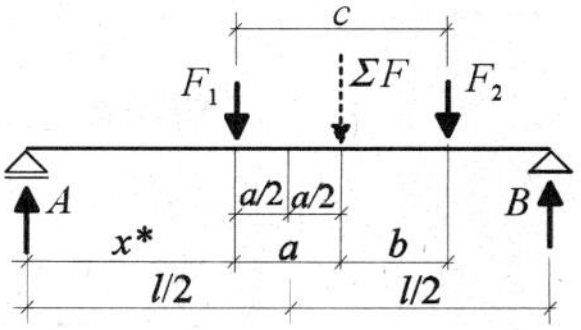

- Abstand der Resultierenden: $a = \frac{F_2 \cdot c}{\sum F}$
- Laststellung: $x^* = \frac{l}{2} - \frac{a}{2}$
- Auflagerkraft A aus Radlasten: $A = \frac{\sum F \cdot x^*}{l}$
- $\max M_{y,R} = A \cdot x^*$ (Index R bedeutet „inf. Radlasten")

Zusätzlich ist bei im Verhältnis zur Trägerlänge l großen Radabständen c zu prüfen, ob die Laststellung, bei der die größere Einzellast genau in Trägermitte steht, höhere Momente verursacht. Für $F_1 = F_2$ ist dies bei $c > 0{,}586 \cdot l$ der Fall.

Aus Kranbahn-Eigengewicht g ergibt sich an der Stelle x^*: $M_{y,g} = g \cdot x^* \cdot (l - x^*) \cdot 0{,}5$

b) Drei oder mehr Radlasten auf einem einfeldrigen Kranbahnträger: Die Culmann'sche Laststellung ist analog zu bilden. Sie liefert auch bei mehr als 2 Radlasten das maximale Biegemoment.

3.2 Schnittgrößen bei zwei- und mehrfeldrigen Kranbahnträgern

a) Geg.: Kranbahn mit zwei gleich langen Feldern, EI = const, zwei Radlasten $F_1 = \varphi \cdot R_1$ und $F_2 = \varphi \cdot R_2$ mit $F_1 \geq F_2$ im Abstand c. Die Schnittgrößen aus Eigengewicht g und vertikalen Radlasten sowie deren ungünstigsten Lastpositionen können mit den Werten aus Tafel 8.94 und den nachstehenden Formeln berechnet werden. Separat wird die max. Horizontalbiegung M_z aus den horizontalen Radlasten ermittelt und überlagert. Die Laststellung, die zu den jeweiligen Maximalwerten von M_y und M_z führt, ist zwar i. d. R. unterschiedlich, die Überlagerung der Maximalwerte liegt aber der sicheren Seite. Gibt es nur eine einzige Horizontallast H, so ist diese in zwei Teile zu teilen: M_z infolge zweier Kräfte H / 2 im Abstand c = 0 kann mit Tafel 8.94 bestimmt werden.

Zum Gebrauch der Tafel 8.94:

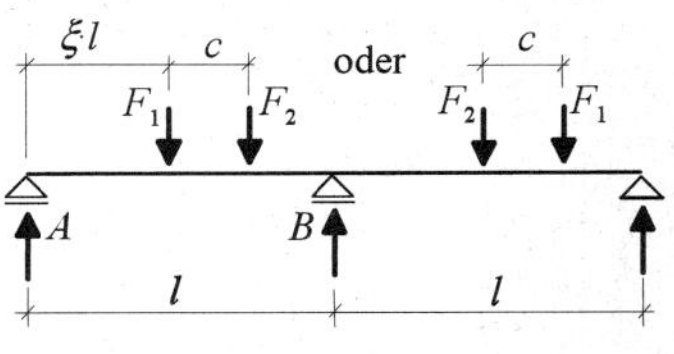

- Vorwerte $\alpha = c / l$ und $\beta = F_2 / F_1$ bestimmen
- Tafelwerte γ_{MF}, γ_{MSt}, γ_A, γ_B, ξ_{MF}, ξ_{MSt} ablesen, ggf. linear interpolieren. Falls die Räder den Zweifeldträger verlassen können, ist für γ_{MF} der Tafelwert zu verwenden, mindestens jedoch $\gamma_{MF} = 0{,}2074$
- Auflagerkräfte und Biegemomente aus Radlasten:

  $\max M_{F,R} = \gamma_{MF} \cdot F_1 \cdot l$ (maximales Feldmoment, zugehörige Lastposition: $x_{MF} = l \cdot \xi_{MF}$)

  $\max M_{St,R} = -\gamma_{MSt} \cdot F_1 \cdot l$ (extremales Stützmoment, zugehörige Lastposition: $x_{MSt} = l \cdot \xi_{MSt}$)

  $\max A_R = \gamma_A \cdot F_1$ (maximale Randauflagerkraft)

  $\max B_R = \gamma_B \cdot F_1$ (maximale Mittenauflagerkraft)
- Auflagerkräfte und Biegemomente aus Eigengewicht g:

  $\max M_{F,g} = 0{,}070 \cdot g \cdot l^2$; $\max M_{St,g} = -0{,}125 \cdot g \cdot l^2$; $\max A_g = 0{,}375 \cdot g \cdot l$; $\max B_g = 1{,}25 \cdot g \cdot l$
- Tafel 8.94 gilt in guter Näherung auch für Träger mit mehr als 2 Feldern (Fehler i. d. R. < 5 %, auf der sicheren Seite liegend).

b) Bei mehr jals zwei Radlasten und in solchen Fällen, die nicht wie unter a) beschrieben berechnet werden können, wird empfohlen, ein geeignetes EDV-Programm zur Schnittgrößenbestimmung zu verwenden.

Tafel 8.94 Hilfswerte zur Berechnung der Schnittgrößen von zweifeldrigen Kranbahnträgern

γ_{MF}	β				
α	**1,0**	**0,9**	**0,8**	**0,6**	**0,4**
0,0	0,415	0,394	0,373	0,332	0,290
0,1	0,369	0,353	0,337	0,304	0,272
0,2	0,328	0,316	0,304	0,279	0,255
0,3	0,292	0,283	0,274	0,257	0,240
0,4	0,260	0,254	0,248	0,237	0,227
0,5	0,233	0,229	0,226	0,221	0,216
0,6	0,210	0,209	0,208	0,207	0,207
0,7	0,193	0,193	0,194	0,197	0,200
0,8	0,180	0,182	0,185	0,189	0,195
0,9	0,172	0,175	0,178	0,185	0,192
1,0	0,169	0,172	0,176	0,183	0,191

γ_{MSt}	β				
α	**1,0**	**0,9**	**0,8**	**0,6**	**0,4**
0,0	0,193	0,183	0,173	0,154	0,135
0,1	0,190	0,181	0,171	0,152	0,134
0,2	0,184	0,175	0,166	0,147	0,130
0,3	0,173	0,165	0,156	0,139	0,123
0,4	0,159	0,151	0,143	0,127	0,114
0,44	*0,152*	*0,145*	*0,138*	*0,124*	*0,110*
0,5	0,164	0,156	0,148	0,133	0,118
0,6	0,179	0,170	0,161	0,144	0,127
0,7	0,188	0,177	0,169	0,150	0,132
0,8	0,192	0,182	0,173	0,154	0,135
1,0	0,188	0,178	0,169	0,150	0,132

γ_{A}	β				
α	**1,0**	**0,9**	**0,8**	**0,6**	**0,4**
0,0	2,000	1,900	1,800	1,600	1,400
0,1	1,875	1,788	1,700	1,525	1,350
0,2	1,752	1,677	1,602	1,451	1,301
0,3	1,632	1,569	1,505	1,379	1,253
0,4	1,516	1,464	1,413	1,310	1,206
0,5	1,406	1,366	1,325	1,244	1,163
0,6	1,304	1,274	1,243	1,182	1,122
0,7	1,211	1,190	1,169	1,127	1,084
0,8	1,128	1,115	1,102	1,077	1,051
0,9	1,057	1,052	1,046	1,034	1,023
1,0	1,000	1,000	1,000	1,000	1,000

γ_{B}	β				
α	**1,0**	**0,9**	**0,8**	**0,6**	**0,4**
0,0	2,000	1,900	1,800	1,600	1,400
0,1	1,993	1,893	1,793	1,595	1,396
0,2	1,971	1,873	1,774	1,578	1,384
0,3	1,936	1,839	1,743	1,552	1,364
0,4	1,888	1,794	1,696	1,516	1,337
0,5	1,828	1,737	1,647	1,472	1,304
0,6	1,757	1,670	1,584	1,419	1,265
0,7	1,675	1,593	1,512	1,359	1,220
0,8	1,584	1,506	1,431	1,292	1,171
0,9	1,484	1,411	1,343	1,219	1,119
1,0	1,375	1,309	1,247	1,141	1,063

ξ_{MF}	β				
α	**1,0**	**0,9**	**0,8**	**0,6**	**0,4**
0,0	0,432	0,432	0,432	0,432	0,432
0,1	0,412	0,413	0,414	0,417	0,421
0,2	0,393	0,396	0,398	0,404	0,411
0,3	0,377	0,381	0,384	0,393	0,403
0,4	0,364	0,368	0,373	0,384	0,397
0,5	0,354	0,359	0,365	0,378	0,393
0,6	0,347	0,354	0,361	0,376	0,393
0,7	0,348	0,355	0,363	0,378	0,395
0,8	0,353	0,360	0,368	0,383	0,399
0,9	0,363	0,370	0,377	0,391	0,405
1,0	0,377	0,383	0,389	0,401	0,412

ξ_{MSt}	β				
α	**1,0**	**0,9**	**0,8**	**0,6**	**0,4**
0,0	0,577	0,577	0,577	0,577	0,577
0,1	0,525	0,528	0,531	0,538	0,547
0,2	0,469	0,474	0,480	0,494	0,513
0,3	0,408	0,416	0,425	0,446	0,476
0,4	0,342	0,352	0,364	0,394	0,434
0,5	0,750	0,742	0,733	0,712	0,683
0,6	0,700	0,694	0,688	0,672	0,651
0,7	0,650	0,646	0,642	0,633	0,620
0,8	0,600	0,599	0,597	0,594	0,590
0,9	0,550	0,552	0,553	0,557	0,562
1,0	0,500	0,504	0,509	0,521	0,535

4 Radlasteinleitungsspannungen

Lasteinleitungsspannungen werden durch einen Überstrich gekennzeichnet (Bsp.: $\overline{\sigma}_z$). Im Folgenden wird die Berechnung der Spannungen, die in Abschnitt 5 (Allgemeiner Spannungsnachweis, AS), Abschnitt 6 (Betriebsfestigkeitsuntersuchung, BFU) und Abschnitt 8 (Beulen) nachgewiesen werden, aufgezeigt.

4.1 Lasteinleitungsspannungen bei Laufkranen

- **Pressung $\overline{\sigma}_z$ des Stegblechs** unter der Radlast $F = \varphi \cdot R$
  Lastangriffsbreite an der Stegoberseite: $c = 2 \cdot h + 5\,\text{cm}$ mit $h = h_{\text{Schiene}} + t + r$

Spannungen: $\overline{\sigma}_z = \frac{F}{c \cdot s}$ mit s Stegdicke

$\overline{\tau}_{xz} = 0{,}2 \cdot \overline{\sigma}_z$ (nur BFU)

Halskehlnähte: Anstelle der Stegdicke s ist der Wert $2 \cdot a_w$ zu berücksichtigen.

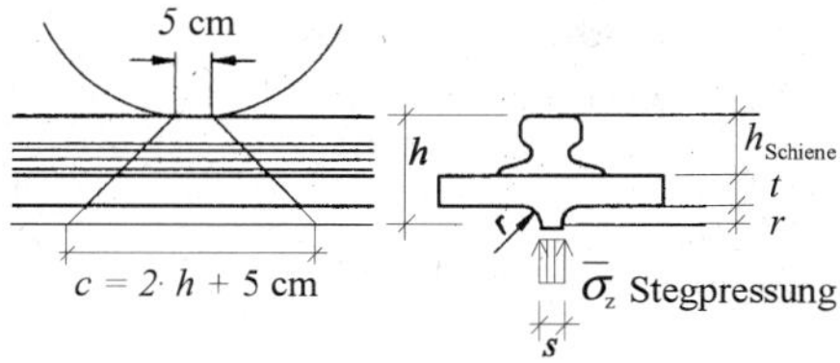

- **Pressung der Schienenschweißnaht** (nur bei angeschweißten Flachstahlschienen, siehe Bild rechts): Bei Kehlnähten ist die Lastübertragung ausschließlich über die Nähte und nicht über einen Druckkontakt Schiene/Flansch anzunehmen (analog zu DIN 4132, Abschn. 4.1.2).

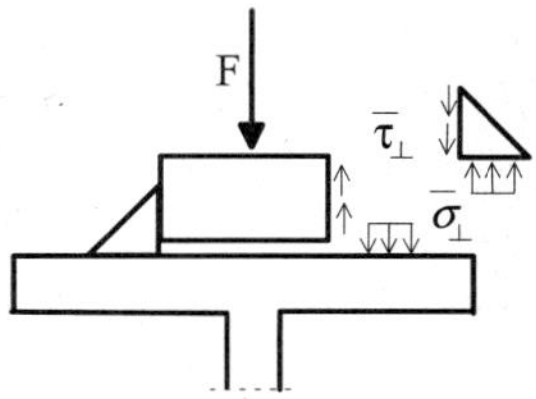

$$\overline{\tau}_\perp = \overline{\sigma}_\perp = \frac{F}{(2 \cdot h_{\text{Schiene}} + 5\,\text{cm}) \cdot 2 \cdot a_w} \quad \text{und} \quad \overline{\tau}_\parallel = \overline{\tau}_{xz} = 0{,}2 \cdot \overline{\sigma}_\perp$$

- **Stegbiegung**: Bei der BFU muss in den Beanspruchungsgruppen B 4 bis B 6 eine Exzentrizität von 1/4 der Schienenkopfbreite k angenommen werden. Die Exzentrizität verursacht zwischen zwei Quersteifen der Kranbahn Obergurttorsion und Stegbiegung. Diese nur lokal wirkenden Stegbiegespannungen $\overline{\sigma}_{z,b}$ betragen (alle Größen in kN und cm einsetzen!):

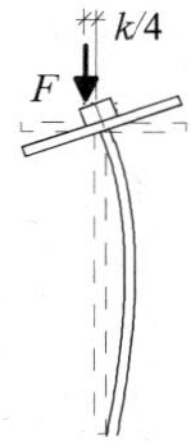

$$\overline{\sigma}_{z,b} = \frac{6}{s^2} \cdot M_T \cdot \frac{\lambda}{2} \cdot \tanh\left(\frac{\lambda \cdot a}{2}\right) \quad \text{mit:} \quad M_T = F \cdot \frac{k}{4} \;;\; F = \varphi \cdot R \;;$$

$$\lambda = \sqrt{\frac{2{,}98 \cdot s^3}{a \cdot I_T} \cdot \frac{\sinh^2(\alpha)}{\sinh(2\alpha) - 2\alpha}} \quad \text{und} \quad \alpha = \frac{\pi \cdot b}{a}$$

a Quersteifenabstand, b Stegblechhöhe, s Stegdicke

4.2 Unterflanschbiegung bei Laufkatzen und Hängekranen

Fahren die Räder einer Katze oder eines Hängekrans auf dem Unterflansch einer Kranbahn, wird dieser durch zweiachsige Biegung lokal beansprucht (Spannungen $\overline{\sigma}_x$ in Stablängsrichtung, $\overline{\sigma}_y$ quer zur Stablängsachse). An den Querschnittsstellen i = 0, 1, 2 (siehe nebenstehende Abbildung) sind für Parallelflanschprofile wie auch für Profile mit geneigten Flanschen gemäß FEM-Richtlinie 9.341 [8.50] die folgenden lokalen Biegenormalspannungen nachzuweisen:

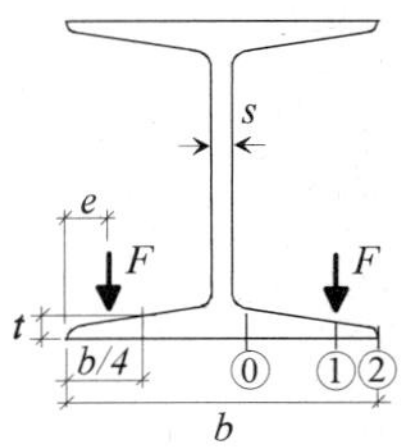

$$\overline{\sigma}_{x,i} = \varepsilon \cdot C_{x,i} \cdot \frac{F}{t_R^2} \quad \text{und} \quad \overline{\sigma}_{y,i} = \varepsilon \cdot C_{y,i} \cdot \frac{F}{t_R^2}$$

mit $C_{x,i}$ und $C_{y,i}$ aus Tafel 8.95; $C_{y,2} = 0$; $\varepsilon = 0{,}75$

Tafel 8.95 Beiwerte *C* für die Ermittlung der Lasteinleitungsspannungen am Unterflansch

	Parallelflanschprofile (z. B. IPE)					**Profile mit geneigten Flanschen** (z. B. I)				
λ	$C_{x,0}$	$C_{x,1}$	$C_{x,2}$	$C_{y,0}$	$C_{y,1}$	$C_{x,0}$	$C_{x,1}$	$C_{x,2}$	$C_{y,0}$	$C_{y,1}$
0,20	0,204	1,968	1,290	–1,687	0,932	0,182	1,807	1,757	–0,819	0,676
0,25	0,219	1,872	0,984	–1,577	1,069	0,208	1,677	1,548	–0,779	0,725
0,30	0,242	1,789	0,737	–1,463	1,172	0,240	1,570	1,353	–0,736	0,737
0,35	0,272	1,711	0,533	–1,343	1,244	0,280	1,479	1,169	–0,689	0,718
0,40	0,312	1,635	0,362	–1,216	1,287	0,328	1,399	0,995	–0,641	0,671
0,45	0,364	1,560	0,215	–1,077	1,303	0,384	1,326	0,827	–0,590	0,599
0,50	0,428	1,485	0,085	–0,923	1,293	0,449	1,258	0,666	–0,539	0,507
0,55	0,508	1,411	–0,032	–0,747	1,260	0,523	1,193	0,508	–0,487	0,395
0,60	0,605	1,336	–0,138	–0,542	1,204	0,607	1,130	0,354	–0,434	0,267
0,65	0,723	1,262	–0,238	–0,295	1,128	0,703	1,070	0,203	–0,380	0,125

mit Eingangsparameter: $\lambda = \dfrac{2 \cdot e}{b - s}$

t_R Unterflanschdicke in der Mitte der Radaufstandsfläche

Vorzeichenregel: Positive Werte C bedeuten Zugspannungen an der Unterflanschunterseite und Druckspannungen an der Flanschoberseite.

Die Lasteinleitungsspannungen $\overline{\sigma}_{x,i}$ sind zu den am jeweiligen Ort i wirkenden, gleichgerichteten Biegespannungen σ_x aus der Haupttragwirkung zu addieren und – ebenso wie die Vergleichsspannungen σ_v aus $(\sigma_x + \overline{\sigma}_{x,i})$ und $\overline{\sigma}_{y,i}$ – nachzuweisen.

5 Allgemeiner Spannungsnachweis (AS) des Kranbahnträgers

Die Beanspruchungen des Kranbahnträgers setzen sich aus den Spannungen infolge der Haupttragwirkung und den Lasteinleitungsspannungen (siehe Abschnitt 4) zusammen. Spannungen aus Haupttragwirkung ergeben sich aus der Haupt- und der Querbiegung des Trägers sowie aus seiner Torsion. Die Torsionsbeanspruchung $M_T = H \cdot e_z$ resultiert aus der Hebelwirkung einer an der Schienenoberkante angreifenden Horizontalkraft H bezogen auf den Schubmittelpunkt (SMP). Sie verursacht als Schnittgröße ein Torsionsmoment M_x, das stets zu berücksichtigen ist.

Globale Haupttragwirkung, Tragwirkungssplitting

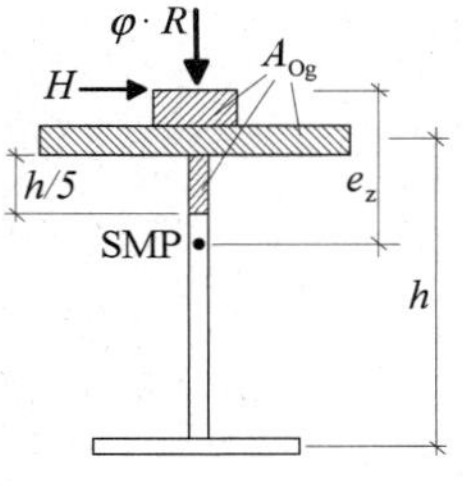

Der gesamte Querschnitt (Widerstandsmoment $W_{y,o}$ an der Oberkante, $W_{y,u}$ an der Unterkante) steht für die Hauptbiegung zur Verfügung, während die Querbiegung nur dem oberen Flansch und 1/5 des Stegs ($W_{z,Og}$) zugewiesen wird. So kann die explizite Berücksichtigung der Torsion auf der sicheren Seite liegend umgangen werden.
Mit einer EDV-Berechnung lassen sich die Spannungen natürlich genauer erfassen. Für die Ermittlung der Spannungen von Kranbahnträgern sind allerdings nur solche Programme brauchbar, mit denen die Wölbkrafttorsion und Effekte nach Theorie II. Ordnung aus der Querschnittsverdrehung berücksichtigt werden können.

Nachweise:

- Die Druckspannung $\sigma_{x,o}$ infolge der Einwirkungskombination $1{,}35 \cdot (G + \varphi \cdot R + H)$ im Feld an einer der oberen Flanschecken ergibt sich betragsmäßig zu:

  $$|\sigma_{x,o,d}| = \frac{|M_{y,d}|}{W_{y,o}} + \frac{|M_{z,d}|}{W_{z,Og}}$$

  Da an der Flanschecke alle anderen Spannungskomponenten verschwinden, gilt dort für die Vergleichsspannung $\sigma_v = |\sigma_x|$. Der Nachweis lautet:

  $$\frac{|\sigma_{x,o,d}|}{1{,}1 \cdot \sigma_{R,d}} \le 1$$ (Faktor 1,1: DIN 18 800-1 El. 749 erlaubt eine örtliche Plastizierung.)

- Bei Schweißprofilen, bei denen i. d. R. der Untergurtquerschnitt kleiner ist als der Obergurtquerschnitt, kann auch die Zugspannung $\sigma_{x,u}$ am Unterflansch infolge der EK $(1{,}35 \cdot G + 1{,}5 \cdot \varphi \cdot R)$ im Feld kritisch werden:

  $$\sigma_{x,u,d} = \frac{M_{y,d}}{W_{y,u}} \qquad \text{Nachweis:} \quad \frac{\sigma_{x,u,d}}{\sigma_{R,d}} \le 1$$

- Die Vergleichsspannung σ_v an der Stegoberkante im Auflagerbereich von Schweißprofilen (dünnes Stegblech!) ist für die Laststellung, die am Auflager zur maximalen Querkraft führt, infolge der EK $(1{,}35 \cdot G + 1{,}5 \cdot \varphi \cdot R)$ nachzuweisen. Dabei sind die Zugspannungen σ_x aus Biegung, die Schubspannungen τ_{xz} infolge Querkraft und die Lasteinleitungsspannungen $\overline{\sigma}_z$ (Druckspannungen aus Stegpressung, siehe Abschnitt 4.1) zu überlagern.

  $$\sigma_v = \sqrt{\sigma_x^2 + \overline{\sigma}_z^2 - \sigma_x \cdot \overline{\sigma}_z + 3 \cdot \tau_{xz}^2} \qquad \text{Nachweis:} \quad \frac{\sigma_{v,d}}{\sigma_{R,d}} \le 1$$

- Schienenkehlnaht bei Flachstahlschienen: Die lokalen Kehlnahtspannungen $\overline{\tau}_{\perp}, \overline{\sigma}_{\perp}$ (siehe Abschnitt 4.1) sind im Zusammenwirken mit den in der Naht wirkenden Biegeschubspannungen τ_{xz} infolge der maximalen Querkraft nachzuweisen. Am unteren Kehlnahtrand ist $\overline{\tau}_{\perp} = 0$. Der Nachweis lautet gemäß DIN 18 800-1 El. 825:

$$\sigma_{\mathrm{w,v}} = \sqrt{\overline{\sigma}_{\perp}^2 + \tau_{xz}^2} \qquad \text{Nachweis:} \quad \frac{\sigma_{\mathrm{w,v,d}}}{\sigma_{\mathrm{w,R,d}}} \leq 1$$

6 Betriebsfestigkeitsuntersuchung (BFU) nach DIN 4132

6.1 Kerbfälle nach DIN 4132

In Tafel 8.98 ist durch *Kursivschrift* angegeben, ob die Schweißnaht, das durch Schweißung beeinflusste durchlaufende Teil oder beide in den jeweiligen Kerbfall eingeordnet sind. Hieraus ergeben sich für Schweißnaht oder Teil ggf. Einordnungen in unterschiedliche Kerbfälle.

6.2 Beanspruchung und typische Nachweisstellen

- Maßgebende EK: $1{,}0 \cdot (G + \varphi \cdot R)$; Schwingbeiwert φ siehe Abschnitt 2.2.
  Horizontallasten sind gemäß DIN 4132 nicht zu berücksichtigen, da sie nicht ständig auftreten.
- Lasteinleitungsspannungen (Radlastpressung, Stegbiegung infolge exzentrischen Lastangriffs, siehe Abschnitt 4.1) und Zwängungsspannungen sind zu berücksichtigen.
- Vergleichsspannungen sind bei der BFU nach DIN 4132 nicht nachzuweisen.
- An einem Kranbahn-Walzprofil (siehe nachfolgende Abb.) sind grundsätzlich folgende Stellen nachzuweisen:

– Schienenschweißnaht: $\overline{\tau}_{\perp}$ und $\overline{\sigma}_{\perp}$ aus Radlasteinleitung (siehe Abschnitt 4.1). Die Radlasten werden nur über die Schweißnähte, nicht durch Kontaktkräfte in den Träger eingeleitet.

– Schienenschweißnaht und Obergurt im Schweißnahtbereich: σ_x aus M_y, Kerbfall K 123 bei durchgeschweißter Schienenkehlnaht. Bei unterbrochener Schweißnaht ist K 346 anzunehmen. Der Nachweis ist auch bei statisch nicht mittragend angenommener Schiene erforderlich.

– Schienenschweißnaht: $\tau_{\parallel} = (\overline{\tau}_{xz} + \tau_{xz})$; $\overline{\tau}_{xz}$ siehe Abschnitt 4.1; τ_{xz} infolge max V_z

– Oberflanschunterkante: σ_x infolge M_y im Bereich der Schweißnaht der Quersteife, K 333

– weitere Stellen, an denen Kerben inf. Schweißnähten oder Schraubenlöchern vorhanden sind.

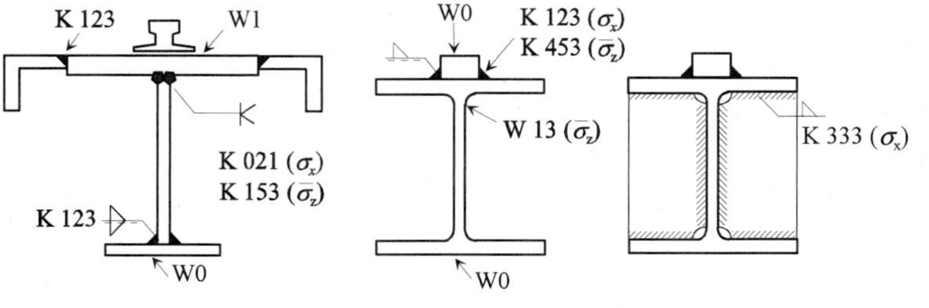

- Für Schweißprofile sind in vorstehender Abb. einige Nachweisstellen angegeben. Die obere Steghalsnaht sollte als K-Naht ausgeführt werden, dann ist sie für $\overline{\sigma}_z$ dem Kerbfall K1 zugeordnet. Ist nur eine Doppelkehlnaht vorgesehen, ist für $\overline{\sigma}_z$ Kerbfall K4 anzunehmen.

6.3 Ermittlung von grenz σ_{Be} und grenz τ_{Be} nach DIN 4132

a) Eingangswerte feststellen:

– Kerbklasse nach Tafel 8.98. Einige typischerweise auftretende Kerbfälle sind in obiger Abbildung dargestellt. Zu beachten ist, dass für unterschiedliche Beanspruchungsarten an einem Nachweisort unterschiedliche Kerbfälle maßgebend sein können (z. B. Schienenschweißnaht: Normalspannung σ_x Kerbfall K 123, Radlastpressung $\overline{\sigma}_z$ K 453).

Tafel 8.98 Kerbfälle für Bauteile, genietete und geschraubte und geschweißte Verbindungen

Kerbfälle W0 und W1		
W01	*Teile* mit normaler Oberflächenbeschaffenheit und mit Seitenflächen als Walzkanten oder durch Sägeschnitte, wenn überlagerte geometrische Kerbwirkungen nicht vorhanden oder bei der Spannungsermittlung berücksichtigt sind, z. B. bei Ausschnitten. Brenngeschnittene Flächen müssen mindestens die Güte DIN 2310-12A nach DIN 2310-3 (11.87) haben.	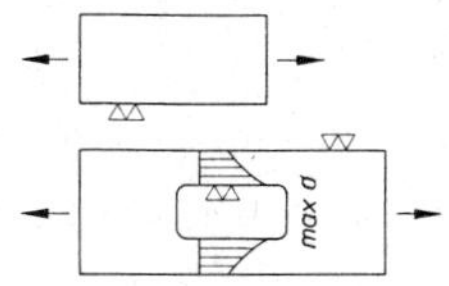
W11	*Teile* mit Scherenschnitt- oder mit Brennschnittflächen mit mindestens Güte DIN 2310-23A nach DIN 2310-3 (11.87), wenn überlagerte geometrische Kerbwirkungen nicht vorhanden oder bei der Spannungsermittlung berücksichtigt sind, z. B. bei Ausschnitten.	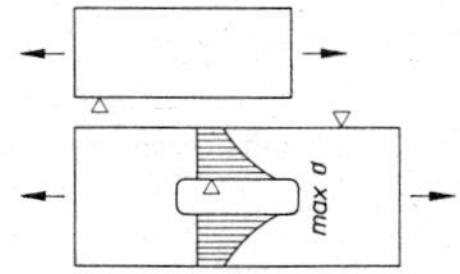
W12	*Gelochte Teile* auch mit Nieten und Schrauben bei Beanspruchungen der Nieten und Schrauben bis höchstens 20 %, der hochfesten Schrauben in GV-Verbindungen bis 100 % der zulässigen Werte	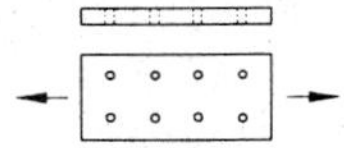
W13	*Stegansatz* von Walzprofilen bei Angriff von Radlasten	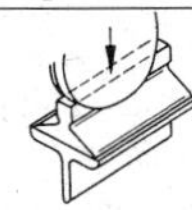
Kerbfall W2 – Nietung, Passschrauben nach DIN 7968, SLP- und GVP-Verbindungen		
W21	*Gelochte Teile* bei zweischnittigem Niet- oder Schraubenanschluss	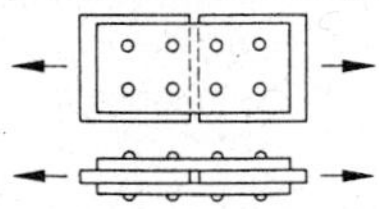
W22	*Gelochte Teile* bei einschnittigem, aber gestütztem Niet- oder Schraubenanschluss; die Stützung darf nur für die Breite $b \leq 15 \cdot t$ angenommen werden.	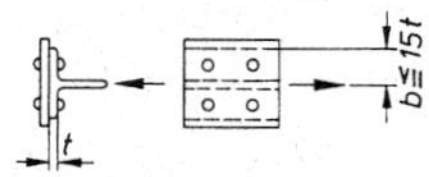
W23	*Gelochte Teile* bei einschnittigem, aber nicht gestütztem Niet- oder Schraubenanschluss mit Nachweis der außermittigen Kraftwirkungen	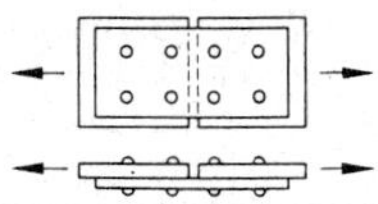
Kerbfall K0 – Geringe Kerbwirkung		
011	Mit *Stumpfnaht*-Sondergüte quer zur Kraftrichtung *verbundene Teile*	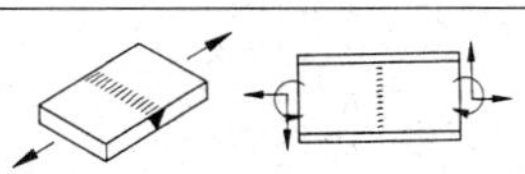
012	Mit *Stumpfnaht*-Sondergüte quer zur Kraftrichtung *verbundene* Teile verschiedener Dicken mit unsymmetrischem Stoß und Schräge $\leq 1:4$ oder mit symmetrischem Stoß und Schräge $\leq 1:3$	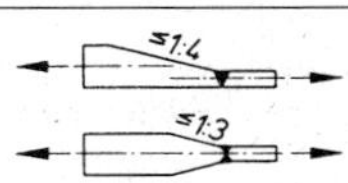
021	Mit *Stumpfnaht*-Normalgüte, *HV-Naht* oder *K-Naht* längs zur Kraftrichtung *verbundene Teile*	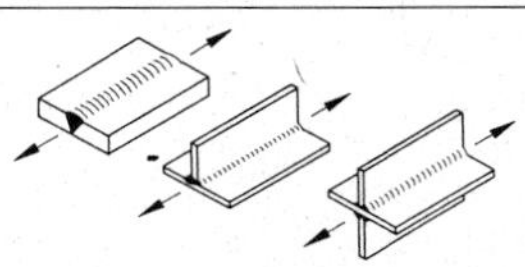

Tafel 8.98 (Fortsetzung)

022	Mit *Stumpfnaht*-Normalgüte *verbundene Stegbleche* und *Gurtprofile* aus Form- und Stabstahl	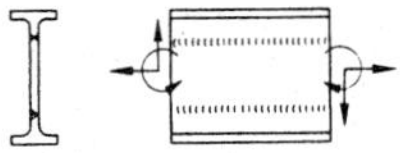
Kerbfall K1 – Mäßige Kerbwirkung		
111	Mit *Stumpfnaht*-Normalgüte quer zur Kraftrichtung *verbundene Teile*	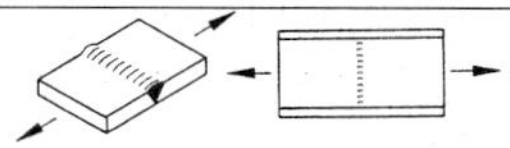
112	Mit *Stumpfnaht*-Normalgüte quer zur Kraftrichtung *verbundene* Teile verschiedener Dicken mit unsymmetrischem Stoß und Schräge ≤ 1 : 4 oder mit symmetrischem Stoß und Schräge ≤ 1 : 3	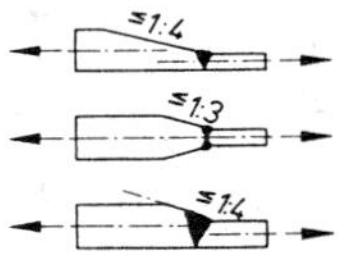
123	Mit *DHY-Naht* mit *Doppelkehlnaht, HY-Naht mit Kehlnaht, Doppelkehlnaht* oder *Kehlnaht* längs zur Kraftrichtung *verbundene Teile*	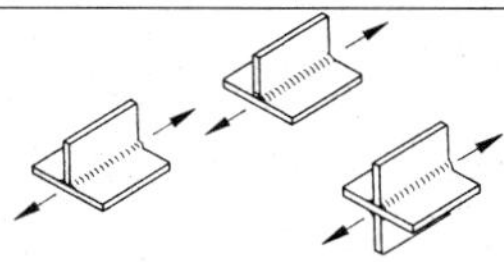
131	*Durchlaufendes Teil*, an das quer zur Kraftrichtung Teile mit durchlaufender K-Naht angeschweißt sind.	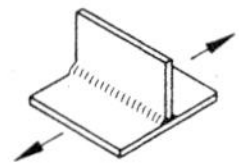
151	Mit *K-Naht* quer zur Kraftrichtung *verbundene Teile* (Auf Freiheit von Lamellenrissen ist bei den in Dickenrichtung beanspruchten Bauteilen besonders zu achten.)	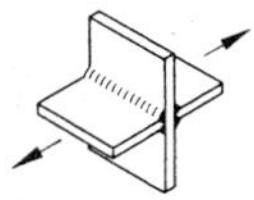
152	*K-Naht* in Anschlüssen mit Biegung (Auf Freiheit von Lamellenrissen ist bei den in Dickenrichtung beanspruchten Bauteilen besonders zu achten.)	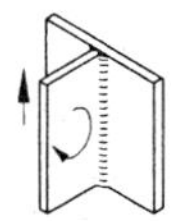
153	*K-Naht* zwischen Gurt und Steg bei Angriff von Einzellasten, Druck und Zug quer zur Naht (gilt nur für die Querbeanspruchung der Naht). Auf Freiheit von Lamellenrissen ist bei den in Dickenrichtung beanspruchten Bauteilen besonders zu achten.	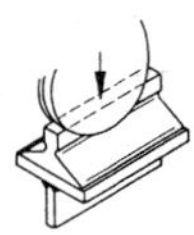
Kerbfall K2 – Mittlere Kerbwirkung		
211	Mit *Stumpfnaht*-Normalgüte quer zur Kraftrichtung *verbundene Teile* aus Form- oder Stabstahl	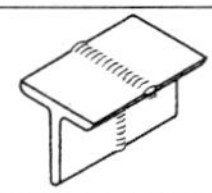
212	Mit *Stumpfnaht*-Normalgüte quer zur Kraftrichtung *verbundene* Teile verschiedener Dicken mit unsymmetrischem Stoß und Schräge ≤ 1 : 3 oder mit symmetrischem Stoß und Schräge ≤ 1 : 2	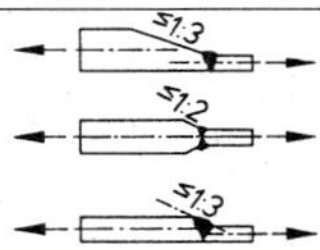
231	*Durchlaufendes Teil*, an das quer zur Kraftrichtung Teile mit durchlaufender Doppelkehlnaht-Sondergüte angeschweißt sind; Nahtübergänge kerbfrei	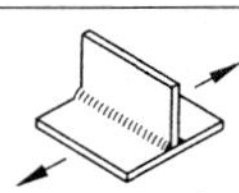

Tafel 8.98 (Fortsetzung)

233	*Gurt- und Stegbleche*, an die quer zur Kraftrichtung Schotte oder Steifen mit abgeschnittenenen Ecken mit Doppelkehlnaht-Sondergüte angeschweißt sind; Nahtübergänge kerbfrei Die Einstufung in den Kerbfall gilt nur für den Bereich der Querkehlnähte.	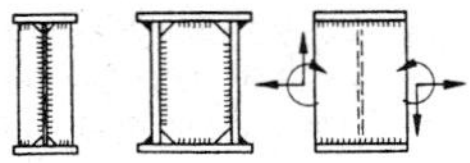
241	*Durchlaufendes Teil*, an dessen Kante an den Enden abgeschrägte oder ausgerundete Teile längs zur Kraftrichtung mit Stumpfnaht-Normalgüte angeschweißt sind; Nahtenden kerbfrei bearbeitet.	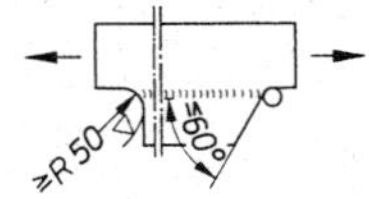
242	*Durchlaufendes Teil*, an das an den Enden abgeschrägte oder ausgerundete Teile oder Steifen längs zur Kraftrichtung angeschweißt sind. Die Endnähte sind im Bereich $\geq 5 \cdot t$ als K-Naht ausgeführt. Nahtübergänge kerbfrei	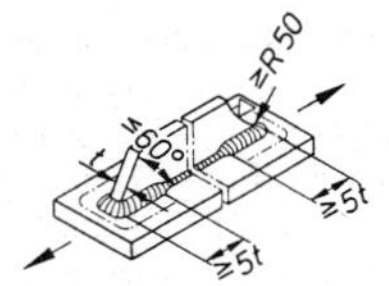
244	*Durchlaufendes Teil*, auf das ein am Ende mit Neigung $\leq 1:3$ abgeschrägtes Gurtblech aufgeschweißt ist. Die Endnähte sind im Bereich $\geq 5 \cdot t$ in Kehlnaht-Sondergüte mit $a = 0{,}5 \cdot t$ ausgeführt. Nahtübergänge kerbfrei	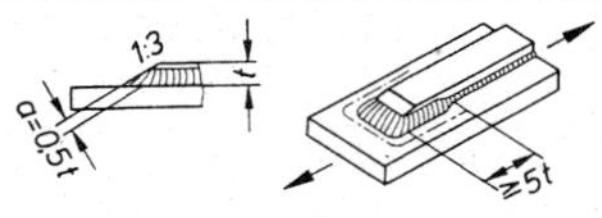
Kerbfall K3 – Starke Kerbwirkung		
311	Mit einseitig auf Wurzelunterlage geschweißte *Stumpfnaht* quer zur Kraftrichtung *verbundene Teile*	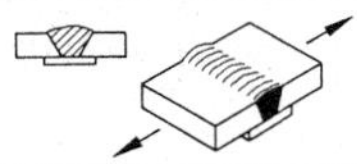
312	Mit *Stumpfnaht*-Normalgüte quer zur Kraftrichtung *verbundene* Teile verschiedener Dicken mit unsymmetrischem Stoß und Schräge $\leq 1:2$, mit unsymmetrischem Stoß ohne Schräge mit Dickenunterschieden ≤ 3 mm oder mit symmetrischem Stoß ohne Schräge	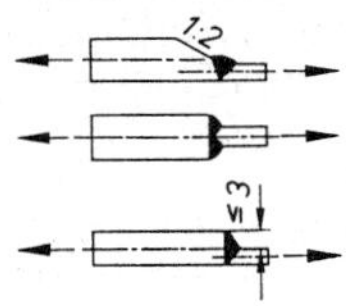
313	*Stumpfnaht*-Normalgüte und *durchlaufendes Teil*, beide quer zur Kraftrichtung, z. B. an Kreuzungsstellen von Gurtblechen mit Querschnittsverbreiterungen, die durch Stumpfnaht-Normalgüte angeschweißt sind; Nahtenden kerbfrei bearbeitet.	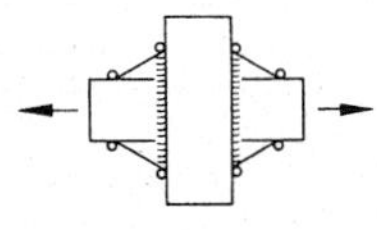
331	*Durchlaufendes Teil*, an das quer zur Kraftrichtung Teile mit durchlaufender Doppelkehlnaht angeschweißt sind.	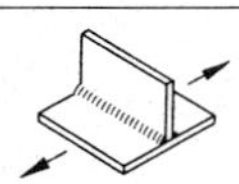
333	*Gurt- und Stegbleche*, an die quer zur Kraftrichtung Schotte oder Steifen mit ununterbrochener Doppelkehlnaht angeschweißt sind. Die Einordnung in den Kerbfall gilt nur für den Bereich der Querkehlnähte.	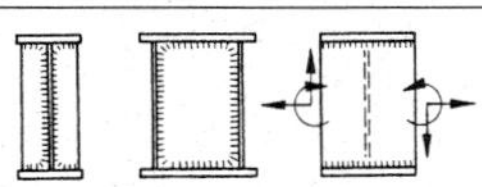
341	*Durchlaufendes Teil*, an dessen Kante an den Enden abgeschrägte Teile längs zur Kraftrichtung mit Kehlnaht oder Doppelkehlnaht angeschweißt sind; Nahtenden kerbfrei bearbeitet.	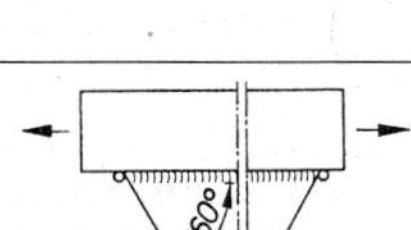

Tafel 8.98 (Fortsetzung)

342	*Durchlaufendes Teil*, an das an den Enden abgeschrägte Teile oder Steifen längs zur Kraftrichtung mit Doppelkehlnaht angeschweißt sind. Die Endnähte sind im Bereich $\geq 5 \cdot t$ kerbfrei bearbeitet.	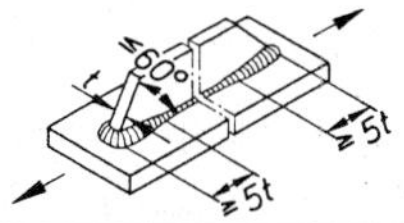
343	*Durchlaufendes Teil*, mit dem ein an den Enden abgeschrägtes oder ausgerundetes und durchgestecktes Blech verschweißt ist. Die Endnähte sind im Bereich $\geq 5 \cdot t$ als DHY-Naht mit Doppelkehlnaht ausgeführt und kerbfrei bearbeitet.	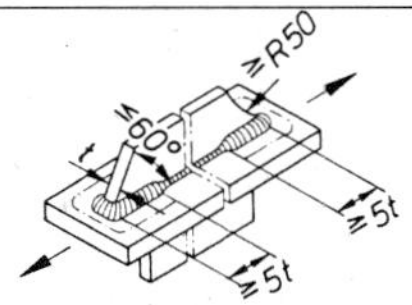
344	*Durchlaufendes* Teil, an das ein Gurtblech mit $t_o \leq 1{,}5 \cdot t_u$ aufgeschweißt ist. Die Endnähte sind im Bereich $\geq 5 \cdot t_o$ als Kehlnaht-Sondergüte mit $a = 0{,}5{\cdot}t$ ausgeführt.	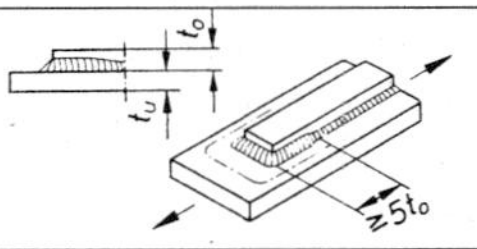
346	*Durchlaufendes Teil*, an das Längssteifen mit unterbrochener Doppelkehlnaht oder durch Ausschnittsschweißung mit Doppelkehlnaht angeschweißt sind. Die Einordnung in den Kerbfall gilt nur für die Bereiche der kurzen Nahtabschnitte zwischen den Endnähten; für diese siehe Nr. 242, 342 oder 442, je nach Ausbildung.	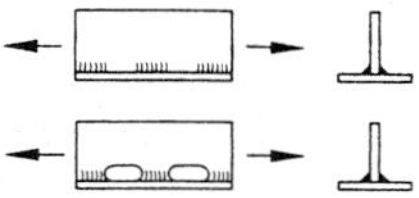
351	Mit *DHY-Naht mit Doppelkehlnaht* quer zur Kraftrichtung *verbundene Teile*	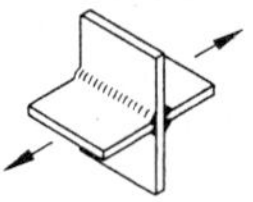
352	*DHY-Naht mit Doppelkehlnaht* in Anschlüssen mit Biegung	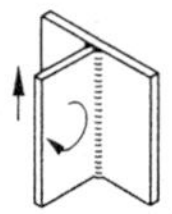
353	*DHY-Naht mit Doppelkehlnaht* zwischen Gurt und Steg bei Angriff von Einzellasten in Stegebene, Druck und Zug quer zur Naht (gilt nur für Querbeanspruchung der Naht)	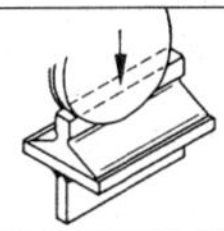
Kerbfall K4 – Besonders starke Kerbwirkung		
412	Mit *Stumpfnaht*-Normalgüte quer zur Kraftrichtung *verbundene* Teile verschiedener Dicken mit unsymmetrischem Stoß ohne Schräge, gestützt Nichtgestützte Stöße bei Berücksichtigung der Außermittigkeit	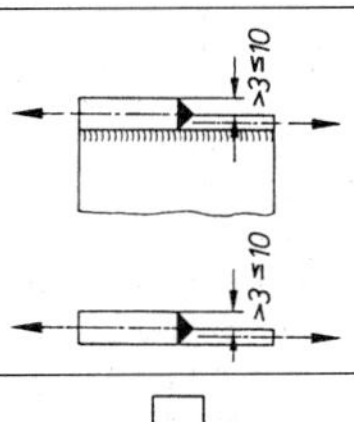
413	Mit *Stumpfnaht*-Normalgüte quer zur Kraftrichtung *verbundene Teile* an Kreuzungsstellen, z. B. von Gurtblechen	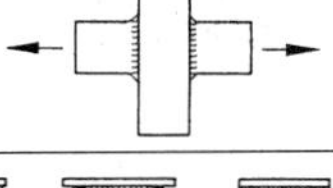
433	*Gurt- und Stegbleche*, an die Schotte mit ununterbrochener einseitiger Kehlnaht quer zur Kraftrichtung angeschweißt sind.	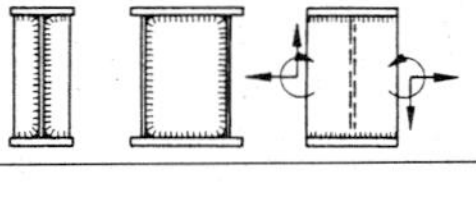

Tafel 8.98 (Fortsetzung)

441	*Durchlaufendes Teil*, an dessen Kante längs zur Kraftrichtung rechtwinklig endende Teile angeschweißt sind.	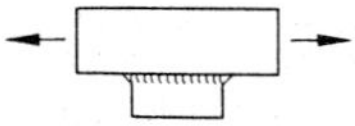
442	*Durchlaufendes Teil*, auf das rechtwinklig endende Teile, z. B. Steifen oder Knaggen zur Schienenbefestigung, längs zur Kraftrichtung mit Doppelkehlnaht aufgeschweißt sind.	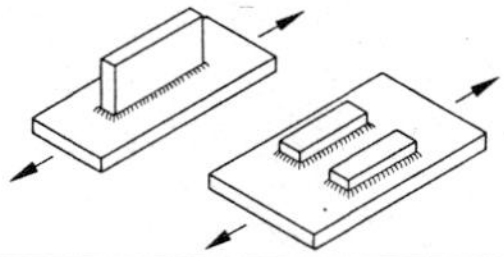
443	*Durchlaufendes Teil*, mit dem ein rechtwinklig durchgestecktes Blech mit Doppelkehlnaht verschweißt ist.	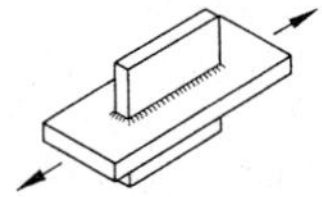
444	*Durchlaufendes Teil*, auf dem ein mit umlaufender Kehlnaht aufgeschweißtes Gurtblech endet.	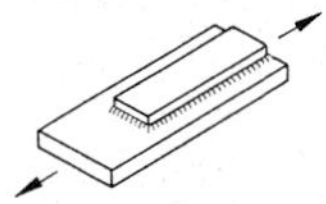
446	*Durchlaufende Teile*, zwischen denen Bindebleche mit Kehlnaht oder Stumpfnaht-Normalgüte eingeschweißt sind.	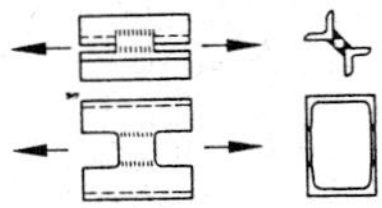
447	*Durchlaufende Teile*, auf die Stäbe mit Kehlnähten ringsumlaufend aufgeschweißt sind.	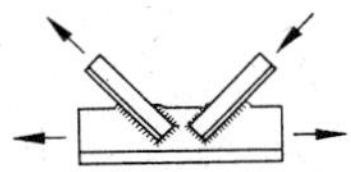
448	*Stäbe aus Rohren*, die mit Kehlnähten ringsumlaufend verschweißt sind.	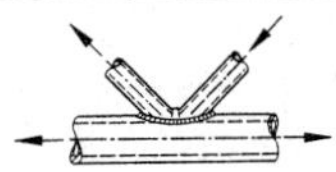
449	*Stoßlaschen*, die auf Teile von $t_u \geq t_o$ mit Stirn- und Flankenkehlnähten aufgeschweißt sind.	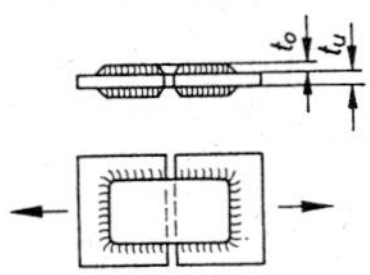
451	Durch *Doppelkehlnaht* oder *HV-Naht* mit Wurzelunterlage quer zur Kraftrichtung *verbundene Teile*	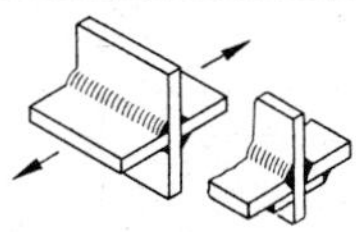
452	Durch *Doppelkehlnaht*-Anschluss mit Biegung angeschlossenes Teil	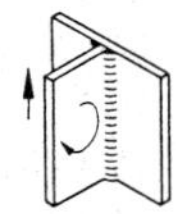
453	Doppelkehlnaht zwischen Gurt und Steg bei Angriff von Einzellasten in Stegebene, Druck und Zug quer zur Naht (gilt nur für Querbeanspruchung der Naht)	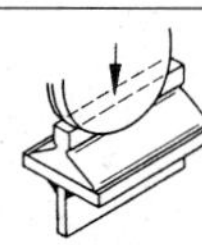

- Spannungsverhältnis $\kappa = \sigma_u / \sigma_o$; σ_u und σ_o sind die extremalen Spannungen, die an ein und demselben Ort, aber zu verschiedenen Zeitpunkten wirken. σ_u ist die betragsmäßig kleinere Spannung; σ_o ist die betragsmäßig größere Spannung.
- Beanspruchungsgruppe (BG): Einstufung von Kranen nach Tafel 8.91a/b. Kranbahnen werden derselben BG zugeordnet wie die zugehörige Kranbrücke. Wird die Kranbahn von mehreren Kranbrücken befahren, so kann die BG für die Einwirkungskombinationen „beide Kranbrücken gleichzeitig" um 1 gesenkt werden, wenn maximal 1/3 der Fahrten gemeinsam erfolgen. Eine Absenkung der BG um 2 ist möglich, wenn maximal 1/10 der Fahrten gemeinsam stattfinden.

b) Grenzspannung grenz σ_{Be} bestimmen

- grenz $\sigma_{Be,\kappa=-1}$ für das Spannungsverhältnis $\kappa = -1$ aus Tafel 8.103 bestimmen
- Für den tatsächlichen Wert κ wird mit den Formeln aus Tafel 8.104 grenz σ_{Be} ermittelt.
- Kappung: grenz σ_{Be} darf im Regelfall maximal den Grenzwert 16 kN/cm² (S 235) bzw. 24 kN/cm² (S 355) erreichen; höhere Werte werden grundsätzlich gekappt. Auf die Kappung kann in folgenden Fällen verzichtet werden:
  - Die nachzuweisende Spannung enthält Zwängungsspannungen, z. B. aus Radlasteinleitung;
  - bei Nachweisen nach der Kombinationsformel (siehe Abschnitt 6.4 b);
  - bei Nachweisen nach dem Verfahren Elastisch-Plastisch.

  In keinem Fall darf grenz σ_{Be} 24 kN/cm² (S 235) bzw. 36 kN/cm² (S 355) überschreiten.

c) grenz τ_{Be} für Grundwerkstoff und Schweißnähte

- Grundwerkstoff: grenz $\tau_{Be,\kappa} = \text{grenz}\, \sigma_{Be,z,\kappa} / \sqrt{3}$ mit grenz $\sigma_{Be,z,\kappa}$ nach Kerbfall W0
- Schweißnähte: grenz $\tau_{Be,\kappa} = \text{grenz}\, \sigma_{Be,z,\kappa} / \sqrt{2}$ mit grenz $\sigma_{Be,z,\kappa}$ nach Kerbfall K0
- Kehlnähte: grenz $\tau_{Be,\kappa}$ ist stets mit dem Faktor 0,6 abzumindern.
- Bauteile: grenz $\tau_{Be,\kappa}$ ist nach den o. g. Regeln ggf. auf 9 kN/cm² (S 235) bzw. 13,5 kN/cm² (S 355) zu kappen und darf 13,9 kN/cm² (S 235) bzw. 20,8 kN/cm² (S 355) nicht überschreiten.
- Schweißnähte: grenz $\tau_{Be,\kappa}$ ist ggf. auf 13,5 kN/cm² (S 235) bzw. 17 kN/cm² (S 355) zu kappen und darf 17 kN/cm² (S 235) bzw. 25,5 kN/cm² (S 355) auf keinen Fall überschreiten.

6.4 Nachweisführung

a) Der Nachweis wird grundsätzlich mit $\sigma / \text{grenz}\, \sigma_{Be} \le 1$ und $\tau / \text{grenz}\, \tau_{Be} \le 1$ geführt.

b) Wird die Kranbahn von mehreren Kranbrücken befahren oder verursachen unterschiedliche Räder oder Radgruppen einer einzelnen Kranbrücke mehr als ein Spannungsmaximum am nachzuweisenden Punkt, so ist zusätzlich ein Nachweis nach der Kombinationsformel zu führen:

$$\sum_i \left(\frac{\max \genfrac{}{}{0pt}{}{\sigma}{\tau}}{\text{grenz}\, \genfrac{}{}{0pt}{}{\sigma}{\tau}\text{Be}} \right)_i^k + \left(\frac{\max \genfrac{}{}{0pt}{}{\sigma}{\tau}}{\text{grenz}\, \genfrac{}{}{0pt}{}{\sigma}{\tau}\text{Be}} \right)^k \le 1$$

Einzelkrane i alle Krane gemeinsam

Tafel 8.103 grenz $\sigma_{Be,\kappa=-1}$ in kN/cm² in Abhängigkeit von der BG und dem Kerbfall

	S 235						S 355						S 235, S 355	
BG	**W0**	**W1**	**W2**	**K0**	**K1**	**K2**	**W0**	**W1**	**W2**	**K0**	**K1**	**K2**	**K3**	**K4**
B 1	28,5	22,8	20,0	28,5	28,5	28,5	38,8	30,9	24,7	38,8	38,8	35,6	25,5	15,3
B 2	24,0	19,2	16,8	24,0	24,0	24,0	31,3	24,9	19,9	31,3	30,0	25,2	18,0	10,8
B 3	20,2	16,1	14,1	20,2	20,2	17,8	25,2	20,1	16,1	23,8	21,2	17,8	12,7	7,6
B 4	17,0	13,6	11,9	16,8	15,0	12,6	20,3	16,2	12,9	16,8	15,0	12,6	9,0	5,4
B 5	14,3	11,4	10,0	11,9	10,6	8,9	16,4	13,0	10,4	11,9	10,6	8,9	6,4	3,8
B 6	12,0	9,6	8,4	8,4	7,5	6,3	13,2	10,5	8,4	8,4	7,5	6,3	4,5	2,7

Tafel 8.104 Grenzspannungen grenz σ_{Be} für beliebige Spannungsverhältnisse κ

	Die nachzuweisende Normalspannung ist eine ...	
	Zugspannung (Index z)	Druckspannung (Index d)
$-1<\kappa<0$ Wechselbereich	$\text{grenz}\,\sigma_{Be,z,\kappa<0} = \frac{5}{3-2\kappa}\cdot \text{grenz}\,\sigma_{Be,\kappa=-1}$	$\text{grenz}\,\sigma_{Be,d,\kappa<0} = \frac{2}{1-\kappa}\cdot \text{grenz}\,\sigma_{Be,\kappa=-1}$
$\kappa=0$	$\text{grenz}\,\sigma_{Be,z,\kappa=0} = \frac{5}{3}\cdot \text{grenz}\,\sigma_{Be,\kappa=-1}$	$\text{grenz}\,\sigma_{Be,d,\kappa=0} = 2\cdot \text{grenz}\,\sigma_{Be,\kappa=-1}$
$0<\kappa<1$ Schwellbereich	$\text{grenz}\,\sigma_{Be,z,\kappa>0} = \dfrac{\text{grenz}\,\sigma_{Be,z,\kappa=0}}{1-\left(1-\dfrac{\text{grenz}\,\sigma_{Be,z,\kappa=0}}{\text{grenz}\,\sigma_{Be,z,\kappa=+1}}\right)\cdot\kappa}$	$\text{grenz}\,\sigma_{Be,d,\kappa>0} = \dfrac{\text{grenz}\,\sigma_{Be,d,\kappa=0}}{1-\left(1-\dfrac{\text{grenz}\,\sigma_{Be,d,\kappa=0}}{\text{grenz}\,\sigma_{Be,d,\kappa=+1}}\right)\cdot\kappa}$
$\kappa=+1$	$\text{grenz}\,\sigma_{Be,z,\kappa=+1} = 27{,}8\,\text{kN/cm}^2$ (S 235) $\text{grenz}\,\sigma_{Be,z,\kappa=+1} = 39{,}0\,\text{kN/cm}^2$ (S 355)	$\text{grenz}\,\sigma_{Be,d,\kappa=+1} = 33{,}3\,\text{kN/cm}^2$ (S 235) $\text{grenz}\,\sigma_{Be,d,\kappa=+1} = 46{,}8\,\text{kN/cm}^2$ (S 355)

Mit dem ersten Glied der Formel ist die Summe über alle Einzelkrane zu bilden (max σ_i, max τ_i sind die Höchstspannungen infolge des Krans *i*). Mit dem letzten Ausdruck wird die Wirkung aller Kranbrücken gemeinsam berücksichtigt (max σ und max τ sind die Höchstspannungen infolge gemeinsamer Wirkung aller Krane). Dieses letzte Glied entfällt, wenn nur eine Kranbrücke vorhanden ist oder die Krane gemeinsam keine höheren Spannungen erzeugen als ein Einzelkran. Es gilt:

$k = 3{,}323$ für die Kerbfälle K0 bis K4

$k = 5{,}336$ für die Kerbfälle W0 bis W2 bei S 355

$k = 6{,}635$ für die Kerbfälle W0 bis W2 bei S 235

Auf den Nachweis nach der Kombinationsformel darf verzichtet werden,

- wenn zwischen zwei Spannungsmaxima (max σ) die Spannungen den Wert max $\sigma/2$ nicht unterschreiten; die beiden Lastwechsel werden dann als nur ein Lastwechsel behandelt.
- wenn gilt: $\max\sigma \le 0{,}85\cdot \text{grenz}\,\sigma_{Be,BG6}$ (die nachzuweisende Spannung ist kleiner als 85 % der zulässigen Beanspruchbarkeit in der höchsten Beanspruchungsgruppe B 6 für das vorhandene Spannungsverhältnis κ).

7 Biegedrillknicknachweis (BDK)

Für den BDK-Nachweis ist i. d. R. die EK $1{,}35\cdot(G+\varphi\cdot R+H)$ maßgebend. Möglichkeiten:

a) Der BDK-Nachweis läßt sich nach DIN 18 800-2 El. 323 Gl. (30) vereinfacht führen, wenn die beim Kranbahnträger stets vorhandenen Torsionsmomente M_x durch eine Verdopplung des in Gl. (30) einzusetzenden Querbiegemoments M_z berücksichtigt werden [8.54]. Für $N = 0$ ist nachzuweisen:

$$\frac{M_{y,d}}{\kappa_M\cdot M_{pl,y,d}}\cdot k_y + \frac{2\cdot M_{z,d}}{M_{pl,z,d}}\cdot k_z \le 1 \quad \text{mit}$$

- $k_y = 1{,}0$ und $k_z = 1{,}0$ (bei $N = 0$ nach DIN 18 800-2, El. 320–321)
- $M_{ki,y} = 1{,}32\cdot b\cdot t\cdot \dfrac{EI_y}{l\cdot h^2}$

  (Nur für doppeltsymmetrische I-Profile mit Trägerhöhen $h \le 60$ cm. Zur Berechnung von $M_{ki,y}$ bei anderen Profilen wird auf die einschlägige Literatur, z. B. [8.52], verwiesen.)
- $\bar{\lambda}_M = \sqrt{M_{pl,y,d}/M_{ki,y,d}}$ bezogener Schlankheitsgrad

– $\kappa_M = \left(\frac{1}{(1+\bar{\lambda}_M^{2n})} \right)^{1/n}$ für $\bar{\lambda}_M > 0{,}4$; andernfalls ist $\kappa_M = 1$; siehe El. 311

mit $n = 2$ (geschweißter Kranbahnträger) bzw. $n = 2{,}5$ (Walzprofil)

b) Der BDK-Nachweis als Biegeknicknachweis des gedrückten Kranbahnträger-Obergurts ist eine weitere, auf der sicheren Seite liegende, einfache Nachweisform für Kranbahnträger. Der herausgeschnittene Obergurt wird dabei als Druckstab mit einachsiger Biegung betrachtet [8.54].

c) Den BDK-Nachweis als Spannungsnachweis nach Theorie II. Ordnung unter Berücksichtigung von Ersatzimperfektionen zu führen ist zweckmäßig, setzt aber die Verfügbarkeit geeigneter Software zur Spannungsberechnung (Wölbkrafttorsion und Effekte nach Theorie II. Ordnung aus der Querschnittsverdrehung) voraus.

8 Beulnachweis für das Stegblech unter der Radlast

Bedingt durch das Vorhandensein von Querspannungen σ_y aus der Radlast ist stets ein Beulnachweis erforderlich [8.54]. Ein ersatzweiser b/t--Nachweis ist nicht möglich.

Maßgebend für den Beulnachweis ist i. d. R. die Grundkombination aus ständigen Einwirkungen und den vertikalen Radlasten als größte einzelne veränderliche Einwirkung ($1{,}35 \cdot G + 1{,}5 \cdot \varphi \cdot R$).

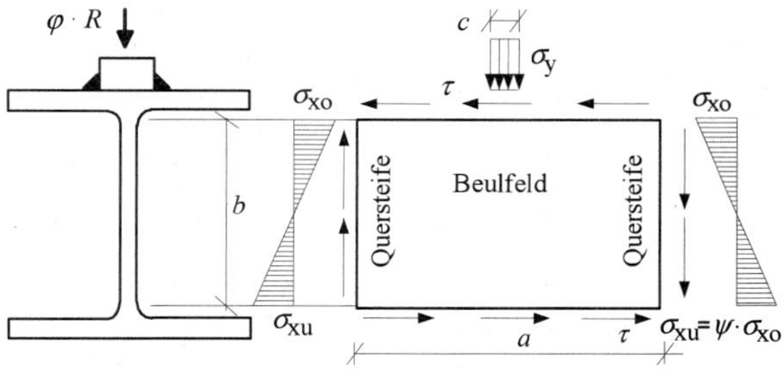

Dabei ist die Radposition maßgebend, die zum maximalen Feldmoment führt. Der Beulnachweis von Kranbahnträgern ohne Längssteifen kann nach dem Ablaufdiagramm auf Seite 8.106 geführt werden. Die Querspannungen im Steg aus Radlasteinleitung werden beim Beulnachweis nach DIN 18 800-3 als σ_y bezeichnet; sie sind identisch mit den in Abschnitt 4 berechneten Lasteinleitungsspannungen $\bar{\sigma}_z$. Wurden die Spannungen σ_y wegen einer elastischen Schienenunterlage um 25 % abgemindert, so ist für den Beulnachweis die Lasteinleitungsbreite c um 1/3 zu vergrößern, damit gilt: $F = \sigma_y \cdot c \cdot t$. Bei nebeneinander stehenden Radlasten ist deren gemeinsame Beulwirkung ggf. zu berücksichtigen, siehe [8.54].

Die Beulwerte $k_{\sigma y}$ und $k_{\sigma x}$ können den Tafeln 8.105a und 8.105b entnommen werden. Die gegebenen Werte $k_{\sigma x}$ sind die Minimalwerte aus den Girlandenkurven, die für Seitenverhältnisse $\alpha = a/b \geq 1$ gelten. Für $\alpha < 1$ können die Beulwerte auf der sicheren Seite liegend auch verwendet werden.

Tafel 8.105a Beulwerte $k_{\sigma y}$ nach [8.52]

	$\alpha = a/b$									
$\beta = c/a$	**0,5**	**1**	**2**	**3**	**4**	**6**	**8**	**10**	**20**	**30**
0,0	12,5	3,23	1,17	0,73	0,52	0,34	0,25	0,20	0,10	-
0,1	13	3,27	1,21	0,79	0,59	0,47	0,40	0,35	0,24	0,19
0,2	13,5	3,35	1,27	0,86	0,68	0,60	0,54	0,51	0,42	0,37
0,4	15	3,67	1,45	1,06	0,91	0,84	0,80	0,77	0,70	0,67
0,6	17	4,22	1,72	1,33	1,19	1,12	1,09	1,06	1,00	0,98
1,0	21	6,08	2,55	2,03	1,93	1,81	1,77	1,72	1,68	1,65

Tafel 8.105b Beulwerte $k_{\sigma x}$ für $\alpha = a/b \geq 1$ nach [8.53]

$\psi = \sigma_{xu}/\sigma_{xo}$	**0,0**	**– 0,4**	**– 0,8**	**– 1,0**	**– 1,2**	**– 1,4**	**– 1,6**	**– 1,8**	**– 2,0**
min $k_{\sigma x}$	7,8	11,9	19,2	23,9	28,9	34,4	40,4	46,9	53,8

Beulnachweis für ein längssteifenloses Beulfeld unter einer Radlast nach DIN 18 800-3

Geg.: Kranbahnträgerquerschnitt mit Quersteifenabstand a, Beulfeldhöhe b, Beulfelddicke t

Bemessungswert der Querspannung $\sigma_y = \gamma_F \cdot \varphi \cdot R/(c \cdot t)$; $c = 2 \cdot h + 5\,\text{cm}$ (S. 8.95)

Bemessungswerte der Spannungen σ_{xu}, σ_{xo}, τ gemäß DIN 18 800-3 El. 403 und 404

$$\alpha = \frac{a}{b}\ ;\quad \beta = \frac{c}{a}\ ;\quad \psi = \frac{\sigma_{xu}}{\sigma_{xo}}\ ;\quad \sigma_e = \frac{\pi^2 \cdot E}{12(1-\mu^2)} \cdot \left(\frac{t}{b}\right)^2$$

$k_{\sigma y}$ nach 8.105a; $k_{\sigma x}$ nach 8.105b

$$k_\tau = 5{,}34 + \frac{4}{\alpha^2} \text{ für } \alpha \geq 1\ ;\quad k_\tau = 4{,}00 + \frac{5{,}34}{\alpha^2} \text{ für } \alpha < 1$$

$$\sigma_{xPi} = k_{\sigma x} \cdot \sigma_e\ ;\quad \sigma_{yPi} = k_{\sigma y} \cdot \sigma_e \cdot \frac{a}{c}\ ;\quad \tau_{Pi} = k_\tau \cdot \sigma_e$$

$$\bar{\lambda}_{P\sigma x} = \sqrt{\frac{f_{y,k}}{\sigma_{xPi}}}\ ;\quad c_x = 1{,}25 - 0{,}25 \cdot \psi \leq 1{,}25\ ;\quad \kappa_x = c_x \left(\frac{1}{\bar{\lambda}_{P\sigma x}} - \frac{0{,}22}{\bar{\lambda}^2_{P\sigma x}}\right) \leq 1$$

$$\bar{\lambda}_{P\sigma y} = \sqrt{\frac{f_{y,k}}{\sigma_{yPi}}}\ ;\quad c_y = 1{,}0\ ;\quad \kappa_y = c_y \left(\frac{1}{\bar{\lambda}_{P\sigma y}} - \frac{0{,}22}{\bar{\lambda}^2_{P\sigma y}}\right) \leq 1\ ;\quad \bar{\lambda}_{P\tau} = \sqrt{\frac{f_{y,k}}{\tau_{Pi} \cdot \sqrt{3}}}\ ;\quad \kappa_\tau = \frac{0{,}84}{\bar{\lambda}_{P\tau}} \leq 1$$

Muss knickstabähnliches Verhalten in x-Richtung nach DIN 18 800-3 El. 602 berücksichtigt werden? (Bei Krahnbahnträgern ist dies in der Regel nicht der Fall.)

- nein: $\kappa_{\Sigma x} = \kappa_x$
- ja: κ_{xPk} nach DIN 18 800-3 El. 603; $\kappa_{\Sigma x} = \kappa_{xPk}$

$$\Lambda = \bar{\lambda}^2_{P\sigma y} + 0{,}5 \quad \begin{matrix} \geq 2 \\ \leq 4 \end{matrix}\ ;\quad \sigma_{yki} = 1{,}88 \cdot \sigma_e\ ;\quad \rho_y = \frac{\Lambda - \sigma_{yPi}/\sigma_{yki}}{\Lambda - 1}$$

Knickstabähnliches Verhalten in y-Richtung nach DIN 18 800-3 El. 602: $\rho_y \geq 0$?

- nein: $\kappa_{\Sigma y} = \kappa_y$
- ja:

$$\kappa_{yPk} = (1 - \rho_y^2) \cdot \kappa_y + \rho_y^2 \cdot \kappa_{yK}$$

κ_y, ρ_y: siehe oben

$\kappa_{yK} = 1$ für $\bar{\lambda}_{P\sigma y} \leq 0{,}2$

$$\kappa_{yK} = \frac{1}{(k + \sqrt{k^2 - \bar{\lambda}_{P\sigma y}{}^2})} \quad \text{für } \bar{\lambda}_{P\sigma y} > 0{,}2$$

mit

$$k = 0{,}5 \cdot \left[1 + 0{,}34(\bar{\lambda}_{P\sigma y} - 0{,}2) + \bar{\lambda}^2_{P\sigma y}\right]$$

$\kappa_{\Sigma y} = \kappa_{yPk}$

$$\sigma_{xP,R,d} = \kappa_{\Sigma x} \cdot f_{y,d};\ \sigma_{yP,R,d} = \kappa_{\Sigma y} \cdot f_{y,d};\ \tau_{P,R,d} = \kappa_\tau \frac{f_{y,d}}{\sqrt{3}}$$

$$\frac{\sigma_{xo}}{\sigma_{xP,R,d}} \leq 1 \text{ und } \frac{\sigma_y}{\sigma_{yP,R,d}} \leq 1 \text{ und } \frac{\tau}{\tau_{P,R,d}} \leq 1 \ ?$$

- nein: Nachweis nicht erfüllt
- ja:

$$e_1 = 1 + \kappa^4_{\Sigma x}\ ;\ e_2 = 1 + \kappa^4_{\Sigma y}\ ;\ e_3 = 1 + \kappa_{\Sigma x} \cdot \kappa_{\Sigma y} \cdot \kappa_\tau^2\ ;\ V = (\kappa_{\Sigma x} \cdot \kappa_{\Sigma y})^6$$

$$\left(\frac{|\sigma_{xo}|}{\sigma_{xP,R,d}}\right)^{e_1} + \left(\frac{|\sigma_y|}{\sigma_{yP,R,d}}\right)^{e_2} - V \cdot \left(\frac{|\sigma_{xo} \cdot \sigma_y|}{\sigma_{xP,R,d} \cdot \sigma_{yP,R,d}}\right) + \left(\frac{\tau}{\tau_{P,R,d}}\right)^{e_3} \leq 1 \ ?$$

- nein: Nachweis nicht erfüllt
- ja: Beulsicherheitsnachweis erfüllt

9 Gebrauchstauglichkeitsnachweis

DIN 4132 enthält keine Vorschriften für den Gebrauchstauglichkeitsnachweis. Sind keine Anforderungen des Herstellers der Kranbrücke bekannt, empfiehlt sich die Begrenzung der vertikalen Durchbiegungen infolge der charakteristischen Radlasten ohne Schwingbeiwerte auf $l/500$ (l Feldweite der Kranbahn), die horizontalen Durchbiegungen sollen auf $l/600$ begrenzt bleiben. Die Durchbiegungen sollen 2 cm nicht überschreiten. Mit den Werten aus Tafel 8.107 lässt sich die Durchbiegung einer einfeldrigen oder zweifeldrigen Kranbahn (Eigengewicht g) infolge einer zweirädrigen Lastengruppe ($R = R_1 = R_2$) bestimmen. Die Durchbiegung eines mehrfeldrigen Kranbahnträgers kann näherungsweise mit den Werten des Zweifeldträgers abgeschätzt werden.

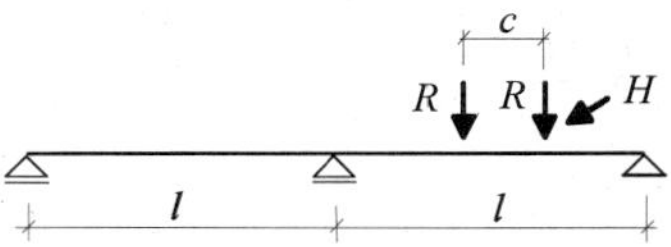

- Eingangswert c/l ; c Achsabstand der Kranbrücke
- γ aus Tafel 8.107 ablesen
- Die maximale vertikale Durchbiegung w beträgt:

$$w = \frac{\gamma \cdot R \cdot l^3}{100 \cdot EI_y} + z \cdot \frac{g \cdot l^4}{EI_y}$$

mit $z = 0{,}0130$ (Einfeldträger) bzw. $z = 0{,}0054$ (Zweifeldträger)

- Die maximale horizontale Durchbiegung u bezogen auf die Schienenoberkante infolge einer einzelnen Kraft H lässt sich abschätzen mit:

$$u = \frac{\gamma \cdot H \cdot l^3}{100 \cdot EI_{z,Og}}$$

mit $\gamma = 2{,}08$ (Einfeldträger) bzw. $\gamma = 1{,}50$ (Zwei- und Mehrfeldträger)

$I_{z,Og}$ Flächenmoment 2. Grades des Obergurts

Für doppeltsymmetrische Profile gilt: $I_{z,Og} \approx I_z/2$

Tafel 8.107 Parameter γ für die Berechnung der Durchbiegung nach [8.52]

c/l	Einfeldträger γ	Zweifeldträger γ	c/l	Einfeldträger γ	Zweifeldträger γ	c/l	Einfeldträger γ	Zweifeldträger γ
0,00	4,17	3,01	0,35	3,49	2,46	0,70	1,82 *)	1,23 *)
0,05	4,15	2,99	0,40	3,30	2,31	0,75	1,53 *)	1,08 *)
0,10	4,11	2,96	0,45	3,09	2,15	0,80	1,23 *)	0,99 *)
0,15	4,03	2,90	0,50	2,86	1,98	0,85	0,93 *)	0,94 *)
0,20	3,93	2,81	0,55	2,62	1,80	0,90	0,62 *)	0,91 *)
0,25	3,81	2,71	0,60	2,37	1,62	0,95	0,31 *)	0,90 *)
0,30	3,66	2,59	0,65	2,10	1,42 *)	1,00	0,00 *)	0,91 *)

*) Falls ein Rad der Kranbrücke den Träger verlassen kann, ist für den Einfeldträger ein Mindestwert von $\gamma_{Einfeld} = 2{,}08$ bzw. für den Zweifeldträger ein Mindestwert von $\gamma_{Zweifeld} = 1{,}50$ zu berücksichtigen.

10 Daten für die Planung einer Krananlage

10.1 Schienentypen und ihre Befestigung

- Flachstahlschiene, Rechteckprofil; Befestigung durch Anschweißen an den Kranbahnträger mit einer durchlaufenden, beidseitigen Kehlnaht. Wenn die Schiene als nicht mittragend angenommen wird *und* die Beanspruchungsgruppe höchstens B 3 ist *und* die Kranbahn keinen korrosiven Einflüssen ausgesetzt ist, kann die Schiene auch kostensparend unterbrochen ausgeführt werden.
- Form A (mit Fußflansch), A 45 bis A 120; Befestigung durch Anklemmen an die Kranbahn
- Form F (flach), F 100 und F 120; Befestigung durch Anklemmen an die Kranbahn.

Da Schienen dem Verschleiß unterliegen, ist grundsätzlich 25 % Abnutzung der Schienenköpfe anzunehmen. Bei Flachstahlschienen gilt die gesamte Schiene als Schienenkopf. Tafel 8.108a zeigt die Querschnittswerte der abgenutzten Schienen. Die Größe der zu wählenden Schiene hängt auch vom Laufraddurchmesser ab, siehe Tafel 8.108b.

Tafel 8.108a Querschnittswerte abgenutzter (!) Kranschienen

Schiene	Schienen-höhe in cm	Quer-schnitt A in cm²	I_y in cm⁴	I_z in cm⁴	I_T in cm⁴
A 45	5,0	26,1	68	165	30
A 55	5,9	37,4	136	328	66,7
A 65	6,8	50,9	244	593	132
A 75	7,7	66,1	406	985	232
A 100	8,5	85,6	642	1270	496
A 120	9,3	115,0	992	2190	941
F 100	7,0	63,4	280	463	418
F 120	7,0	77,4	337	825	628

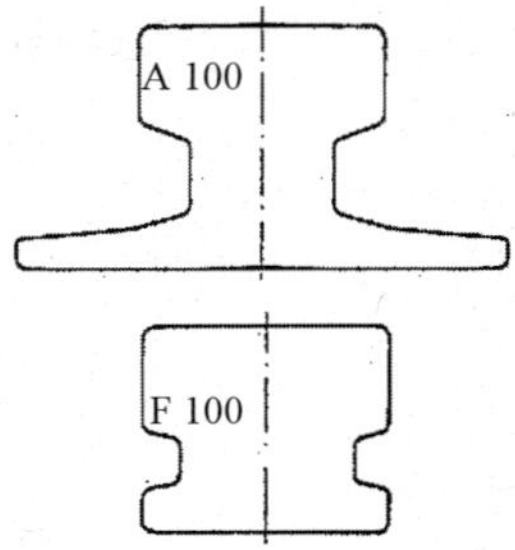

Tafel 8.108b Zuordnung der Kranschienen zum Laufraddurchmesser (DIN 15 072)

Laufraddurchmesser in mm	200, 250	315	400, 500, 630	800	1000	1250
Kranschienen	A 45	A 45, A 55	A 55, A 65, A 75	A 65, A 75, A 100	A 75, A 100	A 100
	-	-	F 100		F 120	-

10.2 Abmessungen von Brückenlaufkranen

Die Tafeln 8.108c und 8.109a (nach VDI Richtlinie 2388) enthalten Entwurfsmaße für Brückenkrane als Funktion der Hublast. In bestimmten Fällen müssen zusätzliche Sicherheitsabstände zur Seite berücksichtigt werden, siehe dazu BGV D6. Radlasten R können Tafel 8.109b entnommen werden.

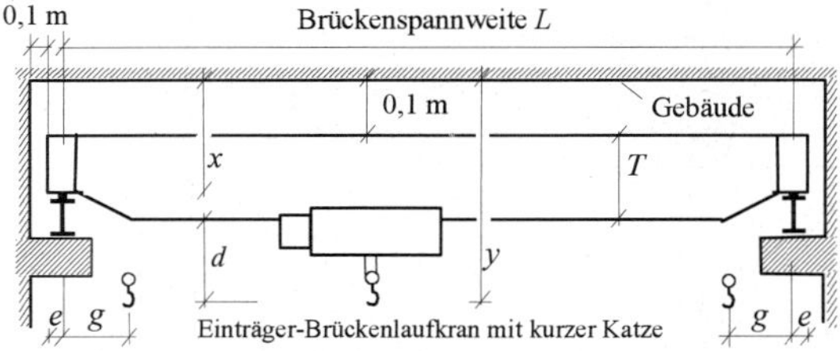

(zu Tafel 8.108c)

Tafel 8.108c Entwurfsmaße für Einträger-Brückenlaufkrane (nach VDI-Richtlinie 2388)

Traglast in t	Spannweite L in m	e in cm	Radstand c in cm	Trägerhöhe T in cm	x in cm	d in cm	g in cm	y in cm
2	12,5	10	200	43	49	63	100	116
	15		200	58				131
	19		250	68				141
	24		315	70	50			143
5	12,5	10	200	58	49	71	108	129
	15		200	68				149
	19		250					
	24		315	90	50			171
6,3	12,5	13	200	68	49	71	108	149
	15		250					
	19		250	79				160
	24		315	100	50			181
8	12,5	13	200	71	49	91	136	172
	15		200					
	19		250	91	50			192
	24		315	102				203
10	12,5	13	200	71	50	91	136	172
	15		200	79				180
	19		250	99				200
	24		315					

Tafel 8.109a Entwurfsmaße für Zweiträger-Brückenlaufkrane (nach VDI-Richtlinie 2388)

Traglast in t	Spannweite *L* in m	*e* in cm	Radstand *c* in cm	Trägerhöhe *T* in cm	*x* in cm	*u* in cm	*g* in cm	*y* in cm
	10		200	37		0		
	15	10	250	55	139	18		
5	20		315	65		28	65	134
	25	13	400	87	140	48		
	30		456	107		68		
	10	10	200	55	144	18		
	15		250	77		38		
10	20	13	315	97	145	58	75	148
	25		400	107		68		
	30		456	132		93		
	10		200	69		19		
	15		250	89		39		
16	20	17	315	99	177	49	97	185
	25		400	109		59		
	30		456	149		99		
	10		250	69		19		
	15		250	99		49		
20	20	17	315	109	187	59	97	198
	25		400	134		84		
	30		456	149		99		

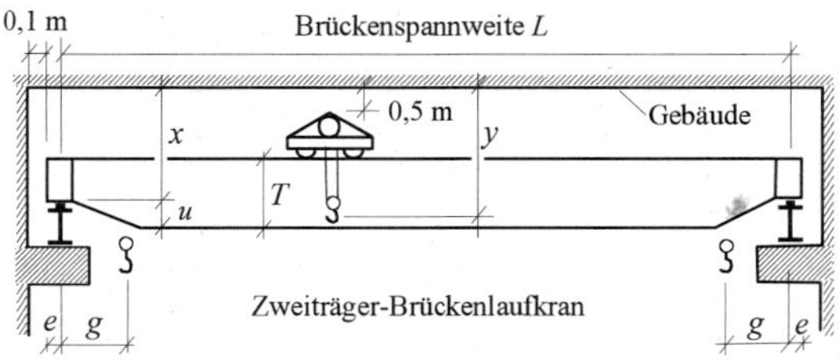

(zu Tafel 8.109a)

10.3 Radlasten und Profilgrößen von Kranbahnen

Radlasten können mit Hilfe der Tafel 8.109b abgeschätzt werden; siehe auch VDI-Richtlinie 2388. Mit Tafel 8.110 lässt sich die erforderliche Profilgröße einer ein- oder zweifeldrigen Kranbahn als Funktion der charakteristischen Radlast *R*, des Achsabstandes *c* der Kranbrücke und der Kranbahnspannweite *l* für einen Kran bis zur Einstufung H 2 B 3 abschätzen. Basis der Tabellenwerte ist die Stahlgüte S 235, eine vertikale Durchbiegungsbeschränkung auf *l*/500 und eine horizontale Durchbiegungsbeschränkung auf *l*/600. Ein Stern hinter einer Profilgröße in Tafel 8.110 bedeutet, dass der Gebrauchstauglichkeitsnachweis gegenüber dem Tragfähigkeitsnachweis dimensionierend ist.
Die Anwendung von Tafel 8.110 ersetzt nicht den normgerechten Nachweis der Kranbahn.

Tafel 8.109b Vertikale Radlasten *R* [kN] (ohne Schwingbeiwert) für Zweiträger-Brückenlaufkrane H 2 B 3 ohne Kranträgerlaufbühne und Führerhaus, mit Elektroseilzug

Hublast in t	Spurmittenmaß *l* in m												
	6	8	10	12	14	16	18	20	22	24	26	28	30
3,2	19	21	23	25	27	29	32	34	36	38	40	42	44
5	25	27	29	32	34	36	39	41	44	46	48	51	53
6,3	33	35	38	40	43	45	48	50	53	55	58	60	63
8	42	45	47	50	52	55	57	60	62	65	67	70	72
10	50	53	55	58	61	63	66	69	71	74	77	79	82
12,5	60	63	66	70	73	76	80	83	87	90	93	97	100
16	73	76	80	84	88	92	96	100	104	108	112	116	120
20	89	93	98	102	107	111	116	120	124	129	133	138	142

Tafel 8.110 Richtwerte für die HEB-Profilgröße von Kranbahnen bis H 2 B 3

Radlast (ohne φ) R in kN	Achsabstand c in m	Kranbahn als **Einfeldträger** HEB - Profilgröße l = 5 m	l = 6 m	l = 7 m	l = 8 m	Kranbahn als **Zweifeldträger** HEB - Profilgröße l = 5 m	l = 6 m	l = 7 m	l = 8 m
20	1,6	200	220	240	260 *)	180	200	220	240
	2,0	200	220	240 *)	260 *)	180	200	220	240 *)
	2,5	180	220 *)	240 *)	260 *)	180	200	220 *)	240 *)
25	1,6	220	240	260	280 *)	200	220	240	260 *)
	2,0	220	240	260 *)	280 *)	200	220	240	240
	2,5	200	220	240	280 *)	200	220	220	240
30	1,6	240	240	280	300	220	240	240	260
	2,0	220	240	260	280	220	220	240	260
	2,5	220	240	260	280	200	220	240	260
	3,2	220	240	260	280	200	220	240	260
	4,0	220	240	260 *)	280 *)	200	220	240	260 *)
35	1,6	240	260	280	300	220	240	260	280
	2,0	240	260	280	300	220	240	260	280
	2,5	240	260	280	300	220	240	260	280
	3,2	220	240	280 *)	300	220	240	240	260
	4,0	220	240	260	300 *)	220	240	240	260
40	2,0	240	280	300	320	240	260	280	300
	2,5	240	260	300	320	220	240	260	300
	3,2	240	260	280	300	220	240	260	280
	4,0	240	260	280	300	220	240	260	280
50	2,0	280	300	320	400	260	280	300	320
	2,5	260	300	320	360	240	280	300	320
	3,2	260	280	300	360 *)	240	260	280	300
	4,0	260	280	300	340 *)	240	260	280	300
60	2,0	300	320	400	500 *)	280	300	320	360
	2,5	280	320	360	500 *)	260	300	320	360
	3,2	280	300	340	450 *)	260	280	300	340
	4,0	280	300	340 *)	450 *)	260	280	300	320
70	2,0	300	360	450 *)	800 *)	300	320	360	450
	2,5	300	340	450 *)	700 *)	280	320	340	400
	3,2	300	320	400	650 *)	280	300	340	400
	4,0	300	320	400 *)	600 *)	280	300	320	400 *)
80	2,5	320	400	500 *)	-	300	340	400	500 *)
	3,2	320	360	500 *)	-	300	320	360	500 *)
	4,0	320	360	500 *)	1000 *)	300	320	360	500 *)
	4,6	320	360	500 *)	1000 *)	300	320	360	450 *)
90	2,5	340	450	700 *)	-	320	360	450	650 *)
	3,2	340	400	700 *)	-	300	360	400	650 *)
	4,6	340	400	700 *)	-	300	340	400	600 *)
100	2,5	400	500	-	-	340	400	500	900 *)
	>3,2	400	500 *)	1000 *)	-	320	400	450	900 *)
120	>2,9	450	800 *)	-	-	400	450	700 *)	-
140	>2,9	500	-	-	-	450	550	-	-
160	>3,2	650	-	-	-	500	800 *)	-	-
180	>3,2	900 *)	-	-	-	600	-	-	-
200	>3,2	-	-	-	-	700	-	-	-

Beispiel: Einfeldträger; R = 50 kN; c = 3,5 m; Kranbahnspannweite l = 8 m
ablesen: erforderliches Profil HEB 360 *)

*) Durchbiegungsbegrenzung l/600 horizontal oder l/500 vertikal ist querschnittsbestimmend.

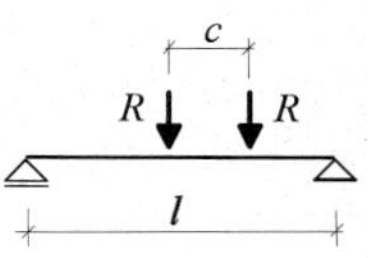

11 Beispielrechnung Kranbahn

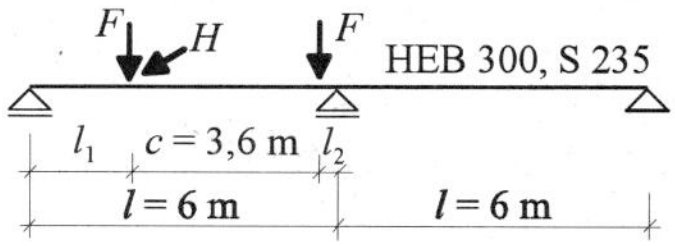

- Zweifeldrige Kranbahn, Querschnitt HEB 300, S 235
- Flachstahl-Kranschiene 5 cm × 3 cm (Schiene abgenutzt), angeschweißt mit Doppelkehlnaht $a_w = 5$ mm
- Die Schiene wird statisch nicht berücksichtigt.
- Eigengewicht Kranbahn mit Schiene $g_k = 1{,}35$ kN/m
- Quersteifen nur an den Auflagern, jeweils an Steg und Flanschen angeschweißt.
- Auflagerung auf Konsolen an den Hallenstützen; Gabellagerung
- Eine einzige Kranbrücke; Kranfahrwerksystem EFF; Einstufung H 2 B 3,
- Radlasten max $R = 75$ kN; $H = 22{,}2$ kN; Radstand $c = 3{,}6$ m; Räder können Träger verlassen.
- Durchbiegungsbegrenzung $w < l/500$ (vertikal) und $f < l/600$ (horizontal), max. jedoch 2 cm.

11.1 Schnittgrößen

Hubklasse H 2 → Schwingbeiwert $\varphi = 1{,}2$

vertikale Radlasten: $F = \varphi \cdot R = 1{,}2 \cdot 75 = 90$ kN

- Maximale Feldmomente M_F nach Seite 8.93:
- $M_{y,F,g} = 0{,}070 \cdot g \cdot l^2 = 0{,}070 \cdot 1{,}35 \cdot 6^2 = 3{,}40$ kNm
- $M_{y,F,R}$; Hilfswerte bestimmen: $\beta = F_1 / F_2 = 1{,}0$; $\alpha = c / l = 3{,}6 / 6 = 0{,}60$
  Beiwerte γ ablesen: $\gamma_{MF} = 0{,}21$; $\gamma_{MSt} = 0{,}179$; $\gamma_A = 1{,}304$; $\gamma_B = 1{,}757$; $\xi_{MF} = 0{,}347$
  $\max M_{y,F,R} = \gamma_{MF} \cdot F \cdot l = 0{,}210 \cdot 90 \cdot 6 = 113{,}4$ kNm bei Pos. $x = l_1 = \xi_{MF} \cdot l = 0{,}347 \cdot 6 = 2{,}1$ m
- $M_{z,F,H}$; Ansatz: $H_1 = H_2 = H/2$; Hilfswerte bestimmen: $\beta = H_1/H_2 = 1{,}0$; $\alpha = 0$
  Beiwerte γ ablesen: $\gamma_{MF} = 0{,}415$; $\gamma_{MSt} = 0{,}193$; $\gamma_A = 2{,}0$; $\gamma_B = 2{,}0$
  $\max M_{z,F,H} = \gamma_{MF} \cdot H/2 \cdot l = 0{,}415 \cdot 11{,}1 \cdot 6 = 27{,}64$ kNm
- Einwirkungskombinationen:
  EK 1: $1{,}35 \cdot (g + \varphi \cdot R + H)$; maßgebend für AS, BDK
  $M_{y,d} = 1{,}35 \cdot (3{,}4 + 113{,}4) = 157{,}7$ kNm ; $M_{z,d} = 1{,}35 \cdot 27{,}64 = 37{,}3$ kNm
  EK 2: $1{,}35 \cdot g + 1{,}5 \cdot \varphi \cdot R$; maßgebend für AS, Beulen
  $M_{y,d} = 1{,}35 \cdot 3{,}4 + 1{,}5 \cdot 113{,}4 = 174{,}7$ kNm ; $M_{z,d} = 0$ kNm
  EK 3: $1{,}00 \cdot (g + \varphi \cdot R + H)$ maßgebend für BFU
  $M_{y,d} = 1{,}0 \cdot (3{,}4 + 113{,}4) = 116{,}8$ kNm ; $M_{z,d} = 0$ kNm

- Zugehörige Querkraft V bei $x = 2{,}1$ m:
- infolge R: $V_R = \Delta M / \Delta l = 113{,}4 / 2{,}1 = 54$ kN
- infolge g: Auflagerkraft $A_g = 0{,}375 \cdot g \cdot l = 0{,}375 \cdot 1{,}35 \cdot 6 = 3{,}04$ kN
  $V_g = A - x \cdot g = 3{,}04 - 2{,}1 \cdot 1{,}35 = 0{,}2$ kN
- EK 2: $V_d = 1{,}35 \cdot 0{,}2 + 1{,}5 \cdot 54 = 81{,}3$ kN

- Maximale Stützmomente M_{St} nach Seite 8.93:
- $M_{y,St,g} = -0{,}125 \cdot g \cdot l^2 = -0{,}125 \cdot 1{,}35 \cdot 6^2 = -6{,}08$ kNm
- $M_{y,St,R}$; Hilfswerte wie bei Feldmomenten; Beiwert $\gamma_{MSt} = 0{,}179$
  $\max M_{y,St,R} = -\gamma_{MSt} \cdot F \cdot l = -0{,}179 \cdot 90 \cdot 6 = -96{,}7$ kNm
- $M_{z,St,H}$; Ansatz: $H_1 = H_2 = H/2$; Hilfswerte bestimmen: $\beta = H_1/H_2 = 1{,}0$; $\alpha = 0$
  Beiwert $\gamma_{MSt} = 0{,}193$; $\max M_{zH} = \gamma_{MSt} \cdot H/2 \cdot l = 0{,}193 \cdot 11{,}1 \cdot 6 = +/- 12{,}85$ kNm
- Einwirkungskombinationen
  EK 1: $M_{y,d} = 1{,}35 \cdot (-6{,}08 - 96{,}7) = -138{,}8$ kNm ; $M_{z,d} = 1{,}35 \cdot 12{,}85 = \pm 17{,}35$ kNm
  EK 2: $M_{y,d} = 1{,}35 \cdot (-6{,}08) + 1{,}5 \cdot (-96{,}7) = -153{,}2$ kNm ; $M_{z,d} = 0$ kNm
  EK 3: $M_{y,d} = 1{,}0 \cdot (-6{,}08 - 96{,}7) = -102{,}8$ kNm ; $M_{z,d} = 0$ kNm

- Maximale Querkraft $V_{b\text{-li}}$ links vom Mittelauflager b
- $V_{b\text{-li,R}} = -10 \cdot 90/10 - 4{,}84 \cdot 90/10 = -133{,}56$ kN
  (siehe Kapitel 4 Statik, Seite 4.23)
  $V_{b\text{-li,g}} = -0{,}625 \cdot g \cdot l = -0{,}625 \cdot 1{,}35 \cdot 6 = -5{,}06$ kN

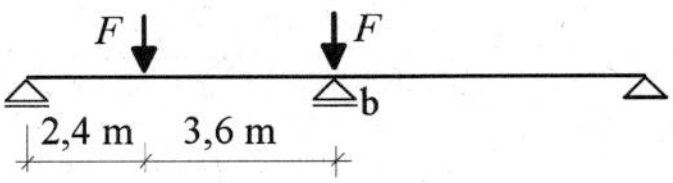

- EK 2: $V_{b\text{-li,d}} = 1{,}35 \cdot (-5{,}1) + 1{,}5 \cdot (-133{,}6) = -207{,}3$ kN
- EK 3: $V_{b\text{-li,d}} = -5{,}1 - 133{,}6 = -138{,}7$ kN

11.2 Spannungsberechnung und Allgemeiner Spannungsnachweis (AS)

- Lasteinleitungsspannungen im Steg:
- $h = h_{\text{Schiene}} + t + r = 3 + 1{,}9 + 2{,}7 = 7{,}6$ cm (siehe S. 8.95)
- $c = 2 \cdot h + 5\text{cm} = 2 \cdot 7{,}6 + 5 = 20{,}2$ cm
- $$\bar{\sigma}_z = -\frac{F}{c \cdot s} = -\frac{90}{20{,}2 \cdot 1{,}1} = -4{,}05 \text{ kN/cm}^2$$
- σ_x im Feld bei $x = 2{,}1$ m an der oberen Flanschkante, EK 1, Tragwirkungssplitting:
- aus Hauptbiegung: $\sigma_{x,d} = M_y / W_y = 15\,770/1680 = 9{,}39 \text{ kN/cm}^2$
- aus Querbiegung: $W_{z,Og} = W_z / 2 = 571/2 = 285 \text{ cm}^3$
  $\sigma_{x,d} = M_z / W_{z,Og} = 3730/285 = 13{,}09 \text{ kN/cm}^2$
- Überlagerung: $\sigma_{v,d} = \sigma_{x,d} = 9{,}39 + 13{,}09 = 22{,}4 \text{ kN/cm}^2 \le 1{,}1 \cdot \sigma_{r,d} = 24 \text{ kN/cm}^2$
  (Faktor 1,1: örtliche Plastizierung zulässig nach DIN 18 800-1 El. 749)
- σ_v am Mittelauflager am oberen Stegrand, EK 2, Laststellung max V (siehe oben):
- $$\tau_{xz,d} = \frac{V_{b\text{-li,d}}}{A_{\text{Steg}}} = \frac{207{,}3}{30{,}9} = 6{,}7 \text{ kN/cm}^2 \le \tau_{r,d} = 12{,}7 \text{ kN/cm}^2$$
- $$\sigma_{x,d} = \frac{-15\,320}{25\,170} \cdot (-30/2 + 1{,}9 + 2{,}7) = 6{,}33 \text{ kN/cm}^2 \quad (\text{mit } M_{y,d} = -153{,}2 \text{ kNm aus EK 2})$$
- $\bar{\sigma}_{z,d} = -1{,}5 \cdot 4{,}05 = -6{,}08 \text{ kN/cm}^2$ (Lasteinleitungsspannungen)
- $$\sigma_{v,d} = \sqrt{6{,}33^2 + 6{,}08^2 + 6{,}33 \cdot 6{,}08 + 3 \cdot 6{,}7^2} = 15{,}8 \text{ kN/cm}^2 \le \sigma_{r,d} = 21{,}8 \text{ kN/cm}^2$$
- Schienenschweißnaht: Die Schiene wird zwar statisch als nicht mitwirkend betrachtet, die Kehlnahtspannungen aus Lasteinleitung sind jedoch trotzdem nachzuweisen.
- $\sigma_\perp$ aus Pressung der Schienenschweißnaht unter der Radlast
  $$\sigma_\perp = \frac{F_d}{(2 \cdot h_{\text{Schiene}} + 5 \text{ cm}) \cdot 2 \cdot a_w} = \frac{90 \cdot 1{,}5}{(2 \cdot 3 + 5) \cdot 2 \cdot 0{,}5} = 12{,}3 \text{ kN/cm}^2$$
- $S_{y,\text{Schiene}} = A_{\text{Schiene}} \cdot e_z = 5 \cdot 3 \cdot 16{,}5 = 248 \text{ cm}^3$
- $$\tau_\parallel = \tau_{xz,d} = \frac{V_{b\text{-li,d}} \cdot S_{y,\text{Schiene}}}{I_y \cdot 2 \cdot a_w} = \frac{207{,}3 \cdot 248}{25170 \cdot 2 \cdot 0{,}5} = 2{,}0 \text{ kN/cm}^2$$
- Nachweis des Vergleichswerts nach DIN 18 800-1 El. 825
  $$\sigma_{w,v} = \sqrt{12{,}3^2 + 2{,}0^2} = 12{,}5 \text{ kN/cm}^2 \le \sigma_{w,R,d} = \alpha_w \cdot f_{y,d} = 0{,}95 \cdot 21{,}8 = 20{,}7 \text{ kN/cm}^2$$

11.3 BDK-Nachweis nach DIN 18 800-2, Gl. 30, EK 1

- vollplastische Schnittgrößen für HEB 300 aus Tafeln 8.23a und 8.23b: $M_{pl,y,d} = 418$ kNm; $M_{pl,z,d} = 190$ kNm (α_{pl} muß nicht auf 1,25 begrenzt werden.)
- nachzuweisende Schnittgrößen $M_{z,d} = 37{,}3$ kNm; $M_{y,d} = 157{,}7$ kNm (siehe Abschnitt 11.1)
- $$M_{ki,y} = 1{,}32 \cdot b \cdot t \cdot \frac{EI_y}{l \cdot h^2} = 1{,}32 \cdot 30 \cdot 1{,}9 \cdot \frac{21000 \cdot 25170}{600 \cdot 30^2} = 736 \text{ kNm} \quad (\text{DIN 18 800-2, Gl. 20})$$
- $M_{ki,y,d} = M_{ki,y} / \gamma_M = 670$ kNm
- $\bar{\lambda}_M = \sqrt{M_{pl,y,d} / M_{ki,y,d}} = \sqrt{418/670} = 0{,}79$

– $\kappa_M = \left(\frac{1}{1+\bar{\lambda}_M^{2n}}\right)^{1/n} = \left(\frac{1}{1+0{,}79^{2\cdot 2{,}5}}\right)^{1/2{,}5} = 0{,}90$ mit n (Walzprofil) = 2,5

– $\frac{M_{y,d}}{\kappa_M \cdot M_{pl,y,d}} \cdot k_y + \frac{2 \cdot M_{z,d}}{M_{pl,z,d}} \cdot k_z = \frac{157{,}7}{0{,}90 \cdot 418} \cdot 1 + \frac{2 \cdot 37{,}3}{190} \cdot 1 = 0{,}81 \leq 1$

=> BDK-Nachweis erfüllt, Auslastung 81 %.

11.4 Beulnachweis des Stegblechs unter der Radlast

An dieser Stelle wird auf den Nachweis verzichtet, da bei Walzprofilen Stegbeulen unter der Radlast i. d. R. unkritisch ist. Gegebenenfalls Nachweis nach Seite 8.106 führen.

11.5 Betriebsfestigkeitsuntersuchung

Exemplarisch wird nur die Normalspannung σ_x am Zwischenauflager an der Unterkante des Oberflansches im Bereich der Quersteifen-Schweißnaht geführt. Zusätzlich ist die Schienenschweißnaht bezüglich der Lasteinleitungsspannungen nachzuweisen.

– $\min M_y = M_{y,St,R} + M_{y,St,g} = -102{,}8$ kNm siehe Abschnitt 11.1, EK 3: 1,00 · (g + φ · R + H)

– $\max M_y = M_{y,St,g} = -6{,}08$ kNm (auf der sicheren Seite liegend)

– $\kappa = -6{,}08/-102{,}8 = -0{,}06$

– Kerbfall K3 (Fall 333, siehe Tafel 8.98), BG B 3, Zugspannung

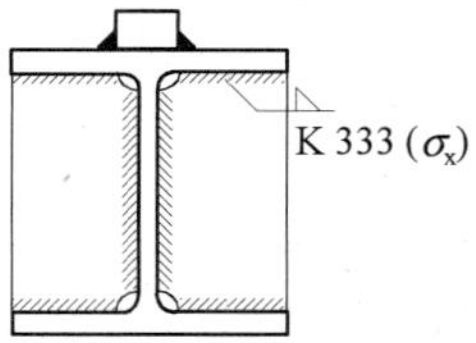

$\text{grenz}\,\sigma_{Be,\kappa=-1} = 12{,}7\ \text{kN/cm}^2$ (Tafel 8.103)

$\text{grenz}\,\sigma_{Be,z,\kappa=+1} = 27{,}8\ \text{kN/cm}^2$ (Tafel 8.104)

$\text{grenz}\,\sigma_{Be,z,\kappa=0} = \frac{5}{3} \cdot \text{grenz}\,\sigma_{Be,\kappa=-1} = \frac{5}{3} \cdot 12{,}7 = 21{,}17\ \text{kN/cm}^2$

$\text{grenz}\,\sigma_{Be,z,\kappa=-0{,}06} = \frac{21{,}17}{1-\left(1-\frac{21{,}17}{27{,}8}\right)\cdot 0{,}06} = 21{,}48 > 16{,}0 = \max\ \text{grenz}\,\sigma_{Be}$

$\rightarrow \text{grenz}\,\sigma_{Be} = 16\ \text{kN/cm}^2$ (gekappter Wert)

– $\sigma_x = \frac{M_y}{I_y} \cdot z = \frac{10\,280}{25\,170} \cdot (30/2 - 1{,}9) = 5{,}4\ \text{kN/cm}^2$ Nachweis : $\frac{\sigma_x}{\text{grenz}\,\sigma_{Be}} = \frac{5{,}4}{16} = 0{,}33 < 1{,}0$

11.6 Gebrauchstauglichkeitsnachweis

- Vertikale Durchbiegungen sollen kleiner als $l/500$ sein.

– R = 75 kN ; c/l = 3,6/6 = 0,6

– aus Tafel 8.107 ablesen: γ = 1,62 (> 1,50 Mindestwert für Zweifeldträger, wenn das Rad den Träger verlassen kann)

– $w = \frac{\gamma \cdot R \cdot l^3}{100 \cdot EI} + z \cdot \frac{g \cdot l^4}{EI_y} = \frac{1{,}62 \cdot 75 \cdot 600^3}{100 \cdot 21\,000 \cdot 25\,170} + 0{,}0054 \cdot \frac{0{,}0135 \cdot 600^4}{21\,000 \cdot 25\,170} = 0{,}5146\ \text{cm} = l/1166 \leq l/500$

- Horizontale Durchbiegungen, bezogen auf die Schienenoberkante, sollen kleiner als $l/600$ sein.

– $I_{z,Og} = 0{,}5 \cdot I_{z,HEB300} = 4280\ \text{cm}^4$

– Hilfswert γ = 1,50 (siehe Abschn. 9)

– $u = \frac{\gamma \cdot H \cdot l^3}{100 \cdot EI_{z,Og}} = \frac{1{,}50 \cdot 22{,}2 \cdot 600^3}{100 \cdot 21\,000 \cdot 4280} = 0{,}80\ \text{cm} = l/749 \leq l/600$

8 D Verbundbau nach DIN 18 800-5

Prof. Dr.-Ing. Markus Feldmann und Dr.-Ing. Benno Hoffmeister

1 Grundlagen

1.1 Anwendungsgebiete des Verbundbaus

Verbundtragwerke aus Stahl und Beton nutzen die Vorteile beider Werkstoffe und bieten dadurch eine Reihe wirtschaftlicher und konstruktiver Vorteile. Die Verbundwirkung wird durch eine schubfeste Verbindung der Stahl- und Betonquerschnittsteile zu einem gemeinsam wirkenden Querschnitt erreicht. Üblicherweise erfolgt die Schubverbindung zwischen Stahlträgern und Beton durch auf die Stahlträger aufgeschweißte Kopfbolzendübel.

Hauptanwendungsgebiete des Verbundbaus sind der Geschoss- und Industriebau sowie der Brückenbau. Das nachfolgende Kapitel beschränkt sich auf die Anwendung des Verbundbaus in üblichen Hochbaukonstruktionen.

Typische Tragelemente des Verbundbaus sind Verbundträger, Verbunddecken und Verbundstützen (Abb. 8.114). Das folgende Kapitel behandelt insbesondere Verbundträger.

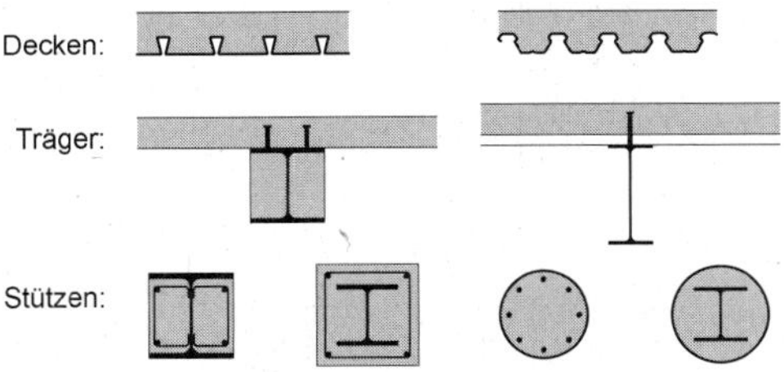

Abb. 8.114 Beispiele für Anwendungen des Verbundbaus

1.2 Bemessungsgrundlagen

1.2.1 DIN 18 800-5

DIN 18 800-5 „Verbundtragwerke aus Stahl und Beton – Bemessung und Konstruktion" (zzt. als Vornorm DIN V 18 800-5: 2004-11) wurde auf der Grundlage der EN 1994-1-1 erarbeitet und stellt die Umsetzung der europäischen Normung für Verbundtragwerke in eine nationale Norm dar. Diese Norm gilt für die Bemessung und Konstruktion von Verbundtragwerken des Hoch- und Ingenieurbaus und schließt seitlich verschiebliche Rahmentragwerke (Definition siehe DIN 18 800-2) ein. Für alle Verbundtragwerke sind die Nachweise der Tragsicherheit, der Dauerhaftigkeit und der Gebrauchstauglichkeit zu führen.

Darüber hinaus beinhaltet die Norm Verweise auf weitere mitgeltende Normen, u. a. DIN 1055 – Einwirkungen auf Tragwerke, DIN 18 800 – Stahlbauten, DIN 1045 – Tragwerke aus Beton.

1.2.2 Nachweiskonzepte

Für die Bemessung von Verbundtragwerken nach DIN 18 800-5 gilt das Sicherheitskonzept gemäß DIN 1055-100. Alternativ darf das Sicherheitskonzept der DIN 18 800-1 (1990) angewandt werden.

Der Nachweis ausreichender Tragsicherheit erfolgt durch die Gegenüberstellung des Bemessungswertes des Tragwiderstandes R_d und des Bemessungswertes der Einwirkungen E_d; es ist nachzuweisen, dass die Beanspruchungen nicht größer als die Tragwiderstände sind:

$$E_d \leq R_d$$

Bei Anwendung elastischer oder plastischer Berechnungsverfahren ist der Tragwiderstand R_d mit den Bemessungswerten der Werkstofffestigkeiten für Baustahl, Profilbleche, Beton, Bewehrung und Verbundmittel zu ermitteln.

$$f_{yd} = f_{yk}/\gamma_a \quad f_{ypd} = f_{ypk}/\gamma_a \quad f_{cd} = \alpha_c f_{ck}/\gamma_c \,^{*)} \quad f_{sd} = f_{sk}/\gamma_s \quad P_{Rd} = P_{Rk}/\gamma_V$$

*) *Der Beiwert α_c entspricht dem α-Wert nach DIN 1045, Abschn. 9.1.6. In DIN 1045 wird α_c als Abminderungsbeiwert für die Druckstrebenfestigkeit beim Querkraftnachweis verwendet. Dieser Beiwert ist ggf. zusätzlich zu beachten (vgl. Gl. (129.1)).*

Die Teilsicherheitsbeiwerte für die Bemessungswerte der Werkstofffestigkeiten sind in der nachfolgenden Tafel 8.115 angegeben.

Tafel 8.115 Teilsicherheitsbeiwerte für die Bestimmung des Tragwiderstandes

Bemessungssituation	Baustahl Profilbleche γ_a	Beton γ_c	Betonstahl γ_s	Verbundmittel γ_V
Ständige und vorübergehende Bemessungssituation	1,1	1,5	1,15	1,25
Außergewöhnliche Bemessungssituation	1,0	1,3	1,0	1,0

Der in Tafel 8.115 aufgeführte Teilsicherheitsbeiwert für Verbundmittel gilt nur für Kopfbolzendübel, für andere Verbundmittel sowie für Profilbleche in Verbunddecken muss deren Verwendbarkeit gesondert geregelt sein (z. B. durch bauaufsichtliche Zulassung).

1.2.3 Einwirkungen und Einwirkungskombinationen

Für Nachweise im Grenzzustand der Tragfähigkeit sind die Einwirkungen, deren Teilsicherheitsbeiwerte und die Kombinationsregeln für Einwirkungen gemäß DIN 1055 zu bestimmen und anzuwenden. Alternativ dürfen die Teilsicherheitsbeiwerte und die Einwirkungskombinationen nach DIN 18800-1, Abschnitt 7 verwendet werden.

Für sekundäre Zwangsbeanspruchungen infolge Schwinden (zusätzliche Zwangsbeanspruchungen in statisch unbestimmten Tragwerken) gilt der Teilsicherheitsbeiwert $\gamma_F = 1{,}0$.

Bei Vorspannung der Tragwerke mittels planmäßiger und kontrollierter Vorspannung (z. B. Lagerabsenkung) ist im Grenzzustand der Tragfähigkeit der Teilsicherheitsbeiwert γ_P wie folgt zu berücksichtigen:

- Günstige Auswirkung der Vorspannung: $\gamma_P = 1{,}0$
- Ungünstige Auswirkung der Vorspannung: $\gamma_P = 1{,}1$

Für die Nachweise der Gebrauchstauglichkeit gelten DIN 1055-100, Abschn. 10 und DIN 1045, Abschn. 5.4.

1.2.4 Werkstoffe

Die für die Bemessung von Verbundkonstruktionen maßgebenden Werkstoffeigenschaften sind wie folgt geregelt:

- Baustahl, hochfeste Zugglieder und Verbindungsmittel: DIN 18800-1;
- Normal- und Leichtbeton: DIN 1045. Betonfestigkeiten kleiner als C20/25 (LC20/22) und größer als C60/75 (LC60/66) liegen außerhalb des Anwendungsbereiches der DIN 18800-5;
- Betonstahl und Spannstahl: DIN 1045;
- Verbundmittel (nur Kopfbolzendübel): DIN EN ISO 13918;
- Profilbleche für Verbunddecken: Verwendung muss in besonderen technischen Regeln (z. B. durch eine Allgemeine Bauaufsichtliche Zulassung) geregelt sein.

2 Berechnung von Verbundtragwerken

2.1 Allgemeines

Die Schnittgrößen in Verbundtragwerken im Grenzzustand der Tragfähigkeit (ULS) dürfen nach den folgenden Berechnungsmethoden ermittelt werden:

- elastische Tragwerksberechnung mit und ohne Momentenumlagerung;
- Berechnung nach der Fließgelenktheorie;
- nichtlineare Berechnungsverfahren.

Nachfolgend werden die ersten beiden Berechnungsverfahren näher erläutert.

Für Gebrauchstauglichkeitsnachweise (SLS) sind die Schnittgrößen in der Regel nach der Elastizitätstheorie zu bestimmen.

2.2 Berechnungsannahmen

Für die Berechnung von Verbundtragwerken gelten u. a. folgende Annahmen:

- Einflüsse des Last-Verformungsverhaltens von Anschlüssen dürfen in der Regel (bei gelenkigen oder biegesteifen Anschlüssen) vernachlässigt werden, bei nachgiebigen Anschlüssen ist das Last-Verformungsverhalten zu berücksichtigen;
- Einflüsse des Verhaltens der Verbundfuge (Schlupf, Abheben) dürfen bei Verwendung von Kopfbolzendübeln und bei Beachtung der Regeln der DIN 18 800-5 vernachlässigt werden;
- das Berechnungsverfahren ist in Abhängigkeit von der Rotationskapazität der Querschnitte (Querschnittsklasse) zu wählen (siehe Tafel 8.116);
- Kriechen, Schwinden und Belastungsgeschichte (z. B. Betonierreihenfolge) sind in Abhängigkeit vom Nachweisverfahren und der Querschnittsklasse zu berücksichtigen;
- Einflüsse aus Rissbildung sind bei elastischen Berechnungsverfahren zu berücksichtigen;
- für die Schnittgrößenermittlung darf die mittragende Breite über die gesamte Stützweite als konstant angenommen werden.

Tafel 8.116 Nachweisverfahren nach DIN 18 800-1 und Zuordnung der Querschnittsklassen

Nachweisverfahren nach DIN 18 800-1	Berücksichtigung von Kriechen, Schwinden u. Belastungsgeschichte	Schnittgrößenermittlung	Beanspruchbarkeit	Querschnittsklasse			
				1	2	3	4
E/E	ja[1)]	Elastizitätstheorie	elastisch mit Spannungsbegrenzung	ja	ja	ja	ja
E/P	ja[1)]	Elastizitätstheorie mit Momentenumlagerung	plastisch mit Dehnungsbegrenzung[2)]	ja	ja	ja	–
E/P	nein	Elastizitätstheorie mit Momentenumlagerung	vollplastisch	ja	ja	–	–
P/P	nein	Fließgelenktheorie	vollplastisch	ja	–	–	–

[1)] Darf bei Trägern mit Querschnitten der Klasse 1 und 2 und ohne Biegedrillknickgefahr vernachlässigt werden.
[2)] In Querschnitten der Klasse 3 ist die Dehnung im Druckbereich auf $\varepsilon = f_{yd}/E_a$ zu begrenzen.

3 Verbundträger

3.1 Schnittgrößenermittlung bei Durchlaufträgern

3.1.1 Einstufung in Querschnittsklassen

Verbundträger werden nach dem Stabilitätsverhalten (örtliches Beulen) der gedrückten Gurte und/oder Stege in die folgenden vier Querschnittsklassen eingestuft.

- **Klasse 1:** Diese Querschnitte können die volle plastische Querschnittstragfähigkeit entwickeln und weisen eine hinreichende Rotationskapazität auf, so dass die Schnittgrößenermittlung nach plastischen Verfahren erfolgen kann (Fließgelenkverfahren).
- **Klasse 2:** Diese Querschnitte können die volle plastische Querschnittstragfähigkeit entwickeln, verfügen jedoch nur über eine eingeschränkte Rotationskapazität.
- **Klasse 3:** Diese Querschnitte erlauben im Druckflansch des Stahlträgers nur eine elastische Ausnutzung des Querschnittes bis zur Streckgrenze, aber örtliche Instabilitäten (Beulen) verhindern die Entwicklung plastischer Momententragfähigkeiten.
- **Klasse 4:** Diese Querschnitte sind bei elastischer Druckbeanspruchung wegen des lokalen Beulens im Baustahlquerschnitt nicht bis zur Streckgrenze ausnutzbar.

Die Einstufung eines Querschnittes in eine der vier Querschnittsklassen erfolgt über die b/t-Werte der Druckgurte bzw. die b/t-Werte der druckbeanspruchten Teile der Stege nach den Tafeln 8.117a und 8.117b. Die ungünstigere Klasse ergibt die Einstufung des Gesamtquerschnittes. Die Lage der plastischen neutralen Faser im Verbundquerschnitt ist für den mitwirkenden Querschnitt mit den Bemessungswerten der Werkstofffestigkeiten zu bestimmen, wobei die Zugfestigkeit des Betons nicht berücksichtigt wird.

Tafel 8.117a Grenzwerte (*b*/*t*) für druckbeanspruchte Stahlträgerflansche

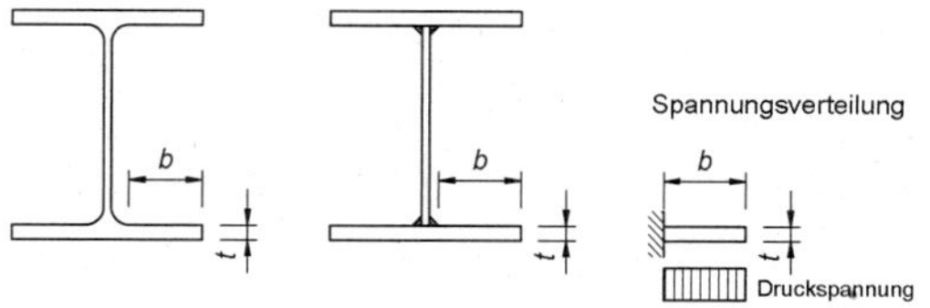

Querschnittseinstufung	Grenzwerte für (*b*/*t*)	
Klasse 1	$b/t \leq 9 \cdot \varepsilon$	$\varepsilon = \sqrt{\frac{240}{f_{yk}}}$
Klasse 2	$b/t \leq 11 \cdot \varepsilon$	mit f_{yk} [N/mm²]

Tafel 8.117b Grenzwerte (*b*/*t*) für druckbeanspruchte Stege

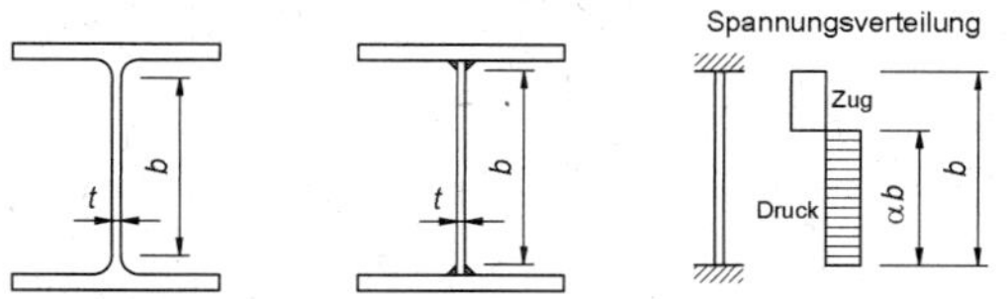

Querschnittseinstufung	Grenzwerte für (*b*/*t*)	
Klasse 1	$b/t \leq \frac{32}{\alpha} \cdot \varepsilon$	$\varepsilon = \sqrt{\frac{240}{f_{yk}}}$
Klasse 2	$b/t \leq \frac{37}{\alpha} \cdot \varepsilon$	mit f_{yk} [N/mm²]

Stahlflansche, bei denen örtliches Beulen durch die Verdübelung mit dem Betongurt behindert wird, dürfen in die Klasse 1 eingestuft werden, wenn die in Tafel 8.117c angegebenen Bedingungen für Dübelabstände in Trägerlängsrichtung und von der Außenkante des Stahlflansches eingehalten werden. Hierbei ist zwischen nicht unterbrochener Verbundfuge (z. B. Vollbetonplatten) und unterbrochener Verbundfuge (z. B. profilierte Verbunddecken) zu unterscheiden.

Tafel 8.117c Höchstwerte der Dübelabstände bei Höherstufung der Druckflansche

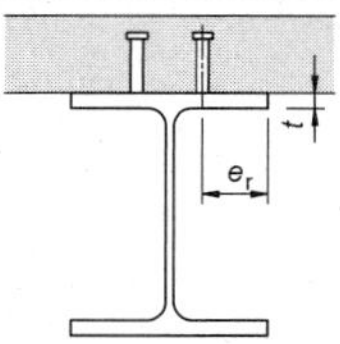	Dübelabstand e_L in Längsrichtung bei nicht unterbrochener Verbundfuge	$e_L \leq 22 \cdot t \cdot \varepsilon$	$\varepsilon = \sqrt{\frac{240}{f_{yk}}}$
	Dübelabstand e_L in Längsrichtung bei unterbrochener Verbundfuge	$e_L \leq 15 \cdot t \cdot \varepsilon$	mit f_{yk} [N/mm²]
	Dübelabstand e_r zur Außenkante des Stahlflansches	$e_r \leq 9 \cdot t \cdot \varepsilon$	

Für Gurte und Stege kammerbetonierter Träger darf der günstige Einfluss des Kammerbetons (Behinderung des Beulens) berücksichtigt werden, wenn der Kammerbeton bewehrt und mit dem Steg des Stahlträgers planmäßig verdübelt wird. Einseitig gestützte Gurte kammerbetonierter Träger dürfen nach Tafel 8.118 klassifiziert werden.

Stege von kammerbetonierten Trägern dürfen in Klasse 2 eingestuft werden, wenn die folgenden Bedingungen erfüllt sind:

- der Grenzwert $b/t \leq 124 \cdot \varepsilon$ wird eingehalten;
- die Grenzen für Breite b_c des Kammerbetons nach Tafel 8.118 werden eingehalten und der Kammerbeton ist in Längsrichtung bewehrt;
- der Kammerbeton wird durch angeschweißte oder durchgesteckte Bügel oder durch Kopfbolzendübel am Steg des Trägers verankert. In Trägerlängsrichtung darf der Abstand der Bügel bzw. Dübel 400 mm nicht überschreiten.

Tafel 8.118 Grenzwerte (*b*/*t*) für einseitig gestützte Gurte von Querschnitten mit Kammerbeton

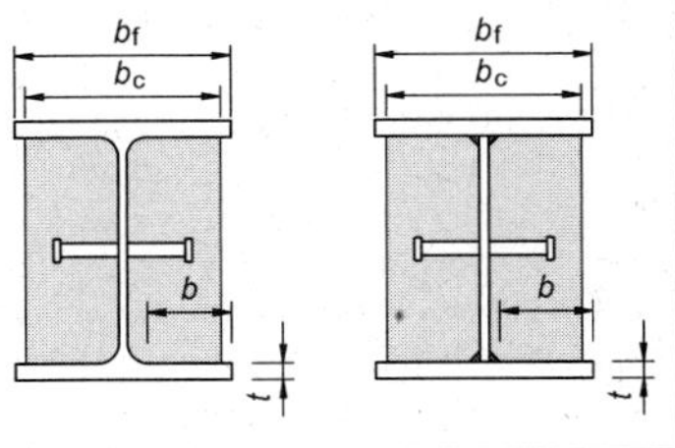

Querschnittseinstufung	Grenzwerte für (*b*/*t*)
Klasse 1	$b/t \leq 9 \cdot \varepsilon$
Klasse 2	$b/t \leq 14 \cdot \varepsilon$
Grenzen für die Breite b_c des Kammerbetons: $0{,}8 \leq \frac{b_c}{b_f} \leq 1{,}0$	$\varepsilon = \sqrt{\frac{240}{f_{yk}}}$ mit f_{yk} [N/mm²]

3.1.2 Mittragende Gurtbreite bei Schnittgrößenermittlung

Für die Ermittlung der Schnittgrößen darf über die gesamte Stützweite eine konstante mittragende Breite der Betongurte angesetzt werden. Für End- und Mittelfelder ist im Allgemeinen der Wert der mitragenden Breite $b_{eff,1}$ (Feldmitte) und für Kragarme der Wert $b_{eff,2}$ (am Auflager) anzusetzen. Zur Bestimmung von b_{eff} siehe Seite 8.121.

3.1.3 Elastische Schnittgrößenermittlung

Für die elastische Schnittgrößenermittlung wird ein lineares Spannungs-Dehnungsverhalten angenommen. Bei der Berechnung sind generell die Einflüsse aus Rissbildung im Beton sowie aus Kriechen und Schwinden zu berücksichtigen. Für typische Verbundträgerquerschnitte des Hochbaus dürfen allerdings vereinfachte Ansätze zur Berücksichtigung der Rissbildung und von Kriechen und Schwinden verwendet werden.

Einflüsse aus Rissbildung des Betons

Rissbildung im Beton im Bereich negativer Biegemomente reduziert in diesen Bereichen die Steifigkeit und beeinflusst die Verteilung der Biegemomente in durchlaufenden Verbundträgern.

Für durchlaufende Verbundträger und für Riegel seitlich unverschieblicher Rahmentragwerke darf die Rissbildung näherungsweise nach Abb. 8.118 berücksichtigt werden, wenn das Verhältnis benachbarter Stützweiten $l_{min}/l_{max} \geq 0{,}6$ ist.

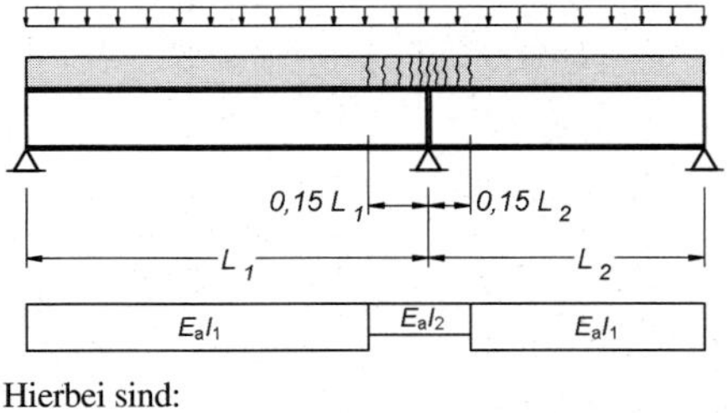

Abb. 8.118 Vereinfachter Ansatz der Rissbildung in Durchlaufträgern

Hierbei sind:

- $E_a I_1$ Biegesteifigkeit des Verbundträgers unter der Annahme ungerissenen Betons
- $E_a I_2$ Biegesteifigkeit des Verbundträgers ermittelt mit dem Gesamtstahlquerschnitt (Baustahl und Bewehrung), Beton wird als gerissen angenommen und nicht berücksichtigt.

Für kammerbetonierte Verbundträger darf die Rissbildung durch den Ansatz einer wirksamen Biegesteifigkeit über die gesamte Stützweite berücksichtigt werden. Die wirksame Biegesteifigkeit wird mit

$$(EI)_W = \frac{E_a I_1 + E_a I_2}{2} \tag{118}$$

ermittelt. Zur Bestimmung des gerissenen Teils des Kammerbetons darf die vollplastische Spannungsverteilung im Querschnitt verwendet werden.

Wenn im Grenzzustand der Gebrauchstauglichkeit keine besonderen Anforderungen an die Verformungen gestellt werden, dürfen die Schnittgrößen auch vereinfachend ohne Berücksichtigung der Rissbildung ermittelt werden.

Einflüsse aus Kriechen und Schwinden

Das Kriechen des Betons unter Druckbeanspruchung ruft eine Umlagerung der Spannungen im Verbundquerschnitt und in der Regel eine Zunahme der Verformungen hervor.

Aus dem Schwinden des Betons resultieren bei Verbundtragwerken Eigenspannungen im Querschnitt sowie Krümmungen und Längsdehnungen in Bauteilen. Diese Eigenspannungen, die in statisch bestimmten Tragwerken und bei Vernachlässigung der Verträglichkeitsbedingungen auch in statisch unbestimmten Tragwerken auftreten, werden als *primäre Beanspruchungen* bezeichnet. Die primären Beanspruchungen rufen in statisch unbestimmten Tragwerken aufgrund der Verträglichkeitsbedingungen zusätzliche Zwangsbeanspruchungen hervor. Diese werden als *sekundäre Beanspruchungen* bezeichnet.

Für typische Verbundträgerquerschnitte dürfen die Einflüsse aus Kriechen nach dem folgenden vereinfachten Verfahren mit den auf den Elastizitätsmodul des Stahls bezogenen Reduktionszahlen n_L für den Beton berücksichtigt werden. Die Reduktionszahlen dürfen nach der folgenden Beziehung ermittelt werden:

$$n_L = n_0 \cdot (1 + \psi_L \cdot \varphi_t) \qquad (119)$$

mit $n_0 = E_a/E_{cm}$ Reduktionszahl für kurzzeitige Beanspruchungen (Tafel 8.119a)
φ_t Kriechzahl $\varphi(t, t_0)$ nach DIN 1045
ψ_L von der Beanspruchungsart abhängiger Wert (siehe Tafel 8.119b)

Tafel 8.119a Reduktionszahlen für kurzzeitige Beanspruchung

Beton	C20/25	C25/30	C30/37	C35/45	C40/50	C45/55	C50/60	C55/67	C60/75
E_{cm} [N/mm²]	24900	26700	28300	29900	31400	32800	34300	35700	37000
n_0	8,43	7,87	7,42	7,02	6,69	6,40	6,12	5,88	5,68

Tafel 8.119b Von der Beanspruchungsart (L) abhängige Beiwerte ψ_L

Beiwert ψ_L	Wert	Beanspruchungsart
ψ_P	1,10	ständige Beanspruchungen
ψ_S	0,55	primäre und sekundäre Beanspruchungen infolge Schwinden
ψ_{PT}	0,55	zeitabhängige sekundäre Beanspruchungen infolge Kriechen
ψ_D	1,50	Beanspruchung aus Vorspannung durch planmäßige Deformationen (z. B. Lagerabsenkung)

Die Einflüsse aus primären und sekundären Beanspruchungen infolge Kriechen und Schwinden dürfen bei der Ermittlung der Schnittgrößen für Nachweise im Grenzzustand der statischen Tragfähigkeit vernachlässigt werden, wenn alle Querschnitte zur Querschnittsklasse 1 oder 2 gehören und keine Gefahr des Biegedrillknickens besteht.

Elastische Berechnung mit Momentenumlagerung

Bei Durchlaufträgern und Riegeln seitlich unverschieblicher Rahmentragwerke dürfen die auf der Grundlage einer elastischen Berechnung ermittelten Biegemomente umgelagert werden, indem die Stützmomente um Prozentsätze, die die in Tafel 8.119c angegebenen Grenzen nicht überschreiten, abgemindert werden. Die sich daraus ergebenden Momente im Feldbereich müssen mit den aufgebrachten Lasten im Gleichgewicht stehen. Folgende Bedingungen müssen u. a. erfüllt sein:

- feldweise konstante Bauhöhe, kein Biegedrillknicknachweis erforderlich;
- biegesteife und volltragfähige oder gelenkige Anschlüsse;
- die Träger werden vorwiegend durch Gleichstreckenlasten beansprucht;
- bei kammerbetonierten Trägern muss ausreichende Rotationsfähigkeit nachgewiesen werden.

Tafel 8.119c Maximal zulässige Umlagerung von elastisch ermittelten Stützmomenten in %

Querschnittsklasse im negativen Momentenbereich[1)]	1	2	3	4
Elastische Berechnung ohne Berücksichtigung der Rissbildung	40	30	20	10
Elastische Berechnung mit Berücksichtigung der Rissbildung	25	15	10	0

[1)] Für Verbundträger mit Baustählen S420 oder S460 darf die Umlagerung nur für Querschnitte der Klassen 1 oder 2 angesetzt werden. Die Umlagerung ist auf 30 % (ohne Rissbildung) bzw. auf 15 % (mit Rissbildung) zu begrenzen.

3.1.4 Berechnung nach der Fließgelenktheorie

Für die Anwendung der Fließgelenktheorie sind folgende Bedingungen zu erfüllen:

- der Stahlquerschnitt muss symmetrisch in Bezug auf die Stegachse sein;
- ein Versagen durch Biegedrillknicken muss verhindert werden;
- im Bereich der Fließgelenke muss der Druckgurt seitlich gehalten sein;
- es muss eine hinreichende Rotationskapazität der Träger vorhanden sein;
- Verbindungen müssen beim Erreichen der plastischen Momententragfähigkeit eine ausreichende Rotationskapazität aufweisen.

Die hinreichende Rotationskapazität liegt vor, wenn die folgenden Bedingungen erfüllt sind:

- es werden Baustähle S235, S275 oder S355 verwendet;
- im Bereich von Fließgelenken mit plastischen Drehwinkeln sind Querschnitte der Klasse 1 vorhanden, in den anderen Bereichen Querschnitte der Klasse 1 oder 2;
- in plastischen Fließgelenken im Feld (Betongurt in der Druckzone) ist die Bedingung $z_{pl}/h \leq 0{,}15$ erfüllt (siehe Abb. 8.123a);
- zwei benachbarte Stützweiten unterscheiden sich – bezogen auf die kleinere Stützweite – in ihrer Länge um nicht mehr als 50 %: $0{,}66 \leq L_k/L_{k+1} \leq 1{,}5$;
- die Stützweite des Endfeldes darf die Stützweite des benachbarten Innenfeldes um nicht mehr als 15 % überschreiten;
- der Druckflansch des Stahlträgers ist im Bereich der Fließgelenke seitlich gehalten.

Tafel 8.120 enthält die Lage kritischer Schnitte als Funktion der Biegemomententragfähigkeiten (oder Momente) im Feld und über den Innenstützen.

Tafel 8.120 Traglast und Biegemomentenverlauf für Rand- und Innenfelder unter Gleichstreckenlast (x_m = Stelle mit max M)

	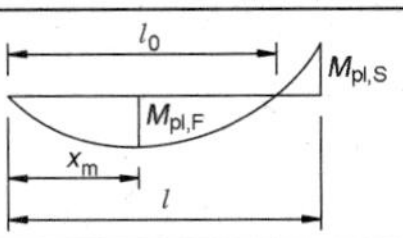			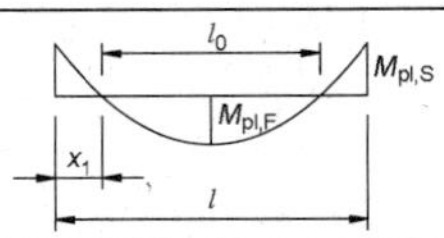		
$\frac{M_{pl,S}}{M_{pl,F}}$	$\frac{q \cdot l^2}{M_{pl,F}}$	$\frac{x_m}{l}$	$\frac{l_0}{l}$	$\frac{q \cdot l^2}{M_{pl,F}}$	$\frac{x_1}{l}$	$\frac{l_0}{l}$
0,0	8,0	0,5	1,0	8,0	0,0	1,0
0,1	8,40	0,488	0,98	8,8	0,023	0,95
0,2	8,78	0,477	0,95	9,6	0,044	0,91
0,3	9,16	0,467	0,93	10,4	0,061	0,88
0,4	9,53	0,458	0,92	11,2	0,077	0,85
0,5	9,90	0,450	0,90	12,0	0,092	0,82
0,6	10,26	0,442	0,88	12,8	0,105	0,79
0,7	10,62	0,434	0,87	13,6	0,117	0,77
0,8	10,97	0,427	0,86	14,4	0,127	0,75
0,9	11,31	0,421	0,84	15,2	0,137	0,73
1,0	11,66	0,414	0,83	16,0	0,146	0,71

3.2 Nachweise im Grenzzustand der Tragfähigkeit

Für Verbundträger sind folgende Nachweise zu führen:

1. Querschnittstragfähigkeit in kritischen Schnitten:
   - Momententragfähigkeit im Bereich positiver Biegemomente
   - Querkrafttragfähigkeit (in Auflagernähe und Angriffspunkte konzentrierter Einzellasten)
   - Momententragfähigkeit im Bereich negativer Momente unter Berücksichtigung der Querkraft.
2. Längsschubtragfähigkeit in der Verbundfuge und im Betongurt:
   - Verbundsicherung; Nachweis der Dübeltragfähigkeit, Anzahl und Verteilung der Dübel
   - Nachweis der Dübelumrissfläche
   - Schubsicherung des Betongurtes (Querbewehrung).
3. Biegedrillknicken im Fall von Durchlauf- oder Kragträgern (Stahlträger in der Druckzone).

Die Bemessung von reinen Stahlkonstruktionen u. der ggf. verwendeten Stahlprofilbleche im Betonierzustand (vor Herstellen der Verbundwirkung) erfolgt nach DIN 18 800 mit zusätzlichen Montagelasten.

3.3 Querschnittstragfähigkeit

3.3.1 Mittragende Breite des Betongurtes

Beim Nachweis der Querschnittstragfähigkeiten ist als mittragende Gurtbreite der Wert b_{eff} in Feldmitte (positives Biegemoment) oder der Wert über der Stütze (negatives Biegemoment) anzusetzen. In den Feldbereichen und an den Zwischenauflagern beträgt die mittragende Breite:

$$b_{eff} = b_0 + \sum b_{ei} \qquad (121.1)$$

mit b_0 Achsabstand zwischen den äußeren Dübelreihen
$b_{ei} = L_e/8 \le b_i$ mittragende Breite der Teilgurte
L_e äquivalente Stützweite nach Abb. 8.121

An den Endauflagern beträgt die mittragende Breite:

$$b_{eff} = b_0 + \sum \beta_i \cdot b_{ei} \qquad (121.2)$$

mit $\beta_i = 0{,}55 + 0{,}025 \cdot L_e/b_{ei} \le 1{,}0$
b_{ei} mittragende Breite in Feldmitte
L_e äquivalente Stützweite des Endfeldes

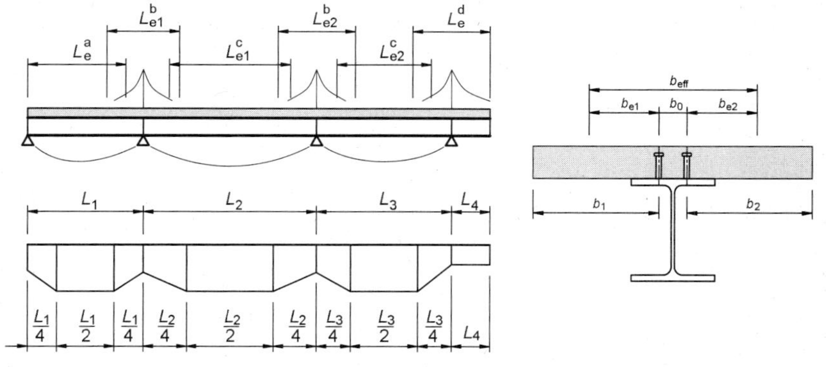

$L_e^a = 0{,}85L_1$ $\quad L_{e1}^b = 0{,}25(L_1 + L_2)$ $\quad L_{e1}^c = 0{,}85L_2$ $\quad L_{e2}^b = 0{,}25(L_2 + L_3)$ $\quad L_{e2}^c = 0{,}85L_3$ $\quad L_e^d = 2L_4$

Abb. 8.121 Äquivalente Stützweiten zur Ermittlung der mittragenden Breite

3.3.2 Plastische Biegetragfähigkeit bei vollständiger Verdübelung

Bei den Querschnitten der Klasse 1 und 2 darf die Biegetragfähigkeit vollplastisch ermittelt werden, siehe Tafel 8.122a für positives und Tafel 8.122b für negatives Moment. Die vollplastische Biegetragfähigkeit wird mit den folgenden Annahmen ermittelt:

- kein Schlupf in der Verbundfuge, vollständige Mitwirkung von Stahl, Bewehrung und Beton;
- Betonzugfestigkeit wird vernachlässigt;
- plastische Spannungen f_{yd} im gesamten Stahlquerschnitt;
- plastische Spannungen f_{ys} im Betonstahl im Bereich der mittragenden Breite;
- in der Druckzone des mittragenden Betonquerschnitts wirken Druckspannungen f_{cd};
- Profilbleche im Druckbereich werden vernachlässigt, im Zugbereich wird innerhalb des wirksamen Querschnittes die Streckgrenze der Profilbleche f_{ypd} angesetzt;
- es wird duktile Bewehrung verwendet, der Mindestbewehrungsgrad A_s innerhalb der mittragenden Breite wird eingehalten.

Bei kammerbetonierten Verbundträgern darf der Beitrag des Kammerbetons und dessen Bewehrung in der Druckzone nur dann angesetzt werden, wenn

- keine Anforderungen an die Rotationskapazität bestehen (z. B. letztes Fließgelenk) oder
- die erforderliche Rotationskapazität nachgewiesen wird.

Tafel 8.122a Plastische Biegetragfähigkeit mit Betongurt in der Druckzone

plastische Nulllinie im Betongurt 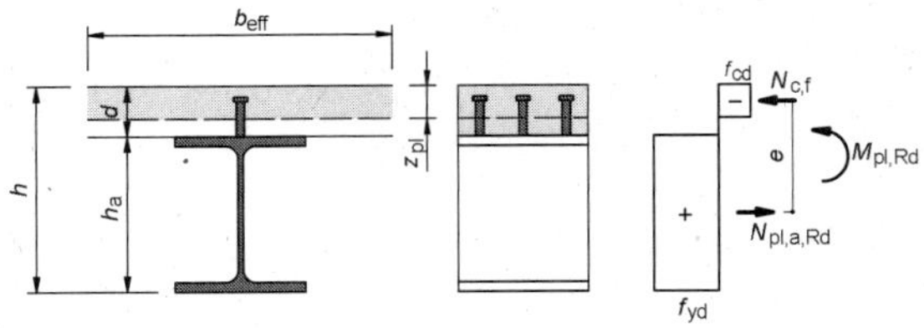 	$z_{pl} = N_{pl,a,Rd}/(b_{eff} \cdot f_{cd})$ $N_{c,f} = b_{eff} \cdot z_{pl} \cdot f_{cd} = N_{pl,a,Rd}$ $N_{pl,a,Rd} = A_a \cdot f_{yd}$ $e = (h_a/2 + d - z_{pl}/2)$ $M_{pl,Rd} = N_{c,f} \cdot e$
plastische Nulllinie im Flansch des Stahlträgers 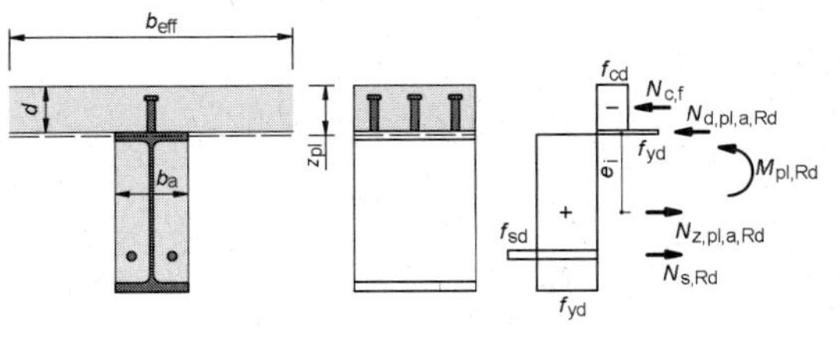 	$N_{c,f} + N_{d,pl,a,Rd} = N_{z,pl,a,Rd} + N_{s,Rd}$ $N_{c,f} = d \cdot b_{eff} \cdot f_{cd}$ $N_{s,Rd} = A_s \cdot f_{sd}$ $N_{d,pl,a,Rd} = (z_{pl} - d) \cdot b_a \cdot f_{yd}$ $N_{z,pl,a,Rd} = A_a \cdot f_{yd} - N_{d,pl,a,Rd}$ $z_{pl} = d + \frac{A_a \cdot f_{yd} + N_{s,Rd} - N_{c,f}}{2 \cdot b_a \cdot f_{yd}}$ $M_{pl,Rd} = \Sigma(N_i \cdot e_i)$

Tafel 8.122b Plastische Biegetragfähigkeit mit Betongurt in der Zugzone

plastische Nulllinie im Steg des Stahlträgers 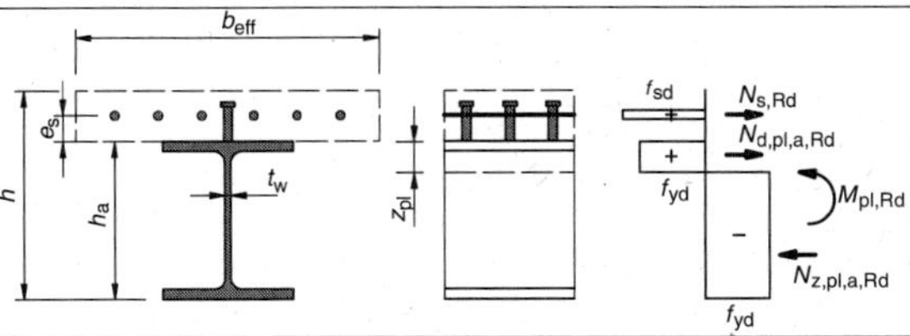 	$N_{s,Rd} = A_s \cdot f_{sd}$ 1. $N_{s,Rd} > f_{yd} \cdot t_w \cdot h_{Steg}$ 2. $\Sigma N_{Zug} = \Sigma N_{Druck}$ $\rightarrow z_{pl}$ $M_{pl} = \Sigma(N_i \cdot e_i)$
Verbundträger mit doppelsymmetrischem Stahlträger 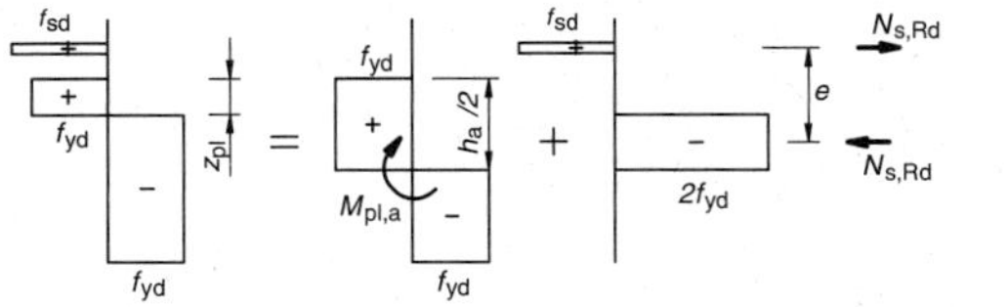 	$z_{pl} = 0{,}5 \cdot h_a - N_{s,Rd}/(t_w \cdot f_{yd})$ $e = e_s + \frac{1}{2} \cdot \left(h_a + \frac{N_{s,Rd}}{t_w \cdot f_{yd}} \right)$ $M_{pl,Rd} = M_{pl,a} + N_{s,Rd} \cdot e$

Verbundträger mit S420 oder S460

Bei Verbundquerschnitten mit Baustählen S420 oder S460 ist die vollplastische Querschnittstragfähigkeit mit dem Faktor β gemäß Abb. 8.123a abzumindern, wenn der Abstand z_{pl} der plastischen Nulllinie von der äußeren gedrückten Randfaser des Betons mehr als 15 % der Höhe h des gesamten Verbundquerschnittes beträgt. Damit werden die übermäßige Stauchung und ein vorzeitiges Druckversagen des Betons begrenzt, die für diese Baustähle erforderlich wäre, um das vollplastische Biegemoment zu erreichen.

Für z_{pl}/h-Werte ist die Biegetragfähigkeit des Querschnittes mit Dehnungsbeschränkungen oder elastisch zu ermitteln.

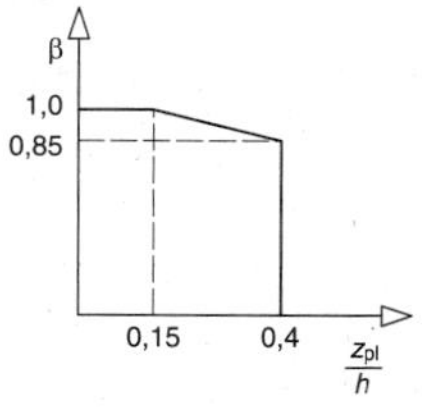

Abb. 8.123a Abminderungsfaktor β für S420 und S460

3.3.3 Plastische Biegetragfähigkeit bei teilweiser Verdübelung

Das plastische Grenzmoment eines Verbundträgers bei teilweiser Verdübelung (duktile Verbundmittel erforderlich) kann nach einer der folgenden Methoden bestimmt werden (siehe Abb. 8.123b):

- Gleichgewichtsmethode (mit Spannungsblöcken)
- Lineare Interpolation (Gerade AC)

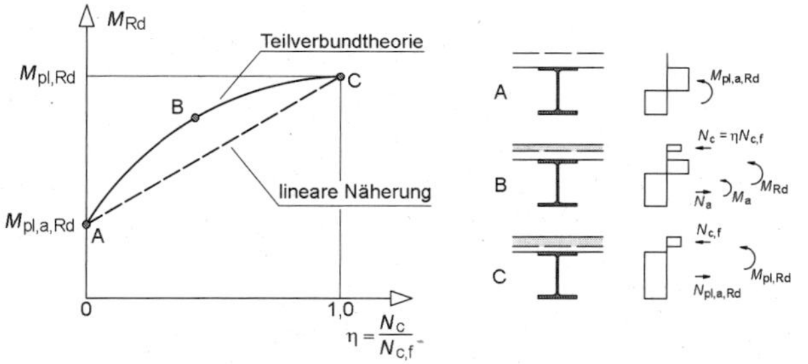

Abb. 8.123b Zusammenhang zwischen M_{Rd} und N_c bei teilweiser Verdübelung

Vereinfachend darf die Biegetragfähigkeit M_{Rd} nach der linearen Interpolation (Linie A-C) wie folgt ermittelt werden:

$$M_{Rd} = M_{pl,a,Rd} + (M_{pl,Rd} - M_{pl,a,Rd}) \cdot \frac{N_c}{N_{c,f}} \tag{123}$$

mit $M_{pl,a,Rd}$ vollplastische Biegetragfähigkeit des Stahlquerschnittes

$M_{pl,Rd}$ vollplastische Biegetragfähigkeit des Verbundquerschnittes bei vollständiger Verdübelung

Die Bemessungs-Längsschubkraft kann nach Abschnitt 3.5 bestimmt werden, indem die Druckkraft $N_{c,f}$ durch die Druckkraft $N_c = \Sigma P_{Rd}$, die durch die Dübel eingeleitet werden kann, ersetzt wird.

Bei der Gleichgewichtsmethode wird die auf den Beton übertragene Kraft durch die Tragfähigkeit der Dübel bestimmt. Gleichgewichtsbedingungen können ähnlich wie in Abschnitt 3.3.2 aufgestellt werden (Kurve ABC in Abb. 8.123b).

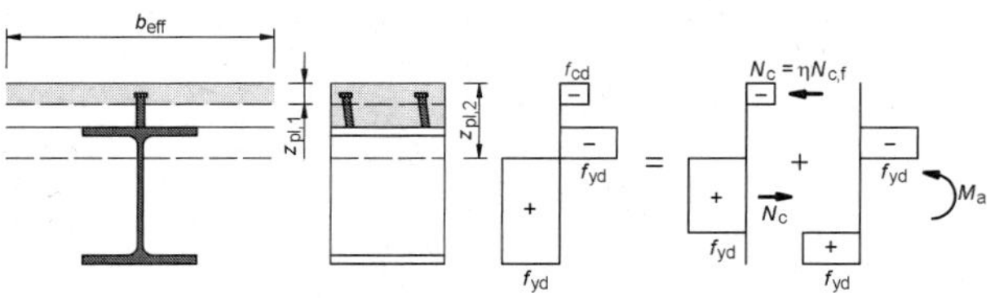

Abb. 8.123c Reduziertes plastisches Moment bei Teilverdübelung

Wenn für eine gegebene Dübelanordnung die Druckkraft F_c bestimmt ist, lässt sich das reduzierte plastische Grenzmoment M_{Rd} bestimmen, z. B. nach Abb. 8.123c. Das reduzierte plastische Grenzmoment M_{Rd} darf nicht kleiner als das beanspruchende Moment M_{Ed} sein.

3.3.4 Querkrafttragfähigkeit

Die Mitwirkung des Betongurtes bleibt bei der Berechnung der Grenzquerkraft im Allgemeinen unberücksichtigt.

Verbundträger ohne Kammerbeton

Die Querkrafttragfähigkeit von Verbundträgern ohne Kammerbeton darf mit der vollplastischen Querkrafttragfähigkeit des Baustahlquerschnittes $V_{Rd} = V_{pl,a,Rd}$ ermittelt werden, wenn keine Gefahr des Schubbeulens besteht. Für die vom Stahlträger aufzunehmende Querkraft ist nachzuweisen:

$$V_{Ed} \leq V_{pl,a,Rd} = A_V \cdot \tau_{Rd} \qquad (124.1)$$

mit $\tau_{Rd} = f_{yd} / \sqrt{3}$. Für die wirksame Schubfläche A_V gilt:

$A_V = A_a - 2 \cdot b_f \cdot t_f + (t_w + 2r) \cdot t_f$ bei gewalzten Profilen mit Querkraft in Stegrichtung

$A_V = h \cdot t_w$ bei geschweißten Profilen

mit h Abstand zwischen den Schwerachsen der Gurte
b_f, t_f Gurtbreite, Gurtdicke
t_w Stegdicke
r Ausrundungsradius bei Walzprofilen

Ein Nachweis gegen Schubbeulen ist nicht erforderlich, wenn für den Steg des Stahlträgers der Grenzwert $b/t \leq 70 \cdot \varepsilon$ eingehalten wird.

Verbundträger mit Kammerbeton

Für die Ermittlung der Querkrafttragfähigkeit von Verbundträgern mit Kammerbeton darf bei Querschnitten der Klasse 1 und 2 der Kammerbeton angerechnet werden, wenn für den Steg des Stahlträgers der Grenzwert $b/t \leq 124 \cdot \varepsilon$ eingehalten wird. Gleichzeitig ist für den Kammerbeton Bügelbewehrung anzuordnen und die Bedingung für b_c nach Tafel 8.118 einzuhalten.

Die Verteilung der Querkraft auf den Steg des Stahlträgers und auf den Kammerbeton darf im Verhältnis der Anteile des Stahlträgers und des Kammerbetons zur Momententragfähigkeit angenommen werden.

3.3.5 Moment-Querkraft-Interaktion

Der Einfluss der Querkraft auf das Grenzmoment ist zu berücksichtigen, wenn die Bemessungsquerkraft V_{Ed} den 0,5fachen Wert der plastischen Grenzquerkraft V_{Rd} überschreitet. Die M-Q-Interaktion darf durch den Ansatz einer mit dem Faktor ρ_w reduzierten Streckgrenze oder Stegdicke für den Querkraft übertragenden Querschnittsteil berücksichtigt werden. Der Abminderungsfaktor ρ_w ist nach der folgenden Gleichung zu bestimmen:

$$\rho_w = 1 - \left(\frac{2V_{Ed}}{V_{Rd}} - 1 \right)^2 \qquad (124.2)$$

3.4 Biegedrillknicknachweis bei Durchlaufträgern

Im Bereich negativer Momente wird der Untergurt auf Druck beansprucht. Ein mögliches seitliches Ausweichen des Untergurtes wird durch die Querbiegesteifigkeit des Querschnittes behindert. Es handelt sich um Biegedrillknicken mit Profilverformung, wobei der Obergurt i. Allg. seitlich gehalten ist (gebundene Kippung) und durch die Betonplatte drehelastisch eingespannt wird. Der Nachweis gegen Biegedrillknicken ist im Abschnitt 9.3 der DIN 18800-5 geregelt.

Auf einen rechnerischen Nachweis gegen Biegedrillknicken darf verzichtet werden, wenn folgende Bedingungen eingehalten werden:

- Die Stützweiten benachbarter Felder unterscheiden sich – bezogen auf die kleinere Stützweite – um nicht mehr als 20 %. Bei Trägern mit Kragarm sollte die Kragarmlänge kleiner als 15 % der Stützweite des benachbarten Endfeldes sein.
- Die Träger werden überwiegend durch Gleichstreckenlasten beansprucht und der Bemessungswert der ständigen Einwirkungen ist größer als 40 % des Bemessungswertes der Gesamtlast.
- Die Verdübelung zwischen dem Stahlträgerflansch und dem Betongurt erfüllt die Anforderungen an übliche Hochbauträger, in Längsrichtung darf der Abstand der Dübel 300 mm nicht überschreiten.

- Der Betongurt erfüllt bei Verwendung von Normalbeton in Querrichtung die Anforderung an die Biegeschlankheit $l_i/d \leq 35$ nach DIN 1045-1, Abschn. 11.3.2.
- Die Höhe des Stahlträgers ist nicht höher als die Grenzprofilhöhe nach Tafel 8.125a.

Tafel 8.125a Grenzprofilhöhen für Walzprofile ohne Kammerbeton

Profil der Reihe	Grenzprofilhöhe h_{max} in mm		
	S235	S355	S460
IPE	600	400	270
HEA	800	650	500
HEB	900	700	600

3.5 Verbundsicherung bei Verbundträgern

3.5.1 Allgemeines

Die Verbundmittel und die Querbewehrung müssen in Trägerlängsrichtung so angeordnet werden, dass die Längsschubkräfte zwischen Betonkraft und Stahlträger im Grenzzustand der Tragfähigkeit übertragen werden können, wobei der natürliche Haftverbund zwischen diesen Werkstoffen nicht berücksichtigt werden darf.

3.5.2 Tragfähigkeit von Kopfbolzendübeln

Kopfbolzendübel in Vollbetonplatten

Die Bemessungstragfähigkeit für Längsschub eines Kopfbolzendübels, bei dem ein automatisches Bolzenschweißverfahren (DIN EN ISO 14 555) eingesetzt wird und der Schweißwulst übliche Abmessungen aufweist (DIN EN ISO 13 918), ergibt sich bei Beanspruchung durch Längsschubkräfte aus dem kleineren Wert der nachfolgenden Gleichungen:

$$P_{Rd} = \frac{0{,}8 \cdot f_u \cdot \pi \cdot d^2 / 4}{\gamma_V} \tag{125.1}$$

$$P_{Rd} = \frac{0{,}25 \cdot \alpha \cdot d^2 \sqrt{f_{ck} \cdot E_{cm}}}{\gamma_V} \tag{125.2}$$

mit $\alpha = 0{,}2 \cdot \left(\frac{h_{sc}}{d} + 1\right)$ für $3 \leq h_{sc}/d \leq 4$

$\alpha = 1$ für $h_{sc}/d > 4$

d Nenndurchmesser des Dübelschaftes (16 mm $\leq d \leq$ 25 mm)

f_u spezifizierte Zugfestigkeit des Bolzenmaterials ($f_u \leq 450$ N/mm²)

f_{ck} charakteristischer Wert der Zylinderdruckfestigkeit des Betons im maßgebenden Alter

h_{sc} Nennhöhe des Dübels

Der Teilsicherheitsbeiwert γ_V ist im Grenzzustand der Tragfähigkeit mit 1,25 nach Tafel 8.115 anzusetzen. Die aus den Gleichungen (125.1) und (125.2) resultierenden Grenzkräfte sind in Tafel 8.125b zusammengestellt.

Tafel 8.125b Bemessungstragfähigkeit von Kopfbolzendübeln mit $h_{sc}/d > 4$ ($\alpha = 1$), $f_u = 450$ N/mm²

Dübeldurchmesser	C25/30	C30/37	C35/45	C40/50	C45/55	C55/67	C60/75
16	41,8	47,2	52,4	57,4	*57,9*	*57,9*	*57,9*
19	59,0	66,5	73,9	80,9	*81,7*	*81,7*	*81,7*
22	79,1	89,2	99,0	108,5	*109,5*	*109,5*	*109,5*
Kursiv dargestellte Werte: Gleichung (125.1) ist maßgebend.							

Kopfbolzendübel mit Profilblechen

Verlaufen die Rippen eines Stahlprofilblechs parallel zur Trägerachse, so liegen die Dübel in einem Bereich des Betons, der die Gestalt einer Voute hat. Die Grenzkraft eines Dübels ist aus der Grenzkraft für massive Stahlbetonplatten durch Multiplikation mit dem nachfolgenden Abminderungsfaktor k_l zu bestimmen:

$$k_l = 0{,}6 \cdot \frac{b_0}{h_p} \cdot \left(\frac{h_{sc}}{h_p} - 1 \right) \leq 1{,}0 \quad \text{mit } h_{sc} \leq h_p + 75 \text{ mm} \qquad (126.1)$$

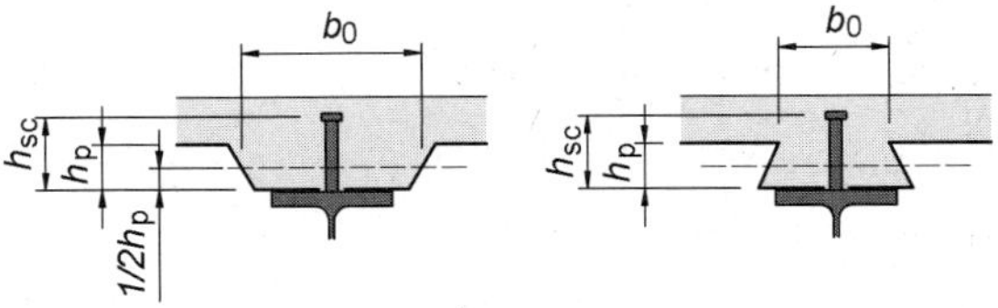

Abb. 8.126a Profilbleche mit Rippen parallel zur Trägerachse

Verlaufen die Rippen eines Stahlprofilbleches rechtwinklig zur Trägerachse, so ist für Dübel in Rippenzellen, mit Profilblechhöhen h_p nicht größer als 85 mm und Rippenbreiten b_0 nicht kleiner als h_p, die Grenzkraft aus der für massive Stahlbetonplatten durch Multiplikation mit dem nachfolgenden Abminderungsfaktor k_t zu bestimmen:

$$k_t = \frac{0{,}7}{\sqrt{n_r}} \cdot \frac{b_0}{h_p} \cdot \left(\frac{h_{sc}}{h_p} - 1 \right) \leq k_{t,max} \qquad (126.2)$$

Hierin ist n_r die Anzahl der Bolzendübel je Rippe, sie darf höchstens 2 betragen. Die Werte k_t sind gemäß Tafel 8.126 zu begrenzen.

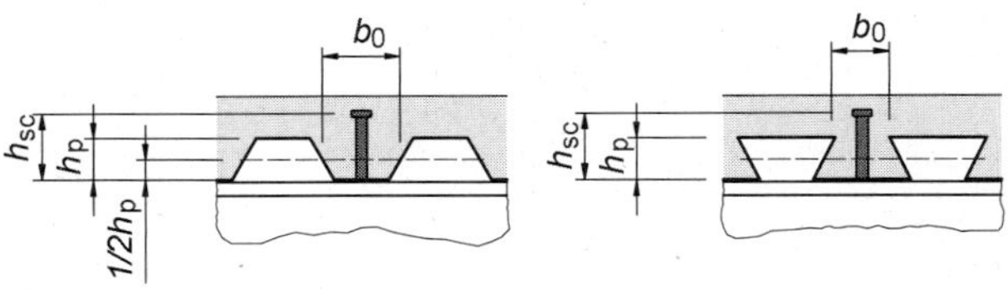

Abb. 8.126b Profilbleche mit Rippen senkrecht zur Profilachse

Bei Anwendung der Durchschweißtechnik darf der maximale Schaftdurchmesser der Dübel 20 mm betragen, bei vorgelochten Blechen 22 mm.

Tafel 8.126 Maximalwerte $k_{t,max}$ des Abminderungsfaktors k_t

Anzahl der Dübel je Rippe n_r	Blechdicke des Profilbleches	Durchgeschweißte Dübel $\varnothing \leq 20$ mm	Vorgelochte Profilbleche, Dübel $\varnothing = 19$ mm und $\varnothing = 22$ mm
1	$t \leq 1{,}0$ mm	0,85	0,75
	$t > 1{,}0$ mm	1,00	0,75
2	$t \leq 1{,}0$ mm	0,70	0,60
	$t > 1{,}0$ mm	0,80	0,60

3.5.3 Längsschubkräfte, vollständige Verdübelung

Die Verbundmittel müssen in Trägerlängsrichtung so angeordnet sein, dass die Längsschubkräfte $V_{L,Ed}$ zwischen Betonplatte und Stahlträger im Grenzzustand der Tragfähigkeit übertragen werden können. Der natürliche Haftverbund wird vernachlässigt.

Bei Trägern mit duktilen Verbundmitteln sind die Längsschubkräfte zwischen den kritischen Schnitten aus der Differenz der Normalkräfte des Betongurtes bzw. Bewehrung und des Stahlträgers für die vollplastische Momententragfähigkeit bei vollständiger Verdübelung zu ermitteln.

Einfeldträger

Bei vollständiger Verdübelung ist bei Einfeldträgern die durch Verbundmittel zu übertragende Bemessungslängsschubkraft $V_{L,Ed}$ zwischen dem Punkt des maximalen Feldmoments und dem gelenkigen Endauflager mit dem kleineren der nachfolgenden Werte zu bestimmen:

$$V_{L,Ed} = \min \begin{cases} A_a \cdot f_{yd} \\ A_{c,eff} \cdot f_{cd} \end{cases} \qquad (127.1)$$

Durchlaufträger

Bei vollständiger Verdübelung ist bei Durchlaufträgern die durch Verbundmittel zu übertragende Bemessungslängsschubkraft $V_{L,Ed}$ zwischen dem Punkt des maximalen Feldmomentes und dem benachbarten Zwischenauflager nach Abb. 8.127 zu berechnen:

$$V_{L,Ed} = N_{c,f} + (A_{s,eff} \cdot f_{sd}) \qquad (127.2)$$

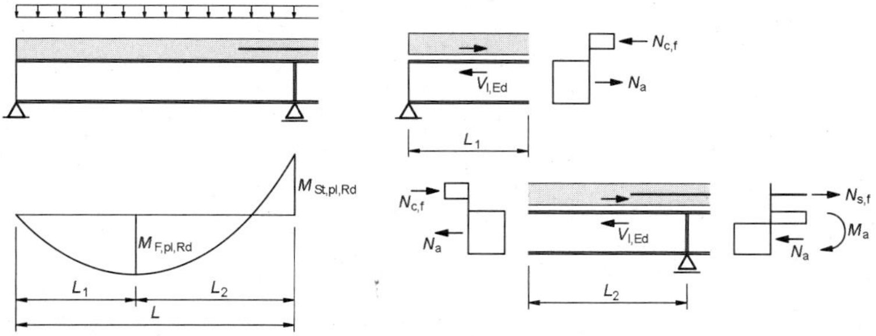

Abb. 8.127 Zur Berechnung der Längsschubkräfte bei Durchlaufträgern

Anzahl und Verteilung der Verbundmittel

Die Anzahl der Kopfbolzendübel bei vollständiger Verdübelung muss mindestens gleich der Bemessungslängsschubkraft $V_{L,Ed}$ sein, dividiert durch die Bolzentragfähigkeit P_{Rd}:

$$n_f = V_{L,Ed} / P_{Rd} \qquad (127.3)$$

In P_{Rd} ist der Einfluss von Form und Orientierung der Stahlprofilbleche nach Abschnitt 3.5.2 zu berücksichtigen.

Duktile Kopfbolzendübel dürfen zwischen benachbarten kritischen Schnitten über die zugehörige Länge äquidistant angeordnet werden, wenn

- im Bereich zwischen den betrachteten kritischen Schnitten Querschnitte der Klasse 1 oder Klasse 2 vorhanden sind,
- der Verdübelungsgrad η die in Abschnitt 3.5.4 angegebenen Bedingungen erfüllt und
- das plastische Grenzmoment des Verbundquerschnittes den 2,5fachen Wert des plastischen Grenzmomentes des Baustahlquerschnittes nicht überschreitet.

Diese Bedingungen sind im Allgemeinen für Einfeldträger und für Durchlaufträger längs der Bereiche L_1 und L_2 erfüllt.

3.5.4 Längsschubkräfte, teilweise Verdübelung

Bei Trägern mit Querschnitten der Klasse 1 oder Klasse 2 und bei Anordnung duktiler Verbundmittel ist eine teilweise Verdübelung zulässig. Als duktil werden Verbundmittel mit einem Verformungsvermögen bezeichnet, das die Annahme eines idealplastischen Verhaltens in der Verbundfuge bei der Berechnung des Tragwerkes rechtfertigt. Kopfbolzendübel gelten als duktil, wenn die nachfolgenden Bedingungen eingehalten sind:

- Länge nach dem Aufschweißen: $h \geq 4\,d$
- Schaftdurchmesser: 16 mm $\leq d \leq$ 25 mm
- Verdübelungsgrad η ist größer als der Mindestverdübelungsgrad.

Der Mindestverdübelungsgrad ergibt sich aus nachstehenden Bedingungen:

(a) einfachsymmetrischer Baustahlquerschnitt, $A_{UG} \leq 3A_{OG}$:

$L_e \leq 20$ m: $\eta \geq 1 - (360/f_{yk}) \cdot (0{,}30 - 0{,}015L_e) \geq 0{,}4$
$L_e > 20$ m: $\eta \geq 1$

(b) doppeltsymmetrischer Baustahlquerschnitt:

$L_e \leq 25$ m: $\eta \geq 1 - (360/f_{yk}) \cdot (0{,}75 - 0{,}03L_e) \geq 0{,}4$
$L_e > 25$ m: $\eta \geq 1$

(c) Verbundquerschnitt mit Profilblechen

$L_e \leq 25$ m: $\eta \geq 1 - (360/f_{yk}) \cdot (1{,}0 - 0{,}04L_e) \geq 0{,}4$
$L_e > 25$ m: $\eta \geq 1$

Hierbei sind:

L_e Länge des positiven Momentenbereiches [m]
f_{yk} charakteristischer Wert der Streckgrenze des Baustahls [N/mm²]
A_{OG}, A_{UG} Querschnittsflächen des Ober-/Untergurtes des Stahlträgers

Bedingung (c) darf nur zugrunde gelegt werden, wenn nachstehende Bedingungen auch erfüllt sind:

- innerhalb einer Rippe ist jeweils nur ein Dübel mit einem Durchmesser von 19 mm zentrisch angeordnet und die Länge des Dübels nach dem Aufschweißen beträgt nicht weniger als 76 mm;
- der Baustahlquerschnitt besteht aus einem doppeltsymmetrischen, gewalzten I- oder H-Profil;
- der Betongurt besteht aus einer Stahlprofilblech-Verbunddecke mit quer zum Träger angeordneten und über dem Träger durchlaufenden Stahlprofilblechen;
- hinsichtlich der Profilblechgeometrie gilt $b_0/h_p \geq 2$ und $h_p \leq 60$ mm;
- die Gurtkraft N_c wird durch lineare Interpolation (siehe Abschnitt 3.3.3) bestimmt.

3.6 Querbewehrung im Betongurt

Der Bemessungswert der einwirkenden Längsschubkraft $v_{L,Ed}$ je Längeneinheit muss in den für das Schubversagen maßgebenden Schnitten kleiner als der Bemessungswert der jeweiligen Längsschubtragfähigkeit sein; $v_{L,Ed}$ ist in Übereinstimmung mit Abschnitt 3.5.2 aus der für den Grenzzustand der Tragfähigkeit erforderlichen Dübelzahl und Dübelverteilung zu berechnen.

Bezüglich des Längsschubversagens zu untersuchende Schnitte zeigt Abb. 8.128. Obere und untere Plattenbewehrung dürfen als mitwirkend in Rechnung gestellt werden.

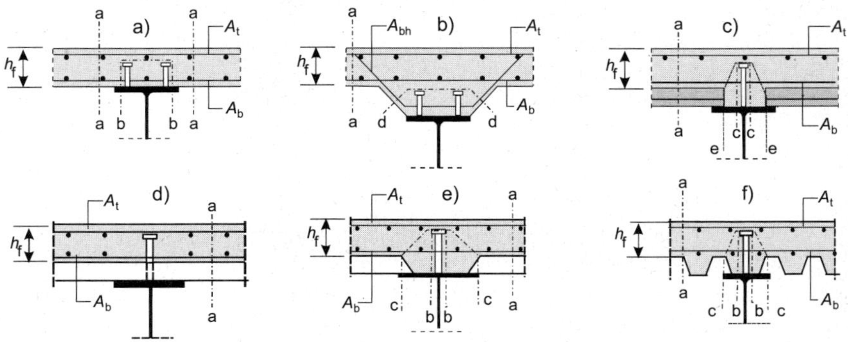

Abb. 8.128 Kritische Schnitte in Vollbetonplatten (oben) und in Betongurten mit Profilblechen (unten)

Die Nachweise in den kritischen Schnitten sind nach DIN 1045, Abschn. 10.3.5, zu führen. Es sind folgende Bedingungen einzuhalten:

$$\frac{v_{L,Ed}}{v_{Rd,max}} \leq 1 \quad \text{und} \quad \frac{v_{L,Ed}}{v_{Rd,sy}} \leq 1 \qquad (128)$$

$$v_{\mathrm{Rd,max}} = \frac{l_{\mathrm{F}} \cdot \alpha_{\mathrm{c}} \cdot f_{\mathrm{cd}}}{\cot\theta + \tan\theta} \qquad (129.1)$$

$$v_{\mathrm{Rd,sy}} = (A_{\mathrm{sf}} / s_{\mathrm{f}}) \cdot f_{\mathrm{sd}} \cdot \cot\theta \qquad (129.2)$$

mit $v_{\mathrm{L,Ed}}$ Längsschubkraft pro Längeneinheit in den kritischen Schnitten
$v_{\mathrm{Rd,max}}$ Längsschubtragfähigkeit pro Längeneinheit (Nachweis der Betondruckstreben)
$v_{\mathrm{Rd,sy}}$ Längsschubtragfähigkeit pro Längeneinheit (Nachweis der Schubbewehrung)
l_{F} Länge des kritischen Schnittes im Beton nach Abb. 8.128
$A_{\mathrm{sf}} / s_{\mathrm{f}}$ anrechenbare Querbewehrung nach Tafel 8.129
α_{c} Abminderungsfaktor für Druckstrebenfestigkeit nach DIN 1045 ($\alpha_{\mathrm{c}} = 0{,}75$ für Normalbeton)
$\cot\theta$ 1,2 in Druckgurten, 1,0 in Zuggurten

Tafel 8.129 Anrechenbare Querbewehrung $A_{\mathrm{sf}}/s_{\mathrm{f}}$ in den maßgebenden Schnitten nach Abb. 8.128

Vollbetonplatten		Betongurte mit Profilblechen	
Schnitt	$A_{\mathrm{sf}} / s_{\mathrm{f}}$	Schnitt	$A_{\mathrm{sf}} / s_{\mathrm{f}}$
a – a	$A_{\mathrm{b}} + A_{\mathrm{t}}$	a – a	$A_{\mathrm{t}} + A_{\mathrm{b}}$
b – b	$2\,A_{\mathrm{b}}$	b – b	$2\,A_{\mathrm{b}}$
c – c	$2\,A_{\mathrm{b}}$	c – c	$2\,A_{\mathrm{b}}$
d – d	$2\,A_{\mathrm{bh}}$	**Anmerkung:** A_{b}, A_{t} und A_{bh} sind die jeweiligen Querschnittsflächen der Querbewehrung pro Längeneinheit	
e – e	$2\,A_{\mathrm{b}}$		

Bei der Ermittlung von $v_{\mathrm{L,Ed}}$ darf der Verlauf der Längsschubkraft in Querrichtung des Betongurtes berücksichtigt werden. Es wird angenommen, dass der Längsschub gleichmäßig durch die Verbundmittel eingeleitet wird.

Für Betongurte mit Profilblechen darf beim Nachweis am Plattenanschnitt für h_{f} nur die Aufbetondicke oberhalb des Profilbleches angesetzt werden. Bei senkrecht zur Trägerachse angeordneten durchgehenden Profilblechen nach Abb. 8.128d) ist kein rechnerischer Nachweis der Dübelumrissfläche erforderlich, wenn der Abminderungsfaktor k_{t} nach Gl. (126.2) bei der Ermittlung der Dübeltragfähigkeit berücksichtigt wird.

Quer zur Trägerachse angeordnete und durchlaufende Stahlprofilbleche mit mechanischem Verbund oder Reibungsverbund dürfen ebenfalls als Querbewehrung nach der folgenden Beziehung angerechnet werden:

$$(A_{\mathrm{sf}} / s_{\mathrm{f}}) \cdot f_{\mathrm{sd}} + A_{\mathrm{pe}} \cdot f_{\mathrm{yp,d}} > v_{\mathrm{L,Ed}} / \cot\theta \qquad (129.3)$$

Für Profilbleche, die über dem Träger gestoßen werden und mit dem Stahlträger durch Kopfbolzendübel verschweißt sind, ist der Traganteil der Profilbleche wie folgt anzusetzen:

$$P_{\mathrm{pb,Rd}} / s \quad \text{jedoch} \quad \leq A_{\mathrm{pe}} \cdot f_{\mathrm{yp,d}} \qquad (129.4)$$

mit s Achsabstand Dübel in Trägerlängsrichtung
$P_{\mathrm{pb,Rd}}$ Schubtragfähigkeit eines durch das Profilblech geschweißten Kopfbolzendübels nach DIN 18 800-5

Beispiel 1: Deckenträger als Einfeldträger

• Charakteristische Einwirkungen

$g_{\mathrm{k}} = 14{,}5$ kN/m (Eigengewicht)

$q_{\mathrm{k}} = 17{,}5$ kN/m (veränderliche Einwirkung)

• Bemessungseinwirkung

$$r_{\mathrm{d}} = g_{\mathrm{d}} + q_{\mathrm{d}} = 1{,}35 \cdot 14{,}5 + 1{,}5 \cdot 17{,}5 = 45{,}83 \text{ kN/m}$$

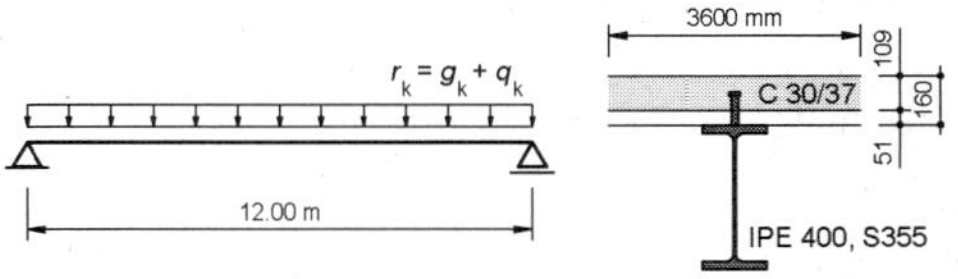

- Schnittgrößen im Grenzzustand der Tragfähigkeit

$M_{Ed} = 45{,}83 \cdot 12^2/8 = 824{,}9$ kNm

$V_{Ed} = 45{,}83 \cdot 12/2 = 275{,}0$ kN

- Querschnittstragfähigkeit – Biegemoment

$L_e/8 = 12/8 = 1{,}50$ m

$b_{eff} = 2 \cdot 1{,}50$ m $= 3{,}00$ m $< 3{,}60$ m (Trägerabstand)

$f_{ck} = 3{,}0$ kN/cm²; $\gamma_c = 1{,}5$; $\alpha_c = 0{,}85$ $f_{cd} = 0{,}85 \cdot 3{,}0/1{,}5 = 1{,}7$ kN/cm²

$f_{yk} = 35{,}5$ kN/cm²; $\gamma_a = 1{,}1$; $f_{yd} = 35{,}5/1{,}1 = 32{,}27$ kN/cm²

$V_L = N_{pl,a,Rd} = 84{,}46 \cdot 32{,}27 = 2726$ kN

$$z_{pl} = \frac{2726}{300 \cdot 1{,}7} = 5{,}3 \text{ cm} < 10{,}9 \text{ cm}$$

$M_{pl,Rd} = 2726 \cdot (0{,}20 + 0{,}16 - 0{,}053/2) = 909$ kN/m

$M_{Ed} = 824{,}9$ kNm $< M_{pl,Rd} = 909$ kN/m

Die Biegetragfähigkeit $M_{pl,Rd}$ ist aufgrund der Querkraft nicht abzumindern, da die Maximalwerte von M und V an ganz verschiedenen Stellen auftreten. Außerdem ist $V_{Ed} < 0{,}5 \cdot V_{Rd}$.

- Querschnittstragfähigkeit – Querkraft

$A_v = 84{,}46 - 2 \cdot 18 \cdot 1{,}35 + (0{,}86 + 2 \cdot 2{,}1) \cdot 1{,}35 = 42{,}69$ cm²

$$V_{Rd} = 42{,}69 \cdot 32{,}27/\sqrt{3} = 795{,}4 \text{ kN}$$

$V_{Ed} = 275{,}0$ kN $< V_{Rd} = 795{,}4$ kN

- Längsschubtragfähigkeit

$h = 100$ mm

$h/d = 5{,}3 > 4$ (die Kopfbolzendübel sind duktil)

gewählt: durchgeschweißte Kopfbolzendübel, $d = 19$ mm

$f_u = 450$ N/mm²

$P_{Rd} = 66{,}5$ kN

siehe Tafel 8.125b

einreihige Dübel:

$$k_t = \frac{0{,}7}{\sqrt{1}} \cdot \left(\frac{12{,}6}{5{,}1}\right) \cdot \left(\frac{10}{5{,}1} - 1\right) = 1{,}66 > 0{,}85$$

zweireihige Dübel:

$$k_t = \frac{0{,}7}{\sqrt{2}} \cdot \left(\frac{12{,}6}{5{,}1}\right) \cdot \left(\frac{10}{5{,}1} - 1\right) = 1{,}17 > 0{,}70$$

Abminderungsfaktor k_t wegen der quer verlaufenden, durchgehenden Rippen des Stahlprofilbleches (unterbrochene Verbundfuge)

Abgeminderte Dübeltragfähigkeiten:

einreihige Dübel: $P_{Rd} = 0{,}85 \cdot 66{,}5 = 56{,}5$ kN

zweireihige Dübel: $P_{Rd} = 0{,}70 \cdot 66{,}5 = 46{,}6$ kN

Längsschub: $V_{L,Ed} = N_{c,f} = 2726$ kN

Grenzwerte nach Tafel 8.126: $k_t = 0{,}85$ bzw. $k_t = 0{,}70$ für durchgeschweißte Kopfbolzendübel und $t \leq 1$ mm.

Mögliche Dübelanordnung:

13 Dübelpaare am Trägerende + 27 Einzeldübel im Feldbereich; $e = 15$ cm (Rippenabstand)

$\Sigma P_{Rd} = 2 \cdot 13 \cdot 46{,}6 + 27 \cdot 56{,}5 = 2737$ kN zwischen Auflager und Feldmitte (kritische Schnitte)

Alternativ wird eine einreihige Dübelanordnung untersucht, was zur teilweisen Verdübelung führt:

$\Sigma P_{Rd} = 40 \cdot 56{,}5 = 2260$ kN

$$\eta = \frac{N_c}{N_{c,f}} = \frac{2260}{2726} = 0{,}83$$

das entspricht einem Verdübelungsgrad von 83 %

$$\eta = \frac{N_c}{N_{c,f}} \geq 1 - \left(\frac{360}{355}\right)(1 - 0{,}04 \cdot 12) = 0{,}47 \text{ und } \eta > 0{,}4$$

nach Abschnitt 3.5.4

$M_{pl,Rd}/M_{pl,a,Rd} = 909/421{,}8 = 2{,}16 < 2{,}5$

mit $M_{pl,a,Rd} = W_{pl,y} \cdot f_{yd} = 1307 \cdot (355/1{,}1)/100 = 421{,}8$ kNm

Die Dübel dürfen gleichmäßig verteilt werden.

$M_{Ed} \leq 0{,}83 \cdot (909 - 421{,}8) + 421{,}8 = 826{,}2$ kN — nach Abb. 8.123b, lineare Interpolation

Die Biegetragfähigkeit bei teilweiser Verdübelung ist ausreichend; es werden 40 Einzelkopfbolzen im Durchschweißverfahren gleichmäßig zwischen Auflager und Feldmitte angeordnet.

Gesamtzahl/Träger: $n = 2 \cdot 40 = 80$ Kopfbolzendübel

Scheibenschub: $v_{L,Ed} = P_{Rd}/e = 56{,}5/0{,}15 = 377{,}0$ kN/m (insgesamt)

$= 188{,}5$ kN/m (Scheibenschub einseitig)

• Nachweis der Querbewehrung im Betongurt

$$v_{Rd,max} = \frac{l_F \cdot \alpha_c \cdot f_{cd}}{\cot\theta + \tan\theta} = \frac{(16-5{,}1) \cdot 0{,}75 \cdot 3{,}0/1{,}5}{1{,}2 + 1/1{,}2}$$

$= 8{,}04$ kN/cm $= 804$ kN/m $> 188{,}5$ kN/m $= v_{Ed}$

$v_{Rd,sy} = (A_{pe} \cdot f_{yp,d}) \cdot \cot\theta$ — ohne statisch erforderliche Querbewehrung

mit $A_{pe} \cdot f_{yp,d} = 15{,}62 \cdot 28/1{,}10 = 397{,}6$ kN/m

$\cot\theta = 1{,}2$

$v_{Rd,sy} = 397{,}6 \cdot 1{,}2 = 477{,}1$ kN/m — ohne Querbewehrung gerechnet

$> v_{Ed} = 188{,}5$ kN/m

Konstruktiv ist eine obere Mindestbewehrung anzuordnen, die auf die Biegebewehrung zur Aufnahme der negativen Stützmomente in der durchlaufenden Verbunddecke angerechnet werden darf.

Beispiel 2: Deckenträger als Zweifeldträger

Der Querschnitt ist der gleiche wie im Beispiel 1 „Einfeldträger", das Profil läuft ohne Schwächung über die ganze Länge von 16,80 m durch.

Gesucht: aufnehmbare veränderliche Last q_k

Gegeben: Eigenlast $g_k = 14{,}5$ kN/m

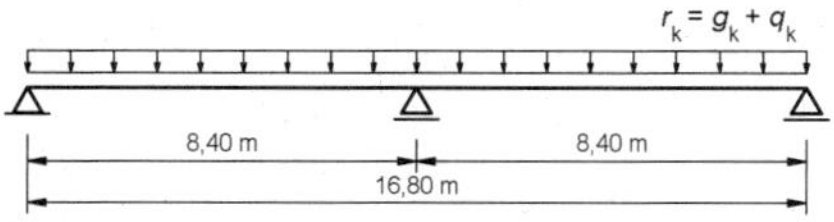

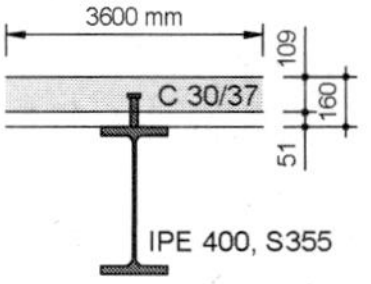

• Fließgelenkverfahren

Die Bemessung erfolgt nach dem Fließgelenkverfahren Theorie I. Ordnung. Über der Innenstütze wird nur die Tragfähigkeit des Stahlträgers angesetzt.

Druckgurt: vorh $b/t = 90/13{,}5 = 6{,}7$

Tafel 8.117a: grenz $b/t = 9 \cdot \varepsilon = 7{,}4$ → Klasse 1

Steg: vorh $b/t = 331/8{,}6 = 38{,}5$

Tafel 8.117b: $a \approx 0{,}5 \rightarrow$ grenz $b/t = 32/0{,}5 \cdot 0{,}82 = 52{,}5$ → Klasse 1

$L_e = 0{,}85 \cdot 8{,}40 = 7{,}14$ m — positiver Momentenbereich

$b_{eff} = 2 \cdot L_e/8 = 2 \cdot 7{,}14/8 = 1{,}79$ m $< 3{,}60$ m (Trägerabstand) — mittragende Breite

$N_{pl,a,Rd} = N_{c,f} = 2726$ kN

$$z_{pl} = \frac{2726}{179 \cdot 1{,}7} = 8{,}96 \text{ cm} < 10{,}9 \text{ cm}$$ → Nulllinie liegt im Betongurt

$M_{pl,Rd} = 2726 \cdot (0{,}2 + 0{,}16 - 0{,}0896/2) = 859{,}2$ kNm — Querschnitt im Feld

$M_{pl,Rd} = M_{pl,a,Rd} = 421{,}8$ kNm — Querschnitt über der Innenstütze (der Stahlträger trägt alleine)

$V_{Rd} = 795{,}4$ kN

1. Annahme:

$\frac{V_{Ed}}{V_{Rd}} = 0{,}60 > 0{,}5$ → *M-V*-Interaktion über der Innenstütze, Nachweis erforderlich

$$\text{red}\, M_{pl,Rd} = M_{f,Rd} + (M_{Rd} - M_{f,Rd})\left[1 - \left(\frac{2 \cdot V_{Ed}}{V_{Rd}} - 1\right)^2\right]$$

mit $\left(\frac{2 \cdot V_{Ed}}{V_{Rd}} - 1\right)^2 = (2 \cdot 0{,}60 - 1)^2 = 0{,}040$

$M_{f,Rd} = 32{,}27 \cdot 18 \cdot 1{,}35 \cdot (0{,}40 - 0{,}0135) = 303{,}1$ kNm

erhält man red $M_{pl,Rd} = 303{,}1 + (421{,}8 - 303{,}1) \cdot (1 - 0{,}040) = 417{,}1$ kNm

2. Annahme:

$M_F = 640$ kNm für die Tragfähigkeit im Einzelfeld bei teilweiser Verdübelung

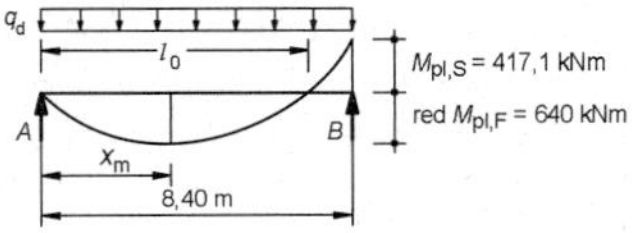

$$\frac{M_{pl,S}}{M_{pl,F}} = \frac{\text{red}\, M_{pl,S}}{\text{red}\, M_{pl,F}} = \frac{417{,}1}{640} = 0{,}65$$

$$\max r_d = 10{,}26 \cdot \frac{M_{pl,F}}{l^2} = 10{,}26 \cdot \frac{640}{8{,}40^2} = 93{,}1 \text{ kN/m}$$

$x_m = 0{,}442 \cdot l = 0{,}442 \cdot 8{,}40 = 3{,}71$ m — aus Tafel 8.120 (für $M_{pl,S}/M_{pl,F} = 0{,}6$)

$l_0 = 0{,}88 \cdot l = 7{,}39 \text{ m} > L_e$ — (L_e nach Abb. 8.121)

Verbundsicherung

$\Sigma P_{Rd} = N_c = 56{,}5 \cdot 3{,}71 \cdot 1/0{,}15 = 1397{,}4$ kN

$\eta = \frac{N_c}{N_{c,f}} = \frac{1397{,}4}{2726} = 0{,}51$ > 0,40 = Mindestverdübelungsgrad nach Abschnitt 3.5.4

Tragfähigkeit im Feld bei teilweiser Verdübelung mit η = 0,51 nach Abb. 8.123b (linear interpoliert):

$$\text{red}\, M_{pl,F} = M_{pl,a,Rd} + \eta \cdot (M_{pl,Rd} - M_{pl,a,Rd})$$
$$= 421{,}8 + 0{,}51 \cdot (859{,}2 - 421{,}8) = 644{,}9 \text{ kNm}$$ > 640 kNm (wie angenommenen)

Kontrolle der M-V-Interaktion:

$$B = \frac{1}{8{,}40}(417{,}1 + 93{,}1 \cdot 8{,}4^2/2) = 440{,}7 \text{ kN}$$

$\frac{V_{Ed}}{V_{Rd}} = \frac{440{,}7}{795{,}4} = 0{,}55 < 0{,}6$ wie angenommen

Das System ist in der Lage eine Bemessungslast von $r_d = g_d + q_d = 93{,}1$ kN/m aufzunehmen.

→ max $\boldsymbol{q_k} = (r_d - 1{,}35 \cdot 14{,}5)/1{,}50 =$ **49,0 kN/m**

Der Nachweis der Querbewehrung erfolgt wie im Beispiel „Einfeldträger". Über der Innenstütze muss in Längsrichtung Bewehrung zur Begrenzung der Rissbreiten angeordnet werden.

3.7 Gebrauchstauglichkeit von Verbundträgern

3.7.1 Durchbiegungen im Gebrauchszustand

Grundlegende Anforderungen an Verformungen von Tragwerken im Gebrauchszustand regelt die DIN 1055-100. Für Verbundkonstruktionen dürfen, sofern keine besonderen Anforderungen gestellt werden, die Anhaltswerte der DIN 1045-1 zur Begrenzung von Durchbiegungen angesetzt werden:

- 1/250 der Spannweite zur Wahrung des Erscheinungsbildes (bei Kragarmen ist die Stützweite mit dem 2,5fachen Wert der Kragarmlänge anzusetzen),
- 1/500 der Spannweite, um Schäden an angrenzenden Bauteilen (z. B. Trennwänden) zu vermeiden.

Zur Kompensierung der Durchbiegungen können die Verbundträger mit Überhöhung ausgeführt werden. Die Überhöhung ist in der Regel für ständige Einwirkungen und Verformungen infolge Kriechen und Schwinden auszulegen.

3.7.2 Rissbreitenbegrenzung

Die Anforderungen an die Begrenzung der Rissbreite sind in DIN 1045-1 festgelegt. Der einzuhaltende Rechenwert der Rissbreite w_k wird in Anhängigkeit von der Anforderungsklasse, Expositionsklasse und der Einwirkungskombination definiert.

Die Begrenzung der Rissbreite wird maßgeblich durch die folgenden Faktoren beeinflusst:

- Bewehrungsgrad $\rho_s = A_s/A_c$
- Stahlspannung σ_s in der Bewehrung
- Durchmesser der Bewehrungsstäbe d_s
- Abstand der Bewehrungsstäbe.

Mindestbewehrung

In Bereichen, in denen Betonzugspannungen und Rissbildung auftreten können, ist eine Mindestbewehrung zur Begrenzung der Rissbreiten anzuordnen. Die Mindestbewehrung ist, wenn kein genauerer Nachweis geführt wird, nach der folgenden Beziehung zu ermitteln:

$$A_s = k_c \cdot k \cdot f_{c,eff} A_{ct} / \sigma_s \qquad (133.1)$$

Für Gurte von Verbundträgern gilt:

$k = 0{,}7$ Beiwert zur Berücksichtigung des Einflusses von Eigenspannungen und Nachgiebigkeit der Verdübelung

$$k_c = \frac{1}{1 + \frac{h_c}{2 z_{io}}} + 0{,}3 \le 1{,}0$$ Beiwert zur Berücksichtigung der Spannungsverteilung

h_c Dicke des Betongurtes (ohne Vouten und Rippen)

z_{io} Abstand zwischen den Schwereachsen des Betongurtes und des Verbundquerschnittes (ermittelt am ungerissenen Querschnitt mit der Reduktionszahl n_0)

Für Kammerbeton ist die Mindestbewehrung mit $k = 0{,}7$ und $k_c = 0{,}6$ nach Gleichung (133.1) zu bestimmen.

Der Rissbreitennachweis erfolgt durch die Begrenzung der Stabdurchmesser der Bewehrung. Für Verbundträger dürfen die Grenzdurchmesser der Bewehrungsstäbe in Tafel 8.134a, nach der folgenden Gleichung modifiziert werden:

$$d_s = d_s^* \cdot \frac{f_{ct,eff}}{f_{ct,0}} \qquad (133.2)$$

mit d_s^* Grenzdurchmesser, siehe Tafel 8.134a

$f_{ct,0}$ = 3,0 N/mm², Bezugswert der Betonzugfestigkeit

$f_{ct,eff}$ wirksame Betonzugfestigkeit nach DIN 1045-1

Die Bewehrung wird als obere und untere Bewehrungslage entsprechend der Zugkraft des Betongurtes im ungerissenen Zustand angeordnet. Bei Betongurten mit Profilbleche darf auf die untere Bewehrungslage verzichtet werden.

Rissbreitenbegrenzung ohne direkte Berechnung

In Bereichen, in denen die für die Tragfähigkeit erforderliche Bewehrung die Mindestbewehrung überschreitet, kann die Rissbreitenbegrenzung in Abhängigkeit vom Stabdurchmesser oder vom Stababstand durch die Begrenzung der Bewehrungsstahlspannung σ_s im Grenzzustand der Gebrauchstauglichkeit erfüllt werden. Die zulässigen Spannungen sind in den Tafeln 8.134a und 8.134b angegeben.

Die Betonstahlspannungen sind unter Berücksichtigung der Mitwirkung des Betons zwischen den Rissen nach der folgenden Gleichung zu ermitteln:

$$\sigma_s = \sigma_{s,2} + 0{,}4 \cdot \frac{f_{ct,eff}}{\alpha_{st} \cdot \rho_s} \qquad (133.3)$$

mit $\alpha_{st} = \dfrac{A \cdot I}{A_a \cdot I_a}$

$\sigma_{s,2}$ Betonstahlspannung im Verbundquerschnitt (Zustand II)

A, I Fläche und Trägheitsmoment des Gesamtstahlquerschnittes (Bewehrung und Baustahl) ohne Berücksichtigung des Betons unter Zugbeanspruchung und der Profilbleche

A_a, I_a Fläche und Trägheitsmoment der Baustahlquerschnittes.

Für Rissbreitennachweise des Kammerbetons dürfen die Betonstahlspannungen ohne Berücksichtigung der Mitwirkung des Betons zwischen den Rissen ermittelt werden.

Tafel 8.134a Zusammenhang zwischen der Rissbreite w_k, Stahlspannung σ_s und Grenzdurchmesser d_s^* der Bewehrung (nach DIN 1045-1)

Stahlspannung in [N/mm²]	160	200	240	280	320	360	400	450
Grenzwert der Rissbreite	Grenzdurchmesser der Stäbe d_s^* in [mm]							
w_k = 0,2 mm	28	18	13	9	7	6	5	4
w_k = 0,3 mm	42	27	19	14	11	9	7	5
w_k = 0,4 mm	56	36	25	18	14	11	9	7

Tafel 8. 134b Zusammenhang zwischen der Rissbreite w_k, Stahlspannung σ_s und Höchstwerten der Stababstände der Bewehrung (nach DIN 1045-1)

Stahlspannung in [N/mm²]	160	200	240	280	320	360
Grenzwert der Rissbreite	Höchstwerte der Stababstände in [mm]					
w_k = 0,2 mm	200	150	100	50	–	–
w_k = 0,3 mm	300	250	200	150	100	50
w_k = 0,4 mm	300	300	250	200	150	100

3.7.3 Schwingungsverhalten

Schlanke Verbunddecken und Verbundträger können infolge der jeweiligen Nutzung zu Schwingungen angeregt werden. Zur Wahrung der Gebrauchstauglichkeit und des Wohlbehagens der Nutzer sind die Schwingungen zu begrenzen.

Beispiel 3: Durchbiegungsnachweis

- Angaben zur Herstellung und Belastung

  Der Verbundträger wird auf einer Hilfsstütze betoniert.

  $B = 1{,}25 \cdot 6{,}0 \cdot 14{,}5 = 108{,}75$ kN

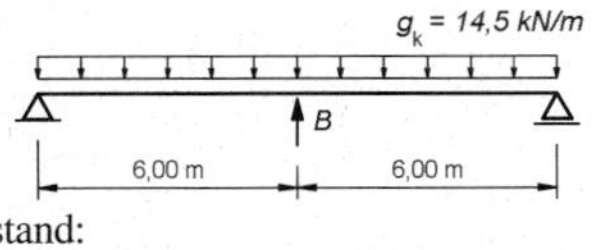

  Veränderliche Lasten auf dem Verbundträger im Endzustand:

  $q = 17{,}5$ kN/m davon 40 % als dauernd und 60 % als kurzzeitig wirkend angenommen

  $q_1 = 0{,}4 \cdot 17{,}5 = 7{,}0$ kN

  $\Delta q = 0{,}6 \cdot 17{,}5 = 10{,}5$ kN

  $\Sigma q = 17{,}5$ kN/m

- Durchbiegung im Gebrauchszustand

  In der folgenden Berechnung wird der inhomogene Verbundträgerquerschnitt als fiktiver, homogener Gesamtquerschnitt aus Baustahl im Zustand I berechnet. Die Betonfläche muss dazu mit der jeweils maßgebenden Reduktionszahl $n_L = n_0 \cdot (1 + \psi_L \cdot \varphi_t)$ reduziert werden. Diese Zahl hängt vereinfachend nur davon ab, ob Kurzzeit- oder Dauerlast oder das Schwinden untersucht wird, welche Umgebungsbedingungen vorliegen, welche Betonfestigkeitsklasse gewählt wurde und welches Alter der Beton bei der Belastung hat.

Reduktionszahlen:

$n_0 = E_a/E_{cm} = 210/28{,}3 = 7{,}42$

$n_p = 7{,}42\,(1 + 1{,}1 \cdot 2{,}5) = 27{,}83$

$n_S = n_{PT} = 7{,}42\,(1 + 0{,}55 \cdot 2{,}5) = 17{,}62$

Als Näherung wird die Endkriechzahl $\varphi_t = 2{,}5$ angesetzt. Falls die Einflüsse aus Kriechen und Schwinden des Betons genauer berücksichtigt werden sollen, können die Endkriechzahlen φ_t nach DIN 1045-1 ermittelt werden.

Querschnittswerte:

Die Bezugsachse wird in die Schwerlinie des Betongurtes gelegt. Die Abstände von dort werden mit z bezeichnet. Die erforderliche Korrektur zur Berücksichtigung der richtigen Schwerlinie erfolgt durch Berücksichtigung von $\Delta I = -A_{ges} \cdot \bar{z}_s^2$ in der Summenzeile.

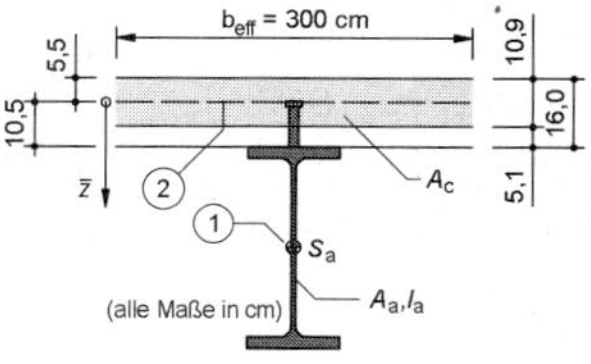

$A_c = 3270$ cm²; $A_a = 84{,}5$ cm²; $I_a = 2{,}313$ cm²m²

Berechnung der Querschnittswerte:

Teil	A_a, $A_{c,r}$ cm²	$\bar{z}, \bar{z}_s$ m	$A \cdot \bar{z}$ cm²/m	$A \cdot \bar{z}^2$ cm²/m²	I_{eig} cm²/m²	
1 2	84,5 440,7	0,306 -	25,80 -	7,883 -	2,313 0,436	Kurzzeit, $n_0 = 7{,}42$
Σ	**525,1**	**0,049**	**25,80**	**-1,268**	**2,749**	$\boldsymbol{I_{i0} = 9{,}36}$ **cm² m²**
2	117,5	-	-	-	0,116	Dauerlast, $n_\varphi = 27{,}83$
Σ	**202,0**	**0,128**	**25,80**	**-3,296**	**2,493**	$\boldsymbol{I_{i\varphi} = 8{,}39}$ **cm² m²**
2	185,5	-	-	-	0,184	Schwinden, $n_S = 17{,}62$
Σ	**270,0**	**0,096**	**25,80**	**-2,466**	**2,497**	$\boldsymbol{I_{is} = 8{,}68}$ **cm² m²**

Die Berechnung der Flächenmomente erfolgt dabei nach den Formeln

$$\bar{z} = \Sigma A \cdot \bar{z} / \Sigma A$$

$$I = \Sigma I_{eig} + \Sigma A \cdot \bar{z}^2 - A_{ges} \cdot \bar{z}_s^2$$

Durchbiegung in Feldmitte nach dem Freisetzen der Hilfsstütze

Dauerlast, $t = 0$:

$$f_B = \frac{Bl^3}{48E_a \cdot I_{i0}} = \frac{108{,}75 \cdot 12^3}{48 \cdot 21000 \cdot 9{,}36} = 0{,}020 \text{ m}$$

$$f_{q1} = \frac{5 \cdot q_1 \cdot l^4}{384E_a \cdot I_{i0}} = \frac{5 \cdot 7{,}0 \cdot 12^4}{384 \cdot 21000 \cdot 9{,}36} = 0{,}010 \text{ m}$$

$\rightarrow \Sigma f_0 = 0{,}030$ m = 3 cm

Kurzzeitlast:

$f_{\Delta q} = 0{,}010 \cdot 10{,}5/7{,}0 = 0{,}015$ m

Dauerlast, $t = \infty$:

$$f_B = 0{,}020 \cdot \frac{9{,}36}{8{,}39} = 0{,}022 \text{ m}$$

$$f_{q1} = 0{,}010 \cdot \frac{9{,}36}{8{,}39} = 0{,}011 \text{ m}$$

$\rightarrow \Sigma f_\infty = 0{,}033$ m = 3,3 cm

Kriechen unter Dauerlast alleine:

$f_k = \Sigma f_\infty - \Sigma f_0 = 0{,}033 - 0{,}030 = 0{,}003$ m = 0,3 cm

Schwinden (mit Kriechen):

Es wird die Modellvorstellung gemäß nebenstehender Skizze verwendet.

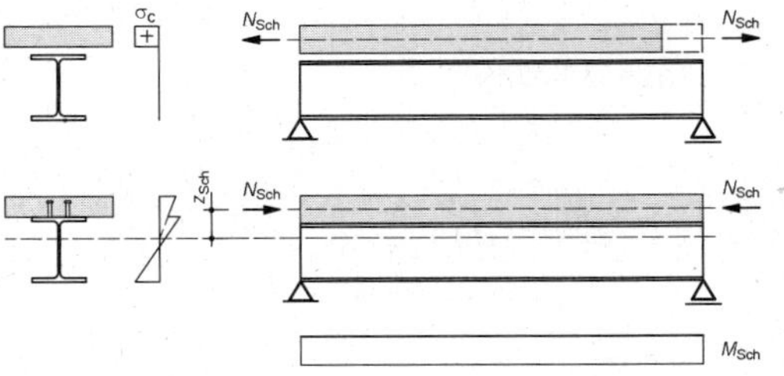

$$N_{sch} = A_b \cdot \frac{E_a}{n_s} \cdot \varepsilon_{cs} = 3270 \cdot \frac{21000}{17{,}62} \cdot 620 \cdot 10^{-6} = 2416\,\text{kN}$$

$$M_{sch} = N_{sch} \cdot z_{sch} = 2416 \cdot 0{,}096 = 231{,}9\ \text{kNm}$$

$$f_{sch} = \frac{1}{8} \cdot \frac{M_{sch} \cdot l^2}{E_a \cdot I_{is}} = \frac{1}{8} \cdot \frac{231{,}9 \cdot 12^2}{21000 \cdot 8{,}68} = 0{,}023\ \text{m}$$

Damit ergeben sich die maximalen Durchbiegungen in Feldmitte zu:

$$\max f = \{f_B + f_{q1}\}_{t=0} + f_k + f_{sch} + f_{\Delta q}$$
$$= 0{,}03 + 0{,}003 + 0{,}023 + 0{,}015 = 0{,}071\ \text{m}$$
$$= 7{,}1\ \text{cm} \qquad \text{(das entspricht } l/169\text{)}$$

Diese Durchbiegung ist größer als der in der in DIN 1045-1 vorgeschlagene Grenzwert für Geschossdecken allgemein: $l/250$. Es sollte daher eine Überhöhung des Verbundträgers von 3,0 cm vorgesehen werden, um die Durchbiegung nach dem Freisetzen der Hilfsstütze auszugleichen.

Die verbleibende, nachträglich auftretende Durchbiegung unter veränderlicher Last Δq sowie Kriechen und Schwinden des Betons beträgt dann:

$$\Delta f = f_k + f_{sch} + f_{\Delta q}$$
$$= 0{,}003 + 0{,}023 + 0{,}015 = 0{,}041\ \text{m}$$
$$= 4{,}1\ \text{cm} \qquad \text{(das entspricht } l/293\text{)}$$

Dieser Wert ist kleiner als der in der DIN 1045-1 allgemein empfohlene Wert $l/250$. Werden höhere Anforderungen an die Verformungsbegrenzung gestellt, müssten diese ggf. vereinbart werden.

Bei Durchlaufträgern muss man zusätzlich bedenken, dass sich im Allgemeinen über den Innenstützen mit der Zeit ein Zwängungsmoment aufbaut. Außerdem könnte bereits im Gebrauchszustand der Betongurt reißen und der Stahlträger örtlich fließen. Das erschwert die Abschätzung von Durchbiegungen etwas. Allerdings sind diese i. Allg. bei Durchlaufträgern nennenswert kleiner als bei vergleichbaren Einfeldträgern.

- Schwingungsverhalten

  Die Empfindlichkeit des Trägers gegenüber Schwingungen kann über die Eigenfrequenz abgeschätzt werden.

$$\omega = \frac{\pi^2}{l^2} \cdot \sqrt{\frac{E_a \cdot I_{i0}}{m}} \qquad \text{Massebelegung } m = g/9{,}81$$

$$\omega = \frac{\pi^2}{144} \cdot \sqrt{\frac{21000 \cdot 9{,}36}{14{,}5/9{,}81}} = 25{,}0\,(1/\text{s})$$

$$f = \frac{\omega}{2\pi} = \frac{25{,}0}{2\pi} = 4{,}0\ \text{Hz}$$

In Abhängigkeit von der vorgesehenen Nutzung muss überprüft werden, ob die Anforderungen hinsichtlich der Schwingungsbegrenzung eingehalten werden. Bei Geschossdecken üblicher Nutzung sollte die kleinste Eigenfrequenz i.d.R. nicht unter 3 Hz liegen. Zusätzlich zur Eigenlast g muss ggf. die ständig wirkende veränderliche Last q_1 (Ausbaulast) mitberücksichtigt werden.

4 Verbundstützen

4.1 Allgemeines

Verbundstützen können als vollständig oder teilweise einbetonierte Stahlprofile oder als betongefüllte Hohlprofile ausgeführt werden. In Verbundstützen, die nach DIN 18 800-5 bemessen werden, dürfen die Baustähle S235 bis S460 und Normalbetone C20/25 bis C50/60 verwendet werden.

Bei Verbundstützen muss der Anteil der vollplastischen Tragfähigkeit des Baustahlquerschnittes an der plastischen Tragfähigkeit des Verbundquerschnittes (Parameter δ) die folgende Bedingung erfüllen:

$$0{,}2 \leq \delta = \frac{N_{\mathrm{pl,a,Rd}}}{N_{\mathrm{pl,Rd}}} \leq 0{,}8 \qquad (137.1)$$

Die Tragfähigkeit der Verbundstützen darf ohne Berücksichtigung lokalen Beulens ermittelt werden, wenn

- das Stahlprofil vollständig einbetoniert ist und die Mindestbetondeckung (40 mm oder 1/6 der Flanschbreite) nicht unterschritten wird,
- die Grenzwerte d/t, h/t, b/t_F nach Tafel 8.137 eingehalten werden.

Tafel 8.137 Grenzwerte für Verbundstützen

Querschnitt		Grenzwerte
betongefüllte kreisförmige Hohlprofile	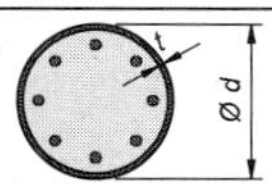	$\max(d/t) = 90 \cdot \frac{240}{f_{\mathrm{yk}}}$
betongefüllte rechteckige Hohlprofile	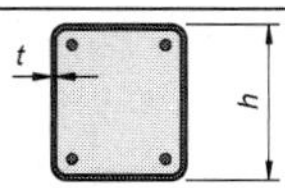	$\max(d/t) = 52 \cdot \sqrt{\frac{240}{f_{\mathrm{yk}}}}$
teilweise einbetonierte I-Profile	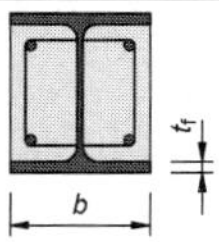	$\max(d/t) = 44 \cdot \sqrt{\frac{240}{f_{\mathrm{yk}}}}$

4.2 Querschnittstragfähigkeit

Zur Ermittlung der Bemessungstragfähigkeit von Verbundstützen darf ein vereinfachtes Verfahren angewendet werden, wenn die folgenden Bedingungen erfüllt sind:

- $\overline{\lambda}_K = \sqrt{\frac{N_{\mathrm{pl,Rk}}}{N_{\mathrm{Ki,k}}}} \leq 2{,}0$ (bezogener Schlankheitsgrad)
- bei vollständig einbetonierten Stahlprofilen werden maximal die Betondeckungen max $c_z = 0{,}3h$ und max $c_y = 0{,}4b$ rechnerisch berücksichtigt.

Normalkraft

Die vollplastische Normalkrafttragfähigkeit von Verbundstützen wird aus der Addition der Traganteile der einzelnen Querschnittsteile ermittelt:

$$N_{\mathrm{pl,Rd}} = N_{\mathrm{pl,a,Rd}} + N_{\mathrm{c,Rd}} + N_{\mathrm{s,Rd}} = A_a \cdot f_{\mathrm{yd}} + A_c \cdot f_{\mathrm{cd}} + A_s \cdot f_{\mathrm{sd}} \qquad (137.2)$$

Die Betonfestigkeit f_{cd} wird für teilweise und vollständig einbetonierte Stahlprofile mit $\alpha_c = 0{,}85$ und für betongefüllte Hohlprofile mit $\alpha_c = 1{,}00$ angesetzt.

Druck und Biegung

Für gleichzeitige Beanspruchung durch Druck und einachsige Biegung darf die Querschnittstragfähigkeit mit der Interaktionskurve, die mit vollplastischen Spannungsblöcken bestimmt wird, nach Abb. 8.138 ermittelt werden. Die Interaktionskurve darf durch einen Polygonzug angenähert werden.

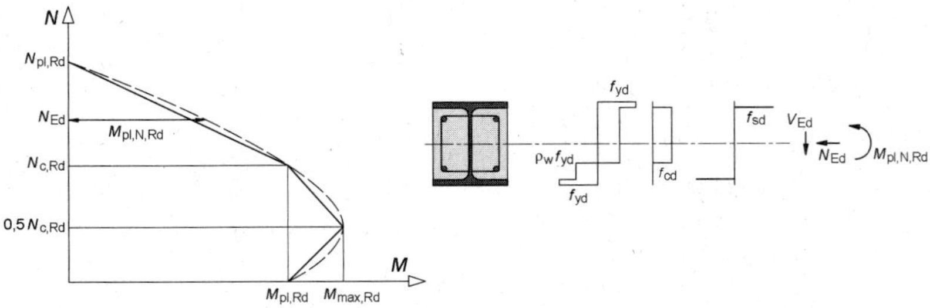

Abb. 8.138 Vollplastische Interaktion für Druck und einachsige Biegung

Der Querkrafteinfluss muss berücksichtigt werden, wenn die anteilige Querkraft im Stahlprofil $V_{a,Ed}$ den 0,5fachen Wert der vollplastischen Querkrafttragfähigkeit $V_{pl,a,Rd}$ überschreitet. Die Tragfähigkeit des Querschnittes für Druck und Biegung ist dann mit dem reduzierten Wert der Streckgrenze $\rho_w \cdot f_{yd}$ für die querkraftübertragenden Querschnittsteile zu bestimmen (ρ_w nach Gl. 124.2).

Der Tragfähigkeitsnachweis erfolgt auf der Grundlage der europäischen Knickspannungslinien (siehe DIN 18 800-5) oder mit der nachfolgenden Bedingung:

$$\frac{M_{Ed}}{M_{pl,N,Rd}} = \frac{M_{Ed}}{\mu_d \cdot M_{pl,Rd}} \leq \alpha_M \qquad (138)$$

mit α_M — $\alpha_M = 0{,}9$ für S235, S275 und S355, $\alpha_M = 0{,}8$ für S420 und S460

$M_{Edt,0}$ — betragsmäßig größtes Biegemoment am Rand oder innerhalb der Stützenlänge; die Momente sind unter Berücksichtigung von Imperfektionen nach Tafel 8.138 und, falls erforderlich, nach Theorie II. Ordnung zu ermitteln.

$M_{pl,N,Rd}$ vollplastische Momententragfähigkeit bei gleichzeitiger Wirkung der Normalkraft N_{Ed}

Tafel 8.138 Geometrische Ersatzimperfektionen von Verbundstützen

Querschnitt		maßgebende Achse	max. Stich der Vorkrümmung
vollständig einbetonierte, gewalzte oder geschweißte I-Querschnitte	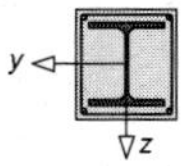	y – y	$L/200$
		z – z	$L/150$
teilweise einbetonierte, gewalzte oder geschweißte I-Querschnitte	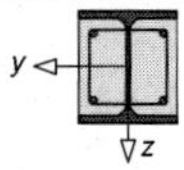	y – y	$L/200$
		z – z	$L/150$
betongefüllte kreisförmige und rechteckige Hohlprofile	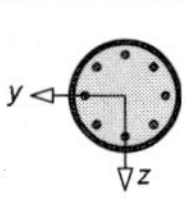	y – y z – z	bei $\rho_s \leq 3$ %: $L/300$
			bei 3 % $< \rho_s \leq 6$ %: $L/200$
betongefüllte geschweißte Kastenquerschnitte, betongefüllte Rohre mit zusätzlichen I-Profilen, teilweise einbetonierte Profile aus gekreuzten I-Profilen 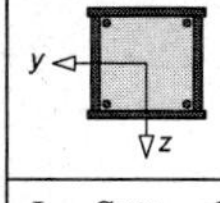 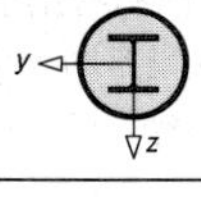 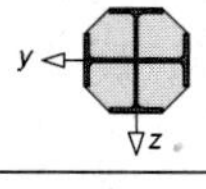		y – y z – z	$L/200$
L = Stützenlänge, ρ_s = Bewehrungsgrad			

8 E Stähle im Bauwesen

Prof. Dr.-Ing. Ömer Bucak (Abschn. 1 und 2)
Prof. Dipl.-Ing. Hellmut Losert (Abschn. 3)

1 Allgemeines zu den neuen europäischen Stahlbezeichnungen

Die Lieferbedingungen der Stähle des Bauwesens/Stahlbaus wurden in den letzten Jahren überarbeitet; dabei wurde den Neuerungen in der Produktion und den Wünschen der stahlverarbeitenden Industrie Rechnung getragen. Es ergaben sich auch Änderungen in der Normennummerierung. Tafel 8.139a zeigt die seit 2005 bauaufsichtlich eingeführten Normen im Vergleich zu den alten Normen.

Tafel 8.139a Normennummerierung, Flacherzeugnisse und Langerzeugnisse

EN 10025	**Warmgewalzte Erzeugnisse aus Baustählen**	bis Ende 2005
EN 10025-1	Allgemeine Lieferbedingungen	
EN 10025-2	unlegierte Baustähle	EN 10025
EN 10025-3	Feinkorn, Zustand N	EN 10113-2
EN 10025-4	Feinkorn, Zustand M	EN 10113-3
EN 10025-5	wetterfeste Baustähle	EN 10155
EN 10025-6	Feinkorn, Zustand Q	EN 10137-2

1.1 Neue europäische Stahlbezeichnungen

Kurzzeichen nach EN 10 027-1 mit ECISS CR 10 260 (IC10) bzw. der kommenden Neuausgabe von EN 10 027-1.

- **nach der chemischen Zusammensetzung**: wie frühere DIN-Regel, jedoch ohne Leerzeichen, z. B. bisher: 10 CrMo 9 10 ⇒ neu: **10CrMo9-10**
- **nach Verwendung/Eigenschaften**: Hauptsymbol mit (größter) Mindeststreckgrenze (in Mpa = N/mm^2), z. B. **S355** (ohne Leerzeichen)

Hauptsymbol **S**	=	Stahlbau (**S**tructural)
Hauptsymbol **P**	=	Druckbehälterbau (**P**ressure vessel)
Hauptsymbol **E**	=	Maschinenbau (**E**ngineering)
Hauptsymbol **L**	=	Leitungsrohrbau (**L**ine pipe)

Tafel 8.139b Haupt- und Zusatzsymbole

	Hauptsymbole EN 10027			Zusatzsymbol DIN V 17006-100		
z. B.	G	S	355	K	2	+N
	Guss	S → Stahlbau P → Druckbehälter L → Rohrleitungen E → Maschinenbau	Min-dest-streck-grenze für Erzeug-nisdicke	Mindest-kerbschlag-arbeit J → 27 Joule K → 30 Joule L → 60 Joule	Prüf-temperatur R → +20°C 0 → 0°C 2 → –20°C 3 → –30°C 4 → –30°C 5 → –50°C 6 → –60°C	+AR → im Walzzustand +N → normalgeglüht, normalisierend gewalzt M → thermomech. gewalzt Q → vergütet W → wetterfest C → für Kaltformgebung geeignet L → für niedrigere Temperaturen H → für höhere Temperaturen S → für einfache Druckbehälter Q → vergütet

Die unterschiedliche Benennung in den Stahlsorten aufgrund ihrer **mechanischen oder physikalischen Eigenschaften** erfolgt gemäß Abb. 8.139.

B	→	Betonstähle
Y	→	Spannstähle
R	→	Schienenstähle
F	→	Feinst- und Weißblech
…		

Abb. 8.139 Benennung der Stähle nach ihren mechanischen und physikalischen Eigenschaften

1.2 Zusatzsymbol

- **Stahlerzeugnis,** z. B. Lieferzustand bei unlegierten Baustählen S355JR**+N**
  +AR wie gewalzt, im Walzzustand
  +N normalgeglüht oder normalisierend gewalzt
- **Eigenschaft/Behandlungszustand,** z. B. bei Feinkornbaustählen
  N normalgeglüht oder normalisierend gewalzt
  Q vergütet
  Hinweis Die bisherigen G-Bezeichnungen der Stähle (G1 bis G4) entfallen bei den neuen Liefernormen.
- **besondere Anforderungen,** z. B. in Dickenrichtung S355N+Z35
- **weitere Kennzeichen**

C	für besondere Kaltumformbarkeit	S235J2**C** (S235J2**C**+N) S500M**C**
W	für Wetterfestigkeit	S355K2**W** (S355K2**W**+N)
S	für einfache Druckbehälter	P235**S**
H	für höhere Temperaturen	P275N**H**
L	für niedrige Temperaturen	S275N**L**, P355N**L1**

1.3 Definierter Dickenbereich

Die Erzeugnisform Grobblech ist in EN 10025-2 bis **250 mm** Dicke definiert, J2 und K2 bis **400 mm**. Ähnlich werden auch die folgenden Teile der EN 10025 erweitert:

- Teil 3 für S275, S355 und S420 von 150 mm auf **250 mm** bzw. für S460 von 100 mm auf **200 mm**.
- Teil 4 von 63 mm auf **120 mm**
- Teil 5 von 100 mm auf **150 mm**

1.4 Chemische Zusammensetzung

- **Verbesserungen bei P und S**
- **Kohlenstoffäquivalent** CEV als Standard bei S235, S275 und S355 definiert (bisher Option)

Das CEV wird auch bei den anderen Teilen der EN 10025 als **Regelanforderung** definiert.

Tafel 8.140a CEV-Werte für den Stahltyp S355 (Standardwerte, Schmelzanalyse)

Stahlsorte	Blechdicke (in mm)						
	≤ 30	> 30 ≤ 40	> 40 ≤ 63	> 63 ≤ 120	> 120 ≤ 150	> 150 ≤ 250	> 250 ≤ 400
S355JR, J0, J2, K2	0,45	0,47	0,47	0,47	0,47	0,49	0,49
S355N, NL	0,43	0,43	0,43	0,45	0,45	0,45	–
S355M, ML	0,39	0,39	0,40	0,45	0,45	–	–
S355J0W, J2W, K2W	0,52	0,52	0,52	0,52	0,52	–	–

1.5 Neuerungen bei der Streckgrenze

Tafel 8.140b Stahlsorte S355, Vergleich der Mindeststreckgrenze in N/mm²

Stahlsorte		Blechdicke (in mm)									
		≤ 16	> 16 ≤ 40	> 40 ≤ 63	> 63 ≤ 80	> 80 ≤ 100	> 100 ≤ 120	> 120 ≤ 150	> 150 ≤ 200	> 200 ≤ 250	> 250 ≤ 400
S355JR, J0, J2, K2	neu	355	345	335	325	315	295	295	285	275	265[1)]
	alt	355	345	335	325	315	295	295	285	275	–
S355N, NL	neu	355	345	335	325	315	295	295	285	275	–
	alt	355	345	335	325	315	295	295	–	–	–
S355M, ML	neu	355	345	335	325	325	320	–	–	–	–
	alt	355	345	335	–	–	–	–	–	–	–
S355J0W, J2W, K2W	neu	355	345	335	325	315	295	295	–	–	–
	alt	355	345	335	325	315	–	–	–	–	–

1) Bei J2 und K2.

1.6 Änderungen bei der Zugfestigkeit

Tafel 8.141a Stahlsorte S235, Mindestzugfestigkeit in N/mm²

Stahlsorte		Blechdicke in mm			
		≤ 100	> 100 ≤ 150	> 150 ≤ 250	> 250 ≤ 400
S235J2	neu	360	350	340	330
	alt	340	340	320	–

Bei **S235** je nach Blechdicke **Mindestzugfestigkeit** bis zu 20 N/mm² höher als bisher.

Tafel 8.141b Stahlsorte S355, Mindestzugfestigkeit in N/mm²

Stahlsorte		Blechdicke in mm						
		>(3) ≤ 40	> 40 ≤ 63	> 63 ≤ 100	> 100 ≤ 120	>120 ≤ 150	> 150 ≤ 250	> 250 ≤ 400
S355JR, J0, J2, K2	neu	**470**	**470**	**470**	**450**	**450**	450	450
	alt	490	490	490	470	470	450	–
S355N, NL	neu	470	470	470	450	450	450	450
	alt	470	470	470	450	450	–	–
S355M, ML	neu	**470**	450	450	430	–	–	–
	alt	450	450	–	–	–	–	–
S355J0W, J2W, K2W	neu	**470**	**470**	**470**	450	–	–	–
	alt	490	490	490	–	–	–	–

Bei **S355** je nach Blechdicke **Mindestzugfestigkeit** nach den einzelnen Teilen der Norm unterschiedlich; für Teil 2 in Dicken bis 150 mm niedrigere Werte, ähnlich für Teil 5 (wetterfeste Stähle), dagegen für Teil 4 bis 40 mm Dicke Erhöhung der Mindestzugfestigkeit.

1.7 Kerbschlag-Anforderungen

Die Kerbschlaganforderungen sind in Tafel 8.141c angegeben.

- **Zusatzsymbol Kerbschlag-Anforderungen** z. B. bei unlegierten Baustählen S355**J2**

J	Charpy-V längs 27 J	**R**	bei Raumtemperatur +20 °C
K	Charpy-V längs 40 J	**0**	bei ± 0 °C
		2	bei –20 °C

- **Änderungen bei der Kerbschlagarbeit**
  - Bisher waren die Kerbschlagwerte bei S235, S275 und S355 bei Dicken über 150 mm abgesenkt. Nach der neuen EN 10 025-2 **wird der Mindestwert von 27 J auch bei größeren Dicken** eingehalten.
  - Es ergibt sich für den Stahltyp S355 nach den einzelnen Teilen der neuen EN 10025 für Prüftemperaturen von –20 °C und tiefer.

Tafel 8.141c Kerbschlaganforderungen

Stahlsorte	Mindestwert in J	Prüftemperatur in °C	Maximaldicke in mm
S355J2(+N)	27	–20	450
S355K2(+N)	40 / 27 33	–20 / –30 –20	150 400
S355N	40 / 27	–20 / –30	250
S355NL	27	–50	250
S355M	40 / 27	–20 / –30	120
S355ML	27	–50	120
S355J2W(+N)	27	–20	150
S355K2W(+N)	40 / 27	–20 / –30	150

1.8 Stahlsorten im Vergleich

Bezeichnung der Stähle nach					
EN 10025-2:2004		EN 10025:1990, w. v., A1:1993		EN 10025:1990	DIN 17100
S185	1.0035	S185	1.0035	FE 310-0	St 33
		S235JR	1.0037	Fe 360 B	St 37-2
		S235JRG1	1.0036	Fe 360 BFU	USt 37-2
S235JR	1.0037	S235JRG2	1.0038	Fe 360 BFN	RSt 37-2
S235J0	1.0114	S235J0	1.0114	Fe 360 C	St 37-3 U
a	a	S235J2G3	1.0116	Fe 360 D1	St 37-3 N
S235J2	1.0117	S235J2G4	1.0117	Fe 360 D2	–
S275JR	1.0044	S275JR	1.0044	Fe 430 B	St 44-2
S275J0	1.0143	S275J0	1.0143	Fe 430 C	St 44-3 U
a	a	S275J2G3	1.0144	Fe 430 D1	St 44-3 N
S275-J2	1.0145	S275J2G4	1.0145	Fe 430 D2	–
S355JR	1.0045	S355JR	1.0045	Fe 510 B	–
S355J0	1.0553	S355J0	1.0553	Fe 510 C	St 52-3 U
a	a	S355J2G3	1.0570	Fe 510 D1	St 52-3 N
S355J2	1.0577	S355J2G4	1.0577	Fe 510 D2	–
a	a	S355K2G3	1.0595	Fe 510 DD1	–
S355K2	1.0596	S355K2G4	1.0596	Fe 510 DD2	–
S450J0	1.0590				
E295	1.0050	E295	1.0050	Fe 490-2	St 50-2
E335	1.0060	E335	1.0060	Fe 590-2	St 60-2
E360	1.0070	E360	1.0070	Fe 690-2	St 70-2

[a] Wenn ein Erzeugnis im normalgeglühten Zustand geliefert wird.

2 Feinkornbaustähle

2.1 Allgemeines

Im Stahlbau gehen die Entwicklungstendenzen dahin, genormte Profile und Bleche aus Stählen unterschiedlicher Festigkeit einzusetzen. Resultierend aus den spezifischen Anforderungen der vielfältigen Baukonstruktionen aus dem Werkstoff Stahl genügen heutzutage die Stahlsorten S235JR (R-St 37-2) und S355J0 (St 52-3) allein nicht mehr den Anforderungen im expandierenden Stahlmarkt.

Der Markt fordert zunehmend Stahlgüten, die hohe Festigkeitskennwerte mit guten Zähigkeitseigenschaften, einer guten Schweißeignung und einer Feinkörnigkeit des Gefüges verbinden.

Das Walzen mit kontrollierter Wärmesteuerung, d. h. das normalisierende Walzen, das thermomechanische Walzen bzw. das Vergüten bieten Möglichkeiten, diese Ziele bei der Produktion von Blechen und von Profilen zu erreichen.

Das Walzen mit kontrollierter Wärmesteuerung von Stählen wird seit etwa 30 Jahren praktiziert. Im Wesentlichen kann unterschieden werden zwischen dem

- normalisierenden Umformen (Lieferbedingungen DIN EN 10025-3; alt: DIN EN 10113-2), das im Bereich der Normalglühtemperaturen erfolgt,
- thermomechanischen Umformen (Lieferbedingungen DIN EN 10025-4; alt: DIN EN 10113-3), welches in Temperaturbereichen zwischen 800 °C und 900 °C erfolgt,
- Vergüten (Lieferbedingungen DIN EN 10137).

Bei Verwendung von Mikrolegierungselementen werden die Rekristallisierungsverzögerung und damit der thermomechanische Effekt bereits bei Temperaturen um 900 °C wirksam. Das thermomechanische Walzen wird daher vor allem im Zusammenhang mit dem Einsatz von Mikrolegierungselementen wie Titan, Niob und Vanadium durchgeführt. Diese Elemente scheiden zum Teil während und nach dem Walzen aus der Eisenmatrix als feinverteilte Dispersionen, bestehend aus Nitriden, Carbiden und Carbonnitriden, aus. Die Wirkmechanismen dieser Elemente sind sehr unterschiedlich.

Tafel 8.143 Wirkungsmechanismen der Mikrolegierungselemente

Mikrolegierungselement	Wirkungsmechanismus
Titan	Erzeugt eine Kornverfeinerung und eine Ausscheidungshärtung.
Niob	Bewirkt hauptsächlich eine Kornverfeinerung, wodurch gleichzeitig Festigkeit und Zähigkeit verbessert werden.
Vanadium	Steigert vor allem die Festigkeit durch Ausscheidungshärtung.

In der Praxis verringert das thermomechanische Walzen den erforderlichen Legierungsgehalt des Stahls und erhöht daher nicht nur die Festigkeit und Zähigkeit, sondern verbessert ebenfalls seine Schweißeigenschaften, was niedrigere Vorwärmtemperaturen ermöglicht.

Die Kombination des thermomechanischen Walzens mit beschleunigter Kühlung aus der Walzhitze und anschließendem Selbstanlassen stellt eine weitere wirtschaftliche Möglichkeit dar, die Beschränkung des herkömmlichen thermomechanischen Walzens im Bereichen der schweren Walzprofile zu überwinden und hohe Festigkeit, gute Zähigkeit und erheblich verbesserte Schweißeigenschaften miteinander zu verbinden.

Dieses sogenannte **QST**-Verfahren (**Q**uenching and **S**elf-**T**empering = Abschrecken und Selbstanlassen) wurde in den letzten Jahren zur Produktionsreife gebracht, so dass heute den Anwendern alle Abmessungen von schweren Trägern, auch mit diesem Verfahren hergestellt, zur Verfügung stehen.

Von großer Bedeutung ist das niedrigere Kohlenstoffäquivalent dieser Träger, das erlaubt, diese Träger in vielen Fällen ohne Vorwärmen rissfrei zu verschweißen. Das niedrige Kohlenstoffäquivalent bedeutet aber auch eine erhebliche Einsparung an Legierungselementen, insbesondere von Mangan, Vanadium und Niob, was dieses Verfahren wirtschaftlich attraktiv macht.

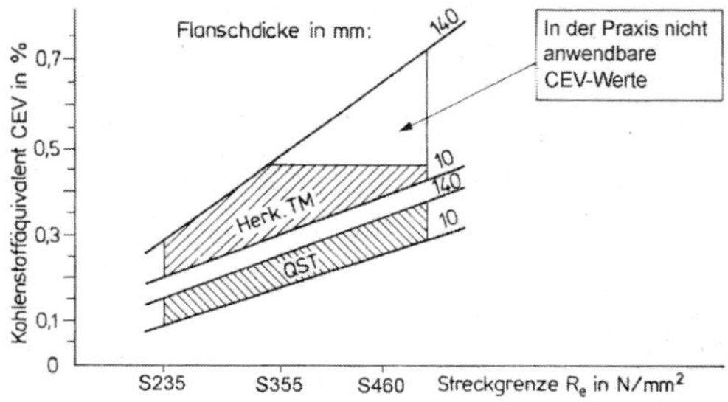

Abb. 8.143 Kohlenstoffäquivalent CEV und erreichbare Streckgrenze beim herkömmlichen TM-Walzen und beim QST-Verfahren

2.2 Schweißeignung

Der entscheidende Vorteil der kontrolliert gewalzten Baustähle (z. B. TM) aus der Sicht des Verarbeiters liegt in der verbesserten Schweißeignung. Speziell durch die Anwendung der beschleunigten Kühlung nach dem Walzen lassen sich aber bei größeren Blechdicken die Festigkeitseigenschaften mit erheblich vermindertem Kohlenstoff-, Legierungs- und Mikrolegierungsgehalt einstellen, was die Schweißeignung des Stahls wesentlich verbessert.

Einer der wichtigsten Kennwerte zur Beurteilung der Schweißeignung eines Baustahls ist das Kohlenstoffäquivalent CEV (nach DIN EN 10 025-1, Abschn. 7.2.2). Je niedriger der Wert des Kohlenstoffäquivalents ist, umso besser ist die Schweißeignung.

Das Kohlenstoffäquivalent CEV wird nach der folgenden Formel ermittelt (IIW-Formel).

$$CEV = C + \frac{Mn}{6} + \frac{Cr + V}{5} + \frac{Ni + Cu}{15}$$

Neben dem Kohlenstoffäquivalent CEV wird der p_{cm}-Wert als Maß für die Schweißeignung herangezogen. Der p_{cm}-Wert, eine modifizierte Form des Kohlenstoffäquivalents, welche den Kohlenstoffgehalt besonders gewichtet, wird zur Beurteilung der Kaltrissempfindlichkeit in der Wärmeeinflusszone (WEZ) einer Schweißnaht infolge von Wasserstoffinduktion benötigt. Für hochfeste Stähle mit Streckgrenzen ≥ 690 N/mm^2 wird die Anwendung des p_{cm}-Wertes anstatt des CEV-Wertes empfohlen.

$$p_{cm} = C + \frac{Si}{30} + \frac{Mn + Cu + Cr}{20} + \frac{Ni}{60} + \frac{Mo}{15} + \frac{V}{10} + 5B$$

2.3 Stähle nach DIN EN 10025-2 bis -4

Tafel 8.144a Stähle nach DIN EN 10025-3 und -4

Kurzname	Wanddickenbereich	Zugehörige Gütegruppen
S275 S355 S420	< 250 mm	**N** Normalgeglühte bzw. normalisierend gewalzte Stähle, Nachweis der Kerbschlagarbeit bei – 20 °C **NL** Nachweis der Kerbschlagarbeit bei – 50 °C
S460	< 100 mm	**M** Thermomechanisch gewalzte Stähle, Nachweis der Kerbschlagarbeit bei – 20 °C **ML** Nachweis der Kerbschlagarbeit bei – 50 °C

Bestellbeispiel: Stahl EN 10025-3S355 N oder S355 NL
Stahl EN 10025-4S355 M oder S355 ML

Tafel 8.144b Benennung der Stähle nach DIN EN 10025-2

S 355 J2

- J2 – Kerbschlagarbeit: von 27 Joule bei –20 °C
- 355 – Mindeststreckgrenze, z. B. 355 N/mm²
- S – Kennbuchstabe: S Stähle für den Stahlbau

Zusätzliche Anforderungen: z. B.
4 Verbesserte Eigenschaften in Blechdickenrichtung
14 Eignung zum Kaltbiegen, Abkanten usw.
12 Kaltprofilieren
5 Eignung zum Schmelztauchverzinken
22 Eignung zum Kaltziehen

2.4 Stähle nach DIN EN 10025-6

Für andere Anwendungsfälle, z. B. Mobilkranbau, sind auch Stähle mit höherer Festigkeit lieferbar, die nach DIN EN 10 025-6 geliefert werden können.

Kurzname	Wanddickenbereich	Zugehörige Gütegruppen für Kerbschlagarbeit
S460 **S500** **S550** **S620** **S690**	3 bis 150 mm	**Q** bei Temperaturen nicht unter – 20 °C **QL** bei Temperaturen nicht unter – 40 °C **QL1** bei Temperaturen nicht unter – 60 °C
S890	3 bis 100 mm	
S960	3 bis 50 mm	nur in den Gütegruppen **Q** und **QL** lieferbar

Bestellbeispiel: Stahl 10025-6 S 690 QL1

2.5 Stähle nach DIN EN 10149

Kurzname	Wanddickenbereich	Zugehörige Gütegruppen
S315 **S355** **S420** **S460**	1,5 < t < 20 mm	**N** normalgeglüht bzw. normalisierend gewalzt **M** thermomechanisch gewalzt **C** zum Kaltverformen geeignet
S500 **S550** **S600** **S650** **S700**	1,5 < t < 16 mm	

Bestellbeispiel: Stahl EN 10149-2 S420 MC
Stahl EN 10149-3 S420 NC

2.6 Hohlprofile nach DIN EN 10 210-1 und DIN EN 10 219-1

Tafel 8.145a Bezeichnung der Stähle nach DIN EN 10 210-1

S 355 J 2 (N) H

- **H** Hohlprofil
- **(N)** normalgeglüht oder normalisierend gewalzt
- **(L)** festgelegter Mindestwert der Kerbschlagarbeit bei einer Temperatur von –50 °C
- **2** –20 °C
- **R** Raumtemperatur
- **0** 0 °C
- **J** Kerbschlagarbeit 27 J
- **K** Kerbschlagarbeit 40 J
- **355** Streckgrenze 355 N/mm^2 (t < 16 mm)
- **235** Streckgrenze 235 N/mm^2 (t < 16 mm)
- **S** Stähle für den Stahlbau
- **P** Stähle für den Druckbehälter
- **L** Stähle für den Rohleitungsbau
- **E** Maschinenbaustähle

Tafel 8.145b Gesamtübersicht

Stahlfestigkeit	Kerbschlagarbeit Längsprobe AV bei T °C	J	EN 10 025 Teil 2 Stahlgüte	EN 10 025 Teil 3 Stahlgüte	EN 10 025 Teil 4 Stahlgüte	EN 10 025 Teil 5 Stahlgüte	EN 10 025 Teil 6 Stahlgüte	EN 10 149 Teil 2 Stahlgüte	EN 10 210 Teil 1 Stahlgüte	EN 10 219 Teil 1 Stahlgüte
S235	20	27	S235JR						S235JRH	S235JRH
	0	27	S235J0			S235J0W				
	–20	27	S235J2			S235J2W				
S275	20	27	S275JR							
	0	27	S275J0						S275J0H	S275J0H
	–20	27	S275J2						S275J2H	S275J2H
	–20	30		S275N	S275M				S275NH	S275NH
	–20	47								S275 MH
	–50	27		S275NL	S275ML				S275NLH	S275NLH
	–30	40								S275MLH
S315	–20	40						S315MC		
S355	20	27	S355JR							
	0	27	S355J0			S355J0W S355J0WP			S355J0H	S355J0H
	–20	27	S355J2			S355J2W S355J2WP			S355J2H	S355J2H
	–20	40	S355K2	S355N	S355M	S355K2W		S355MC	S355K2H S355NH	S355K2H S355NH S355MH
	–20	47								
	–50	27		S355NL	S355ML				S355NLH	S355NLH S355MLH

Tafel 8.145b Gesamtübersicht (Fortsetzung)

Stahlfestigkeit	Kerbschlagarbeit Längsprobe AV bei T °C	J	EN 10 025 Teil 2 Stahlgüte	EN 10 025 Teil 3 Stahlgüte	EN 10 025 Teil 4 Stahlgüte	EN 10 025 Teil 5 Stahlgüte	EN 10 025 Teil 6 Stahlgüte	EN 10 149 Teil 2 Stahlgüte	EN 10 210 Teil 1 Stahlgüte	EN 10 219 Teil 1 Stahlgüte
S420	–20	40		S420N	S420M			S420MC		S420NH S420MH
	–20	47								S420NLH
	–50	27		S420NL	S420ML					S420MLH
S450	0	27	S640J0							
S460	–20	30					S460Q			
	–20	40		S460N	S460M			S460MC	S460NH	S460NH S460MH
	–30	30					S460QL			
	–20	47								
	–50	27		S460NL	S460ML				S460NLH	S460NLH S460MLH
	–60	30					S460QL1			
S500	–20	40						S500MC		
	–20	30					S500Q			
	–20	40					S500QL			
	-20	50					S500QL1			
S550	–20	40						S550MC		
	–20	30					S500Q			
	–20	40					S550QL			
	–20	50					S550QL1			
S600	–20	40						S600MC		
S620	–20	30					S620Q			
	–20	40					S620QL			
	–20	50					S620QL1			
	–40	40					S620QL1			
	–60	30					S620QL1			
S650	–20	40						S650MC		
S690	–20	30					S690Q			
	–20	40					S690QL			
	–40	30					S690QL1			
	–20	50					S690QL1			
	–40	40					S690QL1			
	–60	30					S690QL1			
S700	–20	40						S700MC		
S890	–20	30					S890Q			
	–20	40					S890QL			
	–40	30					S890QL			
	–20	50					S890QL1			
	–40	40					S890QL1			
	–60	30					S890QL1			
S960	–20	30					S960Q			
	–20	40					S960QL			
	–40	30					S960QL			

3 Nichtrostende Stähle im Bauwesen
(mit Hinweisen zum Schweißen und erforderlichen Nachbehandlungen)

3.1 Allgemeines

Abkürzungen:	SEW	Stahl-Eisen Werkstoffblatt
	WstNr.	Werkstoffnummer
Normen, Richtlinien:	[1]	DIN 18 800-1 (Ausgabe 11.1990)
	[2]	DIN 18 800-2 bis -4 (Ausgabe 11.1990)
	[3]	Anpassungsrichtlinien mit Änderungen und Ergänzungen (12.2002)
	[4]	Allgemeine bauaufsichtliche Zulassungen Z-30.3-6 vom 5. 12. 2003, „Erzeugnisse, Verbindungsmittel und Bauteile aus nichtrostenden Stählen“

Als **nichtrostend** werden Stähle **mit > 12 % Cr-Gehalt** angesehen. Mit erhöhtem C-Gehalt (höhere Festigkeiten) muss auch der Cr-Gehalt erhöht werden. Die Beständigkeit wird dadurch erreicht, dass sich an der Luft eine feine, dichte, fest haftende Oxidschicht (Passivschicht) bildet, die von den meisten Medien nicht angegriffen wird.

Die Grundlage dieses Abschnitts ist die **„Allgemeine bauaufsichtliche Zulassung Z-30.3-6“** [4].

3.2 Stähle

Die Stähle sind nach DIN EN 10 088-1 bzw. SEW 400 sowie für Bauteile und Verbindungen entsprechend der Grundnorm DIN 18 000 und den entsprechenden Fachnormen ausgewiesen.

3.3 Verbindungsmittel

Verbindungsmittel werden gem. EN ISO 3506-1 und -2: 1998-03 den Festigkeitsklassen 50, 70 und 80 zugeordnet und nach der Zugfestigkeit R_m in kN/cm^2 bezeichnet.

Bauteile und Verbindungsmittel müssen ein min t bzw. min d = 1,5 mm aufweisen und die Verbindungsmittel ≥ M 6 sein.

3.4 Anwendungsbereiche

Anwendungsbereiche für Stähle nach [2] und [3] für vorwiegend ruhende Lasten sind z. B.:

Stahlhochbau	DIN 18 801
Hohlprofile	DIN 18 808, bis zur Festigkeitsklasse S 355
Dünnwandige Rundsilos	DIN 18 914
Fliegende Bauten	DIN 4112
Antennentragwerke	DIN 4131.

Bei dynamischen Beanspruchungen (z. B. Wind und Temperaturwechsel) sind für Fassadenbauteile, Verankerungen und für Verbindungselemente die Besonderheiten zu beachten.

Für **Korrosionsbeständigkeit** ist eine Einteilung nach Widerstandsklassen in Tafel 8.148 zu finden.

3.5 Höherfeste Stähle

Die höherfesten Stähle erhalten die Festigkeit durch Kaltrecken.

Zugelassen sind die Erzeugnisse gemäß Tafeln 8.148 und 8.149.

Für Erzeugnisse ohne oder vor der Kaltverfestigung gelten für Tafel 8.148, lfd. Nr. 1 – 14 und 16, 17:

DIN EN 10 088-2:1995-08	für Bleche und Band
DIN EN 10 088-3:1995-08	für Stäbe, Walzdraht und Profile
DIN 17 440: 2001-3	für gezogene Drähte
DIN 17 455: 1999-02	für geschweißte Rohre
DIN 17 456: 1999-02	für nahtlose Rohre.

Für lfd. Nr. 15 und 1 (Festigkeitsklasse S 460) im vergüteten Zustand ist SEW 400 usw. maßgebend.

Erzeugnisse nach der Kaltverfestigung sind in einer besonderen Tafel in [4] ausgewiesen.

Stahlgütegruppen, entsprechend [3] zur Ausgabe [1], Element 403, gelten sinngemäß. Sie müssen die gleichen Anforderungen wie die allgemeinen Baustähle erfüllen.

Ferritische Stähle WstNr. 1.4003 und 1.4016 sowie austenitisch-ferritische Stähle, WstNr. 1.4462, müssen bei – 40 °C mindestens eine Kerbschlagarbeit von 40 J mit der ISO-V-Probe nachweisen.

Technische Lieferbedingungen für Verbindungsmittel siehe Tafel 8.149.

Tafel 8.148 Einteilung der zugelassenen Stahlsorten nach Festigkeits- und Widerstandsklassen gegen Korrosion mit typischen Anwendungen. Die Bezeichnung erfolgt nach Dehngrenzen $R_{p,0,2}$ in N/mm²

Stahlsorte[1]			Gefüge[2]	Festigkeitsklassen[3] und Erzeugnisformen[4]					Korrosion	
Lfd. Nr.	Kurzname	W-Nr.		S 235	S 275	S 355	S 460	S 690	Widerstandsklasse[5]	Belastung und typische Anwendung
1	X2CrNi12	1.4003	F	B, Ba, H, P	D, H, S W	D, S	D, S	–	I/gering	Konstruktionen in Innenräumen mit Ausnahme von Feuchträumen
2	X6Cr17	1.4016	F	D, S, W	–	–	–	–		
3	X5CrNi18-10	1.4301	A	B, Ba, D, H, P, S, W	B, Ba, D, H, P, S	B, Ba, D, H, S	Ba, D, H, S	S	II/mäßig	Zugängliche Konstruktionen, ohne nennenswerte Gehalte an Chloriden und Schwefeldioxyden, keine Industrieatmosphäre
4	X2CrNi18-9	1.4307	A	B, Ba, D, H, P, S, W	B, Ba, D, H, P, S	Ba, D, H, S	Ba, D, S	S		
5	X3CrNiCu18-9-4	1.4567	A	D, S, W	D, S	D, S	D, S	–		
6	X6CrNiTi18-10	1.4541	A	B, Ba, D, H, P, S, W	B, Ba, D, H, P, S	Ba, D, H, S	Ba, D, H, S	–		
7	X2CrNiN18-7	1.4318	A	–	–	B, Ba, D, H, P, S	B, Ba, H	–		
8	X5CrNiMo17-12-2	1.4401	A	B, Ba, D, H, P, S, W	B, Ba, D, H, P, S	Ba, D, H, S	Ba, D, S	S	III/mittel	Konstruktionen mit mäßiger Chlorid- und Schwefeldioxydbelastung und unzugängliche Konstruktionen[6]
9	X2CrNiMo17-12-2	1.4404	A	B, Ba, D, H, P, S, W	B, Ba, D, H, P, S	Ba, D, H, S	Ba, D, H, S	D, S		
10	X3CrNiCuMo17-11-3-2	1.4578	A	D, S, W	D, S	D, S	D, S	–		
11	X6CrNiMoTi17-12-2	1.4571	A	B, Ba, D, H, P, S, W	B, Ba, D, H, P, S	Ba, D, H, S	Ba, D, H, S	D, S		
12	X2CrNiMoN17-13-5	1.4439	A	–	B, Ba, D, H, S, W	–	–	–		
13	X2CrNiMoN22-5-3	1.4462	FA	–	–	–	B, Ba, D, P, S, W	D, S	IV/stark	hohe Korrosionsbelastung[7] durch Chlor und/oder Chloride und/oder Schwefeldioxyde und hohe Luftfeuchtigkeit, sowie Aufkonzentrationen von Schadstoffen[8]
14	X1NiCrMoCu25-20-5	1.4539	A	B, BA, D, H, P, S, W	B, Ba, D, P, S	D, P, S	D, S	D, S		
15	X2CrNiMnMoNbN25-18-5-4	1.4565	A	–		–	B, Ba, D, S	–		
16	X1NiCrMoCuN25-20-7	1.4529	A	–	B, D, S, W	B, D, H, P, S	D, P, S	D, S		
17	X1CrNiMoCuN20-18-7	1.4547	A	–	B, Ba	B, Ba	–	–		

[1] nach DIN EN 10 088-1 bzw. SEW 400
[2] A = Austenit; F = Ferrit; FA = Ferrit-Austenit
[3] Die der jeweils untersten Festigkeitsklasse folgenden sind durch Kaltverfestigung mittels Kaltverformung erzielt.
[4] B = Blech; Ba = Band und daraus gefertigte Bleche; D = Draht, gezogen; H = Hohlprofile; P = Profile; S = Stäbe; W = Walzdraht
[5] gilt nur für metallisch blanke Oberflächen. Bei möglicher Kontaktkorrosion besteht Gefahr für das unedlere Metall.
[6] Als unzugänglich werden Konstruktionen eingestuft, deren Zustand nicht oder nur unter erschwerten Bedingungen kontrollierbar ist, und die im Bedarfsfall nur mit sehr großem Aufwand saniert werden können.
[7] Diese Werkstoffe weisen eine hohe Beständigkeit gegen Spannungsrisskorrosion auf. Die Werkstoffe 1.4565, 1.4529, 1.4547 weisen außerdem eine erhöhte Beständigkeit gegen örtliche Korrosionserscheinungen (Loch- und/oder Spaltkorrosion) auf. Für Bauteile in Schwimmhallenatmosphäre ohne regelmäßige Reinigung sind nur die Werkstoffe 1.4565, 1.4529, 1.4547 geeignet. In Bereichen von Wasser mit einem Cl-Gehalt ≤ 250 mg/l (Trinkwasser) ist zusätzlich der Werkstoff 1.4539 zulässig.
[8] z. B. Straßentunnel, enge, stark befahrene Straßenschluchten, schlecht belüftete Parkgaragen oder Teile im Meerwasser sowie in Meeresatmosphäre nach DIN EN ISO 12 944-2 : 1998-07, Abschnitt 3.7.4

Tafel 8.149 Stahlsorten für Verbindungsmittel mit Zuordnung zu Stahlgruppen nach DIN EN ISO 3506-1 und -2

Stahlsorte				Korrosions-widerstands-klasse[1)]	Kennzeichnung für Schrauben mit Kopf in Anlehnung an DIN EN ISO 3506-1 Festigkeitsklasse			Kennzeichnung für Gewindestangen, Stiftschrauben, Muttern und Scheiben in Anlehnung an DIN EN ISO 3506-1 und -2 Festigkeitsklasse		
lfd. Nr.	Kurzname	W-Nr.	Gruppe		50	70	80	50	70	80
3	X5CrNi18-10	1.4301	A2	II/mäßig	≤ M 39	≤ M 24	≤ M 20	≤ M 64	≤ M 45	≤ M 24
4	X2CrNi18-9	1.4307	A2L		≤ M 39	≤ M 24	≤ M 20	≤ M 64	≤ M 45	≤ M 24
5	X3CrNiCu18-9-4	1.4567	A2L		≤ M 24	≤ M 16	≤ M 12	≤ M 24	≤ M 16	≤ M 12
6	X6CrNiTi18-10	1.4541	A3		≤ M 39	≤ M 20	≤ M 16	≤ M 64	≤ M 30	≤ M 24
8	X5CrNiMo17-12-2	1.4401	A4	III/mittel	≤ M 39	≤ M 24	≤ M 20	≤ M 64	≤ M 45	≤ M 24
9	X2CrNiMo17-12-2	1.4404	A4L		≤ M 39	≤ M 24	≤ M 20	≤ M 64	≤ M 45	≤ M 24
10	X3CrNiCuMo17-11-3-2	1.4578	A4L		≤ M 24	≤ M 16	≤ M 12	≤ M 24	≤ M 16	≤ M 12
11	X6CrNiMoTi17-12-2	1.4571	A5		≤ M 39	≤ M 24	≤ M 20	≤ M 64	≤ M 45	≤ M 24
12	X2CrNiMoN17-13-5	1.4439	2)		≤ M 20	–	–	≤ M 64	–	–
13	X2CrNiMoN22-5-3	1.4462	2)	IV/stark	–	≤ M 24	≤ M 20	–	≤ M 64	≤ M 20
14	X1NiCrMoCu25-20-5	1.4539	2) 3)		≤ M 39	≤ M 24	≤ M 20	≤ M 64	≤ M 45	≤ M 20
15	X2CrNiMnMoNbN25-18-5-4	1.4565	2) 3)		–	≤ M 24	≤ M 20	–	≤ M 64	≤ M 30
16	X1NiCrMoCuN25-20-7	1.4529	2) 3)		≤ M 30	≤ M 24	≤ M 20	≤ M 64	≤ M 45	≤ M 45

1) Gemäß Tafel 8.148

2) Da derzeit keine normativen Festlegungen gelten, sind diese Stähle mit der Werkstoff-Nummer zu kennzeichnen.

3) Für Verbindungsmittel in Schwimmhallenatmosphäre gilt:

a) Zuordnung der Schweißzusätze für Mischverbindungen zwischen der Stahlsorte mit der WstNr. 1.4462 und Baustählen/Feinkornbaustählen;
b) Höchstdicken der Erzeugnisse für Bauteile und aus den Erzeugnissen hergestellte Profile und Hohlprofile im kaltverfestigten Zustand;
c) Höchstdicken für geschweißte Bauteile im nicht kaltverfestigten Zustand;
d) Stahlsorten für Schwimmhallen siehe Abschn. 3.9

3.6 Eignung zum Schweißen und Zusatzwerkstoffe

Für alle Stahlsorten (ohne WstNr.: 1.4016, 1.4567, 1.4578) – sofern keine Einschränkungen gemacht werden – sind folgende Schweißprozesse zugelassen:

Lichtbogenhandschweißen (111), WIG-Schweißen (141), MIG-Schw. (131), MAG-Schw. (135), MAG-Schw. mit Fülldrahtelektroden (136), UP-Schw. (12), Bolzen-Schw. mit Hub- (783) und Spitzenzündung (786), Plasma-Schw. (151), Widerstandspunkt-Schw. (21), Abbrennstumpf-Schw. (24), Pressstumpf-Schw. (25), Reib-Schw. (42), Laserstrahl-Schw. (52) und Elektronenstrahl-Schw. (51)

Verbindungen und Schweißzusätze aus gleichen oder zugelassenen nichtrostenden Stahlsorten (Mischverbindungen) sind zulässig [3].

3.7 Bestimmungen für die Konstruktion und Bemessung der Bauteile

Hinweise: Es gelten DIN 18 800-1 bis -4, DIN 18 808 und [3]. Bei Verwendung verschiedener Stahlsorten in einem Tragwerk sind abweichend von [1], Element 502, die unterschiedlichen Temperaturdehnzahlen zu berücksichtigen. Unterschiede z. B. aus Witterung oder Fertigung.

Bei **Schrauben** sind **nicht** geregelt oder zugelassen:

- gleitfeste Verbindungen nach [1], Element 506
- planmäßige Vorspannungen, wegen Kriecherscheinungen unter Zug nicht zulässig
- Korrosionsschutz und Schraubenabstände nach [1], Fußnote der DIN 18 800, Zeile 5, gilt ergänzend zu Element 513. Es werden bei gegebenem Korrosionsschutz Rand- und Lochabstände zugelassen.

Für Schweißungen an Verbindungsmitteln ist Festigkeitsklasse 50 anzusetzen.

Für Verbindungen von austenitischen und ferritischen Stählen muss max $a < 16$ mm sein.

Zu verbindende Querschnittsteile mit Dicken 1,5 mm $\leq t < 2$ mm soll die Kehlnahtdicke $a = \min t$ sein.

Schweißen in kaltgeformten Bereichen kann vorgenommen werden, wenn die Wärmebehandlung, Kaltformgebung, Warmformgebung beachtet wird.

Bei ferritischen Stählen mit WstNr. 1.4003 ist eine Kaltverformung von max. 5 % zulässig.

Bemessung siehe [4].

3.8 Bestimmungen für die Ausführung der Bauteile

Es gilt DIN 18 800-7.

Eignung zum **Trennen**:

- Es kann spanend, mechanisch oder thermisch geschnitten werden.
- Brennschneiden mit Sauerstoff-Azetylen-Brenner ist nicht erlaubt.
- Entsprechend der Tafel 8.148 sind die Handhabungen der Verfahren bzgl. Gefügebeeinflussung zu beachten.
- Bei thermischen Verfahren sind die entstandenen Oxid- oder Anlauffarben zu entfernen (Korrosionsschutz).
- Von der Oberfläche gemessene Tiefen der Entfestigungen sind maximal bei:
  austenitischen Stählen 1,5 mm
  austenitisch-ferritischen Stählen 2,0 mm
  ferritischen Stählen 3,0 mm.

Die Entfestigungszonen sind bei der Tragfähigkeit dann zu berücksichtigen, wenn sie mehr als 10 % der tragenden Querschnittsfläche erfassen.

Wärmebehandlungen sind bei ferritischen Stählen erforderlich und bei austenitisch-ferritischen Stählen unzulässig.

Kaltformgebung ist nur dann erlaubt, wenn keine Risse entstehen.

- Mindestbiegeradius r bei t (Blechdicke oder Durchmesser) von Flacherzeugnissen im unverfestigten Zustand
  austenitische Stähle $r = 0$
  bei ferritischen-austenitischen und ferritischen Stählen $r = t$
- Ansonsten gilt $\min r \geq (4{,}2 - A_5/10) \cdot t$
  r Innenradius
  A_5 Mindestbruchdehnung in % für unverfestigten und für verfestigten Zustand (Tafel 8.151).

Warmformgebung ist durch Versuche zu ermitteln.

Tafel 8.151 Als charakteristische Werte der Stahlsorten für Bauteile einschl. Schweißverbindungen festgelegte Werte für Streckgrenze, Festigkeit, E-Modul, Schubmodul, Temperaturdehnzahl und Dichte

1	2	3		4		5	6	7	8	9	10	11
Festigkeits-klasse	Werkstoff-Nr.	Streckgrenze				Zugfestigkeit	E-Modul, Schubmodul (G)				Temperatur-dehnzahl	Dichte
		Bauteile		Schweißverbindungen[1)]			bei Berechnung von		bei Nachweisen der Stabilitätssicherheit			
		Kaltband[2)]	Sonstige	Kaltband[2)]	Sonstige		Widerständen, Verformungen	Zwangs-schnittgrößen	vereinfacht	mit Sekanten-modul		
		$f_{y,k}$		$f_{y,k}$		$f_{u,k}$	E G	E G	E	$E_{sek,y}$		
		N/mm²		N/mm²		N/mm²	N/mm²	N/mm²	N/mm²	N/mm²	$10^{-6} \times K^{-1}$	kg/dm³
	1.4567	–	175	–	–	450			–	–		7,9
	1.4578											8,0
	1.4301											
	1.4307	220	190	220	190					60 900		7,9
	1.4541						170 000 65 400	200 000 76 900			16	
S 235	1.4401					500						
	1.4404	240	200	240	200				170 000	63 000		8,0
	1.4571											
	1.4539	240	220	240	220					66 800		
	1.4003	240	240	240	240	450				70 300	10	7,7
	1.4016	–	240	–	–	400			–	–		
	1.4301											
	1.4307	275		275	275				170 000	60 900		
	1.4541											7,9
	1.4567	–		–	–				–	–		
	1.4578										16	
	1.4401		275									
S 275	1.4404					550	170 000 65 400	200 000 76 900		63 000		8,0
	1.4571	275		275	275							
	1.4539									66 800		
	1.4003	–		–					170 000	70 300	10	7,7
	1.4439	290		290	275					76 000		8,0
	1.4529	300	300	300	300						16	8,1
	1.4547	275	–	275	–	600				79 700	17	8,0

Tafel 8.151 (Fortsetzung)

1	2	3		4		5	6	7	8	9	10	11
Festigkeitsklasse	Werkstoff-Nr.	Streckgrenze				Zugfestigkeit	E-Modul, Schubmodul (G)				Temperaturdehnzahl	Dichte
		Bauteile		Schweißverbindungen[1]			bei Berechnung von		bei Nachweisen der Stabilitätssicherheit			
		Kaltband[2]	Sonstige	Kaltband[2]	Sonstige		Widerständen, Verformungen	Zwangsschnittgrößen	vereinfacht	mit Sekantenmodul		
		$f_{y,k}$		$f_{y,k}$		$f_{u,k}$	E G	E G	E	$E_{sek,y}$		
		N/mm²		N/mm²		N/mm²	N/mm²	N/mm²	N/mm²	N/mm²	$10^{-6} \times K^{-1}$	kg/dm³
	1.4003	–	355	–	320					70 300	10	7,7
	1.4318	350	330	350	300					83 700		
	1.4301								170 000			
	1.4307	355		355	355					60 900		7,9
	1.4541											
	1.4567	–		–	–				–	–		
S 355	1.4578		355			600	170 000 65 400	200 000 76 900			16	
	1.4401											
	1.4404	355		355	355					63 000		8,0
	1.4571											
	1.4539	–		–	320				170 000	66 800		
	1.4529	355		355	355					79 700		8,1
	1.4547		–		–						17	8,0
	1.4565	460	420	350	350					93 900	16	8,0
	1.4003	–		–	320					70 300	10	7,7
	1.4301		460						170 000	60 900		
	1.4307				355							
	1.4318	460	–	355	–					83 700		7,9
	1.4541				355					60 900		
	1.4567	–		–	–		170 000 65 400	200 000 76 900	–	–		
S 460	1.4578					600					16	
	1.4401	460		355								
	1.4404		460		355					63 000		8,0
	1.4539	–		–	320					66 800		
	1.4571	460		355	355				170 000	63 000		
	1.4529	–		–	420					79 700		8,1
	1.4462	480[3]	460[3]	–	450[3]					86 800	13	7,8

Tafel 8.151 (Fortsetzung)

1	2	3		4		5	6	7	8	9	10	11
Festigkeitsklasse	Werkstoff-Nr.	Streckgrenze				Zugfestigkeit	E-Modul, Schubmodul (G)				Temperaturdehnzahl	Dichte
		Bauteile		Schweißverbindungen[1)]			bei Berechnung von		bei Nachweisen der Stabilitätssicherheit			
		Kaltband[2)]	Sonstige	Kaltband[2)]	Sonstige		Widerständen, Verformungen	Zwangsschnittgrößen	vereinfacht	mit Sekantenmodul		
		$f_{y,k}$		$f_{y,k}$		$f_{u,k}$	E G	E G	E	$E_{sek,y}$		
		N/mm²		N/mm²		N/mm²	N/mm²	N/mm²	N/mm²	N/mm²	$10^{-6} \times K^{-1}$	kg/dm³
S 690	1.4301	–	690	–	355	800	170 000 65 400	200 000 76 900	170 000	60 900	16	7,9
	1.4307											
	1.4539				320					66 800		8,0
	1.4529				420					79 700		8,1
	1.4401				355					63 000		8,0
	1.4404				355							
	1.4571											
	1.4462		690[3)]		450[3)]					86 800	13	7,8

1) Die Streckgrenzen sind im Rahmen der Zulassung der Schweißzusätze nachzuweisen:
a) Zuordnung der Schweißzusätze für Mischverbindungen zwischen austenitischen Stählen und der ferritischen Stahlsorte mit der WstNr. 1.4003;
b) Zuordnung der Schweißzusätze für Mischverbindungen zwischen den WstNrn.: 1.4003; 1.4301; 1.4307; 1.4401; 1.4541; 1.4571; 1.4404; 1.4318; 1.4539; 1.4547; 1.4439; 1.4529; 1.4565 und Baustählen/Feinkornbaustählen;
c) Zuordnung der Schweißzusätze für Mischverbindungen zwischen der Stahlsorte mit der WstNr. 1.4462 und Baustählen/Feinkornbaustählen.

2) Nach DIN EN 10 088-2.

3) Beim Vorliegen von Druckspannungen gilt $f_{y,k} = 355$ N/mm².

3.9 Stahlsorten für Schwimmhallen

Bauteile in Schwimmhallenatmosphäre	**Stahlsorten**
mit regelmäßiger Reinigung der Bauteile	entsprechend Korrosionsbelastung nach Tafel 8.148
ohne regelmäßige Reinigung[1] der Bauteile in Bereichen von Wasser nach Trinkwasserverordnung, Cl ≤ 250 mg/l	1.4539 1.4565 1.4529 1.4547
ohne regelmäßige Reinigung[1] der Bauteile in Bereichen von chloridsalzreichem Wasser[2] (z. B. Solewasser), Cl > 250 mg/l	1.4565 1.4529 1.4547

[1] Vgl. Merkblatt 831 der Informationsstelle Edelstahl Rostfrei „Edelstahl rostfrei in Schwimmbädern (MB 831)", 2. Auflage 2000.
[2] Zu beachten sind auch Spritzwasser und Aerosole, die z. B. über die Lüftung in unzugängliche bzw. von der regelmäßigen Reinigung nicht erfasste Bereiche gelangen und dort zu Aufkonzentrationen führen können.

3.10 Durchführung von Schweißarbeiten

- Die Durchführung erfolgt nach DIN 18 800-7 mit nachgewiesener Herstellerqualifikation.
- Schweißfachingenieur und Großer Nachweis erforderlich mit Zusatzqualifikation.
- Die unterschiedlichen Wärmeausdehnungen und die geringe Wärmeleitfähigkeit sind zu beachten (Nichtrostende Stähle und Baustähle).
- Die einzelnen Schweißverfahren sind der jeweiligen Zulassung zu entnehmen.
- **Flammrichten** sollte vermieden werden. Ist dies nicht möglich, dann Temperaturen möglichst niedrig und Glühzeit, d. h. die Wärmeeinwirkungszeit (Anwärmen, Haltezeit und Abkühlzeit), so kurz wie möglich halten.

  Einzuhaltende Bedingungen:

Stahlsorte	Flammrichttemperatur	Glühfarbe
Austenitische Stähle	650 – 750 °C	braunrot bis dunkelrot
1.4003 1.4462	500 – 600 °C	blaugrau bis Beginn dunkelrot

- **Haltezeit** max. 12 Minuten bei austenitischen Stählen, max. 8 Minuten bei 1.4462.
- Alle Verunreinigungen sind zu entfernen, da sonst die Gefahr des Rostens provoziert wird.
- Alle zur Bearbeitung notwendigen Werkzeuge sollten aus CrNi-Stahl bestehen.
- Anlauffarben, Oxidhäute, Zunder etc. sind zu entfernen.
- Beim Tragsicherheitsnachweis sind bei kaltverfestigten Stählen die Entfestigungen infolge Flammrichten zu beachten.

3.11 Anforderungen an Schweißbetriebe

Nach DIN 18 800-7, Klasse D, ist zum Schweißen der „Große Nachweis" erforderlich.

8 F Trapezprofile und Sandwichbauteile

Prof. Dr.-Ing. Klaus Berner

1 Stahltrapezprofile für Dach und Wand

Stahltrapezprofile sind tragende Bauteile für Dächer, Decken, Wände und Wandverkleidungen. Sie werden aus dünnen, ebenen Stahlblechen durch Kaltumformung (Profilierung) in der Art hergestellt, dass in Tragrichtung Rippen (Trapeze) mit Gurten und Stegen entstehen, die durch Sicken oder Ähnliches versteift sein können. Die Nennblechdicken liegen zwischen 0,5 mm und 1,5 mm. Die Profiltafeln sind durch Bandverzinkung und entsprechend den für die verschiedenen Bausysteme vorgeschriebenen Korrosionsschutzklassen (nach DIN ISO 12 944) durch eine zusätzliche Beschichtung vor Korrosion geschützt.

Das Herstellen der Stahltrapezprofile unterliegt einer laufenden Eigen- und Fremdüberwachung und den Güte- und Prüfbestimmungen nach RAL-GZ 617.

Eine Auswahl von Stahltrapezprofilen mit unterschiedlicher Querschnittsgeometrie ist nachfolgend zusammengestellt. Neben diesen üblichen Stahltrapezprofilen werden auch Kassetten, wellenförmige Querschnittsgeometrien und entsprechende Bauteile aus Aluminium hergestellt.

Der praxisgerechte Einsatz der Stahltrapezprofile ist nach DIN 18 807 Teile 1 bis 3 geregelt. Für die erforderlichen Nachweise zur Gebrauchstauglichkeit und Standsicherheit sind die maßgebenden Querschnittswerte und die aufnehmbaren Tragfähigkeitswerte auf der Grundlage von Versuchen nach Teil 2 oder rein rechnerisch nach Teil 1 zu bestimmen. Für die meisten Trapezprofil-Typen liegen typengeprüfte Tabellen mit den genannten Werten vor.

Stahltrapezprofil Typ **Musterfirma 50/250**

Querschnitts- und Bemessungswerte nach DIN 18 807, Teil 1

Freiraum für Prüfvermerk (Typenprüfung)

Profiltafel in **Positivlage**

Maße in mm

Radien: r = 10 mm

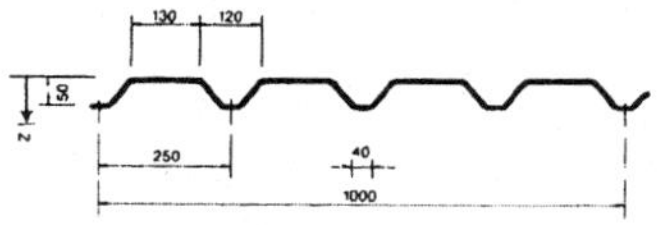

Nennstreckgrenze des Stahlkerns $\beta_{S,N} = 320\ N/mm^2$

Aufnehmbare Tragfähigkeitswerte für nach unten gerichtete und andrückende Flächen-Belastung [1)]

Nennblechdicke	Feldmoment	Endauflagerkräfte		Elastisch aufnehmbare Schnittgrößen an Zwischenauflagern [5)]				Reststützmomente [6)]		
		Tragfähigkeit	Gebrauchsfähigkeit	$\max. M_B \geq M^0 - (R_B/C)^\varepsilon$		maximales Stützmoment	maximale Zwischenauflagerkraft	$M_R = 0$ für $\ell \leq \min.\ \ell$; $M_R = \frac{\ell - \min.\ \ell}{\max.\ \ell - \min.\ \ell} \cdot \max. M_R$; $M_R = \max. M_R$ für $\ell \geq \max.\ \ell$		
t_N	$M_{F,k}$	$R^T_{A,k}$	$R^G_{A,k}$	$M^0_{B,k}$	C	max. $M_{B,k}$	max. $R_{B,k}$	min. ℓ	max. ℓ	max. $M_{R,k}$
mm	kNm/m	kN/m	kN/m	kNm/m	1/m	kNm/m	kN/m	m	M	kNm/m
		[2)] $b_A \geq 40$ mm		[3)] Zwischenauflagerbreite $b_B = 60$ mm; $\varepsilon = 1$; $[C] = m^{-1}$						
0,88	**3,43**	**11,71**	**11,71**	**3,83**	**13,01**	**2,99**	**15,59**	**2,35**	**3,22**	**1,83**

1) An den Stellen von Linienlasten quer zur Spannrichtung und von Einzellasten ist der Nachweis nicht mit dem Feldmoment M_F, sondern mit dem Stützmoment max. M_B für die entgegengesetzte Lastrichtung zu führen.

2) b_A = Endauflagerbreite. Bei einem Profiltafelüberstand $ü \geq 50$ mm dürfen die R_A-Werte um 20 % erhöht werden.

3) Für kleinere Auflagerbreiten muss zwischen den angegebenen aufnehmbaren Tragfähigkeitswerten und denen bei 10 mm Auflagerbreite linear interpoliert werden. Für Auflagerbreiten kleiner als 10 mm, z. B. Rohren, darf maximal 10 mm eingesetzt werden.

4) Bei Auflagerbreiten, die zwischen den aufgeführten Werten liegen, dürfen die aufnehmbaren Tragfähigkeitswerte jeweils linear interpoliert werden.

5) Interaktionsbeziehung für M_B und R_B: $M_B \geq M^0 - (R_B/C)^\varepsilon$. Sind keine Werte für M^0 und C angegeben, ist M_B = max. M_B zu setzen.

6) Sind keine Werte für Reststützmomente angegeben, ist beim Tragsicherheitsnachweis $M_R = 0$ zu setzen oder ein Nachweis mit $\gamma = 1{,}65$ nach der Elastizitätstheorie zu führen. (ℓ = kleinere der benachbarten Stützweiten).

Abb. 8.155 Tragfähigkeitswerte für ein Trapezprofil (Musterbeispiel)

Beispielhaft sind für ein Profiltyp und eine Blechstärke in Abb. 8.155 die Tragfähigkeitswerte dargestellt. Zu beachten ist, dass bei den zurzeit vorliegenden Tabellen es sich meist um charakteristische Werte (R_K) handelt, mit denen nach dem anzuwendenden Bemessungskonzept nach der Anpassungsrichtlinie Stahlbau (Abschnitt 4.13) unter Berücksichtigung des Materialsicherheitsfaktors γ_M die Beanspruchbarkeiten (Bemessungswerte R_d) bestimmt werden müssen. Im Prinzip ist in jedem Fall nachzuweisen, dass die Beanspruchbarkeiten (R_d) größer sind als die Beanspruchungen S_d. Die entsprechenden Nachweise, einschließlich von Beispielen, sind im Einzelnen in der Literatur (z. B. [8.59], [8.60]) dargestellt.

Nachfolgend werden beispielhaft mit den Tragfähigkeitswerten nach Abb. 8.155 für ein dreifeldrig gespanntes Trapezprofil die wesentlichen Nachweise dargestellt:

System: Dreifeldträger $\ell_1 = \ell_2 = \ell_3 = l = 3{,}65$ m
Zwischenauflagerbreite $b_B = 60$ mm
Durchbiegungsbegrenzung $f_{max} \leq l/150$
vorhandene Belastung
Eigenlast $g = 0{,}35$ kN/m²
Schneelast $s = 0{,}90$ kN/m²

Tragsicherheitsnachweise nach DIN 18 807 und Anpassungsrichtlinie Stahlbau

$$q_{S,d} = 1{,}35 \cdot 0{,}35 + 1{,}5 \cdot 0{,}90 = 1{,}82\ \text{kN/m}^2$$

Schnittgrößen nach der Elastizitätstheorie:

$$R_{A,S,d} = 0{,}40 \cdot 1{,}82 \cdot 3{,}65 = 2{,}66\ \text{kN/m}$$
$$R_{B,S,d} = 1{,}10 \cdot 1{,}82 \cdot 3{,}65 = 7{,}31\ \text{kN/m}$$
$$M_{F,S,d} = 0{,}08 \cdot 1{,}82 \cdot 3{,}65^2 = 1{,}94\ \text{kNm/m}$$
$$|M_{B,S,d}| = 0{,}10 \cdot 1{,}82 \cdot 3{,}65^2 = 2{,}42\ \text{kNm/m}$$

Bemessungswerte der Widerstandsgrößen:

$$R_{A,G,d} = \frac{R_{A,G,k}}{\gamma_M} = \frac{11{,}71}{1{,}1} = 10{,}65\ \text{kN/m}$$

$$\max R_{B,d} = \frac{\max R_{B,k}}{\gamma_M} = \frac{15{,}59}{1{,}1} = 14{,}17\ \text{kN/m}$$

$$M_{F,d} = \frac{M_{F,k}}{\gamma_M} = \frac{3{,}43}{1{,}1} = 3{,}12\ \text{kN/m/m}$$

$$\max M_{B,d} = \frac{\max M_{B,k}}{\gamma_M} = \frac{2{,}99}{1{,}1} = \underline{2{,}72\ \text{kN/m}}$$

Berechnung von $M^0_{B,d}$:

für $\varepsilon = 1{,}0$ ist $C_d = C_k = C$ $= 13{,}01$ 1/m

$$M^0_{B,d} = \frac{M^0_{B,k}}{\gamma_M} = \frac{3{,}83}{1{,}1} = 3{,}48\ \text{kN/m}$$

$$M^0_{B,d} - \left(\frac{R_{B,S,d}}{C_d}\right)^{\varepsilon} = 3{,}48 - \left(\frac{7{,}31}{13{,}01}\right)^{1} = \underline{2{,}92\ \text{kNm/m}}$$

maßgebend: $M_{B,d} = \max M_{B,d}$ $= 2{,}72$ kNm/m

Nachweise:

$$\frac{R_{A,S,d}}{R_{A,G,d}} = \frac{2{,}66}{10{,}65} = 0{,}25 < 1{,}0$$

$$\frac{R_{B,S,d}}{\max R_{B,d}} = \frac{7{,}31}{14{,}17} = 0{,}52 < 1{,}0$$

$$\frac{M_{F,S,d}}{M_{F,d}} = \frac{1{,}94}{3{,}12} = 0{,}62 < 1{,}0$$

$$\frac{M_{B,S,d}}{M_{B,d}} = \frac{2,42}{2,72} = 0,89 < 1,0$$

Interaktion an der Zwischenstütze ohne C
für $\varepsilon = 1$ ist $R^0_{B,k} = C_k \cdot M^0_{B,k} = 13,01 \cdot 3,83 = 49,83$ kN/m

$$R^0_{B,d} = \frac{R^0_{B,k}}{\gamma_M} = \frac{49,83}{1,1} = 45,30 \text{ kN/m}$$

Nachweis:

$$\frac{M_{B,S,d}}{M^0_{B,d}} + \frac{R_{B,S,d}}{R^0_{B,d}} = \frac{2,42}{3,48} + \frac{7,31}{45,30} = 0,86 < 1,0$$

Falls der Nachweis des Stützmomentes nicht erfüllt ist, kann ein Reststützmoment angesetzt werden (siehe Literatur).

Weitere erforderliche Nachweise (nicht dargestellt): Gebrauchstauglichkeit (Durchbiegungsnachweis), Windsogverankerung, evtl. Schubfeldnachweise[1].

Die nachfolgenden Tabellen enthalten für eine Vorbemessung zulässige Stützweiten für Einfeldträger und für Mehrfeldträger mit gleichen Stützweiten für Dächer. Die angegebenen Werte für gleichmäßig verteilte Belastung in den Spalten 5–10 sind für reine Biegebeanspruchung auf der Grundlage der aufnehmbaren Tragfähigkeitswerte nach der Elastizitätstheorie bzw. dem Traglastverfahren errechnet.

(Die angegebenen Stützweiten liegen geringfügig auf der sicheren Seite, da die Werte meist noch mit einem globalen Sicherheitsfaktor von $\gamma_F = 1,7$ ohne Berücksichtigung von γ_M, errechnet sind). Es wird jedoch ausdrücklich darauf hingewiesen, dass ohne typengeprüfte Stützweitentabellen, bei unterschiedlichen Spannweiten oder besonderer Belastung (z. B. Einzellasten oder Schubfeldbeanspruchung) stets projektbezogene Nachweise zu führen sind. In jedem Fall ist vor allem auch die Windsogverankerung (Befestigungen) nachzuweisen.

Abb. 8.157 Beispiel Dachaufbau

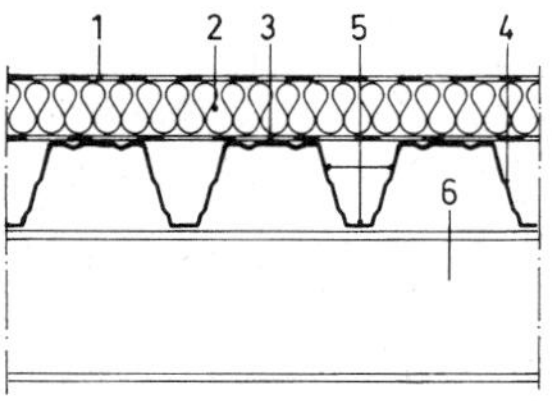

1 Dachabdichtung
2 Wärmedämmung
3 Dampfsperre (falls erforderlich)
4 Stahltrapezprofil
5 Werkseitige Kunststoffbeschichtung
6 Pfette oder Rahmenriegel

Warmdachaufbau, Vertikalschnitt

[1] Weitere Einzelheiten und technische Beratung über die Anwendung von Stahltrapezprofilen im Bauwesen durch den Industrieverband für Bausysteme im Metallleichtbau, Max-Planck-Str. 4, 40237 Düsseldorf (www.ifbs.de) und seine Mitgliedsfirmen. Ein komplettes Verzeichnis der Liefer- und Montagefirmen kann kostenlos angefordert werden.

Tafel 8.158 Zulässige Stützweiten für Stahltrapezprofile für Dächer in m

(Die zulässige Grenzstützweite für die Begehbarkeit ist berücksichtigt.)

	Abmessungen nach DIN 18 807 h_e/b_R [mm/mm]	Profilquerschnitt Maße in mm	Nenn-blech-dicke t_n mm	Ei-gen-last g kN/m²	Statische Systeme: Einfeld-träger $q=$ 1,20 kN/m²	Einfeld-träger $q=$ 2,20 kN/m²	Zweifeld-träger $q=$ 1,20 kN/m²	Zweifeld-träger $q=$ 2,20 kN/m²	Dreifeld-träger $q=$ 1,20 kN/m²	Dreifeld-träger $q=$ 2,20 kN/m²	Zwi-schen-aufla-ger-breite b_B mm
	1	2	3	4	5	6	7	8	9	10	11
1	35/ 207	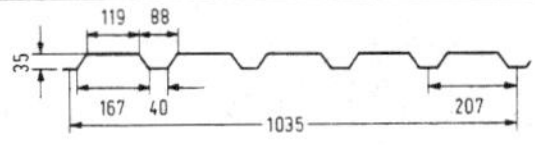	0,75 0,88 1,00 1,25	0,073 0,085 0,097 0,121	0,88 1,36 1,78 2,20	0,88 1,36 1,63 1,80	1,10 1,70 2,22 2,98	1,10 1,70 2,21 2,44	1,10 1,70 2,22 2,73	1,10 1,70 2,02 2,23	60
2	40/ 183	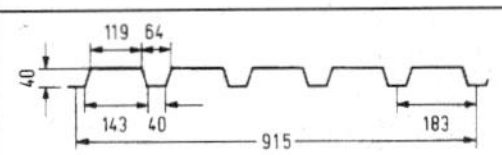	0,75 0,88 1,00 1,25	0,082 0,096 0,109 0,137	1,20 2,31 2,50 2,70	1,20 1,89 2,04 2,20	1,50 3,10 3,36 3,62	1,50 2,53 2,74 2,96	1,50 2,86 3,09 3,34	1 50 2,33 2,53 2,72	60
3	48,5/ 250	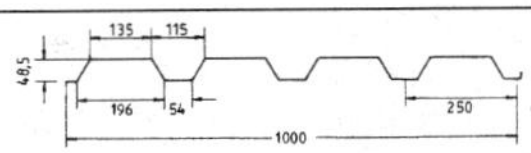	0,75 0,88 1,00 1,25	0,075 0,088 0,100 0,125	1,77 2,50 2,77 2,99	1,77 2,16 2,26 2,44	2,21 3,13 3,58 4,01	2,21 2,56 2,83 3,27	2,21 3,13 3,42 3,69	2,21 2,67 2,79 3,02	60
4	111/ 275	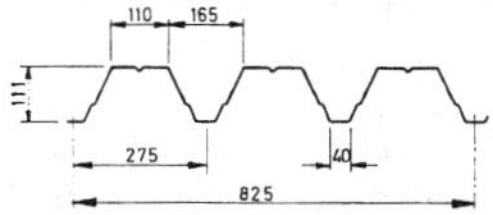	0,75 0,88 1,00 1,25	0,090 0,106 0,121 0,151	4,23 4,39 4,54 4,87	3,45 3,59 3,71 3,98	5,67 5,89 6,08 6,53	4,44 4,81 4,97 5,34	5,25 5,46 5,63 6,05	4,29 4,46 4,60 4,94	160
5	126/ 326	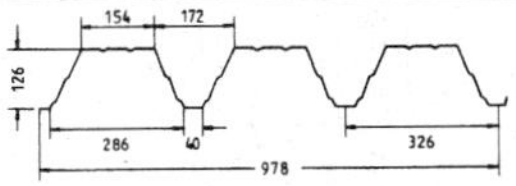	0,75 0,88 100 1,25	0,092 0,108 0,123 0,153	4,66 4,93 5,16 5,57	3,81 4,03 4,21 4,55	5,31 6,70 7,00 7,56	3,92 4,73 5,21 6,09	5,79 6,14 6,41 6,93	3,92 4,73 5,24 5,66	160
6	135/ 310	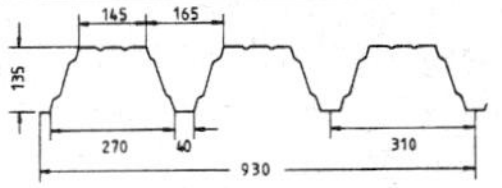	0,75 0,88 1,00 1,25	0,097 0,114 0,129 0,161	4,96 5,25 5,48 5,93	4,05 4,28 4,48 4,84	6,10 6,97 7,35 7,95	3,90 5,19 5,91 6,49	6,16 6,51 6,81 7,36	3,93 5,34 5,56 6,01	160
7	137/ 310 137,8/ 308	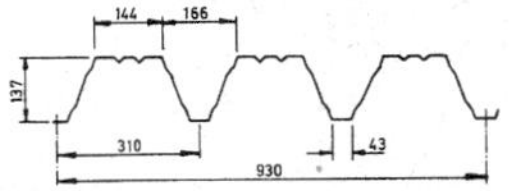	0,75 0,88 1,00 1,25	0,097 0,114 0,130 0,162	5,10 5,36 5,57 6,03	3,82 4,38 4,55 4,93	6,32 7,18 7,47 8,09	3,82 5,19 5,95 6,61	6,30 6,62 6,89 7,46	4,28 5,19 5,63 6,09	160
8	144/ 287	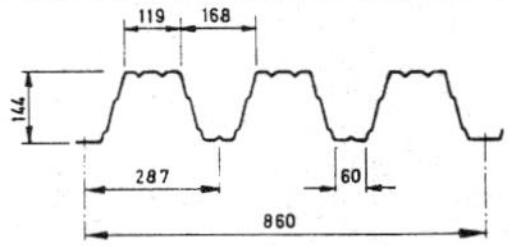	0,75 0,88 1,00 1,25	0,105 0,123 0,139 0,174	5,44 5,66 5,85 6,35	4,44 4,62 4,78 5,20	7,27 7,58 7,83 8,55	5,13 6,04 6,43 7,00	6,76 7,04 7,28 7,92	5,35 5,75 5,95 6,46	160
9	153/ 280 153/	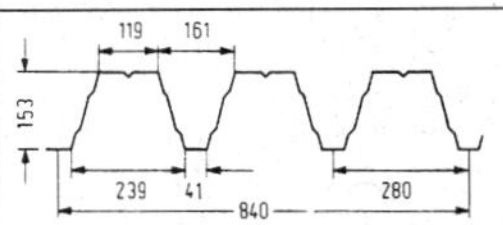	0,75 0,88 1,00 1,25	0,107 0,126 0,143 0,179	5,52 5,84 6,11 6,60	4,51 4,77 4,99 5,39	7,19 7,83 8,19 8,84	5,18 6,34 6,69 7,22	6,83 7,22 7,55 8,15	5,18 5,90 6,17 6,66	160
10	155/ 280	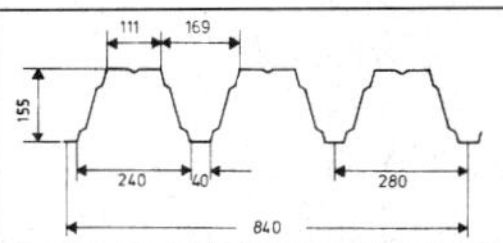	0,75 0,88 1,00 1,25	0,107 0,126 0,143 0,179	5,68 6,01 6,29 6,79	4,64 4,91 5,14 5,55	7,39 8,16 8,53 9,22	4,82 6,34 6,97 7,53	7,07 7,48 7,82 8,45	4,93 6,11 6,39 6,90	160

	Abmessungen nach DIN 18 807 h_e/b_R [mm/mm]	Profilquerschnitt Maße in mm	Nenn-blech-dicke t_n mm	Ei-gen-last g kN/m^2	Statische Systeme Einfeld-träger q= 1,20 kN/m^2	Einfeld-träger q= 2,20 kN/m^2	Zweifeld-träger q= 1,20 kN/m^2	Zweifeld-träger q= 2,20 kN/m^2	Dreifeld-träger q= 1,20 kN/m^2	Dreifeld-träger q= 2,20 kN/m^2	Zwi-schen-aufla-ger-breite b_B mm
	1	2	3	4	5	6	7	8	9	10	11
11	158/ 250 158/ 280	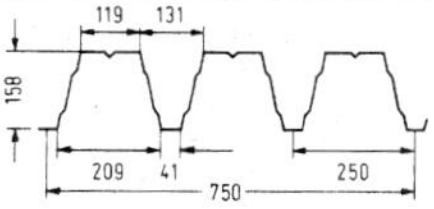	0,75 0,88 1,00 1,25	0,121 0,142 0,161 0,201	5,89 6,23 6,52 7,04	4,81 5,09 5,32 5,75	7,63 8,36 8,74 9,44	5,40 6,41 7,14 7,71	7,28 7,71 8,05 8,70	5,40 6,30 6,58 7,11	160
12	165/ 250	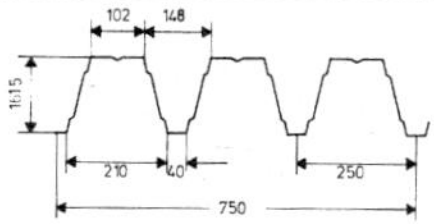	0,75 0,88 1,00 1,25	0,120 0,141 0,160 0,200	6,00 6,33 6,61 7,20	4,90 5,17 5,43 5,86	7,60 8,40 9,00 9,75	5,60 6,40 7,25 7,95	7,45 7,86 8,21 8,90	5,65 6,40 6,75 7,30	160

2 Sandwichbauteile für Dach und Wand (Querschnitte und Stützweitentabellen)

Sandwichbauteile werden hauptsächlich als raumbildende und tragende Wand- und Dachbauteile eingesetzt. Sie bestehen in der Regel aus zwei dünnen Deckblechen (profiliert oder gesickt), die durch eine Kernschicht aus Hartschaum (z. B. Polyurethan) oder Mineralwolle schubfest miteinander verbunden sind, sodass ein tragender Verbundquerschnitt entsteht. Die beim additiven Aufbau von z. B. oberseitig wärmegedämmten Trapezblechen ausschließlich zur Dämmung vorgesehene Schicht wird hier zusätzlich als schubsteifer Kern im Sandwichquerschnitt bei der Tragfähigkeit integriert. Durch die Mitwirkung der Dämmschicht und der damit erreichten Verbundwirkung können große Stützweiten erreicht werden. Gleichzeitig ist eine hohe Wärmedämmung gewährleistet.

Die schubfeste Verbindung der Deckbleche mit dem Kern wird automatisch durch Selbsthaftung (bei PUR) oder Verklebung (bei Mineralwolle) bei der fabrikmäßigen Herstellung der Bauteile in großen, kontinuierlichen Fertigungsstraßen erreicht.

Das Herstellen der Sandwichbauteile unterliegt einer laufenden Eigen- und Fremdüberwachung und den Güte- und Prüfbestimmungen nach RAL-GZ-617.

Die Bauteile werden als Fertigteile auf die Baustelle angeliefert und auf der Unterkonstruktion in **einem** Arbeitsgang verschraubt.

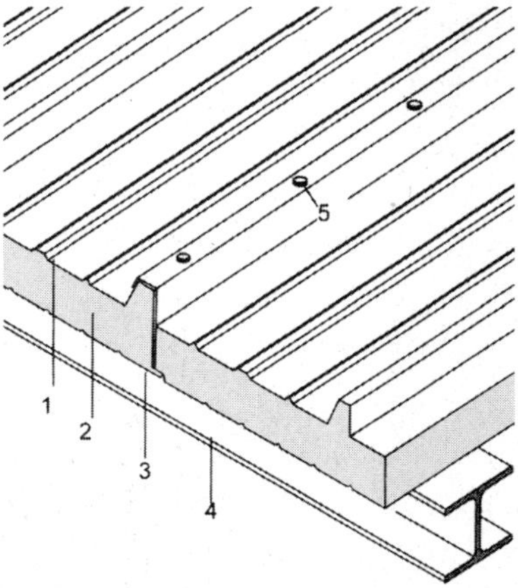

1 = äußere Deckschicht (Stahl, Alu, Kupfer etc.)
2 = Kernschicht (PUR, Mineralwolle, PS)
3 = innere Deckschicht (Stahl, Alu, Kupfer etc.)
4 = Unterkonstruktion
5 = Befestigungsmittel (Bohrschrauben etc.)

Bauaufsichtliche Zulassung

Für den Einsatz von tragenden Sandwichbauteilen für Dach und Wand, bei denen die Verbundtragwirkung durch Verbindung der Deckbleche mit einem schubsteifen Kern angesetzt und genutzt wird, ist in Deutschland eine bauaufsichtliche Zulassung des DIBt erforderlich, da diese Bauteile in keiner Norm geregelt und in der Bauregelliste nicht erfasst sind.

Wegen der Verwendung von leichten Kernschichten, z.B. aus Polyurethan-Hartschaum, die sich hinsichtlich der Herstellung und der bautechnischen Anforderungen so günstig verhalten, sind bei der Beurteilung der Tragfähigkeit des Sandwichtragwerks und damit bei der Bemessung jedoch eine Reihe von Besonderheiten zu beachten. So ist zunächst, um eine „sichere“ Bemessung zu gewährleisten, bei fast allen praxisgerechten Sandwichbauteilen die Schubverformung der Kernschicht zu berücksichtigen und damit die „Theorie des nachgiebigen Verbundes“ anzuwenden. Die Besonderheiten sind jedoch im Einzelnen in den bauaufsichtlichen Zulassungen erfasst.

Einwirkungen und Lastfallkombinationen

Bei der Bemessung von Sandwichbauteilen ist außerdem darauf zu achten, dass (neben den üblichen Belastungen) ein wesentlicher Anteil der Beanspruchungen infolge Zwängung aus unterschiedlichen Deckblechtemperaturen und bei langzeitiger Belastung infolge Spannungsumlagerung durch Schub-Kriechen in der Kernschicht entsteht. Diese Zusatzbeanspruchungen müssen bei der Berechnung nach der Theorie des nachgiebigen Verbundes mit erfasst werden.

Die genauen Angaben über die anzusetzenden Temperaturen (im Gebrauchsfähigkeitsnachweis in Abhängigkeit von der Farbe des äußeren Deckblechs) enthält Anlage A der Zulassungen. Es werden für die Bemessung der Bauteile drei Farbgruppen (Gruppe I: sehr hell, Gruppe II: hell, Gruppe III: dunkel) definiert. Für den Lastfall Kriechen sind die Kriechwerte in dem jeweiligen Zulassungsbescheid angegeben. Zur sicheren Bemessung ist – wie üblich – die ungünstigste Lastfallkombination anzusetzen. Dabei ist eine Reihe von Lastfällen zu beachten, abhängig vom statischen System (Einfeld- oder Mehrfeldsysteme), von der Nachweisart (z. B. Tragfähigkeits-, Gebrauchsfähigkeits- oder Verformungsnachweis) und von den Widerstandsgrößen (z. B. Knitterspannungen im Feld oder über der Stütze).

Für die praxisgerechte Bemessung der Bauteile werden in den meisten Fällen von den Herstellern zunächst immer Tabellen mit (typengeprüften) zulässigen Stützweiten zur Verfügung gestellt. Diese zulässigen Stützweiten müssen, getrennt für Wand- und Dachbauteile, für die ungünstigsten Lastfälle berechnet und für die zugehörigen Lastansätze wie z. B. Schneelast, Windbelastung und Temperaturen (in Abhängigkeit von den Farbgruppen) angegeben werden.

In diesen Tabellen können nur die Standardfälle, z. B. durchlaufende Platten mit **gleichen** Stützweiten und üblichen Lastfällen, erfasst werden, selbstverständlich mit Berücksichtigung aller erforderlichen Nachweise.

Bei statischen Systemen, die nicht erfasst sind (z. B. ungleiche Stützweiten), oder bei besonderen Beanspruchungen (z. B. Kühllager mit Innentemperaturen von 0 bis –30 °C) oder zur Überprüfung von Berechnungen (z. B. auch bei nicht typengeprüften Stützweitentabellen) müssen Einzelnachweise entsprechend Abschnitt 7 der Zulassung durchgeführt werden. Im Wesentlichen sind folgende Nachweise zu führen:

Tragfähigkeitsnachweis:

Das 1,85fache der Spannungen aus äußeren Lasten (σ_L) wird zu den 1,3fachen Spannungen aus Temperaturzwängungen (σ_T) addiert und der Knitterspannung σ_K (bei Druckspannung) oder der Fließspannung β_S (bei Zugspannung) gemäß Zulassung gegenübergestellt:

$$1{,}85 \cdot \sigma_L + 1{,}3 \cdot \sigma_T \leq \sigma_K \text{ bzw. } \beta_S$$

Bei langzeitigen Einwirkungen sind zusätzlich die 1,3fachen Spannungsanteile aus Kriechen zu erfassen.

Bei Mehrfeldsystemen kann Versagen im Feld nach Ausbilden von Knittergelenken über den Zwischenstützen vorausgesetzt werden.

Gebrauchsfähigkeitsnachweis:

Neben dem Nachweis der Durchbiegung wird der Gebrauchsfähigkeitsnachweis dadurch geführt, dass an keiner Stelle Fließen im Zug oder Knittern im Druckbereich auftritt. Bei Mehrfeldsystemen sind die Nachweise vor allem auch über den Mittelstützen zu führen.

Das 1,1fache der Addition aller gleichzeitig wirkenden Spannungen aus äußeren Lasten (σ_L) und Temperatur (σ_T) ist der Knitter- bzw. Fließspannung gegenüberzustellen:

$$1{,}1\ (\sigma_L + \Psi \cdot \sigma_T) \leq \sigma_K \quad \text{bzw.} \quad 1{,}1\ (\sigma_L + \Psi \cdot \sigma_T) \leq \beta_S$$

$\Psi = 1{,}0$ (Kühlhäuser)

$\Psi = 0{,}9$ (sonst. Gebäude)

Bei profilierten Deckschichten, bei denen die Zugspannungen im Obergurt maßgebend werden können, sind bei langzeitigen Einwirkungen zusätzlich auch die 1,1fachen Spannungsanteile aus Kriechen zu erfassen.

Zur Berechnung der Spannungen können die Formeln der Seite 8.161 a und b verwendet werden. Um Einzelnachweise oder Überprüfungen von Berechnungen zu ermöglichen, stehen spezielle Rechenhilfen zur Verfügung ([8.60], [8.61], [8.62], [8.63], [8.64]).

In [8.65] sind zusammenfassend weitere Berechnungshilfen und praxisgerechte Beispiele dargestellt. Falls häufig Sandwichbauteile berechnet werden, bietet sich die Anwendung eines EDV-Programms an.

Beidseitig ebene bzw. quasi-ebene (gesickte, linierte etc.) Deckschichten

System und Belastung	k	M_S [1]	R_E [2]	R_M [2]	w_{max} [3]
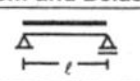	$\frac{9,6 \cdot B_S}{\ell^2 \cdot G_S \cdot A_S}$	$\frac{q \cdot \ell^2}{8}$	$\frac{q \cdot \ell}{2}$	--	$\frac{5 \cdot q \cdot \ell^4}{384 \cdot B_S} \cdot (1+k)$
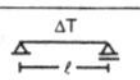	--	0	0	--	$\frac{\ell^2 \cdot \Delta T'}{8 \cdot e}$
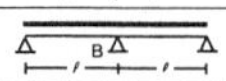	$\frac{3 \cdot B_S}{\ell^2 \cdot G_S \cdot A_S}$	$\frac{q \cdot \ell^2}{8} \cdot \frac{1}{1+k}$	$\frac{q \cdot \ell}{2} \cdot \left(1 - \frac{1}{4+4\,k}\right)$	$q \cdot \ell \cdot \left(1 + \frac{1}{4+4\,k}\right)$	$\approx \frac{q \cdot \ell^4}{48 \cdot B_S} \cdot \frac{1}{1+k} \cdot (0{,}26 + 2{,}6\,k + 2\,k^2)$
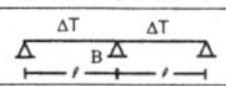		$\frac{3 \cdot B_S \cdot \Delta T'}{2 \cdot e} \cdot \frac{1}{1+k}$	$\frac{3 \cdot B_S \cdot \Delta T'}{2 \cdot e \cdot \ell} \cdot \frac{1}{1+k}$	$\frac{3 \cdot B_S \cdot \Delta T'}{4 \cdot e \cdot \ell} \cdot \frac{1}{1+k}$	$\approx \frac{\Delta T' \cdot \ell^2}{32 \cdot e} \cdot \frac{1+4\,k}{1+k}$
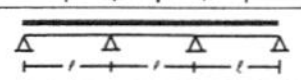		$\frac{q \cdot \ell^2}{10+4k}$	$\frac{q \cdot \ell}{2} \cdot \left(1 - \frac{1}{5+2\,k}\right)$	$q \cdot \ell \cdot \left(1 + \frac{1}{10+4\,k}\right)$	$\approx \frac{q \cdot \ell^4}{24 \cdot B_S} \cdot \frac{1}{5+2\,k} \cdot (0{,}83 + 5{,}6\,k + 2\,k^2)$
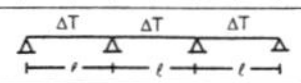		$\frac{6 \cdot B_S \cdot \Delta T'}{e} \cdot \frac{1}{5+2k}$	$\frac{6 \cdot B_S \cdot \Delta T'}{e \cdot \ell} \cdot \frac{1}{5+2\,k}$	$\frac{6 \cdot B_S \cdot \Delta T'}{e \cdot \ell} \cdot \frac{1}{5+2k}$	$\approx \frac{\Delta T' \cdot \ell^2}{4 \cdot e} \cdot \frac{1{,}06+k}{5+2\,k}$

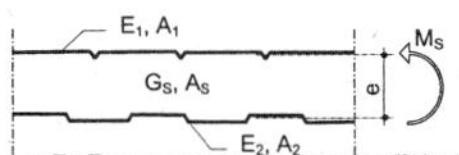

E_1, A_1, E_2, A_2 = E-Modul und Fläche der oberen (1) und unteren (2) Deckschicht
G_S, A_S = Schubmodul und Fläche der Kernschicht
e = Schwerlinienabstand der Deckschichten

$$B_S = \frac{E_1 \cdot A_1 \cdot E_2 \cdot A_2 \cdot e^2}{E_1 \cdot A_1 + E_2 \cdot A_2} \qquad \Delta T' = (\alpha_2 \cdot T_2 - \alpha_1 \cdot T_1) \qquad \sigma_1 = -\frac{M_S}{A_1 \cdot e} \qquad \sigma_2 = \frac{M_S}{A_2 \cdot e}$$

α_i; T_i = Temperatur-Ausdehnungskoeffizient und Temperatur der Deckschichten
1) M_S = bei Einfeldplatten in Feldmitte; bei Zweifeldplatten über der Mittelstütze
2) R_E = Endauflagerreaktionen; R_M = bei Mehrfeldplatten Mittelauflagerkräfte
3) w_{max} = maximale Durchbiegung

Abb. 8.161a Momentenanteile, Auflagerkräfte und Verformungen bei Sandwichelementen mit „quasi-ebenen" Deckschichten

Ein- bzw. beidseitig profilierte Deckschichten

Systeme	k	β	M_S [1]	M_D [1]	R_E [2]	R_M [2]	w_{max} [3]
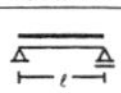	$\frac{9,6 \cdot B_S}{\ell^2 \cdot G_S \cdot A_S}$	$\frac{B_D}{B_D + \frac{B_S}{1+k}}$	$(1-\beta) \cdot \frac{q \cdot \ell^2}{8}$	$\beta \cdot \frac{q \cdot \ell^2}{8}$	$\frac{q \cdot \ell}{2}$	--	$\frac{5 \cdot q \cdot \ell^4}{384 \cdot B_S} \cdot (1+k) \cdot (1-\beta)$
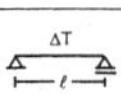	$\frac{8 \cdot B_S}{\ell^2 \cdot G_S \cdot A_S}$	$\frac{B_D}{B_D + \frac{B_S}{1+k}}$	$\frac{B_D}{e} \cdot \Delta T' \cdot (1-\beta)$	$M_D = -M_S$	0	--	$\frac{\ell^2 \cdot \Delta T'}{8 \cdot e} \cdot (1-\beta)$
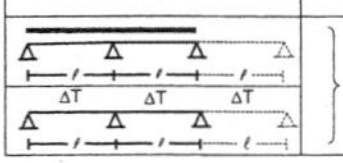	Mehrfeldplatten nur mit EDV- Programm oder Diagrammen						

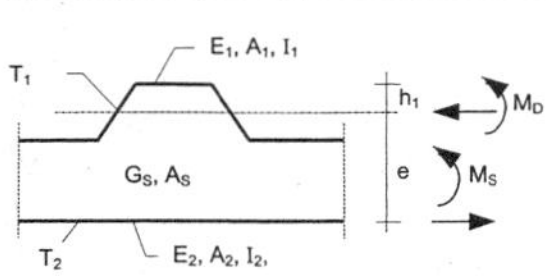

$E_1, A_1, I_1, E_2, A_2; I_2$ = E-Modul, Fläche und Trägheitsmoment der oberen (1) und unteren (2) Deckschicht
G_S, A_S = Schubmodul und Fläche der Kernschicht
e = Schwerlinienabstand der Deckschichten

$$B_S = \frac{E_1 \cdot A_1 \cdot E_2 \cdot A_2 \cdot e^2}{E_1 \cdot A_1 + E_2 \cdot A_2} \qquad B_D = E_1 \cdot I_1 + E_2 \cdot I_2$$

$$\Delta T' = (\alpha_2 \cdot T_2 - \alpha_1 \cdot T_1) \qquad \sigma_1 = -\frac{M_S}{e} \cdot \frac{1}{A_1} + \frac{M_D}{I_1} \cdot h_1 \qquad \sigma_2 = -\frac{M_S}{A_2 \cdot e}$$

α_i; T_i = Temperatur-Ausdehnungskoeffizient und Temperatur der Deckschichten
1) M_S; M_D = bei Einfeldplatten in Feldmitte; bei Zweifeldplatten über der Mittelstütze
2) R_E = Endauflagerreaktionen; R_M = bei Mehrfeldplatten Mittelauflagerkräfte
3) w_{max} = maximale Durchbiegung

Abb. 8.161b Momentenanteile, Auflagerkräfte und Verformungen bei Sandwichelementen mit profilierten Deckschichten

Zusatznachweise

Es wird ausdrücklich darauf hingewiesen, dass zusätzlich zu dem Nachweis für die Sandwichplatten selbst, z. B. anhand zulässiger Stützweiten oder aufgrund von Einzelnachweisen, unbedingt noch folgende Nachweise nach den Zulassungen gefordert sind:

a) Nachweis der **Auflagerpressung nach Abschnitt 7.2.1.4 und 7.3 der Zulassung:**
Hier ist nachzuweisen, dass aufgrund der Auflagerkräfte infolge Auflasten, einschließlich der Zwängungskräfte infolge Temperatur, die Druckfestigkeit der Kernschicht (mit den entsprechenden Sicherheiten) nicht überschritten wird.

b) Nachweis der **Befestigungen**, insbesondere für abhebende Beanspruchungen, auch in Rand- und Eckbereichen der Gebäude nach Abschnitt 7.7 der Zulassung:
Die abhebenden Schraubenkräfte sind infolge Windsogbeanspruchungen und Zwängungen aus den Temperaturlastfällen zu ermitteln. Die zulässigen Kräfte für die Befestigungen sind in Anlage B der Zulassungen bzw. in den Verbindungselemente-Zulassungen definiert.

c) Nachweis der **Schraubenkopfauslenkung** infolge unterschiedlicher Deckblech-Temperaturen nach Abschnitt 7.7.2 der Zulassung:
Diese Nachweise sind aufgrund einer Berechnungsformel [8.63] relativ einfach nachzuweisen. Die maximal zulässigen Schraubenkopfauslenkungen sind in den Zulassungen angegeben.

Stützweiten in m

Elementbeschreibung	statisches System	Farbgruppe	Schneelast [kN/m²] 0,75	1,25	1,75	2,25
Dach-bauteil 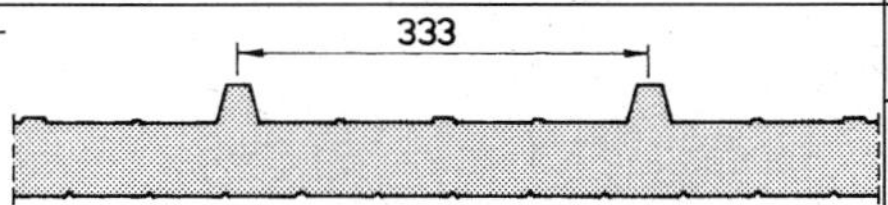	Einfeldträger	I,II, III	4,38[1)] 3,79[1)]	3,04	2,31	1,89
	Zweifeldträger	I,II,III	3,28	2,47	2,04	1,78
äußere Deckschicht: t_{N1} = 0,60 mm, β_S = 350 N/mm², A = 6,43 cm²/m, I = 8,53 cm⁴/m, h_{1o} = 31,8 mm, h_{1u} = 6,2 mm PUR-Kernschicht: d = 60 mm, G_S = 3,02 N/mm² innere Deckschicht: t_{N2} = 0,45 mm, β_S = 350 N/mm², A = 3,95 cm²/m, I = 0 cm⁴/m, h_{2o} = 1,9 mm, h_{2u} = 0,2 mm	Dreifeldträger	I,II,III	3,77	2,81	2,31	1,89

1) Unter Berücksichtigung einer max. Durchbiegung von $l/150$.

Elementbeschreibung	statisches System	Farbgruppe	Einbaubereich $h/a \le 0{,}25$: $h \le 8$m	$h/a \le 0{,}25$: $8 < h < 20$	$h/a > 0{,}5$: $h \le 8$m	$h/a > 0{,}5$: $8 < h < 20$
Wandbauteil 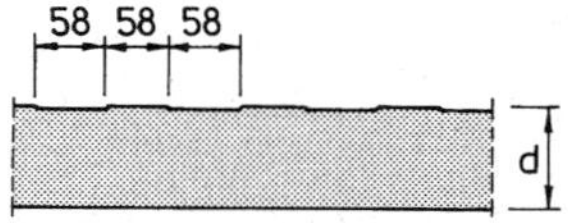	Einfeldträger	I,II,III	8,95 8,08[2)]	7,07 6,96[2)]	8,95 8,08[2)]	7,07 6,96[2)]
	Zweifeldträger	I,II,III	7,24	6,00	7,24	6,00
äußere Deckschicht: t_{N1} = 0,60 mm, β_S = 320 N/mm², A = 5,64 cm²/m, I = 0 cm⁴/m, h_{1o} = 0,8 mm, h_{1u} = 0,8 mm PUR-Kernschicht: d = 120 mm, G_S = 3,4 N/mm² innere Deckschicht: t_{N2} = 0,50 mm, β_S = 320 N/mm², A = 4,63 cm²/m, I = 0 cm⁴/m, h_{2o} = 0,8 mm, h_{2u} = 0,8 mm	Dreifeldträger	I,II,III	8,47	6,80	8,47	6,80

Wandbauteil 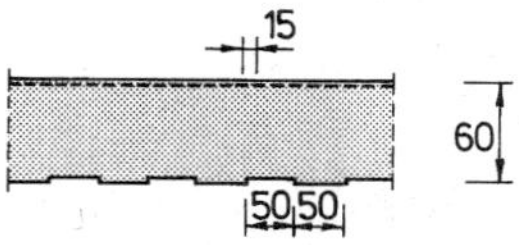 äußere Deckschicht: t_{N1} = 0,60 mm, β_S = 350 N/mm^2 A = 5,61 cm^2/m, I = 0 cm^4/m h_{1o} = 0,2 mm, h_{1u} = 0,2 mm Mineralwollschicht: s = 80 mm, G_S = 10,5 N/mm^2 innere Deckschicht: t_{N2} = 0,60 mm, β_S = 350 N/mm^2 A = 5,63 cm^2/m, I = 0 cm^4/m h_{2o} = 0,2 mm, h_{2u} = 0,2 mm	Einfeld-träger	I,II,III	7,20 6,41[2)]	5,70 5,63[2)]	7,20 6,41[2)]	5,70 5,63[2)]
	Zwei-feld-träger	I II III	6,72 5,34 2,69	5,40 4,54 2,59	6,70 4,75 2,62	5,39 4,07 2,50
	Drei-feld-träger	I II III	7,20 7,20 3,67	5,70 5,70 3,26	7,20 6,75 3,37	5,70 5,42 2,98

[2)] Unter Berücksichtigung einer max. Durchbiegung von $l/100$.

Allgemeine Randbedingungen:

- Farbgruppen I (sehr hell), II (hell) und III (dunkel) siehe Zulassungen, Anlage A, Abschnitt 3.4.2.
- Die Stützweitentabelle gilt nur für geschlossene Gebäude mit normalem Innenklima.
- Zulässige Stützweiten sind in Metern (m) angegeben und gelten bei den Wandelementen für direkte Befestigungen mit maximal 3 Schrauben pro Meter und Zwischenauflagerlinie.
- Für jeden Einzelfall sind noch die Nachweise der Befestigungen (Schraubenkopfauslenkung und Zugverankerung) sowie der Nachweis der Auflagerpressungen zu erbringen.

Oben dargestellte Stützweitentabellen sind nur beispielhaft für einige wenige Paneeltypen angegeben. Ähnliche Tabellen für viele weitere Bauteiltypen können direkt von den Liefer-/Herstellfirmen angefordert werden.

Im europäischen Ausland werden häufig folgende offizielle Unterlagen bei der Bemessung und dem praktischen Einsatz verwendet ([8.66], [8.67]):
ECCS-Empfehlungen und CIB-Empfehlungen.

In Zukunft wird eine europäische Norm die Anwendung von Sandwichbauteilen regeln. Für die Erarbeitung der Norm wurde 1996 ein Committee (CEN/TC 128, SC 11) beauftragt. Der Titel der Norm lautet: Double Skin Metal Sandwich Panels with Insulation.

In der Zwischenzeit liegt ein in den Arbeitsgruppen abgestimmter Entwurf (FV) vor, über den zurzeit von den einzelnen Mitgliedstaaten abgestimmt wird.

3 Verbunddecken

3.1 Allgemeines

Verbunddecken bestehen aus Stahlprofilblechen (mit Dicken zwischen 0,75 und 1,5 mm) und Aufbeton (siehe Abb. 8.164). Das multifunktionale Prinzip dieser Deckenkonstruktion für den Hoch- und Industriebau liegt auf der Hand, da die Profilbleche gleichzeitig mehrere wesentliche Aufgaben erfüllen:

a) Tragende Schalung
Die Stahlprofilbleche, die in ähnlicher Form bereits seit Jahrzehnten als tragende Dacheindeckungen eingesetzt werden, können im Bauzustand sofort nach der Befestigung auf der Unterkonstruktion als tragende Deckenschalung und begehbare Arbeitsfläche genutzt werden.

b) Aufnahme der Zugkräfte im Verbundquerschnitt
Nach dem Erhärten des Betons nehmen die untenliegenden Stahlbleche (bei positiven Biegemomenten) im Verbundquerschnitt die Zugkräfte auf und ersetzen ganz oder teilweise die herkömmliche Bewehrung. Die dauerhafte Übertragung der Längsschubkräfte, die im Verbundquerschnitt in der Fuge Beton/Profilblech auftreten, kann durch verschiedene Verbundarten (siehe Abb. 8.165) sichergestellt werden.

c) Ausreichender Feuerwiderstand
Durch die besondere Geometrie der Profilbleche bleiben bei Brandtemperaturen Teilbereiche des Querschnitts tragfähig. Durch eine gezielte Branddimensionierung kann, entsprechend den Anforderungen, jeweils eine ausreichende Feuerwiderstandsfähigkeit der Decken nachgewiesen werden.

d) Weitere Vorteile
Neben den oben genannten wesentlichen Aufgaben gibt es weitere Vorteile, wie z. B. Verlegung der Profiltafeln per Hand (Montage ohne Kran) und einfache Möglichkeiten für Abhängungen, die wirtschaftliche Vorteile und eine Verkürzung der Bauzeit erkennen lassen. Für bestimmte Nutzungen entsteht bei entsprechender farblicher Beschichtung auf der Blechunterseite ein fertiges Design.

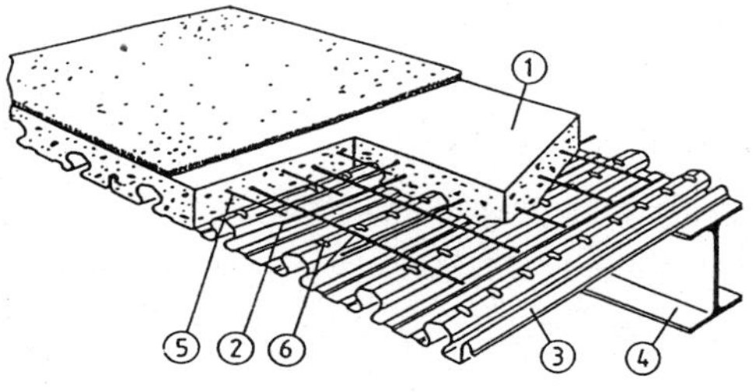

① Beton
② Zulagebewehrung, falls erforderlich
③ Stahl-Profilbleche
④ Unterkonstruktion, Stahl oder Beton
⑤ Schwindbewehrung
⑥ Verbundmittel, z. B. eingeprägte Noppen oder Sicken

Abb. 8.164: Aufbau einer Verbunddecke

3.2 Tragverhalten des Verbundsystems

Für das Tragverhalten der biegebeanspruchten Decken ist das Verbundsystem Beton-Stahlprofilblech durch den werkstoffadäquaten Einsatz der Verbundpartner (Beton in der Druckzone, Stahl in der Zugzone) besonders geeignet.

Zur genaueren Beurteilung des Tragverhaltens sind jedoch drei Versagensarten zu beachten:

Biegemomententragfähigkeit
Das Biegemoment wird aufgeteilt in eine Druck- und Zugkraft. Die Beanspruchbarkeit ist begrenzt durch die Betondruckfestigkeit oder durch die Fließgrenze des Stahls.

„Vertikale" Schubtragfähigkeit
Die Aufnahme der Querkräfte wird vorwiegend durch den Betonquerschnitt übernommen und kann nach den üblichen Methoden für Stahlbetondecken (DIN 1045-1) beurteilt werden (Bei Verbunddecken ist in der Regel keine Schubbewehrung erforderlich).

Längsschubtragfähigkeit
Die Übertragung der Längsschubkräfte, resultierend aus dem zugehörigen Kräftepaar infolge Biegemoment, kann durch folgende spezielle konstruktive Maßnahmen (siehe Abb. 8.165) erreicht werden:

a) Verbund durch eine spezielle hinterschnittene Profilgeometrie, wobei Schubkräfte ohne zusätzliche mechanische Verdübelung durch Klemm- und Keilwirkung (Reibungsverbund) übertragen werden können.

b) Mechanischer Verbund durch eingeprägte Rippen oder Noppen (quer oder schräg) im Obergurt und/oder in den Stegen des Stahlprofilblechs.

c) Verzahnung durch eingestanzte Löcher und Dorne oder durch Bewehrungsstäbe, die quer zu den Rippen verlaufend angeschweißt werden.

d) Endverankerung durch Blechverformungsanker oder Kopfbolzendübel.

Durch Kombination von verschiedenen Verbundarten (z. B. Endverankerungen mit hinterschnittener Geometrie) kann die Verbundwirkung verbessert werden.

Nur hinsichtlich der Längsschubbeanspruchungen in der Fuge zwischen Beton und Stahlblech sind für die Verbunddecken besondere Nachweise und hierfür auch zusätzliche Bemessungswerte erforderlich und stellen somit ein wesentliches Bemessungskriterium dar.

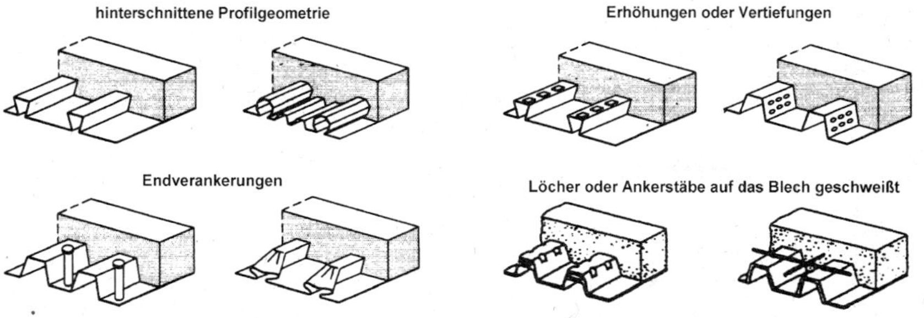

Abb. 8.165: Typische Ausführungen von Verbundarten

3.3 Bestimmung der Bemessungswerte und Nachweise

Die Längsschubtragfähigkeit kann bei Verbunddecken mit Profilblechen nur experimentell bestimmt werden. Die hierfür erforderlichen Versuche sind im Eurocode 4-1-1 bzw. in der EN 1994-1-1:2004 oder DIN V 18800-5:2004 (jeweils zurzeit Entwurf) geregelt.

Aus den Versuchsergebnissen wird im Prinzip die Schubtragfähigkeit in der Verbundfuge ermittelt und als Bemessungswert festgelegt. In Deutschland müssen die Bemessungswerte in einer allgemeinen bauaufsichtlichen Zulassung erfasst werden.

Für die Auswertung von Versuchen zur Bestimmung der Längsschubtragfähigkeit können zwei Verfahren angewendet werden:

m+k-Methode

Die m+k-Methode, ein halbempirisches Verfahren, das nicht auf einem mechanischen Modell basiert, stellt das Standard-Verfahren im Eurocode 4 dar. Durch Auswertung von Versuchen werden zwei Koeffizienten m und k ermittelt, mit denen die Querkrafttragfähigkeit unter Berücksichtigung der Längsschubtragfähigkeit bestimmt werden kann.

Teilverbundtheorie

Bei Decken mit duktilem Verbundverhalten darf der Nachweis der Längsschubtragfähigkeit nach der Teilverbundtheorie erfolgen. Mit Hilfe der im Versuch ermittelten Tragmomente wird ein Teilverbunddiagramm erstellt, aus dem der Verdübelungsgrad bestimmt und die Verbundfestigkeit $\tau_{u,Rk}$ errechnet werden kann. Das zugehörige Nachweisverfahren besteht darin, dass die Beanspruchbarkeit (Biegemoment M_{Rd}) der Verbunddecken entsprechend dem Verdübelungsgrad berechnet wird.

Bemessungswerte für Verbunddecken sind in Deutschland in allgemeinen bauaufsichtlichen Zulassungen erfasst. Für den praktischen Einsatz, zumindest für eine Vorbemessung, liegen für die einzelnen Produkte und Varianten (z. B. Deckenstärke) Bemessungstabellen vor, auf deren Grundlagen zulässige Belastungen einschließlich zugehöriger Feuerwiderstandsklassen festgelegt werden können.

Im Allgemeinen sind für Verbunddecken die gleichen Stützweiten und Deckendicken wie bei Ortbeton- oder Fertigteildecken möglich.

3.4 Nachweise für den Brandfall

Bei realistischen Randbedingungen kann generell für die Verbunddecken und hier insbesondere bei durchlaufenden Deckensystemen zum Brandverhalten Folgendes bemerkt werden.

1. Es ist in jedem Fall möglich, Verbunddecken entsprechend den Anforderungen hinsichtlich der Feuerwiderstandsfähigkeit (Feuerwiderstandsklassen) einzusetzen.
2. Aufgrund von ausgewerteten Versuchsergebnissen über die Tragfähigkeit bei Brandtemperaturen ist eine sinnvolle Bemessung entsprechend den Anforderungen im Einzelfall sehr gut möglich. Die prinzipielle Anwendung ist in den bauaufsichtlichen Zulassungen geregelt.

4 Verzeichnis von Lieferfirmen und Herstellern (Auszug)

Firma	Anschrift	Hersteller bzw. Lieferant von		
		Trapezbleche	Sandwichbauteile	Verbundbleche
Aluform System-Technik GmbH	02994 Bernsdorf	☒	☒	
Arcelor Bauteile GmbH	06796 Brehna	☒	☒	☒
Bausysteme Krahl + Partner GmbH	70184 Stuttgart	☒	☒	
Bieber Marburg GmbH & Co. KG	35649 Bischoffen	☒	☒	
BPS Profile + Bauelemente GmbH	57234 Wilnsdorf	☒	☒	
Brucha GmbH	A-1232 Wien		☒	
Color Profil Deutschland GmbH	81243 München	☒	☒	
Corus ByggeSystemer A/S	DK-8400 Ebeltoft	☒		
Dörnbach Bauprofile Handelsges. mbH	57250 Netphen	☒	☒	
DS Stålprofil A/S	DK 9500 Hobro	☒		
ems Isoliersysteme GmbH	23689 Pansdorf		☒	
Fischer Profil GmbH	57250 Netphen	☒	☒	
Friedr. Schrag GmbH & Co. KG	57271 Hilchenbach	☒		
Friedrich von Lien AG	27404 Zeven	☒	☒	
Haironville Austria Ges.m.b.H.	A-4501 Neuhofen/Kr.	☒	☒	☒
Holorib GmbH	63069 Offenbach			☒
IsoBouw Dämmtechnik GmbH	NL-5711 EG-Someren		☒	
Isocab S.A.	B-8531 Harelbeke-Bavikhove	☒	☒	
Isopan s.p.a.	50127 Bergheim		☒	
Italpannelli GmbH	I-38201 Tramin	☒	☒	
Kingspan GmbH	46485 Wesel	☒	☒	
Maas GmbH	74532 Ilshofen-Eckartshausen	☒		
Metecno Bausysteme GmbH	74379 Ingersheim	☒	☒	
Montana Bausysteme AG	CH-5612 Villmergen	☒	☒	☒
Münker Metallprofile GmbH	57223 Kreuztal		☒	
O-Metall Deutschland GmbH	15936 Dahme	☒	☒	
Paroc GmbH	28816 Stuhr bei Bremen		☒	
Pflaum & Söhne Bausysteme GmbH	A-4050 Traun		☒	
Romakowski GmbH & Co. KG	86647 Buttenwiesen-Thürheim	☒	☒	
Rudolf Wiegmann Umformtechnik GmbH	49593 Bersenbrück	☒	☒	
SAB-profiel b.v.	NL-3400 AB IJesselstein	☒	☒	
Salzgitter Bauelemente GmbH	38239 Salzgitter	☒	☒	
ThyssenKrupp Hoesch Bausysteme GmbH	57223 Kreuztal	☒	☒	
Trimex GmbH	80802 München		☒	
Unidek Deutschland GmbH	33809 Steinhagen/Westfalen		☒	
Wirth GmbH	06188 Landsberg	☒		
Wurzer-Profiliertechnik GmbH	86444 Affing bei Augsburg	☒		

8 G Stahlbauprofile

Prof. Dr.-Ing. Otto Oberegge und Dipl.-Ing. Hans-Peter Hockelmann

Kurzzeichen für Walzmaterial (Beispiele)

Kurzbezeichnung		Bedeutung
zeichnerisch	schreibbar	
IPE 240 – 4600 DIN 1025	IPE 240 × 4600 DIN 1025	Mittelbreiter I-Träger mit h = 240 mm und l = 4600 mm nach DIN 1025
HEB 400 – 8000 DIN 1025	HEB 400 × 8000 DIN 1025	Breiter I-Träger mit h = 400 mm und l = 8000 mm nach DIN 1025
⊏ 200 – 800 DIN 1026	U 200 x 800 DIN 1026	U-Profil mit h = 200 mm und l = 800 mm nach DIN 1026
∟ 100 × 10 – 2500 DIN EN 10 056	L 100 × 10 x 2500 DIN EN 10 056	Gleichschenkliger Winkelstahl mit 100 mm Schenkelbreite, 10 mm Dicke und 2500 mm Länge nach DIN EN 10 056
∟ 120 × 80 × 12 – 2500 DIN EN 10 056	L 120 × 80 × 12 × 2500 DIN EN 10 056	Ungleichschenkliger Winkelstahl mit 120 und 80 mm Schenkelbreite, 12 mm Dicke und 2500 mm Länge nach DIN EN 10 056
▭ 80 × 10 – 800 DIN 1017	Fl 80 × 10 × 800 DIN 1017	Flachstahl mit b = 80 mm, t = 10 mm und l = 800 mm nach DIN 1017
Bl 8 × 600 × 900 DIN EN 10 029	Bl 8 × 600 × 900 DIN EN 10 029	Stahlblech mit t = 8 mm, b = 600 mm und l = 900 mm nach DIN EN 10 029
Rohr 88,9 × 4 – 500 DIN EN 10 210	Rohr 88,9 × 4 × 500 DIN EN 10 210	Warmgefertigtes Stahlrohr mit 88,9 mm Außendurchmesser, 4 mm Wanddicke und 500 mm Länge nach DIN EN 10 210

Benennungen in den Profiltafeln nach DIN 1080-1 (6.76) und DIN 1080-4 (3.80)

Die Indizes y bzw. z und η bzw. ζ geben den Bezug zu den entsprechenden Querschnittshauptachsen an.

Profilmaße: Die Bedeutung ist den Querschnittsskizzen zu entnehmen. Das Maß $h_i = h - (2 \cdot t + 2 \cdot r)$ ist auf volle mm abgerundet.

Statische Werte:

A Querschnittsfläche

g Charakteristischer Wert der Eigenlast in kN/m (entspricht Masse m in kg/m · 10^{-2})

I_y; I_z Flächenmoment 2. Grades bezogen auf die y- bzw. z-Achse

W_y; W_z Widerstandsmoment bezogen auf die y- bzw. z-Achse. Bei Profilen mit unterschiedlichen Abständen der Randfasern von der jeweiligen Bezugsachse gilt für die Tafelwerte: W = min $W = I$ / max. Abstand.

i_y; i_z Trägheitsradius $i_y = \sqrt{I_y / A}$; $i_z = \sqrt{I_z / A}$

S_y Flächenmoment 1. Grades des halben Querschnitts bezogen auf die y-Achse

I_T Torsionsflächenmoment 2. Grades

W_T Torsionswiderstandsmoment

I_ω Wölbflächenmoment 2. Grades (Wölbwiderstand), bezogen auf den Schubmittelpunkt; Alternative Bezeichnung: C_M

y_M Abstand des Schubmittelpunktes M von der z-Achse bei U-Profilen. Bei doppelt- und punktsymmetrischen Profilen fallen Schubmittelpunkt und Schwerpunkt zusammen. Bei Winkel- und T-Profilen ergibt sich der Schubmittelpunkt als Schnittpunkt der Mittellinien der beiden Teilflächen.

Weitere statische Werte für *I-förmige Profile* sind auf folgenden Seiten zusammengestellt:

$i_{z,g}$ Trägheitsradius um die Stegachse z der aus Druckgurt und 1/5 der Stegfläche gebildeten Querschnittsfläche (siehe Seite 8.42)

I_T Torsionsflächenmoment 2. Grades (siehe Seite 8.47)

I_ω Wölbflächenmoment 2. Grades, bezogen auf den Schubmittelpunkt (siehe Seite 8.46)

w_M Hauptverwölbung (siehe Seite 8.19)

Schmale I-Träger

Normallängen bei
$h < 300$ mm: 8–16 m
$h \geq 300$ mm: 8–18 m

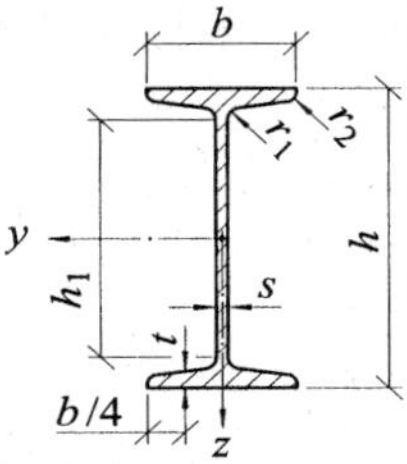

Mittelbreite I-Träger

IPEa
IPE
IPEo

Normallängen bei
$h < 300$ mm: 8–16 m
$h \geq 300$ mm: 8–18 m

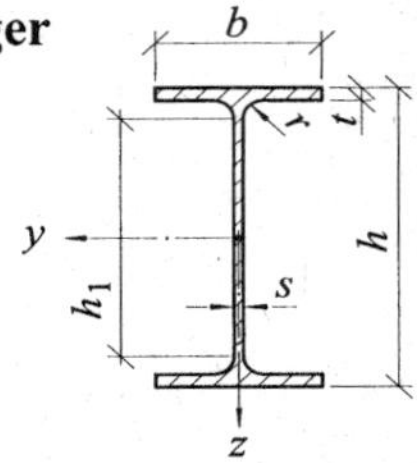

I-Reihe nach DIN 1025-1 (10.63)

	Profilmaße						Statische Werte								
Nenn-höhe	h mm	b mm	$s=r_1$ mm	t mm	r_2 mm	h_1 mm	A cm²	I_y cm⁴	W_y cm³	i_y cm	I_z cm⁴	W_z cm³	i_z cm	S_y cm³	g kN/m
80	80	42	3,9	5,9	2,3	59	7,57	77,8	19,5	3,20	6,29	3,00	0,91	11,4	0,0594
100	100	50	4,5	6,8	2,7	75	10,6	171	34,2	4,01	12,2	4,88	1,07	19,9	0,0834
120	120	58	5,1	7,7	3,1	92	14,2	328	54,7	4,81	21,5	7,41	1,23	31,8	0,111
140	140	66	5,7	8,6	3,4	109	18,2	573	81,9	5,61	35,2	10,7	1,40	47,7	0,143
160	160	74	6,3	9,5	3,8	125	22,8	935	117	6,40	54,7	14,8	1,55	68,0	0,179
180	180	82	6,9	10,4	4,1	142	27,9	1 450	161	7,20	81,3	19,8	1,71	93,4	0,219
200	200	90	7,5	11,3	4,5	159	33,4	2 140	214	8,00	117	26,0	1,87	125	0,262
220	220	98	8,1	12,2	4,9	176	39,5	3 060	278	8,80	162	33,1	2,02	162	0,311
240	240	106	8,7	13,1	5,2	192	46,1	4 250	354	9,59	221	41,7	2,20	206	0,362
260	260	113	9,4	14,1	5,6	208	53,3	5 740	442	10,4	288	51,0	2,32	257	0,419
280	280	119	10,1	15,2	6,1	225	61,0	7 590	542	11,1	364	61,2	2,45	316	0,479
300	300	125	10,8	16,2	6,5	241	69,0	9 800	653	11,9	451	72,2	2,56	381	0,542
320	320	131	11,5	17,3	6,9	258	77,7	12 510	782	12,7	555	84,7	2,67	457	0,610
340	340	137	12,2	18,3	7,3	274	86,7	15 700	923	13,5	674	98,4	2,80	540	0,680
360	360	143	13,0	19,5	7,8	290	97,0	19 610	1 090	14,2	818	114	2,90	638	0,761
400	400	155	14,4	21,6	8,6	323	118	29 210	1 460	15,7	1 160	149	3,13	857	0,924
450	450	170	16,2	24,3	9,7	363	147	45 850	2 040	17,7	1 730	203	3,43	1 200	1,15
500	500	185	18,0	27,0	10,8	404	179	68 740	2 750	19,6	2 480	268	3,72	1 620	1,41
550	550	200	19,0	30,0	11,9	445	212	99 180	3 610	21,6	3 490	349	4,02	2 120	1,66
600	600	215	21,6	32,4	13,0	485	254	139 000	4 630	23,4	4 670	434	4,30	2 730	1,99

IPEa (nicht genormt)

Nenn-höhe	h mm	b mm	s mm	t mm	r mm	h_1 mm	A cm²	I_y cm⁴	W_y cm³	i_y cm	I_z cm⁴	W_z cm³	i_z cm	S_y cm³	g kN/m
120	117,6	64	3,8	5,1	7	93	11,0	257	43,8	4,83	22,4	7,00	1,42	24,9	0,0866
140	137,4	73	3,8	5,6	7	112	13,4	435	63,3	5,70	36,4	9,98	1,65	35,8	0,105
160	157	82	4,0	5,9	9	127	16,2	689	87,8	6,53	54,4	13,3	1,83	49,5	0,127
180	177	91	4,3	6,5	9	146	19,6	1 060	120	7,37	81,9	18,0	2,05	67,7	0,154
200	197	100	4,5	7,0	12	159	23,5	1 590	162	8,23	117	23,4	2,23	90,8	0,184
220	217	110	5,0	7,7	12	177	28,3	2 320	214	9,05	171	31,2	2,46	120	0,222
240	237	120	5,2	8,3	15	190	33,3	3 290	278	9,94	240	40,0	2,68	156	0,262
270	267	135	5,5	8,7	15	219	39,1	4 920	368	11,2	358	53,0	3,02	206	0,307
300	297	150	6,1	9,2	15	248	46,5	7 170	483	12,4	519	69,2	3,34	271	0,365
330	327	160	6,5	10,0	18	271	54,7	10 230	626	13,7	685	85,6	3,54	351	0,430
360	357,6	170	6,6	11,5	18	298	64,0	14 520	812	15,1	944	111	3,84	453	0,502
400	397	180	7,0	12,0	21	331	73,1	20 290	1 020	16,7	1 170	130	4,00	572	0,574
450	447	190	7,6	13,1	21	378	85,5	29 760	1 330	18,7	1 500	158	4,19	747	0,672
500	497	200	8,4	14,5	21	426	101	42 930	1 730	20,6	1 940	194	4,38	973	0,794
550	547	210	9,0	15,7	24	467	117	59 980	2 190	22,6	2 430	232	4,55	1 240	0,921
600	597	220	9,8	17,5	24	514	137	82 920	2 780	24,6	3 120	283	4,77	1 570	1,080

IPE-Reihe nach DIN 1025-5 (3.65) und EURONORM 19-57

	Profilmaße						Statische Werte								
Nenn-höhe	h mm	b mm	s mm	t mm	r mm	h_1 mm	A cm²	I_y cm⁴	W_y cm³	i_y cm	I_z cm⁴	W_z cm³	i_z cm	S_y cm³	g kN/m
80	80	46	3,8	5,2	5	59	7,64	80,1	20,0	3,24	8,49	3,69	1,05	11,6	0,060
100	100	55	4,1	5,7	7	74	10,3	171	34,2	4,07	15,9	5,79	1,24	19,7	0,081
120	120	64	4,4	6,3	7	93	13,2	318	53,0	4,90	27,7	8,65	1,45	30,4	0,104
140	140	73	4,7	6,9	7	112	16,4	541	77,3	5,74	44,9	12,3	1,65	44,2	0,129
160	160	82	5	7,4	9	127	20,1	869	109	6,58	68,3	16,7	1,84	61,9	0,158
180	180	91	5,3	8	9	146	23,9	1 320	146	7,42	101	22,2	2,05	83,2	0,188
200	200	100	5,6	8,5	12	159	28,5	1 940	194	8,26	142	28,5	2,24	110	0,224
220	220	110	5,9	9,2	12	177	33,4	2 770	252	9,11	205	37,3	2,48	143	0,262
240	240	120	6,2	9,8	15	190	39,1	3 890	324	9,97	284	47,3	2,69	183	0,307
270	270	135	6,6	10,2	15	219	45,9	5 790	429	11,2	420	62,2	3,02	242	0,361
300	300	150	7,1	10,7	15	248	53,8	8 360	557	12,5	604	80,5	3,35	314	0,422
330	330	160	7,5	11,5	18	271	62,6	11 770	713	13,7	788	98,5	3,55	402	0,491
360	360	170	8	12,7	18	298	72,7	16 270	904	15,0	1 040	123	3,79	510	0,571
400	400	180	8,6	13,5	21	331	84,5	23 130	1 160	16,5	1 320	146	3,95	654	0,663
450	450	190	9,4	14,6	21	378	98,8	33 740	1 500	18,5	1 680	176	4,12	851	0,776
500	500	200	10,2	16	21	426	116	48 200	1 930	20,4	2 140	214	4,31	1 100	0,907
550	550	210	11,1	17,2	24	467	134	67 120	2 440	22,3	2 670	254	4,45	1 390	1,06
600	600	220	12	19	24	514	156	92 080	3 070	24,3	3 390	308	4,66	1 760	1,22

IPEo (nicht genormt)

180	182	92	6	9	9	146	27,1	1 510	165	7,45	117	25,5	2,08	94,6	0,213
200	202	102	6,2	9,5	12	159	32,0	2 210	219	8,32	169	33,1	2,30	125	0,251
220	222	112	6,6	10,2	12	177	37,4	3 130	282	9,16	240	42,8	2,53	161	0,294
240	242	122	7	10,8	15	190	43,7	4 370	361	10,0	329	53,9	2,74	205	0,343
270	274	136	7,5	12,2	15	219	53,8	6 950	507	11,4	513	75,5	3,09	287	0,423
300	304	152	8	12,7	15	248	62,8	9 990	658	12,6	746	98,1	3,45	372	0,493
330	334	162	8,5	13,5	18	271	72,6	13 910	833	13,8	960	119	3,64	471	0,570
360	364	172	9,2	14,7	18	298	84,1	19 050	1 050	15,0	1 250	145	3,86	593	0,660
400	404	182	9,7	15,5	21	331	96,4	26 750	1 320	16,7	1 560	172	4,03	751	0,757
450	456	192	11	17,6	21	378	118	40 920	1 790	18,6	2 090	217	4,21	1 020	0,924
500	506	202	12	19	21	426	137	57 780	2 280	20,6	2 620	260	4,38	1 310	1,07
550	556	212	12,7	20,2	24	467	156	79 160	2 850	22,5	3 220	304	4,55	1 630	1,23
600	610	224	15	24	24	514	197	118 300	3 880	24,5	4 520	404	4,79	2 240	1,54

IPEv (nicht genormt)

400	408	182	10,6	17,5	21	331	107	30 140	1 480	16,8	1 770	194	4,06	841	0,840
450	460	194	12,4	19,6	21	378	132	46 200	2 010	18,7	2 400	247	4,26	1 150	1,04
500	514	204	14,2	23	21	426	164	70 720	2 750	20,8	3 270	321	4,47	1 580	1,29
550	566	216	17,1	25,2	24	467	202	102 300	3 620	22,5	4 260	395	4,60	2 100	1,59
600	618	228	18	28	24	514	234	141 600	4 580	24,6	5 570	489	4,88	2 660	1,84

Breite I-Träger (siehe Folgeseiten)

HEAA
HEA (IPBl)
HEB (IPB)
HEM (IPBv)

Normallängen: $h < 300$ mm: 8–16 m
$h \geq 300$ mm: 8–18 m

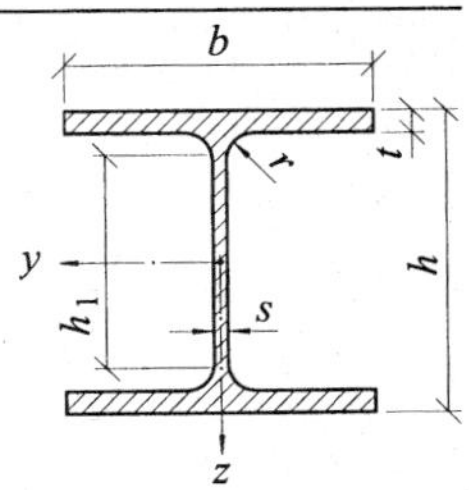

HEAA (nicht genormt)

Nenn-höhe	Profilmaße in mm						Statische Werte								
	h	b	s	t	r	h_1	A cm^2	I_y cm^4	W_y cm^3	i_y cm	I_z cm^4	W_z cm^3	i_z cm	S_y cm^3	g kN/m
100	91	100	4,2	5,5	12	56,0	15,6	237	52,0	3,89	92,1	18,4	2,43	29,2	0,122
120	109	120	4,2	5,5	12	74,0	18,6	413	75,8	4,72	159	26,5	2,93	42,1	0,146
140	128	140	4,3	6	12	92,0	23,0	719	112	5,59	275	39,3	3,45	61,9	0,181
160	148	160	4,5	7	15	104	30,4	1 280	173	6,50	479	59,8	3,97	95,2	0,238
180	167	180	5	7,5	15	122	36,5	1 970	236	7,34	730	81,1	4,47	129	0,287
200	186	200	5,5	8	18	134	44,1	2 940	317	8,17	1 070	107	4,92	174	0,346
220	205	220	6	8,5	18	152	51,5	4 170	407	9,00	1 510	137	5,42	223	0,404
240	224	240	6,5	9	21	164	60,4	5 840	521	9,83	2 080	173	5,87	285	0,474
260	244	260	6,5	9,5	24	177	69,0	7 980	654	10,8	2 790	214	6,36	357	0,541
280	264	280	7	10	24	196	78,0	10 560	800	11,6	3 660	262	6,85	437	0,612
300	283	300	7,5	10,5	27	208	88,9	13 800	976	12,5	4 730	316	7,30	533	0,698
320	301	300	8	11	27	225	94,6	16 450	1 090	13,2	4 960	331	7,24	598	0,742
340	320	300	8,5	11,5	27	243	101	19 550	1 220	13,9	5 180	346	7,18	670	0,789
360	339	300	9	12	27	261	107	23 040	1 360	14,7	5 410	361	7,12	748	0,837
400	378	300	9,5	13	27	298	118	31 250	1 650	16,3	5 860	391	7,06	912	0,924
450	425	300	10	13,5	27	344	127	41 890	1 970	18,2	6 090	406	6,92	1 090	0,997
500	472	300	10,5	14	27	390	137	54 640	2 320	20,0	6 310	421	6,79	1 290	1,07
550	522	300	11,5	15	27	438	153	72 870	2 790	21,8	6 770	451	6,65	1 560	1,20
600	571	300	12	15,5	27	486	164	91 870	3 220	23,7	6 990	466	6,53	1 810	1,29
650	620	300	12,5	16	27	534	176	113 900	3 680	25,5	7 220	481	6,41	2 080	1,38
700	670	300	13	17	27	582	191	142 700	4 260	27,3	7 670	512	6,34	2 420	1,50
800	770	300	14	18	30	674	218	208 900	5 430	30,9	8 130	542	6,10	3 110	1,72
900	870	300	15	20	30	770	252	301 100	6 920	34,6	9 040	603	5,99	4 000	1,98
1000	970	300	16	21	30	868	282	406 500	8 380	38,0	9 500	633	5,80	4 890	2,22

HEA (IPBl)-Reihe nach DIN 1025-3 (10.63) und Euronorm 53-62

Nenn-höhe	h	b	s	t	r	h_1	A cm^2	I_y cm^4	W_y cm^3	i_y cm	I_z cm^4	W_z cm^3	i_z cm	S_y cm^3	g kN/m
100	96	100	5	8	12	56	21,2	349	72,8	4,06	134	26,8	2,51	41,5	0,167
120	114	120	5	8	12	74	25,3	606	106	4,89	231	38,5	3,02	59,7	0,199
140	133	140	5,5	8,5	12	92	31,4	1 030	155	5,73	389	55,6	3,52	86,7	0,247
160	152	160	6	9	15	104	38,8	1 670	220	6,57	616	76,9	3,98	123	0,304
180	171	180	6	9,5	15	122	45,3	2 510	294	7,45	925	103	4,52	162	0,355
200	190	200	6,5	10	18	134	53,8	3 690	389	8,28	1 340	134	4,98	215	0,423
220	210	220	7	11	18	152	64,3	5 410	515	9,17	1 950	178	5,51	284	0,505
240	230	240	7,5	12	21	164	76,8	7 760	675	10,1	2 770	231	6,00	372	0,603
260	250	260	7,5	12,5	24	177	86,8	10 450	836	11,0	3 670	282	6,50	460	0,682
280	270	280	8	13	24	196	97,3	13 670	1 010	11,9	4 760	340	7,00	556	0,764
300	290	300	8,5	14	27	208	113	18 260	1 260	12,7	6 310	421	7,49	692	0,883
320	310	300	9	15,5	27	225	124	22 930	1 480	13,6	6 990	466	7,49	814	0,976
340	330	300	9,5	16,5	27	243	133	27 690	1 680	14,4	7 440	496	7,46	925	1,05
360	350	300	10	17,5	27	261	143	33 090	1 890	15,2	7 890	526	7,43	1 040	1,12
400	390	300	11	19	27	298	159	45 070	2 310	16,8	8 560	571	7,34	1 280	1,25
450	440	300	11,5	21	27	344	178	63 720	2 900	18,9	9 470	631	7,29	1 610	1,40
500	490	300	12	23	27	390	198	86 970	3 550	21,0	10 370	691	7,24	1 970	1,55
550	540	300	12,5	24	27	438	212	111 900	4 150	23,0	10 820	721	7,15	2 310	1,66
600	590	300	13	25	27	486	226	141 200	4 790	25,0	11 270	751	7,05	2 680	1,78
650	640	300	13,5	26	27	534	242	175 200	5 470	26,9	11 720	782	6,97	3 070	1,90
700	690	300	14,5	27	27	582	260	215 300	6 240	28,7	12 180	812	6,84	3 520	2,04
800	790	300	15	28	30	674	286	303 400	7 680	32,6	12 640	843	6,65	4 350	2,24
900	890	300	16	30	30	770	321	422 100	9 480	36,3	13 550	903	6,50	5 410	2,52
1000	990	300	16,5	31	30	868	347	553 800	11 190	40,0	14 000	934	6,35	6 410	2,72

	Profilmaße						Statische Werte								
Nenn-höhe	*h* mm	*b* mm	*s* mm	*t* mm	*r* mm	h_1 mm	*A* cm^2	I_y cm^4	W_y cm^3	i_y cm	I_z cm^4	W_z cm^3	i_z cm	S_y cm^3	*g* kN/m
HEB (IPB)-Reihe nach DIN 1025-2 (10.63) und Euronorm 53-62															
100	100	100	6	10	12	56	26,0	450	89,9	4,16	167	33,5	2,53	52,1	0,204
120	120	120	6,5	11	12	74	34,0	864	144	5,04	318	52,9	3,06	82,6	0,267
140	140	140	7	12	12	92	43,0	1 510	216	5,93	550	78,5	3,58	123	0,337
160	160	160	8	13	15	104	54,3	2 490	311	6,78	889	111	4,05	177	0,426
180	180	180	8,5	14	15	122	65,3	3 830	426	7,66	1 360	151	4,57	241	0,512
200	200	200	9	15	18	134	78,1	5 700	570	8,54	2 000	200	5,07	321	0,613
220	220	220	9,5	16	18	152	91,0	8 090	736	9,43	2 840	258	5,59	414	0,715
240	240	240	10	17	21	164	106	11 260	938	10,3	3 920	327	6,08	527	0,832
260	260	260	10	17,5	24	177	118	14 920	1 150	11,2	5 130	395	6,58	641	0,930
280	280	280	10,5	18	24	196	131	19 270	1 380	12,1	6 590	471	7,09	767	1,03
300	300	300	11	19	27	208	149	25 170	1 680	13,0	8 560	571	7,58	934	1,17
320	320	300	11,5	20,5	27	225	161	30 820	1 930	13,8	9 240	616	7,57	1 070	1,27
340	340	300	12	21,5	27	243	171	36 660	2 160	14,6	9 690	646	7,53	1 200	1,34
360	360	300	12,5	22,5	27	261	181	43 190	2 400	15,5	10 140	676	7,49	1 340	1,42
400	400	300	13,5	24	27	298	198	57 680	2 880	17,1	10 820	721	7,40	1 620	1,55
450	450	300	14	26	27	344	218	79 890	3 550	19,1	11 720	781	7,33	1 990	1,71
500	500	300	14,5	28	27	390	239	107 200	4 290	21,2	12 620	842	7,27	2 410	1,87
550	550	300	15	29	27	438	254	136 700	4 970	23,2	13 080	872	7,17	2 800	1,99
600	600	300	15,5	30	27	486	270	171 000	5 700	25,2	13 530	902	7,08	3 210	2,12
650	650	300	16	31	27	534	286	210 600	6 480	27,1	13 980	932	6,99	3 660	2,25
700	700	300	17	32	27	582	306	256 900	7 340	29,0	14 440	963	6,87	4 160	2,41
800	800	300	17,5	33	30	674	334	359 100	8 980	32,8	14 900	994	6,68	5 110	2,62
900	900	300	18,5	35	30	770	371	494 100	10 980	36,5	15 820	1 050	6,53	6 290	2,91
1000	1000	300	19	36	30	868	400	644 700	12 890	40,1	16 280	1 090	6,38	7 430	3,14
HEM (IPBv)-Reihe nach DIN 1025-4 (10.63) und Euronorm 53-62															
100	120	106	12	20	12	56	53,2	1 140	190	4,63	399	75,3	2,74	118	0,418
120	140	126	12,5	21	12	74	66,4	2 020	288	5,51	703	112	3,25	175	0,521
140	160	146	13	22	12	92	80,6	3 290	411	6,39	1 140	157	3,77	247	0,632
160	180	166	14	23	15	104	97,1	5 100	566	7,25	1 760	212	4,26	337	0,762
180	200	186	14,5	24	15	122	113	7 480	748	8,13	2 580	277	4,77	442	0,889
200	220	206	15	25	18	134	131	10 640	967	9,00	3 650	354	5,27	568	1,03
220	240	226	15,5	26	18	152	149	14 600	1 220	9,89	5 010	444	5,79	710	1,17
240	270	248	18	32	21	164	200	24 290	1 800	11,0	8 150	657	6,39	1 060	1,57
260	290	268	18	32,5	24	177	220	31 310	2 160	11,9	10 450	780	6,90	1 260	1,72
280	310	288	18,5	33	24	196	240	39 550	2 550	12,8	13 160	914	7,40	1 480	1,89
300	340	310	21	39	27	208	303	59 200	3 480	14,0	19 400	1 250	8,00	2 040	2,38
320	359	309	21	40	27	225	312	68 130	3 800	14,8	19 710	1 280	7,95	2 220	2,45
340	377	309	21	40	27	243	316	76 370	4 050	15,6	19 710	1 280	7,90	2 360	2,48
360	395	308	21	40	27	261	319	84 870	4 300	16,3	19 520	1 270	7,83	2 490	2,50
400	432	307	21	40	27	298	326	104 100	4 820	17,9	19 340	1 260	7,70	2 790	2,56
450	478	307	21	40	27	344	335	131 500	5 500	19,8	19 340	1 260	7,59	3 170	2,63
500	524	306	21	40	27	390	344	161 900	6 180	21,7	19 150	1 250	7,46	3 550	2,70
550	572	306	21	40	27	438	354	198 000	6 920	23,6	19 160	1 250	7,35	3 970	2,78
600	620	305	21	40	27	486	364	237 400	7 660	25,6	18 980	1 240	7,22	4 390	2,85
650	668	305	21	40	27	534	374	281 700	8 430	27,5	18 980	1 240	7,13	4 830	2,93
700	716	304	21	40	27	582	383	329 300	9 200	29,3	18 800	1 240	7,01	5 270	3,01
800	814	303	21	40	30	674	404	442 600	10 870	33,1	18 630	1 230	6,79	6 240	3,17
900	910	302	21	40	30	770	424	570 400	12 540	36,7	18 450	1 220	6,60	7 220	3,33
1000	1008	302	21	40	30	868	444	722 300	14 330	40,3	18 460	1 220	6,45	8 280	3,49

Halbierte I- und HE-Profile

$z_M = e_y - t/2$

$i_p = \sqrt{i_y^2 + i_z^2}$

$i_M = \sqrt{i_p^2 + z_M^2}$; $w_M = 0$

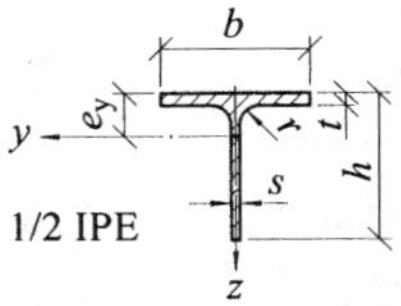

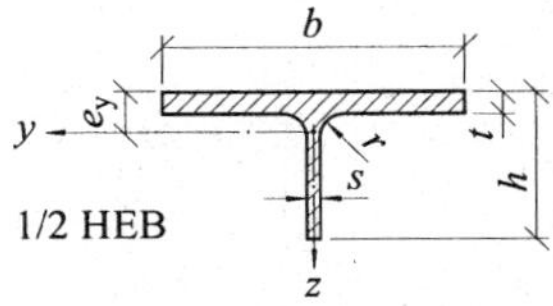

	Profilmaße in mm					Statische Werte											
	h	b	s	t	r	A cm^2	I_y cm^4	W_y cm^3	i_y cm	I_z cm^4	W_z cm^3	i_z cm	I_T cm^4	i_p cm	i_M cm	e_y cm	g kN/m
1/2 IPE nach DIN 1025-5																	
140	70	73	4,7	6,9	7	8,21	33,0	6,14	2,01	22,4	6,15	1,65	1,22	2,60	2,90	1,62	0,0645
160	80	82	5	7,4	9	10,0	52,9	8,57	2,29	34,1	8,34	1,84	1,80	2,94	3,29	1,84	0,0789
180	90	91	5,3	8	9	12,0	80,3	11,5	2,59	50,4	11,1	2,05	2,39	3,30	3,69	2,05	0,0940
200	100	100	5,6	8,5	12	14,2	117	15,1	2,87	71,2	14,2	2,24	3,49	3,64	4,07	2,25	0,112
220	110	110	5,9	9,2	12	16,7	165	19,3	3,15	102	18,6	2,48	4,53	4,01	4,47	2,45	0,131
240	120	120	6,2	9,8	15	19,6	227	24,3	3,41	142	23,7	2,69	6,46	4,34	4,84	2,63	0,154
270	135	135	6,6	10,2	15	23,0	346	32,8	3,88	210	31,1	3,02	7,99	4,92	5,50	2,97	0,180
300	150	150	7,1	10,7	15	26,9	509	43,6	4,35	302	40,3	3,35	10,1	5,49	6,16	3,32	0,211
330	165	160	7,5	11,5	18	31,3	717	55,8	4,78	394	49,3	3,55	14,1	5,96	6,70	3,65	0,246
360	180	170	8	12,7	18	36,4	992	70,8	5,22	521	61,3	3,79	18,7	6,45	7,27	3,99	0,285
400	200	180	8,6	13,5	21	42,2	1 450	93,7	5,86	659	73,4	3,95	25,6	7,06	8,05	4,52	0,332
450	225	190	9,4	14,6	21	49,4	2 220	129	6,70	838	88,4	4,12	33,5	7,86	9,08	5,28	0,388
500	250	200	10,2	16	21	57,8	3 260	172	7,52	1 070	107	4,31	44,6	8,66	10,1	6,01	0,453
550	275	210	11,1	17,2	24	67,2	4 670	225	8,33	1 330	127	4,45	61,7	9,45	11,1	6,77	0,528
600v	300	220	12	19	24	78,0	6 500	288	9,13	1 690	154	4,66	82,7	10,2	12,2	7,48	0,612
1/2 IPEo und **1/2 IPEv** (nicht genormt)																	
270o	137	136	7,5	12,2	15	26,9	407	38,1	3,89	257	37,7	3,09	12,4	4,96	5,52	3,02	0,211
300o	152	152	8	12,7	15	31,4	594	50,2	4,34	373	49,0	3,45	15,5	5,55	6,18	3,36	0,247
330o	167	162	8,5	13,5	18	36,3	835	64,3	4,79	480	59,3	3,64	21,1	6,02	6,74	3,72	0,285
360o	182	172	9,2	14,7	18	42,1	1 160	82,5	5,26	626	72,7	3,86	27,9	6,52	7,34	4,10	0,330
400o	202	182	9,7	15,5	21	48,2	1 670	107	5,88	782	85,9	4,03	36,6	7,13	8,10	4,61	0,378
400v	204	182	10,6	17,5	21	53,6	1 860	119	5,90	883	97,0	4,06	49,5	7,16	8,12	4,69	0,420
450o	228	192	11	17,6	21	58,9	2 670	153	6,73	1 040	109	4,21	54,5	7,94	9,14	5,41	0,462
450v	230	194	12,4	19,6	21	66,0	3 040	174	6,79	1 200	124	4,26	74,7	8,01	9,23	5,57	0,518
500o	253	202	12	19	21	68,4	3 920	205	7,57	1 310	130	4,38	71,6	8,74	10,2	6,19	0,537
500v	257	204	14,2	23	21	82,1	4 780	247	7,63	1 640	160	4,46	121	8,84	10,3	6,39	0,644
550o	278	212	12,7	20,2	24	78,1	5 460	261	8,36	1 610	152	4,55	93,7	9,52	11,2	6,89	0,613
550v	283	216	17,1	25,2	24	101	7 400	355	8,56	2 130	197	4,59	189	9,71	11,5	7,48	0,793
600o	305	224	15	24	24	98,4	8 360	368	9,21	2 260	202	4,79	159	10,4	12,3	7,78	0,773
600v	309	228	18	28	24	117	10 170	446	9,32	2 780	244	4,88	255	10,5	12,5	8,13	0,918
1/2 HEA nach DIN 1025-3 (Fortsetzung siehe nächste Seite)																	
140	66,5	140	5,5	8,5	12	15,7	37,5	6,79	1,55	195	27,8	3,52	4,07	3,84	3,91	1,13	0,123
160	76,0	160	6	9	15	19,4	61,5	9,72	1,78	308	38,4	3,98	6,13	4,36	4,44	1,28	0,152
180	85,5	180	6	9,5	15	22,6	89,1	12,4	1,98	462	51,4	4,52	7,42	4,94	5,02	1,37	0,179
200	95,0	200	6,5	10	18	26,9	133	16,6	2,22	668	66,8	4,98	10,6	5,45	5,55	1,52	0,211
220	105	220	7	11	18	32,2	194	21,9	2,45	977	88,8	5,51	14,3	6,03	6,14	1,66	0,253
240	115	240	7,5	12	21	38,4	273	28,2	2,67	1 380	115	6,00	20,9	6,57	6,68	1,81	0,302
260	125	260	7,5	12,5	24	43,4	355	33,5	2,86	1 830	141	6,50	26,4	7,10	7,22	1,91	0,341
280	135	280	8	13	24	48,6	477	41,8	3,13	2 380	170	7,00	31,3	7,67	7,80	2,06	0,382
300	145	300	8,5	14	27	56,3	630	51,2	3,35	3 150	210	7,49	43,0	8,20	8,34	2,21	0,442
320	155	300	9	15,5	27	62,2	808	61,7	3,60	3 490	233	7,49	54,3	8,32	8,47	2,41	0,488
340	165	300	9,5	16,5	27	66,7	1 020	73,5	3,91	3 720	248	7,46	63,9	8,42	8,62	2,64	0,524
360	175	300	10	17,5	27	71,4	1 270	86,7	4,22	3 940	263	7,43	74,6	8,54	8,77	2,87	0,560

Halbierte HE-Profile

	Profilmaße in mm					Statische Werte											
	h	b	s	t	r	A cm²	I_y cm⁴	W_y cm³	i_y cm	I_z cm⁴	W_z cm³	i_z cm	I_T cm⁴	i_P cm	i_M cm	e_y cm	g kN/m
1/2 HEA nach DIN 1025-3 (Fortsetzung)																	
400	195	300	11	19	27	79,5	1 900	118	4,88	4 280	285	7,34	94,7	8,81	9,14	3,39	0,624
450	220	300	11,5	21	27	89,0	2 820	156	5,62	4 730	316	7,29	122	9,21	9,65	3,94	0,699
500	245	300	12	23	27	98,8	4 020	201	6,38	5 180	346	7,24	155	9,65	10,2	4,51	0,775
550	270	300	12,5	24	27	106	5 530	253	7,23	5 410	361	7,15	176	10,2	10,9	5,17	0,831
600	295	300	13	25	27	113	7 400	313	8,08	5 640	376	7,05	199	10,7	11,7	5,87	0,889
650	320	300	13,5	26	27	121	9 670	381	8,95	5 860	391	6,97	224	11,3	12,5	6,61	0,948
700	345	300	14,5	27	27	130	12 740	472	9,89	6 090	406	6,84	257	12,0	13,5	7,50	1,02
800	395	300	15	28	30	143	19 330	635	11,6	6 320	421	6,65	298	13,4	15,4	9,06	1,12
1/2 HEB nach DIN 1025-3																	
140	70	140	7	12	12	21,5	53,5	9,36	1,58	275	39,3	3,58	10,0	3,91	3,97	1,29	0,169
160	80	160	8	13	15	27,1	91,3	14,0	1,83	444	55,5	4,05	15,6	4,44	4,52	1,48	0,213
180	90	180	8,5	14	15	32,6	139	18,9	2,07	681	75,7	4,57	21,0	5,02	5,10	1,62	0,256
200	100	200	9	15	18	39,0	204	24,8	2,29	1 000	100	5,07	29,6	5,56	5,65	1,77	0,306
220	110	220	9,5	16	18	45,5	289	31,8	2,52	1 420	129	5,59	38,2	6,13	6,23	1,92	0,357
240	120	240	10	17	21	53,0	397	40,0	2,74	1 960	163	6,08	51,3	6,67	6,78	2,06	0,416
260	130	260	10	17,5	24	59,2	512	47,3	2,94	2 570	198	6,58	62,0	7,21	7,33	2,17	0,465
280	140	280	10,5	18,0	24	65,7	573	57,7	3,20	3 300	236	7,09	71,9	7,78	7,90	2,32	0,516
300	150	300	11	19	27	74,5	871	69,5	3,42	4 280	285	7,58	92,7	8,31	8,45	2,47	0,585
320	160	300	11,5	20,5	27	80,7	1 100	82,3	3,69	4 620	308	7,57	113	8,42	8,58	2,68	0,633
340	170	300	12	21,5	27	85,4	1 360	96,7	3,99	4 840	323	7,53	129	8,52	8,72	2,91	0,671
360	180	300	12,5	22,5	27	90,3	1 670	113	4,30	5 070	338	7,49	146	8,64	8,87	3,15	0,709
400	200	300	13,5	24	27	98,9	2 440	149	4,96	5 410	361	7,40	178	8,91	9,24	3,66	0,776
450	225	300	14	26	27	109	3 570	195	5,72	5 860	391	7,33	220	9,30	9,75	4,23	0,856
500	250	300	14,5	28	27	119	5 020	249	6,49	6 310	421	7,27	269	9,75	10,3	4,82	0,937
550	275	300	15	29	27	127	6 830	310	7,33	6 540	436	7,17	300	10,3	11,0	5,49	0,997
600	300	300	15,5	30	27	135	9 060	381	8,19	6 760	451	7,08	333	10,8	11,8	6,20	1,06
650	325	300	16	31	27	143	11 750	459	9,06	6 990	466	6,99	369	11,4	12,6	6,94	1,12
700	350	300	17	32	27	153	15 280	562	9,99	7 220	481	6,87	415	12,1	13,6	7,82	1,20
800	400	300	17,5	33	30	167	23 000	751	11,7	7 450	497	6,68	472	13,5	15,6	9,39	1,31
1/2 HEM nach DIN 1025-3																	
140	80	146	13	22	12	40,3	132	21,5	1,81	572	78,4	3,77	59,7	4,18	4,25	1,87	0,316
160	90	166	14	23	15	48,5	205	29,5	2,05	879	106	4,26	80,8	4,73	4,81	2,05	0,381
180	100	186	14,5	24	15	56,6	296	37,9	2,29	1 290	139	4,77	101	5,29	5,39	2,20	0,445
200	110	206	15	25	18	65,6	413	47,8	2,51	1 830	177	5,27	129	5,84	5,94	2,35	0,515
220	120	226	15,5	26	18	74,7	561	59,1	2,74	2 510	222	5,79	157	6,41	6,52	2,50	0,587
240	135	248	18	32	21	99,8	918	86,5	3,03	4 080	329	6,39	313	7,07	7,19	2,89	0,783
260	145	268	18	32,5	24	110	1 160	101	3,24	5 220	390	6,90	358	7,62	7,75	3,01	0,862
280	155	288	18,5	33	24	120	1 460	119	3,49	6 580	457	7,40	402	8,18	8,32	3,15	0,943
300	170	310	21	39	27	152	2 170	161	3,78	9 700	626	8,00	702	8,85	8,99	3,55	1,19
320	179,5	309	21	40	27	156	2 550	179	4,04	9 850	638	7,95	748	8,92	9,08	3,74	1,22
340	188,5	309	21	40	27	158	2 950	198	4,32	9 850	638	7,90	751	9,01	9,21	3,91	1,24
360	197,5	308	21	40	27	159	3 390	217	4,61	9 760	637	7,83	752	9,08	9,32	4,10	1,25
400	216	307	21	40	27	163	4 430	259	5,22	9 670	630	7,70	755	9,30	9,63	4,50	1,28
450	239	307	21	40	27	168	6 000	318	5,98	9 670	630	7,59	762	9,66	10,1	5,03	1,32
500	262	306	21	40	27	172	7 880	382	6,76	9 580	626	7,46	770	10,2	10,7	5,59	1,35
550	286	306	21	40	27	177	10 210	456	7,59	9 580	626	7,35	775	10,6	11,4	6,22	1,39
600	310	305	21	40	27	182	12 920	536	8,43	9 490	622	7,22	780	11,1	12,1	6,88	1,43
650	334	305	21	40	27	187	16 070	622	9,27	9 490	622	7,13	787	11,7	13,0	7,56	1,47
700	358	304	21	40	27	192	19 650	714	10,1	9 400	618	7,01	793	12,3	13,8	8,28	1,50
800	407	303	21	40	30	202	28 430	920	11,9	9 310	615	6,79	821	13,7	15,7	9,81	1,59

U-Stahl nach DIN 1026 (10.63)

Normallängen bei
$h \leq$ 65 mm: 6–12 m
$h <$ 300 mm: 8–16 m
$h \geq$ 300 mm: 8–18 m

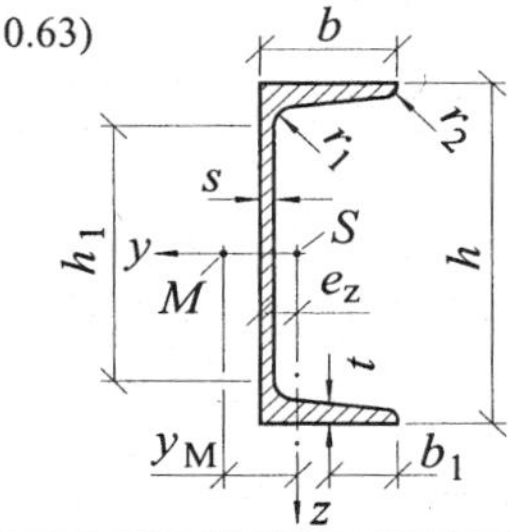

h	b_1	Flansch-neigung
$h \leq 300$	$b/2$	8 %
$h > 300$	$(b-s)/2$	5 %

U	Profilmaße in mm						Statische Werte										
	h	b	s	$t=r_1$	r_2	h_1	A cm²	I_y cm⁴	W_y cm³	i_y cm	I_z cm⁴	W_z cm³	i_z cm	S_y cm³	e_z cm	y_M cm	g kN/m
30 × 15	30	15	4	4,5	2	12	2,21	2,53	1,69	1,07	0,38	0,39	0,42	–	0,52	0,74	0,017
30	30	33	5	7	3,5	1	5,44	6,39	4,26	1,08	5,33	2,68	0,99	–	1,31	2,22	0,043
40 × 20	40	20	5	5,5	2,5	18	3,66	7,58	3,79	1,44	1,14	0,86	0,56	–	0,67	1,01	0,029
40	40	35	5	7	3,5	11	6,21	14,1	7,05	1,50	6,68	3,08	1,04	–	1,33	2,32	0,049
50 × 25	50	25	5	6	3	25	4,92	16,8	6,73	1,85	2,49	1,48	0,71	–	0,81	1,34	0,039
50	50	38	5	7	3,5	20	7,12	26,4	10,6	1,92	9,12	3,75	1,13	–	1,37	2,47	0,056
60	60	30	6	6	3	35	6,46	31,6	10,5	2,21	4,51	2,16	0,84	–	0,91	1,50	0,051
65	65	42	5,5	7,5	4	33	9,03	57,5	17,7	2,52	14,1	5,07	1,25	–	1,42	2,60	0,071
80	80	45	6	8	4	47	11,0	106	26,5	3,10	19,4	6,36	1,33	15,9	1,45	2,67	0,086
100	100	50	6	8,5	4,5	64	13,5	206	41,2	3,91	29,3	8,49	1,47	24,5	1,55	2,93	0,106
120	120	55	7	9	4,5	82	17,0	364	60,7	4,62	43,2	11,1	1,59	36,3	1,60	3,03	0,134
140	140	60	7	10	5	97	20,4	605	86,4	5,45	62,7	14,8	1,75	51,4	1,75	3,37	0,160
160	160	65	7,5	10,5	5,5	116	24,0	925	116	6,21	85,3	18,3	1,89	68,8	1,84	3,56	0,188
180	180	70	8	11	5,5	133	28,0	1 350	150	6,95	114	22,4	2,02	89,6	1,92	3,75	0,220
200	200	75	8,5	11,5	6	151	32,2	1 910	191	7,70	148	27,0	2,14	114	2,01	3,94	0,253
220	220	80	9	12,5	6,5	166	37,4	2 690	245	8,48	197	33,6	2,30	146	2,14	4,20	0,294
240	240	85	9,5	13	6,5	185	42,3	3 600	300	9,22	248	39,6	2,42	179	2,23	4,39	0,332
260	260	90	10	14	7	201	48,3	4 820	371	9,99	317	47,7	2,56	221	2,36	4,66	0,379
280	280	95	10	15	7,5	216	53,3	6 280	448	10,9	399	57,2	2,74	266	2,53	5,02	0,418
300	300	100	10	16	8	232	58,8	8 030	535	11,7	495	67,8	2,90	316	2,70	5,41	0,462
320	320	100	14	17,5	8,75	247	75,8	10 870	679	12,1	597	80,6	2,81	413	2,60	4,82	0,595
350	350	100	14	16	8	283	77,3	12 840	734	12,9	570	75,0	2,72	459	2,40	4,45	0,606
380	380	102	13,5	16	8	313	80,4	15 760	829	14,0	615	78,7	2,77	507	2,38	4,58	0,631
400	400	110	14	18	9	325	91,5	20 350	1 020	14,9	846	102	3,04	618	2,65	5,11	0,718

Statische Werte für Torsion								
U	I_T cm⁴	I_ω cm⁶	**U**	I_T cm⁴	I_ω cm⁶	**Z**	I_T cm⁴	I_ω cm⁶
30 × 15	0,165	0,408	**160**	7,39	3 260	**30**	0,306	9,78
30	0,912	4,36	**180**	9,55	5 570	**40**	0,473	25,9
40 × 20	0,363	2,12	**200**	11,9	9 070	**50**	0,714	60,3
40	1,00	11,9	**220**	16,0	14 600	**60**	0,923	114
50 × 25	0,878	8,25	**240**	19,7	22 100	**80**	1,78	355
50	1,12	27,8	**260**	25,5	33 300	**100**	2,86	883
60	0,939	21,9	**280**	31,0	48 500	**120**	4,37	1 920
65	1,61	77,3	**300**	37,4	69 100	**140**	6,67	3 810
80	2,16	168	**320**	66,7	96 100	**160**	9,66	6 940
100	2,81	414	**350**	61,2	114 000			
120	4,15	900	**380**	59,1	146 000			
140	5,69	1 800	**400**	81,6	221 000			

Gleichschenkliger T-Stahl

nach DIN EN 10 055 (12.95)
Normallängen: 6–12 m

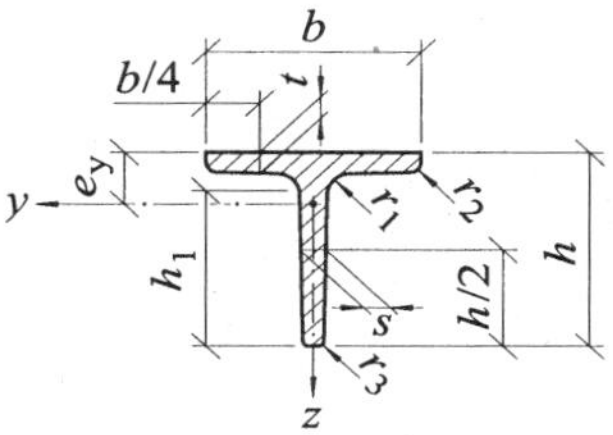

Neigung der Flanschinnenflächen und der Stegflächen 2 %

T	Profilmaße in mm							Statische Werte							e_y	g
	h	b	s; t	r_1	r_2	r_3	h_1	A cm^2	I_y cm^4	W_y cm^3	i_y cm	I_z cm^4	W_z cm^3	i_z cm	cm	kN/m
30	30	30	4	4	2	1	21	2,26	1,72	0,80	0,87	0,87	0,58	0,62	0,85	0,018
35	35	35	4,5	4,5	2,5	1	25	2,97	3,10	1,23	1,04	1,57	0,90	0,73	0,99	0,023
40	40	40	5	5	2,5	1	29	3,77	5,28	1,84	1,18	2,58	1,29	0,83	1,12	0,030
50	50	50	6	6	3	1,5	37	5,66	12,1	3,36	1,46	6,06	2,42	1,03	1,39	0,044
60	60	60	7	7	3,5	2	45	7,94	23,8	5,48	1,73	12,2	4,07	1,24	1,66	0,062
70	70	70	8	8	4	2	53	10,6	44,5	8,79	2,05	22,1	6,32	1,44	1,94	0,083
80	80	80	9	9	4,5	2	61	13,6	73,7	12,8	2,33	37,0	9,25	1,65	2,22	0,107
100	100	100	11	11	5,5	3	77	20,9	179	24,6	2,92	88,3	17,7	2,05	2,74	0,164
120	120	120	13	13	6,5	3	93	29,6	366	42,0	3,51	178	29,7	2,45	3,28	0,232
140	140	140	15	15	7,5	4	109	39,9	660	64,7	4,07	330	47,2	2,88	3,80	0,313

Z-Stahl

nach DIN 1027 (10.63)
Normallängen: 6–12 m

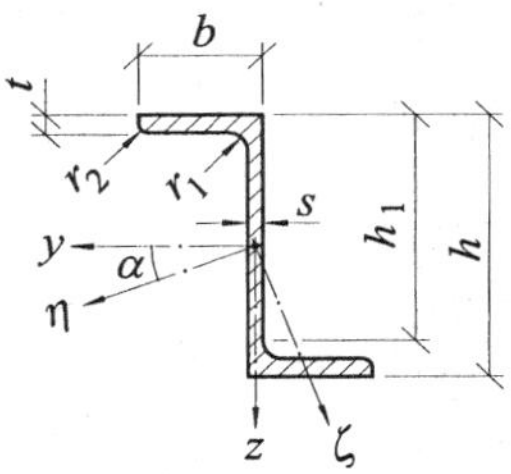

Z	Profilmaße in mm						g
	h	h_1	b	s	$t=r_1$	r_2	kN/m
30	30	21	38	4	4,5	2,5	0,034
40	40	30	40	4,5	5	2,5	0,043
50	50	39	43	5	5,5	3	0,053
60	60	48	45	5	6	3	0,062
80	80	66	50	6	7	3,5	0,087
100	100	84	55	6,5	8	4	0,114
120	120	102	60	7	9	4,5	0,143
140	140	120	65	8	10	5	0,180
160	160	138	70	8,5	11	5,5	0,216

Z	Statische Werte													
	A cm^2	I_y cm^4	W_y cm^3	i_y cm	I_z cm^4	W_z cm^3	i_z cm	I_η cm^4	W_η cm^3	i_η cm	I_ζ cm^4	W_ζ cm^3	i_ζ cm	tan α
30	4,32	5,96	3,97	1,17	13,7	3,80	1,78	18,1	4,69	2,04	1,54	1,11	0,60	1,655
40	5,43	13,5	6,75	1,58	17,6	4,66	1,80	28,0	6,72	2,27	3,05	1,83	0,75	1,181
50	6,77	26,3	10,5	1,97	23,8	5,88	1,88	44,9	9,76	2,57	5,23	2,76	0,88	0,939
60	7,91	44,7	14,9	2,38	30,1	7,09	1,95	67,2	13,5	2,81	7,60	3,73	0,98	0,779
80	11,1	109	27,3	3,13	47,4	10,1	2,07	142	24,4	3,58	14,7	6,44	1,15	0,588
100	14,5	222	44,4	3,91	72,5	14,0	2,24	270	39,8	4,31	24,6	9,26	1,30	0,492
120	18,2	402	67,0	4,70	106	18,8	2,42	470	60,6	5,08	37,7	12,5	1,44	0,433
140	22,9	676	96,6	5,43	148	24,3	2,54	768	88,0	5,79	56,4	16,6	1,57	0,385
160	27,5	1060	132	6,20	204	31,0	2,72	1180	121	6,57	79,5	21,4	1,70	0,357

Lochdurchmesser und Lochabstände

nach DIN 997 (10.70)
in mm

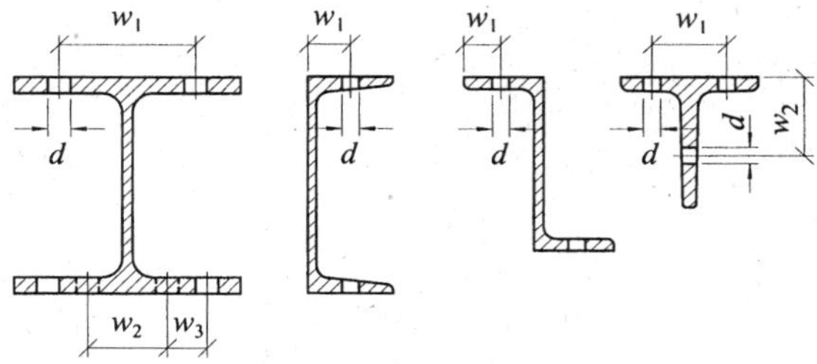

I	d	w_1	IPE	d	w_1
80	6,4	22	**80**	6,4	26
100	6,4	28	**100**	8,4	30
120	8,4	32	**120**	8,4	36
140	11	34	**140**	11	40
160	11	40	**160**	13	44
180	13[1])	44	**180**	13	50
200	13	48	**200**	13	56
220	13	52	**220**	17	60
240	17/13	56	**240**	17	68
260	17	60	**270**	21/17	72
280	17	60	**300**	23	80
300	21/17	64	**330**	25/23	86
320	21/17	70	**360**	25	90
340	21	74	**400**	28/25	96
360	23/21	76	**450**	28	106
400	23	86	**500**	28	110
450	25/23	94	**550**	28	120
500	28	100	**600**	28	120

Lochabstände für IPEo und IPBv wie bei IPE außer:
IPEo 220 mit w_1 = 62
IPEo 400 mit w_1 = 98
IPEv 400 mit w_1 = 98

HEA	d	w_1	w_2	w_3	HEB	d	w_1	w_2	w_3	HEM	d	w_1	w_2	w_3
100	13	56	–	–	**100**	13	56	–	–	**100**	13	60	–	–
120	17	66	–	–	**120**	17	66	–	–	**120**	17	68	–	–
140	21	76	–	–	**140**	21	76	–	–	**140**	21	76	–	–
160	23	86	–	–	**160**	23	86	–	–	**160**	23	86	–	–
180	25	100	–	–	**180**	25	100	–	–	**180**	25	100	–	–
200	25	110	–	–	**200**	25	110	–	–	**200**	25	110	–	–
220	25	120	–	–	**220**	25	120	–	–	**220**	25	120	–	–
240	25	–	94	35	**240**	25	–	96	35	**240**	25/23	–	100	35
260	25	–	100	40	**260**	25	–	106	40	**260**	25	–	110	40
280	25	–	110	45	**280**	25	–	110	45	**280**	25	–	116	45
300	28	–	120	45	**300**	28	–	120	45	**300**	25	–	120	50
320	28	–	120	45	**320**	28	–	120	45	**320**	28	–	126	47
340	28	–	120	45	**340**	28	–	120	45	**340**	28	–	126	47
360	28	–	120	45	**360**	28	–	120	45	**360**	28	–	126	47
400	28	–	120	45	**400**	28	–	120	45	**400**	28	–	126	47
450	28	–	120	45	**450**	28	–	120	45	**450**	28	–	126	47
500	28	–	120	45	**500**	28	–	120	45	**500**	28	–	130	45
550	28	–	120	45	**550**	28	–	120	45	**550**	28	–	130	45
600	28	–	120	45	**600**	28	–	120	45	**600**	28	–	130	45
650	28	–	120	45	**650**	28	–	120	45	**650**	28	–	130	45
700	28	–	120	45	**700**	28	–	120	45	**700**	28	–	130	42
800	28	–	130	40	**800**	28	–	130	40	**800**	28	–	132	42
900	28	–	130	40	**900**	28	–	130	40	**900**	28	–	132	42
1000	28	–	130	40	**1000**	28	–	130	40	**1000**	28	–	132	42

U	d	w_1	U	d	w_1	T	d	w_1	w_2	Z	d	w_1
30 × 15	4,3	10	**160**	21/17	35	**30**	4,3	17	17	**30**	4,3	17
30	8,4	20	**180**	21	40	**35**	4,3	19	19	**40**	4,3	19
40 × 20	6,4	11	**200**	23/21	40	**40**	6,4	21	22	**50**	6,4	21
40	8,4	20	**220**	23	45	**45**	6,4	24	25	**60**	6,4	24
50 × 25	8,4	16	**240**	25/23	45	**50**	6,4	30	30	**80**	6,4	30
50	11	20	**260**	25	50	**60**	8,4	34	35	**100**	8,4	34
60	8,4	18	**280**	25	50	**70**	11	38	40	**120**	11	38
65	11	25	**300**	28	55	**80**	11	45	45	**140**	11	45
80	13	25	**320**	28	58	**90**	13	50	50	**160**	13	50
100	13	30	**350**	28	58	**100**	13	60	60			
120	17/13	30	**380**	28	60	**120**	17	70	70			
140	17	35	**400**	28	60	**140**		80	75			

d = größtmöglicher Lochdurchmesser. Für Verbindungen mit kleinerem Lochdurchmesser können die gleichen Maße angenommen werden. Sind für *d* zwei Werte angegeben, gilt der kleinere Wert für HV-Schrauben.

Gleichschenkliger Winkelstahl

nach DIN EN 10 056 (10.98)

1) $I = I_y = I_z$

2) $W = W_y = W_z = I / (a - e)$

3) $i = i_y = i_z$

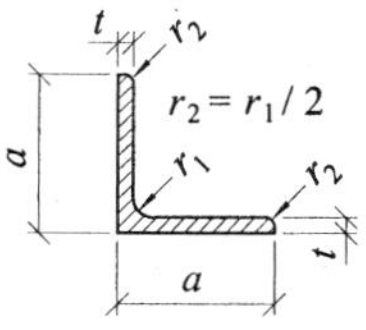

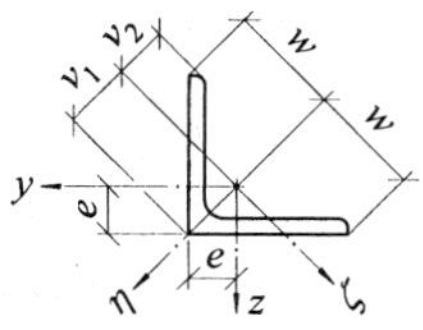

Profilmaße		Abstände der Achsen				Statische Werte								
$a \times t$ mm	r_1 mm	e cm	w cm	v_1 cm	v_2 cm	A cm²	I 1) cm⁴	W 2) cm³	i 3) cm	I_η cm⁴	i_η cm	I_ζ cm⁴	i_ζ cm	g kN/m
20 × 3	3,5	0,598	1,41	0,846	0,708	1,12	0,392	0,279	0,590	0,618	0,742	0,165	0,383	0,0088
25 × 3	3,5	0,723	1,77	1,02	0,885	1,42	0,803	0,452	0,751	1,27	0,945	0,334	0,484	0,0112
25 × 4	3,5	0,762	1,77	1,08	0,901	1,85	1,02	0,586	0,741	1,61	0,931	0,430	0,482	0,0145
30 × 3	5	0,835	2,12	1,18	1,05	1,74	1,40	0,649	0,899	2,22	1,13	0,585	0,581	0,0136
30 × 4	5	0,878	2,12	1,24	1,06	2,27	1,80	0,850	0,892	2,85	1,12	0,754	0,577	0,0178
35 × 4	5	1,00	2,47	1,42	1,24	2,67	2,95	1,18	1,05	4,68	1,32	1,23	0,678	0,0209
40 × 4	6	1,12	2,83	1,58	1,40	3,08	4,47	1,55	1,21	7,09	1,52	1,86	0,777	0,0242
40 × 5	6	1,16	2,83	1,64	1,41	3,79	5,43	1,91	1,20	8,60	1,51	2,26	0,773	0,0297
45 × 4,5	7	1,25	3,18	1,78	1,58	3,90	7,14	2,20	1,35	11,4	1,71	2,94	0,870	0,0306
50 × 4	7	1,36	3,54	1,92	1,75	3,89	8,97	2,46	1,52	14,2	1,91	3,73	0,979	0,0306
50 × 5	7	1,40	3,54	1,99	1,76	4,80	11,0	3,05	1,51	17,4	1,90	4,55	0,973	0,0377
50 × 6	7	1,45	3,54	2,04	1,77	5,69	12,8	3,61	1,50	20,3	1,89	5,34	0,968	0,0447
60 × 5	8	1,64	4,24	2,32	2,11	5,82	19,4	4,45	1,82	30,7	2,30	8,03	1,17	0,0457
60 × 6	8	1,69	4,24	2,39	2,11	6,91	22,8	5,29	1,82	36,1	2,29	9,44	1,17	0,0542
60 × 8	8	1,77	4,24	2,50	2,14	9,03	29,2	6,89	1,80	46,1	2,26	12,2	1,16	0,0709
65 × 7	9	1,85	4,60	2,62	2,29	8,70	33,4	7,18	1,96	53,0	2,47	13,8	1,26	0,0683
70 × 6	9	1,93	4,95	2,73	2,46	8,13	36,9	7,27	2,13	58,5	2,68	15,3	1,37	0,0638
70 × 7	9	1,97	4,95	2,79	2,47	9,40	42,3	8,41	2,12	67,1	2,67	17,5	1,36	0,0738
75 × 6	9	2,05	5,30	2,90	2,64	8,73	45,8	8,41	2,29	72,7	2,89	18,9	1,47	0,0685
75 × 8	9	2,14	5,30	3,02	2,66	11,4	59,1	11,0	2,27	93,8	2,86	24,5	1,46	0,0899
80 × 8	10	2,26	5,66	3,19	2,83	12,3	72,2	12,6	2,43	115	3,06	29,9	1,56	0,0963
80 × 10	10	2,34	5,66	3,30	2,85	15,1	87,5	15,4	2,41	139	3,03	36,4	1,55	0,119
90 × 7	11	2,45	6,36	3,47	3,16	12,2	92,6	14,1	2,75	147	3,46	38,3	1,77	0,0961
90 × 8	11	2,50	6,36	3,53	3,17	13,9	104	16,1	2,74	166	3,45	43,1	1,76	0,109
90 × 9	11	2,54	6,36	3,59	3,18	15,5	116	17,9	2,73	184	3,44	47,9	1,76	0,122
90 × 10	11	2,58	6,36	3,65	3,19	17,1	127	19,8	2,72	201	3,42	52,6	1,75	0,134
100 × 8	12	2,74	7,07	3,87	3,52	15,5	145	19,9	3,06	230	3,85	59,9	1,96	0,122
100 × 10	12	2,82	7,07	3,99	3,54	19,2	177	24,6	3,04	280	3,83	73,0	1,95	0,150
100 × 12	12	2,90	7,07	4,11	3,57	22,7	207	29,1	3,02	328	3,80	85,7	1,94	0,178
120 × 10	13	3,31	8,49	4,69	4,24	23,2	313	36,0	3,67	497	4,63	129	2,36	0,182
120 × 12	13	3,40	8,49	4,80	4,26	27,5	368	42,7	3,65	584	4,60	152	2,35	0,216
130 × 12	14	3,64	9,19	5,15	4,60	30,0	472	50,4	3,97	750	5,00	194	2,54	0,236
150 × 10	16	4,03	10,6	5,71	5,28	29,3	624	56,9	4,62	990	5,82	258	2,97	0,230
150 × 12	16	4,12	10,6	5,83	5,29	34,8	737	67,7	4,60	1170	5,80	303	2,95	0,273
150 × 15	16	4,25	10,6	6,01	5,33	43,0	898	83,5	4,57	1430	5,76	370	2,93	0,338
160 × 15	17	4,49	11,3	6,35	5,67	46,1	1100	95,6	4,88	1750	6,15	453	3,14	0,362
180 × 16	18	5,02	12,7	7,11	6,38	55,4	1680	130	5,51	2690	6,96	679	3,50	0,435
180 × 18	18	5,10	12,7	7,22	6,41	61,9	1870	145	5,49	2960	6,92	768	3,52	0,486
200 × 16	18	5,52	14,1	7,81	7,09	61,8	2340	162	6,16	3720	7,76	960	3,94	0,485
200 × 18	18	5,60	14,1	7,92	7,12	69,1	2600	181	6,13	4150	7,75	1050	3,90	0,543
200 × 20	18	5,68	14,1	8,04	7,15	76,3	2850	199	6,11	4530	7,70	1170	3,92	0,599
200 × 24	18	5,84	14,1	8,26	7,21	90,6	3330	235	6,06	5280	7,64	1380	3,90	0,711
250 × 28	18	7,24	17,7	10,2	9,04	133	7700	433	7,62	12200	9,61	3170	4,89	1,04
250 × 35	18	7,50	17,7	10,6	9,17	163	9260	529	7,54	14700	9,48	3860	4,87	1,28

Ungleichschenkliger Winkelstahl

Gekürzte Reihe nach DIN EN 10 056 (10.98)

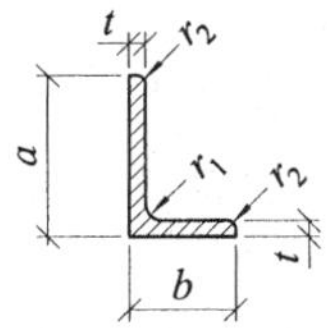

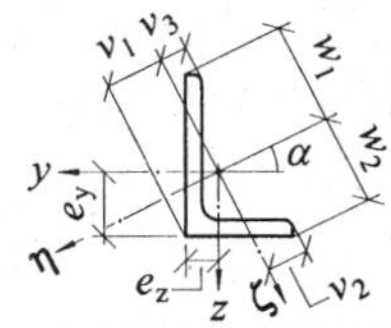

Profilmaße			Abstände der Achsen							tan α	g
$a \times b \times t$ mm	r_1 mm	r_2 mm	e_y cm	e_z cm	w_1 cm	w_2 cm	v_1 cm	v_2 cm	v_3 cm		kN/m
40 × 20 × 4	4,0	2,0	1,47	0,480	2,58	1,79	0,824	1,17	0,498	0,252	0,0177
40 × 25 × 4	4,0	2,0	1,36	0,623	2,69	1,94	1,07	1,35	0,671	0,380	0,0193
45 × 30 × 4	4,5	2,25	1,48	0,740	3,07	2,25	1,26	1,58	0,819	0,436	0,0225
50 × 30 × 5	5,0	2,5	1,73	0,741	3,33	2,38	1,27	1,65	0,791	0,352	0,0296
60 × 30 × 5	5,0	2,5	2,17	0,684	3,88	2,67	1,20	1,77	0,722	0,257	0,0336
60 × 40 × 5	6,0	3,0	1,96	0,972	4,10	3,00	1,67	2,11	1,08	0,434	0,0376
60 × 40 × 6	6,0	3,0	2,00	1,01	4,08	3,02	1,72	2,10	1,11	0,431	0,0446
65 × 50 × 5	6,0	3,0	1,99	1,25	4,53	3,60	2,08	2,39	1,49	0,577	0,0435
70 × 50 × 6	7,0	3,5	2,23	1,25	4,83	3,67	2,11	2,52	1,42	0,500	0,0541
75 × 50 × 6	7,0	3,5	2,44	1,21	5,12	3,75	2,08	2,64	1,35	0,435	0,0565
75 × 50 × 8	7,0	3,5	2,52	1,29	5,08	3,78	2,18	2,62	1,41	0,430	0,0739
80 × 40 × 6	7,0	3,5	2,85	0,884	5,20	3,54	1,57	2,38	0,935	0,258	0,0541
80 × 40 × 8	7,0	3,5	2,94	0,963	5,14	3,59	1,65	2,34	1,01	0,253	0,0707
80 × 60 × 7	8,0	4,0	2,51	1,52	5,55	4,35	2,54	2,92	1,77	0,546	0,0736
100 × 50 × 6	8,0	4,0	3,51	1,05	6,55	4,39	1,90	3,00	1,12	0,262	0,0684
100 × 50 × 8	8,0	4,0	3,60	1,13	6,48	4,45	1,99	2,96	1,20	0,258	0,0897
100 × 65 × 7	10	5,0	3,23	1,51	6,83	4,89	2,63	3,49	1,69	0,415	0,0877
100 × 65 × 8	10	5,0	3,27	1,55	6,81	4,92	2,69	3,47	1,72	0,413	0,0994
100 × 65 × 10	10	5,0	3,36	1,63	6,76	4,95	2,79	3,45	1,78	0,410	0,123
100 × 75 × 8	10	5,0	3,10	1,87	6,95	5,42	3,13	3,65	2,19	0,547	0,106
100 × 75 × 10	10	5,0	3,19	1,95	6,92	5,45	3,24	3,65	2,24	0,544	0,130
100 × 75 × 12	10	5,0	3,27	2,03	6,89	5,47	3,34	3,65	2,29	0,540	0,154
120 × 80 × 8	11	5,5	3,83	1,87	8,23	5,97	3,24	4,23	2,12	0,437	0,122
120 × 80 × 10	11	5,5	3,92	1,95	8,19	6,01	3,35	4,21	2,18	0,435	0,150
120 × 80 × 12	11	5,5	4,00	2,03	8,15	6,04	3,45	4,20	2,24	0,431	0,178
125 × 75 × 8	11	5,5	4,14	1,68	8,44	5,86	2,98	4,20	1,85	0,360	0,122
125 × 75 × 10	11	5,5	4,23	1,76	8,39	5,91	3,08	4,17	1,92	0,357	0,150
125 × 75 × 12	11	5,5	4,31	1,84	8,33	5,95	3,17	4,15	1,98	0,354	0,178
135 × 65 × 8	11	5,5	4,78	1,34	8,79	5,87	2,44	3,95	1,43	0,245	0,122
135 × 65 × 10	11	5,5	4,88	1,42	8,72	5,93	2,53	3,91	1,51	0,243	0,150
150 × 75 × 9	12	6,0	5,26	1,57	9,82	6,59	2,85	4,50	1,68	0,261	0,154
150 × 75 × 10	12	6,0	5,31	1,61	9,79	6,62	2,90	4,48	1,72	0,261	0,170
150 × 75 × 12	12	6,0	5,40	1,69	9,72	6,68	2,99	4,44	1,79	0,258	0,202
150 × 75 × 15	12	6,0	5,52	1,81	9,63	6,75	3,11	4,40	1,90	0,253	0,248
150 × 90 × 10	12	6,0	5,00	2,04	10,1	7,06	3,61	5,03	2,25	0,360	0,182
150 × 90 × 12	12	6,0	5,08	2,12	10,1	7,11	3,71	5,00	2,31	0,358	0,216
150 × 90 × 15	12	6,0	5,21	2,23	9,98	7,16	3,84	4,98	2,41	0,354	0,266
150 × 100 × 10	12	6,0	4,81	2,34	10,3	7,48	4,08	5,29	2,67	0,438	0,190
150 × 100 × 12	12	6,0	4,89	2,42	10,2	7,52	4,18	5,28	2,73	0,436	0,225
200 × 100 × 10	15	7,5	6,93	2,01	13,2	8,74	3,71	6,05	2,18	0,263	0,230
200 × 100 × 12	15	7,5	7,03	2,10	13,1	8,80	3,81	6,00	2,26	0,262	0,273
200 × 100 × 15	15	7,5	7,16	2,22	13,0	8,89	3,95	5,84	2,37	0,260	0,3375
200 × 150 × 12	15	7,5	6,08	3,61	13,9	10,8	6,10	7,34	4,35	0,552	0,320
200 × 150 × 15	15	7,5	6,21	3,73	13,9	10,9	6,27	7,33	4,43	0,551	0,396

Ungleichschenkliger Winkelstahl (Fortsetzung)

Gekürzte Reihe nach DIN EN 10 056 (10.98)

Profilmaße	Statische Werte										
$a \times b \times t$ mm	A cm²	I_y cm⁴	W_y cm³	i_y cm	I_z cm⁴	W_z cm³	i_z cm	I_η cm⁴	i_η cm	I_ζ cm⁴	i_ζ cm
40 × 20 × 4	2,26	3,59	1,42	1,26	0,600	0,393	0,514	3,80	1,30	0,393	0,417
40 × 25 × 4	2,46	3,89	1,47	1,26	1,16	0,619	0,687	4,35	1,33	0,700	0,534
45 × 30 × 4	2,87	5,78	1,91	1,42	2,05	0,910	0,850	6,65	1,52	1,18	0,640
50 × 30 × 5	3,78	9,36	2,86	1,57	2,51	1,11	0,816	10,3	1,65	1,54	0,639
60 × 30 × 5	4,28	15,6	4,07	1,91	2,63	1,14	0,784	16,5	1,97	1,71	0,633
60 × 40 × 5	4,79	17,2	4,25	1,89	6,11	2,02	1,13	19,7	2,03	3,54	0,860
60 × 40 × 6	5,68	20,1	5,03	1,88	7,12	2,38	1,12	23,1	2,02	4,16	0,855
65 × 50 × 5	5,54	23,2	5,14	2,05	11,9	3,19	1,47	28,8	2,28	6,32	1,07
70 × 50 × 6	6,89	33,4	7,01	2,20	14,2	3,78	1,43	39,7	2,40	7,92	1,07
75 × 50 × 6	7,19	40,5	8,01	2,37	14,4	3,81	1,42	46,6	2,55	8,36	1,08
75 × 50 × 8	9,41	52,0	10,4	2,35	18,4	4,95	1,40	59,6	2,52	10,8	1,07
80 × 40 × 6	6,89	44,9	8,73	2,55	7,59	2,44	1,05	47,6	2,63	4,93	0,845
80 × 40 × 8	9,01	57,6	11,4	2,53	9,61	3,16	1,03	60,9	2,60	6,34	0,838
80 × 60 × 7	9,38	59,0	10,7	2,51	28,4	6,34	1,74	72,0	2,77	15,4	1,28
100 × 50 × 6	8,71	89,9	13,8	3,21	15,4	3,89	1,33	95,4	3,31	9,92	1,07
100 × 50 × 8	11,4	116	18,2	3,19	19,7	5,08	1,31	123	3,28	12,8	1,06
100 × 65 × 7	11,2	113	16,6	3,17	37,6	7,53	1,83	128	3,39	22,0	1,40
100 × 65 × 8	12,7	127	18,9	3,16	42,2	8,54	1,83	144	3,37	24,8	1,40
100 × 65 × 10	15,6	154	23,2	3,14	51,0	10,5	1,81	175	3,35	30,1	1,39
100 × 75 × 8	13,5	133	19,3	3,14	64,1	11,4	2,18	162	3,47	34,6	1,60
100 × 75 × 10	16,6	162	23,8	3,12	77,6	14,0	2,16	197	3,45	42,2	1,59
100 × 75 × 12	19,7	189	28,0	3,10	90,2	16,5	2,14	230	3,42	49,5	1,59
120 × 80 × 8	15,5	226	27,6	3,82	80,8	13,2	2,28	260	4,10	46,6	1,74
120 × 80 × 10	19,1	276	34,1	3,80	98,1	16,2	2,26	317	4,07	56,8	1,72
120 × 80 × 12	22,7	323	40,4	3,77	114	19,1	2,24	371	4,04	66,7	1,71
125 × 75 × 8	15,5	247	29,6	4,00	67,6	11,6	2,09	274	4,21	40,9	1,63
125 × 75 × 10	19,1	302	36,5	3,97	82,1	14,3	2,07	334	4,18	49,9	1,61
125 × 75 × 12	22,7	354	43,2	3,95	95,5	16,9	2,05	391	4,15	58,5	1,61
135 × 65 × 8	15,5	291	33,4	4,34	45,2	8,75	1,71	307	4,45	29,4	1,38
135 × 65 × 10	19,1	356	41,3	4,31	54,7	10,8	1,69	375	4,43	35,9	1,37
150 × 75 × 9	19,6	455	46,7	4,82	77,9	13,1	1,99	483	4,96	50,2	1,60
150 × 75 × 10	21,7	501	51,6	4,81	85,6	14,5	1,99	531	4,95	55,1	1,60
150 × 75 × 12	25,7	588	61,3	4,78	99,6	17,1	1,97	623	4,92	64,7	1,59
150 × 75 × 15	31,7	713	75,2	4,75	119	21,0	1,94	753	4,88	78,6	1,58
150 × 90 × 10	23,2	533	53,3	4,80	146	21,0	2,51	591	5,05	88,3	1,95
150 × 90 × 12	27,5	627	63,3	4,77	171	24,8	2,49	694	5,02	104	1,94
150 × 90 × 15	33,9	761	77,7	4,74	205	30,4	2,46	841	4,98	126	1,93
150 × 100 × 10	24,2	553	54,2	4,79	199	25,9	2,87	637	5,13	114	2,17
150 × 100 × 12	28,7	651	64,4	4,76	233	30,7	2,85	749	5,11	134	2,16
200 × 100 × 10	29,2	1220	93,2	6,46	210	26,3	2,68	1290	6,65	135	2,15
200 × 100 × 12	34,8	1440	111	6,43	247	31,3	2,67	1530	6,63	159	2,14
200 × 100 × 15	43,0	1758	137	6,40	299	38,5	2,64	1864	6,59	193	2,12
200 × 150 × 12	40,8	1650	119	6,36	803	70,5	4,44	2030	7,04	430	3,25
200 × 150 × 15	50,5	2022	147	6,33	979	86,9	4,40	2476	7,00	526	3,23

Lochdurchmesser

nach DIN 997 (10.70) in mm

und Lochabstände

nach DIN 998 (10.70)
bzw. DIN 999 (10.70) in mm

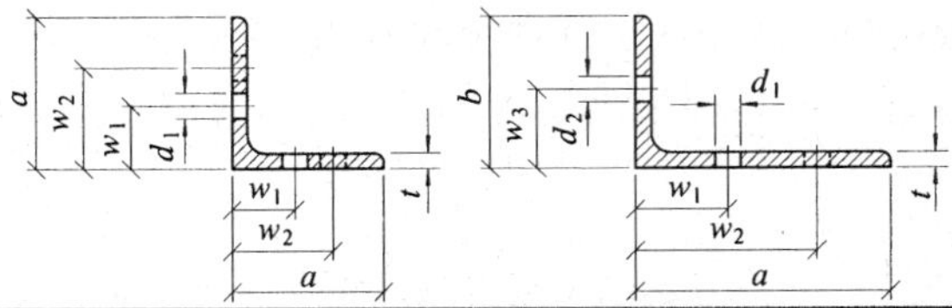

Gleichschenkliger Winkelstahl

$a \times t$	d_1	w_1	w_2
25 × 3	6,4	15	–
25 × 4	6,4	15	–
30 × 3	8,4	17	–
30 × 4	8,4	17	–
35 × 4	11	18	–
40 × 4	11	22	–
40 × 5	11	22	–
45 × 4,5	*13*	*25*	–
50 × 4	13	30	–
50 × 5	13	30	–
50 × 6	13	30	–
60 × 5	17	35	–
60 × 6	17	35	–
60 × 8	17	35	–
65 × 7	21	35	–
70 × 6	21	40	–
70 × 7	21	40	–
75 × 6	23	40	–
75 × 8	23	40	–
80 × 8	23	45	–
80 × 10	23	45	–
90 × 7	*25*	*50*	–
90 × 8	25	50	–
90 × 9	25	50	–
90 × 10	*25*	*50*	–
100 × 8	25	55	–
100 × 10	25	55	–
100 × 12	25	55	–
120 × 10	25	50	80
120 × 12	25	50	80
130 × 12	25	50	90
150 × 10	*28*	*60*	*105*
150 × 12	28	60	105
150 × 15	28	60	105
160 × 15	28	60	115
180 × 16	28	60	135
180 × 18	28	60/65[1)]	135
200 × 16	28	65	150
200 × 18	28	65	150
200 × 20	28	65	150
200 × 24	28	65/70[1)]	150
250 × 28	*28*	*75*	*200*
250 × 35	*28*	*75*	*200*

Ungleichschenkliger Winkelstahl

$a \times b \times t$	d_1	d_2	w_1	w_2	w_3
40 × 25 × 4	11	6,4	22	–	15
45 × 30 × 4	13	8,4	25	–	17
50 × 30 × 5	13	8,4	30	–	17
60 × 30 × 5	17	8,4	35	–	17
60 × 40 × 5	17	11	35	–	22
60 × 40 × 6	17	11	35	–	22
65 × 50 × 5	21	13	35	–	30
70 × 50 × 6	*21*	*13*	*40*	–	*30*
75 × 50 × 6	*23*	*13*	*35*	–	*30*
75 × 50 × 8	*23*	*13*	*35*	–	*30*
80 × 40 × 6	23	11	45	–	22
80 × 40 × 8	23	11	45	–	22
80 × 60 × 7	*23*	*17*	*45*	–	*35*
100 × 50 × 6	25	13	55	–	30
100 × 50 × 8	25	13	55	–	30
100 × 65 × 7	25	21	55	–	35
100 × 65 × 8	*25*	–	*55*	–	*35*
100 × 65 × 10	*25*	*21/17*[1)]	*55*	–	–
100 × 75 × 8	*25*	*23*	*55*	–	*40*
100 × 75 × 10	*25*	–	*55*	–	*40*
100 × 75 × 12	*25*	–	–	–	–
120 × 80 × 8	25	23	50	80	45
120 × 80 × 10	25	23	50	80	45
120 × 80 × 12	25	23	50	80	45
125 × 75 × 8	*25*	–	*50*	–	–
125 × 75 × 10	*25*	–	*50*	–	–
125 × 75 × 12	*25*	–	*50*	–	–
135 × 65 × 8	–	–	–	–	–
135 × 65 × 10	–	–	–	–	–
150 × 75 × 9	28	23	60	105	40
150 × 75 × 10	*28*	–	*60*	*105*	*40*
150 × 75 × 12	*28*	–	–	–	–
150 × 75 × 15	*28*	–	–	–	–
150 × 90 × 10	28	25	60	105	50
150 × 90 × 12	28	25	60	105	50
150 × 90 × 15	*28*	*25*	*60*	–	–
150 × 100 × 10	28	25	60	105	55
150 × 100 × 12	28	25	60	105	55
200 × 100 × 10	28	25	65	150	55
200 × 100 × 12	28	25	65	150	55
200 × 100 × 15	*28*	*25*	*65*	*150*	*55*
200 × 150 × 12	–	–	–	–	–
200 × 150 × 15	–	–	–	–	–

[1)] Der zweite Wert ist für HV-Schrauben anzunehmen. Kursiv gedruckte Werte sind nicht genormt.

Hohlprofile mit kreisförmigem Querschnitt

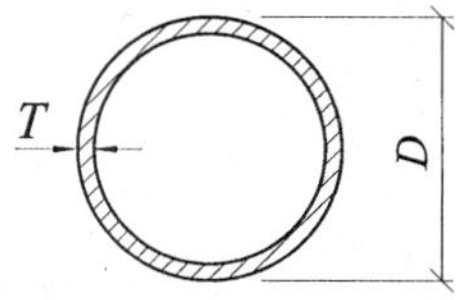

Auszug aus:
DIN EN 10 210-2 (11.97), warmgefertigt, nahtlos oder geschweißt
DIN EN 10 219-2 (11.97), kaltgefertigt, geschweißt

Die o. g. Normen enthalten zusätzlich Profile mit folgenden Nenndurchmessern D: 21,3; 26,9; 762; 813; 914; 1016; 1067; 1168 und 1219.

Nennmaße	Statische Werte						Nennmaße	Statische Werte					
$D \times T$ mm	A cm²	I cm⁴	i cm	W_{el} cm³	W_{pl} cm³	g kN/m	$D \times T$ mm	A cm²	I cm⁴	i cm	W_{el} cm³	W_{pl} cm³	g kN/m
33,7×2,5[1]	2,45	3,00	1,11	1,78	2,44	0,0192	**193,7×6**	35,4	1 560	6,64	161	211	0,278
×3[1]	2,89	3,44	1,09	2,04	2,84	0,0227	**×8**	46,7	2 016	6,57	208	276	0,366
×3,2[2]	3,07	3,60	1,08	2,14	2,99	0,0241	**×10**	57,7	2 442	6,50	252	338	0,453
×4	3,73	4,19	1,06	2,49	3,55	0,0293	**×12**	68,5	2 839	6,44	293	397	0,538
42,4×2,5[1]	3,13	6,26	1,41	2,95	3,99	0,0246	**219,1×6**	40,2	2 282	7,54	208	273	0,315
×3[1]	3,71	7,25	1,40	3,42	4,67	0,0291	**×8**	53,1	2 960	7,47	270	357	0,416
×3,2[2]	3,94	7,62	1,39	3,59	4,93	0,0309	**×10**	65,7	3 598	7,40	328	438	0,516
×4	4,83	8,99	1,36	4,24	5,92	0,0379	**×12**	78,1	4 200	7,33	383	515	0,613
48,3×2,5[1]	3,60	9,46	1,62	3,92	5,25	0,0282	**244,5×6**	45,0	3 199	8,43	262	341	0,353
×3[1]	4,27	11,0	1,61	4,55	6,17	0,0335	**×8**	59,4	4 160	8,37	340	448	0,467
×4	5,57	13,8	1,57	5,70	7,87	0,0437	**×10**	73,7	5 073	8,30	415	550	0,578
×5	6,80	16,2	1,54	6,69	9,42	0,0534	**×12**	87,7	5 938	8,23	486	649	0,688
60,3×2,5[1]	4,54	19,0	2,05	6,30	8,36	0,0356	**273,0×6**	50,3	4 487	9,44	329	428	0,395
×3[1]	5,40	22,2	2,03	7,37	9,86	0,0424	**×8**	66,6	5 852	9,37	429	562	0,523
×4	7,07	28,2	2,00	9,34	12,7	0,0555	**×10**	82,6	7 154	9,31	524	692	0,649
×5	8,69	33,5	1,96	11,1	15,3	0,0682	**×12**	98,4	8 396	9,24	615	818	0,772
76,1×2,5[1]	5,78	39,2	2,60	10,3	13,5	0,0454	**323,9×6**	59,9	7 572	11,2	468	606	0,470
×3[1]	6,89	46,1	2,59	12,1	16,0	0,0541	**×8**	79,4	9 910	11,2	612	799	0,623
×4	9,06	59,1	2,55	15,5	20,8	0,0711	**×10**	98,6	12 158	11,1	751	986	0,774
×5	11,2	70,9	2,52	18,6	25,3	0,0877	**×12**	118	14 320	11,0	884	1 168	0,923
88,9×3[1]	8,10	74,8	3,04	16,8	22,1	0,0636	**355,6×8**	87,4	13 201	12,3	742	967	0,686
×4	10,7	96,3	3,00	21,7	28,9	0,0838	**×10**	109	16 223	12,2	912	1 195	0,852
×5	13,2	116	2,97	26,2	35,2	0,103	**×12**	130	19 139	12,2	1 076	1 417	1,02
×6	15,6	135	2,94	30,4	41,3	0,123	**×16**	171	24 663	12,0	1 387	1 847	1,34
101,6×4	12,3	146	3,45	28,8	38,1	0,0963	**406,4×8**	100	19 874	14,1	978	1 270	0,786
×5	15,2	177	3,42	34,9	46,7	0,119	**×10**	125	24 476	14,0	1 205	1 572	0,978
×6	18,0	207	3,39	40,7	54,9	0,141	**×12**	149	28 937	14,0	1 424	1 867	1,17
×8[2]	23,5	260	3,32	51,1	70,3	0,185	**×16**	196	37 449	13,8	1 843	2 440	1,54
114,3×4	13,9	211	3,90	36,9	48,7	0,109	**457,0×8**	113	28 446	15,9	1 245	1 613	0,886
×5	17,2	257	3,87	45,0	59,8	0,135	**×10**	140	35 091	15,8	1 536	1 998	1,10
×6	20,4	300	3,83	52,5	70,4	0,160	**×12**	168	41 556	15,7	1 819	2 377	1,32
×8	26,7	379	3,77	66,4	90,6	0,210	**×16**	222	53 959	15,6	2 361	3 113	1,74
139,7×4	17,1	393	4,80	56,2	73,7	0,134	**508,0×8**	126	39 280	17,7	1 546	2 000	0,986
×5	21,2	481	4,77	68,8	90,8	0,166	**×12**	187	57 536	17,5	2 265	2 953	1,47
×6	25,2	564	4,73	80,8	107	0,198	**×16**	247	74 909	17,4	2 949	3 874	1,94
×8	33,1	720	4,66	103	139	0,260	**×20**	307	91 428	17,3	3 600	4 766	2,41
168,3×4	20,6	697	5,81	82,8	108	0,162	**610,0×8**	151	68 551	21,3	2 248	2 899	1,19
×6	30,6	1 009	5,74	120	158	0,240	**×12**	225	100 814	21,1	3 305	4 292	1,77
×8	40,3	1 297	5,67	154	206	0,316	**×16**	299	131 781	21,0	4 321	5 647	2,34
×10	49,7	1 564	5,61	186	251	0,390	**×20**	371	161 490	20,9	5 295	6 965	2,91
177,8×5	27,1	1 014	6,11	114	149	0,213	**711,0×8**	177	109 162	24,9	3 071	3 954	1,39
×6	32,4	1 196	6,08	135	177	0,254	**×12**	264	160 991	24,7	4 529	5 864	2,07
×8	42,7	1 541	6,01	173	231	0,335	**×16**	349	211 040	24,6	5 936	7 730	2,74
×10	52,7	1 862	5,94	209	282	0,414	**×20**	434	259 351	24,4	7 295	9 552	3,41

$I_T = 2 \cdot I$; $W_T = 2 \cdot W_{el}$. [1] Nur kaltgefertigt lieferbar. [2] Nur warmgefertigt lieferbar.

Warmgefertigte Hohlprofile mit quadratischem Querschnitt

Auszug aus:
DIN EN 10 210-2 (11.97), nahtlos oder geschweißt

Diese Norm enthält zusätzliche Profile mit den Nennmaßen B = 20 und B = 25.

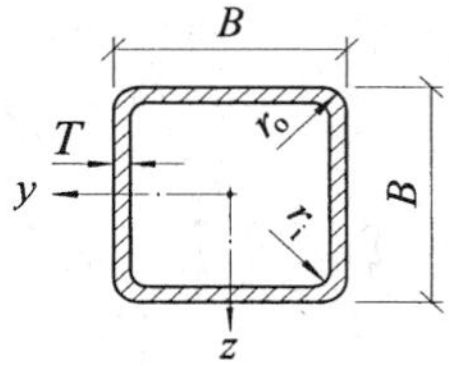

Radien für Berechnungen:
$r_o = 1{,}5 \cdot T$
$r_i = 1{,}0 \cdot T$

Nennmaße		Statische Werte					
B mm	T mm	A cm²	I cm⁴	i cm	W_{el} cm³	W_{pl} cm³	g kN/m
30	**2,5**	2,68	3,33	1,11	2,22	2,74	0,0211
	3	3,14	3,74	1,09	2,50	3,14	0,0247
40	**3**	4,34	9,78	1,50	4,89	5,97	0,0341
	4	5,59	11,8	1,45	5,91	7,44	0,0439
50	**3**	5,54	20,2	1,91	8,08	9,70	0,0435
	4	7,19	25,0	1,86	9,99	12,3	0,0564
	5	8,73	28,9	1,82	11,6	14,5	0,0685
60	**3**	6,74	36,2	2,32	12,1	14,3	0,0529
	4	8,79	45,4	2,27	15,1	18,3	0,0690
	5	10,7	53,3	2,23	17,8	21,9	0,0842
	6	12,6	59,9	2,18	20,0	25,1	0,0987
70	**3**	7,94	59,0	2,73	16,9	19,9	0,0624
	4	10,4	74,7	2,68	21,3	25,5	0,0815
	5	12,7	88,5	2,64	25,3	30,8	0,0999
	6	15,0	101	2,59	28,7	35,5	0,118
80	**3**	9,14	89,8	3,13	22,5	26,3	0,0718
	4	12,0	114	3,09	28,6	34,0	0,0941
	5	14,7	137	3,05	34,2	41,1	0,116
	6	17,4	156	3,00	39,1	47,8	0,136
	8	22,4	189	2,91	47,3	59,5	0,175
90	**4**	13,6	166	3,50	37,0	43,6	0,107
	5	16,7	200	3,45	44,4	53,0	0,131
	6	19,8	230	3,41	51,1	61,8	0,155
	8	25,6	281	3,32	62,6	77,6	0,201
100	**4**	15,2	232	3,91	46,4	54,4	0,119
	5	18,7	279	3,86	55,9	66,4	0,147
	6	22,2	323	3,82	64,6	77,6	0,174
	8	28,8	400	3,73	79,9	98,2	0,226
	10	34,9	462	3,64	92,4	116	0,274
120	**5**	22,7	498	4,68	83,0	97,6	0,178
	6	27,0	579	4,63	96,6	115	0,212
	8	35,2	726	4,55	121	146	0,276
	10	42,9	852	4,46	142	175	0,337
	12	50,3	958	4,36	160	201	0,395
140	**5**	26,7	807	5,50	115	135	0,210
	6	31,8	944	5,45	135	159	0,249
	8	41,6	1 195	5,36	171	204	0,326
	10	50,9	1 416	5,27	202	246	0,400
	12	59,9	1 609	5,18	230	284	0,470
150	**5**	28,7	1 002	5,90	134	156	0,226
	6	34,2	1 174	5,86	156	184	0,268
	8	44,8	1 491	5,77	199	237	0,351
	10	54,9	1 773	5,68	236	286	0,431
	12	64,7	2 023	5,59	270	331	0,508

Nennmaße		Statische Werte					
B mm	T mm	A cm²	I cm⁴	i cm	W_{el} cm³	W_{pl} cm³	g kN/m
160	**5**	30,7	1 225	6,31	153	178	0,241
	6	36,6	1 437	6,27	180	210	0,287
	8	48,0	1 831	6,18	229	272	0,376
	10	58,9	2 186	6,09	273	329	0,463
	12	69,5	2 502	6,00	313	382	0,546
180	**5**	34,7	1 765	7,13	196	227	0,273
	6	41,4	2 077	7,09	231	269	0,325
	8	54,4	2 661	7,00	296	349	0,427
	10	66,9	3 193	6,91	355	424	0,525
	12	79,1	3 677	6,82	409	494	0,621
200	**5**	38,7	2 445	7,95	245	283	0,304
	6	46,2	2 883	7,90	288	335	0,362
	8	60,8	3 709	7,81	371	436	0,477
	10	74,9	4 471	7,72	447	531	0,588
	12	88,7	5 171	7,64	517	621	0,696
	16	115	6 394	7,46	639	785	0,903
220	**6**	51,0	3 875	8,72	352	408	0,400
	8	67,2	5 002	8,63	455	532	0,527
	10	82,9	6 050	8,54	550	650	0,651
	12	98,3	7 023	8,45	638	762	0,772
	16	128	8 749	8,27	795	969	1,00
250	**6**	58,2	5 752	9,94	460	531	0,457
	8	76,8	7 455	9,86	596	694	0,603
	10	94,9	9 055	9,77	724	851	0,745
	12	113	10 556	9,68	844	1 000	0,885
	16	147	13 267	9,50	1 061	1 280	1,15
260	**6**	60,6	6 491	10,4	499	576	0,476
	8	80,0	8 423	10,3	648	753	0,628
	10	98,9	10 242	10,2	788	924	0,777
	12	117	11 954	10,1	920	1 087	0,922
	16	153	15 061	9,91	1 159	1 394	1,20
300	**6**	70,2	10 080	12,0	672	772	0,551
	8	92,8	13 128	11,9	875	1 013	0,728
	10	115	16 026	11,8	1 068	1 246	0,902
	12	137	18 777	11,7	1 252	1 470	1,07
	16	179	23 850	11,5	1 590	1 895	1,41
350	**8**	109	21 129	13,9	1 207	1 392	0,854
	10	135	25 884	13,9	1 479	1 715	1,06
	12	161	30 435	13,8	1 739	2 030	1,26
	16	211	38 942	13,6	2 225	2 630	1,66
400	**10**	155	39 128	15,9	1 956	2 260	1,22
	12	185	46 130	15,8	2 306	2 679	1,45
	16	243	59 344	15,6	2 967	3 484	1,91
	20	300	71 535	15,4	3 577	4 247	2,35

Kaltgefertigte Hohlprofile mit quadratischem Querschnitt

Auszug aus:
DIN EN 10 219-2 (11.97), geschweißt

Diese Norm enthält zusätzliche Profile mit den Nennmaßen B = 20 und B = 25.

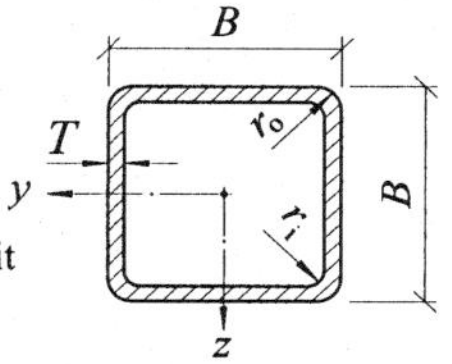

Radien für Berechnungen:

r	$T \leq 6$	$6 < T \leq 10$	$T > 10$
r_o	$2 \cdot T$	$2{,}5 \cdot T$	$3 \cdot T$
r_i	$1 \cdot T$	$1{,}5 \cdot T$	$2 \cdot T$

Nennmaße		Statische Werte					
B mm	T mm	A cm²	I cm⁴	i cm	W_{el} cm³	W_{pl} cm³	g kN/m
30	**2,5**	2,59	3,16	1,10	2,10	2,61	0,0203
	3	3,01	3,50	1,08	2,34	2,96	0,0236
40	**3**	4,21	9,32	1,49	4,66	5,72	0,0330
	4	5,35	11,1	1,44	5,54	7,01	0,0420
50	**3**	5,41	19,5	1,90	7,79	9,39	0,0425
	4	6,95	23,7	1,85	9,49	11,7	0,0545
	5	8,36	27,0	1,80	10,8	13,7	0,0656
60	**3**	6,61	35,1	2,31	11,7	14,0	0,0519
	4	8,55	43,6	2,26	14,5	17,6	0,0671
	5	10,4	50,5	2,21	16,8	20,9	0,0813
	6	12,0	56,1	2,16	18,7	23,7	0,0945
70	**3**	7,81	57,5	2,71	16,4	19,4	0,0613
	4	10,1	72,1	2,67	20,6	24,8	0,0797
	5	12,4	84,6	2,62	24,2	29,6	0,0970
	6	14,4	95,2	2,57	27,2	33,8	0,113
80	**3**	9,01	87,8	3,12	22,0	25,8	0,0707
	4	11,7	111	3,07	27,8	33,1	0,0922
	5	14,4	131	3,03	32,9	39,7	0,113
	6	16,8	149	2,98	37,3	45,8	0,132
	8	20,8	168	2,84	42,1	53,9	0,164
90	**4**	13,3	162	3,48	36,0	42,6	0,105
	5	16,4	193	3,43	42,9	51,4	0,128
	6	19,2	220	3,39	49,0	59,5	0,151
	8	24,0	255	3,25	56,6	71,3	0,189
100	**4**	14,9	226	3,89	45,3	53,3	0,117
	5	18,4	271	3,84	54,2	64,6	0,144
	6	21,6	311	3,79	62,3	75,1	0,170
	8	27,2	366	3,67	73,2	91,1	0,214
	10	32,6	411	3,55	82,2	105	0,256
120	**5**	22,4	485	4,66	80,9	95,4	0,175
	6	26,4	562	4,61	93,7	112	0,207
	8	33,6	677	4,49	113	138	0,264
	10	40,6	777	4,38	129	162	0,318
	12	45,7	806	4,20	134	174	0,358
140	**5**	26,4	791	5,48	113	132	0,207
	6	31,2	920	5,43	131	155	0,245
	8	40,0	1 127	5,30	161	194	0,314
	10	48,6	1 312	5,20	187	230	0,381
	12	55,3	1 398	5,03	200	253	0,434
150	**5**	28,4	982	5,89	131	153	0,223
	6	33,6	1 146	5,84	153	180	0,264
	8	43,2	1 412	5,71	188	226	0,339
	10	52,6	1 653	5,61	220	269	0,413
	12	60,1	1 780	5,44	237	298	0,471

Nennmaße		Statische Werte					
B mm	T mm	A cm²	I cm⁴	i cm	W_{el} cm³	W_{pl} cm³	g kN/m
160	**5**	30,4	1 202	6,29	150	175	0,238
	6	36,0	1 405	6,25	176	206	0,283
	8	46,4	1 741	6,12	218	260	0,365
	10	56,6	2 048	6,02	256	311	0,444
	12	64,9	2 224	5,86	278	346	0,509
180	**5**	34,4	1 737	7,11	193	224	0,270
	6	40,8	2 037	7,06	226	264	0,321
	8	52,8	2 546	6,94	283	336	0,415
	10	64,6	3 017	6,84	335	404	0,507
	12	74,5	3 322	6,68	369	454	0,585
200	**5**	38,4	2 410	7,93	241	279	0,301
	6	45,6	2 833	7,88	283	330	0,358
	8	59,2	3 566	7,76	357	421	0,465
	10	72,6	4 251	7,65	425	508	0,570
	12	84,1	4 730	7,50	473	576	0,660
	16	107	5 625	7,26	562	706	0,838
220	**6**	50,4	3 813	8,70	347	402	0,396
	8	65,6	4 828	8,58	439	516	0,515
	10	80,6	5 782	8,47	526	625	0,632
	12	93,7	6 487	8,32	590	712	0,735
	16	120	7 812	8,08	710	881	0,939
250	**6**	57,6	5 672	9,92	454	524	0,452
	8	75,2	7 229	9,80	578	676	0,591
	10	92,6	8 707	9,70	697	822	0,727
	12	108	9 859	9,55	789	944	0,848
	16	139	12 047	9,32	964	1 180	1,09
260	**6**	60,0	6 405	10,3	493	569	0,471
	8	78,4	8 178	10,2	629	734	0,616
	10	96,6	9 865	10,1	759	894	0,758
	12	113	11 200	9,96	862	1 028	0,886
	16	145	13 739	9,73	1 057	1 289	1,14
300	**6**	69,6	9 964	12,0	664	764	0,547
	8	91,2	12 801	11,8	853	991	0,716
	10	113	15 519	11,7	1 035	1 211	0,884
	12	132	17 767	11,6	1 184	1 402	1,04
	16	171	22 076	11,4	1 472	1 774	1,34
350	**8**	107	20 681	13,9	1 182	1 366	0,842
	10	133	25 189	13,8	1 439	1 675	1,04
	12	156	29 054	13,6	1 660	1 949	1,23
	16	203	36 511	13,4	2 086	2 488	1,59
400	**10**	153	38 216	15,8	1 911	2 214	1,20
	12	180	44 319	15,7	2 216	2 587	1,41
	12,5	187	45 877	15,7	2 294	2 683	1,47
	16	235	56 154	15,5	2 808	3 322	1,84

Warmgefertigte Hohlprofile mit rechteckigem Querschnitt

Auszug aus:
DIN EN 10 210-2 (11.97), nahtlos oder geschweißt

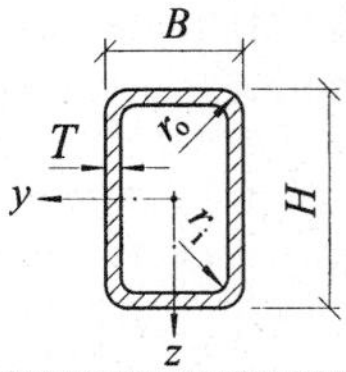

Radien für Berechnungen:
$r_o = 1{,}5 \cdot T$
$r_i = 1{,}0 \cdot T$

Nennmaße		Statische Werte										
$H \times B$ mm	T mm	A cm²	I_y cm⁴	i_y cm	$W_{el,y}$ cm³	$W_{pl,y}$ cm³	I_z cm⁴	i_z cm	$W_{el,z}$ cm³	$W_{pl,z}$ cm³	I_T cm⁴	g kN/m
50 × 25	**3**	4,04	11,9	1,72	4,76	6,18	3,83	0,973	3,06	3,71	9,64	0,0317
50 × 30	**3**	4,34	13,6	1,77	5,43	6,88	5,94	1,17	3,96	4,76	13,5	0,0341
	4	5,59	16,5	1,72	6,60	8,59	7,08	1,13	4,72	5,88	16,6	0,0439
60 × 40	**3**	5,54	26,5	2,18	8,82	10,9	13,9	1,58	6,95	8,19	29,2	0,0435
	4	7,19	32,8	2,14	10,9	13,8	17,0	1,54	8,52	10,3	36,7	0,0564
	5	8,73	38,1	2,09	12,7	16,4	19,5	1,50	9,77	12,2	43,0	0,0685
	6	10,2	42,3	2,04	14,1	18,6	21,4	1,45	10,7	13,7	48,2	0,0799
80 × 40	**3**	6,74	54,2	2,84	13,6	17,1	18,0	1,63	9,00	10,4	43,8	0,0590
	4	8,79	68,2	2,79	17,1	21,8	22,2	1,59	11,1	13,2	55,2	0,0690
	5	10,7	80,3	2,74	20,1	26,1	25,7	1,55	12,9	15,7	65,1	0,0842
	6	12,6	90,5	2,68	22,6	30,0	28,5	1,50	14,2	17,8	73,4	0,0987
90 × 50	**4**	10,4	107	3,21	23,8	29,8	41,9	2,01	16,8	19,6	97,5	0,0815
	5	12,7	127	3,16	28,3	36,0	49,2	1,97	19,7	23,5	116	0,0999
	6	15,0	145	3,11	32,2	41,6	55,4	1,92	22,1	27,0	133	0,118
	8	19,2	174	3,01	38,6	51,4	64,6	1,84	25,8	32,9	160	0,150
100 × 50	**4**	11,2	140	3,53	27,9	35,2	46,2	2,03	18,5	21,5	113	0,0878
	5	13,7	167	3,48	33,3	42,6	54,3	1,99	21,7	25,8	135	0,108
	6	16,2	190	3,43	38,1	49,4	61,2	1,95	24,5	29,7	154	0,127
	8	20,8	230	3,33	46,0	61,4	71,7	1,86	28,7	36,3	186	0,163
100 × 60	**4**	12,0	158	3,63	31,6	39,1	70,5	2,43	23,5	27,3	156	0,0941
	5	14,7	189	3,58	37,8	47,4	83,6	2,38	27,9	32,9	188	0,116
	6	17,4	217	3,53	43,4	55,1	95,0	2,34	31,7	38,1	216	0,136
	8	22,4	264	3,44	52,8	68,7	113	2,25	37,8	47,1	265	0,175
120 × 60	**4**	13,6	249	4,28	41,5	51,9	83,1	2,47	27,7	31,7	201	0,107
	5	16,7	299	4,23	49,9	63,1	98,8	2,43	32,9	38,4	242	0,131
	6	19,8	345	4,18	57,5	73,6	113	2,39	37,5	44,5	279	0,155
	8	25,6	425	4,08	70,8	92,7	135	2,30	45,0	55,4	344	0,201
120 × 80	**4**	15,2	303	4,46	50,4	61,2	161	3,25	40,2	46,1	330	0,119
	5	18,7	365	4,42	60,9	74,6	193	3,21	48,2	56,1	401	0,147
	6	22,2	423	4,37	70,6	87,3	222	3,17	55,6	65,5	468	0,174
	8	28,8	525	4,27	87,5	111	273	3,08	68,1	82,6	587	0,226
140 × 80	**4**	16,8	441	5,12	62,9	77,1	184	3,31	46,0	52,2	411	0,132
	5	20,7	534	5,08	76,3	94,3	221	3,27	55,3	63,6	499	0,163
	6	24,6	621	5,03	88,7	111	255	3,22	63,8	74,4	583	0,193
	8	32,0	776	4,93	111	141	314	3,14	78,5	94,1	733	0,251
150 × 100	**4**	19,2	607	5,63	81,0	97,4	324	4,11	64,8	73,6	660	0,151
	6	28,2	862	5,53	115	141	456	4,02	91,2	106	946	0,221
	8	36,8	1 087	5,44	145	180	569	3,94	114	135	1 203	0,289
	12	52,7	1 450	5,25	193	249	745	3,76	149	185	1 633	0,414
160 × 80	**4**	18,4	612	5,77	76,5	94,7	207	3,35	51,7	58,3	493	0,144
	5	22,7	744	5,72	93,0	116	249	3,31	62,3	71,1	600	0,178
	6	27,0	868	5,67	108	136	288	3,27	72,0	83,3	701	0,212
	8	35,2	1 091	5,57	136	175	356	3,18	89,0	106	883	0,276
	12	50,3	1 449	5,37	181	240	455	3,01	114	142	1 175	0,395

Warmgefertigte Hohlprofile mit rechteckigem Querschnitt (Fortsetzung)

Auszug aus DIN EN 10 210-2 (11.97), nahtlos oder geschweißt

Nennmaße		Statische Werte										
$H \times B$ mm	T mm	A cm²	I_y cm⁴	i_y cm	$W_{el,y}$ cm³	$W_{pl,y}$ cm³	I_z cm⁴	i_z cm	$W_{el,z}$ cm³	$W_{pl,z}$ cm³	I_T cm⁴	g kN/m
180 × 100	**4**	21,6	945	6,61	105	128	379	4,19	75,9	85,2	852	0,169
	5	26,7	1 153	6,57	128	157	460	4,15	92,0	104	1 042	0,210
	6	31,8	1 350	6,52	150	186	536	4,11	107	123	1 224	0,249
	8	41,6	1 713	6,42	190	239	671	4,02	134	157	1 560	0,326
	10	50,9	2 036	6,32	226	288	787	3,93	157	188	1 862	0,400
	12	59,9	2 320	6,22	258	333	886	3,85	177	216	2 130	0,470
200 × 100	**4**	23,2	1 223	7,26	122	150	416	4,24	83,2	92,8	983	0,182
	5	28,7	1 495	7,21	149	185	505	4,19	101	114	1 204	0,226
	6	34,2	1 754	7,16	175	218	589	4,15	118	134	1 414	0,268
	8	44,8	2 234	7,06	223	282	739	4,06	148	172	1 804	0,351
	10	54,9	2 664	6,96	266	341	869	3,98	174	206	2 156	0,431
	12	64,7	3 047	6,86	305	395	979	3,89	196	237	2 469	0,508
	16	83,0	3 678	6,66	368	491	1 147	3,72	229	290	2 982	0,652
200 × 120	**6**	36,6	1 980	7,36	198	242	892	4,94	149	169	1 942	0,287
	8	48,0	2 529	7,26	253	313	1 128	4,85	188	218	2 495	0,376
	10	58,9	3 026	7,17	303	379	1 337	4,76	223	263	3 001	0,463
	12	69,5	3 472	7,07	347	440	1 520	4,68	253	305	3 461	0,546
250 × 150	**6**	46,2	3 965	9,27	317	385	1 796	6,24	239	270	3 877	0,362
	8	60,8	5 111	9,17	409	501	2 298	6,15	306	350	5 021	0,477
	10	74,9	6 174	9,08	494	611	2 755	6,06	367	426	6 090	0,588
	12	88,7	7 154	8,98	572	715	3 168	5,98	422	497	7 088	0,696
	16	115	8 879	8,79	710	906	3 873	5,80	516	625	8 868	0,903
260 × 180	**6**	51,0	4 942	9,85	380	454	2 804	7,42	312	353	5 554	0,400
	8	67,2	6 390	9,75	492	592	3 608	7,33	401	459	7 221	0,527
	10	82,9	7 741	9,66	595	724	4 351	7,24	483	560	8 798	0,651
	12	98,3	8 999	9,57	692	849	5 034	7,16	559	656	10 285	0,772
	16	128	11 245	9,38	865	1 081	6 231	6,98	692	831	12 993	1,00
300 × 200	**6**	58,2	7 486	11,3	499	596	4 013	8,31	401	451	8 100	0,457
	8	76,8	9 717	11,3	648	779	5 184	8,22	518	589	10 562	0,603
	10	94,9	11 819	11,2	788	956	6 278	8,13	628	721	12 908	0,745
	12	113	13 797	11,1	920	1 124	7 294	8,05	729	847	15 137	0,885
	16	147	17 390	10,9	1 159	1 441	9 109	7,87	911	1 080	19 252	1,15
350 × 250	**6**	70,2	12 616	13,4	721	852	7 538	10,4	603	677	14 529	0,551
	8	92,8	16 449	13,3	940	1 118	9 798	10,3	784	888	19 027	0,728
	10	115	20 102	13,2	1 149	1 375	11 937	10,2	955	1 091	23 354	0,902
	12	137	23 577	13,1	1 347	1 624	13 957	10,1	1 117	1 286	27 513	1,07
	16	179	30 011	12,9	1 715	2 095	17 654	9,93	1 412	1 655	35 325	1,41
400 × 200	**8**	92,8	19 562	14,5	978	1 203	6 660	8,47	666	743	15 735	0,728
	10	115	23 914	14,4	1 196	1 480	8 084	8,39	808	911	19 259	0,902
	12	137	28 059	14,3	1 403	1 748	9 418	8,30	942	1 072	22 622	1,07
	16	179	35 738	14,1	1 787	2 256	11 824	8,13	1 182	1 374	28 871	1,41
450 × 250	**8**	109	30 082	16,6	1 337	1 622	12 142	10,6	971	1 081	27 083	0,854
	10	135	36 895	16,5	1 640	2 000	14 819	10,5	1 185	1 331	33 284	1,06
	12	161	43 434	16,4	1 930	2 367	17 359	10,4	1 389	1 572	39 260	1,26
	16	211	55 705	16,2	2 476	3 070	22 041	10,2	1 763	2 029	50 545	1,66
500 × 300	**10**	155	53 762	18,6	2 150	2 595	24 439	12,6	1 629	1 826	52 450	1,22
	12	185	63 446	18,5	2 538	3 077	28 736	12,5	1 916	2 161	62 039	1,45
	16	243	81 783	18,3	3 271	4 005	36 768	12,3	2 451	2 804	80 329	1,91
	20	300	98 777	18,2	3 951	4 885	44 078	12,1	2 939	3 408	97 447	2,35

Kaltgefertigte Hohlprofile mit rechteckigem Querschnitt

Auszug aus:
DIN EN 10 219-2 (11.97), geschweißt

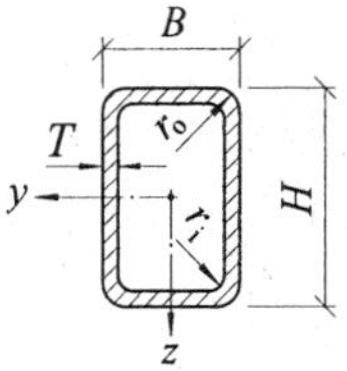

Radien für Berechnungen:

r	$T \leq 6$	$6 < T \leq 10$	$T > 10$
r_o	$2 \cdot T$	$2{,}5 \cdot T$	$3 \cdot T$
r_i	$1 \cdot T$	$1{,}5 \cdot T$	$2 \cdot T$

Nennmaße		Statische Werte										
$H \times B$ mm	T mm	A cm²	I_y cm⁴	i_y cm	$W_{el,y}$ cm³	$W_{pl,y}$ cm³	I_z cm⁴	i_z cm	$W_{el,z}$ cm³	$W_{pl,z}$ cm³	I_T cm⁴	g kN/m
40 × 20	**3**	3,01	5,21	1,32	2,60	3,50	1,68	0,748	1,68	2,12	4,57	0,0236
50 × 30	**3**	4,21	12,8	1,75	5,13	6,57	5,70	1,16	3,80	4,58	13,5	0,0330
	4	5,35	15,3	1,69	6,10	8,05	6,69	1,12	4,46	5,58	16,5	0,0420
60 × 40	**3**	5,41	25,4	2,17	8,46	10,5	13,4	1,58	6,72	7,94	29,3	0,0425
	4	6,95	31,0	2,11	10,3	13,2	16,3	1,53	8,14	9,89	36,7	0,0545
70 × 50	**3**	6,61	44,1	2,58	12,6	15,4	26,1	1,99	10,4	12,2	53,6	0,0519
	4	8,55	54,7	2,53	15,6	19,5	32,2	1,94	12,9	15,4	68,1	0,0671
80 × 40	**3**	6,61	52,3	2,81	13,1	16,5	17,6	1,63	8,78	10,2	43,9	0,0519
	4	8,55	64,8	2,75	16,2	20,9	21,5	1,59	10,7	12,8	55,2	0,0671
80 × 60	**3**	7,81	70,0	3,00	17,5	21,2	44,9	2,40	15,0	17,4	88,3	0,0613
	4	10,1	87,9	2,94	22,0	27,0	56,1	2,35	18,7	22,1	113	0,0797
90 × 50	**3**	7,81	81,9	3,24	18,2	22,6	32,7	2,05	13,1	15,0	76,7	0,0613
	4	10,1	103	3,18	22,8	28,8	40,7	2,00	16,3	19,1	97,7	0,0797
100 × 40	**3**	7,81	92,3	3,44	18,5	23,7	21,7	1,67	10,8	12,4	59,0	0,0613
	4	10,1	116	3,38	23,1	30,3	26,7	1,62	13,3	15,7	74,5	0,0797
100 × 50	**3**	8,41	106	3,56	21,3	26,7	36,1	2,07	14,4	16,4	88,6	0,0660
	4	10,9	134	3,50	26,8	34,1	44,9	2,03	18,0	20,9	113	0,0859
	5	13,4	158	3,44	31,6	40,8	52,5	1,98	21,0	25,0	135	0,105
100 × 60	**3**	9,01	121	3,66	24,1	29,6	54,6	2,46	18,2	20,8	122	0,0707
	4	11,7	153	3,60	30,5	37,9	68,7	2,42	22,9	26,6	156	0,0922
	5	14,4	181	3,55	36,2	45,6	80,8	2,37	26,9	31,9	188	0,113
100 × 80	**3**	10,2	149	3,82	29,8	35,4	106	3,22	26,4	30,4	196	0,0801
	4	13,3	189	3,77	37,9	45,6	134	3,17	33,5	39,2	254	0,105
	5	16,4	226	3,72	45,2	55,1	160	3,12	39,9	47,2	308	0,128
120 × 60	**4**	13,3	241	4,25	40,1	50,5	81,2	2,47	27,1	31,1	201	0,105
	5	16,4	287	4,19	47,8	60,9	96,0	2,42	32,0	37,4	242	0,128
	6	19,2	328	4,13	54,7	70,6	109	2,38	36,3	43,1	280	0,151
120 × 80	**4**	14,9	295	4,44	49,1	59,8	157	3,24	39,3	45,2	331	0,117
	5	18,4	353	4,39	58,9	72,4	188	3,20	46,9	54,7	402	0,144
	6	21,6	406	4,33	67,7	84,3	215	3,15	53,8	63,5	469	0,170
140 × 80	**4**	16,5	430	5,10	61,4	75,5	180	3,30	45,1	51,3	412	0,130
	5	20,4	517	5,04	73,9	91,8	216	3,26	54,0	62,2	501	0,160
	6	24,0	597	4,98	85,3	107	248	3,21	62,0	72,4	584	0,189
	8	30,4	708	4,82	101	131	293	3,10	73,3	88,4	731	0,239
150 × 100	**4**	18,9	595	5,60	79,3	95,7	319	4,10	63,7	72,5	662	0,149
	5	23,4	719	5,55	95,9	117	384	4,05	76,8	88,3	809	0,183
	6	27,6	835	5,50	111	137	444	4,01	88,8	103	948	0,217
	8	35,2	1 008	5,35	134	169	536	3,90	107	128	1 206	0,277
160 × 80	**4**	18,1	598	5,74	74,7	92,9	204	3,35	50,9	57,4	494	0,142
	5	22,4	722	5,68	90,2	113	244	3,30	61,0	69,7	601	0,175
	6	26,4	836	5,62	105	132	281	3,26	70,2	81,3	702	0,207
	8	33,6	1 001	5,46	125	163	335	3,16	83,7	100	882	0,264
	10	40,6	1 146	5,32	143	191	380	3,06	95,0	117	1 031	0,318

Kaltgefertigte Hohlprofile mit rechteckigem Querschnitt (Fortsetzung)

Auszug aus DIN EN 10 219-2 (11.97), geschweißt

Nennmaße		Statische Werte										
$H \times B$ mm	T mm	A cm^2	I_y cm^4	i_y cm	$W_{el,y}$ cm^3	$W_{pl,y}$ cm^3	I_z cm^4	i_z cm	$W_{el,z}$ cm^3	$W_{pl,z}$ cm^3	I_T cm^4	g kN/m
180 × 100	**4**	21,3	926	6,59	103	126	374	4,18	74,8	84,0	854	0,168
	6	31,2	1 310	6,48	146	181	524	4,10	105	120	1 227	0,245
	8	40,0	1 598	6,32	178	226	637	3,99	127	150	1 565	0,314
	10	48,6	1 859	6,19	207	268	736	3,89	147	177	1 859	0,381
200 × 100	**4**	22,9	1 200	7,23	120	148	411	4,23	82,2	91,7	985	0,180
	6	33,6	1 703	7,12	170	213	577	4,14	115	132	1 417	0,264
	8	43,2	2 091	6,95	209	267	705	4,04	141	165	1 811	0,339
	10	52,6	2 444	6,82	244	318	818	3,94	164	195	2 154	0,413
200 × 120	**4**	24,5	1 353	7,43	135	164	618	5,02	103	115	1 345	0,193
	6	36,0	1 929	7,32	193	237	874	4,93	146	166	1 947	0,283
	8	46,4	2 386	7,17	239	298	1 079	4,82	180	209	2 507	0,365
	10	56,6	2 806	7,04	281	356	1 262	4,72	210	250	3 007	0,444
250 × 150	**5**	38,4	3 304	9,28	264	320	1 508	6,27	201	225	3 285	0,301
	6	45,6	3 886	9,23	311	378	1 768	6,23	236	266	3 886	0,358
	8	59,2	4 886	9,08	391	482	2 219	6,12	296	340	5 050	0,465
	10	72,6	5 825	8,96	466	582	2 634	6,02	351	409	6 121	0,570
260 × 180	**5**	42,4	4 121	9,86	317	377	2 350	7,45	261	294	4 695	0,332
	6	50,4	4 856	9,81	374	447	2 763	7,40	307	348	5 566	0,396
	8	65,6	6 145	9,68	473	573	3 493	7,29	388	446	7 267	0,515
	10	80,6	7 363	9,56	566	694	4 174	7,20	464	540	8 850	0,632
	12	93,7	8 245	9,38	634	790	4 679	7,07	520	615	10 328	0,735
300 × 100	**6**	45,6	4 777	10,2	318	411	842	4,30	168	188	2 403	0,358
	8	59,2	5 978	10,0	399	523	1 045	4,20	209	238	3 080	0,465
	10	72,6	7 106	9,90	474	631	1 224	4,11	245	285	3 681	0,570
	12	84,1	7 808	9,64	521	710	1 343	4,00	269	321	4 177	0,660
	16	107	9 157	9,26	610	865	1 543	3,80	309	386	4 939	0,838
300 × 150	**6**	51,6	6 074	10,8	405	500	2 080	6,35	277	309	4 988	0,405
	8	67,2	7 684	10,7	512	640	2 623	6,25	350	396	6 491	0,528
	10	82,6	9 209	10,6	614	776	3 125	6,15	417	479	7 879	0,648
	12	96,1	10 298	10,4	687	883	3 498	6,03	466	546	9 153	0,754
	16	123	12 387	10,0	826	1 092	4 174	5,83	557	673	11 328	0,964
300 × 200	**6**	57,6	7 370	11,3	491	588	3 962	8,29	396	446	8 115	0,452
	8	75,2	9 389	11,2	626	757	5 042	8,19	504	574	10 627	0,591
	10	92,6	11 313	11,1	754	921	6 058	8,09	606	698	12 987	0,727
	12	108	12 788	10,9	853	1 056	6 854	7,96	685	801	15 236	0,848
	16	139	15 617	10,6	1 041	1 319	8 340	7,75	834	1 000	19 223	1,09
350 × 250	**6**	69,6	12 457	13,4	712	843	7 458	10,3	597	671	14 554	0,547
	8	91,2	16 001	13,2	914	1 092	9 573	10,2	766	869	19 136	0,716
	10	113	19 407	13,1	1 109	1 335	11 588	10,1	927	1 062	23 500	0,884
	12	132	22 197	13,0	1 268	1 544	13 261	10,0	1 061	1 229	27 749	1,04
	16	171	27 580	12,7	1 576	1 954	16 434	9,81	1 315	1 554	35 497	1,34
400 × 200	**8**	91,2	18 974	14,4	949	1 173	6 517	8,45	652	728	15 820	0,716
	10	113	23 003	14,3	1 150	1 434	7 864	8,36	786	888	19 368	0,884
	12	132	26 248	14,1	1 312	1 656	8 977	8,24	898	1 027	22 782	1,04
	16	171	32 547	13,8	1 627	2 093	11 056	8,05	1 106	1 294	28 928	1,34
400 × 300	**8**	107	25 122	15,3	1 256	1 487	16 212	12,3	1 081	1 224	31 179	0,842
	10	133	30 609	15,2	1 530	1 824	19 726	12,2	1 315	1 501	38 407	1,04
	12	156	35 284	15,0	1 764	2 122	22 747	12,1	1 516	1 747	45 527	1,23
	16	203	44 350	14,8	2 218	2 708	28 535	11,9	1 902	2 228	58 730	1,59

Kranschienen

Form A (mit Fußflansch)
nach DIN 536-1 (9.91)
Normlängen: 9–12 m

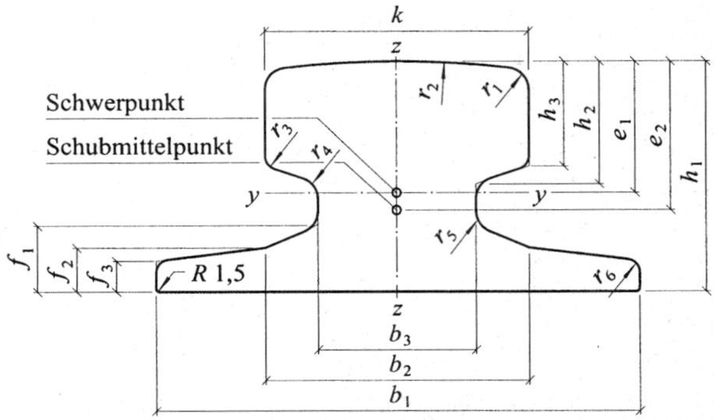

Kurzzeichen	Profilmaße in mm															
	k	b_1	b_2	b_3	f_1	f_2	f_3	h_1	h_2	h_3	r_1	r_2	r_3	r_4	r_5	r_6
A 45	45	125	54	24	14,5	11	8	55 ± 1	24	20	4	400	3	4	5	4
A 55	55	150	66	31	17,5	12,5	9	65 ± 1	28,5	25	5	400	5	5	6	5
A 65	65	175	78	38	20	14	10	75 ± 1	34	30	6	400	5	5	6	5
A 75	75	200	90	45	22	15,4	11	85 ± 1	39,5	35	8	500	6	6	8	6
A 100	100	200	100	60	23	16,5	12	95 ± 1,5	45,5	40	10	500	6	6	8	6
A 120	120	220	120	72	30	20	14	105 ± 1,5	55,5	47,5	10	600	6	10	10	6
A 150	150	220	-	80	31,5	-	14	150 ± 1,5	64,5	50	10	600	10	30	30	6

Kurzzeichen	Statische Werte										
	e_1 cm	e_2 cm	A cm²	A_y [1] cm²	A_z [1] cm²	I_T cm⁴	I_y cm⁴	I_z cm⁴	$\bar{S}_y$ [2] cm³	$\bar{S}_z$ [2] cm³	g kN/m
A 45	3,31	4,24	28,2	17,0	9,6	39	90	170	22,88	26,12	0,221
A 55	3,90	4,91	40,5	24,8	14,6	88	178	337	38,45	48,64	0,318
A 65	4,47	5,61	54,9	33,7	20,2	173	319	606	60,18	69,22	0,431
A 75	5,04	6,29	71,6	44,1	26,9	311	531	1011	88,41	102,09	0,562
A 100	5,29	6,27	94,7	65,8	41,6	666	856	1345	128,78	141,58	0,743
A 120	5,79	6,53	127,4	97,1	58,5	1302	1361	2350	187,23	222,35	1,000
A 150	7,73	8,48	191,4	153,6	107,1	2928	4373	3605	412,00	342,60	1,503

[1] Schubflächen. [2] Flächenmomente 1. Grades der durch die Hauptachsen begrenzten Querschnittsteile, bezogen auf diese Hauptachsen.

Form F (flach)
nach DIN 536-2 (12.74)
Normlängen: 9–12 m

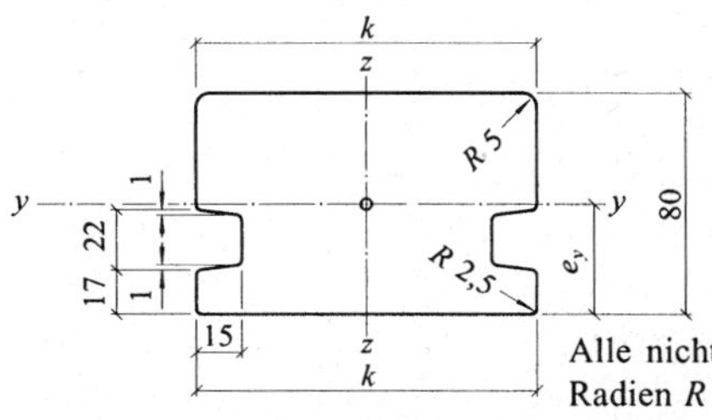

Alle nicht bezeichneten Radien $R = 2,5$

Kurzzeichen	k mm	Statische Werte						g kN/m
		A cm²	I_y cm⁴	W_y cm³	I_z cm⁴	W_z cm³	e_y cm	
F 100	100	73,2	414	101	541	108	4,09	0,575
F 120	120	89,2	499	123	962	160	4,07	0,701

9 HOLZBAU (DIN 1052:2004)

Prof. Dr.-Ing. Günter Steck

(Holzbau nach DIN 1052, Ausg. 4.88, siehe [CD], Fachinformationen)

Inhaltsverzeichnis

1 Einführung

1.1 DIN 1052:2004

Die Norm ist maßgebend für Entwurf, Berechnung und Bemessung von Holzbauwerken. Es werden ausschließlich Anforderungen an die Tragfähigkeit, Gebrauchstauglichkeit und Dauerhaftigkeit von Tragwerken behandelt. Angaben zur Bauausführung sind nur dann enthalten, wenn es die Annahmen für die Bemessung und Konstruktion erfordern. Die Norm gilt auch für Fliegende Bauten, Bau- und Lehrgerüste, Aussteifungen und Schalungsunterstützungen sowie sinngemäß für Bauten im Bestand. Für Holzbrücken und Hochbauten unter nicht vorwiegend ruhenden Einwirkungen sind gegebenenfalls zusätzliche Anforderungen zu berücksichtigen. Mit der DIN 1052:2004 ist das Sicherheitskonzept umgesetzt worden, das auch den Eurocodes zugrunde liegt. Korrekturen der charakteristischen Schubfestigkeiten von Vollholz und BSH aus NH, die in einer vorgesehenen Änderung A1 enthalten sein werden, sind im Abschnitt 3 bereits berücksichtigt.

1.2 Formelzeichen und Abkürzungen

Hauptzeiger

A	Fläche	a	Abstand
E	Elastizitätsmodul	b	Breite
F	Einzelkraft	d	Durchmesser
G	Scgubmodul	f	Festigkeit (eines Baustoffes)
I	Flächenmoment 2. Grades	h	Höhe
K	Verschiebungsmodul	i	Trägheitsradius
M	Biegemoment	r	Radius
N	Normalkraft, Längskraft	s	Abstand
V	Querkraft	t	Dicke, Einbindetiefe
W	Widerstandsmoment	u, v, w	Komponenten der Verschiebung eines Punktes in x-, y-, z-Richtung
X	Wert einer Baustoffeigenschaft		
α	Winkel; Verhältnis	ρ	Rohdichte
β	Winkel; Verhältnis	σ	Normalspannung; Längsspannung
γ	Teilsicherheitsbeiwert	τ	Schubspannung
γ_G	für ständige Einwirkungen	ψ	Beiwert
γ_M	für Baustoffeigenschaften	ψ_0	für Kombinationswerte
γ_Q	für veränderliche Einwirkungen	ψ_2	für quasi-ständige Werte
λ	Schlankheitsgrad		

Fußzeiger

ap	First (apex)	h	Lochleibung (embedding)
b	Bolzen	inst	Anfangs- (instantaneous)
c	Druck (compression)	in	innerer
c	Dübel (connector)	k	charakteristisch
crit	kritisch	m	Biegung (moment)
d	Bemessungswert (design value)	mean	Mittelwert (mean value)
def	Verformung (deformation)	R	Rollschub (rolling shear)
dis	Verteilung (distribution)	req	erforderlich (required)
ef	wirksam (effective)	ser	Gebrauchstauglichkeit (serviceability)
f	Gurt, Flansch (flange)		
fin	End- (final)	t	Zug (tension)

Fußzeiger (Fortsetzung)

tor	Torsion	0 ; 90	entsprechende Richtungen im Bezug zur Faserrichtung
v	Scher-, Schub- (shear)		
w	Steg (web)	05	5%-Quantil eines charakteristischen Wertes
α	Winkel zwischen Kraft- (oder Spannungs-) und Faserrichtung		

Abkürzungen

BAZ	Bauaufsichtliche Zulassung	LH	Laubholz
BASH	Balkenschichtholz	LK	Lastfallkombination
Bo	Bolzen	LS	Laubholz-Sortierklasse
BSH	Brettschichtholz, BS-Holz	M	maschinell sortiert
BSPH	Brettsperrholz	ML	Durchbiegungsgrenzwert
c	kombiniert	Na	Nagel
C	Coniferous Tree (Nadelbaum)	NH	Nadelholz
D	Deciduous Tree (Laubbaum)	NKL	Nutzungsklasse
DIBt	Deutsches Institut für Bautechnik	PB	Passbolzen
Dü	Dübel besonderer Bauart	S	Sortierklasse
FSH	Furnierschichtholz	SDü	Stabdübel
GL	Glulam (glued laminated timber)	SoNa	Sondernagel
h	homogen	SPH	Sperrholz
HW	Holzwerkstoff	Sr	Holzschraube
KI	Kiefer	TS	trocken sortiert
KLED	Klasse der Lasteinwirkungsdauer	vb	vorgebohrt
KVH	Konstruktionsvollholz	VH	Vollholz
Lf	Lastfall	VM	Verbindungsmittel

2 Grundlagen der Bemessung

2.1 Einwirkungen

Der DIN 1052:2004 liegt für die Grundlagen der Bemessung DIN 1055-100 zugrunde. Für die Nachweise der Tragfähigkeit werden aus den charakteristischen Einwirkungen (Index k) durch Multiplikation mit den Teilsicherheitsbeiwerten nach Tafel 9.4a die Bemessungswerte der Einwirkungen (Index d) ermittelt. Die nachfolgenden Kombinationsregeln gelten nur für ständige und vorübergehende und nicht für außergewöhnliche Bemessungssituationen. Bei außergewöhnlichen Bemessungssituationen sind die Regeln der DIN 1055-100 anzuwenden.

Kombinationsregeln für Tragfähigkeitsnachweise

Die Lastfallkombinationen werden ermittelt entweder nach DIN 1055-100 mit

- $E_\mathrm{d} = E\left\{\sum_{j\geq 1}\gamma_{\mathrm{G,j}}\cdot G_{\mathrm{k,j}} \oplus \gamma_{\mathrm{Q,1}}\cdot Q_{\mathrm{k,1}} \oplus \sum_{i>1}\gamma_{\mathrm{Q,i}}\cdot\psi_{0,\mathrm{i}}\cdot Q_{\mathrm{k,i}}\right\}$

oder nach DIN 1052:2004 bei Berücksichtigung

- nur der ungünstigsten veränderl. Einwirkung mit $E_\mathrm{d} = E\left\{\sum_{j\geq 1}\gamma_{\mathrm{G,j}}\cdot G_{\mathrm{k,j}} \oplus 1{,}5\cdot Q_{\mathrm{k,1}}\right\}$ (1)
- sämtlicher ungünstigen veränderl. Einwirkungen mit $E_\mathrm{d} = E\left\{\sum_{j\geq 1}\gamma_{\mathrm{G,j}}\cdot G_{\mathrm{k,j}} \oplus 1{,}35\cdot \sum_{i\geq 1} Q_{\mathrm{k,i}}\right\}$ (2)

Der ungünstigere Wert aus Gleichung (1) oder (2) ist maßgebend.

$\oplus$	bedeutet „in Kombination mit"
γ_G, γ_Q	Teilsicherheitsbeiwerte der Einwirkungsseite nach Tafel 9.4a
ψ_0	Kombinationsbeiwert nach Tafel 9.4b
$G_{k,j}$	charakteristischer Wert ständiger Einwirkungen
$Q_{k,i}$	charakteristischer Wert veränderlicher Einwirkungen

Kombinationsregeln für Gebrauchstauglichkeitsnachweise

Seltene Bemessungssituation	Quasi-ständige Bemessungssituation
$E_d = E\left\{\sum_{j\geq 1} G_{k,j} \oplus Q_{k,1} \oplus \sum_{i>1} \psi_{0,i} \cdot Q_{k,i}\right\}$	$E_d = E\left\{\sum_{j\geq 1} G_{k,j} \oplus \sum_{i\geq 1} \psi_{2,i} \cdot Q_{k,i}\right\}$

Die Nachweise der Gebrauchstauglichkeit wie z. B. Durchbiegungs- und Schwingungsnachweise werden mit den charakteristischen Einwirkungen und dem Teilsicherheitsbeiwert 1,0 geführt.

Tafel 9.4a Teilsicherheitsbeiwerte γ für Einwirkungen im Grenzzustand der Tragfähigkeit

	Versagen des Tragwerks		Verlust der Lagesicherheit des Tragwerks	
Einwirkung	ständig	veränderlich	ständig	veränderlich
ungünstig	γ_G = 1,35	γ_Q = 1,5	γ_G = 1,10	γ_Q = 1,5
günstig	γ_G = 1,0		γ_G = 0,90	

Tafel 9.4b Beiwerte ψ_0 und ψ_2

Einwirkung	ψ_0	ψ_2
Nutzlasten		
Kategorie A, B – Wohn-, Aufenthalts- und Büroräume	0,7	0,3
Kategorie C, D – Versammlungs- und Verkaufsräume	0,7	0,6
Kategorie E – Lagerräume	1,0	0,8
Verkehrslasten		
Kategorie F – Fahrzeuglast ≤ 30 kN	0,7	0,6
Kategorie G – 30 kN ≤ Fahrzeuglast ≤ 160 kN	0,7	0,3
Kategorie H – Dächer	0	0
Schnee- und Eislasten		
Orte bis NN + 1000 m	0,5	0
Orte über NN + 1000 m	0,7	0,2
Windlasten	0,6	0
Temperatureinwirkungen (nicht Brand)	0,6	0
Baugrundsetzungen	1,0	1,0
Sonstige Einwirkungen	0,8	0,5

Beispiel: Normalkräfte einer Innenstütze:

Lastfall	Ständige Last	Schneelast (Ort bis NN + 1000 m)	Nutzlast Kategorie A
Charakteristische Normalkraft	$N_{g,k}$	$N_{s,k}$	$N_{q,k}$

LK nach DIN 1055-100	Kombinationsregeln zur Ermittlung der Bemessungswerte N_d	
g	$\gamma_G \cdot N_{g,k}$	$= 1{,}35 \cdot N_{g,k}$
g + s	$\gamma_G \cdot N_{g,k} + \gamma_Q \cdot N_{s,k}$	$= 1{,}35 \cdot N_{g,k} + 1{,}5 \cdot N_{s,k}$
g + q	$\gamma_G \cdot N_{g,k} + \gamma_Q \cdot N_{q,k}$	$= 1{,}35 \cdot N_{g,k} + 1{,}5 \cdot N_{q,k}$
g + s + q	$\gamma_G \cdot N_{g,k} + \gamma_Q \cdot N_{s,k} + \psi_0 \cdot 1{,}5 \cdot N_{q,k}$	$= 1{,}35 \cdot N_{g,k} + 1{,}5 \cdot N_{s,k} + 0{,}7 \cdot 1{,}5 \cdot N_{q,k}$
g + q + s	$\gamma_G \cdot N_{g,k} + \gamma_Q \cdot N_{q,k} + \psi_0 \cdot 1{,}5 \cdot N_{s,k}$	$= 1{,}35 \cdot N_{g,k} + 1{,}5 \cdot N_{q,k} + 0{,}5 \cdot 1{,}5 \cdot N_{s,k}$

LK nach DIN 1052:2004	Kombinationsregeln zur Ermittlung der Bemessungswerte N_d
g	$1{,}35 \cdot N_{g,k}$
g + s	$1{,}35 \cdot N_{g,k} + 1{,}5 \cdot N_{s,k}$
g + q	$1{,}35 \cdot N_{g,k} + 1{,}5 \cdot N_{q,k}$
g + q + s g + s + q	$1{,}35 \cdot N_{g,k} + 1{,}35 \cdot (N_{q,k} + N_{s,k}) = 1{,}35 \cdot (N_{g,k} + N_{q,k} + N_{s,k})$

2.2 Widerstände

Für die Nachweise der Tragfähigkeit von Bauteilen werden aus den charakteristischen Festigkeitskennwerten (Index k) durch Multiplikation mit dem Modifikationsbeiwert k_{mod} nach Tafel 9.6b und Division durch den Teilsicherheitsbeiwert für Holz und HW nach Tafel 9.5 die Bemessungswerte der Festigkeit (Index d) ermittelt.

Allgemein berechnet sich der Bemessungswert X_d einer Festigkeit zu

$$X_d = \frac{k_{mod} \cdot f_k}{\gamma_M}$$

Die charakteristischen Festigkeitskennwerte sind der DIN 1052:2004 oder BAZ zu entnehmen. Der Modifikationsbeiwert k_{mod} erfasst die Abhängigkeit der Festigkeiten der Holzbaustoffe von der Belastungsdauer und der Holzfeuchte. In Tafel 9.6a sind die Einwirkungen in fünf Klassen eingeteilt. Bei Kontaktverbindungen ist das beschriebene Vorgehen ebenfalls anwendbar, da sich die Tragfähigkeit über die Druckfestigkeiten der miteinander verbundenen Baustoffe berechnen lässt. Die Ermittlung von Bemessungswerten aus charakteristischen Werten bei Stift-, Dübel- und Klebverbindungen sowie bei Ausklinkungen, Durchbrüchen und Verstärkungen ist den entsprechenden Abschnitten zu entnehmen. Grundsätzlich gilt, dass der Einfluss von Holzfeuchte und Lastdauer auf das Tragverhalten mit k_{mod} berücksichtigt wird und die Streuung der Materialeigenschaften, die Modellunsicherheiten und die angestrebten Sicherheitsabstände auf der Widerstandsseite mit dem Teilsicherheitsbeiwert γ_M in die Tragfähigkeitsberechnung eingehen.

Nutzungsklassen

In die **Nutzungsklasse 1** sind alle Bauteile einzustufen, die in einer dauerhaften, geschlossenen Hülle gegenüber dem Außenklima geschützt sind. Die mittlere Holzfeuchte von NH liegt bei ca. 12 %.

In die **Nutzungsklasse 2** sind in erster Linie alle Bauteile einzustufen, die sich in offenen, aber überdeckten Bauwerken befinden, die der unmittelbaren Bewitterung (Regen) nicht ausgesetzt sind. Die mittlere Holzfeuchte von NH liegt bei ca. 20 %.

In die **Nutzungsklasse 3** müssen alle Bauteile eingestuft werden, bei denen die Bedingungen für die NKL 1 oder 2 nicht erfüllt sind.

Tafel 9.5 Teilsicherheitsbeiwerte γ_M für Baustoffeigenschaften in ständigen und vorübergehenden Bemessungssituationen

Holz und HW	Stahl in Verbindungen	
	Auf Biegung beanspruchte stiftförmige VM	Auf Zug oder Scheren beanspruchte Teile beim Nachweis gegen die Streckgrenze im Nettoquerschnitt
1,3	1,1	1,25

Tafel 9.6a Klassen der Lasteinwirkungsdauer (KLED)

Kategorie	Einwirkung	KLED
	Eigenlasten nach DIN 1055-3	ständig
	Lotrechte Nutzlasten nach DIN 1055-3	
A	Spitzböden, Wohn- und Aufenthaltsräume	mittel
B	Büroflächen, Arbeitsflächen, Flure	mittel
C	Flächen und Räume, die der Ansammlung von Personen dienen können (mit Ausnahme von unter A, B, D und E festgelegten Kategorien)	kurz
D	Verkaufsräume	mittel
E	Fabriken und Werkstätten, Ställe, Lagerräume und Zugänge, Flächen mit erheblichen Menschenansammlungen	lang
F	Verkehrs- und Parkflächen für leichte Fahrzeuge (Gesamtlast $\leq$ 25 kN), Zufahrtsrampen	kurz
G	Flächen für den Betrieb mit Gegengewichtsstaplern	mittel
H	Nichtbegehbare Dächer, außer für übliche Erhaltungsmaßnahmen, Reparaturen	kurz
K	Hubschrauber-Regellasten	kurz
T	Treppen und Treppenpodeste	kurz
Z	Zugänge, Balkone und Ähnliches	kurz
	Horizontale Nutzlasten nach DIN 1055-3	
	Horizontale Nutzlasten infolge von Personen auf Brüstungen, Geländern und anderen Konstruktionen, die als Absperrung dienen	kurz
	Horizontallasten zur Erzielung ausreichender Längs- und Quersteifigkeit	*)
	Horizontallasten für Hubschrauberlandeplätze auf Dachdecken für horizontale Nutzlasten für Überrollschutz	 kurz sehr kurz
	Windlasten nach DIN 1055-4	kurz
	Schnee- und Eislasten nach DIN 1055-5 Geländehöhe des Bauwerkstandortes über NN $\leq$ 1000 m Geländehöhe des Bauwerkstandortes über NN > 1000 m	 kurz mittel
	Anpralllasten nach DIN 1055-9	sehr kurz
	Horizontallasten aus Kran- und Maschinenbetrieb nach DIN 1055-10	kurz

*) Entsprechend den zugehörigen Lasten.

Tafel 9.6b Rechenwerte für die Modifikationsbeiwerte k_{mod}

Baustoff und Klasse der Lasteinwirkungsdauer	Nutzungsklasse 1	Nutzungsklasse 2	Nutzungsklasse 3	Baustoff und Klasse der Lasteinwirkungsdauer	Nutzungsklasse 1	Nutzungsklasse 2
Vollholz, Brettschichtholz, Balkenschichtholz, Furnierschichtholz, Brettsperrholz, Sperrholz				OSB-Platten (Typen OSB/2[1)], OSB/3 und OSB/4 DIN EN 300)		
ständig	0,60	0,60	0,50	ständig	0,40	0,30
lang	0,70	0,70	0,55	lang	0,50	0,40
mittel	0,80	0,80	0,65	mittel	0,70	0,55
kurz	0,90	0,90	0,70	kurz	0,90	0,70
sehr kurz	1,10	1,10	0,90	sehr kurz	1,10	0,90

1) Nur in NKL 1.

2.3 Grenzzustände

Eine zutreffende Abbildung des Trag- und Verformungsverhaltens des Tragwerks mit den Grenzzuständen setzt voraus, dass die Anforderungen an die Dauerhaftigkeit des Tragwerks (siehe Abschn. 4) erfüllt sind.

Grenzzustand der Tragfähigkeit

Grenzzustände der Tragfähigkeit sind Zustände, deren Überschreiten rechnerisch zu Einsturz oder ähnlichen Arten des Tragwerksversagens führt. Sie werden in den Abschnitten 5 und 7 bis 13 behandelt. Außergewöhnliche Bemessungssituationen wie Brand, Anprall und Erdbeben werden nachfolgend nicht berücksichtigt.

Der Grenzzustand der Tragfähigkeit $E_d \leq R_d$ wird meistens als Ausnutzungsgrad $\eta = E_d/R_d \leq 1$ formuliert.

Grenzzustand der Gebrauchstauglichkeit

Für die Nachweise der Gebrauchstauglichkeit sind die Verformungen infolge der **charakteristischen** Einwirkungen mit empfohlenen Grenzwerten zu vergleichen. Dabei wird die seltene und die quasiständige Bemessungssituation unterschieden. Für Wohnhausdecken darf der Schwingungsnachweis durch einen Durchbiegungsnachweis ersetzt werden. Die Gebrauchstauglichkeitsnachweise werden in Abschnitt 6 behandelt.

2.4 Standardfall

Standardfall für Bauteile

Für die Baustoffe in Tafel 9.7 wird als Standardfall die NKL 1 und die KLED „mittel“ definiert. In Abschnitt 3 sind die Bemessungswerte im Standardfall angegeben.

Tafel 9.7 Standardfall für Bauteile

Baustoff	NKL	KLED	γ_M	k_{mod}	k_{mod}/γ_M
VH, BSH, BASH, FSH, BSPH, SPH	1 / 2	mittel	1,3	0,8	0,615
OSB-Platten	1			0,7	0,538

Standardfall für Stiftverbindungen

Für die in Stiftverbindungen vorkommenden Baustoffe wird ebenfalls als Standardfall der Modifikationsbeiwert k_{mod} für die NKL 1 und die KLED „mittel“ definiert (siehe Tafel 9.7). Außerdem schließt der Standardfall die vereinfachte Berechnung nach Abschnitt 8.1 mit ein und somit den Teilsicherheitsbeiwert $\gamma_M = 1{,}1$. Der Standardfall setzt VH C 24 voraus. Das Stiftmaterial ist in den Tafelüberschriften angegeben.

Standardfall für Dübelverbindungen

Der Standardfall für die Bemessungswerte der Dübeltragfähigkeit $R_{c,\alpha,d}$ beinhaltet:

$k_{mod} = 0{,}8$; $\gamma_M = 1{,}3$; VH C 24 bzw. $\rho_k = 350$ kg/m^3

Mindestabstände der Dübel und Maße der Scheiben gemäß den Tafeln in Abschnitt 9.

Seitenholzdicke $t_1 \geq 3 \cdot h_e$ Mittelholzdicke $t_2 \geq 5 \cdot h_e$

Definition des Standardfalls für die Bolzentragfähigkeit siehe Stiftverbindungen.

Standardfall für Klebverbindungen

Siehe Standardfall für Bauteile.

2.5 Allgemeiner Fall

Weicht der Grenzzustand vom Standardfall ab, ist der Bemessungswert der Festigkeit des Standardfalls mit k^* (= aktueller Wert k_{mod} dividiert durch k_{mod} des Standardfalls) zu multiplizieren. Der Ausnutzungsgrad lautet $\eta = \dfrac{\sigma_d}{k^* \cdot f_d} \leq 1$ mit dem Bemessungswert der Festigkeit f_d im Standardfall.

Tafel 9.8a Beiwert *k**

KLED	VH, BSH, BASH, FSH, BSPH, SPH		OSB-Platten (OSB/2[1], OSB/3, OSB/4)	
	NKL 1 oder 2	NKL 3	NKL 1	NKL 2
ständig	0,6/0,8 = 0,750	0,5/0,8 = 0,625	0,4/0,7 = 0,571	0,3/0,7 = 0,429
lang	0,7/0,8 = 0,875	0,55/0,8 = 0,688	0,5/0,7 = 0,714	0,4/0,7 = 0,571
mittel	1	0,65/0,8 = 0,813	1	0,55/0,70 = 0,786
kurz	0,9/0,8 = 1,125	0,7/0,8 = 0,875	0,9/0,7 = 1,286	0,7/0,7 = 1
sehr kurz	1,1/0,8 = 1,375	0,9/0,8 = 1,125	1,1/0,7 = 1,571	0,9/0,7 = 1,286

1) nur NKL 1.

3 Baustoffe

3.1 Holz

3.1.1 Vollholz (VH)

Bezeichnung

Schnittholz < Breite in mm > / < Höhe in mm > < Holzart > < Festigkeitsklasse >

z. B. 120/200 VH C 24 z. B. 100/160 VH D 30

Rundholz ∅ < mittlerer Durchmesser in mm > < Holzart > < Festigkeitsklasse >

z. B. ∅ 260 mm VH C 30

Anmerkung:

Es wird auf die Angabe der Sortierklasse bei Sortierung nach DIN 4074-1 oder -5 verzichtet und direkt die Festigkeitsklasse angegeben. Bezüglich der Zuordnung der Sortierklasse zur Festigkeitsklasse siehe Tafel 9.8c.

Tafel 9.8b Ausgleichsfeuchten von Holzbaustoffen in %

NKL	1	2	3
Holzfeuchte	5 bis 15 %	10 bis 20 %	12 bis 24 %

Tafel 9.8c Zuordnung von Nadelholz/Laubholz und Sortierklassen zu Festigkeitsklassen für trocken sortiertes Holz (TS)

Nadelholz			Laubholz		
Holzart	Sortierklasse nach DIN 4074-1 bzw. Güteklasse nach DIN 4074-2	Festigkeitsklasse	Holzart	Sortierklasse nach DIN 4074-5	Festigkeitsklasse
Fichte, Tanne, Kiefer, Lärche, Douglasie, Southern Pine, Western Hemlock, Yellow Cedar	S 7/C 16M bzw. III	C 16	Eiche, Teak, Keruing	LS 10	D 30
	S 10/C 24M bzw. II	C 24	Buche	LS 10	D 35
	S 13/C 30M bzw. I	C 30	Buche	LS 13	D 40
	C 35M	C 35	Afzelia, Merbau, Angelique	LS 10	D 40
	C 40M	C 40	Azobé (Bongossi)	LS 10	D 60
			Ipe	LS 10	D 60[1]

Vorwiegend hochkant biegebeanspruchte Bretter und Bohlen sind wie Kantholz zu sortieren und mit K zu kennzeichnen, z. B. S 10K.

1) Rohdichte mindestens 1000 kg/m³.

Tafel 9.9a Rechenwerte der Schwind- und Quellmaße ⊥ zur Faser in %/% Holzfeuchteänderung

NH[1)], Eiche, Afzelia	Buche	Teak, Yellow Cedar	Azobé (Bongossi), Ipe
0,24	0,3	0,2	0,36

Werte gelten bei unbehindertem Quellen und Schwinden für Holzfeuchten unterhalb des Fasersättigungsbereiches von ca. 30 %. Bei behinderter Schwindung oder Quellung dürfen die Tabellenwerte halbiert werden.

Schwinden oder Quellen ∥ zur Faser (≈ 0,01 %/%) bleibt normalerweise unberücksichtigt.

1) Ausgenommen Yellow Cedar.

Tafel 9.9b Rechenwerte für die charakteristischen Rohdichtekennwerte in kg/m³

		Festigkeitsklasse für NH				Festigkeitsklasse für LH			
		C 24	C 30	C 35	C 40	D 30	D 35	D 40	D 60
Rohdichte	ρ_k	350	380	400	420	530	560	590	700

Tafel 9.9c Rechenwerte für die charakteristischen Steifigkeitskennwerte in N/mm²

Modul	Festigkeitsklasse für NH				Festigkeitsklasse für LH			
	C 24	C 30	C 35	C 40	D 30	D 35	D 40	D 60
$E_{0,mean}$	11 000	12 000	13 000	14 000	10 000	10 000	11 000	17 000
$E_{90,mean}$	370	400	430	470	640	690	750	1 130
G_{mean}	690	750	810	880	600	650	700	1 060

Für die charakteristischen Steifigkeitskennwerte $E_{0,05}$, $E_{90,05}$ und G_{05} gelten die Rechenwerte bei

NH: $E_{0,05} = 2/3 \cdot E_{0,mean}$ $E_{90,05} = 2/3 \cdot E_{90,mean}$ $G_{05} = 2/3 \cdot G_{mean}$

LH: $E_{0,05} = 5/6 \cdot E_{0,mean}$ $E_{90,05} = 5/6 \cdot E_{90,mean}$ $G_{05} = 5/6 \cdot G_{mean}$

Bei nur von Rinde und Bast befreitem **Nadelrundholz** darf in den Bereichen ohne Schwächung der Randzone ein um 20 % erhöhter Wert von $E_{0,mean}$ in Rechnung gestellt werden.

Schubmodul bei Rollschubbeanspruchung: $G_{R,mean} = 0,1 \cdot G_{mean}$

Tafel 9.9d Bemessungswerte der Festigkeiten in N/mm² im Standardfall

Beanspruchungsart		Festigkeitsklasse für NH				Festigkeitsklasse für LH			
		C 24	C 30	C 35	C 40	D 30	D 35	D 40	D 60
Biegung	$f_{m,d}$	14,8	18,5	21,5	24,6	18,5	21,5	24,6	36,9
Zug parallel	$f_{t,0,d}$	8,62	11,1	12,9	14,8	11,1	12,9	14,8	22,2
Zug rechtwinklig	$f_{t,90,d}$	0,246	0,246	0,246	0,246	0,308	0,308	0,308	0,308
Druck parallel	$f_{c,0,d}$	12,9	14,2	15,4	16,0	14,2	15,4	16,0	19,7
Druck rechtwinklig	$f_{c,90,d}$	1,54	1,66	1,72	1,78	4,92	5,17	5,42	6,46
Schub und Torsion	$f_{v,d}$	1,23	1,23	1,23	1,23	1,85	2,09	2,34	3,26
Rollschub	$f_{R,d}$	0,615							

Bei nur von Rinde und Bast befreitem **Nadelrundholz** darf in den Bereichen ohne Schwächung der Randzone ein um 20 % erhöhter Wert von $f_{m,d}$, $f_{t,0,d}$ und $f_{c,0,d}$ in Rechnung gestellt werden.

Beispiel zu Tafel 9.10:

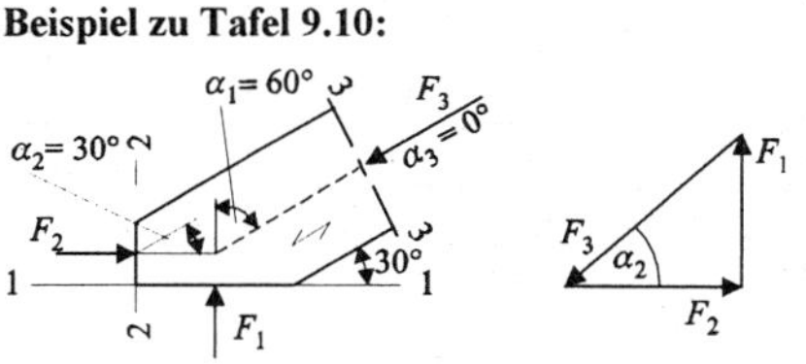

Stabmaterial NH C 24

Schnitt	1-1	2-2	3-3
α_i	60°	30°	0°
$f_{c,\alpha,d}$	1,85	3,43	12,9

Tafel 9.10 Bemessungswerte der Druckfestigkeiten $f_{c,\alpha,d}$ in N/mm^2 im Standardfall

Winkel α	Festigkeitsklasse für NH				Festigkeitsklasse für LH			
	C 24	C 30	C 35	C 40	D 30	D 35	D 40	D 60
0°	12,9	14,2	15,4	16,0	14,2	15,4	16,0	19,7
10°	8,28	8,6	8,8	8,9	10,8	12,0	12,8	16,5
20°	4,95	5,05	5,12	5,15	7,47	8,36	9,16	12,3
30°	3,43	3,53	3,57	3,61	5,79	6,49	7,15	9,63
40°	2,62	2,72	2,77	2,82	4,98	5,55	6,10	8,14
45°	2,35	2,46	2,51	2,56	4,76	5,29	5,79	7,65
50°	2,14	2,25	2,31	2,36	4,63	5,11	5,58	7,29
60°	1,85	1,96	2,02	2,08	4,57	4,98	5,37	6,83
70°	1,67	1,79	1,85	1,91	4,68	5,02	5,34	6,59
80°	1,57	1,69	1,75	1,81	4,84	5,12	5,39	6,49
90°	1,54	1,66	1,72	1,78	4,92	5,17	5,42	6,46

3.1.2 Konstruktionsvollholz (KVH)

Bezeichnung < Breite > / < Höhe > KVH-Si für KVH im sichtbaren Bereich
< Breite > / < Höhe > KVH-NSi für KVH im nicht sichtbaren Bereich

Holzsortierung

Erfüllung aller Anforderungen nach DIN 4074-1 für die Sortierklasse S 10 und zusätzlich:

- Querschnittstoleranz ± 1 mm
- allseitig gehobelt
- Einschnitt herzgetrennt oder herzfrei
- weitere erhöhte Anforderungen gegenüber DIN 4074-1 siehe [9.1].

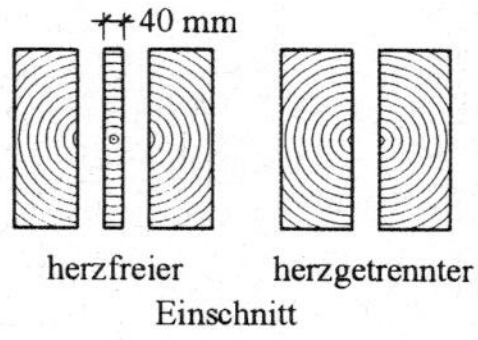

Holzfeuchte KVH wird künstlich getrocknet auf die Holzfeuchte von 15 % ± 3 %.

Rechenwerte für die charakteristischen Steifigkeitskennwerte und **Bemessungswerte** der Festigkeiten sowie Schwind- und Quellmaße: wie für VH aus NH der Festigkeitsklasse C 24.

3.1.3 Balkenschichtholz (BASH)

Nach bauaufsichtlicher Zulassung Z-9.1-440 besteht BASH aus zwei (Duo-Balken) oder drei (Trio-Balken) verklebten Bohlen oder Kanthölzern aus NH mindestens der Sortierklasse S 10.

Holzfeuchte: ≤ 15 %

Verwendung in NKL 1 und 2.

Lieferlängen bis 18 m.

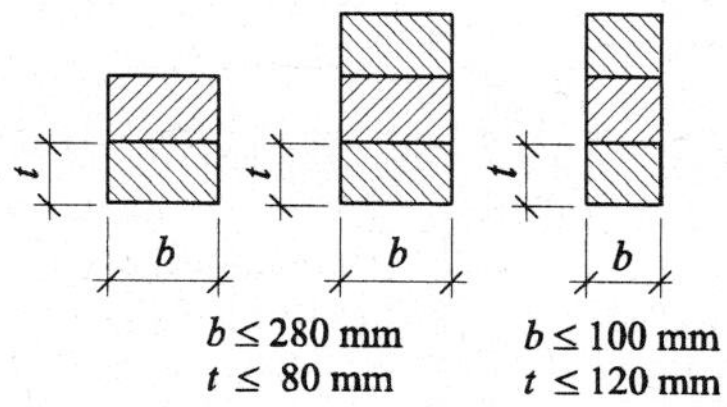

3.1.4 Brettschichtholz (BSH)

Homogenes BS-Holz (Abkürzung: h):	gleiche Festigkeitsklasse aller Lamellen
Kombiniertes BS-Holz (Abkürzung: c):	Festigkeitsklasse der inneren und äußeren Lamellen unterschiedlich

Bezeichnung < Breite > / < Höhe > < Festigkeitsklasse > z. B. 160/600 GL 24h

Holzfeuchte ≤ 15 %

Oberflächenqualitäten

Industrie-Qualität für BSH ohne Anforderungen an die Oberflächenqualität. Die Oberflächen der Bauteile sind egalisiert.

Sicht-Qualität für Bauteile und Konstruktionen aller Art. Die Oberflächen der Bauteile sind gehobelt. Ausfalläste über 20 mm Durchmesser werden werkseitig ersetzt. Fest verwachsene Äste sowie farbliche Differenzen durch Bläue und Rotstreifigkeit auf bis zu 10 % der sichtbaren Oberfläche sind zulässig.

Auslese-Qualität für Bauteile mit besonders hohen gestalterischen Ansprüchen. Die Oberflächen sind gehobelt und frei von Bläue und Rotstreifigkeit. Fest verwachsene Äste und werkseitig ersetzte Ausfalläste sind zulässig.

Tafel 9.11a Rechenwerte für die charakteristischen Rohdichtekennwerte ρ_k in kg/m³

	Festigkeitsklasse							
	GL 24h	GL 24c	GL 28h	GL 28c	GL 32h	GL 32c	GL 36h	GL 36c
ρ_k	380	350	410	380	430	410	450	430

Tafel 9.11b Rechenwerte für die charakteristischen Steifigkeitskennwerte in N/mm²

Modul	Festigkeitsklasse							
	GL 24h	GL 24c	GL 28h	GL 28c	GL 32h	GL 32c	GL 36h	GL 36c
$E_{0,mean}$	11 600	11 600	12 600	12 600	13 700	13 700	14 700	14 700
$E_{90,mean}$	390	320	420	390	460	420	490	460
G_{mean}	720	590	780	720	850	780	910	850

Für die charakteristischen Steifigkeitskennwerte $E_{0,05}$, $E_{90,05}$ und G_{05} gelten die Rechenwerte:

$E_{0,05} = 5/6 \cdot E_{0,mean}$ $E_{90,05} = 5/6 \cdot E_{90,mean}$ $G_{05} = 5/6 \cdot G_{mean}$

Der Schubmodul bei Rollschubbeanspruchung darf mit $0,1 \cdot G_{mean}$ angenommen werden.

Tafel 9.11c Bemessungswerte der Festigkeiten in N/mm² im Standardfall

Beanspruchung*)	Festigkeitsklasse							
	GL 24h	GL 24c	GL 28h	GL 28c	GL 32h	GL 32c	GL 36h	GL 36c
$f_{m,d}$	14,8	14,8	17,2	17,2	19,7	19,7	22,2	22,2
$f_{t,0,d}$	10,2	8,62	12,0	10,2	13,8	12,0	16,0	13,8
$f_{t,90,d}$	0,308							
$f_{c,0,d}$	14,8	12,9	16,3	14,8	17,8	16,3	19,1	17,8
$f_{c,90,d}$	1,66	1,48	1,85	1,66	2,03	1,85	2,22	2,09
$f_{v,d}$	1,54							
$f_{R,d}$	0,615							

Bei Flachkant-Biegebeanspruchung der Lamellen von BSH-Trägern mit $h \leq 600$ mm darf $f_{m,d}$ mit dem Beiwert $k_h = (600/h)^{0,14} \leq 1,1$ multipliziert werden.

Bei Hochkant-Biegebeanspruchung der Lamellen von homogenem BSH aus mindestens vier nebeneinander liegenden Lamellen darf $f_{m,d}$ mit dem Systembeiwert $k_\ell = 1,2$ multipliziert werden.

*) Art der Beanspruchung siehe Tafel für VH.

3.2 Holzwerkstoffe

In DIN 1052:2004 werden Bemessungsregeln für die Holzwerkstoffe FSH, BSPH, SPH, OSB, kunstharz- und zementgebundene Spanplatten, Faserplatten und Gipskartonplatten angegeben. Bei HW-Platten ist zwischen Plattenbeanspruchung und Scheibenbeanspruchung zu unterscheiden.

Scheibenbeanspruchung Plattenbeanspruchung

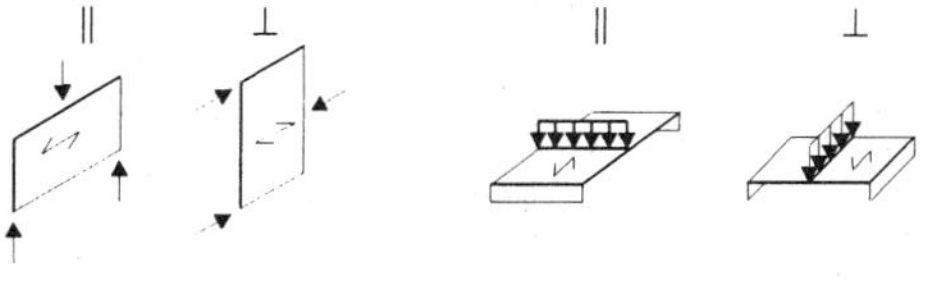

|| parallel zur Faser- bzw. Spanrichtung in der Deckschicht

⊥ rechtwinklig zur Faser- bzw. Spanrichtung in der Deckschicht

3.2.1 Brettsperrholz (BSPH)

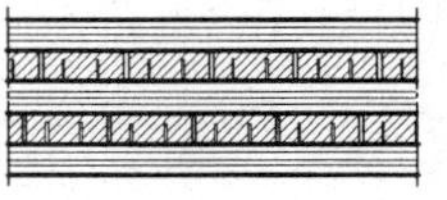

BSPH ist in bauaufsichtlichen Zulassungen geregelt. Die Bauteile erfüllen gleichzeitig tragende und raumabschließende Funktionen und bestehen aus mindestens drei rechtwinklig miteinander verklebten Brettlagen aus NH. BSPH muss symmetrisch zur Mittellage aufgebaut sein. Bezüglich des Plattenaufbaus und der Maße sind zu unterscheiden:

- Massivholz-Bauteile aus kreuzweise verklebten Brettlagen, z. B. Merk-Dickholz MDH mit den Maßen Breite × Länge bis zu 4,8 m × 30 m, Dicke bis zu 300 mm;
- Drei- und Fünfschichtplatten mit Plattendicken bis 80 mm; Beispiele siehe [9.2].

3.2.2 Furnierschichtholz (FSH)

Furnierblätter aus NH mit Faserrichtung parallel zur Plattenlängsrichtung werden zu Furnierschichtholz (Laminated Veneer Lumber (LVL)) miteinander verklebt. Nur bei FSH Kerto-Q verlaufen ca. 20 % der Furniere quer zur Plattenlängsrichtung, weshalb es auch für Flächentragwerke geeignet ist. FSH ist wie BSH zu verwenden, sofern in der BAZ keine abweichenden Festlegungen enthalten sind.

Bezeichnung:

< Produkt >, < Zulassungs-Nr. >, < FSH-Art >, < Dicke in mm >, < Länge / Breite in mm >

z. B.: FSH Kerto, Z-9.1-100, Kerto S, 63 mm, 8000/400 mm

3.2.3 Sperrholz (SPH)

Die Eigenschaften von Sperrholz zur Verwendung im Bauwesen sind in DIN EN 13 986 bzw. DIN EN 636 festgelegt oder in einer BAZ geregelt. Es werden die Technischen Klassen trocken, feucht und außen und außerdem die Biegefestigkeitsklassen F und Biege-E-Modul-Klassen E unterschieden. SPH muss symmetrisch zur Mittelebene aus Furnieren aufgebaut sein, wobei die Faserrichtung benachbarter Furnierlagen rechtwinklig zueinander verlaufen. Eine Furnierlage darf aus mehreren Furnieren bestehen.

Bezeichnung:

< Sperrholz >, < Technische Klasse >, < DIN EN 636 bzw. Zulassungs-Nr. >, < Biegefestigkeitsklasse / Biege-E-Modul-Klasse >, < Dicke in mm >, < Länge / Breite in mm >

z. B.: Sperrholz, außen, DIN EN 636, F 40/40, E 60/40, 30 mm, 2200/1830 mm

Tafel 9.12 Rechenwerte für die charakteristischen Steifigkeitskennwerte in N/mm² für Sperrholz der Biege-Elastizitätsmodul-Klasse E 55/15 nach DIN EN 636

	Plattenbeanspruchung		Scheibenbeanspruchung	
	parallel [1)]	rechtwinklig[1)]	parallel [1)]	rechtwinklig[1)]
E-Modul E_{mean}	5500 (8000) [2)]	1500 (400) [2)]	4500	2500 (1000) [2)]
G-Modul G_{mean}	250		500	

Für die charakteristischen Steifigkeitskennwerte E_{05} und G_{05} gelten die Rechenwerte:

$E_{05} = 0{,}8 \cdot E_{mean}$ $\quad$ $G_{05} = 0{,}8 \cdot G_{mean}$

1) Zur Faserrichtung der Deckfurniere.

2) Klammerwert gilt für Sperrholz mit nur drei Lagen.

Tafel 9.13a Bemessungswerte der Festigkeiten in N/mm² für Sperrholz der Biegefestigkeitsklasse F 25/10 nach DIN EN 636, Rohdichte $\rho_k \geq 400$ kg/m³, im Standardfall

	Plattenbeanspruchung		Scheibenbeanspruchung	
	parallel [1)]	rechtwinklig[1)]	parallel [1)]	rechtwinklig[1)]
Biegung $f_{m,d}$	15,4	6,15	13,5	8,62
Zug $f_{t,d}$ / Druck $f_{c,d}$			11,1	5,54
Druck $f_{c,90,d}$	4,00			
Schub $f_{v,d}$	0,677	0,400	4,92 (3,08)[2)]	

Tafel 9.13b Rechenwerte für die charakt. Steifigkeitskennwerte in N/mm² für Sperrholz der Biege-E-Modul-Klassen E 60/40, E 70/25 und E 90/10 nach DIN EN 636

Klasse	E 60/40		E 70/25		E 90/10	
Beanspruchung	parallel [1)]	rechtwinklig[1)]	parallel [1)]	rechtwinklig[1)]	parallel [1)]	rechtwinklig[1)]
Plattenbeanspruchung						
E-Modul E_{mean}	6000	4000	7000	2500	9000	1000
G-Modul G_{mean}	200					
Scheibenbeanspruchung						
E-Modul E_{mean}	4400	4700	5500	3650	5500	3700
G-Modul G_{mean}	700					
Für die charakteristischen Steifigkeitskennwerte E_{05} und G_{05} gelten die Rechenwerte: $E_{05} = 0{,}8 \cdot E_{mean}$ $\quad G_{05} = 0{,}8 \cdot G_{mean}$						

Tafel 9.13c Bemessungswerte der Festigkeiten in N/mm² für Sperrholz der Biegefestigkeitsklassen F 40/40, F 50/25 und F 60/10 nach DIN EN 636, Rohdichte $\rho_k \geq 600$ kg/m³, im Standardfall

Klasse	F 40/40		F 50/25		F 60/10	
Beanspruchung	parallel [1)]	rechtwinklig[1)]	parallel [1)]	rechtwinklig[1)]	parallel [1)]	rechtwinklig[1)]
Plattenbeanspruchung						
Biegung $f_{m,d}$	24,6	24,6	30,8	15,4	36,9	6,15
Druck $f_{c,90,d}$	6,15					
Schub $f_{v,d}$	1,54					
Scheibenbeanspruchung						
Biegung $f_{m,d}$	17,8	19,1	22,2	14,8	22,2	14,8
Zug $f_{t,d}$	17,8	19,1	22,2	14,8	22,2	14,8
Druck $f_{c,d}$	12,9	13,5	22,2	10,5	16,0	11,1
Schub $f_{v,d}$	6,77 (4,92)[2)]					

3.2.4 OSB-Platten

OSB-Platten (oriented strand boards) bestehen aus „strands", das sind etwa 75 mm lange, ca. 35 mm breite und 0,6 mm dicke Holzspäne. Die Holzspäne sind in den Deckschichten in Plattenlängsrichtung orientiert und in der Mittelschicht meistens quer zur Plattenlängsrichtung ausgerichtet. Es werden vier Plattentypen unterschieden, von denen drei für tragende Zwecke verwendet werden dürfen:

- Plattentyp OSB/2 zur Verwendung im Trockenbereich (NKL 1)
- Plattentyp OSB/3 zur Verwendung im Trocken- und Feuchtbereich (NKL 1 und 2)
- Plattentyp OSB/4 zur Verwendung im Trocken- und Feuchtbereich (NKL 1 und 2).

Die Mindestdicken betragen 8 mm für tragende Platten und 6 mm für aussteifende Platten.

1) Zur Faserrichtung der Deckfurniere.

2) Klammerwert gilt für Sperrholz mit nur drei Lagen.

Tafel 9.14a Rechenwerte für die charakteristischen Steifigkeitskennwerte in N/mm2 für OSB-Platten der technischen Klassen OSB/2[1)], OSB/3 und OSB/4 nach DIN EN 13 986

	OSB/2[1)], OSB/3		OSB/4	
Beanspruchung	parallel [2)]	rechtwinklig [2)]	parallel [2)]	rechtwinklig [2)]
Plattenbeanspruchung				
E-Modul E_{mean}	4930	1980	6780	2680
G-Modul G_{mean}	50		60	
Scheibenbeanspruchung				
E-Modul E_{mean}	3800	3000	4300	3200
G-Modul G_{mean}	1080		1090	
Für die charakteristischen Steifigkeitskennwerte E_{05} und G_{05} gelten die Rechenwerte: $E_{05} = 0{,}85 \cdot E_{mean}$ $G_{05} = 0{,}85 \cdot G_{mean}$				

Tafel 9.14b Bemessungswerte der Festigkeiten in N/mm² für OSB-Platten der technischen Klassen OSB/2[1)] und OSB/3 nach DIN EN 13986, Rohdichte $\rho_k \geq 550$ kg/m³, im Standardfall

Beanspruchung	parallel [2)]			rechtwinklig [2)]		
Nenndicke der Platten in mm	> 6 bis 10	> 10 bis 18	> 18 bis 25	> 6 bis 10	> 10 bis 18	> 18 bis 25
Plattenbeanspruchung						
Biegung $f_{m,d}$	9,69	8,83	7,97	4,85	4,42	3,98
Druck $f_{c,90,d}$	5,38	5,38	5,38	5,38	5,38	5,38
Schub $f_{v,d}$	0,538	0,538	0,538	0,538	0,538	0,538
Scheibenbeanspruchung						
Biegung $f_{m,d}$	5,33	5,06	4,85	3,88	3,77	3,66
Zug $f_{t,d}$	5,33	5,06	4,85	3,88	3,77	3,66
Druck $f_{c,d}$	8,56	8,29	7,97	6,95	6,84	6,68
Schub $f_{v,d}$	3,66	3,66	3,66	3,66	3,66	3,66

Tafel 9.14c Bemessungswerte der Festigkeiten in N/mm² für OSB-Platten der technischen Klasse OSB/4 nach DIN EN 13986, Rohdichte $\rho_k \geq 550$ kg/m³, im Standardfall

Beanspruchung	parallel [2)]			rechtwinklig [2)]		
Nenndicke der Platten in mm	> 6 bis 10	> 10 bis 18	> 18 bis 25	> 6 bis 10	> 10 bis 18	> 18 bis 25
Plattenbeanspruchung						
Biegung $f_{m,d}$	13,2	12,4	11,3	7,00	6,57	6,14
Druck $f_{c,90,d}$	5,38	5,38	5,38	5,38	5,38	5,38
Schub $f_{v,d}$	0,592	0,592	0,592	0,592	0,592	0,592
Scheibenbeanspruchung						
Biegung $f_{m,d}$	6,41	6,14	5,87	4,58	4,42	4,31
Zug $f_{t,d}$	6,41	6,14	5,87	4,58	4,42	4,31
Druck $f_{c,d}$	9,75	9,48	9,15	7,70	7,54	7,38
Schub $f_{v,d}$	3,71	3,71	3,71	3,71	3,71	3,71

1) Platten des Typs OSB/2 dürfen nur in NKL 1 verwendet werden.

2) Zur Spanrichtung der Deckschicht.

4 Dauerhaftigkeit

4.1 Allgemeines

Anforderungen an die Dauerhaftigkeit

Die dauerhafte Funktionstüchtigkeit, d. h. die Dauerhaftigkeit einer Holzkonstruktion ist vorrangig durch vorbeugende bauliche Maßnahmen (siehe DIN 68 800-2) und erforderlichenfalls zusätzlich durch vorbeugenden chemischen Holzschutz (siehe DIN 68 800-3) sicherzustellen. Auf den vorbeugenden chemischen Holzschutz kann verzichtet werden, wenn eine Gefährdung der Holzteile durch Pilze und Insekten auf Dauer und ausreichend zuverlässig durch bauliche Maßnahmen ausgeschlossen ist. Als Nutzungsdauer können nach DIN ENV 1991-1-1 bei Gebäuden 50 Jahre angesetzt werden.

Die Forderung nach einem angemessen dauerhaften Tragwerk gilt als erfüllt, wenn es während der vorgesehenen Lebensdauer seine Tragfähigkeit und Gebrauchstauglichkeit ohne wesentlichen Verlust der Nutzungseigenschaften und mit einem vertretbaren Instandhaltungsaufwand behält. Dazu sind schon im Entwurfsstadium die Umweltbedingungen des Bauwerks zu klären, um ihre Bedeutung im Hinblick auf die Dauerhaftigkeit beurteilen und ausreichende Vorkehrungen zum Schutz der Baustoffe treffen zu können.

Die wichtigsten Schadeinflüsse sind biologische Einwirkungen (z. B. Pilz- oder Insektenbefall) auf die Holzbaustoffe und chemische Einwirkungen (z. B. Korrosion) auf die metallischen Baustoffe. Als Vorkehrungen kommen die Auswahl geeigneter Baustoffe mit natürlicher Dauerhaftigkeit, baulich-konstruktive Schutzmaßnahmen sowie Schutzmaßnahmen für die Baustoffe bzw. Baustoffoberflächen in Betracht.

Holz und Holzwerkstoffe

Sofern nicht Hölzer mit einer ausreichenden natürlichen Dauerhaftigkeit verwendet werden, sollten zur Sicherstellung der Dauerhaftigkeit – insbesondere in der NKL 3 – vorrangig die Möglichkeiten des vorbeugenden baulich-konstruktiven Holzschutzes beachtet werden. Zur Verminderung von Schwindrissen und Maßänderungen sind in der NKL 1 und 2 die Hölzer mit mittleren Einbaufeuchten von höchstens 20 % einzubauen. Ist die Holzfeuchte zum Zeitpunkt des vorgesehenen Einbaus wesentlich höher als die in der vorgesehenen NKL zu erwartende Ausgleichsfeuchte im Gebrauchszustand, so darf dieses Holz nur dann verwendet werden, wenn es nachtrocknen kann und die Bauteile selbst sowie die angrenzenden Bauteile gegenüber den hierbei auftretenden Schwindverformungen nicht empfindlich sind.

Bei Transport im Regen und auch bei kurzzeitiger Lagerung im Freien sind Holz und HW durch eine Abdeckung vor Feuchtigkeit und intensiver Sonnenbestrahlung zu schützen. Holz und HW sind möglichst mit der Ausgleichsfeuchte nach Tafel 9.8b einzubauen. Vereinfacht dürfen diese Ausgleichsfeuchten auch für Sperrholz und Spanplatten zugrunde gelegt werden. Bei Faserplatten liegen die Werte um etwa 3 % niedriger.

Metallische Bauteile und Verbindungsmittel

Maßnahmen gegen Korrosion wie Metallüberzüge und/oder Beschichtungen oder die Verwendung geeigneter nicht rostender Stähle dienen dazu, die Dauerhaftigkeit sicherzustellen. Beispiele dafür sind in Tabelle 2 der DIN 1052:2004 enthalten. Für Stahlbauteile mit Dicken über 5 mm gelten die Regeln des Stahlbaus.

4.2 Gefährdungsklassen (GK)

Nach DIN 68 800-3 werden Holzbauteile entsprechend der Art der Gefährdung in die Gefährdungsklassen (GK) 0 bis 4 eingestuft. In GK 1 bis GK 4 ist chemischer Holzschutz nicht zwingend erforderlich, wenn Hölzer eingesetzt werden, die für die jeweilige Gefährdungsklasse ausreichend dauerhaft sind (siehe Tafel 9.17a).

Tafel 9.16a Holzbauteile, nicht beansprucht durch Niederschläge, Spritzwasser o. Ä.

Gefährdungsklasse	Beanspruchung	Anwendungsbereiche	Erforderliche Prüfprädikate der Holzschutzmittel[1)]
0	Innen verbautes Holz, ständig trocken	Wie Gefährdungsklasse 1 unter Berücksichtigung von [2)]	–
1[3)]	Innen verbautes Holz, ständig trocken	Innenbauteile bei einer mittleren rel. Luftfeuchte bis 70 % und gleichartig beanspruchte Bauteile	Iv
2	Holz, das weder dem Erdkontakt noch direkt der Witterung oder Auswaschung ausgesetzt ist, vorübergehende Befeuchtung ist möglich	Innenbauteile bei einer mittleren rel. Luftfeuchte über 70 % und gleichartig beanspruchte Bauteile. Innenbauteile in Nassbereichen, Holzteile Wasser abweisend abgedeckt. Außenbauteile ohne unmittelbare Wetterbeanspruchung.	Iv P

1) Siehe Tafel 9.17b.

2) Chemische Holzschutzmaßnahmen im Bereich der Gefährdungsklasse 1 sind nicht erforderlich, wenn Farbkernhölzer verwendet werden, die einen Splintholzanteil unter 10 % aufweisen oder Holz in Räumen mit üblichem Wohnklima oder vergleichbaren Räumen verbaut ist und a) gegen Insektenbefall allseitig durch eine geschlossene Bekleidung abgedeckt ist oder b) Holz zum Raum hin so offen angeordnet ist, dass es kontrollierbar bleibt.

3) Holzfeuchte ≤ 20 % sichergestellt.

Tafel 9.16b Holzbauteile, beansprucht durch Niederschläge, Spritzwasser o. Ä.

Gefährdungsklasse	Beanspruchung	Anwendungsbereiche	Erforderliche Prüfprädikate der Holzschutzmittel[1)]
3	Holz der Witterung oder Kondensation ausgesetzt, aber nicht in Erdkontakt	Außenbauteile mit Wetterbeanspruchung ohne ständigen Erd- und/oder Wasserkontakt. Innenbauteile in Nassräumen	Iv P W
4	Holz in dauerndem Erdkontakt oder ständiger starker Befeuchtung ausgesetzt[2)]	Holzteile mit ständigem Erd- und/oder Süßwasserkontakt,[2)] auch bei Ummantelung	Iv P W E

1) Siehe Tafel 9.17b.

2) Besondere Bedingungen gelten für Kühltürme sowie für Holz im Meerwasser.

4.3 Baulicher Holzschutz

Der Entwurf und konstruktive Durchbildung eines Bauwerks sollen sicherstellen, dass Holzbauteile nicht hohen Feuchtigkeiten ausgesetzt werden, die zu dauerhaften Holzfeuchten von mehr als 20 % führen und damit eine Holzzerstörung durch Pilze ermöglichen. Konkret bedeutet das

- Hirnholzflächen abdecken
- Bodenabstand von ca. 300 mm
- Belüftung des Holzes
- Dachüberstände ausführen
- Abtropfkanten ausbilden
- Schnelle Wasserabführung

Eine sehr gute bauliche Maßnahme stellt die Verwendung von Holzarten mit für die bestehende GK ausreichend hoher natürlicher Dauerhaftigkeit (Resistenz) dar (siehe Tafel 9.17a).

Das Kernholz der nach DIN 1052 verwendbaren Holzarten ist nach DIN 68 364 in Resistenzklassen und nach DIN EN 350-2 in Dauerhaftigkeitsklassen eingeteilt. Das Splintholz aller Holzarten ist den Klassen 4 und 5 zuzuordnen.

Tafel 9.17a Einsatz des Kernholzes von Holzarten mit ausreichend hoher Resistenz (Dauerhaftigkeit), statt der Verwendung von Holzschutzmitteln

Gefährdungsklasse	1	2	3	4
Resistenzklasse	3–4	3	2	1
Dauerhaftigkeitsklasse	3–4	3–4	2	1, 2 (Azobé)
Holzarten wie z. B.	Kiefer	Douglasie, Lärche	Eiche	Afzelia, Teak, Azobé

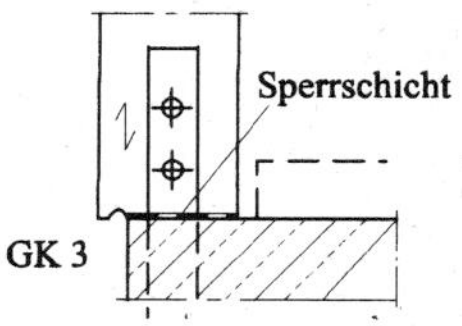

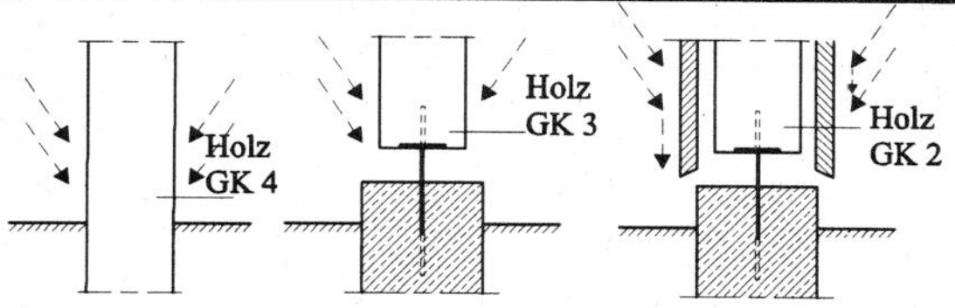

Schutz der Bauteile gegen aufsteigende Feuchte durch Sperrschichten

Stützen im Freien (aus [9.3])

Weitere Beispiele können z. B. [9.3] bis [9.5] entnommen werden.

4.4 Chemischer Holzschutz

Ergibt sich die Notwendigkeit des chemischen Holzschutzes, kommen wasserlösliche oder ölige Holzschutzmittel und Präparate für besondere Anwendungsgebiete zum Einsatz. Es sind nur Mittel zu verwenden, die vom Deutschen Institut für Bautechnik (DIBt) eine BAZ sowie die ihren Eigenschaften entsprechenden amtlichen Prüfprädikate erhalten haben (Tafel 9.17b). Diese Präparate sind im vom DIBt jährlich veröffentlichten Holzschutzmittelverzeichnis [9.6] zusammengestellt.

Für andere als in Tafeln 9.16a und 9.16b angeführte Anwendungsbereiche und im Falle von Abweichungen von den Tafeln ist ein besonderer Verwendbarkeitsnachweis zu führen (siehe [9.7]).

Tafel 9.17b Prüfprädikate für Holzschutzmittel

Prüfprädikat	Wirksamkeit	Für GK
Iv	gegen Insekten vorbeugend wirksam	1 bis 4
P	gegen Pilze vorbeugend wirksam	2 bis 4
W	auch für Holz, das der Witterung ausgesetzt ist, jedoch nicht im ständigen Erdkontakt und nicht im ständigen Kontakt mit Wasser	3 und 4
E	auch für Holz, das extremer Beanspruchung ausgesetzt ist (im ständigen Erdkontakt und/oder im ständigen Kontakt mit Wasser sowie bei Schmutzablagerungen in Rissen und Fugen)	4

5 Schnittgrößen und Verformungen

5.1 Schnittgrößen

5.1.1 Allgemeines

Allgemeine Voraussetzungen, Vereinfachungen und Annahmen sind:

- Linear-elastisches Baustoffverhalten
- Lineare Last-Verschiebungsbeziehungen der Verbindungen

- Schnittgrößenermittlung mit den Steifigkeitskennwerten $E = \frac{E_{\text{mean}}}{\gamma_{\text{M}}}$; $G = \frac{G_{\text{mean}}}{\gamma_{\text{M}}}$; $K = \frac{2 \cdot K_{\text{ser}}/3}{\gamma_{\text{M}}}$
- Für Tragfähigkeitsnachweise dürfen Momentenumlagerungen angenommen werden. Die Größe des umgelagerten Moments darf nicht mehr als 10 % der Größe des Moments vor der Umlagerung betragen. Die Auswirkungen einer Momentenumlagerung müssen bei der Bemessung berücksichtigt werden.
- Vereinfachte Berechnung von Druckstäben und Biegestäben nach dem Ersatzstabverfahren (Verwendung von Knick- bzw. Kippbeiwerten)
- Anwendung der Theorie II. Ordnung oder des Ersatzstabverfahrens bei auf Druck beanspruchten Systemen, wenn für die Stäbe die Bedingung $\ell_{\text{ef}} \cdot \sqrt{\frac{N_{\text{d}} \cdot \gamma_{\text{M}}}{E_{\text{mean}} \cdot I}} \leq 1$ nicht eingehalten ist,

  ℓ_{ef} Ersatzstablänge — N_{d} Bemessungswert der Druckkraft im Stab
  $\gamma_{\text{M}} = 1{,}3$ — I Flächenmoment 2. Grades
- Regeln für Theorie II. Ordnung
  - Steifigkeitskennwerte wie oben angegeben, ausgenommen Einzelstäbe, bei denen E_{mean} durch E_{05} zu ersetzen ist;
  - Rechenwert der Ausmitte $e = 0{,}0025 \cdot \ell$ mit ℓ als Stablänge bzw. Abstand der Knotenpunkte;
  - Ansatz von Vorkrümmungen bei verschieblichen Rahmensystemen nicht erforderlich;
  - Rechenwert des Schrägstellungswinkels φ im Bogenmaß in Abhängigkeit von der Tragwerkshöhe h:

    $\varphi = 0{,}005$ für $h \leq 5$ m

    $\varphi = 0{,}005 \cdot \sqrt{5/h}$ für $h > 5$ m

5.1.2 Stabtragwerke

- Systemlinien des statischen Systems sollten mit den Stabachsen übereinstimmen.
- Stäbe werden direkt oder indirekt verbunden. Indirekte Verbindung wird durch Verbindungselemente wie z. B. Knotenplatten oder Laschen hergestellt. Der Schwerpunkt des Anschlussbildes einer direkten Verbindung Stab mit Stab oder des Anschlusses Stab an Verbindungselement einer indirekten Verbindung wird als Anschlusspunkt bezeichnet.

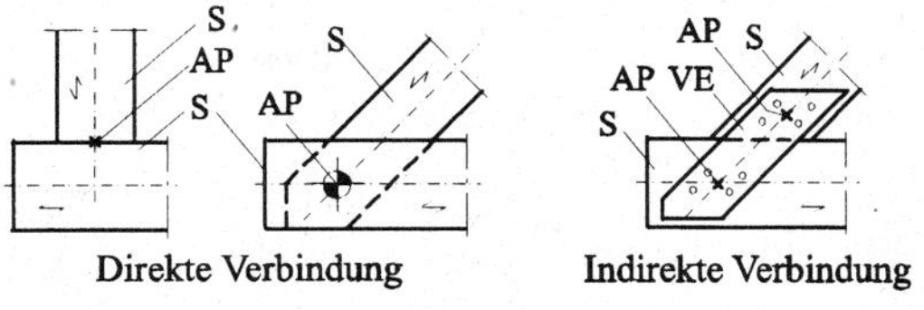

AP Anschlusspunkt
S Stab
VE Verbindungselement

- In Kontaktanschlüssen ist anzunehmen, dass die Kraft rechtwinklig zur Kontaktfläche wirkt. Kontaktanschlüsse sind in ihrer gegenseitigen Lage zu sichern.
- Aus Dreiecken zusammengesetzte Bauteile dürfen vereinfacht als Fachwerksystem berechnet werden, wenn
  - ein Teil der Auflagerfläche unterhalb des Auflagerknotenpunktes liegt,
  - die Fachwerkträgerhöhe H in Feldmitte mehr als $0{,}15 \cdot \ell$ beträgt mit ℓ als Stützweite,
  - $H >$ siebenfache maximale Gurthöhe $h_{\text{f,max}}$,
  - der kleinste Winkel einer Verbindung zwischen Ober- und Untergurt $\geq 15°$ beträgt.
- Sind die obigen Bedingungen nicht erfüllt, ist die vereinfachte Berechnung trotzdem zulässig, wenn die Biegesteifigkeit durchlaufender Stäbe und die Verschiebungen in den Verbindungen im statischen Modell berücksichtigt werden.

5.1.3 Aussteifungskonstruktionen

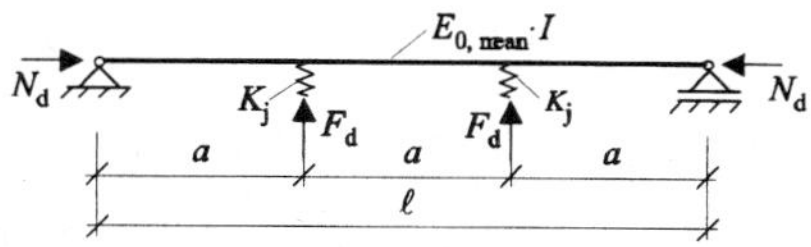

Einzelabstützungen eines Druckstabes

Vorkrümmung zwischen den Einzelabstützungen:

$\leq a/300$ bei Stäben aus VH und BASH

$\leq a/500$ bei Stäben aus BSH und FSH

Federsteifigkeit der Einzelabstützung: $K_j \geq \dfrac{4 \cdot \pi^2 \cdot E_{0,mean} \cdot I}{a^3}$

$E_{0,mean} \cdot I$ Biegesteifigkeit des Druckstabes bei Durchbiegung in Richtung der Einzelabstützung

a Abstand zwischen zwei Abstützungen

Beispiel:

Verbandsdiagonale D wird von Pfette P in Stabmitte abgestützt.

D: 120/120 mm VH C 24 $\ell_D = 6{,}0 \cdot \sqrt{2} = 8{,}48$ m

P: 140/200 mm VH C 24 $\ell_P = 6{,}0$ m

Federsteifigkeit der Einzelabstützung durch die Pfette

$$K_j = \frac{F}{w} = \frac{F \cdot 48 \cdot (EI)_P}{F \cdot \ell_P^3} = \frac{48 \cdot 11000 \cdot 140 \cdot 200^3}{12 \cdot 6000^3} = 228 \text{ N/mm}$$

Mindeststeifigkeit

$$\frac{4 \cdot \pi^2 \cdot (EI)_D}{(\ell_D/2)^3} = \frac{4 \cdot \pi^2 \cdot 11000 \cdot 120^4}{12 \cdot (8480/2)^3} = 98 \text{ N/mm}$$

Nachweis: $K_j = 228$ N/mm > 98 N/mm

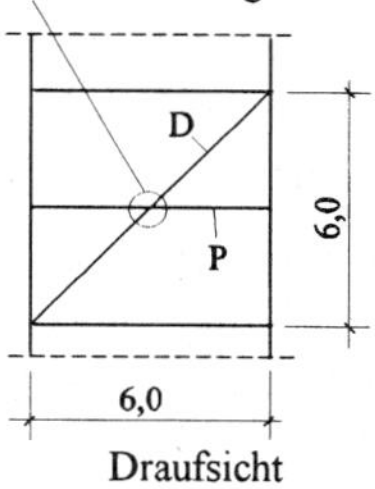

Bemessungswert der Abstützeinzellast:

Für VH und BASH: $F_d = N_d \cdot (1 - k_c)/50$ für BSH und FSH: $F_d = N_d \cdot (1 - k_c)/80$

N_d Bemessungswert der mittleren Normalkraft im Druckstab

k_c Knickbeiwert für den nicht ausgesteiften Druckstab nach Abschnitt 7.2.1 und 13.1

Aussteifungskonstruktion für die Einzelabstützungen

Die Aussteifungskonstruktion für die Einzelabstützungen ist zusätzlich zu anderen Einwirkungen für eine als gleichmäßig verteilt angenommene Ersatzlast $q_d = \dfrac{N_d \cdot (1 - k_c)}{30 \cdot \ell}$ zu bemessen.

Einzelabstützungen des Druckgurts eines Biegestabes

Bedingung für die Federsteifigkeit der Einzelabstützung wie bei Einzelabstützungen eines Druckstabes. Bemessungswert der Abstützeinzellast wie bei Einzelabstützungen eines Druckstabes mit

$$N_d = (1 - k_m) \cdot \frac{M_d}{h}$$

k_m Kippbeiwert für den nicht ausgesteiften Biegestab nach Abschnitt 7.3 bzw. 13.3

M_d Bemessungswert des größten Biegemoments im Stab

h Höhe des Stabquerschnitts

Aussteifungskonstruktion für Druckgurte von Biegestäben oder Fachwerkträgern

Die Aussteifungskonstruktion ist zusätzlich zu äußeren Einwirkungen (z. B. Windlast) für die Ersatzlasten $q_d = k_\ell \cdot \dfrac{n \cdot N_d}{30 \cdot \ell}$ und $Q_d = q_d \cdot \dfrac{\ell}{2}$ zu bemessen mit $k_\ell = \sqrt{15/\ell} \leq 1$

n Anzahl der auszusteifenden Biegestäbe oder Fachwerkträger

N_d siehe Einzelabstützungen des Druckgurts eines Biegestabes

N_d mittlere Normalkraft im Druckgurt bei Fachwerkträgern

Nachweis der rechnerischen Ausbiegung v der Aussteifungskonstruktion infolge q_d und äußeren Einwirkungen: $v \leq \ell / 500$.

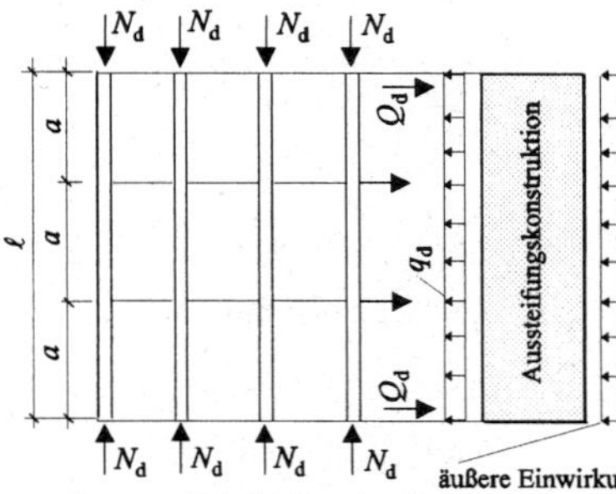

vier auszusteifende Träger ($n = 4$)

Gabellager

Die bei Biegestäben erforderliche Gabellagerung an den Stabenden ist so zu bemessen, dass sie mindestens ein Torsionsmoment $T_d = M_d \cdot \left[\frac{1}{80} - \frac{1}{60} \cdot \frac{e}{h} \cdot (1 - k_m)\right]$ aufnehmen kann.

M_d Bemessungsmoment des größten Biegemoments im Stab

e Mittenabstand der Aussteifung von der Schwerlinie des Stabes (in Richtung der Druckzone positiv)

h Höhe des Stabquerschnitts

k_m Kippbeiwert für den nicht ausgesteiften Stab nach Abschnitt 7.3 bzw. 13.3

Beispiel

$T = M / 80$ für $k_m = 1$

$T = M / 240$ für $k_m = 0$ und $e = h / 2$

$T = M / 80$ für $k_m = 0$ und $e = 0$

Mit $M = 130$ kNm ; $h = 0,8$ m ; $T = M / 80$

wird für eine wirksame Gabellagerung ein Paar horizontaler

Kräfte mit $H = \frac{130}{80 \cdot 0,8} = 2$ kN benötigt.

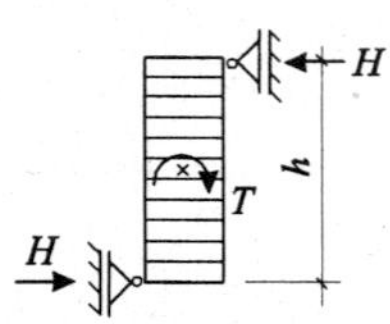

5.2 Verformungen

5.2.1 Biege- und Schubverformungen

Anfangsdurchbiegung w_{inst} ist die elastische Verformung infolge charakteristischer Biegemomente und gegebenenfalls charakteristischer Querkräfte.

Biegeträger mit konstanter Höhe

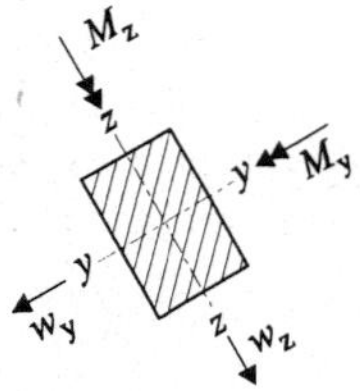

Einachsige Biegung $$w_{inst} = n \cdot M_{max} \cdot \ell^2 \cdot \frac{10^4}{E_{0,mean} \cdot I}$$

Zweiachsige Biegung $$w_{y,inst} = n \cdot M_{z,max} \cdot \ell_z^2 \cdot \frac{10^4}{E_{0,mean} \cdot I_z}$$

$$w_{z,inst} = n \cdot M_{y,max} \cdot \ell_y^2 \cdot \frac{10^4}{E_{0,mean} \cdot I_y}$$

$$w_{m,inst} = \sqrt{w_{y,inst}^2 + w_{z,inst}^2}$$

$E_{0,mean}$ in N/mm²

n-Werte und Einheiten von M_{max}, ℓ, I siehe Kap. 4, Seite 4.27.

Schubverformung $w_{v,inst} = \frac{M_{max}}{G_{mean} \cdot A_v}$ — G_{mean} mittlerer Schubmodul

A_v = A_w bei Stegträgern
= $A/1{,}2$ bei Trägern mit Rechteckquerschnitt

Gesamte Anfangsverformung $w_{inst} = w_{m,inst} + w_{v,inst}$

Sattel- und Pultdachträger mit Rechteckquerschnitt

Biegeverformung mit $I_s = b \cdot h_s^3/12$

$$w_{m,inst} = \frac{M_{max} \cdot \ell^2}{9{,}6 \cdot E_{0,mean} \cdot I_s} \cdot k_m$$

Schubverformung mit $A_s = b \cdot h_s$

$$w_{v,inst} = \frac{1{,}2 \cdot M_{max}}{G_{mean} \cdot A_s} \cdot k_v$$

Faktoren k_m und k_v für Pultdachträger und symmetrische Satteldachträger

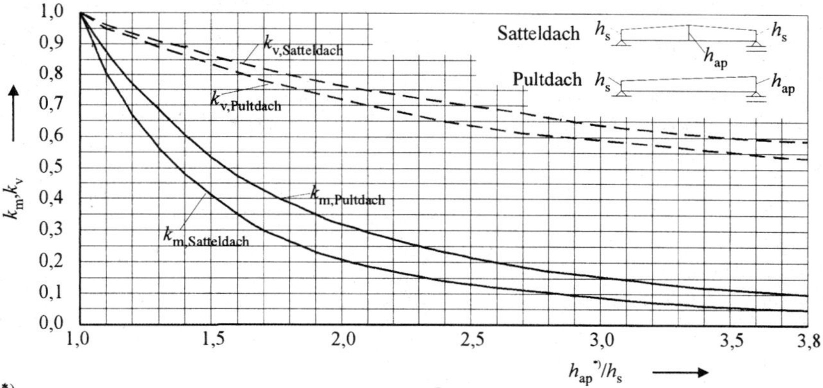

*) Bei gekrümmtem Untergurt für h_{ap} hier h_1 nach Abschnitt 7.7 einsetzen.

Für symmetrische Satteldachträger können k_m und k_v folgendermaßen berechnet werden:

$$k_m = \frac{(h_s/h_{ap})^3}{0{,}15 + 0{,}85 \cdot h_s/h_{ap}} \quad \text{und} \quad k_v = \frac{2}{1 + (h_{ap}/h_s)^{2/3}}$$

Für Satteldachträger mit gekrümmtem Untergurt und zum Auflager hin konisch zulaufendem Querschnitt können die Durchbiegungen z. B. nach [9.8] ermittelt werden.

Zusammengesetzte Träger mit konstanter Höhe

In die Gleichungen in Kap. 4 für die Berechnung der Durchbiegung w ist als Biegesteifigkeit EI einzusetzen:

für geklebte Stegträger	EI	nach [9.9]
für zusammengesetzte Träger mit nachgiebigem Verbund	$(EI)_{ef}$	nach [9.9]

Rahmentragwerke und Fachwerke

Gesamte Anfangsverformung $\delta = \delta_{el} + \delta_j$

Elastische Verformung $$\delta_{el} = \int \frac{M\,\bar{M}}{E_{0,mean} I} ds + \int \frac{V\,\bar{V}}{G_{mean} A_v} ds + \int \frac{S\,\bar{S}}{E_{0,mean} A} ds$$

Siehe auch Kap. 4, Seite 4.40 und 4.46.

Verformung in den Verbindungen $$\delta_j = \sum \frac{M_E \bar{M}_E}{K_r} + \sum \frac{S_k \bar{S}_k}{K_j} + \sum \bar{S}_i \Delta u_i$$

Es bedeuten:

M_E	in Nmm;	$\overline{M}_E$	in mm	Biegemomente in Rahmenecken oder Einspannungen
S_k	in N;	$\overline{S}_k$	in –	Anschlusskräfte in Knoten
S_i	in N;	$\overline{S}_i$	in –	Stabkräfte
K_r	in Nmm;			Drehfedersteifigkeit
K_j	in N/mm;			Federsteifigkeit
Δu_i	in mm;			Schlupf

Verformungen aus Temperaturänderungen können bei Holzkonstruktionen im Allgemeinen vernachlässigt werden.

5.2.2 Kriechverformungen

Endverformung $w_{fin} = w_{inst} + w_{kriech} = w_{inst} + k_{def} \cdot w_{inst} = w_{inst} \cdot (1 + k_{def})$ mit k_{def} nach Tafel 9.22.

Die Endverformung eines Tragwerks, das aus Bauteilen mit unterschiedlichen Kriecheigenschaften besteht, sollte mit abgeänderten Steifigkeitsmoduln berechnet werden, die bestimmt werden, indem der Steifigkeitsmodul für jedes Bauteil durch den entsprechenden Wert von $(1 + k_{def})$ geteilt wird. Für Verbindungen mit mechanischen VM ist k_{def} der zu verbindenden Bauteile zu verwenden. Bei Verbindungen mit unterschiedlichem k_{def} darf das arithmetische Mittel der k_{def}-Werte verwendet werden. Bei Stahlblech-Holz-Verbindungen ist k_{def} des Holzes einzusetzen.

Tafel 9.22 Verformungsbeiwerte k_{def}

Baustoff	Nutzungsklasse 1	Nutzungsklasse 2	Nutzungsklasse 3
VH[1)], BSH, FSH[2)], BASH, BSPH	0,60	0,80	2,00
FSH[3)], SPH	0,80	1,00	2,50
OSB-Platten	1,50	2,25	–

1) k_{def}-Werte für VH, dessen Feuchte beim Einbau im Fasersättigungsbereich oder darüber liegt und nach dem Einbau austrocknen kann, sind um 1,0 zu erhöhen.
2) Mit allen Furnieren faserparallel.
3) Mit Querfurnieren.

6 Gebrauchstauglichkeitsnachweise

6.1 Durchbiegungsnachweise

Die nach Abschnitt 5.2 berechneten Durchbiegungen sind mit empfohlenen Grenzwerten zu vergleichen. Gegebenenfalls können auch andere Grenzwerte vereinbart werden.

Anfangsdurchbiegung w_{inst} ist die elastische Biegeverformung.
Schubverformungen sind gegebenenfalls zusätzlich zu berücksichtigen.

Enddurchbiegung $w_{fin} = w_{inst} \cdot (1 + k_{def})$ mit k_{def} nach Tafel 9.22

Nachweis für die seltene Bemessungssituation

zur Vermeidung von Schäden an nicht tragenden Bauteilen oder Einbauten

– bei einer veränderlichen Einwirkung Q_1

$$w_{Q1,inst} \le \ell / 300$$

$$w_{fin} - w_{G,inst} = w_{Q1,inst} \cdot (1 + \psi_{2,1} \cdot k_{def}) + k_{def} \cdot w_{G,inst} \le \ell / 200$$

– bei mehreren veränderlichen Einwirkungen

$$w_{Q,inst} = w_{Q1,inst} + \Sigma \psi_{0,i} \cdot w_{Qi,inst} \le \ell / 300$$

$$w_{fin} - w_{G,inst} =$$

$$w_{Q1,inst} (1 + \psi_{2,1} \cdot k_{def}) + \Sigma w_{Qi,inst} \cdot (\psi_{0,i} + \psi_{2,i} \cdot k_{def}) + k_{def} \cdot w_{G,inst} \le \ell/200$$

Nachweis für die quasi-ständige Bemessungssituation zur Sicherstellung der allgemeinen Benutzbarkeit und des gewünschten Erscheinungsbildes

$$w_{fin} - w_0 = w_{G,fin} + \Sigma \psi_{2,i} \cdot w_{Qi,inst} \cdot (1 + k_{def}) - w_0 \le \ell / 200$$

w_0 ist die Überhöhung des Biegestabes.

6.2 Schwingungsnachweis

Bei Decken unter Wohnräumen: $w_{G,inst} + \psi_2 \cdot w_{Q,inst} \leq 6$ mm

Mehrfeldträger dürfen als Einfeldträger mit $\ell = \ell_{max}$ gerechnet werden. Die elastische Einspannung in Nachbarfelder darf berücksichtigt werden.

Eine Darstellung genauerer Schwingungsnachweise ist in [9.9] enthalten.

7 Tragfähigkeitsnachweise

7.1 Zugstäbe

7.1.1 Mittige Zugkraft und symmetrische Krafteinleitung

Faustformeln im Standardfall für NH C 24 mit $\Delta A = 0{,}2 \cdot A$

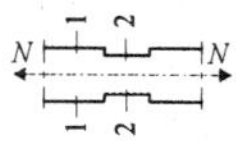

$N_{max,d} \approx 6{,}9 \cdot A$ in N mit A in mm²

$A_{req} \approx 0{,}145 \cdot N_d$ in mm² mit N_d in N

Querschnittsfläche A (Schnitt 1-1) Nettoquerschnittsfläche $A_n = A - \Delta A$ (Schnitt 2-2)

Tafel 9.23 Faustformeln für andere Baustoffe mit $\Delta A = 0{,}2 \cdot A$ im Standardfall*)

Baustoff	$N_{max,d}$ in N mit A in mm²	A_{req} in mm² mit N_d in N	nach Norm bzw. BAZ
NH C 30	$8{,}8 \cdot A$	$0{,}113 \cdot N_d$	DIN 1052
NH C 40	$11{,}8 \cdot A$	$0{,}085 \cdot N_d$	
LH D 30	$8{,}8 \cdot A$	$0{,}113 \cdot N_d$	
LH D 40	$11{,}8 \cdot A$	$0{,}085 \cdot N_d$	
BSH GL 24h	$8{,}1 \cdot A$	$0{,}123 \cdot N_d$	
BSH GL 32h	$11{,}1 \cdot A$	$0{,}090 \cdot N_d$	
SPH DIN EN 636, F25/10 ‖ zur Faser	$8{,}8 \cdot A$	$0{,}113 \cdot N_d$	
FSH Kerto S ‖ zur Faser und $h \leq 900$ mm	$18{,}7 \cdot A$	$0{,}053 \cdot N_d$	Z-9.1-100

*) Für NKL 3 oder andere KLED sind $N_{max,d}$ mit k^* (siehe Tafel 9.8a) zu multiplizieren und A_{req} durch k^* zu dividieren.

Spannungsnachweis: $\dfrac{N_d / A_n}{f_{t,0,d}} \leq 1$ mit $f_{t,0,d}$ nach Abschnitt 3

7.1.2 Mittige Zugkraft und einseitige Krafteinleitung

Faustformeln im Standardfall*) für NH C 24 für $\Delta A = 0{,}2 \cdot A$ bei Zugverbindungen mit Sr, Bo, PB und Nä in nicht vorgebohrten Nagellöchern

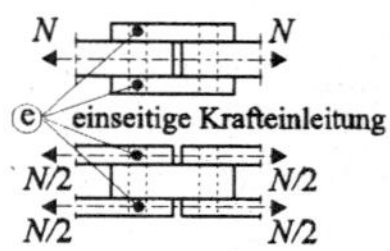

$N_{e,d} \approx 0{,}67 \cdot N_{max,d}$ mit $N_{max,d}$ bei symmetrischer Krafteinleitung

$A_{e,req} \approx 1{,}5 \cdot A_{req}$ mit A_{req} bei symmetrischer Krafteinleitung

Spannungsnachweis: $\dfrac{N_d / A_n}{0{,}67 \cdot f_{t,0,d}} \leq 1$

mit $f_{t,0,d}$ nach Abschnitt 3

Faustformeln im Standardfall*) für NH C 24 für $\Delta A = 0{,}2 \cdot A$ bei Zugverbindungen ohne Maßnahmen zur Verhinderung der Verkrümmung

$N_{e,d} \approx 0{,}4 \cdot N_{max,d}$ mit $N_{max,d}$ bei symmetrischer Krafteinleitung

$A_{e,req} \approx 2{,}5 \cdot A_{req}$ mit A_{req} bei symmetrischer Krafteinleitung

*) Siehe Fußnote Tafel 9.23.

Spannungsnachweis: $\frac{N_d / A_n}{0{,}4 \cdot f_{t,0,d}} \le 1$ mit $f_{t,0,d}$ nach Abschnitt 3

7.1.3 Ausmittige Zugkraft

Siehe Abschnitt 7.3.3, Biegung und Zug.

7.2 Druckstäbe

7.2.1 Mittige Druckkraft

N_d Bemessungswert der mittigen Druckkraft
A Querschnittsfläche
ℓ Stablänge
ℓ_{ef} Ersatzstablänge = $\beta \cdot \ell$
β Knicklängenbeiwert

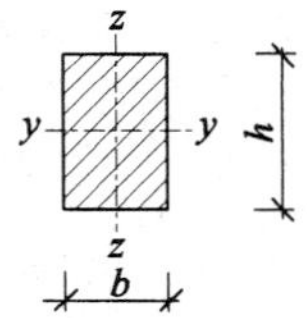

Tafel 9.24 Faustformeln für NH C 24 im Standardfall*)

Rechteckquerschnitt b/h			Kreisquerschnitt**) $\varnothing d$		
$\ell_{ef,y}/h$ bzw. $\ell_{ef,z}/b$	$N_{max,d}$ in N mit A in mm²	A_{req} in mm² mit N_d in N	ℓ_{ef}/d	$N_{max,d}$ in N mit d in mm	d_{req} in mm mit N_d in N
10	$11{,}9 \cdot A$	$0{,}084 \cdot N_d$	10	$10{,}8 \cdot d^2$	$0{,}31 \cdot \sqrt{N_d}$
20	$7{,}2 \cdot A$	$0{,}138 \cdot N_d$	20	$5{,}4 \cdot d^2$	$0{,}43 \cdot \sqrt{N_d}$
30	$3{,}7 \cdot A$	$0{,}279 \cdot N_d$	25	$3{,}7 \cdot d^2$	$0{,}52 \cdot \sqrt{N_d}$
40	$2{,}1 \cdot A$	$0{,}468 \cdot N_d$	30	$2{,}6 \cdot d^2$	$0{,}62 \cdot \sqrt{N_d}$
50	$1{,}4 \cdot A$	$0{,}718 \cdot N_d$	40	$1{,}5 \cdot d^2$	$0{,}81 \cdot \sqrt{N_d}$

*) Für NKL 3 oder andere KLED sind $N_{max,d}$ mit k^* (siehe Tafel 9.8a) zu multiplizieren und A_{req} durch k^* bzw. d_{req} durch $\sqrt{k^*}$ zu dividieren.
**) Randzone ungeschwächt, nur von Bast und Rinde befreit.

Knicknachweis: $\frac{N_d / A}{k_c \cdot f_{c,0,d}} \le 1$

mit
A Querschnittsfläche
$f_{c,0,d}$ des Baustoffs nach Abschnitt 3
k_c Knickbeiwert des Baustoffs

Der Knickbeiwert k_c berechnet sich zu $k_c = \min\left\{\frac{1}{k + \sqrt{k^2 - \lambda_{rel,c}^2}}; 1\right\}$

mit $k = 0{,}5 \cdot \left[1 + \beta_c \cdot \left(\lambda_{rel,c} - 0{,}3\right) + \lambda_{rel,c}^2\right]$ und $\lambda_{rel,c} = \sqrt{\frac{f_{c,0,k}}{\sigma_{c,crit}}} = \frac{\lambda}{\pi} \cdot \sqrt{\frac{f_{c,0,k}}{E_{0,05}}}$

$\beta_c = 0{,}2$ für VH und BASH
$\lambda = \ell_{ef}/i$ Schlankheitsgrad
$\beta_c = 0{,}1$ für BSH und HW
i Trägheitsradius

7.2.2 Ausmittige Druckkraft

Siehe Abschnitt 7.3.4, Biegung und Druck ohne Kipp- und Knickgefahr ($k_m = k_c = 1$). Andernfalls muss erfüllt sein:

$$\frac{\sigma_{c,0,d}}{k_{c,y} \cdot f_{c,0,d}} + \frac{\sigma_{m,y,d}}{k_m \cdot f_{m,y,d}} + k_{red} \cdot \frac{\sigma_{m,z,d}}{f_{m,z,d}} \leq 1 \quad \text{und} \quad \frac{\sigma_{c,0,d}}{k_{c,z} \cdot f_{c,0,d}} + k_{red} \cdot \frac{\sigma_{m,y,d}}{k_m \cdot f_{m,y,d}} + \frac{\sigma_{m,z,d}}{f_{m,z,d}} \leq 1$$

7.2.3 Ersatzstablängen

Knicklängenbeiwerte β zu Berechnung der Ersatzstablänge $\ell_{ef} = \beta \cdot \ell$ können dem Anhang E.2, Knicklängenbeiwerte, zur DIN 1052:2004 entnommen werden.

Ersatzstablängen sind z. B. auch in [9.8] enthalten.

Beispiel: Dachpfosten

NKL 1/2 $\ell_{ef} = \ell = 4{,}5$ m Baustoff VH C 24 quadratischer Querschnitt

$N_d = 35{,}0$ kN KLED kurz $k_{mod} = 0{,}9$

Nach Abschnitt 13.5 für $\ell_{ef} = 4{,}5$ m: **Gewählt 120/120 mm VH C 24**

Knicknachweis nach Abschnitt 7.2.1: $\sigma_{c,0,d} = 35 \cdot 10^3 / 120^2 = 2{,}43$ N/mm^2

$\lambda = 4500 / 34{,}6 = 130 \rightarrow k_c = 0{,}185$ aus Abschnitt 13.1

Nachweis: $$\frac{\sigma_{c,0,d}}{k_c \cdot k^* \cdot f_{c,0,d}} = \frac{2{,}43}{0{,}185 \cdot 1{,}125 \cdot 12{,}9} = 0{,}91 < 1$$

7.3 Einteilige gerade Biegestäbe mit konstantem Querschnitt

7.3.1 Einachsige Biegung

Biegestäbe mit Rechteckquerschnitt aus VH C 24

Tafel 9.25a Tragfähigkeitsnachweise im Standardfall*)

Rechteckquerschnitt b/h mm/mm	Kippnachweis ist erfüllt, wenn der Abstand der seitlichen Abstützungen $\ell_{ef} \leq$	Biegespannungsnachweis*) ist erfüllt, wenn $M_d \leq$	Schubspannungsnachweis*) ist erfüllt, wenn $V_d \leq$
60/240	2,0 m	8,5 kNm	11,8 kN
80/160	5,4 m	5,0 kNm	10,5 kN
80/240	3,6 m	11,3 kNm	15,7 kN
100/200	6,8 m	9,8 kNm	16,4 kN
120/240	8,1 m	17,0 kNm	23,6 kN

*) Für NKL 3 oder andere KLED sind M_d und V_d durch k^* (siehe Tafel 9.8a) zu dividieren.

Tafel 9.25b Durchbiegungsnachweis des Einfeldträgers (Stützweite ℓ, Gleichstreckenlast, mit $\psi_2 \leq 0{,}3$) in der seltenen und quasi-ständigen Bemessungssituation in der NKL 1

b/h mm/mm	Nachweise sind erfüllt, wenn $(M_{G,k} + M_{Q,k}) \cdot \ell \leq$ ML (ohne Schubverformung)							
	$M_{G,k} / M_{Q,k}$							
	10	7,5	5	2,5	1	0,75	0,5	0,25
	ML in kNm^2							
60/240	24	25	26	29	35	38	36	30
80/160	9,6	9,8	10	11	14	15	14	12
80/240	32	33	34	38	47	51	49	41
100/200	23	24	25	28	34	37	35	29
120/240	49	50	52	57	70	76	73	61

Tafel 9.26a Durchbiegungsnachweis des Einfeldträgers mit Stützweite ℓ und Gleichstreckenlast und für $\psi_2 \leq 0{,}8$ in der seltenen und quasi-ständigen Bemessungssituation in der NKL 1

b/*h* mm/mm	Nachweise sind erfüllt, wenn $(M_{G,k} + M_{Q,k}) \cdot \ell \leq$ ML (ohne Schubverformung)							
	$M_{G,k} / M_{Q,k}$							
	10	7,5	5	2,5	1	0,75	0,5	0,25
	ML in kNm^2							
60/240	23	23	24	24	25	26	26	27
80/160	9,2	9,2	9	10	10	10	10	11
80/240	31	31	31	32	34	34	35	36
100/200	22	23	23	23	24	25	25	26
120/240	46	47	47	48	51	52	53	54

Tafel 9.26b Durchbiegungsnachweis des Einfeldträgers mit Stützweite ℓ und Gleichstreckenlast und für $\psi_2 \leq 0{,}3$ in der seltenen und quasi-ständigen Bemessungssituation in den NKL 1/2

b/*h* mm/mm	Nachweise sind erfüllt, wenn $(M_{G,k} + M_{Q,k}) \cdot \ell \leq$ ML (ohne Schubverformung)							
	$M_{G,k} / M_{Q,k}$							
	10	7,5	5	2,5	1	0,75	0,5	0,25
	ML in kNm^2							
60/240	22	22	23	25	31	34	33	30
80/160	8,6	8,7	9,1	10	12	13	13	12
80/240	29	29	31	34	42	45	45	41
100/200	21	21	22	24	30	33	32	29
120/240	43	44	46	51	62	68	67	61

Tafel 9.26c Durchbiegungsnachweis des Einfeldträgers mit Stützweite ℓ und Gleichstreckenlast und für $\psi_2 \leq 0{,}8$ in der seltenen und quasi-ständigen Bemessungssituation in den NKL 1/2

b/*h* mm/mm	Nachweise sind erfüllt, wenn $(M_{G,k} + M_{Q,k}) \cdot \ell \leq$ ML (ohne Schubverformung)							
	$M_{G,k} / M_{Q,k}$							
	10	7,5	5	2,5	1	0,75	0,5	0,25
	ML in kNm^2							
60/240	21	21	21	22	23	23	23	24
80/160	8,2	8,2	8,3	8,5	8,9	9,0	9,2	10
80/240	28	28	28	29	30	31	31	32
100/200	20	20	20	21	22	22	23	23
120/240	41	42	42	43	45	46	47	48

Beispiel: Biegeträger im Standardfall

NKL 1

$\psi_2 \leq 0{,}3$

Stützweite $\ell = 4{,}5$ m

$M_{G,k} = 2{,}0$ kNm ; $M_{Q,k} = 4{,}0$ kNm ; $M_d = 1{,}35 \cdot 2{,}0 + 1{,}5 \cdot 4{,}0 = 8{,}7$ kNm ; $V_d = 13{,}5$ kN

gewählt **100/200 KVH C 24**

Tragfähigkeitsnachweise: $M_d = 8{,}7 \text{ kNm} < 9{,}8$
$V_d = 13{,}5 \text{ kN} < 16{,}4$
$\ell_{ef} = \ell = 4{,}5 \text{ m} < 6{,}8$
} nach Tafel 9.25a

Durchbiegungsnachweis: $(M_{G,k}+M_{Q,k}) \cdot \ell = 6{,}0 \cdot 4{,}5 = 27{,}0 \text{ kNm}^2 < \text{ML} = 35$ nach Tafel 9.25b

Nachweise für Biegestäbe

Biegung und Kippen

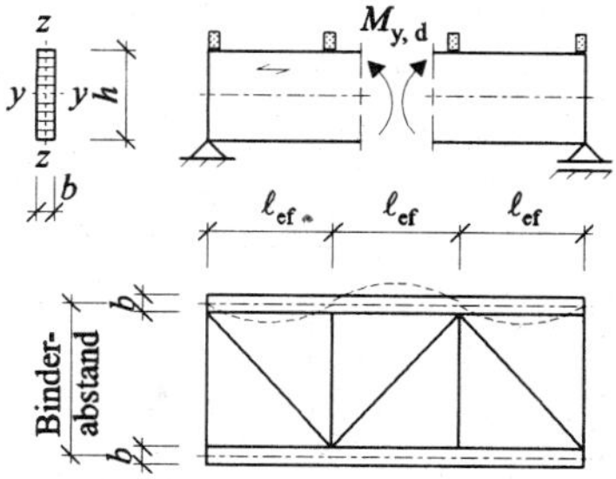

$$\frac{\sigma_{m,d}}{k_m \cdot f_{m,d}} = \frac{M_d / W_n}{k_m \cdot f_{m,d}} \leq 1$$

M_d Bemessungswert des maximalen Biegemoments im Stab

W_n Nettowiderstandsmoment an der Stelle des Moments M_d

$f_{m,d}$ Bemessungswert der Biegefestigkeit

k_m Kippbeiwert, s. unten und Abschn. 13.3

k_m $= 1{,}0$, wenn $\ell_{ef} \leq 140\, b^2 / h$

ℓ_{ef} Ersatzstablänge für das Kippen (s. Bild); weitere Fälle siehe Abschnitt 13.2

Der Kippbeiwert k_m ist abhängig vom Kippschlankheitsgrad, der für Rechteckquerschnitte lautet

$$\lambda_{rel,m} = \sqrt{\frac{f_{m,k}}{\pi \cdot \sqrt{E_{0,05} \cdot G_{0,5}}}} \cdot \sqrt{\frac{\ell_{ef} \cdot h}{b^2}}$$

k_m in Abhängigkeit von $\ell_{ef} \cdot h/b^2$ siehe Abschn. 13.3.

Tafel 9.27 Kippbeiwert k_m

$\lambda_{rel,m}$	$\leq 0{,}75$	$0{,}75 < \lambda_{rel,m} \leq 1{,}4$	$> 1{,}4$
k_m	1	$1{,}56 - 0{,}75 \cdot \lambda_{rel,m}$	$1/\lambda_{rel,m}^2$

Schubspannungsnachweis $\frac{1{,}5 \cdot V_d/A}{f_{v,d}} \leq 1$

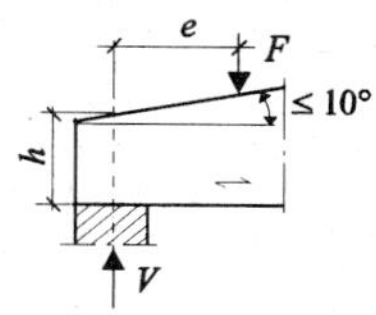

V_d Bemessungswert der Querkraft im Stab

$f_{v,d}$ Bemessungswert der Schubfestigkeit des Baustoffs

A Querschnittsfläche an der Stelle V_d

- Träger mit Auflagerung am unteren Rand und Lastangriff am oberen Rand (siehe Bild) dürfen mit der Querkraft im Abstand h vom Auflagerrand des End- oder Zwischenauflagers nachgewiesen werden.
- Auflagernahe ($e \leq 2{,}5 \cdot h$) Einzellasten gemäß Bild dürfen mit $V_{red} = V \cdot e / (2{,}5 \cdot h)$ nachgewiesen werden.
- Die Bemessungswerte der Schubfestigkeit in Bereichen, die $\geq 1{,}5$ m vom Hirnholz entfernt liegen, dürfen um 30 % erhöht werden.

7.3.2 Zweiachsige Biegung

Biegung und Kippen

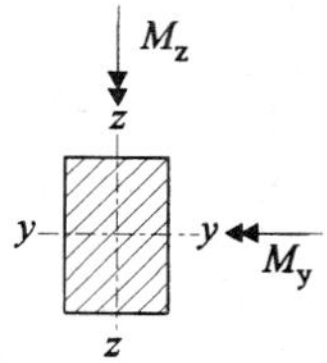

$M_{y,d}$ Biegemoment um die y-Achse

$M_{z,d}$ Biegemoment um die z-Achse

$W_{y,n}$ Netto-Widerstandsmoment um die y-Achse

$W_{z,n}$ Netto-Widerstandsmoment um die z-Achse

k_m Kippbeiwert für □-Querschnitte, siehe Abschnitt 13.3

$\sigma_{m,y,d}$ $= M_{y,d} / W_{y,n}$

$\sigma_{m,z,d}$ $= M_{z,d} / W_{z,n}$

Rechteckquerschnitte aus VH mit $h/b \leq 4$

$$\frac{\sigma_{m,y,d} / k_m + 0{,}7 \cdot \sigma_{m,z,d}}{f_{m,d}} \leq 1 \quad \text{und} \quad \frac{0{,}7 \cdot \sigma_{m,y,d} / k_m + \sigma_{m,z,d}}{f_{m,d}} \leq 1$$

Rechteckquerschnitte aus homogenem BSH

$$\frac{\sigma_{m,y,d} / k_m + k_{red} \cdot \sigma_{m,z,d} / k_\ell}{f_{m,d}} \le 1 \quad \text{und} \quad \frac{k_{red} \cdot \sigma_{m,y,d} / k_m + \sigma_{m,z,d} / k_\ell}{f_{m,d}} \le 1$$

Rechteckquerschnitte aus kombiniertem BSH, FSH, BASH, SPH, BSPH

$$\frac{\sigma_{m,y,d}}{k_m \cdot f_{m,y,d}} + \frac{k_{red} \cdot \sigma_{m,z,d}}{f_{m,z,d}} \le 1 \quad \text{und} \quad \frac{k_{red} \cdot \sigma_{m,y,d}}{k_m \cdot f_{m,y,d}} + \frac{\sigma_{m,z,d}}{f_{m,z,d}} \le 1$$

mit

$k_{red} = 0,7$ für Rechteckquerschnitte mit $h/b \le 4$
$k_{red} = 1,0$ für $h/b > 4$ und sonstige Querschnitte
$k_\ell = 1,2$ für ≥ 4 Lamellen
$k_\ell = 1,0$ für < 4 Lamellen
k_m Kippbeiwert siehe Abschnitt 13.3

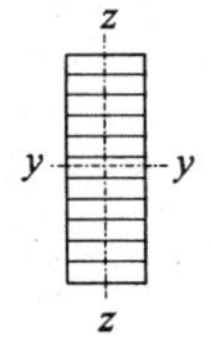

Beispiel:
BSH mit 11 Lamellen

7.3.3 Biegung und Zug

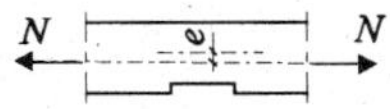

Ausnutzungsgrad für Biegung + Zug = Summe der einzelnen Ausnutzungsgrade
Bezeichnungen siehe Abschnitte 7.1 und 7.3.2.

Beispiel:
exzentrischer Zug mit $M_y = N \cdot e$

7.3.4 Biegung und Druck

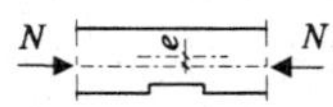

Ausnutzungsgrad für Biegung + Druck = Summe der einzelnen Ausnutzungsgrade
Für Biegung und Druck ohne Knick- und Kippgefahr ($k_c = k_m = 1$) lauten die Grenzzustandsbedingungen:

$$\left(\frac{\sigma_{c,0,d}}{f_{c,0,d}}\right)^2 + \frac{\sigma_{m,y,d}}{f_{m,y,d}} + \frac{k_{red} \cdot \sigma_{m,z,d}}{f_{m,z,d}} \le 1 \quad \text{und} \quad \left(\frac{\sigma_{c,0,d}}{f_{c,0,d}}\right)^2 + \frac{k_{red} \cdot \sigma_{m,y,d}}{f_{m,y,d}} + \frac{\sigma_{m,z,d}}{f_{m,z,d}} \le 1$$

k_ℓ darf gegebenenfalls berücksichtigt werden.

7.4 Pultdachträger

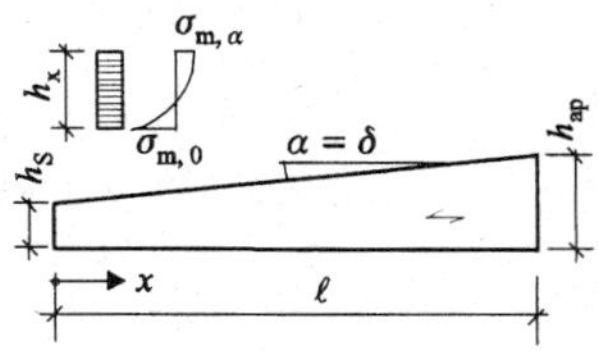

Für den üblichen Fall des Einfeldträgers unter Gleichstreckenlast ergibt sich die maximale Biegerandspannung an der Stelle

$$x = \frac{\ell}{1 + h_{ap} / h_s}$$

Die Biegespannungen im Pultdachträger (siehe Bild) sind nicht geradlinig verteilt.

$$\sigma_{m,\alpha,d} = \frac{M_d}{W} \le k_{\alpha,t(c)} \cdot f_{m,d} \qquad \sigma_{m,0,d} = k_{\ell,0} \cdot \frac{M_d}{W} \le f_{m,d}$$

$$k_{\alpha,t} = \frac{1}{\sqrt{\left(\frac{f_{m,d} \cdot \sin^2\alpha}{f_{t,90,d}}\right)^2 + \left(\frac{f_{m,d} \cdot \sin\alpha \cdot \cos\alpha}{f_{v,d}}\right)^2 + \cos^4\alpha}}$$ für den Biegezugrand

Für VH, BSH, BASH, FSH ohne Querlagen: $f_{v,d}$ mit 0,75 multiplizieren.

$$k_{\alpha,c} = \frac{1}{\sqrt{\left(\frac{f_{m,d} \cdot \sin^2\alpha}{f_{c,90,d}}\right)^2 + \left(\frac{f_{m,d} \cdot \sin\alpha \cdot \cos\alpha}{f_{v,d}}\right)^2 + \cos^4\alpha}}$$ für den Biegedruckrand

Für VH, BSH, BASH, FSH ohne Querlagen: $f_{v,d}$ mit 1,5 multiplizieren.

$k_{\ell,0} = 1 + 4 \cdot \tan^2\alpha$, siehe auch Tafel 9.29a.

Tafel 9.29a Beiwert $k_{\ell,0}$

α	1°	2°	3°	4°	5°	6°	7°	8°	9°	10°
$k_{\ell,0}$	1	1,01	1,01	1,02	1,03	1,04	1,06	1,08	1,10	1,12

Der Nachweis am Rand schräg zur Faserrichtung des Holzes wird maßgebend, wenn

$k_{\ell,0} < 1 / k_{\alpha,t(c)}$ bzw. $k_{\ell,0} \cdot k_{\alpha,t(c)} < 1$

Im Biegespannungsnachweis am Rand schräg zur Faserrichtung ist der Nachweis der Spannungskombination über die Beiwerte $k_{\alpha,t}$ nach Tafel 9.29b und $k_{\alpha,c}$ nach Tafel 9.29c enthalten.

Tafel 9.29b Beiwert $k_{\alpha,t}$

α	GL 24	GL 28	GL 32	GL 36
0°	1	1	1	1
1°	0,976	0,968	0,959	0,948
2°	0,913	0,886	0,858	0,829
3°	0,828	0,784	0,741	0,700
4°	0,738	0,683	0,633	0,587
5°	0,652	0,593	0,541	0,496
6°	0,575	0,516	0,465	0,423
7°	0,508	0,451	0,404	0,365
8°	0,450	0,396	0,353	0,318
9°	0,400	0,350	0,311	0,279
10°	0,357	0,311	0,275	0,247

Tafel 9.29c Beiwert $k_{\alpha,c}$

α	GL 24	GL 28	GL 32	GL 36
0°	1	1	1	1
1°	0,994	0,992	0,989	0,987
2°	0,977	0,969	0,959	0,949
3°	0,950	0,933	0,915	0,895
4°	0,916	0,890	0,862	0,834
5°	0,877	0,842	0,806	0,770
6°	0,835	0,792	0,750	0,709
7°	0,793	0,743	0,697	0,653
8°	0,750	0,697	0,647	0,602
9°	0,709	0,653	0,602	0,557
10°	0,670	0,612	0,561	0,517

7.5 Satteldachträger mit geradem unteren Rand

Die Nachweise der maximalen Biegespannung unter Gleichstreckenlast sind an der Stelle

$x = \frac{\ell \cdot h_s}{2 \cdot h_{ap}}$ wie für einen Pultdachträger zu führen.

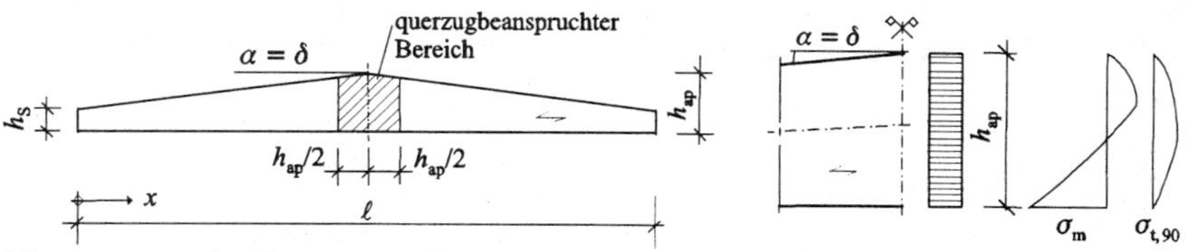

Längsspannung im Firstquerschnitt

Grenzzustandsgleichung: $\frac{\sigma_{m,d}}{f_{m,d}} \leq 1$

$\sigma_{m,d} = k_\ell \cdot \frac{M_{ap,d}}{W_{ap}}$ mit $k_\ell = 1 + 1{,}4 \cdot \tan\alpha + 5{,}5 \cdot \tan^2\alpha$ nach Tafel 9.30a

Tafel 9.30a Beiwerte k_ℓ und k_p für Satteldachträger mit geradem unteren Rand

α	0°	1°	2°	3°	4°	5°	6°	7°	8°	9°	10°
k_ℓ	1,000	1,026	1,056	1,088	1,125	1,165	1,208	1,255	1,305	1,360	1,418
k_p	0,000	0,003	0,007	0,010	0,014	0,017	0,021	0,025	0,028	0,032	0,035

Querspannung im Firstquerschnitt

Grenzzustandsgleichung: $$\frac{\sigma_{t,90,d}}{k_{dis} \cdot (h_0 / h_{ap})^{0,3} \cdot f_{t,90,d}} + \left(\frac{\tau_d}{f_{v,d}}\right)^2 \leq 1$$

$k_{dis} = 1,3$ $\quad h_0 = 600$ mm $\quad \sigma_{t,90,d} = k_p \cdot \frac{M_{ap,d}}{W_{ap}}$ $\quad k_p = 0,2 \cdot \tan\alpha$ nach Tafel 9.30a

Definiert man für BSH im Standardfall

$$f^S_{t,90,d} = \frac{k_{mod}}{\gamma_M} \cdot k_{dis} \cdot \left(\frac{h_0}{h_{ap}}\right)^{0,3} \cdot f_{t,90,k} = \frac{0,8}{1,3} \cdot 1,3 \cdot \left(\frac{600}{h_{ap}}\right)^{0,3} \cdot 0,5 = 0,4 \cdot \left(\frac{600}{h_{ap}}\right)^{0,3}$$

lautet der Nachweis der Querzugspannung im Firstbereich

$$\frac{\sigma_{t,90,d}}{f^S_{t,90,d}} + \left(\frac{\tau_d}{f_{v,d}}\right)^2 \leq 1$$ mit $f^S_{t,90,d}$ nach Tafel 9.30b.

Wirkt im Firstbereich zusätzlich eine Querkraft, so darf der Anteil der Schubbeanspruchung am Ausnutzungsgrad der Spannungskombination quadriert werden.

Tafel 9.30b Bemessungswert der Querzugfestigkeit $f^S_{t,90,d}$ in N/mm² im Firstquerschnitt von Satteldachträgern aus BSH mit geradem und gekrümmtem unteren Rand im Standardfall

h_{ap} in mm	200	300	400	500	600	700	800	900	1000	1200	1400	1600	1800	2000
$f^S_{t,90,d}$	0,556	0,492	0,452	0,422	0,400	0,382	0,367	0,354	0,343	0,325	0,310	0,298	0,288	0,279

Für $\sigma_{t,90,d} \geq 0,6 \cdot f^S_{t,90,d}$ ist eine konstruktive Verstärkung im querzugbeanspruchten Bereich zur Aufnahme zusätzlicher klimatisch bedingter Querzugspannungen erforderlich. Die Verstärkungselemente sind für eine Zugkraft $F_{t,90,d} = \frac{1}{4} \cdot \frac{\sigma_{t,90,d} \cdot b \cdot a_1}{n} \cdot \frac{b}{160} = \frac{\sigma_{t,90,d} \cdot b^2 \cdot a_1}{640 \cdot n}$ nachzuweisen.

- a_1 Abstand der Verstärkungen in Trägerlängsrichtung in Höhe der Trägerachse in mm
- b Trägerbreite in mm
- n Anzahl der Verstärkungselemente innerhalb der Länge a_1

Bauteile mit querzugbeanspruchten Bereichen in NKL 3 sind immer nach Abschnitt 12.3.3 zu verstärken. Es sollte zunächst durch konstruktive Schutzmaßnahmen versucht werden, dass das Bauteil nicht in NKL 3 eingestuft werden muss. Bei vollständiger Aufnahme der Zugkräfte rechtwinklig zur Faserrichtung des Holzes wird das Holz rechnerisch nicht mehr auf Querzug beansprucht. Dann kann der Nachweis der Querzugbeanspruchung im Holz entfallen.

7.6 Gekrümmte Träger

Längsspannung am konkaven Rand

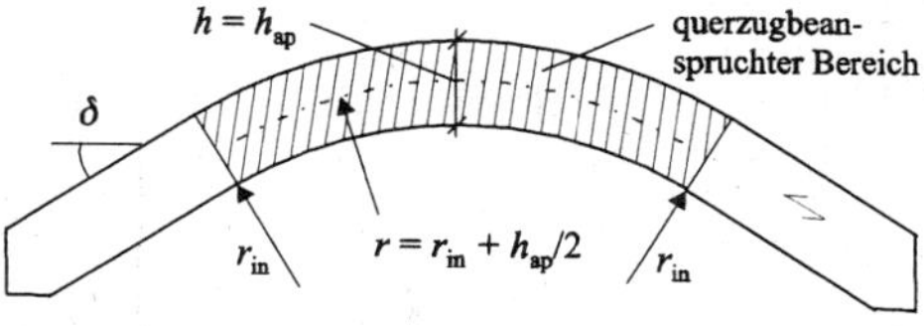

Grenzzustandsgleichung: $\frac{\sigma_{m,d}}{k_r \cdot f_{m,d}} \leq 1$

mit

$$\sigma_{m,d} = k_\ell \cdot \frac{M_{ap,d}}{W_{ap}}$$

$k_\ell = 1 + 0{,}35 \cdot k_{ap} + 0{,}6 \cdot k_{ap}^2$ nach Tafel 9.31b

$k_{ap} = h_{ap} / r$

$k_r = 1$ für $r_{in} / t \geq 240$

$k_r = 0{,}76 + 0{,}001 \cdot r_{in} / t$ für $r_{in} / t < 240$

t Lamellendicke

Tafel 9.31a Beiwert k_r

$\frac{r - h/2}{t}$	240	200	160	120	80
k_r	1,00	0,96	0,92	0,88	0,84

Querspannung im querzugbeanspruchten Bereich

Grenzzustandsgleichung: $\frac{\sigma_{t,90,d}}{0{,}885 \cdot f_{t,90,d}^S} + \left(\frac{\tau_d}{f_{v,d}}\right)^2 \leq 1$

$$\sigma_{t,90,d} = k_p \cdot \frac{M_{ap,d}}{W_{ap}}$$

$k_p = 0{,}25 \cdot k_{ap}$ nach Tafel 9.31b und $f_{t,90,d}^S$ nach Tafel 9.30b

Für $\sigma_{t,90,d} \geq 0{,}53 \cdot f_{t,90,d}^S$ ist eine konstruktive Verstärkung im querzugbeanspruchten Bereich zur Aufnahme zusätzlicher, klimatisch bedingter Querzugspannungen erforderlich (s. Abschnitt 7.5).

Tafel 9.31b Beiwerte k_ℓ und k_p für gekrümmte Träger

h_{ap}/r	0	0,05	0,1	0,15	0,2	0,25	0,3	0,35	0,4	0,45	0,5
k_ℓ	1	1,02	1,04	1,07	1,09	1,13	1,16	1,20	1,24	1,28	1,33
k_p	0	0,013	0,025	0,038	0,050	0,063	0,075	0,088	0,100	0,113	0,125

7.7 Satteldachträger mit gekrümmtem unteren Rand

Die Nachweise eines Einfeldträgers unter Gleichstreckenlast an der Stelle $x = \frac{\ell \cdot h_s}{2 \cdot h_1}$ sind wie für einen Pultdachträger zu führen.

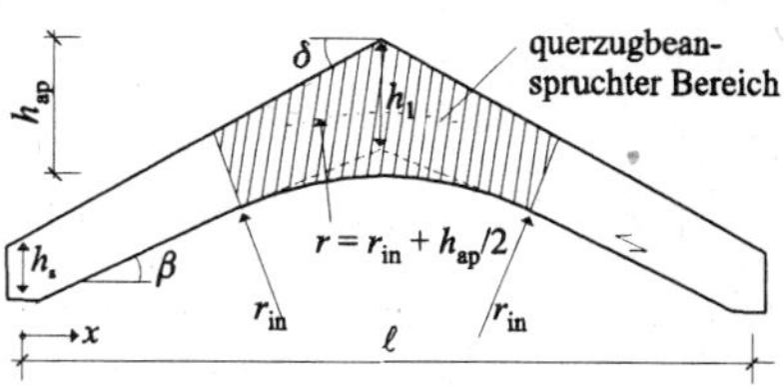

Längsspannungen im Firstquerschnitt

Grenzzustandsgleichung: $\frac{\sigma_{m,d}}{k_r \cdot f_{m,d}} \leq 1$

$\sigma_{m,d} = k_\ell \cdot \frac{M_{ap,d}}{W_{ap}}$ mit $k_\ell = k_1 + k_2 \cdot k_{ap} + k_3 \cdot k_{ap}^2 + k_4 \cdot k_{ap}^3$ nach Tafel 9.32

k_r nach Tafel 9.31a $\quad k_{ap} = h_{ap}/r$

k_1	k_2	k_3	k_4
$1 + 1{,}4 \cdot \tan\delta + 5{,}4 \cdot \tan^2\delta$	$0{,}35 - 8 \cdot \tan\delta$	$0{,}6 + 8{,}3 \cdot \tan\delta - 7{,}8 \cdot \tan^2\delta$	$6 \cdot \tan^2\delta$

Querspannung im Firstquerschnitt

Grenzzustandsgleichung: $\frac{\sigma_{t,90,d}}{f_{t,90,d}^{S}} + \left(\frac{\tau_d}{f_{v,d}}\right)^2 \leq 1$ mit $f_{t,90,d}^{S}$ nach Tafel 9.30b

$\sigma_{t,90,d} = k_p \cdot \frac{M_{ap,d}}{W_{ap}}$ mit $k_p = k_5 + k_6 \cdot k_{ap} + k_7 \cdot k_{ap}^2$ nach Tafel 9.32 ; $k_{ap} = h_{ap}/r$

k_5	k_6	k_7
$0{,}2 \cdot \tan\delta$	$0{,}25 - 1{,}5 \cdot \tan\delta + 2{,}6 \cdot \tan^2\delta$	$2{,}1 \cdot \tan\delta - 4 \cdot \tan^2\delta$

Für $\sigma_{t,90,d} \geq 0{,}6 \cdot f_{t,90,d}^{S}$ ist eine konstruktive Verstärkung im querzugbeanspruchten Bereich zur Aufnahme zusätzlicher, klimatisch bedingter Querzugspannungen erforderlich (s. Abschnitt 7.5).

Tafel 9.32 Beiwerte k_ℓ und k_p für Satteldachträger mit gekrümmtem unteren Rand

	k_ℓ							k_p					
δ	h_{ap}/r						δ	h_{ap}/r					
	0	0,1	0,2	0,3	0,4	0,5		0	0,1	0,2	0,3	0,4	0,5
0°	1,000	1,041	1,094	1,159	1,236	1,325	0°	0,000	0,025	0,050	0,075	0,100	0,125
2°	1,055	1,071	1,105	1,156	1,225	1,312	2°	0,007	0,028	0,050	0,073	0,098	0,124
4°	1,124	1,115	1,128	1,165	1,225	1,309	4°	0,014	0,031	0,051	0,073	0,097	0,125
6°	1,207	1,172	1,165	1,186	1,236	1,316	6°	0,021	0,035	0,052	0,073	0,098	0,126
8°	1,303	1,242	1,214	1,219	1,259	1,334	8°	0,028	0,039	0,055	0,075	0,099	0,127
10°	1,415	1,327	1,277	1,265	1,294	1,363	10°	0,035	0,044	0,058	0,077	0,101	0,130
12°	1,542	1,427	1,354	1,325	1,341	1,403	12°	0,043	0,050	0,063	0,081	0,104	0,133
14°	1,685	1,542	1,446	1,398	1,400	1,455	14°	0,050	0,056	0,068	0,086	0,109	0,137
16°	1,845	1,675	1,554	1,486	1,474	1,520	16°	0,057	0,063	0,075	0,092	0,115	0,142
18°	2,025	1,825	1,679	1,590	1,562	1,598	18°	0,065	0,071	0,083	0,100	0,121	0,149
20°	2,225	1,995	1,822	1,711	1,665	1,690	20°	0,073	0,080	0,092	0,108	0,130	0,156

Beispiel:

Nachweis der Spannungen im Firstquerschnitt eines Satteldachträgers aus BS-Holz GL 28c mit geradem unterem Rand, LK g + s; NKL 1

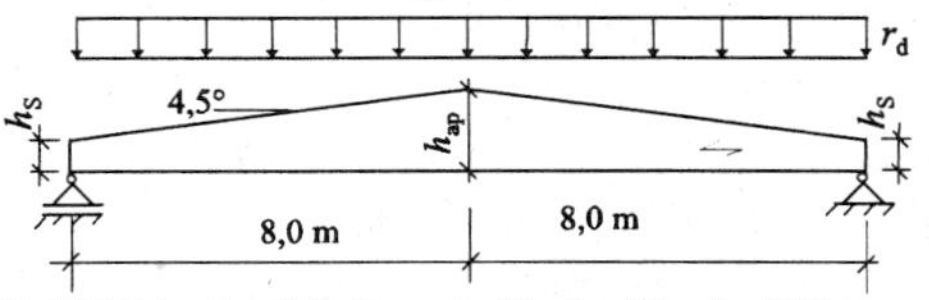

Charakteristische Einwirkungen:

Ständige Last $g_k = 3{,}8$ kN/m

Schneelast $s_k = 5{,}1$ kN/m

Bemessungswert der Einwirkungen:

$r_d = 1{,}35 \cdot 3{,}8 + 1{,}5 \cdot 5{,}1 = 12{,}8$ kN/m

$M_{ap,d} = 12{,}8 \cdot 16{,}0^2/8 = 410$ kNm

Tafel 9.11c: Festigkeitswerte für den Standardfall

Tafel 9.8a: $k^* = 1{,}125$ für KLED kurz

37,7

Gewählt: b / h_s bis h_{ap} = **160 / 560 bis 1190 mm GL 28c**

Längsrandspannung mit $k_\ell = 1{,}145$ nach Tafel 9.30a und $W_{ap} = 160 \cdot 1190^2/6 = 37{,}7 \cdot 10^6$ mm³:

$$\sigma_{m,d} = 1{,}145 \cdot \frac{410 \cdot 10^6}{37{,}7 \cdot 10^6} = 12{,}5 \text{ N/mm}^2; \quad f_{m,d} = 1{,}125 \cdot 17{,}2 = 19{,}4 \text{ N/mm}^2; \quad 12{,}5/19{,}4 = 0{,}64 < 1$$

Zugspannung rechtwinklig zur Faser mit $k_p = 0{,}0155$ nach Tafel 9.30a:

$$\sigma_{t,90,d} = 0{,}0155 \cdot \frac{410 \cdot 10^6}{37{,}7 \cdot 10^6} = 0{,}17 \text{ N/mm}^2; \quad f_{t,90,d}^{S} = 1{,}125 \cdot 0{,}342 = 0{,}385 \text{ N/mm}^2 \text{ nach Tafel 9.30b}$$

Nachweis: 0,17/0,385 = 0,44 < 0,6 → eine konstruktive Verstärkung ist nicht erforderlich.

7.8 Verbundbauteile

Es wird unterschieden in

- geklebte Verbundbauteile und
- Verbundbauteile aus nachgiebig miteinander verbundenen Querschnittsteilen.

Bezüglich der Beulnachweise für Stegträger mit Plattensteg und der wirksamen Beplankungsbreiten von Tafelelementen wird auf DIN 1052:2004 und [9.9] verwiesen.

Die Berechnung der Biegesteifigkeit und der Spannungen erfolgt nach dem aus DIN 1052-1:1988 und Eurocode 5 bekannten γ-Verfahren. Für geklebte Verbundbauteile ist das Verfahren sinngemäß anzuwenden mit $\gamma_1 = \gamma_2 = \gamma_3 = 1$.

In Anhang A6 von [9.11] ist das Verfahren, angepasst an die Bezeichnungen der DIN 1052:2004, wiedergegeben.

8 Stiftverbindungen

8.1 Allgemeines

Die Tragfähigkeit auf Abscheren von Verbindungen mit stiftförmigen metallischen Verbindungsmitteln wie Stabdübel, Passbolzen, Bolzen, Gewindestangen, Nägel, Holzschrauben und Klammern hängt von der Geometrie der Verbindung, dem Fließmoment des Stiftes und der Lochleibungsfestigkeit des Holzes ab. Die Berechnung der Tragfähigkeit setzt für den Stift und die verbundenen Bauteile ein ideal plastisches Material voraus. In [9.10] wird empfohlen, spröde Versagensformen zu vermeiden, z. B. durch

- Verwenden von schlanken Stiften mit einem Verhältnis von Einbindetiefe zu Stiftdurchmesser von 6 bis 8,
- Verwenden von Stiften aus Stahl niedriger Festigkeitsklassen,
- Verstärken des Holzes im Anschlussbereich rechtwinklig zur Faserrichtung durch außen oder innen liegende Verstärkungen,
- Vermeiden von vielen in Kraft- und Faserrichtung hintereinander liegenden Verbindungsmitteln,
- Erhöhen der Abstände der Verbindungsmittel in Faserrichtung.

Holz-Holz-Verbindungen

Der Bemessungswert der Tragfähigkeit R_d pro Scherfuge wird vereinfacht berechnet zu

$$R_d = \frac{k_{mod}}{\gamma_M} \cdot R_k = \frac{k_{mod}}{\gamma_M} \cdot \sqrt{\frac{2 \cdot \beta}{1+\beta}} \cdot \sqrt{2 \cdot M_{y,k} \cdot f_{h,1,k} \cdot d}$$

mit

k_{mod}	Modifikationsbeiwert; im Standardfall ist $k_{mod} = 0{,}8$; für andere Fälle ist 0,8 mit k^* nach Tafel 9.8a zu multiplizieren
$\gamma_M = 1{,}1$	Teilsicherheitsbeiwert für auf Biegung beanspruchte Stifte aus Stahl
$f_{h,1(2),k}$	charakteristischer Wert der Lochleibungsfestigkeit des Bauteiles 1(2)
β	$= f_{h,2,k} / f_{h,1,k}$
$M_{y,k}$	charakteristischer Wert des Fließmoments des Stiftes
d	Stiftdurchmesser

Die Anwendbarkeit der Gleichung für R_d erfordert die Einhaltung der Mindestwerte in Tafel 9.34a.

Tafel 9.34a Mindestholzdicken t_{req} bzw. Mindesteinbindetiefen t_{req} der Stifte

Seitenholz 1: $t_{1,req} = 1{,}15 \cdot \left(2 \cdot \sqrt{\frac{\beta}{1+\beta}} + 2\right) \cdot \sqrt{\frac{M_{y,k}}{f_{h,1,k} \cdot d}}$	Seitenholz 2: $t_{2,req} = 1{,}15 \cdot \left(\frac{2}{\sqrt{1+\beta}} + 2\right) \cdot \sqrt{\frac{M_{y,k}}{f_{h,2,k} \cdot d}}$
Mittelholz: $t_{2,req} = 1{,}15 \cdot \frac{4}{\sqrt{1+\beta}} \cdot \sqrt{\frac{M_{y,k}}{f_{h,2,k} \cdot d}}$	**Für $t < t_{req}$ muss R_d nach obiger Gleichung mit t / t_{req} multipliziert werden.**

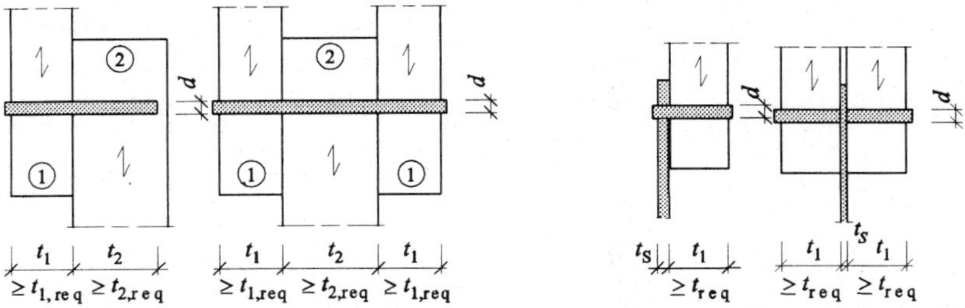

einschnittige zweischnittige Holz-Holz-Verbindung

einschnittige zweischnittige Stahlblech-Holz-Verbindung

Stahlblech-Holz-Verbindungen

Innenbleche oder dicke ($t_S \geq d$) Außenbleche

$$R_d = \frac{k_{mod}}{\gamma_M} \cdot R_k = \frac{k_{mod}}{\gamma_M} \cdot \sqrt{2} \cdot \sqrt{2 \cdot M_{y,k} \cdot f_{h,k} \cdot d} \quad \text{pro Scherfuge} \qquad t_{req} = 1{,}15 \cdot 4 \cdot \sqrt{\frac{M_{y,k}}{f_{h,k} \cdot d}}$$

dünne Außenbleche ($t_S \leq 0{,}5 \cdot d$)

$$R_d = \frac{k_{mod}}{\gamma_M} \cdot R_k = \frac{k_{mod}}{\gamma_M} \cdot \sqrt{2 \cdot M_{y,k} \cdot f_{h,k} \cdot d} \quad \text{pro Scherfuge}$$

Voraussetzung für die Anwendbarkeit der Gleichung für R_d sind die Mindestwerte in Tafel 9.34b

Tafel 9.34b Mindestholzdicken t_{req} bzw. Mindesteinbindetiefen t_{req} der Stifte

Mittelholz: $t_{req} = 1{,}15 \cdot 2 \cdot \sqrt{2} \cdot \sqrt{\frac{M_{y,k}}{f_{h,k} \cdot d}}$	Alle anderen Fälle: $t_{req} = 1{,}15 \cdot \left(2 + \sqrt{2}\right) \cdot \sqrt{\frac{M_{y,k}}{f_{h,k} \cdot d}}$

In allen Fällen muss für $t < t_{req}$ R_d nach obigen Gleichungen mit t / t_{req} multipliziert werden.

Für Außenblechdicken $0{,}5 \cdot d < t_S < d$ darf zwischen den R_d-Werten für dickes Blech und dünnes Blech geradlinig interpoliert werden.

Zur weiteren Vereinfachung der Berechnung der Tragfähigkeiten in den Abschnitten 8.2 bis 8.5 werden die Mindestholzdicken bzw. Mindesteinbindetiefen nach [9.10] verwendet.

Wirksame VM-Anzahl n_{ef}

Die Tragfähigkeit einer Verbindung j mit Stabdübeln, Passbolzen, Bolzen sowie Nägeln und Holzschrauben mit n in Faserrichtung hintereinander liegenden Verbindungsmitteln beträgt

$$R_{j,d} = n_{ef} \cdot m \cdot p \cdot R_d$$

mit

$$n_{ef} = \left[\min\left(n\,;\; n^{0,9} \cdot \sqrt[4]{\frac{a_1}{10 \cdot d}}\right)\right] \cdot \frac{90-\alpha}{90} + \frac{n \cdot \alpha}{90}$$

m Anzahl der Verbindungsmittelreihen mit je n Verbindungsmitteln in Faserrichtung hintereinander

a_1 Abstand der VM untereinander in Faserrichtung, mindestens jedoch $5 \cdot d$.
Es darf bei $\alpha \neq 0°$ der Mindestabstand für $\alpha = 0°$ eingesetzt werden.

α Winkel zwischen Kraft- und Faserrichtung

p Anzahl der Scherfugen pro Verbindungsmittel

Wird das Spalten des Holzes durch eine Verstärkung rechtwinklig zur Faserrichtung z. B. durch selbstbohrende Schrauben verhindert, darf $n_{ef} = n$ gesetzt werden.

Auch bei Nägeln und Holzschrauben mit $d \leq 6$ mm darf $n = n_{ef}$ gesetzt werden.

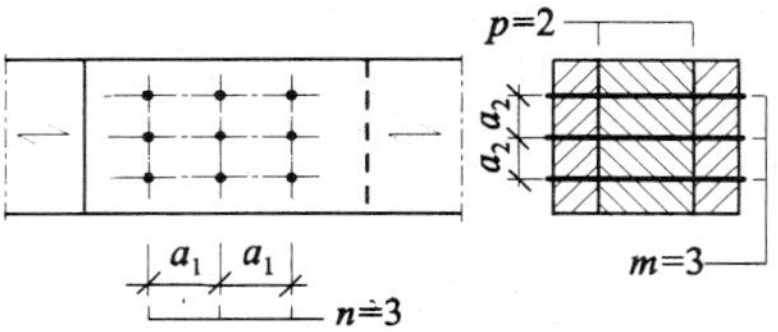

Beispiel einer Verbindung mit drei VM-Reihen ($m = 3$), drei VM hintereinander ($n = 3$) und zwei Scherfugen pro VM ($p = 2$)

Tafel 9.35a Wirksame VM-Anzahl n_{ef} für $a_1 = 5 \cdot d$

VM-Anzahl n	2	3	4	5	6	7	8	9	10	12
$\alpha = 0°$	1,57	2,26	2,93	3,58	4,22	4,85	5,46	6,08	6,68	7,87
$\alpha = 30°$	1,71	2,51	3,29	4,05	4,81	5,56	6,31	7,05	7,79	9,25
$\alpha = 45°$	1,78	2,63	3,46	4,29	5,11	5,92	6,73	7,54	8,34	9,94
$\alpha = 60°$	1,86	2,75	3,64	4,53	5,41	6,28	7,15	8,03	8,89	10,6
$\alpha = 90°$	2	3	4	5	6	7	8	9	10	12

Tafel 9.35b Wirksame VM-Anzahl n_{ef} für $a_1 = 10 \cdot d$

VM-Anzahl n	2	3	4	5	6	7	8	9	10	12
$\alpha = 0°$	1,87	2,69	3,48	4,26	5,02	5,76	6,50	7,22	7,94	9,36
$\alpha = 30°$	1,91	2,79	3,65	4,50	5,34	6,17	7,00	7,82	8,63	10,2
$\alpha = 45°$	1,93	2,84	3,74	4,63	5,51	6,38	7,25	8,11	8,97	10,7
$\alpha = 60°$	1,96	2,90	3,83	4,75	5,67	6,59	7,50	8,41	9,31	11,1
$\alpha = 90°$	2	3	4	5	6	7	8	9	10	12

Abstände stiftförmiger Verbindungsmittel (SDü, PB, Bo, Nä, Sr)

Abstände der VM untereinander in Faserrichtung (a_1) und rechtwinklig zur Faserrichtung (a_2)

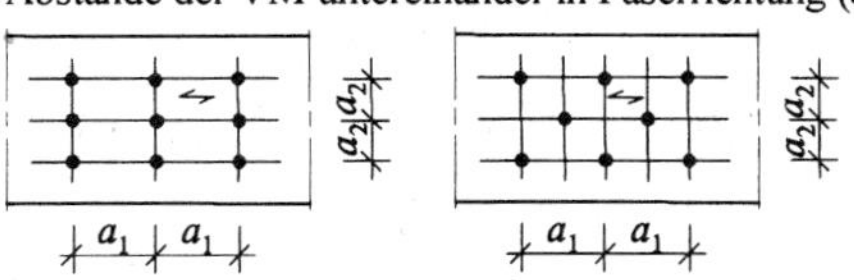

Hirnholzabstände ($a_{1,t}$; $a_{1,c}$)

Randabstände ($a_{2,t}$; $a_{2,c}$)

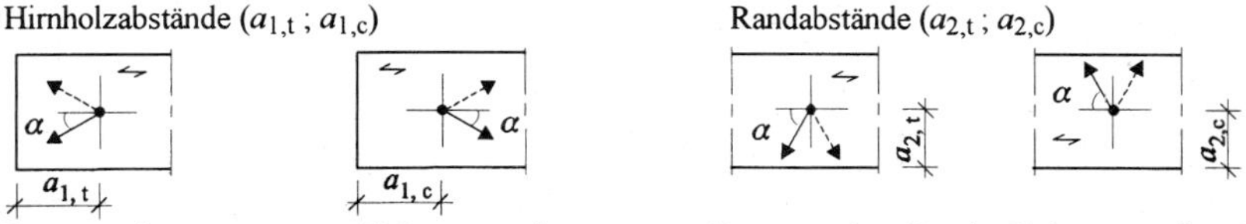

Beanspruchtes Hirnholz | Unbeanspruchtes Hirnholz | Beanspruchter Rand | Unbeanspruchter Rand

Der **Standardfall** der Tragfähigkeit auf Abscheren bei Stiftverbindungen ist gegeben bei:

- $k_{mod} = 0{,}8$
- $\gamma_M = 1{,}1$
- VH mindestens der Festigkeitsklasse C 24

Für vom Standardfall abweichende

- NKL und KLED ist R_d der nachfolgenden Tafeln mit k^* (Tafel 9.8a) zu multiplizieren;
- Rohdichten ρ_k und Zugfestigkeiten der Stifte berechnen sich die Tragfähigkeiten mit

$$R_d = \sqrt{\frac{\rho_k \cdot f_{u,k}}{350 \cdot 360}} \cdot R_d\,(\text{Standardfall}) \qquad \text{für SDü mit } f_{u,k} \neq 360\ \text{N/mm}^2$$

$$R_d = \sqrt{\frac{\rho_k \cdot f_{u,k}}{350 \cdot 400}} \cdot R_d\,(\text{Standardfall}) \qquad \text{für Bo/PB mit } f_{u,k} \neq 400\ \text{N/mm}^2$$

$$R_d = \sqrt{\frac{\rho_k \cdot f_{u,k}}{350 \cdot 600}} \cdot R_d\,(\text{Standardfall}) \qquad \text{für Nä mit } f_{u,k} \neq 600\ \text{N/mm}^2$$

Bei Abweichungen vom Standardfall sind die Mindestholzdicken t_{req} zu multiplizieren mit

$$k_t = \sqrt{\frac{350 \cdot f_{u,k}}{\rho_k \cdot 360}} \qquad \text{bei SDü-Verbindungen}$$

$$k_t = \sqrt{\frac{350 \cdot f_{u,k}}{\rho_k \cdot 400}} \qquad \text{bei Bo- und PB-Verbindungen}$$

$$k_t = \sqrt{\frac{350 \cdot f_{u,k}}{\rho_k \cdot 600}} \qquad \text{bei Na-Verbindungen}$$

8.2 Stabdübelverbindungen

Allgemeines und Ausführungsregeln

Vorzugsmaße der SDü-∅ d: 6, 8, 10, 12, 16, 20, 24 mm

Bohrloch-∅ im Holz $= d$ Bohrloch-∅ im Stahl $\leq d + 1$ mm

In einer tragenden Verbindung sollen mindestens zwei SDü und mindestens vier Scherfugen vorhanden sein. Bei Verbindungen mit nur einem SDü ist mit $0{,}5 \cdot R_d$ zu rechnen.

Tafel 9.36a Mindestabstände von SDü

a_1	$(3 + 2 \cdot \cos \alpha) \cdot d$
a_2, $a_{2,t}$, $a_{2,c}$	$3 \cdot d$
$a_{1,t}$	$7 \cdot d$ (≥ 80 mm)
$a_{1,c}$	$7 \cdot d \cdot \sin \alpha$ ($\geq 3 \cdot d$)

Tafel 9.36b Charakteristische Kennwerte $f_{u,k}$

Stahlsorte nach DIN EN 10 025	$f_{u,k}$ in N/mm²
S 235	360
S 275	430
S 355	510

Tragfähigkeit auf Abscheren

Die Berechnung des Bemessungswertes R_d nach Abschnitt 8.1 erfolgt mit

$$M_{y,k} = 0{,}3 \cdot f_{u,k} \cdot d^{2,6} \qquad \text{in Nmm}$$

mit $f_{u,k}$ in N/mm² (siehe Tafel 9.36b)
d in mm

$$f_{h,\alpha,k} = \frac{f_{h,0,k}}{k_{90} \cdot \sin^2\alpha + \cos^2\alpha} \qquad \text{in N/mm}^2$$

$$f_{h,0,k} = 0{,}082 \cdot (1 - 0{,}01 \cdot d) \cdot \rho_k \qquad \text{in N/mm}^2 \qquad \text{mit } \rho_k \text{ in kg/m}^3 \text{ und } d \text{ in mm}$$

$k_{90} = 1{,}35 + 0{,}015 \cdot d$ für Nadelhölzer $\qquad k_{90} = 0{,}90 + 0{,}015 \cdot d$ für Laubhölzer

Für $d \leq 8$ mm darf $k_{90} = 1$ gesetzt werden.

Standardfall für Holz-Holz-Verbindungen

Für ein- bzw. zweischnittig beanspruchte Stabdübel der Stahlsorte S 235 mit $d \geq 10$ mm und Bauteilen aus NH mindestens der Festigkeitsklasse C 24 gelten vereinfacht folgende Mindesteinbindetiefen in die Seiten- und Mittelhölzer abhängig vom Winkel α zwischen Kraft- und Faserrichtung:

Seitenholz: $t_{1,\text{req}} = (5{,}0 + \alpha/50) \cdot d$

Mittelholz: $t_{2,\text{req}} = (4{,}2 + \alpha/50) \cdot d$

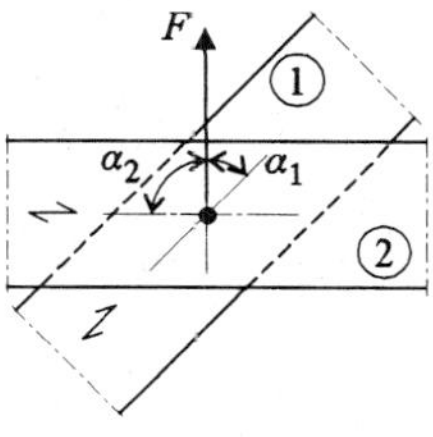

Wird ein Teil der Stabdübel in der Verbindung durch PB ersetzt, dürfen die Werte für SDü auch für diese PB angenommen werden. Für die Bemessungswerte der Tragfähigkeit R_d in nachfolgender Tafel werden die angegebenen Mindesteinbindetiefen vorausgesetzt. α_1 bzw. α_2 sind die Winkel zwischen Kraft- und Faserrichtung für die Bauteile 1 bzw. 2. Mit den Winkeln zwischen Kraft- und Faserrichtung $\alpha_1 \leq 90°$ und $\alpha_2 \leq 90°$ berechnet man $\alpha_{ges} = \alpha_1 + \alpha_2$.

Tafel 9.37a R_d von SDü S 235 pro Scherfuge in kN bei Holz-Holz-Verbindungen im Standardfall

α_{ges}	d in mm						α_{ges}	d in mm				
	10	12	16	20	24			10	12	16	20	24
0°	3,43	4,71	7,72	11,3	15,2		105°	2,99	4,08	6,59	9,48	12,7
15°	3,40	4,66	7,64	11,1	15,1		120°	2,92	3,98	6,42	9,23	12,3
30°	3,33	4,56	7,45	10,8	14,6		135°	2,87	3,91	6,29	9,03	12,0
45°	3,23	4,42	7,20	10,4	14,0		150°	2,83	3,85	6,20	8,88	11,8
60°	3,15	4,30	6,98	10,1	13,5		165°	2,81	3,82	6,14	8,79	11,7
75°	3,09	4,21	6,83	9,86	13,2		180°	2,80	3,80	6,12	8,76	11,6
90°	3,07	4,18	6,78	9,78	13,1							

Für vom Standardfall abweichende Fälle ist R_d mit k^* (siehe Tafel 9.8a) zu multiplizieren.
Für $t < t_{req}$ muss der Bemessungswert der Tragfähigkeit ermittelt werden, indem die Werte R_d dieser Tafel mit t/t_{req} multipliziert werden.

Standardfall für Stahlblech-Holz-Verbindungen mit Innenblechen

Für Stabdübel mit $d \geq 10$ mm und Seitenhölzern aus NH mindestens der Festigkeitsklasse C 24 betragen vereinfacht die Mindesteinbindetiefen $t_{req} = (5{,}7 + \alpha/50) \cdot d$.

Tafel 9.37b R_d von Stabdübeln S 235 pro Scherfuge in kN bei Stahlblech-Holz-Verbindungen (Innenblech) im Standardfall

α	d in mm				
	10	12	16	20	24
0°	4,85	6,65	10,9	15,9	21,5
15°	4,77	6,54	10,7	15,6	21,0
30°	4,57	6,25	10,2	14,8	19,8
45°	4,34	5,92	9,59	13,8	18,5
60°	4,13	5,63	9,09	13,0	17,4
75°	4,00	5,44	8,76	12,6	16,7
90°	3,96	5,38	8,65	12,4	16,5

Für vom Standardfall abweichende Fälle ist R_d mit k^* (siehe Tafel 9.8a) zu multiplizieren.
Für $t < t_{req}$ muss der Bemessungswert der Tragfähigkeit ermittelt werden, indem die Werte R_d dieser Tafel mit t/t_{req} multipliziert werden.

8.3 (Pass-)Bolzenverbindungen

Allgemeines und Ausführungsregeln

Bolzen (Bo) sind alle Schraubenbolzen und Bolzen ähnlicher Bauart.

Bohrloch-∅ $\leq d + 1$ mm

Passbolzen (PB) können wie SDü eingesetzt werden und sind bei Außenblechen immer zu verwenden.

Bohrloch-∅ wie bei SDü

Scheiben nach DIN EN ISO 7094 (siehe Tafel 9.38c)

Bolzenverbindungen sind nicht geeignet in Dauerbauten, bei denen es auf Steifigkeit und Formbeständigkeit ankommt.

Tafel 9.38a Charakteristische Kennwerte für Bo

Festigkeitsklasse	Charakt. Festigkeit $f_{u,k}$ in N/mm²	Charakteristische Streckgrenze $f_{y,k}$ in N/mm²
3.6	300	180
4.6 bzw. 4.8	400	240 bzw. 320
5.6 bzw. 5.8	500	300 bzw. 400
8.8	800	640

Tafel 9.38b Mindestabstände von PB u. Bo

	Passbolzen (PB)	Bolzen (Bo)
a_1	$(3 + 2 \cdot \cos\alpha) \cdot d$ (Bo: $\geq 4 \cdot d$)	
a_2	$3 \cdot d$	$4 \cdot d$
$a_{1,t}$	$7 \cdot d$ (≥ 80 mm)	
$a_{1,c}$	$7 \cdot d \cdot \sin\alpha$ (PB: $\geq 3 \cdot d$) (Bo: $\geq 4 \cdot d$)	
$a_{2,t}$, $a_{2,c}$	$3 \cdot d$	

Tragfähigkeit auf Abscheren

Regeln für SDü gelten sinngemäß.

R_k nach Abschnitt 8.1 darf um

$$\Delta R_k = \min \begin{Bmatrix} 0{,}25 \cdot R_k \\ 0{,}25 \cdot R_{ax,k} \end{Bmatrix}$$

erhöht werden.

$R_{ax,k} = k_{c,90} \cdot f_{c,90,k} \cdot A_{ef}$

mit $k_{c,90} = 1{,}0$

$$A_{ef} = \frac{\pi \cdot d_2^2}{4} + d_2 \cdot (a_1 - d_2) - \frac{\pi \cdot d_1^2}{4}$$

wobei $(a_1 - d_2) \leq 2 \cdot 30$ mm bleiben muss.

Tafel 9.38c Scheibenmaße nach DIN EN ISO 7094 und A_{ef}

Bo-∅ d	Außen-∅ d_2	Loch-∅ d_1	Dicke s	A_{ef} 1)
mm	mm	mm	mm	mm²
6	22,0	6,6	2	390
8	28,0	9,0	3	664
10	34,0	11,0	3	1020
12	44,0	13,5	4	1550
16	56,0	17,5	5	2670
20	72,0	22,0	6	4270
24	85,0	26,0	6	6080

1) Ermittelt nach nebenstehender Gleichung mit $a_1 = 4 \cdot d$

Standardfall für Holz-Holz-Verbindungen

Für Bolzen der Festigkeitsklasse 4.6 mit $d \geq 10$ mm und NH mindestens der Festigkeitsklasse C 24 betragen die Mindesteinbindetiefen für die Seiten- und Mittelhölzer:

Seitenholz: $t_{1,req} = (5{,}3 + \alpha/50) \cdot d$

Mittelholz: $t_{2,req} = (4{,}4 + \alpha/50) \cdot d$

Für die angegebenen Mindesteinbindetiefen und A_{ef} nach Tafel 9.38c sind in nachfolgender Tafel die Bemessungswerte der Tragfähigkeit R_d eines Bolzens pro Scherfuge angegeben.

Tafel 9.39a R_d von Bo 4.6 pro Scherfuge in kN bei Holz-Holz-Verbindungen im Standardfall

α_{ges}	*d* in mm					α_{ges}	*d* in mm				
	10	12	16	20	24		10	12	16	20	24
0°	4,08	5,67	9,35	13,8	18,8	105°	3,61	5,00	8,16	11,9	16,1
15°	4,05	5,62	9,27	13,7	18,6	120°	3,54	4,90	7,99	11,7	15,7
30°	3,97	5,51	9,06	13,3	18,1	135°	3,49	4,82	7,85	11,5	15,4
45°	3,87	5,37	8,81	12,9	17,6	150°	3,45	4,76	7,75	11,3	15,2
60°	3,78	5,24	8,57	12,6	17,0	165°	3,42	4,73	7,69	11,2	15,1
75°	3,72	5,15	8,42	12,3	16,7	180°	3,41	4,72	7,66	11,2	15,0
90°	3,69	5,12	8,36	12,2	16,6						

Für vom Standardfall abweichende Fälle ist R_d mit k^* (siehe Tafel 9.8a) zu multiplizieren.
Für $t < t_{req}$ muss der Bemessungswert der Tragfähigkeit ermittelt werden, indem die Werte R_d dieser Tafel mit t / t_{req} multipliziert werden.

Standardfall Stahlblech-Holz-Verbindungen mit Innenblechen oder dicken ($t_S \geq d$) Außenblechen

Die Mindesteinbindetiefen betragen:

$t_{1,req} = (6{,}3 + \alpha / 70) \cdot d$

Tafel 9.39b R_d von Bolzen 4.6 pro Scherfuge in kN bei Stahlblech-Holz-Verbindungen mit Innenblechen oder mit dicken Außenblechen im Standardfall

α	*d* in mm				
	10	12	16	20	24
0°	5,57	7,72	12,7	18,7	25,5
15°	5,49	7,60	12,5	18,4	24,9
30°	5,28	7,30	12,0	17,5	23,7
45°	5,03	6,94	11,3	16,5	22,3
60°	4,82	6,64	10,8	15,7	21,1
75°	4,68	6,44	10,5	15,2	20,4
90°	4,63	6,38	10,3	15,0	20,1

Für vom Standardfall abweichende Fälle ist R_d mit k^* (siehe Tafel 9.8a) zu multiplizieren.
Für $t < t_{req}$ muss der Bemessungswert der Tragfähigkeit ermittelt werden, indem die Werte R_d dieser Tafel mit t / t_{req} multipliziert werden.

Standardfall Stahlblech-Holz-Verbindungen mit dünnen Außenblechen ($t_S \leq d/2$)

Die Mindesteinbindetiefen betragen:

Seitenholz: $t_{1,req} = (5{,}3 + \alpha / 70) \cdot d$ Mittelholz: $t_{2,req} = (4{,}4 + \alpha / 70) \cdot d$

Nachfolgende Tafel 9.40 enthält die entsprechenden Bemessungswerte der Tragfähigkeit R_d pro Scherfuge. Dabei wurde bei der Ermittlung von $R_{ax,k}$ von einer wirksamen Querdruckfläche zwischen Außenblech und Holzoberfläche von $12 \cdot d^2$ ausgegangen.

Tafel 9.40 R_d von Bolzen 4.6 pro Scherfuge in kN bei Stahlblech-Holz-Verbindungen mit dünnen Außenblechen im Standardfall

α	d in mm				
	10	12	16	20	24
0°	4,52	6,20	10,2	14,8	20,1
15°	4,44	6,09	9,97	14,5	19,6
30°	4,26	5,83	9,49	13,8	18,5
45°	4,04	5,51	8,93	12,9	17,2
60°	3,85	5,25	8,47	12,2	16,2
75°	3,73	5,07	8,17	11,7	15,6
90°	3,69	5,01	8,06	11,5	15,3

Für vom Standardfall abweichende Fälle ist R_d mit k^* (siehe Tafel 9.8a) zu multiplizieren.
Für $t < t_{req}$ muss der Bemessungswert der Tragfähigkeit ermittelt werden, indem die Werte R_d dieser Tafel mit t / t_{req} multipliziert werden.

8.4 Nagelverbindungen

Allgemeines und Ausführungsregeln

Die Regelungen in diesem Abschnitt gelten für Nägel nach DIN EN 10 230-1.

Schaftquerschnitt:	rund
Schaftform:	glatt, geraut, angerollt, gerillt
Kopfform:	runder Flachkopf, flacher Senkkopf mit oder ohne Einsenkung
Kopf-∅ d_k	$\geq 1{,}8\, d$

Auf Abscheren beanspruchte Verbindungen müssen aus mindestens zwei Nägeln bestehen.

Bei Einbindelängen < 4 d gilt für die der Nagelspitze nächstliegende Scherfuge: $R_d = 0$

Bei vorgebohrten Nagellöchern:

Bohrloch-∅ im Holz: $0{,}9\, d$

Bohrloch-∅ im Blech: $\leq d + 1$ mm

Mindestholzdicken wegen Spaltgefahr des Holzes mit nicht vorgebohrten Nagellöchern:

$$t = \max\left\{14 \cdot d\,;\ (13 \cdot d - 30) \cdot \frac{\rho_k}{200}\right\} \quad (1)$$

Mindestholzdicken für Bauteile aus Kiefernholz mit nicht vorgebohrten Nagellöchern:

$$t = \max\left\{7 \cdot d\,;\ (13 \cdot d - 30) \cdot \frac{\rho_k}{400}\right\} \quad (2)$$

mit

ρ_k charakteristische Rohdichte in kg/m^3

d Na-∅ in mm

Die Mindestholzdicken wegen Spaltgefahr können auch dem nebenstehenden Diagramm entnommen werden.

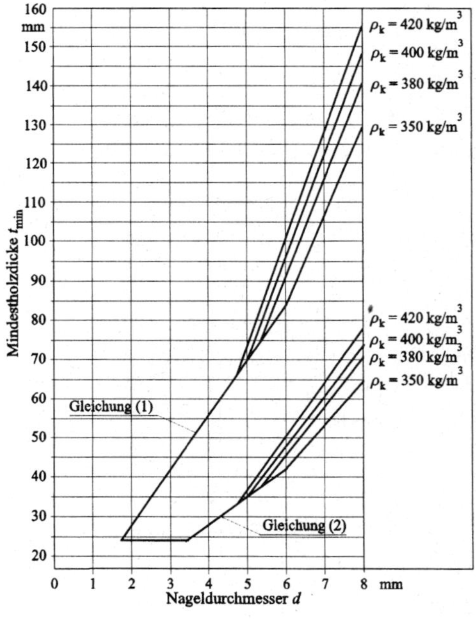

Die Mindestdicke bei Kiefernholz darf auch für Bauteile aus anderen Holzarten ausgeführt werden, wenn die Mindestnagelabstände zum Rand rechtwinklig zur Faser $a_{2,t(c)}$ mindestens $10 \cdot d$ für $\rho_k \leq 420$ kg/m³ und mindestens $14 \cdot d$ für 420 kg/m³ $< \rho_k <$ 500 kg/m³ betragen.

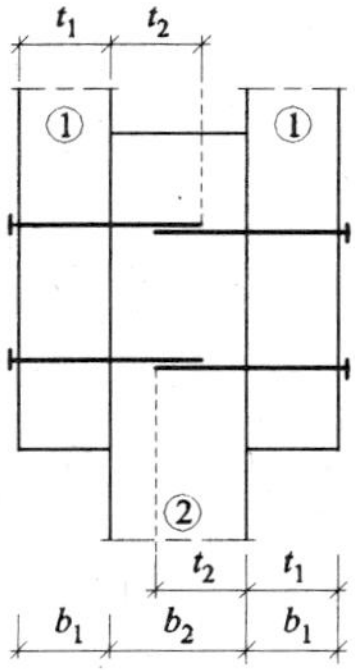

Tafel 9.41a Mindestabstände von Nägeln

	nicht vorgebohrt $\rho_k \leq 420$ kg/m³	vorgebohrt
a_1	$d < 5$ mm: $(5 + 5 \cdot \cos\alpha) \cdot d$ $d \geq 5$ mm: $(5 + 7 \cdot \cos\alpha) \cdot d$	$(3 + 2 \cdot \cos\alpha) \cdot d$
a_2, $a_{2,c}$	$5 \cdot d$	$3 \cdot d$
$a_{1,t}$	$d < 5$ mm: $(7 + 5 \cdot \cos\alpha) \cdot d$ $d \geq 5$ mm: $(10 + 5 \cdot \cos\alpha) \cdot d$	$(7 + 5 \cdot \cos\alpha) \cdot d$
$a_{1,c}$	$d < 5$ mm: $7 \cdot d$ $d \geq 5$ mm: $10 \cdot d$	$7 \cdot d$
$a_{2,t}$	$d < 5$ mm: $(5 + 2 \cdot \sin\alpha) \cdot d$ $d \geq 5$ mm: $(5 + 5 \cdot \sin\alpha) \cdot d$	$(3 + 4 \cdot \sin\alpha) \cdot d$

Bedingung bei sich übergreifenden Nägeln in nicht vorgebohrten Nagellöchern: $b_2 - t_2 > 4 \cdot d$

Tragfähigkeit von Holz-Holz-Nagelverbindungen auf Abscheren

Bei Einhaltung der Mindestholzdicke bzw. Mindesteinbindetiefe $t_{req} = 9 \cdot d$ berechnet sich für Verbindungen von Bauteilen aus NH der Bemessungswert der Tragfähigkeit pro Scherfuge im Standardfall zu:

$$R_d = \frac{k_{mod}}{\gamma_M} \cdot R_k = \frac{0{,}8}{1{,}1} \cdot \sqrt{2 \cdot M_{y,k} \cdot f_{h,k} \cdot d}$$

mit

$M_{y,k} = 0{,}3 \cdot f_{u,k} \cdot d^{2,6}$ in Nmm mit $f_{u,k} = 600$ N/mm²

$f_{h,k} = 0{,}082 \cdot \rho_k \cdot d^{-0,3}$ in N/mm² für nicht vorgebohrte Hölzer

$f_{h,k} = 0{,}082 \cdot (1 - 0{,}01 \cdot d) \cdot \rho_k$ in N/mm² für vorgebohrte Hölzer

Für $f_{h,k}$ darf der größere Wert der miteinander verbundenen Bauteile eingesetzt werden.
Für $t < t_{req}$ muss R_d nach obiger Gleichung mit t/t_{req} multipliziert werden.

Tragfähigkeit von Stahlblech-Holz-Nagelverbindungen auf Abscheren

Abweichend von Abschnitt 8.1 darf angenommen werden

$$R_d = \frac{k_{mod}}{\gamma_M} \cdot R_k = \frac{0{,}8}{1{,}1} \cdot A \cdot \sqrt{2 \cdot M_{y,k} \cdot f_{h,k} \cdot d} \quad \text{mit } A \text{ nach Tafel 9.41b}$$

Für $t < t_{req}$ muss R_d nach obiger Gleichung mit t/t_{req} multipliziert werden.

Tafel 9.41b Faktor A und erforderliche Holzdicken t_{req}

Stahlblech vorgebohrt	Faktor A	t_{req} Mittelholz (zweischnittige Verbindung)	t_{req} alle anderen Fälle
Innenblech oder dickes Außenblech	1,4	$10 \cdot d$	$10 \cdot d$
Dünnes Außenblech	1,0	$7 \cdot d$	$9 \cdot d$

Standardfall für Holz-Holz-Nagelverbindungen

Bemessungswert der Tragfähigkeit R_d glattschaftiger Nägel mit rundem Querschnitt mit Einbindetiefen von mindestens $9 \cdot d$ (siehe [9.10])

nicht vorgebohrt: $R_d = 74 \cdot d^{1,65}$ in N pro Scherfuge

vorgebohrt: $R_d = 74 \cdot d^{1,78}$ in N pro Scherfuge

Für vom Standardfall abweichende Fälle ist R_d mit k^* (siehe Tafel 9.8a) zu multiplizieren.

Tafel 9.42 Mindestwerte der Holzdicke bzw. Einbindetiefe und R_d pro Scherfuge von Nägeln nach DIN EN 10 230-1 bei Holz-Holz-Verbindungen im Standardfall

Nagel-∅ d	Nagellänge ℓ	Kopf-∅ d_k	Mindestwerte Holzdicke[1)] t NH (außer KI)	KI	Einbindetiefe t_{req}	R_d	R_d Hölzer vb
mm	mm	mm	mm	mm	mm	N	N
2,0	45	5	28	24	18	232	255
2,2	50	5,5	31	24	20	272	302
2,4	50	5,9	34	24	22	313	353
2,7	50 60	6,1	38	24	24	381	436
3,0	60 70 80	6,8	42	24	27	453	526
3,4	60 70 80 90	7,7	48	24	31	557	658
3,8	70 80 90 100	7,6	53	27	34	669	802
4,2	90 100 110	8,4	59	29	38	789	958
4,6	90 100 120	9,2	64	32	42	917	1130
5,0	100 120 140	10	70	35	45	1050	1310
5,5	140	11	77	39	50	1230	1550
6,0	150 160 180	12	84	42	54	1420	1800
7,0	200	14	107	53	63	1830	2370
8,0	280	16	130	65	72	2290	2990

Für vom Standardfall abweichende Fälle ist R_d mit k^* (siehe Tafel 9.8a) zu multiplizieren.

Für $t < t_{req}$ muss der Bemessungswert der Tragfähigkeit ermittelt werden, indem die Werte R_d dieser Tafel mit t / t_{req} multipliziert werden.

1) Wegen Spaltgefahr. Keine Spaltgefahr bei vorgebohrten Nagellöchern. Mindestdicke einteiliger Einzelquerschnitte: 24 mm.

Standardfall für Stahlblech-Holz-Nagelverbindungen

Der Bemessungswert der Tragfähigkeit R_d eines Nagels pro Scherfuge beträgt für glattschaftige runde Nägel und Einbindetiefen von mindestens $9 \cdot d$ nach [9.10]:

Innenbleche oder dicke Außenbleche		Dünne Außenbleche	
nicht vorgebohrt:	$R_d = 105 \cdot d^{1,65}$ in N	nicht vorgebohrt:	$R_d = 74 \cdot d^{1,65}$ in N
vorgebohrt:	$R_d = 105 \cdot d^{1,78}$ in N	vorgebohrt:	$R_d = 74 \cdot d^{1,78}$ in N

Tafel 9.43 Mindestwerte der Holzdicke bzw. Einbindetiefen und R_d pro Scherfuge von Nägeln nach DIN EN 10 230-1 bei Stahlblech-Holz-Verbindungen im Standardfall

Nagel-∅ d	Mindestholzdicke[1)] t		Innenblech oder dickes Außenblech			Dünnes Außenblech		
	NH (außer KI)	KI	t_{req}	R_d	R_d vb	t_{req}	R_d	R_d vb
mm	mm	mm	mm	N	N	mm	N	N
2,0	28	24	18	325	357	20	232	255
2,2	31	24	20	380	423	22	272	302
2,4	34	24	22	439	494	24	313	353
2,7	38	24	24	533	610	27	381	436
3,0	42	24	27	634	736	30	453	526
3,4	48	24	31	780	921	34	557	658
3,8	53	27	34	937	1120	38	669	802
4,2	59	29	38	1110	1340	42	789	958
4,6	64	32	42	1280	1580	46	917	1130
5,0	70	35	45	1470	1830	50	1050	1310
5,5	77	39	50	1720	2160	55	1230	1550
6,0	84	42	54	1990	2520	60	1420	1800
7,0	107	53	63	2570	3310	70	1830	2370
8,0	130	65	72	3200	4190	80	2290	2990

Für vom Standardfall abweichende Fälle ist R_d mit k^* (siehe Tafel 9.8a) zu multiplizieren.
Für $t < t_{req}$ muss der Bemessungswert der Tragfähigkeit ermittelt werden, indem die Werte R_d dieser Tafel mit t / t_{req} multipliziert werden.

1) Wegen Spaltgefahr. Keine Spaltgefahr bei vorgebohrten Nagellöchern. Mindestdicke einteiliger Einzelquerschnitte: 24 mm.

Bei einschnittigen Stahlblech-Holz-Nagelverbindungen mit Sondernägeln der Tragfähigkeitsklasse 3 (siehe Tafel 9.46) darf der charakteristische Wert der Tragfähigkeit R_k um einen Anteil

$$\Delta R_k = \min \begin{Bmatrix} 0,5 \cdot R_k \\ 0,25 \cdot R_{ax,k} \end{Bmatrix}$$ erhöht werden. $R_{ax,k}$: siehe Abschnitt 8.6.1.

8.5 Holzschraubenverbindungen

Allgemeines und Ausführungsregeln

Holzschraubenverbindung

- in vorgebohrten Hölzern und bei $d > 8$ mm: R_d nach den Regeln für SDü
- in nicht vorgebohrten Hölzern sowie vorgebohrten Hölzern bei $d \leq 8$ mm: R_d nach den Regeln für Nä

Tragende Holzschraubenverbindungen müssen aus mindestens zwei Schrauben bestehen. Dies gilt nicht für die Befestigung von Schalungen, Latten (Trag- und Konterlatten) und Windrispen, auch nicht für die Befestigung von Sparren, Pfetten und dergleichen auf Bindern und Rähmen sowie von Querriegeln an Rahmenhölzern, wenn das gesamte Bauteil mit mindestens zwei Holzschrauben angeschlossen ist.

Verbindungsmittel Holzschraube

Genormte Holzschrauben

nach DIN 571, DIN 96, DIN 97, DIN 7996 oder DIN 7997

Gewinde nach DIN 7998

Nennlänge ℓ_s

Nenn-∅ d = Außen-∅ des Schraubengewindes

d_{min} = 4 mm

Kern-∅ ≈ 0,7d

Gewindelänge $\ell_{ef} \geq 0{,}6\ \ell_s$

Tafel 9.44 Sechskant-Holzschrauben nach DIN 571 mit Gewinde nach DIN 7998

Nenn-∅ d mm	Nennlänge ℓ_s mm	Kopf-∅ d_k mm	Nenn-∅ d mm	Nennlänge ℓ_s mm	Kopf-∅ d_k mm
4	20 bis 40: Stufung 5	7	10	45 bis 80: Stufung 5, 90, 100	17
5	25 bis 50: Stufung 5	8	12	55 bis 80: Stufung 5 90 bis 120: Stufung 10	19
6	30 bis 60: Stufung 5	10	16	70, 75, 80 90 bis 160: Stufung 10	24
8	40 bis 80: Stufung 5, 90, 100	13	20	90 bis 200: Stufung 10	30
Längen über 200 mm: Stufung 20					

Selbstbohrende Holzschrauben nach BAZ:

Nennlänge ℓ_s bis zu 600 mm

d bis zu 12 mm

Teilgewinde und Vollgewinde

Regeln für das Vorbohren

$d \leq 8$ mm:

Die zu verbindenden Teile dürfen vorgebohrt sein;

Empfehlung: Bohrloch-∅ = Kern-∅

Bei Bauholz mit $\rho_k > 500$ kg/m^3 und bei Douglasienholz sind die Schraubenlöcher über die ganze Schraubenlänge vorzubohren.

$d > 8$ mm und Gewinde nach DIN 7998:

Vorbohren mit Bohrloch-∅ = d auf die Länge des glatten Schaftes

Vorbohren mit Bohrloch-∅ = 0,7 · d auf die Länge des Gewindeteils.

Einschraubtiefe mindestens 4 · d

Mindestholzdicken bei nicht vorgebohrten Hölzern wie bei Nagelverbindungen

Maximalabstand von Holzschrauben: 40 · d

Mindestabstände von Holzschrauben: siehe Nägel

Tragfähigkeit auf Abscheren

Holzschrauben mit d ≤ 8 mm in vorgebohrten Hölzern und Holzschrauben in nicht vorgebohrten Hölzern:

Für Bauteile aus Nadelholz berechnet sich der Bemessungswert der Tragfähigkeit je Scherfuge im Standardfall:

$$R_\mathrm{d} = \frac{0,8}{1,1} \cdot R_\mathrm{k} = \frac{0,8}{1,1} \cdot \sqrt{2 \cdot M_{\mathrm{y,k}} \cdot f_{\mathrm{h,k}} \cdot d} \quad ; \qquad t_\mathrm{req} = 9 \cdot d$$

Für vom Standardfall abweichende Fälle sind die Werte mit k^* (siehe Tafel 9.8a) zu multiplizieren.

Für $t < t_\mathrm{req}$ muss der Bemessungswert der Tragfähigkeit ermittelt werden, indem der Wert R_d nach obiger Gleichung mit t / t_req multipliziert wird.

$M_{\mathrm{y,k}} = 0,15 \cdot f_{\mathrm{u,k}} \cdot d^{2,6}$	in Nmm	für Holzschrauben mit Gewinde nach DIN 7998
		mit $f_{\mathrm{u,k}} = 400$ N/mm² bzw. $M_{\mathrm{y,k}}$ nach BAZ
$f_{\mathrm{h,k}} = 0,082 \cdot \rho_\mathrm{k} \cdot d^{-0,3}$	in N/mm²	für nicht vorgebohrte Hölzer
$f_{\mathrm{h,k}} = 0,082 \cdot (1 - 0,01 \cdot d) \cdot \rho_\mathrm{k}$	in N/mm²	für vorgebohrte Hölzer bzw. $f_{\mathrm{h,k}}$ nach BAZ

Holzschrauben in vorgebohrten Hölzern:

siehe Stabdübelverbindungen mit $M_{\mathrm{y,k}}$ wie für Holzschrauben mit $d \leq 8$ mm.

Erhöhung der Tragfähigkeit

Bei einschnittigen Holzschraubenverbindungen darf der charakteristische Wert der Tragfähigkeit R_k nach obiger Gleichung um einen Anteil

$$\Delta R_\mathrm{k} = \min \begin{Bmatrix} R_\mathrm{k} \\ 0,25 \cdot R_{\mathrm{ax,k}} \end{Bmatrix} \quad \text{erhöht werden.}$$

$R_{\mathrm{ax,k}}$ siehe Abschnitt 8.6.2.

Bei Stahlblech-Holz-Verbindungen darf dabei der Fall des Kopfdurchziehens unberücksichtigt bleiben.

8.6 Tragfähigkeit auf Herausziehen

8.6.1 Nägel

In Schaftrichtung beanspruchte Nägel werden entsprechend ihrem Widerstand gegen Herausziehen in die Tragfähigkeitsklassen 1, 2 oder 3 und entsprechend ihrem Widerstand gegen Kopfdurchziehen in die Tragfähigkeitsklassen A, B oder C eingeteilt. Mit den Parametern für die beiden Versagensarten berechnet sich der Bemessungswert des Ausziehwiderstands im Standardfall zu

$$R_{\mathrm{ax,d}} = \frac{0,8}{1,3} \cdot R_{\mathrm{ax,k}} = \min \left\{ \frac{0,8}{1,3} \cdot f_{1,\mathrm{k}} \cdot d \cdot \ell_\mathrm{ef} \; ; \; \frac{0,8}{1,3} \cdot f_{2,\mathrm{k}} \cdot d_\mathrm{k}^2 \right\} \quad \text{mit}$$

$f_{1,\mathrm{k}}$ charakteristischer Wert des Ausziehparameters

$f_{2,\mathrm{k}}$ charakteristischer Wert des Kopfdurchziehparameters

d Nenndurchmesser des Nagels

d_k Außendurchmesser des Nagelkopfes

Für $f_{1,\mathrm{k}}$ und $f_{2,\mathrm{k}}$ dürfen die in Tafel 9.46 angegebenen Werte in Rechnung gestellt werden.

Tafel 9.45 Wirksame Nageleinschlagtiefe ℓ_ef

VM	min	max
Nä /SoNä 1	$\geq 12 \cdot d$	$20 \cdot d$
SoNä 2, 3	$\geq 8 \cdot d$	Länge des profilierten Schafts

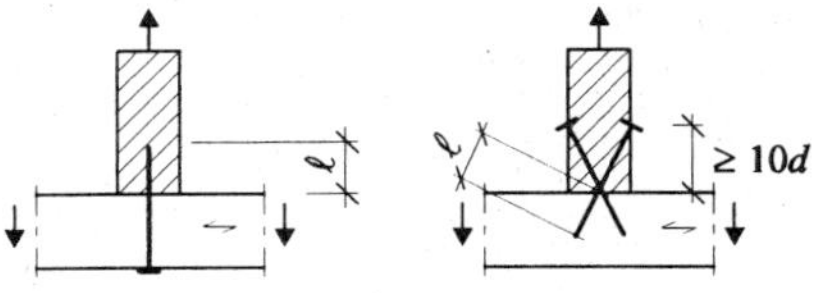

Die Abstände in Schaftrichtung beanspruchter Nägel müssen den Abständen rechtwinklig zur Nagelachse beanspruchter Nägel entsprechen. Bei Schrägnagelung muss der Abstand zum beanspruchten Rand mindestens 10 · d betragen (Bild (b)).

(a) (b)

Nagelung rechtwinklig zur Faserrichtung des Holzes (a) und Schrägnagelung (b)

Tafel 9.46 Charakt. Werte der Ausziehparameter $f_{1,k}$ und der Kopfdurchziehparameter $f_{2,k}$ in N/mm² für Nägel in Holz mit ρ_k = 350 kg/m³

Nageltyp	$f_{1,k}$	Nageltyp	$f_{2,k}$
Glattschaftige Nägel	2,21	Glattschaftige Nägel	7,35
SoNä der Tragfähigkeitsklasse	$f_{1,k}$	SoNä der Tragfähigkeitsklasse	$f_{2,k}$
1	3,68	A	7,35
2	4,90	B	9,80
3	6,13	C	12,3
Für andere charakteristische Rohdichten ρ_k sind die Werte mit $(\rho_k/350)^2$ zu multiplizieren, wobei ρ_k höchstens mit 500 kg/m³ eingesetzt werden darf.			

Der charakteristische Ausziehwiderstand darf bei Verbindungen von Bauteilen aus Vollholz mit einer Einbauholzfeuchte oberhalb 20 % und der Möglichkeit, im eingebauten Zustand auszutrocknen, nur zu 2/3 in Rechnung gestellt werden. Glattschaftige Nägel in vorgebohrten Nagellöchern dürfen nicht auf Herausziehen beansprucht werden.

Glattschaftige Nägel und Sondernägel der Tragfähigkeitsklasse 1 dürfen nur für kurze Lasteinwirkungen (z. B. Windsogkräfte) in Schaftrichtung beansprucht werden.

Dies gilt nicht für glattschaftige Nägel und Sondernägel der Tragfähigkeitsklasse 1 im Anschluss von Koppelpfetten, wenn infolge einer Dachneigung von höchstens 30° die Nägel dauernd auf Herausziehen beansprucht werden. In solchen Fällen ist der charakteristische Wert des Ausziehparameters $f_{1,k}$ nur mit 60 % in Rechnung zu stellen.

8.6.2 Holzschrauben

Holzschrauben werden entsprechend ihrem Widerstand gegen Herausziehen aus Nadelholz bei Beanspruchung in Schaftrichtung in die Tragfähigkeitsklassen 1, 2 oder 3 und entsprechend ihrem Widerstand gegen Kopfdurchziehen in die Tragfähigkeitsklassen A, B oder C eingeteilt.

Im Standardfall darf der Bemessungswert des Ausziehwiderstands von Holzschrauben, die unter einem Winkel 45° ≤ α ≤ 90° zur Faserrichtung in das Holz eingeschraubt sind, wie folgt berechnet werden:

$$R_{\text{ax,d}} = \frac{0{,}8}{1{,}3} \cdot R_{\text{ax,k}} = \min \left\{ \frac{0{,}8}{1{,}3} \cdot \frac{f_{1,k} \cdot d \cdot \ell_{\text{ef}}}{\sin^2\alpha + \frac{4}{3} \cdot \cos^2\alpha} \;;\; \frac{0{,}8}{1{,}3} \cdot f_{2,k} \cdot d_k^2 \right\}$$

mit

- $f_{1,k}$ charakteristischer Wert des Ausziehparameters
- $f_{2,k}$ charakteristischer Wert des Kopfdurchziehparameters
- ℓ_{ef} Gewindelänge im Holzteil mit der Schraubenspitze
- d Nenndurchmesser der Holzschraube = Außen-∅ des Schraubengewindes
- d_k Außendurchmesser des Schraubenkopfes, ggf. einschließlich Unterlegscheibe

Für $f_{1,k}$ und $f_{2,k}$ dürfen die in Tafel 9.47 angegebenen Werte in Rechnung gestellt werden.

Tafel 9.47 Charakt. Werte der Ausziehparameter $f_{1,k}$ und der Kopfdurchziehparameter $f_{2,k}$ in N/mm² für Holzschrauben in Holz mit ρ_k = 350 kg/m³

Tragfähigkeitsklasse	$f_{1,k}$	Tragfähigkeitsklasse	$f_{2,k}$
1	7,35	A	7,35
2	8,58	B	9,80
3	9,80	C	12,3
Für andere charakteristische Rohdichten ρ_k sind die Werte mit $(\rho_k / 350)^2$ zu multiplizieren, wobei ρ_k höchstens mit 500 kg/m³ eingesetzt werden darf.			

Holzschrauben mit einem Gewinde nach DIN 7998 dürfen ohne Nachweis in die Tragfähigkeitsklasse 2A eingestuft werden.

Für den Nachweis der Tragfähigkeit einer Holzschraube auf Zug in Schaftrichtung mit Nenndurchmesser d und einem Gewinde nach DIN 7998 darf angenommen werden:

Charakteristische Tragfähigkeit: $R_{ax,k} = 115 \cdot d^2$ in N mit d in mm für $d \leq 10$ mm

$R_{ax,k} = 132 \cdot d^2$ in N mit d in mm für $d > 10$ mm

Bemessungswert der Tragfähigkeit: $R_{ax,d} = R_{ax,k} / 1,25$

Die Mindestabstände, Mindestholzdicken und Einschraubtiefen sind wie bei rechtwinklig zu ihrer Achse beanspruchten Holzschrauben einzuhalten.

8.7 Kombinierte Beanspruchung

Bei Verbindungen, die sowohl durch eine Einwirkung in Richtung der Stiftachse mit F_{ax} als auch rechtwinklig dazu mit F_{la} beansprucht werden, muss die folgende Bedingung erfüllt sein:

$$\left(\frac{F_{ax,d}}{R_{ax,d}}\right)^m + \left(\frac{F_{la,d}}{R_{la,d}}\right)^m \leq 1$$

mit

$R_{ax,d}$ Bemessungswert der Tragfähigkeit auf Herausziehen

$R_{la,d}$ Bemessungswert der Tragfähigkeit bei Beanspruchung rechtwinklig zur Stiftachse

$m = 1$ für glattschaftige Nägel, Sondernägel der Tragfähigkeitsklasse 1 und Klammern

$m = 2$ für Sondernägel mindestens der Tragfähigkeitsklasse 2 und für Holzschrauben

Bei Koppelpfettenanschlüssen mit glattschaftigen Nägeln darf mit $m = 1,5$ gerechnet werden.

Beispiel:

Befestigung Dachschalung (Bretter t/b = 28/100 mm) auf Sparren mit SoNä 4,0×75–2C mit profiliertem Schaft und Kopf-∅ = 2,2 · d

Bemessungswerte der Einwirkung je Nagel: aus Windsog $F_{ax,d}$ = 350 N

aus Dachschub $F_{la,d}$ = 450 N

Material: VH C 24 KLED: kurz → k^* = 1,125 nach Tafel 9.8a

Tragfähigkeit auf Abscheren

$t_{req} = 9 \cdot 4 = 36$ mm > 28 mm

$R_d = k^* \cdot 74 \cdot d^{1,65} \cdot t / t_{req} = 1,125 \cdot 74 \cdot 4^{1,65} \cdot 28/36 = 638$ N

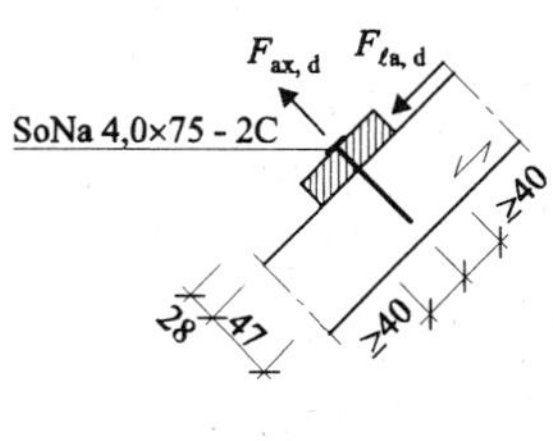

Tragfähigkeit auf Herausziehen

Nach Tafel 9.46: $f_{1,k}$ = 4,90 N/mm²

$f_{2,k}$ = 12,3 N/mm²

ℓ_{ef} = 47 mm

$$R_{\text{ax,d}} = \min\left\{\frac{0,9}{1,3}\cdot 4,90\cdot 4\cdot 47\ ;\ \frac{0,9}{1,3}\cdot 12,3\cdot(2,2\cdot 4)^2\right\} = \min\{638\text{ N}\,;\,659\text{ N}\} = 638\text{ N}$$

Nachweis: $$\left(\frac{350}{638}\right)^2 + \left(\frac{450}{638}\right)^2 = 0,301 + 0,497 = 0,80 < 1$$

Mindestholzdicke wegen Spaltgefahr des Holzes (Nagellöcher nicht vorgebohrt) nach Abschnitt 8.4:

$t = 56$ mm aus Diagramm auf Seite 9.40

$t = 28$ mm aus Diagramm auf Seite 9.40 für KI oder $a_{2,\text{t(c)}} \geq 10 \cdot d$

9 Dübelverbindungen

Dübel besonderer Bauart sind zulässig für Verbindungen von VH, BSH, BASH und FSH ohne Querlagen. Für Verbindungen von LH dürfen nur Einlassdübel vom Typ A1 und B1 verwendet werden. Für Stahl-Holz-Verbindungen sind nur einseitige Dübel anwendbar. Alle Dübel müssen durch nachziehbare Bolzen aus Stahl mit Scheiben unter Kopf und Mutter gesichert werden. Ein Nachziehen kann unterbleiben, wenn die Holzfeuchte beim Einbau nicht mehr als fünf Prozentpunkte über der zu erwartenden mittleren Ausgleichsfeuchte liegt. Der Ersatz von Bolzen durch Gewindestangen oder Holzschrauben ist möglich bei

- Ringdübeln mit $d_c \leq 95$ mm und zweiseitigen Scheibendübeln mit Zähnen oder Dornen mit $d_c \leq 117$ mm für den Anschluss von Bauteilen aus Holz an BSH,
- einseitigen Scheibendübeln mit Zähnen oder Dornen für den Anschluss von Stahlteilen an BSH nur, wenn mit $K_{\text{ser}} = 0,210 \cdot d_c \cdot \rho_k$ bei Typ C2 und $K_{\text{ser}} = 0,315 \cdot d_c \cdot \rho_k$ bei Typ C11 gerechnet wird.

Tafel 9.48a Gebräuchliche Dübel besonderer Bauart nach DIN EN 912

Einbau des Dübels	Dübel	Bezeichnung	Typ	Bisherige Bezeichnungen Typ	
eingelassen	zweiseitig	Ringdübel	A1	A	Appel
	einseitig	Scheibendübel	B1		
eingepresst	zweiseitig	Scheibendübel mit Zähnen	C1	C	Bulldog
	einseitig		C2		
Dornen eingepresst, Scheibe eventuell eingelassen	zweiseitig	Scheibendübel mit Dornen	C10	D	Geka
	einseitig		C11		

Tafel 9.48b Verbindungseinheiten

Fall	Verbindung von	Eine Verbindungseinheit besteht aus
1	Holz mit Holz	1 Dübel (Typ A1, C1, C3, C5 oder C10) + 1 Bo
2	Holz mit Holz	2 Dübeln (Typ C2/C2, C4/C4, oder C11/C11) + 1 Bo
3	Holz mit Stahl	1 Dübel (Typ B1, C2, C4 oder C11) + 1 Bo

Tafel 9.48c Vorzugsmaße der Scheiben für Bolzen und Passbolzen

Bolzen		M 12	M 16	M 20	M 22	M 24
Dicke s	in mm	6	6	8	8	8
Außen-∅ d_2	in mm	58	68	80	92	105
Innen-∅ d	in mm	14	18	22	25	27

Tafel 9.48d Mögliche Durchmesser d_1 des Mittelloches in mm für Dübeltyp C2

d_c	10,4	12,4	16,4	20,4	22,4	24,4
50	✓	✓	✓	✓	–	–
62	–	✓	✓	✓	–	–
75	–	✓	✓	✓	✓	✓
95	–	–	✓	✓	✓	✓
117	–	–	✓	✓	✓	✓

Die Scheiben der Typen C10 und C11 dürfen ≤ 3 mm ins Holz eingelassen werden. Bei Dübeldurchmessern oder Dübelseitenlängen ≥ 130 mm sind zusätzliche Klemmbolzen an den Laschenenden anzuordnen.

Bei Anschlüssen mit $n > 2$ in Faserrichtung hintereinander liegenden Verbindungseinheiten ist nicht mit der Anzahl n, sondern mit der wirksamen Anzahl n_{ef} zu rechnen:

$$n_{ef} = \left[2 + (1 - n/20)\cdot(n - 2)\right]\cdot\frac{90-\alpha}{90} + n\cdot\frac{\alpha}{90} \leq 10$$

Tafel 9.49a Wirksame Anzahl der Verbindungseinheiten n_{ef}

Dübelanzahl n	3	4	5	6	7	8	9	≥ 10
$\alpha = 0°$	2,85	3,60	4,25	4,80	5,25	5,60	5,85	6
$\alpha = 30°$	2,90	3,73	4,50	5,20	5,83	6,40	6,90	7,33
$\alpha = 45°$	2,93	3,80	4,63	5,40	6,13	6,80	7,43	8
$\alpha = 60°$	2,95	3,87	4,75	5,60	6,42	7,20	7,95	8,67
$\alpha = 90°$	3	4	5	6	7	8	9	10
α ist der Winkel zwischen Kraft- und Faserrichtung.								

Tafel 9.49b Mindestabstände der Dübel

		Typ A1 / B1 Appel	Typ C1 / C2 Bulldog	Typ C10 / C11 Geka
a_1	parallel zur Faserrichtung	$(1{,}2 + 0{,}8 \cdot \cos\alpha) \cdot d_c$	$(1{,}2 + 0{,}3\cdot\cos\alpha)\cdot d_c$	$(1{,}2 + 0{,}8 \cdot \cos\alpha) \cdot d_c$
a_2	rechtwinklig zur Fa-Ri	$1{,}2 \cdot d_c$		
$a_{1,t}$	beanspruchtes Hirnholz	$2 \cdot d_c$ 1)	$1{,}5 \cdot d_c$ 2)	$2 \cdot d_c$ 3)
$a_{1,c}$	unbeanspr. Hirnholz $\alpha \leq 30°$	$1{,}2 \cdot$ dc		
$a_{1,c}$	unbeanspr. Hirnholz $\alpha \geq 30°$	$(0{,}4 + 1{,}6 \cdot \sin\alpha) \cdot d_c$	$(0{,}9 + 0{,}6 \cdot \sin\alpha) \cdot d_c$	$(0{,}4 + 1{,}6 \cdot \sin\alpha) \cdot d_c$
$a_{2,t}$	beanspruchter Rand	$(0{,}6 + 0{,}2 \cdot \sin\alpha) \cdot d_c$	$(0{,}6 + 0{,}2 \cdot \sin\alpha) \cdot d_c$	$(0{,}6 + 0{,}2 \cdot \sin\alpha) \cdot d_c$
$a_{2,c}$	unbeanspruchter Rand	$0{,}6 \cdot d_c$		

1) $a_{1,t}$ für $\alpha \leq 30°$ darf bis auf $1{,}5 \cdot d_c$ verringert werden, wenn die Tragfähigkeit einer Verbindungseinheit mit dem Faktor $a_{1,t}/(2 \cdot d_c)$ abgemindert wird.

2) $a_{1,t}$ für $\alpha \leq 30°$ darf bis auf $1{,}1 \cdot d_c$, höchstens auf 80 mm und $7 \cdot d_b$, verringert werden, wenn die Tragfähigkeit einer Verbindungseinheit mit dem Faktor $a_{1,t}/(1{,}5 \cdot d_c)$ abgemindert wird.

3) $a_{1,t}$ für $\alpha \leq 30°$ darf bis auf $1{,}5 \cdot d_c$, höchstens auf 80 mm und $7 \cdot d_b$, verringert werden, wenn die Tragfähigkeit einer Verbindungseinheit mit dem Faktor $a_{1,t}/(2 \cdot d_c)$ abgemindert wird.

Standardfall für die Bemessungswerte der Dübeltragfähigkeit $R_{c,\alpha,d}$ ist gegeben bei:

$k_{mod} = 0{,}8$ $\gamma_M = 1{,}3$ VH C 24 bzw. $\rho_k = 350$ kg/m³

Seitenholzdicke $t_1 \geq 3 \cdot h_e$ Mittelholzdicke $t_2 \geq 5 \cdot h_e$

Mindestabstände der Dübel und Maße der Scheiben gemäß den vorliegenden Tafeln.

Tafel 9.49c Bemessungswerte der Tragfähigkeit in N im Standardfall (d_c, h_e in mm)

Dübeltyp A1/B1 und $\alpha = 0°$	Dübeltyp C1/C2	Dübeltyp C10/C11
$R_{c,0,d} = 21{,}538 \cdot d_c^{1,5} < 19{,}385 \cdot d_c \cdot h_e$	$R_{c,d} = 11{,}077 \cdot d_c^{1,5}$	$R_{c,d} = 15{,}385 \cdot d_c^{1,5}$

Der Bemessungswert der Tragfähigkeit für eine **Verbindungseinheit** berechnet sich zu:

$$R_{j,\alpha,d} = \frac{R_{c,0,d}}{(1{,}3 + 0{,}001\cdot d_c)\cdot\sin^2\alpha + \cos^2\alpha} \qquad \text{für Dübeltyp A1/B1}$$

mit d_c in mm

$R_{j,\alpha,d} = R_{c,d} + R_{b,\alpha,d}$ für Dübeltyp C1/C2/C10/C11

mit $R_{b,\alpha,d}$ Bemessungswert der Tragfähigkeit des Bolzens (siehe Abschnitt Bolzenverbindung)

Tafel 9.50 Dübel besonderer Bauart

∅ 40 bis ∅ 55
∅ 56 bis ∅ 70
∅ 71 bis ∅ 85
∅ 86 bis ∅ 100
> 100

Dübeltyp und Dübelform		Außendurchmesser bzw. Seitenlänge d_c mm	Dicke t mm	Einlass-/Einpresstiefe h_e mm	Durchmesser Mittelloch d_l mm	Dübelfehlfläche ΔA mm²	Bolzendurchmesser min d_b mm	Bolzendurchmesser max d_b mm	Bemessungswert der Tragfähigkeit $R_{c,\alpha,d}$ im Standardfall α [1)] 0° kN	45° kN	90° kN
A1	Ringdübel	65	5	15		980	12	24	11,3	9,55	8,27
		80	6	15		1200	12	24	15,4	13,0	11,2
		95	6	15		1430	12	24	19,9	16,7	14,3
		126	6	15		1890	12	24	30,5	25,1	21,4
		128	8	15		2880	12	24	31,2	25,7	21,8
		160	10	22,5		3600	16	24	43,6	35,4	29,9
		190	10	22,5		4280	16	24	56,4	45,3	37,9
B1	Scheibendübel	65	5	15	13	980	d_l-1	d_l	11,3	9,55	8,27
		80	6	15	13	1200			15,4	13,0	11,2
		95	6	15	13	1430			19,9	16,7	14,3
		128	8	22,5	13	2880			31,2	25,7	21,8
		160	10	22,5	16,5	3600			43,6	35,4	29,9
		190	10	22,5	16,5	4280			56,4	45,3	37,9
C1	zweiseitige Scheibendübel mit Zähnen	50	1,00	6,0		170	10	16	3,92		
		62	1,20	7,4		300		20	5,41		
		75	1,25	9,1		420		24	7,19		
		95	1,35	11,3		670		30	10,3		
		117	1,50	14,3		1000		30	14,0		
		140	1,65	14,7		1240		30	18,3		
		165	1,80	15,6		1490		30	23,5		
C2	einseitige Scheibendübel mit Zähnen	50	1,00	5,6	2)	170	d_l-1	d_l	3,92		
		62	1,20	7,5		300			5,41		
		75	1,25	9,2		420			7,19		
		95	1,35	11,4		670			10,3		
		117	1,50	14,5		1000			14,0		
C10	zweiseitige Scheibendübel mit Dornen	50	3	12		460	10	30	5,44		
		65	3			590			8,06		
		80	3			750			11,0		
		95	3			900			14,2		
		115	3			1040			19,0		
C11	einseitige Scheibendübel mit Dornen	50	3	12	12,5	540	d_l-1	d_l	5,44		
		65	3		16,5	710			8,06		
		80	3		20,5	870			11,0		
		95	3		24,5	1070			14,2		
		115	3		24,5	1240			19,0		

1) Zwischenwerte dürfen linear interpoliert werden. 2) Siehe Tafel 9.48d.

Abweichungen vom Standardfall

In DIN 1052:2004 sind Abweichungen von den Voraussetzungen des Standardfalls in der Weise geregelt, dass günstig wirkende Abweichungen höhere Bemessungswerte $R_{c,0,d}$ bzw. $R_{c,d}$ erlauben und durch ungünstig wirkende Abweichungen die Bemessungswerte abgemindert werden müssen.

So darf z. B. für $\rho_k > 350$ kg/m³ der Bemessungswert der Dübeltragfähigkeit für den Standardfall mit $\rho_k /350 \leq 1{,}75$ multipliziert werden.

Beispiel: Zugstoß eines Zugstabes 100/120 mm VH C 24 mit zwei Laschen 80/120 VH C 24

Zugkraft $F_{t,d} = 75{,}0$ kN

KLED mittel NKL 2

VM: Ringdübel ∅ 95 - Typ A1

$R_{c,0,d} = 19{,}9$ kN nach Tafel 9.50

Erforderliche Dübelanzahl $n_{req} = 75{,}0/19{,}9 = 3{,}8$

Gewählt: **4 Dü ∅ 95 – A1 + 3 M12 + 6 Scheiben 58/6**

Dübelabstände nach Tafel 9.49b:

$a_1 = a_{1,t} = 2 \cdot 95 = 190$ mm gewählt: 190 mm

$a_{2,c(t)} = 0{,}6 \cdot 95 = 57$ mm gewählt: 60 mm

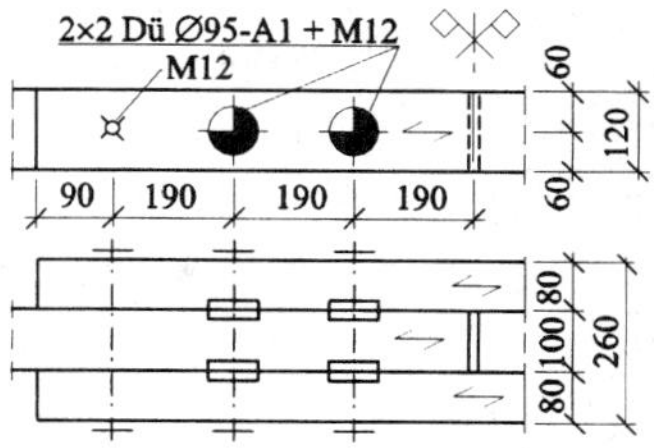

Der zusätzliche Bolzen reduziert die Verkrümmung der Laschen infolge einseitiger Lasteinleitung (siehe Abschnitt 7.1.2). Ohne zusätzlichen Bolzen wäre die maximal mögliche Zugkraft

$$N_{e,d} \cong 0{,}4 \cdot 6{,}9 \cdot 2 \cdot 80 \cdot 120 \cdot 10^{-3} = 53 \text{ kN}$$

10 Kontaktverbindungen

10.1 Auflager- und Schwellendruck

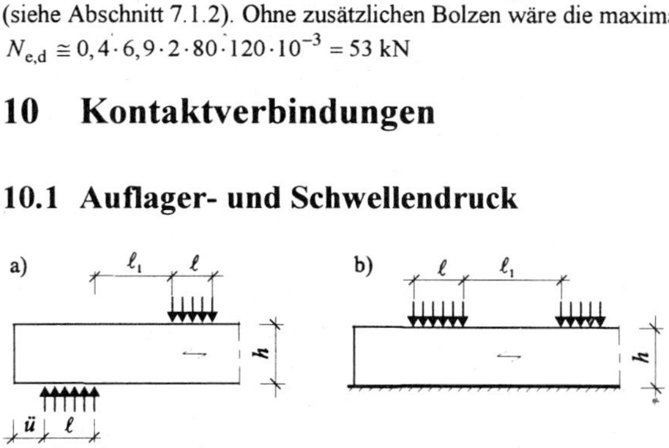

Auflagerdruck Schwellendruck

In [9.12] werden die Hintergründe der nachfolgenden Bemessungsregeln erläutert. Für die praktische Anwendung sind vor allem Auflager- und Schwellendruck zu unterscheiden, siehe Bild. In beiden Fällen darf der Einhängeeffekt in Faserrichtung berücksichtigt werden. Dies erfolgt durch die rechnerische Verlängerung der Kontaktlänge um jeweils 30 mm. Dadurch berechnet sich die wirksame Querdruckfläche A_{ef} zu

$A_{ef} = b \cdot (\ell + 2 \cdot 30 \text{ mm}) \leq 3 \cdot \ell \cdot b$ für $ü \geq 30$ mm

$A_{ef} = b \cdot (\ell + 30 \text{ mm} + ü) \leq 3 \cdot \ell \cdot b$ für $ü < 30$ mm

mit b Breite der Querdruckfläche

Die Querdruckspannung berechnet sich damit zu $\sigma_{c,90,d} = \dfrac{F_{c,90,d}}{A_{ef}}$

In den meisten Fällen sind wegen der geringen Steifigkeit des Holzes rechtwinklig zur Faserrichtung die Verformungen für die Begrenzung der übertragbaren Kraft maßgebend. Zur Vereinfachung wird aber der Nachweis der Eindrückungen als Tragfähigkeitsnachweis geführt, indem mit dem Querdruckbeiwert $k_{c,90}$ der Bemessungswert der Querdruckfestigkeit, die den Teilsicherheitsbeiwert $\gamma_M = 1{,}3$ enthält, angepasst wird sowie die unterschiedlichen Lastausbreitungen und die Spannungsüberlagerungen bei $\ell_1 < 2 \cdot h$ berücksichtigt werden.

Der Querdrucknachweis lautet somit $\dfrac{\sigma_{c,90,d}}{k_{c,90} \cdot f_{c,90,d}} \leq 1$

mit dem Querdruckbeiwert $k_{c,90}$ nach Tafel 9.52a.

Tafel 9.52a Querdruckbeiwert $k_{c,90}$

Baustoff	$\ell_1 < 2 \cdot h$	$\ell_1 \geq 2 \cdot h$	
		Auflagerdruck $\ell \leq 400$ mm	Schwellendruck
VH aus NH		1,5	1,25
VH aus LH	1,0	1,0	1,0
BSH aus NH		1,75*)	1,5

*) Für $\ell > 400$ mm darf man mit $\ell = 400$ mm und $k_{c,90} = 1{,}75$ rechnen. ℓ_1 ist der lichte Abstand zwischen den Querdruckflächen infolge Einzellasten.

10.2 Kontaktfläche schräg zur Faserrichtung

Für $0° < \alpha < 90°$ muss die folgende Bedingung erfüllt sein:

$$\frac{\sigma_{c,\alpha,d}}{k_{c,\alpha} \cdot f_{c,\alpha,d}} \leq 1 \qquad \text{mit} \quad \sigma_{c,\alpha,d} = \frac{F_{c,\alpha,d}}{A_{ef}}$$

mit A_{ef} nach nebenstehenden Bildern

$$k_{c,\alpha} = 1 + \left(k_{c,90} - 1\right) \cdot \sin\alpha$$

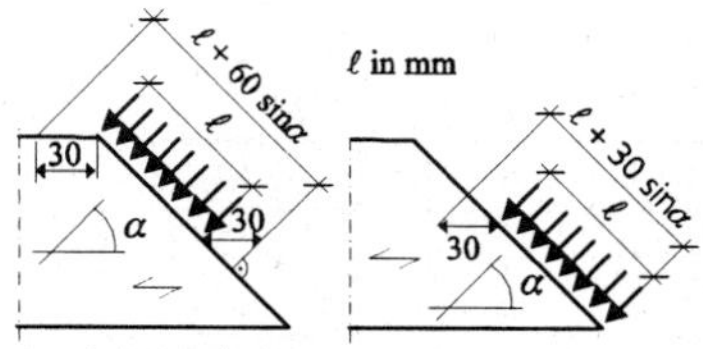

$A_{ef} = b\,(\ell + 60 \sin\alpha)$ $A_{ef} = b\,(\ell + 30 \sin\alpha)$

$$f_{c,\alpha,d} = \frac{f_{c,0,d}}{\sqrt{\left(\frac{f_{c,0,d}}{f_{c,90,d}} \cdot \sin^2\alpha\right)^2 + \left(\frac{f_{c,0,d}}{1{,}5 \cdot f_{v,d}} \cdot \sin\alpha \cdot \cos\alpha\right)^2 + \cos^4\alpha}}$$

siehe auch Tafel 9.52b

α ist der Winkel zwischen Beanspruchungsrichtung und Faserrichtung des Holzes bzw. Winkel zwischen Beanspruchungsrichtung und Faserrichtung bzw. Spanrichtung der Decklagen.

Die tatsächliche Kontaktlänge schräg zur Faser darf, wie in obigen Bildern dargestellt, um die Maße vergrößert werden, die sich aus der senkrechten Projektion der Längen von 30 mm auf die Kontaktfläche ergeben. Vereinfacht darf der Spannungsnachweis auch mit der tatsächlich vorhandenen Kontaktfläche geführt werden. **Versätze sind nach Abschnitt 10.3 zu berechnen.**

Tafel 9.52b Bemessungswert der Druckfestigkeit $f_{c,\alpha,d}$ in N/mm² unter einem Winkel α im Standardfall

α	C 24	C 30	C 35	C 40	D 30	D 35	D 40
0°	12,9	14,2	15,4	16,0	14,2	15,4	16,0
5°	11,1	11,8	12,5	12,8	13,0	14,2	15,0
10°	8,28	8,6	8,8	8,9	10,8	12,0	12,8
15°	6,27	6,41	6,52	6,57	8,88	9,91	10,8
20°	4,95	5,05	5,12	5,15	7,47	8,36	9,16
25°	4,06	4,15	4,20	4,24	6,48	7,27	7,99
30°	3,43	3,53	3,57	3,61	5,79	6,49	7,15
35°	2,97	3,07	3,11	3,15	5,31	5,94	6,54
40°	2,62	2,72	2,77	2,82	4,98	5,55	6,10
45°	2,35	2,46	2,51	2,56	4,76	5,29	5,79
50°	2,14	2,25	2,31	2,36	4,63	5,11	5,58
55°	1,98	2,09	2,15	2,20	4,57	5,02	5,45
60°	1,85	1,96	2,02	2,08	4,57	4,98	5,37
65°	1,75	1,86	1,92	1,98	4,61	4,98	5,34
70°	1,67	1,79	1,85	1,91	4,68	5,02	5,34
75°	1,61	1,73	1,79	1,85	4,76	5,07	5,36
80°	1,57	1,69	1,75	1,81	4,84	5,12	5,39
85°	1,55	1,67	1,73	1,79	4,90	5,16	5,41
90°	1,54	1,66	1,72	1,78	4,92	5,17	5,42

10.3 Versätze

Tafel 9.53a Bemessungswert der Tragfähigkeit R_d des Versatzes in N mit Holzbreite b und Versatztiefe t_V in mm im Standardfall

Stirnversatz (S)	Brustversatz (B)	Fersenversatz (F)
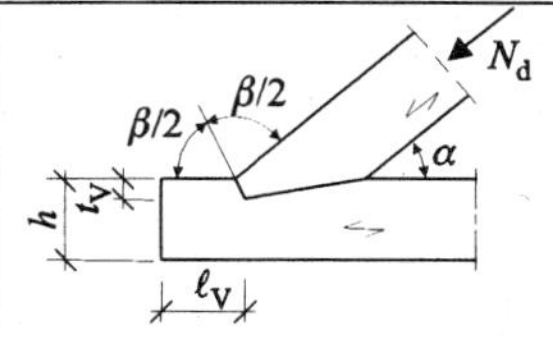	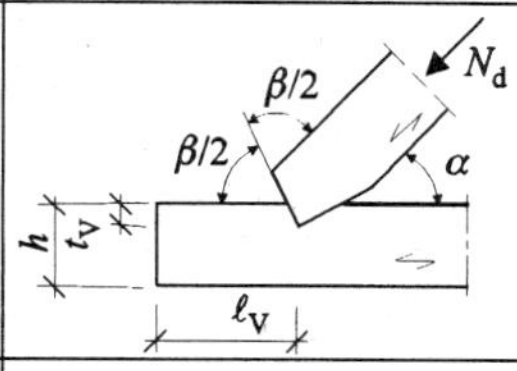	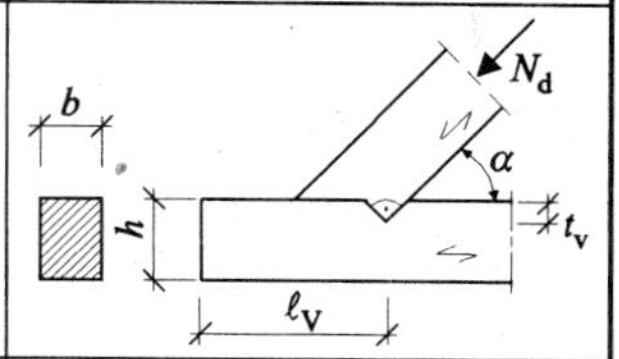
$R_{S,d} = k_{SB} \cdot b \cdot t_V$	$R_{B,d} = k_{SB} \cdot b \cdot t_V$	$R_{F,d} = k_F \cdot b \cdot t_V$

Tafel 9.53b Beiwerte k_{SB} für Stirn- und Brustversatz und k_F für Fersenversatz in N/mm²

α	k_{SB} für C 24	k_{SB} für C 30	k_{SB} für D 30	k_F für C 24	k_F für C 30	k_F für D 30
15°	10,98	11,66	13,1	8,18	8,4	10,9
20°	10,04	10,52	12,5	6,99	7,15	9,88
25°	9,19	9,54	11,9	6,20	6,32	9,18
30°	8,47	8,73	11,3	5,71	5,82	8,80
35°	7,90	8,10	10,9	5,43	5,54	8,73
40°	7,44	7,60	10,5	5,32	5,46	8,95
45°	7,10	7,24	10,3	5,38	5,54	9,50
50°	6,85	6,97	10,1	5,59	5,80	10,4
55°	6,68	6,80	10,1	5,99	6,25	11,9
60°	6,59	6,72	10,2	6,64	6,98	14,2
65°	6,57	6,70	10,4	7,65	8,09	17,7

Für vom Standardfall abweichende NKL oder KLED ist R_d nach Tafel 9.53a mit k^* nach Tafel 9.8a zu multiplizieren.

Nachweis

Stirnversatz: $\frac{N_d}{R_{S,d}} \leq 1$	Brustversatz: $\frac{N_d}{R_{B,d}} \leq 1$	Fersenversatz: $\frac{N_d}{R_{F,d}} \leq 1$

Konstruktive Regeln für die Versatztiefe

Strebenneigungswinkel α	$\leq 50°$	$50° < \alpha < 60°$	$\geq 60°$	Bei zweiseitigem Versatzeinschnitt: $t_V \leq h/6$
Versatztiefe t_V	$\leq h/4$	$\leq h \cdot \left(\frac{2}{3} - \frac{\alpha°}{120°}\right)$	$\leq h/6$	

Vorholzlänge

Für den Nachweis rechnerisch ansetzbare Vorholzlänge $\ell_V \leq 8 \cdot t_V$

Auszuführende Mindest-Vorholzlänge: 200 mm

Für NH im Standardfall: $\ell_V \geq 813 \cdot N_d \cdot \cos\alpha / b$ in mm

Für LH D 30 im Standardfall: $\ell_V \geq 542 \cdot N_d \cdot \cos\alpha / b$ in mm

mit

N_d Strebenkraft in kN,

b Breite der Versatzfläche in mm

Für vom Standardfall abweichende NKL oder KLED sind die Vorholzlängen des Standardfalles durch den Beiwert k^* nach Tafel 9.8a zu dividieren.

Lagesicherung ist erforderlich.

Beispiel:

N_d = 50,0 kN

KLED kurz $\rightarrow k^* = 1{,}125$

NKL 2

Material: VH C 24

$k^* \cdot k_{SB} = 1{,}125 \cdot 7{,}10 = 7{,}99$ nach Tafel 9.53b

$R_{S,d} = 7{,}99 \cdot 140 \cdot 45 \cdot 10^{-3} = 50{,}3 \text{ kN} > 50{,}0 \text{ kN}$

$$\ell_V = 250 \text{ mm} \geq \frac{813 \cdot 50{,}0 \cdot \cos 45°}{1{,}125 \cdot 140} = 183 \text{ mm}$$

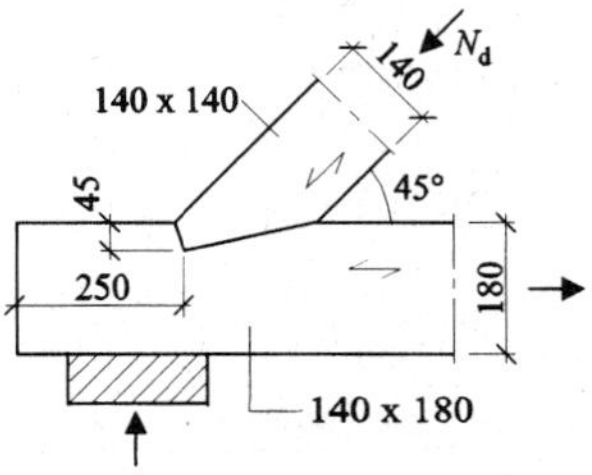

11 Klebverbindungen

11.1 Nachweis der Eignung zum Kleben

Der Hersteller geklebter Verbindungen muss im Besitz des jeweils erforderlichen Nachweises der Eignung zum Kleben von tragenden Holzbauteilen sein. Die Bescheinigungen für diesen Nachweis sind nach Qualifikation und möglichen Zusatzqualifikationen des Betriebes in die Bescheinigungen A, B und C unterteilt, die im Anhang A zur DIN 1052:2004 aufgelistet sind. Die Qualifikationen sind im Einzelnen:

- Herstellung von BSH
- Geklebte Verbundbauteile aus BSH
- Aufgeklebte Verstärkungen
- Schäftungsverbindungen
- Keilzinkungen in Lamellen für BSH
- Eingeklebte Stahlstangen
- Geklebte Holztafeln für Holzhäuser in Tafelbauart
- Flächenklebungen für Balkenschichtholz
- Universal-Keilzinkenverbindungen in BSH und BASH
- Bauprodukte und Bauarten mit BAZ
- Keilzinkungen in einteiligen Querschnitten aus VH mit Dicken über 45 mm.

11.2 Eingeklebte Stahlstäbe

Allgemeines

Stahlstäbe dürfen in VH, BSH, BASH und FSH eingeklebt werden.

Stahlstäbe:

Gewindestangen (Gewindebolzen mit metrischem Gewinde nach DIN 976-1)

Betonrippenstähle nach DIN 488-1

Nenn-∅ d von 6 mm bis 30 mm.

Beanspruchung rechtwinklig zur Stabachse

Für den Nachweis der Tragfähigkeit auf Abscheren gelten die Bestimmungen des Abschnittes 8.1. In den maßgebenden Gleichungen ist bei Betonrippenstählen für den Durchmesser d der Nenndurchmesser einzusetzen, und bei Gewindestangen ist d der Mittelwert aus Kern-∅ und Gewindeaußen-∅ nach Tafel 9.54.

Tafel 9.54 Gewindestangen (Gewindebolzen nach DIN 976-1)

Nenn-∅ d in mm	Kern-∅ d_k in mm	$\frac{d + d_k}{2}$ in mm	Spannungsquerschnitt in mm²
6	4,773	5,39	20,1
8	6,466	7,23	48,1
10	8,160	9,08	58,0
12	9,853	10,9	84,3
16	13,546	14,8	157
20	16,933	18,5	245
24	20,319	22,2	353
Festigkeitsklassen	4.8, 5.6, 5.8, 8.8		

Mindesteinklebelänge: $\ell_{ad,min} = \max\left\{0{,}5 \cdot d^2 ;\ 10 \cdot d\right\}$

Berechnung von R_d wie für Bolzen mit:

$f_{h,\alpha,k}$ Charakteristische Lochleibungsfestigkeit in Abhängigkeit vom Winkel α zwischen Kraft- und Faserrichtung

$f_{h,\beta,k}$ Charakteristische Lochleibungsfestigkeit in Abhängigkeit vom Winkel β zwischen Stahlstabachse und Faserrichtung

$f_{h,\beta,k} = (0{,}125 + 0{,}0125 \cdot \beta) \cdot f_{h,\alpha,k}$ für β zwischen 0° und 90°

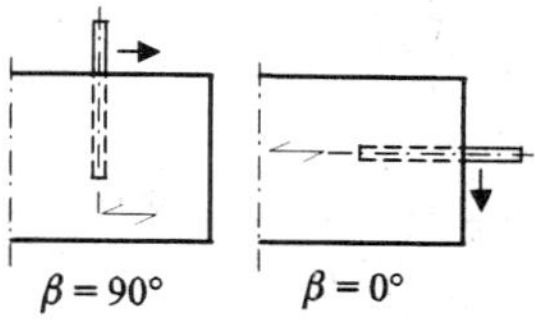

Tafel 9.55a $M_{y,k}$ in Nmm für Betonrippenstahl BSt 500 S nach DIN 488-1

Nenn-∅ d in mm	12	14	16	20	25	28
Fließmoment $M_{y,k}$ in Nmm	105 500	157 500	223 000	398 000	711 000	955 000

Tafel 9.55b Charakt. Fließmomente $M_{y,k}$ in Nmm für Gewindestangen (Gewindebolzen)

Festigkeitsklasse	Nenn-∅ in mm						
	6	8	10	12	16	20	24
4.8	9 560	20 600	37 200	60 100	132 000	235 000	378 000
5.8	12 000	25 700	46 500	75 200	165 000	294 000	473 000
8.8	19 100	41 100	74 300	120 000	263 500	471 000	756 000
10.9	23 900	51 400	92 900	150 000	329 000	588 000	945 000

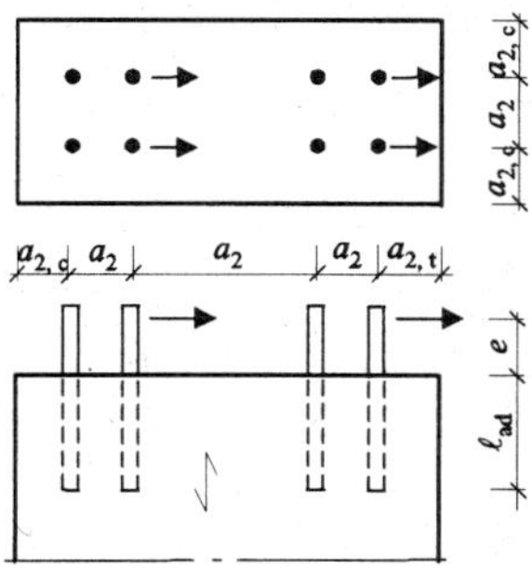

Tafel 9.55c Mindestabstände von rechtwinklig zur Stabachse beanspruchten eingeklebten Stahlstäben

Parallel zur Faserrichtung eingeklebte Stahlstäbe (siehe nebenstehendes Bild)	$a_2 = 5 \cdot d$ $a_{2,c} = 2{,}5 \cdot d$ $a_{2,t} = 4 \cdot d$
Rechtwinklig zur Faserrichtung eingeklebte Stahlstäbe	siehe Tafel 9.36a

Greift die Last in einem Abstand e zur Holzoberfläche an (siehe Bild), ist dies bei der Ermittlung der Tragfähigkeit der Verbindung zu berücksichtigen. Siehe dazu [9.9].

Beanspruchung in Richtung der Stabachse

Falls eine ungleichmäßige Beanspruchung nicht ausgeschlossen werden kann, sollte für die Tragfähigkeit der Verbindung die Tragfähigkeit des Stahlstabs und nicht die Festigkeit des Holzes oder der Klebfuge maßgebend sein.

Der Bemessungswert des Ausziehwiderstands von eingeklebten Stahlstäben darf berechnet werden zu:

$$R_{ax,d} = \min\left\{f_{y,d} \cdot A_{ef} \ ;\ \pi \cdot d \cdot \ell_{ad} \cdot f_{k1,d}\right\}$$

mit:

$f_{y,d}$ Bemessungswert der Streckgrenze des Stahlstabes

A_{ef} Spannungsquerschnitt des Stahlstabes

ℓ_{ad} Einklebelänge des Stahlstabes

Tafel 9.55d Bemessungswert der Klebfugenfestigkeit $f_{k1,d}$ in N/mm² im Standardfall

ℓ_{ad}		
≤ 250 mm	250 mm ≤ ℓ_{ad} ≤ 500 mm	500 mm ≤ ℓ_{ad} ≤ 1000 mm
2,46	3,23 – 0,00308 · ℓ_{ad}	2,15 – 0,000923 · ℓ_{ad}

Tafel 9.56 Mindestabstände von in Richtung der Stabachse beanspruchten eingeklebten Stahlstäben

parallel zur Faserrichtung eingeklebte Stahlstäbe		rechtwinklig zur Faserrichtung eingeklebte Stahlstäbe	
$a_2 = 5 \cdot d$	$a_{2,c} = 2{,}5 \cdot d$	$a_1 = a_2 = a_{1,t} = 4 \cdot d$	$a_{2,c} = 2{,}5 \cdot d$

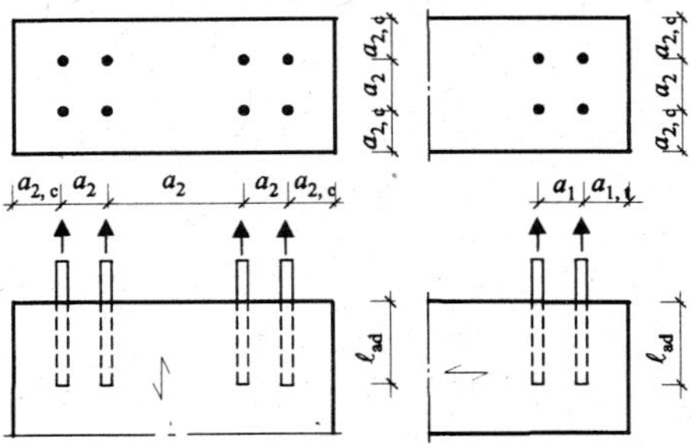

Für parallel zur Faserrichtung eingeklebte zugbeanspruchte Stahlstäbe ist die Zugspannung im Holz am Ende des Stahlstabs nachzuweisen. Als wirksame Querschnittsfläche des Holzes darf dabei pro Stahlstab höchstens eine Fläche von $36 \cdot d^2$ angesetzt werden.

Kombinierte Beanspruchung

Bei gleichzeitiger Beanspruchung von eingeklebten Stahlstäben auf Abscheren und auf Herausziehen ist nachzuweisen:

$$\left(\frac{F_{la,d}}{R_{la,d}}\right)^2 + \left(\frac{F_{ax,d}}{R_{ax,d}}\right)^2 \leq 1$$

11.3 Universal-Keilzinkenverbindungen

Universal-Keilzinkenverbindungen von BSH müssen die Anforderungen nach DIN EN 387 erfüllen. Verwendung in den Nutzungsklassen 1 und 2.

Nachweis an der inneren Ecke:

$$\frac{f_{c,0,k}}{f_{c,\alpha,k}} \cdot \left(\frac{\sigma_{c,0,d}}{k_c \cdot f_{c,0,d}} + \frac{\sigma_{m,d}}{f_{m,d}}\right) \leq 1$$

mit:

$\sigma_{c,0,d}$, $\sigma_{m,d}$ Spannungen, ermittelt mit den Schnittgrößen an den Stellen 1 und 2 und mit Querschnitten rechtwinklig zur Faserrichtung unmittelbar neben der Universal-Keilzinkenverbindung (siehe nachfolgendes Bild, Schnitte 1-1 und 2-2).

k_c Knickbeiwert nach Abschn. 13.1; beim Nachweis nach Theorie II. Ordnung ist $k_c = 1$.

$$f_{c,\alpha,d} = \frac{f_{c,0,d}}{\sqrt{\left(\frac{f_{c,0,d} \cdot \sin^2\alpha}{2 \cdot f_{c,90,d}}\right)^2 + \left(\frac{f_{c,0,d} \cdot \sin\alpha \cdot \cos\alpha}{2 \cdot f_{v,d}}\right)^2 + \cos^4\alpha}}$$

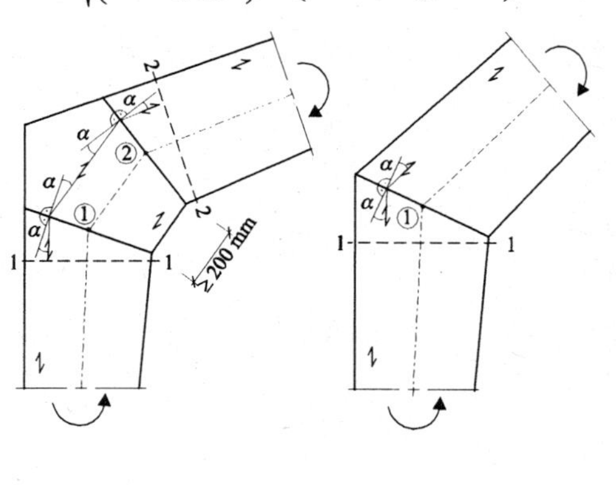

Für $f_{c,0,d}$, $f_{t,0,d}$, $f_{m,d}$ ab Festigkeitsklasse GL 28 bei BSH und ab Festigkeitsklasse C 24 bei BASH sind die Werte der jeweils nächst niedrigeren Festigkeitsklasse zugrunde zu legen.

Querschnittsschwächungen durch die Universal-Keilzinkenverbindung sind bei Querschnittshöhen über 300 mm zu berücksichtigen:

$A_n = 0{,}8 \cdot A$

$W_n = 0{,}8 \cdot W$

11.4 Verbundbauteile aus BS-Holz

Die Einsatzmöglichkeiten von Verbundbauteilen aus Brettschichtholz liegen bisher im Brückenbau, wobei eine direkte Bewitterung des blockverklebten Brettschichtholzes zu vermeiden ist. Die bisherigen Erfahrungen gewährleisten nur für die Nutzungsklassen 1 und 2 eine Dauerhaftigkeit der Blockfugen und die Vermeidung von unverträglicher Rissbildung infolge Eigenspannungen aus ungleichmäßiger Holzfeuchteverteilung.

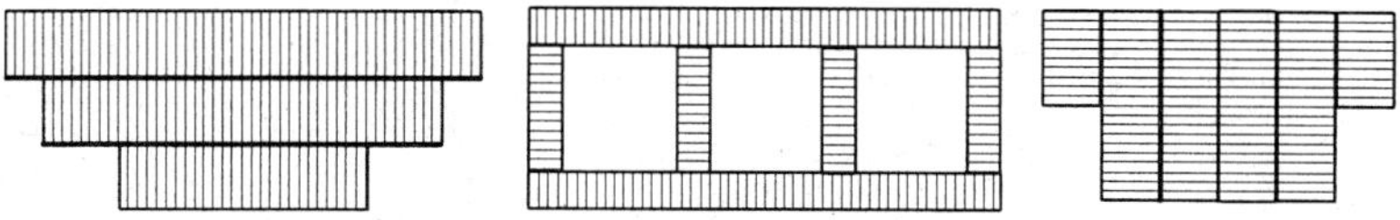

Beispiele für Verbundbauteile aus BSH

12 Ausklinkungen, Durchbrüche, Verstärkungen

12.1 Ausklinkungen

Sofern Ausklinkungen auf der belasteten Seite (siehe nachfolgendes Bild) nicht vermieden werden können, ist folgende Bedingung einzuhalten:

$$\frac{1{,}5 \cdot \dfrac{V_d}{b \cdot h_e}}{k_v \cdot f_{v,d}} \leq 1$$

Dabei ist zusätzlich zu erfüllen: $h_e/h \geq 0{,}5$ und $c/h \leq 0{,}4$.

Diese Einschränkungen gelten nicht für eine kurze Lasteinwirkungsdauer und nicht für verstärkte Ausklinkungen. Anderenfalls sind Ausklinkungen nach Abschnitt 12.3 zu verstärken.

Unverstärkte Ausklinkungen nur in NKL 1 und 2.

Ausklinkungen in NKL 3 sind zu verstärken.

Für Träger mit Ausklinkungen auf der belasteten Seite ist

$$k_v = \min\{1\,;\, k_{90} \cdot k_\varepsilon\}$$

$$k_{90} = \frac{k_n}{\sqrt{h} \cdot \left(\sqrt{\alpha \cdot (1-\alpha)} + 0{,}8 \cdot \dfrac{c}{h} \cdot \sqrt{\dfrac{1}{\alpha} - \alpha^2} \right)}$$

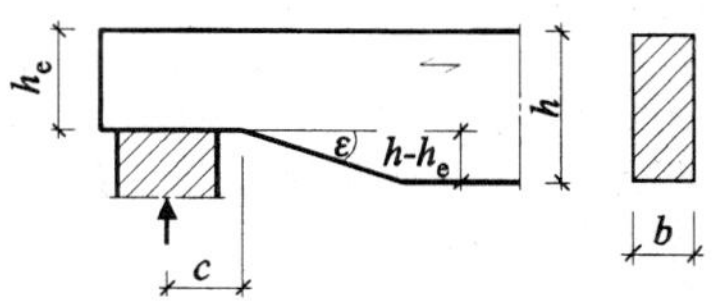

$$k_\varepsilon = 1 + \frac{1{,}1}{\tan\varepsilon \cdot \sqrt{h \cdot \tan\varepsilon}}$$

Hierin bedeuten:

h	Trägerhöhe in mm,	
c	Abstand zwischen Auflagerkraft und Ausklinkungsecke in mm,	
ε	Steigungswinkel des Anschnitts,	
α	$= h_e/h$,	
k_n	$= 5$	für Vollholz und Balkenschichtholz,
k_n	$= 6{,}5$	für Brettschichtholz,
k_n	$= 4{,}5$	für Furnierschichtholz.

12.2 Durchbrüche

Durchbrüche in Trägern sind Öffnungen mit den lichten Maßen $d > 50$ mm. In unverstärkten Trägerbereichen mit planmäßiger Querzugbeanspruchung sind Durchbrüche unzulässig.

Mindest- und Höchstmaße:

$\ell_v \geq h$	$\ell_z \geq h$, jedoch mindestens 300 mm	$\ell_A \geq h/2$	$h_{ro(ru)} \geq 0{,}25 \cdot h$	$a \leq h$	$h_d \leq 0{,}4 \cdot h$

Unverstärkte Durchbrüche nur in NKL 1 und 2.

Durchbrüche in Nutzungsklasse 3 sind zu verstärken.

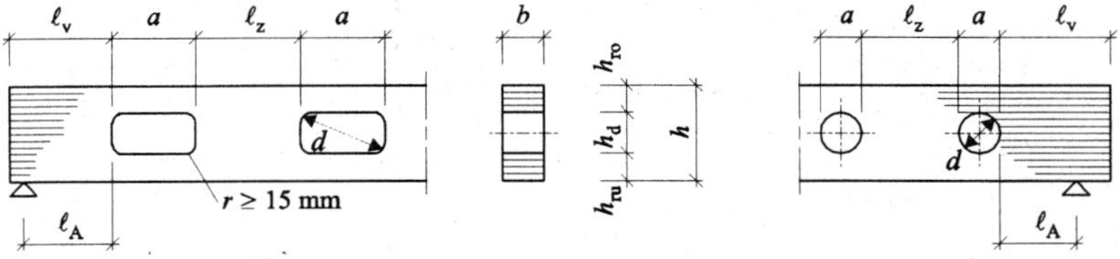

Nachweis: $$\frac{F_{t,90,d}}{0{,}5 \cdot \ell_{t,90} \cdot b \cdot f_{t,90,d}} \leq 1$$

b Trägerbreite

$f_{t,90,d}$ Bemessungswert der Zugfestigkeit rechtwinklig zur Faserrichtung von BSH oder FSH

$\ell_{t,90} = 0{,}5 \cdot (h_d + h)$ für rechteckige Durchbrüche

$\ell_{t,90} = 0{,}353 \cdot h_d + 0{,}5 \cdot h$ für kreisförmige Durchbrüche

Der Bemessungswert der Zugkraft $F_{t,90,d}$ ist dabei wie folgt zu ermitteln:

$F_{t,90,d} = F_{t,V,d} + F_{t,M,d}$ mit

$$F_{t,V,d} = \frac{V_d \cdot h_d}{4 \cdot h} \cdot \left[3 - \frac{h_d^2}{h^2}\right] \quad \text{und} \quad F_{t,M,d} = 0{,}008 \cdot \frac{M_d}{h_r}$$

V_d Betrag des Bemessungswerts der Querkraft am Durchbruchsrand

$h_r = \min\{h_{ro}\,;\, h_{ru}\}$ für rechteckige Durchbrüche

$h_r = \min\{h_{ro} + 0{,}15 \cdot h_d\,;\, h_{ru} + 0{,}15 \cdot h_d\}$ für kreisförmige Durchbrüche

M_d Betrag des Bemessungswerts des Biegemomentes am Durchbruchsrand

Bei runden Durchbrüchen darf anstelle von h_d der Wert $0{,}7 \cdot h_d$ eingesetzt werden.

12.3 Verstärkungen

12.3.1 Allgemeines

- Die Zugfestigkeit des Holzes rechtwinklig zur Faserrichtung wird bei der Ermittlung der Beanspruchungen der Verstärkungen nicht berücksichtigt.
- Stahlstäbe als innen liegende Verstärkungen sind:
  - eingeklebte Gewindebolzen nach DIN 976-1,
  - eingeklebte Betonrippenstähle nach DIN 488-1,
  - Holzschrauben mit einem Gewinde über die gesamte Schaftlänge.
- Außen liegende Verstärkungen sind:
  - aufgeklebtes Sperrholz
  - aufgeklebtes Furnierschichtholz
  - aufgeklebte Bretter
  - eingepresste Nagelplatten.

- Querschnittsschwächung durch innen liegende Verstärkungen ist in zugbeanspruchten Querschnittsteilen zu berücksichtigen.
- Verstärkte Bauteile sind auch in NKL 3 zulässig.

12.3.2 Ausklinkungen und Durchbrüche

Es werden nachfolgend nur Beispiele für die konstruktive Ausführung und nicht die rechnerischen Nachweise angegeben. Bezüglich der Nachweise wird auf den Normtext und [9.9] verwiesen.

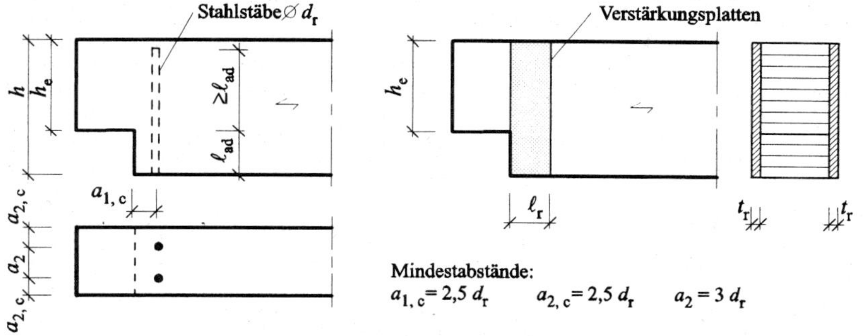

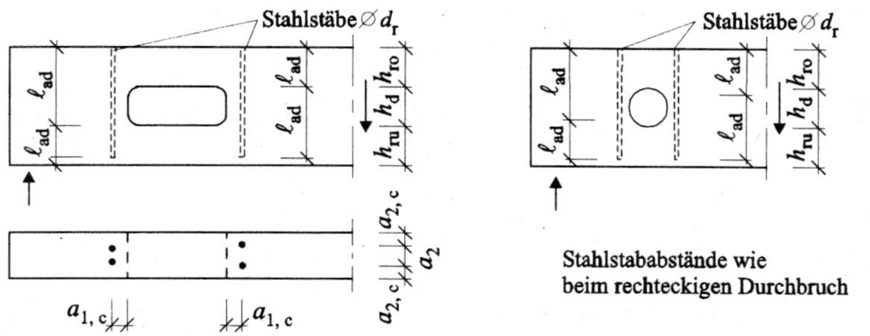

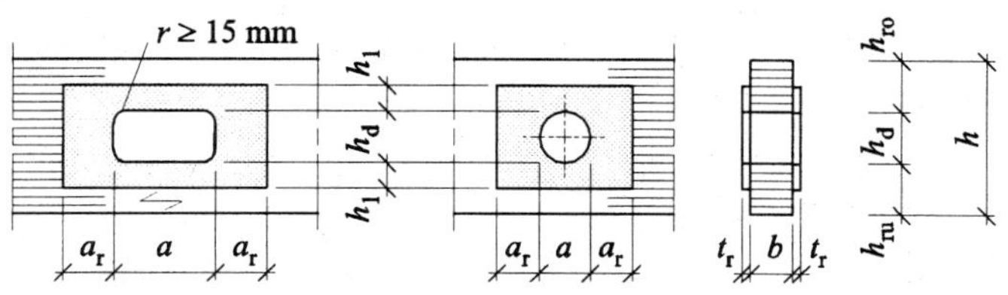

12.3.3 Gekrümmte Träger und Satteldachträger aus Brettschichtholz

Für Träger, bei denen die Zugkräfte rechtwinklig zur Faser vollständig durch Verstärkungselemente aufgenommen werden, sind die Verstärkungen in der **mittleren Hälfte** des querzugbeanspruchten Bereichs für eine Zugkraft

$$F_{t,90,d} = \frac{\sigma_{t,90,d} \cdot b \cdot a_1}{n} \quad \text{zu bemessen.}$$

Die Verstärkungen in den **äußeren Vierteln** des querzugbeanspruchten Bereichs sind in diesem Fall für folgende Zugkraft

$$F_{t,90,d} = \frac{2}{3} \cdot \frac{\sigma_{t,90,d} \cdot b \cdot a_1}{n} \quad \text{zu bemessen.}$$

Es bedeuten:

$\sigma_{t,90,d}$ Bemessungswert der Zugspannung rechtwinklig zur Faserrichtung nach den Gleichungen für Satteldachträger auf Seite 9.30 und 9.32 und für gekrümmte Träger auf Seite 9.31

b Trägerbreite

a_1 Abstand der Verstärkungen in Trägerlängsrichtung in Höhe der Trägerachse

n Anzahl der Verstärkungselemente im Bereich innerhalb der Länge a_1

Bei der Aufnahme der Zugkraft $F_{t,90,d}$ durch eingeklebte Stahlstäbe ist für die Klebfugenspannung nachzuweisen, dass

$$\frac{\tau_{ef,d}}{f_{k1,d}} \leq 1$$

mit

$$\tau_{ef,d} = \frac{2 \cdot F_{t,90,d}}{\pi \cdot \ell_{ad} \cdot d_r}$$

$F_{t,90,d}$ Bemessungswert der Zugkraft je Stahlstab

ℓ_{ad} halbe Einklebelänge des Stahlstabes

d_r Stahlstabaußendurchmesser

$f_{k1,d}$ $= 2{,}46$ N/mm^2 (Bemessungswert der Klebfugenfestigkeit im Standardfall unabhängig von ℓ_{ad})

- Die Stahlstäbe müssen mit Ausnahme in einer Randlamelle über die gesamte Trägerhöhe durchgehen.
- Für Träger, bei denen die Zugkräfte rechtwinklig zur Faser vollständig durch Verstärkungselemente aufgenommen werden, sollte der Abstand der Stahlstäbe an der Trägeroberkante untereinander mindestens 250 mm, jedoch nicht mehr als 75 % der Trägerhöhe h_{ap} betragen.

Bei der Aufnahme der Zugkraft $F_{t,90,d}$ durch seitlich aufgeklebte Verstärkungen ist für die Klebfugenspannung nachzuweisen, dass

$$\frac{\tau_{ef,d}}{f_{k3,d}} \leq 1$$

mit

$$\tau_{ef,d} = \frac{2 \cdot F_{t,90,d}}{\ell_r \cdot h}$$

$F_{t,90,d}$ Bemessungswert der Zugkraft je Verstärkungsplatte

h Trägerhöhe

ℓ_r Länge der Verstärkung in der Trägerachse

$f_{k3,d}$ $= 0{,}923$ N/mm^2 für den Standardfall

Für die Zugspannung in den aufgeklebten Verstärkungen ist nachzuweisen, dass

$$\frac{\sigma_{t,d}}{f_{t,d}} \leq 1$$

mit

$$\sigma_{t,d} = \frac{F_{t,90,d}}{t_r \cdot \ell_r}$$

t_r Dicke einer Verstärkung

$f_{t,d}$ Bemessungswert der Zugfestigkeit des Verstärkungsmaterials in Richtung der Zugkraft $F_{t,90}$

13 Bemessungshilfen

13.1 Knickbeiwerte k_c

Knickbeiwerte k_c für Vollholz Zwischenwerte dürfen linear interpoliert werden.

λ[1)]	C 24-C 40	D 30 - D 40	D 60	λ	C 24-C 40	D 30 - D 40	D 60
15	1,00	1,00	1,00	135	0,172	0,166	0,217
20	0,991	0,989	0,999	140	0,161	0,155	0,202
25	0,970	0,968	0,982	145	0,150	0,145	0,189
30	0,946	0,943	0,963	150	0,141	0,136	0,178
35	0,918	0,914	0,941	155	0,132	0,127	0,167
40	0,884	0,878	0,916	160	0,124	0,120	0,157
45	0,842	0,834	0,886	165	0,117	0,113	0,148
50	0,792	0,781	0,849	170	0,111	0,107	0,140
55	0,733	0,720	0,806	175	0,105	0,101	0,132
60	0,670	0,655	0,756	180	0,099	0,096	0,125
65	0,607	0,591	0,702	185	0,094	0,091	0,119
70	0,547	0,532	0,645	190	0,089	0,086	0,113
75	0,492	0,477	0,590	195	0,085	0,082	0,108
80	0,443	0,430	0,538	200	0,081	0,078	0,102
85	0,400	0,387	0,490	205	0,077	0,074	0,098
90	0,363	0,351	0,447	210	0,073	0,071	0,093
95	0,330	0,318	0,408	215	0,070	0,068	0,089
100	0,301	0,290	0,374	220	0,067	0,065	0,085
105	0,275	0,266	0,343	225	0,064	0,062	0,082
110	0,252	0,244	0,316	230	0,062	0,059	0,078
115	0,232	0,224	0,291	235	0,059	0,057	0,075
120	0,215	0,207	0,269	240	0,057	0,055	0,072
125	0,199	0,192	0,250	245	0,054	0,052	0,069
130	0,185	0,178	0,232	250	0,052	0,050	0,066

Knickbeiwerte k_c für BSH Zwischenwerte dürfen linear interpoliert werden.

λ[1)]	GL 24h - GL 36h	GL 24c GL 28c	GL 32c GL 36c	λ	GL 24h - GL 36h	GL 24c GL 28c	GL 32c GL 36c
15	1,00	1,00	1,00	135	0,203	0,225	0,217
20	0,998	1,00	0,999	140	0,189	0,210	0,203
25	0,988	0,991	0,990	145	0,177	0,196	0,189
30	0,977	0,981	0,980	150	0,166	0,183	0,177
35	0,964	0,969	0,967	155	0,155	0,172	0,166
40	0,947	0,954	0,952	160	0,146	0,162	0,156
45	0,925	0,936	0,932	165	0,137	0,152	0,147
50	0,894	0,911	0,906	170	0,130	0,144	0,139
55	0,853	0,878	0,870	175	0,122	0,136	0,131
60	0,798	0,833	0,822	180	0,116	0,128	0,124
65	0,733	0,777	0,763	185	0,110	0,122	0,118
70	0,664	0,713	0,697	190	0,104	0,116	0,112
75	0,598	0,648	0,632	195	0,099	0,110	0,106
80	0,538	0,587	0,570	200	0,094	0,104	0,101
85	0,484	0,530	0,515	205	0,090	0,100	0,096
90	0,437	0,480	0,466	210	0,086	0,095	0,092
95	0,396	0,436	0,422	215	0,082	0,091	0,088
100	0,360	0,397	0,384	220	0,078	0,087	0,084
105	0,329	0,363	0,351	225	0,075	0,083	0,080
110	0,301	0,332	0,322	230	0,072	0,079	0,077
115	0,277	0,306	0,296	235	0,069	0,076	0,073
120	0,255	0,282	0,273	240	0,066	0,073	0,070
125	0,236	0,261	0,252	245	0,063	0,070	0,068
130	0,219	0,242	0,234	250	0,061	0,067	0,065

1) Schlankheitsgrad $\lambda = \ell_{ef} / i$ mit $i = \sqrt{I / A}$, Flächenmoment 2. Ordnung I und Fläche A.

Die Zusammenfassung von Festigkeitsklassen ergibt folgende Abweichungen zur sicheren Seite:

Festigkeitsklassen	Abweichung $=100 \cdot (\max k_c - \min k_c) / \min k_c$
C 24 bis C 40	$\leq 3{,}5$ %
D 30 bis D 40	$\leq 8{,}5$ %
GL 24h bis GL 36h / GL 32c / GL 36c	≤ 2 %
GL 24c / GL 28c	≤ 5 %

13.2 Wirksame Kipplängen ℓ_{ef}

Die wirksame Kipplänge (Ersatzstablänge) ℓ_{ef} ist nach Anhang E.3 der DIN 1052 (siehe auch Anhang A8 in [9.11]) zu berechnen.

Für den häufigen Fall des Einfeldträgers mit

- Stützweite ℓ
- Gleichstreckenlast
- Rechteckquerschnitt b/h
- Material BSH aller Festigkeitsklassen
- Lastangriffspunkt am oberen Trägerrand

berechnet sich die wirksame Kipplänge zu $\ell_{ef} = 0{,}930 \cdot \ell$ für $\ell/h \leq 30$

$\ell_{ef} = 0{,}945 \cdot \ell$ für $\ell/h \leq 25$

$\ell_{ef} = 0{,}962 \cdot \ell$ für $\ell/h \leq 20$

Für den Einfeldträger mit

- Stützweite ℓ
- konstantem Moment
- Querschnitt und Material beliebig

berechnet sich die wirksame Kipplänge zu $\ell_{ef} = 1{,}0 \cdot \ell$

Diese Kipplänge darf auf der sicheren Seite liegend auch für die Trägerbreiche zwischen den seitlichen Abstützungen bei Gleichstreckenlast und annähernd konstantem Moment verwendet werden. In diesen Fällen ist ℓ der Abstand zwischen den seitlichen Abstützungen.

13.3 Kippbeiwerte k_m

Kippbeiwerte k_m in Abhängigkeit von $\ell_{ef} \cdot h / b^2$ für NH, LH und BSH

	NH	LH	BSH			
$\ell_{ef} \cdot h / b^2$	C24	D 30	GL 24h	GL 24c	GL 36h	GL 36c
100	1,000	1,000	1,000	1,000	1,000	1,000
140	0,988	0,953	1,000	1,000	1,000	1,000
180	0,911	0,872	0,993	0,964	0,943	0,932
220	0,843	0,799	0,933	0,901	0,878	0,866
260	0,780	0,733	0,879	0,844	0,818	0,806
300	0,722	0,671	0,828	0,791	0,763	0,750
340	0,668	0,614	0,781	0,741	0,712	0,697
380	0,617	0,560	0,737	0,695	0,664	0,648
420	0,569	0,509	0,694	0,650	0,618	0,601
460	0,523	0,465	0,654	0,608	0,574	0,557
500	0,481	0,428	0,615	0,567	0,532	0,514
540	0,445	0,396	0,578	0,528	0,493	0,476

Kippbeiwerte km in Abhängigkeit von $\ell_{ef} \cdot h / b^2$ für NH, LH und BSH (Fortsetzung)

$\ell_{ef} \cdot h / b^2$	NH C24	LH D 30	BSH GL 24h	BSH GL 24c	BSH GL 36h	BSH GL 36c
580	0,415	0,369	0,543	0,492	0,459	0,443
620	0,388	0,345	0,508	0,460	0,429	0,415
660	0,364	0,324	0,478	0,432	0,403	0,389
700	0,343	0,305	0,450	0,408	0,380	0,367
740	0,325	0,289	0,426	0,386	0,359	0,347
780	0,308	0,274	0,404	0,366	0,341	0,330
820	0,293	0,261	0,384	0,348	0,324	0,313
860	0,280	0,249	0,367	0,332	0,309	0,299
900	0,267	0,238	0,350	0,317	0,296	0,286
Zwischenwerte dürfen linear interpoliert werden.						

13.4 Verschiebungsmoduln K_{ser}

Rechenwerte (Mittelwerte) für die Verschiebungsmoduln K_{ser} in N/mm pro Scherfuge stiftförmiger Verbindungsmittel und pro Dübel besonderer Bauart

Verbindungsmittel	Verbindung Holz-Holz, Holz-Holzwerkstoff, Stahl-Holz
Stabdübel, Passbolzen, Bolzen[1)], Nägel und Holzschrauben in vorgebohrten Löchern	$\frac{\rho_k^{1,5}}{20} \cdot d$
Nägel und Holzschrauben in nicht vorgebohrten Löchern	$\frac{\rho_k^{1,5}}{25} \cdot d^{0,8}$
Ringdübel Typ A1 und Scheibendübel Typ B1 (Appel)	$0{,}6 \cdot d_c \cdot \rho_k$
Scheibendübel mit Zähnen Typ C1, C2 (Bulldog)	$0{,}3 \cdot d_c \cdot \rho_k$
Scheibendübel mit Dornen Typ C10, C11 (Geka)	$0{,}45 \cdot d_c \cdot \rho_k$

[1)] Bei mit Übermaß gebohrten Löchern im Holz ist bei Bolzen mit einem zusätzlichen Schlupf von 1 mm zu rechnen. Daher ist zu den mit Hilfe des Verschiebungsmoduls ermittelten rechnerischen Verschiebungen jeweils ein Anteil von 1 mm hinzuzurechnen.

ρ_k charakteristische Rohdichte der miteinander verbundenen Teile in kg/m³,

$\rho_k = \sqrt{\rho_{k,1} \cdot \rho_{k,2}}$ bei unterschiedlichen Werten $\rho_{k,1}$ und $\rho_{k,2}$ der charakteristischen Rohdichte der beiden miteinander verbundenen Teile

$\rho_k = \rho_{k,Holz}$ bei Stahl-Holz-Verbindungen und bei Holzwerkstoff-Holz-Verbindungen

d Stiftdurchmesser in mm

Beispiel: Anschluss VH C 30 an BSH GL 32c mit vier zweischnittigen Stabdübeln ∅ 16 mm:

$\rho_k = \sqrt{380 \cdot 410} = 395$ kg/m³

Verschiebungsmodul pro Scherfuge: $K_{ser} = \frac{395^{1,5}}{20} \cdot 16 = 6280$ N/mm

Dehnfedersteifigkeit des Anschlusses: $K_j = 4 \cdot 2 \cdot 6280 = 50\,200$ N/mm

13.5 Tragfähigkeit einteiliger Stützen im Standardfall

Quadratholz aus NH C 24

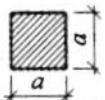

Trägheitsradius $i = 0{,}289\,a$ $N_{d,max} = A \cdot k_c \cdot f_{c,0,d}$

a mm	A mm²	$N_{d,max}$ in kN bei einer wirksamen Knicklänge ℓ_{ef} in m von 2,00	2,50	3,00	3,50	4,00	4,50	5,00	5,50	6,00	6,50	7,00
100	10 000	72,0	50,4	36,4	27,4	21,3	17,0	13,9	11,5	9,7	8,3	7,2
120	14 400	130	97,6	72,5	55,2	43,2	34,6	28,3	23,6	20,0	17,1	14,8
140	19 600	202	164	127	98,7	78,0	62,9	51,6	43,1	36,6	31,4	27,2
160	25 600	284	247	202	161	129	105	86,5	72,5	61,5	52,9	45,9
180	32 400	375	340	293	243	199	163	136	114	97,1	83,6	72,7
200	40 000	476	444	399	343	288	240	201	170	146	126	109
220	48 400	587	557	514	459	397	337	286	244	209	181	158
240	57 600	709	679	639	586	522	454	391	336	290	252	221
260	67 600	841	812	773	723	660	588	515	448	390	340	299

Für vom Standardfall abweichende KLED oder NKL sind die Werte mit k^* (Taf. 9.8a) zu multiplizieren.

Rundholz aus NH C 24 (Randzone ungeschwächt, nur von Bast und Rinde befreit)

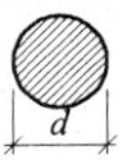

Trägheitsradius $i = d/4$ $N_{d,max} = 1{,}2 \cdot A \cdot k_c \cdot f_{c,0,d}$

d mm	A mm²	$N_{d,max}$ in kN bei einer wirksamen Knicklänge ℓ_{ef} in m von 2,00	2,50	3,00	3,50	4,00	4,50	5,00	5,50	6,00	6,50	7,00
100	7854	54,2	36,7	26,2	19,6	15,2	12,1	9,88	8,20	6,92	5,92	5,12
120	11 309	103	72,8	52,9	39,8	31,0	24,8	20,2	16,8	14,2	12,2	10,5
140	15 393	169	127	94,5	72,0	56,3	45,2	37,0	30,8	26,1	22,3	19,4
160	20 106	247	199	154	119	94,0	75,8	62,2	52,0	44,0	37,8	32,7
180	25 446	335	287	232	184	147	119	98,1	82,1	69,7	59,9	52,0
200	31 415	431	386	327	267	217	177	147	123	105	90,3	78,5
220	38 012	536	494	436	369	305	253	211	178	152	131	114
240	45 238	651	612	556	486	412	346	291	247	212	183	159
260	53 091	776	738	685	616	537	459	390	333	286	248	217
280	61 573	911	873	823	757	676	589	508	437	378	329	288
300	70 684	1055	1018	970	907	827	736	644	560	487	426	374

Für vom Standardfall abweichende KLED oder NKL sind die Werte mit k^* (Taf. 9.8a) zu multiplizieren.

14 Querschnitte

Dachlatten aus NH nach DIN 4070-1 (g mit 5,0 kN/m³)

d/b mm/mm	A mm²	g kN/m	W_y mm³	I_y mm⁴	W_z mm³	I_z mm⁴	i_y mm	i_z mm
24/48	1150	0,0058	9220	221 000	4610	55 300	13,9	6,94
30/50	1500	0,0075	12 500	313 000	7500	113 000	14,5	8,67
40/60	2400	0,0120	24 000	720 000	16 000	320 000	17,3	11,6

Ungehobelte Bretter und Bohlen aus NH nach DIN 4071-1

Brettdicke	*d*	mm	16	18	22	24	28	38
Bohlendicke	*d*	mm	44	48	50	63	70	75
Breite[1)]	*b* (Auswahl)	mm	80..(20)..140, 150, 160..(20)..300					

[1)] Parallel besäumt.

Rechteckquerschnitte aus BSH

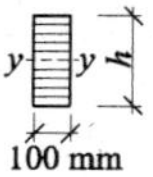

***b* = 100 mm** Zahlenwerte gerundet

h mm	A $10^2 mm^2$	g_k kN/m	W_y $10^3 mm^3$	I_y $10^4 mm^4$	i_y mm	h mm	A $10^2 mm^2$	g_k kN/m	W_y $10^3 mm^3$	I_y $10^4 mm^4$	i_y mm
300	300	0,15	1 500	22 500	86,7	900	900	0,45	13 500	607 500	260
320	320	0,16	1 710	27 300	92,4	920	920	0,46	14 110	648 900	266
340	340	0,17	1 930	32 800	98,1	940	940	0,47	14 730	692 200	271
360	360	0,18	2 160	38 900	104	960	960	0,48	15 360	737 300	277
380	380	0,19	2 410	45 700	110	980	980	0,49	16 010	784 300	283
400	400	0,20	2 670	53 300	116	1000	1000	0,50	16 670	833 300	289
420	420	0,21	2 940	61 700	121	1020	1020	0,51	17 340	884 300	294
440	440	0,22	3 230	71 000	127	1040	1040	0,52	18 030	937 400	300
460	460	0,23	3 530	81 100	133	1060	1060	0,53	18 730	992 500	306
480	480	0,24	3 840	92 200	139	1080	1080	0,54	19 440	1 050 000	312
500	500	0,25	4 170	104 200	144	1100	1100	0,55	20 170	1 109 000	318
520	520	0,26	4 510	117 200	150	1120	1120	0,56	20 910	1 171 000	323
540	540	0,27	4 860	131 200	156	1140	1140	0,57	21 660	1 235 000	329
560	560	0,28	5 230	146 300	162	1160	1160	0,58	22 430	1 301 000	335
580	580	0,29	5 610	162 600	167	1180	1180	0,59	23 210	1 369 000	341
600	600	0,30	6 000	180 000	173	1200	1200	0,60	24 000	1 440 000	346
620	620	0,31	6 410	198 600	179	1220	1220	0,61	24 810	1 513 000	352
640	640	0,32	6 830	218 500	185	1240	1240	0,62	25 630	1 589 000	358
660	660	0,33	7 260	239 600	191	1260	1260	0,63	26 460	1 667 000	364
680	680	0,34	7 710	262 000	196	1280	1280	0,64	27 310	1 748 000	370
700	700	0,35	8 170	285 800	202	1300	1300	0,65	28 170	1 831 000	375
720	720	0,36	8 640	311 000	208	1320	1320	0,66	29 040	1 917 000	381
740	740	0,37	9 130	337 700	214	1340	1340	0,67	29 930	2 005 000	387
760	760	0,38	9 630	365 800	219	1360	1360	0,68	30 830	2 096 000	393
780	780	0,39	10 140	395 500	225	1380	1380	0,69	31 740	2 190 000	398
800	800	0,40	10 670	426 700	231	1400	1400	0,70	32 670	2 287 000	404
820	820	0,41	11 210	459 500	237	1420	1420	0,71	33 610	2 386 000	410
840	840	0,42	11 760	493 900	243	1440	1440	0,72	34 560	2 488 000	416
860	860	0,43	12 330	530 000	248	1460	1460	0,73	35 530	2 593 000	421
880	880	0,44	12 910	567 900	254	1480	1480	0,74	36 510	2 701 000	427

Beispiel: BSH-Träger 180/700: A, g, W_y, $I_y = 1{,}8 \cdot$ Tafelwert

z. B. $W_y = 1{,}8 \cdot 8170 \cdot 10^3 = 14\,706 \cdot 10^3\ mm^3$

Kanthölzer nach DIN 4070-2 (Auswahl), g mit 5,0 kN/m^3 berechnet

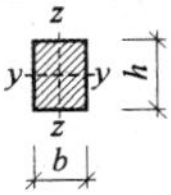

■ Konstruktionsvollholz (KVH) ▲ auch als KVH erhältlich

Zahlenwerte gelten zum Zeitpunkt des Einschnitts bei ca. 20 % Holzfeuchte (ausgenommen KVH mit der Holzfeuchte 15 % ± 3 %).

b/h mm/mm	A 10^2 mm^2	g kN/m	W_y 10^3 mm^3	I_y 10^4 mm^4	W_z 10^3 mm^3	I_z 10^4 mm^4	i_y mm	i_z mm
▲ 60/60	36	0,018	36	108	36	108	17,3	17,3
▲ 60/80	48	0,024	64	256	48	144	23,1	17,3
▲ 60/100	60	0,030	100	500	60	180	28,9	17,3
■ 60/120	72	0,036	144	864	72	216	34,6	17,3
■ 60/140	84	0,042	196	1372	84	252	40,4	17,3
■ 60/160	96	0,048	256	2048	96	288	46,2	17,3
■ 60/180	108	0,054	324	2916	108	324	52,0	17,3
■ 60/200	120	0,060	400	4000	120	360	57,7	17,3
▲ 60/220	132	0,066	484	5324	132	396	63,6	17,3
■ 60/240	144	0,072	576	6910	144	432	69,4	17,3
▲ 80/80	64	0,032	85	341	85	341	23,1	23,1
▲ 80/100	80	0,040	133	667	107	427	28,9	23,1
■ 80/120	96	0,048	192	1152	128	512	34,6	23,1
■ 80/140	112	0,056	261	1829	149	597	40,4	23,1
■ 80/160	128	0,064	341	2731	171	683	46,2	23,1
▲ 80/180	144	0,072	432	3888	192	768	52,0	23,1
■ 80/200	160	0,080	533	5333	213	853	57,7	23,1
▲ 80/220	176	0,088	645	7099	235	939	63,5	23,1
■ 80/240	192	0,096	768	9216	256	1024	69,4	23,1
▲ 100/100	100	0,050	167	833	167	833	28,9	28,9
■ 100/120	120	0,060	240	1440	200	1000	34,6	28,9
▲ 100/140	140	0,070	327	2287	233	1167	40,4	28,9
▲ 100/160	160	0,080	427	3413	267	1333	46,2	28,9
▲ 100/180	180	0,090	540	4860	300	1500	52,0	28,9
■ 100/200	200	0,100	667	6667	333	1667	57,7	28,9
▲ 100/220	220	0,110	807	8873	367	1833	63,5	28,9
▲ 100/240	240	0,120	960	11 520	400	2000	69,3	28,9
■ 120/120	144	0,072	288	1728	288	1728	34,6	34,6
120/140	168	0,084	392	2744	336	2016	40,4	34,6
▲ 120/160	192	0,096	512	4096	384	2304	46,2	34,6
■ 120/200	240	0,120	800	8000	480	2880	57,7	34,6
■ 120/240	288	0,144	1152	13 824	576	3456	69,3	34,6
▲ 140/140	196	0,098	457	3201	457	3201	40,4	40,4
140/160	224	0,112	597	4779	523	3659	46,2	40,4
▲ 140/200	280	0,140	933	9333	652	4573	57,7	40,4
▲ 140/240	336	0,168	1344	16 128	784	5488	69,3	40,4
160/160	256	0,128	683	5461	683	5461	46,2	46,2
160/180	288	0,144	864	7776	768	6144	52,0	46,2
160/200	320	0,160	1067	10 667	853	6827	57,7	46,2
180/180	324	0,162	972	8748	972	8748	52,0	52,0
180/220	396	0,198	1452	15 972	1188	10 692	63,5	52,0
200/200	400	0,200	1333	13 333	1333	13 333	57,7	57,7
200/240	480	0,240	1920	23 040	1600	16 000	69,3	57,7
220/220	484	0,242	1775	19 520	1775	19 520	63,5	63,5
240/240	576	0,288	2304	27 648	2304	27 648	69,3	69,3

10 Bauphysik

Prof. Dr.-Ing. Erwin Knublauch
Prof. Dr. rer. nat. Erich Czesielski (Abschnitt 6)

Inhaltsverzeichnis

1 Wärmeschutz und Energieeinsparung in Gebäuden

1.1 Begriffe zum Wärmetransport und Wärmebedarf

1.1.1 Formelzeichen und Einheiten

Die nationalen Regelwerke wurden von DIN 4108-1 (1981) auf internationale Symbole umgestellt.

Größe	Symbol alt	Symbol neu	Einheit[2)]	Bemerkung
Schichtdicke	s	d	m	Einheit beachten!
Celsius-Temperatur	ϑ	θ	°C	θ_i; θ_e Innen-; Außentemperatur
Temperaturdifferenz	$\Delta\vartheta$	ΔT	K	gleiche Zahlenwerte in °C und K
Wärmemenge, wie Jahresheizwärmebedarf, Primärenergiebedarf, W-gewinne/verluste,	Q	Q	kWh, kWh/a	Indizes nach Energiesparvorschriften; in DIN V 4701-10 auch q mit Indizes;
auf Nutzfläche bezogener Jahres-(Primär)energiebedarf		Q''	kWh/(m²a)	Q' volumenbezogen in kWh/(m³a)
Wärmestromdichte	q	q	W/m²	Wärme je Einheit der Bauteilfläche
Wärmeleitfähigkeit	λ	λ	W/(mK)	Bemessungswerte nach Tafel 10.18
Wärmedurchlasswiderstand[1)]	**1/Λ**	$\boldsymbol{R}$	m²K/W	Anforderungen nach Tafel 10.4
Wärmeübergangswiderstand[1)]	$1/\alpha_i$	R_{si}	m²K/W	analog $1/\alpha_a$, R_{se}, nach Tafel 10.27a
Wärmedurchgangswiderstand[1)]	$1/k$	R_T	m²K/W	$R_T = R_{si} + R + R_{se}$
Wärmedurchgangskoeffizient	$\boldsymbol{k}$	$\boldsymbol{U}$	W/(m²K)	$U = 1/R_T$
längenbezogener Wärmedurchgangskoeffizient/Wärmebrückenverlustkoeffizient		Ψ	W/(mK)	z. B. nach Wärmebrückenkatalogen oder DIN EN ISO 10 211
spez. Transmissions- oder Lüftungswärmeverlust		H, H_T H_V	W/K	H'_T auf die wärmeübertragende Umfassungsfläche bezogen in W/(m²K)
spezifische Wärmekapazität	c	c	J/(kg K)	1 J = 1 Ws,[2)] Beispiele nach Tafel 10.27c
Luftwechselrate	n, β	n	1/h	z. B. n_{50} bei 50 Pa Druckdifferenz
Fugendurchlasskoeffizient	a	a	m³/(hm daPa$^{2/3}$)	z. B. Fugen in beweglichen Bauteilen
Sonneneintragskennwert		S	1	Anforderung n. Tafel 10.13 b
Gesamtenergiedurchlassgrad	g	g	1	solare Gewinne, sommerl. Wärmeschutz
Temperaturfaktor		f_{Rsi}	1	Tauwasserfreiheit an Wärmebrücken
Abminderungsfaktor	z	F_c	1	Sonnenschutzvorrichtung, Beschattung
(beheiztes Gebäude-)Volumen	V	V	m³	V_e aus den Gebäudeaußenmaßen
(wärmeübertragende) Flächen	A	A	m²	A_N Gebäudenutzfläche

1) Kehrwerte der „Widerstände" heißen „Koeffizienten".
2) Frühere Energieeinheit: 1 kcal = 4187 J = 0,001163 kWh; frühere Leistungseinheit: 1 kcal/h = 1,163 W.

1.1.2 Grundbeziehungen

Bei Temperaturunterschieden zwischen dem beheizten und unbeheizten Gebäudeinneren bzw. dem winterlichen Freien kommt es zur Wärmeübertragung durch die Umfassungsbauteile, die durch ausreichend große „Widerstände" bzw. kleine Wärme„koeffizienten" begrenzt wird. Damit werden zunächst die inneren Bauteiloberflächen behaglich warm und bei angepasstem Wohnverhalten frei von (gesundheits-)schädlichem Tauwasser (**Mindestwärmeschutz**, hier Abschnitt 1.2). Der dauerhaften Funktion solcher Bauteile dient die Abwehr auch anderer Wasser/Eis-Bildungen (klimabedingter Feuchtigkeitsschutz, Regenschutz, Bauwerksabdichtung). Die Verkleinerung des Heizenergiebedarfs eines Gebäudes bei guter Ausnutzung der zugelieferten Energie innerhalb der Anlagentechnik ist politische Aufgabe für Bauplanung, Baukonstruktion, Bauphysik und Haustechnik und ist Gegenstand der EnEV, hier Abschnitt 1.3. Zur ingenieurmäßigen Handhabung der Vorgänge werden überwiegend vereinfachte Berechnungsverfahren verwendet, die den Winter (monatsweise) auf zeitunabhängige mittlere Temperaturen und Strahlungsverhältnisse und Bauwerke auf ebene (eindimensionale) Bauteile idealisieren. Solche Berechnungen erfassen daher keine speicherfähigen Massen und sind also für sommerliche (instationäre) Temperaturen ungeeignet. Kleinflächige und nichtebene Bauteile werden als Wärmebrücken behandelt.

a) $R = d_1/\lambda_1 + d_2/\lambda_2 + \ldots + d_n/\lambda_n = \Sigma\,(d/\lambda)$

b) $U = \dfrac{1}{R_{si} + R + R_{se}}$

Die in allen Schichten gleich große Wärmestromdichte:

$q = U(\theta_i - \theta_e) = 1/R_{si}\,(\theta_i - \theta_{si}) = \Delta\theta_k \lambda_k / d_k$, k Schichtnr.

Temperaturen im geschichteten Bauteil:

$\theta_{si} = \theta_i - R_{si} \cdot q = \theta_i - R_{si}\,U\,(\theta_i - \theta_e)$

allgemein: $\Delta\theta = q\,d/\lambda$

Temperatur hinter der Schicht x von innen ($x = 0$ bis $x = n$):

$\theta_x = \theta_i - U\,(R_{si} + d_1/\lambda_1 + \ldots + d_x/\lambda_x)(\theta_i - \theta_e)$

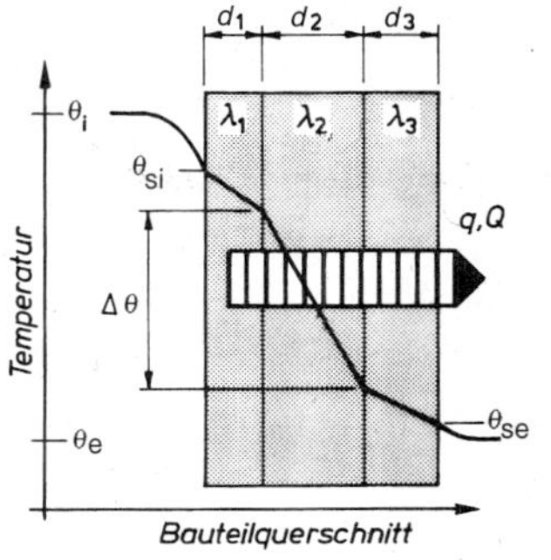

1.1.3 Berechnung von *U* in besonderen Fällen (nach DIN EN ISO 6946 : 2003-10)

Bei aus *Teilbereichen* A_a bis A_q zusammengesetzten Bauteilen der Gesamtfläche $A = \Sigma\, A_i$ mit unterschiedlichen Werten U_i wird ein mittlerer Wert U_m „naiv" bestimmt nach

$$U_m = \frac{1}{R_T'} = \frac{U_a A_a}{A} + \frac{U_b A_b}{A} + \ldots + \frac{U_q A_q}{A} = \frac{f_a}{R_{Ta}} + \frac{f_b}{R_{Tb}} + \ldots + \frac{f_q}{R_{Tq}}$$

$f_i = A_i/A$ ist dabei der Flächenanteil des i-ten ($i = a$ bis q) Bereiches. Der so bestimmte Wert $1/R_T'$ schätzt den Wärmedurchgangskoeffizient zu günstig ein, weil die Wärmebrückenwirkungen an den Grenzen der Bereiche nicht erfasst werden. R_T' heißt daher oberer Grenzwert. Ein unterer Grenzwert R_T'' wird abgeschätzt, indem man den Bauteilquerschnitt in n Schichten parallel zu den Oberflächen so teilt, dass jeweils nur nebeneinander liegende Bereiche entstehen. Jeder Schicht j ($j = 1$ bis n) ordnet man eine äquivalente Wärmeleitfähigkeit $\lambda'' = \lambda_a f_a + \lambda_b f_b + \ldots + \lambda_q f_q$ zu und bestimmt für diese Schicht den Wärmedurchlasswiderstand $R = d/\lambda''$. Man erhält den unteren Grenzwert $R_T'' = R_{si} + \Sigma\, R_j + R_{se}$.

Der tatsächliche Wärmedurchgangswiderstand R_T liegt zwischen R_T' und R_T'', also etwa bei $R_T = (R_T' + R_T'')/2$. Der mittlere U-Wert ist dann $U_m = 2/(R_T' + R_T'')$.

Beispiel:

Sparren (Bereich a, $\lambda_a = 0{,}13$ W/(mK)) mit Zwischensparrendämmung (Bereich b, WLG 040) bilden die Schicht 1 der Dicke 0,16 m. Die Aufsparrendämmung (WLG 035) bildet die Schicht 2 der Dicke 0,08 m. Für die Flächenanteile f_a, f_b gelten: $f_a = 0{,}125$, $f_b = 0{,}875$. Man erhält

$$\frac{1}{R'_T} = \frac{0{,}125}{3{,}656} + \frac{0{,}875}{6{,}426} = 0{,}170\ \text{W/(m}^2\text{K)}$$

$R_T' = 5{,}870\ \text{m}^2\,\text{K/W}$

und mit R_{si}, R_{se} nach Tafel 10.27a

$$R_T'' = 0{,}10 + \frac{0{,}08}{0{,}035} + \frac{0{,}16}{0{,}051} + 0{,}04 = 5{,}551\ \text{m}^2\text{K/W}$$

$R_T = (R_T' + R_T'')/2 = 5{,}710\ \text{m}^2\text{K/W}$ und

$U_m = 0{,}175\ \text{W/(m}^2\text{K)}$

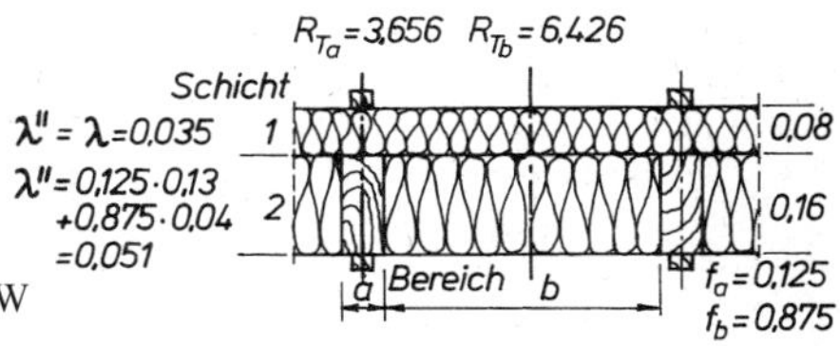

Bei Bauteilen mit *keilförmigen (Dämm)schichten* ist U schlechter als derjenige Wert, der sich aus der *mittleren* Schichtdicke ergeben würde. Einzelheiten siehe DIN EN ISO 6946, Anhang C.

Es werden nur Schichten innenseitig einer *Abdichtung* gegen Erdreich oder das Freie berücksichtigt. Ausnahme: Schichten ohne Wasseraufnahmefähigkeit, insbesondere bei Perimeterdämmung, Umkehrdach oder Ausnahmen im begrünten Dach. Bei der Berechnung des U-Wertes von *Umkehrdächern* ist U um einen Betrag ΔU zu erhöhen, wenn der prozentuale Anteil des Wärmedurchlasswiderstandes unterhalb der Abdichtung am Gesamtwiderstand ≤ 50 % beträgt, und zwar um $\Delta U = 0{,}05$ bei einem Prozentsatz bis 10 % und um $\Delta U = 0{,}03$ bei 10 bis 50 %.

An *Wärmebrücken,* a) durch Richtungswechsel sonst ebener Bauteile (geometrische Wärmebrücke) oder b) durch Einbau stofflich andersartiger Baustoffe (konstruktive Wärmebrücke), verläuft die Wärmestromdichte q nicht mehr allein senkrecht zur Bauteiloberfläche; es entsteht eine Komponente in Bauteilebene mit der Folge höherer Energieverluste und geringerer Oberflächentemperaturen.

1.2 Anforderungen zum Mindestwärmeschutz nach DIN 4108-2

1.2.1 Bauteile mit mindestens 100 kg/m² flächenbezogener Gesamtmasse

Tafel 10.4 Mindestwerte für Wärmedurchlasswiderstände *R* von Bauteilen
Hinweis: Für leichte Bauteile siehe Abschn. 1.2.2

Spalte		1		2
Zeile		Bauteile 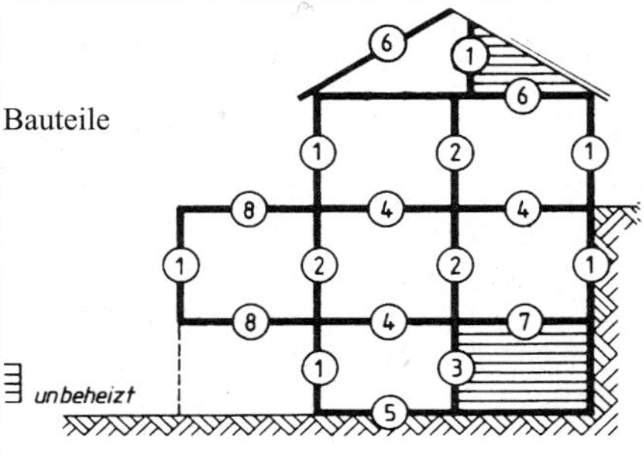		Wärmedurchlasswiderstand *R* m² K/W
1		Außenwände; Wände von Aufenthaltsräumen gegen Bodenräume, Durchfahrten, offene Hausflure, Garagen, Erdreich		1,2
2		Wände zwischen fremdgenutzten Räumen; Wohnungstrennwände		0,07
3	3.1	Treppenraumwände	zu Treppenräumen mit wesentlich niedrigeren Innentemperaturen (z. B. indirekt beheizte Treppenräume); Innentemperatur $\theta_i \leq 10$ °C, aber mindestens frostfrei	0,25
	3.2		zu Treppenräumen mit Innentemperaturen $\theta_i > 10$ °C (z. B. in Verwaltungsgebäuden, Geschäftshäusern, Unterrichtsgebäuden, Hotels, Gaststätten und Wohngebäuden)	0,07
4	4.1	Wohnungstrenndecken, Decken zwischen fremden Arbeitsräumen; Decken unter Räumen zwischen gedämmten Dachschrägen und Abseitenwänden	allgemein	0,35
	4.2		in zentralbeheizten Bürogebäuden	0,17
5	5.1	Unterer Abschluss nicht unterkellerter Aufenthaltsräume	unmittelbar an das Erdreich bis zu einer Raumtiefe von 5 m	0,90
	5.2		über einen nichtbelüfteten Hohlraum an das Erdreich grenzend	0,90
6		Decken unter nicht ausgebauten Dachräumen; Decken unter bekriechbaren oder noch niedrigeren Räumen; Decken unter belüfteten Räumen zwischen Dachträgern und Abseitenwänden bei ausgebauten Dachräumen, wärmegedämmte Dachschrägen		0,90
7		Kellerdecken; Decke gegen abgeschlossene, unbeheizte Hausflure u. Ä.		0,90
8	8.1	Decken (auch Dächer), die Aufenthaltsräume gegen die Außenluft abgrenzen	nach unten, gegen Garagen (auch beheizte), Durchfahrten (auch verschließbare) und belüftete Kriechkeller[1)]	1,75
	8.2		nach oben, z. B. massive Dächer nach DIN 18 530, Dächer und Decken unter Terrassen; Umkehrdächer	1,2

[1)] Erhöhter Wärmedurchlasswiderstand wegen Fußkälte.

1.2.2 Leichte Bauteile, Rahmen, und Skelettbauten, Rollladenkästen

Für *Außenwände, Decken unter nicht ausgebauten Dachräumen* und *Dächer* mit einer flächenbezogenen Gesamtmasse unter 100 kg/m² gilt $R \geq 1{,}75\ \mathrm{m^2K/W}$. Bei Rahmen- und Skelettbauarten gilt dies nur für den Gefachbereich. In diesen Fällen ist für das gesamte Bauteil zusätzlich im Mittel $R = 1{,}0\ \mathrm{m^2\ K/W}$ einzuhalten. Gleiches gilt für *Rollladenkästen;* für deren Deckel $R \geq 0{,}55\ \mathrm{m^2K/W}$. Fenster mit *nichttransparenten Ausfachungen: Ausfachung* $R \geq 1{,}2\ \mathrm{m^2\ K/W}$.

1.2.3 Anforderungen an den Wärmeschutz von Wärmebrücken

Zur Vermeidung von Schimmelpilzbildung ist $f_{Rsi} \geq 0{,}7$ einzuhalten. Ausreichend wärmegedämmt sind die Konstruktionen nach Abschnitt 1.5.1, bzw. Beiblatt 2 zu DIN 4108.

f_{Rsi} ist dabei eine dimensionslose Temperatur, definiert durch die Gleichung $f_{Rsi} = (\theta_{si} - \theta_e)/(\theta_i - \theta_e)$. Die Einhaltung der Anforderung bedeutet, dass bei den hier üblichen Temperaturannahmen (θ_i = 20 °C, θ_e = –5 °C) θ_{si} selbst an ungünstigster Stelle, wie der Raumkante zwischen zwei Wänden, θ_{si} mindestens 12,6 °C betragen muss. Vergleiche hierzu auch Abschnitt 2.2.2.1 auf Seite 10.35. θ_{si} kann nach DIN EN ISO 10 211 näherungsweise berechnet werden.

1.2.4 Anforderungen an die Luftdichtheit von Außenbauteilen und Gebäuden

DIN 4108-2, DIN 4108-7 und EnEV enthalten Anforderungen, die wie folgt zusammenzufassen sind: Soweit die wärmeübertragende Umfassungsfläche durch Verschalungen oder gestoßene, überlappende sowie plattenartige Bauteile gebildet wird, ist in der Regel eine luftundurchlässige Schicht (Luftdichtheitsschicht) über die gesamte Fläche einzubauen, Beispiele s. Seite 10.17. Planung und Ausführung ohne Nachweis nach DIN 4108-7. Der Fugendurchlasskoeffizient *a* ist bei Bauteilanschlussfugen auf $0{,}1\ \mathrm{m^3/(mhdaPa^{2/3})}$, bei Schließfugen beweglicher Bauteile (Fenster, Lüftungseinrichtungen) fallweise auf Klasse 2 oder 3 nach DIN EN 12 207-1 : 2000-06 begrenzt. Werden *Messungen* der Luftdichtheit von Gebäuden oder Gebäudeteilen durchgeführt, so darf der nach dem Differenzdruckverfahren (DIN EN 13 829 : 2001-02) gemessene Luftvolumenstrom bei einem Differenzdruck von 50 Pa bei Gebäuden

	ohne	mit raumlufttechnischen Anlagen
bezogen auf das beheizte Luftvolumen	$n_{50} = 3\ \mathrm{h^{-1}}$	$n_{50} = 1{,}5\ \mathrm{h^{-1}}$
bezogen auf die Netto-Grundfläche	$7{,}8\ \mathrm{m^3/(m^2h)}$	$3{,}9\ \mathrm{m^3/(m^2h)}$

nicht überschreiten.

1.3 Anforderungen der Energieeinsparverordnung (EnEV)

1.3.1 Allgemeines

Die EnEV stellt energetische Anforderungen an Gebäude und ihre Anlagentechnik in der nachzuweisenden Größe „Jahres-Primärenergiebedarf Q_p“. Sie erfasst neben dem Jahresheizwärmebedarf Q_h den Nutzwärmebedarf für die Warmwasserbereitung Q_w und in der Form der Anlagenaufwandszahl e_p auch die Wärmeverluste des Heizsystems und des Systems zur Warmwasserbereitung und -verteilung sowie auch den elektrischen Energiebedarf für alle Einrichtungen, die für den Betrieb der heizungs- und raumlufttechnischen Anlagen und der Warmwasserbereitung benötigt werden. Bei Redaktionsschluss dieser Auflage galt die seit dem 8. 12. 2004 novellierte Fassung der EnEV. Eine Neufassung 2006 enthält aufgrund der Novellierung des Energieeinspargesetzes am 1. 9. 05 und in Umsetzung der EU-Richtlinie 2002/91/EG (Gebäuderichtlinie) zur Gesamtenergieeffizienz bei „nicht Wohngebäuden“ zusätzliche energetische Anforderungen an Beleuchtungs- und Kühlanlagen. Als Berechnungsgrundlage ist DIN 18 599 mit 10 Teilen und über 750 Seiten im Juli 2005 erschienen, im Wohnungsbau gilt unverändert die bisherige Berechnungsmethode.

Zusätzlich wird die Ausstellung von **„Energieausweisen“** über den jetzigen Stand der Energie- oder Wärmebedarfsausweise nach § 13 EnEV für Neubauten hinaus, mithin also auch für bestehende Gebäude (in einem künftigen § 17 EnEV), geregelt. Solche (neuen) Energieausweise dienen vor allem der Information von Käufern und Mietern von Immobilien. Der Energieausweis soll den Vergleich verschiedener Objekte ermöglichen und so Argumente für die Wohnungs- oder Hauswahl liefern. Wichtig ist, dass die EnEV-Berechnungsmethoden zugrunde gelegt werden und dass man reale Annahmen getroffen hat für die im Detail schwierige Bestandsaufnahme des Gebäudes. Solche neuen Energieausweise sind zwischenzeitlich z. B. als „dena-Energiepässe“ erprobt, doch sind die endgültigen Regelungen der EnEV 2006 noch nicht bekannt.

Da in Gebäuden unterschiedliche Energiearten, wie Erdgas oder Heizöl jeweils in Verbindung mit Strom, für die Haustechnik und ggf. auch für die Bereitung von Warmwasser benötigt werden, müssen sie addierbar sein und eine klare Aussage über den tatsächlichen Energieverbrauch, wenigstens unter standardisierten Klima- oder Nutzerbedingungen, zulassen. Dies geschieht über die bewertete Primärenergie (Tafel 10.31). Aus dem Ziel resultieren zahlreiche Abhängigkeiten zwischen Gebäudehülle, Energieträger und Anlagentechnik.

Konkret macht die EnEV Aussagen für

- zu errichtende Gebäude mit normalen und niedrigen Innentemperaturen einschließlich deren Luftdichtheit und der Behandlung von Wärmebrücken,
- für die Änderung und geringfügige (bis 100 m^3) Erweiterung bestehender Gebäude einschließlich Änderungen der vorhandenen Heizanlagen,
- für die Inbetriebnahme von Heizkesseln und Verteilungseinrichtungen und Warmwasseranlagen,
- für Ausweise über Energie- und Wärmebedarf und Energieverbrauchskennwerte.

Die Berechnungsverfahren und Nachweise sind in der Regel nicht mehr unmittelbar in der EnEV dargestellt. So kann die Verordnung nur praktisch umgesetzt werden, wenn die Hintergrundnormen vorliegen. Auf solche Normen wird fallweise entweder hinsichtlich der Normausgabe fest Bezug genommen oder der Anwender wird auf Regeln der Technik verwiesen, die in der Praxis nur schwer aktuell zu verfolgen sind. Die Berechnungen sind im Ergebnis so komplex, dass sie im Allgemeinen mit Hilfe von Softwareprogrammen (mit zeitnahen Updates) durchgeführt werden. Nachfolgend werden daher nur die jeweiligen Anforderungen und Nachweisverfahren skizziert, um Berechnungen Dritter z. B. auf Plausibilität zu prüfen. Ausführlicher dargestellt wird nur das „Vereinfachte Verfahren" nach Anhang 1 Nr. 3, welches für Wohngebäude, die zugleich weitere Bedingungen erfüllen, angewendet werden darf.

1.3.2 Anforderungen und Nachweise für zu errichtende Gebäude mit normalen Innentemperaturen

Solche Gebäude werden aufgrund ihres Verwendungszwecks mehr als 4 Monate auf mindestens 19 °C beheizt. Es sind (bis zu) drei Nachweise zu führen über:

a) den Jahresprimärenergiebedarf, der bei Wohngebäuden auf die Gebäudenutzfläche und bei anderen Gebäuden auf das Gebäudevolumen bezogen wird (Q_P'' und Q_P') (s. Tafel 10.7 Spalten 2 bis 4),

b) den spezifischen, auf die wärmeübertragende Umfassungsfläche bezogenen Transmissionswärmeverlust H_T' (s. Tafel 10.7 Spalten 5 und 6),

c) die Sonneneintragskennwerte S (Grenzwerte nach DIN 4108-2, Tafel 10.13 b).

Der Nachweis nach a) entfällt bei mehr als 70 %iger Beheizung aus Kraft-Wärmekopplung oder mittels erneuerbarer Energien und bei Einzelfeuerstätten in Räumen. Im letzten Fall dürfen die Grenzwerte nach b) (Spalte 5) nur zu 76 % ausgeschöpft werden. Der Nachweis nach c) darf entfallen, wenn der Fensterflächenanteil am Gebäude 30 % nicht überschreitet.

Hinweise zur Tafel 10.7

Die wärmeübertragende *Umfassungsfläche A* ist aus den Außenabmessungen zu ermitteln.

(Einzonenmodell nach DIN EN 832, Maße nach DIN EN ISO 13 789); das beheizte *Volumen* V_e ist das von A eingeschlossene Volumen. A/V_e ist die Eingangsgröße (Spalte 1) der Tafel 10.7.

Die Gebäudenutzfläche von Wohngebäuden wird ermittelt nach $A_N = 0{,}32\ V_e$.

Q_P wird berechnet nach DIN EN 832 : 2003-06 in Verbindung mit DIN V 4108-6 : 2003-06 und DIN V 4701-10 : 2003-08. Der dazu benötigte Jahresheizwärmebedarf Q_h ist nach dem Monatsbilanzverfahren zu bestimmen; für den Nutzwärmebedarf für die *Warmwasserbereitung* in Wohngebäuden sind je m^2 Gebäudenutzfläche 12,5 kWh/(m^{2}a) anzusetzen. Soweit das beheizte Luftvolumen V benötigt wird, darf bis zu drei Vollgeschossen mit $V = 0{,}76\ V_e$, sonst mit $V = 0{,}80\ V_e$ gerechnet werden.

Wärmebrücken beeinflussen H_T' und Q_h innerhalb des Rechengangs von Q_P. Sie können auf eine der drei folgenden Arten berücksichtigt werden:

a) Erhöhung aller Wärmedurchgangskoeffizienten U um $\Delta U_{WB} = 0{,}10$ W/(m^{2}K), wenn kein weiterer Nachweis geführt wird,

b) Erhöhung aller Wärmedurchgangskoeffizienten U um $\Delta U_{WB} = 0{,}05$ W/(m^{2}K), wenn Wärmebrücken nach den Planungsbeispielen nach DIN 4108 Bbl. 2 : 2004-01 unterdrückt werden,

c) genauer Nachweis der Wärmebrücken nach den Regeln der Technik.

Soweit der Wärmebrückeneinfluss bei Teilflächen schon nach c) (oder b)) bei der Berechnung von U berücksichtigt wurde, brauchen die ungünstigen Werte von a) nur für die verbleibenden Bauteilflächen angesetzt zu werden.

Bei *aneinander gereihter Bebauung* werden Trennwände zwischen Bereichen mit normalen Innentemperaturen als nicht wärmedurchlässig angenommen und bei der Ermittlung von A und A/V_e nicht berücksichtigt. Trennwände zu Bereichen mit niedrigen bzw. wesentlich niedrigeren Innentemperaturen werden mit einem Temperatur-Korrekturfaktor F_{nb} nach DIN V 4108-6 : 2003-06 bzw. $F_u = 0{,}5$ gewichtet. Mit diesen Annahmen lassen sich auch Teilbereiche von beheizten Gebäuden getrennt berechnen (z. B. bei Anbauten oder Aufstockungen).

Tafel 10.7 Höchstwerte nach EnEV für Gebäude mit normalen Innentemperaturen

A/V_e	Jahresprimärenergiebedarf			Spezifischer, auf die wärmeübertragende Umfassungsfläche A bezogener Transmissionswärmeverlust	
	Q_P'' kWh/(m²a) bezogen auf die Gebäudenutzfläche A_N		Q_P' kWh/(m³a) bezogen auf Volumen V_e	H_T' W/(m²K)	
	Wohngebäude außer solchen nach Spalte 3	mit überwiegender Warmwasserbereitung aus elektrischem Strom	andere Gebäude	Nichtwohngebäude mit einem Fensterflächenanteil ≤ 30 % und Wohngebäude	Nichtwohngebäude mit einem Fensterflächenanteil > 30 %
1	2	3	4	5	6
≤ 0,2	$66{,}00 + 2600/(100 + A_N)$	88,00	14,72	1,05	1,55
0,3	$73{,}53 + 2600/(100 + A_N)$	95,53	17,13	0,80	1,15
0,4	$81{,}06 + 2600/(100 + A_N)$	103,06	19,54	0,68	0,95
0,5	$88{,}58 + 2600/(100 + A_N)$	110,58	21,95	0,60	0,83
0,6	$96{,}11 + 2600/(100 + A_N)$	118,11	24,36	0,55	0,75
0,7	$103{,}64 + 2600/(100 + A_N)$	125,64	26,77	0,51	0,69
0,8	$111{,}17 + 2600/(100 + A_N)$	133,17	29,18	0,49	0,65
0,9	$118{,}70 + 2600/(100 + A_N)$	140,70	31,59	0,47	0,62
1	$126{,}23 + 2600/(100 + A_N)$	148,23	34,00	0,45	0,59
≥ 1,05	$130{,}00 + 2600/(100 + A_N)$	152,00	35,21	0,44	0,58

Zwischenwerte zu den Höchstwerten sind nach folgenden Gleichungen zu ermitteln:

Spalte 2	Q_P''	$= 50{,}94 + 75{,}29 \cdot A/V_e + 2600/(100 + A_N)$	in kWh/(m²a)
Spalte 3	Q_P''	$= 72{,}94 + 75{,}29 \cdot A/V_e$	in kWh/(m²a)
Spalte 4	Q_P'	$= 9{,}9 + 24{,}10 \cdot A/V_e$	in kWh/(m³a)
Spalte 5	H_T'	$= 0{,}3 + 0{,}15/(A/V_e)$	in W/(m²K)
Spalte 6	H_T'	$= 0{,}35 + 0{,}24/(A/V_e)$	in W/(m²K)

Das „vereinfachte Verfahren" der EnEV für Wohngebäude

Der Jahres-Primärenergiebedarf Q_P und der spezifische, auf die wärmeübertragende Umfassungsfläche bezogene Transmissionswärmeverlust H_T, aus denen sich die in der EnEV der Höhe nach begrenzten Werte $Q_P'' = Q_P'/A_N$ und $H_T' = H_T/A$ (nach Tafel 10.7 Spalten 2 und 5) ergeben, dürfen nach dem vereinfachten Verfahren in Anhang 1 Nr. 3 der EnEV bestimmt werden, wenn folgende Bedingungen gleichzeitig erfüllt sind:

- Der Fensterflächenanteil f (vgl. S. 10.12) darf 30 % nicht überschreiten.
- Der Einfluss der Wärmebrücken ist durch Anwendung der Planungsbeispiele in DIN 4108 Bbl. 2 : 2004-01 zu begrenzen, damit wird $\Delta U_{WB} = 0{,}05$ W/(m²K) als fester Wert in die Berechnung eingefügt (Tafel 10.8a Zeile 3).

Nach planerischer Entscheidung über Gebäudevolumen V_e (es ergibt sich auch A_N), Bauteilflächen A_i (es ergeben sich auch A und A/V_e) und Bauteilkonstruktionen (U_i und g_i) sind die Berechnungen nach Tafel 10.8a durchzuführen:

Tafel 10.8a Vereinfachtes Verfahren für Wohngebäude

Zeile	Zu ermittelnde Größen	Gleichung	Zu verwendende Randbedingung
	1	2	3
1	Jahres-Primärenergiebedarf Q_P	$Q_P = (Q_h + Q_w)\, e_p$	Warmwasser: $Q_w = 12{,}5\, A_N$ Anlagenaufwandszahl e_p nach DIN V 4701-10 : 2003-08, z. B. nach Tafeln 10.32 bis 10.33
	bezogen auf Gebäudenutzfläche A_N	$Q_P'' = Q_P/A_N$	Für Nachweis nach Tafel 10.7 Spalten 2 und 3
2	Jahres-Heizwärmebedarf Q_h	$Q_h = 66\,(H_T + H_V) - 0{,}95\,(Q_s + Q_i)$	
3	Spezifischer Transmissionswärmeverlust H_T	$H_T = \Sigma\,(F_{xi}\, U_i\, A_i) + 0{,}05\, A$ [1]	Temperatur-Korrekturfaktoren F_{xi} nach Tafel 10.8b
	bezogen auf die wärmeübertragende Umfassungsfläche	$H_T' = \frac{H_T}{A}$	Für Nachweis nach Tafel 10.7 Spalte 5
4	Spezifischer Lüftungswärmeverlust H_V	$H_V = 0{,}19\, V_e$ $H_V = 0{,}163\, V_e$	allgemein nur mit Luftdichtheitsprüfung und Nachweis $n_{50} \leq 3{,}0\, h^{-1}$
5	Solare Gewinne Q_S	$Q_S = \Sigma\,(I_s)_{j,HP}\, \Sigma\, 0{,}567\, g_i\, A_i$ [2)3)]	(s. Tafel 10.8c)
6	Interne Gewinne Q_i	$Q_i = 22\, A_N$	$A_N = 0{,}32\, V_e$

1) Die Wärmedurchgangskoeffizienten der Bauteile U_i sind (fallweise nach europäischen Berechnungsnormen, insbesondere DIN EN ISO 6946) auf der Grundlage der nach den Landesbauordnungen bekannt gemachten energetischen Kennwerte für Bauprodukte zu ermitteln oder technischen Produkt-Spezifikationen (z. B. für Dachflächenfenster) zu entnehmen. Hierunter fallen insbesondere energetische Kennwerte aus europäischen technischen Zulassungen sowie die Regelungen nach der Bauregelliste A Teil 1 und auf Grund von Festlegungen in allgemeinen bauaufsichtlichen Zulassungen. Bei an das Erdreich grenzenden Bauteilen ist der äußere Wärmeübergangswiderstand gleich null zu setzen.

2) Der Gesamtenergiedurchlassgrad g_i (für senkrechte Einstrahlung) ist technischen Produkt-Spezifikationen zu entnehmen oder gemäß den nach Landesbauordnungen bekanntgemachten Kennwerten zu bestimmen. Besondere energiegewinnende Systeme, wie z. B. Wintergärten oder transparente Wärmedämmung, können im vereinfachten Verfahren keine Berücksichtigung finden.

3) Dachflächenfenster mit Neigungen ≥ 30° sind hinsichtlich der Orientierung wie senkrechte Fenster zu behandeln.

Tafel 10.8b Temperatur-Korrekturfaktoren F_{xi} zu Tafel 10.8a Zeile 3

Wärmestrom nach außen über Bauteil *i*	Temperatur-Korrektur-faktor F_{xi}
Außenwand, Fenster	1
Dach (als Systemgrenze)	1
Oberste Geschossdecke (Dachraum nicht ausgebaut)	0,8
Abseitenwand (Drempelwand)	0,8
Wände und Decken zu unbeheizten Räumen	0,5
Unterer Gebäudeabschluss: – Kellerdecke/-wände zu unbeheiztem Keller – Fußboden auf Erdreich – Flächen des beheizten Kellers gegen Erdreich	0,6 [1]

1) Hinweis: Dieser Wert im vereinfachten Verfahren weicht von F_u in DIN V 4108-6 (Monatsbilanzverfahren) teilweise ab.

Tafel 10.8c Solare Einstrahlung $\Sigma(I_s)_{j,HP}$ zu Tafel 10.8a Zeile 5

Solare Einstrahlung:	
Orientierung	$\Sigma\,(I_S)_{j,HP}$
Südost bis Südwest	270 kWh/(m²a)
Nordwest bis Nordost	100 kWh/(m²a)
übrige Richtungen	155 kWh/(m²a)
Dachflächenfenster mit Neigungen < 30°	225 kWh/(m²a)

Die Fläche der Fenster A_i mit der Orientierung j (Süd, West, Ost, Nord und horizontal) ist nach den lichten Fassadenöffnungsmaßen zu ermitteln.

1.3.3 Anforderungen und Nachweise für zu errichtende Gebäude mit niedrigen Innentemperaturen

Solche Gebäude werden aufgrund ihres Verwendungszwecks mehr als vier Monate im Jahr beheizt, wobei die Innentemperaturen zwischen 12 °C und 19 °C liegen. Es ist (nur) nachzuweisen, dass der spezifische, auf die wärmeübertragende Umfassungsfläche bezogene Transmissionswärmeverlust H_T' die Höchstwerte nach Tafel 10.9 in Abhängigkeit vom Verhältnis A/V_e (V_e Volumen der beheizten Zone, ermittelt aus den Gebäudeaußenmaßen) nicht übersteigt. Es wird, anders als bei Gebäuden mit normalen Innentemperaturen, kein Nachweis des (Primär-)Energiebedarfs geführt. H_T' berechnet sich aus $H_T' = H_T/A$, wobei A die wärmeübertragende Umfassungsfläche der beheizten Zone ist.

H_T berechnet sich nach DIN V 4108-6 (auf der Basis von DIN EN 832/EN ISO 13 789), wenn nicht das genauere Verfahren verwendet wird, nach

$$H_T = \Sigma\,(F_{x,i}\, U_i\, A_i) + H_{WB}$$

Die Temperatur-Reduktionsfaktoren $F_{x,i}$ können DIN V 4108-6 : 2003-06 entnommen werden. Bei Verwendung der Werte aus Tafel 10.8b liegt man auf der sicheren Seite. H_{WB} ist ein pauschaler Ansatz zur Erfassung von Wärmebrücken.

$$H_{WB} = \Delta U_{WB}\, A$$

Ohne Nachweis ist $\Delta U_{WB} = 0,1$ W/(m²K); bei analoger Anwendung von DIN 4108 Bbl. 2 (s. Abschnitt 1.5.1) darf ΔU_{WB} halbiert werden.

Tafel 10.9 Höchstwerte für H_T' in Abhängigkeit von A/V_e

A/V_e in m^{-1}	≤ 0,20	0,30	0,40	0,50	0,60	0,70	0,80	0,90	≥ 1,00
Höchstwerte H_T' in W/(m²K)[1)]	1,03	0,86	0,78	0,73	0,70	0,67	0,66	0,64	0,63

[1)] Zwischenwerte sind nach folgender Gleichung zu ermitteln: $H_T' = 0{,}53 + 0{,}1 \cdot V_e/A$ in $W/(m^2 \cdot K)$

1.3.4 Anforderungen an bestehende Gebäude und Anlagen

Die EnEV enthält Anforderungen für den Fall, dass bei bestehenden Gebäuden mit normalen und niedrigen Innentemperaturen bestimmte bauliche Änderungen an schon vorhandenen Außenbauteilen vorgenommen werden. Einzelheiten auf Seite 10.10 und Tafel 10.11. Zur Abgrenzung gegen reine Reparaturarbeiten gelten die Anforderungen nicht, falls die Änderungen weniger als 20 % der jeweiligen Bauteilflächen (bei Außenwänden und Fenstern 20 % der Bauteilflächen gleicher Orientierung/Himmelsrichtung) betreffen.

Hilfsweise darf auch nachgewiesen werden, dass das geänderte Gebäude insgesamt die Höchstwerte nach Tafel 10.7 bzw. 10.9 (also Höchstwerte bei Neubauten) um nicht mehr als 40 % überschreitet.

Die EnEV enthält auch Anforderungen für den Fall, dass das Gebäude um ein *beheiztes Volumen* von mehr als 30 m³ erweitert wird. Für diesen Teil sind die Anforderungen an zu errichtende Gebäude (fallweise also Tafel 10.7 bzw. 10.9) einzuhalten. Ist das zusätzliche beheizte Volumen nicht größer als $V_e = 100$ m³, dürfen die Vorschriften für Gebäude mit geringem Volumen nach § 7 EnEV angewendet werden, d. h., die Außenbauteile müssen allein Tafel 10.11 entsprechen.

Die EnEV enthält in § 9 Verpflichtungen zur *Nachrüstung* bei Anlagen und Gebäuden, die bis zum 31.12.2006 abgeschlossen sein muss. Betroffen sind bestimmte alte Heizkessel, zugängliche Wärmeverteilungs- und Warmwasserleitungen sowie nichtbegehbare, aber zugängliche oberste Geschossdecken beheizter Räume, die auf $U \leq 0{,}30$ W/(m²K) nachzudämmen sind.

Außenbauteile, ggf. Anlagen, dürfen nicht in der Weise verändert werden, dass die energetische Qualität des Gebäudes verschlechtert wird (§ 10 EnEV).

Auf die Möglichkeit von Befreiungen von Vorschriften nach der EnEV durch die nach Landesrecht zuständigen Behörden beim Vorliegen von Härtefällen wird hingewiesen (§ 17 EnEV).

Übersicht der baulichen Änderungen oder Maßnahmen an bestehenden Gebäuden

1. Außenwände

Soweit bei beheizten Räumen Außenwände ersetzt, erstmalig eingebaut oder in der Weise erneuert werden, dass

a) Bekleidungen in Form von Platten oder plattenartigen Bauteilen oder Verschalungen sowie Mauerwerksvorsatzschalen angebracht werden,

b) auf der Innenseite Bekleidungen oder Verschalungen aufgebracht werden,

c) Dämmschichten eingebaut werden,

d) bei einer bestehenden Wand mit einem Wärmedurchgangskoeffizienten größer 0,9 W/(m^{2}K) der Außenputz erneuert wird oder

e) neue Ausfachungen in Fachwerkwände eingesetzt werden,

sind die Höchstwerte der Wärmedurchgangskoeffizienten nach Tafel 10.11 Zeile 1 einzuhalten.

2. Fenster, Fenstertüren und Dachflächenfenster

Soweit bei beheizten Räumen außen liegende Fenster, Fenstertüren oder Dachflächenfenster in der Weise erneuert werden, dass

a) das gesamte Bauteil ersetzt oder erstmalig eingebaut wird,

b) zusätzliche Vor- oder Innenfenster eingebaut werden oder

c) die Verglasung ersetzt wird,

sind die Anforderungen nach Tafel 10.11 Zeile 2 einzuhalten. Satz 1 gilt nicht für Schaufenster und Türanlagen aus Glas. Bei Maßnahmen gemäß Buchstabe c gilt Satz 1 nicht, wenn der vorhandene Rahmen zur Aufnahme der vorgeschriebenen Verglasung ungeeignet ist. Werden bei Maßnahmen nach Satz 1 bestimmte Sonderverglasungen (Schall, Brand, Durchbruch) verwendet, sind abweichend von Satz 1 die Anforderungen nach Tafel 10.11 Zeile 3 einzuhalten.

3. Außentüren

Bei der Erneuerung von Außentüren dürfen nur Außentüren eingebaut werden, deren Türfläche einen Wärmedurchgangskoeffizienten von 2,9 W/(m^{2}K) nicht überschreitet. Nr. 2 Satz 2 bleibt unberührt.

4. Decken, Dächer und Dachschrägen

4.1 Steildächer

Soweit bei Steildächern, Decken unter nicht ausgebauten Dachräumen sowie Decken und Wände (einschließlich Dachschrägen), die beheizte Räume nach oben gegen die Außenluft abgrenzen, ersetzt, erstmalig eingebaut oder in der Weise erneuert werden, dass

a) die Dachhaut bzw. außenseitige Bekleidungen oder Verschalungen ersetzt oder neu aufgebaut werden,

b) innenseitige Bekleidungen oder Verschalungen aufgebracht oder erneuert werden,

c) Dämmschichten eingebaut werden,

d) zusätzliche Bekleidungen oder Dämmschichten an Wänden zum unbeheizten Dachraum eingebaut werden,

sind für die betroffenen Bauteile die Anforderungen nach Tafel 10.11 Zeile 4 a einzuhalten. Wird bei Maßnahmen nach Buchstabe a oder c der Wärmeschutz als Zwischensparrendämmung ausgeführt und ist die Dämmschichtdicke wegen einer innenseitigen Bekleidung und der Sparrenhöhe begrenzt, so gilt die Anforderung als erfüllt, wenn die nach den Regeln der Technik höchstmögliche Dämmschichtdicke eingebaut wird.

4.2 Flachdächer

Soweit bei beheizten Räumen Flachdächer ersetzt, erstmalig eingebaut oder in der Weise erneuert werden, dass

a) die Dachhaut bzw. außenseitige Bekleidungen oder Verschalungen ersetzt oder neu aufgebaut werden,

b) innenseitige Bekleidungen oder Verschalungen aufgebracht oder erneuert werden,

c) Dämmschichten eingebaut werden,

sind die Anforderungen nach Tafel 10.11 Zeile 4 b einzuhalten. Werden bei der Flachdacherneuerung Gefälledächer durch die keilförmige Anordnung einer Dämmschicht aufgebaut, so ist der Wärmedurchgangskoeffizient nach DIN EN ISO 6946 : 1996-11, Anhang C zu ermitteln. Der Bemessungswert des Wärmedurchgangswiderstands am tiefsten Punkt der neuen Dämmschicht muss den Mindestwärmeschutz nach Tafel 10.4 gewährleisten.

5. Wände und Decken gegen unbeheizte Räume und gegen Erdreich

Soweit bei beheizten Räumen Decken und Wände, die an unbeheizte Räume oder an Erdreich grenzen,

a) ersetzt, erstmalig eingebaut

oder in der Weise erneuert werden, dass

b) außenseitige Bekleidungen oder Verschalungen, Feuchtigkeitssperren oder Drainagen angebracht oder erneuert,

c) innenseitige Bekleidungen oder Verschalungen an Wände angebracht,

d) Fußbodenaufbauten auf der beheizten Seite aufgebaut oder erneuert,

e) Deckenbekleidungen auf der Kaltseite angebracht oder

f) Dämmschichten eingebaut werden,

sind die Anforderungen nach Tafel 10.11 Zeile 5 einzuhalten.

Tafel 10.11 Höchstwerte der Wärmedurchgangskoeffizienten bei erstmaligem Einbau, Ersatz und Erneuerung von Bauteilen

Zeile	Bauteil	Maßnahme nach Seite 10.10 oder 10.11	Gebäude mit normalen Innentemperaturen	Gebäude mit niedrigen Innentemperaturen
			maximaler Wärmedurchgangskoeffizient U_{max} [1] in $W/(m^2K)$	
	1	2	3	4
1 a	Außenwände	allgemein	0,45	0,75
b		Nr. 1 a, c und d	0,35	0,75
2 a	Außen liegende Fenster, Fenstertüren	Nr. 2 a und b	1,7[2]	2,8[2]
b	Dachflächenfenster			
c	Verglasungen	Nr. 2 c	1,5[2]	keine Anforderung
	Vorhangfassaden	allgemein	1,9[3]	3,0[3]
3 a	Außen liegende Fenster, Fenstertüren, Dachflächenfenster mit Sonderverglasungen	Nr. 2 a und b	2,0[2]	2,8[2]
b	Sonderverglasungen	Nr. 2 c	1,6[2]	keine Anforderung
4 a	Decken, Dächer und Dachschrägen	Nr. 4.1	0,30	0,40
b	Dächer	Nr. 4.2	0,25	0,40
5 a	Decken und Wände gegen unbeheizte Räume	Nr. 5 b und e	0,40	keine Anforderung
b	oder Erdreich	Nr. 5 a, c, d und f	0,50	keine Anforderung

[1] Wärmedurchgangskoeffizient des Bauteils unter Berücksichtigung der neuen und der vorhandenen Bauteilschichten; für die Berechnung opaker Bauteile ist DIN EN ISO 6946 : 1996-11 zu verwenden.

[2] Der Bemessungswert des Wärmedurchgangskoeffizienten des Fensters bzw. der Verglasung ist technischen Produkt-Spezifikationen zu entnehmen oder gemäß den nach den Landesbauordnungen bekannt gemachten energetischen Kennwerten für Bauprodukte zu bestimmen. Hierunter fallen insbesondere energetische Kennwerte aus europäischen technischen Zulassungen sowie der Regelungen nach der Bauregelliste A Teil 1 und auf Grund von Festlegungen in allgemeinen bauaufsichtlichen Zulassungen.

[3] Wärmedurchgangskoeffizient der Vorhangfassade; er ist nach anerkannten Regeln der Technik zu ermitteln.

1.4 Anforderungen an den sommerlichen Wärmeschutz

1.4.1 Anforderungen der Energieeinsparverordnung, § 3 Absatz (4) EnEV

Die EnEV in der Fassung von 2004 fordert bei Gebäuden, deren (Brutto-)Fensterflächenanteil in der Fassade $f = A_W/(A_W + A_{AW}) > 0{,}3$, den Nachweis für die Begrenzung des Sonneneintragskennwertes S nach DIN 4108-2 : 2003-07, Abschnitt 8, also einen Nachweis $S \leq S_{zul}$. Dabei ist A_W die Fläche aller Fenster und A_{AW} die Fläche der Außenwände. (Bis 2004 galt das abweichende Nachweisverfahren in DIN 4108-2 : 2001-03.)

1.4.2 Nachweisverfahren in DIN 4108-2 : 2003-07

Auf einen raum- oder raumgruppenweisen Nachweis des sommerlichen Wärmeschutzes wird innerhalb der Norm nur verzichtet bei Räumen mit einem kleinen grundflächenbezogenen Fensterflächenanteil $f_{AG} = A_W/A_G$; f_{AG} fallweise $< 10\,\%$ bei üblichen Fenstern, $< 15\,\%$ bei reinen Nordfenstern, $< 7\,\%$ bei schrägen (0° bis 60° gegen die Horizontale).

Der Sonneneintragskennwert S hängt ab vom Gesamtenergiedurchlassgrad $g_{total} = g \cdot F_c$ aller Fensterflächen des Raumes, also von deren Gesamtenergiedurchlassgrad der Verglasung g und dem Abminderungsfaktor für Sonnenschutzvorrichtungen F_c, sowie dem Verhältnis von Fensterflächen A_W zur Grundfläche des Raumes A_G. Es gilt raumweise die Gleichung (a):

$$S = \sum (A_{Wj} \cdot g_{total,j})/A_G \qquad \text{(a)}$$

Der Sonneneintragskennwert S wird in dieser Normausgabe von DIN 4108-2 erstmalig auf die Grundfläche des Raumes und nicht mehr auf Außenwandflächen oder Hauptfassaden bezogen. A_W wird bestimmt aus den Rohbaumaßen zwischen den Anschlägen des Blendrahmens (bei Dachflächenfenstern sinngemäß), A_G aus den lichten Raummaßen (mit Ausnahme von Räumen, deren Tiefe größer ist als das Dreifache der Raumhöhe). g oder g_{total} werden bestimmt nach DIN EN 410, DIN EN 13 363-1 oder nach zugesicherten Herstellerangaben. Anhaltswerte in Tafel 10.13a; Abminderungsfaktor F_c siehe Tafel 10.12.

Tafel 10.12 Anhaltswerte für Abminderungsfaktoren F_c

	Sonnenschutzvorrichtung	F_c
1	Ohne Sonnenschutzvorrichtung	1,0
2	Innen liegend und zwischen den Scheiben liegend[1)]	
2.1	– weiße oder reflektierende Oberfläche mit geringer Transparenz[2)]	0,75
2.2	– helle Farben und geringe Transparenz[2)]	0,80
2.3	– dunkle Farben und höhere Transparenz[2)]	0,90
3	Außen liegend	
3.1	– Jalousien und Stoffe geringer Transparenz[2)]	0,25
3.2	– Jalousien, Stoffe höherer Transparenz[2)]	0,40
4	– Vordächer, Loggien[3)]	0,50
5	– Markisen, allgemein[3)]	0,50
6	– Rollläden, Fensterläden	0,3

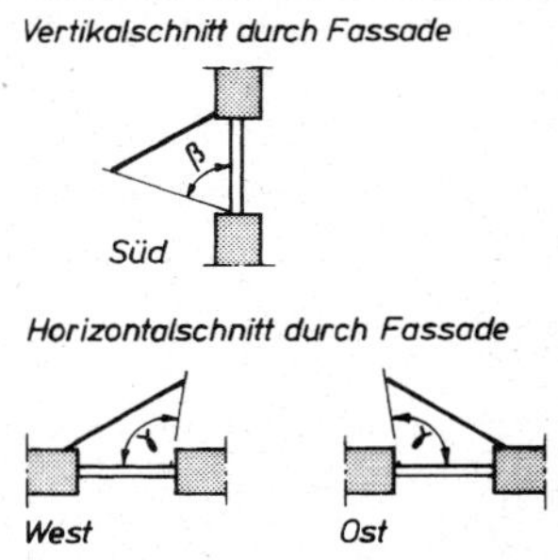

1) Für innen und zwischen den Scheiben liegende Sonnenschutzvorrichtungen ist eine genauere Ermittlung zu empfehlen, da sich erheblich günstigere Werte ergeben können. Ohne Nachweis ist der ungünstigere Wert zu verwenden.

2) Eine Transparenz der Sonnenschutzvorrichtung unter 10 % gilt als gering, unter 30 % als erhöht.

3) Es ist sicherzustellen, dass keine direkte Besonnung des Fensters erfolgt. Dies ist der Fall, wenn bei Südorientierung (± 22,5°): $\beta \geq 50°$; bei Ost-West-Orientierung (± 22,5°): entweder $\beta \geq 85°$ oder $\gamma \geq 115°$; Südost/Südwest (± 22,5°): $\beta \geq 80°$.

Tafel 10.13a Anhaltswerte der Gesamtenergiedurchlassgrade für Verglasungen, wenn keine Einzelnachweise vorliegen (n. DIN 4108-6 : 2000-11)

Verglasung Rahmenanteil 30 %	Gesamtenergie-durchlassgrad g
Doppelverglasung	0,75
Wärmeschutzverglasung, doppelt verglast, Klarglas mit nur einer infrarot reflektierenden Schicht	0,50
Dreifachverglasung unbeschichtet	0,65
Dreifachverglasung mit zwei infrarot reflektierenden Schichten	0,40

Der zulässige Grenzwert S_{zul}, der von S nach Gleichung (a) nicht überschritten werden darf, wird unter Berücksichtigung von bis zu sechs Einflussgrößen in DIN 4108-2 als Summe von anteiligen Sonneneintragskennwerten S_x nach Gleichung (b) bestimmt.

$$S_{zul} = \Sigma S_x \qquad \text{(b)}$$

Die anteiligen Sonneneintragskennwerte sind aus Tafel 10.13b zu ermitteln: In Zeile 1 wird dabei die Sommer-Klimaregion nach den Merkmalen sommerkühl bis sommerheiß unterschieden, weil Menschen in sommerlichen Räumen sich an das vorherrschende Außenklima anpassen und unterschiedliche sommerliche Höchstwerte der Innentemperatur ertragen. In Zeile 2 wird die wirksame Wärmespeicherfähigkeit der den Raum umschließenden wärmeübertragenden Außenbauteile im Verhältnis f_{gew} zur Grundfläche berücksichtigt. In Zeile 3 wird der positive Einfluss wirksamer zusätzlicher Nachtlüftung erfasst. Die Zeilen 5 und 6 berücksichtigen Flächenanteile f_{neig} und f_{nord} geneigter und ständig verschatteter Fenster.

Tafel 10.13b Anteilige Sonneneintragskennwerte S_x zur Bestimmung von $S_{zul} = \Sigma S_x$

1	2	3	4
Zeile		**Gebäudelage bzw. Bauart, Fensterneigung und Orientierung**	Anteiliger Sonneneintragskennwert S_x
1		Sommer-Klimaregion[a)]:	
	1.1	Gebäude in Klimaregion A (sommerkühl)	0,04
	1.2	Gebäude in Klimaregion B (gemäßigt)	0,03
	1.3	Gebäude in Klimaregion C (sommerheiß)	0,015
2		Bauart[b)]:	
	2.1	leichte Bauart: ohne Nachweis von C_{wirk}/A_G	$0{,}06\,f_{gew}$ [c)]
	2.2	mittlere Bauart: $50\ Wh/(K \cdot m^2) \leq C_{wirk}/A_G \leq 130\ Wh/(K \cdot m^2)$	$0{,}10\,f_{gew}$ [c)]
	2.3	schwere Bauart: $C_{wirk}/A_G > 130\ Wh/(K \cdot m^2)$	$0{,}115\,f_{gew}$ [c)]
3		Erhöhte Nachlüftung[d)] während der zweiten Nachthälfte $n \geq 1{,}5\ h^{-1}$:	
	3.1	bei mittlerer[b)] und leichter[b)] Bauart	+ 0,02
	3.2	bei schwerer Bauart[b)]	+ 0,03
4		Sonnenschutzverglasung[e)] mit $g \leq 0{,}4$	+ 0,03
5		Fensterneigung: $0° \leq$ Neigung $\leq 60°$ (gegenüber der Horizontalen)	$-0{,}12\,f_{neig}$ [f)]
6		Orientierung: Nord-, Nordost- und Nordwest-orientierte Fenster soweit die Neigung gegenüber der Horizontalen $> 60°$ ist sowie Fenster, die dauernd vom Gebäude selbst verschattet sind.	$+0{,}10\,f_{nord}$ [g)]

(Fortsetzung Tafel 10.13 b, siehe nächste Seite)

Fortsetzung Tafel 10.13 b (Fußnoten und weitere Festlegungen)

[a] Sommer-Klimaregionen in Deutschland wurden aus 15 Klimaregionen nach DIN V 4108-6 gebildet. Landkarte siehe DIN 4108-2, Bild 3.

[b] Im Zweifelsfall kann nach DIN V 4108-6 die wirksame Wärmespeicherfähigkeit für den betrachteten Raum bzw. Raumbereich bestimmt werden, um die Bauart einzuordnen; dabei ist folgende Einstufung vorzunehmen:
- leichte Bauart liegt vor, wenn $C_{wirk}/A_G < 50$ Wh/(K · m²)
  mit C_{wirk} wirksame Wärmespeicherfähigkeit;
  A_G Nettogrundfläche;
- mittlere Bauart liegt vor, wenn 50 Wh/(K · m²) $\leq C_{wirk}/A_G \leq$ 130 Wh/(K · m²);
- schwere Bauart liegt vor, wenn $C_{wirk}/A_G >$ 130 Wh/(K · m²).

[c] $f_{gew} = (A_W + 0{,}3 \cdot A_{AW} + 0{,}1 \cdot A_D)/A_G$
mit f_{gew} gewichtete Außenfläche bezogen auf die Nettogrundfläche; die Gewichtungsfaktoren berücksichtigen die Relation zwischen dem sommerlichen Wärmedurchgang üblicher Außenbauteile;
A_W Fensterfläche (einschließlich Dachfenster);
A_W Außenwandfläche (Außenmaße);
A_D wärmeübertragende Dach- oder Deckenfläche nach oben oder unten gegen Außenluft, Erdreich und unbeheizte Dach- und Kellerräume (Außenmaße);
A_G Nettogrundfläche (lichte Maße).

[d] Bei Ein- und Zweifamilienhäusern kann in der Regel von einer erhöhten Nachtlüftung ausgegangen werden.

[e] Als gleichwertige Maßnahme gilt eine Sonnenschutzvorrichtung, die die diffuse Strahlung permanent reduziert und deren $g_{total} < 0{,}4$ erreicht.

[f] $f_{neig} = A_{W,neig}/A_G$
mit $A_{W,neig}$ geneigte Fensterfläche;
A_G Nettogrundfläche.

[g] $f_{nord} = A_{W,nord}/A_{W,gesamt}$
mit $A_{W,nord}$ Nord-, Nordost- und Nordwest-orientierte Fensterfläche soweit die Neigung gegenüber der Horizontalen > 60° ist sowie Fensterflächen, die dauernd vom Gebäude selbst verschattet sind.
$A_{W,gesamt}$ gesamte Fensterfläche.

1.5 Daten für die wärme- und feuchtigkeitsschutztechnische Planung

1.5.1 Hinweise zur konstruktiven Vermeidung von Wärmebrücken

Beiblatt 2 zu DIN 4108 enthält Beispiele für die konstruktive Vermeidung von Wärmebrücken. Es werden ausschließlich Anschlussausbildungen dargestellt, bei denen der Temperaturfaktor f_{Rsi} den in DIN 4108-2 geforderten Grenzwert 0,7 einhält. Bei Beachtung der Beispiele darf innerhalb der EnEV ein günstiger Wärmebrückenzuschlag ΔU_{WB} angesetzt werden (vergl. S. 10.6 unten). Balkonplatten werden im Beiblatt 2 nur als wärmetechnisch getrennte Konstruktionen behandelt. Andere Ausführungen unterschreiten regelmäßig die Mindestanforderungen nach DIN 4108-2. Im Beiblatt 2 werden (hier nicht wiedergegebene) Ψ-Werte für die Beispiele genannt.

Die Anschlüsse von Fenstern (vgl. auch Abb. 10.16d) sind nicht geeignet, Tauwasser entlang den Fensterprofilen und Glasfalzen sicher zu verhindern. Hierzu bedarf es weitergehender Maßnahmen zur Senkung von U_f gegenüber den typischen Werten der bisherigen Rahmenmaterialgruppen. In den Abbildungen werden Wärmeleitfähigkeiten nach Tafel 10.14 unterstellt.

Tafel 10.14 Bildelemente, Baustoffe in Außenbauteilen und deren angenommene Wärmeleitfähigkeit λ in den Abbildungen der Seiten 10.15 und 10.16

Ziffer in nachfolgenden Abb.	1	2	3	4	5
Zeichnerische Abbildung		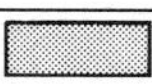	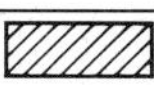	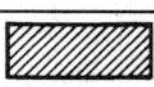	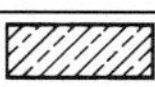
λ in W/(mK)	0,040	< 0,21	$0{,}21 < \lambda < 1{,}0$	> 1,0	2,1

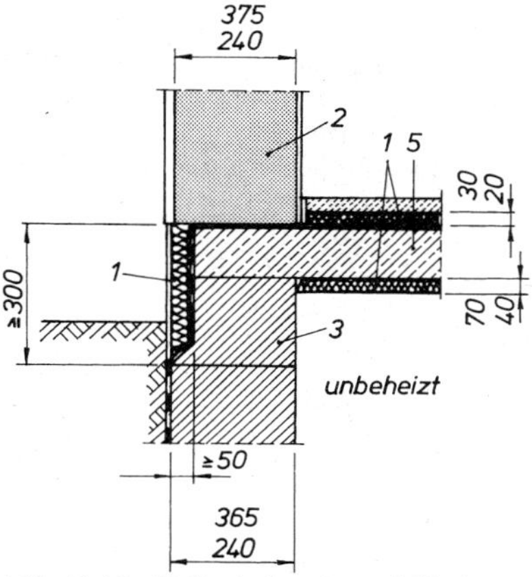

Abb. 10.15a Kellerdecke – monolithisches Mauerwerk

Hinweise: Bei beheiztem Keller entfällt die Zusatzdämmung der Decke zugunsten der Wand. Bei nichtmonolithischem Mauerwerk ist 100-mm-Dämmung in die EG-Wand zu übernehmen.

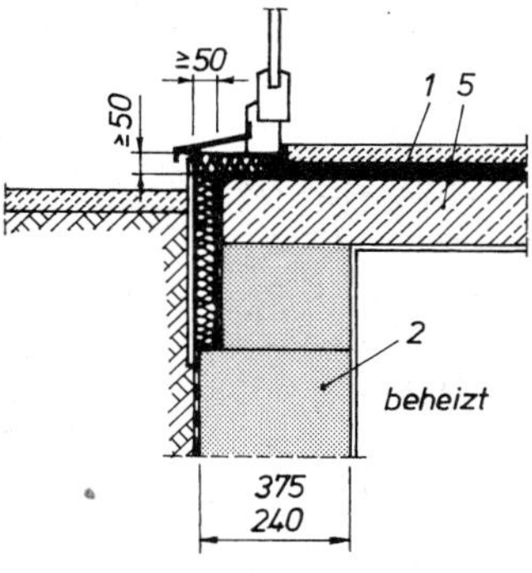

Abb. 10.15b Terrasse – Mauerwerk

Hinweis: Die Folie dient nicht nur der Bauwerksabdichtung, sondern auch der Luftdichtung.

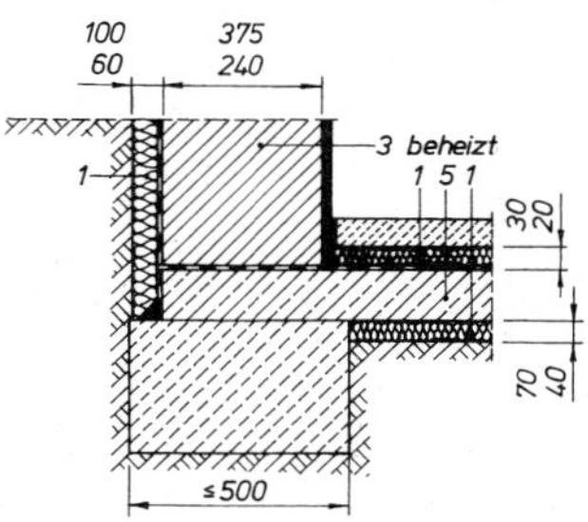

Abb. 10.15c Gründung eines beheizten Kellers – Perimeterdämmung

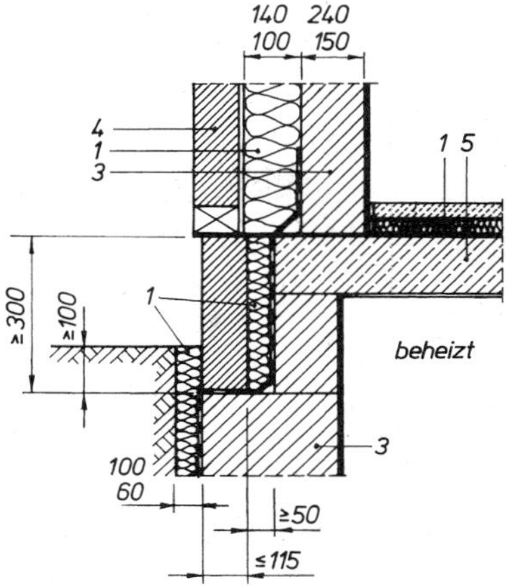

Abb. 10.15d Kellerdecke – kerngedämmtes Mauerwerk, beheizter Keller mit Perimeterdämmung

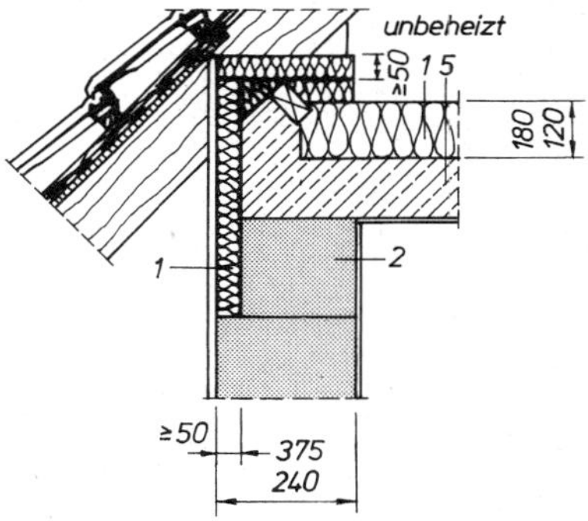

Abb. 10.15e Dachrand – Mauerwerk

Hinweis: Analog ist bei anderen Traufkonstruktionen ein Anschluss der Wand-Zusatzdämmung an die Dämmung der Dachfläche zu finden.

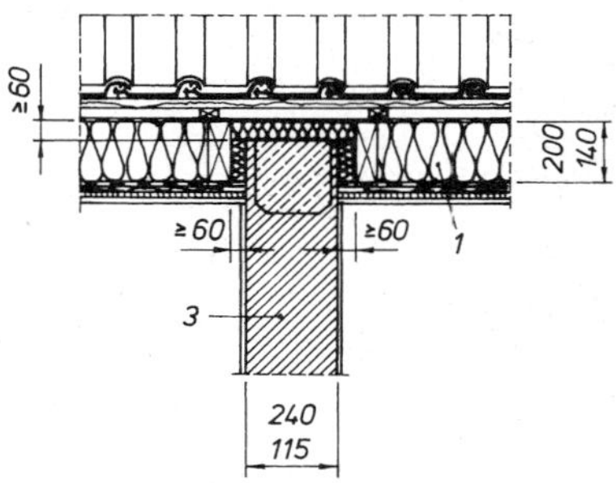

Abb. 10.15f Dach-Innenwand-Anschluss

Hinweis: Dichte Faserdämmstoffe aus Gründen des Schallschutzes.

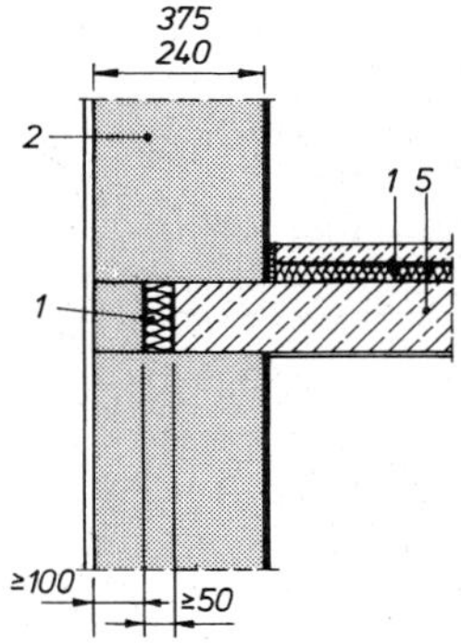

Abb. 10.16a Geschossdecke – monolithisches Mauerwerk

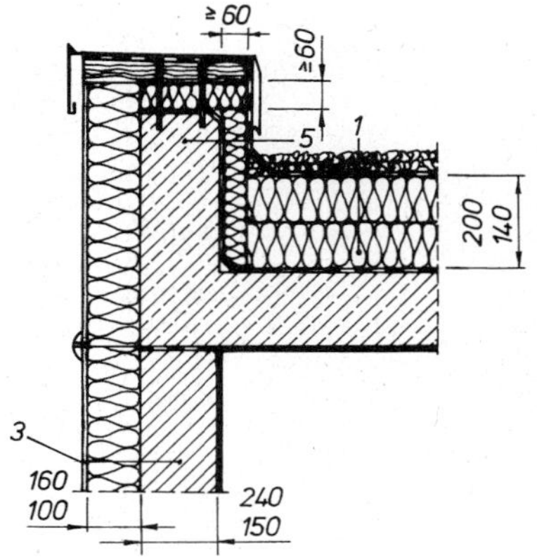

Abb. 10.16c Flachdachattika – außengedämmtes Mauerwerk

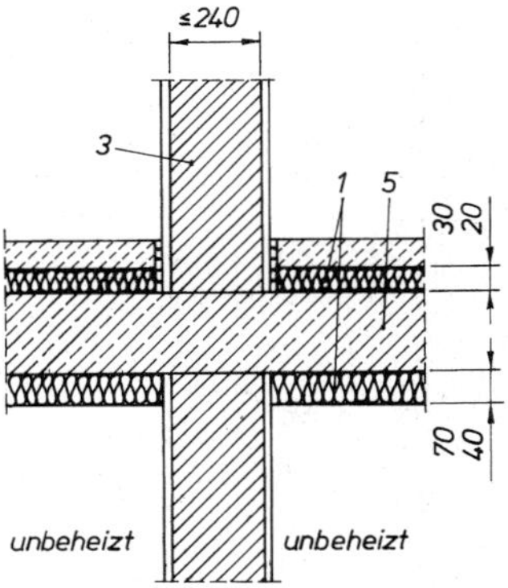

Abb. 10.16b Innenwand/Keller

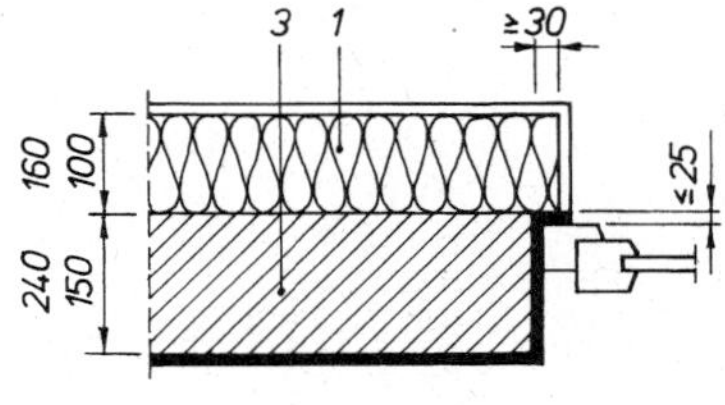

Abb. 10.16d Fensteranschlüsse – teilweise abgedeckte Rahmen

Hinweis: Sinngemäß gilt dies auch für Fensterstürze ohne Rollladenkästen und für Fensterbrüstungen.

Hinweis: Bei doppelten Maßangaben lies: „fallweise".

1.5.2 Hinweise zu Luftdichtheitsschichten (nach DIN 4108-7)

Die in DIN 4108-2 und EnEV (siehe Seite 10.5) geforderte Luftdichtheit wird mit den Planungs- und Ausführungsbeispielen in DIN 4108-7 erreicht. Danach ist das beheizte Gebäudevolumen (regelmäßig im Verlauf der wärmeübertragenden Umfassungsfläche) mit einer Luftdichtheitsschicht einzuschließen, die eine Luftströmung in Dickenrichtung durch die Bauteile verhindern soll. Es ist zu beachten, dass die Luftdichtheitsschicht und ihre Anschlüsse während und nach dem Einbau weder durch Witterungseinflüsse noch durch nachfolgende Arbeiten, wie Elektro- oder Rohrleitungsinstallationen, beschädigt werden.

Regelmäßige Bauteilflächen aus Beton, Holzwerkstoffplatten, Gipskartonbauplatten oder Faserzementplatten gelten als luftdicht, Mauerwerk benötigt in der Regel wenigstens eine einseitige Putzschicht aus Mörtel (kein „Trockenputz"), verlegte Trapezbleche gelten als nicht ausreichend luftdicht. Bahnen aus Kunststofffolien oder Pappen gelten als luftdicht.

Besondere Sorgfalt benötigen Fugen, Stöße oder Überlappungen, die in der Regel mit zusätzlichen Maßnahmen dauerhaft abzudichten sind. Um Durchdringungen zu reduzieren, sollten Installationsebenen für die Aufnahme von Kabeln und Rohren raumseitig vor der Luftdichtheitsschicht, z. B. mit einer zusätzlichen Konterlattung, vorgesehen werden (vgl. Abb. 10.17a).

Auf Seite 10.17 folgen Prinzipskizzen zur Herstellung von Luftdichtheitsschichten im Bereich Anschlüsse (nach DIN 4108-7 : 2001-08).

Tafel 10.17 Bildelemente in den Abbildungen der Seite 10.17

Dämmung	Holzlattung	Gipsplatte/Putz	Mauerwerk/Beton	Bahn	Klebeband

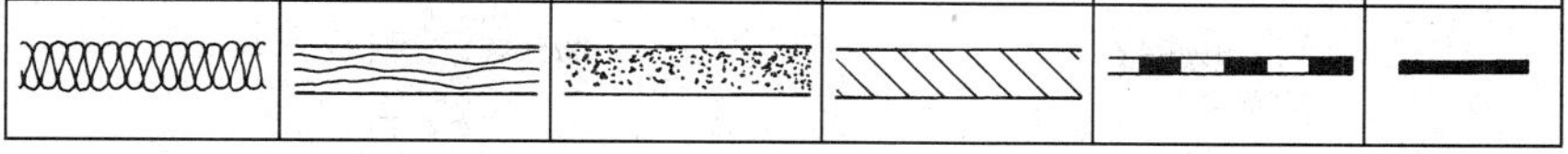

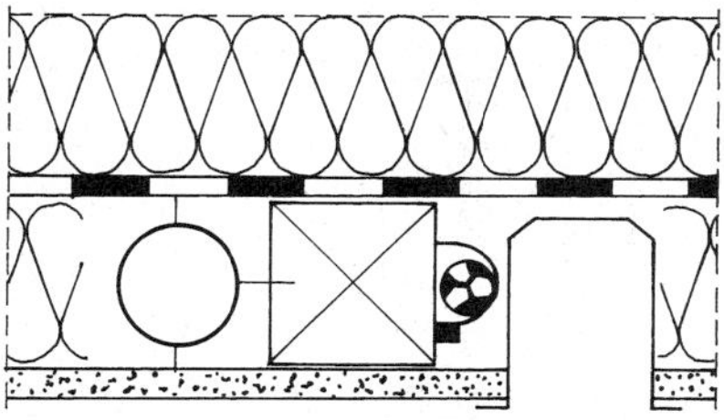

Abb. 10.17a Herstellung einer Installationszone mittels zusätzlicher Lattung

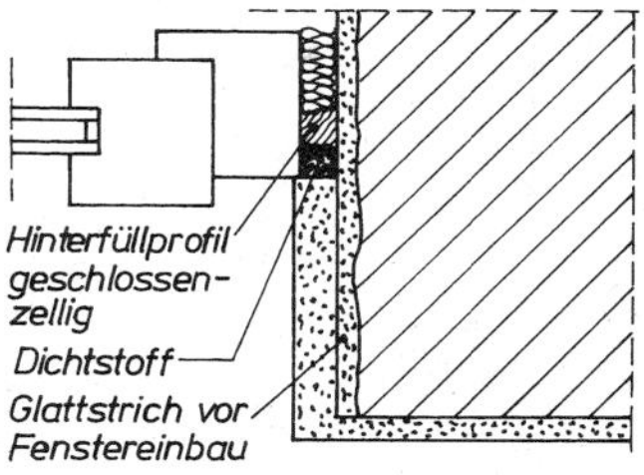

Abb. 10.17d Fensteranschluss nach Glattstrich

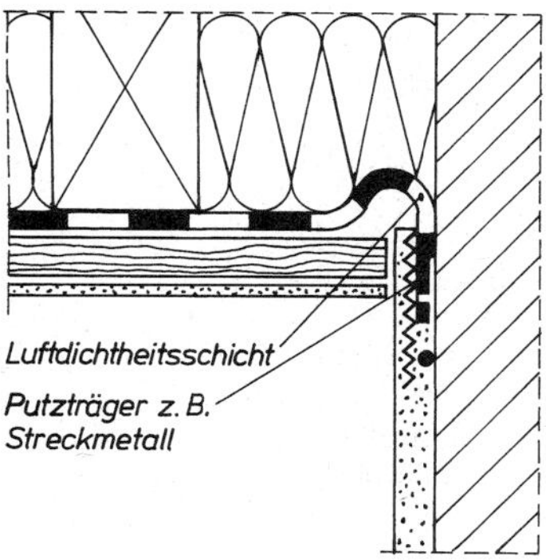

Abb. 10.17b Anschluss einer Bahn an eine Wand

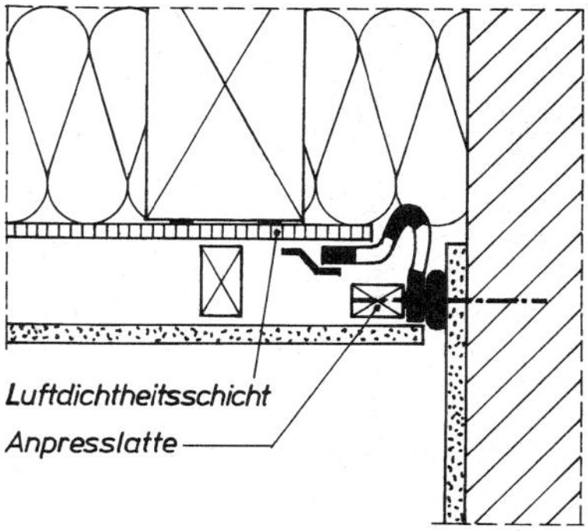

Abb. 10.17e Anschluss einer harten Bauplatte

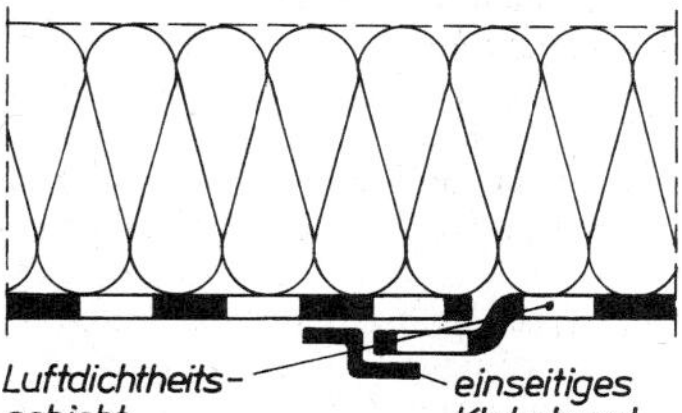

Abb. 10.17c Überlappung von Bahnen

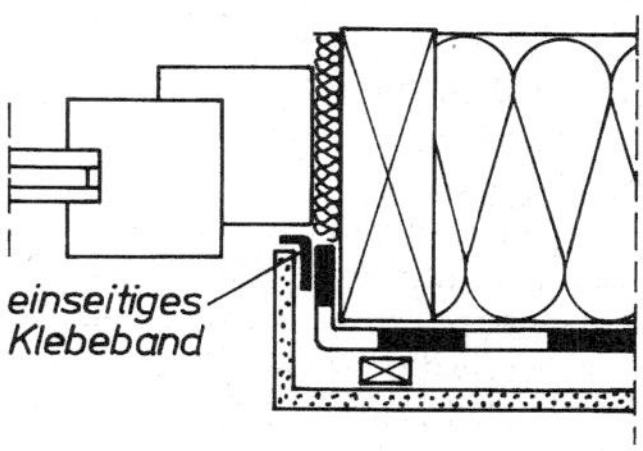

Abb. 10.17f Abdichtung Fenster im Holzbau (Dachflächenfenster sinngemäß)

1.5.3 Anerkannte Bemessungswerte von Baustoffen und Bauteilen

Für werkmäßig hergestellte Baustoffe/Bauprodukte nach aktuellen deutschen oder europäischen Normen werden Bemessungswerte fallweise in DIN V 4108-4 : 2004-07 oder DIN EN 12 524 : 2000-07 angegeben. Bauprodukte, die in der Vergangenheit nach nunmehr nicht mehr gültigen Spezifikationen hergestellt wurden, wie z. B. Dämmstoffe mit ihren „Wärmeleitfähigkeitsgruppen (WLG)“, sind nach den entsprechenden früheren Ausgaben von DIN 4108-4 zu beurteilen. Bemessungswerte für hier nicht genannte Baustoffe/Bauprodukte sind technischen Produkt-Spezifikationen zu entnehmen oder gemäß den nach den Landesbauordnungen bekannt gemachten energetischen Kennwerten für Bauprodukte zu bestimmen. Hierunter fallen insbesondere energetische Kennwerte aus europäischen Zulassungen sowie energetische Kennwerte der Regelungen nach der Bauregelliste A Teil 1 und aufgrund von Festlegungen in allgemeinen bauaufsichtlichen Zulassungen. Die Anwendung von Messwerten der Wärmeleitfähigkeit für wärmetechnische Berechnungen, wie z. B. $\lambda^{10,tr}$, gilt als unzulässig, wenn diese nicht mit Zuschlagwerten Z nach anerkannten Regeln auf Bemessungswerte, z. B. $\lambda = \lambda^{10,tr}\,(1 + Z)$, umgerechnet werden.

Tafel 10.18 Bemessungswerte der Wärmeleitfähigkeit und Richtwerte der Wasserdampf-Diffusionswiderstandszahl von Baustoffen nach DIN V 4108-4 und DIN EN 12 524

Zeile	Stoff		Rohdichte[a)b)] ϱ kg/m³	Bemessungswert der Wärmeleitfähigkeit λ W/(m · K)	Richtwert der Wasserdampf-Diffusionswiderstandszahl[c)] μ
1	**PUTZE, MÖRTEL UND ESTRICHE**				
1.1	**Putze**				
1.1.1	Putzmörtel aus Kalk, Kalkzement und hydraulischem Kalk		(1800)	1,0	15/35
1.1.2	Putzmörtel aus Kalkgips, Gips, Anhydrit und Kalkanhydrit		(1400)	0,70	10
1.1.3	Leichtputz		≤ 1300 ≤ 1000 ≤ 700	0,56 0,38 0,25	15/20
1.1.4	Gipsputz ohne Zuschlag		(1200)	0,51	10
1.1.5	Wärmedämmputz nach DIN 18 550-3 Wärmeleitfähigkeitsgruppe	060 070 080 090 100	(≥ 200)	0,060 0,070 0,080 0,090 0,100	5/20
1.1.6	Kunstharzputz		(1100)	0,70	50/200
1.2	**Mauermörtel**				
1.2.1	Zementmörtel		(2000)	1,6	15/35
1.2.2	Normalmörtel NM		(1800)	1,2	
1.2.3	Dünnbettmauermörtel DM		(1600)	1,0	
1.2.4	Leichtmörtel nach DIN 1053-1 LM 36		≤ 1000	0,36	
1.2.5	Leichtmörtel nach DIN 1053-1 LM 21		≤ 700	0,21	
1.3	**Asphalt** **Bitumen als Stoff** **als Membran/Bahn**		2100 1050 1100	0,70 0,17 0,23	50 000
1.4	**Estriche**				
1.4.1	Zement-Estrich		(2000)	1,4	15/35
1.4.2	Anhydrit-Estrich		(2100)	1,2	
1.4.3	Magnesia-Estrich		1400 2300	0,47 0,70	

Zeile	Stoff	$\varrho^{\text{a)b)}}$	λ	$\mu^{\text{c)}}$
2	**BETON-BAUTEILE**			
2.1	**Beton nach DIN EN 206**			
	mittlere Rohdichte	1800	1,15	60/100
		2000	1,35	60/100
		2200	1,65	70/120
	hohe Rohdichte	2400	2,00	80/130
	armiert (mit 1 % Stahl)	2300	2,3	80/130
	armiert (mit 2 % Stahl)	2400	2,5	80/130
2.2	**Leichtbeton und Stahlleichtbeton** mit geschlossenem Gefüge nach DIN EN 206 und DIN 1045-1, hergestellt unter Verwendung von Zuschlägen mit porigem Gefüge nach DIN 4226-2 ohne Quarzsandzusatz[d)]	800	0,39	
		900	0,44	
		1000	0,49	
		1100	0,55	
		1200	0,62	
		1300	0,70	70/150
		1400	0,79	
		1500	0,89	
		1600	1,0	
		1800	1,3	
		2000	1,6	
2.3	**Dampfgehärteter Porenbeton** nach DIN 4223-1	300	0,10	
		350	0,11	
		400	0,13	
		450	0,15	
		500	0,16	
		550	0,18	
		600	0,19	5/10
		650	0,21	
		700	0,22	
		750	0,24	
		800	0,25	
		900	0,29	
		1000	0,31	
2.4	**Leichtbeton mit haufwerksporigem Gefüge**			
2.4.1	– mit nichtporigen Zuschlägen nach DIN 4226-1, z. B. Kies	1600	0,81	3/10
		1800	1,1	
		2000	1,4	5/10
2.4.2	– mit porigen Zuschlägen nach DIN 4226-2, ohne Quarzsandzusatz[d)]	600	0,22	
		700	0,26	
		800	0,28	
		1000	0,36	5/15
		1200	0,46	
		1400	0,57	
		1600	0,75	
2.4.2.1	– ausschließlich unter Verwendung von Naturbims	500	0,16	
		600	0,18	
		700	0,21	
		800	0,24	5/15
		900	0,28	
		1000	0,32	
		1200	0,41	
		1300	0,47	
2.4.2.2	– ausschließlich unter Verwendung von Blähton	500	0,16	
		600	0,19	
		700	0,23	
		800	0,27	5/15
		900	0,30	
		1000	0,35	
		1200	0,44	
		1400	0,55	
		1600	0,68	

Zeile	Stoff	ϱ a)b)	λ		μ c)
3	**BAUPLATTEN**				
3.1	**Porenbeton-Bauplatten und Porenbeton-Planbauplatten,** unbewehrt, nach DIN 4166				
3.1.1	Porenbeton-Bauplatten (Ppl) mit normaler Fugendicke und Mauermörtel nach DIN 1053-1, verlegt	400	0,20		5/10
		500	0,22		
		600	0,24		
		700	0,27		
		800	0,29		
3.1.2	Porenbeton-Planbauplatten (Pppl), dünnfugig verlegt	300	0,10		5/10
		350	0,11		
		400	0,13		
		450	0,15		
		500	0,16		
		550	0,18		
		600	0,19		
		650	0,21		
		700	0,22		
		750	0,24		
		800	0,25		
3.2	**Wandbauplatten aus Leichtbeton** nach DIN 18 162	800	0,29		5/10
		900	0,32		
		1000	0,37		
		1200	0,47		
		1400	0,58		
3.3	**Wandbauplatten aus Gips** nach DIN 18 163, auch mit Poren, Hohlräumen, Füllstoffen oder Zuschlägen	750	0,35		5/10
		900	0,41		
		1000	0,47		
		1200	0,58		
3.4	**Gipskartonplatten nach DIN 18 180**	900	0,25		8
4	**MAUERWERK EINSCHLIESSLICH MÖRTELFUGEN**				
4.1	**Mauerwerk aus Mauerziegeln** nach DIN V 105-1 bis DIN V 105-6				
			NM/DM f)		
4.1.1	Vollklinker, Hochlochklinker, Keramikklinker	1800	0,81		50/100
		2000	0,96		
		2200	1,2		
		2400	1,4		
4.1.2	Vollziegel, Hochlochziegel, Füllziegel	1200	0,50		5/10
		1400	0,58		
		1600	0,68		
		1800	0,81		
		2000	0,96		
		2200	1,2		
		2400	1,4		
			LM21/LM36 f)	NM/DM f)	
4.1.3	Hochlochziegel mit Lochung A und B nach DIN 105-2 bzw. LD-Ziegel nach DIN EN 771-1	550	0,27	0,32	5/10
		600	0,28	0,33	
		650	0,30	0,35	
		700	0,31	0,36	
		750	0,33	0,38	
		800	0,34	0,39	
		850	0,36	0,41	
		900	0,37	0,42	
		950	0,38	0,44	
		1000	0,40	0,45	
4.1.4	Hochlochziegel HLzW und Wärmedämmziegel WDz nach DIN 105-2, $h \geq 238$ mm	550	0,19	0,22	5/10
		650	0,20	0,23	
		700	0,21	0,24	
		750	0,22	0,25	
		850	0,23	0,26	
		900	0,24	0,27	
		1000	0,26	0,29	

Zeile	Stoff	ϱ a)b)	λ	μ c)
4.1.5	Plan-Wärmedämmziegel PWDz nach	550	0,20	
	DIN 105-6, $h \geq 248$ mm	650	0,21	
		700	0,22	
		750	0,23	
		850	0,24	5/10
		900	0,25	
		950	0,26	
		1000	0,27	
4.2	**Mauerwerk aus Kalksandsteinen**	1000	0,50	
	nach DIN 106-1	1200	0,56	5/10
		1400	0,70	
	und DIN 106-2 oder DIN EN 771-2	1600	0,79	
		1800	0,99	
		2000	1,1	15/25
		2200	1,3	
4.3	**Mauerwerk aus Hüttensteinen**	1000	0,47	
	nach DIN 398	1200	0,52	
		1400	0,58	70/100
		1600	0,64	
		1800	0,70	
		2000	0,76	
4.4	**Mauerwerk aus Porenbeton-Plansteinen**	350	0,11	
	(PP) nach DIN V 4165	400	0,13	
		450	0,15	
		500	0,16	
		550	0,18	5/10
		600	0,19	
		650	0,21	
		700	0,22	
		750	0,24	
		800	0,25	

Zeile	Stoff		ϱ a)b)	λ			μ c)
4.5	**Mauerwerk aus Betonsteinen**						
4.5.1	Hohlblöcke (Hbl) nach DIN V 18 151 Gruppe 1 e)			LM21 f)	LM36 f)	NM f)	
	Steinbreite in cm	Anzahl der Kammerreihen	500	0,22	0,23	0,26	
			600	0,24	0,25	0,29	
	17,5	≥ 2	700	0,28	0,29	0,32	
	24	≥ 3	800	0,31	0,32	0,35	5/10
	30	≥ 4	900	0,34	0,36	0,39	
	36,5	≥ 5	1000			0,45	
	49	≥ 6	1200			0,53	
4.5.2	Hohlblöcke (Hbl) nach DIN V		450	0,22	0,23	0,28	
	18 151 und Hohlwandplatten		500	0,24	0,25	0,30	
	nach DIN 18 148, Gruppe 2		550	0,26	0,27	0,31	
	Steinbreite	Anzahl der	600	0,27	0,28	0,32	
	in cm	Kammerreihen	650	0,29	0,30	0,34	
	11,5	≤ 1	700	0,30	0,32	0,36	5/10
	17,5	≤ 1	800	0,34	0,36	0,41	
	24	≤ 2	900	0,37	0,40	0,46	
	30	≤ 3	1000			0,52	
	36,5	≤ 4	1200			0,60	
	49	≤ 5	1400			0,72	
4.5.3	Vollblöcke (Vbl, S-W) nach		500	0,15	0,17	0,20	
	DIN V 18 152		600	0,17	0,19	0,22	
			700	0,19	0,21	0,25	5/10
			800	0,21	0,23	0,27	
			900	0,25	0,26	0,30	

Zeile	Stoff	ϱ [a)b)]	λ			μ [c)]
4.5.4	Vollblöcke (Vbl) und Vbl-S	500	0,23	0,24	0,29	
	nach DIN V 18 152 aus	600	0,25	0,26	0,31	
	Leichtbeton mit anderen	650	0,26	0,27	0,32	
	leichten Zuschlägen als	700	0,27	0,28	0,33	
	Naturbims und Blähbeton	800	0,29	0,30	0,36	5/10
		900	0,32	0,32	0,39	
		1000	0,34	0,35	0,42	
		1200			0,49	
		1400			0,57	
		1600			0,69	
		1800			0,79	10/15
		2000			0,89	
4.5.5	Vollsteine (V) nach	500	0,22	0,23	0,32	
	DIN V 18 152	600	0,24	0,26	0,34	
		700	0,27	0,29	0,37	
		800	0,30	0,32	0,40	
		900	0,33	0,35	0,43	5/10
		1000	0,36	0,38	0,46	
		1200			0,54	
		1400			0,63	
		1600			0,74	
		1800			0,87	10/15
		2000			0,99	
4.5.6	Mauersteine nach	800			0,60	
	DIN 18 153 aus Beton	900			0,65	5/15
		1000			0,70	
		1200			0,80	
		1400			0,90	
		1600			1,1	
		1800			1,2	20/30
		2000			1,4	
		2200			1,7	
		2400			2,1	

Zeile	Stoff	ϱ [a)b)]	λ	μ [c)]
5	**WÄRMEDÄMMSTOFFE, siehe Tafel 10.25b**			
6	**HOLZ UND HOLZWERKSTOFFE**			
6.1	**Konstruktionsholz**	500	0,13	20/50
		700	0,18	50/200
6.2	**Holzwerkstoffe**			
6.2.1	Sperrholz	300	0,09	50/150
		500	0,13	70/200
		700	0,17	90/220
		1000	0,24	110/250
6.2.2	Zementgebundene Spanplatte	1200	0,23	30/50
6.2.3	Spanplatte	300	0,10	10/50
		600	0,14	15/50
		900	0,18	20/50
6.2.4	OSB-Platten	650	0,13	30/50
6.2.5	Holzfaserplatten einschließlich MDF	250	0,07	2/5
		400	0,10	5/10
		600	0,14	12/50
		800	0,18	20/50
7	**BELÄGE, ABDICHTUNGSSTOFFE UND ABDICHTUNGSBAHNEN**			
7.1	**Fußbodenbeläge**			
	Gummi	1200	0,17	10 000
	Kunststoff	1700	0,25	10 000
	Unterlagen, poröser Gummi oder Kunststoff	270	0,10	10 000
	Filzunterlage	120	0,05	15/20

Zeile	Stoff	ϱ [a)b)]	λ	μ [c)]
7.1	Wollunterlage	200	0,06	15/20
	Korkunterlage	< 200	0,05	10/20
	Korkfliesen	> 400	0,065	20/40
	Teppich/Teppichböden	200	0,06	5
	Linoleum	1200	0,17	800/1000
7.2	**Abdichtstoffe, Abdichtungsbahnen**	siehe DIN EN 12 524		
7.3	**Dachbahnen, Dachdichtungsbahnen**			
7.3.1	Bitumendachbahnen nach DIN 52 128	(1200)	0,17	10 000/80 000
7.3.2	Nackte Bitumenbahnen nach DIN 52 129	(1200)	0,17	2000/20 000
7.3.3	Glasvlies-Bitumendachbahnen nach DIN 52 143	–	–	20 000/60 000
7.3.4	Kunststoff-Dachbahnen nach DIN 16 729 (ECB)	–	–	50 000/75 000 (2,0 K) 70 000/90 000 (2,0)
7.3.5	Kunststoff-Dachbahnen nach DIN 16 730 (PVC-P)	–	–	10 000/30 000
7.3.6	Kunststoff-Dachbahnen nach DIN 16 731 (PIB)	–	–	400 000/ 1 750 000
7.4	**Folien**	siehe DIN EN 12 524		
7.4.1	PTFE-Folien Dicke $d \geq 0{,}05$ mm	–	–	10 000
7.4.2	PA-Folie Dicke $d \geq 0{,}05$ mm	–	–	50 000
7.4.3	PP-Folie Dicke $d \geq 0{,}05$ mm	–	–	1000
8	**SONSTIGE GEBRÄUCHLICHE STOFFE**[h)]			
8.1	**Lose Schüttungen,**[i)] **abgedeckt**			
8.1.1	– aus porigen Stoffen:			
	Blähperlit	(≤ 100)	0,060	
	Blähglimmer	(≤ 100)	0,070	
	Korkschrot, expandiert	(≤ 200)	0,055	
	Hüttenbims	(≤ 600)	0,13	3
	Blähton, Blähschiefer	(≤ 400)	0,16	
	Bimskies	(≤ 1000)	0,19	
	Schaumlava	(≤ 1200)	0,22	
		(≤ 1500)	0,27	
8.1.2	– aus Polystyrolschaumstoff-Partikeln	(15)	0,050	3
8.1.3	– aus Sand, Kies, Splitt (trocken)	(1800)	0,70	3
8.2	**Lehmbaustoffe**	500	0,14	
		600	0,17	
		700	0,21	
		800	0,25	
		900	0,30	
		1000	0,35	5/10
		1200	0,47	
		1400	0,59	
		1600	0,73	
		1800	0,91	
		2000	1,1	
8.3	**Böden, naturfeucht**	≤ 1800	1,5	50
		≤ 2200	2,0	50
8.4	**Keramik und Glas, Gestein**			
	Naturglas, Floatglas	2500	2,00	[g)]
	kristalliner Naturstein	2800	3,5	10 000
	Sediment-Naturstein	2600	2,3	2/250
	poröses Gestein, Lava	1600	0,55	15/20
	Naturbims	400	0,12	6/8
	Kunststein	1750	1,3	40/50

Zeile	Stoff	ϱ[a)b)]	λ	μ[c)]
8.5	**Metalle**			
	Aluminiumlegierungen	2800	160	g)
	Kupfer	8900	380	g)
	Stahl	7800	50	g)
	nichtrostender Stahl	7900	17	g)
	Blei	11 300	35	g)
	Zink	7200	110	g)
8.6	**massive Kunststoffe**	siehe DIN EN 12 524		

a) Die in Klammern angegebenen Rohdichtewerte dienen nur zur Ermittlung der flächenbezogenen Masse, z. B. für den Nachweis des sommerlichen Wärmeschutzes.
b) Die bei den Steinen genannten Rohdichten entsprechen den Rohdichteklassen der zitierten Stoffnormen.
c) Es ist jeweils der für die Baukonstruktion ungünstigere Wert einzusetzen. Bezüglich der Anwendung der μ-Werte siehe DIN 4108-3.
d) Bei Quarzsand erhöhen sich die Bemessungswerte der Wärmeleitfähigkeit um 20 %.
e) Die Bemessungswerte der Wärmeleitfähigkeit sind bei Hohlblöcken mit Quarzsandzusatz für 2 K Hbl um 20 % und für 3 K Hbl bis 6 K Hbl um 15 % zu erhöhen.
f) Bezeichnung der Mörtelarten nach DIN 1053-1 : 1996-11:
– NM Normalmörtel
– LM21 Leichtmörtel mit λ = 0,21 W/(mK)
– LM36 Leichtmörtel mit λ = 0,36 W/(mK)
– DM Dünnbettmörtel.
g) Praktisch dampfdicht; DIN EN 12 086 oder DIN EN ISO 12 572: $s_d \geq 1500$ m.
h) Diese Stoffe sind hinsichtlich ihrer wärmeschutztechnischen Eigenschaften nicht genormt. Die angegebenen Wärmeleitfähigkeitswerte stellen obere Grenzwerte dar.
i) Die Dichte wird bei losen Schüttungen als Schüttdichte angegeben.

Verwendung von Wärmedämmstoffen

Mit der Übernahme der europäischen Dämmstoffnormen DIN EN 13 162 bis DIN EN 13 171 ändern sich die Bezeichnungen der betroffenen werkmäßig hergestellten Bauprodukte. Zusätzlich wird durch DIN EN 13 172 das Verfahren der Konformitätsbewertung geregelt. Die europäischen Normen regeln nur Produkteigenschaften. In welchen Fällen diese Produkte in Deutschland eingebaut werden dürfen, regelt der Gesetzgeber über die Bauregelliste B, hier vor allem in der Anwendungsnorm DIN 4108-10, in der mit Kurzzeichen gekennzeichnete Anwendungsgebiete mit Anforderungen an Dämmstoffe verknüpft werden.

Tafel 10.24 Anwendungsgebiete von Wärmedämmungen nach DIN 4108-10

Anwendungsgebiet	Kurzzeichen	Anwendungsbeispiele
Decke, Dach	DAD	Außendämmung von Dach oder Decke, vor Bewitterung geschützt, Dämmung unter Deckungen
	DAA	Außendämmung von Dach oder Decke, vor Bewitterung geschützt, Dämmung unter Abdichtungen
	DUK	Außendämmung des Daches, der Bewitterung ausgesetzt (Umkehrdach)[1)]
	DZ	Zwischensparrendämmung, zweischaliges Dach, nicht begehbare, aber zugängliche oberste Geschossdecken
	DI	Innendämmung der Decke (unterseitig) oder des Daches, Dämmung unter den Sparren/Tragkonstruktion, abgehängte Decke usw.
	DEO	Innendämmung der Decke oder Bodenplatte (oberseitig) unter Estrich ohne Schallschutzanforderungen
	DES	Innendämmung der Decke oder Bodenplatte (oberseitig) unter Estrich mit Schallschutzanforderungen
Wand	WAB	Außendämmung der Wand hinter Bekleidung
	WAA	Außendämmung der Wand hinter Abdichtung
	WAP	Außendämmung der Wand unter Putz
	WZ	Dämmung von zweischaligen Wänden, Kerndämmung
	WH	Dämmung von Holzrahmen- und Holztafelbauweise
	WI	Innendämmung der Wand
	WTH	Dämmung zwischen Haustrennwänden mit Schallschutzanforderungen
	WTR	Dämmung von Raumtrennwänden
Perimeter	PW	Außenliegende Wärmedämmung von Wänden gegen Erdreich (außerhalb der Abdichtung)[1)]
	PB	Außenliegende Wärmedämmung unter der Bodenplatte gegen Erdreich (außerhalb der Abdichtung)[1)]

1) Beachte DIN 4108-2 : 2003-07, Abschnitt 5.3.3.

Tafel 10.25a Differenzierung von bestimmten Produkteigenschaften in den Anwendungsgebieten nach Tafel 10.24

Produkteigenschaft	Kurzzeichen	Beschreibung	Beispiele
Druckbelastbarkeit	dk dg dm dh ds dx	keine Belastbarkeit geringe mittlere hohe sehr hohe extrem hohe	Hohlraumdämmung, Zwischensparrendämmung Wohn- und Bürobereich unter Estrich nicht genutztes Dach mit Abdichtung genutzte Dachflächen, Terrassen Industrieböden, Parkdeck hoch belastete Industrieböden, Parkdeck
Wasseraufnahme	wk wf wd	keine Anforderung durch flüss. Wasser durch flüss. Wasser und/oder Diffusion	Innendämmung im Wohn- und Bürobereich Außendämmung von Außenwänden und Dächern Perimeterdämmung, Umkehrdach
Zugfestigkeit	zk zg zh	keine Anforderung geringe hohe	Hohlraumdämmung, Zwischensparrendämmung Außendämmung der Wand hinter Bekleidung Dämm. unter Putz, Dach mit verklebter Abdichtung
schalltechnische Eigenschaften	sk sh sm sg	keine Anforderung Trittschalldämmung: Zusammendrückbarkeit erhöht mittel gering	Anwendungen ohne schalltechn. Anforderungen Schwimmender Estrich, Haustrennwände
Verformung	tk tf tl	keine Anforderung Stabilität unter Feuchte u. Temperatur Last und Temperatur	Innendämmung Außendämmung unter Putz, Dach mit Abdichtung Dach mit Abdichtung

zu Zeile 5 in Tafel 10.18 und Tafel 10.25b:

Es gibt unterschiedliche Regelungen für nach harmonisierten europäischen Dämmstoffnormen oder deutschen Normen in Verkehr gebrachte Bauprodukte. Abweichend von (bisherigen) Regelungen werden für die in Tafel 10.25b genannten „europäischen" Dämmstoffe zunächst „λ_D-Werte" der Wärmeleitfähigkeit angegeben, aus denen die Bemessungswerte ermittelt werden. Dazu ist der Nennwert λ_D wegen der zu erwartenden Materialstreuung mit einem Sicherheitsbeiwert von 1,2 zu multiplizieren (Kategorie I), wenn das Produkt mit dem CE-Zeichen gekennzeichnet ist. Es gilt also: $\lambda = 1{,}2\ \lambda_D$. Die λ_D-Nennwerte können in Stufen von 0,01 W/(mK) zwischen produkttypischen Grenzen in Tafel 10.25b eingeschaltet werden, so dass auch Bemessungswerte in kleinen Stufen variieren. In den verbleibenden (wenigen) deutschen Produktnormen gelten noch die bisherigen Wärmeleitfähigkeitsgruppen mit Stufen von 005, die zugleich die Bemessungswerte für λ kennzeichnen, z. B. 045 bedeutet $\lambda = 0{,}045$ W/(mK). Einzelheiten s. DIN 4108-4, Tabelle 3.

Die Angaben für die Kategorie II sind für rechnerische Nachweise des Wärmeschutzes nicht zu verwenden. Für solche Werte bedarf es einer allgemeinen bauaufsichtlichen Zulassung, bei der alle Werte innerhalb eines Grenzwertkonzeptes ($\lambda < \lambda_{grenz}$) durch eine Fremdüberwachung der Herstellung gesichert sind.

Tafel 10.25b Bemessungswerte λ der Wärmeleitfähigkeit und Richtwerte der Wasserdampf-Diffusionswiderstandszahl von Dämmstoffen nach harmonisierten europäischen Normen DIN EN 13 162 bis DIN EN 13 171

Zeile	Stoff	**Kategorie I** Bemessungswert λ beim Nennwert λ_D $\lambda = 1{,}2\ \lambda_D$		**Kategorie II** Bemessungswert λ beim Grenzwert λ_{grenz} W/(mK)		Wasserdampf-Diffusionswiderstandszahl μ
		λ_D	$\lambda = 1{,}2\ \lambda_D$ [1)]			
1	**Mineralwolle (MW) DIN EN 13 162**	0,030 0,031 . . 0,050	0,036 0,037 . . 0,060	0,0290 0,0299 . . 0,0480	0,030 0,031 . . 0,050	1

Zeile	Stoff	**Kategorie I** Bemessungswert λ beim Nennwert λ_D $\lambda = 1{,}2\ \lambda_D$		**Kategorie II** Bemessungswert λ beim Grenzwert λ_{grenz} W/(mK)		Wasserdampf-Diffusionswiderstandszahl μ
		λ_D	$\lambda = 1{,}2\ \lambda_D$ [1)]			
2	**Expandierter Polystyrolschaum (EPS) DIN EN 13 163**	0,030 0,031 . . 0,050	0,036 0,037 . . 0,060	0,0290 0,0299 . . 0,0480	0,030 0,031 . . 0,050	20/100
3	**Extrudierter Polystyrolschaum (XPS) DIN EN 13 164**	0,026 0,027 . . 0,040	0,031 0,032 . . 0,048	0,0252 0,0261 . . 0,0385	0,026 0,027 . . 0,040	80/250
4	**Polyurethan-Hartschaum (PUR) DIN EN 13 165**	0,020 0,021 . . 0,040	0,024 0,025 . . 0,048	0,0195 0,0204 . . 0,0428	0,020 0,021 . . 0,045	40/200
5	**Phenolharz-Hartschaum (PF) DIN EN 13 166**	0,020 0,021 . . 0,045	0,024 0,025 . . 0,054	0,0195 0,0204 . . 0,0428	0,020 0,021 . . 0,045	10/60
6	**Schaumglas (CE) DIN EN 13 167**	0,038 0,039 . . 0,055	0,046 0,047 . . 0,066	0,0366 0,0375 . . 0,0529	0,038 0,039 . . 0,055	dampfdicht
7	**Holzwolleleichtbauplatten DIN EN 13 168**					
7.1	Holzwolleplatten (WW)	0,060 0,061 . . 0,10	0,072 0,073 . . 0,12	0,0576 0,0585 . . 0,0957	0,060 0,061 . . 0,10	2/5
7.2	Holzwolle-Mehrschichtplatten nach DIN EN 13 168 (WW-C) mit Hartschaumschicht nach DIN EN 13 163/ Kern aus Mineralwolle DIN EN 13 162	0,030 0,031 . . 0,050	0,036 0,037 . . 0,060	0,0290 0,0299 . . 0,0480	0,030 0,031 . . 0,050	20/50 1
7.3	Holzwolledeckschicht(en) DIN EN 13 168	0,10 0,11 . . 0,14	0,12 0,13 . . 0,17	0,0957 0,1090 . . 0,1380	0,10 0,11 . . 0,14	2/5
8	**Blähperlit (EPB) DIN EN 13 169**	0,038 0,039 . . 0,050	0,046 0,047 . . 0,060	0,0366 0,0375 . . 0,0480	0,038 0,039 . . 0,050	5
9	**Expandierter Kork (ICB) DIN EN 13 170**	0,040 0,041 . . 0,055	0,049 0,050 . . 0,067	0,0385 0,0394 . . 0,0529	0,040 0,041 . . 0,055	5/10
10	**Holzfaserdämmstoff (WF) DIN EN 13 171**	0,032 0,033 . . 0,060	0,043 0,044 . . 0,079	0,0309 0,0319 . . 0,0575	0,032 0,033 . . 0,060	5

1) Außer für Zeilen 9 und 10, dort ein Zuschlag wegen des Feuchteeinflusses.

Wärmeübergangswiderstände

DIN 4108-4 verweist auf DIN EN ISO 6946. Für Regelfälle gelten die Werte nach Tafel 10.27a. Für abweichende Windgeschwindigkeiten, Temperaturen oder Emissionsgrade der Oberflächen siehe Anhang A der genannten Norm.

Tafel 10.27a Bemessungswerte der Wärmeübergangswiderstände in m^2K/W

	Richtung des Wärmestroms		
	aufwärts	horizontal[1)]	abwärts
R_{si}	0,10	0,13	0,17
R_{se}	0,04	0,04	0,04

1) Auch bis ± 30° geneigt.

Wärmedurchlasswiderstände von Luftschichten

DIN 4108-4 verweist auf DIN EN ISO 6946. Dort werden Luftschichten zwischen parallelen Grenzflächen mit einem hohen Emissionsgrad (≥ 0,8) behandelt, deren Dicke in Wärmestromrichtung klein gegen die übrigen Maße sind. Es werden ruhende, schwach und stark belüftete Luftschichten definiert. Eine ruhende Luftschicht ist von der Umgebung abgeschlossen oder besitzt nur kleine Öffnungen zur Außenumgebung. Kleine Öffnungen sind z. B. die Entwässerungs-/Dränageöffnungen beim zweischaligen Mauerwerk oder Öffnungen von maximal 500 mm^2 je m Länge bei vertikalen bzw. 500 mm^2 je m^2 Fläche bei horizontalen und bis 30° geneigten Bauteilflächen. Es gilt Tafel 10.27b.

Schwach belüftete vertikale (horizontale) Luftschichten besitzen Öffnungen von bis zu 1500 mm^2 je m Länge (1500 mm^2 je m^2 Fläche). Ihr Wärmedurchlasswiderstand beträgt die Hälfte der Werte nach Tafel 10.27b. Wärmedurchlasswiderstände von Schichten zwischen Luftschicht und Außenumgebung dürfen dabei nur bis zu einem Höchstwert von 0,15 m^2K/W angerechnet werden.

Stark belüftete Luftschichten über 1500 mm^2 je m bzw. je m^2 führen dazu, dass alle Bauteilschichten zwischen Luftschicht und Außenumgebung vernachlässigt werden. Anstelle der Luftschicht wird das Bauteil auch nach außen von einem Wärmeübergangswiderstand R_{si} nach Tafel 10.27a begrenzt.

Tafel 10.27b Bemessungswerte der Wärmedurchlasswiderstände in m^2K/W von ruhenden Luftschichten

Dicke der Luftschicht mm	Richtung des Wärmestromes		
	aufwärts	horizontal	abwärts
0	0,00	0,00	0,00
5	0,11	0,11	0,11
7	0,13	0,13	0,13
10	0,15	0,15	0,15
15	0,16	0,17	0,17
25	0,16	0,18	0,19
50	0,16	0,18	0,21
100	0,16	0,18	0,22
300	0,16	0,18	0,23

Zwischenwerte können linear interpoliert werden.

Tafel 10.27c Anhaltswerte der spezifischen Wärmekapazität *c* verschiedener Stoffe
sonst siehe DIN EN 12 524

Stoff	J/(kg K)
Anorganische Bau- und Dämmstoffe	1000
Holz und Holzwerkstoffe	2100
Pflanzliche Fasern, Textilfasern, Holzwolle-Leichtbauplatten	1500
Kork, lose Zellulosefasern	1600
Schaumkunststoffe, Kunststoffe	1400
Aluminium	800
Sonstige Metalle	400
Luft ($\varrho = 1{,}25\ kg/m^3$)	1000
Wasser	4200

Wärmedurchgangskoeffizienten von Fenstern, Dachflächenfenstern und Fenstertüren

In zunehmendem Umfang werden Fenster als komplette Bauprodukte und nicht länger als Summe von Einzelkomponenten in Verkehr gebracht. Es ist dann Sache des Herstellers, die Werte auch für U_W (bezogen auf die Rohbauöffnung) nachzuweisen (bauaufsichtliche Zulassung, Übereinstimmungszeichen, Gütesicherung usw.) und dem Aufsteller von Wärmeschutznachweisen verbindlich zur Verfügung zu stellen.

Bis zur Normausgabe DIN V 4108-4 : 1998-10 wurden Fenster in Kenntnis der Rahmenmaterialgruppe und der Art der Verglasung unabhängig von der Fenstergröße beurteilt. Jetzt kann der Wärmedurchgangskoeffizient U_w (window) eines Fensters in der Rohbaufläche A_W berechnet werden in Kenntnis von U_f (frame) des Fensterprofils mit der Fläche A_f, der Verglasung U_g (glass) mit der Fläche A_g und des sich längs aller Glaskanten der Länge l_{fg} im Fenster erstreckenden Wertes für Ψ_{fg}, dem längenbezogenen Wärmedurchgangskoeffizienten Rahmen/Glas (Wärmebrückenverlustkoeffizient), nach der Gleichung

$$U_w = (A_g\, U_g + A_f\, U_f + l_{fg}\, \Psi_{fg})/(A_g + A_f) \qquad (1)$$

Damit wird U_w abhängig von der Fenstergröße und ggf. der Teilung durch Sprossen. Die so berechneten Werte für U_w liegen für Fenster üblicher Größe um durchschnittlich 0,2 W/(m²K) höher (schlechter) als bisher bekannte Werte aus DIN V 4108 : 1998-10.

DIN V 4108-4 : 2004-07 enthält tabellierte Werte für U_w eines Standardfensters der Größe $A_w = 1{,}23 \cdot 1{,}48 = 1{,}82\ m^2$, $A_g = 1{,}25\ m^2$, $A_f = 0{,}57\ m^2$ und $\Psi_{fg} = 0{,}07$ W/(mK) bei einer Falzlänge von 4,5 m, die auszugsweise in Tafel 10.28a wiedergegeben sind. Der Bemessungswert davon abweichender Fenster, in der Norm $U_{w,BW}$ genannt, darf durch Hinzufügen von Werten ΔU_w nach Tafel 10.28b bestimmt werden:

$$U_{w,BW} = U_w + \sum \Delta U_w \qquad (2)$$

Tafel 10.28a Nennwerte der Wärmedurchgangskoeffizienten U_w eines Standardfensters in Abhängigkeit von den Wärmedurchgangskoeffizienten der Verglasung und des Rahmens U_g und U_f

U_f W/(m²K)	0,8	1,0	1,2	1,4	1,8	2,2	2,6	3,0	3,4	3,8	7,0
U_g W/(m²K)	U_W in W/(m²K)										
5,7	4,2	4,3	4,3	4,4	4,5	4,6	4,8	4,9	5,0	5,1	6,1
3,0	2,4	2,5	2,6	2,6	2,7	2,9	3,0	3,1	3,3	3,4	4,2
2,4	2,1	2,1	2,2	2,2	2,4	2,5	2,7	2,8	2,9	3,0	3,8
2,0	1,8	1,8	1,9	2,0	2,1	2,2	2,4	2,5	2,6	2,7	3,6
1,8	1,6	1,7	1,8	1,8	1,9	2,1	2,2	2,4	2,5	2,6	3,4
1,6	1,5	1,6	1,6	1,7	1,8	1,9	2,1	2,2	2,3	2,5	3,3
1,4	1,4	1,4	1,5	1,5	1,7	1,8	2,0	2,1	2,2	2,3	3,1
1,2	1,2	1,3	1,3	1,4	1,5	1,7	1,8	1,9	2,1	2,2	3,0
1,0	1,1	1,1	1,2	1,3	1,4	1,5	1,7	1,8	1,9	2,0	2,9
0,8	0,9	1,0	1,1	1,1	1,3	1,4	1,5	1,7	1,8	1,9	2,7
0,6	0,8	0,9	0,9	1,0	1,1	1,2	1,4	1,5	1,6	1,8	2,6

Tafel 10.28b Korrekturwerte ΔU_w zur Berechnung der $U_{w,BW}$-Bemessungswerte nach Gleichung (2)

Grund der Korrektur	$\Delta U_{w,BW}$ W/(m²K)	Grundlage
wärmetechnisch verbesserter Randverbund[1)]	–0,1	Randverbund erfüllt DIN 4108-4, Anhang C
zusätzliche Sprossen: aufgesetzte Sprossen einfaches Sprossenkreuz im Scheibenzwischenraum mehrfache Sprossenkreuze im Scheibenzwischenraum glasteilende Sprossen	 0 +0,1 +0,2 +0,3	Abweichungen in den Berechnungsannahmen und bei den Messungen

1) Korrektur entfällt, wenn bereits bei Berechnung oder Messung berücksichtigt.

Tafel 10.29a Luftdichtheit in Abhängigkeit der Konstruktionsmerkmale von Fenstern und Fenstertüren nach DIN 4108-4 : 2004-07

Konstruktionsmerkmale	Klasse nach DIN EN 12 207
Holzfenster (auch Doppelfenster) mit Profilen nach DIN 68 121-1 ohne Dichtung	2
Alle Fensterkonstruktionen mit alterungsbeständiger, leicht auswechselbarer, weichfedernder Dichtung, in einer Ebene umlaufend angeordnet	3

Hinweis: Bezüglich eines ausreichenden Luftwechsels siehe DIN 4108-2. Der Luftwechsel allein über die Fugen reicht in der Regel nicht aus, um hygienisch einwandfreie Innenluftverhältnisse aufrechtzuerhalten. Es bedarf zusätzlicher Maßnahmen, z. B. in der Form eines „Stoßlüftens" über geöffnete Fensterflügel.

Tafel 10.29b Ausgleichsfeuchtegehalt von Baustoffen im Klima 23 °C/80 % relative Luftfeuchte nach DIN 4108-4 : 2004-07 und DIN EN 12524 : 2000-07

Zeile	Baustoffe	Feuchtegehalt[1)]	
		massebezogen u kg/kg	volumenbezogen ψ[2)] m^3/m^3
1	Ziegel		0,012
2	Kalksandsteine		0,024
3	Mauer- und Putzmörtel		0,06
4	Beton mit nichtporigen Zuschlägen, Kunststein		0,04
5.1	Leichtbeton mit haufwerkporigem Gefüge mit dichten Zuschlägen nach DIN 4226-1	0,03	
5.2	Leichtbeton mit haufwerkporigem Gefüge mit porigen Zuschlägen nach DIN 4226-2, Porenbeton	0,045	
5.3	Beton mit geschlossenem Gefüge mit porigen Zuschlägen	0,13	
6	Gips, Anhydrit	0,02	
7	Holz, Sperrholz, Spanplatten, Holzfaserplatten, organische/pflanzliche Platten, Matten und Faserdämmstoffe	0,15	
8	Holzwolle-Leichtbauplatten		0,05
9	Polystyrol-Hartschaum (EPS und XPS), PU-Schaum		0
10	Mineralwolle, auch lose, Schaumglas		0
11	Gussasphalt, Asphaltmastix		0
12	Korkdämmstoffe		0,011

1) Die genannten Werte werden im Allgemeinen nicht überschritten; sie sind auch Grundlage für die Festlegung der Bemessungswerte der Wämeleitfähigkeit nach Tafel 10.18.
2) Umrechnung $\psi = u\, \varrho / \varrho_{Wasser}$ mit der Rohdichte ϱ des Stoffes und der des Wassers $\varrho_{Wasser} = 1000\ kg/m^3$.

1.6 Bauen im Bestand; Wärmeschutzeigenschaften nicht mehr üblicher Bauarten

Im Zuge von Umnutzung, Modernisierung, Veränderungen der Eigentumsverhältnisse werden wärmetechnische Daten benötigt, die aus den aktuellen Normen nicht mehr vollständig ermittelt werden können. Im Folgenden gibt der Autor des Abschnitts Daten an, die nach seiner Meinung hinreichend auf der sicheren Seite liegen und daher beim Bauen im Bestand verwendet werden können. Werden bestehende Bauteile nicht übernommen, sondern baulich verändert, so ist der Wärmeschutz mindestens nach Maßgabe der EnEV, Einzelheiten siehe Tafel 10.11, zu verbessern. Werden bestehende Bauteile nachträglich mit Wärmedämmstoffen ergänzt, so ist auf die Belange der Tauwasserbildung im Bauteilquerschnitt zu achten (s. Seite 10.37 ff.); sind gleichzeitig Anforderungen zum Schallschutz einzuhalten, wird auf Seite 10.42 ff. verwiesen. Werden Bauteile unter Beibehaltung aller bestehenden Schichten mit weiteren (auch brennbaren) Schichten versehen, so verändert sich die Feuerwiderstandsklasse nicht negativ. Die Feuerwiderstandsdauer kann durch zusätzliche Schichten verlängert werden, der anhängende Zusatzbuchstabe (vgl. Seite 10.71 und 10.78) bleibt jedoch in der Regel unverändert. (Es ist damit also nicht möglich, ein Bauteil der Klasse F 30-B in ein Bauteil F 30-AB oder F 90-AB zu überführen.)

Tafel 10.30a Wärmeleitfähigkeit nicht mehr gebräuchlicher Baustoffe

Stoff	Wärmeleitfähigkeit λ W/(m · K)
Massivlehm und Lehmformlinge	0,80
Strohlehm	0,60
Leichtlehm	0,40
Lehmwickel mit Stroh auf Holzstaken	0,40
Lose Füllstoffe in Decken o. Ä. (lufttrocken)	
Sand	0,58
Steinkohlenschlacke	0,20
Ziegelsplitt	0,41
Rohrputze	0,47
Rabitz auf Drahtgewebe	0,58
Ziegelsplittbeton, Steinkohlenschlackenbeton	
Rohdichte 1200	0,47
Rohdichte 1400	0,58
Rohdichte 1600	0,76
Rohdichte 1800	0,93
Rohdichte 2000	1,05
Holzbeton, Steinholz	0,52

Tafel 10.30b Wärmedurchlasswiderstände *R* von „alten" Holzbalkendecken (ohne Fußboden gerechnet)

Deckenausbildung		Wärmedurchlasswiderstand *R* m^2K/W
a) 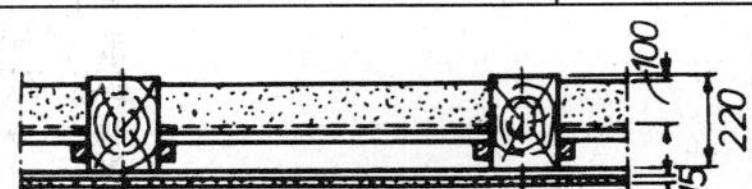		
b) 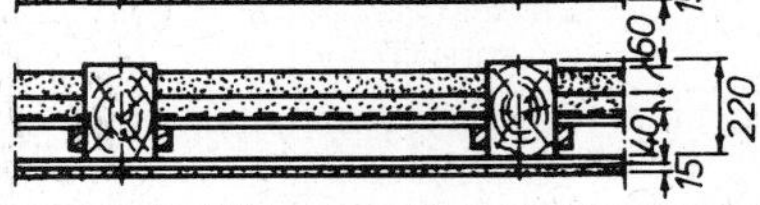		
Füllung:	Putzträger:	
a) mit Stakung, Lehmglattstrich und Lehmschüttung	Lattung/Rohrgewebe	0,43
	35-mm-Holzwolle-Leichtbauplatten	0,82
b) mit Stakung, Lehmglattstrich, Lehm- und Koksaschefüllung	Lattung/Rohrgewebe	0,69
	35-mm-Holzwolle-Leichtbauplatten	1,07

Tafel 10.30c Wärmedurchlasswiderstände *R* von gestelzten Decken

Decke (ohne Fußboden gerechnet) ohne bzw. mit untergehängter Drahtputz- oder gerohrter Decke (UD)	Wärmedurchlasswiderstand *R* ohne UD	Wärmedurchlasswiderstand *R* mit UD
a) Stahlbetonhohldielen b) Stahlsteindecke 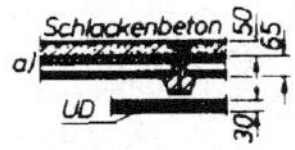 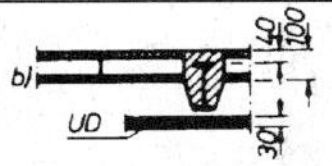	0,13	0,34
c) Stahlbetondecke 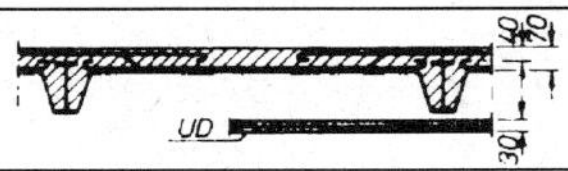	0,03	0,24

1.7 Heiz- und raumlufttechnische Anlagen in der EnEV

1.7.1 Anlagenaufwandszahl e_p zur Bestimmung des Primärenergiebedarfs Q_p

Die Anlagenaufwandszahl $e_p = Q_p/(Q_{TW} + Q_h)$ wird nach DIN V 4701-10 ermittelt und beschreibt das Verhältnis der von der gesamten Anlagentechnik aufgenommenen Primärenergie Q_P in Relation der von ihr abgegebenen Nutzwärme $Q_{TW} + Q_h$ für Trinkwassererwärmung und Raumheizung. Die Anlagentechnik besteht in der Regel aus einem Heizstrang, einem Trinkwasserstrang und ggf. aus einem Lüftungsanlagenstrang, die in der Summe Brennstoffe und elektrischen Strom benutzen. Als Nutzwärme für die Trinkwassererwärmung wird der Wert $q_{TW} = 12{,}5$ kWh/(m²a) (je m² Nutzfläche!) in der Norm bestimmt, Q_h dient der Deckung des Heizwärmebedarfs des Gebäudes nach DIN V 4108-6. (In diesem Sinne sind das Wärmeangebot der Anlage nach DIN V 4701-10 und der Wärmebedarf nach DIN V 4108-6 bzw. EnEV gleich.) e_p dient dem Vergleich unterschiedlicher, jeweils (nach Herstellern, Typen) konkreter Anlagen hinsichtlich ihres Primärenergieaufwands, wobei alle Funktionen (Heizen, Lüften, Trinkwassererwärmung) und alle Teilschritte der Wärmebereitstellung für das Gebäude aus der Primärenergie, z. B. Transport zum Gebäude, Umwandlung im Kessel, Verluste bei der Verteilung und Speicherung und auch der Aufwand an zusätzlicher Hilfsenergie (Strom) für Antriebe/Pumpen/Lüfter zusammengefasst werden. In der Norm stehen drei Verfahren zur Ermittlung von e_p zur Verfügung: Das Diagrammverfahren für bereits vorab in der Norm durchgerechnete Anlagenkonfigurationen (nachfolgend Auszüge aus Anlage C.5 der Norm) und das rechnerische Verfahren, dessen Eingangsdaten entweder mittels in Tabellen zu Verfügung stehender Standarddaten von Anlagenteilen oder unter Anwendung konkreter Produktunterlagen gewonnen werden. Daten vieler weiterer Anlagensysteme siehe DIN V 4701-10 Bbl. 1 : 2002-02. Für Anlagen im Bestand siehe DIN V 4701-12 : 2004-02.

Bei Anwendung der Tafeln 10.32a bis 10.33a ist zunächst Q_h nach (z. B. nach dem vereinfachten Verfahren) der EnEV zu bestimmen und auf $q_h = Q_h/A_N$ überzugehen. Sodann kann e_p bestimmt werden.

Man erhält Q_P nach der Gleichung $Q_P = e_p\,(q_h + 12{,}5)\,A_N$.

1.7.2 Endenergie Q_E für den Energiepass nach § 13 der EnEV

Die Summe der von den Anlagenteilen für Heizung und Trinkwassererwärmung nach DIN V 4701-10 benötigten Endenergie muss an der Grundstücksgrenze als Systemgrenze insbesondere in der Form von Brennstoffen und Strom, bereitgestellt werden. Im Energiepass ist anzugeben, welcher Anteil $Q_{WE,E}$ an Q_E auf die Wärmeerzeugung und welcher Anteil $Q_{HE,E}$ auf Hilfsenergie entfällt. Im Energiepass ist auf die normierten Berechnungsannahmen hinzuweisen. In den Tafeln 10.32a bis 10.33a ist $Q_E = q_E\,A_N$.

1.7.3 Primärenergiefaktoren f_p

In Kenntnis des im Gebäude verwendeten Energiemix der Energieträger (Brennstoffe, Strom) kann mit Hilfe der Primärenergiefaktoren $f_p = Q_P/Q_E$ in DIN 4701-10, hier Tafel 10.31, von der Endenergie auf den Primärenergiebedarf Q_P übergegangen werden. f_p spiegelt dabei zunächst die objektiven Verluste innerhalb der vorgelagerten Prozesskette bei Gewinnung, Umwandlung und Verteilung und enthält offensichtlich auch den politischen Willen der EnEV.

Tafel 10.31 Primärenergiefaktoren nach DIN V 4701-10

Energieträger		Primärenergiefaktor
Brennstoffe[1]	Heizöl EL	1,1
	Erdgas H	1,1
	Flüssiggas	1,1
	Steinkohle	1,1
	Braunkohle	1,2
Nah-/Fernwärme aus KWK[2)3)]	fossiler Brennstoff	0,7
	erneuerbarer Brennstoff	0,0
Nah/Fernwärme aus Heizwerken	fossiler Brennstoff	1,3
	erneuerbarer Brennstoff	0,1
Strom	Strom-Mix	3,0

1) Bezugsgröße: unterer Heizwert H_u.
2) Angaben sind typisch für durchschnittliche Nah-/Fernwärme.
3) Bei Nah-/Fernwärme können von den Vorgaben abweichende Werte von unabhängigen Sachverständigen ermittelt werden. Bei Nah-/Fernwärme ist zu berücksichtigen, dass bereits Endenergie am Gebäude zur Verfügung gestellt wird und damit die Primärenergiefaktoren mit den Brennstoffen nicht direkt vergleichbar sind.

Tafel 10.32a Brennwertkessel mit gebäudezentraler Trinkwassererwärmung

Heizung:	Übergabe:	Radiatoren mit Thermostatventil 1 K
	Verteilung:	max. Vorlauf-/Rücklauftemp. 55 °C/45 °C, horiz. Verteilung außerhalb der thermischen Hülle, vertikale Stränge innen liegend, geregelte Pumpe
	Erzeugung:	Brennwertkessel außerhalb der thermischen Hülle,
Wasser:	Speicherung:	indirekt beheizter Speicher außerhalb der thermischen Hülle
	Verteilung:	horizontale Verteilung außerhalb der thermischen Hülle, mit Zirkulation
	Erzeugung:	zentral, Brennwertkessel

A_N in m²	100	150	200	300	500	750	1000	1500	2500	5000	10 000
q_h in kWh/(m²a)	**Anlagenaufwandszahl e_P**										
40	2,11	1,86	1,74	1,61	1,50	1,45	1,42	1,39	1,36	1,34	1,33
50	1,96	1,75	1,64	1,53	1,44	1,40	1,37	1,35	1,33	1,31	1,29
60	1,85	1,67	1,57	1,48	1,40	1,36	1,34	1,32	1,30	1,28	1,27
70	1,76	1,60	1,52	1,44	1,37	1,33	1,31	1,29	1,28	1,26	1,25
80	1,70	1,55	1,48	1,41	1,34	1,31	1,29	1,27	1,26	1,24	1,23
90	1,64	1,51	1,45	1,38	1,32	1,29	1,27	1,26	1,25	1,23	1,22
	Gesamt-Endenergie $q_{WE,E}$ in kWh/(m²a) (ohne Hilfsenergie)										
40	89,02	84,78	76,14	71,68	67,98	66,03	65,02	64,13	63,35	62,58	62,05
50	99,54	95,27	86,55	82,03	78,27	76,29	75,25	74,34	73,53	72,72	72,16
60	110,06	105,75	96,95	92,39	88,57	86,55	85,49	84,55	83,70	82,86	82,27
40	120,58	116,24	107,36	102,74	98,87	96,81	95,73	94,75	93,88	93,00	92,38
80	131,10	126,73	117,76	113,09	109,16	107,07	105,96	104,96	104,06	103,15	102,49
90	141,63	137,22	128,17	123,44	119,46	117,33	116,20	115,17	114,23	113,29	112,60
	Hilfsenergie $q_{HE,E}$ in kWh/(m²a)										
alle	4,27	3,67	2,48	1,87	1,37	1,10	0,95	0,79	0,65	0,53	0,46

Tafel 10.32b Niedertemperatur-Kessel mit gebäudezentraler Trinkwassererwärmung

Heizung:	Übergabe:	Radiatoren mit Thermostatventil 1 K
	Verteilung:	max. Vorlauf-/Rücklauftemp. 70 °C/55 °C, horiz. Verteilung außerhalb der thermischen Hülle, vertikale Stränge innen liegend, geregelte Pumpe
	Erzeugung:	Niedertemperaturkessel außerhalb der thermischen Hülle
Wasser:	Speicherung:	indirekt beheizter Speicher außerhalb der thermischen Hülle
	Verteilung:	horizontale Verteilung außerhalb der thermischen Hülle, mit Zirkulation
	Erzeugung:	zentral, Niedertemperaturkessel

A_N in m²	100	150	200	300	500	750	1000	1500	2500	5000	10 000
q_h in kWh/(m²a)	**Anlagenaufwandszahl e_P**										
40	2,29	2,01	1,87	1,73	1,61	1,55	1,51	1,48	1,45	1,43	1,41
50	2,13	1,89	1,77	1,65	1,55	1,49	1,47	1,44	1,41	1,39	1,37
60	2,01	1,80	1,70	1,59	1,50	1,46	1,43	1,41	1,38	1,36	1,35
70	1,92	1,74	1,65	1,55	1,47	1,43	1,40	1,38	1,36	1,34	1,33
80	1,85	1,69	1,60	1,52	1,44	1,40	1,38	1,36	1,34	1,33	1,31
90	1,79	1,64	1,57	1,49	1,42	1,39	1,37	1,35	1,33	1,31	1,30
	Gesamt-Endenergie $q_{WE,E}$ in kWh/(m²a) (ohne HIlfsenergie)										
40	98,02	93,06	82,96	77,73	73,36	71,05	69,83	68,73	67,74	66,76	66,07
50	109,56	104,54	94,28	88,96	84,49	82,11	80,86	79,70	78,66	77,61	76,87
60	121,10	116,02	105,61	100,19	95,62	93,18	91,88	90,67	89,57	88,47	87,67
70	132,64	127,50	116,94	111,42	106,75	104,24	102,90	101,64	100,49	99,32	98,46
80	144,18	138,97	128,27	122,65	117,88	115,31	113,92	112,61	111,40	110,17	109,26
90	155,72	150,45	139,60	133,89	129,01	126,37	124,95	123,58	122,32	121,02	120,06
	Hilfsenergie $q_{HE,E}$ in kWh((m²a)										
alle	4,12	3,54	2,38	1,79	1,29	1,02	0,88	0,72	0,59	0,47	0,40

Tafel 10.33a Brennwertkessel und solar unterstützte Trinkwassererwärmung

Heizung: Übergabe: Radiatoren mit Thermostatventil 1 Kelvin
Verteilung: Aufstellung innerhalb der thermischen Hülle, Stränge innen liegend, 55/45 °C, geregelte Pumpe
Erzeugung: Brennwertkessel, Gas, Aufstellung innerhalb der thermischen Hülle

Wasser: Speicherung: indirekt beheizter Speicher, Aufstellung innerhalb der thermischen Hülle
Verteilung: gebäudezentral, ohne Zirkulation, horizontale Verteilung innerhalb der thermischen Hülle
Erzeugung: Brennwertkessei und Solaranlage

A_N in m^2	100	150	200	300	500	750	1000	1500	2500	3000
q_h in $kWh/(m^2)$	**Anlagenaufwandszahl e_p**									
40	1,21	1,16	1,14	1,12	1,08	1,08	1,08	1,08	1,08	1,08
50	1,19	1,15	1,14	1,12	1,09	1,09	1,09	1,09	1,09	1,09
60	1,18	1,15	1,13	1,12	1,09	1,09	1,09	1,09	1,09	1,09
70	1,17	1,14	1,13	1,12	1,09	1,09	1,09	1,09	1,09	1,09
80	1,17	1,14	1,13	1,12	1,09	1,09	1,09	1,09	1,09	1,09
90	1,16	1,14	1,13	1,12	1,10	1,10	1,10	1,10	1,10	1,10
	Gesamt-Endenergie $q_{WE,E}$ in $kWh/(m^2a)$ (ohne Hilfsenergie)									
40	47,76	48,02	48,65	49,05	48,20	48,79	49,14	49,44	49,81	50,00
50	57,89	58,15	58,77	59,17	58,31	58,89	59,24	59,53	59,90	60,10
60	68,02	68,27	68,89	69,28	68,42	68,99	69,34	69,63	69,98	70,20
70	78,15	78,40	79,01	79,40	78,53	79,10	79,44	79,72	80,07	80,20
80	88,28	88,53	89,13	89,51	88,64	89,20	89,54	89,82	90,16	90,30
90	98,41	98,66	99,25	99,63	98,74	99,31	99,64	99,91	100,25	100,40
	Hilfsenergie $q_{HE,E}$ in $kWh/(m^2a)$									
alle	3,59	34,10	2,13	1,65	1,23	1,02	0,91	0,79	0,68	0,65

Tafel 10.33b Wärmepumpe mit gebäudezentraler Trinkwassererwärmung

Heizung: Übergabe: Flächenheizung mit Einzelraumregelung 2 K
Speicherung: Pufferspeicher außerhalb der thermischen Hülle,
Verteilung: max. Vorlauf-/Rücklauftemp, 35 °C/28 °C, horiz. Verteilung außerhalb der thermischen Hülle, vertikale Stränge innen liegend, geregelte Pumpe
Erzeugung: Sole/Wasser-Wärmepumpe außerhalb der thermischen Hülle

TWW: Speicherung: indirekt beheizter Speicher außerhalb der thermischen Hülle
Verteilung: horizontale Verteilung innerhalb der thermischen Hülle, keine Zirkulation
Erzeugung: zentral, Sole/Wasser-Wärmepumpe

A_N in m^2	100	120	150	170	200	250	300	350	400	450	500
q_h in $kWh/(m^2a)$	**Anlagenaufwandszahl e_p**										
40	1,32	1,26	1,20	1,17	1,13	1,10	1,07	1,05	1,04	1,03	1,02
50	1,22	1,17	1,12	1,09	1,06	1,03	1,01	1,00	0,98	0,97	0,97
60	1,15	1,10	1,06	1,04	1,01	0,98	0,97	0,95	0,94	0,94	0,93
70	1,09	1,05	1,01	0,99	0,97	0,95	0,93	0,92	0,91	0,91	0,90
80	1,05	1,01	0,98	0,96	0,94	0,92	0,91	0,90	0,89	0,88	0,88
90	1,01	0,98	0,95	0,93	0,92	0,90	0,89	0,88	0,87	0,86	0,86
	Gesamt-Energie $q_{WE,E}$ in $kWh/(m^2a)$ (ohne Hilfsenergie)										
40	17,30	16,82	16,34	16,11	15,84	15,53	15,32	15,17	15,05	14,96	14,88
50	19,60	19,12	18,64	18,41	18,14	17,83	17,62	17,47	17,35	17,26	17,18
60	21,90	21,42	20,94	20,71	20,44	20,13	19,92	19,77	19,65	19,56	19,48
70	24,20	23,72	23,24	23,01	22,74	22,43	22,22	22,07	21,95	21,86	21,78
80	26,50	26,02	25,54	25,31	25,04	24,73	24,52	24,37	24,25	24,16	24,08
90	28,80	28,32	27,84	27,61	27,34	27,03	26,82	26,67	26,55	26,46	26,38
	Hilfsenergie $q_{HE,E}$ in $kWh/(m^2a)$										
alle	5,86	5,22	4,60	4,32	4,01	3,66	3,43	3,26	3,14	3,04	2,96

2 Klimabedingter Feuchtigkeitsschutz

2.1 Begriffe

Aufgrund klimatischer Prozesse finden Phasenumwandlungen zwischen Wasserdampf und Wasser bzw. Eis statt: Aus Wasserdampf entsteht Tauwasser/Eis (Abschnitt 2.2 und 2.3), und kapillar aufgenommenes Wasser, z. B. aus Schlagregen, trocknet unter Dampfbildung ab (Abschnitt 2.4), ohne dass es Sperrschichten oder Abdichtungen bedarf. Wasser/Eis muss außerhalb enger Grenzen an und in Bauteilen vermieden werden, weil es Ursache von Bauschäden oder hygienischen Problemen sein kann (z. B. Pilzbefall, Stockflecken).

Größe	Zeichen	Einheit	Bemerkungen
Schichtdicke	d	m	Einheit beachten!
Wasserdampfteildruck	p	Pa	z. B. Teildruck innen p_i
Sättigungsdruck des Wasserdampfes	p_s	Pa	Werte nach Tafel 10.36
absolute Luftfeuchtigkeit	c	g/m³	
Wasserdampfsättigungsdichte	c_s	g/m³	Grenzwert für c, Tafel 10.34
relative Luftfeuchtigkeit	ϕ	1	$\phi = c/c_s = p/p_s$, ggf. $\cdot$ 100 %
Taupunkttemperatur	θ_s	°C	Werte nach Tafel 10.35
Wasserdampf-Diffusionsstromdichte	g	kg/(m²h)	
Wasserdampf-Diffusionsleitkoeffizient	δ	kg/(mhPa)	z. B. von Luft: δ_L = **1/(1,5 · 10⁶)**
Wasserdampf-Diffusions-durchlasswiderstand	Z	m²h Pa/kg	$Z = d/\delta = 1{,}5 \cdot 10^6 \cdot \mu \cdot d$
Wasserdampf-Diffusionswiderstandszahl	μ	1	$\mu = \delta_L/\delta$ Richtwerte nach Tafel 10.18
diffusionsäquivalente Luftschichtdicke	s_d	m	$s_d = \mu \cdot d$
flächenbezogene Tauwassermasse	$m_{W,T}$	kg/m²	(Seite 10.38)
flächenbezogene Verdunstungsmasse	$m_{W,V}$	kg/m²	
Wasseraufnahmekoeffizient	w	kg/(m²h^0,5)	kapillares Saugen zeitlich nichtlinear

2.2 Tauwasserbildung

2.2.1 Allgemeines

Auch in Gegenwart von flüssigem oder festem Wasser kann Wasser**dampf** höchstens nur die Maximalwerte p_s für den Wasserdampfteildruck (Tafel 10.36) bzw. c_s für die absolute Luftfeuchtigkeit (Tafel 10.34) annehmen. Normalerweise besteht nur der durch die relative Luftfeuchtigkeit ϕ ausgedrückte Bruchteil $p = \phi \cdot p_s \cdot 100\,\%$ bzw. $c = \phi \cdot c_s \cdot 100\,\%$ davon.

Bei Erwärmung fällt bei gleicher absoluter Luftfeuchtigkeit c bzw. p die relative Luftfeuchtigkeit ϕ, weil c_s bzw. p_s als Bezugswert ansteigt. Bei Abkühlung steigt dagegen ϕ wegen der fallenden Sättigungswerte an und erreicht bei Abkühlung bis auf θ_s den Wert $\phi = 100\,\%$. Bei weiterer Abkühlung auf $\theta < \theta_s$ fällt der dann überschüssige Wasserdampf als Tauwasser oder Eis/Raureif aus.

Beispiel: Gegeben sei Luft von $\theta = 20$ °C und $\phi = 60\,\%$. Die Taupunkttemperatur wird in Tafel 10.35 abgelesen: $\boldsymbol{\theta_s = 12}$ **°C.** Den gleichen Wert erhält man auch mit Hilfe der Tafel 10.36: Der tatsächliche Dampfdruck bei 20 °C beträgt 60 % von 2340 Pa, also 1404 Pa. Dieser Wert ist Sättigungsdruck bei 12 °C. Unter 12 °C setzt Tauwasserbildung ein.
Der Wasserdampfgehalt beträgt in Anwendung von Tafel 10.34 $c = 0{,}6 \cdot 17{,}3 = 10{,}4$ g/m³. Diese Luft wird beim Hindurchtreten durch eine Bauteilfuge auf schließlich $\theta = -5$ °C abgekühlt und kann dann noch maximal 3,2 g/m³ an Dampf halten. Der Rest von 7,2 g fällt aus jedem Kubikmeter Luft als Wasser aus.

Tafel 10.34 Wasserdampfsättigungsdichte c_s in Luft der Temperatur θ

θ in °C	**–20**	–15	**–10**	–5	–2	–1	**0**	1	2	3	4	5	6	7	8	9
c_s in g/m³	0,9	1,5	2,1	3,2	4,1	4,5	4,9	5,2	5,6	6,0	6,4	6,8	7,3	7,7	8,3	8,8
θ in °C	**10**	11	12	13	14	15	16	17	18	19	**20**	21	23	25	28	**30**
c_s in g/m³	9,4	10,0	10,7	11,3	12,1	12,8	13,7	14,5	15,4	16,3	**17,3**	18,3	20,6	23,0	27,2	30,3

2.2.2 Tauwasser auf Bauteiloberflächen

2.2.2.1 Ermittlung notwendiger Oberflächentemperatur θ_{si}

Unterschreitet die Innenoberfläche eines Außenbauteils unter winterlichen Verhältnissen die Taupunkttemperatur der Innenraumluft, dann fällt aus der an diese Oberfläche grenzenden, dann gesättigten Luftschicht Tauwasser aus. Tauwasser kann nur **verhindert werden, solange** $\theta_{si} > \theta_s$ ist. θ_s wird wegen der Abhängigkeit von ϕ durch das Wohnverhalten beeinflusst, θ_{si} durch den Wärmeschutz (vgl. Abschn. 2.2.2.2) und die klimatischen Verhältnisse.

Bei saugfähigen Baustoffoberflächen setzt in den Poren bereits Kapillarkondensation ein, wenn die Luftfeuchtigkeit ϕ_{si} der Grenzschicht, bezogen auf die Oberflächentemperatur θ_{si}, noch nicht gesättigt ist (z. B. oberhalb von ϕ_{si} = 80 %). So werden Lebensbedingungen für Schimmelpilze bereits geschaffen, wenn noch kein frei sichtbares Tauwasser entsteht. Schimmelpilze werden damit nur sicher verhindert, wenn θ_s in der Beziehung $\theta_{si} > \theta_s$ unter der Annahme aus Tafel 10.35 ermittelt wird, dass die Luftfeuchtigkeit im Raum um den Faktor 1/0,8 = 1,25 größer ist als in Wirklichkeit.

Beispiel:	ϕ_i in %	p_i in Pa	ϕ_{si}	= 100 %	= 80 %
(vgl. Tafel 10.35, 10.36)	50	1170	Dann folgt, wenn Tau-	9,3	12,6
Gegeben sei Innenluft	60	1404	wasserbildung bei ϕ_{si}	12,0	15,4
mit θ_i = 20 °C und ϕ_{si}	65	1521	einsetzt, θ_{si} in °C ≥	13,2	16,7

Tafel 10.35 Taupunkttemperatur θ_s in Abhängigkeit von Temperatur θ und rel. Feuchtigkeit ϕ

θ °C	Taupunkttemperatur θ_s in °C bei einer relativen Luftfeuchte ϕ von 30 %	35 %	40 %	45 %	50 %	55 %	60 %	65 %	70 %	75 %	80 %	85 %	90 %	95 %
30	10,5	12,9	14,9	16,8	18,4	20,0	21,4	22,7	23,9	25,1	26,2	27,2	28,2	29,1
29	9,7	12,0	14,0	15,9	17,5	19,0	20,4	21,7	23,0	24,1	25,2	26,2	27,2	28,1
28	8,8	11,1	13,1	15,0	16,6	18,1	19,5	20,8	22,0	23,2	24,2	25,2	26,2	27,1
27	8,0	10,2	12,2	14,1	15,7	17,2	18,6	19,9	21,1	22,2	23,3	24,3	25,2	26,1
26	7,1	9,4	11,4	13,2	14,8	16,3	17,6	18,9	20,1	21,2	22,3	23,3	24,2	25,1
25	6,2	8,5	10,5	12,2	13,9	15,3	16,7	18,0	19,1	20,3	21,3	22,3	23,2	24,1
24	5,4	7,6	9,6	11,3	12,9	14,4	15,8	17,0	18,2	19,3	20,3	21,3	22,3	23,1
23	4,5	6,7	8,7	10,4	12,0	13,5	14,8	16,1	17,2	18,3	19,4	20,3	21,3	22,2
22	3,6	5,9	7,8	9,5	11,1	12,5	13,9	15,1	16,3	17,4	18,4	19,4	20,3	21,2
21	2,8	5,0	6,9	8,6	10,2	11,6	12,9	14,2	15,3	16,4	17,4	18,4	19,3	20,2
20	1,9	4,1	6,0	7,7	9,3	10,7	12,0	13,2	14,4	15,4	16,4	17,4	18,3	19,2
19	1,0	3,2	5,1	6,8	8,3	9,8	11,1	12,3	13,4	14,5	15,5	16,4	17,3	18,2
18	0,2	2,3	4,2	5,9	7,4	8,8	10,1	11,3	12,5	13,5	14,5	15,4	16,3	17,2
17	–0,6	1,4	3,3	5,0	6,5	7,9	9,2	10,4	11,5	12,5	13,5	14,5	15,3	16,2
16	–1,4	0,5	2,4	4,1	5,6	7,0	8,2	9,4	10,5	11,6	12,6	13,5	14,4	15,2
15	–2,2	–0,3	1,5	3,2	4,7	6,1	7,3	8,5	9,6	10,6	11,6	12,5	13,4	14,2
14	–2,9	–1,0	0,6	2,3	3,7	5,1	6,4	7,5	8,6	9,6	10,6	11,5	12,4	13,2
13	–3,7	–1,9	–0,1	1,3	2,8	4,2	5,5	6,6	7,7	8,7	9,6	10,5	11,4	12,2
12	–4,5	–2,6	–1,0	0,4	1,9	3,2	4,5	5,7	6,7	7,7	8,7	9,6	10,4	11,2
11	–5,2	–3,4	–1,8	–0,4	1,0	2,3	3,5	4,7	5,8	6,7	7,7	8,6	9,4	10,2
10	–6,0	–4,2	–2,6	–1,2	0,1	1,4	2,6	3,7	4,8	5,8	6,7	7,6	8,4	9,2

Näherungsgleichung für θ und $\theta_s \geq 0$: $\theta_s = (\phi/100)^{0,1247}\,(109,8 + \theta) - 109,8$

2.2.2.2 Ermittlung des notwendigen Mindestwärmeschutzes

Aus der Bedingung $\theta_{si} > \theta_s$ ergibt sich für ebene Bauteile als Anforderung an jeder Stelle:

$$U \leq \frac{\theta_i - \theta_s}{R_{si}\,(\theta_i - \theta_e)} \quad ; \quad R \geq R_{si}\,\frac{(\theta_i - \theta_e)}{\theta_i - \theta_s} - (R_{si} + R_{se})$$

In DIN 4108-2, Abschnitt 6.2 genannte Berechnungsannahmen: R_{si} = 0,25 m²K/W, θ_i = 20 °C, ϕ_{si} = 80 % (siehe Abschnitt 2.2.2.1), R_{se} = 0,04 m²K/W, θ_e = –5 °C. Falls ϕ = 50 %, folgt daraus $U \leq 1{,}2$ W/(m²K) und $R \geq 0{,}55$ m²K/W. Falls „außen“ ein Keller oder eine ähnliche unbeheizte Pufferzone oder Erdreich angrenzt, gilt R_{se} = 0,17 m²K/W, θ_e = 10 °C.

Die Bedingung $\theta_{si} > \theta_s$ ist auch an ungünstigen Stellen von Wärmebrücken zu erfüllen. Werte für θ_{si} können durch Berechnung nach DIN EN ISO 10 211-2 oder aus Wärmebrückenkatalogen ermittelt werden.

Tafel 10.36 Sättigungsdruck p_s des Wasserdampfes bei unterschiedlichen Temperaturen θ

Näherungsgleichung	Temperatur θ °C ganzzahlige Werte	Wasserdampfsättigungsdruck über Wasser bzw. Eis in Pa Temperatur θ °C, 1. Dezimale ,0	,1	,2	,3	,4	,5	,6	,7	,8	,9
Näherungsgleichung $p_s = 288{,}68\,(1{,}098 + \theta/100)^{8{,}02}$	30	4244	4269	4294	4319	4344	4369	4394	4419	4445	4469
	29	4006	4030	4053	4077	4101	4124	4118	4172	4196	4219
	28	3781	3803	3826	3848	3871	3894	3916	3939	3961	3984
	27	3566	3588	3609	3631	3652	3674	3695	3717	3738	3759
	26	3362	3382	3403	3423	3443	3463	3484	3504	3525	3544
	25	3169	3188	3208	3227	3246	3266	3284	3304	3324	3343
	24	2985	3003	3021	3040	3059	3077	3095	3114	3132	3151
	23	2810	2827	2845	2863	2880	2897	2915	2932	2950	2968
	22	2645	2661	2678	2695	2711	2727	2744	2761	2777	2794
	21	2487	2504	2518	2535	2551	2566	2582	2598	2613	2629
	20	2340	2354	2369	2384	2399	2413	2428	2443	2457	2473
	19	2197	2212	2227	2241	2254	2268	2283	2297	2310	2324
	18	2065	2079	2091	2105	2119	2132	2145	2158	2172	2185
	17	1937	1950	1963	1976	1988	2001	2014	2027	2039	2052
	16	1818	1830	1841	1854	1866	1878	1889	1901	1914	1926
	15	1706	1717	1729	1739	1750	1762	1773	1784	1795	1806
	14	1599	1610	1621	1631	1642	1653	1663	1674	1684	1695
	13	1498	1508	1518	1528	1538	1548	1559	1569	1578	1588
	12	1403	1413	1422	1431	1441	1451	1460	1470	1479	1488
	11	1312	1321	1330	1340	1349	1358	1367	1375	1385	1394
	10	1228	1237	1245	1254	1262	1270	1279	1287	1296	1304
	9	1148	1156	1163	1171	1179	1187	1195	1203	1211	1218
	8	1073	1081	1088	1096	1103	1110	1117	1125	1133	1140
	7	1002	1008	1016	1023	1030	1038	1045	1052	1059	1066
	6	935	942	949	955	961	968	975	982	988	995
	5	872	878	884	890	896	902	907	913	919	925
	4	813	819	825	831	837	843	849	854	861	866
	3	759	765	770	776	781	787	793	798	803	808
	2	705	710	716	721	727	732	737	743	748	753
	1	657	662	667	672	677	682	687	691	696	700
	0	611	616	621	626	630	635	640	645	648	653
Näherungsgleichung $p_s = 4{,}689\,(1{,}486 + \theta/100)^{12{,}3}$	–0	611	605	600	595	592	587	582	577	572	567
	–1	562	557	552	547	543	538	534	531	527	522
	–2	517	514	509	505	501	496	492	489	484	480
	–3	476	472	468	464	461	456	452	448	444	440
	–4	437	433	430	426	423	419	415	412	408	405
	–5	401	398	395	391	388	385	382	379	375	372
	–6	368	365	362	359	356	353	350	347	343	340
	–7	337	336	333	330	327	324	321	318	315	312
	–8	310	306	304	301	298	296	294	291	288	286
	–9	284	281	279	276	274	272	269	267	264	262
	–10	260	258	255	253	251	249	246	244	242	239
	–11	237	235	233	231	229	228	226	224	221	219
	–12	217	215	213	211	209	208	206	204	202	200
	–13	198	197	195	193	191	190	188	186	184	182
	–14	181	180	178	177	175	173	172	170	168	167
	–15	165	164	162	161	159	158	157	155	153	152
	–16	150	149	148	146	145	144	142	141	139	138
	–17	137	136	135	133	132	131	129	128	127	126
	–18	125	124	123	122	121	120	118	117	116	115
	–19	114	113	112	111	110	109	107	106	105	104
	–20	103	102	101	100	99	98	97	96	95	94

2.3 Wasserdampfdiffusion in Bauteilen

2.3.1 Allgemeines

Wasserdampf kann wegen der Leitfähigkeit δ der Baustoffe (durch Diffusion) bei einem Wasserdampfteildruckgefälle ($p_2 - p_1$) auch Bauteilschichten durchdringen. Es stellt sich eine Wasserdampf-Diffusionsstromdichte g umgekehrt proportional dem Diffusionswiderstand Z nach der Beziehung

$$g = (p_2 - p_1) / Z = (p_2 - p_1)/(d/\delta) = (p_2 - p_1)/(1{,}5 \cdot 10^6 \mu \cdot d) \text{ in kg/(m}^2\text{h) ein.}$$

Relatives Maß – bis auf den Faktor $1{,}5 \cdot 10^6$ – für die sperrende Wirkung von Schichten gegen Wasserdampf ist die diffusionsäquivalente Luftschichtdicke $s_d = \mu \cdot d$ in m. Schichten werden nach ihrem s_d-Wert in DIN 4108-3 wie folgt unterschieden:

diffusionsoffene Schicht: $s_d \leq 0{,}5$ m; diffusionshemmende Schicht: $0{,}5 \text{ m} < s_d \leq 1500$ m; diffusionsdichte Schicht: $s_d > 1500$ m. Schichten mit s_d-Werten über 20 m oder gar 100 m heißen auch **Dampfsperren**.

Bei ungünstiger Überlagerung von (winterlicher) Temperaturverteilung und Dampfdruckverteilung im Bauteilquerschnitt kann der Wasserdampfteildruck den Sättigungsdruck bei der örtlichen Temperatur erreichen: Tauwasserausfall im Bauteilquerschnitt. Überschreitet die Tauwassermenge $m_{W,T}$ spezifische Grenzwerte oder ist $m_{W,T} > m_{W,V}$, muss mit Schäden gerechnet werden.

Die im Abschnitt 2.3.3 genannten Bauteile gelten als frei von schädlichem Tauwasser. Für dort nicht genannte Bauteile kann ein Nachweis nach DIN 4108-3 („Glaser-Verfahren") geführt werden.

2.3.2 Diffusionsberechnung nach DIN 4108-3 (Glaser-Verfahren)

2.3.2.1 Erkennen einer Tauwasserbildung im Querschnitt

Die Berechnung gehört nicht zu den regelmäßig im bauaufsichtlichen Verfahren anzuwendenden Nachweisen, gilt aber trotz grundsätzlicher Mängel in der rechnerischen Modellierung der Vorgänge (Vernachlässigung von Kapillarität als zusätzlichem Transportvorgang für Wasser und Hygroskopizität als Maß für Wasser, in dessen Nähe nicht $p = p_s$ angenommen werden kann) noch als anerkannt. Umgekehrt sind Bauteile, bei denen der Nachweis von Tauwasserfreiheit misslingt, nicht „automatisch" schadensgefährdet.

Wenn im Bauteilquerschnitt freies, „überhygroskopisches" Wasser vorhanden ist, gilt $p = p_s$. Bauteile trocknen aus, solange dieser Druck größer ist als der Wasserdampfdruck im Freien (Austrocknung nach Schlagregen, von Baufeuchtigkeit oder von im Winterhalbjahr durch Diffusion entstandenem Tauwasser im Bauteil).

Das Beurteilungsverfahren geht von den folgenden vereinfachenden Klimaannahmen aus:

Tauperiode:	**Verdunstungsperiode:**	
Außenklima: -10 °C, $\phi = 80$ % ($p_a = 208$ Pa)	a) Wandbauteile und Decken unter nicht ausgebauten Dachräumen:	b) Dächer über Aufenthaltsräumen:
Innenklima: $+20$ °C, $\phi = 50$ % ($p_i = 1170$ Pa)	Außen- und Innenklima: je 12 °C, $\phi = 70$ %	Außen- und Innenklima: je 12 °C, $\phi = 70$ %, dabei Temperatur Dachoberfläche: 20 °C
Dauer t_T: 1440 Stunden (60 Tage)	Tauwasserbereich: 12 °C, $\phi = 100$ % Dauer t_v: 2160 Stunden (90 Tage)	Tauwasserbereich: berechnete Temperatur, $\phi = 100$ % Dauer t_v: 2160 Stunden (90 Tage)

Zum Nachweis von Tauwasserfreiheit werden folgende Schritte ausgeführt:

Schritt 1: Für den zu beurteilenden Bauteilquerschnitt werden die Temperaturverteilung θ, die dazugehörigen Sättigungsdrucke des Wasserdampfes p_s und die diffusionsäquivalenten Luftschichtdicken $s_d = \mu \cdot d$ bestimmt. Werden in Tafel 10.18 zwei Richtwerte für μ genannt, ist derjenige einzusetzen, der im Schritt 3 zum größten Wert für $m_{W,T}$ führt. Dies ist der Fall, wenn für die s_{di}-Schichten der kleinere μ-Wert verwendet wird, für alle übrigen der größere (Berechnungsformular s. Beispiel auf S. 10.40).

Schritt 2: Im Diffusionsdiagramm wird der Bauteilquerschnitt im Maßstab s_d dargestellt (Abszisse). Auf der Ordinate werden die rechnerischen Wasserdampfsättigungsdrücke p_s und die außen und innen vorhandenen Wasserdampfteildrücke p_e und p_i eingetragen. Die vorhandene Wasserdampfteildruckverteilung über den Bauteilquerschnitt bekommt man, indem die kürzeste Verbindungslinie zwischen den Teildrücken p_e und p_i konstruiert wird, wobei die Bedingung $p \leq p_s$ eingehalten werden muss.

Schritt 3: Bestimmung der Werte s_{di} und s_{de} der Warm- und Kaltseite mit den zugehörigen Werten p_{sw1} und p_{sw2} aus dem Diffusionsdiagramm. Im Fall 2 ist $p_{sw1} = p_{sw2}$. Die in der Befeuchtungsperiode der Dauer t_T insgesamt anfallende Tauwassermenge $m_{W,T}$ berechnet sich nach der Gleichung

$$m_{W,T} = \frac{t_T}{1{,}5 \cdot 10^6} \left(\frac{p_i - p_{sw1}}{s_{di}} - \frac{p_{sw2} - p_e}{s_{de}} \right) \text{ kg/m}^2$$

(Differenz der ein- und ausdiffundierenden Wasserdampfmengen)

Geometrisch können *bei Schritt 2* drei Fälle eintreten:

Fall 1: Der vorhandene Wasserdampfteildruck ist stets kleiner als p_s: keine Kondensation (Abb.10.38a).

Fall 2: Die p-Linie berührt die Sättigungslinie p_s in einem Punkt. Es fällt Tauwasser in einer Ebene an, die durch den Berührungspunkt gegeben ist (Abb.10.38b).

Fall 3: Die p-Linie lässt sich nur so konstruieren, dass die p_s-Linie in zwei Punkten berührt wird und zwischen diesen Punkten mit der p-Linie identisch ist. Es fällt Tauwasser in einem Bereich an (Abb.10.38c).

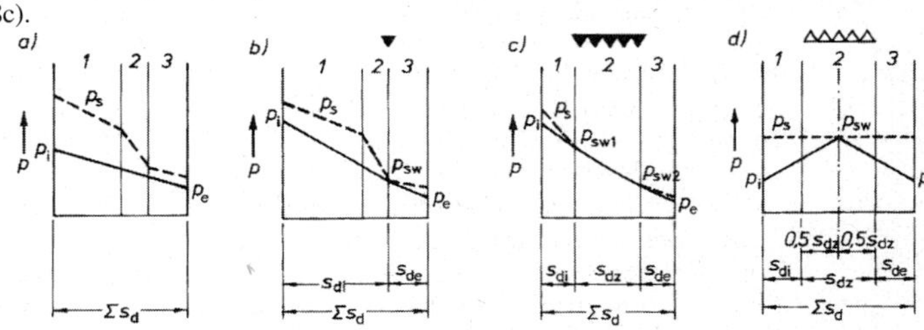

Abb. 10.38
Diffusionsdiagramme
▼▼ Tauwasser entsteht △△ Tauwasser trocknet

Schritt 4: (Abb. 10.38d)

Bestimmung der Verdunstungsmenge $m_{W,V}$ analog zu Schritt 2 anhand von Diffusionsdiagrammen. Nach einem vorhergehenden Tauwasserausfall herrscht im Tauwasserbereich Sättigungsdruck. Die Verdunstung erfolgt nach innen und außen. Die Menge berechnet sich nach der Gleichung

$$m_{W,V} = \frac{t_V}{1{,}5 \cdot 10^6}\left(\frac{p_{sw}-p_i}{s_{di}+0{,}5\,s_{dz}} + \frac{p_{sw}-p_e}{0{,}5\,s_{dz}+s_{de}}\right)\ \text{kg/m}^2$$

(bei Klimaannahmen für Verdunstungsperiode *a*) (s.o.) ist $p_{sw} = 1403$ Pa und $p_i = p_e = 982$ Pa):

(Summe der zu beiden Oberflächen hin diffundierenden Wasserdampfmengen. Beim Tauwasseranfall in einer Ebene ist $s_{dz} = 0$.)

2.3.2.2 Anforderungen

Es ist nachzuweisen, dass $m_{W,T} \leq$ zul $m_{W,T}$ und $m_{W,T} \leq m_{W,V}$. Für zul $m_{W,T}$ gilt:

Eine Tauwasserbildung in Bauteilen ist unschädlich, wenn durch Erhöhung des Feuchtegehaltes der Bau- und Dämmstoffe der Wärmeschutz und die Standsicherheit der Bauteile nicht gefährdet ist. Voraussetzungen:

a) Das während der Tauperiode im Innern des Bauteils anfallende Wasser muss während der Verdunstungsperiode wieder an die Umgebung abgegeben werden können, d. h. $m_{W,T} \leq m_{W,V}$.

b) Die Baustoffe, die mit dem Tauwasser in Berührung kommen, dürfen nicht geschädigt werden (z. B. durch Korrosion, Pilzbefall).

c) Bei Dach- und Wandkonstruktionen darf eine Tauwassermasse zul $m_{W,T}$ von insgesamt 1,0 kg/m² nicht überschritten werden. Dies gilt nicht für die Bedingungen nach d).

d) Tritt Tauwasser an Berührungsflächen von kapillar nicht wasseraufnahmefähigen Schichten auf, so darf eine flächenbezogene Tauwassermasse zul $m_{W,T}$ von 0,5 kg/m² nicht überschritten werden.

e) Neben der Einhaltung von c) ist bei Holz eine Erhöhung des massebezogenen Feuchtegehaltes u_m um mehr als 5 %, bei Holzwerkstoffen um mehr als 3 % unzulässig (Holzwolle-Leichtbau- und Mehrschicht-Leichtbauplatten aus Schaumkunststoffen und Holzwolle nach DIN 1101 sind hiervon ausgenommen.). Weitere Festlegungen, insbesondere zum Holzschutz, siehe Abschn. 6.4 von DIN 68 800-2 (1996).

Hinweis:

Tritt in der Berechnung nach Abschn. 2.3.2.1 in mehreren Ebenen Tauwasser auf, ist die Summe der flächenbezogenen Tauwassermassen $m_{W,T}$ für den Vergleich mit den vorgenannten Bedingungen a) bis e) maßgebend.

2.3.3 Bauteile, für die kein rechnerischer Nachweis des Tauwasserausfalls erforderlich ist (nach DIN 4108-3)

2.3.3.1 Außenwände

① Ein- und zweischaliges Mauerwerk nach DIN 1053-1 (auch mit Kerndämmung), Wände aus Normalbeton nach DIN 1045, Wände aus gefügedichtem Leichtbeton nach DIN 4219-1 und DIN 4219-2, Wände aus Porenbeton nach DIN 4223, Wände aus haufwerkporigem Leichtbeton nach DIN 4232, jeweils mit Innenputz und folgenden Außenschichten:

- Putz nach DIN 18 550-1 oder Verblendmauerwerk nach DIN 1053-1;
- angemörtelte oder angemauerte Bekleidungen nach DIN 18 515-1 und DIN 18 515-2, bei einem Fugenanteil von mindestens 5 %;
- hinterlüftete Außenwandbekleidung nach DIN 18 516-1 mit und ohne Wärmedämmung;
- Außendämmung nach DIN 1102 oder nach DIN 18 550-3 oder durch ein zugelassenes Wärmedämmverbundsystem.

② Wände, wie unter ①, aber mit Innendämmung und einem Wärmedurchlasswiderstand der Wärmedämmschicht von $R \leq 1{,}0$ m² K/W sowie einem Wert der wasserdampfdiffusionsäquivalenten Luftschichtdicke der Wärmedämmschicht mit Innenputz bzw. Innenbekleidung $s_d \geq 0{,}5$ m.

③ Wände in Holzbauart nach Abschn. 8.2 von DIN 68 800-2: 1996-05 mit vorgehängten Außenwandbekleidungen, zugelassenem Wärmedämmverbundsystem oder Mauerwerk-Vorsatzschalen, jeweils mit raumseitiger diffusionshemmender Schicht mit $s_d \geq 2$ m.

④ Holzfachwerkwände mit Luftdichtheitsschicht, in den Varianten:
- mit wärmedämmender Ausfachung (Sichtfachwerk);
- mit Innendämmung (über Fachwerk und Gefach) mit Wärmedurchlasswiderstand der Wärmedämmschicht $R \leq 1{,}0$ m² K/W und einer wasserdampfdiffusionsäquivalenten Luftschichtdicke (gegebenenfalls einschließlich Winddichtheitsschicht) mit Innenputz und Innenbekleidung $s_d \geq 1$ m;
- mit Außendämmung (über Fachwerk und Gefach) als Wärmedämmverbundsystem oder Wärmedämmputz, deren $s_d \leq 2$ m ist, oder mit hinterlüfteter Außenwandbekleidung.

2.3.3.2 Nichtbelüftete Dächer (keine belüftete Luftschicht unmittelbar über Wärmedämmschicht)

Der Wärmedurchlasswiderstand der Bauteilschichten unterhalb einer raumseitigen diffusionshemmenden Schicht darf höchstens 20 % des Gesamtdurchlasswiderstandes betragen.

① Nichtbelüftete Dächer mit belüfteter Dachdeckung (Dachziegel, -steine, Schiefer, Metallbleche) und Wärmedämmung zwischen, unter und/oder über den Sparren und zusätzlicher regensichernder Schicht (z. B. Unterdächer) mit wasserdampfdiffusionsäquivalenter Luftschichtdicke $s_{d,e}$: Benötigt wird diffusionshemmende Schicht raumseitig der Wärmeschicht mit $s_{d,i}$ nach Tabelle:

äquivalente Luftschichtdicke in m	
außen: $s_{d,e}$	innen: $s_{d,i}$
$\leq 0{,}1$	$\geq 1{,}0$
$\leq 0{,}3$	$\geq 2{,}0$
$> 0{,}3$	$\geq 6\ s_{d,e}$
beliebig	≥ 100

Hinweis: $s_{d,e}$ ($s_{d,i}$) ist die Summe der wasserdampfdiffusionsäquivalenten Luftschichtdicken aller Schichten, die sich außenseitig (innenseitig) der Wärmedämmschicht bis zur ersten mit Außenluft (Innenluft) belüfteten Luftschicht befinden.

Hinweis: Bei Werten $s_{d,e} > 2$ m kann Baufeuchte oder eingedrungene Feuchtigkeit nur schlecht ausdiffundieren (Holzschutz!).

② Nichtbelüftete Dächer mit Dachabdichtung oder nichtbelüfteter Dachdeckung mit diffusionshemmender Schicht unterhalb der Wärmedämmschicht mit $s_{d,i} \geq 100$ m. Ausnahmen: Dächer mit diffusionsdichten Dämmstoffen, z. B. Schaumglas auf starrer Unterlage; Dächer aus Porenbeton nach DIN 4223; Dächer mit Wärmedämmung oberhalb der Dachabdichtung (Umkehrdächer) mit dampfdurchlässiger Auflast (z. B. Grobkies), die keine zusätzliche diffusionshemmende Schicht benötigen.

2.3.3.3 Belüftete Dächer mit Dachneigung ≥ 5° (Für Neigung < 5° gilt Abschn. 2.3.3.2 ②.)

Der s_d-Wert der unterhalb der Belüftungsschicht angeordneten Bauteilschichten muss insgesamt mindestens 2 m betragen. Der Wärmedurchlasswiderstand der Bauteilschichten unterhalb einer ggf. zusätzlichen diffusionshemmenden Schicht (z. B. Luftdichtheitsschicht) darf höchstens 20 % des Gesamtdurchlasswiderstandes betragen. Bei Kehlen, auch an Dachgauben, sind Lüftungsöffnungen i. Allg. nicht möglich. Solche Dachkonstruktionen sind daher ohne Belüftung, z. B. nach Abschn. 2.3.3.2 ①, auszuführen.

Für die Belüftungsschicht *unmittelbar über der Wärmedämmschicht* und ihre Öffnungen zum Freien gilt:
- Die Höhe des freien Lüftungsquerschnittes innerhalb des Dachbereiches muss mindestens 2 cm betragen.
- Der freie Lüftungsquerschnitt an den Traufen bzw. an Traufe und Pultdachabschluss muss mind. 2 ‰ der zugehörigen geneigten Dachfläche betragen, mindestens jedoch 200 cm²/m, bei Satteldächern sind an First und Grat 0,5 ‰ erforderlich, mindestens jedoch 50 cm²/m.

2.4 Tauwasser und Luftdichtheit (Wasserdampfkonvektion)

Wände und Dächer müssen luftdicht sein, um eine Durchströmung und Mitführung von Raumluftfeuchte, die zu Tauwasserbildung in der Konstruktion führen kann, zu unterbinden. Auf die Luftdichtheit von Anschlüssen und Durchdringungen (z. B. Wand/Dach, Schornstein/Dach) sowie bei Installationen (z. B. Steckdosen) ist besonders zu achten. Auch Querströmungen in Belüftungsschichten innerhalb einer

Konstruktion zwischen unterschiedlich beheizten Räumen sind zu vermeiden, z. B. durch Abschottung. Sichtmauerwerk und Holzfachwerk sowie Mauerwerk nach DIN 1053-1 allein sind nicht luftdicht im Sinne dieser Anforderung; diese Wandbauarten müssen auf einer Seite eine Putzschicht nach DIN 18 550-2 haben oder es sind sonstige luftdichtende Maßnahmen zu treffen.

Luftdicht in diesem Sinne sind z. B. Betonbauteile nach DIN 1045-1 oder DIN 1045-4 oder Putze nach DIN 18 550-2 bzw. DIN 18 558. Bei anderen Konstruktionen muss gegebenenfalls, bei Holzbauteilen generell, eine Luftdichtheitsschicht nach DIN V 4108-7 angebracht werden, s. Abschnitt 1.5.2.

Zahlenbeispiel zur Berechnung des Tauwasserausfalls

Nachfolgend wird am Beispiel einer Außenwand die Untersuchung auf innere Tauwasserbildung und Verdunstung infolge von Wasserdampfdiffusion bei den Randbedingungen entsprechend DIN 4108-3 gezeigt.

Wandaufbau: Zusammenstellung der Rechengrößen für das Diffusionsdiagramm bei Tauwasserausfall

Schicht	d m	μ –	s_d m	λ W/(m K)	R_s; R m² K/W	θ °C	p_s Pa
						20,0	2340
Wärmeübergang innen	–	–	–	–	0,13	18,7	2158
Spanplatte V 20	0,019	50	0,95	0,13	0,15	17,2	1964
Polystyrol-Partikelschaum	0,10	20	2,00	0,04	2,50	–7,7	318
Spanplatte V 100	0,019	100	1,90	0,13	0,15	–9,2	279
Luftschicht – belüftet	0,03	–	–	–	–	–	–
Außenschale	0,02	–	–	–	–	–	–
Wärmeübergang außen	–	–	–	–	0,04	–10,0	260
		Σs_d =	4,85	R_T =	2,97		

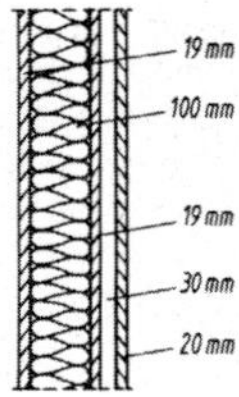

Randbedingungen

Periode	Raumklima	Außenklima
Tauperiode t_T = 1440 h		
Lufttemperatur	20 °C	–10 °C
Relative Luftfeuchte	50 %	80 %
Wasserdampfsättigungsdruck	2340 Pa	260 Pa
Wasserdampfteildruck	1170 Pa	208 Pa
Verdunstungsperiode T_v = 2160 h		
Lufttemperatur	12 °C	12 °C
Relative Luftfeuchte	70 %	70 %
Wasserdampfsättigungsdruck	1403 Pa	1403 Pa
Wasserdampfteildruck	982 Pa	982 Pa

Diffusionsdiagramme

a) Tauperiode

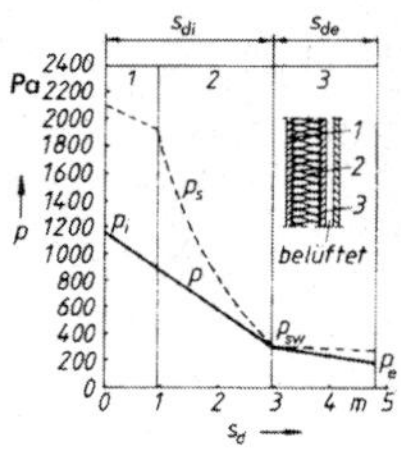

b) Verdunstungsperiode

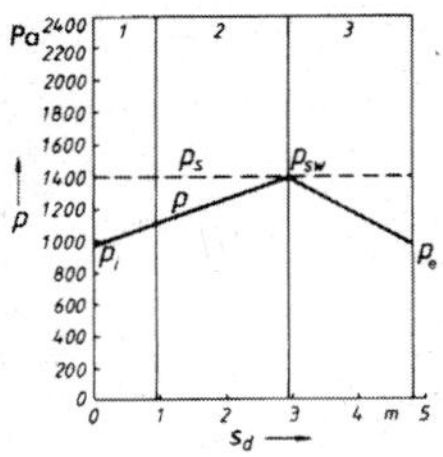

Tauwassermasse (s. S. 10.38):

p_i = 1170 Pa, p_{sw} = 318 Pa, p_e = 208 Pa

t_T = 1440 h

$$m_{W,T} = \frac{1440}{1{,}5} \cdot \left(\frac{1170-318}{2{,}95} - \frac{318-208}{1{,}90} \right) \cdot 10^{-6}$$

$m_{W,T} = 0{,}222$ kg/m²

Ergebnis:

Zulässige Tauwassermasse nach DIN 4108-3 (Erhöhung des massebezogenen Feuchtegehalts der Spanplatte um nicht mehr als 3 %):

zul $m_{W,T} = 0{,}03 \cdot 0{,}019 \cdot 700 = 0{,}399$ kg/m² $> m_{W,T}$

Verdunstende Wassermasse (s. S. 10.38):

$p_i = p_e$ = 982 Pa, p_{sw} = 1403 Pa

t_v = 2160 h

$$m_{W,T} = \frac{2160}{1{,}5} \cdot \left(\frac{1403-982}{2{,}95} - \frac{1403-982}{1{,}90} \right) \cdot 10^{-6}$$

$m_{W,V} = 0{,}525$ kg/m² $> m_{W,T}$

Ergebnis:

Die Tauwasserbildung ist im Sinne von DIN 4108-3 unschädlich, da

a) $m_{W,V}$ < zul $m_{W,T}$ und

b) $m_{W,V} > m_{W,T}$

2.5 Regensicherheit

Bauteile ohne Bauwerksabdichtung gelten in ihren Schutzschichten als regensicher, wenn Niederschlagsfeuchtigkeit in den Regenpausen so rasch abgegeben wird, dass Schäden nicht zu befürchten sind. Geeignet sind Baustoffschichten, deren Wasseraufnahmenkoeffizient w und deren diffusionsäquivalente Luftschichtdicke zur Austrocknung eingedrungenen Wassers einzeln oder kombiniert nicht zu groß sind.

Die Beanspruchung von Wänden durch Schlagregen wird durch die Beanspruchungsgruppen I bis III beschrieben, die abhängig sind von der jährlichen Niederschlagsmenge. Sie werden wie folgt definiert:

Beanspruchungsgruppe I (geringe Schlagregenbeanspruchung): i. Allg. Gebiete mit Jahresniederschlagshöhen unter 600 mm sowie besonders windgeschützte Lagen auch in Gebieten mit größerer Niederschlagshöhe

Beanspruchungsgruppe II (mittlere Schlagregenbeanspruchung): i. Allg. Gebiete mit Jahresniederschlagshöhen von 600 bis 800 mm sowie besonders windgeschützte Lagen auch in Gebieten mit größerer Niederschlagshöhe; Hochhäuser und Häuser in exponierter Lage in Gebieten, die aufgrund der regionalen Regen- und Windverhältnisse einer geringen Schlagregenbeanspruchung zuzuordnen wären.

Beanspruchungsgruppe III (starke Schlagregenbeanspruchung): i. Allg. Gebiete mit Jahresniederschlagshöhen über 800 mm, windreiche Gebieten auch mit geringerer Niederschlagshöhe (z. B. Küstengebiete, Mittel- und Hochgebirgslagen, Alpenvorland); Hochhäuser und Häuser in exponierter Lage in Gebieten, die aufgrund der regionalen Regen- und Windverhältnisse einer mittleren oder geringen Schlagregenbeanspruchung zuzuordnen wären.

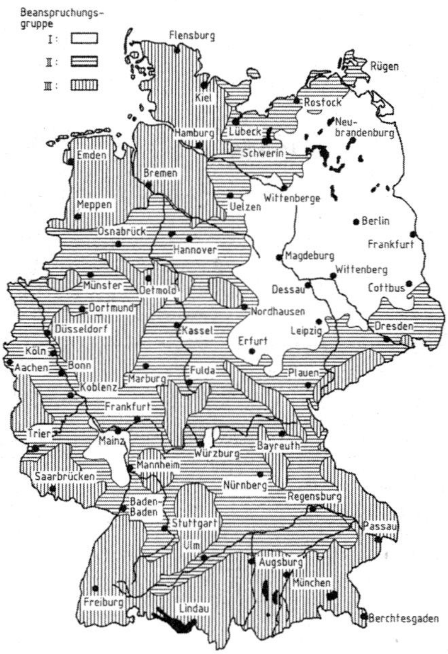

Als regensicher gelten alle Steildächer und Flachdächer mit ordnungsgemäßen An- und Abschlüssen. Folgende Wandbauarten haben nach DIN 4108-3 ausreichenden Schlagregenschutz.

Tafel 10.41a Beispiele für die Zuordnung von Wandbauarten und Beanspruchungsgruppen

	Beanspruchungsgruppe I	Beanspruchungsgruppe II	Beanspruchungsgruppe III
1	Außenwände aus Mauerwerk, Wandbauplatten, Beton u. Ä. sowie aus Holzwolle-Leichtbauplatten und Mehrschicht-Leichtbauplatten, ausgeführt nach DIN 1102, bekleidet mit		
	Außenputz nach DIN 18 500-1 ohne besondere Anforderung	wasserhemmendem[1] Außenputz nach DIN 18 550-1	wasserabw.[2] Außenputz nach DIN 18 550-1 bis -4 oder Kunstharzputz nach DIN 18 558
2	Einschaliges Sichtmauerwerk nach DIN 1053-1 mit Innenputz und einer Wanddicke (incl. 20 mm Längsmörtelfuge) von		Verblendmauerwerk DIN 1053-1 mit Luftschicht und Wärme- oder Kerndämmung (mit Innenputz)
	31 cm	37,5 cm	
3	Wände mit im Dickbett oder Dünnbett außen angemörtelten Fliesen oder Platten nach DIN 18 515-1		
			mit wasserabweisendem[2] Ansetzmörtel
4	Wände mit gefügedichter Betonaußenschicht nach DIN 1045 sowie DIN 4219-1 und -2		
5	Wände mit hinterlüfteten Außenwandbekleidungen nach DIN 18 516-1, -3 und -5 (auch offene Fugen zwischen Bekleidungsplatten zulässig)		
6	Wände mit Wärmedämmputzsystem DIN 18 550-3 oder zugelassene Wärmedämmverbundsysteme		
7	Wände in Holzbauart mit Wetterschutz nach Abschn. 8.2 von DIN 68 800-2 (1996)		

1) Putzschicht mit Wasseraufnahmekoeffiezient $0{,}5 < w < 2{,}0\ \mathrm{kg/(m^2h^{0,5})}$

2) Putzschicht mit $w \leq 0{,}5\ \mathrm{kg/(m^2h^{0,5})}$ und $s_d \leq 2{,}0$ m und $w \cdot s_d \leq 0{,}2\ \mathrm{kg/(mh^{0,5})}$

Tafel 10.41b Beispiele für die Zuordnung von Fugenabdichtungen und Beanspruchungsgruppen

	Fugen[2], Fugenverlauf	Beanspruchungsgruppe I	II	III	Definition der Schwellenhöhe h
1	vertikal	Fugenausbildung nach DIN 18 540, Fugen mit Fugendichtstoffen oder anderen konstruktiven Maßnahmen[1]			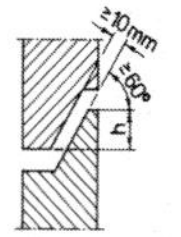
2	horizontal	Offene, schwellenförmige Fugen, Schwellenhöhe h			
		$h \geq 60$ mm	$h \geq 80$ mm	$h \geq 100$ mm	
		Fugen nach DIN 18 540 mit zusätzlichen konstruktiven Maßnahmen, z. B. mit Schwelle $h \geq 50$ mm			

1) Fugen nach DIN 18 540 dürfen nicht bei Bauten in einem Bergsenkungsgebiet verwendet werden. Bei Setzungsfugen ist die Verformung bei der Bemessung der Fugenmaße zu berücksichtigen.

2) Die Möglichkeit der Wartung von Fugen, einschließlich der Fugen von Anschlüssen, ist vorzusehen.

3 Schallschutz im Hochbau

3.1 Begriffe zum Luft- und Trittschallschutz

Im Kern werden die folgenden Begriffe und Einheiten verwendet, denen je nach Anwendungsfall weitere Indizes angefügt werden (Beispiele unter Bemerkungen).

	Größe	Zeichen	Einheit	Bemerkung
1	Schallpegel, Schalldruckpegel	L	dB	meist als Funktion der Frequenz gemessen, z. B. Sende- und Empfangsraumpegel L_S und L_E
2	bewerteter Schallpegel	L_A	dB(A)	„gehörrichtige" Bewertung von L nach Bewertungskurve A
3	Mittelungspegel	L_{Am}	dB(A)	„gemittelter" Pegel von zeitlich veränderlichen Pegeln
4	Beurteilungspegel	L_r	dB(A)	Mittelungspegel mit Zuschlägen zur Erfassung von Störwirkungen wie Impuls- und Tonhaltigkeit
5	Schalldämm-Maß	R	dB	Eigenschaft eines raumtrennenden Bauteils der Fläche S, im Wesentlichen $R = L_S - L_E$ (+ konst), frequenzabhängig
6	**bewertetes Schalldämm-Maß**	$\boldsymbol{R_w}$	dB	Einzahlwert von R, in der alle Frequenzen zwischen 100 Hz und 3150 Hz beurteilt werden
7		$\boldsymbol{R'_w}$	dB	Schallübertragung über flankierende Bauteile ist berücksichtigt ($R'_w \leq R_w$).
8	Luftschallschutzmaß	LSM	dB	veraltet: $R'_w = LSM + 52$ dB
9	Schallpegeldifferenz	D, D_w	dB	wird anstelle R, R_w verwendet, wenn kein Bezug auf raumtrennende Bauteilflächen S, sondern auf Räume mit definierten Nachhallzeiten T oder Absorptionsflächen A erfolgt (s. S. 10.66)
10	**bewerteter Normtrittschallpegel**	$\boldsymbol{L'_{n,w}}$	dB	Einzahlwert für den Normtrittschallpegel L'_n, ausgewertet zwischen 100 Hz und 3150 Hz
11	Trittschallschutzmaß	TSM	dB	veraltet: $L'_{n,w} = 63$ dB $- TSM$
12	bewertete Trittschallminderung	ΔL_w	dB	Einzahlwert zur Kennzeichnung des Fußbodens, früher VM genannt: $VM = \Delta L_w$
13	äquivalenter bewerteter Normtrittschallpegel	$L_{n,w,eq}$	dB	Einzahlwert für Massivdecke ohne Fußboden (Rohdecke): $L'_{n,w} = L_{n,w,eq} - \Delta L_w$

Bemerkungen zu:

2	Weitere Indizes zur Kennzeichnung der Zeitbewertung, z. B. fast, impulse, Maximalwert in Taktzeit.
4	Gegebenenfalls Sonderregelungen zur Beurteilung von Schallimmissionen.
5	Messbar nur im Labor, keine Schallübertragung über flankierende Bauteile oder Schallnebenwege.
6	Mit zusätzlichem Index P bzw. R werden **P**rüfergebnisse oder verallgemeinerungsfähige **R**echenwerte gekennzeichnet. $R_{w,R} < R_{w,P}$. Unterschied heißt Vorhaltemaß und beträgt im Regelfall 2 dB. R_w kennzeichnet abschließend die Luftschalldämmung eines raumtrennenden Bauteiles als näherungsweise gehörrichtige Bemessungsgröße bauakustischer Planung.
7	Mit zusätzlichem Index kann die Art der Nebenwege gekennzeichnet sein, insbesondere $R'_{w,R,300}$. Diese Rechenwerte gelten, falls die mittlere flächenbezogene Masse der flankierenden Bauteile 300 kg/m² beträgt, vergl. Beiblatt 1 zu DIN 4109.
9	Beispiele können Rollladenkästen in der Fassade oder Lüftungsschächte zwischen Bädern sein. Normschallpegeldifferenz $D_{n,w}$ bezieht sich auf einen „Normal-Empfangsraum" mit äquivalenter Absorptionsfläche $A_0 = 10$ m².
10	Normtrittschallpegel bezieht sich auf einen „Normal-Empfangsraum" mit äquivalenter Absorptionsfläche $A_0 = 10$ m². $L'_{n,w}$ kennzeichnet abschließend den Trittschallschutz einer Decke zum unmittelbar darunter liegenden Raum als Bemessungsgröße bauakustischer Planung. Man beachte: Die Luft- und Trittschallschutz kennzeichnenden Einzahlwerte „laufen" in Richtung besseren Schallschutzes in unterschiedliche Richtungen: R'_w steigt, $L'_{n,w}$ fällt mit zunehmendem Schallschutz!
12	Zahlenwerte sind nicht anwendbar, wenn mehr als ein Fußboden übereinander liegt, z. B. Teppichboden auf schwimmendem Estrich. Für solche Fußbodensysteme müssen eigene ΔL_w ermittelt werden. Zahlenwerte für Böden auf Massivdecken gelten nicht auf Holzbalkendecken.

3.2 Anforderungen zum Mindestschallschutz

3.2.1 DIN 4109: 1989-11 als Technische Baubestimmung

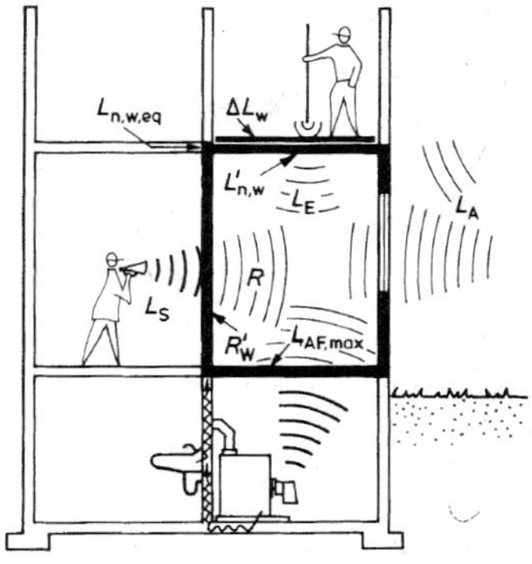

Fremde Aufenthaltsräume in Wohnhäusern, Beherbergungsstätten, Krankenanstalten u. Ä. genießen wegen der generellen Unverletzlichkeitsansprüche einen bauaufsichtlich bestimmten Mindestschallschutz, der allgemein nicht unterschritten werden darf. Völlig unabhängig davon, ob ggf. aus Vertrag privatrechtlich ein höherer Schallschutz geschuldet sein kann, ergibt sich der **Mindestschallschutz** unmittelbar aus der bauaufsichtlich eingeführten DIN 4109 – Schallschutz im Hochbau. Die Einhaltung dieser Anforderungen muss im Zweifelsfall im fertigen Bauwerk vor Ort durch Messung, „Güteprüfung", nachgewiesen werden können. Bauakustische Planung muss daher über die Einzelbauteile hinaus den Baukörper als Ganzes berücksichtigen (Lage von zueinander fremden Räumen, flankierende Bauteile, Schallnebenwege über Schächte usw.).

Verbindliche Schallschutzanforderungen beziehen sich auf Luftschalldämmung (R'_w) und Trittschallschutz ($L'_{n,w}$) nach Abschnitt 3.2.2, auf den Schutz gegen Geräusche aus haustechnischen Anlagen und im Haus befindlichen Betrieben, für die zulässige Maximalpegel nach Abschnitt 3.2.3 festgelegt sind, und auf den Schutz von Innenräumen gegen Außenlärm durch ein ausreichend resultierendes Schalldämm-Maß der Fassaden, ggf. Dachflächen nach Abschnitt 3.2.4.

Innerhalb des Mindestschallschutzes ist das bauaufsichtliche Nachweisverfahren bestimmt. Bauteile gelten ohne besonderen Nachweis als geeignet, wenn ihre Ausführung den Vorgaben in Beiblatt 1 zu DIN 4109 entspricht. Die Angaben im Abschnitt 3.4 sind diesem Beiblatt entnommen. Für andere Ausführungen muss mit den Bauvorlagen ein Zeugnis einer anerkannten/zertifizierten Prüfstelle über die Eignung vorgelegt werden. Siehe DIN 4109 Bbl. 3 und DIN 4109-11.

Der Mindestschallschutz nach DIN 4109 als Teil des öffentlichen Baurechts kann privatrechtlich ergänzt werden durch weitergehende Anforderungen. Vergleiche hierzu die Angaben auf Seite 10.49.

Da die verwendeten Größen R'_w und $L'_{n,w}$ bestimmte (z. B. tieffrequente) Störgeräusche nicht ausreichend gehörrichtig erfassen, können Anforderungen ggf. auch unter Berücksichtigung anderer Größen, wie den Spektrum-Anpassungswerten, vgl. DIN EN ISO 717-1 und -2, formuliert werden, bei denen andere „Bezugskurven" als die in Deutschland seit Jahrzehnten üblichen und zusätzliche Messfrequenzen zwischen 50 Hz und 5000 Hz benutzt werden können.

3.2.2 Anforderungen an die Luftschalldämmung und den Trittschallschutz

Tafel 10.43 Mindestwert erf R'_w eines erforderlichen bewerteten Schalldämm-Maßes und Höchstwert erf $L'_{n,w}$ für den zulässigen bewerteten Normtrittschallpegel zum Schutz gegen Schallübertragung aus einem fremden Wohn- oder Arbeitsbereich nach DIN 4109, Tabelle 3

Achtung: Nachweise lauten vorh $R'_w \geq$ erf R'_w, aber vorh $L'_{n,w} \leq$ erf $L'_{n,w}$!

		Anforderungen	
		erf R'_w	erf $L'_{n,w}$
1	**Geschosshäuser mit Wohnungen und Arbeitsräumen**		
1.1	**Decken**		
1.1.1	Decken unter allgemein nutzbaren Dachräumen, z. B. Trockenböden, Abstellräumen und ihren Zugängen	53	53
1.1.2	Wohnungstrenndecken (auch -treppen) und Decken zwischen fremden Arbeitsräumen bzw. vergleichbaren Nutzungseinheiten	54	53
1.1.3	Decken über Kellern, Hausfluren, Treppenräumen unter Aufenthaltsräumen	52	53

		Anforderungen	
		erf R'_{w}	erf $L'_{n,w}$
1	**Geschosshäuser mit Wohnungen und Arbeitsräumen**		
1.1.4	Decken über Durchfahrten, Einfahrten von Sammelgaragen und Ähnliches unter Aufenthaltsräumen	55	53
1.1.5	Decken unter/über Spiel- oder ähnlichen Gemeinschaftsräumen	55	46
1.1.6	Decken unter Terrassen und Loggien über Aufenthaltsräumen	–	53
1.1.7	Decken unter Laubengängen	–	53
1.1.8	Decken und Treppen innerhalb von Wohnungen, die sich über zwei Geschosse erstrecken	–	53
1.1.9	Decken unter Bad und WC ohne/mit Bodenentwässerung	54	53
1.1.10	Decken unter Hausfluren	–	53
1.2	**Treppenläufe und -podeste**	–	58
1.3	**Wände**		
1.3.1	Wohnungstrennwände und Wände zwischen fremden Arbeitsräumen	53	–
1.3.2	Treppenraumwände und Wände neben Hausfluren	52	–
1.3.3	Wände neben Durchfahrten, Einfahrten von Sammelgaragen u. Ä.	55	–
1.3.4	Wände von Spiel- oder ähnlichen Gemeinschaftsräumen	55	–
1.4	**Türen**		
1.4.1	Türen, die von Hausfluren oder Treppenräumen in Flure und Dielen von Wohnungen und Wohnheimen oder von Arbeitsräumen führen	27	–
1.4.2	Türen, die von Hausfluren oder Treppenräumen unmittelbar in Aufenthaltsräume – außer Flure und Dielen – von Wohnungen führen	37	–

Bemerkungen zu:

1.1.1	Bei Gebäuden mit ≤ 2 Wohnungen gilt: erf R'_{w} = 52 dB und erf $L'_{n,w}$ = 63 dB.
1.1.2	Bei Gebäuden mit ≤ 2 Wohnungen gilt: R'_{w} = 52 dB. Weichfedernde Bodenbeläge dürfen beim Nachweis nicht angerechnet werden. Ausnahme: Gebäude mit ≤ 2 Wohnungen (Voraussetzungen: weichfedernde Bodenbeläge z. B. nach Beiblatt zu DIN 4109, Tab. 18 oder Eignungsprüfung und Werksbescheinigung nach DIN 50 049).
1.1.3	Die Anforderung an die Trittschalldämmung gilt nur für die Trittschallübertragung in fremde Aufenthaltsräume, ganz gleich, ob sie in waagerechter, schräger oder senkrechter (nach oben) Richtung erfolgt. Weichfedernde Bodenbeläge dürfen beim Nachweis nicht angerechnet werden.
1.1.4	Wie 1.1.3.
1.1.5	Wegen der verstärkten Übertragung tiefer Frequenzen können zusätzliche Maßnahmen zur Körperschalldämmung erforderlich sein.
1.1.6	Wegen der Luftschalldämmung gegen Außenlärm siehe aber DIN 4109 Abschnitt 5 (Tafel 10.48a).
1.1.7	Die Anforderung an die Trittschalldämmung gilt nur für die Trittschallübertragung in fremde Aufenthaltsräume, ganz gleich, ob sie in waagerechter, schräger oder senkrechter (nach oben) Richtung erfolgt.
1.1.8	Weichfedernde Bodenbeläge dürfen beim Nachweis nicht angerechnet werden. Die Prüfung der Anforderungen an den bewerteten Normtrittschallpegel erfolgt bei einer gegebenenfalls vorhandenen Bodenentwässerung nicht in einem Umkreis von r = 60 cm. Bei Gebäuden mit ≤ 2 Wohnungen gilt: erf R'_{w} = 52 dB und erf $L'_{n,w}$ = 63 dB.
1.1.9	Wie 1.1.8.
1.1.10	Wie 1.1.3 und 1.1.4.
1.2	Keine Anforderungen an Treppenläufe in Gebäuden mit Aufzug und an Treppen in Gebäuden mit ≤ 2 Wohnungen.
1.3.1	Wohnungstrennwände sind Bauteile, die Wohnungen voneinander oder von fremden Arbeitsräumen trennen.
1.3.2	Für Wände mit Türen gilt: erf R'_{w} (Wand) = erf R_{w} (Tür) + 15 dB. Darin bedeutet erf R_{w} (Tür) die erforderliche Schalldämmung der Tür nach 1.4. Wandbreiten ≤ 30 cm bleiben dabei unberücksichtigt.
1.4.1	Bei Türen gilt erf R_{w} anstelle R'_{w}.
1.4.2	Wie 1.4.1.

		Anforderungen	
		erf R'_w	erf $L'_{n,w}$
2	**Einfamilien-Doppelhäuser und Einfamilien-Reihenhäuser**		
2.1	**Decken**		
2.1.1	Decken allgemein	–	48
2.1.2	Treppenläufe und -podeste und Decken unter Fluren	–	53
2.2	**Haustrennwände**	57	–
3	**Beherbergungsstätten**		
3.1	**Decken**		
3.1.1	Decken allgemein	54	53
3.1.2	Decken unter/über Schwimmbädern, Spiel- oder ähnlichen Gemeinschaftsräumen zum Schutz gegenüber Schlafräumen	55	46
3.1.3	Treppenläufe und -podeste	–	58
3.1.4	Decken unter Fluren	–	53
3.1.5	Decken unter Bad und WC ohne/mit Bodenentwässerung	54	53
3.2	**Wände zwischen Übernachtungsräumen und zwischen Fluren und Übernachtungsräumen**	47	–
3.3	**Türen zwischen Fluren und Übernachtungsräumen**	32	–
4	**Krankenanstalten, Sanatorien**		
4.1	**Decken**		
4.1.1	Decken allgemein	54	53
4.1.2	Decken unter/über Schwimmbädern, Spiel- oder ähnlichen Gemeinschaftsräumen	55	46
4.1.3	Treppenläufe und -podeste	–	58
4.1.4	Decken unter Fluren	–	53
4.1.5	Decken unter Bad und WC ohne/mit Bodenentwässerung	54	53
4.2	**Wände**		
4.2.1	Wände zwischen Krankenräumen, Fluren und Krankenräumen, Untersuchungs- bzw. Sprechzimmern, Fluren und Untersuchungs- bzw. Sprechzimmern, Krankenräumen und Arbeits- und Pflegeräumen	47	–
4.2.2	Wände zwischen Operations- bzw. Behandlungsräumen, Fluren und Operations- bzw. Behandlungsräumen	42	–
4.2.3	Wände zwischen Räumen der Intensivpflege, Fluren und Räumen der Intensivpflege	37	–

Bemerkungen zu:

2.1.1	Wie 1.1.7.
2.1.2	Bei einschaligen Haustrennwänden gilt: Wegen der möglichen Austauschbarkeit von weichfedernden Bodenbelägen nach Beiblatt 1 zu DIN 4109, Tabelle 18, die sowohl dem Verschleiß als auch den besonderen Wünschen der Bewohner unterliegen, dürfen diese bei dem Nachweis der Anforderungen an den Trittschallschutz nicht angerechnet werden.
3.1.2	Wie 1.1.5.
3.1.3	Keine Anforderungen an Treppenläufe in Gebäuden mit Aufzug. Die Anforderung gilt nicht für Decken, an die in DIN 4109 Tabelle 5, Zeile 1 Anforderungen an den Schallschutz gestellt werden (hier Tafel 10.47b).
3.1.4	Wie 1.1.7.
3.1.5	Die Anforderung an die Trittschalldämmung gilt nur für die Trittschallübertragung in fremde Aufenthaltsräume, ganz gleich, ob sie in waagerechter, schräger oder senkrechter (nach oben) Richtung erfolgt. Die Prüfung der Anforderungen an den bewerteten Normtrittschallpegel erfolgt bei einer gegebenenfalls vorhandenen Bodenentwässerung nicht in einem Umkreis von $r = 60$ cm.
3.3	Bei Türen gilt: erf R_w anstelle R'_w.
4.1.2	Wie 1.1.5.
4.1.3	Keine Anforderungen an Treppenläufe in Gebäuden mit Aufzug.
4.1.4	Wie 1.1.7.
4.1.5	Wie 3.1.5.

		Anforderungen	
		erf R'_w	erf $L'_{n,w}$
4.3	**Türen**		
4.3.1	Türen zwischen Untersuchungs- bzw. Sprechzimmern, Fluren und Untersuchungs- bzw. Sprechzimmern	37	–
4.3.2	Türen zwischen Fluren- und Krankenräumen, Operations- bzw. Behandlungsräumen, Fluren und Operations- bzw. Behandlungsräumen	32	–
5	**Schulen und vergleichbare Unterrichtsbauten**		
5.1	**Decken**		
5.1.1	Decken zwischen Unterrichtsräumen oder ähnlichen Räumen	55	53
5.1.2	Decken unter Fluren	–	53
5.1.3	Decken zwischen Unterrichtsräumen oder ähnlichen Räumen und „besonders lauten" Räumen (z. B. Sporthallen, Musikräume, Werkräume)	55	46
5.2	**Wände**		
5.2.1	Wände zwischen Unterrichtsräumen oder ähnlichen Räumen	47	–
5.2.2	Wände zwischen Unterrichtsräumen oder ähnlichen Räumen und Fluren	47	–
5.2.3	Wände zwischen Unterrichtsräumen oder ähnlichen Räumen und Treppenräumen	52	–
5.2.4	Wände zwischen Unterrichtsräumen oder ähnlichen Räumen und „besonders lauten" Räumen (z. B. Sporthallen, Musikräumen, Werkräumen)	55	–
5.3	**Türen zwischen Unterrichtsräumen oder ähnlichen Räumen und Fluren**	32	–
Bemerkungen zu:			
4.3	Bei Türen gilt: erf R_w anstelle R'_w.		
5.1.2	Wie 1.1.7.		
5.1.3	Wie 1.1.5.		
5.3	Bei Türen gilt: erf R_w anstelle R'_w.		

Besonderer Hinweis zur Anwendung der Tafel 10.43

Die Einhaltung der Anforderungen nach Tafel 10.43 (sinngemäß Tafel 10.47a und 10.48a) stellt sicher, dass der Schallschutz zwischen fremden Wohn- und Aufenthaltsräumen im Sinne des (öffentlichen) Bauordnungsrechts den „anerkannten Regeln der Technik" des § 3 BauO entspricht. Mit der Einhaltung wird also erreicht, dass die öffentliche Sicherheit und Ordnung nicht gefährdet werden (Gesundheitsschutz). Verschiedene, auch höchstrichterliche Entscheidungen haben jedoch ergeben, dass daraus nicht zwingend folgt, dass damit auch der gleichlautende Begriff (anerkannte Regel der Technik) im privaten Vertragsrecht erfüllt ist, der sich aus der Vertragslage mit ggf. bestimmten Schallschutzniveaus, den konkludenten Vereinbarungen, der gewählten baulichen Konstruktion und den allgemein anerkannten Regeln der Technik ergibt. Besitzt die geschuldete Konstruktion bei Ausführung in mittlerer Qualität und Güte schon einen besseren als den Mindestschallschutz, dann wird das höhere Niveau geschuldet. Gibt es bei gleichartigen Bauwerken übliche und anerkannte Bauweisen, so darf der Besteller deren Schallschutz erwarten (vgl. DEGA BR 0101 – August 2005).

Grundlage für privatrechtliche konkrete Festlegungen zu einem vereinbarten **erhöhten Schallschutz** kann insbesondere Beiblatt 2 zu DIN 4109 sein, welches auszugsweise im Abschnitt 3.3 auf Seite 10.49 wiedergegeben wird. Hilfreich kann auch VDI 4100 (09.94) – Schallschutz von Wohnungen; Kriterien für Planung und Beurteilung – sein. Diese VDI-Richtlinie definiert drei „Schallschutzstufen" SSt I bis SSt III. Dabei entspricht SSt I dem Mindestschallschutz nach DIN 4109, SSt II könnte herangezogen werden, wenn eine Wohnung auch in ihrer sonstigen Ausstattung üblichen Komfortansprüchen genügt, SSt III für Wohnungen, die in ihrer gesamten sonstigen Ausstattung gehobenen Komfortansprüchen genügen.

3.2.3 Anforderungen an den Schutz gegen Geräusche aus haustechnischen Anlagen und Betrieben

Tafel 10.47a Höchstwerte zulässiger Schalldruckpegel in schutzbedürftigen Räumen aus haustechnischen Anlagen und Gewerbebetrieben nach DIN 4109

Zeile	Geräuschquelle	Art der schutzbedürftigen Räume	
		Wohn- und Schlafräume	Unterrichts- und Arbeitsräume
		Kennzeichnender Schalldruckpegel dB(A)	
1	Wasserinstallationen (Wasserversorgungs- und Abwasseranlagen gemeinsam)	$\leq 30^{1)}$	$\leq 35^{1)}$
2	Sonstige haustechnische Anlagen	$\leq 30^{2)}$	$\leq 35^{2)}$
3	Betriebe tags 6 bis 22 Uhr	≤ 35	$\leq 35^{2)}$
4	Betriebe nachts 22 bis 6 Uhr	≤ 25	$\leq 35^{2)}$

1) Einzelne kurzzeitige Spitzen, die beim Betätigen der Armaturen und Geräte (Öffnen, Schließen, Umstellen, Unterbrechen u. a.) entstehen, sind zzt. nicht zu berücksichtigen. Die ursprüngliche Anforderung („35 dB(A)") wurde durch DIN 4109 Änderung A 1 verschärft.

2) Bei lüftungstechnischen Anlagen sind um 5 dB(A) höhere Werte zulässig, sofern es sich um Dauergeräusche ohne auffällige Einzeltöne handelt.

Der in schutzbedürftigen Räumen auftretende Schallpegel lässt sich häufig nicht genau berechnen, weil insbesondere die Körperschallanregung nur schwer erfassbar ist. Daher sind die Anforderungen nach Tafel 10.47b zusätzlich zu erfüllen. Anforderungen an die Wasserinstallationen gelten als erfüllt, wenn zur Grundrisssituation passende **Armaturen** an einschaligen Wänden von mindestens 220 kg/m² flächenbezogener Masse und **Abwasserleitungen** nicht frei liegend verlegt werden. Dämmungen bei Rohrschellen und Wanddurchführungen!

Tafel 10.47b Anforderungen an die Luft- und Trittschalldämmung von Bauteilen zwischen „besonders lauten" und „schutzbedürftigen" Räumen nach DIN 4109, Tabelle 5

	Art der „besonders lauten" Räume	erf R'_{w} dB	erf $L'_{n,w}$ dB[1)]
1	Räume mit „besonders lauten" haustechnischen Anlagen oder Anlageteilen. Schallpegel größer als 80 dB(A) (75 bis 80 dB(A))	62 (57)	43
2	Betriebsräume von Handwerks- und Gewerbebetrieben; Verkaufsstätten, Schallpegel größer als 80 dB(A) (75 bis 80 dB(A))	62 (57)	43
3	Küchen von Beherbergungsstätten, Krankenhäusern, Gaststätten usw.	55	43
4	Gasträume, nur bis 22 Uhr in Betrieb	55	43
5	Gasträume (max. Schallpegel $L_{AF} \leq 85$ dB(A)), auch nach 22 Uhr in Betrieb	62	33
6	Räume von Kegelbahnen Fußboden der Kegelbahn	67	33 13
7	Gasträume mit elektroakustischen Anlagen (max. Schallpegel $L_{AF} \leq 95$ dB(A))	72	28

1) Jeweils in Richtung der Lärmausbreitung gemessen. Die für Maschinen erforderliche Körperschalldämmung ist mit diesen Werten nicht erfasst; hierfür sind ggf. weitergehende Maßnahmen erforderlich.

3.2.4 Anforderungen an den Schutz gegen Außenlärm

3.2.4.1 Das Verfahren

Die erforderliche Luftschalldämmung wird in der Form des „resultierenden bewerteten Schalldämm-Maßes“ der aus Teilflächen (Wand/Fenster) zusammengesetzten Außenbauteile vorgeschrieben. Wegen der Berechnung von $R'_{w,res}$ siehe Seite 10.60. Die Anforderungshöhe ergibt sich aus dem Standort des Gebäudes in seinem Lärmpegelbereich. Letzterer kann mit Hilfe der Angaben auf Seite 10.49 näherungsweise bestimmt werden. Tafel 10.48a wird für die Bauteile der **Fassade** um die Werte der Tafel 10.48b erhöht oder vermindert, bleibt dagegen für **Dach**flächen ohne Korrektur.

Tafel 10.48a Anforderungen an die Luftschalldämmung von Außenbauteilen
(DIN 4109, Tabelle 8)

Zeile	Lärmpegelbereich	„Maßgeblicher Außenlärmpegel“ dB(A)	Raumarten: Bettenräume in Krankenanstalten und Sanatorien	Raumarten: Wohnräume; Übernachtungsräume; Unterrichtsräume und Ähnliches	Raumarten: Büroräume[1] und Ähnliches
			erf $R'_{w,res}$ des Außenbauteils in dB		
1	II	56 bis 60	35	**30**	30
2	III	61 bis 65	40	**35**	30
3	IV	66 bis 70	45	**40**	35
4	V	71 bis 75	50	**45**	40
5	VI	76 bis 80	[2]	**50**	45
6	VII	> 80	[2]	[2]	50

[1] An Außenbauteile von Räumen, bei denen der eindringende Außenlärm aufgrund der in den Räumen ausgeübten Tätigkeiten nur einen untergeordneten Beitrag zum Innenraumpegel leistet, werden keine Anforderungen gestellt.
[2] Die Anforderungen sind hier aufgrund der örtlichen Gegebenheiten festzulegen.

Tafel 10.48b Korrekturwerte für das erforderliche resultierende Schalldämm-Maß nach Tafel 10.48a in Abhängigkeit vom Verhältnis $S_{(W+F)}/S_G$ (DIN 4109, Tabelle 9)

1	$S_{(W+F)}/S_G$	2,5	2,0	1,6	1,3	1,0	0,8	0,6	0,5	0,4
2	Korrektur	+5	+4	+3	+2	+1	0	–1	–2	–3

$S_{(W+F)}$ Gesamtfläche des Außenbauteils eines Aufenthaltsraumes in m²
S_G Grundfläche eines Aufenthaltsraumes in m²

3.2.4.2 Ermittlung des „maßgeblichen Außenlärmpegels“ für Tafel 10.48a

Weitere Angaben hierzu auch in Kapitel 7 B Straßenwesen, Abschn. 9.

Sofern keine besonderen Festlegungen, z. B. durch Bebauungspläne oder Lärmkarten, maßgebend sind, ist für **Straßenverkehrslärm** der Mittelungspegel L_{Am} nach dem Nomogramm in Tafel 10.49 zugrunde zu legen. Zu den Mittelungspegeln sind ggf. folgende Zuschläge zu addieren: + 3 dB(A), wenn der Immissionsort an einer Straße mit beidseitig geschlossener Bebauung liegt; + 2 dB(A), wenn die Straße eine Längsneigung von mehr als 5 % hat; + 2 dB(A), wenn der Immissionsort weniger als 100 m von der nächsten lichtsignalgeregelten Kreuzung oder Einmündung entfernt ist. In der Nähe von **Gewerbe- und Industrieanlagen** gilt der Tag-Immissionsrichtwert, der TA-Lärm für die jeweilige Gebietskategorie, und für den **Schienenverkehr** ist der Beurteilungspegel für den Tag nach DIN 18 005-1, erhöht um 3 dB(A), maßgeblich. Anderenfalls kann der maßgebliche Außenlärmpegel auch durch Messung nach DIN 45 642 bestimmt werden; Auswertung nach DIN 4109 Anhang B.

Für die von der maßgeblichen Lärmquelle abgewandten Gebäudeseiten darf der maßgebliche Außenlärmpegel ohne besonderen Nachweis gemindert werden, und zwar bei offener Bebauung um 5 dB(A) und bei geschlossener Bebauung bzw. bei Innenhöfen um 10 dB(A).

Tafel 10.49a Nomogramm zur Ermittlung des „maßgeblichen Außenlärmpegels“ für typische Straßenverkehrssituationen

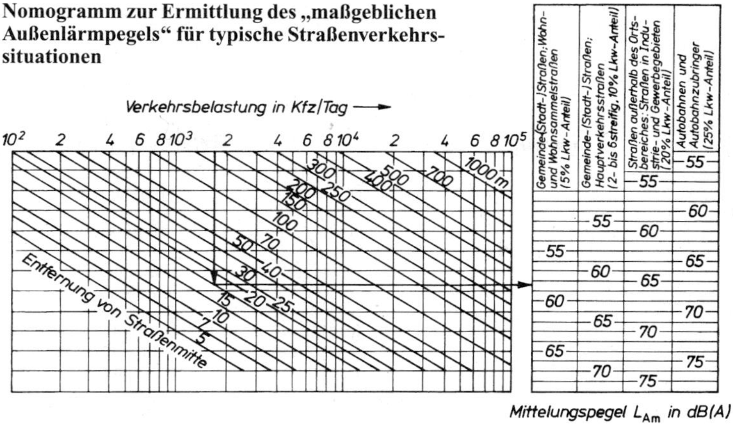

3.3 Anforderungen an einen weitergehenden oder erhöhten Schallschutz

Das Bauaufsichtsrecht verzichtet darauf, im *eigenen Wohn- und Arbeitsbereich* Anforderungen zum Mindestschallschutz festzulegen, obwohl er auch dort sehr zweckmäßig ist. Im Beiblatt 2 zu DIN 4109 finden sich Empfehlungen, die Grundlage privater vertraglicher Regelungen sein können. Im Einzelfall kann es zweckmäßig sein, einen höheren Schallschutz als den Mindestschallschutz gemäß Tafel 10.43 vorzusehen. Auch mit Blick auf die engen Grenzen der Machbarkeit enthält Beiblatt 2 zu DIN 4109 hierzu Vorschläge als sachverständigen Rat. Siehe auch Seite 10.46.

Tafel 10.49b Empfehlungen für normalen und erhöhten Schallschutz; Luft- und Trittschalldämmung von Bauteilen zum Schutz gegen Schallübertragung aus dem eigenen Wohn-/Arbeitsbereich

Zeile	Bauteile	Empfehlungen für normalen Schallschutz		erhöhten Schallschutz	
		erf R'_w	erf $L'_{n,w}$	erf R'_w	erf $L'_{n,w}$
	1 Wohngebäude				
1	Decken in Einfamilienhäusern, ausgenommen Kellerdecken	50	56	≥ 55	≤ 46
2	Treppen und Treppenpodeste in Einfamilienhäusern	–	–	–	≤ 53
3	Decken von Fluren in Einfamilienhäusern	–	56	–	≤ 46
4	Wände ohne Türen zwischen Räumen unterschiedlicher Nutzung, z. B. zwischen Wohn- und Kinderschlafzimmer	40	–	≥ 47	–
	2 Büro- und Verwaltungsgebäude				
5	Decken, auch von Fluren, Treppenraumwände	52	53	≥ 55	≤ 46
6	Wände von Räumen mit üblicher Bürotätigkeit	37	–	≥ 42	–
7	Wände von Räumen für konzentrierte geistige Tätigkeit oder zur Behandlung vertraulicher Angelegenheiten, z. B. zwischen Direktions- und Vorzimmer oder Flur	45	–	≥ 52	–
8	Türen in Wänden nach Zeile 6	27	–	≥ 32	–
9	Türen in Wänden nach Zeile 7	37	–	–	–

Bemerkungen zu:	
1, 2, 3, 5	Weichfedernde Bodenbeläge dürfen beim Nachweis des Trittschallschutzes angerechnet werden.
2, 3	Der Vorschlag für die Trittschalldämmung gilt nur für die Übertragung in fremde Aufenthaltsräume, ganz gleich, ob sie in waagerechter, schräger oder senkrechter (nach oben) Richtung erfolgt.
6, 7, 8	Es ist darauf zu achten, dass diese Werte nicht durch Nebenwegübertragung über Flur und Türen verschlechtert werden.

Tafel 10.50 Vorschläge für erhöhten Schallschutz; Luft- und Trittschalldämmung von Bauteilen zum Schutz gegen Schallübertragung aus einem fremden Wohn- oder Arbeitsbereich

Zeile	Bauteile	erhöhter Schallschutz erf R'_w	erf $L'_{n,w}$
	1 Geschosshäuser mit Wohnungen und Arbeitsräumen, Beherbergungsstätten, Krankenanstalten, Sanatorien		
1	Decken, an die in Tafel 10.43 Anforderungen gestellt werden	≥ 55	≤ 46
2	Wohnungstrennwände und Wände zwischen fremden Arbeitsräumen, Treppenhauswände und Wände neben Hausfluren	≥ 55	–
3	Wände zwischen Übernachtungs- bzw. Krankenräumen und Wände zwischen Fluren und solchen Räumen	≥ 52	–
4	Türen, an die in Tafel 10.43 Anforderungen gestellt werden	≥ 37	–
	2 Einfamilien-Doppelhäuser und Einfamilien-Reihenhäuser		
5	Decken	–	≤ 38
6	Treppenläufe und -podeste und Decken unter Fluren	–	≤ 46
7	Haustrennwände	≥ 67	–
Bemerkungen zu 1, 5, 6 bzw. 5 und 6 siehe Tafel 10.49b sinngemäß.			

3.4 Nachweis des Schallschutzes

3.4.1 DIN 4109 Bbl. 1 und DIN EN 12 354

Die Anforderungen an den Schallschutz nach Abschnitt 3.2, ggf. Abschnitt 3.3, kennzeichnen die schalltechnische Leistungsfähigkeit trennender Bauteile im eingebauten Zustand, ausgedrückt durch die Bau-Schalldämm-Maße R'_w bzw. $L'_{n,w}$. Zum Nachweis stehen Bauteilkataloge, hier DIN 4109 Bbl. 1, zur Verfügung, die im Kern „Bauteile mit bauüblichen Nebenwegen" enthalten, ggf. mit Korrekturen für den Fall anderer Schallübertragungswege. (Nur für Skelettbauten ist schon jetzt ein modernerer Weg skizziert.)

Durch Vorgaben der europäischen Normen wird das Konzept der Bau-Schalldämm-Maße R'_w, und $L'_{n,w}$, bei denen eine Flankenübertragung über bauübliche Nebenwege automatisch in den Eignungsnachweis der Bauteile „hineinbemessen" wird, verlassen und ersetzt durch den Nachweis des Schallschutzes im Gebäude, wie er im Zusammenwirken aller Schallübertragungswege sich ergibt (vgl. auch Abschnitt 3.4.3.3). *Bauteile* werden hinsichtlich ihrer Leistungsfähigkeit nur noch durch R_w und $L_{n,w}$ gekennzeichnet, R'_w und $L'_{n,w}$ gibt es nur noch bei Gebäuden zur Kennzeichnung der Anforderungen oder zur Charakterisierung des vorhandenen Schallschutzes. Gezielt wird dabei neben den reinen Bauteilwerten die flankierende Übertragung in die Berechnung aufgenommen, was die Verfügbarkeit vor allem von Eingangsdaten für die Direktdämmung so wie die Stoßstellendämm-Maße k_{ij} notwendig macht. R'_w und $L'_{n,w}$ ergeben sich aus der „energetischen Addition" aller Dämm-Maße, ähnlich Abschnitt 3.4.3.3. Anstelle eines „Nachweises der Eignung der Bauteile" geht es nun eindeutig um den „Nachweis des Schallschutzes in Gebäuden". Es wird damit zugleich möglich, von der konstruktiven Seite her die flankierende Übertragung in die Planung aufzunehmen. Zugleich erfolgt damit aber auch eine eindeutige Trennung der Verantwortungsbereiche und ein eindeutiger planerischer Ansatz: Der Schallschutz im Gebäude wird zur Aufgabe einer Fachplanung.

Der neue Ansatz zwingt zu einer völligen Überarbeitung der DIN 4109 mit ihrem Beiblatt 1. Die Überarbeitung ist einschließlich der neu zu schaffenden Bauteilkataloge im vollen Gange. Jetzt ist dieser Ansatz bereits verfügbar in **DIN EN 12 354-1 bis -3** – Berechnung der akustischen Eigenschaften von Gebäuden aus Bauteileigenschaften – für den Luftschallschutz, den Trittschallschutz und die Luftschalldämmung gegen Außenlärm. Die Normen enthalten neben detaillierten Modellen mit frequenzabhängigen Berechnungen Vereinfachungen auf der Basis der Einzahlangaben. Es ist klar, dass diese Berechnungen nicht von Hand sondern mit Hilfe geeigneter Berechnungsprogramme durchgeführt werden.

Grundsätzlich ist die Beibehaltung des derzeitigen Schallschutzniveaus vorgesehen. Diskutiert wird jedoch als kennzeichnende Größen für die Schallschutzanforderungen nachhallzeitbezogene Größen ($D_{n,T,w}$ anstelle R'_w beim Luftschallschutz und $L'_{n,T,w}$ anstelle $L'_{n,w}$) zu verwenden.

Nachfolgend werden, dem jetzigen Stand entsprechend, zunächst Daten über **einschalige Bauteile in „bauüblichen Nebenwegen" nach DIN 4109 Bbl. 1** mitgeteilt.

3.4.1.1 Einschalige Bauteile, die aufgrund ihrer Masse bemessen werden

Im akustischen Sinne einschalig heißen Bauteile, die im Wesentlichen homogen aufgebaut sind. Dies sind Bauteile, die in Bauteilebene gleichmäßig sind, also z. B. überall gleich dick sind, und in Dickenrichtung aus einheitlichen oder wenigstens ähnlichen Baustoffen bestehen. Kleine Hohlräume, wie z. B. bei Porenbeton, Hochlochsteinen, stören nicht. Enthalten die Bauteile mehrere Schichten, so müssen diese einen flächigen Verbund aufweisen.

Das bewertete Schalldämm-Maß einschaliger Bauteile wird überwiegend durch dessen flächenbezogene Masse m' bestimmt. Diese berechnet sich nach $m' = \varrho \cdot d$, mit ϱ Rechenwert der Rohdichte in kg/m^3 und d Dicke in m, gegebenenfalls mit Zuschlag für ein- oder beidseitigen Putz.

Voraussetzung für den in Tafel 10.51d angegebenen Zusammenhang zwischen Luftschalldämmung und flächenbezogener Masse einschaliger Wände sind ein geschlossenes Gefüge und ein fugendichter Aufbau. Ist diese Voraussetzung nicht erfüllt, sind die Wände zumindest einseitig durch einen vollflächig haftenden Putz bzw. durch eine entsprechende Beschichtung gegen unmittelbaren Schalldurchgang abzudichten. Punktweise geklebte Platten sind hierfür ungeeignet.

Tafel 10.51a Rechenwerte der Rohdichten ϱ einschaliger Wände aus Steinen und Platten

Rohdichteklasse		2,20	2,00	1,80	1,60	1,40	1,20	1,00	0,90	0,80	0,70	0,60	0,50	0,40
Wandrohdichte [1)2)] (kg/m^3) mit	Normalmörtel	2080	1900	1720	1540	1360	1180	1000	910	820	730	640	550	460
	Leichtmörtel	1940	1770	1600	1420	1260	1090	950	860	770	680	590	500	410

1) Die angegebenen Werte sind für alle Formate der in DIN 1053-1 und DIN 4103-1 für die Herstellung von Wänden aufgeführten Steine bzw. Platten zu verwenden.
2) Dicke der Mörtelfugen von Wänden nach DIN 1053-1 bzw. DIN 4103-1. Bei Wänden aus dünnfugig zu verlegenden Plansteinen und -platten sind die Nennwerte der Rohdichteklassen abzumindern. Es gilt Tafel 10.51b.

Tafel 10.51b Rechenwerte der Rohdichten ϱ von Betonen und Platten

Normal- u. Stahlbeton	2300
Leicht- u. Porenbeton, Platten	Der Nennwert der Rohdichteklasse wird abgemindert bei $\varrho > 1000\ kg/m^3$ um $100\ kg/m^3$ und $\varrho \leq 1000\ kg/m^3$ um $50\ kg/m^3$

Tafel 10.51c Rechenwerte der flächenbezogenen Masse von Putz in kg/m^2

Putzdicke	Kalkgips-, Gipsputz	Kalk, Kalkzement-, Zementputz
10	10	18
15	15	25
20	–	30

Tafel 10.51d Bewertetes Schalldämm-Maß $R'_{w,R}$ von einschaligen, biegesteifen Wänden und Decken (Rechenwerte) nach DIN 4109 Beiblatt 1

m' kg/m^2	85	90	95	105	115	125	135	150	160	175	190	210	230	250	270
$R'_{w,R}$ [1)] dB	34	35	36	37	38	39	40	41	42	43	44	45	46	**47**	48
m' kg/m^2	295	320	350	380	410	450	490	530	580	630	680	740	810	880	960
$R'_{w,R}$ [1)] dB	49	50	51	**52**	**53**	54	**55**	56	**57**	58 [2)]	59 [2)]	60 [2)]	61 [2)]	62 [2)]	63 [2)]

Näherung, zu runden auf ganze dB: $R'_{w,R} = 28 \lg m' - 20$

1) Gültig für flankierende biegesteife Bauteile mit einer mittleren flächenbezogenen Masse von ≈ 300 kg/m^2. Sonst gelten Korrekturwerte $K_{L,1}$ nach Seite 10.56.
2) Diese Werte gelten nur für die Ermittlung des Schalldämm-Maßes zweischaliger Wände aus biegesteifen Schalen nach Seite 10.53.

• Einfluss zusätzlich angebrachter Bau- und Dämmplatten

Werden z. B. aus Gründen des Wärmeschutzes an einschalige, biegesteife (s. S. 10.51) Wände Dämmplatten hoher dynamischer Steifigkeit (z. B. Holzwolle-Leichtbauplatten oder harte Schaumkunststoffplatten) vollflächig oder punktweise angesetzt oder anbetoniert, so verschlechtert sich die Schalldämmung, wenn die Dämmplatten durch Putz, Bauplatten (z. B. Gipskartonplatten) oder Fliesen abgedeckt werden. Es entsteht ein zweischaliges System mit ungünstiger Eigenfrequenz f_0. Die Angaben der Tafel 10.51d gelten nicht. Günstig sind Vorsatzschalen nach Seite 10.54.

3.4.1.2 Einschalige Wände ohne besonderen Nachweis

Tafel 10.52 Bewertetes Schalldämm-Maß $R'_{w,R}$ von einschaligem, in Normalmörtel gemauertem Mauerwerk (Ausführungsbeispiele, Rechenwerte)

Spalte	1	2	3	4	5	6	7
Zeile	Bewertetes Schalldämm-Maß $R'_{w,R}$[1] dB	Rohdichteklasse der Steine und Wanddicke der Rohwand bei einschaligem Mauerwerk					
		Beiderseitiges Sichtmauerwerk		Beiderseitig je 10 mm Putz P IV (Gips- oder Kalkgipsputz) 20 kg/m²		Beiderseitig je 15 mm Putz P I, P II, P III (Kalk-, Kalkzement- oder Zementputz) 50 kg/m²	
		Stein-Rohdichteklasse	Wanddicke mm	Stein-Rohdichteklasse	Wanddicke mm	Stein-Rohdichteklasse	Wanddicke mm
1		0,6	175	0,5[2]	175	0,4	115
2		0,9	115	0,7[2]	115	0,6[3]	100
3	37	1,2	100	0,8	100	0,7[3]	80
4		1,4	80	1,2	80	0,8[3]	70
5		1,6	70	1,4	70	–	–
6		0,5	240	0,5[2]	240	0,5[2]	175
7		0,8	175	0,7[3]	175	0,7[3]	115
8	40	1,2	115	1,0[3]	115	1,2	80
9		1,8	80	1,6	80	1,4	70
10		2,2	70	1,8	70	–	–
11		0,7	240	0,6[3]	240	0,5[2]	240
12		0,9	175	0,8[3]	175	0,6[3]	175
13		1,4	115	1,2	115	1,0[4]	115
14	42	2,0	80	1,6	100	1,2	100
15		–	–	1,8	80	1,4	80
16		–	–	2,0	70	1,6	70
17		0,9	240	0,8[3]	240	0,6[2]	240
18	45	1,2	175	1,2	175	0,9[3]	175
19		2,0	115	1,8	115	1,4	115
20		2,2	100	2,0	100	1,8	100
21		0,8	300	0,8[3]	300	0,6[2]	300
22	47	1,0	240	1,0[3]	240	0,8[3]	240
23		1,6	175	1,4	175	1,2	175
24		2,0	115	2,2	115	1,8	115
25		0,8	490	0,7	490	0,6	490
26		1,0	365	1,0	365	0,9	365
27	52	1,4	300	1,2	300	1,2	300
28		1,6	240	1,6	240	1,4	240
29		–	–	2,2	175	2,0	175
30		0,8	490	0,8	490	0,7	490
31		1,2	365	1,2	365	1,2	365
32	53	1,4	300	1,4	300	1,2	300
33		1,8	240	1,8	240	1,6	240
34		–	–	–	–	2,2	175
35		1,0	490	0,9	490	0,9	490
36		1,4	365	1,4	365	1,2	365
37	55	1,8	300	1,6	300	1,6	300
38		2,2	240	2,0	240	2,0	240
39		1,2	490	1,2	490	1,2	490
40	57	1,6	365	1,6	365	1,6	365
41		2,0	300	2,0	300	1,8	300

1) Gültig für flankierende Bauteile mit einer mittleren flächenbezogenen Masse $m'_{L,Mittel}$ von etwa 300 kg/m².

2) Bei Schalen aus Porenbetonsteinen und -platten nach DIN 4165 und DIN 4166 sowie Leichtbetonsteinen mit Blähton als Zuschlag nach DIN 18 151 und DIN 18 152 kann die Stein-Rohdichteklasse um 0,1 niedriger sein.

3) Bei Schalen aus Porenbetonsteinen und -platten nach DIN 4165 und DIN 4166 sowie Leichtbetonsteinen mit Blähton als Zuschlag nach DIN 18 151 und DIN 18 152 kann die Stein-Rohdichteklasse um 0,2 niedriger sein.

4) Bei Schalen aus Porenbetonsteinen und -platten nach DIN 4165 und DIN 4166 sowie Leichtbetonsteinen mit Blähton als Zuschlag nach DIN 18 151 und DIN 18 152 kann die Stein-Rohdichteklasse um 0,3 niedriger sein.

3.4.2 Zweischalige Bauteile in „bauüblichen Nebenwegen“

Die beiden Schalen eines zweischaligen Bauteils können zusammen mit der federnden Zwischenschicht als Feder-Masse-System betrachtet werden. Ein solches System ist selbst schwingungsfähig und schwingt nach Erregung, z. B. durch Stoß, mit einer bestimmten Eigenfrequenz f_0, die nach Tafel 10.59a berechnet werden kann. f_0 sollte durch konstruktive Maßnahmen unter 100 Hz gehalten werden. Das bewertete Schalldämm-Maß kann nicht allein aus der flächenbezogenen Masse bestimmt werden. Weitere konstruktive Einzelheiten, z. B. Entkopplung beider Schalen an Rippen und am Rand, sind von Einfluss.

3.4.2.1 Zweischalige Wände aus zwei biegesteifen Schalen

Die flächenbezogene Masse der Einzelschale mit einem etwaigen Putz muss mindestens 150 kg/m² betragen. Dabei muss die Dicke der Trennfuge (Schalenabstand) mindestens 30 mm aufweisen. Lediglich bei einem Schalenabstand ≥ 50 mm darf das Gewicht der Einzelschale auf 100 kg/m² sinken. Details s. Abb. 10.53.

Der Fugenhohlraum ist mit dicht gestoßenen und vollflächig verlegten mineralischen Faserdämmplatten nach DIN 18 165-2, Typ T (Trittschalldämmplatten) auszufüllen. In Ortbetonbauweise sind mineralische Faserdämmplatten mit besonderer Eignung für die beim Betoniervorgang auftretenden Beanspruchungen vorzuziehen.

Ermittlung von $R'_{w,R}$

Für zweischalige Wände mit durchgehender Trennfuge kann das bewertete Schalldämm-Maß aus der Summe der flächenbezogenen Massen der Einzelschalen unter Berücksichtigung etwaiger Putze – wie bei einschaligen, biegesteifen Wänden – nach Tafel 10.51d ermittelt werden; dabei dürfen auf das so ermittelte Schalldämm-Maß $R'_{w,R}$ wegen der zweischaligen Ausführung **12 dB aufgeschlagen** werden (weniger im Raum über dem gemeinsamen Fundament).

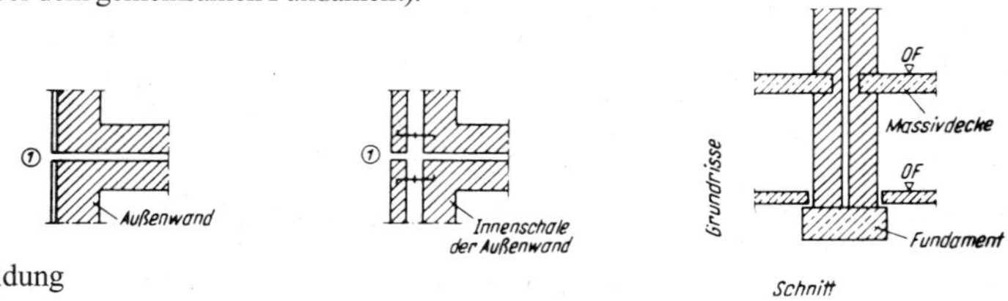

Abb. 10.53 Fugenbildung

Tafel 10.53 Beispiele für das bewertete Schalldämm-Maß $R'_{w,R}$ für zweischaliges, in Normalmörtel gemauertes Mauerwerk mit durchgehender Gebäudetrennfuge

Bewertetes Schall-dämm-Maß $R'_{w,R}$ in dB	Beiderseitiges Sichtmauerwerk		Beiderseitig je 10 mm Putz P IV (Gips- und Kalkgipsputz)		Beiderseitig je 15 mm Putz P I, P II, P III (Kalk-, Kalkzement-, Zementputz)	
	Stein-Rohdichte-klasse –	Mindest-dicke der Schalen in mm	Stein-Rohdichte-klasse –	Mindest-dicke der Schalen in mm	Stein-Rohdichte-klasse –	Mindest-dicke der Schalen in mm
57	0,6	2 × 240	0,6	2 × 240		
	0,9	2 × 175	0,8	2 × 175	0,7	2 × 175
	1,0	2 × 150	1,0	2 × 150	0,9	2 × 150
	1,4	2 × 115	1,4	2 × 115	1,2	2 × 115
62	0,6	2 × 240	0,6	2 × 240	0,5	2 × 240
	0,9	175 + 240	0,8	2 × 175	0,8	2 × 175
	0,9	2 × 175	1,0	2 × 150	0,9	2 × 150
	1,4	2 × 115	1,4	2 × 115	1,2	2 × 115
67	1,0	2 × 240	1,0	2 × 240	0,9	2 × 240
	1,2	175 + 240	1,2	175 + 240	1,2	175 + 240
	1,4	2 × 175	1,4	2 × 175	1,4	2 × 175
	1,8	115 + 175	1,8	115 + 175	1,6	115 + 175
	2,2	2 × 115	2,2	2 × 115	2,0	2 × 115

3.4.2.2 Zweischalige Wände aus einer biegesteifen Schale und biegeweicher Vorsatzschale

Die Luftschalldämmung einschaliger, biegesteifer Wände kann mit Vorsatzschalen nach Tafel 10.54b verbessert werden. Bei den Vorsatzschalen ist nach ihrer Wirksamkeit zwischen zwei Gruppen A und B zu unterscheiden. Das erreichbare bewertete Schalldämm-Maß $R'_{w,R}$ hängt von der flächenbezogenen Masse der biegesteifen Trennwand ab.

Die relative Wirksamkeit biegeweicher Vorsatzschalen nimmt mit zunehmendem Schallschutz der biegesteifen Trennwand ab, weil der Anteil der Schallübertragung über die durch Vorsatzschalen ungeschützten flankierenden Bauteile relativ zunimmt.

Tafel 10.54a Bewertetes Schalldämm-Maß $R'_{w,R}$ von einschaligen, biegesteifen Wänden mit einer biegeweichen Vorsatzschale nach Tafel 10.54b

flächenbezogene Masse der biegesteifen Wand kg/m²	100	150	200	250	275	300	350	400	450	500
$R'_{w,R}$ dB[1)2)]	49	49	50	52	53	54	55	56	57	58

1) Gültig für Gruppe B. Für Vorsatzschalen der Gruppe A sind die Werte um 1 dB abzumindern.
2) Gültig für flankierende Bauteile mit einer mittleren flächenbezogenen Masse $m'_{L,Mittel} \approx 300\,kg/m^2$ (sonst s. S. 10.56).

Tafel 10.54b Eingruppierung von biegeweichen Vorsatzschalen vor einschaligen, biegesteifen Wänden nach ihrem schalltechnischen Verhalten

Bild	Gruppe	Wandausbildung	Beschreibung
1	A	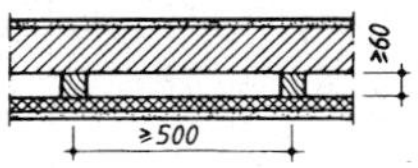	Vorsatzschale aus Holzwolle-Leichtbauplatten nach DIN 1101; Dicke ≥ 25 mm, verputzt, Holzstiele (Ständer) an schwerer Schale befestigt; Ausführung nach DIN 1102.
2	B	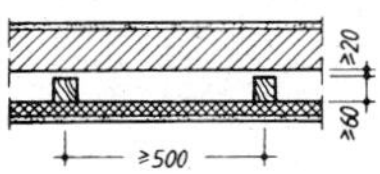	Ausführung wie Bild 1, jedoch Holzstiele (Ständer) mit Abstand ≥ 20 mm vor schwerer Schale frei stehend. Ausführung nach DIN 1102.
3	A	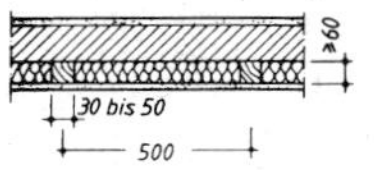	Vorsatzschale aus Gipskartonplatten nach DIN 18 180, Dicke 12,5 oder 15 mm, Ausführung nach DIN 18 181 oder aus Spanplatten nach DIN 68 763, Dicke 10 bis 16 mm; mit Hohlraumausfüllung[1)], Holzstiele (Ständer) an schwerer Schale befestigt[2)].
4	B	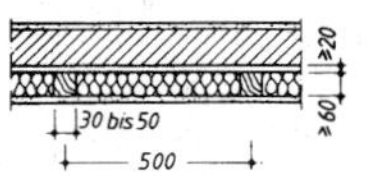	Ausführung wie Bild 3, jedoch Holzstiele (Ständer) mit Abstand ≥ 20 mm vor schwerer Schale frei stehend[2)].
5	B	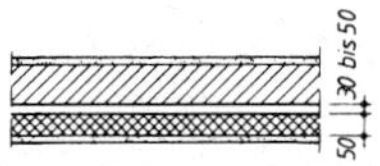	Vorsatzschale aus Holzwolle-Leichtbauplatten nach DIN 1101; Dicke 50 mm, verputzt, frei stehend mit Abstand von 30 bis 50 mm vor schwerer Schale, Ausführung nach DIN 1102.
6	B	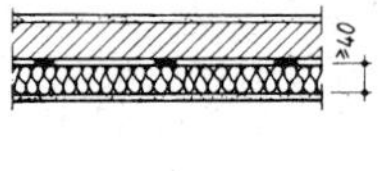	Vorsatzschale aus Gipskartonplatten nach DIN 18 180, Dicke 12,5 oder 15 mm, und Faserdämmplatten[3)], Ausführung nach DIN 18 181, streifen- oder punktförmig angesetzt.

1) Faserdämmstoffe, Strömungswiderstand $\Xi \geq 5\,kN \cdot s/m^4$.
2) Zulässig auch Ständer aus Blech-C-Profilen nach DIN 18 182-1.
3) Faserdämmstoffe DIN 18 165-1, Anwendungstyp WV-s, $s' \leq 5\,MN/m^3$.

3.4.2.3 Zweischalige Wände aus zwei biegeweichen Schalen

Ausführungsbeispiele sind in Tafel 10.55a enthalten. Von entscheidender Bedeutung ist die Ausbildung der flankierenden Bauteile. Die Werte gelten bei mittleren flächenbezogenen Massen der flankierenden Bauteile von etwa 300 kg/m^2 (sonst s. S. 10.56).

Tafel 10.55a Bewertetes Schalldämm-Maß $R'_{w,R}$ von Wänden aus Gipskartonplatten (12,5 oder 15 mm dick) **oder Spanplatten** (13 oder 16 mm dick)

Zeile	Wandausbildung mit Stielen (Ständern) und ein- oder zweilagiger Bekleidung	Anzahl der Lagen je Seite	Schalenabstand s mm	Dämmstoffdicke[1)] s_D mm	$R'_{w,R}$ dB
1	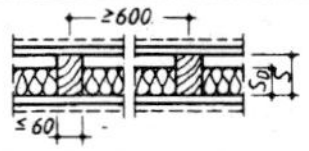	1	≥ 60	≥ 40	38
2		2			46
3	wie Zeile 1, jedoch Ständer aus Blech-C-Profilen nach DIN 18 182-1	1	≥ 50	≥ 40	45
5		2	≥ 100	≥ 80	50
6	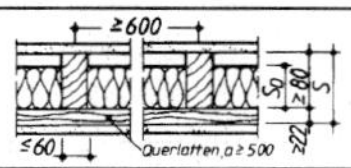	1	≥ 100	≥ 60	44
7	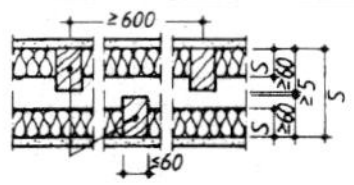 *auch als Blech-C-Profile ausführbar*	1	≥ 125	2 × ≥ 40	49
8	Wie Zeile 7, jedoch eine Dämmstoffschicht zwischen den Stiel-(Ständer-)Reihen	1	≥ 160	≥ 40	49
9		2	≥ 200	≥ 80 oder 2 × ≥ 40	50

1) Faserdämmstoffe, $\Xi \geq 5\,kN \cdot s/m^4$.

3.4.2.4 Decken

Die Angaben der Tafel 10.55b gelten für flankierende Bauteile mit $m'_{L,mittel} \approx 300\,kg/m^2$. Bei der Ermittlung der flächenbezogenen Masse darf die Masse von unmittelbar aufgebrachten Estrichen und unterseitigem Putz angerechnet werden, nicht aber die von schwimmenden Fußböden oder Unterdecken. Rohdichten von Seite 10.51. Unterdecken sinngemäß wie Tafel 10.54b, Gruppe B.

Tafel 10.55b Bewertetes Schalldämm-Maß $R'_{w,R}$ von Massivdecken in dB

Zeile	flächenbezogene Masse der Decke kg/m^2	Massivdecke			
		Estrich und Gehbelag unmittelbar angebracht	mit schwimmendem Fußboden ($\Delta L_w \geq 25$ dB)	mit Unterdecke Gehbelag und Estrich unmittelbar angebracht	mit schwimmendem Fußboden und Unterdecke
1	500	55	59	59	62
2	450	54	58	58	61
3	400	53	57	57	60
4	350	51	56	56	59
5	300	49	55	55	58
6	250	47	53	53	56
7	200	44	51	51	54
8	150	41	49	49	52

3.4.3 Bauteile in anderen als „bauüblichen Nebenwegen“; Einfluss flankierender Bauteile auf die Luftschalldämmung

Die Luftschallübertragung innerhalb von Gebäuden kann in Simulationsberechnungen bestimmt werden. Hierzu z. B. die Verfahren in DIN EN 12 354-1 : 2000-12 Bauakustik – Berechnung der akustischen Eigenschaften von Gebäuden aus den Bauteileigenschaften – Teil 1: Luftschalldämmung zwischen Räumen.

3.4.3.1 Bewertungsverfahren für flankierende Bauteile mit anderer Masse als 300 kg/m²

Die Luftschalldämmung von Trennwänden und -decken hängt nicht nur von deren Ausbildung, sondern auch von der Ausführung der flankierenden Bauteile ab. Die Angaben der Seiten 10.51, 10.53 bis 10.55 setzen eine mittlere flächenbezogene Masse von ≈ 300 kg/m² und eine biegesteife Anbindung der flankierenden Bauteile an das trennende Bauteil (Ausnahme: Bauteile nach Tafel 10.55a sowie Holzbalkendecken) voraus.

Weicht die mittlere flächenbezogene Masse der flankierenden Bauteile von etwa 300 kg/m² ab, so ist zu den in den Tafeln genannten Schalldämm-Maßen ein Korrekturwert $K_{L,1}$ zu addieren. Er ist in Abhängigkeit von der mittleren flächenbezogenen Masse $m'_{L,Mittel}$ der flankierenden Bauteile aus der Tafel 10.56a zu entnehmen. Die mittlere flächenbezogene Masse muss je nach Art des **trennenden** Bauteils unterschiedlich berechnet werden (s. S. 10.57). Bei der Berechnung der flächenbezogenen Masse werden Öffnungen (Fenster, Türen) nicht berücksichtigt.

Für die aufgeführten Korrekturwerte wird vorausgesetzt, dass die flankierenden Bauteile zu beiden Seiten eines trennenden Bauteils in einer Ebene liegen und auf beiden Seiten von gleicher flächenbezogener Masse sind. Ist dies nicht der Fall, ist für die Berechnung anzunehmen, dass das jeweils leichtere flankierende Bauteil auch im Nachbarraum vorhanden ist.

Sind bei mehrschaligen trennenden Bauteilen auch ein oder mehrere flankierende Bauteile mehrschalig auf beiden Seiten des trennenden Bauteils (z. B. durch Vorsatzschalen oder schwimmenden Estrich, jeweils unterbrochen am trennenden Bauteil), so gilt der Korrekturwert $K_{L,1} + K_{L,2}$; $K_{L,1}$ ergibt sich aus Tafel 10.56a, $K_{L,2}$ aus Tafel 10.56b.

Tafel 10.56a Korrekturwerte $K_{L,1}$ in dB für das Schalldämm-Maß R'_w von Wänden und Decken als trennende Bauteile bei flankierenden Bauteilen mit der mittleren flächenbezogenen Masse $m'_{L,Mittel}$ in kg/m²

Art des trennenden Bauteils		$K_{L,1}$, falls $m'_{L,Mittel}$ [1)]							
		450	400	350	**300**	250	200	150	100
Einschalige **biegesteife** Wand oder Decke (nach Tafeln 10.51d, 10.52, 10.55b, Spalte 1)			0	0	0	0	−1	−1	−1
Biegesteife Wände mit Vorsatzschalen oder Decken mit schwimmendem Estrich oder/und Unterdecke (nach Tafeln 10.54a, 10.55b)			+2	+1	0	−1	−2	−3	−4
Wände aus zwei **biegeweichen Schalen** (nach Tafel 10.55a) oder Holzbalkendecke, in Abhängigkeit von $R'_{w,R,300}$ ($R'_{w,R}$ bei $m'_{L,Mittel} = 300$ kg/m²)	$R'_{w,R,300}$								
	50	+4	+3	+2	0	−2	−4	−7	
	49	+2	+2	+1	0	−2	−3	−6	
	47	+1	+1	+1	0	−2	−3	−6	
	45	+1	+1	+1	0	−1	−2	−5	
	43	0	0	0	0	−1	−2	−4	
	41	0	0	0	0	−1	−1	−3	

1) Die Berechnung von $m'_{L,Mittel}$ erfolgt fallweise nach einer der beiden auf Seite 10.57 angegebenen Gleichungen.

Tafel 10.56b Korrekturwerte $K_{L,2}$ bei mehrschaligen trennenden Bauteilen

Anzahl der flankierenden, biegeweichen Bauteile oder flankierenden Bauteile mit biegeweicher Vorsatzschale	1	2	3
$K_{L,2}$ dB	+1	+3	+6

3.4.3.2 Berechnung der mittleren flächenbezogenen Masse flankierender Bauteile

Die mittlere flächenbezogene Masse $m'_{L,Mittel}$ der flankierenden Bauteile wird je nach Art des **trennenden** Bauteils unterschiedlich berechnet. Ist es eine biegesteife Wand oder eine Massivdecke, jeweils mit steifer Anbindung an die flankierenden Bauteile, so gilt nach Tafel 10.57, Zeile 1 das arithmetische Mittel der z. B. $n = 4$ unverkleideten, flankierenden, massiven Bauteile der flächenbezogenen Massen $m'_{L,i}$ (i = 1 bis n). Hat das trennende Bauteil keine biegesteife Anbindung an die flankierenden Bauteile, gilt Tafel 10.57, Zeile 2.

Tafel 10.57 Ermittlung der mittleren flächenbezogenen Masse $m'_{L,Mittel}$ der flankierenden Bauteile

	Art des trennenden Bauteils	
1	Biegesteif, steife Anbindung an flankierende Bauteile	$m'_{L,Mittel} = \frac{1}{n} \cdot \sum_{i=1}^{n} m'_{L,i}$
2	Biegeweiche Wände, Holzbalkendecken, Bauteile ohne steife Anbindung	$m'_{L,Mittel} = \left\{\frac{1}{n} \sum_{i=1}^{n} (m'_{L,i})^{-2,5}\right\}^{-0,4}$
Die Summe i = 1 bis n ist über diejenigen Bauteile zu erstrecken, die in beiden Räumen vorhanden sind und unverkleidet an der Schall-Längsübertragung teilhaben. Sind solche Bauteile auf beiden Seiten des trennenden Bauteils unterschiedlich schwer (oder ggf. auch versetzt), dann ist die geringere der beiden Flächenmassen einzusetzen.		

3.4.3.3 Berechnungen nach anderen Methoden

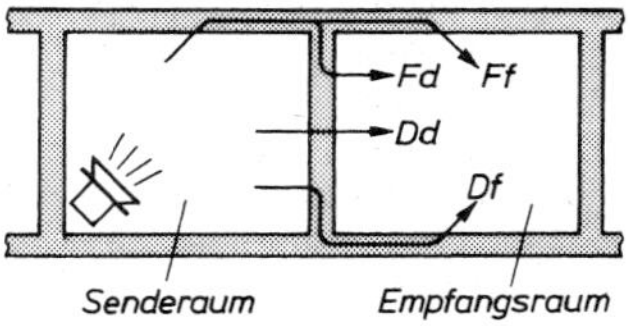

Abb. 10.57 Luftschallübertragung über trennende und flankierende Bauteile

Das Schema der Abschnitte 3.4.3.1 und 3.4.3.2 unterstellt, dass die flankierenden Bauteile Schall allein aufgrund ihrer Masse übertragen und dass die Art der Stoßstelle zwischen trennendem und flankierendem Bauteil nur die Art der Verzweigung auf die einzelnen Übertragungswege bestimmt. Allgemein kann man die Luftschalldämmung zwischen zwei Räumen auch bestimmen, wenn die Beiträge aller Einzelwege bekannt sind. Der Einzelweg Dd wird dabei durch R_w (nebenwegfrei) und die Wege Ff durch die Längsschalldämm-Maße $R'_{L,w,i}$ (i = 1 bis n) beschrieben. (Es heißt R'_L und nicht R_L, weil in die Übertragung über Ff auch die Größen der beiden Räumen zugewandten Flächen und die Länge der Stoßfuge zum trennenden Bauteil eingehen könnte.) Bei Räumen mit Höhen von ca. 2,5 bis 3 m und Raumtiefen von 4 bis 5 m kann $R'_{L,w,i} = R_{L,w,i}$ gesetzt werden, sodass auch die flankierenden Bauteile, wie schon die trennenden über R_w, einbauunabhängig tabelliert werden können.

Bei nichtsteifer Anbindung der trennenden Bauteile an die flankierenden findet keine Übertragung auf den Wegen Fd und Df statt. Dies gilt insbesondere bei Holzhäusern und Skelettbauten. Dann erfolgt die Luftschallübertragung nur auf den Wegen Dd und Ff, und das Schalldämm-Maß kann bestimmt werden nach der Gleichung

$$R'_{w,R} = -10\lg\left(10^{-R_{w,R}/10} + \sum_{i=1}^{n} 10^{-R_{L,w,R,i}/10}\right)$$

Bemessungswerte für R_w und $R_{L,w}$ findet man in Beiblatt 1 zu DIN 4109, Abschnitte 5 bis 7.

Beispiel:

Trennwand: doppelschalige Wand aus Gipskartonplatten mit $R'_w = 50$ dB

Flankierende Bauteile:	Außenwand	$m'_{L,1} = 200$ kg/m²
	Innen-Längswand	$m'_{L,2} = 350$ kg/m²
	obere Decke (160-mm-Stahlbetonplatte)	$m'_{L,3} = 368$ kg/m²
	untere Decke	Schwimmender Estrich auf 160 mm Stahlbeton

Die untere Decke trägt wegen des schwimmenden Estrichs nicht zur Schallübertragung über flankierende Bauteile bei und ist deshalb bei der Bestimmung von $m'_{L,Mittel}$ nicht zu berücksichtigen, daher hier $n = 3$.

$$m'_{L,Mittel} = \left[\frac{1}{3}\left(200^{-2,5} + 350^{-2,5} + 368^{-2,5}\right)\right]^{-0,4} = 266\ \text{kg/m}^2$$

Für den Korrekturwert ergibt sich aus Tafel 10.56a: $K_{L,1} = -2$ dB. Zusätzlich ist der Korrekturwert $K_{L,2} = 1$ dB nach Tafel 10.56b zu berücksichtigen. Damit wird **R'_w = (50 – 2 + 1) dB = 49 dB.**

3.4.4 Beispiele für Bauteile mit hohen Schalldämm-Maßen

Tafel 10.58 Ausführungsbeispiele für trennende und flankierende Bauteile neben bzw. übereinander liegender Räume mit hohen Anforderungen

Spalte	1	2	3	4
Zeile	Anforderung an R'_w dB	Lage der Räume	Trennende Bauteile (Wände, Decken)	Flankierende Bauteile beiderseits der trennenden Bauteile[1)]
1.1	55	nebeneinander liegend	Einschalige, biegesteife Wand, $m' \geq 490$ kg/m²	a) Einschalige, biegesteife Wände, $m' \geq 300$ kg/m² b) Massivdecke, $m' \geq 300$ kg/m²
1.2			Zweischalige Wand aus einer schweren, biegesteifen Schale, $m' \geq 350$ kg/m², mit biegeweicher Vorsatzschale auf einer Seite[2)]	
1.3		übereinander liegend	Massivdecke, $m' \geq 300$ kg/m² mit schwimmendem Estrich[3)]	Einschalige, biegesteife Wände, $m' \geq 300$ kg/m²
2.1	57	nebeneinander liegend	Einschalige, biegesteife Wand, $m' \geq 580$ kg/m²	a) einschalige, biegesteife Wände, $m' \geq 250$ kg/m² b) Massivdecke, $m' \geq 350$ kg/m²
2.2			Zweischalige Wand aus einer schweren, biegesteifen Schale, $m' \geq 450$ kg/m², mit biegeweicher Vorsatzschale auf einer Seite[2)]	
2.3		übereinander liegend	Massivdecke, $m' \geq 400$ kg/m², mit schwimmendem Estrich[3)]	Einschalige, biegesteife Wände, $m' \geq 300$ kg/m²
3.1	62	nebeneinander liegend	Zweischalige Wand mit durchgehender Gebäudetrennfuge[4)], flächenbezogene Masse jeder Schale $m' \geq 160$ kg/m²	keine Anforderungen
3.2			Dreischalige Wand aus einer schweren, biegesteifen Schale, mit $m' \geq 500$ kg/m², mit je einer biegeweichen Vorsatzschale auf beiden Seiten[2)]	a) Einschalige biegesteife Wände, $m' \geq 400$ kg/m² b) Massivdecke, $m' \geq 300$ kg/m²
3.3		übereinander liegend	Massivdecke, $m' \geq 500$ kg/m², mit schwimmendem Estrich[3)] und biegeweicher Decke[5)]	Einschalige, biegesteife Wände, $m' \geq 300$ kg/m²
4.1	67	nebeneinander liegend	Zweischalige Wand mit durchgehender Gebäudetrennfuge[4)], flächenbezogene Masse jeder Schale $m' \geq 250$ kg/m²	keine Anforderungen
4.2			Dreischalige Wand aus einer schweren, biegesteifen Schale, $m' \geq 700$ kg/m², mit je einer biegeweichen Vorsatzschale auf beiden Seiten[2)]	a) Einschalige, biegesteife Wände, $m' \geq 450$ kg/m² b) Massivdecke, $m' \geq 450$ kg/m²
4.3		übereinander liegend	Massivdecke, $m' \geq 700$ kg/m², mit schwimmendem Estrich[3)] und biegeweicher Decke[5)]	nach Zeile 4.2 a)
5.1	72	nebeneinander liegend	Zweischalige Wand mit durchgehender Gebäudetrennfuge[4)], flächenbezogene Masse jeder Schale $m' \geq 370$ kg/m²	keine Anforderungen
5.2		übereinander liegend	Bei übereinander liegenden Räumen können diese hohen Anforderungen ohne besondere Schallschutzmaßnahmen nicht erfüllt werden.	

1) Anstelle der angegebenen einschaligen, flankierenden Wände können auch biegesteife Wände mit $m' \geq 100$ kg/m² und biegeweicher Vorsatzschale, Gruppe B, nach Seite 10.54 verwendet werden.
2) Nach Seite 10.54.
3) Nach Tafel 10.62a.
4) Nach Abb. 10.53.
5) Unterdecke analog Tafel 10.54b, Bild 3.

3.4.5 Resonanz, Eigenfrequenz

Nahe der Eigenfrequenz f_0 **zweischaliger Bauteile** ist die Schalldämmung schlecht. Die Eigenfrequenz sollte daher stets außerhalb des akustisch bewerteten Frequenzbereiches zwischen 100 und 3200 Hz, insbesondere unter 100 Hz, liegen. Weit oberhalb f_0 ist die Schalldämmung zweischaliger Bauteile besser als einschaliger gleicher flächenbezogener Masse, unterhalb f_0 dämmen beide Bauteiltypen nahezu gleich.

Tafel 10.59a Eigenfrequenz f_0 zweischaliger Bauteile

Allgemein gilt: $f_0 = \frac{1000}{2\pi} \sqrt{s' \left(\frac{1}{m'_1} + \frac{1}{m'_2} \right)}$ Dies vereinfacht sich für folgende Sonderfälle	Doppelwand aus zwei gleich schweren biegeweichen Einzelschalen	Biegeweiche Vorsatzschale vor schwerem Bauteil
Ausfüllung des Zwischenraumes zweischaliger Bauteile	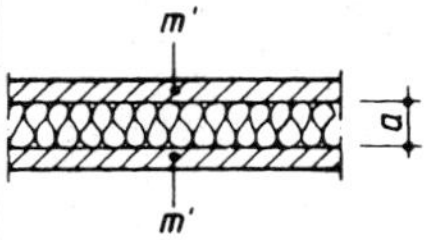	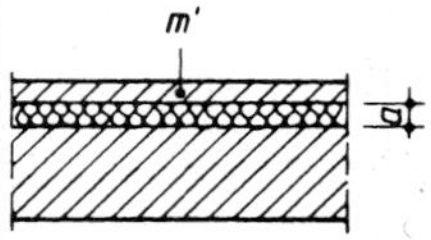
Luftschicht mit weichfedernder, schallschluckender Einlage[1], da für Luft: $s' \approx 0{,}14/a$ in m	$f_0 \approx \frac{85}{\sqrt{m' \cdot a}}$	$f_0 \approx \frac{60}{\sqrt{m' \cdot a}}$
Dämmschicht mit beiden Schalen vollflächig fest verbunden oder an diesen fest anliegend	$f_0 \approx 225 \sqrt{\frac{s'}{m'}}$ [3]	$f_0 \approx 160 \sqrt{\frac{s'}{m'}}$ [2]

Hierin bedeuten: f_0 Eigenfrequenz in Hz, m' flächenbezogene Masse der biegeweichen Schale in kg/m², a Schalenabstand in m, s' dynamische Steifigkeit der Dämmschicht in MN/m³ (s. Tafel 10.59b)

[1] Einlage muss einen längsbezogenen Strömungswiderstand $\geq 5 \cdot \text{kN} \cdot \text{s/m}^4$ haben. Diese Bedingung kann z. B. von Faserdämmstoffen erfüllt werden.
Ausnahmen bilden Ausführungen mit außenseitig verputzten Holzwolle-Leichtbauplatten nach DIN 1101 (siehe z. B. Tafel 10.54b, Bilder 2 und 5). Hierbei kann auf eine schallschluckende Einlage verzichtet werden, weil diese Schalen zum Hohlraum hin offene Poren haben.

[2] Diese Gleichung gilt auch für die Bestimmung der Eigenfrequenz schwimmender Estriche, obwohl diese im Allgemeinen nicht mehr zu den biegeweichen Schalen gehören.

[3] Wegen der aus Stabilitätsgründen notwendigen hohen dynamischen Steifigkeit der Dämmschicht in der Regel bauakustisch ungünstig.

Tafel 10.59b Dynamische Steifigkeit s' von Dämm- und anderen Baustoffen

Trittschalldämmstoffe Typ T (DIN 18 164/18 165 Teile 2)	
Steifigkeitsgruppe (gem. Kennzeichnung)	s' MN/m³
30	≤ 30
20	≤ 20
15	≤ 15
10	≤ 10
Luft (auch in porösen Dämmschichten)	
Schichtdicke in mm	s' MN/m³
a	$140/a$

Umrechnung auf andere Schichtdicken: Alle in dieser Tafel 10.59b genannten Werte für s' können auf andere Dicken umgerechnet werden, weil das Produkt $s' \cdot a = E_{dyn}$ (dynamischer E-Modul) eine Konstante ist.

Baustoff	Dicke mm[1]	s' MN/m³
Polystyrol-Hartschaum, Typ W, PS 15	10	120
	20	60
	40	30
	60	20
	100	12
Holzwolle-Leichtbauplatten (lose verlegt)	26	200
Weichfaserdämmplatten	13	150
Korkplatten (lose verlegt)	12	550
Schüttungen aus		
– Korkschrot	20	80
– Hanfschäben	10	130
– Blähglimmer	15	175
– Sand	25	400
– Sand	50	200

[1] Dicke in eingebautem (belastetem) Zustand.

3.4.6 Koinzidenz, Spuranpassung, Grenzfrequenz

Oberhalb der Grenzfrequenz f_g verschlechtert sich relativ die Schalldämmung **einschaliger Bauteile.** Das Produkt aus Grenzfrequenz f_g und Schichtdicke d ist eine Materialkonstante, die Koinzidenzkonstante.

Die genannte Verschlechterung hat für $f_g > 2000$ Hz keine Bedeutung mehr. Bauteile mit $f_g > 2000$ Hz heißen **biegeweich,** die sonstigen **biegesteif.**

Tafel 10.60a Koinzidenzkonstante $f_g \cdot d$ verschiedener Baustoffe

Material	Koinzidenzkonstante $f_g \cdot d$ Hz · cm
Beton	1500 bis 1850
Magerbeton	2300
Leicht-/Porenbeton	3700 bis 4800
Zementestrich	1700
Asphaltestrich	2400 bis 4200
Straßenasphalt	3000 bis 3800
Gipsestrich	1550 bis 1600
Gipsplatten	2400 bis 3500
Gipskartonplatten	3500
Asbestzementplatten	1650 bis 2000
Ziegelmauerwerk	1600 bis 2700
Glas	1100 bis 1300
Holzspanplatten	2300 bis 3600
Sperrholz	1400 bis 3450
Fichtenholz	2000 bis 3200
Hartfaserplatten	2950 bis 3650
Acrylglas (Plexi)	2900
Polypropylen (PP)	3800
Polyvinylchlorid hart (PVC)	4350
Polyäthylen, hart (PE)	4700
Polyäthylen, weich	9550
Polystyrol (PS)	3760
Polystyrol, verstärkt mit Glasfaser	2680
Polyesterharz mit Glasfaser	2740
Aluminium	1200
Blei	4850
Kupfer	1700
Stahl	1230
Zink	4650

3.4.7 Überlagerung von Schallquellen

Mehrere Schallquellen mit Einzelwerten L_{Aj} werden zu einem Gesamtpegel $L_{A,\,res}$ zusammengefasst:

$$L_{A,res} = 10 \lg \sum_{j=1}^{n} (10^{0,1\,L_{Aj}})$$

3.4.8 Resultierende Luftschalldämmung

Für das resultierende Schalldämmaß $R_{w,\,res}$ eines aus Elementen verschiedener Schalldämmung bestehenden Bauteils (z. B. Wand mit Tür oder Fenster) gilt:

$$R_{w,res} = -10 \lg \left(\frac{1}{S_{ges}} \cdot \sum_{j=1}^{n} S_j \cdot 10^{-0,1 R_{wj}} \right)$$

S_1 bis S_n, S_{ges}	Flächen der einzelnen Elemente des Bauteils, Gesamtfläche
$R_{w,1}$ bis $R_{w,n}$	bewertete Schalldämmmaße der einzelnen Elemente

Steht ausnahmsweise nur der Messwert der Norm-Schallpegeldifferenz $D_{n,w}$ an einem Prüfkörper der Fläche $S_{Prü}$ zur Verfügung (z. B. bei Rollladenkästen, Lüftungsöffnungen), dann ist dieser auf das bewertete Schalldämm-Maß R'_w umzurechnen nach

$$R'_w = D_{n,w,P} - 10 \lg (A_0/S_{Prü}) - 2 \text{ dB}$$

A_0 ist die Bezugsabsorptionsfläche von 10 m².

Bei Bauteilen mit nur zwei verschiedenen Einzeldämmwerten $R_{w,1} > R_{w,2}$ kann die Gesamtluftschalldämmung aus Tafel 10.60b bestimmt werden.

Ablesebeispiel für Tafel 10.60b:

Wand ($S_1 = 20$ m², $R'_{w,1} = 50$ dB)
mit Tür ($S_2 = 2$ m², $R'_{w,2} = 35$ dB):

$\frac{S_{ges}}{S_2} = 11, \quad R'_{w,1} - R'_{w2} = 15$ dB

abgelesen: $R'_{w,1} - R'_{w,res} = 6$ dB,
daraus: $R'_{w,res} = 44$ dB

Tafel 10.60b Gesamtluftschalldämmung eines aus 2 Teilflächen bestd. Bauteils

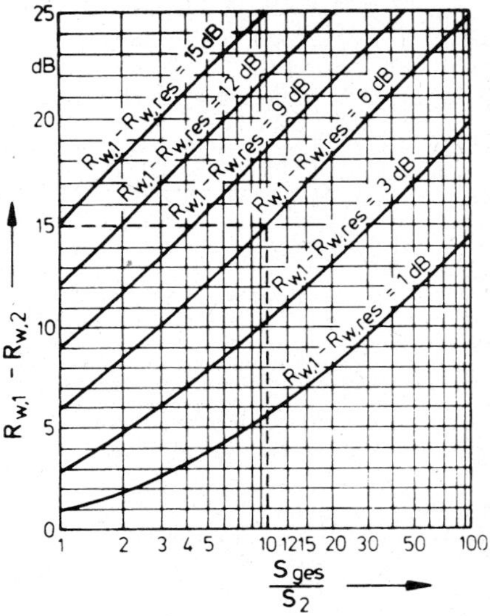

3.5 Daten für die Bemessung des Trittschallschutzes von Massivdecken und -treppen

Soweit der Trittschallschutz nicht durch die Angabe von $L'_{n,w,R}$ aus Ausführungsbeispielen, Eignungsprüfung I oder Messungen mit berücksichtigtem Vorhaltemaß bekannt ist, wird hilfsweise für die Rohdecke die Größe $L_{n,w,eq,R}$ nach Tafel 10.61a und für den Fußbodenaufbau die Größe $\Delta L_{w,R}$ nach Tafel 10.62a als Bemessungsgrößen eingeführt. Unterdecken werden als Teile der Rohdecke und Bodenbeläge werden als Teile des Fußbodens betrachtet, ohne dass es der Definition zusätzlicher weiterer Bemessungsgrößen bedarf. Liegt der zu schützende Raum nicht unmittelbar unter der durch das Normhammerwerk angeregten Decke, sondern schräg darunter, darüber oder weiter entfernt, kann durch die Größe K_T nach Tafel 10.61b eine weitere Abminderung vorgenommen werden.

Soweit ein Nachweis nach DIN 4109 geführt wird, ist sicherheitshalber ein Zuschlag von 2 dB anzubringen. Es gilt insgesamt die Beziehung:

vorh $L'_{n,w,R} = L_{n,w,eq,R} - \Delta L_{w,R} - K_T + 2\text{ dB} \leq \text{erf } L'_{n,w}$

Die Trittschallübertragung innerhalb von Gebäuden kann völlig unabhängig auch in Simulationsberechnungen bestimmt werden. Hierzu z. B. die Verfahren in DIN EN 12 354-2 : 2000-09 Bauakustik – Berechnung der akustischen Eigenschaften von Gebäuden aus den Bauteileigenschaften – Teil 2: Trittschalldämmung zwischen Räumen.

Tafel 10.61a Äquivalenter bewerteter Norm-Trittschallpegel $L_{n,w,eq,R}$ von Massivdecken ohne und mit biegeweicher Unterdecke

Massivdecke		Stahlbetonvollplatten aus Normalbeton, Leichtbeton, bewehrtem Gasbeton; Massivdecken mit Hohlräumen								
flächenbezogene Masse der Massivdecke in kg/m²		135	160	190	225	270	320	380	450	530
$L_{n,w,eq,R}$	ohne	86	85	84	82	79	77	74	71	69
	mit Unterdecke[1)]	75	74	74	73	73	72	71	69	67

[1)] Konstruktion sinngemäß Tafel 10.54b. Bei Verwendung von schwimmenden Estrichen mit mineralischen Bindemitteln sind alle Werte dieser Zeile um 2 dB zu erhöhen.

- Für die Berechnung der flächenbezogenen Masse m' gelten die Regeln der Tafeln 10.51a bis 10.51c. Hilfsweise kann bei Massivdecken mit Hohlräumen von den Rechenwerten nach DIN 1055-1 mit einem Abzug von 15 %, bei Estrichen 10 %, ausgegangen werden. Für unbewehrten (Auf-)Beton ist $\varrho = 2100\text{ kg/m}^3$ anzusetzen. Bei Rippendecken ohne Estrich und Unterdecke darf nur die Deckenplatte berücksichtigt werden.

Tafel 10.61b Korrekturwert K_T für verschiedene räumliche Zuordnungen von lautem zu schützendem Raum

	Zuordnung zu schützender Räume zum lauten Raum mit dem Hammerwerk
K_T in dB	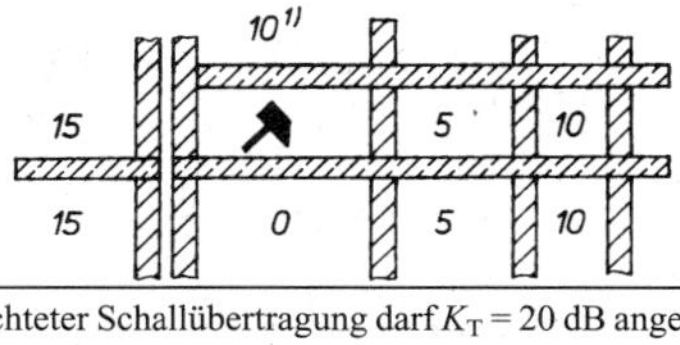

[1)] Im Skelettbau mit geringer aufwärts gerichteter Schallübertragung darf $K_T = 20$ dB angesetzt werden.

Hinweis: Für die Trittschallübertragung vom Fußboden im Kellerraum (Bodenplatte) in das Geschoss darüber kann kein K_T-Wert angegeben werden; vielmehr gilt: $L'_{n,w,R} = 63\text{ dB} - \Delta L_{w,R} - 15\text{ dB}$.

Beispiel

Eine 14 cm dicke Decke aus Normalbeton besitzt $L_{n,w,eq} = 77$ dB (Tafel 10.61a, da $m' = 320\text{ kg/m}^2$). Bei der Mindestanforderung von $L'_{n,w} = 53$ dB erhält man $\Delta L_w = 26$ dB. Dieser Wert wird von einem Estrich nach Tafel 10.62a, Zeile 1.2 gerade erreicht, wenn die dynamische Steifigkeit der Dämmschicht $s' \leq 30\text{ MN/m}^3$ ist.

Tafel 10.62a Bewertete Trittschallminderung $\Delta L_{w,R}$ von schwimmenden Estrichen und schwimmend verlegten Holzfußböden und Bodenbelägen auf Massivdecken

Zeile	Deckenauflagen; schwimmende Böden		$\Delta L_{w,R}$ mit hartem Gehbelag	$\Delta L_{w,R}$ mit Gehbelag[1] ($\Delta L_w \geq$ 20 dB)
1	Schwimmende Estriche			
1.1	Gussasphaltestriche nach DIN 18 560-2 mit einer flächenbezogenen Masse ≥ 45 kg/m² auf Dämmschichten aus Dämmstoffen nach DIN 18 164-2/18 165-2 mit einer dynamischen Steifigkeit *s'* von höchstens	50 MN/m³	20	20
		40 MN/m³	22	22
		30 MN/m³	24	24
		20 MN/m³	26	26
		15 MN/m³	27	29
		10 MN/m³	29	32
1.2	Estriche nach DIN 18 560-2 mit einer flächenbezogenen Masse ≥ 70 kg/m² auf Dämmschichten aus Dämmstoffen nach DIN 18 164/18 165-2 mit einer dynamischen Steifigkeit *s'* von höchstens	50 MN/m³	22	23
		40 MN/m³	24	25
		30 MN/m³	26	27
		20 MN/m³	28	30
		15 MN/m³	29	33
		10 MN/m³	30	34
2	Schwimmende Holzfußböden			
2.1	Unterböden nach DIN 68 771 aus Holzspanplatten auf Lagerhölzern mit Dämmstreifen-Unterlagen aus Dämmstoffen nach DIN 18 165-2 mit einer dynamischen Steifigkeit *s'* von höchstens 20 MN/m³ Dicke der mindestens 100 mm breiten Dämmstreifen im eingebauten Zustand mindestens 10 mm; zwischen den Lagerhölzern Faserdämmstoffe, Nenndicke ≥ 30 mm, mit $\Xi \geq 5$ kN · s/m⁴		24	
2.2	Unterböden nach DIN 68 771 aus mindestens 22 mm dicken Holzspanplatten nach DIN 68 763, vollflächig schwimmend verlegt auf Dämmstoffen nach DIN 18 165-2 mit einer dynamischen Steifigkeit *s'* von höchstens 10 MN/m³		25	
3	Deckenauflagen; weichfedernde Bodenbeläge[2], je nach Produkt		12 bis über 30	

[1] Wegen der möglichen Austauschbarkeit von weichfedernden Bodenbelägen nach Zeile 3, die sowohl dem Verschleiß als auch besonderen Wünschen der Bewohner unterliegen, dürfen diese bei dem Nachweis der Anforderungen nach DIN 4109 in der Regel nicht angerechnet werden.

[2] Die Bodenbeläge müssen durch Hinweis auf die jeweilige Norm gekennzeichnet sein. Die maßgebliche bewertete Trittschallminderung ΔL_w muss auf dem Erzeugnis angegeben sein.

Tafel 10.62b Äquivalenter bewerteter Norm-Trittschallpegel $L_{n,w,eq}$ von Massivtreppen, bewerteter Norm-Trittschallpegel $L'_{w,w,R}$ von Massivtreppen ohne Deckenauflage

Massivtreppe und Treppenraumwand		$L_{n,w,eq}$	$L'_{n,w,R}$
Treppenpodest	mit einschaliger biegesteifer Treppenraumwand (flächenbezogene Masse 380 kg/m²) fest verbunden	66	70
Treppenlauf		61	65
Treppenlauf von der Treppenraumwand abgesetzt		58	58
Treppenpodest	an Treppenraumwand mit durchgehender Gebäudetrennfuge	≤ 53	≤ 50
Treppenlauf		≤ 46	≤ 43

3.6 Luftschalldämmung von Außenbauteilen

Für bauakustisch einschalige Wände und Dächer gilt Seite 10.51 mit dem Hinweis auf Seite 10.52 oben analog (ggf. Verschlechterung durch Wärmedämmverbundsystem oder Flachdachaufbauten um ca. 2 dB, wenn kein genauerer Nachweis geführt wird). Beim Flachdach darf dann auch das Gewicht der Kiesschüttung berücksichtigt werden. Für zweischaliges Mauerwerk mit Luftschicht nach DIN 1053 wird $R'_{w,R}$ aus der Summe der flächenbezogenen Massen der beiden Schalen nach Tafel 10.51d ermittelt und jener Wert um 5 dB erhöht. Für mehrschalige Dächer und Fenster gelten die folgenden Tafeln.

Die Schallübertragung von außen nach innen kann auch in Simulationsberechnungen bestimmt werden. Hierzu z. B. die Verfahren in DIN EN 12 354-3 : 2000-09 Bauakustik – Berechnung der aktustischen Eigenschaften von Gebäuden aus den Bauteileigenschaften – Teil 3: Luftschalldämmung gegen Außenlärm.

Tafel 10.63a Bewertetes Schalldämmmaß von flachen Dächern

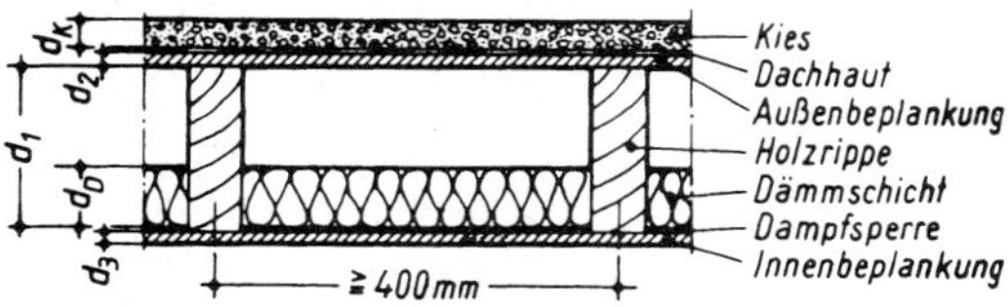

Beplankungen, z. B. aus:
- Holzwerkstoffen (Spanplatten nach DIN 68 763 oder DIN 68 764-1 und -2; Bau-Furnierplatten nach DIN 68 705-3 und -5; Nut-Feder-Holzschalung)
- Gipskartonplatten nach DIN 18 180

Zeile	$R'_{w,R}$	Anforderungen an die Ausführung
1	30	$d_1 \geq 160$ mm: $d_{2,3} \geq 12$ mm; $d_D \geq 40$ mm; ohne/mit Zwischenlattung an der Unterseite
2	35	Wie Zeile 1, jedoch mineralische Faserdämm-Matte oder -Platte; $\Xi \geq 5$ kN · s/m^4 und $d_D \geq 60$ mm
3	40	Wie Zeile 2, Kiesauflage mit $d_K \geq 30$ mm
4	45	Wie Zeile 3, jedoch Achsabstand der Rippen ≥ 600 mm und mechanische Verbindungsmittel zwischen Rippen und Beplankung
5	50	Wie Zeile 4, zusätzlich zweite Innenbeplankung aus Spanplatten, Gipskartonplatten, Bretterschalung, $m' \geq 8$ kg/m^2

Tafel 10.63b Bewertetes Schalldämmmaß von geneigten Dächern

1	35	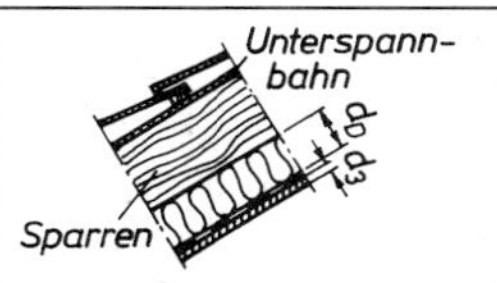	Dacheindeckung mit Unterspannbahn; mineralische Faserdämm-Matte oder -Platte, mit längenbezogenem Strömungswiderstand $\Xi \geq 5 \cdot$ kN · s/m^4 und $d_D \geq 60$ mm; Holzwerkstoffplatten oder Gipskartonplatten mit $d_3 \geq 12$ mm; ohne/mit Zwischenlattung
2	40	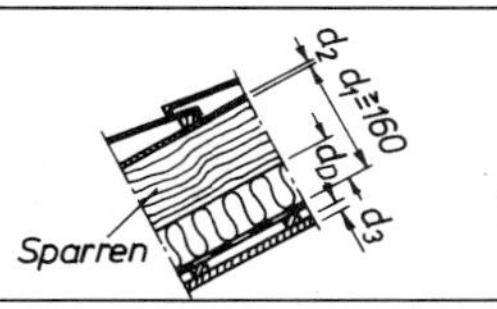	Wie Zeile 1, jedoch Sparrenhöhe ≥ 160 mm. Bekleidung auf Zwischenlattung oder zusätzliche zweite Bekleidung mit $m' \geq 6$ kg/m^2
3	45	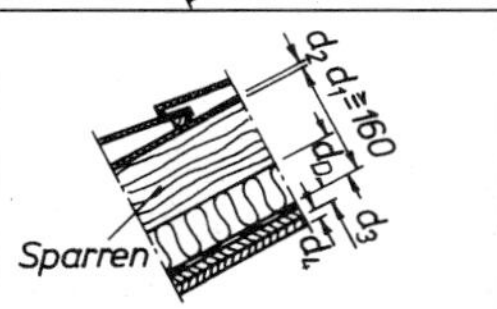	Wie Zeile 2, jedoch mit Anforderungen an die Dichtheit der Dacheindeckung: z. B. Faserzementdachplatten auf Rauspund ≥ 20 mm, Tondachziegel nach DIN EN 1304 bzw. Betondachsteine nach DIN EN 490, nichtverfalzte Dachziegel bzw. Dachsteine in Mörtelbettung

Tafel 10.64 Ausführungsbeispiele für Dreh-, Kipp- und Drehkipp-Fenster(-Türen)

Zeile	Fensterart	$R_{w,R}$ dB	Scheiben-zwischen-raum mm	Gesamt-dicke 2 Scheiben mm	Einzel- plus Iso-Glas mm	Dichtungen
1	Einfach-fenster mit Mehrscheiben-Isolierglas	25	8	6		keine
2		30	12	6		Sämtliche Flügel müssen bei Holzfenstern mindestens Doppelfalze, bei Metall- und Kunststoff-Fenstern mindestens zwei wirksame Anschläge haben. Falzdichtungen müssen umlaufend, **ohne Unterbrechung,** angebracht sein; sie müssen weichfedernd, **dauerelastisch, alterungsbeständig** und **leicht auswechselbar** sein. Fenster nach Zeile 10 ff. benötigen 2 wirksame Dichtungen, um auch den Scheibenzwischenraum abzudichten.
3		32	12	8		
4		35	16	10		
5		37	14	20		
6		bis 39	Gläser mit $R_{w,P,Glas} = R_{w,R} + 2$ dB, (darüber: größere Zuschläge als 2 dB)			
7	Verbund- oder Kastenfenster mit 2 Einfach-scheiben oder 1 Einfach- und 1 Isolierglas-scheibe	35	40	8	6 + 4/12/4	
8		37	40	10	6 + 6/12/4	
9		37	100	8	4 + 4/12/4	
10		40	50	14	8 + 6/12/4	
11		40	100	8	6 + 4/12/4	
12		42	50	16	8 + 8/12/4	
13		42	100	10	8 + 4/12/4	
14		45	60	18	8 + 8/12/4	
15		45	100	12	8 + 6/12/4	
16	Über 45 dB können keine allgemein gültigen Angaben gemacht werden, Nachweis nur über Eignungsprüfung I nach DIN 4109.					

• **Rollladenkästen** erreichen bewertete Schalldämm-Maße $R_{w,R}$ von 35 dB, wenn Innenschürze, Verkleidung bzw. Rollkastendeckel aus Holzwerkstoffplatten (Dicke ≥ 10 mm) oder Putzträgerplatten plus 5 mm Putz oder mineralischen Platten mit $m' \geq 30$ kg/m^2 bestehen. Alle Fugen sind mit Dichtprofilen, -bändern oder Dichtstoffen zu schließen; für $R_{w,R} \geq 40$ dB ist an mind. einer Innenfläche schallabsorbierendes Material (20 mm Mineralfaserplatten o. Ä.) anzubringen.

3.7 Beispiel für das Zusammenwirken von unterschiedlichen Anforderungen

Im Bereich der Krone einer zweischaligen Haustrennwand entsteht eine Wärmebrücke, der entsprechend der Konstruktion auf Seite 10.15, Abb. 10.15f, begegnet werden muss. Die Dachfläche muss wegen der Anforderungen zum Schutz gegen Außenlärm ggf. nach Ausführungsbeispielen gemäß Tafel 10.63b ausgewählt werden. Über die Mauerkrone hinweg kommt es gleichzeitig zur Schall(längs)-übertragung von einem Innenraum zum benachbarten. Abhilfe schafft ggf. eine Konstruktion, die *H. Schulze* in Bauphysik 13 (1991) Heft 5, Seite 182 näher beschreibt: Der Luftraum unter der Dacheindeckung muss mit Faserdämmstoffen in ganzer Wanddicke zur Bildung eines „Absorberschotts" in Anlehnung an Beiblatt 1 von DIN 4109 ausgestopft werden. Schulze ermittelt für dieses Schott den Wert $R_{L,w,R} \approx 64$ dB. Falls für die zweischalige Haustrennwand (vgl. Seite 10.53) $R_w = 67$ dB ermittelt werden würde, ergäbe sich nach Abschnitt 3.4.3.3 für die Schalldämmung von Haus zu Haus:

$R'_{w,R} = -10 \lg (10^{-6,7} + 10^{-6,4}) = 62$ dB

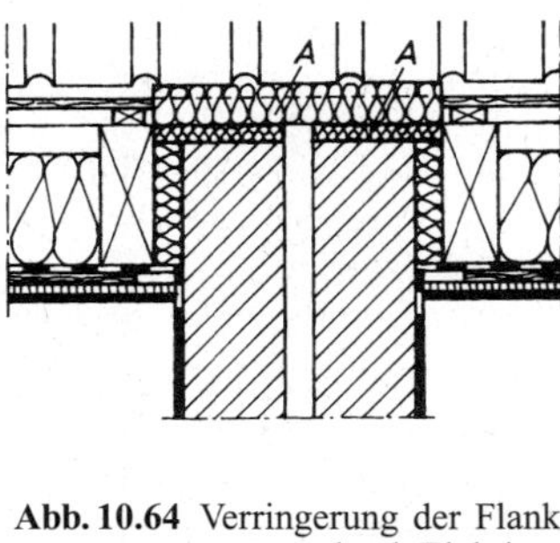

Abb. 10.64 Verringerung der Flankenübertragung durch Einbringen eines Absorberschotts A im Bereich der Krone einer zweischaligen Haustrennwand, wegen des Brandschutzes aus nichtbrennbaren Faserdämmstoffen

3.8 Bauen im Bestand; Verwendung alter Holzbalkendecken

Im Zuge von Umnutzung, Modernisierung, Veränderungen der Eigentumsverhältnisse ist teilweise auch der Schallschutz in alten Gebäuden zu überprüfen und zu verbessern. Die häufig angetroffenen „alten“ Holzbalkendecken erfordern zusätzliche Überlegungen. Zunächst ist zu prüfen, ob die Holzbalkendecken überhaupt wegen des Brandschutzes noch genehmigungsfähig sind. Der Zusatzbuchstabe in der Feuerwiderstandsklasse lautet immer „-B“, z. B. F 30-B. Eine nachträgliche Ertüchtigung durch Bekleidungen in die Klasse F 30-AB oder F 90-AB ist nicht möglich. Werden – wie bei höheren Gebäuden regelmäßig üblich – derartige Anforderungen gestellt, müssen Anträge auf Ausnahmen und Befreiungen genehmigt werden. Im Einzelfall können Holzbalkendecken mit Unterdecken, die als selbständiges nichttragendes Bauteil F 30/90-A klassifiziert sind, mit nichtbrennbaren schwimmenden Estrichen genehmigt werden. Im Allgemeinen ist die Holzbalkendecke zu ersetzen.

Im Folgenden werden einige schalltechnische Daten nach *Gösele* zusammengetragen.

Danach kann zunächst die **Trittschalldämmung** der Holzbalkendecke nach einer analog Seite 10.61 gebildeten Gleichung aus den Einzelelementen Holzbalkendecke gleich Rohdecke ($L_{n,w,eq,H}$), Fußbodenaufbau ($\Delta L_{w,H}$) und ggf. zusätzlichem weichfederndem Bodenbelag ($\Delta L_{w,H2}$) geschätzt werden:

vorh $L'_{n,w} = L_{n,w,eq,H} - \Delta L_{w,H} - \Delta L_{w,H2}$

Einige Rechenwerte für $L_{n,w,eq,H}$ und $\Delta L_{w,H}$ sind in Tafel 10.65a, 10.65b angegeben. Werden weichfedernde Bodenbeläge unmittelbar auf der Rohdecke verwendet, wird ein $\Delta L_{w,H}$ angesetzt; befindet sich der Bodenbelag auf einem Fußboden, z. B. nach Tafel 10.65b, dann wird ein $\Delta L_{w,H2}$ angesetzt. Beide Werte können Abb. 10.65a entnommen werden, wenn das Verhalten des Bodenbelages ($\Delta L_{w,R}$) auf einer **Massivdecke** (vgl. Tafel 10.62b) bekannt ist.

Aus der danach berechneten Trittschalldämmung kann mit Hilfe Abb. 10.65b auch die **Luftschalldämmung** bestimmt werden.

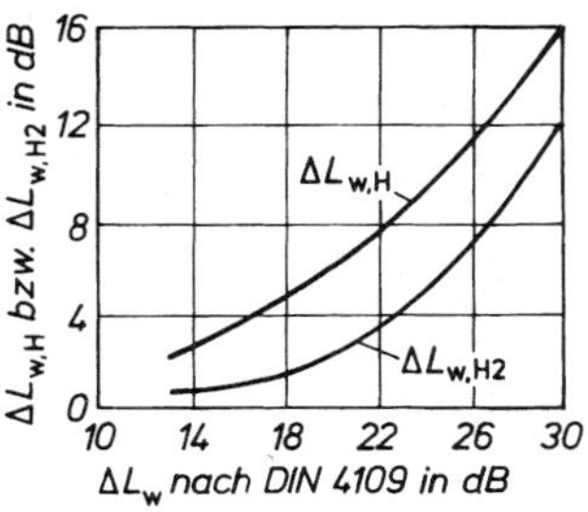

Abb. 10.65a Bewertete Trittschallminderung $\Delta L_{w,H}$ und $\Delta L_{w,H2}$ von Bodenbelägen in Abhängigkeit von ΔL_w, wie es für Massivdecken verwendet wird

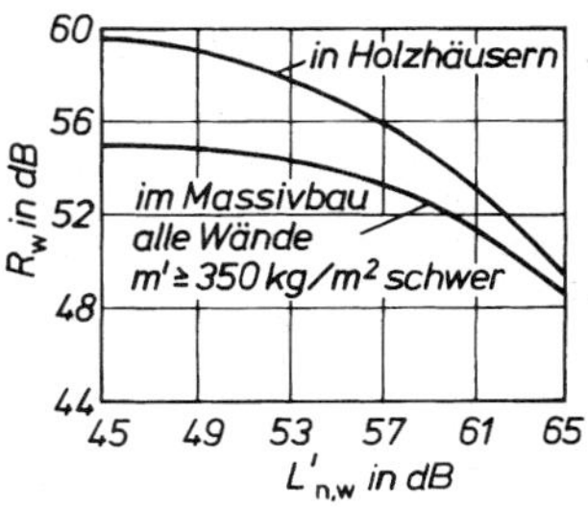

Abb. 10.65b Bewertetes Luftschalldämm-Maß von Holzbalkendecken in Abhängigkeit von $L'_{n,w}$, berechnet ohne weichfedernde Bodenbeläge

Tafel 10.65a Trittschallverhalten von Holzbalkendecken als Rohdecken

Holzbalkendecke		$L_{n,w,eq,H}$
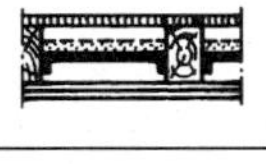	„alte“ Holzbalkendecke	66
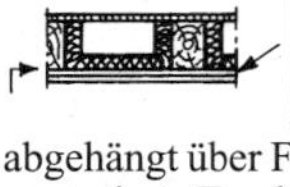	Gipskarton- oder Spanplatte einlagig	62
abgehängt über Federschiene oder gesonderte Traghölzer; zweilagig		60

Tafel 10.65b Bewertete Trittschallminderung $\Delta L_{w,H}$ von Fußböden auf Holzrohdecken nach Tafel 10.65a

Fußboden		$\Delta L_{w,H}$
auf 30/25 mm Mineralfaserplatten schwimmend verlegte 22-mm-Holzspanplatte		9
50-mm-Zementestriche		16
Rohdecke mit Platten zusätzlich beschwert: m' der Platten	25 kg/m²	17
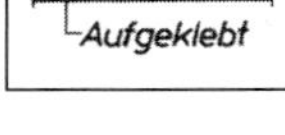	50 kg/m²	22
	75 kg/m²	26
	100 kg/m²	31

4 Schallausbreitung in Räumen, Raumakustik

4.1 Begriff, Formelzeichen und Einheiten

Größe	Zeichen	Einheit	Bemerkung
Volumen des Raumes	V	m^3	insbesondere zwischen 125 und 1000 m^3
Schallabsorptionsgrad	α	1	Messung im Hallraum nach DIN EN ISO 354
Oberflächen im Raum	S	m^2	hier: Flächen, die Schall absorbieren
äquiv. Absorptionsfläche	A	m^2	gedachte Fläche mit $\alpha = 1$
Hallradius	r_H	m	Grenze des Nahfeldes um Schallquelle
Nachhallzeit	T	s	Messung nach DIN EN ISO 3382
Schall-Leistungspegel	L_w	dB	z. B. nach DIN EN ISO 3741

Im Raum erzeugter Schall trifft in kurzen Zeitabständen auf die Raumbegrenzungsflächen und wird dort zu einem Bruchteil α (nichtreflektierte zu auftreffender Schallenergie) absorbiert (oder transmittiert); der Rest $(1 - \alpha)$ wird reflektiert und überlagert sich mit der von der Schallquelle nachströmenden Schall-Leistung zu einem Gesamtpegel L. Die gemeinsame Absorption aller Teilflächen S_i mit α_i und der nicht flächenhaften Gegenstände, wie Möbel und Personen, jeweils mit A_j, wird bestimmt durch

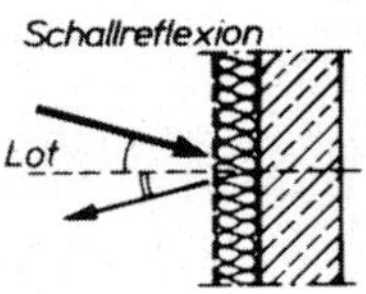

$$A = \sum \alpha_i S_i + \sum A_j \quad \text{. (äquivalente Absorptionsfläche)}$$

Lediglich in einer Nachbarschaft mit etwa dem Radius $r_H = 0{,}141 \sqrt{A}$ dominiert das direkte Schallfeld der Schallquelle, welches mit 6 dB bei Abstandsverdoppelung (3 dB, wenn die Schallquelle unmittelbar vor einer Wand steht) abnimmt. Sonst bildet sich ein statistisch gleichmäßig verteilter Schallpegel. Aus dem reflektierten Schall entsteht im Raum ein Nachhall, der nach dem Abstellen der Schallquelle gemessen werden kann: Die Nachhallzeit T ist die Zeit, innerhalb der der Schallpegel um 60 dB abnimmt. Zwischen A und T gilt die Beziehung

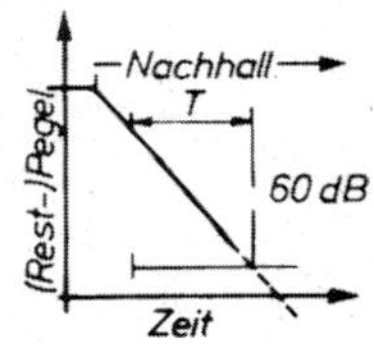

$$A = 0{,}163\ V/T \qquad \textbf{(Gleichung von } \textbf{\textit{Sabine}}\textbf{)}$$

Mit zunehmender Nachhallzeit wird es im Raum bei gleicher Schall-Leistung lauter. Zur Senkung von Lärm in Räumen mit Arbeitsplätzen ist daher die Anordnung von Absorptionsflächen wichtig, die allerdings erst außerhalb des Hallradius r_H um die Schallquelle wirksam werden. Durch Veränderung der äquivalenten Absorptionsflächen von A_1 auf $A_2 = A_1 + \Delta A$ ändert sich der Innenschallpegel um

$$\Delta L = L_2 - L_1 = -10 \lg (A_2/A_1) = -10 \lg (A_1 + \Delta A/A_1) \qquad \textbf{(Lärmminderung)}$$

Der Lautstärkegewinn ist wichtig für Vortragsräume oder Theater, die demnach nicht zu stark bedämpft werden sollen. Der sinnvolle Lautstärkegewinn durch Verringerung der Absorption wird begrenzt, weil durch überlange Nachhallzeiten die Silbenverständlichkeit verringert wird. Die Eignung eines Raumes für bestimmte Schalldarbietungen, wie die sprachliche Kommunikation oder musikalische Darbietung an den für die Nutzung des Raumes vorgesehenen Plätzen wird „Hörsamkeit" genannt.

Der im Raum (außerhalb von r_H) entstehende Schallpegel L (in dB) wird bestimmt durch die Schall-Leistung der Schallquelle L_w und die raumakustischen Gegebenheiten, wie A und T. Es gilt näherungsweise unter Verwendung der o. g. Einheiten

$$L = L_w + 14 - 10 \lg (V/T) = L_w + 6 - 10 \lg A$$

Die Gleichung kann auch für die Bestimmung des A-Schallpegels in dB(A) benutzt werden, wenn man A durch $A_{500\,Hz}$ und L_W durch L_{WA} ersetzt.

Da sich Einzelschallquellen energetisch addieren (vgl. Abschnitt 3.4.7), kann man mit der genannten Gleichung auch die Schall-Leistung von Lautsprechern für eine Beschallung oder umgekehrt aus dem Schallpegel L den Schall-Leistungspegel L_w abschätzen.

4.2 Hinweise auf raumakustische Bemessungswerte

4.2.1 Anforderungen an die Nachhallzeit und Zahlenwerte für Schallabsorptionsgrade

Bemessungswerte für Schallabsorptionsgrade α, die in jeweils typischer Weise von der Frequenz abhängen (Hochton-Absorber, Tiefenabsorber) findet man in der bauphysikalischen Literatur, auch bei der Physikalisch-Technischen Bundesanstalt unter www.ptb.de. Hier nur wenige Anhaltswerte.

Raumakustische Planungen gehen in zwei je nach Nutzung grundverschiedene Richtungen: Lärmminderung in Arbeitsräumen, z. B. im Sinne eines Arbeitsschutzes durch Absorption (Schalldämpfung), einerseits und Optimierung der Hörsamkeit von Räumen, die für Schalldarbietungen geeignet sind, andererseits. Bei letzterem Problem wird durch zweckmäßige geometrische Gestaltung des Raumes in Verbindung mit der Bildung geeigneter Nachhallzeiten durch Auswahl und Verteilung definiert schallschluckender Flächen eine ausreichende Sprach- oder Silbenverständlichkeit angestrebt (DIN 18 041 : 2004-05).

Tafel 10.67 a Schallabsorptionsgrade α einiger Raumbegrenzungsflächen
(α ist keine reine Stoffeigenschaft; α wird durch Systemeigenschaften, wie Schichtdicke, Abstand vor schallharter Wand, Porenverschluss durch Beschichtungen und Imprägnierungen usw., bestimmt.)

Raumbegrenzungsfläche	bei Frequenz in Hz					
	125	250	500	1000	2000	4000
Sichtmauerwerk, Fliesen, Naturstein	0,01	0,01	0,02	0,02	0,03	0,04
Tapete auf Kalkgipsputz	0,03	0,03	0,04	0,05	0,06	0,07
Porenbeton, unbehandelt und unlasiert	0,10	0,10	0,10	0,18	0,22	0,27
25 mm Spritzputz mit Vermiculitezusatz	0,05	0,10	0,20	0,55	0,60	0,55
8 mm Schaumstofftapete	0,03	0,10	0,25	0,50	0,70	0,90
Vorhänge gefaltet, 200 mm vor der Wand	0,09	0,55	1,00	0,89	0,93	0,92
20 mm Mineralfaserplatte, offenporig	0,02	0,15	0,50	0,85	1,00	0,95
50 mm Holzwolle-Leichtbauplatte	0,17	0,22	0,42	0,78	0,65	0,95
50 mm Mineralfaserplatte, offenporig	0,30	0,60	1,00	1,00	1,00	1,00
16 mm Akustikplatten in 200 mm Deckenabstand	0,40	0,45	0,60	0,65	0,85	0,85
gelochte Metallkassetten mit 20 mm Faserdämmstoff	0,30	0,70	0,70	0,90	0,95	0,95
PVC, Linoleum, Gummi auf Fußboden	0,01	0,01	0,02	0,02	0,03	0,03
Parkett, versiegelt und aufgeklebt	0,02	0,02	0,03	0,04	0,05	0,06
Teppiche mittlerer Dicke, liegend	0,05	0,08	0,20	0,30	0,35	0,40
mit Zuhörern, Orchester, Chören belegte Fläche	0,60	0,74	0,88	0,96	0,93	0,85
Fläche mit Bestuhlung (Polster mit Stoffbespannung)	0,49	0,66	0,80	0,88	0,82	0,70
Fläche mit Bestuhlung (Lederpolster) ohne Zuhörer	0,44	0,54	0,60	0,62	0,58	0,50

Tafel 10.67b Sollwerte der gemittelten Nachhallzeit T_{soll} für Versammlungsräume in Abhängigkeit von der Nutzungsart (DIN 18 041)

Die Werte gelten für den besetzten Zustand. Im unbesetzten Zustand sollte die Nachhallzeit T nicht mehr als 0,2 s über T_{soll} liegen. Wegen der anzustrebenden Toleranzen T/T_{soll} vgl. DIN 18 041, Bild 2 und 3. Übliche Sportstätten ohne Publikum sollten bei einzügiger Unterrichtsnutzung ein T_{soll} zwischen 1,7 s und 2,5 s, bei mehrzügigem Unterrichtsbetrieb zwischen 1,4 und 2,0 s aufweisen.

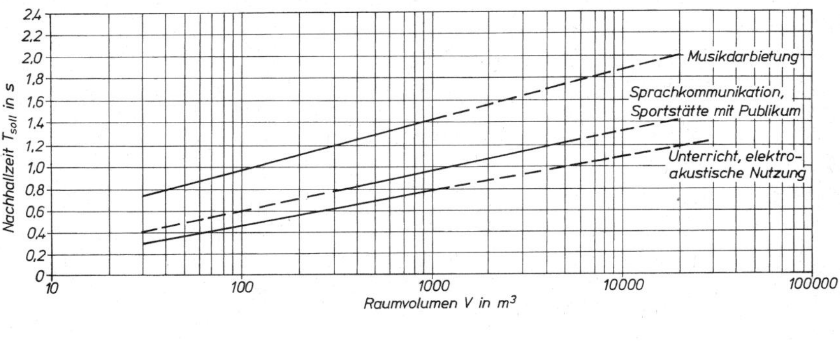

4.2.2 Vorschläge für die räumliche Verteilung der Absorptionsflächen im Raum

Das Volumen des Raumes sollte je Hörer bei Sprachdarbietung zwischen 3 und 8 m^3 und bei Musikdarbietung zwischen 5 und 12 m^3 liegen. In langen Räumen ($>$ 15 m) wird bei Vorträgen die Hörsamkeit besonders für den vorderen und mittleren Zuhörerbereich durch Laufzeitunterschiede zwischen direktem und reflektiertem Schall beeinträchtigt, und zwar auch dann, wenn die Nachhallzeit klein ist. Das menschliche Ohr nimmt zwei Schallereignisse getrennt wahr bei Zeitdifferenzen von mehr als 0,05 s entsprechend einem Laufwegunterschied von etwa 17 m zwischen direktem und reflektiertem Schall. Diese Reflexion wird dann als störendes Echo empfunden, wenn nicht schon vorher energiereiche Reflexionen von anderen Flächen am Ohr eintreffen. Die Rückwand sollte daher schallschluckend verkleidet oder geneigt sein.

Wird ein Raum durch ein Paar zueinander paralleler Flächen begrenzt, die weder gegliedert noch schallschluckend ausgebildet sind, so können störende Flatterechos auftreten. Schrägstellung um mindestens 5° wird empfohlen. Auch weitere in Abb. 10.68 dargestellte Regeln beruhen auf den Gesetzen der geometrischen Raumakustik, für die die Reflexionsgesetze der Optik angenommen werden (Einfallswinkel gleich Reflexionswinkel).

In kleinen Unterrichtsräumen hat sich die Anordnung schallschluckender Streifen von 1 bis 1,5 m Breite an der Decke nach Art eines zum Pult offenen *U* bewährt.

Weitere Einzelheiten hierzu siehe DIN 18 041 – Hörsamkeit in kleinen bis mittelgroßen Räumen.

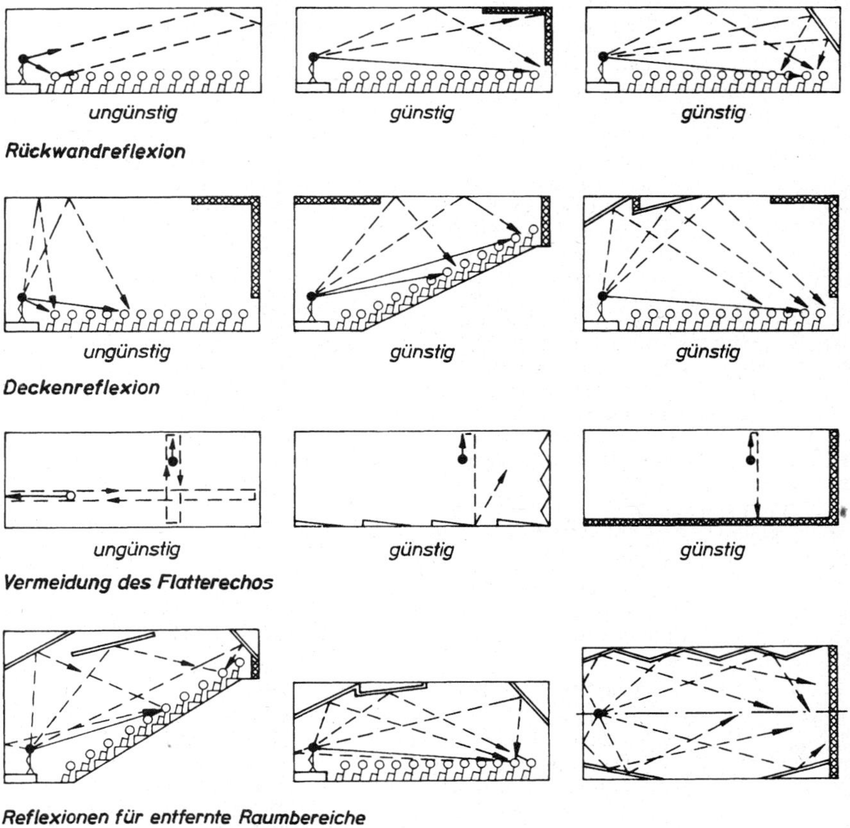

Abb. 10.68 Regeln für die Anordnung von Absorptionsflächen

5 Brandsicherheit in Gebäuden

5.1 Planerische Grundlagen

5.1.1 Zielvorgaben

Im Falle eines Brandes können Menschen und fremdes Eigentum gefährdet werden. Der Schutz beider ist ein zentrales Anliegen von Verfassungsrang und gehört zur „öffentlichen Sicherheit und Ordnung“, konkretisiert innerhalb der Landesbauordnungen. Dem Ziel dienen baulich-planerische, baulich-konstruktive oder betriebliche oder organisatorische Vorkehrungen, die durch örtliche Feuerwehren ergänzt werden. Der Schutz von reinen Sachwerten tritt vergleichsweise in den Hintergrund und ist privatrechtlich/versicherungstechnisch zu organisieren.

5.1.2 Brandschutz als Personenschutz

Jede Nutzungseinheit mit Aufenthaltsräumen muss in jedem Geschoss über mindestens *zwei* voneinander unabhängige Rettungswege erreichbar sein. Der *erste* Rettungsweg ist immer baulich auszuführen. Er wird dadurch gesichert, dass die raumumschließenden Bauteile entlang dieses Weges baurechtlich festgelegte Feuerwiderstandsklassen (F 30 bei Fluren bis Bauart von Brandwänden bei Treppenraumwänden, dichtschließende Türen, Rauchschutztüren, Feuerschutzabschlüsse an Zugängen) aufweisen. Bei Nutzungseinheiten, die nicht zu ebener Erde liegen, besteht der erste Rettungsweg aus horizontalen und vertikalen Abschnitten, nämlich: Gänge im Raum, Wohnungsflure ohne Schutz (max. 25 m [z. B. Versammlungsstätten] bis 50 m [offene Großgaragen] lang, je nach Gebäudetyp), Ausgangstür zum notwendigen Flur, der dann in höchstens 25 bis 30 m lange Rauchabschnitte zu teilen ist, der notwendigen Treppe (im Regelfall in eigenem, durchgehendem, schützendem und zu entrauchendem Treppenraum, der an einer Außenwand liegt) mit dem Ausgang schließlich auf öffentliche Verkehrsflächen. In ausgedehnten Nutzungseinheiten, wie Verkaufsgeschossen, bedarf es ggf. zusätzlicher Treppenräume zur Einhaltung der Entfernungsgrenzwerte. Auf den eigenen Treppenraum kann nur für die innere Verbindung einer höchstens zweigeschossigen Nutzungseinheit (z. B. Maisonettewohnung im Dach) verzichtet werden, wenn in jedem Geschoss ein anderer Rettungsweg erreicht werden kann. Der *zweite* Rettungsweg kann eine mit Rettungsgeräten der Feuerwehr erreichbare (anleiterbare) Fensteröffnung (notwendiges Fenster, mindestens 0,90 m × 1,20 m, Unterkante nicht höher als 1,20 m über Fußboden) oder eine weitere notwendige Treppe sein (Regelfall für größere Nutzungseinheiten als Wohnungen, wie Beherbergungsstätten, Geschäftshäuser, Versammlungsstätten). Da tragbare Leitern nur bis etwa 7 m Fußbodenhöhe (8 m bis Fensterunterkante) einsetzbar sind, ergeben sich für Gebäude, die nicht „Gebäude geringer Höhe“ sind, zusätzliche Auflagen für die Erreichbarkeit des Gebäudes mittels Hubrettungsgeräten/Drehleitern, wie befestigte und ausreichend große und tragfähige Zu- und Durchfahrten, um die je Geschoss notwendigen Fenster zu erreichen. Notwendige Fenster in Dachaufbauten dürfen mit ihrer Unterkante oder einem Austritt davor nicht mehr als 1,20 m von der Traufkante entfernt sein. Hieraus folgt auch, dass an Wohnwegen nur Gebäude geringer Höhe gebaut werden können und auch diese nur max. 50 m lang sein dürfen. Hochhäuser (Aufenthaltsräume auch noch höher als 22 m) können nicht mehr vollständig angeleitert werden; daher werden zwei unabhängige Treppenräume benötigt, die durch (mind.) einen Sicherheitstreppenraum ersetzt werden können.

5.1.3 Wirksame Löscharbeiten

5.1.3.1 Sofortmaßnahmen

Zur frühzeitigen Branderkennung werden Brandmeldeanlagen (DIN 14 675, DIN EN 54) erforderlich. Der sofortigen Brandbekämpfung als Selbsthilfemaßnahme dienen tragbare Feuerlöscher, wenn die Bedeutung des Personen-/Sachschutzes nicht weitergehende automatische Löscheinrichtungen erfordert.

5.1.3.2 Hilfen für die Feuerwehr am Grundstück

Gebäude können nur an befahrbaren öffentlichen Verkehrsflächen errichtet werden. Von dörflichen Gebieten abgesehen, besteht die Feuerwehr aus mindestens einer Löschgruppe (bei Berufsfeuerwehren mindestens einem Löschzug mit zwei Löschgruppen). Aufgrund der Mannschaftstärke kann eine Löschgruppe 3 C-Rohre oder zwei B-Rohre bedienen. Für Letztere ist eine Wasserversorgung, insbesondere aus der Trinkwasserversorgung, von mindestens 800 ℓ/min bei größeren Objekten bis 3200 ℓ/min aufzubauen bzw. vorzuhalten. Trockene und nasse Steigleitungen im Gebäude helfen die Wasserverteilung zu beschleunigen.

5.1.3.3 Brandabschnittsbildungen

Brände, die sich ungehindert auf große Flächen ausdehnen können, gelten als nicht mehr beherrschbar. Flächenbränden kann nur durch die Bildung von Brandabschnitten begegnet werden. Dies sind entweder ganze Gebäude, die voneinander durch Abstandsflächen getrennt, oder Gebäudeteile, die, aneinandergebaut, durch innere Trennwände bzw. Gebäudeabschlusswände von der Qualität von Brandwänden in Teilflächen aufgeteilt sind. Ausgedehnte Gebäude müssen im Regelfall in Abständen von 40 m unterteilt werden (Brandabschnittsfläche also maximal 40 m · 40 m = 1600 m²).

Tafel 10.70a Brandabschnittsflächen (Nutzflächen) in m² als Ausnahme

Garagen offen	Garagen geschlossen	Verkaufsstätten	Schulen allg.	Schulen ebenerdig	Krankenhäuser
5000[1]	2500[1]	5000[1)2)3)]	3000[1)2)]	5000	2000[3)4)]

[1] Doppelter Wert bei Sprinkleranlage.
[2] Verteilt bis auf drei Geschosse.
[3] Brandwandabstände 50 m.
[4] In jedem Obergeschoss muss ein zweiter Brandabschnitt stufenlos erreicht werden können.

Größere Brandbekämpfungsabschnitte sind im Industriebau in Abhängigkeit von der brandschutztechnischen Infrastruktur oder aufgrund ingenieurmäßiger Bemessungsverfahren möglich (vgl. auch Industriebaurichtlinie).

5.1.4 Gebäude und Sonderbauten

Gebäude, die geeignet oder bestimmt sind, dem Schutz von Menschen, Tieren oder Sachen zu dienen, enthalten je nach Ausdehnung und Höhe unterschiedliche Brandgefahren. Je nach Landesbauordnung werden daher Gebäudeklassen mit schrittweise ansteigenden Brandschutzanforderungen unterschieden (z. B. bei Flächen bis 400 m², bis 1600 m², > 1600 m² oder in der Höhe des obersten Fußbodens bis 7 m, bis 13 m, bis 22 m oder höher). **Sonderbauten** sind Anlagen und Räume besonderer Art oder Nutzung für die besondere (Brandschutz-)Anforderungen gestellt oder Erleichterungen gestattet werden können. Sonderbauten sind insbesondere (nach Landesrecht unterschiedlich) **Hochhäuser** (Gebäude mit mehr als 22 m Höhe), **Verkaufsstätten** (Grundfläche der Verkaufsräume und Ladenstraßen > 800 m²), **Versammlungsstätten** (Einzelräume für mehr als 100 Personen, oder insgesamt mehr als 200 Personen), Schank- und Speise**gaststätten** (> 40 Gastplätze), **Beherbergungsstätten** (> 12 Betten), **Krankenhäuser**/Heime zur Unterbringung und Pflege, **Schulen, Regallager** (Oberkante Lagerguthöhe > 7,50 m), **Garagen, Industriebauten.**

5.2 Baustoffe und Bauteile und deren Brandverhalten

5.2.1 Brandverhalten von Baustoffen

Zur Konkretisierung der bauaufsichtlichen Anforderungen nichtbrennbar, brennbar (schwerentflammbar, normalentflammbar) und zur Durchsetzung des Verbotes leichtentflammbarer Baustoffe wird das Brandverhalten von Baustoffen in einem Entstehungsfeuer nach Verfahren geprüft, die in DIN 4102-1 bzw. DIN EN 13 501-1 genannt sind. Je nach Prüfergebnissen und ggf. weiteren Voraussetzungen (z. B. in allgemeiner bauaufsichtlicher Zulassung) werden Baustoffe in Klassen eingeteilt. Dabei hat die europäische Klassifizierung A bis F mit separater Beurteilung der Rauchentwicklung, Kurzzeichen s (Smoke), oder des brennenden Abfallens oder Abtropfens, Kurzzeichen d (Droplets), eine größere Bandbreite als die nationale.

Tafel 10.70b Klassifizierung des Brandverhaltens von Baustoffen (ohne Bodenbeläge) zur Einhaltung deutscher Bauvorschriften

bauaufsichtliche Anforderungen	Klasse nach DIN 4102-1	Klasse nach DIN 13 501-1 allgemein mindestens	bei Zusatzanforderung kein Rauch	bei Zusatzanforderung brenn. Abfallen od. Abtropfen
nichtbrennbar	A 1 A 2	A 1 A2-s1,d0	A1 A2-s1,d0	A1 A2-s1,d0
brennbar				
schwerentflammbar	B 1	C-s3,d2	C-s1,d2	C-s3,d0
normalentflammbar	B 2	D-s3,d2 E-d2	–[1] –[1]	D-s3,d0 E
leichtentflammbar	B 3	F	–	–

[1] Rauchentwicklung ist kein nationales Kriterium.

5.2.2 Brandverhalten von Bauteilen

Von Bauteilen wird erwartet, dass sie auch im Falle eines vollentwickelten Brandes für ausreichend lange Zeit, gemäß ihrer Zweckbestimmung, funktionsfähig bleiben. Dies bedeutet, dass tragende und aussteifende Bauteile ihre Tragfähigkeit nicht verlieren und raumabschließende Bauteile den Brandraum so sicher abschließen, dass sie weder durch unplanmäßig entstehende Öffnungen noch durch Wärme- oder Strahlungsdurchgang oder Gasdurchtritt eine Brandweiterleitung zulassen. Die bauaufsichtlichen Anforderungen benennen nötige Sicherheitsniveaus zunächst unbestimmt, fallweise mit Begriffen, wie feuerbeständig, feuerhemmend (ggf. und aus nichtbrennbaren Baustoffen), rauchdicht, selbstschließend, oder sprechen von Brandwand und Vorkehrungen gegen Brandausbreitung. Diesem Ziel dienen Sonderbauteile, wie Feuerschutzabschlüsse, Rauchschutztüren usw.

Die Prüfung des Brandverhaltens von Bauteilen erfolgt an Prototypen praxisüblicher Größe und praxisgerechtem Einbau zunächst nach den Normen der Reihe DIN 4102 (Teil 2 ff.) und führt, ggf. in Verbindung durch weitere Nachweise oder in Verbindung mit einer allgemeinen bauausichtlichen Zulassung zu Klassifizierungen, gekennzeichnet durch Kurzzeichen. In den Prüfverfahren nach DIN 4102 werden regelmäßig alle für das jeweilige Bauteil wichtigen Versagensfälle modellartig geprüft und erst das gleichzeitige Bestehen aller Kriterien führt zur Klassifizierung:

Die Bezeichnungen enthalten einen **Buchstaben** für die Art des Bauteils (**F** für Wände, Decken, Stützen, Balken, Treppen) und eine **Zeitangabe** (30, 60, 90, 120, 180) als Mindestdauer in Minuten, für die das Bauteil den in DIN 4102 genormten Versuchsbränden widersteht (z. B. **F 90**). **Bauteile** der Klasse **F** erhalten Zusatzbuchstaben zur Beschreibung der Brennbarkeit der verwendeten Baustoffe (z. B. **F 90 – A**). **– A:** die das Brandverhalten bestimmenden Schichten sind alle nichtbrennbar, bei **– AB** sind wenigstens wesentliche Bestandteile nichtbrennbar. Hierzu gehören alle tragenden oder aussteifenden Teile und eine in Bauteilebene durchgehende Schicht, die bei der Brandprüfung nicht zerstört werden darf. – **B:** beliebige (auch brennbare) Baustoffe.
Folgende Buchstaben gelten für Sonderbauteile: **W** nichttragende Außenwände; **T** Türen, Tore; **G** Verglasungen, die beim Brand durchsichtig bleiben, wie Glaskeramik, Drahtglas; **L** Lüftungsleitungen; **K** Klappen im Zuge von Lüftungsleitungen; **R** Rohrleitungen; **I** Installationsschächte.
Sonderbauteile dienen dem Schutz von „Schwachstellen“ im Abschluss von Räumen, insbesondere Öffnungen. Sie gelten als „Vorkehrungen gegen die Übertragung von Feuer und Rauch“. Sonderbauteile sind zunächst die **Feuerschutzabschlüsse** (Feuerschutztüren, -tore, -klappen), die zur Funktionsfähigkeit gleichzeitig selbstschließend sein müssen, also Türschließer besitzen müssen. Genannt werden müssen aber auch G-Verglasungen (auch im Brand durchsichtig) und F-**Verglasungen** (nach Brandausbruch undurchsichtig), **Rohrabschottungen, Kabelschotts** und (Klappen in) **Lüftungsleitungen** zur Verhinderung der Brandweiterleitung entlang haustechnischer Anlagen und **Fahrschachttüren** zur Sicherung des Feuerüberschlagsweges über den Aufzugschacht. Die genannten Sonderbauteile sind einbaufertige, funktionsfähige komplette Bauteile (enthalten also z. B. Zargen, Rahmen, Dichtungen und Befestigungsmittel), sind in aller Regel zulassungspflichtig, kennzeichnungspflichtig und unterliegen der Güteüberwachung bei der Herstellung. Einzelheiten über das besonders wichtige Sonderbauteil **Brandwand** siehe Seite 10.80. Eine solche Bauart ist in höheren Gebäuden in der Regel auch für Treppenraumwände vorgeschrieben!

Für eine Übergangszeit werden zunehmend Bauteile neben DIN 4102 nach europäischen Normen der Reihe DIN EN 13 501 beurteilt. Im Gegensatz zu den DIN-Prüfungen werden dort bestimmte Merkmale, wie die Tragfähigkeit, der Durchtritt von Flammen oder heißen Gasen oder Wärmedämmung der Bauteilfläche getrennt beurteilt, so dass das Klassifizierungssystem viel breiter aufgefächert ist und bestimmte Kombinationen trotz erfolgter Klassifizierung nicht die bauaufsichtlichen Vorschriften abdecken. Geprüfte Merkmale werden durch Buchstaben wie R (Tragfähigkeit), E (Raumabschluss), I, I_1, I_2 (Wärmedämmung), W (Strahlung), M (Widerstand gegen Stoß), C (selbstschließend), S_m (Rauchdichtheit bis m °C), P (Funktionserhalt elektrischer Kabelanlagen) beschrieben. Zusätzlich kann die Beanspruchungsrichtung z. B. (i $\leftarrow$ o), (in $\leftarrow$ out) angegeben sein. Zur einheitlichen Darstellung der Klassifizierung eines Bauteils und seines direkten Anwendungsbereiches hat die DIN-EN-Norm den „Klassifizierungsbericht“ geschaffen. Der Umfang von Zeitangaben wird über den Rahmen der DIN-Normen (30, 60 usw. in Minuten) um Zwischenwerte, z. B. 45, ergänzt aber auch nach unten um die Klassen 10 und 20 erweitert, die in Deutschland zur Erfüllung von Brandschutzanforderungen nicht verwendet werden. Tafel 10.72 verknüpft bauaufsichtliche Anforderungen mit den Klassen nach DIN 4102 bzw. DIN EN 13 501.

Tafel 10.72 Klassifizierung des Brandverhaltens von Bauteilen zur Einhaltung deutscher Bauvorschriften, jeweils Mindestklasse

bauaufsichtliche Anforderungen	Bauteil	Klasse nach DIN 4102-x	Teil x	Klasse nach DIN EN 13 501-2
feuerbeständig	tragend ohne mit raumabschließender Funktion	F 90-AB	2	R 90[1)] REI 90[1)]
	nichttragend, inkl. Verglasungen[2)] mit raumabschließender Funktion	F 90-AB		EI 90[1)]
Brandwand	Brandwand	Brandwand	3	REI-M 90
feuerhemmend bzw. feuerhemmend und in den wesentlichen Teilen aus nichtbrennbaren Baustoffen	tragend ohne mit raumabschließender Funktion	F 30-B bzw. F 30-AB	2	R 30 bzw. R 30[1)] REI 30 bzw. REI 30[1)]
	nichttragend, inkl. Verglasungen[2)] mit raumabschließender Funktion	F 30-B bzw. F 30-AB		EI 30 bzw. EI 30[1)]
feuerhemmend	nichttragende Außenwand	W 30	3	E 30 (i → o) und EI 30 (i ← o)
feuerhemmend bzw. -beständig, selbstschließend und rauchdicht	Feuerschutzabschluss[2)] (Tür, Tor, Klappe, Luke)	T 30 RS[3)] bzw. T 90 RS[3)]	5	EI_2 30-CS_{200} bzw. EI_2 90-CS_{200}
selbstschließend und rauchdicht	Rauchschutztür	[3)]	–	CS_{200}
Vorkehrung gegen Brandausbreitung	Lüftungsleitungen[2)] Brandschutzklappen[2)]	L 30/L 90 K 30/K 90	6	siehe DIN EN 13 501-3
	Kabelabschottungen[2)]	S 30/S 90	9	
	Abschottungen brennbarer Rohre[2)]	R 30/R 90	11	
	Installationsschächte, -kanäle[2)]	I 30/I 90	11	
harte Bedachung	Dach bei Beanspruchung von außen nach innen	harte Bedachung	7	siehe DIN EN 13 501-5

1) Zusätzlich Nachweis der Baustoffklasse A nach Bauregelliste A Teil 1, Anlage 0.2.
2) Allgemeine bauaufsichtliche Zulassung. 3) RS nach DIN 18 095-1.

5.2.3 Nachweis des Brandverhaltens

Das Brandverhalten von Baustoffen und Bauteilen, auch für „Sonstige Bauprodukte", (§ 20(1) BauO NRW/§ 17(1) MBO, letzter Satz), die von den allgemein anerkannten Regeln der Technik nicht abweichen, kann im bauaufsichtlichen Verfahren ohne zusätzlichen Nachweis nachgewiesen werden durch die **Ausführungsbeispiele** in DIN 4102-4 : 1994-03 und bei tragenden Bauteilen in Verbindung mit DIN 4102-4/A1 : 2004-11. Die Normen gelten insbesondere für eine Bemessung auf der Basis der Produktbemessungsnormen nach zulässigen Spannungen bzw. nach dem Traglastverfahren. Bei einer Bemessung auf der Basis von Teilsicherheitsbeiwerten sind in DIN 4102-22 : 2004-11 weitere Festlegungen zu beachten.

Dieser sehr umfangreichen Norm sind auch die nachfolgenden Beispiele des Abschnitts 5.4 entnommen.

5.3 Bauaufsichtliche Anforderungen

5.3.1 Normale Anforderungen der Landesbauordnungen

Anforderungen an die Bauausführung ergeben sich unmittelbar aus den Landesbauordnungen und den aufgrund der Bauordnungen jeweils erlassenen Sonderbauverordnungen und nicht – wie beim Mindest-Wärme- und Schallschutz – aus jeweils einer als Technische Baubestimmung eingeführten Norm.

Die zur Verhinderung der Brandausbreitung im Gebäude oder des Einsturzes von Gebäudeteilen wichtigen Anforderungen an den Feuerwiderstand von **Bauteilen** lassen sich „Sicherheitsniveaus" zuordnen, die entsprechend der Höhe und der Grundfläche des Gebäudes und der Gefährlichkeit der Nutzung schrittweise für die einzelnen Teile des Baus (Wände, Decken, Rettungswege, Öffnungen, Schächte) abgestuft werden. Als Beispiel der in den Bauordnungen der Bundesländer gestellten Anforderungen kann Tafel 10.73 gelten.

Tafel 10.73 Mindestanforderungen des baulichen Brandschutzes nach der BauO NW (2000)

	Gebäude Bauteile	Frei stehende Wohngebäude mit nicht mehr als einer Wohnung[1)]	Wohngebäude geringer Höhe mit nicht mehr als zwei Wohnungen	Gebäude geringer Höhe (kein Fußboden eines Aufenthaltsraumes über 7 m)	Andere Gebäude
1	Tragende und aussteifende Wände, Pfeiler und Stützen	keine	F 30–B	F 30–B	F 90–AB[5)]
2	wie vor, jedoch in Kellergeschossen	keine	F 30–AB	F 90–AB	F 90–AB
3	Nichttragende Außenwände, nichttragende Teile von Außenwänden	keine	keine	keine	A oder F 30
4	Oberflächen von Außenwänden, Außenwandbekleidungen und Dämmstoffe in Außenwänden	B 2	B 2[2)]	B 2[2)]	B 1
5	Trennwände	–	F 30–B	F 30–B	F 90–AB
6	wie vor, jedoch in obersten Geschossen von Dachräumen	–	F 30–B	F 30–B	F 90–B
7	Gebäudeabschlusswände, Gebäudetrennwände	–	F 90–AB	Brandwand[3)4)]	Brandwand
8	tragende Teile von Treppen	keine	keine	A	F 90–A
9	Decken	keine	F 30	F 30	F 90–AB
10	Decken über Kellergeschossen	keine	F 30	F 90–AB	F 90–AB
11	Decken im Dachraum, über denen Aufenthaltsräume möglich sind	keine	F 30	F 30	F 90
12	Decken im Dachraum, über denen Aufenthaltsräume nicht möglich sind	keine	keine[6)]	keine[6)]	keine[6)]

1) Gilt auch für andere frei stehende Gebäude ähnlicher Größe sowie für frei stehende landwirtschaftliche Betriebsgebäude.
2) Bei der Verwendung normalentflammbarer Baustoffe (B 2) muss durch geeignete Maßnahmen eine Brandausbreitung auf Nachbargebäude verhindert werden.
3) Auch F 90–AB zulässig, wenn diese wie Brandwände eingebaut werden (§ 33, Absatz 2 bis 6).
4) Bei Reihenhäusern auch Doppelwände F 30/F 90 zulässig.
5) In Geschossen im Dachraum, über denen Aufenthaltsräume möglich sind: F 90–B.
6) Werden Trennwände nach Zeile 5 nicht bis unter die Dachhaut geführt sondern nur bis unter die Rohdecke, so muss diese Decke einschließlich der sie tragenden Bauteile mindestens F 30 sein.

5.3.2 Gebäude besonderer Art oder Nutzung (Sonderbauten) (§ 54 BauO NRW/§ 51 MBO)

An Sonderbauten können im Einzelfall zur Verwirklichung der allgemeinen Anforderungen nach § 3(1) (Schutzziele) besondere Anforderungen gestellt werden. Erleichterungen können gestattet werden, soweit es der Einhaltung von Vorschriften wegen der besonderen Art oder Nutzung nicht bedarf. Die Anforderungen und Erleichterungen können sich insbesondere erstrecken auf

1. die Abstände von Nachbargrenzen, von anderen baulichen Anlagen auf dem Grundstück und von öffentlichen Verkehrsflächen sowie auf die Größe der auf Baugrundstücken freizuhaltenden Flächen,
2. die Anordnung der baulichen Anlagen auf dem Grundstück,
3. die Öffnungen nach öffentlichen Verkehrsflächen und nach angrenzenden Grundstücken,
4. die Bauart und Anordnung aller für die Standsicherheit, Verkehrssicherheit, den Brandschutz, den Wärme- und Schallschutz oder Gesundheitsschutz wesentlichen Bauteile,
5. Brandschutzeinrichtungen und Brandschutzvorkehrungen,
6. die Feuerungsanlagen und Heizräume,
7. die Anordnung und Herstellung der Aufzüge sowie die Treppen, Treppenräume, Flure, Ausgänge, sonstige Rettungswege und ihre Kennzeichnung,
8. die zulässige Zahl der Benutzerinnen und Benutzer, Anordnung und Zahl der zulässigen Sitzplätze und Stehplätze bei Versammlungsstätten, Gaststätten, Vergnügungsstätten, Tribünen und Fliegenden Bauten,
9. die Lüftung,
10. die Beleuchtung und Energieversorgung,
11. die Wasserversorgung,
12. die Aufbewahrung und Beseitigung von Abwasser und von Abfällen,
13. die Stellplätze und Garagen sowie die Abstellplätze für Fahrräder,
14. die Anlage der Zufahrten und Abfahrten,
15. die Anlage von Grünstreifen, Baumbepflanzungen und anderen Pflanzungen sowie die Begrünung von Aufschüttungen und Abgrabungen,
16. Löschwasser-Rückhalteanlagen,
17. die Qualifikation der Bauleiterin oder des Bauleiters und der Fachbauleiterinnen und der Fachbauleiter,
18. die Bestellung einer oder eines Brandschutzbeauftragten für den Betrieb eines Gebäudes,
19. die Pflicht, ein Brandschutzkonzept vorzulegen, und dessen Inhalt,
20. weitere Bescheinigungen, die nach Fertigstellung des Rohbaus oder nach abschließender Fertigstellung der baulichen Anlagen zu erbringen sind,
21. Nachweise über die Nutzbarkeit der Rettungswege im Brandfall,
22. Prüfungen und Prüfungen, die von Zeit zu Zeit zu wiederholen sind (wiederkehrende Prüfungen), sowie die Bescheinigungen, die hierfür zu erbringen sind,
23. den Betrieb und die Benutzung.

Der vorstehende Katalog ist für eine Reihe von Sonderbauten bereits weitgehend, durch Verordnungen, wie z. B. die Garagen- oder die Versammlungsstättenverordnung, oder durch als Technische Baubestimmungen nach § 3 bekannt gemachte Richtlinien, wie die Industriebaurichtlinie oder die Leitungs- bzw. Lüftungsanlagenrichtlinie oder die Löschwasserrückhaltungsrichtlinie, konkretisiert. Die Einhaltung der Vorschriften wird dann durch einen **Brandschutznachweis**, der nach Landesrecht vom Fachplaner aufgestellt und vom Prüfsachverständigen oder staatlich bzw. besonders anerkannten Sachverständigen geprüft wurde, nachgewiesen.

Immer größere Bedeutung erlangen **Brandschutzkonzepte**, in denen objektbezogen die Schutzziele im vorbeugenden Brandschutz aufgegriffen und in einem komplexen System aus baukonstruktiven, löschtechnischen, anlagentechnischen und organisatorischen Maßnahmen verwirklicht werden. Nur so lässt sich zusammen mit weiteren objektbezogenen Sicherheitsfragen eine effiziente und wirtschaftliche Gesamtlösung fnden.

Soweit die Schutzziele nicht allein mit baukonstruktiven Maßnahmen erreicht werden, bedarf es der Verpflichtung der Betreiber zur wiederkehrenden Überprüfung der technischen Anlagen und Einrichtungen (vgl. Technische Prüfverordnung TPrüfVO nach Landesrecht) sowie zur Aufstellung von Brandschutzordnungen und der Bestellung von anerkannten Brandschutzbeauftragten.

5.4 Bauteile für den Brandschutz

5.4.1 Brandverhalten von Stahlbauteilen

Wegen der hohen Stahlfestigkeit besitzen tragende Bauteile nur geringe Querschnitte. Aufgrund der hohen Wärmeleitfähigkeit erreichen diese im Brandfall rasch ($<$ 30 min) „kritische Stahltemperaturen“ crit *T*, also Temperaturen, bei denen die Streckgrenze des Stahls auf die im Bauteil jeweils vorhandene Stahlspannung absinkt. crit *T* beträgt für die in den baustatischen Regelwerken zulässigen Beanspruchungen etwa 500 °C. Um Klassifizierungen F 30 bis F 180 zu erreichen, ist im Allgemeinen die Anordnung einer Bekleidung erforderlich. Es kommen in Frage: Putze mit, in Sonderfällen ohne Putzträger, Platten mit Faserzusatz, z. B. Gipskarton- oder Faserzementplatten, Vermiculite usw. als Zuschlagstoffe mit organischen und mineralischen Bindemitteln, Unterdecken und andere Vorsatzschalen, dämmschichtbildende Brandschutzbeschichtungen (bis F 60). Herstellerverzeichnisse s. Stahlbau-Kalender.

Die erforderliche Leistungsfähigkeit der Bekleidung steigt mit zunehmendem *U/A*, d. h. mit dem Verhältnis von beflammtem Umfang *U* zu Stahlquerschnittsfläche *A*. Bei profilfolgender Bekleidung ist *U* die Anstrichfläche pro Meter Profillänge, bei kastenförmiger Bekleidung der entsprechende Anteil an $(2h+2b)$ (*h* Höhe, *b* Breite).

Tafel 10.75 gibt Beispiele für die Dicken notwendiger Bekleidungen bei Stützen und Balken. Stahlbauteile können auch mit konstruktiv bewehrtem Beton (50 mm dick) oder Mauerwerk (im Verband) für F 90-A bekleidet werden (z. B. 50 mm Porenbeton, 71 mm Ziegel/Kalksandsteinen oder 80 mm Wandbauplatten aus Gips).

Unbekleideter Stahl kann für tragende/aussteifende Bauteile nur eingesetzt werden, wenn eine Feuerwiderstandsklasse nicht erforderlich ist. Dies setzt in der Regel ein besonderes Brandschutzkonzept oder im Industriebau eine Bemessung nach Industriebauverordnung voraus. Der Versuch lohnt bei Bauvorhaben mit nachweisbar geringem Brandgefahrenpotential für Menschen oder geringen Brandbelastungen aus der Nutzung.

Tafel 10.75 Stützen und Träger mit Bekleidung aus Putz oder Gipskartonplatten (nach DIN 4102-4)

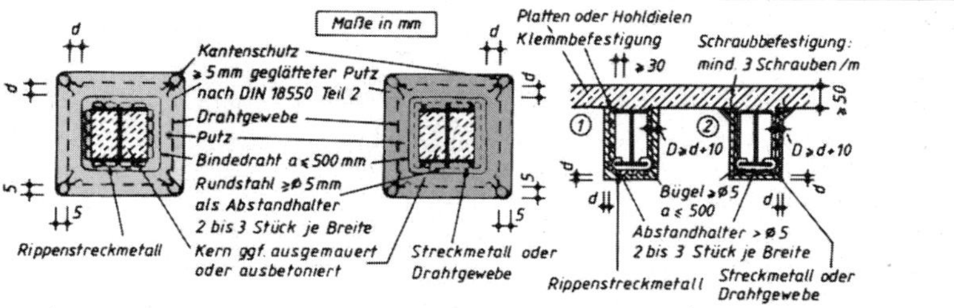

U/A	Mindestputzdicke *d* in mm über Putzträger gemäß Schemazeichnung bei Verwendung von Putz aus												Mindestbekleidungsdicke *d* von Gipskartonplatten			
m^{-1}	Mörtelgruppe P II oder P IVc n. DIN 18 550-2				Mörtelgruppe P IVa oder P IVb n. DIN 18 550-2				Vermiculite- oder Perlitemörtel n. DIN 4102-4				Gipskartonbauplatten F (GFK) n. DIN 18 180			
	Stützen		Träger		Stützen		Träger		Stützen		Träger		Stützen		Träger	
	F30	F90	F30	F90	F30	F90	F30	F90	F30	F90	F30	F90	F30	F90	F30	F90
< 90	15	45	5	–	10	35	5	15	10	35	5	15	12,5	3×15	12,5	2×15
90 bis 119	15	45	5	–	10	35	5	15	10	35	5	15				
120 bis 179	15	45	5	–	10	45	5	15	10	35	5	15				
180 bis 300	15	45	5	–	10	45	5	25	10	45	5	25				

5.4.2 Brandverhalten von Stahlverbundkonstruktionen

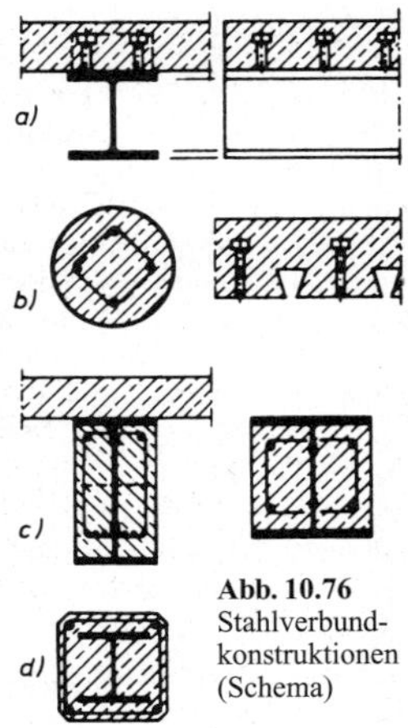

Abb. 10.76 Stahlverbund-konstruktionen (Schema)

Verbundbauteile bestehen aus Stahlbauprofilen und (bewehrtem) Beton, die in ihrer Tragfähigkeit planmäßig zusammenwirken und so die Vorteile des Stahlbetonbaus (preisgünstiger Werkstoff, Brandschutz vom Werkstoff gewährleistet) und des Stahlbaus (hohe plastische Verformbarkeit, hochentwickelte Verbindungstechnik und weitere) vereinigen. Prinzipielle Querschnittsformen sind in Abb. 10.76 dargestellt. Das Brandverhalten lässt sich gegenüber dem unbekleideter Stahlbauteile in Richtung Stahlbeton deutlich verschieben, indem z. B. Teile der Stahlquerschnitte durch Betonquerschnitte abgedeckt und damit „bekleidet" und einer direkten Beflammung entzogen werden (abgestuft z. B. in der Reihenfolge der Abb. 10.76a bis d): Benötigen Verbundträger nach Abb. 10.76a eine Feuerwiderstandsklasse, so sind die Stahlbauprofile zu ummanteln oder durch Unterdecken zu schützen. Stützen, Balken und Platten nach Abb. 10.76b und c erreichen dagegen höhere Feuerwiderstandsdauern, wenn die bei Raumtemperatur zulässigen Lasten abgemindert werden. Günstig ist das in Abb. 10.76d erkennbare Prinzip.

Klassifizierte Verbundbauteile unter Verwendung handelsüblicher Walzprofile nach DIN EN 10 025 und von Schweißprofilen in Verbindung mit Normalbeton der Festigkeitsklasse C 20/25 nach DIN 1045 sind in DIN 4102-4 beschrieben. Vertiefte Details im „Verbundbau-Brandschutz-Handbuch", Verlag W. Ernst & Sohn, Berlin. Hinweis auch auf Merkblatt 117 des Stahl-Informationszentrums, Düsseldorf.

5.4.3 Brandverhalten von Mauerwerk

Die hier verwendeten „massiven" Baustoffe besitzen gegenüber Stahl eine um rund zwei Zehnerpotenzen kleinere Wärmeleitfähigkeit. Wegen der um etwa eine Zehnerpotenz geringeren Festigkeit sind Bauteile aus diesen Baustoffen von großem Querschnitt und besitzen eine große Masse. Bei einem Brand erwärmen sich tragende bzw. durchwärmen raumabschließende Bauteile viel langsamer als ungedämmte Stahlbauteile. Sie besitzen „schon von Hause" eine Feuerwiderstandsfähigkeit, die durch Putz noch vergrößert wird.

Tafel 10.76 Mindestwerte von Wänden aus Mauerwerk und Wandbauplatten nach DIN 4102-4 (einseitige Brandbeanspruchung)
Die ( )-Werte gelten für Wände mit beidseitigem Putz.

Zeile	Konstruktionsmerkmale	Feuerwiderstandsklasse		
		F 30-A	F 60-A	F 90-A
1	Mindestdicke *d* in mm **nichttragender Wände** aus Mauersteinen und Wandbauplatten, je nach Art und Steinformaten (Einzelheiten s. DIN 4102-4, Tabelle 38)	60 bis 115 (50 bis 70)	75 bis 115 (50 bis 80)	80 bis 115 (80 bis 100)
2	Mindestdicke *d* in mm[1)] tragender Wände aus Porenbeton-Block- und Plansteinen nach DIN 4165 Leichtbeton Hohlblöcken DIN 18 151, Vollsteinen/ -Blöcken DIN V 18 152, Beton-Mauersteinen Mauerziegeln DIN V 105-1 (Voll- und Hochlochziegel) Mauerziegeln DIN V 105-2 (Leichthochlochziegel) Kalksandsteinen DIN V 106-1, 1 A 1 und 2	 115 (115) 175 (140) 115 (115) – (115) 115 (115)	 175 (150) 175 (140) 115 (115) – (115) 115 (115)	 240 (175) 175 (140) 175 (115) – (115) 115 (115)
3	Mindestdicke/-breite *d*/*b*[1)] von **tragenden Pfeilern** bzw. nicht raumabschließenden Wandteilen (Wand: 2 ungeteilte Steine und A ≥ 0,1 m²) aus Vollziegeln DIN V 105-1 aus Kalksandsteinen DIN V 106-1,1 A 1 und 2	175/490 oder 240/365 300/300 115/(365) 175/240 240/175	175/615 oder 240/490 300/365 115/990 175/240 240/175	175/730 oder 240/615 300/490 115/(990) 175/300 240/240

[1)] Geringere Dicken bei Ausnutzungsfaktoren < 1 zulässig. Einzelheiten s. DIN 4102-4.

5.4.4 Brandverhalten von Stahlbeton

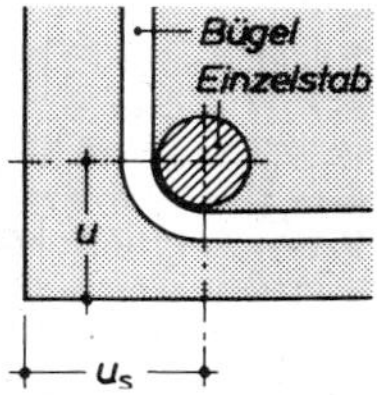

Abb. 10.77
Definition des Achsabstands der Bewehrung

Bei Einhaltung jeweils bestimmter Mindestabmessungen ist die Druckzone von Beton auch ohne zusätzliche Bekleidung jeweils ausreichend feuerwiderstandsfähig. Gefahren können jedoch von den Bewehrungsstählen im (Biege-)Zugbereich ausgehen. Sie werden vorzugsweise ausgeschaltet durch einen ausreichend bemessenen Achsabstand der Hauptbewehrung (s. Abb. 10.77). Fehlende Betonüberdeckung kann ggf. durch Putzbekleidungen ersetzt werden. Nach den Bemessungsnormen des Stahlbetonbaus ist eine Mindestüberdeckung unverzichtbar, sodass sich allgemein ein Achsabstand bei üblichen Stahldurchmessern ergibt, der für die Feuerwiderstandsklassen F 30-A und F 60-A ausreicht. Lediglich bei Balken kann sich wegen der zweidimensionalen Wirkung der Kanten ein größerer Achsabstand als 25 mm ergeben, der sonst erst bei Feuerwiderstandsklassen ≥ F 90-A benötigt wird.

Ausführliche Angaben, auch für Betone mit besonderen Zuschlagstoffen, findet man im Beton-Brandschutz-Handbuch von Kordina und Meyer-Ottens, Beton-Verlag, Düsseldorf.

Tafel 10.77a Mindestdicke und Mindestachsabstand der Bewehrung von Wänden aus Stahlbeton

	Konstruktionsmerkmale 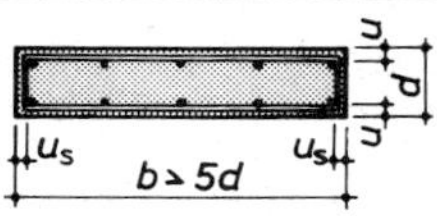	Feuerwiderstandsklasse F 30-A	F 60-A	F 90-A
1	**nichttragende Wände** bei einseitiger Beanspruchung Mindestwanddicke *d* in mm	80	90	100
2	**tragende Wände** bei ein- (mehrseitiger) Beanspruchung Mindestwanddicke in mm *u* in mm der Längsbewehrung	 120 (120) 10	 130 (140) 10[1]	 140 (170) 25[1]

[1] $u = u_s$ am Rand großer Öffnungen 25 mm (F 60-A) bzw. 35 mm (F 90-A).

Tafel 10.77b Mindestdicke und Mindestachsabstand der Bewehrung Stahlbetonplatten ohne Hohlräume

	Konstruktionsmerkmale 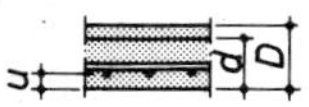	Feuerwiderstandsklasse F 30-A	F 60-A	F 90-A
1	**Mindestdicke,** Platten ohne (mit) Estrich			
	$D = d +$ Estrichdicke in mm	80	80	100
	min *d* bei schwimmendem Estrich (Dämmstoff Klasse A)	80	80	80
	Platten, punktförmig gestützt, mit (ohne) Stützenkopfverstärkung (unabhängig von Estrich)	150 (150)	150 (200)	150 (200)
2	**Mindestachsabstand** *u* in mm der Feldbewehrung			
	1-achsig gespannte Platten[1]	10	25	35
	1-achsig mit konstruktivem Querabtrag ($b/l \leq 1{,}0$)[1]	10	10	20
	2-achsig, dreiseitig gelagert mit $l_x/l_y > 1$	10	25	35
	mit $1{,}0 \geq l_x/l_y \geq 0{,}7$	10	20	30
	mit $l_x/l_y < 0{,}7$[1)2)] 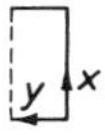	10	15	25
	2-achsig, vierseitig gelagert mit $l_x/l_y \leq 1{,}5$[1)2)]	10	10	15

[1] Die Werte dieser Zeile gelten auch für durchlaufende oder eingespannte sowie punktförmig gestützte Stahlbetonplatten aus Normalbeton mit Stütz- bzw. Einspannbewehrung nach DIN 1045.
[2] Gilt unabhängig vom Seitenverhältnis.

5.4.5 Brandverhalten von Bauteilen aus Holz und Holzwerkstoffen

Soweit Holz ohne Bekleidung dem Brand ausgesetzt wird, verbleibt ein mit der Zeit abnehmender, durch Holzkohle geschützter tragfähiger Restquerschnitt. Die Feuerwiderstandsklasse ungeschützter tragender Holzbauteile wird somit durch den Ausgangsquerschnitt und die Spannungsausnutzung bestimmt. Durch Bekleidung, z. B. mit Gipskartonplatten (GKF), Sperrholz oder Spanplatten, kann die Entzündung des tragenden Holzes verzögert werden. Raumabschließende Holzbauteile (Wände oder Holzbalkendecken) erhalten eine Feuerwiderstandsklasse durch die Dicke und Qualität der Bekleidungen (auch aus Putz) und/oder (nichtbrennbare) Dämmstoffe, auch Holzwolle-Leichtbauplatten, im Bauteilquerschnitt. Holzbauteile können im Sinne von Tafel 10.72 nicht „feuerbeständig" sein, da sie immer den Zusatzbuchstaben „-B", z. B. F 90-B, tragen. Bei Verwendung anstelle „feuerbeständiger Bauteile" ist Genehmigung im Einzelfall erforderlich.

DIN 4102-4 enthält eine Fülle von Konstruktionsdetails für Fachwerkwände, Holztafelwände, Holzbalkendecken, Dächer, Balken, Stützen, Zugglieder und Verbindungsmittel. Weitere Informationen über die Arbeitsgemeinschaft Holz, Düsseldorf. Hier werden nur einige Angaben zur Darstellung einer Größenordnung wiedergegeben.

Tafel 10.78 Raumabschließende[1)] Wände aus Holztafeln, auch unter Verwendung von Gipskartonplatten nach DIN 4102-4

Zeile	**Konstruktionsmerkmale** Abkürzungen: MF = Mineralfaser-Platten oder -Matten	**Holzrippen** Mindestabmessungen	**Holzrippen** zul. Spannung	**Beplankung(en) und Bekleidung(en)** Mindestdicke von Holzwerkstoffplatten (Mindestrohdichte) ϱ = 600 kg/m³	Gipskarton-Bauplatten F (GKF)	**Dämmschicht** Mindest- Dicke von Mineralfaser-Platten oder -Matten	Rohdichte von Mineralfaser-Platten oder -Matten	Dicke von Holzwolle-Leichtbauplatten	Feuerwiderstandsklasse
		$b_1 \times d_1$	σ_D	d_2	d_3	D	ϱ	D	
		mm × mm	N/mm²	mm	mm	mm	kg/m³	mm	
1	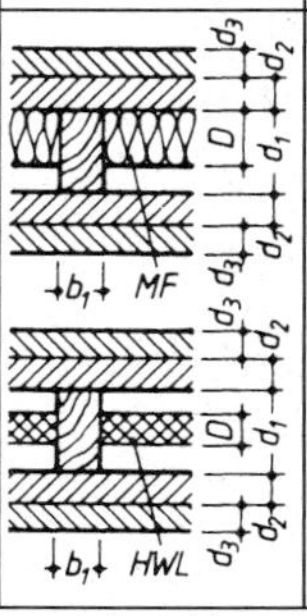	40 × 80[2)]	2,5	13[3)]		80	30		F 30-B
2			2,5	13[3)]		40	50		
3			1,25	8[3)]		60	100		
4			2,5	13[3)]				25	
5			2,5	0	12,5[7)]	60	30		
6			2,5	2 × 16[4)]		80	30		F 60-B
7			2,5	2 × 16[4)]		60	50		
8			1,25	19[5)]		80	100		
9			0,5	8	12,5[7)]	80	100		
10			0,5	2 × 19[6)]		100	100		
11			0,5	2 × 19[6)]				75	F 90-B

1) Wegen tragender, nicht raumabschließender Wände siehe DIN 4102-4, Tabelle 50.
2) Bei nichttragenden Wänden muss $b_1 \times d_1 \geq 40$ mm × 40 mm sein.
3) Einseitig ersetzbar durch GKF-Platten mit $d \geq 12{,}5$ mm oder GKB-Platten mit $d \geq 18$ mm oder $d \geq 2 \times 9{,}5$ mm.
4) Die jeweils raumseitige Lage darf durch Gipskarton-Bauplatten entsprechend Fußnote 3 ersetzt werden.
5) Einseitig ersetzbar durch GKF-Platten mit $d \geq 18$ mm.
6) Die jeweils raumseitige Lage darf durch Gipskarton-Bauplatten F mit $d \geq 18$ mm ersetzt werden.
7) Anstelle von 12,5 mm dicken GKF-Platten dürfen auch GKB-Platten mit $d \geq 18$ mm oder $d \geq 2 \times 9{,}5$ mm verwendet werden.

Hinweise: a) In allen raumabschließenden Wänden sind Dämmschichten aus Mineralfaser-Dämmstoffen, Baustoffklasse A 1 mit Schmelzpunkt ≥ 1000 °C, geprüft nach DIN 4102-17, oder Holzwolle-Leichtbauplatten notwendig. Sie sind gegen Herausfallen zu sichern.

b) Sehr ähnliche Konstruktionen sind möglich in der Form von Gipskartonplatten-Wänden mit Metallständern, deren Einzelheiten in DIN 18 181 und DIN 18 183 genormt sind. Hier können die Feuerwiderstandsklassen auch den Zusatzbuchstaben „-A" erhalten.

Tafel 10.79a Mindestbreite *b* unbekleideter Stützen und Balken der Klasse F 30-B aus Voll- und Brettschichtholz bei dreiseitiger und vierseitiger Brandbeanspruchung

Zeile	Brandbeanspruchung	statische Beanspruchung Druck $\frac{\sigma_{D\|}}{\text{zul } \sigma_K}$	statische Beanspruchung Biegung $\frac{\sigma_B^{1)}}{\text{zul } \sigma_B^*}$	Mindestbreite *b* in mm bei einem Seitenverhältnis *h/b* von 1, Brandbeanspruchung dreiseitig, und einem Abstützungsabstand *s* bzw. einer Knicklänge s_k in m von 2,0 m/5,0 m	2 (dreiseitig)	4 (dreiseitig)	6 (dreiseitig)	1 (vierseitig)	2 (vierseitig)	4 (vierseitig)	6 (vierseitig)
1	**Brettschichtholz**	**1,0**	**0,0**	148/169	139/158	135/153	134/151	169/202	147/168	139/157	136/154
2		0,8	0,0	132/146	124/134	121/128	120/126	148/164	131/145	124/134	122/130
3			0,2	141/157	132/147	127/142	127/143	164/190	140/157	131/146	130/145
4		0,6	0,0	116/119	110/110	107/107	106/106	130/139	116/118	110/110	108/108
5			0,4	134/146	124/131	119/130	121/139	158/173	133/145	123/134	123/142
6		0,4	0,0	100/100	95/95	92/92	91/91	112/112	100/100	95/95	93/93
7			0,6	125/131	114/116	111/126	114/139	153/162	125/130	114/129	116/141
8		0,2	0,0	80/80	80/80	80/80	80/80	90/90	80/80	80/80	80/80
9			0,8	115/116	102/108	102/123	107/138	147/151	114/116	105/126	109/140
10		**0,0**	0,2	80/80	80/80	80/80	80/80	80/80	80/80	80/80	80/80
11			**1,0**	100/100	84/100	92/120	101/138	140/140	99/108	95/123	103/140
12	**Vollholz (Beispiele)**	**1,0**	**0,0**	163/203	151/190	–	–	187/229	161/202	–	–
13		0,6	0,4	148/171	135/154	–	–	177/204	146/169	–	–
14		0,4	0,6	139/153	125/137	–	–	172/190	138/152	–	–
15		**0,0**	**1,0**	114/114	96/114	–	–	160/160	113/123	–	–

[1)] zul $\sigma_B^* = 1{,}1\ k_B$ zul σ_B mit $1{,}1\ k_B \leq 1{,}0$.

Tafel 10.79b Ertüchtigung „alter Holzbalkendecken" auf F 30-B nach DIN 4102-4

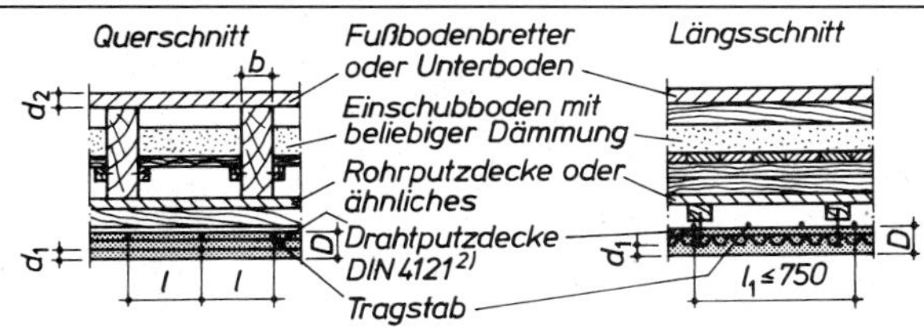

Zeile	Mindestbreite der Holzbalken	Mindestdicke der Fußbodenbretter oder des Unterbodens	Zulässige Spannweite des Putzträgers bei Drahtgewebe	Zulässige Spannweite des Putzträgers bei Rippenstreckmetall	Mindestputzdicke[1)]
	b mm	d_2 mm	*l* mm	*l* mm	d_1 mm
1	120	28	500	1000	15
2	160	21	500	1000	15

[1)] Putz der Mörtelgruppe P II, P IVa, P IVb oder P IVc nach DIN 18 550-2. d_1 über Putzträger gemessen; die Gesamtputzdicke muss $D \geq d_1 + 10$ mm sein – das heißt, der Putz muss den Putzträger ≥ 10 mm durchdringen. Zwischen Rohrputz oder Ähnlichem und Drahtputz darf kein wesentlicher Zwischenraum sein (siehe Schemaskizze).

[2)] Anstelle der Drahtputzdecke dürfen auch Gipskarton-Feuerschutzplatten (GKF) nach DIN 18 180 mit einer Dicke von 25 mm oder 2 × 12,5 mm bei einer Spannweite von $l \leq 500$ mm verwendet werden.

5.4.6 Brandwände

Brandwände zur Bildung von Brandabschnitten als Gebäudetrennwände oder Gebäudeabschlusswände müssen einschließlich ihrer Stoßfestigkeit nach DIN 4102-3 so beschaffen sein, dass sie bei einem Brand ihre Standsicherheit nicht verlieren. Die Brandwand ist bei Gebäuden geringer Höhe durchgehend mindestens bis unmittelbar unter die Dachhaut zu führen. Bei sonstigen Gebäuden ist sie durchgehend entweder 0,3 m über Dach zu führen oder in Höhe der Dachhaut mit einer beidseitig 0,5 m auskragenden Stahlbetonplatte in F 90 abzuschließen. Bei Gebäuden mit weicher Bedachung ist die Brandwand 0,5 m über Dach zu führen. Müssen Gebäude oder Gebäudeteile, die über Ecke zusammenstoßen, durch eine Brandwand abgeschlossen oder unterteilt werden, so muss die Brandwand über die innere Ecke mindestens 3 m hinausragen. Dies gilt nicht, wenn die Gebäude oder Gebäudeteile in einem Winkel von mehr als 120° über Ecke zusammenstoßen. Stoßen Gebäude unterschiedlicher Höhe entlang einer Brandwand aneinander, so ist entweder die Wand des höheren Gebäudes bis zu deren Oberkante (fensterlos) als Brandwand auszubilden oder die Dachfläche des niedrigeren Gebäudes in einem 5 m breiten Streifen einschließlich der unterstützenden Bauteile und der Öffnungen in der Dachfläche in der Klasse F 90-A auszuführen.
Öffnungen in Brandwänden sind unzulässig. In inneren Brandwänden können sie gestattet werden, wenn sie mit selbstschließenden Abschlüssen der Klasse T 90 (auch „Schleusen" mit zwei T 30 möglich) oder mit Verglasungen der Klasse F 90 gesichert werden.
Bauteile mit brennbaren Baustoffen dürfen Brandwände oder die genannte Stahlbetonplatte nicht überbrücken. Bauteile dürfen in Brandwänden nur so weit eingreifen, dass der verbleibende Wandquerschnitt die Feuerwiderstandsklasse F 90 behält; für Leitungen, Leitungsschlitze und Schornsteine gilt dies entsprechend. Leitungen dürfen durch Brandwände nur hindurchgeführt werden, wenn die Übertragung von Feuer und Rauch nicht zu befürchten ist oder Vorkehrungen hiergegen getroffen sind.

Tafel 10.80 Zulässige Schlankheit, Mindestwanddicke und Mindestachsabstand von ein- und zweischaligen Brandwänden nach DIN 4102-4 (Auszug)

Zeile	Schemaskizze für bewehrte Wände 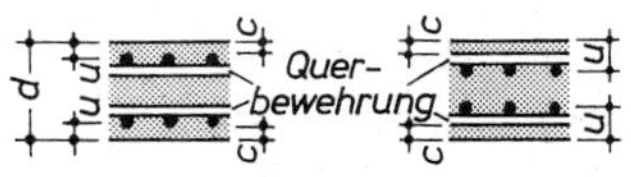	Zulässige Schlankheit h_s/d (h_s = lichte Geschosshöhe)	Mindestdicke d in mm, falls Brandwand einschalig	zweischalig	Mindestachsabstand u in mm
1	**Wände aus Normalbeton** nach DIN 1045 bewehrt, tragend	25	140	2×120	25
	bewehrt, nichttragend unbewehrt	Bemessung nach DIN 1045	120 200	2×100 2×180	nach DIN 1045
2	**Wände aus Leichtbeton** mit haufwerkporigem Gefüge nach DIN 4232 der Rohdichteklasse ≥ 1,4 ≥ 0,8	Bemessung nach DIN 4232	250 300	2×200 2×200	–
3	**Wände aus bewehrtem Porenbeton** nichttragende Wandplatten der Festigkeitsklasse 4,4, Rohdichteklasse ≥ 0,6 Festigkeitsklasse 3,3, Rohdichteklasse ≥ 0,6	nach allgemeiner bauaufsichtlicher Zulassung	175 200	2×175 2×200	20 30
	tragende, stehend angeordnete Wandtafeln der Festigkeitsklasse 4,4, Rohdichteklasse ≥ 0,7		200	2×200	20
4	**Wände aus Mauerwerk** nach DIN 1053-1 und -2 unter Verwendung von Normalmörtel der Mörtelgruppe II, II a oder III, III a	Bemessung nach DIN 1053-1 und -2 (Exzentrizität $e \leq d/3$)			–
	Steine nach DIN V 105-1 Rohdichteklasse ≥ 1,4 ≥ 1,2 DIN 105-2 ≥ 0,8		240 300 365	2×175 2×200 2×240	
	Steine nach DIN V 106-1 Rohdichteklasse ≥ 1,4 ≥ 0,9 0,8		240 300 300	2×175 2×200 2×240	
	Steine nach DIN V 4165, DIN V 18 151 bis DIN V 18 153, Rohdichteklasse ≥ 0,6		300	2×240	

6 Abdichtung von Hochbauten im Erdreich

6.1 Aufgabe von Abdichtungen

Abdichtungen haben die Aufgabe, Bauwerke vor den schädigenden Einflüssen des im Boden vorhandenen Wassers zu schützen. Schädigende Einflüsse sind:

- Überschwemmungen – Eindringen des Wassers in das Bauwerk
- Durchfeuchtungen von Raumumschließungsflächen und dadurch bedingte Nutzungseinschränkungen dieser Räume
- verringerter Wärmeschutz durchfeuchteter Bauteile
- Frost-Tau-Gefährdung mancher Baustoffe
- verringerte Festigkeit mancher Baustoffe im feuchten Zustand
- bei aggressivem Wasser Korrosion von Baustoffen.

Bauwerksabdichtungen sind dadurch gekennzeichnet, dass sie in der Regel weder gewartet noch nachgebessert werden können, so dass sie für die Lebensdauer des abzudichtenden Bauwerks funktionsfähig sein müssen.

6.2 Abdichtungsmaterialien

Eine Übersicht der gebräuchlichsten Abdichtungsmaterialien ist in Tafel 10.81 enthalten.

Tafel 10.81 Übersicht gebräuchlicher Abdichtungsmaterialien

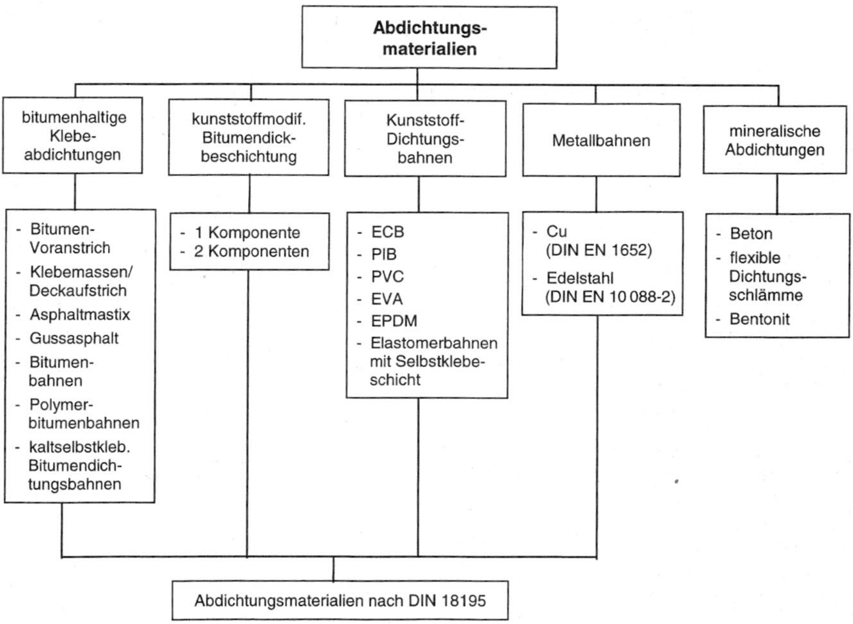

6.3 Beanspruchung

Vor der Wahl einer geeigneten Abdichtungskonstruktion müssen folgende Planungsgrundlagen bekannt sein:

- Bodenprofil (Bodenarten, Schichtdicken des Bodens, Durchlässigkeit *k* des Bodens, vgl. Tafel 10.82)

- höchster Grundwasserstand (HGW bei den Wasserwirtschaftsämtern erfragen)
- Aggressivität des Grundwassers (DIN 4030) bei Bauten aus wasserundurchlässigem Beton.

Zur Festlegung der geeigneten Abdichtungsart und der Auswahl der Abdichtungsmaterialien ist die Art des Einwirkens von Wasser auf das Bauwerk von Bedeutung. Grundsätzlich kann zwischen nichtdrückendem und drückendem Wasser unterschieden werden.

a) Nichtdrückendes Wasser

Bodenfeuchtigkeit

Unter Bodenfeuchtigkeit im Sinne von DIN 18 195 wird das in den Poren des Erdreichs kapillargebundene Wasser verstanden (Kapillarwasser) bzw. das an den Bodenteilchen angelagerte Wasser (Haftwasser). Die Bodenfeuchtigkeit entsteht beim Durchsickern des Wassers (Niederschlag) durch den gut wasserdurchlässigen Boden; sie übt keinen hydrostatischen Druck auf die Abdichtung aus. Mit Bodenfeuchtigkeit im Sinne von DIN 18 195 darf nur bei wasserdurchlässigen Böden gerechnet werden (Kies, Sand mit $k > 10^{-4}$ m/s, vgl. Tafel 10.82).

Tafel 10.82 Anhaltswerte für die Durchlässigkeit *k* verschiedener Bodenarten

	Bodenart nach DIN 4023	Korngröße mm	Kap. Steighöhe cm	$k \triangleq$ Durchlässigkeit m/s
	Steine/Blöcke	>60	0	durchlässig
Kies	Grobkies	20–60	≈0	durchlässig
	Mittelkies	6–20	≈0	durchlässig
	Feinkies	2–6	5	$>1 \cdot 10^{-2}$
Sand	Grobsand	0,6–2	10	$10^{-2} - 1{,}5 \cdot 10^{-3}$
	Mittelsand	0,2–0,6	25	$1{,}5 \cdot 10^{-3} - 1{,}5 \cdot 10^{-4}$
	Feinsand	0,06–0,2	50–100	$1{,}5 \cdot 10^{-4} - 5{,}5 \cdot 10^{-6}$
	Schluff	0,002–0,06	200–1000	$5{,}5 \cdot 10^{-6} - 10^{-7}$
	Ton	<0,002	>1000	$10^{-7} - 10^{-9}$

Sickerwasser

Sickerwasser ist das unter dem Wirken der Schwerkraft sich auf dem Wege zum Grundwasser bewegende Wasser. Es werden unterschieden:

- nichtstauendes Sickerwasser, das weitgehend ungehindert zum Grundwasser abfließt (Kies, Sand, $k > 10^{-4}$ m/s)
- zeitweise aufstauendes Sickerwasser: Kommt es oberhalb weniger durchlässiger Bodenschichten zu einer langsameren Versickerung des Sickerwassers – z. B. im Bereich eines verfüllten Arbeitsraumes –, so entsteht ein zeitweise aufstauendes Sickerwasser. Die davon betroffenen Bauteile werden dann so lange durch hydrostatisch wirkendes Wasser (Druckwasser) beansprucht, bis sich der Wasserstau abgebaut hat. Nach DIN 18 195 liegt eine Beanspruchung durch zeitweise aufstauendes Sickerwasser vor, wenn das zu schützende Bauwerk nicht mehr als 3 m in wenig durchlässigen Boden ohne Dränage einbindet und wenn die Bauwerkssohle mindestens 1000 mm über dem Bemessungswasserstand liegt (Abb. 10.95a).

b) Drückendes Wasser

Stauwasser

Trifft Sickerwasser auf eine weniger wasserdurchlässige Schicht, so wird es gestaut, und der Porenraum in der wasserdurchlässigen Bodenschicht füllt sich mit Wasser – dem Stauwasser. Dieses Wasser übt einen hydrostatischen Druck auf Bauteile aus, die sich im Stauwasser befinden.

Schichtwasser

Ist ein wenig wasserdurchlässiger Boden von gut durchlässigen Bodenschichten durchsetzt (z. B. Kiesadern im Lehmboden), so fließt das Sickerwasser in diesen Schichten auf das Bauwerk zu und übt einen hydrostatischen Druck aus (Abb. 10.83a).

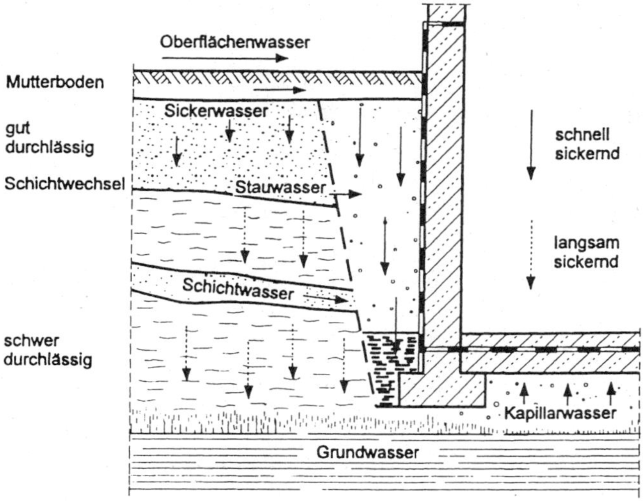

Abb. 10.83a Wasserzufluss an ein Bauwerk

Grundwasser
Es füllt die Poren und Hohlräume zwischen den Bodenteilchen vollständig aus. Im Erdreich liegt ein geschlossener Wasserspiegel vor; taucht ein Bauwerk in das Grundwasser ein, so wird es durch den Druck des Wassers beansprucht (hydrostatischer Druck).

In Abhängigkeit von der Beanspruchung des Bauwerks durch das anstehende Wasser und in Abhängigkeit von der Wasserdurchlässigkeit des anstehenden Bodens sowie von der Nutzung des Bauwerks ist die Art der Abdichtung festzulegen (vgl. Tafel 10.84): Gegen Sickerwasser, gegen nichtdrückendes Wasser bzw. gegen drückendes Wasser (Grundwasser). Bei Vorhandensein von Stauwasser oder Schichtwasser muss die Abdichtung gegen drückendes Wasser bemessen werden. Wird das Schichtwasser bzw. das stauende Wasser durch eine Dränage abgeführt (s. Abschnitt 6.7), so genügt es, die Abdichtung wie für eine durch Bodenfeuchte beanspruchte Abdichtung auszuführen (vgl. DIN 18 195-1 und Tafel 10.84, Zeile 3).

6.4 Schutz des Bauwerks gegen Bodenfeuchtigkeit

6.4.1 Abdichtungsprinzipien

Abdichtungsmaßnahmen gegen Bodenfeuchtigkeit dürfen nach DIN 18 195-4 nur für Bauwerke in nichtbindigen Böden ausgeführt werden, die nicht in das Grundwasser eintauchen (andernfalls vgl. Abschnitt 6.6). Die Abdichtung muss das Bauwerk gegen im Boden vorhandenes, kapillar gebundenes Wasser schützen. Weiterhin haben die Abdichtungsmaßnahmen die Aufgabe, die durch Kapillarkräfte in den Bauteilen mögliche Wasserbewegung zu unterbinden. In Abb. 10.83b ist die mögliche Wasserbewegung in einer ungeschützten Wand dargestellt; hieraus sind die erforderlichen Stellen für die Abdichtungsmaßnahmen vorgegeben:

- senkrechte Abdichtung der Kellerwand einschließlich Sockel
- waagerechte Abdichtung über dem Fundament
- Abdichtung der Kellersohle.

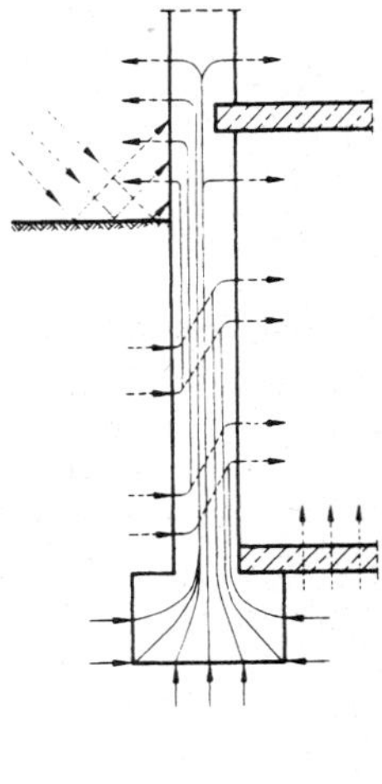

Abb. 10.83b Wasserbewegung in einem nichtabgedichteten Bauwerk

Tafel 10.84 Zuordnung der Abdichtungsarten nach DIN 18 195-1 in Abhängigkeit von Wasserbeanspruchung, Bodenart und Nutzung

Nr.	1	2	3	4	5	6
1	Bauteilart	Wasserart	Einbausituation		Art der Wasser-einwirkung	Art der erforderlichen Abdichtung nach
2	Erdberührte Wände und Bodenplatten oberhalb des Bemessungs-wasserstandes	Kapillarwasser Haftwasser Sickerwasser	stark durchlässiger Boden[8] $> 10^{-4}$ m/s		Bodenfeuchte und nichtstauendes Sickerwasser	DIN 18 195-4
3			wenig durchlässiger Boden[8] $\leq 10^{-4}$ m/s	mit Dränung[1]		
4				ohne Dränung[2]	aufstauendes Sickerwasser	Abschnitt 9 von DIN 18 195-6 : 2000-08
5	Waagerechte und geneigte Flächen im Freien und im Erdreich; Wand- und Bodenflächen in Nassräumen[3]	Niederschlagswasser Sickerwasser Anstaubewässerung[4] Brauchwasser	Balkone u. Ä. Bauteile im Wohnungsbau Nassräume[3] im Wohnungsbau[6]		nichtdrückendes Wasser, mäßige Beanspruchung	Abschn. 8.2 von DIN 18 195-5 : 2000-08
6			genutzte Dachflächen[5] intensiv begrünte Dächer[4] Nassräume (ausgenommen Wohnungsbau)[6] Schwimmbäder[7]		nichtdrückendes Wasser, hohe Beanspruchung	nach Abschn. 8.3 von DIN 18 195-5 : 2000-08
7			nicht genutzte Dachflächen, frei bewittert, ohne feste Nutzschicht, einschließlich Extensivbegrünung		nichtdrückendes Wasser	DIN 18 531
8	Erdberührte Wände, Boden- und Deckenplatten unterhalb des Bemessungs-wasserstandes	Grundwasser Hochwasser	Jede Bodenart, Gebäudeart und Bauweise		drückendes Wasser von außen	Abschnitt 8 von DIN 18 195-6 : 2000-08
9	Wasserbehälter, Becken	Brauchwasser	im Freien und in Gebäuden		drückendes Wasser von innen	DIN 18 195-7

[1] Dränung nach DIN 4095. [2] Bis zu Gründungstiefen von 3 m unter Geländeoberkante, sonst Zeile 8.
[3] Definition Nassraum siehe Abschn. 3.31 von DIN 18 195-1.
[4] Bis etwa 10 cm Anstauhöhe bei Intensivbegrünungen. [5] Beschreibung siehe 7.3 von DIN 18 195-5.
[6] Beschreibung siehe 7.2 von DIN 18 195-5. [7] Umgänge, Duschräume. [8] Siehe DIN 18 130-1.

Nach DIN 18 195-4 kann eine Abdichtung gegen Bodenfeuchtigkeit auch bei wenig durchlässigen Böden ausgeführt werden, wenn eine Dränage vorhanden und deren Funktionsfähigkeit auf Dauer gegeben ist. Im Hinblick darauf, dass die Funktionsfähigkeit auf Dauer nur dann gegeben ist, wenn die Dränage laufend gewartet wird, sollte die Wahl der Abdichtung im Zusammenwirken mit einer Dränage gründlich abgewogen werden.

6.4.2 Konstruktive Ausbildung und Materialien

6.4.2.1 Waagerechte Abdichtung in oder unter Wänden

Waagerechte Abdichtungen in oder unter Wänden haben die Aufgabe, den kapillaren Wassertransport in den Wandbaustoffen zu unterbinden. Bei Wänden aus Beton ist die Anordnung einer waagerechten Abdichtung in der Regel nicht möglich. In solchen Fällen sind die Fundamente und Wände aus wasserundurchlässigem Beton herzustellen, oder wenn dies nicht möglich ist, so ist unterhalb und seitlich der Fundamente eine grobkörnige Kiesschicht als kapillarbrechende Schicht anzuordnen. Die Kiesschüttung ist zu verdichten und gegen das Eindringen von Zementschlämme durch ein geotextiles Vlies zu schützen.

Werden horizontale Abdichtungen ausnahmsweise nicht direkt über dem Fundament angeordnet, sondern in den Wänden, muss die Abdichtung durch einen gegebenenfalls vorhandenen Innenputz geführt werden, um eine Feuchtebrücke im Bereich des Putzes zu vermeiden (Abb. 10.85a). Diese Abdichtung ist mit der Abdichtung der Bodenplatte – sofern vorhanden – zu verkleben, um einerseits mögliche abgetrocknete Durchfeuchtungsspuren unterhalb der Abdichtung in den Wänden zu vermeiden und um andererseits der ästhetischen Beeinträchtigung durch die sichtbare Abdichtungsbahn sowie der Gefahr der Beschädigung der aus der Wand ragenden Abdichtung während des Putzens zu begegnen. Vorzuziehen sind in jedem Fall horizontale Abdichtungen unterhalb der Wände auf dem Fundament (Abb. 10.85b); Konstruktionen entsprechend Abb. 10.85a sind nicht praktikabel!

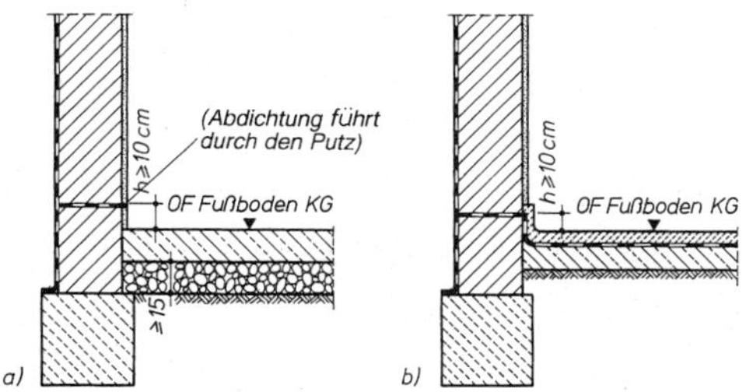

Abb. 10.85a
Horizontale Abdichtung in der Wand (sollte nicht der Regelfall sein)

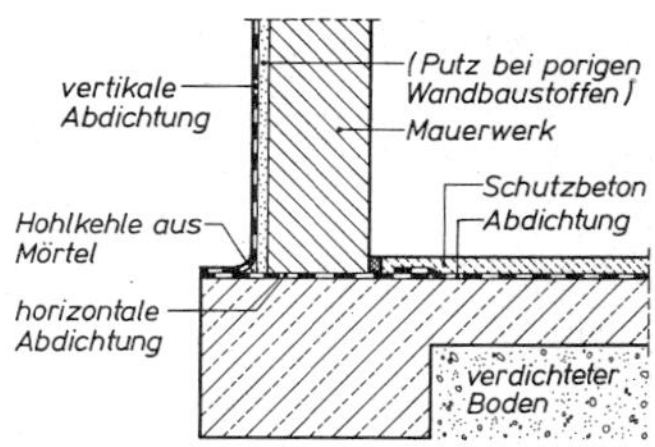

Abb. 10.85b
Horizontale Abdichtung über dem Fundament (Regelfall)

Für die waagerechte Abdichtung in oder unter Wänden dürfen nach DIN 18 195-4 folgende Materialien verwendet werden:

- Bitumen-Dachbahnen mit Rohfilzeinlage nach DIN 52 128
- Bitumen-Dachdichtungsbahnen nach DIN 52 130
- Kunststoff-Dichtungsbahnen nach Tabelle 5 von DIN 18 195-2 (ECB, PIB, PVC, EVA, EPDM, Elastomerbahnen mit Selbstklebeschicht).

Horizontale Abdichtungen in Wänden unter und gegebenenfalls oberhalb von Kellerdecken brauchen in Zukunft nach DIN 18 195-4 nicht mehr ausgeführt zu werden, weil man sich auf die Funktionssicherheit der horizontalen Abdichtung direkt über dem Fundament verlässt.

Die Abdichtungen müssen mindestens einlagig ausgeführt werden. Die Auflageflächen für die Abdichtungsbahnen müssen durch Mauermörtel so glatt ausgeführt werden, dass keine schädlichen

Unebenheiten entstehen (Gefahr von Perforationen). Die Bahnen sind lose zu verlegen – nicht zu verkleben! Die Überdeckungslänge der Bahnen untereinander soll mindestens 200 mm betragen. Die Überdeckungen dürfen verklebt werden.

Die lose verlegten Abdichtungsbahnen sind nicht in der Lage, horizontal wirkende Kräfte – z.B. aus einseitigem Erddruck bei Häusern am Hang oder bei nur einseitig über längere Zeiträume verfüllten Baugruben – aufzunehmen. In solchen Fällen dürfen nach DIN 18 195-4 die Abdichtungen stufenförmig ausgeführt werden; besser ist es aber, die Horizontalkräfte z.B. durch Widerlager (Nocken) o.Ä. aufzunehmen (Abb. 10.86a).

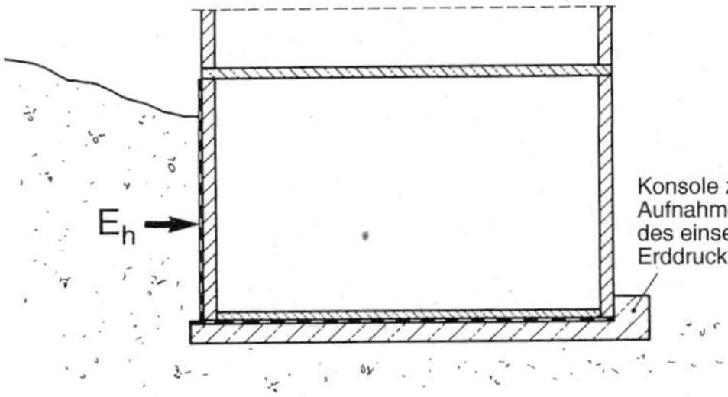

Abb. 10.86a Aufnahme des Erddruckes durch Konsole/Nocke

6.4.2.2 Abdichtung der Außenwände

Sämtliche vom Boden berührten Außenwandflächen sind abzudichten. Diese Abdichtung muss planmäßig bis 300 mm über Gelände hochgeführt werden, um eine ausreichende Anpassungsmöglichkeit an die Geländeoberfläche sicherzustellen. Im Endzustand darf dieser Wert das Maß von 150 mm nicht unterschreiten (Spritzwasserschutz). Sofern der Sockel des Gebäudes selbst ausreichend wasserabweisend ausgebildet ist (Vormauerziegel, Klinkermauerwerk, Zementputz), darf auf das Hochführen der Abdichtung verzichtet werden (Abb. 10.86b).

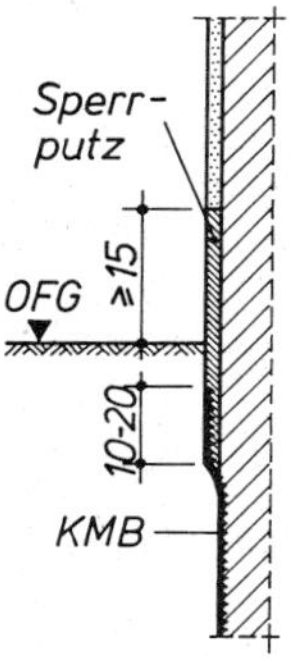

Abb. 10.86b Spritzwasserschutz im Sockelbereich

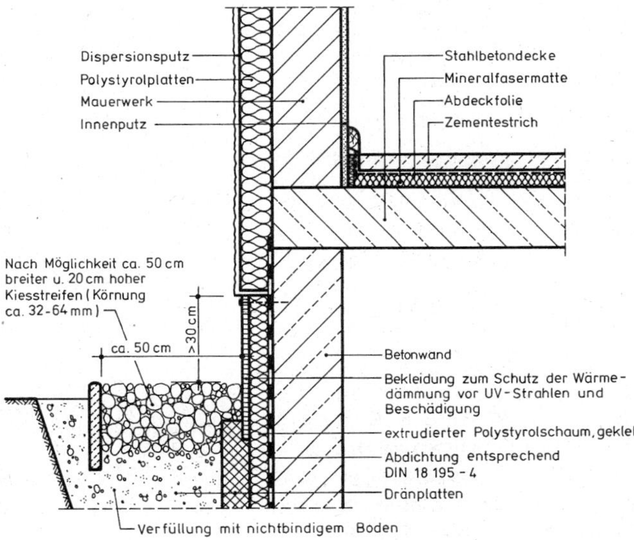

Abb. 10.86c Sockelausbildung bei Vorhandensein einer Perimeterdämmung

Auf eine sorgfältige Verbindung der Wandabdichtung mit der horizontalen Abdichtung unter der Wand ist besonders zu achten (Abb. 10.87). Auch auf die Verträglichkeit der unter Umständen unterschiedlichen Materialien für die vertikale und horizontale Abdichtung ist zu achten; insbesondere dann, wenn für die vertikale Abdichtung eine kunststoffmodifizierte Bitumendickbeschichtung gewählt wird (Herstellerangabe beachten, ob die Bitumendickbeschichtung mit der horizontalen Abdichtung verträglich ist).

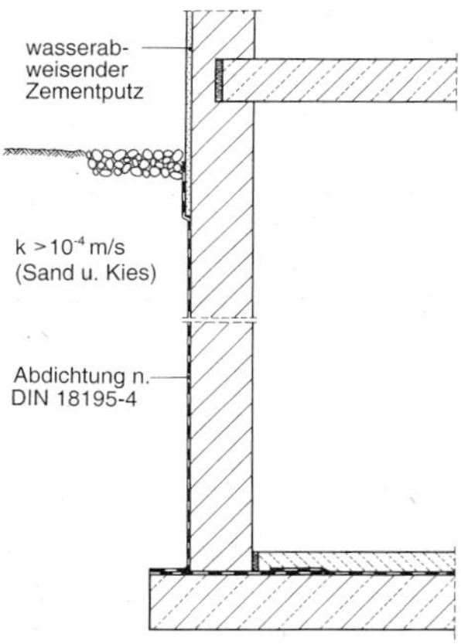

Die Wandabdichtungen sind durch Schutzschichten – z. B. aus Polystyrol o. Ä. – gegen mechanische Beschädigungen beim Verfüllen der Baugrube zu schützen (Bauschutt, Geröll o. Ä. darf nicht unmittelbar die Abdichtung berühren).
Für die Abdichtung der Wände dürfen nach DIN 18 195-4 verwendet werden:

- sämtliche Bahnenabdichtungen mit Ausnahme von Bitumenbahnen mit Rohfilzeinlage
- kunststoffmodifizierte Bitumendickbeschichtungen mit einer Trockenschichtdicke von mindestens 3 mm; die Dickbeschichtung ist grundsätzlich auf einen Voranstrich aufzubringen.

Abb. 10.87
Anschluss der vertikalen Wandabdichtung an die horizontale Sperrschicht

Der Untergrund für die Abdichtung muss fest, eben, frei von Nestern und klaffenden Rissen sowie Graten sein. Nicht verschlossene Vertiefungen, die größer als 5 mm sind, wie beispielsweise Mörteltaschen oder offene Stoß- oder Lagerfugen, sind zu schließen. Haufwerksporige Betone o.Ä. müssen – soweit eine kunststoffmodifizierte Bitumendickbeschichtung als Abdichtung verwendet wird – mit einer Kratzspachtelung geschlossen werden.

Bei der Ausführung bitumenhaltiger Abdichtungen ist zu beachten, dass Kanten gefast und Kehlen möglichst gerundet sein müssen.
Bei der Abdichtung mit KMB (kunststoffmodifizierten Bitumendickbeschichtungen) gilt Folgendes: Die KMB ist zweilagig auszuführen; die Trockenschichtdicke ist zu überprüfen; die Austrocknung ist durch eine Referenzprobe, die in der Baugrube gelagert wird, zu überprüfen; die Kehlen sind nicht mit einer Hohlkehle auszubilden, da die größeren Materialdicken an diesen Stellen sonst nur langsam durchtrocknen.

6.4.2.3 Abdichtung der Bodenplatte

Kellerfußböden sind gegen aufsteigende Feuchtigkeit entsprechend Abb. 10.87 zu schützen; nur bei geringer Anforderung an die Nutzung der Kellerräume (z. B. Lager für feuchteunempfindliche Güter) darf auf die Abdichtung der Bodenplatte verzichtet werden; statt dessen wird eine grobkörnige, 15 cm dicke Kiesschüttung angeordnet. Der Anschluss einer eventuell notwendigen Fußbodenabdichtung an die Sperrschicht im Mauerwerk geschieht am zweckmäßigsten entsprechend Abb. 10.87.
Als Abdichtungsmaterialien können Bitumenbahnen, kaltselbstklebende Bitumenbahnen, Kunststoff-Dichtungsbahnen, kunststoffmodifizierte Bitumendickbeschichtungen oder Asphaltmastix verwendet werden.

6.5 Abdichtung gegen nichtdrückendes Wasser

6.5.1 Abdichtungsprinzipien

Die Abdichtung soll gegen nichtdrückendes Wasser (Niederschlags-, Sicker- oder Brauchwasser) beständig sein: Nichtdrückendes Wasser übt auf die Abdichtung *keinen* oder nur einen *geringfügigen, zeitlich begrenzten* hydrostatischen Druck aus.

Nach der Größe der auf die Abdichtung einwirkenden Beanspruchungen werden „mäßig“ oder „hoch beanspruchte“ Abdichtungen unterschieden. Mäßig beanspruchte Abdichtungen sind nach DIN 18 195-5 durch folgende Randbedingungen gekennzeichnet:

- Die auf die Abdichtung einwirkenden Verkehrslasten sind ruhend (s. DIN 1055-3).
- Die Wasserbeanspruchung ist gering und wirkt nicht ständig (d.h. Gefälle).

Beispiele für mäßig beanspruchte Abdichtungen nach DIN 18 195-5 sind u.a.:

- Balkone und ähnliche Flächen im Wohnungsbau
- unmittelbar spritzwasserbelastete Fußboden- und Wandflächen in Nassräumen des Wohnungsbaus – soweit sie nicht durch andere Maßnahmen, deren Eignung nachzuweisen ist, hinreichend gegen eindringende Feuchtigkeit geschützt sind.

Bei häuslichen Bädern ohne Bodeneinlauf, die nicht zu den Nassräumen nach DIN 18 195-5 zählen, kann nach DIN 18 195 eine Abdichtung entfallen; wenn jedoch im Bereich von Wohnungsbädern ohne Bodeneinlauf die Umfassungsbauteile aus feuchtigkeitsempfindlichen Materialien bestehen (z.B. aus Holz, Holzwerkstoffen, zementgebundenen Holzwerkstoffplatten, Gips o.Ä.), muss der Schutz gegen Feuchtigkeit bei der Planung besonders beachtet werden (z.B. Merkblatt des Fachverbandes des deutschen Fliesengewerbes).

Zu den hoch beanspruchten Flächen zählen u.a.:

- Dachterrassen, intensiv begrünte Flächen, Parkdecks, Hofkellerdecken und Durchfahrten, erdüberschüttete Decken (nicht dazu gehören z.B. nichtgenutzte und extensiv begrünte Dachflächen, Fahrbahnen, die zu öffentlichen Straßen gehören)
- durch Brauch- oder Reinigungswasser stark beanspruchte Fußboden- und Wandflächen in Nassräumen, wie z.B. Umgänge in Schwimmbädern, öffentlichen Duschen, gewerbliche Küchen u.Ä.

Die Ausführungen in DIN 18 195-5 gelten nicht für die Abdichtung von nichtgenutzten und von extensiv begrünten Dachflächen; hier gilt DIN 18 531 bzw. die Flachdachrichtlinie.

6.5.2 Bauliche Erfordernisse

- Die Abdichtungen sind mit Gefälle auszuführen ($i \geq 1{,}5\,\%$), damit sich das Wasser auf ihnen nicht staut. Sofern erforderlich, ist eine Dränage (s. Abschnitt 6.7) anzuordnen.
- Bei Bewegungen des Baukörpers (Schwinden, Bewegungen aus Temperaturänderungen, Setzungen) darf die Abdichtung nicht ihre Schutzfunktion verlieren. Die Größen der zu erwartenden Bewegungen sind z.B. der statischen Berechnung zu entnehmen und mit der von der Abdichtung aufnehmbaren Verformung zu vergleichen.
- Risse im Bauwerk dürfen zum Zeitpunkt ihres Auftretens nicht breiter als 0,5 mm sein und sich nicht weiter als 2,0 mm breit öffnen (für Bitumendickbeschichtungen 1,0 mm). Der Versatz der Risskanten in der Ebene darf nicht größer als 1 mm sein (für Bitumendickbeschichtungen 0,5 mm).
- Werden die genannten Rissabmessungen überschritten, so ist durch konstruktive Maßnahmen (mehr Bewehrung, engere Fugenteilung, Wärmedämmung) den entstehenden Bauwerksbewegungen entgegenzuwirken.
- Die Abdichtung darf nur senkrecht zur Fläche beansprucht werden. Abdichtungen in den Schrägen sind durch Widerlager, Anker o.Ä. am Gleiten zu hindern (vgl. Abb. 10.91a).
- Dämmschichten, auf die die Abdichtungen aufgebracht werden, müssen für die jeweilige Nutzung geeignet sein. In den Dämmstoffnormen werden in der Regel keine Anforderungen an die Druckfestigkeit gestellt; es werden Mindestwerte der Druckspannung festgelegt, die eine Stauchung von 10 %, bezogen auf die ursprüngliche Dicke des Dämmmaterials, verursachen (vgl. z.B. Tafel 10.89). Für zähelastische Dämmstoffe sind diese Grenzwerte zu hoch; es ist mit etwa um die Hälfte verringerten Spannungen zu rechnen. Bei den sprödharten Dämmstoffen rechnet man bei der Bemessung mit einer ca. dreifachen Sicherheit gegen Bruch (vgl. auch bauaufsichtliche Zulassung).

  Die Temperaturempfindlichkeit der Kunstharzschäume ist bei der Verarbeitung bitumenhaltiger Abdichtungen zu beachten. Bei der Verwendung von Kunststoffabdichtungen sind mögliche Weichmacherwanderungen zwischen Kunstharzschäumen und Abdichtungsbahnen zu berücksichtigen (Anordnen von Trennlagen).

Tafel 10.89 Mindestwerte für die Druckspannung bei 10 % Stauchung einiger Dämmstoffe

Dämmstoff	$\sigma_{D,10\%}$ in N/mm²
Kork	0,10
Kork	0,20
Schaumkunststoff	0,10
Schaumkunststoff	0,10
Schaumkunststoff	0,15
Schaumglas	0,50 [1)]
Schaumglas	0,70 [1)]

[1)] Bruchspannung.

- Decken aus großformatigen Einzelelementen für Parkdächer oder vergleichbar genutzte Flächen, z. B. aus Beton-Fertigteilplatten, müssen zur Stabilisierung mit einem bewehrten, am Ort hergestellten Aufbeton oder mit anderen Maßnahmen zur Querkraftübertragung versehen sein, um unterschiedliche Durchbiegungen der Einzelelemente sowohl an ihren Längskanten als auch an den Auflagerfugen zu vermeiden (Schutzwirkung für die Abdichtung).
- Die Abdichtung muss *hohlraumfrei* zwischen den festen Bauteilen des Gebäudes angeordnet werden, damit sie nicht „abfließt“ bzw. bei geringfügigen Beanspruchungen durch den Wasserdruck nicht zerstört wird.
- Entwässerungseinläufe, die die Abdichtung durchdringen, müssen sowohl die Oberfläche des Bauwerks als auch die Abdichtungsebene entwässern (z. B. bei Dachterrassen mit Gehwegplatten über der Abdichtung o. Ä.).

6.5.3 Materialwahl und Konstruktionsbeispiele

a) Mäßig beanspruchte Abdichtung

Als Abdichtungsmaterialien können nach DIN 18 195-5 z. B. verwendet werden:

- 1 Lage Bitumen- oder Polymerbitumenbahn oder -Schweißbahn. Bitumen-Dachdichtungsbahnen mit Gewebeeinlage müssen mit einem Deckaufstrich versehen werden.
- 1 Lage Bitumen-KSK-Bahn
- 1 Lage 1,5 mm PIB- oder ECB-Bahn
- 1,2 mm PVC
- Asphaltmastix auf Trennlage, z. B. aus Rohglasvlies. Die Abdichtung aus Asphaltmastix ist zweilagig herzustellen. Die Dicke muss im Mittel $d = 15$ mm betragen; zul. Abweichungen: min $d = 12$ mm, max $d = 20$ mm. Darüber Schutzschicht aus Gussasphalt, $d = 25$ mm. An- und Abschlüsse, Durchdringungen u.Ä. mit Bitumenbahnen, die für die Kombination mit Asphalt geeignet sind (Verarbeitungstemperatur).
- Kunststoffmodifizierte Bitumendickbeschichtungen, min $d = 3$ mm. An Kehlen und Kanten sind Gewebeverstärkungen einzubauen und auch im Bereich horizontaler Flächen, um die Mindesthöhe der Beschichtung einzuhalten.

b) Hoch beanspruchte Abdichtung (z. B. Abdichtung eines Parkdecks)

Der Aufbau von befahrbaren, gegen nichtdrückendes Wasser abgedichteten Decken ist in den Abb. 10.90a und 10.90b dargestellt. Als Abdichtungsmaterialien können nach DIN 18 195-5 beispielsweise verwendet werden:

- 2 Lagen Bitumen- oder Polymerbitumenbahnen und/oder -Schweißbahnen, jeweils mit Gewebe- bzw. Metallbandeinlage. Bei Gefälle $n < 2\,\%$ sind mindestens 2 Lagen Polymerbitumenbahnen zu verwenden.
- 1,5 mm PIB oder 2 mm ECB; oben und unten je eine nackte Bitumenbahn vollständig verklebt. Oberseitig ein Deckaufstrich.

- Asphaltmastix im Verbund mit Gussasphalt ($d = 25$ mm). Zwischen der Abdichtung und dem Untergrund ist eine Trennlage, z.B. aus Rohglasvlies, vorzusehen.

c) Konstruktionsbeispiele

Die prinzipiellen Aufbauten eines Parkdecks sind in den Abb. 10.90a und b dargestellt. Bei einer Abdichtung nach Abb. 10.90a mit einer Pflasterung als Fahrbahnbelag darf das Kiesbett nicht mit Zement verfestigt werden, da der Niederschlag den freien Kalk des Zements löst und es zu Kalkausscheidungen in den Entwässerungsleitungen kommen kann. Die Höhe der Steine sollte mindestens 10 cm betragen, um Verkantungen, Fahrrillen u.Ä. zu vermeiden. Zur Lagesicherung der Steine sind diese in Feldern durch Betonbalken zu umfassen.

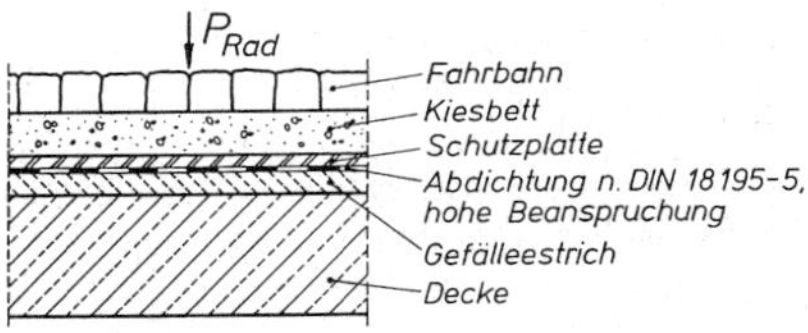

Abb. 10.90a
Parkdeckabdichtung ohne Wärmedämmung

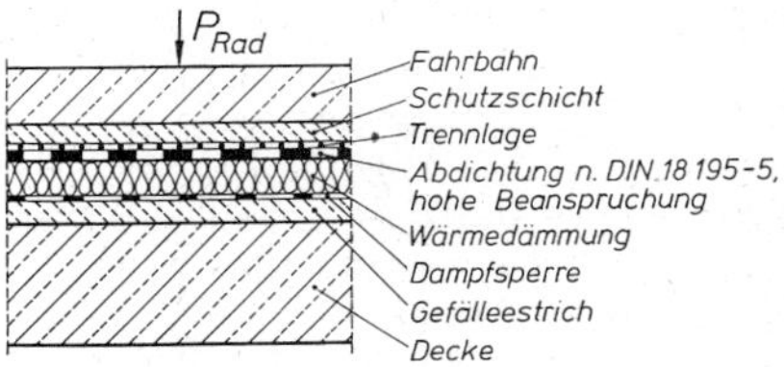

Abb. 10.90b
Parkdeckabdichtung mit Wärmedämmung

Das kritische Detail des Anschlusses einer Tiefgarage an ein Gebäude ist in Abb. 10.90c dargestellt. Abb. 10.90d zeigt die Ausbildung eines Schrammbordes als Schutz der Abdichtung (z.B. im Bereich von Hofdurchfahrten).

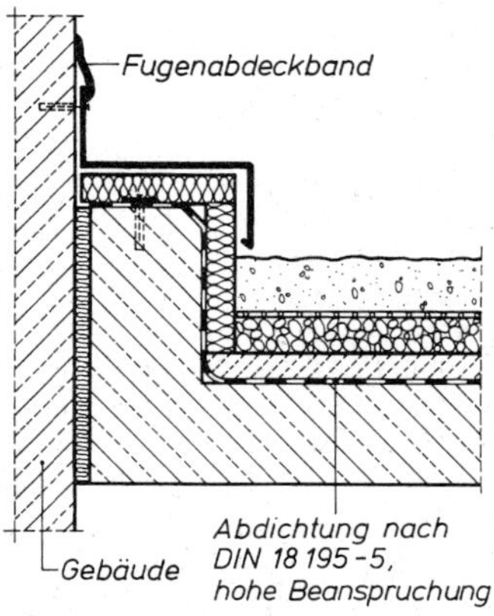

Abb. 10.90c
Fugenabdichtung zwischen Tiefgarage und angrenzendem Gebäude

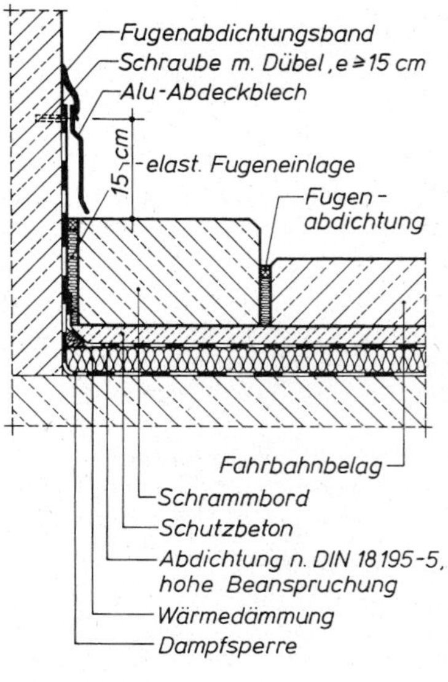

Abb. 10.90d
Schrammbord als Schutz der Abdichtung

Im Bereich von Gefällstrecken werden die in Richtung der Abdichtung wirkenden Kräfte am zweckmäßigsten durch Telleranker aufgenommen (Abb. 10.91a). Ein solcher besteht aus einem Festflansch, der an dem Bolzen wasserdicht angeschweißt ist; auf dem Festflansch wird die Abdichtung aufgeklebt, die mit dem Losflansch gegen den Festflansch gepresst wird. Der Bolzen überträgt die Kraft vom Fahrbahnbelag – einschließlich der Beschleunigungskräfte anfahrender oder bremsender Kraftfahrzeuge – in die Unterkonstruktion; die Bemessung des Bolzens kann unter Verwendung von Abb. 10.91b erfolgen.

Nach DIN 18 195-5 sind Nassräume Innenräume, in denen nutzungsbedingt Wasser in solchen Mengen anfällt, dass zu dessen Ableitung Fußbodenentwässerungen erforderlich sind. Bäder im Wohnungsbau ohne Bodenablauf zählen hingegen nicht zu den Nassräumen, da die anfallende Wassermenge als gering erachtet wird. Ist ein Fußbodenablauf in einem Wohnungsbad vorhanden, so wird dieser auch als Ausguss benutzt, wodurch dann nach DIN 18 195 auch eine Abdichtung notwendig wird. – Entsprechend der Definition eines Nassraumes ist ein Badezimmer im Wohnungsbau mit niveaugleicher Duschtasse ein Nassraum – ein Wohnungsbadezimmer mit aufgekanteter Duschtasse, jedoch ohne Bodenablauf, nicht.

Sind die Umfassungsflächen in einem Wohnungsbadezimmer feuchtigkeitsempfindlich, so sind geeignete Schutzmaßnahmen erforderlich. Diese Schutzmaßnahmen können z. B. durch eine Verbundabdichtung entsprechend dem Merkblatt des Fachverbandes des deutschen Fliesengewerbes ausgeführt werden [10.50] (Abb. 10.92a, Abb. 10.92b).

Bei den Verbundabdichtungen werden folgende Beanspruchungsklassen unterschieden:
1. Bauaufsichtlich geregelter Bereich (hohe Beanspruchung)
2. Bauaufsichtlich nicht geregelter Bereich.

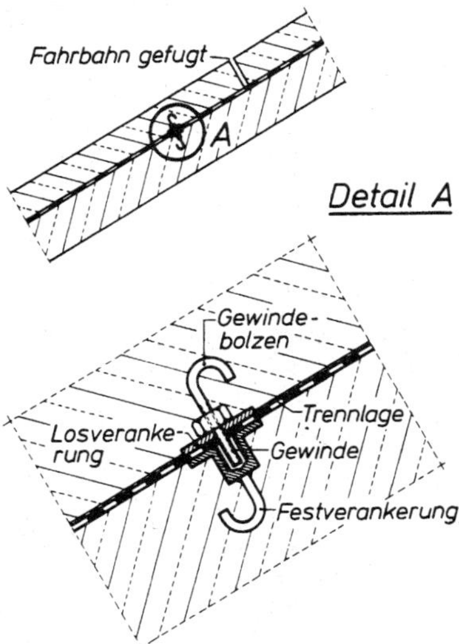

Abb. 10.91a Abdichtung von Rampen mit Telleranker

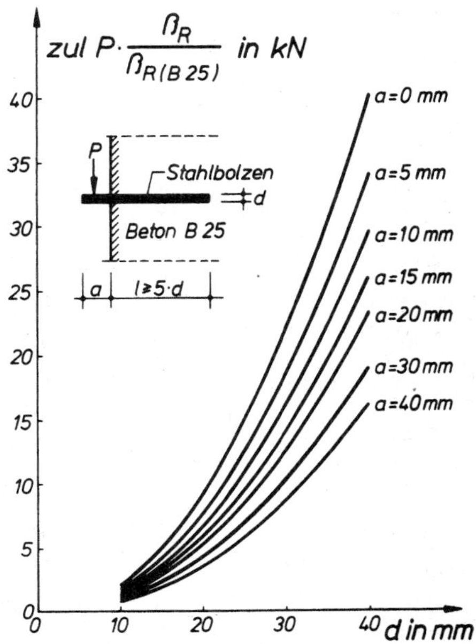

Abb. 10.91b Tragfähigkeit von Bolzen unter dem Einwirken einer Querkraft

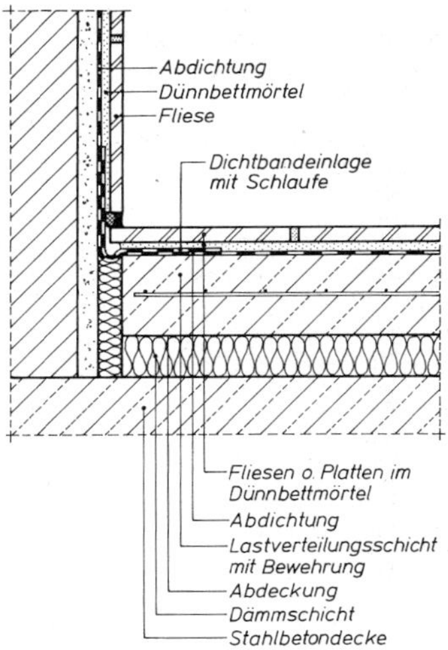

Abb. 10.92a Fugenausbildung am Übergang zwischen Wand- und Bodenfliesen

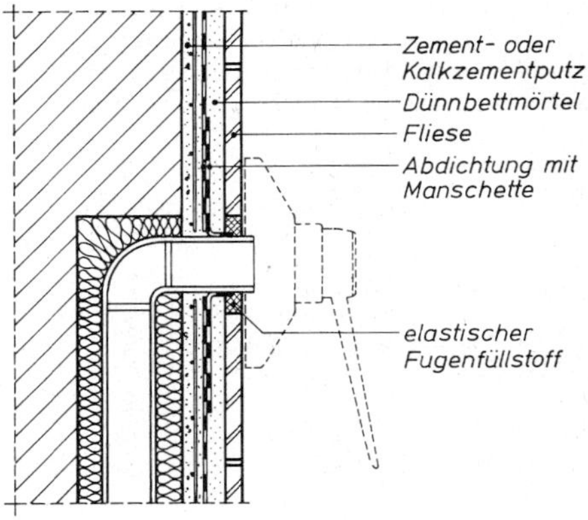

Abb. 10.92b Eindichtung von Wasserrohren

Im bauaufsichtlich geregelten Bereich gelten folgende Beanspruchungsklassen:

A1 Wände in öffentlichen Duschen
A2 Böden in öffentlichen Duschen
B Wände und Böden in öffentlichen Schwimmbädern
C Wände und Böden bei hoher und chemischer Beanspruchung

Im bauaufsichtlich nicht geregelten Bereich gelten folgende Beanspruchungsklassen:

0 Wohnungsbäder ohne Bodenablauf
A01 Wandflächen in Wohnungsbädern mit Bodenablauf
A02 Bodenflächen in Wohnungsbädern mit Bodenablauf
B0 Balkone und Terrassen (nicht über genutzten Räumen)

Für Verbundabdichtungen werden folgende Gruppen von Abdichtungsstoffen unterschieden:

- Kunststoffdispersionen (gefüllt oder ungefüllt)
- Kunststoff-Zement (Mörtel)-Kombinationen (flexible Dichtungsschlämme)
- Reaktionsharze (Expoxyd- oder Polyurethanharze).

Die Eignung von Verbundabdichtungen ist durch ein gültiges Prüfzeugnis zu erbringen (siehe Merkblatt über die „Prüfung von Abdichtungsstoffen und Abdichtungssystemen", Stand September 1995).

Anmerkung: Im Hinblick darauf, dass die Fugen zwischen den Fliesen auf dem Boden und denen auf der Wand nicht auf Dauer wasserdicht ausgebildet werden können (Verformung des Estrichs), wird empfohlen, grundsätzlich auch bei feuchtigkeitsunempfindlichen Untergründen zumindest eine Abdichtung nach dem o.g. Merkblatt auszuführen. Gegenüber Abdichtungen nach DIN 18 195 erübrigen sich bei den Verbundabdichtungen zusätzliche Schutzschichten, wodurch sich geringere Aufbauhöhen und Konstruktionsdicken realisieren lassen. Weiterhin ist es bei der Verbundabdichtung von Vorteil, dass der Untergrund (z. B. Estrich) nicht von hygienisch und/oder chemisch bedenklichen Wässern durchfeuchtet wird; ein Vorteil, der insbesondere bei der Abdichtung im Bereich von Großküchen, Molkereien, Fleischereibetrieben o.Ä. zum Tragen kommt.

Nassräume in öffentlichen Bädern, gewerbliche Küchen u.Ä. sind entweder nach DIN 18 195-5 für hohe Beanspruchungen abzudichten oder es können auch Verbundabdichtungen gewählt werden. In Abb. 10.93a ist die bitumenhaltige Abdichtung im Bereich einer Dusche dargestellt; der Vorteil einer Verbundabdichtung nach Abb. 10.93b ist augenscheinlich.

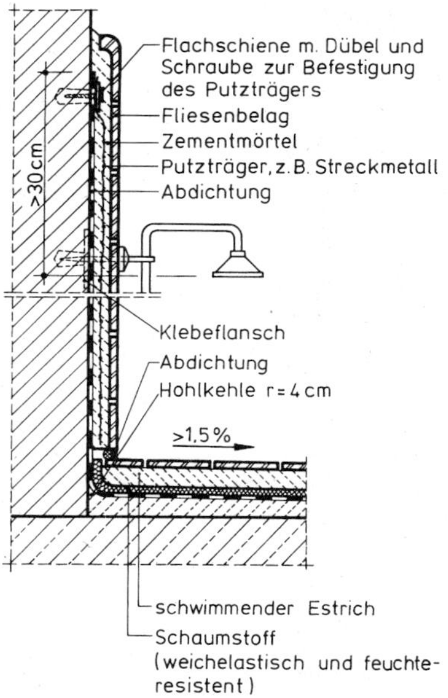

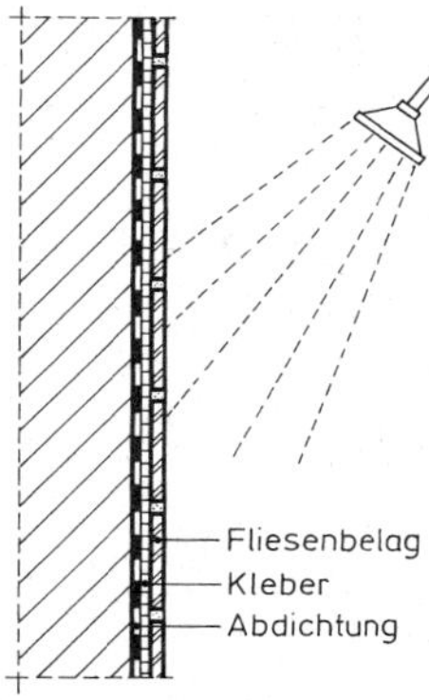

Abb. 10.93b
Verbundabdichtung im Bereich einer Dusche

Abb. 10.93a
Bitumenhaltige Abdichtung im Bereich einer Dusche

6.6 Abdichtung gegen drückendes Wasser

6.6.1 Abdichtungsprinzipien

Wasserdruckhaltende Abdichtungen müssen Bauwerke gegen von außen drückendes Wasser schützen und gegen natürliche oder durch Lösungen aus der Umgebung entstandene Aggressivität unempfindlich sein. Nach der Art und Lage der Abdichtung werden unterschieden:

- Außenhautabdichtungen (Regelfall) – s. Abb. 10.94a
- Innenhautabdichtungen bei Behältern bzw. für Sanierungen – s. Abb. 10.94b
- wasserundurchlässige Bauteile/Bauwerke (Regelfall s. Abschnitt 6.8).

6.6.2 Konstruktionsprinzipien

- Die Abdichtung darf durch die Bewegungen des Bauwerks nicht beschädigt werden (Schwinden, Setzen, Temperaturbewegungen). Risse im Bauwerk dürfen nach DIN 18 195-6 zum Zeitpunkt ihres Entstehens (zum Zeitpunkt des Abdichtens) nicht breiter als 0,5 mm sein und durch weitere Bewegungen nicht breiter als 5 mm werden. Der Versatz der Rissufer in Richtung der Abdichtungsebene muss geringer als 2 mm sein. Bei Abdichtungen gegen aufstauendes Sickerwasser darf die Rissbreite nicht größer als 0,5 mm sein und durch weitere Bewegungen nicht breiter als 1 mm werden. Der Versatz der Rissufer in der Abdichtungsebene muss geringer als 0,5 mm sein.
- Die Abdichtung ist bei nichtbindigen Böden ($k > 10^{-4}$ m/s) 300 mm über den höchsten Grundwasserspiegel zu führen; bei bindigen Böden 300 mm über Oberkante Erdreich (Begründung: Stauwasserwirkung).
- Die Abdichtung kann keine planmäßigen Kräfte in ihrer Ebene aufnehmen, sie ist also statisch als reibungslos anzusehen. Nichtplanmäßige Kräfte in Richtung der Abdichtungsebene entste-

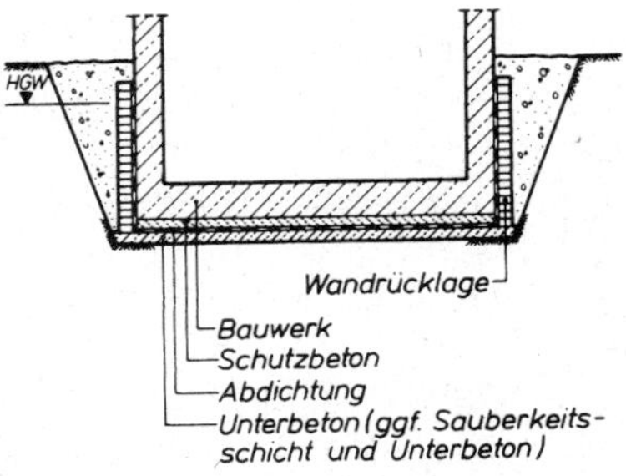

Abb. 10.94a
Außenhautabdichtung, Regelfall für Neubauten

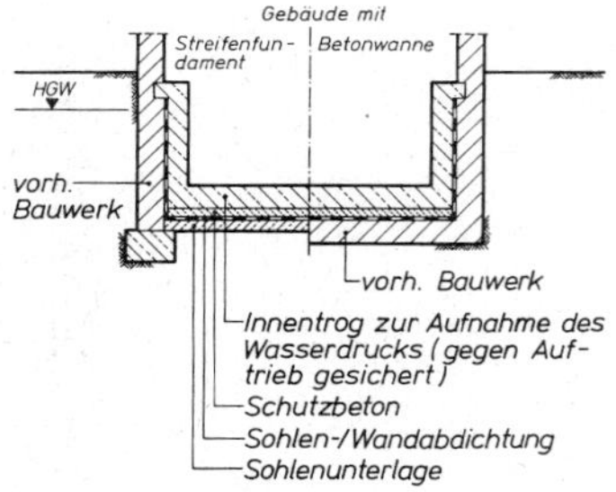

Abb. 10.94b
Innenhautabdichtung, Regelfall für Behälterabdichtungen und nachträgliche Abdichtungen in Gebäuden

hen z. B. durch das Schwinden einer Fundamentplatte, die auf der Abdichtung liegt. Planmäßige Kräfte in der Abdichtungsebene, z. B. bei Bauwerken im Gefälle oder bei einseitiger Baugrubenverfüllung, sind durch Verankerungen (s. Abb. 10.91a), Nocken oder sonstige konstruktive Maßnahmen von der Abdichtung fernzuhalten (s. z. B. Abb. 10.86a).

- Die Ermittlung der maximalen Druckspannungen unterhalb der Fundamentplatte geschieht nach DIN 4018 entweder nach dem
  - Spannungstrapezverfahren
  - Bettungsmodulverfahren
  - Streifenmodulverfahren
  - oder nach der FEM.
- Gegen die Abdichtung muss hohlraumfrei gemauert oder betoniert werden. Wandrücklagen aus Mauerwerk müssen geputzt werden. – Wird die tragende Außenwand des Bauwerks in Mauerwerk ausgeführt und nachträglich vor die fertige Abdichtung gestellt, so ist sie durch eine etwa 4 cm breite Fuge, die schichtenweise beim Mauern mit Zementmörtel verfüllt wird, von der Abdichtung zu trennen.
- Bitumenhaltige Abdichtungen mit Trägerbahnen aus Rohfilzpappe oder Jutegewebe müssen zwischen festen Bauteilen eingepresst sein, wobei der Mindesteinpressdruck 0,01 MN/m^2 betragen muss. Bei der Ermittlung des mininalen Einpressdrucks darf der hydrostatische Druck des Wassers nicht in Rechnung gestellt werden.
- Abdichtungen gegen aufstauendes Sickerwasser – nichtdrückendes Wasser – sind nach DIN 18 195-6 Abdichtungen von Kelleraußenwänden und Bodenplatten bei Gründungstiefen bis 3,0 m unter GOK in wenig durchlässigen Böden ($k < 10^{-4}$ m/s) ohne Dränung, bei denen Bodenart und Geländeform nur Stauwasser erwarten lassen, auszuführen. Die Unterkante der Kellersohle muss mindestens 1000 mm über HGW liegen (Abb. 10.95a).
- Wird die bitumenhaltige Abdichtung durch Temperatur beansprucht (Heizkanäle, Abbindewärme dicker Fundamentplatten o.Ä.), so muss der Erweichungspunkt nach Ring und Kugel (s. DIN EN 1427) des verwendeten Bitumens mindestens 30 K über der zu erwartenden Temperatur liegen.
- Bei Einwirkung von Druckluft (wenn beim Abschalten der Wasserhaltung z. B. das Wasser die Luft in den Poren des Erdreichs gegen die Abdichtung presst) sind die Abdichtungen gegen das Ablösen von der Unterlage zu sichern. Bei bitumenhaltigen Abdichtungen sind Metallbänder einzukleben oder „Luftdränagen" vorzusehen (grober Kies, in dessen Poren die Luft entweichen kann).

6.6.3 Materialwahl und Konstruktionsbeispiele

Bauwerke, die gegen drückendes Wasser abgedichtet werden müssen, werden entweder aus wasserundurchlässigem Beton nach DIN 1045 ausgeführt, oder sie werden mit Bitumen- bzw. Kunststoffbahnen nach DIN 18 195-6 geschützt (Abb. 10.94a).

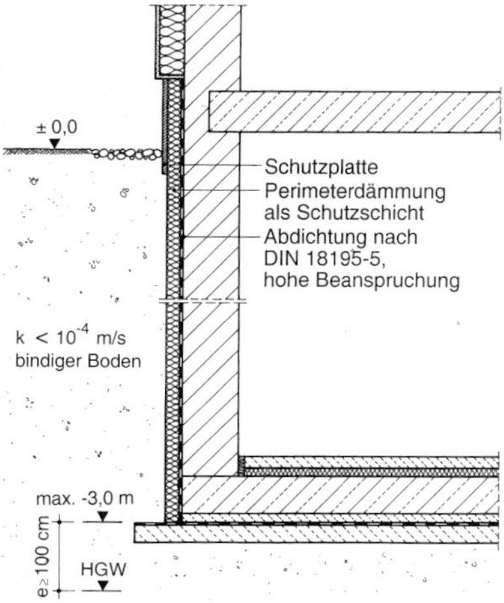

Abb. 10.95a
Abdichtung gegen aufstauendes Sickerwasser nach DIN 18 195-6

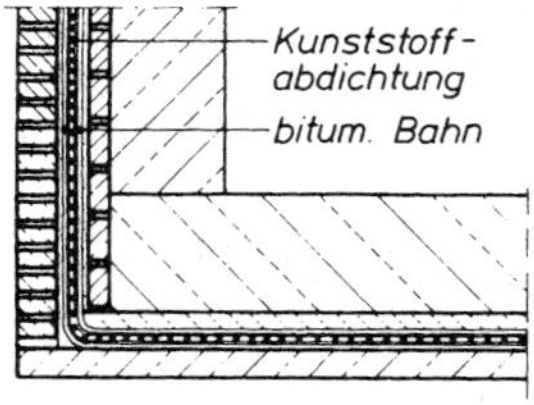

Abb. 10.95b Kehlstoß

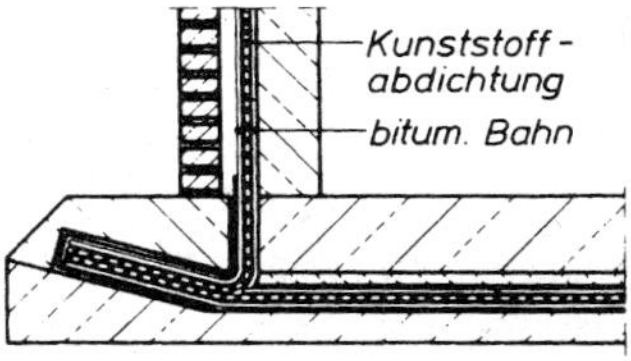

Abb. 10.95c Rückläufiger Stoß (vgl. auch Abb. 10.97a)

Die zulässige Druckbeanspruchung senkrecht zu den Bahnenabdichtungen ist in DIN 18 195-6 in Abhängigkeit von der Art der Abdichtung festgelegt. Die Anzahl der erforderlichen Lagen ist ebenfalls in DIN 18 195-6 in Abhängigkeit von der Eintauchtiefe des Gebäudes in das Grundwasser, der Art der Abdichtungsmaterialien sowie deren Verarbeitung festgelegt (s. Tafel 10.96).

Bei größeren Eintauchtiefen des Bauwerks in das Grundwasser wird der Auftrieb immer größer, so dass die Gefahr des Aufschwimmens gegeben ist. Gemäß DIN 1054 ist die Sicherheit gegen Aufschwimmen η_a nachzuweisen:

$\eta_a = Q_{Auflast} / Q_{Auftrieb} \geq 1{,}1$

Die Ausführung der Abdichtung erfolgt nach der Grundwasserabsenkung und dem anschließenden Ausheben der Baugrube wie folgt:

Auf einer Sauberkeitsschicht/Unterbeton (8 bis 10 cm Magerbeton) wird die Abdichtung aufgebracht. Die Abdichtung ist vor dem Beginn des Bewehrens der Fundamentplatte vor mechanischen Verletzungen zu schützen; dies geschieht in der Regel durch eine etwa 5 cm dicke Schutzbetonschicht. Der Übergang von der Fundamentplatte zu den Wänden erfolgt in Abhängigkeit von den örtlichen Verhältnissen und vom Bauablauf (Abb. 10.95b und 10.95c).

Die Druckbeanspruchung der Abdichtung ist für die Lastfälle „Volllast bei Grundwasserabsenkung (Bauzustand)“ und „Volllast mit Auftrieb“ zu untersuchen.

Die Wandrücklage (vgl. Abb. 10.97b) soll die hohlraumfreie Einpressung der Abdichtung sicherstellen. Dazu ist es erforderlich, dass sie glatt sowie eben ausgeführt wird und dass sie beweglich auf dem Fundament aufsteht, damit sie durch den Erddruck gegen die Abdichtung bzw. das Bauwerk gepresst wird.

Die Wandrücklagen sollten in Abständen von etwa 5 m und an Gebäudekanten gefugt sein, damit sie in sämtlichen Bereichen gegen den Baukörper gedrückt werden (Abb. 10.97b). Die Wandrücklagen aus Mauerwerk müssen bei noch nicht erfolgter Erdanschüttung den Schalungsdruck des Betons aufnehmen; aus diesem Grunde sind die Rücklagen während des Betonierens im Abstand von etwa 2 m wirksam auszusteifen.

Beim Einbau der Wandbewehrungen vor der Abdichtung ist darauf zu achten, dass die Abdichtung nicht mechanisch beschädigt wird. Der Abstand der Bewehrung von der Abdichtung muss mindestens 5 cm betragen, wobei notwendige Abstandhalter sich nicht in die Abdichtung eindrücken dürfen (Abb. 10.97c).

Tafel 10.96 Zusammenstellung der bahnenförmigen Abdichtungssysteme gegen drückendes Wasser entsprechend DIN 18 195-6 mit der Angabe der zulässigen Druckbelastung

Abdichtungssystem	zul σ in MN/m^2	t in m	Lagenzahl bei Bü	Lagenzahl bei Gi
Nackte Bitumenbahnen (erf. Einpressdruck ≥ 0,01 MN/m^2)	0,6	≤ 4 4 bis 9 > 9	3 4 5	3 3 4
Nackte Bitumenbahnen und eine Metallbandlage (Kupfer d = 0,1 mm oder Edelstahl d = 0,05 mm)	1,0	≤ 4 4 bis 9 > 9	3 3 4	3 3 3
Nackte Bitumenbahnen und zwei Metallbandlagen (Kupfer d = 0,1 mm oder Edelstahl d = 0,05 mm)	1,5	≤ 4 4 bis 9 > 9	4 4 5	4 4 4
			Lagenzahl bei sonstiger Verlegung	
Bitumen-Schweißbahnen (nur in Ausnahmefällen – z. B. im Überkopfbereich und an unterschnittenen Flächen)	0,8 bei Glasgewebe, 1,0 bei sonstigen Einlagen	≤ 4	2 mit GE oder PE	
		4 bis 9	3 mit GE oder PE 1 mit GE oder PE + jew. m. 1 Ku	
		> 9	2 mit GE oder PE + jew. m. 1 Ku	
Bitumen-Bahnen und/oder Polymerbitumen-Dachdichtungsbahnen	0,8 bei Glasgewebe, 1,0 bei sonstigen Einlagen	≤ 4 4 bis 9 > 9	siehe Bit.-Schweißbahnen Bitumenbahnen mit Gewebeeinlagen sind mit Bahnen anderer Trägereinlage zu kombinieren.	
Bahnen aus EVA, PIB bzw. PVC-P	1,0 (bei PIB 0,6)	≤ 4 4 bis 9 > 9	1 d = 1,5 mm 1 d = 2,0 mm 1 d = 2,0 mm	
ECB- und EPDM-Bahnen	1,0	≤ 4 4 bis 9 > 9	1 d = 2,0 mm 1 d = 2,5 mm 1 d = 2,5 mm	

zul σ zulässige Druckbelastung
t Eintauchtiefe
Bü Bürstenstreich- oder Gießverfahren
Gi Gieß- und Einwalzverfahren
GE Gewebeeinlage
Ku Kupferbandeinlage
PE Polyestervlies-Einlage

Die Abdichtung gegen aufstauendes Sickerwasser (Abb. 10.95a) kann nach DIN 18 195-6 bestehen aus:

- kunststoffmodifizierter Bitumendickbeschichtung (d = 4 mm). Die Beschichtung ist in zwei Arbeitsgängen aufzubringen. Nach dem ersten Arbeitsgang ist eine Verstärkungslage einzulegen. Die Abdichtung ist grundsätzlich mit einer Schutzschicht zu versehen. Diese darf erst nach ausreichender Trocknung der Abdichtung aufgebracht werden.
- 1 Lage Polymerbitumen-Schweißbahn
- 2 Lagen Bitumen- oder Polymerbitumenbahnen mit Gewebe- oder Polyestervlieseinlage
- 1 Lage bitumenverträgliche Kunststoff-Dichtungsbahn.

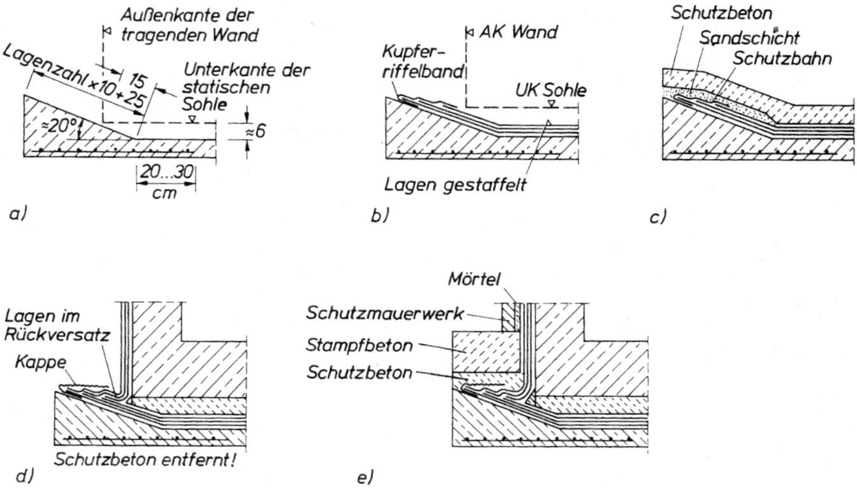

Abb. 10.97a Herstellung eines rückläufigen Stoßes [10.51]

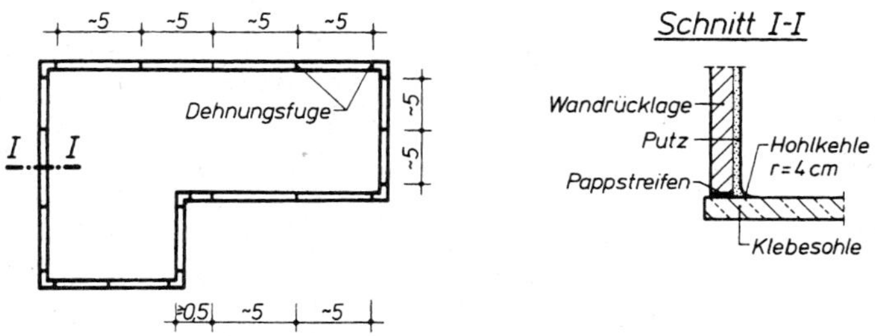

Abb. 10.97b Ausbildung der Wandrücklagen

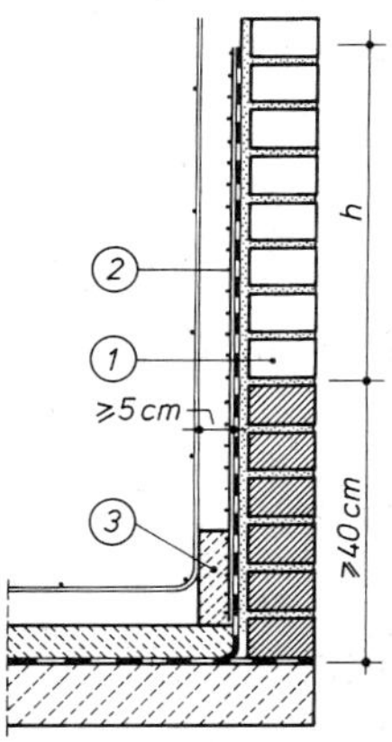

Abb. 10.97c Schutz der Abdichtung (Betondickung)

Stoß der Abdichtung im Bereich von ca. 40 cm über der Sauberkeitsschicht.

1 Wandrücklage
2 Schutzschicht
3 Abstandhalter

6.7 Gebäudedränung

6.7.1 Aufgabe und Wirkungsweise einer Dränanlage

Unter einer Dränanlage versteht man einen unterirdischen Leitungsstrang und eine dazugehörige Flächenentwässerung zur Abführung des sich im Bereich baulicher Anlagen im Boden befindenden Wassers (Abb. 10.98a und 10.98b). Die Abführung des Wassers verhindert das Entstehen eines hydrostatischen Drucks auf die Abdichtung; bei der Ableitung des Wassers im Drän soll ein Ausschlämmen von Bodenteilchen nicht auftreten (filterfeste Dränung).

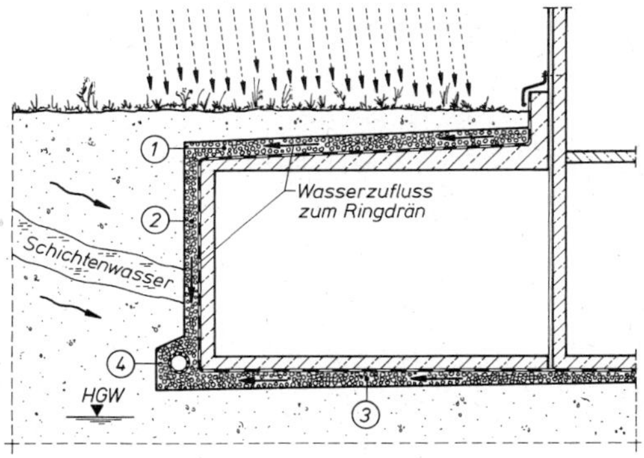

Abb. 10.98a
Wirkungsweise von Dränanlagen

1 Flächendrän (Flächenentwässerung) auf der Decke im Gefälle
2 Wanddrän
3 Flächendrän unter der Bodenplatte im Gefälle
4 Ringdrän im Gefälle

Eine Dränanlage besteht aus den Dränschichten und außerdem aus den Kontroll- und Spüleinrichtungen sowie den Ableitungen. Die Wirkungsweise einer Dränanlage ist Abb. 10.98a und Abb. 10.98b zu entnehmen (vgl. auch DIN 4095, Bild 2): Das auf das Bauwerk zufließende Wasser wird im Bereich der Kelleraußenwände durch eine Wanddränage (Dränschicht) zum Ringdrän geleitet. Das von unten auf das Bauwerk zufließende Wasser wird durch eine horizontale Dränage (Flächendränage, Dränschicht) ebenfalls zum Ringdrän (durch das Fundament) geleitet (Abb. 10.98a und 10.98b). Der Ringdrän leitet das Wasser zu einem Versickerungsschacht (Abb. 10.99b). Der Abstand zwischen Schachtsohle und Grundwasseroberfläche soll mindestens 1 m betragen.

Es ist zweckmäßig, den Sickerschacht mit grobkörnigen Füllstoffen zu füllen, deren Korngröße von unten nach oben abnimmt. Die oberste Schicht muss jedoch aus feinem Sand bestehen, mindestens 500 mm hoch und gegen Ausspülen gesichert sein, z.B. durch eine Prallplatte. Die Bemessung des Sickerschachtes geschieht nach [10.52].

In Abb. 10.99c ist eine Rohrversickerung von Dränwasser in einer Rigole dargestellt. Die Rigole besteht aus einem horizontalen, perforierten Versickerungsrohr (DN ≥ 300 mm), das in einer Kiespackung eingebettet ist; eine Kiesabdeckung verhindert das Zuschlämmen des Kieses. Die Bemessung der Rigolen geschieht ebenfalls nach [10.52].

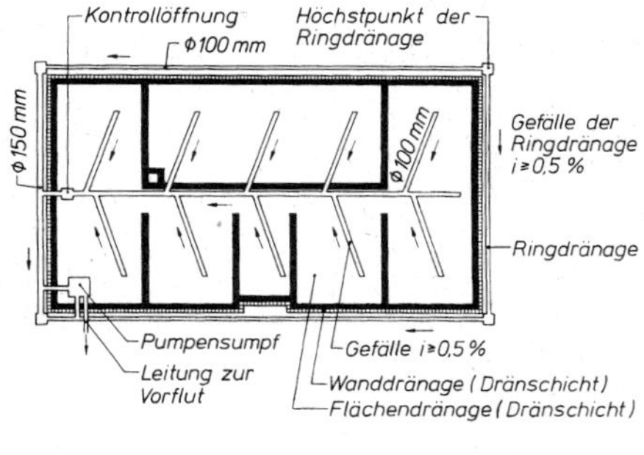

Abb. 10.98b
Prinzip der Ausbildung von Dränagen

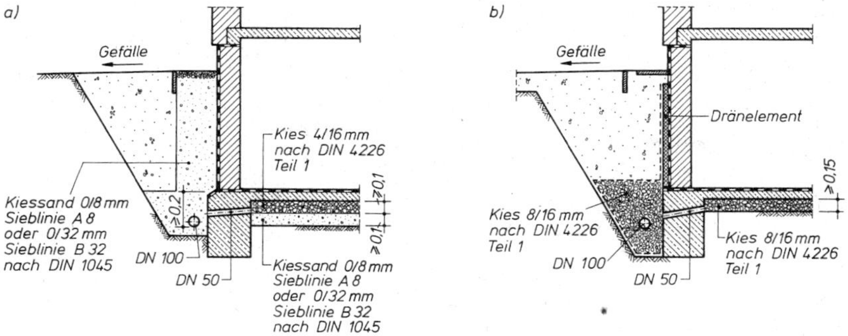

Abb. 10.99a Beispiele einer Dränanlage nach DIN 4095: a) mit mineralischer Dränschicht
b) mit Dränelementen

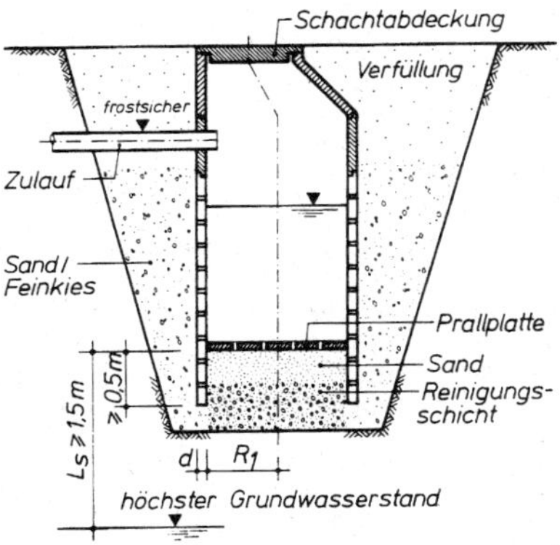

Abb. 10.99b
Versickerungsschacht nach ATV-Regelwerk [10.52]

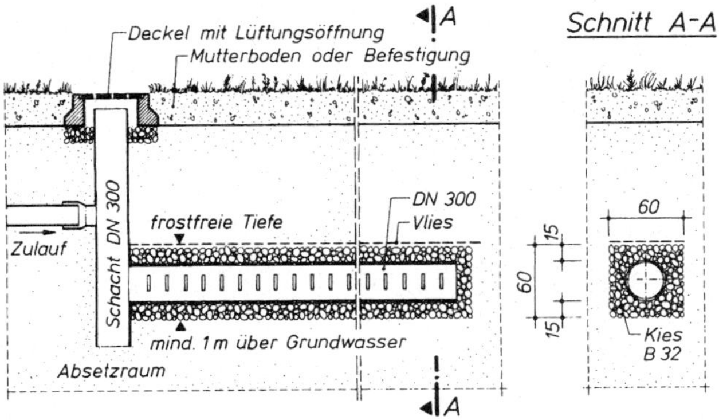

Abb. 10.99c Versickerung von Dränwasser in einer Rigole [10.52]

6.7.2 Materialien und Konstruktionsprinzipien für Dränanlagen

Die Bemessung einer Dränanlage kann unterbleiben, wenn die Randbedingungen für den Regelfall nach Tafel 10.100a eingehalten werden. In diesem Fall gelten die Bemessungsangaben nach den Tafeln 10.101a und 10.101b.

Tafel 10.100a Richtwerte für den Regelfall einer Dränanlage

Einflussgröße	Richtwert
Richtwerte vor Wänden	
Gelände	eben bis leicht geneigt
Durchlässigkeit des Bodens	schwach durchlässig
Einbautiefe	bis 3 m
Gebäudehöhe	bis 15 m
Länge der Dränleitung zwischen Hochpunkt und Tiefpunkt	bis 60 m
Richtwerte auf Decken	
Gesamtauflast	bis 10 kN/m^2
Deckenteilfläche	bis 150 m^2
Deckengefälle	ab 3%
Länge der Dränleitung zwischen Hochpunkt und Dacheinlauf/Traufkante	bis 15 m
Angrenzende Gebäudehöhe	bis 15 m
Richtwerte unter Bodenplatten	
Durchlässigkeit des Bodens	schwach durchlässig
Bebaute Fläche	bis 200 m^2

Tafel 10.100b Beispiele von Baustoffen für Dränelemente (DIN 4095)

Bauteil	Art	Material
Filterschicht	Schüttung	Mineralstoffe (Sand und Kies)
	Geotextilien	Filtervlies (z. B. Spinnvlies)
Sickerschicht	Schüttung	Mineralstoffe (Sand und Kies)
	Einzelelemente	Dränsteine (z. B. aus haufwerksporigem Beton) Dränplatten (z. B. aus Schaumkunststoff) Geotextilien (z. B. aus Spinnvlies)
Dränschicht	Schüttungen	Kornabgestufte Mineralstoffe; Mineralstoffgemische (Kiessand) z. B. Körnung 0/8 mm (Sieblinie A 8 nach DIN 1045) oder Körnung 0/32 mm (Sieblinie B 32 nach DIN 1045)
	Einzelelemente	Dränsteine (z. B. aus haufwerksporigem Beton, ggf. ohne Filtervlies); Dränplatten (z. B. aus Schaumkunststoff, ggf. ohne Filtervlies)
	Verbundelemente	Dränmatten aus Kunststoff (z. B. aus Höckerprofilen mit Spinnvlies, Wirrgelege mit Nadelvlies, Gitterstrukturen mit Spinnvlies)
Dränrohr	gewellt o. glatt	Beton, Faserzement, Kunststoff, Steinzeug, Ton mit Muffen
	gelocht oder geschlitzt	allseitig (Vollsickerrohr); seitlich und oben (Teilsickerrohr)
	mit Filtereigenschaften	Kunststoffrohre mit Ummantelung Rohre aus haufwerksporigem Beton

Tafel 10.101a Beispiele für die Ausführung und Dicke der Dränschicht aus mineralischen Baustoffen für den Regelfall (DIN 4095)

Lage	Baustoff	Dicke in m (mind.)
vor Wänden	Kiessand, z. B. Körnung 0/8 mm (Sieblinie A 8) oder 0/32 mm (Sieblinie B 32 nach DIN 1045)	0,50
	Filterschicht, z. B. Körnung 0/4 mm (0/4 a nach DIN 4226-1), und Sickerschicht, z. B. Körnung 4/16 mm (nach DIN 4226-1)	0,10 0,20
	Kies, z. B. Körnung 8/16 mm (nach DIN 4226-1) und Geotextil	0,20
auf Decken	Kies, z. B. Körnung 8/16 mm (nach DIN 4226-1) und Geotextil	0,15
unter Bodenplatten	Filterschicht, z. B. Körnung 0/4 mm (0/4 a nach DIN 4226-1), und Sickerschicht, z. B. Körnung 4/16 mm (nach DIN 4226-1)	0,10 0,10
	Kies, z. B. Körnung 8/16 mm (nach DIN 4226-1) und Geotextil	0,15
um Dränrohre (Ringleitung)	Kiessand, z. B. Körnung 0/8 mm (Sieblinie A 8) oder 0/32 mm (Sieblinie B 32 nach DIN 1045)	0,15
	Sickerschicht, z. B. Körnung 4/16 mm (nach DIN 4226-1), und Filterschicht, z. B. Körnung 0/4 mm (0/4 a nach DIN 4226-1)	0,15 0,10
	Kies, z. B. Körnung 8/16 mm (nach DIN 4226-1) und Geotextil	0,10

Tafel 10.101b Richtwerte für Dränleitungen und Kontrolleinrichtungen im Regelfall nach DIN 4095 (vgl. auch Tafel 10.100a)

Bauteil	Richtwert mind.
Dränleitung	Nennweite ≥ DN 100; Gefälle ≥ 0,5 %
Kontrollrohr	Nennweite ≥ DN 100
Spülrohr	Nennweite DN 300
Übergabeschacht	Nennweite DN 1000

Für die Ausführung von Dränagen gilt:

- Das Mindestgefälle des Ringdräns soll $i = 0{,}5\,\%$ betragen (bei zu geringem Gefälle besteht die Gefahr der Sedimentation und der anschließenden Rohrverstopfung von eingespülten Bodenfeinstteilen).
- Die Ringdränage soll am Hochpunkt mit der Rohrsohle mindestens 20 cm unter Oberkante des Fundamentes liegen (liegt die Ringdränage höher als Oberkante Fundament, so ist der freie Wasserzufluss von der Wanddränage in den Ringdrän unterbunden; liegt der Ringdrän tiefer als die Unterkante des Fundamentes, so kann es bei starkem Wasseranfall zu einer Unterspülung des Fundamentes kommen).
- Die Dränrohre werden mit filterstabilen Kiesschichten oder mit ebenfalls filterstabilen Umhüllungen aus Polyestervlies umgeben (weitgehende Vermeidung des Versandens).
- Anbringen von Kontroll- und Spülrohren an allen Richtungswechseln (Knicke) von Ringdränen entsprechend Abb. 10.98b und 10.102a (Ringdräne können versanden oder verockern – Festsetzen von gallertartigem, verfestigtem Eisenschlamm an Rohrwandungen).
- In regelmäßigen Zeitabständen ist der Sandfang dahingehend zu überprüfen (befindet sich am Boden der Kontrollschächte, Abb. 10.102a), ob zuviel Sand im Ringdrän transportiert wurde. Mindestens einmal jährlich sollen die Ringdräne von den Schächten aus saubergespült werden.
- Richtwerte für die Dränleitungen und Kontrolleinrichtungen im Regelfall enthält Tafel 10.101b.

- Entsorgung des Dränagewassers durch Vorfluter (Bach, See, Graben) oder durch Versickerung im Erdreich (Abb. 10.99b). Sickerschacht 10 bis 20 m vom Bauwerk entfernt anordnen.
- Die Funktionsfähigkeit der Dränleitungen muss nach dem Verfüllen der Baugrube, z.B. durch Spiegelung und Spülung, überprüft werden (Abb. 10.102a).
- Die Abdichtung hinter der Wanddränage und über der Bodendränage kann nach DIN 18 195 einer Abdichtung gegen Bodenfeuchtigkeit (DIN 18 195-4) entsprechen. Dies setzt eine funktionsfähige Dränage voraus. Der Überprüfung und laufenden Wartung kommt eine besondere Bedeutung zu.

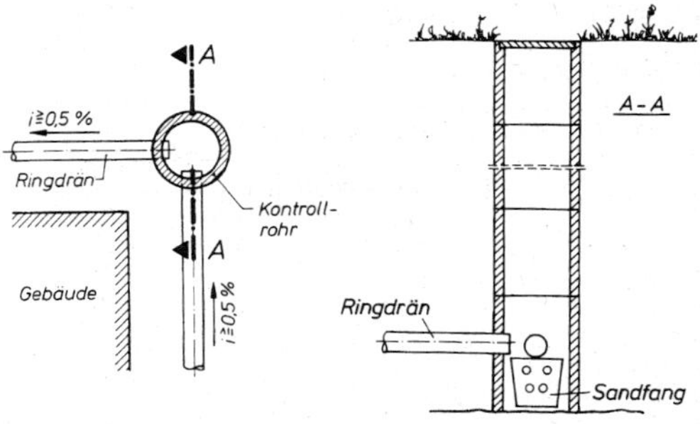

Abb. 10.102a
Spül- und Kontrollrohr

Im Hinblick darauf, dass die nach Abb. 10.99a Teil a auszuführenden Wanddränagen aus abgestuften Kiesschüttungen ausführungstechnische Schwierigkeiten bereiten, ist es zweckmäßig, vorgefertigte Dränelemente im Bereich der Wände zu verwenden. In Abb. 10.102b ist beispielhaft ein Wanddränelement dargestellt, das aus Polystyrolkugeln ∅ 6 bis 12 mm besteht, bei dem die einzelnen Kugeln miteinander bitumenhaltig gebunden sind. Durch die Kugeln wird eine haufwerksporige Platte gebildet, die ein relativ großes Porenvolumen besitzt, in dem das auf die Platte zufließende Wasser abgeführt werden kann (versickern kann). Durch das Porenvolumen ist die Platte fast vergleichbar mit einer Dränschicht aus sandigem Kies (vgl. Abb. 10.102c). – Bei anstehenden Böden, die zum Ausschlämmen neigen, muss zur Erhöhung der von der Dränplatte verlangten Filterstabilität ein geeignetes geotextiles Vlies angeordnet werden; das geotextile Vlies verhindert das Zusetzen der Dränplatten.

Abb. 10.102b
Sickerplatte als Wanddränelement aus miteinander verbundenen Polystyrolkugeln ∅ 6 … 12 mm

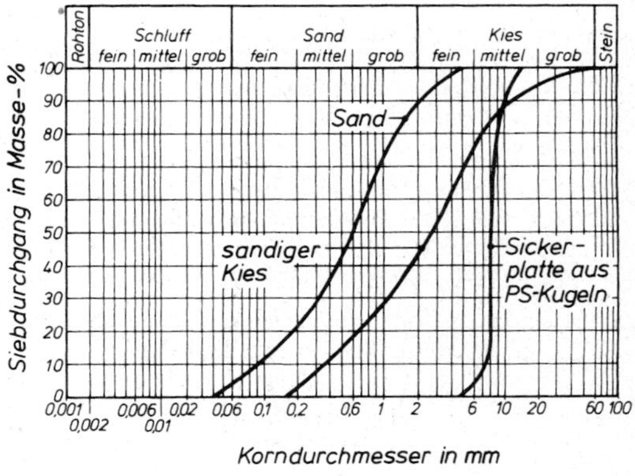

Abb. 10.102c Korngrößenverteilung [10.53]

In Abb. 10.103a ist der Einfluss der Stauchung unter dem Einwirken des Erddrucks aufgezeigt: Unter dem Einwirken eines langfristig wirkenden Erddrucks von 100 bis 150 MN/m^2 ist eine etwa 25- bis 30-%ige Stauchung der Dränplatte zu erwarten. In Abb. 10.103b ist die Veränderung der abführbaren Wassermenge in Abhängigkeit vom Durchlässigkeitswert dargestellt, der wiederum von der Stauchung abhängig ist. Es lässt sich ablesen, dass Sickerplatten, die um etwa 25 % auf Grund des Erddrucks gestaucht werden, nahezu das gleiche Wasserableitungsvermögen wie Kies ∅ 5 bis 7 mm aufweisen. – Von der Industrie wird eine Vielzahl vergleichbarer Dränelemente, z. B. solche aus Wirrvliesen und aufkaschierten geotextilen Vliesen, angeboten, die die funktionsfähige Ausführung von Dränagen ermöglichen. Die abführbaren Wassermengen dieser Elemente sind von den Herstellern der Elemente durch ein Prüfzeugnis zu belegen.

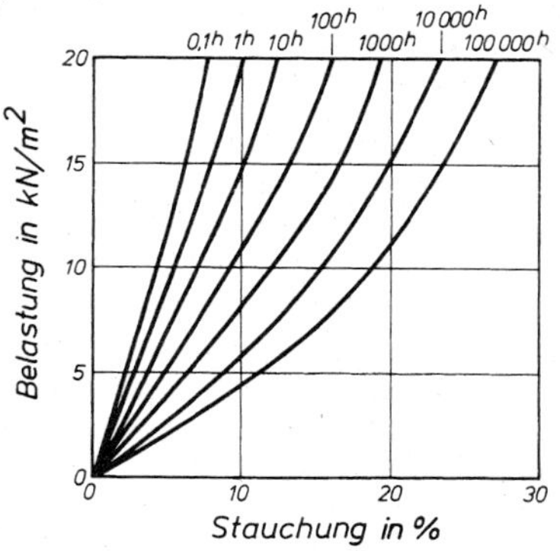

Abb. 10.103a
Stauchung von Sickerplatten aus Polystyrolkugeln entsprechend Abb. 10.102b [10.53]

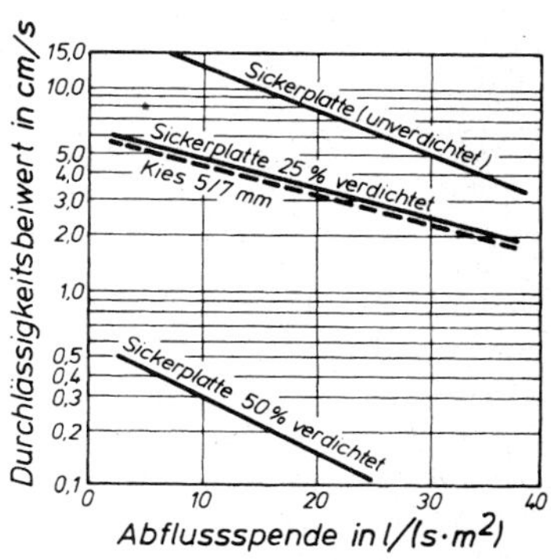

Abb. 10.103b
Abführbare Wassermenge (Abflussspende) [10.53]

6.8 Gründungsbauwerke aus wasserundurchlässigem Beton (WU-Beton)*)

6.8.1 Vorteile

Bauten aus wasserundurchlässigem Beton sind dadurch gekennzeichnet, dass der Schutz gegen im Erdreich vorhandenes Wasser durch die Betonkonstruktion selbst erbracht wird. Äußere Abdichtungen aus Bitumen- oder Kunststoffbahnen sind somit nicht erforderlich. Dadurch entstehen folgende Vorteile:

- Wegfall eines Gewerkes (z. B. bitumenhaltige Abdichtung),
- weitgehende Witterungsunabhängigkeit bei der Herstellung des Bauwerkes im Vergleich zu Bauwerken, die zum Beispiel mit bitumenhaltigen Abdichtungsbahnen versehen werden,
- leichte Ortung von Leckagen und deren nachträgliche Sanierung (Bauteile mit einer Außenhautdichtung können im Regelfall im nachhinein schwer oder überhaupt nicht mehr saniert werden).

Um die genannten Vorteile zu erzielen, sind jedoch zusätzliche Maßnahmen im Vergleich zu üblichen Stahlbetonkonstruktionen erforderlich:

- Betonrezeptur (Zement, Sieblinie für die Zuschläge, Betonzusätze),
- Verarbeitung (Schalung, Verdichtung, Nachbehandlung),
- Nachweis der verminderten Rissbildung oder der Rissbreitenbeschränkung (dadurch höherer Bewehrungsgehalt),
- besondere Aufwendungen für die konstruktive Durchbildung des Bauwerkes (Fugen),

*) Es wird auf die Richtlinie des Deutschen Ausschusses für Stahlbeton (WU-Richtlinie Ausg. Nov. 2003) verwiesen.

– Mehraufwendungen für den Innenausbau (WU-Beton ist wasserundurchlässig, aber nicht absolut wasserdicht).

Die aufgeführten Mehraufwendungen müssen technisch befriedigend machbar sein, und sie müssen sich in wirtschaftlicher Hinsicht tragen.

6.8.2 Planungsgrundsätze

Bauten aus WU-Beton müssen in Abhängigkeit von der Beanspruchung durch das Wasser im Erdreich und der Nutzung des Bauwerks geplant werden. – Es werden zwei Beanspruchungsklassen nach der WU-Richtlinie unterschieden:

Beanspruchungsklasse 1: Für drückendes, nichtdrückendes und zeitweise aufstauendes Wasser
Beanspruchungsklasse 2: Für Bodenfeuchte und nichtstauendes Sickerwasser.

Hinsichtlich der Nutzung werden unterschieden:

- Nutzungsklasse A: Keine feuchten Stellen auf den Bauteiloberflächen zulässig.
- Nutzungsklasse B: Feuchte Stellen auf den Bauteiloberflächen sind im begrenzten Maße zulässig, aber so, dass keine Wasseransammlungen entstehen (Beispiel für Nutzungsklasse B = Parkhäuser, untergeordnete Lagerkeller o.Ä.).
- Vereinbarte Nutzungsklasse, bei der die Anforderungen im Bauvertrag oder in den Entwurfsgrundlagen geregelt werden.

Folgende Nachweise müssen bei der Planung von Kellerbauwerken aus WU-Beton geführt werden, bzw. es müssen folgende Regeln beachtet werden:

- Höhe des maximalen Grundwasserpegels (HGW) (zu erfragen bei den zuständigen Wasserwirtschaftsämtern)
- Prüfen der Korrosivität des Grundwassers entsprechend DIN 4030 (Wasseruntersuchung). Gegebenenfalls ist die Wahl der Zementart in Abhängigkeit vom Angriffsgrad des Grundwassers (schwach, stark, sehr stark) vorzunehmen; unter Umständen ist auf die Ausführung von WU-Beton zu verzichten.
- Wahl eines Betons mit hohem Wassereindringwiderstand nach DIN EN 206-1 und DIN 1045-2 (5.5.3). Für den Anwendungsbereich der WU-Richtlinie gilt jedoch $(w/z)_{eq} \le 0{,}60$ (entspricht bei Normalbeton einer Druckfestigkeitsklasse C 25/30).
- Die Mindestdicke der Bauteile aus WU-Beton ist abhängig von der Beanspruchungsart des Bauwerks durch das Wasser (drückendes Wasser, aufstauendes Wasser, Bodenfeuchte) und von der Art der Herstellung (Ortbeton, Elementwände, Fertigteile). Es wird auf Tafel 10.104 verwiesen.

Tafel 10.104 Empfohlene Mindestdicken von Bauteilen (Angaben in mm) nach der WU-Richtlinie des DAfStb für alle Nutzungsklassen

			1	2	3
	Bauteil	Beanspruchungs-klasse	Ausführungsart		
			Ortbeton	Elementwände	Fertigteile
1	Wände	1[1)]	240	240	200
2		2[2)]	200	240[3)]	100
3	Bodenplatte	1[1)]	250	–	200
4		2[2)]	150	–	100

[1)] Beanspruchungsklasse 1: Drückendes bzw. nichtdrückendes Wasser sowie zeitweise aufstauendes Sickerwasser.
[2)] Beanspruchungsklasse 2: Bodenfeuchte und nichtstauendes Sickerwasser.
[3)] Unter Beachtung besonderer betontechnologischer und ausführungstechnischer Maßnahmen ist eine Abminderung auf 200 mm möglich.

– Im Rahmen der statischen Berechnung müssen folgende Nachweise geführt werden:
  a) Rissweitenbeschränkung $w_m < w_{cal}$ - Nachweis. Die zulässige Rissweite w_{cal} ist vom hydraulischen Gefälle abhängig (Tafel 10.105).
  b) Nachweis der Druckzonenhöhe x bei Beanspruchungsklasse 1 und Nutzungsklasse A. Alternativ Nachweis zur Begrenzung der Rissbreite.
  c) Nachweis der Zwangs- und Eigenspannungen.
  d) Auftriebssicherung des Bauwerkes.

Tafel 10.105 Zulässige Rissweite w_{cal} in Abhängigkeit vom Druckgefälle $i = h_w / d$

Druckgefälle $i = h_w/d$ in mWS/m	Rechenwert der Rissbreite w_{cal} in mm
≤ 10	0,20
> 10 bis ≤ 15	0,15
> 15 bis ≤ 25	0,10

h_w Höhe des Grundwassers (m); d Bauteildicke (m)

– Ermittlung der in das Bauwerk durch den WU-Beton eintretenden Wassermenge und Nachweis der schadlosen Verdunstungsmöglichkeit (s. Abschn. 6.8.3).
– Schalungsanker im Wandbereich müssen wasserundurchlässig sein. Es bieten sich z. B. Gewindestähle mit verlorener Kupplungsmutter an (vgl. Abb. 10.105a). Der Nachweis der Dichtheit ist entsprechend dem Merkblatt des Deutschen Beton-Vereins zu führen (DBV-Merkblatt „Schalungsanker").

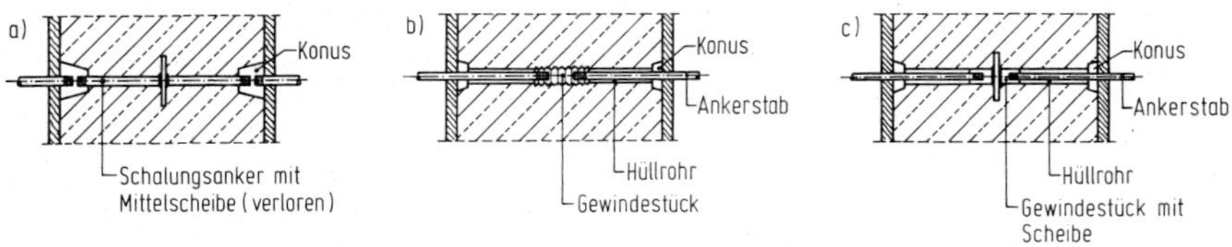

Abb. 10.105a
Konstruktionsprinzipien für Schalungsanker [10.54]

– Zur Einführung von Ver- und Entsorgungsleitungen in das Bauwerk sind Mantelrohre einzubetonieren (Abb. 10.105b). Flanschrohre mit Mittelkranz, die an den Leitungen starr befestigt werden, sind wegen möglicher Setzungen oder anderer Bauwerksbewegungen zu vermeiden.

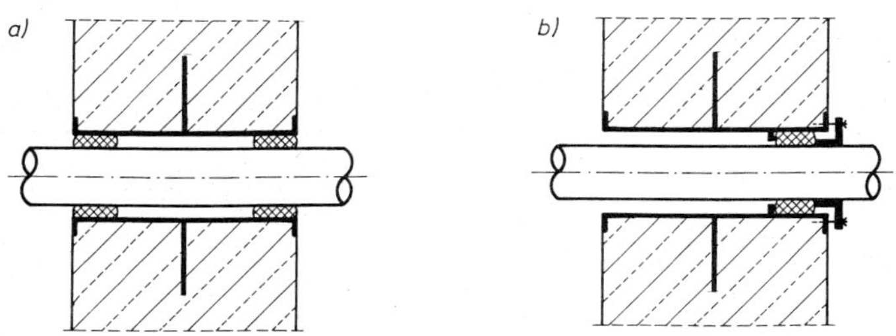

Abb. 10.105b Rohrdurchführungen in Bauteilen aus wasserundurchlässigem Beton
a) mit verstemmter Buchse
b) mit Stopfbuchse

- Die Ausbildung der Arbeitsfugen in den Bauteilen aus WU-Beton wird zzt. noch kontrovers diskutiert. In den Abbildungen 10.106a und 10.106b sind einige Ausführungsbeispiele dargestellt; Näheres s. [10.55].
- Eine Nachbehandlung, z.B. auch durch eine wärmedämmende Abdeckung der Fundamentplatte, ist zweckmäßig, um im frühen Alter des Betons Rissbildungen auf Grund der Temperaturunterschiede in der Fundamentplatte zu vermeiden. Die Wärmedämmung ist spätestens nach 24 Stunden aufzubringen (vgl. Abb. 10.106c), sonst ist sie weitgehend wirkungslos.

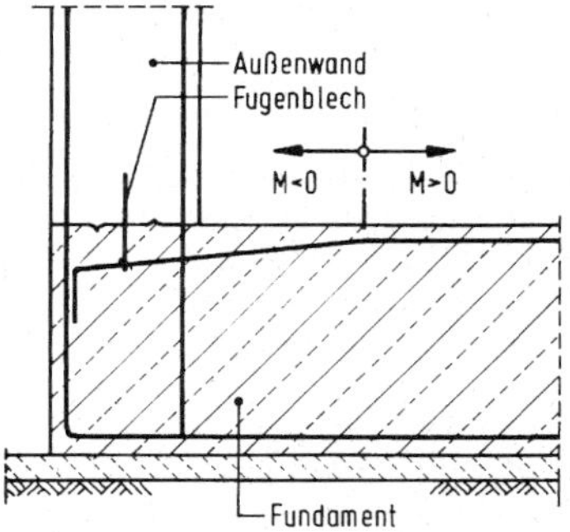

Abb. 10.106a
Fugenausbildung am Übergang Fundamentplatte/Wand

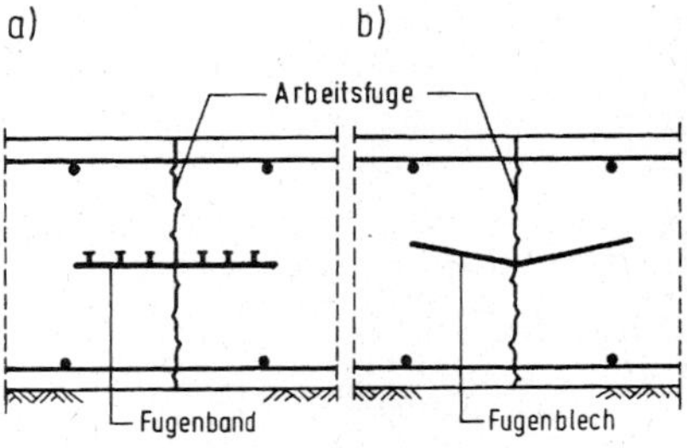

Abb. 10.106b
Arbeitsfuge in der Fundamentplatte
a) Gefahr der Luft- und Wasserblasenbildung unterhalb des Fugenbandes
b) Ein abgewinkeltes Fugenblech ermöglicht die Ableitung von Luft- und Wasserblasen.

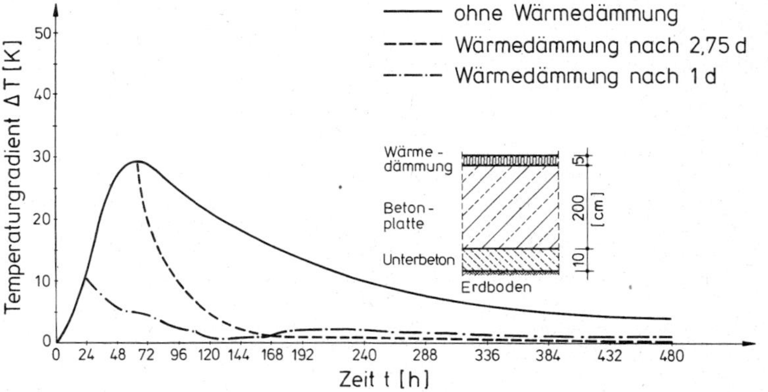

Abb. 10.106c Zeitlicher Verlauf des Temperaturgradienten ΔT zwischen Plattenoberfläche und Betonkern in einem gedämmten und einem ungedämmten Betonquerschnitt (Betonplatte) [10.56]

6.8.3 Wasserdurchgang durch Bauteile aus WU-Beton

Der Wasserdurchgang durch Bauteile aus WU-Beton kann auf folgende Wassertransportmechanismen zurückgeführt werden:

- Kapillaraktivität
- Diffusion
- Strömungsvorgang des Wassers durch den Beton aufgrund eines Druckgradienten.

In der Vergangenheit wurde der Wasserdurchgang durch Bauteile aus WU-Beton unter Berücksichtigung der einzelnen Transportmechanismen z. B. nach *Kießl* [10.54] und *Häupl* [10.57] berechnet. Untersuchungen von *Springenschmid* und *Beddoe* [10.58] hatten zum Ergebnis, dass praktisch kein Wasser durch den Beton gelangt. Eine mögliche Erklärung für die Unterschiede zwischen den berechneten und gemessenen Wassermengen, die durch einen Beton transportiert werden, sind auf zwei Ursachen zurückzuführen.

1. Der kapillare Wassertransport im Beton wird durch verfahrenstechnische Maßnahmen (z. B. Nachbehandlung), durch werkstoffspezifische Parameter (z. B. Luftporenbildner, Bindemittelwert und Bindemittelmenge, *w/z*-Faktor u.Ä.) sowie durch umgebungsbedingte Parameter (z. B. Karbonatisierung) beeinflusst. Die für die Berechnung der transportierten Wassermengen verwendeten Feuchteleitkoeffizienten, die den kapillaren Wassertransport beschreiben, stellen Mittelwerte dar, wobei die günstig wirkenden Parameter nicht zielgerichtet erfasst und in die Berechnung eingeführt wurden.
2. Es wurde experimentell festgestellt, dass die Wasserdurchlässigkeit des Betons sich um eine Zehnerpotenz innerhalb nur eines Monats verringert. Die Abnahme der Wasserdurchlässigkeit mit der Zeit wird auf eine Verringerung des Porenquerschnitts infolge einer Verstopfung der Poren durch Partikel, einer chemischen Reaktion zwischen dem Wasser und dem Zementstein sowie einem Quellen der Kapillarporenwandungen zurückgeführt – ähnlich wie dies bei der sogenannten Selbstheilung von Rissen gesehen wird [10.59].

   Für die bisher durchgeführten Berechnungen wurde die zeitliche Veränderung der Poren- und Kapillarradien nicht berücksichtigt. Es wurden nur die zu einem früheren Zeitpunkt ermittelten Materialkennwerte der Berechnung zugrunde gelegt. Aufgrund der Versuchsergebnisse von *Beddoe/Springenschmid* wird in der WU-Richtlinie davon ausgegangen, dass ein Kapillartransport von Wasser durch die Bauteildicke hindurch unabhängig vom hydrostatischen Druck und vom Schichtenaufbau der Bauteile nicht erfolgt.

   Aufgrund des dichten Betongefüges, das auch noch im Laufe der Zeit dichter wird, ist ein Durchströmen des Wassers aufgrund eines Druckgradienten wegen der Erhöhung des hydraulischen Widerstandes nicht möglich.

   Diffusionsvorgänge durch Kapillaren und Poren werden nicht verhindert, da die Wasserdampfmoleküle durch die verbleibenden Poren und Kapillaren in jedem Fall transportiert werden. Nach *Klopfer* [10.60] kann im Mittel mit einem Diffusionsstrom von 0,4 g/(m^2 d) im Dauerzustand nach einigen Jahren der Austrocknung gerechnet werden.

Tafel 10.107 Mittlere Feuchtestromdichten $\dot{m}_{1a}$ im ersten Jahr und $\dot{m}_{2a}$ im zweiten Jahr bei baufeuchten Bauteilen aus WU-Beton von 20 cm Dicke mit oder ohne Wärmedämmung sowie mit oder ohne Beschichtung auf der Raumseite mit unterschiedlichen diffusionsäquivalenten Schichtdicken s_d [10.61]

Situation	$\dot{m}_{1a}$ [g/m²d]	$\dot{m}_{2a}$ [g/m²d]
Raumklima 15 °C, 70 %, keine WD		
$s_d = 0$	6,6	4,1
$s_d = 5$ m		1,1
$s_d = 10$ m		0,8
Raumklima 20 °C, 50 %, keine WD		
$s_d = 0$	8,8	6,6
$s_d = 5$ m		3,3
$s_d = 10$ m		2,2
Raumklima 20 °C, 50 %, 5 cm XPS		
$s_d = 0$	9,9	7,1
$s_d = 5$ m		4,4
$s_d = 10$ m		3,3

Die WU-Betonbauteile haben im Neubauzustand jedoch einen wesentlich höheren Feuchtegehalt (Baufeuchte) als zu dem Zeitpunkt, zu dem sich die Bauteile in der Ausgleichsfeuchte befinden. Die Ausgleichsfeuchte stellt sich in Abhängigkeit von den Randbedingungen ein (ob eine Perimeterdämmung vorhanden ist oder nicht, ob auf den Bauteilen eine Beschichtung innenseitig mit einer diffusionsäquivalenten Luftschichtdicke s_d vorhanden ist, vom Raumklima u.Ä.). In Tafel 10.107 sind die Feuchtestromdichten $\dot{m}_{1a}$ und $\dot{m}_{2a}$ als Mittelwerte für das erste und zweite Jahr der Austrocknung angegeben. Es ist ersichtlich, dass die langfristig eindiffundierende Feuchtemenge in das Bauwerk gering ist im Vergleich zu der Feuchte, die aufgrund der Baufeuchte in den ersten Jahren in das Gebäudeinnere abgegeben wird (Verhältnis 0,4 : 8 = 1 : 20). Obwohl die Feuchtigkeitsmengen, die in das Gebäudeinnere abgegeben werden, relativ gering sind, müssen sie im Hinblick auf einen u. U. feuchtigkeitsempfindlichen Innenausbau unbedingt beachtet werden, z. B. Kleben von PVC-Platten mit einem Dispersionskleber auf den Betonfußboden, weil der Kleber verseifen kann oder das Aufbringen hölzerner Bekleidungen (Wandpaneele, Parkett) an den Betonkonstruktionen.

Zum Schutz des u. U. feuchteempfindlichen Ausbaus ist es zweckmäßig, auf dem Betonboden eine dampfdichte Schicht (z. B. eine bitumenhaltige Dichtungsbahn mit Aluminiumeinlage o.Ä.) aufzukleben. An den Stellen, an denen keine dampfdichte Beschichtung aufgebracht werden kann, z. B. an den Außenwänden des Bauwerks, muss das anfallende Wasser durch Verdunstung abgeführt werden. Im Bereich des Fußbodens hat man früher einen aufgeständerten Fußboden ausgeführt (Abb. 10.108a), der aber aufgrund seiner Konstruktionshöhe und der Kosten durch die o.g. bitumenhaltige Abdichtung mit Aluminiumeinlage verdrängt worden ist.

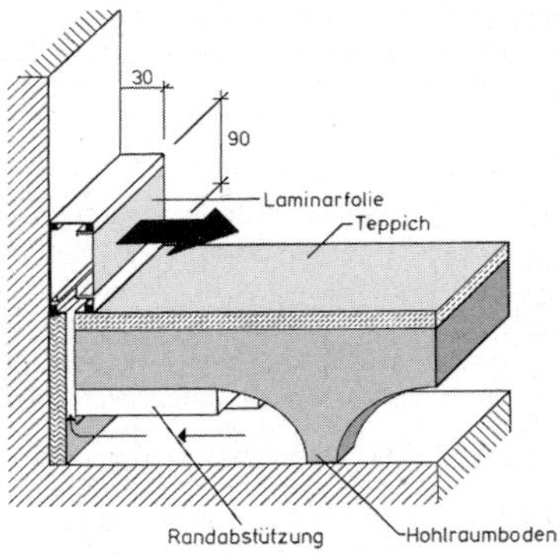

Abb. 10.108a Aufgeständerter Fußboden

Im Bereich der Wände ist hingegen verschiedentlich ein Abstandhalter angebracht worden, so dass der Luftstrom entlang den Wänden nicht durch ein Heranrücken der Möbel an die Wand behindert werden kann (Abb. 10.108b). Auch das Vorsetzen einer belüfteten Wandschicht vor die an das Erdreich grenzenden Außenwände ist möglich (Abb. 10.108c). Hierbei ist das mögliche Entstehen von Schimmelpilzen zu beachten.

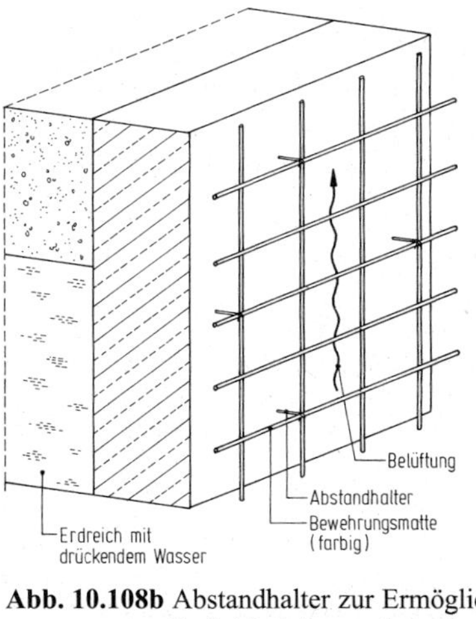

Abb. 10.108b Abstandhalter zur Ermöglichung einer Luftzirkulation entlang der Wand

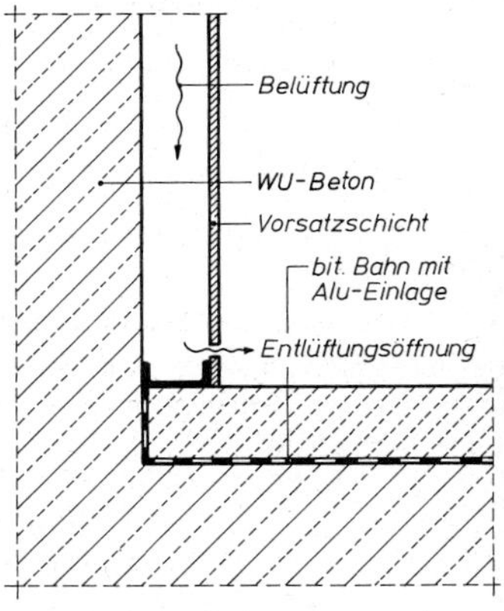

Abb. 10.108c Luftzirkulation hinter der Vorsatzschicht

6.8.4 Vermeidung von Schimmelpilz bei belüfteten Wand- bzw. Fußbodenkonstruktionen

Schimmelpilze wachsen auf Bauteilen, wenn folgende Gegebenheiten erfüllt sind:

1. Ausreichendes Feuchteangebot auf den Bauteiloberflächen ($\varphi > 80\%$)
2. Die weiteren Randbedingungen wie Temperatur, Luftgeschwindigkeit, Nahrung u.Ä. sind bei den üblichen Konstruktionen des Hochbaus immer erfüllt, so dass bei einem ausreichenden Feuchteangebot Schimmelpilzwachstum möglich ist.

Entsprechend DIN 4108 ist bei einer Raumtemperatur von 20 °C und einer Luftfeuchtigkeit von 50% nachzuweisen, dass die Bauteiloberflächentemperatur ≥ 12,6 °C sein muss, um einen Schimmelpilzbefall zu vermeiden. Diese Forderung kann bei WU-Betonbauteilen eingehalten werden, wenn entweder eine gerichtete und ungestörte Luftströmung entlang der Bauteiloberfläche vorhanden ist ($R_{si} \leq 0{,}17\ m^2\ K/W$) und/oder wenn eine außenseitige Wärmedämmung auf den Bauteilen angebracht wird (Perimeterdämmung). Gegebenenfalls kann bei innenseitig angebrachten hinterlüfteten Vorsatzschichten in den Belüftungsraum auch ein Heizungsrohr verlegt werden. In der Regel wird die Forderung der Schimmelpilzfreiheit bei üblichen Gebäuden eingehalten.

Beispiel: 30 cm dicke Betonwand, keine Perimeterdämmung, Klima im Innenraum $\Theta_{li} = +20\,°C$, $\phi = 50\%$, $\Theta_{Erdreich} = 10\,°C$:

$$U = 1/(R_{si} + d/\lambda) = 1/(0{,}17 + 0{,}30/2{,}1) = 3{,}23\ W/(m^2 \cdot K)$$

vorh $\Theta_{si} = \Theta_i - R_{si} \cdot U(\Theta_i - \Theta_e) = +20 - 0{,}17 \cdot 3{,}23 \cdot (20 - 10) = 14{,}5\,°C$

vorh $\Theta_{si} > \Theta_{krit} = 12{,}6\,°C$

d.h., ein Schimmelpilzbefall wird nicht auftreten.

6.8.5 Tauwasserbildung im Sommer

Eine Tauwasserbildung auf der Innenseite der erdberührten Bauteile ist in allen Kellern möglich. Bei Bauwerken der Nutzungsklasse A (siehe Abschnitt 6.8.2) ist eine Tauwasserbildung auf den Bauteiloberflächen nicht zulässig. Im Sommer kann insbesondere dann Tauwasser entstehen, wenn durch geöffnete Fenster warme, feuchte Luft in den Keller gelangen kann, insbesondere schwüle Gewitterluft. Die Raumluft hat dann einen hohen Feuchtigkeitsgehalt. Diese Luft wird an den raumseitigen Wand- und Bodenflächen abgekühlt. Beim Abkühlen der Luft steigt deren relative Luftfeuchtigkeit, obwohl die absolute Luftfeuchtigkeit gleich bleibt. Die Temperatur, bei der die relative Luftfeuchtigkeit 100% erreicht, heißt Taupunkt. Wenn diese Taupunkttemperatur unterschritten wird, kommt es zu einer Tauwasserbildung.

Die Tauwasserbildung lässt sich im Sommer in dieser Situation durch Lüften nicht vermeiden. Im Gegenteil: Es wird sich hierbei noch mehr Tauwasser bilden. Günstige Veränderungen sind nur durch folgende Einflüsse möglich:

- Nur Lüften bei Außenluftverhältnissen mit niedrigem absolutem Feuchtegehalt, z.B. nachts (unpraktikabel)
- Entfeuchtung der Raumluft
- Anheben der Oberflächentemperatur der Bauteile durch eine Perimeterdämmung oder durch Beheizen.

An einem Beispiel soll das Auftreten von Tauwasser aufgezeigt werden:

Betonwand $d = 30$ cm, keine Perimeterdämmung. Im Gebäudeinnern und in der Außenluft wird eine relative Luftfeuchtigkeit von $\phi = 85\%$ mit einer Temperatur von $\Theta_i = \Theta_e = +20\,°C$ angenommen. Zur Vermeidung von Tauwasser muss die Oberflächentemperatur auf den Betonwänden mindestens betragen kritisch $\Theta_{si} \approx > 17{,}4\,°C$. Bei fehlender Perimeterdämmung beträgt $\Theta_{si} = 14{,}5\,°C$ < krit Θ_{si} (siehe Abschnitt 6.8.4), so dass mit Tauwasserbildung gerechnet werden muss.

Bei Vorhandensein einer 5 cm dicken Perimeterdämmung:

$U = 1/(0{,}17 + 0{,}30/2{,}1 + 0{,}05/0{,}04) = 0{,}64\ W/(m^2 \cdot K)$

$\Theta_{si} = 20 - 0{,}17 \cdot 0{,}64 \cdot (20 - 10) = 18{,}9\,°C > 17{,}4$, d.h., eine Tauwasserbildung wird vermieden.

11 Geotechnik

Prof. Dr.-Ing. habil. Dietrich Franke

1 Technisches Regelwerk

1.1 Allgemeines

Die übergeordnete Norm in Europa ist der Eurocode (EC), der einem neuen Sicherheitskonzept entspricht. Für die Aufgaben in der Geotechnik ist der EC 7 Teil 1 „Entwurf und Bemessung in der Geotechnik, Teil 1: Allgemeine Regeln" maßgebend. Außerdem ist der EC 1 zu beachten, der allgemeine Grundlagen enthält.

Zur Anwendung in der Bundesrepublik Deutschland wurde die DIN 1054 überarbeitet. Die Regelungen der neuen Fassung (01.05) berücksichtigen die Forderungen von EC 1 und EC 7. Für die der DIN 1054 nachgeordneten Berechnungsnormen DIN 4017, DIN 4019, DIN 4084 und DIN 4085 liegen ebenfalls neue Entwürfe vor. Diese bilden – z.T. bereits in aktualisierter Form – die Grundlage für dieses Kapitel, das damit dem neuesten Stand der Normung entspricht.

Für die bald erscheinenden endgültigen Normen sind kaum noch Änderungen gegenüber den folgenden Ausführungen zu erwarten. Das vorliegende Kapitel kann daher ohne weiteres als Grundlage der Lehre sowie für die Praxis zur Einarbeitung in die neue Normengeneration der Geotechnik verwendet werden. Baurechtlich ist gegenwärtig jedoch noch die alte Normengeneration, siehe Kapitel 11 der Bautabellen der 14. Auflage, gültig.

Alle für das hier behandelte Gebiet wichtigen Normen, Richtlinien und die Empfehlungen der *Deutschen Gesellschaft für Geotechnik* (DGGT) sind am Ende des Buches im Normen- und Literaturverzeichnis zusammengestellt.

Begriffe und Regelungen nach dem neuen Sicherheitskonzept sind im Abschnitt 1.2 dargestellt.

1.2 Allgemeine Regelungen für Sicherheitsnachweise

1.2.1 Grundlegende Anforderungen

Nach dem neuen Sicherheitskonzept ist nachzuweisen, dass die Grenzzustände der Tragfähigkeit (GZ 1) und der Gebrauchstauglichkeit (GZ 2) mit hinreichender Sicherheit ausgeschlossen sind.

Die Sicherheit ist rechnerisch nachgewiesen, wenn die Grenzzustandsbedingungen nicht verletzt sind. Dazu sind die jeweils ungünstigsten Mechanismen, Kombinationen und hydraulischen Bedingungen zu untersuchen. Bei der Aufstellung der Grenzzustandsbedingungen sind die Gleichgewichtsbedingungen einzuhalten. Wenn ein oberer und ein unterer charakteristischer Wert ausgewiesen ist, ist jeweils der ungünstigere in der Berechnung zu verwenden.

Zufällige Abweichungen von streuenden Einwirkungen, von Beanspruchungen infolge von Einwirkungen und von Widerständen sind durch Teilsicherheitsbeiwerte und sonstige Sicherheitsregelungen, z.B. Bemessungswasserstände, abzudecken, um das geforderte Sicherheitsniveau zu erreichen.

In einfachen Fällen, z.B. bei Flachgründungen sowie bei Böschungen und beim Verbau von Baugruben und Gräben nach DIN 4124, darf nach DIN 1054 auf Tabellenwerte zurückgegriffen werden. In schwierigen Fällen kann die Anwendung der Beobachtungsmethode sinnvoll sein.

1.2.2 Geotechnische Kategorien (GK)

Die Mindestanforderungen an Umfang und Qualität geotechnischer Untersuchungen, Berechnungen und Überwachungsmaßnahmen richten sich nach der Geotechnischen Kategorie, in die die Baumaßnahme nach DIN 4020 (10.90) entsprechend ihrer Schwierigkeit einzuordnen ist.

Kategorie 1:

Die Geotechnische Kategorie GK 1 umfasst einfache Baumaßnahmen mit geringer Schwierigkeit bei einfachen und übersichtlichen Baugrundverhältnissen.

Im Zweifelsfall sollte ein Sachverständiger für Geotechnik hinzugezogen werden.

Kategorie 2:

Die Geotechnische Kategorie GK 2 umfasst Baumaßnahmen mit normalem Schwierigkeitsgrad hinsichtlich Standsicherheit und Gebrauchstauglichkeit. Durch einen Sachverständigen für Geotechnik ist ein geotechnischer Bericht nach DIN 4020 (10.90) auf der Grundlage von routinemäßigen Baugrunduntersuchungen im Feld und im Labor zu erstellen.

Kategorie 3:

Die Geotechnische Kategorie GK 3 umfasst Baumaßnahmen mit hohem Schwierigkeitsgrad, die nicht in die Kategorien GK 1 bzw. GK 2 eingeordnet werden können. Das Mitwirken eines Sachverständigen für Geotechnik ist in jedem Fall erforderlich.

Bauwerke oder Baumaßnahmen, bei denen die Beobachtungsmethode angewendet werden soll, sind, abgesehen von begründeten Ausnahmen, der Geotechnischen Kategorie GK 3 zuzuordnen.

Eine Baumaßnahme ist zu Beginn der Planung einer Geotechnischen Kategorie zuzuordnen. Diese Zuordnung ist zu ändern, wenn spätere Befunde das erfordern. Das kann sowohl die Zuordnung zu einer höheren als auch die Zuordnung zu einer niedrigeren Geotechnischen Kategorie bedeuten.
Es ist nicht notwendig, eine gesamte Baumaßnahme in ein und dieselbe Geotechnische Kategorie einzuordnen. Es darf dies für einzelne Bauphasen oder Bauabschnitte unterschiedlich vorgenommen werden.
Detaillierte Angaben über die Zuordnung zu den Geotechnischen Kategorien finden sich in DIN 1054 (07.02) in den besonderen Abschnitten über Flachgründungen, Pfahlgründungen Verankerungen, Stützbauwerke, über besondere Nachweise bei hydraulischen Einflüssen und den Nachweis der Gesamtstandsicherheit.

1.2.3 Grenzzustände (GZ)

Man unterscheidet Grenzzustände der Tragfähigkeit (GZ 1) und Grenzzustände der Nutzungsfähigkeit (GZ 2).

GZ 1:

GZ 1A ist der Grenzzustand der Lagesicherheit. Er betrifft die Sicherheit gegen Aufschwimmen und die Sicherheit gegen hydraulischen Grundbruch. Bei diesem Nachweis treten nur Einwirkungen, aber keine Widerstände auf.

GZ 1B betrifft das Versagen von Bauwerken und Bauteilen und dient der Bemessung. Dazu werden in der Grenzzustandsbedingungen die Bemessungswerte der Beanspruchungen den Bemessungswerten der Widerstände gegenübergestellt, unabhängig davon, ob der Grenzzustand im Bauwerk oder im Baugrund auftritt.

Bei der Berechnung im GZ 1B wird wie folgt vorgegangen:

a) Wahl der Abmessungen des Bauwerks und des statischen Systems
b) Ermittlung der charakteristischen Werte der Einwirkungen
c) Ermittlung der charakteristischen Beanspruchungen in Form von Schnittgrößen oder Spannungen in maßgebenden Schnitten durch das Bauwerk und in Berührungsflächen zwischen Bauwerk und Boden, getrennt nach Ursachen
d) Ermittlung der charakteristischen Widerstände des Baugrunds, z.B. passiver Erddruck, Grundbruchwiderstand, Pfahlwiderstand oder Herausziehwiderstand von Ankern durch Berechnung, Probebelastung oder auf Grund von Erfahrungswerten
e) Ermittlung der Bemessungswerte der Beanspruchungen durch Multiplikation der charakteristischen Beanspruchungen mit den Teilsicherheitsbeiwerten für Einwirkungen
f) Ermittlung der Bemessungswerte der Widerstände des Baugrunds durch Division der charakteristischen Widerstände mit den Teilsicherheitsbeiwerten für Bodenwiderstände sowie Ermittlung der Bemessungswiderstände der Bauteile, z.B. widerstehende Druck-, Zug-, Querkräfte, Biegemomente oder Spannungen nach den Regeln der jeweiligen Bauartnormen, insbesondere nach DIN 1045-1, DIN 18 800-1, DIN 18 800-2 und DIN 1052
g) Nachweis der Einhaltung der Grenzzustandsbedingung.

GZ 1C betrifft die Gesamtstandsicherheit von Bauwerk und Baugrund. Dazu werden die Grenzzustandsbedingungen mit Bemessungseinwirkungen, Bemessungswerten für die Scherfestigkeit im Boden und gegebenenfalls Bemessungswiderständen von mittragenden Bauteilen gegenübergestellt.

Dieser Grenzzustand tritt immer im Baugrund, gegebenenfalls auch gleichzeitig in mittragenden Bauteilen auf.

Unter bestimmten Bedingungen dürfen die Nachweise auch geführt werden:
durch Wahl der Abmessungen auf Grund normativer Festlegung, z.B. nach DIN 4124
durch Verwendung aufnehmbarer Sohldrücke bei Flachgründungen
durch Anwendung der Beobachtungsmethode.

GZ 2:
Grenzzustände der Gebrauchstauglichkeit beziehen sich im Regelfall auf einzuhaltende Verformungen bzw. Verschiebungen. Im Einzelfall können auch weitere Kriterien maßgebend sein. Bei Nachweisen für die Grenzzustände der Gebrauchstauglichkeit sind Größe, Dauer und Häufigkeit der Einwirkungen zu berücksichtigen.
Sofern für die Aufstellung der Grenzzustandsbedingungen für GZ 1B Verformungen zusammen mit charakteristischen Schnittgrößen ermittelt werden, kann auf die Berechnungsschritte b) bis d) für die Nachweise im GZ 1B zurückgegriffen werden.

Die Nachweise dürfen auch geführt werden:

- durch Hinweise auf belegbare Erfahrungen
- bei Flachgründungen durch Verwendung aufnehmbarer Sohldrücke
- durch Einführung zusätzlicher Anpassungsfaktoren $\eta < 1$ für Bodenwiderstände mit dem Ziel, die zu erwartenden Verschiebungen zu verringern
- durch Anwendung der Beobachtungsmethode.

1.2.4 Beobachtungsmethode

Sie ist eine Kombination der üblichen geotechnischen Untersuchungen und Berechnungen mit der laufenden messtechnischen Kontrolle des Bauwerks während dessen Herstellung und gegebenenfalls auch während dessen Nutzung, wobei kritische Situationen durch vorgehaltene geeignete technische Maßnahmen beherrscht werden. Die durch gezielte Beobachtung ausgewählter Zustände gewinnbaren Erkenntnisse dienen der Überprüfung der bei den Berechnungen getroffenen Voraussetzungen und Annahmen und zeigen das Eintreten unzulässiger Zustände so rechtzeitig an, dass geeignete Gegenmaßnahmen getroffen werden können.

Die Beobachtungsmethode sollte angewendet werden, wenn die Voraussage des Baugrundverhaltens allein aufgrund von vorab durchgeführten Baugrunduntersuchungen und rechnerischen Nachweisen nicht mit ausreichender Zuverlässigkeit möglich ist.

Hierzu zählen insbesondere:

- Bauwerke mit hohem Schwierigkeitsgrad
- Bauwerke mit ausgeprägter Baugrund-Bauwerk-Wechselwirkung, wie z.B. Plattengründungen, Pfahl-Plattengründungen, nachgiebig verankerte Stützwände
- Bauwerke mit erheblicher veränderlicher Wasserdruckeinwirkung
- Baugrubenwände bei angrenzender Bebauung
- Baumaßnahmen, bei denen Porenwasserdrücke die Standsicherheit herabsetzen können
- Baumaßnahmen an Hängen.

Die Beobachtungsmethode schließt Maßnahmen ein, die vor Beginn und während der Bauausführung ergriffen werden. Sie kann zur Optimierung der Bemessung und des Bauablaufs genutzt werden.

Die Methode ist nicht anwendbar, wenn sich das Versagen nicht durch rechtzeitig erkennbare und messbare Anzeichen ankündigt.

1.2.5 Einwirkungen, Beanspruchungen und Widerstände

Einwirkungen werden unterschieden nach

- Gründungslasten
- Grundbauspezifische Lasten: Sind nach DIN 1054 Kräfte, die sich aus dem Zusammenwirken von Baugrund und Bauwerk ergeben. Dazu zählen Überlagerungsdruck infolge Eigenlast des Bodens, Erddruck, Druck von Stützflüssigkeit, Wasserdruck, Seitenreibungskräfte durch Baugrundverformungen und Sohlreibungskräfte.
- Dynamische Einwirkungen: Sie werden durch statische Ersatzlasten berücksichtigt.

Die Möglichkeit gleichzeitig auftretender Einwirkungen wird durch besondere **Einwirkungskombinationen** berücksichtigt.

- Regelkombination EK 1: Ständige sowie während der Funktionszeit des Bauwerks regelmäßig auftretende Einwirkungen
- Seltene Kombination EK 2: Einwirkungen EK 1 zuzüglich seltener oder einmalig planmäßig auftretender Einwirkungen
- Außergewöhnliche Kombination EK 3: EK 1 zuzüglich einer außergewöhnlichen Einwirkung, die sich z.B. bei Katastrophen oder Unfällen ergeben kann.

Widerstände aus dem Zusammenwirken mit einem Bauwerk ergeben sich nach den Regeln der entsprechenden Bauartnormen.

Widerstände von Boden und Fels ergeben sich aus der Scherfestigkeit oder der Steifigkeit direkt oder aus den durch diese erzeugten Einflüssen, wie Grundbruchwiderstand, Sohlreibung, stützenden Erddruck, Eindring- bzw. Herausziehwiderstand.

Bezüglich des Sicherheitsanspruchs bei den Widerständen werden verschiedene **Sicherheitsklassen (SK)** unterschieden:

SK 1: Zustände während der Funktionszeit des Bauwerks

SK 2: Zustände, die während der Bauzeit, der Reparatur oder anderer Baumaßnahmen neben dem Bauwerk eintreten, z.B. Baugrubenkonstruktionen

SK 3: Zustände, die während der Funktionszeit des Bauwerks einmalig oder voraussichtlich nie eintreten.

Charakteristische Werte und Bemessungswerte

Charakteristische Werte sind aus sorgfältig durchgeführten Untersuchungen gewonnene, mögliche Streuungen berücksichtigende, vorsichtig festgelegte Mittelwerte.

Um mögliche Streuungen zu berücksichtigen, werden die charakteristischen Werte je nachdem, ob sie günstig oder ungünstig wirken, mit Hilfe besonderer Teilsicherheitsbeiwerte abgemindert oder erhöht. Die so veränderten Werte sind Bemessungswerte.

Lastfälle (LF)

LF 1: EK 1 in Verbindung mit dem Zustand der SK 1. Der LF 1 entspricht der „ständigen Bemessungssituation“ nach DIN 1055.

Bei Gründungen: Abgesehen von Bauzuständen ist dieser Lastfall maßgebend für alle ständigen und vorübergehenden Bemessungssituationen des aufliegenden Tragwerks.

LF 2: EK 2 in Verbindung mit dem Zustand der SK 1 oder EK 1 in Verbindung mit SK 2. Der LF 2 entspricht der „vorübergehenden Bemessungssituation“ nach DIN 1055.

Bei Gründungen: Maßgebend für vorübergehende Beanspruchungen der Gründung in Bauzuständen des aufliegenden Tragwerks.

LF 3: EK 2 in Verbindung mit dem Zustand der SK 2 oder EK 2 in Verbindung mit SK 3. Der LF 3 entspricht der „außergewöhnlichen Bemessungssituation“ nach DIN 1055.

Bei Gründungen: Maßgebend für außergewöhnliche Bemessungssituationen des aufliegenden Tragwerks, soweit sich diese ungünstig auf die Gründung auswirken.

Sofern Gründungslasten und grundbauspezifische Einwirkungen gleichzeitig auftreten, ist sinngemäß zu verfahren.

Die angegebenen Lastfälle enthalten die wesentlichen Kombinationen von Einwirkungen mit Sicherheitsklassen für Widerstände. Für andere Kombinationen dürfen in begründeten Fällen Zwischenstufen eingeschaltet werden. Für den Extremfall, dass EK 3 und SK 3 zusammentreffen, kann es in begründeten Fällen angemessen sein, alle Teilsicherheitsbeiwerte gleich 1 zu setzen.

Durch die Einführung der Lastfälle bei geotechnischen Bauwerken, im Boden eingebetteten Bauwerken, Grundbaukonstruktionen für vorübergehende Zwecke und bei Erdbauwerken werden die repräsentativen Werte der unabhängigen Einwirkungen unmittelbar bestimmt. Damit erübrigt sich eine Untersuchung des gleichzeitigen Auftretens von Einwirkungen mit Hilfe von Kombinationsbeiwerten.

1.2.6 Teilsicherheitsbeiwerte

Ansatz der Teilsicherheitsbeiwerte für Einwirkungen und Beanspruchungen

Teilsicherheitsbeiwerte siehe Tafel 11.7a.

Beim Nachweis der Auftriebssicherheit und der Sicherheit gegen hydraulischen Grundbruch (GZ 1A) sowie beim Nachweis der Gesamtstandsicherheit (GZ 1C) sind die charakteristischen Werte der Einwirkungen unmittelbar mit dem Teilsicherheitsbeiwert für Einwirkungen γ_F zu multiplizieren, um damit Bemessungswerte zu erhalten.

Beim Nachweis der bodenmechanisch bedingten Abmessungen und beim Nachweis der von der Materialfestigkeit abhängigen Abmessungen von Bauwerken und von Bauteilen (GZ 1B) sind die Einwirkungen stets mit ihren charakteristischen Werten in die Berechnung einzuführen. Erst bei der Aufstellung der Grenzzustandsbedingungen sind die mit charakteristischen Einwirkungen ermittelten charakteristischen Beanspruchungen in Form von Schnittgrößen oder Spannungen mit dem Teilsicherheitsbeiwert γ_F für Einwirkungen in Bemessungswerte der Beanspruchungen umzurechnen.
Eine Unterscheidung von ständigen Einwirkungen in „günstig“ oder „ungünstig“ wirkend, ist im GZ 1B im Allgemeinen nicht erforderlich.

Sofern bewusst größere Verschiebungen und Beanspruchungen des Bauwerks in Kauf genommen werden, darf in begründeten Fällen, im Einvernehmen zwischen dem Geotechnischen Sachverständigen, dem Aufsteller der statischen Berechnung und der Bauaufsicht, der Teilsicherheitsbeiwert γ_G im Fall des Wasserdrucks angemessen herabgesetzt werden.

Ansatz der Teilsicherheitsbeiwerte für Widerstände

Teilsicherheitsbeiwerte siehe Tafel 11.7b.

Beim Nachweis der bodenmechanisch bedingten Abmessungen und beim Nachweis der von Materialfestigkeit abhängigen Abmessungen von Bauwerken und Bauteilen (GZ 1B) sind die mit charakteristischen Werten der Bodenkenngrößen ermittelten Bodenwiderstände mit dem Teilsicherheitsbeiwert für Widerstände in Bemessungswerte umzurechnen.
Durch die Einführung der Lastfälle bei geotechnischen Bauwerken, im Boden eingebetteten Bauwerken, Grundbaukonstruktionen für vorübergehende Zwecke und bei Erdbauwerken werden die repräsentativen Werte der unabhängigen Einwirkungen unmittelbar bestimmt. Damit erübrigt sich eine Untersuchung des gleichzeitigen Auftretens von Einwirkungen mit Hilfe von Kombinationsbeiwerten.
Sofern bei der Prüfung von Bodennägeln und flexiblen Bewehrungselementen ein vergleichbarer Aufwand wie bei Verpressankern betrieben wird, dürfen die Teilsicherheitswerte angemessen reduziert werden.
Sofern bewusst größere Verschiebungen des Bauwerks in Kauf genommen werden, darf in begründeten Fällen der Teilsicheitsbeiwert für den passiven Erddruck herabgesetzt werden.

Tafel 11.7a Teilsicherheitsbeiwerte für Einwirkungen und Beanspruchungen

Einwirkungen bzw. Beanspruchungen	Formelzeichen	Lastfall LF 1	Lastfall LF 2	Lastfall LF 3
GZ 1A: Verlust der Lagesicherheit				
Günstige ständige Einwirkungen	$\gamma_{G,stb}$	0,90	0,90	0,95
Ungünstige ständige Einwirkungen	$\gamma_{G,dst}$	1,00	1,00	1,00
Strömungskraft bei günstigem Untergrund	γ_H	1,35	1,30	1,20
Strömungskraft bei ungünstigem Untergrund	γ_H	1,80	1,60	1,35
Ungünstige veränderliche Einwirkungen	$\gamma_{Q,dst}$	1,00	1,00	1,00
GZ 1B: Versagen von Bauwerk und Bauteilen				
Beanspruchungen aus ständigen Einwirkungen allgemein, einschließlich Wasserdruck	γ_G	1,35	1,20	1,00
Beanspruchungen aus ständigen Einwirkungen aus Erdruhedruck	γ_{E0g}	1,20	1,10	1,00
Beanspruchungen aus ungünstigen veränderlichen Einwirkungen	γ_Q	1,50	1,30	1,00
GZ 1C: Verlust der Gesamtstandsicherheit				
Ständige Einwirkungen	γ_G	1,00	1,00	1,00
Ungünstige veränderliche Einwirkungen	γ_Q	1,30	1,20	1,00
GZ 2: Gebrauchstauglichkeit				
Ständige und veränderl. Einwirkungen bzw. Beanspruchungen	γ_G, γ_Q		1,00	

Tafel 11.7b Teilsicherheitsbeiwerte für Widerstände

Widerstand	Formelzeichen	Lastfall LF 1	Lastfall LF 2	Lastfall LF 3
GZ 1B: Versagen von Bauwerken und Bauteilen				
Bodenwiderstände				
Passiver Erddruck (Erdwiderstand) und Grundbruchwiderstand	γ_{Ep}, γ_{Gr}	1,40	1,30	1,20
Gleitwiderstand	γ_{Gl}	1,10	1,10	1,10
Pfahlwiderstände				
aus Probebelastung, Druck	γ_{Pc}	1,20	1,20	1,20
aus Probebelastung, Zug	γ_{Pt}	1,30	1,30	1,30
Erfahrungswerte, Druck und Zug	γ_P	1,40	1,40	1,40
Verpressankerwiderstände				
Stahlzugglied	γ_M	1,15	1,15	1,15
Herausziehwiderstand des Verpresskörpers	γ_A	1,10	1,10	1,10
GZ 1C: Verlust der Gesamtstandsicherheit				
Scherfestigkeit				
Reibungsbeiwert tan φ' des dränierten Bodens und tan φ_u des undränierten Bodens	γ_φ	1,25	1,15	1,10
Kohäsion c' des dränierten Bodens und Scherfestigkeit c_u des undränierten Bodens	γ_c, γ_{cu}	1,25	1,15	1,10
Herausziehwiderstände				
Boden- bzw. Felsnägel, Ankerzugpfähle	γ_N, γ_Z	1,40	1,30	1,20
Verpresskörper von Verpressankern	γ_A	1,10	1,10	1,10
Flexible Bewehrungselemente	γ_B	1,40	1,30	1,20

2 Erkundung und Untersuchung des Bodens als Baugrund

2.1 Ziele geotechnischer Untersuchungen, erforderliche Unterlagen

Ziel ist es, das dem Bauherrn auferlegte Baugrundrisiko zu begrenzen und eine wirtschaftliche Gründung sicher zu stellen. Voraussetzung: Zusammenwirken zwischen Sachverständigem für Geotechnik und Objekt- bzw. Tragwerksplanern. Geotechnische Untersuchungen bereits ab Grundlagenermittlung erforderlich. Erforderliche Unterlagen:

- Lageplan mit Angaben zum geplanten Bauobjekt
- Grundrisse und Schnitte (Entwurfsplanung) mit NN-Höhen
- Annahmen über die zu erwartenden Einwirkungen (Lasten, dynamische Einwirkungen)
- geplante Konstruktion (insbesondere Nutzung der unter Geländeoberfläche befindlichen Räume)
- Angaben zu den Baugrundeigenschaften der durch die Baumaßnahme beanspruchten Schichten.

Es sind durch die geotechnischen Untersuchungen folgende Sachverhalte zu beurteilen:

- Eignung von Bauverfahren, Gründungsarten bzw. Stützkonstruktionen
- Verformungen durch Bauwerk und Baumaßnahme (räumliche Verteilung und zeitlicher Verlauf) sowie Möglichkeiten zur Sicherung des verträglichen Zusammenwirkens von Bauwerk und Baugrund (z.B. Wahl des statischen Systems, Gründungsart)
- Nachweis der Sicherheit gegen Grenzzustände (z.B. Grundbruch, Geländebruch, Aufschwimmen, Gleiten, Hangstabilität, Knicken von Pfählen)
- Einwirkungen des Baugrunds auf das Bauwerk (z.B. Erddruck, Seitendruck auf Pfähle) in Abhängigkeit von der konstruktiven Gestaltung
- Auswirkungen des Bauwerks auf die Umgebung einschließlich der während der Baudurchführung erforderlichen Maßnahmen (z.B. Grundwasserabsenkung, Ausbildung der Baugrube)
- eingetretene oder zu erwartende Kontaminationen (Art und Ausdehnung, Grundwasserströmung) und Wirkung von Maßnahmen zur Eingrenzung oder Beseitigung.

2.2 Geotechnischer Bericht

Inhaltliche Abgrenzung der Leistungen für Bodenmechanik, Erd- und Grundbau (§ 92 der HOAI):

- Baugrundbeurteilung und Gründungsberatung für Flächen- und Pfahlgründungen; Bereitstellung der Grundlagen für die Bemessung
- Planung, Überwachung und Auswertung der Erkundungsmaßnahmen
- Planung, Durchführung und Auswertung der Labor- und Feldversuche
- Beratung bei der Sicherung von Nachbarbauwerken
- Untersuchungen zur Berücksichtigung dynamischer Beanspruchungen
- Erdstatische Berechnungen bzw. Beratung des Tragwerksplaners
- Abnahme der Aushub- und Gründungssohle
- Beurteilung der Tragfähigkeit des Baugrunds im Hinblick auf Gründungsvarianten unter Beachtung der Anforderungen aus der geplanten Baumaßnahme.

Der geotechnische Bericht sollte mindestens Angaben zu folgenden Gliederungspunkten enthalten:

Abschnitt 1: Darstellung der Untersuchungsergebnisse (Aufgabenstellung, Kurzbeschreibung der Objektangaben, zugrunde liegende Unterlagen, vollständige Beschreibung Felderkundung, Art- und Durchführung der Labor- und Feldversuche, lückenlose Darstellung der Untersuchungsergebnisse)

Abschnitt 2: Bewertung der Untersuchungsergebnisse (kritische Bewertung der in Abschnitt 1 dargestellten Untersuchungsergebnisse in Bezug auf die geplanten baulichen Anlagen, gegebenenfalls begründete Vorschläge für ergänzende Untersuchungen)

Abschnitt 3: Folgerungen, Empfehlungen, Hinweise (Stellungnahme zur geotechnischen Kategorie des Bauwerks, Hinweise und Empfehlungen für die geotechnische Entwurfsbearbeitung der baulichen Anlage, z.B. Ausbildung der Baugrube, Wasserhaltung, Gründungsart)

2.3 Baugrunderkundung

2.3.1 Geotechnische Kategorien

Einordnung der bautechnischen Maßnahme nach Schwierigkeitsgrad der Konstruktion des Bauwerks, der Baugrundverhältnisse sowie der zwischen ihnen und der Umgebung bestehenden Wechselwirkungen.

Kategorie 1: einfache bauliche Anlagen, einfache und übersichtliche Baugrundverhältnisse.

Mindestanforderungen: Informationen über allgemeine Baugrundverhältnisse und örtliche Bauerfahrung, Erkundung der Boden- oder Gesteinsarten sowie ihre Schichtung, Abschätzung der Grundwasserverhältnisse, Besichtigung der ausgehobenen Baugrube.

Beispiele: Stützenlasten < 250 kN, Streifenlasten < 100 kN/m, Stützmauern oder Baugruben mit einer Höhe < 2 m, Gründungsplatten, die nach empirischen Regeln bemessen werden, Gräben oberhalb des Grundwasserspiegels bis 2 m Tiefe, waagerechtes bzw. schwach geneigtes Gelände, Baugrund tragfähig mit geringer Setzungsneigung, Grundwasser unter Aushubsohle, Bauwerk gegen örtliche Erdbebenbelastung unempfindlich, umgebende Bauwerke oder bauliche Anlagen werden nicht gefährdet.

Kategorie 2: umfasst Bauwerke und Baugrundverhältnisse mittleren Schwierigkeitsgrads. Zahlenmäßiger Nachweis der Sicherheit sowie ingenieurmäßige Bearbeitung mit geotechnischen Kenntnissen und Erfahrungen erforderlich.

Mindestanforderungen: Direkte Aufschlüsse, zu untersuchende Bodenkenngrößen sind durch Versuche zu bestimmen. Korrelationen dürfen hilfsweise mit herangezogen werden.

Kategorie 3: Bauwerke und Baugrundverhältnisse hohen Schwierigkeitsgrads. Zur Bearbeitung sind vertiefte geotechnische Kenntnisse und Erfahrungen erforderlich. Sicherheit ist zahlenmäßig nachzuweisen.

Voruntersuchung: Sichtung und Bewertung vorhandener Unterlagen, geologische Beurteilung, weitmaschiges Untersuchungsnetz, stichprobenartige Feststellungen von maßgebenden Baugrundkennzahlen.

Hauptuntersuchung: Sichtung vorhandener Unterlagen. Erkundung der Konstruktionsmerkmale und Gründungsverhältnisse der angrenzenden baulichen Anlagen. Geologische Beurteilung der Baugrundverhältnisse. Erkundung durch direkte und indirekte Aufschlüsse, Feldversuche, Probebelastungen, Pumpversuche, Dichtheitsprüfungen, Laboruntersuchungen. Beschränkungen des Untersuchungsaufwands sind zu begründen.

2.3.2 Umfang von Aufschlüssen (DIN 4020)

Abhängig von den maßgebenden Baugrundeigenschaften und Kenngrößen für die jeweilige Baumaßnahme, der Eignung des Bodens für eine beabsichtigte baustoffliche Verwendung sowie der Untersuchung der Grundwasserverhältnisse.

Untersuchungsaufwand richtet sich nach der Schwierigkeit der baulichen Anlage und des Baugrunds. Anordnung und Abstände der Aufschlüsse sind so zu wählen, dass ausreichende Informationen über Zusammensetzung und räumlichen Verlauf der Schichten und Trennflächen sowie der Grundwasserverhältnisse im Baugrund gewonnen werden.

Anordnung in Rastern oder Schnitten, bevorzugt an Eckpunkten des Grundrisses, bei Linienbauten an Geländesprüngen, Hängen auch außerhalb der Trasse; ohne Gefährdung des Bauwerkes, der Nachbarschaft oder der Wasserverhältnisse anordnen.

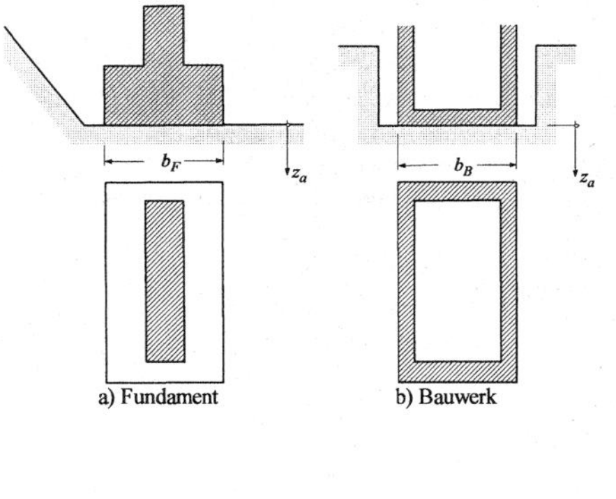

Abb. 11.9 Erkundungstiefen bei Hoch- und Ingenieurbauten

Rasterabstände Hoch- und Ingenieurbauten 20 bis 40 m; großflächige Bauwerke maximal 60 m; Linienbauwerke 50 bis 200 m; Sonderbauwerke 2 bis 4 Aufschlüsse je Fundament. Staumauern, Staudämme und Wehre 25 bis 75 m in charakteristischen Schnitten. Langgestreckte Schlitz- und Dichtwände 25 bis 50 m.

Aufschlusstiefe z_a muss alle Schichten, die durch das Bauwerk beansprucht werden, und die hydrologischen Verhältnisse erfassen. Bezugsebene für z_a ist Bauwerks- oder Bauteilunterkante, Aushub- oder Ausbruchsohle. Es gilt jeweils der größere Wert für z_a.

– Hochbauten und Ingenieurbauten (Abb. 11.9): $z_a \geq 3\,b_F$; $z_a \geq 6$ m

(b_F kleineres Fundamentmaß), Plattengründungen, Bauwerke mit mehreren Gründungskörpern, deren Einflüsse sich überlagern: $z_a \geq 1{,}5\,b_B$ (b_B als kleineres Bauwerksmaß)

– Erdbauwerke (Abb. 11.10a):

Dämme: $0{,}8\,h < z_a < 1{,}2\,h$; $z_a \geq z(\Delta\sigma_{Damm} \leq 0{,}2\sigma_{insitu})$; $z_a \geq 6$ m

Einschnitte: $z_a \geq 2$ m; $z_a \geq 0{,}4\,h$ (h Dammhöhe bzw. Einschnitttiefe)

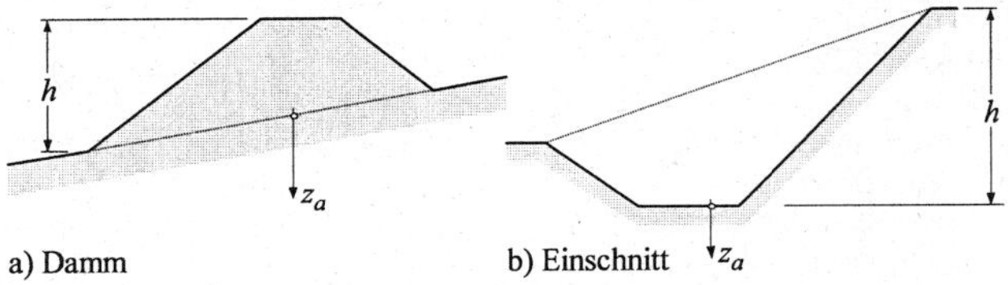

Abb. 11.10a Erkundungstiefen bei Erdbauwerken

– Linienbauwerke (Abb. 11.10b): Landverkehrswege: $z_a \geq 2$ m unter Aushubsohle

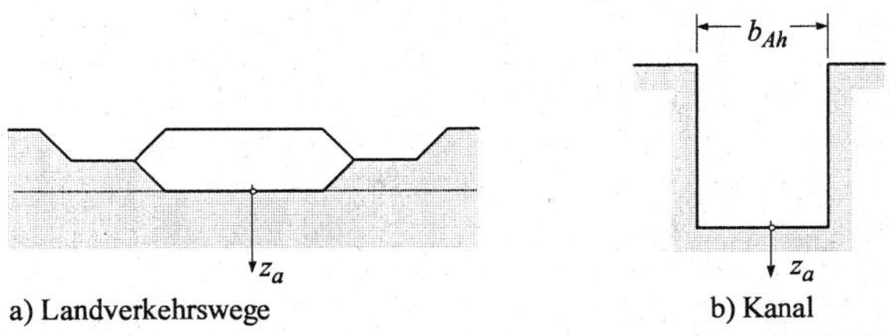

Abb. 11.10b Erkundungstiefen bei Linienbauwerken

Kanäle/Leitungsgräben: $z_a \geq 2$ m unter Aushubsohle; $z_a \geq 1{,}5\,b_{Ah}$ (b_{Ah} Aushubbreite)

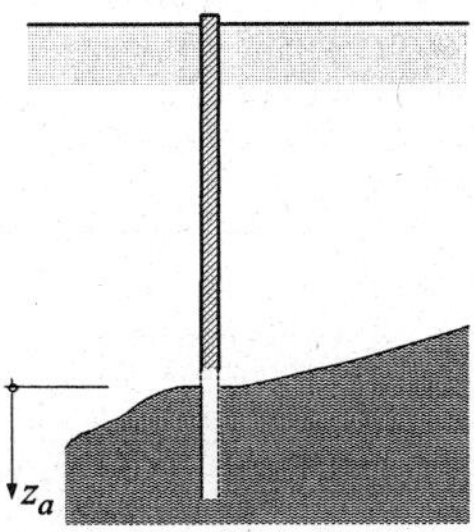

Abb. 11.10c Erkundungstiefen bei Dichtwänden

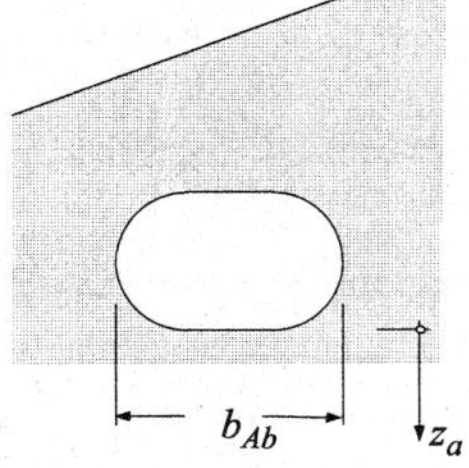

Abb. 11.10d Erkundungstiefen bei Hohlraumbauten

– Dichtungswände (Abb. 11.10c): $z_a \geq 2$ m unter Oberfläche des Grundwassernichtleiters

– Hohlraumbauwerke (Abb. 11.10d): $b_{Ab} < z_a < 2\,b_{Ab}$ (b_{Ab} Ausbruchtiefe)

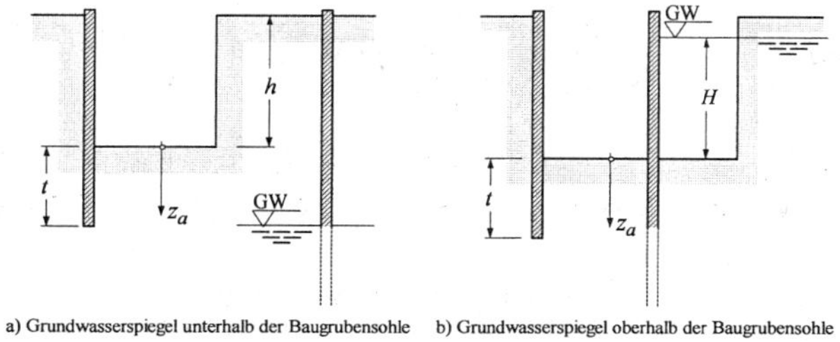

Abb. 11.11a Erkundungstiefen bei Baugruben

– Baugruben (Abb. 11.11a):
  a) Grundwasserspiegel unter Baugrubensohle:
  $z_a \geq 0{,}4\,h$; $z_a \geq t + 2\,\text{m}$ (t Einbindetiefe der Umhüllung, h Baugrubentiefe)
  b) Grundwasserspiegel über der Baugrubensohle:
  $z_a \geq H + 2\,\text{m}$; $z_a \geq t + 2\,\text{m}$; wenn bis zu dieser Tiefe kein Grundwasserhemmer angetroffen wird, dann $z_a \geq t + 5\,\text{m}$
  (H Höhe des Grundwasserspiegels über Baugrubensohle)
– Pfähle (Abb. 11.11b):
  $z_a \geq b_g$, $4\,\text{m} \leq z_a \leq 10\,\text{m}$, $z_a \geq 3\,D_F$
  (D_F Pfahlfußdurchmesser, b_g kleineres Maß eines Rechtecks in der Fußebene, das die Pfahlgruppe umschließt)

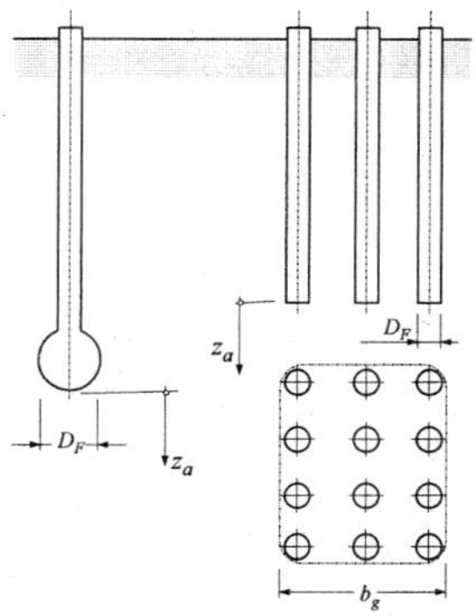

Abb. 11.11b Erkundungstiefen bei Pfahlgründungen

2.3.3 Aufschlussverfahren

Verfahren zur Erkundung des Baugrunds. Direkte und indirekte Erkundungsverfahren sind kombiniert einzusetzen. Abhängig von der Baugrundsituation und den verfügbaren Vorinformationen soll das Erkundungsprogramm unter Beachtung der erforderlichen Erkundungstiefen und Erkundungsabstände durch einen Sachverständigen für Geotechnik geplant werden.

Direkte Aufschlussverfahren: vorgegebene und einsehbare Aufschlüsse (Anschnitte, Flanken von Flussläufen usw.). Bohrungen (DIN 4021). Begehbare Stollen. Schurf (künstlich hergestellte Grube/Graben) – nach DIN 4124 – zur Einsichtnahme in den Baugrund und zur Entnahme von Proben.

Felduntersuchungen nach DIN 4094-1 bis -5 (indirekte Aufschlussverfahren):

a) Rammsondierungen DIN 4094-3: Einrammen einer Sonde mittels Fallgewicht (Fallmasse und Fallhöhe festgelegt). Messgröße ist Anzahl der für 10 cm Eindringung erforderlichen Schläge N_{10}. Zur Feststellung der Lagerungsdichte nichtbindiger Böden empfohlen.

Benennung	mittlere Untersuchungstiefe in m	nicht anwendbar bei
leichte Rammsonde	10	bindigen und dicht gelagerten nichtbindigen Böden
mittelschwere Rammsonde	15	dicht gelagerten Kiesen, festen bindigen Böden
schwere Rammsonde	25	
überschwere Rammsonde	40	

b) Bohrlochrammsondierung (DIN 4094-2): Sonderfall der Rammsondierung. Sonde wird von der Bohrlochsohle ca. 45 cm eingerammt. Messgröße ist der Eindringwiderstand N_{30} (Schlagzahl für Eindringtiefe 30 cm). Gerät und Auswertung in Deutschland durch DIN 4094-2 genormt. Standard-Penetration-Test unterscheidet sich bezüglich Gerät und Auswertung in einigen Details, genormt in DIN EN ISO 22 476-3.

c) Drucksondierungen (DIN 4094-1, cone-penetration-test): Eindrücken einer Sonde in den Untergrund mit gleich bleibender Geschwindigkeit. Sondenwiderstand ist die Summe von Spitzenwiderstand (q_c in MN/m²) und Mantelreibung (f_s in MN/m²).

d) Flügelscherversuch (DIN 4094-4): Ermittlung der undrainierten Kohäsion weicher Böden durch Abscheren eines zylindrischen Bodenkörpers mit einer Flügelsonde. Die mittlere Drehgeschwindigkeit soll 0,1 °/s bis 0,2 °/s bei empfindlichen Böden und 0,5 °/s bei wenig empfindlichen Böden betragen. Für erdstatische Nachweise ist die undrainierte Kohäsion c_u in Abhängigkeit von der Bodenart abzumindern (Abb. 11.12 oder Tabelle).

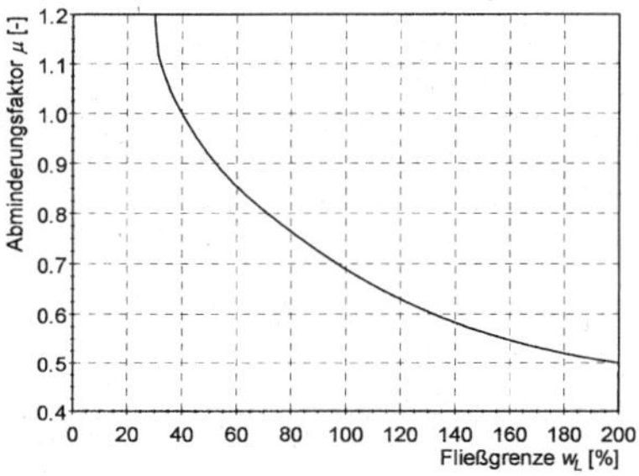

I_P in %	0	30	60	90	120
μ	1,0	0,8	0,65	0,58	0,5

Abb. 11.12 Abminderung der undrainierten Kohäsion bei Flügelsondierungen

e) Bohrlochaufweitungsversuche (DIN 4094-5): Zusammenhang zwischen radialem Druck auf die Bohrlochwandung und Aufweitung des Bohrlochs. Erzeugung des Radialdrucks mittels Gummimembran (Dilatometer: Messung der Aufweitung mittels Wegaufnehmer; Pressiometer: Messung über eingepresste Flüssigkeit) oder mittels starrer Stahlplatten (Seitendrucksonden).

f) Geophysikalische Verfahren: Anwendung nur in Verbindung mit direkten Aufschlussverfahren (Bohrungen, Schürfe) empfohlen. Geeignet zur Feststellung von Bereichen mit unterschiedlichen physikalischen Eigenschaften (Felsoberkante). Zur Voruntersuchung großer Flächen geeignet. Beispiele: Geoelektrik, Gravimetrie, Elektromagnetik, Seismik, Geothermik.

2.3.4 Güteklassen für Bodenproben (DIN 4021)

Für die Laborversuche sind bestimmte Güteklassen der Bodenproben erforderlich. Proben der Güteklasse 1 und 2 lassen sich bei nichtbindigen Böden nur mit Spezialverfahren (Frost) gewinnen.

Güteklasse	unverändert in 1)	Im Wesentlichen feststellbar
1 2)	Z, w, ρ, k E_S, τ_f	Feinschichtgrenzen, Kornzusammensetzung, ρ, w, w_l, w_p, I_C, max n, min n, ρ_S, organische Bestandteile, Wasserdurchlässigkeit, Steifemodul, Scherfestigkeit
2	Z, w, ρ, k	Feinschichtgrenzen, Kornzusammensetzung, ρ, w, w_l, w_p, I_C, max n, min n, ρ_S, organische Bestandteile, Wasserdurchlässigkeit
3	Z, w	Schichtgrenzen, Kornzusammensetzung, w, w_l, w_p, I_C, max n, min n, ρ_S, organische Bestandteile
4	Z	Schichtgrenzen, Kornzusammensetzung, w_l, w_p, max n, min n, ρ_S, organische Bestandteile
5		Schichtenfolge

1) Es bedeuten: Z Kornzusammensetzung, w Wassergehalt, ρ Dichte des feuchten Bodens, E_S Steifemodul, τ_f Scherfestigkeit, k Wasserdurchlässigkeit.

2) Bei Güteklasse 1 ist das Korngefüge unverändert.

2.4 Baugrunduntersuchung im Labor

2.4.1 Kennwerte der Phasenzusammensetzung

Erfassen die Volumen- oder Massenverhältnisse der im Boden enthaltenen festen, flüssigen und gasförmigen Bestandteile (Phasen).

Grundgrößen: Dichte $\rho = \frac{m}{V}$ (m Masse Gesamtprobe, V Volumen der Probe), DIN 18 125,

Wichte $\gamma = \rho \cdot g$ (g Erdbeschleunigung), Wichte unter Auftrieb $\gamma = \gamma_{Sat} - \gamma_w$ (γ_{Sat} Wichte bei Sättigung, γ_w Wichte von Wasser)

Wassergehalt $w = \frac{m_w}{m_s}$ (m_w Masse des Wassers, m_s Masse der Festsubstanz),

DIN 18 121, Trockendichte $\rho_d = \frac{\rho}{1+w}$, Korndichte $\rho_S = \frac{m_S}{V_S}$ (V_S Volumen der Festsubstanz), DIN 18 124

Abgeleitete Größen: Porenanteil $n = \frac{V_P}{V} = 1 - \frac{\rho_d}{\rho_s}$ (V_P Volumen des Porenraumes)

Porenzahl $e = \frac{V_P}{V_S} = \frac{\rho_s}{\rho_d} - 1$

Sättigungszahl $S_R = \frac{n_w}{n} = \frac{V_w}{V_P} = \frac{e_w}{e}$ (V_w wassergefülltes Porenvolumen)

2.4.2 Klassifizierungsversuche

Kennwerte zur Klassifizierung (DIN 18 196) und Benennung (DIN 4022) (siehe auch DIN ISO 14 689 „Bestimmung und Beschreibung von Fels", DIN EN ISO 14 688-1 „Geotechnische Erkundung und Untersuchung, Benennung, Beschreibung und Klassifikation von Boden – Teil 1: Benennung und Beschreibung"). Auf Grundlage der Ergebnisse der Klassifizierungsversuche ist die Abschätzung der bodenmechanischen Eigenschaften möglich.

Korngrößenverteilung: Unterscheidung der Böden in nichtbindige (Feinkornanteil $d \leq 0{,}06$ mm kleiner 5 Masseprozent), gemischtkörnige (Feinkornanteil 5 bis 40 %) und bindige Böden.

Verfahren (DIN 18 123): Trockensiebung/Siebung (nichtbindige Böden), Nasssiebung (Feinkornanteil 5 bis 15 %), Sedimentation (Feinkornanteil > 15 %), kombinierte Analyse (Siebung und Sedimentation).

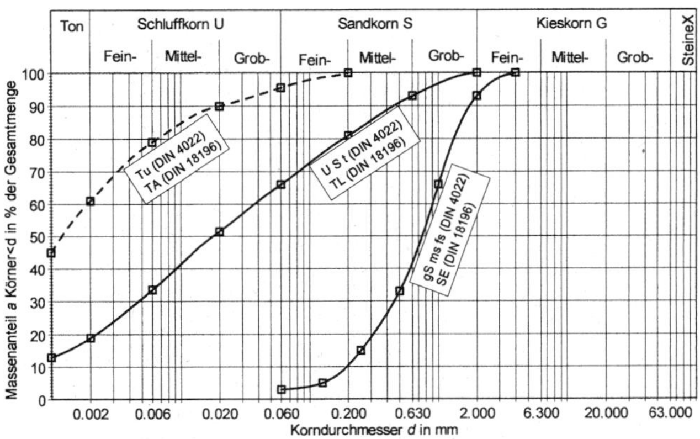

Kennwerte: Ungleichförmigkeitszahl $U = \dfrac{d_{60}}{d_{10}}$, Krümmungszahl $C_C = \dfrac{(d_{30})^2}{d_{10} \cdot d_{60}}$

(d_{10}, d_{30}, d_{60} Durchmesser der Körner bei 10, 30, 60 % Masseanteil)

Lockerste und dichteste Lagerung: Beurteilung der Lagerungsdichte nichtbindiger Böden

Verfahren (DIN 18 126):

Rütteltisch- oder Schlaggabelversuch für min *n*, Trichterversuch für max *n*

Kennwerte: max *n* Porenanteil bei lockerster Lagerung

min *n* Porenanteil bei dichtester Lagerung

Lagerungsdichte $D = \dfrac{\max n - n}{\max n - \min n}$

($0{,}0 \le D \le 0{,}15$ sehr locker, $0{,}15 < D \le 0{,}3$ locker, $0{,}3 < D \le 0{,}5$ mitteldicht, $0{,}5 < D \le 0{,}75$ dicht)

bezogene Lagerungsdichte: $I_D = \dfrac{\max e - e}{\max e - \min e}$

($0{,}0 \le I_D \le 0{,}33$ locker, $0{,}33 < I_D \le 0{,}66$ mitteldicht, $0{,}66 < I_D$ dicht)

Konsistenzgrenzen: Benennung und Klassifizierung bindiger Böden

Verfahren (DIN 18 122): Fließgrenze w_L, Ausrollgrenze w_P

Kennwerte: Plastizitätszahl $I_P = w_L - w_P$, Konsistenzzahl $I_C = \dfrac{w_L - w}{I_P}$

(w Wassergehalt), Beurteilung der Konsistenz des Bodens mit Konsistenzzahl I_C gemäß Tabelle oder nach DIN 4022-1.

Konsistenzzahl I_C	Zustandsform	qualitative Merkmale	undrainierte Kohäsion c_u in kN/m²
0,25-0,50	breiig	Faust lässt sich leicht eindrücken	10-15
0,50-0,75	weich	Daumen lässt sich leicht eindrücken Daumen lässt sich mit geringem Druck eindrücken	15-25 25-50
0,75-1,00	steif	Daumen lässt Spuren zurück, aber nur mit großem Druck eindrückbar	60-150
1,00-1,25	halbfest	Mit Fingernagel leicht zu kratzen	150-300
	fest (hart)	Mit Fingernagel kaum zu kratzen	>300

Organische Anteile: Der Anteil organischer Bestandteile kann durch Bestimmung des Glühverlusts (DIN 18128) abgeschätzt werden. Wird für die bodenmechanische Beurteilung und Klassifizierung von Böden benötigt.

Proctorkennwerte (DIN 18 127): Es wird die bei vorgegebener Verdichtungsenergie maximal erreichbare Trockendichte in Abhängigkeit vom Wassergehalt ermittelt.

Kennwerte: Proctordichte ρ_{Pr},

Proctorwassergehalt w_{Pr},

Verdichtungsgrad D_{Pr}

$$D_{Pr} = \frac{\rho_d}{\rho_{Pr}} \cdot 100\ \%$$

Proctorkennwerte dienen der Kontrolle des Verdichtungserfolgs und der Festlegung von Verdichtungsanforderungen.

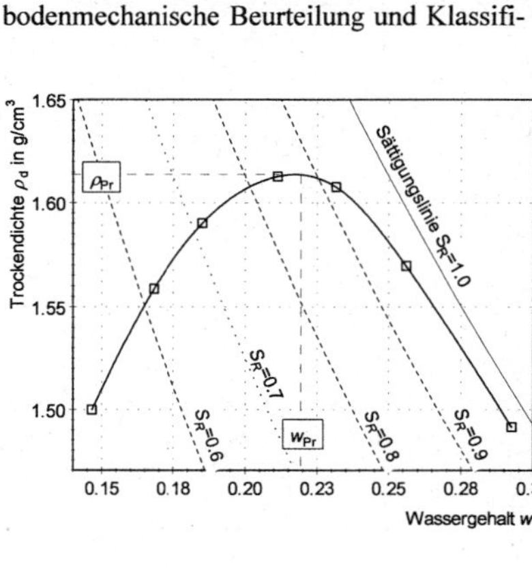

2.5 Benennung und Klassifizierung von Böden

2.5.1 Benennung und Beschreibung von Böden (DIN 4022)

Zuordnung eines Namens nach der stofflichen Zusammensetzung der Boden- oder Felsprobe

Siebanalyse (Labor)	FEINKORN (SCHLÄMMKORN)				GROBKORN (SIEBKORN)						STEINE	BLÖCKE
	TON(T)	SCHLUFF (U)			SAND (S)			KIES (G) (Gravel)			(X)	(Y)
		fein fU	mittel mU	grob gU	fein fS	mittel mS	grob gS	fein fG	mittel mG	grob gG	X	Y
Korndurchmesser d in mm	0,002	0,006	0,02	0,06	0,2	0,6	2,0	6,3	20,0	63,0	200,0	
Schätzung (in situ)	zwischen Finger reiben (analog Reibeversuch)		gerade noch sichtbar		Gries		Streichholzkopf	Erbse	Haselnuss	Hühnerei	Kopf	
	haftet am Finger seifig	im trockenen Zustand leicht entfernbar, mehlig, Körner noch fühlbar										

Benennung: Substantiv für Hauptanteil, ein oder mehrere Adjektive für Nebenanteile (z.B. Kies, sandig Gs; Feinsand, schluffig fSu)

Hauptanteil: nach Masseanteilen am stärksten vertretene Bodenart, die die bodenmechanischen Eigenschaften maßgeblich bestimmt.

Nebenanteile: Anteil, der die bestimmenden Eigenschaften des Bodens nicht prägt. Adjektive der Nebenanteile folgen dem Substantiv des Hauptanteils in der Reihenfolge ihrer Bedeutung.

Sind bei nichtbindigen Böden zwei Korngrößenbereiche mit etwa gleichen Masseanteilen (40 bis 60%) vertreten, sind die beiden Substantive durch „und" zu verbinden (z.B. Sand und Kies SG). Nach Anteil Feinkorn ($d \leq 0{,}06$ mm) Unterscheidung in gering schluffig oder tonig (u oder t, wenn Masseanteil 5 bis 15 %), stark schluffig oder tonig (u* oder t*, wenn Masseanteil über 15 bis 40%).

Versuche zur Abschätzung bei bindigen Böden

Knet-versuch	Schüttel-Versuch	Veränderlichkeit unter Wasser	Trocken-Festigkeit	Schneide-versuch	Reibe-versuch	Benennung
Plastizität	Wasseraustritt	Zerfall		Aussehen		
leicht	schnell	schnell	gering	stumpf	weich, mehlig	U
mittel	langsam	langsam	mittel	glatt, matt		Tu, Ut
ausgeprägt	kein	kein	groß	speckig	seifig	T

Knetversuch: Es wird eine Kugel von etwa 1 cm Durchmesser hergestellt. Mit zunehmender Plastizität lässt sich die Kugel häufiger zerdrücken und neu formen.

Schüttelversuch: Eine breiige bis weiche Probe wird in der Hand geschüttelt. Die Geschwindigkeit des Wasseraustritts gibt Hinweise auf die Bodenart.

Veränderlichkeit unter Wasser: Kugel von ca. 0,5 cm Durchmesser wird in Wasser gelegt. Geschwindigkeit des Zerfalls bei Schluff sehr hoch, bei Ton i. Allg. kein Zerfall.

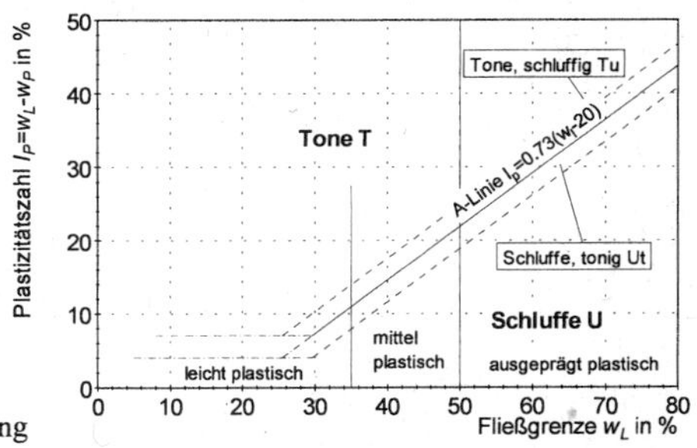

Abb. 11.15 Plastizitätsdiagramm zur Benennung bindiger Böden

Trockenfestigkeit: Getrocknete Kugel (0,5 cm Durchmesser) wird zwischen den Fingern zerdrückt. Bei Tonen kann Probe nicht mit Fingerdruck zerstört werden, bei Schluff reicht geringer Druck.

Schneideversuch: Eine erdfeuchte Kugel wird mit einem Messer durchschnitten. Glänzendes Aussehen der Schnittfläche deutet auf Ton hin. Bei Schluff ist die Oberfläche stumpf.

Reibeversuch: Etwas Probenmaterial wird zwischen den Fingern gerieben. Tonige Böden fühlen sich seifig, Schluffe mehlig an.

Beschreibung: Erfassung der wichtigsten Zustandseigenschaften des Bodens, z.B. Konsistenz, Lagerungsdichte. Durch umfassende Beschreibung kann der Boden einer Gruppe mit ähnlichen geotechnischen Eigenschaften zugeordnet werden.

2.5.2 Klassifizierung (DIN 18 196)

Zuordnung der Bodenprobe in Gruppen mit annähernd gleichen bautechnischen Eigenschaften und gleichem stofflichem Aufbau, Grundlage für die Schätzung von Kennwerten (z.B. für Vorentwürfe nach DIN 1055).

Nichtbindige Böden: Böden mit Feinkornanteil (d < 0,06 mm) kleiner 5 %, Klassifizierung nach Korngrößenverteilung (siehe Tabelle), Einteilung der Bodengruppen nach Ungleichförmigkeitszahl und Krümmungszahl

Bezeichnung	Ungleichförmigkeitszahl U	Krümmungszahl C_C
Eng gestuft	$U < 6$	beliebig
Intermittierend gestuft	$U \geq 6$	$C_C < 1$ oder $C_C > 3$
Weit gestuft	$U \geq 6$	$1 \leq C_C \leq 3$

Bindige Böden: Böden mit Feinkornanteil von mehr als 40 %, Klassifizierung nach Konsistenzgrenzen (siehe Abb. 11.16)

(siehe auch: DIN ISO 14 689 „Bestimmung und Beschreibung von Fels“, DIN EN ISO 14 688-1 „Geotechnische Erkundung und Untersuchung, Benennung, Beschreibung und Klassifikation von Boden – Teil 1: Benennung und Beschreibung“).

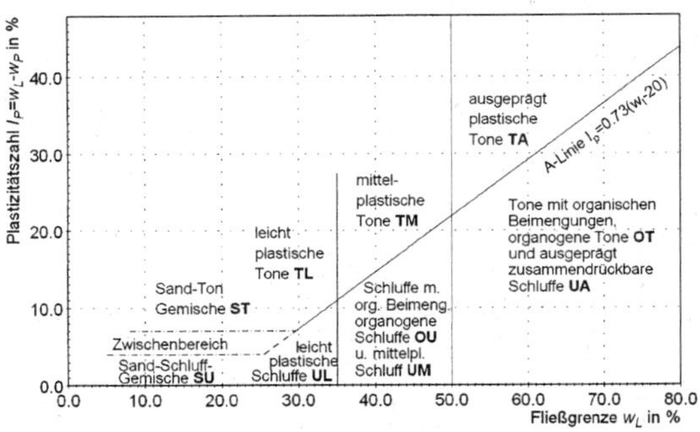

Abb. 11.16 Plastizitätsdiagramm zur Klassifizierung bindiger Böden

2.6 Erdbau

2.6.1 Einstufung von Boden und Fels

Boden- und Felsklassen

Nach ihrer Lösbarkeit werden Böden in Boden- und Felsklassen gemäß DIN 18 300 eingeteilt. Die im Folgenden angegebene Zuordnung zu Bodengruppen nach DIN 18 196 (in Klammern) entspricht den Angaben der ZTVE-StB 94, wobei die Zuordnung nur dann zutreffend ist, wenn die Lösbarkeit den genannten Kriterien entspricht.

Klasse 1: **Oberboden** Oberste Bodenschicht, die neben anorganischen Stoffen auch Humus und Bodenlebewesen enthält (OH)

Klasse 2: **Fließende Bodenarten** Bodenarten flüssiger und breiiger Beschaffenheit ($I_C < 0{,}5$), die Wasser schwer abgeben (org. Böden: HN, HZ, F, feinkörnige, organogene Böden oder

Böden mit organischen Beimengungen, die beim Lösen ausfließen: UL, UM, UA, TL, TM, TA, OU, OT, OH, OK, gemischtkörnige Böden breiiger bis flüssiger Konsistenz: $G\bar{U}$, $G\bar{T}$, $S\bar{U}$, $S\bar{T}$)

Klasse 3: **Leicht lösbare Bodenarten** Nichtbindige bis schwachbindige Sande, Kiese und Sand-Kies-Gemische mit bis zu 15 % Korngröße < 0,06 mm und höchstens 30 % Steinen[1)] sowie organische Bodenarten mit geringem Wassergehalt (SW, SI, SE, GW, GI, GE, SU, ST, GU, GT, HN)

Klasse 4: **Mittelschwer lösbare Bodenarten** Gemische von Sand, Kies, Schluff und Ton mit mehr als 15 % Korngröße < 0,06 mm sowie leicht- bis mittelplastische bindige Bodenarten, die weich bis halbfest sind und maximal 30 % Steine bis 0,01 m^3 [1)] enthalten (UL, UM, UA, TL, TM, $G\bar{U}$, $G\bar{T}$, $S\bar{U}$, $S\bar{T}$, OU, OH, OK)

Klasse 5: **Schwer lösbare Bodenarten** Bodenarten der Klassen 3 und 4 mit mehr als 30 % Steinen von über 63 mm Korngröße bis zu 0,01 m^3 Rauminhalt[1)], nichtbindige und bindige Böden mit höchstens 30 % Steinen von über 0,01 bis 0,1 m^3 Rauminhalt[1)], ausgeprägt plastische Böden bei weicher bis halbfester Konsistenz (TA, OT)

Klasse 6: **Leicht lösbarer Fels und vergleichbare Bodenarten** Fels, der nicht zu Klasse 7 gehört, Bodenarten fester Konsistenz der Klassen 4 und 5, nichtbindige und bindige Böden mit mehr als 30 % Steinen von über 0,01 bis 0,1 m^3 Rauminhalt[1)]

Klasse 7: **Schwer lösbarer Fels** hoher Gefügefestigkeit, innerer, mineralisch gebundener Zusammenhalt, der wenig klüftig und verwittert ist; Steine von über 0,1 m^3 Rauminhalt

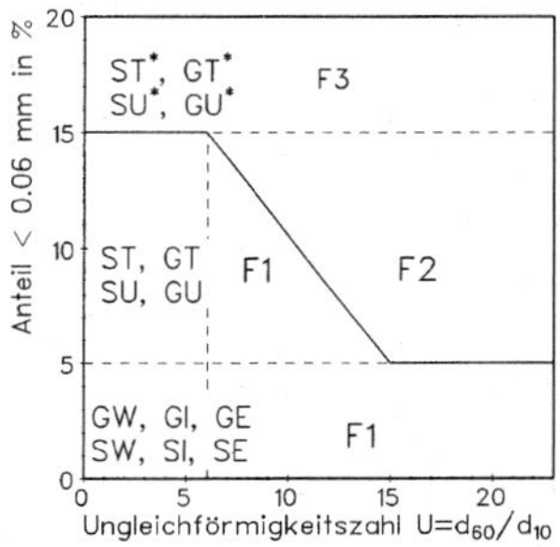

Abb. 11.17 Frostempfindlichkeitsklassen

Frostempfindlichkeit von Böden: Einteilung der Böden nach Frostempfindlichkeit, insbesondere für Verkehrswegebau (ZTVE-StB 94).

2.6.2 Plattendruckversuch

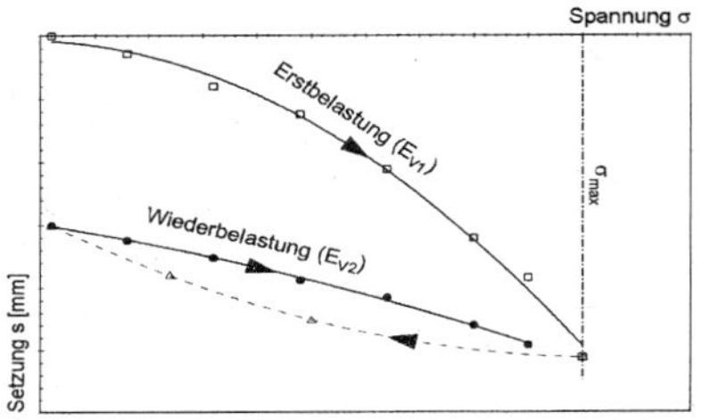

Mit dem Plattendruckversuch, genormt in DIN 18 134, werden Druck-Setzungs-Kurven des Bodens ermittelt, die Grundlage für die Bemessung von Straßen- und Flugplatzbefestigungen und Fundamentplatten sind. Im Erdbau wird der Plattendruckversuch zur Nachprüfung der Verdichtung eingesetzt (ZTVE-StB 94). Der Verformungsmodul E_V des Bodens wird aus der Neigung der Sekante zwischen den Punkten $0{,}3\,\sigma_{max}$ und $0{,}7\,\sigma_{max}$ der Druck-Setzungs-Linie bei Erst- (E_{V1}) und Wiederbelastung (E_{V2}) nach folgender Gleichung ermittelt: $E_V = 1{,}5\, r \dfrac{\Delta\sigma}{\Delta s}$

$\Delta\sigma = 0{,}4\,\sigma_{max}$ $\Delta s = s(\sigma = 0{,}7\,\sigma_{max}) - s(\sigma = 0{,}3\,\sigma_{max})$ (r Radius der Platte)

Die Druck-Setzungs-Linie ist durch ein Polynom 2. Grades anzunähern (DIN 18 134). Ermittlung des Bettungsmoduls zur Bemessung der Deckenkonstruktion von Straßen- oder Flugplatzbauten mit einem Lastplattendurchmesser von 762 mm. Der Bettungsmodul ist aus der Erstbelastung zu bestimmen.

[1)] 0,01 m^3 Rauminhalt entspricht einer Kugel von 0,3 m Durchmesser, 0,1 m^3 Rauminhalt einer Kugel von 0,6 m Durchmesser.

Klassifizierung mineralischer Böden nach DIN 18 196																
Merkmal	Korngrößenverteilung von der Gesamttrockenmasse $d < 63$ mm sind $d \leq 0{,}06$ mm weniger als 40 %										gleich oder mehr als 40 %					
Haupt-gruppe	Kieskorn, Sandkorn										Schluff, Ton					
Merkmal	Massenanteil des Korns ≤ 2 mm bis 60 %					über 60 %					Plastizitätsgrenzen I_P unterhalb A-Linie			I_P oberhalb A-Linie		
	Kies (G)					Sand (S)					Schluff (U)			Ton (T)		
Merkmal	Korngrößenverteilung von der Gesamtmasse sind ≤ 0,06 mm < 5 %			5 bis 15 %	über 15 < 40 %	< 5 %			5 bis 15 %	über 15 < 40 %	Plastizitätsgrenzen Fließgrenze w_L in %			Fließgrenze w_L in %		
Merkmal	$U < 6$ C_C beliebig	$U \geq 6$ $1 \leq C_C$ $C_C \leq 3$	$U \geq 6$ $C_C < 1$ $C_C > 3$			$U < 6$ C_C beliebig	$U \geq 6$ $1 \leq C_C$ $C_C \leq 3$	$U \geq 6$ $C_C < 1$ $C_C > 3$			< 35	≥ 35 ≤ 50	>50	< 35	≥ 35 ≤ 50	> 50
Klassifizierung	Kies eng gestuft	Kies weit gestuft	Kies intermittierend gestuft	Kies tonig oder schluffig	Kies stark tonig oder schluffig	Sand eng gestuft	Sand weit gestuft	Sand intermittierend gestuft	Sand tonig oder schluffig	Sand stark tonig oder schluffig	Schluff leicht plast.	Schluff mittel plast.	Schluff ausgeprägt plast.	Ton leicht plast.	Ton mittel plast.	Ton ausgeprägt plast.
Kurzzeichen	GE	GW	GI	GU GT[1)]	GU* GT*[2)]	SE	SW	SI	SU ST[1)]	SU* ST*[2)]	UL	UM	UA	TL	TM	TA

[1)] Die Zuordnung zu T oder U erfolgt an Hand der Zustandsgrenzen des Feinkorns. [2)] Anstelle U* bzw. T* kann auch $\overline{\text{U}}$ oder $\overline{\text{T}}$ geschrieben werden.

Organische und organogene Böden:

OU, OT	Schluffe/Tone mit organischen Beimengungen
OH	grob- bis gemischtkörnige Böden mit Beimengungen **h**umoser Art
OK	grob- bis gemischtkörnige Böden mit **k**alkigen, kieseligen Bildungen
HN	nicht bis mäßig zersetzte Torfe (**H**umus)
HZ	**z**ersetzte Torfe
F	Schlamm als Sammelbegriff für **F**aulschlamm, Mudde etc.
A	**A**uffüllung aus Fremdstoffen

2.6.3 Verdichtungskontrolle

Verdichtungsgrad $D_{Pr} = \frac{\rho_d}{\rho_{Pr}} \cdot 100$ % (Trockendichte bezogen auf Proctordichte), Nachweis durch Bestimmung von Trockendichte und Luftporenanteil nach Verdichtung (TP BF-StB, DIN 18 125)

Indirekte Verfahren: statischer Plattendruckversuch (DIN 18 134)
dynamischer Plattendruckversuch (TP BF-StB Teil B8.3)
Einsenkungsmessung mit dem Benkelmann-Balken (TP BF-StB Teil B9)
flächendeckende dynamische Verdichtungskontrolle (TP BF-StB Teil E2).

Indirekte Prüfverfahren sind durch Kontrollmessungen zu kalibrieren. Ist dies nicht möglich, dürfen Erfahrungswerte zugrunde gelegt werden. In folgender Tabelle sind die für den Verdichtungsnachweis geforderten Moduln nach ZTVE-StB 94 zusammengestellt.

Bodengruppen	Verdichtungsgrad D_{Pr} in %	Verformungsmodul E_{V2} in MN/m² *)	Verhältniswert E_{V2}/E_{V1} *)
GW, GI	≥ 100	≥ 100	≤ 2,3
	≥ 98	≥ 80	≤ 2,5
	≥ 97	≥ 70	≤ 2,6
GE, SE, SW, SI	≥ 100	≥ 80	≤ 2,3
	≥ 98	≥ 70	≤ 2,5
	≥ 97	≥ 60	≤ 2,6

2.7 Eigenschaften von Böden

Die Eigenschaften der Böden sind abhängig von Korngrößenverteilung, Phasenzusammensetzung, Struktur und Spannungszustand. Bestimmung der Berechnungskennwerte an Proben der Güteklasse 1. Ist dies nicht möglich, ist anzustreben, die Verhältnisse *in situ* (Spannungszustand) anzunähern. Kapillarspannungen nur berücksichtigen, wenn durch entsprechende Maßnahmen eine Durchfeuchtung oder Austrocknung des Bodens ausgeschlossen ist. Die Angaben der folgenden Abschnitte gelten für gesättigte Zustände.

2.7.1 Scherfestigkeit

Unterscheidung in **drainierte** (langsame Vorgänge, Boden kann entwässern, Nachweis mit wirksamen Spannungen und wirksamen Scherparametern) und **undrainierte** Zustände (schnelle Vorgänge, Boden kann nicht entwässern, Nachweis mit totalen Spannungen und undrainierten Scherparametern). Es wird die Mohr-Coulomb'sche Grenzbedingung verwendet.

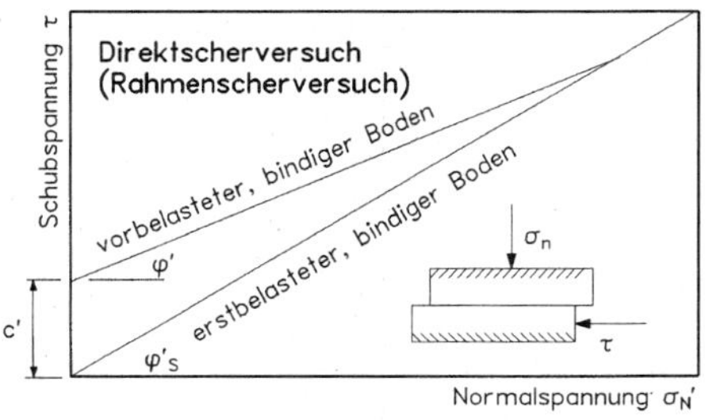

Grenzbedingung für drainierte Zustände: wirksame Spannungen (Druck positiv) $\tau = \sigma'_N \cdot \tan\varphi' + c'$

$\sigma'_N = \sigma_N - u$ wirksame Normalspannung in der Bruchzone
σ_N totale Normalspannung
u Porenwasserdruck
φ' wirksamer Reibungswinkel
c' wirksame Kohäsion

$\frac{\sigma'_1 - \sigma'_3}{2} = \frac{\sigma'_1 + \sigma'_3}{2} \cdot \sin\varphi' + c' \cdot \cos\varphi'$, $\sigma'_1 \geq \sigma'_2 \geq \sigma'_3$ wirksame Hauptspannungen (Druck positiv)

Grenzbedingung für undrainierte Zustände: totale Spannungen (Druck positiv)

---

*) Wenn der E_{V1}-Wert bereits 60 % des in der Tabelle angegebenen E_{V2}-Wertes erreicht, sind auch höhere Verhältniswerte E_{V1}/E_{V2} zulässig.

$$\tau = \sigma_N \cdot \tan \varphi_u + c_u \qquad \frac{\sigma_1 - \sigma_3}{2} = \frac{\sigma_1 + \sigma_3}{2} \cdot \sin \varphi_u + c_u \cdot \cos \varphi_u$$

φ_u undrainierter Reibungswinkel $\qquad$ c_u undrainierte Kohäsion

Bindige Böden: bei erstbelasteten Böden (normalkonsolidiert) keine wirksame Kohäsion $c' = 0$ und Reibungswinkel der Gesamtscherfestigkeit $\varphi'_S \geq \varphi'$, bei vorbelasteten Böden wirksame Kohäsion $c' \geq 0$ und wirksamer Reibungswinkel φ', wirksame Kohäsion nach *Ohde:*

$c' \approx (\tan \varphi'_S - \tan \varphi') \cdot \sigma'_{max}$

(σ'_{max} maximale Vorbelastung), undrainierte Scherfestigkeit abhängig von Schergeschwindigkeit (siehe rechts und Abb. 11.12).

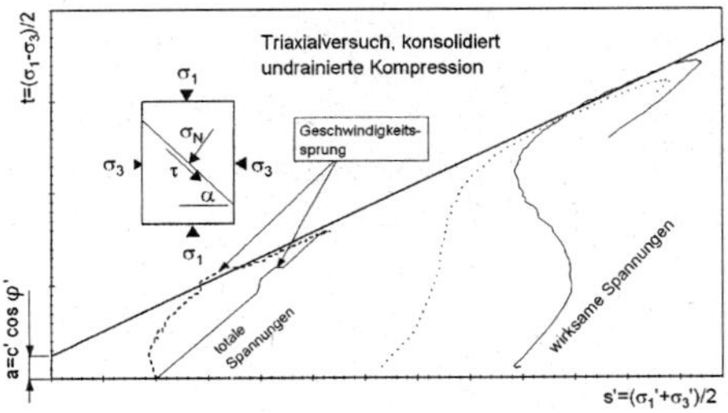

Nichtbindige Böden: Reibungswinkel φ' abhängig von der Porenzahl e, keine wirksame Kohäsion c', Kapillarkohäsion bei unvollständiger Sättigung.

Experimentelle Bestimmung (Routineversuche):

Versuchsart	Norm	Bemerkungen
Direkter Scherversuch	DIN 18 137-3	keine Ermittlung undrainierter Scherparameter möglich
Einaxialer Druckversuch	DIN 18 136	Druckfestigkeit $q_u \approx 2 \cdot c_u$
Triaxialversuch	DIN 18 137-2	Ermittlung der wirksamen und undrainierten Scherparameter
Flügelsondierung	DIN 4094-4	Labor- oder Feldflügelsondierungen, Bestimmung der undrainierten Kohäsion c_u

2.7.2 Zusammendrückbarkeit

Untersuchung der Zusammendrückbarkeit in Versuchen mit behinderter Seitendehnung (Ödometer, Kompressionsversuch). Annahme: Bauwerkssetzungen überwiegend durch vertikale Zusammendrückung, wenn Belastung ausreichend weit vom Grenzzustand (Grundbruchlast) entfernt; bindige Böden: große Setzungen über lange Zeiträume; nichtbindige Böden: kleine Setzungsbeträge, die sofort eintreten.

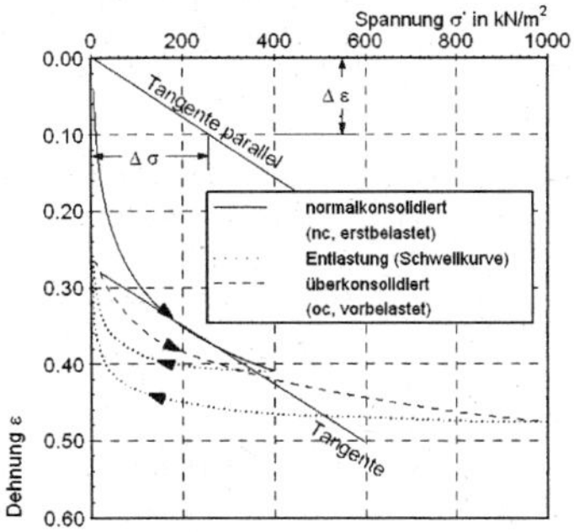

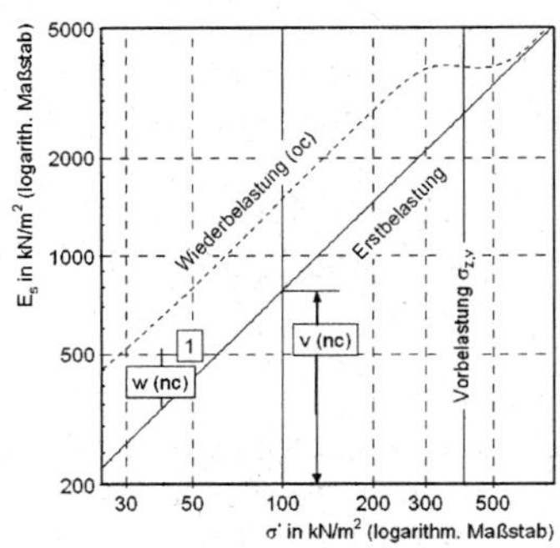

Ermittlung der Gesamtsetzung:

Steifemodul: $E_S = \dfrac{d\sigma'}{d\varepsilon} \approx \dfrac{\Delta\sigma'}{\Delta\varepsilon}$ (σ' wirksame Vertikalspannung; Dehnung $\varepsilon = -\ln\left(\dfrac{h_A - \Delta h}{h_A}\right)$;

Δh Setzung; h_A Ausgangshöhe)

Erfassung der Druckabhängigkeit des Steifemoduls nach *Ohde*: $E_S = \sigma_k \cdot v \cdot \left(\frac{\sigma'}{\sigma_k}\right)^w$

(σ_k Bezugsspannung, i. Allg. 1 bar = 100 kN/m² = 100 kPa)

Böden mit $\sigma' = \sigma'_{max}$ sind erstbelastet (normalkonsolidiert). Böden mit $\sigma' < \sigma'_{max}$ sind überkonsolidiert (vorbelastet). Steifemodul vorbelasteter Böden ist das 3- bis 7fache des Steifemoduls bei Erstbelastung und gleicher Vertikalspannung (Vorbelastungsspannung: größte Vertikalspannung).

Zeit-Setzung: bei bindigen, wassergesättigten Böden nach Konsolidationstheorie Unterscheidung in Sofort- (Initial-), Primär- (Konsolidations-) und Kriechsetzung (Sekundärsetzung).

Konsolidation: Konsolidationsbeiwert $c_v = \frac{E_S \cdot k}{\gamma_w}$ (k Durchlässigkeitsbeiwert; γ_w Wichte von Wasser)

Zeitfaktor $t_v = \frac{c_v \cdot t}{d^2}$ (t Zeit; d Dicke der zu entwässernden Schicht, bei beidseitiger Entwässerung ist die halbe Schichtdicke anzusetzen)

Berechnung der Setzung zum Zeitpunkt t: $\mu = \frac{\Delta s}{\Delta s_{end}} 100\,\% = f(t_v)$

(Näherung für Zeitfaktor t_v bei gleichmäßigem Anfangsporenwasserdruck über gesamte Schicht: $\mu \approx \sqrt{\frac{4c_v \cdot t}{\pi \cdot d^2}} = \sqrt{\frac{4t_v}{\pi}}$ bei $\mu \leq 0{,}52$; $t_v \approx -0{,}405 \ln(1-\mu) - 0{,}085$ für $\mu > 0{,}526$)

Kriechsetzung: Buismann-Beiwert $B = \frac{d\varepsilon}{dt} t$, $\varepsilon = \varepsilon_{100\%} + B \cdot \ln\left(\frac{t}{t_{100\%}}\right)$

($\varepsilon_{100\%}$ Konsolidationssetzung; $t_{100\%}$ Konsolidationszeit)

2.7.3 Durchlässigkeit

Filtergesetz nach *Darcy*: $v = k \cdot i$

$v = \frac{Q}{A}$ Filtergeschwindigkeit; $Q = \frac{\Delta V_W}{\Delta t}$ Wasservolumen pro Zeit; A durchströmte Fläche $i = \frac{h}{l}$ hydraulisches Gefälle; h hydraulischer Druckhöhenunterschied; l durchströmte Länge

Experimentelle Bestimmung (DIN 18 130): Unterscheidung in Verfahren mit konstanter und fallender Druckhöhe. Bestimmung z.B. im Kompressions-Durchlässigkeits-Gerät, Triaxialgerät, Standrohrgerät, indirekte Ermittlung der Durchlässigkeit feinkörnig-bindiger Böden aus Zeit-Setzungs-Verhalten im Ödometer über Konsolidationsbeiwert c_v.

Ermittlung der horizontalen Durchlässigkeit im Feld durch Pumpversuch.

Der Durchlässigkeitsbeiwert k ist abhängig von der Porenzahl des Bodens. Diese Abhängigkeit kann bei bindigen Böden näherungsweise durch folgende Beziehung erfasst werden:

$k = c_1 \cdot \exp\left(\frac{e - c_3}{c_2}\right)$ (e Porenzahl; c_1, c_2, c_3 Parameter; $c_2 \approx 0{,}217 \cdot e_A$; e_A Porenzahl in situ)

2.7.4 Bettungsmodul

Grundlage für verformungsabhängige Berechnungen (z.B. Bettungsmodulverfahren zur Berechnung von Fundamentplatten). Überschlägliche Ermittlung aus Setzungsberechnung nach DIN 4018. Der mittlere Bettungsmodul ergibt sich aus dem Quotienten Sohldruck/Setzung:

$k_{S,m} = \frac{\sigma_{0,m}}{s_m}$ ($\sigma_{0,m}$ mittlere Sohlpressung; s_m Setzung unter dem kennzeichnenden Punkt)

In erster Näherung kann der Bettungsmodul nach folgender Gleichung berechnet werden:

$k_s \approx \dfrac{E_S}{f \cdot b}$ (E_S Steifemodul des Baugrunds; b Fundamentbreite; f Formfaktor nach Abb. 11.22a)

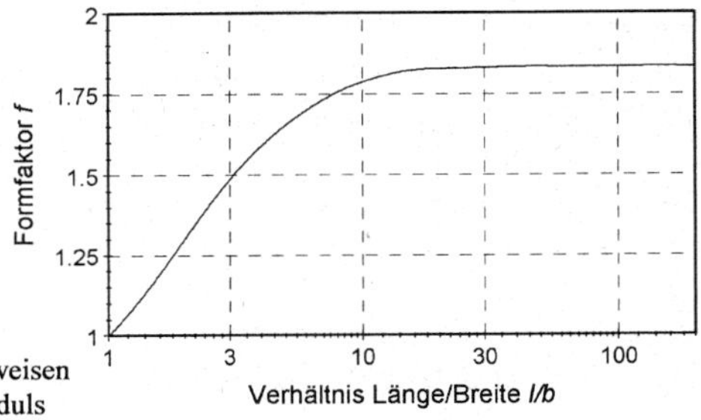

Abb. 11.22a Formfaktor f zur näherungsweisen Berechnung des Bettungsmoduls

Bettungsmoduln für Fundamentbemessungen dürfen nur dann auf Grundlage der Ergebnisse von Plattendruckversuchen ermittelt werden, wenn der durch das Bauwerk beanspruchte Teil des Baugrunds nur von einer homogenen Schicht gebildet wird. Der Bettungsmodul ergibt sich aus dem Verformungsmodul E_{v1} der Erstbelastung, dem Plattendurchmesser d, dem Formfaktor f und dem Korrekturfaktor m (Abb. 11.22b) wie folgt: $k_s \approx \dfrac{E_{v1}}{f \cdot m \cdot d}$

Die Bestimmung des Bettungsmoduls erfolgt im Verkehrswegebau mit Plattendruckversuch, 762 mm Plattendurchmesser. In der nachfolgenden Tabelle sind die Größenordnungen der mit Plattendruckprüfung ermittelten Bettungsmoduln zusammengestellt. Für Bemessung von Fundamentplatten sind diese Werte i.d.R. nicht zutreffend.

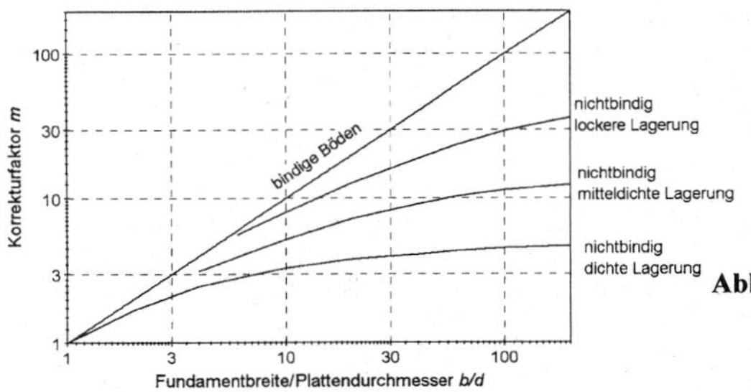

Abb. 11.22b Korrekturfaktor m zur Abschätzung des Bettungsmoduls

Bodengruppe	Bettungsmodul in MN/m³	Bodengruppe	Bettungsmodul in MN/m³
Kies, weit gestuft, GW	120-200	Sand, tonig St, Su	60-80
Kies, eng gestuft GE	80-120	Sand, stark tonig, St*	40-80
Kies tonig, Gt, Gu	70-100	Ton, leicht plastisch TL	30-80
Kies stark tonig, Gt*, Gu*	60-80	Ton, mittel plastisch TM	15-30
Sand, weit gestuft SW	40-80	Organogene Böden	5-15
Sand, eng gestuft	40-60		

2.8 Mittlere bodenmechanische Kennwerte

Bodenart	Wichte kN/m³		Boden-gruppe nach DIN 18 196	Korngrößen-verteilung		Ungleich-förmigk.	Reibungs-winkel	Kohäsion	Durch-lässigkeits-beiwert	Proctor-werte		Kompressions-kennwerte $\overline{E}_S = \nu \overline{\sigma}^w$ 1)	
	γ erd-feucht	γ' unter Auftrieb		≤ 0,06 mm %	≤ 2,0 mm %	U	φ' °	c' kN/m²	beiwert k m/s	Dichte ρ_{Pr} t/m³	Wasser-gehalt w_{Pr}	ν	w
Kies, gleichkörnig	16,0 19,0	9,5 10,5	GE	<5	≤60	2 5	34 42	- -	$2 \cdot 10^{-1}$ $1 \cdot 10^{-2}$	1,70 1,90	8 5	400 900	0,6 0,4
Kies, sandig, wenig Feinkorn	21,0 23,0	11,5 13,5	GW, GI	<5	≤60	10 100	35 45	- -	$1 \cdot 10^{-2}$ $1 \cdot 10^{-6}$	2,00 2,25	7 4	400 1100	0,7 0,5
Kies, sandig, tonig, schluffig Feinkorn sprengt nicht Korngerüst	21,0 24,0	11,5 14,5	GU, GT	8 15	≤60	30 300	35 43	7 0	$1 \cdot 10^{-5}$ $1 \cdot 10^{-8}$	2,10 2,35	7 4	400 1200	0,7 0,5
Kies-Sand-Feinkorngemisch Sprengung des Korngerüstes	20,0 22,5	10,5 13,0	GU*, GT*	20 40	≤60	100 1000	28 35	15 5	$1 \cdot 10^{-7}$ $1 \cdot 10^{-11}$	1,90 2,20	10 5	150 300	0,9 0,7
Sand, gleichkörnig	16,0 19,0	9,5 11,0	SE	<5	100	1,2 3	32 40	- -	$5 \cdot 10^{-3}$ $2 \cdot 10^{-5}$	1,60 1,75	15 10	150 250	0,6 0,7
Sand, gut abgestuft Sand, kiesig	18,0 21,0	10,0 12,0	SW, SI	<5	>60	6 15	33 41	- -	$5 \cdot 10^{-4}$ $2 \cdot 10^{-5}$	1,90 2,15	10 6	150 300	0,70 0,55
Sand mit Feinkorn, keine Spren- gung des Korngerüstes	19,0 22,5	10,5 13,0	SU, ST	8 15	>60	10 50	32 40	7 0	$2 \cdot 10^{-5}$ $5 \cdot 10^{-7}$	2,00 2,20	11 7	100 200	0,80 0,70
Sand mit Feinkorn Sprengung des Korngerüstes	18,00 21,5	9,0 11,0	SU*, ST*	20 40	>60 >70	30 500	25 32	25 7	$2 \cdot 10^{-6}$ $1 \cdot 10^{-9}$	1,70 2,00	19 12	40 140	0,90 0,75
Schluff, gering plastisch	17,5 21,0	9,5 11,0	UL	>50	>80	5 50	28 35	10 5	$1 \cdot 10^{-5}$ $1 \cdot 10^{-7}$	1,60 1,80	22 15	25 60	0,95 0,85
Schluff, mittel- und ausgeprägt plastisch	17,0 20,0	8,5 10,5	UM, UA	>80	100	5 50	25 33	20 7	$2 \cdot 10^{-6}$ $1 \cdot 10^{-9}$	1,55 1,75	24 18	25 60	1,0 1,0
Ton, gering plastisch	19,0 22,0	9,5 12,0	TL	>80	100	6 20	28 35	35 10	$1 \cdot 10^{-7}$ $2 \cdot 10^{-9}$	1,65 1,85	20 15	20 40	1,00 1,00
Ton, mittelplastisch	18,0 21,0	8,5 11,0	TM	>90	100	5 40	25 30	45 15	$5 \cdot 10^{-8}$ $1 \cdot 10^{-10}$	1,55 1,75	23 17	10 25	1,00 1,00
Ton, ausgeprägt plastisch	16,5 20,0	7,0 10,0	TA	100	100	5 40	17 27	60 20	$1 \cdot 10^{-9}$ $1 \cdot 10^{-11}$	1,45 1,65	27 20	6 20	1,00 1,00
Schluff oder Ton organisch	15,5 18,5	5,5 8,5	OU, OT	>80	100	5 30	20 26	35 10	$1 \cdot 10^{-9}$ $2 \cdot 10^{-11}$	1,45 1,70	27 18	4 7	1,00 0,90
Torf	10,4 12,5	0,4 2,5	HN, HZ	-	-	-	24 30	15 5	$1 \cdot 10^{-5}$ $1 \cdot 10^{-8}$	-	-	3 6	1,00 1,00

1) $\overline{E}_S = E_S / 1\,\text{bar}$; $\overline{\sigma} = \sigma / 1\,\text{bar}$; der mittlere Steifemodul für Setzungsberechnungen kann wie folgt ermittelt werden: $\overline{E}_{Sm} = \nu(\overline{\sigma}_v \overline{\sigma}_0)^{w/2}$

3 Ansatz des Erddrucks in bautechnischen Berechnungen

3.1 Allgemeines zur Berechnung des Erddrucks

Der Ansatz des Erddrucks in bautechnischen Berechnungen erfolgt nach DIN 4085 unter Beachtung von DIN 1054.

Formelzeichen

Formelzeichen	Benennung	Einheit
b	Breite	m
c	Kohäsion	kN/m²
e	Erddruck	kN/m²
E	Erddruckkraft	kN oder kN/m
G	Eigenlast eines Bodenkörpers	kN oder kN/m
h	Höhe der Wand	m
l	Länge der Wand in der Draufsicht	m
K	Erddruckbeiwert	-
p	gleichmäßig verteilte Flächenlast	kN/m²
p'	Streifenlast	kN/m²
V	vertikale Punkt oder Linienlast	kN oder kN/m
H	horizontale Punkt oder Linienlast	kN oder kN/m
Q	Resultierende aus Normal- und Reibungskraft in der Gleitfläche	kN oder kN/m
s	Wandverschiebung	m
z	Tiefe unter der Schnittlinie der Geländeoberfläche mit der Wand	m
α	Wandneigungswinkel	°
β	Geländeneigungswinkel	°
δ	Erddruckneigungswinkel	°
γ	Wichte des Bodens	kN/m³
φ	Reibungswinkel des Bodens	°
ϑ	Neigungswinkel der Gleitfläche	°

Indizes

Index	Benennung
a	aktiver Zustand
c	infolge Kohäsion
g	infolge Bodeneigenlast
h	Horizontalkomponente
0	Ruhezustand
p	passiver Zustand
v	Vertikalkomponente

Notwendige Unterlagen
Angaben über Geländeverlauf, das Bauwerk, auf das der Erddruck wirkt, benachbarte Oberflächen- und Fundamentlasten, Wasserstände und Strömungsverhältnisse, Baugrundeigenschaften.

Ermittlung des Erddrucks
Bei der Ermittlung des Erddrucks ist die Scherfestigkeit entsprechend dem Zustand des Bodens anzusetzen, im dränierten Zustand φ', c', im undränierten Zustand φ_u, c_u.

Bei der Berechnung des aktiven Erdddrucks darf in der Regel von ebenen Gleitflächen ausgegangen werden. Der Berechnung des passiven Erddrucks müssen im Allgemeinen gekrümmte Gleitflächen zu Grunde gelegt werden. Maßgebend ist jeweils die Gleitfläche, für die die aktive Erddruckkraft am größten und die passive Erddruckkraft am kleinsten wird.
Größe und Verteilung des Erddrucks hängen entscheidend von den Relativbewegungen zwischen dem Boden und der betroffenen Wand ab.

Bei der Berechnung der Erddruckkraft aus Eigenlast des Bodens ist zunächst von einer geradlinigen Zunahme des Erddrucks mit der Tiefe auszugehen. Gegebenenfalls ist anschließend der Erddruck entsprechend der Art der Wandbewegung umzuverteilen. Siehe Tafel 11.28 und 11.36.

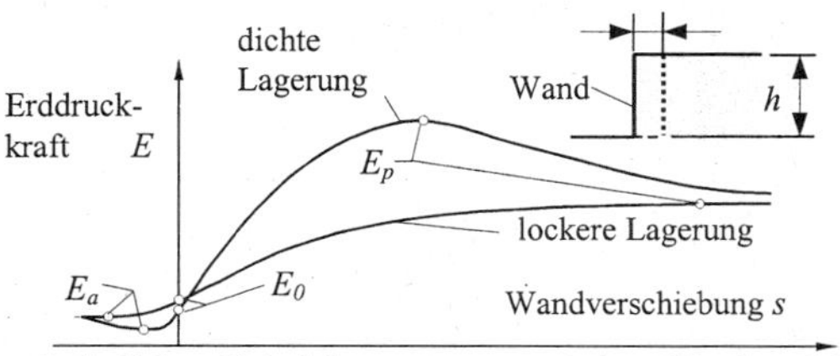

Bei biegsamen Wänden sind im bestimmten Umfang Umlagerungen des Erddrucks aus den nachgiebigeren Wandbereichen in weniger nachgiebige zu erwarten. Durch die Vorspannung von Ankern oder Steifen können ebenfalls Erddruckumlagerungen hervorgerufen werden.

Anhaltswerte für die zur Erzeugung des aktiven bzw. des passiven Erddrucks erforderlichen Relativbewegungen zwischen Wand und Boden und die Erddruckverteilung siehe Tafel 11.28 und 11.36. Die Horizontalkomponente des Erddrucks aus Eigenlast des Bodens erhält man allgemein

$$e_{\mathrm{xgh}}(z) = \gamma \cdot z \cdot K_{\mathrm{xgh}}$$

Die Indizes in dieser Gleichung bedeuten

x Spannungszustand des Bodens (z.B. a aktiver Zustand, 0 Ruhezustand, p passiver Zustand)

g Einfluss, hier Eigenlast des Bodens

h Horizontalkomponente

Bei homogenem Boden, dreieckförmiger Erddruckverteilung und einer Wandhöhe h ist damit die Horizontalkomponente der Erddruckkraft aus Eigenlast des Bodens:

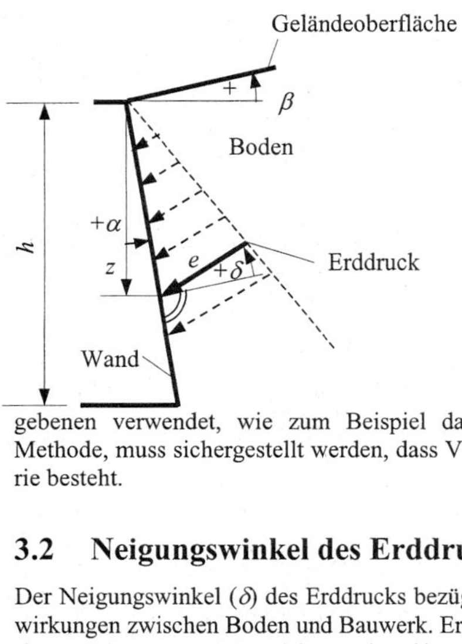

$$E_{xgh} = \frac{e_{xgh}(z=h) \cdot h}{2} = \frac{1}{2} \cdot \gamma \cdot h^2 \cdot K_{xgh}$$

Die Vertikalkomponente ist

$$E_{\mathrm{xgv}} = E_{\mathrm{xgh}} \cdot \tan(\alpha + \delta)$$

und die Resultierende

$$E_{\mathrm{xg}} = \frac{E_{\mathrm{xgh}}}{\cos(\alpha + \delta)}$$

Die Vorzeichen der bei der Ermittlung des Erddrucks benutzten Winkel und Bezeichnungen sind im Bild angegeben.

Werden zur Berechnung des Erddrucks andere Berechnungsverfahren als die nachstehend angegebenen verwendet, wie zum Beispiel das Bettungsmodulverfahren oder die Finite-Element-Methode, muss sichergestellt werden, dass Verträglichkeit mit den Erkenntnissen der Erddrucktheorie besteht.

3.2 Neigungswinkel des Erddrucks

Der Neigungswinkel (δ) des Erddrucks bezüglich der Wandnormalen ergibt sich aus den Wechselwirkungen zwischen Boden und Bauwerk. Er hängt von folgenden Einflüssen ab:

a) Vom Spannungszustand im Boden, b) von den Relativbewegungen zwischen Boden und Bauwerk, c) von der Scherfestigkeit in der Kontaktfläche (Wandreibungswinkel), d) von der Fähigkeit der Wand, tangentiale Kräfte abzutragen. Für die Einflüsse a) und b) müssen durch Erfahrung gestützte plausible Annahmen getroffen werden, siehe die Tafeln 11.26 a und b.

Tafel 11.26a Wandreibungswinkel

Beschaffenheit der Wandfläche	Wandreibungswinkel
verzahnt z.B.: Der Wandbeton wird so eingebracht, dass eine Verzahnung mit dem angrenzenden Boden entsteht.	φ'_k
rau z.B.: Unbehandelte Oberflächen von Stahl, Beton und Holz	$2\varphi'_k/3$
weniger rau z.B.: Wandabdeckungen aus verwitterungsfesten, plastisch nicht verformbaren Kunstoffplatten	$\varphi'_k/2$
glatt z.B.: Stark schmierige Hinterfüllung; Dichtungsschicht, die keine Schubkräfte übertragen kann	0

Tafel 11.26b Neigungswinkel des Erddrucks (δ), wenn die Beschaffenheit der Wand die Übertragung von Reibungskräften zulässt und die Wand konstruktiv in der Lage ist, wandparallele Kräfte abzutragen.

Zeile Nr.	Spannungszustand	Neigungswinkel des Erddrucks δ
1	aktiver Zustand	je nach Art der Wandbewegung $\varphi/2$ ... $2\varphi/3$
2	Ruhedruckzustand	parallel zur Geländeoberfläche
3	teilweise mobilisierter passiver Zustand	Im Gebrauchszustand kann nur ein Teil des passiven Erddrucks als Reaktion des Baugrunds mobilisiert werden. Seine Richtung hängt weitgehend vom jeweiligen Beanspruchungszustand ab, wie die Beispiele zeigen. Die Möglichkeit des Gleichgewichts mit dem jeweils angenommenen Winkel δ_p ist in jedem Fall rechnerisch nachzuweisen. 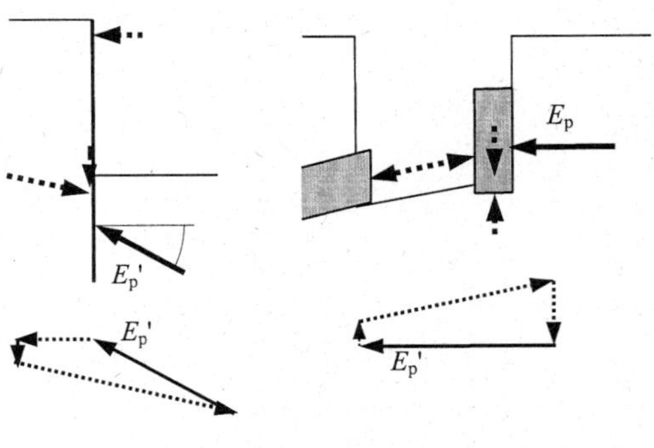

Die Einflüsse c) und d) liefern obere Begrenzungen, wobei der kleinere Wert maßgebend ist, siehe Tafel 11.26 a.
Ist eine Bauwerkswand durch ihre konstruktiven Eigenschaften in der Lage, tangentiale Kräfte abzutragen, so sind zur Sicherstellung dieser Wirksamkeit entsprechende Nachweise (z. B. $\Sigma V = 0$) zu führen, siehe Tafel 11.26 b.
Bei vorgespannten Ankern oder Steifen ist deren Einfluss auf die Neigung des Erddrucks zu berücksichtigen.
In der Regel ist $\delta_\text{a} \geq 0$ und $\delta_\text{p} \leq 0$.

3.3 Aktiver Erddruck

3.3.1 Ebener Fall

Der Erddruckanteil aus Eigenlast des Bodens, der Erddruckanteil aus Kohäsion und der Erddruckanteil aus an der Geländeoberfläche gleichmäßig verteilten Lasten darf in der Regel mit Hilfe von Erddruckbeiwerten berechnet werden.
Der Erddruckanteil aus Linienlasten oder Streifenlasten darf auch mit Hilfe von Erddruckbeiwerten ermittelt werden, wenn durch diese Lasten der Gleitflächenwinkel aus Eigenlast des Bodens (ϑ_ag) nicht wesentlich verändert wird. Andernfalls ist ein grafisches Verfahren anzuwenden.
Die durch verschiedene Einflüsse erzeugten Anteile des Erddrucks dürfen überlagert werden.

3.3.1.1 Erddruckanteil aus Eigenlast des Bodens

Der Erddruck bei ebener Wand und ebener Geländeoberfläche ist: $e_\text{agh}(z) = \gamma \cdot z \cdot K_\text{agh}$

Die Komponenten der Erddruckkraft erhält man zu $E_\text{agh} = \dfrac{e_\text{agh}(z=h) \cdot h}{2} = \dfrac{\gamma \cdot h^2 \cdot K_\text{agh}}{2}$ und

$E_\text{agv} = E_\text{agh} \cdot \tan(\alpha + \delta_\text{a})$

Der Erddruckbeiwert ist

$$K_\text{agh} = \frac{\cos^2(\varphi - \alpha)}{\cos^2\alpha \cdot \left(1 + \sqrt{\dfrac{\sin(\varphi + \delta_a)\cdot \sin(\varphi - \beta)}{\cos(\alpha - \beta)\cdot \cos(\alpha + \delta_a)}}\right)^2} \qquad (1)$$

Der Gleitflächenwinkel für den aktiven Erddruck aus Eigenlast des Bodens ist

$$\vartheta_\text{ag} = \varphi + \arctan\left(\frac{\cos(\varphi - \alpha)}{\sin(\varphi - \alpha) + \sqrt{\dfrac{\sin(\varphi + \delta)\cdot \cos(\alpha - \beta)}{\sin(\varphi - \beta)\cdot \cos(\alpha + \delta)}}}\right) \qquad (2)$$

Im Sonderfall

$\alpha = \beta = \delta_\text{a} = 0$ ist $K_\text{agh} = \dfrac{1 - \sin\varphi}{1 + \sin\varphi} = \tan^2\left(45° - \dfrac{\varphi}{2}\right)$ und $\vartheta_\text{ag} = 45° + \dfrac{\varphi}{2}$

3.3.1.2 Erddruckanteil infolge einer gleichmäßig verteilten vertikalen Oberflächenlast p_v

Der Erddruckzuwachs infolge einer gleichmäßig verteilten vertikalen Oberflächenlast p_v ist

$e_\text{aph} = p_v \cdot K_\text{aph}$ mit $K_\text{aph} = \dfrac{\cos\alpha \cdot \cos\beta}{\cos(\alpha - \beta)} \cdot K_\text{agh}$

Er ist bei homogenem Boden gleichmäßig über die Wandhöhe verteilt. Eine gleichmäßig verteilte Oberflächenlast, die von der Wand bis zum Austritt der Gleitfläche für ϑ_ag reicht, liefert den gleichen Erddruckzuwachs wie eine Belastung, die von der Wand bis ins Unendliche reicht.
Die Horizontalkomponente der Erddruckkraft bei homogenem Boden ist: $E_\text{aph} = p_\text{v} \cdot h \cdot K_\text{aph}$

Tafel 11.28 Anhaltswerte für die zur Erzeugung des aktiven Erddrucks erforderliche Wand bewegungen (s_a) und die Verteilung des Erddrucks aus Bodeneigenlast (e_{agh}) für verschieden Arten der Wandbewegung (Angaben der Tabelle gelten etwa für $\alpha = \beta = 0$.)

Art der Wandbewegung	Erddruckkraft E_{ag}		
	bezogene Wandbewegungung s_a / h		vereinfachte Erddruckverteilung
	lockere Lagerung	dichte Lagerung	
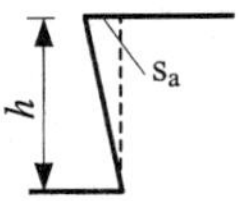 a) Drehung um den Wandfuß	0,004 bis 0,005	0,001 bis 0,002	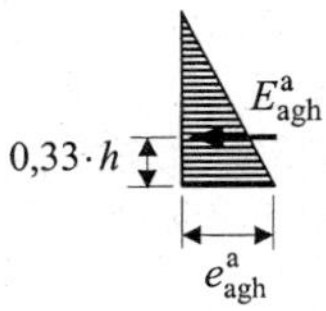
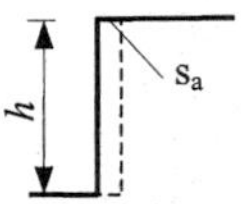 b) Parallele Bewegung	0,002	0,0005 bis 0,001	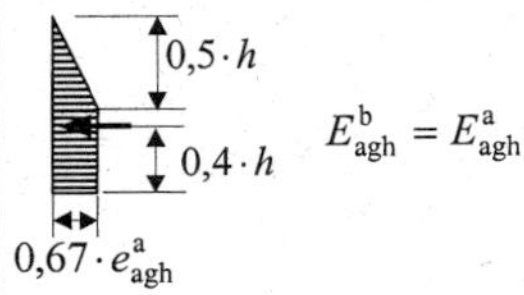
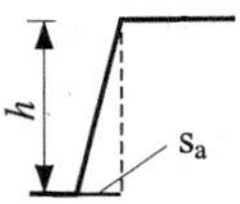 c) Drehung um den Wandkopf	0,008 bis 0,01	0,002 bis 0,005	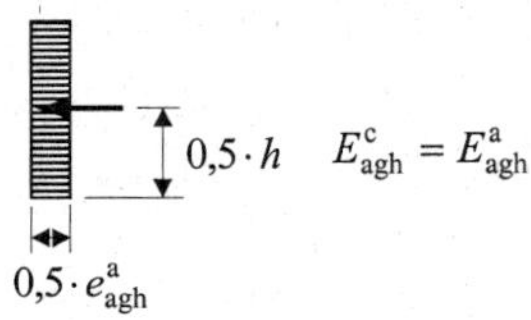
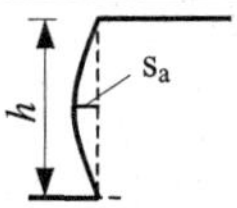 d) Durchbiegung	0,004 bis 0,005	0,001 bis 0,002	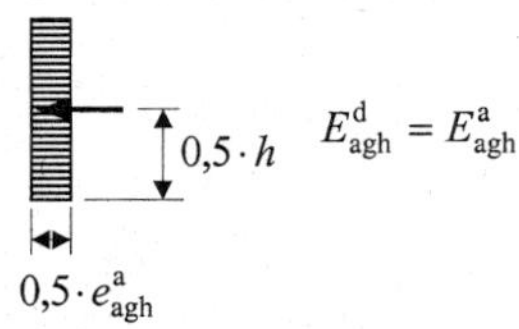

Näherungen beim Ansatz der Erddruckverteilung, wenn sich die Wand geringfügig um ihren Fuß verdrehen kann:

Erddruck bei gebrochener Wandfläche:

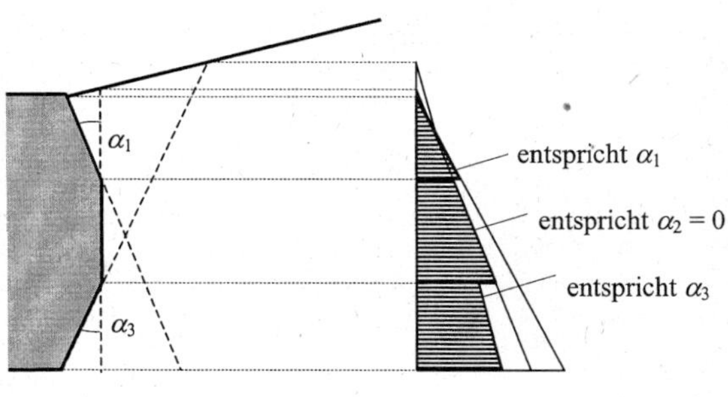

Erddruck bei nicht ebener Geländeoberfläche:

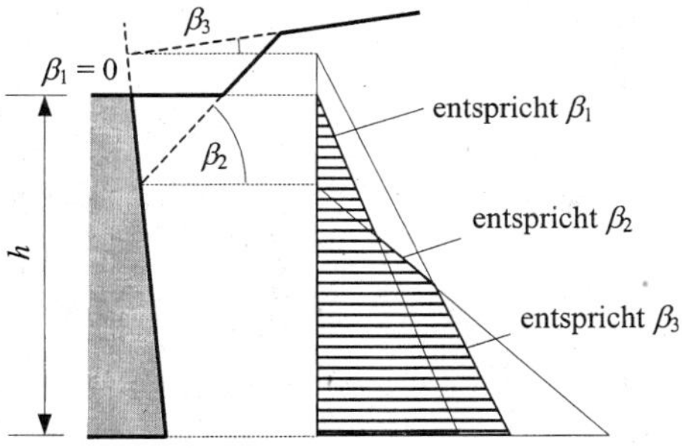

Erddruck bei oberflächenparalleler Schichtung des Bodens:

$$e^{\mathrm{u}}_{\mathrm{aghA}} = \gamma_{\mathrm{A}} \cdot d_{\mathrm{A}} \cdot K_{\mathrm{aghA}}$$

$$e^{\mathrm{o}}_{\mathrm{aghB}} = \gamma_{\mathrm{A}} \cdot d_{\mathrm{A}} \cdot K_{\mathrm{aghB}}$$

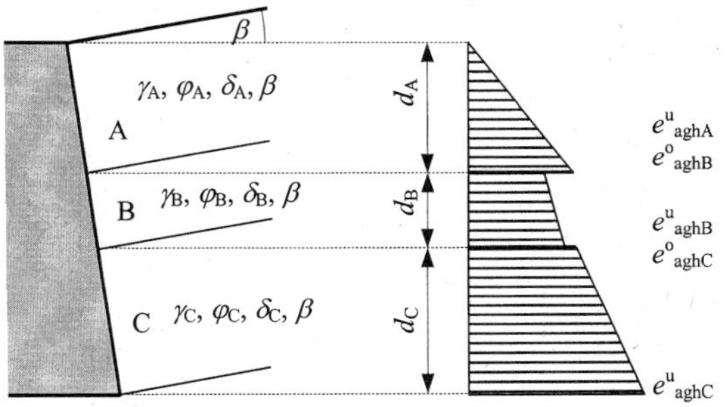

$$e^{\mathrm{u}}_{\mathrm{aghB}} = [\gamma_{\mathrm{A}} \cdot d_{\mathrm{A}} + \gamma_{\mathrm{B}} \cdot d_{\mathrm{B}}] \cdot K_{\mathrm{aghB}}$$

$$e^{\mathrm{o}}_{\mathrm{aghC}} = [\gamma_{\mathrm{A}} \cdot d_{\mathrm{A}} + \gamma_{\mathrm{B}} \cdot d_{\mathrm{B}}] \cdot K_{\mathrm{aghC}}$$

$$e^{\mathrm{u}}_{\mathrm{aghC}} = [\gamma_{\mathrm{A}} \cdot d_{\mathrm{A}} + \gamma_{\mathrm{B}} \cdot d_{\mathrm{B}} + \gamma_{\mathrm{C}} \cdot d_{\mathrm{C}}] \cdot K_{\mathrm{aghC}}$$

Wenn die Bedingungen die Anwendung dieser Näherungen für die Erddruckverteilung erfordern, die Wandbewegung aber bei homogenem Boden näherungsweise eine rechteckige Verteilung des aktiven Erddrucks zur Folge hätte, kann mit der im nebenstehenden Bild dargestellten Näherung gearbeitet werden.

Dabei ist die Flächengleichheit der schraffierten Flächen durch proportionale Veränderung der umgelagerten Fläche sicherzustellen.

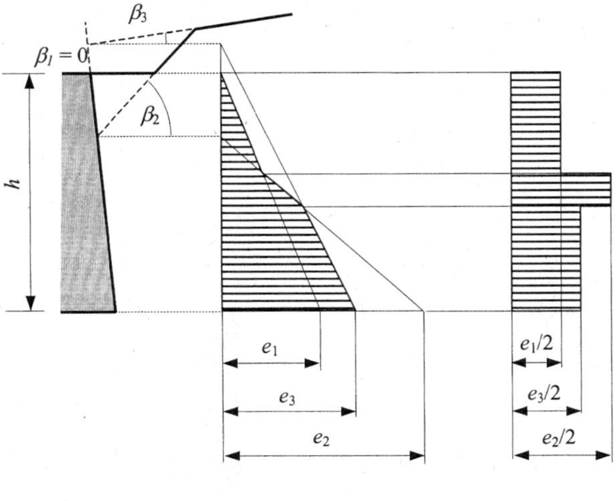

3.3.1.3 Erddruckanteil infolge Kohäsion

Der aktive Erddruck wird durch die Wirkung der Kohäsion verringert. Die Horizontalkomponente des Erddruckanteils infolge Kohäsion ist näherungsweise

$$e_{\text{ach}} = -c \cdot K_{\text{ach}} \quad \text{mit} \quad K_{\text{ach}} = \frac{2 \cdot \cos(\alpha - \beta) \cdot \cos\varphi \cdot \cos(\alpha + \delta_a)}{[1 + \sin(\varphi + \alpha + \delta_a - \beta)] \cdot \cos\alpha} \tag{1}$$

Der Erddruckanteil infolge Kohäsion ist gleichmäßig über die Wandhöhe verteilt. Bei Wandbewegungsarten, bei denen im oberen Wandbereich wegen des Einflusses der Kohäsion der Erddruck sehr kleine Werte annimmt, wird in der Regel der Mindesterddruck maßgebend.

$$E_{\text{ach}} = -c \cdot h \cdot K_{\text{ach}}$$

Gegebenenfalls ist der Erddruck infolge Kohäsion in eine sinnvolle Erddruckumlagerung einzubeziehen.

Mindesterddruck: Wird beim Ansatz des aktiven Erddrucks der Einfluss der Kohäsion berücksichtigt, werden in Oberflächennähe sehr kleine, u.U. auch negative Werte für den Erddruck berechnet. Um Unsicherheiten infolge örtlicher Schwachstellen des Bodens zu begegnen, darf bei der Berechnung von Stützbauwerken ein Mindestwert für den Erddruck nicht unterschritten werden.
Der anzusetzende Mindesterddruck entspricht dem Erddruck, der sich bei Annahme einer Scherfestigkeit entsprechend $\varphi = 40°$ und $c = 0$ infolge der Eigenlast des Bodens bei Beibehaltung der geometrischen Größen α und β sowie des Verhältnises δ_a / φ ergibt.

Der Beiwert für den Mindesterddruck ist $K^*_{\text{agh}} = K_{\text{agh}}(\varphi = 40°)$. Alternativ darf auch die Erddruckkraft einer kohäsiven Schicht infolge Eigenlast und Kohäsion mit der Erddruckkraft, die sich mit K^*_{agh} ergibt, verglichen werden. Die größere von beiden ist anzusetzen. Dabei ist sicherzustellen, dass keine unbelasteten Wandbereiche auftreten.

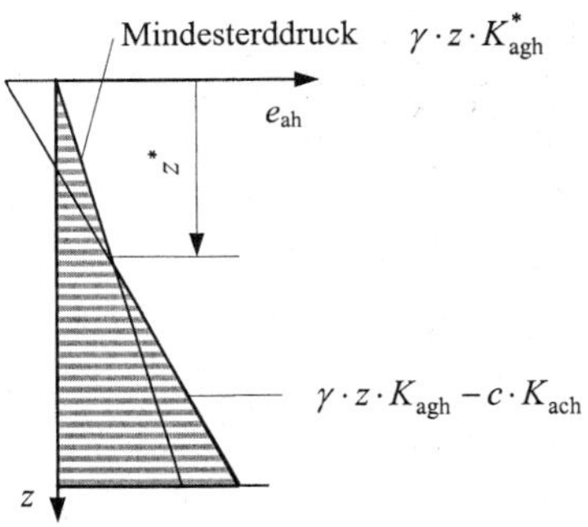

$$z^* = \frac{c \cdot K_{\text{ach}}}{\gamma \cdot (K_{\text{agh}} - K^*_{\text{agh}})}$$

Auch bei tiefer liegenden kohäsiven Schichten ist zu prüfen, ob der Mindesterddruck maßgebend wird.

3.3.1.4 Erddruck infolge einer vertikalen Linien- oder Streifenlast, die die Neigung der Erddruckgleitfläche infolge Eigenlast des Bodens nicht wesentlich verändert

Diese Bedingung wird näherungsweise erfüllt, wenn die Last auf dem Gleitkeil angreift und nicht größer als 1/10 der Eigenlast des Gleitkeils ist.
Die Horizontalkomponente der zusätzlichen Erddruckkraft ist dann:

$$E_{\text{aVh}} = V \cdot \frac{\sin(\vartheta_{\text{ag}} - \varphi) \cdot \cos(\alpha + \delta_a)}{\cos(\vartheta_{\text{ag}} - \alpha - \delta_a - \varphi)} \tag{2}$$

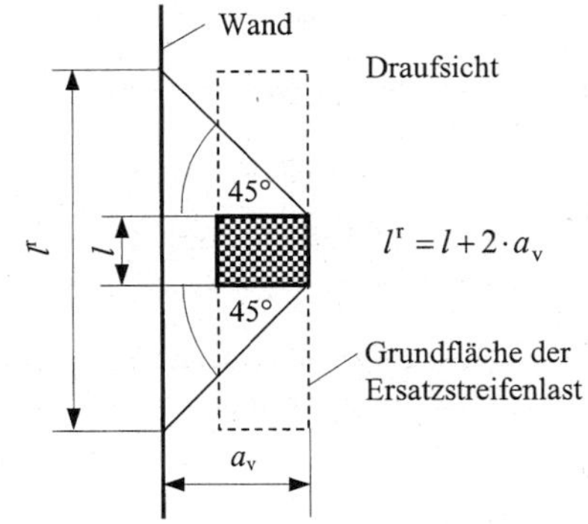

In der Formel ist V eine vertikale Linienlast oder die Resultierende einer Streifenlast. Die Verteilung dieser Kraft an der Wand kann in Anlehnung an Tafel 11.32 vorgenommen werden.

So kann auch vorgegangen werden, wenn der Erddruck infolge einer kurzen Streifenlast zu ermitteln ist, die wie eine Punktlast behandelt werden kann.

Die Erddruckkraft darf dann an der Wand über die rechnerische Länge l^{r} gleichmäßig verteilt werden. Die Erddruckkraft je m Wandlänge ist dann innerhalb der rechnerischen Wandlänge l^{r}:

$$E_{\mathrm{aVh}}^{\mathrm{r}} = E_{\mathrm{aVh}} \cdot \frac{l}{l^{\mathrm{r}}}$$

3.3.1.5 Berechnung der Erddruckkraft, wenn die Neigung der Erddruckgleitfläche aus Eigenlast des Bodens durch andere Einflüsse wesentlich verändert wird

Die aktive Erddruckkraft kann allgemein nach folgenden Gleichungen berechnet werden, wobei ebenfalls eine ebene Wand und eine ebene Geländeoberfläche vorausgesetzt wird.

Das Maximum der Gesamterddruckkraft und der dazugehörige maßgebende Gleitflächenwinkel für die Gesamterddruckkraft ist durch Variation des Gleitflächenwinkels ϑ zu ermitteln.

Abkürzungen: $a = \vartheta - \alpha \qquad b = \vartheta - \beta \qquad f = \vartheta - \varphi \qquad A = \cos(\vartheta - \alpha - \delta_{\mathrm{a}} - \varphi)$

Bei kohäsivem Boden wirkt bis zur Tiefe $z_c = \frac{2 \cdot c}{\gamma} \cdot \sqrt{45° + \frac{\varphi}{2}} - \frac{p_v}{\gamma} \cdot \frac{\cos\alpha \cdot \cos\beta}{\cos(\alpha - \beta)}$

unter der Oberfläche kein Erddruck. Wenn sich $z_c \leq 0$ ergibt, ist $z_c = 0$ zu setzen.

Erddruckkraft infolge Eigenlast und Kohäsion des Bodens:

$$G = \frac{\gamma}{2 \cdot \sin(\vartheta_a - \beta)} \cdot \left[\left(\frac{h}{\cos\alpha} \right)^2 \cdot \cos(\alpha - \beta) \cdot \cos(\alpha - \vartheta_a) - z_c^2 \cdot \cos\beta \cdot \cos\vartheta_a \right]$$

$$\alpha = \beta = 0: \; G = \frac{\gamma \cdot \left(h^2 - z_c^2\right)}{2 \cdot \sin(\vartheta_a - \beta)}$$

$$C = c \cdot \frac{z_c - h \cdot (1 + \tan\alpha \cdot \tan\beta)}{(\tan\beta - \tan\vartheta_a) \cdot \cos\vartheta_a} \qquad \alpha = \beta = 0: \qquad C = \frac{c \cdot (h - z_c)}{\sin\vartheta_a}$$

$$E_{ag} = \frac{G \cdot \sin(\vartheta_a - \varphi)}{A} \qquad E_{ac} = -\frac{C \cdot \cos\varphi}{A}$$

Die übrigen Anteile der Erddruckkraft erhält man zu:

infolge einer vertikalen Linienlast (V): $E_{\mathrm{aV}} = \frac{V \cdot \sin f}{A}$

infolge einer gleichmäßig verteilten vertikalen Auflast p_{v}: $E_{\mathrm{ap}} = p_{\mathrm{v}} \cdot h \cdot \frac{\cos\beta}{\cos\alpha} \cdot \frac{\sin f \cdot \cos a}{A \cdot \sin b}$

infolge einer Horizontalkraft H: $E_{\mathrm{aH}} = \frac{H \cdot \cos f}{A}$

Die Gesamterddruckkraft ist $E_{\mathrm{a}} = E_{\mathrm{ag}} + E_{\mathrm{ac}} + E_{\mathrm{aV}} + E_{\mathrm{ap}} + E_{\mathrm{aH}}$.

Die Komponenten sind $E_{\mathrm{ah}} = E_{\mathrm{a}} \cos(\alpha + \delta_{\mathrm{a}})$ und $E_{\mathrm{av}} = E_{\mathrm{a}} \sin(\alpha + \delta_{\mathrm{a}})$.

Die Festlegung zum Mindesterddruck gilt hier gleichermaßen. Die berechnete Erddruckkraft ist mit der Mindesterddruckkraft entsprechend K_{agh}^{*} nach 3.3.1.3 zu vergleichen. Die größere Erddruckkraft ist maßgebend.

Tafel 11.32 Größe der Erddruckkraft aus Streifen- oder Linienlasten E_{aVh} bzw. E_{aph} und die Verteilung des Erddrucks (Bei Wandbewegungen b),c) und d) nach Tafel 11.28 ist die Erddruckkraft E_{aVh} innerhalb des Wandbereichs h_f gleichmäßig zu verteilen.)

Zeile	Art der Auflast	Größe der Erddruckkraft E_{aVh} bzw. E_{aph}	Vereinfachte Verteilung des Erddrucks bei Drehung der Wand um ihren Fuß
1	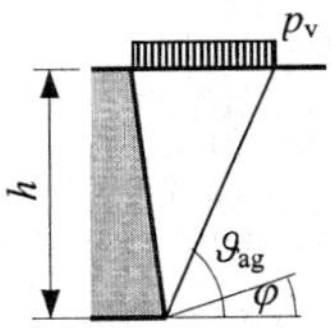	$E_{aph} = h \cdot e_{aph}$ $e_{aph} = p_v \cdot K_{aph}$ siehe Seite 11.27!	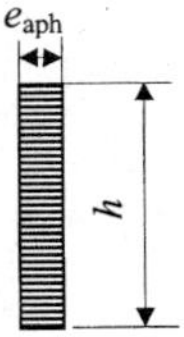
2	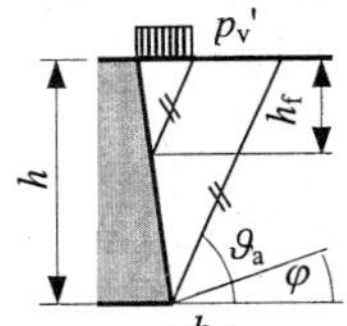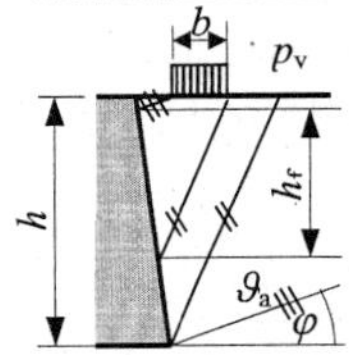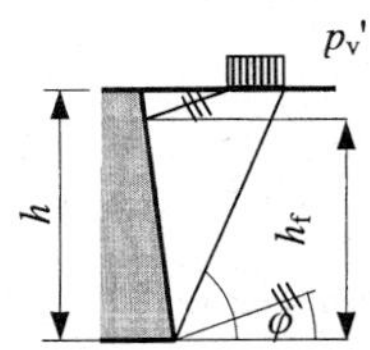	Bei einer Streifenlast ist $V = p_v' \cdot b$ $\vartheta_a \approx \vartheta_{ag}$: ϑ_a nach Gl. (2) S. 11.27 E_{aVh} nach Gl. (2) S. 11.30 $\vartheta_a \neq \vartheta_{ag}$: ϑ_a und E_{aV} nach 3.3.1.5 S. 11.31 $E_{aVh} = E_{aV} \cdot \cos(\alpha + \delta_a)$	$e^u_{aph} = \frac{2 \cdot E_{aVh}}{h_f} - e_{aph}$ $e^u_{aph} > 0$: $e^o_{aph} = e_{aph}$ $e^u_{aph} > e_{aph}$: $h_f = \frac{E_{aVh}}{e_{aph}}$ und $e^u_{aph} = e^o_{aph} = e_{aph}$. 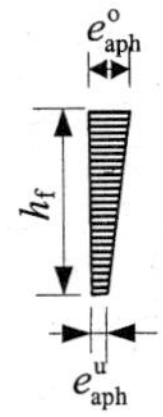$e^u_{aph} \le 0$: $e^o_{aph} = \frac{2 \cdot E_{aVh}}{h_f}$ $e^u_{aph} = 0$ 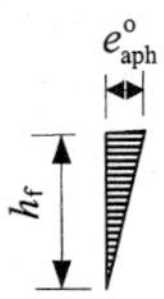
3	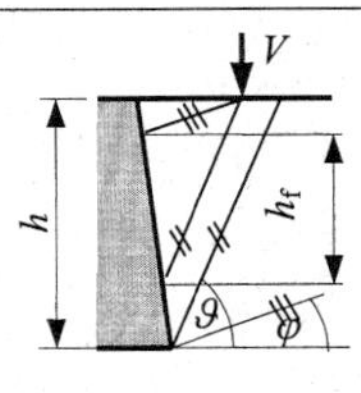		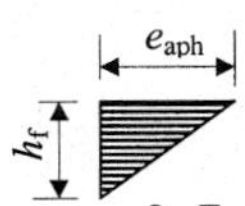$e_{aph} = \frac{2 \cdot E_{aVh}}{h_f}$

Wenn es sinnvoll ist, nur den über den Erddruck aus Eigenlast des Bodens hinausgehenden Erddruck infolge von Auflast als Auflasteinfluss zu betrachten, ist der Erddruck infolge Eigenlast des Bodens E_{ag} zunächst ohne Berücksichtigung der Auflast zu berechnen. Der Auflasteinfluss ergibt sich dann aus der Differenz zwischen der Erddruckkraft aus Eigenlast des Bodens plus Auflast und der Erddruckkraft nur aus Eigenlast des Bodens.

Wenn im konkreten Fall dieses Verfahren nicht angewendet werden kann, z.B. bei nicht ebener Geländeoberfläche oder wenn Sickerströmungen berücksichtigt werden müssen, kann ein grafisches Verfahren wie z.B. das Verfahren von Culmann oder das von Engesser bzw. eine entsprechende analytische Version davon angewendet werden. Diese Verfahren sind auch geeignet, die Einflüsse aus Kohäsion, geometrischen Unregelmäßigkeiten und aus Sickerströmungen zu berücksichtigen.

3.3.2 Räumlicher Fall

3.3.2.1 Kurze Wand

Dieser Fall tritt ein, wenn sich eine (im Grundriss) kurze Wand mehr bewegt als die seitliche Umgebung, z.B. an der Stirnseite einer grabenförmigen Baugrube. Das trifft bei einem Pfeiler in einer Böschung z.B. nicht zu. Für Schlitzwände und genauere Untersuchungen siehe DIN 4126.
Bei der Berechnung des aktiven Erddrucks auf eine kurze Wand darf der Einfluss des räumlichen Spannungszustands im Boden berücksichtigt werden. Bei dem nachstehend angeführten Berechnungsverfahren wird das durch die Einführung einer rechnerischen Wandlänge erreicht, die kleiner ist als die wirkliche Wandlänge.

l_a^{er} rechnerische Wandlänge bei der Berechnung des Erddrucks

l_a^{Er} rechnerische Wandlänge bei der Berechnung der Erddruckkraft

räumlicher Erddruck: $e_{ah}^{(r)} = e_{agh} \cdot l_{ag}^{er} + e_{aph} \cdot l_{ap}^{er} + e_{ach} \cdot l$

räumliche Erddruckkraft: $E_{ah}^{(r)} = E_{agh} \cdot l_{ag}^{Er} + E_{aph} \cdot l_{ap}^{Er} + E_{ach} \cdot l$

Die folgenden Gleichungen gelten für $\alpha = \beta = \delta_a = 0$, in davon abweichenden Fällen näherungsweise.

$$A = \frac{\varphi \cdot z}{2 \cdot l}; \quad A^* = \frac{\varphi \cdot h}{2 \cdot l} \quad \text{(Reibungswinkel } \varphi \text{ im Bogenmaß!)}$$

$$l_{ag}^{er} = l_{ap}^{er} = l \cdot \left(1 - \frac{2}{\pi} \arctan A\right) \qquad l_{ag}^{Er} = l \cdot \left\{1 - \frac{2}{\pi} \cdot \left[\left(1 + \frac{1}{A^{*2}}\right) \cdot \arctan A^* - \frac{1}{A^*}\right]\right\}$$

$$l_{ap}^{Er} = l \cdot \left[\left(1 - \frac{2}{\pi} \cdot \arctan A^*\right) + \frac{1}{A^* \cdot \pi} \cdot \ln\left(1 + A^{*2}\right)\right]$$

3.3.2.2 In der Wandebene geneigtes Gelände, wie z.B. bei Querflügelmauern

Bei Wänden, die in einer vertikalen Ebene in der Falllinie von Böschungen angeordnet sind, muss beachtet werden, dass die große Hauptspannung größer als die Vertikalspannung $\gamma \cdot z$ ist. Das kann näherungsweise berücksichtigt werden, indem der aktive Erddruck im Böschungsbereich mit dem Faktor ξ vergrößert wird, siehe die Abb. Seite 11.34.

$$e_{agh}^{(B)} = e_{agh} \cdot \xi \qquad \text{mit } \xi = \frac{\kappa \cdot \cos^2 \beta_B}{1 - \sin \varphi} \quad \text{und } \kappa = 1 - \sqrt{1 - \left(1 + \tan^2 \beta_B\right) \cdot \cos^2 \varphi}$$

Zur Veranschaulichung ist der Faktor ξ in nebenstehender Tabelle in Abhängigkeit vom Reibungswinkel und von der Böschungsneigung dargestellt.
Bei Wänden, die schräg zur Falllinie angeordnet sind, sind entsprechende Umrechnungen notwendig, siehe DIN 4085.

$\eta = \tan\varphi / \tan\beta$	ξ		
	φ=30°	φ=35°	φ=40°
1	1,50	1,57	1,64
1,1	1,24	1,27	1,30
1,3	1,14	1,15	1,17

3.4 Erdruhedruck

3.4.1 Erdruhedruck infolge der Eigenlast des Bodens

Die Horizontalkomponente des Erdruhedrucks ist $e_{0\mathrm{gh}} = z \cdot \gamma \cdot K_{0\mathrm{gh}}$

und die Komponenten der Erdruhedruckkraft ergeben sich zu:

$$E_{0\mathrm{gh}} = \frac{e_{0\mathrm{gh}}(z=h) \cdot h}{2} = \frac{1}{2} \cdot \gamma \cdot h^2 \cdot K_{0\mathrm{gh}}$$

$$E_{0\mathrm{gv}} = E_{0\mathrm{gh}} \cdot \tan(\alpha + \delta_0)$$

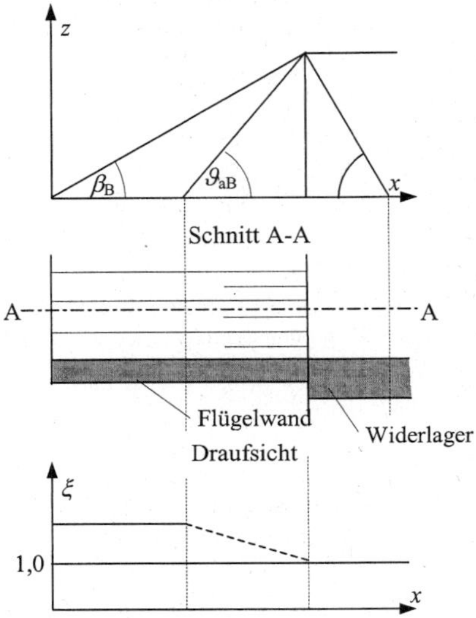

Bei der Berechnung des Erdruhedrucks wird in der Regel davon ausgegangen, dass sich der Boden im Zustand der Erstbelastung befindet. Es kommt keine Kohäsion zum Ansatz.

Bei $\beta > 0$ muss $\delta_0 \leq \beta$ eingehalten werden, bei $\beta < 0$ ist immer $\delta_0 = 0$ zu setzen, siehe auch Tafel 11.26b.

$$K_{0\mathrm{gh}} = K_1 \cdot f \cdot \frac{1 + \tan\alpha_1 \cdot \tan\beta}{1 + \tan\alpha_1 \cdot \tan\delta_0} \qquad \text{mit}$$

$$K_1 = \frac{\sin\varphi - \sin^2\varphi}{\sin\varphi - \sin^2\beta} \cdot \cos^2\beta \qquad \tan\alpha_1 = \sqrt{\frac{1}{\frac{1}{K_1} + \tan^2\beta}} \qquad f = 1 - |\tan\alpha \cdot \tan\beta|$$

Im Sonderfall $\alpha = \beta = \delta_0 = 0$ ist $K_{\mathrm{ogh}} = K_{0\mathrm{g}} = 1 - \sin\varphi$.

Bei überkonsolidierten Böden können auch größere Werte für den Erddruck als nach diesen Formeln erhalten werden.

3.4.2 Anteil des Erdruhedrucks infolge einer gleichmäßig verteilten vertikalen Auflast

Der Erddruckzuwachs infolge einer gleichmäßig verteilten vertikalen, quasi unendlich breiten ($b \geq h \cdot \cot\varphi$) Flächenlast p_v ist

$$e_{0\mathrm{ph}} = p_\mathrm{v} \cdot K_{0\mathrm{ph}} \quad \text{mit} \quad K_{0\mathrm{ph}} = \frac{\cos\alpha \cdot \cos\beta}{\cos(\alpha - \beta)} \cdot K_{0\mathrm{gh}}$$

Er ist bei homogenem Boden gleichmäßig über die Wandhöhe verteilt. Die Komponenten der Erddruckkraft sind $E_{0\mathrm{ph}} = p_\mathrm{v} \cdot h \cdot K_{0\mathrm{ph}}$ und $E_{0\mathrm{pv}} = E_{0\mathrm{ph}} \cdot \tan(\alpha + \delta)$.

3.4.3 Anteil des Erdruhedrucks infolge vertikaler Punkt-, Linien- und Streifenlasten an der Geländeoberfläche

Die Erdruhedruckkraft infolge von Punkt-, Linien- und Streifenlasten darf nach der Theorie der Spannungsverteilung im elastischen Halbraum ermittelt werden.

Nimmt der Steifemodul des Bodens mit der Tiefe zu, ist von einem Konzentrationsfaktor von $\nu = 4$ auszugehen. Bei vorbelasteten Böden ist mit $\nu = 3$ zu rechnen. Näherungsweise darf die Erdruhedruckkraft infolge von Punkt-, Linien- und Streifenlasten auch durch proportionale Umrechnung der Erddruckkraft aus Punkt-, Linien- und Streifenlasten im aktiven Zustand entsprechend der nachstehenden Formel erfolgen. Dabei ist die Erddruckverteilung nach Tafel 11.32 beizubehalten.

$$E_{0\mathrm{Vh}} = E_{\mathrm{aVh}} \cdot \frac{K_{0\mathrm{gh}}}{K_{\mathrm{agh}}} \quad \text{bzw.} \quad E_{0\mathrm{Hh}} = E_{\mathrm{aHh}} \cdot \frac{K_{0\mathrm{gh}}}{K_{\mathrm{agh}}}$$

3.5 Passiver Erddruck

3.5.1 Ebener Fall

Der passive Erddruck dient bei bautechnischen Berechnungen in der Regel als wichtigste Ausgangsgröße bei der Ermittlung der möglichen Stützwirkung des Bodens. Dabei muss die Abhängigkeit des stützenden Erddrucks von der möglichen und zulässigen Bewegung der betrachteten Wand beachtet werden.

Bei größeren Bodenbewegungen gegen die betrachtete Wand – die z.B. durch untertägigen Bergbau verursacht werden können – kann als größtmöglicher Erddruck der passive Erddruck erzeugt werden. Der passive Erddruck ist dann eine Belastung.

Alle Erddruckberechnungen sind Näherungen. Das gilt besonders für den passiven Erddruck und die von dieser Größe für den konkreten Fall abzuleitende stützende Erddruckkraft sowie die zu erwartende Erddruckverteilung. Die Angaben der Tafel 11.36 sind Anhaltswerte.

3.5.1.1 Erddruckanteil aus Eigenlast des Bodens

Die Horizontalkomponente des passiven Erddrucks aus Eigenlast des homogenen Bodens erhält man zu:

$e_{\mathrm{pgh}}(z) = z \cdot \gamma \cdot K_{\mathrm{pgh}}$ $\quad K_{\mathrm{pgh}}$ siehe Tafel 11.41b.

Die Komponenten der passiven Erddruckkraft bei einer zur Wandebene parallelen Bewegung der Wand (siehe Tafel 11.36, Bewegungsart b)) ergeben sich entsprechend zu:

$$E^{\mathrm{b}}_{\mathrm{pgh}} = \frac{e_{\mathrm{pgh}}(h) \cdot h}{2} = \frac{\gamma \cdot h^2 \cdot K_{\mathrm{pgh}}}{2} \quad \text{und} \quad E^{\mathrm{b}}_{\mathrm{pgv}} = E^{\mathrm{b}}_{\mathrm{pgh}} \cdot \tan(\alpha + \delta_{\mathrm{p}})$$

Bei dieser Art der Wandbewegung ist der passive Erddruck bei homogenem Boden etwa dreieckförmig verteilt, siehe Tafel 11.36.

Im Sonderfall Fall $\alpha = \beta = \delta = 0$ ist die maßgebende Gleitfläche eine Ebene mit dem Neigungswinkel $\vartheta_{\mathrm{pg}} = 45° - \frac{\varphi}{2}$. Der Erddruckbeiwert ist dann $K_{\mathrm{pgh}} = \frac{1+\sin\varphi}{1-\sin\varphi} = \tan^2\left(45° + \frac{\varphi}{2}\right)$.

Beim Abweichen von diesem Sonderfall liefert die Berechnung des passiven Erddrucks mit ebenen Gleitflächen zu große Werte, deshalb müssen im Allgemeinen Erddruckbeiwerte benutzt werden, die auf gekrümmten oder entsprechend aus ebenen Abschnitten zusammengesetzten Gleitflächen basieren. Die Tafel 11.41b trägt dem Rechnung.

Angaben über die Größe der Erddruckkraft und die Verteilung des Erddrucks über die Wandhöhe für Wände, die sich um ihren Kopf oder um ihren Fuß drehen, enthält die Tabelle 11.36.

Wenn eine Kombination der Wandbewegung aus Fußpunktdrehung und Parallelverschiebung oder aus Kopfpunktdrehung und Parallelverschiebung vorliegt und die Wand sich um einen Betrag verschiebt, der bei Parallelverschiebung den passiven Erddruck erzeugt, darf davon ausgegangen werden, dass sich Größe und Verteilung der Erddruckkraft wie bei reiner Parallelverschiebung der Wand einstellen.

Wenn geringere Wandverschiebungen auftreten, darf näherungsweise im Sinne einer Interpolation verfahren werden.

Tafel 11.36 Anhaltswerte für Wandbewegungen zur Erzeugung des passiven Grenzzustands und die Verteilung des passiven Erddrucks aus Bodeneigenlast für verschiedene Arten der Wandbewegung (Die Angaben der Tabellenwerte gelten etwa für α = 0°, β = 0°.)

<table>
<tr><th>Art der Wandbewegung</th><th>bezogene Wandbewegungen s_p/h in Abhängigkeit von der Lagerungsdichte D</th><th>vereinfachte Verteilung des passiven Erddrucks und Näherung für die Größe der Erddruckkraft</th></tr>
<tr><td>a) Drehung um den Wandfuß
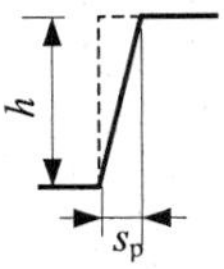
</td>
<td rowspan="2">$s_p/h = -0{,}08 \cdot D + 0{,}12$

Die angegebene Gleichung liefert Mittelwerte. Die Streuung beträgt bei dieser Art der Wandbewegungen etwa ± 20 %. Innerhalb des Streubereiches nehmen die Werte mit der Wandhöhe leicht zu.</td>
<td>$\frac{1}{2} \cdot E_{pgh}^{b)} \leq E_{pgh}^{a)} \leq \frac{2}{3} \cdot E_{pgh}^{b)}$
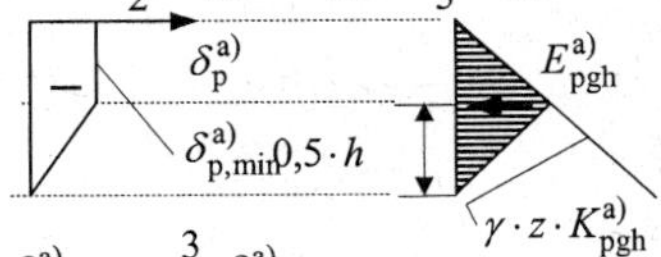

$\delta_{p,mittel}^{a)} = \frac{3}{4} \cdot \delta_{p,min}^{a)}$
$E_{pgv}^{a)} = E_{pgh}^{a)} \cdot \tan \delta_{p.mittel}^{a)}$</td></tr>
<tr><td>b) Parallele Bewegung
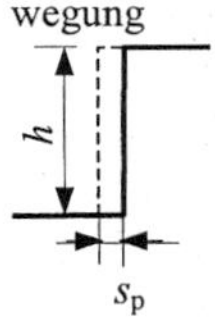
</td>
<td>$E_{pgh}^{b} = \frac{1}{2} \cdot \gamma \cdot h^2 \cdot K_{pgh}$
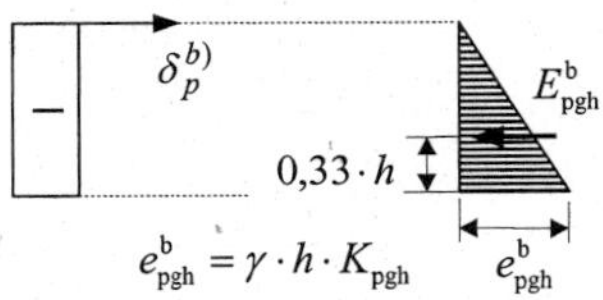

$e_{pgh}^{b} = \gamma \cdot h \cdot K_{pgh}$
$\delta_{p,mittel}^{b)} = \delta_{p,min}^{b)}$</td></tr>
<tr><td>c) Drehung um den Wandkopf
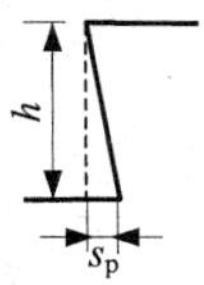
</td>
<td>$s_p/h = -0{,}05 \cdot D + 0{,}09$
Die angegebene Gleichung liefert Mittelwerte. Die Streuung beträgt bei dieser Art der Wandbewegung etwa ± 20 %. Innerhalb des Streubereiches nehmen die Werte mit der Wandhöhe leicht zu.</td>
<td>$E_{pgh}^{c} \approx \frac{2}{3} \cdot E_{pgh}^{b}$
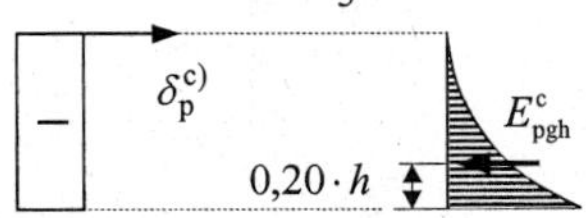

$\delta_{p,mittel}^{c)} = \delta_{p,min}^{c)}$</td></tr>
</table>

3.5.1.2 Erddruckanteil infolge Kohäsion

Die passive Erddruckkraft wird durch die Wirkung der Kohäsion vergrößert. Die Erddruckkraft infolge Kohäsion ist

$E_{pch} = c \cdot h \cdot K_{pch}$; mit K_{pch} siehe Tafel 11.41b im Sonderfall $\alpha = \beta = \delta = 0$ ist

$K_{pch} = 2 \cdot \sqrt{K_{pgh}}$.

3.5.1.3 Erddruckanteil infolge einer gleichmäßig verteilten vertikalen Oberflächenlast

Die Erddruckkraft infolge einer gleichmäßig verteilten vertikalen Oberflächenlast p_v ist

$E_{pph} = p_v \cdot h \cdot K_{pph}$ mit K_{pph} siehe Tafel 11.41b.

3.5.2 Räumlicher Fall

Bei im Grundriss kurzen Wänden ist der passive Erddruck größer als bei einem Ausschnitt einer unendlich langen Wand gleicher Länge. Bei dem nachstehend angeführten Berechnungsverfahren wird der Einfluss des räumlichen Spannungszustands auf den passiven Erddruck durch die Einführung einer rechnerischen Wandlänge erreicht, die größer ist als die wirkliche Wandlänge. Die Erddruckbeiwerte entsprechen denen für den ebenen Fall.

Bezeichnungen:

l wirkliche Länge der Wand (bei Bohlträgern z.B. die Flanschbreite)

$l_{\text{pg}}^{\text{Er}}$ rechnerische Länge bei der Ermittlung der passiven Erddruckkraft infolge Eigenlast des Bodens

$l_{\text{pc}}^{\text{Er}}$ rechnerische Länge bei der Ermittlung des Erddrucks infolge der Kohäsion des Bodens

$l < 0{,}3 \cdot h$:

$l_{\text{pg}}^{\text{Er}} = 0{,}55 \cdot (1 + 2 \cdot \tan\varphi) \cdot \sqrt{l \cdot h}$ $\quad l_{\text{pc}}^{\text{Er}} = 1{,}1 \cdot (1 + 0{,}75 \cdot \tan\varphi) \cdot \sqrt{l \cdot h}$

$l \geq 0{,}3 \cdot h$:

$l_{\text{pg}}^{\text{Er}} = l + 0{,}6 \cdot h \cdot \tan\varphi$ $\quad l_{pc}^{Er} = 0{,}5 \cdot [l + 0{,}90 \cdot (1 + \tan\varphi) \cdot h]$.

Die Horizontalkomponente der räumlichen passiven Erddruckkraft infolge Eigenlast des Bodens, Kohäsion und infolge einer gleichmäßig verteilten Auflast ist auf die gesamte rechnerische Wandlänge:

$$E_{\text{ph}}^{\text{r}} = E_{\text{pgh}}^{\text{r}} + E_{\text{pch}}^{\text{r}} + E_{\text{pph}}^{\text{r}} = \gamma \cdot \frac{h^2}{2} \cdot K_{\text{pgh}} \cdot l_{\text{pg}}^{\text{Er}} + c \cdot h \cdot K_{\text{pch}} \cdot l_{\text{pc}}^{\text{Er}} + p_{\text{v}} \cdot h \cdot K_{\text{pph}} \cdot l_{\text{pg}}^{\text{Er}}$$

Die Höhe y des Angriffspunkts der Erddruckkraft E_{ph}^{r} über dem Wandfuß darf näherungsweise wie folgt angenommen werden:

im Gebrauchszustand (etwa halbe Bruchlast): $y = h/3$

im passiven Bruchzustand: $l \leq h$: $y = h/4$

und bei $l \geq 10 \cdot h$: $y = h/3$

Bei $h < l < 10 \cdot h$ darf geradlinig interpoliert werden.

Wenn mehrere kurze Wände der Länge l mit geringem Abstand nebeneinander angeordnet sind, ist die Summe der passiven Erddruckkräfte E_{ph}^{r} auf die Einzelflächen mit der passiven Erddruckkraft auf eine gedachte durchgehende Wand zu vergleichen.

Der kleinere Wert ist maßgebend. Dabei ist die Erddruckkraft auf die durchgehende Wand der Länge a wie folgt zu berechnen:

$$E_{\text{p}}^{\text{durchg}} = E_{\text{p}}^{\text{I}} \cdot (a - l) + E_{\text{p}}^{\text{II}} \cdot l$$

a Abstand der Systemachsen der kurzen Wände

h Höhe der kurzen Wand

E_{p}^{I} passive Erddruckkraft auf die vertikale Schnittfläche $(a - l) \cdot h$ im Boden für $\delta_{\text{p}} = 0$ bei nichtbindigem Boden, δ_{p} entsprechend Abschnitt 3.2 bei bindigem Boden.

E_{p}^{II} passive Erddruckkraft auf die kurze Wandfläche $l \cdot h$ für δ_{p} wie im ebenen Fall

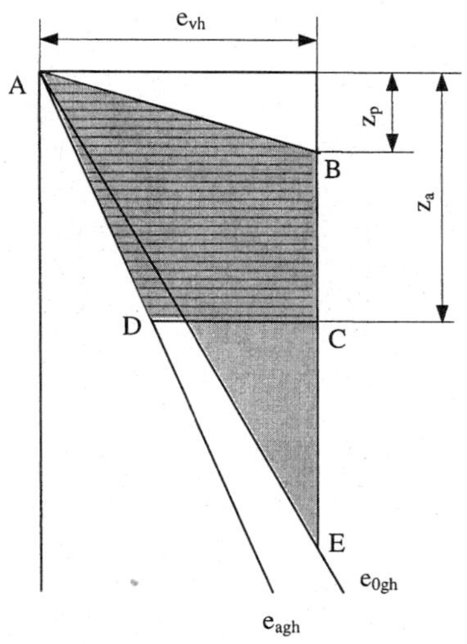

$$z_p = \frac{e_{\text{vgh}}}{\gamma \cdot K_{\text{pgh}}(\delta_{\text{p}} = 0)}$$

Abb. 11.37 Ansatz des Verdichtungserddrucks

3.6 Verdichtungserddruck

Bei lagenweisem Einbau des Bodens mit intensiver Verdichtung kommt es zum Anwachsen des Erddrucks über den Erddruck aus Eigenlast des Bodens hinaus. Die Erddruckzunahme darf näherungsweise nach Abb. 11.37 angesetzt werden. Die im Bild angegebenen schraffierten Flächen entsprechen dem Erddruckzuwachs im aktiven Zustand (Fläche ABCD) bzw. im Ruhedruckzustand (Fläche ABE). Wird die Oberfläche der verdichtet eingebrachten Schüttung nachträglich belastet, so werden die Erddruckanteile infolge Eigenlast des Bodens und infolge Oberflächenlast überlagert. Der Verdichtungserddruck bleibt dann nur in dem Umfang wirksam, wie er den Erddruck infolge Oberflächenlast übersteigt.

Tafel 11.38 Angaben zum Ansatz des Verdichtungserddrucks nach Abb. 11.37

Nachgiebigkeit der Wand	Breite des zu verfüllenden Raums B	
	$B \leq 1{,}00$ m	$B \geq 2{,}50$ m
gering	$e_{vgh} = 25$ kN/m² $z_a = 2{,}00$ m	
unnachgiebig	$e_{vh} = 40$ kN/m²	$e_{vh} = 25$ kN/m²
	Für Zwischenwerte von B darf geradlinig interpoliert werden.	

3.7 Silodruck

Der Boden zwischen zwei parallelen Wänden, übt aus Symmetriegründen auf beide den gleichen Druck aus. Durch die Nachbarschaft der Wände kann sich der Erddruck ab einer bestimmten Tiefe z unter der Oberfläche des Bodens nicht mehr wie bei einem seitlich unbegrenzten Hinterfüllungsraum ausbilden. Im aktiven Zustand gilt das etwa für $h > b \cdot \tan \vartheta_{ag}$. Er wächst mit der Tiefe zunehmend degressiv und strebt einem Grenzwert zu. Diese Erscheinung ist charakteristisch für den Druck des Füllguts bei Silobauwerken.

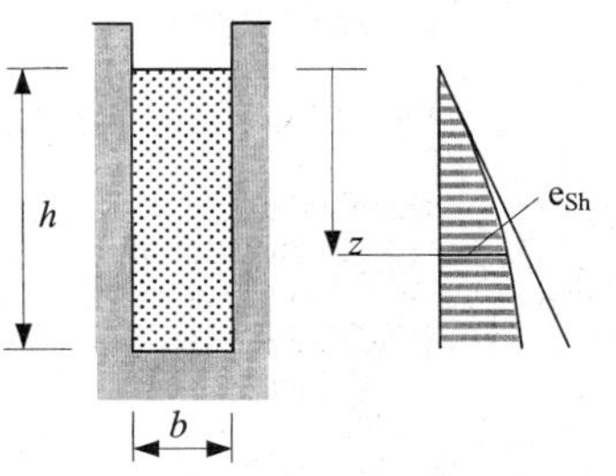

Der Silodruck darf nach folgender Beziehung berechnet werden:

$$e_{Sh} = \frac{\gamma \cdot b}{2 \cdot \tan \delta} \left[1 - e_n^{\left(-2 \cdot K_{Sh} \cdot (z/b) \cdot \tan \delta\right)}\right]$$

mit

e_n Basis der natürlichen Logarithmen

K_{Sh} Verhältnis der Spannungen e_{Sh}/σ_z an der Wand, wobei $\sigma_z < \gamma \cdot z$ ist

Sind die Wände unnachgiebig, dann ist $K_{Sh} = K_{0hg}$ zu setzen. Kann davon ausgegangen werden, dass zwischen den Wänden der aktive Zustand herrscht, dann ist $K_{Sh} = K_{agh}$. Der Neigungswinkel δ ist wegen der Setzungen zwischen den Wänden > 0!

3.8 Zwischenwerte des Erddrucks

Als Zwischenwerte des Erddrucks werden alle Werte des Erddrucks verstanden, die nicht den Sonderfällen aktiver Erddruck, Erdruhedruck oder passiver Erddruck entsprechen. Sie stellen sich ein, wenn die zur Erzeugung der genannten Sonderfälle erforderlichen Bedingungen nicht erfüllt sind. Diese Zwischenwerte lassen sich nicht mit den klassischen Methoden ermitteln. Sie können aber näherungsweise durch Interpolation zwischen den Sonderfällen aktiver Erddruck und Erdruhedruck bzw. Erdruhedruck und passiver Erddruck berechnet werden.

3.8.1 Erddruck zwischen aktivem Erddruck und Erdruhedruck

Wenn mit einem höheren Druck als dem aktiven Erddruck gerechnet werden muss, die Bedingungen für die Ausbildung des Erdruhedrucks aber nicht gegeben sind, kann die Erddruckkraft im Bereich $E_a \le E_a' \le E_0$ nach folgender Beziehung berechnet werden:

$E_a' = E_a \cdot \mu + E_0 \cdot (1-\mu)$. In dieser Gleichung kann man durch die Wahl der Größe μ beeinflussen, ob der zu berechnende Erddruck näher am aktiven Erddruck oder näher am Erdruhedruck liegen soll. Dabei muss die konkrete Situation beachtet werden. Es gilt $0 \le \mu \le 1$. Die Größen E_a und E_0 in dieser Gleichung sind nach Abschnitt 3.3 bzw. 3.4 zu berechnen, dabei ist in der Regel $\delta_a \ne \delta_0$.

3.8.2 Erddruck zwischen Erdruhedruck und passivem Erddruck

Die stützende Wirkung des Erddrucks kann näherungsweise als Anteil der passiven Erddruckkraft ermittelt werden, z.B. nach der folgenden Gleichung. Sie ist bei Modellversuchen mit trockenem Sand ermittelt worden und liefert Anhaltswerte.

$$E_{pgh}' = (E_{pgh} - E_{0gh}) \cdot \left[1 - \left(1 - \frac{s}{s_p} \right)^b \right]^c + E_{0gh}$$

Art der Wandbewegung	Exponenten	
	b	c
Fußpunktdrehung	1,1	0,7
Parallelverschiebung	1,5	
Kopfpunktdrehung	1,7	

In dieser Gleichung ist s die tatsächliche Wandverschiebung und s_p die Verschiebung, die zur Erzeugung des passiven Erddrucks erforderlich ist. Anhaltswerte für s_p lassen sich nach Tafel 11.36 ermitteln. Bei nichtbindigen Böden können die Verschiebungen s_p unter Wasser 1,5- bis 2- fach größer sein.

3.9 Ansatz des Erddrucks in bautechnischen Berechnungen

3.9.1 Allgemeines

In den meisten praktisch vorkommenden Fällen liegen nicht die Bedingungen vor, die zu einem der Sonderfälle wie aktiver Erddruck, passiver Erddruck oder Erdruhedruck führen. In allen Fragen der Bemessung von Konstruktionen und Konstruktionsteilen ist aber der im Gebrauchszustand tatsächlich zu erwartende Erddruck die maßgebende Größe. Wenn es die jeweils vorliegenden Bedingungen erfordern, ist deshalb ein Zwischenwert des Erddrucks, wie in Abschnitt 3.8 angegeben, in Ansatz zu bringen.

Bei der Wahl des Lastansatzes muss der für das Bauwerk oder das einzelne Bauteil jeweils ungünstigste mögliche Belastungszustand gewählt werden. Dabei ist der gesamte Nutzungszeitraum des Bauwerks in Betracht zu ziehen.

3.9.2 Belastender Erddruck

Die Größe des Erddrucks ist ursächlich von den im Boden eintretenden Verschiebungen durch Relativbewegungen zwischen der betreffenden Wand und dem angrenzenden Boden abhängig. Diese werden vorwiegend durch die Bewegungen der Wand, können aber auch durch von der Wand unabhängige Einflüsse wie Vorspannungen, Verdichtungen, Bodenbewegungen durch Hangbewegungen oder untertägigen Bergbau usw. hervorgerufen werden.

Im Normalfall gilt für den belastenden Erddruck: $E_a \leq E_{bel} \leq E_0$.

Vorschläge enthalten die Tafeln 11.42 und 11.43. Siehe auch Abschnitt 3.6 Verdichtungserddruck!

3.9.2.1 Aktiver Erddruck

Aktiver Erddruck darf nur bei Stützbauwerken als Belastung angesetzt werden, die während ihrer Nutzungszeit gewisse Verformungen erleiden dürfen.

3.9.2.2 Erhöhter aktiver Erddruck

Ein höherer Erddruck als der aktive Erddruck ist anzusetzen, wenn die zu erwartenden Bewegungen zwischen Boden und Wand nicht ausreichen, um den Grenzzustand des aktiven Erddrucks auszulösen oder um ihn während der gesamten Nutzungszeit des Bauwerks zu erhalten. Dies gilt besonders, wenn Bauwerke steifer als üblich ausgeführt werden oder wenn durch eine Vergrößerung der Fundamentfläche Verkantungen bewusst eingeschränkt werden.
Das trifft z.B. zu, wenn sich Wände zwar anfänglich unter dem Erddruck verformen, während ihrer Nutzungszeit später aber an weiteren Bewegungen durch konstruktive Maßnahmen gehindert werden.

3.9.2.3 Erdruhedruck

Erdruhedruck ist bei Bauwerken anzusetzen, die ohne nennenswerte Beeinflussung des In-situ-Spannungszustands in den Untergrund eingebracht werden und deren Verbindung mit benachbarten oder stützenden Bauteilen oder mit dem Untergrund so starr ist, dass eine Bewegung in Erddruckrichtung nicht auftreten kann.

3.9.2.4 Erddruck größer als der Erdruhedruck

In Ausnahmefällen muss von einem höheren Erddruck als dem Erdruhedruck ausgegangen werden. Das trifft zu, wenn der anstehende Boden eine Bewegung gegen das Bauwerk ausführt, z.B. Pressung infolge von Bergsenkungen oder wenn sich eine Bauwerkswand infolge von Wärmeausdehnungen oder nach außen gerichtete Belastungen gegen das Erdreich bewegt.

3.9.3 Stützender Erddruck

Stützender Erddruck als Reaktionskraft des Bodens darf nur angesetzt werden, wenn die geometrischen Gegebenheiten und der Zustand des Bodens seine Ausbildung erlauben und wenn seine Wirksamkeit während der gesamten Nutzungszeit des Bauwerks gewährleistet ist.
Stützender Erddruck kann, wenn keine anderen Festlegungen bestehen, in Abhängigkeit von der möglichen und zulässigen Wandbewegung näherungsweise nach der unter Abschnitt 3.8.2 angegebenen Formel für E'_{pgh} berechnet werden. Er entspricht dem mobilisierbaren Teil des passiven Erddrucks und kann diesen nur bei Eintreten des Bruchzustands im Boden, verbunden mit größeren Verschiebungen erreichen.

Tafel 11.41a Beiwerte und Gleitflächenwinkel für den aktiver Erddruck bei $\alpha = \beta = 0$

$\varphi°$	K_{agh}				K_{ach}				$\vartheta_{a\gamma}°$			
	δ=0	δ=φ/3	δ=2φ/3	δ=φ	δ=0	δ=φ/3	δ=2φ/3	δ=φ	δ=0	δ=φ/3	δ=2φ/3	δ=φ
10	0,70	0,67	0,65	0,63	1,68	1,60	1,52	1,45	50,0	46,6	43,9	41,8
12,5	0,64	0,61	0,58	0,56	1,61	1,51	1,43	1,34	51,3	48,0	45,5	43,4
15	0,59	0,55	0,52	0,50	1,53	1,43	1,34	1,24	52,5	49,4	47,0	45,0
17,5	0,54	0,50	0,47	0,45	1,47	1,36	1,26	1,16	53,8	50,8	48,5	46,6
20	0,49	0,45	0,43	0,40	1,40	1,29	1,18	1,08	55,0	52,2	50,0	48,1
22,5	0,45	0,41	0,38	0,36	1,34	1,22	1,11	1,00	56,3	53,6	51,5	49,7
25	0,41	0,37	0,35	0,32	1,27	1,16	1,04	0,93	57,5	55,0	53,0	51,3
27,5	0,37	0,34	0,31	0,29	1,21	1,10	0,98	0,87	58,8	56,4	54,5	52,8
30	0,33	0,30	0,28	0,26	1,15	1,04	0,92	0,80	60,0	57,8	56,0	54,3
32,5	0,30	0,27	0,25	0,23	1,10	0,98	0,87	0,75	61,3	59,2	57,5	55,9
35	0,27	0,25	0,22	0,20	1,04	0,93	0,81	0,69	62,5	60,6	58,9	57,4
37,5	0,24	0,22	0,20	0,18	0,99	0,88	0,76	0,64	63,8	62,0	60,4	58,9
40	0,22	0,20	0,18	0,16	0,93	0,83	0,71	0,59	65,0	63,3	61,9	60,4

Tafel 11.41b Beiwerte für den passiven Erddruck bei $\alpha = \beta = 0$

$\varphi°$	K_{pgh}				K_{pch}				K_{pph}			
	$\delta_p°$ =				$\delta_p°$ =				$\delta_p°$ =			
	0	-φ/3	-2φ/3	-φ	0	-φ/3	-2φ/3	-φ	0	-φ/3	-2φ/3	-φ
10	1,42	1,47	1,52	1,57	2,38	2,47	2,54	2,60	1,42	1,47	1,51	1,55
12,5	1,55	1,64	1,72	1,80	2,49	2,63	2,74	2,83	1,55	1,64	1,71	1,76
15	1,70	1,84	1,96	2,08	2,61	2,80	2,97	3,10	1,70	1,83	1,94	2,02
17,5	1,86	2,06	2,25	2,42	2,73	3,01	3,24	3,42	1,86	2,05	2,21	2,33
20	2,04	2,33	2,61	2,85	2,86	3,23	3,55	3,79	2,04	2,31	2,53	2,71
22,5	2,24	2,64	3,03	3,38	2,99	3,49	3,91	4,23	2,24	2,61	2,93	3,16
25	2,46	3,01	3,56	4,05	3,14	3,78	4,33	4,74	2,46	2,97	3,40	3,72
27,5	2,72	3,46	4,20	4,89	3,30	4,12	4,82	5,33	2,72	3,39	3,97	4,39
30	3,00	3,98	5,00	5,95	3,46	4,94	5,39	6,03	3,00	3,89	4,67	5,22
32,5	3,32	4,62	6,00	7,30	3,65	4,93	6,05	6,85	3,32	4,49	5,52	6,24
35	3,69	5,39	7,26	9,03	3,84	5,43	6,83	7,81	3,69	5,21	6,56	7,50
37,5	4,11	6,33	8,86	11,26	4,06	6,00	7,75	8,94	4,11	6,08	7,86	9,06
40	4,60	7,48	10,89	14,17	4,29	6,66	8,84	10,26	4,60	7,14	9,48	11,01

Tafel 11.42 Erddruckansatz in Abhängigkeit von der Nachgiebigkeit der Stützkonstruktion bei Dauerbauwerken *)

Zeile	Nachgiebigkeit der Stützkonstruktion	Konstruktion (Beispiele)	Erddruckansatz
1	nachgiebig	Stützwände, die während ihrer gesamten Nutzungszeit geringe Verformungen in Richtung der Erddruckbelastung ausführen können und dürfen. Zum Beispiel: Uferwände, auf Lockergestein gegründete Gewichtsmauern	aktiver Erddruck
2	wenig nachgiebig	Stützwände nach Zeile 1, bei denen während ihrer Nutzungszeit Verformungen in Richtung der Erddruckbelastung unerwünscht sind und die gegen den ungestörten Boden hergestellt worden sind	erhöhter aktiver Erddruck $E'_{ah} = 0{,}75 \cdot E_{ah} + 0{,}25 \cdot E_{0h}$
3	annähernd unnachgiebig	Stützwände, die auf Grund ihrer Konstruktion unter der Erddruckbelastung anfänglich geringfügig nachgeben, sich dann aber nicht mehr verformen können oder dürfen. Zum Beispiel: Kellerwände und Stützwände, die in Bauwerke einbezogen sind und von diesen zusätzlich gestützt werden; Bemessung des stehenden Schenkels von Winkelstützwänden	erhöhter aktiver Erddruck im Normalfall: $E'_{ah} = 0{,}50 \cdot E_{ah} + 0{,}50 \cdot E_{0h}$ in Ausnahmefällen: $E'_{ah} = 0{,}25 \cdot E_{ah} + 0{,}75 \cdot E_{0h}$
4	unnachgiebig	Stützwände, die auf Grund ihrer Konstruktion weitgehend unnachgiebig sind. Zum Beispiel: auf Festgestein gegründete Stützwände als ebene Systeme und auf Lockergestein gegründete Stützwände als räumliche Systeme, z.B. Brückenwiderlager mit biegesteif angeschlossenen Parallel-Flügelwänden	erhöhter aktiver Erddruck $E'_{ah} = 0{,}25 \cdot E_{ah} + 0{,}75 \cdot E_{0h}$ in Ausnahmefällen bis Erdruhedruck

*) Der Fall nach 3.9.2.4 wird durch die Tabelle nicht erfasst und erfordert gesonderte Untersuchungen.

Tafel 11.43 Erddruckansatz in Abhängigkeit von der Nachgiebigkeit der Stützung bei Baugrubenwänden oder anderen temporären Stützkonstruktionen

Zeile	Nachgiebigkeit der Stützung (Stützkonstruktion)	Konstruktion	Vorspannung auf die Stützkraft bei Endaushub bezogen*)	Erddruckansatz
1	nicht gestützt oder nachgiebig gestützt	Wand ohne obere Stützung (Steifen, Anker) oder mit nachgiebiger Stützung (z.B.: Anker nicht oder nur gering vorgespannt)	-	nicht umgelagerter aktiver Erddruck
2	wenig nachgiebig gestützt	Steifen kraftschlüssig verkeilt – bei Spundwänden – bei Trägerbohlwänden Verpressanker	≤ 30 % ≤ 60 % 80% bis 100%	umgelagerter aktiver Erddruck,
3	annähernd unnachgiebig gestützt	Steifen – bei mehrfach ausgesteiften Spundwänden, ausgesteiften Ortbetonwänden – bei mehrfach ausgesteiften Trägerbohlwänden Verpressanker	30 % 60 % 100 %	erhöhter aktiver Erddruck im Normalfall: $E'_{ah} = 0{,}5 \cdot E_{ah} + 0{,}5 \cdot E_{0h}$ in Ausnahmefällen: $E'_{ah} = 0{,}25 \cdot E_{ah} + 0{,}75 \cdot E_{0h}$
4	unnachgiebig	Wände, die für einen abgeminderten oder für den vollen Erdruhedruck bemessen worden und deren Stützungen entsprechend vorgespannt sind. Wenn Anker zusätzlich in einer unnachgiebigen Felsschicht verankert sind oder wesentlich länger sind, als rechnerisch erforderlich ist: Steifen Anker	100 % 100 %	erhöhter aktiver Erddruck $E'_{ah} = 0{,}25 \cdot E_{ah} + 0{,}75 \cdot E_{0h}$ in Ausnahmefällen bis Erdruhedruck

*) In Anlehnung an EAB: EB 67, EB 8, EB 42, EB 22.

4 Flachgründungen

4.1 Einwirkungen und Beanspruchungen (GZ 1B und GZ 2)

Bemessungswerte der resultierenden Normal- und Tangentialkomponente N_d ; T_d in Höhe der Sohlfläche: $N_d = N_{G,k} \cdot \gamma_G + N_{Q,k} \cdot \gamma_Q$

$T_d = T_{G,k} \cdot \gamma_G + T_{Q,k} \cdot \gamma_Q$

N_G, T_G ... ständiger Anteil der charakteristischen Einwirkungen
N_Q, T_Q ... veränderlicher Anteil der charakteristischen Einwirkungen
γ ... Sicherheitsbeiwert nach Abschn. 1.2

Bei nicht achsparallelem Kraftangriff zu einer Symmetrieachse ergibt sich $T_d = \sqrt{T_{dx}^2 + T_{dy}^2}$.

4.2 Ansatz des stützenden Erddrucks (GZ 1B und GZ 2)

Bei Berücksichtigung der Bodenreaktion vor dem Bauwerk darf der stützende Erddruck als Widerstand mit $E_{p,d} = E_{p,k} / \gamma_{Ep}$ berücksichtigt werden ($E_{p,k}$ nach Abschn. 3.5).
Weiterhin ist beim Ansatz von E_p zu beachten:

- Der Ansatz von E_p muss unter Beachtung der Gleichgewichtsbedingungen am Bauwerk erfolgen. Es ist zu überprüfen, inwieweit der Baukörper überhaupt Verschiebungen und Verdrehungen erfahren darf, die zur Mobilisierung des stützenden Erddrucks erforderlich sind.
- Beim Ansatz von E_p im Lastfall LF1 ist die dauerhafte Wirkung dieser Kraft sicherzustellen.
- Bei Bauzuständen oder zeitlich begrenzten Aufgrabungen, die zu einem vorübergehenden Ausfall der Bodenreaktion führen, darf im GZ 1B beim Nachweis der Gleitsicherheit und Grundbruchsicherheit der Lastfall 2 zugrunde gelegt werden.

Beim Nachweis der Grundbruchsicherheit darf E_p nicht als Widerstand, sondern muss als Bodenreaktion B_k wie eine charakteristische Einwirkung mit $B_k \leq 0{,}5 \cdot E_{p,k}$ angesetzt werden (siehe Abschn. 4.4.1).

4.3 Vergleich des einwirkenden und aufnehmbaren Sohldrucks

In einfachen Regelfällen darf bei Flachgründungen ein Vergleich des einwirkenden mit dem aufnehmbaren Sohldruck als Ersatz für die Nachweise im GZ 1B und GZ 2 geführt werden. Eine ausreichende Sicherheit ist vorhanden, wenn der einwirkende charakteristische Sohldruck kleiner als der aufnehmbare Sohldruck ist: $\sigma_{vorh} \leq \sigma_{zul}$

4.3.1 Größe und Verteilung des vorhandenen charakteristischen Sohldrucks σ_{vorh}

4.3.1.1 Allgemeines

Die Bemessung von Flachgründungen muss sicherstellen, dass

- das Fundament durch die Beanspruchungen im Gebrauchszustand nicht zerstört wird,
- die unter Gebrauchslast auftretenden Baugrundsetzungen sowie die sich daraus ergebenden Verschiebungen und Verdrehungen ein für den Bestand und die Funktionssicherheit des Bauwerks zulässiges Maß nicht überschreiten.

Grundlage dafür ist die Kenntnis der aus dem aufgehenden Bauwerk in die Gründung eingetragenen Lasten und der sich daraus ergebenden Reaktionskraft des Baugrunds, des Sohldrucks. Die sich aus der Bauwerk ergebenden Lasten für die Gründung werden in der statischen Berechnung ermittelt.

Vereinfachte Ermittlung der Sohldruckverteilung nach DIN 1054:

- Beim Nachweis mit zulässigen Sohlpressungen darf eine gleichmäßige Verteilung des Sohldrucks angenommen werden (siehe Abschnitt 4.3.1.2).
- Bei der Ermittlung der Schnittkräfte und der Setzungsberechnung darf von einer geradlinigen Verteilung des Sohldrucks ausgegangen werden (siehe Abschnitt 4.3.1.2).

– Bei biegeweichen Gründungsplatten und -balken kann nach DIN 4018 oder EWB [11.1] vorgegangen werden (siehe Abschn. 4.3.1.3).

Abschätzung des Verformungsverhaltens von Gründungskörpern:
Die Bauwerkssteifigkeit ergibt sich aus der Steifigkeit der Gründung und des Überbaus. Vor allem Letztere ist schwer erfassbar, da dabei der zeitliche Ablauf der Lasteintragung und das Kriechen des Betons berücksichtigt werden müssen. Beide lassen sich nur abschätzen. Bei Stahlbetonbauteilen ist außerdem bedeutungsvoll, ob mit einer gerissenen Zugzone gerechnet werden muss.

Die Steifigkeit eines reinen Betonbalkens mit dem *E*-Modul E_b ist $E_b \cdot I_b = \dfrac{E_b \cdot b \cdot d^3}{12}$.

Dieser Wert wird wegen des Einflusses des Kriechens meist nur zur Hälfte angesetzt. Die Steifigkeit eines Hochhauses beschreibt das Ersatzflächenmoment *I*. Entsprechend dem Steinerschen Satz erhält man

$$I = \sum^{n} I_0 + \sum^{n'} A \cdot y^2$$

wobei n die Geschosszahl und n' die Anzahl der mitwirkenden Geschosse ($0 \leq n' \leq n$) ist; bei Skelettbauten ist in der Regel $n' = 0$, nur sehr steife Kellergeschosse wirken mit.
Das **Steifigkeitsverhältnis** K_s bzw. die Systemsteifigkeit erhält man aus folgenden Gleichungen:

– Balken mit der Breite *b*, der Länge *l* und dem Flächenmoment *I*: $K_s = \dfrac{E_b \cdot I}{E_s \cdot l^3 \cdot b}$

– Plattenstreifen mit der Breite $b = 1$, der Länge *l* und der Dicke *d*: $K_s = \dfrac{E_b}{12 \cdot E_s} \cdot \left(\dfrac{d}{l}\right)^3$

Diese Gleichungen sind gültig unter der Voraussetzung, dass die Dicke der zusammendrückbaren Schicht mindestens die Hälfte der Länge der kürzeren Fundamentseite beträgt.
$K_s = 0$ entspricht einem schlaffen oder sehr biegeweichen, $K_s \to \infty$ einem starren Fundament. Die Grenze zwischen schlaffen und starren Fundamenten ist etwa $K_s = 0{,}1$. Systeme mit $K_s = 1$ sind schon als starr anzusehen. Bei der Berechnung ist zu unterscheiden, ob ein ebenes oder ein räumliches System vorliegt. Ebene Systeme bilden Hochbauten in Querwandbauweise. Sie verhalten sich in der Querrichtung nahezu starr.

4.3.1.2 Sohldruckermittlung bei Annahme einer gleichmäßigen oder geradlinigen Verteilung

In einfachen Fällen wird der Einfluss der Verformungseigenschaften von Bauwerk und Gründung ganz außer Acht gelassen und eine gleichmäßige oder geradlinige Sohldruckverteilung angenommen.
Der Sohldruck an den Rändern bzw. Eckpunkten von Fundamenten ist nach den Angaben in folgender Tabelle zu berechnen. Greift die resultierende Sohldruckkraft außerhalb der 1. Kernfläche an, kommt es in bestimmten Bereichen zum „Klaffen" der Sohlfuge.
Die charakteristischen Sohlspannungen unter dem Fundament erhält man zu:

1. gleichmäßige Spannungsverteilung $\sigma = \dfrac{V}{A'}$ Bei ausmittigem Lastangriff wird die rechnerische Ersatzfläche $A' = a' \cdot b'$ (siehe Abschnitt 4.4.1) als wirksame Sohlfläche zugrunde gelegt.	1) 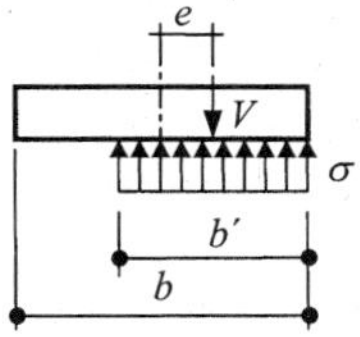

2. geradlinige Spannungsverteilung

- einachsige Ausmittigkeit $e_y = 0$ (bzw. $e_x = 0$):

a) $e_x \le \frac{b_x}{6}$: $\quad \sigma_{1,2} = \frac{V}{b_x \cdot b_y}\left(1 \pm \frac{6 \cdot e_x}{b_x}\right)$

b) $\frac{b_x}{6} < e_x \le \frac{b_x}{3}$: $\quad \sigma_{max} = \frac{2 \cdot V}{3 \cdot c \cdot b_y} \qquad \sigma_{min} = 0!$

Im ebenen Fall (Streifenfundament) ist $b_y = 1$ zu setzen.

2a) $e_x \le b_x/6$ 2b) $b_x/6 \le e_x \le b_x/3$

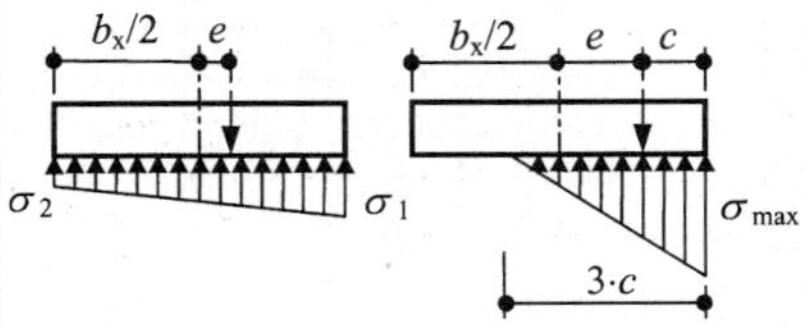

- zweiachsige Ausmittigkeit $e_y \neq 0$ und $e_x \neq 0$:

c) $\frac{e_x}{b_x} + \frac{e_y}{b_y} \le \frac{1}{6}$:

$$\sigma(x,y) = \frac{V}{b_x \cdot b_y}\left(1 \pm \frac{12 \cdot e_x \cdot y}{b_x^2} \pm \frac{12 \cdot e_y \cdot x}{b_y^2}\right)$$

und für die vier Eckpunkte zu

$$\sigma_{1...4} = \frac{V}{b_x \cdot b_y}\left(1 \pm \frac{6 \cdot e_x}{b_x} \pm \frac{6 \cdot e_y}{b_y}\right)$$

d) $\frac{e_x}{b_x} + \frac{e_y}{b_y} > \frac{1}{6}$ und $\left(\frac{e_x}{b_x}\right)^2 + \left(\frac{e_y}{b_y}\right)^2 \le \frac{1}{9}$:

$$\sigma_{max} = \frac{\mu \cdot V}{b_x \cdot b_y}$$ mit μ nach Seite 4.35

2d)

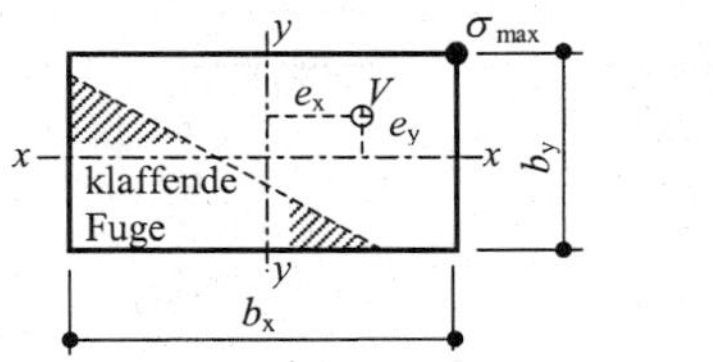

4.3.1.3 Ermittlung der Sohldruckverteilung mit verbesserten Annahmen

Für die Berechnung der Sohldruckverteilung stehen u.a. das **Bettungszahlverfahren** und das **Steifezahlverfahren** zur Verfügung. Als Mangel des Bettungszahlverfahrens ist anzusehen, dass bei diesem Modell die Spannungsausbreitung im Boden unberücksichtigt bleibt. Die Anwendung des Bettungszahlverfahrens und des Steifezahlverfahrens ist mit umfangreicher Rechenarbeit verbunden und bedingt die Nutzung entsprechender Rechenprogramme. Die Berechnungsergebnisse sind erheblich von den gewählten Eingangsgrößen wie Steifezahlen Bettungszahlen sowie den vorhandenen Steifigkeiten abhängig und setzen diesbezügliche Erfahrung voraus. Die Nutzung dieser Verfahren sollte entsprechenden Fachleuten vorbehalten bleiben.

Sohldruckverteilung bei einem biegsamen Fundament

Größe und Verteilung des Sohldrucks ergeben sich aus der Forderung, dass die Verformungen der Fundamentsohle mit den Baugrundsetzungen identisch sind. Die Setzungen sind abhängig von der Steifigkeit des Bauwerks und der Nachgiebigkeit des Baugrunds. Die Verteilung der Schnittgrößen im Fundamentkörper reagiert sehr empfindlich gegenüber Veränderungen der Sohldruckverteilung, ihrer zuverlässigen Ermittlung kommt daher eine große Bedeutung zu.

Die lastverteilende Wirkung der Bauwerkssteifigkeit nimmt mit der Nachgiebigkeit des Untergrunds zu. Die Konzentration des Sohldrucks unter den Lastangriffspunkten ist umso ausgeprägter, die Biegebeanspruchung der Fundamentplatte umso geringer, je weicher die Platte und je unnachgiebiger der Baugrund ist. Die Nachgiebigkeit des Baugrunds nimmt bei gleicher Bodenbeschaffenheit mit zunehmender Dicke der zusammendrückbaren Schicht zu.

Sohldruckverteilung bei einem starren Fundament

In diesem Sonderfall kann der Sohldruck σ mit Hilfe der nachstehenden Gleichungen von *Boussinesq* berechnet werden.

a) mittig belastetes Rechteckfundament

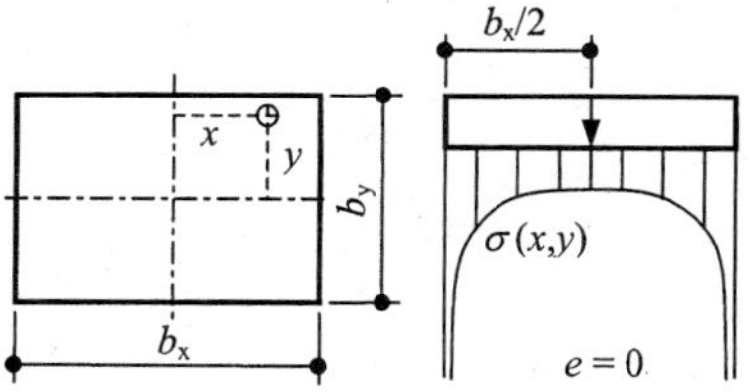

$$\sigma(x,y) = \frac{4 \cdot \sigma_m}{\pi^2 \sqrt{\left\{\left[1-\left(\frac{2 \cdot x}{b_x}\right)^2\right] \cdot \left[1-\left(\frac{2 \cdot y}{b_y}\right)^2\right]\right\}}}$$

$$\text{mit} \quad \sigma_m = \frac{V}{b_x \cdot b_y}$$

b) ausmittig belastetes, in Querrichtung starres Streifenfundament

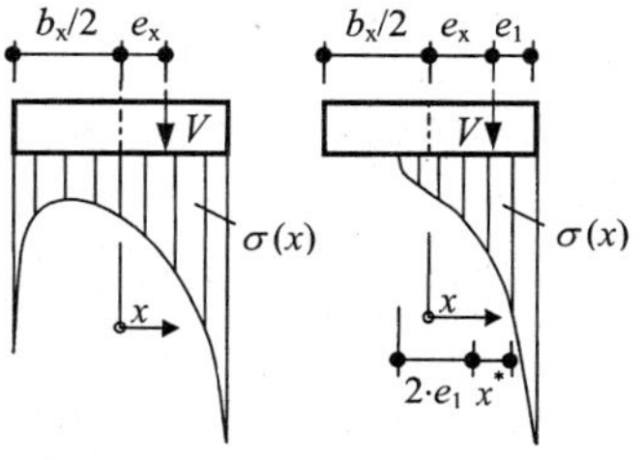

$e_x \leq b_x/4$ $\qquad$ $e_x > b_x/4$

$$e \leq \frac{b_x}{4}: \; \sigma(x) = \frac{2 \cdot \sigma_m}{\pi} \cdot \frac{1 + \frac{8 \cdot e \cdot x}{b_x^2}}{\sqrt{1-\left(\frac{2 \cdot x}{b_x}\right)^2}} \quad \text{mit} \quad \sigma_m = \frac{V}{b_x}$$

$$e > \frac{b_x}{4}:$$

$$\sigma(x) = \frac{2 \cdot \sigma_m}{\pi} \cdot \frac{1 + \frac{x^*}{2 \cdot e_1}}{\sqrt{1-\left(\frac{x^*}{2 \cdot e_1}\right)^2}} = \frac{2 \cdot \sigma_m}{\pi} \cdot \sqrt{\frac{2 \cdot e_1 + x^*}{2 \cdot e_1 - x^*}}$$

$$\text{mit} \quad \sigma_m = \frac{V}{4 \cdot e_1}$$

An den Rändern treten rechnerisch unendlich große Sohldrücke auf. Diese können in Wirklichkeit vom Boden nicht aufgenommen werden. Im Baugrund kommt es am Fundamentrand infolge Plastifizierung und Scherverformung zum Abbau der Randspannungen, verbunden mit einer Spannungsumlagerung in den mittleren Fundamentbereich.

4.3.2 Aufnehmbarer Sohldruck σ_{zul} für einfache Fälle

Voraussetzungen für die Anwendung der folgenden aufnehmbaren Sohldrücke σ_{zul}:

- Die Fundamentform muss einem Streifenfundament entsprechen.
- Die Geländeoberfläche und die Schichtgrenzen müssen annähernd waagerecht verlaufen.
- Der für den Nachweis zugrunde gelegte Baugrund darf bis in eine Tiefe $d = 2 \times$ Fundamentbreite, mindestens aber bis in 2 m Tiefe nicht an Tragfähigkeit verlieren.
- Der Baugrund darf nicht überwiegend dynamisch beansprucht werden. In bindigem Boden entsteht kein nennenswerter Porenwasserüberdruck.
- Für die Neigung der resultierenden charakteristischen Beanspruchung in der Sohlfläche muss $\tan \delta_E = H_k/V_k \leq 0{,}2$ gelten.
- Bei ausmittigem Lastangriff e der Resultierenden in der Sohlfläche darf nur die wirksame Fundamentbreite $b' = b - 2 \cdot e$ in Rechnung gestellt werden (siehe auch Abschn. 4.4.1).
- Das zu untersuchende Bauteil befindet sich nicht im Lastausbreitungsbereich benachbarter Bauwerke.
- Für die Ermittlung des aufnehmbaren Sohldrucks ist die kleinste vorhandene Einbindetiefe d maßgebend. Bei Einbindetiefen $d_{vorh} > 2$ m darf der aufnehmbare Sohldruck σ_{zul} um $(d_{vorh} - 2) \cdot \gamma_{Boden}$ erhöht werden (d_{vorh} ist in der Einheit m einzusetzen).

- **Aufnehmbarer Sohldruck σ_{zul} bei nichtbindigem Baugrund in Abhängigkeit der Einbindetiefe *d* und der wirksamen Fundamentbreite *b'***

Die Anwendung der Tabellen setzt eine ausreichend dichte Lagerung mit folgenden Anforderungen voraus:

Bodenart nach DIN 18196	Ungleichförmigkeit	Lagerungsdichte	Verdichtungsgrad	Spitzenwiderstand Drucksonde
SE,GE,SU,GU,GT	$U \leq 3$	$D \geq 0{,}30$	$D_{pr} \geq 95$ %	$q_s \geq 7{,}5$ MN/m²
SE,GE,SU,GU,GT,GW,SI,SW	$U > 3$	$D \geq 0{,}45$	$D_{pr} \geq 98$ %	$q_s \geq 7{,}5$ MN/m²

σ_{zul} in Abhängigkeit von *b'* und *d*:

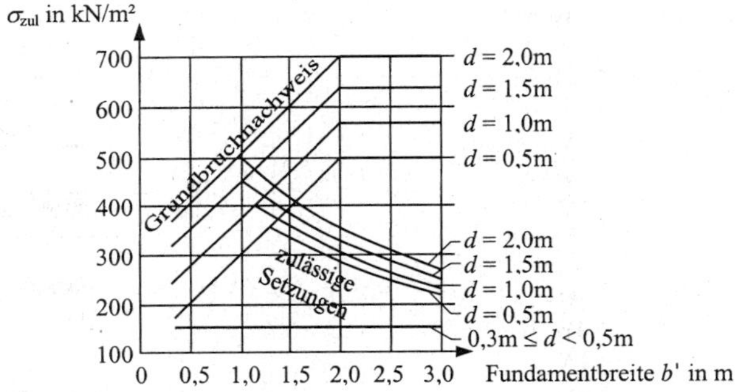

Bei mittiger Belastung ergeben sich bei Anwendung von σ_{zul} auf Grundlage der Grundbruchsicherheit bei 1,5 m breiten Fundamenten Setzungen in der Größenordnung von 2 cm. Die Setzungen nehmen mit der Fundamentbreite ungefähr proportional zu. Die Sohldrücke σ_{zul}, die auf Grundlage zulässiger Setzungen ermittelt wurden, ergeben bei einer Fundamentbreite von 1,5 m ungefähr eine Setzung von 1 cm und bei breiteren Fundamenten in der Regel eine maximale Setzung von 2 cm. Die i.d.R. geringeren aufnehmbaren Sohldrücke bei Beachtung der Setzungen sind dem Sohldrucknachweis zugrunde zu legen, wenn die Verformungen begrenzt werden sollen.

a) Verminderung des Sohldrucks σ_{zul} in Abhängigkeit der Lage des Grundwasserspiegels

Der Sohldruck muss verringert werden, wenn die Grundbruchsicherheit zugrunde gelegt wird und der Abstand *u* zwischen Gründungssohle und Grundwasserspiegel geringer als die wirksame Fundamentbreite *b'* ist.

Fall 1: Der Grundwasserspiegel befindet sich im Abstand $u \geq b'$ unter der Gründungssohle:

$$\sigma'_{zul} = \sigma_{zul}$$

Fall 2: Der Grundwasserspiegel befindet sich im Bereich zwischen $u < b'$ und der Gründungssohle ($u = 0$): $\sigma'_{zul} = \sigma_{zul}\,(1 - 0{,}4\,(b' - u)/b') = 0{,}6 + 0{,}4 \cdot u/b'$

Fall 3: Der Grundwasserspiegel liegt in Höhe Gründungssohle bzw. darüber und es gilt $d > 0{,}8$ m bzw. $d > b'$: $\sigma'_{zul} = 0{,}6 \cdot \sigma_{zul}$

b) Erhöhung des Sohldrucks σ_{zul}

Die Erhöhung nach folgenden Kriterien darf erfolgen, wenn die wirksame Fundamentbreite $b' \geq 0{,}5$ m und die Einbindetiefe $d \geq 0{,}5$ m sind.

– Eine Erhöhung von bis zu 50 % für σ_{zul} ist möglich, wenn der Boden bis in eine Tiefe von 2 × Fundamentbreite eine dichte Lagerung aufweist, die bei Einhaltung folgender Vorraussetzungen vorliegt:

Bodenart nach DIN 18 196	Ungleich-förmigkeit	Lagerungs-dichte	Verdich-tungsgrad	Spitzenwiderstand Drucksonde
SE, GE, SU, GU, GT	$U \leq 3$	$D \geq 0{,}50$	$D_{pr} \geq 98\%$	$q_s \geq 15$ MN/m²
SE, GE, SU, GU, GT, GW, SI	$U > 3$	$D \geq 0{,}65$	$D_{pr} \geq 100\%$	$q_s \geq 15$ MN/m²

- Bei Rechteckfundamenten mit dem Verhältnis Länge/ Breite $a'/b' < 2$ und Kreisfundamenten, die jeweils eine Einbindetiefe $d > 0{,}6 \cdot b'$ besitzen, dürfen die auf Grundlage der Grundbruchsicherheit ermittelten Werte um 20 % erhöht werden.

c) Abminderung von σ_{zul} bei nicht lotrechtem Angriff der Resultierenden in der Sohlfläche
Die sich auf die Grundbruchsicherheit beziehenden Sohldrücke und gegebenfalls nach Punkt a) oder b) korrigierten Werte sind bei nicht lotrechter Beanspruchung abzumindern.

Fall 1: Bei einem Seitenverhältnis $a'/b' > 2$ und Angriff der charakteristischen horizontalen Beanspruchung H_k parallel zur langen Fundamentseite $\sigma'_{zul} = (1 - H_k / V_k) \cdot \sigma_{zul}$

Fall 2: Falls Fall 1 nicht zutreffend, gilt $\sigma'_{zul} = (1 - H_k / V_k)^2 \cdot \sigma_{zul}$

Bei setzungsempfindlichen Bauwerken ist zu überprüfen, ob der abgeminderte Sohldruck σ'_{zul} auf Grundlage der Grundbruchsicherheit nicht kleiner als der aufnehmbare Sohldruck unter Beachtung der Setzungen wird. Der kleinere Wert für σ_{zul} ist dem Nachweis zugrunde zu legen.

- **Aufnehmbarer Sohldruck σ_{zul} in kN/m² bei bindigem Baugrund und einer wirksamen Fundamentbreite b' im Bereich von $0{,}5$ m $\leq b' \leq 2{,}0$ m** (bei $b' > 2$ m siehe Unterpunkt a))

Die Ermittlung von σ_{zul} nach folgender Tabelle erfolgt für die jeweiligen Bodengruppen in Abhängigkeit der Konsistenz oder der einaxialen Druckfestigkeit nach DIN 18 136. Bei weichen Böden bzw. Unterschreitung der einaxialen Druckfestigkeit darf die folgende Tabelle für σ_{zul} nicht angewandt werden.

	Schluff UL	gemischtkörniger $S\bar{U}$, $S\bar{T}$, $G\bar{U}$, $G\bar{T}$			tonig schluffiger Boden UM, TL, TM			Ton TA		
Druckfestigkeit einaxial in kN/m²	≥120	120 - 300	300 - 700	>700	120 - 300	300 - 700	>700	120 - 300	300 - 700	>700
Konsistenz	steif	steif	halbfest	fest	steif	halbfest	fest	steif	halbfest	fest
$d = 0{,}5$ m	130	150	220	330	120	170	280	90	140	200
$d = 1{,}0$ m	180	180	280	380	140	210	320	110	180	240
$d = 1{,}5$ m	220	220	330	440	160	250	360	130	210	270
$d = 2{,}0$ m	250	250	370	500	180	280	400	150	230	300

Die Ermittlung von Zwischenwerten darf durch geradlinige Interpolation der Tabellenwerte erfolgen. Die Einhaltung der gegebenen Sohldrücke σ_{zul} führt bei mittig belasteten Fundamenten zu Setzungen in der Größenordnung zwischen 2 bis 4 cm.

a) Verringerung des Sohldrucks bei einer Fundamentbreite $b' > 2$ m
Bei Fundamentbreiten von $2\text{ m} < b' \leq 5$ m gilt: $\sigma'_{zul} = \sigma_{zul(\text{Grundwert Tabelle})} \cdot (1{,}2 - 0{,}1b')$
(b' ist in m einzusetzen).

b) Erhöhung des Sohldrucks
Bei Rechteckfundamenten mit dem Verhältnis Länge/Breite $a'/b' < 2$ und Kreisfundamenten dürfen die ermittelten Werte um 20 % erhöht werden.

4.4 Grundbruchsicherheit [1] (GZ 1B)

Bei Bauwerken an einem Geländesprung oder einer Böschung kann anstelle des Grundbruchnachweises der Gelände- oder Böschungsbruchnachweis maßgebend sein. Anstelle des

[1] Nach E DIN 4017 (10.02).

Grundbruchnachweises darf für einfache Regelfälle auch der Vergleich der einwirkenden und aufnehmbaren Sohlpressungen nach Abschn. 4.3 erfolgen.

4.4.1 Grundbruchnachweis bei homogenem Boden unterhalb der Sohlfläche

Grundbruchfigur bei ausmittiger und geneigter Beanspruchung Q_k in der Sohlfläche:

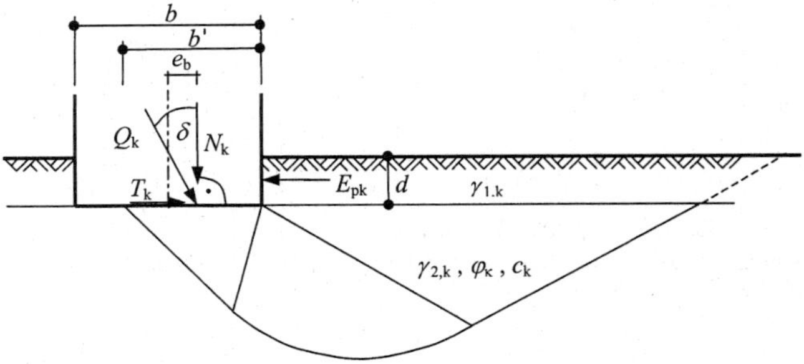

Grundbruchwiderstand

Die Berechnung des Grundbruchwiderstands nach folgenden Formeln darf für nichtbindige Böden mit $D > 0{,}2$ und $U \leq 3$, oder $D > 0{,}3$ und $U > 3$, sowie für bindige Böden mit $I_c > 0{,}5$ durchgeführt werden. Für Flachgründungen mit $d/b \leq 2$ (für $d/b > 2$ liegen die Ergebnisse auf der sicheren Seite, sofern mit $d/b = 2$ gerechnet wird) ergibt sich unter der Annahme einer gleichmäßigen Sohlspannungsverteilung:

a) die mittlere charakteristische Grundbruchspannung σ_g

$$\sigma_{g,k} = b' \cdot \gamma_{2,k} \cdot N_{b0} \cdot \nu_b \cdot i_b \cdot \lambda_b \cdot \xi_b + d \cdot \gamma_{1,k} \cdot N_{d0} \cdot \nu_d \cdot i_d \cdot \lambda_d \cdot \xi_d + c_k \cdot N_{c0} \cdot \nu_c \cdot i_c \cdot \lambda_c \cdot \xi_c$$

b) der charakteristische Grundbruchwiderstand $R_{n,k}$

$$R_{n,k} = A' \cdot \sigma_{g,k}$$

c) der Bemessungswert des Grundbruchwiderstands $R_{n,d}$ normal zur Sohlfläche

$$R_{n,d} = R_{n,k} / \gamma_{Gr}$$ mit γ_{Gr} nach Abschn. 1.2

d) Nachweis im GZ 1B

$$N_d \leq R_{n,d}$$ N_d siehe Abschn. 4.1 , zum Ansatz von E_p siehe Abschn. 4.2

Bei bindigen Boden kann eventuell der Nachweis der Anfangsstandfestigkeit mit $\varphi_{u,k}$ und $c_{u,k}$ maßgebend sein. Für die ständigen und veränderlichen Einwirkungen ist der maßgebende Fall für den Nachweis durch Kombination zu untersuchen, insbesonders sind die Kombinationen ($N_{k(max)}$ und $T_{k(max)}$) und ($N_{k(min)}$ und $T_{k(max)}$) zu beachten.

Ermittlung der Parameter in der Grundbruchgleichung

$\gamma_{1,k}$ Wichte des Bodens oberhalb der Gründungssohle in Ausweichrichtung
$\gamma_{2,k}$ Wichte des Bodens innerhalb der Grundbruchfigur bis in Höhe Gründungssohle
d Einbindetiefe unter Geländeoberfläche in Ausweichrichtung

- Rechnerische Ersatzfläche A' und rechnerische Sohlbreite b' bei rechteckförmigem Grundriss:

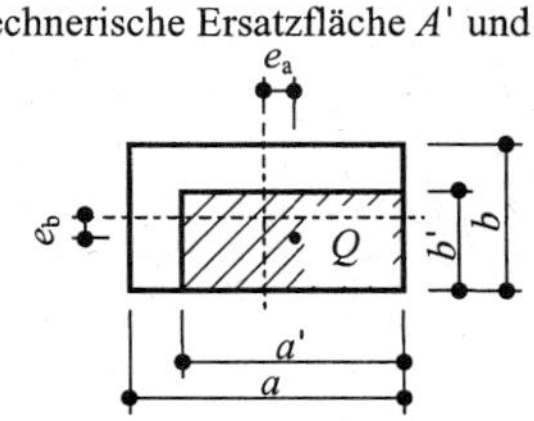

Prinzipielles Vorgehen:
Die rechnerische Ersatzfläche A' ist so zu bilden, dass die Beanspruchung Q_k im Schwerpunkt dieser Fläche angreift (für $e_a = e_b = 0$ gilt $a' = a$ und $b' = b$).
$a' = a - 2 \cdot e_a$ und $b' = b - 2 \cdot e_b$ Beachte: $b \leq a$ und $b' \leq a'$
$A' = a' \cdot b'$

Bei Aussparungen in der Sohlfläche, die nicht mehr als 20 % der Gesamtfläche betragen, darf die äußere umrissene Fläche zugrunde gelegt werden.

• Tragfähigkeitsbeiwerte N (N_{b0} nach *Meyerhof*, N_{d0} nach *Prandtl* und N_{c0} nach *Caquot*)

$N_{b0} = (N_{d0} - 1) \cdot \tan\varphi_k$; $N_{d0} = e^{\pi \cdot \tan\varphi} \cdot \tan^2(45° + \varphi_k/2)$; $N_{c0} = (N_{d0} - 1) / \tan\varphi_k$

φ_k in °	0	5	10	15	20	22,5	25	27,5	30	32,5	35	37,5	40	42,5
N_{b0}	0,0	0,0	0,3	0,8	2,0	3,0	4,5	7	10	15	23	34	53	83
N_{d0}	1,0	1,6	2,5	3,9	6,4	8,2	10,7	14	18	25	33	46	64	92
N_{c0}	5,1	6,5	8,3	11,0	14,8	17,4	20,7	25	30	37	46	58	75	99

• Lastneigungsbeiwerte i

– Sonderfall: Greift die resultierende charakteristische Beanspruchung Q_k normal zur Gründungssohle an, dann gilt $i_b = i_d = i_c = 1$.

– Die Lastneigung ergibt sich zu $\tan|\delta| = T_k / N_k$.

– Bei einer Lastneigung $|\delta| \geq \varphi_k$ der Resultierenden Q_k ist bei nichtbindigem Boden der Gleitsicherheitsnachweis nach Abschn. 4.5 maßgebend.

– Der Lastneigungswinkel δ ist positiv, wenn der Richtungssinn des sich verschiebenden Gleitkörpers mit der Tangentialkomponente T der angreifenden Beanspruchung Q gleich ist, andernfalls negativ. Im Zweifelsfall sind beide Fälle zu untersuchen.

Definition Lastneigungswinkel δ:

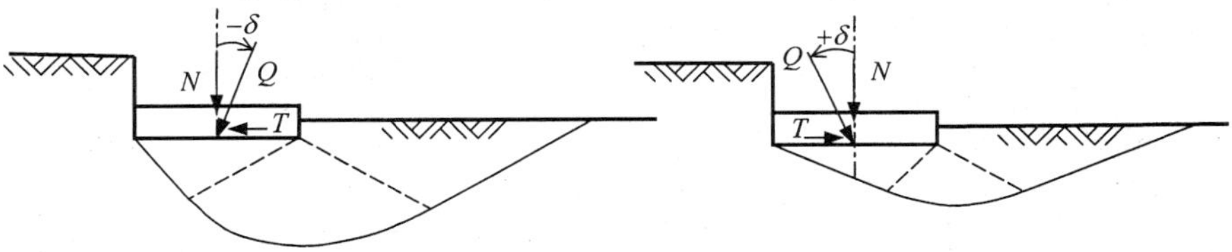

a) für $\varphi_{u,k} = 0$ und $c_{u,k} \neq 0$

$$i_d = 1; \quad i_c = 0{,}5 + 0{,}5\sqrt{1 - T_k / A' \cdot c_{u,k}}$$

b) für $\varphi_k > 0$ und $c_k \geq 0$ (mit φ_k und δ in °)

	i_b	i_d	i_c
$\delta > 0$	$(1 - \tan\delta)^{m+1}$ *)	$(1 - \tan\delta)^m$	$(i_d \cdot N_{d0} - 1)/(N_{d0} - 1)$
$\delta < 0$	$(1 - 0{,}04\,\delta)^{0{,}64+0{,}028\,\varphi}$	$(1 - 0{,}0244\,\delta)^{0{,}03+0{,}04\,\varphi}$	

*) Formel gilt nur für Streifenfundament oder T_k in Richtung b'.

$m = m_a \cdot \cos^2\omega + m_b \cdot \sin^2\omega$

mit $m_b = [2+(b'/a')]/[1+(b'/a')]$
für T_k in Richtung b'

$m_a = [2+(a'/b')]/[1+(a'/b')]$
für T_k in Richtung a'

Definition des Winkels ω:

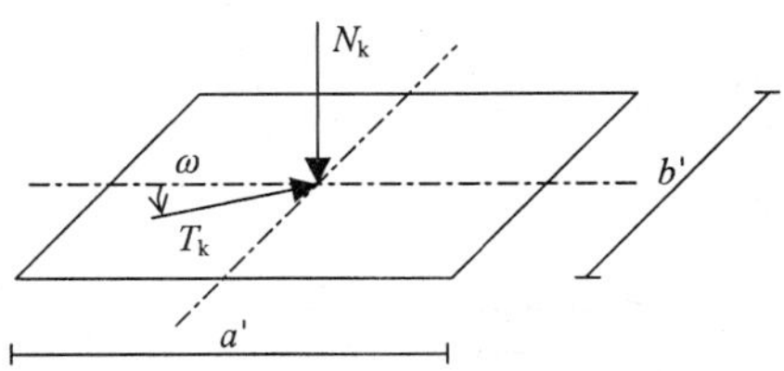

• Formbeiwerte ν mit $b' \leq a'$

Grundrissform	ν_b	ν_d	ν_c ($\varphi_k \neq 0$)	ν_c ($\varphi_k = 0$)
Streifen	1,0	1,0	1,0	1,0
Rechteck	$1 - 0{,}3 \cdot b'/a'$	$1 + \sin\varphi_k \cdot b'/a'$	$(\nu_d \cdot N_{d0} - 1)/(N_{d0} - 1)$	$1 + 0{,}2 \cdot b'/a'$
Kreis	0,7	$1 + \sin\varphi_k$	$(\nu_d \cdot N_{d0} - 1)/(N_{d0} - 1)$	1,2

- Sohlneigungsbeiwerte ξ
- Sonderfall: Bei horizontaler Gründungssohle ($\alpha = 0$) gilt $\xi = 1$.
- Der Sohlneigungswinkel α ist positiv, wenn der Richtungssinn des sich verschiebenden Gleitkörpers mit der Horizontalkomponente N_h der angreifenden Normalkomponente N gleich ist, andernfalls negativ. Im Zweifelsfall sind beide Fälle zu untersuchen.

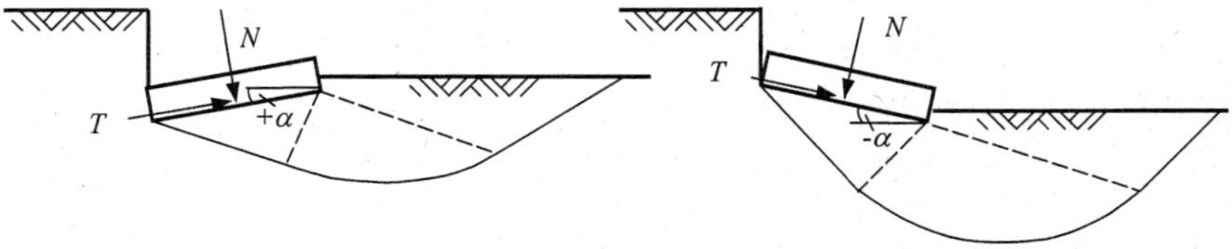

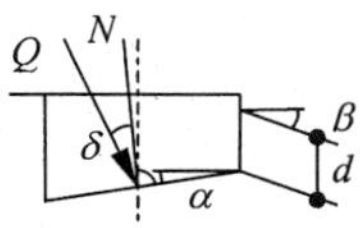

	ξ_b	ξ_d	ξ_c
$\varphi_k > 0$; $c_k \geq 0$		$e^{-0{,}045 \cdot \alpha \cdot \tan\varphi}$	
$\varphi_{u,k} = 0$; $c_{u,k} \geq 0$	—	1	$1 - 0{,}068\,\alpha$

- Geländeneigungsbeiwerte λ
- Sonderfall: Bei horizontaler Geländeoberfläche ($\beta = 0$) gilt $\lambda = 1$.

Voraussetzungen für die Anwendbarkeit der Beiwerte λ:

- Die lange Fundamentseite a verläuft etwa parallel zur Böschungskante.
- Die resultierende Horizontalkomponente der Einwirkungen greift etwa parallel zur kürzeren Fundamentseite b an.
- $\beta < \varphi_k$

	λ_b	λ_d	λ_c
$\varphi_k > 0$; $c_k \geq 0$	$(1 - 0{,}5 \cdot \tan\beta)^6$	$(1 - \tan\beta)^{1{,}9}$	$(N_{d0} \cdot e^{-0{,}0349 \cdot \beta \cdot \tan\varphi} - 1)/(N_{d0} - 1)$
$\varphi_{u,k} = 0$; $c_{u,k} \geq 0$	—		$1 - 0{,}4 \cdot \tan\beta$

β ist in ° in die Formeln einzusetzen.

- Berücksichtigung von Bermen

Bei einer Berme sind zwei Vergleichsuntersuchungen erforderlich:

a) $\beta = 0$ und $d' = d$

b) $\beta \neq 0$ und $d' = d + 0{,}8 \cdot s \cdot \tan\beta$

Der ungünstigere Fall ist maßgebend.

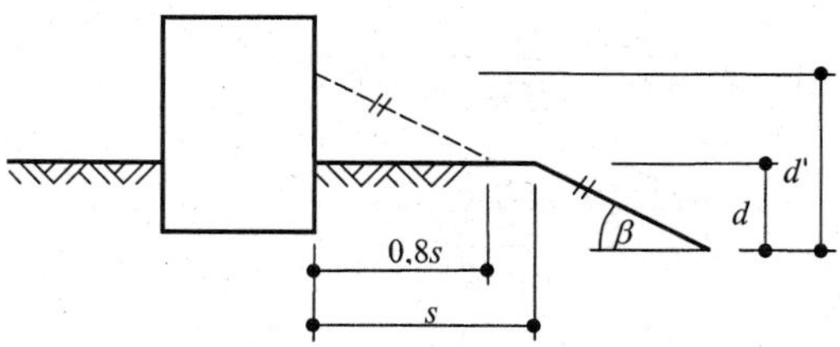

- Berücksichtigung einer Bodenreaktion :

Der stützende Erddruck infolge Bodenreaktion darf parallel zur Sohlfläche mit $E_{p,k(mob)} \leq 0{,}5 \cdot E_{p,k}$ wie eine charakteristische Einwirkung angesetzt werden, wobei $E_{p,k(mob)}$ immer kleiner als die Tangentialkomponente der anderen charakteristischen Einwirkungen T_k sein muss (siehe auch Abschn. 4.2).

Ausweichrichtung beim Grundbruch

Bei Annahme homogenen Bodens und freier Beweglichkeit des Baukörpers ergibt sich in Abhängigkeit des Lastangriffs von Q:

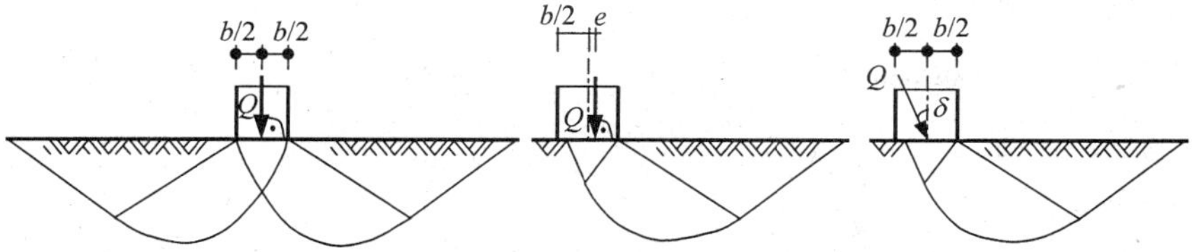

Bei mittiger lotrechter Lasteintragung ist ein Ausweichen nach beiden Seiten möglich.
Bei Bauteilen, die durch Abstützungen o.Ä. am seitlichen Ausweichen gehindert werden, wird ein lotrechtes Einsinken erzwungen. Die Berechnung hat dann wie für einen lotrecht mittig belasteten Gründungskörper zu erfolgen.

Abschätzung der Grundbruchfigur
bei lotrechter mittiger Beanspruchung eines Streifenfundaments sowie $\alpha = \beta = 0$ und $c = 0$:

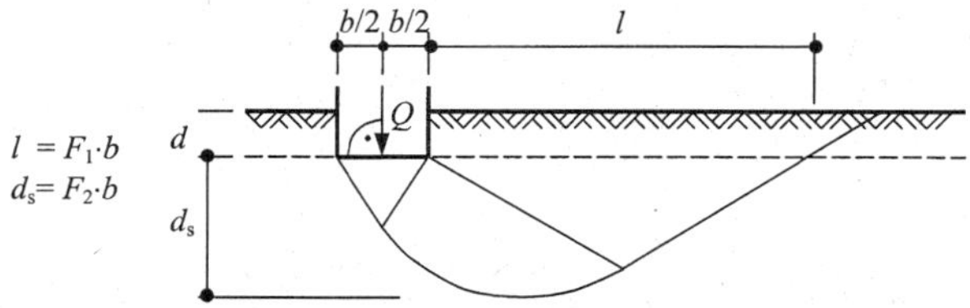

φ_k in °	0	5	10	15	20	22,5	25	27,5	30	32,5	35	37,5	40	42,5
F_1	1,0	1,3	1,6	2,0	2,5	2,9	3,3	3,7	4,3	5,0	5,8	6,8	8,0	9,6
F_2	0,7	0,8	0,9	1,0	1,2	1,2	1,4	1,5	1,6	1,7	1,9	2,1	2,4	2,6

Weicher bindiger Boden unterhalb der Deckschicht

Bei Vorhandensein eines gesättigten bindigen Bodens unter einer festeren Deckschicht mit einem Abstand $d_1 \leq 2b$ unterhalb der Gründungssohle ist ein zusätzlicher Grundbruchnachweis unter Berücksichtigung des Durchstanzens in Höhe der Ersatzfundamentfläche A'' zu erbringen.

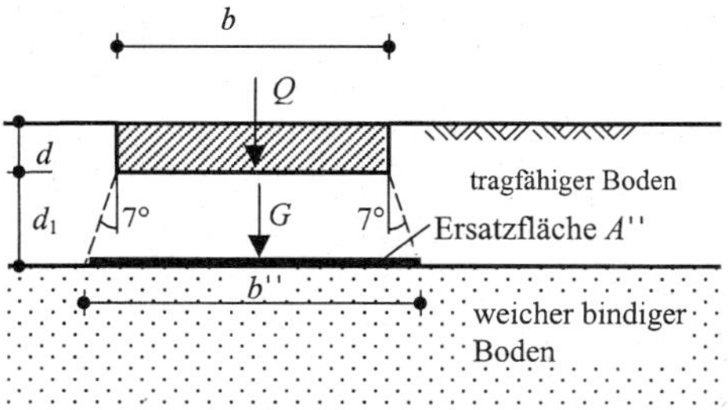

Zur Ermittlung der Ersatzfläche A'' an der Oberkante der weichen bindigen Schicht darf ein Lastausbreitungswinkel von 7° gegen die Lotrechte angenommen werden. Für den Grundbruchnachweis ist das Gewicht G der Deckschicht oberhalb der Ersatzfläche $A'' = a'' \cdot b''$ als Einwirkung zu berücksichtigen. Die zugehörige Einbindetiefe ergibt sich zu $d'' = d + d_1$.

4.4.2 Grundbruchnachweis bei geschichtetem Boden unterhalb der Sohlfläche

Möglichkeiten:

- unter Ansatz eines Ersatzbodens mit gemittelten Parametern φ_k , c_k und γ_k entsprechend den Anteilen (φ_k,c_k...Gleitflächenanteile, γ_k...Flächenanteil am Grundbruchkörper) der jeweiligen Schicht an der Grundbruchfigur, wobei die Abweichung der Reibungswinkel φ der einzelnen Schicht vom arithmetischen Mittelwert nicht mehr als 5° betragen darf.
- mittels besonderer Untersuchungen, z.B. Nutzung eines grafischen Verfahrens oder Auswertung von Probebelastungen.

4.5 Gleitsicherheit (GZ 1B)

Die Gefahr des Gleitens besteht entlang der Sohlfläche oder einer darunter befindlichen Schnittfläche im Baugrund (z.B. bei Fundamenten mit Sporn oder bei in Gleitrichtung ansteigender Sohlfläche) nach DIN 1054, falls der Bemessungswert der parallel zu dieser Fläche angreifenden Kräfte T_d in Verschiebungsrichtung größer als der Bemessungswert der widerstehenden Kräfte ($R_{t,d}$ und $E_{pt,d}$) ist.

Nachweis: $T_d \leq R_{t,d} + E_{pt,d}$

- Bestimmung des Bemessungswertes des Gleitwiderstandes $R_{t,d}$:

$R_{t,d}$ $R_{t,d} = R_{t,k} / \gamma_{Gl}$ mit γ_{Gl} nach Abschn. 1.2

a) Schnittebene in Höhe der Sohlfläche

– nichtbindiger oder konsolidierter bindiger Boden: $R_{t,k} = N_K \cdot \tan \delta_{s,k}$

– bindiger wassergesättigter Boden mit $\varphi_u = 0$: $R_{t,k} = A \cdot c_{u,k}$

b) Schnittebene im Boden unterhalb der Sohlfläche $R_{t,k} = N_k \cdot \tan \varphi_k + A \cdot c_k$

N_k normal zur betrachteten Schnittebene gerichtete charakteristische Beanspruchung (siehe Abschn. 4.1) aus der ungünstigsten Kombination ständiger und veränderlicher Einwirkungen

φ_k, c_k, $c_{u,k}$ charakteristische Scherparameter

A für die Kraftübertragung maßgebende Sohlfläche

$\delta_{s,k}$ Erfahrungswerte für den Sohlreibungswinkel $\delta_{s,k}$: bei Sohlflächen aus Ortbeton und Fertigteilen im Mörtelbett $\delta_{s,k} = \varphi_k$ mit $\delta_{s,k} \leq 35°$ und bei Fertigteilen $\delta_{s,k} = 2 \cdot \varphi_k / 3$

$E_{pt,d}$ Bemessungswert des passiven Erddrucks $E_{pt,d} = E_{pt,k} / \gamma_{Ep}$ parallel zur Sohlfläche (siehe Abschn. 3.5 und Abschn. 4.2). Bei ausreichend tiefer Einbindung des Fundaments in den Baugrund wird eine Verdrehung durch eine beidseitige Bodenreaktion verhindert, wobei $e_{pt,k(mob)} \leq 0{,}5 \cdot e_{pt,k}$ einzuhalten ist.

4.6 Kippen (GZ 1B)

Bei ausmittiger Beanspruchung ist der Nachweis ausreichender Kippsicherheit erfüllt, wenn Q_k aus den ständigen und veränderlichen Einwirkungen in den Lastfällen LF 1 und LF 2 höchstens ein Klaffen der Sohlfuge bis zum Schwerpunkt der Sohlfläche verursacht, das heißt, Q_k nicht außerhalb der 2. Kernfläche liegt. Im Lastfall LF 3 darf bei erfülltem Grundbruchnachweis der Nachweis gegen Kippen entfallen. Die maßgebende Lage von Q_k mit der größten Ausmittigkeit ergibt sich aus der ungünstigsten Kombination ständiger und veränderlicher Einwirkungen. Der stützende Erddruck ist nicht anzusetzen, da nur Einwirkungen berücksichtigt werden.

Für rechteckförmige Sohlflächen gilt:

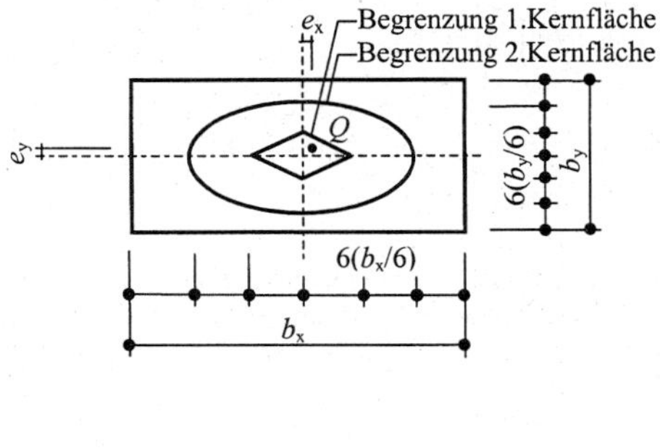

Nachweis, dass Q_k sich innerhalb der 1. Kernfläche befindet:

$$\frac{e_x}{b_x} + \frac{e_y}{b_y} \leq \frac{1}{6}$$

Nachweis, dass Q_k nicht außerhalb der 2. Kernfläche liegt:

$$\left(\frac{e_x}{b_x}\right)^2 + \left(\frac{e_y}{b_y}\right)^2 \leq \frac{1}{9}$$

Für kreisförmige Sohlflächen mit dem Radius r gilt:
1. Kernfläche bis $r_e = 0{,}25 \cdot r$ und 2. Kernfläche bis $r_e = 0{,}59 \cdot r$.

Für Baukörper, bei denen kleine Belastungsänderungen eine erhebliche Vergrößerung der Exzentrizität der resultierenden Kraft in der Sohlfläche nach sich ziehen, sind besondere Untersuchungen erforderlich.

4.7 Sicherheit gegen Aufschwimmen (GZ 1A)

Bei nicht verankerten Konstruktionen ist folgender Nachweis zu führen:

$$A_k \cdot \gamma_{G,dst} + Q_k \cdot \gamma_{Q,dst} \leq G_k \cdot \gamma_{G,stb} + F_{s,k} \cdot \gamma_{G,stb}$$

mit den charakteristischen Werten

A_k hydrostatische Auftriebskraft an der Unterseite der Gründung
Q_k ungünstige veränderliche Einwirkungen in vertikaler Richtung
G_k unterer Wert der günstigen ständigen Einwirkungen
$F_{s,k}$ eventuell zusätzlich einwirkende Scherkraft

Die Sicherheitsbeiwerte γ für den GZ 1A können dem Abschn. 1.2 entnommen werden.
Die Vertikalkomponente des aktiven Erddrucks kann als ständig günstige Einwirkung mit

$$F_{s,k} = E_{av,k} = 0{,}8 \cdot E_{ah,k} \cdot \tan \delta_a$$

berücksichtigt werden. Bei Dauerbauwerken muss bei Berücksichtigung von Scherkräften am vertikalen Bauwerksrand z.B. $E_{av,k}$ nachgewiesen werden, dass der Nachweis gegen Aufschwimmen auch ohne Berücksichtigung der Scherkräfte für den Lastfall LF 3 erfüllt ist.

4.8 Zulässige Ausmittigkeit der resultierenden charakteristischen Beanspruchung (GZ 2)

Damit keine klaffende Fuge auftritt, sind die Fundamentabmessungen so zu wählen, dass Q_k aus den ständigen Einwirkungen in der Sohlfläche innerhalb der 1. Kernfläche liegt (siehe Abb. in Abschn. 4.6). Der stützende Erddruck ist nicht zu berücksichtigen.

4.9 Verschiebungen in der Sohlfläche und Verdrehungen (GZ 2)

Der Nachweis unzuträglicher Verschiebungen in der Sohlfläche gilt unter folgenden beiden Bedingungen als erbracht:
wenn das Gleichgewicht der charakteristischen Kräfte parallel zur Sohle bei vollständiger Inanspruchnahme des Gleitwiderstandes eine Bodenreaktion erfordert, für die weniger als 30 % des charakteristischen passiven Erddrucks erforderlich ist (gilt nur bei mindestens steifen bindigem Boden oder nichtbindigem Boden mit mitteldichter Lagerung);
oder Erfüllung des Gleitsicherheitsnachweises ohne Berücksichtigung des stützenden Erddrucks.
In allen anderen Fällen sind gesonderte Untersuchungen erforderlich.

Bei Einhaltung der zulässigen Ausmittigkeit nach Abschn. 4.8 kann angenommen werden, dass bei Einzel- und Streifengründungen keine unzulässigen Verdrehungen des Bauwerks auftreten.

4.10 Setzungen [1] (GZ 2)

Definition: *Setzung* ist die lotrechte Verschiebung der Bodenteilchen infolge statischer Spannungszunahme in Richtung der Schwerkraft. (Für Senkungen, Sackungen und Erdfall sind andere Ursachen maßgebend. Deren Berechnung kann nicht nach Abschnitt 4.10.1 bis 4.10.3 erfolgen.)

---

[1] Nach E DIN 4019 (10.03).

4.10.1 Gesamtsetzung *s*

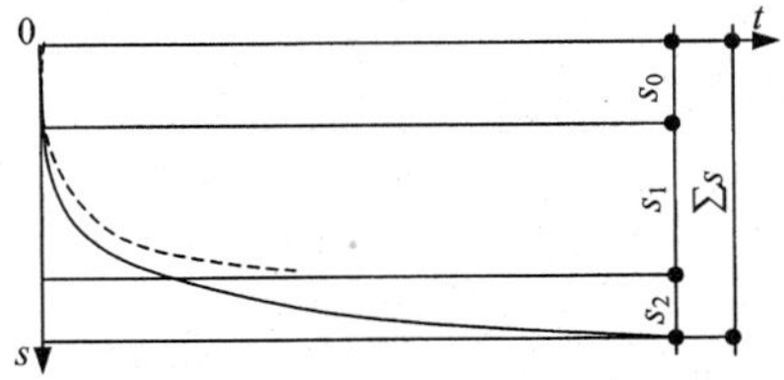

s_0 Sofortsetzung infolge Anfangsschubverformung und/oder Sofortverdichtung
s_1 Konsolidationssetzung (Primärsetzung) infolge Auspressen von Porenwasser und Porenluft
s_2 Kriechen (Sekundärsetzung) infolge plastischen Fließens bei bindigen Böden, wobei dieser Vorgang stark zeitabhängig ist $s_2 = f(t)$
t Zeit
Gesamtsetzung $\Sigma s = s_0 + s_1 + s_2$

4.10.2 Ermittlung der Gesamtsetzung Σs (Zeit $t \rightarrow \infty$) infolge lotrechter Belastung

4.10.2.1 Berechnungsmöglichkeiten

— mit Hilfe des Druck-Stauchung-Diagramms aus Laborversuchen oder mit Hilfe lotrechter Spannungen unter Ansatz eines mittleren Zusammendrückungsmoduls E_{sm} bzw. eines spannungsabhängigen Steifemoduls $E_s = f(\sigma)$ (indirekte Berechnung nach Abschn. 4.10.2.4)
— mit Hilfe einer Setzungsformel (direkte Berechnung nach Abschn. 4.10.2.5).

4.10.2.2 Vorgehen bei der Setzungsberechnung

Im Fall, dass die Setzungen bei der Bemessung des Tragwerks berücksichtigt werden, sind diese aufgrund
— vorsichtig geschätzter charakteristischer Mittelwerte
— *oder* als Bemessungswerte der kleinsten und größten zu erwartenden Setzungen zu ermitteln.

Die Berechnung ist abhängig vom Verformungsverhalten (starr/schlaff) des Gründungskörpers (siehe auch Abschnitt 4.2).

a) Schlaffer Gründungskörper

Bei einem schlaffen Gründungskörper bildet sich eine Setzungsmulde aus. Die Berechnung kann nach Abschn. 4.10.2.4 oder 4.10.2.5 erfolgen. Die Ermittlung der Setzung unter einem beliebigen Punkt innerhalb und außerhalb der Belastungsfläche ist mit Hilfe der lotrechten Spannungen (siehe Abschn. 4.10.2.4) möglich.

b) Starrer Gründungskörper

Es erfolgt eine gleichmäßige Setzung der Gründungssohle bei mittiger Belastung und oberflächenparalleler Schichtung des Bodens bzw. eine Verkantung der Sohle bei ausmittiger Lasteintragung.

Berechnung der Setzungen:

• Bei *gleichmäßiger Sohldruckverteilung* kann die Setzungsermittlung mit Hilfe der lotrechten Spannungen (siehe Abschn. 4.10.2.4) bzw. den Setzungsbeiwerten f (siehe Abschn. 4.10.2.5) unter den kennzeichnenden Punkten (k.P.) in der Gründungssohle (siehe nachfolgende Abb.) wie für ein schlaffes Fundament durchgeführt werden, da die Setzung unter diesen Punkten bei einem schlaffen und bei einem starren Gründungskörper übereinstimmt.

• Bei *trapezförmiger Sohldruckverteilung* kann bei der Berechnung
– mit Hilfe der lotrechten Spannungen zunächst die Setzungsmulde wie für einen schlaffen Gründungskörper ermittelt werden. Danach kann durch das Festlegen einer Ausgleichsebene (siehe folgende Abbildung) die Setzung des starren Fundaments näherungsweise bestimmt werden.
– Bei Anwendung einer Setzungsformel können die Setzungen der Eckpunkte infolge der ausmittigen Lasteintragung mit zusätzlichen Beiwerten f_x und f_y z.B. nach *Kany* ermittelt werden, falls keine klaffende Sohlfuge auftritt.

Festlegen der Ausgleichsebene bei einachsiger Ausmittigkeit:

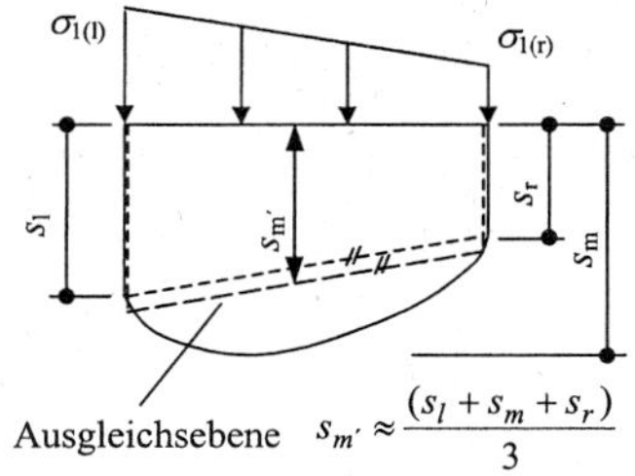

kennzeichnende Punkte k.P. bei rechteckigem Grundriss:

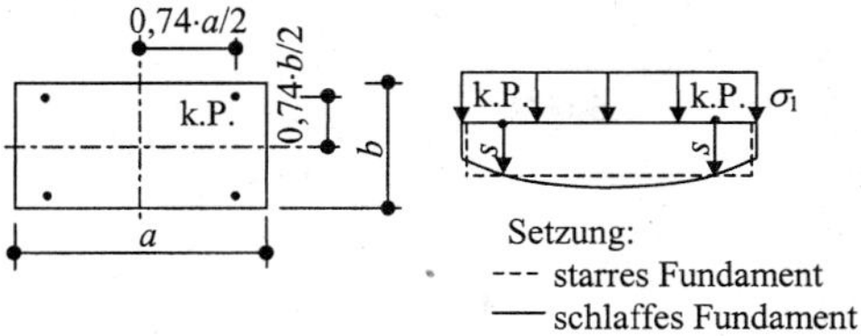

4.10.2.3 Parameter zur Setzungsberechnung

σ_0	Sohldruck unter dem Fundament bei Annahme einer geradlinigen Verteilung (siehe Abschn. 4.3.1.2)
σ_1	setzungswirksamer Sohldruck unter Berücksichtigung der Vorbelastung in Höhe der Gründungssohle (siehe Abschn. 4.10.5.2)
σ_z	lotrechte Spannung infolge Auflast in einer beliebigen Tiefe z (siehe Abschn. 4.10.5.3)
$\sigma_ü$	lotrechte Spannung infolge Eigenlast (siehe Abschn. 4.10.5.4)
i	Spannungseinflusswert nach Abschn. 4.10.5.3

Grenztiefe t_s

a) Tiefe, bei der das Spannungsverhältnis $\sigma_z / \sigma_ü = 0{,}2$ erreicht wird

b) Schichtgrenze, falls sich eine nachgiebige Schicht über einer unnachgiebigen befindet; kleinerer Wert der Bedingung nach a) oder b) ist für die Festlegung von t_s maßgebend. (Sonderfall: Liegt eine sehr weiche Schicht unterhalb der Grenztiefe t_s, so ist diese entsprechend tiefer anzunehmen.)

Bei ausmittiger Belastung ist der Mittelwert des lotrechten Sohldruckanteils für die Berechnung der Grenztiefe t_s maßgebend.

4.10.2.4 Berechnung mit Hilfe lotrechter Spannungen

Setzungsberechnung bei Annahme eines mittleren konstanten Steifemoduls E_{sm} über die gesamte Grenztiefe t_s :

a) Ermittlung des mittleren Steifemoduls E_{sm}
- E_{sm} für Vorentwürfe nach EAU [11.2] oder Vorgehensweise nach Fußtext der Tafel S. 11.23
- E_{sm}-Bestimmung anhand des Druck-Stauchungs-Diagramms
- E_{sm} ist auch durch Rückrechnung aus Setzungsbeobachtungen bestimmbar.

Bei Wiederbelastung ist in der Regel der Zusammendrückungsmodul größer als bei Erstbelastung.

Bei alleiniger Bestimmung von E_{sm} durch Kompressionsversuche im Labor sind zur Berücksichtigung von Modellfehlern und Probestörungen eventuell Korrekturfaktoren durch den Sachverständigen für Geotechnik festzulegen.

b) Ermittlung der Gesamtsetzung $\Sigma s = s$, falls bei der Ermittlung von E_{sm} die Anteile aus Sofortsetzung und Kriechen mit erfasst wurden (Erläuterung der Variablen siehe 4.10.2.3):

$$s = \frac{1}{E_{sm}} \int_{z=0}^{z=t_s} \sigma_z \mathrm{d}z = \frac{A}{E_{sm}} = \int_{z=0}^{z=t_s} \varepsilon_z \mathrm{d}z = A_\varepsilon$$

Näherungsweise ist die Berechnung von A mit der Keplerschen Fassregel möglich:

$$A = \frac{t_s}{6} \cdot \left(\sigma_{z(z=0)} + 4 \cdot \sigma_{z(z=t_s/2)} + \sigma_{z(z=t_s)}\right) = \frac{t_s}{6} \cdot (\sigma_0 - \sigma_v) \cdot \left(i_{(z=0)} + 4 \cdot i_{(z=t_s/2)} + i_{(z=t_s)}\right)$$

mit i nach Abschn. 4.10.5.3

Genauere Setzungsermittlung bei Vorliegen der Druck-Stauchung-Beziehung aus einem Kompressionsversuch oder bei Zugrundelegung eines spannungsabhängigen Steifemodulansatzes:

– Bestimmung der lotrechten Spannungen infolge Eigenlast $\sigma_{ü}$ und infolge Auflast σ_z jeweils in der Tiefe $z = 0$; $z = t_s/2$; $z = t_s$;
bei homogenem Boden gilt: $\sigma_{ü(i)} = \sigma_v + z \cdot \gamma_{Boden}$

$\sigma_{z(i)} = (\sigma_0 - \sigma_v) \cdot i_{(i)}$ mit $i_{(i)} = f(a,b,z)$ nach Abschn. 4.10.5.3

– Ermittlung der Stauchung $\Delta\varepsilon_{z(i)}$
Zeichnerische Lösung durch Abgreifen der Stauchung $\Delta\varepsilon_{z(i)}$ aus Druck-Stauchungs-Diagramm *oder* Berechnung mit Hilfe eines spannungsabhängigen Steifemodulansatzes

$E_s = v \cdot \sigma_{ref} \left(\sigma / \sigma_{ref}\right)^w$ nach *Ohde* mit $\sigma_{ref} = 1$ bar; v und w siehe Abschn. 2.8:

$$w = 1: \Delta\varepsilon_{z(i)} = 1 - \left(\frac{\sigma_{ü(i)}}{\sigma_{ü(i)} + \sigma_{z(i)}}\right)^{\frac{1}{v}};$$

$$w \neq 1: \Delta\varepsilon_{z(i)} = 1 - e^a \text{ mit } a = \frac{1}{v} \cdot \frac{(0{,}01\sigma_{ü(i)})^{(1-w)} - (0{,}01(\sigma_{ü(i)} + \sigma_{z(i)}))^{(1-w)}}{(w-1)}$$

Alle Spannungen sind in der Einheit kN/m² einzusetzen.

– Ermittlung der Setzung mit Hilfe der Keplerschen Fassregel

$$s = \int_{z=0}^{z=t_s} \varepsilon_z \mathrm{d}z = A_\varepsilon \text{ mit } A_\varepsilon = \frac{t_s}{6} \cdot (\Delta\varepsilon_{z(z=0)} + 4 \cdot \Delta\varepsilon_{z(z=t_s/2)} + \Delta\varepsilon_{z(z=t_s)})$$

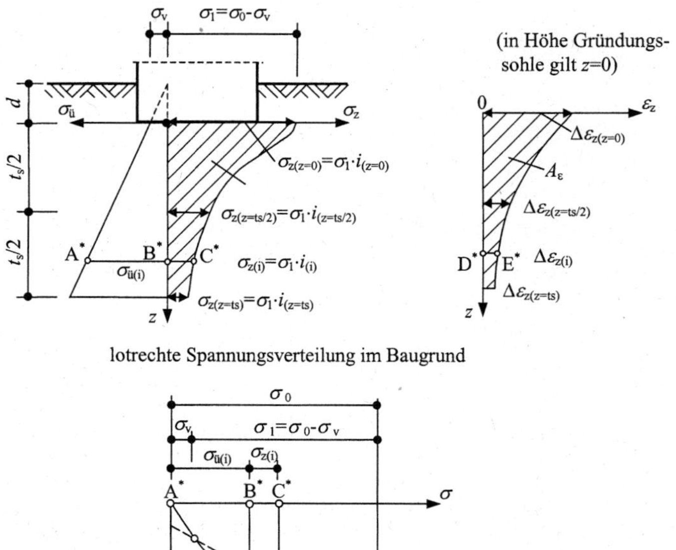

lotrechte Spannungsverteilung im Baugrund

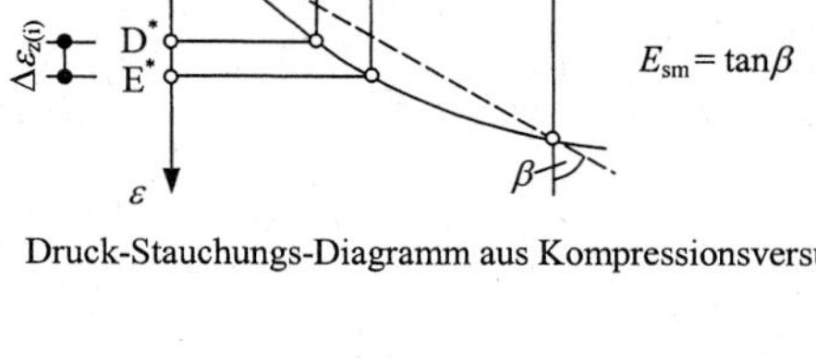

Druck-Stauchungs-Diagramm aus Kompressionsversuch

4.10.2.5 Berechnung mit Hilfe einer Setzungsformel

Bei gleichmäßig verteilter Belastung auf einer rechteckförmigen schlaffen Fundamentfläche $A = a \cdot b$ mit $a \geq b$ ergeben sich die Setzungen für die Grenztiefe $z = t_s$ (bei starren Fundamenten unter k.P.):

$s = \dfrac{\sigma_1 \cdot b \cdot f}{E_{sm}}$ mit $f = f_k$ für den kennzeichnenden Punkt (k.P.); $f = f_l$ für den Eckpunkt nach *Kany*.

z/b	$a/b = 1$		$a/b = 1{,}5$		$a/b = 2{,}0$		$a/b = 3{,}0$		$a/b = 4{,}0$		$a/b = 5{,}0$	
	f_l	f_k	f_l	f_k	f_l	f_k	f_l	f_k	f_l	f_k	f_l	f_k
0,75	0,18	0,42	0,18	0,46	0,18	0,48	0,18	0,51	0,18	0,52	0,18	0,53
1,00	0,23	0,49	0,23	0,54	0,23	0,57	0,24	0,61	0,24	0,63	0,24	0,64
1,25	0,27	0,54	0,28	0,60	0,28	0,64	0,28	0,69	0,28	0,71	0,28	0,73
1,50	0,30	0,58	0,32	0,65	0,32	0,70	0,33	0,75	0,33	0,79	0,33	0,81
1,75	0,33	0,61	0,35	0,69	0,36	0.74	0,37	0,81	0,37	0,85	0,37	0,87
2,00	0,35	0,64	0,38	0,73	0,39	0,78	0,40	0,85	0,40	0,90	0,40	0,93
2,25	0,37	0,66	0,40	0,76	0,42	0,82	0,43	0,89	0,43	0,94	0,44	0,98

4.10.3 Setzungen infolge Kriechens

- Das Kriechen wird i.d.R. bereits im mittleren Steifemodul E_{sm} mit berücksichtigt, sodass die Berechnung nach Abschnitt 4.10.2 erfolgen kann.
- Bei sehr weichen bindigen Böden können Kriechsetzungen noch nach Jahren auftreten (siehe auch Abschn. 4.10.1).

4.10.4 Grenzwerte für Verformungen

Bei Ausbildung einer Setzungsmulde gilt nach *Skempton*:

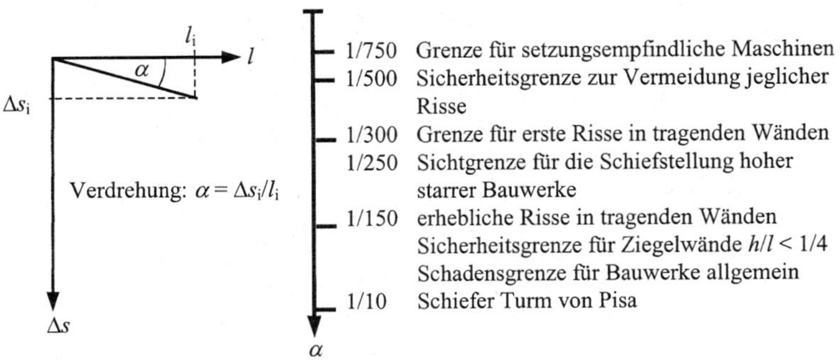

Die angegebenen Werte gelten für Muldenlagerung. Bei Sattellagerung ist die zulässige Setzung zu halbieren.

Die messtechnische Überprüfung (siehe DIN 4107) der rechnerischen Setzungsprognose ist während der Bauausführung besonders dann empfehlenswert, wenn das zu errichtende Bauwerk oder die vorhandene Nachbarbebauung sehr setzungsempfindlich ist oder erhebliche Schäden durch unzulässige Setzungen zu erwarten sind.

4.10.5 Bestimmung der lotrechten Spannungen σ_z infolge lotrechter Auflast und $\sigma_Ü$ infolge Eigenlast des Bodens im elastisch isotropen Halbraum

4.10.5.1 Mittlerer Sohldruck σ_0 unter dem Gründungskörper

Ermittlung von σ_0 unter Annahme einer geradlinigen Spannungsverteilung (siehe Abschn. 4.3.1.2).

4.10.5.2 Setzungswirksamer Sohldruck σ_1 infolge Auflast

Erfolgt nach dem Aushub der Baugrube keine Entspannung des Bodens (infolge Wegfall der Vorbelastung) vor dem Aufbringen der Auflast, so ergibt sich σ_1 zu: $\sigma_1 = \sigma_0 - \sigma_v$ mit $\sigma_v = \gamma_{Boden} \cdot d$. Bei überkonsolidierten Böden und/oder Entspannung des Baugrunds ist $\sigma_v = 0$ zu setzen und der Steifemodul für Wiederbelastung anzusetzen.

4.10.5.3 Lotrechte Spannungen σ_z im Baugrund infolge Auflast bei rechteckförmigem Grundriss

a) Spannungen σ_z unter dem kennzeichnenden Punkt infolge gleichmäßiger Flächenlast σ_1:
   $\sigma_z = i_k \cdot \sigma_1$ in einer beliebigen Tiefe z mit i_k nach Tafel 11.61a

b) Spannungen σ_z unter dem Eckpunkt eines schlaffen Gründungskörpers bei geradliniger Verteilung des setzungswirksamen Sohldrucks σ_1 in einer beliebigen Tiefe z
   $\sigma_z = i_1 \cdot \sigma_1$ mit i_1 nach Tafel 11.61b
   - Eine trapezförmige Sohldruckfigur ist in Rechtecke und rechtwinklige Dreiecke zu zerlegen, damit die Ermittlung der lotrechten Spannungen σ_z mit i_1 nach Tafel 11.61b, 11.60a und 11.60b durch Superposition der Spannungsanteile erfolgen kann.
   - Die Spannungen unter einem beliebigen Punkt innerhalb oder außerhalb der Belastungsfläche können durch Superposition der Spannungsanteile gewonnen werden (siehe folgende Abbildung).

c) Spannungen unterhalb eines schlaffen Gründungskörpers unter anderen Voraussetzungen:
   - bei gleichmäßiger Flächenbelastung und beliebigem Grundriss nach *Newmark* siehe [11.3]
   - bei kreis- oder rechteckförmigem Grundriss und Einzel- oder Streifenbelastung siehe [11.3].

Spannungseinflusswerte i_1 unter dem Eckpunkt einer dreieckförmigen Belastungsfläche nach *Jelinek*

Tafel 11.60a Für $\sigma_1 = 0$

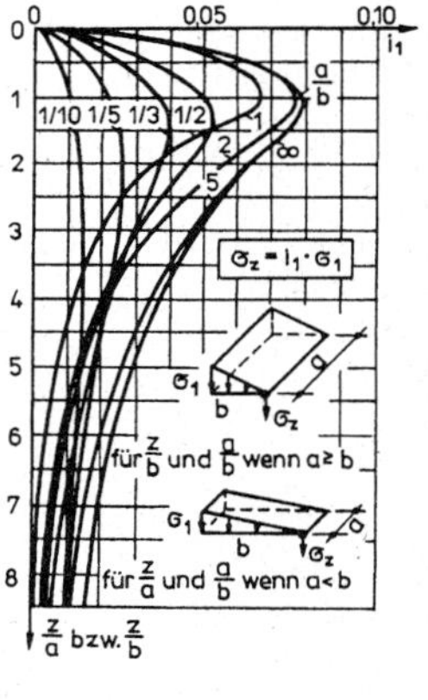

Tafel 11.60b Für $\sigma_1 = \sigma_{max}$

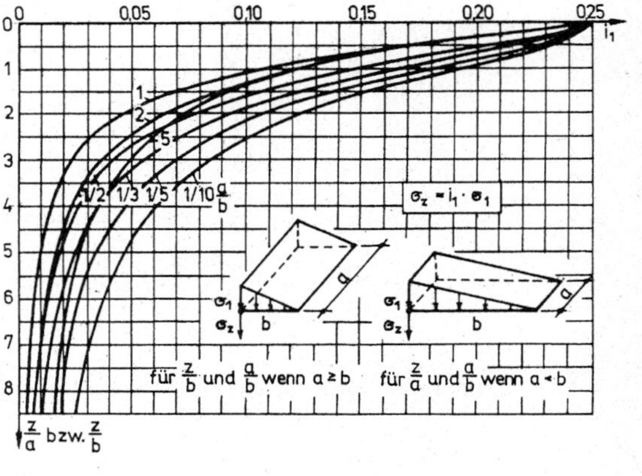

Tafel 11.61a **Spannungseinflusswerte i_k unter dem kennzeichnenden Punkt einer rechteckförmigen Belastungsfläche nach *Kany* [1)]**

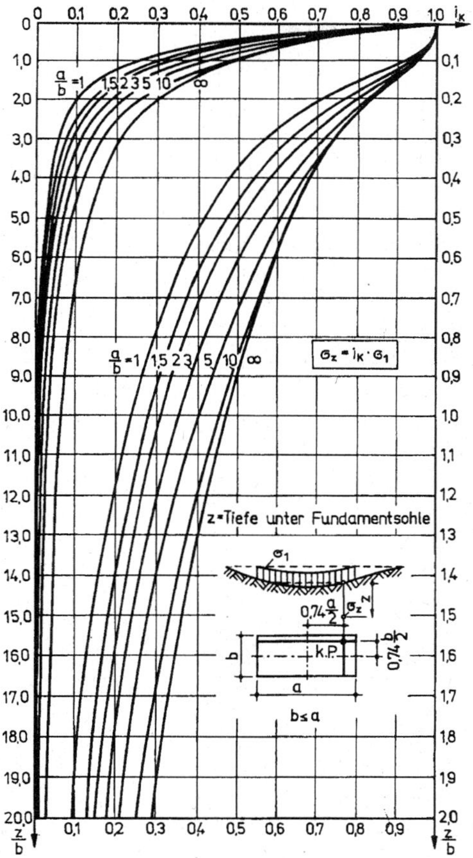

Tafel 11.61b
Spannungseinflusswerte i_1 unter dem Eckpunkt einer rechteckförmigen Belastungsfläche nach *Steinbrenner* [1)]

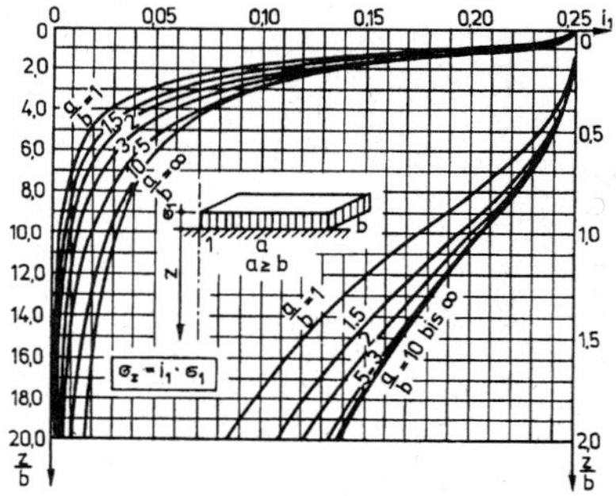

Tafeln 11.60a, 11.60b, 11.61a und 11.61b gelten für schlaffe Gründungskörper im elastisch isotropen Halbraum bei rechteckförmigem Grundriss.
Beispiel für die Spannungsermittlung unter einem Punkt P außerhalb der Belastungsfläche *A*:

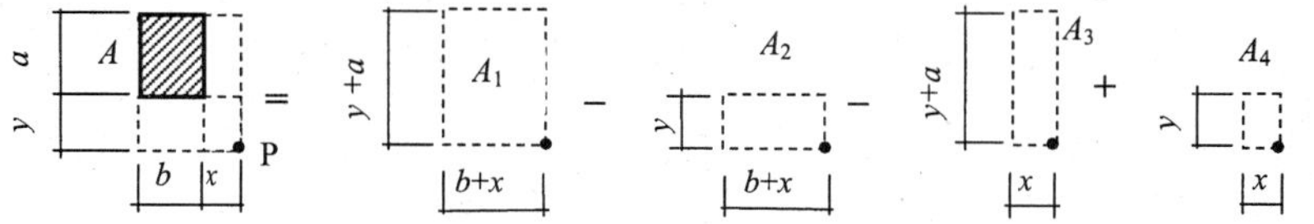

[1)] Die linke Skala ist für die linke Kurvenschar und die rechte Skala für die rechte Kurvenschar zu benutzen.

4.10.5.4 Lotrechte Spannungen $\sigma_ü$ infolge Eigenlast des Bodens

$$\sigma_ü = \sigma_v + \gamma_{Boden} \cdot z$$

in einer beliebigen Tiefe z mit $\sigma_v = \gamma_{Boden} \cdot d$ bei erstbelastetem Boden, falls keine Entspannung des Bodens vor Aufbringen der Auflast erfolgt (siehe auch Erläuterungen zu σ_1).

Beispiel: Ermittlung der Setzung für ein Einzelfundament

geg.:

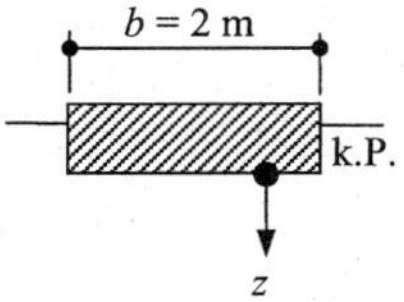

- gleichmäßige Sohlspannungsverteilung $\sigma_0 = 285$ kN/m
- starres Verformungsverhalten des Fundaments
- Abmessung der Sohlfläche $A = 2$ m · 4 m
- Einbindetiefe $d = 2$ m
- Wichte des Bodens $\gamma_k = 17{,}5$ kN/m³
- mittlerer Steifemodul $E_{sm} = 10$ MPa

Annahmen: Bei schnellem Baufortschritt kann sich der Boden beim Aushub infolge des Wegfalls der Bodenauflast in Höhe Baugrubensohle kaum entspannen.
Die Vorbelastung beträgt $\sigma_v = d \cdot \gamma_k = 2 \cdot 17{,}5 = 35$ kN/m².
Die setzungswirksame Spannung σ_1 beträgt somit:
$\sigma_1 = \sigma_0 - \sigma_v = 285 - 35 = 250$ kN/m².

Lsg.: Berechnung der Setzung unter kennzeichnendem Punkt k.P., da starres Fundament.

1. Ermittlung der Grenztiefe t_s bei $\sigma_z / \sigma_ü = 0{,}2$ durch Probieren mit $a = 4$ m und $b = 2$ m

z m	a/b	z/b	i_k Tafel 11.61a	$\sigma_z = i_k \cdot \sigma_1$ kN/m²	$\sigma_ü = \gamma \cdot z + \sigma_v$ kN/m²	$\sigma_z / \sigma_ü$
0	2	0	1	250	35	7,14
3	2	1,5	0,2082	52,1	87,5	0,59
4	2	2	0,1475	36,9	105	0,35
6	2	3	0,0823	20,6	140	0,15
5,2	2	2,6	0,1024	25,50	126	0,20

2. Ermittlung der Setzung für den Grenzzustand GZ 2

2.1 Setzungsberechnung mit Hilfe der lotrechten Spannungen

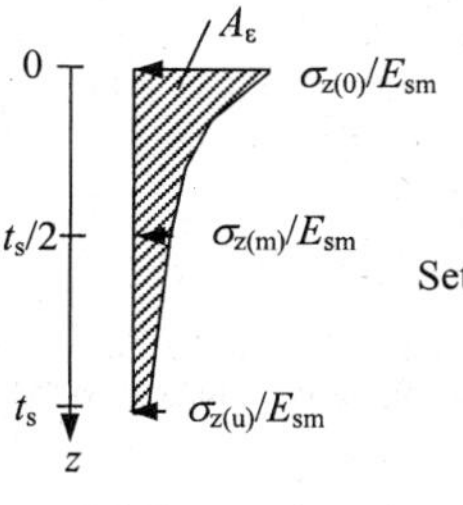

σ_z unter dem kennzeichnenden Punkt k.P. mit i_k nach Tafel 11.61a:

bei $z = 0$: $\sigma_{z(o)} = \sigma_1 \cdot i_{k(o)} = 250 \cdot 1 = 250$ kN/m²

bei $z = t_s/2$: $\sigma_{z(m)} = \sigma_1 \cdot i_{k(m)} = 250 \cdot 0{,}242 = 60{,}5$ kN/m²

bei $z = t_s$: $\sigma_{z(u)} = \sigma_1 \cdot i_{k(u)} = 250 \cdot 0{,}102 = 25{,}5$ kN/m²

Setzung s, falls keine Korrektur von E_{sm} erforderlich

$s = A_\varepsilon = t_s \cdot (\sigma_{z(o)} + 4 \cdot \sigma_{z(m)} + \sigma_{z(u)})/6/E_{sm}$
$= 5{,}2 \cdot (250 + 4 \cdot 60{,}5 + 25{,}5)/6/10\,000$
$s = 0{,}045$ m $= 4{,}5$ cm

2.2 Setzungsberechnung mit Hilfe einer Setzungsformel

$f_k \approx 0{,}86$ für $z/b = t_s/b = 2{,}6$ (mit f_k aus Abschn. 4.10.2.5)
$s = \sigma_1 \cdot b \cdot f / E_{sm} = 250 \cdot 2 \cdot 0{,}86/10\,000 = 0{,}043$ m $= 4{,}3$ cm

5 Pfahlgründungen

5.1 Pfahlarten

Pfähle übertragen die Belastung über die Pfahlmantelfläche und den Pfahlfuß in den Baugrund. Es wird in axial belastete Druck- oder Zugpfähle und in horizontal belastete Pfähle unterschieden. Für die Nachweise nach DIN 1054 wird unterteilt in Verdrängungspfähle (Verdichtung des umgebenden Bodens beim Einbau), Bohrpfähle und verpresste Mikropfähle.
Nach der Herstellungsart ist die Unterscheidung in Fertig- und Ortpfähle üblich.
Ortbetonpfähle werden durch Ausbetonieren des Bohrlochs hergestellt. Dieses ist durch Verrohrung oder Stützflüssigkeit frei zu halten. Man unterscheidet nach dem Arbeitsverfahren in Bohr-, Ortramm-, Pressrohr- und Rüttelpfähle.
Verbundpfähle sind eine Kombination aus Fertig- und Ortpfahl. Dabei wird die Kraftübertragung zum umgebenden Erdreich durch Verpressen mit Beton oder Zementmörtel erreicht.
Vorschriften:
Normen über die Ausführung spezieller geotechnischer Arbeiten (Spezialtiefbau)

DIN EN 1536 (06.99)	– Bohrpfähle
DIN EN 12 699 (05.01)	– Verdrängungspfähle
E DIN EN 14 199 (08.01)	– Pfähle mit kleinen Durchmessern (Minipfähle)
E DIN EN 12 794 (06.97)	– Vorgefertigte Gründungspfähle aus Beton

5.2 Einwirkungen und Beanspruchungen

Neben den Einwirkungen aus den Gründungslasten sind u.a. folgende grundbauspezifische Einwirkungen zu berücksichtigen:
Seitendruck
Biegebeanspruchung aus Seitendruck ist zu berücksichtigen bei Vertikalpfählen als Folge von horizontalen Bodenbewegungen und bei Schrägpfählen als Folge von Setzungen und Hebungen des Bodens. In weichen, bindigen Böden ist der Seitendruck mit den charakteristischen Bodenkenngrößen für folgende Fälle zu untersuchen, wobei der kleinere Wert maßgebend ist:
- resultierender Erddruck aus der Differenz der Erddrücke, die auf gegenüber liegende Flächen des im Boden eingebetteten Bauteils wirken,
- Fließdruck infolge Vorbeifließens des Bodens bei voll ausgeschöpfter Scherfestigkeit.

Negative Mantelreibung
Schubkräfte auf die Mantelflächen sind als ständige Einwirkungen anzusetzen, wenn sich der Boden relativ zum Pfahl überwiegend vertikal bewegt. Charakteristischer Wert der negativen Mantelreibung ($c_{u,k}$ undrainierte Kohäsion, σ_V effektive Vertikalspannung, φ'_k Reibungswinkel, K_0 Erdruhedruckbeiwert):

$$\tau_{n,k} = c_{u,k} \text{ für bindige Böden} \qquad \tau_{n,k} = \sigma'_V \cdot K_0 \cdot \tan \varphi'_k \text{ für nichtbindige Böden}$$

Die Bemessungswerte der Beanspruchungen, d.h. axial bzw. horizontal auf den Pfahl wirkende Kräfte, sind aus den charakteristischen Einwirkungen zu ermitteln und den Bemessungswerten der Widerstände gegenüberzustellen.

5.3 Pfahlwiderstände

Die nachfolgenden Angaben zur Ermittlung der Pfahlwiderstände gelten für Einzelpfähle. Bei Pfählen in Pfahlgruppen und bei Pfahl-Platten-Gründungen ist teilweise mit abweichendem Widerstands-Setzungs-Verhalten zu rechnen.

5.3.1 Axiale Pfahlwiderstände

Pfahlwiderstand R des in axialer Richtung belasteten Einzelpfahls ist Funktion der Pfahlkopfsetzung s, Anteile: Fußwiderstand $R_b(s)$ (nur bei Druckpfählen) und Mantelwiderstand $R_S(s)$. Die Widerstands-Setzungs(Hebungs)-Linie soll aufgrund statischer Probebelastungen oder von Erfahrungen mit vergleichbaren Verhältnissen ermittelt werden (DIN 1054). Liegen keine Erfahrungen mit

gen mit vergleichbaren Verhältnissen ermittelt werden (DIN 1054). Liegen keine Erfahrungen mit vergleichbaren Verhältnissen vor und sind Probebelastungen nicht möglich, darf der charakteristische Pfahlwiderstand aus Erfahrungswerten bestimmt werden. Aus der Arbeitslinie des Einzelpfahls erhält man den Widerstand im GZ1 bei der Setzung s_1. Wird kein Grenzwert des Widerstands festgestellt, gilt: $s_1 = 0{,}1 \cdot D_b$ (D_b Pfahlfußdurchmesser).

5.3.1.1 Bohrpfähle, charakteristische axiale Pfahlwiderstände (Erfahrungswerte)

Zur Ermittlung des axialen Pfahlwiderstands $R_{1,k}(s)$ Widerstands-Setzungs-Linie nach folgendem Ansatz konstruieren: $R_{1,k}(s) = R_{b1,k}(s) + R_{S1,k}(s) = q_{b1,k} \cdot A_b + \sum q_{S1,k,i} \cdot A_{S,i}$

A_b Pfahlfußfläche
$A_{S,i}$ Pfahlmantelfläche der Schicht i
$q_{b1,k}$ Pfahlspitzenwiderstand
$q_{s1,k,i}$ Pfahlmantelreibung in der Schicht i
$R_{1,k}(s)$ Pfahlwiderstand
$R_{b1,k}(s)$ Pfahlfußwiderstand (base)
$R_{S1,k}(s)$ Pfahlmantelwiderstand (shaft)

$s_g = 0{,}1 \cdot D_S$ bzw. $s_g = 0{,}1 \cdot D_b$ Grenzsetzung $s_g = s_1$ D_S Pfahlschaftdurchmesser

$s_{sg} = 0{,}5 \cdot R_{S,k}(s) + 0{,}5 \leq 3{,}0$ cm $R_{S,k}$ in MN, bei Zug $s_{sg,zug} = 1{,}3 \cdot s_{sg}$

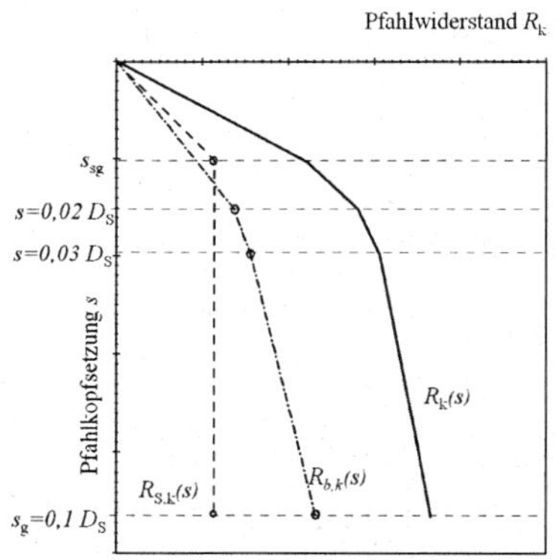

Anforderungen für Ansatz der Tabellenwerte:

- Einbindetiefe der Pfähle in den Baugrund: mindestens 5 m bzw. mit größer dem 5fachen Pfahlschaftdurchmesser D_S
- Einbindetiefe in tragfähige Schicht ≥ 2,5 m.

Voraussetzungen für Anwendung der Erfahrungswerte des Pfahlspitzenwiderstands:

- Mindestmächtigkeit der tragfähigen Schicht unterhalb Pfahlfuß: dreifacher Pfahlfußdurchmesser bzw. 1,5 m
- Für diesen Bereich ist $q_c \geq 10$ MN/m² bzw. $c_{u,k} \geq 0{,}10$ MN/m² nachzuweisen.

Andernfalls ist der Nachweis gegen Durchstanzen zu führen und es ist zu untersuchen, inwieweit der darunter liegende Boden das Setzungsverhalten beeinflusst.

Pfahlspitzenwiderstand $q_{b,k}$ in MN/m² nach DIN 1054 Tab. B.1, B.2 und B.5

s/D_s Oder s/D_b 1)	Nichtbindiger Boden bei q_c 2) in MN/m²				bindiger Boden bei c_u 3) in MN/m²		Fels bei $q_{u,k}$ 4) MN/m²		
	10	15	20	25	0,1	0,2	0,5	5	20
0,02	0,70	1,05	1,40	1,75	0,35	0,90	1,5	5	10
0,03	0,90	1,35	1,80	2,25	0,45	1,10			
0,1 (=s_g)	2,00	3,00	3,50	4,00	0,80	1,50			

Zwischenwerte geradlinig interpolieren. Bohrpfähle mit Fußverbreiterung: Werte auf 75 % abmindern.

Bruchwert der Pfahlmantelreibung $q_{s,k}$ in MN/m² nach DIN 1054 Tab. B.3 bis B.5

Nichtbindiger Boden bei q_c 2) in MN/m²				bindiger Boden bei c_u 3) in MN/m²			Fels bei $q_{u,k}$ 4) MN/m²		
0	5	10	15	0,025	0,1	0,2	0,5	5	20
0,00	0,04	0,08	0,12	0,025	0,04	0,06	0,08	0,5	0,5

1) Bezogene Pfahlkopfsetzung: s Pfahlkopfsetzung, D_s Pfahlschaftdurchmesser, D_b Pfahlfußdurchmesser.

2) Spitzenwiderstand Drucksonde DIN 4094 (Spitzenquerschnittsfläche 10 cm²).

3) Undrainierte Kohäsion des Bodens.

4) Einaxiale Druckfestigkeit nach Empfehlungen des AK Versuchstechnik im Fels der DGGT.

Sind Verformungen der Pfahlgründung für das Gesamttragwerk von Bedeutung, ist unter Vorgabe charakteristischer aufnehmbarer Setzungen $s_{2,k}$ der Nachweis des GZ2 unter Benutzung der Pfahl-widerstands-Setzungs-Linien zu führen (siehe DIN 1054).
Es ist der Nachweis $E_{2,d} = E_{2,k} \leq R_{2,d} = R_{2,k}$ zu erbringen (siehe Abschnitt 1).

5.3.1.2 Gerammte Verdrängungspfähle, charakteristische axiale Pfahlwiderstände (Erfahrungswerte)

Erfahrungswerte für die Berechnung der axialen Tragfähigkeit von Verdrängungspfählen sind für den GZ 1B nur für nichtbindige Böden und Fertigteilpfähle aus Stahlbeton oder Spannbeton angegeben. Andernfalls ist der Nachweis für den Grenzzustand GZ 2 mit den entsprechenden Erfahrungswerten für Pfahlmantelreibung und Pfahlspitzenwiderstand zu führen.
Charakteristische Pfahlwiderstände für den Grenzzustand GZ 1B dürfen wie folgt ermittelt werden:

$$R_{1,k} = R_{b1,k} + R_{S1,k} = q_{b1,k} \cdot A_b + \sum q_{S1,k,i} \cdot A_{S,i}$$

Die Anwendung der Erfahrungswerte für den GZ 1B ist auf Fertigverdrängungspfähle aus Stahlbeton oder Spannbeton mit Durchmessern $D_S = 0{,}2$ bis 0,5 m beschränkt. Folgende Anforderungen an die Bodenschicht sind nachzuweisen:

- Der Baugrund besteht aus nichtbindigen Böden.
- Die Mächtigkeit der tragfähigen Schicht unterhalb der Pfahlfußfläche entspricht mindestens dem 3fachen des Pfahlfußdurchmessers und ist größer als 1,5 m.
- Der Spitzenwiderstand der Drucksonde ist in diesem Bereich $q_c \geq 7{,}5$ MN/m².

Charakteristischer Pfahlspitzenwiderstand $q_{b1,k}$ und charakteristische Pfahlmantelreibung $q_{s1,k}$ von Fertigteilpfählen aus Stahl- oder Spannbeton in nichtbindigem Boden für den Grenzzustand GZ1B nach Tabelle C.1 und C.2 der DIN 1054

Bruchwert der Pfahlmantelreibung $q_{s1,k}$ bei mittlerem Spitzenwiderstand der Drucksonde q_c in MN/m²				Pfahlspitzenwiderstand $q_{b1,k}$ bei mittlerem Spitzenwiderstand der Drucksonde q_c in MN/m²		
2,5	7,5	15	≥ 25	7,5	15	≥ 25
0,023	0,07	0,130	0,170	2,0	5,0	12,0

Zwischenwerte dürfen geradlinig interpoliert werden.

Für gerammte Fertigteilverdrängungspfähle aus Stahl- oder Spannbeton kann ein gesonderter Nachweis der Pfahltragfähigkeit im GZ 2 entfallen. Die zu erwartenden Setzungen liegen i.d.R. unter 1,5 cm.
Für die Anwendung der Erfahrungswerte zum Nachweis des Grenzzustandes GZ 2 sind folgende Anforderungen an den Boden nachzuweisen:

- ausreichend tragfähiger nichtbindiger Boden, Spitzenwiderstand der Drucksonde von $q_c \geq 10$ MN/m²,
- annähernd halbfester bindiger Boden mit $I_C \approx 1{,}0$ bzw. $c_u \geq 150$ kN/m².

Die Pfahlwiderstände für den GZ2 dürfen um 25 % erhöht werden, wenn

- nichtbindiger Boden mit $q_c \geq 15$ MN/m²,
- halbfester bindiger Boden mit $I_C \geq 1{,}0$ bzw. $c_u \geq 200$ kN/m² ansteht.

Charakteristische Pfahlwiderstände $R_{2,k}$ in kN von gerammten Verdrängungspfählen für den Grenzzustand GZ2 nach Tabelle C.3 und C.4 DIN 1054

Einbindetiefe in den tragfähigen Boden in m	Holz Pfahlfußdurchmesser D_b in cm					Stahl- und Spannbeton Seitenlänge a_S in cm				
	15	20	25	30	35	20	25	30	35	40
3,0	100	150	200	300	400	200	250	350	450	550
4,0	150	200	300	400	500	250	350	450	600	700
5,0	-	300	400	500	600	-	400	550	700	850
6,0	-	-	-	-	-	-	-	650	800	1000

Charakteristische Pfahlwiderstände $R_{2,k}$ in kN von gerammten Verdrängungspfählen aus Stahl für den Grenzzustand GZ2 nach Tabelle C.5 in DIN 1054					
Einbindetiefe in den tragfähigen Boden	Stahlträgerprofile [1] Breite oder Höhe in cm		Stahlrohr-[2] und Stahlkastenprofile[3] D bzw. a in cm		
in m	30	35	35 bzw. 30	40 bzw. 35	45 bzw. 40
3,0	-	-	350	450	550
4,0	-	-	450	600	700
5,0	450	550	550	700	850
6,0	550	650	650	800	1000
7,0	600	750	700	900	1100
8,0	700	850	800	1000	1200

Zwischenwerte geradlinig interpolieren.

[1] Breite I-Träger mit Breite : Höhe ca. 1:1, z.B. HEB-Profile.

[2] Werte für Pfähle mit geschlossener Spitze. Für offene Pfähle 90 % des Tabellenwerts ansetzen, wenn fester Bodenpfropfen innerhalb des Pfahls mit Sicherheit vorhanden.

[3] D äußerer Durchmesser des Stahlrohrpfahls oder mittlerer Durchmesser eines zusammengesetzten, radialsymmetrischen Pfahls, a_S mittlere Seitenlänge von annähernd quadratischen oder flächeninhaltsgleichen rechteckigen Kastenpfählen.

5.3.1.3 Verpresste Mikropfähle (Erfahrungswerte)

Wenn keine Probebelastungen an verpressten Mikropfählen ($D_S \leq 0{,}3$ m) ausgeführt werden können, darf im Ausnahmefall der charakteristische, axiale Pfahlwiderstand im GZ 1B wie folgt berechnet werden: $R_{1,k} = \sum q_{S1,k,i} \cdot A_{S,i}$

$A_{S,i}$ Nennwert der Pfahlmantelfläche der Schicht i

$q_{s1,k,i}$ Pfahlmantelreibung in der Schicht i

Charakteristische Werte der Pfahlmantelreibung $q_{s1,k}$ bei verpressten Mikropfählen nach Tabelle D.1 der DIN 1054	
Bodenart	$q_{s1,k}$ in MN/m²
Mittel- und Grobkies[4]	0,20
Sand und Kiessand[4]	0,15
Bindiger Boden[5]	0,10

[4] Lagerungsdichte (DIN 18 126) $D \geq 0{,}4$ bzw. Spitzenwiderstand der Drucksonde $q_c \geq 10$ MN/m²

[5] Konsistenzzahl (DIN 18 122-1) $I_C \geq 1{,}0$ bzw. Scherfestigkeit im undrainierten Zustand $c_u \geq 150$ kN/m².

5.3.2 Pfahlwiderstände quer zur Pfahlachse

Ermittlung des charakteristischen Querwiderstands eines Einzelpfahls, zahlenmäßig durch den Bettungsmodul k_S beschrieben, aufgrund von Probebelastungen oder Erfahrungen mit vergleichbaren Probebelastungen. Ansatz des Querwiderstands bei Pfählen mit Schaftdurchmesser $D_S \geq 0{,}3$ m bzw. Kantenlänge $a_S \geq 0{,}3$ m zulässig.

Für Ermittlung der Schnittgrößen gilt für die Bettungsmoduln der Schichten: $k_{S,k} = \dfrac{E_{S,k}}{D_S}$

$k_{S,k}$ Bettungsmodul (charakteristischer Wert), $E_{S,k}$ Steifemodul (charakteristischer Wert),
D_S Pfahldurchmesser, bei $D_S > 1{,}0$ m ist $D_S = 1{,}0$ m anzusetzen.

Anwendung dieser Beziehung für Horizontalverschiebungen ≤ 2,0 cm oder $0{,}03 \cdot D_S$ (kleinerer Wert maßgebend). Größe und Verteilung von $k_{S,k}$ längs des Pfahls aus Probebelastung, wenn keine Erfahrungen vorliegen und Verformungen der Pfahlgründung für Tragverhalten des Bauwerks von Bedeutung sind.

6 Stützkonstruktionen

6.1 Stützmauern

6.1.1 Allgemeines

Grundprinzipien für die Ausbildung der Entwässerung

- In die Hinterfüllung sollte so wenig Wasser wie möglich eindringen (u.a. anströmendes Schichtenwasser durch schräg zum Mauerfuß verlegte Drainagen bzw. Niederschlagswasser an der Geländeoberfläche sammeln und abführen).
- Stauendes Wasser an der Rückseite von Gewichts- und Winkelstützmauern ist durch sorgfältige Ausbildung der Drainage zu vermeiden, da dadurch eine zusätzliche Belastung der Mauer infolge Wasserdruck auftritt.

6.1.2 Gewichtsmauern

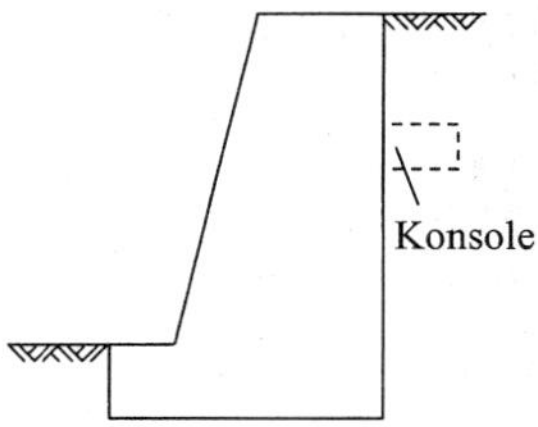

Belastung:

- Nichtverankerte Gewichtsmauern auf nachgiebigem Baugrund werden i.d.R. durch den aktiven Erddruck belastet (siehe Abschn. 3).
- Bei lagenweisem Einbau mit Verdichtung ist zusätzlich ein Verdichtungserddruck zu berücksichtigen.

Erdstatische Nachweise:

- Nachweis der Tragfähigkeit und Gebrauchstauglichkeit wie bei Flachgründungen nach Abschn. 4.

6.1.3 Winkelstützmauern

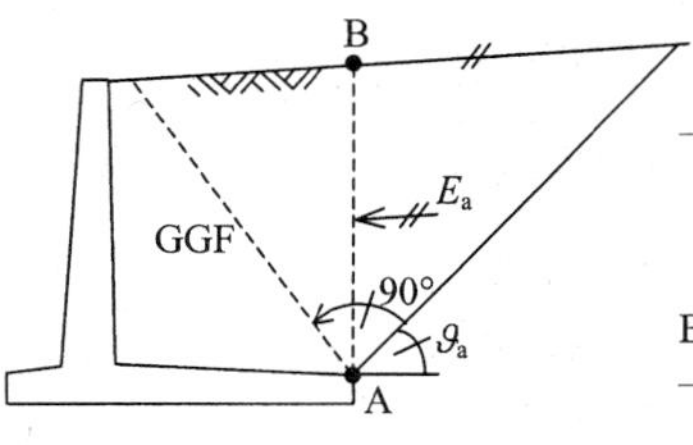

Belastung:

- Bei Winkelstützmauern sind nach DIN 4085 für den Standsicherheitsnachweis und die Bemessung der Mauer unterschiedliche Erddruckansätze maßgebend.
- Für den Nachweis der Standsicherheit kann bei Austritt der Gegengleitfläche GGF an der Geländeoberfläche ersatzweise der oberflächenparallele Ansatz des aktiven Erddrucks E_a in der lotrechten Ebene AB erfolgen.

Erdstatische Nachweise:

- Nachweis der Tragfähigkeit und Gebrauchstauglichkeit wie bei Flachgründungen nach Abschn. 4.

6.1.4 Stützmauern nach dem Verbundprinzip

sind unter anderen:

- bewehrte Erde (i.d.R. flächenhafte Bewehrung mit Geotextilien)
- Bodenvernagelung (siehe Abschn. 7)
- Raumgitterstützwände (i.d.R. aus Stahlbetonfertigteilen).

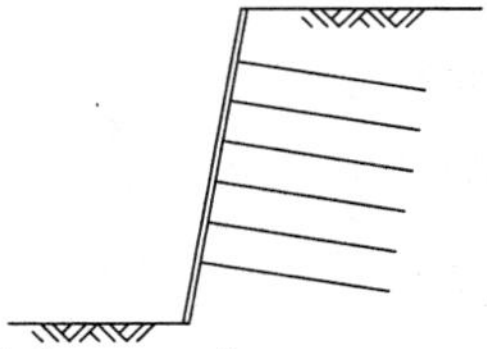

Bodenvernagelung

Nachweis der Tragfähigkeit:

- Nachweis der äußeren Standsicherheit wie bei Gewichtsmauern
- Nachweis der inneren Standsicherheit für den Verbundkörper durch Überprüfung möglicher Bruchmechanismen innerhalb des Verbundkörpers und Nachweis gegen Versagen von Bauteilen.

6.2 Stützwände [1)]

6.2.1 Übersicht zu den Nachweisen

Für Stützwände sind folgende Nachweise immer zu führen:
- Versagen des Erdwiderlagers bzw. Nachweis ausreichender Einbindetiefe (GZ 1B) nach Abschn. 6.2.3
- Versinken von Bauteilen (GZ 1B) nach Abschn. 6.2.4
- Versagen des Materials (GZ 1B) nach Abschn. 6.2.6.

Zusätzlich sind bei verankerten Stützwänden folgende Nachweise erforderlich:
- Aufbruch des Verankerungsbodens (GZ 1B) bei Ankerplatten und -wänden
- Versagen in der tiefen Gleitfuge (GZ 1B) nach Abschn. 8.7
- ausreichende Lastaufnahme durch Verpressanker oder Zugpfähle (GZ 1B) nach Abschn. 8.7
- Geländebruchsicherheit (GZ 1C) nach Abschn. 7; dieser Nachweis ist nur erforderlich, wenn besondere Gegebenheiten, z.B. Vorhandensein eines Bodens mit geringer Tragfähigkeit unterhalb des Wandfußes, die Ausbildung eines Geländebruchs fördern.

Bei Vorhandensein von Grundwasser können eventuell folgende Nachweise erforderlich sein:
- Sicherheit gegen hydraulischen Grundbruch (GZ 1A) siehe Abschn. 8.8
- Auftriebssicherheit (GZ 1A) siehe auch Abschn. 4.7.

Zum Nachweis der Gebrauchstauglichkeit siehe Abschn. 6.2.5.

6.2.2 Berechnungsalgorithmus

1) Wahl der Auflagerung, frei aufgelagert oder eingespannt, im Einbindebereich (siehe Abschn. 6.2.3.1).
2) Abschätzung der erforderlichen Einbindetiefe t (freie Auflagerung) bzw. der theoretischen Einbindetiefe t_0 (Einspannung) z.B. mit dem Verfahren nach *Blum* (siehe Tafeln 11.72 und 11.73) zur Gewährleistung der Standsicherheit. Zur vereinfachten Darstellung wird vom Unterpunkt 3 bis 9 auch bei freier Auflagerung die theoretische Einbindetiefe t_0 verwendet, da hier $t{=}t_0$ gilt.
3) Ermittlung der charakteristischen horizontalen Einwirkungen $F_{h,k}$ infolge des belastenden Erddrucks $e_{h,k}$ im Bereich $z_i = 0$ bis $(h+t_0)$ und evtl. des Wasserdrucks w_k und anderer äußerer Belastungen getrennt nach ständigen und veränderlichen Einwirkungen $F_{Gh,k}$ bzw. $F_{Qh,k}$. Zur Ermittlung des belastenden Erddrucks in Abhängigkeit der Wandnachgiebigkeit siehe Abschn. 3. Für den Erddruckneigungswinkel δ ist zunächst eine Annahme zu treffen (für Spundwände i.d.R. $\delta_a = 2 \cdot \varphi / 3$; $\delta_p = -\varphi$ bis $-2 \cdot \varphi / 3$ und für Schlitzwände $\delta_a = \varphi / 2$; $\delta_p = -\varphi / 2$; bei weichen bindigen Boden ist stets $\delta_p = 0$ zu setzen).
   Bei veränderlichen Flächenlasten p_Q muß der Anteil kleiner 10 kN/m² als ständige Auflast p_G angesetzt werden. Es gilt im Fall $p_Q \leq 10$ kN/m²: $p_G = p_Q$ und im Fall $p_Q > 10$ kN/m²: $p_G = 10$ kN/m² und $p'_Q = p_Q - 10$ kN/m².
4) Evtl. Korrektur (Erddruckumlagerung) des einwirkenden Erddrucks besonders unter Beachtung der Verformungsmöglichkeit der Wand, die u.a. von Lage, Art und Anzahl der Abstützungen wesentlich beeeinflusst wird. Falls keine wirklichkeitsnahe Verteilung bekannt ist, erfolgt die Korrektur i.d.R. nach EAB. Die Umlagerung erfolgt bis in Höhe Baugrubensohle.
5) Nachweis des Erdwiderlagers im GZ 1B und Ermittlung der Stützkraft S.
   Vorgehen nach Abschn. 6.2.3.
   Falls eine Änderung der Einbindetiefe t_0 notwendig ist, muss der Berechnungsalgorithmus ab Unterpunkt 2) wiederholt werden.
6) Ermittlung der Einbindetiefe t
   freie Auflagerung: $t = t_0$ Einspannung: $t = 1{,}2 \cdot t_0$
7) Ermittlung des Bemessungswertes der Stützkraft S_d (falls vorhanden),
   der charak. Wert der Stützkraft S_k ergibt sich aus den Gleichgewichtsbedingungen an der Wand
   $S_d = S_{G,k} \cdot \gamma_G + S_{Q,k} \cdot \gamma_Q$

[1)] Berechnung nach DIN 1054 (01.03).

8) Nachweis des vertikalen Gleichgewichts.
8a) Nachweis $\Sigma V = 0$ (inneres Gleichgewicht).
Kontrolle des inneren Gleichgewichts der Vertikalkräfte $\Sigma\ V$ nach Abschn. 6.2.3.3.

$\downarrow F_{v,k} \leq \uparrow B_{v,k}$

$\downarrow G_k + \downarrow E_{v,k} + \downarrow (C_{h,k} \cdot \tan\ \delta_{c,k}) + \downarrow A_{v,k} \leq \uparrow (B_{h,k} \cdot \tan\ \delta_p)$

Kann der Nachweis für eine nach unten gerichtete resultierende Vertikalkraft $\downarrow \Sigma V \geq 0$ nicht erbracht werden, muss die Annahme zum Erddruckneigungswinkel δ korrigiert werden. Das heißt, die gesamte Berechnung muss mit einer verbesserten Annahme i.d.R. zu δ_p ab Unterpunkt 2 wiederholt werden.
8b) Nachweis gegen Versinken von Bauteilen, siehe Abschn. 6.2.4.
9) Ermittlung der Biegemomente M der Wand.
Zum Nachweis des Wandprofils auf Biegung ist i.d.R. die Ermittlung der maximalen Momente $M_{G,k}$ und $M_{Q,k}$ getrennt nach ständigen und veränderlichen Einwirkungen ausreichend. Die Maxialmomente $M_{G,k}$ und $M_{Q,k}$ befinden sich i.d.R. nicht an der gleichen Stelle. Zur Vereinfachung kann jedoch $M_{G+Q,k} = M_{G,k} + M_{Q,k}$ oder $M_{Q,k} = M_{G+Q,k} - M_{G,k}$ angenommen werden. Das Bemessungsmoment ergibt sich dann zu: $M_{s,d} = M_{G,k} \cdot \gamma_G + M_{Q,k} \cdot \gamma_Q$. Die Ermittlung des maximalen Moments im Einspannbereich sollte nicht unter Ansatz der resultierenden Auflagerkraft B_k erfolgen, sondern unter Berücksichtigung der Verteilung der Bodenreaktion.
10) Bemessung des Wandquerschnitts siehe Abschn. 6.2.6.
11) Nachweise für die Abstützungen siehe Abschn. 6.2.1.
12) Nachweis der Gebrauchstauglichkeit siehe Abschn. 6.2.5.

6.2.3 Nachweis gegen Versagen des Erdwiderlagers (GZ 1B)

6.2.3.1 Allgemeines

Stützwände können zur Einschränkung von Verformungen oberhalb des Einbindebereichs durch Steifen oder rückwärtige Verankerungen abgestützt werden. Die eingeschränkte Verformungsmöglichkeit der Wand bei Abstützungen muss beim Erddruckansatz berücksichtigt werden (siehe Abschn. 3). Hinsichtlich der Auflagerung am Wandfuß unterscheidet man zwischen den zwei Grenzfällen „freie Auflagerung" und „Einspannung". Die Annahme eines frei aufgelagerten Wandfußes ergibt die geringstmögliche Einbindetiefe t, die zur Gewährleistung der Standsicherheit notwendig ist. Eine angenommene Einspannung der Wand erfordert die Einbindetiefe t, bei deren Überschreitung sich das Tragverhalten der Wand hinsichtlich der Horizontalbelastung nur geringfügig ändert. Bei sehr starren Wänden z.B. Schlitzwänden wird i.d.R. keine Einspannung erreicht. Die Annahme einer freien Auflagerung führt zu größeren Eigenverformungen der Stützwand. Liegt die Einbindetiefe zwischen den Grenzfällen „freie Auflagerung" und „Einspannung" spricht man von einer teilweisen Einspannung.
Zur Berechnung von Stützwänden im Gebrauchszustand, z.B. der Ermittlung von Verformungen, werden i.d.R. andere statische Modelle genutzt z.B. elastische Bettung im Einbindebereich.

6.2.3.2 Ausnutzungsgrad μ des Erdwiderlagers und Stützkraft *S*

Bei Baugruben wird i.d.R. der Lastfall LF 2 maßgebend. Der folgende Berechnungsalgorithmus gilt für ungestützte oder einfach gestützte Wände:

1) Ermittlung der passiven Erddruckkraft $E_{ph,k}$ im Bereich der Einbindetiefe t_0. Bei der Größe der Erddruckkraft infolge Eigenlast darf i.d.R. von einem linear mit der Tiefe zunehmenden passiven Erddruck ausgegangen werden. Nur bei der Lage des ideellen Auflagers im Einbindebereich für das statische Ersatzsystem muss eine wirklichkeitsnahe Verteilung berücksichtigt werden. Nach EAB sind bei frei aufgelagerten Wänden folgende Annahmen zum Auflager bezüglich des Wandfußes üblich: weicher, bindiger Boden bei $n = t_0/3$; nichtbindiger oder steifer bindiger Boden bei $n = 0{,}4\ t_0$ und halbfester bis fester bindiger Boden bei $n = 0{,}5\ t_0$. Bei eingespannten Wänden wird i.d.R. $n = t_0/3$ angenommen.

2) Ermittlung der charakteristischen Auflagerkraft $B_{h,k}$ infolge der charakteristischen Einwirkungen nach Punkt 3), getrennt nach ständigem und veränderlichem Anteil $B_{Gh,k}$ bzw. $B_{Qh,k}$.
3) Bei eingespannten Wänden ist die charakteristische theoretischenAuflagerkraft $C_{h,k}$ getrennt nach ständigem und veränderlichem Anteil $C_{Gh,k}$ bzw. $C_{Qh,k}$ zu ermitteln.
4) Evtl. Ermittlung der charakteristischen Stützkraft (Anker oder Steife) getrennt nach ständigen und veränderlichem Anteil $S_{Gh,k}$ bzw. $S_{Qh,k}$.
5) Nachweis des Erdwiderlagers im GZ 1B
   Bei temporären Baugrubenwänden erfolgt der Nachweis i.d.R. im Lastfall 2.
   Der Ausnutzungsgrad des Erdwiderlagers μ ergibt sich zu:

$$\mu = \frac{B_{h,d}}{E_{ph,d}} = \frac{B_{Gh,k} \cdot \gamma_G + B_{Qh,k} \cdot \gamma_Q}{\eta \cdot E_{ph,k} / \gamma_{Ep}}$$

B_h ... Auflagerkraft im Einbindebereich (siehe Punkt 6)
E_{ph} ... passiver Erddruck (siehe Punkt 5)
γ ... Teilsicherheitsfaktoren im GZ 1B
η ... Anpassungsfaktor zur Begrenzung der Verformungen im Auflagerbereich (z.B. bei weichen bindigen Boden) mit $\eta \leq 1$, wobei i.d.R. $\eta = 1$ angesetzt wird.

Ergebnisinterpretation hinsichtlich der erforderlichen Einbindetiefe t_0:

	$\mu < 1$	$\mu = 1$	$\mu > 1$
freie Auflagerung	teilweise eingespannt t_0 kann verringert werden	freie Auflagerung t_0 optimal	nicht standsicher t_0 muss vergrößert werden
Einspannung	Einspannung t_0 kann aus wirtschaftlichen Gründen verringert werden	Einspannung t_0 optimal	teilweise eingespannt, evtl. auch nicht standsicher für eine Einspannung muss t_0 vergrößert werden

6.2.3.3 Kontrolle des Gleichgewichts der Vertikalkräfte

Der mobilisierte Erddruckneigungswinkel δ_p ist wesentlich von der tangentialen Relativbewegung zwischen Wand und Boden abhängig. Der Winkel stellt sich ohne tangentiale Relativbewegung zu $\delta_p = \beta$ ein. Mit zunehmender Relativbewegung nimmt δ_p bis zu einem Höchstwert, dessen Betrag u.a. von der Rauigkeit der Wand und den Eigenschaften des Bodens abhängig ist, zu. Bei sehr rauer Oberfläche ist $|\delta_p| = \varphi$ möglich. Die Richtung der Relativbewegung bestimmt das Vorzeichen von δ_p. Der Winkel δ_p darf für die günstig wirkende Vertikalkomponente $E_{pv,k}$ des stützenden Erddrucks nicht größer in Rechnung gestellt werden, als es der Nachweis $\Sigma V = 0$ zulässt.

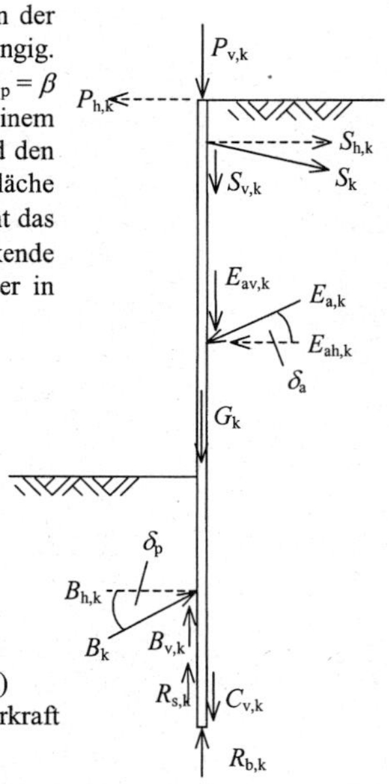

Nachweis für eine frei aufgelagerte, gestützte Wand:

$\Sigma V_k \geq B_{v,k}$ mit $\Sigma V_k = G_k + E_{av,k} + P_{v,k} + S_{v,k} + C_{v,k}$

Charakteristische Werte:

G_k Eigenlast der Konstruktion
$E_{av,k}$ Vertikalkomponente des belastenden Erddrucks
$P_{v,k}$ äußere vertikale Einwirkungen
$S_{v,k}$ Vertikalkomponente der Stützkraft
$C_{v,k}$ $C_{v,k} = C_{h,k} \cdot \tan \delta_{c,k}$ mit $\delta_{c,k} \leq \varphi_k/3$ i.d.R. $\delta_{c,k} = \varphi_k/3$
$R_{b,k}$ Fußwiderstand wie Einzelpfahl (siehe Abschn. 5)
$R_{s,k}$ Mantelwiderstand wie Einzelpfahl (siehe Abschn. 5)
$B_{v,k}$ Vertikalkomponente der charakteristischen Auflagerkraft
$B_{v,k} = B_{h,k} \cdot \tan \delta_p$ ($B_{h,k}$ siehe Abschn. 6.2.3.2)

6.2.4 Nachweis gegen Versinken von Bauteilen (GZ 1B)

Es ist nachzuweisen, dass Bauteile nicht infolge zu großer wandparalleler Beanspruchung in den Boden versinken.

Nachweis: $V_{G,k} \cdot \gamma_G + V_{Q,k} \cdot \gamma_Q \leq (R_{b,k} + R_{s,k})/\gamma_p$ bzw. $(R_{b,k} + B_{v,k})/\gamma_p$

V_k charakteristischer Wert der lotrechten Beanspruchung am Wandfuß z.B. infolge G_k, E_{av}, $P_{v,k}$, $S_{v,k}$ (siehe Abschn. 6.2.3.3) getrennt nach ständigen und veränderlichen Einwirkungen

R_k charakteristischer Wert des Widerstands in axialer Richtung der Wand, der sich zusammensetzt aus (siehe Abb. im Abschn. 6.2.3.3)

- dem Fußwiderstand $R_{b,k}$
- der Auflagerkraft $B_{v,k}$ oder wahlweise dem Mantelwiderstand $R_{s,k}$ auf der Seite, wo der stützende Erddruck wirkt.

γ Teilsicherheitsfaktoren für Einwirkungen und Widerstände, wobei γ_p wie bei Pfählen

6.2.5 Nachweis der Gebrauchstauglichkeit

Aufgrund von Erfahrungen kann in der Regel für den Lastfall 1 auf einen gesonderten Nachweis der Gebrauchstauglichkeit verzichtet werden, wenn

- die geforderten Nachweise für den GZ 1B und GZ 1C erfüllt sind
- mindestens steife bindige bzw. mitteldicht gelagerte nichtbindige Böden anstehen
- keine Gefährdung benachbarter Bauwerke, Leitungen oder anderer baulicher Anlagen infolge zu großer Verschiebung der Stützwand vorliegt und immer dann, wenn mit einem höheren als dem aktiven Erddruck gerechnet wird.

Falls erforderlich, ist der Nachweis der Gebrauchstauglichkeit mit den charakteristischen Werten der Einwirkungen zu führen. Bei ausgeprägter Wechselwirkung des Stützbauwerks mit dem Baugrund, oder falls sehr große Verformungen zu erwarten sind, sollte ein Beobachtungsverfahren angewandt werden.

Beispiel: Nachweis Erdauflager für einfach gestützte, frei aufgelagerte Spundwand

geg.:

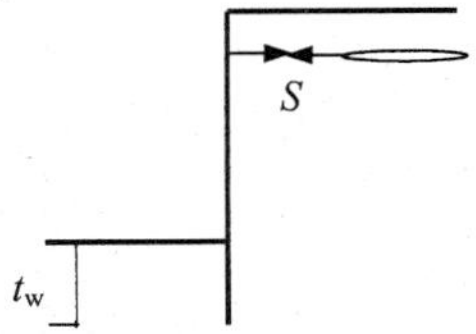

Bodenparameter:

$\gamma_k = 18$ kN/m³

$\varphi_k = 32{,}5°$

$c_k = 0$

Annahme δ:

$\delta_a = 2\varphi/3$

$\delta_p = -\varphi$

Erddruckbeiwerte:

$K_{agh} = 0{,}251$

$K_{pgh} = 7{,}296$ (Pregl)

Randbedingungen:

frei aufgelagert

Lastfall 2

ges.: Nachweis Erdauflager für gewählte Einbindetiefe $t_w = 2{,}5$ m

Lsg.: Erddruckumlagerung nach EAB bis in Höhe Baugrubensohle

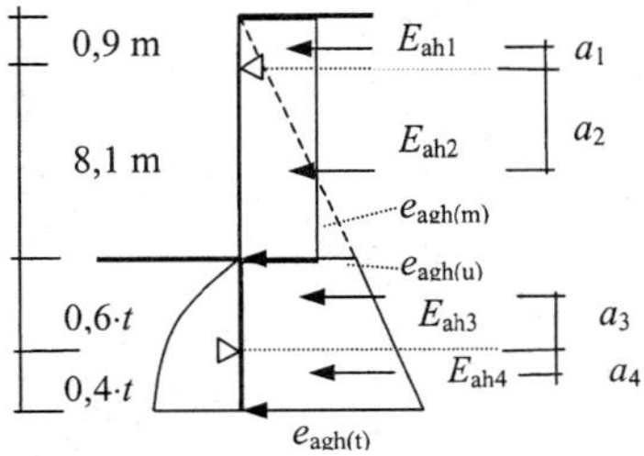

$e_{agh(m)} = 18 \cdot 9 \cdot 0{,}251/2 = 20{,}33$ kN/m²

$e_{agh(s)} = 18 \cdot 9 \cdot 0{,}251 = 40{,}66$ kN/m²

$e_{agh(u)} = 18 \cdot (9+0{,}6 \cdot 2{,}5) \cdot 0{,}251 = 47{,}44$ kN/m²

$e_{agh(t)} = 18 \cdot (9+2{,}5) \cdot 0{,}251 = 51{,}60$ kN/m²

$E_{ah1} = 20{,}33 \cdot 0{,}9 = 18{,}30$ kN/m

$E_{ah2} = 20{,}33 \cdot 8{,}1 = 164{,}68$ kN/m

$E_{ah3} = (40{,}66+47{,}33)/2 \cdot (0{,}6 \cdot 2{,}5) = 66{,}08$ kN/m

$E_{ah4} = (47{,}44+51{,}60)/2 \cdot (0{,}4 \cdot 2{,}5) = 49{,}69$ kN/m

$a_1 = 0{,}9/2 = 0{,}45$ m; $a_2 = 8{,}1/2 = 4{,}05$ m

$a_3 = 0{,}73$ m; $a_4 = 0{,}49$ m

$\Sigma M_B = 0$; $S_{h,k} \cdot 9{,}6 - E_{ah1}(a_1+9{,}6) - E_{ah2}(9{,}6-a_2) - E_{ah3} \cdot a_3 + E_{ah4} \cdot a_4 = 0$; $S_{h,k} = 117{,}11$ kN/m

$\Sigma M_S = 0$; $B_{h,k} \cdot 9{,}6 - E_{ah1}(a_1+9{,}6) - E_{ah2}(9{,}6-a_2) - E_{ah3} \cdot a_3 + E_{ah4} \cdot a_4 = 0$; $S_{h,k} = 181{,}65$ kN/m

Nachweis Erdauflager im GZ1B: $B_{h,d} \leq E_{ph,d}$

$B_{gh,k} \cdot \gamma_G + B_{Qh,k} \cdot \gamma_Q \leq (t^2 \cdot K_{pgh} \cdot \gamma_k/2) / \gamma_{Ep}$

$181{,}65 \cdot 1{,}2 + 0 \leq (2{,}5^2 \cdot 7{,}296 \cdot 18/2) / 1{,}3$

218 kN/m < 316 kN/m

Tafel 11.72 Abschätzung der Einbindetiefe mit dem Verfahren nach Blum für $e_{ph(0)} < e_{ah(z=h)}$

		ungestützte Wand	einfach gestützte Wand	
Auflagerung am Wandfuß		eingespannt	frei aufgelagert	eingespannt
Angriffspunkt E_r		$x/3$	$x/3$ oder $0{,}4\,x$ oder $0{,}5\,x$	$x/3$
statisches Ersatzsystem nach Blum		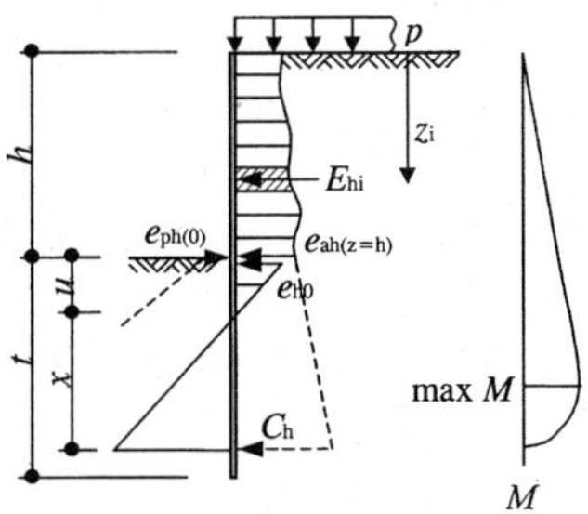	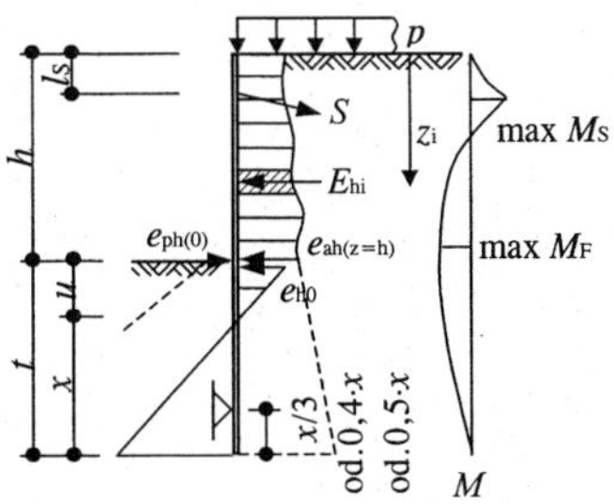	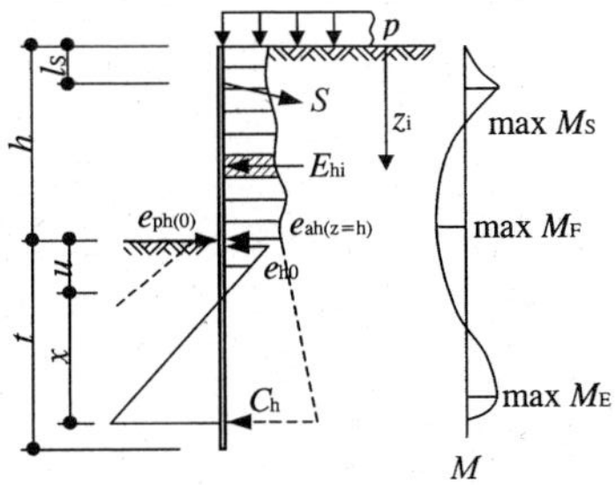
Abstand	l	$l = h + u$	$l = h + u - l_s$	$l = h + u - l_s$
Beiwerte	Q	$Q = \dfrac{6}{\gamma \cdot K_{rgh} \cdot l^2} \sum_{z_i=0}^{z_i=h+u} E_{hi}$	$Q = \dfrac{6}{\gamma \cdot K_{rgh} \cdot l^3} \sum_{z_i=0}^{z_i=h+u} E_{hi} \cdot (z_i - l_s)$	$Q = \dfrac{6}{\gamma \cdot K_{rgh} \cdot l^3} \cdot \sum_{z_i=0}^{z_i=h+u} E_{hi} \cdot (z_i - l_s)$
	R	$R = \dfrac{6}{\gamma \cdot K_{rgh} \cdot l^3} \sum_{z_i=0}^{z_i=h+u} E_{hi} \cdot z_i$		$R = \dfrac{6}{\gamma \cdot K_{rgh} \cdot l^5} \sum_{z_i=l_s}^{z_i=h+u} E_{hi} \cdot (z_i - l_s)^3$
zu lösendes Gleichungssystem	ν	$\nu^3 = Q(1+\nu) - R$	in Abhängigkeit des Angriffspunkts[1] von E_r gilt: $Q = \nu^2 (F_1 \cdot \nu + 3)$	$\nu^3 (0{,}8\nu^2 + 2{,}5\nu + 2) = Q(1+\nu)^2 - R$
ideelle Einbindetiefe	x	$x = \nu \cdot l$	$x = \nu \cdot l$	$x = \nu \cdot l$
Einbindetiefe	t	$t = u + 1{,}2 \cdot x$	$t = u + x$	$t = u + 1{,}2 \cdot x$
Stützkraft	S_h		$S_h = \sum_{z_i=0}^{z_i=h+u} E_{hi} - \dfrac{1}{l+F_2} \cdot \sum_{z_i=0}^{z_i=h+u} E_{hi} \cdot (z_i - l_s)$	$S_h = \sum_{z_i=0}^{z_i=h+u} E_{hi} - \dfrac{1}{l+x} \cdot \sum_{z_i=0}^{z_i=h+u} E_{hi} \cdot (z_i - l_s) - \dfrac{\gamma \cdot K_{rgh} \cdot x^3}{6(l+x)}$

[1] Nach EAB /EB 19 gilt für den Angriffspunkt von E_r bei frei aufgelagerten Spundwänden: $x/3$ bei weichen bindigen Boden mit $F_1 = 2$ und $F_2 = 0{,}66 \cdot x$; $0{,}4\,x$ bei nichtbindigen oder steifen bindigen Boden mit $F_1 = 1{,}8$ und $F_2 = 0{,}6 \cdot x$; $0{,}5\,x$ bei halbfesten oder festen bindigen Boden mit $F_1 = 1{,}5$ und $F_2 = 0{,}5 \cdot x$.

Tafel 11.73 Abschätzung der Einbindetiefe mit dem Verfahren nach Blum für $e_{ph(0)} \geq e_{ah(z=h)}$

		ungestützte Wand	einfach gestützte Wand	
Auflagerung am Wandfuß		eingespannt	frei aufgelagert	eingespannt
Angriffspunkt E_r		$x/3$	$x/3$	$x/3$
statisches Ersatzsystem nach Blum		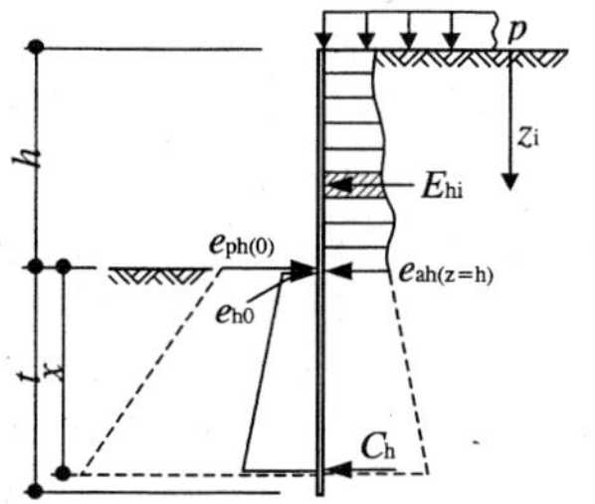	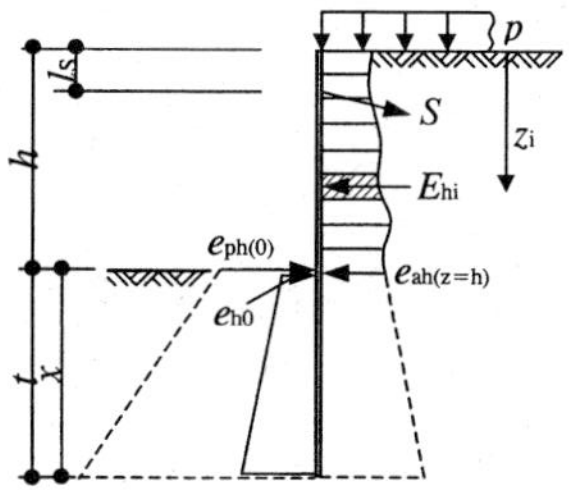	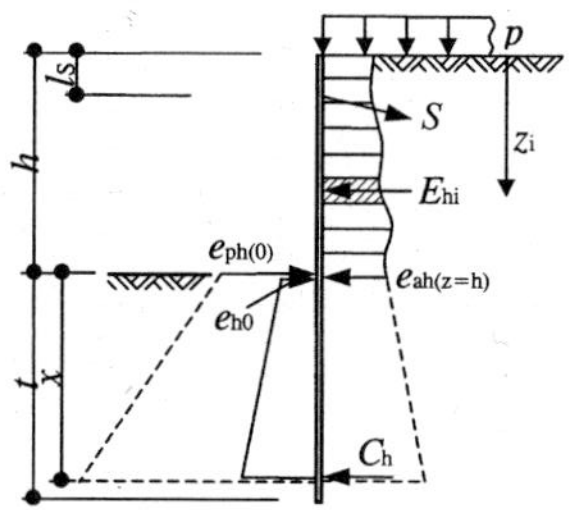
Abstand	l	$l = h$	$l = h - l_s$	$l = h - l_s$
Beiwerte	Q	$Q = l \cdot \gamma \cdot K_{rgh}$	$Q = l \cdot \gamma \cdot K_{rgh}$	$Q = l^3 \cdot \gamma \cdot K_{rgh} / 60$
	R	$R = \frac{6}{l} \cdot \sum_{z_i=0}^{z_i=h} E_{hi}$	$R = \frac{2}{l^2} \cdot \sum_{z_i=0}^{z_i=h} E_{hi} \cdot (z_i - l_s)$	$R = \frac{1}{l^2} \cdot \sum_{z_i=l_s}^{z_i=h} E_{hi} \cdot (z_i - l_s)^3$
	T	$T = \frac{6}{l^2} \cdot \sum_{z_i=0}^{z_i=h} E_{hi} \cdot z_i$		$T = \sum_{z_i=0}^{z_i=h} E_{hi} \cdot (z_i - l_s)$
	U			$U = l^2 \cdot e_{h0}$
zu lösendes Gleichungssystem	v	$v^3 \cdot Q + 3 \cdot v^2 \cdot e_{h0} - (1+v) \cdot R + T = 0$	$R - v^2 \cdot (Q + e_{h0}) - v \cdot \left(\frac{2}{3} \cdot v^2 \cdot Q + 2 \cdot e_{h0}\right) = 0$	$(1+v)^2 \cdot T - R - v^3 \cdot Q \cdot (8 \cdot v^2 + 25 \cdot v + 20)$ $- v^2 \cdot U \cdot (0{,}25 \cdot v^2 + v + 1) = 0$
ideelle Einbindetiefe	x	$x = v \cdot l\,l$	$x = v \cdot l$	$x = v \cdot l$
Einbindetiefe	t	$t = 1{,}2 \cdot x$	$t = x$	$t = 1{,}2 \cdot x$
Stützkraft	S_h		$S_h = \sum_{z_i=0}^{z_i=h} E_{hi} - \frac{t^2 \cdot \gamma \cdot K_{rgh}}{2} - e_{h0} \cdot t$	$S_h = \frac{1}{x+l} \cdot [\sum_{z_i=0}^{z_i=h} (E_{hi} \cdot (x + l - z_i + l_s))$ $- x^3 \cdot \gamma \cdot K_{rgh} / 6 - e_{h0} \cdot x^2 / 2]$

6.2.6 Bemessung des Wandquerschnitts

Die Sicherheit gegen Materialversagen des Stützbauwerks ist nachzuweisen.

Nachweis: $E_d \leq R_{M,d}$

E_d der Bemessungswert der Beanspruchungen z.B. aus Auflagerkräften, Eigengewicht der Wand, Erd- und Wasserdruck als Schnittgröße bzw. Spannung im jeweils untersuchten Querschnittsbereich unter Berücksichtigung der Sicherheitsfaktoren nach Abschn. 1.2

$R_{M,d}$ Bauteilwiderstände unter Ansatz der Sicherheitsfaktoren der jeweiligen Bauartnormen

Für Spundwände, die auf Biegung nachgewiesen werden ergibt sich:

Nachweis: $M_{s,d} < M_{R,d}$

mit $M_{R,d} = W_y \cdot f_{y,k}/\gamma_M$ (W_y nach Tafel 11.75)

Zulässige Spannungen f_Y in N/mm² nach DIN EN 10 248-1 für warmgewalzte Spundwandbohlen:

Stahlsorte Spundwand	Mindestzugfestigkeit in N/mm²	Mindeststreckgrenze in N/mm²
S 240 GP	340	240
S 270 GP	410	270
S 355 GP	480	355
S 390 GP	490	390
S 430 GP	510	430

6.2.7 Spundwände und Kanaldielen

Zur Ausführung von Spundwandkonstruktionen (u.a. Lagerung, Einbringen, Schweißen, Abdichtung, Korrosionsschutz, Lärmschutz, Bauüberwachung) siehe DIN EN 12 063.

Profiltypen für Spundwände und Kanaldielen (siehe Tafel S. 11.75):

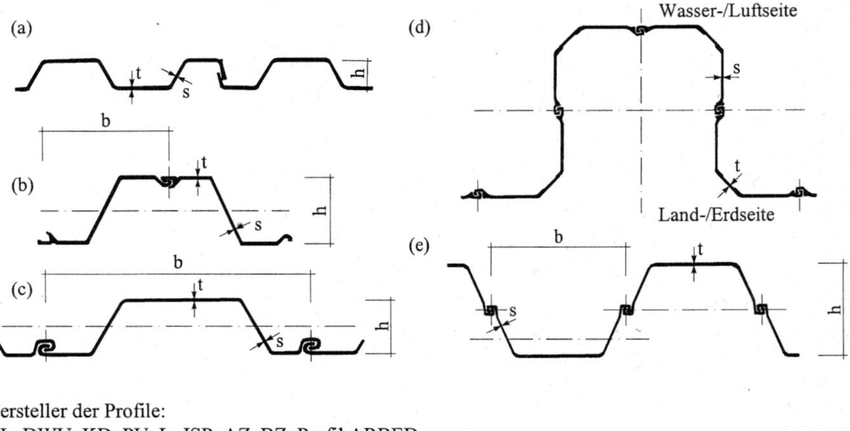

Hersteller der Profile:

KL, DWU, KD, PU, L, JSP, AZ, BZ: Profil ARBED

LARSSEN, HOESCH, HKD, HL: HSP Hoesch Spundwand und Profil GmbH

Tafel 11.75 Profile für Spundwände und Kanaldielen

Profil	Profil Typ	W_y cm³/m	I_y cm⁴/m	Gewicht kg/m	Gewicht kg/m²	b mm	h mm	t mm	s mm	A cm²/m
1. Kanaldielen										
KD III S	a	80	150	23,2	62	375	40	6,5	6,5	79,0
HKD VI/6	a	182	726	37,5	62	600	78	6,0	6,0	80,0
KD VI/8	a	242	968	50,0	83	600	80	8,0	8,0	106,0
2. Leichtprofile										
KL 1	c	140	560	20,2	45,0	450	80,0	4,5	4,5	57,6
DWU 44	c	161	742	28,8	43,6	660	90,5	4,5	4,5	55,6
DWU 35	c	329	2061	38,9	54,7	711	127,0	5,0	5,0	69,7
KL 2	c	338	2200	37,8	63,0	600	130,0	6,0	6,0	80,3
KL 2/7	c	388	2560	45,0	75,0	600	131,0	7,0	7,0	95,5
KL 3/6	c	410	3080	46,2	66	700	148	6,0	6,0	84,0
KL 3/8	c	540	4050	61,5	88,0	700	150,0	8,0	8,0	111,9
DWU 55	c	562	5390	52,2	70,7	739	190,5	5,5	5,5	82,0
DWU 56	c	658	6359	61,4	83,1	739	191,5	6,5	6,5	105,9
3. Normalprofile (* Walzung/Lieferung nur auf Anfrage)										
Larssen 600	e	510	3840	56,4	94	600	150	9,5	9,5	120
Larssen 600 K	e	540	4050	59,4	99	600	150	10,0	10,0	126
PU 6	e	600	6720	45,3	75	600	226	7,5	6,4	96
Larssen 601	e	745	11520	46,3	77	600	310	7,5	6,4	98
PU 8	e	830	11610	54,5	91	600	280	8,0	8,0	116
Larssen 602	e	830	12870	53,4	89	600	310	8,2	8,0	113
JSP 2	e	874	8740	48,0	120	400	200	10,5	-	153
HOESCH 1200	b	1140	14820	61,5	107	575	260	9,5	9,5	136
Larssen 603	e	1200	18600	64,8	108	600	310	9,7	8,2	138
PU 12	e	1200	21550	65,9	110	600	360	9,8	9,0	140
Larssen 703	e	1210	24200	67,5	96,5	700	400	9,5	8,0	123
Larssen 603 K	e	1240	19220	68,1	113	600	310	10,0	9,0	145
Larssen 603 K/10/10*	e	1260	19350	70,8	118	600	310	10,0	10,0	151
AZ 13	b	1300	19700	72,0	107	670	303	9,5	9,5	137
Larssen 703 K	e	1300	25950	72,1	103	700	400	10,0	9,0	131
Larssen 703 K/10/10*	e	1340	26800	75,6	108	700	400	10,0	10,0	138
JSP 3	e	1340	16800	60,0	150	400	250	13,0	-	191
PU 16	e	1600	30520	74,7	124	600	380	12,0	9,0	159
L 2 S	e	1600	27200	69,7	139	500	340	12,3	9,0	177
Larssen 604	e	1620	30710	74,5	124	600	380	10,5	9,0	158
Larssen 43	e	1660	34900	83,0	166	500	420	12,0	12,0	212
HOESCH 1700 K	b	1700	29750	67,3	117	575	350	9,5	9,5	149
HOESCH 1700	b	1720	30100	66,7	116	575	350	10,0	9,0	148
AZ 18	b	1800	34200	74,4	118	630	380	9,5	9,5	150
Larssen 23	e	2000	42000	77,5	155	500	420	11,5	10,0	197
PU 20	e	2000	43000	84,3	141	600	430	12,4	10,0	180
L 3 S	e	2000	40010	78,9	158	500	400	14,1	10,0	201
Larssen 605	e	2020	42370	83,5	139	600	420	12,5	9,0	177
Larssen 605 K	e	2030	42550	86,7	144	600	420	12,2	10,0	184
HOESCH 2500	b	2480	43400	87,4	152	575	350	12,5	9,5	193
Larssen 606	e	2500	54370	94,4	157	600	435	15,6	9,2	201
Larssen 24	e	2500	52500	87,5	175	500	420	15,6	10,0	223
PU 25	e	2500	56500	94,1	157	600	452	14,2	10,0	200
L 4 S	e	2500	55010	86,2	172	500	440	15,5	10,0	219
Larssen 606 K	e	2540	55240	97,5	162	600	435	15,6	10,0	207
HOESCH 2500 K	b	2540	44450	89,1	155	575	350	12,8	10,0	197
Larssen 24/12	e	2550	53610	92,7	185	500	420	15,6	12,0	236
AZ 26	b	2600	55510	97,8	155	630	427	13,0	12,2	198
Larssen 25	e	3040	63840	103,0	206	500	420	20,0	11,5	262
Larssen 607	e	3200	69600	114,4	191	600	435	21,5	9,8	243
PU 32	e	3200	72260	114,6	191	600	452	19,5	11,0	243
Larssen 607 K	e	3220	70030	115,2	192	600	435	21,5	10,0	244
HOESCH 3600	b	3580	74285	110,4	192	575	415	16,0	12,0	245
AZ 36	b	3600	82800	122,2	194	630	460	18,0	14,0	247
BZ 42	b	4200	73920	135,3	271	500	354	24,0	14,0	345

7 Standsicherheit von Böschungen und Geländesprüngen

7.1 Allgemeine Forderungen

Ein Böschung- bzw. Geländebruch tritt ein, wenn ein Erd- bzw. Felskörper an einer Böschung, einem Hang oder an einem Geländesprung, gegebenenfalls einschließlich des Stützbauwerks, infolge des Ausschöpfens des Scherwiderstands im Boden bzw. im Fels und eventuell vorhandener Bauwerke abrutscht.
Für den Nachweis der Standsicherheit sind folgende Unterlagen erforderlich:

- Angaben über die allgemeine Gestaltung und die Maße des Geländesprungs und eventueller Stützkonstruktionen, die maßgebenden Wasserstände und Grundwasserverhältnisse sowie die Art und Größe der Belastungen, die zur Berechnung für die verschiedenen Lastfälle notwendig sind.
- Für im Boden (Lockergestein) verlaufende Prüfgleitflächen sind erforderlich:
  - die Wichten der einzelnen Schichten
  - die Scherparameter der im Bereich der Gleitfläche anstehenden Bodenarten
  - Bei bindigen Böden sind die Scherparameter für den konsolidierten Zustand (Endstandsicherheit) und gegebenenfalls für den nichtkonsolidierten Zustand (Anfangsstandsicherheit) zu ermitteln. Hierzu gehören gegebenenfalls Angaben über den Porenwasserdruck in bindigen Böden, die unter Eigenlast und Belastung konsolidieren. Bei bindigen Böden ist unter Umständen (z.B. bei Rutsch- und Kriechhängen) auch die Restscherfestigkeit zu bestimmen.
- Für im Fels verlaufende Prüfgleitflächen sind erforderlich:
  - geologische Beschreibung des Gesteins
  - Beschreibung der Trennflächen (Einzelklüfte, Kluftscharen, Kluftabstand, Öffnungsweite, Kluftfüllung, Rauigkeit, Verzahnung u.a.)
  - räumliche Stellung der Trennflächen
  - Wichte des Gleitkörpers
  - Scherparameter sowie die Durchtrennungsgrade der maßgebenden Gleitflächen.
- Bei der Ermittlung der Standsicherheit von Rutsch- und Kriechhängen ist es erforderlich, den Verlauf der Gleitfläche bzw. die Begrenzung des Gleit- bzw. Kriechkörpers festzustellen; dafür kommen u.a. Feststellungen an der Geländeoberfläche, Aufschlüsse, Sondierungen, Inklinometer- und Extensometermessungen in Betracht.

Der Boden/Fels in einer Böschung muss gegen Erosion sowie Einwirkungen der Witterung gesichert sein. Freie Oberflächen von Böschungen sind rechtzeitig durch ingenieurbiologische (Begrünung u.a.) oder konstruktive Maßnahmen gegen Erosion durch Oberflächenwasser und Verlust der Kohäsion/Kapillarkohäsion zu schützen.

7.2 Berechnung der Standsicherheit

Allen Nachweisen der Standsicherheit gegen Geländebruch ist der Grenzzustand 1C nach DIN 1054 (01.05) zugrunde zu legen. Die charakteristischen Werte der Scherfestigkeit sind dabei mit dem entsprechenden Teilsicherheitsbeiwert für Widerstände (siehe Abschnitt 1.2) in Bemessungswerte der Scherfestigkeit umzurechnen.
Bei der Berechnung der Standsicherheit nach E DIN 4084 (10.05) wird eine ausreichende Sicherheit gegen Versagen eingehalten, wenn die Bedingung für den Grenzzustand der Tragfähigkeit

$$E \le R \qquad \text{bzw.} \qquad E_{\mathrm{M}} \le R_{\mathrm{M}}$$

oder

$$\frac{E}{R} = \mu \le 1 \qquad \text{bzw.} \qquad \frac{E_{\mathrm{M}}}{R_{\mathrm{M}}} = \mu \le 1$$

erfüllt ist. (Alle Größen bezeichnen dabei Bemessungswerte.)

E Resultierende der Einwirkungen
R Resultierende der Widerstände
E_M Resultierendes Moment um den Gleitkreismittelpunkt aus Einwirkungen
R_M Resultierendes Moment um den Gleitkreismittelpunkt aus Widerständen

Zur Berechnung der Geländebruchsicherheit mit den nachfolgend aufgeführten verschiedenen Verfahren werden versuchsweise mehrere Gleitflächen (Prüfgleitflächen) durch den Boden gelegt und für jede einzelne die Standsicherheit gesondert ermittelt. Die Gleitfläche, der Gleitkörper bzw. der Bruchmechanismus, bei dem sich der größte Ausnutzungsgrad μ ergibt, ist der für den Nachweis maßgebende Mechanismus.
Bei Böschungen in kohäsiven Böden ist nach längerer Standzeit mit dem Eintreten von Zugrissen bis zu einer Tiefe h_c* zu rechnen (Abb. S. 11.78). Wenn sich diese Risse mit Wasser füllen können, sind Wasserdrücke anzusetzen (diese Annahme gilt auch bei Anwendung der anderen aufgeführten Berechnungsverfahren).

7.2.1 Verfahren nach *Bishop* mit kreiszylindrischer Prüfgleitfläche

Verfahren mit kreiszylindrischen Gleitflächen sollten vor allem bei homogenen Böden bzw. Böden mit horizontaler Schichtung verwendet werden.
Beim Lamellenverfahren mit kreiszylindrischen Gleitflächen werden die in der Gleitfläche wirkenden Kraftanteile der Einwirkungen bzw. Beanspruchungen und der Widerstände abschnitts-(lamellen-)weise ermittelt und mittels Momentengleichgewicht um 0 miteinander verglichen. Beim speziellen Verfahren nach *Bishop*, wie es in der E DIN 4084 angeführt ist, werden die Lamellenseitenkräfte, vereinfachend, als horizontal wirkend angesetzt. Bei der Wahl genügend kleiner Lamellenbreiten bzw. genügend großer Lamellenanzahl wird der durch diese Vereinfachung erzeugte Schlussfehler in der Summe der Kräfte im Allgemeinen vernachlässigbar klein.

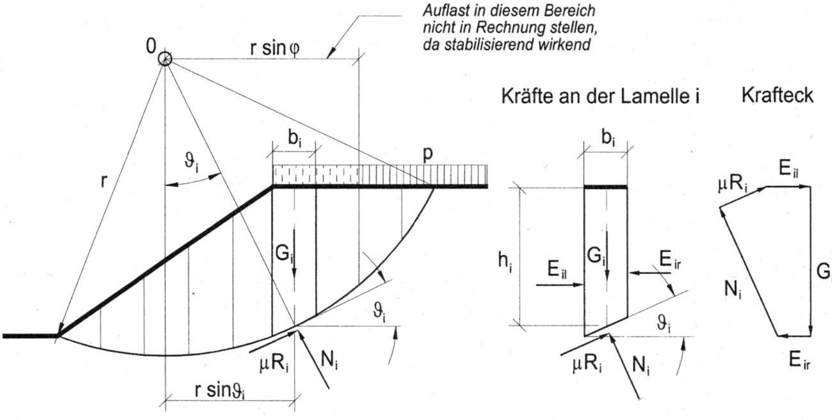

R_i Resultierende der Widerstände in der Gleitfläche an der Lamelle i
T_i Resultierende der Einwirkungen in der Gleitfläche an der Lamelle i
N_i Normalkraft in der Gleitfläche an der Lamelle i
G_i Eigengewicht der Lamelle i
E_i Seitenkräfte an der Lamelle i (in der o. a. Abb. nur Erddruckkräfte)
b_i Breite der Lamelle i
ϑ_i Gleitflächenwinkel zur Horizontalen an der Lamelle i
p_{vi} vertikale Flächenlast auf der Lamelle i
r Radius des Gleitkreises

Einwirkungen (Momente): $E_M = r \cdot \sum_i T_i + \sum M_S$

ΣM_S zusätzliche einwirkende Momente, z.B. aus horizontalen Oberflächenlasten, Wasserdruckdifferenzen u.a.

Widerstände (Momente): $R_M = r \cdot \sum_i R_i + \sum M_R$

ΣM_R zusätzliche widerstehende Momente, z.B. aus Ankern, Stützungen, Bauteilschnittkräften u.a.

Für die Situation in o. a. Abb. (ohne Grundwasser und Porenwasserüberdruck) wird:

$T_i = (G_i + P_{vi}) \cdot \sin \vartheta_i$ und $R_i = \dfrac{(G_i + P_{vi}) \cdot \tan \varphi_i + c_i \cdot b_i}{\cos \vartheta_i + \mu \cdot \tan \varphi_i \cdot \sin \vartheta_i}$ mit $P_{vi} = p_{vi} \cdot b_i$

Nachweis der Standsicherheit: $E_M \leq R_M$ bzw. $\dfrac{E_M}{R_M} = \mu \leq 1$

7.2.2 Ebene Prüfgleitflächen

Verfahren mit ebenen Prüfgleitflächen können bei Böden mit zur Böschung einfallender Schichtung bzw. Trennflächen und bei verankerten/vernagelten Stützkonstruktionen verwendet werden. Bei entsprechender Schichtung bzw. Trennflächen ist somit der Neigungswinkel der Prüfgleitfläche ϑ vorgegeben. Zusammengesetzte Bruchmechanismen (Abschn. 7.2.3) sind in der Regel vorzuziehen. Unabhängig davon ist in der Regel die Standsicherheit der Böschung auch mit kreiszylindrischen Gleitflächen zu untersuchen.
Für den Standsicherheitsnachweis mit diesem Verfahren sind die in Gleitflächenrichtung wirkenden Kraftanteile der Einwirkungen bzw. Beanspruchungen und der Widerstände zu ermitteln und miteinander zu vergleichen.

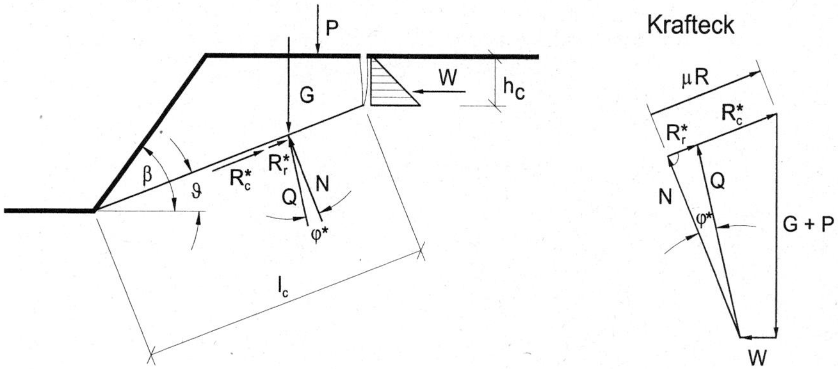

l_c Wirkungslänge der Kohäsion

ϑ Neigungswinkel der Prüfgleitfläche

β Böschungswinkel

G Eigenlast des Prüfgleitkörpers

P Auflast auf dem Prüfgleitkörper (in o. a. Abb. nur vertikale Last)

h_c* Zugrisstiefe mit: $h_c{}^* = \dfrac{2 \cdot c}{\gamma \cdot \tan(45° - \varphi/2)}$

N auf die Gleitfläche wirkende Normalkraft

R_r* Reibungsanteil der erforderlichen Scherwiderstandskraft: $R_r{}^* = \mu \cdot R_r = \mu \cdot \tan \varphi \cdot N$

R_c* Kohäsionsanteil der erforderlichen Scherwiderstandskraft: $R_c{}^* = \mu \cdot R_c = \mu \cdot c \cdot l_c$

W Resultierende des Wasserdrucks im Zugriss auf den Prüfgleitkörper

Einwirkungen bzw. Beanspruchungen (Kräfte) in Gleitflächenrichtung:

Für die Situation in o. a. Abb. wird: $E = (G + P_V) \cdot \sin \vartheta + W \cdot \cos \vartheta$

Widerstände (Kräfte) in Gleitflächenrichtung:

$$R = R_r + R_c = N \cdot \tan \varphi + c \cdot l_c$$

Für die Situation in o. a. Abb. wird: $R = ((G + P_V) \cdot \cos \vartheta - W \cdot \sin \vartheta) \cdot \tan \varphi + c \cdot l_c$

Nachweis der Geländebruchsicherheit: $E \leq R$ bzw. $\frac{E}{R} = \mu \leq 1$

7.2.3 Zusammengesetzte Bruchmechanismen mit ebenen Prüfgleitflächen

Verfahren mit zusammengesetzten Bruchmechanismen mit mehreren Gleitkörpern und ebenen Gleitflächen sollten bei Böden mit zum Böschungsfuß einfallender Schichtung bzw. Trennflächen und bei verankerten/vernagelten Stützkonstruktionen verwendet werden. Liegt die Schichtgrenze/Trennfläche unterhalb des Böschungsfußes, sind mindestens Dreikörperbruchmechanismen zu untersuchen (s. Abb. unten). Tritt die Schichtgrenze/Trennfläche in der Böschung bzw. am Böschungsfuß aus, sind Zweikörperbruchmechanismen zu untersuchen. (Der unterste Gleitkörper – Nr. 3 in nachf. Abb. – entfällt.) Unabhängig davon ist in der Regel die Standsicherheit auch mit kreiszylindrischen Gleitflächen zu untersuchen.

Ein zusammengesetzter Bruchmechanismus mit geraden Prüfgleitflächen besteht aus mehreren in sich als starr betrachteten Gleitkörpern (Starrkörper). Für die praktische Anwendung genügt es in der Regel, ein System zu wählen, in dem jeder einzelne Körper mit je einer äußeren Gleitfläche auf dem unbewegten Untergrund und mit einer inneren Gleitfläche relativ zu einem anderen Gleitkörper gleiten kann. Durch die Schnittlinie von zwei äußeren Gleitflächen geht eine innere Gleitfläche.

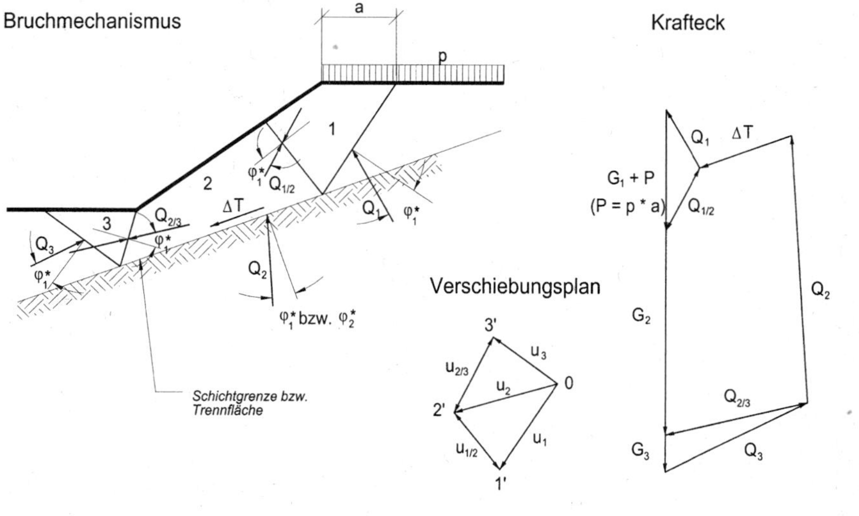

Nachweis der Geländebruchsicherheit:

1. Festlegung eines kinematisch möglichen Bruchmechanismus. (In der Regel genügt für die Genauigkeit eine Einteilung in maximal vier Gleitkörper, wobei der Winkel zwischen sich schneidenden äußeren Gleitflächen kleiner als 180° sein muss.)
2. Ermittlung der Relativ- und Absolutverschiebungen der einzelnen Teilgleitkörper für den gewählten Bruchmechanismus mit Hilfe eines Verschiebungsplans
3. Festlegung der Richtungen der Reibungskräfte Q und der Kohäsionskräfte K aufgrund der ermittelten Verschiebungsrichtungen
4. Bei grafischer Lösung: Zeichnung der Kraftecke der einzelnen Teilgleitkörper, wodurch die Beträge der unbekannten Reibungskräfte gefunden werden. (Das Gesamtkrafteck wird sich im Allgemeinen nicht schließen, da kein Grenzgleichgewicht herrscht.)
5. Schließen des Gesamtkraftecks durch Ansetzen einer fiktiven Hilfskraft ΔT. (Es empfiehlt sich, ΔT in der äußeren Gleitfläche des größten Bruchkörpers anzusetzen.)
6. Ermittlung des Ausnutzungsgrades für den gewählten Bruchmechanismus, z.B. durch Iteration der erforderlichen Scherparameter über die Variation von μ entsprechend
   $\tan \varphi^* = \mu \cdot \tan \varphi$ und $c^* = \mu \cdot c$
   so lange, bis $\Delta T = 0$ ist und damit Kräftegleichgewicht besteht.
7. Bestimmung des ungünstigsten (maßgebenden) Bruchmechanismus (μ = Maximum) durch Variation der Lage und Neigung der äußeren und inneren Gleitflächen, soweit sie nicht durch die geologischen Verhältnisse vorgegeben oder eingegrenzt sind.

Bruchmechanismen, bei denen sich senkrecht zu den Gleitflächen unendlich große Druckkräfte oder in kohäsionslosem Boden Zugkräfte ergeben, sind physikalisch nicht möglich und daher auszuschließen.

7.2.4 Ansatz des Wasserdrucks

Bei den Berechnungsverfahren wird im Allgemeinen der Ansatz auf die Gleitfläche (Porenwasserdruckansatz – S. 11.81) angewandt. Dieser Ansatz ist für den allgemeinen Fall mit Ober- (in der Böschung) und Unterwasserspiegel (vor der Böschung) dargestellt, wie er in der Regel bei Kanalböschungen maßgebend wird. Bei Einschnitt- oder Dammböschungen kann der Unterwasserspiegel nach den folgenden Abbildungen angenommen werden. Die näherungsweise Ermittlung der Grundwassersickerlinie (Sickerparabel) und der Sickerlänge in der Böschung stellt die Grundlage für den Wasserdruckansatz dar. Zu unterscheiden sind hierfür bei Einschnittböschungen zwei Fälle:

Einschnittböschung mit Fußdrainagekörper: Filterkörper (Kies) am Böschungsfuß

Sickerparabel nach *Dupuit*

$$z = h_w \cdot \sqrt{1 - \frac{x}{L}}$$

Sickerlänge

$$L = R' = 0{,}5 \cdot 3000 \cdot h_w \cdot \sqrt{k}$$

(entspricht $0{,}5 \cdot R$ nach *Sichardt* – siehe Abschn. 8.8.1)

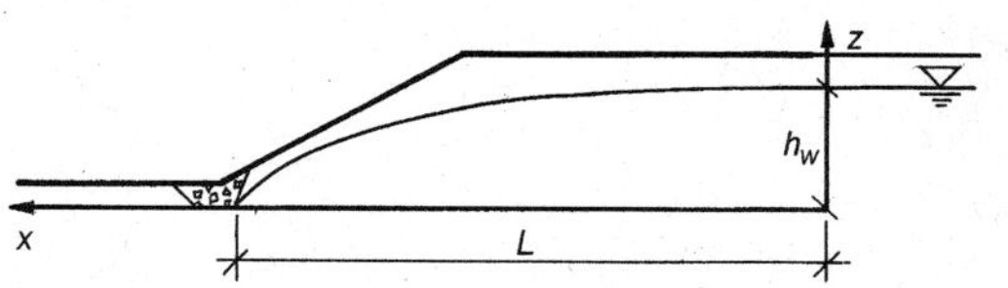

Einschnittböschung ohne Fußdrainagekörper und Kanalböschung für undurchlässigen Boden nach *Davidenkoff*

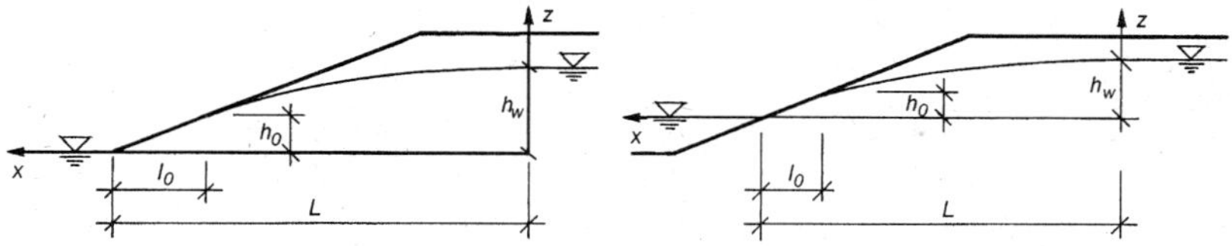

Sickerlinie schneidet bei $x = (L - l_0)$ die Böschungsoberfläche.
Wasserdurchfluss bei $x = (L - l_0)$ entspricht der offenen Wasserhaltung (Abschn. 8.8.1).
Sickerparabel $z^2 = h_w^2 - (2 \cdot h_0 \cdot \tan\beta) \cdot x$ von $x = 0$ bis $x = (L - l_0)$
Bei durchlässigen Böden kann die Berechnung wie für undurchlässige Böden erfolgen (sichere Seite).

Wasserdruckansatz auf die Gleitfläche (Porenwasserdruckansatz)

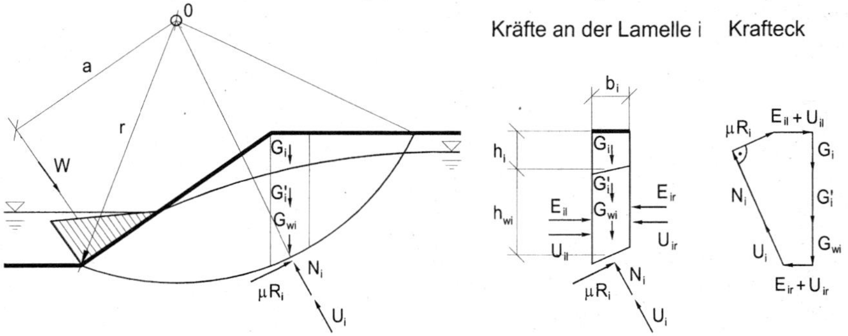

G_i	Boden über Wasser	$G_i = h_i \cdot b_i \cdot \gamma$
G_i'	Boden unter Wasser	$G_i' = h_{wi} \cdot b_i \cdot \gamma'$
G_{wi}	Wasserlast in der Lamelle i	$G_{wi} = h_{wi} \cdot b_i \cdot \gamma_w$
G_r	Eigenlast in der Lamelle unter Wasser	$G_r = G'_i + G_{wi}$
U_i	Wasserdruckkraft auf die Lamellensohle	$U_i = u_i \cdot b_i$

Die Lamelleneigenlast geht mit $\sum G_i = G_i + G_i' + G_{wi}$ und der Porenwasserdruck mit $u_i \approx h_{wi} \cdot \gamma_w$ in die Berechnung ein. Die Außenwasserlast W ergibt ein zusätzliches widerstehendes Moment $M_R = W \cdot a$. Für die Situation in o. a. Abb. werden die Einwirkungen und Widerstände nach S. 11.78 zu:

$$T_i = (\Sigma G_i + P_{vi} - u_i \cdot b) \cdot \sin\vartheta_i \quad \text{bzw.} \quad R_i = \frac{(\Sigma G_i + P_{vi} - u_i \cdot b) \cdot \tan\varphi_i + c_i \cdot b_i}{\cos\vartheta_i + \mu \cdot \tan\varphi_i \cdot \sin\vartheta_i}$$

7.3 Hilfsmittel für die Festlegung der Böschungsneigung

a) Standsicherheit für den Sonderfall einer geraden, unbelasteten, nicht durchströmter Böschung mit dem Böschungswinkel β in nichtbindigen Böden:

$$\beta \leq \varphi \qquad \text{bzw.} \qquad \frac{\tan \beta}{\tan \varphi} = \mu \leq 1$$

Beispiel:

Gesucht: Zulässiger Böschungswinkel β für Lastfall 2 (LF 2):

Gegeben: Charakteristische Werte: $\varphi_k' = 35°$, $c_k' = 0$

Lösung: Teilsicherheitsbeiwert $\gamma_\varphi = 1{,}15$ (s. Abschnitt 1.2)

$\varphi = \varphi_d' = \arctan(\tan 35°/1{,}15) = 31{,}3° \approx 31° \Rightarrow \beta \leq 31°$

b) Standsicherheitsdiagramm für Regelböschungen nach *Gußmann*[1)]

Das dargestellte Standsicherheitsdiagramm beruht auf Berechnungen mit der Kinematischen-Elemente-Methode (KEM) mit 5 Elementen, deren Geometrie vollständig variiert wurde.

Voraussetzungen für die Anwendung:

- homogener Boden im Einflussbereich
- kein Wasser im Einflussbereich
- keine Auflasten auf der Geländeoberfläche.

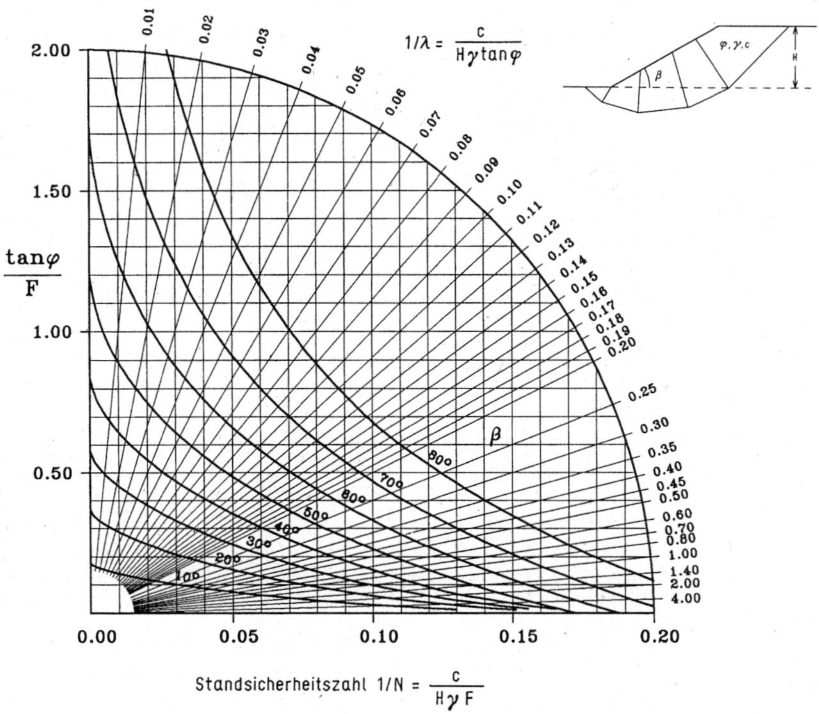

1) Grundbautaschenbuch, Teil 1.

Beispiel für die Anwendung des Standsicherheitsdiagramms:

Gesucht: Standsicherheit gegen Böschungsbruch für Lastfall 2 (LF 2):

Gegeben: Charakteristische Werte: $\varphi_k' = 25°$, $c_k' = 10$ kN/m², $\gamma_k = 20$ kN/m³
geplante Böschungshöhe: $H = 5{,}0$ m; geplante Böschungsneigung: $\beta = 60°$

Lösung: Einwirkungen: Teilsicherheitsbeiwert $\gamma_G = 1{,}00$ (s. Abschnitt 1.2)
$\gamma = \gamma_d = \gamma_k \cdot \gamma_G = 20\ \text{kN/m}^3 \cdot 1{,}00 = 20\ \text{kN/m}^3$

Widerstände: Teilsicherheitsbeiwerte $\gamma_\varphi = 1{,}15$ und $\gamma_c = 1{,}15$ (s. Abschnitt 1.2)
$\varphi = \varphi_d' = \arctan(\tan 25°/1{,}15) = 22{,}1° \approx 22°$,
$c = c_d' = 10\ \text{kN/m}^2/1{,}15 = 8{,}7\ \text{kN/m}^2 \approx 8\ \text{kN/m}^2$

$$\text{Mit } 1/\lambda = \frac{c}{H \cdot \gamma \cdot \tan\varphi} = \frac{8}{5 \cdot 20 \cdot \tan 22°} = 0{,}198 \approx 0{,}20 \text{ und } \beta = 60°$$

$$\text{ergibt sich aus dem Diagramm}: 1/N = \frac{c}{H \cdot \gamma \cdot F} \approx 0{,}083$$

$$\text{Nachweis der Standsicherheit: } \mu = \frac{1}{F} = \frac{(1/N) \cdot H \cdot \gamma}{c} = \frac{0{,}083 \cdot 5 \cdot 20}{8} = 1{,}04 > 1{,}0$$

⇒ **Nachweis nicht erfüllt!**

⇒ Zur Erfüllung des Nachweises sind die Böschungsneigung bzw. die Böschungshöhe entsprechend zu verringern oder weitergehende konstruktive Maßnahmen vorzusehen.

7.4 Kräfte in Zuggliedern, Dübeln, Pfählen und Steifen

Falls Zugglieder, Dübel oder Pfähle von Gleitflächen geschnitten werden bzw. Steifen von außen auf den Gleitkörper einwirken, ist bei jedem Bruchmechanismus zu prüfen, ob die in den Bauteilen wirkenden Kräfte günstig oder ungünstig wirken. Ein Zugglied wirkt ungünstig, wenn der Winkel α_A zwischen der Achse des Zugglieds und der Gleitrichtung des Gleitkörpers im Schnittpunkt des Zugglieds mit der äußeren Gleitfläche größer als 90° ist (s. Abb.). Die Kräfte von Steifen sind an deren Angriffspunkt, diejenigen von Zuggliedern, Dübeln oder Pfählen am Schnittpunkt mit der Gleitfläche anzusetzen.

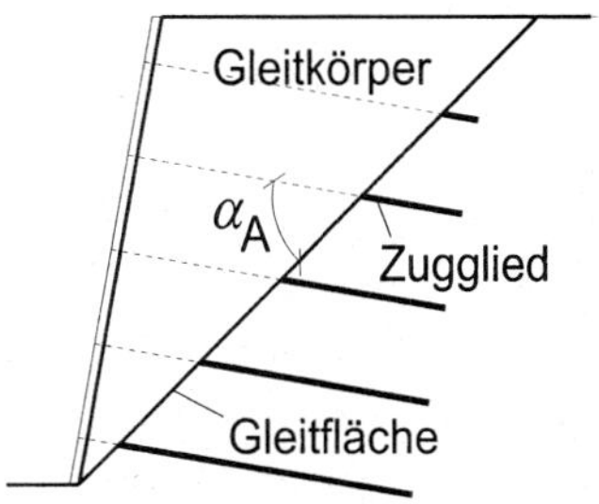

Bei Zuggliedern ist zwischen vorgespannten (z.B. vorgespannte Verpressanker) und nicht vorgespannten (schlaffen) Zuggliedern (z.B. Zugpfähle, Bodennägel, Stahlbänder, Geokunststoffe) zu unterscheiden.

Bei Zuggliedern dürfen höchstens die Bemessungswerte der außerhalb des Gleitkörpers im nichtbewegten Boden aktivierbaren Kräfte angesetzt werden, sofern diese Kräfte nicht dauernd oder vorübergehend verloren gehen können.

Bei wandartigen Stützkonstruktionen und Bauteilen, die durch die äußere Gleitfläche geschnitten werden (z.B. Stützwände, Dübel) ist der Bemessungswert des von der Stützkonstruktion an der Gleitfläche entgegen der Bewegungsrichtung des Gleitkörpers übertragbaren Scherwiderstands anzusetzen. Dieser ergibt sich entweder aus der von der Konstruktion aufnehmbaren Schnittkraft oder nach der von der Konstruktion auf den Boden oberhalb bzw. unterhalb der Gleitfläche übertragbaren Kraft (passiver Erddruck). Der kleinere Wert ist maßgebend.

7.5 Vernagelte Wände

Vernagelte Wände sind Verbundkonstruktionen, die aus dem anstehenden Boden, den stabförmigen, nicht vorgespannten Zuggliedern (Bodennägel) und einer Oberflächensicherung (i.d.R. bewehrter Spritzbeton) bestehen. Bei ausreichender Nageldichte verhält sich der bewehrte Bodenkörper näherungsweise wie ein monolithischer Körper. Bei einer Bodenvernagelung ist die für das jeweilige System gültige Allgemeine bauaufsichtliche Zulassung des Deutschen Instituts für Bautechnik[1)] zu beachten, die vom Hersteller beizubringen ist. Die Herstellung erfolgt in einer sich wiederholenden Abfolge:

1. Zwischenaushub, in Abhängigkeit von der temporären Böschungsstabilität (ca. 1,5 m; mind. 0,5 m unter Bohransatzpunkt der jeweiligen Nagellage).
2. Sicherung der frei gelegten Böschungsoberfläche mit Spritzbeton, einschließlich Bewehrung.
3. Einbauen und Verpressen der Bodennägel, die kraftschlüssig, aber ohne Vorspannung mit der Außenhaut verbunden werden.

Im Regelfall werden Nägel mit einer Länge des 0,5- bis 0,7fachen der Wandhöhe gewählt. Am Kopf der hergestellten Wand ist mit horizontalen Verformungen von ca. 0,2 bis 0,4 % der Wandhöhe zu rechnen. Damit sich kein Wasserdruck auf die Oberflächensicherung infolge Schichten- oder Kluftwasser einstellt, sollte eine ausreichende Anzahl von Entwässerungsöffnungen angeordnet werden.

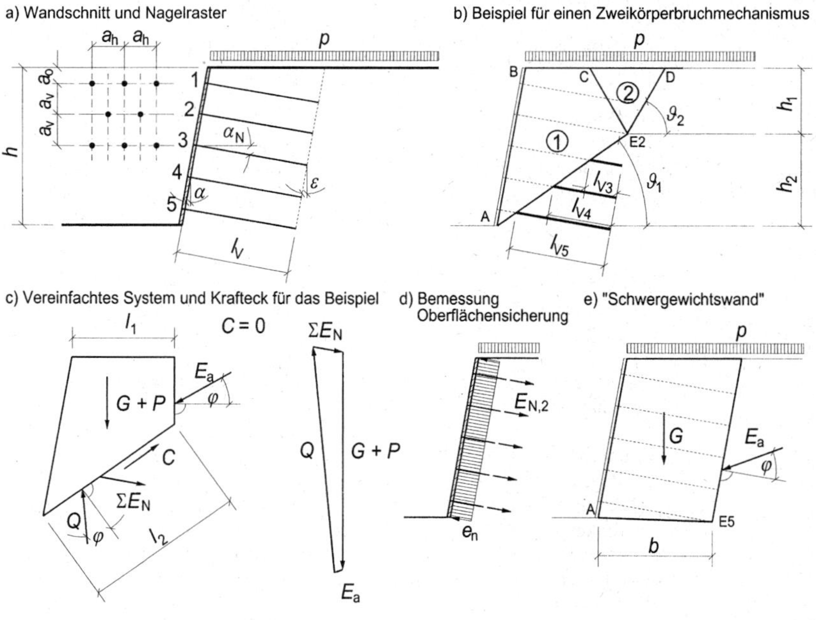

Standsicherheit

Bei Bodenvernagelungen sind zum Nachweis der Tragfähigkeit die möglicherweise maßgebenden Bruchmechanismen im Boden im Grenzzustand GZ 1C zu untersuchen. Die Gleitflächen können dabei alle oder nur einen Teil der Nägel schneiden oder auch umgehen. Hierbei ist die Bauweise, Geländeform, Grundwassersituation sowie Betrag und Stellung von äußeren Lasten zu berücksichtigen. Es ist eine ausreichende Sicherheit gegen Herausziehen eines Bodennagels nachzuweisen. Der Nachweis ist erbracht, wenn die Bedingung $E_N \leq R_N$ erfüllt ist.

---

1) Zum Beispiel Zulassung Nr. Z-20.1-106 für Bodenvernagelung System „DYWIDAG" vom 27. März 2002.

E_N Bemessungswert der Herausziehbeanspruchung eines Bodennagels
R_N Bemessungswert des Herausziehwiderstands eines Bodennagels

Der Bemessungswert des Herausziehwiderstands eines Bodennagels $R_{N,d}$ wird zunächst nach Erfahrungswerten für die vorliegenden Bedingungen angenommen und muss vor Ort mittels Probebelastungen (Nagelzugversuchen) an 3 bis 5 % der Nägel bzw. an mind. 3 Stück nachgewiesen werden. Weiterhin ist für den Nachweis der Standsicherheit der Verbundkörper, als monolithisch zu betrachten. Hierzu ist eine gedachte Rückwand durch das Ende der Nägel anzunehmen (s. Abb. e) S.11.84). Für diese „Schwergewichtswand" ist der Nachweis der Tragfähigkeit im Grenzzustand GZ1B (Grundbruch- und Gleitsicherheit) zu erbringen, die zulässige Lage der Sohldruckresultierenden einzuhalten und die Sicherheit gegen Geländebruch im Grenzzustand GZ1C nachzuweisen.

Nachweis der Einzelteile
Die Oberflächensicherung muss nach DIN 1045 bemessen werden. Für die Belastung wird ein verminderter aktiver Erddruck e_n angesetzt, da dessen volle Ausbildung durch die Nägel behindert wird. Dazu werden 85 % des ohne Ansatz der Kohäsion und mit $\delta_a = 0$ ermittelten aktiven Erddrucks in ein flächengleiches Rechteck umgelagert. Für den Krafteinleitungsbereich am Nagelkopf ist der Durchstanznachweis zu führen. Die Normalspannung im Nagel darf den Wert (β_S / 1,75) nicht überschreiten (β_S Streckgrenze des Stahls).

Beispiel: Ermittlung des Bemessungswertes der Herausziehbeanspruchung E_N eines Bodennagels im Lastfall 2 (LF 2)

Abmessungen (s. Abb. a) S.11.84): Wandhöhe h = 7,50 m; Geländeneigung $\beta = 0$; vertikale Nagelabstände $a_o = 0{,}75$ m; a_v = 1,50 m (⇒ 5 Nagellagen); horizontaler Nagelabstand $a_h = 1{,}50$ m; Wandneigung $\alpha = -10°$ (s. Definition im Abschnitt 3, Böschungswinkel 80°); Nagelneigung α_N = 10°; wirksame Verankerungslänge aller Nägel: $l_V = 0{,}7 \cdot h = 5{,}25$ m (⇒ Neigung der Wandrückseite $\varepsilon = \alpha = -10°$)

Kennwerte: $\varphi_k' = 35°$, $c_k' = 0$ (eine zeitweilige Kohäsion, z.B. Kapillarkohäsion, muss auch bei einem nichtbindigen Boden vorhanden sein, sonst ist ein Aushub mit diesem Böschungswinkel nicht möglich); Wichte des Bodens $\gamma_k = 18\ \text{kN/m}^3$; veränderliche Auflast $p_k = 10\ \text{kN/m}^2$.

1. E_N aus der Untersuchung der Geländebruchsicherheit im GZ1C ($E_{N,1}$) am Beispiel **eines** untersuchten Bruchmechanismus

Wahl eines ersten Bruchmechanismus (Abb. b) S.11.84): Erste äußere Gleitfläche vom Fußpunkt A zum Endpunkt der Nagellage 2 (E2) ⇒ $\vartheta_1 = 35{,}4°$; innere Gleitfläche von E2 zur Geländeoberfläche (B); zweite äußere Gleitfläche von E2 zur Geländeoberfläche (B); Vereinfachung des Bruchmechanismus durch einen Einkörpermechanismus (Abb. c) S.11.84). Dabei wird der Bruchkörper 2 (E2 – C – D) durch die aktive Erddruckkraft E_a auf den senkrechten Schnitt E2 – Geländeoberfläche ersetzt. Anschließend erfolgt die Ermittlung der Bruchkörpergeometrie und aller am Körper angreifenden Kräfte. $l_1 = 4{,}78$ m; $h_1 = 3{,}16$ m; $h_2 = 4{,}34$ m; $l_{V3} = 1{,}50$ m; $l_{V4} = 3{,}00$ m; $l_{V5} = 4{,}50$ m; Kohäsionskraft in der Gleitfläche $C = c \cdot l_2 = 0$

Bemessungswerte der Einwirkungen:
mit $\gamma_d = \gamma_k \cdot \gamma_G = 18\ \text{kN/m}^3 \cdot 1{,}0 = 18\ \text{kN/m}^3$ und $p_d = p_k \cdot \gamma_Q = 10 \cdot 1{,}2 = 12\ \text{kN/m}^2$ wird
$G = G_d = A \cdot \gamma_d = 27{,}6\ \text{m}^2 \cdot 18\ \text{kN/m}^3 = 496{,}4\ \text{kN/m}$; $P = P_d = l_1 \cdot p_d = 4{,}78 \cdot 12 = 57{,}4\ \text{kN/m}$
Bemessungswert der Erddruckkraft:
mit $\varphi_d' = \arctan(\tan 35°/1{,}15) = 31{,}3° \approx 31°$; $\alpha = 0°$; $\beta = 0°$; $\delta_a = \varphi_d'$ wird nach Abschnitt 3
⇒ $K_{agh} = K_{aph} = 0{,}246 \approx 0{,}25$

$$E_{\text{agh,d}} = 0{,}5 \cdot K_{\text{agh}} \cdot h_1^2 \cdot \gamma_{\text{d}} = 0{,}5 \cdot 0{,}25 \cdot 3{,}16^2 \cdot 18 = 22{,}5 \text{ kN/m};$$
$$E_{\text{aph,d}} = K_{\text{aph}} \cdot h_1 \cdot p_{\text{d}} = 0{,}25 \cdot 3{,}16 \cdot 12 = 9{,}5 \text{ kN/m};$$
$$E_{\text{ah}} = E_{\text{ah,d}} = E_{\text{agh,d}} + E_{\text{aph,d}} = 22{,}5 + 9{,}5 = 32{,}0 \text{ kN/m}; \; E_{\text{av}} = E_{\text{av,d}} = 19{,}2 \text{ kN/m}$$
$$E_{\text{a}} = E_{\text{a,d}} = E_{\text{ah}} / (\cos(\delta_{\text{a}} + \alpha)) = 32{,}0 / \cos 31° = 37{,}3 \text{ kN/m}$$

Aus dem Kräftegleichgewicht ergibt sich für den untersuchten Bruchmechanismus $\sum E_{\text{N}} = 77$ kN/m.

Für den einzelnen Nagel wird der Bemessungswert der Herausziehbeanspruchung zu:
$$E_{\text{N,1}} = \sum E_{\text{N}} \cdot a_{\text{h}} \cdot l_{\text{V}} / \sum_{\text{i=3}}^{5} l_{\text{Vi}} = 77 \cdot 1{,}50 \cdot 5{,}25 / 9{,}00 = 67{,}4 \text{ kN} \approx 67 \text{ kN}$$
Mit Hilfe weiterer Bruchkörpervariationen ist derjenige Bruchmechanismus zu finden, bei dem der Bemessungswert der Herausziehbeanspruchung eines Nagels $E_{\text{N,1}}$ zum Maximum wird.

2. E_{N} aus den Auflagerkräften der Oberflächensicherung im GZ1B ($E_{\text{N,2}}$):

mit $K_{\text{agh}} = 0{,}206 \approx 0{,}21$ für $\varphi'_{\text{k}} = 35°$; $\alpha = -10°$; $\delta_{\text{a}} = 0$; s. Abschnitt 3;
$$E_{\text{agh,k}} = 0{,}5 \cdot K_{\text{agh}} \cdot h_1^2 \cdot \gamma_{\text{k}} = 0{,}5 \cdot 0{,}21 \cdot 7{,}50^2 \cdot 18 = 106{,}3 \text{ kN/m};$$
$$E_{\text{aph,k}} = K_{\text{aph}} \cdot h_1 \cdot p_{\text{k}} = 0{,}21 \cdot 7{,}50 \cdot 10 = 15{,}8 \text{ kN/m};$$
$$E_{\text{ag,k}} = E_{\text{agh,k}} / \cos\alpha = 106{,}3 / \cos 10° = 107{,}9 \text{ kN/m};$$
$$E_{\text{ap,k}} = E_{\text{aph,k}} / \cos\alpha = 15{,}8 / \cos 10° = 16{,}0 \text{ kN/m};$$
$$e_{\text{ng,k}} = 0{,}85 \cdot E_{\text{ag,k}} / (h / \cos\alpha) = 0{,}85 \cdot 107{,}9 / (7{,}50 / \cos 10°) = 12{,}0 \text{ kN/m}^2$$
$$\Rightarrow E_{\text{N,g,k}} \approx e_{\text{ng,k}} \cdot a_{\text{h}} \cdot a_{\text{v}} / \cos\alpha = 27{,}4 \text{ kN};$$
$$e_{\text{np,k}} = 0{,}85 \cdot E_{\text{ap,k}} / (h / \cos\alpha) = 0{,}85 \cdot 16{,}0 \cdot (7{,}50 / \cos 10°) = 1{,}8 \text{ kN/m}^2$$
$$\Rightarrow E_{\text{N,p,k}} \approx e_{\text{np,k}} \cdot a_{\text{h}} \cdot a_{\text{v}} / \cos\alpha = 4{,}1 \text{ kN}$$
Für den einzelnen Nagel wird der Bemessungswert der Herausziehbeanspruchung zu:
$$E_{\text{N,2}} = E_{\text{N,2,d}} = \gamma_{\text{G}} \cdot E_{\text{N,g,k}} + \gamma_{\text{Q}} \cdot E_{\text{N,p,k}} = 1{,}20 \cdot 27{,}4 + 1{,}30 \cdot 4{,}1 = 38{,}2 \text{ kN} \approx 38 \text{ kN}$$

Das Maximum aus beiden Berechnungen ist als maßgebender Bemessungswert der Herausziehbeanspruchung eines Nagels E_{N} anzusehen. Für den Nachweis wird dieser mit dem Bemessungswert des Herausziehwiderstandes R_{N} verglichen.

7.6 Verformungen bei Böschungen und Geländesprüngen

Nach E DIN 4084 enthalten die Teilsicherheitsbeiwerte nach DIN 1054 für den Lastfall 1 bei mitteldicht bis dicht gelagerten nichtbindigen und bei steifen bis halbfesten bindigen Böden in der Regel auch eine ausreichende Sicherheit gegen unzulässig große Verformung von Böschungen und Geländesprüngen ohne Bebauung. Dies gilt auch für Stützkonstruktionen, deren Geländebruchsicherheit für die Dauer der Nutzung für den Lastfall 2 nachzuweisen ist.
Bei Böschungen und Geländesprüngen in weichen bindigen Böden ist in der Regel die Grenze der Verformungen für die Bemessung maßgebend. Nach E DIN 4084 ist zur Einhaltung der Grenze der Verformungen bei Böden, die im undrainierten Triaxialversuch nach DIN 18 137-2 Scherdehnungen von mehr als 20 % aufweisen, in der Regel der Ausnutzungsgrad μ mit einem Wert von 0,67 statt 1,0 zugrunde zulegen. Bei Böden, die Scherdehnungen zwischen 10 und 20 % aufweisen, darf zwischen 1,0 und 0,67 linear interpoliert werden.
Zur Prognose von Verformungen an Böschungen und Geländesprüngen kommen vor allem Berechnungen mit der Finite-Elemente-Methode (FEM) und geeigneten Stoffgesetzen (Materialmodellen) in Betracht. Die Prognosen sollten möglichst an Messungen überprüft werden.

8 Baugrube, Verankerung und Wasserhaltung

8.1 Allgemeines

Die Größe der Baugrube ergibt sich im Wesentlichen aus der erforderlichen Gründungstiefe und dem angestrebten Bauwerksgrundriss zuzüglich den erforderlichen Arbeitsraumbreiten und den Abmessungen des Baugrubenverbaus oder -böschung.

- Angaben zu den Ansätzen von Nutzlasten (Straßen- und Schienenverkehr, Baustellenverkehr und -betrieb), des Erddrucks, des Wasserdrucks und der Bemessung können den „Empfehlungen des Arbeitskreises Baugruben (EAB)“ entnommen werden. Weiterhin ist DIN 4124 und ggf. die ZTV-ING bzw. die ZTV-W zu beachten.
- Für die Ermittlung der Baugrundverhältnisse und der notwendigen Bodenkennwerte ist der Abschnitt 2 zu beachten.
- Bei Bauwerken im Einflussbereich von Baugruben sind weiterhin DIN 4123 und DIN 1055 zu beachten.
- Bei verankerten Baugrubenwänden ist neben dem Nachweis der Standsicherheit in der tiefen Gleitfuge (Abschnitt 8.7) auch der Nachweis der Geländebruchsicherheit zu erbringen (EAB). Der Nachweis der Geländebruchsicherheit kann analog dem Nachweis der Böschungsbruchsicherheit (mit eingeschlossener Stützkonstruktion) nach E DIN 4084 bzw. Abschnitt 7 erfolgen.
- Bei Baugruben mit umströmtem Wandfuß (Wasserspiegeldifferenz zwischen außerhalb und innerhalb der Baugrube) ist neben dem Einfluss des Strömungsdrucks auf die Baugrubenkonstruktion auch der Nachweis gegen Aufbruch der Baugrubensohle (hydraulischer Grundbruch) zu führen (siehe EAB und Abschnitt 8.8.5).
- Bei Baugruben mit einer Dichtungssohle (Injektionssohle bzw. Unterwasserbetonsohle) stellt sich ein hydrostatischer Wasserdruck ein. In diesem Fall ist der Nachweis der Auftriebssicherheit der Sohle und der Baugrubenkonstruktion zu führen (siehe EAB).

Arbeitsräume, die betreten werden, müssen in Baugruben mind. 0,50 m breit sein. Für Leitungsgräben kann die erforderliche lichte Breite b den folgenden Tafeln entnommen werden.

Lichte Breiten für Gräben mit betretbarem Arbeitsraum nach DIN 4124

Art des Grabens, Böschungswinkel	Äußerer Rohrschaftdurchmesser d in m	Lichte Grabenbreite b in m[1]
Böschungswinkel an der Sohle		
$\beta \leq 90°$	$d \leq 0{,}40$	$b = d + 0{,}40$
$\beta \leq 60°$	$d > 0{,}40$	$b = d + 0{,}40$
$\beta > 60°$	$d > 0{,}40$	$b = d + 0{,}70$
verbauter Graben	$d \leq 0{,}40$	$b = d + 0{,}40$[2]
	$0{,}40 < d \leq 0{,}80$	$b = d + 0{,}70$
	$0{,}80 < d \leq 1{,}40$	$b = d + 0{,}80$
	$d > 1{,}40$	$b = d + 1{,}00$
Mindestbreite bei Grabentiefe[3]		
$\leq 1{,}75$ m	für	$b = 0{,}70$
$\leq 4{,}00$ m	alle	$b = 0{,}80$
$> 4{,}00$ m	Durchmesser	$b = 1{,}00$

Arbeitsraumbreiten für Baugruben nach DIN 4124

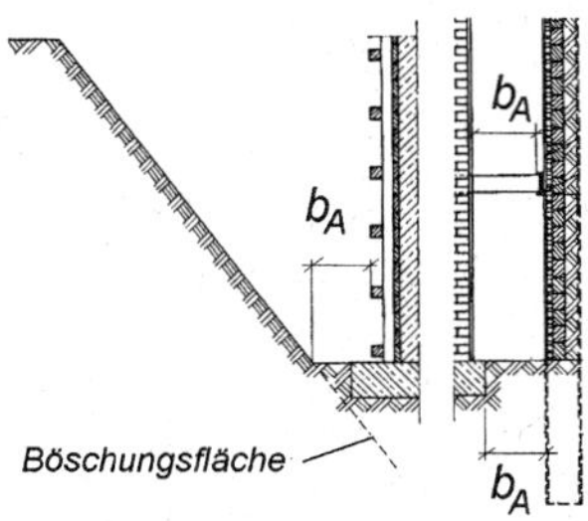

[1] Bei geböschten Gräben = Sohlbreite; bei waagerechtem Verbau = lichter Abstand der Bohlen bzw. der Brusthölzer, wenn $l_l < 1{,}50$ m; bei senkrechtem Verbau = lichter Abstand der Bohlen bzw. der waagerechten Gurtungen, wenn deren Unterkante bei $d \geq 0{,}60$ m weniger als 1,75 m über der Grabensohle bzw. bei $d \geq 0{,}30$ m weniger als 0,50 m über OK Rohr liegt.

[2] Sind planmäßige Umsteifungen für das Herablassen von langen Rohren erforderlich, dann gilt $b = d + 0{,}70$.

[3] Gilt nur für Gräben mit senkrechten Wänden; bei Gräben nach Abb. 11.89a (a und c) genügt $b = 0{,}60$ m.

Die für die Abrechnung im Einzelfall maßgebende Arbeitsraumbreite b_A ergibt sich aus Tafel 11.87. Werden Fundamente und Sohlplatten gegen Erde betoniert (linke Seite der Abb. 11.87), so darf der Gründungskörper nicht in die Verlängerung der Böschungsfläche einschneiden.

Tafel 11.88a Lichte Breiten für Gräben bis 1,25 m Tiefe ohne betretbaren Arbeitsraum nach DIN 4124

Regelverlegetiefe t in m	$t \leq 0{,}70$	$0{,}70 < t \leq 0{,}90$	$0{,}90 < t \leq 1{,}00$	$1{,}00 < t \leq 1{,}25$
Lichte Grabenbreite b in m	0,30	0,40	0,50	0,60

8.2 Nichtverbaute Baugruben und Gräben

Nichtverbaute Baugruben und Gräben mit einer Tiefe von mehr als 1,25 m (s. Tafel 11.88c und Abb. 11.89a) müssen mit abgeböschten Wänden hergestellt werden. Die zulässige Böschungsneigung richtet sich nach den bodenmechanischen Eigenschaften des Bodens unter Berücksichtigung der Zeit, während der sie offen zu halten sind, und nach den äußeren Einflüssen, die auf die Böschung wirken. Die maximalen Böschungswinkel können für einfache Fälle ohne rechnerischen Nachweis nach folgender Tafel angenommen werden (DIN 4124):

Tafel 11.88b Maximale Böschungswinkel für einfache Fälle

lfd. Nr.	Bodenart	Böschungswinkel β in °
1	nichtbindiger Boden, weicher bindiger Boden	≤ 45
2	steifer oder halbfester bindiger Boden	≤ 60
3	Fels	≤ 80

Geringere Böschungswinkel sind vorzusehen, wenn besondere Einflüsse wie

- Störungen des Bodengefüges (Klüfte oder Verwerfungen)
- zur Einschnittsohle hin einfallende Schichtung oder Schieferung
- Grundwasserhaltung durch offene Wasserhaltung
- Zufluss von Schichtenwasser
- nicht entwässerte Fließsandböden
- starke Erschütterungen aus Verkehr, Rammarbeiten oder Sprengungen

vorliegen.

Die Sicherheit gegen Böschungsbruch ist rechnerisch nachzuweisen, wenn

- die Böschung mehr als 5m hoch ist oder die in Tafel 11.88b unter 1 und 2 genannten Böschungswinkel überschritten werden sollen, wobei mehr als 80° nicht zulässig sind
- einer der oben genannten besonderen Einflüsse vorliegt
- vorhandene Leitungen oder andere bauliche Anlagen gefährdet werden können
- unmittelbar neben dem Schutzstreifen von 0,60 m Breite Auflasten von mehr als 10 kN/m² zu erwarten sind.

Tafel 11.88c Nicht- und teilverbaute Gräben und Baugruben bis 1,75 m Tiefe

Grabentiefe h in m	
<1,25	**alle Bodenarten:** Lotrechte Abschachtung ist zulässig, sofern die Neigung der Geländeoberfläche bei nichtbindigen Böden < 1:10 ($\beta < 5{,}7°$) und bei bindigen Böden < 1:2 ($\beta < 26{,}5°$) ist.
1,25 bis 1,75	**bindiger Boden (ab steifer Konsistenz) und Fels:** Ausbildung nach Abb. 11.89a **nichtbindiger Boden:** Böschung oder kompletter Verbau
>1,75	**alle Bodenarten:** Böschung oder kompletter Verbau

Im Bereich benachbarter baulicher Anlagen sind die Forderungen der DIN 4123 zu beachten.

Bermen sind anzuordnen, falls dies zum Auffangen von abrutschenden Steinen, Felsbrocken und dergleichen oder für Wasserhaltungen erforderlich ist. Bermen, die zum Auffangen abrutschender Teile dienen, müssen mindestens 1,50 m breit sein und in Stufen von höchstens 3,00 m Höhe angeordnet werden. Eine gleichwertige oder bessere Sicherungsmaßnahme als mit Bermen kann z.B. eine Sicherung mit Folienabdeckung und verankerten Baustahlgewebematten darstellen, wenn auf den Bermen einsickerndes Oberflächenwasser Rutschungen auslösen kann.

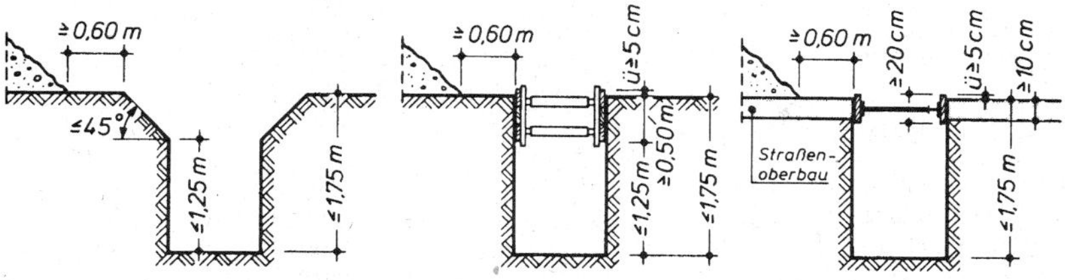

a) Graben mit abgeböschten Kanten b) Teilweise verbauter Graben c) Graben mit Saumbohlen

Abb. 11.89a Nicht- und teilverbaute Gräben und Baugruben bis 1,75 m Tiefe

8.3 Grabenverbau

8.3.1 Waagerechter und senkrechter Normverbau nach DIN 4124

Normverbau darf unter folgenden Voraussetzungen ohne besonderen Standsicherheitsnachweis verwendet werden:

- Geländeoberfläche verläuft annähernd waagerecht
- nichtbindiger Boden oder ein bindiger Boden, steif oder halbfest
- Bauwerkslasten üben keinen Einfluss auf Größe und Verteilung des Erddrucks aus
- Straßenfahrzeuge und Baugeräte halten einen ausreichend großen Abstand vom Verbau ein.

8.3.2 Grabenverbaugeräte nach DIN 4124

Grabenverbaugeräte sind Einrichtungen zur Sicherung von Grabenwänden und bilden den fertigen Verbau eines Grabenteilstücks. Sie bestehen meist aus zwei großflächigen Wandelementen, die über Stützbauteile (Streben und Stützrahmen) verbunden sind. Es können mittig gestützte, randgestützte, rahmengestützte Grabenverbaugeräte, Gleitschienen-Grabenverbaugeräte und Dielenkammer-Geräte unterschieden werden. Nach DIN 4124 dürfen nur Grabenverbaugeräte nach DIN EN 13 331-1 verwendet werden, die von der Prüfstelle des Fachausschusses „Tiefbau“ der Tiefbau-Berufsgenossenschaft geprüft wurden. Es ist weiterhin die Verwendungsanleitung des Herstellers zu beachten.

Grabenverbaugeräte sind in allen Bodenarten anwendbar, die nicht ausfließen.

Die Anwendung des Einstellverfahrens (s.u.) ist auf bestimmte Bodenarten beschränkt.

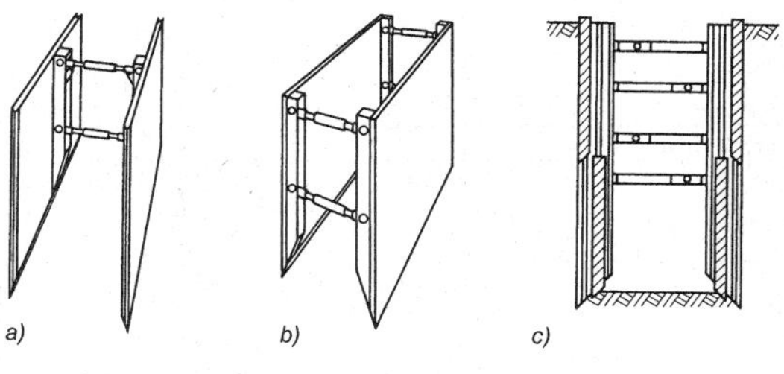

Abb. 11.89b Grabenverbaugeräte

a) mittig gestützt b) randgestützt c) in Doppelgleitschienen geführt

Einbauverfahren:

Einstellverfahren: Die Verbauelemente werden nach Aushub des Bodens auf die erforderliche Tiefe in den Graben eingestellt. Voraussetzung: vorübergehend standfester Boden. (Dies ist ein Boden, der zwischen Beginn der Ausschachtung und Einbringen des Verbaues keine wesentlichen Nachbrüche aufweist.)

Absenkverfahren: Es kann in allen Bodenarten angewendet werden, die nicht ausfließen. Der Graben wird zunächst auf eine Tiefe ausgehoben, bei der die Grabenwände noch vorübergehend stehen. Nach Einsetzen der auf die Grabenbreite montierten Verbaueinheit wird der Graben in Abschnitten von $\leq$ 0,50 m Tiefe ausgehoben. Sinkt hierbei die Verbaueinheit nicht durch ihr Eigengewicht nach, müssen die Platten nachgedrückt werden. Bei großen Grabentiefen werden die Verbaueinheiten durch Aufstocken zum Verbaufeld ergänzt und abschnittweise zur Grabensohle abgesenkt.

8.4 Schlitzwände und Bohrpfahlwände

8.4.1 Schlitzwände

Vorteile:

- Mit Rammen oder Rütteln verbundene Belästigung der Umgebung durch Lärm und Erschütterungen wird weitgehend vermieden.
- Können tiefer geführt werden als gerammte Wände; Baugrund, der zum Rammen nicht geeignet ist, wird durchfräst.
- Verformungsarm: geringere Verformungen im angrenzenden Boden, günstig in der unmittelbaren Nähe von Bauwerken.
- Wasserabdichtende Baugrube herstellbar: Grundwasserabsenkung kann unterbleiben.
- Kann nah an bestehenden Gebäuden abgeteuft werden und konstruktiv in das herzustellende Bauwerk eingebunden werden (z.B. Kelleraußenwand).

Nachteile:

- aufwendig hinsichtlich Baustelleneinrichtung und Aushubbehandlung (Deponierung)
- problematisch bei querenden Kanälen und Leitungen
- nur vertikal herstellbar.

Herstellung:

Der lamellenweise Aushub des Bodens unter Flüssigkeitsstützung erfolgt entweder mit Greifern (Seilgreifer mechanisch oder hydraulisch u.a.) oder mit Fräsen. Bei der Wandherstellung wird zwischen Zweiphasen-Verfahren (auch Ortbeton-Schlitzwand – bei Baugruben am häufigsten), Einphasen-Verfahren (vor allem bei Dichtungswänden) und kombinierten Verfahren (Einstellen von Betonfertigteilen oder Spundwandprofilen) unterschieden. Die üblichen Wanddicken liegen zwischen 0,4 bis 1,50 m. Dickere Wände bis 3,00 m können mit Fräsen ausgeführt werden. Die erreichbaren Tiefen liegen bei 100 bis 150 m.

Berechnung und Bemessung der erhärteten Wand:

Die Ermittlung der Einbindetiefe, Schnittgrößen und Stützkräfte und die erdstatischen Standsicherheitsnachweise erfolgen analog zu denen der Spundwand. Zu beachten ist, dass bei der Ermittlung des belastenden Erddrucks und des Erdwiderstands ein größerer Erddruckneigungswinkel als $|\delta| = \varphi/2$ nur aufgrund genauerer Nachweise angesetzt werden darf. Bei Sand- und Kiesböden ist $\delta = 0$ zu setzen, wenn damit zu rechnen ist, dass zwischen Beginn des Aushubs und Beginn des Betonierens mehr als 30 Stunden liegen.

Bei der konstruktiven Ausbildung und Bemessung sind DIN 1045 und DIN 4126 zu beachten, wobei keine höheren Festigkeitsklassen als C 20/25 anzusetzen sind. Die Konsistenz des verwendeten Betons kann wegen des besonderen Einbauverfahrens nach DIN 4126, Abschn. 6.2 von der DIN 1045 abweichen.

Stützflüssigkeit:

Die Stützflüssigkeit für den vertikalen Erdschlitz besteht beim Zweiphasen-Verfahren in der Regel aus Ton-(Bentonit-)Suspensionen. Die Forderungen an die Eigenschaften und die Prüfmethoden dieser Suspensionen sind in DIN 4126 und DIN 4127 festgelegt. Die Aufbereitung und ausreichende Bevorratung (ca. 2 bis 2,5fache des Schlitzvolumens), die Behandlung der gebrauchten Suspension und des Erdaushubes stellen besondere Anforderungen an die Baustelleneinrichtung. Anzustreben ist ferner eine weitestmögliche Trennung von Aushubmaterial und Suspension und die anschließende Wiederaufbereitung der gebrauchten Suspension in der geforderten Qualität. Der verbleibende, durch Suspension verunreinigte Bodenaushub und die verbrauchte Suspension müssen in der Regel auf eine Deponie verbracht werden.

Die Standsicherheitsnachweise für den flüssigkeitsgestützten Schlitz sind nach DIN 4126 zu führen. Für die Herstellung sind DIN 4126 und DIN 18 313 zu beachten.

8.4.2 Bohrpfahlwände

Vorteile:

- Im Wesentlichen analog zu denen der Schlitzwand.
- Weitere Vorteile:
  - Bohren erfolgt in der Regel unter Verrohrung, Stützflüssigkeit kann meist entfallen
  - auch komplizierten Grundrissen von Baugruben sehr gut anpassbar
  - querenden Kanälen und Leitungen gut anpassbar (Pfähle weglassen)
  - auch mit Neigung herstellbar.

Nachteile:

- Mögliche Tiefen geringer als bei Schlitzwand (bis ca. 25 m Tiefe).

Wandarten:

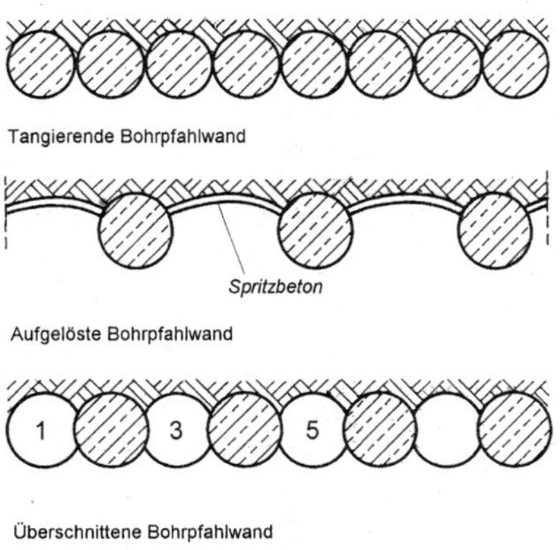

Arten von Bohrpfahlwänden

1. *Tangierende Bohrpfahlwand*
   - bewehrte Pfähle, nebeneinander angeordnet
   - lichter Pfahlabstand aus Herstellungsgründen ca. 2 – 10 cm
   - Berechnung der notwendigen Einbindetiefe und Schnittgrößen und die erdstatischen Standsicherheitsnachweise analog zur Spundwand möglich
   - nicht wasserdicht.

2. *Aufgelöste Bohrpfahlwand*
   - bewehrte Pfähle, mit Abständen größer als der Durchmesser des Einzelpfahls angeordnet
   - Zwischenräume im Aushubbereich werden mit dem Aushub fortschreitend gesichert (im Allgemeinen mit Spritzbeton – bewehrt und auf Biegung bemessen oder unbewehrt mit Gewölbeausbildung zum Boden).

- Berechnung der notwendigen Einbindetiefe und Schnittgrößen und die erdstatischen Standsicherheitsnachweise analog zur Trägerbohlwand möglich
- nicht wasserdicht.

3. *Überschnittene Bohrpfahlwand*
- Herstellung unbewehrter Primärpfähle (Pfähle 1, 3, 5 usw.)
- wenige Tage danach Bohren der Sekundärpfähle (bewehrte Pfähle 2, 4, 6 usw.), die in die Primärpfähle einschneiden (Herstellung einer durchgehenden Betonwand)
- Überschneidungsmaß ca. 10 – 20 % des Pfahldurchmessers (abhängig von Bohrtechnologie und Baugrundverhältnissen)
- Berechnung der notwendigen Einbindetiefe und Schnittgrößen und die erdstatischen Standsicherheitsnachweise analog zur Spundwand möglich
- wasserabdichtende Baugrube herstellbar.

Für die Herstellung und Bemessung der verrohrt oder unverrohrt hergestellten Bohrpfähle (siehe auch Abschnitt 5) sind vor allem DIN 1054, DIN EN 1536 mit DIN Fachbericht 129, DIN 18 301, und DIN 1045 zu beachten.

Weitere Informationen zu Schlitz- und Bohrpfahlwänden (Bemessung, konstruktive Ausbildung u.a.) können neben den genannten Normen z.B. dem Grundbautaschenbuch Teil 3 und dem Betonkalender 1998 Teil 2 entnommen werden.

8.5 Injektionswände und Frostwände

8.5.1 Injektionswände

Injektionswände kommen im Zusammenhang mit Baugruben meist bei der Unterfangung von benachbarter Bebauung zum Einsatz. Durch die Injektion des Baugrundes soll ein Baukörper erzeugt werden, der wie eine Schwergewichtsmauer wirkt (bei Unterfangungshöhen von mehr als 2 – 3 m verankert).

Injektionsverfahren:
- „klassische" Injektionen oder Niederdruckinjektionen: Einpressen von Injektionsmitteln in die Porenräume oder Hohlräume des Bodens oder Fels zum Dichten oder Verfestigen des Bodens oder Fels; bei Planung, Ausführung und Prüfung von Injektionen ist die DIN 4093, DIN EN 12 715, DIN 18 309 und ggf. das „Merkblatt für Einpressarbeiten mit Feinstbindemitteln in Lockergestein"[1)] zu beachten.
- *soil-fracturing*-Verfahren: planmäßiges Einpressen von Injektionsmaterial zur gezielten, örtlichen Aufsprengung des Bodens (im Prinzip nur zur Gründungssanierung/Baugrundverbesserung bei bindigen Böden eingesetzt, wo die klassischen Injektionsverfahren ausscheiden – nicht zur Gebäudeunterfangung); bei Planung, Ausführung und Prüfung von Injektionen ist DIN EN 12 715 zu beachten.
- Düsenstrahlverfahren, auch Hochdruckinjektion (HDI), Hochdruckbodenvermörtelung, jetgrouting oder soilcrete genannt: Die Bodenstruktur wird durch einen Düsenstrahl aufgeschnitten, und der Boden wird entweder mit dem Injektionsgut teilweise vermischt und ein Teil mit dem Spülmittelrücklauf gefördert (nichtbindige Böden) oder nahezu vollständig durch das Injektionsmittel ersetzt und durch den Spülmittelrücklauf gefördert (bindige Böden). Bei Planung, Ausführung und Prüfung von Düsenstrahlverfahren ist DIN EN 12 716 und DIN 18 321 zu beachten.

[1)] BAUTECHNIK 79 (2002), Heft 8 und 9.

Injektionsmittel:

- Nach Ausgangsstoffen und Zusammensetzung werden Mörtel, Pasten, Suspensionen, Lösungen und Emulsionen unterschieden.
- Ausgangsstoffe können z.B. Zemente, Zement-Bentonitmischungen, Feinstbindemittel (Ultrafeinzemente) oder Chemikalien (Wasserglas, Silikate und Kunstharze) sein.

Die Wahl des Injektionsmittels und -verfahrens wird im Wesentlichen durch den Boden und seine Eigenschaften bestimmt. Erste Anhaltswerte zu den möglichen Anwendungsbereichen können der Abb. 11.93 entnommen werden.

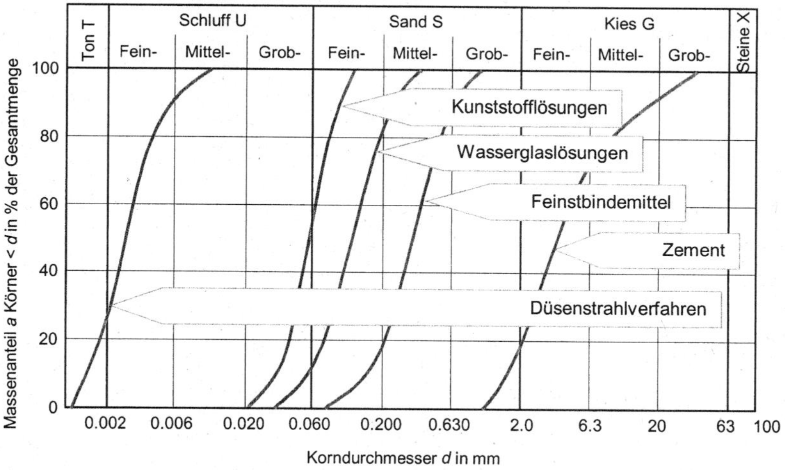

Abb. 11.93 Anwendungsbereiche der Injektionsverfahren und -mittel

Planung und Bemessung von Injektionswänden zur Bauwerksunterfangung:

Bei Planung von Injektionswänden für Bauwerksunterfangungen ist die DIN 4123 zu beachten. Die Bohrlochneigungen, Bohrlochabstände und Bohrlochfolge müssen vor Baubeginn in einem Injektionsplan festgelegt werden. Zur Überprüfung der geplanten Injektionsreichweite (Säulendurchmesser) und der geplanten Druckfestigkeit sind gegebenenfalls vor Baubeginn Probeinjektionen durchzuführen. Das Injektionsziel hinsichtlich Bereich, Qualität und Druckfestigkeit ist durch Kontrolle und Aufzeichnungen bei der Herstellung und durch Probenentnahme und -prüfung nach der Herstellung zu prüfen. Bei Unterfangungen mit Injektionen sind weiterhin eventuelle Bewegungen des zu unterfangenden Bauwerks ständig zu überwachen (Hebungen/Setzungen z.B. mit Nivellements oder Schlauchwaagen). Unter bestimmten Voraussetzungen können Injektionswände auch wasserdicht ausgebildet werden.

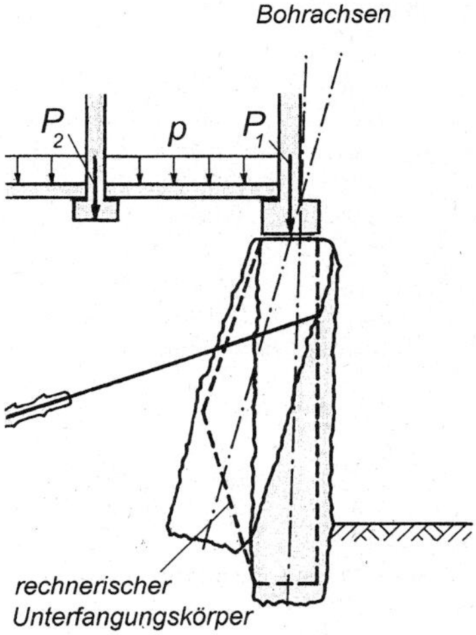

Abb. 11.94 Bauwerksunterfangung

Erforderliche Nachweise:

(analog zu Schwergewichtsmauern – Abschnitt 6)

- Kippen
- Gleiten
- Grundbruch/zulässige Sohlspannungen
- zulässige Spannungen im Injektionskörper
- Verankerungsnachweise
- eventuell Geländebruch.

Die erreichbaren Druckfestigkeiten der Injektionskörper sind von Bodeneigenschaften, Injektionsverfahren und Injektionsmittel abhängig.

Einaxiale Druckfestigkeiten (Anhaltswerte) bei:

- Niederdruckinjektionen mit
  - Chemikalien: bis 5 N/mm²
  - Zementen: bis 10 N/mm²
  - Feinstbindemitteln: bis 20 N/mm²

- Düsenstrahl-Verfahren:
  - im Sand/Kies: 1 – 15 N/mm²
  - im Schluff/Ton: 0,5 – 3 N/mm²

Für weitere Hinweise zu geotechnischen Injektionen kann neben DIN 4093 z.B. auf das Grundbautaschenbuch Teil 2 und den Betonkalender 1998 Teil 2 zurückgegriffen werden.

8.5.2 Frostwände

Frostwände (i.Allg. wasserabdichtend ausführbar) können durch künstliches Einfrieren wasserhaltender Bodenschichten (Bodenvereisung) hergestellt werden. Mit dem Vereisungszustand ist nur so lange zu rechnen, solange die Gefriereinrichtung in Betrieb gehalten wird. Im Zuge der Eignungs- und Planungsuntersuchungen für eine Bodenvereisung sind neben der Bestimmung der notwendigen Bodenkennwerte für den ungefrorenen und gefrorenen Boden Untersuchungen zu den notwendigen Gefrierrohrabständen und zum geeigneten Kühlverfahren notwendig.

Nähere Informationen zur Bodenvereisung können z.B. dem Grundbautaschenbuch Teil 2 und dem Betonkalender 1998 Teil 2 entnommen werden.

8.6 Trägerbohlwände

8.6.1 Allgemeines

Trägerbohlwände werden im Prinzip wie Spundwände berechnet. Da die Wände jedoch nur oberhalb der Baugrubensohle durchgängig ausgebildet sind, erfolgt zur Ermittlung der Einbindetiefe der Ansatz des belastenden Erddrucks für den ebenen Fall auch nur in diesem Bereich. Bei Erreichen des passiven Erddrucks kann sich bei ausreichend großem Abstand der Bohlträger unterhalb der Baugrubensohle ein räumlicher Bruchkörper ausbilden. Bei geringem Trägerabstand kommt es infolge der Überschneidung der Bruchkörper zur Reduzierung der Stützwirkung vor dem Bohlträger. Den Grenzwert stellt dann der passive Erddruck im ebenen Fall dar. Für den Standsicherheitsnachweis sind deshalb zum Vergleich zwei Nachweise erforderlich, von denen der ungünstigere maßgebend ist. Die Träger besitzen die Breite b_t und untereinander einen Abstand a_t.

8.6.2 Berechnungsalgorithmus

Der folgende Berechnungsalgorithmus wurde unter Beachtung der EAB-100 [11.6] aufgestellt.

a) Für die Berechnung sind zunächst folgende Annahmen zu treffen, da die passive Erddruckkraft $E_{ph1/2} = f(a_t, b_t, t)$ ist:
   - Profilauswahl, z.B. I, IB, IPB, PSP und][-Profile, und Wahl der Bohlträgerbreite $b_{t/gew}$
   - Festlegung des Abstands der Bohlträger a_t untereinander
   - Annahme zur notwendigen theoretischen Einbindetiefe $t_{0,gew}$ der Bohlträger
   - Annahme zur Auflagerung im Einbindebereich (Grenzfälle: frei aufgelagert / eingespannt).

b) Ermittlung einer wirklichkeitsnahen Verteilung des aktiven Erddrucks u.a. in Abhängigkeit der Anordnung und Anzahl der Abstützungen. Erfahrungswerte können der EAB-100/ EB 169 entnommen werden. Nur bei nichtgestützten, im Boden eingespannten Trägerbohlwänden darf i.d.R. der aktive Erddruck und die dreieckförmige Verteilung zum Ansatz kommen.

c) Standsicherheitsnachweise im GZ 1B.
   - Kontrolle des Gleichgewichts der Horizontalkräfte
   - Nachweis, dass das Erdauflager für die gewählte Einbindetiefe $t_{0,gew}$ in der Lage ist, die Belastung aufzunehmen.

   Eine Berechnungswiederholung ist i.d.R mit einer verbesserten Annahme $t_{0,gew}$ erforderlich, wenn die Nachweise nicht erfüllt sind.

d) Nachweis, dass die Beanspruchungen des Bohlträgermaterials bei der gewählten Trägerbreite $b_{0,gew}$ zulässig sind.
   Andernfalls muss eine Wiederholung des gesamten Berechnungsalgorithmus unter Korrektur der Bohlträgerbreite erfolgen, bis die Annahmen hinreichend zutreffend sind.

8.6.3 Standsicherheitsnachweise (GZ 1B)

Bei Trägerbohlwänden ist eine Vergleichsuntersuchung

- unter Ansatz des räumlichen Erdwiderstands vor dem einzelnen Bohlträger
- unter Annahme des Erddrucks auf eine gedachte durchgehende Wand (ideeller Erdwiderstand) notwendig. Die kleinere Erdwiderstandskraft E_{ph} ist für die weitere Berechnung maßgebend.

Erddruckbeiwerte K^* für $\alpha = \beta = 0$
bei Annahme von $\delta_p^* = -(\varphi_k - 2{,}5°)$ für $\varphi_k < 30°$ bzw. $\delta_p^* = -27{,}5°$ für $\varphi_k \geq 30°$ bei behinderter Vertikalbewegung nach *Streck* ($K_{pgh\,(\delta p=0)}$ siehe Abschn. 3.5):

φ_k in °	15,0	17,5	20,0	22,5	25,0	27,5	30,0	32,5	35,0	37,5	40,0	42,5
K_{pgh}^*	2,11	2,38	2,77	3,23	3,81	4,51	5,46	6,15	7,12	8,27	9,64	11,4
K_{pch}^*	3,32	3,54	3,84	4,18	4,58	5,00	5,54	5,92	6,46	7,08	7,76	8,58

1) Räumlicher Erdwiderstand vor schmalen Druckflächen nach Weißenbach:

$$E_{\text{pgh1,k}} = 0{,}5 \cdot \gamma_k \cdot K_{\text{pgh}}{}^{*}{}_{(\delta p=\delta p^*)} \cdot t_0^{\,2} \cdot (b' + b_{\text{S,R}}) \cdot F \,;\; E_{\text{pch1,k}} = c_k \cdot K_{\text{pch}}{}^{*}{}_{(\delta p=\delta p^*)} \cdot t_0 \cdot (b' + b_{\text{S,K}}) \cdot F \cdot A$$

$E_{\text{ph1,k}} = E_{\text{pgh1,k}} + E_{\text{pch1,k}}$ pro Träger

mit

t_0 theoretische Einbindetiefe (für freie Auflagerung gilt $t_0 = t$ und für eine Einspannung $t_0 = 5 \cdot t/6$)

$A = 0{,}5$ (bei bindigen Böden 50 %ige Abminderung nach EAB-100/ EB 114)

$A = 1$ (bei Kapillarkohäsion)

$b_{\text{S,R}} = 0{,}60 \cdot t_0 \cdot \tan \varphi_{\text{k}}$ $\qquad$ $b_{\text{S,K}} = 0{,}90 \cdot (1 \;\; + \tan \varphi_{\text{k}}) \cdot t_0$

für $b_t < 0{,}30 \cdot t_0$ gilt: $b' = 0{,}30 \cdot t_0$ und $F = \sqrt{\dfrac{b_t}{0{,}30 \cdot t_0}}$

für $b_t \geq 0{,}30 \cdot t_0$ gilt: $b' = b_t$ und $F = 1$

2) Ideeller Erdwiderstand auf eine gedachte durchgehende Wand

$$E_{\text{pgh2,k}} = 0{,}5 \cdot \gamma_k \cdot t_0^{\,2} \cdot \left(K_{\text{pgh}}{}^{*}{}_{(\delta p=\delta p^*)} \cdot b_t + K_{\text{pgh}\,(\delta p=0)} \cdot (a_t - b_t)\right)$$

$$E_{\text{pch2,k}} = c_k \cdot K_{\text{pch}}{}^{*}{}_{(\delta p=\delta p^*)} \cdot t_0 \cdot a_t$$

$E_{\text{ph2,k}} = E_{\text{pgh2,k}} + E_{\text{pch2,k}}$ pro Träger

8.6.3.1 Im Boden frei aufgelagerte Trägerbohlwände

$E_{\text{ah,k}}$ charakteristischer Wert des aktiven Erddrucks oberhalb der Baugrubensohle in kN/m

$\Delta E_{\text{ah,d}}$ vernachlässigter Bemessungswert des aktiven Erddrucks unterhalb der Baugrubensohle auf eine gedachte durchgehende Wand in kN/m mit $\Delta E_{\text{ah,d}} = \Delta E_{\text{ah,G,k}} \cdot \gamma_{\text{G}} + \Delta E_{\text{ah,Q,k}} \cdot \gamma_{\text{Q}}$

$U_{\text{h,k}}$ Auflagerreaktionskraft infolge $E_{\text{ah,k}}$ (bei weichen bindigen Böden liegt $U_{\text{h,k}}$ bei $t/3$)

$\Sigma M_s = 0$: $\quad U_{\text{h,k}} = E_{\text{ah,k}} \cdot z / (h - l_s + 0{,}6 \cdot t)$ für eine einfach gestützte Wand

$U_{\text{h,d}}$ Bemessungswert der Auflagerkraft $U_{\text{h,d}} = U_{\text{G,k}} \cdot \gamma_{\text{G}} + U_{\text{Q,k}} \cdot \gamma_{\text{Q}}$

$$E_{\text{ph3,k}} = 0{,}5 \cdot \gamma_{\text{k}} \cdot t_0^{\,2} \cdot K_{\text{pgh}} + p \cdot K_{\text{pph}} \cdot t_0 + c_{\text{k}} \cdot K_{\text{pch}} \cdot t_0$$

mit K_{pgh} ($\delta_{\text{p}} = -\varphi$) nach *Caquot/Kerisel* oder *Pregl*

a) Gleichgewicht der Horizontalkräfte unterhalb der Baugrubensohle

Die Aufnahme des belastenden Erddrucks oberhalb der Baugrubensohle und des vernachlässigten aktiven Erddrucks auf die Träger unterhalb der Baugrubensohle durch das gedachte Erdauflager ist durch das Gleichgewicht der Horizontalkräfte nachzuweisen.

Nachweis: $|U_{\text{h,d}}| + \Delta E_{\text{ah,d}} \leq E_{\text{ph3,d}}$

mit $E_{\text{ph3,d}} = E_{\text{ph3,k}} / \gamma_{\text{Ep}}$

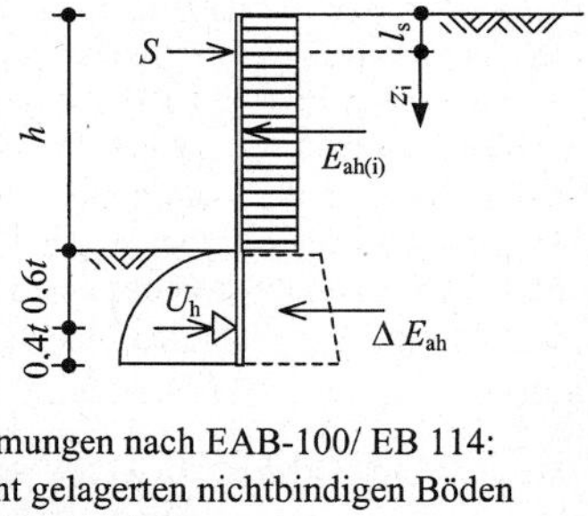

b) Nachweis gegen Versagen des Erdauflagers:

$U_{\text{h,d}} \leq E_{\text{ph1/2,d}}$ mit $E_{\text{ph1/2,d}} = \eta \cdot E_{\text{ph1/2,k}} / \gamma_{\text{Ep}}$

Wahl des Anpassungsfaktors η zur Begrenzung der Verformungen nach EAB-100/ EB 114:

1) $\eta = 0{,}80$ bei mindestens steifen bindigen bzw. mitteldicht gelagerten nichtbindigen Böden

2) $\eta < 0{,}80$, falls 1) nicht zutreffend, z.B. bei weichen bindigen Böden.

Falls der Nachweis erfolgt, dass die Bewegungen des Fußauflagers unschädlich sind, kann $\eta = 1$ gesetzt werden.

8.6.3.2 Im Boden eingespannte Trägerbohlwände

$E_{ah,k}$ charakteristischer Wert des aktiven Erddrucks $E_{ah,k}$ oberhalb der Baugrubensohle
$\Delta E_{ah,d}$ vernachlässigter aktiver Erddruck unterhalb der Baugrubensohle auf gedachte durchgehende Wand bis zur Tiefe t_0
$U_{h,k}$ untere Auflagerreaktionskraft infolge $E_{ah,k}$
$U_{h,d}$ Bemessungswert der Auflagerkraft $U_{h,d} = U_{G,k} \cdot \gamma_G + U_{Q,k} \cdot \gamma_Q$

a) Gleichgewicht der Horizontalkräfte unterhalb Baugrubensohle

$U_{h,d} = 0{,}5 \cdot \gamma \cdot t_0^2 \cdot K_{rgh}$ mit $t_0 = 5 \cdot t / 6$ und K_{rgh} mit $\eta_{Ep} = 1$ nach Unterpunkt b)

$$E_{ph3,k} = 0{,}5 \cdot \gamma_k \cdot t_0^2 \cdot K_{pgh} + p \cdot K_{pph} \cdot t_0 + c_k \cdot K_{pch} \cdot t_0$$

mit K_{pgh} ($\delta_p = -\varphi$) nach *Caquot/Kerisel* bzw. *Pregl*

Nachweis: $|U_{h,d}| + \Delta E_{ah,d} \leq E_{ph3,d}$ mit $E_{ph3,d} = E_{ph3,k} / \gamma_{Ep}$

b) Die Vorbemessung der erforderlichen Einbindetiefe $t_{erf} = 1{,}2 \cdot t_0$ kann mit dem Verfahren nach *Blum* entsprechend Abschn. 6.2.2 erfolgen.

$$K_{rgh} = \frac{2 \cdot \eta \cdot E_{ph1,k}}{\gamma \cdot a_t \cdot t_0^2} \cdot \frac{f_1}{\eta_{Ep}} \quad oder \quad K_{rgh} = \frac{2 \cdot \eta \cdot E_{ph2,k}}{\gamma \cdot a_t \cdot t_0^2} \cdot \frac{f_2}{\eta_{Ep}}$$ (kleinerer Wert ist maßgebend)

- $l = h - l_s$ und $u = 0$
- Zur Begrenzung der Verformungen kann ein Anpassungsfaktor $\eta < 1$ gewählt werden.
- Korrekturbeiwerte f_1 und f_2 nach *Weißenbach*

Korrekturbeiwerte	f_1	f_2
Kohäsionslose Böden	0,85	0,95
Feuchter Sand und Kies	0,90	1,00
Leicht bindiger Boden	0,95	1,05
Stark bindiger Boden	1,00	1,10

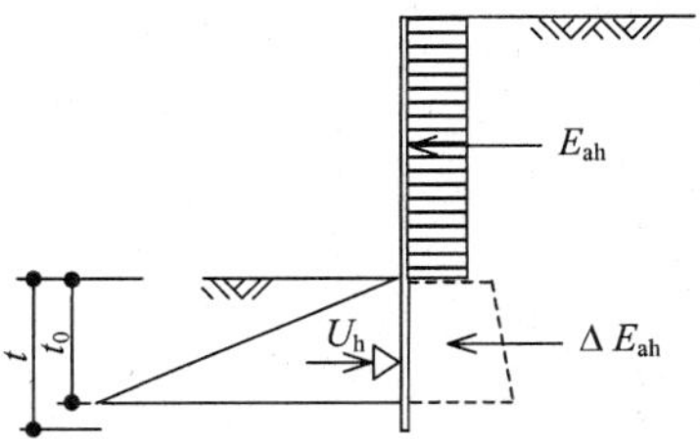

Zum Nachweis gegen Versagen des Erwiderlagers siehe Weißenbach [11.8].

8.7 Verankerungen und Absteifungen

8.7.1 Verankerungen

Baugrubenwände und Bauwerke (z.B. Gewichtsmauern) werden zur Begrenzung der Verformungen oft rückwärtig verankert. Verankerungen dienen u.a. auch zur Auftriebssicherung und zur Aufnahme von Einzelkräften z.B. bei Abspannungen. Eine Verankerung mit Ankerplatten (z.B. Einsatz bei Uferwänden) erfolgt nur noch selten, da ein großer freier Arbeitsraum zur Einbringung der Verankerung hinter der Wand notwendig ist. Üblicherweise erfolgt bei Baugrubenwänden eine rückwärtige Verankerung mit Verpressankern, mitunter auch mit Verpressmantelpfählen. Es dürfen nur die Verpressanker zum Einsatz kommen, die bauaufsichtlich zugelassen sind. Für die sachgemäße Herstellung dieser Anker gilt DIN EN 1537.
Hinsichtlich der Einsatzdauer unterscheidet man bei Verpressankern Kurzzeitanker (Einsatzdauer kleiner als 2 Jahre) und Daueranker (länger als 2 Jahre im Einsatz). Verpressanker werden i.d.R. mit Vorspannung eingebaut (Auswirkungen auf den Erddruckansatz siehe Abschn. 3.3).

Verankerungsarten:

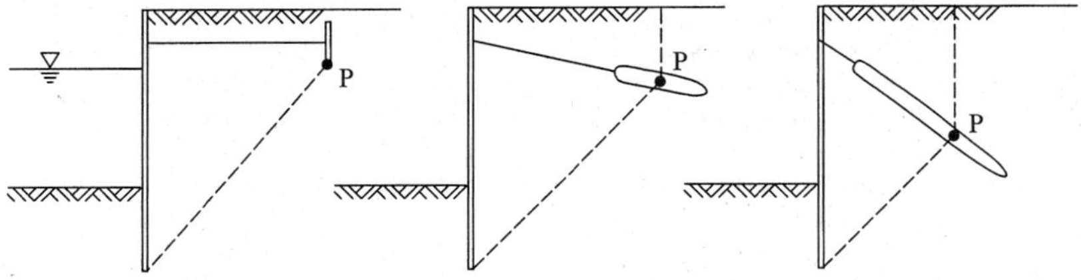

Ankerplatten Verpressanker Verpressmantelpfahl

8.7.1.1 Konstruktive Regeln für den Einsatz von Verpressankern

- Die freie Ankerlänge (nicht verpresster Teil) sollte mindestens 5 m betragen.
- Der Verpresskörper sollte möglichst nur innerhalb einer bindigen oder nichtbindigen Bodenschicht bzw. vollständig im Fels liegen.
- Der Verpresskörper sollte mindestens 4 m unter Geländeoberfläche liegen.
- Der Abstand der Verpresskörper untereinander sollte bei 15 m bis 20 m langen Ankern mindestens 1,5 m sein. Der Mindestabstand zu Bauwerken beträgt 3 m.

8.7.1.2 Ermittlung des Herausziehwiderstands (GZ 1B)

Der charakteristische Herausziehwiderstand $R_{a,k}$ eines Ankers ergibt sich aus dem Widerstand des Verpresskörpers bei der Übertragung der Zugkraft in den Boden. Dieser Widerstand ist auf Grundlage von mindestens 3 Eignungsprüfungen an Ankern zu ermitteln, die unter gleichartigen Ausführungsbedingungen wie die Bauwerksanker hergestellt wurden. Das Prüfverfahren ist in DIN EN 1537 beschrieben.

Die Tragfähigkeit der Verpressanker ist unter anderen vom konstruktiven Ankeraufbau, der Verpresslänge und dem anstehenden Boden abhängig. Zur Vorbemessung kann die Tragfähigkeit nach *Ostermeyer* [11.7] abgeschätzt werden.

8.7.1.3 Nachweise bei Verpressankern und Ankerplatten

a) Nachweis der Tragfähigkeit (GZ 1B) siehe Abschn. 8.7.1.5
b) Nachweis der Gebrauchstauglichkeit durch Abnahmeprüfung nach DIN EN 1537
c) Nachweis einer ausreichenden Ankerlänge (GZ 1B) bei verankerten Stützbauwerken nach Abschn. 8.7.1.4 (Nachweis in der tiefen Gleitfuge)
d) Nachweis gegen Aufbruch des Verankerungsbodens bei Ankerplatten.

8.7.1.4 Nachweis einer ausreichenden Ankerlänge bei verankerten Stützwänden (GZ 1B)

Bei einfach verankerten Wänden kann in Anlehnung an das Verfahren von *Kranz* folgendermaßen vorgegangen werden:

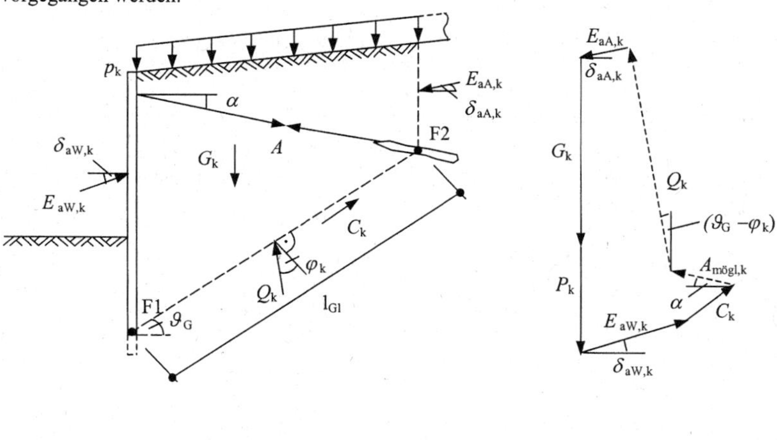

Sicherheit gegen Versagen: $A_{\text{vorh,G,k}} \cdot \gamma_G + A_{\text{vorh,Q,k}} \cdot \gamma_Q \leq A_{\text{mögl,k}} / \gamma_{Ep}$

γ Sicherheitsfaktoren siehe Abschn. 1.2.

F1 Punkt kann bei frei aufgelagerten Wänden am Wandfuß und bei eingespannten Wänden (siehe auch Abschn. 6.2.3) am unteren Querkraftnullpunkt (bei Spundwänden in Wandmitte, bei Schlitzwänden an der Wandrückseite) angenommen werden. Bei großen Verschiebungen eingespannter steifer Wände (z.B. Schlitzwände) im Einbindebereich kann der Fußpunkt F1 auch tiefer liegen [1].

F2 Bei durchgehenden Ankerwänden liegt der Punkt F2 an der Unterkante der Ankerwand (siehe auch Bilder am Beginn des Abschnitts), bei Verpressankern in der Mitte der Krafteintragungslänge.

l_0 Krafteintragungslänge bei Verpressankern bzw. Mindestverankerungslänge bei Rammpfählen. [2]

Charakteristische Werte:

$A_{\text{vorh,k}}$ vorhandene Ankerkraft, getrennt nach ständigen und veränderlichen Einwirkungen

$A_{\text{mögl,k}}$ mögliche Ankerkraft (siehe Krafteck)

G_k der Gewichtskraft des Bruchkörpers pro lfd. M.

Q_k der unbekannten Reibungskraft in der tiefen Gleitfuge zwischen den Punkten F1 und F2

C_k der Kohäsionskraft $C_k = c_k \cdot l$ in der tiefen Gleitfuge

E_{aW} aktiver Erddruck im Bruchzustand auf die Wand bis zum angenommenen Punkt F2

E_{aA} aktiver Erddruck auf die Ersatzankerwand unter Berücksichtigung einer eventuellen Auflast

P_k Auflast auf Bruchkörper

Die Ermittlung der möglichen Ankerkraft $A_{\text{mögl,k}}$ kann rechnerisch durch Bildung des Gleichgewichts der Horizontal- und Vertikalkräfte oder als zeichnerische Lösung erfolgen.

8.7.1.5 Nachweis der Tragfähigkeit für das Ankerzugglied (GZ 1B)

a) Einwirkungen

Die charakteristische Gebrauchskraft E_k für den Anker ergibt sich aus den charakteristischen Schnittgrößen der Einwirkungen. Der Bemessungswert ergibt sich zu $E_d = E_k \cdot \gamma$.

b) Widerstände

- Der Bemessungswert des Herausziehwiderstands ergibt sich zu $R_{a,d} = R_{a,k} / \gamma_A$ mit $R_{a,k}$ nach Abschn. 8.7.1.2.
- Der Bemessungswert des Widerstands des Stahlzugglieds $R_{i,d}$ ergibt sich zu $R_{i,d} = (A_s \cdot f_{t,0.1,k}) / \gamma_M$.

  A_s Querschnittsfläche des Stahlzugglieds

  $f_{t,0.1,k}$ charakteristischer Wert der Spannung des Stahlzugglieds bei 0,1 % bleibender Dehnung

Der maßgebende Widerstand R_d entspricht dem kleineren Wert von $R_{a,d}$ und $R_{i,d}$.

c) Nachweis

$$E_d \leq R_d$$

8.7.2 Absteifungen

Steifen sind gegen Herabfallen zu sichern, z.B. durch horizontal angeordnete Gurte. Rundholzsteifen müssen mindestens einen Durchmesser von 10 cm besitzen und der Güteklasse II entsprechen. Die Steifen sind u.a. auf Ausknicken zu untersuchen.

[1] Bautechnik 72 (1995), S. 780.

[2] EAU, E 66.

8.8 Wasserhaltung

Die Wasserhaltung umfasst alle Maßnahmen zur Beherrschung des zuströmenden Wassers während des Betriebs der Baugrube. Es wird in offene und geschlossene Wasserhaltung unterschieden. Die Auswahl der Verfahren ist u.a. abhängig von den geohydrologischen Verhältnissen und der Geometrie der Baugrube.

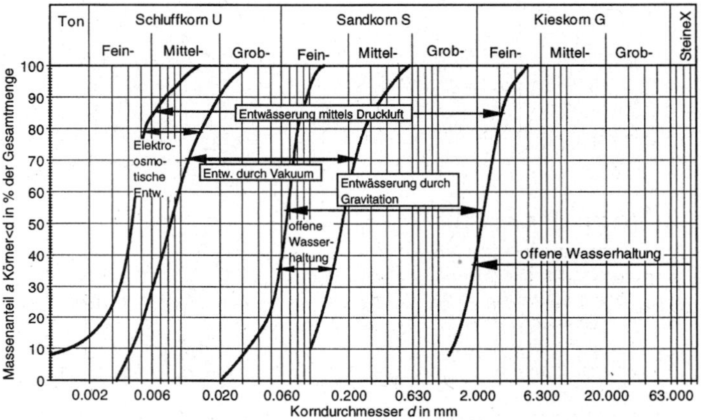

Abb. 11.100a Einsatzgrenzen der Wasserhaltungsverfahren in Abhängigkeit der Bodenart

8.8.1 Offene Wasserhaltung

Die offene Wasserhaltung wird in standfesten Bodenarten (z.B. in Fels mit wasserführenden Spalten und Rissen und in bindigem Boden mit einer Durchlässigkeit von k=10^{-9} bis 10^{-7} m/s) angewendet. In sandigen und kiesigen Böden kann die Anwendung nur für geringe Baugrubentiefen (3-4 m) und unter Einhaltung einer zweifachen Sicherheit gegenüber dem kritischen Gefälle i_{krit} erfolgen. Mit dem kritischen Gefälle $i_{krit} = 1/15\sqrt{k}$ und dem vorhandenen Gradienten $i = \Delta h/\Delta l$ (Δh – Druckhöhe, Δl – Strömungsweg) gilt die Bedingung $i_{krit}/i \geq 2$.

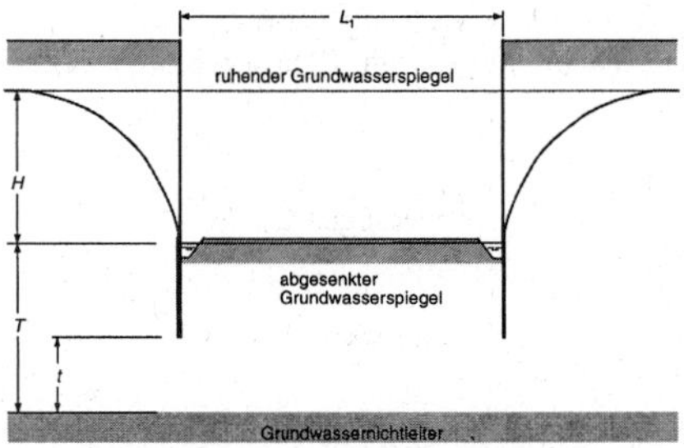

Abb. 11.100b Absenkung bei offener Wasserhaltung

anfallende Wassermenge: q_0≈0,4 q (große Absenktiefe, tiefliegende undurchlässige Schicht)
(Näherungen) q_0≈0,2 q (geringe Absenktiefe, hochliegende undurchlässige Schicht)
mit q_0 anfallende Wassermenge bei Grundwasserabsenkung und
q anfallende Wassermenge bei Vertikalbrunnen.

anfallende Wassermenge nach *Davidenkoff*: $q_0 = k \cdot H^2 \cdot \left\{\left(1+\frac{t}{H}\right)\cdot m + \frac{L_1}{R}\left(1+\frac{t}{H}\cdot n\right)\right\}$

L_1, L_2 Länge, Breite der Baugrube
t Tiefe der für den Zufluss von unten wirksamen Zone (t=H wenn $t \geq H$; t=T wenn $t<H$)
R Reichweite des Brunnens nach *Siechardt*: $R = 3000 \cdot s \cdot \sqrt{k}$ in m, k in m/s
s Absenkung in m
k Durchlässigkeitsbeiwert in m/s

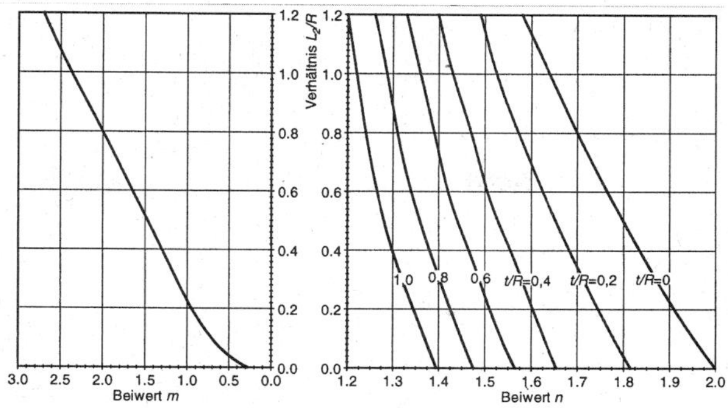

Abb. 11.101a Berechnungsbeiwerte

8.8.2 Geschlossene Wasserhaltung

Flachbrunnen werden an eine gemeinsame Saugleitung angeschlossen. Die Wasserförderung erfolgt durch Kreiselpumpen. Die praktische erreichbare Absenktiefe beträgt 3,5 bis 4,0 m ab Pumpenachse. Bei größeren Absenktiefen ist die Anordnung von mehrstaffeligen Anlagen erforderlich. Für die Gravitationsentwässerung werden im Allgemeinen Filterbrunnen mit einem Filterdurchmesser von d=150 mm verwendet, sodass der Bohrlochdurchmesser zwischen 300 – 400 mm beträgt. Die Einlaufhöhe am Filter muss mindestens 2 bis 3 m betragen. Der Mindestabstand benachbarter Brunnen liegt bei 3 – 4 m.
Für die *Vakuumentwässerung* werden Nadelbrunnen verwendet. Diese haben einen Durchmesser von 50 mm, eine Einlaufhöhe von mindestens 0,5 m und einen Abstand von 1,25 m.

Aus ***Tiefbrunnen*** wird das Wasser mit eingehängten Tauschpumpen gefördert. Die Absenktiefe wird durch die Druckleistung der Pumpe begrenzt. Für Tiefbrunnen sind folgende Maße üblich: Filterdurchmesser 350 mm, Bohrlochdurchmesser 500 bis 800 mm, Einlaufhöhe 5 bis 8 m, Mindestabstand 5 bis 6 m.

Berechnung von Schwerkraftanlagen (Gravitationsbrunnen)
Anwendung: bei nichtbindigen Böden, die im Bereich zwischen Mittelsand und Mittelkies liegen und deren Durchlässigkeit k=10^{-5} bis 10^{-2} m/s beträgt.
Berechnungsgang:

1. Voraussetzung: Kenntnis des Durchlässigkeitsbeiwerts k
   Bei Grundwasserleitern mit Schichten unterschiedlicher Durchlässigkeit gilt:
   mittlere horizontale Durchlässigkeit:
   $$k = \frac{1}{d} \cdot (k_1 \cdot d_1 + k_2 \cdot d_2 + ... + k_n \cdot d_n)$$
   mittlere vertikale Durchlässigkeit:
   $$k = \frac{d}{(k_1 / d_1 + k_2 / d_2 + ... + k_n / d_n)}$$
   wobei d die Summe der Schichtdicken bezeichnet $d = d_1 + d_2 + ... + d_n$.
2. Festlegen der Absenktiefe s: Höhendifferenz zwischen dem ruhenden Grundwasserspiegel und dem tiefsten Teil der Baugrube, zuzüglich einem „Sicherheitsabstand" von 0,5 – 1,0 m.
3. Eintauchtiefe der Brunnen in das Grundwasser: H=h_w+s.
4. Reichweite der Brunnenanlage: $R = 3000 \cdot s \cdot \sqrt{k}$

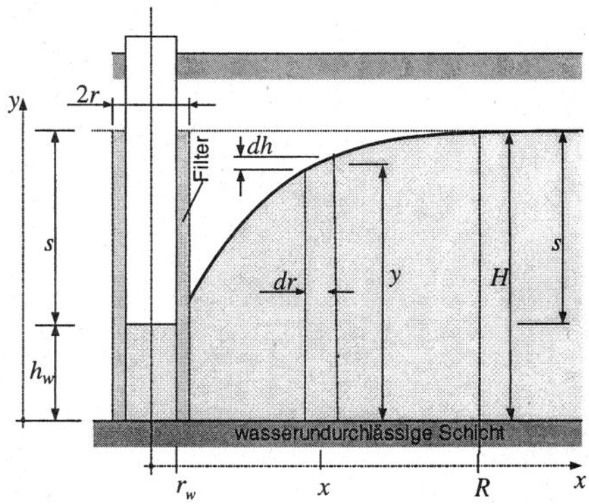

Abb. 11.101b Vollkommener Brunnen

5. Berechnung des Ersatzradius r_E der Brunnenanlage. Es wird die Annahme getroffen, dass die Absenkung durch einen Brunnen mit dem Radius r_E erfolgt.

$$r_E = \sqrt{\frac{A_{Br}}{\pi}}$$

A_{Br} bezeichnet die durch die Brunnen umschlossene Fläche.
Für langgestreckte Baugruben (Länge/Breite >3; a/b>3) gilt $r_E = 0{,}2 \cdot a + 0{,}37 \cdot b$.
Bei Gräben und Brunnenreihen ist für den Ersatzradius $r_E = a/3$ anzusetzen.

6. Abschätzung des Wasserandrangs zur Brunnenanlage:

$$Q_E = \frac{\pi \cdot k \cdot \left(H^2 - h^2\right)}{\ln R - \ln r_E} \cdot (1+\varepsilon)$$

mit ε=0,0 für vollkommene Brunnen
ε=0,1…0.3 für unvollkommene Brunnen

7. Zustrom zum unvollkommenen Brunnen nach *Szechy*:

$$q_{uv} = \frac{\pi \cdot \left\{k_H \cdot \left(H^2 - h_0^2\right) + k_V \cdot \left(H - h_0\right) \cdot t\right\}}{\ln R - \ln r_E}$$

8. Ergiebigkeit der Einzelbrunnen

$$q_{Eb} = \pi \cdot d_{Eb} \cdot \left(H - s - s_{Eb}\right) \cdot \frac{\sqrt{k}}{15}$$

s_{Eb} – geschätzter lokaler Absenktrichter
d_{Eb} – Durchmesser des Einzelbrunnens (i.d.R. Bohrdurchmesser, bei Brunnen ohne Kiesschüttung: Rohrdurchmesser)

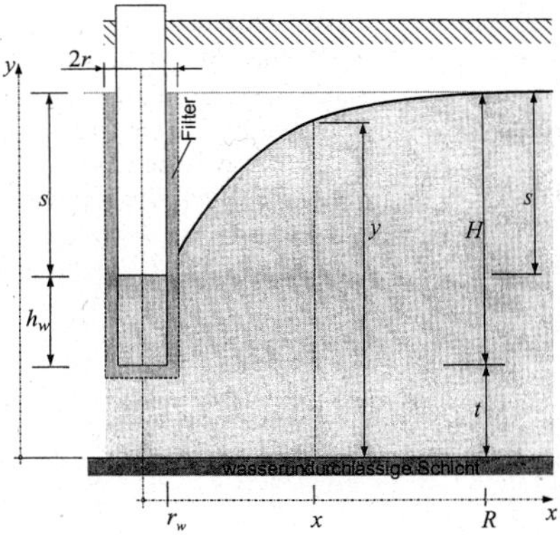

Abb. 11.102a Unvollkommener Brunnen

9. Anzahl der erforderlichen Brunnen

$$n_{erf} = Q_E / q_{Eb}$$

10. Beharrungszustand des Zuflusses zur Mehrbrunnenanlage mit n gleichen Brunnen, denen jeweils die gleich Wassermenge entnommen wird: Formel nach Forchheimer für Mehrbrunnenanlagen:

$$Q = \frac{\pi \cdot k \cdot \left(H^2 - y^2\right)}{\ln R - \frac{1}{n} \ln\left(x_1 \cdot x_2 \cdot .... \cdot x_n\right)}$$

$x_1, x_2, ..., x_n$ - Abstände der einzelnen Brunnen vom ungünstigsten anzunehmenden Punkt der Baugrube (bei kreisförmigen Baugruben der Mittelpunkt, bei rechteckigen Baugruben i.Allg. ein Eckpunkt)

Q – die von der gesamten Anlage geförderte Wassermenge
n – Anzahl der Brunnen

11. Nachweis des lokalen Absenktrichters

$$s_{Eb} = h - \sqrt{h^2 - \frac{1{,}5q}{\pi \cdot k}\left(\ln \frac{b}{2} - \ln r_E\right)} \le s_{Eb,\text{geschätzt}}$$

q – Zufluss zu einem Einzelbrunnen $q = Q/n$
b – Abstand der Brunnen untereinander
r_E – Radius des Filterbrunnens $r_E = d_E/2$

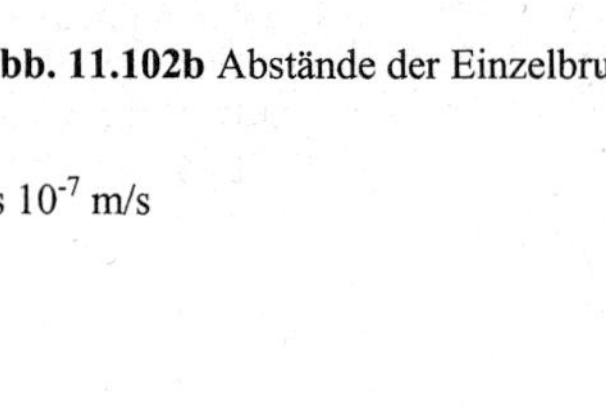

Abb. 11.102b Abstände der Einzelbrunnen

Vakuumentwässerung

Anwendung: - Feinsande und Grobschluffe mit k=10^{-4} bis 10^{-7} m/s
Anordnung: - Abstand der Brunnen 1 bis 1,25 m

- Filteroberkante muss mindestens 1 m unter Aushubsohle liegen
- Abstand der Filter zur Baugrubenwand mindestens 60 cm
- aller 50 m Vakuumanlage ist eine leistungsstarke Pumpe anzuordnen

Wasserandrang: $m = (p_0 - p)/\gamma_W$

$$q_V = \frac{\pi \cdot K \cdot \left(H^2 - h_0^2\right)}{\ln(R/r)} \cdot \frac{(s+m)}{s}$$

p_0 – atmosphärischer Luftdruck

p – Vakuumdruck

γ_W – Wichte von Wasser

s – größte Absenktiefe in der Baugrube

Elektroosmotische Verfahren

Anwendung: - schluffige, tonige und zum Teil organische Böden mit $k<10^{-8}$ m/s und d_{10} zwischen 0,002 und 0,015 mm

Anordnung: - kreisförmig, Elektrodenabstände zwischen 1 und 10 m
- Spannung zwischen 15 und 150 V

durch ein Elektrodenpaar freigesetzte elektroosmotische Wassermenge:

$$q_e = k_e \cdot \pi \cdot U \cdot l \frac{1}{\ln(s/r)} \text{ in cm/s}$$

U - Spannung in V

l - Elektrodenlänge im Grundwasser in cm

s - Elektrodenabstand in cm

r - Elektrodenradius in cm (kleinsten Wert einsetzen)

k_e - elektroosmotische Durchlässigkeitszahl, ist für fast alle Böden $5 \cdot 10^{-5}$ cm²/(Vs)

8.8.3 Versickerung

Die aufnehmbare Wassermenge Q eines Versickerungsbrunnens ist:

$$Q = \frac{\pi \cdot k \cdot \left(2H \cdot z - z^2\right)}{\ln R - \ln r_{Rr}}$$

Das Fassungsvermögen des einzelnen Brunnens ergibt sich zu:

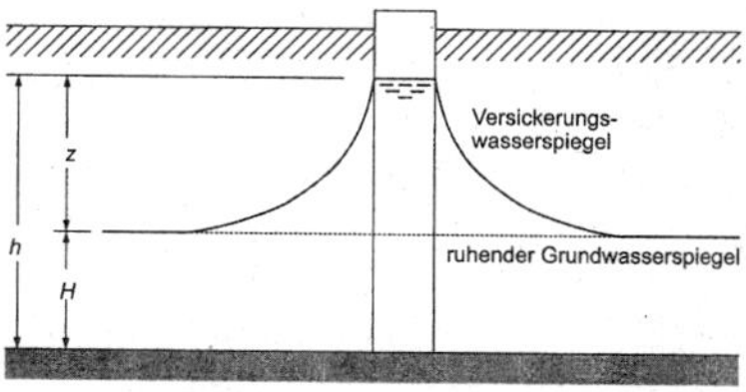

Abb. 11.103a Versickerungsbrunnen

$$q_S = 2\pi \cdot r \cdot h' \cdot \frac{\sqrt{k_{Si}}}{15} \text{ mit } k_{Si} = \frac{k}{4}$$

Zur Gewährleistung des Abfließens der berechneten Wassermenge ist eine Mindeststauhöhe h' erforderlich. Diese ergibt sich zu:

$$h' = h + z_{Eb} = h + \sqrt{\frac{2q \cdot \ln\frac{b}{r}}{\pi \cdot k_{Si}}}$$

8.8.4 Beeinflussung des Erddrucks durch strömendes Wasser

Die Strömung des Grundwassers durch den Porenraum bewirkt Strömungskräfte, die auf das Korngerüst des Bodens wirken. Diese sind neben dem hydrostatisch wirkenden Wasserdruck bei erdstatischen Berechnungen zu berücksichtigen. Bei Stützwänden im Grundwasser, z.B. Baugrubenumschließungen, wirken sich die Strömungskräfte unmittelbar auf die Erddrücke aus. Der belastende Erddruck wird durch die nach unten gerichtete Strömung erhöht und der stützende Erddruck durch die nach oben gerichteten Strömungskräfte verringert. Dies lässt sich näherungsweise durch Erhöhung bzw. Abminderung der Wichte berücksichtigen.

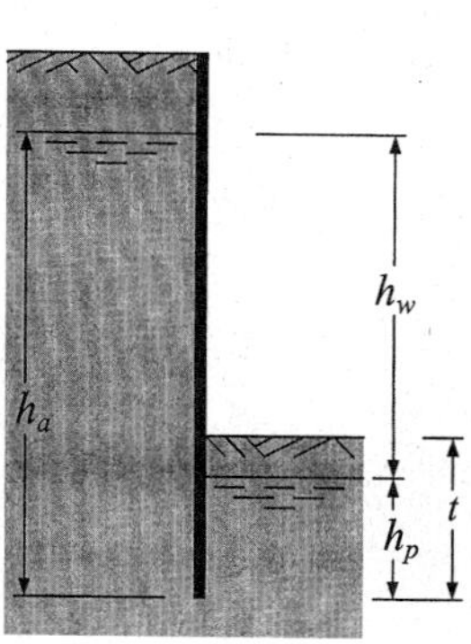

Abb. 11.103b Umströmte Baugrubenwand

Berechnung der Wichte des Bodens unter Berücksichtigung der Strömung:

1. Berechnung des hydraulischen Gradienten

$$i_a = \frac{0{,}7 \cdot h_W}{h_a + \sqrt{h_a \cdot h_p}} \quad \text{aktive Seite} \qquad i_p = \frac{-0{,}7 \cdot h_W}{h_p + \sqrt{h_a \cdot h_p}} \quad \text{passive Seite}$$

2. Korrektur der Wichte infolge der Strömungskräfte

$\gamma_a = \gamma' + i_a \cdot \gamma_W$	korrigierte Wichte des Bodens, aktive Seite
$\gamma_p = \gamma' + i_p \cdot \gamma_W$	korrigierte Wichte des Bodens, passive Seite
$\gamma_{Wa} = (1 - i_a) \cdot \gamma_W$	korrigierte Wichte des Wassers, aktive Seite
$\gamma_{Wp} = (1 - i_p) \cdot \gamma_W$	korrigierte Wichte des Wassers, passive Seite
γ_W, γ'	Wichte von Wasser, Wichte des Bodens unter Auftrieb

3. Berechnung des Erddrucks nach der Erddrucktheorie mit γ_a und γ_p
4. Berechnung des Wasserdrucks auf die Stützwand mit γ_{Wa} und γ_{Wp}

8.8.5 Hydraulischer Grundbruch

Hydraulischer Grundbruch tritt ein, wenn der nach oben gerichtete Strömungsdruck größer wird, als das Eigengewicht des durchströmten Bodens vor dem Stützwandfuß. Dieser Zustand lässt sich rechnerisch durch das Überschreiten eines kritischen hydraulischen Gradienten i beschreiben.
Der Vorgang ist verbunden mit dem Aufschwimmen bzw. Aufbrechen des Bodens und damit zum Verlust der stützenden Wirkung des Erddrucks in diesem Bereich. Insbesondere schmale Baugruben und Baugrubenecken sind gegenüber hydraulischem Grundbruch gefährdet.

Berechnung der Sicherheit gegenüber hydraulischem Grundbruch

1. Berechnung des hydraulischen Gradienten

$$i = \frac{0{,}7 \cdot h_W}{t + \sqrt{t \cdot (t + t_b)}}$$

2. Nachweis

$$S'_k \cdot \gamma_H \leq G'_k \cdot \gamma_{G,\mathrm{inf}}$$

$$i \cdot \gamma_{W,k} \cdot \gamma_H \leq \gamma'_k \cdot \gamma_{G,\mathrm{inf}} \quad \text{mit}$$

S'_k charakteristischer Wert der Strömungskraft

γ_H Teilsicherheitsbeiwert für die Strömungskraft im GZ 1A

G'_k charakteristischer Wert der Gewichtskraft unter Auftrieb

$\gamma_{G,\mathrm{inf}}$ Teilsicherheitsbeiwert für günstige, ständige wirkende Einwirkungen im GZ 1A

γ'_k Wichte von Wasser, Wichte des Bodens unter Auftrieb

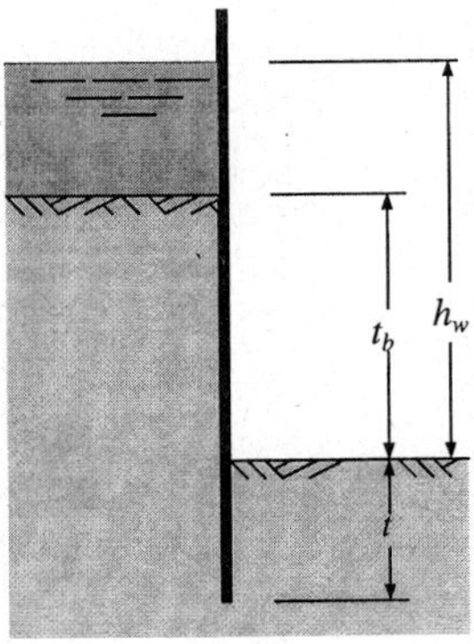

Abb. 11.104 Umströmte Baugrubenwand

Bei schmalen Baugruben ($B / t_B < 2$) und Baugrubenecken wird empfohlen, den Teilsicherheitsbeiwert γ_H mit dem Faktor 1,3 zu erhöhen.
Wenn bei breiten Baugruben entlang den Baugrubenwänden gleiche Sicherheit erreicht werden soll, müssen die Eckbereiche tiefer in den Untergrund einbinden als die Mittelbereiche.

12 A Straßenwesen
12 B Schienenverkehrswesen

Inhaltsverzeichnis

12 A Straßenwesen

Prof. Dipl.-Ing. Günter Wolf

1 Grundlagen

1.1 Allgemeines

Das technische Regelwerk für Straßen wird von der Forschungsgesellschaft für das Straßen- und Verkehrswesen herausgegeben. Es umfasst in ansteigender Reihenfolge der Verbindlichkeit Hinweise, Merkblätter, Empfehlungen, Richtlinien für die Anlage von Straßen (RAS), Zusätzliche Technische Vertragsbedingungen und Richtlinien (ZTV) und Technische Lieferbedingungen (TL).

Die einschlägigen Empfehlungen und RAS unterscheiden nach ihrer Lage und Zweckbestimmung 5 Straßenkategorien und nach ihrer Verbindungsfunktion 6 Stufen, woraus sich 16 sinnvolle Straßentypen ergeben. Diesen Typen werden die Straßenklassen Autobahn, Bundesstraße, Landes- bzw. Staatsstraße, Kreisstraße, Gemeindeverbindungs- und Ortsstraße sowie Wirtschaftsweg nach ihrer Bedeutung und Netzfunktion zugeordnet. Innerörtliche Straßen werden in Hauptsammelstraßen (anbaufrei/angebaut), Sammelstraßen, Anliegerstraßen und Wohnwege untergliedert.

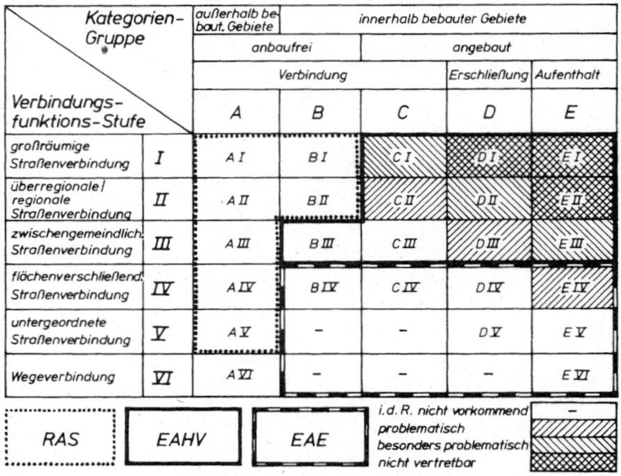

Abb. 12.2 Geltungsbereiche der Richtlinien und Empfehlungen

1.2 Geschwindigkeit (nach RAS-L 95 und RAS-Q 96)

1.2.1 Entwurfsgeschwindigkeit V_e

Die Entwurfsgeschwindigkeit V_e ergibt sich unter Beachtung der Umwelt und Wirtschaftlichkeit aus der vorgesehenen Netzfunktion der Straße und der für den Fahrzweck angestrebten Qualität des Verkehrsablaufs. Ihr sind Grenz- und Richtwerte bestimmter Entwurfselemente sowie zulässige Verhältniswerte für das Zusammenfügen der Einzelelemente zugeordnet. Insbesondere bestimmt sie die Kurvenmindestradien, die maximalen Längsneigungen und die Mindesthalbmesser der Kuppen- und Wannenausrundungen. Besonders bei Straßen der Kategoriengruppen A und B beeinflusst sie entscheidend die Streckencharakteristik, die Sicherheit, die Qualität des Verkehrsablaufs und die Wirtschaftlichkeit. Sie soll möglichst über längere Strecken konstant bleiben.

Die Entwurfsgeschwindigkeit V_e wird nach Tafel 12.3 gewählt. Je nach der Verkehrsqualität und der Topografie sollen die höheren oder niedrigeren Werte eingesetzt werden. Bei den Kategoriengruppen B und C entspricht V_e i. d. R. der vorgesehenen zulässigen Höchstgeschwindigkeit V_{zul}.

1.2.2 Geschwindigkeit V_{85}

Die Geschwindigkeit V_{85} ist ein fahrdynamischer Wert für die geometrische Bemessung einzelner Entwurfselemente. Sie entspricht der Geschwindigkeit, die 85 % der unbehindert fahrenden Pkw auf nasser, aber sauberer Fahrbahn nicht überschreiten, ggf. auch der zulässigen Höchstgeschwindigkeit. Sie kann über längere Strecken in festgelegten Grenzen variieren.

Die Geschwindigkeit V_{85} wird abschnittsweise ermittelt. Für zweibahnige Straßen und für einbahnige 2+1-Querschnitte wird sie wie nebenstehend angenommen.

$$V_{85} = V_e + 20 \text{ km/h} \quad \text{für } V_e < 100 \text{ km/h}$$
$$V_{85} = V_e + 10 \text{ km/h} \quad \text{für } V_e \geq 100 \text{ km/h}$$

Tafel 12.3 Einteilung der Straßen und ihrer Entwurfs- und Betriebsmerkmale

(. . .) Ausnahmewerte

Straßenfunktion		Entwurfs- und Betriebsmerkmale				
Kategoriengruppe	**Straßenkategorie**	**Verkehrsart**	**zul. Geschw. V_{zul} (km/h)**	**Querschnitt**	**Knotenpunkte**	**Entwurfsgeschwindigkeit V_e (km/h)**
A anbaufreie Straßen außerhalb bebauter Gebiete mit maßgebender Verbindungsfunktion	**A I** Fernstraße	Kfz Kfz	— ≤ 100 (120)	zweibahnig einbahnig	planfrei (planfrei) plangleich	120 100 100 90 (80)
	A II überregionale / regionale Straße	Kfz (Kfz) Allg.	— ≤ 100	zweibahnig einbahnig	planfrei (planfrei) plangleich)	100 90 (80) 90 80 (70)
	A III zwischengemeindliche Straße	Kfz Allg.	≤ 100 ≤ 100	zweibahnig einbahnig	planfrei (plangleich) plangleich	(90) 80 70 80 70 60
	A IV flächenerschließende Straße	Allg.	≤ 100	einbahnig	plangleich	70 60 (50)
	A V untergeordnete Straße	Allg.	≤ 100	einbahnig	plangleich	(50) keine
	A VI Wirtschaftsweg	Allg.	≤ 100	einbahnig	plangleich	keine
B anbaufreie Straßen im Vorfeld und innerhalb bebauter Gebiete mit maßgebender Verbindungsfunktion	**B I** Stadtautobahn	Kfz	≤ 100	zweibahnig	planfrei	100 90 80 (70)
	B II Schnellverkehrsstraße	Kfz	≤ 80	zweibahnig	planfrei (plangleich)	80 70 (60)
	B III Hauptverkehrsstraße	Allg. Allg.	≤ 70 ≤ 70	zweibahnig einbahnig	plangleich plangleich	70 60 (50) 70 60 (50)
	B IV Hauptsammelstraße	Allg.	≤ 60	einbahnig	plangleich	60 50
C angebaute Straßen innerhalb bebauter Gebiete mit maßgebender Verbindungsfunktion	**C III** Hauptverkehrsstraße	Allg. Allg.	50 50	zweibahnig einbahnig	plangleich plangleich	(70) (60) 50 (40) keine (60) 50 (40)
	C IV Hauptsammelstraße	Allg.	50	einbahnig	plangleich	50 (40)
D angebaute Straßen innerhalb bebauter Gebiete mit maßgebender Erschließungsfunktion	**D IV** Sammelstraße	Allg.	≤ 50	einbahnig	plangleich	keine
	D V Anliegerstraße	Allg.	≤ 50	einbahnig	plangleich	keine
E angebaute Straßen innerhalb bebauter Gebiete mit maßgebender Aufenthaltsfunktion	**E V** Anliegerstraße	Allg.	Schritt-geschw.	einbahnig	plangleich	keine
	E VI befahrbarer Wohnweg	Allg.	Schritt-geschw.	einbahnig	plangleich	keine

Die Geschwindigkeit V_{85} von einbahnigen, zweistreifigen Straßen der Kategoriengruppe A wird wie folgt ermittelt: Beim Neubau zusammenhängender längerer Teilstrecken wird für Abschnitte mit ähnlicher Streckencharakteristik die Kurvigkeit KU berechnet und daraus mit Hilfe der Abb. 12.4a auf V_{85} geschlossen. Für den Aus- und Umbau kurzer Abschnitte gilt Abb. 12.4b mit dem Kurvenradius R als Eingangswert.

$$KU = \frac{\sum_{(i)} |\gamma_i|}{L}$$

KU in gon	Kurvigkeit
γ_i in gon	Winkeländerung in der Kurve i
L in km	Länge der Baustrecke
B in m	Fahrbahnbreite

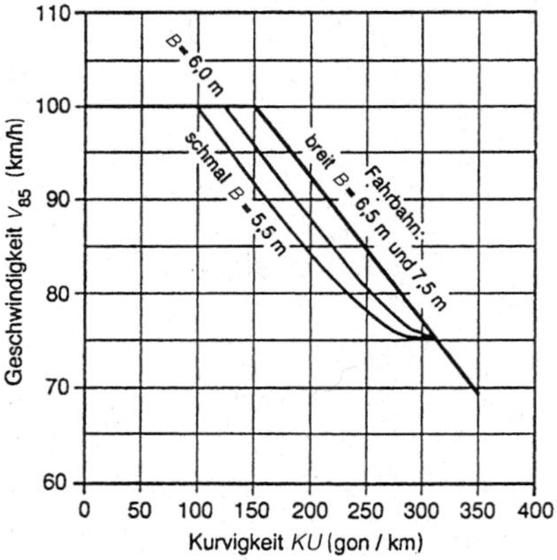

Abb. 12.4a Zusammenhang zwischen Kurvigkeit, Fahrbahnbreite und Geschwindigkeit V_{85} bei einbahnigen Straßen der Kategoriengruppe A

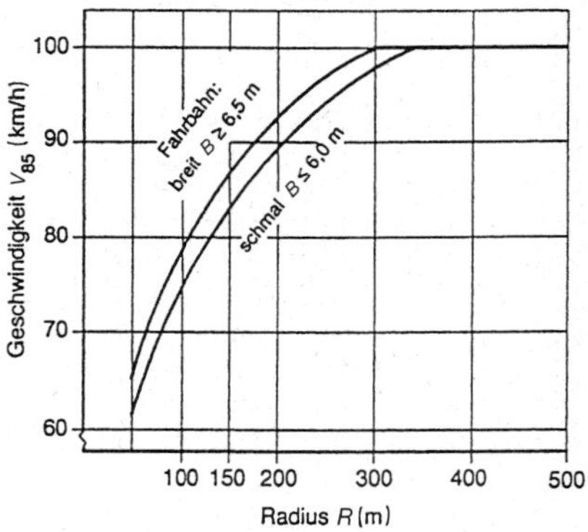

Abb. 12.4b Zusammenhang zwischen Kurvenradius, Fahrbahnbreite und Geschwindigkeit V_{85} bei einbahnig zweistreifigen Straßen der Kategoriengruppe A

Bei Straßen der Kategoriengruppen B und C ist $V_{85} = V_{zul}$. Die Geschwindigkeiten V_e und V_{85} sollen in einem ausgewogenen Verhältnis zueinander stehen. Allerdings wird sich häufig eine weitaus höhere Geschwindigkeit V_{85} ergeben als angestrebt. Sofern nicht eine Änderung des Entwurfs – z. B. durch Veränderung der Fahrbahnbreite, der Entwurfsgeschwindigkeit und/oder der Entwurfselemente des Lageplans – eine Angleichung erreicht werden kann, sind die Übergänge zwischen den Strecken mit ungleicher Charakteristik besonders sorgfältig auszubilden.

1.2.3 Bemessungs- und Reisegeschwindigkeit (V_B und V_R)

Diese Geschwindigkeiten werden im Gegensatz zu den fahrdynamischen Geschwindigkeiten als mittlere tatsächliche Geschwindigkeiten aller Pkw angenommen bzw. ermittelt. Die Bemessungsgeschwindigkeit V_B ist die planerisch angestrebte mittlere Geschwindigkeit, die Reisegeschwindigkeit V_R ist die sich aus der Streckencharakteristik und den gegenseitigen Behinderungen des Fahrzeugkollektivs tatsächlich ergebende Durchschnittsgeschwindigkeit. Sie wird gemäß dem Handbuch für die Bemessung von Straßenverkehrsanlagen (HBS) bestimmt.

2 Entwurfselemente des Lageplans (nach RAS-L 95)

2.1 Allgemeines

Bezugslinie für die Trassierung ist die Straßenachse, in Ausnahmefällen der Fahrbahnrand. Als Trassierungselemente stehen die Gerade, der Kreisbogen und der Übergangsbogen zur Verfügung.

2.2 Gerade

Lange Geraden mit konstanter Längsneigung erschweren das Abschätzen der Entfernung und Geschwindigkeit anderer Fahrzeuge, erhöhen die Blendgefahr, ermüden die Fahrer und fügen sich nur schwer in die Landschaft ein. Trotzdem können sie unter bestimmten Umständen vorteilhaft sein, wie z. B. in Ebenen und in weiten Tälern, zur Gewährleistung der Überholsichtweite oder unter städtebaulichen Zwangsbedingungen. Die Ausführungen der RAS-L über die räumliche Linienführung sind zu beachten. Nur für Straßen der Kategoriengruppe A gilt: Höchstlänge in m = 20 · V_e in km/h (möglichst vermeiden!). Zwischen gleichsinnig gekrümmten Bogen sollen Geraden (in m) jedoch mindestens so lang sein wie der sechsfache Wert der Entwurfsgeschwindigkeit. In Wendelinien darf eine kurze Zwischengerade der Länge L_z eingeschaltet werden.

$$L_z \leq 0{,}08 \cdot (A_1 + A_2)$$

Lz Länge der Zwischengerade in m
A_1, A_2 Klothoidenparameter in m

2.3 Kreisbogen

Es sollten nicht zu kleine Radien gewählt werden. Sie müssen jedoch in ihrer Größe, Abfolge und räumlicher Wirkung mit dem Längsschnitt in Einklang stehen. Benachbarte gegensinnig gekrümmte Kreisbogen sollen bei Straßen der Kategorien A I und A II im guten Bereich der Abb. 12.5 liegen; bei A III und A VI genügt der brauchbare Bereich.

Bei der Elementfolge Gerade – Übergangsbogen – Kreisbogen haben sich in Abhängigkeit von der Geradenlänge für die Kategoriengruppe A die nebenstehenden Mindestradien bewährt.

Länge L der Gerade	min R des Kreisbogens
$L \geq 300$ m	min $R > 400$ m
$L < 300$ m	min $R > L$

Der Kurvenmindestradius kann für die in den RAS-L behandelten Straßen aus Tafel 12.5 oder 12.21 und für die städtischen Hauptverkehrsstraßen nach den EAHV aus Tafel 12.20 abgelesen werden. In Sonderfällen kann er nach der Formel auf S. 12.13 unten berechnet werden, wobei als Ausnutzungsgrad des radialen Kraftschlusses bei normaler Kurvenüberhöhung $n = 0{,}5$, bei minimaler oder „falscher" Querneigung nach außen aber $n = 0{,}1$ bis $n = 0{,}2$ eingesetzt wird. Bei einer unvermeidbaren Unterschreitung des Mindestradius ist die Verkehrssicherheit anders zu gewährleisten, z. B. durch Sichtfeldfreilegung, Leittafeln oder Verkehrszeichen. Die Mindestlänge des verwendeten Kreisbogenstücks soll dem bei V_e in zwei Sekunden zurückgelegten Fahrweg entsprechen. Aus diesem Grund sind Scheitelklothoiden mit der Kreisbogenlänge $L_B = 0$ tunlichst zu vermeiden.

Tafel 12.5 Mindestradien und Mindestlänge der Kreisbogen bei Straßen der Kategorien A, B I und B II

V_e in km/h	min R in m	min L in m
50	80	30
60	120	35
70	180	40
80	250	45
90	340	50
100	450	55
120	720	65

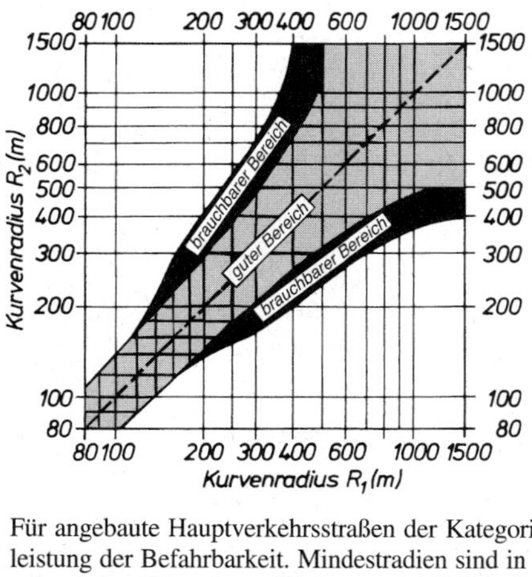

Abb. 12.5 Abstimmung der Radienfolge bei Straßen der Kategoriengruppe A

Für angebaute Hauptverkehrsstraßen der Kategoriengruppen C genügt im Allgemeinen die Gewährleistung der Befahrbarkeit. Mindestradien sind in diesen Fällen nicht zu beachten; die Entwürfe sind anhand der „Bemessungsfahrzeuge und Schleppkurven zur Überprüfung der Befahrbarkeit von Verkehrsflächen" der FGSV zu testen. Die Querneigung beträgt dann i. d. R. $q = 2{,}5$ %.

2.4 Übergangsbogen

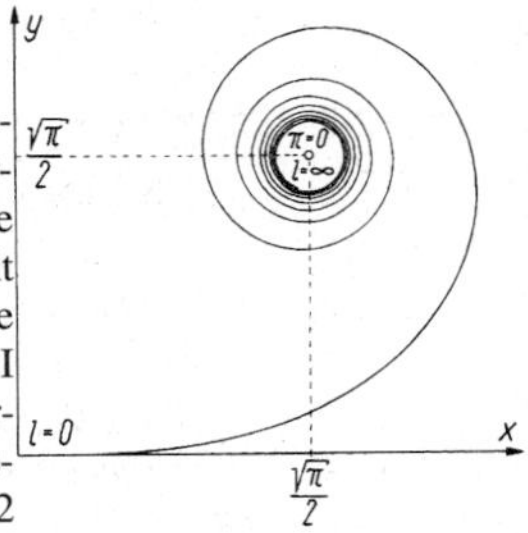

Abb. 12.6a Die mathematische Form der Klothoide

Übergangsbogen sollen eine stetige Änderung der Zentrifugalbeschleunigung bei zunehmender Krümmung ermöglichen, als Übergangsstrecke für die Fahrbahnverwindung dienen und eine bessere optische Linienführung gewährleisten. Da die Krümmung linear mit der Bogenlänge wachsen soll, ist der Übergangsbogen als Klothoide auszubilden. Seine Anwendung ist bei Straßen der Kategorien A I bis A V und B I bis B III erforderlich und bei angebauten Hauptverkehrsstraßen mit fahrdynamischer Bemessung erwünscht. Zur Berechnung von Kreisbogen und Klothoiden siehe auch die Seiten 2.2 und 14.11 ff.

Das Bildungsgesetz der Klothoide lautet:

$$A^2 = R \cdot L$$

A	Parameter der Klothoide in m
R	Radius am Klothoidenende in m
L	Länge der Klothoide in m

Der Parameter A liegt günstig im Bereich $A = R/3$ bis R

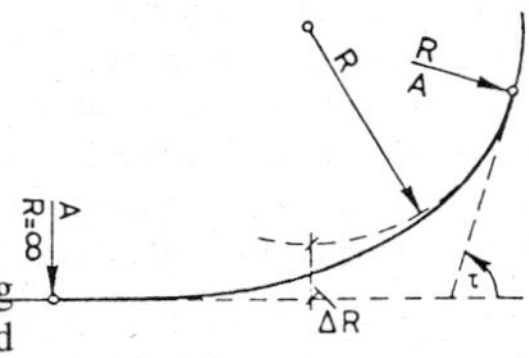

Abb. 12.6b Die Geometrie der Klothoide

Aus Gründen der Fahrdynamik, der Anrampung und Verwindung sowie der Form ergeben sich Mindestwerte für A (Tafeln 12.20 und 12.21). Die Anwendungsmöglichkeiten und Grenzfälle des Übergangsbogens sind nachfolgend dargestellt.

Tafel 12.6 Anwendungsmöglichkeiten der Klothoide

Verbindung	gebräuchlich	zu vermeiden
Gerade mit Kreisbogen	einfache Klothoide 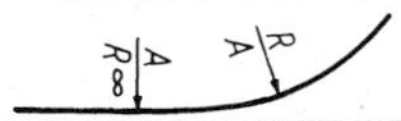	Korbklothoide 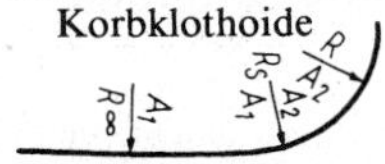
zwei Kreisbogen	Wendeklothoide/Wendelinie 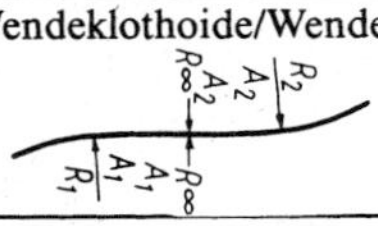	C-Klothoide/C-Linie 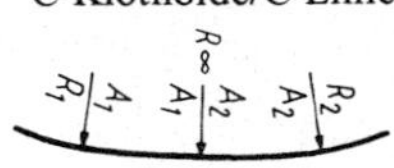
	Eiklothoide/Eilinie 	
	doppelte Eilinie 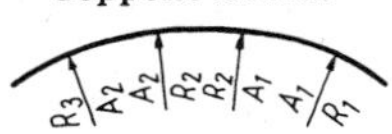	
zwei Geraden nur mit Übergangsbogen		Scheitelklothoide 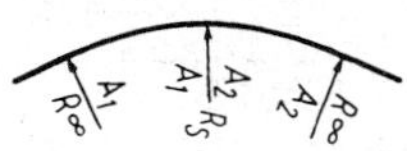

Bei Wendelinien sollen die beiden Klothoiden möglichst den gleichen Parameter A aufweisen, auf jeden Fall ist bei $A_2 \leq 200$ m die Bedingung einzuhalten: $A_1 / A_2 \leq 1{,}5$

Auf Übergangsbogen kann verzichtet werden:

– wenn die nebenstehenden Kurvenradien überschritten werden
– bei nur geringfügiger Richtungsänderung $\gamma < 10$ gon (Flachbogen); hier soll die Kreisbogenlänge, ausgedrückt in m, mindestens doppelt so groß sein wie der Wert von V_e, ausgedrückt in km/h.

V_e (km/h)	min R (m)
≤ 80	1500 (u. U. 1000)
> 80	3000 (u. U. 2000)

3 Entwurfselemente im Höhenplan (nach RAS-L 95)

3.1 Längsneigung

Die Längsneigung wird bestimmt aus

$$s = \frac{h_2 - h_1}{l_2 - l_1} \cdot 100 \quad (\%)$$

mit h_1, h_2 Koten der Punkte 1 und 2 in m
l_1, l_2 Stationierungen der Punkte 1 und 2 in m

Im Höhenplan werden die Längsneigungen und die Ausrundungen der Kuppen und Wannen dargestellt. Abhängig von der Entwurfsgeschwindigkeit V_e sind Höchstlängsneigungen zu beachten (Tafeln 12.20 und 12.21). Einerseits sind wegen der Verkehrssicherheit, der Betriebskosteneinsparung, der Emissionsminderung und der Qualität des Verkehrsablaufs die Längsneigungen möglichst niedrig zu halten, andererseits sollen sie weitgehend dem Gelände angepasst werden. Bei plangleichen Knotenpunkten sind Längsneigungen über 4,0 % zu vermeiden. In Tunnelstrecken sollten die Längsneigungen ebenfalls auf 4 %, in langen Tunneln sogar auf 2,5 % begrenzt werden. Die größte Längsneigung von Erschließungsstraßen sollte 6,0 % nicht überschreiten. Im Verwindungsbereich sind die Mindestlängsneigungen der Tafeln 12.20 und 12.21 einzuhalten. Allgemein sollte s nicht gleich null sein, um auch im Fall von Spurrinnenbildungen den Abfluss des Oberflächenwassers zu gewährleisten. Das gilt besonders für Fahrbahnen auf Brücken.

Sind zwei Gradientenpunkte mit unterschiedlichen Längsneigungen vorgegeben, dann kann der Tangentenschnittpunkt wie folgt ermittelt werden:

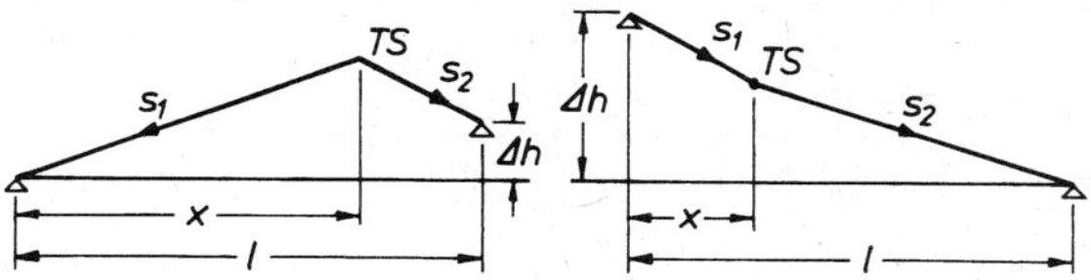

$$x = \frac{l \cdot s_2 - 100 \cdot \Delta h}{s_2 - s_1}$$

Abb. 12.7a Schnittpunktermittlung zweier Tangenten

s_1, s_2 Längsneigung der Tangente in %; Steigung (+); Gefälle (−)
$\Delta h = h_2 - h_1$ Höhendifferenz in m (vorzeichenrichtig einsetzen!)

3.2 Kuppen- und Wannenausrundungen

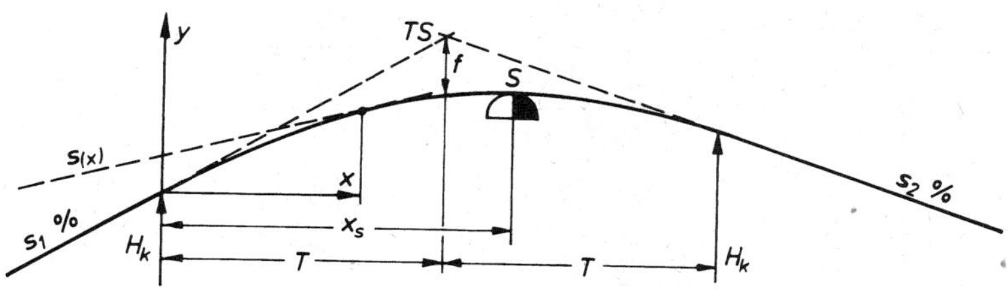

Abb. 12.7b Ausrundung einer Kuppe bei Neigungswechsel

Die Werte für die Kuppen- und Wannenausrundungen werden mit folgenden Formeln berechnet:

$$T = \frac{H}{2} \cdot \frac{s_2 - s_1}{100} \quad \text{in m}$$

$$f = \frac{T^2}{2 \cdot H} = \frac{T}{4} \cdot \frac{s_2 - s_1}{100} = \frac{H}{8} \cdot \left(\frac{s_2 - s_1}{100}\right)^2 \quad \text{in m}$$

$$y_{(x)} = \frac{s_1}{100} \cdot x + \frac{x^2}{2H} \quad \text{in m}$$

$$x_s = -\frac{s_1 \cdot H}{100} \quad \text{in m}$$

$$s_{(x)} = s_1 + 100 \frac{x}{H} \quad \text{in \%}$$

Bezeichnungen und Vorzeichenregeln:

Steigung:	positiv	$(+s_1; +s_2)$	Wannenhalbmesser	positiv $(+H_w)$
Gefälle:	negativ	$(-s_1; -s_2)$	Kuppenhalbmesser	negativ $(-H_k)$

H_k; H_w Ausrundungshalbmesser in m
s_1; s_2 Längsneigung der Tangenten in %
$y_{(x)}$ Ordinate im beliebigen Punkt in m
x_s Abszisse des Scheitelpunktes in m
TS Tangentenschnittpunkt
T Tangentenlänge in m
f Bogenstich in m
y Ordinate in m
x Abszisse in m
S Scheitelpunkt
$s_{(x)}$ Längsneigung der Gradiente in einem beliebigen Punkt der Ausrundung in %

Tafel 12.8 Grenzwerte der Kuppen- und Wannenhalbmesser für gerade Straßen der Kategoriegruppen A, BI und BII

V_e (km/h)	min H_k (m) (bei S_h)	H_k (m) (bei $0{,}5 \cdot S_ü$/bei $S_ü$)	min H_w (m)
50	1400	7000/28 200	500
60	2400	7800/30 000	750
70	3150	8600/35 000	1000
80	4400	10 300/40 000	1300
90	5700	12 200/48 000	2400
100	8300	13 000/52 000	3800
120	16 000	–	8800

Kuppen und Wannen müssen mindestens so groß sein, dass die erforderliche Sichtweite in der räumlichen Trassierung gewährleistet ist. Bei geraden, nicht angebauten Straßen errechnen sich die Mindestkuppenausrundungen min H_k aus den Haltesichtweiten S_h nach S. 12.18. Bei im Grundriss gekrümmten Trassen können sich davon abweichende H_k ergeben. Kuppenhalbmesser mit Sichtweiten, die zwischen der halben und vollen Überholsichtweite $S_ü$ liegen, fördern kritische Überholvergänge und sollten daher bei einbahnig zweistreifigen Straßen vermieden werden. Für die Kategoriengruppen BIII und CI bis CIII werden die Kuppen- und Wannenausrundungen nach Tafel 12.20 bemessen.

Für Erschließungsstraßen (Kategoriengruppen D und E) gelten folgende Mindesthalbmesser:

$V_{zul} = V_e = 40$ km/h bis 50 km/h	min $H_k = 400$ m bis 900 m min $H_w = 250$ m bis 500 m

Aus optischen Gründen soll die Tangentenlänge der Ausrundung mindestens betragen:

Kategoriengruppe	A	B
Mindesttangentenlänge T in m	V_e in m	$0{,}75 \cdot V_e$ in m

4 Entwurfselemente im Querschnitt

4.1 Regelquerschnitte anbaufreier Straßen (nach RAS-Q 96)

Das Bemessungs-Kfz ist 2,50 m breit und 4,00 m hoch. Für Fußgänger und Radfahrer weisen die RAS-Q 96 keine eigenen Ausgangsmaße und Bewegungsspielräume aus

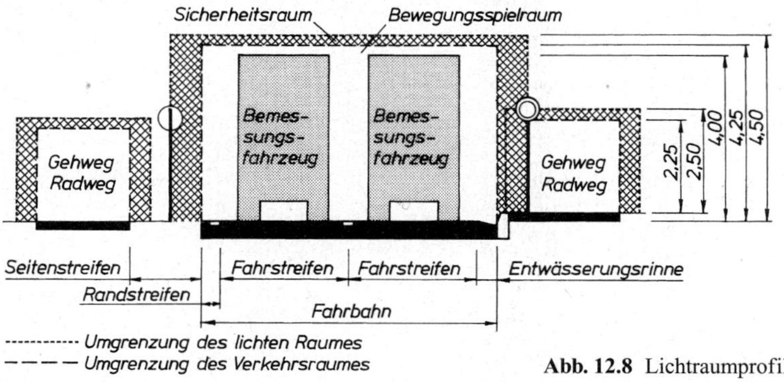

Abb. 12.8 Lichtraumprofil

Tafel 12.9 Regelmaße des lichten Raumes

Verkehrsteilnehmer	Ausgangsmaße der Breite	Breite des seitlichen Bewegungsspielraums	Breite des seitlichen Sicherheitsraumes für V_{zul}	Ausgangsmaß der Höhe	Höhe des oberen Bewegungsspielraumes	Höhe des oberen Sicherheitsspielraumes	Höhe des lichten Raumes
	m	m	m	m	m	m	m
Kfz	2,50 m	je nach RQ 0,25 bis 1,25	> 70 km/h: 1,25[1] ≤ 70 km/h: 1,00[1] ≤ 50 km/h: 0,75[1]	4,00	0,25	0,25	4,50
Radfahrer	Radweg-Regelbreite 2,00[2)3)4)]		0,25[2]	Höhe d. Verkehrsraumes 2,25		0,25	2,50
Fußgänger	Gehweg-Regelbreite 1,50[4)5)]		–[2]	Höhe d. Verkehrsraumes 2,25		0,25	2,50

[1] Neben Standstreifen, am Mittelstreifen und neben Hochborden können diese Breiten um 0,25 m verringert werden.
[2] Wenn die Verkehrsräume von Kraftfahrzeugen und Radfahrern oder Fußgängern unmittelbar aneinander grenzen, dann muss nur der seitliche Sicherheitsraum der Kraftfahrzeuge berücksichtigt werden.
[3] Die Mindestbreite von Radwegen beträgt 1,60 m.
[4] Neben nicht angebauten Straßen gelten kombinierte Geh- und Radwege von 2,50 m Breite als Regellösung.
[5] Die Breite von Geh- und Radwegen kann in weiten Grenzen variieren; vgl. Abb. 12.10.

Die Regelquerschnitte der nicht angebauten Straßen werden nach ihrer Kronenbreite benannt.

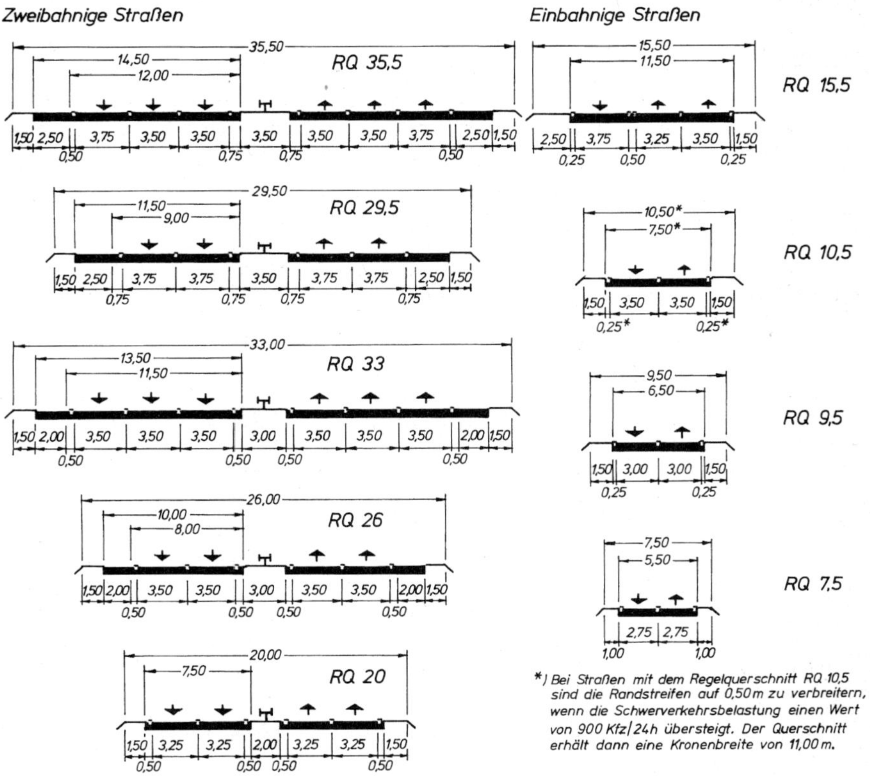

*) Bei Straßen mit dem Regelquerschnitt RQ 10,5 sind die Randstreifen auf 0,50 m zu verbreitern, wenn die Schwerverkehrsbelastung einen Wert von 900 Kfz/24h übersteigt. Der Querschnitt erhält dann eine Kronenbreite von 11,00 m.

Abb. 12.9 Regelquerschnitte nach RAS-Q 1996

Tafel 12.10 Vorauswahl der Regelquerschnitte

DTV > 50 000 Kfz/24h	RQ 35,5
DTV > 50 000 Kfz/24 h	RQ 33
DTV 20 000 bis 70 000 Kfz/24 h	RQ 29,5
DTV 28 000 bis 64 000 Kfz/24 h	RQ 26
DTV 12 000 bis 30 000 Kfz/24 h	RQ 20
DTV 5 000 bis 24 000 Kfz/24 h	RQ 15,5
DTV 5 000 bis 20 000 Kfz/24 h	RQ 10,5
DTV < 15 000; *SV* ≤ 300 Fz/24 h	RQ 9,5
DTV < 3 000; *SV* ≤ 60 Fz/24 h	RQ 7,5

DTV ist der durchschnittliche tägliche Verkehr, der gemäß dem Handbuch für die Bemessung von Straßenverkehrsanlagen (HBS 2001) bestimmt wird. *SV* bedeutet die Schwerverkehrsbelastung. Die nebenstehenden Einsatzbereiche für die verschiedenen Regelquerschnitte geben nur ungefähre Hinweise auf die Wahl des Querschnitts. Die Verkehrsqualität des angenommenen Regelquerschnitts ist – mit Ausnahme des RQ 7,5 – stets durch die im HBS beschriebenen Verfahren anhand der Kennwerte der Trassierung nachzuweisen. Ausnahmsweise kann für Teilstrecken ein größerer Querschnitt gewählt werden, um die Einheitlichkeit zu wahren.

4.2 Querschnitte von Stadt- und Erschließungsstraßen (nach EAE 85/95 und EAHV 93)

4.2.1 Grundmaße für Verkehrsräume und lichte Räume

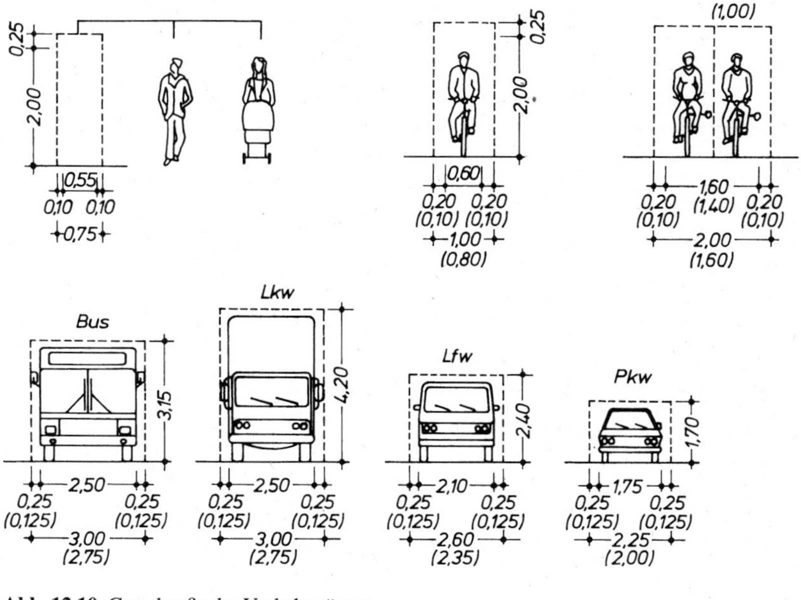

Abb. 12.10 Grundmaße der Verkehrsräume

Für innerörtliche Hauptverkehrsstraßen werden folgende Standardfahrstreifenbreiten empfohlen:

Linienbus- und Schwerlastverkehr	Flächenverfügbarkeit	
	wenig eingeschränkt	erheblich eingeschränkt
hoch	3,50 m	3,25 m
mittel	3,25 m	3,00 m
gering	3,00 m	2,75 m

4.2.2 Regelquerschnitte angebauter Straßen

Tafel 12.11

Straßen-/Wegetyp	maßgebende Funktion	Entwurfsprinzip	Begegnungsfall	Einsatzgrenzen: Verkehrsstärke (Spitzenstunde)	Einsatzgrenzen: angestrebte Höchstgeschwindigkeit	Querschnittsskizze (Klammerwerte: Mindestmaße bei beengten Verhältnissen)
–	–	–	–	Kfz/h	km/h	–
in Wohngebieten in Orts- oder Stadtrandlage						
HSS 1	V	3	Bus/Bus	≤ 1500	50	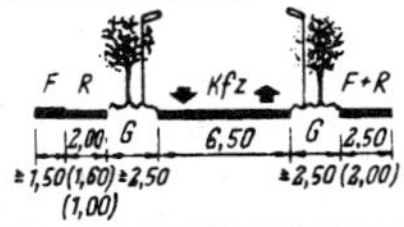
HSS 3	V	2	Bus/Bus	≤ 800	40	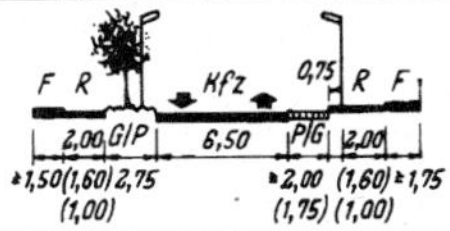
SS 2	E	2	Pkw/Pkw (Lkw/Lkw)	≤ 500	30 bis 40	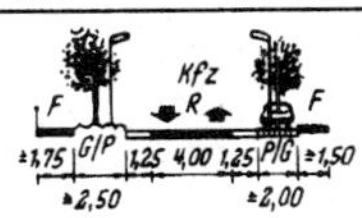
			Lkw/Lkw	≤ 500	30 bis 40	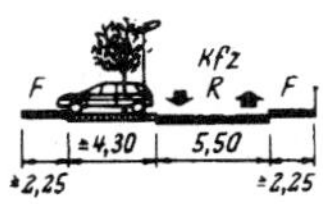
AS 2	E	2	Lkw/Pkw Lfw/Lfw	≤ 250	≤ 30	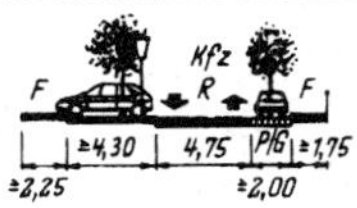
AS 3	E	1	Pkw/Pkw (Lkw/Lkw)	≤ 120	≤ 20	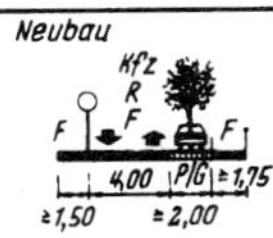
			Pkw/Pkw Lkw/R	≤ 150	≤ 20	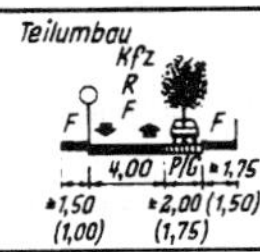
AS 4	A	1	Pkw/R (Lkw/Pkw) (Lfw/Lfw)	≤ 60	≤ 20	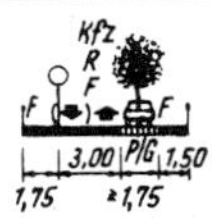

Tafel 12.11 (Fortsetzung)

Straßen-/Wegetyp	maßgebende Funktion	Entwurfsprinzip	Begegnungsfall	Einsatzgrenzen		Querschnittsskizze
				Verkehrsstärke (Spitzenstunde)	angestrebte Höchstgeschwindigkeit	(Klammerwerte: Mindestmaße bei beengten Verhältnissen)
–	–	–	–	Kfz/h	km/h	
in Wohngebieten in Orts- oder Stadtrandlage (Fortsetzung)						
AW 1	V	1	Lkw/Pkw Lfw/Lfw		≤ 20	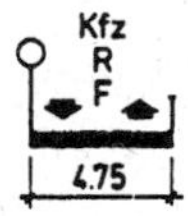
			Lkw Pkw/R		≤ 20	
in Industrie- und Gewerbegebieten						
HSS 1	V	3	Lz/Lz	≤ 1400	50	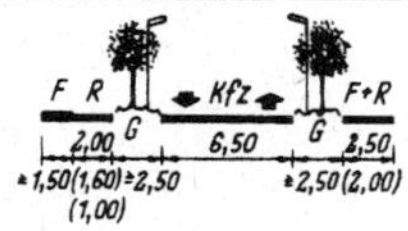
HSS 2[1]	V	3	Lz/Lz	≤ 1400	50	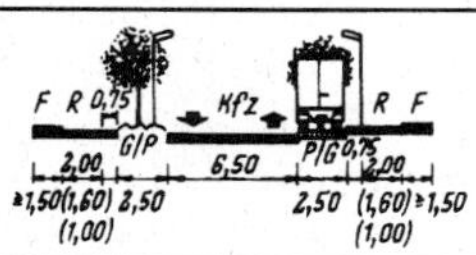
SS 1	E	3	Lz/Lz	≤ 1400	40 bis 50	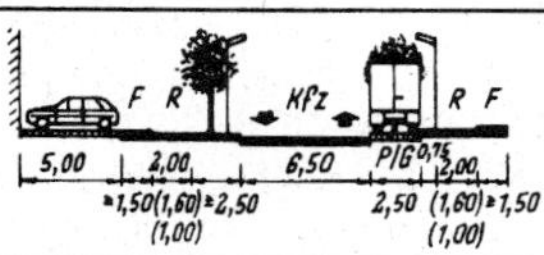
AS 1	E	3	Lz/Pkw Lfw/Lfw	≤ 500	40 bis 50	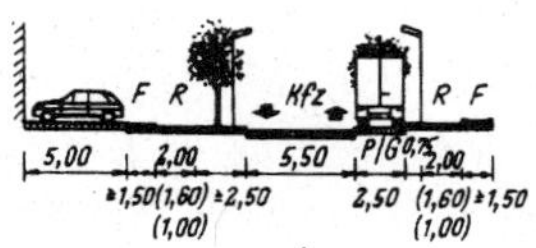
AS 2	E	2	Lkw/Lkw	≤ 500	30 bis 40	

[1] Straße auch zur Verbindung von Siedlungsbereichen.

Siehe zusätzlich auch Erklärungen zur Tafel 12.11 auf S. 12.13 oben

Erklärungen zur Tafel 12.11:

HSS Hauptsammelstraße
SS Sammelstraße
AS Anliegerstraße
AW Anliegerweg
V maßgebende Verbindungsfunktion
E maßgebende Erschließungsfunktion
A maßgebende Aufenthaltsfunktion
F Fußgänger

Kfz Kraftfahrzeug
R Radfahrer
G Grünstreifen
P Parkstreifen bzw. Parkbucht

Entwurfsprinzipien:
1 Mischungsprinzip
2 Trennungsprinzip mit Geschw.-dämpfung
3 Trennungsprinzip ohne Geschw.-dämpfung

Die Regelquerschnitte für Straßen in Stadtkerngebieten, stadtkernnahen Altbaugebieten und dörflichen Gebieten sind hier nicht abgedruckt; sie können den EAE entnommen werden.

4.3 Querschnitte ländlicher Wege

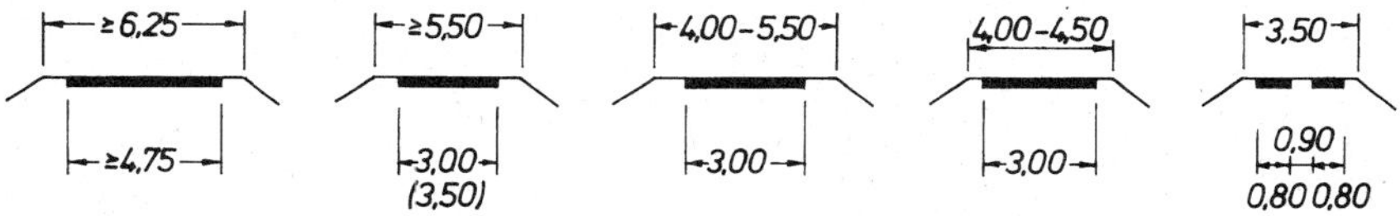

Zweistreifige Verbindungswege — Einstreifige Verbindungswege — Wirtschaftswege — Waldwege — Spurwege

4.4 Querneigungen, Drehachsen (nach RAS-Q 96 und EAHV 93)

Zur Entwässerung muss die Fahrbahn (Fahr- und Randstreifen) in der Geraden eine Querneigung erhalten (Tafel 12.14a).

In Geraden beträgt die Mindest- und Regelquerneigung $\boxed{\min q = 2{,}5\ \%}$

Zusätzliche Streifen erhalten nach Form und Größe die gleiche Querneigung. Pflasterdecken können je nach Ebenheit 3,0 % bis 3,5 % Querneigung erhalten.

In Kurven wird die Querneigung aus fahrdynamischen Gründen in der Regel zur Kurveninnenseite ausgebildet, mit Ausnahme von zweibahnigen Straßen mit großen Radien und innerstädtischen Straßen in Zwangssituationen (s. Tafel 12.14d). Bei Bemessung nach RAS-L beträgt die größte Querneigung 8,0 % und nach EAHV bei nicht angebauten Hauptverkehrsstraßen bis 7,0 %. Für angebaute Straßen verbleibt es im Fall der rein fahrgeometrischen Bemessung bei $q = 2{,}5$ %.

Zwischen dem Kurvenmindestradius, der Entwurfsgeschwindigkeit und der Querneigung besteht folgender Zusammenhang:

$$R \geq \frac{V_e^2}{127 \cdot \left(\max f_R \cdot n + q/100\right)}$$

Dabei bedeuten:	R	(m)	Kurvenradius
	V_e	(km/h)	Entwurfsgeschwindigkeit
	$\max f_R$	(–)	maximaler radialer Kraftschlussbeiwert = $0{,}925 \cdot \max f_T$
	$\max f_T$	(–)	maximaler radialer Kraftschlussbeiwert. Es gilt: $\max f_T = 0{,}241 \cdot (V/100)^2 - 0{,}721 \cdot (V/100) + 0{,}708$
	n	(–)	Ausnutzung des radialen Kraftschlusses
	q	(%)	Querneigung (bei Querneigung nach außen negativ einsetzen!)

Bei Bemessung nach RAS-L, d. h. für die Kategoriengruppen AI bis AV sowie BI und BII, soll die Querneigung jedoch in Abhängigkeit vom jeweiligen Kreisbogenradius und von der Geschwindigkeit V_{85} nach Tafel 12.14b oben festgelegt werden. Demgegenüber bestimmt sich die Querneigung im Kreisbogen für anbaufreie Hauptverkehrsstraßen nach den EAHV entsprechend Tafel 12.14b unten als Funktion vom Kurvenradius und von V_e.

Tafel 12.14a Querneigungsformen in der Geraden

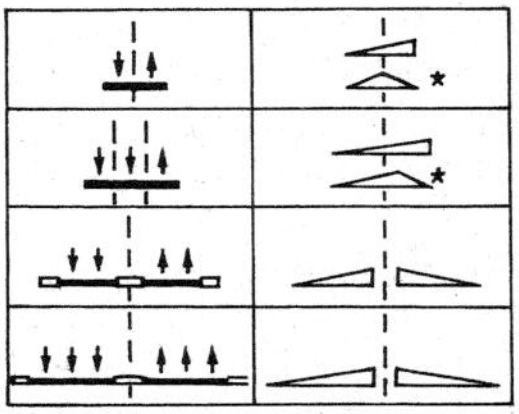

* Für Kat. A und B nur ausnahmsweise.

Tafel 12.14c Drehachsen der Fahrbahnen

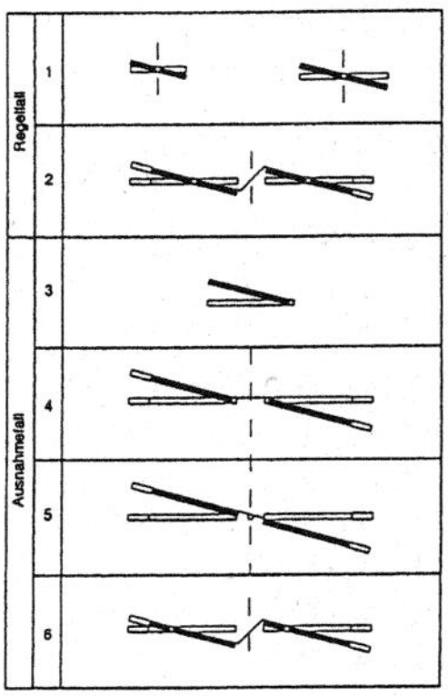

Tafel 12.14b Querneigungen in Abhängigkeit von der Geschwindigkeit und vom Kurvenradius

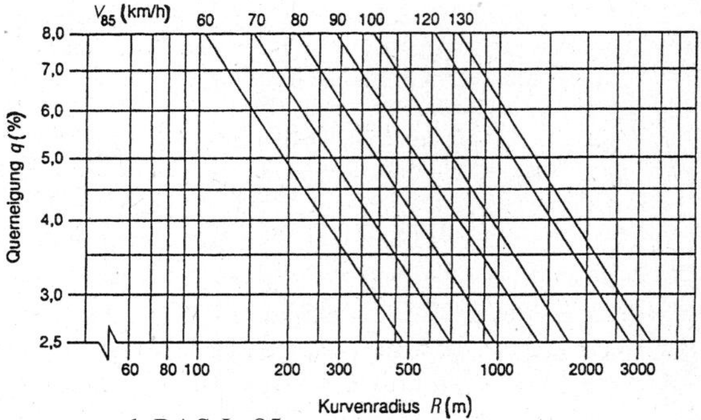

nach RAS-L 95

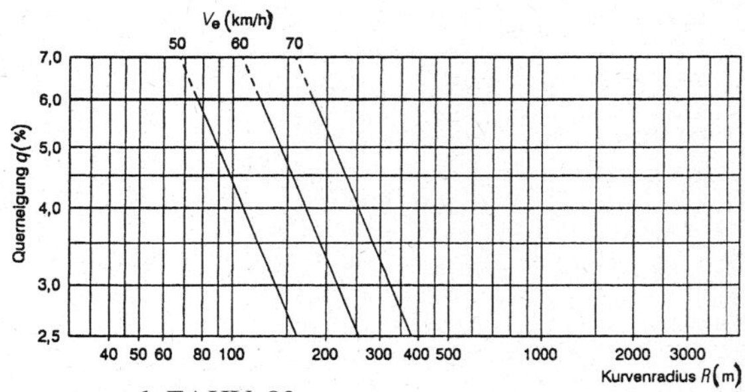

nach EAHV 93

Die aus der Tafel 12.14b abgelesenen Querneigungen werden regelmäßig auf ganze oder halbe Prozentzahlen aufgerundet.

Bei Kreisbogen mit sehr kleinen Zentriwinkeln, wie etwa bei Scheitelklothoiden, muss die volle Querneigung auf derjenigen Länge vorhanden sein, die in zwei Sekunden mit V_e durchfahren wird.

Wenn große Quer- und Längsneigungen zusammentreffen, ist zu beachten, dass die Schrägneigung p den Wert 10 % nicht überschreiten darf, damit die Fahrzeuge bei Winterglätte nicht abrutschen.

$$p = \sqrt{s^2 + q^2}$$

Tafel 12.14d Mindestradien für Kurven, deren Querneigung zur Kurvenaußenseite gerichtet ist (negative Querneigung nach RAS-L 95)

V_{85} in km/h	min R in m	
	$q = -2{,}5$ %	$q = -2{,}0$ %
70	600	550
80	950	850
90	1400	1300
100	2100	1900
110	3000	2600
120	4100	3500
130	5500	4600

Für städtische Hauptverkehrsstraßen ist der Mindestkurvenradius gemäß EAHV bei „negativer" Querneigung der Tafel 12.20 zu entnehmen, hier abhängig von der Geschwindigkeit V_e.

4.5 **Fahrbahnverwindung** (nach RAS-L 95)

Die Verwindung und Anrampung erfolgen innerhalb einer Übergangsstrecke durch Drehung um die entsprechend Tafel 12.14c definierte Achse, i. d. R. um die Fahrbahnmitte. Aus optischen und fahrdynamischen Gründen sollen die Grenzwerte der Anrampungsneigung der Tafeln 12.20 und 12.21 eingehalten werden. Ermittlung der Anrampungsneigung Δs:

$$\Delta s = \frac{q_e - q_a}{L_v} \cdot a$$

Δs (%)	Anrampungsneigung
L_v (m)	Länge der Verwindungsstrecke
q_e, q_a (%)	Fahrbahnquerneigungen am Ende bzw. am Anfang der Verwindungsstrecke. q_a wird negativ eingesetzt, wenn es entgegengesetzt zu q_e ist.
a (m)	Abstand des Fahrbahnrandes von der Verwindungsachse (i. d. R. halbe Fahrbahnbreite)

Wenn sich die daraus ergebende Anrampungsneigung zu $\Delta s < \min \Delta s$ ergäbe, dann muss eine geteilte Verwindung angeordnet und Δs entsprechend Tafel 12.16 im Nulldurchgang der Querneigung auf den Wert min Δs erhöht werden. Die Verwindungslänge L_v zwischen den Punkten mit $q_a = -2{,}5$ % und $q_e = +2{,}5$ % beträgt dann $L_v = 5 \cdot a/\Delta s$, für $\Delta s = \min \Delta s = 0{,}1 \cdot a$ i. d. R. 50 m. Um der Gefahr des Aquaplaning entgegenzuwirken, muss in Kuppenhoch- und Wannentiefpunkten $|s| - \Delta s \geq 0{,}2$ % bis 0,5 % sein, besonders bei Straßen mit Bordrinnen. Für den Fall der ausmittigen Verwindungsachse ist die Längsneigung der Fahrbahnränder in den Verwindungsbereichen besonders nachzuweisen.

Wenn sich diese Bedingung im Bereich des Klothoidenwendepunktes nicht einhalten lässt, dann kann der Nulldurchgang der Querneigung bei Kategoriengruppe A um die Länge $L = 0{,}1 \cdot A$, bei B und C um $L = 0{,}2 \cdot A$ verschoben werden. Eine andere Möglichkeit bietet die Schrägverwindung; vgl. Tafel 12.16. Deren Länge wird mit $L_v = 0{,}1 \cdot B \cdot V_e$ angesetzt.

Zuordnung der Wendepunkte in Lage und Höhenplänen

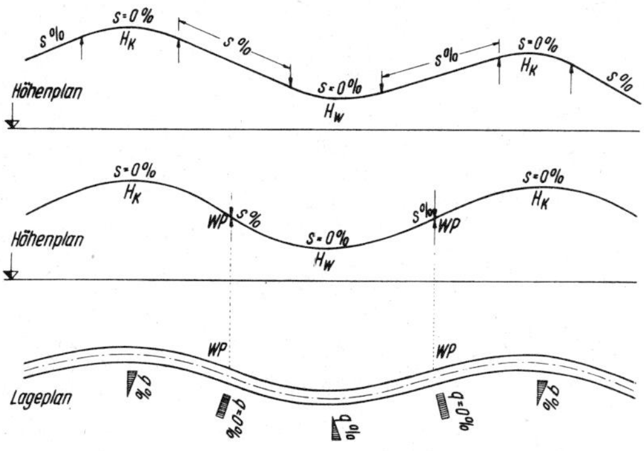

Eine einwandfreie Entwässerung ist zuverlässig dann gegeben, wenn die Wendepunkte im Lage- und Höhenplan etwa an der gleichen Stelle liegen, weil dann die beste Querentwässerung im Bereich der Kuppen und Wannen stattfindet und der beste Ablauf in Längsrichtung entsprechend im Bereich der Verwindung. Mit einer derartigen Zuordnung der Elemente des Lage- und des Höhenplans lässt sich außerdem eine günstige optische Linienführung erzielen.

4.6 **Böschungsgestaltung** (nach RAS-Q 96)

Böschungshöhe h	$h \geqq 2{,}0$ m	$h < 2{,}0$ m
Damm	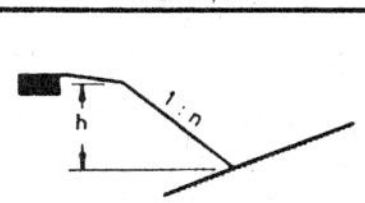	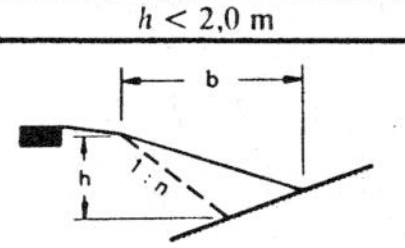
Einschnitt	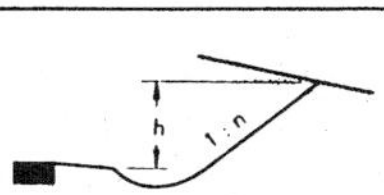	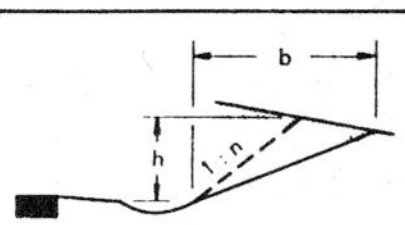
Regelböschung	1 : 1,5	b = 3,0 m
Allgemeine Böschungsmaße	1 : n	b = 2 n
Tangentenlänge der Ausrundung	3,0 m	1,5 h

Tafel 12.16 Formen der Fahrbahnverwindung

Übergang	Δs	Gerade – Klothoide – Kreisbogen	Kreisbogen – Klothoide – Kreisbogen
vom Dachprofil 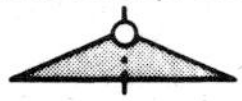	$\geq \min \Delta s$	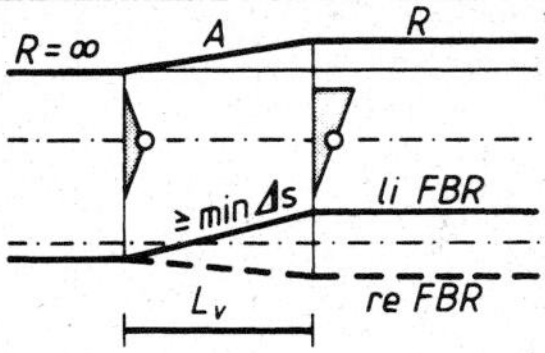	
zur Einseitneigung 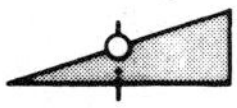	$< \min \Delta s$	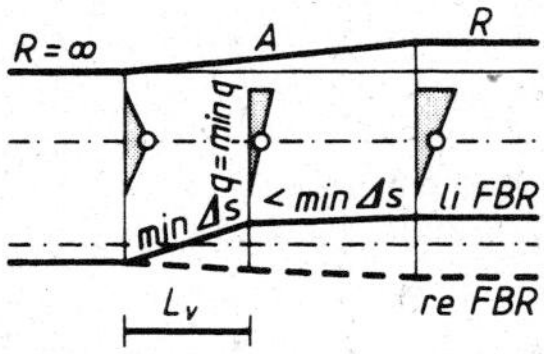	
zwischen verschieden oder gleich großen gegensinnigen Querneigungen 	$\geq \min \Delta s$	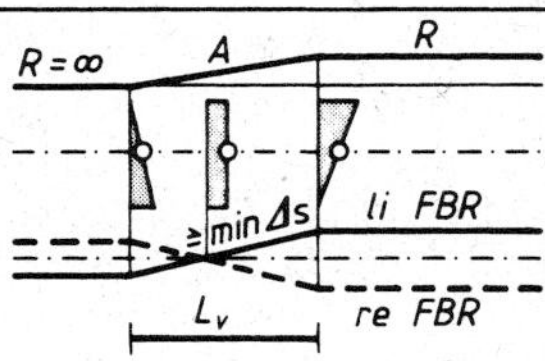	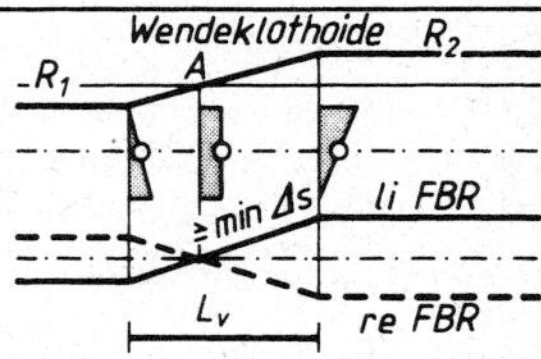
	$< \min \Delta s$	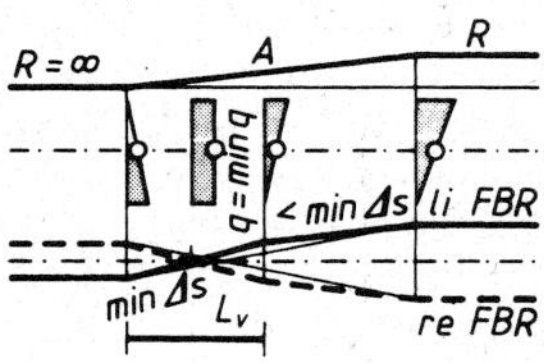	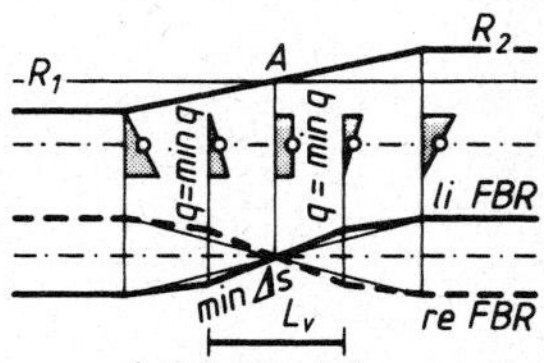
	$< \min \Delta s$		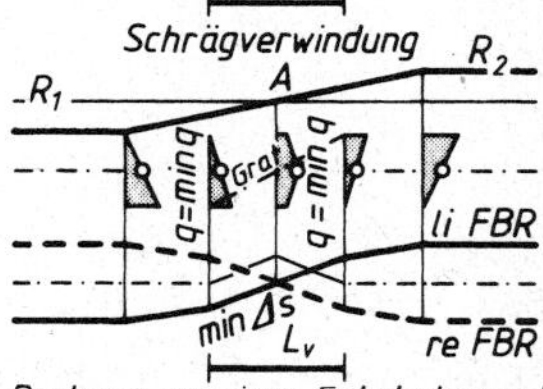
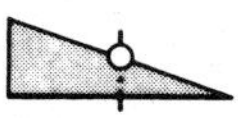	$\leq \min \Delta s$		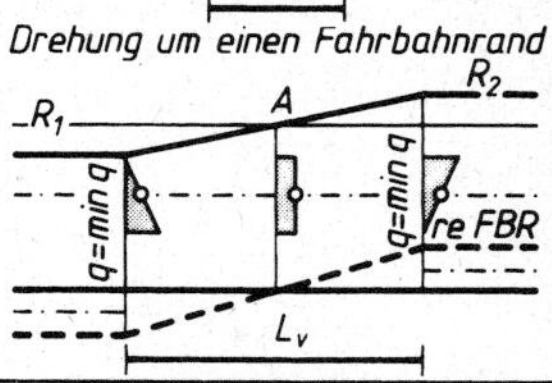
zwischen verschieden großen gleichsinnigen Querneigungen 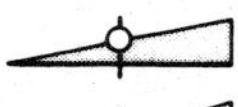	beliebig	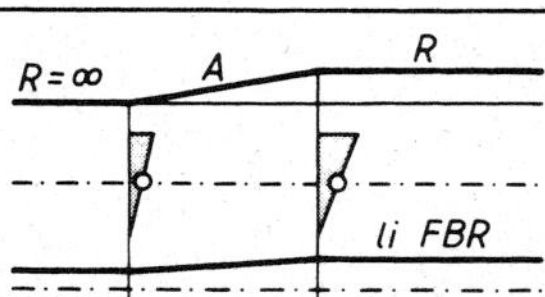	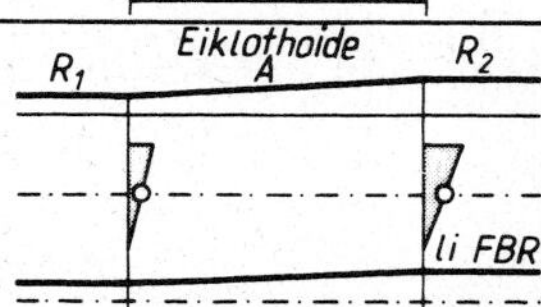

○ = Drehachse

4.7 Fahrbahnaufweitungen und -verbreiterungen (nach RAS-L 95)

Notwendige Fahrbahnaufweitungen wegen eines Wechsels des Querschnitts, bei Änderung der Mittelstreifenbreite, für die Anlage eines Fahrbahnteilers, eines Zusatzstreifens, eines Aus- oder Einfädelstreifens sind im Bereich kleiner Radien am Kurveninnenrand und bei gestreckter Linienführung beiderseits der Straßenachse vorzunehmen. Die Fahrbahnränder sind selbständig zu trassieren oder als Einheitsverziehung auszuführen. Form der Einheitsverziehung s. Abb. 12.17a bzw. RAS-L!

Verziehungslänge für Zusatzfahrstreifen (Formel ist dimensionsgebunden!):

$$L_z = V_e \cdot \sqrt{\frac{i}{3}}$$

L_z (m) Verziehungslänge
V_e (km/h) Entwurfsgeschwindigkeit
i (m) Verbreiterungsmaß

Die in engen Kurven wegen der Schleppkurven erforderliche Fahrbahnverbreiterung i beträgt

$$i = n \cdot \left(R_a - \sqrt{R_a^2 + D^2}\right)$$

Für Kurvenradien ≥ 30 m vereinfacht sich die Formel mit hinreichender Genauigkeit zu

$$i = n \cdot \frac{D^2}{2R}$$

i (m) Fahrbahnverbreiterung
n (–) Anzahl der Fahrstreifen
R_a (m) äußerer Wendekreisradius des Dim.-fahrzeugs
R (m) Kreisradius in der Fahrbahnachse
D (m) Achsstand plus vorderer Fahrzeugüberhang („Deichselmaß")

D = 4,0 m für Pkw
D = 8,0 m für Lkw
D = 10,0 m für Lastzug
D = 8,5 m für Bus 1 (Standardlinienbus)
D = 9,0 m für Bus 2 (Gelenkbus)
D = 11,7 m für Bus 3 (Megaliner)

Empfohlener Begegnungsfall	Fahrbahnverbreiterung in m (f. n = 2)		
	i (m)	$B \le 6{,}0$ m	$B > 6{,}0$ m
Lz/Lz	100/R	$30 < R \le 400$	$30 < R \le 200$
Bus 2/Bus 2	80/R	$30 < R \le 320$	$30 < R \le 160$

Tafel 12.17
Fahrbahnverbreiterung in der Kurve

Verbreiterungen von ≤ 0,25 m können bei Fahrbahnbreiten B ≤ 6,0 m, und solche von ≤ 0,50 m bei B > 6,0 m, entfallen

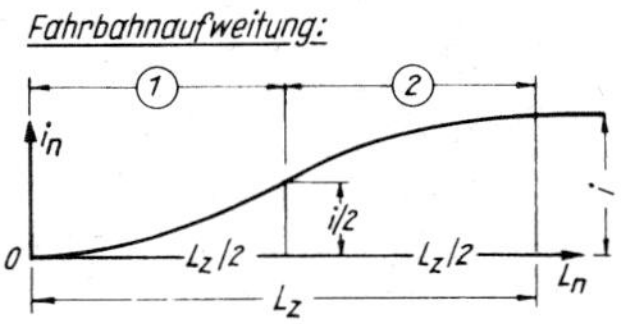

(1)	$i_n = \frac{2 \cdot i \cdot L_n^2}{L_z^2}$	$0 \le L_n \le \frac{L_z}{2}$
(2)	$i_n = i - \frac{2 \cdot i \cdot (L_z - L_n)^2}{L_z^2}$	$\frac{L_z}{2} \le L_n \le L_z$

Abb. 12.17a Verziehung der Fahrbahnränder bei Fahrbahnaufweitungen und -verbreiterungen

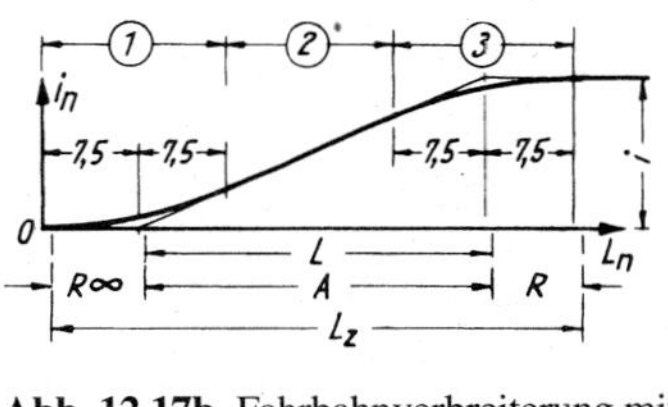

(1)	$i_n = \frac{i}{30L} \cdot L_n^2$	$0 \le L_n \le 15$
(2)	$i_n = \frac{i}{L} \cdot (L_n - 7{,}5)$	$15 \le L_n \le (L_z - 15)$
(3)	$i_n = i - \frac{i}{30L} \cdot (L_z - L_n)^2$	$(L_z - 15) \le L_n \le L_z$

Abb. 12.17b Fahrbahnverbreiterung mit geradem Zwischenstück

Wendekehren werden mit Hilfe von Schleppkurven (s. Broschüre der FGSV „Bemessungsfahrzeuge und Schleppkurven zur Überprüfung der Befahrbarkeit von Verkehrsflächen") konstruiert, wenn der Achsradius zwischen 25,0 m und 12,5 m beträgt. Radius des Fahrbahninnenrandes ≥ 5,30 m.

5 Entwurfselemente der Sicht (nach RAS-L 95)

5.1 Streckensichtweiten

Die aus Gründen der Verkehrssicherheit und Verkehrsqualität notwendigen Sichtweiten sind die Haltesichtweite und die Überholsichtweite.

Die **Haltesichtweite S_h** ist erforderlich, damit ein Fahrer sein Fahrzeug noch sicher vor einem plötzlich auftretenden Hindernis anhalten kann. Sie setzt sich aus dem in der Reaktions- und Auswirkzeit zurückgelegten Weg sowie dem reinen Bremsweg zusammen. Sie ist abhängig von der Längsneigung und der Geschwindigkeit V_{85}.

Tafel 12.18 Eingangsgrößen für die Sichtweitenermittlung

	Augenpunkt		Zielpunkt		
	Lage	Höhe h_A (m)	Lage	V_{85} (km/h)	Höhe h_z (m)
Haltesichtweite	in der Achse des eigenen Fahrstreifens	1,0	in der Achse des eigenen Fahrstreifens	60 70 80 90 100 110 120 130	0,00 0,05 0,15 0,25 0,35 0,40 0,45 0,45
Überholsichtweite	in der Achse des eigenen Fahrstreifens	1,0	in der Achse des Gegenfahrstreifens		1,0

Mindestkuppenhalbmesser:

$$\min H_k = \frac{S_h^{\,2}}{2 \cdot \left(\sqrt{h_A} + \sqrt{h_Z}\right)^2}$$

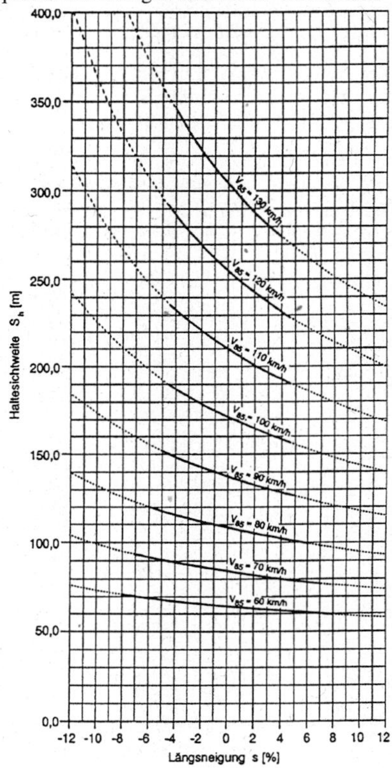

Abb. 12.18a Erforderliche Haltesichtweiten S_h für die Kategorien A bis B II

Die **Überholsichtweite $S_ü$** ist zusätzlich zur Haltesichtweite S_h für die im Gegenverkehr benutzten Straßen der Kategoriengruppe A bestimmend. Für die jeweiligen Geschwindigkeiten V_{85} sind die Mindestüberholsichtweiten aus Tafel 12.21 zu entnehmen; diese Überholsichtweiten sollten auf wenigstens 20 % der Länge der Strecke vorhanden sein. Für Straßen der restlichen Kategoriengruppen ist die Überholsichtweite von untergeordneter Bedeutung.

Abb. 12.18b Überholvorgang und Überholsichtweite

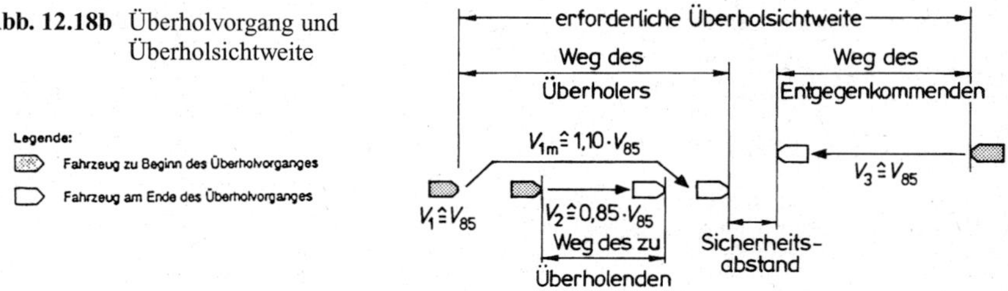

5.2 Sicht am Knotenpunkt (nach RAS-K-1 1988)

Am Knotenpunkt wird unterschieden zwischen
- Anfahrsicht
- Annäherungssicht
- Haltesicht.

Die Sichtfelder sind in 0,80 m bis 2,50 m Höhe von sichtbehindernden Einbauten, Bäumen und dgl. freizuhalten. Parkstreifen dürfen in den Sichtflächen nicht ausgewiesen werden.

Die **Anfahrsicht** soll gewährleisten, dass ein 3,0 m vom Fahrbahnrand der übergeordneten Straße entfernter Kraftfahrer sicher in die bevorrechtigte Straße einfahren bzw. diese kreuzen kann. Die Anfahrsicht **muss** stets vorhanden sein.

Die **Annäherungssicht** soll es dem auf die bevorrechtigte Straße zufahrenden Kraftfahrer ermöglichen, gegebenenfalls ohne Halten in diese einzufahren. Dieses Sichtfeld **sollte** nach Möglichkeit vorhanden sein; innerhalb bebauter Gebiete kann jedoch regelmäßig darauf verzichtet werden. Das Sichtfeld zählt ab 10 m Abstand vom Rand der bevorrechtigten Straße.

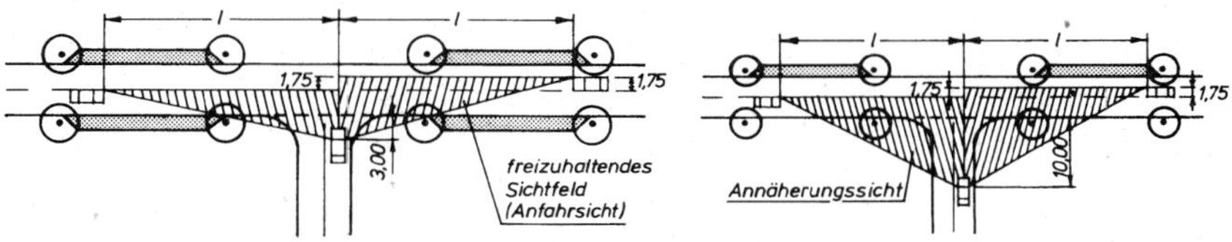

Abb. 12.19 Anfahrsicht Annäherungssicht

Tafel 12.19a Schenkellänge *L* (in m) der Sichtfelder in der übergeordneten Straße

Kat.-gruppe	Geschwindigkeit V_{85} (km/h)							
	30	40	50	60	70	80	90	100
A	–	–	70	85	110 (175	135 (110)	170 (250)	200 (300)
B	–	–	70	85	110	–	–	–
C	–	50	70	–	–	–	–	–

Die Schenkellänge *L* wird sowohl für die Anfahr- als auch für die Annäherungssicht nach Tafel 12.19a festgelegt. Die Klammerwerte gelten für starken einbiegenden Schwerlastverkehr.

Die erforderliche Haltesicht am Knotenpunkt bemisst sich nach der Tafel 12.19b. Sie ist nicht identisch mit der Haltesichtweite der Strecke. Sie muss an den Knotenpunktszufahrten an allen für einen sicheren Verkehrsablauf bedeutsamen Bestandteilen der Kreuzung vorhanden sein, um gegebenenfalls rechtzeitig davor anhalten zu können. Dazu zählen auch die Vorfahrt regelnden Verkehrszeichen und Lichtsignalanlagen.

Tafel 12.19b Erforderliche Haltesichten in m

Straßenkategorie		Geschwindigkeit V_{85}	Straßenlängsneigung *s*				
			– 8 %	– 4 %	0 %	+ 4 %	+ 8 %
A	anbaufreie Straßen außerhalb bebauter Gebiete	100 km/h	240	210	190	170	160
		90 km/h	185	165	150	140	130
		80 km/h	145	130	120	110	105
		70 km/h	110	100	90	85	80
		60 km/h	80	70	70	65	60
		50 km/h	60	55	50	50	50
B	anbaufreie Straßen im Übergangsbereich und innerhalb bebauter Gebiete	70 km/h	95	85	80	75	70
		60 km/h	70	65	60	55	55
		50 km/h	50	45	40	40	40
C	angebaute Hauptverkehrs- und Hauptsammelstraßen innerhalb bebauter Gebiete	50 km/h			40		
		40 km/h			25		
		30 km/h			15		

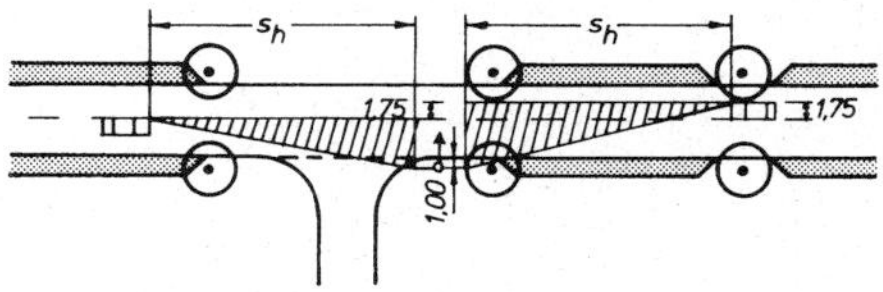

Sichtfelder an Überquerungsstellen für Fußgänger und Radfahrer

Auch an Übergangsstellen für Fußgänger und Radfahrer ist die Haltesicht auf Personen, die sich in 1,0 m Abstand hinter dem Fahrbahnrand befinden, zu gewährleisten.

Die **Annäherungssicht bei Einfahrrampen** kann entsprechend der Linienführung durch direkte Sicht oder über den Rückspiegel gegeben sein. Das erwünschte Sichtfeld ist in Abb. 12.20 dargestellt. Das minimale Sichtfeld ist nur zulässig, wenn das erwünschte Sichtfeld mit wirtschaftlich vertretbarem Aufwand nicht hergestellt werden kann.

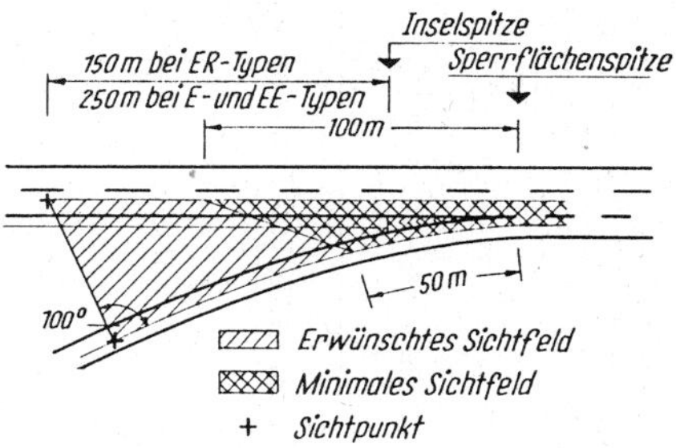

Abb. 12.20 Erwünschtes und minimales Sichtfeld für die Annäherungssicht bei Einfahrrampen

6 Zusammenfassung der Grenz- und Richtwerte der Entwurfselemente

Tafel 12.20 Grenz- und Richtwerte für städtische Hauptverkehrsstraßen (nach EAHV 93)

Entwurfselemente			Straßen der Kategoriengruppe	Grenzwerte bei fahrdynymischer Bemessung: maßgebende Geschwindigkeit	V (km/h) 40	50	60	70	Grenzwerte bei fahrgeometrischer Bemessung
Lageplan	Kurvenmindestradius	min R (m)	B C	V_e V_e	– 45 bei q_o (40 bei q_k)	80 80 bei q_o (70 bei q_k)	125 125 bei q_o (120 bei q_k)	190 200 bei q_o (175 bei q_k)	– 10
Lageplan	Klothoidenmindestparameter	min A (m)	B, C	V_e	30	50	70	90	–
Lageplan	Kurvenmindestradius bei Anlage der Querneigung zur Kurvenaußenseite	min R (m)	B C	V_e V_e	– –	250 150	450 250	700 400	– –
Höhenplan	Höchstlängsneigung	max s (%)	B	V_e	–	8,0 (12,0)	7,0 (10,0)	6,0 (8,0)	–
Höhenplan	Höchstlängsneigung	max s (%)	C	V_e	8,0 (12,0)	7,0 (10,0)	6,0 (8,0)	5,0 (7,0)	8,0 (12,0)
Höhenplan	Mindestlängsneigung in Verwindungsstrecken	min s (%)	B C	– –	0,7; $\lvert s \rvert - \Delta s \geq 0{,}0 \ldots 0{,}2$ % (ohne Hochbord) 0,5; $\lvert s \rvert - \Delta s \geq 0{,}5$ % (mit Hochbord)				
Höhenplan	Kuppenmindesthalbmesser	min H_k (m)	B, C	V_e	450	900	1800	2200	250
Höhenplan	Wannenmindesthalbmesser	min H_w (m)	B, C	V_e	250	500	900	1200	150
Querschnitt	Mindestquerneigung	min q (%)	B, C	–	2,5				
Querschnitt	Höchstquerneigung in Kurven	max q_k (%)	B C	– –	6,0 (7,0) 2,5 (5,0)				2,5 –
Querschnitt	Anrampungshöchstneigung	max Δs (%)	B	V_e	$0{,}50 \cdot a$ 2,0 ($a \geq 4{,}0$ m)		$0{,}40 \cdot a$ 1,6 ($a \geq 4{,}0$ m)		–
Querschnitt	Anrampungsmindestneigung	min Δs (%)	B, C	V_e	$0{,}10 \cdot a$ a (m) = Abstand des Fahrbahnrandes von der Drehachse				
Sicht	Mindesthaltesichtweite für s = 0 %	min S_h (m)	B, C	V_{zul}	30	43	60	81	20

nicht relevant (grau hinterlegt) (Klammerwerte = Ausnahmewerte)

q_0 = Querneigung mit min q = 2,5 %

q_k = Querneigung nach Abb. 12.14b

Tafel 12.21 Grenz- und Richtwerte für Straßen der Kat. A bis B II (nach RAS-L 95)

	Entwurfselemente		Straßen der Kategoriengruppe	maßgebende Geschwindigkeit	Grenzwerte für V in km/h						
					50	60	70	80	90	100	120
Lageplan	Höchstlänge der Geraden	max L in m	A	V_e	–	1200	1400	1600	1800	2000	2400
Lageplan	Mindestlänge der Geraden bei gleichgerichteten Kurven	min L in m	A	V_e	–	360	420	480	540	600	720
Lageplan	Kurvenmindestradius	min R in m	A, B	V_e	80	120	180	250	340	450	720
Lageplan	Klothoidenmindestparameter	min A in m	A, B	V_e	30	40	60	80	110	150	240
Lageplan	Kurvenmindestradius bei einer Querneigung zur Kurvenaußenseite ($q = 2,0$ %)	min R in m	A, B	V_{85}	–	–	550	850	1 300	1 900	3 500
Höhenplan	Höchstlängsneigung	max s in %	A	V_e	9,0	8,0	7,0	6,0	5,0	4,5	4,0
Höhenplan			B	V_e	12,0	10,0	8,0	7,0	6,0	5,0	–
Höhenplan	Mindestlängsneigung im Verwindungsbereich	min s in %	A, B	–	0,7 [$\lvert s \rvert - \Delta s \geq 0,2$ % (ohne Hochbord)]						
Höhenplan	Kuppenmindesthalbmesser	min H_k in m	A, B	V_e	1400	2400	3150	4400	5700	8300	16 000
Höhenplan	Wannenmindesthalbmesser	min H_w in m	A, B	V_e	500	750	1000	1300	2400	3800	8800
Querschnitt	Mindestquerneigung	min q in %	A, B	–	2,5						
Querschnitt	Höchstquerneigung in Kurven	max q in %	A, B	–	8,0						
Querschnitt	Anrampungshöchstneigung	max Δs in %	A, B	V_e	$0,5 \cdot a$	$0,4 \cdot a$		$0,25 \cdot a$		$0,225 \cdot a$	
Querschnitt					2,0 ($a \geq 4,0$ m)	1,6 ($a \geq 4,0$ m)		1,0 ($a \geq 4,0$ m)		0,9 ($a \geq 4,0$ m)	
Querschnitt	Anrampungsmindestneigung	min Δs in %	A, B	V_e	$0,1 \cdot a$ a (m) Abstand des Fahrbahnrandes von der Drehachse						
Sicht	Mindesthaltesichtweite für $s = 0$ %	min S_h in m	A, B	V_{85}	50	65	85	110	140	170	250
Sicht	Mindestüberholsichtweite	min $S_ü$ in m	A	V_{85}	–	475	500	525	575	625	–
Sicht	Mindeststreckenanteil mit Überholsichtweite	in %	A	–	20						

7 Knotenpunkte

7.1 Allgemeines

Die Qualität und die Leistungsfähigkeit des Straßennetzes werden nicht nur durch die Streckencharakteristik, sondern ebenso durch die Ausbildung der Knotenpunkte beeinflusst. Man unterscheidet dreiarmige Knotenpunkte (Einmündungen), vierarmige Knotenpunkte (Kreuzungen) und fünf- und mehrarmige Knoten; plangleiche (alle Verkehrsvorgänge spielen sich in einer Ebene ab), planfreie (mehrere Ebenen, keine kreuzenden Verkehrsströme) und teilweise planfreie Knotenpunkte (Kombinationen); bei den planfreien Knotenpunkten solche mit Lichtsignalanlage (LSA) und solche im freien Verkehrsfluss.

Sicherheit, Leistungsfähigkeit, Umweltverträglichkeit und Wirtschaftlichkeit sind die ausschlaggebenden Faktoren für den Wert eines Knotenpunktes innerhalb des Straßennetzes. Alle Vor- und Nachteile sind unter diesen Aspekten gegeneinander abzuwägen.

Die **Sicherheit** hängt neben den Trassierungselementen besonders davon ab, ob der Knotenpunkt rechtzeitig als solcher erkennbar, ob er übersichtlich, begreifbar und befahrbar ist. Die **Leistungsfähigkeit** wird durch die Qualität des Verkehrsablaufs bestimmt und orientiert sich an der Netzfunktion, der straßenräumlichen Situation und der Nutzungsvielfalt in den angeschlossenen Knotenpunktsarmen. Sie soll bis zum Ende des Planungszeitraumes (Prognosezeitraum) gewährleistet sein. Planfreie Knotenpunkte sind i. d. R. leistungsfähiger als plangleiche, bei den plangleichen sind wiederum solche mit Lichtsignalanlage höherwertig. Die **Umweltverträglichkeit** eines Knotenpunktes ist gegeben, wenn das Landschafts- und das Stadtbild wenig beeinträchtigt sowie der Flächenbedarf und die Trennwirkung so klein wie irgend möglich gehalten werden. Auch auf minimalen Verkehrslärm und geringe Luftverschmutzung ist zu achten. Die **Wirtschaftlichkeit** ist dann gegeben, wenn bei Beachtung der Sicherheit, Leistungsfähigkeit und Umweltverträglichkeit die Bau-, Unterhaltungs-, Zeit-, Betriebs- und Unfallkosten ein Minimum ergeben. Die verschiedenartigen Anforderungen konkurrieren teilweise miteinander, z. B. sind planfreie Knotenpunkte bei besserer Verkehrsqualität im Allgemeinen weniger umweltfreundlich.

Die Entscheidung, ob ein Knotenpunkt plangleich oder planfrei ausgebildet werden soll, muss gemeinsam für alle Knotenpunkte eines ganzen Streckenabschnitts getroffen werden. Dabei sind i. d. R. Knotenpunkte im Zuge zweistreifiger Straßen plangleich und bei vier- und mehrstreifigen Straßen planfrei oder mit Lichtsignalanlage zu konzipieren.

Für die zahlreichen **plangleichen Knotenpunkte** ist eine möglichst gleichartige Gestaltung zweckmäßig, weil das auch zu verkehrssicheren und wirtschaftlichen Lösungen führt. Die RAS-K-1 geben dafür die Grundformen I bis VII an (Tafel 12.23). Die Entscheidung für eine Grundform hängt von den Vorgaben der Netzplanung ab. Die Verknüpfung von schiefwinkligen Kreuzungen bzw. Einmündungen und von 5 Knotenpunktsarmen oder mehr lässt sich mit den Grundformen I bis III nicht mehr ohne weiteres bewerkstelligen. Bei plangleichen Knotenpunkten sind die Knotenpunktsarme deshalb baulich so umzugestalten, dass Systeme von möglichst rechtwinkligen Kreuzungen oder Einmündungen entstehen (vgl. RAS-K-1). Im städtischen Umfeld können überzählige Knotenpunktsarme auch zu Einbahnstraßen umfunktioniert werden, die vom Knotenpunkt wegführen. Eine weitere Gestaltungsmöglichkeit stellen die kleinen Kreisverkehrsplätze der Grundform VII dar.

Für **planfreie Knoten** gelten die RAL-K-2 zusammen mit den Ergänzungen AH-RAL-K-2 und RAS-K-2-B. Eine Beispielsammlung von Knotenpunktstypen in planfreier Ausführung ist in Tafel 12.29 enthalten. Zu beachten ist, dass das Kleeblatt ein Kreuzungsbauwerk und vier Verflechtungsstrecken einschließt. Jeweils zwei Verflechtungsstrecken können durch Kreuzungsbauwerke ersetzt werden. Ein verflechtungsfreier vierarmiger Knoten muss deswegen fünf Kreuzungsbauwerke aufweisen. Für die Gestaltung der Rampen sind die in Tafel 12.31a dargestellten Typen, für deren Querschnittsausbildung die in Tafel 12.31b angegebenen Abmessungen zugrunde zu legen. Grenzwerte für die Entwurfselemente der Rampen enthält Tafel 12.30.

Von großer Bedeutung für die Sicherheit sind die Verkehrsgeschwindigkeiten, von denen u. a. das Verzögerungsverhalten, die Ausweichmöglichkeiten und die Aufprallwucht im Kollisionsfall abhängen. Für die Bemessung der Entwurfselemente in übergeordneten Knotenpunktsarmen sind die Knotenpunktsgeschwindigkeiten V_k zu benutzen. Bei Geschwindigkeitsbeschränkung gilt:

$V_k = V_{zul}$

7.2 Plangleiche Knotenpunkte (nach RAS-K 1 88/93)

Tafel 12.23 Grundformen plangleicher Knotenpunkte

Grundform		Einmündungen	Kreuzungen
I	Einmündung oder Kreuzung von zweistreifigen Straßen	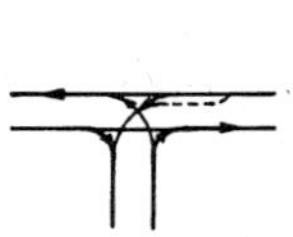	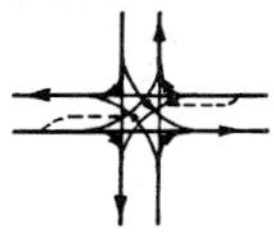
II	Einmündung oder Kreuzung von zweibahnigen mit zweistreifigen Straßen. In der Regel mit Lichtsignalanlage.	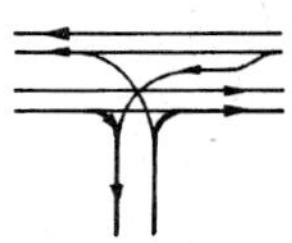	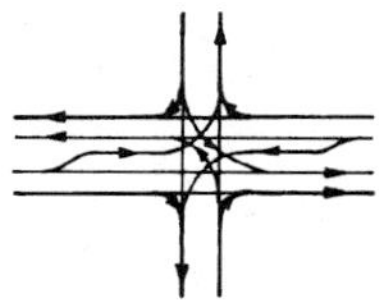
III	Einmündung oder Kreuzung von zwei zweibahnigen Straßen. Mit Lichtsignalanlage.	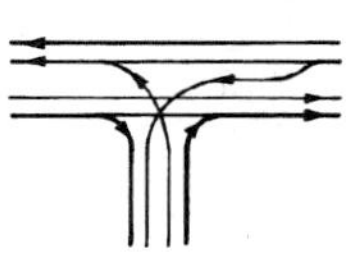	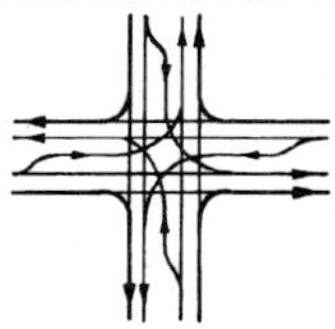
IV	Teilplanfreie Kreuzung von zweistreifigen oder zweibahnigen Straßen		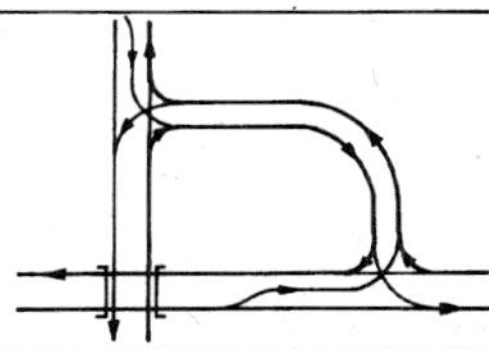
V	Kreuzung zweistreifiger Straßen als Versatz (Rechtsversatz ist vorzuziehen!)		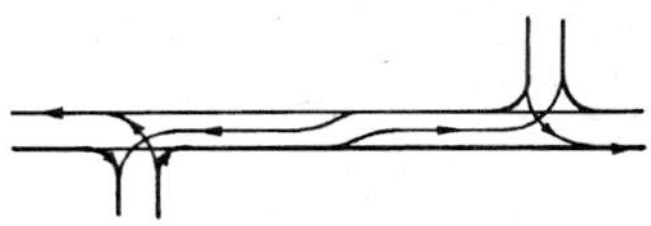
VI	Aufgeweitete Einmündung oder Kreuzung von zweibahnigen mit zweistreifigen Straßen	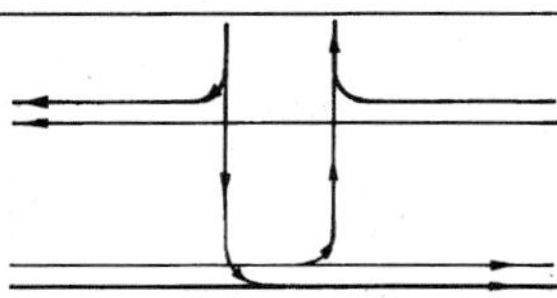	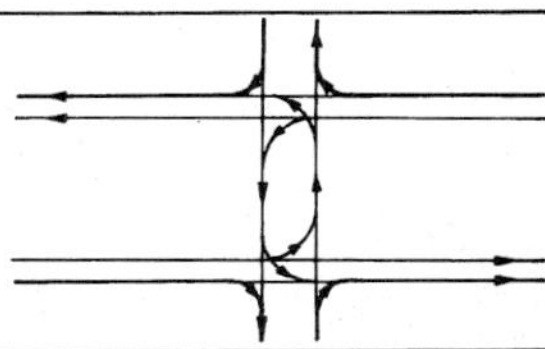
VII	Kreisverkehrsplatz an zweistreifigen oder zweibahnigen Straßen	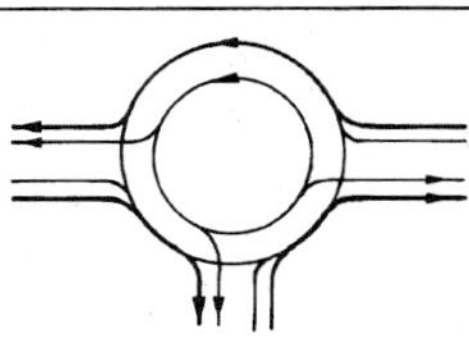	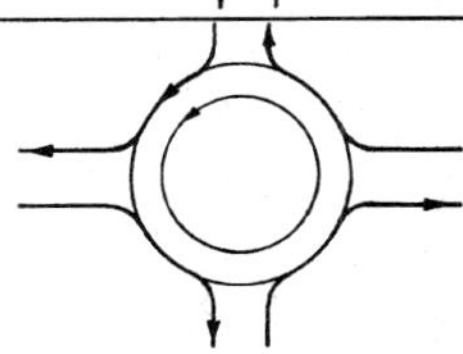

Aus Gründen der frühzeitigen Ankündigung des Knotenpunkts und der Verkehrsführung sollen die Achsen der kreuzenden Straßen bei den Grundformen I bis III unter Winkeln von 80 bis 120 gon aufeinandertreffen. Gegebenenfalls ist die Achse der nachgeordneten Straße mit Radien $R \geq 50$ m abzukröpfen bzw. als Versatz auszubilden. Rechtsversätze sind verkehrssicherer und leistungsfähiger als Linksversätze.

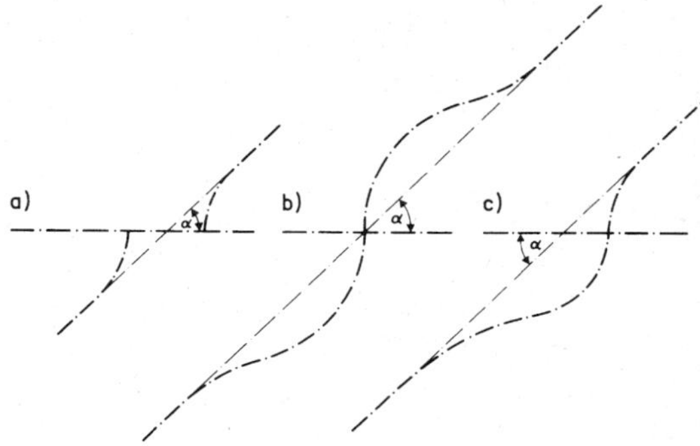

Tafel 12.24 Formen der Führung von Linksabbiegern bei der Grundform I

① Linksabbiegestreifen mit Verzögerungsstrecke und geschlossener Einleitung	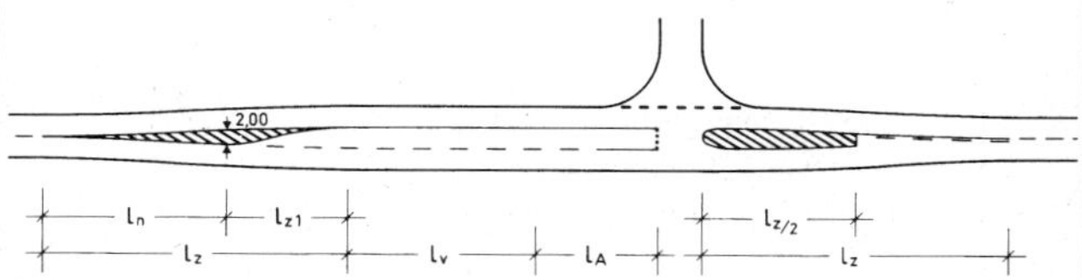
② Linksabbiegestreifen ohne Verzögerungsstrecke und mit in der Regel offener Einleitung	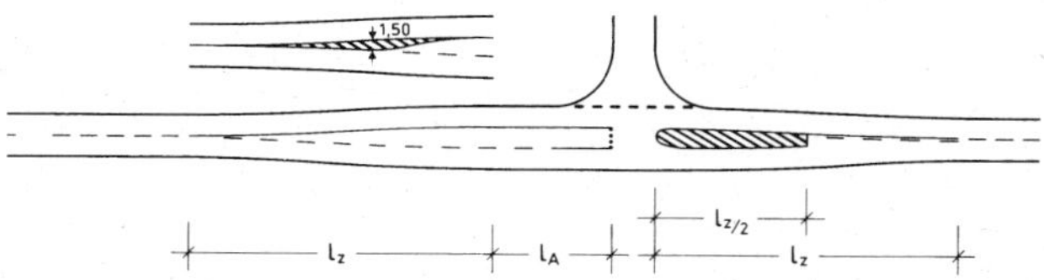
③ Aufstellbereich	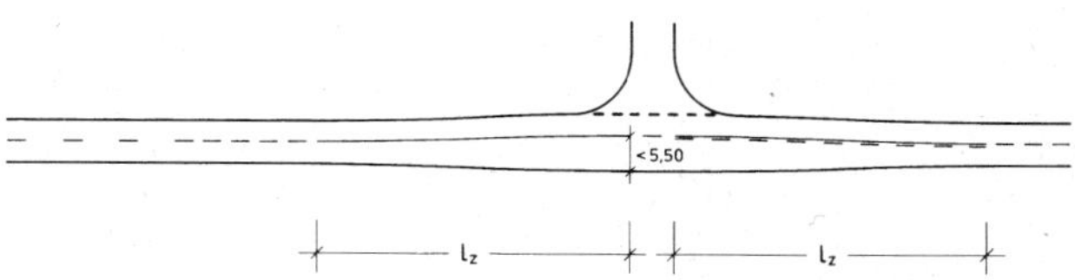
④ Keine bauliche Maßnahme	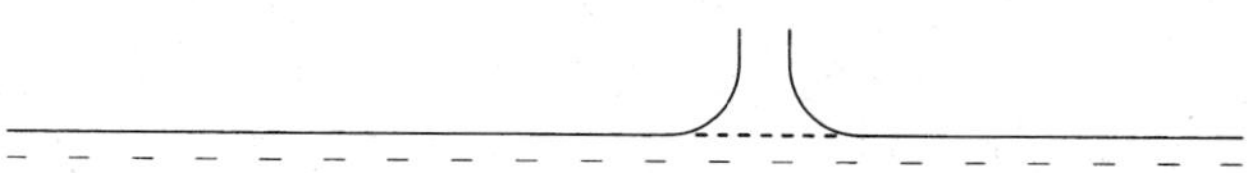

In bevorrechtigten Knotenpunktsarmen sind folgende Knotenpunktsgeschwindigkeiten anzustreben:

Straßenkategorie	A I	A II	A III	A IV	A V	B II	B III	B IV	C III	C IV
Knotenpunkts-geschwindigkeit V_k in km/h	90 (80)	(90) 70 80	70	70	60 (50)	70	70	50	50	50

(. . .) = Ausnahmen

Nach RAS-K-1 werden plangleiche Knotenpunkte mit Ausnahme der Kreisverkehrsplätze im Baukastensystem aus den Elementen Aufweitung der übergeordneten Straße, Ausfahrkeil bzw. Rechtsabbiegestreifen, Tropfeninsel und Rechtsabbiege- und Einbiegeradius zusammengesetzt. Knotenpunkte mit Lichtsignalanlage erfordern eine andersartige Grundrissplanung als solche ohne LSA.

Aufweitungen für Linksabbieger entsprechend Tafel 12.24 Zeilen ① bis ③ bestehen aus der Verziehungsstrecke l_z, der Verzögerungsstrecke l_v und der Aufstellstrecke l_A.

Die **Länge der Verziehung** beträgt

$$l_z = V_k \cdot \sqrt{i/3}$$

mit i = halbe Breite der (symmetrischen) Aufweitung = $b/2$; bei einseitiger Aufweitung ist $i = b$.

Die Form der Verziehung wird entsprechend Abb. 12.17a ausgebildet. Die **Länge der Verzögerungsstrecke** l_v wird gemäß der folgenden Tabelle festgelegt:

Verkehrsstärke in der Richtung, aus der abgebogen wird	Längsneigung s in % und Geschwindigkeit V_k in km/h l_v in m																	
	$s \leq -4$						$-4 < s < 4$						$s \geq 4$					
q in Kfz/h	50	60	70	80	90	100	50	60	70	80	90	100	50	60	70	80	90	100
≤ 400	0	10	20	35	50	65	0	10	15	20	30	40	0	5	10	15	20	30
> 400	0	25	40	60	80	105	0	20	30	40	55	75	0	15	20	30	40	55

Die **Länge der Aufstellstrecke** wird bei Knotenpunkten ohne LSA regelmäßig mit $l_A = 20$ m gewählt, mit LSA wird sie nach den zu erwartenden Staulängen von Fall zu Fall dimensioniert.

Linksabbiegestreifen sollen nur sparsam an Einmündungen höher klassifizierter Straßen oder an hochbelasteten Knotenpunkten angelegt werden. Bei innerörtlichen Straßen kann auf eine geschlossene Einleitung verzichtet werden (Tafel 12.24 Zeile ②).

In angebauten Straßen eignen sich Aufweitungen zur Unterbringung von Mittelinseln, um Fußgängern das Überqueren der Fahrbahn zu erleichtern oder auch die Verkehrsgeschwindigkeit zu verringern.

Die **Rechtsabbieger** werden je nach Bedeutung und Verkehrsbelastung entweder mit einem unmittelbar an den Fahrbahnrand anschließenden Bogen (einfacher Kreisbogen bzw. dreiteilige Bogenfolge) oder aber über Ausfahrkeile (nur im unbebauten Bereich) bzw. bei stärkerem Verkehrsaufkommen über Rechtsabbiegestreifen geführt.

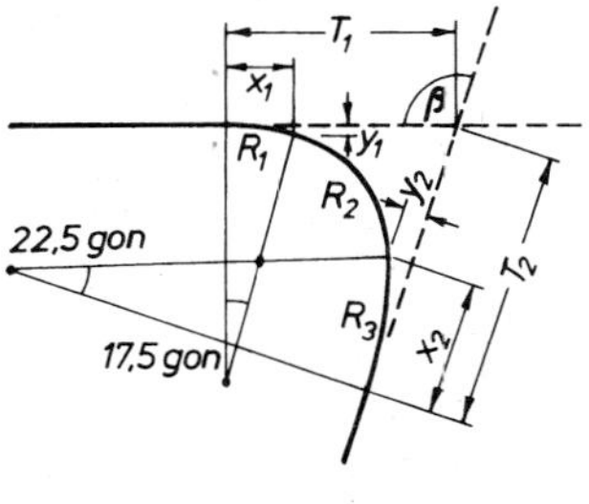

Eckausrundung mit dreiteiliger Bogenfolge

$R_1 : R_2 : R_3 = 2 : 1 : 3$

$T_1 = R_2 \cdot (0{,}2714 + 1{,}0375 \cdot \tan(\beta/2) + 0{,}0861/\sin\beta)$

$T_2 = R_2 \cdot (0{,}6922 + 1{,}1236 \cdot \tan(\beta/2) - 0{,}0861/\sin\beta)$

$x_1 = R_2 \cdot 0{,}5428; \quad y_1 = R_2 \cdot 0{,}0750$

$x_2 = R_2 \cdot 1{,}0383; \quad y_2 = R_2 \cdot 0{,}1854$

Hauptbogenradius R_2 für Eckausrundungen ohne Ausfahrkeil und ohne Rechtsabbiegestreifen an Straßen der Kategoriengruppen A und B

β in gon	Hauptbogenradius R_2 in m für	
	Rechtseinbieger	Rechtsabbieger
80	8	12
100	8	12 (15)*)
120	8	8
Zwischenwerte können eingeschaltet werden. Kleinere Werte als $R_2 = 7$ m dürfen nicht verwendet werden.		

*) $R_2 = 15$ m nur, wenn Tropfen eingebaut wird.

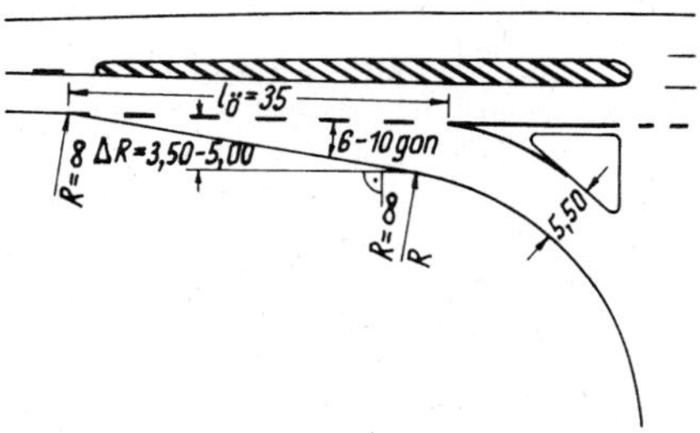

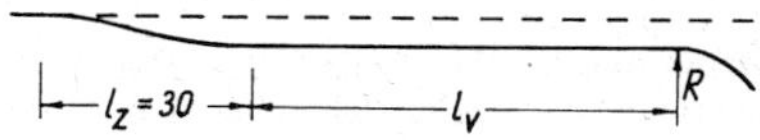

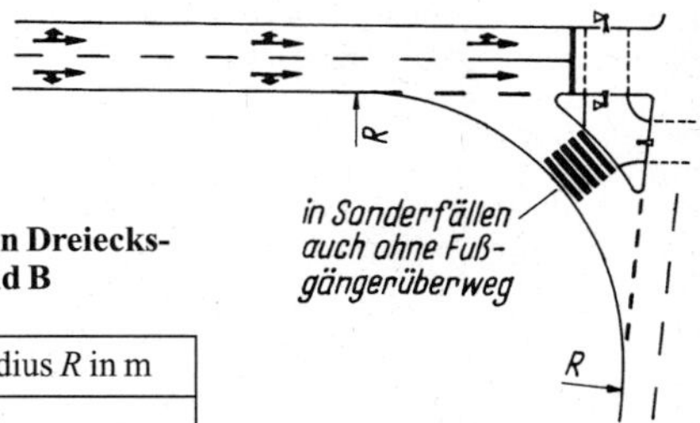

Hauptbogenradius für Eckausrundungen neben Dreiecksinseln an Straßen der Kategoriengruppen A und B

α in gon	Hauptbogenradius R in m
80	20
100	25
120	25

Bei den **Fahrbahnteilern** unterscheidet man solche außerhalb bebauter Gebiete (Tropfeninseln) von den Fahrbahnteilern innerhalb bebauter Gebiete. Im außerörtlichen Bereich werden im Verlauf der bevorrechtigten Straße keine festen Inseln eingebaut.

Fahrbahnteiler außerhalb bebauter Gebiete (1) großer Fahrbahnteiler (Tropfen) (2) kleiner Fahrbahnteiler (Tropfen)	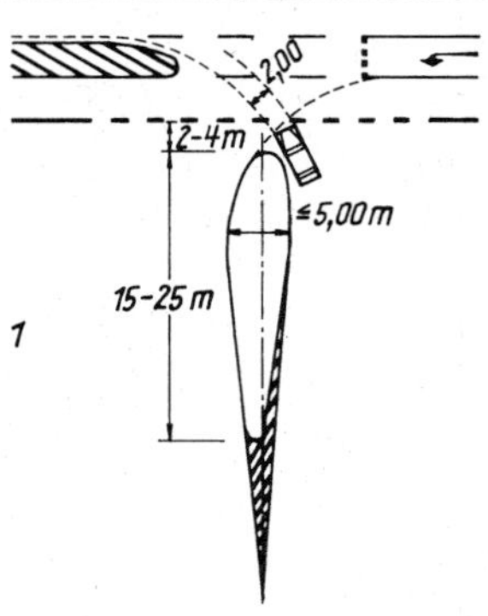	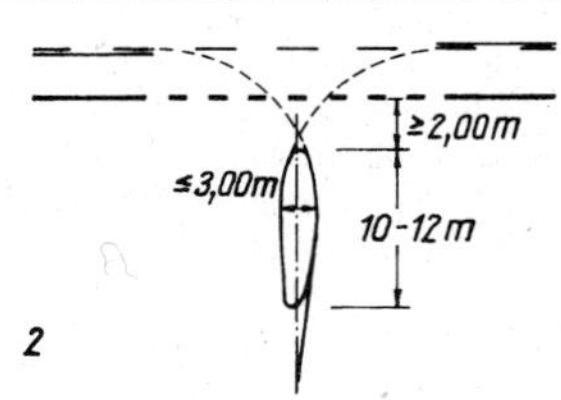

Konstruktionshinweise s. RAS-K-1, Anhang 4.

Fahrbahnteiler innerhalb bebauter Gebiete (3) im unter- oder übergeordneten Knotenpunktsarm (4) im übergeordneten Knotenpunktsarm	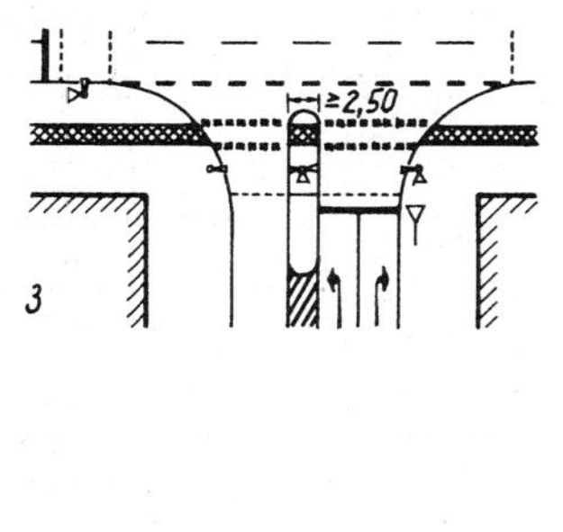	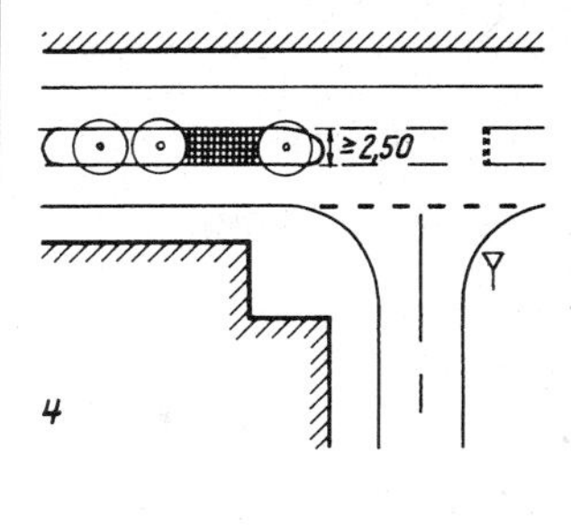

Dreiecksinseln neben den Rechtsabbiegern („linke Dreiecksinseln“) werden im Außerortsbereich im Zusammenhang mit Ausfahrkeilen und innerörtlich zur Anordnung von Rechtsabbieger kreuzenden Fußgängerüberwegen vorgesehen, vgl. Abb. S. 12.26 Mitte.

Die **Eckausrundungen** für die Rechtseinbieger sollen mit keinen zu großen Radien ausgestattet werden, um die wartepflichtigen Verkehrsteilnehmer aus Sichtgründen möglichst rechtwinklig auf die bevorrechtigte Straße zufahren zu lassen. Im Allgemeinen wird bei der dreiteiligen Bogenfolge ein Radius $R_2 = 8$ m gewählt (Abb. S. 12.25 unten und Tab. S. 12.26 oben).

Beschleunigungsfahrstreifen für Rechtseinbieger sind bei plangleichen Knoten nicht üblich.

Beispiel für die Ausbildung eines Knotenpunktes nach Grundform I im außerörtlichen Bereich

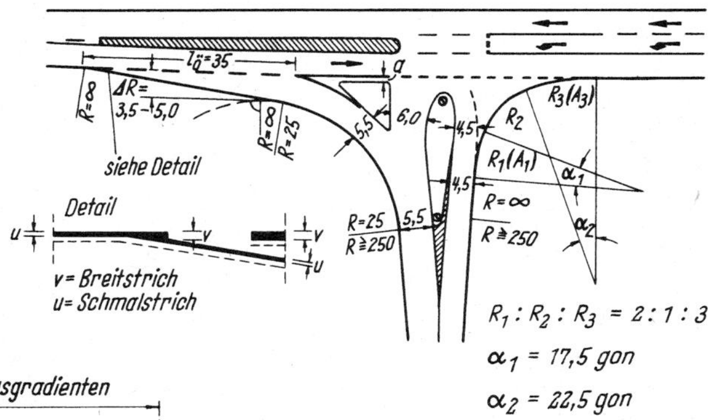

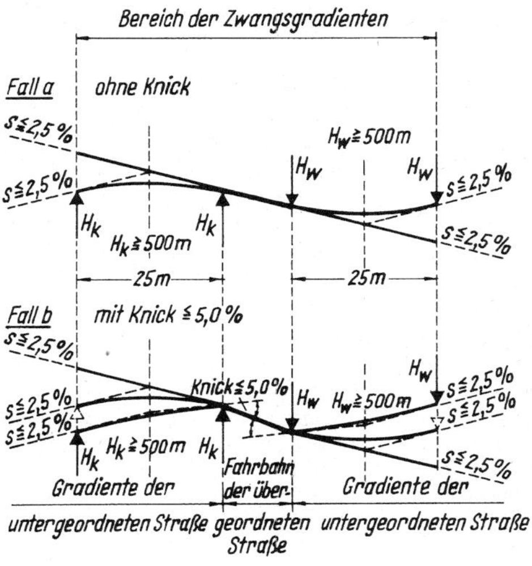

Anschluss der Gradienten der nachgeordneten Knotenpunktsarme

Die übergeordnete Straße wird im Grund- und Aufriss durchgehend trassiert. Die nachgeordnete Straße darf mit einem Knick bis 5 % Neigungsdifferenz angeschlossen werden. Längsneigung im 25-m-Bereich für Kategorie A mit $s \leq 2{,}5$ %; Ausrundungen im Höhenplan mit $H \geq 500$ m. Auf frühzeitige Erkennbarkeit des Knotens bei allen Zufahrten ist zu achten (Vorsicht bei „wegtauchender“ Querneigung der übergeordneten Straße!).

Kreisverkehrsplätze: Große Kreisverkehrsplätze mit Verflechtungsstrecken zwischen den angeschlossenen Knotenpunktsarmen haben einen großen Platzbedarf und werden nicht mehr gebaut.

Kleine Kreisverkehrsplätze werden nach dem „Merkblatt für Anlage von kleinen Kreisverkehrsplätzen", Ausg. 1998 konzipiert. Demnach bestehen sie aus einer einstreifigen Kreisfahrbahn mit Vorfahrtsrecht; die wartepflichtigen Knotenpunktsarme sollen genau auf den Kreismittelpunkt hinführen. Ihre Leistungsfähigkeit ist größer als diejenige plangleicher Knotenpunkte der Grundformen I bis III, weil sich die Verkehrsströme höherer Ordnung nicht gegenseitig beeinträchtigen. Die Breite der Kreisfahrbahn wird abhängig vom Außendurchmesser festgelegt.

Außendurchmesser D in m	26	28	30	32	35	40	45
Breite der Kreisfahrbahn B in m	8,00	7,50	7,00	6,75	6,50	6,00	5,75

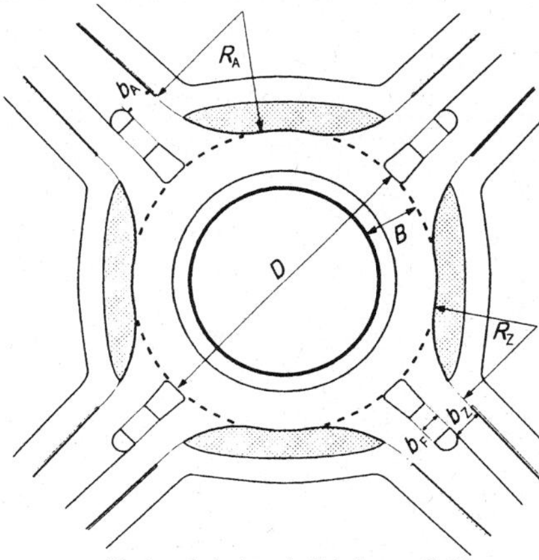

Kreisverkehr innerhalb bebauter Gebiete

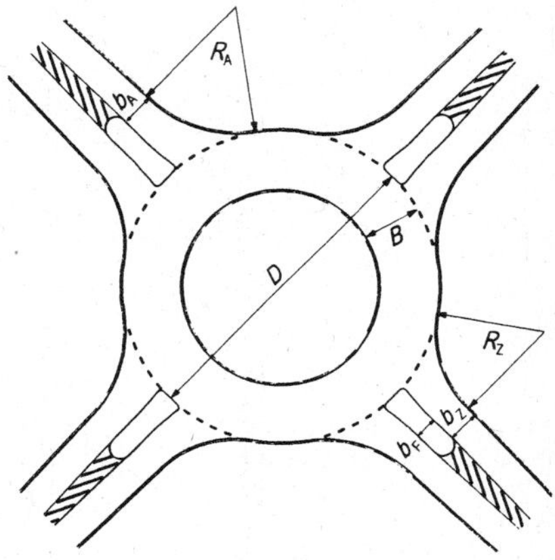

Kreisverkehr außerhalb bebauter Gebiete

Tafel 12.28 Entwurfsgrundsätze für kleine Kreisverkehrsplätze

Kleine Kreisverkehrsplätze		innerhalb bebauter Gebiete	außerhalb bebauter Gebiete
Außendurchmesser	D	26 m – 35 m	35 m – 45 m
Breite der Kreisfahrbahn	B	8,00 m – 6,50 m	6,50 m – 5,75 m
anteilige Breite des gepflasterten Innenringes		≈ 30 %	–
Fahrstreifenbreite			
der Knotenpunktzufahrten	b_Z	3,25 m – 3,50 m	3,50 m – 4,00 m
der Knotenpunktausfahrten	b_A	3,50 m – 3,75 m	3,50 m – 4,25 m
Ausrundungsradius			
der Knotenpunktzufahrten	R_Z	10 m – 12 m	12 m – 4 m
der Knotenpunktausfahrten	R_A	12 m – 14 m	14 m – 16 m
Querneigung der Kreisfahrbahn	q	– 2,5 %	– 2,5 %
maximal zulässige Schrägneigung	p	6,0 %	6,0 %
Breite der Fahrbahnteiler	b_F		
ohne Überquerungsmöglichkeiten		–	≥ 1,60 m
mit Überquerungsmöglichkeiten für Fußgänger		≥ 2,00 m	≥ 2,00 m
mit Überquerungsmöglichkeiten für Radfahrer		2,50 m	2,50 m

Es wird zwischen Kreisverkehrsplätzen innerhalb und außerhalb bebauter Gebiete unterschieden, weil innerorts vermehrt Fußgänger und Radfahrer auftreten. Um bei innerörtlichen Kreisverkehrsplätzen ein Schneiden der breiten Kreisfahrbahn zu unterbinden und um die Fahrzeuge zum Hintereinanderfahren zu bringen, wird dort häufig der innere Teil der Kreisfahrbahn gepflastert.

Minikreisverkehrsplätze mit $D < 26$ m nur ausnahmsweise bei sehr beengten Verhältnissen!

7.3 Planfreie Knotenpunkte (nach RAL-K 2)

Tafel 12.29 Beispiele für Autobahnknoten (Systemskizze)

Dreiarmige Knotenpunkte

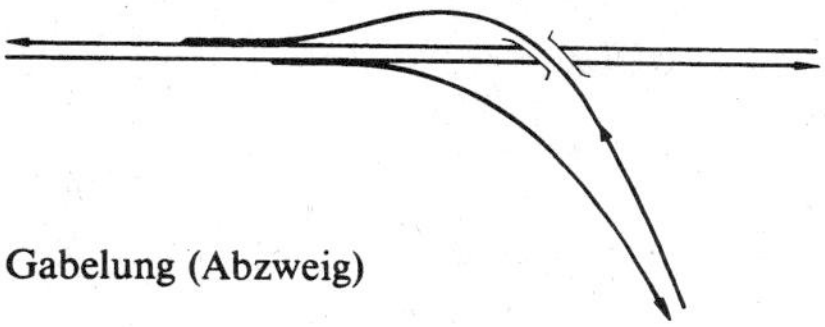

Gabelung (Abzweig)

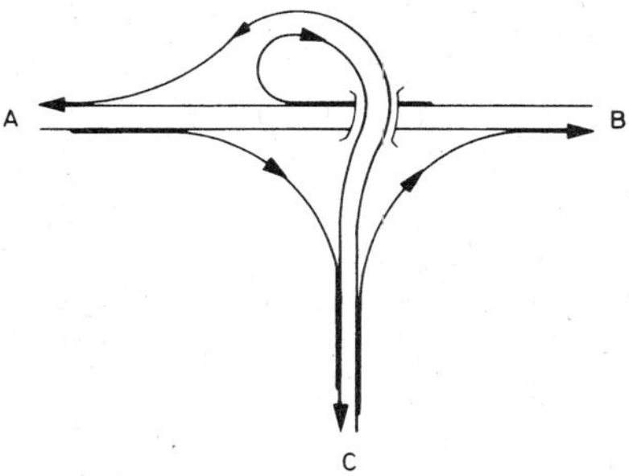

Linksliegende Trompete (Regellösung)

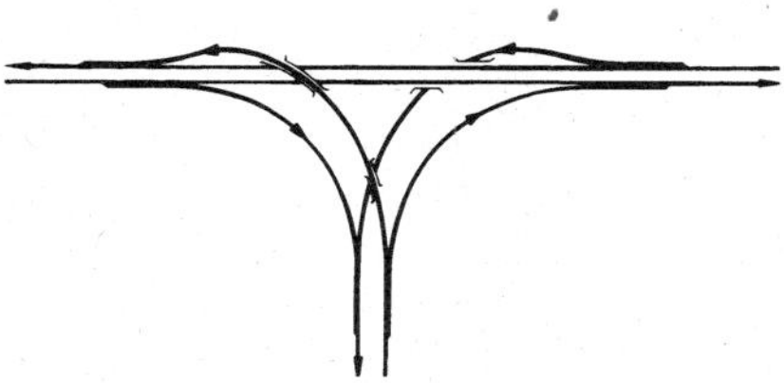

Dreieck mit drei zweigeschossigen Bauwerken

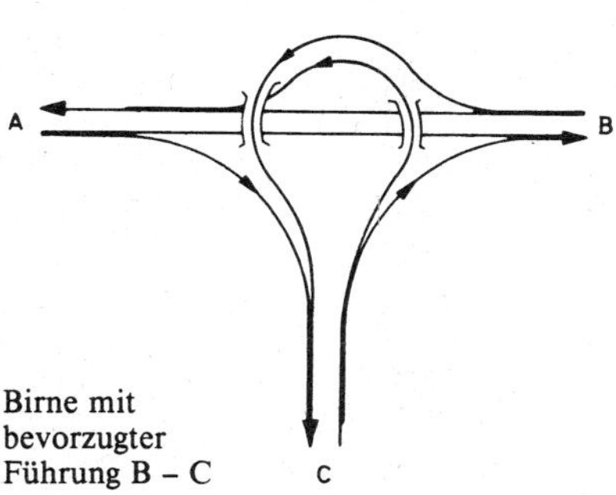

Birne mit bevorzugter Führung B – C

Vierarmige Knotenpunkte

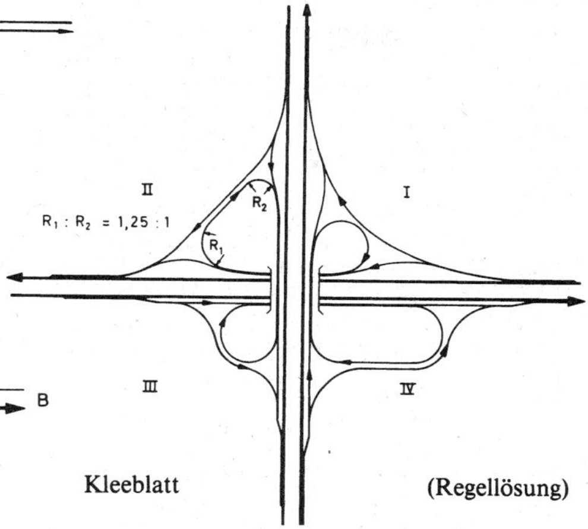

Kleeblatt (Regellösung)

Variante

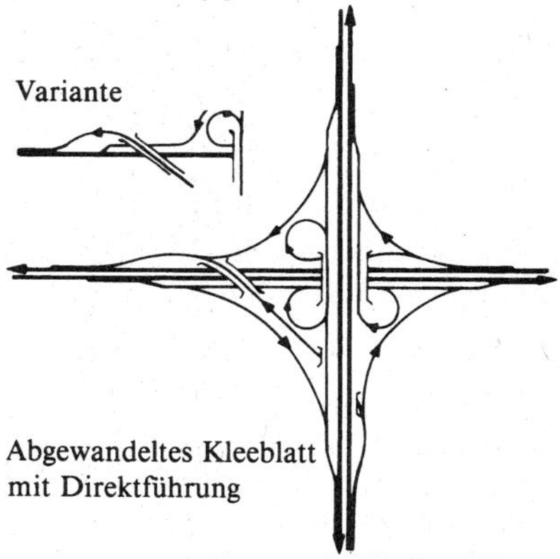

Abgewandeltes Kleeblatt mit Direktführung

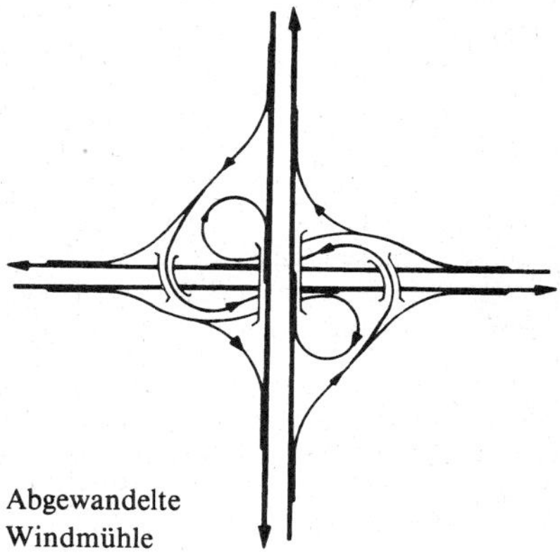

Abgewandelte Windmühle

Planfreie Knotenpunkte sind entweder vollkommen kreuzungsfreie Autobahnknoten (Autobahnen werden untereinander verbunden) oder Anschlussstellen mit plangleichen Verknüpfungen der Rampenfahrbahnen mit dem Sekundärnetz. Außerdem unterscheidet man drei- und vierarmige Knoten.

Es gibt folgende Rampentypen:
- direkt geführte Rampen (meist für Rechtsabbiegeströme)
- halbdirekte Rampen
- indirekte Rampen (Schleifen).

Für die Planung sind folgende Grundsätze zu beachten:

- Die durchgehenden Fahrbahnen sollen bei Autobahnen der Kategorie A netzorientiert, sonst entsprechend den stärkeren Verkehrsbeziehungen gewählt werden.
- Ein- und Ausfahrten zu und von der durchgehenden Autobahn liegen im Normalfall rechts. Für Stadtautobahnen der Kategorie B können sie auch links angeordnet werden.
- Den netzbedeutsamen und starken Abbiegeströmen sind nach Möglichkeit die hinsichtlich Linienführung und Vorfahrtsregelung günstigsten Rampenführungen zuzuordnen.
- Fahrstreifensubtraktionen/-additionen kommen an durchgehenden Autobahnen nur in Ausnahmefällen in Betracht.
- Werden Richtungsfahrbahnen oder Verbindungsrampen zusammengeführt, so darf nachher i. d. R. höchstens ein Fahrstreifen weniger als in der Summe vor der Zusammenführung vorhanden sein.
- Die Mindestabstände zwischen Autobahnknoten bzw. -anschlüssen werden durch die Mindestabstände der Beschilderung bestimmt.
- Eine Überschaubarkeit über den Gesamtknoten (Begreifbarkeit) ist nicht herzustellen. Sie wird ersetzt durch die frühzeitig erkennbare Beschilderung und räumlich/zeitlich genügend lang aufeinander folgende Entscheidung zwischen jeweils zwei Trennungspunkten.

Die im Kleeblatt auftretenden vier Verflechtungen werden an Autobahnen im Normalfall als parallele Verflechtungsfahrbahnen konzipiert; nur bei geringer Verkehrsbelastung werden einfache Zusatzfahrstreifen angeordnet. Vorfahrtsregelungen in Verflechtungsfahrbahnen sind zu vermeiden.

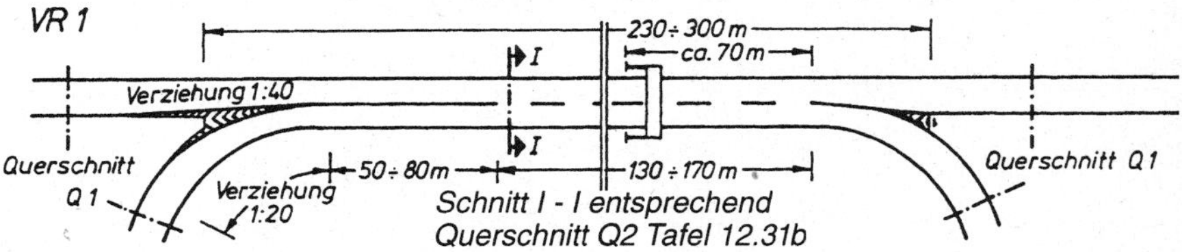

Ausbildung der Verflechtungsstrecken im Kleeblatt

Tafel 12.30 Entwurfselemente der Verbindungsrampen (...) = Ausnahmewerte

Entwurfselement		für Kat.	Grenzwerte für V_e (km/h)					
			30	40	50	60	70	80
Kurvenmindestradius	min R in m	A	25	45	75	120	175	250
		B	(20)	40	70	110	–	–
Höchstlängsneigung Steigung (+) / (Gefälle (–)	max s in %	A	+ 6,0 / –7,0					
		B	+ 6,0 (10,0) / –7,0 (10,0)					
Kuppenmindesthalbmesser	min H_K in m	A	500	1000	1500	2000	2800	4000
		B	(125)	325	750	1600	–	–
Wannenmindesthalbmesser	min H_W in m	A	250	500	750	1000	1400	2000
		B	(100)	200	400	800	–	–
Mindestquerneigung	min q in %	A/B	2,5					
Höchstquerneigung in Kurven	max q in %	A	7,0 (8,0)					
		B	8,0					
Anrampungsmindestneigung	min Δs in %	A/B	0,1 · a mit a in m = Abstd. Fahrbahnrand/Drehachse					
Mindesthaltesichtweite	min S_h in m	A	25	30	40	60	85	115
		B	(15)	25	40	60	–	–

Tafel 12.31a Rampentypen und empfohlene Entwurfsgeschwindigkeiten

Rampentyp (Verkehrsführung)	Rampengruppe 1 planfrei - planfrei		Rampengruppe 2 planfrei - plangleich	
	Linienführung			
	nicht angepaßt	angepaßt	nicht angepaßt	angepaßt
direkt	60-60	50-60	40-60	40-60
halbdirekt	60-80	40-60	—	40-60
indirekt	40	30-40 mit Zwischengerade	40 Ausfahrt	30-40 Einfahrt
(direkt)	Verteilerfahrbahn 60-80		40-80	

V in km/h

Tafel 12.31b Querschnitte von Verbindungsrampen

Querschnitt Kurzbezeichnung	Querschnitt Bezeichnung	Abmessungen in m	Einsatzgrenzen
Q1	einstreifiger Querschnitt mit überbreitem Fahrstreifen	0,25 0,25 ≧1,0 5,0 1,5[1)] 0,15 0,15 Markierung	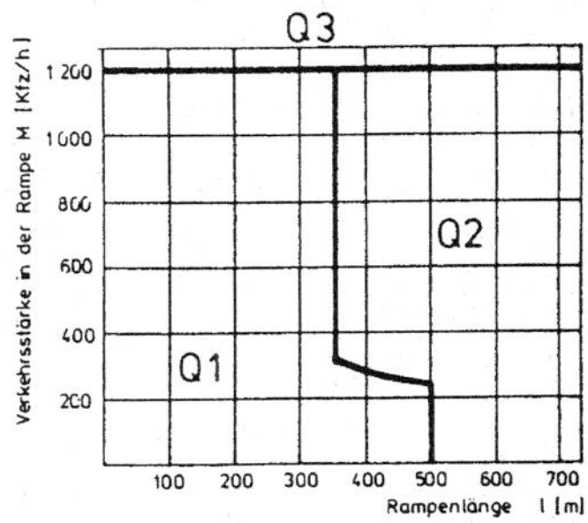
Q2	zweistreifiger Querschnitt	0,25 0,25 ≧1,0 3,50 3,50 1,5[1)] 0,15 0,15 0,15 Markierung	
Q3	zweistreifiger Querschnitt mit Standstreifen	0,25 0,25 ≧1,0 3,50 3,50 2,0 1,5[1)] 0,15 0,15 0,15 Markierung	
Q4	zweistreifige Gegenverkehrsfahrbahn	0,25 0,25 1,5 3,50[2)] 3,50[2)] 1,5 0,15 0,15 0,15 Markierung	Länge des Gegenverkehrsbereiches ≧ 125 m

1) 1,0 m möglich in Einschnitten und auf Dämmen, die keine Schutzplanken erfordern,
2) Bei $R \leq 130$ m ist eine Fahrbahnverbreiterung erforderlich.

8 Sonstige Verkehrsanlagen

8.1 Wendeanlagen, Versätze (nach EAE 85/95)

Am Ende von Stichstraßen müssen **Wendeanlagen** angeordnet werden. Sie sind auf die regelmäßig zu erwartenden Fahrzeuge zu dimensionieren:
Pkw benötigen einen äußeren Wendekreisradius von 6 m, kleine Busse und zweiachsige Müllfahrzeuge von 8 m. Größere Lkw und dreiachsige Müllfahrzeuge sollen durch Rangieren wenden können. Um das Zuparken der Wendeanlagen zu verhindern, bietet sich die Kombination mit Parkständen oder Privatgaragen an. Hinter dem Bordstein sollte ein Streifen von 1,0 m Breite frei von Zäunen und dgl. ausgewiesen werden.

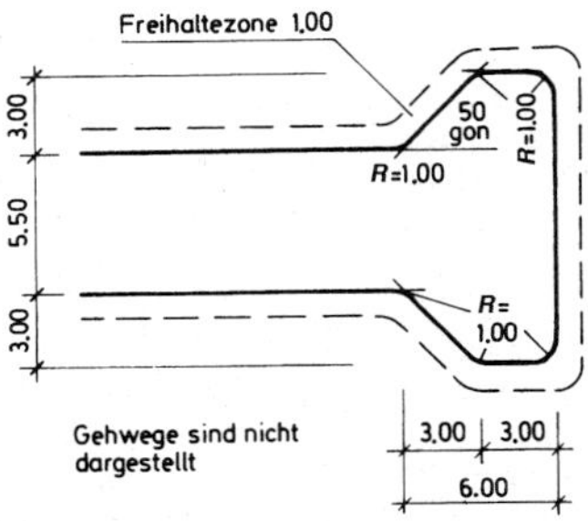

Beispiel für einen Wendehammer für Pkw und Lkw bis 8,0 m Länge

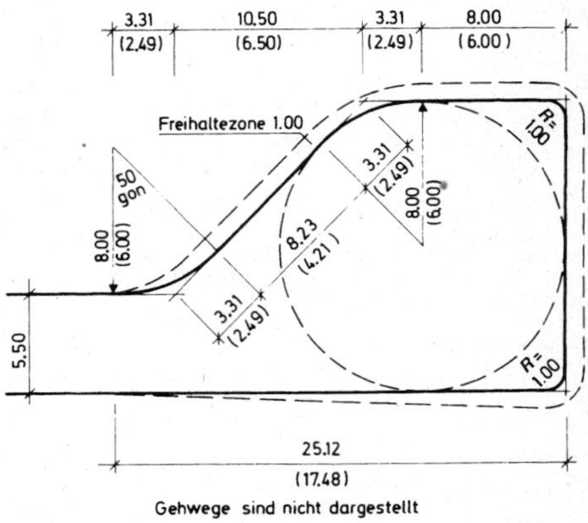

Beispiel für einen Wendekreis mit äußerem Radius von 6,0 bzw. 8,0 m

Versätze werden in Erschließungsstraßen angeordnet, um die räumliche Wirkung des Straßenbildes zu fördern und die Geschwindigkeit der Kraftfahrzeuge zu reduzieren.

Abmessungen von fahrdynamisch wirksamen Versätzen

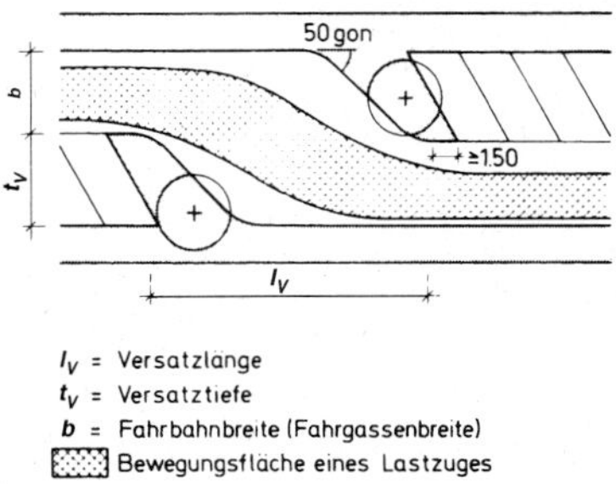

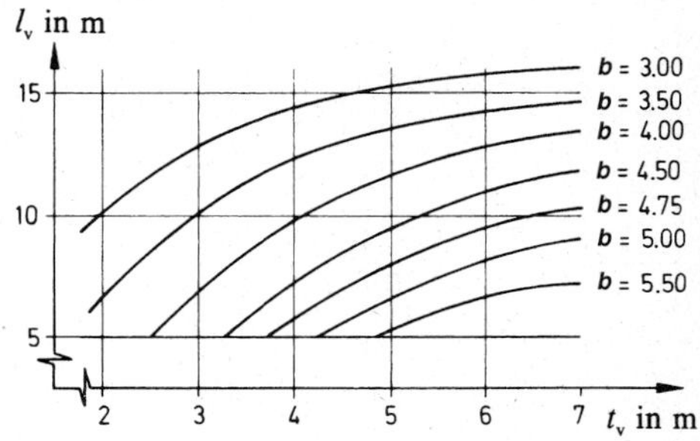

8.2 Anlagen des ruhenden Verkehrs (nach EAR 05)

Die aktuellen „Empfehlungen für Anlagen des ruhenden Verkehrs" (EAR 05) der FGSV enthalten umfangreiche Angaben über die Nachfrage nach Parkraum, den Entwurf, die bauliche Gestaltung, Austattung sowie Nutzung und Betrieb von Anlagen des ruhenden Verkehrs. Daneben sind die Vorschriften der Länderbauordnungen bzw. der Garagenverordnungen zu beachten, die von den folgenden Angaben u. U. geringfügig abweichen können. Bei den Aufstellarten unterscheidet man Längs-, Schräg- und Senkrechtaufstellung sowie Vorwärts- bzw. Rückwärtseinparken.

8.2.1 Pkw, Lkw und Busse

Bei **Längsaufstellung** sollen markierte Parkstände mindestens 5,70 m lang sein. Mit Rückwärtseinparken lassen sich 17 Pkw auf 100 m Länge unterbringen. Für die unmarkierte Längsaufstellung kann mit 5,20 m/Pkw gerechnet werden, entsprechend 19 Pkw/100 m. Pkw benötigen 2,00 m Breite, Lkw und Busse 3,00 m. Die Anordnung von Längsparkbuchten anstelle von Parkstreifen am Fahrbahnrand ist wegen der höheren Sicherheit für die überquerenden Fußgänger und der Bepflanzungsmöglichkeiten vorzuziehen.

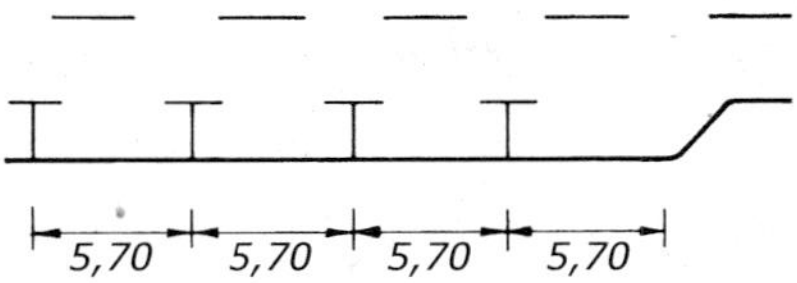

Schrägaufstellung mit $\alpha = 50$ gon bis 90 gon erlaubt störungsfreies Einparken und unterstützt eine eindeutige Verkehrsführung. Die Parkstandbreite B beträgt allgemein 2,50 m, für Lkw und Busse liegt sie bei 3,50 m. Die Zahl der unterzubringenden Parkstände hängt vom Winkel α ab, es ergeben sich rd. 36 Pkw/100 m.

Senkrechtaufstellung erfordert den geringsten Flächenbedarf, das Ein- und Ausparken erfolgt aber nicht so zügig. Die Parkstandbreiten entsprechen denen der Schrägaufstellung. Bei $B = 2,50$ m lassen sich 40 Pkw auf 100 m Länge unterbringen.

	Aufstell-winkel α (gon)	Tiefe ab Fahrgas-senrand $t - ü$ (m)	Breite des Überhang-streifens $ü$ (m)	Breite des Park-stands b (m)	Straßenfrontlänge l beim Einparken		Fahrgassenbreite g beim Einparken	
					vorwärts (m)	rückwärts (m)	vorwärts (m)	rückwärts (m)
Längsaufstellung 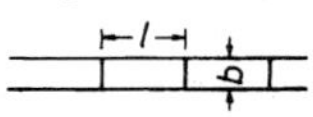	0			2,00	6,70[3]	5,70 5,20[4]	3,25	3,50
Schrägaufstellung 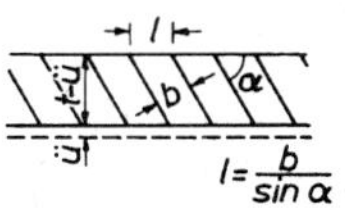	50	4,15	0,70	2,50	3,54		3,00	
	60	4,45	0,70	2,50	3,09		3,50	
	70	4,60	0,70	2,50	2,81		4,00	
	80	4,65	0,70	2,50	2,63		4,50	
	90	4,55	0,70	2,50	2,53		5,25	
Senkrechtaufstellung 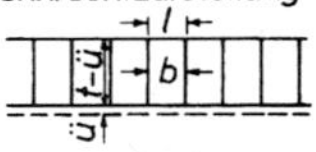	100	4,30	0,70	2,50[1) 2)]	2,50	2,50	6,00	4,50
Blockaufstellung 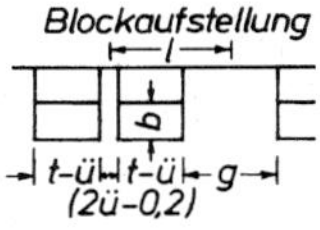	0	4,30	0,70	2,50[1)]	7,90	7,15	6,00	4,50

1) Randparkstände, die an einer Seite durch Bordsteine begrenzt sind, können auf $b = 2,25$ m reduziert werden.

2) Wenn eine Längsseite durch aufgehende Bauteile begrenzt wird, beträgt $b = 2,85$ m, und mit zwei Längsseiten wird $b = 2,90$ m.

3) Nur in Sonderfällen, z. B. um Behinderungen im Radverkehr beim Rückwärtseinparken zu vermeiden.

4) Durchschnittswerte ohne Markierung.

An Sammel- und Anliegerstraßen mit benachbarten Parkständen kann die Fahrgassenbreite auf 5,50 m verringert werden, wenn Rangiermanöver auf der Fahrbahn in Kauf genommen werden. Die Mindestfahrgassenbreite für Einrichtungsverkehr ohne Ein- und Ausparken beträgt 3,00 m, für Zweirichtungsverkehr 4,50 m. Zwischen den Schräg- bzw. Senkrechtparkständen und dem angrenzenden Fahrstreifen kann ein Zwischenstreifen der Breite $z = g - f$ zur Erleichterung des Ladeverkehrs markiert werden, wobei f die Fahrstreifenbreite gem. Tabelle S. 12.10 unten bedeutet.

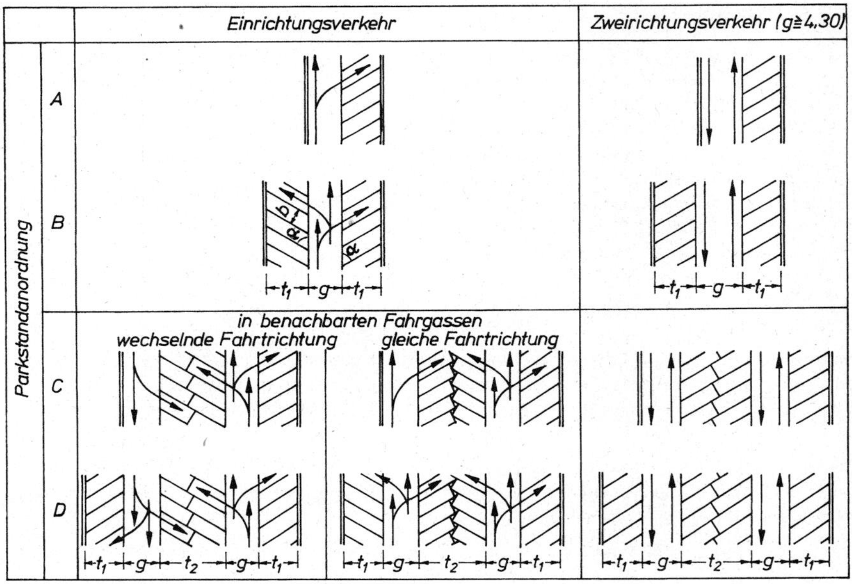

Abb. 12.34a Beispiele für die Einteilung von PKW-Parkflächen

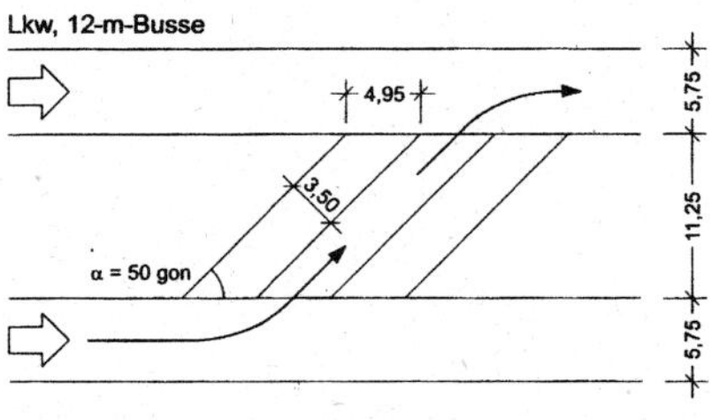

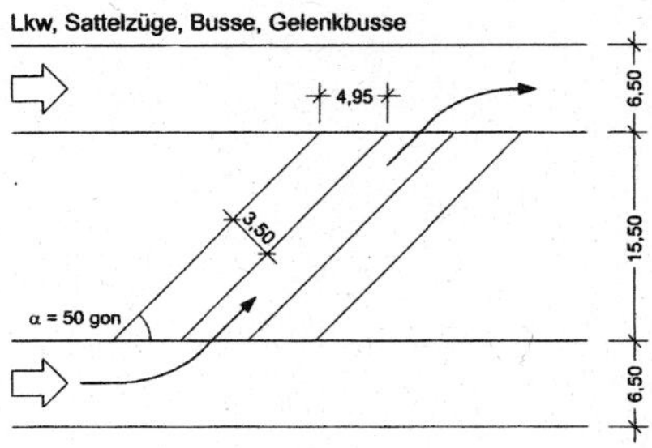

Abb. 12.34b Schrägaufstellung von Bussen, LKW und Lastzügen

8.2.2 Fahrräder (nach ERA 95)

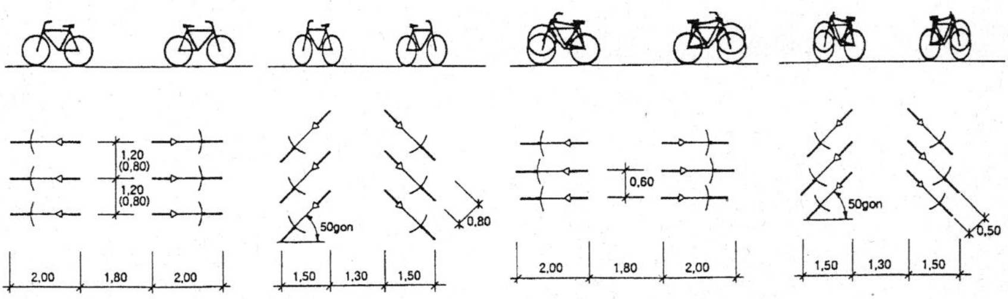

Abb. 12.34c Abmessungen für Fahrradabstellanlagen

8.2.3 Parkbauten

Umfassende Hinweise zur Planung und zum Entwurf von Parkbauten finden sich in den EAR 05. Nach der Verkehrsführung unterscheidet man zwischen Systemen mit Voll-, Halb-, Wendel- und Parkrampen. Die Wahl des Rampensystems und des Höhenversatzes zwischen den Parkgeschoßen richtet sich stark nach dem Grundstückszuschnitt und den Geländeverhältnissen.

Gerade Rampen mit Richtungsverkehr sollten mindestens 2,75 m, mit Gegenverkehr mindestens 5,75 m breit sein. Bei gekrümmten Rampen und Bogenfahrten muss der Innenradius mindestens 5,0 m betragen. Die Fahrbahnbreite gekrümmter Rampen ist abhängig vom Innenradius:

R_i (m)	5,0	6,0	7,0	8,0	9,0	10,0	12,0	14,0	16,0	18,0	20,0
f (m)	3,70	3,60	3,50	3,45	3,40	3,35	3,25	3,15	3,10	3,05	3,00

Die Rampenneigung soll 15 %, im Freien 10 % nicht überschreiten. Parkrampen, an denen direkt geparkt wird, sollen höchstens 6 % geneigt sein. Die Knickpunkte an den Übergängen in die Rampen sollen an Kuppen mit $H_k \geq 15$ m und an Wannen mit $H_w \geq 20$ m ausgerundet werden.

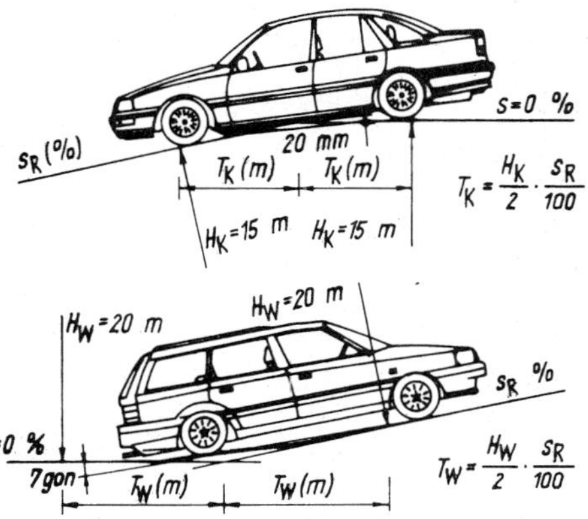

Abb. 12.35a Kuppen- und Wannenausrundungen

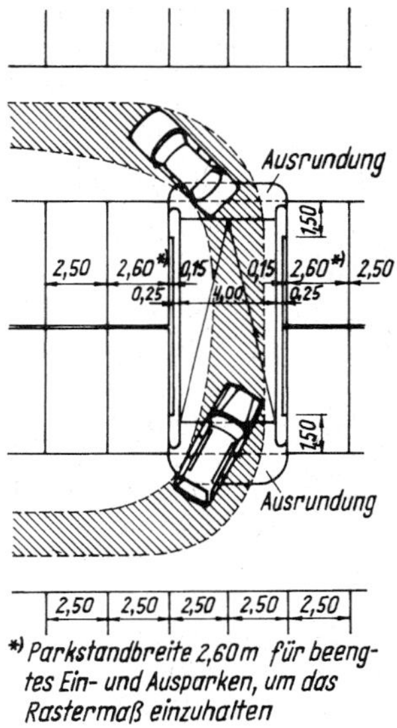

Abb. 12.35b Geometrie einer Halbrampe

8.3 Bushaltebuchten

Bushaltebuchten haben verschiedene Nachteile, so u. a. dass sich die Busse trotz Vorrecht wieder mühsam in den Verkehr einfädeln müssen. Es werden deswegen vermehrt Haltestellenkaps eingerichtet, wo die Parkbuchten unterbrochen werden und der Bord bis an den Fahrstreifen vorgezogen wird. Bushaltebuchten werden nur noch dort angelegt, wo beim Anhalten der Busse nicht akzeptable Behinderungen für den Individualverkehr entstehen würden, wie z. B. an Außerortsstraßen oder an nicht angebauten Hauptverkehrsstraßen. Um dem Bus ein paralleles Anfahren an den Bord zu ermöglichen, empfehlen die EAÖ (2003) folgende Abmessungen:

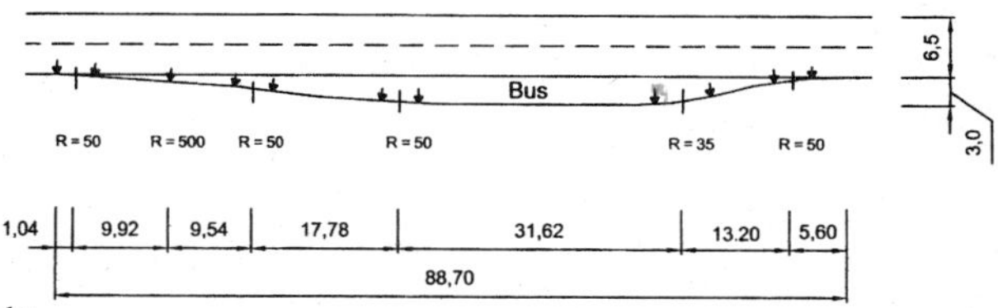

Abb. 12.35c Haltestellenbucht

9 Lärmschutz (nach RLS 90)

9.1 Emissionspegel, Schallemission

Die Abstrahlung von Verkehrsgeräuschen (Schallemissionen vom Verkehr auf einer Straße oder einem Fahrstreifen) wird durch den Emissionspegel $L_{m,E}$ gekennzeichnet. Das ist der Mittelungspegel in 25 m Abstand von der Achse bei freier Schallausbreitung. Der für die Berechnung des Emissionspegels maßgebende Emissionsort (Schallquelle) ist in 0,5 m Höhe über der Straße oder dem Fahrstreifen anzunehmen.

9.2 Schallimmission

Die Einwirkung von Schall auf ein Gebiet oder einen Punkt eines Gebietes ist die Schallimmission. Diese Schallimmission niedrig zu halten, ist die Aufgabe des Lärmschutzes. Dazu hat die Straßenplanung Möglichkeiten bei der Festlegung der Linienführung, des Querschnitts und der Knotenpunkte. Der Straßenbau kann durch Wahl der Oberflächenbefestigung dazu beitragen. Reichen diese nicht aus, sind Lärmschutzmaßnahmen erforderlich.

9.3 Beurteilungspegel von einer Straße

Die Stärke der Schallimmission vom Verkehr wird durch den Beurteilungspegel L_r ausgedrückt. Die Berechnung erfolgt getrennt für den Tag (6 bis 22 Uhr) und für die Nacht (22 bis 6 Uhr) nach folgender Gleichung:

$$L_r = L_m + K$$ in dB (A)

L_m Mittelungspegel nach Abschn. 9.4
K_m Zuschlag für lichtzeichengeregelte Kreuzungen und Einmündungen in dB (A) nach den Abb. 12.36 und 12.37

Zuschlag *K* für erhöhte Störwirkung von lichtzeichengeregelten Kreuzungen und Einmündungen

Abstand des Immissionsortes vom nächsten Schnittpunkt der Achse von sich kreuzenden oder zusammentreffenden Fahrstreifen	bis 40 m	über 40 m bis 70 m	über 70 m bis 100 m	über 100 m
K in dB (A)	3	2	1	0

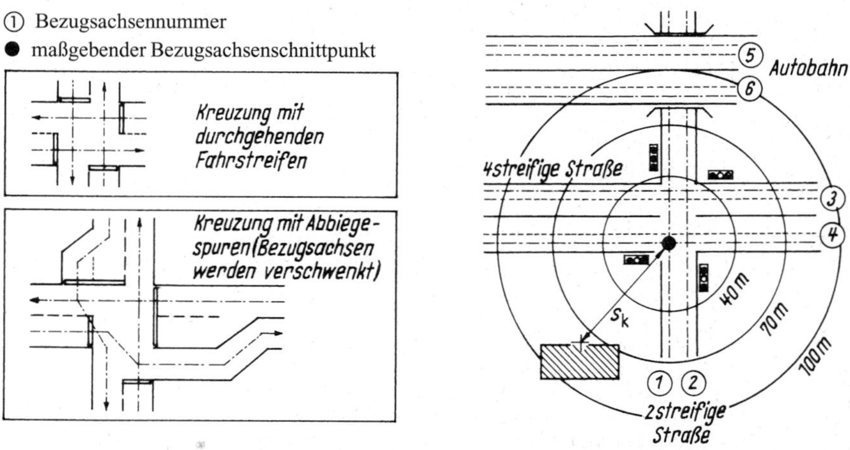

Abb. 12.36 Bestimmung des Zuschlags für die erhöhte Störwirkung an lichtzeichengeregelten Kreuzungen und Einmündungen

Bei mehrbahnigen Straßen wird der Verkehr jeweils nur auf die beiden äußeren Fahrstreifen verteilt; den resultierenden Mittelungspegel erhält man analog zum Teilstückverfahren (S. 12.43) durch energetische Addition.

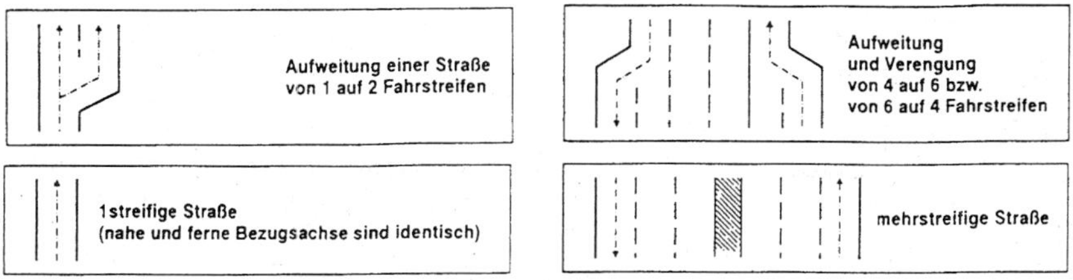

Abb. 12.37 Fahrstreifen für die Berechnung des Mittelungspegels

9.4 Mittelungspegel von einem Fahrstreifen

Je nach Situation wird der Mittelungspegel L_m von einem Fahrstreifen nach dem Verfahren des „langen, geraden Fahrstreifens" oder nach dem „Teilstückverfahren" berechnet.

Zur Berechnung des Beurteilungspegels für einen Immissionsort darf nur eines der beiden Verfahren verwendet werden. Eine Verknüpfung beider Verfahren ist nicht zulässig.

● **Verfahren für „lange, gerade" Fahrstreifen**

Für die Berechnung nach dem „langen, geraden Fahrstreifen" müssen folgende Bedingungen erfüllt sein:

- Der Fahrstreifen kann vom Immissionsort nach beiden Seiten von dem ihm nächstgelegenen Punkt mindestens auf die Länge

  $$l_z = 48 \cdot \frac{s_\perp}{\sqrt{100 + s_\perp}} \quad \text{in m}$$

  eingesehen werden. $s_\perp$ ist der Abstand zwischen Fahrstreifen und Immissionsort. Bei paralleler Lärmschutzwand oder parallelem Lärmschutzwall gilt $2 \cdot l_z$.
- Der Fahrstreifen muss im schraffierten Bereich der Abb. S. 12.38 oben liegen.
- Die Emission und die Bedingungen für die Schallausbreitung müssen über seine gesamte Länge annähernd konstant sein.

Es gilt:

$$L_m = L_{m,E} + D_{s,\perp} + D_{BM} + D_B$$

Mittelungspegel in dB (A)

$$L_{m,E} = L_m^{(25)} + D_v + D_{StrO} + D_{Stg} + D_E$$

Emissionspegel in dB (A)

$D_{s\perp}$	Pegeländerung zur Berücksichtigung des Abstands von Fahrstreifenachse bis zum Immissionsort in dB (A) nach Tafel 12.41a
D_{BM}	Pegeländerung zur Berücksichtigung der Boden- und Meteorologiedämpfung in dB (A) nach Tafel 12.41b
D_B	Pegeländerung durch topographische Gegebenheiten und bauliche Maßnahmen: $D_B = D_{refl} - D_z$ in dB (A)
D_{refl}	Pegelerhöhung durch Mehrfachreflexion bei Fahrstreifen zwischen parallelen Wänden nach Tafel auf S. 12.42 oben
D_z	Abschirmmaß aus Lärmschutzbauwerken s. S. 12.42
$L_m^{(25)}$	Mittelungspegel nach Tafel 12.38a Dafür gelten folgende Randbedingungen: – horizontaler Abstand: 25 m – Straßenoberfläche: nichtgeriffelter Gussasphalt – zulässige Höchstgeschwindigkeit: 100 km/h – Gradiente: Steigung oder Gefälle $\leq 5{,}0\,\%$ – Schallausbreitung: freie Schallausbreitung mit $h_m = 2{,}25$ m (vgl. S. 12.41)
M	Maßgebende Verkehrsstärke in Kfz/h nach Tafel 12.38b
p	Maßgebende Lkw-Anteile in % nach Tafel 12.38b
D_v	Korrektur für unterschiedliche zulässige Höchstgeschwindigkeit nach Tafel 12.39a
D_{StrO}	Korrektur für unterschiedliche Straßenoberflächen nach Tafel 12.39b
D_{Stg}	Zuschlag für Steigung und Gefälle über 5,0 %: $D_{Stg} = 0{,}6 \cdot \lvert g \rvert - 3$ in dB (A)
D_E	Korrektur bei „Spiegelschallquellen" nach Tafel 12.40a und 12.40b

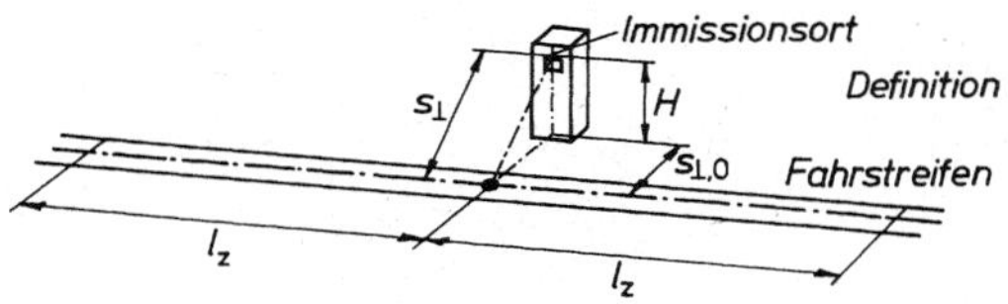

$$l_z = 48 \cdot \frac{s_\perp}{\sqrt{100 + s_\perp}}$$

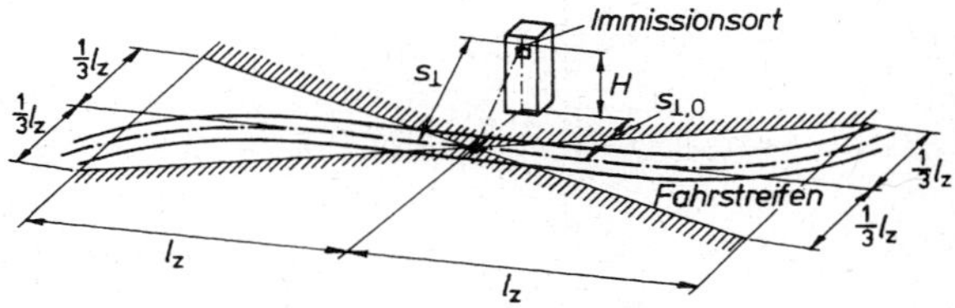

Tafel 12.38a Mittelungspegel $L_{m,T}^{(25)}$ bzw. $L_{m,N}^{(25)}$ in dB (A)

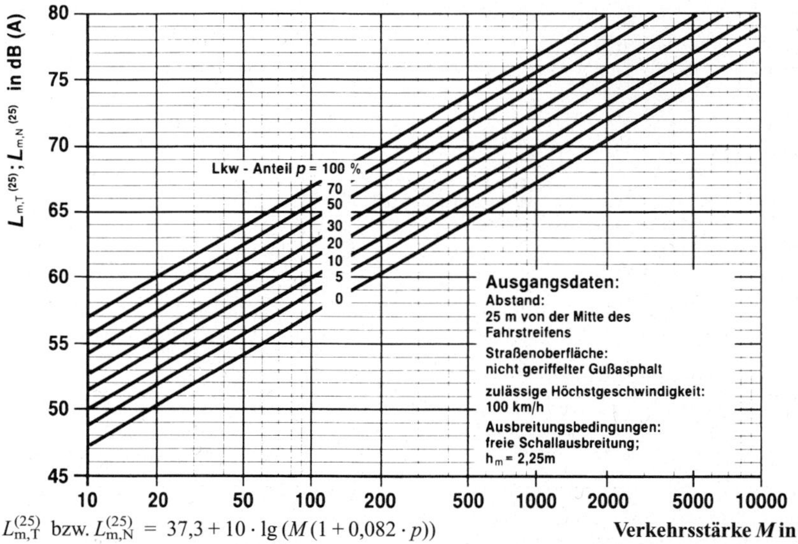

$L_{m,T}^{(25)}$ bzw. $L_{m,N}^{(25)} = 37{,}3 + 10 \cdot \lg\,(M\,(1 + 0{,}082 \cdot p))$ **Verkehrsstärke *M* in Kfz/h**

Tafel 12.38b Maßgebende Verkehrsstärke *M* in Kfz/h und maßgebende Lkw-Anteile *p* (über 2,8 t zulässiges Gesamtgewicht) in %

	Straßengattung	tags (6.00–22.00 Uhr)		nachts (22.00–6.00 Uhr)	
		M	*p*	*M*	*p*
		Kfz/h	%	Kfz/h	%
1	Bundesautobahnen	0,06 *DTV**	25	0,014 *DTV**	45
2	Bundesstraßen	0,06 *DTV**	20	0,011 *DTV**	20
3	Landes-, Kreis- und Gemeindeverbindungsstraßen	0,06 *DTV**	20	0,008 *DTV**	10
4	Gemeindestraßen	0,06 *DTV**	10	0,011 *DTV**	3

*) *DTV* ist der durchschnittliche tägliche Verkehr in Kfz/24 h.

Tafel 12.39a Korrektur D_v in dB (A) für unterschiedliche zulässige Höchstgeschwindigkeiten in Abhängigkeit vom Lkw-Anteil p

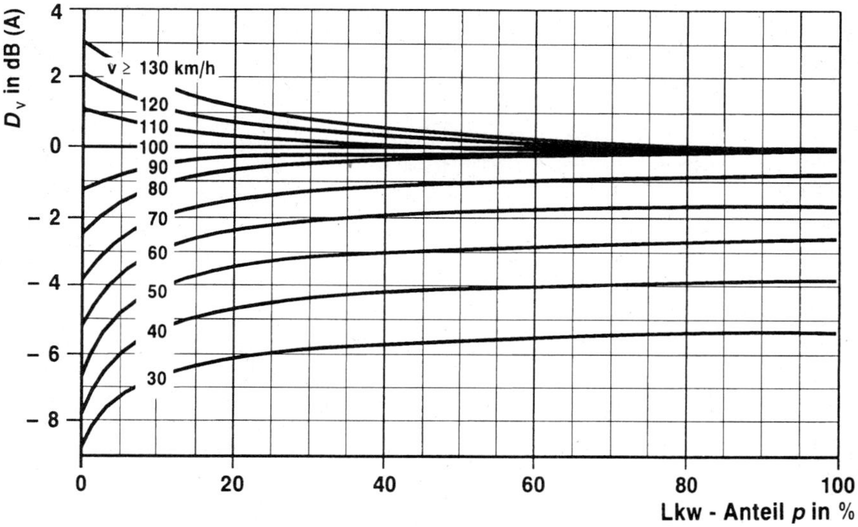

$$D_v = L_{Pkw} - 37{,}3 + 10 \cdot \lg\left(\frac{100 + (10^{0{,}1 \cdot D} - 1) \cdot p}{100 + 8{,}23 \cdot p}\right) \quad \text{in dB (A)}$$

$$L_{Pkw} = 27{,}7 + 10 \cdot \lg(1 + (0{,}02 \cdot V_{Pkw})^3)$$

$$L_{Lkw} = 23{,}1 + 12{,}5 \cdot \lg(V_{Lkw})$$

$$D = L_{Lkw} - L_{Pkw}$$

Tafel 12.39b Korrektur D_{StrO} für unterschiedliche Straßenoberflächen

	Straßenoberfläche	D_{StrO}*) in dB (A) bei zulässiger Höchstgeschwindigkeit von		
		30 km/h	40 km/h	≥ 50 km/h
	1	2	3	4
1	nicht geriffelte Gussasphalte, Asphaltbetone oder Splittmastixasphalte	0	0	0
2	Betone oder geriffelte Gussasphalte	1,0	1,5	2,0
3	Pflaster mit ebener Oberfläche	2,0	2,5	3,0
4	sonstiges Pflaster	3,0	4,5	6,0

*) Für Außerortstraßen mit $V_{zul} > 60$ km/h hat der Bundesminister für Verkehr durch ARS 14/1991 weitere Beispiele für lärmmindernde Straßenoberflächen bekanntgegeben:

1. Betone nach ZTV Beton mit Stahlbesenstrich in Querrichtung und einem zusätzlichen Längsglätter — $D_{StrO} = +1{,}0$ dB (A)
2. Betone nach ZTV Beton ohne Stahlbesenstrich mit Längsglätter und Längstexturierung mit einem Jutetuch — $D_{StrO} = -2{,}0$ dB (A)
3. Asphaltbetone ≤ 0/11 und Splittmastixasphalte 0/8 und 0/11 ohne Absplittung — $D_{StrO} = -2{,}0$ dB (A)
4. Offenporige Asphaltdeckschichten, die im Neuzustand einen Hohlraumgehalt ≥ 15 % aufweisen
   – mit Kornaufbau 0/11 — $D_{StrO} = -4{,}0$ dB (A)
   – mit Kornaufbau 0/8 — $D_{StrO} = -5{,}0$ dB (A)

Tafel 12.40a Spiegelung von Schallquellen

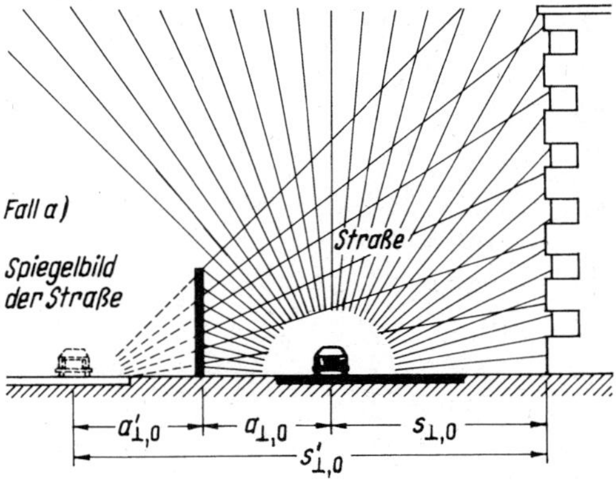

Eventuell vorhandene Spiegelschallquellen sind wie zusätzliche Fahrstreifen mit eigenem Mittelungspegel zu berechnen und energetisch zu den anderen Fahrstreifen zu addieren:

$$L_{\mathrm{m}} = 10 \cdot \lg \sum_{i} 10^{0,1 \cdot L_{\mathrm{m},i}}$$

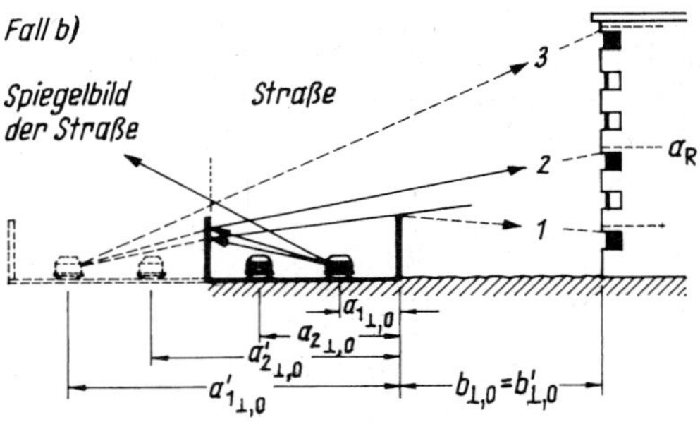

Reflexionen sind zu berücksichtigen, wenn die Höhe h_{R} der reflektierenden Fläche folgender Bedingung genügt:

$$h_{\mathrm{R}} \geq 0{,}3 \cdot \sqrt{a_{\mathrm{R}}} \quad \text{in m}$$

a_{R} ist der Abstand zwischen Schallquelle und Reflektor.

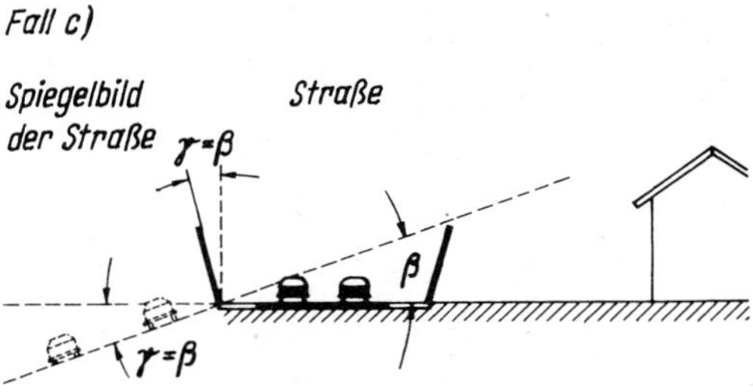

Tafel 12.40b Korrektur zur Berücksichtigung der Absorptionseigenschaften von reflektierenden Flächen (nur bei Spiegelschallquellen)

	Reflexionsart	D_{E} in dB (A)
	1	2
1	glatte Gebäudefassaden und reflektierende Lärmschutzwände	–1
2	gegliederte Hausfassaden (z. B. Fassaden mit Erkern, Balkonen usw.)	–2
3	absorbierende Lärmschutzwände	–4
4	hochabsorbierende Lärmschutzwände	–8

Tafel 12.41a Pegeländerung $D_{s\perp}$ in dB (A) durch unterschiedliche Abstände $s_\perp$ zwischen dem Emissionsort (Mitte des betrachteten Fahrstreifens) und dem maßgebenden Immissionswert (Verfahren für „lange, gerade" Fahrstreifen)

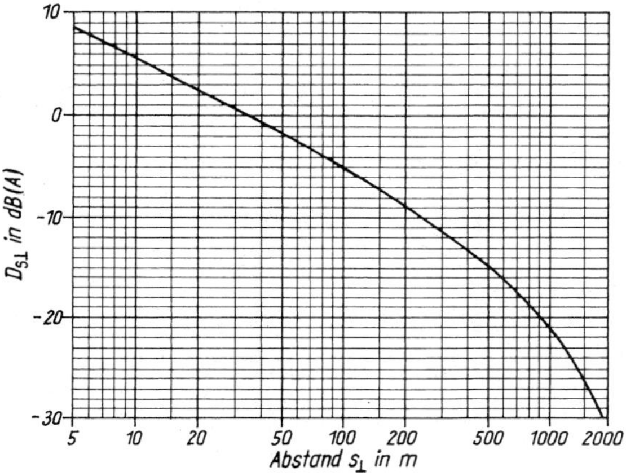

$D_{s\perp} = 15{,}8 - 10 \cdot \lg(s_\perp) - 0{,}0142 \cdot (s_\perp)^{0{,}9}$ in dB (A)

Tafel 12.41b Pegeländerung D_{BM} in dB (A) durch Boden- und Meteorologiedämpfung in Abhängigkeit von der mittleren Höhe h_m (Verfahren für „lange, gerade" Fahrstreifen)

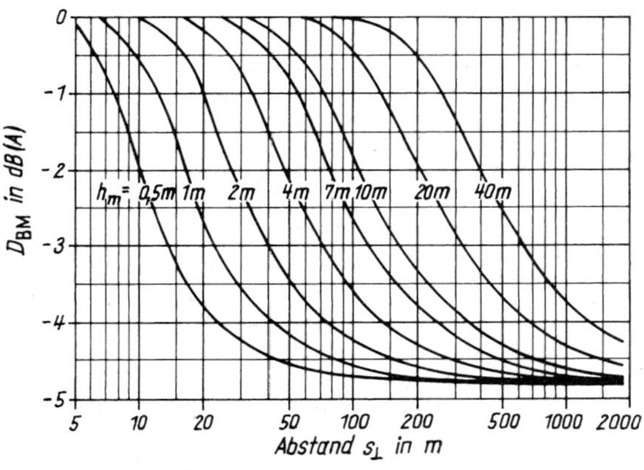

Die mittlere Höhe des Schallstrahls über der Geländeoberfläche wird berechnet

– bei ebener Geländeoberfläche mit

$$h_m = 0{,}5 \cdot (h_{GE} + h_{GI}) \quad \text{in m}$$

– bei Tallagen, Senken oder Bodenerhebungen zwischen Emissions- und Immissionsort mit

$$h_m = 0{,}25 \cdot (h_{GE} + 2\,h_T + h_{GI}) \quad \text{in m}$$

$$D_{BM\perp} = -4{,}8 \cdot \exp\left(-\left(\frac{h_m}{s_\perp} \cdot \left(8{,}5 + \frac{100}{s_\perp}\right)\right)^{1{,}3}\right) \quad \text{in dB (A)}$$

Dabei bedeuten

- h_{GE} Höhe des Emissionsortes über Grund, das ist die Verlängerung der Geländeebene bis zum Emissionsort. Der Emissionsort selbst wird in 0,5 m Höhe über der Fahrbahnoberkante angenommen.
- h_{GI} Höhe des Immissionsortes über Grund. Der Immissionsort wird in Höhe der betreffenden Geschossdecke (0,2 m über der Fensteroberkante) angenommen.
- h_T Abstand des Schallstrahls vom tiefsten/höchsten Punkt des Geländes.

Bei Abschirmung entfällt D_{BM}.

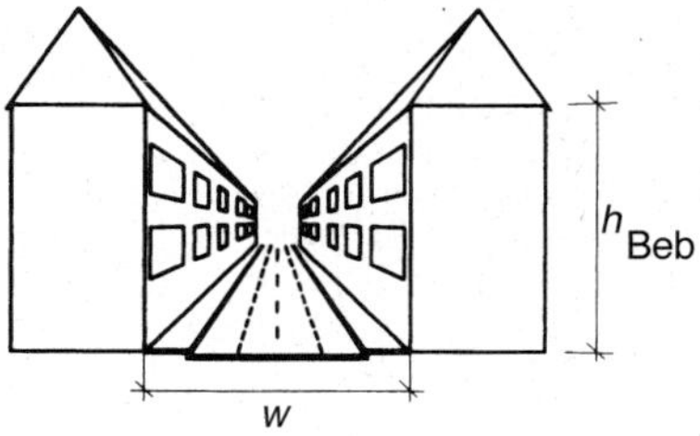

Pegelerhöhung durch Mehrfachreflexion

Bei Mehrfachreflexion erhöht sich der Mittelungspegel zusätzlich zur ersten Reflexion, wenn sich der Emissionsort zwischen parallelen, reflektierenden Stützmauern, Lärmschutzwänden oder geschlossenen Hausfassaden mit weniger als 30 % Lückenanteil befindet.

Bei schallharten Wänden	$D_{\text{refl}} = 4 \cdot h_{\text{Beb}}/w$,	jedoch höchstens 3,2 dB (A)
Bei absorbierenden Wänden	$D_{\text{refl}} = 2 \cdot h_{\text{Beb}}/w$,	jedoch höchstens 1,6 dB (A)
Bei hochabsorbierenden Wänden	$D_{\text{refl}} = 0$	

Dabei bedeuten:

h_{Beb} mittlere Höhe der Wände oder Fassaden. Bei ungleichen Straßenseiten ist die niedrigere Höhe einzusetzen.

w Abstand der reflektierenden Flächen voneinander

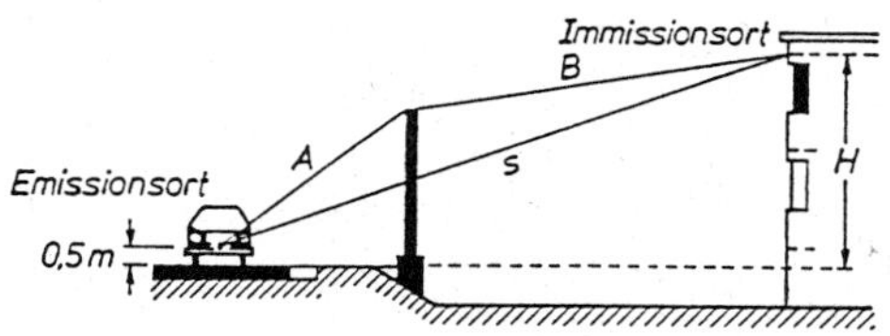

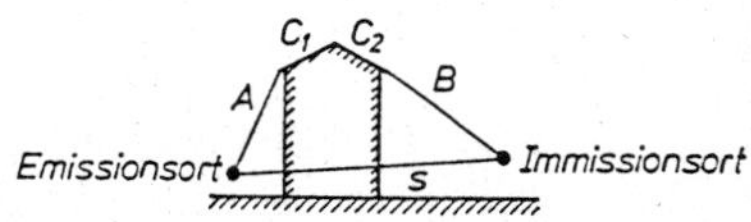

Bei Abschirmung durch natürliche oder künstliche Hindernisse erfolgt eine Beugung des Schalls; der Mittelungspegel wird dann um das Abschirmmaß D_z abgemindert. Für einen langen Schirm konstanter Höhe beträgt

$$D_z = 7 \cdot \lg \left[5 + \left(\frac{70 + 0{,}25 \cdot s}{1 + 0{,}2 \cdot z} \right) \cdot z \cdot K_w^2 \right] \quad \text{in dB (A)}$$

Dabei ist

$$z = A + B - s \quad \text{bzw.} \quad z = A + B + C - s$$

und

$$K_w = \exp \left(-\frac{1}{2000} \cdot \sqrt{\frac{A \cdot B \cdot s}{2 \cdot z}} \right) \quad \text{(Witterungskorrektur)}$$

Für Lärmschutzwälle und -wände können die Abschirmmaße auch den Diagrammen IXa bis XVIh der RLS-90 entnommen werden.

Um eine ausreichende Abschirmung zu gewährleisten, müssen Lärmschutzwände und -wälle über den zu schützenden Immissionsort hinaus mit einer Überstandslänge $d_{ü}$ ausgestattet werden.

$$d_{ü} = \left(\frac{34 + 3 \cdot D_z}{\sqrt{100 + s}} \right) \cdot B \quad \text{in m}$$

● Teilstückverfahren

Wenn die Bedingungen für lange, gerade Fahrstreifen nicht erfüllt sind, muss nach dem „Teilstückverfahren" gerechnet werden. Dazu wird der Fahrstreifen in annähernd gerade Teilstücke *i* unterteilt. Diese Teilstücke sind so zu wählen, dass über die Länge jedes einzelnen die Emission und die Ausbreitungsbedingungen annähernd konstant sind. Der Emissionsort wird in der Mitte des Teilstücks in 0,5 m Höhe über Fahrstreifen angenommen. Die Länge l_i eines Teilstücks darf höchstens $0{,}5 \cdot s_i$ sein, wobei s_i der Abstand des Immissionsortes vom Emissionsort ist. Für jedes Teilstück *i* ist der Mittelungspegel $L_{m,i}$ getrennt zu errechnen. Diese Pegel sind energetisch zum Mittelungspegel zusammenzufassen:

$$L_m = 10 \cdot \lg \sum_i 10^{0{,}1 \cdot L_{m,i}} \quad \text{in dB (A)}$$

Mittelungspegel eines Teilstücks:

$$L_{m,i} = L_{m,E} + D_l + D_s + D_{BM} + D_{refl} - D_z \quad \text{in dB (A)}$$

$L_{m,E}$ Emissionspegel wie für die lange, gerade Straße

D_l Korrektur zur Berücksichtigung der Teilstück-Länge:

$$D_l = 10 \cdot \lg (l) \quad \text{in dB (A)}$$

D_s Pegeländerung nach Tafel 12.43 zur Berücksichtigung des Abstands und der Luftabsorption

D_{BM} Pegeländerung nach Tafel 12.44 zur Berücksichtigung der Boden- und Meteorologiedämpfung

D_{refl} Pegeländerung durch Mehrfachreflexion nach S. 12.42 oben wie für die lange, gerade Straße

D_z Pegeländerung durch Abschirmung. Es gelten die gleichen Bezeichnungen wie auf S. 12.42.

$$D_z = 10 \cdot \lg (3 + 80 \cdot z \cdot K_w)$$
$$z = A + B + C - s$$
$$K_w = \exp\left(-\frac{1}{2000}\sqrt{\frac{A \cdot B \cdot s}{2 \cdot z}}\right)$$

Tafel 12.43 Pegeländerung D_s in dB (A) durch unterschiedl. Abstände *s* zwischen dem Emissionsort (Fahrstreifenmitte) und maßgebl. Immissionsort (Teilstückverfahren)

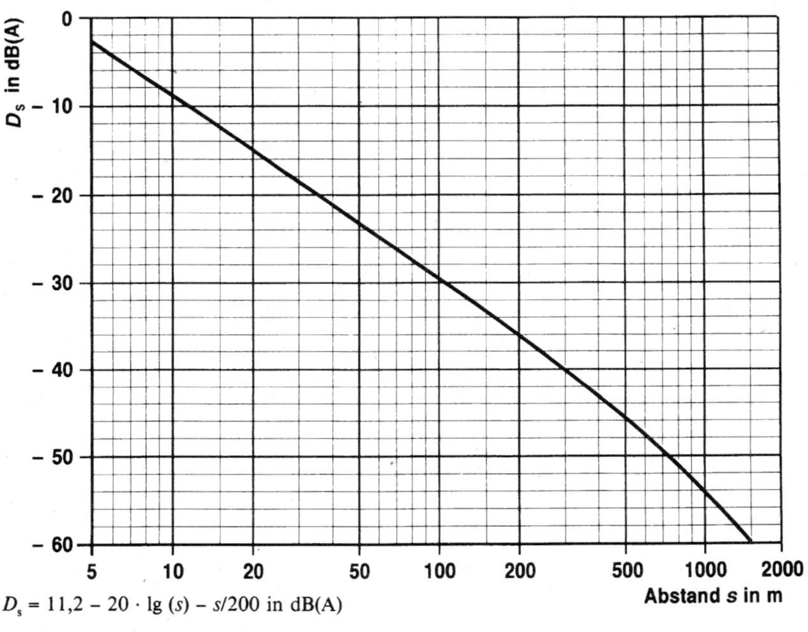

$D_s = 11{,}2 - 20 \cdot \lg (s) - s/200$ in dB(A)

Tafel 12.44 Pegeländerung D_{BM} in dB (A) durch Boden- und Meteorologiedämpfung in Abhängigkeit von der mittleren Höhe h_m (Teilstück-Verfahren)

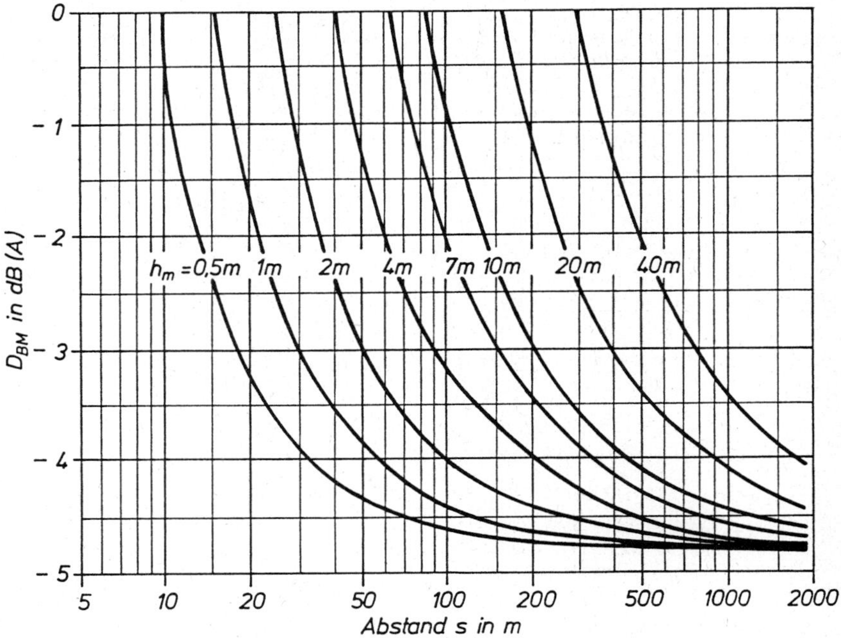

$D_{BM} = (h_m/s) \cdot (34 + 600/s) - 4{,}8 \leq 0$ in dB(A)

Bei Abschirmung entfällt D_{BM}.

9.5 Parkplätze

Parkplätze sind Flächenschallquellen und werden rechnerisch wie Einzelschallquellen behandelt, wenn die Bedingung $l \leq 0{,}5 \cdot s$ eingehalten ist. Dabei ist l die größte Längenausdehnung der Parkplatzfläche und s der Abstand vom Mittelpunkt zum Immissionsort. Sonst muss die Fläche des Parkplatzes in i Teilflächen zerlegt werden, von denen jede die Bedingung erfüllt.

Beurteilungspegel $$L_r = L^*_{m,E} + D_s + D_{BM} + D_B + 17$$ in dB (A)

Emissionspegel $$L^*_{m,E} = 37 + 10 \cdot \lg (N \cdot n) + D_P$$ in dB (A)

(Pegel in 25 m Abstand von der Parkfläche)

N Anzahl der Fahrzeugbewegungen nach Zählung oder aus Tafel 12.45a (An- und Abfahrt zählen als je eine Bewegung.)

n Zahl der Stellplätze auf der Parkplatzfläche bzw. -teilfläche

D_P Zuschlag für unterschiedliche Parkplatztypen nach Tafel 12.45b

Die verschiedenen Emissionspegel werden nach dem Teilstückverfahren (S. 12.43 oben) zum Mittelungspegel zusammengefasst.

Tafel 12.45a Anzahl der Fahrzeugbewegungen je Stellplatz und Stunde für verschiedene Parkplatztypen (Anhaltswerte)

	Parkplatztyp	Fahrzeugbewegungen je Stellplatz und Stunde	
		tags (6.00 bis 22.00 Uhr)	nachts (22.00 bis 6.00 Uhr)
	1	2	3
1	P + R-Parkplätze	0,3	0,06
2	Tank- und Rastanlagen	1,5	0,8

Tafel 12.45b Zuschlag D_P für unterschiedliche Parkplatztypen

	Parkplatztyp	Zuschlag D_P in dB (A)
	1	2
1	Pkw-Parkplätze	0
2	Motorräder-Parkplätze	5
3	Lkw- und Omnibus-Parkplätze	10

9.6 Beurteilung der Lärmimmissionen (nach Verkehrslärmschutzverordnung 1990)

Die Beurteilungspegel von Straßen- und Schienenverkehrslärm werden nicht zusammengefasst. Beim Neubau oder bei der wesentlichen Änderung von Verkehrswegen sind Lärmschutzmaßnahmen erforderlich, wenn die Immissionsgrenzwerte (IGW) der Tafel 12.45c durch die Beurteilungspegel L_r der Straße überschritten werden (Lärmvorsorge). Eine Änderung ist wesentlich, wenn

- eine Straße um einen oder mehrere durchgehende Fahrstreifen für den Kraftfahrzeugverkehr baulich erweitert wird oder
- durch einen erheblichen baulichen Eingriff der Beurteilungspegel des von dem zu ändernden Verkehrsweg ausgehenden Verkehrslärms um mindestens 3 dB (A) oder auf mindestens 70 dB (A) am Tage oder mindestens 60 dB (A) in der Nacht erhöht wird oder
- der Beurteilungspegel des von dem zu ändernden Verkehrsweg ausgehenden Verkehrslärms von mindestens 70 dB (A) am Tage oder 60 dB (A) in der Nacht durch einen erheblichen baulichen Eingriff erhöht wird; dies gilt nicht in Gewerbegebieten.

Bei bestehenden Verkehrswegen *kann* eine Lärmsanierung durchgeführt werden, wenn die hierfür eingeführten Grenzwerte übertroffen werden.

Tafel 12.45c Immissionsgrenzwerte (IGW) in dB (A) für Lärmvorsorge und Lärmsanierung

Nutzungsart	Lärmvorsorge		Lärmsanierung	
	bei Tag	bei Nacht	bei Tag	bei Nacht
Krankenhäuser, Schulen, Kur- und Altenheime	57	47	70	60
Reine und Allgemeine Wohngebiete	59	49	70	60
Kern-, Dorf- und Mischgebiete	64	54	72	62
Gewerbegebiete	69	59	75	65

Als Lärmschutzmaßnahmen werden unterschieden

- „aktiver" Lärmschutz in Form von Lärmschutzwällen, Lärmschutzwänden o. dgl.
- „passiver" Lärmschutz z. B. in Form von Lärmschutzfenstern. Dabei ist das „bewertete Schalldämm-Maß" der verwendeten Bauteile zu beachten; s. a. S. 10.43 ff.

10 Straßenoberbau

10.1 Anforderungen an Untergrund bzw. Unterbau (nach ZTVE)

Für den Oberbau und den Untergrund einer Straße und ggf. für den Unterbau gelten die Definitionen der Abb. 12.46a und 12.46b. Die betreffenden Regelquerschnitte stellen jedoch nur Beispiele dar und müssen von Fall zu Fall an die örtlichen Gegebenheiten angepasst werden.

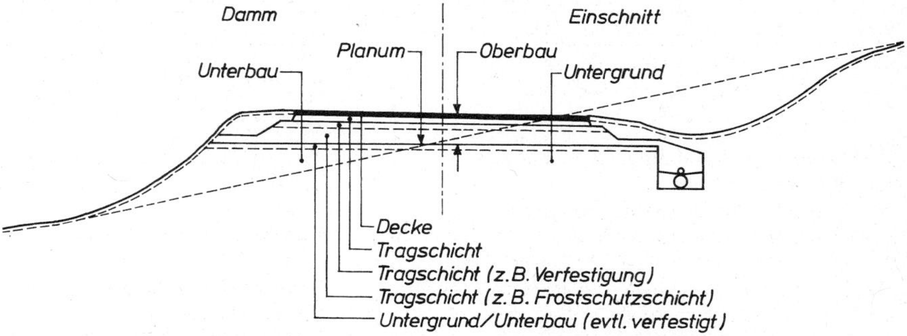

Abb. 12.46a Regelquerschnitt einer Straße außerhalb der geschlossenen Ortslage

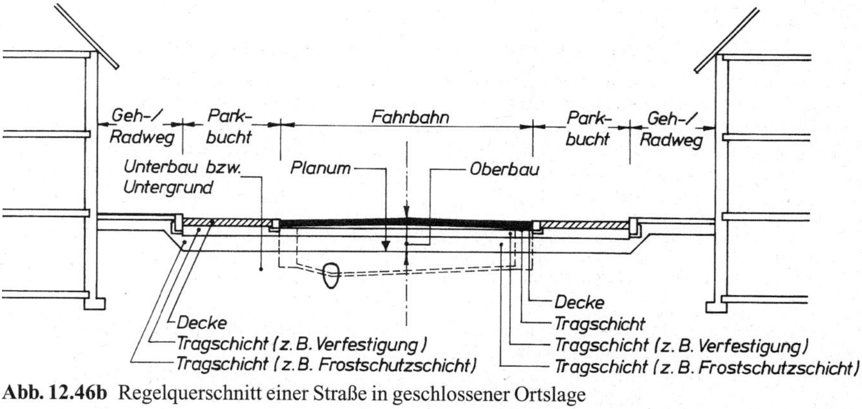

Abb. 12.46b Regelquerschnitt einer Straße in geschlossener Ortslage

An den Verdichtungsgrad des Unterbaus bzw. des Untergrunds werden gemäß ZTVE-StB 94 die folgenden Anforderungen gestellt:

Tafel 12.46 Anforderungen an das 10%-Mindestquantil[*)] für den Verdichtungsgrad D_{pr}

Grobkörnige Böden			Gemischt- und feinkörnige Böden		
Bereich	Bodengruppen	D_{pr}	Bereich	Bodengruppen	D_{pr}
Planum bis 1,0 m Tiefe bei Dämmen und 0,5 m Tiefe bei Einschnitten	GW, GI, GE, SW, SI, SE	100 %	Planum bis 0,5 m Tiefe	GU, GT, SU, ST	100 %
				GU*, GT*, SU*, ST*, U, T, OK, OU, OT	97 %
1,0 m unter Planum bis Dammsohle	GW, GI, GE, SW, SI, SE	98 %	0,5 m unter Planum bis Damm-sohle	GU, GT, SU, ST, OH, OK	97 %
				GU*, GT*, SU*, ST*, U, T, OU, OT	95 %

*) Das Mindestquantil ist das kleinste zugelassene Quantil, unter dem nicht mehr als der vorgegebene Anteil an Merkmalswerten (hier der Verdichtungsgrad D_{pr}) zugelassen ist.

Zur indirekten Prüfung der Verdichtung kann bei grobkörnigen Böden der Verformungsmodul E_{V2} herangezogen werden, s. a. die gegenseitige Zuordnung von D_{pr} und E_{V2} auf S. 11.19.

Allgemein muss das Erdplanum als 10%-Mindestquantil folgende Verformungsmoduln aufweisen, damit der Straßenoberbau auf einer hinreichend standfesten Unterlage aufliegt:

Oberbau auf	Bauklassen[2] SV, I bis IV	Bauklassen[2] V und VI
frostsicherem Untergrund oder Unterbau (F1)[1]	$E_{V2} \geq 120$ MN/m²	$E_{V2} \geq 100$ MN/m²
frostempfindlichem Untergrund/-bau (F2/F3)[1]	$E_{V2} \geq 45$ MN/m²	

[1] Einteilung der Böden in Frostempfindlichkeitsklassen s. S. 11.17.
[2] Bauklassen s. Abschn. 10.2.

Zur Feststellung der vertragsgemäßen Bodenverdichtung stehen nach ZTVE-StB 94 folgende Verfahren zur Auswahl:

- Methode M1: Prüfung nach statistischem Prüfplan
- Methode M2: Prüfung durch flächendeckende dynamische Verdichtungskontrolle (FDVK)
- Methode M3: Prüfung durch Überwachung des Arbeitsverfahrens

Die Höhenlage des Planums darf um maximal ± 3 cm von der Sollhöhe abweichen, die aus der Sollkote der Fahrbahnoberkante abzüglich der nach Abschn. 10.2 festgelegten Dicke des Oberbaues ermittelt wird. Wenn das Planum direkt mit gebundenen Schichten überbaut wird, muss die Sollhöhe mit ± 2 cm Genauigkeit eingehalten werden.

10.2 Gesamtdicke des frostsicheren Oberbaues (nach RStO 01)

Um die Bauklasse einer Straße angeben zu können, ist als Eingangsgröße die Summe der äquivalenten Achsübergänge B im Nutzungszeitraum zu ermitteln. Nach RStO 01 gibt es hierfür mehrere Möglichkeiten. Sofern für die einzelnen Nutzungsjahre variable bemessungsrelevante geometrische Straßendaten und Verkehrsdaten oder sogar Daten aus Achslastwägungen (z. B. von der BASt) zur Verfügung stehen, kann B mit erhöhter Genauigkeit mit Hilfe der in den RStO 01 beschriebenen Verfahren bestimmt werden. Im Folgenden wird nur die Ermittlung von B mit konstanten Faktoren angegeben.

Dann gilt $$B = N \cdot DTA^{(SV)} \cdot q_{Bm} \cdot f_1 \cdot f_2 \cdot f_3 \cdot f_z \cdot 365$$

mit $$DTA^{(SV)} = DTV^{(SV)} \cdot f_A$$

B Anzahl der äquivalenten 10-t-Achsübergänge im betreffenden Nutzungszeitraum
N Anzahl der Jahre des Nutzungszeitraums, i. d. R. 30 Jahre
$DTA^{(SV)}$ Durchschnittliche Anzahl der täglichen Achsübergänge des Schwerverkehrs (Aü/24h)
$DTV^{(SV)}$ Durchschnittliche tägliche Verkehrsstärke des Schwerverkehrs (Fz/24/h)
f_A Durchschnittliche Achszahl pro Fahrzeug des Schwerverkehrs nach Tafel 12.48a
q_{Bm} Umrechnungsfaktor von der durchschnittlichen Achslast der Straßenklasse in äquivalente 10-t-Achsübergänge nach Tafel 12.48b
f_1 Fahrstreifenfaktor nach Tafel 12.48c
f_2 Fahrstreifenbreitenfaktor nach Tafel 12.48d
f_3 Steigungsfaktor nach Tafel 12.48e
f_z Mittlerer jährlicher Zuwachsfaktor des Schwerverkehrs

ohne Zunahme im 1. Jahr des Betrachtungszeitraums $$f_z = \frac{(1+p)^N - 1}{p \cdot N}$$

mit Zunahme im 1. Jahr des Betrachtungszeitraums $$f_z = \frac{(1+p)^N - 1}{p \cdot N} \cdot (1+p)$$

p Mittlere jährliche Zunahme des Schwerverkehrs nach Tafel 12.48f

Tafel 12.48a Achszahlfaktor f_A

Zeile	Straßenklasse	Faktor f_A
1	Bundesautobahnen	4,2
2	Bundesstraßen	3,7
3	Landes- und Kreisstraßen	3,1

Tafel 12.48b Lastkollektivfaktor q_{Bm}

Zeile	Straßenklasse	Faktor q_{Bm}
1	Bundesautobahnen	0,26
2	Bundesstraßen	0,20
3	Landes- und Kreisstraßen	0,18

Tafel 12.48c Fahrstreifenfaktor f_1

Zeile	Zahl der Fahrstreifen, die durch den $DTV^{(SV)}$ erfasst sind	Faktor f_1 bei Erfassung des $DTV^{(SV)}$ in beiden Fahrtrichtungen	Faktor f_1 bei Erfassung des $DTV^{(SV)}$ getrennt n. Fahrtrichtungen
1	1	–	1,00
2	2	0,50	0,90
3	3	0,50	0,80
4	4	0,45	0,80
5	5	0,45	0,80
6	6 und mehr	0,40	0,80

Tafel 12.48d Fahrstreifenbreitenfaktor f_2

Zeile	Fahrstreifenbreite in m	Faktor f_2
1	unter 2,50	2,00
2	2,50 bis unter 2,75	1,80
3	2,75 bis unter 3,25	1,40
4	3,25 bis unter 3,75	1,10
5	3,75 und mehr	1,00

Tafel 12.48e Steigungsfaktor f_3

Zeile	Größte Längsneigung in %	Faktor f_3
1	unter 2	1,00
2	2 bis unter 4	1,02
3	4 bis unter 5	1,05
4	5 bis unter 6	1,09
5	6 bis unter 7	1,14
6	7 bis unter 8	1,20
7	8 bis unter 9	1,27
8	9 bis unter 10	1,35
9	10 und mehr	1,45

Tafel 12.48f Mittlere jährliche Zunahme des Schwerverkehrs p

Zeile	Straßenklasse	p
1	Bundesautobahnen	0,03
2	Bundesstraßen	0,02
3	Landes- und Kreisstraßen	0,01

Tafel 12.48g Zuordnung der Bauklasse in Abhängigkeit von B

B in Mio. Aü	> 32	> 10 – 32	> 3 – 10	> 0,8 – 3	> 0,3 – 0,8	> 0,1 – 0,3	≤ 0,1
Bauklasse	SV	I	II	III	IV	V	VI

Tafel 12.48h Bauklassen von städtischen Straßen ohne Angaben für Verkehrsbelastungen

Zeile	Straßenart	Bauklasse
1	Schnellverkehrsstraße, Industriesammelstraße	SV/I/II
2	Hauptverkehrsstraße, Industriestraße, Straße im Gewerbegebiet	II/III
3	Wohnsammelstraße, Fußgängerzone mit Ladeverkehr	III/IV
4	Anliegerstraße, befahrbarer Wohnweg, Fußgängerzone ohne Busverkehr	V/VI

Für städtische Straßen ohne eigene Angaben für Verkehrsbelastungen kann die Bauklasse nach Tafel 12.48h gewählt werden.

Für Verkehrsflächen von Park- und Stellplatzanlagen sowie von Rast- und Nebenanlagen wird die Zuordnung der Bauklassen nach Tafel 12.49a empfohlen.

Busfahrstreifen, Busbuchten, Busbahnhöfe und Busparkplätze sind mindestens nach Bauklasse III zu befestigen. Für unmittelbar mit der angrenzenden Fahrbahn verbundene Busverkehrsflächen bietet sich die gleiche Bauklasse wie für die Hauptfahrbahn an. Beim Vorliegen besonderer Beanspruchungen ist Fußnote[1] zu beachten. Wenn die Belastung größer ist als 150 Busse/Tag, sollte eine höhere Bauklasse gewählt werden. Wenn die Verkehrsbelastung weniger als 15 Busse/Tag beträgt, kann auch eine niedrigere Bauklasse als III gewählt werden.

Aus der Beurteilung des Untergrunds bzw. Unterbaues gem. S. 11.17 ergeben sich die Frostempfindlichkeitsklassen

- F1 nicht frostempfindlicher Boden
- F2 gering bis mittel frostempfindlicher Boden
- F3 sehr frostempfindlicher Boden.

Wenn der vorhandene Untergrund bzw. Unterbau unter dem Planum aus Boden der Frostempfindlichkeitsklasse F1 besteht, dann kann der gebundene Oberbau direkt aufgebracht werden, wenn

- der Boden von Natur aus die Anforderungen an Frostschutzschichten erfüllt (enggestufte Böden sind zur Verbesserung des Einbaues und der Standfestigkeit zu verfestigen) und
- die vorhandene frostsichere Dicke den geforderten Wert D_{ges} erreicht oder übertrifft.

Tafel 12.49a Bauklassen für Park- und Rastanlagen

Verkehrsfläche		Bauklasse
Ständig genutzte Parkfläche	Schwerverkehr	III/IV[1]
	Pkw-Verkehr mit geringem Schwerverkehrsanteil	V
	Pkw-Verkehr	VI
Gelegentlich genutzte Parkfläche	Schwerverkehr	IV/V
	Pkw-Verkehr mit geringem Schwerverkehrsanteil	V/VI
	Pkw-Verkehr	[2]
Rast- und Nebenanlagen	Schwerverkehr	III[1]
	Pkw-Verkehr mit geringem Schwerverkehrsanteil	IV/V
	Pkw-Verkehr	VI[3]

[1] Verkehrsflächen mit besonderen Beanspruchungen sind durch die Wahl der Baustoffe und der Bauweise besonders standfest auszubilden, ggf. durch Anordnung einer Asphaltbinderschicht.
[2] Nach Erfordernis, u. U. auch Einfachbauweisen, wie z. B. Schotterrasen o. dgl.
[3] Gelegentliches Befahren durch Betriebsdienst möglich.

Die erforderliche Gesamtdicke des Straßenoberbaues wird abhängig von der Bauklasse und der Frostempfindlichkeitsklasse festgelegt. Mit Ausnahme des vollgebundenen Oberbaus und der Rad- und Gehwege wird auf F2- und F3-Böden die Frostsicherheit dadurch gewährleistet, dass der frostempfindliche Boden bis zur erforderlichen Tiefe D_{ges} durch frostsicheres Material ersetzt wird (Tafel 12.50a). Die Eigenschaften und die Dicke der frostsicheren Schichten müssen außerdem die erforderliche Lastverteilung im Oberbau gewährleisten.

Die Mindestdicke des frostsicheren Straßenaufbaus ergibt sich aus dem Ausgangswert gem. Tafel 12.49b und den Mehr- und Minderdicken $A+B+C+D$ infolge der herrschenden örtlichen Verhältnisse gem. Tafel 12.50b. Diese Mehr- und Minderdicken berücksichtigen die örtliche Frostintensität, die Lage der Gradiente, die Wasserverhältnisse (Grundwasserstand) und die Ausführung der Randbereiche. Die Gesamtdicke beträgt

$$D_{ges} = Ausgangswert + A + B + C + D$$

Tafel 12.49b Ausgangswerte für die Mindestdicke des frostsicheren Straßenaufbaus

Zeile	Frostempfindlichkeitsklasse	Dicke bei Bauklasse (cm)		
		SV/I/II	III/IV	V/VI
1	F2	55	50	40
2	F3	65	60	50

Tafel 12.50a Schema für die Bemessung des Oberbaues für Böden F2 und F3 (nach *Listner*)

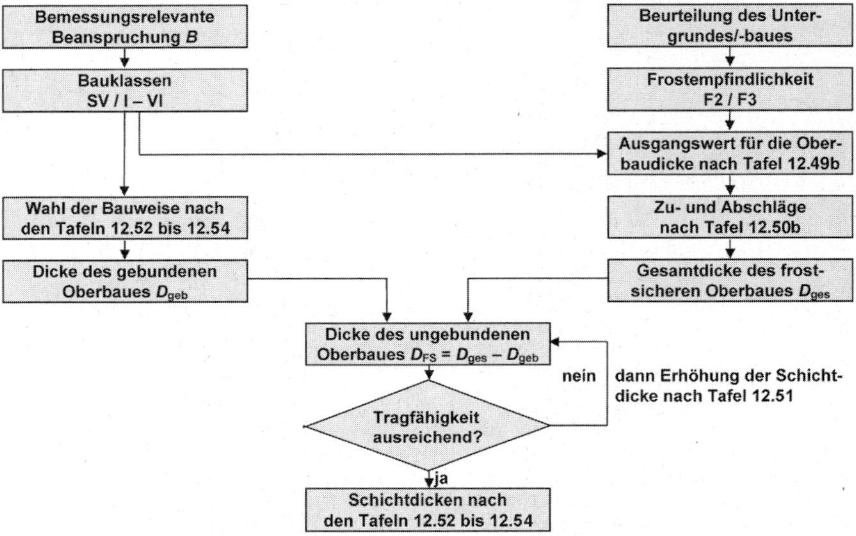

Tafel 12.50b Mehr- oder Minderdicken zur Berücksichtigung der örtlichen Verhältnisse

Z.	Örtliche Verhältnisse[1]		*A*	*B*	*C*	*D*
1.1	Frosteinwirkung	Zone I	± 0 cm			
1.2		Zone II	+ 5 cm			
1.3		Zone III	+ 15 cm			
2.1	Lage der Gradiente	Einschnitt, Anschnitt, Damm ≤ 2 m (ausgenommen Z. 2.2)		+ 5 cm		
2.2		In geschlossener Ortslage Etwa in Geländehöhe		± 0 cm		
2.3		Damm > 2,0 m		– 5 cm		
3.1	Wasserverhältnisse	Günstig			± 0 cm	
3.2		Ungünstig gemäß ZTVE-StB[2]			+ 5 cm	
4.1	Ausführung der Randbereiche (z. B. Seitenstreifen, Rad- und Gehwege)	Außerhalb geschlossener Ortslage sowie in geschlossener Ortslage mit wasserdurchlässigen Randbereichen				± 0 cm
4.2		In geschlossener Ortslage mit teilweise wasserdurchlässigen Randbereichen sowie mit Entwässerungseinrichtungen				– 5 cm
4.3		In geschlossener Ortslage mit teilweise wasserundurchlässigen Randbereichen und geschlossener seitlicher Bebauung sowie mit Entwässerungseinrichtungen				– 10 cm

[1] Für weitere ungünstige Einflüsse (z. B. Nordhang, Schattenlage) u. U. nochmals 5 cm Mehrdicke.

[2] Wenn z. B. der Abstand zwischen Planum und Grundwasser ≤ 2 m beträgt.

Die Dicke der Schicht bzw. Schichten aus frostunemfindlichem Material – z. B. Frostschutzschichten, Kies- und Schottertragschichten – ergibt sich aus der Differenz zwischen der aus Gründen der Frostsicherheit erforderlichen Gesamtdicke D_{ges} und der Summe der einzelnen Dicken der gebundenen Schichten entsprechend den Tafeln 12.52 bis 12.54; vgl. auch Tafel 12.50a. Besonders bei den stark belasteten Bauklassen und geringen Gesamtdicken infolge günstiger örtlicher Verhältnisse kann es vorkommen, dass dabei nur niedrige Schichtdicken des ungebundenen Materials erforderlich werden. Unter diesen Umständen kann dann aber der zur Auflagerung der gebundenen Schichten notwendige E_{V2}-Wert von meistens 120 MN/m^2 oder mehr auf der ungebundenen Tragschicht nicht erreicht werden. Aus diesem Grund muss vor der endgültigen Dickenfestlegung geprüft werden, ob die in Tafel 12.51 enthaltenen Anhaltswerte für Mindestdicken von Tragschichten ohne Bindemittel nicht unterschritten werden. Falls erforderlich, ist die Gesamtdicke entsprechend zu erhöhen.

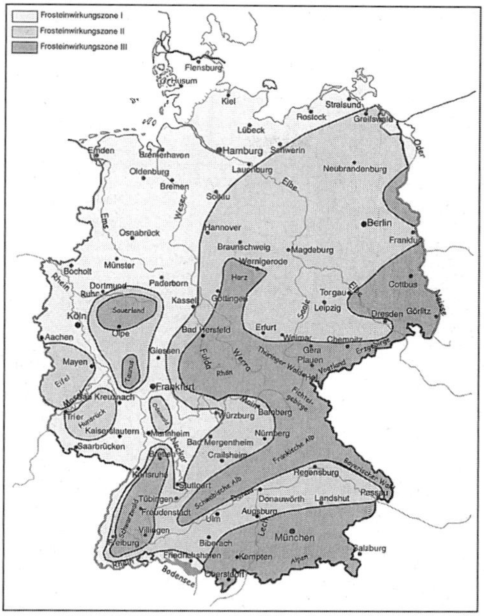

Abb. 12.51 Frosteinwirkungszonen

Tafel 12.51 Anhaltswerte für Mindestdicken von Tragschichten ohne Bindemittel
(nach ZTVT, Angaben in cm)

Unterlage		E_{V2} auf Planum				E_{V2} auf Frostschutzschicht			
		≥ 45 MN/m^2		≥ 80 MN/m^2		≥ 100 MN/m^2		≥ 120 MN/m^2	
Herzustellende Tragschicht ohne Bindemittel		Schotter-Splitt-Sand-Gemisch	Kies-Sand-Gemisch	Schotter-Splitt-Sand-Gemisch	Kies-Sand-Gemisch	Schotter-Splitt-Sand-Gemisch	Kies-Sand-Gemisch	Schotter-Splitt-Sand-Gemisch	Kies-Sand-Gemisch
auf Frostschutzschicht mit E_{V2}	≥ 100 MN/m^2	20	25	15	20				
	≥ 120 MN/m^2	30	35	20	25				
auf Schotter- oder Kiestragschicht mit E_{V2}	≥ 120 MN/m^2	25	30	–	–	15	20	–	–
	≥ 150 MN/m^2	30	40	–	–	20	30	15	20
	≥ 180 MN/m^2	–	–	–	–	30	–	20	–

Auf die frostsicher befestigte Dicke des Oberbaues kann eine nach ZTVE-StB verfestigte obere Zone des Untergrunds bzw. Unterbaues bis zu einer Dicke von 20 cm angerechnet werden.

Das Verfahren für die Bestimmung der Mindestdicke des frostsicheren Oberbaues gilt nicht für den vollgebundenen Oberbau (vgl. Tafel 12.55a) und für Rad- und Gehwege (vgl. Tafel 12.56b). Bei kommunalen Straßen können von Fall zu Fall zusätzliche Maßnahmen erforderlich werden. Für spezielle Fragen enthalten die RStO weitere Regelungen und Hinweise.

10.3 Standardisierung des Oberbaus für Verkehrsflächen

Tafel 12.52 Bauweisen mit Asphaltdecke auf F2- und F3-Untergrund/Unterbau

(Dickenangaben in cm; ▼ E_{v2} - Mindestwerte in MN/m²)

Zeile	Bauklasse	SV				I				II				III				IV				V				VI			
	Äquivalente 10-t-Achsübergänge in Mio. B	> 32				> 10 - 32				> 3 - 10				> 0,8 - 3				> 0,3 - 0,8				> 0,1 - 0,3				≤ 0,1			
	Dicke des frostsich. Oberbaues[1]	55	65	75	85	55	65	75	85	55	65	75	85	45	55	65	75	45	55	65	75	35	45	55	65	35	45	55	65
	Asphalttragschicht auf Frostschutzschicht																												
1	Asphaltdeckschicht, Asphaltbinderschicht, Asphalttragschicht, Frostschutzschicht	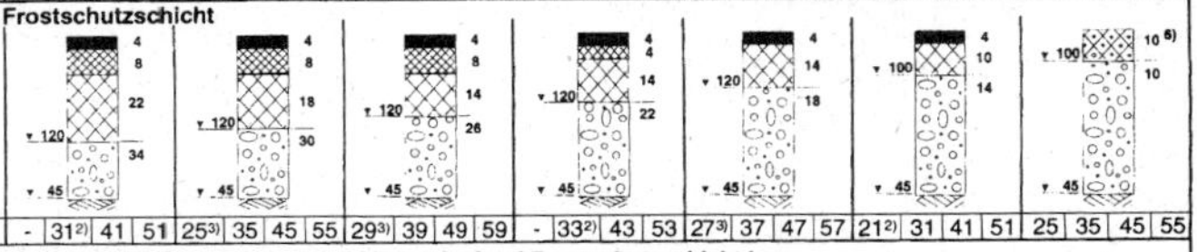																											
	Dicke der Frostschutzschicht	-	31[2]	41	51	25[3]	35	45	55	29[3]	39	49	59	-	33[2]	43	53	27[3]	37	47	57	21[2]	31	41	51	25	35	45	55
	Asphalttragschicht und Tragschicht mit hydraulischem Bindemittel auf Frostschutzschicht bzw. Schicht aus frostunempfindlichem Material																												
2.1	Asphaltdeckschicht, Asphaltbinderschicht, Asphalttragschicht, Hydraulisch gebundene Tragschicht (HGT), Frostschutzschicht	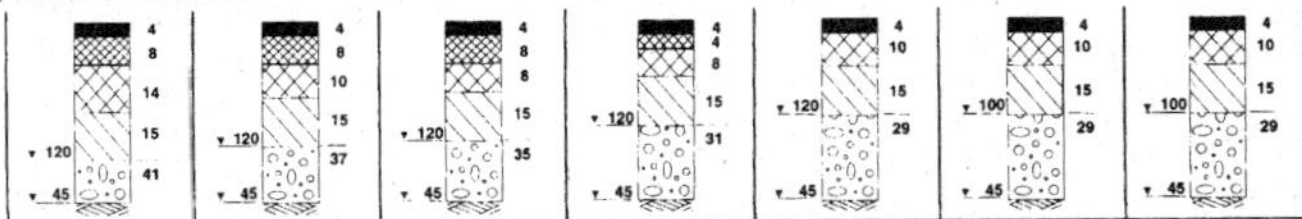																											
	Dicke der Frostschutzschicht	-	-	34[2]	44	-	28[3]	38	48	-	30[2]	40	50	-	-	34[2]	44	-	26[3]	36	46	-	16[3]	26	36	-	16[3]	26	36
2.2	Asphaltdeckschicht, Asphaltbinderschicht, Asphalttragschicht, Verfestigung, Schicht aus frostunempfindlichem Material - weit- oder intermittierend gestuft gemäß DIN 18196 -	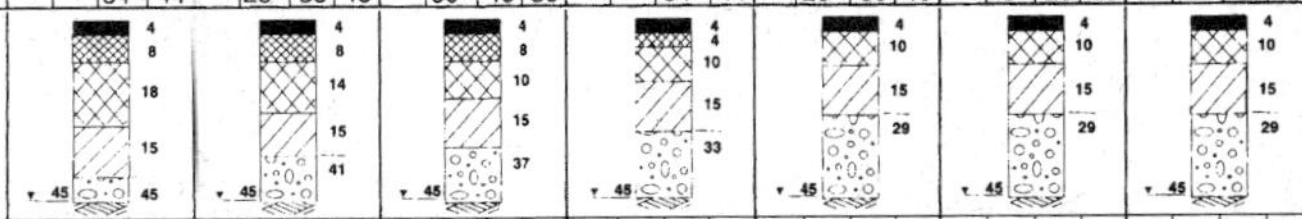																											
	Dicke der Schicht aus frostunempfindlichem Material	10[4]	20[4]	30	40	14[4]	24	34	44	18[4]	28	38	48	12[4]	22	32	42	16[4]	26	36	46	6[4]	16[4]	26	36	6[4]	16[4]	26	36
2.3	Asphaltdeckschicht, Asphaltbinderschicht, Asphalttragschicht, Verfestigung, Schicht aus frostunempfindlichem Material - enggestuft gemäß DIN 18196 -	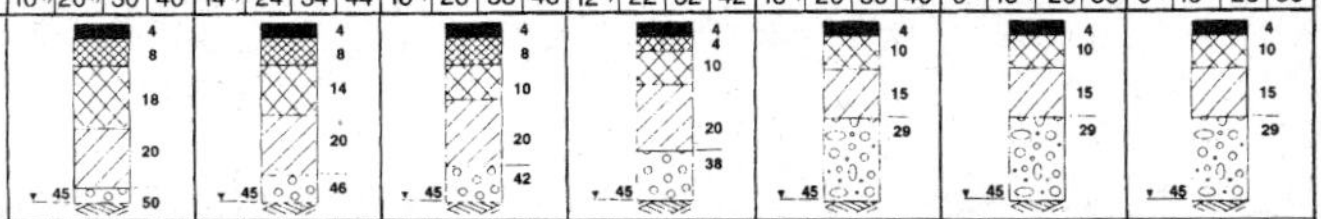																											
	Dicke der Schicht aus frostunempfindlichem Material	5[4]	15[4]	25	35	9[4]	19[4]	29	39	13[4]	23	33	43	7[4]	17[4]	27	37	16[4]	26	36	46	6[4]	16[4]	26	36	6[4]	16[4]	26	36
	Asphalttragschicht und Schottertragschicht auf Frostschutzschicht																												
3	Asphaltdeckschicht, Asphaltbinderschicht, Asphalttragschicht, Schottertragschicht[17] $E_{v2} \geq 150(120)$, Frostschutzschicht	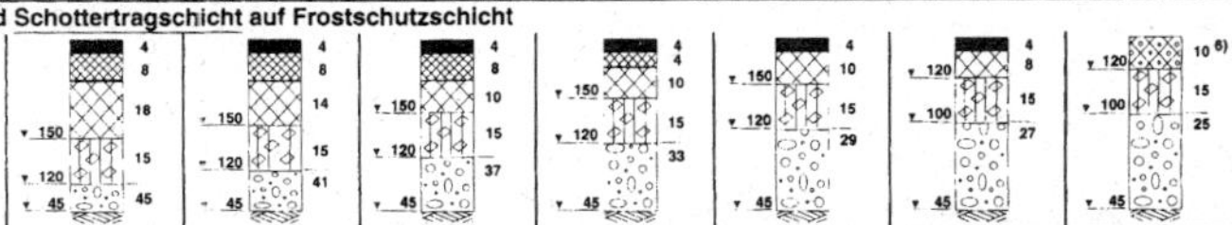																											
	Dicke der Frostschutzschicht	-	-	30[2]	40	-	-	34[2]	44	-	28[3]	38	48	-	-	32[2]	42	-	26[3]	36	46	-	18[3]	28	38	-	20[2]	30	40
	Asphalttragschicht und Kiestragschicht auf Frostschutzschicht																												
4	Asphaltdeckschicht, Asphaltbinderschicht, Asphalttragschicht, Kiestragschicht $E_{v2} \geq 150(120)$, Frostschutzschicht	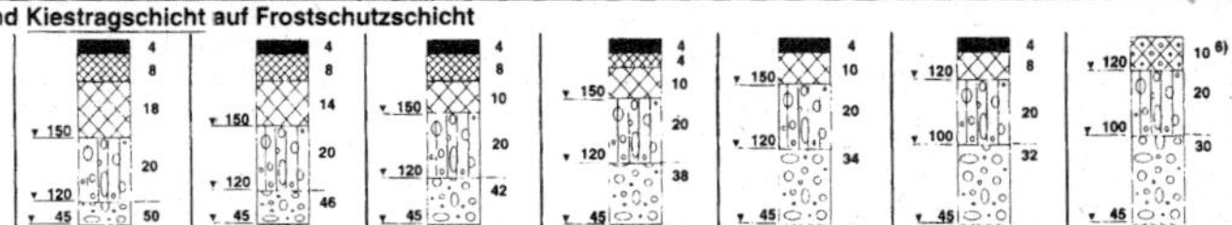																											
	Dicke der Frostschutzschicht	-	-	25[3]	35	-	-	29[3]	39	-	-	33[2]	43	-	-	27[3]	37	-	-	31[2]	41	-	-	23[2]	33	-	15[3]	25	35
	Asphalttragschicht und Schotter- oder Kiestragschicht auf Schicht aus frostunempfindlichem Material																												
5	Asphaltdeckschicht, Asphaltbinderschicht, Asphalttragschicht, Schotter- oder Kiestragschicht[17] $E_{v2} \geq 150(120)$, Schicht aus frostunempfindlichem Material	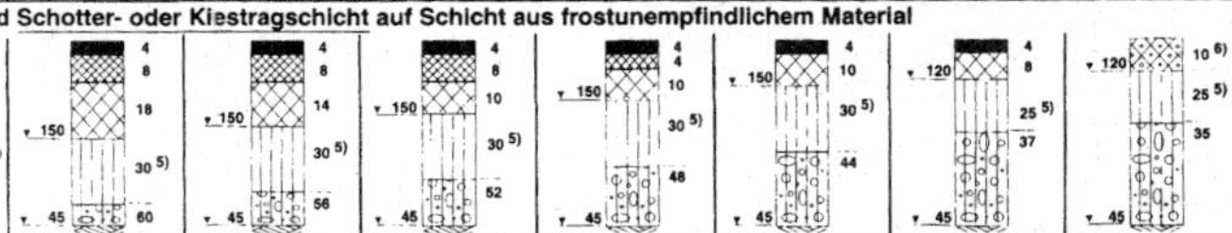																											
	Dicke der Schicht aus frostunempfindlichem Material	Ab 12 cm aus frostunempfindlichem Material, geringere Restdicke ist mit dem darüber liegenden Material auszugleichen																											

1) Bei abweichenden Werten sind die Dicken der Frostschutzschicht bzw. des frostunempfindlichen Materials durch Differenzbildung zu bestimmen, s. auch Tafel 12.50a.
2) Mit rundkörnigen Gesteinskörnungen nur bei örtlicher Bewährung anwendbar.
3) Nur mit gebrochenen Gesteinskörnungen und bei örtlicher Bewährung anwendbar.
4) Nur auszuführen, wenn das frostunempfindliche und das zu verfestigende Material als eine Schicht eingebaut werden.
5) Bei Kiestragschicht in Bauklassen SV und I bis IV in 40 cm Dicke, in Bauklassen V und VI in 30 cm Dicke.
6) Tragdeckschicht, s. auch Tafel 12.65.
17) Siehe Abschn. 10.5.1.

Tafel 12.53 Bauweisen mit Betondecke auf F2- und F3-Untergrund/Unterbau

(Dickenangaben in cm; ▼ E_{v2} - Mindestwerte in MN/m²)

Zeile	Bauklasse	SV				I				II				III				IV				V				VI			
	Äquivalente 10-t-Achsübergänge in Mio. B	> 32				> 10 - 32				> 3 - 10				> 0,8 - 3				> 0,3 - 0,8				> 0,1 - 0,3				≤ 0,1			
	Dicke des frostsich. Oberbaues[1]	55	65	75	85	55	65	75	85	55	65	75	85	45	55	65	75	45	55	65	75	35	45	55	65	35	45	55	65
	Tragschicht mit hydraulischem Bindemittel auf Frostschutzschicht bzw. Schicht aus frostunempfindlichem Material																												
1.1	Betondecke / Vliesstoff / Hydraulisch gebundene Tragschicht (HGT) / Frostschutzschicht	27 / 15 / 42; ▼ 120; ▼ 45				25 / 15 / 40; ▼ 120; ▼ 45				24 / 15 / 39; ▼ 120; ▼ 45				23 / 15 / 38; ▼ 120; ▼ 45															
	Dicke der Frostschutzschicht	-	-	33[2]	43	-	25[3]	35	45	-	26[3]	36	46	-	-	27[3]	37												
1.2	Betondecke / Vliesstoff / Verfestigung / Schicht aus frostunempfindlichem Material - weit- oder intermittierend gestuft gemäß DIN 18196 -	27 / 20 / 47; ▼ 45				25 / 15 / 40; ▼ 45				24 / 15 / 39; ▼ 45				23 / 15 / 38; ▼ 45															
	Dicke der Schicht aus frostunempfindlichem Material	8[4]	18[4]	28	38	15[4]	25	35	45	16[4]	26	36	46	7[4]	17[4]	27	37												
1.3	Betondecke / Vliesstoff / Verfestigung / Schicht aus frostunempfindlichem Material - enggestuft gemäß DIN 18196 -	27 / 25 / 52; ▼ 45				25 / 20 / 45; ▼ 45				24 / 20 / 44; ▼ 45				23 / 20 / 43; ▼ 45															
	Dicke der Schicht aus frostunempfindlichem Material	3[4]	13[4]	23	33	10[4]	20	30	40	11[4]	21	31	41	2[4]	12[4]	22	32												
	Asphalttragschicht auf Frostschutzschicht																												
2	Betondecke / Asphalttragschicht / Frostschutzschicht	26 / 10 / 36; ▼ 120; ▼ 45				24 / 10 / 34; ▼ 120; ▼ 45				23 / 10 / 33; ▼ 120; ▼ 45				22 / 10 / 32; ▼ 120; ▼ 45				18 / 8 / 26; ▼ 120; ▼ 45				16 / 8 / 24; ▼ 100; ▼ 45				16 / 8 / 24; ▼ 100; ▼ 45			
	Dicke der Frostschutzschicht	-	29[3]	39	49	-	31[2]	41	51	-	32[2]	42	52	-	-	33[2]	43	-	29[3]	39	49	-	21[2]	31	41	-	21[2]	31	41
	Schottertragschicht auf Schicht aus frostunempfindlichem Material																												
3	Betondecke / Schottertragschicht[7] / Schicht aus frostunempfindlichem Material	30 / 30 / 60; ▼ 150; ▼ 45				28 / 30 / 58; ▼ 150; ▼ 45				27 / 30 / 57; ▼ 150; ▼ 45				26 / 30 / 56; ▼ 150; ▼ 45															
	Dicke der Schicht aus frostunempfindlichem Material	Ab 12 cm aus frostunempfindlichem Material, geringere Restdicke ist mit dem darüber liegenden Material auszugleichen																											
	Frostschutzschicht																												
4	Betondecke / Frostschutzschicht																	22 / 22; ▼ 120; ▼ 45				20 / 20; ▼ 100; ▼ 45				18 / 18; ▼ 100; ▼ 45			
	Dicke der Frostschutzschicht																	-	33[2]	43	53	-	25[3]	35	45	-	27[3]	37	47

1) Bei abweichenden Werten sind die Dicken der Frostschutzschicht bzw. des frostunempfindlichen Materials durch Differenzbildung zu bestimmen, s. auch Tafel 12.50a.
2) Mit rundkörnigen Gesteinskörnungen nur bei örtlicher Bewährung anwendbar.
3) Nur mit gebrochenen Gesteinskörnungen und bei örtlicher Bewährung anwendbar.
4) Nur auszuführen, wenn das frostunempfindliche und das zu verfestigende Material als eine Schicht eingebaut werden.
7) Mit Anforderungen gem. ARS 37/1997 des BMV vom 6. Oktober 1997.

Der einzubauende Beton muss den ZTV Beton-StB 01 entsprechen.

Sofern der Beton auf einer hydraulisch gebundenen Schicht aufliegt, wird dazwischen gem. den Zeilen 1.1 bis 1.3 ein Vliesstoff mit einem Flächengewicht von 450 g/m² bis 550 g/m² angeordnet.

Zum Ausgleich der Temperaturspannungen werden Betondecken mit Fugen versehen. Man unterscheidet Schein-, Raum- und Pressfugen. Üblicherweise werden nur Scheinfugen eingeschnitten; als Arbeitsfugen werden Pressfugen ausgebildet. Querfugen werden verdübelt, Längsfugen zur Übertragung der Zugkräfte mit Ankern versehen.

Betonfahrbahnen erhalten i. d. R. keine Bewehrung, mit Ausnahme der Endfelder oder ungünstig geformter Platten mit Abmessungen > dem 25- bis 30fachen der Plattendicke.

Tafel 12.54 Bauweisen mit Pflasterdecke auf F2- und F3-Untergrund/Unterbau

(Dickenangaben in cm; ▼ E_{v2} - Mindestwerte in MN/m²)

Zeile	Bauklasse	SV				I				II				III				IV				V				VI			
	Äquivalente 10-t-Achsübergänge in Mio. B	> 32				> 10 - 32				> 3 - 10				> 0,8 - 3				> 0,3 - 0,8				> 0,1 - 0,3				≤ 0,1			
	Dicke des frostsich. Oberbaues[1]	55	65	75	85	55	65	75	85	55	65	75	85	45	55	65	75	45	55	65	75	35	45	55	65	35	45	55	65
1	**Schottertragschicht auf Frostschutzschicht**: Pflasterdecke [8], Schottertragschicht, Frostschutzschicht — Dicke der Frostschutzschicht													-	-	27[3]	37	-	-	34[2]	44	-	19[3]	29	39	-	19[3]	29	39
2	**Kiestragschicht auf Frostschutzschicht**: Pflasterdecke [8], Kiestragschicht, Frostschutzschicht — Dicke der Frostschutzschicht													-	-	-	32[2]	-	-	29[3]	39	-	-	24[2]	34	-	-	24[2]	34
3	**Schotter- oder Kiestragschicht auf Schicht aus frostunempfindlichem Material**: Pflasterdecke [8], Schotter- oder Kiestragschicht, Schicht aus frostunempfindlichem Material — Dicke der Schicht aus frostunempfindlichem Material	Ab 12 cm aus frostunempfindlichem Material, geringere Restdicke ist mit dem darüber liegenden Material auszugleichen																											
4	**Asphalttragschicht auf Frostschutzschicht**: Pflasterdecke [8], Asphalttragschicht [15], Frostschutzschicht — Dicke der Frostschutzschicht													-	28[3]	38	48	-	32[2]	42	52	-	24[2]	34	44	-	24[2]	34	44
5	**Asphalttragschicht und Schottertragschicht auf Frostschutzschicht**: Pflasterdecke [8], Asphalttragschicht [15], Schottertragschicht, Frostschutzschicht — Dicke der Frostschutzschicht													-	-	27[3]	37	-	-	31[2]	41	-	-	21[2]	31	-	-	21[2]	31
6	**Asphalttragschicht und Kiestragschicht auf Frostschutzschicht**: Pflasterdecke [8], Asphalttragschicht [15], Kiestragschicht, Frostschutzschicht — Dicke der Frostschutzschicht													-	-	-	32[2]	-	-	26[3]	36	-	-	16[3]	26	-	-	16[3]	26
7	**Dränbetontragschicht auf Frostschutzschicht**: Pflasterdecke [8], Dränbetontragschicht (DBT) [15], Frostschutzschicht — Dicke der Frostschutzschicht													-	-	32[2]	42	-	29[3]	39	49	-	19[3]	29	39	-	19[3]	29	39

Zeile 1 (Bauklassen III, IV, V, VI):

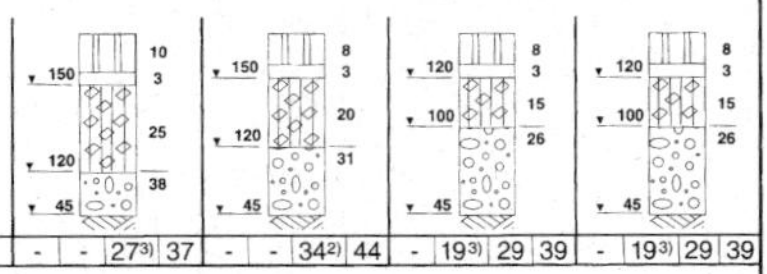

Zeile 2 (Bauklassen III, IV, V, VI):

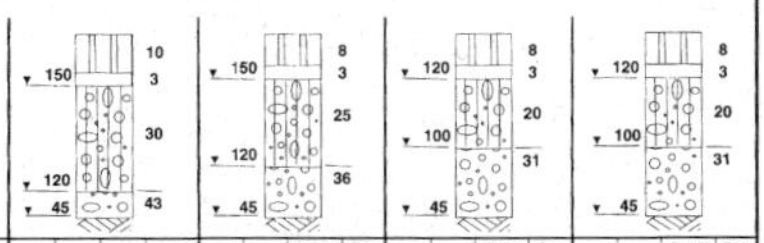

Zeile 3 (Bauklassen III, IV, V, VI):

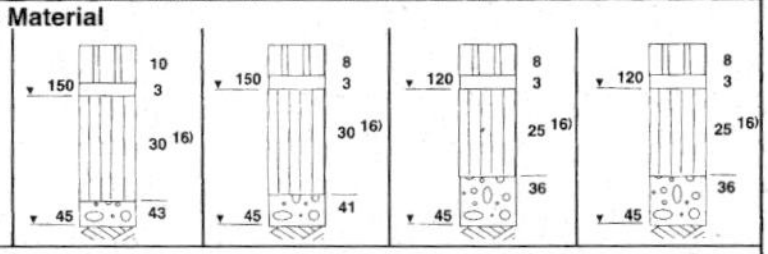

Zeile 4 (Bauklassen III, IV, V, VI):

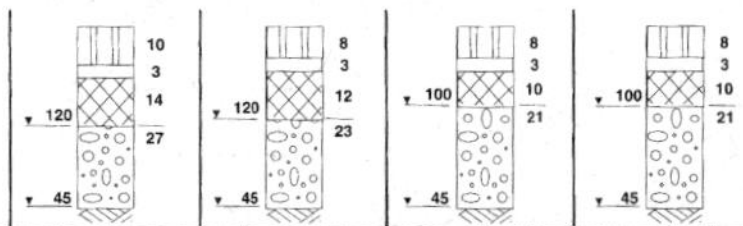

Zeile 5 (Bauklassen III, IV, V, VI):

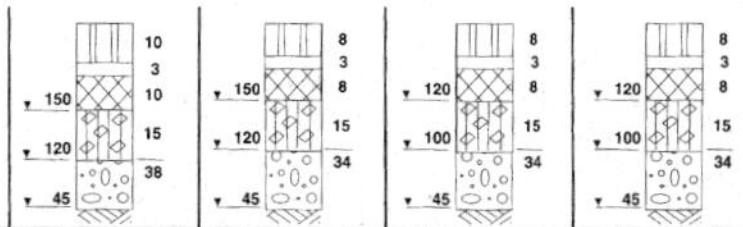

Zeile 6 (Bauklassen III, IV, V, VI):

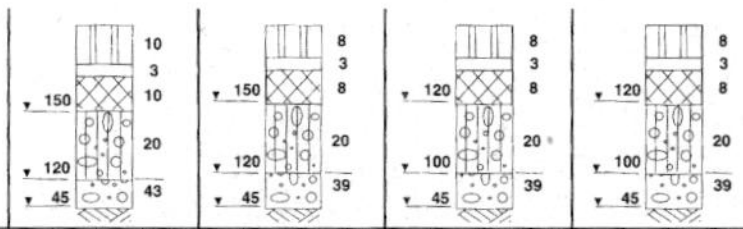

Zeile 7 (Bauklassen III, IV, V, VI):

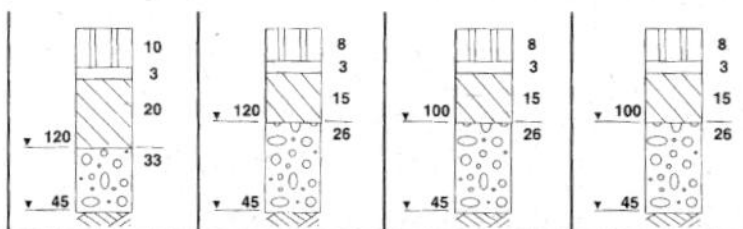

1) Bei abweichenden Werten sind die Dicken der Frostschutzschicht bzw. des frostunempfindlichen Materials durch Differenzbildung zu bestimmen, s. auch Tafel 12.50a.
2) Mit rundkörnigen Gesteinskörnungen nur bei örtlicher Bewährung anwendbar.
3) Nur mit gebrochenen Gesteinskörnungen und bei örtlicher Bewährung anwendbar.
8) Mehr- oder Minderdicken durch abweichende Steinformate oder Dicke der Bettung sind in der Frostschutzschicht bzw. der Schicht aus frostunempfindlichen Material auszugleichen.
15) Siehe ZTVP-StB.
16) Bei Kiestragschicht in den Bauklassen III und IV in 40 cm Dicke, in den Bauklassen V und VI in 30 cm Dicke.

Tafel 12.55a Bauweisen mit vollgebundenem Oberbau auf F2- und F3-Untergrund/Unterbau

(Dickenangaben in cm; ▼ E_{v2} - Mindestwerte in MN/m²)

Zeile	Bauklasse	SV	I	II	III	IV	V	VI
	Äquivalente 10-t-Achsübergänge in Mio. B	> 32	> 10 - 32	> 3 - 10	> 0,8 - 3	> 0,3 - 0,8	> 0,1 - 0,3	≤ 0,1
	Asphaltoberbau Asphalttragschicht auf Planum [9]							
1	Asphaltdeckschicht / Asphaltbinderschicht / Asphalttragschicht	4 / 8 / 34; 46; ▼45	4 / 8 / 30; 42; ▼45	4 / 8 / 26; 38; ▼45	4 / 4 / 26; 34; ▼45	4 / 4 / 22; 30; ▼45	4 / 22; 26; ▼45	4 / 18; 22; ▼45
	Betonoberbau und Tragschicht mit hydraulischem Bindemittel auf Planum [9]							
2	Betondecke / Vliesstoff / Tragschicht mit hydraulischem Bindemittel	27 / 25; 52; ▼45	25 / 25; 50; ▼45	24 / 23; 47; ▼45				

[9] Gegebenenfalls Bodenverfestigung, vgl. Abschn. 10.5.3.

Tafel 12.55b Erneuerung von Straßen im Hocheinbau in Asphaltbauweise
Vorhandene Befestigung: Asphalt- oder Betondecke (entspannt[12])

(Dickenangaben in cm; ▼ E_{v2} - Mindestwerte in MN/m²)

Erneuerungs-klasse	Bauklasse	SV	I	II	III	IV	V	VI
	Äquivalente 10-t-Achsübergänge in Mio. B	> 32	> 10 - 32	> 3 - 10	> 0,8 - 3	> 0,3 - 0,8	> 0,1 - 0,3	≤ 0,1
1	Asphaltdeckschicht / Asphaltbinderschicht / Asphalttragschicht als Ausgleichsschicht / vorhandene Befestigung	4 / 8 / ≥16; ≥28	4 / 8 / ≥12; ≥24	4 / 8 / ≥8; ≥20	4 / 4 / ≥8; ≥16	4 / ≥8; ≥12 [10]	4 / ≥6; ≥10 [10]	8 [6]; 8 [10]
2	Asphaltdeckschicht / Asphaltbinderschicht / Asphalttragschicht als Ausgleichsschicht / vorhandene Befestigung	4 / 8 / ≥12; ≥24	4 / 8 / ≥8; ≥20	4 / 4 / ≥8; ≥16	4 / ≥8 [13]; ≥12 [10]	4 / ≥6; ≥10 [10]	4 / ≥4; ≥8 [10]	6 [6]; 6 [10]

[6] Tragdeckschicht, s. auch Tafel 12.65.
[10] Bei einer vorhandenen Befestigung mit einer Betondecke ist die Asphaltüberbauung mindestens 14 cm dick auszubilden.
[12] Gemäß ZTV BEB-StB.
[13] Bei besonderer Beanspruchung kann eine Binderschicht anstelle einer Asphalttragschicht vorgesehen werden.

Die Erneuerung einer Fahrbahn im Hocheinbau erfolgt durch Überbauung der alten Befestigung. Wenn die neuen Schichten aus Asphalt bestehen sollen, wird der vorhandene Zustand gem. Tafel 12.56a einer Erneuerungsklasse zugeordnet. Betonfahrbahnen sind vor dem Überbauen zu entspannen.

Die Arbeitspapiere der FGSV zur Zustandserfassung und -bewertung sind zu beachten, wonach der vorhandene Fahrbahnzustand in ein Bewertungssystem zwischen 1 (sehr gut) und 5 (sehr schlecht) eingeteilt wird. Ab Zustandswerten von 3,5 (Warnwert) sind Maßnahmen in Erwägung zu ziehen.

Tafel 12.56a Erneuerungsklassen für die Asphaltbauweise in Abhängigkeit vom Zustand der vorhandenen Befestigung

Zustandsmerkmale		Erneuerungsklasse
Unterlage: Asphaltbefestigung	Unterlage: Betonbefestigung	
– Netzrisse – Risshäufung (auch Längsrisse neben den Rollspuren)	– Häufung von Quer- und Längsrissen – Plattenversatz	1
– Längsunebenheit – Spurrinnen*)	– Eckabbrüche, Kantenschäden	2

*) Infolge mangelnden Tragverhaltens, nicht infolge unzureichender Standfestigkeit der Asphaltdecke.

Tafel 12.56b Bauweisen für Rad- und Gehwege auf F2- und F3-Untergrund/Unterbau

(Dickenangaben in cm; ▼ E_{v2} - Mindestwerte in MN/m²)

Zeile	Bauweisen mit	Asphaltdecke			Betondecke			Pflasterdecke			Plattenbelag		
	Dicke des frostsich. Oberbaues	20	30	40	20	30	40	20	30	40	20	30	40
	Schicht aus frostunempfindlichem Material												
1	Decke Schicht aus frostunempfindlichem Material	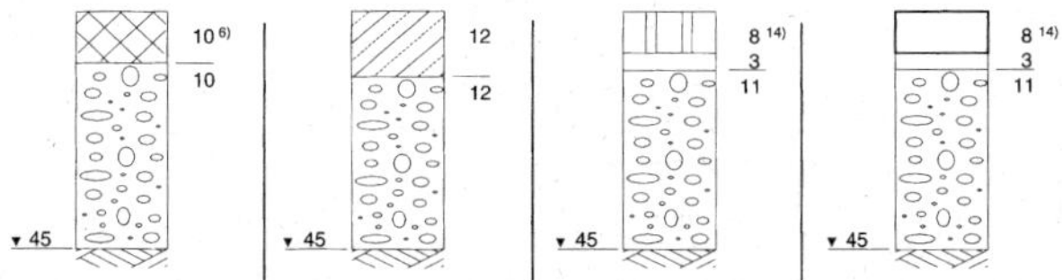 10[6)] / 10; ▼45			12 / 12; ▼45			8[14)] / 3 / 11; ▼45			8[14)] / 3 / 11; ▼45		
	Dicke der Schicht aus frostunempfindlichem Material	10	20	30	-	18	28	-	19	29	-	19	29
	Schotter- oder Kiestragschicht auf Schicht aus frostunempfindlichem Material												
2	Decke Schotter- oder Kiestragschicht Schicht aus frostunempfindlichem Material	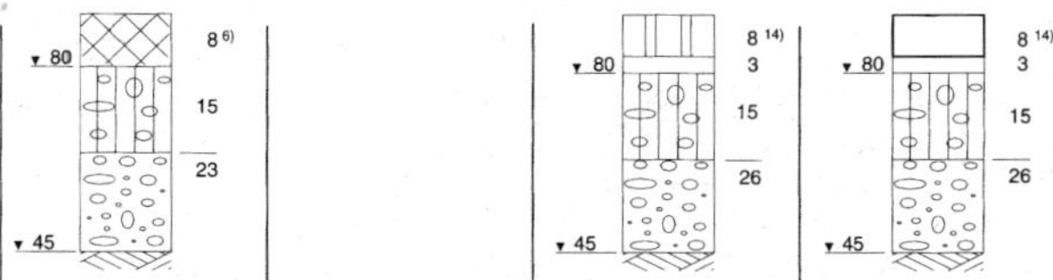 8[6)] / 15 / 23; ▼80, ▼45						8[14)] / 3 / 15 / 26; ▼80, ▼45			8[14)] / 3 / 15 / 26; ▼80, ▼45		
	Dicke der Schicht aus frostunempfindlichem Material	-	-	17				-	-	14	-	-	14
	Schotter- oder Kiestragschicht auf Planum												
3	Decke Schotter- oder Kiestragschicht	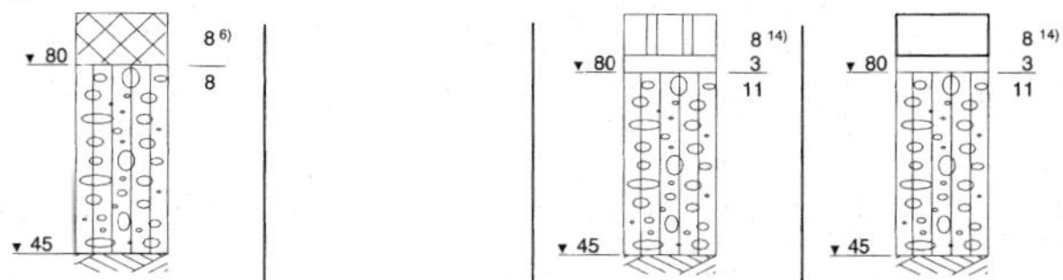 8[6)] / 8; ▼80, ▼45						8[14)] / 3 / 11; ▼80, ▼45			8[14)] / 3 / 11; ▼80, ▼45		
	Dicke der Schotter- oder Kiestragschicht	-	22	32				-	19	29	-	19	29

6) Tragdeckschicht, s. auch Tafel 12.65.
14) Auch geringere Dicke möglich.

Für Böden der Frostempfindlichkeitsklassen F2 und F3 genügt eine Mindestdicke des frostsicheren Oberbaues von 30 cm, in geschlossener Ortslage von 20 cm. Ungünstige Wasserverhältnisse und klimatische Bedingungen sind zu berücksichtigen. Im Bereich von Überfahrten für Kraftfahrzeuge ist die Befestigung auf die Verkehrsbelastung abzustimmen.

Deckschichten ohne Bindemittel können in Anlehnung an den landwirtschaftlichen Wegebau gewählt werden.

10.4 Randausbildung der Oberbauschichten (nach ZTV SoB-StB 04)

Das Erdplanum erhält i. d. R. die gleiche Querneigung wie die Fahrbahn. Um den Wasserzutritt in die Schichten ohne Bindemitttel (SoB) zu vermeiden, wird das Planum am oberen Fahrbahnrand mit 4 % nach außen geneigt. Aus dem gleichen Grund soll auch in den Gradientenwannen die Dicke der Frostschutzschicht o. dgl. erhöht und für zusätzliche Entwässerungseinrichtungen gesorgt werden.

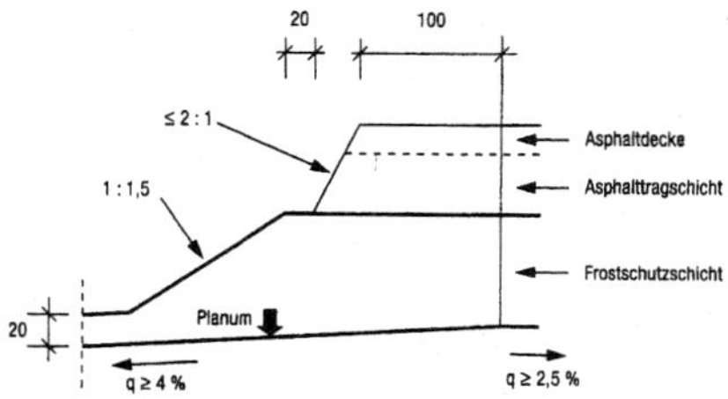

Asphaltbefest. auf Tragschicht ohne Bindemittel

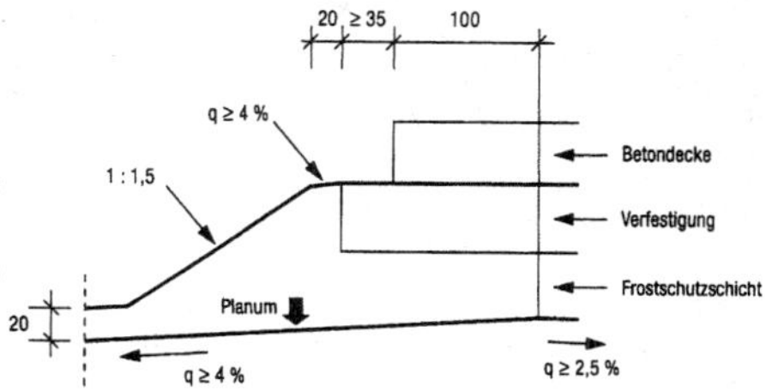

Betondecke auf Verfestigung der Tragschicht

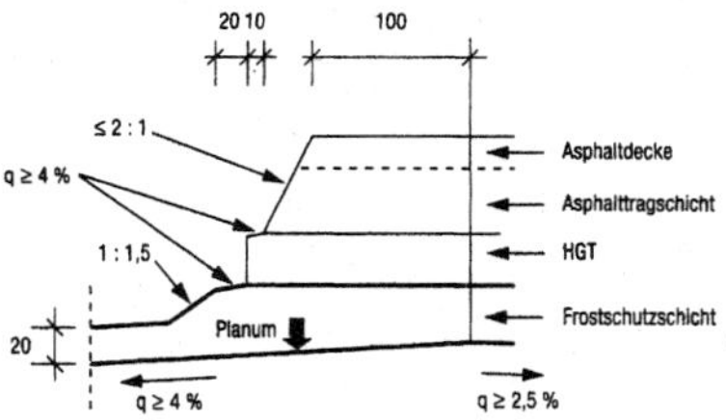

Asphaltbefestigung auf hydraulisch gebundener Tragschicht (HGT)

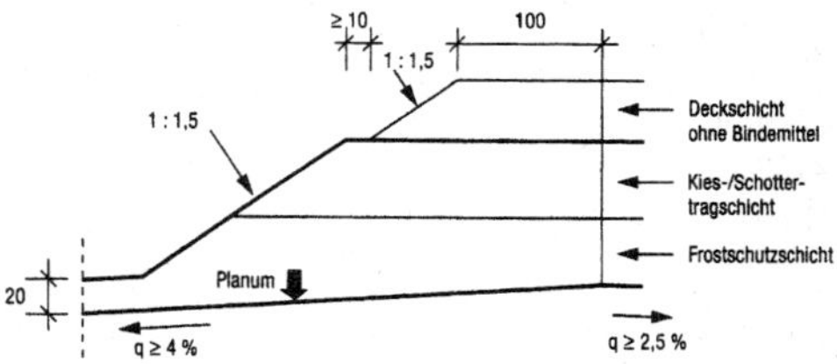

Bauweisen mit Deckschichten ohne Bindemittel (Maßangaben in cm)

10.5 Anforderungen an Baustoffe und Baustoffgemische

10.5.1 Gesteinskörnungen im Straßenbau (nach TL Gestein-StB 04)

Tafel 12.57a Siebgrößen zur Festlegung von Korngruppen bzw. Lieferkörnungen

Grundsiebsatz + Ergänzungssiebsatz 1												
(mm)												
0	1	2	4	5,6 (5)*)	8	11,2 (11)*)	16	22,4 (22)*)	31,5 (32)*)	45	56	63

*) Die in Klammern gesetzten Siebgrößen werden zur Bezeichnung der Gesteinskörnungen verwendet.

Tafel 12.57b Zulässige Über- und Unterkornanteile von Lieferkörnungen

Korngruppe	Kategorie	Überkorn			Unterkorn	
d/*D*[1]	(Bezeichn. d.	*D*	1,4 *D*	2 *D*	*d*	*d*/2
(mm)	Anforderung)	(M.-%)				
0/2	G_F85	1 – 15	–	0	–	–
2/5	$G_C90/15$	1 – 10	0 – 2	0	0 – 15	0 – 5
5/8	$G_C90/15$	1 – 10	0 – 2	0	0 – 15	0 – 5
8/11	$G_C90/15$	1 – 10	0 – 2	0	0 – 15	0 – 5
11/16	$G_C90/15$	1 – 10	0 – 2	0	0 – 15	0 – 5
16/22	$G_C90/15$	1 – 10	0 – 2	0	0 – 15	0 – 5

[1] *D* ist die Größe des oberen Siebs, auf dem Körner liegen bleiben (Überkorn), und *d* ist die Größe des unteren Siebs, durch das Körner fallen (Unterkorn).

Die TL Gestein StB 04 unterscheiden grobe Gesteinskörnungen ≥ 2 mm und ≤ 45 mm bzw. 63 mm, feine Gesteinskörnungen ≤ 2 mm (bisher Sande) und Füller ≤ 0,063 mm.

Die **groben Gesteinskörnungen** werden nach ihrer Kornform (Kategorie SI nach DIN EN 933-4), Plattigkeit (Kategorie FI nach DIN EN 933-3) und dem Anteil gebrochener Körner (Kategorie C nach DIN EN 933-5) beurteilt.

Die **feinen Gesteinskörnungen** 0/2 mm werden nach dem Fließkoeffizienten eingestuft. Das ist die in Sekunden gemessene Zeit, die eine definierte Sandmenge zum Ausfließen aus einem zylindrischen Behälter mit trichterförmiger Ausflussöffnung benötigt. Natursande weisen i. d. R. einen Ausflusskoeffizienten < 30 und Brechsande einen von > 35 auf. Dazwischen liegen die Brechsand-Natursand-Gemische.

Die Korngrößenverteilung von **Fremdfüller** muss den Anforderungen der Tafel 12.58 genügen.

Sieböffnungsweite (mm)	Siebdurchgang (M.-%)	maximale Spannweite der Korngrößenverteilung (M.-%)
2	100	–
0,125	85 – 100	10
0,063	70 – 100	10

Tafel 12.58 Anforderungen an die Korngrößenverteilung von Fremdfüller

Natürliche Gesteinskörnungen bestehen aus gebrochenen oder ungebrochenen Festgesteinen mineralischen Ursprungs. Zu den künstlichen Gesteinskörnungen gehören die Hochofenschlacken, Stahl- und sonstige Metallhüttenschlacken, Gießereirestsande, Hausmüllverbrennungsaschen und Recycling-Baustoffe. Die für den jeweiligen Verwendungszweck zu stellenden Anforderungen können hier nicht wiedergegeben werden; sie sind den einschlägigen Technischen Lieferbedingungen zu entnehmen.

10.5.2 Tragschichten ohne Bindemittel (nach TL SoB-StB 04 und ZTV SoB-StB 04)

Zu den Tragschichten ohne Bindemittel zählen die Frostschutzschichten, die Kies- und die Schottertragschichten und die sonstigen Schichten aus frostunempfindlichem Material. Sie haben die Aufgabe, als eine Art Bodenaustausch den Abstand zwischen der Fahrbahnoberkante und dem frostempfindlichen Unterbau bzw. Untergrund so zu vergrößern, dass keine Frostschäden auftreten können sowie als Tragschichten die Verkehrslasten besser zu verteilen. Außerdem sollen sie als Flächendränage wirken.

Nach dem neuen Technischen Regelwerk ist zu unterscheiden zwischen den Technischen Lieferbedingungen – hier den TL SoB-StB 04 – und den Zusätzlichen Technischen Vertragsbedingungen – hier den ZTV SoB-StB 04 –, die den Einbau regeln.

- **Frostschutzschichten** und sonstige Schichten aus frostunempfindlichem Material bestehen aus frostunempfindlichen, hinreichend wasserdurchlässigen Gemischen von Gesteinskörnungen. Dies können sein
  – Baustoffgemische: 0/2; 0/4; 0/8; 0/11; 0/16; 0/22; 0/32; 0/45; 0/56; 0/63
  – Böden nach DIN 18 196: GE, GW, GI, SE, SW, SI
  Im Lieferzustand darf der Feinanteil < 0,063 mm maximal 5,0 M.-% betragen, und wenn das Grundwasser bis in Planumshöhe aufsteigen kann, maximal 3,0 M.-%. Im eingebauten Zustand darf der Feinanteil nicht mehr als 7,0 M.-% betragen, bei Grundwasser bis in Planumshöhe in den unteren 20 cm der Frostschutzschicht nicht mehr als 5,0 M.-%. Die Anforderungen an die Korngrößenverteilung (s. Tafel 12.59a) sind zu beachten.

- **Kies- und Schottertragschichten** können bestehen aus Baustoffgemischen der Körnungen 0/32, 0/45 oder 0/56. Im Lieferzustand darf der Feinanteil < 0,063 mm maximal 5 M.-% betragen, im eingebauten Zustand 7,0 M.-%. Unter Betondecken der Bauklassen SV und I bis III darf der Feinanteil im Lieferzustand 3,0 M.-% und im eingebauten Zustand 5,0 M.-% nicht überschreiten. Die Anforderungen an die Korngrößenverteilung (s. Tafel 12.59b) sind zu beachten.

Baustoffgemisch	0/32	0/45	0/56	0/63
Mindest-Schichtdicke	12 cm	15 cm	18 cm	20 cm

Tafel 12.59a Anforderungen an die Korngrößenverteilung von Frostschutzschichten

Baustoff-gemisch	Durchgang in M.-% durch das Sieb (mm)									
	0,5	1	2	4	5,6	8	11,2	16	22,4	31,5
0/8	NR	15 – 75	NR	47 – 87						
0/11	NR	15 – 75	NR	NR	47 – 87					
0/16	NR	15 – 75	NR	NR	–	47 – 87				
0/22	NR	15 – 75	NR	–	NR	–	47 – 87			
0/32	NR	NR	15 – 75	NR	–	NR	–	47 – 87		
0/45	NR	NR	15 – 75	–	NR	–	NR	–	47 – 87	
0/56	–	NR	NR	15 – 75	–	NR	–	NR	–	47 – 87
0/63	–	NR	NR	15 – 75	–	NR	–	NR	–	47 – 87

Tafel 12.59b Anforderungen an die Korngrößenverteilg. von Kies- und Schottertragschichten

Baustoff-gemisch		Durchgang in M.-% durch das Sieb (mm)									
		0,5	1	2	4	5,6	8	11,2	16	22,4	31,5
0/32	Allg.	5 – 35	9 – 40	16 – 47	22 – 60	–	35 – 68	–	55 – 85		
	SDV	10 – 30	14 – 35	23 – 40	30 – 52	–	43 – 60	–	63 – 77		
0/45	Allg.	5 – 35	9 – 40	16 – 47	–	22 – 60	–	35 – 68	–	55 – 85	
	SDV	10 – 30	14 – 35	23 – 40	–	30 – 52	–	43 – 60	–	63 – 77	
0/56	Allg.	–	5 – 35	9 – 40	16 – 47	–	22 – 60	–	35 – 68	–	55 – 85
	SDV	–	10 – 30	14 – 35	23 – 40	–	30 – 52	–	43 – 60	–	63 – 77

NR bedeutet: keine Anforderungen;
Allg.: maximal zulässige Bandbreite des Siebdurchgangs;
SDV: Bandbreite des Siebdurchgangs, in der der lieferantentypische Siebdurchgang liegen muss.

Für Frostschutzschichten gilt als Mindest-Verdichtungsgrad $D_{Pr} \geq 100$ % für die Bauklasse VI, für die Bodengruppen GE, SE, SW und SI sowie bei allen Baustoffgemischen für Tiefen > 20 cm. Sonst wird allgemein für Frostschutzschichten und für Kies- und Schottertragschichten $D_{Pr} \geq 103$ % verlangt. Darüber hinaus sind die Verformungsmoduln E_{V2} gemäß den Tafeln 12.52 bis 12.56 einzuhalten.

10.5.3 Hydraulisch gebundene Tragschichten (nach ZTVT-StB 95)

Eine Übergangsstellung zwischen den Schichten ohne Bindemittel und den hydraulisch gebundenen Tragschichten nimmt die **Verfestigung** des frostunempfindlichen Materials (vgl. die Tafeln 12.52 und 12.53) ein. Dabei wird das frostunempfindliche Material durch Zugabe von Zement oder hydraulischem Tragschichtbinder (DIN 18 506) im Baustellen- oder Zentralmischverfahren verfestigt.

Im Gegensatz dazu werden die **hydraulisch gebundenen Tragschichten (HGT)** nach einer vorgeschriebenen Korngrößenverteilung zentral im Werk gemischt und mit dem Straßenfertiger eingebaut. Als Zuschlagstoffe werden natürliche oder künstliche, gebrochene oder ungebrochene Gesteinskörnungen verwendet. Die Kornanteile sollen folgenden Bedingungen entsprechen:

Körnung	Kornanteile vom Gemisch der Gesteinskörnungen in M.-%			
	< 0,063 mm	> 2 mm	der gröbsten Kornklasse	an Überkorn
0/32 und 0/45	≤ 15	55 bis 84	≥ 10	≤ 10

Die in den ZTVT angegebenen Sieblinienbereiche sind zu beachten. Die Frostbeständigkeit des erhärteten Baustoffgemisches ist i. d. R. durch eine Eignungsprüfung nachzuweisen. Als Bindemittel werden Zement oder hochhydraulische Tragschichtbinder verwendet; Zugabemenge ≤ 3,0 M.-%. Entmischungen beim Transport oder Einbau sind zu vermeiden. Die Einbaudicke soll bei der Körnung 0/32 mindestens 12 cm, bei 0/45 mindestens 15 cm betragen. Um der Gefahr der unkontrollierten Rissbildung vorzubeugen, werden HGT häufig mit Kerben versehen. Das gilt besonders für Betondecken. Näheres hierzu und über die Druckfestigkeit der Probekörper ist den ZTVT-StB 95 zu entnehmen.

Prinzipskizzen über die Randausbildung von Verfestigungen und HGT s. S. 12.57.

Betontragschichten nach ZTVT-StB 95 und DIN 1045 werden nur im Stadtstraßenbau verwendet.

10.5.4 **Asphalttragschichten** (nach ZTVT-StB 95)

Bei den Asphalttragschichten werden die Mischgutarten A, B und C unterschieden. Der Splittanteil nimmt in dieser Reihenfolge zu. Hinzu kommen die Mischgutarten AO (nur für die untere Tragschichthälfte beim Asphaltoberbau) und CS für besonders starke Belastungen.

Als Anhaltswert soll die Dicke der Schicht bzw. auch der Lage jeweils mindestens dreimal so groß sein wie das Größtkorn der Mischung.

Einbauart		Bauklasse			
		SV oder besondere Beanspruchungen	I	II bis IV	V und VI
einschichtig		CS	B, C, CS	B[1], C, CS	B, C, CS
mehrschichtig	obere Schicht	CS	B[2], C, CS	(B[1], C, CS)[3]	(B, C, CS)[3]
	untere Schicht	B, C, CS (AO, A)[3]	A, B, C, CS (AO)[3]	(AO, A, B, C, CS)[3]	

1) Bei einer Dicke der darüber liegenden Schicht von mindestens 8 cm.
2) Nicht vorzusehen, wenn die untere Schicht aus AO oder A besteht.
3) Nur beim Asphaltoberbau. Die untere Tragschicht kann aus einer Asphaltfundationsschicht nach MAFS-H bestehen.

Tafel 12.60a Anforderungen an Mineralstoffgemische und Mischgut für Asphalttragschichten

Mischgutart	Körnung	Körnung > 2 mm im Korngemisch	Körnung > 0,09 mm im Korngemisch	gröbste Körnung mindestens	Überkorn höchstens	Mindestbitumengehalt	Marshall-Stabilität bei 60 °C mind.	Marshall-Fließwert	Hohlraumgehalt[**] am Marshall-Probek.
–	mm	M.-%	M.-%	M.-%	M.-%	M.-%	kN	mm	Vol.-%
AO	0/2 bis 0/32	0 bis 80	2 bis 20	10	20	3,3	2,0	1,5 bis 4,0	4,0 bis 20,0
A	0/2 bis 0/32	0 bis 35	4 bis 20	10	10	4,3	3,0	1,5 bis 4,0	4,0 bis 14,0
B	0/22, 0/32, 0/16[*]	über 35 bis 60	3 bis 12	10	10	3,9	4,0	1,5 bis 4,0	4,0 bis 12,0
C	0/22, 0/32, 0/16[*]	über 60 bis 80	3 bis 10	10	10	3,6	5,0	1,5 bis 4,0	4,0 bis 10,0
CS	0/22, 0/32, 0/16[*]	über 60 bis 80	3 bis 10	10	10	3,6	8,0	1,5 bis 5,0	4,0 bis 10,0

*) Nur für Ausgleichsschichten.
**) Werden für mehr als 20 M.-% kapillarporöse Gesteinskörnungen mit offenen Poren im Gemisch verwendet, gelten die o. a. Werte für die Wasseraufnahme nach DIN 1996-8.

10.5.5 **Deckschichten aus Asphaltbeton** (nach ZTV Asphalt -StB 01)

Tafel 12.60b Niedrigste und höchste zulässige Temperatur des Mischgutes in °C[*]

Art/Sorte des Bindemittels im Mischgut	Asphaltbinder	Asphaltbeton (Heißeinbau)	Splittmastixasphalt	Gussasphalt	Asphaltmastix	Tragdeckschichtmischgut	Asphaltbeton (Warmeinbau)
20/30				200 bis 250			
30/45	130 bis 190			200 bis 250	180 bis 220		
50/70	120 bis 180	130 bis 180	150 bis 180	200 bis 250	180 bis 220		
70/100	120 bis 180	130 bis 180	150 bis 180		180 bis 220	120 bis 180	
160/220		120 bis 170	120 bis 170		170 bis 210	100 bis 170	
FB 500							60 bis 130

*) Die unteren Grenzwerte gelten für das abgeladene Mischgut beim Einbau; die oberen Grenzwerte gelten für das Mischgut beim Verlassen des Mischers bzw. des Silos. Bei polymermodifizierten Bitumen (PmB) entsprechen die zulässigen Mischguttemperaturen den jeweiligen Grenzwerten, die für die Straßenbaubitumen angegeben sind. Bei Splittmastixasphalt mit PmB 45 beträgt die niedrigste und höchste zulässige Temperatur des Mischgutes 150 °C bzw. 180 °C.

Für die Bitumen-Spezifikationen gilt die Europanorm EN 12 591. Sie wurde einvernehmlich mit den Bitumenherstellern auf nationaler Ebene weiter eingeengt und ist nun als DIN EN 12 591 mit folgenden Bezeichnungen und Anforderungen gültig:

Tafel 12.61 Anforderungen an Straßenbaubitumen

Kennwert		Bezeichnung der Sorte					Prüfung nach
		20/30	30/45	50/70	70/100	160/220	
Nadelpenetration (100 g, 5 s, 25 °C)	0,1 mm	20–30	30–45	50–70	70–100	160–220	DIN EN 1426
Erweichungspunkt R & K	°C	55–63	52–60	46–54	43–51	35–43	DIN EN 1427
Erweichungspunkt (Deutsche Beschränkung)	°C	(57–63)	(53–59)	(48–54)	(43–49)	(37–43)	
Beständigkeit gegen Verhärtung bei 163 °C:							DIN EN 12 607-1 bis -3
– Massenänderung höchstens ±	%	0,5			0,8	1,0	
– Verbleibende Penetration, mindestens	%	55	53	50	46	37	
– Erweichungspunkt nach Verhärtung, min.	°C	57	54	48	45	37	
Flammpunkt mindestens	°C	240		230		220	DIN EN 22 592
Löslichkeit mindestens	%	99,0					DIN EN 12 592
Gehalt an Paraffinen	%	2,2					DIN EN 12 606-1
Brechpunkt nach Fraaß, höchstens	°C		– 5	– 8	– 10	– 15	DIN EN 12 593
Anstieg des Erw.-punktes nach Verhärtung, höchstens	°C	8		9		11	

Für höhere Anforderungen werden polymermodifizierte Bitumen (PmB) verwendet, deren rheologische Eigenschaften durch Aufbereitung des Bitumens mit Polymeren verändert worden sind. Als Polymere werden Elastomere (Kennbuchstabe A) und Thermoplaste (Kennbuchstabe C) eingesetzt. Höher polymermodifizierte Bitumen erhalten den Kennbuchstaben H. Es gibt folgende Liefersorten:

Bezeichnung	Liefersorte
Elastomermodifizierte Bitumen	PmB 130 A, PmB 65 A, PmB 45 A, PmB 25 A
Thermoplastmodifizierte Bitumen	PmB 65 C, PmB 45 C, PmB 25 C
Höher polymermodifizierte Bitumen	PmB 40/100-65 H

Bei der Wahl der Baustoffgemische ist zwischen den Bauklassen sowie zwischen normaler und besonderer Beanspruchung zu unterscheiden. Besondere Beanspruchungen liegen vor bei spurfahrendem und langsamem Schwerverkehr, bei häufigen Brems- und Beschleunigungsvorgängen und bei Standverkehr. Diese Beanspruchungen werden durch hohe Temperaturen über lange Zeiträume und durch intensive Sonneneinstrahlung verstärkt. In den Tafeln für die verschiedenen Mischgutarten sind die für besondere Beanspruchungen geeigneten Sorten mit S (erhöhte Standfestigkeit) gekennzeichnet.

Tafel 12.62a Zweckmäßige Mischgutarten und -sorten im Heißeinbau (nach ZTV Asphalt StB 01)

	Bauklasse/ Flächenart	Asphaltbinder	Asphaltbeton	Splittmastix-asphalt	Gussasphalt
normale oder besondere Beanspruchung	SV + I	0/22 S 0/16 S	–	0/11 S 0/8 S	0/11 S
	II	0/22 S 0/16 S	(0/16 S) 0/11 S	0/11 S 0/8 S	0/11 S
besondere Beanspruchung	III	(0/22 S) 0/16 S	(0/16 S) 0/11 S	0/11 S 0/8 S	0/11 S
normale Beanspruchung	III + IV	0/16	0/11 (0/8)	0/8 (0/5)	(0/11) (0/8)
	V + VI	–	0/11 0/8	0/8 0/5	(0/11) (0/8)
	Rad- und Gehwege	–	0/11 0/8 0/5	0/8 0/5	(0/8) (0/5)

( ) Nur in Ausnahmefällen.

Tafel 12.62b Asphaltbinder (nach ZTV Asphalt StB 01)

Asphaltbinder	0/22 S	0/16 S	0/16	0/11
1. Gesteinskörnungen	Edelsplitt, Edelbrechsand, Gesteinsmehl		Edelsplitt, Edelbrechsand, Natursand, Gesteinsmehl	
Körnung mm	0/22	0/16	0/16	0/11
Kornanteil < 0,09 mm M.-%	4 bis 8	4 bis 8	3 bis 9	3 bis 9
Kornanteil > 2 mm M.-%	70 bis 80	70 bis 75	60 bis 75	50 bis 70
Kornanteil > 8 mm M.-%	–	–	–	≥ 20
Kornanteil > 11,2 mm M.-%	–	≥ 25	≥ 20	≤ 10
Kornanteil > 16 mm M.-%	≥ 25	≤ 10	≤ 10	–
Kornanteil > 22,4 mm M.-%	≤ 10	–	–	–
Brechsand-Natursand-Verhältnis	1 : 0 1)	1 : 0 1)	≥ 1 : 1	≥ 1 : 1
2. Bindemittel				
Bindemittelsorte/-art	(50/70) 2), 30/45 PmB 45	(50/70) 2), 30/45 PmB 45	50/70 70/100 (30/45) 2)	50/70, 70/100
Bindemittelgehalt M.-%	4,0 bis 5,0	4,2 bis 5,5	4,0 bis 6,0	4,5 bis 6,5
3. Mischgut				
Marshall-Probekörper Verdichtungstemperatur 3) °C	135 ± 5			
Hohlraumgehalt 4) Vol.-%	5,0 bis 7,0	4,0 bis 7,0	3,0 bis 7,0	3,0 bis 7,0
4. Schicht				
Einbaudicke cm	7,0 bis 10,0	5,0 bis 8,5	4,0 bis 8,5	5)
oder Einbaugewicht kg/m²	170 bis 250	125 bis 210	95 bis 210	
Verdichtungsgrad %	≥ 97	≥ 97	≥ 97	≥ 96 bei Dicken ≥ 3 cm

1) Bei Zugabe von Asphaltgranulat als Fräsgut aus Decken darf der Natursandanteil im resultierenden Mischgut max. 5 M.-% betragen.
2) Nur in besonderen Fällen.
3) Die Marshall-Probekörper sind bei Verwendung von PmB 45 bei 145 ± 5 °C herzustellen.
4) Bei > 20 M.-% Hochofen- oder Metallhüttenschlacke ist statt der Berechnung des Hohlraumgehalts die Bestimmung der Wasseraufnahme durchzuführen. Es gelten dieselben Grenzwerte.
5) Nur zum Profilausgleich, nicht für die Bauklassen SV, I bis III und für Verkehrsflächen mit besonderen Beanspruchungen.

Tafel 12.63a Asphaltbeton im Heißeinbau (nach ZTV Asphalt-StB 01)

Asphaltbeton (H)		0/16 S	0/11 S	0/11	0/8	0/5
1. Gesteinskörnungen		Edelsplitt, Edelbrechsand, Natursand, Gesteinsmehl				
Körnung	mm	0/16	0/11	0/11	0/8	0/5
Kornanteil < 0,09 mm	M.-%	6 bis 10	6 bis 10	7 bis 13	7 bis 13	8 bis 15
Kornanteil > 2 mm	M.-%	55 bis 65	50 bis 60	40 bis 60	35 bis 60	30 bis 50
Kornanteil > 5 mm	M.-%	–	–	–	≥ 15	≤ 10
Kornanteil > 8 mm	M.-%	25 bis 40	15 bis 30	≥ 15	≤ 10	–
Kornanteil > 11,2 mm	M.-%	≥ 15	≤ 10	≤ 10	–	–
Kornanteil > 16 mm	M.-%	≤ 10	–	–	–	–
Brechsand-Natursand-Verhältnis		≥ 1 : 1	≥ 1 : 1	≥ 1 : 1[3]	≥ 1 : 1[3]	–
2. Bindemittel						
Bindemittelsorte		50/70 (70/100)[1]	50/70 (70/100)[1]	70/100 (50/70)[1]	70/100 (50/70)[1]	70/100 (160/220)[1]
Bindemittelgehalt	M.-%	5,2 bis 6,5	5,9 bis 7,2	6,2 bis 7,5	6,4 bis 7,7	6,8 bis 8,0
3. Mischgut						
Marshall-Probekörper						
Verdichtungstemperatur	°C	135 ± 5				
Hohlraumgehalt[2]	Vol.-%					
a) Baukl. II, III[4] u. St SLW		3,5 bis 5,0	3,5 bis 5,0			
b) Baukl. III u. IV				2,0 bis 4,0	2,0 bis 4,0	
c) Baukl. V, VI, St LLW u. Wege				1,0 bis 3,0	1,0 bis 3,0	1,0 bis 3,0
4. Schicht						
Einbaudicke	cm	5,0 bis 6,0	4,0 bis 5,0	3,5 bis 4,5	3,0 bis 4,0	2,0 bis 3,0
oder						
Einbaugewicht	kg/m²	120 bis 150	95 bis 125	85 bis 115	75 bis 100	45 bis 75
Verdichtungsgrad	%	≥ 97	≥ 97	≥ 97	≥ 97	≥ 96
Hohlraumgehalt	Vol.-%	≤ 7,0	≤ 7,0	≤ 6,0	≤ 6,0	≤ 6,0

[1] Nur in besonderen Fällen.
[2] Bei > 20 M.-% Hochofen- oder Metallhüttenschlacke ist statt der Berechnung des Hohlraumgehalts die Bestimmung der Wasseraufnahme durchzuführen. Es gelten dieselben Grenzwerte.
[3] Nur bei Bauklasse III.
[4] Nur bei Bauklasse III für Verkehrsflächen mit besonderen Beanspruchungen.

Tafel 12.63b Offenporiger Asphalt (nach „Merkblatt f. d. Bau offenporiger Asphaltschichten")

Offenporige Asphaltdeckschichten		0/11	0/8
1. Mineralstoffe		Edelsplitt, (Edelbrechsand)[1], Gesteinsmehl	
Körnung	mm	0/11	0/8
Kornanteile < 0,09 mm	M.-%	4 bis 6	4 bis 6
Kornanteile > 2 mm	M.-%	85 bis 90	85 bis 90
Kornanteile > 5 mm	M.-%	80 bis 90	75 bis 85
Kornanteile > 8 mm	M.-%	75 bis 85	≤ 10
Kornanteile > 11,2 mm	M.-%	≤ 10	–
2. Bindemittel			
Bindemittelsorte		PmB 45[2], PmB 65[2]	PmB 45[2], PmB 65[2]
Bindemittelgehalt im Mischgut	M.-%	5,3 bis 6,5	5,5 bis 6,8
3. Bindemittelträger			
Gehalt im Mischgut	M.-%	≥ 0,5	
4. Mischgut			
Marshall-Probekörper:			
Verdichtungstemperatur	°C	135 ± 5	
Hohlraumgehalt[3]	Vol.-%	22,0 bis 28,0	
5. Schicht			
Einbaudicke einschließlich Abdichtung	cm	5,0	4,0
Einbaudicke, wenn keine Abdichtung vorgesehen ist	cm	4,0	3,0
Verdichtungsgrad[3]	%	≥ 97	
Hohlraumgehalt[3]	Vol.-%	≥ 22,0	

[1] Edelbrechsand setzt sich i. d. R. aus Über- und Unterkorn zusammen.
[2] Gemäß TL PmB Teil 1, Tab. A. Andere gebrauchsfertige Bindemittelsysteme können bei Bewährung verwendet werden.
[3] Ermittelt nach DIN 1996-7, Abschn. 6.

Tafel 12.64a **Splittmastixasphalt** (nach ZTV Asphalt-StB 01)

Splittmastixasphalt		0/11 S	0/8 S	0/8	0/5
1. Gesteinskörnungen		Edelsplitt, Edelbrechsand, Gesteinsmehl		Edelsplitt, Edelbrechsand, Natursand, Gesteinsmehl	
Körnung	mm	0/11	0/8	0/8	0/5
Kornanteil < 0,09 mm	M.-%	9 bis 13	10 bis 13	8 bis 13	8 bis 13
Kornanteil > 2,0 mm	M.-%	73 bis 80	73 bis 80	70 bis 80	60 bis 70
Kornanteil > 5,0 mm	M.-%	60 bis 70	55 bis 70	45 bis 70	≤ 10
Kornanteil > 8,0 mm	M.-%	≥ 40	≤ 10	≤ 10	–
Kornanteil > 11,2 mm	M.-%	≤ 10	–	–	–
Brechsand-Natursand-Verhältnis		1 : 0	1 : 0	≥ 1 : 1	≥ 1 : 1
2. Bindemittel					
Bindemittelsorte		50/70, (PmB 45)[1]	50/70, (PmB 45)[1]	70/100	70/100, (160/220)[1]
Bindemittelgehalt	M.-%	≥ 6,5	≥ 7,0	≥ 7,0	≥ 7,2
3. Stabilisierende Zusätze					
Gehalt im Mischgut	M.-%	0,3 bis 1,5			
4. Mischgut					
Marshall-Probekörper [2]; Verdichtungstemperatur	°C	135 ± 5			
Hohlraumgehalt	Vol.-%	3,0 bis 4,0	3,0 bis 4,0	2,0 bis 4,0	2,0 bis 4,0
5. Schicht					
Einbaudicke oder	cm	3,5 bis 4,0	3,0 bis 4,0	2,0 bis 4,0	2,0 bis 4,0
Einbaugewicht	kg/m^2	85 bis 100	70 bis 100	45 bis 100	45 bis 75
In Ausnahmefällen, z. B. bei unebener Unterlage,					
Einbaudicke oder	cm	2,5 bis 5,0	2,0 bis 4,0	–	–
Einbaugewicht	kg/m^2	60 bis 125	45 bis 100	–	–
Verdichtungsgrad	%	≥ 97			
Hohlraumgehalt	Vol.-%	≤ 6,0			

1) Nur in besonderen Fällen.
2) Die Marshall-Probekörper sind bei Verwendung von PmB 45 bei 145 ± 5 °C herzustellen.

Tafel 12.64b **Gussasphalt** (nach ZTV Asphalt-StB 01)

Gussasphalt		0/11 S	0/11	0/8	0/5
1. Gesteinskörnungen		Edelsplitt, Edelbrechsand, Natursand, Gesteinsmehl			
Körnung	mm	0/11		0/8	0/5
Kornanteil < 0,09 mm	M.-%	20 bis 30		22 bis 32	24 bis 34
Kornanteil > 2,0 mm	M.-%	45 bis 55		40 bis 50	35 bis 45
Kornanteil > 5,0 mm	M.-%	–		≥ 15	≤ 10
Kornanteil > 8,0 mm	M.-%	≥ 15		≤ 10	–
Kornanteil > 11,2 mm	M.-%	≤ 10		–	–
Brechsand-Natursand-Verhältnis		≥ 1 : 2	–	–	–
2. Bindemittel					
Bindemittelsorte		30/45, (20/30)[1]	30/45, (50/70)[1]		
Bindemittelgehalt	M.-%	6,5 bis 8,0		6,8 bis 8,0	7,0 bis 8,5
Erweichungspunkt R&K nach der Extraktion	°C	≤ 71[2]	≤ 71	≤ 71	≤ 71
3. Mischgut					
Eindringtiefe 5 cm^2 bei 40 °C am Probewürfel nach 30 Minuten	mm	1,0 bis 3,5	1,0 bis 5,0	1,0 bis 5,0	1,0 bis 5,0[3]
Zunahme in weiteren 30 Min.	mm	≤ 0,4	≤ 0,6	≤ 0,6	≤ 0,6
4. Schicht					
Einbaudicke[4] oder	cm	3,5 bis 4,0		2,5 bis 3,5	2,0 bis 3,0
Einbaugewicht[4]	kg/m^2	80 bis 100		65 bis 85	45 bis 75
5. Abstreumaterial/-menge					
nach Abschn. 5.5.1 ZTV Asphalt		Edelsplitt 2/5 mm			5 bis 8 kg/m^2
nach Abschn. 5.5.2 ZTV Asphalt		Edelsplitt 2/5 mm und/oder 5/8 mm			15 bis 18 kg/m^2
nach Abschn. 5.5.3 ZTV Asphalt		Edelbrechsand oder Natursand			2 bis 3 kg/m^2

1) Nur in besonderen Fällen.
2) Bei Verwendung von Straßenbaubitumen 20/30 EP ≤ 75 °C.
3) Bei Rad- und Gehwegen ≤ 10 mm.
4) Einschließlich Abstreumaterial.

Tafel 12.65 Tragdeckschichten (nach ZTV Asphalt-StB 01)

Tragdeckschicht-Mischgut		0/16
1. Gesteinskörnungen		Splitt und/oder Kies, Brechsand und/oder Natursand, Gesteinsmehl
Körnung	mm	0/16
Kornanteil < 0,09 mm	M.-%	7 bis 12
Kornanteil > 2 mm	M.-%	50 bis 70
Kornanteil > 11,2 mm	M.-%	10 bis 20
Kornanteil > 16 mm	M.-%	≤ 10
2. Bindemittel		
Bindemittelsorte		70/100, 160/220
Bindemittelgehalt	M.-%	≥ 5,2
3. Mischgut		
Marshall-Probekörper		
Verdichtungstemperatur	°C	135 ± 5
Hohlraumgehalt	Vol.-%	1,0 bis 3,0
Marshall-Stabilität	kN	≥ 4,0
Marshall-Fließwert	mm	2,0 bis 5,0
4. Schicht		
Einbaudicke oder	cm	5,0 bis 10,0
Einbaugewicht	kg/m^2	120 bis 250
Verdichtungsgrad	%	≥ 96
Hohlraumgehalt	Vol.-%	≤ 7,0

Anmerkungen zu den Tafeln 12.60b bis 12.65 (siehe besonders Tafel 12.62a):

Die Deckschichten bilden den obersten Teil des Straßenoberbaus. In bitumengebundener Bauweise zählen gem. ZTV Asphalt-StB 01 hierzu die Binder-, die Asphaltbeton-, die Splittmastix-, die Gussasphalt- und die Tragdeckschichten. Hinzu kommen die offenporigen Asphaltbetone (OPA) gem. einschlägigem Merkblatt. Die Asphaltmastixschichten und die Asphaltbetone im Warmeinbau gem. ZTV Asphalt-StB 01 sind hier nicht abgedruckt, desgleichen die Oberflächenbehandlungen und die dünnen Schichten im Heiß- und im Kalteinbau gem. ZTV BEA-StB 98/03. Die nachfolgend genannten Mischgutarten werden heiß eingebaut – Mischguttemperaturen s. Tafel 12.60b. Als Zuschlagstoffe werden ausschließlich Gesteinskörnungen nach TL Gestein-StB 04 (s. a. Abschn. 10.5.1) verwendet. Als Bindemittel wird Straßenbaubitumen nach Tafel 12.61 zugegeben, für besondere Beanspruchungen auch polymermodifiziertes Bitumen gem. TL PmB (s. S. 12.61 unten).

- **Binderschichten** (Tafel 12.62b) stellen die Verbindung zwischen der Asphalttragschicht (Abschn. 10.5.4) mit der als Verschleißschicht dienenden Deckschicht her. Sie werden nur bei den stärker belasteten Bauklassen SV und I bis III eingesetzt und müssen entsprechend standfest sein.
- **Asphaltbeton** im Heißeinbau (Tafel 12.63a) bildet für gering bis mittel belastete Straßen die Standardbauweise. Je nach den gegebenen Anforderungen können widerstandsfähige und flexible, dicke und dünne Befestigungen für Straßen, Geh- und Radwege sowie für Abstellflächen erstellt werden.
- **Offenporige Asphalte** (Tafel 12.63b) kommen bei starkem Verkehrsaufkommen als lärmmindernde Beläge zum Einsatz – vgl. die Fußnote zu Tafel 12.39b. Der Abfluss des Oberflächenwassers erfolgt hier auf der Unterlage, die deswegen dicht auszubilden ist, z. B. durch eine Versiegelung.
- **Splittmastixasphalte** (Tafel 12.64a) ergeben standfeste, dauerhafte und verkehrssichere Beläge mit nur geringen Sandanteilen im Gerüst der Gesteinskörnungen. Vergleichsweise hohe Bindemittelzugaben erfordern stabilisierende Zusätze, wie z. B. Faserstoffe, Kieselsäure oder Polymere.
- **Gussasphalt** (Tafel 12.64b) wird hohlraumarm mit einem geringen Bindemittelüberschuss hergestellt. Er ist beim Einbau gieß- und streichfähig und bedarf deshalb keiner Verdichtung. Zur Gewährleistung der Standfestigkeit werden harte Straßenbaubitumen verwendet. Unmittelbar nach dem Einbau müssen ständig befahrene Oberflächen mit Splitt abgestumpft werden.
- **Tragdeckschichten** (Tafel 12.65) vereinigen die Eigenschaften der Verschleißschichten mit denjenigen der Asphalttragschichten. Sie werden als einlagige, schwächer belastete Beläge eingesetzt, z. B. für landwirtschaftliche Wege sowie für Rad- und Gehwege.

11 Straßenentwässerung (nach RAS-Ew, Ausgabe 2005)

11.1 Planungsgrundsätze

Es ist zwischen der Ableitung des Niederschlagswassers – i. d. R. Regenwasser – und derjenigen des im Boden befindlichen Grund- bzw. Sickerwassers zu unterscheiden. Das auf die Straßenoberfläche gelangende Niederschlagswasser stellt stets eine Beeinträchtigung der Sicherheit des Verkehrs dar. Deswegen darf grundsätzlich kein Oberflächenwasser von außerhalb auf die Fahrbahn gelangen, z. B. von Böschungen und anderen Verkehrsflächen. Bei einer gründlichen Planung muss sich der Abflussweg von jeder Teilfläche bis zum Vorfluter verfolgen lassen, sofern das Wasser nicht vorher versickert. Da Oberflächenwasser der Straße stets mehr oder weniger stark verschmutzt ist, Wasser aber andererseits ein Schutzgut darstellt, kommt der Straßenentwässerung unter dem Aspekt des Umweltschutzes erhebliche Bedeutung zu. Deswegen sind neben den Wassergesetzen die Umwelt- und die Bodenschutzgesetze zu beachten. Nichtsdestoweniger ist auch nach neueren Erkenntnissen die Ableitung und Versickerung des Oberflächenwassers über die Bankette, Böschungen und Rasenmulden eine fachgerechte Methode der Straßenentwässerung. Aus Gründen der einfacheren Unterhaltung sind außerdem offene, oberirdische Entwässerungsanlagen den geschlossenen unterirdischen vorzuziehen.

11.2 Ermittlung des bemessungsrelevanten Regenabflusses

11.2.1 Regenspende

Die bemessungsrelevante Regenspende kann nach Kap. 13C, Abschn. 2.2 ermittelt oder direkt aus den KOSTRA-Tabellen des Deutschen Wetterdienstes [13.44] abgelesen werden. Eingangsgrößen sind

- die geografische Lage in Deutschland
- die Dauer des Bemessungsregens D (min). Kurze Regenereignisse haben eine höhere Intensität in der Sekunde.
- die Häufigkeit des Regenereignisses im Jahr n bzw. die Wiederkehrzeit T (a) mit $n = 1/T$

Die Häufigkeit n wird angenommen für

Mulden, Seitengräben, Rohrleitungen	$n = 1$	d. h. einmal im Jahr
Versickerungsmulden	$n = 1$	d. h. einmal im Jahr
Mittelstreifenentwässerung	$n = 0{,}33$	d. h. in drei Jahren einmal
Straßentiefpunkte	$n = 0{,}2$	d. h. in fünf Jahren einmal
Trogstrecken mit Wannentiefpunkt	$n = 0{,}1$ bis $0{,}05$	d. h. in zehn bis zwanzig Jahren einmal

Für die maßgebende kürzeste Regendauer wird D zwischen 5 und 15 Minuten angenommen, s. a. S. 13.66. Sie soll der Fließzeit des Wassers bis zum Berechnungspunkt entsprechen. Bei Fließzeiten bis 15 Minuten legt man in flachen Einzugsgebieten den 15-min-Regen zugrunde. Dabei geht man von einem gewissen Speicherungsvermögen der Entwässerungsanlagen bei kürzeren Regenereignissen aus. Bei größeren Längsneigungen wird wegen der geringeren Verzögerung $D = 10$ min gewählt, bei Trogstrecken mit Wannentiefpunkt sogar nur $D = 5$ min.

Beispielsweise beträgt die Berechnungs-Spende für einen Regen von 10 Minuten Dauer, der sich jedes Jahr einmal ereignet, in Mitteldeutschland $r_{10,1} = 135$ l/(s · ha).

11.2.2 Abflussmengen für die Dimensionierung

Der tatsächliche Abfluss besteht aus der Regenspende, vermindert um die Benetzungsverluste, Verdunstung und Versickerung. Bei der Ermittlung der Abflussmengen ist zwischen befestigten und mit Vegetation bewachsenen Flächen zu unterscheiden.

a) Befestigte Flächen

Bei befestigten Flächen wird die zugrunde gelegte Regenspende um den Spitzenabflussbeiwert ψ_s vermindert.

$$\psi_S = \frac{\text{max. Abflussspende}}{\text{Regenspende}}$$

Richtwerte für den Spitzenabfluss von Straßenentwässerungsanlagen:

Fahrbahnen	$\psi_S = 0{,}9$
sonstige befestigte horizontale Flächen je nach Art der Befestigung	$\psi_S = 0{,}6$ bis $0{,}9$
unbewachsene Felsböschung aus gering geklüftetem Gestein	$\psi_S = 0{,}8$

Spitzenabfluss von mehreren zu entwässernden Teilflächen nach dem Zeitbeiwertverfahren:

$$Q = r_{D,n} \cdot \sum_{i=1}^{i=n} (A_{Ei} \cdot \psi_{Si})$$

mit

Q (l/s)	Oberflächenabfluss
$r_{D,n}$ (l/s·ha)	Regenspende der Dauer D und Häufigkeit n
A_{Ei} (ha)	Größe der Teilfläche
ψ_{Si} (–)	zu A_{Ei} gehörender Spitzenabflussbeiwert

b) Bewachsene Flächen im Seitenraum

Durch die auflockernde Wirkung von Wurzeln und Lebewesen im Boden werden auch in bewachsenen, feinteilreichen Böden überraschend hohe Versickerraten erreicht. Erfahrungsgemäß werden Entwässerungsanlagen erst dann beaufschlagt, wenn folgende Versickerraten überschritten werden:

Art der bewachsenenen Fläche	Versickerrate
Bewachsene Flächen im Seitenraum allgemein	100 l/(s · ha)
Einschnittsböschungen im Lockergestein	100 l/(s · ha)
Rasenmulden	150 l/(s · ha)
Bewachsene Flächen auf sandigem Untergrund o. dgl.	300 l/(s · ha)

Der gewählte Bemessungsregen wird mit dieser Versickerrate verglichen. Wenn die Versickerrate größer als die Regenspende r ist, ist kein Oberflächenabfluss anzunehmen. Nur der die Versickerrate übersteigende Anteil der Regenspende wird der Dimensionierung der Entwässerungsanlagen zugrunde gelegt.

11.3 Bemessung der Entwässerungseinrichtungen

- **Offene Gerinne allgemein** (s. a. Kap. 13A, Abschn. 3.6)

Die Abflussleistung von offenen Gerinnen wird nach der Formel von Manning-Strickler beurteilt:

$$Q = A \cdot k_{St} \cdot r_{hy}^{2/3} \cdot I_E^{1/2}$$

mit

Q (l/s)	Durchfluss
A (m^2)	durchflossener Querschnitt
k_{St} (m$^{1/3}$/s)	Rauheitsbeiwert (s. Tab. 13.19)
r_{hy} (m)	hydraulischer Radius (= A/l_u), vgl. Kap. 13A Abschn. 3.6.1
I_E (m/m)	Energiegefälle (bei gleichförmigem Abfluss = Sohlgefälle)

- **Bord- und Spitzrinnen**

Für Bord- und Spitzrinnen vereinfacht sich die o. g. Formel zu

$$Q = k_{St} \cdot h^{8/3} \cdot \sqrt{I} \cdot \frac{0{,}315}{q}$$

mit

Q (l/s)	Durchfluss
k_{St} (m$^{1/3}$/s)	Rauheitsbeiwert
h (m)	Wassertiefe
I (m/m)	Rinnenlängsneigung
q (m/m)	Gerinnequerneigung

Der Rauheitsbeiwert k_{St} kann für saubere, glatte Betonplatten mit 60 m$^{1/3}$/s und für Bruchsteinpflaster mit 40 bis 50 m$^{1/3}$/s angenommen werden.

- **Mulden**

Vereinfachter Ansatz für Mulden:

$$Q = k_{St} \cdot h^{8/3} \cdot \sqrt{I} \cdot \frac{b}{2h}$$

mit

Q (l/s)	Durchfluss
k_{St} (m$^{1/3}$/s)	Rauheitsbeiwert (s. S. 13.19 ff.)
I (m/m)	Rinnenlängsneigung
b (m)	Muldenbreite
h (m)	Wassertiefe in Muldenmitte

- **Rohrleitungen**

Die Leistungsfähigkeit von Rohrleitungen ist nach Prandtl-Colebrook für Voll- bzw. Teilfüllung zu beurteilen (s. a. Kap. 13C, Abschn. 2.4). Für die praktische Arbeit steht im Anhang zu den RAS-Ew, Ausg. 2005 darüber hinaus eine CD-ROM zur Verfügung.

- **Rückhaltebecken** (s. a. ATV-DVWK-A 117)

In einem vereinfachten Verfahren kann man aus dem Ergebnis der Ermittlung der Abflussmenge nach Abschn. 11.2 mit $n = 1$ eine „reduzierte Einzugsfläche" A_{red} berechnen.

$$A_{red} = \frac{Q}{r_{D,n}}$$

mit
A_{red} (ha) reduzierte Einzugsfläche
Q (l/s) Durchfluss für die Regendauer D und die Häufigkeit n
$r_{D,n}$ (l/s · ha) Regenspende für die Regendauer D und die Häufigkeit n

Die Größe A_{red} wird mit veränderten Regenspenden einer Häufigkeit $n \leq 0{,}5$ und verschiedenen (längeren) Dauerstufen des Niederschlags D multipliziert. Das Maximum dieser Proberechnungen ergibt das erforderliche Volumen des Rückhaltebeckens. Das Fassungsvermögen innerörtlicher Regenrückhaltebecken sollte noch um einen Risikofaktor $f_z = 1{,}1$ bis $1{,}2$ vergrößert werden. Das vereinfachte Verfahren gilt bis zu Einzugsgebieten von 200 ha Größe und führt zu keiner Unterdimensionierung.

- **Pumpwerke, Hebeanlagen**

Pumpwerke und Hebeanlagen etwa in Trogstrecken sind auf besonders intensive Niederschläge von 5 Minuten Dauer und 10- bis 20jähriger Wiederkehr auszulegen. Berechnung nach DIN EN 752-6 bzw. ATV-DVWK-A 134 „Planung und Bau von Abwasserpumpanlagen".

- **Absetzbecken**

Absetzbecken ohne anschließende Versickeranlagen sollen eine Größe aufweisen von mindestens

$$A = 0{,}4 \cdot Q$$

mit
A (m^2) erforderliche Oberfläche des Absetzbeckens
Q (l/s) Bemessungszufluss für $n = 1$

Zur Abscheidung von Schwimmstoffen und Leichtflüssigkeiten ist eine Tauchwand o. Ä. vorzusehen.

11.4 Elemente der Wasserableitung

11.4.1 Flächenhafte Entwässerung

Die Oberfläche von Verkehrsflächen (Fahrbahnen oder Parkplätzen) soll zur Wasserableitung stets mindestens 2,5 % geneigt sein, Pflasterdecken mindestens 3,0 % (s. Abschn. 4.4). In den Verwindungsbereichen setzt sich die resultierende Schrägneigung p vektoriell aus der Längsneigung s und der Querneigung q zusammen. Die Schrägneigung darf zur Gewährleistung des Wasserabflusses in den Verwindungsbereichen nicht kleiner als 0,5 % sein, in Ausnahmefällen nicht kleiner als 0,2 %.

$$p = \sqrt{s^2 + q^2}$$

An Kreuzungen und Einmündungen ist der Oberflächenentwässerung besondere Beachtung zu schenken. Wasser aus den Nebenästen darf nicht über die Hauptfahrbahn abfließen. Bei rechtwinkligen Kreuzungen bzw. Einmündungen wird die Längsneigung der Hauptfahrbahn zur Querneigung der Nebenfahrbahn und umgekehrt. Um eine einwandfreie Entwässerung zu gewährleisten, empfiehlt sich die Erstellung eines Höhenschichtlinienplans, der dann als Deckenhöhenplan der Bauausführung zugrunde gelegt wird. Ähnliches gilt für große Flächen, wie etwa Parkplätze und Fußgängerzonen.

11.4.2 Linienförmige Entwässerungselemente

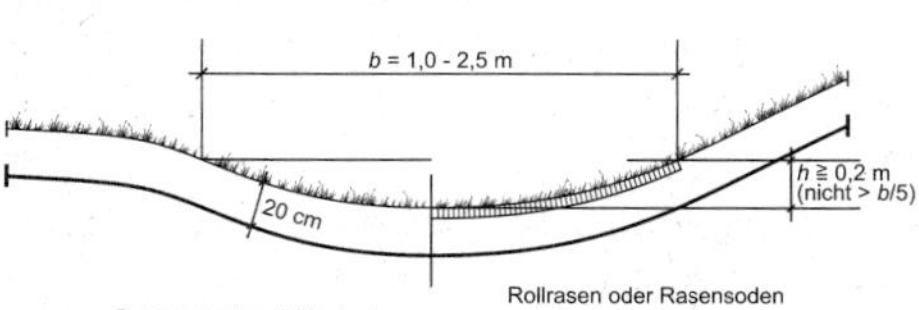

Die **Rasenmulde** stellt die Regelform der Längsentwässerung entlang der nicht angebauten Straßen dar. Rasenmulden sind nicht für ständige Wasserführung geeignet.
Breite $b = 1{,}0$ m bis $2{,}5$ m; Tiefe $0{,}2$ m bis $b/5$.

Abb. 12.68 Rasenmulde

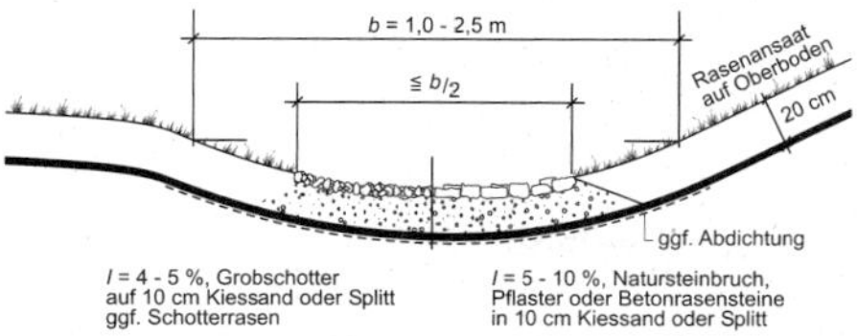

Die Sohle ist wie folgt auszubilden:

$I \leq 1\ \%$	Rasen, u. U. Sohlschalen
$1\ \% < I \leq 4\ \%$	Rasen
$4\ \% < I \leq 10\ \%$	raue Sohlbefestigung
$I > 10\ \%$	Raubettmulde (s. RAS-Ew)

Abb. 12.69a Mulde mit rauer Sohlbefestigung

Straßenrinnen liegen unmittelbar neben oder zwischen den Verkehrsflächen.

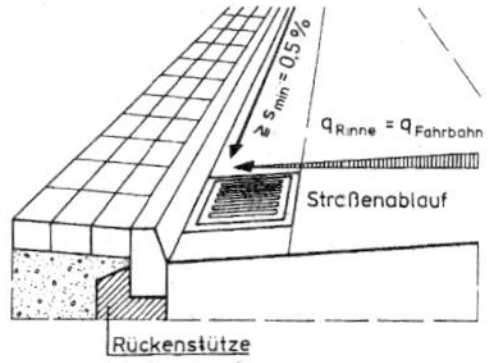

Abb. 12.69b Bordrinne aus Asphalt

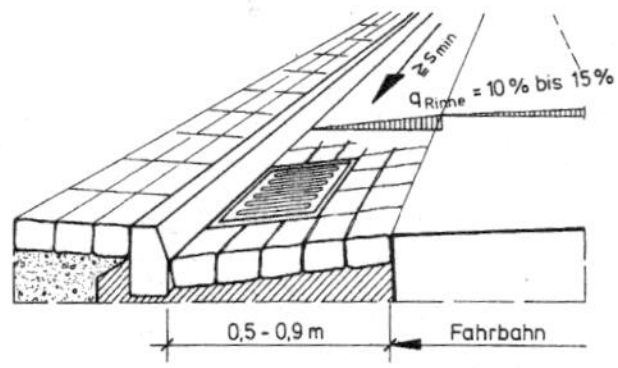

Abb. 12.69c Spitzrinne aus Betonteilen / Pflaster

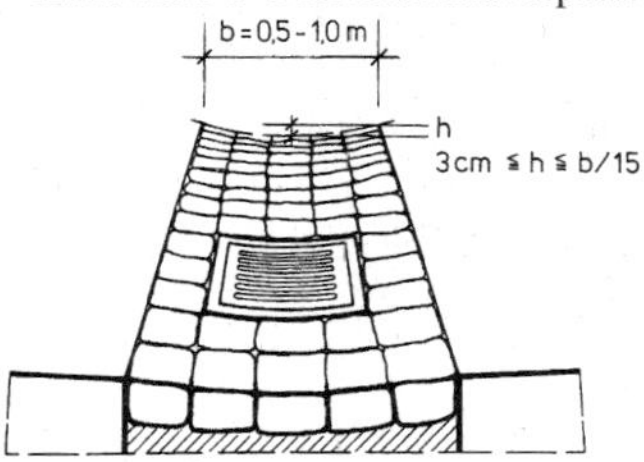

Abb. 12.69d Muldenrinne

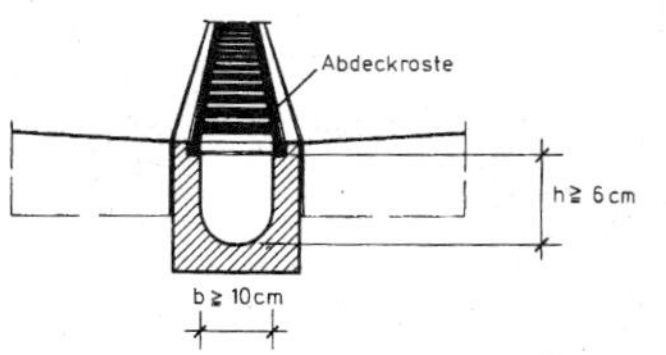

Abb. 12.69e Kastenrinne (Sohlgefälle angeformt)

11.4.3 Punktförmige Entwässerungselemente

Bei den **Straßenabläufen** wird zwischen Trocken- und Nassschlammsystemen unterschieden. Die meist verwendeten Pultaufsätze gibt es in quadratischer und rechteckiger Form (für schmale Rinnen). Ablaufunterteile für Trockenschlamm werden in normaler oder niedriger Bauform ausgeführt.

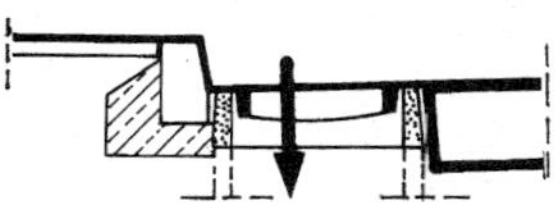

Abb.12.69f Pultaufsatz

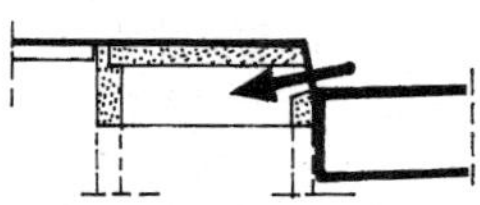

Abb. 12.69g Seiteneinlauf

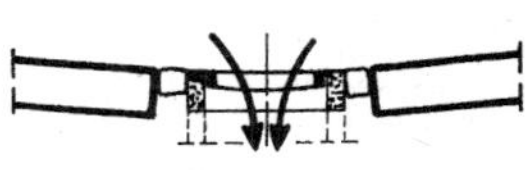

Abb. 12.69h Rinnenaufsatz

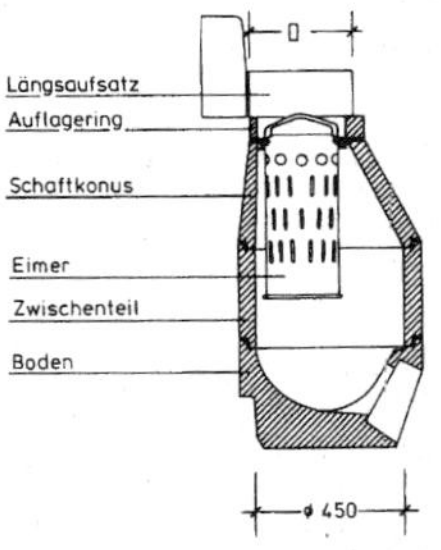

Abb.12.69i Ablaufunterteil (Trockenschlamm, rechteckiger Aufsatz, normale Bauform)

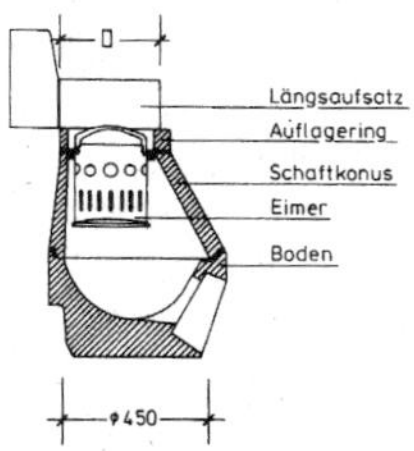

Abb. 12.69j Ablaufunterteil (Trockenschlamm, rechteckiger Aufsatz, niedrige Bauform)

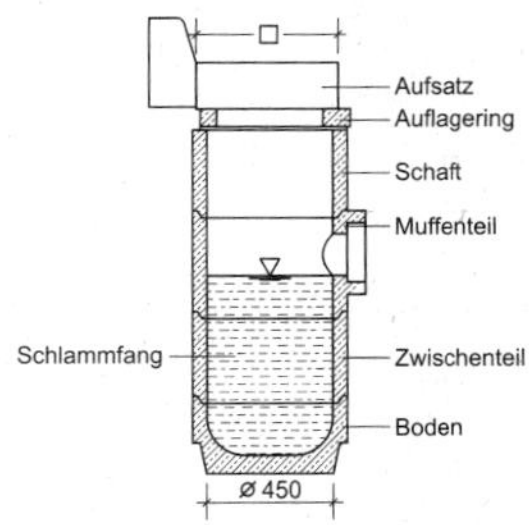

Abb. 12.69k Ablaufunterteil (Nassschlamm, quadratischer Aufsatz)

12 B Schienenverkehrswesen

Prof. Dr.-Ing. Hanns Cronen

1 Linienführung

1.1 Trassierungsgrundsätze

Nachfolgend dargestellte Bestimmungen gelten für das Netz der Deutschen Bahn AG. Sofern Strecken der transeuropäischen Netze berührt werden, sind die *Technischen Spezifikationen Interoperabilität* (TSI-Infrastruktur) zu beachten.

Die Entwurfsgeschwindigkeit v_e ist die maßgebende Regelgröße für Trassierungselemente. Sie wird entsprechend der Art der Strecke und dem Betriebsprogramm für längere zusammenhängende Abschnitte einheitlich gewählt (Tafel 12.70 a).

Tafel 12.70a Angestrebte Entwurfsgeschwindigkeit v_e

Entwurfsgeschwindigkeit v_e in km/h in Abhängigkeit von der Art der Strecke				
Strecke mit Mischbetrieb		Strecke mit artreinem Betrieb		
Streckenausbau	Streckenneubau	Güterverkehr Streckenneubau	Personenverkehr Streckenneubau	S-Bahn-Verkehr Streckenneubau
200/230	230/250	160	300	120

Die Trassierungsrichtlinien (DB AG) unterscheiden bei der Festlegung der Elemente zwischen *Ermessensbereich* und *Genehmigungsbereich*. Der *Ermessensbereich* spannt sich vom *Herstellungsgrenzwert* (*Hw*) über den *Regelwert* (*Rw*) bis zum *Ermessensgrenzwert* (*Ew*); der *Genehmigungsbereich* über den *Zustimmungswert* (*Zw*) bis zum *Ausnahmewert* (*Aw*).

Aus fahrdynamischen, betrieblichen und wirtschaftlichen Gründen sind bevorzugt Trassierungswerte anzuwenden, die zwischen Herstellungsgrenze und Regelwert liegen; Ermessensgrenzwerte, die den von der EBO gesetzten Rahmen voll ausschöpfen, haben vorwiegend bei Ausbaumaßnahmen an vorhandenen Strecken zur Geschwindigkeitssteigerung (Fahrzeitoptimierung) Bedeutung. In besonderen Fällen, bei denen das angestrebte Ausbauziel sonst nur durch unverhältnismäßig großen Aufwand zu erreichen ist, kann auf Antrag der Genehmigungsbereich (*Zw* bzw. *Aw*) in Anspruch genommen werden.

Bei der Planung neuer Gleisanlagen, bei Gleisumbauten oder Linienverbesserungen sollen Regelwerte zugrunde gelegt und von diesen nur im begründeten Einzelfall und nur bis zum Ermessensgrenzwert abgewichen werden.

Aus fahrdynamischen Gründen sind folgende Regeln anzuwenden:
- die Linienführung der durchgehenden Hauptgleise soll stetig sein,
- bei Krümmungswechseln sollen deshalb Übergangsbogen verwendet werden,
- Übergangsbogen sollen mit den Überhöhungsrampen zusammenfallen und
- Trassierungselemente eine Mindestlänge von $0{,}4 \cdot v_e$ (in m; v_e in km/h) haben.

1.2 Gleisbogen

Die Gleisbogen in durchgehenden Hauptgleisen sollen mit Übergangsbogen und Überhöhung gestaltet werden. Bei Bogenradien sind die generellen Mindestwerte nach Tafel 12.70b zu berücksichtigen.

Tafel 12.70b Generelle Mindestwerte der Gleisbogenradien r

Anwendungsbereich	r in m
Gleise, die freizügig von allen Fahrzeugen befahren werden sollen	≥ 150
Gleise mit Bahnsteigen an der Bogeninnenseite	≥ 500
durchgehende Hauptgleise	≥ 300
alle übrigen Gleise	≥ 180
durchgehende Hauptgleise (Herstellungsgrenze)	30 000

Abhängig von der Entwurfsgeschwindigkeit v_e sind die Gleisbogenradien festzulegen mit:

$$r = \frac{11{,}8\, v_e^2}{u_0}$$

r Gleisbogenradius in m
v_e Entwurfsgeschwindigkeit in km/h
u_0 Planungswert, in mm, zur Festlegung von r nach Tafel 12.71a (der Planungswert ist: $u_0 = u + u_f$)

Tafel 12.71a Planungswerte u_0 zur Festlegung der Gleisbogenradien r

		Gleise	Weichen
Ermessensbereich	*Hw*	($r \leq 30\,000$ m)	
	Rw	$u_0 = 170$ mm an Bahnsteigen: $u_0 = 130$ mm	$u_0 = 120$ mm
	Ew	$u_0 = 290$ mm an Bahnsteigen: $u_0 = 230$ mm	$u_0 = \text{zul}\,u + \text{zul}\,u_f$ nach Tafel 12.72a und c
Genehmigungsbereich	*Zw/Aw*	$u_0 = \text{zul}\,u + \text{zul}\,u_f$ nach Tafel 12.72a, b und c	

1.3 Überhöhung

Die Überhöhung im Gleisbogen mindert die auftretende Seitenbeschleunigung ab, verbessert den Fahrkomfort und reduziert die Gleisbeanspruchung. Sie soll mittels Überhöhungsrampen durch Anheben der bogenäußeren Schiene hergestellt werden. Die Überhöhung wird nach den Formeln der Tafel 12.71b berechnet und auf einen durch 5 teilbaren mm-Wert gerundet. Sie darf unter Einbeziehung der Abweichungen im Betrieb maximal 180 mm betragen; die *Mindestüberhöhung* (min u) und die *zulässige Überhöhung* (zul u) nach Tafel 12.71b und 12.72a sind einzuhalten. Überhöhungen kleiner als 20 mm werden nicht hergestellt.

Tafel 12.71b Formeln zur Berechnung der Überhöhung

ausgleichende Überhöhung (u_0)	$u_0 = 11{,}8 \cdot \frac{v_e^2}{r}$ in mm	v_e in km/h Entwurfsgeschwindigkeit r in m Gleisbogenradius
Regelüberhöhung (reg u)	$\text{reg}\,u = 0{,}6 \cdot u_0 = 7{,}1 \cdot \frac{v_e^2}{r} \leq \text{zul}\,u$ in mm	zul u in mm zulässige Überhöhung nach Tafel 12.72a
Mindestüberhöhung (min u)	$\min u = u_0 - \text{zul}\,u_f = 11{,}8 \cdot \frac{v_e^2}{r} - \text{zul}\,u_f$ in mm	zul u_f in mm zulässiger Überhöhungsfehlbetrag nach Tafel 12.72b und c

Gleise sollen bevorzugt die *Regelüberhöhung* erhalten. Bei Gleisen in Bahnhöfen und in Streckenabschnitten, in denen Züge häufig halten oder nur wenige Züge die zulässige Geschwindigkeit fahren, sollte die Überhöhung zwischen der *Mindestüberhöhung* und der *Regelüberhöhung* gewählt werden; dort, wo alle Züge mit annähernd gleicher Geschwindigkeit fahren, sollte die gewählte Überhöhung zwischen der *Regelüberhöhung* und der *ausgleichenden Überhöhung* liegen.

Für die Wahl der Überhöhung ist Tafel 12.72a zugrunde zu legen.

Tafel 12.72a Planungswerte für die Überhöhung *u*

		Gleise	Weichen
Ermessensbereich	*Hw*	$u = 20$ mm	
	Rw	reg u allgemein: $u \leq 100$ mm an Bahnsteigen: $u \leq 60$ mm	$u \leq 60$ mm
	Ew	Schotterbett: zul $u = 160$ mm feste Fahrbahn: zul $u = 170$ mm an Bahnsteigen: zul $u = 100$ mm	allgemein: zul $u = 120$ mm ABW mit starrem Herzstück: zul $u = 100$ mm
Genehmigungsbereich	*Zw*	$160 <$ zul $u \leq 180$ mm bzw. $170 <$ zul $u \leq 180$ mm	$120 <$ zul $u \leq 150$ mm bzw. $100 <$ zul $u \leq 130$ mm
	Aw	zul $u > 180$ mm	

Die Überhöhung ist bei Bogen mit Radien $r < 300$ m bei neuen Anlagen zu begrenzen auf:

$$\text{zul}\,u = \frac{r-50}{1{,}5} \text{ in mm,} \qquad r \text{ in m}$$

Bei der Berechnung der Mindestüberhöhung sind die Planungswerte für Überhöhungsfehlbeträge u_f in Gleisen und Weichen nach Tafel 12.72b und c anzuwenden. Überhöhungsfehlbeträge zul $u_f > 130$ mm dürfen nur angewendet werden, wenn die Fahrzeuge hierfür zugelassen sind. Für Gleise, die ausschließlich Rangierfahrten dienen, gilt generell zul $u_f \leq 130$ mm.

Tafel 12.72b Planungswerte für die Überhöhungsfehlbeträge u_f und zul u_f

		Gleise	Weichen
Ermessensbereich	*Hw*	–	
	Rw	$u_f = 70$ mm	$u_f = 60$ mm
	Ew	zul $u_f = 130$ mm [1]	zul u_f siehe Tafel 12.72c
Genehmigungsbereich	*Zw*	$150 <$ zul $u_f \leq 170$ mm	zul $u_f = Ew + 20\,\%$
	Aw	zul $u > 170$ mm	

[1] zul $u_f = 150$ mm bei Reisezügen in Radien $r \geq 650$ m außerhalb von Zwangspunkten
$u_f > 130$ mm zustimmungsbedürftig bei $r < 1000$ m

Tafel 12.72c Überhöhungsfehlbetrag zul u_f in Weichen, Kreuzungen, Kreuzungsweichen und Schienenauszügen

	zul u_f in mm			
Konstruktion	Entwurfsgeschwindigkeit v_e in km/h			
	$v_e \leq 120$	$120 < v_e \leq 160$	$160 < v_e \leq 200$	$200 < v_e \leq 300$
Weichenbogen mit feststehender Herzstückspitze im Innenstrang	110		90	nicht zulässig
Weichenbogen mit feststehender Herzstückspitze im Außenstrang	110	100	60	nicht zulässig
Bogenkreuzungen und Bogenkreuzungsweichen	100		nicht zulässig	nicht zulässig
Weichenbogen mit beweglicher Herzstückspitze	130			Einzelfallregelung
Schienenauszüge in Bogen	100			Einzelfallregelung
für Züge mit Neigetechnik	150			–

1.4 Überhöhungsrampen

Überhöhungsrampen können *gerade* oder *geschwungen* gestaltet sein. Die zu wählende Form hängt vom Übergangsbogen ab (vgl. 1.5). Zwischen geraden Überhöhungsrampen muss ein Abschnitt ohne bzw. mit konstanter Überhöhung mit einer Länge von $l \geq 0{,}1 \cdot v_e$ eingeschaltet werden (Ausnahme: Scherenrampe bei Wendekurven); geschwungene Rampen dürfen unmittelbar aneinander stoßen.

Bemessungslängen und Formen der Rampen sind in Tafel 12.73 und Abb. 12.73 zusammengestellt.

Tafel 12.73 Planungswerte für die Längen der Überhöhungsrampen

Rampenform		gerade	geschwungen	
		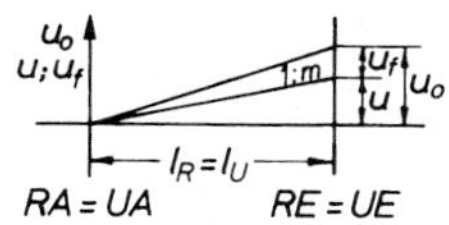 	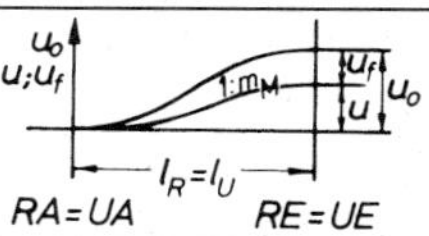 	
			S-förmig	nach *Bloss*
Neigungsmaß		$m = \frac{l_R \cdot 1000}{u}$	$m_M = \frac{l_R \cdot 1000}{2 \cdot u}$	$m_M = \frac{2 \cdot l_R \cdot 1000}{3 \cdot u}$
Anwendungsbereich vgl. Abschnitt 1.1	*Hw*	$m = 3000$	$m_M = 1500$	$m_M = 1500$
	Rw	$l_R = \frac{10 \cdot v_e \cdot \Delta u}{1000} \geq 0{,}6 \cdot \Delta u$	$l_R = \frac{10 \cdot v_e \cdot \Delta u}{1000} \geq 1{,}2 \cdot \Delta u$	$l_R = \frac{7{,}5 \cdot v_e \cdot \Delta u}{1000} \geq 0{,}9 \cdot \Delta u$
	Ew	$l_R = \frac{8 \cdot v_e \cdot \Delta u}{1000} \geq 0{,}4 \cdot \Delta u$	$l_R = \frac{8 \cdot v_e \cdot \Delta u}{1000} \geq 0{,}8 \cdot \Delta u$	$l_R = \frac{6 \cdot v_e \cdot \Delta u}{1000} \geq 0{,}6 \cdot \Delta u$
	Zw	$\frac{8 \cdot v_e \cdot \Delta u}{1000} > l_R \geq \frac{6 \cdot v_e \cdot \Delta u}{1000}$ $l_R \geq 0{,}4 \cdot \Delta u$	–	–
	Aw	$\frac{6 \cdot v_e \cdot \Delta u}{1000} > l_R \geq \frac{5 \cdot v_e \cdot \Delta u}{1000}$ $l_R \geq 0{,}4 \cdot \Delta u$	–	–
l_R in m v_e in km/h u in m Δu in mm (Unterschied der Überhöhungen)				

S-förmig

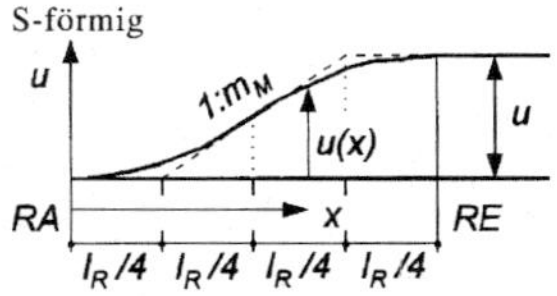

$$u(x) = \frac{2 \cdot u}{l_R^2} \cdot x^2 \quad \text{von RA bis RM}$$

$$u(x) = u - \frac{2 \cdot u}{l_R^2} (l_R - x)^2 \text{ von RM bis RE}$$

nach *Bloss*

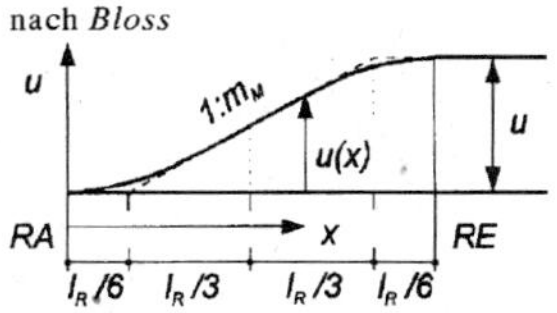

$$u(x) = \frac{3 \cdot u}{l_R^2} \cdot x^2 - \frac{2 \cdot u}{l_R^3} \cdot x^3$$

Abb. 12.73 Formen der geschwungenen Rampen

1.5 Übergangsbogen

Übergangsbogen werden zwischen Geraden und Kreisbogen, zwischen Korbbogen und zwischen Gegenbogen immer dann erforderlich, wenn die Änderung der Seitenbeschleunigung – ausgedrückt durch den Unterschied der Überhöhungsfehlbeträge Δu_f – bestimmte Werte überschreitet.

Der Betrag von Δu_f ergibt sich unter Beachtung von Tafel 12.74a zu:

$\Delta u_f = u_{f2} - u_{f1}$ in mm	$u_{f1} = 11{,}8 \cdot \frac{v_e^2}{r_1} - u_1$ in mm	$u_{f2} = 11{,}8 \cdot \frac{v_e^2}{r_2} - u_2$ in mm

Tafel 12.74a Unterschied der Überhöhungsfehlbeträge Δu_f in Abhängigkeit von der Elementfolge

<table>
<tr><td></td><td>Gerade/Bogen</td><td>Korbbogen</td><td>Gegenbogen</td></tr>
<tr><td>bei unmittelbarem Krümmungssprung</td><td>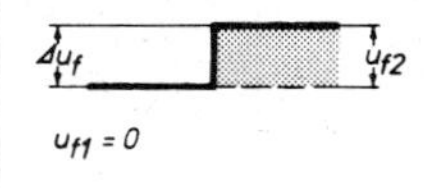
</td><td>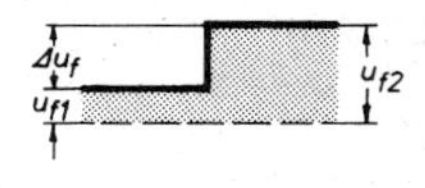
</td><td>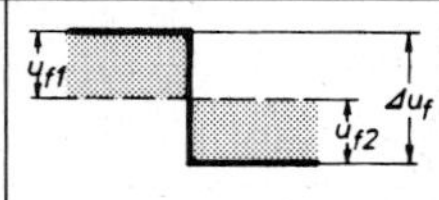
</td></tr>
<tr><td>bei Übergangs-bogen</td><td>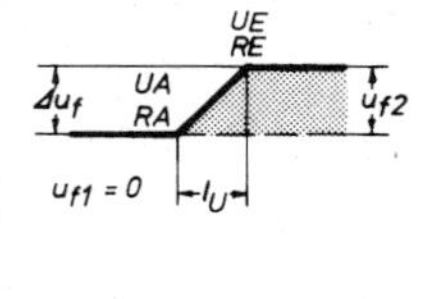
</td><td>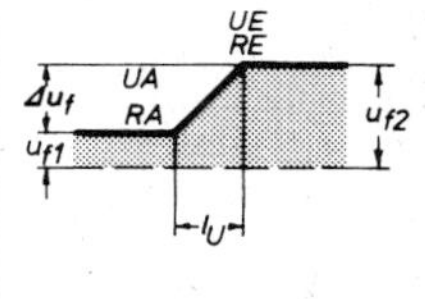
</td><td>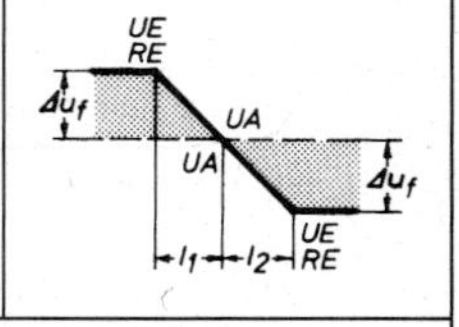
</td></tr>
<tr><td></td><td colspan="3">Gegenbogen mit kurzen Zwischengraden oder Zwischenbogen</td></tr>
<tr><td>bei Gegenbogen mit kurzen Zwi-schenelementen</td><td>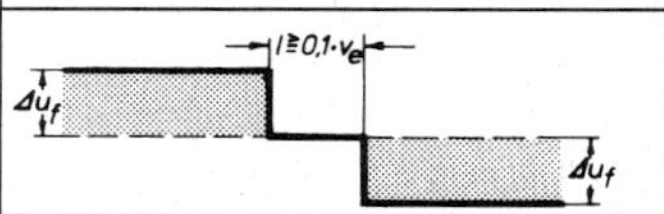
</td><td colspan="2">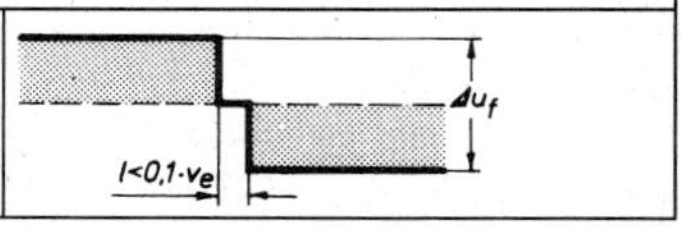
</td></tr>
</table>

Kriterien für die Anwendung von Übergangsbogen sind mit den Bereichen A, B und C der Tafel 12.74b festgelegt.

Tafel 12.74b Anwendungsbereiche für Übergangsbogen in Abhängigkeit von v_e und Δu_f

<table>
<tr><td></td><td>Unterschied der Überhöhungsfehlbeträge Δu_f in mm</td></tr>
<tr><td>Entwurfsgeschwindigkeit
v_e
in km/h</td><td>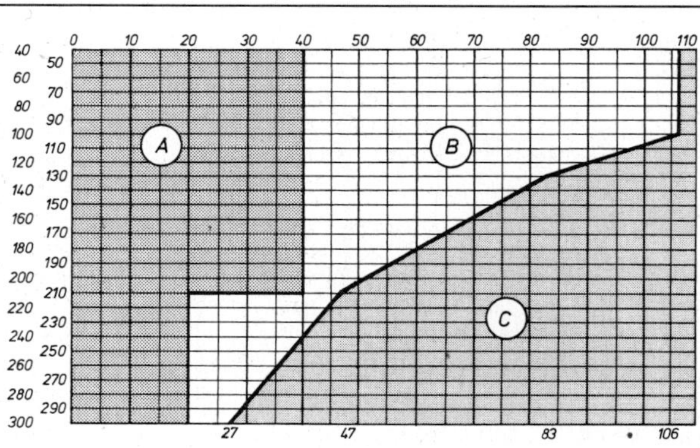
</td></tr>
<tr><td colspan="2">Bereich A: Auf die Anordnung von Übergangsbogen kann verzichtet werden.
Bereich B: In durchgehenden Hauptgleisen sollen Übergangsbogen angeordnet werden.
Bereich C: Grundsätzlich müssen Übergangsbogen angeordnet werden.</td></tr>
</table>

Der Übergangsbogen soll mit der Überhöhungsrampe zusammenfallen, die Krümmung des Übergangsbogens muss in gleicher Weise zunehmen wie die Überhöhung. Die Länge des Übergangsbogens ergibt sich in der Regel aus der erforderlichen Länge der Überhöhungsrampe; sie muss aber – auch wenn keine Überhöhungsrampe angeordnet wird – mindestens so groß gewählt werden, dass das Tangentenabrückmaß $f \geq 15$ mm und der Seitenruck bei gerader Krümmungslinie nicht größer als 0,45 m/s^3, bei geschwungener Form nicht größer als 0,6 m/s^3 wird (Rampenformen siehe Tafel 12.73). Spätere Ausbaustufen sind bei der Festlegung der Übergangsbogen zu berücksichtigen. Die Kriterien nach Tafel 12.74b sind zu beachten.

Tafel 12.75 Mindestlänge der Übergangsbogen in Abhängigkeit von f und Δu_f

Kriterium	gerade Rampe	S-förmige Rampe	Rampe nach *Bloss*
Abrückmaß f	$f = \dfrac{l_U^2 \cdot 1000}{24 \cdot r}$ in mm	$f = \dfrac{l_U^2 \cdot 1000}{48 \cdot r}$ in mm	$f = \dfrac{l_U^2 \cdot 1000}{40 \cdot r}$ in mm
	$\min l_U = 0{,}600 \cdot \sqrt{r}$ in m	$\min l_U = 0{,}849 \cdot \sqrt{r}$ in m	$\min l_U = 0{,}775 \cdot \sqrt{r}$ in m
Seitenruck	$\min l_U = \dfrac{4 \cdot v_e \cdot \Delta u_f}{1000}$ in m	$\min l_U = \dfrac{6 \cdot v_e \cdot \Delta u_f}{1000}$ in m	$\min l_U = \dfrac{4{,}5 \cdot v_e \cdot \Delta u_f}{1000}$ in m
Der jeweilige größere Wert der Mindestlänge ist maßgebend.			

Generell sollen Übergangsbogen mit gerader Krümmungslinie geplant werden. Können dabei die zugehörigen geraden Überhöhungsrampen nicht mindestens mit dem Regelwert (*Rw* siehe Tafel 12.73) hergestellt werden, so sind Übergangsbogen mit geschwungener Krümmungslinie (S-förmig oder nach *Bloss*) zugelassen.

Bei Gegenbogen sollen zwei getrennte Übergangsbogen mit einer Zwischengeraden von der Länge l_g angeordnet werden:

$$l_g \geq 0{,}4 \cdot v_e \quad \text{in m}$$

Lassen die örtlichen Randbedingungen eine Zwischengerade dieser Länge nicht zu, so sind

- die Übergangsbogen mit gerader Krümmungslinie zu gestalten und unmittelbar aneinanderzustoßen. Die Überhöhungsrampe ist als Scherenrampe (Gleisschere) zu bauen (vgl. Abb. 12.75); oder
- die Übergangsbogen sind mit getrennt geschwungenen Krümmungslinien und ebensolchen Überhöhungsrampen auszuführen (vgl. Abb. 12.75). Nur im Ausnahmefall sind geschwungene Scherenrampen mit entsprechenden Übergangsbogen erlaubt.

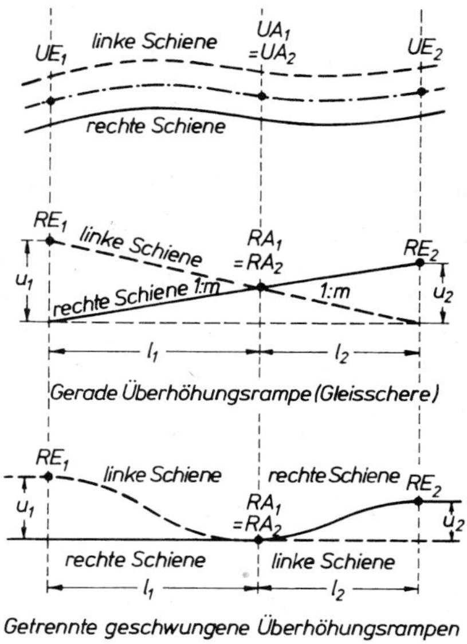

Abb. 12.75 Übergangsbogen bei Gegenbogen ohne Einschaltung einer Zwischengeraden

Sind direkte Krümmungswechsel nicht zu vermeiden, so soll durch Anordnung von Zwischengeraden oder Zwischenbogen die Änderung des Überhöhungsfehlbetrags Δu_f klein gehalten werden. Die auftretenden Δu_f-Werte dürfen die Grenzen des Bereichs B der Tafel 12.74b nicht überschreiten. Kurze gerade Gleisabschnitte zwischen gleichsinnig gekrümmten Bogen sollen vermieden und durch Zwischenbogen (Kreisbogen, Kreisbogen mit Übergangsbogen oder nur Übergangsbogen) ersetzt werden. Zwischengeraden oder Zwischenbogen sollen die in Tafel 12.76 genannten Längen erhalten.

Tafel 12.76 Regel- und Mindestlängen der Zwischengeraden und Zwischenbogen

	im Gleis	im Weichenbereich
Regellänge	$l \geq 0{,}2 \cdot v_e$ in m v_e in km/h	$l \geq 0{,}1 \cdot v_e$ in m bei $v_e \leq 70$ km/h $l \geq 0{,}15 \cdot v_e$ in m bei $70 < v_e \leq 130$ km/h
Mindestlänge	min $l = 0{,}1 \cdot v_e$ in m v_e in km/h min $l = 6$ m bei Gegenbogen, wenn $\Delta k > 9$ ‰	

Die drei gebräuchlichen Formen der Übergangsbogen leiten sich aus dem Krümmungsverlauf (identisch mit dem Rampenverlauf) her. Die Absteckmaße der Abb. 12.76 gelten mit hinreichender Genauigkeit für Richtungsänderungen $\tau \leq 9$ gon.

Krümmungsverlauf gerade

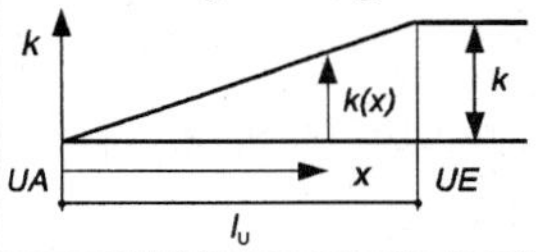

$$k(x) = \frac{1}{r \cdot l_U} \cdot x \qquad y = \frac{1}{6 \cdot r \cdot l_U} \cdot x^3$$ bzw. Klothoide, s. Kap. 12 A

$$y_E = \frac{l_U^2}{6 \cdot r} \qquad f = 2 \cdot y_M = \frac{l_U^2}{24 \cdot r} \qquad t_L = \frac{2}{3} \cdot l_U \qquad t'_K = \frac{1}{3} \cdot l_U$$

Krümmungsverlauf S-förmig

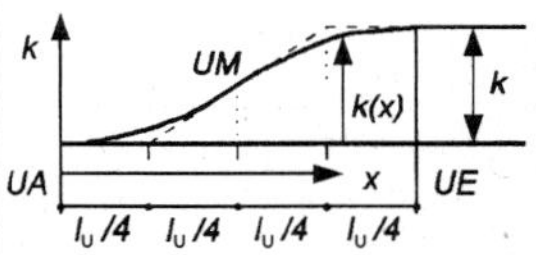

von UA bis UM

$$k(x) = \frac{2}{r \cdot l_U^2} \cdot x^2 \qquad y = \frac{1}{6 \cdot r \cdot l_U^2} \cdot x^4$$

von UM bis UE

$$k(x) = \frac{1}{r} - \frac{2}{r \cdot l_U^2}(l_U - x)^2 \qquad y = \frac{\left(x - \frac{l_U}{2}\right)^2}{2 \cdot r} + \frac{l_U^2}{48 \cdot r} - \frac{(l_U - x)^4}{6 \cdot r \cdot l_U^2}$$

$$y_E = \frac{7 \cdot l_U^2}{48 \cdot r} \qquad f = 2 \cdot y_M = \frac{l_U^2}{48 \cdot r} \qquad t_L = \frac{17}{24} \cdot l_U \qquad t'_K = \frac{7}{24} \cdot l_U$$

Krümmungsverlauf nach *Bloss*

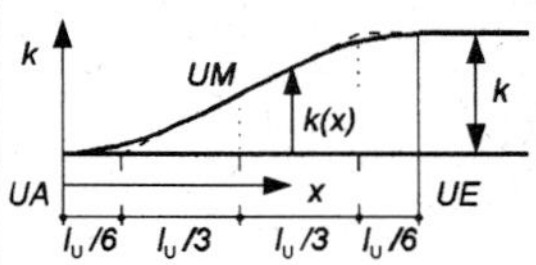

$$k(x) = \frac{3}{r \cdot l_U^2} \cdot x^2 - \frac{2}{r \cdot l_U^3} \cdot x^3 \qquad y = \frac{1}{4 \cdot r \cdot l_U^2} \cdot x^4 - \frac{1}{10 \cdot r \cdot l_U^3} \cdot x^5$$

$$y_E = \frac{3 \cdot l_U^2}{20 \cdot r} \qquad f \approx 2 \cdot y_M = \frac{l_U^2}{40 \cdot r} \qquad t_L = \frac{7}{10} \cdot l_U \qquad t'_K = \frac{3}{10} \cdot l_U$$

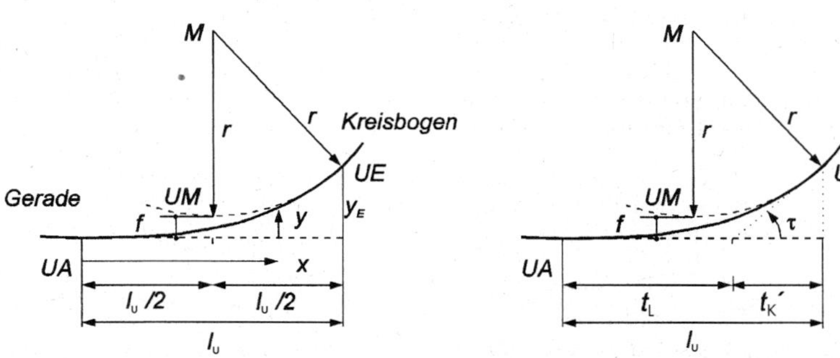

Abb. 12.76 Formen der Übergangsbogen

1.6 Gleisverziehungen

Gleisverziehungen sollen möglichst im Bereich von Gleisbogen hergestellt werden. Bei geraden, parallelen Gleisen mit Verziehungsmaßen bis ca. 2 m sind sie ohne Überhöhung und ohne Übergangsbogen mit einfachen Gegenbogen und mit einer Zwischengeraden auszuführen. Gefordert wird:

- Gleisradius $r \geq 0{,}5 \cdot v_e^2$ in m
- Zwischengerade $l_g \geq 0{,}4 \cdot v_e$ in m $\quad v_e$ in km/h

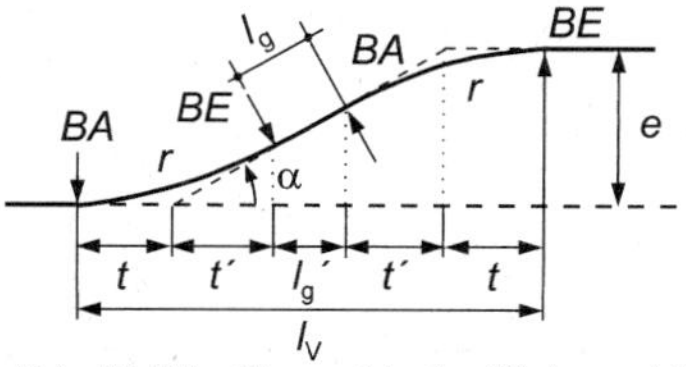

$$l_v = \sqrt{4 \cdot r \cdot e - e^2 + l_g^2} \qquad \tan\frac{\alpha}{2} = \frac{e}{l_v + l_g}$$

Bei kleinem Verziehungsmaß e ist $l'_g \approx l_g$ und $t' \approx t$

Abb. 12.77a Geometrie der Gleisverziehung

1.7 Längsneigungen und Neigungswechsel

Bei Neubauten sollen folgende Grenzwerte für die Längsneigung der Gleise eingehalten werden:

– auf freier Strecke bei	Hauptbahnen	≤	12,5 ‰
	bei Nebenbahnen	≤	40,0 ‰
– bei Bahnhofsgleisen		≤	2,5 ‰
– bei Tunnelstrecken	mit Längen bis 1 km	≥	2,0 ‰
– bei Tunnelstrecken	mit Längen über 1 km	≥	4,0 ‰

Neigungswechsel mit $\Delta I \geq 1$ ‰ sind entsprechend Tafel 12.77 auszurunden.

Tafel 12.77 Planungswerte für Neigungsausrundungen

	min r_a = 2000 m	min l_a = 20 m	
***Rg*₀**	$r_a = 0{,}40 \cdot v_e^2$	$l_a = \frac{r_a}{1000} \cdot (I_1 \pm I_2)$	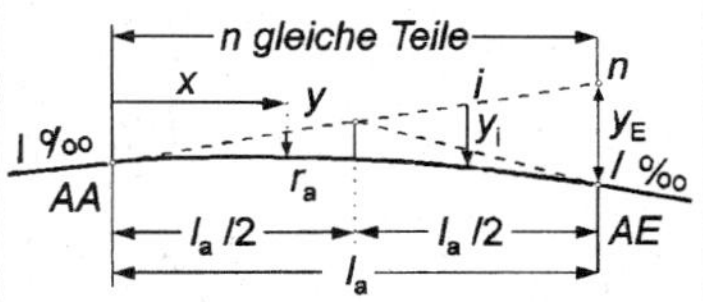
Eg	$r_a = 0{,}25 \cdot v_e^2$	$y = \frac{x^2}{2 \cdot r_a}$	
Ag	$r_a = 0{,}16 \cdot v_e^2$ bei Kuppen	$y_i = y_E \frac{i^2}{n^2}$	
	$r_a = 0{,}13 \cdot v_e^2$ bei Wannen		r_a in m l_a in m v_e in km/h x, y, y_E in m

2 Gleisverbindungen

2.1 Formen der Weichen und Kreuzungen

Für den Entwurf von Gleisverbindungen stehen abhängig von der Entwurfsgeschwindigkeit v_e verschiedene Grundformen von Weichen, Kreuzungsweichen und Kreuzungen zur Verfügung (Tafeln 12.79, 12.80, 12.81 und 12.82). In besonderen Fällen können die Standardformen durch Änderung der Neigung der Endtangente, durch Verbiegen zu Außen- oder Innenbogenweichen oder durch Vertauschen der Zungen modifiziert werden.

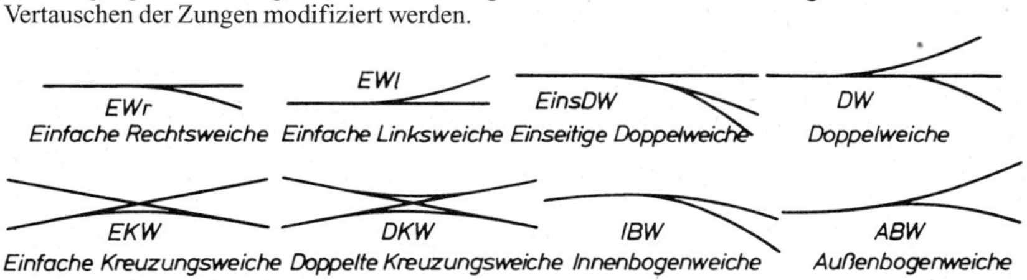

Abb. 12.77b Bezeichnungen und Formen der Weichen

2.2 Planungsgrundsätze für die Verwendung von Weichen und Kreuzungen

Generell sind Weichenverbindungen auf das betrieblich notwendige Maß zu beschränken. In durchgehenden Hauptgleisen sind sie nur dann einzuplanen, wenn nicht durch andere Gleisplangestaltung die erforderlichen Fahrwege geschaffen werden können.
Im Einzelnen gelten folgende Regeln:

- In Hauptgleisen sollen die Weichen entsprechend der Geschwindigkeit gewählt werden, die für die gesamte Fahrtstraße gültig ist; im Allgemeinen legt man zugrunde:
  - bei Streckenverzweigungen möglichst Streckengeschwindigkeit der Abzweigstrecke, wenn diese mit $v \geq 80$ km/h befahren wird, jedoch mindestens $v = 80$ km/h
  - bei Gleisverbindungen für Gleiswechselbetrieb und bei Fahrwegen, die planmäßig für durchfahrende Züge vorgesehen sind, möglichst $v = 80$ km/h
  - bei Ein- und Ausfahrwegen für haltende Züge in Durchgangsbahnhöfen:
    - bei häufiger Benutzung durch Reisezüge möglichst $v = 80$ km/h
    - bei den übrigen Fahrwegen für Reise- und Güterzüge $v = 60$ km/h
    - bei selten benutzten Fahrwegen $v = 40$ km/h möglichst $v = 50$ km/h
- In durchgehenden Hauptgleisen müssen Weichen die gleiche Schienenform wie die Hauptgleise haben, bei $v > 100$ km/h sind Weichen mit Schienen der Form S 49 bei einem Grundradius $r_0 = 190$ m nicht zugelassen.
- Es sollen einfache Weichen in der Grundform verwendet werden, Bogenweichen siehe Abschn. 2.3.
- Kreuzungen und Kreuzungsweichen sind nur dann zu verwenden, wenn sich Fahrwegkreuzungen nicht mit einfachen Weichen herstellen lassen, bei Neubauten dürfen sie bei $v > 100$ km/h, wenn sie starre Herzstücke besitzen, nicht eingebaut werden.
- In der Regel sind Weichen mit starrem Herzstück einzusetzen. Im Geschwindigkeitsbereich $160 < \text{zul } v \leq 200$ km/h und bei einem Überhöhungsfehlbetrag $u_f > 50$ mm sollen, bei zul $v > 200$ km/h müssen Weichen mit beweglichen Herzstückspitzen eingebaut werden. Bei Abzweigungen und Gleisverbindungen mit anderen Strecken sollen Klothoidenweichen verwendet werden.
- Weichen sollen so liegen, dass im Hauptfahrweg kein Krümmungswechsel entsteht.
- Die Planung soll die Verwendung von Regelschwellensätzen berücksichtigen.

2.3 Bogenweichen

Für Gleisverbindungen in gekrümmten Gleisen benötigt man Bogenweichen, die sich aus der Grundform der Weichen herstellen lassen. Bei Innenbogenweichen darf der Zweiggleisradius die in Tafel 12.78 genannten Grenzwerte nicht unterschreiten; bei Außenbogenweichen sollen im Zweiggleis keine Gegenbogen entstehen (bei Weichen mit geradem Herzstück und bei Weichen in Übergangsbogen).

Bogenweichen dürfen in durchgehenden Hauptgleisen eingesetzt werden, wenn sich Linienverbesserungen erzielen lassen; in den übrigen Gleisen sollen sie als Außenbogenweichen eingeplant werden, wenn dadurch Weichen mit größerem Grundhalbmesser ersetzt werden können. Abzweigungen im überhöhten Gleis nach bogenaußen, die stark befahren sind, sollten mit Innenbogenweichen gestaltet werden.

Für die Berechnung gelten:

$$r_z = \frac{r_0 \cdot r_s \mp l_t^2}{r_0 \pm r_s} \text{ in m} \quad \text{bzw. } k_z \approx k_s \pm k_0 \quad \text{(Angabe in ‰)}$$

Vorzeichen: oben – IBW
unten – ABW

r_z Zweiggleisradius in m
r_0 Grundradius der Weiche in m
r_s Stammgleisradius in m
l_t Tangentenlänge in m
$k_z = 1/r_z$ $k_0 = 1/r_0$ $k_s = 1/r_s$

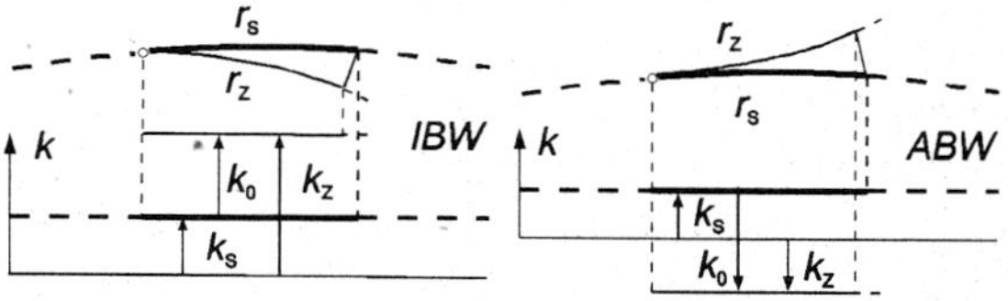

Tafel 12.78 Biegbarkeit von einfachen Weichen zu Innenbogenweichen

Grundradius der Weiche r_0 in m	190	300	500	760	1200	2500
kleinster Zweiggleisradius r_z in m	175	175	200	300	442	941
zugehöriger Stammgleisradius r_s in m	2220	420	333	500	700	1510

2.4 Zusammenstellung der Weichen, Kreuzungen und Kreuzungsweichen

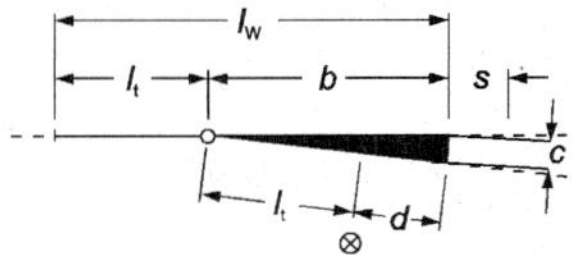

Maße in m, zul. Geschwindigkeit im Zweiggleis *v* in km/h
s = Abstand der letzten durchgehenden Schwelle (ldS) vom Weichenende
⊗ Ende des Zweiggleisbogens

Tafel 12.79 Einfache Weichen mit starrer Herzstückspitze
Einfache Weichen mit geradem Herzstück

Weiche	l_t	b	d	l_w	c	s	v
49 – 54 – 190 – 1 : 9	10,523	16,615	6,092	27,138	1,838	4,01 3,90	40
49 – 300 – 1 : 14	10,701	24,537	13,837	35,238	1,749	6,55	50
54 – 60 – 300 – 1 : 14	10,701	27,108	16,408	37,809	1,933	5,10	50
49 – 500 – 1 : 14	17,834	24,537	6,702	42,371	1,749	6,60	60
54 – 60 – 500 – 1 : 14	17,834	27,108	9,274	44,942	1,933	5,10	60
49 – 54 – 760 – 1 : 18,5 60 –	20,526	32,409	11,883	52,934	1,750	9,21 9,90 9,90	80

Einfache Weichen mit Bogenherzstück
(Bogenende am Weichenende)

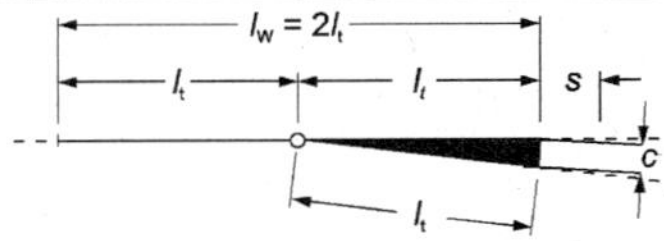

Weiche	l_t	l_w	c	s	v
49 – 54 – 300 – 1 : 9 60 –	16,615	33,231	1,838	4,01 3,90 3,90	50
49 – 54 – 500 – 1 : 12 60 –	20,797	41,595	1,729	5,82 6,30 6,31	60
49 – 54 – 760 – 1 : 14 60 –	27,108	54,217	1,933	4,04 5,10 5,10	80
49 – 54 – 1200 – 1 : 18,5 60 –	32,409	64,818	1,750	9,21 9,90 9,90	100

Symmetrische Außenbogenweiche

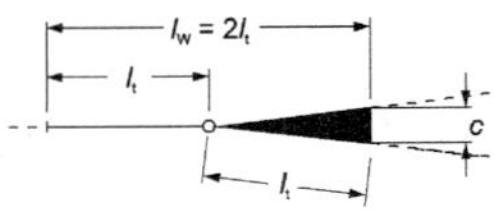

Weiche	l_t	l_w	c	s	v
49 – 54 – 215 – 1 : 4,8	11,050	22,099	2,266	–	40

Einfache Weichen mit Bogenherzstück und gerader Verlängerung des Zweiggleises

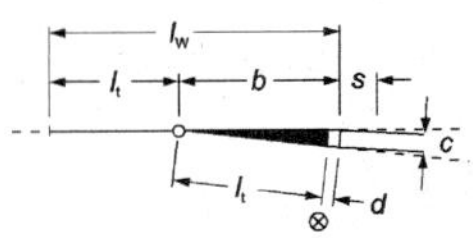

Weiche	l_t	b	d	l_w	c	s	v
49 – 190 – 1 : 7,5	12,611	17,428	4,817	30,039	2,308	–	40
54 – 190 – 1 : 7,5	12,611	13,251	0,640	25,862	1,755	3,30	40

Tafel 12.80 Einfache Weichen mit beweglicher Herzstückspitze

gb = gelenkig beweglich, fb = federnd beweglich

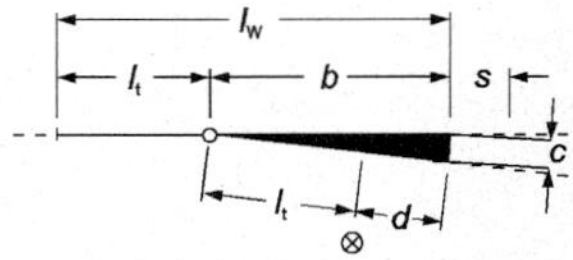

Einfache Weichen mit geradem Herzstück

Weiche	l_t	b	d	l_w	c	s	v
60 – 500 – 1 : 14 – fb	17,834	27,108	9,274	44,942	1,933	5,10	60
60 – 760 – 1 : 18,5 – fb	20,526	34,275	13,750	54,801	1,851	8,03	80

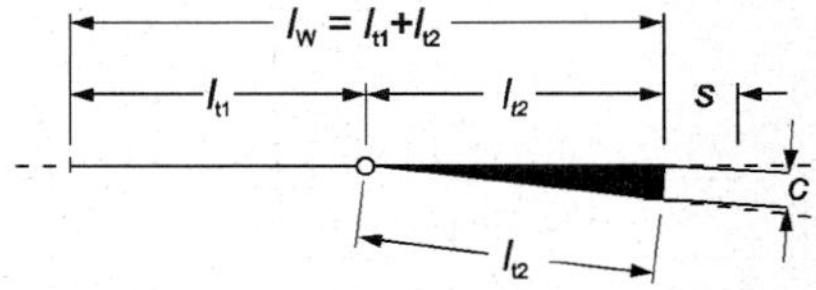

Einfache Weichen mit Bogenherzstück

Weiche	l_{t1}	l_{t2}	l_w	c	s	v
60 – 300 – 1 : 9 – gb	16,616	16,616	33,231	1,838	3,90	50
60 – 500 – 1 : 12 – gb	20,797	20,797	41,595	1,729	6,31	60
60 – 760 – 1 : 14 – gb und fb	27,108	27,108	54,217	1,933	5,10	80
60 – 1200 – 1 : 18,5 – gb	32,409	32,409	64,818	1,750	9,90	100
60 – 2500 – 1 : 26,5 – fb	47,153	47,153	94,306	1,778	13,50	130
60 – 6000/3700 – 1 : 32,5 – fb	64,569	57,684	122,253	1,774	16,50	160
60 – 7000/6000 – 1 : 42 – fb	80,104	74,162	154,266	1,765	19,50	200

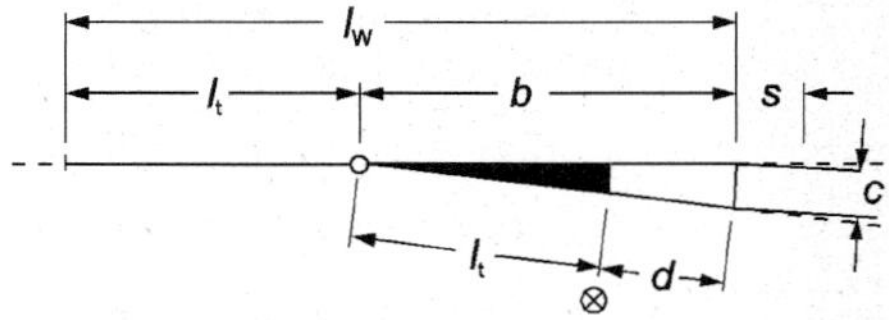

Einfache Weichen mit Bogenherzstück und gerader Verlängerung des Zweiggleises bzw. verkürztem Zweiggleisbogen

Weiche	l_t	b	d	l_w	c	s	v
60 – 500 – 1 : 12 – fb	20,797	24,564	3,766	43,361	2,042	2,70	60
60 – 1200 – 1 : 18,5 – fb	32,409	34,207	1,798	66,615	1,847	8,10	100
60 – 300 – 1 : 9/1 : 9,4 – gb	15,913	17,319	1,406	33,231	1,835	3,90	50
60 – 760 – 1 : 14/1 : 15 – fb	25,305	28,911	3,606	54,217	1,924	5,10	80
60 – 1200 – 1 : 18,5/1 : 19,277 – fb	31,104	35,511	4,407	66,615	1,840	8,14	100
60 – 2500 – 1 : 26,5/1 : 27,85 – fb	44,869	49,437	4,568	94,306	1,774	13,50	130

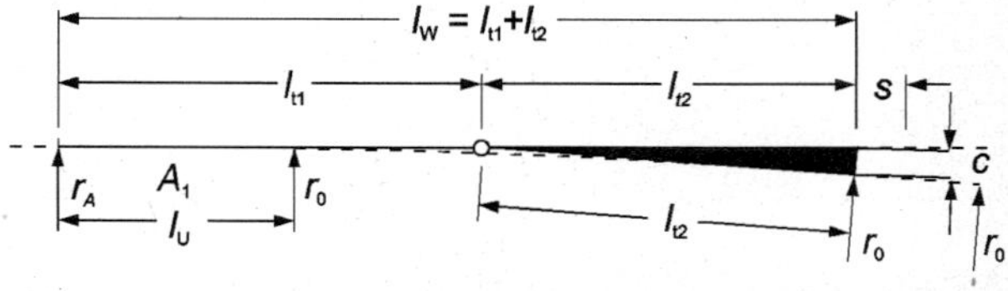

Klothoidenweichen für Abzweigstellen

Weiche	l_{t1}	l_{t2}	l_W	l_U	A_1	c	s	v
60 – 3 000/1500 – 1 : 18,132 – fb	47,624	41,792	89,416	27,000	284,605	2,302	3,30	100
60 – 4 800/2450 – 1 : 24,257 – fb	59,672	51,344	111,016	41,075	453,375	2,115	8,70	130
60 – 10 000/4000 – 1 : 32,050 – fb	73,018	63,008	136,026	37,500	500,000	1,965	14,71	160
60 – 16 000/6100 – 1 : 40,154 – fb	92,129	77,087	169,216	56,000	743,021	1,919	21,30	200

Klothoidenweichen für Gleisverbindungen bei Gleisabstand $e \geq 4{,}00$ m

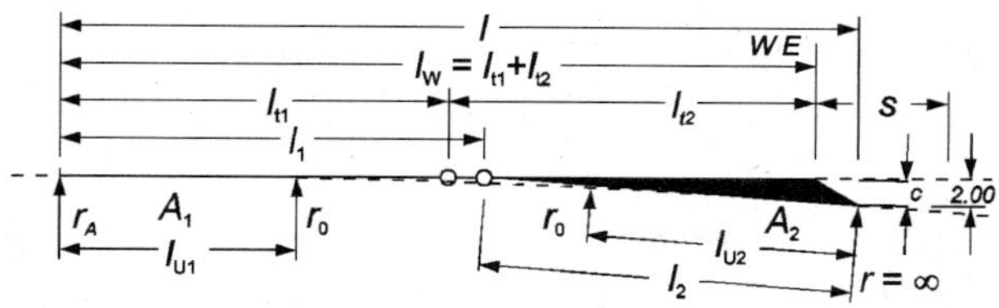

Weiche	l_1 l_2	l	l_{t1} l_{t2}	l_w	l_{U1} l_{U2}	A_1 A_2	c	s	v
60 – 3000/1500/∞ – 1 : 23,7347 – fb	38,410 47,469	85,879	38,410 51,075	89,485	27,000 32,000	284,60 219,09	2,150	9,221	100
60 – 4800/2450/∞ – 1 : 30,6846 – fb	49,827 61,402	111,20	49,824 60,806	110,63	41,075 42,700	453,37 323,44	1,981	16,43	130
60 – 10 000/4000/∞ – 1 : 39,1131 – fb	62,862 78,252	141,08	62,746 74,199	136,94	37,500 55,225	500,00 470,00	1,894	24,12	160
60 – 16 000/6100/∞ – 1 : 47,6539 – fb	81,239 95,329	176,55	80,899 87,924	168,82	56,000 62,500	743,02 617,45	1,838	32,48	200

Tafel 12.81 Von der Grundform abgeleitete einfache Weichen

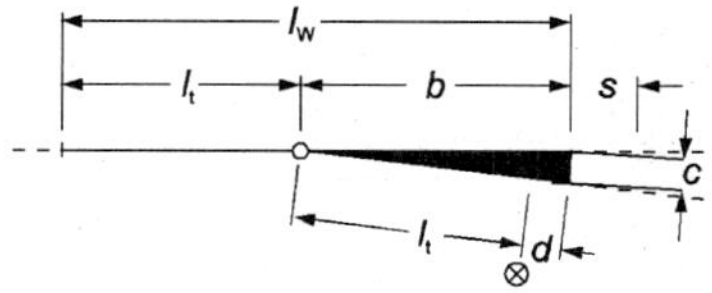

Einfache Weichen mit Bogenherzstück und verkürztem Zweiggleisbogen

Weiche	l_t	b	d	l_w	c	s	v
54 – 300 – 1 : 9/1 : 9,4 60 –	15,913	17,319	1,406	33,231	1,835	3,90 3,90	50
49 – 54 – 760 – 1 : 14/1 : 15 60 –	25,305	28,911	3,606	54,217	1,924	4,04 5,10 5,10	80
54 – 1200 – 1 : 18,5/1 : 19,277 60 –	31,104	33,713	2,609	64,818	1,747	9,90 9,94	100

Einfache Weichen mit Bogenherzstück und verlängertem Zweiggleisbogen

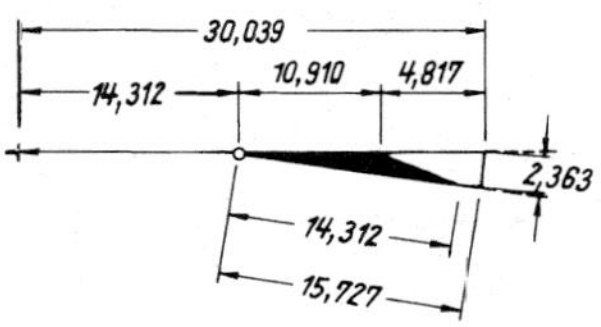

49 - 190 - 1 : 7,5/1 : 6,6

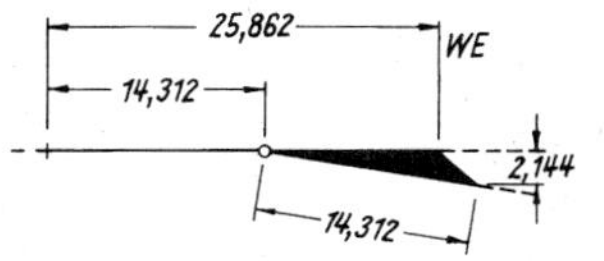

54 - 190 - 1 : 7,5/1 : 6,6

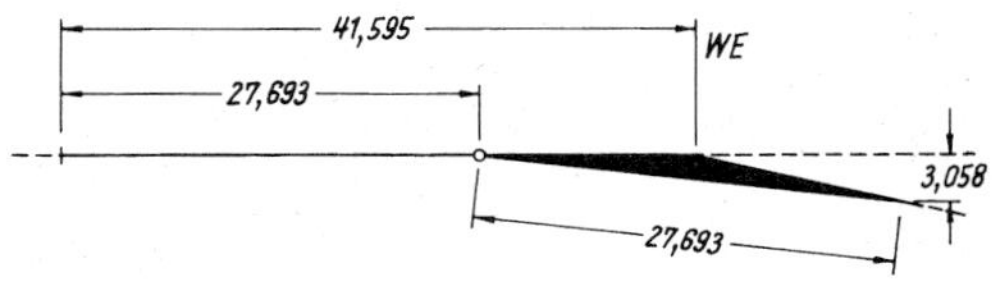

49 -
54 - 500 - 1 : 12/1 : 9

Tafel 12.82 Kreuzungen und Kreuzungsweichen

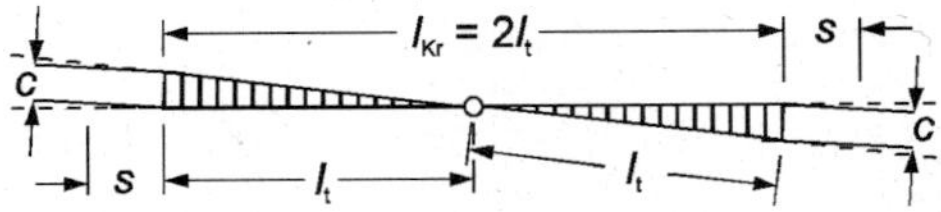

Kreuzungen mit starren Doppel-Herzstückspitzen

Kreuzung	l_t	l_{Kr}	c	s
49– 54– 1 : 9	16,615	33,230	1,838 1,838	4,00 3,90
49– 1 : 7,5	18,512	37,024	2,452	–
54– 1 : 7,5	13,251	26,502	1,755	3,30
49– 1 : 6,6	17,396	34,791	2,613	–
54– 1 : 6,964 (= 2 · 1 : 14)	12,690	25,380	1,808	3,30
54– 1 : 5,5	10,700	21,400	1,923	1,50
49– 1 : 4,444 (= 2 · 1 : 9)	10,908	21,815	2,409	–
54– 1 : 4,444 (= 2 · 1 : 9)	10,904	21,807	2,408	–
54– 1 : 3,683 (= 2 · 1 : 7,5)	9,448	18,896	2,498	–
49– 1 : 3,224 (= 2 · 1 : 6,6)	7,920	15,840	2,373	–
54– 1 : 3,224 (= 2 · 1 : 6,6)	7,920	15,840	2,373	–
49– 1 : 2,9 (= 3 · 1 : 9)	6,904	13,808	2,282	–
54– 1 : 2,9 (= 3 · 1 : 9)	6,904	13,808	2,282	–

Kreuzungen mit beweglichen Doppel-Herzstückspitzen

49– 54– 1 : 14 60–	24,537 27,108 27,108	49,074 54,217 54,217	1,749 1,933 1,933	6,57 5,10 5,10
49– 54– 1 : 18,5 60–	32,409	64,818	1,750	9,19 9,90 9,90

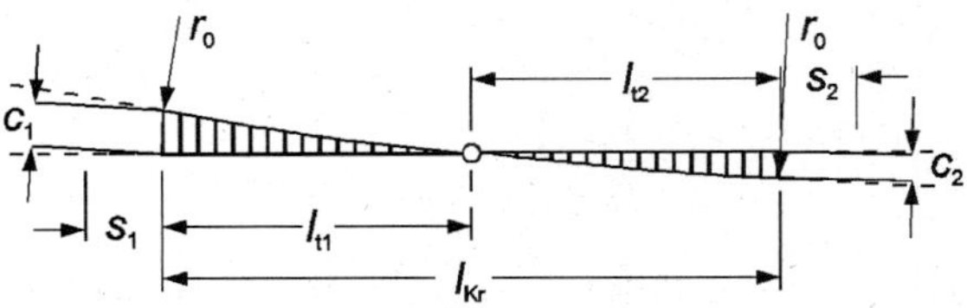

Bogen-Flachkreuzung

	l_{t1}	l_{t2}	l_{Kr}	c_1	c_2	s_1	s_2	v
49– 54– $\frac{1200}{\infty}$ – 1 : 11,515 60–	20,209	24,315	44,524	1,920	1,860	2,68 3,31 3,31	6,40	100

Kreuzungsweichen der Grundform 190 – 1 : 9 mit innen liegenden Zungenvorrichtungen

Einfache Kreuzungsweiche

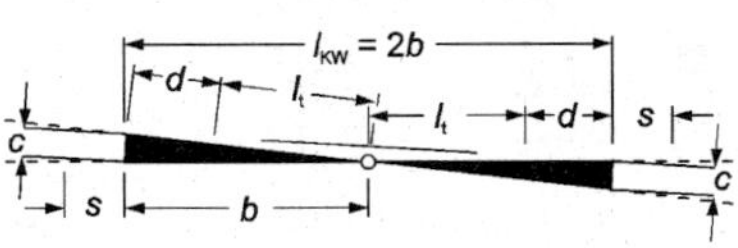

Doppelte Kreuzungsweiche

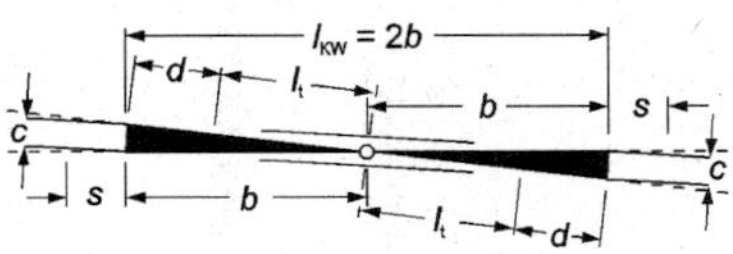

Weiche	l_t	b	d	l_{KW}	c	s	v
49– 190 – 1 : 9 54–	10,523	16,615	6,092	33,230	1,838	4,04 3,90	40

Kreuzungsweichen der Grundform 500 – 1 : 9 mit außen liegenden Zungenvorrichtungen

Einfache Kreuzungsweiche

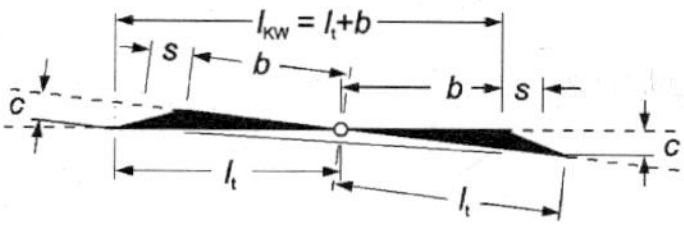

Doppelte Kreuzungsweiche

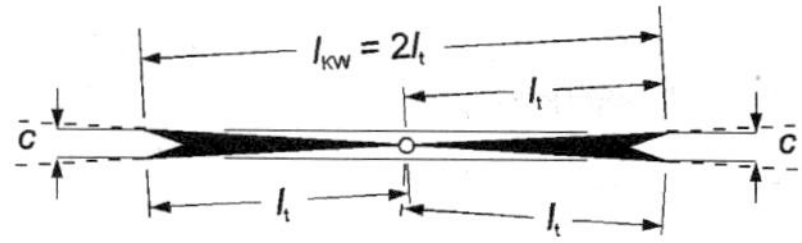

Weiche	l_t	b	d	l_{KW}	c	s	v
49 – 500 – 1 : 9 54 –	27,693	16,615	–	44,308	3,058	3,19 3,40	60
49 – 500 – 1 : 9 54 –	27,693	–	–	55,385	3,063	0	60

2.5 Gleisverbindungen mit einfachen Weichen

Bei der Planung von Gleisverbindungen zwischen geraden, parallelen Gleisen sind einfache Weichen in der Weise zu verwenden, dass zwischen den Weichenbogen eine ausreichend lange Zwischengerade verbleibt (Tafel 12.76). Die möglichen Anwendungsbereiche der Weichen sind in Abhängigkeit vom Gleisabstand in Abb. 12.83 angegeben.

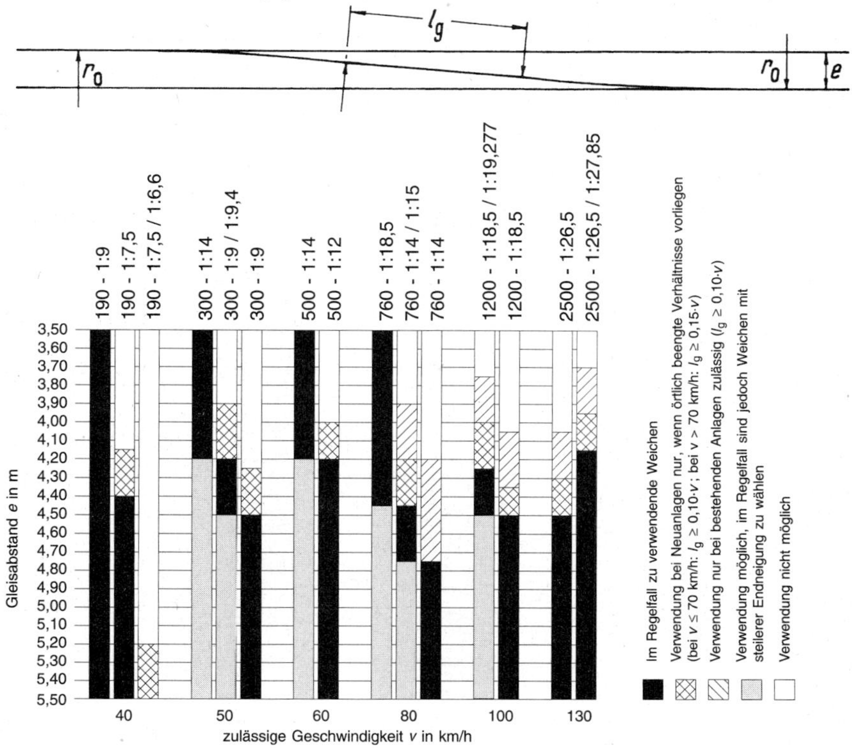

Abb. 12.83 Gleisverbindungen zwischen Parallelgleisen

3 Querschnittsgestaltung

3.1 Spurweite

Als Spurweite bezeichnet man den kleinsten Abstand zwischen den Innenflächen der Schienenköpfe im Bereich von 0 bis 14 mm unter Schienenoberkante (SO). Bei Regelspurbahnen beträgt sie im Grundmaß 1435 mm; sie darf 1430 mm nicht unterschreiten und 1465 mm bei Hauptgleisen von Hauptbahnen nicht überschreiten (bei Nebengleisen von Hauptbahnen bzw. bei Nebenbahnen ist der Grenzwert 1470 mm).

Um Zwängungen zu vermeiden, ist in Bogen mit kleinen Radien die Spurweite zu vergrößern. Die Spurerweiterung beginnt im Übergangsbogen und ist stufenweise, entsprechend der Zunahme der Krümmung, durch Abrücken des inneren Stranges herzustellen.

Tafel 12.84 Spurerweiterung in Abhängigkeit vom Bogenradius

Radius in m	175–150	150–125	125–100
Spurweite (Mindestmaß) in mm	1435	1440	1445
herzustellende Spurweite in mm	1440	1445	1450

3.2 Regellichtraum

Der Regellichtraum stellt den frei zu haltenden lichten Raum für die Durchfahrt der Fahrzeuge dar. Er wird gebildet aus dem Fahrzeugprofil zuzüglich Bewegungsspielraum und Sicherheitsabstand. Für jede Spurweite und Bahnart (Eisenbahn, Straßenbahn, U-Bahn usw.) bestehen gesonderte Regellichtraumprofile. Bei Neubauten von Regelspurbahnen ist der Regellichtraum nach EBO verbindlich. Für Anlagen im Bereich der Deutschen Bahn AG ist das Lichtraumprofil GC eingeführt (siehe unten). Bei bestehenden Anlagen darf das Profil bis zu den kinematischen Grenzlinien (Mindestlichtraum) eingeschränkt sein.

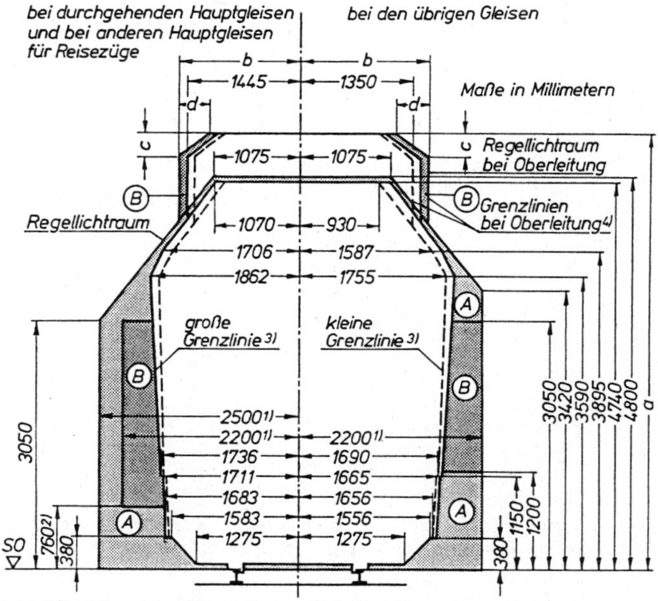

Die Maße beziehen sich auf die Verbindungslinie der Schienenoberkanten (SO) in Solllage
Unterer Teil der Grenzlinie siehe Abb. 12.85.
1), 2) Sonderregelungen für S-Bahnen siehe EBO.
3), 4) Fahrzeug- und bautechnische Einflussgrößen siehe EBO.

Abb. 12.84 Regellichtraum für Regelspurbahnen nach EBO einschließlich des Raums für den Durchgang der Stromabnehmer bei Oberleitung in der Geraden und in Bogen mit Radien $r \geq 250$ m (Erläuterungen zu den Bereichen A und B siehe nächste Seite.)

Bereich A: Zulässig sind Einragungen von baulichen Anlagen, wenn es der Bahnbetrieb erfordert (z. B. Bahnsteige, Rampen, Rangiereinrichtungen, Signalanlagen), sowie Einragungen bei Bauarbeiten, wenn die erforderlichen Sicherheitsmaßnahmen getroffen sind.

Bereich B: Zulässig sind Einragungen bei Bauarbeiten, wenn die erforderlichen Sicherheitsmaßnahmen getroffen sind.

Tafel 12.85a Maße des Regellichtraumes bei Oberleitungen in Gleisbogen mit Radien $r \geq 250$ m

Wechselstrom	Mindest-höhe	Halbe Mindestbreite b im Arbeitshöhenbereich des Stromabnehmers über SO				Abschrägung der Ecken	
Nennspannung	a	≤ 5300	über 5300 bis 5500	über 5500 bis 5900	über 5900 bis 6500	c	d
kV	mm						
15	5200	1430	1440	1470	1510	300	400
25	5340	1500	1510	1540	1580	335	447

Tafel 12.85b Vergrößerung des Regellichtraums in Gleisbogen mit Radien $r < 250$ m

Bogenradius	Erforderliche Vergrößerung der halben Breitenmaße des Regellichtraums an der Bogeninnenseite	an der Bogenaußenseite	bei Oberleitung
m	mm		
250	0	0	0
225	25	30	10
200	50	65	20
190	65	80	25
180	80	100	30
150	135	170	50
120	335	365	80
100	530	570	110

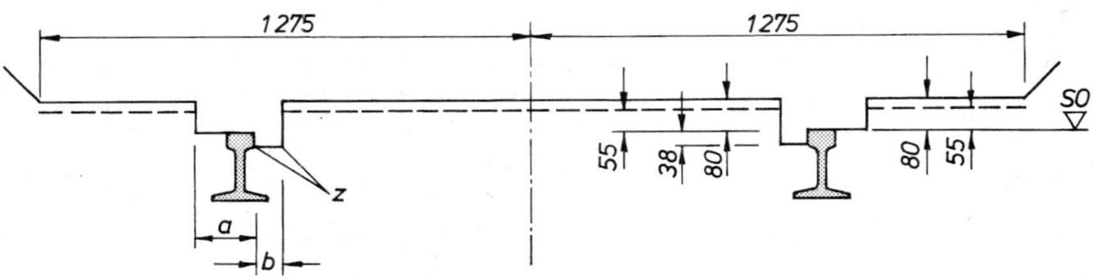

Maße in Millimetern

—— Grenzlinie in Gleisen ohne Neigungswinkel und im Abstand von mindestens 20 m vor Neigungsausrundungen

– – Grenzlinie in Gleisen mit Neigungswechseln, die mit $r_a \geq 2000$ m ausgerundet sind

Auf einer Länge von 20 m vor Neigungsausrundungen dürfen die Höhen zwischen $h = 80$ mm und $h = 55$ mm geradlinig eingeschaltet werden.

Abb. 12.85 Unterer Teil der Grenzlinie des Regellichtraums für Gleise, die von allen Fahrzeugen befahren werden dürfen (gilt auch für Abb. 12.86a und b)

$a \geq$ 150 mm für unbewegliche Gegenstände, die nicht fest mit der Schiene verbunden sind
$a \geq$ 135 mm für unbewegliche Gegenstände, die fest mit der Schiene verbunden sind
$b =$ 41 mm für Einrichtungen, die das Rad an der inneren Stirnfläche führen
$b \geq$ 45 mm an Bahnübergängen und Übergängen (§ 11 Abs. 1 der EBO)
$b \geq$ 70 mm für alle übrigen Fälle

z Ecken, die ausgerundet werden dürfen

Die Höhenmaße der Grenzlinien beziehen sich auf die Verbindungslinie der Schienenoberkanten (SO) in Istlage (Berücksichtigung der Schienenabnutzung).

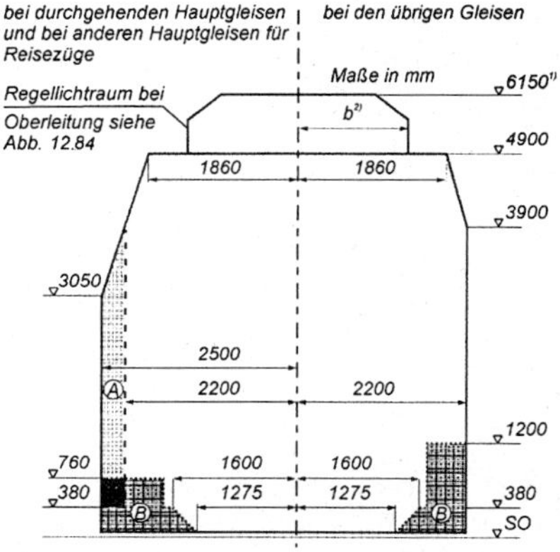

Abb. 12.86a Lichtraumprofil GC für den Bereich der Deutschen Bahn AG für Radien $r \geq 250$ m

[1] und [2] Maße entsprechend Tafel 12.85a

Bereich A:

Zwischen Streckengleisen und durchgehenden Hauptgleisen darf dieser Raum für Streckenausrüstungen genutzt werden.

Bereich B:

Raum für bauliche Anlagen, wie z. B. Bahnsteige, Rampen, Rangiereinrichtungen, Signalanlagen. Die jeweiligen Einbaumaße sind den Regelzeichnungen zu entnehmen.

Bei Bauarbeiten dürfen auch andere Gegenstände hineinragen (z. B. Baugerüste, Baugeräte, Baustoffe), wenn die erforderlichen Sicherheitsmaßnahmen getroffen sind. Diese können z. B. der Ausschluss von Lü-Sendungen und das Herabsetzen der Geschwindigkeit sein.

Bei allen Neubauten und umfassenden Umbauten an Gleisen im Netz der Deutschen Bahn AG muss das Lichtraumprofil GC nach Abb. 12.86a, das gegenüber dem Regelprofil der EBO eine Verbreiterung vorsieht, hergestellt werden; bei sonstigen Baumaßnahmen ist es anzustreben.

Dieses Lichtraumprofil berücksichtigt auch eine nachträgliche Hebung der SO aus der Sollhöhe infolge von Unterhaltungsarbeiten am Oberbau und einen Zuschlag für Gradientenausrundungen.

Für Überführungsbauwerke sind die erforderlichen lichten Maße in Tafel 12.86 angegeben.

Tafel 12.86 Lichte Weiten und lichte Höhen bei Überführungsbauwerken

		lichte Weite l_w in m ≥ Planumsbreite der freien Strecke		lichte Höhe h_l, in m über SO bei elektrifizierten Strecken[2]	
		eingleisige Strecke	zweigleisige Strecke	Kettenwerk im Normalbereich	Kettenwerk im Nachspannbereich
Ausbaustrecken	$v \leq 160$	6,60	10,60[1]	5,70[3]	6,15[3]
Ausbaustrecken	$160 < v \leq 200$	7,60	11,60[1]	5,90[3]	6,40[3]
Neubaustrecken	$v \leq 300$	7,60	12,10[1]	6,70[4]	7,20[4]
				7,40[5]	7,90[5]

[1] Zuschlag bei Überhöhung
[2] bei nichtelektrifizierten Strecken: $h \geq 4{,}90$ m (Zuschl. bei Überhöhung)
[3] Zuschlag: 2/3 der Überhöhung, 1,5 mm je 1 ‰ Längsneigung
[4] Systemhöhe des Kettenwerks 1,10 m
[5] Systemhöhe des Kettenwerks 1,80 m

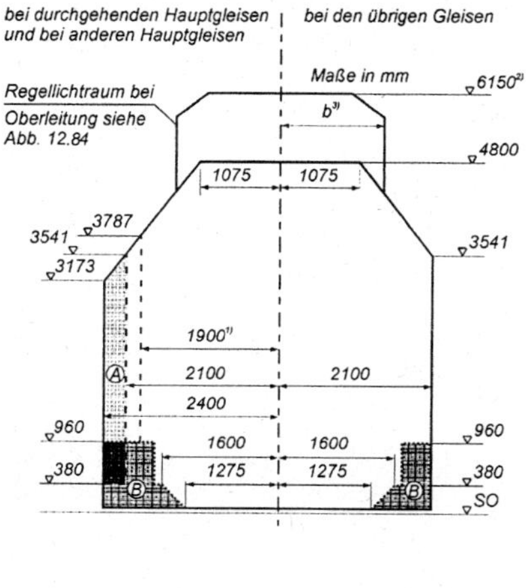

Auf Strecken mit reinem S-Bahn-Betrieb ist das S-Bahn-Lichtraumprofil mit Regellichtraum für Strecken mit Oberleitung nach Abb. 12.86b freizuhalten:

[1] In Tunneln, sofern besondere Fluchtwege vorhanden sind.
[2] und [3] Maße entsprechend der Tafel 12.85a.

Abb. 12.86b S-Bahn-Lichtraumprofil für Radien $r \geq 250$ m

Bereiche A und B siehe Erläuterungen zu Abb. 12.86a

3.3 Gleisabstand

Auf der freien Strecke sind in der Geraden und in Bogen mit $r \geq 250$ m folgende Regelgleisabstände herzustellen (Gleisabstand e, gemessen horizontal zwischen Gleismitten):

- für Ausbaustrecken mit $v_e \leq 200$ km/h 4,00 m,
- für Neubaustrecken mit $v_e \leq 300$ km/h 4,50 m,
- für S-Bahn-Strecken mit $v_e \leq 120$ km/h 3,80 m.

Beim Ausbau vorhandener Strecken kann der Gleisabstand von 4,00 m bis zu einer Entwurfsgeschwindigkeit $v_e = 230$ km/h beibehalten werden, vorausgesetzt, die hohen Geschwindigkeiten werden nur von aerodynamisch günstig gestalteten Zügen (ICE-Züge) gefahren.

In Bahnhöfen sind bei Neubauten mindestens 4,50 m Gleisabstand anzuwenden; durchgehende Hauptgleise dürfen jedoch im Gleisabstand der freien Strecke durch den Bahnhof geführt werden, wenn die Herstellung von 4,50 m Gleisabstand erhebliche Mehrkosten verursacht. Bei kurzen Schutzgleisen sind 3,80 m zulässig.

Der Mindestgleisabstand ergibt sich aus der Addition der halben Breitenmaße der Grenzlinien. Liegen die Gleise in Bogen mit Radien $r < 250$ m, so sind für die angegebenen Gleisabstände Vergrößerungen nach Tafel 12.87 vorzunehmen.

Tafel 12.87 Vergrößerung des Gleisabstands in Bogen mit Radien $r < 250$ m

Radius in m	250	225	200	180	150	120	100
Vergrößerung in mm	0	50	120	180	300	700	1100
Zwischenwerte dürfen linear eingeschaltet werden.							

Bei Gleisen mit gleicher Überhöhung sind die Gleisabstände nach Abb. 12.87 zu ermitteln.

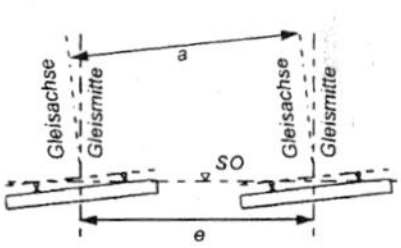

$$e = a + a \cdot \frac{0{,}005}{150} \cdot u$$

a, e in m, u in mm

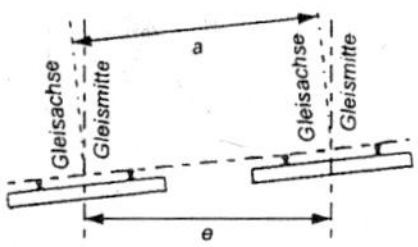

$$e = a - a \cdot \frac{0{,}005}{150} \cdot u$$

a, e in m, u in mm

a Gleisabstand in nicht überhöhten Gleisen

Abb. 12.87 Horizontaler Gleisabstand bei Gleisen mit gleicher Überhöhung

Hat das äußere Gleis eine größere Überhöhung (u_a) als das innere Gleis (u_i), so ist der Mindestgleisabstand zu vergrößern um das Maß:

$$\Delta e = \frac{3{,}53}{1{,}50} \cdot (u_a - u_i) \quad \text{in mm}$$

Sind Zwischenwege erforderlich (nach jedem zweiten Gleis), so sollen, soweit keine Mastgassen angelegt werden, folgende Gleisabstände vorgesehen werden:

- zwischen Hauptgleisen
  bei $v_e \leq 160$ km/h 5,80 m
  bei $v_e > 160$ km/h auf einem der beiden Gleise 6,30 m
  bei $v_e > 160$ km/h auf beiden Gleisen 6,80 m
  bei S-Bahnen ($v_e \leq 120$ km/h) 5,40 m
- zwischen durchgehenden Hauptgleisen und Überholungsgleisen
  bei $v_e \leq 160$ km/h im durchgehenden Hauptgleis 5,00 m[1)]
  bei $v_e > 160$ km/h im durchgehenden Hauptgleis 5,50 m[1)]
- zwischen Hauptgleis und Nebengleis ($v \leq 50$ km/h)
  bei Hauptgleisen mit $v_e \leq 160$ km/h 5,30 m
  bei Hauptgleisen mit $v_e > 160$ km/h 5,80 m
- zwischen Nebengleisen, die nur mit Rangiergeschwindigkeit befahren werden 4,50 m

1) Fahrzeugbewegung nur in einem Gleis vorausgesetzt.

3.4 Fahrbahnquerschnitt

Fahrbahnquerschnitte leiten sich aus den maßgebenden Lichtraumprofilen und der Zahl und Anordnung der Gleise her (vgl. D 800.0130 der DB AG). Für den zweigleisigen Standardquerschnitt mit Schotterbett (Ausbaustrecken $160 < v_e \leq 200$ km/h) gibt Abb. 12.88a die Regelmaße an. Die Konstruktionshöhe der Fahrbahn beträgt bei Schotterbett 0,70 m und bei fester Fahrbahn 0,50 bis 0,70 m.

Bei zwei- und mehrgleisigen Strecken sollen in Gleisen mit Überhöhung die nicht überhöhten Schienen auf gleicher Höhe liegen (einheitliche Achshöhe).

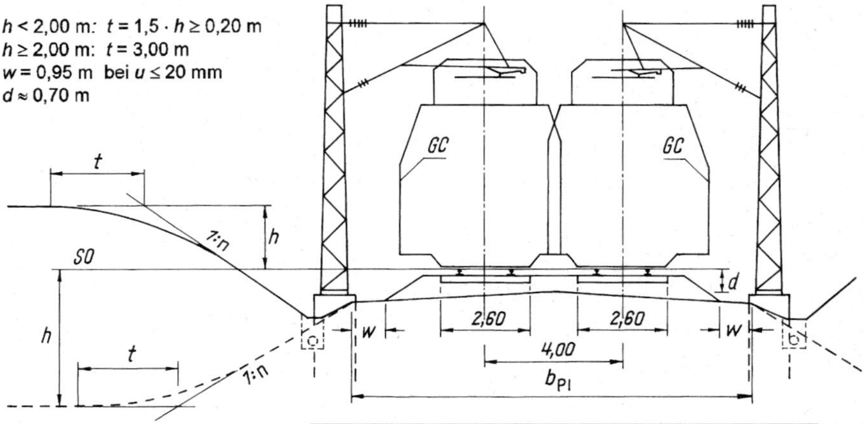

u in mm:	0 und 20	25 bis 50	55 bis 100	105 bis 160
b_{Pl} in m:	11,60	11,70	11,80	11,90

Abb. 12.88a Regelquerschnitt für Ausbaustrecken ($160 < v_e \leq 200$ km/h)

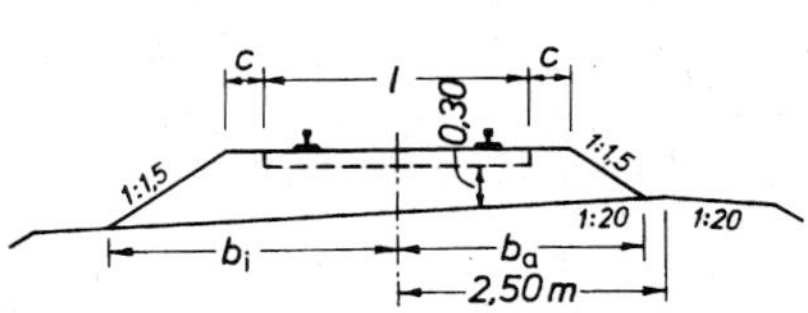

Bettungsquerschnitt für eingleisige Strecken ohne Überhöhung

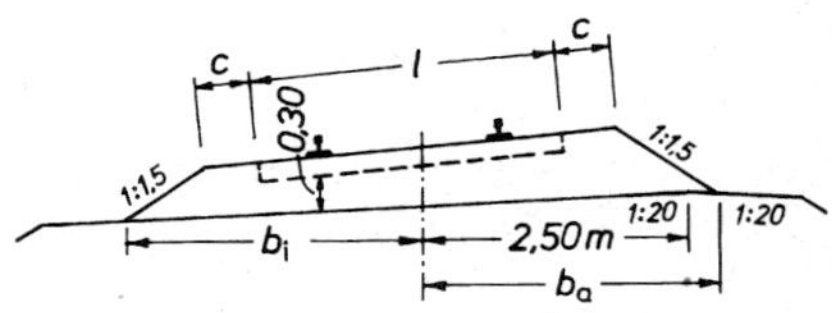

Bettungsquerschnitt für eingleisige Strecken mit 150 mm Überhöhung

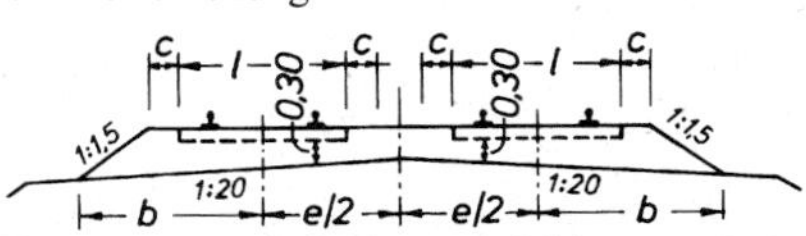

Bettungsquerschnitt für zweigleisige Strecken ohne Überhöhung

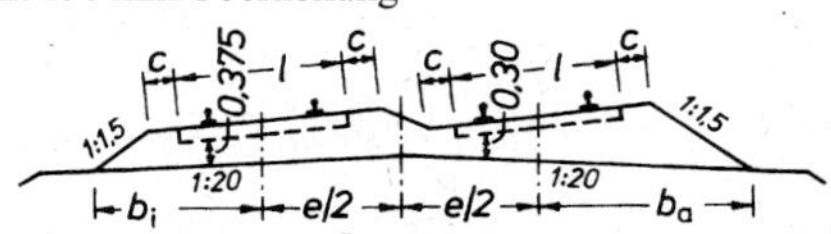

Bettungsquerschnitt für zweigleisige Strecken mit 150 mm Überhöhung (bogeninnere Schienen auf gleicher Höhe)

Abb. 12.88b Regelquerschnitt für Schotteroberbau ($v_e \leq 200$ km/h)

l Schwellenlänge = 2,60 m

c Schotterbreite vor den Schwellenköpfen — $c = 0{,}40$ m bei $v \leq 160$ km/h; $c = 0{,}50$ m bei $v > 160$ km/h

e Gleisachsabstand

b_i bzw. b_a Abstand Gleisachse – Bettungsfußpunkt für die Planung

Das Planum bzw. das Erdplanum ist bei zweigleisigen Strecken mit dachförmigem, bei eingleisigen Strecken mit einseitig geneigtem Profil herzustellen. Das einseitig geneigte Planum soll in Kurven nach der Innenseite des Bogens verlaufen. Die Querneigung beträgt 5 %, bei Fester Fahrbahn mindestens 2,5 %. Die zu wählenden Planumsbreiten sind in Tafel 12.89a, die Abstände der Planumskanten und die Abstände fester Anlagen von Gleismitte sind in Tafel 12.89b und Tafel 12.89c angegeben.

Tafel 12.89a Planumsbreiten

Überhöhung	eingleisige Strecken			zweigleisige Strecken			
	Fernbahnen		S-Bahnen	Fernbahnen			S-Bahnen
u	$v_e \leq 200$	$v_e > 200$	$v_e \leq 120$	$v_e \leq 160$	$160 < v_e \leq 200$	$v_e > 200$	$v_e \leq 120$
0 und 20	6,60 m	7,60 m	6,10 m	10,60 m	11,60 m	12,10 m	10,20 m
25 bis 50	6,60 m	7,60 m	6,20 m	10,70 m	11,70 m	12,20 m	10,30 m
55 bis 100	6,60 m	7,60 m	6,30 m	10,80 m	11,80 m	12,30 m	10,40 m
105 bis 160	6,60 m	7,60 m	6,40 m	10,90 m	11,90 m	12,40 m	10,50 m
u in mm, v_e in km/h							

Tafel 12.89b Abstände der Planumskanten und Abstände zu Kunstbauwerken von Gleismitte bei Ausbau- und Neubaustrecken

Überhöhung	Ausbau- und Neubaustrecken					
	eingleisige Strecken		zweigleisige Strecken			
	$v_e \leq 160$	$v_e > 160$	$v_e \leq 160$ Bogenseite		$v_e > 160$ Bogenseite	
u			innen	außen	innen	außen
0 und 20	3,30 m	3,80 m	3,30 m	3,30 m	3,80 m	3,80 m
25 bis 50	3,30 m	3,80 m	3,30 m	3,40 m	3,80 m	3,90 m
55 bis 100	3,30 m	3,80 m	3,30 m	3,55 m	3,80 m	4,00 m
105 bis 160	3,30 m	3,80 m	3,30 m	3,70 m	3,80 m	4,20 m
u in mm, v_e in km/h						

Tafel 12.89c Abstände der Planumskanten und Abstände zu festen Anlagen von Gleismitte bei S-Bahnen

Überhöhung u	S-Bahnstrecken					
	eingleisige Strecken		zweigleisige Strecken			
			Bogenseite		Bogenseite	
			innen	außen	innen	außen
0 und 20	3,20 m	3,20 m	2,90 m[1)]	2,90 m[1)]	3,20 m	3,20 m
25 bis 50	3,20 m	3,30 m	2,90 m[1)]	3,00 m[1)]	3,20 m	3,30 m
55 bis 100	3,20 m	3,40 m	2,90 m[1)]	3,10 m[1)]	3,20 m	3,40 m
105 bis 160	3,20 m	3,50 m	2,90 m[1)]	3,20 m	3,20 m	3,50 m
u in mm, v_e in km/h						
1) Nur bei festen Anlagen mit geringer Längenentwicklung (z. B. Masten), sonst 3,20 m.						

4 Fahrbahnkonstruktion

4.1 Aufbau der Fahrbahn

Beim konstruktiven Aufbau der Fahrbahn unterscheidet man Oberbau (Gleisrost, Schotterbettung und Planumsschutzschicht – PSS), Unterbau (Frostschutzschicht – FSS und Dammschüttung) und Untergrund (gewachsener Boden) (vgl. Abb. 12.90).

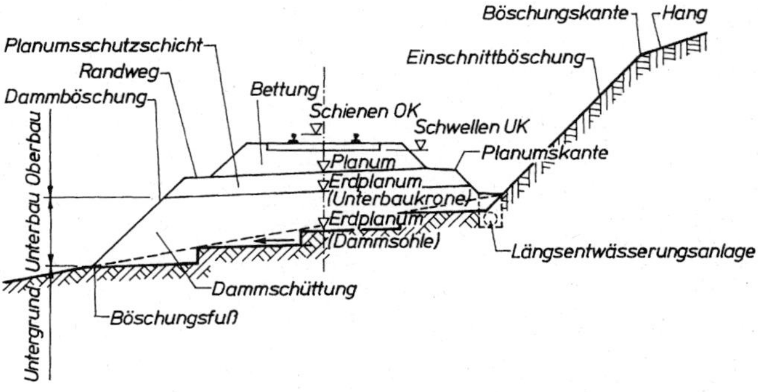

Abb. 12.90 Aufbau und Bezeichnungen des Bahnkörpers

Um die hohen dynamischen Beanspruchungen aufnehmen zu können, müssen die Lasten verteilt und verträglich in den Unterbau bzw. Untergrund abgetragen werden. Voraussetzung hierfür ist:

- stabiler Gleisrost mit tragfähigen Schienen und Befestigungskonstruktionen (Schienen S49, S54, UIC 60 mit Oberbauarten K, KS, W/WK auf Holz- und Betonschwellen; Schwellenabstand von 0,60 m bei Gleisen 1. Ordnung bis 0,70 m bei Gleisen 2. und 3. Ordnung)
- für vertikale und horizontale Lastaufnahme ausreichend dimensionierte Schotterbettung (Bettungsdicke 0,30 m bzw. 0,35 m bei $v > 200$ km/h, Vorkopfschotter 0,40 m bei $v \leq 160$ km/h und 0,50 m bei $v > 160$ km/h)
- tragfähiger Schichtenaufbau (Verdichtung D_{Pr}, Verformungsstabilität E_{v2}; vgl. Abschn. 4.4)
- frostsichere Konstruktion (Planumsschutzschicht und Frostschutzschicht $d = 0{,}70$ m, weitgestuftes Material, das dem Frostkriterium von *Casagrande* genügt)
- filterstabile Schichtenfolge (Aufbau nach der Filterregel von *Terzaghi:* $d_{15,\text{Filter}} \leq 4 \cdot d_{85,\text{Boden}}$; (Verhinderung des Eindringens feinerer Bodenteile in die filternde Schicht)
- wasserabweisendes Planum (vgl. Abschnitt 4.5).

Wegen des hohen Unterhaltungsaufwands von Fahrbahnen mit Schotterbett („schwimmender Gleisrost“) sind Fahrbahnen mit „festem“ Aufbau entwickelt worden. Bei diesen Fahrwegkonstruktionen tritt an die Stelle des Schotterbetts eine Tragplatte aus Beton oder Asphalt. Trotz der hohen Baukosten lässt das günstige Langzeitverhalten der Festen Fahrbahn eine höhere Wirtschaftlichkeit gegenüber der Schotterfahrbahn erwarten.

4.2 Gleisrost und Schotterbett

Im Gleisnetz der deutschen Eisenbahnen sind in den Hauptgleisen (Gleise 1. Ordnung) in der Regel die Schienenprofile UIC 60 und S 54 eingebaut. In Gleisen mit geringer Belastung (2. und 3. Ordnung) werden auch noch Schienen mit Profil S 49 verwendet (Abb. 12.91a). Sie werden auf Holz- oder Spannbetonschwellen (versuchsweise auch auf Y-Stahlschwellen) mit standardisierten „Oberbaubefestigungen“ montiert.

Für Hauptbahnen sind die Oberbauarten K, KS, W/WK gebräuchlich (Abb. 12.91b).

Schotter besteht vorwiegend aus schlagfestem Basalt der Körnung 1 (25 bis 65 mm), der die technischen Lieferbedingungen TL 91 861 erfüllen muss.

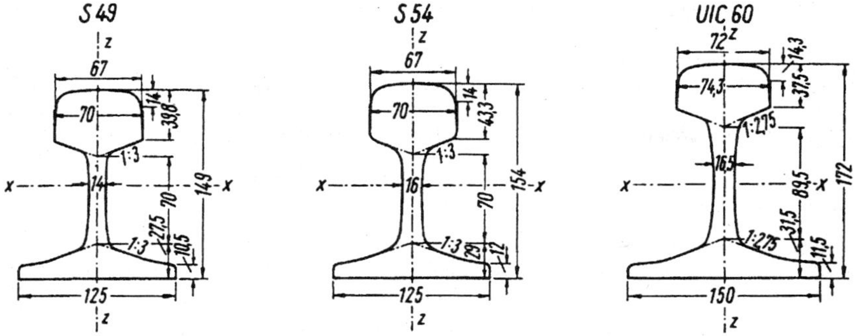

S 49

Querschnitt	A	$= 6297\ mm^2$
Gewicht	G	$= 49{,}43\ kg/m$
Flächenmoment 2. Grades	I_x	$= 1819\ cm^4$
	I_z	$= 320\ cm^4$
Widerstandsmoment	W_x	$= 240\ cm^3$
Widerstandsmoment	W_z	$= 51\ cm^3$

$$\frac{\text{Höhe}}{\text{Fußbreite}} = 1{,}19$$

S 54

Querschnitt	A	$= 6948\ mm^2$
Gewicht	G	$= 54{,}5\ kg/m$
Flächenmoment 2. Grades	I_x	$= 2073\ cm^4$
	I_z	$= 359\ cm^4$
Widerstandsmoment	W_x	$= 262\ cm^3$
Widerstandsmoment	W_z	$= 51\ cm^3$

$$\frac{\text{Höhe}}{\text{Fußbreite}} = 1{,}23$$

UIC 60

Querschnitt	A	$= 7686\ mm^2$
Gewicht	G	$= 60{,}34\ kg/m$
Flächenmoment 2. Grades	I_x	$= 3055\ cm^4$
	I_z	$= 512{,}9\ cm^4$
Widerstandsmoment	W_x	$= 335{,}5\ cm^3$
Widerstandsmoment	W_z	$= 68{,}4\ cm^3$

$$\frac{\text{Höhe}}{\text{Fußbreite}} = 1{,}15$$

Abb. 12.91a Schienenprofile

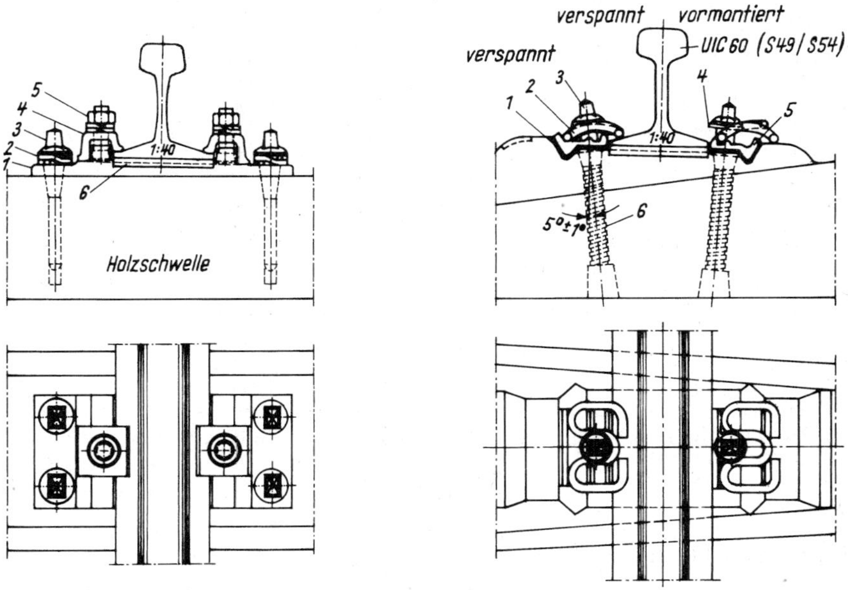

1 Rippenplatte
2 Federring
3 Schwellenschraube
4 Klemmplatte (bei KS-Oberbau: Spannklemme)
5 Hakenschraube
6 Kunststoffzwischenlage

1 Isoliereinlage
2 Spannklemme
3 Schwellenschraube
4 Unterlagscheibe
5 Winkelführungsplatte
6 Schraubdübel

Abb. 12.91b Oberbauart K (Holzschwelle) und Oberbauart W (Betonschwelle)

4.3 Feste Fahrbahn

Die Feste Fahrbahn (FF) ist eine Oberbaukonstruktion, bei der anstelle des elastisch einfedernden Schotterbetts eine steife Beton- oder Asphalttragplatte (BTS/ATS) tritt. Diese ist auf einer hydraulisch gebundenen Tragschicht (HGT) gelagert, die über der Frostschutzschicht (FSS) eingebaut wird. An die Formstabilität der Auflage (Unterbau, Untergrund) werden hohe Anforderungen gestellt (vgl. Abschn. 4.4). Die beim Rad-Schiene-System erforderliche Elastizität der Schienenlagerung wird bei der Festen Fahrbahn konstruktiv durch den Einbau genau definierter elastischer Unterlagen beim Auflagerpunkt der Schiene oder unter der Schwelle erreicht.

Die zahlreich entwickelten Systeme lassen sich in folgende Gruppen fassen:

- Monolithische Systeme, bei denen die Stützpunkte für die Schienenbefestigung direkter Bestandteil der Betontragschicht sind (z. B. die Bauart RHEDA mit in die Tragschicht einbetoniertem Gleisrost oder die Bauart HOCHTIEF mit Einzelstützpunkten, die auf die Tragschicht aufbetoniert sind, Abb. 12.92a).
- Aufgelagerte Systeme, bei denen der Gleisrost auf der höhengenau hergestellten Asphalt- oder Betontragschicht aufgelagert und mit dieser kraftschlüssig verbunden wird (z. B. die Bauart ATD-Asphalttragschicht mit Direktauflagerung oder die Bauart FFYS mit Y-Stahlschwellen auf Asphalttragschicht, Abb. 12.92b).
- Systeme mit kontinuierlich aufgelagerten Schienen (z. B. die Bauart INFUNDO, Abb. 12.92c). Diese Systeme sind bisher in Deutschland bei Eisenbahnen noch nicht eingesetzt worden.

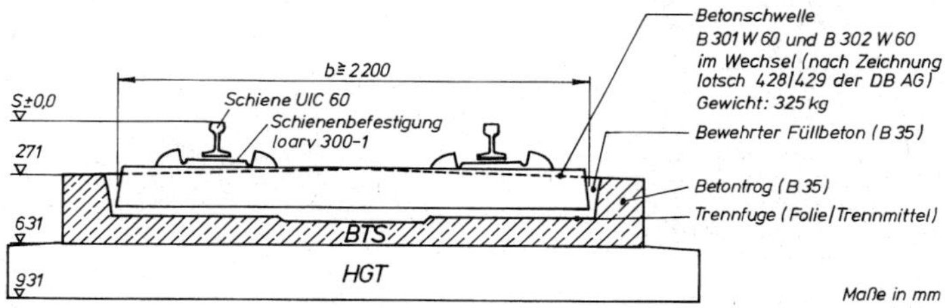

Abb. 12.92a Konstruktionsprinzip der monolithischen Systeme (Bauart RHEDA)

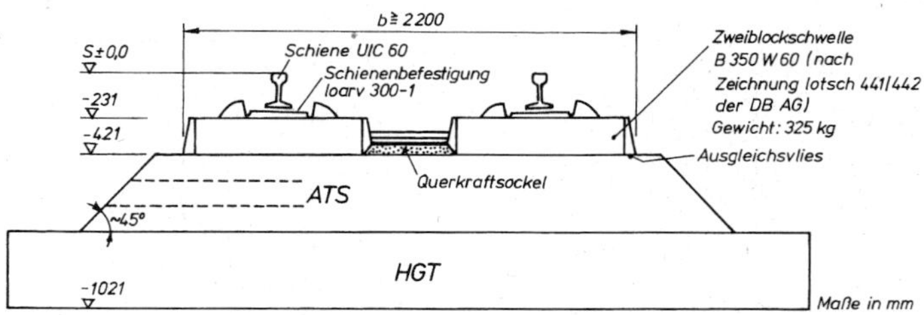

Abb. 12.92b Konstruktionsprinzip der aufgelagerten Systeme (Bauart ATD)

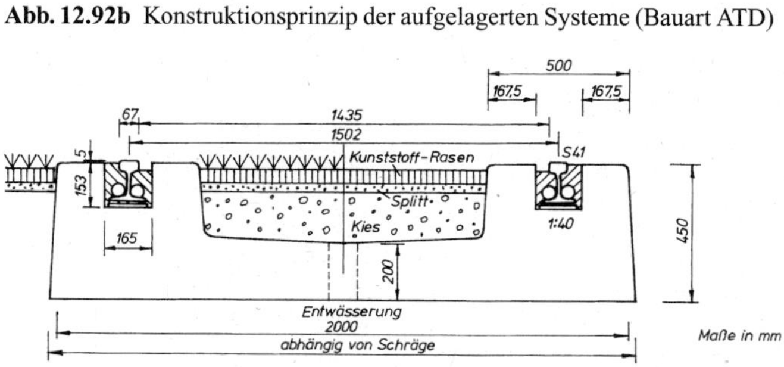

Abb. 12.92c Konstruktionsprinzip der kontinuierlich aufgelagerten Schienen (Bauart INFUNDO)

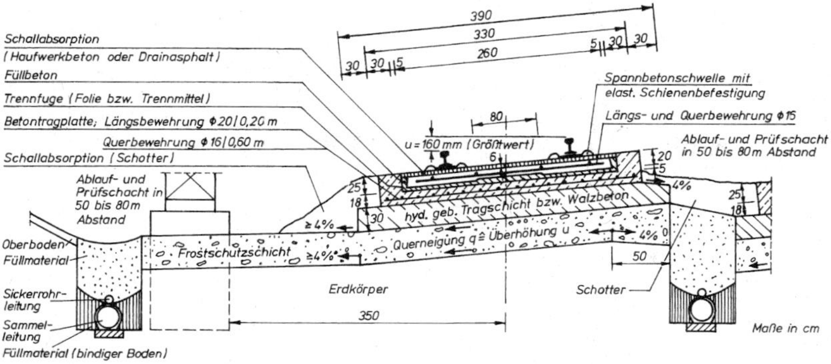

Abb. 12.93a Konstruktionsdetails der modifizierten Bauart RHEDA

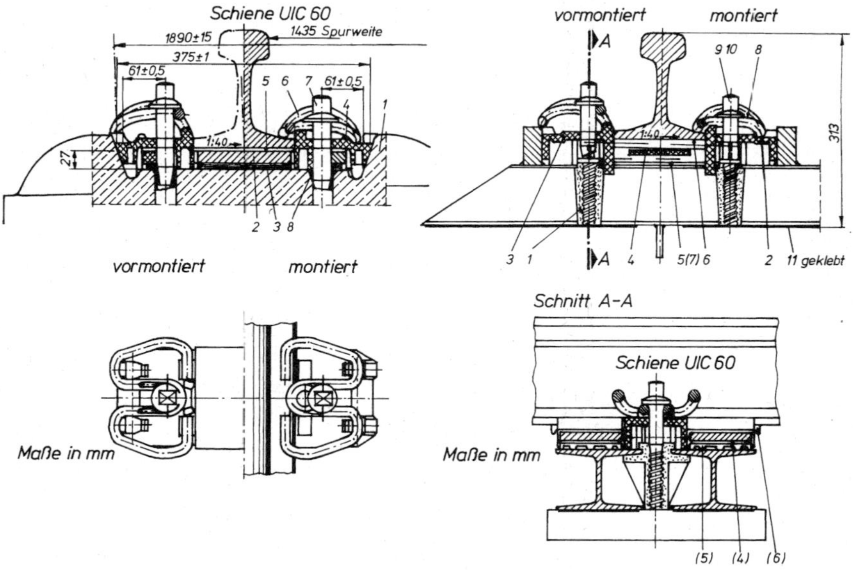

Befestigung auf Betonschwelle (BTS)

1 Betonschwelle
2 Grundplatte
3 Zwischenplatte
4 Winkelführungsplatte
5 Zwischenlage (2–12 mm)
6 Spannklemme
7 Schwellenschraube
8 Schraubdübel

Befestigung auf Y-Stahlschwelle (ATS)

1 Dübel
2 Führungsplatte innen
3 Führungsplatte außen
4 Neigungsplatte
5 elastische Zwischenplatte
6 Zwischenlage
7 Höhenausgleichplatte
8 Spannklemme
9 Schwellenschraube
10 Unterlage

Abb. 12.93b Höhen- und seitenverstellbare Schienenbefestigungen für Feste Fahrbahnen

4.4 Erdkörper

Für die Erdschüttung einschließlich FSS und PSS sind nachstehende Mindestanforderungen an Verformungsfestigkeit und Verdichtung gestellt. Die Böschungsneigung beträgt bei Dammschüttungen maximal 1 : 1,5, bei Einschnitten ist sie aufgrund von Standsicherheitsberechnungen festzulegen. Eine bessere Eingliederung des Bahnkörpers in die Landschaft wird durch „Böschungsmodellierung" erzielt.

Tafel 12.94 Mindestanforderungen an Planum und Erdplanum bei Schotteroberbau

Streckenart		Planum		Erdplanum (Unterbaukrone)		Mindestdicke der Frostschutzschicht einschl. Planumsschutzschicht cm
		E_{v2} MN/m²	D_{pr}	E_{v2} MN/m²	D_{pr}	
Neubau	durchgehende Hauptgleise von Hauptbahnen (außer S-Bahnen)	120	1,03	80	1,00	70
Neubau	durchgehende Hauptgleise von S-Bahnen und Nebenbahnen	100	1,00	60	0,97	60
Neubau	übrige Gleise	80	0,97	45	0,95	50
Erhaltung von bestehenden Eisenbahnstrecken		50	0,95	20	0,93	30

Mindestanforderungen an die Verdichtung von Dämmen bei Schotteroberbau

Anforderungen bei Neubau durchgehender Hauptgleise von Hauptbahnen bei Dämmen aus grobkörnigen Bodenarten, Dammhöhe $h > 2{,}00$ m

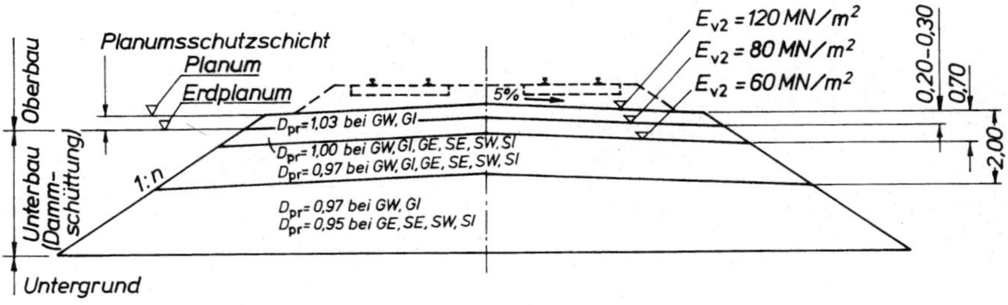

Anforderungen bei Erhaltung bestehender Eisenbahnstrecken bei Dämmen aus grob-, gemischt- oder feinkörnigen Bodenarten, Dammhöhe $h > 2{,}00$ m

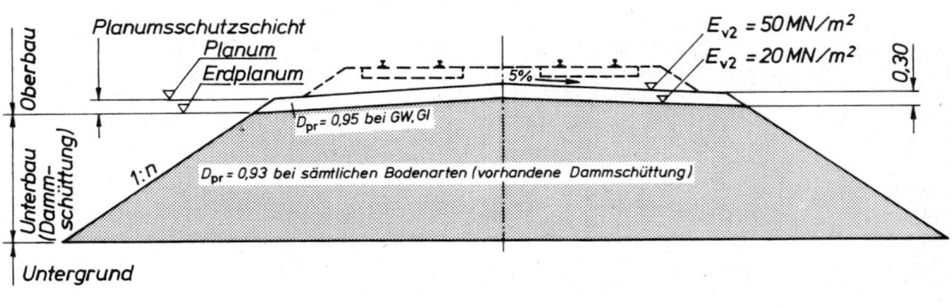

Tafel 12.95 Mindestanforderungen an Tragschichten, Planum und Erdplanum bei Fester Fahrbahn

	Qualitätsforderungen			
Tragschicht	NBS	ABS	Einbaudicke	Norm[2]
BTS	Festigkeitsklasse: B 35, Bewehrungsanteil[1]: 0,8–0,9 % des Betonquerschnittes, mittige Lage		abhängig von der Bemessung (ca. 200 mm)	ZTVT – St B95
ATS[3]	Bindemittel B 80 oder B 65, obere Lage PmB 65		abhängig von der Bemessung (ca. 300 mm)	ZTVT-FF-A96
HGT[4]	Notwendigkeit ergibt sich aus der Oberbauberechnung.		bei Erfordernis (ca. 300 mm)	ZTVT – St B 95
FSS	E_{v2} = 120 MN/m²	E_{v2} = 100 MN/m²	erforderliche erdbautechnische Absicherung unter SO NBS: ≥ 3,00 m ABS: ≥ 2,50 m	für E_{v2}: Verformungsmodul nach DIN 18 134
Erdplanum	E_{v2} = 60 MN/m²	E_{v2} = 45 MN/m²		

[1] Bei Brücken gemäß statischer Berechnung.
[2] Die jeweils aktuelle Norm ist zu beachten.
[3] Einbau in mehreren Lagen.
[4] Die HGT kann ggf. durch eine zweilagige FSS, deren obere Schicht als eine STS ausgebildet ist, ersetzt werden.

Schichtenaufbau und Anforderungen an die Verdichtung bei Fester Fahrbahn

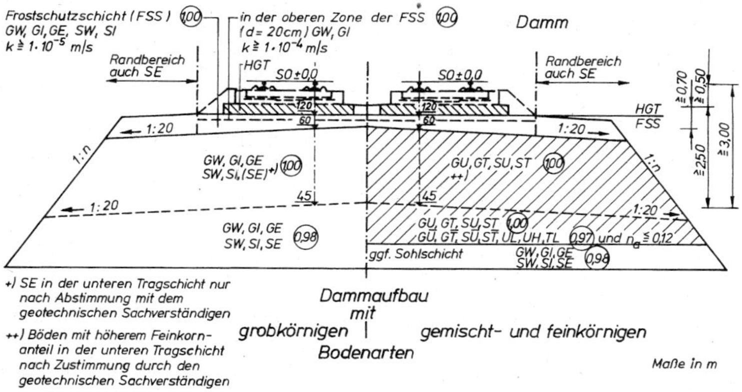

120 E_{v2} Verformungsmodul nach DIN 18134 aus der Zweitbelastung mit Lastplatte Φ 300 mm (Mindestwert in MN/m²)
0,98 D_{Pr} Verdichtungsgrad nach DIN 18 127 (Mindestwert)
n_a Anteil der luftgefüllten Poren
GW, GI usw. Kurzbezeichnungen für Bodengruppen nach DIN 18 196
k Durchlässigkeitsbeiwert

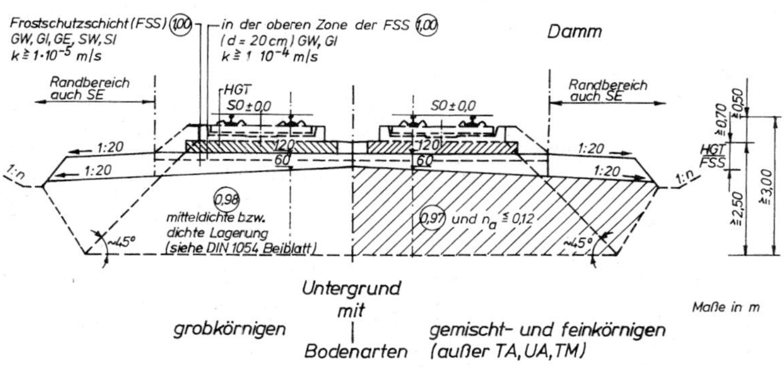

4.5 Entwässerungsanlagen

Für die Stabilität des Bahnkörpers ist entscheidend, dass sowohl das Oberflächen- als auch das Grund- und Sickerwasser vom Unterbau ferngehalten wird. Folgende Maßnahmen stellen dies sicher:

- Das Planum erhält eine Querneigung von 1:20 (s. Regelprofile Abb. 12.88b), und die Planumsschutzschicht wird wasserdicht ausgelegt ($k \leq 10^{-6}$ m/s).
- Bahngräben oder -mulden, bei geländegleicher oder Einschnittlage des Bahnkörpers angelegt, leiten vom Planum bzw. von der Böschung zufließendes Oberflächenwasser ab.
- Tiefenentwässerungen dienen der Absenkung des Grundwasserspiegels oder dem Abfangen und Ableiten von Sickerwasser.

In der Regel wird als offene Entwässerungsanlage ein unbefestigter Graben nach Abb. 12.96a hergestellt. Die Sohle soll mindestens 0,40 m breit sein und mindestens 0,40 m unter der Planumskante liegen. Bei einem Sohlgefälle $I_{So} < 0{,}3$ % bzw. $I_{So} > 3$ % oder wenn unter dem Graben eine Tiefenentwässerung angeordnet ist, wird die Sohle mit Betonfertigteilschalen befestigt. Bei Gefällen mit $I_{So} > 10$ % wird eine Raubettsohle erforderlich.

Anstelle von Bahngräben können bei flachen Einschnitten und geringem Wasserabfluss Bahnmulden treten. Sie sollen eine Breite von 0,80 bis 1,60 m und eine Mindesttiefe von 0,20 m aufweisen.

Bei der Anordnung von Tiefenentwässerungen soll die Sickerrohrleitung mindestens 0,60 m unter dem Planum liegen (> 0,05 m unter Unterkante Frostschutzschicht). Sickerleitungen sind in Filtermaterial einzubetten (Einhaltung der Filterregel von *Terzaghi*), Vollsickerrohre allseitig, Teilsickerrohre nur im Bereich der Sickeröffnungen (Abb. 12.96b). Anstelle erforderlicher Stufenfilter können auch Geotextilien treten.

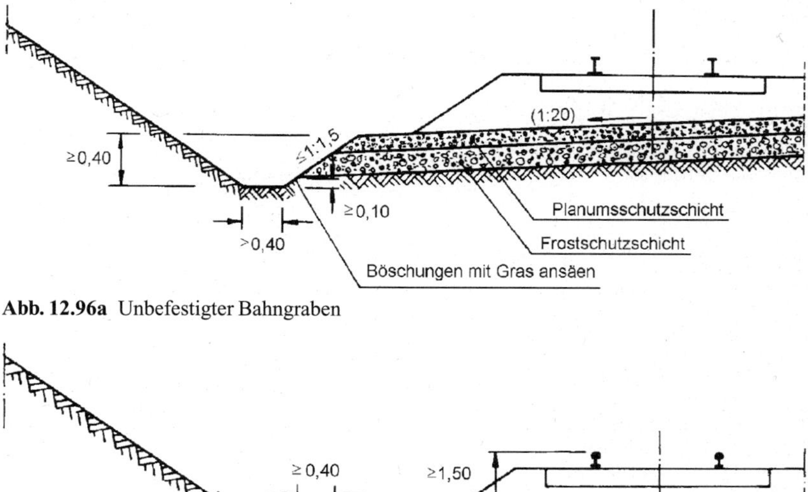

Abb. 12.96a Unbefestigter Bahngraben

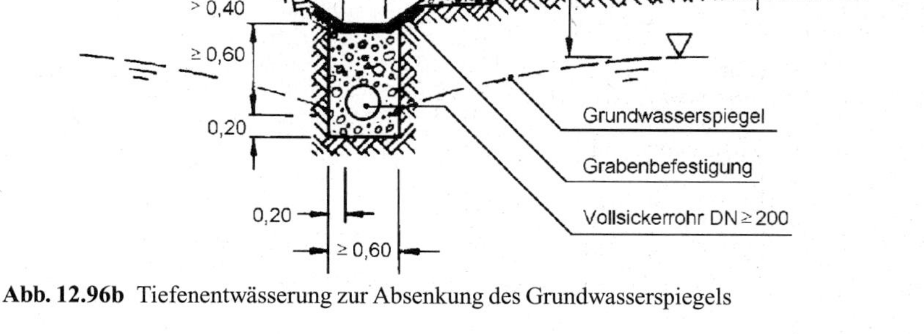

Abb. 12.96b Tiefenentwässerung zur Absenkung des Grundwasserspiegels

13 A Wasserbau und Wasserwirtschaft
13 B/C/D Siedlungswirtschaft
13 E Umwelttechnik

Inhaltsverzeichnis

13 A Wasserbau und Wasserwirtschaft

Dr.-Ing. Nicole Saenger

Formelzeichen und Einheiten

A	Fließquerschnitte, Fläche, Querschnitte, in m^2
A_E	Einzugsgebiet in km^2
AFAKE	Akkumulationsfaktor f. eine Einzelzahlung
AFAKR	Akkumulationsfaktor für gleichförmige jährliche Kostenreihen
a	Beschleunigung in m/s^2, Parabel-Parameter, Abstand in m
B	Punktbezeichnung
b	Breite in m
C	Punktbezeichnung; Konstante
c	Abminderungsfaktor, Beiwert
c_{WR}	rechnerische Widerstandszahl für ein Pflanzenkollektiv
D_P	Bestockungsdichte in $1/m^2$
d	Rohrdurchmesser, Rechenstabdicke, Korndurchmesser in m oder mm
d_P	Stamm- oder Astdurchmesser in m
d_{hy}	hydraulischer Durchm. in m oder mm
d_{gr}	Grenzkorndurchmesser (Grenze Geschiebe – Schwebstoffe) in m
d_w	wirksame Öffnungsweite (Filter)
d_{10}	Korndurchmesser bei 10 Masse-% Siebdurchgang in mm
DFAKE	Diskontierungsfaktor für eine Einzelzahlung
DFAKR	Diskontierungsfaktor für gleichförmige jährliche Kostenreihen
DFAKRP	Diskontierungsfaktor für Reihenprogression
E	Elastizitätsmodul des Wassers in N/m^2
e	Abstand, Hebelarm, in m
F	Kraft in kN bzw. in kN/m
F_w	Wasserdruckkraft in kN
Fr	*Froude*-Zahl
Fr_0^*	Korn-*Froude*-Zahl
G	Eigenlast in kN
g	Erdbeschleunigung in m/s^2
H	horizontale Auflagerkraft in kN
h	Fließtiefe, Wassertiefe in m
h_D	Druckhöhe in m
h_E	Energiehöhe in m
h_F	Netto-Fallhöhe in m
h_S	statische Saughöhe in m
h_T	Trennflächenhöhe in m
h_{geo}	geodätische Förderhöhe in m
h_{gr}	Grenztiefe in m
h_{kap}	kapillare Steighöhe in mm
h_n	Nutzdruck- oder Betriebsdruckhöhe, Fließtiefe bei Normaldurchfluss, in m
HQ	Hochwasser-Abfluss in m^3/s
HHQ	höchster bisher beobachteter Hochwasserabfluss in m^3/s
h_{st}	statische Druckhöhe in m
$h_ü$	Überfallhöhe in m
h_v	Verlusthöhe in m
i	Zinssatz mit Index i für Inflationsrate, n für Nominal- und r für Realzinssatz
I	Gefälle
I_E	Energiehöhengefälle
I_{So}	Sohlengefälle
I_{St}	Standrohrspiegelgefälle d. Grundwassers
IIK	Index für Investitionskosten mit Index: Bezugsjahreszahl
IK	Investitionskosten in €
ILK	Index für laufende Kosten
k	absolute Rauheit in m oder mm
k_f	Durchlässigkeit in m/s
k_{St}	*Manning/Strickler*-Beiwert in $m^{1/3}/s$
k_{So}	*Manning/Strickler*-Beiwert der Sohle in $m^{1/3}/s$
k_U	*Manning/Strickler*-Beiwert der Ufer in $m^{1/3}/s$
KFAKR	Kapitalwiedergewinnungsfaktor
l	Länge in m
l_u	benetzter Umfang in m
l_U	benetzte Uferlinie in m
LK	laufende Kosten in €/a
M	Metazentrum
MNQ	mittlerer Niedrigw.abfluss in m^3/s
MQ	mittlerer Abfluss in m^3/s
m	Böschungsneigung (1: m)
m_F	Transportrate, z. B. in t/(m · d)
n	Hilfsgröße, Anzahl; Zinszeitraum
n_f	durchflusswirksamer Porenanteil
NQ	Niedrigwasserabfluss in m^3/s
P	Leistung in kW oder t/d
p	Druck in kN/m^2
p_D	Dampfdruck in bar, Druckstoß
Q	Durchfluss, Abfluss, in m^3/s
q	Abflussspende in $l/(s \cdot km^2)$, Abfluss je Breiteneinheit in $m^3/(s \cdot m)$
Re	*Reynolds*-Zahl
r	Radius in m; Preissteigerungsrate
r_{hy}	hydraulischer Radius (A/l_u) in m
r_w	Reichweite eines Brunnens in m
S	Stützkraft in kN, Schwerpunkt
s	Grundw.-Absenktiefe, Abstand, Dicke in m; Preissteigerungsfaktor
T	Temperatur in Kelvin
t	Temperatur in °C, Zeit in s oder d
V	Volumen in m^3, vertik. Auflagerkraft in kN
v	(i. a. mittl.) Fließgeschwindigkeit in m/s
v_f	Filtergeschwindigkeit in m/s
v_{gr}	Grenzgeschwindigkeit in m/s
v_m	mittlere Fließgeschwindigkeit in m/s
v_0^*	Schubspannungsgeschwindigkeit an der Sohle ($\sqrt{\tau_0/\varrho}$) in m/s
w	Wehrhöhe in m
x, y	Koordinaten
z	Koordinate; Pfeiler-Stauhöhe, Wasserspiegelhöhe in einem Brunnen, in m; geodätische Höhe in mNN oder m; Schaltspiel in h^{-1}
α	Winkel, Verbauungsverhältnis (A_v/A_2), Unregelmäßigkeitsbeiwert
β	Korrekturbeiwert
γ	Wichte in N/m^3
δ	Formbeiwert
ε	Einstaugrad
ζ	Verlustbeiwert
η	Wirkungsgrad; dyn. Viskosität in $N \cdot s/m^2$
λ	Widerstandsbeiwert
μ	Überfallbeiwert
ν	kinematische Viskosität (η/ϱ) in m^2/s
ϱ	Dichte des Wassers in t/m^3
ϱ_F	Feststoffdichte in t/m^3
ϱ'	relative Feststoffdichte $(\varrho_F - \varrho)/\varrho$
τ	Schubspannung in N/m^2
τ_0	Sohlenschubspannung in N/m^2
τ_{cr}	Grenzschubspannung (Bewegungsbeginn) in N/m^2
Φ	Transportintensität
φ	Zentriwinkel, Funktionswert zur Stau- und Senkungslinienermittlung
φ'	innerer Reibungswinkel eines Bodens
ω_P	spezif. Vegetationsanströmfl. in 1/m

1 Hydrologie
Wassereigenschaften

Medium	t °C	ϱ t/m³	γ N/m³	η N · s/m²	ν m²/s	p_D bar	E N/m²
Eis	–20	0,9202	9024				
bei atmosphä-	–10	0,9186	9008				
rischem Druck	0	0,9167	8990				
Wasser	0	0,9998	9805	1,78	1,78	0,0061	2,01
	4	1,0000	9807				
	10	0,9996	9803	1,30 $\cdot 10^{-3}$	1,30 $\cdot 10^{-6}$	0,0123	2,12
	20	0,9982	9789	1,00	1,00	0,0233	2,20
	30	0,9956	9764	8,02	8,06	0,0425	2,26
	40	0,9922	9730	6,52	6,57	0,0738	2,29 $\cdot 10^{9}$
	50	0,9880	9689	5,44 $\cdot 10^{-4}$	5,50 $\cdot 10^{-7}$	0,1234	2,29
	60	0,9832	9642	4,70	4,78	0,1992	2,26
	80	0,9718	9530	3,56	3,66	0,4736	2,19
	100	0,9583	9398	2,82	2,94	1,0132	2,08
Meerwasser, Salzgehalt 35 ‰	10	≈1,027	≈10072				
sehr schwebstoffreiches Wasser		≈1,020	≈10003				
Wasserdampf	100	0,000598	5,864	1,27	2,12		
bei atmosphä-	200	0,000467	4,580	1,65	3,53		
rischem Druck	300	0,000384	3,766	2,03 $\cdot 10^{-5}$	5,29 $\cdot 10^{-5}$		
	400	0,000326	3,197	2,42	7,42		
	500	0,000284	2,785	2,81	9,89		

t Temperatur
$t = 0\,°C \mathrel{\hat=} T = 273{,}15\,K$
ϱ Dichte
γ Wichte
η dynamische Viskosität
ν kinematische Viskosität
p_D Dampfdruck, Siededruck
E Elastizitätsmodul

Wasservorräte der Erde[1)]

Bezeichnung	km³	%	% vom Süßwasser
Gesamtvorrat	1 386 700 000	100,0	
Weltmeere (Salzwasser)	1 338 000 000	96,5	
Süßwasser	48 700 000	3,5	100,0
gefrorenes Wasser	24 400 000	1,76	50,1
davon Gletscherwasser	41 000	0,003	0,084
davon Polareis	24 359 000	1,76	50,02
nichtaktives Grundwasser	20 000 000	1,44	41,07
aktives Grundwasser (i.d.R. weniger als 800 m unter Gelände)	4 000 000	0,29	8,21
Wasser in Seen	176 000	0,013	0,361
Bodenfeuchte	65 000	0,005	0,133
Wasser in Flüssen	2 100	0,0002	0,004
Wasser in der Atmosphäre	13 000	0,001	0,027
Wasser in der Biomasse	1 100	0,0001	0,002
Wasser in hydrierten Erdmineralien	300	0,00002	0,001

1) Schätzung von Dyck (1985), zitiert in Maniak, U.: Hydrologie und Wasserwirtschaft, Springer-Verlag, 2. Aufl. 1992.

Abflussspenden und -höhen, Niederschlagshöhen

(Schätzwerte für Mitteleuropa)

Einzugsgebiet	MNq	Mq	MHq	Mh_A	Mh_N
Flachland	0,5 bis 2	5 bis 13	8 bis 50	150 bis 400	600 bis 900
Hügelland	1 bis 2	6 bis 16	80 bis 200	200 bis 500	700 bis 1000
Mittelgebirge	2 bis 4	9 bis 30	200 bis 1000	300 bis 900	900 bis 1700
Hochgebirge	4 bis 10	25 bis 50	800 bis 4000	800 bis 1600	1600 bis 2000

$MNq/Mq/MHq$: mittlere Niedrigwasser-/mittlere/mittlere Hochwasser-Abflussspende in $l/(s \cdot km^2)$
Mh_A/Mh_N: mittlere Abflusshöhen/Niederschlagshöhen in mm/a

Umrechnungen zwischen Abflüssen, jährlichen Höhen und Spenden

EINGABE · TABELLENWERT = AUSGABE

				EINGABE		
		m^3/s	l/min	hm^3/a	$mm/a = l/(m^2 \cdot a)$	$l/(s \cdot km^2)$
AUSGABE	m^3/s	1	$1{,}67 \cdot 10^{-5}$	$3{,}17 \cdot 10^{-2}$	$3{,}17 \cdot 10^{-5} \cdot A_E$	$10^{-3} \cdot A_E$
	l/min	$6 \cdot 10^4$	1	$1{,}90 \cdot 10^3$	$1{,}90 \cdot A_E$	$60 \cdot A_E$
	hm^3/a	31,5	$5{,}26 \cdot 10^{-4}$	1	$10^{-3} \cdot A_E$	$3{,}15 \cdot 10^{-2} \cdot A_E$
	$mm/a = l/(m^2 \cdot a)$	$3{,}15 \cdot 10^4/A_E$	$0{,}526/A_E$	$10^3/A_E$	1	31,5
	$l/(s \cdot km^2)$	$10^3/A_E$	$1{,}67 \cdot 10^{-2}/A_E$	$31{,}7/A_E$	$3{,}17 \cdot 10^{-2}$	1

A_E: Einzugsgebiet in km^2

Beispiel: gegeben $Mq = 8\ l/(s \cdot km^2)$ und $A_E = 25\ km^2$

MQ $= 8 \cdot 10^{-3} \cdot 25$ $= 0{,}200\ m^3/s$ $= 8 \cdot 60 \cdot 25$ $= 12\,000$ l/min
$\hat{=} 8 \cdot 0{,}0315 \cdot 25$ $= 6{,}30\ hm^3/a$ $\hat{=} 8 \cdot 31{,}5$ $= 252$ mm/a
$\hat{=} 252\ l/(m^2 \cdot a)$

Hydrologische Bemessungsverfahren

Deterministische Modelle: Mit geophysikalischen Gesetzen werden nach dem Kausalitätsprinzip hydrologische Variablen (HW-Ganglinien aus Niederschlag und evtl. Schneeschmelze) berechnet.

Stochastische Methoden: Berechnung statistischer Größen (z. B. Jahrhunderthochwasser) mit Verfahren der Wahrscheinlichkeitstheorie und mathematischen Statistik. Für brauchbare statistische Aussagen wird eine Pegelbeobachtungsdauer von mind. 20 Jahren vorausgesetzt, besser sind mehr als 30 Jahre. Die Stichprobe soll aus voneinander unabhängigen Elementen zusammengesetzt sein.

Hochwasserstatistik (siehe [13.23], [13.24]): Mit den Kenngrößen HW-Stand, HW-Scheitelabfluss, Abflusssumme, Abflussfülle, HW-Dauer und Ganglinie werden HW-Ereignisse beurteilt. Die Wiederholungszeitspanne T_n gibt an, alle wie viele Jahre ein Bemessungsabfluss im statistischen Mittel erreicht oder überschritten wird. Er kann in den nächsten T_n Jahren auch gar nicht oder mehrmals auftreten. Damit die Wahrscheinlichkeitsaussage nicht auf die Länge der Beobachtungsreihe beschränkt bleibt, wird i. d. R. die Stichprobe gemessener Hochwasserereignisse an eine statistische Verteilungsfunktion angepasst (graphische Anpassung; mathematische Anpassung z. B. mit der Momentenmethode oder der Maximum-Likelihood-Methode [13.25]). Für hochwasserstatistische Analysen eignen sich Gruppen von Verteilungsfunktionen (Extremalverteilung, Gammaverteilung). Die Anpassung der Verteilungsfunktion(en) an eine Stichprobe wird mit statistischen Tests geprüft (z. B. Momentenmethode, Maximum-Likelihood-Methode, Kologorov-Smirnov-Test [13.23]).

Niedrigwasserstatistik (siehe [13.22], [13.24]): Niedrigwasser ist die Unterschreitung eines spezifischen Grenz- oder Schwellenabflusses für eine festzulegende Zahl aufeinanderfolgender Tage, der sich aus der Art der Nutzungen, der stofflichen Belastungen oder statistischen Kenngrößen des Abflussgeschehens ergibt. Beschreibende Kenngrößen sind Niedrigwasserabfluss, Dauer der Unterschreitung eines Schwellenwertes, Abflussdefizit. Als Verteilungsfunktionen werden insbesondere Normalverteilung, Weibull-Verteilung und Pearson-III-Verteilung angenommen [13.24]. Der maßgebende Abfluss ist ein Wertebereich, die berechneten Abflüsse also gleich wahrscheinlich.

2 Hydrostatik[1)]

Flächen-Schwerpunkte siehe S. 2.12 und 4.30.

Die Größe des Druckes bezieht sich auf unterschiedliche Niveaus: $P_{\text{absoluter Nullpunkt}}$, $P_{\text{Überdruck}}$, $P_{\text{Unterdruck}}$.

2.1 Kraft auf beliebig geformte Flächen

$F_x = \varrho \cdot g \cdot \int z \cdot dA_{yz} = \varrho \cdot g \cdot z_{Sx} \cdot A_x$; $F_y = \varrho \cdot g \cdot \int z \cdot dA_{xz} = \varrho \cdot g \cdot z_{Sy} \cdot A_y$

$F_z = \varrho \cdot g \cdot \int z \cdot dA_{xy} = \varrho \cdot g \cdot V$

z_S z-Koordinate des Flächenschwerpunkts; V Auftriebsvolumen

2.2 Kraft (in kN/m) auf ebene Flächen konstanter Breite

Einseitige Kraft auf lotrechte Wand

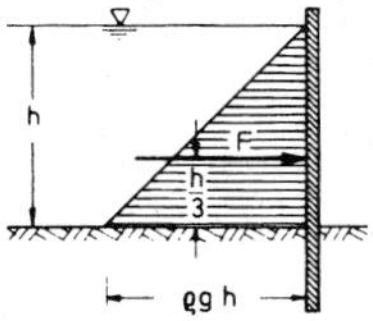

$$F = \frac{1}{2}\, \varrho\, g\, h^2$$

F Druckkraft je m Breite
h Wassertiefe

Beispiel: Spundwand
Gesucht: F
Gegeben: $h = 6{,}00$ m

$$F = \frac{1}{2} \cdot 1 \cdot 9{,}81 \cdot 6{,}00^2 = 176{,}6 \text{ kN/m}$$

Beidseitige Kraft auf lotrechte Wand

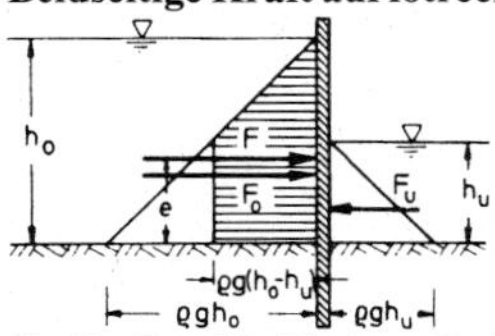

$$F = F_o - F_u = \frac{1}{2}\, \varrho\, g\, (h_o^2 - h_u^2)$$

$$e = \frac{1}{3} \cdot \frac{h_o^2 + h_o h_u + h_u^2}{h_o + h_u}$$

F_o, F_u Druckkräfte je m Breite oben bzw. unten
h_o, h_u Wassertiefen oben bzw. unten
e Hebelarm von F

Beispiel: Spundwand
Gesucht: F
Gegeben: $h_o = 6{,}00$ m
$h_u = 3{,}00$ m

$$F = \frac{1}{2} \cdot 1 \cdot 9{,}81\, (6{,}00^2 - 3{,}00^2) = 132{,}4 \text{ kN/m}$$

$$e = \frac{1}{3} \cdot \frac{6{,}00^2 + 6{,}00 \cdot 3{,}00 + 3{,}00^2}{6{,}00 + 3{,}00} = 2{,}33 \text{ m}$$

Einseitige Kraft auf geneigte Wand

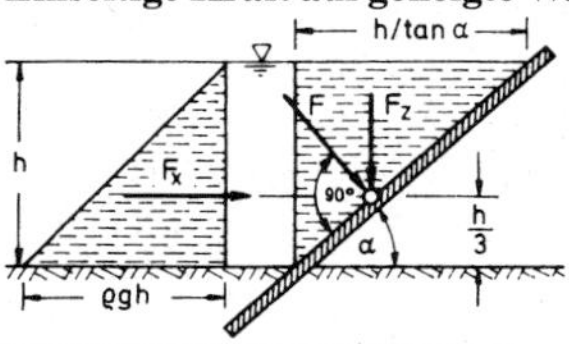

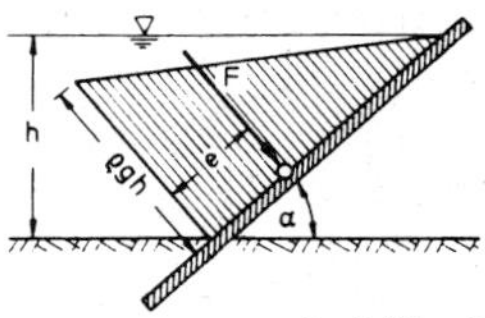

Beispiel: geneigte Wand
Gesucht: F, e
Gegeben: $h = 6{,}00$ m
$\alpha = 30°$

$$F = \sqrt{F_x^2 + F_z^2} = \frac{\varrho\, g \cdot h^2}{2 \sin \alpha}$$

$$e = \frac{h}{3 \sin \alpha}$$

F_x, F_z horizontale bzw. vertikale Druckkraft je m Breite

$$F = \frac{1 \cdot 9{,}81 \cdot 6{,}00^2}{2 \cdot 0{,}5} = 353{,}2 \text{ kN/m}$$

$$e = \frac{6{,}00}{3 \cdot 0{,}5} = 4{,}00 \text{ m}$$

e Hebelarm von F, bezogen auf den Fußpunkt

Einseitige Kraft auf geneigte, tiefliegende ebene Klappe

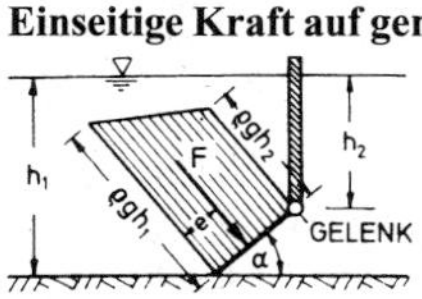

$$F = \frac{\varrho\, g\, (h_1^2 - h_2^2)}{2 \sin \alpha}$$

$$e = \frac{(h_1 - h_2) \cdot (h_1 + 2h_2)}{3 \sin \alpha\, (h_1 + h_2)}$$

Beispiel: Rückstauklappe Gesucht: F; e
Gegeben: $h_1 = 6{,}00$ m; $h_2 = 4{,}00$ m
Breite der Klappe $b = 3{,}00$ m; $\alpha = 30°$

$$F = \frac{1 \cdot 9{,}81 \cdot (6{,}00^2 - 4{,}00^2)}{2 \cdot 0{,}5} = 196{,}2 \text{ kN/m}$$

Gesamtdruckkraft F_w auf die Klappe:
$F_w = F \cdot b = 196{,}2 \cdot 3{,}00 = 588{,}6$ kN

$$e = \frac{(6{,}00 - 4{,}00) \cdot (6{,}00 + 2 \cdot 4{,}00)}{3 \cdot 0{,}5 \cdot (6{,}00 + 4{,}00)} = 1{,}87 \text{ m}$$

[1)] Näheres siehe [13.4], [13.7], [13.10], [13.13].

2.3 Kraft F (in kN/m) auf gekrümmte Flächen konstanter Breite

Einseitige Kraft auf unregelmäßig gekrümmte Wand

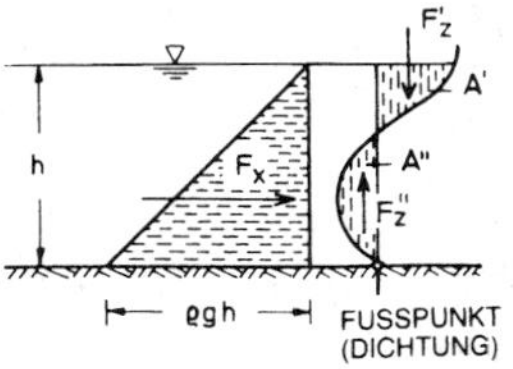

A', A'': Querschnittsflächen

$$F_x = \frac{1}{2}\,\varrho\, g\, h^2;\quad F_z = F'_z - F''_z = \varrho\, g\,(A' - A'')$$

$$\boxed{F = \frac{1}{2}\,\varrho\, g\,\sqrt{h^4 + 4\,(A' - A'')^2}}$$

Einseitige Kraft auf zylindrische Walze

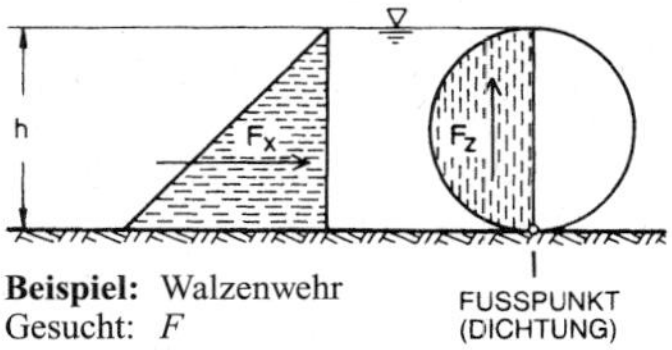

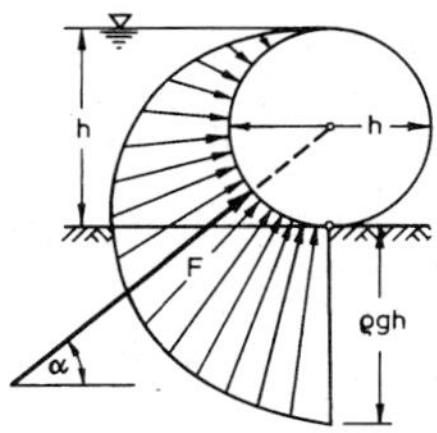

Beispiel: Walzenwehr
Gesucht: F
Gegeben: $h = 6{,}00$ m
$F = 0{,}64 \cdot 1 \cdot 9{,}81 \cdot 6{,}00^2 = 226{,}0$ kN/m

$$F_x = \frac{1}{2}\,\varrho\, g\, h^2$$

$$F_z = \frac{\pi}{8}\,\varrho\, g\, h^2$$

$$\tan\alpha = \frac{F_z}{F_x} = \frac{\pi}{4}$$

$$F = \frac{1}{2}\,\varrho\, g\, h^2\sqrt{1 + \left(\frac{\pi}{4}\right)^2}$$

$$\boxed{\begin{array}{l} F = 0{,}64\,\varrho\, g\, h^2 \\ \alpha = 38{,}1^\circ \end{array}}$$

Beidseitige Kraft auf zylindrische Walze

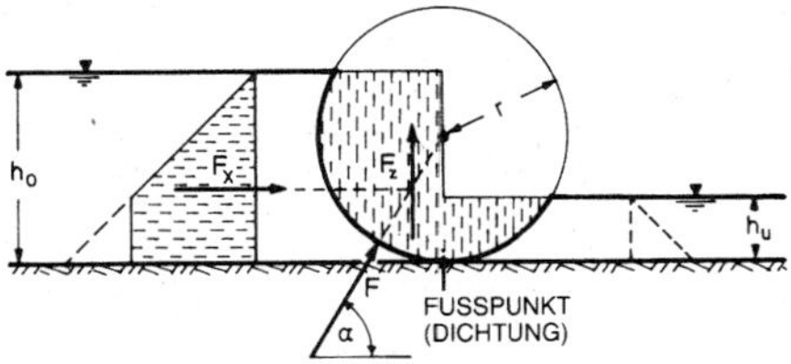

Beispiel: Walzenwehr
Gesucht: $F;\ \alpha$
Gegeben: $r = 4{,}00$ m

$$h_o = \frac{3}{2}\, r = 6{,}00\ \text{m}$$

$h_u = r/2 = 2{,}00$ m

$$F_x = \frac{1}{2}\,\varrho\, g\,(h_o^2 - h_u^2) = \frac{1}{2}\cdot 1\cdot 9{,}81\cdot (6{,}00^2 - 2{,}00^2)$$
$$= 157{,}0\ \text{kN/m}$$

$$F_z = \varrho\cdot g\cdot \frac{\pi}{2}\cdot r^2 = 1\cdot 9{,}81\cdot \frac{\pi}{2}\cdot 4{,}00^2 = 246{,}6\ \text{kN/m}$$

$$F = \sqrt{F_x^2 + F_z^2} = \sqrt{157{,}0^2 + 246{,}6^2}$$
$$= 292{,}3\ \text{kN/m}$$

$\tan\alpha = F_z/F_x = 246{,}6/157{,}0 = 1{,}57$
$\alpha = 57{,}5^\circ$

Innendruck auf gekrümmte Behälterwand

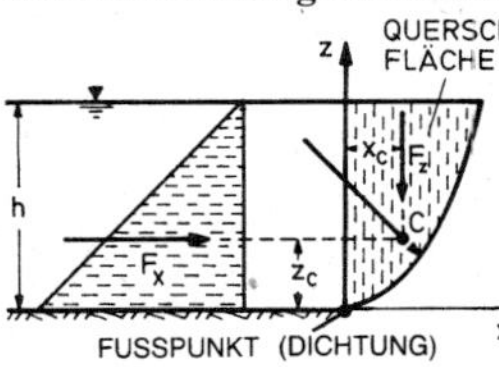

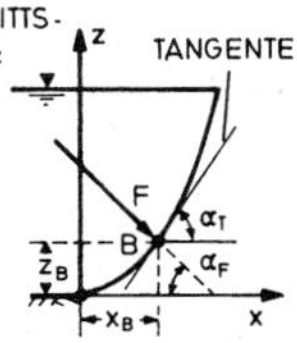

A_z Querschnittsfläche über der gekrümmten Wand
S_z Flächenmoment von A_z, bezogen auf die z-Achse

Beispiel:
Gesucht: F, α_F, α_T, Koordinaten Punkt B
Gegeben: $h = 3{,}00$ m;
Gleichung Wandkrümmung
$z = x^2/2$ bzw. $x = \sqrt{2z}$

$$F_x = \frac{1}{2}\,\varrho\, g\, h^2 = \frac{1}{2}\cdot 1\cdot 9{,}81\cdot 3{,}00^2 = 44{,}1\ \text{kN/m};\quad z_C = \frac{1}{3}\, h = 1{,}00\ \text{m}$$

$$A_z = \int_0^h (2z)^{1/2}\, dz = \sqrt{2}\cdot \frac{2}{3}\cdot 3{,}00^{3/2} = 4{,}90\ \text{m}^2;\quad F_z = \varrho\cdot g\cdot A_z = 1\cdot 9{,}81\cdot 4{,}90 = 48{,}1\ \text{kN/m}$$

$$S_z = \frac{1}{2}\int_0^h x^2\, dz = \frac{1}{2}\int_0^h 2z\, dz = \frac{1}{2}\cdot 2\cdot \frac{1}{2}\cdot 3{,}00^2 = 4{,}50\ \text{m}^3$$

$$x_C = S_z/A_z = 4{,}50/4{,}90 = 0{,}918\ \text{m};\quad F = \sqrt{F_x^2 + F_z^2} = \sqrt{44{,}1^2 + 48{,}1^2} = 65{,}3\ \text{kN/m}$$

$$\tan\alpha_F = F_z/F_x = 48{,}1/44{,}1 = 1{,}09;\quad \alpha_F = 47{,}5^\circ$$

Gleichung Wirkungslinie von F: $z = -1{,}09x + n$; n Hilfswert;
eingesetzt Koordinaten Punkt C: $1{,}00 = -1{,}09 \cdot 0{,}918 + n$;
$n = 1{,}00 + 1{,}00 = 2{,}00$; $z = -1{,}09x + 2{,}00$
Koordinaten Punkt B (Schnittpunkt mit Behälterwand):
$-1{,}09x_B + 2{,}00 = x_B^2/2$; $x_B = 1{,}19$ m; $z_B = 1{,}19^2/2 = 0{,}71$ m
$z' = (x^2/2)' = x$; $z'_B = \tan\alpha_T = 1{,}19$; $\alpha_T = 50{,}0°$
$\alpha_F + \alpha_T = 47{,}5° + 50{,}0° = 97{,}5° \neq 90°$, d. h., F nicht normal zur gekrümmten Wand!

2.4 Kentersicherheit eines Schwimmkörpers

Querschnitt des Schwimmkörpers:

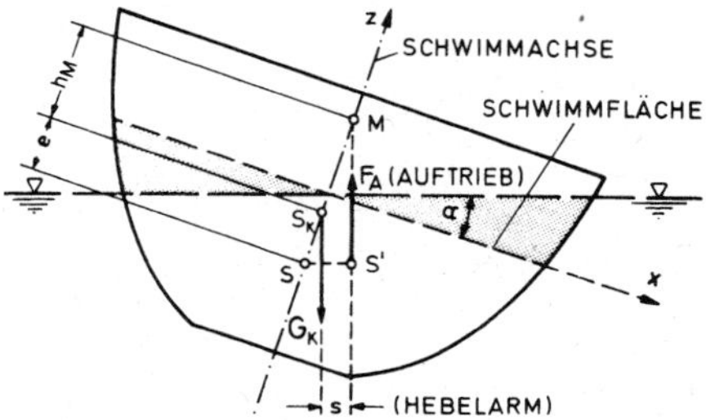

V verdrängtes Flüssigkeitsvolumen
A Schnittfläche des Körpers mit dem Wasserspiegel (Schwimmfläche) bei lotrechter Schwimmachse
α Auslenkungswinkel
Ruhelage: S_K und S liegen auf einer Vertikalen
Flächenmoment der Schwimmfläche A, bezogen auf Längs-(y-)Achse:
$I_y = \int x^2 \cdot dA$ (s. Seite 4.29 ff.)
Für kleine α gilt:
$h_M = I_y/V - e$

Bedingung für *stabile Lage*:
Moment $F_A \cdot s$ wirkt in Richtung auf die Ruhelage, d. h.:

stabil:	$h_M > 0$ bzw. $I_y/V > e$	
indifferent:	$h_M = 0$ bzw. $I_y/V = e$	
instabil:	$h_M < 0$ bzw. $I_y/V < e$	

G_K Eigenlast
M Metazentrum
S_K Körperschwerpunkt
S Schwerpunkt des verdrängten Flüssigkeitsvolumens
h_M metazentrische Höhe
F_A Auftriebskraft ($= \varrho \cdot g \cdot V$)
ϱ Dichte des Wassers
e, s Abstände (s. Skizze)

3 Hydrodynamik

3.1 Arten der Fließbewegung

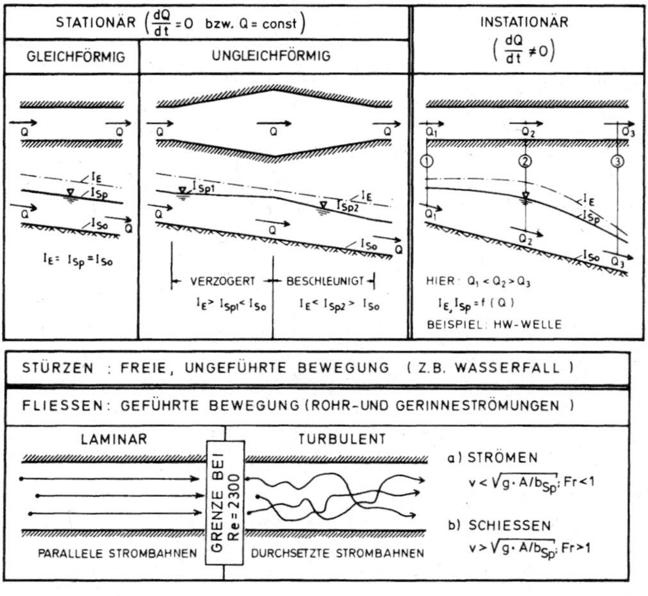

I_E Energiehöhengefälle
I_{Sp} Wasserspiegelgefälle
I_{So} Sohlengefälle
b_{Sp} Wasserspiegelbreite
v mittlere Fließgeschw.
Reynolds-Zahl
Re $= v \cdot d/\nu$
d Rohrdurchmesser
Froude-Zahl
Fr $= v/\sqrt{g \cdot A/b_{Sp}}$,
für Rechteckgerinne
Fr $= v/\sqrt{g \cdot h}$
siehe auch Abschn. 3.6.4

3.2 Kontinuität

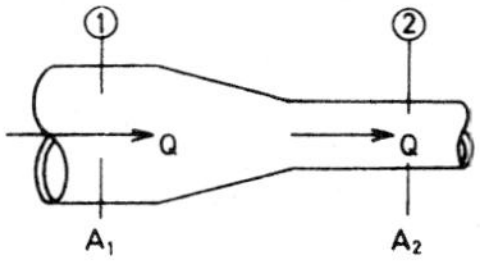

Für stationäre Fließbewegungen in Rohren und Gerinnen gilt:

$Q = v_{m1} \cdot A_1 = v_{m2} \cdot A_2 =$ konst.

Darin ist Q der Durchfluss und v_m die mittlere Fließgeschwindigkeit in dem jeweiligen Fließquerschnitt A.

Zur Vereinfachung setzt man meistens $v_m = v$ und erhält:

$$Q = v_1 \cdot A_1 = v_2 \cdot A_2 = \text{konst.}$$

1. Beispiel
Gesucht: v_2
Gegeben: $A_1 = 1\ \text{m}^2$; $A_2 = 0{,}4\ \text{m}^2$;
$v_1 = 2$ m/s

$$v_2 = \frac{A_1}{A_2} \cdot v_1 = \frac{1}{0{,}4} \cdot 2 = 5\ \text{m/s}$$

2. Beispiel
Gesucht: v
Gegeben: gleichförmiges Rohr,
$Q = 1\ \text{m}^3/\text{s}$; $A = 0{,}4\ \text{m}^2$

$$v = \frac{Q}{A} = \frac{1}{0{,}4} = 2{,}5\ \text{m/s}$$

3.3 Bernoullische Gleichung

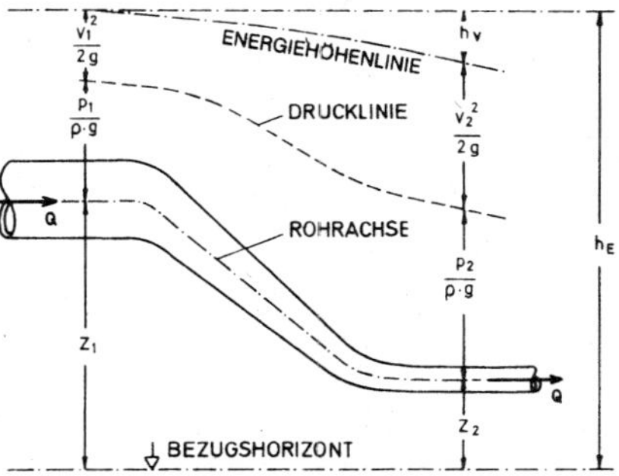

Voraussetzung:
stationäre Fließbewegung.
In Gerinnen ist die Drucklinie identisch mit der Wasserspiegellinie.

$\frac{v^2}{2g}$	Geschwindigkeitshöhe in m
$\frac{p}{\rho \cdot g}$	Druckhöhe in m
z	geodätische Höhe in m
h_E	Gesamtenergiehöhe in m
p	Druck in kN/m²
ρ	Wasserdichte in t/m³
h_v	Gesamtverlusthöhe (Wandreibung plus Ablösungen)

$$h_E = \frac{v_1^2}{2g} + \frac{p_1}{\rho \cdot g} + z_1 = \frac{v_2^2}{2g} + \frac{p_2}{\rho \cdot g} + z_2 + h_v \qquad (1)$$

Im reibungsfreien Fall (ideale Flüssigkeit) ist die Energiehöhenlinie horizontal und $h_v = 0$.

Anwendungsbeispiel: Abflussmessung mit Venturirohr

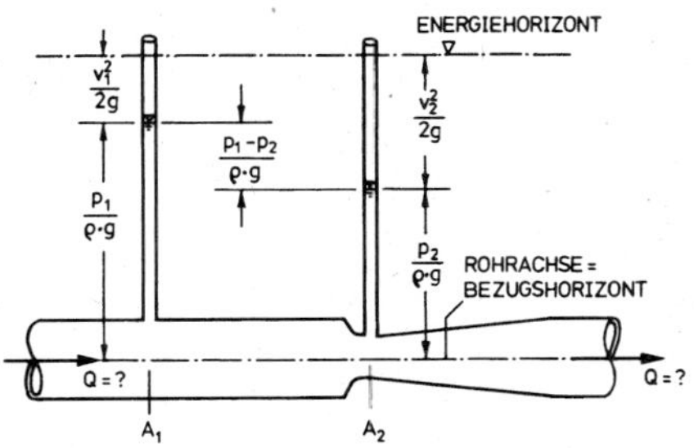

Die an den Standrohren ablesbare Druckhöhendifferenz

$$\frac{p_1 - p_2}{\rho \cdot g}$$

ist ein Maß für den Abfluss Q. Die Verlusthöhe h_v kann bei guter hydraulischer Ausbildung und kleinem Abstand zwischen A_1 und A_2 vernachlässigt werden.

Nach der Bernoullischen Gleichung ist $\frac{v_1^2}{2g} + \frac{p_1}{\rho \cdot g} = \frac{v_2^2}{2g} + \frac{p_2}{\rho \cdot g}$

Mit $v_1 = Q/A_1$ und $v_2 = Q/A_2$ erhält man nach einigen Umformungen:

$$Q = \sqrt{\frac{p_1 - p_2}{\varrho \cdot g} \cdot \frac{2g}{(1/A_2^2 - 1/A_1^2)}}$$

Ggf. ist Q mit η abzumindern:
$\eta = 0{,}96$ bis $0{,}99$

Beispiel
Gesucht: Q
Beobachtet: $\frac{p_1 - p_2}{\varrho \cdot g} = 0{,}09$ m
Gegeben: $A_1 = 0{,}5\ \text{m}^2$; $A_2 = 0{,}1\ \text{m}^2$

$$Q = \sqrt{0{,}09 \cdot \frac{\cdot\ 2 \cdot 9{,}81}{1/0{,}1^2 - 1/0{,}5^2}}$$

$$Q = 0{,}3 \sqrt{\frac{2 \cdot 9{,}81}{100 - 4}} = 0{,}136\ \text{m}^3/\text{s}$$

oder abgemindert mit $\eta = 0{,}98$:
$Q = 0{,}133\ \text{m}^3/\text{s}$

3.4 Impulssatz

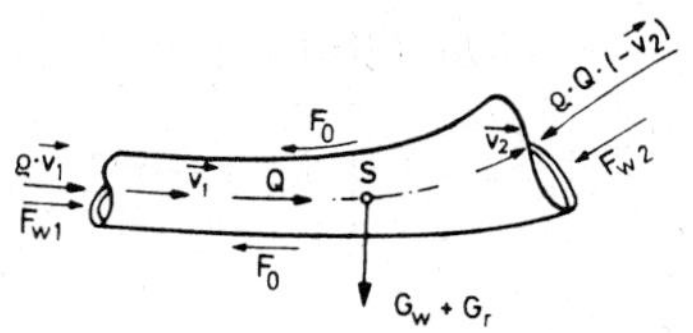

$$\Sigma\vec{F} + \varrho \cdot Q \cdot (\vec{v_1} - \vec{v_2}) = 0$$

Voraussetzung: stationäre Fließbewegung.

ΣF Summe der Kräfte auf die Grenzfläche des betrachteten Stromröhrenabschnitts (also Gewichte, Schubkräfte, Druckkräfte auf die Endquerschnitte und, falls vorhanden, auf Einbauten, Auflagerkräfte)

Die Vektorgleichung kann durch die drei bzw. bei ebenen Strömungsproblemen zwei Komponentengleichungen ersetzt werden.

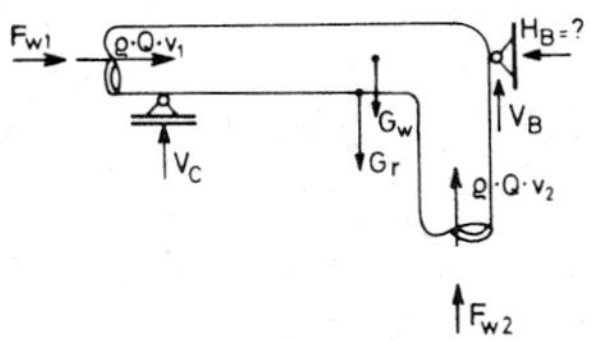

H_B, V_B, V_C Auflagerkräfte
G_w, G_r Eigenlast Wasser bzw. Rohr
F_{w1}, F_{w2} Druckkräfte auf die Endquerschnitte

Beispiel: 90°-Rohrkrümmer

Gesucht: Horizontaler Auflagerdruck H_B
Gegeben: $Q = 2\ \text{m}^3/\text{s}$; $A = 0{,}2\ \text{m}^2$
$p_1/(\varrho \cdot g) = 30$ m

Die Schubkräfte F_0 infolge Wandreibung werden vernachlässigt.

$p_1 = 30 \cdot \varrho \cdot g = 30 \cdot 1{,}0 \cdot 9{,}81 = 294\ \text{kN/m}^2$
$F_{w1} = p_1 \cdot A = 294 \cdot 0{,}2 = 58{,}8$ kN
Impulssatz (horizontale Richtung)
$H_B = F_{w1} + \varrho \cdot Q \cdot v_1$
$H_B = 58{,}8 + 1{,}0 \cdot 2{,}0 \cdot 2/0{,}2 = 78{,}8$ kN

In prismatischen Gerinnen gibt es für alle Kräfte und für die Fließgeschwindigkeit nur die Komponente in Fließrichtung. Aus dem Impulssatz ergibt sich dafür unter Vernachlässigung der Wandreibungskräfte F_0 der *Stützkraftsatz*:

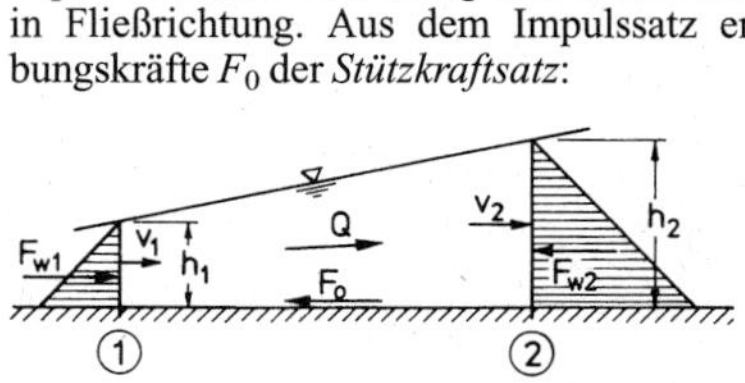

F_{w1}, F_{w2} hydrostatische Druckkräfte in kN
S Stützkraft in kN
$F_{w1} - F_{w2} = \varrho \cdot Q \cdot (v_2 - v_1)$ oder:

$$S = F_{w1} + \varrho \cdot Q \cdot v_1 = F_{w2} + \varrho \cdot Q \cdot v_2 = \text{konst.}$$

Für Rechteckgerinne von der Breite b lautet der Stützkraftsatz:

$$S = \frac{1}{2} \cdot \varrho \cdot g \cdot b \cdot h^2 + \varrho \cdot Q \cdot v = \text{konst.}$$

Diese Gleichung, auf den sogenannten „*freien Wechselsprung*" angewendet, ergibt nach einiger Umformung mit der Kontinuität (Seite 13.9) $Q = v_1 \cdot b \cdot h_1 = v_2 \cdot b \cdot h_2$ und mit der *Froude*-Zahl $\mathrm{Fr}_1 = v_1/\sqrt{g \cdot h_1}$ die sogenannten *konjugierten Tiefen* h_1 und h_1 des ebenen Wechselsprungs:

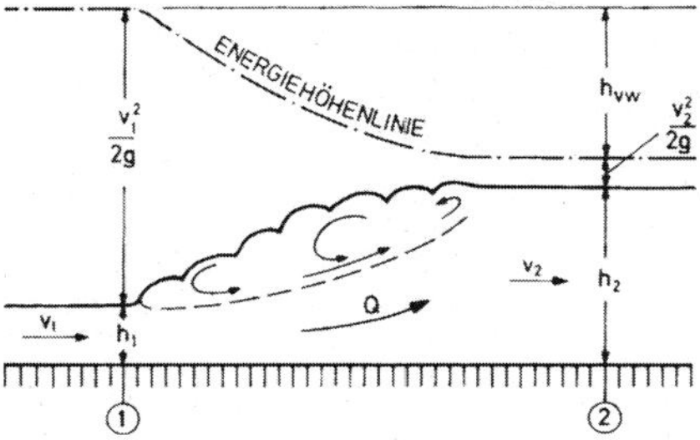

$$\frac{h_2}{h_1} = \frac{1}{2} \cdot \left(\sqrt{8 \cdot \mathrm{Fr}_1^2 + 1} - 1\right) \qquad (1)$$

Aus der *Bernoullischen* Gleichung (Seite 13.9, Gl. (1)) ergibt sich die *Verlusthöhe* h_{vw} des Wechselsprungs:

$$h_{vw} = h_1 - h_2 + \frac{v_1^2 - v_2^2}{2g}$$

3.5 Rohrhydraulik

3.5.1 Reibungsverluste in geraden Kreisrohren (allgemeines Fließgesetz)

d Rohrdurchmesser; l Rohrlänge
λ Widerstandsbeiwert
h_{vr} Reibungsverlusthöhe

$$h_{vr} = \lambda \cdot \frac{l}{d} \cdot \frac{v^2}{2g} \quad \text{oder} \quad v = \sqrt{\frac{2g \cdot I \cdot d}{\lambda}}$$

d kann näherungsweise bestimmt werden mit $d \approx 4\, r_{\text{hyd.}}$ mit $r_{\text{hyd.}} = A/U$

Widerstandsbeiwert λ:

Bei *laminarer Strömung* (Re < ca. 2300):

$\mathrm{Re} = \frac{v \cdot d}{\nu}$ (*Reynolds*-Zahl) ν kinematische Viskosität (Tabelle Seite 13.4)

$$\lambda = \frac{64}{\mathrm{Re}}$$

Bei *turbulenter Strömung* (Re > 2300):

a) *Glatter Bereich* (λ nur abhängig von Re):

$$\frac{1}{\sqrt{\lambda}} = 2\lg(\mathrm{Re}\sqrt{\lambda}) - 0{,}8 = -2\lg\left(\frac{2{,}51}{\mathrm{Re} \cdot \sqrt{\lambda}}\right) \qquad (2)$$

b) *Rauer Bereich* (λ nur abhängig von k/d):

k absolute Rauheit; k/d relative Rauheit (Tabelle Seite 13.12)

$$\frac{1}{\sqrt{\lambda}} = 1{,}14 - 2\lg\left(\frac{k}{d}\right) = -2\lg\left(\frac{k/d}{3{,}71}\right)$$

c) *Übergangsbereich* (λ abhängig von Re und k/d): siehe auch Seite 13.13

$$\frac{1}{\sqrt{\lambda}} = -2\lg\left(\frac{2{,}51}{\mathrm{Re}\sqrt{\lambda}} + \frac{k/d}{3{,}71}\right) \qquad (3)$$

Die Grenzfälle „glatter Bereich" und „rauer Bereich" sind hierin enthalten.

Für die Praxis liefert das Moody-Diagramm S. 13.13 in der Regel hinreichend genaue Werte.

Beispiel: Gerade Stahl-Druckrohrleitung, neu, geschweißt. Gesucht: h_{vr}.
Gegeben: $l = 1\,000$ m; $Q = 3$ m³/s; $d = 0{,}80$ m; Wassertemperatur $t = 10$ °C.

$A = \frac{\pi \cdot d^2}{4} = 0{,}503\ \mathrm{m}^2$; $\quad v = \frac{Q}{A} = 5{,}96$ m/s; $\quad \nu = 1{,}30 \cdot 10^{-6}\ \mathrm{m}^2/\mathrm{s}$ (Tabelle S. 13.4);

$\mathrm{Re} = \frac{v \cdot d}{\nu} = \frac{5{,}96 \cdot 0{,}8}{1{,}30 \cdot 10^{-6}} = 3{,}67 \cdot 10^6$; $\quad k = 0{,}08$ mm (Tabelle S. 13.12)

$\frac{k}{d} = \frac{0{,}8 \cdot 10^{-4}}{0{,}8} = 10^{-4}$; $\quad \lambda = 0{,}0124$ (Diagramm S. 13.13)

$h_{vr} = \lambda \cdot \frac{l}{d} \cdot \frac{v^2}{2g} = \frac{0{,}0124 \cdot 1000 \cdot 5{,}96^2}{0{,}8 \cdot 2 \cdot 9{,}81} = 28{,}2$ m

Weitere Beispiele siehe z. B. [13.10].

Für einige in der Praxis besonders häufig benötigte Rohrdurchmesser (Nennweiten DN) und Rauheiten (betriebliche k_b bzw. integrale k_i) sind die hiernach ausgewerteten Tabellen (Druckabfalltabellen) der Seiten 13.53 ff. sowie 13.74 f. (mit $h_{vr} = l \cdot I$ bzw. $l \cdot I_E$) anwendbar.

Absolute Rauheit *k* für Rohre und Gerinne (incl. Fließgewässer):

Werkstoff	Art, Form, Zustand	*k* in mm	
Kupfer, Messing	technisch glatte Rohre	0,00135	bis 0,00152
Stahl	aus Blech geschweißte Rohre, neu	0,04	bis 0,10
	aus Blech genietete Rohre, neu	1	bis 9
	Rohre, mäßig verrostet	0,15	bis 0,4
	Rohre, mittelstarke bis starke Verkrustung	1,5	bis 4
	Rohre, bituminiert, gebraucht	0,1	bis 1,5
	Rohre mit Zementmörtelauskleidung	0,03	
	Druckleitung bei Wasserkraftanlagen, gemessen	0,011	bis 0,021
	Stahlspundwand je nach Profiltiefe	20	bis 100
Gusseisen	Rohre, neu	0,2	bis 0,6
	Rohre, gebraucht	1,0	bis 1,5
	Rohre, verkrustet	1,5	bis 4
	Kanalisation (Mittelwert)	1,2	
Kunststoff	Rohre und Gerinne aus Plexiglas, neu	0,0015	
	Polyäthylen, weich und hart, neu; PVC, neu	0,0015	bis 0,01
	gewellte Dränrohre (Richtwert nach DIN 1185)	2,0	
Faser-Zement	Rohre, Gerinne, neu	0,025	bis 0,1
Ton	Dränrohre (Richtwert nach DIN 1185)	0,7	
Steinzeug	Abwasserkanäle	0,25	bis 1,5
Holz	gehobelte Bretterwand	0,3	
	hölzerner Kanal	2,3	
Asphalt	Kanäle mit Asphaltbeton oder Gussasphalt	1,5	bis 2,2
Beton	glatt	1	bis 6
	rau	6	bis 20
	Rohre aus Stahlbeton	0,1	bis 0,15
	Rohrleitung mit Stößen (Mittelwert)	2	
	Schleuderbetonrohre	0,1	bis 0,8
	Spannbetonrohre	0,04	bis 0,25
	Druckstollen	0,5	bis 1,5
	Stahlschalung	1,0	
Stein	Mauerwerk, Ziegel	2	bis 8
	Mauerwerk, Bruchstein	15	bis 40*)
	Felswände oder Stollen, gute Bearbeitung	7,5	bis 75*)
	Fels, torkretiert; Stollen, gebohrt	7	bis 30*)
	raue Natursteinmauer	80	bis 100*)
	Steinschüttung	200	bis 300*)
	Pflasterung	30	bis 50
	Rasengittersteine	15	bis 30
Erde	Sand oder Kies, eben	d_{90} (Korn)	
	Schotter, Grobkies	60	bis 200
	Ackerboden	20	bis 250*)
	Acker mit Kulturen	250	bis 800*)
	Waldboden	160	bis 320*)
	Rasen	60	bis 400*)
	Fließgewässersohle mit Riffeln	Riffelhöhe	
	Fließgewässersohle mit Dünen (h = Fließtiefe)	$h/6$ bis $h/3$	
	Fließgewässersohle mit mittl. Unregelmäßigk.	150*)	bis 350*)
	Fließgewässersohle mit erhebl. Unregelmäßigk.	350*)	bis 500*)

*) Der *k*-Wert enthält Unregelmäßigkeitseinflüsse (siehe S. 13.20).
Betriebliche Rauheit k_b von Abwasserkanälen siehe S. 13.71.
Integrale Rauheiten k_i von Wasserversorgungsleitungen siehe S. 13.52.

Moody Diagramm zur Ermittlung von λ

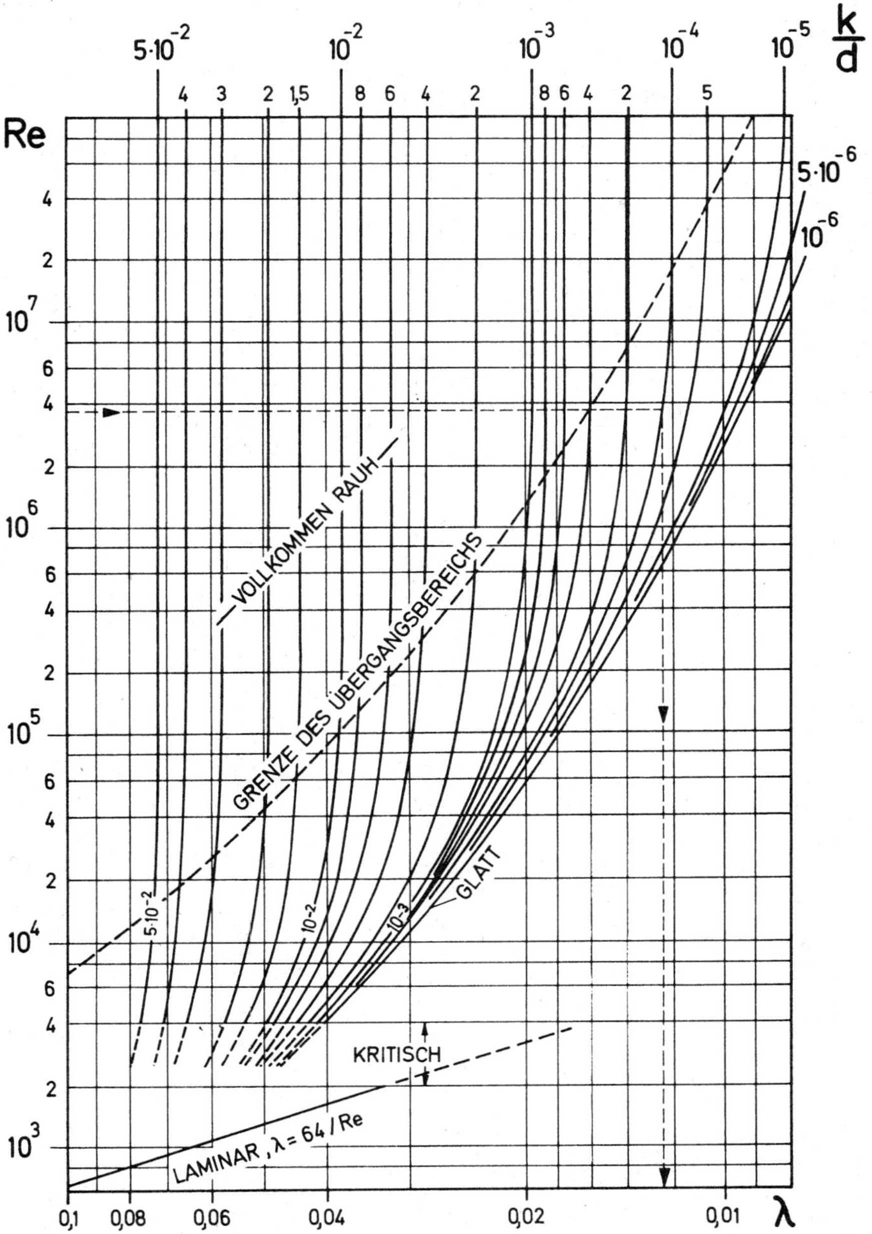

Beispiel (gestrichelt eingezeichnet):

Gesucht: λ Gegeben: $Re = 3{,}67 \cdot 10^6$; $k/d = 10^{-4}$

Abgelesen: $\lambda = 0{,}0124$

Nach *Zanke*[1)] kann Gl. (2), Seite 13.11 in guter Näherung ersetzt werden durch:

$$\frac{1}{\sqrt{\lambda}} = -2\lg\,[2{,}7 \cdot (\lg \mathrm{Re})^{1{,}2}/\mathrm{Re}]$$

und dementspr. Gl. (3) durch:

$$\frac{1}{\sqrt{\lambda}} = -2\lg \left[2{,}7 \cdot \frac{(\lg \mathrm{Re})^{1{,}2}}{\mathrm{Re}} + \frac{k/d}{3{,}71}\right]$$

Diese Gleichungen lassen sich ohne Iteration lösen.

Das gleiche Beispiel, berechnet nach *Zanke*:

$$\frac{1}{\sqrt{\lambda}} = -2\lg \left[2{,}7 \cdot \frac{(\lg \mathrm{Re})^{1{,}2}}{\mathrm{Re}} + \frac{k/d}{3{,}71}\right] = -2\lg \left[2{,}7 \cdot \frac{(\lg 3{,}67 \cdot 10^{6})^{1{,}2}}{3{,}67 \cdot 10^{6}} + \frac{10^{-4}}{3{,}71}\right],$$

$$\frac{1}{\sqrt{\lambda}} = -2\lg \left(\frac{2{,}7 \cdot 9{,}56}{3{,}67 \cdot 10^{6}} + 26{,}95 \cdot 10^{-6}\right) = -2\lg\,(3{,}39 \cdot 10^{-5}) = 8{,}94$$

$\sqrt{\lambda} = 0{,}1119$, $\lambda = 0{,}0125$ (etwa wie auf S. 13.11)

3.5.2 Reibungsverluste in geraden, nicht kreisförmigen Rohren und Gerinnen

$$d_{hy} = \frac{4A}{l_u} = 4\,r_{hy}$$

d_{hy} hydraulischer Durchmesser
l_u benetzter Umfang
$r_{hy} = A/l_u$ hydraulischer Radius

Mit d_{hy} anstelle von d sind die für Kreisrohre gültigen Gesetze uneingeschränkt anwendbar.

Beispiel: Rechteckquerschnitt 1,0 m × 1,5 m
$A = 1{,}00 \cdot 1{,}5 = 1{,}5\,\mathrm{m}^2$; $l_u = 2 \cdot 1{,}0 + 2 \cdot 1{,}5 = 5\,\mathrm{m}$; $d_{hy} = \frac{4 \cdot 1{,}5}{5} = 1{,}20\,\mathrm{m}$

3.5.3 Örtliche Verluste[2)]

$$h_{vö} = \zeta \cdot \frac{v^2}{2g}$$

$h_{vö}$ örtliche Verlusthöhe
ζ Verlustbeiwert einer örtlichen Störung
v mittlere Fließgeschwindigkeit
siehe auch Abschn. 3.6.7

Verlustbeiwerte ζ

a) Einlauf aus einem Becken in ein Rohr

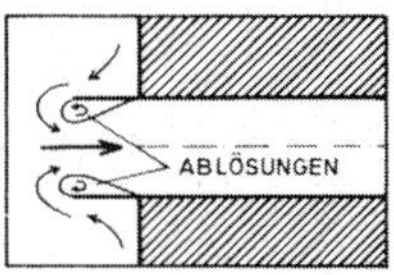

Dünnwandiges Rohr, aus einer senkrechten Wand herausragend: ζ = 0,60 bis 1,00

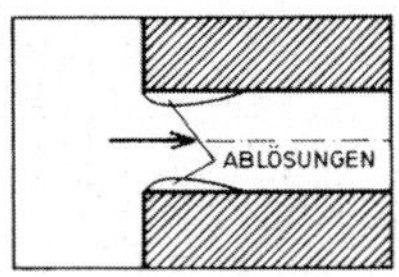

Nicht erweiterter Einlauf mit rechtwinkligen Kanten: $\zeta \approx 0{,}50$

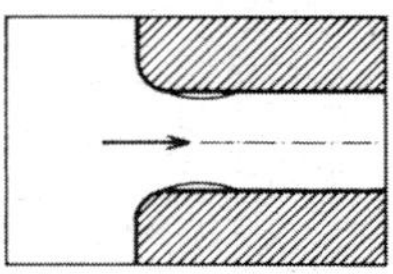

Nicht erweiterter Einlauf mit geringer Kantenausrundung: $\zeta \approx 0{,}25$

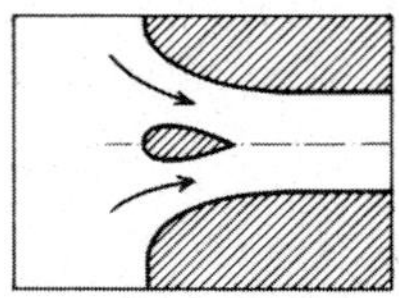

Gut ausgebildete Einlauftrompete mit stark ausgerundeten Kanten, ggf. mit günstig geformtem Zwischenpfeiler: ζ = 0,06 bis 0,10

1) Zanke, U.: Zur Berechnung von Strömungs-Widerstandsbeiwerten. Wasser und Boden, 1993, H. 1 und [13.21].
2) Näheres siehe [13.4], [13.7] und insbesondere [13.13].

b) Rechen vor einem Einlauf

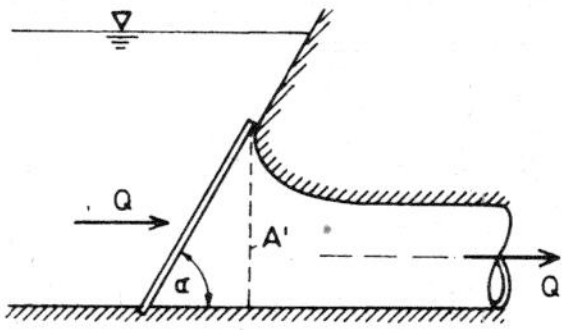

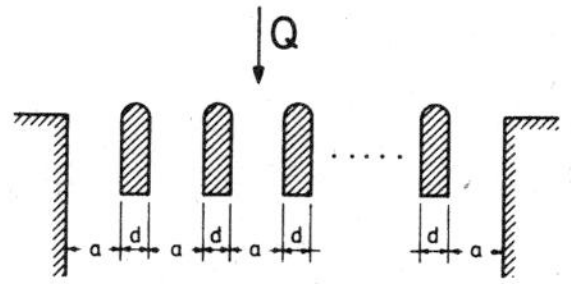

Rechenstab-Formbeiwerte:

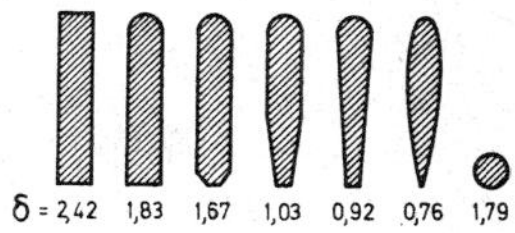

$$\zeta = \delta \cdot \left(\frac{d}{a}\right)^{4/3} \cdot \sin\alpha$$

d Stabdicke
a lichte Stabweite
α Rechenneigung
A' Projektionsfläche des Rechens senkrecht zur Strömungsrichtung

Als Fließgeschwindigkeit ist in diesem Fall einzusetzen: $v = Q/A'$.

Wegen einer möglichen teilweisen Verlegung des Rechens berücksichtigt man üblicherweise eine zusätzliche örtliche Verlusthöhe von 0,10 m für selten und 0,05 m für häufig gereinigte Rechen.

c) Saugkorb am Rohrkopf: $\zeta = 0{,}8$ bis 1,6, siehe [13.13]

d) Richtungsänderung[1)]
(ohne Reibungsverluste)

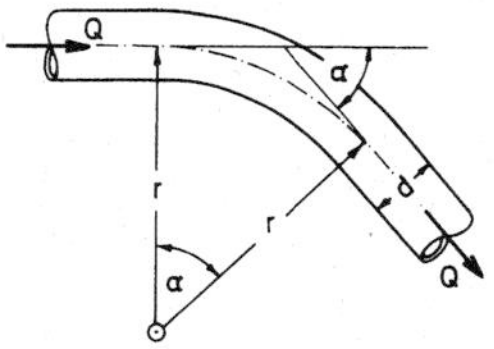

r Krümmungsradius der Rohrachse

Durchschnittliche Verlustbeiwerte ζ für glatte Kreisrohr-Krümmer:

r/d	Umlenkwinkel α					
	15°	22,5°	30°	45°	60°	90°
2	0,030	0,045	0,060	0,090	0,120	0,140
3	0,030	0,045	0,055	0,080	0,100	0,130
5	0,030	0,045	0,050	0,070	0,080	0,110
10	0,030	0,045	0,050	0,070	0,070	0,110

Bei rauer Wandung siehe [13.12].

Durchschnittliche Verlustbeiwerte ζ für Kreisrohr-Kniestücke:

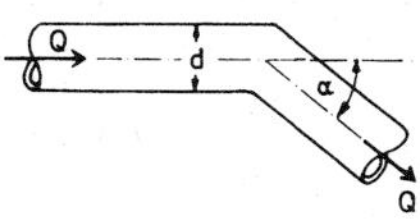

Wandung	Umlenkwinkel α						
	10°	15°	22,5°	30°	45°	60°	90°
glatt	0,034	0,042	0,066	0,130	0,236	0,471	1,129
rau	0,044	0,062	0,154	0,165	0,320	0,684	1,265

e) Verzweigung

Stromtrennung:

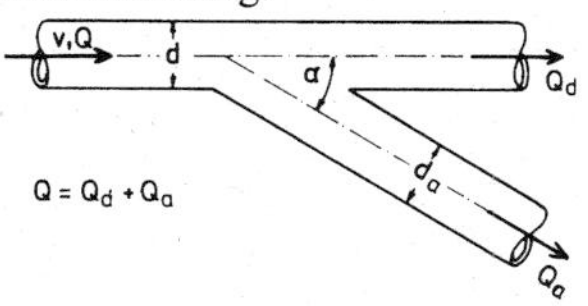

Stromvereinigung:

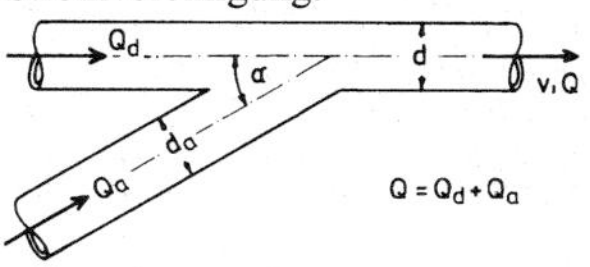

Stromtrennung für Kreisrohre bei einer Kantenausrundung von 0,1 d_a unter hydraulisch günstigsten Verhältnissen:

α	90°	60°	45°	
	$Q_a/Q = 0{,}3$			$\zeta_d = 0$
d_a/d ζ_a	1 0,76	0,61 0,59	0,58 0,35	
	$Q_a/Q = 0{,}5$			
d_a/d ζ_a	1 0,74	0,79 0,54	0,75 0,32	
	$Q_a/Q = 0{,}7$			
d_a/d ζ_a	1 0,88	1 0,52	1 0,30	

1) Näheres siehe [13.1], [13.4], [13.7] und [13.13].

Verlustbeiwerte für scharfkantige Kreisrohr-Verzweigungen mit Durchmessern $d = d_a$:

$\frac{Q_a}{Q}$	Stromtrennung – Verzweigungswinkel α				Stromvereinigung – Verzweigungswinkel α			
	90°		45°		90°		45°	
	ζ_a	ζ_d	ζ_a	ζ_d	ζ_a	ζ_d	ζ_a	ζ_d
0	0,95	0,04	0,90	0,04	–1,20	0,04	–0,92	0,04
0,2	0,88	–0,08	0,68	–0,06	–0,40	0,17	–0,38	0,17
0,4	0,89	–0,05	0,50	–0,04	0,08	0,30	0	0,19
0,6	0,95	0,07	0,38	0,07	0,47	0,41	0,22	0,09
0,8	1,10	0,21	0,35	0,20	0,72	0,51	0,37	–0,17
1	1,28	0,35	0,48	0,33	0,91	0,60	0,37	–0,54

Verlust im durchgehenden Rohr $h_{vd} = \zeta_d \cdot \frac{v^2}{2g}$

Verlust im abzweigenden Rohr: $h_{va} = \zeta_a \cdot \frac{v^2}{2g}$

Für v ist einzusetzen die Fließgeschwindigkeit vor der Trennung bzw. hinter der Vereinigung.

f) Querschnittsänderung

$$\zeta = c \cdot \left(1 - \frac{A_2}{A_1}\right)^2$$

Plötzliche Erweiterung:

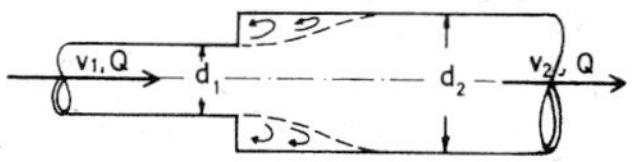

$c = 1{,}0$ bis $1{,}2$

Plötzliche Verengung:

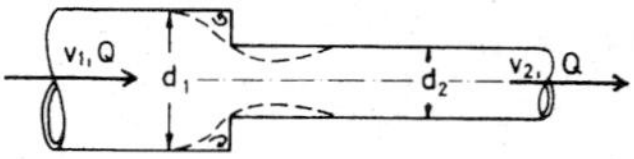

$c = 0{,}4$ bis $0{,}5$

Konische Erweiterung:

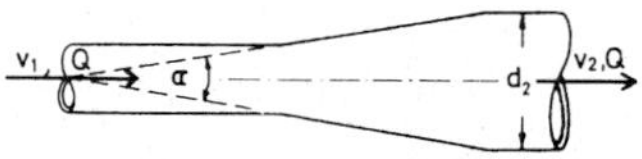

Optimum: $\alpha = 8°$; $c = 0{,}15$ bis $0{,}20$
Für $\alpha \geq 30°$: $c = 1{,}0$ bis $1{,}2$
(wie bei plötzlicher Erweiterung)

Konische Verengung:

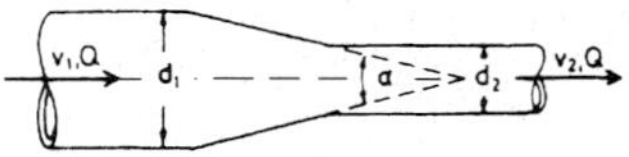

Für $\alpha \leq 30°$: $c = 0{,}0$ bis $0{,}1$

Für v ist jeweils einzusetzen die Fließgeschwindigkeit v_2 unterhalb der Querschnittsänderung.

Blende:

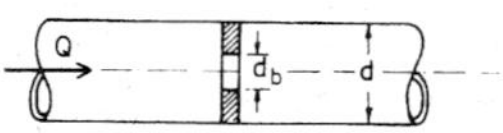

d_b Durchmesser Blendenöffnung
A_b Querschnitt Blendenöffnung
A Rohrquerschnitt

$\frac{A_b}{A}$	0,1	0,2	0,3	0,4	0,5	0,6	0,7	0,8	0,9	1,0
ζ	225,9	47,77	17,15	7,801	3,755	1,796	0,797	0,290	0,060	0

g) Armaturen (Verschlussorgane)

Verschlüsse von Großrohrleitungen (voll geöffnet):

Kegelstrahlschieber: $\zeta = 0{,}4$ bis 0,6

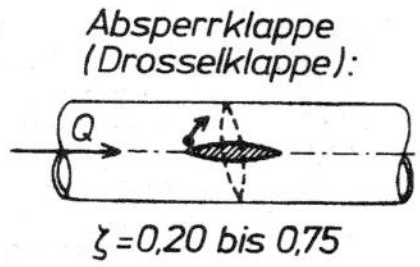

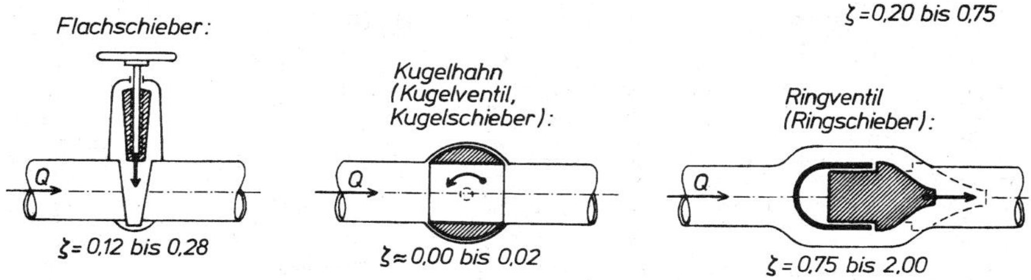

Teilweise geöffnet: Beispiel Ringventil DN 1000:

Öffnungsgrad %	100	90	80	70	60	50	40	30	20	10	5
ζ	3,5	4,3	5,4	7,1	10,1	15,7	29,3	67,5	220	1200	5800

Verschlüsse (Ventile) von Wasserversorgungsleitungen:
je nach Bauart und Nennweite (DN) $\zeta = 0{,}5$ bis 6,5.

Beispiele für verschiedene Bauformen DN 150 (ζ-Angaben für Zustand „voll geöffnet"):

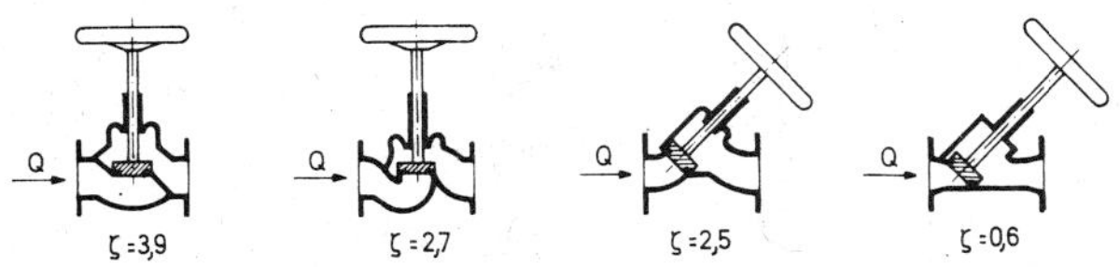

Weitere Armaturen, insbesondere am Ende einer Rohrleitung, s. z. B. [13.13].

h) Einbauten und Nischen

Durch Einbauten in Rohren wird oben der Querschnitt verengt und unten erweitert. Die Berechnung kann nach *f)* erfolgen.

Für Nischen, z. B. Führungsnute von Notverschlüssen an Einläufen, gilt (nach [13.4]):

v (Rohr)	< 1 m/s:	$\zeta \approx 0$
	> 1 m/s und $b/d < 0{,}1$:	$\zeta = 0{,}02$ bis 0,05
	> 2 m/s und $b/d > 0{,}1$:	$\zeta = 0{,}05$ bis 0,10

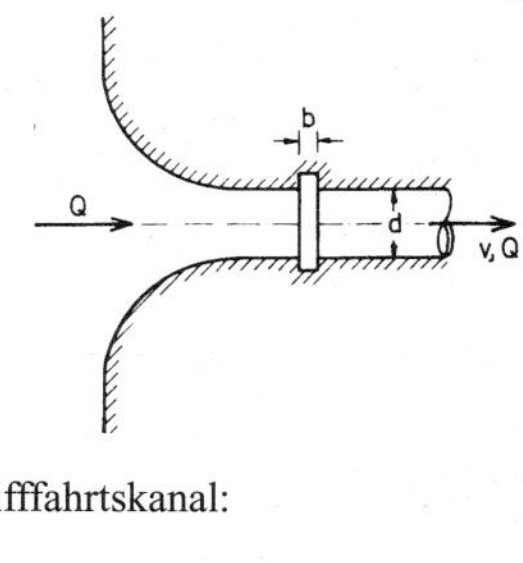

i) Beispiel: Gesamtverlusthöhe h_v eines *Dükers,* Kreuzung Bach/Schifffahrtskanal:

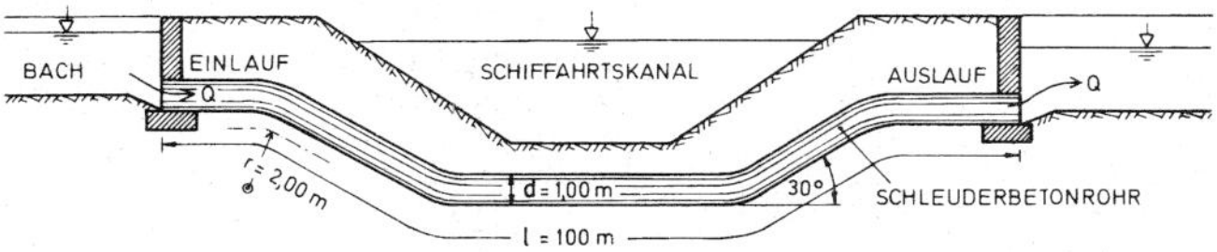

Gesucht: h_v (Düker) bei HQ *Gegeben:* HQ (Bach) = 2,0 m³/s bei A (Bach) = 4 m²; t = 10 °C
Düker-Abmessungen und -Bauweise s. Skizze

Verlusthöhen:

1. Einlauf: Entweder aufgefasst als Querschnittsänderung:

A (Bach) $= A_b = 4\,m^2$; A (Düker) $= A_d = \frac{\pi \cdot 1^2}{4} = 0{,}785\,m^2$; $\upsilon = \frac{2}{0{,}785} = 2{,}55\,m/s$

Plötzliche Verengung: $c = 0{,}5$; $\zeta = c\left(1 - \frac{A_d}{A_b}\right)^2 = 0{,}5\left(1 - \frac{0{,}785}{4}\right)^2 = 0{,}323$

$\frac{\upsilon^2}{2g} = \frac{2{,}55^2}{2 \cdot 9{,}81} = 0{,}331\,m$; $h_{ve1} = \zeta \cdot \frac{\upsilon^2}{2g} = 0{,}323 \cdot 0{,}331 = 0{,}107\,m$

Oder aufgefasst als Einlauf aus einem Becken in ein Rohr (Anströmung wird vernachlässigt): Nicht erweiterter Einlauf mit rechtwinkligen Kanten: $\zeta = 0{,}50$

$h_{ve2} = \zeta \cdot \frac{\upsilon^2}{2g} = 0{,}50 \cdot 0{,}331 = 0{,}166\,m$

2. Richtungsänderungen: 4 Krümmer; Umlenkwinkel $\alpha = 30°$; Radius Rohrachse $r = 2{,}00\,m$

$\frac{r}{d} = \frac{2{,}00}{1{,}00} = 2$; $\zeta = 0{,}060$; $h_{vK} = 4 \cdot \zeta \cdot \frac{\upsilon^2}{2g} = 4 \cdot 0{,}060 \cdot 0{,}331 = 0{,}079$

3. Rohrreibung: $\nu = 1{,}30 \cdot 10^{-6}\,m^2/s$ (Tabelle S. 13.4); $k = 0{,}5$ mm (Tabelle S. 13.12)

$Re = \frac{\upsilon \cdot d}{\nu} = \frac{2{,}55 \cdot 1{,}00}{1{,}30 \cdot 10^{-6}} = 1{,}96 \cdot 10^6$; $\frac{k}{d} = \frac{0{,}5 \cdot 10^{-3}}{1} = 0{,}5 \cdot 10^{-3}$

$\lambda = 0{,}017$ (Diagramm S. 13.13); $h_{vr} = \lambda \cdot \frac{l}{d} \cdot \frac{\upsilon^2}{2g} = \frac{0{,}017 \cdot 100 \cdot 0{,}331}{1{,}00} = 0{,}563\,m$

4. Austritt: Plötzliche Erweiterung: $c = 1{,}2$

$\zeta = c\left(1 - \frac{A_b}{A_d}\right)^2 = 1{,}2 \cdot \left(1 - \frac{4}{0{,}785}\right)^2 = 20{,}1$; $\frac{\upsilon_b^2}{2g} = \frac{0{,}5^2}{2 \cdot 9{,}81} = 0{,}0127\,m/s$

$h_{va} = \zeta \cdot \frac{\upsilon_b^2}{2g} = 20{,}1 \cdot 0{,}0127 = 0{,}256\,m$

Zusammenstellung:

1. Einlauf	h_{ve1}	$= 0{,}107$ m
2. Richtungsänderungen	h_{vK}	$= 0{,}079$ m
3. Rohrreibung	h_{vr}	$= 0{,}563$ m
4. Austritt	h_{va}	$= 0{,}256$ m
Gesamtverlusthöhe:	h_v	$= 1{,}005$ m

Die Gesamtverlusthöhe eines vom Unterwasser eingestauten *Rohrdurchlasses* wird ermittelt wie die eines Dükers ohne Krümmer. Für Maulprofil-Durchlässe aus gewellten Stahlblechen wird die Verwendung der Hilfstafeln [13.11] empfohlen.

Ein ausführliches Bemessungsbeispiel findet man in [13.17].

3.5.4 Einlaufüberdeckungshöhe

Mindestens erforderlich nach *Gordon*[1]:

$$h = C \cdot v \cdot \sqrt{d/g} \quad \text{in m}$$

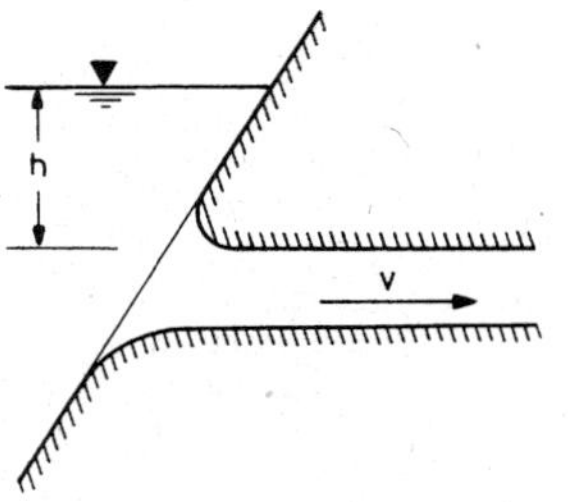

$C = 1{,}70$ für symmetrische (frontale) Anströmung bzw. aus einem Becken

$C = 2{,}20$ für asymmetrische Anströmung

[1] Siehe z. B. Knaus, J., DVWK-Schriftenreihe H. 63, 1983.

3.6 Gerinnehydraulik

3.6.1 Fließformel für wandraues Gerinne

Gerinneströmungen sind fast immer turbulent im rauen Bereich. Bei gleichförmiger und stationärer Strömung liefert die empirische Fließformel von *Manning/Strickler* häufig recht gute Näherungswerte für Rohre und wandraue Gerinne.

$$\upsilon = k_{St} \cdot r_{hy}^{2/3} \cdot I_E^{1/2}$$
$$r_{hy} = A/l_u$$

- υ Fließgeschwindigkeit in m/s
- k_{St} *Manning/Strickler*-Beiwert in $m^{1/3}/s$ (Tabelle S. 13.19)
- r_{hy} hydraulischer Radius in m
- l_u benetzter Umfang in m
- A Fließquerschnitt in m^2
- I_E Energiehöhengefälle

Beispiel: Gesucht: υ und Q für die Fließtiefe $h = 1{,}0$ m
Gegeben: Trapezprofil: $I_E = 10$ ‰; $b = 2{,}0$ m; Böschungsneigung 1 : 1,5 (d. h. $m = 1{,}5$)
Ufer und Sohle aus grobem Bruchsteinmauerwerk

Ermittelt aus Tabelle S. 13.19: $k_{St} = 50\ m^{1/3}/s$; $A = b \cdot h + m \cdot h^2 = 2 \cdot 1 + 1{,}5 \cdot 1^2 = 3{,}50\ m^2$

$l_u = b + 2h \cdot \sqrt{1+m^2} = 2 + 2 \cdot 1 \cdot \sqrt{1+1{,}5^2} = 2 + 2 \cdot 1 \cdot 1{,}80 = 5{,}60$ m

$r_{hy} = A/l_u = 3{,}50/5{,}60 = 0{,}625$ m

$\upsilon = k_{St} \cdot r_{hy}^{2/3} \cdot I_E^{1/2} = 50 \cdot 0{,}625^{2/3} \cdot 0{,}01^{1/2} = 50 \cdot 0{,}73 \cdot 0{,}1 = 3{,}65$ m/s

$Q = \upsilon \cdot A = 3{,}65 \cdot 3{,}50 = 12{,}80\ m^3/s$

Zunehmend wird das dimensionsechte allgemeine Fließgesetz (siehe Rohrhydraulik, S. 13.11) auch für Gerinne verwendet, wobei die Strömung meistens im rauen Bereich liegt (siehe auch DVWK-Merkblatt 220):

Absolute Rauheit k siehe Tab. S. 13.12.

$$\upsilon = \sqrt{1/\lambda} \cdot \sqrt{8g \cdot r_{hy} \cdot I_E}$$
$$\sqrt{\frac{1}{\lambda}} = 2 \lg \left(\frac{14{,}84 \cdot r_{hy}}{k}\right)$$
(rauer Bereich)

Manning/Strickler-Beiwert k_{St} (siehe auch Tab. Seite 13.71)

Werkstoff	Art, Form, Zustand	k_{St} in $m^{1/3}/s$		
Stahl	Rohre, sehr glatt, neu		100	
	Rohre, verkrustet und verrostet, alt	60	bis	78
	Blech, geschweißt	80	bis	90
	Blech, genietet, nichtversenkte Köpfe	65	bis	70
Gusseisen	Rohre, neu		90	
Holz	gehobelte Bretter	85	bis	90
	ungehobelte Bretter	75	bis	85
	ältere Holzgerinne	65	bis	70
	neue, glatte Gerinne	90	bis	95
Asphalt	Werkkanäle aus Walzgussasphalt	70	bis	75
	Kanäle aus Asphaltbeton	72	bis	77
Asphalt-Zement	Auskleidungen		100	
Asbest-Zement	Rohre je nach Alter	85	bis	100
Beton	Zementglattstrich		100	
	Beton mit Stahlschalung	90	bis	100
	Beton mit Holzschalung	65	bis	70
	Beton, geglättet		90	
	Stampfbeton	60	bis	70
	grobe Betonauskleidung, alter Beton	50	bis	55
	Stahlbetondruckrohre	85	bis	95
	Druckstollen, sorgfältige Ausführung	85	bis	95
	Druckstollen, weniger sorgfältige Ausführung	70	bis	80
Mauerwerk	Ziegelmauerwerk, gut gefugt	75	bis	80
	Mauerwerk, normal	60	bis	70
Naturstein	Hausteinquader	70	bis	80
	sorgfältiges Bruchsteinmauerwerk		70	
	normales Bruchsteinmauerwerk		60	
	grobes Bruchsteinmauerwerk		50	
	Bruchsteinböschungen, gepflastert, mit Sohle aus Sand oder Kies	45	bis	50

Werkstoff	Art, Form, Zustand	k_{St} in $m^{1/3}/s$		
Fels	Felsausbrüche, sorgfältig bearbeitet		60	
	Felsausbruch, gut bearbeitet oder gebohrt	45	bis	50
	mittelgrober Felsausbruch	25	bis	30
	grober Felsausbruch	15	bis	20*)
	roher Felsausbruch, mit Sohle aus Beton	40	bis	50*)
Erde	festes, feines Material		50	
	Fein- bis Mittelkies	40	bis	45
	Grobkies		35	
	grobes, scholliges Material		30	
	mit groben Steinen ausgelegt	25	bis	30
	Erdkanäle und Gräben, stark bewachsen	20	bis	25*)
	natürliche Flussbetten mit fester Sohle		40	*)
	natürliche Flussbetten mit mäßigem Geschiebetrieb	33	bis	35*)
	natürliche Flussbetten, Ufer verkrautet	30	bis	35*)
	natürliche Flussbetten mit Geröll		30	
	natürliche Flussbetten mit starkem Geschiebetrieb		28	*)
	unebenes, bewachsenes Vorland	15	bis	25*)
	Wildbäche mit grobem Geröll im Ruhezustand	25	bis	28*)
	in Bewegung	19	bis	22*)

*) Der k_{St}-Wert enthält Unregelmäßigkeits-Einflüsse (s. Seite 13.20).

Für den hydraulisch rauen Bereich, der für Fließgewässer praktisch immer zutrifft (mit hoher Wahrscheinlichkeit zumindest für 35 $m^{1/3}/s < k_{St} < 65\ m^{1/3}/s$ bzw. $0{,}168\,m > k > 0{,}004$ m (siehe DIN EN 752-4 (1997)), gilt näherungsweise:

$$k_{St} = 5{,}87 \cdot \sqrt{2\,g} \cdot k^{-1/6}$$

k absolute Rauheit in m (s. S. 13.12)

Gerinne-Unregelmäßigkeiten können durch Einfügen eines Unregelmäßigkeitsbeiwerts α (s. Tabelle) berücksichtigt werden. Er enthält die Summe der auf die Fließgeschwindigkeit dämpfend wirkenden Einflüsse von Uferanbrüchen, Kolken, herstellungsbedingten Abweichungen vom Regelquerschnitt, Gerinneverengungen und -erweiterungen sowie den daraus resultierenden Verzögerungen bzw. Beschleunigungen des Durchflusses.

Die modifizierte *Manning/Strickler*-Formel lautet damit:

$$v = \alpha \cdot k_{St} \cdot r_{hy}^{2/3} \cdot I_E^{1/2}$$

α Unregelmäßigkeitsbeiwert

Zur Beachtung: In den mit *) versehenen k- bzw. k_{St}-Werten der Tabellen Seite 13.12 und 13.19 sind Unregelmäßigkeits-Einflüsse bereits enthalten!

Unregelmäßigkeitsbeiwert α[1]

MQ: mittlerer Abfluss

Wasserlauf-Charakter	α
Betonkanal (Ortbeton, Fertigteile, Betonplatten)	0,96
sehr regelmäßig geformte Kanäle in Erde, Sand oder Kies	0,92
gebaggerte Gerinne, grobe Unregelmäßigkeiten von Hand ausgebessert	0,88
gebaggerte Gerinne ohne Nachbesserungen	0,80
gebaggerte Gerinne mit leicht unregelmäßigen Querschnitten	0,72
wenig unterhaltene Kanäle	0,64
Kanäle mit Ablagerungen und teilweise eingerutschten Böschungen	0,60
erheblich unregelmäßig geformte Wasserläufe	0,56

[1] Näheres siehe [13.10].

Wasserlauf-Charakter	α
Flüsse und Bäche mit alluvialen Sandsohlen:	
a) nichtgeregelte Flüsse und Bäche je nach Wasserführung	
$Q \leq 0{,}5\ MQ$	0,675
$0{,}5\ MQ < Q \leq 0{,}9\ MQ$	0,65
$0{,}9\ MQ < Q \leq 1{,}2\ MQ$	0,625
$1{,}2\ MQ < Q \leq 1{,}6\ MQ$	0,60
$1{,}6\ MQ < Q \leq 2{,}0\ MQ$	0,575
$Q > 2{,}0\ MQ$	0,55
b) geregelte Flüsse und Bäche sowie Kanäle und Gräben in gutem Unterhaltungszustand je nach Wasserführung	
$Q \leq 1{,}6\ MQ$	0,83
$1{,}6\ MQ < Q \leq 2{,}0\ MQ$	0,80
$Q > 2{,}0\ MQ$	0,77

Für Gerinne mit ungleichen Rauheiten des benetzten Umfangs l_u kann näherungsweise ein *Manning/Strickler*-Durchschnittsbeiwert k_{St} oder ein Durchschnitts-Widerstandsbeiwert λ (s. Seite 13.11) gebildet werden. Mit den benetzten Teilumfängen l_{ui} ($l_u = \Sigma l_{ui}$) und den zugehörigen *Manning/Strickler*-Beiwerten k_{Sti} bzw. Widerstandsbeiwerten λ_i lauten die Zusammenhänge:

$$k_{St} = l_u^{2/3} \Big/ \left[\Sigma\left(\frac{l_{ui}}{k_{Sti}^{3/2}}\right)\right]^{2/3} \quad (1) \quad \text{bzw.} \quad \lambda = \frac{\Sigma(\lambda_i \cdot l_{ui})}{l_u} \quad (2)$$

Für ein trapezförmiges Gerinne mit voneinander erheblich verschiedener Ufer- und Sohlenrauheit (siehe Skizze S. 13.21) ergibt sich der Durchschnitts-k_{St}-Wert zu:

$$k_{St} = \frac{l_u^{2/3} \cdot k_{So} \cdot k_U}{(b \cdot k_U^{3/2} + l_U \cdot k_{So}^{3/2})^{2/3}} \quad (3)$$

b Sohlenbreite in m
l_u benetzter Umfang in m
l_U benetzte Uferlinie in m
k_U *Manning/Strickler*-Beiwert der Ufer in $m^{1/3}/s$
k_{So} *Manning/Strickler*-Beiwert der Sohle in $m^{1/3}/s$

Durchflussberechnung für gegliederte Querschnitte[1]:
Der Fließquerschnitt A wird in i Teilquerschnitte A_i ($A = \Sigma A_i$) mit jeweils etwa einheitlicher Fließgeschwindigkeit v_i zerlegt. Nach *Könemann* wird die Trennlinie zwischen zwei Teilquerschnitten dem benetzten Umfang l_{ui} des tieferen Teilquerschnitts zugerechnet (siehe Skizze).

$$Q = \Sigma(A_i \cdot k_{Sti} \cdot r_{hyi}^{2/3} \cdot I_E^{1/2})$$

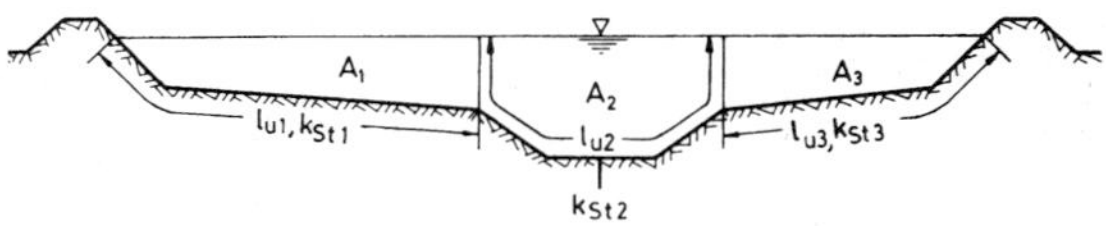

Für das dargestellte dreigliedrige Trapezprofil ergibt sich:

$v_1 = k_{St1} \cdot r_{hy1}^{2/3} \cdot I_E^{1/2}$ $\quad v_2 = k_{St2} \cdot r_{hy2}^{2/3} \cdot I_E^{1/2}$ $\quad v_3 = k_{St3} \cdot r_{hy3}^{2/3} \cdot I_E^{1/2}$
$r_{hy1} = A_1/l_{u1}$ $\quad r_{hy2} = A_2/l_{u2}$ $\quad r_{hy3} = A_3/l_{u3}$
$Q = v_1 \cdot A_1 + v_2 \cdot A_2 + v_3 \cdot A_3$

Ist $h_{Vorland} > 0{,}5\ h_{Hauptgerinne}$, so ist die Berechnung als Kompaktquerschnitt sinnvoller (siehe ATV A110 (2001)).

[1] *Könemann, N.:* Der wechselseitige Einfluss von Vorland und Flussbett auf das Widerstandsverhalten offener Gerinne mit gegliederten Querschnitten. Diss. TH Darmstadt, Heft 25, 1980.

3.6.2 Fließformel für voll mit Gehölz besetztes Gerinne[1)]

(z. B. eine Flutmulde; siehe auch [13.17])

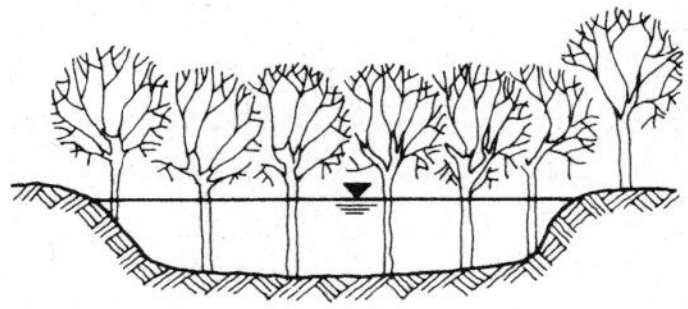

$$v = \sqrt{\frac{8 \cdot g \cdot r_{hy} \cdot I_E}{\lambda_W + (4\, c_{WR} \cdot \omega_p \cdot r_{hy})}}$$

λ_W Widerstandsbeiwert der Wandungen (s. S. 13.11 und 13.21)
c_{WR} rechnerische Widerstandszahl für ein Kollektiv von durchströmten Pflanzen (liegt meistens etwa zwischen 1,0 und 1,5)
ω_P spezifische Vegetationsanströmfläche in m^2/m^3 bzw. 1/m
- lockerer, strauchartiger Bewuchs: $\omega_P \approx 0{,}1$ bis 0,5 1/m
- dichter, strauchartiger Bewuchs: $\omega_P \approx 1{,}5$ bis 3,0 1/m
- baumartiger Bewuchs: $\omega_P = d_{P,m} \cdot D_P = \dfrac{d_{P,m}}{a_x \cdot a_y}$

$d_{P,m}$ mittlerer Stammdurchmesser in m
D_P Bestockungsdichte in $1/m^2$ (Anzahl der Stämme, bezogen auf die Wasserspiegelfläche)
a_x; a_y Gehölzabstände in Fließrichtung (x) bzw. quer dazu (y)

Bei dichtem Gehölz und nicht zu rauer Wandung ist λ_W vernachlässigbar, und es ergibt sich:

$$v = \sqrt{\frac{2 \cdot g \cdot I_E}{c_{WR} \cdot \omega_P}} \qquad (1)$$

(fließtiefenunabhängig, weil die Fließwiderstände hier über die Fließtiefe gleichmäßig verteilt sind)

3.6.3 Fließformel für Gerinne mit Ufergehölz

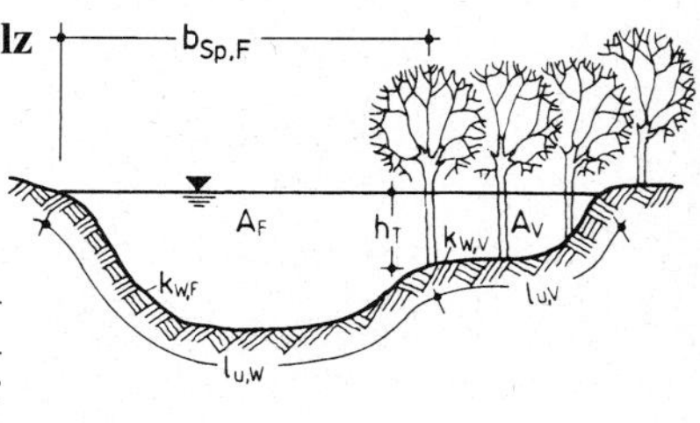

Gehölzfreier Fließquerschnitt A_F:

$$v_F = \sqrt{\frac{1}{\lambda_{ges}}} \cdot \sqrt{8 \cdot g \cdot r_{hy,F} \cdot I_E} \qquad (1)$$

$$r_{hy,F} = \frac{A_F}{l_{u,W} + h_T} \quad ; \quad \sqrt{\frac{1}{\lambda_{ges}}} = \sqrt{\frac{l_{u,W} + h_T}{\lambda_W \cdot l_{u,W} + \lambda_T \cdot h_T}}$$

$l_{u,W}$ Umfang (entsprechend Gl. (2), S. 13.21) der benetzten festen Wandung von A_F
h_T Höhe der (vertikalen) fiktiven Trennfläche am Gehölzsaum

Für beidseitigen Ufergehölzbewuchs (links h_{T1}, A_{V1}; rechts h_{T2}, A_{V2}) gilt

$$r_{hy,F} = \frac{A_F}{l_{u,W} + h_{T1} + h_{T2}} \quad ; \quad \sqrt{\frac{1}{\lambda_{ges}}} = \sqrt{\frac{l_{u,W} + h_{T1} + h_{T2}}{\lambda_W \cdot l_{u,W} + \lambda_{T1} \cdot h_{T1} + \lambda_{T2} \cdot h_{T2}}}$$

Die folgenden Gln. beziehen sich auf einseitigen Bewuchs. Für beidseitigen sind sie sinngemäß zu erweitern.

$$\sqrt{\frac{1}{\lambda_W}} = 2 \cdot \lg\left(\frac{14{,}84 \cdot r_{hy,W}}{k_W}\right) \qquad (2)$$

λ_W und $r_{hy,W}$ beziehen sich auf eine der festen Wandung $l_{u,W}$ zugeordnete, der Größe nach unbekannte Teilfläche von A_F.

(entspr. S. 13.19)

k_W absolute Rauheit entlang $l_{u,W}$ (Tab. S. 13.12)

[1)] *Kaiser, W.* und *Schröder, W.:* Fließwiderstand von Ufergehölz, Wasser und Boden, H. 5, 1985.

$$r_{hy,W} = \frac{\lambda_W \cdot A_F}{\lambda_W \cdot l_{u,W} + \lambda_T \cdot h_T} \qquad (3)$$

1. Näherung: $r_{hy,W} = r_{hy,F}$
Die Gln. (2) und (3) sind so lange zu iterieren, bis der Wert für λ_W hinreichend genau konstant bleibt.

Der Gehölzsaum (Höhe h_T) wird rechnerisch als feste Wand betrachtet, ist aber für Sekundärströmungen, welche die Hauptströmung (Q_F bzw. v_F) bremsen (Interaktion), durchlässig.

$$\lambda_T = 4 \left(\lg \frac{v_{0,F}}{v_{0,V}}\right)^2 \cdot \frac{r_{hy,V} \cdot b_m}{h_T \cdot b_F} \qquad (4)$$[1]

$b_F \ = A_F/h_T$
jedoch Obergrenze[2]: $b_F \leq b_{Sp,F}$
$r_{hy,V} \ = A_V/l_{u,V}$
$b_{Sp,F}$ Spiegelbreite von A_F (s. Skizze S. 13.22)

wenn $\lambda_T < \lambda_W$
$\rightarrow \lambda_T = \lambda_W$

$v_{0,F}$ und $v_{0,V}$ rechnerische Fließgeschwindigkeiten in den Teilquerschnitten A_F bzw. A_V ohne Berücksichtigung der fiktiven Trennfläche ($h_T = 0$, also Trennfläche reibungsfrei)

b_m mitwirkende Vegetationszonenbreite, ergibt sich aus:
$b_N = 3{,}2\sqrt{a_x \cdot d_{P,m}}$ Nachlaufwirbelbreite eines Gehölzelementes
$b_N \geq a_y \rightarrow b_m = a_y$ jedoch Obergrenze: $b_m \leq b_V = A_V/h_T$
$b_N < a_y \rightarrow b_m = b_N$ Untergrenze: $b_m \geq 0{,}15\, h_T$
Durchströmter Abflussquerschnitt A_V: Fließgeschwindigkeit $v_V \approx v_{0,V}$

Die Fließgeschwindigkeit v_V ist aber oft sehr gering und wird bei Hochwasser durch Versatz mit Geschwemmsel zusätzlich so weit reduziert, dass es häufig angebracht erscheint, den Durchfluss Q_V zu vernachlässigen.

Beispiel: Abmessungen s. Skizze unten
Gegeben: $I_E = 0{,}6\,‰$; $k_{W,F} = k_{W,V} = 0{,}100$ m
$a_x = a_y = 0{,}10$ m; $d_{P,m} = 0{,}03$ m

$$\omega_P = \frac{d_P}{a_x \cdot a_y} = \frac{0{,}03}{0{,}10 \cdot 0{,}10} = 3{,}0\ \text{m}^{-1}$$

Hauptquerschnitt (Trennfläche reibungsfrei):
$A_F = 0{,}5 \cdot 4{,}0 \cdot 3{,}0 + 5{,}0 \cdot 3{,}0 + 1{,}0 \cdot 0{,}5 \cdot (3{,}0 + 2{,}0) = 23{,}5\ \text{m}^2$
$l_{u,W} = \sqrt{4{,}0^2 + 3{,}0^2} + 5{,}0 + \sqrt{1{,}0^2 + 1{,}0^2} = 11{,}41$ m; $\quad r_{hy,0,W} = A_F/l_{u,W} = 23{,}5/11{,}41 = 2{,}06$ m

$$\sqrt{\frac{1}{\lambda_{0,W}}} = 2 \lg \left(\frac{14{,}84 \cdot r_{hy,0,W}}{k_{W,F}}\right) = 2 \lg \left(\frac{14{,}84 \cdot 2{,}06}{0{,}100}\right) = 4{,}97; \qquad \lambda_{0,W} = 0{,}0405$$

$$v_{0,F} = \sqrt{\frac{1}{\lambda_{0,W}}} \cdot \sqrt{8\,g \cdot r_{hy,0,W} \cdot I_E} = 4{,}97 \cdot \sqrt{8 \cdot 9{,}81 \cdot 2{,}06 \cdot 0{,}0006} = 1{,}548\ \text{m/s}$$

Vorland: $c_{WR} = 1{,}5$ (auf der sicheren Seite liegend geschätzt)
$A_V = 3{,}0 \cdot 2{,}0 + 0{,}5 \cdot 2{,}0 \cdot 2{,}0 = 8{,}0\ \text{m}^2$; $\quad l_{u,V} = 3{,}0 + \sqrt{2{,}0^2 + 2{,}0^2} = 5{,}83$ m
$r_{hy,V} = A_V/l_{u,V} = 8{,}0/5{,}83 = 1{,}372$ m (Trennfläche reibungsfrei)

$$\sqrt{\frac{1}{\lambda_{W,V}}} = 2 \lg \left(\frac{14{,}84 \cdot r_{hy,V}}{k_{W,V}}\right) = 2 \lg \left(\frac{14{,}84 \cdot 1{,}372}{0{,}100}\right) = 4{,}62; \qquad \lambda_{W,V} = 0{,}0469$$

$$v_{0,V} = \sqrt{\frac{8\,g \cdot r_{hy,V} \cdot I_E}{\lambda_{W,V} + (4\,c_{WR} \cdot \omega_P \cdot r_{hy,V})}} = \sqrt{\frac{8 \cdot 9{,}81 \cdot 1{,}372 \cdot 0{,}0006}{0{,}0469 + (4 \cdot 1{,}5 \cdot 3{,}0 \cdot 1{,}372)}} = 0{,}0511\ \text{m/s}$$

oder (bei dichtem Bewuchs hinreichend genau):

$$v_{0,V} = \sqrt{\frac{2\,g \cdot I_E}{c_{WR} \cdot \omega_P}} = \sqrt{\frac{2 \cdot 9{,}81 \cdot 0{,}0006}{1{,}5 \cdot 3{,}0}}$$

$v_{0,V} = 0{,}0511$ m/s
$Q_V = v_{0,V} \cdot A_V = 0{,}0511 \cdot 8{,}0 =$ **$0{,}41\ \text{m}^3\text{/s}$**

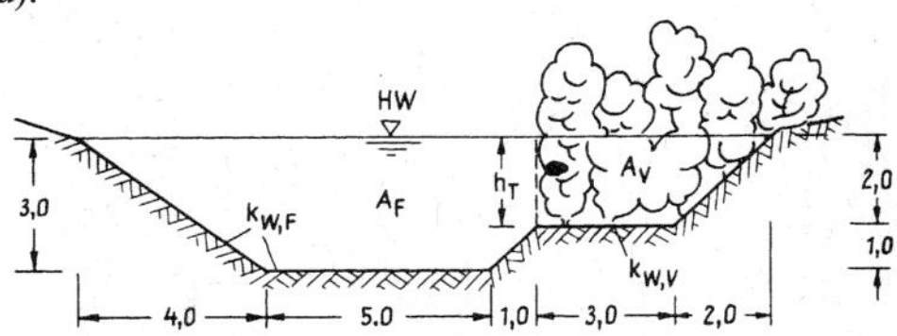

[1] *A. Nuding, W. Schröder:* Fließwiderstand von Baum- und Buschufern. Wasser und Boden, 1992.
[2] Modifikation lt. *A. Nuding:* Zur Durchflussermittlung bei gegliederten Gerinnen. Wasserwirtschaft H. 3/1998.

Trennflächen-Widerstandsbeiwert λ_T (Gl. (4); S. 13.23)

$b_F = A_F/h_T = 23{,}5/2{,}0 = 11{,}75$ m; jedoch Obergrenze: $b_F \leq b_{Sp,F} = 10{,}0$ m;

$b_N = 3{,}2 \cdot \sqrt{a_x \cdot d_{P,m}} = 3{,}2 \cdot \sqrt{0{,}10 \cdot 0{,}03} = 0{,}175 \text{ m} > a_y$

hiernach: $b_m = a_y = 0{,}10$ m, jedoch Untergrenze: $b_m = 0{,}15\, h_T = 0{,}30$ m

$$\lambda_T = 4\left(\lg \frac{v_{0,F}}{v_{0,V}}\right)^2 \cdot \frac{r_{hy,V} \cdot b_m}{h_T \cdot b_F} = 4\left(\lg \frac{1{,}548}{0{,}0511}\right)^2 \cdot \frac{1{,}372 \cdot 0{,}30}{2{,}0 \cdot 10{,}00} = 0{,}1806$$

Abfluss Hauptquerschnitt: $r_{hy,F} = A_F/(l_{u,W} + h_T) = 23{,}5/(11{,}41 + 2{,}0) = 1{,}752$ m

1. Näherung: $r_{hy,W}(1) = r_{hy,F}$

$$\sqrt{\frac{1}{\lambda_W}}(1) = 2\lg\left(\frac{14{,}84 \cdot r_{hy,W}}{k_{W,F}}\right) = 2\lg\left(\frac{14{,}84 \cdot 1{,}752}{0{,}100}\right) = 4{,}830; \qquad \lambda_W(1) = 0{,}0429$$

2. Näherung: $$r_{hy,W}(2) = \frac{\lambda_W \cdot A_F}{\lambda_W \cdot l_{u,W} + \lambda_T \cdot h_T} = \frac{0{,}0429 \cdot 23{,}5}{0{,}0429 \cdot 11{,}41 + 0{,}1806 \cdot 2{,}0} = 1{,}185 \text{ m}$$

$$\sqrt{\frac{1}{\lambda_W}}(2) = 2\lg\left(\frac{14{,}84 \cdot 1{,}185}{0{,}100}\right) = 4{,}490; \qquad \lambda_W(2) = 0{,}0496$$

3. Näherung: $r_{hy,W}(3) = 1{,}257$ m; $\lambda_W(3) = 0{,}0485$
4. Näherung: $r_{hy,W}(4) = 1{,}246$ m; $\lambda_W(4) = 0{,}0486$
5. Näherung: $r_{hy,W}(5) = 1{,}247$ m; $\lambda_W(5) = 0{,}0486 \approx \lambda_W(4)$

$$\sqrt{\frac{1}{\lambda_{ges}}} = \sqrt{\frac{l_{u,W} + h_T}{\lambda_W \cdot l_{u,F} + \lambda_T \cdot h_T}} = \sqrt{\frac{11{,}41 + 2{,}00}{0{,}0486 \cdot 11{,}41 + 0{,}1806 \cdot 2{,}00}} = 3{,}83; \quad \lambda_{ges} = 0{,}0683$$

$$v_F = \sqrt{\frac{1}{\lambda_{ges}}} \cdot \sqrt{8g \cdot r_{hy,F} \cdot I_E} = 3{,}83 \cdot \sqrt{8 \cdot 9{,}81 \cdot 1{,}752 \cdot 0{,}0006} = 1{,}10 \text{ m/s}$$

$Q_F = v_F \cdot A_F = 1{,}10 \cdot 23{,}5 = \mathbf{25{,}85\ m^3/s}$; $Q = Q_F + Q_V = 25{,}85 + 0{,}41 = \mathbf{26{,}26\ m^3/s}$

Wenn bei Hochwasser Versetzungen der Gehölze mit Geschwemmsel zu befürchten sind, wird empfohlen, die Bewuchsdichte deutlich zu vergrößern (d. h., a_x und a_y zu verringern) und aus Sicherheitsgründen mit $Q_V = 0$ zu rechnen.

Weitere Beispiele siehe DVWK-Merkblatt 220 und [13.17].

3.6.4 Strömen und Schießen

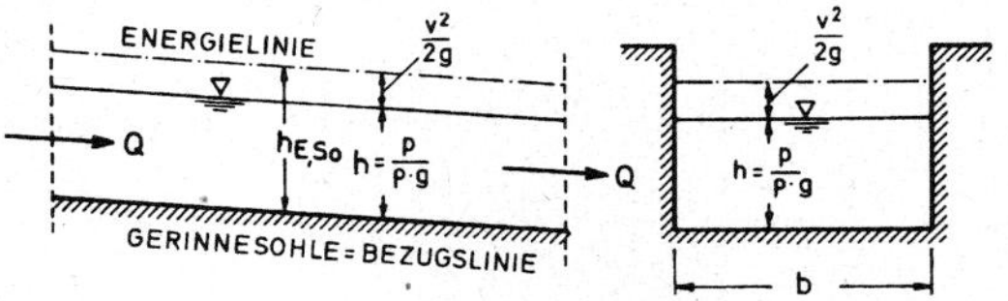

Beispiel:
Rechteck-Gerinne, Q = konst. (stationär), gleichförmiger Durchfluss

Zur Vereinfachung wird als Bezugslinie die Gerinnesohle gewählt. Die *Bernoullische Gleichung* lautet dann:

$$h_{E.So} = h + \frac{v^2}{2g} \qquad \text{oder} \qquad h_{E.So} = h + \frac{Q^2}{2g \cdot b^2 \cdot h^2} \qquad (1)$$

Durch Veränderung des Rinnengefälles ist jede beliebige Fließtiefe h erzielbar. Die Abhängigkeit der Energiehöhe (bezogen auf die Gerinnesohle) $h_{E,So}$ von der Fließtiefe h laut Gleichung (1) zeigt schematisch das folgende Diagramm:

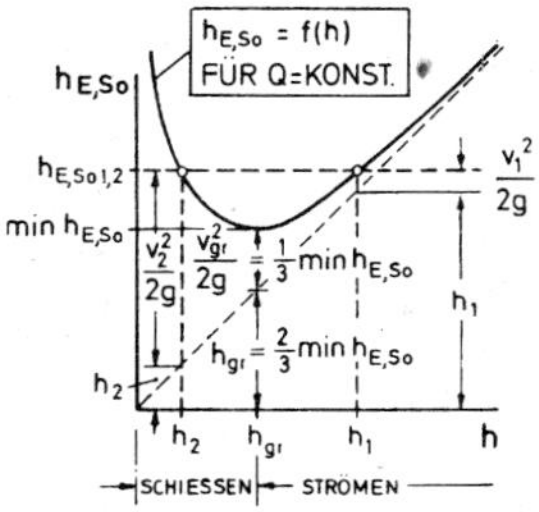

Die Kurve $h_{E.So} = f(h)$ hat ein Minimum (min $h_{E.So}$) bei der Grenztiefe h_{gr}, der Grenze zwischen Strömen und Schießen.

Aus $\frac{dh_{E.So}}{dh} = 0$ ergibt sich für ein Rechteck

$$\min h_{E.So} = \frac{3}{2}\, h_{gr}$$

Für alle $h_{E.So1.2} > \min h_{E.So}$ gibt es zwei mögliche Fließtiefen h_1 und h_2, eine bei strömendem und eine bei schießendem Durchfluss.

Strömen:	$h > h_{gr}$	Schießen:	$h < h_{gr}$	kritischer	$h = h_{gr}$
(unterkritisch)	$v < v_{gr}$	(überkritisch)	$v > v_{gr}$	Durchfluss:	$v = v_{gr}$
	$Fr < 1$		$Fr > 1$		$Fr = 1$

Grenztiefen h_{gr} und Grenzgeschwindigkeiten v_{gr} für einige Gerinneformen
nach [13.4], [13.7] und [13.13] (Q gegeben, I_E variabel)

Gerinneform		Grenztiefe h_{gr}	Grenzgeschwindigkeit v_{gr}
Bezeichnung, Fläche	Skizze		
Rechteck $A = b \cdot h$	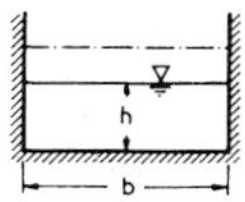	$\sqrt[3]{\frac{Q^2}{g \cdot b^2}}$	$\sqrt{g \cdot h_{gr}}$
Parabel $A = \frac{2}{3} \cdot \sqrt{\frac{h^3}{a}}$	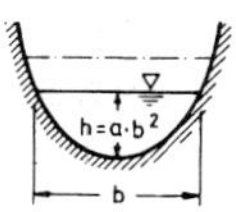	$\sqrt[4]{\frac{27 \cdot a \cdot Q^2}{8 \cdot g}}$	$\sqrt{\frac{2}{3} \cdot g \cdot h_{gr}}$
Dreieck $A = m \cdot h^2$	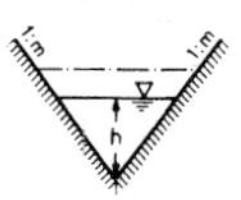	$\sqrt[5]{\frac{2\,Q^2}{m^2 \cdot g}}$	$\sqrt{\frac{1}{2} \cdot g \cdot h_{gr}}$
Trapez $A = b \cdot h + m \cdot h^2$	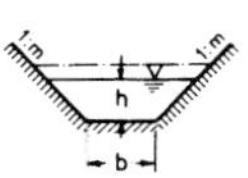	Implizit gegeben durch $h_{gr} = \frac{\sqrt[3]{\frac{Q^2}{g} \cdot (b + 2 \cdot m \cdot h_{gr})}}{b + m \cdot h_{gr}}$	$v_{gr} = \sqrt{\frac{g \cdot h_{gr} \cdot \left(1 + m \cdot \frac{h_{gr}}{b}\right)}{1 + 2 \cdot m \cdot \frac{h_{gr}}{b}}}$
Kreisabschnitt $A = \frac{d^2}{8}(\widehat{\varphi} - \sin\varphi)$	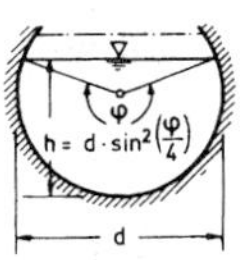	$h_{gr} = d \cdot \sin^2\left(\frac{\varphi_{gr}}{4}\right)$; φ_{gr} implizit gegeben durch $\frac{(\widehat{\varphi}_{gr} - \sin\varphi_{gr})^3}{\sin\left(\frac{1}{2}\varphi_{gr}\right)} = \frac{512 \cdot Q^2}{g \cdot d^5}$	$\sqrt{\frac{g \cdot d \cdot (\widehat{\varphi}_{gr} - \sin\varphi_{gr})}{8 \cdot \sin\left(\frac{1}{2}\varphi_{gr}\right)}}$

Allgemein gilt, wenn Q gegeben ist:

$$v_{gr} = g \cdot A_{gr}/b_{Sp}$$

mit A_{gr} Fließquerschnitt im Grenzzustand ($Fr = 1$) und b_{Sp} zugehörige Spiegelbreite

3.6.5 Spiegellinienberechnung

Iterative Spiegellinienberechnung

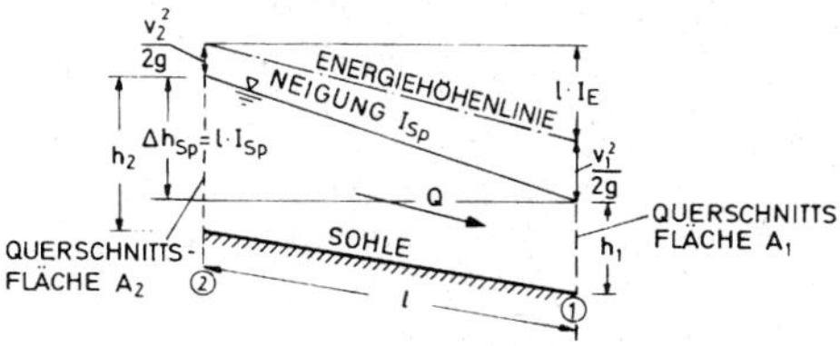

Ausgehend von einem Querprofil 1 mit bekannter (z. B. Grenz-)Fließtiefe berechnet man mit der Fließformel Seite 13.19 durch Proberechnung die Wasserspiegeldifferenz Δh_{Sp} zum nächsten, bei strömendem Durchfluss stromaufwärts, bei schießendem stromabwärts gelegenem Profil 2:

$$\Delta h_{Sp} = \frac{v_m^2 \cdot l}{k_{St}^2 \cdot r_{hy,m}^{4/3}} - \beta \cdot \frac{v_2^2 - v_1^2}{2g} + h_{vö} \qquad (1)$$

$$A_m = (A_1 + A_2)/2$$
$$v_m = Q/A_m$$
$$r_{hy,m} = A_m/l_{u,m}; \quad l_{u,m} = (l_{u,1} + l_{u,2})/2$$

$h_{vö}$ = örtliche Verlusthöhe (z. B. durch Brückenpfeiler, Einzelhindernisse etc.), s. Abschn. 3.6.7
Sanfte Krümmungen können meistens vernachlässigt werden, scharfe Krümmungen lassen sich wie ein örtlicher Verlust behandeln (s. [13.10]).

β Korrekturbeiwert zur Berücksichtigung der durch ungleichförmigen Abfluss (vor allem in den Verzögerungsstrecken) entstehenden zusätzlichen Verluste, z. B.

für $v_2 < v_1$ (Beschleunigung): $\beta = 1$; für $v_2 > v_1$ (Verzögerung): $\beta = 2/3$

Generell kann auch $\beta = 1$ gesetzt werden. Die Verluste sind dann durch eine k_{St}-Wert-Verminderung zu berücksichtigen.

Berechnungsschema bei Verwendung der Fließformel von *Manning/Strickler:*

1	2	3	4	5	6	7	8	9	10	11	12	13	14	15	16
Profil	l	WSP	Δh_{Sp} geschätzt	A_2 A_1	A_m	l_{u2} l_{u1}	$l_{u,m}$	$r_{hy,m}$	$v_m = Q/A_m$	k_{St}	$\frac{v_m^2 \cdot l}{k_{St}^2 \cdot r_{hy,m}^{4/3}}$	v_2 v_1	β	$\beta \cdot \frac{v_2^2 - v_1^2}{2g}$	Δh_{Sp} gerechnet
km	m	m NN	m	m^2	m^2	m	m	m	m/s	$m^{1/3}$/s	m	m/s	–	m	m

Kontrolle: Δh_{Sp} (geschätzt, Spalte 4) = Δh_{Sp} (gerechnet, Spalte 16)

Anwendungsgrenzen:

1. Gerinne nur leicht ungleichfömig (also keine abrupten Profilveränderungen)
2. Kein Wechsel des Fließzustandes (Strömen ↔ Schießen) innerhalb des Berechnungsabschnitts.

Alternativ zu Gl. (1)

$$\Delta h_{Sp} = \frac{l}{2} \cdot \left(I_{E,1} + \frac{v_2^2 \cdot l}{k_{St,2}^2 \cdot r_{hy,2}^{4/3}} \right) - \beta \cdot \frac{v_2^2 - v_1^2}{2\,g} + h_{vö}$$

(in dieser Form sehr häufig angewendet in Spiegellinienprogrammen)

Numerische Spiegellinienberechnung

Eindimensionale Wasserspiegellagenmodelle werden für die Berechnung der Wasserspiegellage eines Fließgewässers oder auch eines Fließgewässersystems bei stationären und instationären Abflüssen eingesetzt. Die Fließzustände Strömen und Schießen sowie wechselnde Fließzustände werden berücksichtigt. Die Modelle berechnen zudem wichtige Parameter wie beispielsweise *Froude*-Zahl, Schubspannung, kritischer Wasserstand/Durchfluss.

Rechengrundlage sind die Kontinuitäts-, Impuls- und Energiegleichung. Bei der eindimensionalen Betrachtung des Strömungsgeschehens werden Fließgeschwindigkeit und Wasserspiegelhöhe als konstant über den Fließquerschnitt angenommen. Energieverluste werden durch Reibung und Aufweitung/Verengung des Fließquerschnittes (Sohl-/Bewuchsrauheiten und Unregelmäßigkeiten der Gewässergeometrie/des Sohlgefälles) einbezogen. Die Impulsgleichung wird bei plötzlicher Veränderung der durchströmten Querprofile angewendet (z. B. bei sich ändernden Fließbedingungen an Brückenpfeilern oder Mündungen). Jeder Fließquerschnitt kann in Teilquerschnitte (z. B. Hauptquerschnitt und Vorland) unterteilt werden, denen unterschiedliche Rauheiten zugeordnet werden können. Der Abstand der gemessenen Querprofile kann durch vom Programm interpolierte Profile ergänzt werden.

Zum Ablauf einer numerischen Simulation siehe Abschnitt 8.

Angewendungsgebiete sind beispielsweise die Ermittlung der Auswirkungen von Maßnahmen im Fluss (z. B. Brücken, Durchlässe, Wehre, Renaturierungsmaßnahmen), Vorlandmanagement, Ermittlung des Einflusses von Deichen, des Ablaufes von Hochwasserabflüssen.

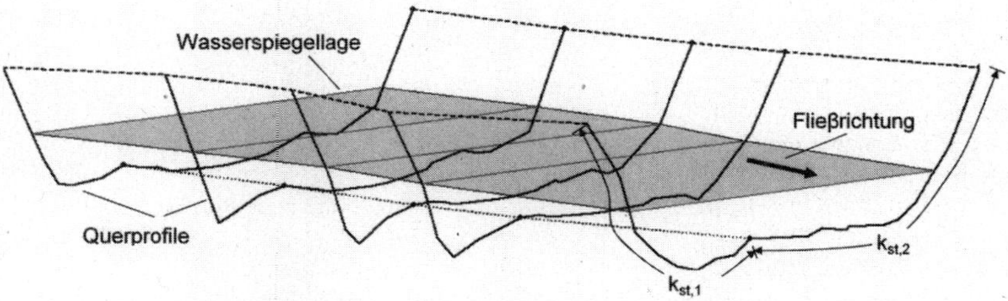

3.6.6 Stau- und Senkungslinien

für regelmäßig geformte (prismatische) Gerinne bei strömendem Durchfluss

Staulinie:

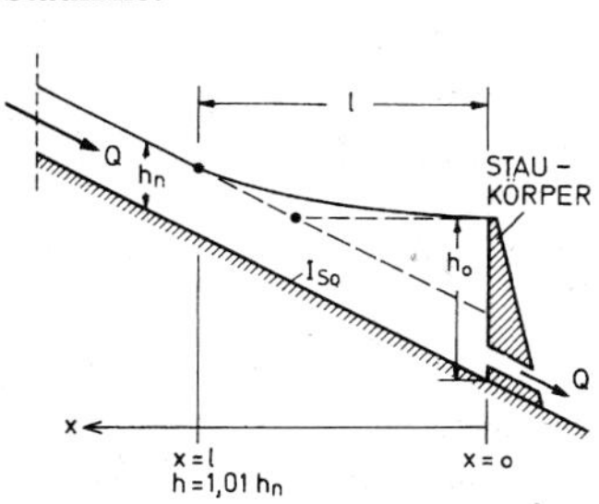

Vereinbarungsgemäß ist
$x = l$ bei $h = 1{,}01\ h_n$

Senkungslinie:

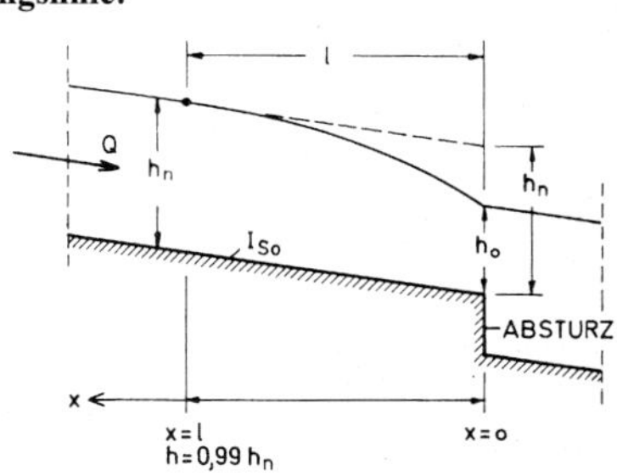

Vereinbarungsgemäß ist
$x = l$ bei $h = 0{,}99\ h_n$

h_n Fließtiefe bei Normaldurchfluss, also ohne Stau- bzw. Absenkeinwirkung
h_0 Fließtiefe am Staukörper bzw. Absturz ($x = 0$)
l Stauweite bzw. Absenkweite

Funktion der Stau- und Senkungslinie im prismatischen Rechteckgerinne (nach *Rühlmann*):

$$\frac{x}{h_n} = \frac{1}{I_{So}} \cdot \left[\frac{h_0}{h_n} - \frac{h}{h_n} + \left(1 - \frac{h_{gr}^3}{h_n^3}\right) \cdot (\varphi - \varphi_0)\right] \quad (1)$$

Funktion der Stau- und Senkungslinie im prismatischen Parabelgerinne (nach *Tolkmitt*):

$$\frac{x}{h_n} = \frac{1}{I_{So}} \cdot \left[\frac{h_0}{h_n} - \frac{h}{h_n} + \left(1 - \frac{h_{gr}^4}{h_n^4}\right) \cdot (\varphi - \varphi_0)\right] \quad (2)$$

Funktionswerte φ und φ_0 siehe Tabelle Seite 13.28

Funktionswerte φ zur Staulinienermittlung (nach [13.7])

$\frac{h}{h_n}$ bzw. $\frac{h_0}{h_n}$	φ bzw. φ_0 Rechteck-gerinne	φ bzw. φ_0 Parabel-gerinne	$\frac{h}{h_n}$ bzw. $\frac{h_0}{h_n}$	φ bzw. φ_0 Rechteck-gerinne	φ bzw. φ_0 Parabel-gerinne
10,0	0,9116	0,7857	1,38	1,2228	0,9305
9,0	0,9131	0,7859	1,37	1,2291	0,9344
8,0	0,9147	0,7861	1,36	1,2355	0,9385
7,0	0,9171	0,7864	1,35	1,2422	0,9427
6,0	0,9206	0,7869	1,34	1,2491	0,9471
5,0	0,9270	0,7881	1,33	1,2564	0,9517
4,5	0,9317	0,7891	1,32	1,2639	0,9565
4,0	0,9384	0,7906	1,31	1,2718	0,9615
3,5	0,9481	0,7932	1,30	1,2800	0,9668
3,0	0,9633	0,7978	1,29	1,2885	0,9723
2,9	0,9674	0,7991	1,28	1,2974	0,9781
2,8	0,9719	0,8007	1,27	1,3067	0,9842
2,7	0,9769	0,8025	1,26	1,3165	0,9906
2,6	0,9826	0,8045	1,25	1,3267	0,9973
2,5	0,9890	0,8070	1,24	1,3375	1,0045
2,4	0,9963	0,8098	1,23	1,3488	1,0121
2,3	1,0047	0,8132	1,22	1,3607	1,0200
2,2	1,0143	0,8173	1,21	1,3733	1,0285
2,1	1,0255	0,8222	1,20	1,3867	1,0375
2,0	1,0387	0,8282	1,19	1,4009	1,0471
1,95	1,0462	0,8317	1,18	1,4159	1,0574
1,90	1,0543	0,8357	1,17	1,4320	1,0685
1,85	1,0634	0,8401	1,16	1,4492	1,0803
1,80	1,0731	0,8450	1,15	0,4677	1,0932
1,75	1,0840	0,8506	1,14	1,4877	1,1071
1,70	1,0961	0,8570	1,13	1,5093	1,1223
1,65	1,1096	0,8643	1,12	1,5329	1,1389
1,60	1,1248	0,8727	1,11	1,5589	1,1571
1,55	1,1421	0,8824	1,10	1,5875	1,1776
1,50	1,1617	0,8938	1,09	1,6195	1,2005
1,49	1,1660	0,8963	1,08	1,6555	1,2264
1,48	1,1704	0,8988	1,07	1,6969	1,2563
1,47	1,1749	0,9015	1,06	1,7451	1,2913
1,46	1,1796	0,9043	1,05	1,8027	1,3333
1,45	1,1844	0,9072	1,045		1,3578
1,44	1,1893	0,9101	1,040	1,8738	1,3855
1,43	1,1944	0,9132	1,035	1,9167	1,4170
1,42	1,1997	0,9164	1,030	1,9665	1,4537
1,41	1,2052	0,9198	1,025		1,4975
1,40	1,2108	0,9232	1,020	2,0983	1,5514
1,39	1,2166	0,9268	1,015		1,6215
			1,010	2,3261	1,7210

Funktionswerte φ zur Senkungslinienermittlung (nach [13.7])

$\frac{h}{h_n}$ bzw. $\frac{h_0}{h_n}$	φ bzw. φ_0 Rechteck-gerinne	φ bzw. φ_0 Parabel-gerinne	$\frac{h}{h_n}$ bzw. $\frac{h_0}{h_n}$	φ bzw. φ_0 Rechteck-gerinne	φ bzw. φ_0 Parabel-gerinne
0,99	2,319	1,714	0,90	1,521	1,103
0,98	2,085	1,536	0,85	1,367	0,980
0,97	1,946	1,431	0,80	1,253	0,887
0,96	1,847	1,355	0,75	1,159	0,808
0,95	1,769	1,296	0,70	1,078	0,739
0,94	1,705	1,246	0,65	1,006	0,676
0,93	1,650	1,204	0,60	0,939	0,617
0,92	1,602	1,166	0,50	0,819	0,506
0,91	1,559	1,133	0,40	0,789	0,402

Beispiel: Staulinie Rechteckgerinne. Gesucht: l; Entfernung x mit $h = 2{,}0$ m Fließtiefe.
Gegeben: $h_n = 1{,}0$ m; $h_0 = 3{,}0$ m; $I_{So} = 2$ ‰; $b = 4$ m; $Q = 10\,m^3/s$

$$h_{gr} = \sqrt[3]{\frac{Q^2}{g \cdot b^2}} = \sqrt[3]{\frac{10^2}{9{,}81 \cdot 4^2}} = \sqrt[3]{0{,}637} = 0{,}86\,m$$

$$\frac{h_{gr}^3}{h_n^3} = \frac{0{,}637}{1{,}0} = 0{,}637; \qquad \frac{h_0}{h_n} = \frac{3{,}0}{1{,}0} = 3{,}0; \qquad \varphi_0 = 0{,}9633$$

bei $x = l$ ist $h/h_n = 1{,}01$; $\varphi_{(x=l)} = 2{,}3261$; eingesetzt in Gl. (1), S. 13.27:

$$\frac{l}{1{,}0} = \frac{1}{0{,}002} \cdot [3{,}0 - 1{,}01 + (1 - 0{,}637) \cdot (2{,}3261 - 0{,}9633)]$$

$l = 500\,(1{,}99 + 0{,}363 \cdot 1{,}3628) = 500 \cdot 2{,}485 = 1243$ m

Für $h = 2{,}0$ m ist $\frac{h}{h_n} = \frac{2{,}0}{1{,}0} = 2{,}0$; $\varphi_{(h=2{,}0)} = 1{,}0387$; eingesetzt in Gl. (1), S. 13.27:

$$\frac{x}{1{,}0} = \frac{1}{0{,}002} \cdot [3{,}0 - 2{,}0 + 0{,}363 \cdot (1{,}0387 - 0{,}9633)]$$

$x = 500\,(1{,}0 + 0{,}363 \cdot 0{,}0754) = 500 \cdot 1{,}0274 = 514$ m

Beispiel: Senkungslinie Parabelgerinne. Gesucht: l; Entfernung x mit 1,5 m Wassertiefe.
Gegeben: $h_n = 2{,}0$ m; $h_0 = 1{,}0$ m; $I_{So} = 2{,}5$ ‰; $a = 0{,}1$; $Q = 4\,m^3/s$

$$h_{gr} = \sqrt[4]{\frac{27 \cdot a \cdot Q^2}{8g}} = \sqrt[4]{\frac{27 \cdot 0{,}1 \cdot 4^2}{8 \cdot 9{,}81}} = \sqrt[4]{0{,}55} = 0{,}86\,m$$

$$\frac{h_{gr}^4}{h_n} = \frac{0{,}86^4}{2^4} = \frac{0{,}55}{16} = 0{,}0344; \qquad \frac{h_0}{h_n} = \frac{1{,}0}{2{,}0} = 0{,}5; \qquad \varphi_0 = 0{,}506$$

bei $x = l$ ist $h/h_n = 0{,}99$; $\varphi_{(x=l)} = 1{,}714$; eingesetzt in Gleichung (2), S. 13.27:

$$\frac{l}{2{,}0} = \frac{1}{0{,}0025} \cdot [(1 - 0{,}0344) \cdot (1{,}714 - 0{,}506) - (0{,}99 - 0{,}5)]$$

$l = 2 \cdot 400 \cdot (0{,}9656 \cdot 1{,}208 - 0{,}49) = 800 \cdot 0{,}68 = 544$ m

Für $h = 1{,}5$ m ist $\frac{h}{h_n} = \frac{1{,}5}{2{,}0} = 0{,}75$; $\varphi_{(h=1{,}5)} = 0{,}808$

eingesetzt in Gleichung (2), S. 13.27:

$$\frac{x}{2{,}0} = \frac{1}{0{,}0025}\,[(1 - 0{,}0344) \cdot (0{,}808 - 0{,}506) - (0{,}75 - 0{,}5)]$$

$x = 2 \cdot 400 \cdot (0{,}9656 \cdot 0{,}302 - 0{,}25) = 800 \cdot 0{,}042 = 33{,}6$ m

Siehe auch Berechnungsbeispiel in [13.17]

3.6.7 Örtliche Verluste[1)]

$$h_{vö} = \zeta \cdot \frac{v^2}{2g}$$

$h_{vö}$ örtliche Verlusthöhe
ζ Verlustbeiwert einer örtlichen Störung
v mittlere Fließgeschwindigkeit
siehe auch Abschn. 3.5.3

a) *Eintritt aus einem Becken in ein Gerinne:*

Form des Einlaufs	ζ
senkrechte Vorderwand, rechtwinklig scharfe Kanten	0,50 bis 0,60
senkrechte Vorderwand, an Sohlschwelle und Wänden leicht abgerundete Kanten	0,30 bis 0,40
an Sohle und Wänden strömungstechnisch gut ausgebildete Einlauftrompete	0,06 bis 0,10

1) Näheres siehe [13.4], [13.7] und [13.13].

b) *Querschnittsänderungen:*

$$h_{vq} = c \cdot \frac{|v_1^2 - v_2^2|}{2g}$$

Form der Querschnittsänderung	c
scharfkantige Verengung	0,50
mäßig ausgerundete Verengung	0,25
allmähliche Verengung (Wandneigung zur Fließrichtung 1 : 4 bzw. 15° oder flacher) oder trompetenförmige Ausrundung	0,05
plötzliche Erweiterung	1,0
allmähliche Erweiterung (Wandneigung zur Fließrichtung 1 : 6 bzw. 10° oder flacher)	0,1

c) *Einbauten:*

Darunter fallen z. B. Brückenpfeiler, Baugrubenumschließungen, Entnahmebauwerke, in grober Näherung auch Sohlschwellen (Durchlässe und Düker s. S. 13.17 und 13.18).

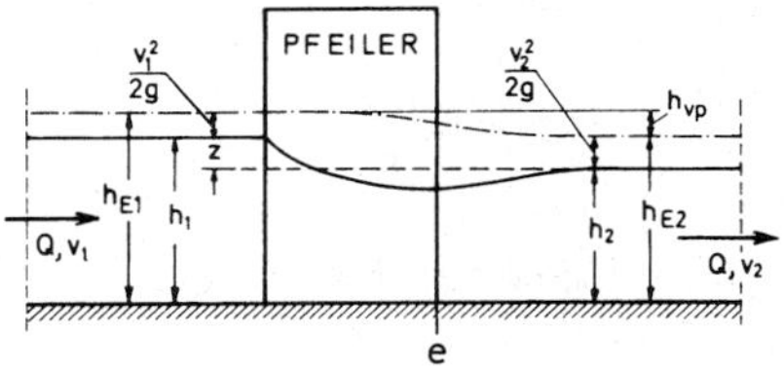

e Lage der Engstelle
z Stauhöhe
α Verbauungsverhältnis A_v/A_2
A_v verbauter Querschnitt (bezogen auf h_2)
A_2 ungestauter Abflussquerschnitt
δ Pfeiler-Formbeiwert
h_E ≙ $h_{E,So}$ (entspr. S. 13.24)

Bei durchgehend strömendem Abfluss beträgt die Stauhöhe nach der *Pfeilerstauformel* von *Rehbock,* gültig für Rechteckprofile[1]:

$$z = \alpha\,(\delta - \alpha\,(\delta - 1)) \cdot (0{,}4 + \alpha + 9\,\alpha^3) \cdot \left(1 + \frac{v_2^2}{g \cdot h_2}\right) \cdot \frac{v_2^2}{2g}$$

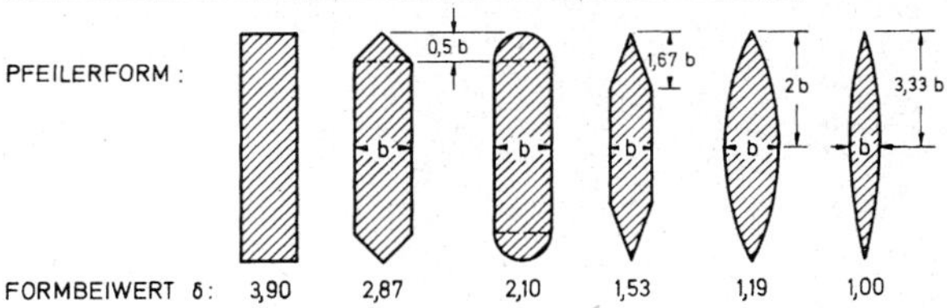

Die Spiegellinie oberhalb der Einengung hat die Form einer Staukurve. Verlusthöhe:

$$h_{vp} = z - \frac{v_2^2 - v_1^2}{2g}$$

Für Rechteckpfeiler ($\delta = 3{,}90$) können die Hilfstafeln [13.11] verwendet werden.

Stärkere Querschnittseinengungen verursachen einen Fließwechsel zum Schießen. Die Formel von *Rehbock* ist in dem Fall nicht anwendbar. Die Berechnung erfolgt dann nach dem *Extremalprinzip.* Voraussetzungen dazu sind:

1. Strömende Fließbewegung oberhalb der Einengung in ungestautem Zustand ($h > h_{gr}$). Für gleichförmige Gerinne (von der Einengung abgesehen) ist h gleich der Unterwassertiefe h_2.
2. Fließwechsel zum Schießen im Bereich der Einengung (min $h_E > h_{E2}$ unter Vernachlässigung der Verlusthöhe zwischen Einengungsbeginn und Unterwasser).

Am Ort des Fließwechsels (Stelle e) ist $h_E = \min h_E$.

Oberhalb der Einengung ist $h_{E1} = \min h_E + h_{v1}$.

h_{v1} Verlusthöhe oberhalb des Fließwechsels, verursacht vor allem durch Eintritt in die Einengung

$$h_{v1} = \zeta \cdot \frac{v_{gr}^2}{2g}$$

ζ siehe unter a), Seite 13.29

---

[1] Trapezprofile: s. *Schwarze, H.,* Mitt. des Franzius-Instituts der TU Hannover, H. 33, 1969.

Die Fließtiefe h_1 oberhalb der Einengung folgt dann aus der *Bernoulli*schen Gleichung:

$$h_{E1} = h_1 + \frac{Q^2}{2g \cdot b^2 \cdot h_1^2} \qquad \text{(für einen Rechteckquerschnitt oberhalb der Engstelle)}$$

Stauhöhe z: $z = h_1 - h_2$ Verlusthöhe der Querschnittseinengung: $h_{vp} = z - \frac{v_2^2 - v_1^2}{2g}$

Die Verlusthöhendifferenz $h_{v2} = h_{vp} - h_{v1}$ ist vor allem bedingt durch den Wechselsprung (Übergang Schießen → Strömen) unterhalb der Einengung.

Beispiel:

Gesucht: z; h_{vp}

Gegeben: Rechteckquerschnitt; $Q = 200\ m^3/s$; $h_2 = 4{,}0\ m$; $b = 15{,}0\ m$;

Einengung durch Pfeiler auf $b_e = 10{,}0\ m$;

Pfeilerkanten rechtwinklig und scharf.

1. Überprüfung der Fließbewegung oberhalb (bzw. unterhalb) der Einengung ($h_2 > h_{gr2}$?):

$$h_{gr2} = \sqrt[3]{\frac{Q^2}{g \cdot b^2}} = \sqrt[3]{\frac{200^2}{9{,}81 \cdot 15^2}} = 2{,}63\ m; \qquad h_2 = 4{,}0\ m; \qquad h_2 > h_{gr2}$$

also strömende Fließbewegung.

2. Ein Fließwechsel zum Schießen im Bereich der Einengung (Engstelle e) findet statt, wenn

$$\min h_{E,e} > h_{E2}: \quad \frac{3}{2}\, h_{gr,e} > h_{E2}; \qquad \frac{3}{2} \cdot \sqrt[3]{\frac{Q^2}{g \cdot b_e^2}} > h_2 + \frac{v_2^2}{2g};$$

$$\frac{3}{2} \cdot \sqrt[3]{\frac{200^2}{9{,}81 \cdot 10^2}} > 4{,}0 + \frac{200^2}{2 \cdot 9{,}81 \cdot 15^2 \cdot 4{,}0^2}; \qquad \frac{3}{2} \cdot 3{,}44 > 4{,}0 + 0{,}57; \quad 5{,}16 > 4{,}57$$

Die Voraussetzungen für das Extremalprinzip sind also gegeben. (Genau genommen müsste man hier allerdings die Höhe der Verluste auf der Strecke zwischen den Stellen *e* und 2 zu h_{E2} auf der rechten Seite der Gleichung hinzuaddieren.)

3. $h_{v1} = \zeta \cdot \frac{v_{gr,e}^2}{2g}$; $\zeta = 0{,}55$ lt. Abschnitt a), Seite 13.29; $v_{gr,e}^2 = g \cdot h_{gr,e} = g \cdot 3{,}44$

$$h_{v1} = \frac{0{,}55 \cdot g \cdot 3{,}44}{2g} = 0{,}95\ m$$

4. $h_{E1} = \min h_E + h_{v1} = 5{,}16 + 0{,}95 = 6{,}11\ m$

$$h_{E1} = h_1 + \frac{Q^2}{2g \cdot b^2 \cdot h_1^2}; \quad 6{,}11 = h_1 + \frac{200^2}{2 \cdot 9{,}81 \cdot 15^2 \cdot h_1^2}$$

Durch Probieren (h_1 liegt nahe bei h_{E_1}) erhält man $h_1 = 5{,}84\ m$.

5. $z = h_1 - h_2 = 5{,}84 - 4{,}00 = 1{,}84\ m$

6. $h_{vp} = z - \frac{v_2^2 - v_1^2}{2g} = 1{,}84 - (0{,}57 - 0{,}27) = 1{,}54\ m$

Sohlschwellen mit Fließwechsel: Berechnung nach Abschnitt 3.6.8 a).

d) *Andere Verluste*

Krümmungen: Die Verluste sind in Gerinnen i. Allg. vernachlässigbar klein. Näherungswerte liefert die Berechnung nach *Garbrecht* [13.10].

Rechen: Die Verluste an Gerinneeinläufen sind etwa gleich groß wie die an Rohreinläufen (Abschnitt 3.5.3 b)).

Abzweigungen: Anhaltswerte siehe [13.1], [13,7], [13.10] und [13.13].

Tauchwand: Näherungslösung siehe [13.4], [13.7] und [13.10].

3.6.8 Überfall, Absturz, Tosbecken

a) *Vollkommener Überfall*

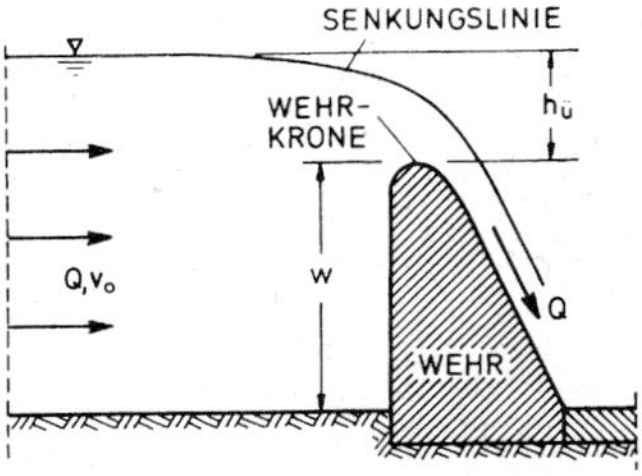

$h_ü$	Überfallhöhe (= Höhe des nicht abgesenkten Wasserspiegels über Wehrkrone)
b	Breite der Wehrkrone
μ	Überfallbeiwert
v_0	Anströmgeschwindigkeit oberhalb Senkungsbeginn
w	Wehrhöhe

$$Q = \frac{2}{3} \cdot \mu \cdot b \cdot \sqrt{2g} \cdot \left(\left(h_ü + \frac{v_0^2}{2g} \right)^{3/2} - \left(\frac{v_0^2}{2g} \right)^{3/2} \right) \quad (1)$$

Im Allg. ist v_0 vernachlässigbar klein, vor allem, wenn w groß ist gegenüber $h_ü$. Dann lautet die Gleichung (1):

$$Q = \frac{2}{3} \cdot \mu \cdot b \cdot \sqrt{2g} \cdot h_ü^{3/2} \quad (2)$$

(Überfallformel nach Poleni)

Überfallbeiwerte μ (Näheres siehe [13.4], [13.7] und [13.13])

Skizze	Ausbildung der Wehrkrone	μ
	breit, scharfkantig, waagerecht	0,49 bis 0,51
	breit, gut abgerundete Kanten, waagerecht	0,50 bis 0,55
	breit, vollständig abgerundete Wehrkrone, erreicht z. B. durch eine umgelegte Stauklappe	0,65 bis 0,73
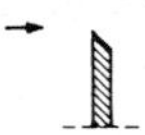	scharfkantig, Überfallstrahl belüftet	≈ 0,64
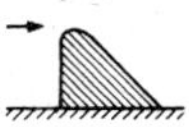	rundkronig, lotrechte Oberwasser- und geneigte Unterwasserseite	0,73 bis 0,75
	dachförmig, abgerundete Wehrkrone	0,75 bis 0,79
	Kelchüberfall mit parabelförmiger Kronenausrundung[1)]	0,69 bis 0,74
	scharfkantiger, zylindrischer Überfall[2)]	0,59 bis 0,62

Streichwehr, Tiroler Wehr und *Venturikanal* siehe [13.10] und [13.13]

Messwehre: Voraussetzung für die Anwendung der Gl. (1) sowie Seite 13.33, Gln. (1) und (2) ist eine ausreichende Belüftung der Strahlunterkante.

Rehbock-Überfall (Näheres siehe [13.13] und [13.14]):

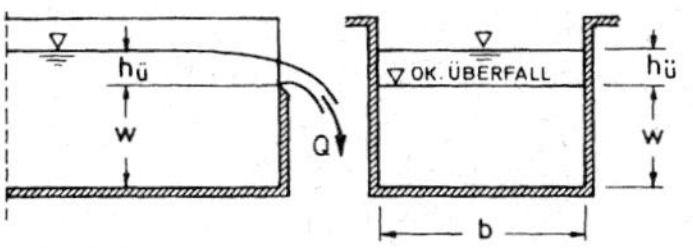

w Wehrhöhe in m
$h_ü$ Überfallhöhe in m (zu messen)
Q Abfluss in m^3/s

$$Q = \left(1{,}782 + 0{,}24 \frac{h_e}{w} \right) \cdot b \cdot h_e^{3/2} \quad (3)$$

$$h_e = h_ü + 0{,}0011 \text{ m}$$

Gültigkeitsbereich:
$w > 0{,}06$ m
$0{,}01 \text{ m} < h_ü < 0{,}80$ m
$h_ü/w \leq 0{,}65$

1) Abhängig vom Verhältnis Überfallhöhe zu Radius. Nach Indlekofer, Wasserbau-Heft 2, FH Aachen 2000.
2) Abhängig vom Verhältnis Überfallhöhe zu Radius. Nach Indlekofer, Wasserbau-Heft 1, FH Aachen 1992.

Thomson-Überfall (Näheres siehe [13.13] und [13.14]):

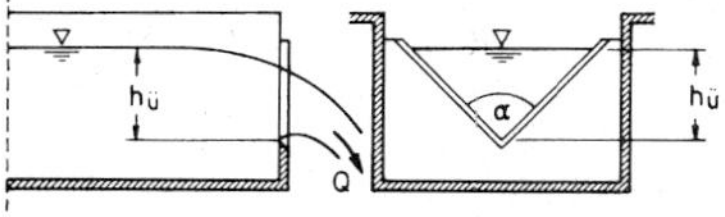

für $\alpha = 90°$:

$$Q \approx 1{,}35 \cdot h_ü^{2{,}48} \quad (1)$$

gültig für $h_ü < 0{,}50$ m

μ Überfallbeiwert, durch Eichung zu ermitteln
$h_ü$ Überfallhöhe in m
Q Abfluss in m³/s

für beliebige Winkel α:

$$Q = \frac{8}{15} \cdot \mu \cdot \tan\frac{\alpha}{2} \cdot \sqrt{2g} \cdot h_ü^{5/2} \quad (2)$$

b) *Unvollkommener Überfall*

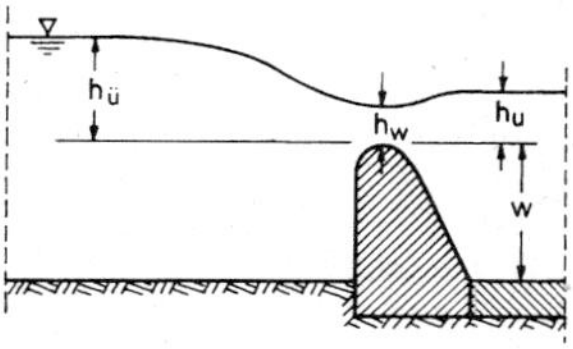

Ohne Berücksichtigung der Anströmgeschwindigkeit:

$$Q = \frac{2}{3} \cdot c \cdot \mu \cdot b \cdot \sqrt{2g} \cdot h_ü^{3/2}$$

c Abminderungsfaktor, abhängig von der Wehrform und von $h_u/h_ü$ (siehe Diagramm)

Abminderungsfaktor c:

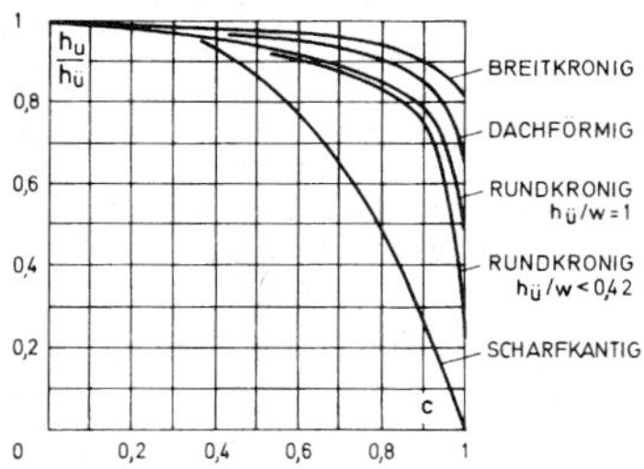

Der Überfall ist unvollkommen, wenn $h_w > h_{gr}$ ist und somit der Unterwasserstand den Oberwasserstand beeinflusst. Das trifft i. Allg. nicht zu bei kleinen $h_u/h_ü$-Werten. Die Grenze ist abhängig von der Wehrform und kann dem Diagramm entnommen werden.

c) *Absturz*

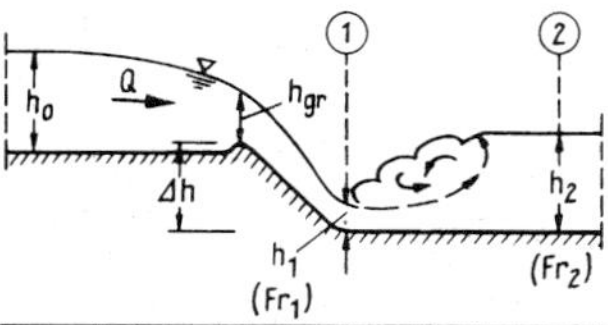

Δh Absturzhöhe $\quad h_{gr}$ Grenztiefe

Forderung: Absturz soll hydraulisch wirksam sein.

Fr_1	Wechselsprung	Unterwasser-abfluss	Energie-umsatz
1,0–1,7	keiner	gewellt	keiner
1,7–2,5	mit ziemlich kleiner Deckwalze	wellig	sehr schlecht
2,5–4,5	mit pulsierender Deckwalze	oszillierend	mäßig
4,5–9,0	mit gut ausgebildeter, stetiger Deckwalze	ruhig	gut
> 9,0	vehement	unruhig	mäßig

Allgemein gilt nach *Häusler*:

$$\Delta h = h_{gr} \cdot (Fr_1^{-2/3} + 0{,}5 \cdot Fr_1^{4/3} - 1{,}5)$$

Für *hohe* Anforderungen, gut ausgebildete Deckwalze an ① (Energieumsatz gut):
$Fr_1 \geq 4{,}5$; $\quad \Delta h \geq 2{,}6 \cdot h_{gr}$

Für *mäßige* Anforderungen (pulsierende Deckwalze an ①) an den Energieumsatz:
$Fr_1 \geq 2{,}5$; $\quad \Delta h \geq 0{,}74 \cdot h_{gr}$

Am unteren Ende des Wechselsprungs (Stelle 2, Tosbeckenende) ist zu dessen Stützung eine Mindestfließtiefe min h_2 erforderlich, die sich, wenn Fr_1 und h_1 bekannt sind, aus Gl. (1), Seite 13.11 ergibt (konjugierte Tiefen).

Die Stufenhöhe a ergibt sich nach *Häusler* aus dem Einstaugrad $\varepsilon = (h_u + a)/h_2$, der, damit der Wechselsprung einerseits nicht abwandert („ausbläst") und andererseits nur begrenzt eingestaut wird, zwischen 1,05 und 1,25 liegen sollte, also:

$$1{,}05\, h_2 < (h_u + a) < 1{,}25\, h_2$$

d) *Ebenes Tosbecken* (Näheres siehe [13.7], [13.10], [13.13])

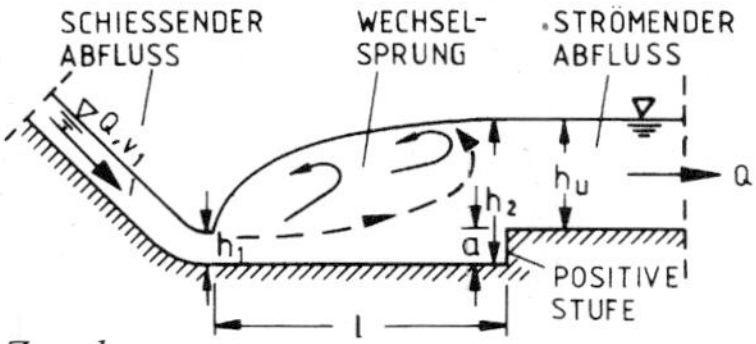

Zweck:
Örtliche Fixierung (Stützung) eines Wechselsprungs, schadlose Energieumwandlung.

Tosbeckenlänge l ist gleich Länge des Wechselsprungs

für Vorbemessung: $l = 4,5 - 5,0(h_2 - h_1)$

$$\text{mit } h_2 = \frac{h_1}{2}\sqrt{1 + 8\,Fr_1^2} - 1$$

$$\text{mit } h_2 \lessapprox h_n + a$$

oder:

$$l = 3\,h_1 \cdot (\sqrt{1 + 8\,Fr_1^2} - 3) \quad \text{nach } \textit{Smetana} \text{ in [13.13]}$$

Von dieser Form abweichend, gibt es vielfältige Gestaltungsmöglichkeiten, z. B. mit Schwellen, Zahnschwellen oder räumlichen Erweiterungen. Näheres siehe [13.7] und [13.13].

Am Tosbeckenende ist Strömung hochturbulent; für die Umwandlung der Restenergie wird eine Fließstrecke von ca. 3,5 l benötigt und als Stein-Deckschicht ausgebildet.

3.6.9 Raue Rampen

1. **Schüttsteinrampe**
   (*lockere* Bauweise)
   mehrlagig, evtl. auf Kornfilter:

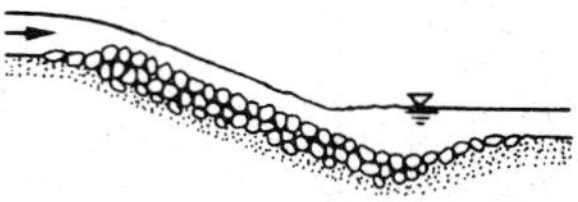

q_{cr} Abfluss je Breiteneinheit in $m^3/(m \cdot s)$ ab dem Zerstörung eintreten kann

d_F mittlerer äquivalenter Kugeldurchmesser der Schüttsteine

Empfehlung: etwa 20 % Sicherheit vorsehen!

2. **Blocksteinrampe**
   (*Steinsatz*-Bauweise)
   Steine einlagig auf Kornfilter, hochkant dichtestmöglich gesetzt:

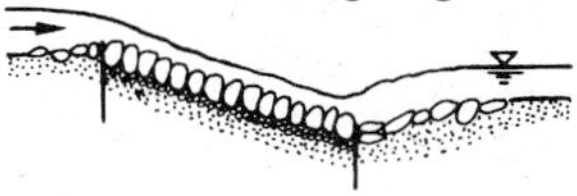

q_{cr} hier etwa 80 % höher als bei der Schüttsteinrampe (weil Deckwerk selbsttragend)

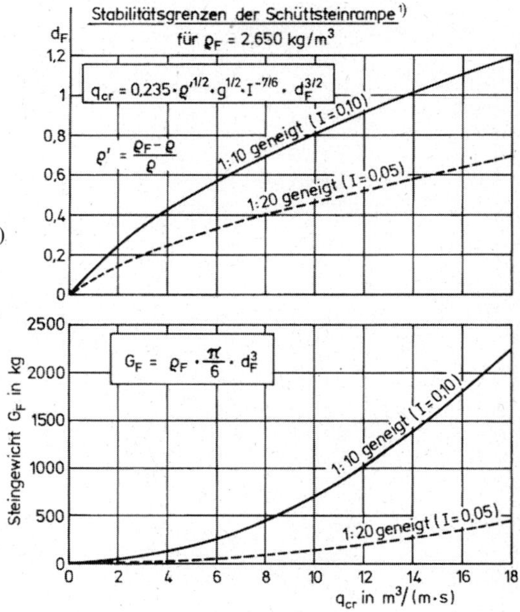

Konstruktive Einzelheiten beider Typen siehe [1), 2)] (Krone, Filter, Uferanschlüsse, Fußsicherung, Nachbett bzw. Kolksicherung).

Die häufig angewendete Bemessung nach *Knaus*[3)] liefert Ergebnisse, die außerordentlich stark auf der sicheren Seite liegen.

---

1) *Whittaker, J./Jäggi, M.:* Blockschwellen. Mitteilungen VAW, ETH Zürich Nr. 91/1986.

2) *Gebler, R. J.:* Naturgemäße Bauweisen von Sohlenstufen. Mitteilungen Inst. für Wasserbau u. Kulturtechnik, Univ. Karlsruhe, H. 180/1991.

3) *Knaus, J.:* Flachgeneigte Abstürze, glatte und rauhe Sohlrampen. VAW, TU München Nr. 41/1979.

3.6.10 Ausfluss

a) *Vollkommener Ausfluss aus kleiner Öffnung*

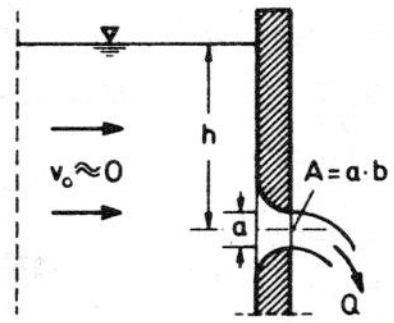

$$Q = \mu \cdot A \cdot \sqrt{2g \cdot h}$$

b Breite der Öffnung
Gültigkeitsbereich:
$a < 0{,}2\,h$; Breite b begrenzt.

Abflussbeiwerte μ für scharfkantige rechteckige Öffnungen:

a/b	≈ 0	0,5	1	1,5	2
μ	0,673	0,640	0,582	0,504	0,438

Bei sehr guter Ausrundung der oberwasserseitigen Öffnungsränder (siehe Skizze): $\mu \approx 0{,}95$.

μ kann auch berechnet werden aus den Verlustbeiwerten ζ (siehe Abschnitt 3.5.3): Einlaufverlust evtl. Führungsnutverlust, evtl. Verschlussorganverlust, u. U. bei längeren Öffnungen auch Wandreibungsverlust):

$$\mu = \frac{1}{\sqrt{1 + \Sigma\zeta}}$$

b) *Vollkommener Ausfluss aus großer Öffnung*

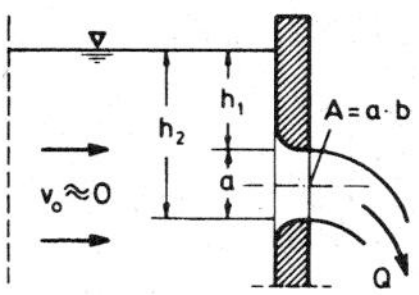

$$Q = \frac{2}{3}\,\mu \cdot b \cdot \sqrt{2g} \cdot \left(h_2^{3/2} - h_1^{3/2}\right)$$

b Breite der Öffnung
μ siehe a)

Gültigkeitsbereich: $a > 0{,}2\,h_1$; Breite b begrenzt.

c) *Vollkommener Ausfluss unter Schütz*

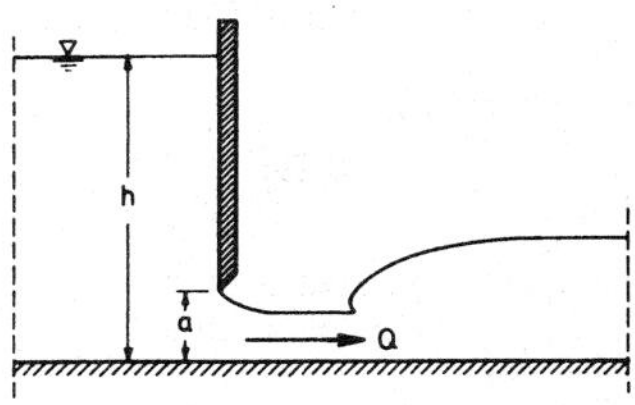

$$Q = \mu \cdot a \cdot b \cdot \sqrt{2g \cdot h}$$

b Breite des Schützes

Abflussbeiwert μ für senkrechte scharfkantige Schützen:

h/a	1,5	2	3	4	5	6
μ	0,540	0,550	0,567	0,580	0,586	0,592

Für praktisch vorkommende Fälle schwankt μ zwischen 0,55 und 0,85. Näheres siehe [13.7], [13.9], [13.10] und [13.13].

d) *Unvollkommener Ausfluss unter Schütz*

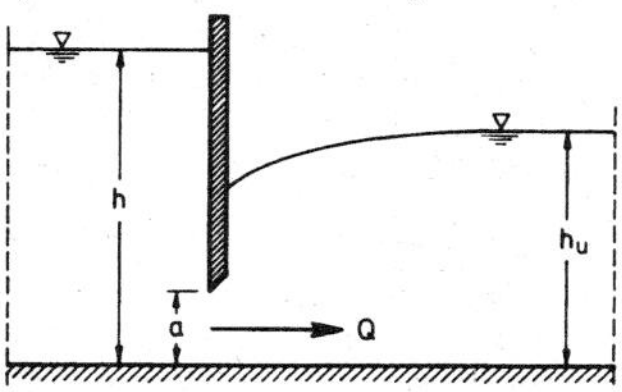

Strömender Durchfluss

$$Q = c \cdot \mu \cdot a \cdot b \cdot \sqrt{2g \cdot h}$$

c Abminderungsfaktor, abhängig von h/a und h_u/a (siehe Diagramm)

μ siehe c)

Die Grenze zwischen vollkommenem und unvollkommenem Ausfluss kann dem Diagramm entnommen werden ($c = 1$).

Abminderungsfaktor *c:*

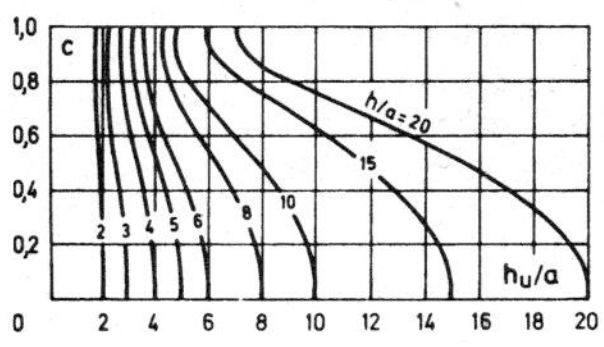

Beispiel: senkrechtes scharfkantiges Schütz
Gesucht: Q
Gegeben: $h = 6$ m; $h_u = 4$ m; $a = 1$, m; $b = 1{,}5$ m

$\frac{h_u}{a} = \frac{4}{1} = 4$; $\frac{h}{a} = \frac{6}{1} = 6$; $c = 0{,}69$ (aus Diagramm); $\mu = 0{,}592$ (Tabelle in *c*);

$$Q = c \cdot \mu \cdot a \cdot b \cdot \sqrt{2g \cdot h} = 0{,}69 \cdot 0{,}592 \cdot 1 \cdot 1{,}5 \cdot \sqrt{2 \cdot 9{,}81 \cdot 6} = 6{,}65\ \mathrm{m^3/s}$$

4 Feststoffbewegung

4.1 Kritische Schubspannung

Die *kritische Schubspannung* oder *Schleppspannung* τ_{cr} ist ein Maß für die Erosionsbeständigkeit von nicht alluvialen Wasserlaufsohlen und -ufern, Gerinnewandungen also, die nicht aus frisch abgelagerten Lockersedimenten bestehen, sondern aus älteren, oberflächlich abgeschliffenen Formationen oder aus einer künstlichen Sohlenschutzschicht. Sie ist gleich der Sohlen- bzw. Uferschubspannung τ_0 bei Bewegungs- bzw. Erosionsbeginn. Diese ist, ausgenommen in sehr unregelmäßig geformten und in sehr engen Gerinnen ($b/h < 3$), an der Gerinnesohle im Maximalpunkt etwa gleich der des ebenen Falles (Gerinne so breit, dass der Wandeinfluss vernachlässigbar ist; Fließtiefe h über die Breite b konstant)

$$\max \tau_0\,(\text{Sohle}) = \varrho \cdot g \cdot h \cdot I_E$$

und an den Ufern im Maximalpunkt etwa

$$\max \tau_0\,(\text{Ufer}) = 0{,}75 \cdot \varrho \cdot g \cdot h \cdot I_E$$

Erfahrungswerte der kritischen Sohlenschubspannung τ_{cr}

Sohlenmaterial	τ_{cr} in N/m²	Sohlenschutzschicht	τ_{cr} in N/m²
festgelagerter Sand bzw. feiner Kies	8 bis 10	Rasen, kurzfristig belastet	20 bis 30
kolloidaler Lehm und Ton	10 bis 12,5	Rasen, längerfristig belastet	15 bis 18
Kies, d = 5 bis 10 mm	12,5	Spreutlage	30 bis 40
Kies, $d \approx$ 15 mm	15 bis 20	Rauwehr	40
Geröll, $d \approx$ 50 mm	30 bis 40	Pflaster je nach Dicke	70 bis 200
Geröll, d = 50 bis 100 mm	40 bis 60	Packwerk, Oberfläche gepflastert	170
grobe Blöcke	240	Schüttsteine je nach Größe	100 bis 170

Die kritische Uferschubspannung beträgt:

$$\tau_{cr}\,(\text{Ufer}) = \sqrt{1 - \frac{\sin^2 \beta}{\sin^2 \varphi'}} \cdot \tau_{cr}\,(\text{Sohle})$$

Beispiel einer Steinschütt-Ufersicherung siehe Skizze in Abschn. 5.3.

β Neigungswinkel der Uferböschung
φ' innerer Reibungswinkel des Materials der Uferoberfläche (siehe Seite 11.23)

4.2 Bewegungsbeginn von kohäsionslosen Lockersedimenten

Der Beginn der Sedimentbewegung wird von der Zufallsverteilung der Turbulenz und der momentanen Lagestabilität der Körner an der Oberfläche der Sohle bestimmt. Der *Shields*-Wert Fr^*_{cr}, bisher als Bewegungsbeginn-Grenze angesehen, stellt neuen Untersuchungen[1)] zufolge einen Referenzwert dar, für den das Bewegungsrisiko R etwa 10 % beträgt.

Shields-Ausgleichskurve [13.3], [13.21] für Körner gleicher Größe:

$D^* \leq 6$:	$Fr^*_{cr} = 0{,}109 \cdot D^{*-0{,}5}$
$6 < D^* \leq 10$:	$Fr^*_{cr} = 0{,}14 \cdot D^{*-0{,}64}$
$10 < D^* \leq 20$:	$Fr^*_{cr} = 0{,}04 \cdot D^{*-0{,}1}$
$20 < D^* \leq 150$:	$Fr^*_{cr} = 0{,}013 \cdot D^{*0{,}29}$
$D^* \geq 150$:	$Fr^*_{cr} = 0{,}055$

$$\tau_{cr} = Fr^*_{cr}\,(\varrho_F - \varrho) \cdot g \cdot d$$

Fr^*_0: *Korn-Froude*-Zahl
Index cr: kritisch
Index 0: Sohle

$$D^* = \left(\frac{\varrho' \cdot g}{\nu^2}\right)^{1/3} \cdot d; \quad \varrho' = \frac{\varrho_F - \varrho}{\varrho}$$

$$Fr^*_0 = \frac{\tau_0}{(\varrho_F - \varrho) \cdot g \cdot d} = \frac{v_0^{*2}}{\varrho' \cdot g \cdot d}$$

$v^*_0 = \sqrt{\tau_0/\varrho}$ (Schubspannungsgeschwindigkeit in m/s)

$\tau_0 = \varrho \cdot g \cdot h \cdot I_E$ (Sohlschubspannung in kN/m²)

---

1) *Zanke, U.:* Der Beginn der Sedimentbewegung als Wahrscheinlichkeitsproblem, Wasser und Boden 1/1990.

Das Risiko R für ein Korn, bewegt zu werden, beträgt

$$R = [10 \cdot (\mathrm{Fr}_0^*/\mathrm{Fr}_{cr}^*)^{-9} + 1]^{-1}$$

ϱ Dichte des Wassers in t/m³
ϱ_F Feststoffdichte in t/m³
v kinematische Viskosität in m²/s (S. 13.4)
d Korndurchmesser in m (bei Kornmischungen meistens d_{50})

Beispiel: Gesucht: Fließtiefe h bei Bewegungsbeginn (Bewegungsrisiko R etwa 10 %)
Gegeben: $I_E = 0{,}5$ ‰; $d = 5$ mm; $\varrho_F = 2{,}65$ t/m³; $t = 20$ °C.
$v = 10^{-6}$ m²/s (Tabelle Seite 13.4); $\varrho' = (\varrho_F - \varrho)/\varrho = (2{,}65 - 1{,}0)/1{,}0 = 1{,}65$
$D^* = (\varrho' \cdot g/v^2)^{1/3} \cdot d = (1{,}65 \cdot 9{,}81/10^{-12})^{1/3} \cdot 0{,}005 = 126{,}5$
$\mathrm{Fr}_{cr}^* = 0{,}013 \cdot D^{*0{,}29} = 0{,}013 \cdot 126{,}5^{0{,}29} = 0{,}053$
$\tau_{cr} = \mathrm{Fr}_{cr}^* \cdot (\varrho_F - \varrho) \cdot g \cdot d = 0{,}053 \cdot (2{,}65 - 1{,}0) \cdot 9{,}81 \cdot 0{,}005 = 0{,}00429$ kN/m²
$h = \tau_{cr}/(\varrho \cdot g \cdot I_E) = 0{,}00429/(1{,}0 \cdot 9{,}81 \cdot 0{,}0005) = 0{,}87$ m
Soll das Risiko R nur 2 % betragen, so ergibt sich:
$R = [10 \cdot (\mathrm{Fr}_0^*/\mathrm{Fr}_{cr}^*)^{-9} + 1]^{-1}$; $0{,}02 = [10 \cdot (\mathrm{Fr}_0^*/0{,}053)^{-9} + 1]^{-1}$
$\mathrm{Fr}_0^* = 0{,}045$; $\tau_0 = 0{,}045\,(2{,}65 - 1{,}0) \cdot 9{,}81 \cdot 0{,}005 = 0{,}00364$ kN/m²
$h = 0{,}00364/(1{,}0 \cdot 9{,}81 \cdot 0{,}0005) = 0{,}74$ m

4.3 Feststofftransport

Mit Feststofftransportberechnungen lässt sich die Wirklichkeit nur in sehr grober Näherung erfassen. Berechnet wird dabei das *Transportvermögen* der Strömung, welches nicht in jedem Fall ausgelastet sein muss. Näheres siehe [13.16] und [13.21].

Für den Wasserbau von Bedeutung sind das *Geschiebe* (an der Gewässersohle bewegte Feststoffe) und die *Schwebstoffe* (durch Turbulenz in Schwebe gehaltene Feststoffe).

Grenze zwischen Geschiebe und Schwebstoffen nach *Kresser:*

$$d_{gr} = \frac{v_m^2}{360\, g}$$

v_m mittlere Fließgeschwindigkeit
d_{gr} Grenz-Korndurchmesser

Der Grenz-Korndurchmesser ist also abhängig von der mittleren Fließgeschwindigkeit und damit auch vom Durchfluss.

Geschiebetrieb nach *Meyer-Peter* [13.3], [13.4] und [13.5]:
(dimensionslose Schreibweise)
(gültig nur für Grobkorn $d \geq 1{,}0$ mm)

$$\Phi = 8 \cdot (\mathrm{Fr}^* - 0{,}047)^{3/2}$$

$\Phi = m_F/(\varrho_F \cdot \sqrt{g \cdot \varrho' \cdot d^3})$
(Transportintensität)

$\mathrm{Fr}^* = \mathrm{Fr}_0^* \cdot (k_{St}/k_{St}')^{3/2}$
k_{St}' *Manning/Strickler*-Beiwert der ebenen Sohle
$k_{St}' \approx 26/d_{90}^{1/6}$; näherungsweise häufig $(k_{St}/k_{St}') = 0{,}85$ oder, wenn v bekannt ist, k_{St} aus Fließformel S. 13.19

m_F Transportrate je m Sohlbreite in t/(m · s)
d_{90} Korndurchmesser in m bei 90 % Siebdurchgang

Beispiel: Gesucht: Geschiebetrieb
Gegeben: Größen wie in Beispiel oben, jedoch $h = 1{,}50$ m;
$\tau_0 = \varrho \cdot g \cdot h \cdot I_E = 1{,}0 \cdot 9{,}81 \cdot 1{,}5 \cdot 0{,}0005 = 0{,}00736$ kN/m²

$$\mathrm{Fr}_0^* = \frac{\tau_0}{(\varrho_F - \varrho) \cdot g \cdot d} = \frac{0{,}00736}{1{,}65 \cdot 9{,}81 \cdot 0{,}005} = 0{,}0910$$

$\mathrm{Fr}^* = \mathrm{Fr}_0^* \cdot (k_{St}/k_{St}')^{3/2} = 0{,}0910 \cdot (0{,}85)^{3/2} = 0{,}071$ (Näherung)
$\Phi = 8 \cdot (\mathrm{Fr}^* - 0{,}047)^{3/2} = 8 \cdot (0{,}071 - 0{,}047)^{3/2} = 0{,}030$
$m_F = \Phi \cdot \varrho_F \cdot \sqrt{g \cdot \varrho' \cdot d^3} = 0{,}030 \cdot 2{,}65 \cdot \sqrt{9{,}81 \cdot 1{,}65 \cdot 0{,}005^3}$
$m_F = 0{,}000113$ t/(m · s) $= 86\,400 \cdot 0{,}000113 = 9{,}8$ t/(m · d)

Feststofftrieb nach *Engelund/Hansen* [13.3]:
λ Widerstandsbeiwert (s. S. 13.11 und 13.19)

$$\lambda \cdot \Phi = 0{,}4 \cdot \mathrm{Fr}_0^{*5/2}$$

Anwendung vor allem bei Feinsand-Sedimenten (Bereich etwa 0,1 mm $\leq d_{50} \leq$ 1,0 mm). Geschiebe und Schwebstoffe werden dabei kumulativ erfasst.

Beispiel: Gesucht: Feststofftrieb (Geschiebe + Schwebstoffe)
Gegeben: $I_E = 0{,}5$ ‰; $h = 1{,}50$ m; $d = 0{,}5$ mm; $\varrho_F = 2{,}65$ t/m³;
breites Gerinne, also $r_{hy} = h$; absolute Rauheit $k \approx$ Riffelhöhe $\approx$ 15 mm.

$\tau_0 = \varrho \cdot g \cdot h \cdot I_E = 1{,}0 \cdot 9{,}81 \cdot 1{,}5 \cdot 0{,}0005 = 0{,}00736$ kN/m² (wie im vorigen Beispiel)

$$\mathrm{Fr}_0^* = \frac{\tau_0}{(\varrho_F - \varrho) \cdot g \cdot d} = \frac{0{,}00736}{1{,}65 \cdot 9{,}81 \cdot 0{,}0005} = 0{,}91$$

Nach Seite 13.19: $\sqrt{\dfrac{1}{\lambda}} = 2\lg\left(\dfrac{14{,}84 \cdot r_{hy}}{k}\right) = 2\lg\left(\dfrac{14{,}84 \cdot 1{,}5}{0{,}015}\right) = 2\lg 1484 = 6{,}34$

$$\lambda = 0{,}0249; \qquad \Phi = 0{,}4 \cdot \mathrm{Fr}_0^{*5/2}/\lambda = \frac{0{,}4 \cdot 0{,}91^{5/2}}{0{,}0249} = 12{,}69$$

$$m_F = \Phi \cdot \varrho_F \cdot \sqrt{g \cdot \varrho' \cdot d^3} = 12{,}69 \cdot 2{,}65 \cdot \sqrt{9{,}81 \cdot 1{,}65 \cdot 0{,}0005^3}$$

$$m_F = 0{,}001513 \text{ t/(m} \cdot \text{s)} = 86\,400 \cdot 0{,}001513 = 130{,}7 \text{ t/(m} \cdot \text{d)}$$

Bei der **Gefällebemessung** alluvialer, also beweglicher Fließgewässersohlen, bestehend aus frisch abgelagerten Lockersedimenten (Akkumulationsstrecken), ist auszugehen von dem Feststoff-Transportvermögen der Strömung (Transport-Gleichgewicht). Im Gegensatz dazu herrscht in Fließgewässern mit oberflächlich abgeschliffener Sohle (bestehend aus älteren Formationen oder aus künstlichen Sicherungen) ein Defizit an mitgeführten Feststoffen (Erosionsstrecken). Hier ist das Gefälle nach Abschnitt 4.1 oder 4.2 zu bemessen.

5 Filter

Baukörper, der bei Wasserdurchtritt
1. Materialtransport verhindert,
2. den Wasserdurchtritt nicht behindert (hydraulische Durchlässigkeit).

Ein Filter (Index *f*) ist häufig erforderlich zwischen Basiserdstoff (Index *b*) und Deckschicht.

5.1 Kornfilter

1. Faustregel von *Sichardt:* *(berücksichtigt nicht die hydraul. Durchlässigkeit)*

$$\frac{d_{50,f}}{d_{50,b}} \approx 4$$

Gültig für U_f und U_b $(= d_{60}/d_{10}) < 2$.

2. *Terzaghi/Peck:* *(sehr gebräuchlich)*

$$\frac{d_{15,f}}{d_{85,b}} < 4 \quad \text{und} \quad \frac{d_{15,f}}{d_{15,b}} > 4$$

Cistin/Ziems-Diagramm

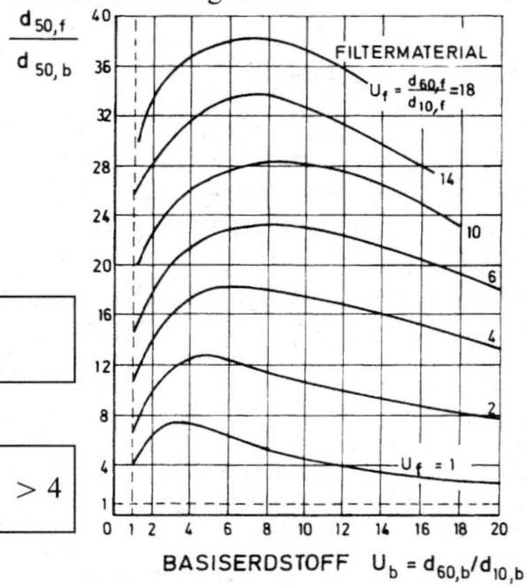

3. *Cistin/Ziems,* Diagramm siehe rechts, experimentell bestimmt,
Bereich: 0,1 mm $< d_{50,b} <$ 30 mm;
4 mm $< d_{50,f} <$ 100 mm

Suffosionssicherheit und mindestens mitteldichte Lagerung beider Schichten vorausgesetzt. Bei Unterwassereinbau des Filters besteht Entmischungsgefahr, vor allem bei großem U_f!

Mindestdicke eines Kornfilters:

$$d_{min} = 25 \cdot d_{50,f}$$

Eventuell werden mehrere Filterschichten benötigt. Bei der Bemessung entspricht dann jeweils die untere Schicht dem Basiserdstoff (Index *b*).

Ausführliches Beispiel für eine Kornfilterbemessung siehe [13.17].

5.2 Geotextile Filter

Generell empfindlich gegen mechanische Beanspruchung (beim Einbau oder verursacht durch Setzungen).

a) *Gewebe*

Siebstruktur,

d_W = lichte Maschenweite.

Hohe Zugfestigkeit, aber geringe Bruchdehnung; oberflächlich ziemlich glatt, deshalb nur in flachen Böschungen verwendbar. Bei starkem Sickerwasserandrang besteht Verstopfungsgefahr!

b) *Vliese*

d_W durch Unterwassersiebung bestimmbar, meistens $0{,}05\,\text{mm} < d_W < 0{,}2\,\text{mm}$.
Struktur: Regelloses Gewirr von Fasern. Kaum Verstopfungsgefahr wegen großer Bandbreite der Porenweiten. Dehnbarer als Gewebe, aber weniger reißfest.

c) *Verbundstoffe*

Mehrschichtige Kombinationen aus Vliesen, evtl. einem Gewebe (zur Erhöhung der Reißfestigkeit) und evtl. einer Krallschicht (zur Verhinderung von Rutschungen in steilen Ufern).

d_W wirksame Öffnungsweite

Filterregeln, gültig für alle Geotextile:

I. Böden mit $d_{50} > 0{,}06\,\text{mm}$

a) Quasistationäre Durchströmung und $U > 5$:

$$d_W < 10\,d_{50} \quad \textbf{und} \quad d_W < d_{90}$$

b) Quasistationäre Durchströmung und $U < 5$:

$$d_W < 2{,}5\,d_{50} \;\textbf{und}\; d_W < d_{90}$$

c) Dynamische Belastung (Wind- und Schiffswellen):

$$d_W < 1{,}0\,d_{50}$$

II. Böden mit $d_{50} < 0{,}06\,\text{mm}$: Filter i. Allg. nur bei dynamischer Belastung erforderlich, dann:

$$d_W < 10\,d_{50} \;\textbf{und}\; d_W < d_{90} \;\textbf{und}\; d_W < 0{,}1\,\text{mm}$$

5.3 Buschfilter

Bemessungsregeln existieren nicht. Funktioniert erfahrungsgemäß, ausgenommen bei sehr schluffhaltigem Basiserdstoff und bei sehr starkem Sickerwasserandrang.

Erforderliche Filterdicke (komprimiert): 0,25 bis 0,30 m.

Beispiel einer Fließgewässer-Ufersicherung:

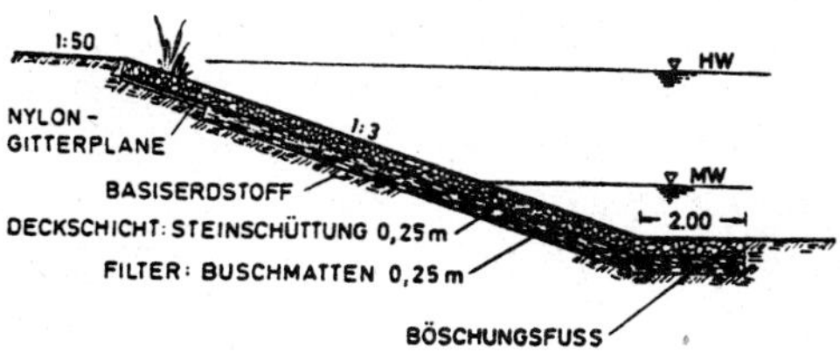

6 Grundwasser

6.1 Fließgesetz

Die Fließbewegung des Grundwassers ist i. d. R. laminar und folgt dem Filtergesetz von *Darcy:*

$$v_f = k_f \cdot I_{St}$$
$$Q_{Gw} = v_f \cdot A_{Gw}$$

v_f Filtergeschwindigkeit in m/s
k_f Durchlässigkeit in m/s
I_{St} Standrohrspiegelgefälle des Grundwassers
Q_{Gw} Grundwasserdurchfluss in m^3/s
A_{Gw} Grundwasserquerschnittsfläche ohne Abzug der festen Bodenteile in m^2

Überschlagswerte für die Durchlässigkeit k_f:

Bodenart	k_f in m/s
Ton, fett	10^{-12} bis 10^{-10}
Ton, mager	10^{-10} bis 10^{-9}
Lehm, schluffiger Lehm	10^{-9} bis 10^{-8}
Schluff	10^{-9} bis 10^{-7}
Löss	10^{-7} bis 10^{-6}
Sand, lehmig oder schluffig	10^{-6} bis 10^{-5}
Feinsand	10^{-5} bis 10^{-4}
Grobsand	10^{-4} bis 10^{-3}
Feinkies	10^{-3} bis 10^{-2}
Grobkies	10^{-2} bis 1
Geröll	1 bis 5

Die k_f-Werte selbst äußerlich gleicher Bodenarten können erheblich schwanken. Auch die Abweichungen von Standort zu Standort sind beträchtlich. Verantwortlich dafür sind das Bodengefüge, die Lagerungsdichte und der Anteil an Feinstkorn.

Bei sehr großem I_{St}, wie es z. B. in unmittelbarer Nähe eines Entnahmebrunnens auftritt, wird die Fließbewegung turbulent, und das Gesetz von *Darcy* verliert seine Gültigkeit.

6.2 Durchlässigkeit

Die Durchlässigkeit k_f kann auf folgende Arten bestimmt werden:

a) Laborversuch

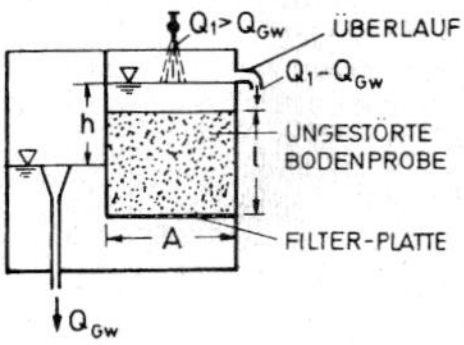

In der skizzierten Versuchsanordnung ist $I_{St} = h/l$.
Daraus folgt:

$$k_f = \frac{Q_{Gw} \cdot l}{A \cdot h}$$

- h Wasserspiegeldifferenz
- l Länge der Bodenprobe
- A Fläche der Filterplatte

b) Direkte Naturmessung

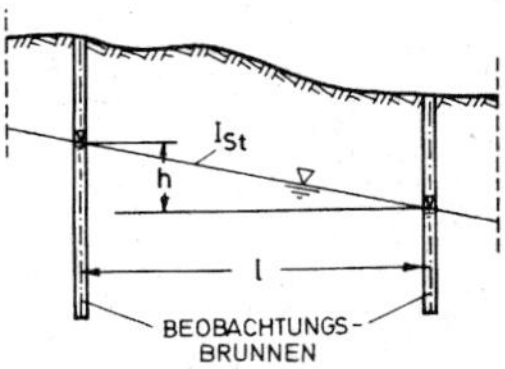

In dem oberen von zwei in Fließrichtung angeordneten Beobachtungsbrunnen werden *Tracer* eingebracht (Farbstoff, Salz, radioaktive Substanz). Die Reaktion im unteren Brunnen wird beobachtet und die Fließzeit t entlang des Weges l gemessen:

$I_{St} = h/l; \quad \upsilon = l/t; \quad \upsilon_f = \upsilon \cdot n_f = k_f \cdot I_{St}$

$$k_f = \frac{\upsilon \cdot n_f}{I_{St}} \qquad k_f = \frac{l^2 \cdot n_f}{t \cdot h}$$

- υ Fließgeschwindigkeit in der Verbindungslinie der Beobachtungsbrunnen in m/s
- h Wasserspiegeldifferenz in m
- n_f durchflusswirksamer Porenanteil, im Labor zu ermitteln ($n_f < 1$)

c) Empirisch nach Hazen

d_{10} in mm, Definition siehe Seite 11.14, gültig für Sand

$$k_f = 0{,}0116 \cdot d_{10}^2 \qquad k_f \text{ in m/s}$$

d) Empirisch nach Beyer (siehe [13.2]) (für diluviale Kiese und Sande)
Bereich: $0{,}06\,\text{mm} < d_{10} < 0{,}6\,\text{mm}$

$$k_f = C \cdot d_{10}^2$$

k_f in m/s $\quad d_{10}$ in mm $\quad C$ siehe Diagramm

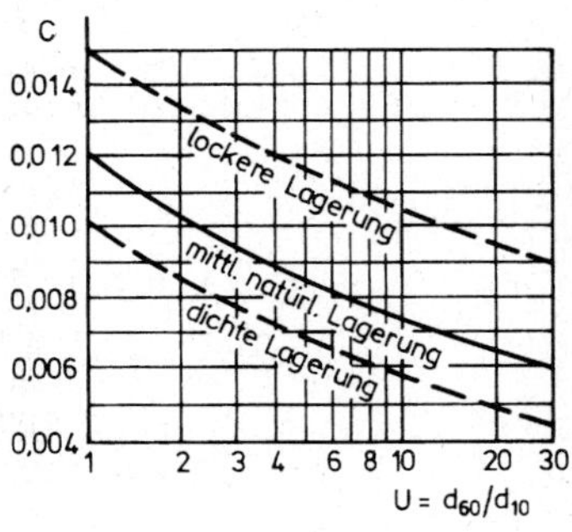

e) Pumpversuch, stationäre Zuströmung
siehe Abschnitt 6.3

f) Pumpversuch, instationäre Zuströmung
siehe z. B. [13.2]

6.3 Entnahmebrunnenzufluss für *vollkommene Brunnen*

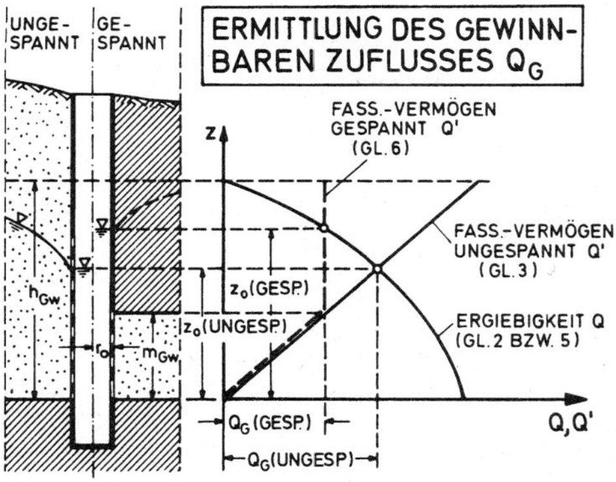

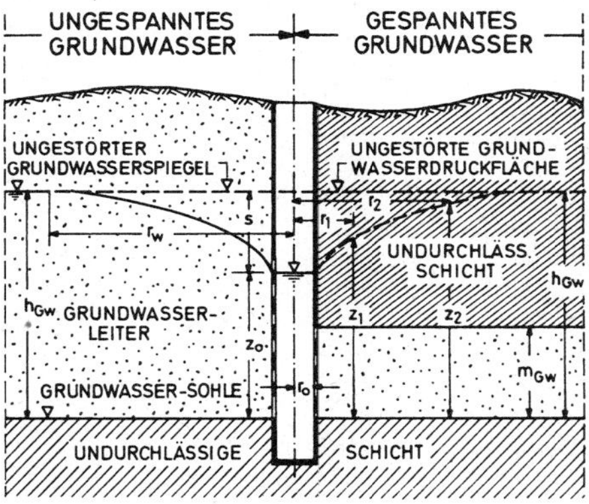

Reichweite r_w in m (empirisch):

$$r_w = 3000 \cdot s \cdot \sqrt{k_f} \tag{1}$$

s Absenktiefe in m

a) Ungespanntes Grundwasser

$$Q = \frac{\pi \cdot k_f \cdot (h_{Gw}^2 - z_0^2)}{\ln r_w - \ln r_0} \tag{2}$$

Q Ergiebigkeit in m^3/s
h_{Gw} Standrohrspiegelhöhe des Grundwassers in m
z_0 Wasserspiegelhöhe im Brunnen in m
r_0 Brunnenradius in m

$$Q' = \frac{2}{15} \cdot \pi \cdot r_0 \cdot z_0 \cdot \sqrt{k_f} \tag{3}$$

Q' Fassungsvermögen in m^3/s

k_f-Ermittlung mit Pumpversuch:
Beobachtungsbrunnen in den Entfernungen r_1 und r_2 vom Brunnen:

$$k_f = \frac{Q \cdot (\ln r_2 - \ln r_1)}{\pi \cdot (z_2^2 - z_1^2)} \tag{4}$$

z_1, z_2 Wasserspiegelhöhen in den entspr. Beobachtungsbrunnen in m

b) Gespanntes Grundwasser

$$Q = \frac{2 \cdot \pi \cdot k_f \cdot m_{Gw} \cdot (h_{Gw} - z_0)}{\ln r_w - \ln r_0} \tag{5}$$

m_{Gw} Mächtigkeit des Grundwasserleiters in m

$$Q' = \frac{2}{15} \cdot \pi \cdot r_0 \cdot m_{Gw} \sqrt{k_f} \tag{6}$$

$$k_f = \frac{Q \cdot (\ln r_2 - \ln r_1)}{2 \cdot \pi \cdot m_{Gw} (z_2 - z_1)} \tag{7}$$

Der *gewinnbare Zufluss* Q_G ergibt sich als Schnittpunkt der Kurven für Q und Q' (siehe Skizze). Bedingung für die Entnahme Q_E:

$$Q_E < Q_G$$

In *unvollkommenen Brunnen* (Grundwasssersohle liegt erheblich tiefer als Brunnensohle) ist die Ergiebigkeit Q etwa 10 bis 50 % größer, wobei h_{Gw} in dem Fall nur bis zur Unterkante des Brunnens reicht.

6.4 Kapillarität

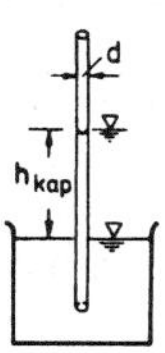

Steighöhe in Kapillarröhrchen:

$$h_{kap} \approx \frac{30}{d}$$

d Röhrchendurchmesser in mm
h_{kap} kapillare Steighöhe in mm

Steighöhe zwischen zwei parallelen Wänden:

$$h_{kap} \approx \frac{15}{a}$$

a Wandabstand in mm

Böden enthalten vielfältige Hohlraumgrößen und -formen. Exakte Angaben sind deshalb nicht möglich. Die kapillare Steighöhe h_{kap} in einem ursprünglich trockenen Boden ist vor allem abhängig vom „wirksamen Korndurchmesser" d_{10} des Bodens (Definition d_{10} siehe S. 11.14) und wird erst nach sehr langer Zeit erreicht, wobei der obere Bereich wasserungesättigt bleibt (offener Kapillarsaum). Überschlagswerte (Beispiele):

Bodenart	Grobkies	Feinkies	Grobsand	Feinsand	Schluff
d_{10} in mm	0,8	0,3	0,1	0,03	0,006
h_{kap} in mm	60	200	850	1 700	3 600

7 Pumpen und Turbinen

7.1 Pumpen

Anwendungsbeispiel: Beregnungsanlage

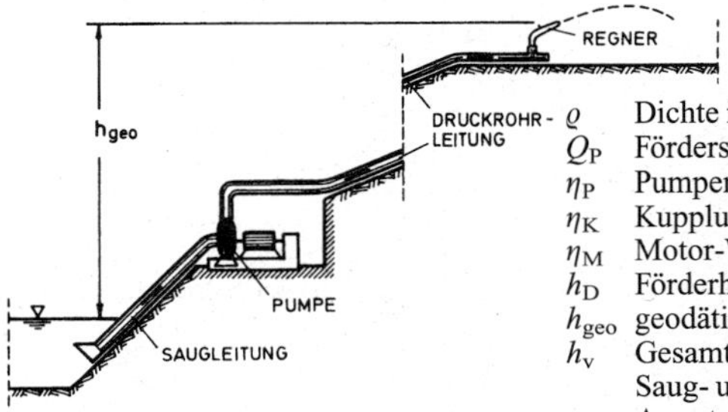

Pumpenleistung P_p in kW:

$$P_P = \frac{\varrho \cdot g \cdot Q_P \cdot h_D}{\eta_P \cdot \eta_M \cdot \eta_K}$$

siehe auch S. 13.50

- ϱ Dichte in t/m³
- Q_P Förderstrom der Pumpe in m³/s
- η_P Pumpen-Wirkungsgrad (≈ 0,60 bis 0,80)
- η_K Kupplungs-Wirkungsgrad (≈ 0,97 bis 0,99)
- η_M Motor-Wirkungsgrad (≈ 0,85 bis 0,95)
- h_D Förderhöhe in m
- h_{geo} geodätische Förderhöhe in m
- h_v Gesamtverlusthöhe (Eintritt + Rohrreibung in Saug- und Druckleitungen + Krümmer + Armaturen) in m
- h_n Nutzdruck- oder Betriebsdruckhöhe an der Regnerdüse in m

$$h_D = h_{geo} + h_v + h_n$$

zul. Saughöhe (Wsp-Pumpenachse) abhängig von Bauart der Pumpe, Ortshöhe und Temperatur, i. Allg. ≤ 7,00 m

Beispiel: Gesucht: P_P

Gegeben: $h_{geo} = 16{,}0$ m; $h_v = 48{,}0$ m; $h_n = 35{,}0$ m; $Q_P = 0{,}01$ m³/s; $\eta_P = 0{,}70$; $\eta_M = 0{,}90$; $\eta_K = 1{,}00$

$$h_D = h_{geo} + h_v + h_n = 16{,}0 + 48{,}0 + 35{,}0 = 99{,}0 \text{ m}$$

$$P_P = \frac{\varrho \cdot g \cdot Q_P \cdot h_D}{\eta_P \cdot \eta_M \cdot \eta_K} = \frac{1{,}0 \cdot 9{,}81 \cdot 0{,}01 \cdot 99{,}0}{0{,}70 \cdot 0{,}90 \cdot 1{,}00} = 15{,}4 \text{ kW}$$

Allgemein gilt: Je größer die Maschine, desto günstiger der Wirkungsgrad.

Erforderliche **Pumpensumpfgröße** V:

Schaltspiele z in h⁻¹:

kleine Pumpen	$z = 10$ bis 15 h^{-1}
mittlere Pumpen	$z = 6$ bis 10 h^{-1}
große Pumpen	$z = 3$ bis 6 h^{-1}

Einschalten bei etwa 10 % Füllung von V; Zulauf Q_Z i.d.R. etwa (0,4 bis 0,6) · Q_P

Beispiel:

Q_P = 100 l/s = 360 m³/h
Q_Z = 60 l/s = 216 m³/h (= 60 % von Q_P);
z = 12 h^{-1} (Einschaltabstand 5 min)

Pumpphase 60 % von 5 min = 3 min = 1/20 h
Ruhephase 40 % von 5 min = 2 min = 1/30 h

In der Ruhephase wird 0,9 V durch Q_Z aufgefüllt, also:
$0{,}9\,V = Q_Z \cdot 1/30$ h = 216/30 = 7,2 m³; erford. $V = 7{,}2/0{,}9 = 8{,}0$ m³

7.2 Turbinen

Leistungsabgabe von Turbinen (ab Transformator):

$$P_T = \varrho \cdot g \cdot Q \cdot h_F \cdot \eta_T \cdot \eta_G \cdot \eta_{Tr} \cdot \eta_K$$

$$h_F = h_{st} - h_v$$

oder überschlägig:

$$P_T = 8 \cdot h_F \cdot Q$$

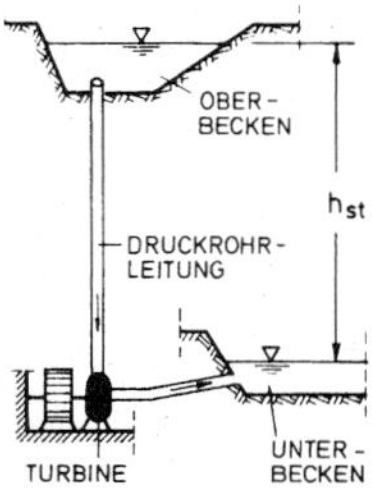

ϱ Dichte in t/m³
Q Turbinen-Durchfluss in m³/s
h_F Netto-Fallhöhe in m
η_T Turbinen-Wirkungsgrad (≈ 0,70 bis 0,90)
η_G Generator-Wirkungsgrad (≈ 0,85 bis 0,95)
η_{Tr} Transformator-Wirkungsgrad (≈ 0,99)
η_K Kupplungs-Wirkungsgrad (≈ 0,97 bis 0,99)
P_T Turbinenleistung in kW
h_{st} statische Druckhöhe in m
h_v Gesamtverlusthöhe (Eintritt + Rohrreib. + Krümmer + Verschluss-org. + Armaturen) in m

7.3 Pumpen- und Turbinenleitungen (Druckrohrleitungen)

Wanddicke s (in mm) des Stahlrohres nach der *Kesselformel*:

$$s = \frac{p \cdot d}{2\,\sigma_{zul}}$$

d Rohrinnendurchmesser in mm
p Bemessungsinnendruck (statisch + dynamisch) in N/mm²
σ_{zul} zulässige Stahlzugspannung in N/mm²

Hinzu kommt ein Rostzuschlag von 1 bis 2 mm [13.15].

Der dynamische Anteil von p resultiert aus Reguliervorgängen an den Verschlüssen (Druckstoßhöhe $h_D = p_D/(\varrho \cdot g)$).

„Schnelles Schließen oder Öffnen" liegt vor, wenn $t_R < t_H = 2\,l/c$ mit t_R Regulierzeit in s; t_H Hauptzeit, Reflexionszeit der Druckwelle in s; c Druckfortpflanzungsgeschwindigkeit in m/s (für Näherungsberechnungen $c \approx 1000$ m/s) und l Leitungslänge in m.

Fälle: *„Schnelles vollständiges Schließen"*:

$$h_D = \upsilon \cdot c/g$$

(*Joukowski*-Stoß, größtmögliche Druckstoßhöhe)

„Schnelles teilweises Schließen":

$$h_D = \Delta\upsilon \cdot c/g$$

„Schnelles vollständiges Öffnen":

$$h_D = \upsilon \cdot c/g \cdot (\sqrt{1 + R^2} - R)$$

mit $R = \upsilon \cdot c/(2\,gh)$ Rohrcharakteristik
υ stationäre Fließgeschwindigkeit
h stationäre Druckhöhe
} bei geöffnetem Regulierverschluss

Beim *„langsamen Schließen oder Öffnen"* ($t_R > t_H$) überlagert sich nach Ablauf von t_H die am Regulierverschluss neu entstehende Druckwelle mit der zurückkommenden (negativen) Reflexionswelle (Entlastungswelle). Zur genaueren Erfassung des nachfolgenden dynamischen Druckverlaufs ist eine *Druckstoßberechnung* erforderlich, siehe z. B. [13.4], [13.7], [13.10].

8 Anwendung numerischer Modelle

Zur Lösung wasserbaulicher und wasserwirtschaftlicher Probleme werden in den letzten 20 Jahren verstärkt numerische Methoden eingesetzt. Numerische Modelle werden zur Simulation von Strömungs- sowie von Stofftransportprozessen (Stofftransport, Sedimenttransport, Wärmetransport) im Oberflächengewässer und Grundwasser angewendet.

Der Ablauf einer numerischen Simulation gliedert sich in: (1) Auswahl des Modells; (2) Datenerhebung (Querprofile, Geländedaten, Abfluss, Wasserstände), Import von Daten in das Modell; (3) Geländemodell aufstellen; (4) Rechenläufe festlegen (stationär/instationär, Strömen/Schießen, Abfluss, Parameter für Unregelmäßigkeiten und Energieverluste, Anfangswasserspiegelhöhe); (5) erster Rechenlauf; (6) Ergebnisse sichten, auswerten und mit Naturdaten vergleichen, evtl. weitere Rechenläufe mit veränderten Parametern rechnen, um Modell anhand von weiteren Naturdaten zu verifizieren; (7) Ergebnisse interpretieren.

Weiterführende Literatur ist u. a. [13.26], [13.27], [13.28], [13.29], [13.30] und [13.31].

9 Kostenvergleichsrechnungen nach LAWA [13.18]

Prof. Dr.-Ing. Günther Riegler

Schritte der Kostenvergleichsrechnung:

- Kostenermittlung (je nach Planungstiefe mit Fälligkeit: Kostenschätzung bzw. -berechnung)
- Finanzmathematische Aufbereitung zur Berücksichtigung der Zeitpunkte der Zahlungen
- Vergleich in Projektkostenbarwerten oder Jahreskosten (laufende Kosten und Kapitalkosten)
- Empfindlichkeitsprüfung und Ermittlung kritischer Werte zur Berücksichtigung von Risiko- und Unsicherheitsmomenten (Sensitivitätsanalysen)
- Gesamtbeurteilung und Ergebnisinterpretation auf Basis der analytischen Ergebnisse vorhergehender Schritte bei Berücksichtigung sonstiger Argumente zur Entscheidungsfindung.

Kostenarten: *Investitionskosten* (Grunderwerb, Vorarbeiten [Planung], Bau-, Erschließungs-, Bauleitungs- und Risikokosten, Reinvestitionskosten), *laufende Kosten* (eigen- und fremdgeleistete Betriebs-, Wartungs-, Unterhaltungs-, Überwachungskosten inkl. Reinvestitionen mit Nutzungsdauern von bis zu 5 Jahren; oft aufgeschlüsselt in Personal-, Sach- und Energiekosten mit fixen [unabhängig von der Kapazitätsauslastung] und variablen Kosten [leistungsabhängig], ggf. Einzel- und Gemeinkosten, Sozialkosten).

Preisentwicklungen werden nach dem Prinzip der Realbewertung (*Kaufkraft*) berücksichtigt. In die Berechnung gehen reale Nominalkosten (*Realkosten*) ein. Diese werden mit Hilfe von **Preisindizes** (*IIK* Index für Investitions- und *ILK* für laufende Kosten) aktualisiert.

Aktualisierung: von Investitionskosten (*IK*): $IK_{2006} = IK_{1993} \cdot (IIK_{2006}/IIK_{1993}) \cdot s_{2005/06}$
von laufenden Kosten (*LK*): $LK_{2006} = LK_{1994} \cdot (ILK_{2005}/ILK_{1994}) \cdot s_{2005/06}$

Der durchschnittliche Preissteigerungsfaktor ist $s = 1 + r$ mit r Preissteigerungsrate.

Die Indizes für Investitionskosten und laufende Kosten können den laufenden Veröffentlichungen des Statistischen Bundesamtes entnommen werden.

Zinssatz: Die LAWA-Leitlinien empfehlen einen langjährigen *Realzinssatz* von $i_r = 3$ % p. a. Der *Realzinssatz* ist $i_r = [(1 + i_n)/(1 + i_i)] - 1$, mit i_n = *Nominalzinssatz* und i_i = *Inflationsrate.* Die zeitliche Berücksichtigung von Kostengrößen erfolgt mit dem Zinsfaktor $q = (1 + i)$.

Umrechnung von Einzelkosten in gleichförmige Kostenreihen mit n = Zinszeitraum in Jahren

Auf *n* Jahre verteilte **Kapitalkosten** errechnen sich **aus Investitionskosten** durch Multiplikation mit dem **K**apitalwiedergewinnungs**FAK**to**R.**	$KFAKR(i;n) = \dfrac{i \cdot (1+i)^n}{(1+i)^n - 1} = \dfrac{(q-1) \cdot q^n}{q^n - 1}$

Jährliche Kapitalkosten (*JKK*) für Investition (*IK*) von 10 000 000 € mit $n = 25$ a und $i = 3$ %:
$JKK = KFAKR$ (i = 3 %; n = 25 a) · 10 000 000 € = 0,05743 · 10 000 000 = 574 300 €/a.

Umrechnung von Einzelkosten in Kostenbarwerte mit n = Zinszeitraum in Jahren

Eine Kostengröße am Ende (31.12.) des *n*-ten Jahres **vor dem Bezugszeitpunkt** wird aufgezinst (Akkumulation) durch Multiplikation ihres Nominalwertes mit dem **A**kkumulations**FAK**tor für eine **E**inzelzahlung.	$AFAKE(i;n) = (1+i)^n = q^n$
Der **Barwert** einer am Ende (31.12.) des *n*-ten Jahres **nach dem Bezugszeitpunkt** anfallenden Kostengröße wird durch Diskontierung ermittelt (Multiplikation mit dem **D**iskontierungs**FAK**tor für eine **E**inzelzahlung).	$DFAKE(i;n) = \dfrac{1}{(1+i)^n} = \dfrac{1}{q^n}$

Umrechnung progressiv steigender Kostenreihen in Kostenbarwerte

Der auf den Nullpunkt bezogene Barwert einer jährlich um *r* % steigenden Kostenreihe ergibt sich durch Multiplikation der Ursprungskostengröße mit dem **D**iskontierungs**FAK**tor für **R**eihen**P**rogression.	$DFAKRP(r;i;n) = (1+r) \cdot \dfrac{(1+i)^n - (1+r)^n}{(1+i)^n \cdot (i-r)} = s \cdot \dfrac{q^n - s^n}{q^n \cdot (q-s)}$

Den laufenden Kosten von in 5 Jahren 90 000 €/a entspricht bei r = 2 %, n = 25, i = 3 % ein Barwert von 90 000 · *AFAKE*($r = i = 2$; $n = 5$) · *DFAKRP*($r = 2$; $i = 3$; $n = 25$) = 2 193 730 €.

Umrechnung gleichförmiger Kostenreihen in Kostenbarwerte mit n = Zinszeitraum

Der **Barwert** von **vor** dem **Bezugszeitpunkt** über n Jahre **jährlich wiederkehrenden gleichen Kostengrößen** wird durch Multiplikation ermittelt mit dem **A**kkumulations-**FAK**tor für gleichförmige jährliche Kosten**R**eihen.	$AFAKR(i;\, n) = \dfrac{(1+i)^n - 1}{i} = \dfrac{q^n - 1}{q - 1}$
Der **Barwert** für **nach** dem **Bezugszeitpunkt** über n Jahre **jährlich wiederkehrenden gleichen Kostengrößen** wird durch Multiplikation ermittelt mit dem **D**iskontierungs-**FAK**tor für gleichförmige jährliche Kosten**R**eihen.	$DFAKR(i;\, n) = \dfrac{(1+i)^n - 1}{i \cdot (1+i)^n} = \dfrac{q^n - 1}{(q-1) \cdot q^n}$

Finanzmathematische Umrechnungsfaktoren

Zinssatz	$i = 2$ %	$i = 3$ %	$i = 4$ %	$i = 5$ %	$i = 2$ %	$i = 3$ %	$i = 4$ %	$i = 5$ %
Jahre	*AFAKE* (Akkumulationsfaktor einmalig)				*DFAKE* (Diskontierungsfaktor einmalig)			
5	1,1041	1,1593	1,2167	1,2763	0,9057	0,8626	0,8219	0,7835
10	1,2190	1,3439	1,4802	1,6289	0,8203	0,7441	0,6756	0,6139
15	1,3459	1,5580	1,8009	2,0789	0,7430	0,6419	0,5553	0,4810
20	1,4859	1,8061	2,1911	2,6533	0,6730	0,5537	0,4564	0,3769
25	1,6406	2,0938	2,6658	3,3864	0,6095	0,4776	0,3751	0,2953
30	1,8114	2,4273	3,2434	4,3219	0,5521	0,4120	0,3083	0,2314
40	2,2080	3,2620	4,8010	7,0400	0,4529	0,3066	0,2083	0,1420
50	2,6916	4,3839	7,1067	11,4674	0,3715	0,2281	0,1407	0,0872
75	4,4158	9,1789	18,9453	38,8327	0,2265	0,1089	0,0528	0,0258
100	7,2446	19,2186	50,5049	131,5013	0,1380	0,0520	0,0198	0,0076
Jahre	*KFAKR* (Kapitalwiedergewinnungsfaktor)				*AFAKR* (Akkumulation für Kostenreihen)			
5	0,21216	0,21835	0,22463	0,23097	5,204	5,309	5,416	5,526
10	0,11133	0,11723	0,12329	0,12950	10,950	11,464	12,006	12,578
15	0,07783	0,08377	0,08994	0,09634	17,293	18,599	20,024	21,578
20	0,06116	0,06722	0,07358	0,08024	24,297	26,870	29,778	33,066
25	0,05122	0,05743	0,06401	0,07095	32,030	36,459	41,646	47,727
30	0,04465	0,05102	0,05783	0,06505	40,568	47,575	56,085	66,439
40	0,03656	0,04326	0,05052	0,05828	60,402	75,401	95,026	120,800
50	0,03182	0,03887	0,04655	0,05478	84,579	112,797	152,667	209,348
75	0,02586	0,03367	0,04223	0,05132	170,792	272,631	448,631	756,654
100	0,02320	0,03165	0,04081	0,05038	312,232	607,288	1237,624	2610,025
Jahre	*DFAKR* (Diskontierungsfaktor für Reihen)				*DFAKRP* (Diskontierung von Reihen [r = 2 %])			
5	4,7135	4,5797	4,4518	4,3295	5,000	4,8562	4,7188	4,5874
10	8,9826	8,5302	8,1109	7,7217	10,000	9,4813	9,0010	8,5559
15	12,8494	11,9379	11,1184	10,3797	15,000	13,8861	12,8870	11,9889
20	16,3515	14,8775	13,5903	12,4622	20,000	18,0812	16,4135	14,9587
25	19,5235	17,4131	15,6221	14,0939	25,000	22,0766	19,6136	17,5278
30	22,3965	19,6004	17,2920	15,3725	30,000	25,8818	22,5177	19,7503
40	27,3555	23,1148	19,7928	17,1591	40,000	32,9573	27,5446	23,3362
50	31,4236	25,7298	21,4822	18,2559	50,000	39,3750	31,6842	26,0196
75	38,6771	29,7018	23,6804	19,4850	75,000	52,9294	39,1127	30,1337
100	43,0984	31,5989	24,5050	19,8479	100,000	63,5501	43,6843	32,1269

Untersuchungszeiträume entsprechen üblicherweise der mittleren **Nutzungsdauer** der Anlagen in Jahren [a]	Nutzungsdauer von	
	Bauwerken	Ausrüstung, Maschinen
Wasserbau: Talsperren, Rückhaltebecken, Küstenschutz	50–100 a	15–40 a
Gewässerausbau	ca. 50 a	15–40 a
landwirtschaftlicher Wasserbau, Meliorationen	20–40 a	5–20 a
Wasserversorgung: Gewinnungsanlagen	30–60 a	15–20 a
Aufbereitungsanlagen	20–30 a	15–20 a
Wasserverteilungsanlagen	40–60 a	15–30 a
Abwasserbeseitigung: Abwasserableitung	30–80 a	5–20 a
Pumpwerke; Abwasser- und Schlammbehandlung	25–40 a	10–20 a
elektrische Anlagen, Mess- und Regeltechnik	–	8–12 a

13 B Wasserversorgung

Prof. Dr.-Ing. Günther Riegler

1 Wasserbedarf

Wasserbedarf für häusliche Zwecke

	l/(E · d)
Baden, Duschen	20 bis 40
Wäsche waschen	15 bis 40
WC	20 bis 40
Körperpflege (ohne Baden)	10 bis 15
Wohnungsreinigung	5 bis 10
Geschirrspülen	4 bis 15
Trinken und Kochen	3 bis 6
Gesamtbedarf	77 bis 166

Haushaltsbedarf einschl. Kleingewerbe

Jahr	l/(E · d)	
1950	80	
1960	97	
1970	122	(99)*)
1980	141	(125)*)
1985	145	
1990	147	(144)*)
1995	132	(96)*)
2000	129	

*) Neue Bundesländer

Wasserbedarf für öffentliche Einrichtungen

Verwendung	Bedarf in l
Krankenhäuser, je Tag und Bett	150 – 600
im Mittel	300 – 400
Schulen (außer Hochschulen), je Schüler + Lehrer pro Tag (i. M. 250 Schultage/Jahr)	1 – 20
im Mittel	8
mit Duschanlage, mit Schwimmbecken (erhöhter Bedarf bei externer Nutzung)	30 – 50
Hallenbäder	140 – 200
Verwaltungsgebäude und Bürohäuser, je Beschäftigung und Tag	20 – 50 (70)
im Mittel (Bei Garagen und Kfz-Waschplätzen erhöhter Bedarf)	40
Kasernen, je Mann und Tag (mit Kfz-Großwaschanlagen u. Ä. erhöhter Bedarf)	100 – 150
Schlachthöfe, je Stück Großvieh	300 – 400
2,5 Stck. Kleinvieh (Schweine, Schafe, Kälber, Ziegen) = 1 Stck. Großvieh	

Richtwert für ländliche Orte: Wasserbedarf für öffentliche Einrichtungen $0{,}01 \cdot Q_d$ bis $0{,}02 \cdot Q_d$

Wasserbedarf für gewerbliche und industrielle Zwecke

Verwendung	Bedarf in l	Verwendung	Bedarf in l
Kaufhäuser, je Beschäftigten und Tag, ohne Restaurant, ohne Klimaanlage	25 – 50	Fleischer, je Beschäftigten und Tag	250 – 380
		Friseure, je Kunde und Tag	20 – 52
		Gaststätten, je Mahlzeit und Tag	15 – 20
Bäcker, je kg Mehl und Tag	0,55 – 0,75	Hotels, je Bett und Tag	100 – 400
Konditoreien, je Beschäftigter / Tag	180	Alten-, Pflegeheime je Bewohner / Tag	100 – 150
Autowäsche ohne Spülwasserrecycling: PKW 200 l, LKW 400 l bis 1000 l			
mit Spülwasserrecycling: PKW 80 l, LKW 80 l bis 200 l			

Von diesen Werten bestehen, je nach Lage des Einzelfalles, zum Teil erhebliche Abweichungen. Wenn Produktmengen bezogene Angaben fehlen, kann in der Planung mit flächenbezogenen Wasserbedarfswerten q_m gerechnet werden:

Gewerbezonen	2 ... 6 [m³/(ha · h)]
Industriezonen „trocken"	4 ... 8 [m³/(ha · h)]
Industriezonen „mittel"	10 ... 20 [m³/(ha · h)]
Industriezonen „nass"	20 ... 40 [m³/(ha · h)]

$$q_m = \frac{Q_a}{n \cdot t \cdot A}$$

mit Q_a = Jahreswasserbedarf in m³/a

n Zahl der Arbeitstage in d/a

t mittlere Betriebszeit in h/d; A Fläche in ha

Richtwert für Gewerbegebiete: q_m = (2 bis 6) m³/(h ha) bei n = 310 d/a und t = 14 h/d

Löschwasserbedarf

Je nach baulichen Nutzung und der Gefahr der Brandausbreitung gilt nach DVGW W 405:

Bauliche Nutzung nach § 17 der Baunutzungsverordnung	(WS) (SW)	(WR), (WA), (WB) (MI), (MD)		Kerngebiete (MK) Gewerbegebiete (GE)		Industriegebiete (GI)
		(GE)				
Zahl der Vollgeschosse	≤ 2	≤ 3	> 3	1	> 1	–
Geschossflächenzahl (GFZ)	$\leq 0{,}4$	$\leq 0{,}3$–$0{,}6$	0,7–1,2	0,7–1,0	1,0–2,4	–
Baumassenzahl (BMZ)	–	–	–	–	–	≤ 9
Löschwasserbedarf je nach Gefahr der Brandausbreitung[1]:	m³/h	m³/h	m³/h		m³/h	
klein[2]	24	48	96		96	
mittel[3]	48	96	96		192	
groß[4]	96	96	192		192	

Erläuterungen: Kleinsiedlungsgebiet (WS); Wochenendhausgebiet (SW); Reines Wohngebiet (WR); allgem. Wohngebiet (WA); besonderes Wohngebiet (WB); Mischgebiet (MI); Dorfgebiet (MD)

[1] Begriff s. DIN V 14 011.

[2] Feuerbeständige oder feuerhemmende Umfassungen, harte Bedachungen s. DIN 4102.

[3] Umfassungen nicht feuerbeständig oder nicht feuerhemmend, harte Bedachungen oder Umfassungen feuerbeständig oder feuerhemmend, weiche Bedachung s. DIN 4102.

[4] Umfassungen nicht feuerbeständig oder nicht feuerhemmend; weiche Bedachungen, Umfassungen aus Holzfachwerk (ausgemauert). Stark behinderte Zugänglichkeit, Häufung von Feuerbrücken usw.

Bei kleinen ländlichen Orten ist i. d. R. $Q_{\text{Lösch}}$ = 48 m³/h anzusetzen. Löschwasser soll für eine Löschzeit von 2 h zur Verfügung stehen. Der Auslaufdruck am Hydranten zur Bereitstellung von Löschwasser soll 1,5 bar nicht unterschreiten.

Richtwert: Wasserbedarf für Feuerwehrübungen und Brandfall beträgt 0,2 % bis 0,5 % der Gesamtjahresförderung.

Ausrüstung der Feuerwehr: Tragkraftspritze TS 8 mit $Q_{\text{Lösch}}$ = 800 l/min; Löschfahrzeug LF 16 mit $Q_{\text{Lösch}}$ = 1600 l/min und LF 24 mit $Q_{\text{Lösch}}$ = 2400 l/min.

Für Gemeinden unter 3000 E ist folgende Regelung für die Löschwasserbereitstellung möglich:

Endstrang (Stichleitung): $Q_{\text{Lösch}}$ = 6,7 l/s für DN $\leq$ 100; $Q_{\text{Lösch}}$ = 13,4 l/s für DN > 100.

Ringleitung (2 Zuflüsse zum Hydranten): je Strang $Q_{\text{Lösch}}$ = 6,7 l/s;

ansonsten: Hydrantenzufluss: $Q_{\text{Lösch}}$ = 13,4 l/s.

Wasserverluste

Als Wasserverlust bezeichnet man die Differenz zwischen der gemessenen Wasserabgabe und dem gemessenen Wasserverbrauch. Reale Verluste Q_{VR} entstehen durch Rohrbrüche und Leckagen. Scheinbare Verluste Q_{VS} resultieren aus Fehlanzeigen der Messgeräte und unkontrollierten Entnahmen. Die Darstellung als Prozentangabe bezogen auf das Abgabevolumen (z.B. Neuanlagen bis 5 %, bestehende Anlagen bis 10 %) wird ersetzt durch den Leitungslängen spezifischen Wasserverlust q_V.

Für das gesamte Versorgungsgebiet gilt:

$$q_V = Q_V \,/\, (8760\, L_N) \text{ in m}^3/(\text{h} \cdot \text{km})$$

Q_V Verlustvolumen in m³/a aus Wassermengenbilanz

L_N Länge des Versorgungsnetzes in km ohne Hausanschlussleitungen

Richtwerte für spezifische reale Wasserverluste q_{VR} in m³/(h · km) (W 392)

Wasserverlustbereich	Versorgungsstruktur		
	Bereich 1 (großstädtisch)	Bereich 2 (städtisch)	Bereich 3 (ländlich)
geringe Verluste	$\leq 0{,}10$	$< 0{,}07$	$< 0{,}05$
mittlere Verluste	0,10 – 0,20	0,07 – 0,15	0,05 – 0,10
hohe Verluste	$> 0{,}20$	$> 0{,}15$	$> 0{,}10$

Eigenverbrauch der Wasserwerke

Für Filterrückspülungen verbraucht das Wasserwerk ca. 1 %, für Rohrnetzspülungen ca. 1 % bis 1,5 % der Jahreswasserabgabe.

2 Bemessungsgrundlagen

Beachte die Wasserhaushaltsgleichung! Das nutzbare Wasserdargebot muss größer sein als der maximale Wasserbedarf. Wirklichkeitsnahe Ermittlung des zu erwartenden Wasserbedarfs!

Bezugszeit für die Bemessung:
Für die Bemessung von Anlagenteilen des Wasserversorgungssystems werden unterschiedliche Bezugszeiten t_B verwendet:

Anlagen vor der Speicherung: $t_B = 1$ d; Messarmaturen, Druckerhöhungsanlagen: $t_B = 5$ min
Rohrnetz: $t_B = 1$ h; Hausanschlussleitungen: $t_B = 10$ sec

- $Q_{d,m} = Q_a / 365$ mittlerer Tagesbedarf in m³/d = Bedarf im langjährigen Durchschnitt
- $Q_{d,max}$; $Q_{d,min}$ größter Tagesbedarf ; kleinster Tagesbedarf in m³/d
- $Q_{h,m} = Q_{d,m} / 24$ mittlerer stündlicher Bedarf im langjährigen Durchschnitt in m³/h
- $Q_{h,max;d,max}$ maximaler stündlicher Bedarf in langjähriger Zeitspanne in m³/h
- $Q_{h,max;d,m}$ maximaler stündlicher Bedarf am durchschnittlichen Bedarfstag in m³/h
- f_d, f_h Tagesspitzenfaktor (Index d); Stundenspitzenfaktor (Index h) (dim f = 1)
- st Stundenprozentwert in %

Bedarfsschwankungen sind im Wesentlichen abhängig von klimatischen Faktoren, der Größe des Versorgungsgebietes und gewerblichem/industriellem Einfluss; je kleiner das Versorgungsgebiet, desto größer der Spitzenfaktor:
größter Tagesbedarf $Q_{d,max} = f_d \cdot Q_{d,m}$ in m³/d
größter stündlicher Bedarf $Q_{h,max;d,max} = f_h \cdot Q_{d,m} / 24$ in m³/h

Richtwerte für Versorgungsgebiete (ab 20 000 E inkl. gewerblichem/industriellem Einfluss)

Siedlungsgebiete	f_d	f_h (Bezug Jahresmittel)	st_{max} (%) (gleicher Tag)
Kleine Landgemeinden < 5 000 E	2,2–2,5	ca. 5,3–6,2 (6,5)	9,5–12 (>15)
Größere Gemeinden ca. < 10 000	2,1–2,0 (2,5)	ca. 4,8–5,3 (5,8)	8,5–9,5 (> 14)
Kleinstädte < 20 000 E	2,0–2,1 (2,3)	ca. 4–4,8 (5,0)	8,0–9,0 (> 13)
Mittelstädte: ca. 20 000 – 100 000 E	1,8–2,0 (2,2)	ca. 3,1–4,0 (4,5)	6,5–8,0 (> 11)
Großstädte > 100 000 E	1,4–1,8 (2,0)	(1,3) 2,0–3,1 (3,6)	(5,0) 5,8–6,5 (> 9)

Der maximale Stundenprozentwert st_{max} beschreibt den Prozentsatz des maximalen Stundenverbrauchs innerhalb eines Tages bezogen auf den Wasserverbrauch an eben diesem Tag. Zwischen dem st_{max}-Wert und den Spitzenfaktoren besteht folgender Zusammenhang für den Spitzenverbrauchstag: $f_h = f_d \cdot st_{max} \cdot 24$ (hierbei ist st_{max} als Dezimalzahl einzusetzen!)

Tagesganglinien des Wasserverbrauchs; Anhaltswerte für st-Werte (Q_h in % von Q_d)

Zeit	0–1	1–2	2–3	3–4	4–5	5–6	6–7	7–8	8–9	9–10	10–11	11–12
Dorf	0,5	0,5	0,5	0	0,1	6,4	**12,5**	8,5	3,5	3,0	3,0	4,5
Kleinstadt	2,0	1,5	1,0	0,5	0,5	1,5	3,5	4,0	3,5	3,5	4,5	7,0
Mittelstadt	1,5	1,5	1,5	1,5	2,0	3,0	5,0	5,5	6,0	5,5	6,0	**6,5**
Großstadt	2,6	2,4	2,2	2,1	2,2	4,2	5,3	**5,7**	5,6	5,4	5,3	5,3

Zeit	12–13	13–14	14–15	15–16	16–17	17–18	18–19	19–20	20–21	21–22	22–23	23–24
Dorf	11,0	10,0	1,0	1,5	1,5	2,0	3,0	5,5	9,0	8,5	3,0	1,0
Kleinstadt	**9,0**	8,0	8,0	5,0	3,5	3,5	6,0	8,0	6,0	4,5	3,0	2,5
Mittelstadt	5,0	5,5	5,5	6,0	5,5	6,0	5,5	4,5	4,0	3,0	2,0	2,0
Großstadt	5,2	5,1	4,0	4,5	4,4	4,8	5,0	5,2	4,4	3,5	2,9	2,7

Die st_{max}-Werte sind fett gedruckt hervorgehoben.

Spitzendurchflüsse für eine Bezugszeit von $t_B = 5$ min kann man bei 200 bis 5000 Einwohnern ermitteln mit: $Q_s = -51{,}36 + 10{,}19 \cdot \ln E$ mit E = versorgte Einwohnerzahl.

3 Wassergewinnung

Bemessung der Fördereinrichtungen der Wassergewinnungsanlage wird bestimmt durch $Q_{d,max}$. Förderzeitansatz: tägliche Förderzeit $t = 8$ bis 10 h bei Durchschnittsverbrauch, $t = 12$ bis 14 h bei großem Verbrauch, $t = 16$ bis 20 h bei maximalem Verbrauch.

Vertikalbrunnen:

Die Bemessung erfolgt nach Kapitel 13A Wasserbau.

Es gilt: Grundwasserzufluss Q_{GW} > gewinnbarer Zufluss Q_Z > Fassungsvermögen Q_F > aktuelle Entnahme Q_E. Ein sicherer Betrieb erfordert mindestens 2 Brunnen.

Die rechnerisch maximale Brunnenergiebigkeit ergibt sich, wenn als Berechnungsbrunnendurchmesser der Bohrdurchmesser = d_a eingesetzt wird.

Richtwert nach *Truelsen*: min $d_a = 90\ Q / (h \cdot d_w)$ in m

mit: Q in m³/s;

h Höhe des abgesenkten Wasserspiegels über Unterkante Filterrohr in m;

d_w wirksame Korngröße der wasserführenden Schicht in mm. Diese ist nach *Hazen* gleichzusetzen der Korngröße des 10-prozentigen Kornanteils der Sieblinie (d_{10}).

Filtersande und Filterkiese (DIN 4924)

Körnungen in mm		Zusammengehörige Körnungen bei mehrfacher Abstufung für Brunnenfilter					Unterkorn	Überkorn	Siebgutmenge für Probe in g
							Zul. Höchstanteil in Gewichtsprozenten		
Filtersand	0,25 bis 0,5	x					15	15	500
	über 0,5 bis 1		x						500
	über 0,71 bis 1,4			x					1000
	über 1 bis 2	x			x				1000
Filterkies	über 2 bis 3,15		x			x	10	10	1000
	über 3,15 bis 5,6			x					1000
	über 5,6 bis 8	x			x				5000
	über 8 bis 16		x			x			5000
	über 16 bis 31,5			x	x	x			10000

Der Filterrohrdurchmesser d_i (≥ DN 300) ist bestimmt durch d_a sowie durch die Abmessungen der U-Pumpe und der zul. Eintrittsgeschwindigkeit in das Filterrohr.

erf d_i + Schichtstärke des Schüttkorns ≤ min d_a

Ungleichförmigkeitsfaktor $U = \frac{d_{60}}{d_{10}}$ mit d_{60} = Korngröße des 60- und d_{10} des 10-prozentigen Kornanteils der Sieblinie.

Schüttkorngröße = Filterfaktor × Kennkorngröße (empirisches Verfahren nach *Truelsen)*

Ungleichförmigkeitsfaktor U	Filterfaktor	Kennkorngröße
3 bis 5	4 bis 5	Korngröße des 90 %-Anteils
< 3	4 bis 5	Korngröße des 90 %-Anteils

Ermittlung der Schüttkorngröße erfolgt mit charakteristischen Sieblinien nach DVGW W 113.

Dicke der Schichten in Brunnenfiltern je Kornabstufung

Bei Brunnen mit mehrfacher Kornabstufung darf die Schichtdicke der feineren Abstufung niemals dünner als die der angrenzenden gröberen sein.

Das feinere Korn liegt stets außen.

Körnungen in mm	Dicke in mm
0,25 bis 2	≥ 50
über 2 bis 8	≥ 80
über 8 bis 31,5	≥ 100

Baustoffe der Filterrohre: Stahlschlitzbrückenfilterrohre nach DIN 4922
(Stahl mit Kunststoffüberzug, Edelstahl)
Kunststofffilterrohre nach DIN 4925

Brunnenberechnung – Formeln für stationären Zustand

1. Vertikale Grundwassererfassung (Einzelbrunnen), siehe auch Kapitel 13A Wasserbau

   Freies Grundwasser (GW)

   $$Q_Z = Q = \pi \cdot k_f \frac{h^2_{GW} - h^2}{\ln r_W - \ln r}$$

   $$Q_F = Q' = 2\,\pi \cdot r \cdot h \cdot \sqrt{k_f} / 15$$

   Gespanntes Grundwasser (GW)

   $$Q_Z = Q = 2\,\pi \cdot k_f \cdot m_{GW} \frac{h_p - h}{\ln r_W - \ln r}$$

   $$Q_F = Q' = 2\,\pi \cdot r \cdot m_{GW} \cdot \sqrt{k_f} / 15$$

   GW-Absenkung bei der Förderung: $s_{GW} \le h_{GW}/3$ und $s_{GW} \le (0{,}6 \text{ bis } 0{,}75)\, s_{opt}$

   s_{opt} liegt vor, wenn $Q_F = Q_Z$; $r_W = 3000 \cdot s_{GW} \cdot \sqrt{k_f}$
2. Waagerechte Grundwasserfassung (einseitiger Zufluss)

   Freies GW: $Q = 0{,}5\, k_f \cdot l\,(h^2_{GW} - h^2)/r_W$ Gespanntes GW: $Q = 0{,}5\, k_f \cdot l \cdot m_{GW}\,(h_p - h)/r_W$
3. Einleitung in das Grundwasser

   a) Schluckbrunnen, Infiltrationsbrunnen (Unterkante Brunnen = GW-Sohle)

   Freies GW: $Q = \pi \cdot \dfrac{k_f(h_{GW} \cdot s'_{GW} + s'^2_{GW})}{\ln r_W - \ln r}$; Gespanntes GW: $Q = 2\,\pi \cdot \dfrac{k_f \cdot h_{GW} \cdot s'_{GE}}{\ln r_W - \ln r}$

   b) Versickerungsbrunnen (Unterkante Brunnen = Grundwasseroberfläche)

   $Q = k_f \cdot s'^2_{GW} \cdot \pi / (\ln r_W - \ln r)$

   c) Waagerechte Sickerrohrleitung $Q = 0{,}5\, k_f \cdot d \cdot l\,(z + h')/z$

   d) Langgestrecktes Anreicherungsbecken $Q = 0{,}5\, k_f \cdot A \cdot (z + h')/z$

Formelzeichen:

Größe	Einheit	Benennung	Größe	Einheit	Benennung
A	m²	Grundfläche	l_R	m	Reichweite des GW-Aufstaus
d	m	Durchmesser	m_{GW}	m	Mächtigkeit in der wasserführenden Schicht
h	m	Wassertiefe über GW-Sohle	Q	m³/s	Zufluss, Sickerabfluss
h'	m	Wassertiefe in Sickerleitung, Anreicherungsbecken	r	m	Brunnenradius
h_{GW}	m	GW-Mächtigkeit, $h + s_{GW}$	r_W	m	Reichweite der Absenkung
h_p	m	Standrohrspiegelhöhe	s_{GW}	m	GW-Absenkung, $h_{GW} - h$
k_f	m/s	Durchlässigkeit	s'_{GW}	m	GW-Aufstauhöhe
l	m	Länge (Fassung, Sickerleitung)	z	m	Abstand zwischen Rohrunterkante bzw. Sohle Anreicherungsbecken und gehobener GW-Oberfläche

4 Wasserförderung

In der Regel werden Kreiselpumpen mit einer stabilen Pumpenkennlinie (kein Maximum) bevorzugt eingesetzt. Der Betriebspunkt BP ist der Schnittpunkt der Pumpenkennlinie mit der Anlagenkennlinie H_A (= Rohrkennlinie inkl. aller Reibungsverluste H_v zuzüglich der geodätischen Förderhöhe H_{geo}).

Erhöhen der Pumpendrehzahl führt zu einer höheren Fördermenge durch Verschiebung des Betriebspunktes nach oben.

Der Betriebspunkt im Bereich des Wirkungsgradoptimums ist vorteilhaft.

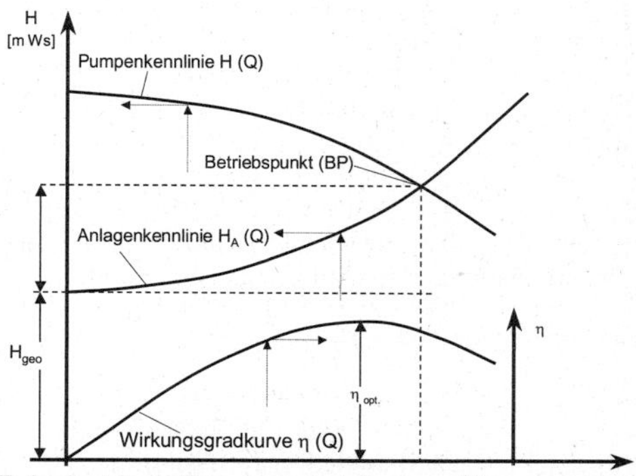

Prinzipskizze: Zusammenwirken von Pumpe und Anlage

Eine Reduzierung der Fördermenge durch absichtliche Erzeugung von höheren Verlusten, z.B. Schieber androsseln (gestrichelte Linie), ist unwirtschaftlich, da der Drosselverlust in die Förderhöhe der Pumpe eingeht und somit mehr Energie verbraucht wird: $H_P = H_{geo} + H_v$
Hintereinanderschalten von Pumpen erhöht den Förderdruck. Die mögliche Förderhöhe kann auch durch den Einsatz von mehrstufigen Kreiselpumpen nach Bedarf erhöht werden. Parallelschalten von Pumpen erhöht den Durchfluss. Kreiselpumpen bieten den Vorteil eines kontinuierlichen Förderstroms, die Saughöhe ist begrenzt auf h = 7 bis 7,5 m; allerdings sind Kreiselpumpen nicht selbstansaugend. Leistungsermittlung für Pumpen siehe Kapitel 13A Wasserbau.

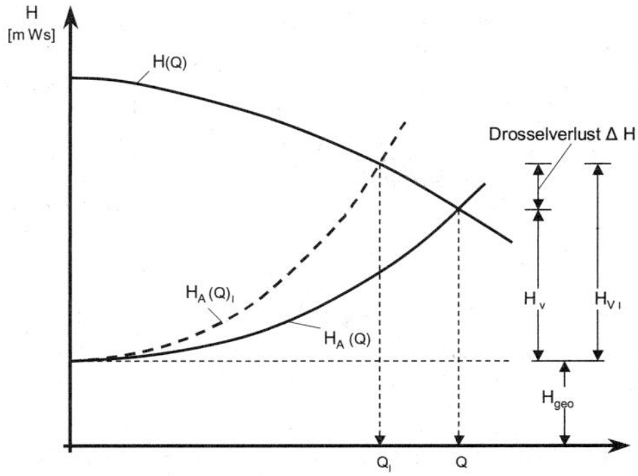

Leistungsberechnung: $P = \dfrac{Q \cdot h_{ges}}{102 \cdot \eta_{ges}}$ in kW mit Q Förderstrom in l/s

h_{ges} Förderhöhe in m (= geodätische Höhe + Verlusthöhe für Saug- und Druckleitung)

h_{ges} Gesamtwirkungsgrad von Pumpe und Motor

Leistungsreserve für kleine Antriebsmotore: 10–20 %; bei großen Motoren: 5–10 %.
Elektromotore: übliche Stromart ist Drehstrom, Antrieb direkt durch Kupplung, durch Riemen oder Getriebe, übliche Lastdrehzahlen n = 2900/min bzw. 1450/min, Wirkungsgrad η = 80 % bis 95 %.
Richtwert: Energieverbrauch bei Kreiselpumpen für V = 1 m³ und h_{ges} = 1 m: W_{el} = 5 Wh

5 Wasserbeschaffenheit

Anforderungen an die öffentliche Trinkwasserversorgung finden sich u. a. in der DIN 2000:

- Trinkwasser ist das wichtigste Lebensmittel. Es kann nicht ersetzt werden.
- Trinkwasser muss frei sein von Krankheitserregern und darf keine gesundheitsschädigenden Eigenschaften haben.
- Trinkwasser soll keimarm sein.
- Trinkwasser soll appetitlich sein und zum Genuss anregen. Es soll farblos, klar, kühl, geruchlos und geschmacklich einwandfrei sein.
- Der Gehalt an gelösten Stoffen soll sich in Grenzen halten.
- Trinkwasser und die damit in Berührung stehenden Werkstoffe sollen so aufeinander abgestimmt sein, dass keine Korrosionsschäden hervorgerufen werden.
- Trinkwasser soll an der Übergabestelle in genügender Menge und mit ausreichendem Druck zur Verfügung stehen.

Die Gewährleistung der Genusstauglichkeit und Reinheit von Wasser für den menschlichen Gebrauch ist in der Trinkwasserverordnung geregelt [13.55].

Wasserhärte

Härtebildner sind Calcium- und Magnesiumsalze. Calcium und Magnesium ergeben in Verbindung mit Hydrogenkarbonaten und Karbonaten die Karbonathärte, in Verbindung mit Sulfaten, Nitraten, Chloriden die Nichtkarbonathärte. Die Gesamthärte ist die Karbonathärte plus die Nichtkarbonathärte. Sie wird gemessen in mmol/l.
1 °d (Grad deutscher Härte) = 10 mg CaO bzw. 7,19 mg MgO pro Liter.
Bezogen auf die Summe der Erdalkalien: 1 mmol/l = 5,6 °d; 0,179 mmol/l = 1 °d

Beispiel: Gegeben: Konzentration für Calcium 36,8 mg/l und Magnesium 7,9 mg/l
Gesucht: Stoffmengenkonzentration in mmol/l
Lösung: Stoffmengenkonzentration = Massenkonzentration (mg/l) dividiert durch molare Masse (g/mol) → (36,8/40 + 7,9/24) = 1,25 mmol/l
Umrechung in °d → Gesamthärte = 1,25 · 5,6 °d = 7,0 °d

Wasserhärtebereiche für Trinkwasser

Gesamthärte mmol/l	Bezeichnung	Beurteilung
0 bis 0,71	sehr weich	geeignet
>0,71 bis 1,42	weich	gut geeignet
>1,42 bis 2,14	mittelhart	gut geeignet
>2,14 bis 3,21	ziemlich hart	tragbar
>3,21 bis 5,35	hart	tragbar
>5,35	sehr hart	ungeeignet

Wasserhärtebereiche (Waschmittelgesetz)

Gesamthärte mmol/l	Härtebereich	Bezeichnung
≤ 1,25	1	weich
> 1,25 bis 2,50	2	mittelhart
> 2,50 bis 3,78	3	hart
> 3,78	4	sehr hart

pH-Wert

Der pH-Wert ist ein Kennzeichen für die Aggressivität des Wassers. Werte unter 3 sind stark sauer, zwischen 3 und 7 schwach sauer, 7 ist neutral, von 7 bis 11 schwach basisch und von 11 bis 14 stark basisch. Trinkwasser liegt zwischen 6,0 bis 8,5. Der pH-Wert ist der negative dekadische Logarithmus der Wasserstoffionenkonzentration. Die Wasserstoffionenkonzentration kann zwischen 10^0 und 10^{-14} mmol/l liegen. Eine Mittelwertbildung von pH-Werten ist unzulässig. Bei gemessenen pH-Werten ist stets die Temperatur anzugeben.

6 Wasserverteilung

Einzelheiten zur Rohrhydraulik siehe Kapitel 13A Wasserbau. Bemessung der Rohrleitungen erfolgt nach *Prandtl/Colebrook* (ausführliche Tabellen in W 302).

Bei üblichen Bemessungen: integrale Rauheiten k_i und Geschwindigkeiten v:	k_i in mm	v in m/s
Fern- und Zubringerleitungen mit gestreckter Leitungsführung aus Stahl od. Guss mit ZM- oder Bitumenauskleidung od. Spannbeton od. Faserzement	0,1	≥ 2,0
Hauptleitungen wie vor, aber auch ohne Auskleidung in Verteilungsnetzen (ohne Ablagerungen)	0,4	1,0 bis 2,0
Neue Netze, Versorgungsleitungen	1,0	0,5 bis 0,8

Für Nachrechnung bestehender Netze vorhandene Rauheit i. d. R. durch Messung bestimmen.
Durchflussermittlung bei geschlossenen Siedlungsgebieten mit dem Metermengenwert m:

$m = \frac{Q_{h,max}}{\Sigma l}$ in l/(s · m) mit Σl Gesamtlänge der Rohrleitungen im Versorgungsgebiet in m

Minimale Nennweite meist DN 100; in begründeten Fällen DN 80.

Betriebsdrücke (W 403):

Druck wird in Pascal Pa (1 Pa = 1 N/m²) gemessen. In der Wasserversorgung ist auch die Verwendung der Einheit bar und m Wassersäule (Ws) gebräuchlich.

1 bar = 100 kPa = 10^5 Pa ≈ 10 m Ws

Maßgebende Grenzwerte in Versorgungsnetzen sind: Mindestfließdruck gemessen am Hausanschluss 2 bis 4 bar; empfohlener Ruhedruck im Schwerpunkt einer Druckzone 5 bar; Druckminderer in der Verbrauchsanlage 6 bar; i. d. R. höchster Ruhedruck 8 bar, zusätzlich etwa 2 bar Reserve für Druckstöße ergeben den Mindestplanungswert von 10 bar für Verteilungsnetze.

Versorgungsdruck	neue Netze[1)]	bestehende Netze[2)]
für Gebäude mit EG	2,0 bar	2,0 bar
für Gebäude mit EG und 1 OG	2,5 bar	2,35 bar
für Gebäude mit EG und 2 OG	3,0 bar	2,70 bar
für Gebäude mit EG und 3 OG	3,5 bar	3,05 bar
für Gebäude mit EG und 4 OG	4,0 bar	3,40 bar

1) Die angegebenen Drücke – gemessen am Hausanschluss unmittelbar vor dem Wasserzähler – sollen nicht unterschritten werden. Bei normgerechter Bemessung und Ausführung der Wasserversorgungsanlagen ist dann an der hydraulisch am ungünstigsten gelegenen Wasserzapfstelle ein Mindestdruck von 1 bar verfügbar.

2) Für bestehende Versorgungsnetze und für neue Netzteile in direktem Zusammenhang mit bestehenden Netzen sollen die angegebenen Drücke – gemessen am Hausanschluss – mindestens angestrebt werden.

Zum Nachweis der Rohrnetzdrücke sind folgende *Betriebszustände* (*Bz*) zu berücksichtigen:

Bz 1: max. Förderung der Pumpwerke ohne Abnahme

Bz 2: $Q_{h,max;d,max}$ größter stündlicher Bedarf am Tag größten Verbrauchs ohne Löschwasser

Bz 3: $Q_{h,max;d,m}$ größter stündlicher Bedarf am Durchschnittstag $Q_{d,m}$ plus Löschwasser

Tafel für Wasserversorgungsfernleitungen

Integrale Rauheit $k_i = 0{,}1$ mm; DN = Nennweite; $J = h_v/l$

Q	DN 50		DN 65		DN 80		DN 100		DN 125		DN 150	
l/s	v m/s	J m/km	v m/s	J m/km	v m/s	J m/km	v m/s	J m/km	v m/s	J m/km	v m/s	J m/km
1	0,51	7,900	0,30	2,171	0,20	0,790	0,13	0,269	0,08	0,092	0,06	0,039
1,5	0,76	16,752	0,45	4,544	0,30	1,638	0,19	0,553	0,12	0,188	0,08	0,079
2	1,02	28,749	0,60	7,726	0,40	2,766	0,25	0,927	0,16	0,314	0,11	0,130
3	1,53	62,101	0,90	16,474	0,60	5,838	0,38	1,938	0,24	0,650	0,17	0,269
4	2,04	107,883	1,21	28,374	0,80	9,982	0,51	3,289	0,33	1,096	0,23	0,450
5	2,55	166,068	1,51	43,408	0,99	15,189	0,64	4,974	0,41	1,649	0,28	0,675
6	3,06	236,645	1,81	61,568	1,19	21,452	0,76	6,992	0,49	2,307	0,34	0,941
7			2,11	82,850	1,39	28,769	0,89	9,340	0,57	3,070	0,40	1,248
8			2,41	107,251	1,59	37,137	1,02	12,016	0,65	3,936	0,45	1,595
9			2,71	134,769	1,79	46,554	1,15	15,020	0,73	4,905	0,51	1,983
10			3,01	165,403	1,99	57,021	1,27	18,350	0,81	5,977	0,57	2,411
15					2,98	125,066	1,91	39,893	1,22	12,865	0,85	5,148
20							2,55	69,566	1,63	22,291	1,13	8,869
30									2,44	48,723	1,70	19,242
40									3,26	85,244	2,26	33,509

Q	DN 200		DN 250		DN 300		DN 400		DN 500		DN 600	
l/s	v m/s	J m/km	v m/s	J m/km	v m/s	J m/km	v m/s	J m/km	v m/s	J m/km	v m/s	J m/km
10	0,32	0,585	0,20	0,197	0,14	0,082	0,08	0,021				
15	0,48	1,233	0,31	0,412	0,21	0,169	0,12	0,043				
20	0,64	2,105	0,41	0,698	0,28	0,286	0,16	0,072	0,10	0,025		
30	0,95	4,509	0,61	1,482	0,42	0,602	0,24	0,149	0,15	0,051	0,11	0,021
40	1,27	7,787	0,81	2,543	0,57	1,027	0,32	0,250	0,20	0,085	0,14	0,036
50	1,59	11,933	1,02	3,876	0,71	1,559	0,40	0,377	0,25	0,127	0,18	0,052
60	1,91	16,945	1,22	5,481	0,85	2,198	0,48	0,529	0,31	0,177	0,21	0,074
70	2,23	22,821	1,43	7,358	0,99	2,941	0,56	0,703	0,36	0,235	0,25	0,096
80	2,55	29,561	1,63	9,504	1,13	3,790	0,64	0,902	0,41	0,301	0,28	0,124
90	2,86	37,164	1,83	11,921	1,27	4,744	0,72	1,126	0,46	0,374	0,32	0,154
100	3,18	45,630	2,04	14,607	1,41	5,802	0,80	1,372	0,51	0,454	0,35	0,186
150			3,06	32,080	2,12	12,658	1,19	2,958	0,76	0,969	0,53	0,393
200					2,83	22,117	1,59	5,130	1,02	1,671	0,71	0,674
300							2,39	11,219	1,53	3,622	1,06	1,449
400							3,18	19,633	2,04	6,304	1,41	2,510
500									2,55	9,714	1,77	3,852
600									3,06	13,850	2,12	5,479
700									3,57	18,714	2,48	7,386
800											2,83	9,576

Q	DN 700		DN 800		DN 900		DN 1000		DN 1100		DN 1200	
l/s	v m/s	J m/km	v m/s	J m/km	v m/s	J m/km	v m/s	J m/km	v m/s	J m/km	v m/s	J m/km
80	0,21	0,059	0,16	0,031	0,13	0,018	0,10	0,012				
90	0,23	0,072	0,18	0,038	0,14	0,021	0,11	0,013				
100	0,26	0,088	0,20	0,046	0,16	0,026	0,13	0,017	0,11	0,010		
150	0,39	0,185	0,30	0,096	0,24	0,054	0,19	0,033	0,16	0,021	0,13	0,015
200	0,52	0,315	0,40	0,163	0,31	0,092	0,25	0,056	0,21	0,034	0,18	0,023
300	0,78	0,672	0,60	0,346	0,47	0,194	0,38	0,116	0,32	0,074	0,27	0,048
400	1,04	1,159	0,80	0,596	0,63	0,331	0,51	0,198	0,42	0,124	0,35	0,082
500	1,30	1,772	0,99	0,907	0,79	0,504	0,64	0,301	0,53	0,188	0,44	0,123
600	1,56	2,518	1,19	1,284	0,94	0,713	0,76	0,423	0,63	0,263	0,53	0,172
700	1,82	3,381	1,39	1,725	1,10	0,956	0,89	0,565	0,74	0,351	0,62	0,229
800	2,08	4,376	1,59	2,229	1,26	1,232	1,02	0,728	0,84	0,452	0,71	0,294
900	2,34	5,497	1,79	2,795	1,41	1,544	1,15	0,911	0,95	0,566	0,80	0,367
1000	2,60	6,745	1,99	3,427	1,57	1,890	1,27	1,113	1,05	0,690	0,88	0,447
1500	3,90	14,877	2,98	7,527	2,36	4,136	1,91	2,426	1,58	1,500	1,33	0,969
2000					3,14	7,238	2,55	4,236	2,10	2,612	1,77	1,684
3000							3,82	9,341	3,16	5,747	2,65	3,692

Tafel für Wasserversorgungshauptleitungen

Integrale Rauheit k_i = 0,4 mm; DN = Nennweite; $J = h_v/l$

	DN 50		DN 65		DN 80		DN 100		DN 125		DN 150	
Q l/s	*v* m/s	*J* m/km	*v* m/s	*J* m/km	*v* m/s	*J* m/km	*v* m/s	*J* m/km	*v* m/s	*J* m/km	*v* m/s	*J* m/km
1	0,51	10,155	0,30	2,638	0,20	0,921	0,13	0,302	0,08	0,101	0,06	0,041
1,5	0,76	22,250	0,45	5,711	0,30	1,972	0,19	0,638	0,12	0,210	0,08	0,085
2	1,02	38,997	0,60	9,938	0,40	3,408	0,25	1,094	0,16	0,356	0,11	0,144
3	1,53	86,441	0,90	21,851	0,60	7,431	0,38	2,359	0,24	0,759	0,17	0,304
4	2,04	152,482	1,21	38,371	0,80	12,986	0,51	4,095	0,33	1,307	0,23	0,520
5	2,55	237,120	1,51	59,500	0,99	20,072	0,64	6,301	0,41	2,001	0,28	0,791
6	3,06	340,353	1,81	85,234	1,19	28,688	0,76	8,977	0,49	2,839	0,34	1,118
7			2,11	115,575	1,39	38,835	0,89	12,123	0,57	3,821	0,40	1,501
8			2,41	150,523	1,59	50,513	1,02	15,738	0,65	4,948	0,45	1,938
9			2,71	190,077	1,79	63,721	1,15	19,822	0,73	6,219	0,51	2,431
10			3,01	234,237	1,99	78,459	1,27	24,375	0,81	7,635	0,57	2,979
15					2,98	175,102	1,91	54,182	1,22	16,876	0,85	6,546
20							2,55	95,719	1,63	29,723	1,13	11,490
30									2,44	66,229	1,70	25,509
40									3,26	117,154	2,26	45,034

	DN 200		DN 250		DN 300		DN 400		DN 500		DN 600	
Q l/s	*v* m/s	*J* m/km	*v* m/s	*J* m/km	*v* m/s	*J* m/km	*v* m/s	*J* m/km	*v* m/s	*J* m/km	*v* m/s	*J* m/km
10	0,32	0,686	0,20	0,223	0,14	0,090	0,08	0,023				
15	0,48	1,489	0,31	0,479	0,21	0,191	0,12	0,046				
20	0,64	2,595	0,41	0,828	0,28	0,329	0,16	0,079	0,10	0,026		
30	0,95	5,715	0,61	1,809	0,42	0,712	0,24	0,167	0,15	0,056	0,11	0,023
40	1,27	10,044	0,81	3,164	0,57	1,240	0,32	0,287	0,20	0,095	0,14	0,039
50	1,59	15,582	1,02	4,892	0,71	1,910	0,40	0,441	0,25	0,144	0,18	0,057
60	1,91	22,328	1,22	6,994	0,85	2,725	0,48	0,624	0,31	0,203	0,21	0,082
70	2,23	30,283	1,43	9,470	0,99	3,682	0,56	0,841	0,36	0,271	0,25	0,108
80	2,55	39,447	1,63	12,320	1,13	4,783	0,64	1,088	0,41	0,349	0,28	0,139
90	2,86	49,819	1,83	15,543	1,27	6,028	0,72	1,367	0,46	0,438	0,32	0,175
100	3,18	61,400	2,04	19,139	1,41	7,416	0,80	1,679	0,51	0,535	0,35	0,212
150			3,06	42,726	2,12	16,504	1,19	3,709	0,76	1,175	0,53	0,464
200					2,83	29,175	1,59	6,531	1,02	2,061	0,71	0,808
300							2,39	14,552	1,53	4,570	1,06	1,782
400							3,18	25,740	2,04	8,063	1,41	3,136
500									2,55	12,539	1,77	4,869
600									3,06	18,000	2,12	6,978
700									3,57	24,442	2,48	9,468
800											2,83	12,336

	DN 700		DN 800		DN 900		DN 1000		DN 1100		DN 1200	
Q l/s	*v* m/s	*J* m/km	*v* m/s	*J* m/km	*v* m/s	*J* m/km	*v* m/s	*J* m/km	*v* m/s	*J* m/km	*v* m/s	*J* m/km
80	0,21	0,065	0,16	0,034	0,13	0,020	0,10	0,012				
90	0,23	0,080	0,18	0,043	0,14	0,023	0,11	0,015				
100	0,26	0,098	0,20	0,051	0,16	0,028	0,13	0,018	0,11	0,012		
150	0,39	0,212	0,30	0,108	0,24	0,061	0,19	0,036	0,16	0,023	0,13	0,015
200	0,52	0,369	0,40	0,188	0,31	0,103	0,25	0,062	0,21	0,038	0,18	0,025
300	0,78	0,808	0,60	0,408	0,47	0,225	0,38	0,132	0,32	0,082	0,27	0,054
400	1,04	1,417	0,80	0,713	0,63	0,392	0,51	0,229	0,42	0,142	0,35	0,092
500	1,30	2,195	0,99	1,103	0,79	0,604	0,64	0,353	0,53	0,217	0,44	0,141
600	1,56	3,141	1,19	1,578	0,94	0,862	0,76	0,503	0,63	0,309	0,53	0,199
700	1,82	4,259	1,39	2,136	1,10	1,165	0,89	0,677	0,74	0,416	0,62	0,268
800	2,08	5,542	1,59	2,777	1,26	1,513	1,02	0,880	0,84	0,540	0,71	0,346
900	2,34	6,998	1,79	3,505	1,41	1,907	1,15	1,108	0,95	0,681	0,80	0,436
1000	2,60	8,621	1,99	4,314	1,57	2,346	1,27	1,364	1,05	0,835	0,88	0,535
1500	3,90	19,277	2,98	9,630	2,36	5,228	1,91	3,030	1,58	1,852	1,33	1,183
2000					3,14	9,246	2,55	5,355	2,10	3,270	1,77	2,085
3000							3,82	11,971	3,16	7,300	2,65	4,650

Tafel für Wasserversorgungsverteilleitungen

Integrale Rauheit k_i = 1,0 mm; DN = Nennweite; $J = h_v/l$

	DN 50		DN 65		DN 80		DN 100		DN 125		DN 150	
Q l/s	*v* m/s	*J* m/km	*v* m/s	*J* m/km	*v* m/s	*J* m/km	*v* m/s	*J* m/km	*v* m/s	*J* m/km	*v* m/s	*J* m/km
1	0,51	13,355	0,30	3,341	0,20	1,129	0,13	0,357	0,08	0,115	0,06	0,046
1,5	0,76	29,677	0,45	7,371	0,30	2,472	0,19	0,773	0,12	0,245	0,08	0,097
2	1,02	52,423	0,60	12,969	0,40	4,331	0,25	1,346	0,16	0,424	0,11	0,167
3	1,53	117,183	0,90	28,872	0,60	9,595	0,38	2,962	0,24	0,924	0,17	0,360
4	2,04	207,636	1,21	51,048	0,80	16,922	0,51	5,203	0,33	1,615	0,23	0,626
5	2,55	323,781	1,51	79,498	0,99	26,311	0,64	8,071	0,41	2,496	0,28	0,964
6	3,06	465,617	1,81	114,221	1,19	37,763	0,76	11,564	0,49	3,568	0,34	1,374
7			2,11	155,218	1,39	51,277	0,89	15,683	0,57	4,830	0,40	1,858
8			2,41	202,489	1,59	66,854	1,02	20,428	0,65	6,282	0,45	2,411
9			2,71	256,033	1,79	84,492	1,15	25,799	0,73	7,926	0,51	3,038
10			3,01	315,850	1,99	104,193	1,27	31,795	0,81	9,759	0,57	3,737
15					2,98	233,634	1,91	71,164	1,22	21,783	0,85	8,315
20							2,55	126,177	1,63	38,567	1,13	14,697
30									2,44	86,417	1,70	32,877
40									3,26	153,308	2,26	58,269

	DN 200		DN 250		DN 300		DN 400		DN 500		DN 600	
Q l/s	*v* m/s	*J* m/km	*v* m/s	*J* m/km	*v* m/s	*J* m/km	*v* m/s	*J* m/km	*v* m/s	*J* m/km	*v* m/s	*J* m/km
10	0,32	0,831	0,20	0,262	0,14	0,103	0,08	0,025				
15	0,48	1,836	0,31	0,575	0,21	0,224	0,12	0,052				
20	0,64	3,233	0,41	1,007	0,28	0,391	0,16	0,090	0,10	0,030		
30	0,95	7,202	0,61	2,233	0,42	0,863	0,24	0,196	0,15	0,064	0,11	0,026
40	1,27	12,738	0,81	3,939	0,57	1,517	0,32	0,341	0,20	0,110	0,14	0,044
50	1,59	19,840	1,02	6,126	0,71	2,355	0,40	0,527	0,25	0,167	0,18	0,065
60	1,91	28,510	1,22	8,793	0,85	3,376	0,48	0,752	0,31	0,237	0,21	0,093
70	2,23	38,746	1,43	11,941	0,99	4,580	0,56	1,018	0,36	0,320	0,25	0,126
80	2,55	50,549	1,63	15,569	1,13	5,968	0,64	1,325	0,41	0,416	0,28	0,163
90	2,86	63,919	1,83	19,678	1,27	7,538	0,72	1,617	0,46	0,524	0,32	0,204
100	3,18	78,856	2,04	24,267	1,41	9,292	0,80	2,058	0,51	0,643	0,35	0,251
150			3,06	54,418	2,12	20,808	1,19	4,591	0,76	1,429	0,53	0,555
200					2,83	36,904	1,59	8,127	1,02	2,526	0,71	0,976
300							2,39	18,207	1,53	5,645	1,06	2,175
400							3,18	32,298	2,04	10,002	1,41	3,849
500									2,55	15,596	1,77	5,996
600									3,06	22,429	2,12	8,618
700									3,57	30,499	2,48	11,713
800											2,83	15,283

	DN 700		DN 800		DN 900		DN 1000		DN 1100		DN 1200	
Q l/s	*v* m/s	*J* m/km	*v* m/s	*J* m/km	*v* m/s	*J* m/km	*v* m/s	*J* m/km	*v* m/s	*J* m/km	*v* m/s	*J* m/km
80	0,21	0,074	0,16	0,038	0,13	0,021	0,10	0,013				
90	0,23	0,093	0,18	0,048	0,14	0,026	0,11	0,017				
100	0,26	0,115	0,20	0,057	0,16	0,033	0,13	0,020	0,11	0,012		
150	0,39	0,250	0,30	0,126	0,24	0,069	0,19	0,041	0,16	0,026	0,13	0,017
200	0,52	0,439	0,40	0,220	0,31	0,121	0,25	0,070	0,21	0,044	0,18	0,028
300	0,78	0,974	0,60	0,486	0,47	0,264	0,38	0,154	0,32	0,095	0,27	0,061
400	1,04	1,720	0,80	0,858	0,63	0,465	0,51	0,271	0,42	0,165	0,35	0,106
500	1,30	2,677	0,99	1,335	0,79	0,723	0,64	0,419	0,53	0,256	0,44	0,163
600	1,56	3,846	1,19	1,916	0,94	1,036	0,76	0,601	0,63	0,366	0,53	0,234
700	1,82	5,224	1,39	2,601	1,10	1,406	0,89	0,813	0,74	0,496	0,62	0,317
800	2,08	6,815	1,59	3,391	1,26	1,834	1,02	1,059	0,84	0,646	0,71	0,411
900	2,34	8,615	1,79	4,285	1,41	2,315	1,15	1,338	0,95	0,814	0,80	0,519
1000	2,60	10,626	1,99	5,283	1,57	2,855	1,27	1,648	1,05	1,004	0,88	0,638
1500	3,90	23,845	2,98	11,845	2,36	6,396	1,91	3,688	1,58	2,244	1,33	1,426
2000					3,14	11,344	2,55	6,540	2,10	3,975	1,77	2,524
3000							3,82	14,671	3,16	8,913	2,65	5,657

Berechnung des Versorgungsnetzes

In einfachen Fällen erfolgt die Bemessung eines Ringnetzes als „gedachtes" hydraulisch bestimmtes *Verästelungsnetz*. Dazu wird das Ringnetz durch „scheinbare" Schnittstellen so weit aufgelöst, dass Rohrstränge mit eindeutiger Fließrichtung entstehen. Die Bemessung der Rohrstränge ist so durchzuführen, dass an den „scheinbaren" Schnittstellen die Druckdifferenz ausreichend klein ist. Bei unzulässig großer Druckdifferenz muss die „scheinbare" Schnittstelle neu festgelegt, oder es muss ggf. die Bemessung geändert werden.
Zeichnerische Darstellung von Rohrnetzplänen der Wasserversorgung: DIN 2425-1

Einfacher Listenkopf (Verästelungsnetz)

1	2	3		4	5	6	7	8	9	10	11
Lfd. Nr.	Name der Straße	Strecke		Stranglänge	Strangabnahme					Löschwasser	Strangbelastung
		von	bis		Metermengenwert	Durchfluss Q	Übernahme aus	Durchfluss Q aus	Durchfluss ΣQ		ΣQ
				l	m	$= l \cdot m$	Lfd.Nr.	Sp. 7	Sp. 6+8		Sp. 9+10
-	-	-	-	m	l/(s · m)	l/s	-	l/s	l/s	l/s	l/s

12	13	14	15	16	17	18	19	20
Bemessung		Druckgefälle	Verlusthöhe	Gesamtverlusthöhe	Druckhöhe	Geländehöhe	Versorgungsdruck	Bemerkungen
Nennweite	Fließgeschwindigkeit						$p \approx \frac{H - H_{geo}}{10}$	
DN	v	I_p	$h_v = l \cdot I_p$	Σh_v	H	H_{geo}		
mm	m/s	m/km	m Ws	m Ws	m ü. NN	m ü. NN	bar	

Ringnetz:

Eine genaue Bemessung von Ringnetzen ist möglich durch das Iterationsverfahren nach ***Cross***.

Grundlagen:
1. Knotenbedingung: Summer der Zuflüsse = Summe der Abflüsse
2. Maschenbedingung: Summe der Verlusthöhen innerhalb einer ringförmig geschlossenen Masche ist null.
3. Knotenzahlbedingung: Die Anzahl der Knoten = Anzahl der Stränge plus 1 minus Anzahl der Maschen. $K = n + 1 - m$ mit K Anzahl der Knoten; n Anzahl der Stränge; m Anzahl der Maschen.

1.) Knotenbedingung: $\Sigma Q_n = 0$

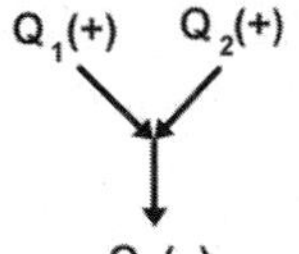

Zuflüsse: (+)
Abflüsse: (−)

2.) Maschenbedingung: $\Sigma h_v = 0$

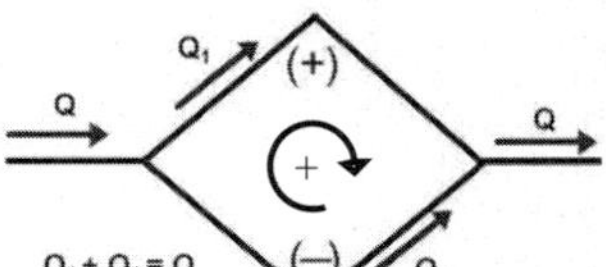

h_v (+): bei Durchfluss im Uhrzeigersinn;
h_v (−): bei Durchfluss entgegen dem Uhrzeigersinn

Verfahren mit Verlusthöhenausgleich:

Unter Beachtung der Knotenbedingung $\sum Q = 0$ werden in den Maschen oder Ringen die Strangdurchflüsse geschätzt und damit die Verlusthöhen h_v in den Strängen ermittelt. Ist die Maschen- oder Ringbedingung $\sum h = 0$ nicht erfüllt, wird für dafür eine Korrektur ΔQ erforderlich:

$$\Delta Q = -\frac{\Sigma h_{v,i}}{2 \cdot \Sigma \frac{h_{v,i}}{Q_i}}; \quad h_v = \frac{\lambda \cdot l \cdot v^2}{d \cdot 2g} = I_p \cdot l$$ mit I_p = Druckliniengefälle, l = Stranglänge in m

Die Rechnung wird so lange korrigiert wiederholt, bis die Korrektur ΔQ unter einem gewählten Grenzwert bleibt.

Beispiel für Ringnetzberechnung nach *Cross*:

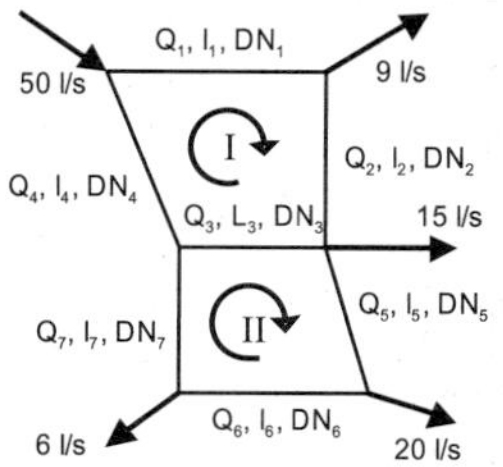

Gegeben: $l_1 = 1000$ m $\quad$ $DN_1 = DN_4 = 200$ mm
$l_2 = l_4 = 800$ m $\quad$ $DN_2 = DN_7 = 150$ mm
$l_3 = l_5 = l_6 = l_7 = 500$ m $\quad$ $DN_3 = DN_5 = DN_6 = 125$ mm
Gesucht: Q_1 bis Q_7 $\quad$ überall: $k_i = 1{,}0$ mm

Nach der Festlegung des positiven Drehsinns (hier: Uhrzeigersinn) erfolgt die der Knotenbedingung genügende erste Schätzung der mit Vorzeichen behafteten Durchflüsse.
Zunächst wird die Schätzung des Ringes I gerechnet, dann die des Ringes II. Die Korrekturwassermengen werden dabei immer sofort auf den als nächstes zu bearbeitenden Ring übertragen. Bei der Übertragung einer Korrekturdurchflussmenge auf den gleichen Strang, jedoch vom benachbarten Ring aus betrachtet, ist zu beachten, dass dort die Durchflussrichtung mit umgekehrtem Vorzeichen eingeht! Korrekturen können meist abgebrochen werden, wenn ΔQ kleiner als 1 l/s.

				Schätzung				1. Korrektur			
Ring	Strang	DN mm	l km	$\pm Q_0$ l/s	$I_{P,0}$ m/km	$\pm h_{v,0}$ m	$h_{v,0}/Q_0$ m · s/l	$\pm Q_1$ l/s	$I_{P,1}$ m/km	$\pm h_{v,1}$ m	$h_{v,1}/Q_1$ m · s/l
I	1	200	1,0	+25	5,0	+5,00	0,200	+23,76	4,5	+4,50	0,189
	2	150	0,8	+16	8,8	+7,04	0,440	+14,76	5,9	+4,72	0,320
	3	125	0,5	–10	9,7	–4,85	0,485	–12,14	11,8	–5,90	0,486
	4	200	0,8	–25	5,0	–4,00	0,160	–26,20	5,6	–4,48	0,171
				Summe I		+3,190	1,285	Summe I_1		–1,160	1,166
II	3	125	0,5	+11,24	11,1	+5,55	0,494	9,91	9,8	+4,90	0,495
	5	125	0,5	+11	10,8	+5,4	0,491	10,16	10,1	+5,05	0,497
	6	125	0,5	–9	8,0	–4,0	0,444	–9,84	9,6	–4,80	0,487
	7	150	0,5	–15	8,2	–4,1	0,273	–15,84	9,0	–4,50	0,284
				Summe II		2,85	1,702	Summe II_1		0,65	1,763

$$\Delta Q_{I,0} = -\frac{3{,}190}{2 \cdot 1{,}285} = -1{,}241 \approx 1{,}24 \text{ l/s} \qquad \Delta Q_{II,0} = -\frac{2{,}85}{2 \cdot 1{,}702} = -0{,}837 \approx -0{,}84 \text{l/s} < 1 \text{ l/s}$$

$$Q_{I,1} = Q_I + \Delta Q_{I,0} \qquad Q_{II,1} = Q_{II} + \Delta Q_{II,0}$$

$$\Delta Q_{I,1} = -\frac{-1{,}160}{2 \cdot 1{,}166} = +0{,}497 \approx 0{,}5 \text{ l/s} < 1 \text{ l/s} \Delta Q_{II,1} = -\frac{0{,}65}{2 \cdot 1{,}763} = -0{,}184 \approx -0{,}18 \text{ l/s} << 1 \text{ l/s}$$

$$Q_{I,2} = Q_{I,1} + \Delta Q_{I,1} \qquad Q_{II,2} = Q_{II,1} + \Delta Q_{II,1}$$

Ergebnis: $Q_1 = 23{,}8 + 0{,}5 = 24{,}3$ l/s; $Q_2 = 14{,}76 + 0{,}5 = 15{,}3$ l/s; $Q_7 = -15{,}84 - 0{,}18 = 16{,}0$ l/s
$Q_3 = 9{,}91 - 0{,}18 = 9{,}7$ l/s (Fließrichtung ist negativ im Ring I und positiv im Ring II);
$Q_4 = -26{,}2 + 0{,}5 = 25{,}7$ l/s; $Q_5 = 10{,}16 - 0{,}18 = 9{,}9$ l/s; $Q_6 = -9{,}84 - 0{,}18 = 10{,}0$ l/s.

7 Wasserspeicherung

Für die Bemessung des Fassungsraumes ist $Q_{d,max}$ einschließlich eines Zuschlags für die Löschwasserreserve maßgebend. Bei kleinen Orten entspricht das Behältervolumen in m³ etwa dem maximalen Tagesverbrauch in m³/d. Große Behälter ($V > 2000$ m³) werden nach dem fluktuierenden Wasservolumen am Tag des größten Verbrauchs bemessen zuzüglich einem ausreichenden Sicherheitszuschlag. Das fluktuierende Wasservolumen = max. Differenz zwischen Fördersummenwert und Abnahmesummenwert. Oft wird nur grob abgeschätzt:

Richtwerte: bei $Q_{d,max} < 2000$ m³/d: Nutzinhalt V in m³ $\approx Q_{d,max}$ in m³/d
bei $Q_{d,max} < 4000$ m³/d: Nutzinhalt V in m³ $\approx 0{,}8 - 1{,}0 \cdot Q_{d,max}$ in m³/d
bei $Q_{d,max} > 4000$ m³/d: Nutzinhalt V in m³ $\approx 0{,}3 - 0{,}8 \cdot Q_{d,max}$ in m³/d

Eine Aufteilung in zwei Kammern ist bei größeren Behältern sinnvoll.

Bis zu einem Nutzinhalt von $V = 2000$ m³ ist der **Löschwasservorrat** mit 100–200 m³ bei Dorf- und Wohngebieten und 200–400 m³ bei Kern- und Gewerbegebieten nachzuweisen.

Vertretbare Löschwasserreserven bei kleinen Versorgungsgebieten	Einwohner	LW-Speicherraum
Einzelgebäude, kleinen landwirtschaftlichen Anwesen	< 100 E	50 m³
Kleine ländliche Orte, bis 50 Anwesen	ca. 300 E	100 m³
Große ländliche Orte, offene Bauweise	ca. 3000 E	150 m³
Große ländliche Orte, geschlossene Bauweise	ca. 1000 E	200 m³
Kleinstädte mit gefährdetem Altstadtgebiet	> 3000 E	300–400 m³

Übliche Formen für Erdbehälter:
Rechteckgrundriss für Behälter bis etwa 20 000 m³ (Länge zu Breite ≥ 2 : 1 bei kleineren Volumen ≥ 3 : 1 bei größeren Volumen); kreisförmiger Grundriss für Behälter bis etwa 7000 m³; quadratischer Grundriss für Behälter bis etwa 300 m³ Nutzinhalt.
Die empfohlene Wassertiefe steigt mit dem Behältervolumen:

Empfohlene Wassertiefe h in m	etwa 3	etwa 4 bis 5	etwa 5 bis 6	auch über 6
Behältervolumen V in m³	< 200	200 bis 500	> 500	> 10 000

Beispiel: Ermittlung des Speichervolumens
Gegeben: Tagesganglinie des Wasserverbrauchs und Förderzeit $t = 10$ h (8 bis 18 Uhr)
Gesucht: Fluktuierendes Wasservolumen V_{fl} in m³ für Tagesausgleich

Zeit	0-1	1-2	2-3	3-4	4-5	5-6	6-7	7-8	8-9	9-10	10-11	11-12
V	2,0	1,6	1,5	1,5	1,6	2,2	3,1	4,0	5,1	6,0	5,9	5,9
ΣV	2,0	3,6	5,1	6,6	8,2	10,4	13,5	17,5	22,6	28,6	34,5	40,4
F	-	-	-	-	-	-	-	-	10	10	10	10
$F - V$	–2,0	–1,6	–1,5	–1,5	–1,6	–2,2	–3,1	–4,0	4,9	4,0	4,1	4,1
$\Sigma(F - V)$	-2,0	-3,6	-5,1	-6,6	-8,2	-10,4	-13,5	**-17,5**	-12,6	-8,6	-4,5	-0,4

Zeit	12-13	13-14	14-15	15-16	16-17	17-18	18-19	19-20	20-21	21-22	22-23	23-24
V	6,1	5,2	5,5	5,6	6,0	5,5	6,0	5,3	5,1	4,1	3,1	2,1
ΣV	46,5	51,7	57,2	62,8	68,8	74,3	80,3	85,6	90,7	94,8	97,9	100,00
F	10	10	10	10	10	10	-	-	-	-	-	-
$F - V$	3,9	4,8	4,5	4,4	4,0	4,5	–6,0	–5,3	–5,1	–4,1	–3,1	–2,1
$\Sigma(F - V)$	3,5	8,3	12,8	17,2	21,2	**25,7**	19,7	14,4	9,3	5,2	2,1	0

V Verbrauchsganglinie (stündlicher Verbrauch in % des Tagesverbrauchs);
F Förderung bzw. Zufluss (stündliche Förderung bzw. Zufluss in % des Tagesverbrauchs)
$F - V$ Stündlicher Fehlbetrag (negativ) bzw. stündl. Überschuss (positiv) in % des Tagesverbrauchs
Lösung: fluktuierendes Speichervolumen $V_{fl} = Q_{d,max} \cdot [\max \Sigma(F - V) + |\min \sum (F - V)|]$

$$V_{fl} = Q_{d,max} \cdot [25{,}7 + |-17{,}5|] = Q_{d,max} \cdot 43{,}2\ \%$$

8 Versorgung von Gebäuden

Versorgungsanlagen für einzelne Wohngebäude werden berechnet für den Einwohner bezogenen mittleren Tagesbedarf von bis zu 150 l/(E · d).
Die Spitzenfaktoren betragen $f_d = 1{,}6$ und $f_h = 5{,}5$.
Die Spitzendurchflüsse Q_s je Wohngebäude betragen unabhängig von der Ausstattung mit installierten Entnahmearmaturen bei bis zu 200 Einwohnern je Wohngebäude (E/WG):

für eine Bezugszeit von $t_B = 10$ s: $Q_s = 1{,}11 + 0{,}43 \cdot \ln$ (E/WG) in l/s

für eine Bezugszeit von $t_B = 5$ s: $Q_s = 0{,}27 + 0{,}32 \cdot \ln$ (E/WG) in l/s

oder bezogen auf die Wohneinheiten je Wohngebäude bei bis zu 80 WE/WG:

für eine Bezugszeit von $t_B = 10$ s: $Q_s = 1{,}50 + 0{,}43 \cdot \ln$ (WE/WG) in l/s

für eine Bezugszeit von $t_B = 5$ s: $Q_s = 0{,}56 + 0{,}32 \cdot \ln$ (WE/WG) in l/s

Die Hausinstallation wird nach DIN 1988 bemessen. Die Bemessungsgröße für die Rohrdurchmesser ist dabei der Spitzendurchfluss Q_s, der mit Hilfe des installierten Summendurchflusses bestimmt wird. Bei Wohngebäuden bis zu $\Sigma Q_R = 300$ l/s wird Q_s ermittelt nach:

für eine Bezugszeit von $t_B = 10$ s: $Q_s = 1{,}19 + 0{,}46 \cdot \ln (\Sigma Q_R)$ in l/s

für eine Bezugszeit von $t_B = 5$ s: $Q_s = 0{,}47 + 0{,}32 \cdot \ln (\Sigma Q_R)$ in l/s

Stockwerksleitungen in Mehrfamilienhäusern sollten einzeln absperrbar sein.

Hinweis zur Schreibweise: In der DIN 1988 wird der Durchfluss Q mit $\dot{V}$ bezeichnet.

Zur Berechnung der Summendurchflüsse ΣQ_R ($\Sigma \dot{V}_R$) werden die Berechnungsdurchflüsse $\dot{V}_R$ einzeln, beginnend an der vom Anschluss entferntesten Entnahmestelle, entgegen der Fließrichtung bis zur Betrachtungsstelle aufsummiert. Angaben zu den Berechnungsdurchflüssen findet man in der DIN 1988 Tabelle 11 (siehe unten) oder in den Angaben der Hersteller der Entnahmearmaturen.

Mindest-fließdruck	Art der Trinkwasser-Entnahmestelle		Berechnungsdurchfluss bei Entnahme von Mischwasser*		von nur kaltem o. erwärmtem
bar			$\dot{V}_R$ kalt l/s	$\dot{V}_R$ warm l/s	$\dot{V}_R$ l/s
	Auslaufventil				
0,5	ohne Luftsprudler**	DN 15	-	-	0,30
0,5		DN 20	-	-	0,50
0,5		DN 25	-	-	1,00
1,0	mit Luftsprudler	DN 10	-	-	0,15
1,0		DN 15	-	-	0,15
1,0	Brauseköpfe für Reinigungsbrausen	DN 15	0,10	0,10	0,20
1,2	Druckspüler nach DIN 3265-1	DN 15	-	-	0,70
1,2	Druckspüler nach DIN 3265-1	DN 20	-	-	1,00
0,4	Druckspüler nach DIN 3265-1	DN 25	-	-	1,00
1,0	Druckspüler für Urinalbecken	DN 15	-	-	0,30
1,0	Haushaltsgeschirrspülmaschine	DN 15	-	-	0,15
1,0	Haushaltswaschmaschine	DN 15	-	-	0,25
	Mischbatterie für				
1,0	Brausewannen	DN 15	0,15	0,15	-
1,0	Badewannen	DN 15	0,15	0,15	-
1,0	Küchenspülen	DN 15	0,07	0,07	-
1,0	Waschtische	DN 15	0,07	0,07	-
1,0	Sitzwaschbecken	DN 15	0,07	0,07	-
1,0	Mischbatterie	DN 20	0,30	0,30	-
0,5	Spülkasten nach DIN 19 542	DN 15	-	-	0,13
1,0	Elektro-Kochendwassergerät	DN 15	-	-	0,10***

* Den Berechnungsdurchflüssen für Mischwasserentnahme liegen für kaltes Wasser 15 °C und für erwärmtes Trinkwasser 60 °C zugrunde.

** Bei Auslaufventilen ohne Luftsprudler und mit einer Schlauchverbindung wird der Druckverlust in der Schlauchleitung (bis 10 m Länge) und im angeschlossenen Apparat (z. B. Rasensprenger) pauschal über den Mindestfließdruck berücksichtigt. In diesem Fall erhöht sich der Mindestfließdruck um 1,0 auf 1,5 bar.

*** Bei voll geöffneter Drosselschraube.

Bezeichnung der Leitungen:

Anschlussleitung (AL): von der Versorgungsleitung der öffentlichen Wasserversorgung bis zur Übergabestelle (Hauptabsperrarmatur), i. d. R. im Gebäude

Steigleitungen (SL): von Geschoss zu Geschoss führende Leitung, von der Stockwerks- oder Einzelleitungen abzweigen

Stockwerksleitungen (SWL): von der Steigleitung innerhalb eines Stockwerkes abzweigende Leitung

Verlegung der Leitungen:

Hausanschlussleitung: je nach Klima (0,80) 1,0–1,50 (1,80) m tief frostfrei verlegen. Die Anordnung ist rechtwinklig zur Straße, geradlinig und mit Steigung zum Gebäude hin. Eine Überbauung ist unzulässig. Bei horizontaler Annäherung an eine Abwasserleitung von ≤ 1,0 m darf die Trinkwasserleitung nicht tiefer als diese liegen. Der Sicherheitsabstand von der Grundstücksentwässerung und anderen Leitungen ist 20 cm. Eine Absperreinrichtung soll möglichst nahe der Versorgungsleitung angebracht werden (Anbohrschelle mit Schlüsselstange und Straßenkappe). Hinter der wasser- und gasdichten Hauseinführung (Futterrohr) wird möglichst unmittelbar die Wasserzähleranlage mit Hauptabsperrventil und Rückflussverhinderer eingebaut; ggf. sind Druckminderer auf max. 6 bar nötig. Kann die Übergabestation nicht im unterkellerten Gebäude untergebracht werden, ist ein begehbarer (Öffnung 70 cm × 70 cm) frostsicherer Wasserzählerschacht $L = 1{,}2$ m, $B = 1{,}0$ m anzuordnen.

Verbrauchsleitungen im Gebäude möglichst geradlinig verlegen, und mit Steigung zur Zapfstelle hin. An Tiefpunkten Entleerungsvorrichtungen vorsehen.

Der Spitzendurchfluss Q_S oder $\dot{V}_S$ wird nach DIN 1988 mit Hilfe der folgenden Grafik ermittelt, in welche man unter Beachtung aller Entnahmestellen mit dem Summendurchfluss hineingeht. Dabei ist nach den Gebäudetypen (A bis K) zu differenzieren.

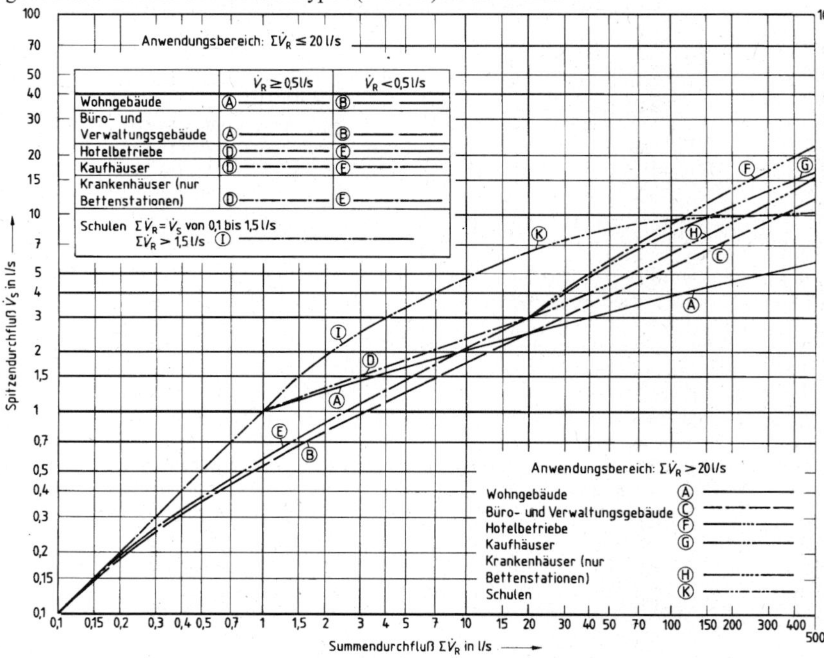

Anhaltswerte für Rohrnennweiten für eine erste Vorplanung gibt Pistohl [13.54] an.

Art der Leitung	Mindestwert	überschlägige Annahme
Anschlussleitung	DN 25 (1′′)	DN 32 (5/4′′)
Steigleitungen	DN 20 (3/4′′)	
1–5 Zapfstellen		DN 20 (3/4′′)
5–10 Zapfstellen		DN 25 (1′′)
10–20 Zapfstellen		DN 32 (5/4′′)
20–40 Zapfstellen		DN 40 (1 1/2′′)
Stockwerksleitungen für	DN 15 (1/2′′)	
1 Abortspülkasten		DN 10–DN 15
1–2 Waschtische		DN 15
1 Brause		DN 15
1 Badewanne		DN 20–DN 25
1 Gartenleitung		DN 20–DN 25
1 Abortdruckspüler		DN 25
Stockwerksleitungen für mehrere Zapfstellen:	Für den Rohrdurchmesser die nächst größere Nennweite als für die größte Einzelarmatur	

13 C Kanalisation

Prof. Dr.-Ing. Günther Riegler
Prof. Dr.-Ing. Bernhard Falter (Abschnitt 3)

1 Entwässerungsverfahren

Bis in die 1990er-Jahre wurde der anfallende Regenabfluss aus dem Bereich der Siedlungsfläche in die Kanalisation abgeleitet. Die Regenwasserbewirtschaftung sieht es heute als Zielvorgabe an, nur so viel Niederschlagswasser über die Kanalisation abzuleiten, wie aus wasserwirtschaftlicher Sicht erforderlich ist. Regenwasserversickerung und -nutzung ermöglichen geringere Zuflüsse in die Kanalisation.

Gegenüberstellung von Misch- und Trennverfahren

	Mischverfahren	Trennverfahren
Leitungsnetz	Nur 1 Kanal erforderlich. Oft größere Einbautiefe als bei Trennverfahren. Häufig geringere Kosten bei Sammelkanälen.	1 Kanal für Schmutzwasser, 1 Kanal für Regenwasser. Regenwasserkanal liegt über dem Schmutzwasserkanal, jedoch unter der Wasserversorgungsleitung.
Grundstücksentwässerung	Nur 1 Grundleitung erforderlich, Gefahr durch Rückstau.	Je 1 Leitung für Schmutz- und Regenwasser, Rückstau nur im Regenwasserkanal.
Kanalbetrieb	Ablagerungen im Kanalnetz bei Trockenwetter, ggf. Spülungen erforderlich.	Ablagerungen besonders in den Anfangshaltungen der Schmutzwasserkanäle. Kanalbetrieb teurer.
Sonderbauwerke	Einbau von Regenüberläufen und/oder Regenüberlaufbecken zur Entlastung der Mischwasserkanäle. Pumpwerke werden baulich und betrieblich teurer.	Spülschächte in Schmutzwasserkanälen bei ungünstigen Gefälleverhältnissen. Gleichmäßige Beanspruchung der Schmutzwasserpumpen in Pumpwerken.
Klärwerk	Durch schwankende Zuflüsse (Mischwasser) ungleichmäßige Belastung in der Abwasserreinigung. Bei ausgebauter Regenwasserbehandlung wird mehr Schmutz in der Anlage zurückgehalten.	Betriebskosten sind ggf. geringer, da nur Schmutzwasser behandelt wird. Wird der Regenwasserabfluss nicht behandelt, werden die Gewässer dadurch höher belastet.
Gewässer	Tritt Regenüberlauf in Tätigkeit, gelangt ungereinigtes Abwasser (Mischwasser) in den Vorfluter (hygienische Gefahren). Bei Regenüberlaufbecken wird mechanisch behandeltes Mischwasser eingeleitet.	Regenwasser gelangt i. d. R. ungereinigt in den Vorfluter.
Bauaufsicht		Mehraufwand an Bauaufsicht erforderlich, um Fehlanschlüsse zu vermeiden.

Beide Verfahren können erfolgreich sein. Die Entscheidung für ein Verfahren muss die örtlichen Verhältnisse in ihrer Gesamtheit (wasserwirtschaftliche, hygienische und technische Gesichtspunkte) berücksichtigen [13.42]:

Örtliche Gegebenheiten, Gelände- und Vorflutverhältnisse, Entwicklungstendenzen des Entwässerungsgebiets, vorhandene Kanalisationsanlagen, Vorfluterreinhaltung, Bau- und Betriebskosten für Kanalisation und Klärwerk.

Im Zweifelsfall sollte das Mischverfahren bevorzugt werden. Das Mischverfahren eignet sich in kleinen, landwirtschaftlich geprägten Gemeinden und in Stadtkerngebieten bei dichter Bebauung, das Trennverfahren in reinen Wohngebieten, geschlossenen Industriegebieten und in schmalen Entwässerungsgebieten längs eines Wasserlaufes sowie bei geringer Siedlungsdichte (z. B. ländlicher Raum). Immer gilt: Versickerung des Regenwassers am Entstehungsort, soweit es die Bodenverhältnisse und der Verschmutzungsgrad zulassen. Ist Versickerung nicht möglich, ist das Regenwasser über offene Entwässerungseinrichtungen (Mulden, Gräben, Teiche) dem Gewässer zuführen. Verschmutztes Regenwasser ableiten oder ggf. am Entstehungsort behandeln.

Sonderverfahren: Regenwasser oder Teile davon werden unmittelbar verwertet oder versickert.

1. Trennung von Entwässerungszonen in: a) verschmutztes Regenwasser, b) nicht schädlich verunreinigtes Regenwasser (ATV A 138).

1.1. Modifiziertes Trennverfahren: Schmutzwasserableitung erfolgt im Schmutzwasserkanal; Regenwasser aus a) wird abgeleitet, Regenwasser aus b) versickert.

1.2. Modifiziertes Mischverfahren: Regenwasser aus b) versickert, Schmutzwasser und Regenwasser aus a) werden abgeleitet.

2. Druck- und Unterdruckentwässerung: Anwendung zur Ableitung von Schmutzwasser im Trennverfahren bei mit Freispiegelkanälen schwierig zu entwässernden Gebieten (A 116).

2 Abwasseranfall und Kanalnetzberechnung

2.1 Trockenwetterabfluss $Q_T = Q_S + Q_F = Q_H + Q_G + Q_I + Q_F$

2.1.1 Häusliches Schmutzwasser Q_H

Der Schmutzwasseranfall häuslicher Herkunft kann in etwa der Trinkwasserabnahme gleichgesetzt werden. Zu berücksichtigen sind Minderung (Verwendung des Trinkwassers in größerem Umfang für Bewässerung) und Mehrung (Ableitung von Wasser aus Privatbrunnen). Die Kanalleitungen sind nach dem maximalen stündlichen Abfluss zu bemessen.

Der Schmutzwasserlastwert w_S soll auch bei kleineren Orten nicht unter 150 l/(E · d) angenommen werden.

Schmutzwasser aus Gemeinschaftseinrichtungen:

Beherbergungsstätten, Internate (je nach Ausstattung)	1 Bett	= 1 E bis 3 E
Camping- und Zeltplätze	2 Personen	= 1 E
Fabriken, Werkstätten ohne Küchenbetrieb	2 Betriebsangehörige	= 1 E
Bürohäuser	3 Betriebsangehörige	= 1 E
Gaststätten ohne Küchenbetrieb	3 Plätze	= 1 E
Gaststätten mit Küchenbetrieb und höchstens dreimaliger Ausnutzung	1 Platz	= 1 E
eines Sitzplatzes in 24 Stunden; je weitere dreimalige Ausnutzung / 24 h		+ je 1 E
Gartenlokale ohne Küchenbetrieb	10 Plätze	= 1 E
Vereinshäuser ohne Küchenbetrieb	5 Benutzer	= 1 E
Sportplätze ohne Gaststätte und Vereinshaus	30 Besucherplätze	= 1 E
In Krankenanstalten mit weniger als 200 Betten können gelten:		
1 Krankenbett		= 2,5 E
1 Angehöriger des ständig anwesenden Personals		= 1 E
(nicht ständig anwesendes Personal bleibt unberücksichtigt)		

Die Bandbreite der Anhaltswerte umfasst örtliche und strukturelle Besonderheiten, normale tägliche, monatliche und jährliche Schwankungen. Genauer ist es, die Daten vor Ort zu verifizieren. Der stündliche Spitzenabfluss wird bezogen auf den mittleren Tagesabfluss $Q_{d,m}$ in m³/d.

Mit Hilfe des Stundensatzes x ergibt sich: $Q_d/x = Q_x$ = x-Stunden-Mittel des Abflusses in m³/h.

Zum Beispiel $Q_d/10 = Q_{10}$ = 10-Stunden-Mittel des Abflusses.

Anhaltswerte für den Schmutzwasserlastwert und max. Stundenabfluss

Einwohnerzahl EZ E	Schmutzwasserlastwert w_S l/(E · d)	Stundensatz x h/d	max. Stundenabfluss $Q_{S,x}$ m³/h
< 10 000	um 150	etwa 8	Q_8
10 000 bis 20 000	etwa 150 (180)	etwa 10	Q_{10}
20 000 bis 50 000	150 bis 200 (220)	12–14	Q_{12} bis Q_{14}
50 000 bis 100 000	150 bis 220 (250)	etwa 14	Q_{14}
> 100 000	180 bis 250 (300)	14–16	Q_{14} bis Q_{16}

Spezifische Werte für den Schmutzwasseranfall werden unter Berücksichtigung der spezifischen Wasserbedarfswerte ermittelt, vgl. Kap. 13 B.

Bei einheitlicher Bebauung kann der häusliche Schmutzwasserabfluss mit Hilfe der Schmutzwasserabflussspende ermittelt werden:

$$Q_H = q_H \cdot A_{E,k}$$

Q_H häuslicher Schmutzwasserabfluss in l/s
q_H häusliche Schmutzwasserabflussspende in l/(s · ha)
$A_{E,k}$ kanalisierte Einzugsfläche in ha

Nach (A 118) wird die Ermittlung von Q_H wie folgt empfohlen:

$$Q_H = (q'_H \cdot ED \cdot A_{E,k}) / 1000$$

q'_H einwohnerspezifischer häuslicher Schmutzwasserabfluss in l/(s · 1000 E)
ED Siedlungsdichte im Einzugsgebiet in E/ha

Richtwert: $q'_H = 4$ bis 5 l/(s · 1000 E); höhere Werte sind zu hinterfragen.

Häufig verwendete spezifische Schmutzwasserabflussspenden sind $q'_S = 0{,}005$ l/(s · ha) für Kanalnetze und 0,004 l/(s · ha) für Abwasserreinigungsanlagen.

Richtwerte:

- Bei einem Schmutzwasserlastwert von 150 l/(E · d) und einem Stundensatz x von 8 Stunden pro Tag ergibt sich bei 1000 Einwohnern ein Schmutzwasserabfluss von etwa 5,2 l/s.
- Bei einer Siedlungsdichte von ED 22 E/ha und $q'_H = 5{,}0$ l/s Schmutzwasser auf 1000 Einwohner beträgt die Schmutzwasserabflussspende $q_H = 1{,}0$ l/(s · ha).
- Siedlungsdichte: ländliche Gebiete, lockere Bebauung: $ED = 20$ E/ha; Stadtzentren: ED bis zu 200 (300) E/ha.
- $w_S = 80$ bis 200 l/(E · d), entspricht zzt. dem mittl. Wasserverbrauch der Bevölkerung inkl. Kleingewerbe.

Beispiel: Gegeben: Siedlungsdichte $ED = 100$ E/ha (Bruttowohndichte)
Schmutzwasserlastwert $w_S = 150$ l/(E · d)
Gesucht: Schmutzwasserabflussspende q_H für Q_{12}
Lösung:

$$q_H = \frac{100\ \text{E/ha} \cdot 150\ \text{l/(E} \cdot \text{d)}}{12\ \text{h/d} \cdot 3600\ \text{s/h}} = 0{,}35\ \text{l/(s} \cdot \text{ha)}$$

2.1.2 Gewerbliches und industrielles Schmutzwasser Q_G; Q_I

Der Wasserbedarf und somit Schmutzwasserabfall des Kleingewerbes ist relativ gering (etwa 2 bis 5 % der städtischen Wasserabnahme). Er kann im Normalfall zusammen mit dem häuslichen Schmutzwasseranfall erfasst werden. In besonderen Fällen: separat ausweisen.

Der Wasserbedarf der Industrie wird bestimmt durch die Produktionsverfahren. Mögliche stündliche tägliche und jahreszeitliche Schwankungen sind zu berücksichtigen. Oft ist der Wasserbedarf des Betriebes größer als die abgeleitete Schmutzwassermenge. Abweichungen sind möglich, wenn Rohstoffe mit hohem Wassergehalt zu trockenen Endprodukten verarbeitet werden (z. B. Nahrungsmittelindustrie, Früchteverarbeitung). Industrielles Schmutzwasser wird nicht in die Schmutzwasserabflussspende eingerechnet, sondern als Einzelabfluss berücksichtigt.

Ansätze für den Wasserbedarf und Abwasseranfall verschiedener Gewerbe- und Industriebetriebe sind immer am speziellen Fall abzugleichen.

Bei geplanten Gewerbe- und Industriegebieten können folgende Schmutzwasserabflussspenden verwendet werden, wenn nichts genaueres bekannt ist: Betriebe mit geringem Wasserverbrauch $q_{G,I} = 0{,}2$ bis 0,5 l/(s · ha), Betriebe mit mittlerem bis hohem Wasserverbrauch $q_{G,I} = 0{,}5$ bis 1,0 l/(s · ha). In den Zahlenangaben für $q_{G,I}$ ist Kühlwasser nicht enthalten.

Gewerblicher und industrieller Schmutzwasserabfluss: $Q_{G,I} = q_{G,I} \cdot A_{E,k}$ in l/s

2.1.3 Fremdwasser Q_F

Mit Fremdwasser bezeichnet man in der Kanalisation abfließendes Wasser, das weder durch häuslichen, gewerblichen, industriellen, landwirtschaftlichen oder sonstigen Gebrauch in seinen Eigenschaften verändert worden ist, noch bei Niederschlägen von bebauten oder befestigten Flächen gesammelt und gezielt eingeleitet wurde. Fremdwasser erfordert aufgrund seiner Qualität

keine Abwasserbehandlung, erschwert diese bzw. belastet aufgrund seiner Menge Abwasseranlagen unnötig und ist unter dem Aspekt des Gewässerschutzes unerwünscht. Es fällt z. B. als Drän-, Quell-, Bachwasser sowie als der Kanalisation zufließendes Oberflächenwasser (z. B. über Schachtabdeckungen, Fehleinleitungen) an. Der Fremdwasseranfall kann jahreszeitlich sehr unterschiedlich sein! Die Zulässigkeit der Einleitung von Drän-, Quell- und Bachwasser in Regenwasserkanäle ist im Einzelfall zu überprüfen.
Fremdwasser wird quantifiziert mit dem

Fremdwasseranteil $FWA = \frac{\text{Fremdwasserabfluss } Q_F}{\text{Trockenwetterabfluss } Q_T} \cdot 100\ \%$ und als

Fremdwasserzuschlag $FWZ = \frac{\text{Fremdwasserabfluss } Q_F}{\text{Schmutzwasserabfluss } Q_S} \cdot 100\ \%$

Bei unzureichenden Kenntnissen kann Q_F pauschal mit dem Fremdwasserzuschlag FWZ als Vielfaches des Schmutzwasserabflusses abgeschätzt werden: $Q_F = FWZ\,(Q_H + Q_G + Q_I)$; FWZ = 0,1–1,0 (in begründeten Fällen auch > 1,0). Der Fremdwasseranteil ist für die Rohrdimensionierung von Regen- und Mischwasserkanälen i. d. R. nicht bemessungsrelevant, jedoch für die Bemessung von Schmutzwasserkanälen, Sonderbauwerken und entlasteten Hauptsammlern. Wenn weder Messungen vorliegen noch durchgeführt werden können, darf in Abhängigkeit von den Grundwasserverhältnissen und dem Kanalzustand in Misch- und Trennverfahren für Fremdwasser bezogen auf die undurchlässige Fläche mit $q_F \leq 0{,}15$ l/(s · ha) gerechnet werden:
$Q_F = q_F \cdot A_{E,k}$. Bei der Bemessung der Klärwerke ist Fremdwasser gesondert anzusetzen.
Schmutzwasserkanäle im Trennverfahren sollten mit zusätzlichem Ansatz für eindringendes Regenwasser mit $q_{R,Tr}$ = 0,2–0,7 l/(s · ha) bemessen werden.

2.2 Ermittlung des Regenabflusses

2.2.1 Regenabfluss Q_R

Regenabflüsse sind um ein Vielfaches größer als Schmutzwasserabflüsse. Bei Mischwasserkanälen hat der Schmutzwasserabfluss bei der Bemessung der Leitungen nur eine Bedeutung bei der Berechnung der Teilfüllung bei Trockenwetter (Trockenwetterabfluss $Q_T = Q_S + Q_F$ in l/s).
Feste atmosphärische Niederschläge (Hagel, Schnee) sind nicht bemessungsrelevant.

$$Q_R = \psi \cdot r_{D(n)} \cdot A_{E,k} = q_R \cdot A_{E,k}$$

Q_R Regenabfluss in l/s

ψ Abflussbeiwert (dim $\psi = 1$)

$r_{D(n)}$ Regenspende in l/(s · ha)

$q_R = \psi \cdot r_{D(n)}$ Regenabflussspende in l/(s · ha)

$A_{E,k}$ kanalisierte Einzugsfläche in ha

2.2.2 Regenspende *r*

Für die Bestimmung der Regenspende dient die Regenstärke *i*.

$i = h_R / D$ in mm/min mit h_R Regenhöhe in mm und D Regendauer in min

Aus der Regenstärke *i* kann die Regenspende *r* in l/(s · ha) abgeleitet werden.

$r = 166{,}67 \cdot i$ in l/(s · ha)

Die statistische Auswertung langjähriger Beobachtungen führt zur Aufstellung von Regenreihen. Sie geben für eine bestimmt Häufigkeit *n* den Zusammenhang zwischen der Regenspende *r* und der Regendauer bzw. Dauerstufe *D* an. Die Regenhäufigkeit ist $n = 1/T$, also der Kehrwert der Wiederkehrzeit *T*.
Die Regenhäufigkeit *n* gibt an, wie oft bei gegebener Regendauer eine Regenspende in einem Jahr erreicht oder überschritten wird. Man benennt mit

$n = 2\ a^{-1}$ einen Regen, der in einem Jahr zweimal ($T = 0{,}5$) und mit

$n = 0{,}5\ a^{-1}$ einen Regen, der in zwei Jahren einmal erreicht oder überschritten wird ($T = 2$).

Für eine Regenspende von 135 l/(s · ha) mit einer Dauerstufe von D = 10 Minuten und einer definierten Häufigkeit von $n = 0{,}5\ a^{-1}$ schreibt man: $r_{D(n)} = r_{10(0,5)}$ = 135 l/(s · ha).

Regenreihe für $n = 1$ (Daten aus KOSTRA [13.44])

	D in min	5	10	15	30	60	90	120
Nordwestdeutschland (Oldenburg)	r in l/(s · ha)	135	113	97	69	43	31	25
Nordost-/Mitteldeutschl. (Magdeburg)		157	124	103	68	40	30	24
Westdeutschland (Köln)		149	122	103	70	43	31	25
Sachsen (Dresden)		170	136	114	76	46	34	28
Südwestdeutschland (Karlsruhe)		192	143	114	71	40	31	25
Süddeutschland (München)		199	158	131	86	51	39	32

Richtwerte:

- Regenstärke i = 1 mm/min = Regenspende r = 166,67 l/(s · ha)
- Regenspende r = 100 l/(s · ha) = Regenstärke i = 0,6 mm/min
- Regenstunden 800 h/a bis 1000 h/a
- Regenhöhe h_N = 1 mm = 1 l/m² = 10 m³/ha

2.2.3 Zeitbeiwert

Nach *Reinhold* wird für Deutschland die Beziehung zwischen Regenspende, Regendauer und Regenhäufigkeit als dimensionsloser Zeitbeiwert φ definiert:

$r_{D(n)} = \varphi_{D(n)} \cdot r_{15(n=1)}$ in l/(s · ha) mit dem Zeitbeiwert $\varphi = \frac{38}{D+9}(n^{-0,25} - 0,369)$; dim $\varphi = 1$

Annähernd gilt: $\varphi = \frac{24}{n^{0,35}(D+9)}$; dim $\varphi = 1$ (genaue Werte siehe Tabelle auf Seite 13.66)

Während die realen Regenspenden $r_{D(n)}$ für konstante D und n örtlich veränderlich sind, ist der *Reinhold'sche* Zeitbeiwert φ eine gleichbleibende Funktion.

Die bisher mit dem Zeitbeiwert ermittelte Regenspende $r_{D(n)}$ kann nun auch aus den Daten des Deutschen Wetterdienstes (DWD) bzw. örtlichen Niederschlagsdaten und -auswertungen gewonnen werden. Mit dem Programm KOSTRA-DWD 2000 ist eine komfortable Zugänglichkeit zu ortsspezifischen Niederschlagshöhen und Regenspenden unterschiedlicher Dauerstufen D und Wiederkehrzeiten $T = 1/n$ gegeben.

Auszug aus KOSTRA-digital: Niederschlagsdaten für Frankfurt am Main

	T	0,5	1	2	5	10	20
	n	2	1	0,5	0,2	0,1	0,05
D	r	l/(s · ha)	l/(s · ha)	l/(s · ha)	l/(s · ha)	l/(s · ha)	l/(s · ha)
5	min	118,7	179,5	240,4	320,8	381,6	442,5
10	min	99,3	139,4	179,4	232,4	272,4	312,4
15	min	82,5	113,9	145,2	186,7	218,1	249,4
20	min	69,9	96,3	122,7	157,5	183,9	210,2
30	min	52,9	73,6	94,2	121,5	142,1	162,8
45	min	38,2	54,3	70,5	91,8	108,0	124.2
60	min	29,5	43,1	56,6	74,6	88,2	101,8
90	min	21,3	31,8	40,8	53,6	63,3	73,0
120	min	16,9	24,6	32,3	42,4	50,1	57,7
180	min	12,3	17,7	23,7	30,5	35,9	41,4
240	min	9,7	14,1	18,4	24,1	28,4	32,7

Beispiel Anwendung des Zeitbeiwerts:

1. Gegeben: $r_{15(n=1)}$ = 100 l/(s · ha); gesucht: $r_{90(n=0,5)}$ = ?

   Lösung: $r_{90(n=0,5)} = \varphi_{90(n=0,5)} \cdot r_{15(1)} = 0,318 \cdot 100$ l/(s · ha) = 31,8 l/(s · ha)

2. Gegeben: $r_{20(n=0,5)}$ = 95 l/(s · ha); gesucht: $r_{20(n=2)}$ = ?

   Lösung: $r_{15(1)} = \frac{r_{20(n=0,5)}}{\varphi_{20(n=0,5)}} = \frac{r_{20(n=2)}}{\varphi_{20(n=2)}}$

   $r_{20(n=2)} = \frac{r_{20(n=0,5)} \cdot \varphi_{20(2)}}{\varphi_{20(n=0,5)}} = \frac{95 \cdot 0,62}{1,07}$ = 55,05 l/(s · ha)

Zeitbeiwert φ nach Reinhold

Regendauer D in min	Häufigkeit n in a^{-1} ($n = 1/T$) $n = 0{,}1$	$n = 0{,}2$	$n = 0{,}3$	$n = 0{,}5$	$n = 1{,}0$	$n = 2{,}0$	$n = 3{,}0$
5	3,824	3,056	2,665	2,226	1,713	1,281	1,061
10	2,818	2,252	1,964	1,640	1,262	0,944	0,782
15	2,230	1,783	1,555	1,298	1,000	0,747	0,619
20	1,846	1,475	1,587	1,074	0,827	0,618	0,512
30	1,372	1,097	0,957	0,799	0,615	0,460	0,381
50	0,907	0,725	0,632	0,528	0,406	0,304	0,252
80	0,602	0,481	0,419	0,350	0,269	0,202	0,167
100	0,491	0,393	0,342	0,286	0,220	0,165	0,136
150	0,337	0,269	0,235	0,196	0,151	0,113	0,093

2.2.4 Bemessungsregenspende

Aus wirtschaftlichen Gründen werden Kanalleitungen nicht nach dem ungünstigsten zu erwartenden Regen bemessen, sondern für eine vertretbare Regenspende mit zugehöriger Regendauer und Regenhäufigkeit. Man bezeichnet diese festzulegende Regenspende als Bemessungsregenspende $r_{D(n)}$. Man nimmt dabei in Kauf, dass bei Überschreiten der Bemessungsregenspende Überlastungen (Wasserspiegel über Kanalscheitel) des Kanalnetzes auftreten. Es ist zu prüfen, inwieweit Überstau (Wasserspiegel bis zur Geländeoberkante GOK) oder gar Überflutungen (Wasseraustritt über Gelände) zu bewerten sind.

Maßgebende kürzeste Regendauer *D*

Neigungsgruppe NG	1		2	3	4	
mittlere Geländeneigung I_G in %	< 1		1 bis 4	> 4 bis 10	> 10	
befestigter Flächenanteil in %	≤ 50	> 50			≤ 50	> 50
Regendauer D in min	15	10	10	10	10	5

Regendauer D ist die Zeit, unterhalb derer definitionsgemäß mit fester Bemessungsregenspende gerechnet wird.

Die Bemessungsgröße Regenhäufigkeit n soll bei anspruchvollen Aufgaben ersetzt werden durch die Bemessungsgröße Überstauhäufigkeit $n_ü$ als Kriterium zur Bemessung von Kanalnetzen. Werden bei Kanalnetzen Wasserspiegellagen über dem Kanalscheitel zugelassen, so ändern sich die Sicherheiten gegen Überflutungen nicht unwesentlich. Wird statt der Regenhäufigkeit n die Überstauhäufigkeit $n_ü$ des Kanals ermittelt, so sind Langzeitsimulationen anzuwenden.

Empfohlene Bemessungshäufigkeit *n* für den Entwurf (DIN EN 752-4)

Ort	Bemessungs-regenhäufigkeit[1)] n in a^{-1}	Überflutungs-häufigheit[2)] $ü$ in a^{-1}
Ländliche Gebiete	1	0,10
Wohngebiete	0,5	0,05
Stadtzentren, Industrie-, oder Gewerbegebiete		
a) mit Überflutungsprüfung	0,5	0,033
b) ohne Überflutungsprüfung	0,2	-
Unterirdische Verkehrsanlagen, Unterführungen	0,1	0,02

1) Gilt für Bemessung ohne Nachweisführung (Neuplanung), Anwendung von Fließzeitverfahren; beim Bemessungsregen dürfen keine Überlastungen auftreten.

2) Anwendung bei Abflusssimulationsmodellen (größere Entwässerungssysteme). Anforderungen der zuständigen Stellen an die Überflutungshäufigkeit sind einzuhalten. Werden keine Überflutungshäufigkeiten vorgegeben, sollten die Werte der Tabelle angewendet werden.

Wird die örtlich zulässige Überstauhäufigkeit $ü$ überschritten, ist eine hydraulische Sanierung des Kanalnetzes abzuwägen. Nach der europäischen Normung kann mit einem Überflutungsnachweis gerechnet werden. Bei einer Überflutung tritt Abwasser auf der Geländeoberfläche aus. Schäden werden dann wahrscheinlich. Ein Überflutungsnachweis stellt eine verbesserte Überprüfung des Kanalnetzes dar. Hierfür sind Berechnungsprogramme unerlässlich.

Empfohlene Überstauhäufigkeit $n_{ü}$ bei Neuplanungen bzw. nach Sanierung (A 118)
(hier: Bezugsniveau Geländeoberkante)

Ort	$n_{ü}$ in a^{-1}	Ort	$n_{ü}$ in a^{-1}
Ländliche Gebiet	0,5	Stadtzentren, Industrie-/Gewerbegebiete	≤ 0,2
Wohngebiete	0,33	Unterirdische Verkehrsanlagen, Unterführungen	≤ 0,1

Bei Unterführungen ist zu beachten, dass bei Überstau über Gelände i. d. R. unmittelbar eine Überflutung einhergeht, sofern nicht besondere örtliche Sicherheitsmaßnahmen bestehen.

2.2.5 Abflussbeiwert

Der auf die Oberfläche fallende Regen kommt nur zum Teil zum Abfluss. Es gibt Abflussverluste durch Verdunstung, Versickerung, Auffüllen der Mulden, Benetzung der Oberfläche.
Die Regenabflussspende ist deshalb nur ein Teil der Regenspende.

$$q_R = \psi \cdot r_{D(n)} \text{ in l/(s} \cdot \text{ha)}$$

mit ψ = Abflussbeiwert ($0 \leq \psi \leq 1$)

In der Kanalisationstechnik wird mit festen Abflussbeiwerten gerechnet. Es werden unterschieden:

$$\text{Spitzenabflussbeiwert:} \quad \psi_s = \frac{\text{max. Regenabflussspende in l/(s} \cdot \text{ha)}}{\text{zugehörige Regenspende in l/(s} \cdot \text{ha)}}; \quad \dim \psi_s = 1$$

Der Spitzenabflussbeiwert ψ_s ist i. d. R. maßgeblich für die Bemessung von Regenwasserkanälen und von Regenwasserpumpwerken.

$$\text{Gesamtabflussbeiwert:} \quad \psi_m = \frac{\text{Regenabflusssumme } VQ_r}{\text{Regensumme } V_R}; \quad \dim \psi_m = 1$$

Der Gesamtabflussbeiwert ψ_m ist von Bedeutung für die Bemessung von Stauräumen, Regenrückhaltebecken und Regenwasserpumpwerken mit Stauraum.

Spitzenabflussbeiwerte ψ_s

Art und Beschaffenheit der Auffangflächen	ψ_s
Metall- und Schieferdächer	0,95 bis 0,90
Gewöhnliche Dachziegel und Dachpappe	0,90 bis 0,90
Asphaltstraßen und Fußwege (dichte Oberfläche)	0,85 bis 0,90
Fugendichtes Pflaster aus Stein oder Holz	0,75 bis 0,90
Reihenpflaster ohne Fugenverguss	0,25 bis 0,60
Schotterstraßen wassergebunden und Kleinsteinpflaster	0,25 bis 0,60
Kieswege	0,15 bis 0,30
Unbefestigte Flächen, Bahnhöfe	0,10 bis 0,20
Park- und Gartenflächen	0,05 bis 0,10

Bei einem gleichmäßig versiegeltem Gebiet lässt sich ein mittlerer Spitzenabflusswert $\psi_{s,m}$ bestimmen.

$$\psi_{s,m} = \frac{\sum_1^n A_i \cdot \psi_{s,i}}{\sum_1^n A_i}$$

A_i Teilfläche, unterteilt nach Bebauung, Befestigung usw.
$\psi_{s,i}$ zur Teilfläche A_i gehöriger Abflussbeiwert

Bei größeren Ortschaften mit unterschiedlichen Quartieren müssen die $\psi_{s,m}$-Werte für jedes Quartier gesondert festgelegt werden.

Mit zunehmender Geländeneigung I_G wird ψ_s größer, sodass $0 \leq \min \psi_{s,m} \leq 0{,}4$ sein kann. In der Regel ist $\max \psi_{s,m} \leq 0{,}95$. Weitere Angaben über ψ_s findet man in ATV-A 118.

Beispiel: Ermittlung des mittleren Spitzenabflussbeiwertes $\psi_{s,m}$ für ein Teilgebiet.

Art der Teilfläche	$\psi_{s,i}$	A_i in ha	$A_i \cdot \psi_{s,i}$ in ha
Ziegeldächer	0,90	22,0	19,80
Straßen, Hofe (asphaltiert)	0,87	22,0	19,14
Kieswege	0,25	12,0	3,00
Grünflächen, Gärten	0,05	51,0	2,55
Summe		107,0	44,49
$\psi_{s,m} = 44{,}49 / 107{,}0 = 0{,}42$			

Empfohlene Spitzenabflussbeiwerte für Fließzeitverfahren (A 118)

Spitzenabflussbeiwerte ψ_s für $r_{15(n)}$ = 130 l/(s · ha) (I_G mittlere Geländeneigung)

Befestigte Fläche in %	0	10	20	30	40	50	60	70	80	90	100
$I_G < 10\,‰$	0,00	0,09	0,18	0,28	0,37	0,46	0,55	0,64	0,74	0,83	0,92
$10\,‰ \leq I_G \leq 40\,‰$	0,15	0,23	0,31	0,39	0,47	0,55	0,63	0,71	0,79	0,87	0,95
$40\,‰ < I_G \leq 100\,‰$	0,20	0,28	0,35	0,42	0,50	0,58	0,65	0,72	0,80	0,88	0,95
$I_G > 100\,‰$	0,30	0,37	0,43	0,50	0,56	0,63	0,70	0,76	0,83	0,89	0,96

Spitzenabflussbeiwerte ψ_s für $r_{15(n)}$ = 100 l/(s · ha) (I_G mittlere Geländeneigung)

Befestigte Fläche in %	0	10	20	30	40	50	60	70	80	90	100
$I_G < 10\,‰$	0,00	0,09	0,18	0,28	0,37	0,46	0,55	0,64	0,74	0,83	0,92
$10\,‰ \leq I_G \leq 40\,‰$	0,10	0,18	0,27	0,35	0,44	0,52	0,60	0,68	0,77	0,86	0,94
$40\,‰ < I_G \leq 100\,‰$	0,15	0,23	0,31	0,39	0,47	0,55	0,62	0,70	0,78	0,86	0,94
$I_G > 100\,‰$	0,20	0,28	0,35	0,42	0,50	0,58	0,65	0,72	0,80	0,88	0,95

In der ATV-A 118 sind Spitzenabflussbeiwerte auch für größere Regenspenden angegeben.

2.2.6 Maßgebliche Abflussgrößen

Trennsystem: Schmutzwasserkanal: $Q_{SK} = Q_T + Q_{R,Tr} = Q_S + Q_F + Q_{R,Tr}$ in l/s

Regenwasserkanal: $Q_{RK} = Q_R$ in l/s

Mischsystem: Mischwasserkanal: $Q_M = Q_T + Q_R$ in l/s

$Q_{R,Tr}$ unvermeidbarer Regenfluss im Schmutzwasserkanal im Trennsystem

2.3 Kanalnetzberechnung

2.3.1 Verfahren für kleine Entwässerungsgebiete

Die Berechnung des Kanalnetzes erfolgt übersichtlich in Listenform. Bei kleinen Einzugsgebieten genügt in der Regel ein vereinfachter Listenkopf mit den Feldern der hervorgehobenen Spaltennummern.

Bei kleinen Einzugsgebieten kann für die Ermittlung des Regenabflusses angenommen werden, das die Gesamtfließzeit t_f in der Leitung nicht größer ist als die Regendauer D der Bemessungsregenspende.

Trockenwetterabfluss $Q_T = Q_H + Q_G + Q_I + Q_F = Q_S + Q_F$ in l/s

Regenabfluss $Q_R = r_{D(n)} \cdot \psi_{s,m} \cdot A_{E,k}$ in l/s ($A_{E,k}$ = kanalisierte Einzugsfläche)

Mischwasserabfluss $Q_M = Q_S + Q_R + Q_F$ in l/s; Q_F ist i. d. R. vernachlässigbar.

Zeichnerische Darstellung von Kanalnetzplänen öffentlicher Abwasserleitungen: DIN 2425-4.

2.3.2 Zeitbeiwertverfahren

Das Zeitbeiwertverfahren empfiehlt sich zur Ermittlung des Regenabflusses wegen seines schnellen, übersichtlichen und leicht prüfbaren Berechnungsganges bei kleineren Entwässerungssystemen. Für die Durchführung des Verfahrens kann der abgebildete Listenkopf auch in Verbindung mit der Ermittlung des Schmutzwasserabflusses verwendet werden.

Listenkopf

1	2	3	4	5	6	7	8	9	10	11	12	13	14
Lfd. Nr. der Einzelfläche	Name der Straße	Haltung		Länge		Einzelfläche	Gesamtfläche	Einwohner			Schmutzwasserabflussspende	Abflussbeiwert	
		von	bis	einzeln	zus.			Dichte	Anzahl				
		Schacht							einzeln	zus.			
		oben	unten										
				L	ΣL	A_{Ez}	ΣA_{Ez}	ED	EZ	EZ	q_H	ψ	$A_{Ez} \cdot \psi$
Nr.	-	Nr.	Nr.	m	m	ha	ha	E/ha	E	E	l/(s · ha)	1	ha

15	16	17	18	19	20	21	22	23	24	25	26	27
Zufluss von Fläche	Schmutzwasserabfluss				Fremdwasserabfluss	Trockenwetterabfluss	Regenabfluss $r_{D = 15;\, n = 1}$ =..........l/(s · ha)					Gesamtabfluss
	häuslich		gewerblich				einzeln	zus.	Fließzeitschätzung	Zeitbeiwert	Regenabfluss	
	einzeln	zusammen	einzeln	zusammen								
	Q_H	ΣQ_H	Q_G	ΣQ_G	Q_F	Q_T	Q_R	ΣQ_R	t_f	φ	$\varphi \cdot \Sigma Q_R$	Q_{ges}
Nr.	l/s	l/s	l/s	l/s	l/s	l/s	l/s	l/s	min	-	l/s	l/s

28	29	30	31	32	33	34	35	36	37		38
Gefälle		Form und Größe	Rauheit	Vollfüllung		Trockenwettergeschw.	Regenwetter		Fließzeit		Bemerkungen
Sohle	Wsp.						Geschw.	Füllhöhe	einzeln	zusammen	bei Teilfüllung: $I_w = I_{so}$ $v = v_v$ setzen, wenn $0{,}5\, Q_v < Q < Q_v$
I_{So}	I_w		k_b	Q_v	v_v	v_T	v_M	h_M	t_f	t_f	
‰	‰	mm	mm	l/s	m/s	m/s	m/s	cm	min		

Bei diesem Verfahren erfolgt durch die Einführung des variablen Zeitbeiwertes φ die Veränderlichkeit der maßgeblichen Regenspende mit zunehmender Fließzeit. An Stelle des ursprünglichen Zeitbeiwertes φ nach *Reinhold* kann bei Zugänglichkeit zu den Daten aus KOSTRA auch das Verhältnis der maßgeblichen Regenspende zum bekannten $r_{15,\, n=1}$ für die gewünschte Dauer D und Häufigkeit n eingesetzt werden.

Solange die Regendauer kleiner ist als die Dauer des Bemessungsregens ($t_f \leq D$), wird die Bemessungsregenspende (siehe Abschnitt 2.2.4) unverändert verwendet. In Bereichen, in denen die Fließdauer im Hauptsammler größer ist als die Regendauer D der Bemessungsregenspende, gilt grundsätzlich als Voraussetzung für den größten Regenabfluss, dass die Regendauer D gleich der Fließzeit t_f anzusetzen ist. Dies wird durch einen sich mit zunehmender Zeit verringernden Zeitbeiwert berücksichtigt.

Voraussetzung für die Anwendung des Zeitbeiwertverfahrens ist, dass die Größe des Einzuggebietes unter Berücksichtigung des Abflussbeiwertes in etwa gleichmäßig mit der Fließzeit wächst. Ergibt sich an einer Stelle im Kanalnetz, dass der errechnete Regenabfluss kleiner wird, als er oberhalb war, so ist dies Rechenergebnis nicht maßgebend.

Regenabfluss $Q_R = r_{D(n)} \cdot \varphi_{D(n)} \cdot \psi_{s,m} \cdot A_E$ in l/s

Berechnungsgang zur Ermittlung des Regenabflusses:

1. Die Einzelfließzeiten t_f für jede Berechnungsstrecke werden ermittelt aus der Leitungslänge L und der zunächst geschätzten Fließgeschwindigkeit v.
2. Die maßgebende Gesamtfließzeit ergibt sich für den Berechnungspunkt aus der Summe der Fließzeiten hintereinander liegender Kanalhaltungen vor und in der Berechnungsstrecke.
3. Entsprechend der Hypothese für den Maximalabfluss: Gesamtfließzeit t_f = Regendauer D wird der Zeitbeiwert φ bestimmt und der Regenabfluss Q_R ermittelt.
4. Ergibt sich zwischen der vorher geschätzten Fließzeit und dem unter Berücksichtigung des Zeitbeiwertes φ ermittelten Abfluss Q_R eine wesentlich andere Fließzeit, dann muss die Rechnung mit einer korrigierten Fließzeitvorgabe wiederholt werden.

2.3.3 Allgemeines zu den Berechnungsverfahren

Zur Berechnung des Regenabflusses sind hydrologische und hydrodynamische Methoden zu unterscheiden.

Hydrologische Methoden berechnen den Abflussvorgang aus den vorgegebenen Bemessungsregen durch Übertragungs- bzw. Speicherfunktionen. Als Eingangsbelastung werden bei vereinfachtem Vorgehen Blockregen (intensitätskonstante Bemessungsregen) verwendet, die an den Berechnungsknoten Spitzenabflüsse liefern. Die Verzögerung auf der Oberfläche oder im Kanalnetz wird nur vereinfacht berücksichtigt. Berechnungsmethoden, die nur Spitzenabflüsse liefern, nennt man „Verfahren", wie z. B. das Zeitbeiwertverfahren. Sie werden auch als *Fließzeitverfahren* bezeichnet, weil die Abflussberechnung maßgeblich auf der Fließzeit aufbaut.
Bei *hydrodynamischen Methoden* werden zusätzliche hydraulisch-physikalische Gesetzmäßigkeiten des Fließvorgangs in den Kanälen berücksichtigt (Saint-Venant'sche Differenzialgleichungen).

Wird das gesamte Abflussgeschehen in Abhängigkeit von der Zeit beschrieben, so spricht man von „Modellen". Zur Verfügung stehen hydrologische und hydrodynamische *Abflussmodelle*. Diese können sowohl zeitveränderliche Regen (Modellregen), Speicher- und Verlusteinflüsse verarbeiten, als auch die dynamischen Abflussvorgänge im Kanal.

Anwendungsbereiche der Verfahren

Einfache Listenrechnung: gleichförmige, kleine Netze (kleine Neubaugebiete); Kanaldimensionierung kann unabhängig vom übrigen Netz erfolgen; einfache hydraulische Verhältnisse (kein Rückstau, keine Vermaschung, keine oder nur wenige Sonderbauwerke); Fließzeit bis etwa 15 Minuten.

Nach DIN EN 752-4 werden für kanalisierte Einzugsgebiete bis 200 ha oder Fließzeiten bis 15 min (kleine Einzugsgebiete) *Fließzeitverfahren* empfohlen. Für die Berechnung größerer Erschließungen (> 200 ha) und Entwässerungssysteme, die erhebliche Auswirkungen auf bestehende Kanalisationen haben können, werden *Abflussmodelle* empfohlen.

2.4 Hydraulik für Abwasserkanäle

2.4.1 Hydraulische Grundlagen

Grundlagen für die Abflussberechnung in den folgenden Ausführungen sind:

$$h_v = \lambda \cdot \frac{l}{d} \cdot \frac{v^2}{2g}$$

$$Q = v \cdot A$$

h_v	Verlusthöhe (m)	g	Erdbeschleunigung (m/s²)
λ	Widerstandsbeiwert (1)	Q	Abfluss (m³/s)
l	Leitungslänge (m)	A	Fließquerschnitt (m²)
d	Innendurchmesser (m)	v	mittlere Fließgeschwindigkeit (m/s)

Einzelheiten zur Rohrhydraulik: siehe Kapitel 13A Wasserbau.

Für die Bemessung von Abwasserkanälen und -leitungen hat hinsichtlich des Widerstandsbeiwertes λ nur der Übergangsbereich praktische Bedeutung.
Dabei ist λ abhängig von der Reynoldszahl $Re = v \cdot d/\nu$ und der absoluten Rauheit k.

2.4.2 Rohrhydraulik

Die hydraulische Bemessung von Freispiegel- und Druckleitungen erfolgt nach ATV A 110. Der Nachweis erfolgt entweder nach dem Pauschal- oder dem Individualkonzept.

Pauschalkonzept: Anwendung i. d. Praxis nahezu ausschließlich für die hydraulische Dimensionierung neu zu erstellender Abwasserkanäle und -leitungen. Die verschiedenen Verlustbereiche, die den Abfluss in den Rohrleitungen beeinflussen, werden in die betriebliche Rauheit k_b eingerechnet. Der Pauschalansatz für k_b-Werte erhält i. d. R. die Einflüsse von Wandrauheit, Lageungenauigkeiten und -änderungen, Rohrstößen, Zulauf-Formstücken und Schachtbauwerken. Nicht enthalten in dieser pauschalen Definition der k_b-Werte sind die Einflüsse von Nennweitenunterschreitungen, Vereinigungsbauwerken und Einlauf- und Auslaufbauwerken von Drosselstücken, Dükern und Druckrohrleitungen (Einzelheiten s. A 110).

Pauschalwerte für die betriebliche Rauheit k_b (ATV A 110)

k_b	Anwendungsbereiche
1,50 mm	Sammelkanäle und -leitungen mit Sonderschächten (tief liegende Berme), Mauerwerkskanäle, Ortbetonkanäle, Kanäle aus nichtgenormten Rohren ohne besonderen Nachweis der Wandrauheit
0,75 mm	Sammelkanäle und -leitungen mit Schächten (bis DN 1000) oder mit angeformten Schächten gem. (A 241) (für alle DN); Transportkanäle mit Sonderschächten (tief liegende Berme) oder mit angeformten Schächten (für alle DN)
0,50 mm	Transportkanäle mit Schächten gem. (A 241)
0,25 mm	Drosselstrecken[1)], Druckrohrleitungen[1)2)], Düker[1)] und Reliningstrecken ohne Schächte
[1)] Ohne Einlauf-, Auslauf- und Krümmungsverluste.	[2)] Ohne Drucknetze.

Individualkonzept: Anwendung i. d. R. zur hydraulischen Nachrechnung bestehender Abwasserkanäle und -leitungen. Hierbei sind die jeweiligen Verluste infolge Wandrauheit k und die auftretenden Einzelverluste haltungsweise nachzuweisen, wobei $k_b \geq 0{,}1$ mm anzusetzen ist (A 110). Im Arbeitsblatt A 110 sind Größenordnungen für folgende Einzelverluste angegeben: Lageungenauigkeit und -änderungen, Rohrverbindungen, Zulauf-Formstücke, Schachtbauwerke in Regelausführung, Schachtbauwerke in Sonderausführung, Strömungsumlenkung, Vereinigungsbauwerke.

2.4.3 Gerinnehydraulik

Einzelheiten zur Gerinnehydraulik in Kapitel 13A Wasserbau. Nach (A 110) wird für Abwasserkanäle (offene Gerinne) die Beziehung nach *Manning/Strickler* empfohlen:

$$v = k_{St} \cdot I^{1/2} \cdot r_{hy}^{2/3} \text{ in m/s} \qquad Q = A \cdot k_{St} \cdot I^{1/2} \cdot r_{hy}^{2/3} \text{ in m}^3\text{/s}$$

Manning/Strickler-Beiwert (k_{St})

Art des Gerinnes	Wandbeschaffenheit	k_{St} in $m^{1/3}/s$
Erdkanal	festes, feines Material	50
	grobes, scholliges Material	30
Gemauerter Kanal	gut gefugtes Klinker- oder Ziegelmauerwerk	75
	normales Ziegel- oder Bruchsteinmauerwerk	60
	grobes Bruchsteinmauerwerk und Pflasterung	50
Betonkanal	glattverputzt oder stahlgeschalt	95
	holzgeschalt	70
	ungleichmäßige und grobe Flächen	50

2.4.4 Querschnittsformen

Für die Querschnittsformen gilt DIN 4263, für offene Rinnenquerschnitte gilt DIN 19 556.

Nach A 118 gilt:

Mindestquerschnitt:	Regen-, Mischwasserkanal:	DN 300, Ausnahme DN 250
	Schmutzwasserkanal:	DN 250, Ausnahme DN 200

Fließgeschwindigkeit: 0,5 m/s ≤ v ≤ (6–8) m/s; gilt für max Q_t und max Q_r

Die Abflussleistung des Querschnittes ist bei der Neubemessung möglichst nur zu 90 % auszunutzen.

Grenzwerte für ablagerungsfreien Betrieb (A 110)

DN	200	250	300	350	400	500	600	800	1000	1200	1400
v_{krit} in m/s	0,50	0,52	0,56	0,62	0,67	0,76	0,84	0,98	1,12	1,24	1,34
I_{krit} in ‰	2,04	1,63	1,51	1,48	1,45	1,40	1,37	1,31	1,26	1,24	1,20

Gültig bei k_b = (0,25 bis 1,50) mm und $h_t/d \geq 0{,}3$; bei $0{,}1 < h_t/d < 0{,}3$ ist v_{krit} um ca. 10 % zu erhöhen.

Genormte Querschnittsformen geschlossener Profile mit geometrischen Werten:

1. Kreisquerschnitt

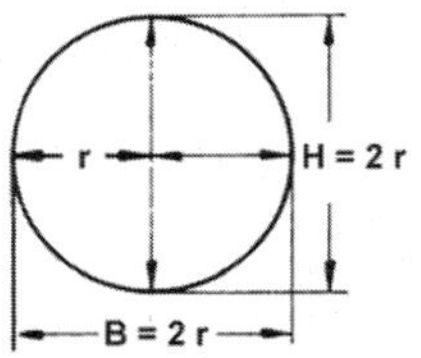

$B : H$ = 2 : 2
A = 3,142 · r^2
l_u = 6,283 · r
r_{hy} = 0,500 · r

2. Normaler Eiquerschnitt

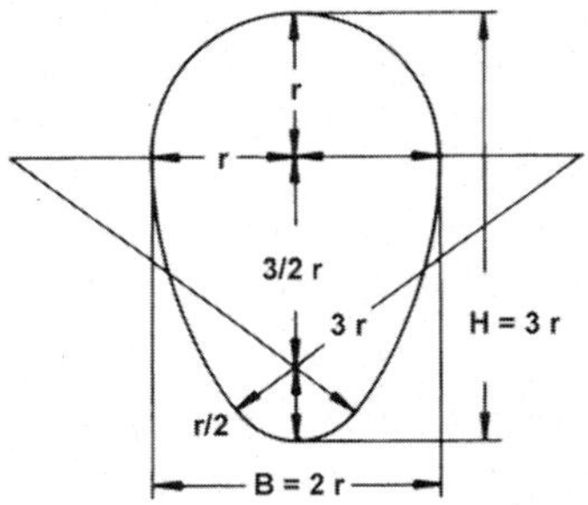

$B : H$ = 2 : 3
A = 4,594 · r^2
l_u = 7,930 · r
r_{hy} = 0,579 · r

3. Normaler Maulquerschnitt

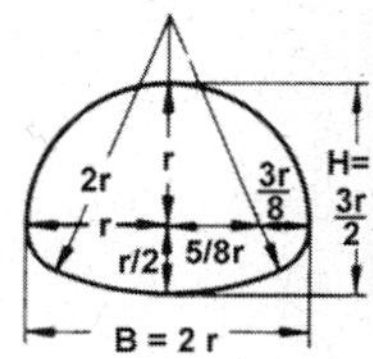

$B : H$ = 2 : 1,5
A = 2,378 · r^2
l_u = 5,603 · r
r_{hy} = 0,424 · r

Umrechnungsfaktorem ermöglichen die Berechnung von Ei- und Maulprofilen mit Hilfe der Bemessungstafeln für Kreisprofile.

Profil	$B : H$	$f_Q = Q/Q_d$	$f_v = v/v_K$
Normaler Eiquerschnitt	2 : 3	1,602	1,096
Normaler Maulquerschnitt	2 : 1,5	0,683	0,902

2.4.5 Teilfüllungszustände

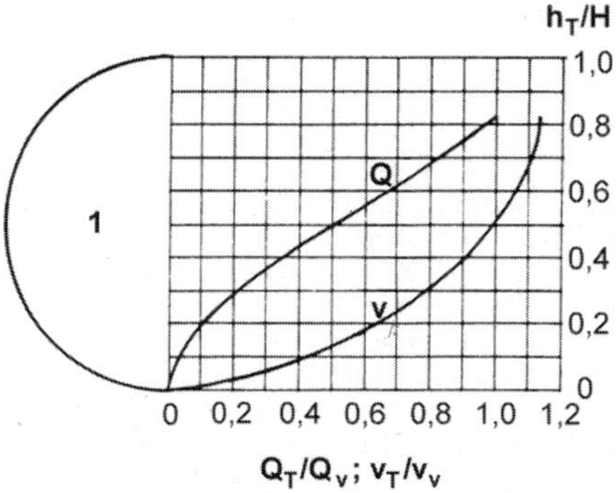

Kreisquerschnitt (H = DN)

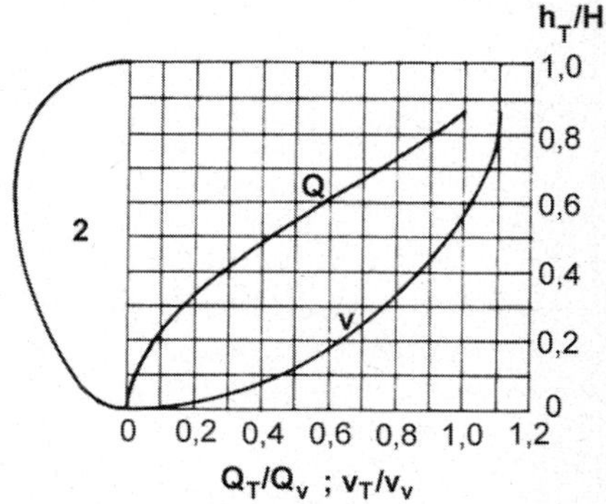

Normaler Eiquerschnitt

Teilfüllungstabellen für Kreisprofile

sortiert nach Q_T/Q_V

Q_T/Q_V	v_T/v_v	h/d	Q_T/Q_V	v_T/v_v	h/d
0,01	0,338	0,065	0,51	1,005	0,506
0,02	0,413	0,095	0,52	1,009	0,512
0,04	0,503	0,134	0,54	1,018	0,524
0,05	0,537	0,149	0,55	1,023	0,530
0,06	0,565	0,163	0,56	1,027	0,536
0,08	0,613	0,188	0,58	1,035	0,547
0,10	0,652	0,211	0,60	1,043	0,559
0,12	0,686	0,231	0,62	1,051	0,571
0,14	0,716	0,250	0,64	1,058	0,583
0,16	0,743	0,268	0,66	1,065	0,595
0,18	0,767	0,285	0,68	1,071	0,607
0,20	0,790	0,301	0,70	1,078	0,619
0,22	0,810	0,316	0,72	1,084	0,631
0,24	0,829	0,331	0,74	1,090	0,643
0,26	0,847	0,346	0,76	1,095	0,655
0,28	0,864	0,360	0,78	1,100	0,667
0,30	0,880	0,374	0,80	1,105	0,680
0,32	0,894	0,387	0,82	1,109	0,693
0,34	0,909	0,401	0,84	1,114	0,706
0,36	0,922	0,414	0,86	1,117	0,719
0,38	0,935	0,426	0,88	1,121	0,733
0,40	0,947	0,439	0,90	1,124	0,747
0,42	0,960	0,451	0,92	1,127	0,761
0,44	0,970	0,464	0,94	1,129	0,776
0,46	0,980	0,476	0,96	1,130	0,792
0,48	0,990	0,488	0,98	1,131	0,809
0,50	1,000	0,500	1,00	1,130	0,827

sortiert nach h/d

h/d	v_T/v_v	Q_T/Q_V	h/d	v_T/v_v	Q_T/Q_V
0,01	0,1035	0,0002	0,51	1,0075	0,5167
0,02	0,1592	0,0008	0,52	1,0154	0,5336
0,04	0,2400	0,0033	0,54	1,0299	0,5674
0,05	0,2797	0,0052	0,55	1,0308	0,5843
0,06	0,3125	0,0077	0,56	1,0435	0,6013
0,08	0,3717	0,0139	0,58	1,0561	0,6351
0,10	0,4247	0,0221	0,60	1,0677	0,6689
0,12	0,4730	0,0322	0,62	1,0785	0,7024
0,14	0,5175	0,0440	0,64	1,0883	0,7356
0,16	0,5589	0,0577	0,66	1,0971	0,7682
0,18	0,5976	0,0732	0,68	1,1050	0,8002
0,20	0,6340	0,0903	0,70	1,1119	0,8313
0,22	0,6684	0,1090	0,72	1,1178	0,8616
0,24	0,7008	0,1293	0,74	1,1226	0,8907
0,26	0,7316	0,1511	0,76	1,1264	0,9185
0,28	0,7608	0,1744	0,78	1,1290	0,9448
0,30	0,7885	0,1990	0,80	1,1305	0,9695
0,32	0,8149	0,2248	0,82	1,1306	0,9922
0,34	0,8400	0,2518	0,84		
0,36	0,8638	0,2800	0,86		
0,38	0,8865	0,3091	0,88		
0,40	0,9080	0,3392	0,90		
0,42	0,9284	0,3701	0,92		
0,44	0,9478	0,4017	0,94		
0,46	0,9662	0,4340	0,96		
0,48	0,9836	0,4668	0,98		
0,50	1,0000	0,5000	1,00	1,0000	1,0000

Beispiele:

1. Gegeben: Q = 132 l/s; I = 3,3 $^0/_{00}$; k_b = 0,75 mm
   Gesucht: Nennweite DN; zugehörige Geschwindigkeit v in m/s
   Lösung: Aus Tabelle S. 13.74 in der Gefällezeile für 3,3 $^0/_{00}$ nach rechts den Wert Q = 132 l/s aufsuchen und aus der gefundenen Spalte die zugehörige Nennweite (DN 400) und die Geschwindigkeit (v = 1,05 m/s) ablesen.
2. Gegeben: Q = 460 l/s; DN 700; k_b = 0,75 mm
   Gesucht: Gefälle I in $^0/_{00}$ (I ist das Gefälle der Rohrleitung oder das Druckliniengefälle, bei dem der Abfluss abgeführt werden kann)
   Lösung: Aus Tabelle S. 13.74 in der Nennweitenspalte für DN 700 nach unten den Wert Q suchen. Er liegt zwischen den Tabellenwerten Q = 446 l/s und Q = 468 l/s. Das gesuchte Gefälle liegt zwischen I = 2,0 $^0/_{00}$ und I = 2,2 $^0/_{00}$. Durch Interpolation wird gefunden: ΔI = 0,2 $^0/_{00}$; ΔQ = 22 l/s; I = 2,0 $^0/_{00}$ + (460–446)/22 · 0,2 $^0/_{00}$ = 2,1 $^0/_{00}$
3. Gegeben: Q = 500 l/s; I = 1,7 $^0/_{00}$; DN 1000; k_b = 0,75 mm
   Gesucht: Füllhöhe h_T in cm und Fließgeschwindigkeit v_T in m/s
   Lösung:
   1. Ermittlung des Abflusses Q_v bei voller Füllung des Rohres und zugehöriger Geschwindigkeit aus Tabelle S. 13.75: Q_v = 1049 l/s; v_v = 1,34 m/s
   2. Ermittlung des Verhältniswertes Q_T/Q_v = 500/1049 = 0,48
   3. Aus der Tabelle oben links wird bei gegebenem Abszissenwert Q_T/Q_v = 0,48 die relative Füllhöhe h_T/d = 0,49 abgelesen.
      Teilfüllhöhe h_T = 0,49 · d = 0,49 · 1000 mm = 490 mm
   4. Aus der Tabelle oben rechts wird bei gegebener relativer Füllhöhe h_T/d = 0,49 das Verhältnis v_T/v_v = 0,99 abgelesen. Zur Teilfüllhöhe zugehörige Geschwindigkeit: v_T = 0,99 · 1,34 m/s = 1,33 m/s (Ablesung auch aus Abbildung S. 13.72 möglich.)
4. Gegeben: Q = 900 l/s; I = 1,6 $^0/_{00}$; k_b = 0,75 mm
   Gesucht: Normaler Eiquerschnitt und Geschwindigkeit v_v in m/s
   Lösung: Nach S. 13.72 unten ist f_Q = Q · Q_{Kreis} = 1,602; Q_{Kreis} = Q · f_Q = 900/1,602 = 562 l/s; aus Tabelle S. 13.74 wird für Q = 566 l/s bei I = 1,6 $^0/_{00}$ die Nennweite DN 800 gewählt mit v = 1,13 m/s. Gewähltes Profil für den Eiquerschnitt: 800/1200.
   Der Abfluss des Profils beträgt: Q = 562 · 1,602 l/s = 907 l/s > Q = 900 l/s
   Gesuchte Geschwindigkeit: f_v · v_K = 1,096 · 1,13 m/s = 1,24 m/s

Tabelle für volllaufende Kreisprofile nach Prandtl-Colebrook $k_b = 0{,}75$ mm

DN = Nennweite in mm; v = Geschwindigkeit in m/s; Q = Abfluss in l/s; I = Gefälle

Gefälle		DN 100		DN 150		DN 200		DN 250		DN 300	
‰	1 : ...	Q	v	Q	v	Q	v	Q	v	Q	v
100,00	1 / 10	18,6	2,37	54,8	3,10	117,5	3,74	211,9	4,32	343,0	4,85
50,00	1 / 20	13,1	1,67	38,7	2,19	82,9	2,64	149,7	3,05	242,2	3,43
40,00	1 / 25	11,7	1,50	34,6	1,96	74,1	2,36	133,8	2,73	216,6	3,06
30,00	1 / 33	10,2	1,29	29,9	1,69	64,1	2,04	115,8	2,36	187,4	2,65
20,00	1 / 50	8,3	1,05	24,4	1,38	52,3	1,66	94,4	1,92	152,9	2,16
16,66	1 / 60	7,5	0,96	22,2	1,26	47,7	1,52	86,1	1,75	139,4	1,97
13,00	1 / 77	6,7	0,85	19,6	1,11	42,1	1,34	76,0	1,55	123,1	1,74
10,00	1 / 100	5,8	0,74	17,2	0,97	36,9	1,17	66,6	1,36	107,8	1,53
9,00	1 / 111	5,5	0,70	16,3	0,92	34,9	1,11	63,1	1,29	102,2	1,45
8,00	1 / 125	5,2	0,66	15,3	0,87	32,9	1,05	59,5	1,21	96,3	1,36
7,00	1 / 143	4,9	0,62	14,3	0,81	30,8	0,98	55,6	1,13	90,0	1,27
6,00	1 / 167	4,5	0,57	13,2	0,75	28,5	0,91	51,4	1,05	83,3	1,18
5,00	1 / 200	4,1	0,52	12,1	0,68	25,9	0,83	46,9	0,96	76,0	1,07
4,00	1 / 250	3,6	0,46	10,8	0,61	23,2	0,74	41,9	0,85	67,8	0,96
3,00	1 / 333	3,1	0,40	9,3	0,53	20,0	0,64	36,2	0,74	58,6	0,83
2,50	1 / 400	2,9	0,36	8,5	0,48	18,2	0,58	33,0	0,67	53,5	0,76
2,00	1 / 500	2,6	0,32	7,6	0,43	16,3	0,52	29,4	0,60	47,7	0,68
1,50	1 / 667	2,2	0,28	6,5	0,37	14,0	0,45	25,4	0,52	41,2	0,58
1,25	1 / 800	2,0	0,25	5,9	0,34	12,8	0,41	23,1	0,47	37,5	0,53
1,00	1 / 1 000	1,8	0,23	5,3	0,30	11,4	0,36	20,6	0,42	33,5	0,47
0,75	1 / 1 333	1,5	0,19	4,6	0,26	9,8	0,31	17,8	0,36	28,9	0,41
0,50	1 / 2 000	1,2	0,16	3,7	0,21	8,0	0,25	14,4	0,29	23,4	0,33
0,40	1 / 2 500	1,1	0,14	3,3	0,19	7,1	0,23	12,9	0,26	20,9	0,30
0,30	1 / 3 333	0,9	0,12	2,8	0,16	6,1	0,19	11,1	0,23	18,0	0,25
0,20	1 / 5 000	0,8	0,10	2,3	0,13	4,9	0,16	8,9	0,18	14,6	0,21

Gefälle		DN 400		DN 500		DN 600		DN 700		DN 800	
‰	1 : ...	Q	v	Q	v	Q	v	Q	v	Q	v
100,00	1 / 10	732,2	5,83	1 317,1	6,71	2 126,6	7,52	3 187,2	8,28	4 523,8	9,00
50,00	1 / 20	517,2	4,12	930,5	4,74	1 502,6	5,31	2 252,1	5,85	3 196,8	6,36
40,00	1 / 25	462,4	3,68	832,0	4,24	1 343,5	4,75	2 013,8	5,23	2 858,6	5,69
30,00	1 / 33	400,2	3,19	720,2	3,67	1 163,0	4,11	1 743,3	4,53	2 474,7	4,92
20,00	1 / 50	326,5	2,60	587,5	2,99	948,9	3,36	1 422,4	3,70	2 019,3	4,02
16,66	1 / 60	297,8	2,37	536,0	2,73	865,7	3,06	1 297,8	3,37	1 842,4	3,67
13,00	1 / 77	262,9	2,09	473,2	2,41	764,3	2,70	1 145,8	2,98	1 626,7	3,24
10,00	1 / 100	230,4	1,83	414,7	2,11	669,8	2,37	1 004,3	2,61	1 425,8	2,84
9,00	1 / 111	218,5	1,74	393,2	2,00	635,3	2,25	952,5	2,47	1 352,3	2,69
8,00	1 / 125	205,9	1,64	370,6	1,89	598,7	2,12	897,7	2,33	1 274,6	2,54
7,00	1 / 143	192,5	1,53	346,5	1,76	559,8	1,98	839,4	2,18	1 191,8	2,37
6,00	1 / 167	178,1	1,42	320,6	1,63	518,0	1,83	776,7	2,02	1 102,9	2,19
5,00	1 / 200	162,4	1,29	292,4	1,49	472,5	1,67	708,6	1,84	1 006,2	2,00
4,00	1 / 250	145,1	1,15	261,3	1,33	422,3	1,49	633,3	1,65	899,3	1,79
3,00	1 / 333	125,4	1,00	225,9	1,15	365,2	1,29	547,7	1,42	777,9	1,55
2,50	1 / 400	114,4	0,91	206,0	1,05	333,0	1,18	499,6	1,30	709,6	1,41
2,00	1 / 500	102,1	0,81	184,0	0,94	297,5	1,05	446,3	1,16	634,0	1,26
1,50	1 / 667	88,2	0,70	159,0	0,81	257,2	0,91	385,9	1,00	548,2	1,09
1,25	1 / 800	80,4	0,64	145,0	0,74	234,5	0,83	351,8	0,91	499,9	0,99
1,00	1 / 1 000	71,8	0,57	129,4	0,66	209,3	0,74	314,2	0,82	446,4	0,89
0,75	1 / 1 333	62,0	0,49	111,8	0,57	180,8	0,64	271,4	0,71	385,8	0,77
0,50	1 / 2 000	50,3	0,40	90,8	0,46	147,0	0,52	220,8	0,57	313,9	0,62
0,40	1 / 2 500	44,9	0,36	81,0	0,41	131,2	0,46	197,0	0,51	280,1	0,56
0,30	1 / 3 333	38,7	0,31	69,9	0,36	113,2	0,40	170,0	0,44	241,8	0,48
0,20	1 / 5 000	31,3	0,25	56,7	0,29	91,8	0,32	138,0	0,36	196,4	0,39

Tabelle für volllaufende Kreisprofile nach Prandtl-Colebrook $k_b = 0{,}75$ mm

DN = Nennweite in mm; v = Geschwindigkeit in m/s; Q = Abfluss in l/s; I = Gefälle

Gefälle		DN 900		DN 1000		DN 1100		DN 1200	
‰	1 : ...	Q	v	Q	v	Q	v	Q	v
100,00	1 / 10	6 159,8	9,68	8 117,3	10,34	10 417,6	10,96	13 080,9	11,57
50,00	1 / 20	4 353,0	6,84	5 736,6	7,30	7 362,5	7,75	9 245,0	8,17
40,00	1 / 25	3 892,6	6,12	5 129,8	6,53	6 583,8	6,93	8 267,3	7,31
30,00	1 / 33	3 369,9	5,30	4 441,1	5,65	5 700,0	6,00	7 157,6	6,33
20,00	1 / 50	2 749,9	4,32	3 624,2	4,61	4 651,6	4,89	5 841,3	5,16
16,66	1 / 60	2 509,0	3,94	3 306,8	4,21	4 244,3	4,47	5 329,9	4,71
13,00	1 / 77	2 215,3	3,48	2 919,8	3,72	3 747,7	3,94	4 706,4	4,16
10,00	1 / 100	1 941,9	3,05	2 559,5	3,26	3 285,4	3,46	4 125,9	3,65
9,00	1 / 111	1 841,8	2,90	2 427,6	3,09	3 116,1	3,28	3 913,3	3,46
8,00	1 / 125	1 736,0	2,73	2 288,2	2,91	2 937,1	3,09	3 688,7	3,26
7,00	1 / 143	1 623,3	2,55	2 139,7	2,72	2 746,6	2,89	3 449,4	3,05
6,00	1 / 167	1 502,3	2,36	1 980,2	2,52	2 541,9	2,67	3 192,4	2,82
5,00	1 / 200	1 370,6	2,15	1 806,7	2,30	2 319,3	2,44	2 912,9	2,58
4,00	1 / 250	1 225,0	1,93	1 614,9	2,06	2 073,1	2,18	2 603,8	2,30
3,00	1 / 333	1 059,8	1,67	1 397,1	1,78	1 793,7	1,89	2 252,9	1,99
2,50	1 / 400	966,7	1,52	1 274,5	1,62	1 636,3	1,72	2 055,3	1,82
2,00	1 / 500	863,8	1,36	1 138,9	1,45	1 462,2	1,54	1 836,8	1,62
1,50	1 / 667	746,9	1,17	984,9	1,25	1 264,7	1,33	1 588,7	1,40
1,25	1 / 800	681,2	1,07	898,2	1,14	1 153,4	1,21	1 449,0	1,28
1,00	1 / 1 000	608,4	0,96	802,3	1,02	1 030,4	1,08	1 294,5	1,14
0,75	1 / 1 333	525,8	0,83	693,5	0,88	890,7	0,94	1 119,1	0,99
0,50	1 / 2 000	427,9	0,67	564,5	0,72	725,1	0,76	911,2	0,81
0,40	1 / 2 500	381,9	0,60	503,9	0,64	647,3	0,68	813,5	0,72
0,30	1 / 3 333	329,8	0,52	435,1	0,55	559,1	0,59	702,7	0,62
0,20	1 / 5 000	267,9	0,42	353,6	0,45	454,5	0,48	571,4	0,51

Gefälle		DN 1300		DN 1400		DN 1500		DN 1600	
‰	1 : ...	Q	v	Q	v	Q	v	Q	v
100,00	1 / 10	16 126,9	12,15	19 574,5	12,72	23 441,9	13,27	27 747,1	13,80
50,00	1 / 20	11 398,0	8,59	13 835,0	8,99	16 568,7	9,38	19 611,9	9,75
40,00	1 / 25	10 192,8	7,68	12 372,1	8,04	14 816,9	8,38	17 538,5	8,72
30,00	1 / 33	8 824,7	6,65	10 711,7	6,96	12 828,5	7,26	15 185,0	7,55
20,00	1 / 50	7 202,0	5,43	8 742,1	5,68	10 470,0	5,92	12 393,4	6,16
16,66	1 / 60	6 571,6	4,95	7 977,0	5,18	9 553,7	5,41	11 308,9	5,62
13,00	1 / 77	5 802,9	4,37	7 044,0	4,58	8 436,4	4,77	9 986,5	4,97
10,00	1 / 100	5 087,2	3,83	6 175,4	4,01	7 396,3	4,19	8 755,3	4,35
9,00	1 / 111	4 825,2	3,64	5 857,4	3,81	7 015,5	3,97	8 304,6	4,13
8,00	1 / 125	4 548,2	3,43	5 521,2	3,59	6 612,9	3,74	7 828,1	3,89
7,00	1 / 143	4 253,3	3,20	5 163,3	3,35	6 184,2	3,50	7 320,7	3,64
6,00	1 / 167	3 936,5	2,97	4 778,7	3,10	5 723,7	3,24	6 775,7	3,37
5,00	1 / 200	3 591,9	2,71	4 360,5	2,83	5 222,9	2,96	6 182,9	3,08
4,00	1 / 250	3 210,8	2,42	3 898,0	2,53	4 669,0	2,64	5 527,3	2,75
3,00	1 / 333	2 778,3	2,09	3 373,0	2,19	4 040,3	2,29	4 783,2	2,38
2,50	1 / 400	2 534,7	1,91	3 077,3	2,00	3 686,2	2,09	4 364,1	2,17
2,00	1 / 500	2 265,2	1,71	2 750,3	1,79	3 294,5	1,86	3 900,5	1,94
1,50	1 / 667	1 959,4	1,48	2 379,1	1,55	2 850,0	1,61	3 374,4	1,68
1,25	1 / 800	1 787,2	1,35	2 170,1	1,41	2 599,7	1,47	3 078,1	1,53
1,00	1 / 1 000	1 596,7	1,20	1 938,9	1,26	2 322,8	1,31	2 750,4	1,37
0,75	1 / 1 333	1 380,5	1,04	1 676,5	1,09	2 008,6	1,14	2 378,4	1,18
0,50	1 / 2 000	1 124,1	0,85	1 365,3	0,89	1 635,9	0,93	1 937,3	0,96
0,40	1 / 2 500	1 003,7	0,76	1 219,2	0,79	1 460,9	0,83	1 730,1	0,86
0,30	1 / 3 333	867,1	0,65	1 053,3	0,68	1 262,3	0,71	1 495,1	0,74
0,20	1 / 5 000	705,2	0,53	856,7	0,56	1 026,8	0,58	1 216,3	0,60

3 Statische Berechnung von erdgebetteten Rohrleitungen (ATV-DVWK-A 127) und Rohrsanierungen (ATV-M 127-2)

Hinweis: Die zu den Vorschriften A 127 und M 127-2 veröffentlichten Berichtigungen der Druckfehler sind in den Abschnitt 3 eingearbeitet.

3.1 Rohr, Boden, Einbau, Lasten

3.1.1 Rohr

Steinzeugrohre (Stz)

DN		100	125	150	200	250	300	350	400	450	500	600	700	800	900	1000	1200	1400
F_N in	N	34	34	34	32	40	48	56	64	-	60	57	60	60	60	60	60	60
kN/m	H	-	-	-	48	60	72	70	80	72	80	96	84	96	-	-	-	-
d_i in	N	100	126	151	200	250	300	348	404	-	496	597	697	797	897	998	1198	1396
mm	H	-	-	-	200	250	300	348	398	447	496	597	697	797	-	-	-	-
d_a in	N	131	159	186	242	299	355	417	486	-	581	687	795	895	1008	1119	1320	1550
mm	H	-	-	-	254	318	376	430	492	548	609	721	831	941	-	-	-	-

Nach DIN EN 295 und Werknorm WN 295, N = Normallastrohr, H = Hochlastrohr.

Steinzeugrohre Creativ (Stz)

DN = d_i in mm	200	250
F_N in kN/m	32	40
d_a in mm	231	287
Tragfähigkeitsklasse	160	160

Bei Kreisquerschnitten mit konstanter Wanddicke wird die Biegezugfestigkeit σ_R in N/mm² wie folgt aus der Scheiteldruckkraft F_N in kN/m (d_m und s in mm) ermittelt:

$$\sigma_R = 0{,}9 \cdot F_N \cdot \frac{d_m}{s^2} \cdot \alpha_{ki} \quad \text{mit} \quad \alpha_{ki} = 1 + \frac{s}{3 \cdot r_m}$$

Steinzeug-Vortriebsrohre (Stz)

DN	150	200	250	300	400	500	600	700	800	1000
F_N in kN/m	60	80	100	108	132	120	96	84	96	95
d_i in mm	151	200	250	300	402	503	603	704	805	1007
d_a in mm	213	276	360	406	556	661	766	866	971	1182
F in kN	698	1164	2660	3282	7081	8460	9663	9802	11556	14013
F_1 in kN	175	291	665	820	1770	2115	2416	2451	2889	3503
F_2 in kN	210	350	880	1000	2200	2600	3000	3000	3000	3000

Nach DIN EN 295-7, F Vortriebsbemessungskraft, F_1 Vortriebskraft bei manueller Aufzeichnung ($\gamma = 4$), F_2 Vortriebskraft bei automatischer Aufzeichnung und Kontrolle ($\gamma = 3{,}2$).

Betonrohre mit Kreisquerschnitt (Bet)

DN = d_i in mm		100	150	200	250	300	400	500	600	700	800	900	1000	1200	1400
F_N in kN/m	K, KF	24	26	27	28	30	32	35	38	41	43	-	-	-	-
	KW, KFW	-	-	-	-	50	63	80	98	111	125	138	152	181	207
d_a in mm	K, KF	144	198	252	310	380	490	600	720	840	950	-	-	-	-
	KW	-	-	-	-	400	530	670	800	930	1060	1190	1320	1580	1840
	KFW	-	-	-	-	400	500	640	770	900	1030	1160	1290	1540	1840
s_1	KF	22	24	26	30	40	45	50	60	70	75	-	-	-	-
s_2, s_3		22	24	26	30	40	45	60	70	80	90	-	-	-	-
s_1	KFW	-	-	-	-	50	50	70	85	100	115	130	145	170	200
s_2		-	-	-	-	50	65	85	100	115	130	145	160	190	220
s_3		-	-	-	-	65	90	110	130	150	170	195	215	260	300
σ_R in N/mm²	K, KF	6,1	7,7	8,7	8,4	6,2	6,8	7,4	6,7	6,2	6,4	-	-	-	-
	KW	-	-	-	-	6,9	6,8	6,4	6,8	6,7	6,8	6,7	6,8	6,8	6,8
	KFW	-	-	-	-	6,9	11,0	9,1	9,1	8,7	8,4	8,2	8,1	8,4	8,1

Nach DIN 4032, K = Betonrohr mit Kreisquerschnitt ohne Fuß, KF = Kreisquerschnitt mit Fuß; KW = Kreisquerschnitt ohne Fuß, wandverstärkt, KFW = Kreisquerschnitt mit Fuß, wandverstärkt; Wanddicken s_1 (Kämpfer), s_2 (Scheitel), s_3 (Sohle).

Betonrohre mit Eiquerschnitt (Bet)

$d_i \times h_i$ in mm		500×750	600×900	700×1050	800×1200	900×1350	1000×1500	1200×1800
F_N in kN/m	EF	61	69	75	77	80	83	86
$d_a \times h_a$ in mm		628×918	748×1096	868×1270	988×1444	1104×1618	1220×1792	1444×2120
s_1 in mm		64	74	84	94	102	110	122
s_2, s_3 in mm		84	98	110	122	134	146	160
σ_R in N/mm²		9,5	9,6	9,4	8,8	8,7	8,6	8,6

Nach DIN 4032, EF = Betonrohr mit Eiquerschnitt mit Fuß, Wanddicken s_1 (Kämpfer), s_2 (Scheitel), s_3 (Sohle).

Rohre aus duktilem Gusseisen (GGG)

DN	100	125	150	200	250	300	350	400	500	600
d_a in mm	118	144	170	222	274	326	378	429	532	635
s in mm	5	5	5	5	5,3	5,6	6	6,3	7	8,8
s_{ZM} in mm	3,5	3,5	3,5	3,5	3,5	3,5	5	5	5	5
S in kN/m²	250	130	80	60	54	47	36	30	22	18

DN	700	800	900	1000	1200	1400	1600	1800	2000
d_a in mm	738	842	945	1048	1255	1462	1668	1875	2082
s in mm	9,6	10,4	11,2	12	15,3	17,1	18,9	20,7	22,5
s_{ZM} in mm	6	6	6	6	7,5	9	9	9	9
S in kN/m²	24	20	18	16	20	18	17	16	16

Nach DIN EN 598, erhöhte Wanddicken nach DIN EN 545; s_{ZM} Zementmörtelauskleidung (bei der Ermittlung der Rohrsteifigkeit darf s um $s_{ZM}/6$ erhöht werden), S Mindestringsteifigkeit (mit d_m ermittelt).

Vollwandrohre aus Polyvinylchlorid (PVC-U)

DN / OD = d_a in mm		110	125	160	200	250	315	400	500	630	800	1000
min s in mm	SN 4	3,2	3,2	4,0	4,9	6,2	7,7	9,8	12,3	15,4	19,6	24,5
	SN 8	3,2	3,7	4,7	5,9	7,3	9,2	11,7	14,6	18,4	-	-

Nach DIN EN 1401-1 (Formstücke: DIN V 19534), Nennringsteifigkeit SN in kN/m² (mit d_m ermittelt).

Vollwandrohre aus Polyethylen hoher Dichte (PE-HD)

DN		100	100	125	125	150	150	200	200	250	250
d_a in mm		110	125	125	140	160	180	200	225	250	280
s in mm	Reihe 2 (SN 1)	3,5	-	3,9	4,4	5,0	-	6,2	7,0	7,8	8,7
	Reihe 3 (SN 2)	4,3	-	4,9	5,4	6,2	-	-	8,7	-	10,8
	Reihe 4 (SN 8)	-	7,1	-	8,0	-	10,2	-	12,8	-	15,9

DN		300	300	400	500	600	700	800	900	1000	1200
d_a in mm		315	355	450	560	630	710	800	900	1000	1200
s in mm	Reihe 2 (SN 1)	9,8	-	14,0	17,4	19,6	22,1	24,9	28,0	31,1	37,3
	Reihe 3 (SN 2)	-	13,7	17,4	21,6	24,3	27,4	30,8	34,7	38,5	46,2
	Reihe 4 (SN 8)	-	20,1	25,5	31,7	35,7	40,2	45,3	-	-	-

Nach DIN 19537 und DIN 8074, Nennringsteifigkeit SN in kN/m² (mit d_m ermittelt).

Profilierte Rohre SN 8 aus Polypropylen (PP) - ULTRA RIB 2

DN	150	200	250	300	400	500
d_i in mm	148,6	196,4	245,3	293,1	394,8	491,5
d_a in mm	170	225	280	335	450	560
A in mm²/mm	3,93	5,42	6,91	8,56	9,07	12,12
I in mm⁴/mm	24,16	56,76	110,90	191,04	459,55	894,76
W_i in mm³/mm	8,44	15,85	25,55	37,45	59,22	93,10
W_a in mm³/mm	3,63	6,74	11,48	16,75	29,19	47,36
z_s in mm	2,86	3,58	4,34	5,10	7,76	9,61

Angegeben sind die für die statische Berechnung erforderlichen Querschnittswerte, vgl. ATV-A 127, Abschnitt 9.6.

z_s Abstand der Schwerachse der Rohrwand, von innen gemessen

Nach Kunststoffrohrhandbuch und Firmenangaben, Nennringsteifigkeit SN in kN/m² (mit d_m ermittelt).

Weitere profilierte, kerngeschäumte und mineralverstärkte Rohre s. Kunststoffrohrhandbuch [13.66].

Rohre aus glasfaserverstärktem Kunststoff (UP-GF), geschleudert

Durchmesserreihe 2, DN		200	250	300	350	400	500
d_a in mm		220,8	272,6	324,5	376,1	427,1	530,2
s in mm	SN 5000 in N/m² = SN 5 in kN/m²	4,9	5,7	6,6	7,5	8,3	10,0
	SN 10 000 in N/m² = SN 10 in kN/m²	5,8	6,9	8,0	9,1	10,2	12,3

Durchmesserreihe 1, DN		600	700	800	900	1000	1200	1400	1600	1800	2000
d_a in mm		616,4	718,8	820,4	924,1	1026,1	1229	1439	1638	1842	2047
s in mm	SN 5000 in N/m²	11,5	13,2	14,9	16,6	18,3	21,7	25,5	28,5	31,9	35,3
	SN 10 000 in N/m²	14,1	16,3	18,4	20,6	22,8	27,0	31,5	35,7	40,0	44,2

Nach DIN 16 869 und 19 565, Nennringsteifigkeit SN mit d_m ermittelt;
GFK-Rohre, gewickelt nach DIN 16 868 s. Kunststoffrohrhandbuch.

Tafel 13.78 Kennwerte der Rohrwerkstoffe

Rohrwerkstoff	Wichte γ_R kN/m³	Rechenwert des Elastizitätsmoduls E_R N/mm²		Rechenwert der Biegezugfestigkeit σ_R N/mm²		Schwingbreite $2\sigma_A$ N/mm²
Steinzeug	22	50 000		aus F_N		EN 295-1
Beton	24	30 000		6,0 oder aus F_N		$0{,}4 \cdot \beta_{RBZ}$
Stahlbeton	25	30 000		DIN 4035		80 [1)]
Spannbeton	25	39 000		DIN 4227		DIN 4227
Gusseisen-(ZM) duktil	70,5	170 000		550		135
Gusseisen Lamellengraphit	71,5	100 000		350, bei DN ≥ 250: 332		70
Stahl-(ZM)	77	210 000		336		ATV-A 161
		Kurzzeit E_{RK}	Langzeit E_{RL} [2)]	Kurzzeit σ_{RK}	Langzeit σ_{RL} [3)]	
PVC-U	14	3000	1500	90	50	vgl. A 127, Tab. 3 Fußnote 18
PP-B und PP-H	9	1250	312	39	17	
PP-R	9	800	200	27	14	
PE-HD	9,4	800	160	21	14	
UP-GF	17,5	Rechenwerte in N/m²		Rechenwerte von $\Delta d_{Bruch} / d_m$ in % [4)]		
		S_{0K}	S_{0L}			
Nennringsteifigkeit	SN 1250	1250	625	30	18	vgl. A 127, Tab. 3 Fußnote 18
	SN 2500	2500	1250	25	15	
	SN 5000	5000	2500	20	12	
	SN 10 000	10 000	5000	15	9	

1) BSt 500 P.
2) Langzeitwert für 2 Jahre (Kriechfaktor: S_{0K} / S_{0L}).
3) Bei Druckrohren gilt für den Lastfall Innendruck die Vergleichsspannung σ_v; sie wird bei Kunststoffrohren aus dem Zeitstandinnendruckversuch ermittelt [13.66].
4) Hieraus folgt der Rechenwert der Randdehnung $\varepsilon_R = \pm 4{,}28 \cdot s / d_m \cdot (\Delta d_{Bruch} / d_m)$.

$$S_0 = \frac{E_R \cdot I}{d_m^3}$$ Rohrsteifigkeit für Rohre mit beliebigem Wandaufbau (z. B. profiliert)

Für Rohre mit glatter Wand gilt das Flächenmoment 2. Grades:
$I = 1 \cdot s^3 / 12$ z. B. in mm⁴/mm und die

Rohrsteifigkeit $S_0 = \frac{E_R}{12} \cdot \left(\frac{s}{d_m}\right)^3$

(gefordert ist min $S_{0L} = 0{,}375 \cdot 10^{-3}$ N/mm²)

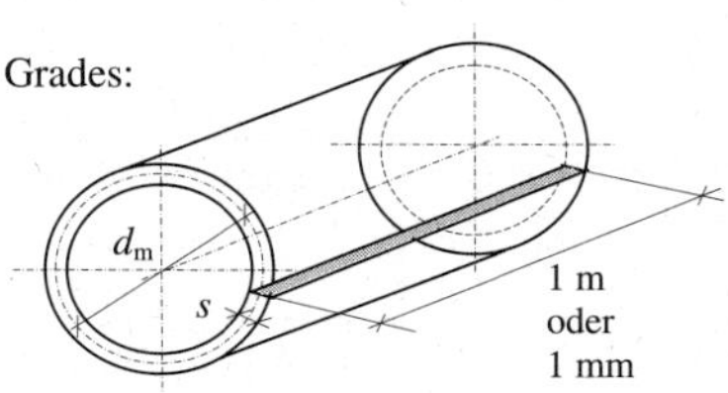

Bei Kunststoffrohren wird unterschieden in:

Kurzzeit-Rohrsteifigkeit $S_{0K} = \frac{E_{RK} \cdot I}{d_m^3}$ und *Langzeit-Rohrsteifigkeit* $S_{0L} = \frac{E_{RL} \cdot I}{d_m^3}$

3.1.2 Boden

Tafel 13.79 Bodengruppen – Richtwerte

Bodengruppe	Wichte γ_B	Wichte unter Auftrieb γ_B'	Innerer Reibungswinkel φ'	Verformungsmodul E_B in N/mm² bei Verdichtungsgrad D_{Pr} in %						Exponent z	zeitabh. Verhalten f_1
	kN/m³	kN/m³	°	85	90	92	95	97	100	-	-
G1	20	11	35	2	6	9	16	23	40	0,4	1,0
G2	20	11	30	1,2	3	4	8	11	20	0,5	1,0
G3	20	10	25	0,8	2	3	5	8	13	0,6	0,8
G4	20	10	20	0,6	1,5	2	4	6	10	0,7	0,5

G1: Nichtbindige Böden (GE, GW, GI, SE, SW, SI)
G2: Schwachbindige Böden (GU, GT, SU, ST)
G3: Bindige Mischböden, Schluff (z. B. bindiger Sand und Kies, bindiger, steiniger Verwitterungsboden, GU, GT, SU, ST, UL, UM)
G4: Bindige Böden (z. B. Ton, Lehm, TL, TM, TA, OU, OT, OH, OK)

(...) Kurzzeichen nach DIN 18 196. Für Bodenarten, die sich nicht in die Tafel 13.79 einordnen lassen (z. B. Müll, organische Böden, Schüttgüter), sind die Rechenwerte zu bestimmen.

Gleichung für die Verformungsmoduln in Tafel 13.79: $E_B = \frac{40}{G} \cdot e^{-0{,}188 \cdot (1-D_{Pr})}$

mit $G = 1$ bis 4 für die Bodengruppe. Werte für $E_B > 2$ N/mm² sind ganzzahlig zu runden.

Bei Dammschüttung mit Überdeckungen $h > 5$ m ist eine auflastabhängige Erhöhung des Verformungsmoduls zulässig: $E_{B,\sigma} = E_B \cdot (p_E / 100)^z$ mit p_E in kN/m², z und E_B nach Tafel 13.79.

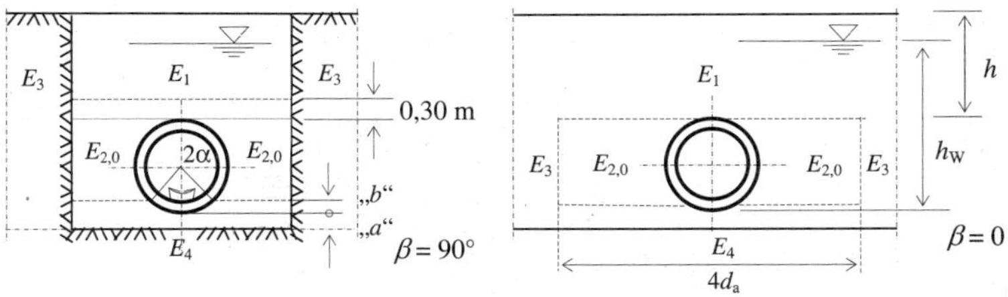

Abb. 13.79a) Bodenzonen im Rohrgraben b) Bodenzonen bei Dammschüttung

Verformungsmoduln des Bodens, Bodenzonen:

E_1 Überschüttung über dem Rohrscheitel [Hauptverfüllung]

$E_{2,0}$ Leitungszone des Rohres (Grundwert) [Seitenverfüllung]
Ausführung bis 0,3 m über Rohrscheitel, rechnerischer Ansatz bis Rohrscheitel

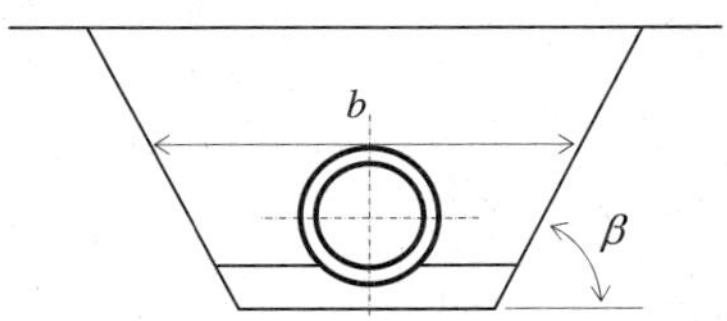

c) Bodenzonen bei geböschtem Graben

E_3 anstehender Boden neben dem Graben (bei Dammschüttung: neben der Rohrleitungszone eingebauter Boden)

E_4 Boden unter dem Rohr (Baugrund) [„a“ = untere, „b“ = obere Bettungsschicht]

in [...]: Bezeichnungen nach DIN EN 1610

3.1.3 Einbaubedingungen

Grundlage einer statischen Berechnung ist der Einbau der Rohrleitung nach DIN EN 1610 und ATV-A 139 – mit entsprechender Ausführung des Rohrauflagers und der Einbettung.

Tafel 13.80a Mindestgrabenbreite nach DIN EN 1610

Nennweite	Mindestgrabenbreite in m		
	verbauter Graben	unverbauter Graben	
		$\beta > 60°$	$\beta \leq 60°$
DN ≤ 225	OD + 0,40	OD + 0,40	
225 < DN ≤ 350	OD + 0,50	OD + 0,50	OD + 0,40
350 < DN ≤ 700	OD + 0,70	OD + 0,70	OD + 0,40
700 < DN ≤ 1200	OD + 0,85	OD + 0,85	OD + 0,40
DN > 1200	OD + 1,00	OD + 1,00	OD + 0,40

Grabentiefe in m	Mindestgrabenbreite in m
< 1,00	-
1,00 ≤ t ≤ 1,75	0,80
1,75 < t ≤ 4,00	0,90
> 4,00	1,00

Hinweise: OD ist der Außendurchmesser (outer diameter). Die für die statische Berechnung benötigte Grabenbreite b ergibt sich, wenn zur Mindestgrabenbreite nach DIN EN 1610 die doppelte Verbaudicke addiert wird. Bei geböschten Gräben wird die Mindestgrabenbreite in DIN EN 1610 in der Sohle angegeben, in der statischen Berechnung ist b die Breite in Rohrscheitelebene.

Tafel 13.80b Überschüttungsbedingungen

	Definition	Erddruckbeiwert K_1	Wandreibungswinkel δ
A1	Lagenweise gegen den gewachsenen Boden verdichtete Grabenverfüllung (ohne Nachweis des Verdichtungsgrades); gilt auch für Trägerbohlwände (Berliner Verbau)	0,5	2/3 φ'
A2	Senkrechter Verbau innerhalb des Rohrgrabens mit Kanaldielen, die erst nach der Verfüllung gezogen werden. Verbauplatten oder -geräte, die bei der Verfüllung des Grabens schrittweise entfernt werden. Unverdichtete Grabenverfüllung. Einspülen der Verfüllung (nur geeignet bei Böden der Gruppe G1)	0,5	1/3 φ'
A3	Senkrechter Verbau des Rohrgrabens mit Spundwänden, Leichtspundprofilen, Holzbohlen, Verbauplatten oder -geräten, die erst nach dem Verfüllen entfernt werden.	0,5	0 ($\kappa = \kappa_0 = 1$)
A4	Lagenweise gegen den gewachsenen Boden verdichtete Grabenverfüllung mit Nachweis des nach ZTVE-StB erforderlichen Verdichtungsgrades; gilt auch für Trägerbohlwände (Berliner Verbau). A4 ist nicht anwendbar bei Böden der Gruppe G4.	0,5	φ'

Tafel 13.80c Einbettungsbedingungen

	Definition	Beiwert α_{Bi}
B1	Lagenweise gegen den gewachsenen Boden bzw. lagenweise in der Dammschüttung verdichtete Einbettung (ohne Nachweis des Verdichtungsgrades); gilt auch für Trägerbohlwände (Berliner Verbau)	2/3
B2	Senkrechter Verbau innerhalb der Leitungszone mit Kanaldielen, die bis zur Grabensohle reichen und erst nach der Verfüllung und Verdichtung gezogen werden, Verbauplatten und -geräte unter der Voraussetzung, dass die Verdichtung des Bodens nach dem Ziehen des Verbaus erfolgt.	1/3
B3	Senkrechter Verbau innerhalb der Leitungszone mit Spundwänden oder Leichtspundprofilen und Verdichtung gegen den Verbau, der bis unter die Grabensohle reicht.	0
B4	Lagenweise gegen den gewachsenen Boden bzw. lagenweise in der Dammschüttung verdichtete Einbettung mit Nachweis des nach ZTVE-StB erforderlichen Verdichtungsgrades. B4 ist nicht anwendbar auf Böden der Gruppe G4.	1

Tafel 13.81a Verformungsmoduln E_1 und $E_{2,0}$ in Abhängigkeit von der Einbaubedingung

Überschüttungsbedingung Einbettungsbedingung	A1 B1		A2 und A3 B2 und B3		A4 B4	
Verdichtungsgrad D_{Pr} in % Verformungsmodul E in N/mm²	D_{Pr}	E_1, $E_{2,0}$	D_{Pr}	E_1, $E_{2,0}$	D_{Pr}	E_1, $E_{2,0}$
Bodengruppe G1	95	16	90	6	97	23
G2	95	8	90	3	97	11
G3	92	3	90	2	95	5
G4	92	2	90	1,5	-	-

Bei gleichwertiger Verdichtung des Bodens neben und über dem Rohr gilt $E_{2,0} = E_1$. $E_{2,0}$ darf nicht größer als E_1 angenommen werden, ausgenommen bei Bodenaustausch in der Leitungszone oder Einbettungsbedingung B4. Bei Gräben mit zusätzlicher Dammschüttung und einer Sohlbreite $b < 3\,d_a$ darf E_2 nicht größer als E_3 angesetzt werden.

Bei Einbau im Damm gilt in der Regel $E_1 = E_{2,0} = E_3$, jedoch ist auch $E_{2,0} > E_3$ möglich.

Abminderung des Grundwertes $E_{2,0}$ nach Tafel 13.81a auf den wirksamen Verformungsmodul E_2:

- bei schmalem Graben $1 < b/d_a < 4$: $\alpha_B = 1-(4-b/d_a)\cdot(1-\alpha_{Bi})/3 \leq 1$ (s. Tafel 13.81b) mit α_{Bi} nach Tafel 13.80c
- für Kriechen des Bodens (G3 + G4): $f_1 \leq 1$ mit f_1 nach Tafel 13.79
- für Grundwassereinfluss: $f_2 = \dfrac{D_{Pr} - 75}{20} \leq 1$

$$\rightarrow \quad E_2 = \alpha_B \cdot f_1 \cdot f_2 \cdot E_{2,0}$$

Tafel 13.81b Abminderungsfaktor α_B für $E_{2,0}$ zur Berücksichtigung des schmalen Grabens

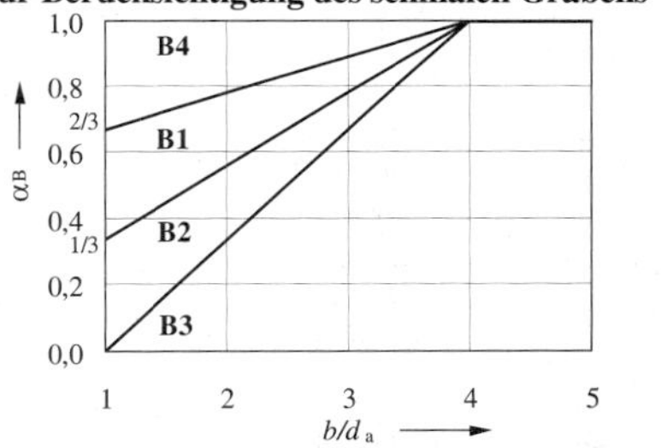

horizontale Bettungssteifigkeit $S_{Bh} = 0{,}6 \cdot \zeta \cdot E_2$

$$\text{mit} \quad \zeta = \frac{1{,}667}{\Delta f + (1{,}667 - \Delta f)\cdot E_2 / E_3}$$

$$\text{und} \quad \Delta f = \frac{b/d_a - 1}{0{,}982 + 0{,}283 \cdot (b/d_a - 1)}$$

ζ = Faktor für E_2 zur Berücksichtigung von unterschiedlichen Bodensteifigkeiten in den Bodenzonen 2 und 3; für $E_2 = E_3$ gilt: $\zeta = 1$,
für $E_2 > E_3$ gilt: $\zeta < 1$, für $E_2 < E_3$ gilt: $\zeta > 1$.

Steifigkeitsverhältnis (Rohrsteifigkeit / horizontale Bettungssteifigkeit in der Leitungszone):

$V_{RB} = 8 \cdot S_0 / S_{Bh}$ $\leq 1{,}0 \rightarrow$ Berechnung als **biegeweiches** Rohr

$> 1{,}0 \rightarrow$ Berechnung als **biegesteifes** Rohr

In Zweifelsfällen ist das Rohr sowohl biegeweich als auch biegesteif zu betrachten.

3.1.4 Auflagerausbildung, Ausladung

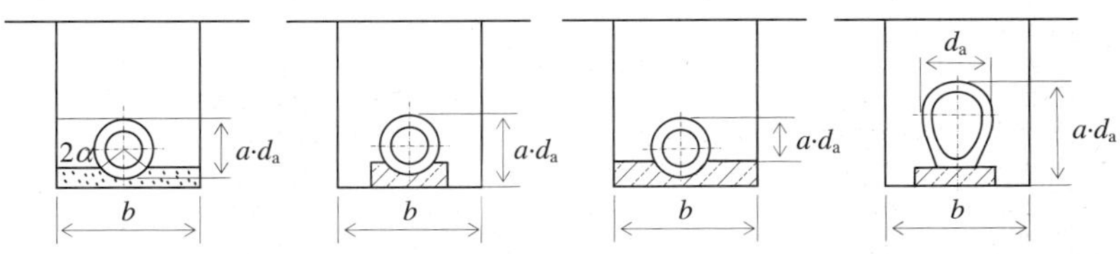

Ausführung:	Sandbettung	schmales Betonlager	breites Betonlager	Eiprofil mit Sockel
relative Ausladung:	$a = 1$	$a > 1$	$a < 1$	$a > 1$
Lagerungsfall:	I	II	II	-

Definition der Ausladung $a \cdot d_a$:
„Höhe der Bodenschicht neben dem Rohr, die gegenüber der vertikalen Rohrverformung abweichende Setzungen erfahren kann".

Weitere Beispiele für $a > 1$: auf Pfahljochen gelagerte Rohre, seitlich unter die Rohrsohle gerammter Spundverbau. Im letzteren Fall kann a mit ca. 2 abgeschätzt werden, vgl. auch [13.65] und [13.67].

Wirksame relative Ausladung $a' = a \cdot E_1 / E_2 \geq 0{,}26$ (a' beeinflusst den Konzentrationsfaktor, s. 3.2.1)

Tafel 13.82a Auflagerwinkel 2α

biegesteifes Rohr		biegeweiches Rohr	
Lagerungsfall	2α abhängig von	Einbettungsbedingung	2α
I	Ausführung	B1, B4	180°
II	Betonummantelung	B2, B3	120°

3.1.5 Lastfälle

- **Erdlasten, Oberflächenlast (Aufschüttung p_0)**

$$p_E = \kappa \cdot \gamma_B \cdot h + \kappa_0 \cdot p_0 \quad \text{in kN/m}^2$$

mit κ und κ_0 = Abminderungsfaktor der statischen Erdlasten und Oberflächenlast nach der Silotheorie (darf nur angesetzt werden, wenn die Grabenwände auf Dauer erhalten bleiben; sind spätere Aufgrabungen möglich, so ist $\kappa = \kappa_0 = 1$ zu setzen).

mit $$\kappa = \frac{1 - e^{-2 \cdot (h/b) \cdot K_1 \cdot \tan\delta}}{2 \cdot (h/b) \cdot K_1 \cdot \tan\delta} \leq 1$$ und $$\kappa_0 = e^{-2 \cdot (h/b) \cdot K_1 \cdot \tan\delta} \leq 1$$

Voraussetzung für $\kappa < 1$: $E_1 \leq E_3$, Voraussetzung für $\kappa_0 < 1$: $E_1 < E_3$
Bei der Überschüttungsbedingung A3 mit $\delta = 0°$ folgt $\kappa = \kappa_0 = 1$.

Bei Gräben mit geböschten Wänden (Böschungswinkel β) ist κ bzw. κ_0 durch κ_β zu ersetzen:

$$\kappa_\beta = 1 - \frac{\beta}{90} + \kappa \cdot \frac{\beta}{90}$$

Für den Grenzfall der Dammschüttung folgt $\kappa = \kappa_0 = 1$.

- **Straßenverkehrslast**

$$p_V = \varphi \cdot p \quad \text{in kN/m}^2$$

p für Regelfahrzeug SLW 60 s. Tafel 13.82b,c (Stoßbeiwert $\varphi = 1{,}2$)
p für Regelfahrzeuge SLW 30 ($\varphi = 1{,}4$) und LKW 12 ($\varphi = 1{,}5$) $h \leq 2$m, $h > 2$ m s. A 127, D2b,c
Radlasten und Aufstandsflächen s. DIN 1072.

Tafel 13.82b,c Lasten in Rohrscheitelebene infolge Straßenverkehrslast SLW 60

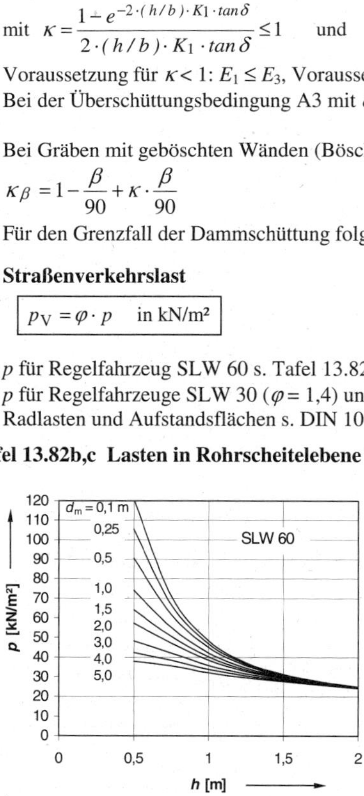

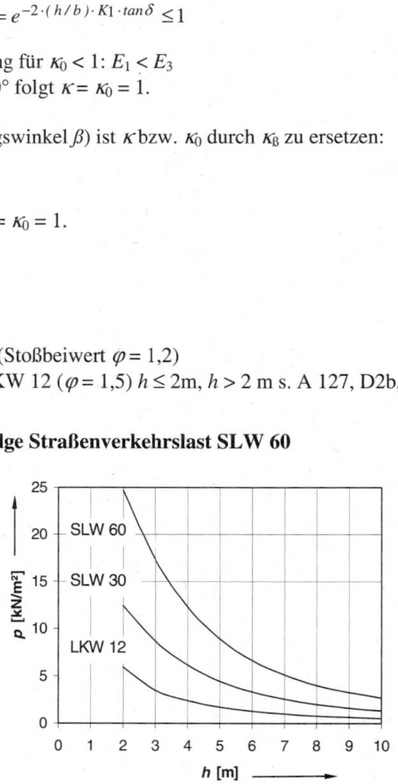

- **Eisenbahnverkehrslast** nach DS 804 der DB AG

$p_V = \varphi \cdot p$ in kN/m² mit $\varphi = 1{,}40 - 0{,}1 \cdot (h - 0{,}60) \geq 1$ (h in m)

Tafel 13.83a Lasten in Rohrscheitelebene infolge Eisenbahnverkehrslast UIC 71

h in m		1,5	2,75	5,5	≥ 10
p in kN/m²	1 Gleis	48	39	20	10
	≥ 2 Gleise	48	39	26	15

Zwischen den angegebenen Werten darf linear interpoliert werden.

Es gilt die Mindestüberdeckung h = 1,5 m oder $h = d_a$. Ansatz von h ab Oberkante Schwelle für die lastverteilende Wirkung von Schienen und Schwellen.

- **Flugzeugverkehrslast** (Näheres s. ATV-A 127)
- **Konzentrierte Flächenlast p_K** aus Fundamenten etc.:
  Aufstandsfläche: $a \cdot b$
  Abstand zum Rohrscheitel: h

$$p_1 = p_K \cdot \frac{a \cdot b}{(a+h)\cdot(b+h)}$$

In Rohrlängsrichtung darf die mittragende Wirkung berücksichtigt werden, vgl. [13.64].

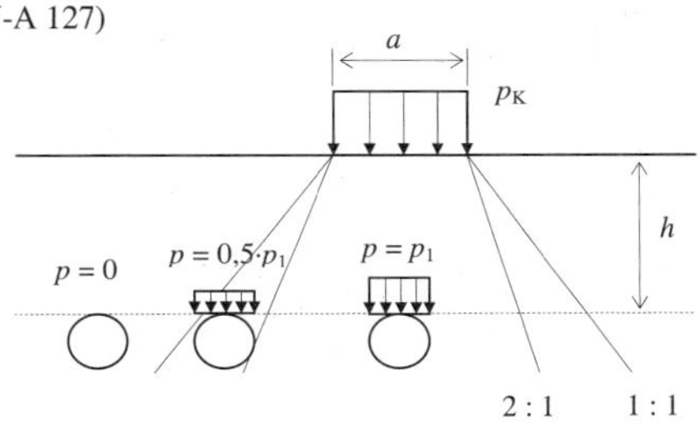

3.2 Spannungen, Verformungen, Stabilität

3.2.1 Lastverteilung am Rohrumfang

Durch unterschiedliche Verformungsfähigkeit des Rohres und des Bodens neben dem Rohr werden die Bodenspannungen p_E in Rohrscheitelebene umgelagert, s. Abb. Das Maß der Umlagerung wird durch die Konzentrationsfaktoren λ_R und λ_B beschrieben (vgl. die Theorie des schubsteifen Balkens nach Leonhardt [13.63] und Abb. 13.83).

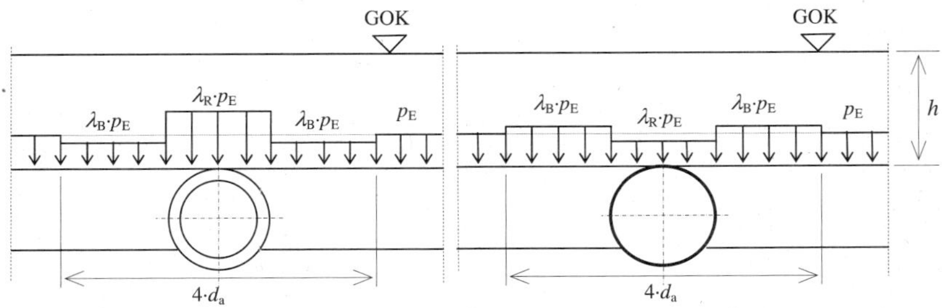

Abb. 13.83 Verteilung der vertikalen Bodenspannungen in Rohrscheitelebene (Dammbedingung)

Tafel 13.83b Konzentrationsfaktor max λ für E_4/E_1 = 10 und Dammbedingung

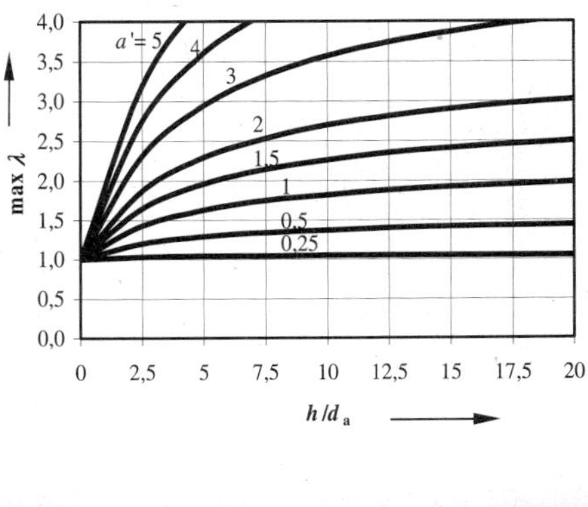

Bei biegesteifen Rohren ($V_{RB} > 1$) ist $\lambda_R = \max \lambda$, die weitere Berechnung bis λ_R ist zu überspringen.

Bei biegeweichen Rohren ($V_{RB} \leq 1$) wird zunächst die vertikale Bettungssteifigkeit ermittelt:

$$S_{Bv} = \frac{E_2}{a}$$

Für die Verformungsbeiwerte der folgenden Gleichungen genügen in der Regel die Biegemomentenanteile c. Lediglich bei profilierten und dickwandigen biegeweichen Rohren können die Kriterien in Tafel 13.84a maßgebend werden – für den Verformungsnachweis ist statt c der Verformungsbeiwert

$$c' = c + \frac{I}{A \cdot r_m^2}\left[2 \cdot (1+\nu) \cdot \kappa_Q \cdot c^Q + c^N\right]$$

mit $\kappa_Q \approx A/A_{Steg}$ für profilierte Rohre, $\kappa_Q = 1{,}2$ für glattwandige Rohre, und $\nu = 0{,}35$ für Kunststoffe zu verwenden. Für die Ermittlung der Lastverteilung am Rohrumfang genügen c und c^Q.

Tafel 13.84a Verformungsbeiwerte

	Beiwerte c für Biegemomentenverformungen							
Auflager-	vertikal				horizontal			
winkel 2α	$c_{v,qv}$	$c_{v,qh}$	$c_{v,w}$	$c_{v,qh*}$	$c_{h,qv}$	$c_{h,qh}$	$c_{h,w}$	$c_{h,qh*}$
120° 180°	–0,0893 –0,0833	+0,0833	–0,0477 –0,0417	+0,0640	+0,0891 +0,0833	–0,0833	+0,0476 +0,0418	–0,0658
	Beiwerte c^Q für Querkraftverformungen bei $\kappa_Q \cdot I/(A \cdot r_m^2) > 0{,}001$							
120° 180°	–0,359 –0,335	+0,335	-	+0,243	+0,354 +0,335	–0,335	-	–0,274
	Beiwerte c^N für Normalkraftverformungen bei $I/(A \cdot r_m^2) > 0{,}001$							
120° 180°	–0,683 –0,648	–0,681	-	–0,247	–0,352 –0,338	–0,684	-	–0,437

Reaktionsdruckbeiwert: $$K^* = \frac{c_{h,qv}}{V_{RB} - c_{h,qh*}}$$

Beiwert für vertikale Verformung: $$c_v^* = c_{v,qv} + c_{v,qh*} \cdot K^*$$

Steifigkeitsverhältnis: $$V_S = \frac{8 \cdot S_0}{\left|c_v^*\right| \cdot S_{Bv}}$$

Beiwert für Verformungen: $$K' = -\frac{c_{v,qh} + \frac{c_{h,qh}}{c_{h,qv}} \cdot c_{v,qh*} \cdot K^*}{c_{v,qv} + c_{v,qh*} \cdot K^*}$$

Hinweis: Bei $2\alpha = 180°$ sowie vernachlässigbaren Normal und Querkraft-Verformungen gilt $K' = 1$.

Konzentrationsfaktor der Bodenspannungen über dem Rohr (biegeweiches Rohr):

$$\lambda_R = \frac{\max\lambda \cdot V_s + a' \cdot \frac{4 \cdot K_2 \cdot K'}{3} \cdot \frac{\max\lambda - 1}{a' - 0{,}25}}{V_s + a' \cdot \frac{3 + K_2 \cdot K'}{3} \cdot \frac{\max\lambda - 1}{a' - 0{,}25}} \leq 4{,}0$$

Einfluss der Grabenbreite bei $b/d_a < 4$:

$$\lambda_{RG} = \frac{\lambda_R - 1}{3} \cdot \frac{b}{d_a} + \frac{4 - \lambda_R}{3}$$

Tafel 13.84b Erddruckbeiwert

Boden-gruppe	Erddruckbeiwert K_2	
	biegesteifes Rohr	biegeweiches Rohr
G1	0,5	0,4
G2	0,5	0,3
G3	0,5	0,2
G4	0,5	0,1

Oberer und unterer Grenzwert des Konzentrationsfaktors λ_{RG}: $\lambda_{fo} = 4{,}0 - 0{,}15 \cdot h \geq 2{,}5$ mit h in m

$$\lambda_{fu} = \frac{1 - e^{-2\frac{h}{d_a} \cdot K_1 \cdot \tan\varphi'}}{2\frac{h}{d_a} \cdot K_1 \cdot \tan\varphi'}$$

(mit $K_1 = 0{,}5$ und $\delta = \varphi'$ für Überschüttungsbedingung A4)

Konzentrationsfaktor der Bodenspannungen neben dem Rohr: $\lambda_B = (4 - \lambda_R) \cdot \frac{1}{3}$

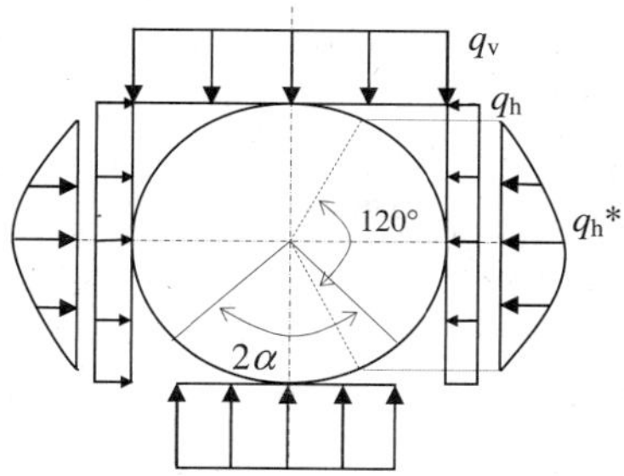

Abb. 13.85 Spannungen am Rohrumfang

Spannungen am Rohrumfang:

- Vertikale Gesamtbelastung des Rohrscheitels:
  $q_v = \lambda_{RG} \cdot p_E + p_V$ in kN/m²
- Seitendruck neben dem Rohr:
  $q_h = K_2 \cdot (\lambda_B \cdot p_E + \gamma_B \cdot \frac{d_a}{2})$ in kN/m²
  (Hinweis: Auf der sicheren Seite wird aus der Verkehrsbelastung p_V kein horizontaler Erddruck angesetzt.)
- Horizontaler Bettungsreaktionsdruck (biegeweiche Rohre):
  $q_h^* = \frac{c_{h,qv} \cdot q_v + c_{h,qh} \cdot q_h}{V_{RB} - c_{h,qh*}}$ in kN/m²
- Bettungsreaktionsdruck aus dem Lastfall Wasserfüllung (biegeweiche Rohre):
  $q_{hw}^* = \frac{c_{h,w} \cdot q_w}{V_{RB} - c_{h,qh*}}$ in kN/m²

  mit $q_w = 1{,}0 \cdot r_i^2 \cdot \pi \cdot \gamma_w / d_m$

3.2.2 Schnittgrößen, Rohrspannungen

Tafel 13.85 Beiwerte zur Ermittlung der Schnittgrößen für Kreisrohre, LF I und III

Lagerungsfall / 2α	Schnittstelle	Biegemomentenbeiwerte					Normalkraftbeiwerte				
		m_{qv}	m_{qh}	m_{qh}*	m_g	m_w	n_{qv}	n_{qh}	n_{qh}*	n_g	n_w
I/60°	Scheitel	+0,286	–0,250	–0,181	+0,459	+0,229	+0,080	–1,0	–0,577	+0,417	+0,7085
	Kämpfer	–0,293	+0,250	+0,208	–0,529	–0,264	–1,000	0	0	–1,571	+0,2158
	Sohle	+0,377	–0,250	–0,181	+0,840	+0,420	–0,080	–1,0	–0,577	–0,417	+1,2921
I/90°	Scheitel	+0,274	–0,250	–0,181	+0,419	+0,210	+0,053	–1,0	–0,577	+0,333	+0,667
	Kämpfer	–0,279	+0,250	+0,208	–0,485	–0,243	–1,000	0	0	–1,571	+0,215
	Sohle	+0,314	–0,250	–0,181	+0,642	+0,321	–0,053	–1,0	–0,577	–0,333	+1,333
I/120°	Scheitel	+0,261	–0,250	–0,181	+0,381	+0,190	+0,027	–1,0	–0,577	+0,250	+0,625
	Kämpfer	–0,265	+0,250	+0,208	–0,440	–0,220	–1,000	0	0	–1,571	+0,215
	Sohle	+0,275	–0,250	–0,181	+0,520	+0,260	–0,027	–1,0	–0,577	–0,250	+1,375
III/180°	Scheitel	+0,250	–0,250	–0,181	+0,345	+0,172	0	–1,0	–0,577	+0,167	+0,583
	Kämpfer	–0,250	+0,250	+0,208	–0,393	–0,196	–1,000	0	0	–1,571	+0,215
	Sohle	+0,250	–0,250	–0,181	+0,441	+0,220	0	–1,0	–0,577	–0,167	+1,417

Hinweise:

Positive Biegemomente erzeugen auf der Rohrinnenseite Zugspannungen, negative Biegemomente Druckspannungen.

Der Lagerungsfall III entspricht Fall I bei $2\alpha = 180°$.

Schnittgrößenbeiwerte von Betonrohren mit Fuß und Eiquerschnitt s. [13.64] oder [13.67].

Schnittgrößenbeiwerte für den Lagerungsfall II (mit Beton ummantelte Kreisrohre) s. A 127, Tabelle T3 II, Ausführung nach ATV-A 139.

Schnittgrößen aus den **Einzellastfällen** (M in kNm/m = 1000 Nmm/mm, N in kN/m = N/mm):

- Vertikale Gesamtbelastung q_v:
  $M_{qv} = m_{qv} \cdot q_v \cdot r_m^2$
  $N_{qv} = n_{qv} \cdot q_v \cdot r_m$
- Horizontaler Bettungsreaktionsdruck q_h^* aus Erdlasten:
  $M_{qh*} = m_{qh*} \cdot q_h^* \cdot r_m^2$
  $N_{qh*} = n_{qh*} \cdot q_h^* \cdot r_m$
- Horizontaler Bettungsreaktionsdruck q_{hw}^* aus Wasserfüllung:
  $M_{qw*} = m_{qh*} \cdot q_{hw}^* \cdot r_m^2$
  $N_{qw*} = n_{qh*} \cdot q_{hw}^* \cdot r_m$
- Eigenlast g:
  $M_g = m_g \cdot \gamma_R \cdot s \cdot r_m^2$
  $N_g = n_g \cdot \gamma_R \cdot s \cdot r_m$
- Seitendruck q_h:
  $M_{qh} = m_{qh} \cdot q_h \cdot r_m^2$
  $N_{qh} = n_{qh} \cdot q_h \cdot r_m$
- Wasserfüllung:
  $M_w = m_w \cdot \gamma_w \cdot r_m^3$
  $N_w = n_w \cdot \gamma_w \cdot r_m^2$
- innerer/äußerer Wasserdruck p_a / p_i (bei Druckrohren gilt $p_i > 0$):
  $M_{pw} = (p_i - p_a) \cdot r_i \cdot r_a \cdot \left(\frac{1}{2} - \frac{r_i \cdot r_a}{r_a^2 - r_i^2} \cdot \ln \frac{r_a}{r_i} \right)$
  Für dünnwandige Rohre gilt $M_{pw} \approx 0$.
  $N_{pw} = p_i \cdot r_i - p_a \cdot r_a$
  (Kesselformel)

Die maßgebende **Lastfallkombination** ergibt sich aus Oberflächenlast, Erdlast (bei minimalem Grundwasserstand), Verkehr, Wasserfüllung und Eigenlast. Es folgen die Spannungen

$$\sigma_{i,a} = \frac{\sum N}{A} \pm \alpha_{ki,a} \cdot \frac{\sum M}{W} \qquad \text{mit } A = 1 \cdot s \text{ in mm²/mm} \quad \text{und } W = 1 \cdot s^2 / 6 \text{ in mm³/mm}$$

mit den Beiwerten $\alpha_{k,i} = 1 + \frac{s}{3 \cdot r_m}$ (innen) und $\alpha_{k,a} = 1 - \frac{s}{3 \cdot r_m}$ (außen) für die Krümmung der Rohrwand. Die Rohrspannungen sind im Scheitel, in den Kämpfern und der Sohle zu ermitteln.

Bei profilierten Rohren sind die Spannungen auf der Innen- und Außenseite mit den dazugehörenden Widerstandsmomenten zu berechnen:

$$\sigma_i = \frac{\sum N}{A} + \alpha_{ki} \cdot \frac{\sum M}{W_i} \quad \text{und} \quad \sigma_a = \frac{\sum N}{A} - \alpha_{k,a} \cdot \frac{\sum M}{W_a}$$

3.2.3 Verformungen (nur biegeweiche Rohre)

Vertikale Durchmesseränderung (negatives Vorzeichen: Verkleinerung):

$$\Delta d_v = \frac{2 \cdot r_m}{8 \cdot S_0} \cdot \left(c_{v,qv} \cdot q_v + c_{v,qh} \cdot q_h + c_{v,qh*} \cdot q_{h*} \right)$$

Auf den mittleren Rohrdurchmesser bezogene Verformung: $\delta_v = \frac{\Delta d_v}{d_m} \cdot 100\,\%$

3.2.4 Stabilität (nur biegeweiche Rohre)

- **Beulen infolge Erddruck und Verkehrslasten:**

Beullast für $V_{RB} \le 0{,}1$: $\text{krit}\, q_v = 2 \cdot \kappa_{v2} \cdot \sqrt{8 \cdot S_0 \cdot S_{Bh}}$

$V_{RB} > 0{,}1$: $\text{krit}\, q_v = \kappa_{v2} \cdot \left(3 + \frac{1}{3 \cdot V_{RB}} \right) \cdot 8 \cdot S_0$

mit dem Abminderungsfaktor für Vorverformungen und plastisches Bodenverhalten:

$\kappa_{v2} = x + 0{,}36 \cdot (\log V_{RB} + 4) \le 0{,}9$

Bodengruppe	x	Bodengruppe	x
G1	0,52	G3	0,46
G2	0,50	G4	0,40

- **Beulen infolge äußeren Wasserdrucks**

Beullast: krit $p_a = \kappa_a \cdot \alpha_D \cdot 8S_0$
mit dem Durchschlagbeiwert α_D nach Tafel 13.87a (zum Vergleich: für ein ungebettetes Rohr gilt $\alpha_D = 3$).

Die Beullast ist für Vorverformungen der Größe δ_v + 1% (δ_v aus Erd- und Verkehrslasten) nach Tafel 13.87b,c abzumindern.

Die Abminderung ist für Verformungen, die der Beulfigur (in der Regel einwellig) ähnlich sind, stärker. Meist genügt jedoch der Ansatz einer zweiwelligen Vorverformung, Näheres s. [13.67].

Tafel 13.87a Durchschlagbeiwert α_D

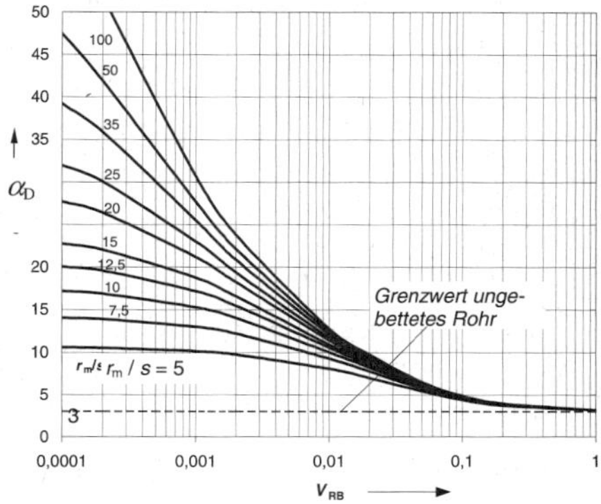

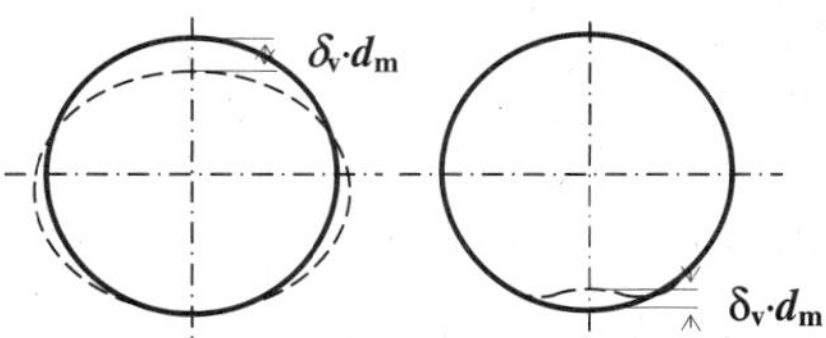

Abb. 13.87 Vorverformungen von Rohren
links: oval (zweiwellig)
rechts: örtlich (einwellig)

Tafel 13.87b,c Abminderungsfaktoren κ_{a2} für zweiwellige Vorverformungen

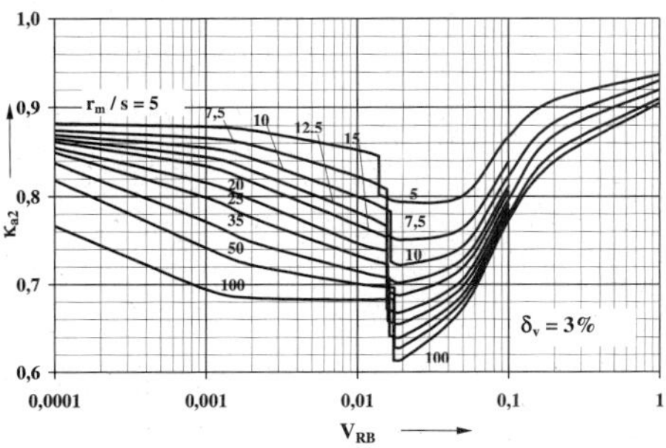

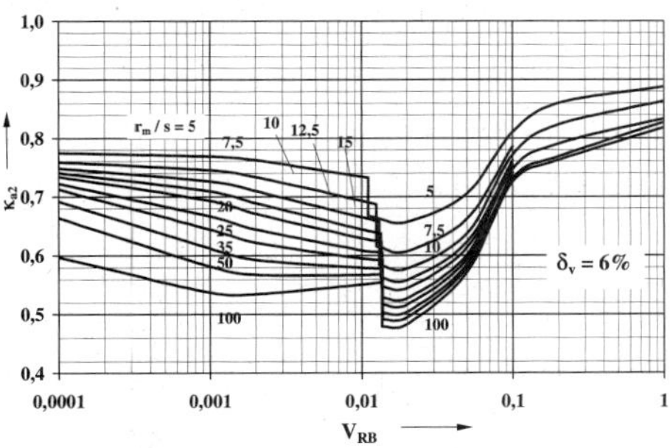

Abminderungsfaktoren κ_{a1} für einwellige Vorverformungen s. A 127, D 13a–f.
Näherungsgleichungen für die Abminderungsfaktoren s. A 127, D 12 und D 13.

3.3 Bemessung

3.3.1 Sicherheitsbeiwerte, zulässige Verformungen

Sicherheitsklasse A: Gefährdung des Grundwassers, Beeinträchtigung der Nutzung, Versagen hat beträchtliche wirtschaftliche Folgen.

Sicherheitsklasse B: keine Gefährdung des Grundwassers, geringe Beeinträchtigung der Nutzung, Versagen hat geringe wirtschaftliche Folgen.

Tafel 13.88a erforderliche Sicherheitsbeiwerte, zulässige Verformungen

Rohrwerkstoff	**erf γ für Spannungsnachweise** Sicherheitsklasse A (Regelfall), $p_f = 10^{-5}$	Sicherheitsklasse B (Sonderfall), $p_f = 10^{-3}$
Beton, Steinzeug	2,2	1,8
Stahlbeton	1,75	1,4
PE-HD, PVC-U, PP	2,5	2,0
Stahl-ZM, duktiles Gusseisen-ZM	1,5	1,3
UP-GF	2,0	1,75
	erf γ für Stabilitätsnachweise	
PE-HD, PVC-U, PP, Stahl-ZM, duktiles Gusseisen-ZM, UP-GF	2,5 (2,0 bei Berücksichtigung von Vorverformungen)	2,0 (1,6 bei Berücksichtigung von Vorverformungen)

zulässige Rohrverformung	zul δ_v in %
unter Straßen	6
Rohre mit ZM-Auskleidung	4
unter Gleisen der DB AG	2

3.3.2 Spannungsnachweis (biegesteife und biegeweiche Rohre)

Mit der maximalen Zugspannung max σ (bei Stahl- und Gussrohren die betragsmäßig maximale Spannung) und der Rechenfestigkeit σ_R nach Tafel 13.78 folgt der Sicherheitsbeiwert

$$\gamma = \frac{\sigma_R}{\max \sigma} \geq \text{erf } \gamma \quad \text{nach Tafel 13.88a}$$

3.3.3 Tragfähigkeitsnachweis (nur bei biegesteifen Rohren mit definierter Scheiteldruckkraft F_N)

Bei Rohren mit definierter Scheiteldruckkraft F_N kann alternativ die Tragfähigkeit nachgewiesen werden:

$$\gamma = \frac{F_N \cdot EZ}{q_v \cdot d_a} \geq \text{erf } \gamma$$

mit der Einbauziffer *EZ* nach Tafel 13.88b

Tafel 13.88b Einbauziffer EZ

Lagerungsfall	Auflagerwinkel 2α	Einbauziffer (Bettungsziffer) *EZ*
I	60°	1,59
	90°	1,91
	120°	2,18
II	90°	2,17
	120°	2,50
	180°	2,68

3.3.4 Verformungsnachweis (biegeweiche Rohre)

$$\text{vorh } \delta_v \leq \text{zul } \delta_v \quad \text{nach Tafel 13.88a}$$

3.3.5 Stabilitätsnachweis (biegeweiche Rohre)

- **Erd- und Verkehrslasten** (maßgebende Lastfallkombination: Erdlasten bei min h_w, Verkehr):

  $$\gamma(q_v) = \frac{\text{krit } q_v}{q_v} \geq \text{erf } \gamma \quad \text{nach Tafel 13.88a}$$

- **Äußerer Wasserdruck** (maßgebende Lastfallkombination: max h_w, keine Wasserfüllung):

  $$\gamma(p_a) = \frac{\text{krit } p_a}{p_a} \geq \text{erf } \gamma \quad \text{nach Tafel 13.88a}$$

  mit $p_a = \gamma_w \cdot \max h_w$ (max h_w = max. Grundwasserstand über Rohrsohle)

- **Interaktion** (maßgebende Lastfallkombination: in der Regel max h_w, keine Wasserfüllung, dazugehörende Erdlasten, Verkehr):

$$\gamma(q_v + p_a) = \frac{1}{\dfrac{q_{v,A}}{\text{krit } q_v} + \dfrac{p_a}{\text{krit } p_a}} \geq \text{erf } \gamma \quad \text{nach Tafel 13.88a}$$

wobei für $q_{v,A}$ die Erdlast unter Auftrieb angesetzt werden darf.

3.3.6 Nachweis bei nicht vorwiegend ruhender Belastung

Es dürfen nur Rohre mit genormter Schwingbreite $2\sigma_A$ (oder Ermittlung durch anerkanntes Prüfinstitut und Überwachung) verwendet werden.

Berücksichtigung der befestigten Fahrbahn durch h + 0,3 m. Veränderlicher Spannungsanteil:

$$\text{dyn } p_V = \alpha_V \cdot \varphi \cdot p$$

Schnittgrößen: $M_{qv} = m_{qv} \cdot \text{dyn } p_V \cdot r_m^2$

$N_{qv} = n_{qv} \cdot \text{dyn } p_V \cdot r_m$

Tafel 13.89 Abminderungsfaktor α_V

Verkehrslast	α_V	Nachweis erforderlich bei
SLW 60	0,5	$h \leq 1{,}5$ m
SLW 30	0,8	
LKW 12	-	-
UIC 71	1,0	alle h
BFZ	0,6	alle h

Bei biegeweichen Rohren unter den folgenden Voraussetzungen: Bodengruppe G1 oder G2, Proctordichte $D_{Pr} \geq 97\%$ ($S_{Bh} \geq 6$ N/mm²): $\text{dyn } p_{Vh*} = \text{dyn } p_V \cdot K^*$

Nachweis:

$$\text{dyn } \sigma_{pV} = \frac{N_{qv} + N_{qh*}}{A} \pm \alpha_{ki,a} \cdot \frac{M_{qv} + M_{qh*}}{W} \leq \frac{2\sigma_A}{\gamma} \quad \text{mit } \gamma = 2{,}0 \text{ für UIC 71, sonst } \gamma = 1$$

3.4 Beispiele

Eingabe	Einheit	biegesteifes Rohr	biegeweiches Rohr
Rohr			
Bezeichnung		Stz DN 400 N	PVC DN 400
d_i	mm	404	380,4
d_a	mm	486	400
s	mm	41	9,8
F_N	kN/m	64	-
γ_R	kN/m³	22	14
$E_{R,kurz}$	N/mm²	50 000	3000
$E_{R,lang}$	N/mm²		1500
Sicherheitsklasse		A	A
Spannungsnachweis erf γ		2,2	2,5
Stabilitätsnachweis erf γ		-	2,0
zul δ_v^*		-	6
Einbaubedingungen			
h	m	2,8	2,8
b	m	1,4	1,4
β		90°	90°
Einbettungsbedingung		B2	B2
Überschüttungsbeding.		A2	A2
Lagerungsfall		I	I
Auflagerwinkel 2α		90°	120°
relative Ausladung a		1	1
Lasten			
Verkehrslast (Regelfahrzeug nach DIN 1072)		SLW 60	SLW 60

Eingabe	Einheit	biegesteifes Rohr	biegeweiches Rohr
Boden			
Anstehender Boden:			
Gruppe		G3	G3
D_{Pr}	%	90	90
φ'		25°	25°
max h_W über Sohle	m	2,3	2,3
min h_W	m	0	0
Verfüllung der Leitungszone:			
Gruppe		G1	G1
D_{Pr}	%	90	90
γ_B	kN/m³	20	20
Überschüttung:			
Gruppe		G3	G3
D_{Pr}	%	90	90
γ_B	kN/m³	20	20
γ_B'	kN/m³	10	10
φ'		25°	25°
Verformungsmoduln E_B:			
E_1	N/mm²	2	2
$E_{2,0}$	N/mm²	6	6
E_3	N/mm²	2	2
$E_4 = 10E_1$	N/mm²	20	20
K_1	-	0,5	0,5
$\delta = \varphi'/3$		8,33°	8,33°

Berechnungsgang:

1. Steinzeugrohr DN 400 N

Boden, Einbaubedingungen: Aus der Überschüttungsbedingung A2 und der Bodengruppe G3 folgt der Verformungsmodul $E_1 = 2$ N/mm²; aus der Einbettungsbedingung B2 und der Bodengruppe G1 folgt der Verformungsmodul $E_{2,0} = 6$ N/mm² (Tafel 13.81a);
Abminderung von $E_{2,0}$ mit $\alpha_B = 0{,}751, f_1 = 1, f_2 = (90 - 75)/20 = 0{,}75$
$\rightarrow E_2 = 0{,}751 \cdot 1 \cdot 0{,}75 \cdot 6{,}0 = 3{,}38$ N/mm²; $E_4 = 10 \cdot E_1 = 20$ N/mm²;
relative Ausladung $a = 1$ (Kreisrohr, Sand-/Kiesauflager);
wirksame relative Ausladung: $a' = a \cdot E_1/E_2 = 1 \cdot 2/3{,}38 = 0{,}59$ (> 0,26)

Erdlast: Grabenwände bleiben auf Dauer nicht erhalten $\rightarrow \kappa = 1$
$p_E = \kappa \cdot \gamma_B \cdot h = 1{,}0 \cdot 20 \cdot 2{,}8 = 56{,}0$ kN/m² (min $h_W = 0$: keine Berücksichtigung des Auftriebs in p_E)

Verkehrslast: $p_V = \varphi \cdot p$ (mit $\varphi = 1{,}2$ nach Abschn. 3.1.5 und $p = 18{,}6$ kN/m² aus Tafel 13.82c),
$p_V = 1{,}2 \cdot 18{,}6 = 22{,}3$ kN/m²

Lastaufteilung:
$h / d_a = 2{,}8 / 0{,}486 = 5{,}76 \rightarrow \max \lambda = 1{,}38$ (Tafel 13.83b) $= \lambda_R$; $b / d_a = 1{,}4 / 0{,}486 = 2{,}88 < 4 \rightarrow$
Einfluss der Grabenbreite $\lambda_{RG} = (\lambda_R - 1)/3 \cdot b/d_a + (4 - \lambda_R)/3 = (1{,}38 - 1)/3 \cdot 2{,}88 + (4 - 1{,}38)/3 = 1{,}24$
Obergrenze für λ_{RG}: $\lambda_{fo} = 4{,}0 - 0{,}15 \cdot 2{,}8 = 3{,}58$
Untergrenze für λ_{RG}: $x = 2 \cdot h/d_a \cdot K_1 \cdot \tan \varphi' = 2 \cdot 5{,}76 \cdot 0{,}5 \cdot \tan 25° = 2{,}69$
$\lambda_{fu} = (1 - e^{-x}) / x = (1 - e^{-2{,}69}) / 2{,}69 = 0{,}35 \rightarrow \lambda_{fu} = 0{,}35 < \lambda_{RG} = 1{,}24 < \lambda_{fo} = 3{,}58$
$\lambda_B = (4 - \lambda_R)/3 = (4 - 1{,}38)/3 = 0{,}87$

Vertikale Gesamtbelastung: $q_v = \lambda_{RG} \cdot p_E + p_V = 1{,}24 \cdot 56{,}0 + 22{,}3 = 91{,}7$ kN/m²

Seitendruck: Erddruckbeiwert $K_2 = 0{,}5$ (Tafel 13.84b)
$q_h = K_2 \cdot (\lambda_B \cdot p_E + \gamma_B \cdot d_a/2) = 0{,}5 \cdot (0{,}87 \cdot 56{,}0 + 20 \cdot 0{,}486/2) = 26{,}8$ kN/m²

Schnittgrößen: Für Lagerungsfall I/90° (Sand-/Kiesauflager) ist die Rohrsohle die maßgebende Nachweisstelle; $r_m = (d_a + d_i) / 4 = (0{,}486 + 0{,}404) / 4 = 0{,}2225$ m

Lastgröße	Biegemomente	Normalkräfte
vertikale Belastung q_v	$M_{qv} = m_{qv} \cdot q_v \cdot r_m^2 =$ 1,424 kNm/m	$N_{qv} = n_{qv} \cdot q_v \cdot r_m = -1{,}080$ kN/m
Seitendruck q_h	$M_{qh} = m_{qh} \cdot q_h \cdot r_m^2 = -0{,}333$ kNm/m	$N_{qh} = n_{qh} \cdot q_h \cdot r_m = -5{,}989$ kN/m
Eigenlast g (γ_R s. Tafel 13.78)	$M_g = m_g \cdot \gamma_R \cdot s \cdot r_m^2 =$ 0,029 kNm/m	$N_g = n_g \cdot \gamma_R \cdot s \cdot r_m = -0{,}067$ kN/m
Wasserfüllung w	$M_w = m_w \cdot \gamma_w \cdot r_m^3 =$ 0,035 kNm/m	$N_w = n_w \cdot \gamma_w \cdot r_m^2 =$ 0,660 kN/m
Summe	ΣM =1,154 kNm/m = 1154 Nmm/mm	$\Sigma N = -6{,}475$ kN/m = −6,475 N/mm

Querschnittswerte: $s = 41$ mm, $A = 1 \cdot 41 = 41$ mm²/mm, $W = 1 \cdot 41^2/6 = 280{,}2$ mm³/mm
Beiwert für Krümmung der Rohrwand: $\alpha_{ki} = 1 + s / (3 \cdot r_m) = 1 + 41 / (3 \cdot 222{,}5) = 1{,}061$

Spannungen: $\sigma_i = \Sigma N / A + \alpha_{ki} \cdot \Sigma M / W = -6{,}475 / 41 + 1{,}061 \cdot 1154 / 280{,}2 = 4{,}21$ N/mm²
Biegezugfestigkeit aus F_N ermittelt:
$\sigma_R = 0{,}9 \cdot F_N \cdot (d_i + s) / s^2 \cdot \alpha_{ki} = 0{,}9 \cdot 64 \cdot (0{,}404 + 0{,}041) / 0{,}041^2 \cdot 1{,}061 = 16\,180$ kN/m² $\cong 16{,}2$ N/mm²

Spannungsnachweis: $\gamma = \sigma_R / \sigma_i = 16{,}2 / 4{,}21 = 3{,}84 > 2{,}2 = \text{erf } \gamma$ (Tafel 13.88a)
→ Das Steinzeugrohr DN 400 N ist standsicher.

Alternativ ist auch der **Tragfähigkeitsnachweis** möglich:
Lagerungsfall I/90°: $EZ = 1{,}91$ (Tafel 13.88b)
Nachweis: $\gamma = F_N \cdot EZ / (q_v \cdot d_a) = 64 \cdot 1{,}91 / (91{,}7 \cdot 0{,}486) = 2{,}74 > 2{,}2 = \text{erf } \gamma$ (Tafel 13.88a)

Nachweis bei nicht vorwiegend ruhender Belastung: Für Rohre unter Straßen mit Überdeckungen $h \geq 1{,}5$ m kann der Nachweis der Schwingbreite $2\sigma_A$ entfallen.

2. Abwasserrohr DN 400 aus PVC-U

Boden, Einbaubedingungen: Verformungsmoduln $E_1 = 2$ N/mm²; $E_{2,0} = 6$ N/mm²;
$E_4 = 10 \cdot E_1 = 20$ N/mm² (s. Beispiel Stz.-Rohr DN 400 N);
aus der Einbettungsbedingung B2 folgt der Auflagerwinkel $2\alpha = 120°$ (Tafel 13.82a);
relative Ausladung $a = 1$ (Kreisrohr, Sand-/Kiesauflager)

Erdlast: $p_E = 56{,}0$ kN/m² (s. Beispiel Stz.-Rohr DN 400 N)

Verkehrslast: $p_V = 22{,}3$ kN/m² (s. Beispiel Stz.-Rohr DN 400 N)

Größe	Einheit	Spannungsnachweis, Kurzzeit	Verformungs- / Stabilitätsnachweis, Langzeit
Verformungsmodul Leitungszone $E_{2,0}$	N/mm²	6	
Einfluss des schmalen Grabens α_B	-	0,889	
Kriechen des Bodens f_1	-	1,0	
Grundwassereinfluss f_2	-	0,75	
abgeminderter Verformungsmodul E_2	N/mm²	4,0	
Rohrsteifigkeit $S_0=E_R \cdot (s/d_m)^3/12$ (=$S_R/8$)	N/mm²	0,00396	0,00198
Δf und ζ	-	1,480 und 0,899	
hor. Bettungssteifigkeit $S_{Bh} = 0{,}6 \cdot \zeta \cdot E_2$	N/mm²	2,158	
Steifigkeitsverhältnis $V_{RB} = 8S_0 / S_{Bh}$ → biegeweiches Rohr, $V_{RB} < 1{,}0$	-	0,01468 < 1,0	0,00734 < 1,0
Erddruckverhältnis K_2 für Bodengr. G1	-	0,4	
max. Konzentrationsfaktor max λ_R	-	1,333	
vertikale Bettungssteifigkeit S_{Bv}	N/mm²	4,0	
κ_Q für glattwandiges Rohr	-	1,2	
Kriterium $\kappa_Q \cdot I/A/r_m^2 = \kappa_Q \cdot s^2/12/r_m^2$ für Verformungsbeiwerte → $c = c'$	-	0,00025 < 0,001	
Verformungsbeiwerte für $2\alpha = 120°$	$c_{v,qv} = -0{,}0893$ $c_{h,qv} = +0{,}0891$	$c_{v,qh} = +0{,}0833$ $c_{h,qh} = -0{,}0833$ $c_{v,w} = -0{,}0477$ $c_{h,w} = +0{,}0476$	$c_{v,qh*} = +0{,}0640$ $c_{h,qh*} = -0{,}0658$
Reaktionsdruckbeiwert K^*	-	1,107	1,218
Beiwert für vertikale Verformung c_v^*	-	−0,0184	−0,0113
Steifigkeitsverhältnis V_s	-	0,429	0,349
wirksame relative Ausladung a'	-	0,50	
Beiwert für Verformungen K'	-	0,925	0,918
Konzentrationsfaktor über dem Rohr λ_R	-	0,765	0,722
Konzentrationsfaktor im Graben λ_{RG}	-	0,804	0,768
Vertikale Gesamtbelastung q_v	kN/m²	67,39	65,38
Konzentrationsfaktor neben dem Rohr λ_B	-	1,078	1,093
Seitendruck q_h	kN/m²	25,75	26,08
Horizontaler Bettungsreaktionsdruck q_h^*	kN/m²	47,95	49,95
Bettungsreaktionsdruck $q_{h,w}^*$ aus LF w	kN/m²	1,72 [1)]	1,89 [1)]

[1)] Die entlastende Wirkung des Bettungsreaktionsdruckes $q_{h,w}^*$ aus Wasserfüllung wird im Weiteren vernachlässigt.

Schnittgrößen: Für Lagerungsfall I/120° (Sand-/Kiesauflager) ist die Rohrsohle die maßgebende Nachweisstelle; $r_m = (d_a + d_i) / 4 = (0{,}400 + 0{,}3804)/4 = 0{,}1951$ m

Lastgröße	Biegemomente	Normalkräfte
vertikale Belastung q_v	$M_{qv} = m_{qv} \cdot q_v \cdot r_m^2 = 0{,}705$ kNm/m	$N_{qv} = n_{qv} \cdot q_v \cdot r_m = -0{,}355$ kN/m
Seitendruck q_h	$M_{qh} = m_{qh} \cdot q_h \cdot r_m^2 = -0{,}245$ kNm/m	$N_{qh} = n_{qh} \cdot q_h \cdot r_m = -5{,}025$ kN/m
hor. Bettungsreaktionsdr. q_h^*	$M_{qh*} = m_{qh*} \cdot q_h^* \cdot r_m^2 = -0{,}330$ kNm/m	$N_{qh*} = n_{qh*} \cdot q_h^* \cdot r_m = -5{,}398$ kN/m
Eigenlast g (γ_R s. Tafel 13.78)	$M_g = m_g \cdot \gamma_R \cdot s \cdot r_m^2 = 0{,}003$ kNm/m	$N_g = n_g \cdot \gamma_R \cdot s \cdot r_m = -0{,}007$ kN/m
Wasserfüllung w ($\gamma_w = 10$ kN/m³)	$M_w = m_w \cdot \gamma_w \cdot r_m^3 = 0{,}019$ kNm/m	$N_w = n_w \cdot \gamma_w \cdot r_m^2 = 0{,}523$ kN/m
Summe	$\Sigma M = 0{,}152$ kNm/m = 152 Nmm/mm	$\Sigma N = -10{,}26$ kN/m = −10,26 N/mm

Querschnittswerte: $s = 9{,}8$ mm, $A = 1 \cdot 9{,}8 = 9{,}8$ mm²/mm, $W = 1 \cdot 9{,}8^2/6 = 16{,}0$ mm³/mm
Beiwert für Krümmung der Rohrwand: $\alpha_{ki} = 1 + s / (3 \cdot r_m) = 1 + 9{,}8 / (3 \cdot 195{,}1) = 1{,}017$

Spannungen (Kurzzeit): $\sigma_i = \Sigma N / A + \alpha_{ki} \cdot \Sigma M / W = -10{,}261 / 9{,}8 + 1{,}017 \cdot 152 / 16{,}0 = 8{,}61$ N/mm²
Spannungsnachweis: $\gamma = \sigma_R / \sigma_i = 90 / 8{,}61 = 10{,}45 > 2{,}5 = \text{erf } \gamma$ (Tafel 13.88a)

Verformungsnachweis (Langzeit):

$$\Delta d_v = \frac{2 \cdot 195{,}1}{8 \cdot 0{,}00198} \cdot \left(-0{,}0893 \cdot 65{,}38 + 0{,}0833 \cdot 26{,}08 + 0{,}0640 \cdot 49{,}95\right) \cdot 10^{-3} = -11{,}6 \text{ mm}$$

$$\delta_v = \left|\Delta d_v\right| / d_m \cdot 100\,\% = 11{,}6 / 390{,}2 \cdot 100 = 2{,}97\,\% < 6\,\% = \text{zul } \delta_v \text{ (Tafel 13.88a)}$$

Stabilitätsnachweis (Langzeit):

- **Erddruck und Verkehrslasten:** Abminderungsfaktor $\kappa_{v2} = 0{,}9$

krit $q_v = \kappa_{v2} \cdot 2 \cdot \sqrt{8S_0 \cdot S_{Bh}} = 0{,}9 \cdot 2 \cdot \sqrt{8 \cdot 0{,}00198 \cdot 2{,}16} = 0{,}333\,\text{N/mm}^2 = 333\ \text{kN/m}^2$

gegeben: $h_{w,So} = 2{,}3$ m, Grundwasserstand über dem Rohrscheitel: $h_{w,S} = 2{,}3 - 0{,}4 = 1{,}9$ m

$$q_{v,A} = \lambda_{RG} \cdot [h_{w,S} \cdot \gamma_B' + (h - h_{w,S}) \cdot \gamma_B] + p_V = 0{,}768 \cdot [1{,}9 \cdot 10 + (2{,}8 - 1{,}9) \cdot 20] + 22{,}3 = 50{,}7\ \text{kN/m}^2$$

Sicherheit γ_{qv} = krit $q_v / q_{v,A} = 333 / 50{,}7 = 6{,}57$

- **Äußerer Wasserdruck:**

Zweiwellige Vorverformung $\delta_v + 1\ \% = 4\ \%$; $r_m/s = 195{,}1 / 9{,}8 = 20$; $V_{RB} = 0{,}0073$
→ Interpolation des Abminderungsfaktors nach Tafel 13.87b,c: $\kappa_{a2} \approx 0{,}76 - 0{,}15/3 = 0{,}71$

Durchschlagbeiwert $\alpha_D \approx 12{,}5$ (Tafel 13.87a)

krit $p_a = \kappa_{a2} \cdot \alpha_D \cdot 8 \cdot S_0 = 0{,}71 \cdot 12{,}5 \cdot 8 \cdot 0{,}00198 = 0{,}140\,\text{N/mm}^2 = 140\ \text{kN/m}^2$

$p_a = \gamma_w \cdot h_{w,So} = 10 \cdot 2{,}3 = 23{,}0\ \text{kN/m}^2$ → Sicherheit γ_{pa} = krit $p_a / p_a = 140 / 23{,}0 = 6{,}09$

- **Interaktion:**

$$\gamma(q_v + p_a) = \frac{1}{1/\gamma_{qv} + 1/\gamma_{pa}} = \frac{1}{1/6{,}57 + 1/6{,}09} = 3{,}16 > 2{,}0 = \text{erf}\,\gamma \quad \text{(Tafel 13.88a)}$$

→ Das PVC-Rohr DN 400 ist standsicher.

***Ergänzende Hinweise*:**

1. Der Spannungsnachweis ist auch für Langzeitbedingungen zu führen. Für das Beispiel folgt die Spannung $\sigma_i = +6{,}14$ N/mm² in der Rohrsohle und mit $\sigma_{RL} = 50$ N/mm² der Nachweis:

   $\gamma = \sigma_R / \sigma_i = 50 / 6{,}14 = 8{,}14 > 2{,}5 = \text{erf}\ \gamma$

2. Für den Langzeitnachweis ist eine Wichtung der Rohrsteifigkeit und der Biegezugfestigkeit mit den kurz- und den langzeitig wirkenden Lastanteilen p_V und p_E möglich. Für das Beispiel gilt:

$$\bar{S}_0 = \frac{p_V \cdot S_{0K} + p_E \cdot S_{0L}}{p_V + p_E} = \frac{22{,}3 \cdot 0{,}00396 + 56{,}0 \cdot 0{,}00198}{22{,}3 + 56{,}0} = 0{,}00254\,\text{N/mm}^2$$

$$\bar{\sigma}_R = \frac{p_V \cdot \sigma_{RK} + p_E \cdot \sigma_{RL}}{p_V + p_E} = \frac{22{,}3 \cdot 90 + 56{,}0 \cdot 50}{22{,}3 + 56{,}0} = 61{,}4\,\text{N/mm}^2$$

   Der hier nicht wiedergegebene Berechnungsgang mit gewichteten Größen führt zu kleineren Spannungen.

Sonderfall unsymmetrischer Graben, Stufengraben

Vorgehen zur Berechnung des *oben* liegenden Rohres:

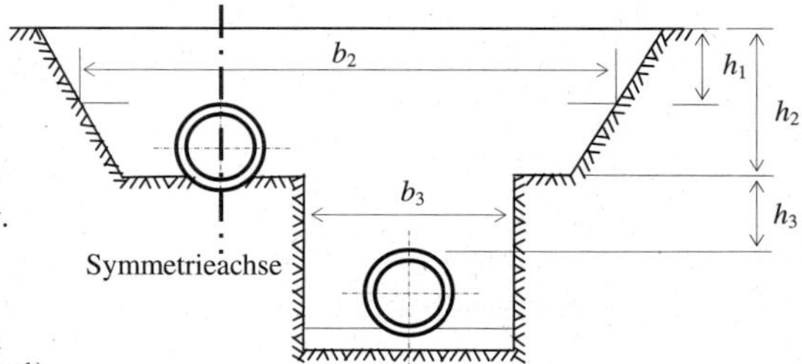

1. Spiegelung der linken Grabenseite um die Symmetrieachse nach rechts (= geböschter Graben), Ermittlung von q_{v1} usw.

2. Spiegelung der rechten Grabenseite um die Symmetrieachse nach links, Ermittlung von q_{v2} usw. Graben mit Sockel ($a >> 1$),

3. Mittelwerte aus q_{v1} und q_{v2} (q_h sinngemäß),

4. Spannungsnachweis nach 3.3.2 oder Tragfähigkeitsnachweis nach 3.3.3.

Für das *untere* Rohr wird die Erdauflast der Höhe h_2 als Oberflächenlast p_0 betrachtet.

3.5 Sanierung von Abwasserkanälen durch Liningverfahren, statische Berechnungen (ATV-M 127-2)

3.5.1 Allgemeines

Merkblatt ATV-M 127-2 (01.00) als Ergänzung zum Arbeitsblatt ATV-A 127, 3. Auflage (08.00).

Zur Sanierung von Abwasserkanälen stehen Instandsetzungs-, Renovierungs- und Erneuerungsverfahren zur Verfügung, vgl. z. B. [13.55].

Liningverfahren: Grabenlose Renovierung von Rohrleitungen durch Einbringen eines Innenrohres („Liner").

Schlauchlining: Durch Einziehen oder Einstülpen eines harzgetränkten, faserverstärkten Schlauches und Aushärten durch warmes Wasser oder UV-Licht entsteht ein Innenrohr mit überprüfbaren Werkstoffeigenschaften.

Im Merkblatt M 127-2 behandelte Verfahren:

- Schlauchlining
- Rohrlining (Kurzrohr-, Langrohr-, Rohrstranglining und rückverformte Liner)
- Wickelrohrlining
- Noppenbahnlining
- Montageverfahren

3.5.2 Voruntersuchungen zum Altrohr

erforderliche Angaben	Rohrwerkstoff, Wanddicken, ggf. Druckfestigkeit
	Bodenverhältnisse: Bodenart, Lagerungsdichte, Überdeckung, max./min. Grundwasserstand
	Schadensbild (vgl. ATV-M 143)
sollte bekannt sein	statische Berechnung des Altrohres, Rohrauflager, Rohrverbindung, Dichtung
Vgl. Checkliste in ATV-M 127-2, Anhang A7.	

Definition der Altrohrzustände		Schadensbild	maßgebende Lasten	erf γ
I	Altrohr standsicher, Undichtigkeiten, keine Risse außer Schwindrisse	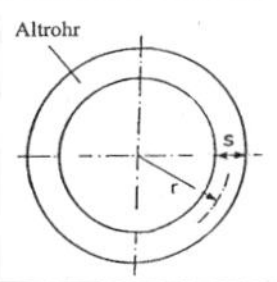	Grundwasser p_a Mindestwerte: $h_W = 1{,}5$ m oder $d_a + 0{,}1$ m über Linersohle	2,0
II	Altrohr-Bodensystem standsicher, vier Längsrisse, Verformungen kleiner als ca. 5 %	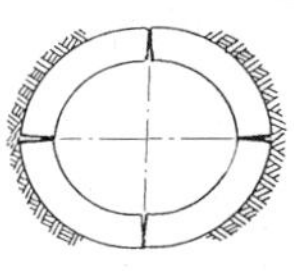		
III	Altrohr-Bodensystem langfristig allein nicht mehr standsicher, vier Längsrisse, deutliche Verformungen > 5 %	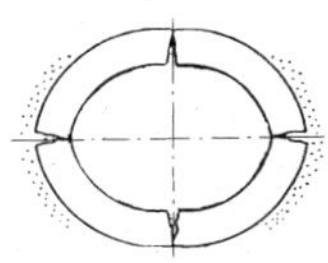	Grundwasser p_a	2,0
			Erd-/Verkehrslasten p_E / p_V	1,5

Abb. 13.93 Standardfälle (in Richtung der Rohrachse unveränderliche Schäden und damit zweidimensionale Lastabtragung)

Sonderfälle (dreidimensionale Lastabtragung):

Schaden	Ausdehnung	statische Berechnungsverfahren
breite Ringrisse (Linerwanddicke s_L, Breite b)	$b > DN/10$ $b > 10s_L$	Schalentheorie
fehlende Rohrabschnitte	$l > d_i/2$	Schalentheorie
Muffenversatz	keine Angaben	für Standsicherheit i. d. R. ohne Bedeutung
Scherbenbildung	keine Angaben *)	keine Angaben
Schadhafte Zuläufe, Schachtanschlüsse		ggf. Schalentheorie

*) Zur Wiederherstellung des Kraftschlusses in Ringrichtung sind gesonderte Renovierungsmaßnahmen erforderlich.

3.5.3 Einbauverfahren

ohne Ringraumverfüllung	*mit* Ringraumverfüllung
Schlauchverfahren vorverformte Liner mit späterer Rückverformung	Rohrlining Wickelrohrlining Noppenbahnlining

Hinweis: Es werden auch mit dem Altrohr verklebte Liner angewendet (z. B. Partliner), diese sind jedoch nicht Gegenstand des Merkblattes ATV-M 127-2 und sind gesondert nachzuweisen.

Montageverfahren:
- Vollauskleidung mit Montagefugen
- Teilauskleidung (Sohle, Gasraum)
- Schachtauskleidung.

3.5.4 Werkstoffe, Kennwerte (vgl. auch ATV-A 127, 3. Aufl. (08.00), Tab. 3)

Werkstoff [1]	E-Modul E_L Langzeitwert in N/mm^2	Biegezugfestigkeit σ_{bZ} Langzeitwert in N/mm^2
PVC-U	1500	50
PP-B,-H PP-R	312 200	17 14
PE-HD	160	14
UP-GF	[2]	[2]
UP-SF	[2]	[2]
Stahl (nicht rostend)	170000	s. Kap. 8 E, Abschn. 3

[1] Sowie modifizierte Kunststoffe.
[2] Durch Werkstoffprüfungen zu belegen, Näheres s. ATV-M 127-2, Tab. 2.

3.5.5 Nachweise für Montagezustände

- Rohrstranglining: Einziehen des Rohrstranges über eine Startbaugrube (Mindestradien zur Vermeidung von örtlichem Beulen und Überschreitung der zulässigen Werkstoffdehnungen)
- Verfahren mit Ringraumverfüllung: Beul- und Verformungserscheinungen durch Flüssigkeitsdruck auf den ungestützten Liner (Einfluss der Abbindewärme ist zu beachten).

3.5.6 Nachweise für Betriebszustände

Nachweise können entfallen, wenn $p_a = 0$ *und* der innere Unterdruck $p_i = 0$ ist *und* Altrohrzustand I vorliegt *und* keine Gefahr des Austretens von Wasser an den Schächten besteht.

Altrohr-Bodensystem:

Voraussetzungen:
- Gleichgewicht am verformten System
- dreieckförmiger Bettungsreaktionsdruck q_h*
- Begrenzung von q_h* durch den 0,75fachen passiven Erddruck.

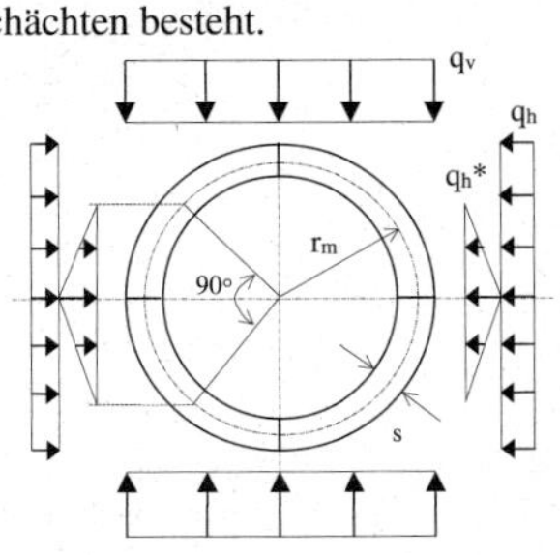

Abb. 13.94 Altrohr-Bodensystem, Bodenspannungen q_v, q_h und q_h* aus Erd-/Verkehrslasten

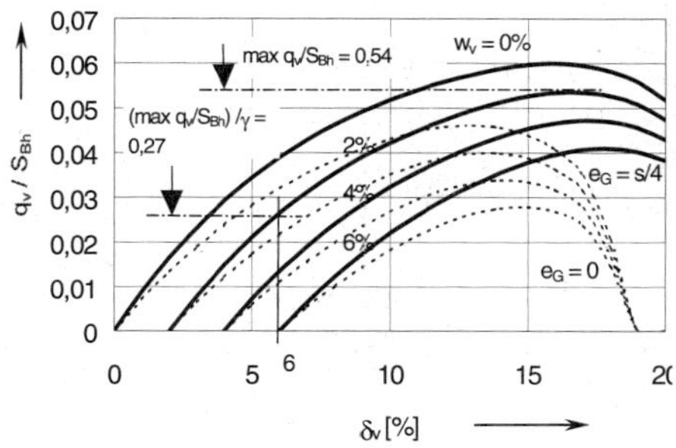

Abb. 13.95a Last-Verschiebungskurven des Systems in Abb. 13.94, $\varphi' = 30°$, für Gelenkexzentrizitäten $e_G = s/4$ [1)] bzw. $e_G = 0$ (e_G zur Beschreibung einer mittleren bzw. geringen Festigkeit der Altrohrdruckzonen, vgl. [13.69])

[1)] Bei ca. 6 % Verformung beträgt der Sicherheitsbeiwert des Systems $\gamma = \max q_v / q_v = 2$, vgl. Linie für die Vorverformung $w_{GR,v} = 2$ %.

Altrohrzustand I und II nach Abb. 13.93, Imperfektionen des Altrohres/Liners:

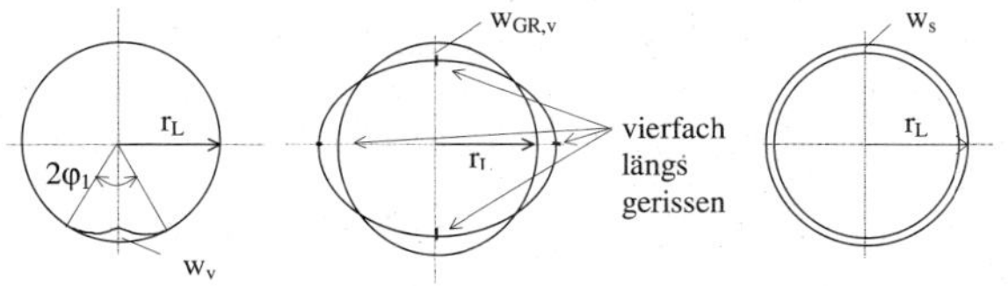

Abb. 13.95b
a) örtliche Vorverformung w_v
b) Ovalisierung $w_{GR,v}$
c) Spaltbildung w_s

Imperfektionen nach Abb. 13.95b		Schlauchverfahren	vorverformte und rückverformte Liner
a) örtliche Vorverf.	$w_v/r_L \cdot 100$ %	0,5 % + 1,5 % *) = 2 %	
b) Ovalisierung	$w_{GR,v}/r_L \cdot 100$ %	Altrohrzustand II + III: ≥ 3 %	
c) Spaltbildung	$w_s/r_L \cdot 100$ %	0,5 %	2 %

*) Strukturelle und geometrische Imperfektionen; der geometrische Anteil von 1,5 % darf bei Vorliegen genauer Messungen auf 0,5 % reduziert werden (Summe: ≥ 1 %).

Beulnachweis bei Altrohrzustand I und II (LF p_a)

$\text{krit}\, p_a = \kappa_{v,s} \cdot \alpha_D \cdot S_L$ kritischer Wasserdruck

$\alpha_D = 2{,}62 \cdot (r_L / s_L)^{0,8}$ Durchschlagbeiwert

$\kappa_{v,s} \approx \kappa_v \cdot \kappa_{GR,v} \cdot \kappa_s$ Abminderungsfaktor für Imperfektionen

$S_L = \dfrac{E_L}{12} \cdot (s_L / r_L)^3$ Linersteifigkeit

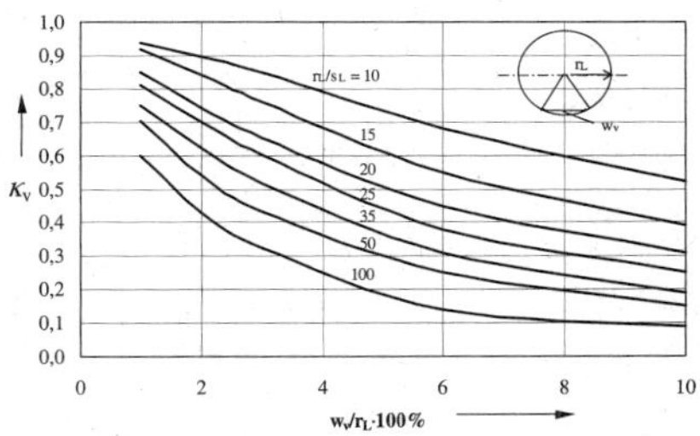

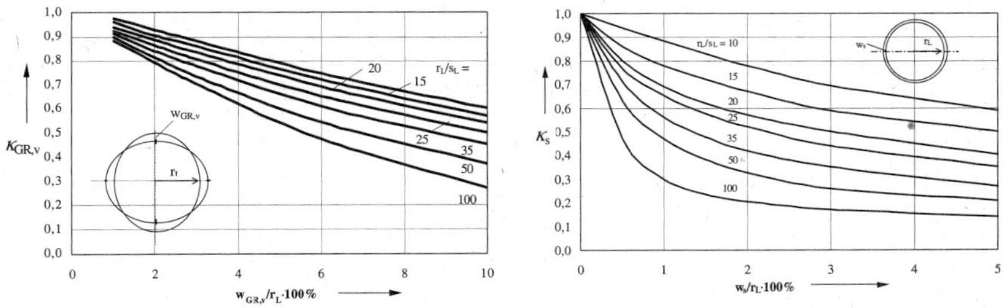

Abb. 13.95c Abminderungsfaktoren κ_v (rechts oben), $\kappa_{GR,v}$ (links unten) und κ_s (rechts unten) für Imperfektionen nach Abb. 13.95b beim Beulnachweis

Beispiel: Betonrohr DN 500, Altrohrzustand II
(Inspektionsergebnisse: vier Längsrisse, 3 % Ovalisierung, Altrohr-Bodensystem tragfähig)
Belastung: $h_{W,So}$ = 4,5 m über Linersohle
Schlauchliner: Wanddicke s_L = 10 mm, Langzeit-E-Modul E_L = 1500 N/mm²
Biegezugfestigkeit, für Langzeiteinflüsse abgemindert σ_{bZ} = 18 N/mm²

a) Beulnachweis:

Liner: Radius $r_L = 500/2 - 5 = 245$ mm → $r_L/s_L = 245/10 = 24{,}5$ (Parameter für Abb. 13.95c)

Steifigkeit des Linerrohres: $S_L = \dfrac{1500}{12} \cdot (10/245)^3 = 0{,}0085$ N/mm²

Durchschlagbeiwert: $\alpha_D = 2{,}62 \cdot 24{,}5^{0,8} = 33{,}9$

Abminderungsfaktoren (s. Abb. 13.95c):

- örtliche Vorverformung w_v = 2 % von r_L → κ_v = 0,70
- Ovalisierung $w_{GR,v}$ = 3 % von r_L → $\kappa_{GR,v}$ = 0,80
- Spaltbildung w_s = 0,5 % von r_L → κ_s = 0,77

gemeinsamer Abminderungsfaktor: $\kappa_{v,s} \approx \kappa_v \cdot \kappa_{GR,v} \cdot \kappa_s = 0{,}70 \cdot 0{,}80 \cdot 0{,}77 = 0{,}43$

→ krit $p_a = 0{,}43 \cdot 33{,}9 \cdot 0{,}0085 = 0{,}124$ N/mm²

→ vorh $p_a = 10 \cdot 4{,}5 = 45$ kN/m² = 0,045 N/mm²

Beulsicherheit: $\gamma = \dfrac{0{,}124}{0{,}045} = 2{,}76 > 2{,}0 = \text{erf } \gamma$

Spannungsnachweis bei Altrohrzustand I und II

Schnittgrößen infolge Wasseraußendruck p_a:

$M_{pa} = m_{pa} \cdot p_a \cdot r_L^2$ mit m_{pa} nach Abb. 13.96

$N_{pa} = n_{pa} \cdot p_a \cdot r_L$ $n_{pa} \approx -0{,}8$ bis $-1{,}1$

Spannungen in der Linersohle:

$$\sigma_i = \frac{N}{A} + \alpha_{ki} \cdot \frac{M}{W_i}$$

$$\sigma_a = \frac{N}{A} - \alpha_{ka} \cdot \frac{M}{W_a}$$

mit α_{ki} und α_{ka} nach ATV-A 127

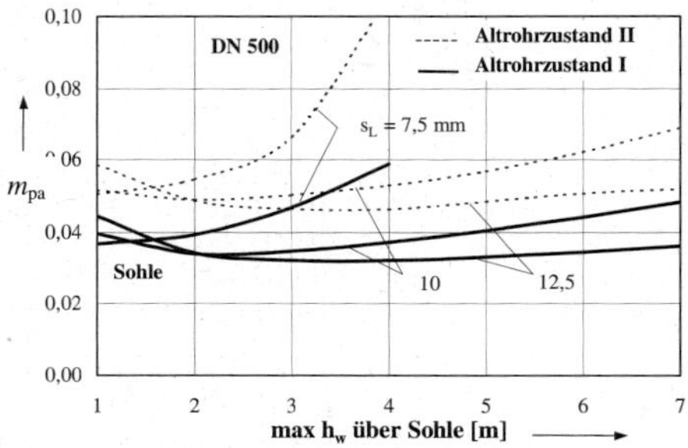

Abb. 13.96 Biegemomentenbeiwerte für Liner DN 500 (weitere Tafeln s. ATV-M 127-2, Anh. A4)

***b) Spannungsnachweis** (Fortsetzung des Beispiels):*

Ablesen in Abb. 13.96: m_{pa} = 0,055 (für die Linersohle)
Für Biege**zug**spannungen auf der sicheren Seite: $n_{pa} \approx -0{,}80$
Schnittgrößen bei p_a = 0,045 N/mm²:

$M_{pa} = 0{,}055 \cdot 0{,}045 \cdot 245^2 = 148{,}6$ Nmm/mm, $N_{pa} = -0{,}80 \cdot 0{,}045 \cdot 245 = -8{,}82$ N/mm

Krümmungsbeiwert: $\alpha_{ki} = 1 + \dfrac{10}{3 \cdot 245} = 1{,}014$

Querschnittswerte: $A = 1 \cdot s_L = 10$ mm²/mm, $W = 1 \cdot s_L^2/6 = 10^2/6 = 16{,}7$ mm³/mm

max. Zugspannung (Linersohle, innen):

$$\sigma_{So,i} = \frac{-8{,}82}{10} + 1{,}014 \cdot \frac{148{,}6}{16{,}7} = -0{,}88 + 9{,}04 = +8{,}16 \text{ N/mm}^2$$

Sicherheit gegen Zugversagen des Linerwerkstoffs: $\gamma = \dfrac{\sigma_{bZ}}{\sigma_{So,i}} = \dfrac{18}{8{,}16} = 2{,}21 > 2{,}0 = \text{erf } \gamma$

Nachweise für **Altrohrzustand III**: Beiwerte n_{qv} und m_{qv} nach ATV-M 127-2, Anhang A5

3.6 Formelzeichen

Größe	Einheit	Benennung, Seite(n)
A	mm^2/mm	Fläche 86, 96
a, a'	-	relative Ausladung, wirksame relative Ausladung 81 f.
b	m	Grabenbreite in Höhe des Rohrscheitels 79 f., 92
c_h, c_v, c_v^*	-	Verformungsbeiwerte 84
D_{Pr}	%	Verdichtungsgrad (bezogen auf einfache Proctordichte) 79, 81
d_a, d_m, d_i	m	Rohraußendurchmesser, mittlerer Durchmesser, Innendurchmesser 78
E_B, E_1, E_2, E_3, E_4	N/mm^2	Verformungsmodul des Bodens, - in den Bodenzonen 1 bis 4 79, 81
$E_{2,O}$	N/mm^2	Grundwert zur Berechnung von E_2 81
E_R, E_L	N/mm^2	Elastizitätsmodul des Rohr- / Linerwerkstoffs 78, 94
EZ	-	Einbauziffer 88
F_N, tot F	kN/m	Scheiteldruckkraft / Gesamtbelastung für Tragfähigkeitsnachweis 88
f_1, f_2	-	Abminderungsfaktor für $E_{2,0}$ bei Kriechen des Bodens, Grundwasser 79, 81
G	-	Bodengruppe 79
h, h_w	m	Überdeckungshöhe, Grundwasserhöhe über Rohrsohle 79
I	mm^4/mm	Flächenmoment 2. Grades der Rohrwand 78
K_1, K_2	-	Erddruckverhältnis in den Bodenzonen 1 und 2 80, 84
K^*	-	Beiwert für den Bettungsreaktionsdruck 84
krit q_v, krit p_a	kN/m^2	kritische vertikale Gesamtlast, kritischer äußerer Wasserdruck 86, 87, 95
M, m	kNm/m, -	Biegemoment, Beiwert für - 85 f., 96
N, n	kN/m, -	Normalkraft, Beiwert für - 85 f., 96
p, p_V	kN/m^2	Bodenspannungen infolge Verkehrslast 82
p_E	kN/m^2	Bodenspannungen infolge Erdlast und Flächenlast 82
p_f	-	Versagenswahrscheinlichkeit 88
p_i, p_a, p_0	kN/m^2	Innendruck, äußerer Wasserdruck / Oberflächenlast 86, 93 / 82
q_h, q_v	kN/m^2	horizontale / vertikale Bodenspannung am Rohr 85
q_h^*	kN/m^2	horizontaler Bettungsreaktionsdruck 85
$q_{v,A}$	kN/m^2	vertikale Bodenspannung unter Berücksichtigung des Auftriebs 92
r_m, r_L	mm	mittlerer Rohrradius / mittlerer Linerradius 86 f. / 95 f.
S_{Bh}, S_{Bv}	N/mm^2	horizontale / vertikale Bettungssteifigkeit 81 / 84
S_R, S_0, S_L	N/mm^2	Rohrsteifigkeit, auf r_m bzw. d_m bezogen / - des Liners 78 / 95
s, s_L	mm	Wanddicke Rohr / Wanddicke Liner 78 / 93
V_{RB}, V_S	-	Systemsteifigkeit / Steifigkeitsverhältnis 81, 84
W	mm^3/mm	Widerstandsmoment 86, 96
w_v, $w_{GR,v}$, w_s	%	örtliche Vorverformung, Ovalisierung, Spaltbildung auf r_L bezogen 95
2α	°	Auflagerwinkel 82, 85
α_B	-	Abminderungsfaktor für schmale Gräben 80 f.
α_D	-	Durchschlagbeiwert bei äußerem Wasserdruck 87, 95
α_k	-	Korrekturfaktor für die Krümmung der Rohrwand 86, 96
β	°	Böschungswinkel 79
γ	-	Sicherheitsbeiwert 88, 93
γ_B, γ_B'	kN/m^3	Wichte des Bodens, - unter Auftrieb 79
γ_R, γ_w	kN/m^3	Wichte des Rohrwerkstoffes / - des Wassers 78 / 86
Δd_v, δ_v	mm / -	vertikale Durchmesseränderung / relative Durchmesseränderung 86, 88
δ	(Grad)	Wandreibungswinkel 80, 82
ε_R	-	Rechenwert der Randfaserdehnungen 78
ζ	-	Korrekturfaktor für die horizontale Bettungssteifigkeit 81
κ, κ_β	-	Abminderungsfaktor für eine Grabenlast nach der Silotheorie 82
κ_{a1}, κ_{a2}	-	Abminderungsfaktoren des krit. Wasserdrucks für Vorverformung 87
κ_{v2}	-	Abminderungsfaktor der kritischen Beullast bei Erddruck und Verkehr 86
κ_0, $\kappa_{0\beta}$	-	Abminderungsfaktor für eine Flächenlast nach der Silotheorie 82
λ_B	-	Konzentrationsfaktor im Boden neben dem Rohr 85
λ_{fo}, λ_{fu}	-	oberer / unterer Grenzwert des Konzentrationsfaktors über dem Rohr 85
λ_R, λ_{RG}, max λ	-	Konzentrationsfaktoren über dem Rohr 83 f.
σ_{bZ}, σ_D	N/mm^2	Grenzspannungen des Rohrwerkstoffs bei Biegezug und -druck 94
σ_R, σ	N/mm^2	Rechenwert der Biegezugfestigkeit / Spannung 78 / 86
φ	-	Stoßbeiwert 82 f.
φ'	(Grad)	innerer Reibungswinkel des Bodens 79

4 Sonderbauwerke der Ortsentwässerung

4.1 Regenentlastungen in Mischwasserkanälen

4.1.1 Allgemeines

Der Regenabfluss zur Kläranlage ist so zu begrenzen, dass die geforderten Ablaufwerte im Auslauf der Kläranlage eingehalten werden können. In der Regel wird dies bei $Q_{KA} = 2\ Q_s + Q_f$ erreicht. Die stoßweise emittierten Belastungen der Gewässers aus den Regenentlastungen sind darüber hinaus in vertretbaren Grenzen zu halten. Dazu müssen die Entlastungsanlagen auch ohne Bewertung der örtlichen Gewässersituation die Normalanforderungen erfüllen. Als *Bezugslastfall* wird definiert: mittlere Jahresniederschlagshöhe $h_{N,a} = 800$ mm; CSB-Konzentrationen c: im Regenabfluss $c_{R,CSB} = 107$ mg/l, im Trockenwetterabfluss $c_{T,CSB} = 600$ mg/l, im Ablauf Kläranlage bei Regenwetter $c_{K,CSB} = 70$ mg/l. Keine Ablagerungen im Mischwasserkanalnetz. Größere Verschmutzungen und höhere Niederschläge führen zu Speicherraumvergrößerungen. Planungszeitraum für Regenentlastungsanlagen entspricht dem der Kläranlage: 15 bis 25 Jahre.

4.1.2 Regenüberlauf RÜ

Regenüberläufe dienen der Abminderung hoher Mischwasserabflussspitzen. Anwendung nur dort, wo Q_{krit} in voller Höhe weitergeleitet oder dem RÜ ein RÜB nachgeschaltet wird. Entlastungen in Gewässer, die zeitweise kein oder nur wenig Wasser führen, sind zu vermeiden.

Berechnungsgrundlagen (A 128):

Stündlicher Spitzenabfluss bei Trockenwetter: $Q_{T,x} = Q_{S,x} + Q_{F,24}$ in l/s

Trockenwetterabfluss im Mittel: $Q_{T,24} = Q_{S,24} + Q_{F,24} = (Q_{H,24} + Q_{G,24} + Q_{I,24}) + Q_{F24}$ in l/s

$Q_{H,24} = \text{EZ} \cdot w_S/86\,400$ in l/s (Tagesmittelwert), Fremdwasser $Q_F \leq 0{,}15\ A_u$ in l/s

$Q_{H,24} = \frac{24}{x} Q_{H,24} + \frac{24}{a} \cdot \frac{365}{b}\ (Q_{G,24} + Q_{I,24})$ in l/s; mit Stundenansatz x in h/d (S. 13.62) und Arbeitsstunden a in h/d, Produktionstage b in d/a

Kritische Regenspende: $r_{krit} = 15 \cdot 120/(t_f + 120)$ l/(s · ha) für $t_f \leq 120$ min

$r_{krit} = 7{,}5$ l/(s · ha) für $t_f \geq 120$ min

t_f Fließzeit im Kanal bis zum RÜ aus unmittelbarem Einzugsgebiet

Kritischer Mischwasserabfluss: $Q_{krit} = Q_{T,24} + Q_{R,krit} + \Sigma Q_{Dr,i}$ in l/s

mit $\Sigma Q_{Dr,i}$ in l/s alle unmittelbar oberhalb liegenden Drosselabflüsse;

$Q_{R,krit} = r_{krit} \cdot A_u$ in l/s kritischer Regenabfluss

Hierin ist A_u in ha die undurchlässige Fläche (unmittelbar zugehöriges Gebiet).

Mischverhältnis: $m_{RÜ} = (Q_d - Q_{T,24})/Q_{T,24}$

$m_{RÜ} \geq 7$ für $c_{T,CSB} \leq 600$ mg/l; $m_{RÜ} \geq (c_{T,CSB} - 180)/60$ für $c_T > 600$ mg/l

Trockenwetterkonzentration: $(Q_H \cdot c_H + Q_G \cdot c_G + Q_I \cdot c_I) / (Q_H + Q_G + Q_I + Q_F) = c_{T,CSB}$

Drosselablauf bei Anspringen des Regenüberlaufs Q_{Dr} in l/s

Richtwerte: $Q_{Dr} \geq 50$ l/s; $A_u \geq 2$ ha

Regenüberlauf: Längsschnitt

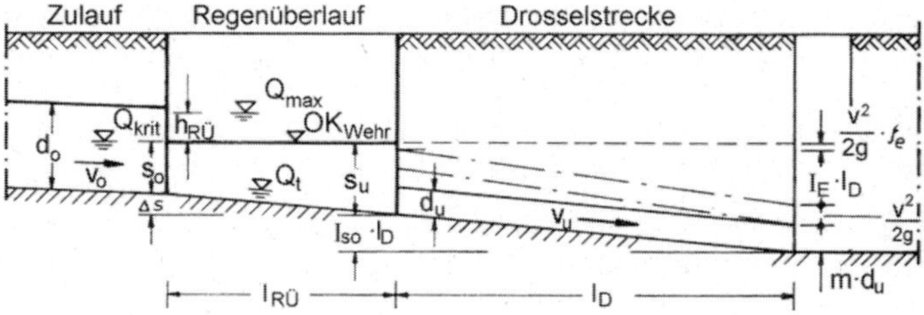

Beispiel: Gegeben: $r_{krit} = 15$ l/(s · ha), $Q_{R,krit} = 45$ l/s, $Q_{T,24} = 1{,}5$ l/s, $c_T = 780$ mg/l;
$Q_{Dr,RÜ} = (45 + 1{,}5)$l/s → gewählt: $Q_{Dr,RÜ} = 50$ l/s. Gesucht: $m_{RÜ}$
Lösung: min $m_{RÜ} = (780 - 180)/60 = 10$; vorh. $m_{RÜ} = (50 - 1{,}5)/1{,}5 = 32{,}3 >$ min $m_{RÜ} = 10$

Berechnungsgrundlagen (ATV A 111):
Streichwehr mit hochgezogener Wehroberkante und Drosselstrecke. (Die Abflussbegrenzung wird erreicht durch Drosselschieber, Wirbelgeräte, Auslaufschlitze, Regel- und Steuerorgane.)

- Zulaufkanal: Voraussetzung ist strömender Abfluss und kein Rückstau in den Zulaufkanal bei Q_T durch die Drossel. Bei Q_{krit} und Q_{max} ist oberhalb des Wehres $Fr_o \le 0{,}75$ auf einer Länge von $L = 20\, d_o$ einzuhalten: Der Nachweis ist über die durch das Bauwerk beeinflusste Wasserspiegellage h_o (Füllhöhe am Beginn des Streichwehres) zu führen.

Froude-Zahl Fr

Berechnungsgrundlage	näherungsweise vereinfachend gilt für Kreisprofil	Eiprofil $B/H = 2/3$	Maulprofil $B/H = 2/1{,}5$
$Fr = \dfrac{Q}{A \cdot \sqrt{g \cdot A/b}}$	$\dfrac{Q_o}{\sqrt{g \cdot d_o/h_o^4}}$	$\dfrac{1{,}8 \cdot Q_o}{\sqrt{g \cdot H_o \cdot h_o^4}}$	$\dfrac{0{,}62 \cdot Q_o}{\sqrt{g \cdot H_o \cdot h_o^4}}$
A Fließquerschnitt in m², b Wasserspiegelbreite in m Am Zulauf: Überfall Q_o Durchfluss in m³/s, d_o Durchmesser in m, H_o Profilhöhe in m, h_o Füllhöhe in m			

- Das Wehr kann mit einseitigem oder beidseitigem Überfall ausgebildet werden. Der vollkommene Überfall ist der bevorzugte Betriebszustand. Sonderfall unvollkommener Überfall, z. B. bei Rückstau aus Vorfluter.

Entlastungsabfluss $Q_{RÜ} = Q_{max} - Q_{krit} = \frac{2}{3} \mu \cdot c \cdot l_{RÜ} \cdot \sqrt{2g \cdot h_{RÜ}}^{3/2}$ in m³/s

mittlere Überfallhöhe $h_{Rü} = \left(\dfrac{3Q_{RÜ}}{2\mu \cdot c \cdot l_{RÜ} \cdot \sqrt{2g}} \right)^{2/3} = h_{ü,o} + \dfrac{2}{3}(h_{ü,o} - h_{ü,o})$ in m

$h_{RÜ} \ge 0{,}10$ m bis 0,20 m

Überfallbeiwert μ: scharfkantiges Wehr $\mu = 0{,}62$;
andere Formen ohne Nachweis $\mu = 0{,}50$

Abminderungsbeiwert c: vollkommener Überfall $c = 1$; unvollkommener Überfall $c < 1$
$c = \sqrt{1 - (h'/h_ü)^n}$ mit $h_ü$ Überfallhöhe in m,
h' = Höhe des Rückstauspiegels über Überfallkante

Wehrkrone: scharfkantig: $n = 2$, gerundet: $n = 3$, breitkronig: $n = 4$;
$l_{Rü}$ = Wehrkronenlänge (m); $h_{ü,o}$ Überfallhöhe (m) Beginn Streichwehr;
$h_{ü,u}$ Überfallhöhe (m) Ende Streichwehr

$\Delta s = s_u - s_o \ge 3$ cm bei horizontaler Wehrkrone

Bei Q_t ist nachzuweisen: $\Delta s = (h_u + (v_u^2/2\,g) + 0{,}5\,(I_{E,o} + I_{E,u}) \cdot l_{Rü}) - (h_o + (v_o^2/2\,g))$
$s_u \ge d_u + \zeta\,(v_u^2/2g)$;

Verlustbeiwert $\zeta = 2{,}0 = 1{,}0 + 0{,}45$ (Einlauf) + 0,55 (betrieblich bedingter Zuschlag).

Die Berechnung beidseitig betriebener Überfälle erfolgt nach gleichen Grundsätzen wie bei einseitig betriebenen. Folgende konstruktive Einschränkungen sind zu berücksichtigen:
- einseitiger Überfall: $l_{RÜ} \ge 3\, d_o$ bzw. $3\, H_o$; – beidseitiger Überfall: $l_{RÜ} \ge 4\, d_o$ bzw. $4\, H_o$
- min $s_o = (0{,}5\, d_o$ bzw. $0{,}5\, H_o) \ge 0{,}25$ m; max $s_o = 0{,}8\, d_o$ bzw. $0{,}8\, H_o$
  (min s_o aber immer über Bemessungshochwasserstand des Vorfluters)
- Grenzwert für $h_{RÜ,o} \le (0{,}85\, d_o - s_o)$ bzw. $(0{,}85\, H_o - s_o)$

Bei Abweichungen vorgenannter Daten ist ein detaillierter hydraulischer Nachweis mit Spiegellinienberechnung erforderlich.

- Drosselstrecke: Anordnung nur nach Regenüberläufen, nicht nach Regenbecken. Konstruktive Grenzwerte: $d_u \geq$ DN 200, nachfolgender Kanal $\geq$ DN 300; $d_u \leq$ DN 500 bei freiem Auslauf; bei ständigem Rückstau in Scheitelhöhe des Auslaufs entfällt die Begrenzung auf max d_u ; min $l_D = 20\ d_u$; max $l_D = 100$ m; $I_{So} \leq 3{,}0\ ^0/_{00}$.
  Wenn die Forderungen nach max I_{So} und min l_D eingehalten werden, ist gewährleistet, dass sich kein Schussstrahl ausbildet, sodass sich ein Nachweis auf selbsttätiges Füllen erübrigt.

$$l_D = \frac{s_u - m \cdot d_u - \frac{v^2}{2g}(1+\zeta_e)}{I_E - I_{So}} \geq 20\ d_u \text{ in m}$$

s_u Wassertiefe am Drosselmund in m
d_u Durchmesser in m
m Beiwert zur Bestimmung der Drucklinie am Drosselende (dim $m = 1$)
v Fließgeschwindigkeit bei Q_{krit} in m/s
I_{So} Sohlengefälle
I_E Energiehöhengefälle bei Q_{krit} (ermittelt mit $k_b = 0{,}25$ mm)
g Fallbeschleunigung (9,81 m/s²);
l_D Länge der Drosselstrecke in m

Annahmen zur hydraulischen Berechnung: $k_b = 0{,}25$ mm; $\zeta_e = 0{,}45$; für Lage der Drucklinie bei freiem Auslauf $m = 1$

Nachweis der Wandschubspannung bei Q_T in m³/s ist erforderlich: $\tau_{min} = 4{,}1\ Q^{1/3}$ in N/m²; $\tau_{vorh} = \rho \cdot g \cdot r_{hy} \cdot I_R$ in N/m² mit $I_R = I_{So}$

Nachweis der Trennschärfe: $TS = (Q_u / Q_{krit}) - 1{,}0 \leq 0{,}2 = 20\ \%$

Q_u Durchfluss in Drosselstrecke bei Q_{max}

- Entlastungskanal: Ableitung von $Q_{RÜ}$ in Regenüberlaufbecken oder Vorfluter. Entlastungskanal so bemessen, dass Rückstau aus Vorfluter höchstens bis zur Überlaufschwelle.
- Berechnungsgang zur Bemessung eines Streichwehres mit Drosselstrecke:
  1. Abflussverhalten im Zulaufkanal: Ermitteln: v, h, τ und Fr jeweils für Q_v, Q_{krit} und Q_M (Q_v = Abflussvermögen; Q_M = Mischwasserabfluss)
  2. Abflussverhalten in der Drosselstrecke: Ermitteln von v, h, τ für Q_T und v, I_E für Q_{krit}
  3. Wehr: Ermittlung von Δs für Q_T und $l_{RÜ}$; Ermittlung von s_u und s_o
  4. Ermittlung der Länge der Drosselstrecke l_D
  5. Ermittlung der Überfallhöhe $h_{RÜ}$, Nachweis der Trennschärfe
  6. Ermittlung der Schwellenlänge $l_{RÜ}$
  7. Ermittlung der Spiegellinien und Froude-Zahlen Fr im Zulaufkanal.

4.1.3 Regenüberlaufbecken RÜB (ATV A 128)

Regenüberlaufbecken werden ausgebildet als *Fangbecken* (Überlaufwasser fließt nicht durch das Becken, Becken ohne Überlauf) oder als *Durchlaufbecken* (Überlaufwasser fließt durch das Becken, Überlauf am Beckenende) oder als *Verbundbecken* (Kombination aus Fang- und Durchlaufbecken) oder als *Stauraumkanal* (unterschiedliche Wirkungsweise durch Lage der Entlastungsbauwerke). Alle RÜB können im Haupt- oder im Nebenschluss angeordnet werden.

Fangbecken (FB) im Hauptschluss HS (links) und im Nebenschluss NS (Mitte links)
Durchlaufbecken (DB) im Hauptschluss (Mitte rechts) und im Nebenschluss (NS) (rechts)

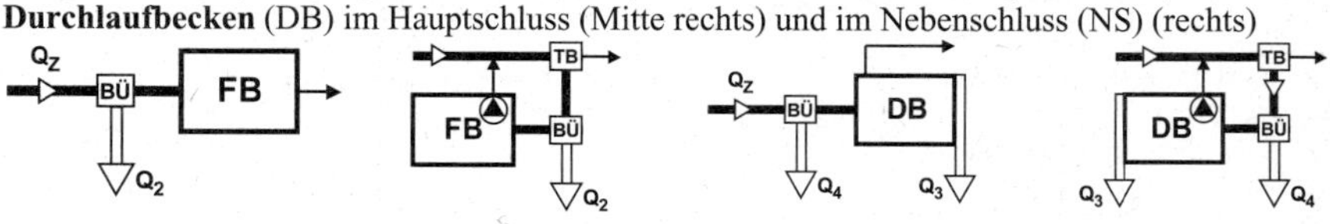

TB Trennbauwerk mit hochgezogenem Wehr und Drossel
BÜ Beckenüberlauf mit hochgezogenem Wehr ohne Drossel. Entlastung nach Füllung

$Q_{Dr} = Q_1 = (m_{RÜ} + 1)/\ Q_{T,24}$ $\qquad Q_{ü,FB} = Q_2 = Q_{zu} - Q_{Dr}$

$Q_{KÜ,DB} = Q_3 \geq Q_{krit} - Q_T$ $\qquad Q_{BÜ,DB} = Q_4 = Q_{zu} - Q_{KÜ,DB}$

Becken im Nebenschluss werden mit einer Pumpe entleert; Entleerung beginnt, wenn $Q_z < Q_{Dr}$.

Anordnung von Fangbecken ($V > 50$ m³)

- bei nicht vorentlasteten Entwässerungsflächen, wenn $t_f \leq$ (15 bis 20) min bis zum Becken
- Sind im Einzugsgebiet oberhalb RÜ angeordnet, so ist die gesamte Fließzeit im Einzugsgebiet anzusetzen.

Anordnung von Durchlaufbecken ($V > 100$ m³)

- wenn $t_f > 15$ bis 20 min bis zum Becken
- wenn andere Entlastungsbauwerke vorgeschaltet sind.

Beckengestaltung:

In der Abflussrinne $v \geq 0{,}8$ m/s für $Q_{T,x}$; Mischwasserabfluss aus RÜB $\geq 2\ Q_{S,x} + Q_{F,24}$; bei Neuplanung Kanalbemessung auf $Q = 3\ Q_{S,x} + Q_{F,24}$.

Rechteckige Becken: Beckenlänge $l_B \geq 2 \times$ Beckenbreite b_B; Längsgefälle ≥ 1 % (besser 2 %); Quergefälle 3 bis 5 %; Flächenbeschickung $q_A \leq 10$ m/h; horizontal $v \leq 0{,}05$ m/s

Runde Becken: Gefälle zur Beckenmitte ≥ 2 %; $q_A \leq 10$ m/h; Drosseldurchmesser $\geq$ DN 300, in Sonderfällen $\geq$ DN 200; ungeregelter Drosselschieber mit Abflussquerschnitt $\geq 0{,}06$ m² und Öffnungshöhe ≥ 20 cm; bei Füllvorgang $v_L \leq 10$ m/s in den Lüftungsquerschnitten ($Q_{Luft} = Q_z$); bei Becken im Hauptschluss Sohlgerinne bemessen für $Q \geq 2\ Q_{S,x} + Q_{F,24}$. Selbsttätige Reinigung der Becken bei Entleerung ist oft mangelhaft. Sicherer ist es, maschinell oder durch Spülung (mobile Hochdruckspül- bzw. stationäre Einrichtungen) nach/bei Entleerung zu reinigen.

Berechnungsgang zur Volumenermittlung von RÜB (A 128)

1 mittlere Jahresniederschlagshöhe	Deutscher Wetterdienst	h_{Na}	=..............mm
2 undurchlässige Gesamtfläche		A_u	=..............ha
3 längste Fließzeit im Gesamtgebiet	nur bedeutsamere Flächen	t_f	=..............min
4 mittlere Geländeneigungsgruppe	$NG_m = \Sigma (NG_i \cdot A_{Ek,i})/\Sigma (A_{Ek,i})$	NG_m	=.............. -
5 MW-Abfluss der Kläranlage	Biologie bei Regenwetter	Q_M	=..............l/s
6 TW-Abfluss, 24-h-Tagesmittel	aus Misch- und Trenngeb.	$Q_{T,24}$	=..............l/s
7 TW-Abfluss, Tagesspitze	aus Misch- und Trenngeb.	$Q_{T,x}$	=..............l/s
8 Regenabfluss aus Trenngebieten	$Q_{R,Tr,24} = Q_{S,Tr,24}$	$Q_{R,Tr,24}$	=..............l/s
9 CSB-Konzentration im TW-Abfluss	Jahresmittel einschl. $Q_{t,24}$	c_T	=..............mg/l
10 mittlerer Fremdwasserabfluss	In $Q_{T,24}$ enthalten	$Q_{T,24}$	=..............l/s
11 Auslastungswert der Kläranlage	$n = (Q_M - Q_{F,24})/(Q_{T,x} - Q_{F,24})$	n	=.............. -
12 Regenabfluss, 24-h-Tagesmittel	$Q_{R,24} = Q_M - Q_{T,24} - Q_{R,Tr24}$	$Q_{R,24}$	=..............l/s
13 Regenabflussspende	$q_R = Q_{R,24}/A_u$	q_R	=.........l/(s · ha)
14 TW-Abflussspende aus Gesamtgebiet	$q_T = Q_{T,24}/A_u$	$q_{T,24}$	=.........l/(s · ha)
15 Fließzeitabminderung	$q_R = 0{,}5 + 50/(t_f + 100); \geq 0{,}885$	a_f	=.............. -
16 mittl. Regenabfluss bei Entlastung	$Q_{Re} = a_f \cdot (3{,}0 + 3{,}2\ q_R) \cdot A_u$	Q_{Re}	=..............l/s
17 mittleres Mischverhältnis	$m = (Q_{Re} + Q_{R,Tr,24})/ Q_{T24}$	m	=.............. -
18 x_a-Wert für Kanalablagerungen	$x_a = 24\ Q_{T,24}/Q_{T,x}$	x_a	=.............. -
19 Einflusswert TW-Konzentration	$a_c = c_T/600 \geq 1{,}0$	a_c	=.............. -
20 Einflusswert Jahresniederschlag	$a_h = (h_{Na}/800) - 1$	a_h	=.............. -
21 Einflusswert Kanalablagerungen	Abb. Seite 13.102	a_a	=.............. -
22 Bemessungskonzentration	$c_b = 600\ (a_c + a_h + a_a)$	c_b	=..............mg/l
23 rechn. Entlastungskonzentration	$c_e = (107 \cdot m + c_b)/(m + 1)$	c_e	=.............mg/l
24 zulässige Entlastungsrate	$e_o = 3700/(c_e - 70)$	e_o	=..............%
25 spezifisches Speichervolumen	Abb. 13.102	V_s	=............m³/ha
26 erforderliches Gesamtvolumen	$V = V_s \cdot A_u$	V	=.............m³

Ergänzungen zum Berechnungsgang zur Volumenermittlung von RÜB

Zeile 2: Wenn keine Messungen vorliegen, dann $A_u = A_{red}$; $A_u =$ (ca. 0,85 bis 1,0) A_{red}

Zeile 4: Geländeneigungsgruppe NG: Seite 13.66

Zeile 5: $Q_M \geq (2\ Q_{S,x} + Q_{F,24}) < Q_{Bem}$; bei Neuplanung $Q_m \leq (3\ Q_{S,x} + Q_{F,24})$

Zeile 8:	Index Tr steht für Trenngebiet.
Zeile 15:	Fließzeitabminderung des Regenabflusses $a_f = 0{,}885$ für $t_f > 30$ min; $a_f = 0{,}50 + 0{,}50/(t_f + 100)$ für $t_f \leq 30$ min; Mindestwert jedoch $a_f = 0{,}885$
Zeile 16:	Q_{Re} gültig für $q_R < 2$ l/(s · ha)
Zeile 19:	Starkverschmutzerzuschlag $a_c = 1$ für $c_t \leq 600$ mg/l; $a_c = c_t/600$ für $c_t > 600$ mg/l
Zeile 20:	Korrektur der Jahresniederschlagshöhe: $a_h = (h_{Na}/800) - 1$ für 600 mm $\leq h_{Na} \leq$ 1000 mm; $a_h = -0{,}25$ für $h_{Na} < 600$ mm; $a_h = +0{,}25$ für $h_{Na} > 1000$ mm
Zeile 23:	$c_e = (c_r \cdot m + c_b)/(m + 1)$ mit $c_r = 107$ mg/l im Bezugslastfall
Zeile 25:	Je Einzelbecken gilt: $V_s \geq 3{,}60 + 3{,}84\, q_r$ in m³; für Gesamtspeichervolumen gilt: $V_s \leq 40$ m³/ha

Zu prüfen sind Mischverhältnis m und Entleerungsdauer $t_e = V_s/q_R$ = (10 bis 15) h.

Vereinfachtes Aufteilungsverfahren: Aufteilung des Gesamtvolumens auf Einzelbauwerke bei $q_{R,KA} \leq 2$ l/(s · ha) und $q_{R,RÜB} \leq 1{,}2\, Q_{R,KA}$; max 5 RÜB in einer Reihe, max 5 RÜB in einem Einzugsgebiet; V_{RRB} wird vernachlässigt, wenn bei RRB $q_{RÜ} \geq 5$ l/(s · ha) eingehalten wird. Auf das Gesamtvolumen können folgende statische Speicherräume V_{stat} angerechnet werden: Volumen bei größer DN 800 oberhalb von RÜB unter der Horizontalen in Höhe der tiefsten Überlaufschwelle mit $V_s = (V_{stat}/A_u)/1{,}5$ im m³/ha und für RÜB mit vorh $q_R \leq 1{,}2\, q_R$

Die Bemessung einzelner Regenbecken entspricht der Ermittlung des erforderlichen Gesamtspeichervolumens. Das Speichervolumen für ein Einzelbecken im Gesamtgebiet wird für das oberhalb liegende Einzugsgebiet ermittelt; von ihm wird das vorhandene anrechenbare Speichervolumen des oberhalb liegenden Beckens abgezogen. Der Differenzbetrag ergibt die erforderliche Größe des betrachteten Regenüberlaufbeckens.

Einfluss der Kanalablagerungen (A 128)

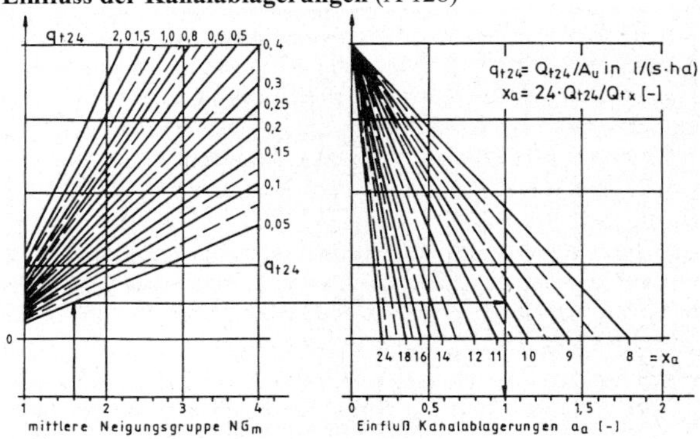

Der Wert a_a zur Berücksichtigung der Kanalablagerungen wird mit den beiden linken Diagrammen aus dem Arbeitsblatt A 128 bestimmt oder mit

$dI = 0{,}001 \cdot [1 + 2\,(NG_m - 1)]$

$x_a = 24 \cdot Q_{T24}/Q_{T,x}$

$\tau = 430 \cdot q_{t24}^{0{,}45} \cdot dI$ und

$a_a = (24/x_a)^2 \cdot (2 - \tau)/10$

berechnet.

Beachte aber: $a_a \geq 0$

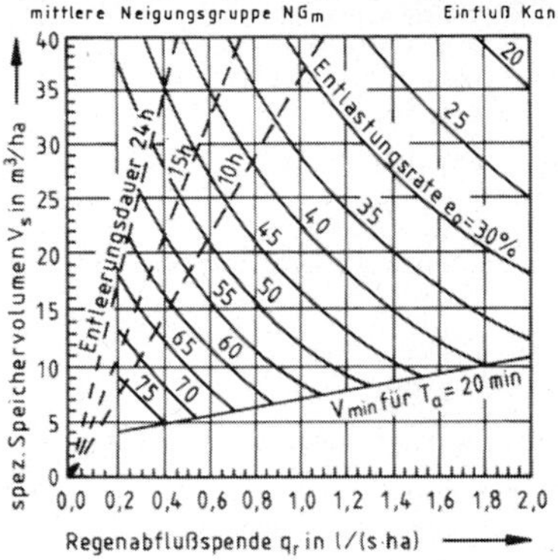

Das spezifische Regenüberlaufbeckenvolumen wird mit der zulässigen Jahresentlastungsrate e_0 und der Regenabflussspende q_r in l/(s · ha) im links gezeigten Diagramm (A 128) abgelesen oder berechnet mit:

$H_1 = (4000 + 25\, q_r)/(0{,}551 + q_r)$

$H_2 = (36{,}8 + 13{,}5\, q_r)/(0{,}5 + q_r)$

$V_s = [H_1/(e_o + 6)] - H_2$

Beachte jedoch: $v_{s,min} \geq 3{,}60 + 3{,}84\, q_r$

mit $q_r \leq [(48/x_a - 1)\, Q_{t24} - Q_{R,Tr24}]/A_u$

bei: $0{,}2 \leq q_R \leq 2{,}0$ l/(s · ha) und $25 \leq e_o \leq 75$ % sowie $V_{s,min} \leq V_s \leq 40$ m³/ha.

4.1.4 Stauraumkanal SK

Auch Stauraumkanäle (SK) mit Entlastungen können als RÜB angesehen werden. Durch eine Drosselung wird das verfügbare Kanalvolumen zur Speicherung genutzt.

- Bei SK mit oben liegender Entlastung (Regelfall) liegt der RÜB am Anfang des Kanalstauraumes. Die Volumenermittlung erfolgt wie bei Fangbecken im Hauptschluss.
- Bei SK mit unten liegender Entlastung liegt der RÜ am Ende des Kanalstauraumes. Die Volumenermittlung erfolgt wie bei Durchlaufbecken im Hauptschluss, jedoch mit einem Zuschlag von 50 %.

Ferner gilt: Bei max Q_T ist $v \geq 0{,}8$ m/s und $h \geq 0{,}05$ m; wenn $v \leq 0{,}5$ m/s, dann Spülmöglichkeit vorsehen; Zielwert der Schleppspannung 2–3 N/m², jedoch ≥ 1,3 N/m².

4.2 Düker DÜ

Bei Abwasserdükern ist wegen der Mitführung von fäulnisfähigen und absetzbaren Stoffen eine ausreichende Schleppspannung zu berücksichtigen. Maßgebend bei der Ermittlung der Gesamtverlusthöhe sind die Verlusthöhen der geraden Rohrstrecke, der Dükereinläufe und Dükerausläufe, der Krümmungen und der Geschwindigkeitsänderungen (s. Kapitel 13A Wasserbau).

Durchmesser des Dükerrohres:	DN ≥ 150 mm
Neigung beim fallenden Rohr:	ca. 1 : 3 oder senkrecht
Neigung beim steigenden Rohr:	ca. 1 : 6
Schmutzwasserdüker:	$v \geq 1$ m/s
Regenwasserdüker:	$v \geq 4$ m/s

Düker in der Ortsentwässerung siehe auch ATV A 241.

Mischwasserdüker: Aufteilung der Entwässerungsleitung in zwei oder mehr Leitungen, ein Dükerrohr für den Trockenwetterabfluss Q_t unter Vorschaltung eines RÜ.

4.3 Regenrückhaltebecken RRB

Für die Bemessung von Regenrückhaltebecken sind Größe und zeitlicher Verlauf von Zu- und Abfluss des Beckens bestimmend. Wasserspeicher können graphisch aus den Gang- oder Summenlinien von Zu- und Abfluss bemessen werden. Die Bemessung von Regenrückhaltebecken ist schwierig, da zunächst nicht bekannt ist, welcher Regen nach Stärke und Dauer zum größten Beckeninhalt führt. Dieser ergibt sich häufig bei Regenzuflüssen, die kleiner sind als der für die Kanalbemessung maßgebende Höchstzufluss, jedoch länger andauern. Im Bereich kurzer Fließzeiten und hoher Rückhaltefaktoren können aber auch größere Zuflüsse mit kleiner Regendauer maßgeblich werden.

Der Drosselabfluss wird durch die Leistung des weiterführenden Kanals, des nachgeschalteten Pumpwerks o. a. bestimmt. Selbst bei größeren Abflussschwankungen infolge variabler Stauhöhe rechnet man jedoch noch hinreichend genau mit dem arithmetischen Mittel des Drosselabflusses: $Q_{Dr} = 0{,}5 \cdot (\min Q_{Dr} + \max Q_{Dr})$ mit Q_{Dr} = gedrosselter Abfluss

Das erforderliche Volumen des RRR (Regenrückhalteraums) ist nach ATV-DVWK A 117 abhängig vom Drosselabfluss Q_{Dr}, der gewählten Überschreitungshäufigkeit n sowie der angeschlossenen abflusswirksamen Fläche. Die Abhängigkeit von der örtlichen Niederschlagscharakteristik wird durch Verwendung von Regenreihen (z. B. KOSTRA) berücksichtigt [13.44].

Folgende Voraussetzungen gelten für die vereinfachte Berechnung:

$A_{E,K} \leq 200$ ha; $t_f \leq 15$ min; $n \geq 0{,}1\ a^{-1}$; d. h. T_n = Wiederkehrzeit ≤ 10 a; $q_{Dr,R,u} \geq 2$ l/(s · ha)

$V_{su} = (r_{D,n} - q_{Dr,R,u}) \cdot D \cdot f_z \cdot f_A \cdot 0{,}06$ m³/ha mit

V_{su}	spezifisches Speichervolumen bezogen auf die undurchlässige Fläche in m³/ha
$r_{D,n}$	Regenspende der Dauer D und der Häufigkeit n in l/(s · ha)
$q_{Dr,R,u}$	Regenanteil der Drosselabflussspende bezogen auf A_u in l/(s · ha)
D	Regendauer in min; f_z Zuschlagfaktor nach der Tabelle
f_A	Abminderungsfaktor in Abhängigkeit von t_f, $q_{Dr,R,u}$, n gemäß folgender Abbildung.

$q_{Dr,R,u} = (Q_{Dr} - Q_{Dr,v} - Q_{T,24}) / A_u$ in l/(s · ha) mit

$Q_{Dr,v}$ = Summe der Drosselabflüsse aller oberhalb liegender Vorentlastungen [l/s]

$Q_{T,24}$ = Trockenwetterabfluss des direkten Einzugsgebietes im 24-h-Mittel [l/s]

Zuschlagfaktor f_z

Risikomaß	Zuschlag-faktor f_z	Risikomaß in Hinblick auf eine mögliche Unterbemessung zu wählen:.
gering	1,2	Das errechnete Volumen ist mit einer Wahrscheinlichkeit von 99 % größer als das nach einer Langzeitsimulationsrechnung erforderliche.
mittel	1,15	Das errechnete Volumen ist mit einer Wahrscheinlichkeit von 89 % größer als das nach einer Langzeitsimulationsrechnung erforderliche.
hoch	1,1	Das errechnete Volumen ist mit einer Wahrscheinlichkeit von 55 % größer als das nach einer Langzeitsimulationsrechnung erforderliche.

Das erforderliche Beckenvolumen wird: $V_{RRB} = V_{s,u} \cdot A_u$ in m³

Abminderungsfaktor f_A nach ATV-DVWK A 117:

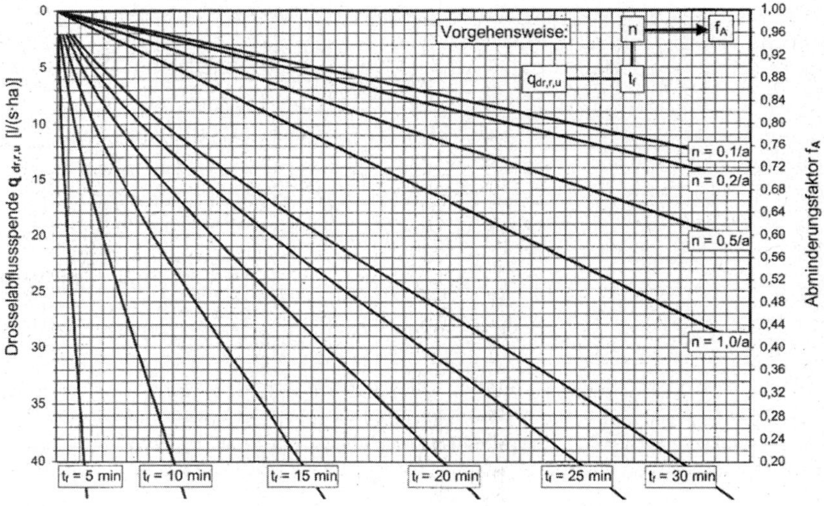

4.4 Regenklärbecken RKB

Regenklärbecken dienen der Klärung (mechanischen Reinigung) von Regenwasser beim Trennverfahren. Die Notwendigkeit einer Klärung ergibt sich bei Gebieten mit starker Verschmutzung, ggf. auch dann, wenn die gewünschte Qualität des Gewässers erhöhte Anforderungen notwendig macht, z. B. Trinkwassernutzung, Badebetrieb.

Die Anordnung ständig gefüllter RKB wird i. d. R. erforderlich, wenn der Regenwasserkanal bei Trockenwetter oft oder zeitweise Wasser führt. RKB besitzen einen Überlauf und eine Schlammräum- und -abzugsmöglichkeit. Bemessungszufluss ist $Q_{Bem} = r_{krit} \cdot A_{red} + Q_F$ in l/s.

Flächenbeschickung: $q_A \leq 10$ m/h; Beckentiefe $h_B \approx 2{,}0$ m

Beckenvolumen: $V = (3{,}6\, Q_{Bem} \cdot h_B) / q_A$ in m³; $V \geq 50$ m³

Nicht ständig gefüllt können RKB ausgeführt werden, wenn der Regenwasserkanal bei Trockenwetter kein oder wenig Wasser führt. Bauliche Ausbildung kann wie bei Fangbecken oder Durchlaufbecken im Mischverfahren erfolgen. Der Beckeninhalt ist der Kläranlage zuzuführen.

4.5 Niederschlagswasserversickerung (A 138)

Nicht schädlich verunreinigtes Niederschlagswasser kann durch Versickerung entsorgt werden, soweit es die örtlichen Verhältnisse zulassen. Vorteile: Entlastung der Kanalisation, Grundwasseranreicherung. Allgemeine Grundsätze zum Umgang mit Regenwasser zeigt das Merkblatt M 153 der ATV-DVWK auf.

Zentrale Versickerung: Abflüsse aus mehreren Grundstücken bzw. Einzugsgebieten werden zusammengefasst und gemeinsam versickert. Beispiel: Versickerungsbecken.
Dezentrale Versickerung: Versickerung erfolgt auf den Grundstücken, auf die der Niederschlag fällt. Man unterscheidet Flächen-, Mulden-, Rohr-, Rigolen- und Schachtversickerung.
Unbedenklich ist die Versickerung des Niederschlagswassers aus Wohn- und vergleichbaren Gewerbegebieten. Schädlich verunreinigtes Niederschlagswasser erfordert ausreichende Vorreinigung vor Versickerung. Versickerung in besonderen Anlagen gilt als Einleitung in ein Gewässer und bedarf der wasserrechtlichen Erlaubnis. Sonderregelungen gelten in Wasserschutzgebieten (Trinkwasser- und Heilquellenschutz). Je flächenhafter die Versickerung erfolgt, desto besser ist die Reinigungswirkung, zu der besonders die belebte Bodenzone beiträgt. Günstige Randbedingungen zur Versickerung liegen vor bei Durchlässigkeitsbeiwerten $k_f = 10^{-3}$ m/s (Feinkies) bis $k_f = 10^{-6}$ m/s (schluffiger Sand).

Bemessungsgrundlagen:
Regenwasserzufluss $Q_{zu} = 10^{-7} \cdot r_{D(n)} \cdot A_u$ in m³/s
mit Regenspende $r_{D(n)}$ in l/(s · ha) und angeschlossener undurchlässiger Fläche A_u in m²
Versickerungsrate $Q_s = v_{f,u} \cdot A_s$ in m³/s mit $v_{f,u} = k_{f,u} \cdot I = 0{,}5\ k_f \cdot I$ in m/s
Man verwendet $k_{f,u} = k_f/2$ zur Berücksichtigung der Versickerung in der ungesättigten Bodenzone. Je nach Bestimmungsart des k_f-Wertes sind für die Berechnung von Versickerungsanlagen die angegebenen k_f-Werte mit dem Korrekturwert nach A 138 zu multiplizieren:

Bestimmungsmethode		Korrekturfaktor
Abschätzung nach Bodenansprache		1,0
Labormethoden	Sieblinienauswertung	0,2
	Permeameter (ungestörte Probe, vertikale Probenahme)	1,0
Feldmethoden		2

Sickerweg: hydraulisches Gefälle $I = (h_s + z) / (h_s + 0{,}5\ z)$ in m/m, mit h_s = Sohlabstand vom Grundwasser und z = Einstauhöhe in der Versickerungsanlage
Bei geringen Einstauhöhen z wird I meist 1 gesetzt.
Die Regenspenden $r_{D(n)}$ in l/(s · ha) sind für unterschiedlich lange Regendauerstufen dem KOSTRA-Datenwerk [13.44] zu entnehmen. Als Häufigkeit gilt bei dezentraler Versickerung und einfachen zentralen Anlagen $n = 0{,}2\ a^{-1}$. Die maßgebende Regendauer D führt zum größten erforderlichen Speichervolumen der Versickerungsanlage. Sie ist durch Probieren zu ermitteln.
Bei Versickerungsanlagen ohne Speichermöglichkeit (Flächenversickerung) ist $r_{D(n)} = r_{10(n)}$ zu verwenden; nur bei großen und flachen Flächen ist D = 15 min anzusetzen.

Flächenversickerung
Voraussetzung: Versickerungsfähigkeit des Bodens > zu erwartender Regenabfluss.
Anwendungsbereiche: Parkwege, Sportanlagen, unbedenkliche Hofflächen, ländliche Wege, Campingplätze. Für die Oberflächenbefestigung sind geeignet: Betongittersteine, wasserdurchlässige Pflasterung in Sandbettung und Kies- bzw. Schottertragschicht als Unterbau.
Erf. Versickerungsfläche: $A_s = A_u / [(10^7 \cdot k_f)/(2\ r_{D(n)}) - 1]$ in m², wenn $k_f \geq 2 \cdot r_{D(n)} \cdot 10^{-7}$.
Gleichmäßige Überleitung von befestigten Flächen in unbefestigte Seitenräume z. B. mit Tiefbordrinnen.

Beispiel
Gegeben: A_u = 500 m²; $k_f = 10^{-4}$ m/s; $r_{15(1)}$ = 100 l/(s · ha); $n = 0{,}2\ a^{-1}$; D = 10 min;
Gesucht: Erforderliche Versickerungsfläche A_s in m²
Lösung: $r_{10(0,2)} = \varphi_{10(0,2)} \cdot r_{15(1)} = 2{,}252 \cdot 100$ l/(s · ha) = 225 l/(s · ha)
$A_s = 500/[(10^7 \cdot 10^{-4}) / (2 \cdot 225) - 1] = 409$ m²

Richtwerte:
- Eine Regenspende von r = 200 l/(s · ha) erfordert eine mittlere Durchlässigkeit der Oberfläche von $k_f \geq 2 \cdot 10^{-5}$ m/s, wenn kein Aufstau erfolgen soll.

- Betongittersteine (durchbrochener Anteil i. d. R. 30 % bis 40 % der Fläche) erfordern Füllmaterial mit $k_f \geq 6 \cdot 10^{-5}$ m/s.
- Aufgeweitete Fugen in der Pflasterung erfordern Abstimmung zwischen Fugenfläche und Füllmaterial, so dass $k_f = 2 \cdot 10^{-5}$ m/s erreicht wird.

Muldenversickerung

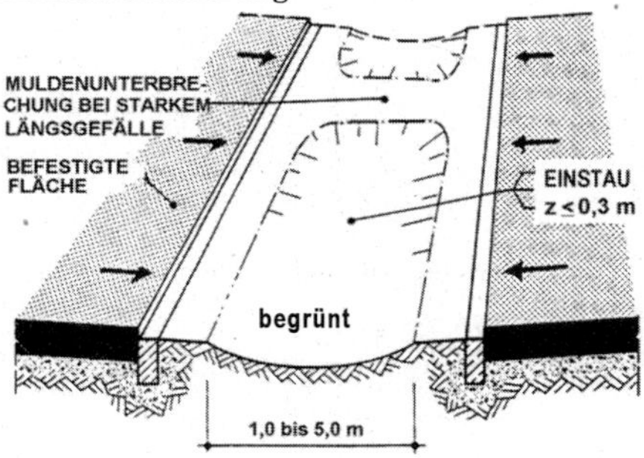

Fällt mehr Niederschlagswasser an, als in einer Flächenversickerung gleichzeitig versickern kann, so wird ein Speicherraum in einer Mulde bereitgestellt. Diese soll nach spätestens 24 h wieder leer sein.
Anwendungsbereiche: Seitenräume von Fuß- und Radwegen, Grundstücke mit wirtschaftlich ungenutzter Grünfläche sowie untergeordnete Wege und Plätze.
Mulden sind Bodenvertiefungen mit einer Tiefe $h \leq 0{,}3$ m und einer Breite $b = 1{,}0$ bis 5,0 m.
Sohlebene und -linien der Mulden sollen horizontal liegend hergestellt werden. Lange Mulden sind bei vorhandenem Geländegefälle durch Bodenschwellen zu unterbrechen.
Richtwert: Flächenbedarf 10 % (Mittel-/Feinsand) bis 20 % (schluffiger Sand bis Schluff) der angeschlossenen undurchlässigen Fläche.
Bemessung: Ermittlung des erforderlichen Muldenvolumens aus Speicheränderung (Zufluss – Versickerung; vgl. RRB Abschnitt 4.3):

$$V_S = (\Sigma Q_{zu} - \Sigma Q_S) \cdot D \cdot 60 \cdot f_Z \cdot f_A = [(A_u + A_S) \cdot 10^{-7} \cdot r_{D(n)} - A_S \cdot k_f/2] \cdot D \cdot 60\, f_Z$$

mit V_s Speichervolumen in m³; A_s verfügbare Versickerungsfläche in m²
A_u angeschlossene undurchlässige Fläche in m²
k_f Durchlässigkeitsbeiwert der gesättigten Zone in m/s
$r_{D(n)}$ Regenspende in l/(s · ha); D Dauer des Bemessungsregens in min
f_z Zuschlagsfaktor (1,1–1,2) gem. ATV-DVWK-A117
Bei dezentralen Anlagen ist der f_A-Wert wegen der kurzen Fließzeiten, bei zentralen Anlagen wegen der geringen flächenspezifischen Versickerungsraten hier 1,0.
Die Regenspende, die in Verbindung mit ihrer zugehörigen Regendauer D zum größten Speichervolumen führt, ist durch Probieren zu ermitteln.

Beispiel: unter Verwendung der KOSTRA-Regendaten für Frankfurt/Main (Seite 13.65)
Gegeben: $A_u = 300$ m²; $A_S = 37$ m²; $k_f = 10^{-5}$ m/s; $r_{180(0,2)} = 30{,}5$ l/(s · ha)
Gesucht: Speichervolumen V_s in m³; Nachweis: mittlere Einstauhöhe z_m; Entleerungszeit
Lösung: $V_S = [(300 + 37) \cdot 10^{-7} \cdot 30{,}5 - 37 \cdot 10^{-5}/2] \cdot 180 \cdot 60 \cdot 1{,}2 = 11$ m³
bei $A_S = 37$ m² und $V_S = 11$ m³ ist die erf. Einstauhöhe im Mittel $z_m = 0{,}3$ m;
die Entleerungszeit ist dabei $t_e = 2 \cdot z_m / k_f = 2 \cdot 0{,}30 / 0{,}00001 = 16{,}7\ \text{h} < 24$ h.
Andere Regen führen zu kleineren Speichervolumen.

Rigolen- und Rohrversickerung

Bei der Rigolenversickerung wird das Niederschlagswasser in einen kiesgefüllten Graben (Rigole), bei der Rohrversickerung unterirdisch in einen in einer speicherfähigen Kiesbettung verlegten perforierten Rohrstrang geleitet, dort zwischengespeichert und in den Untergrund entsprechend der Bodenversickerungsfähigkeit abgegeben.
Anwendungsbereich: vor allem bei beengten Platzverhältnissen. Eine Kombination der Rigolen- mit Rohrversickerung und Versickerungsmulde ist möglich.
Abstand zwischen Grabensohle (frostfreie Tiefe) und höchstem natürlichem Grundwasserstand ≥ 1 m. Rohrdurchmesser ≥ DN 300; nach Möglichkeit Vorschaltung einer geeigneten Absetzvorrichtung zum Schutz der (Rohr)-Rigole vor Verschlammung. Die Filterstabilität gegenüber

dem anstehenden Boden ist durch Kornabstufungen bzw. Geotextil sicherzustellen.

Abdeckungen von Kontrollschächten sind mit Lüftungsöffnungen oder mit Entlüftungshauben zu versehen.

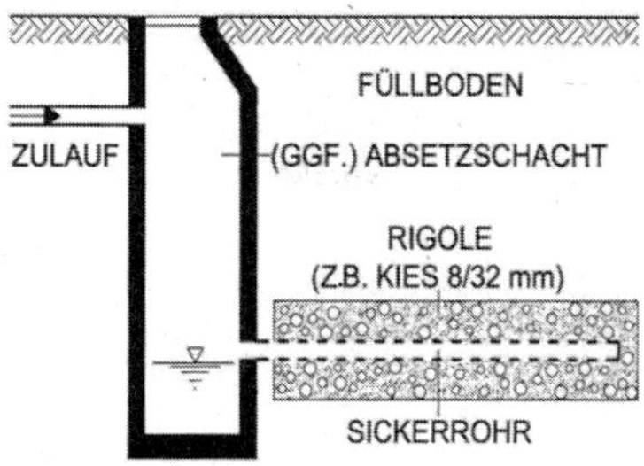

Rigole mit Sickerrohr nach A 138

Bemessung: Man unterstellt die gleiche Betrachtung wie bei der Muldenversickerung. Es wird unterstellt, dass bei konstanter Versickerungsleistung der Wasserstand z in der Rigole keinen Einfluss auf das hydraulische Gefälle hat.

Die versickerungswirksame Breite ist $b_{R,w} = b_R + 2h/4$.

$Q_s = (b_R + 0{,}5\ h) \cdot L \cdot k_f/2$ in m³/s mit h = nutzbare Rigolenhöhe in m; L Rigolenlänge in m.

$V_s = Q_{zu} - Q_s = [A_u \cdot 10^{-7} \cdot r_{D(n)} - (b_R + 0{,}5\ h) \cdot L \cdot k_f/2] \cdot D \cdot 60 \cdot f_z$ in m³

Allgemein gilt: $V_s = b_R \cdot h \cdot L \cdot s$ in m³

Speicherkoeffizient s_R = bei Kiesfüllung z. B. 33 % (Porenziffer n_P); bei Rohrrigolen wird zusätzlich der Innenraum des Rohres berücksichtigt: $s_{RR} = s_R/(b_R \cdot h) \cdot [b_R \cdot h + \pi/4\ (d_i^2/s_R - d_a^2)]$

Innendurchmesser des Rohres d_i in m; Außendurchmesser d_a in m; n_p = (30 bis 40) %

Bei Vorgabe des Rigolenquerschnitts ist die erforderliche Länge

$$L = \frac{A_u \cdot 10^{-7} \cdot r_{D(n)}}{\frac{b_R \cdot h \cdot s_{RR}}{D \cdot 60 \cdot f_z} + (b_R + \frac{h}{2}) \cdot \frac{k_f}{2}} \text{ in m}$$

Die Regenspende r, die in Verbindung mit ihrer Dauer D zum größten Rigolenvolumen (max. Länge) führt, ist durch Probieren zu ermitteln. n ist bei dezentralen Anlagen 0,2 a⁻¹.

Beispiel: unter Verwendung der KOSTRA-Regendaten für Frankfurt/Main (Seite 13.65)

Gegeben: A_u = 3000 m²; $k_f = 5 \cdot 10^{-5}$ m/s; b = 1 m; h = 1,5 m; $r_{60(0,2)}$ = 74,6 l/(s · ha)

Gesucht: Rigolenlänge L in m ohne Versickerungsrohr; Kiesrigole $n_P = s_R$ = 33 %; n = 0,2 a^{-1}

Lösung: Für Frankfurter Regen (s. S. 13.65) wird L maximal mit $r_{60(0,2)}$ = 74,6 l/(s · ha):

$$L = \frac{3000 \cdot 10^{-7} \cdot 74{,}6}{\frac{1{,}0 \cdot 1{,}5 \cdot 0{,}33}{60 \cdot 60 \cdot 1{,}2} + (1{,}0 + \frac{1{,}5}{2}) \cdot \frac{0{,}00005}{2}} = 141{,}3 \text{ m}$$

Andere Regenspenden r führen zu geringeren Speichervolumen und Rigolenlängen.

Kann diese Länge nicht untergebracht werden, so bietet es sich an, eine Rohrrigole auszuführen:

Gesucht: Rigolenlänge L in m mit perforiertem Rohr DN 800, Wandstärke d = 0,05 m in Kiespackung $n_P = s_R$ = 33 %

Lösung: $s_{RR} = s_R/(b_R \cdot h) \cdot [b_R \cdot h + \pi/4\ (d_i^2/s_R - d_a^2)]$

$= 0{,}33/(1{,}0 \cdot 1{,}5) \cdot [1{,}0 \cdot 1{,}5 + \pi/4\ (0{,}8^2/0{,}33 - 0{,}9^2)] = 53\ \%$

Für Frankfurter Regen (s. S. 13.65) wird L maximal mit $r_{60(0,2)}$ = 74,6 l/(s · ha):

$$L = \frac{3000 \cdot 10^{-7} \cdot 74{,}6}{\frac{1{,}0 \cdot 1{,}5 \cdot 0{,}53}{60 \cdot 60 \cdot 1{,}2} + (1{,}0 + \frac{1{,}5}{2}) \cdot \frac{0{,}00005}{2}} = 98{,}3;\ \text{gewählt} \approx 99 \text{ m}$$

Mulden-Rigolenelement

Die Rigole wird unter der Mulde angeordnet.

Der Muldenboden besteht aus einer mindestens 10 cm mächtigen belebten Oberbodenschicht ($k_f \geq 10^{-5}$ m/s) mit der darunter liegenden Sandfilterschicht (d > 10 cm und $k_f \geq 1 \cdot 10^{-4}$). Zuerst wird die Mulde bemessen. Das Gesamtvolumen des Mulden-Rigolenspeichers berechnet sich ähnlich dem einer Rigole zuzüglich der Abfluss liefernden Muldenoberfläche sowie dem gedrosselten Abfluss in die Rigole.

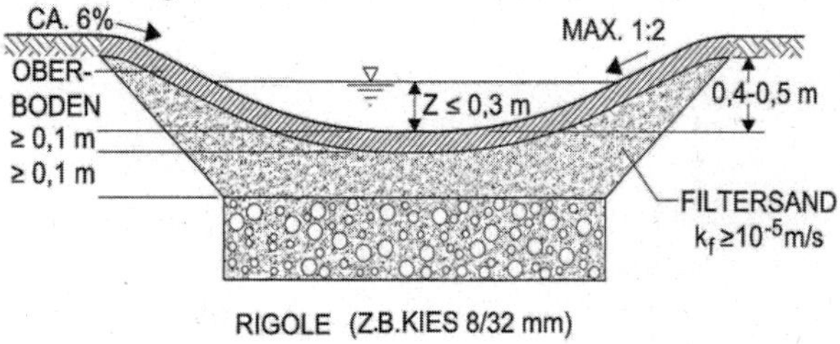

Mulden-Rigolen-Element nach DWA A 138

Bemessung: $V_{MR} = [(A_u + A_{s,M}) \cdot 10^{-7} \cdot r_{D(n)} - (b + h/2) \cdot L \cdot k_f/2 - Q_{dr}] \cdot D \cdot 60 \cdot f_z$ in m²
mit $A_{s,M}$ Muldenfläche und b, h Breite bzw. Höhe der Rigole.
Das Rigolenvolumen ist dann $V_R = V_{MR} - V_M$ mit V_M = Muldenspeichervolumen in m³.

Die Länge der Rigole ist dann: $$L = \frac{(A_u + A_{s,M}) \cdot 10^{-7} \cdot r_{D(n)} - Q_{dr} - \dfrac{V_M}{D \cdot 60 \cdot f_z}}{\dfrac{b_R \cdot h \cdot s_{RR}}{D \cdot 60 \cdot f_z} + \left(b_R + \dfrac{h}{2}\right) \cdot \dfrac{k_f}{2}}$$ in m.

Die Drosselabflussspende der Rigole Q_{dr} wird nur bei Rigolen mit Ableitungsmöglichkeit angesetzt. Die Rigolenlänge L wird für unterschiedliche Regendauerstufen und zugehörige Regenspenden berechnet, bis die maximale Länge gefunden wird.
Die Muldenabmessungen werden dann auf die Rigole abgestimmt. Länge Mulde = Länge Rigole; Nachweis Einstauhöhe z der Mulde $\leq$ 30 cm.

Schachtversickerung

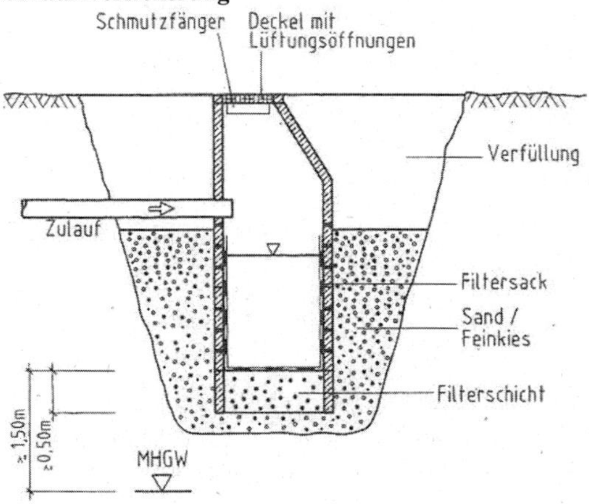

Sickerschacht TYP A (DW A 138)

Schächte bieten die Möglichkeit, auf kleinster Fläche Niederschlagswasser zu versickern. Die Versickerungsrate ist begrenzt durch die Abmessungen der Schachtringe und durch die Tiefenbeschränkung (Sohle des Stauraumes $\geq$ 1,5 m bis zum mittleren Hochwasserstand des Grundwassers). Es kommen vorwiegend Schachtdurchmesser über 1 m zur Anwendung. Im Stauraum des Schachtes ist ein Geotextil gegen Verstopfung der Filterkiesschicht außerhalb des Schachtes anzubringen. Im Sohlbereich des nach unten offenen Schachtes ist eine Sandfilterschicht einzubringen, die zur Reinigung ausgetauscht werden kann.
Vorschalten eines Absetzschachtes verringert die Belastung des Versickerungsschachtes mit Feststoffen. Bei Schächten ist vorteilhaft, dass sie leicht kontrolliert und gesäubert werden können.

Die wirksame Versickerungsfläche $A_s = \pi\,(d_a^2/4 + d_a \cdot z/2)$

mit d_a Schachtaußendurchmesser in m und z Einstauhöhe über Schachtsohle in m.

Bemessung: Über die Speicheränderung (Zufluss – Versickerung) wird berechnet:
$V_s = (A_u \cdot 10^{-7} \cdot r_{D(n)} - A_s \cdot k_f/2) \cdot D \cdot 60 \cdot f_z$ mit dem Speichervolumen $V_s = \pi \cdot z \cdot d_i^2/4$

wird nach Umformung die Einstauhöhe $z = \dfrac{A_u \cdot 10^{-7} \cdot r_{D(n)} - \dfrac{\pi \cdot d_a^2}{4} \cdot \dfrac{k_f}{2}}{\dfrac{d_i^2 \cdot \pi}{4 \cdot D \cdot 60 \cdot f_z} + \dfrac{d_a \cdot \pi \cdot k_f}{4}}$

Diese eingebaute Filterschicht darf die berücksichtigte Versickerungsrate des Untergrundes nicht einschränken: erf. $k_{f,Filterschicht} > (d_a^2 + 2\,z \cdot d_a) \cdot k_{f,Untergrund} / d_i^2$

Beispiel: unter Verwendung der KOSTRA-Regendaten für Frankfurt/Main (Seite 13.65)
Gegeben: $A_u = 150$ m²; $k_f = 5 \cdot 10^{-4}$ m/s; $d_i = 1{,}5$ m; $d_a = 1{,}8$ m; $r_{15(0,2)} = 186{,}7$ l/(s · ha)
Gesucht: Einstauhöhe im Schacht und erf. Schachtvolumen
Lösung: Für Frankfurter Regen (s. S. 13.65) wird V_s maximal mit $r_{15(0,2)} = 186{,}7$ l/(s · ha):

$$z = \frac{150 \cdot 10^{-7} \cdot 186{,}7 - \dfrac{\pi \cdot 1{,}8^2}{4} \cdot \dfrac{0{,}0005}{2}}{\dfrac{1{,}5^2 \cdot \pi}{4 \cdot 15 \cdot 60 \cdot 1{,}2} + \dfrac{1{,}8 \cdot \pi \cdot 0{,}0005}{4}} = 0{,}92 \text{ m} \qquad \text{und } V_s = \pi \cdot 1{,}5^2 \cdot 0{,}92 / 4 = 1{,}63 \text{ m}^3$$

Zentrales Versickerungsbecken
Das erforderliche Speichervolumen berechnet sich vereinfacht zu:

$$V = (A_u \cdot 10^{-3} \cdot r_{D(n)} - Q_s) \cdot D \cdot 60\, f_z \text{ mit } Q_s = A_u \cdot q_s$$

f_z ist der Zuschlagsfaktor nach A 117 (Regenrückhaltebecken); siehe S. 13.103 f.
Für q_s wird von folgenden Größenordnungen ausgegangen:

bei $k_f = 1 \cdot 10^{-4} \rightarrow q_s = 10$ l/(s · ha); bei $k_f = 1 \cdot 10^{-5} \rightarrow q_s = 2$ l/(s · ha)

Die Volumenformel ist für verschiedene Regendauerstufen anzuwenden, bis das maximal erforderliche Volumen gefunden ist.

5 Gebäudeentwässerung / Grundstücksentwässerung

Mit Veröffentlichung der Normenreihe DIN EN 12 056 (Januar 2001), der Einführung der DIN 1986-100 (März 2002) und der Zurückziehung der DIN 1986 Teile 1 und 2 (Juni 2001) gelten nun in Deutschland folgende Normen: DIN EN 12 056 Teile 1 bis 5, DIN 1986 Teile 3, 4, 30 und 100. Die DIN EN 12 056 gilt für Entwässerungsanlagen ausschließlich **innerhalb** von Gebäuden (auch Grundleitung unter Bodenplatte). Für Schwerkraftentwässerungsanlagen **außerhalb** von Gebäuden gelten die Normenreihen DIN EN 752 und DIN EN 1610. Darüber hinaus sind noch die ATV-Richtlinien zu beachten.
Schmutz- und Regenwasserleitungen dürfen nur außerhalb des Gebäudes zusammengeführt werden (Ausnahme nach DIN 1986-100 z. B. bei Grenzbebauung: hier Zusammenführung unmittelbar vor Gebäudegrenze möglich).
In Deutschland gilt nach DIN 1986-100 nur das System I der vier Entwässerungssystemtypen von Teil 2 der DIN EN 12 056; d. h., es sind nur Einzelfallleitungsanlagen mit teilbefüllten Anschlussleitungen und Füllungsgrad = 0,5 zulässig. Bei Wasser sparenden Klosettbecken (4–6 Liter Spülwassermengen) sind nach DIN 1986-100 ergänzende Festlegungen zu berücksichtigen.

Die **Nennweiten (DN)** geben den ungefähren äußeren Durchmesser in mm an. Den Nennweiten sind Mindest-Innendurchmesser ($d_{i,min}$) zugeordnet, die bei der Berechnung maßgeblich sind.

Für die **Mindestgefälle** gelten heute für fast alle Leitungsbereiche reduzierte Werte. Dies führt zu einer Reduzierung der Fließgeschwindigkeit in Grund- und Sammelleitungen auf 0,5 m/s (Mindestwerte).

Begriffe:

Schwarzwasser	fäkalienhaltiges Schmutzwasser	*Regenfallleitung RFL*	Fallleitung für Regenwasser
Grauwasser	fäkalienfreies Schmutzwasser	*Lüftungsleitung LL*	Leitung zur Begrenzung der Druckschwankungen in der Entwässerungsanlage
Einzelanschlussleitung EAL	Verbindung eines Entwässerungsgegenstandes mit der Sammelanschluss-, Fall- oder Grundleitung	*Grundleitung GL*	Entwässerungsleitung innerhalb eines Gebäudes oder in der Erde unter der Gründung, an die Fallleitungen oder Entwässerungsgegenstände angeschlossen sind
Sammelanschlussleitung SAL	Verbindet EAL mit der Fall- oder Grundleitung	*Anschlusskanal AK*	Kanal zwischen der öffentlicher Entwässerungsanlage und der ersten Reinigungsöffnung auf dem Grundstück
Fallleitung FL	senkrechte Schmutzwasserleitung, belüftet	*Revisionsschacht*	Reinigungsöffnung der Grundleitung innerhalb eines Schachtes

Nennweiten (DN) mit entsprechendem Mindestinnendurchmesser $d_{i,min}$:

Nennweite DN	Mindestinnendurchmesser $d_{i,min}$ in mm	Nennweite DN	Mindestinnendurchmesser $d_{i,min}$ in mm	Nennweite DN	Mindestinnendurchmesser $d_{i,min}$ in mm
30	26	70	68	150	146
40	34	80	75	200	184
50	44	90	79	225	207
56	49	100	96	250	230
60	56	125	113	300	290

Mindestgefälle

Leitungsbereich	Mindestgefälle	Hinweis auf Norm und Abschnitt
Unbelüftete Anschlussleitungen	1 %	DIN EN 12 056-2, Tabelle 5 DIN 1986-100, Abschnitt 8.3.2.2
Belüftete Anschlussleitungen	0,5 %	DIN EN 12 056-2, Tabelle 8
Grund- und Sammelleitungen – für Schmutzwasser – für Regenwasser (Füllungsgrad 0,7)	 0,5 % 0,5 %	 DIN 1986-100, Abschnitte 8.3.4, 8.3.5 DIN 1986-100, Abschnitt 9.3.5.2
Grund- und Sammelleitungen DN 90 (Klosettbecken mit Spülvolumen 4,5–6,0 l)	1,5 %	DIN 1986-100, Tabelle A.2
Ergänzender Hinweis: Fließgeschwindigkeit in Grund- und Sammelleitungen für Schmutzwasser und Regenwasser mindestens 0,5 m/s.		

Lüftungssysteme

Die *Hauptlüftung* HL ist die Verlängerung der Fallleitung über Dach. Bei starker Belastung der Fallleitung wird eine zusätzliche, parallel zur Fallleitung geführte Lüftungsleitung als *direkte Nebenlüftung* DNL empfohlen, bei sehr starker Beanspruchung die *indirekte Nebenlüftung* IDNL als Lüftungsleitung für ein oder mehrere Anschlussleitungen direkt über Dach oder bis an die Hauptlüftung im obersten Geschoss. Die *Umlüftung* UL wird an die Fallleitung angeschlossen. Als Ersatz für *Umlüftungen* oder eine *indirekte Nebenlüftung* können zum Abbau von Unterdruck im Leitungssystem auch *Lüftungsventile* AVV eingebaut werden. Zum Beispiel können in Ein- und Zweifamilienhäusern Belüftungsventile für Fallleitungen eingesetzt werden, wenn mindestens eine Fallleitung als Hauptlüftung über Dach geführt wird.

***Unbelüftete* und *belüftete* Anschlussleitungen**

Anwendungsgrenzen für **Einzelanschlussleitungen (EAL)**	System I **unbelüftet**	System I **belüftet**
maximale Leitungslänge (L)	4,0 m	10,0 m
maximale Umlenkungen 90°	3 (ohne Anschlussbogen)	keine Begrenzung
max. Höhendifferenz (Δh) mit 45°oder mehr Neigung	1,0 m	3,0 m
Mindestgefälle	1 %	0,5 %
Kann ein Grenzwert (unabhängig von DN) für unbelüftete Leitungen nicht eingehalten werden, so ist die Leitung zu belüften!		

Bei Planung und Verlegung von Anschlussleitungen ist zu unterscheiden zwischen Einzel- und Sammelanschlussleitungen und zwischen belüfteten und unbelüfteten Einzel- oder Sammelanschlussleitungen.

Bemessung von Einzelanschlussleitungen (EAL)

Einzelanschlussleitung für Entwässerungsgegenstand:	***DU***	**DN**
Waschbecken, Bidet	0,5	40
Dusche ohne Stöpsel	0,6	50
Dusche mit Stöpsel	0,8	50
Einzelurinal mit Spülkasten	0,8	50
Urinal mit Druckspüler	0,5	50
Standurinal	0,2	50
Urinal ohne Wasserspülung	0,1	50
Badewanne	0,8	50
Küchenspüle und Geschirrspüler (am gemeinsamen Geruchsverschluss); Geschirrspüler alleine	0,8	50
Waschmaschine bis 6 kg	0,8	50
Waschmaschine bis 12 kg	1,5	70
WC mit 4,0/4,5 l Spülkasten/Druckspüler	1,8	80/90
WC mit 6,0 l Spülkasten/Druckspüler	2,0	80–100
WC mit 7,5 l Spülkasten/Druckspüler	2,0	
WC mit 9,0 l Spülkasten/Druckspüler	2,5	100
Bodenablauf DN 50	0,8	50
Bodenablauf DN 70	1,5	70
Bodenablauf DN 100	2,0	100

Anwendungsgrenzen für **unbelüftete Sammelanschlussleitungen (SAL)**
Wenn die Einzelanschlussleitung EAL die maximal zulässige Länge von z. B. 4 m nicht überschreitet, darf die Länge der gemeinsamen Sammelanschlussleitung SAL insgesamt 6 m betragen. Innerhalb dieses Bereichs können einzelne Leitungsabschnitte eine variable Länge (maximal 4 m) aufweisen. Maximal 3 Umlenkungen 90°; max. Höhendifferenz Δh = 1,0 m; Mindestgefälle: 1 %. Kann einer dieser Grenzwerte nicht eingehalten werden, muss belüftet werden.

Bemessung von Sammelanschlussleitungen (SAL)

DN	ΣDU_{max} bei $K = 0{,}5$		ΣDU_{max} bei $K = 0{,}7$		ΣDU_{max} bei $K = 1{,}0$	
	unbelüftet	belüftet	unbelüftet	belüftet	unbelüftet	belüftet
50	1,0	3,0	1,0	2,0	0,8	1,0
56/60	2,0	5,0	2,0	4,6	1,0	2,0
70*)	9,0	13,0	4,6	10,0	2,2	5,0
80	13,0**)	16,0	8,0**)	13,0	4,0	9,0
90	13,0**)	20,0	10,0**)	16,0	5,0	11,0
100	16,0	25,0	12,0	20,0	6,4	14,0

*) Keine Klosetts. **) Maximal 2 Klosetts.

Im Zusammenhang mit den Bemessungsgrundlagen wurden neue Kurzzeichen eingeführt:
DU (Design Unit) = Anschlusswert; Q_{ww} (Quantity of waste water) = Schmutzwasserabfluss

Q_{tot} = Gesamtschmutzwasserabfluss = $Q_{ww} + Q_c + Q_p$
mit Q_c Dauerabfluss und Q_p Pumpenförderstrom

Der Schmutzwasserabfluss wird errechnet mit: $Q_{ww} = K \cdot \sqrt{\Sigma DU}$

hierbei ist *K* eine von der Gebäudeart und Entwässerungsanlage abhängige Abflusskonstante:

K in l/s	Gebäudeart, Entwässerungsanlage
0,5	unregelmäßige Benutzung, z. B. im Wohnungsbau, in Bürogebäuden, Pensionen
0,7	regelmäßige Benutzung, z. B. in Krankenhäusern, Restaurants, Schulen, Hotels
1,0	häufige Benutzung, z. B. in öffentlichen WCs, Reihenwasch- oder -duschanlagen
1,2	spezielle Nutzung, z. B. Laboranlagen

Sofern der ermittelte Schmutzwasserabfluss Q_{WW} kleiner ist als der größte Anschlusswert eines einzelnen Entwässerungsgegenstandes, ist grundsätzlich der entsprechende Anschlusswert des Entwässerungsgegenstandes zu verwenden.
Die vorgenannten Berechungsgrundlagen beziehen sich nur auf Grund-, Sammel- und Fallleitungen. Für Anschlussleitungen erfolgt die Bemessung mit den entsprechenden Tabellen.

Bemessung von Fallleitungen (FL) innerhalb von Gebäuden: Mit Abzweigen, deren Umlenkung dem Innenradius entspricht, können Fallleitungen höher beaufschlagt werden.
(Die linken Werte gelten *ohne*, die rechten Werte *mit* Nebenlüftungsleitungen NL (DN))

Schmutzwasserfallleitung mit Hauptlüftung DN	Q_{max} in l/s Standardabzweige mit		Q_{max} in l/s Abzweige mit Innenradius	
	ohne NL	mit NL (DN)	ohne NL	mit NL (DN)
60	0,5	(DN 50) 0,7	0,7	(DN 50) 0,9
70	1,5	(DN 50) 2,0	2,0	(DN 50) 2,6
80*)	2,0	(DN 50) 2,6	2,6	(DN 50) 3,4
90	2,7	(DN 50) 3,5	3,5	(DN 50) 4,6
100**)	4,0	(DN 50) 5,6	5,2	(DN 50) 7,3
125	5,8	(DN 70) 8,4	7,6	(DN 70) 10,0
150	9,5	(DN 80) 14,1	12,4	(DN 80) 8,3
200	16,0	(DN 100) 21,0	21,0	(DN 100) 27,3

*) Mindestnennweite bei Klosetts mit Spülvolumen 4–6 l. **) Mindestnennweite bei Klosetts mit Spülvolumen > 6 l.

Hydraulische Bemessung liegender Leitungen (mit $v \geq 0{,}5$ m/s) innerhalb von Gebäuden
Maximaler Gesamtschmutzwasserabfluss Q_{tot} in l/s für Grund- und Sammelleitungen ($h/d = 0{,}5$)

Gefälle	0,5 %	1,0 %	1,5 %	2,0 %	2,5 %	3,0 %	3,5 %	4,0 %	4,5 %	5,0 %
DN 80	-	1,3	1,6	1,8	2,0	2,2	2,4	2,6	2,8	2,9
DN 90	-	1,5	1,8	2,1	2,4	2,6	2,8	3,0	3,2	3,3
DN 100	1,8	2,5	3,1	3,5	4,0	4,4	4,7	5,0	5,3	5,6
DN 125	2,7	3,9	4,7	5,0	6,1	6,7	7,3	7,8	8,3	8,7
DN 150	5,4	7,7	9,4	10,9	12,2	13,3	14,4	15,4	16,3	17,2
DN 200	10,0	14,2	17,4	20,1	22,5	24,7	26,6	28,5	30,2	31,9
DN 225	13,7	19,4	23,8	27,5	30,8	33,7	36,4	39,0	41,3	-
DN 250	18,1	25,7	31,5	36,4	40,7	44,6	48,2	51,5	-	-
DN 300	33,4	47,4	58,2	67,2	75,2	82,4	-	-	-	-

Grundleitungen sollten aus Gründen besserer Zugänglichkeit (Inspektion, Sanierung) innerhalb von Gebäuden vermieden werden und stattdessen bei Gebäuden mit Keller als Sammelleitungen verlegt werden. Anschlussleitungen unter DN 100 können als Grundleitungen verlegt werden, wenn sie kurz und inspizierbar ausgeführt werden. Grundleitungen benötigen für Inspektionen und Reinigung eine Zugänglichkeit von DN 100.

Rückstauebene: Abwasser aus Ablaufstellen unterhalb der Rückstauebene (Gelände- bzw. Straßenoberkante) ist grundsätzlich über automatisch arbeitende Hebeanlagen rückstaufrei abzuleiten. Rückstauverschlüsse bei untergeordneter Nutzung, unter bestimmten Voraussetzungen.

Regenwasserableitung

Für die Bemessung von Regenwasserleitungen von Gebäuden wird auf Rechenansätze analog der Abschnitte 2.2.4 und 2.2.5 zurückgegriffen.
Für die Regenwasserableitung von Gebäuden wird eine Bemessungsregenspende von 5 Minuten Dauer (D) und einer Wiederkehrzeit (T) von 2 Jahren angesetzt: $r_{D=5,T=2}$. (Beachte den Unterschied: n Häufigkeit; T Wiederkehrzeit; $n = 1/T$; vgl. Abschnitt 2.2.2).
Werte für die örtlich unterschiedlich großen Regenspenden sind z. B. dem KOSTRA-Datenwerk [13.44] zu entnehmen.
Wasserundurchlässige Flächen ohne oder mit unbedeutender Wasserableitung wie Parkanlagen, Vegetationsflächen, Schotter und Schlackeboden, Rollkies (auch mit Teilbefestigung), Gartenwege, Einfahrten und Einstellplätze mit Rasengittersteinen bleiben bei der Regenwasserableitung außer Betracht.

Bei der Gebäudeentwässerung kommen folgende Abflussbeiwerte zum Ansatz:

Flächentyp	Abflussbeiwert
wasserundurchlässige Flächen	
Dachflächen, Betonflächen, Rampen, befestigte Flächen (auch Pflaster) mit Fugendichtung oder -verguss, Schwarzdecken (Asphalt)	1,0
Kiesdächer und extensiv begrünte Dachflächen unter 10 cm Aufbaudicke	0,5
intensiv begrünte Dachflächen oder extensiv begrünt ab 10 cm Aufbaudicke	0,3
teildurchlässige und schwach ableitende Flächen	
Betonpflaster in Sand oder Schlacke verlegt, Flächen mit Platten	0,7
Pflasterflächen mit Fugenanteil > 15 % (z. B. 10 cm × 10 cm und kleiner) sowie Kunststoffsportflächen mit Dränung	0,6
wassergebundene Flächen	0,5
Tennenflächen	0,4
Kinderspielplätze mit Teilbefestigung; Rasenflächen	0,3

Abflussleistung in l/s von gefällelosen vorgehängten Rinnen

Länge	Nennmaß halbrunde Rinne	Nennmaß Kastenprofil	Nennmaß halbrunde Rinne	Nennmaß Kastenprofil	Nennmaß halbrunde Rinne	Nennmaß Kastenprofil	Nennmaß halbrunde Rinne	Nennmaß Kastenprofil	Nennmaß halbrunde Rinne
in m	250	250	285	285	333	333	400	400	500
5	1,07	1,02	1,65	2,38	2,64	3,96	4,63	7,23	8,66
6	1,05	1,00	1,62	2,33	2,60	3,90	4,58	7,15	8,66
7	1,03	0,98	1,59	2,30	2,56	3,85	4,51	7,06	8,64
8	1,01	0,96	1,57	2,26	2,52	3,79	4,46	6,98	8,53
9	0,99	0,93	1,54	2,22	2,49	3,74	4,41	6,90	8,43
10	0,97	0,91	1,51	2,18	2,45	3,69	4,35	6,82	8,35
11	0,95	0,89	1,49	2,14	2,41	3,63	4,30	6,74	8,27
12	0,93	0,87	1,46	2,11	2,38	3,58	4,25	6,66	8,20
13	0,91	0,85	1,44	2,07	2,34	3,53	4,20	6,58	8,12
14	0,89	0,84	1,41	2,04	2,31	3,48	4,15	6,50	8,04
15	0,88	0,82	1,39	2,01	2,28	3,44	4,10	6,43	7,97
16	0,86	0,80	1,36	1,97	2,24	3,39	4,05	6,36	7,89
17	0,84	0,79	1,34	1,94	2,21	3,34	4,00	6,28	7,82
18	0,83	0,77	1,32	1,91	2,18	3,30	3,96	6,21	7,75
19	0,81	0,76	1,30	1,88	2,15	3,25	3,91	6,14	7,67
20	0,80	0,74	1,28	1,85	2,12	3,21	3,87	6,07	7,60

Bei Richtungsänderungen von mehr als 10° muss das für die gerade Rinne ermittelte Abflussvermögen auf 85 % reduziert werden. Rinnenwinkel nahe bei Fallleitungen sind zu vermeiden.

Reinigungsöffnungen, Schächte, Inspektionsöffnungen: Reinigungsöffnungen sind nahe der Grundstücksgrenze, jedoch nicht weiter als 15 m vom öffentlichen Abwasserkanal entfernt anzuordnen. Bei Richtungsänderungen in Grundleitungen > 30° (ausgenommen Axialversprung 2 mal 30°) sind Inspektionsöffnungen zwischen den Reinigungsöffnungen nahe der Richtungsänderung möglich. Bis DN 150 beträgt der zulässige Schachtabstand 40 m; ≥ DN 200 bis 60 m.

Regenfallleitungen

Werden Fallleitungen bemessen, so bleiben Verziehungen mit $\alpha \geq 10°$ gegen die Horizontale bei der Ermittlung des Abflussvermögens unbeachtet. Bei einer Verziehung $\alpha < 10°$ muss hydraulischer Nachweis für einen Füllungsgrad von $h/d = 0{,}7$ geführt werden.
Werden Laubfangkörbe eingesetzt, so ist das ermittelte Abflussvermögen auf 50 % zu reduzieren.

Regenwasser und Schmutzwasser müssen innerhalb von Gebäuden getrennt geführt werden. Eine Zusammenführung ist nur außerhalb des Gebäudes zulässig. Eine Ausnahme ist bei Grenzbebauung möglich, hier ist die Zusammenführung von Schmutz- und Regenwasserleitungen innerhalb des Gebäudes, jedoch unmittelbar an der Grenzbebauung zulässig.

Bemessung von runden Regenfallleitungen

Rinne Nennmaß	freier Abfluss über Rinneneinhangstutzen		reduzierter Einlaufquerschnitt bei Rinneneinhangstutzen als Bewegungsausgleicher	
	Fallleitung mit Rinneneinhangstutzen d_i in mm	Abflussvermögen Q in l/s	Fallleitung mit Rinneneinhangstutzen d_i in mm	Abflussvermögen Q in l/s
250			60	1,3
250	80	2,6	80	1,7
285			60	1,4
285			80	2,1
333	100	4,6	80	2,7
333			100	3,5
400	120	7,6	100	4,8
400			120	5,7
500			100	5,3
500			120	7,7
500			150	12,0

Grundleitungen außerhalb von Gebäuden

Für Schmutz- und Mischwasser werden Grundleitungen außerhalb von Gebäuden auf einen zulässigen Füllungsgrad $h/d = 0{,}7$ bemessen. Die Fließgeschwindigkeit sei $0{,}7 < v < 2{,}5$ m/s.

Bei Leitungen bis DN 200 beträgt das Mindestgefälle 0,5 cm/m; ab DN 250 ist $I_{min} = 1/\text{DN}$.

Gefälle	DN 100		DN 125		DN 150		DN 200		DN 225		DN 250		DN 300	
	$d_{i,min}$ = 96 mm		$d_{i,min}$ =113 mm		$d_{i,min}$ = 146 mm		$d_{i,min}$ = 186 mm		$d_{i,min}$ = 207 mm		$d_{i,min}$ = 230 mm		$d_{i,min}$ = 290 mm	
I	Q_{max}	v	Q_{max}	v	Q_{max}	v	Q_{max}		Q_{max}	v	Q_{max}	v	Q_{max}	v
cm/m	l/s	m/s	l/s	m/s	l/s	m/s	l/s	m/s	l/s	m/s	l/s	m/s	l/s	m/s
0,5	2,9	0,5	4,8	0,6	9,0	0,7	16,7	0,8	26,5	0,9	31,6	1,0	56,8	1,1
1,0	4,2	0,8	6,8	0,9	12,8	1,0	23,7	1,2	37,6	1,3	44,9	1,4	80,6	1,6
1,5	5,1	1,0	8,3	1,1	15,7	1,3	29,1	1,5	46,2	1,6	55,0	1,7	98,8	2,0
2,0	5,9	1,1	9,6	1,2	18,2	1,5	33,6	1,7	53,3	1,9	63,6	2,0	114,2	2,3
2,5	6,7	1,2	10,8	1,4	20,3	1,6	37,6	1,9	59,7	2,1	71,1	2,2	127,7	2,6
3,0	7,3	1,3	11,8	1,5	22,3	1,8	41,2	2,1	65,4	2,3	77,9	2,4	140,0	2,8
3,5	7,9	1,5	12,8	1,6	24,1	1,9	44,5	2,2	70,6	2,5	84,2	2,6	151,2	3,0
4,0	8,4	1,6	13,7	1,8	25,8	2,1	47,6	2,4	75,5	2,7	90,0	2,8	161,7	3,2
4,5	8,9	1,7	14,5	1,9	27,3	2,2	50,5	2,5	80,1	2,8	95,5	3,0	171,5	3,4
5,0	9,4	1,7	15,3	2,0	28,8	2,3	53,3	2,7	84,5	3,0	100,7	3,1	180,8	3,6
Die eingezeichneten Grenzlinien beschreiben die zulässigen Minimal- und Maximalgeschwindigkeiten.														

Es ist immer möglich, den hydraulischen Nachweis mit Hilfe der Prandtl-Colebrook-Formel unter Verwendung der realen Innendurchmesser zu führen!

Beispiel:

Bemessung der Fall- und Grundleitungen eines 3-geschossigen Mietshauses mit 6 Wohnungen.

Gegeben: Entwässerung im Trennverfahren; Dachfläche $A = 200$ m², 22° Neigung→ $\psi_s = 1{,}0$

$r_{D=5;T=2} = 307$ l/(s · ha) aus KOSTRA für Frankfurt/Main (vgl. Seite 13.65)

betonierte Hoffläche $A = 222$ m²; restl. Grundstück wasserdurchlässig mit $\psi_s = 0$

6 Wohnungen mit $\Sigma DU = 5$ bei $K = 0{,}5$;

im Kellergeschoss: 6 Waschmaschinen (bis 6 kg) (→ $\Sigma DU = 6 \cdot 0{,}8 = 4{,}8$); 2 Spülbecken (→ $\Sigma DU = 2 \cdot 0{,}8 = 1{,}6$); 1 Bodenablauf DN 100 (→ $DU = 2{,}0$). → $\Sigma DU = 8{,}4$

Lüftungssystem: Hauptlüftung

Gefälle: Schmutzwasserleitungen: $I = 2$ %; Regenwasserleitungen: $I = 1$ % und 2,5%

Strecke	Leitungsart			A	ψ_S	Wohnungen		ΣDU	Q_r	Q_S	I %	DN	Bem.
	FL	GL 1	GL 2	m²		Kü	WC						
Regenfallleitungen													
R1	x			50	1				1,5			70	
R2	x			50	1				1,5			70	
R3	x			50	1				1,5			70	
R4	x			50	1								
Regenwassergrundleitungen													
R1			x	222					6,67		1	100	
R2			x						1,5		1	100	
R3			x						8,17		1	100	
R4			x						1,5		1	100	
R5			x						9,67		1	100	
R6			x						1,5		1	100	
R7			x						1,5		1	100	
R8			x						3,0		1	100	
R9			x						12,67		2,5	125	bis zur Grenze
Schmutzwasserfallleitungen													
S1	x						3	15		1,94		100	
S2	x						3	15		1,94		100	
Schmutzwassergrundleitungen													
S1		x						8,4		1,5	2	100	
S2		x						13,9		1,9	2	100	
S3		x						23,4		2,5	2	100	
S4		x						15,0		1,9	2	100	
S5		x	x					38,4		3,1	2	100	bis zur Grenze

Leitungsplan zum Berechnungsbeispiel

Kellergeschoss

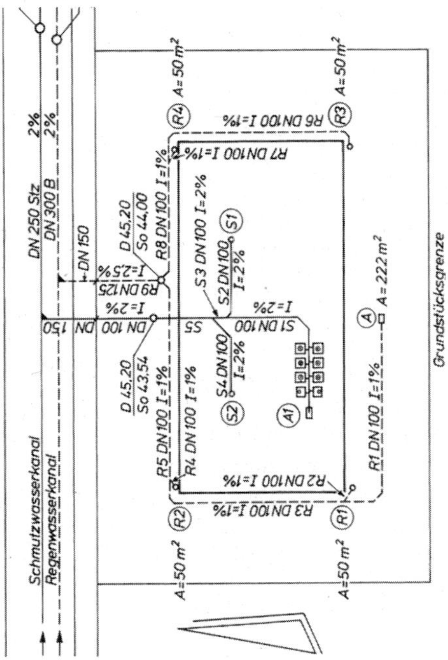

Lageplan

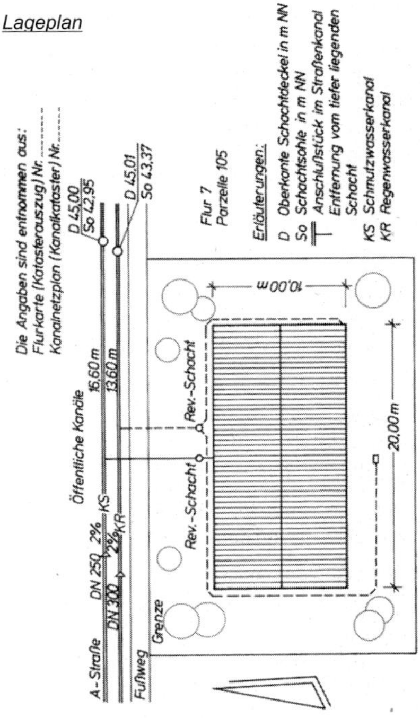

Längsschnitt - Grundleitung

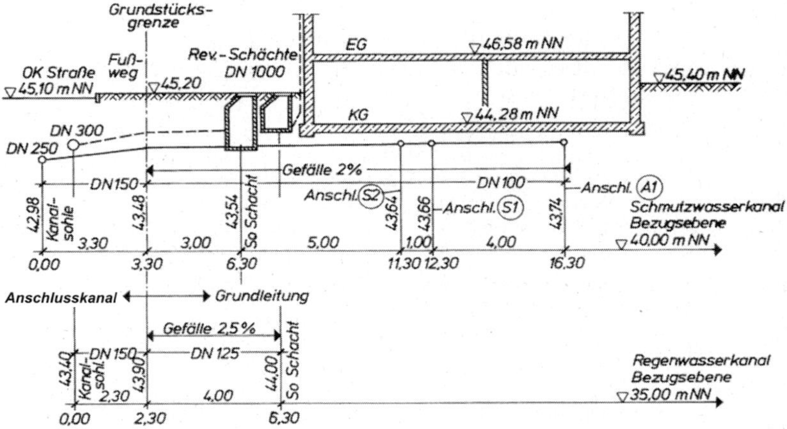

Erd- und Obergeschosse

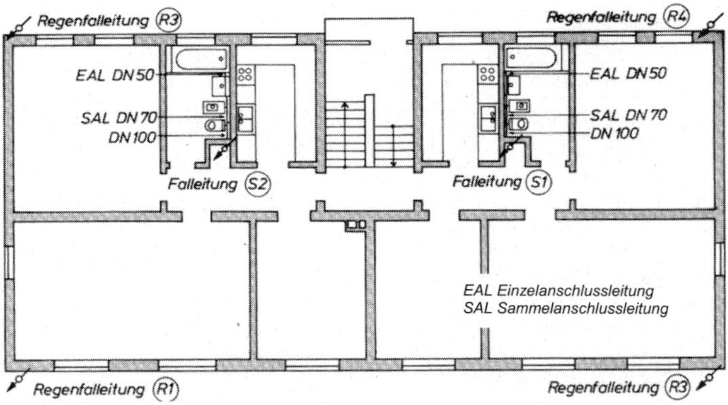

Längsschnitt vom Straßenkanal durch die gesamte Anlage

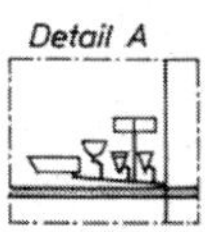

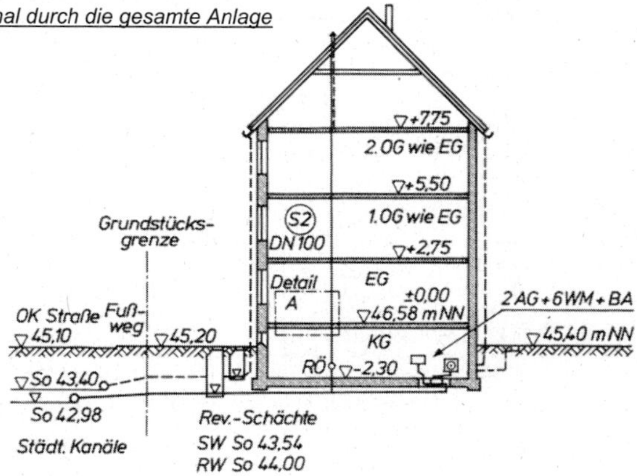

RÖ Reinigungsöffnung
AG Ausgussbecken
WM Waschmaschine
BA Bodenablauf mit Geruchsverschluss

13 D Abwasserreinigung und Schlammbehandlung

Prof. Dr.-Ing. Günther Riegler

1 Anforderungen an die Abwasserreinigung

1.1 Richtlinie des Rates der EG vom 21.05.1991 über die Behandlung kommunalen Abwassers

Die EG-Richtlinie nennt Fristen für die Realisierung der Reinigung von kommunalen Abwässern, je nach Lage und Größe der Einzugsgebiete: in sog. „empfindlichen Gebieten“ kürzere Fristen für weitergehende Anforderungen (mit Nährstoffelimination); ansonsten „Zweitbehandlung“ (mechanisch-biologische Verfahren o. Ä.) erforderlich, in weniger empfindlichen Gebieten ggf. „Erstbehandlung“ (physikalische und/oder chemische Verfahren) ausreichend. Bis auf wenige Gewässereinzugsbereiche ist Deutschland als empfindliches Gebiet ausgewiesen.

Anforderungen an Einleitungen kommunalen Abwassers in Gewässer
(Auszug aus dem Anhang 1 der EG-Richtlinie)

Anforderungen für Anlagen	> 15 000 EW 10 000–15 000 EW 2 000–10 000 EW	ab 31.12.2000 ab 31.12.2005 ab 31.12.2005
einzuhalten in der 24-h-Mischprobe	Konzentration in mg/l	prozentuale Mindestverringerung
BSB_5 CSB Suspendierte Stoffe insgesamt bei 2000–10 000 EW	25 125 35 60	70–90 75 90 70
zusätzliche Anforderungen bei Einleitungen in empfindlichen Gebieten ab dem 31.12.1998:		
P insgesamt: bei 10 000–100 000 EW bei > 100 000 EW	2 1	80
N insgesamt: bei 10 000–100 000 EW bei > 100 000 EW	15 10	70–80

1.2 Deutsche Abwasserverordnung (AbwV) vom 21.03.1997

(Auszug aus dem Anhang 1 der Abwasserverordnung [13.60])

Proben nach Größenklassen der Abwasserbehandlungsanlagen	CSB mg/l	BSB_5 mg/l	anorg. N*) mg/l	P_{ges} mg/l
	qualifizierte Stichprobe oder 2-h-Mischprobe			
Größenklasse 1 < 60 kg/d BSB_5 (roh)	150	40	-	-
Größenklasse 2 60 bis < 300 kg/d BSB_5 (roh)	110	25	-	-
Größenklasse 3 300 bis < 600 kg/d BSB_5 (roh)	90	20	NH_4-N: 10	-
Größenklasse 4 600 bis < 6000 kg/d BSB_5 (roh)	90	20	NH_4-N 10 N_{ges}**): 18	2
Größenklasse 5 6000 kg/d BSB_5 (roh) und größer	75	15	NH_4-N 10 N_{ges}**): 13	1

*) Diese Anforderung gilt bei einer Abwassertemperatur von 12 °C und größer im Ablauf des biologischen Reaktors der Abwasserbehandlungsanlage. An die Stelle von 12 °C kann auch die zeitliche Begrenzung vom 1. Mai bis 31. Oktober treten.

**) Im wasserrechtlichen Bescheid ist eine höhere Konzentration bis 25 mg/l möglich, wenn die Verminderung der Gesamtstickstofffracht mindestens 70 % beträgt (24-h-Frachtvergleich).

2 Abwassermengen und Schmutzfrachten

- Abwasserreinigungsanlagen werden bei Trockenwetter beschickt mit: $Q_{T,x} = Q_{S,x} + Q_F$ in m^3/h mit x = Tagesstundenwert (meist 8 bis 16 h/d). Liegen Messwerte vor, so ist $Q_{T,x}$ der 85-Perzentilwert der Trockenwetterzuflüsse. Im Regenwetterfall beträgt der Durchsatz bei Mischsystemen i. d. R.: $Q_M = 2\ Q_S + Q_F$, bei Trennsystemen ist $Q_{Bem} = 2\ Q_T$.
- Die Schmutzwassermengen können, soweit nicht Genaueres bekannt ist, angenommen werden mit 0,004 l/(s · E).
- Fremdwasser ist möglichst von der Abwasserreinigung fernzuhalten; es kann, wenn keine genaueren Werte verfügbar sind, mit 0,05–0,15 l/(s · ha_{red}) angenommen werden.
- Typische **einwohnerspezifische Schmutzfrachten in g/(E · d)** sind:

CSB: 120	BSB_5: 60	abf. Stoffe (*TS*): 70	TOC: 50	P_{ges}: 1,8	TKN: 11
TKN (totaler Kjeldahl-Stickstoff) = org. N + NH_4-N (organischer und Ammoniumstickstoff); NO_2-N und NO_3-N (Nitrit- und Nitratstickstoff) in KA-Zuläufen meist nur unbedeutende Menge.					

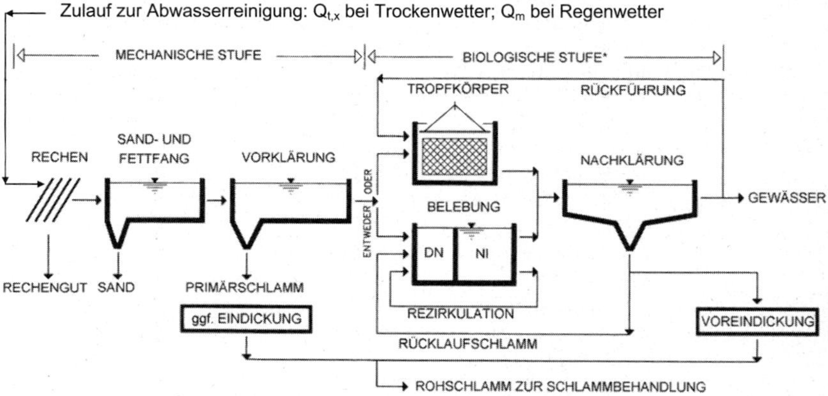

* in der Biologischen Stufe entweder: seltener, Tropfkörper
oder: häufiger, Belebungsbecken
Ergänzung der biologischen Reinigung bei Bedarf (Phosphoreliminierung) durch chemische Fällmittel

Schema der klassischen mechanisch/biologischen Abwasserreinigung

3 Mechanische Abwasserreinigung

3.1 Rechenanlagen

- Vor den Rechen Ablagerungen vermeiden durch Geschwindigkeit von v = etwa 0,7 m/s.
- Die Rechenkammerbreite soll so stark erweitert werden, dass die verbleibende freie Durchgangsöffnung zwischen den Rechenstäben (Summe der Stababstände/Spaltweiten) in etwa der Breite des zuführenden Gerinnes entspricht.
- Konstruktiv sind Vorkehrungen zu treffen, damit bei nicht ausreichender Räumleistung kein Ausufern erfolgt (Umlaufgerinne oder überströmbare Rechenstäbe).

Rechengut fällt je nach verwendeter Stab-/Lochweite an:

Grobrechen:	etwa 10 cm:	2–5 l/(E · a)	Feinrechen	etwa 2 cm:	5–15 l/(E · a)
	etwa 5 cm:	3–10 l/(E · a)		etwa 1 cm:	10–20 l/(E · a)
Feinstrechen und Siebanlagen mit Stabweite				von etwa 0,3–0,8 cm:	15–35 l/(E · a)

Waschen und Auspressen reduzieren das Restvolumen auf etwa 40 % der o. a. Menge.

3.2 Sand- und Fettfänge

- **Unbelüftete Essener Langsandfänge** werden so konstruiert, dass bei Fließgeschwindigkeiten von $0,3 < v \leq 0,6$ m/s (realisiert ggf. durch den Einbau von Stauprofilen) Sand in der bis zu etwa 30 m langen Absetzrinne abgeschieden wird.

Berechnung der Länge mit v und der Füllhöhe h im Gerinne bei Regenwetterdurchfluss Q_m mit der Sinkgeschwindigkeit der abzusetzenden Sandteilchen: $v_{sink} > q_A$ in m/h zur Abscheidung der gewünschten Kornfraktion: $l_{SF} = v \cdot h/q_A$.

	q_A in m/h			
	Sandkorndurchmesser in mm			
Abscheidegrad	0,125	0,16	0,20	0,25
100 %	6	12	17	27
90 %	9,4	16	28	45
80 %	11	20	36	58

Essener Langsandfänge werden meist von Hand geräumt und kommen deshalb nur bei kleinen Anlagen (< 1000 EW) zum Einsatz.

- **Rundsandfänge** sind geeignet bis zu etwa 5000 EW. Zulaufgerinne ($l \geq 10\ b$; $v_{zu} \approx 0{,}75$ bis < 1 m/s) mündet tangential in den Absetzraum. Hier Aufenthaltszeit bei Q_m (Mischwasserdurchfluss): $t_M \geq 30$–45 s. Ablauf nach 3/4 Umfang ($v_{ab} \leq 0{,}8$ m/s) der runden Beckenwand.
- **Belüftete Sandfänge** (zur saubereren Sandabtrennung) werden bemessen für eine Aufenthaltszeit von $t_M \geq 10$ min bei Mischwasserdurchfluss Q_M. Sie können als Rundsandfang ausgeführt werden oder als

belüftete Sandfänge (längsdurchströmt), meist mit Fettfang, sind Standard bei Kläranlagengrößen über ca. 5000 EW. Bemessung mit Längsgeschwindigkeit $v \leq 0{,}2$ m/s und Länge l_{SF} = 15-60 m; Tiefe h; Breite b; b/h = 0,8–0,9 (RW-TW)
Querschnittsfläche: $A_{Q,SF}$ = 1–7 m²; Sohlneigung = 40–45°
Luftmenge: bei Einblastiefe $h_E = 0{,}875\ A_Q^{0,5}$ in m;
grobblasig: $Q_L = (0{,}07 + 0{,}76 \ln h_E)^{-1{,}33}\ m^3_N/(m^3 \cdot h)$
feinblasig: $Q_L = (0{,}63 + 0{,}52 \ln h_E)^{-0{,}62}\ m^3_N/(m^3 \cdot h)$
Die Luftmenge soll im Betrieb auf etwa 50 % reduzierbar sein. Gebläseleistung: ≈ 5 Wh/($m^3_L \cdot$ m)
Abmessungen der Fettfangrinne ergeben sich konstruktiv unter Ausnutzung der Abmessungen des Sandfangteils:
$l_{FF} \approx 0{,}8 \cdot l_{SF}$; $q_A = Q_T/A_{FF} \leq 25$ m/h
Sandanfall: je nach Einzugsgebiet 2–5 l/(E · a) [13.61]

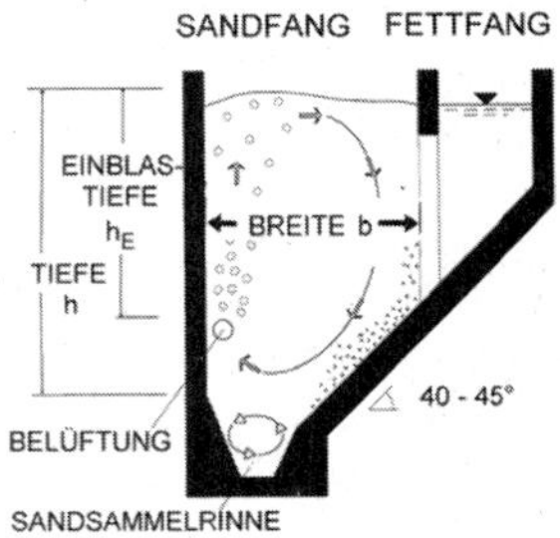

Belüfteter Sand- u. Fettfang

3.3 Absetzbecken

3.3.1 Vorklärbecken

Zur Abtrennung der absetzbaren, zu etwa 2/3 der Trockenmasse aus organischen Bestandteilen bestehenden Stoffe werden Vorklärbecken verwendet.

Je nach Art der danach folgenden, meist biologischen Abwasserreinigungsstufe werden unterschiedlich lange Absetzzeiten t_T für Trockenwetterdurchfluss gewählt: lange Zeiten (1,5–2,5 h) bei verstopfungsanfälligen Reinigungsverfahren, ansonsten sind kürzere t_T (0,5–1,5 h) möglich.
Kleine Aufenthaltszeiten t_T werden gewählt, wenn in der nachfolgenden Stufe höhere Gehalte an organischer Schmutzfracht gewünscht sind (Denitrifikation).

$t_M \geq 0{,}25$ h zur Grobsedimentation vor Belebungsanlagen mit Denitrifikation

Zur Grobentschlammung vor Tropfkörpern sind Flächenbeschickungen von $q_A \leq 1{,}5$ m/h geeignet (ATV A 257).

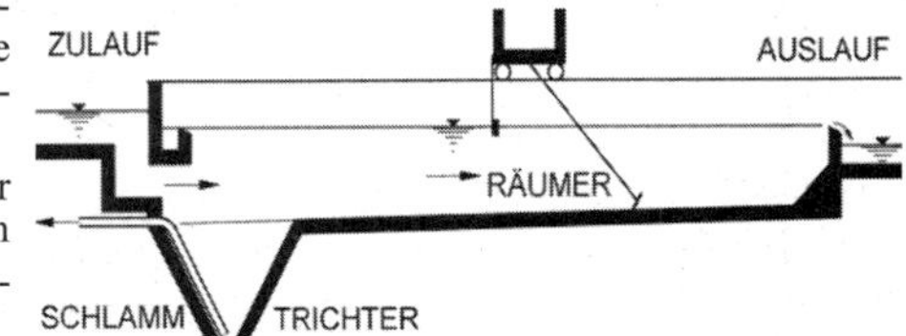

Vorklärbecken als Längsbecken

- Die Vorklärbecken werden mit Wassertiefen von h = etwa 2 m ausgebildet. Das Verhältnis Länge zu Breite l/b soll 4 bis 6 zu 1 sein.
- Die Trichter sollen so groß bemessen werden, dass zwischen den Entnahmeintervallen (meist 1- oder 2-mal pro Tag) anfallender Schlamm darin gespeichert und eingedickt werden kann.
- Die anfallenden Primärschlammmengen ergeben sich aus der Differenz der absetzbaren Stoffe in Zu- und Ablauf (z. B. aus Tabelle). Die erzielbaren Feststoffkonzentrationen erreichen je nach Eindickzeit im Mittel bis zu 5 % *TR*. Wegen des hohen organischen Anteils in der Trockenmasse ist der Schlamm zu stabilisieren (siehe Abschnitt 5.2).

Absetzwirkung der Vorklärbecken (ATV-DVWK-A 131):
In 85 % der Tage unterschrittene **spezifische Schmutzfrachten** in g/(E · d) ohne Berücksichtigung des Schlammwassers (Werte zwischen $t_T = 1$ und 1,5 h sind zu interpolieren).

t_t in h	BSB_5	CSB	TS	TKN	P
Rohabwasser	60	120	70	11	1,8
0,5–1,0	45	90	35	10	1,6
1,5–2,0	40	80	25	10	1,6

3.3.2 Zwischenklärbecken

Bei Zwischenklärbecken reicht meist eine begrenzte Abscheideleistung wegen der weiteren Reinigungsstufe(n). Meist werden für gröbere, gut absetzende Schlämme Absetzzeiten von 1 bis 1,5 h, für feinere Belebtschlämme bis zu 2,5 h gewählt. Die Oberflächenbeschickung soll 2,5 m/h nicht überschreiten. Beckentiefen von weniger als 2–2,5 m sind zu vermeiden.

3.3.3 Nachklärbecken

a) für Belebungsanlagen nach A 131; erreichbar: $X_{TS,\,AN} \leq 20$ mg/l abfiltrierbare Stoffe

Geltungsbereich: Bauform: **Längsbecken**: $30 \leq l \leq 60$ m; **Rundbecken**: d etwa ≤ 60 m
Schlammcharakteristik: $50 < ISV < 200$ ml/g; $VSV \leq 600$ ml/l

- **Bemessung der Nachklärbeckenoberfläche:**

$Q_{Bem} = Q_M = 2\,Q_S + Q_F$ bei Mischsystemen; bei Trennsystemen: $Q_{Bem} = 2\,Q_S$ in m³/h
$A_{NB} = Q_{Bem}/q_A$ in m² mit A_{NB} Beckenoberfläche in m²; q_A Flächenbeschickung in m/h
$q_A = q_{SV}/VSV$ in m/h mit: $VSV = TS_{BB} \cdot ISV$ = Vergleichsschlammvolumen in ml/l
TS_{BB} Feststoffgehalt im Belebungsbecken in kg/m³
Beckenform: horizontal durchströmt: $q_A \leq 1{,}6$ m/h; vertikal durchflossen: $q_A \leq 2{,}0$ m/h

Schlammvolumenbeschickung q_{SV} (zwischen horizontal und vertikal interpolieren)

Nachklärbeckendurchströmung	Steigung	q_{SV} für $X_{TS,AN} \leq 20$ mg/l
horizontal	≤ 1:3	≤ 500 l/(m² · h)
vorwiegend vertikal mit Flockenfilter	≥ 1:2	≤ 650 l/(m² · h)

Schlammindex *ISV* in ml/g

Schlammindex *ISV* in ml/g bei	Schlammstabilisierung	ohne Nitrifikation oder mit Nitrifikation (und Denitrifikation)
Gewerblicher Einfluss: günstig	ISV = 75–120	ISV = 100–150
Gewerblicher Einfluss: ungünstig	ISV = 100–150	ISV = 120–180

kleinere Werte bei Anlagen ohne Vorklärung bzw. mit Selektor oder anaeroben Mischbecken vorgeschaltet; Belebung als Kaskade

- **Rücklaufschlamm:** $Q_{RS} \leq 1{,}5\ Q_T$ und $\leq 0{,}75\ Q_M$ ($\leq 1{,}0\ Q_M$ bei vertikal durchström. Becken); $RV = TS_{BB}/(TS_{RS} - TS_{BB})$; $TS_{BB} = RV \cdot TS_{RS}/(1 + RV)$; $RV = Q_{RS}/Q_{zu}$ = Rücklaufverhältnis

TS_{RS} wird errechnet über die Bodenschlammkonzentration TS_{BS}:

$TS_{BS} = (1000/ISV) \cdot t_E^{1/3}$
mit t_E Eindickzeit (meist ≤ 2 h)
bei Schildräumern:
$TS_{RS} \approx 0{,}7 \cdot TS_{BS}$
bei Saugräumern:
$TS_{RS} \approx 0{,}5\text{-}0{,}7 \cdot TS_{BS}$

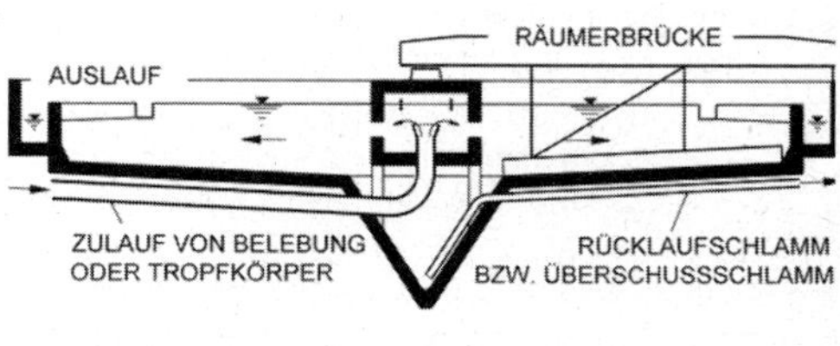

Nachklärbecken als Rundbecken

- **Bemessung der Nachklärbeckentiefe:**

aa) horizontal durchströmte Becken:

Die erforderliche Beckentiefe h ist gleich der Summe der einzelnen Zonentiefen:

$h = \Sigma\, h_i$

h_1 = Klarwasserzone (= Sicherheitszone) ≥ 0,5 m in m

h_2 = Trennzone / Rückströmzone $= (0{,}5 \cdot q_A \cdot (1 + RV))/(1 - (VSV/1000))$

h_3 = Dichtestrom- und Speicherzone $= (0{,}3 \cdot VSV \cdot 1{,}5 \cdot q_A(1 + RV))/500$

h_4 = Eindick- und Räumzone $= TS_{BB} \cdot q_A(1 + RV)t_E/\, TS_{BS}$

h_{min}: 2/3-Punkt ≥ 3,0 m, am Rand: ≥ 2,5 m

Weitere Mindesttiefen siehe Skizzen rechts.

Nach ATV A 126 genügt bei simultanen Schlammstabilisierungsanlagen bis 5000 EW der Nachweis:

$h_{ges} \geq 4{,}0$ m und $h_{min} \geq 3{,}5$ m

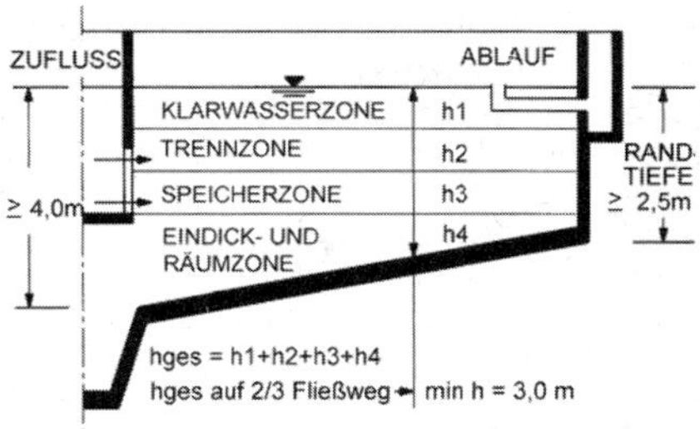

Rundbecken nach A 126 und 131

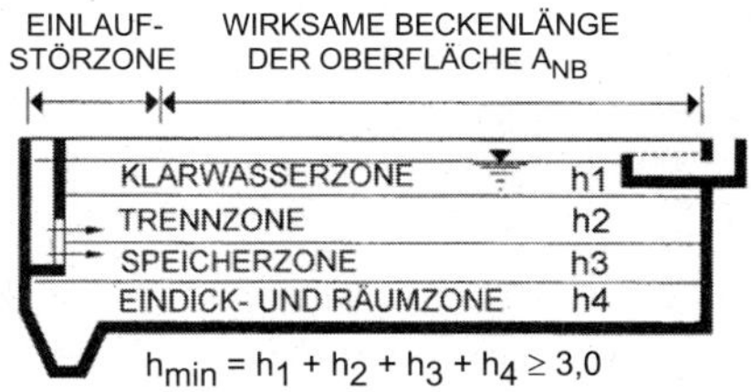

Längsbecken nach A 131

ab) vertikal durchströmte Becken:

A_{NB} = Fläche in halber Höhe zwischen Einlaufebene und Wasserspiegel

Bei Trichterbecken Zonen 2 bis 4 nach Multiplikation von A_{NB} mit h_2 bis h_4 als Volumen V_2 bis V_4 nachweisen.

Bei Stabilisierungsanlagen bis 5000 EW genügt nach ATV A 126 bei Trichterbecken (≤ 12 m Durchmesser) der Nachweis mit n = Neigung: Trichtertiefe $h_t = r_{NB} \cdot n$ und Zylindertiefe $h_z \geq 1{,}3\, h_t$.

Bei Q_S sei $h_z \geq 2{,}0$ m, bei Q_M sei $h_z \geq 3{,}0$ m.

Die Einlauftiefe h_e ist etwa 1,2 h_z.

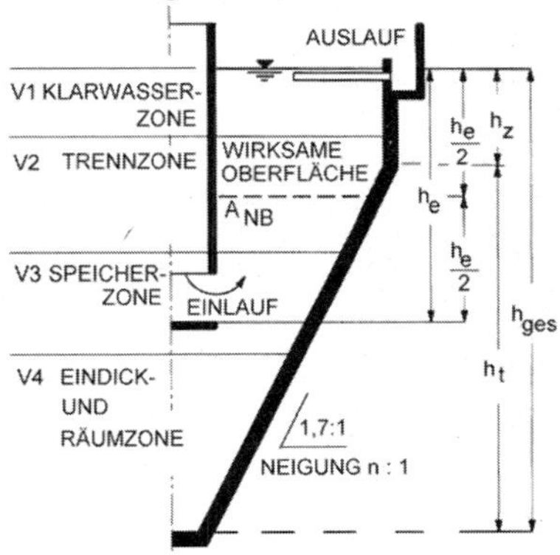

Trichterbecken nach A 126 und 131

b) Nachklärbecken für Tropf- und Rotationskörperanlagen nach ATV-DVWK-A 281

ATV A 281 fordert Oberflächenbeschickungen $q_{A,NB} = Q_{NB}/A_{NB} = Q\,(1 + RV)/A_{NB}$ ≤ 0,8 m/h, wenn im Ablauf abfiltrierbare Stoffe $X_{TS,AN}$ ≤ 20 mg einzuhalten sind. Bei ungünstigen Randbedingungen (t_{VK} < 0,75 h, $Q_m > 2{,}2 \cdot Q_t$, geringe Rückführung bei Q_t) sollte die Flächenbeschickung um bis zu 20 % reduziert werden. Bei Fäll- oder Flockungshilfsmitteldosierung ist $q_A \leq 1{,}0$ m/h zulässig, wenn die Beckentiefe $h_{NB} \geq 2{,}50$ m.

Die erforderliche Nachklärbeckenoberfläche wird zu: $A_{NB} = Q\,(1 + RV)/q_A$.

Das erf. Nachklärbeckenvolumen V_{NB} ergibt sich aus der Mindestaufenthaltszeit t_{NB} = 2,5 h: erf $V_{NB} = t_{NB} \cdot Q_{NB}$ in m³. Die Wassertiefe beträgt mindestens h_{NB} = 2,0 m bei 2/3 Radius.

Vertikal durchströmte Becken bringen keine besseren Werte als horizontal durchströmte. Bei Rechteckbecken: Verhältnis von Breite zu Länge etwa 1:15 bis 1:25 beachten. Breiten bis 7 m haben sich bewährt. Die Überfallkantenbeschickung muss kleiner als 15 m³/(m · h) sein.

Bei Zwischenklärbecken können bei 30 ≤ $X_{TS,AN}$ ≤ 50 mg/l höhere Oberflächenbeschickungen (q_A ≤ 1,5 bis 2,0 m/h) mit geringeren Durchflusszeiten zugelassen werden.

Anlagen bis 50 E (nach DIN 4261-2): $t \geq 3{,}5$ h; $q_A \leq 0{,}4$ m/h

4 Biologische Abwasserreinigung

4.1 Belebungsbecken (Bemessung nach ATV-DVWK-A 131)

Das Schlammalter ist die maßgebende Bemessungsgröße für das Belebungsbecken bei weitgehenden Reinigungszielen. Es gibt näherungsweise an, wie lange eine Belebtschlammflocke statistisch im Belebtschlammsystem verbleiben muss. Die Bemessung nach dem Schlammalter gewährleistet, dass bei Anlagen mit erforderlicher Nitrifikation die autotrophen Nitrifikanten, die sich erheblich langsamer vermehren als die heterotrophen Mikroorganismen, im System angereichert werden können. Eine biologische Stickstoffentfernung (Denitrifikation) setzt die Nitrifikation voraus.

Voraussetzungen zum Einhalten der Anforderungen $C_{anorgN,AN} \leq 18$ mg/l; $S_{NH4,AN} \leq 10$ mg/l (Anhang 1 der Abwasserverordnung) sind: $C_{CSB,ZB}/C_{BSB,ZB} \approx 2$; $C_{TKN}/C_{BSB5} \leq 0{,}25$.

Für Überwachungswerte von $C_{P,ÜW} < 1$ mg/l in der qualifizierten Stichprobe lassen sich einstufige Belebungsanlagen nicht dimensionieren.

Die Auslegung erfolgt für die festgestellten BSB_5-Belastungen der 85%-Unterschreitungshäufigkeit an Trockenwettertagen oder ggf. für die ungünstigsten Lastfälle „Nitrifikation" (hohe Belastung mit org. Substanz über etwa 2 Wochen) bzw. „Denitrifikation" (ungünstiges, d. h. hohes Verhältnis von N/BSB_5), jeweils zuzüglich Ausbaureserve.

- **Bestimmung der erforderlichen Denitrifikationskapazität $S_{NO3,D}/C_{BSB,ZB}$**
  (unter Beachtung der geforderten Reinigungsziele (Anforderungen an die Ablaufqualität)) mit $S_{NO3,D} = C_{N,ZB} - S_{orgN,AN} - S_{NH4,AN} - S_{NO3,AN} - X_{orgN,BM}$
  Dabei kann angesetzt werden, dass Stickstoff in Höhe von 5 % des BSB_5 im Überschussschlamm gebunden wird ($X_{orgN,BM} = 0{,}05 \cdot C_{BSB5}$) und der organische Stickstoffanteil im Ablauf $S_{orgN,AN}$ etwa 2 mg/l beträgt.

  Nach Auswahl des Denitrifikationsverfahrens: Ablesen des Anteils V_D/V_{BB}:

  Richtwerte für die Bemessung der Denitrifikation für Trockenwetter und durchschnittliche Verhältnisse für T = 10 bis 12 °C (Erhöhung der Werte um rund 10 % bei 20 °C):

Denitrifikation	vorgeschaltet und vergleichbar	simultan und intermittierend
V_D/V_{BB}	$S_{NO3,D}/C_{BSB,ZB}$ in kg N_D/kg BSB_5	
0,2	0,11	0,06
0,3	0,13	0,09
0,4	0,14	0,12
0,5	0,15	0,15

Zur Stickstoffelimination sind unterschiedliche Bau- und Betriebsweisen möglich. Neben der Kaskadendenitrifikation, der alternierenden und der intermittierenden werden die nachfolgenden Verfahren als klassische Vertreter der verfahrenstechnischen Möglichkeiten betrachtet:

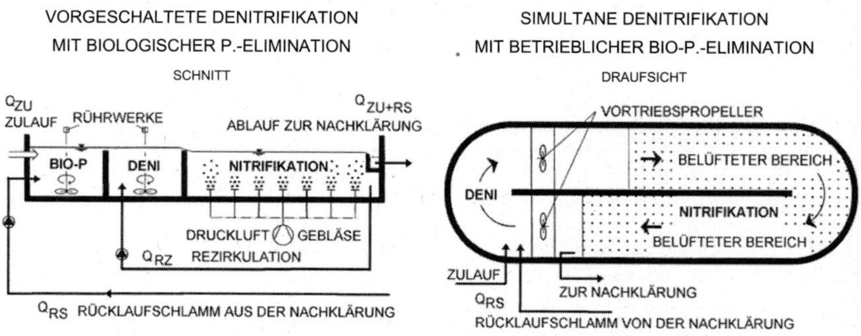

Belebungsbecken für die Abwasserreinigung mit Phosphor- und Stickstoffelimination

- **Festlegung des erforderlichen minimalen Schlammalters t_{TS} in d** in Abhängigkeit vom Reinigungsziel und von der Anlagengröße (Zwischenwerte sind abzuschätzen):

Größe der Anlage (BSB_5-Fracht im Zulauf) $B_{d, BSB,Z}$				bis 1200 kg/d		über 6000 kg/d	
Bemessungstemperatur				10 °C	12 °C	10 °C	12 °C
Reinigungsziel ohne Nitrifikation				5		4	
Reinigungsziel mit Nitrifikation				10	8,2	8	6,6
Reinigungsziel:	V_D/V_{BB}	=	0,2	12,5	10,3	10,0	8,3
mit Stickstoffelimination		=	0,3	14,3	11,7	11,4	9,4
		=	0,4	16,7	13,7	13,3	11,0
		=	0,5	20,0	16,4	16,0	13,2
Schlammstabilisierung einschl. Stickstoffelimination*)				25		nicht empfohlen	

*) Wenn nicht gezielt denitrifiziert werden soll, genügt bei Schlammstabilisierungsanlagen bis 5000 EW nach ATV A 126 der Nachweis von $B_{TS} \leq 0{,}05$ kg BSB_5/(kg $TS \cdot$ d).

- **Ermittlung der Überschussschlammproduktion der Belebungsanlage $ÜS_d$**

Der Schlammanfall setzt sich wie folgt zusammen: $ÜS_d = ÜS_{d,C} + ÜS_{d,P}$

a) Überschussschlamm aus organischem Kohlenstoffabbau: $ÜS_{C,BSB5}$ bei 10 bis 12 °C

Die spezifische Überschussschlammproduktion $ÜS_{C,BSB5}$ in kg *TS*/kg BSB_5 ist in Abhängigkeit vom Schlammalter und $X_{TS,ZB}$ (Druckfiltration mit Membranfilter 0,45 µm) zu C_{BSB5} im Zulauf zum Belebungsbecken bei 10 bis 12 °C:

$X_{TS,ZB}$ / $C_{BSB,ZB}$	t_{TS} = 4 d	t_{TS} = 8 d	t_{TS} = 10 d	t_{TS} = 15 d	t_{TS} = 20 d	t_{TS} = 25 d
0,4	0,79	0,69	0,65	0,59	0,56	0,53
0,6	0,91	0,81	0,77	0,71	0,68	0,65
0,8	1,03	0,93	0,89	0,83	0,80	0,77
1,0	1,15	1,05	1,01	0,95	0,92	0,89
1,2	1,27	1,17	1,13	1,07	1,04	1,01

b) Ermittlung der Überschussschlammmenge aus der Phosphorentfernung: $ÜS_{d,P}$

Die Überschussschlammproduktion $ÜS_{d,P}$ durch die Phosphorentfernung wird berechnet mit

$ÜS_{d,P} = Q_d \cdot (3 \cdot X_{P, BioP} + 6{,}8 \cdot X_{P, Fäll, Fe} + 5{,}3 \cdot X_{P, Fäll, Al}) / 1000$ in kg/d

Wird Kalk eingesetzt, beträgt die Schlammproduktion 1,35 kg *TS*/kg $Ca(OH)_2$.

Über die biologische Phosphorelimination werden ohne (mit) vorgeschaltetes Anaerobbecken etwa 1 % (2 %) des BSB_5 im Zulauf zur Belebung an Phosphor entfernt.

- **Bestimmung des Belebungsbeckenvolumens über die erforderliche Feststoffmasse**

Die erforderliche Feststoffmasse in der Belebung M_{TS} ergibt sich aus dem Quotient von Überschussschlammanfall $ÜS_{d,B}$ und Schlammalter t_{TS}. Mit dem im Belebungsbecken erzielbaren Schlamm-Feststoffgehalt TS_{BB} aus nachfolgender Tabelle wird dann das Belebungsbeckenvolumen errechnet. Da der Feststoffgehalt (TS_{BB}), der im Belebungsbecken gefahren werden kann, mit der Nachklärbeckenbemessung abzugleichen ist, wird meist zuerst das Nachklärbecken bemessen.

Richtwerte für Trockensubstanzgehalte im Belebungsbecken TS_{BB} in kg/m³

Reinigungsziel	mit Vorklärung	ohne Vorklärung
ohne Nitrifikation	2,5–3,5	3,5–4,5
mit Nitrifikation (und Denitrifikation)	2,5–3,5	3,5–4,5
Schlammstabilisierung	–	(3,0*)) 4,0–5,0
Phosphorelimination (Simultanfällung)	3,5–4,5	4,0–5,0

*) Nach ATV A 126 bei Anlagen bis 5000 EW und hohem, stark schwankendem organisch-gewerblichem Anteil.

Die Volumenermittlung erfolgt mit $M_{TS} = t_{TS} \cdot ÜS_{d,B}$ in kg und $V_{BB} = M_{TS}/TS_{BB}$ in m³.

Die Schlammbelastung ist nachweisbar mit $B_{TS} = 1/(ÜS_B \cdot t_{TS})$ in kg BSB_5/(kg TS · d). Die Raumbelastung ist $B_R = B_{TS} \cdot TS_{BB} = B_{d,BSB} / V_{BB}$ in kg $BSB_5/(m^3 \cdot d)$.

Die Mindestaufenthaltszeit im Regenwetterfall $t_{min} \geq 1{,}5$ h ist nachzuweisen.

- **Rezirkulation**

Unter der vereinfachenden Annahme, dass der zurückgeführte Nitratstickstoff (C_{NO3}) im Denitrifikationsbecken gänzlich denitrifiziert wird, ist das erforderliche Rückführverhältnis RF (inkl. RV aus der Nachklärung) bei vorgeschalteter Denitrifikation:

rückgeführtes Nitrat = Denitrifikationsgrad in %	33	50	67	80
minimal erforderliches RF	0,5	1,0	2,0	4,0

- **Sauerstoffzufuhr / Belüftungsanlage**

Auslegung auf maximale stündliche Sauerstoffzufuhr im Betrieb erf. $\alpha \cdot OC$ unter Berücksichtigung des Sauerstoffdefizits bis zur O_2-Sättigungskonzentration C_s.
erf. $\alpha \cdot OC = C_s \cdot OV_h/(C_s - C_x)$ in kg O_2/h; mit $C_s = 2234{,}34 / (T + 45{,}93)^{1{,}31403}$ in mg/l

C_x = erf. O_2-Gehalt in mg O_2/l: ohne Nitrifikation oder mit Nitrifikation: $C_x = 2{,}0$
bei simultaner Nitrifikation mit Denitrifikation *und* Schlammstabilisation: $C_x = 0{,}5$

Sauerstoffverbrauch für die Tagesspitze OV_h

$OV_h = f_C \cdot (OV_{d,C} - OV_{d,D}) + f_N \cdot OV_{d,N}) /24$ in kg O_2/h

f_C, f_N = Stoßfaktoren für maximale C- bzw. N-Belastung (f_C und f_N alternativ ansetzen!)

Sauerstoffverbrauch für die Kohlenstoffelimination $OV_{d,C}$

$OV_{d,C} = B_{d,BSB} \cdot OV_{C,BSB}$ in kg O_2/d

Spezifischer O_2-Verbrauchswert $OV_{C,BSB}$ für den organischen Kohlenstoffabbau (gültig für $C_{CSB,ZB} / C_{BSB,ZB} \leq 2{,}2$)

Temperatur	spezifischer Sauerstoffbedarf $OV_{C,BSB}$ in kg O_2/kg BSB_5 bei Schlammalter in Tagen					
	$t_{TS} = 4$ d	$t_{TS} = 8$ d	$t_{TS} = 10$ d	$t_{TS} = 15$ d	$t_{TS} = 20$ d	$t_{TS} = 25$ d
10 °C	0,85	0,99	1,04	1,13	1,18	1,22
12 °C	0,87	1,02	1,07	1,15	1,21	1,24
15 °C	0,92	1,07	1,12	1,19	1,24	1,27
18 °C	0,96	1,11	1,16	1,23	1,27	1,30
20 °C	0.99	1,14	1,18	1,25	1,29	1,32

Sauerstoffverbrauch für die Nitrifikation $OV_{d,N}$

$OV_{d,N} = Q_d \cdot 4{,}3 \cdot (S_{NO3,D} - S_{NO3,ZB} + S_{NO3,AN}) / 1000$ in kg O_2/d

mit $S_{NO3,D}$ zu denitrifizierender Stickstoff in mg/l; $S_{NO3,ZB}$ Nitratstickstoff im Zulauf Belebung und $S_{NO3,AN}$ Nitratstickstoff im Ablauf Nachklärung

„Sauerstoffgewinn“ aus der Denitrifikation $OV_{d,D}$

$OV_{d,D} = - Q_d \cdot 2{,}9 \cdot S_{NO3,D} / 1000$ in kg O_2/d

Der „Sauerstoffgewinn” aus der Denitrifikation vermindert den Sauerstoffverbrauch für die Oxidation der organischen Kohlenstoffverbindungen sowie die Nitrifikation.

Stoßfaktoren für die Bemessung der Belüftungsanlagen

Wenn über Messungen keine anderen Informationen vorliegen, können folgende Stoßfaktoren für die Spitzenbelastungen (f_C für den BSB_5 und f_N für N) angenommen werden:

zusätzlicher Stoßfaktor für maximale Kohlenstoffbelastung						
Schlammalter f_C	4 d 1,30	6 d 1,25	8 d 1,20	10 d 1,20	15 d 1,15	25 d 1,10
zusätzlicher Stoßfaktor für die maximale Stickstoffbelastung						
Anlagengröße	$B_{d,BSB,Z} \leq 1200$ kg/d			$B_{d,BSB,Z} > 6000$ kg/d		
Schlammalter f_N	10 d 2,5	15 d 2,0	25 d 1,5	8 d 2,0	10 d 1,8	15 d 1,5

- **Belüftungssysteme**
  Druckbelüftung: meist feinblasig über Keramik- oder Gummimembranbelüfter

Richtwerte für die spezifische Sauerstoffaufnahme *SSA* bei Druckbelüftung

Druckbelüftung feinblasig	günstige Verhältnisse		mittlere Verhältnisse	
	O_2-Eintrag g O_2/(m³ · m)	O_2-Ertrag kg O_2/kWh	O_2-Eintrag g O_2/(m³ · m)	O_2-Ertrag kg O_2/kWh
im Reinwasser bei Betriebsbedingungen	$SSA \geq 14$ $\alpha \cdot SSA \geq 11$	$ON \geq 2{,}6$ $\alpha \cdot ON \geq 2{,}0$	$SSA = 12$ $\alpha \cdot SSA = 10$	$ON = 2{,}0$ $\alpha \cdot ON = 1{,}6$

Bei getrennter Umwälzung mit Rührwerken und feinblasiger Belüftung sind im Reinwasser in Abhängigkeit der Einblastiefe h_E in m mit guten Belüftern spezifische Sauerstoffaufnahmewerte $SSA \leq 18$ g O_2/(m^3_N Luft/m Einblastiefe) erreichbar. SSA ist dabei $3 \cdot \eta_{O2}$ mit η_{O2} als dem Sauerstoffausnutzungsgrad in %/m Einblastiefe bezogen auf 300 g O_2/m_N^3 Luft.

Der Sauerstoffzufuhrfaktor α (= $OC_{Betrieb} / OC_{Reinwasser}$) ist bei Druckluftanlagen oft 0,7 bis 0,8.

Die erforderliche Luftmenge errechnet sich zu $Q_L = OC/(\alpha \cdot SSA \cdot h_E)$ in m^3_N/d.

Oberflächenbelüftung: Stabwalzenbelüfter (Einsatz in Umlaufbecken) und Kreiselbelüfter

Bei Oberflächenbelüftern ist der Sauerstoffzufuhrfaktor α oft günstiger als bei Druckluftbelüftung. Werte um 0,8-0,95 sind üblich. Die O_2-Ertragswerte ON liegen im Schmutzwasser bei günstigen Bedingungen bei etwa 2,0 kg O_2/kWh, im Mittel bis zu 1,8 kg O_2/kWh.

Bei Stabilisierungsanlagen bis 5000 EW ist nach ATV A 126 $\alpha \cdot OC = 0{,}125\ B_d$ in kg O_2/h mit $B_d = C_{BSB} \cdot Q_d$ = BSB_5-Schmutzfracht in kg BSB_5/d.

Beispiel: siehe Abschnitt 9.

4.2 Tropfkörper und Rotationstauchkörper (nach ATV-DVWK-A 281)

Tropfkörper

Als nicht eingestaute Festbettreaktoren können Tropfkörper (TK) gut eingesetzt werden zum wirtschaftlichen Abbau von organischen Kohlenstoffverbindungen und zur Nitrifikation in sehr gut mechanisch vorgereinigtem Abwasser.

Eine gezielte und steuerbare Stickstoffelimination mit Nitrifikation und Denitrifikation ist in ein und demselben TK nicht erreichbar.

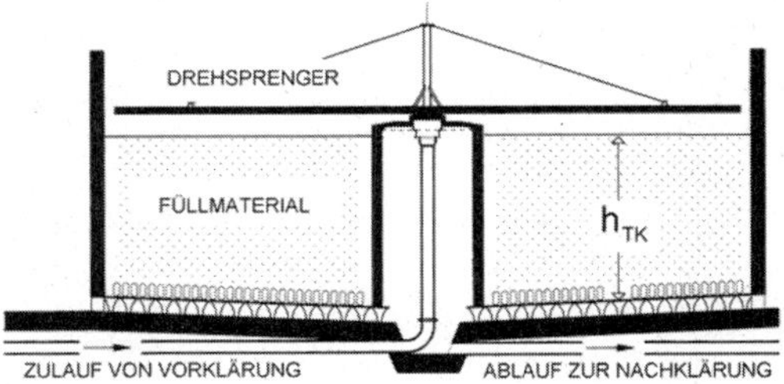

Tropfkörper

Zur Vermeidung von Verstopfungen muss eine ausreichend große hydraulische Belastung den Überschussschlamm ausspülen. Mit der Anzahl der Drehsprengerarme a und den Umdrehungen pro Stunde n berechnet man die Spülkraft $S_K = q_{A,TK} \cdot 1000/(a \cdot n)$.

Abhängig vom Füllmaterial und Belastungszustand haben sich je Beregnung Werte von S_K = 4–8 mm bewährt.

Der im abfließenden Wasser enthaltene Schlamm muss im Nachklärbecken abgetrennt werden.

Phosphor kann durch Simultanfällung (z. B. in den Zulauf der Nachklärung) entfernt werden.

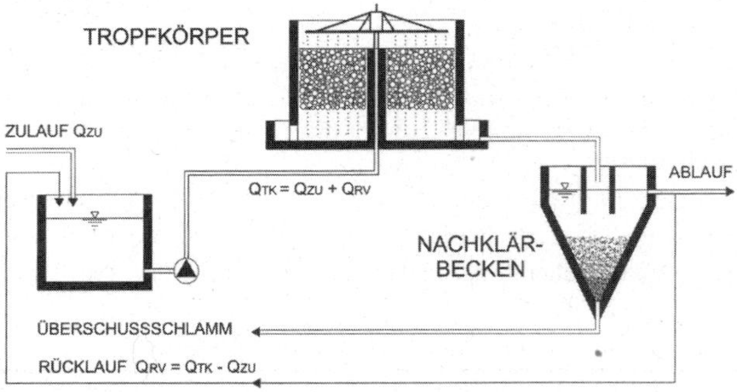

Verfahrensprinzip von Tropfkörperanlagen

- **Füllmaterial**: mit A_R spezifische Reaktionsoberfläche in m^2/m^3
  Klassische Füllung (Gesteins-Brocken): üblich 40–80 mm über Stützschicht mit 80–150 mm nach DIN 19 557 $A_R = 90\ m^2/m^3$ bei 50 % Hohlraum
  Moderne Füllung (Kunststoff): A_R = 100–150 (200) m^2/m^3 bei 90–95 % Hohlraum
- **Bemessung** erfolgt über die Raumbelastung B_R. Zum Volumen für die org. Kohlenstoffelimination $V_{TK,C}$ addiert sich zusätzlich das Volumen zur Nitrifikation $V_{TK,N}$ hinzu:
  $V_C = B_{d,BSB,ZB}/B_{R,BSB}$; $V_N = B_{d,TKN,ZB}/B_{R,TKN}$; $V_{TK} = V_{TK,C} + V_{TK,N}$ jeweils in m^3
  mit B_d Schmutzfracht in kg/d und Raumbelastung B_R (BSB_5- bzw. stickstoffbezogen)

  Nachweis der hydraulischen Oberflächenbeschickung: $q_A = Q\,(1 + RV_T)/A$ = 0,4–0,8 m/h

  Durch Rückpumpen ist am Drehsprenger eine Konzentration von $C_{BSB,ZB,RF} \leq 150$ mg/l einzustellen. Das Rückführverhältnis $RV_T \geq (C_{BSB,ZB}/C_{BSB,ZB,RF}) - 1$. Bei üblichen Verhältnissen genügt hierfür $RV_T \leq 1{,}0$ bei Q_T.

  Die Tropfkörperoberfläche ergibt sich aus $A_{TK} = Q_T \cdot (1+RV)/q_{A,TK}$.

  Die Tropfkörperfüllhöhe ergibt sich aus $h_{TK} = V_{TK}/A_{TK}$. Bewährt hat sich für $h_{TK} \approx 4$ m.
- **Auslegungsrichtwerte für Tropfkörper**

	Abwasserreinigung ohne Nitrifikation (org. Kohlenstoffelimination)		zusätzlich erforderlich für Nitrifikation	
A_R m^2/m^3	$B_{R,BSB}$ kg/($m^3 \cdot$ d)	Bemerkung	$B_{R,TKN}$ kg TKN/($m^3 \cdot$ d)	Bemerkung
Brockenfüllung < 90	≤ 0,4		≤ 0,1	
Kunststofffüllung > 100	> 0,4	höhere Ansätze als 0,4 belegen lassen!	> 0,1; < 0,2*)	höhere Ansätze als 0,1 belegen lassen
Kunststofffüllung < 150	< 0,6	Eignung belegen lassen	< 0,15; < 0,2*)	
Kunststofffüllung > 150–200	–	nicht ausnutzbar, Verstopfungsgefahr	< 0,2*)	nur in zweiter Stufe*)

*) Bei Nitrifikationsreaktoren nach org. Kohlenstoffabbau und Zwischenklärung.

Bei Anlagengrößen von 50 und 1000 EW ist $B_{R,BSB}$ von 0,4 auf 0,2 kg/($m^3 \cdot$ d), $B_{R,TKN}$ ist von 0,1 auf 0,05 kg/($m^3 \cdot$ d) linear abzumindern.

Hinweise zum Einsatz von Tropfkörpern für die Stickstoffentfernung (Denitrifikation) finden sich in der Richtlinie und in einschlägiger Literatur.

Rotationstauchkörper (RTK): Die Bemessung erfolgt über die Flächenbelastung B_A:

- **Bemessung**
  Reaktionsoberfläche: $A_{RT} = A_{RT,C} + A_{RT,N}$
  mit $A_{RT,C} = B_{d,BSB,ZB} \cdot 1000/B_{A,BSB}$ und $A_{RT,N} = B_{d,TKN,ZB} \cdot 1000/B_{A,TKN}$ in m².

  Wannenvolumen: Zur Vermeidung des Durchschlagens von Belastungsspitzen werden mindestens 4 l/m² gefordert. In der ersten Stufe ist $B_{d,BSB,ZB}$ auf 40 g/(m² · d) zu begrenzen.

  Scheibenabstand e: Ist $B_{d,BSB,} > 20$ g/(m² · d), so sei $e \geq 18$ mm und $A_R < 100$ m²/m³. Für $B_{d,BSB,} > 15$ g/(m² · d) sei $e \geq 15$ mm und $A_R < 150$ m²/m³. In Stufen zur reinen Nitrifikation nach einer Zwischenklärung kann e auf 10 mm vermindert werden und $A_R < 200$ m²/m³ sein.

Eine betriebliche Denitrifikation (Stickstoffelimination) ist möglich, allerdings nicht gezielt zu erreichen.

Auslegungsrichtwerte für Rotationstauchkörper $A_R < 150$ m²/m³

	Abwasserreinigung ohne Nitrifikation (org. Kohlenstoffelimination)		zusätzlich erforderlich für Nitrifikation	
Ausführung	Stufenanzahl	$B_{A,BSB}$ kg/(m² · d)	Stufenanzahl	$B_{A,TKN}$ kg TKN/(m² · d)
Scheibentauchkörper STK	2	≤ 8	3	≤ 1,6
	3 und 4	≤ 10	4	≤ 2
sonstige Rotationstauchkörper RTK	2	≤ 5,6	3	1,1
	3 und 4	≤ 7	4	1,4
Bei Anlagengrößen von 50 und 1000 EW ist bei STK von $B_{R,BSB}$ 8 bzw. 10 auf 3 g/(m³ · d), bei sonst. RTK von 5,6 bzw. 7 auf 3 g/(m³ · d) linear abzumindern; $B_{R,TKN}$ ist bei STK von 1,6 bzw. 2 auf 1,2 g TKN/(m² · d), bei sonstigen RTK von 1,1 bzw. 1,4 auf 0,85 g TKN/(m² · d) linear zu reduzieren.				

Überschussschlammproduktion bei Tropfkörpern und Rotationstauchkörpern

Die biologische Überschussschlammproduktion für Tropfkörper (TK) und Rotationstauchkörper (RTK) beträgt $\ddot{U}S_B = \ddot{U}S_R/B_R = 0{,}75$ kg TR/kg BSB$_5$ (inkl. Regenwasserzuschlag). Zusätzlich anfallender Fällungsschlamm ist $\ddot{U}S_{d,P} = Q_d \cdot (6{,}8 \cdot X_{P,Fäll,Fe} + 5{,}3 \cdot X_{P,Fäll,Al})$ /1000 in kg/d. Im Nachklärbecken dickt Tropfkörperschlamm gut ein mit Feststoffgehalten bis über TR = 4 %.

4.3 Beispiel: Abwasserreinigung mit Tropfkörper

Abwasserreinigung für: 8000 EW — $Q_S = 150$ l/(EW · d), $Q_F = 0{,}3 \cdot Q_{S,d}$

Q_S:	8000 · 0,15 =	1200 m³/d	bei $x = 12$ h/d:	100 m³/h	= 27,8 l/s
Q_F:	0,3 · 1200 =	360 m³/d	bei $x = 24$ h/d:	15 m³/h	= 4,2 l/s
Q_T:	$Q_{T,d} = Q_S + Q_F$ =	1560 m³/d	$Q_{T,x}$ =	115 m³/h	= 31,9 l/s

Q_M: $2\,Q_S + Q_F = 2 \cdot 100 + 15 = 215$ m³/h (59,7 l/s); $Q_{M,d} = 5160$ m³/d

Schmutzfracht im Rohabwasser: $B_{d,BSB5} = 8000$ EW · 0,06 kg /(EW · d) = 480 kg/d

Mechanische Reinigung:

Rundsandfang: gewählt: $t_m \geq 45$ s; → Absetzvolumen: $V_{SF} = 0{,}0597$ m³/s · 45 s = 2,7 m³
Gewählte Abmessungen mit Tiefe des Absetzraumes h_{SF} = etwa 0,4 m und somit $A_{SF} = 2{,}7/0{,}4 = 6{,}75$ m². Der Sandfangdurchmesser wird somit $d_{SF} = 3{,}0$ m.

Vorklärung wegen nachfolgenden Tropfkörpers mit weitgehender Sedimentation
gewählt: $t_T \approx 2{,}5$ h; →$V_{VK} = 2{,}5 \cdot 115 = 288$ m³, somit ist $t_m = 288/215 = 1{,}34$ h
gewählt: 2 Becken, je $l = 18{,}0$ m; $b = 4{,}0$ m; $h = 2{,}0$ m
Primärschlammanfall: bei $t_T = 2{,}5$ h → $\Delta TS = 70 - 25 = 45$ g TR/(EW · d)
$PS_{d,TR} = 0{,}045 \cdot 8000 = 360$ kg /d für $TR_e = 5$ % TR → $Q_{PS} = 360/50 = 7{,}2$ m³/d

Dieser Schlamm ist einer Stabilisierung zuzuführen!

Biologische Abwasserreinigung im Tropfkörper mit Nitrifikation, Größenklasse 3 nach AbwV.

nach Vorklärung: $B_{d,BSB5} = 8000$ EW · 0,04 kg/(EW · d) = 320 kg/d

$B_{d,TKN} = 8000$ EW · 0,01 kg/(EW · d) = 80 kg/d

Tropfkörper: Volumen: $V_{TK} = V_{TK,C} + V_{TK,N}$; mit $B_{R,BSB} = 0{,}4$ und $B_{R,TKN} = 0{,}1$ wird $V_{TK} = (320/0{,}4 + 80/0{,}1) = 800 + 800 = 1600$ m³.

Konzentration nach Vorklärung: $C_{BSB,ZB} = B_{d,BSB5}/Q_d = 380/1560 \cdot 1000 = 243$ mg/l; Rückführverhältnis so, dass $C_{BSB,ZB,RF} \approx 130$ (< 150) mg/l, $RV_T \geq (C_{BSB,ZB}/C_{BSB,ZB,RF}) - 1 = (243/130) - 1 = 0{,}87$; gewählt $RV_T = 0{,}9 < 1{,}0$; $Q_{TK} = 115\ (1 + 0{,}9) = 218{,}5$ m³/h

Gewählt: 2 TK mit jeweils $h_{TK} = 4{,}1$ m und $A_{TK} = 1600/(4{,}1 \cdot 2) = 195$ m². Je Durchmesser somit gewählt: 16 m. $q_{A,TK} = Q_{TK}/(2 \cdot A_{TK}) = 218{,}5/(2 \cdot 200) = 0{,}55$ ($0{,}4 \leq 0{,}55 \leq 0{,}8$ m/h)

Sprengerumdrehungen für $S_K = 6$ mm: $n = (q_{A,TK} \cdot 1000)/(a \cdot S_K) = (0{,}55 \cdot 1000)/(2 \cdot 6) = 46$/h

Nachklärung: $A_{NB} = 115\ (1 + 0{,}9)/0{,}8 = 273$ m² oder bei Mischwasserdurchfluss ohne Rücklauf 215/0,8 = 268 m²; gewählt: 1 Rundbecken mit Durchmesser $d = 20$ m; $A_{NB} = 317$ m²; erf. Mindestvolumen: $V_{NB} = 2{,}5 \cdot 115\ (1 + 0{,}9) = 546$ m³. Die Tiefe ergibt sich somit zu $h_{NB} = 546/317 = 1{,}72$ m < 2,0 m; gewählt somit: $h_{NB} = 2{,}0$ m bei $2/3 \cdot r$

Überschussschlammanfall, zur Schlammstabilisierung: $ÜS_{d,TR} = 0{,}75 \cdot 320 = 240$ kg /d; mit 4 % TR = 40 kg TR/m³: $Q_{ÜS} = 240/40 = 6{,}0$ m³/d

Da Tropfkörper nahezu immer einer Vorklärung (d. h. Anfall von Primärschlamm) bedürfen, ist eine separate Schlammstabilisierung (auch für den Überschussschlamm) meist unumgänglich.

4.4 Abwasserfiltration nach vorheriger biologischer Reinigung

Die Filtration wird heute in der Abwasserreinigung mit unterschiedlicher Zielsetzung eingesetzt. Folgende Aufgaben kann die Abwasserfiltration übernehmen:

- Elimination noch vorhandener abfiltrierbarer Stoffe (AFS) durch die Anordnung einer *klassischen Abwasserfiltration* im Anschluss an eine konventionelle Abwasserreinigung
- zusätzliche Elimination von gelöstem Phosphor durch Zugabe von Fällungschemikalien im Zuge einer *Flockungsfiltration* (Reduzierung von AFS, CSB, P)
- Verringerung organischer Restbelastung (AFS, CSB) und (Rest)Nitrifikation (NH_4-N) oder auch (Rest)Denitrifikation (N_{ges}) in einer *biologisch intensivierten Filtration.*

Man unterscheidet **Raumfilter** (Filterbetthöhe 1–3 m mit Suspensarückhalt im gesamten Filterbett nach ATV A 203) und **Flächenfilter** (Tuchfilter oder Feinkornfilter mit Filterschichthöhen bis 30 cm mit Suspensarückhalt an der Oberfläche ohne biologische Wirkung).

Flächenfiltration

Die Reinigung mit einer **Siebung (Mikrosiebung)** geht weniger weit als die Filtration. Sie hält nur Partikel zurück, die größer sind als die Sieböffnungen. Die Gewebe bestehen aus sehr feinem Edelstahl- oder Kunststoffgewebe. Die Öffnungsweite beträgt meist unter 40 µm. Der hydraulische Verlust des Siebes ist ≈ 5–15 cm, die Flächenbelastung q_A maximal 15 m³/(m² · h). Ungefähr 5 % des Zuflusses werden zum Freispritzen der Sieboberfläche benötigt.

Tuchfilter mit Filtertüchern oder Nadelfilz müssen auch (zeitabhängig oder nach dem Wasserdruckverlust gesteuert) sauber gespritzt werden. Verwendungsdauer von Nadelfilz ca. 1 Jahr.

Abwärts durchflossene **Oberflächenfilter** arbeiten bei Filtergeschwindigkeiten $v_F \leq 10$ m/h durch Filtersand (nur ≈ 0,3 m mächtig) und durchlässige Filterböden. Rückspülung von unten zellenweise durch den Filterboden. Ein Absaugsystem entfernt das verschmutzte Spülwasser.

Raumfilter

Die Filtergeschwindigkeit kann bei Raumfiltern in Abhängigkeit vom gewählten Verfahren bei Q_T mit 7,5 m/h (bei $Q_{max} < 10$ (15) m/h), bei biologisch aktiven belüfteten Filtern bei Q_t bis zu 6 m/h angenommen werden. Mindestens 6 Filtereinheiten je maximal 80 m² sind vorzusehen.

Oberflächenfiltration

Regime	Aufbau	Strömung	Spülung	Eliminationswirkung	Bezeichnung – Betrieb
Überstau	eine Filter-schicht	abwärts	diskontinuierlich mit Wasser, Luft	AFS	pulsed bed filter
			quasi kontinuierlich mit Wasser	AFS	Zellenfilter
Stau-differenz	Tuch	beliebig	quasi kontinuierlich mit Wasser	AFS	Tuchfilter

Raumfiltration

Regime	Aufbau	Strömung	Spülung	Eliminationswirkung	Bezeichnung – Betrieb
Überstau	eine Filter-schicht	abwärts	diskontinuierlich mit Wasser, Luft	AFS	Einschichtfilter
				AFS, CSB, NH_4-N	biolog. intensiv. Filter
		aufwärts	diskontinuierlich mit Wasser, Luft	AFS	Aufwärtsfilter
				AFS, CSB, P	Flockungsfilter
				AFS, CSB, NH_4-N oder NO_3-N	biologisch intensivierter Filter
				AFS, CSB, P, NH_4-N oder NO_3-N	biologisch intensivierter Flockungsfilter
	zwei Filter-schich-ten	abwärts	diskontinuierlich mit Wasser, Luft	AFS	konv. Mehrschichtfilter
				AFS, CSB, P	Flockungsfilter
				AFS, CSB, NH_4-N oder NO_3-N	biologisch intensivierter Filter
				AFS, CSB, P, NH_4-N oder NO_3-N	biologisch intensivierter Flockungsfilter
Riesel-film		abwärts	diskontinuierlich mit Wasser, Luft	AFS, CSB, NH_4-N	Trockenfilter
				AFS, CSB, P, NH_4-N	biologisch intensivierter Flockungsfilter
Sonder verfahren	1 Filter-schicht	horizontal	kontinuierlich mit Wasser, Luft	AFS	radial durchströmte Filter
		aufwärts		wie diskontin. gespülte	Überstaufilter (aufwärts)
AFS = abfiltrierbare Stoffe (Membranfiltration mit Porenweite 0,45 µm)					

Filterbettaufbau für Raumfilter

abwärts durchströmt 1-Schichtfilter	abwärts durchströmt 2-Schichtfilter	aufwärts durchströmt	Trockenfilter abwärts durchströmt
Höhe 0,8–1,2 m	obere Schichthöhe 0,8–1 m	Höhe 1,2–3 m	obere Schichthöhe 1–1,2 m
Material, Körnung Filtersand: 1,0–1,6 mm	Material, Körnung in mm Anthrazit, Blähschiefer, -ton: 1,4–2,5; Bims: 2,5-3,5	Material, Körnung Filtersand: 2–3,15 mm	Material, Körnung in mm Anthrazit, Blähton, Blähschiefer: 2,5–4
1,0–2,0 mm	untere Schichthöhe 0,4–0,6 m		untere Schichthöhe 0,4–0,6 m
	Material, Körnung Filtersand: 0,71–1,25 mm		Material, Körnung Filtersand, Basalt: 1,2–2 mm
Stützschicht: Material Kies; Stützschichthöhe 0,2–0,3 m, abhängig von Filterboden, Filtermaterial			

5 Behandlung der Klärschlämme

Bei der Reinigung der Abwässer fallen Rückstände bzw. Reststoffe an, die beseitigungsorientiert behandelt und schadlos entsorgt werden müssen: (Entwässertes) Rechengut wird meist noch zur Deponie (nach TA Siedlungsabfall noch bis 2005) entsorgt oder gelangt zur Kompostierung bzw. Verbrennung. (Gewaschener) Sand zur Deponie oder Wiederverwendung; Fettabscheidermaterial kann in der Faulung entsorgt werden. Bei der mechanischen, biologischen und chemischen Reinigung anfallende Klärschlämme stellen ein qualitativ und quantitativ größeres Problem dar.

Ziele der Schlammbehandlung und Verfahrensübersicht

- **Stabilisierung**: d. h. Vermindern der leicht biologisch zersetzbaren organischen Inhaltsstoffe
- **ggf. Entseuchung** (nur wenn speziell gefordert): verfahrenstechnisch oft zusammen mit Stabilisierung
- **Abtrennung des Schlammwassers**
  - Eindickung: mit / ohne Konditionierung
  - Trocknung (mit thermischer Energie)
  - Entwässerung: i. d. R. mit Konditionierung
  - Verbrennung (ist auch ein Stabilisierungs- und Entseuchungsverfahren)

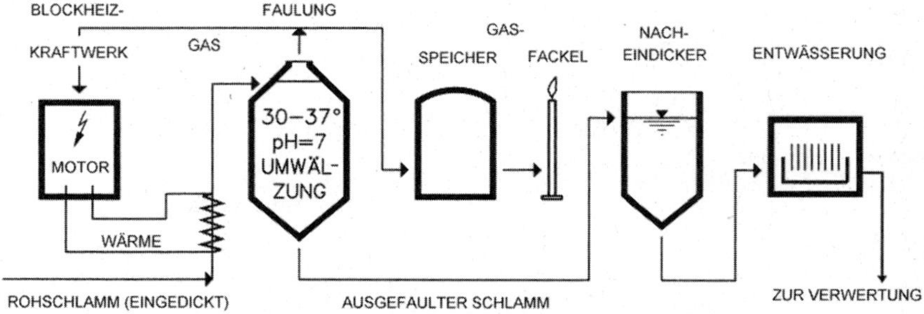

Schema einer klassischen Schlammbehandlung mit Faulung

Schlammanfall

Schlammmengen aus der Vorklärung sind aus der Tabelle im Abschn. 3.3 zu entnehmen (Differenz der abfiltrierbaren Stoffe). Zum Überschussschlamm aus Belebungsbecken Angaben aus Abschn. 4.1 ($ÜS_B$) entnehmen, in Verbindung mit TS_{RS} aus Abschn. 3.3.3. Für Tropf- und Tauchtropfkörper können die Überschussschlammmengen dem Abschn. 4.2 entnommen werden.

Zusatzinformationen bietet die **Schlammliste** [13.61]:

Schlammart	Feststoffmenge g *TR*/(EW · d)*)	Feststoffgehalt %	Schlammmenge l/(EW · d)
Absetzanlage (mit Faulraum)			
Rohschlamm abgepumpt, aus Trichterbecken	45	2,5	1,8
wie vor, eingedickt	45	5,0	0,9
wie vor, ausgefault	30	10,0	0,3
Tropfkörper (mit Faulraum)			
Überschussschlamm aus Nachklärbecken	25	4,0	0,63
Vor- und Überschussschlamm, gemischt, eingedickt	70	4,7	1,5
wie vor, ausgefault	45	3,0	1,5
Belebungsanlage mit Faulraum			
Überschussschlamm aus Nachklärbecken	35	0,7	5,0
Vor- und Überschussschlamm, gemischt, eingedickt	80	4,0	2,0
wie vor, ausgefault	50	2,5	2,0

Fortsetzung der **Schlammliste** [13.61]:

Schlammart	Feststoffmenge g *TR*/(EW · d)*)	Feststoffgehalt %	Schlammmenge l/(EW · d)
Belebungsanlage mit aerober Stabilisation aerob stabilisierter gemischter Schlamm, eingedickt	50	2,5	2,0
Chemische Fällung / Flockung Vorfällung: Rohschlamm aus Vorklärung, eingedickt	65	4	1,6
wie vor, ausgefault	45	5	0,9
Simultanfällung: Vor- und Überschussschlamm, eingedickt	90	4	2,25
wie vor, ausgefault	60	3	2,0
Nachfällung: aus Tertiärstufe, eingedickt	15	1,5	1,0
*) *TR* Trockenrückstand nach Verdampfen des Wassers bei etwa 105 °C (Abdampfrückstand).			

5.1 Eindickung

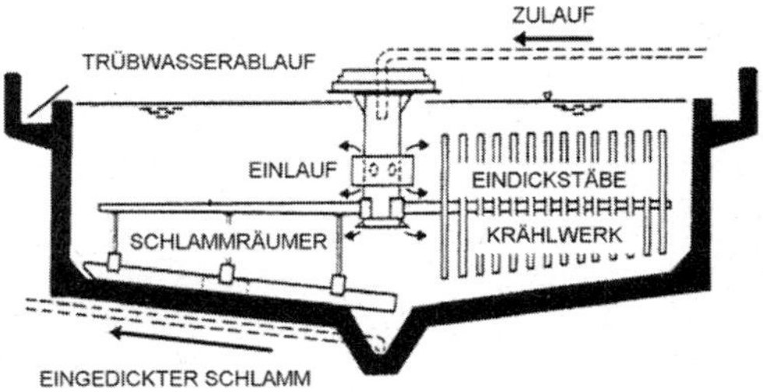

Durchlaufeindicker

Früher oft für alle Schlämme Schwerkrafteindicker als Stand- oder Durchlaufeindicker mit Aufenthaltszeiten von $t \approx$ 1–2 (3) d bei Oberflächenbelastungen bis zu $B_A \leq$ ca. 50 kg $TR/(m^2 \cdot d)$.
Heute verwendet man Schwerkrafteindicker meist nur noch für Primärschlämme. Die Eindickung ist auch möglich im ausreichend dimensionierten Schlammtrichter der Vorklärung.
Erreichbar sind Werte von $TR_e \approx$ 4–7 %. Die Überschussschlammeindickung erfolgt in größeren Anlagen (über etwa 20 000 EW) meist maschinell mit Siebband- oder Trommelkonzentratoren, Dekantierzentrifugen o. a. (ggf. Flotation) ($TR_e \approx$ 5–7 %).

Die Volumenströme Q_i der Schlämme verhalten sich bei feststofffreiem Wasserabzug und *TR*-Gehalten unter etwa 30 % ($\gamma_{TR} \approx 1{,}0$) umgekehrt proportional zu den Feststoffgehalten:
$Q_1/Q_2 = TR_2/TR_1$

5.2 Stabilisierung

Die verfügbaren Verfahren zur Stabilisierung der Schlämme werden meist in Abhängigkeit von der Anlagengröße gewählt:

Die **aerobe Schlammstabilisation** bei Anlagen unter etwa 10 000 bis 30 000 EW häufig simultan im Belebungsbecken, gelegentlich auch im getrennten aeroben Reaktor:

- *simultane aerobe Stabilisation* im Belebungsbecken: Bemessung nach ATV A 131 über das Mindestschlammalter $t_{TS} \geq 25$ d; bei Anlagen unter 5000 EW reicht nach ATV A 126 eine nicht zu überschreitende Schlammbelastung von $B_{TS} < 0{,}05$ kg $BSB_5/(kg\ TS \cdot d)$.
- *getrennte aerobe Schlammstabilisation*: heute meist im wärmegedämmten Reaktor im thermophilen Temperaturbereich (40–55 °C) mit Aufenthaltszeiten von $t_R \geq 6$ d.

Die **anaerobe Schlammfaulung** wird bei Anlagen über etwa 20 000 bis 30 000 EW oft wegen der dabei erzielbaren Energieeinsparung bevorzugt. Unbeheizte Faulräume mit erforderlichen Aufenthaltszeiten von $t_R \approx 100$ d werden kaum noch gebaut. Standard ist die alkalische (pH ≥ 7,0), mit dem Faulgas auf 30 bis 37 °C geheizte Faulung mit intensiver und kontinuierlicher Schlammumwälzung.
Der Schlammwasserabzug erfolgt durch Vor- und Nacheindickung.

Die Bemessung erfolgt für eingedickten Rohschlamm (4–7 % *TR*) mit organischen Anteilen (Glühverlust *GV* = organische *TR* = *oTR*) von 60–70 % der Trockenmasse für eine Aufenthaltszeit von $t_R \approx 20$ d.

Die Belastung mit organischer Substanz soll $B_{R,oTS} < 2{,}5–3{,}0$ kg *oTR*/(m³ · d) bleiben.

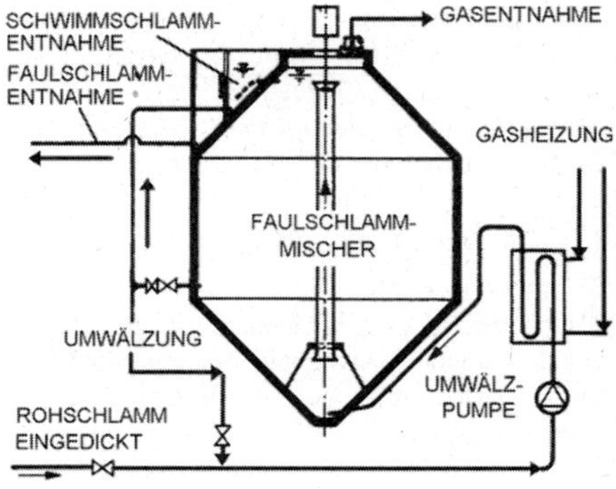

Behälter bis etwa 1500 m³ werden großzügiger bemessen ($t_R \leq 25$ d).

Im ausgefaulten Schlamm soll der organische Anteil der Trockenmasse (*oTR*) etwa 50 % der *TR* nicht wesentlich überschreiten (*GV*/*TR*: etwa 45/55 bis höchstens 55/45 %).

Der Energiebedarf von etwa 30 kWh/m³ Schlamm genügt bei gut isolierten Behältern zur Aufheizung des Schlamms und gleicht die Wärmeverluste durch Abstrahlung aus. Er kann bei größeren Anlagen durch den Gasanfall von ≈ 16–20 l/(EW · d) mit einem Energiegehalt von bis zu 6 kWh/m³ Gas abgedeckt werden. Kleine Anlagen müssen mit Fremdenergie zuheizen. Bei Anlagen über 50 000 EW kann der Einsatz von Gasmotoren zur effektiven Energieausnutzung in Blockheizkraftanlagen wirtschaftlich werden. Dabei wird Strom oder direkt Druckluft (für die Belebung) erzeugt und die Abwärme zum Heizen verwendet.

5.3 Schlammentwässerung und Konditionierung

Schlammtrockenbeete ($q_A \approx 1$ m³/(m² · a)) sind leistungsfähigeren Entwässerungsmaschinen gewichen.

Vor der maschinellen Entwässerung muss i. d. R. eine Konditionierung erfolgen. Meist werden geringe Mengen an synthetischen organischen Polymeren als Flockungshilfsmittel (150–250 g Wirksubstanz/m³ Nassschlamm) nach Ansatz in einer 0,1%-igen Dosierungslösung verwendet. Bei Hochdruckfiltern wie Kammerfilterpressen kommen auch mineralische Filterhilfsmittel zum Einsatz, z. B.: Eisenverbindungen (bis etwa 10 Masse-% der *TR*) und Kalk (bis etwa 30 Masse-% der *TR*). Die erzeugte Feststoffmassenvergrößerung ist bei der anschließenden Entsorgung zu beachten!

Die Schlammvolumenreduzierung durch die Entwässerung mit Polyelektrolyt konditionierter Schlämme lässt sich ebenso berechnen wie der Effekt der Eindickung (siehe Abschnitt 5.1). Die täglich anfallenden Schlammvolumenströme Q_i (m³/d) verhalten sich in etwa umgekehrt proportional zu ihren Feststoffgehalten TR_i in %:

$$Q_1/Q_2 = TR_2/TR_1$$

Bei Konditionierung mit mineralischen Zuschlagstoffen ist der Massenzuwachs an Feststoffen rechnerisch zu berücksichtigen.

Die am häufigsten verwendeten Entwässerungsmaschinen sind:

- Dekantierzentrifugen (Q: 1–50 m³/h, Stromverbrauch: 1–2 kWh/m³; $TS_e \approx 22–33$ %)
- Bandfilterpressen (Q: 1–15 m³/h, Stromverbrauch: ≈ 1 kWh/m³; $TS_e \approx 22–32$ %)
- Kammerfilterpressen (V_{KFP}: 0,5–10 m³, Stromverbrauch: ≈ 2 kWh/ m³; $TS_e \approx 30–38$ % *TR* mit Polyelektrolyt, etwa bis 45 % *TR* mit Eisen und Kalk).

Bei der Bemessung von Anlagen zur Schlammentwässerung ist zu berücksichtigen, dass diese oft nur an 5 Tagen in der Woche und meist nur tagsüber betrieben werden. Es sind daher Vorlagebehälter vorzusehen, die auch einen Trübwasserabzug nach Eindickung ermöglichen.

6 Abluftbehandlung

Gerüche aus Kläranlagen können durch Erfassung und Behandlung der Abluft reduziert werden. In ex-gefährdeten Räumen und begehbaren Arbeitsplätzen ist ein 6- bis 10facher Luftwechsel je Stunde durch Absaugen zu erzeugen, bei begehbaren Räumen (kein Arbeitsplatz) genügt der 4-bis 6fache Raumluftwechsel je Stunde. Die Abluft über Becken ist so abzusaugen, dass ein geringer Unterdruck (≈ 2 mbar = 20 mm WS) unter der Abdeckung entsteht (10–20 % Spaltverluste berücksichtigen). Die befeuchtete Abluft wird meist in Biofiltern z. B. über Kompost oder Rindenmulch desodoriert (q_A = 50–200 m³ Luft/m² Filter bei ca. 1 m Schütthöhe).

7 Naturnahe Verfahren der Abwasserreinigung

7.1 Abwasserteiche

Abwasserteiche sind mechanisch und biologisch kombiniert wirkende Reinigungsanlagen, die gleichzeitig eine Schlammstabilisierung durch aerobe/anaerobe Lagerung gewähren. Sie haben sich bewährt bei kleineren Anschlussgrößen (i. d. R. bis zu 5 000 EW) und bei einem großem Flächenangebot (10 bis 30 m² je EW). Teiche sind zu dichten bei Böden mit $k_f > 10^{-8}$ m/s! Ästhetische Gründe fordern vor dem Teichzufluss zumindest eine einfache Rechenanlage.

Die Bemessung erfolgt nach ATV A 201 mit den Werten der nachfolgenden Tabelle:

Teichart	zum Absetzen	unbelüftet	belüftet	zur Schönung
Aufenthaltszeit t_R in d bei TW	≥ 1	≥ 20	≥ 5	1–2
Aufenthaltszeit $t_{R,NK}$ in d bei Q_{max}			≥ 1	
Spez. Oberfläche A_E in m²/EW		≥ 8 – 15*)		
Zuschlag für Regenwasserbehandlung in m²/EW		5		
Spez. Volumen V_E in m³/EW	≥ 0,5			
Wassertiefe h in m	≥ 1,5	etwa 1	1,5–3,5	1–2
Raumbelastung B_R in g $BSB_5/(m^3 \cdot d)$			≤ 25	
Sauerstofflast OV_c in kg O_2/kg BSB_5			≥1,5	
Leistungsdichte in W/m³			1-3	

*) Bessere Reinigungsleistung mit größerer spez. Oberfläche. Ab 15 m²/EW beginnt die Nitrifikation.

Absetzteiche: Ähnlich wie bei Vorklärbecken erfolgt eine Sedimentation der absetzbaren Stoffe. Der Bodenschlamm fault während einer ausreichend langen anaeroben Lagerzeit aus.

Belüftete Teiche: Wegen der i. Allg. nur geringen Energiedichte kann sich nur eine sehr kleine Menge an Biomasse im freien Wasserkörper der belüfteten Teiche halten. Daher sind deren Reinigungsergebnisse oft schlechter als ausreichend groß bemessene unbelüftete Teiche.

Unbelüftete Teiche: Deren größere Wasseroberfläche begünstigt die Sauerstoffversorgung; die große Sohlfläche bietet ausreichend viel sessiler Biomasse genügend Besiedlungsmöglichkeit.

Das gesamte Teichvolumen wird vorteilhaft in mehrere voneinander unabhängig betreibbare Einzelteiche untergliedert, um einzelne Teiche zeitweise zur Revision und Entschlammung außer Betrieb nehmen zu können. Auf klare hydraulische Verhältnisse mit dem Ziel einer möglichst eindeutigen Durchströmung ist zu achten. Gegebenenfalls sollten Leiteinrichtungen verwendet werden, um Totzonen zu vermeiden.

Abwasserteichanlagen, die weitergehende Reinigungsanforderungen nicht erfüllen, können durch Ergänzung mit zwischengeschalteten biologischen Reaktoren ertüchtigt werden.

Schlammentnahme: Bei der Planung ist es erforderlich, die beabsichtigte Art der Entschlammung zu berücksichtigen. Absetzteiche sind i. d. R. einmal pro Jahr zu entleeren; bei den unbelüfteten und belüfteten biologisch wirksamen Teichen ist die Schlammhöhe durch Peilung in ausreichenden Abständen festzustellen und es ist spätestens dann zu räumen, wenn die Abwasserreinigung nicht mehr sichergestellt ist. Je angeschlossenem Einwohner ist mit einem Schlammanfall von etwa 30 (bei vorgeschaltetem Absetzteich) bis zu 45 (unbelüfteter) bzw. 50 g TR/d bei belüftetem Teich zu rechnen.

Durch die lange Lagerzeit dickt der Schlamm oft auf deutlich über 10 % TR ein! Fahrwege, Rampen, befestigte Sohlbereiche erleichtern die Schlammentnahme.

Regenwasserbehandlung: Mischwasserzuflüsse können in Abwasserteichanlagen entsprechend den Anforderungen der ATV A 128 mitbehandelt werden, wenn mit Durchflussbegrenzung Aufstaumöglichkeiten nutzbar werden. Bei Drosselung des Abflusses aus dem ersten Teich kann dort z. B. durch Einstau das erforderliche Regenbeckenvolumen aktiviert werden. Der Überlauf kann über einen Bypass in den zweiten Teich oder direkt in das Gewässer geleitet werden. Schlammaufwirbelung durch eine höhere hydraulische Beschickung ist zu vermeiden.

7.2 Pflanzenbeetanlagen (ATV-DVWK-A 262)

Mit Sumpfpflanzen bewachsene sandig-kiesige (ggf. auch gering bindige) Bodenkörper mit Durchlässigkeiten von $10^{-4} < k_f$ in m/s $< 10^{-3}$ und dem Ungleichförmigkeitsgrad $U = d_{60}/d_{10} \leq 5$ eignen sich für Abwasser von bis zu 1000 E nach einer mechanischen Vorbehandlung. Durchflussrichtung **horizontal** bei Schichtdicken $h \geq 50$ cm und $A \geq 20$ m² bei ≥ 5 m²/E mit Flächenbeschickung bei Trockenwetter ≤ 40 l/(m² · d); **vertikal** bei $h \geq 80$ cm, $A \geq 10$ m² und $\geq 2{,}5$ m²/E mit Flächenbeschickung bei Q_T von bis zu $q_A = 60$ l/(m² · d); siehe auch ATV A 262.

Für die Funktion wesentlich ist eine vollständige Durchströmung des Beetkörpers. Bei kleinen Anlagen empfiehlt sich daher wegen der geringen Zuflüsse eine schwallartige Beschickung mit $Q < 2$ l/s durch Verteilrohre, Kaskaden, Gräben, Dränrohre (oberflächennah in ca. 20 cm Tiefe) o. Ä. DN $\geq$ 50 mm nicht unterschreiten! Erosion an der Oberfläche ist durch bauliche Vorkehrungen zu vermeiden.

Der Ablauf wird nach der Bodenpassage gesammelt und so abgeleitet, dass der Wasserspiegel im Beet variabel eingestellt werden kann (drehbarer Rohrbogen, regulierbare Wehrschwelle o. ä.). Ein Ablaufschacht (DN 80–100 cm) zur Probenahme ist frostsicher zu gründen.

8 Kleinkläranlagen

Nach DIN 4261 werden Anlagen bis zu 8 m³/d (entspricht ca. 50 Einwohner) Kleinkläranlagen genannt. Als mechanische (Vor-)behandlungsstufen gelten Ein- oder Mehrkammerabsetz- oder -ausfaul- und -speichergruben. Ausfaulgruben sind obligatorische Vorreinigungsstufen vor Reinigungsanlagen **ohne Abwasserbelüftung**. Auch Absetzteiche (siehe Abschnitt 7.1) gelten als mechanische Behandlungsstufen.

Nach der mechanischen Behandlung erfolgt die biologische Behandlung in Untergrundverrieselungsanlagen (UV), Filtergräben (FG) oder -schächten (FS) bei Anschlussgrößen meist bis zu 16 Einwohner. Selbstverständlich können auch konventionelle Verfahren angewendet werden, wie Abwasserteiche und Pflanzenbeete (Abschnitt 7), Belebungs- oder Tropf- und Rotationstauchkörperanlagen (Abschnitt 4.1 bzw. 4.2).

- **Ausführungshinweise für Gruben gem. DIN 4261-1:**
  Einkammer-Absetzgruben zur Grobentschlammung $\geq$ 300 l/EW jedoch > 2 m³ nur vor Belebungsanlagen;
  Mehrkammer-Absetzgruben: minimales Volumen: $\geq$ 500 l/EW, jedoch $\geq$ 2 m³. Ausbildung als Zweikammergrube bis 4 m³. Bei Ausbildung als Zweikammergrube: 1. Kammer = 2/3 des Volumens. Bei Drei- und Vierkammergruben: 1. Kammer = 1/2 des Volumens. **Mehrkammerausfaulgruben** minimale Volumen: $\leq$ 6 E: 1500 l/E; $\geq$ 6 m³; 7-10 E: $\geq$ 9 m³ und 750 l/E und 11-50 E: 500 l/E und 12 m³. Ausbildung mindestens als Dreikammergrube. Bei Ausbildung als Drei- oder Vierkammergrube: 1. Kammer = 1/2 des Volumens.
  Zur Ausführung von Mehrkammergruben: Absturz in der Kammer mindestens 100 mm. Verbindung der Kammern so, dass kein Boden- oder Schwimmschlamm übertreten kann. Durchtrittsöffnung zwischen $\geq$ 80 cm² und > 350 cm², Oberkante mindestens 300 mm unter Wasserspiegel, Unterkante mindestens 0,5 t über der Sohle mit t Wassertiefe. Trennwände

mindestens 200 mm über Wasserspiegel, Wassertiefe mindestens 1,20 m. Schutz des Ablaufs gegen Abfluss von Schwimmschlamm durch T-Stück oder Tauchwand.

Gesamtnutzvolumen der Grube in m³	Wassertiefe t_{max} in m
2 bis 4	2
über 4 bis 10	2,5
über 10 bis 50	3
über 50	4,5

- **Untergrundverbringung über Sickergraben** (Übergangsregelung nach DIN EN 4261-1): Grabensohle > 0,60 m über höchstem Grundwasserstand; Sickerstranglänge ≤ 10 m. Anrechenbare Wandfläche der Versickerungspackung 1 bis 1,5 m²/EW bei Sand-Kies-Gemisch, Sand und schwach schluffigen Sanden, 2 bis 2,5 m² bei Schluffen (auch schwachtonig), Sand-Schluffgemischen und Stein-Lehmgemischen. Kiesschicht bei Körnung 2(4) bis 8 mm überdeckt Sickerrohr um mindestens 0,1 m; anrechenbare Wandhöhe = senkrechter Abstand zwischen Rohrsohle und Grabensohle. Vollsickerrohr ≥ DN 100 mit Austrittsöffnungen 1,4 mm im Gefälle von 1: 500 mit Lüftungsöffnungen; Durchlässigkeit des Bodens: $k_f > 5 \cdot 10^{-7}$ bis $5 \cdot 10^{-3}$ m/s. Eine intermittierende Beschickung über eine Verteilkammer ist vorteilhaft. Mindestabstand zu Trinkwasserbrunnen beachten.

- **Sickergruben:** bieten den Vorteil eines geringeren Flächenbedarfs. Die größere Bautiefe ist zu berücksichtigen; durchlässig im Bereich der sickerfähigen Schicht; Sickerlöcher ≥ 25 mm Öffnungsweite; lichte Schachtweite mindestens 1,0 m; Grube unten mit Kies 2/8 mm auffüllen und darüber gewaschener Sand 0,2/2 mm mindestens 0,5 m hoch, geschützt gegen Ausspülen (Prallplatte). Abstand Prallplatte Zulauf ≥ 0,2 m. Versickerungsflächenbedarf wie bei Sickergräben; anrechenbar ist die Höhe zwischen Sohle Sickergrube und Unterkante Prallplatte. Schachtsohle mindestens 1,0 m über höchstem Grundwasserspiegel.

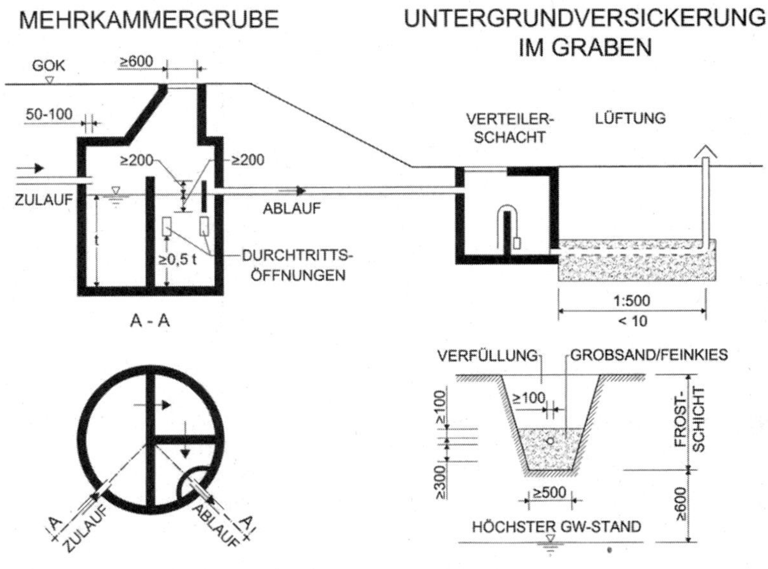

Dreikammergrube mit Untergrundverrieselung

- **Kleinkläranlagen mit Belüftung** erfordern eine Vorbehandlung. Diese kann sich bei nachfolgenden Belebungsbecken auf eine Grobstoffentfernung beschränken; vor Tropfkörpern sind Mehrkammergruben oder gleichwertiges zu schalten, um Verstopfungen zu vermeiden.

Folgende Bemessungswerte nach DIN 4261-2 sind einzuhalten:

Belebungsanlagen				Tropf- und Tauchkörperanlagen			
Belebungsbecken	B_R	$kg/(m^3 \cdot d)$	$\leq 0{,}2$	Tropfkörper	B_R	$kg/(m^3 \cdot d)$	$\leq 0{,}15$
	B_{TS}	$kg/(kg \cdot d)$	$\leq 0{,}05$			bis 0,25 bei gleichmäßigem Q_{24}	
	V_{min}	m^3	1		V_{min}	m^3	2
	Freibord	m	$\geq 0{,}3$		h_{TK}	m	$\geq 1{,}5$ mit RV = 3 $\geq 2{,}5$ mit RV = 1
Nachklärbecken	t_{NK}	h	$\geq 3{,}5$	Nachklärbecken für Tropf- und Tauchkörperanlagen	t_{NK}	h	$\geq 3{,}5$
	q_A	$m^3/(m^2 \cdot h)$	$\leq 0{,}3$		q_A	$m^3/(m^2 \cdot h)$	$\leq 0{,}4$
	A_{NK}	m^2	$\geq 0{,}7$		A_{NK}	m^2	$\geq 0{,}7$
	h_{NK}	m	$\geq 1{,}0$		h_{NK}	m	$\geq 1{,}0$
				Tauchkörper	B_A	$kg/(m^2 \cdot d)$	$\leq 0{,}004$
						bis 0,008 bei gleichmäßigem Q_{24}	
					A_{min}	m^2	45

9 Beispiel: Mechanisch-biologische Kläranlage

Abwasserreinigung für: 31 000 EW $Q_M = 390$ l/s; 1404 m^3/h
$Q_{T,d} = 8222\ m^3/d$ $Q_{T,12} = 203{,}4$ l/s; 732 m^3/h

Mechanische Reinigung:

Sandfang, belüftet: gewählt: $t_M \geq 10$ min; $V_{SF} = 1404 \cdot 0{,}17 = 240\ m^3$ (= 2 × 120 m^3)
gewählte Abmessungen 2mal: $b_{SF} = 2{,}30$ m; $h_{SF} = 2{,}88$ m; $l_{SF} = 20$ m; $\rightarrow A_{Q,SF} = 6{,}1\ m^2$;
$h_E = 0{,}875 \cdot 6{,}1^{0{,}5} = 2{,}16$ m

Luftmengen: $q_{L(feinblasig)} = (0{,}63 + 0{,}52 \cdot \ln 2{,}16)^{-0{,}62} \approx 1\ m^3_N/(m^3 \cdot h)$; $Q_{Gebläse} = 2 \cdot 1 \cdot 120 = 240\ m^3_N/h$, regelbar je Sandfang von etwa 60 bis 120 m^3_N/h.

Fettfang: Aus den Sandfangabmessungen ergibt sich: $l_{FF} = 16$ m; $b_{FF} = 1{,}0$ m$\rightarrow A_{FF} = 16\ m^2$
$q_{A,vorh} = (732/2)/16 = 22{,}9$ m/h < 25 m/h

Vorklärung für Belebungsanlage mit weitgehender Denitrifikation: Grobentschlammung

gewählt: $t_T \approx 0{,}5$ h; $t_M > 0{,}25$ h; $V_{VK} = 0{,}5 \cdot 732 = 366\ m^3$, somit ist $t_M = 366/1404 = 0{,}26$ h; gewählt: $l = 24$ m; $b = 6{,}5$ m; $h = 2{,}5$ m. Trichtervolumen: zwei × 12 m^3 = 24 m^3; Primärschlammanfall: bei $t_T = 0{,}5$ h $\rightarrow \Delta TS = 35$ g TR/(EW · d); $PS_d = 0{,}035 \cdot 31\,000 = 1085$ kg TR/d für $TR_e = 4{,}5$ % $TR \rightarrow Q_{PS} = 1085/45 = 24{,}1\ m^3/d \approx 24\ m^3$, → Räumung 1/d.

Nachklärung für Belebungsanlage mit Denitrifikation und simultaner Phosphorfällung:

Oberfläche: gewählt: $t_E = 2$ h, $ISV = 100$ ml/g; $TS_{BS} = (1000/100) \cdot 2^{1/3} = 12{,}6$ kg TR/m^3; $TS_{RS} = 0{,}7 \cdot 12{,}6 = 8{,}8$ kg TR/m^3; $RV = (1{,}5 \cdot 203{,}4)/390 = 0{,}78 \approx 0{,}75$ bezogen auf Q_m; $Q_{RS} = 0{,}78 \cdot 390 = 304$ l/s; $TS_{BB} = 0{,}78 \cdot 8{,}8/(1 + 0{,}78) = 3{,}9 \approx 4$ kg TS/m^3; $VSV = 4 \cdot 100 = 400$ ml/l; da horizontal durchströmtes Becken: $q_{SV} \leq 500\ l/(m^2 \cdot h)$; $q_{A,erf} \leq 500/400 = 1{,}25$ m/h; $A_{NB} = 1404/1{,}25 = 1123\ m^2 \rightarrow$ 2 Becken mit $d = 28$ m; Abzug Mittelbauwerk: je 50 m^2: $2 \cdot 615{,}8 - 100 = 1131\ m^2 \rightarrow q_{A,vorh} = 1404/1131 = 1{,}24$ m/h

Beckentiefen: $h_{ges} = \Sigma h_i$:

	$h_1 =$	0,50 m
	$h_2 = (0{,}5 \cdot 1{,}24\ (1 + 0{,}78))/(1 - (400/1000)) =$	1,84 m
	$h_3 = (0{,}3 \cdot 1{,}24 \cdot 400 \cdot 1{,}5\ (1 + 0{,}78))/500 =$	0,79 m
	$h_4 = 1{,}24 \cdot 4{,}0 \cdot (1 + 0{,}78) \cdot 2/12{,}6 =$	1,40 m
im 2/3-Punkt des Radius (> 3,0 m):	$h_{ges} = 0{,}50 + 1{,}84 + 0{,}79 + 1{,}40 =$	4,53 m

Biologische Abwasserreinigung in einer Belebungsanlage mit Phosphorfällung:

Frachten im Rohabwasser $B_{d,Z}$: $B_{d,CSB} = 3720$ kg/d; $B_{d,BSB5} = 1860$ kg/d;
$B_{d,TKN} = 341$ kg/d; $B_{d,Pges} = 55{,}8$ kg/d; $B_{d,TS} = 2170$ kg/d

nach Vorklärung $B^*_{d,ZB}$: $B_{d,CSB} = 2790$ kg/d; $B_{d,BSB5} = 1395$ kg/d;
$B_{d,TKN} = 330$ kg/d*); $B_{d,Pges} = 55{,}4$ kg/d*);
$B_{d,TS} = 1085$ kg/d

*) Werte mit Rückbelastung aus der Schlammbehandlung!

$C_{CSB}/C_{BSB5} = 2$; $C_{TKN}/C_{BSB5} = 0{,}21 < 0{,}25 \rightarrow$ Zielwerte lt. Abwasserverordnung einhaltbar.

Stickstoffbilanz: $S_{NO3,ZB} \approx 0 \rightarrow C_{Nges,ZB} = C_{TKN,ZB} = 330 \cdot 1000/8222 = 40$ mg/l;
$S_{anorgN,AN,ges} \approx S_{NO3,AN}$ (da $S_{NH4,AN}$ und $S_{NO2,AN} \approx 0$) = 18 mg/l in 2-h-Mischprobe (MP); dem entspricht etwa 12 mg/l in der 24-h-MP; $S_{orgN,AN} \approx 2$ mg/l;
$X_{orgN,ÜS} = 0{,}05 \cdot 170 \approx 8{,}5$ mg/l mit $C_{BSB,ZB} = 1395 \cdot 1000/8222 = 170$ mg/l
$\rightarrow S_{NO3,D} = 40 - (12 + 2 + 8{,}5) = 17{,}5$ mg/l

gewähltes Verfahren:: vorgeschaltete Denitrifikation $\rightarrow$ mit $S_{NO3,D}/C_{BSB,ZB} = 17{,}5/170 = 0{,}10$ $\rightarrow V_D/V_{BB} = 0{,}20$; erfd. $t_{TS} \approx 10$ d. Mit $X_{TS,ZB}/C_{BSB,ZB} = 1085/1395 = 0{,}78 \rightarrow ÜS_{C,BSB} = 0{,}87$; $ÜS_{d,C} = 087 \cdot 1395 = 1214$ kg *TS*/d; bei Simultanfällung mit Eisensulfat: $ÜS_{d,P} = 6{,}8 \cdot 55{,}4 = 377$ kg *TS*/d; $ÜS_{d,B} = 1214 + 377 = 1591$ kg *TS*/d; $M_{TS} = t_{TS} \cdot ÜS_{d,B} = 15\,910$ kg $\rightarrow V_{BB,erf.} = 15\,910/4 = 3977{,}5 \approx 4000$ m³ mit $TS_{BB} = 4$ kg/m³. Dabei ist $B_R = 1395/3978 = 0{,}35$ kg $BSB_5/(m^3 \cdot d)$ und $B_{TS} = 0{,}35/4 = 0{,}088$ kg BSB_5/(kg *TS*/d).

gewählte Abmessungen: für $V_D = 0{,}20 \cdot 3978 = 796$ m³ und $V_{NI} = 3978 - 796 = 3182$ m³: zwei Straßen je $(b \cdot l \cdot h) = V_D$: (9,0 · 9,25 · 4,8); V_{NI}: (9,0 · 37,0 · 4,8) in m

Belüftungsanlage: Nitrifikation und Denitrifikation für 20 °C (i. d. R. maßgebend):
$C_s = 2234{,}34/(20 + 45{,}93)^{1{,}314} = 9{,}1$ mg O_2/l;
$OV_{d,C} = 1{,}18 \cdot 1395 = 1646$ O_2/d; $OV_{d,D} = -\,8222 \cdot 2{,}9 \cdot 17{,}5/1000 = -\,417$ kg O_2/d;
$OV_{d,N} = 8222 \cdot 4{,}3\,(17{,}5 - 0 + 12)/1000 = 1043$ kg O_2/d;
$OV_h = [(1 \text{ bzw. } 1{,}18)\,(1646 - 417) + (2{,}2 \text{ bzw. } 1)\,1043]/24 = 147$ kg O_2/h (bzw. 104)
größter erfd. $\alpha \cdot OC = 147$ kg O_2/h $\cdot 9{,}1/(9{,}1 - 2{,}0) = 188{,}4$ kg O_2/h; bei 4,50 m Einblastiefe und $\alpha = 0{,}7 \rightarrow Q_L = 188{,}4/(0{,}016 \cdot 4{,}5 \cdot 0{,}7) = 3738$ m^3_N/h oder 62,4 m^3_N/min;
$\rightarrow$ gewählt: 5 Gebläse (1 Reserve) mit je 15,6 m^3_N/min

Fällmittelbedarf: Mit $\beta = 1{,}5$ ergeben sich folgende Bedarfswerte: für Eisen: 2,7 kg Fe/kg $P_{Fäll}$
$X_{P,Fäll} = C_{P,ZB} - C_{P,AN} - X_{P,BioP}$. Es wird geschätzt, dass $X_{P,BioP} = 0{,}01 \cdot C_{BSB,ZB} = 0{,}01 \cdot 170 = 1{,}7$ mg/l. Somit müssen gefällt werden: $55{,}4 \cdot 1000/8222 - 1 - 1{,}7 = 4$ mg P/l. Dafür werden $2{,}7 \cdot 4 = 10{,}8$ mg Fe/l = 10,8 g Fe/m³ erforderlich. Die Dosiermenge erhält man, indem durch den Eisengehalt des Fällmittels geteilt wird.
Bei 20 % Fe-Gehalt müssen $8222 \cdot 0{,}0108/0{,}2 = 444$ kg Fällmittel je Tag dosiert werden.

Schlammbehandlung

Primärschlamm: bei nach ATV A 128 ausgebauten Regenbecken: Erhöhung um 20 %:
$Q_{d,PS} = 24{,}3 \cdot 1{,}2 = 29{,}2$ m³/d; $PS_{d,TR} = 1085 \cdot 1{,}2 = 1302$ kg/d; mit $TR_{PS,e} = 45$ kg/m³

Überschussschlamm (Sekundär- und Tertiärschlamm): $ÜS_{d,B,TR} = 1591$ kg /d; $TR_{ÜS} \approx 0{,}9$ % (8,8 kg/m³) $\rightarrow Q_{d,ÜS} = 1591/8{,}8 = 181$ m³/d
maschinelle Überschussschlammeindickung (ÜSE) mit Siebtrommel oder Zentrifuge:
$Q_{h,ÜSE} = 181 \cdot 7/(5 \cdot 8) = 32$ m³/h; $TR_{ÜS,e} = 65$ kg/m³ $\rightarrow Q_{ÜS,e} = 1591/65 = 24{,}5$ m³/d

Faulbehälter: Beschickung mit Rohschlamm $Q_{d,Roh} = 29{,}2 + 24{,}5 = 53{,}7$ m³/d;
$B_{d,TR,Roh} = 1302 + 1591 = 2893$ kg/d; $TR_{Roh} = 5{,}4$ % (53,9 kg/m³);
geschätzter org. Anteil: 67 % $\rightarrow B_{d,oTR,Roh} = 0{,}67 \cdot 2893 = 1938$ kg/d
$\rightarrow B_{d,mTR,Roh} = 2893 - 1938 = 955$ kg/d;
$V_{FB\,erf} = 20 \cdot 53{,}7 = 1074$ m³; gewählt: $V_{FB} = 1100$ m³
$\rightarrow B_{R,oTR} = 1938/1100 = 1{,}76 < 2{,}5$ kg /(m³ · d)
Gasanfall: $Q_{Gas} = 0{,}018 \cdot 31\,000 = 558$ m³/d; gewählt: $V_{Gas} = 250$ m³

Faulschlamm: $GV/GR = oTR/mTR \approx 1 \rightarrow B_{d,TR,FS} = 955 + 955 = 1910$ kg/d;
$Q_{FS} \approx 53{,}4$ m³/d; $TR_{FS} = 1910/53{,}4 = 35{,}8$ kg *TR*/m³ (3,6 %)

Schlammentwässerung: bei Betrieb von 8 h/d an 5 d/Woche: $Q_{SE} = 53{,}4 \cdot 7/(5 \cdot 8) = 9{,}4$ m³/h; nach Konditionierung mit Polyelektrolyt und Entwässerung auf $TR_e \approx 28$ % (280 kg/m³)
$\rightarrow$ zur Schlammverwertung, -beseitigung: 1908/280 = 6,8 m³/d bzw. 48 m³/Woche.

13 E Umwelttechnik

Prof. Dr.-Ing. Peter M. Schmelzle

Die folgenden Abschnitte enthalten wichtige Rechtsnormen, Erläuterungen, Grenz-, Orientierungs- und Richtwerte für die Umweltmedien Wasser und Boden sowie für Abfall.

1 Wasser

1.1 Nationales Gewässerschutzrecht auf Bundes- und Landesebene

Als Gewässerschutzrecht kann die Summe all derjenigen Vorschriften definiert werden, die dem Gewässerschutz dienen können.

Die wichtigsten Regelungen auf **Bundesebene** sind im Wasserhaushaltsgesetz (WHG) [13.75] enthalten. Das WHG ist ein Rahmengesetz, d. h., es ist auf ergänzende Regelungen durch Landesgesetze angelegt. Auf der Grundlage von im WHG enthaltenen Ermächtigungen hat der Bundesgesetzgeber einige das WHG konkretisierende Rechtsverordnungen erlassen. Hierzu zählt z. B. die Grundwasserverordnung [13.79] (s. auch Abschn. 1.5).

Die **Landeswassergesetze** (LWG) enthalten v. a. rechtliche Bestimmungen zur Ausfüllung und zum Vollzug des WHG. Sie ergänzen beispielsweise die Regelungen des WHG über die Benutzung von Gewässern, über Wasserversorgungs- und Abwasseranlagen, über die Unterhaltung und den Ausbau der Gewässer, über den Hochwasserschutz und die Gewässeraufsicht. Einige Bestimmungen der LWG gehen aber über die Regelungen des WHG hinaus, wie die Vorschriften über das Eigentum an Gewässern, über wild abfließendes Wasser und über Zwangsrechte. Die Ausführungsvorschriften der einzelnen LWG sind im bundesweiten Vergleich sehr verschieden. Soweit sie die Vorschriften des WHG ausfüllen, müssen zur Lösung von Rechtsfragen oftmals das Bundes- und das Landesgesetz nebeneinander herangezogen werden.

1.2 Trinkwasser

Regelungen zur Qualität von Wasser, das für den menschlichen Gebrauch bestimmt ist, enthält die Trinkwasserverordnung – TrinkwV 2001 [13.76]. Zur Gewährleistung seiner Genusstauglichkeit und Reinheit werden darin allgemeine, mikrobiologische und chemische Anforderungen aufgestellt, die für bestimmte Stoffe bzw. Parameter durch entsprechende Grenzwerte konkretisiert werden. Diese Grenzwerte dürfen nicht überschritten werden. Grenzwerte der mikrobiologischen Anforderungen sind in der folgenden Tafel 13.138 zusammengefasst, die der chemischen Anforderungen sind auszugsweise in Tafel 13.140 aufgeführt.

Tafel 13.138 Mikrobiologische Anforderungen an Wasser für den menschlichen Gebrauch

		Teil I Allgemeine Anforderungen	Teil II Anforderungen an Wasser zur Abfüllung in Flaschen oder sonstige Behältnisse zum Zwecke der Abgabe
Lfd. Nr.	Parameter	Grenzwert [Anzahl/Vol.]	Grenzwert [Anzahl/Vol.]
1	Escherichia coli (E. coli)	0/100 ml	0/250 ml
2	Enterokokken	0/100 ml	0/250 ml
3	Pseudomonas aeruginosa	-	0/250 ml
4	Koloniezahl bei 22 °C	-	100/ml
5	Koloniezahl bei 36 °C	-	20/ml
6	Coliforme Bakterien	0/100 ml	0/250 ml

1.3 Eignung von Wasser aus Fließgewässern für die Trinkwasserversorgung

Das DVGW-Arbeitsblatt W 251 [13.77] enthält Anforderungen für die Eignung von Wasser aus Fließgewässern als Rohstoff für die Trinkwasserversorgung, das durch unterschiedliche Verfahren aufbereitet wird. Generell soll die Qualität des Wassers so beschaffen sein, dass es den Wasserwerken möglich ist, mit natürlichen oder naturnahen und zuverlässigen Aufbereitungsverfahren die Forderungen der Trinkwasserverordnung zu erfüllen.

Hierfür werden Zahlenwerte für einzelne Parameter im Rohwasser als *Normalanforderungen* bzw. *Minimalanforderungen* vorgegeben. Werden die Normalanforderungen eingehalten, können mit dem Einsatz natürlicher Verfahren die Anforderungen der TrinkwV einschließlich einer hinreichenden Sicherheitsspanne erfüllt werden. Bei Einhaltung der Minimalanforderungen gelingt dies mit Einsatz der gegenwärtig bekannten und bewährten physikalisch-chemischen Aufbereitungsverfahren, wobei hierbei die Sicherheitsspanne geringer ist.

Die entsprechenden Werte sind auszugsweise in Tafel 13.140 aufgeführt. Sie gelten für Wasser an der Stelle, an der es als Rohwasser zum Zwecke der Trinkwassergewinnung dem Fließgewässer (auch Uferfiltrat, jedoch nicht Seen und Talsperren) entnommen wird.

1.4 Indirekteinleitung von nicht häuslichem Abwasser

Im Merkblatt DWA-M 115 [13.78] werden Hinweise und Empfehlungen zum Inhalt, zur Gestaltung und zum Vollzug kommunaler Entwässerungs-/Abwassersatzungen gegeben, die Einleitungen nicht häuslichen Abwassers betreffen. DWA-M 115 fasst die Inhalte der beiden früheren Arbeitsblätter ATV-A 115 und 163 zusammen und aktualisiert sie.

Nicht häusliches Abwasser im Sinne dieses Merkblattes ist das aus Gewerbe- und Industriebetrieben sowie vergleichbaren Einrichtungen abfließende Abwasser.

Als **öffentliche Abwasseranlage** im Sinne dieses Merkblattes gilt jede von Gemeinden, Zweckverbänden etc. für die Allgemeinheit bestimmte Einrichtung zum Sammeln, Fortleiten, Behandeln und Einleiten von Abwasser.

Ein *Indirekteinleiter* im Sinne dieses Merkblattes ist ein Gewerbe- oder Industriebetrieb oder eine vergleichbare Einrichtung, dessen/deren nichthäusliches Abwasser über eine öffentliche Abwasseranlage in ein Gewässer eingeleitet wird.

Anforderungen in Form von Richtwerten für Einleitungen nicht häuslichen Abwassers in öffentliche Abwasseranlagen enthält Tafel 13.140.

1.5 Grund- und Sickerwasser

Ziel europäischer Rechtsvorschriften ist es, Grundwasserverschmutzungen aufgrund der Einleitung oder des Eintrags von Schadstoffen zu verhindern. Zur Konkretisierung dieses Ziels wurde die EWG-Richtlinie 80/68 in Deutschland als Grundwasserverordnung [13.79] in nationales Recht umgesetzt. Eine neue europäische Grundwasserrichtlinie ist in Vorbereitung.

Gemäß [13.79] dürfen Schadstoffe nur in so geringer Menge und Konzentration ins Grundwasser gelangen können, dass jede gegenwärtige oder künftige Gefahr einer Beeinträchtigung der Grundwasserqualität ausgeschlossen ist. Grundwasser kann dann als „in nur unerheblichem Ausmaß in seiner chem. Beschaffenheit verändert (im rechtlichen Sinne nicht verunreinigt)“ eingestuft werden, wenn im oder durch das Grundwasser keine ökotoxikologischen Wirkungen auftreten können und wenn außerdem im Grundwasser die Anforderungen der Trinkwasserverordnung oder entsprechend abgeleitete Werte eingehalten werden [13.87]. Für entsprechende Konzentrationswerte wird der Begriff „Geringfügigkeitsschwelle“ verwendet.

Die BBodSchV [13.81] enthält sog. Prüfwerte zur Beurteilung des Wirkungspfads Boden – Grundwasser, die den Charakter von Geringfügigkeitsschwellen haben. Sie bilden die Grundlage für weitere landes-rechtliche Regelungen im Bereich Grundwasserschutz und sind hier in Tafel 13.140 zum Vergleich mit aufgeführt. Einzelheiten zum BBodSchG [13.80] und zur BBodSchV [13.81] sowie zur Anwendung dieser Prüfwerte enthält Abschn. 2.

1.6 Auswahl von Grenz-, Richt- und Orientierungswerten für Wasser

Tafel 13.140 Ausgewählte Grenz-, Richt- und Orientierungswerte für Wasser

	Abschn.	1.2	1.3	1.4	1.5
Parameter		TrinkwV 2001 [13.76] Grenzwert	DVGW W 251 [13.77] Normal-/ Mindest-anforderungen	DWA M 115 [13.78] Richtwert	BBodSchV [13.81] Prüfwert
1. Allgemeine Parameter					
pH-Wert	-	6,5 bis 9,5	6,5 bis 8,5 / 5,5 bis 9,0	6,5 bis 10	-
el. Leitfähigkeit	µS/cm	2500	500 / 1 000	-	-
DOC	mg/l	-	4 / 8	-	-
BSB_5	mg/l	-	4 / 8	-	-
2. Anorganische Stoffe					
Cyanid, gesamt	µg/l	50	10 / 50	-	50
Cyanid, leicht freisetzbar	µg/l	-	-	1 000	10
Chlorid	mg/l	250	100 / 200	-	-
Fluorid	mg/l	1,5	1 / 1	50	0,75
Sulfat	mg/l	240 [1)]	100 / 150	600 [8)]	-
Ammonium	mg/l	0,5 [2)]	0,2 / 0,4	100 [3)] / 200 [4)]	-
Aluminium	mg/l	0,2	0,1 / 0,5	-	-
Bor	mg/l	1	0,5 / 1,0	-	-
Nitrat	mg/l	50 [5)]	25 / 40	-	-
Nitrit	mg/l	0,5 bzw. 0,1 [5)]	-	10	-
Natrium	mg/l	200	60 / 120	-	-
Eisen	mg/l	0,2 [6)]	0,2 / 1,0	-	-
Mangan	mg/l	0,05 [7)]	0,03 / 0,25	-	-
Phosphor	mg/l	-	0,15 / 0,5	50	-
3. Schwermetalle					
Arsen	µg/l	10	5 / 10	500	10
Blei	µg/l	10	10 / 20	1 000	25
Cadmium	µg/l	5	1 / 2	500	5
Chrom, gesamt	µg/l	50	30 / 50	1 000	50
Kupfer	µg/l	2 000	20 / 50	1 000	50
Nickel	µg/l	20	30 / 40	1 000	50
Quecksilber	µg/l	1	0,5 / 1	100	1
Zink	µg/l	-	100 / 300	5 000	500
4. Organische Stoffe					
Mineralölkohlenwasserstoffe	µg/l	-	50 / 200	100 000 [20)]	200 000 [9)]
BTEX [10)]	µg/l	-	-	-	20 [15)]
LHKW	µg/l	10 [13)]	20 [17)] / 50 [17)]	500	10 [11)]
Phenole	µg/l	-	-	100 000	20
PAK	µg/l	0,1 [12)]	0,1 [18)] / 0,2 [18)]	-	0,2 [14)]
Pflanzenschutzmittel, Biozide	µg/l	0,5 [16)]	0,1 [19)] / 0,1 [19)]	-	-

Fußnoten: siehe nächste Seite.

Fußnoten zu Tafel 13.140:

1) Geogen bedingte Überschreitungen bis zu 500 mg/l bleiben außer Betracht.
2) Geogen bedingte Überschreitungen bis zu 30 mg/l bleiben außer Betracht.
3) Stickstoff aus Ammonium und Ammoniak (NH_4-N + NH_3-N) bei Kläranlagen << 5000 EW.
4) Stickstoff aus Ammonium und Ammoniak (NH_4-N + NH_3-N) bei Kläranlagen > 5000 EW.
5) Die Summe aus Nitratkonzentration in mg/l geteilt durch 50 und Nitritkonzentration in mg/l geteilt durch 3 darf nicht höher als 1 mg/l sein. Am Ausgang des Wasserwerks darf der Wert von 0,1 mg/l für Nitrit nicht überschritten werden.
6) Geogen bedingte Überschreitungen bleiben bei Anlagen mit einer Abgabe von bis 1000 m^3 im Jahr bis zu 0,5 mg/l außer Betracht.
7) Geogen bedingte Überschreitungen bleiben bei Anlagen mit einer Abgabe von bis zu 1000 m^3 im Jahr bis zu einem Grenzwert von 0,2 mg/l außer Betracht.
8) Bei Abwasseranlagen in HS-Zement-Ausführung gilt < 3000 mg/l, unter Berücksichtigung der Vermischung im Kanalnetz sind höhere Konzentrationen zulässig.
9) N-Alkane (C10...C39), Isoalkane, Cycloalkane und aromatische Kohlenwasserstoffe.
10) Leichtflüchtige aromatische KW (Benzol, Toluol, Xylole, Ethylbenzol, Styrol, Cumol).
11) Leichtflüchtige Halogenkohlenwasserstoffe (Summe der halogenierten C1- und C2-KW).
12) Summe der nachgewiesenen und mengenmäßig bestimmten nachfolgenden Stoffe: Benzo-(b)-fluoranthen, Benzo-(k)-fluoranthen, Benzo-(ghi)-perylen und Indeno-(1,2,3-cd)-pyren; für Benzo(a)pyren als Einzelsubstanz gilt: < 0,01 µg/l.
13) Summe Tetrachlorethen und Trichlorethen; Vinylchlorid < 0,5 µg/l, 1,2-Dichlorethan < 3 µg/l.
14) PAK gesamt: 16 Einzelsubstanzen nach EPA ohne Naphthalin, für Naphthalin als Einzelsubstanz gilt < 2 µg/l.
15) Für Benzol als Einzelwert gilt < 1 µg/l.
16) Summe der bei dem Kontrollverfahren nachgewiesenen und mengenmäßig bestimmten einzelnen jeweils organischen Insektizide, Herbizide, Fungizide, Nematizide, Akarizide, Algizide, Rodentizide, Schleimbekämpfungsmittel, verwandte Produkte (u. a. Wachstumsregulatoren) und die relevanten Metaboliten, Abbau- und Reaktionsprodukte, für einzelne Pflanzenschutzmittel bzw. Biozidprodukte gilt: < 0,1 µg/l, für Aldrin, Dieldrin, Heptachlor und Heptachlorepoxid gilt: < 0,03 µg/l.
17) Summe aus 1,1,1-Trichlorethan, Trichlorethen, Tetrachlorethen, Dichlormethan; für Tetrachlormethan als Einzelsubstanz gilt < 1 / 1 µg/l.
18) Summe aus Fluoranthen, Benzo(b)fluoranthen, Benzo(k)fluoranthen, Benzo(a)pyren, Benzo(ghi)perylen, Indeno(1,2,3-cd)pyren.
19) Org.-chemische Stoffe zur Pflanzenbehandlung und Schädlingsbekämpfung (gelöst).
20) Die Richtwerte für den alten Parameter Kohlenwasserstoffe nach DIN 38 409-H18 wurden aus dem Arbeitsblatt ATV-A 115 vom Oktober 1994 für den neuen Parameter Kohlenwasserstoff-Index nach DIN EN ISO 9377-2, der den alten ersetzt, übernommen. Soweit im Einzelfall eine weitergehende Entfernung der Kohlenwasserstoffe erforderlich ist, gilt < 20 mg/l.

1.7 Die Europäische Wasserrahmenrichtlinie WRRL

Die EG-WRRL [13.88], die 2002 in deutsches Recht umgesetzt worden ist [13.75], hat einen einheitlichen Gewässerschutz in allen Mitgliedsstaaten der EU und eine Überführung der Gewässer in einen „guten Zustand" bis zum Jahr 2015 zum Ziel. Leitbild ist der natürliche Zustand im Hinblick auf Biologie, Gewässerstruktur und Gewässerqualität.

Zur Einstufung des jeweiligen Gewässerzustands führt die WRRL eine wesentlich umfangreichere Beschreibung, Klassifizierung und Bewertung aller Gewässer ein als bisher üblich. Bei Oberflächengewässern werden der chemische und der ökologische Zustand unterschieden, beim Grundwasser der chemische und der mengenmäßige. Die verschiedenen Zustandsklassen (sehr gut, gut, mäßig, unbefriedigend und schlecht) zeigen den Grad der Natürlichkeit des betrachteten Gewässers an und somit das Maß der Abweichung vom Leitbild. Der Zustand wird in Karten durch Farben dargestellt, wie es bisher schon für die Gewässergüte nach dem Saprobiensystem üblich war.

Nicht nur die Ziele des Gewässerschutzes, sondern auch die Vorgehensweisen zur Zielerreichung sind in der WRRL festgelegt. Grundsatz ist das Planen in natürlichen Einheiten, wie z. B. für ganze Flussgebiete (auch grenzüberschreitend) und Ökoregionen. Unterschieden werden Wasserkörper (Oberflächen- u. Grundwasserkörper) als räumliche Einheiten.

Von besonderer Bedeutung ist häufig die Forderung der WRRL, dass die jeweiligen Nutzungen die Gewässer so wenig wie möglich beeinträchtigen dürfen. Dazu sind Maßnahmen zu treffen, z. B. um die Durchgängigkeit für Fische und andere Gewässerlebewesen zu sichern.

2 Boden

Seit dem 1. März 1999 wird das Umweltmedium Boden durch das Gesetz zum Schutz vor schädlichen Bodenveränderungen und zur Sanierung von Altlasten (Bundes-Bodenschutzgesetz – BBodSchG) [13.80] bundeseinheitlich und unmittelbar geschützt. Für solche Bereiche, für die das BBodSchG keine abschließenden Regelungen trifft oder ausdrücklich Raum für landesrechtliche Regelungen lässt, haben die Länder ergänzende Ausführungsgesetze und Verfahrensregelungen getroffen.

Der Regelungsbereich des BBodSchG umfasst die obere Erdkruste, soweit sie Träger der im Gesetz näher genannten Bodenfunktionen (siehe unten) ist einschließlich der flüssigen und gasförmigen Bodenbestandteile (Bodenlösung bzw. Bodenluft), also die ungesättigte Bodenzone ohne Grundwasser und Gewässerbetten. In der gesättigten Bodenzone setzt der Schutzbereich des Wasserrechts ein.

Zweck des BBodSchG ist es, die Funktionen des Bodens nachhaltig zu sichern bzw. wieder herzustellen. Hierzu sind schädliche Bodenveränderungen abzuwehren (Gefahrenabwehrgebot), der Boden und Altlasten sowie hierdurch verursachte Gewässerverunreinigungen zu sanieren (Sanierungsgebot) und Vorsorge gegen nachteilige Einwirkungen auf den Boden zu treffen (Vorsorgegebot). Beeinträchtigungen der natürlichen Funktionen des Bodens, seiner Funktion als Archiv der Natur- und Kulturgeschichte sowie seiner Nutzungsfunktionen sollen so weit wie möglich vermieden werden (Minimierungsgebot).

Das BBodSchG wird ergänzt durch die Bundesbodenschutz- und Altlastenverordnung (BBodSchV) [13.81]. Sie enthält spezielle Anforderungen und in Anhang 2 Werte zur Konkretisierung der im BBodSchG festgelegten Pflichten, ohne die das BBodSchG nicht vollzugsfähig wäre.

Diese Werte werden nutzungsbezogen unterschieden in:

- **Prüfwerte**: bei deren Überschreitung ist eine einzelfallbezogene Prüfung durchzuführen, um festzustellen, ob eine schädliche Bodenveränderung oder Altlast vorliegt.
- **Maßnahmenwerte**: bei deren Überschreitung ist in der Regel von einer schädlichen Bodenveränderung oder Altlast auszugehen und es sind Maßnahmen erforderlich.
- **Vorsorgewerte:** bei deren Überschreitung ist unter Berücksichtigung von geogenen oder großflächig siedlungsbedingten Schadstoffgehalten in der Regel davon auszugehen, dass die Besorgnis einer schädlichen Bodenveränderung besteht.

Es werden drei **Wirkungspfade** (= Weg eines Schadstoffs von der Schadstoffquelle bis zu dem Ort einer möglichen Wirkung auf ein Schutzgut) unterschieden:

- Boden – Mensch (direkter Kontakt)
- Boden – Nutzpflanze und
- Boden – Grundwasser.

2.1 Wirkungspfad Boden – Mensch (direkter Kontakt)

Abgrenzung der Nutzungen gem. [13.81, Anhang 2]:

Kinderspielflächen: Aufenthaltsbereiche für Kinder, die ortsüblich zum Spielen genutzt werden, ohne den Spielsand von Sandkästen. Amtlich ausgewiesene Kinderspielplätze sind ggf. nach Maßstäben des öffentlichen Gesundheitswesens zu bewerten.

Wohngebiete: Dem Wohnen dienende Gebiete einschließlich Hausgärten oder sonstige Gärten entsprechender Nutzung, auch soweit sie nicht im Sinne der Baunutzungsverordnung planungsrechtlich dargestellt oder festgesetzt sind, ausgenommen Park- und Freizeitanlagen, Kinderspielflächen sowie befestigte Verkehrsflächen.

Park- und Freizeitanlagen: Anlagen für soziale, gesundheitliche und sportliche Zwecke, insbesondere öffentliche und private Grünanlagen sowie unbefestigte Flächen, die regelmäßig zugänglich sind und vergleichbar genutzt werden.

Industrie- und Gewerbegrundstücke: Unbefestigte Flächen von Arbeits- und Produktionsstätten, die nur während der Arbeitszeit genutzt werden.

Tafel 13.143a Prüfwerte für die direkte Aufnahme von Schadstoffen auf Kinderspielflächen, in Wohngebieten, Park- und Freizeitanlagen und Industrie- und Gewerbegrundstücken [13.81]

	Kinderspielflächen	Wohngebiete	Park- u. Freizeitanlagen	Industrie- und Gewerbegrundstücke
Beprobungstiefe in cm:	0 bis 10 10 bis 35	0 bis 10 10 bis 35	0 bis 10	0 bis 10
Stoff	Prüfwerte in mg/kg TM			
Arsen	25	50	125	140
Blei	200	400	1 000	2 000
Cadmium	10 [2)]	20 [2)]	50	60
Cyanide	50	50	50	100
Chrom	200	400	1 000	1 000
Nickel	70	140	350	900
Quecksilber	10	20	50	80
Aldrin	2	4	10	-
Benzo(a)pyren	2	4	10	12
DDT	40	80	200	-
Hexachlorbenzol	4	8	20	200
Hexachlorcyclohexan (HCH-Gemisch oder β-HCH)	5	10	25	400
Pentachlorphenol	50	100	250	250
Polychlorierte Biphenyle PCB_6 [1)]	0,4	0,8	2	40

1) Soweit PCB-Gesamtgehalte bestimmt werden, sind die ermittelten Messwerte durch den Faktor 5 zu dividieren.

2) In Haus- und Kleingärten, die sowohl als Aufenthaltsbereiche für Kinder als auch für den Anbau von Nahrungspflanzen genutzt werden, gilt für Cadmium der Wert von 2,0 mg/kg TM.

Tafel 13.143b Maßnahmenwerte für die direkte Aufnahme von Dioxinen/Furanen auf Kinderspielflächen, in Wohngebieten, Park- und Freizeitanlagen und Industrie- und Gewerbegrundstücken [13.81]

	Kinderspielflächen	Wohngebiete	Park- u. Freizeitanlagen	Industrie- und Gewerbegrundstücke
Beprobungstiefe in cm:	0 bis 10 10 bis 35	0 bis 10 10 bis 35	0 bis 10	0 bis 10
Stoff	Maßnahmenwerte in ng TE / kg TM			
Dioxine / Furane [1)] (PCDD / PCDF)	100	1 000	1 000	10 000

1) Summe der 2, 3, 7, 8 – TCDD-Toxizitätsäquivalente (nach NATO/CCMS).

2.2 Wirkungspfad Boden – Nutzpflanze

Abgrenzung der Nutzungen gem. [13.81, Anhang 2]:

Ackerbau: Flächen zum Anbau wechselnder Ackerkulturen einschließlich Gemüse und Feldfutter, hierzu zählen auch erwerbsgärtnerisch genutzte Flächen.

Nutzgarten: Hausgarten-, Kleingarten- und sonstige Gartenflächen, die zum Anbau von Nahrungspflanzen genutzt werden.

Grünland: Flächen unter Dauergrünland.

Bei den Prüf- und Maßnahmenwerten wird zum einen unterschieden zwischen den Nutzungen (s. o.), zum anderen hinsichtlich der Auswirkungen auf die Pflanzenqualität (Tafel 13.144a und Tafel 13.144b) bzw. hinsichtlich der Wachstumsbeeinträchtigungen bei Kulturpflanzen (Tafel 13.144c).

Tafel 13.144a Prüf- und Maßnahmenwerte für den Schadstoffübergang Boden – Nutzpflanze auf Ackerbauflächen und in Nutzgärten im Hinblick auf die Pflanzenqualität [13.81]

		Prüfwert		Maßnahmenwert	
Ackerbauflächen, Nutzgärten Beprobungstiefe in cm:		0 bis 30	30 bis 60 [4)]	0 bis 30	30 bis 60 [4)]
Stoff	Methode [1)]	Werte in mg/kg TM			
Arsen	KW	200 [2)]	300 [2)]	-	-
Blei	AN	0,1	0,15	-	-
Cadmium	AN	-	-	0,04 [3)] / 0,1 [3)]	0,06 [3)] / 0,15 [3)]
Quecksilber	KW	5	7,5	-	-
Thallium	AN	0,1	0,15	-	-
Benzo(a)pyren	-	1	1,5	-	-

1) Extraktionsverfahren für Arsen und Schwermetalle: AN = Ammoniumnitrat, KW = Königswasser.
2) Bei Böden mit zeitweise reduzierenden Verhältnissen gilt ein Prüfwert von 50 (für 0 bis 30 cm) bzw. 75 (für 30 bis 60 cm) mg/kg TM.
3) Auf Flächen mit Brotweizenanbau oder Anbau stark Cadmium-anreichernder Gemüsearten gilt als Maßnahmenwert 0,04 bzw. 0,06 mg/kg TM; ansonsten gilt 0,1 bzw. 0,15 mg/kg TM.
4) Die Werte für die größeren Bodentiefen (30 bis 60 cm) sind jeweils das 1,5fache der Werte für die geringeren Tiefen (0 bis 30 cm).

Tafel 13.144b Maßnahmenwerte für den Schadstoffübergang Boden – Nutzpflanze auf Grünlandflächen im Hinblick auf die Pflanzenqualität [13.81]

	Maßnahmenwert			Maßnahmenwert	
Grünland Beprobungstiefe in cm:	0 bis 10	10 bis 30 [2)]	**Grünland** Beprobungstiefe in cm:	0 bis 10	10 bis 30 [2)]
Stoff	Werte in mg/kg TM		Stoff	Werte in mg/kg TM	
Arsen	50	75	Quecksilber	2	3
Blei	1200	1800	Thallium	15	23
Cadmium	20	30	Polychlorierte Biphenyle (PCB_6)	0,2	0,3
Kupfer	1300 [1)]	1950			
Nickel	1900	2850			

1) Bei Nutzung durch Schafe gilt als Maßnahmenwert: 200 (für 0 bis10 cm) bzw. 300 (für 10 bis 30 cm) mg/kg TM.
2) Die Werte für die größeren Bodentiefen (10 bis 30 cm) sind jeweils das 1,5fache der Werte für die geringeren Tiefen (0 bis 10 cm).

Tafel 13.144c Prüfwerte für den Schadstoffübergang Boden – Pflanze auf Ackerbauflächen im Hinblick auf Wachstumsbeeinträchtigungen bei Kulturpflanzen [13.81]

	Maßnahmenwert			Maßnahmenwert	
Ackerbauflächen Beprobungstiefe in cm:	0 bis 30	30 bis 60 [1)]	**Ackerbauflächen** Beprobungstiefe in cm:	0 bis 30	30 bis 60 [1)]
Stoff	Werte in mg/kg TM		Stoff	Werte in mg/kg TM	
Arsen	0,4	0,6	Nickel	1,5	2,3
Kupfer	1	1,5	Zink	2	3

Alle Werte gültig für: Feinboden, im Ammoniumnitratextrakt.
1) Die Werte für die größeren Bodentiefen (30 bis 60 cm) sind jeweils das 1,5fache der Werte für die geringeren Tiefen (0 bis 30 cm).

2.3 Wirkungspfad Boden – Grundwasser

Die Prüfwerte zur Beurteilung des Wirkungspfads Boden – Grundwasser gelten für den Übergangsbereich von der ungesättigten zur gesättigten Bodenzone (Ort der Beurteilung). Eine Bewertung erfolgt im Hinblick darauf, ob es zu erwarten ist, dass die Prüfwerte am Ort der Beurteilung überschritten werden.

Da in der gesättigten Bodenzone der Schutzbereich des Wasserrechts einsetzt, bilden diese Prüfwerte auch die Grundlage für landesrechtliche Regelungen (wasserrechtliche Vorschriften) zur Beurteilung von Grund- und Sickerwasser im Sinne von Geringfügigkeitsschwellen, unterhalb derer im rechtlichen Sinne das Grundwasser als nicht verunreinigt eingestuft werden kann (vgl. Abschn. 1.5).

Die Prüfwerte sind auszugsweise in Tafel 13.140 mit aufgeführt.

2.4 Vorsorgewerte für Böden

Vorsorgewerte berücksichtigen den vorsorgenden Schutz der Bodenfunktionen bei empfindlichen Nutzungen. Bei Überschreitung der Werte ist unter Berücksichtigung von geogenen oder großflächig siedlungsbedingten Schadstoffgehalten in der Regel von einer schädlichen Bodenveränderung auszugehen [13.80].

Tafel 13.145a Vorsorgewerte für Böden (Metalle) [13.81]

	Cadmium [1]	Blei [2]	Chrom	Kupfer	Quecksilber	Nickel [1]	Zink [1]
Böden	Werte in mg/kg TM						
Bodenart Ton	1,5	100	100	60	1	70	200
Bodenart Lehm/Schluff	1	70	60	40	0,5	50	150
Bodenart Sand	0,4	40	30	20	0,1	15	60
Böden mit naturbedingt und großflächig siedlungsbedingt erhöhten Hintergrundgehalten	Unbedenklich, soweit eine Freisetzung der Schadstoffe oder zusätzliche Einträge nach § 9 Abs. 2 und 3 der BBodSchV keine nachteiligen Auswirkungen auf die Bodenfunktionen erwarten lassen.						

Alle Werte für: Feinboden, Königswasseraufschluss.

[1] Bei Böden mit pH < 6 gelten für Cd, Ni, Zn die Vorsorgewerte der jeweils nächstniedrigeren Bodenart.

[2] Bei Böden mit pH < 5 gilt für Blei der Vorsorgewert der jeweils nächstniedrigeren Bodenart.

Tafel 13.145b Vorsorgewerte für Böden (organische Stoffe) [13.81]

	Polychlorierte Biphenyle (PCB_6)	Benzo(a)pyren	Polycycl. aromatische Kohlenwasserstoffe (PAK_{16})
Böden	Werte in mg/kg TM		
Humusgehalt > 8 %	0,1	1	10
Humusgehalt ≤ 8 %	0,05	0,3	3

Tafel 13.145c Zulässige jährliche Frachten an Schadstoffen über alle Wirkungspfade [13.81]

Element	Blei	Cadmium	Chrom	Kupfer	Nickel	Quecksilber	Zink
Fracht [g/ha·a]	400	6	300	360	100	1,5	1200

3 Abfall

3.1 Grundsätze und Grundbegriffe der Kreislauf- und Abfallwirtschaft

Das Kreislaufwirtschafts- und Abfallgesetz KrW-/AbfG [13.82] ist das Leitgesetz des Abfallwirtschaftsrechts, das ergänzt wird durch ein umfangreiches untergesetzliches Regelwerk.. Ziele sind die Förderung der Kreislaufwirtschaft zur Schonung der natürlichen Ressourcen und die umweltverträgliche Beseitigung von Abfällen [13.82, § 3]. Nach [13.82] sind Abfälle in erster Linie zu vermeiden, in zweiter Linie zu verwerten und – soweit eine Verwertung nicht möglich ist – dauerhaft von der Kreislaufwirtschaft auszuschließen und zu beseitigen. *Abfallentsorgung* umfasst die *Verwertung* und *Beseitigung* von Abfällen. Über die Verwertung bzw. Beseitigung von Abfällen sind für bestimmte Abfallarten Nachweise gem. [13.84] zu führen. Die folgende Tafel gibt einen Überblick.

Tafel 13.146a Abfallbegriffe, Überwachungsarten und Nachweisverfahren [13.82]

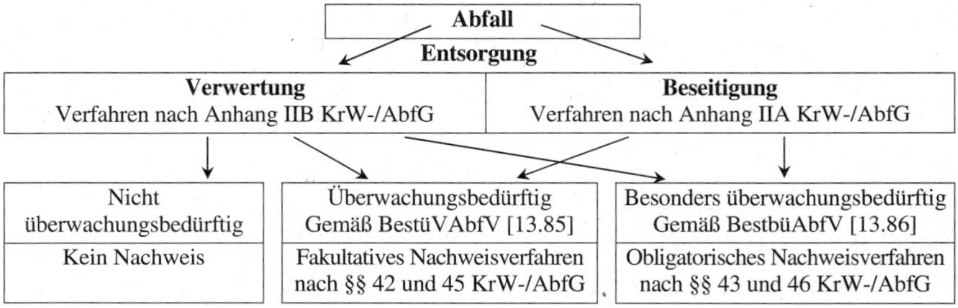

Zur abfallrechtlichen Erfassung, Überwachung und Entsorgung wird eine europaweit harmonisierte Systematik von Abfallschlüsselnummern verwendet, die 20 Abfallgruppen unterscheidet. Die für den Baubereich wichtigsten Abfälle (Abfallobergruppe 17) sind in Tafel 13.146b zusammengestellt.

Tafel 13.146b Auszug aus dem Abfallverzeichnis in [13.83] für Abfallobergruppe 17: Bau- und Abbruchabfälle einschließlich Aushub von verunreinigten Standorten

Abfallschlüsselnummer	Abfallbezeichnung
* besonders überwachungsbedürftige, gefährliche Abfallarten	
17 01	**Beton, Ziegel, Fliesen und Keramik**
17 01 01	Beton
17 01 02	Ziegel
17 01 03	Fliesen, Ziegel und Keramik
* 17 01 06	Gemische aus oder getrennte Fraktionen von Beton, Ziegeln, Fliesen und Keramik, die gefährliche Stoffe enthalten
17 01 07	Gemische aus Beton, Ziegeln, Fliesen und Keramik mit Ausnahme derjenigen, die unter 17 01 06 fallen
17 02	**Holz, Glas und Kunststoff**
17 02 01	Holz
17 02 02	Glas
17 02 03	Kunststoff
* 17 02 04	Glas, Kunststoff und Holz, die gefährliche Stoffe enthalten oder durch gefährliche Stoffe verunreinigt sind
17 03	**Bitumengemische, Kohlenteer und teerhaltige Produkte**
* 17 03 01	kohlenteerhaltige Bitumengemische
17 03 02	Bitumengemische mit Ausnahme derjenigen, die unter 17 03 01 fallen
* 17 03 03	Kohlenteer und teerhaltige Produkte

Fortsetzung und Fußnoten: siehe nächste Seite.

Abfallschlüsselnummer	Abfallbezeichnung
* besonders überwachungsbedürftige, gefährliche Abfallarten	
17 04	**Metalle (einschließlich Legierungen)**
17 04 01	Kupfer, Bronze, Messing
17 04 02	Aluminium
17 04 03	Blei
17 04 04	Zink
17 04 05	Eisen und Stahl
17 04 06	Zinn
17 04 07	gemischte Metalle
* 17 04 09	Metallabfälle, die durch gefährliche Stoffe verunreinigt sind
* 17 04 10	Kabel, die Öl, Kohlenteer oder andere gefährliche Stoffe enthalten
17 04 11	Kabel mit Ausnahme derjenigen, die unter 17 04 10 fallen
17 05	**Boden (einschließlich Aushub von verunreinigten Standorten), Steine und Baggergut**
* 17 05 03	Boden und Steine, die gefährliche Stoffe enthalten
17 05 04	Boden und Steine mit Ausnahme derjenigen, die unter 17 05 03 fallen
* 17 05 05	Baggergut, das gefährliche Stoffe enthält
17 05 06	Baggergut mit Ausnahme desjenigen, das unter 17 05 05 fällt
* 17 05 07	Gleisschotter, der gefährliche Stoffe enthält
17 05 08	Gleisschotter mit Ausnahme desjenigen, der unter 17 05 07 fällt
17 06	**Dämmmaterial und asbesthaltige Baustoffe**
* 17 06 01	Dämmmaterial, das Asbest enthält
* 17 06 03	anderes Dämmmaterial, das aus gefährlichen Stoffen besteht oder solche Stoffe enthält
17 06 04	Dämmmaterial mit Ausnahme desjenigen, das unter 17 06 01 und 17 06 03 fällt
* 17 06 05	asbesthaltige Baustoffe
17 08	**Baustoffe auf Gipsbasis**
* 17 08 01	Baustoffe auf Gipsbasis, die durch gefährliche Stoffe verunreinigt sind
17 08 02	Baustoffe auf Gipsbasis mit Ausnahme derjenigen, die unter 17 08 01 fallen
17 09	**Sonstige Bau- und Abbruchabfälle**
* 17 09 01	Bau- und Abbruchabfälle, die Quecksilber enthalten
* 17 09 02	Bau- und Abbruchabfälle, die PCB enthalten (z. B. PCB-haltige Dichtungsmassen, PCB-haltige Bodenbeläge auf Harzbasis, PCB-haltige Isolierverglasungen, PCB-haltige Kondensatoren)
* 17 09 03	sonstige Bau- und Abbruchabfälle (einschließlich gemischte Abfälle), die gefährliche Stoffe enthalten
17 09 04	gemischte Bau- und Abbruchabfälle mit Ausnahme derjenigen, die unter 17 09 01, 17 09 02 und 17 09 03 fallen

3.2 Stoffliche Verwertung von mineralischen Abfällen aus dem Baubereich: Bodenmaterial, Straßenaufbruch und Bauschutt nach LAGA

In der Mitteilung 20 der LAGA [13.87], die zzt. hinsichtlich der veränderten rechtlichen Rahmenbedingungen im Abfallrecht (s. [13.82]) und im Bodenschutzrecht (s. [13.80], [13.81]) überarbeitet wird, werden abfallspezifische und standortbezogene Anforderungen an die stoffliche Verwertung von mineralischen Abfällen angegeben. Es werden Einbauklassen unterschieden, die jeweils durch entsprechende Zuordnungswerte Z (Obergrenze der Einbauklasse) begrenzt werden. Bei Einhaltung dieser Zuordnungswerte ist ein Einbau mineralischer Abfälle unter bestimmten Voraussetzungen (siehe Tafel 13.148a) möglich. Das Regelwerk gilt grundsätzlich nur für den Bereich unterhalb durchwurzelbarer Bodenschichten.

Tafel 13.148a Einbau von mineralischen Abfällen

Einbauklasse	Art des Einbaus	Standortbedingungen	Z
Einbauklasse 0 [1)]	uneingeschränkter Einbau	-	Z0
Einbauklasse 1 [2)]	eingeschränkter offener Einbau: wasserdurchlässige Einbauweise	hydrogeologisch ungünstig	Z1.1
		hydrogeologisch günstig	Z1.2
Einbauklasse 2 [2)]	eingeschränkter Einbau mit definierten technischen Sicherungsmaßnahmen: nicht oder nur gering wasserdurchlässige Einbauweise	-	Z2

1) Einbauklasse 0 gilt nur für Verwertung in bodenähnlichen Anwendungen (Verfüllung von Abgrabungen und Senken, Verwertung im Landschaftsbau außerhalb von Bauwerken).
2) Einbauklassen 1 und 2: Einbau nur in technischen Bauwerken zulässig.

Für Bodenmaterial (Anteil an mineralischen Fremdbestandteilen: max. 10 %) gelten die nachfolgend aufgeführten Zuordnungswerte. Für Straßenaufbruch und Bauschutt siehe [13.87].

Tafel 13.148b Zuordnungswerte LAGA für Boden, Stand 11/2003 [13.87]

Für Boden:		LAGA-Tabelle II.1.2-2: **Zuordnungswerte Feststoff**					LAGA-Tabelle II.1.2-3: **Zuordnungswerte Eluat**			
		Z0	**Z1.1**	**Z1.2**	**Z2**		**Z0**	**Z1.1**	**Z1.2**	**Z2**
Arsen	[mg/kg]	20	30	50	150	[µg/l]	10	10	40	60
Blei	[mg/kg]	100	200	300	1 000	[µg/l]	20	40	100	200
Cadmium	[mg/kg]	0,6	1	3	10	[µg/l]	2	2	5	10
Chrom (ges.)	[mg/kg]	50	100	200	600	[µg/l]	15	30	75	150
Kupfer	[mg/kg]	40	100	200	600	[µg/l]	50	50	150	300
Nickel	[mg/kg]	40	100.	200	600	[µg/l]	40	50	150	200
Quecksilber	[mg/kg]	0,3	1	3	10	[µg/l]	0,2	0,2	1	2
Thallium	[mg/kg]	0,5	1	3	10	[µg/l]	< 1	1	3	5
Zink	[mg/kg]	120	300	500	1 500	[µg/l]	100	100	300	600
Cyanide	[mg/kg]	1	10	30	100	[µg/l]	<10	10	50	100 [5)]
Chlorid		-	-	-	-	[mg/l]	10	10	20	30
Sulfat		-	-	-	-	[mg/l]	50	50	100	150
Leitfähigkeit		-	-	-	-	[µS/cm]	500	500	1 000	1 500
pH-Wert [1)]		5,5 - 8	5,5 - 8	5 - 9	-		6,5 - 9	6,5 - 9	6 - 12	5,5 - 12
Phenolindex [4)]		-	-	-	-		< 10	10	50	100
Σ PAK n. EPA	[mg/kg]	1	5 [2)]	15 [3)]	20		-	-	-	-
Σ PCB_6 (nach DIN 51 527)	[mg/kg]	0,02	0,1	0,5	1		-	-	-	-
Σ BTEX	[mg/kg]	< 1	1	3	5		-	-	-	-
Σ LHKW	[mg/kg]	< 1	1	3	5		-	-	-	-
KW	[mg/kg]	100	300	500	1 000		-	-	-	-
EOX	[mg/kg]	1	3	10	15		-	-	-	-

1) Niedrigere pH-Werte stellen allein kein Ausschlusskriterium dar. Bei Überschreitung: Ursache prüfen!
2) Einzelne Werte für Naphthalin und Benzo[a]-pyren jeweils kleiner als 0,5.
3) Einzelne Werte für Naphthalin und Benzo[a]-pyren jeweils kleiner als 1,0.
4) Bei Überschreitungen ist die Ursache zu prüfen. Höhere Gehalte, die auf Huminstoffe zurückzuführen sind, stellen kein Ausschlusskriterium dar.
5) Verwertung für Z2-Material mit $Cyanid_{ges}$ > 100 µg/l zulässig, wenn Cyanid (leicht freisetzb.) < 50 µg/l.

14 A Bauvermessung
14 B Bauzeichnungen

Inhaltsverzeichnis

14 A Bauvermessung

Prof. Dr.-Ing. Rolf Gelhaus

1 Grundlagen

1.1 Genauigkeit

Die empirische Standardabweichung (s. Kapitel 2 A, Abschnitt 6) $s_X = \sum_{i=1}^{n}(X_i - \overline{X})^2$ mit $\overline{X} = \frac{1}{n}\sum_{i=1}^{n} X_i$ für eine Messungsgröße X ist ein Maß, das die erreichbare Genauigkeit bei Wiederholungen eines Messverfahrens beschreibt. Dabei sind systematische Messabweichungen durch gute Justierung des Messgeräts und die Art der Messung und Berechnung auszuschalten. Die englische Bezeichnung für ein solches Maß heißt Precision (Präzision). Verfahren zur Genauigkeitsuntersuchung geodätischer Instrumente werden in DIN 18 723 beschrieben. Die Toleranz T (auch Fertigungstoleranz) kennzeichnet hingegen die Differenz zwischen dem größten zulässigen Maß G_o und dem kleinsten zulässigen Maß G_u, also $T = G_o - G_u$. Für den Zusammenhang zwischen einer vom Zweck vorgegebenen Toleranz T und der Wahl eines geeigneten Messverfahrens mit seiner typischen Standardabweichung s_X gibt DIN 17 710-1, im Abschnitt *3.3 Vermessungstoleranz*, einen Anhalt. Als grobe Faustformel sei hier $s_X = 0{,}2 \cdot T$ angegeben.

Beispiel: Ein Bauteil besitzt das Sollmaß $x = 10$ m. Aus $G_o = 10{,}01$ m und $G_u = 9{,}99$ m folgt die Toleranz $T = 0{,}02$ m. Damit sollte für die Standardabweichung des Messverfahrens $s_X = 0{,}2 \cdot T = 0{,}004$ m gewählt werden.

1.2 Bezugssysteme

Bezugssysteme der Lage

Von den Landesvermessungsbehörden wird eine mathematische Idealfigur der Erde definiert und festgelegt. Das ist meist ein Rotationsellipsoid (Referenzellipsoid genannt), dessen Lage sich dem Landesgebiet in Meereshöhe gut anschmiegt (in Deutschland z. B. das Bessel-Ellipsoid). Die Punkte der Erdoberfläche werden in geeigneter Weise auf dieses Referenzellipsoid projiziert und dann weiter in eine Ebene abgebildet, die für die Kartenherstellung benutzt wird. In Deutschland werden in dieser Kartenebene Landeskoordinaten nach Gauß-Krüger in 3° breiten Meridianstreifen benutzt. In Europa werden es zukünftig UTM-Koordinaten in 6° breiten Meridianstreifen sein (UTM = Universal-Transversal-Mercator-Projektion). In kleineren Gebieten bis zu 10 km × 10 km können die Messungen ohne merkliche Fehler wie Messungen in einer Ebene behandelt werden.

Bezugssysteme der Höhe

Für die Angabe von Höhen wird verlangt, dass Wasser auf der Erdoberfläche von einem Punkt mit größerer Höhe zu einem Punkt mit geringerer Höhe fließt. Um das in größeren Teilen der Erdoberfläche zu gewährleisten, ist viel Theorie, Mess- und Rechenarbeit notwendig. Man versucht, Meereshöhen zu bestimmen. Damit verbunden ist die Bestimmung einer Fortsetzung der idealisierten Meeresoberfläche (Geoid) unter dem Festland. Dieses Geoid ist eine unregelmäßige Fläche, die keiner mathematisch einfachen Regel genügt. Physikalisch ist sie definiert als Fläche in Meereshöhe, die in jedem ihrer Punkte senkrecht zur Schwerkraft verläuft. Als Bezugspunkt diente ein Pegel bei Amsterdam für Westdeutschland (NN-Höhen) und für Ostdeutschland ein Pegel bei Kronstadt (HN-Höhen). Das führte bei der Wiedervereinigung der west- und ostdeutschen Bundesländer zu Problemen, denn die Höhenangaben identischer Punkte unterscheiden sich teilweise im Dezimeterbereich. Durch Beschluss der Arbeitsgemeinschaft der Vermessungsverwaltungen Deutschlands wurde daher 1993 bundeseinheitlich das neue Höhenbezugssystem DHHN92 mit dem Bezugspunkt Pegel Amsterdam eingeführt. Diese sog. Normalhöhen werden als NHN-Höhen bezeichnet. Sie unterscheiden sich von den früheren Höhenangaben lokal im Subdezimeterbereich.

Globale geozentrische Koordinaten

World Geodetic System (WGS), dreidimensionales Welt-Koordinatensystem mit Ursprung im Schwerpunkt der Erde. Die Z-Achse ist die mittlere Rotationsachse der Erde. Ihre positive Richtung verläuft zum Nordpol. Die X-Achse steht senkrecht dazu und liegt in der Ebene, die die Z-Achse enthält und durch die Sternwarte von Greenwich verläuft. Die Y-Achse entsteht durch Drehung der X-Achse um die Z-Achse in östliche Richtung um 90°. Zurzeit gilt das WGS 84 (Bezugsjahr 1984). In diesem System werden die Bahnkoordinaten der GPS-Satelliten angegeben. Mit den Messgeräten zur Satellitennavigation (GPS-Empfänger) werden Raumkoordinaten (im WGS-84-System) aus den Satellitenpositionen abgeleitet.

2 Lagemessungen

2.1 Längenmessungen

Stahlmessbänder

Für Lagevermessungen im Bauwesen kann man die Bezugsfläche als eben ansehen (Tangentialebene). Der Abstand zweier Punkte auf der Erdoberfläche muss stets horizontal gemessen werden – gerade bei starken Höhenunterschieden. Daher wird das Messband bei jeder Bandlage horizontal gehalten und am Bandende mit dem Schnurlot abgelotet. Die folgende Bandlage setzt am Endpunkt der vorhergehenden Bandlage der Höhe nach versetzt an (Staffelmessung). Die Länge von Stahlmessbändern beträgt nach DIN 6403 meist 20 m, 30 m, 50 m oder 100 m, der Querschnitt 13 mm × 0,2 mm. Bevorzugt werden 20-m- und 30-m-Messbänder verwendet.
Für genaue Ergebnisse sind zu beachten:

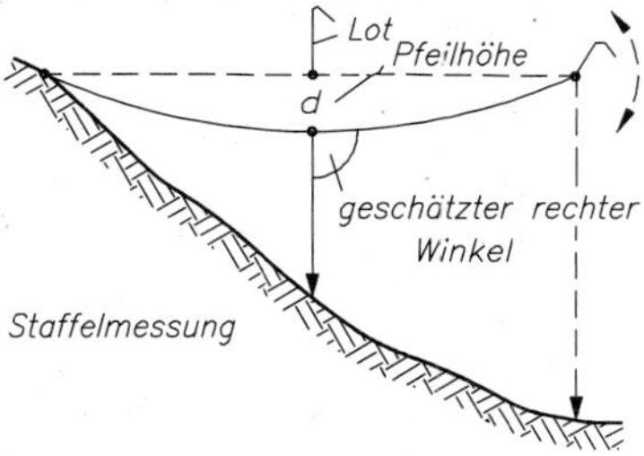

- Messband gut in die Gerade einfluchten
- Band stets horizontal halten (Freihandgefällmesser oder Hilfslot in Bandmitte); sauber abloten am Bandende
- mit einheitlichem Zug von 50 N arbeiten, Durchhangkorrektur berücksichtigen:
  $k_d = (-8/3) \cdot d^2/L$
  (d Pfeilhöhe des Durchhangs,
  $d = 0{,}0005 \cdot L^2$ für $L \leq 20$ m,
  L Länge des frei durchhängenden Bandstücks)
- Bandtemperatur messen und Temperaturkorrektur anbringen: $k_t = s \cdot 11{,}5 \cdot 10^{-6}(t - 20\ °C)$

Beispiel: Rohentfernung $s = 77{,}14$ m gemessen mit 20-m-Band bei $t = 2{,}4$ °C. Drei volle Bandlängen und das unrunde Reststück von 17,14 m sind bei der Durchhangkorrektur zu berücksichtigen. Für $L = 20$ m ist der Durchhang $d = 0{,}20$ m, und für $L = 17{,}14$ m ergibt sich $d = 0{,}15$ m. Also wird $k_d = (-8/3) \cdot (3 \cdot 0{,}200^2/20 + 0{,}15^2/17{,}14)$ m = − 0,0194 m

Temperaturkorrektur: $k_t = 77{,}14 \cdot 11{,}5 \cdot 10^{-6} \cdot (2{,}4 - 20)$ m = − 0,0156 m

korrigierte Strecke: $s_{korr} = (77{,}14 - 0{,}0194 - 0{,}0156)$ m = 77,105 m

Elektronische Distanzmesser (EDM)

EDM-Geräte ermitteln Streckenlängen aus der Laufzeit von Lichtsignalen, die über die Strecke gesandt und am Ende durch Reflektorprismen (für genaue Messungen) oder von natürlichen Oberflächen (für die schnelle Bauaufnahme) zum Messgerät zurückgelenkt werden. Die Lichtgeschwindigkeit in der Atmosphäre und damit der Gerätemaßstab hängen hauptsächlich von der Lufttemperatur und vom Luftdruck ab. Daher muss man den aktuellen Gerätemaßstab ermitteln und am Gerät einstellen oder später rechnerisch berücksichtigen. Moderne Geräte messen Luftdruck und Temperatur und berücksichtigen den Gerätemaßstab automatisch.
EDM-Geräte mit automatischer Höhenwinkelmessung (sog. elektronische Tachymeter oder *Totalstationen*) erlauben die Umrechnung der direkt gemessenen Schrägentfernung in die benötigte Horizontalentfernung und des Höhenunterschiedes zwischen der Kippachshöhe des Instruments und dem Zielprisma. Die Reichweite ist abhängig vom Gerätetyp, vom Wetter und von der Anzahl der Reflektorprismen. Aktuelle Geräte erreichen bei Entfernungen bis 500 m Standardabweichungen im Millimeterbereich.
Für die Bauaufnahme gibt es *Laserdistanzmesser* als Freihandgeräte. Sie benutzen natürliche Oberflächen zur Reflektion des Lichtes. Die Genauigkeit liegt im Millimeterbereich.
Für die Kombination von EDM mit einem bestimmten Reflektortyp muss man die Nullpunktkorrektion k_0 berücksichtigen (nachträglich rechnerisch oder vor der Messung durch Eingeben in den Speicher des EDM-Geräts). Eine einfache Prüfung kann durch Messen der Distanzen zwischen drei Punkten P_1, P_2 und P_3 in einer Geraden erfolgen. Die Nullpunktkorrektion beträgt dann $k_0 = \overline{P_1P_3} - \overline{P_1P_2} - \overline{P_2P_3}$.

2.2 Winkelmessungen

Rechtwinkelprismen

Rechtwinkelprismen werden freihändig zum Messen oder Abstecken rechter Winkel benutzt. Man hält das Prisma im Abstand von etwa 20 cm derart vor ein Auge, dass im Gesichtsfeld des Prismas ein rechts oder links stehender Fluchtstab zu sehen ist, der als Zielmarke dient. Die vom Auge des Beobachters über diese

Zielmarke verlaufende Visurlinie steht senkrecht auf der Geraden „Prisma – Fluchtstab“. Die Winkelgenauigkeit liegt bei 0,02 gon. Bevorzugt werden Pentagonprismen (Fünfseit-) oder Doppelpentagonprismen verwendet.

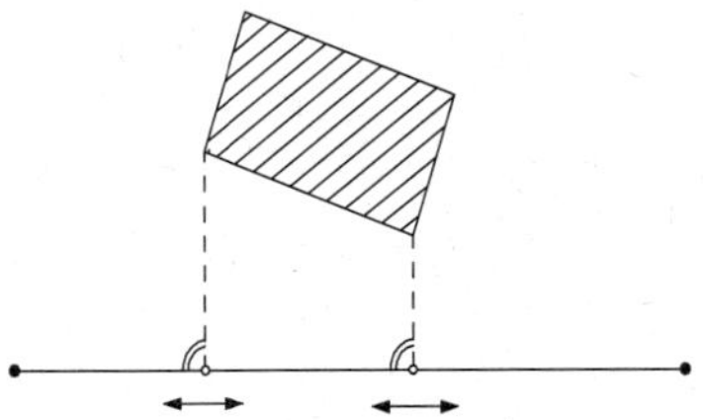

Aufwinkeln eines Punktes auf eine Messungslinie (Lotfußpunkt ermitteln)

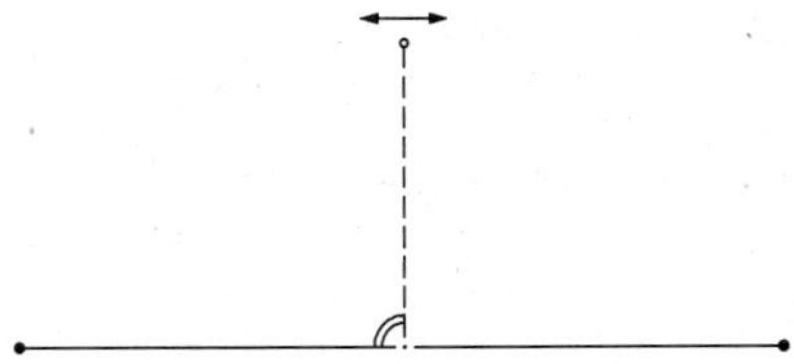

Abstecken einer Senkrechten zu einer gegebenen Geraden

Theodolit

Der Theodolit dient zum Messen und Abstecken von Horizontalwinkeln (meist auch von Vertikalwinkeln). Spezielle Anwendungen im Bauwesen sind Präzisionsfluchtungen und Lotungen, insbesondere beim Senkrechtstellen langer Stützen. Er wird mit einem dreibeinigen Stativ lotrecht (Schnurlot, genauer: optisches Lot) über dem Bodenpunkt aufgebaut (zentriert) und anschließend horizontiert (mit Röhrenlibelle).

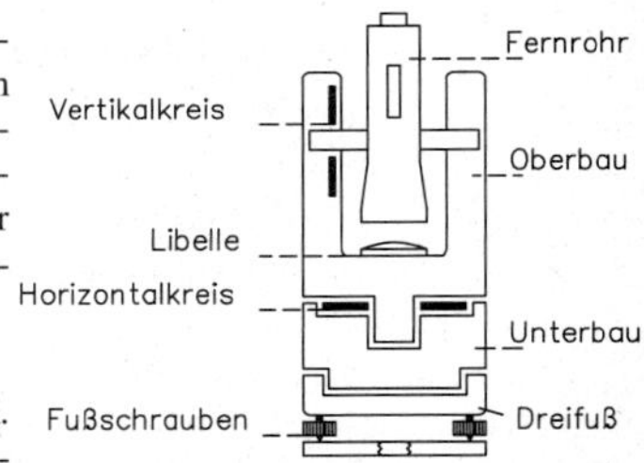

Bauteile eines Theodolits

Zentrieren

Theodolit nach Augenmaß aufstellen, Stativbeine fest eintreten. Zielmarke des optischen Lots mit den Dreifußschrauben auf Bodenpunkt richten. Passende Stativbeine verlängern oder verkürzen, bis Dosenlibelle einspielt. Dann Feinzentrieren durch Verschieben des Dreifußes auf dem Stativteller (Dosenlibelle eingespielt halten!).

Horizontieren

Längsachse der Röhrenlibelle parallel zu zwei Dreifußschrauben drehen und auf Mittelmarke einspielen. Libelle mit Theodolit um 100 gon drehen, mit der dritten Fußschraube einspielen. Kontrolle: Theodolit um 200 gon drehen, Libelle beobachten. Spielt sie wieder in der Mitte ein, ist die Horizontierung abgeschlossen. Andernfalls liegt der Spielpunkt an der Stelle des halben Blasenausschlags. Horizontierung wiederholen mit Spielpunkt statt Mittelmarke!

Winkelmessung in vollen Sätzen

(Vgl. Aufschreibungsbeispiel) Nullrichtung des Teilkreises ungefähr auf das erste Ziel (Punkt 43) richten; scharf anvisieren; Teilkreis ablesen (0,016 gon), in Spalte „1. Fernrohrlage“ notieren / rechtes Ziel (Punkt 61) anvisieren, Kreisablesung (69,728 gon) notieren / Fernrohr in die 2. Lage bringen (Objektiv zum Beobachter kippen, Theodolit um 200 gon drehen); letztes Ziel (Punkt 61) anvisieren, Kreisablesung (269,731 gon) in Spalte „2. Fernrohrlage“ notieren / erstes Ziel (Punkt 43) anvisieren; Kreisablesung (200,021 gon) notieren.

Damit ist der erste Satz gemessen. Rechnerisch werden die Richtungen so reduziert, dass die Nullrichtung genau auf das erste Ziel weist (Richtung des ersten Ziels von den gemessenen Richtungen derselben Fernrohrlage abziehen). Dann 1. und 2. Fernrohrlage mitteln.

Der zweite Satz wiederholt die Messungen, nachdem der Teilkreis um etwa 100 gon verdreht wurde. Müssen aus Genauigkeitsgründen drei oder vier volle Sätze gemessen werden, so ist der Teilkreis um etwa 67 bzw. 50 gon (allgemein: 200 gon geteilt durch Anzahl der Sätze) zu verstellen.

Standpunkt	Zielpunkt	1. Fernrohrlage	2. Fernrohrlage	reduzierte Ablesungen		Mittel
				1. Lage	2. Lage	
(1.Satz)	43	0,016	200,021	0,000	0,000	0,000
14	61	69,728	269,731	69,712	69,710	69,711
(2.Satz)	43	100,215	300,214	0,000	0,000	0,000
14	61	169,923	369,926	69,708	69,712	69,710
					Gesamtmittel:	0,0000 69,7105

2.3 Aufnahmeverfahren

Bei weitmaschigem Vermessungspunktfeld (Aufnahmepunktfeld) legt man einen (Ring-)Polygonzug (vgl. 4.4) um das Baugebiet und vermarkt die Eckpunkte sicher. Die Brechungswinkel werden mit einem Theodolit, die Polygonseiten mit Messband oder besser elektronischem Distanzmesser ermittelt. Zur Berechnung der Koordinaten siehe Abschnitt 4.4.

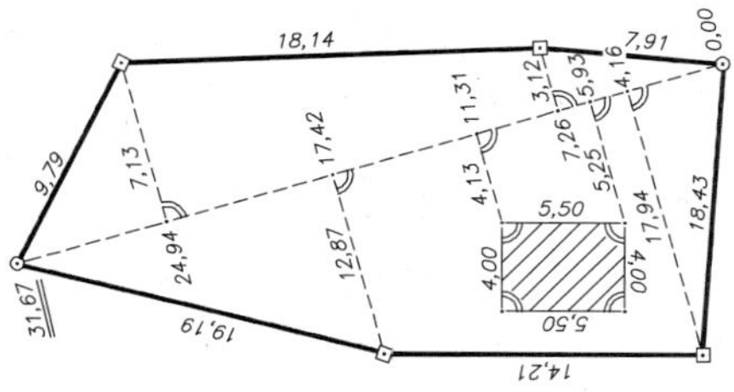

Orthogonalaufnahme

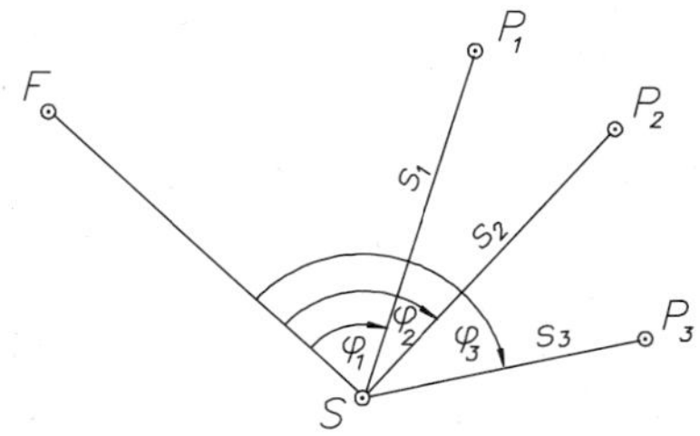

Polaraufnahme

Orthogonalaufnahme

Detailpunkte werden mit dem Rechtwinkelprisma auf Messungslinien zwischen Aufnahmepunkten aufgewinkelt und die Abszissen (Maße auf der Messungslinie) und Ordinaten (Abstände von der Messungslinie) mit einem Messband ermittelt.

Polaraufnahme

Detailpunkte werden durch Polarwinkel φ_i gegenüber einer bekannten Anschlussrichtung und Polarentfernungen s_i bestimmt. Standardgeräte für dieses Verfahren sind elektronische Tachymeter (elektronische Distanzmesser mit integriertem elektronischem Theodolit, auch Total-Stationen genannt).

Laserscanning

Totalstationen mit Schrittmotoren für horizontale und vertikale Feinbewegung des Messfernrohrs erlauben automatisches Anfahren von Objektpunkten. Als Laserscanning bezeichnet man das mäanderförmige Abtasten von Gelände- oder Bauwerksoberflächen mit solchen Laser-Totalstationen. Wegen hoher Punktdichte entsteht automatisch eine 3D-Punktwolke, die gespeichert und im Computer analysiert wird. Sie gestattet die Extraktion von Oberflächenelementen für die spätere CAD-Auswertung (z. B. für die Bauaufnahme).

Freie Standpunktwahl

Ist von einem nach Koordinaten bekannten Aufnahmepunkt keine gute Sichtverbindung zu allen Detailpunkten gegeben, kann man den Tachymeter-Standpunkt frei wählen und durch Anmessen von mindestens zwei, besser drei Aufnahmepunkten rechnerisch ableiten. Praktisch sind Total-Stationen, die Programme für die häufigsten Rechenaufgaben (z. B. für die freie Standpunktwahl) integriert haben (s. Abschnitt 4.6).

GPS-Vermessung

Die Satellitennavigation (GPS = Global Positioning System) ist für Zwecke der Bauvermessung genau genug, wenn man mit Hilfe zweier Satellitenempfänger (eine feste *Referenzstation* und ein beweglicher *Rover*) Koordinaten*differenzen* anstatt globaler, geozentrischer Koordinaten im WGS-System (World Geodetic System) bestimmt. Die systematischen Abweichungen sind bei nicht zu großen Entfernungen zwischen den Stationen etwa gleich groß und fallen bei der Differenzbildung heraus. Bei guter Satellitenkonstellation (keine Abdeckung durch hohe Gebäude oder Bäume!) und geeigneter Messdauer können Genauigkeiten im Millimeterbereich erzielt werden. Anstelle einer benutzereigenen Referenzstation können auch permanente Referenzstationen des SAPOS-Dienstes (**SA**telliten**POS**itionierungsdienst) der Landesvermessung über Funk oder Mobiltelefon verwendet werden.

Um Koordinaten im System der Landesvermessung zu bekommen, sollten zusätzlich zu den Detailpunkten mindestens drei, besser vier Aufnahmepunkte mit bekannten Landeskoordinaten und Höhenwerten angemessen werden. Mit deren Hilfe lassen sich die Transformationsparameter für eine räumliche Koordinatentransformation (WGS-Koordinaten in Landeskoordinaten) berechnen. Geeignete GPS-Empfänger enthalten Programme für diesen Zweck, sodass Satellitenvermessung in „Echtzeit“ (Real Time) ermöglicht wird.

3 Höhenmessungen

3.1 Geräte zum Höhenmessen

Die Höhe eines Punktes der Erdoberfläche ist sein Abstand vom Geoid. Man kann sie nicht direkt messen, sondern nur Höhen*unterschiede* zwischen je zwei Punkten auf der Erdoberfläche.

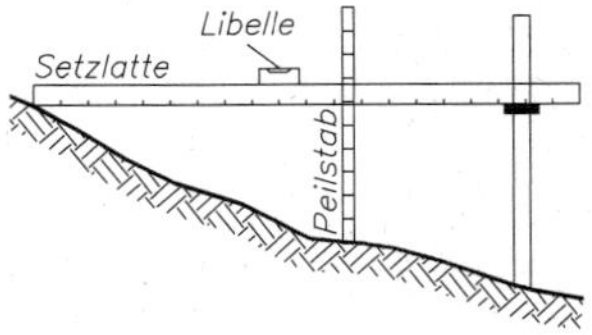

Setzlatte

Meist 3 m lange Holzlatte mit eingebauter oder aufgesetzter Röhrenlibelle (Wasserwaage), wird horizontal ausgerichtet und am freien Ende unterstützt. Zwischenhöhen des Geländeprofils werden mit einem Peilmaßstab abgelesen.

Schlauchwaage

Mit Wasser gefüllter Schlauch, an dessen Enden vertikal gehaltene Glaszylinder mit mm-Teilung die Wasseroberfläche erkennen lassen. Sehr wichtig ist die blasenfreie Füllung des Schlauchs. Nach Prüfung auf etwaige Nullpunktkorrektur (beide Messzylinder nebeneinander!) können Höhenübertragungen zwischen Punkten auch ohne Sichtverbindung, z. B. in verschiedenen Räumen eines Stockwerks, mit mm-Genauigkeit vorgenommen werden.

Freihand-Gefällemesser

Pendelnd aufgehängte Visiervorrichtungen mit Winkel- oder Prozentteilung. Man hält sie vor ein Auge, visiert horizontal (0 gon oder 0 % Neigung) und kann dann an vertikalen Maßstäben Höhenunterschiede gegenüber der eigenen Augenhöhe ermitteln. Mit Hilfe der Prozentskala können auch Geländeneigungen gemessen werden.

Nivellierinstrumente

Diese Instrumente zur Höhenmessung werden in Arbeitshöhe auf einem dreibeinigen Stativ montiert und besitzen ein Messfernrohr mit einem Strichkreuz, das horizontale Sicht ermöglicht (Messverfahren s. Abschnitt 3.2). Dosenlibellen werden für die grobe und Röhrenlibellen für die feine Horizontierung des Messfernrohrs in Verbindung mit Stellschrauben verwendet.

Kompensatornivelliere

Nach einer Grobhorizontierung mit Dosenlibellen wird die Restneigung des Fernrohrs automatisch durch ein Pendelsystem kompensiert, wodurch die Ziellinie ohne weiteres Zutun des Beobachters horizontal gestellt wird. Vorteil: bequem und schnell. Nachteil: Kompensatoren sind im Gegensatz zu Röhrenlibellen bei starken Bodenerschütterungen auf der Baustelle schwerer einsetzbar (Pendel zittert!).

Lasernivelliere

Ein rotierender Laserstrahl erzeugt eine Horizontalebene. Die Ablesung an den Latten erfolgt mit dem Auge oder besser mit Detektoren für den Laserstrahl. Kompensatoren sorgen für die genaue Horizontierung. Vorteil: Bequem und schnell bei Flächennivellements

Digitalnivelliere

Nivellierlatten mit codierter Skala erlauben mittels Codescanner im Nivelliergerät eine digitale Ablesung. Automatische Speicherung und Übertragung der Messdaten zum Computer erspart Zeit und vermindert die Fehlerquote der Daten. Die horizontale Zielung wird durch Kompensatoren erreicht.

Nivellierprobe

Man stellt das Nivellierinstrument in die Mitte zwischen zwei 20 m voneinander entfernten Nivellierlatten und „horizontiert" je nach Gerätetyp die Ziellinie. Die Lattenablesung a_1 an der Latte A ist möglicherweise um die unbekannte Justierabweichung verfälscht, aber die Ablesung b_1 an der Latte B wegen der gleichen Zielweiten um den gleichen Betrag.

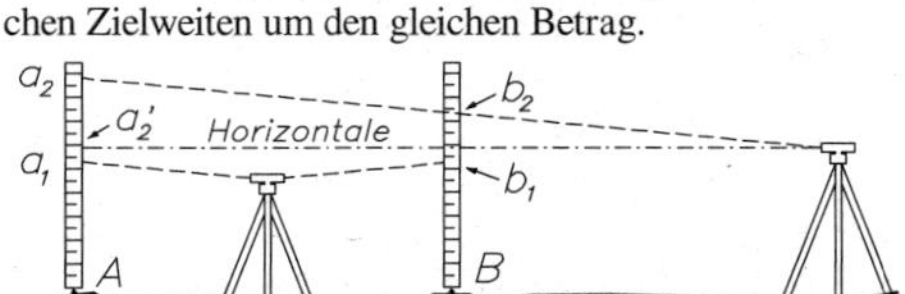

Nivellierprobe nach Kukkamäki

Kompensatornivellier

Bei ungleichen Zielweiten ist auch die Abweichung verschieden. Stellt man sich 20 m von *B* entfernt in die Verlängerung von *A–B*, so ist die Abweichung bei *A* doppelt so groß wie bei *B*. Mit den Ablesungen a_1, b_1 sowie a_2, b_2 errechnet sich die Sollablesung für horizontale Sicht

$$a_2' = a_2 + 2\left[(a_1 - b_1) - (a_2 - b_2)\right]$$

Die Justierabweichung kann mit den Strichplattenjustierschrauben durch Einstellen der Sollablesung a_2' korrigiert (justiert) werden.

3.2 Verfahren zur Höhenmessung

Raumhöhe

Am bequemsten erhält man Raumhöhen mit einem senkrecht auf den Boden gesetzten Freihand-Laserdistanzmesser.
Mit zwei Gliedermaßstäben erhält man die Raumhöhe durch Anhalten eines voll entfalteten Gliedermaßstabs an der Raumdecke und Messen des Reststücks zum Boden mit dem zweiten Gliedermaßstab.

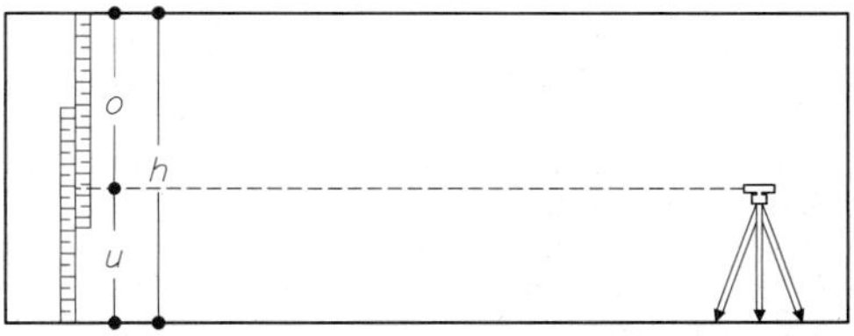

Mit einem Nivelliergerät liest man an der Nivellierlatte den Abstand *u* vom Boden bis zum Gerätehorizont und durch umgekehrtes Anhalten der Nivellierlatte an der Raumdecke den Abstand *o* der Raumdecke vom Gerätehorizont. Die Raumhöhe *h* ist dann $h = u + o$.

Festpunktnivellement

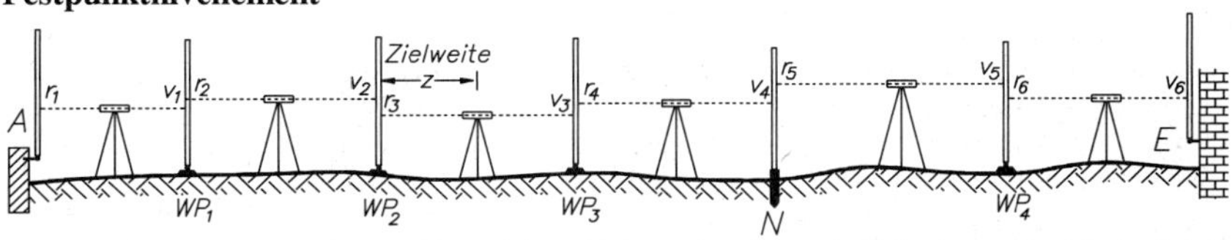

A und *E* sind bekannte Höhenanschlusspunkte, *N* der zu bestimmende Höhenneupunkt. Wechselpunkte WP_i werden je nach Gelände maximal alle 80 m mit gusseisernen Nivellierlattenuntersätzen zwischengeschaltet. Der Höhenunterschied Δh zweier aufeinander folgender Lattenstandpunkte ist „Rückblickablesung *r* minus Vorblickablesung *v*", der bei gleichen Zielweiten *z* im Rückblick und Vorblick frei von Restfehlern der Justierung und der Erdkrümmung ist.

Höhenabweichung

$w_H = H_E - H_A - \Sigma\Delta h$ Zulässig ist $Z_H = 0{,}002 + 0{,}006\sqrt{S/1000}$ (Festpunktnivellement 4. Ordnung).
Bei zulässiger Abweichung wird w_H proportional zum Nivellementsweg verteilt: $k = w_H \cdot s_i / S$

Beispiel:

Pkt.	z	$s_i = \Sigma z$	r	v	$\Delta h = r - v$	$H_{vorläufig}$	k	$H_{korrigiert}$	Bemerkungen
578	40		1,349			56,394	$0{,}000_0$	56,394	Höhenfestpunkt *A*
	40	80		1,428	– 0,079				
WP_1	40		1,421			56,315	$0{,}000_9$	56,316	Wechselpunkt
	40	160		1,549	– 0,128				
WP_2	40		1,235			56,187	$0{,}001_8$	56,189	Wechselpunkt
	40	240		1,043	+0,192				
WP_3	27		1,652			56,379	$0{,}002_6$	56,382	Wechselpunkt
	27	294		1,117	+0,535				
923	40		1,327			56,914	$0{,}003_2$	56,917	Neupunkt
	40	374		1,635	– 0,308				
WP_4	40		1,124			56,606	$0{,}004_1$	56,610	Wechselpunkt
	40	454		1,678	– 0,554				
713						56,052	$0{,}005_0$	56,057	Höhenfestpunkt *E*
Σ: $S = 454$			8,108	8,450	– 0,342				

$\Sigma r - \Sigma v = -0{,}342$

$w_H = 56{,}057 - 56{,}052 = 0{,}005$

$Z_H = 0{,}002 + 0{,}006\sqrt{0{,}454} = 0{,}006$

$H_{E\,vorläufig} = 56{,}394 - 0{,}342$

4 Koordinatenberechnungen

Die Berechnung von Absteckelementen für die Absteckung von Bauwerken gestaltet sich häufig einfacher, wenn für die geometrischen Elemente rechtwinklige Koordinaten in günstig liegenden lokalen Koordinatensystemen berechnet werden, die dann in ein dem gesamten Bauwerk gemeinsames Koordinatensystem (z. B. Landeskoordinatensystem, Gauß-Krüger-Koordinaten) transformiert werden. Die eigentlich benötigten Absteckdaten in Bezug auf die in der Örtlichkeit vorhandenen Messungslinien oder Polygonseiten werden über eine weitere Transformation gewonnen, bei der das Zielkoordinatensystem ein lokales Koordinatensystem ist mit Ursprung in einem Messungspunkt, dessen x-Achse die Messungslinie ist.
Bei größeren Maßstabsunterschieden zwischen Koordinatensystem und dem zur Absteckung benutzten Längenmesswerkzeug messe man eine Strecke s im Gelände, berechne deren Länge s' auch aus Koordinaten und multipliziere alle berechneten Längen vor der Absteckung mit dem Faktor s/s'. Winkel bleiben unverändert.

4.1 Polares Anhängen

Gegeben: $A\ (x_A\,;\,y_A)$, t_A^E, s_A^E; gesucht: $E\ (x_E\,;\,y_E)$

Lösung: $x_E = x_A + s_A^E \cdot \cos t_A^E$; $y_E = y_A + s_A^E \cdot \sin t_A^E$

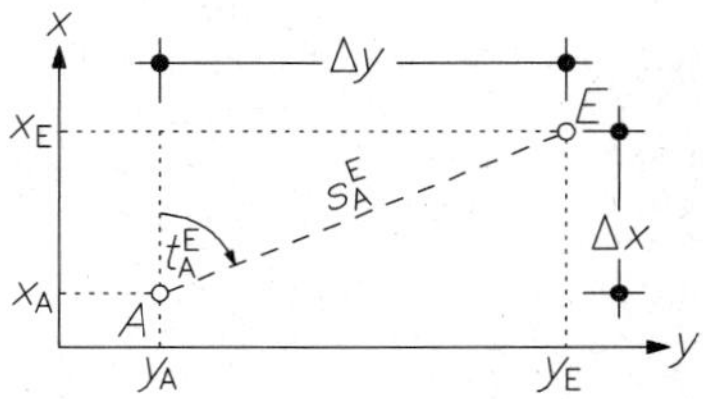

4.2 Richtungswinkel und Entfernung aus Koordinaten

Gegeben: $A\ (x_A\,;\,y_A)$, $E\ (x_E\,;\,y_E)$

Gesucht: Richtungswinkel t_A^E, Strecke s_A^E

Lösung: $s_A^E = \sqrt{(x_E - x_A)^2 + (y_E - y_A)^2}$

Mit $\Delta x = x_E - x_A$ und $\Delta y = y_E - y_A$ ergibt sich der geodätische Richtungswinkel t_A^E der Strecke s_A^E in allen vier Quadranten:

$$t_A^E = \begin{cases} 100 \text{ gon} & \text{für } \Delta x = 0 \text{ und } \Delta y > 0 \\ 300 \text{ gon} & \text{für } \Delta x = 0 \text{ und } \Delta y < 0 \\ \arctan(\Delta y / \Delta x) + 200 \text{ gon} & \text{für } \Delta x < 0 \text{ und } \Delta y \text{ beliebig} \\ \arctan(\Delta y / \Delta x) + 400 \text{ gon} & \text{für } \Delta x > 0 \text{ und } \Delta y < 0 \\ \arctan(\Delta y / \Delta x) & \text{für } \Delta x > 0 \text{ und } \Delta y \geq 0 \end{cases}$$

Beispiel:
A: (522,837 ; 238,248)
E: (493,733 ; 193,885)
$\Rightarrow \Delta x = -29{,}104$; $\Delta y = -44{,}363$
$\Rightarrow s = 53{,}058$; $t = 263{,}0371$ gon

Taschenrechner und Programmiersprachen mit einer Funktion für den Arcustangens mit ***zwei*** Argumenten liefern im Gegensatz zum gewöhnlichen `arctan` Werte zwischen $-\pi$ und $+\pi$. Damit lässt sich der geodätische Richtungswinkel ***in allen vier Quadranten ohne Fallunterscheidung*** ermitteln.

Beispiel: In der Tabellenkalkulation Excel gibt man für obiges Beispiel mit $\Delta x = -29{,}104$; $\Delta y = -44{,}363$ die Formel ein: `=200+50*Arctan2(29,104;44,363)/ArcTan(1)`
und erhält direkt den Funktionswert: t = `263,0371` gon.

4.3 Kleinpunktberechnung

Gegeben: $A\ (x_A\,;\,y_A)$, $E\ (x_E\,;\,y_E)$

Gemessen: s_A^E, $P_i(s_A^i\,;\,h_i)$, $i = 1, 2, \ldots$

Gesucht: $P_i\ (x_i\,;\,y_i)$

Lösung: $a = (x_E - x_A)/s_A^E$; $o = (y_E - y_A)/s_A^E$

$x_i = x_A + a \cdot s_A^i - o \cdot h_i$; $y_i = y_A + o \cdot s_A^i + a \cdot h_i$. Liegt P_i bei Blickrichtung von A nach E „rechts" von $\overline{AE}$, so ist $h_i > 0$; liegt P_i auf $\overline{AE}$, so ist $h_i = 0$; sonst ist $h_i < 0$.

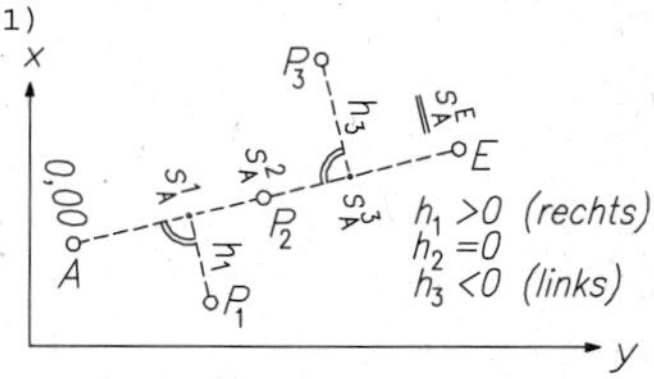

4.4 Polygonzugberechnung

Gegeben: Anfangspunkt $A\ (x_A\,;\,y_A)$, Endpunkt $E\ (x_E\,;\,y_E)$
sowie die Fernziele $AF\ (x_{AF}\,;\,y_{AF})$ bei A und $EF\ (x_{EF}\,;\,y_{EF})$ bei E.

Gemessen: n Brechungswinkel β_i, $i = 1, 2 \ldots n-2$ und $\beta_A = \sphericalangle AF\text{-}A\text{-}P_1$ und $\beta_E = \sphericalangle P_{n-2}\text{-}E\text{-}EF$
sowie $n-1$ Polygonseiten s_i^{i+1} ; $i = A, 1, 2 \ldots n-2$

Gesucht: Die Koordinaten der Neupunkte $P_i\ (x_i\,;\,y_i)$; $i = 1, 2 \ldots n-2$

Lösung:

1. Anschlussrichtungswinkel: Mit $\Delta x = x_A - x_{AF}$; $\Delta y = y_A - y_{AF}$ berechnet man t_{AF}^A nach Abschnitt 4.2 und mit $\Delta x = x_{EF} - x_E$; $\Delta y = y_{EF} - y_E$ ergibt sich auf gleiche Weise t_E^{EF}.

2. Vorläufige Richtungswinkel der Polygonseiten:

$$t_A^1 = \left\| t_{AF}^A + \beta_A - 200 \text{ gon} \right\|$$

$$t_1^2 = \left\| t_A^1 + \beta_1 - 200 \text{ gon} \right\|$$

$$\ldots$$

$$t_{n-2}^E = \left\| t_{n-3}^{n-2} + \beta_{n-2} - 200 \text{ gon} \right\|$$

Dabei ist

$$\| t \| = \begin{cases} t - 400 \text{ gon für } t \geq 400 \text{ gon} \\ t \quad \text{für } 0 \leq t < 400 \text{ gon} \\ t + 400 \text{ gon für } t < 0 \text{ gon} \end{cases}$$

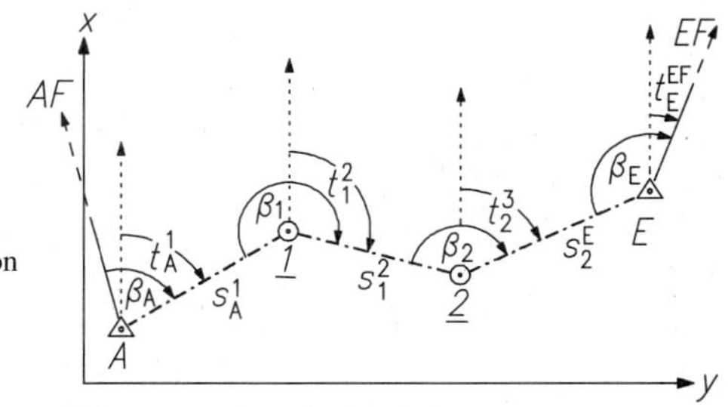

3. Winkelabweichung

$$W_W = t_E^{EF} - \left\| t_{n-2}^E + \beta_E - 200 \text{ gon} \right\|;$$

dem Betrage nach maximal zulässig: $Z_W = 0{,}009$ gon , also $| W_W | \leq 0{,}009$ gon

4. Verteilung der Winkelabweichung:

Wenn W_W zulässig ist, wird jeder gemessene Brechungswinkel β_i um W_W / n verbessert.

5. Wiederholung von Schritt 2 mit den verbesserten Brechungswinkeln β_i .

6. Vorläufige Koordinatenunterschiede:

$$\Delta x_i^{i+1} = s_i^{i+1} \cdot \cos t_i^{i+1} \quad ; \quad \Delta y_i^{i+1} = s_i^{i+1} \cdot \sin t_i^{i+1} \quad ; \quad i = A, 1, 2 \ldots n-2$$

7. Koordinatenabweichungen:

$$W_x = (x_E - x_A) - \sum \Delta x_i^{i+1} \; ; \; W_y = (y_E - y_A) - \sum \Delta y_i^{i+1} \quad ; \quad i = A, 1, 2 \ldots n-2$$

8. Längs- (W_L) und Querabweichung (W_Q)

$$W_L = (w_y \, \Sigma\Delta y + w_x \, \Sigma\Delta x) \,/\, \sqrt{(\sum \Delta x)^2 + (\sum \Delta y)^2} \text{ ; dem Betrage nach zulässig: } Z_L = 0{,}09 \text{ m}$$

$$W_Q = (w_y \, \Sigma\Delta x - w_x \, \Sigma\Delta y) \,/\, \sqrt{(\sum \Delta x)^2 + (\sum \Delta y)^2} \text{ ; dem Betrage nach zulässig: } Z_Q = 0{,}09 \text{ m}$$

9. Korrektur der Koordinatenunterschiede, falls W_L und W_Q zulässig sind:

$$\Delta x_i^{i+1} := \Delta x_i^{i+1} + w_x \cdot s_i^{i+1} / \sum s \quad ; \quad \Delta y_i^{i+1} := \Delta y_i^{i+1} + w_y \cdot s_i^{i+1} / \sum s \quad ; \quad i = A, 1, 2 \ldots n-2$$

10. Koordinaten der Neupunkte: $x_{i+1} = x_i + \Delta x_i^{i+1}$; $y_{i+1} = y_i + \Delta y_i^{i+1}$; $i = A, 1, 2 \ldots n-2$

Beispiel: *A* (5789216,04 ; 3497035,12) ; *AF* (5789177,31 ; 3497005,21) $\Rightarrow t_{AF}^A$ = 41,8642 gon

E (5789122,60 ; 3497174,80) ; *EF* (5789242,98 ; 3497164,90) $\Rightarrow t_E^{EF}$ = 394,7762 gon

β_A = 302,1436 gon ; β_1 = 181,0700 gon ; β_2 = 218,3574 gon ; β_E = 51,3370 gon

s_A^1 = 57,93 m ; s_1^2 = 56,42 m ; s_2^E = 55,29 m ; $n = 4$; $\sum s$ = 169,64 m

Pkt.	t v_β β	s	$\Delta y = s \cdot \sin t$ v_y y	$\Delta x = s \cdot \cos t$ v_x x	Pkt.
AF			3497005,21	5789177,31	*AF*
A	41,8642 + 0,0010 302,1436		3497035,12	5789216,04	*A*
1	144,0088 + 0,0010 181,0700	57,93	+ 44,631 + 0,014 3497079,765	− 36,932 + 0,005 5789179,113	1
2	125,0798 + 0,0010 218,3574	56,42	+ 52,098 + 0,013 3497131,876	− 21,656 + 0,005 5789157,462	2
E	143,4382 + 0,0010 51,3370	55,29	+ 42,911 + 0,013 3497174,80	− 34,866 + 0,004 5789122,60	*E*
EF	394,7762	169,64	3497164,90	5789242,98	*EF*

W_W = + 0,0040 gon

zulässig wegen | + 0,0040| ≤ 0,009

$v_\beta = W_W / 4$ = + 0,0010 gon

$\Sigma\Delta y$ = 139,640 m ; $\Sigma\Delta x$ = − 93,454 m

$\sqrt{139{,}640^2 + (-93{,}454)^2} = 168{,}027$

W_y = 3497174,80 − 3497035,12 − 139,640 = 0,040

W_x = 5789122,60 − 5789216,04 + 93,454 = 0,014

$$W_L = \frac{0{,}040 \cdot 139{,}640 + 0{,}014 \cdot (-93{,}454)}{168{,}027} = 0{,}025$$

zulässig wegen | + 0,025| ≤ 0,09

$$W_Q = \frac{0{,}040 \cdot (-93{,}454) - 0{,}014 \cdot 139{,}640}{168{,}027} = -0{,}034$$

zulässig wegen | − 0,034| ≤ 0,09

4.5 Koordinatentransformation

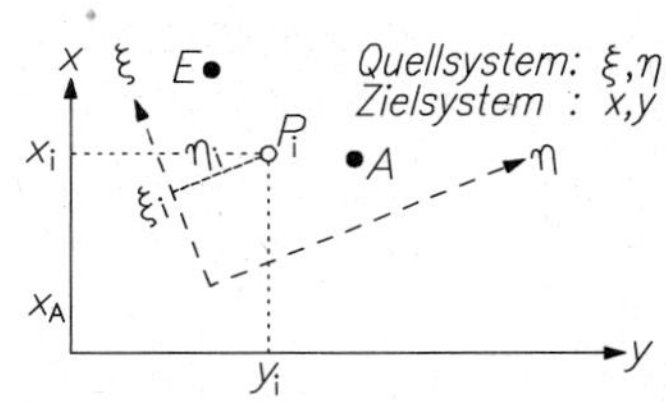

Gegeben: $A(\xi_A ; \eta_A)$, $E(\xi_E ; \eta_E)$, $P_i(\xi_i ; \eta_i)$, $i = 1, 2 \ldots$
$A(x_A ; y_A)$, $E(x_E ; y_E)$

Gesucht: $P_i(x_i ; y_i)$ im Zielsystem

Lösung: $\Delta\xi = \xi_E - \xi_A$; $\Delta\eta = \eta_E - \eta_A$
$\Delta x = x_E - x_A$; $\Delta y = y_E - y_A$
$s^2 = \Delta\xi^2 + \Delta\eta^2$
$a = (\Delta\eta \cdot \Delta y + \Delta\xi \cdot \Delta x) / s^2$; $o = (\Delta\xi \cdot \Delta y - \Delta\eta \cdot \Delta x) / s^2$

Neupunkte: $x_i = x_A + a \cdot (\xi_i - \xi_A) - o \cdot (\eta_i - \eta_A)$; $y_i = y_A + o \cdot (\xi_i - \xi_A) + a \cdot (\eta_i - \eta_A)$

Beispiel: $A = (\xi_A = 0{,}000 ; \eta_A = 0{,}000)$; $(x_A = 493{,}733 ; y_A = 193{,}885)$
$E = (\xi_E = 53{,}058 ; \eta_E = 0{,}000)$; $(x_E = 522{,}837 ; y_E = 238{,}248)$
Zu transformieren: $P_i\ (\xi_i = 39{,}921 / \eta_i = 1{,}669)$
$\Delta\xi = 53{,}058$; $\Delta\eta = 0{,}000$; $\Delta x = 29{,}104$; $\Delta y = 44{,}363$
$a = (0{,}000 \cdot 44{,}363 + 53{,}058 \cdot 29{,}104) / (53{,}058^2 + 0{,}000^2) = 0{,}548532$
$o = (53{,}058 \cdot 44{,}363 - 0{,}000 \cdot 29{,}104) / (53{,}058^2 + 0{,}000^2) = 0{,}836123$
$x_i = 493{,}733 + 0{,}548532 \cdot (39{,}921 - 0{,}000) - 0{,}836123 \cdot (1{,}669 - 0{,}000) = 514{,}235$
$y_i = 193{,}885 + 0{,}836123 \cdot (39{,}921 - 0{,}000) + 0{,}548532 \cdot (1{,}669 - 0{,}000) = 228{,}179$

4.6 Helmerttransformation

Wenn mehr als zwei Altpunkte AP_i in beiden Koordinatensystemen bekannt sind, müssen die Transformationsparameter durch Ausgleichung bestimmt werden (Verallgemeinerung der unter Abschnitt 4.5 beschriebenen Transformation).

Gegeben: $AP_1(\xi_1 ; \eta_1)$, $AP_2(\xi_2 ; \eta_2)$, …, $AP_n(\xi_n ; \eta_n)$; $P_i(\xi_i ; \eta_i)$, $i = n{+}1, n{+}2, \ldots$
$AP_1(x_1 ; y_1)$, $AP_2(x_2 ; y_2)$, …, $AP_n(x_n ; y_n)$

Gesucht: $P_i(x_i ; y_i)$ im Zielsystem

Lösung: Koordinaten des Schwerpunktes beider Systeme:

$$\bar{\xi} = \frac{1}{n}\sum_{i=1}^{n}\xi_i \; ; \quad \bar{\eta} = \frac{1}{n}\sum_{i=1}^{n}\eta_i \; ; \quad \bar{x} = \frac{1}{n}\sum_{i=1}^{n}x_i \; ; \quad \bar{y} = \frac{1}{n}\sum_{i=1}^{n}y_i$$

Hilfsgrößen:

$$Sxx = \sum_{i=1}^{n}(\xi_i - \bar{\xi})(x_i - \bar{x}) \; ; \; Syy = \sum_{i=1}^{n}(\eta_i - \bar{\eta})(y_i - \bar{y}) \; ; \; Sss = \sum_{i=1}^{n}\left[(\xi_i - \bar{\xi})^2 + (\eta_i - \bar{\eta})^2\right]$$

$$Sxy = \sum_{i=1}^{n}(\xi_i - \bar{\xi})(y_i - \bar{y}) \; ; \; Syx = \sum_{i=1}^{n}(\eta_i - \bar{\eta})(x_i - \bar{x})$$

Transformationsparameter: $a = (Sxx + Syy)/Sss$; $o = (Sxy - Syx)/Sss$
$x_0 = \bar{x} - a \cdot \bar{\xi} + o \cdot \bar{\eta}$; $y_0 = \bar{y} - o \cdot \bar{\xi} - a \cdot \bar{\eta}$

Neupunkte: $x_i^t = x_0 + a \cdot \xi_i - o \cdot \eta_i$; $y_i^t = y_0 + o \cdot \xi_i + a \cdot \eta_i$

Beispiel: Bei einer Polaraufnahme mit einem elektronischen Tachymeter konnten bei freier Standpunktwahl vier Aufnahmepunkte AP_1, AP_2, AP_3, AP_4 mit bekannten Landeskoordinaten (y_i ; x_i) angezielt werden. Für jeden Messpunkt liegen also die Polarentfernung s_i und der Polarwinkel φ_i vor. Die Koordinaten des Standpunktes S und weitere Neupunkte P_i sollen berechnet werden. Man legt ein lokales ξ,η-Koordinatensystem mit Ursprung in S, dessen ξ-Achse in die Nullrichtung der Winkelmessung zeigt. Daher sind die Polarwinkel φ_i zugleich die Richtungswinkel t_i im lokalen System. S hat im lokalen System die Koordinaten (0,000 / 0,000). Für alle anderen Punkte berechnet man durch polares Anhängen $\xi_i = s_i \cdot \cos\varphi_i$ und $\eta_i = s_i \cdot \sin\varphi_i$:

AP_i	s_i	φ_i in gon	$\eta_i = s_i \cdot \sin\varphi_i$	$\xi_i = s_i \cdot \cos\varphi_i$	y_i	x_i
2	21,72	24,320	8,097	20,154	104,39	485,77
3	36,90	311,816	– 36,266	6,809	58,28	481,24
6	28,65	209,757	– 4,374	–28,314	82,81	440,63
7	28,04	107,337	27,854	–3,224	119,28	459,02

Man berechnet zuerst die Schwerpunktkoordinaten $\bar{\xi} = -1{,}144$; $\bar{\eta} = -1{,}172$; $\bar{x} = 466{,}665$; $\bar{y} = 91{,}190$

es folgen die Hilfssummen $Sxx = 1246{,}103$; $Syy = 2119{,}478$; $Sss = 3429{,}703$
$Sxy = 188{,}6420$; $Syx = -472{,}9548$

und damit die Transformationsparameter $a = 0{,}9813036$; $o = 0{,}1929020$; $x_0 = 467{,}561$; $y_0 = 92{,}561$

Mit diesen Transformationsparametern werden alle Punkte transformiert:

P_i	s_i	φ_i in gon	$\eta_i = s_i \cdot \sin\varphi_i$	$\xi_i = s_i \cdot \cos\varphi_i$	y_i^t	x_i^t	$vy_i = y_i - y_i^t$	$vx_i = x_i - x_i^t$
2			8,097	20,154	104,395	485,777	–0,005	–0,007
3			– 36,266	6,809	58,286	481,239	–0,006	0,001
6			– 4,374	– 28,314	82,807	440,620	0,003	0,010
7			27,854	– 3,224	119,272	459,024	0,008	–0,004
S			0,000	0,000	92,561	467,561		
111	12,76	319,703	– 12,158	3,888	81,380	473,722		
112	21,69	335,858	– 18,338	11,580	76,800	482,462		

4.7 Schnittpunkt zweier Strecken

Gegeben: Die Endpunkte der Strecken $P_1(x_1\,;\,y_1)$, $P_2(x_2\,;\,y_2)$, $P_3(x_3\,;\,y_3)$, $P_4(x_4\,;\,y_4)$

Gesucht: Schnittpunkt von $\overline{P_1\,P_3}$ mit $\overline{P_2\,P_4}$

Lösung: $Det = (y_3 - y_1)\cdot(x_4 - x_2) - (x_3 - x_1)\cdot(y_4 - y_2)$

$t_{13} = [(y_2 - y_1)\cdot(x_4 - x_2) - (x_2 - x_1)\cdot(y_4 - y_2)]\;/Det$

$t_{24} = [(y_2 - y_1)\cdot(x_3 - x_1) - (x_2 - x_1)\cdot(y_3 - y_1)]\;/Det$

Wenn $(0 \le t_{13} \le 1)$ und $(0 \le t_{24} \le 1)$, dann schneiden sich die Strecken in:

$y_{S(13)} = (1 - t_{13})\cdot y_1 + t_{13}\cdot y_3\;;\quad x_{S(13)} = (1 - t_{13})\cdot x_1 + t_{13}\cdot x_3$

Probe: $y_{S(24)} = (1 - t_{24})\cdot y_2 + t_{24}\cdot y_4\;;\quad x_{S(24)} = (1 - t_{24})\cdot x_2 + t_{24}\cdot x_4$

5 Absteckungsberechnung

5.1 Klothoide (s. S. 2.2, 2.26, 2.37)

Die Reihenentwicklung nach dem unten stehenden Struktogramm lässt sich leicht programmieren (Visual Basic- und C-Quellprogramme s. S. 2.37). Mit einfachen Taschenrechnern kann man auf sechs Stellen genau bei Beschränkung der Bogenlänge L auf Werte zwischen 0 und R mit der Bogenlänge $l = L/A$ auf der Einheitsklothoide rechnen nach:

$$x = A\cdot x_{KL}(l) = A\cdot((3474^{-1}\cdot l^4 - 40^{-1})\cdot l^4 + 1)\cdot l$$

$$y = A\cdot y_{KL}(l) = A\cdot((42\,410^{-1}\cdot l^4 - 336^{-1})\cdot l^4 + 6^{-1})\cdot l^3$$

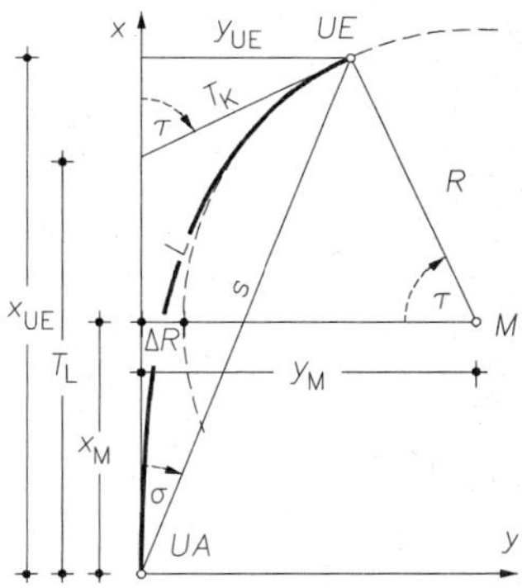

Struktogramm Klothoide:

Eingabe: L, A
$l := L/A$
$i := 0\;;\; b := l\;;\; x := b\;;\; y := 0\;;\; k := -1$
$i := i + 2\;;\; k := -k$
$b := b\cdot l^2\cdot\dfrac{(i-1)}{i\cdot(i+1)}$
wenn $k < 0$ — dann: $b := -b$; $x := x + b$ — sonst: $y := y + b$
wiederhole, bis $\lvert b\rvert < 0{,}5\cdot10^{-7}$
$x := A\cdot x\;;\; y := A\cdot y$
Ausgabe: x, y

Hauptwerte der Klothoide:

$R\cdot L = A^2$	$l = \dfrac{L}{A}$	$\tau = \dfrac{l^2}{2}\cdot\dfrac{200}{\pi}$ gon
$x_{UE} = A\cdot x_{KL}(l)$	$y_{UE} = A\cdot y_{KL}(l)$	
$x_M = x_{UE} - R\cdot\sin\tau$	$y_M = y_{UE} + R\cdot\cos\tau$	
$\Delta R = y_M - R = y_{UE} - 2R\cdot\sin^2\dfrac{\tau}{2}$		
$s = \sqrt{x_{UE}^{\,2} + y_{UE}^{\,2}}$	$\sigma = \arctan\dfrac{y_{UE}}{x_{UE}}$	
$T_K = y/\sin\tau$	$T_L = x_{UE} - y_{UE}/\tan\tau$	

Beispiel: Gegeben $R = 125$ m ; $A = 65$ m. Daraus berechnet man die Hauptwerte:

$L = 65^2/125 = 33{,}800$; $l = 33{,}800/65 = 0{,}52000$; $\tau = 200\cdot 0{,}52000^2/(2\pi) = 8{,}6071$ gon

$x_{KL}(0{,}52000) = ((0{,}52000^4/3474 - 1/40)\cdot 0{,}52000^4 + 1)\cdot 0{,}52000 = 0{,}519050$

$y_{KL}(0{,}52000) = ((0{,}52000^4/42\,410 - 1/336)\cdot 0{,}52000^4 + 1/6)\cdot 0{,}52000^3 = 0{,}023404$

$x_{UE} = 65\cdot 0{,}519050 = 33{,}738$; $y_{UE} = 65\cdot 0{,}023404 = 1{,}521$

$x_M = 33{,}738 - 125\cdot\sin 8{,}6071$ gon $= 16{,}889$; $y_M = 1{,}521 + 125\cdot\cos 8{,}6071$ gon $= 125{,}380$

$\Delta R = 125{,}380 - 125{,}000 = 0{,}380$

$s = \sqrt{33{,}738^2 + 1{,}521^2} = 33{,}772$

$\sigma = \arctan(1{,}521/33{,}738) = 2{,}8681$ gon

$T_K = 1{,}521/\sin 8{,}6071$ gon $= 11{,}284$

$T_L = 33{,}738 - 1{,}521/\tan 8{,}6071$ gon $= 22{,}557$

5.2 Kreisbogen

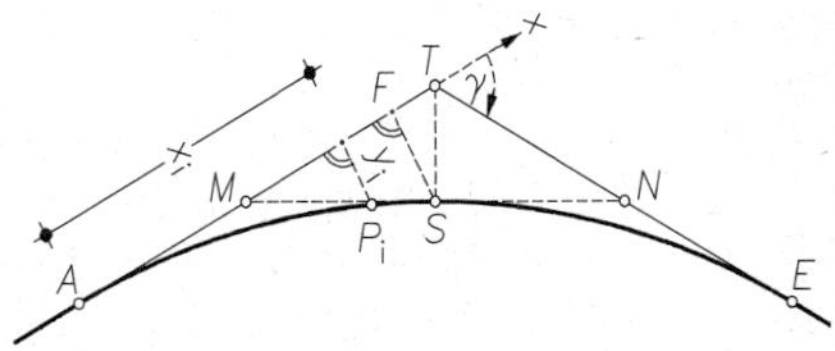

Gegeben: Radius R des abzusteckenden Kreises, Schnittwinkel γ der Anschlusstangenten

Gesucht: Rechtwinklige Koordinaten in einem System mit Ursprung in A bzw. E, dessen x-Achse mit der Tangente AT bzw. der Tangente ET zusammenfällt.

Bogenlänge: $AE = \gamma \cdot R \cdot \pi / 200$

Hauptpunkte: $TA = TE = R \cdot \tan(\gamma/2)$; $AM = MS = SN = NE = R \cdot \tan(\gamma/4)$

$TS = MS \cdot \tan(\gamma/2) = R \cdot \tan(\gamma/4) \cdot \tan(\gamma/2)$; $FT = TS \cdot \sin(\gamma/2)$

$AF = R \cdot \sin(\gamma/2)$; $FS = TS \cdot \cos(\gamma/2) = 2\,R \cdot \sin^2(\gamma/4)$

Zwischenpunkte: Ist x_i vorgegeben, so folgt $y_i = R - \sqrt{R^2 - x_i^2} = x_i^2/(2R) + \ldots$

Ist die Bogenlänge b von A bis P_i bzw. von E bis P_i vorgegeben, dann ist mit dem zugehörigen Umfangswinkel $\omega = 200 \cdot b/(2\pi R)$ gon

$x_i = R \cdot \sin(2\omega)$; $y_i = 2R \cdot \sin^2(\omega)$

Beispiel: $R = 125$ m ; $b = 19{,}214 \Rightarrow \omega = (19{,}214 \cdot 200)/(2 \cdot \pi \cdot 125) = 4{,}8928$ gon

$x_i = 125 \cdot \sin(2 \cdot 4{,}8928 \text{ gon}) = 19{,}138$; $y_i = 2 \cdot 125 \cdot (\sin 4{,}8928 \text{ gon})^2 = 1{,}474$

5.3 Klothoidenzwischenpunkte

Für ein Stationierungsmaß $L_{ÜA}$ des Klothoidenanfangspunktes $ÜA$ und das Stationierungsmaß L_i des Zwischenpunktes ist die Klothoidenlänge L von $ÜA$ aus gezählt $L = L_i - L_{ÜA}$. Damit ergibt sich $l = L/A$ und weiter:

$x_i = A \cdot [(3474^{-1} \cdot l^4 - 40^{-1}) \cdot l^4 + 1] \cdot l$; $y_i = A \cdot [(42\,410^{-1} \cdot l^4 - 336^{-1}) \cdot l^4 + 6^{-1}] \cdot l^3$

Beispiel: $L_i = 20$ m; $L_{ÜA} = 8{,}686$ m; $A = 55$ m $\Rightarrow L = 20 - 8{,}686 = 11{,}314$

$l = 11{,}314 / 55 = 0{,}205709$

$x_i = 55 \cdot [(3474^{-1} \cdot 0{,}205709^4 - 40^{-1}) \cdot 0{,}205709^4 + 1] \cdot 0{,}205709 = 11{,}313$

$y_i = 55 \cdot [(42\,410^{-1} \cdot 0{,}205709^4 - 336^{-1}) \cdot 0{,}205709^4 + 6^{-1}] \cdot 0{,}205709^3 = 0{,}080$

5.4 Kreisbogen mit symmetrischen Klothoidenästen

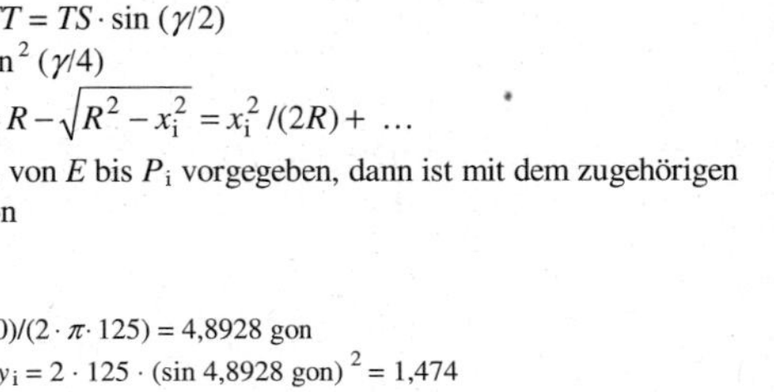

Gegeben: R, A, γ

Hauptpunkte:

(1) $L = A^2/R$; $l = L/A = A/R$; $\tau = \dfrac{l^2}{2} \cdot \dfrac{200}{\pi}$ gon

(2) $x_{ÜE} = A \cdot x_{KL}(l)$; $y_{ÜE} = A \cdot y_{KL}(l)$

(3) $\Delta R = y_{ÜE} - 2R \cdot \sin^2(\tau/2)$

(4) $x_M = x_{ÜE} - R \cdot \sin\tau$

(5) $T\,ÜA = x_M + (R + \Delta R) \cdot \tan(\gamma/2)$

(6) $B = R \cdot (\gamma - 2\tau) \cdot \dfrac{\pi}{200}$

(7) $x_{BM} = x_M + R \cdot \sin(\gamma/2)$

(8) $y_{BM} = \Delta R + 2R \cdot \sin^2(\gamma/4)$

Zwischenpunkte im Abstand L_i von ÜA:

Klothoide: $x_i = A \cdot x_{KL}(L_i/A)$; $y_i = A \cdot y_{KL}(L_i/A)$

Kreis: $\omega = (L_i - L/2) \cdot \dfrac{200}{2\pi R}$ gon; $x_i = x_M + R \cdot \sin(2\omega)$; $y_i = \Delta R + 2R \cdot \sin^2\omega$

Beispiel: $R = 120$ m ; $A = 50$ m ; $\gamma = 30{,}000$ gon $\Rightarrow L = 50^2/120 = 20{,}833$; $l = 50/120 = 0{,}416667$; $\tau = 5{,}5262$ gon

$x_{ÜE} = 50 \cdot [(3474^{-1} \cdot 0{,}416667^4 - 40^{-1}) \cdot 0{,}416667^4 + 1] \cdot 0{,}416667 = 20{,}818$; $x_M = 20{,}818 - 120 \cdot \sin 5{,}5262 = 10{,}414$

$y_{ÜE} = 50 \cdot [(42\,410^{-1} \cdot 0{,}416667^4 - 336^{-1}) \cdot 0{,}416667^4 + 6^{-1}] \cdot 0{,}416667^3 = 0{,}602$

$T\,ÜA = 10{,}414 + 120{,}151 \cdot \tan(30{,}000 \text{ gon}/2) = 39{,}260$

5.5 Kreisbogen mit unsymmetrischen Klothoidenästen

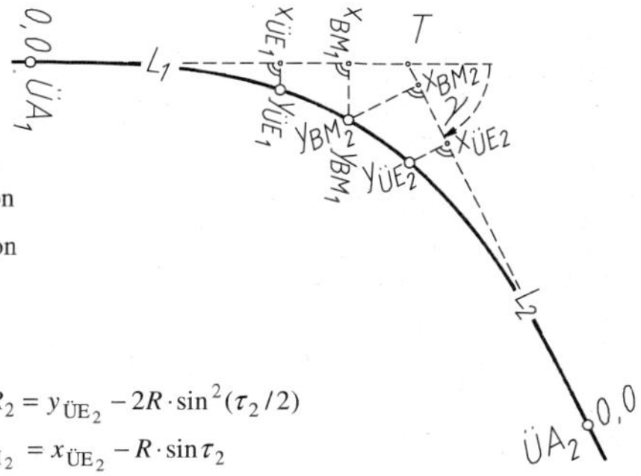

Gegeben: A_1, A_2, R und γ

Hauptpunkte:

(1.1) $L_1 = A_1^2/R;\quad l_1 = A_1/R;\quad \tau_1 = l_1^2 \cdot 100/\pi$ gon

(1.2) $L_2 = A_2^2/R;\quad l_2 = A_2/R;\quad \tau_2 = l_2^2 \cdot 100/\pi$ gon

(2.1) $x_{\text{ÜE}_1} = A_1 \cdot x_{\text{KL}}(l_1);\quad y_{\text{ÜE}_1} = A_1 \cdot y_{\text{KL}}(l_1)$

(2.2) $x_{\text{ÜE}_2} = A_2 \cdot x_{\text{KL}}(l_2);\quad y_{\text{ÜE}_2} = A_2 \cdot y_{\text{KL}}(l_2)$

(3.1) $\Delta R_1 = y_{\text{ÜE}_1} - 2R \cdot \sin^2(\tau_1/2)$; (3.2) $\Delta R_2 = y_{\text{ÜE}_2} - 2R \cdot \sin^2(\tau_2/2)$

(4.1) $x_{\text{M}_1} = x_{\text{ÜE}_1} - R \cdot \sin\tau_1$; (4.2) $x_{\text{M}_2} = x_{\text{ÜE}_2} - R \cdot \sin\tau_2$

(5.1) $T\ddot{U}A_1 = x_{\text{M}_1} + (R + \Delta R_1) \cdot \tan(\gamma/2) + (\Delta R_2 - \Delta R_1)/\sin\gamma$

(5.2) $T\ddot{U}A_2 = x_{\text{M}_2} + (R + \Delta R_2) \cdot \tan(\gamma/2) - (\Delta R_2 - \Delta R_1)/\sin\gamma$

(6) $B = R \cdot (\gamma - \tau_1 - \tau_2) \cdot \pi/200$

(7.1) $x_{\text{BM}_1} = x_{\text{M}_1} + R \cdot \sin[(\gamma + \tau_1 - \tau_2)/2]$

(7.2) $x_{\text{BM}_2} = x_{\text{M}_2} + R \cdot \sin[(\gamma - \tau_1 + \tau_2)/2]$

(8.1) $y_{\text{BM}_1} = \Delta R_1 + 2R \cdot \sin^2[(\gamma + \tau_1 - \tau_2)/4]$

(8.2) $y_{\text{BM}_2} = \Delta R_2 + 2R \cdot \sin^2[(\gamma - \tau_1 + \tau_2)/4]$

Zwischenpunkte:

wie beim symmetrischen Fall (richtige Parameter bzw. Klothoiden verwenden!).

Beispiel: Aus vorangegangenen Berechnungen sind die drei Punkte H_1, T und H_2 des Tangentenpolygons bekannt. T ist der Tangentenschnittpunkt, H_1 ein Punkt auf der ersten Tangente, H_2 ein Punkt auf der zweiten Tangente im Sinne steigender Stationierung. Der Punkt H_1 habe das Stationsmaß 0 m. Zwischen die beiden Tangenten soll eine Kurvenfolge eingerechnet werden, bestehend aus einer Klothoide vom Parameter $A_1 = 55$ m, gefolgt von einem Kreis mit dem Radius $R = 125$ m und einer anschließenden Klothoide mit dem Parameter $A_2 = 65$ m.

Für die Absteckung können zwei Polygonpunkte PP_A und PP_B in der Nähe der Trasse verwendet werden. Die Gauß-Krüger-Koordinaten der Punkte lauten:

H_1 ($x = 493{,}733$; $y = 193{,}885$)
T ($x = 522{,}837$; $y = 238{,}248$)
H_2 ($x = 527{,}609$; $y = 296{,}454$)

PP_A ($x = 480{,}417$; $y = 184{,}194$)
PP_B ($x = 564{,}442$; $y = 286{,}637$)

Aus den Koordinaten berechnet man zunächst die Richtungswinkel φ_1 und φ_2 der Tangenten nach Abschnitt 4.2:

$H_1 - T$: $\varphi_1 = 63{,}0371$ gon, $s_1^T = 53{,}058$ m
$H_2 - T$: $\varphi_2 = 94{,}7923$ gon, $s_2^T = 58{,}401$ m
$\gamma = 94{,}79203 - 63{,}0371 = 31{,}7552$ gon

Damit lassen sich in der Reihenfolge der obigen Formeln errechnen:

$L_1 = 24{,}200$; $l_1 = 0{,}44000$; $\tau_1 = 6{,}1625$ gon
$L_2 = 33{,}800$; $l_2 = 0{,}52000$; $\tau_2 = 8{,}6071$ gon
$x_{\text{ÜE}_1} = 24{,}177$; $y_{\text{ÜE}_1} = 0{,}780$
$x_{\text{ÜE}_2} = 33{,}738$; $y_{\text{ÜE}_2} = 1{,}521$
$\Delta R_1 = 0{,}195$; $\Delta R_2 = 0{,}381$
$x_{\text{M}_1} = 12{,}096$; $x_{\text{M}_2} = 16{,}890$
$T_{\ddot{U}A_1} = 44{,}372$; $T_{\ddot{U}A_2} = 48{,}438$
$B = 33{,}351$
$x_{\text{BM}_1} = 40{,}618$; $y_{\text{BM}_1} = 3{,}493$
$x_{\text{BM}_2} = 50{,}063$; $y_{\text{BM}_2} = 4{,}863$

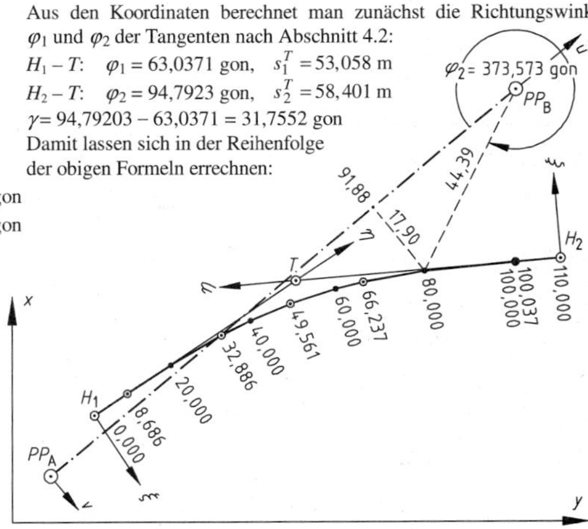

Die Hauptpunkte haben die Stationierungsmaße (Sg = Segmentgrenze):

$\ddot{U}A_1$: $Sg_1 = s_1^\text{T} - T_{\ddot{U}A_1} = 53{,}058 - 44{,}372 = 8{,}686$; $\ddot{U}E_1$: $Sg_2 = Sg_1 + L_1 = 32{,}886$

Kreisbogenmitte: $BM = Sg_2 + B/2 = 49{,}561$; $\ddot{U}E_2$: $Sg_3 = Sg_2 + B = 66{,}237$

$\ddot{U}A_2$: $Sg_4 = Sg_3 + L_2 = 100{,}037$; H_2: $Sg_5 = Sg_4 + s_2^\text{T} - T_{\ddot{U}A_2} = 110{,}000$

Die Zwischenpunkte im lokalen ξ-η-System der Anfangstangente:

$L = 20$: $\xi = 8{,}686 + 50 \cdot x_{\text{KL}}[(20 - 8{,}686)/55] = 19{,}999$; $\eta = 55 \cdot y_{\text{KL}}\,[(20 - 8{,}686)/55] = 0{,}080$

$ÜE_1$: $\xi = 8{,}686 + 24{,}177 = 32{,}836$; $\eta = 0{,}780$

$L = 40$: $\omega = (40 - 8{,}686 - 24{,}2/2) \cdot 200/(2 \cdot \pi \cdot 125) = 4{,}8928$ gon

$\xi = 8{,}686 + 12{,}096 + 125 \cdot \sin(2 \cdot 4{,}8928 \text{ gon}) = 39{,}920$

$\eta = 0{,}195 + 2 \cdot 125 \cdot (\sin 4{,}8928 \text{ gon})^2 = 1{,}669$

Analog werden die übrigen ξ-η-Koordinaten im System der Endtangente berechnet. Nach dem Verfahren der Kleinpunktberechnung (Abschnitt 4.3) erhält man die Gauß-Krüger-Koordinaten (x, y) mit $A = H_1$, $E = T$ für die Anfangstangente und $A = H_2$, $E = T$ für die Endtangente. Über eine Koordinatentransformation nach Abschnitt 4.5 mit $A = PP_A$ und $E = PP_B$ berechnet man die orthogonalen Absteckdaten (u, v) im System der Polygonseite $PP_A \rightarrow PP_B$. Abschließend erhält man nach Abschnitt 4.2 aus den (u, v)-Koordinaten die Polarkoordinaten (e, φ), bezogen auf PP_A (bzw. PP_B) als Pol, und die Polygonseite als Nullrichtung für die polare Absteckmethode.

Tabelle der Absteckdaten:

	Station	Tangenten-system		Gauß-Krüger-System		Absteckdaten im System der Polygonseite orthogonal		polar				
	L	ξ	η	x	y	u	v	e_1	φ_1	e_2	φ_2	
Erste Tangente	0,000	0,000	0,000	493,733	193,885	15,938	–4,150	16,469	383,783	116,631	2,266	H_1
	8,686	8,686	0,000	498,497	201,147	24,574	–3,228	24,785	391,685	107,968	1,904	$ÜA_1$
	20,000	19,999	0,080	504,637	210,651	35,816	–1,948	35,869	396,541	96,698	1,283	
	32,886	32,863	0,780	511,107	221,791	48,532	0,114	48,532	0,149	83,962	399,914	$ÜE_1$
	40,000	39,920	1,669	514,235	228,179	55,456	1,747	55,483	2,004	77,059	398,557	
	49,561	49,304	3,493	517,858	237,025	64,593	4,556	64,753	4,483	68,055	395,735	BM
	(T)	53,058	0,000	522,837	238,248	68,696	1,481	68,712	1,372	63,816	398,522	(T)
Zweite Tangente	(T)	58,401	0,000	522,837	238,248	68,696	1,481	68,712	1,372	63,816	398,522	(T)
	49,561	60,027	–4,863	517,858	237,025	64,593	4,556	64,753	4,483	68,055	395,735	BM
	60,000	49,858	–2,516	521,028	246,968	74,290	8,410	74,765	7,176	58,808	390,865	
	66,237	43,702	–1,521	522,522	253,022	79,919	11,084	80,686	8,781	53,733	386,760	$ÜE_2$
	80,000	29,996	–0,317	524,842	266,584	91,876	17,901	93,604	12,251	44,388	373,573	
	100,000	10,001	0,000	526,792	286,487	108,501	29,015	112,314	16,635	37,650	343,986	
	100,037	9,964	0,000	526,795	286,524	108,532	29,036	112,349	16,642	37,647	343,924	$ÜA_2$
	110,000	0,000	0,000	527,609	296,454	116,729	34,705	121,776	18,398	38,119	327,150	H_2

6 Lageabsteckungen

6.1 Allgemeine Verfahren

Orthogonalverfahren

In der Örtlichkeit bereits vorhanden sind die Anschlusspunkte A und E. Die rechtwinkligen Koordinaten (u / v) des abzusteckenden Neupunkts P sind häuslich errechnet worden. Mit dem Messband wird das Maß u auf der Messungslinie AE abgetragen und so der Lotfußpunkt F gewonnen. Mit dem Rechtwinkelprisma wird von F aus ein Fluchtstab rechtwinklig zur Geraden AE in einer Entfernung von F eingewiesen, die etwas größer als v ist (abschreiten!). Schließlich wird von F aus in Richtung auf diesen Hilfspunkt das genaue Maß v abgetragen.

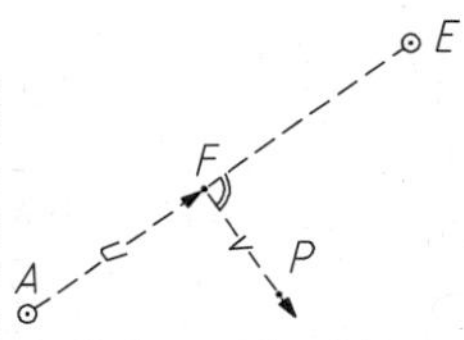

Orthogonalverfahren

Polarverfahren

Standardverfahren beim Abstecken mit elektronischen Tachymetern.

Standpunkt auf bekanntem Anschlusspunkt

Das Gerät wird auf A zentriert und horizontiert. Die Horizontalwinkelanzeige wird in die Richtung nach E auf null gesetzt. Der Polarwinkel φ wird eingestellt und das Reflektorprisma in diese Richtung in ungefährer Entfernung e (abschreiten!) auf einen Näherungspunkt eingewiesen. Danach erfolgt die genaue elektronische Distanzmessung e' zu diesem Näherungspunkt. Die Entfernungsverbesserung $e - e'$ wird mit einem 2-m-Handrollmessband oder nach Augenmaß abgesetzt. Das Verfahren wird mit dem neuen Näherungspunkt so lange wiederholt, bis die gewünschte Absteckgenauigkeit erreicht ist.

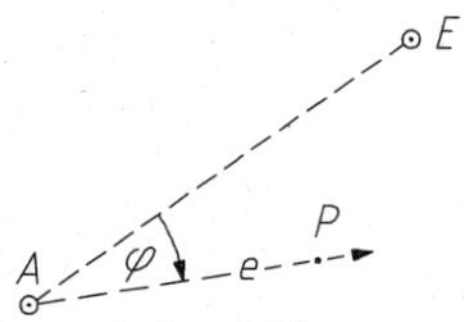

Polarverfahren

Freie Standpunktwahl

Viel Rechenarbeit wird gespart bei Verwendung von modernen Tachymetern (Totalstationen), in denen die Koordinaten der Anschlusspunkte und der abzusteckenden Neupunkte gespeichert werden können. Man kann dann den Gerätestandpunkt geschickt wählen, mindestens zwei, besser drei oder vier bekannte Anschlusspunkte (AP_i) anmessen und den Gerätestandpunkt S von einem Programm zur freien Standpunktwahl berechnen lassen (s. Beispiel zu Abschnitt 4.6). Die abzusteckenden Neupunkte werden durch Angabe ihrer Punktnummer ausgewählt. Im Tachymeter werden durch das Absteckprogramm die vom Gerätestandpunkt abhängigen Absteckdaten berechnet und mit der durch Messung erhaltenen Position des Prismas verglichen. Das Prisma wird dann iterativ in die Sollposition gewiesen. Am wirtschaftlichsten ist das Verfahren mit Tachymetern, die dem Prisma automatisch folgen (Sensor plus Motorantrieb) und ihre Messdaten durch Funk oder Infrarotlicht zu einem Display am Prismenstab übertragen. Dann genügt ein Bediener am Prismenstab für die Absteckung.

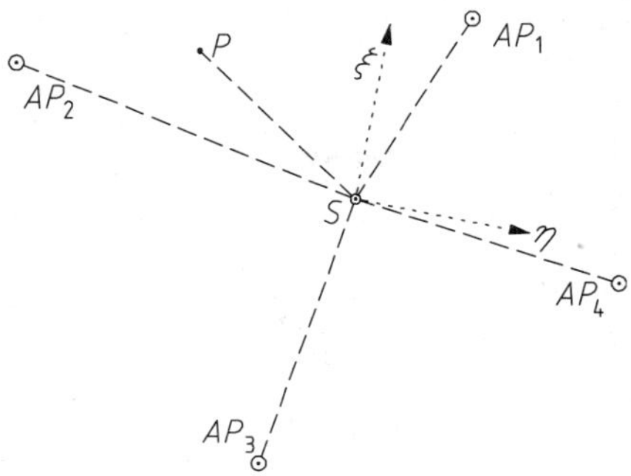

Freie Standpunktwahl

Abstecken nach Koordinaten durch Satellitenpositionierung (GPS)

Bei freier Sicht zum Himmel auf die GPS-Satelliten (GPS = Globales Positionierungssystem) und Verwendung von GPS-Satellitenempfängern, die die Speicherung der 3D-Koordinaten von Anschlusspunkten und Neupunkten gestatten, können direkt die 3D-Koordinaten zur Absteckung verwendet werden (s. Abschnitt 2.3 Aufnahmeverfahren, GPS-Vermessung). Man benötigt mindestens drei 3D-Anschlusspunkte, um vom GPS-Gerät in Echtzeit die Daten in das terrestrische Gebrauchskoordinatensystem transformieren zu lassen. Mit den dadurch ermittelten Transformationsparametern können die abzusteckenden Neupunkte interaktiv mit ihren zuvor häuslich ermittelten Gebrauchskoordinaten abgesteckt werden. Die Position des Neupunktes wird zu Beginn grob geschätzt und markiert. In einer Echtzeit-Auswertung werden die Messergebnisse mit den Sollwerten verglichen und die vorläufige Punktlage verbessert, falls notwendig. Dann wird erneut gemessen. Das Vorgehen wird so lange fortgesetzt, bis die gewünschte Genauigkeit erreicht ist.

6.2 Spezialfälle

In der Regel wird man mit zahlreichen häuslich errechneten Absteckdaten zum Abstecken auf die Baustelle gehen. Im Falle von Verlusten einzelner Punkte (z. B. durch Baustellenbetrieb) ist man jedoch für Verfahren zur Punktverdichtung dankbar, deren Absteckdaten mit dem Taschenrechner oder durch örtliche Konstruktionen schnell ermittelt werden können.

Rechter Winkel durch Bogenschnitt mit einem Messband

Lot errichten im Punkt *P* einer Geraden

Man nutzt den Lehrsatz des Pythagoras ($c=\sqrt{a^2+b^2}$) aus, indem man vom Lotfußpunkt P mit einem Messband auf der Geraden eine Kathete (z. B. b) abträgt und von diesen beiden Geradenpunkten die Kreise mit der anderen Kathete (z. B. a) und der Hypotenuse c örtlich zum Schnitt bringt.
Bequem sind dabei ganze Zahlen pythagoreischer Dreiecke (z. B. a = 3 m, b = 4 m, c = 5 m).

Lot fällen von einem Punkt *P* auf eine Gerade

Von P aus werden die beiden Schnittpunkte eines Kreises mit hinreichend großem Radius (Messband mit Marke, z. B. Zählnadel) mit der Geraden durch Einweisen örtlich konstruiert. Der Mittelpunkt dieser Strecke (messen, Messwert halbieren, Maß abtragen) ist der gesuchte Lotfußpunkt.

Ellipse

Bei der so genannten **Gärtnermethode** wird ausgenutzt, dass für Punkte auf einer Ellipse die Summe der Abstände von den beiden Brennpunkten gleich dem Doppelten der großen Halbachse a ist. Man steckt örtlich die beiden Brennpunkte F_1 und F_2 im Abstand $2 \cdot e$ (mit $e=\sqrt{a^2-b^2}$, wobei b die kleine Halbachse ist) ab, knotet eine Schnur (einen Draht) der Länge $s=2a+2e$ zu einer Schlaufe und hängt diese Schlaufe über zwei Fluchtstäbe in F_1 und F_2 . Spannt man die Schlaufe mit einem dritten Fluchtstab F_3 zu einem Dreieck, so liegt F_3 auf der Ellipse. Durch Umrunden der Brennpunkte konstruiert man beliebig viele Ellipsenpunkte.

Kreisbogen

Kann ein Kreisdurchmesser abgesteckt werden und sind zwei Fluchtstäbe an den Endpunkten dieses Durchmessers sichtbar, so kann man Kreispunkte unter Ausnutzung des Thales-Satzes (der Umfangswinkel über einem Kreisdurchmesser ist ein rechter Winkel) mit einem Rechtwinkelprisma direkt aufsuchen.

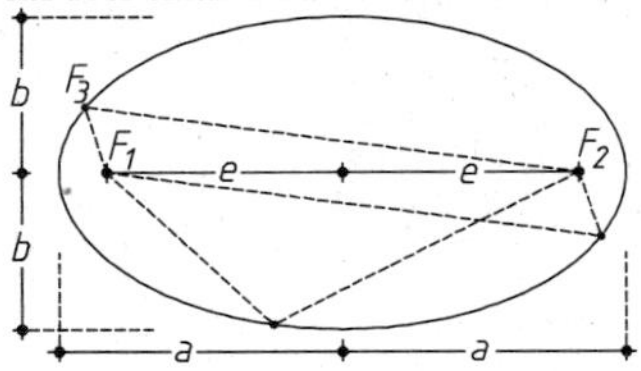

Ellipse

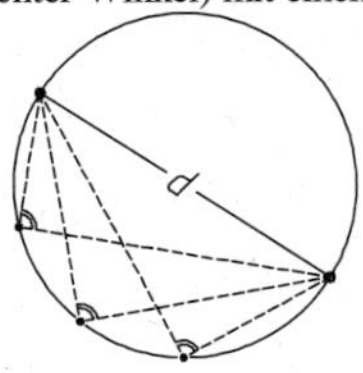

Kreis

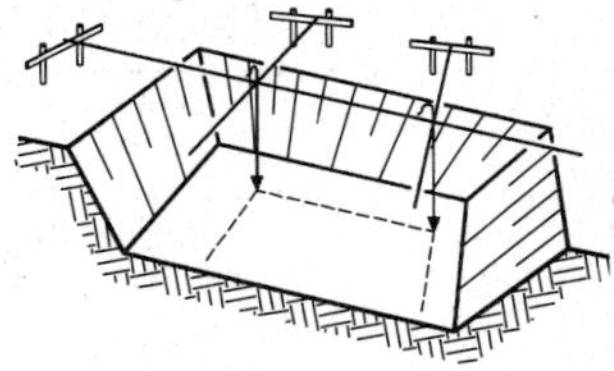

Schnurgerüst

Schnurgerüst für Baugruben

Nach Absteckung des Bauwerkgrundrisses auf der Erdoberfläche verlängert man die **Grundriss**seiten über die geplante Baugrube hinaus und sichert die Verlängerungen mit Schnurgerüsten, die jederzeit eine schnelle Wiederherstellung der Seiten durch Einhängen von Schnüren erlauben. Ist die Baugrube fertig gestellt, werden die Schnittpunkte der Schnüre an den Eckpunkten des Bauwerks auf die Grubensohle abgelotet.

7 Höhenabsteckungen

Einzelpunkte

Einzelpunkte mit der Planungshöhe H_{Pl} werden abgesteckt, indem man zu einem nahe gelegenen Höhenanschlusspunkt (Höhe H_{A}) mit einem Nivellierinstrument einen Rückblick r abliest. An der gewünschten Stelle wird dann ein Höhenpflock so weit in den Boden geschlagen, dass an der aufgehaltenen Nivellierlatte die Vorblickablesung $v = H_{\mathrm{A}} + r - H_{\mathrm{Pl}}$ erscheint.

Geraden konstanter Steigung

Geraden mit konstanter Steigung kann man mit dem Nivellierinstrument durch Abstecken der Einzelpunkte in der Örtlichkeit konstruieren. Schneller jedoch kommt man zum Ziel, indem man nur Anfangs- und Endpunkt nach dieser Methode absteckt und die Zwischenpunkte mit Hilfe von Visierkreuzen höhenmäßig einweist. Am bequemsten verwendet man Kanalbaulaser. Sie gestatten es nach passender Ausrichtung, durch Auffangen des Laserstrahls mit einer Zieltafel lage- und höhenmäßig ohne Hilfspersonal selber Zwischenpunkte einzuweisen.

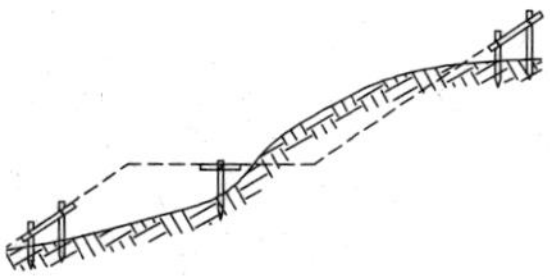

Böschungslehre

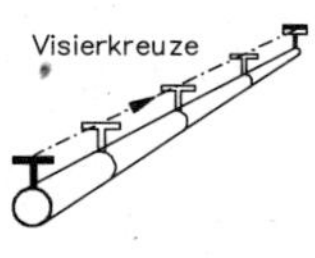

Visierkreuze

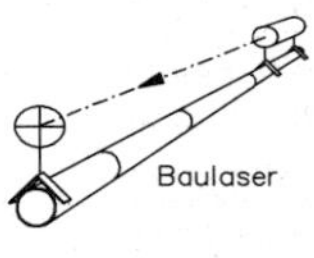

Kanalbaulaser

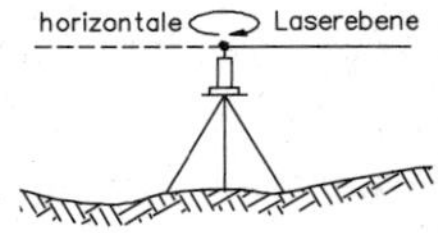

Lasernivellier

Flächen

Flächen können an ausgewählten Punkten mit dem Nivellierinstrument einzeln höhenmäßig eingewiesen werden. Bei horizontalen Ebenen (z. B. Geschossflächen) sind oft Schlauchwaagen vorteilhaft. Man markiert einen Höhenpunkt, z. B. mit Hilfe eines Nivellierinstrumentes, an einer Wand oder einem Pfahl. Man überträgt seine Höhe mit der Schlauchwaage auf beliebig viele Zwischenpunkte (auch ohne Sichtverbindung möglich, falls Wände die Sicht mit dem Nivellierinstrument behindern). Das Planum einer Baustelle lässt sich mit dem horizontal kreisenden Laserstrahl eines Lasernivelliers (Rotationslaser) und einem Laserstrahldetektor an der Planierraupe sogar direkt einweisen.

Vermarkung

Die Vermarkung von abgesteckten Höhenpunkten geschieht durch Einschlagen von Pflöcken und Bolzen in den Boden oder durch Farbmarkierungen an bereits vorhandenen Wänden, Säulen oder Pfeilern. Böschungen werden durch Böschungslehren sichtbar gemacht.

14 B Bauzeichnungen

Prof. Dr.-Ing. Rudolf Bertig

1 Linien in Zeichnungen des Bauwesens

DIN ISO 128-23 [1)]

Nr.	Linienart	Anwendung	Liniengruppe				
			0,25	0,35	0,5	0,7	1
1.1	Volllinie, schmal	Begrenzung unterschiedlicher Werkstoffe in Ansichten und Schnitten	0,13	0,18	0,25	0,35	0,5
		Schraffuren					
		Diagonallinien für die Angabe von Öffnungen, Löchern und Aussparungen					
		Pfeillinien in Treppen, Rampen und geneigten Flächen					
		Rasterlinien 1. Ordnung					
		kurze Mittellinien					
		Maßhilfslinien					
		Maßlinien und Maßlinienbegrenzungen Hinweislinien					
		vorhandene Höhenlinien in Zeichnungen für Außenanlagen					
		sichtbare Umrisse von Teilen in der Ansicht					
		vereinfachte Darstellung von Türen, Fenstern, Treppen, Armaturen usw.					
		Umrahmung von Einzelheiten					
	Zickzacklinie, schmal	Begrenzungen von teilweise oder unterbrochenen Ansichten und Schnitten, wenn die Begrenzung nicht eine Linie 4.1 ist					
1.2	Volllinie, breit	sichtbare Umrisse von Teilen in Schnitten mit Schraffur	0,25	0,35	0,5	0,7	1
		Begrenzungen unterschiedlicher Werkstoffe in Ansichten und Schnitten					
		sichtbare Umrisse von Teilen in der Ansicht					
		vereinfachte Darstellung von Türen, Fenstern, Treppen, Armaturen usw.					
		Rasterlinien 2. Ordnung					
		Pfeillinien zur Kennzeichnung von Ansichten und Schnitten					
		projektierte Höhenlinien in Zeichnungen für Außenanlagen					
1.3	Volllinie, sehr breit	sichtbare Umrisse von Teilen in Schnitten ohne Schraffur	0,5	0,7	1	1,4	2
		Bewehrungsstähle					
		Linien mit besonderer Bedeutung					

1) Die DIN ISO 128-23 legt Linienarten und deren Anwendung in der Baudokumentation fest, bestehend aus Architekturzeichnungen, Statikzeichnungen, Zeichnungen für den ingenieurtechnischen Ausbau, Zeichnungen des Bauingenieurwesens, Zeichnungen für Außenanlagen sowie Zeichnungen der Stadtplanung.
Die Linienart, ihre Bezeichnungen und Abmessungen sowie die Grundregeln für das Zeichnen von Linien sind in DIN ISO 128-20 beschrieben. Die Anforderungen für die Mikroverfilmung enthält DIN ISO 6428.

Linien in Zeichnungen des Bauwesens (Fortsetzung) DIN ISO 128-23

Nr.	Linienart	Anwendung	Liniengruppe				
			0,25	0,35	0,5	0,7	1
2.1	Strichlinie, schmal - - - - - - - - -	vorhandene Höhenlinien in Zeichnungen für Außenanlagen; Unterteilung von Pflanzlichen/Rasen; unsichtbare Umrisse	0,13	0,18	0,25	0,35	0,5
2.2	Strichlinie, breit - - - - - - - - -	verdeckte Umrisse	0,25	0,35	0,5	0,7	1
2.3	Strichlinie, sehr breit ▬ ▬ ▬ ▬	Bewehrungsstähle in der unteren Schicht in einem Lageplan sowie in der von der Oberfläche weiter entfernt liegenden Schicht in einer Ansichtszeichnung, wenn die untere und obere Schicht sowie die nahe Oberfläche und die dahinterliegende Schicht in einer Skizze dargestellt werden	0,5	0,7	1	1,4	2
4.1	Strichpunktlinie, schmal —·—·—·—	Schnittebenen; Mittellinien; Symmetrielinien; Rahmen für vergrößerte Einzelheiten; Bezugslinien; Begrenzungen von teilweisen oder unterbrochenen Ansichten u. Schnitten	0,13	0,18	0,25	0,35	0,5
4.2	Strichpunktlinie, breit —·—·—·—	Schnittebenen; Umrisse von sichtbaren Teilen von der Schnittebene	0,25	0,35	0,5	0,7	1
4.3	Strichpunktlinie, sehr breit ▬ ▪ ▬	zweitrangige Linie für Lagebeziehungen und beliebige Bezugslinie; Kennzeichnung von Linien oder Oberflächen mit besonderen Anforderungen; Grenzlinien für Verträge, Phasen, Bereiche usw.	0,5	0,7	1	1,4	2
5.1	Strich-Zweipunktlinie, schmal —..—..—	Alternativ- und Grenzstellungen beweglicher Teile; Schwerlinie; Umrisse angrenzender Teile	0,13	0,18	0,25	0,35	0,5
5.2	Strich-Zweipunktlinie, breit —..—..—	Umrisslinie vor der Schnittebene	0,25	0,35	0,5	0,7	1
5.3	Strich-Zweipunktlinie, sehr breit ▬ ▪▪ ▬	vorgespannte Bewehrungsstähle und -seile	0,5	0,7	1	1,4	2
7	Punktlinie, schmal	Umrisse von nicht zum Projekt gehörenden Teilen	0,13	0,18	0,25	0,35	0,5
8	grafische Symbole	Beschriftung und Darstellung grafischer Symbole	0,18	0,25	0,35	0,5	0,7

In einer Zeichnung für das Bauwesen werden in der Regel drei Linienbreiten, schmal, breit und sehr breit, angewendet. Das Verhältnis zwischen den Linienbreiten ist 1 : 2 : 4.

Eine spezielle Linienbreite wird für die Darstellung und Beschriftung grafischer Symbole angewendet. Diese Linienbreite befindet sich zwischen den Breiten der schmalen und der breiten Linie.

Die Linienbreite muss nach Art, den Maßen und dem Maßstab der Zeichnung ausgewählt werden sowie den Anforderungen für die Mikroverfilmung und für andere Reproduktionsverfahren entsprechen.

2 Kennzeichnung von geschnittenen Stoffen und Darstellung für Bauteile nach DIN 1356/DIN 201/DIN 919

Baustoff, Bauteil (ggf. ergänzt durch nähere Angaben)[1]		Kennz. der Schnittflächen	Baustoff, Bauteil (ggf. ergänzt durch nähere Angaben)[1]		Kennz. der Schnittflächen
Boden	gewachsen	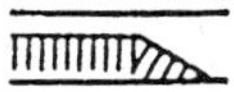	Dämmstoff		
	geschüttet		Füllstoff		
Kies		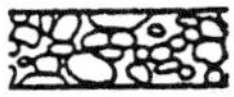	Isolierstoff		
Sand			Kunststofffolie		
Beton	bewehrt		Dichtungsbahn mit Metallfolie		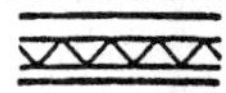
	unbewehrt		Gussasphalt		
Porenbeton, bewehrt	(nicht genormt)		Abdichtg. gem. DIN 18 195-3	z. B. Thermoplaste, Bitumenbahnen	
Leichtbeton			Vollholz	Hirnholz	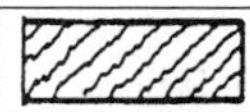
Bimsbeton				Längsholz	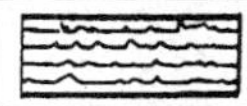
WU-Beton			Holzwerkstoffplatten		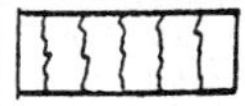
Betonfertigteile		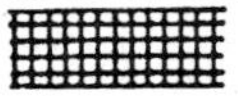	Eintragung der Plattenart/ Nenndicke	z. B. FPY 16 (Flachpressplatte, Rohdicke 16 mm)	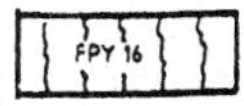
Mauerwerk	Ziegel	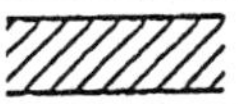			
	erhöhte Festigkeit	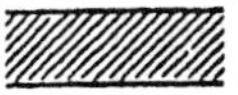	Kernstruktur	Hirnholz	
	Leichtziegel			Längsholz	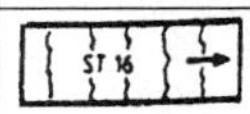
	Bimsbaustoffe		Beschichtung	einseitig	
Gipsplatte		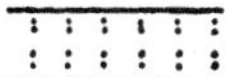		beidseitig	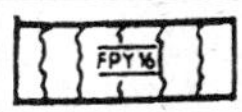
Putz, Mörtel		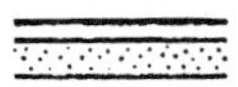	Kennz. der Oberfl.struktur	in Faserrichtung	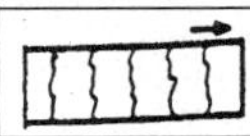
Metall				quer zur Faser	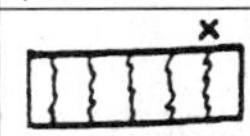
HWL-Platte		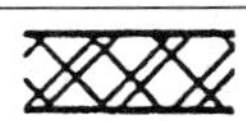	Anleimer		

[1] Die Rechtsverordnungen der Länder enthalten konkrete Forderungen der zu verwendenden Zeichen und ggf. Farben. Die Schraffuren können u. a. ergänzt werden durch grafische Symbole, Werkstoffkurzzeichen, Normbezeichnungen in Verbindung mit Maßangaben, Wortangaben, die in die Schnittflächen eingetragen oder durch Hinweislinien herausgezogen werden.

3 Arten und Inhalte von Bauzeichnungen für die Objekt- und Tragwerksplanung

3.1 Anforderungen an die Zeichnungen der Objektplanung

In dieser Checkliste werden Regeln und Mindestanforderungen für Zeichnungen in den einzelnen Entwurfs- und Ausführungsphasen zusammengestellt. In der HOAI (Honorarordnung für Architekten und Ingenieure) sind komplexe Leistungsbilder der Objektplanung genau beschrieben, diese Checkliste behandelt jedoch nur die Leistungen der *zeichnerischen* Darstellung.

3.1.1 Vorentwurfszeichnungen

Vorentwurfszeichnungen sind zeichnerische Darstellungen – gegebenenfalls in skizzenhafter Form – eines Entwurfskonzeptes für eine geplante bauliche Anlage. Sie dienen im Rahmen der Vorentwurfsplanung der Erläuterung des Entwurfskonzeptes unter Berücksichtigung der Leistungen anderer an der Planung fachlich Beteiligter, soweit notwendig. Vorentwurfszeichnungen können auch als Grundlage zur Beurteilung der baurechtlichen Genehmigungsfähigkeit verwendet werden.

Vorentwurfszeichnungen sind nach Art und Umfang der Bauaufgabe im Maßstab 1:500 bzw. 1:200 darzustellen und *sollen mindestens* enthalten:

a) die Einbindung der baulichen Anlagen in ihrer Umgebung, z. B. Darstellung des Bauwerks auf dem Baugrundstück mit Angabe der Haupterschließung und der Nordrichtung,
b) die Zuordnung der im Raumprogramm genannten Räume zueinander,
c) die angenäherten Maße der Baukörper und Räume, auch als Grundlage für die Berechnung nach DIN 276 und DIN 277,
d) konstruktive Angaben, soweit notwendig,
e) Darstellung der Baumassen, Gebäudeformen und Bauteile in Grundrissen, Schnitten und wesentlichen Ansichten mit Verdeutlichung der räumlichen Wirkung, soweit notwendig.

3.1.2 Entwurfszeichnungen

Entwurfszeichnungen sind zeichnerische Darstellungen des durchgearbeiteten Entwurfskonzeptes der geplanten baulichen Anlage und müssen die Beiträge anderer an der Planung fachlich Beteiligter berücksichtigen sowie Gestaltung und Konstruktion erkennen lassen. Sie dienen der abschließenden Beurteilung durch den Bauherrn und sind Grundlage für die Genehmigungsplanung. Entwurfszeichnungen sind in der Regel im Maßstab 1:100, ggf. 1:200 darzustellen und *sollen mindestens* enthalten:

in den Grundrissen

a) Angabe der Nordrichtung, die Bemaßung der Lage des Bauwerks im Baugrundstück, Hinweise auf die Erschließung,
b) die Bemaßung der Baukörper und Bauteile,
c) die lichten Raummaße des Rohbaues und Höhenlage des Bauwerks über NN,
d) Lage der vertikalen Schnittebenen,
e) Raumfläche in m^2,
f) Angabe der Bauart und der wesentlichen Baustoffe,
g) Bauwerksfugen,
h) Türöffnungen mit Bewegungsrichtung der Türen, Fensteröffnungen und besondere Kennzeichnung der Gebäudezugänge und ggf. Wohnungszugänge o. ä.,
i) Rampen und Treppen mit Angaben der Steigungsverhältnisse, Anzahl der Steigungen und Lauflinien,
j) Schornsteine, Kanäle und Schächte,
k) Einrichtungen des technischen Ausbaus,
l) betriebliche Einbauten und Möblierungen,
m) Bezeichnung der Raumnutzung und ggf. die Raumnummern gem. DIN ISO 4157,
n) bei Änderung baulicher Anlagen die zu erhaltenden, zu beseitigenden und die neuen Bauteile gem. DIN ISO 7518,

o) den zu erhaltenden Baumbestand und die geplante Gestaltung der Freiflächen auf dem Baugrundstück (Verkehrsflächen, Grünflächen),
p) die bestehenden und zu berücksichtigenden baulichen Anlagen, soweit notwendig;

in den Schnitten
a) Geschosshöhen (Stockwerkshöhen), ggf. auch lichte Raumhöhen,
b) Höhenlage der baulichen Anlage über NN,
c) konstruktive Angaben zur Gründung und zum Dachaufbau,
d) Rampen und Treppen mit Angabe der Steigungsverhältnisse und Anzahl der Steigungen,
e) den vorhandenen und den geplanten Geländeverlauf (Geländeanschnitt);

in den Ansichten
a) die Gliederung der Fassade, einschl. Gebäudefugen,
b) die Fenster- und Türteilungen,
c) die Dachrinnen und Regenfallleitungen,
d) die Schornsteine und sonstige technische Aufbauten,
e) die Dachüberstände,
f) den vorhandenen und den geplanten Geländeverlauf,
g) die ggf. zu berücksichtigende anschließende Bebauung.

3.1.3 Bauvorlagezeichnungen

Bauvorlagezeichnungen sind Entwurfszeichnungen (in der Regel im Maßstab 1:100), die durch alle Angaben ergänzt sind, die gemäß den jeweiligen Bauvorlagenverordnungen der Länder oder nach den Vorschriften für andere öffentlich-rechtliche Verfahren gefordert werden.

Zu den Bauvorlagezeichnungen gehören die Entwässerungszeichnungen, die mit den in DIN 1986-1 festgelegten Symbolen zu zeichnen und bei der zuständigen Baubehörde zur Genehmigung einzureichen sind (Sinnbilder siehe Abschn. 13.2).

Zu den Entwässerungszeichnungen gehören mindestens:
- Lageplan i. M. 1:500 mit der vorhandenen/geplanten Regen-Schmutzwasserkanalisation
- Stockwerksgrundrisse mit der Angabe aller Zapfstellen und Abläufe i. M. 1:100
- Kellergrundriss mit allen Fallrohren und Grundleitungen mit den jeweiligen Nennweitenangaben
- Schnitt i. M. 1:100 mit Grund- und Anschlussleitungen, Revisionsschacht, Fall- und Entlüftungsleitungen. Des Weiteren sind anzugeben und höhenmäßig, bezogen auf NN, festzulegen: die Rückstauebene, das Gefälle und die Nennweiten der verschiedenen Rohrleitungen.

Die Rechtsverordnungen der Länder enthalten konkrete Forderungen hinsichtlich der Maßstäbe, der Mindestinhalte sowie der zu verwendenden Symbole und ggf. Tönungen. Bauvorlagezeichnungen dürfen keine farbigen Darstellungen enthalten und müssen sich wegen der Schwarzweiß-Mikroverfilmbarkeit gleichmäßig kontrastreich vom Zeichenträger abheben. Grautöne für Flächen sind in ihrer Wertigkeit so zu wählen, dass sie in diesen vorhandene Eintragungen nicht überdecken.

3.1.4 Ausführungszeichnungen

Ausführungszeichnungen sind Bauzeichnungen mit zeichnerischen Darstellungen des geplanten Objekts mit allen für die Ausführung notwendigen Einzelangaben. Sie enthalten alle für die Ausführung bestimmten Einzelangaben in
1. Werkzeichnungen,
2. Teilzeichnungen/Detailzeichnungen,
3. Sonderzeichnungen

und dienen als Grundlage der Leistungsbeschreibung und Ausführung der baulichen Leistungen.

3.1.4.1 Werkzeichnungen (Werkpläne)

Werkzeichnungen werden vorzugsweise im Maßstab 1:50, ggf. 1:20 dargestellt und sollen in jeweils einer Zeichnung oder – aus Gründen der Übersicht entsprechend der geplanten Baudurchführung – in schrittweise aufeinander abgestimmten und sich ergänzenden Zeichnungen *mindestens* enthalten:

in den Grundrissen

a) alle Maße zum Nachweis der Raumflächen und des Rauminhaltes (lichte Raummaße des Rohbaues),
b) Quadratmeterangaben für die Raumflächen, bezogen auf den Rohbau,
c) Höhenangaben, Lage des Bauwerkes über NN,
d) Maße aller Bauteile,
e) Türöffnungen mit Bewegungsrichtungen der Türen, Fensteröffnungen,
f) Treppen und Rampen mit Angabe der Steigungsrichtung (Lauflinie), Anzahl der Steigungen und Steigungsverhältnisse, bei Rampen nur Steigungsverhältnis,
g) Angaben der Bauart und der Baustoffe, soweit diese nicht den Tragwerksausführungszeichnungen zu entnehmen sind,
h) Lage und Verlauf der Abdichtungen,
i) konstruktive Fugen,
j) die Anordnung der betriebstechnischen Anlagen mit Querschnitten der Kanäle, Schächte und Schornsteine,
k) alle Angaben über Aussparungen und Einbauteile,
l) die Geländeanschnitte, die die vorhandenen und künftigen Höhen erkennen lassen,
m) bei Änderung baulicher Anlagen: alle Angaben über zu erhaltende, zu beseitigende und neu zu errichtende Bauteile, Darstellung gem. DIN ISO 7518,
n) Hinweise auf weitere Zeichnungen,
o) die Raumnummern und die Bezeichnung der Raumnutzung,
p) Angaben über die Oberflächenbeschaffenheit verwendeter Baustoffe bei besonderen Anforderungen an die Oberfläche,
q) die Anordnung der Einrichtungen des technischen Ausbaus,
r) die Anordnung der betrieblichen Einbauten, ggf. in schematischer Darstellung,
s) Einbauschränke, Kücheneinrichtungen,
t) Verlauf der Grundleitung, Darstellung gem. DIN 1986-1
u) Angaben über die Dränung,
v) Hinweise auf weitere Zeichnungen,
w) bei Verwendung von Fertigteilen Angaben der Maßtoleranzen;

in den Schnitten

a) Geschosshöhen (Stockwerkshöhen), ggf. auch lichte Raumhöhen,
b) Höhenangaben für Decken und Fußböden (Rohbau- und Fertigmaß), Podeste, Brüstungen, Unterzüge, Vouten,
c) Maße aller Bauteile,
d) Angabe der Bauart und Baustoffe, soweit diese nicht den Tragwerksausführungszeichnungen zu entnehmen sind,
e) Angaben über die Oberflächenbeschaffenheit der verwendeten Baustoffe, bei besonderen Anforderungen an die Oberfläche,
f) Treppen mit Angabe der Anzahl der Steigungen und Steigungsverhältnisse, bei Rampen Steigungsverhältnis,
g) Lage und Verlauf der Abdichtungen,
h) Angaben über Aussparungen und Einbauteile, soweit notwendig,
i) die Geländeanschnitte, die die vorhandenen und die künftigen Höhen erkennen lassen,
j) Angaben über die Dränung,
k) bei Änderung bestehender Anlagen Angaben über zu beseitigende oder neu zu errichtende Bauteile,
l) Einbauschränke und Kücheneinrichtungen,
m) Hinweise auf weitere Zeichnungen;

in den Ansichten

a) Gliederung der Fassade, einschließlich Fugen,
b) Bemaßung und Höhenangaben, soweit nicht aus Grundriss und Schnitt ersichtlich,
c) hinter der Fassade liegende verdeckte Geschossdecken und verdeckte Fundamente,
d) Fenster und Türen mit Angabe der Teilung und Öffnungsart,
e) Dachrinnen und Regenfallleitungen,
f) Schornsteine und sonstige technische Aufbauten,
g) die ggf. zu berücksichtigende anschließende Bebauung.

3.1.4.2 Detailzeichnungen (Einzelheiten)

Detailzeichnungen ergänzen die Werkzeichnungen in bestimmten Ausschnitten in jeweils notwendigem Umfang durch zusätzliche Angaben. Sie werden im Maßstab 1:20, 1:10, 1:5 oder 1:1 dargestellt.

3.1.4.3 Sonderzeichnungen

Sonderzeichnungen enthalten zusätzliche Angaben über die Ausführung bestimmter Gewerke, der Maßstab ist nach den Erfordernissen zu wählen.

3.1.5 Abrechnungszeichnungen

Abrechnungszeichnungen dienen als Grundlage für die Abrechnung und Rechnungsprüfung. Hierfür werden in der Regel die während der Objektplanung fortgeschriebenen Ausführungszeichnungen angewendet. Jedoch ist auch eine unmaßstäbliche skizzenhafte Darstellung möglich.

3.1.6 Baubestandszeichnungen

Baubestandszeichnungen enthalten als fortgeschriebene Entwurfs- bzw. Ausführungszeichnungen alle für den jeweiligen Zweck notwendigen Angaben über die fertiggestellte bauliche Anlage. Maßstab 1:100, 1:50.

3.1.7 Bauaufnahmezeichnungen

Bauaufnahmen sind nachträgliche Maßaufnahmen bestehender Objekte im erforderlichen Umfang und Maßstab. Sie sind nach DIN 1356-6 anzufertigen.

3.1.8 Benutzungspläne

Benutzungspläne sind Baubestandszeichnungen oder Bauaufnahmen, die durch zusätzliche Angaben für bestimmte baurechtlich, konstruktiv oder funktionell zulässige Nutzungen ergänzt sind (z.B. zulässige Verkehrslasten, Rettungswege im Filmtheater, Bestuhlungspläne im Theater usw.).

3.2 Anforderungen an die Zeichnungen der Tragwerksplanung im Massivbau (Mauerwerks-, Beton-, Stahlbeton- und Spannbetonbau)

In dieser Checkliste werden Regeln und Mindestanforderungen für die Zeichnungen der Tragwerksplanung zusammengestellt. In der HOAI ist der für die Honorierung der Ingenieurleistungen gesteckte Rahmen genau beschrieben. Da entsprechend den Festlegungen in der HOAI ein Schalplan nicht alle Maße und Angaben enthalten muss, die auf der Baustelle für die Ausführung des Objekts benötigt werden, wurde in die DIN 1356 der zusätzliche Begriff der *Rohbauzeichnung* neu aufgenommen. Schalpläne sind danach lediglich Ergänzungen zu den Ausführungszeichnungen des Objektplaners. Bei Rohbauzeichnungen und Schalplänen ist die Grundrissdarstellungsart nach DIN ISO 2594 bzw. DIN 1356 Grundriss Typ B (gespiegelte Projektion) als „Blick in die leere Schalung“ anzuwenden.

3.2.1 Positionspläne

Positionspläne sind Bauzeichnungen des Tragwerks – ggf. in skizzenhafter Darstellung – zur Erläuterung der statischen Berechnungen mit Angabe der einzelnen Positionen. Sie werden auf der Grundlage der Entwurfszeichnungen des Objektplaners nach den gleichen Projektionsregeln wie Schalpläne und Rohbauzeichnungen erstellt, im Regelfall als Grundrisse im Maßstab 1:100, durch Ergänzungen der Transparentpausen der Entwurfszeichnungen des Objektplaners.

Positionspläne dienen der Erläuterung der statischen Berechnung und *sollen mindestens* enthalten:

a) Hauptmaße des Tragwerks und der tragenden Bauteile,
b) Spannrichtungen plattenartiger Bauteile,
c) Kennzeichnung der Bauteile mit den Positionen der statischen Berechnung, erforderlichenfalls mit ihren Bereichsgrenzen (z.B. bei Platten),
d) Angaben über Festigkeitsklassen der Baustoffe tragender Bauteile.

3.2.2 Tragwerksausführungszeichnungen

3.2.2.1 Rohbauzeichnungen

Rohbauzeichnungen sind Bauzeichnungen mit allen für die Ausführung des Rohbaues erforderlichen Angaben im Maßstab 1 : 50 (erweiterte Schalpläne). Sie werden auf der Grundlage der Ausführungszeichnungen des Objektplaners angefertigt und sollen außer den für Schalpläne geforderten Mindestinhalten alle Angaben für die Herstellung des Tragwerks, auch des Mauerwerks, enthalten, insbesondere:

a) in den Beton oder das Mauerwerk einbindende Bauteile, die selbst Bestandteile des Tragwerks sind oder zur späteren Befestigung oder Anbindung von nicht selbst zum Tragwerk gehörenden Teilen dienen, z. B. Ankerschienen, Ankerplatten, Fassadenverankerungen, Rohrhülsen, Sperr- und Gleitschichten, Dämmschichten, Fugenbänder. Dazu gehört auch die genaue Lage beim Einbau einschließlich Bemaßung.
b) Lager- und Übergangskonstruktionen, soweit nicht in besonderen Zeichnungen dargestellt,
c) Aussparungen (Durchbrüche und Schlitze),
d) Arbeitsfugen, soweit sie für die Konstruktion erforderlich sind,
e) Oberflächenbeschaffenheit, z. B. Sichtmauerwerk, Strukturbeton, Waschbeton, Abfasungen.

3.2.2.2 Schalpläne

Schalpläne sind Bauzeichnungen des Beton-, Stahlbeton- und Spannbetonbaus im Maßstab 1 : 50 mit Darstellung der einzuschalenden Bauteile. Sie werden auf der Grundlage der Ausführungszeichnungen des Objektplaners als Grundrisse und Schnitte unter Berücksichtigung der Ergebnisse der statischen Berechnung angefertigt. Dabei werden für raumbildende Konstruktionen des Ingenieurhochbaus die Grundrisse im Regelfall als Grundrisse Typ B entsprechend DIN 1356-1 dargestellt. Fundamentzeichnungen werden ebenso wie Zeichnungen des Ingenieurtiefbaus im Regelfall als Grundrisse Typ A nach DIN 1356-1 dargestellt.

Schalpläne *sollen mindestens* enthalten:

a) Maße des Bauwerks und der Bauteile, auch Höhenkoten und ggf. Bauwerksachsen,
b) Aussparungen innerhalb dieser Bauteile, soweit sie für das Tragverhalten von Bedeutung sind,
c) Auflager der einzuschalenden Bauteile, wie z. B. Umrisse der tragenden Mauerwerkswände oder Kopfplatten von Stahlstützen, sowie tragende Einbauteile, die in die Schalung verlegt werden,
d) Arten und Festigkeitsklassen der Baustoffe, ggf. besondere Zuschläge, Zusatzmittel und Zusatzstoffe.

3.2.2.3 Bewehrungszeichnungen

Bewehrungszeichnungen sind Bauzeichnungen des Stahlbeton- und Spannbetonbaus mit allen zum Biegen und Verlegen der Bewehrung erforderlichen Angaben. Sie sind nach DIN EN ISO 3766 anzufertigen (vgl. S. 14.42, Abschnitt 15).

3.2.2.4 Fertigteilzeichnungen

Fertigteilzeichnungen sind Bauzeichnungen im Maßstab 1 : 25 bzw. 1 : 20 zur Herstellung von Fertigteilen aus Beton, Stahlbeton, Spannbeton (s. DIN 1045 und 4227) oder Mauerwerk (s. DIN 1053-4) im Fertigteilwerk oder auf der Baustelle.

Für Fertigteilzeichnungen gelten die Anforderungen an Tragwerksausführungszeichnungen nach 3.2.2.1 – 3.2.2.3. Außerdem *sollen* sie *mindestens* folgende Angaben enthalten:

a) erforderliche Festigkeit des Fertigteilbaustoffs zur Zeit des Transports bzw. des Einbaus,
b) Eigenlasten der einzelnen Fertigteile,
c) zulässige Maßtoleranzen der Fertigteile,
d) Aufhängung bzw. Auflagerung für Transport, ggf. Zwischenlagerung und Einbau,
e) ggf. Stückzahl und Fertigteilbezeichnung,
f) Angaben zur Oberflächenbeschaffenheit.

3.2.2.5 Verlegezeichnungen

Verlegezeichnungen sind Bauzeichnungen für die Verwendung von Fertigteilen. Sie enthalten alle für Einbau und Anschluss der Fertigteile erforderlichen Angaben, ggf. in skizzenhafter Darstellung. Diese richtet sich nach der Art der Fertigteilkonstruktion. Grundrisse als Typ A bzw. Typ B sowie Maßstäbe für Schalpläne (Vorzugsmaßstab 1 : 50).

Nach Verlegezeichnungen werden Fertigteile auf der Baustelle zusammengebaut bzw. eingebaut.

Sie *sollen mindestens* außer der Bemaßung enthalten:
a) Positionsbezeichnungen der einzelnen Fertigteile,
b) Lage der Fertigteile im Gesamttragwerk,
c) Einbauablauf, soweit erforderlich,
d) Einbaumaße und Einbautoleranzen, Auflagertiefen,
e) Anschlüsse, Fertigteilauflager,
f) ggf. erforderliche Hilfsstützen (Montagestützen),
g) auf der Baustelle zusätzlich zu verlegende Bewehrung,
h) Festigkeitsklassen und ggf. besondere Eigenschaften von zur Verbindung oder zur Ergänzung erforderlichen Baustoffen (Ortbeton, Mörtel, Kleber, Laschen, Konsolen usw.).

4 Bauaufnahmezeichnungen nach DIN 1356-6

4.1 Allgemeines und Anwendungsbereich

Bauen im Bestand ist eines der zentralen Themen, mit denen sich die Immobilienwirtschaft verstärkt auseinander setzen muss, denn im Jahre 2020 wird voraussichtlich 85 % im Bestand und nur noch 15 % neu gebaut. Schon heute greifen ca. 60 % aller durchgeführten Baumaßnahmen in den Baubestand ein. Die Prüfung der Erhaltungswürdigkeit eines historischen Bauwerkes setzt aber eine fundierte Bauzustandsuntersuchung bzw. Analyse, Erfassung und Dokumentation voraus und bildet somit eine wichtige Voraussetzung für die Planung von wirtschaftlich vertretbaren und fachgerechten Sanierungs- bzw. Modernisierungsmaßnahmen. Bei der immer größer werdenden Technisierung beim Gebäudeaufmaß, bei dem Bestreben berührungsfrei zu messen, um dadurch nicht zugängliche Stellen erfassen zu können und um die Effizienz zu steigern, müssen erhebliche Investitionen in Messwerkzeuge und Computer getätigt werden. Ein neuer Berufszweig aus der Verknüpfung aus Architektur und Vermessungswesen in die Fachrichtung Gebäudeaufmaß ist entstanden. Der Teil 6 der DIN 1356 wurde erstellt, um einheitliche Anforderungen an Bauaufnahmezeichnungen festzulegen, insbesondere auch für die digitale Erfassung und Dokumentation des Baubestandes.
Die Norm legt außerdem Anforderungen an die Darstellung, sowie an die erforderliche Genauigkeit in Bezug auf den Verwendungszweck von Bauaufnahmezeichnungen fest. Bauaufnahmezeichnungen werden durch textliche und grafische Angaben ergänzt (z. B. Raumbuch). Die Festlegungen gelten auch als Grundlage einer Kostenermittlung für die Bauaufnahme.
Bauaufnahmezeichnungen werden benötigt für:
Baubestandsbewertung, Dokumentation von Kulturdenkmälern, Orts- und Stadtbildänderungen, Renovierungen, Sanierungsmaßnahmen, Umbaumaßnahmen, Umnutzungen, etc.

4.2 Informationsdichten

Die Informationsdichten leiten sich aus der Aufgabenstellung an eine Bauaufnahme ab. Die Art und Weise der Aufmaßmethode ist zu dokumentieren. Je nach dem Verwendungszweck der Bauaufnahmezeichnung ist festzulegen, welche Informationsdichte erforderlich ist: Informationsdichte I (4.2.1) bzw. Informationsdichte II (4.2.2). Je größer die Informationsdichte, umso höher sind die Anforderungen an Qualität und Quantität der Messpunkte und Merkmale und umso größer ist auch die Exaktheit und Aussagekraft der Bauaufnahmezeichnung.

4.2.1 Informationsdichte I

Anwendung: Die Bauaufnahmezeichnung dient als Grundlage für die Darstellung des Bestandes und wird aufgrund eines zerstörungsfreien Aufmaßes erstellt. In der Bauaufnahmezeichnung werden nicht alle Maße dokumentiert, die zur genauen Darstellung erfasst werden müssen. *Mindestens* müssen aber die Außenabmessungen und lichten Raummaße angegeben werden. In Abhängigkeit von der Aufgabenstellung können weitere Angaben als Zusatzleistung vereinbart werden: Wand- und Deckenstärken, lichte Wand- und Deckenöffnungen, Stockwerkshöhen, Dachstuhl-, Trauf-, First- und Kaminhöhen, Geländehöhe an den Bauwerksbegrenzungen.
Die Bauaufnahmezeichnung der Informationsdichte I umfasst zeichnerische Darstellungen sowie textliche Inhalte. Bauschäden werden nicht aufgenommen und dargestellt!

4.2.2 Informationsdichte II

Die Informationsdichte II unterscheidet sich durch eine vermehrte Messpunktdichte, durch die Anzahl der grafischen und textlichen Informationen und durch den Maßstab (vorzugsweise 1 : 50) von der Informationsdichte I. Ein Aufbau auf die Aufmaßdaten der Informationsdichte I ist anzustreben.

Anwendung: Die Bauaufnahmezeichnung, die ein wirklichkeitsgetreues Aufmaß wiedergibt, dient bei Genehmigungsplanungen und Sanierungsmaßnahmen als Grundlage. Weiterhin bildet sie die Grundlage für Orts- und Stadtbildanalysen und die daraus abgeleiteten Gestaltungssatzungen. Die Bauaufnahmezeichnung der Informationsdichte II umfasst zeichnerische Darstellungen sowie textliche Inhalte.
In Abhängigkeit von der Aufgabenstellung sind als Zusatzleistung zu vereinbaren: Bauschadenerfassung, Darstellung von Bauschäden, fotografische Dokumentation.
Die Bauschadenerfassung in der zeichnerischen Dokumentation muss Angaben über Art und Größe des Schadens, das so genannte Schadenbild enthalten. Die Schäden sind in der Zeichnung mit fortlaufenden Positionsnummern, Schadenschlüsselnummern gemäß Tabelle und der Bezeichnung **BS** (z. B. 14 – **BS** 15 Gr) anzuwenden (mehrfaches Auftreten gleicher Schäden an einem Ort wird zusammengefasst und mit der Ergänzung Gr gekennzeichnet).

Tabelle – Schadenschlüssel

01	Löcher	13	Auswaschung	25	Fäulnis
02	Druckstellen	14	Abnutzung	26	Insektenbefall
03	Leckage	15	Salze/Ausblühungen	27	Blitz/elektr. Spannung
04	Kratzspuren	16	Oxydation/Lochfraß	28	Funktion
05	Risse/Spalten	17	chemische Schäden	29	technischer Ausbau
06	Brüche	18	Farbveränderung	30	Reparatur
07	Hohlräume/Blasen	19	Versottung	31	Vermutung
08	Abplatzungen	20	Frost	32	Lärm/Geruch
09	Ablösungen	21	Wasser/Feuchtigkeit	33	Altlasten/Kontaminierung[b]
10	Verformung/Durchbiegung	22	Brand/Hitze	34	besondere Schäden[a]
11	Erosion	23	Sturm	35	Umweltschäden[b]
12	Versandung	24	Schimmel/Pilze	36	...

[a] z. B. bewusst herbeigeführte Schäden, wie Erkundungsschachtung/-bohrung, Bergsenkung, Kriegsschäden, Grabräuberei usw.; Brandfolgeschäden, z. B. Beaufschlagung durch Ruße und Rauchkondensate, chemische Schäden
[b] Angabe in Verbindung mit anderen Schadenschlüsseln

Die Darstellung von Bauschäden ist in folgende Kategorien einzuteilen: punktuelle Schäden, lineare Schäden, flächige/räumliche Schäden, temporäre Schäden (Zusatz T), mehrfach auftretende Schäden (Gr). In der Bauaufnahmezeichnung nicht aufgeführte Schadenbilder und textliche Ergänzungen sind in einer Legende zur Zeichnung und in den textlichen Inhalten im Abschnitt Bauschadenerfassung aufzuführen.
Die textlichen Inhalte der Bauschadenerfassung enthalten die Angaben der grafischen Darstellung in schriftlicher Form: Positionsnummerierung mit Schadenschlüssel und ausführlicher Beschreibung über Art und Größe des Schadens (Schadenbild) und weitere Daten zum Schaden, z. B. in Form von datiertem Bildmaterial usw.

4.2.3 Fotografie in der Bauaufnahme

Die Bauaufnahme ist durch eine aussagekräftige Fotodokumentation zu ergänzen. In allen Fotos ist eine Messtafel mit Bauteilbezeichnung nach DIN EN ISO 4157, Messskala, Datum, Name des Bearbeiters abzubilden. In der Informationsdichte I dient die Fotografie zur Ergänzung der textli-

chen Inhalte. In der Informationsdichte II ist die Fotodokumentation ein wesentlicher Bestandteil der Bauaufnahme. Sie verdeutlicht z. B. Farben, Strukturen, Oberflächen, Veränderungen, örtliche Zusammenhänge, Größenverhältnisse und Details aufgemessener Objekte.
Weitere Informationsdichten erfordern ein noch exakteres Aufmaß, das die Grundlage für schwierige Umbau-, Rekonstruktions- und Sanierungsmaßnahmen bildet und nur durch entsprechende photogrammetrische Vermessung (Auswertung von Stereoaufnahmen) oder mit elektronischen Theodoliten (dreidimensionale Bauaufnahme) erfolgt. Ein Normentwurf für Teil 6 und 7 der DIN 1356 ist in Vorbereitung.

5 Projektionsarten für Bauzeichnungen nach DIN 1356-1 und ISO 2594

Darstellungsart bei der Objektplanung	Darstellungsart bei der Tragwerksplanung
Grundrissdarstellung – „Grundriss Typ A“ Diese Darstellungsart nach DIN 1356-1 wird bei der Objektplanung angewendet und stellt die Draufsicht auf den unteren Teil eines waagerecht geschnittenen Bauobjektes dar. Die horizontale Schnittebene liegt – auch verspringend – so im Bauwerk bzw. Bauteil, dass die wesentlichen Einzelheiten, z. B. Treppen, Öffnungen für Fenster und Türen, Stützen oder andere Tragglieder, geschnitten werden. Von oben sichtbare Begrenzungen und Knickkanten der Bauteiloberseiten werden als sichtbare Kanten durch Volllinien dargestellt. Darunter liegende Kanten werden ggf. als verdeckte Kanten durch Strichlinien dargestellt. Bauteilkanten, die oberhalb der Schnittlinie liegen (Deckenöffnungen, Unterzüge, Vorsprünge etc.), werden ggf. durch Punktlinien dargestellt.	Grundrissdarstellung – „Grundriss Typ B“ Diese Darstellungsart nach DIN 1356-1 und ISO 2594 wird bei der Tragwerksplanung angewendet. Der Grundriss stellt die gespiegelte Untersicht unter dem oberen Teil eines waagerecht geschnittenen Bauobjektes dar. Die Schnitte sind so zu führen, dass die Gliederung und der konstruktive Aufbau des Tragwerks deutlich werden. Alle tragenden Bauteile werden im jeweiligen Stockwerk (vgl. DIN ISO 4157) zusammen mit der Spiegelung der Decke über diesem Stockwerk dargestellt, sozusagen als „Blick in die leere Schalung“. Kanten und Begrenzungen der Untersichten werden in der Zeichnung als sichtbare Kanten durch Volllinien dargestellt. Darüber liegende Bauteile (Unterzüge, Schlitze, Aufkantungen, Brüstungen etc.) werden als verdeckte Kanten durch Strichlinien dargestellt.
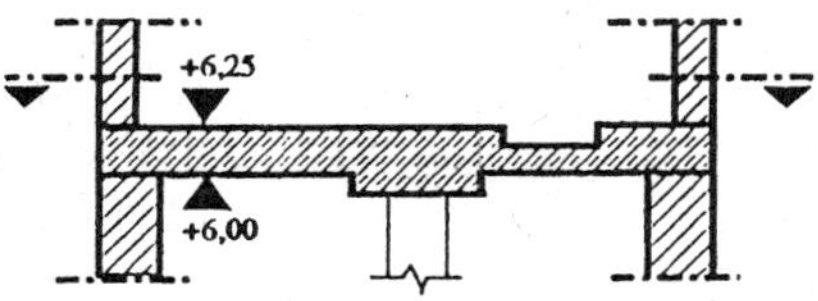 Schnitt	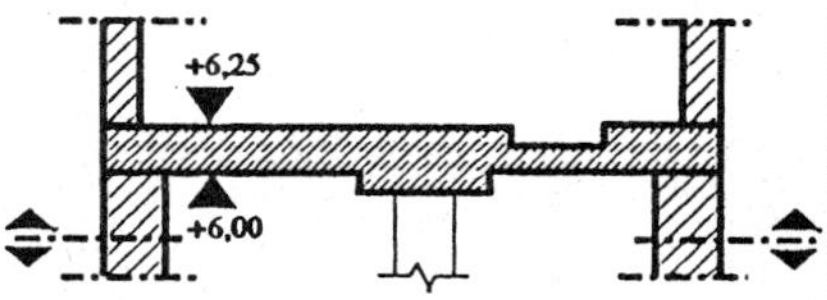 Schnitt
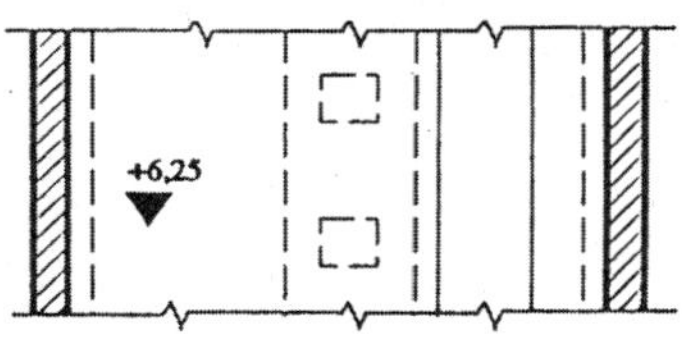 Grundriss	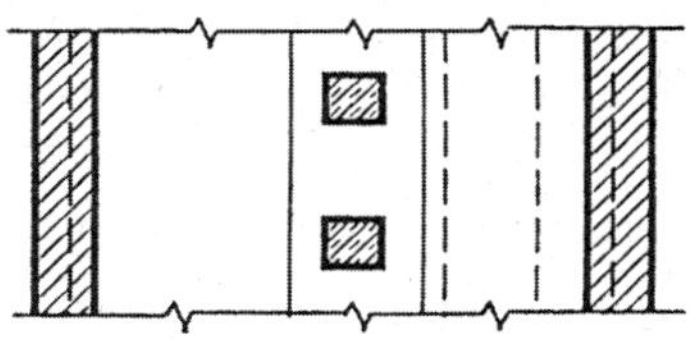 Grundriss

6 Projektionsarten nach DIN ISO 5456-3

Parallelprojektionen (vgl. auch ISO 128)

Die Darstellungen der Parallelprojektionen sind „doppeldeutig“, d.h., der abzubildende Körper kann von oben (Vogelperspektive) oder von unten (Froschperspektive) betrachtet werden.

Der ISO-Normkörper als Volumenmodell im Drahtmodell eines Würfels:

	Aufsicht	Untersicht		Rundformen	
Rechtwink. axonometr. Projektion	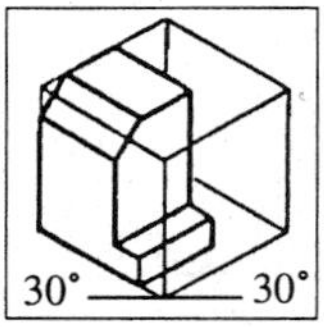	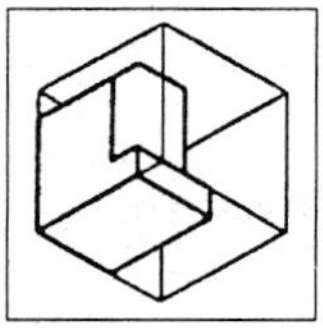	Isometrische Projektion – Seitenverhältnis 1 : 1 : 1 Winkel der Tiefenlinie, gemessen zur Horizontalen 30° / 30°	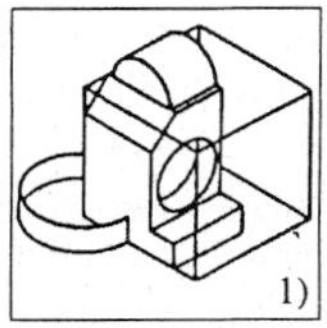 1)	Kreisdarstellungen bei Parallelprojektionen / axonometrischen Abbildungsmethoden
	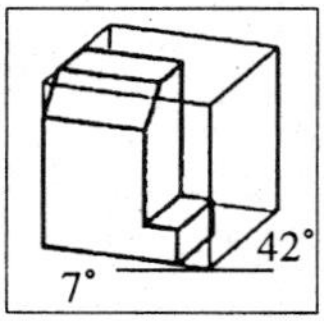	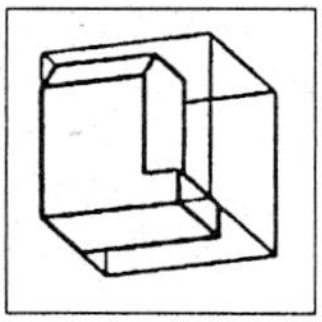	Dimetrische Projektion – Seitenverhältnis 1 : 0,5 : 1 Winkel der Tiefenlinie, gemessen zur Horizontalen 7° / 42°	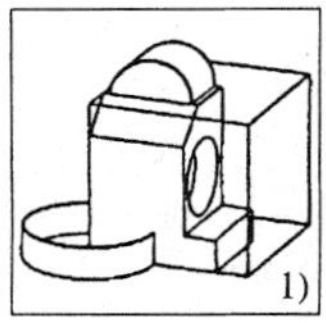 1)	
Schiefwinklige axonometrische Projektion	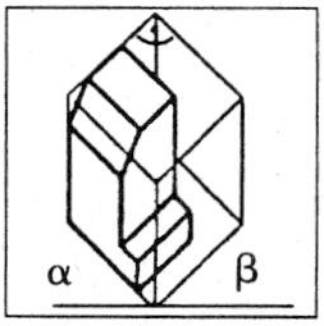	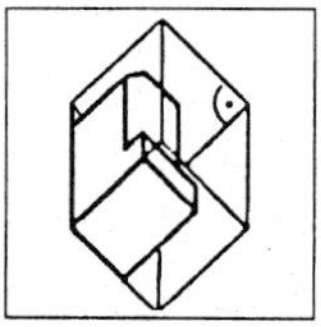	normale planometrische Projektion – Seitenverhältnis 1 : 1 : 1 Winkel der Tiefenlinie, gemessen zur Horizontalen $\alpha = 0 - 180°$, $\beta = 90° - \alpha$	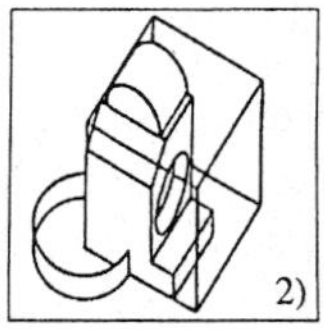 2)	
	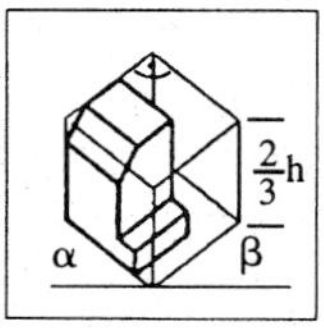	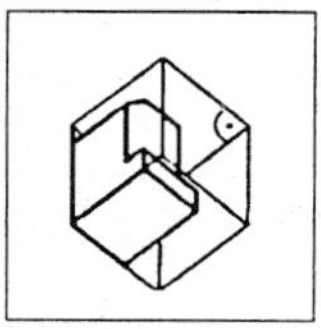	verkürzte planometrische Projektion – Seitenverhältnis 1 : 1 : 2/3 *h* Winkel der Tiefenlinie, gemessen zur Horizontalen $\alpha = 0 - 180°$, $\beta = 90° - \alpha$	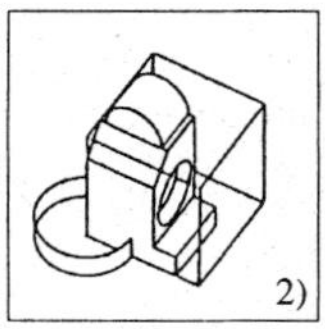 2)	
	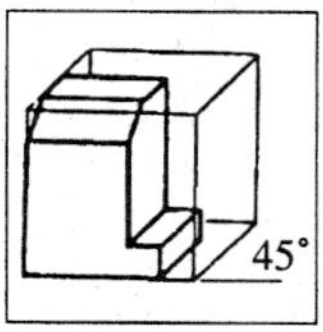	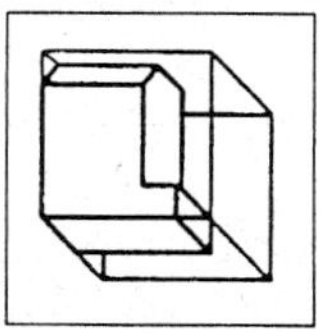	Kabinett-Projektion Seitenverhältnis 1 : 0,5 : 1 Winkel der Tiefenlinie, gemessen zur Horizontalen 0° / 45°	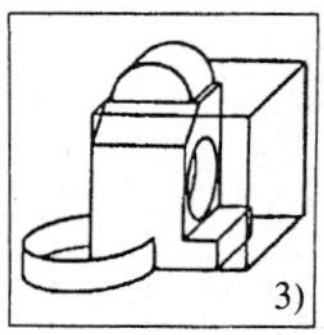 3)	
	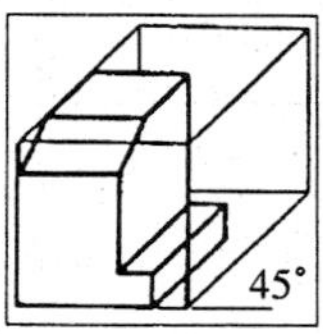	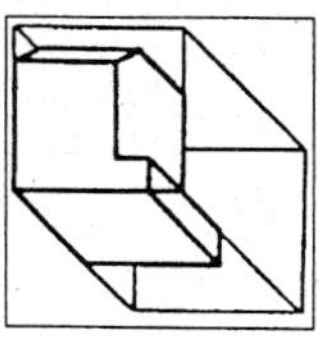	Kavalier-Projektion Seitenverhältnis 1 : 1 : 1 Winkel der Tiefenlinie, gemessen zur Horizontalen 0° / 45°	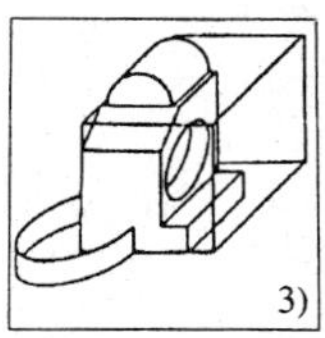 3)	

1) Kreise in allen drei Koordinatenebenen erscheinen als Ellipsen.

2) Kreise in einer Koordinatenebene erscheinen als Kreise (Grundriss, Aufsicht), sonst erscheinen Kreise als Ellipsen.

3) Wie 2), jedoch in Aufriss/Ansicht.
Nur in der isometrischen und der dimetrischen Projektion erscheinen Kugelumrisse als Kreise, sonst bildet sich die Kugel elliptisch ab.

7 Allgemeine Zeichen und Begriffe nach DIN 1356-1 und DIN ISO 4157-1

1	Richtung		6	Radius	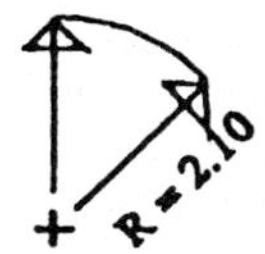
2	Höhenangabe Oberfläche Fertigkonstruktion Rohkonstruktion				
3	Höhenangabe Unterfläche Fertigkonstruktion Rohkonstruktion		7	abgehängte Decke im Grundriss	
4	Angabe der Schnittführung in Blickrichtung		8	Tragrichtung von Platten zweiseitig getragen dreiseitig gelagert vierseitig gelagert auskragend	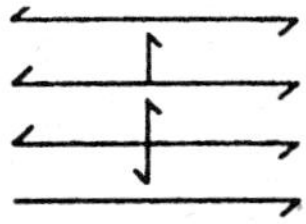
5	Angabe der horizontalen Schnittführung im Grundriss Typ B				

Beispiel: Höhenbemaßung:

Stützen, Platten, Wände, Balken etc. werden mit Abkürzungen versehen:

Stützen (Colums)
= C 301

Platten (Slaps)
= S 301; 302

Wände (Walls)
= W 202

Balken (Beams)
= B 301

Die erste Ziffer gibt die Stockwerkszahl an, die zwei letzten Ziffern sind laufende Nummern.

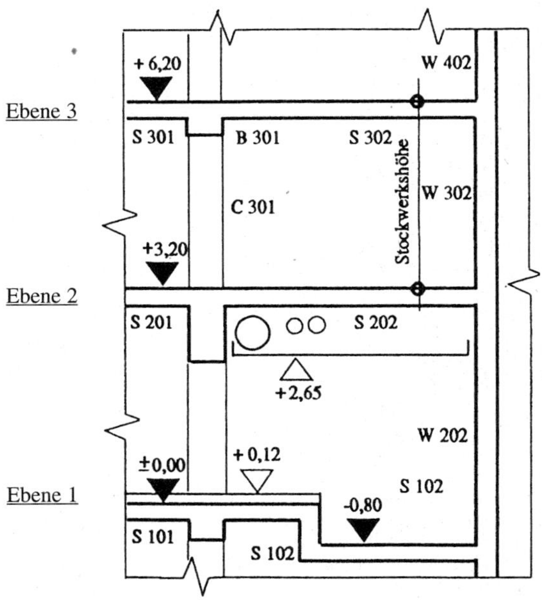

8 Darstellung von Treppen und Rampen mit Steigungsrichtung im Grundriss nach DIN 1356-1 (vgl. auch DIN 18064)

Spalte 1		2	3	4
Zeile		vereinfachte Darstellung		
1	einläufige Treppe	Treppenlauf 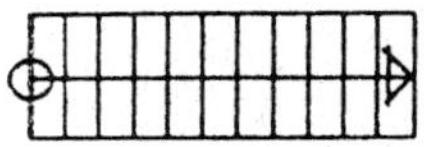	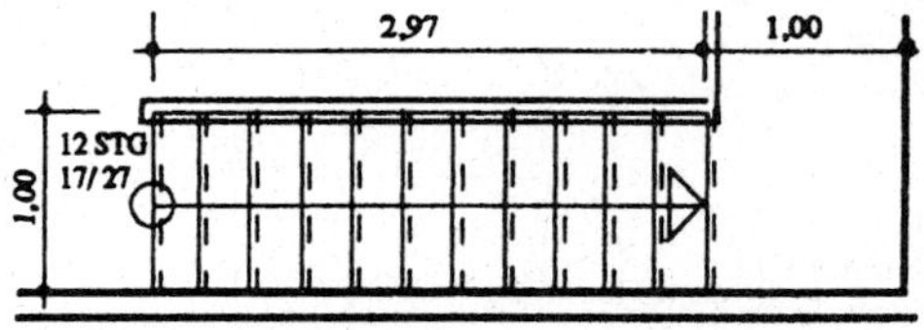	oberstes Geschoss
		Treppenlauf horizontal geschnitten mit darunter liegendem Lauf 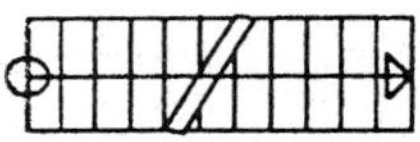	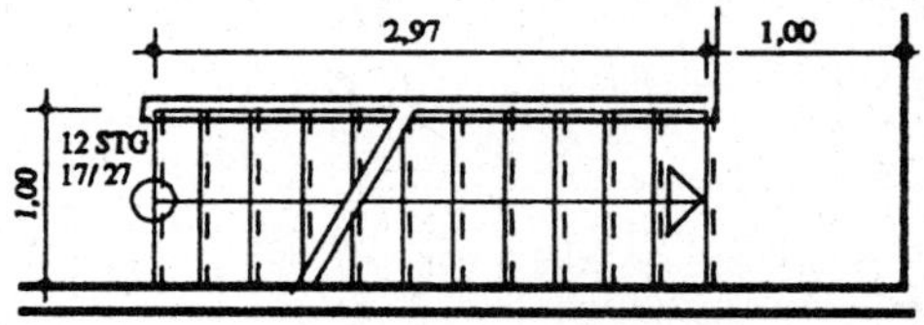	Normalgeschoss
		Treppenlauf horizontal geschnitten mit Darstellung oberhalb der Schnittebene 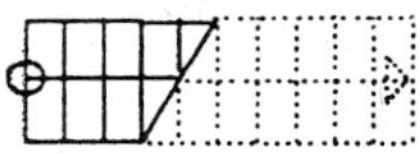	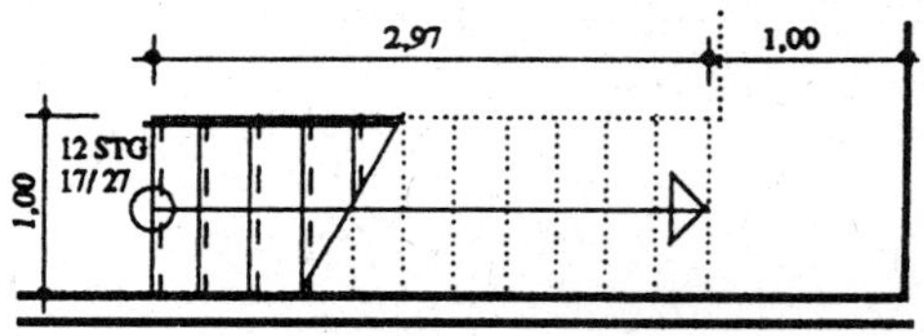	unterstes Geschoss
2	zweiläufige Treppe	Treppenlauf 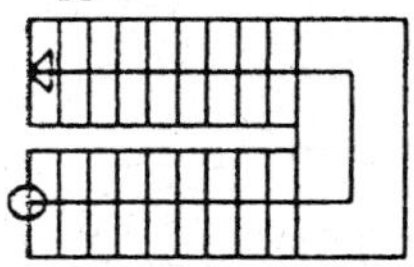	Darstellung wie Zeile 1	oberstes Geschoss
		Treppenlauf horizontal geschnitten mit darunter liegendem Lauf 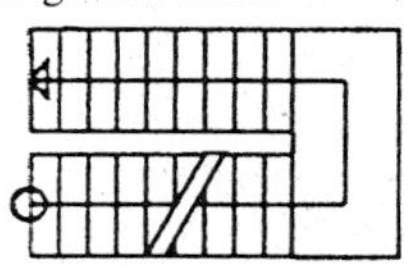		Normalgeschoss
		Treppenlauf horizontal geschnitten mit Darstellung oberhalb der Schnittebene 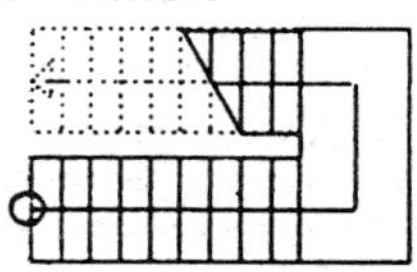		unterstes Geschoss

Darstellung von Treppen und Rampen mit Steigungsrichtung im Grundriss (Fortsetzung)

Spalte 1		2	3	
Zeile		Bezeichnung	vereinfachte Darstellung	
3		dreiläufige Treppe[1)]	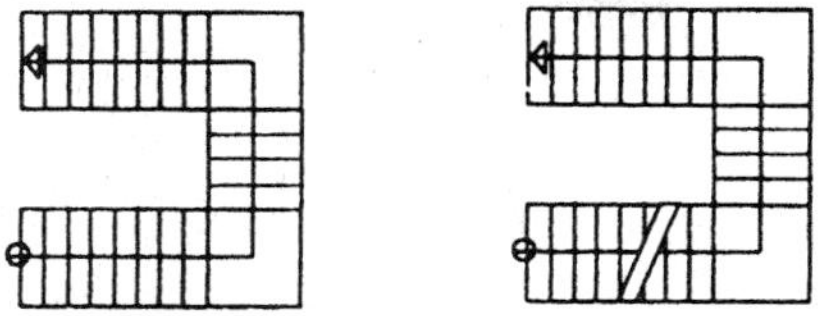	
4		gewendelte Treppe[1)]		
5		Rampe[1)]	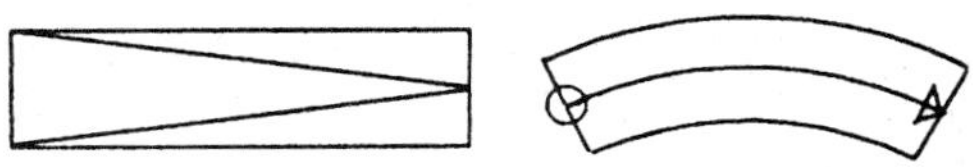	

[1)] Darstellung wie Zeile 1.

9 Darstellung von Aussparungen

Aussparungen, deren Tiefe		
gleich der Bauteiltiefe ist (Durchbrüche)	kleiner als die Bauteiltiefe ist (Schlitze)	
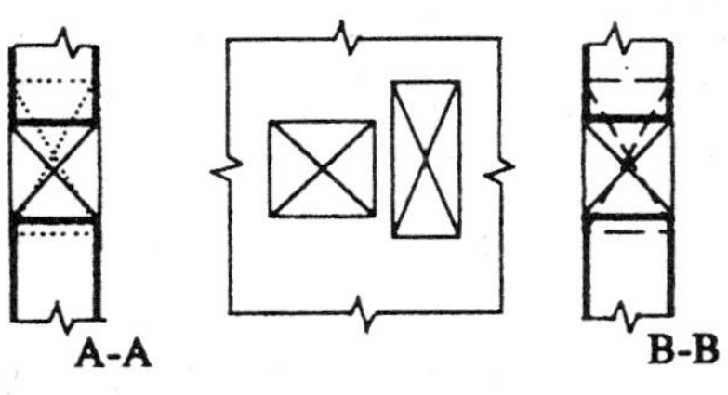	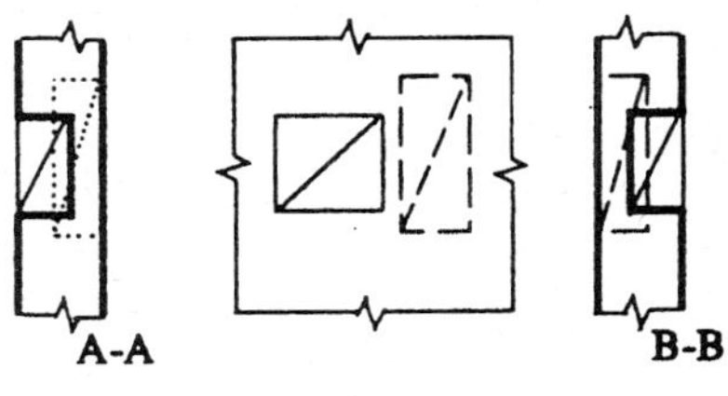	Ansicht/Schnitt
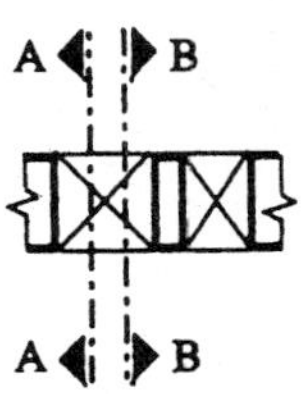	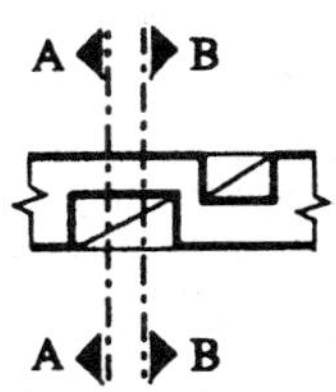	Grundriss

Die Aussparungen sind nur mit ihren Symbolen und Maßangaben (Breite, Tiefe, Höhe) in Grundriss, Schnitt oder Ansicht einzutragen. Weitere Kennzeichen wie Deckendurchbruch (DD), Deckenschlitz, Bodendurchbruch, Bodenkanal, Wanddurchbruch oder Wandschlitz sind nicht erforderlich.

10 Öffnungsarten von Türen im Grundriss und von Türen und Fenstern in der Ansicht

1	Drehflügel, einflügelig	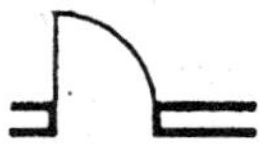	12	Drehflügel	
2	Drehflügel, zweiflügelig		13	Kippflügel	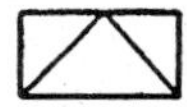
3	Drehflügel, zweiflüg., gegeneinander schlagend		14	Klappflügel	
4	Pendelflügel, einflügelig	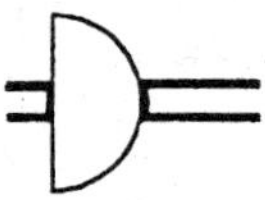	15	Dreh-Kipp-Flügel	
5	Pendelflügel, zweiflügelig		16	Hebe-Dreh-Flügel	
6	Hebe-Dreh-Flügel	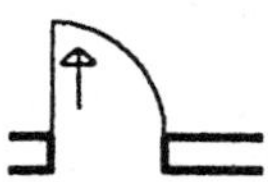	17	Schwingflügel	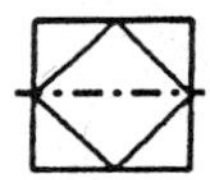
7	Drehtür	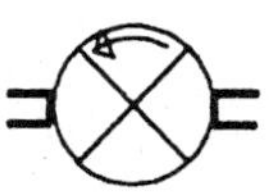	18	Wendeflügel	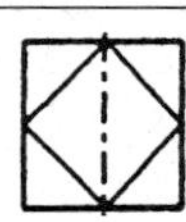
8	Schiebeflügel	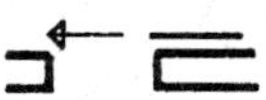	19	Schiebeflügel, vertikal	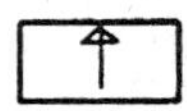
9	Hebe-Schiebe-Flügel	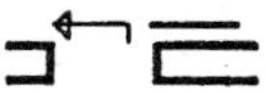	20	Schiebeflügel, horizontal	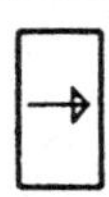
10	Falttür, Faltwand	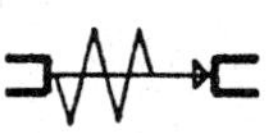	21	Hebe-Schiebe-Flügel	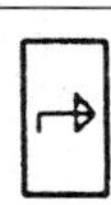
11	Schwingflügel	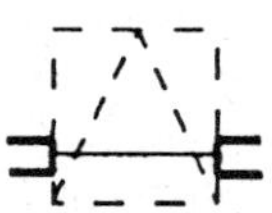	22	Festverglasung	

11 Symbole, Markierungen und vereinfachte Darstellungen von Abriss und Wiederaufbau nach DIN 1356 bzw. DIN ISO 7518

	beabsichtigte Änderung	Darstellung und Angaben in der bestehenden Zeichnung[1] (Grundriss, Schnitt, Ansicht)	Darstellung und Angaben in der neuen Zeichnung[1] (Grundriss, Schnitt, Ansicht)
1	Umrisse bestehender Teile, die erhalten bleiben sollen	(keine Vereinbarung)	[3]
2	Umrisse bestehender Teile, die abgerissen werden sollen		 [3]
3	Umrisse neuer Teile	neue Linien stärker als die alten	gemäß DIN 1356
4	Maße und Informationen zu bestehenden, abzureißenden Bauteilen	~~12,38~~ feine Linie durch die Maßzahl oder den Text[2]	~~Ber T 16,2~~
5	bestehender, zu erhaltender Teil des Gebäudes	(keine Vereinbarung)	 [3] [4]
6	bestehender, abzureißender Teil eines Gebäudes	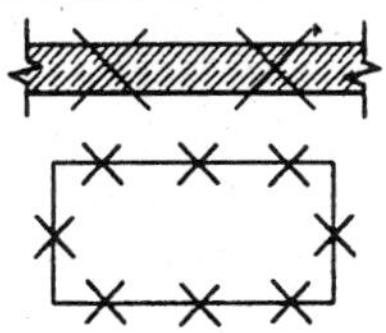	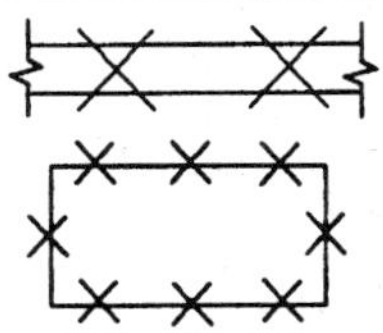 [3] [4] / [3]
7	neue Bauteile	gem. DIN 1356	gem. DIN 1356
8	Schließung von Öffnungen im bestehenden Mauerwerk		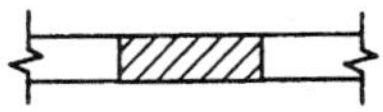 [3] [4]
9	neue Öffnungen im bestehenden Mauerwerk	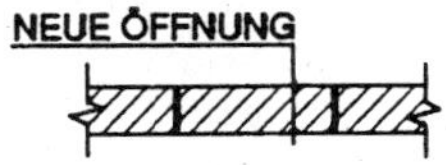	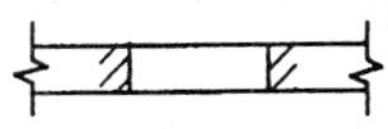 [3] [4]
10	Wiederherstellung eines bestehenden Bauwerkes nach Abriss eines damit verbundenen Bauwerkes	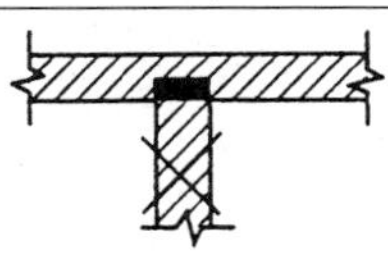	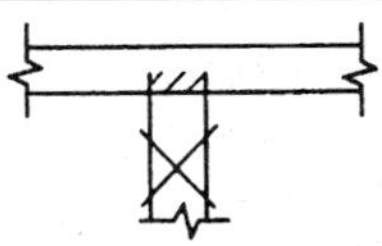 [3] [4]
11	Änderung der Oberflächenbeschichtung		 [3] [4]

[1] Um die geplante Änderung zu erklären, soll der ursprüngliche (bestehende) Zustand des Gebäudes in einer Zeichnung zusammen mit den Angaben der geplanten Änderungen sowie eine neue Zeichnung des geänderten Gebäudes angefertigt werden.

[2] Es wird empfohlen, zwischen ursprünglichen und neuen Maßen und Textinformationen zu unterscheiden. Dies soll durch verschiedene Schriftgrößen oder durch die Schreibweise der Ziffern und des Textes geschehen.

[3] Linienarten und Linienbreiten siehe Tabelle gem. DIN 1356; DIN 15-2.

[4] Schraffur in Übereinstimmung mit DIN 1356/DIN 201; ISO 4069 siehe Tabelle.

12 ISO-Normkörper Haus am See[1)]

12.1 Beispiele für die Darstellung von Entwurfszeichnungen

nach DIN 1356-1 und DIN 5 (vgl. auch 3.1.2)

12.1.1 Ansicht von Süden (Bemaßung)

Der vorhandene und geplante Geländeverlauf einschließlich Höhenangaben und der Höhenlage der baulichen Anlage über NN ist anzugeben.

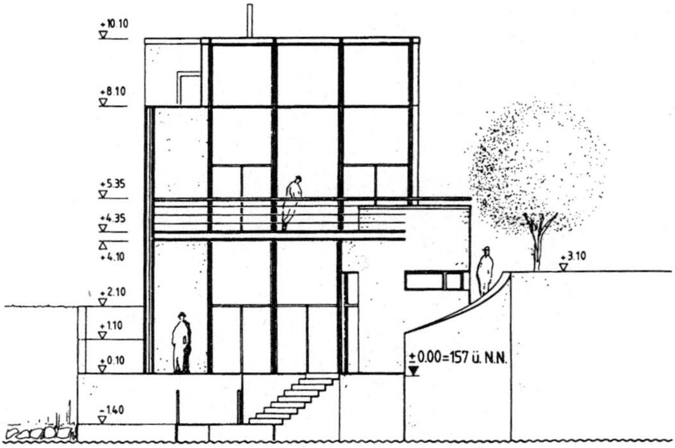

12.1.2 Räumliche Entwurfsdarstellung (Präsentationszeichnung)

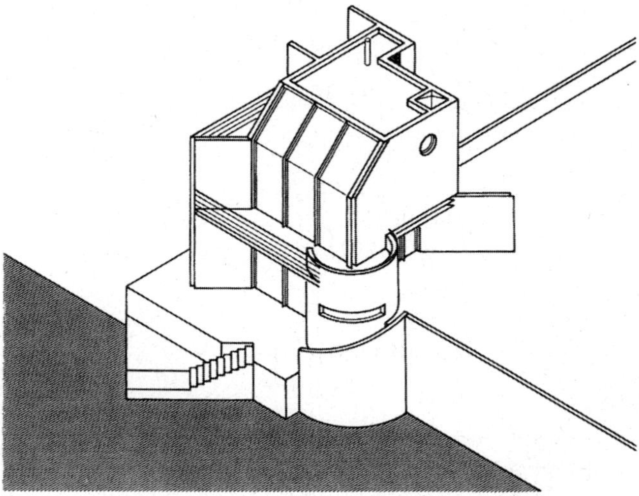

Die Isometrie zeigt gleichwertig betont drei Seiten des Baukörpers – Südfassade, Ostfassade, Dachaufsicht – und die Einpassung der baulichen Anlage im Gelände.

---

1) Entwurf: cand. arch. G. Kersten.

12.1.3 Räumliche Darstellungsmethode (Planometrie)

Die Explosionszeichnung erlaubt Einblicke in das Innere des Baukörpers und stellt gleichzeitig komplexe Zusammenhänge des geplanten Bauwerks anschaulich dar.

Im Gegensatz zur Isometrie kann bei der Planometrie die Lage des Baukörpers zum Betrachter frei gewählt werden.

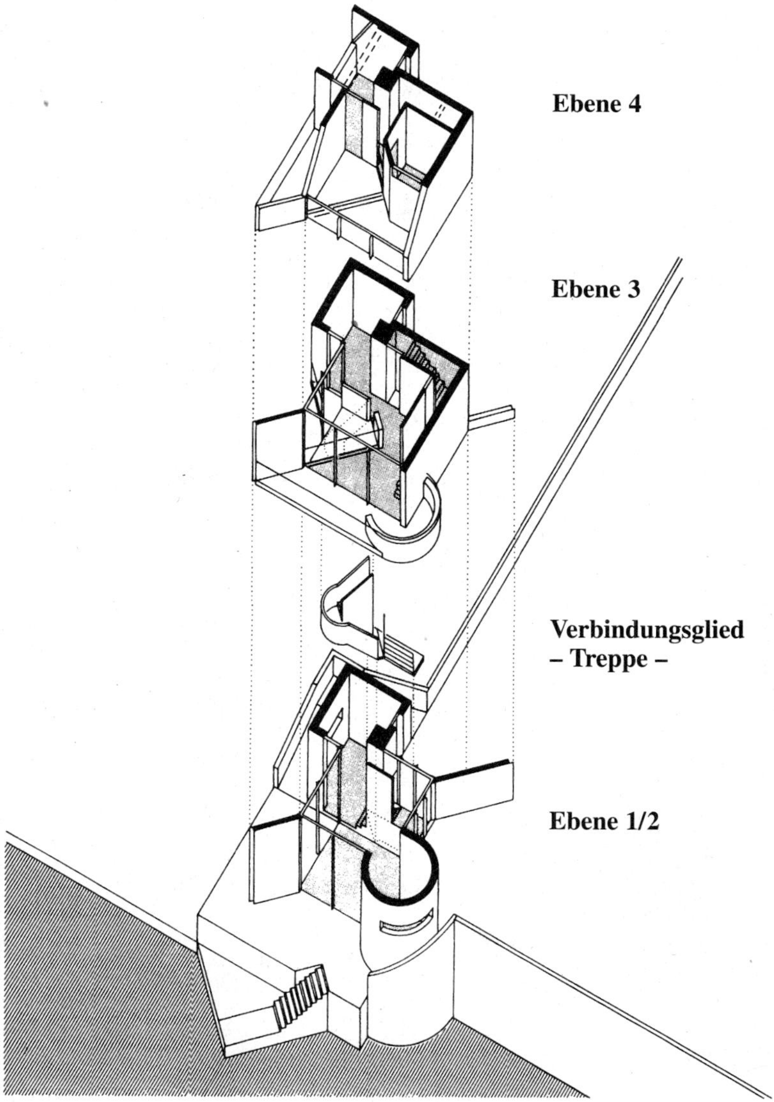

12.1.4 Grundriss (Bemaßung)

Die Bemaßung besteht aus Maßzahl, Maßlinie, Maßhilfslinie und Maßlinienbegrenzung. Maßzahlen sind über der durchgezogenen Maßlinie so anzuordnen, dass sie in der Gebrauchslage der Zeichnung von unten bzw. von rechts leserlich sind.

Bei Wandöffnungen (Türen, Fenster) wird die Maßzahl für die Breite über der Maßlinie und die Maßzahl für die Höhe direkt darunter unter der Maßlinie angeordnet.

Die Lage der vertikalen Schnittebenen (z. B. A-A, B-B) ist mit starken Strichpunktlinien anzugeben, ebenfalls die Blickrichtung.

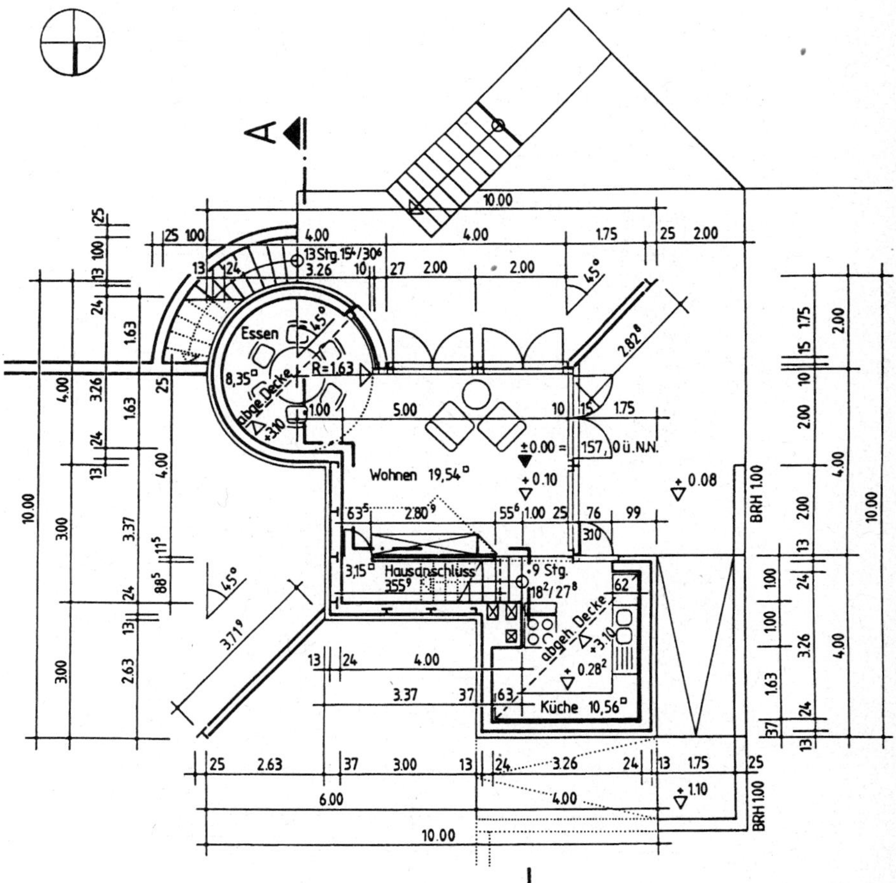

GRUNDRISS Ebene 1 A

12.2 Beispiele für die Darstellung von Werkzeichnungen

nach DIN 1356-1
(vgl. auch Abschn. 3.1.4.1)

12.2.1 Draufsicht/Dachaufsicht

(Grundrissdarstellung der Ebene 5 ohne Bemaßung)

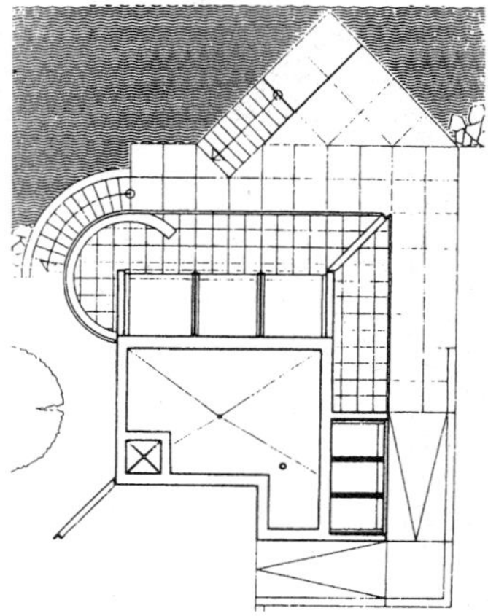

12.2.2 Grundriss (Bemaßung)

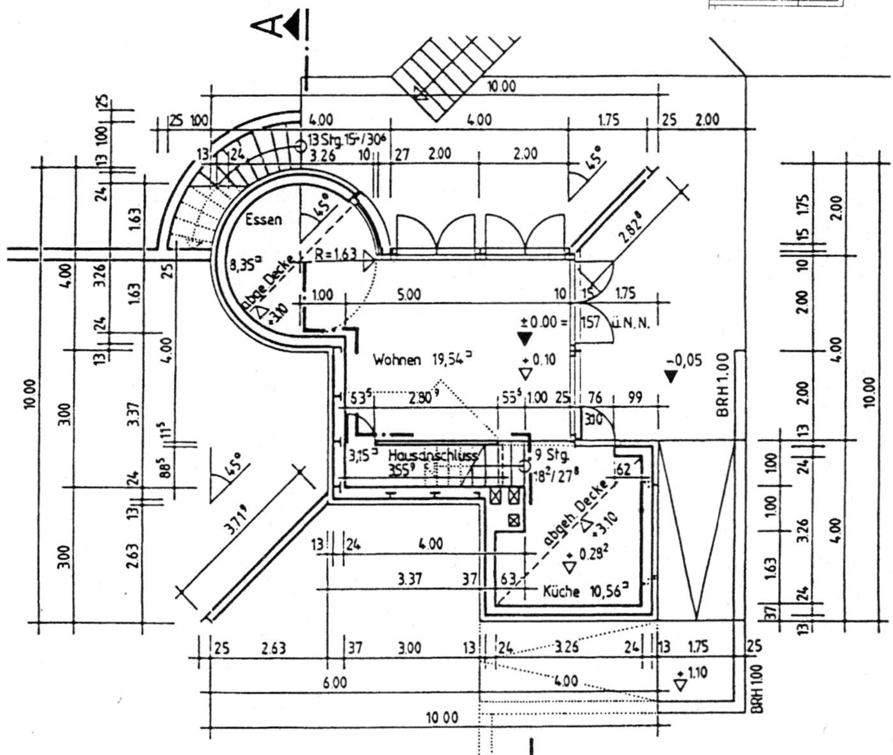

GRUNDRISS Ebene 1

In Grundrissen sind Höhenangaben (Höhenkoten), bezogen auf die Höhenlage ±0,00 (= Rohfußboden), erforderlich. Bei Brüstungen soll die Rohbauhöhe über Oberfläche Rohfußboden angegeben werden.

12.2.3 Schnitt (Höhenangaben und Bemaßung)

Die Höhenbemaßung ist durch zwei Bemaßungsangaben vorzunehmen:

a) Durch vertikale Maßketten sind Stockwerks-/Geschosshöhen, lichte Raumhöhen, Brüstungs-, Fenster- und Sturzhöhen anzugeben.

b) Durch Höhenkoten ist die Höhenlage der Ebenen bzw. der Deckenoberflächen in Bezug zu ±0,00 anzugeben.

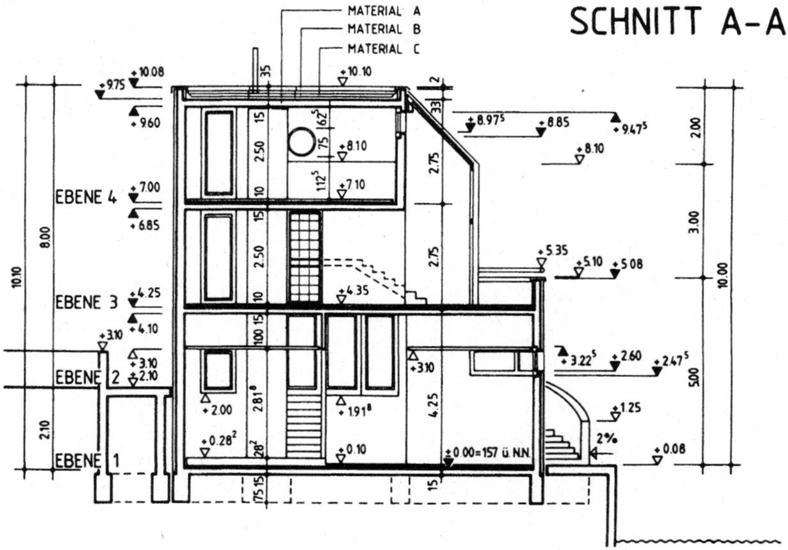

12.2.4 Ansicht der Westfassade (Höhenangaben und Bemaßung)

Werkzeichnung mit Bemaßung und Höhenangaben; mit Angabe der Teilung und Öffnungsart der Türen und Fenster, mit Angabe der hinter der Fassade liegenden verdeckten Geschossdecken und Fundamente.

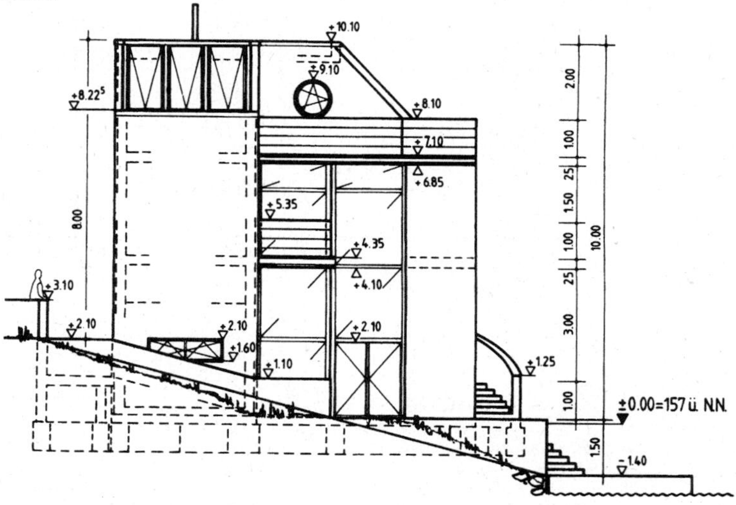

13 Entwässerungszeichnungen

13.1 Linienbreiten für die Darstellung von Sinnbildern und Zeichen in Entwässerungszeichnungen nach DIN 1986-1

Je nach gewähltem Maßstab sind folgende Linienbreiten und Schrifthöhen vorgeschrieben:

	Linienbreiten in mm	Darstellung im Maßstab	
Sanitärausstattungsgegenstände	0,5	1 : 50	Weitere Vorschriften für die Darstellung von Sinnbildern und Zeichen im Bereich Bad, WC und Küche siehe DIN 18 022 (11.89)
	0,25	1 : 100	
Rohrleitungen	1,0	1 : 50	
	0,5	1 : 100	
Schriftgröße (Schriftform B, gerade)	0,5	1 : 50	
	0,25	1 : 100	

(Schablonen für Sanitärausstattung vereinfachen die Zeichenarbeit.)
Beispiel: WC Ansicht / Grundriss 1 : 50 / 1 : 100 mit Rohrleitung

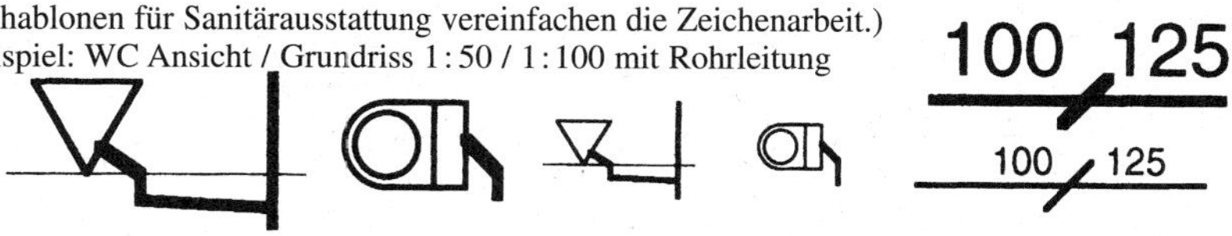

13.2 Sinnbilder und Zeichen nach DIN 1986-1 zur Darstellung von Sanitär-, Ausstattungs-, Entwässerungsgegenständen und Abwasserleitungen im Grund- und Aufriss für Entwässerungsanlagen von Gebäuden und Grundstücken

	Benennung	Grundriss	Aufriss
Sanitär-Ausstattungsgegenstände	Badewanne		
	Duschwanne		
	Waschtisch Einbau-Waschtisch		
	Sitzwaschbecken/Bidet		
	Urinalbecken		
	Urinal mit automatischer Spülung		
	WC-Becken m. Spülkasten/m. Einbauspülkasten		

Benennung	Grundriss	Aufriss
Ausgussbecken		
Spülbecken einfach		
Spülbecken doppelt		
Geschirrspülmaschine		
Waschmaschine		
Wäschetrockner		
Klimagerät		

Abwasserleitungen	Schmutzwasserleitung	
	vorh. Schmutzwasserleitung	
	Regenwasserleitung	
	Lüftungsleitung	

Mischwasserleitung	
vorh. Mischwasserleitung	
Werkstoffwechsel	
Nennweitenänderung	125 150

14 Elektroinstallationszeichnungen

14.1 Elektrische Schalt- und Kurzzeichen nach DIN 40 900

	Leiter, allgemein[1]
	Leiter, bewegbar
	Leiter im Erdreich, z. B. Erdkabel
	Leiter oberirdisch, z. B. Freileitung
	Leiter auf Isolatoren
	Leiter auf Putz
	Leiter im Putz
	Leiter unter Putz
	Leiter in Elektroinstallationsrohr
	Leitung mit Kennzeichnung der Leiteranzahl, z. B. 3 Leiter[1]
3	vereinfachte Darstellung
	Signalleitung
	Fernmeldeleitung
	Rundfunkleitung, nach DIN 40 711
	nach oben führende Leitung
	nach unten führende Leitung
	nach unten und oben führende Leitung
	Leiterverbindung
	Abzweigdose, Darstellung falls erf.
	Dose
	Hausanschlusskasten
	Verteiler, Schaltanlage
220/8 V	Transformator, 220/8 V
	Zähler, nach DIN 40 716-1

	Schalter 1/1 (Ausschalter einpolig)
	Schalter 1/2 (Ausschalter zweipol.)
	Schalter 1/3 (Ausschalter dreipol.)
	Schalter 5/1 (Serienschalter einp.)
	Schalter 6/1 (Wechselschalter einp.)
	Schalter 7/1 (Kreuzschalter einp.)
	Zeitschalter
	Taster
	Leuchttaster
	Stromstoßschalter
	Dimmer (Ausschalter)
	Einfach-Steckdose o. Schutzkontakt
	Schutzkontaktsteckdose
3/N/PE	Schutzkontaktsteckdose für Drehstrom, z. B. fünfpolig
	Schutzkontaktsteckdose, abschaltbar
3	Schutzkontaktsteckdose, z. B. dreif.
	Steckdose mit Trenntrafo, z. B. für Rasierapparat
	Fernmeldesteckdose m. Zusatzbez. TP = Telefon FM = UKW-Rundfunk M = Mikrofon TV = Fernsehen = Lautsprecher TX = Telex
	Antennensteckdose
	Antenne, allg. nach DIN 40 700-3
	Zeitrelais, z. B. für Treppenhausbel.
	Leuchte, allgemein
5×60 W	Leuchte m. Angabe d. Lampenzahl u. Leistung, z. B. 5 Lampen zu je 60 W

[1] Schaltzeichen nach DIN 40 711.

	Leuchte mit Schalter
	Leuchte m. veränderbarer Helligkeit
	Sicherheitsleuchte in Dauerschaltung
	Sicherheitsleuchte in Bereitschafts-schaltung
	Scheinwerfer, allgemein
	Punktleuchte
	Leuchte mit zusätzlicher Sicherheits-leuchte in Dauerschaltung
	Leuchte mit zusätzlicher Sicherheits-leuchte in Bereitschaftsschaltung
	Leuchte für Entladungslampe, allg.
3	Leuchte f. Entladungslampe m. Angabe d. Lampenzahl, z. B. 3 Lampen
	Leuchte für Leuchtstofflampe, allg.
40 W	Leuchtenband, z. B. 3 Leuch. à 40 W
65 W	Leuchtenb., z. B. 2 Leuch. à 2×65 W
E	Elektrogerät, allgemein
	Küchenmaschine
	Elektroherd, allgemein
	Mikrowellenherd
	Backofen
	Wärmeplatte
	Friteuse
	Heißwasserspeicher
	Durchlauferhitzer
	Heißwassergerät, allgemein
	Infrarotgrill
	Waschmaschine
	Wäschetrockner
	Geschirrspülmaschine

	Händetrockner/Haartrockner
	Lüfter
	Infrarotstrahler, nach DIN 40 704-1
	Klimagerät
	Kühlgerät, z. B. Tiefkühlgerät [1]
	Gefriergerät [1]
HVt	Hauptverteiler (Fernmeldeanlage)
Vz	Verzweiger auf Putz (Fernmelde-anlage)
Vz	Verzweiger unter Putz
	Fernsprechgerät allgemein
	Fernsprechgerät, halbamts-berechtigt
	Fernsprechgerät, amtsberechtigt
	Mehrfachfernsprecher, z. B. Haus-telefon
	Wechselsprechstelle
	Gegensprechstelle
	Wecker nach DIN 40 708
	Summer
	Gong
	Hupe
	Türöffner
	Brand-Druckknopf-Nebenmelder
	Temperaturmelder
	Wächtermelder
	Lichtstrahlmelder, Lichtschranke
	Lautsprecher
	Rundfunkgerät
	Fernsehgerät

[1] Anzahl der Sterne siehe DIN 8950-2.

14.2 Beispiel für einen Elektroinstallationsplan des Wohngeschosses eines Mietshauses mit Schaltzeichen nach DIN 40 900

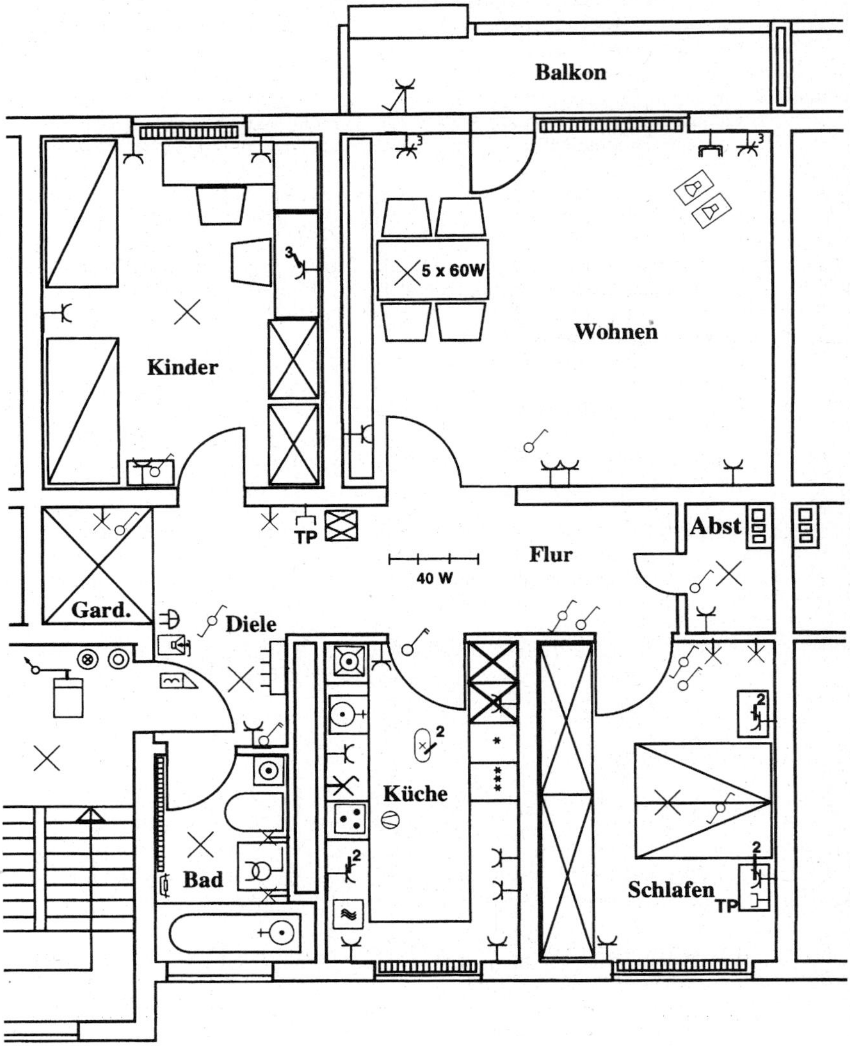

15 Bewehrungszeichnungen nach DIN EN ISO 3766

15.1 Anforderungen an Bewehrungszeichnungen

Die Bauteile müssen mit den Hauptmaßen versehen sein, die Bewehrung ist einzuzeichnen und alle Teile müssen eindeutig und klar in maßstäblichen Grundrissen, Ansichten und Schnitten dargestellt werden. Die Darstellungen müssen mit den Bezeichnungen in den statischen Berechnungen übereinstimmen und sollten, falls anwendbar, alle Größen, die für die Konstruktion der Bauteile und für die Nachprüfung der Berechnungen notwendig sind, beinhalten.

Zeichnungen für Werks- und Serienfertigung sind von dieser Regelung ausgenommen.
Auf zugehörige Zeichnungen muss verwiesen werden. Falls Zeichnungen später geändert werden, müssen alle betroffenen Zeichnungen auch modifiziert werden.
Folgende Merkmale der Bewehrungsstäbe (allgemeine und Lageinformationen) müssen in der Zeichnung angegeben werden:

- geforderte Betonfestigkeitsklasse, die Expositionsklassen sowie weitere Anforderungen gemäß nationaler Normen;
- Sorte des Betonstahls und des Spannstahls gemäß Referenznormen;
- Positionsnummern (Formnummern), Anzahl, Durchmesser, Form und Lage der Bewehrungsstäbe, gegenseitiger Abstand zwischen den Stäben und Übergreifungslängen an Stößen und Verankerungslängen, Anordnung, Maße und Ausbildung von Schweißstellen mit Angabe der Schweißzusatzwerkstoffe; Typ und Lage der mechanischen Verbindungsmittel; Rüttelgassen, Lage von Betonieröffnungen;
- das Herstellungsverfahren der Vorspannung; Anzahl, Typ und Lage der Spannglieder, Anzahl, Typ und Lage der Spanngliedverankerungen und Spanngliedkopplungen sowie Anzahl, Durchmesser, Form und Lagen der zugehörigen Betonstahlbewehrung; Typ und Durchmesser der Hüllrohre; Angaben zum Einpressmörtel;
- Maßnahmen zur Lagesicherung der Betonstahlbewehrung und der Spannglieder (z. B. Art und Anordnung der Abstandhalter sowie Anordnung, Maße und Ausführung der Unterstützungen der oberen Betonstahlbewehrungslage und der Spannglieder);
- das Verlegemaß c_V der Bewehrung, das sich aus dem Nennmaß c_{nom} der Betondeckung ableitet, sowie das Vorhaltemaß Δc der Betondeckung;
- die Fugenausbildung;

Die folgenden Biegeinformationen der Bewehrungsstäbe müssen in der Zeichnung oder in separaten Unterlagen wie z. B. der Stahlliste angegeben werden:
Bei Anwendung der Kennzeichnungssystematik, müssen die Biegeformen der Bewehrungsstäbe eindeutig auf die Positionsnummern verweisen. Dabei darf die grafische Darstellung unmaßstäblich sein;
Einzellängen, Teilllängen und gegebenenfalls Biegewinkel der Bewehrungsstäbe müssen angegeben werden. Um die Biegeform zu typisieren, muss die entsprechende Tabelle beachtet werden; die Biegerollendurchmesser oder -radien.

15.2 Kennzeichnung

Angaben zur Stabstahlbewehrung werden in Längsrichtung der Bewehrungsstäbe oder entlang der Bezugslinien eingetragen. Angaben für geschweißte Betonstahlmatten werden entlang der Diagonale eingetragen. Die Mattennummer muss zusammen mit der Anzahl der Matten angegeben werden. Für jede Positionsnummer (Formnummer) müssen die Angaben für die Bewehrungsstäbe in der Zeichnung, wie in folgender Tabelle gezeigt, enthalten sein.

Angabe	Beispiel
alphanumerische Positionsnummer (in z. B. einem Kreis oder einem Oval)	②[1]
Anzahl der Bewehrungsstäbe	19
Stabdurchmesser in mm	Ø18
Abstand in mm	250
Lage im Bauteil (optional)	T
Formschlüssel des Bewehrungsstabes (optional)	13

[1] Eine auf das Beispiel bezogene Angabe lautet: ②19 Ø20—200—T—13 oder ②19 Ø20—200.

15.3 Beispiele

15.3.1 Positionskennzeichnung (ohne optionale Angaben)

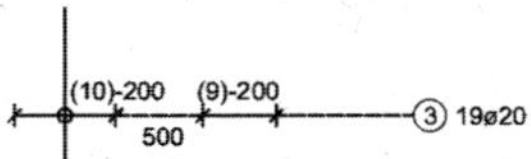

Der in den Klammern angegebene Zahlenwert gibt die Anzahl der Stäbe im jeweils betrachteten Abschnitt an.

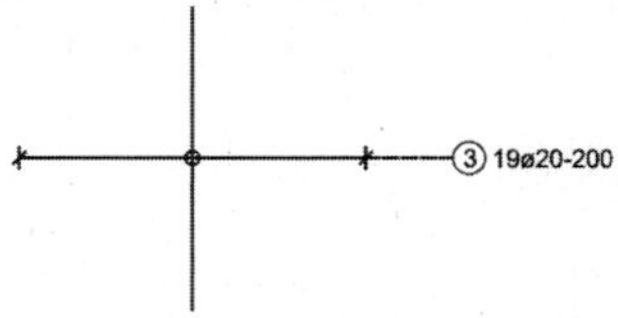

15.3.2 Maßangaben

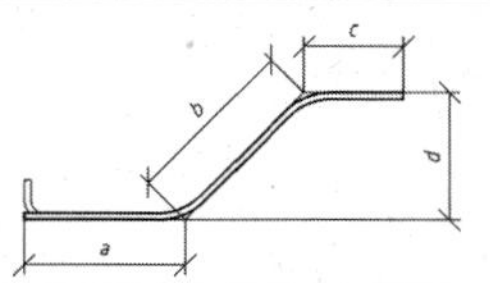	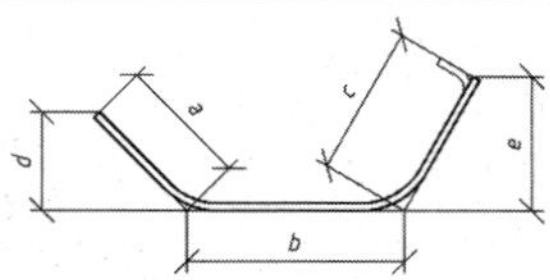	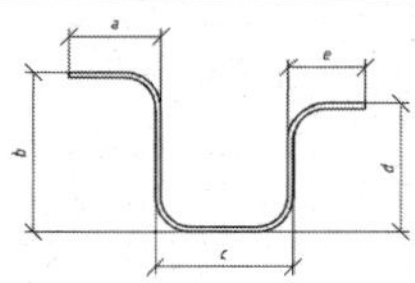
Maßangaben Formschlüssel 26	Maßangaben Formschlüssel 25	Maßangaben Formschlüssel 44

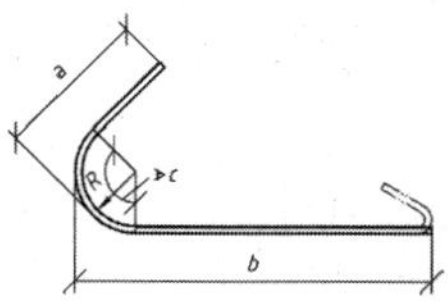	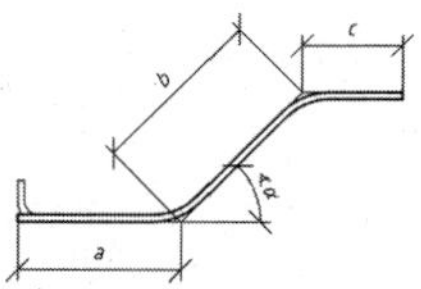	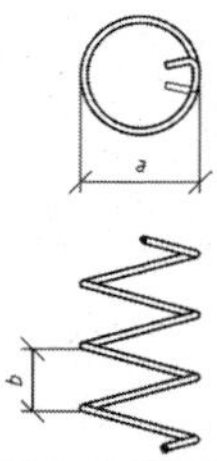	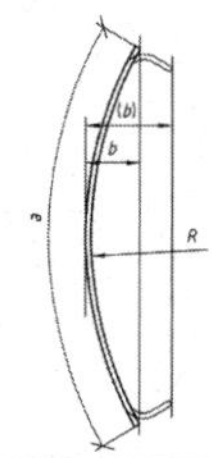
Maßangaben Formschlüssel 99 (nicht genormtes Beispiel)	Maßangaben Formschlüssel 99 (nicht genormtes Beispiel)	Maßangaben Formschlüssel 77	Maßangaben Formschlüssel 67 (Maß b – Bogenstich optional)

15.3.3 Darstellung und Symbole für Stabstahlbewehrung

Nr.	Darstellung		Bedeutung
	Grundriss	Schnitt/Ansicht (sofern abweichend)	
1	a) b) c) 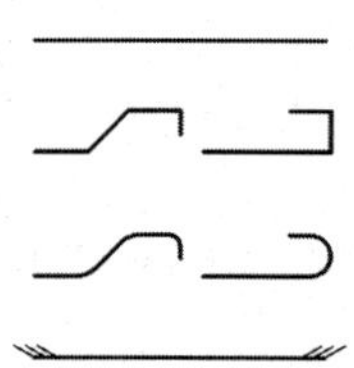		**Allgemeine Darstellung eines Bewehrungsstabes** Gebogener Bewehrungsstab b): 1) Geknickter Linienzug 2) Linienzug aus Geraden und Bögen c) Stabbündel, Endmarkierung gibt Anzahl der Stäbe im Bündel an (hier: drei)
2		a)  b) 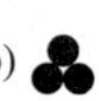	**Schnitt** a) durch einen Bewehrungsstab, b) durch ein Stabbündel aus drei Bewehrungsstäben

Nr.	Darstellung		Bedeutung
	Grundriss	Schnitt/Ansicht (sofern abweichend)	
3		a) b) c) 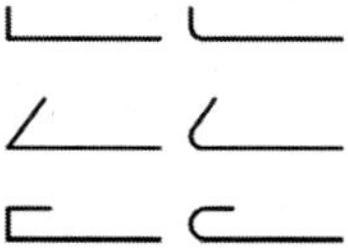	**Bewehrungsstab mit Endhaken-Verankerung** a) 90°-Bogen (Winkelhaken) b) Bogen zwischen 90° und 180° c) 180°-Bogen
4			Gerade Stäbe in einer Lage (Ebene) hintereinander mit Positionsnummern an den Enden
5		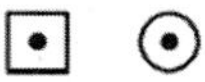	Endverankerung mit Platte/Scheibe
6			Rechtwinklig aus der Zeichnungsebene nach hinten gebogener Bewehrungsstab
7			Rechtwinklig aus der Zeichnungsebene nach vorne gebogener Bewehrungsstab
8	a) 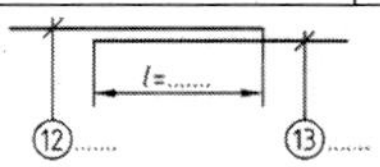 b) 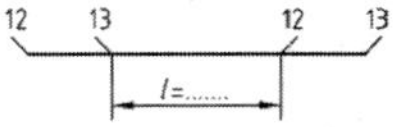		**Übergreifungsstoß** ohne Markierung der Stabenden durch Schrägstrich und Positionsnummer (Formnummer) mit Markierung
9	a)  b) 		**Mechanische Verbindungen** Muffenverbindung (Zugbeanspruchung) Kontaktstoß (Druckbeanspr.)
10		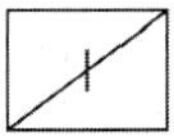	**Matte** Ggf. zeigt schräger Strich in der Diagonalen die Richtung der Hauptbewehrung.
11		a) 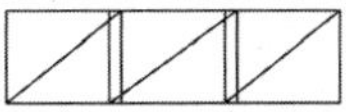 b) 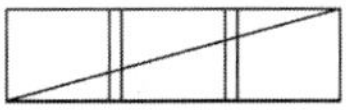	**Gleiche Matten in einer Reihe** a) Darstellung der einzelnen Matten b) Zusammengefasste Darstellung (Übergreifungslänge muss auf der Zeichnung angegeben werden.)
12	a) 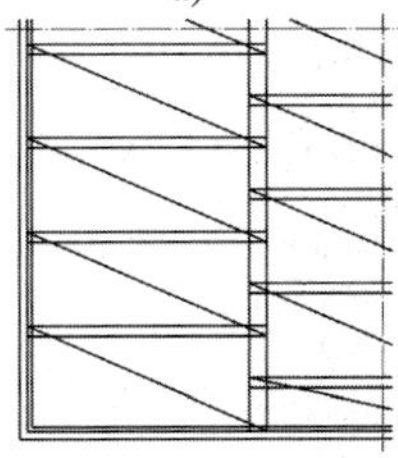	b) 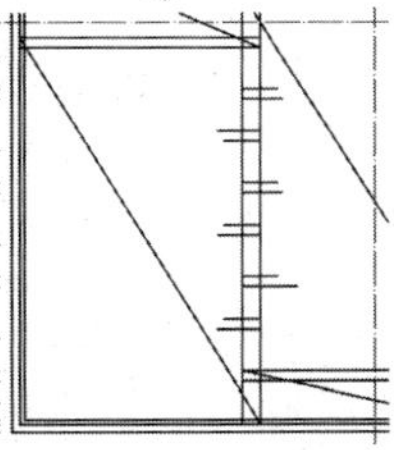	**Gleiche Matten in einer Lage** a) Darstellung der einzelnen Matten b) Zusammengefasste Darstellung mit Andeutung der Übergreifungsstöße (Übergreifungslänge muss auf der Zeichnung angegeben werden.)

Nr.	Darstellung		Bedeutung
	Grundriss	Schnitt/Ansicht (sofern abweichend)	
13		a) b) 	**Schnitt durch eine geschweißte Matte** a) vereinfachte Darstellung b) ausführliche Darstellung
14		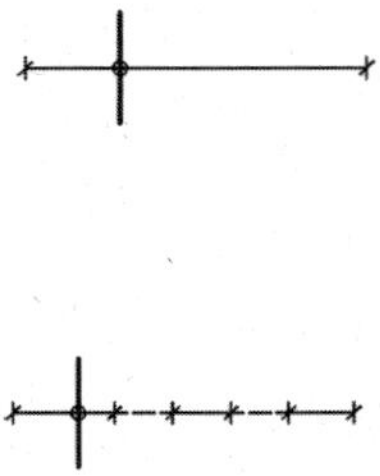	**Gruppen gleicher Bewehrungsstäbe** dargestellt durch maßstäblich gezeichneten Bewehrungsstab und eine Verlegelinie, die durch Schräglinien zur Kennzeichnung der äußeren Stäbe begrenzt ist; ein Kreis verbindet Bewehrungsstab und Verlegelinie gleiche Bewehrungsstäbe in Gruppen
15			Stäbe mit Festlegung des Biegerollendurchmessers oder -radius, falls dieser sich vom Mindest-Biegerollendurchmesser oder -radius unterscheidet; handelt es sich um einen Radius, wird dieser mit R angezeigt
16	Anmerkung: B und T werden für die englische Sprache benutzt, entsprechende Buchstaben für andere Sprachen sind möglich, vgl. DIN EN ISO 3766 Anhang NB	a) b) 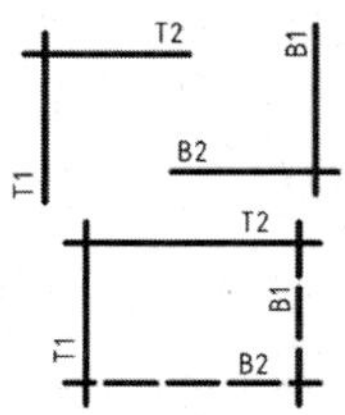	**Festlegung der Bewehrungslagen in ebener Darstellung** B untere Bewehrung T obere Bewehrung 1 erste Lage in Bezug auf die Betonoberfläche 2 zweite Lage in Bezug auf die Betonoberfläche **obere und untere Bewehrung** a) in getrennten Darstellungen b) in derselben Darstellung
17	Anmerkung: N und F werden für die englische Sprache benutzt, entsprechende Buchstaben für andere Sprachen sind möglich, vgl. DIN EN ISO 3766 Anhang NB	a) b) 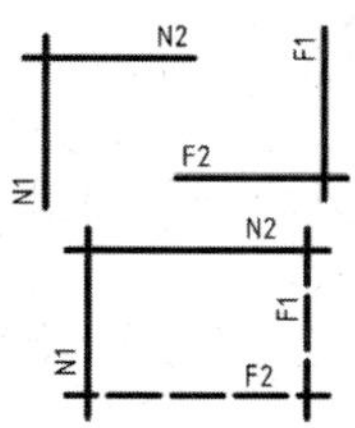	**Festlegung der Bewehrungslagen in Ansichten** N vordere Bewehrung F hintere Bewehrung 1 erste Lage in Bezug auf die Betonoberfläche 2 zweite Lage in Bezug auf die Betonoberfläche **vordere und hintere Bewehrung** a) in getrennten Darstellungen b) in derselben Darstellung

Nr.	Darstellung		Bedeutung
	Grundriss	Schnitt/Ansicht (sofern abweichend)	
18		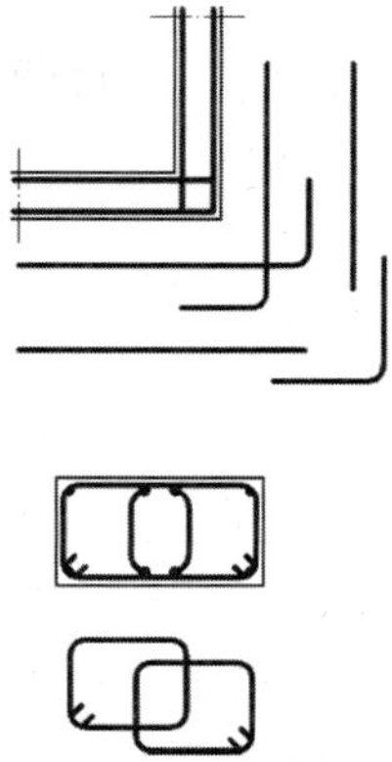	Wenn eine Anordnung der Bewehrung nicht eindeutig durch den Schnitt dargestellt ist, darf ein zusätzliches Detail, das die Bewehrung darstellt, außerhalb des Schnittes angefertigt werden.

15.3.4 Bewehrung mit Vorspannung

Nr.	Darstellung		Bedeutung
	Grundriss	Schnitt/Ansicht (sofern abweichend)	
1			vorgespannter Stab oder Drahtbündel
2			nachträglich vorgespannte Bewehrung, in Hüllrohren liegend
3			vorgespannte Bewehrung mit sofortigem Verbund
4	a) 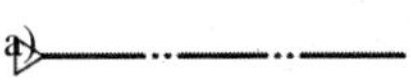 b) 		**Verankerung** a) Spanngliedverankerung b) Festanker
5	a) 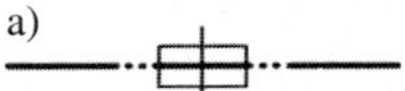 b) 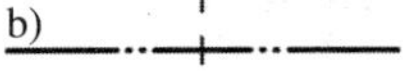		**Kopplung** a) beweglich b) Fest

15.4 Geometrische Beschreibung der Biegeform für die Datenerfassung

Die Schlüsselnummer für die Stabform besteht aus zwei Zeichen. Das erste Zeichen gibt die Anzahl der Bögen oder die Art des Bogens bzw. der Bögen, das zweite Zeichen gibt die Biegerichtung des Bogens bzw. der Bögen an:

Erstes Zeichen			Zweites Zeichen	
0	keine Bögen (optional)		0	gerader Stab (optional)
1	1 Bogen		1	90°-Bogen/Bögen mit genormtem Radius, alle Bögen in derselben Richtung gebogen
2	2 Bögen		2	90°-Bogen/Bögen mit ungenormtem Radius, alle Bögen in derselben Richtung gebogen
3	3 Bögen		3	180°-Bogen/Bögen mit ungenormtem Radius, alle Bögen in derselben Richtung gebogen
4	4 Bögen		4	90°-Bogen/Bögen mit genormtem Radius, nicht alle Bögen in derselben Richtung gebogen
5	5 Bögen		5	Bögen < 90° mit genormtem Radius, alle Bögen in derselben Richtung gebogen
6	Kreisabschnitte		6	Bögen < 90° mit genormtem Radius, nicht alle Bögen in derselben Richtung gebogen
7	vollständige Windungen		7	Kreisabschnitte oder vollständige Windungen
9[a]	kann nur mit 9 kombiniert werden		9[a]	kann nur mit 9 kombiniert werden

ANMERKUNG 1: Diese Tabelle erklärt die Logik hinter der Benummerung der Formen nach der Tabelle 15.5 Stabformen

ANMERKUNG 2: Die Anzahl der Bögen beinhaltet nicht Bögen der Endhaken, die wie unten angegeben werden.

[a] Spezielle nicht-genormte Formen, werden durch eine Skizze definiert. Formschlüssel 99 muss für alle nicht-genormten Formen verwendet werden. Biegeradien für Formschlüssel 99 müssen als genormt angenommen werden, sofern sie nicht anderweitig festgelegt sind.

0 = kein Endhaken; 1 = Endhaken 90°; 2 = Endhaken zwischen 90° und 180°, abhängig von Referenznormen; 3 = Endhaken 180°

Die Maße für die Längen *h* und Durchmesser oder Radien der Endhaken sind Referenznormen zu entnehmen und müssen in der Stahlliste angegeben werden.

15.5 Stabformen

Schlüssel-nummer	Stabform	Beispiel ohne Endhaken	Beispiel mit Endhaken
00	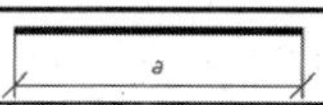		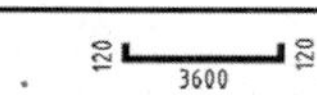
	00 | 0 | 0 | a | h	00 | 0 | 0 | 3600	00 | 1 | 1 | 3600 | 120
21	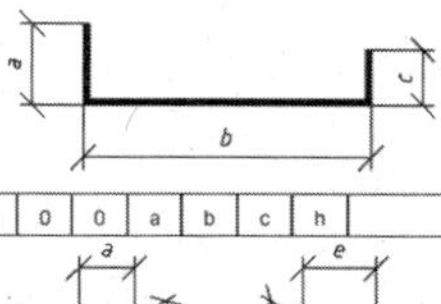	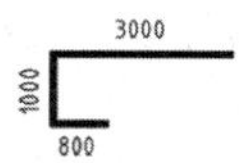	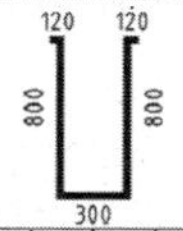
	21 | 0 | 0 | a | b | c | h	21 | 0 | 0 | 3000 | 1000 | 800	21 | -1 | -1 | 800 | 300 | 800 | 120
46	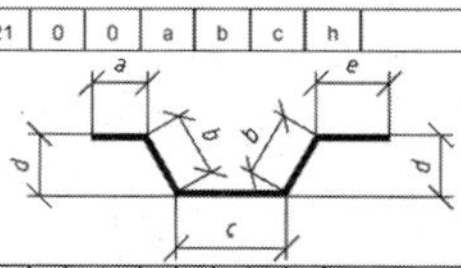	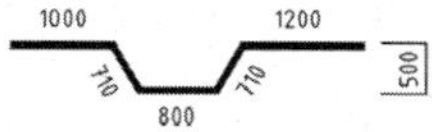	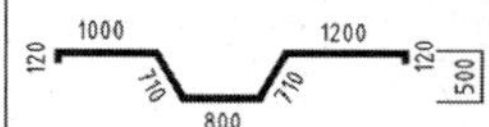
	46 | 0 | 0 | a | b | c | d | e | h	46 | 0 | 0 | 1000 | 710 | 800 | 500[a] | 1200	46 | 1 | 1 | 1000 | 710 | 800 | 500 | 1200 | 120

Weitere Beispiele sowie Anforderungen an Stahllisten und Mattenlisten mit Beispielen sind der DIN EN ISO 3766 zu entnehmen.

16 Darstellung von Planzeichen für Bauleitpläne gemäß Planzeichenverordnung Stand 1991

	Darstellung sw / farbig	Inhalt	Bedeutung
1 Art der baulichen Nutzung	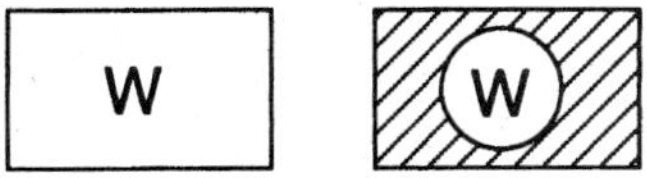 (bei farbiger Darstellung rot mittel)	W WS WR WA WB	Wohnbauflächen Kleinsiedlungsgebiete reine Wohngebiete allgemeine Wohngebiete besondere Wohngebiete
	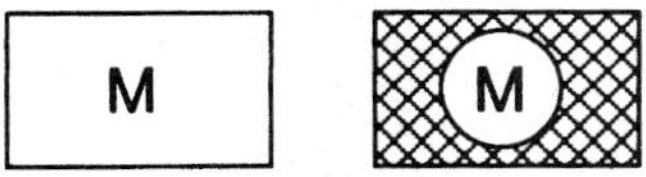 (bei farbiger Darstellung braun mittel)	M MD MI MK	gemischte Bauflächen Dorfgebiete Mischgebiete Kerngebiete
	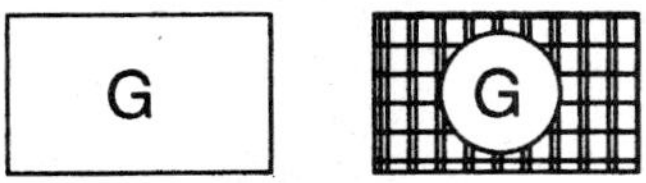 (bei farbiger Darstellung grau mittel)	G GE GI	gewerbliche Bauflächen Gewerbegebiete Industriegebiete
	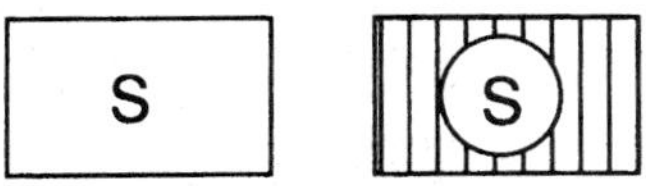 (bei farbiger Darstellung orange mittel)	S	Sonderbauflächen
	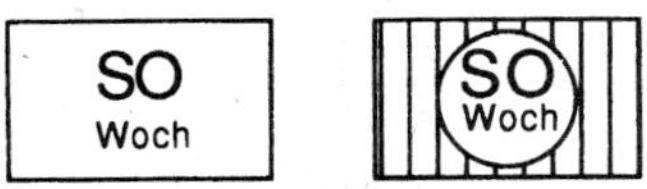 (bei farbiger Darstellung orange mittel)	SO	sonstige Sondergebiete, z. B. solche, die der Erholung dienen; Wochenendhausgebiet
	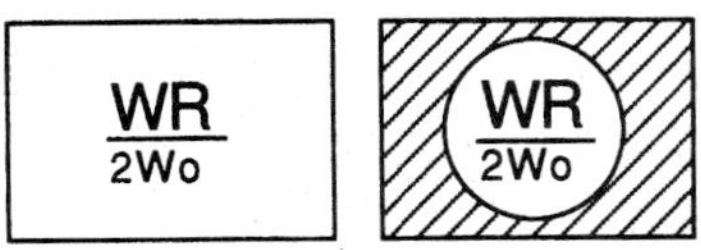 (bei farbiger Darstellung orange mittel)	Beschränkung der Zahl der Wohnungen Aus besonderen städtebaulichen Gründen kann die höchstzulässige Zahl der Wohnungen in Wohngebäuden durch Ergänzungen der Planzeichen festgesetzt werden.	

Die Planzeichen sollen in Farbton, Strichstärke und Dichte den Planunterlagen so angepasst werden, dass deren Inhalt erkennbar bleibt.

Die verwendeten Planzeichen müssen im Bauleitplan erklärt werden.

Zur weiteren Unterscheidung der Baugebiete sind Farbabstufungen zulässig.

Im Bebauungsplan können die farbigen Flächensignaturen auch als Randsignaturen verwendet werden.

Im Flächennutzungsplan kann bei den Planzeichen für die Bauflächen bei farbiger Darstellung der Buchstabe entfallen.

Soweit Darstellungen des Planinhalts erforderlich sind, für die keine wie oben aufgeführten Planzeichen enthalten sind, können Planzeichen verwendet werden, die **sinngemäß** aus den angegebenen Planzeichen entwickelt worden sind.

Darstellung von Planzeichen für Bauleitpläne gemäß Planzeichenverordnung Stand 1991 (Fortsetzung)

	Maß	Beschreibung	Beispiele
2 Maß der baulichen Nutzung	Geschossflächenzahl	Dezimalzahl im Kreis oder **GFZ** mit Dezimalzahl	(0,8) GFZ 0,8
	Geschossfläche	**GF** mit Flächenangabe	GF 300 m²
	Baumassenzahl	Dezimalzahl im Rechteck oder **BMZ** mit Dezimalzahl	2,8 BMZ 2,8
	Baumasse	**BM** mit Volumenangabe	BM 3500 m³
	Grundflächenzahl	Dezimalzahl oder **GRZ** mit Dezimalzahl	0,4 GRZ 0,4
	Grundfläche	**GR** mit Flächenangabe	GR 125 m²
	Zahl der Vollgeschosse	römische Ziffer als Höchstmaß; zwingend: im Kreis	IV (IV)
	Höhe baulicher Anlagen	in … m über einem Bezugspunkt	
		Traufhöhe **TH**	**TH** 10,51 m ü. GOK
		Firsthöhe **FH**	**FH** 97,55 m ü. NN
		Oberkante (OK)	(OK) 78,79 m ü. NN
		zwingend: im Kreis	(OK) 95,00 m ü. NN

	Beschreibung	Beispiele
3 Bauweise, Baulinien, Baugrenzen	offene Bauweise [1]	o
	geschlossene Bauweise [1]	g
	nur Einzelhäuser zulässig	E
	nur Doppelhäuser zulässig	D
	nur Hausgruppen zulässig	H
	nur Einzel- und Doppelhäuser zulässig	ED
	Baulinie [2] (bei farbiger Darstellung rot)	
	Baugrenze [2] (bei farbiger Darstellung blau)	

[1] Abweichende Bauweisen sind näher zu bestimmen.

[2] Die Bestimmungslinien von Baulinien und Baugrenzen können bei farbiger Darstellung auch in durchgezogenen Linien ausgeführt werden.

Darstellung von Planzeichen für Bauleitpläne gemäß Planzeichenverordnung Stand 1991 (Fortsetzung)

	Darstellung	Bedeutung
4 Einrichtungen und Anlagen zur Versorgung mit Gütern und Dienstleistungen des öffentlichen und privaten Bereichs, Flächen für den Gemeinbedarf, Sport und Spielanlagen	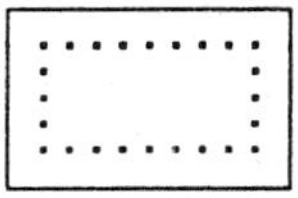 (bei farbiger Darstellung karminrot mittel)	Flächen für den Gemeinbedarf (Im Bebauungsplan kann die farbige Flächensignatur auch als Randsignatur verwendet werden.)
	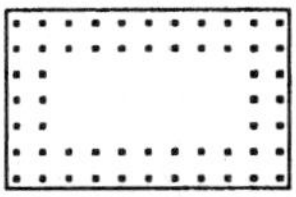	Flächen für Sport und Spielanlagen
	[1] 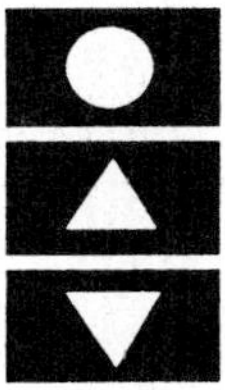	Öffentliche Verwaltungen Schule Kulturellen Zwecken dienende Gebäude
5 Flächen für den überörtlichen Verkehr und für die örtlichen Hauptverkehrszüge	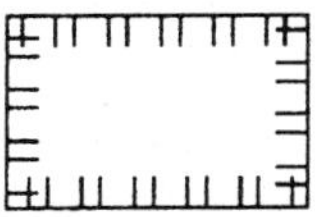 (bei farbiger Darstellung violett dunkel)	Umgrenzung der Flächen für den Luftverkehr
	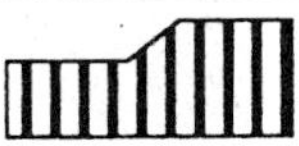 (bei farbiger Darstellung violett mittel)	Bahnanlagen
6 Verkehrsflächen	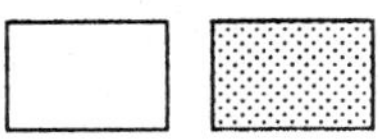 (bei farbiger Darstellung goldocker)	Straßenverkehrsflächen
	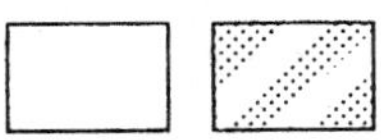 (bei farbiger Darstellung goldocker)	Verkehrsflächen besonderer Zweckbestimmung
	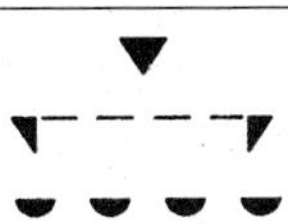	Einfahrt Einfahrtbereich Bereich ohne Ein- und Ausfahrt

[1] Die Zeichen können bei Bedarf durch Buchstaben ergänzt werden. Im Flächennutzungsplan können die Zeichen zur Kennzeichnung der Lage auch ohne obige Flächendarstellung verwendet werden.

Darstellung von Planzeichen für Bauleitpläne gemäß Planzeichenverordnung Stand 1991 (Fortsetzung)

	Darstellung	Bedeutung	Beispiele der Zweckbestimmung
7	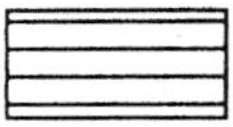 (bei farbiger Darstellung gelb hell)	Flächen für Versorgungsanlagen, Abfallentsorgung, Abwasserbeseitigung und Ablagerungen	 Fernwärme[1]
8	 oberirdisch  unterirdisch	Hauptversorgungs- und Hauptabwasserleitungen	(Die Art der Leitung soll näher bezeichnet werden.)
9	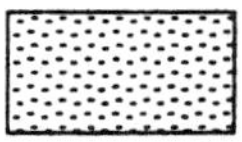 (bei farbiger Darstellung grün mittel)	Grünflächen[2]	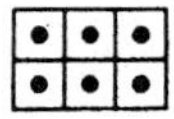 Dauerkleingärten
10	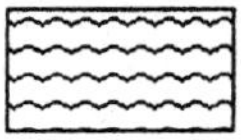 (bei farbiger Darstellung blau mittel)	Wasserflächen,[1] Flächen für Wasserwirtschaft, Hochwasserschutz, Regelung des Wasserabflusses	(H) Hafen
11	 Aufschüttung  Abgrabung	Flächen für Aufschüttungen, Abgrabungen oder für die Gewinnung von Bodenschätzen	
12	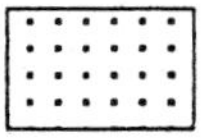 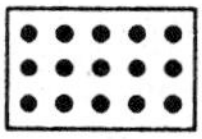 (bei farbiger Darstellung gelbgrün bzw. blaugrün)	Flächen für Landwirtschaft und Wald	(E) Erholungswald
13	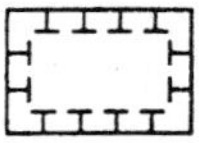 (bei farbiger Darstellung Rand grün dunkel)	Planungen, Nutzungsregelungen, Maßnahmen u. Flächen für Maßnahmen zwecks Schutz, Pflege und Entwicklung von Natur und Landschaft	◎ Anpflanzen ⊙ Erhaltung Landschaftsschutzgebiet (L)
14	 (bei farbiger Darstellung Rand rot)	Regelungen für die Stadterhaltung und für den Denkmalschutz	(E) Erhaltungsbereich (D) Denkmalbereich [D] Einzeldenkmal
15	 [3]  (farb. Darstg.: Rand grau dunkel)	Sonstige weitere Planzeichen[1] Flächen, die von Bebauung freizuhalten sind Grenze des räumlichen Geltungsbereiches des Bebauungsplans	St Stellplätze Ga Garagen GGa Gemeinschaftsgaragen

[1] Weitere Symbole sind in der vollständigen Ausgabe der Planzeichenverordnung enthalten.
[2] Im Bebauungsplan sind Grünflächen als öffentlich oder privat besonders zu bezeichnen.
[3] Im Bebauungsplan sind die Maßnahmen innerhalb der Flächen näher zu bestimmen.

15 Verzeichnisse

Inhaltsverzeichnis

1 Aufbau statischer Berechnungen

Prof. Dr. rer. nat. Erich Cziesielski

1 Übersicht

Die Einbindung des Tragwerksplaners beim Baugenehmigungsverfahren ist in Abb. 1.17 dargestellt. Ein bautechnischer Nachweis muss folgende Teile enthalten:

- Titelseite
- Inhaltsverzeichnis
- Baubeschreibung
- Standsicherheitsnachweis
- Nachweis des Brandschutzes
- Nachweis des Schallschutzes
- Wärmeschutznachweis
- Schlussseite
- Positionspläne
- Anhang
- Konstruktionszeichnungen.

2 Statische Berechnung

2.1 Titelseite

Auf der Titelseite sind anzugeben [15.1]:

- Bauvorhaben, Bauherr, Bauort
- Name und Anschrift des Aufstellers der statischen Berechnung
- Architekt mit Anschrift
- Koordinator für die statischen Unterlagen (soweit die statische Berechnung von mehreren Aufstellern angefertigt wird, hat der Koordinator die inhaltliche und formale Abstimmung der einzelnen Berechnungsteile herbeizuführen und zu vertreten)
- Umfang der statischen Unterlagen (kapitelweise angeben)
- Freiraum für den Prüfstempel (ca. 10 cm breit, 8 cm hoch).

2.2 Inhaltsverzeichnis

Ein detailliertes Inhaltsverzeichnis ist bei größeren Bauvorhaben unerlässlich. Das Inhaltsverzeichnis orientiert sich im Wesentlichen an der statischen Berechnung; es sollen auch die Positionspläne und der Inhalt des Anhangs aufgeführt werden.

2.3 Baubeschreibung

Die Baubeschreibung soll Angaben enthalten, die der Berechnung bzw. den Zeichnungen nicht ohne weiteres entnommen werden können, die aber das Bauwerk im Einzelnen beschreiben und erläutern. Inhalt der Baubeschreibung soll sein:

a Angaben zum Standort des Bauvorhaben

- Umgebungssituation (z. B. Schließung einer Baulücke o. Ä.)
- NN-Höhenlage
- Schneelastzone
- geografische Sonderlage (z. B. Gebäude auf Bergkuppe, Schlagregenbeanspruchungsgruppe)
- Erdbebenzone

b Angaben zur Nutzung des Bauwerks und zu besonderen Erfordernissen

- Nutzung (z. B. Wohn- oder Verwaltungsbau o. Ä.)
- Erfordernisse in Bezug auf
  - betriebsbedingte Nutzung (z. B. Schwingungsanfälligkeit, Maßgenauigkeit – z. B. Ebenheit von Decken o. Ä.)
  - Umwelteinflüsse (erforderliche Betondeckung, Holz- bzw. Korrosionsschutz)
  - besondere Anforderungen hinsichtlich des Brandschutzes (Sprinkleranlagen o. Ä.)
  - Schutzmaßnahmen gegen Anprall (Radabweiser o. Ä.), Strahlung (Röntgenstrahlung im Krankenhausbau)
  - Wasserdichtigkeit aufgrund der Nutzung (Aktenlager, Elektroinstallationen o. Ä.)
  - Rissbreitenbeschränkung aufgrund der Nutzung bzw. der Umwelteinflüsse
  - Verformungsbeschränkungen (z. B. Regallager o. Ä.)

c Abmessungen des Gebäudes

- Länge, Breite, Höhe, Abtreppungen

d *Erläuterung der statischen Grundkonzeption*
- Hauptsystem zur Abtragung der Vertikallasten
- Angaben zur räumlichen Stabilität des Gebäudes (Aussteifung durch Wand- und Deckenscheiben, eingespannte Stützen, Verbände in der Deckenebene o. Ä.)

e *Angaben zur Anordnung von Dehnungsfugen*
(maximaler Abstand der Dehnungsfugen $a \leq 30$ m aufgrund der bei einem Brand auftretenden Verformungen) [15.3]

f *Fertigteilkonstruktionen*
Angaben zu Fertigteilkonstruktionen hinsichtlich Transport und Montagezustände sowie besonderer Sicherungsvorkehrungen

g *Umbauten*
Für Umbauten müssen die statischen Unterlagen den Zustand vor und nach den geplanten Baumaßnahmen klar in Plänen und textlichen Erläuterungen enthalten.

h *Verwendete Materialien*
Kurzgefasste Auflistung der zur Ausführung vorgesehenen Baustoffe mit Güteklassen und Rohdichten

i *Befähigkeitserfordernisse*
Angaben zu den Befähigkeitserfordernissen, z. B. in Bezug auf Beton B II, Leimen, Befähigkeitsnachweisgruppe beim Schweißen

j *Baugrundverhältnisse*
- Baugrundverhältnisse unter Berücksichtigung des Baugrundgutachtens
- Gründungsmaßnahmen (Flach- bzw. Pfahlgründungen)
- Angaben zur Aggressivität des Grundwassers nach DIN 4030 im Hinblick auf die Dauerhaftigkeit von im Grundwasser sich befindenden Betonbauteilen bzw. im Hinblick auf zu ergreifende Schutzmaßnahmen.

2.4 Verwendete Unterlagen/Literatur

Die der Berechnung zugrunde gelegten Normen sind vollständig auch unter Angabe der zugehörigen Ausgabedaten (wichtig für Nachberechnungen im Zuge späterer Umbauten) anzugeben, z. B.:

„DIN 1053-1 (1996-11): Mauerwerk – Teil 1 Berechnung und Ausführung“

Die verwendete Literatur ist vollständig anzugeben, z. B. in folgender Form:

„Grasser, E./Thielen, G.: Hilfsmittel zur Berechnung der Schnittgrößen und Formänderungen von Stahlbetontragwerken. In: Schriftenreihe des Deutschen Ausschusses für Stahlbeton (DAfStb), Heft 240. Berlin/München/Düsseldorf: Ernst & Sohn 1978“

oder – nach ausführlicher Nennung im Literaturverzeichnis – im Text in Kurzform als

„DAfStb-Heft240“.

2.5 Standsicherheitsnachweis

Die statische Berechnung muss vollständig und leicht prüfbar erstellt werden; sie sollte daher zu jeder Position enthalten:

a. System
b. Einwirkungen
c. Schnittgrößenverlauf für alle Grund- und Bemessungslastfälle
d. Verformungen für alle Grundlastfälle.

Nach [15.1] gilt:

In der statischen Berechnung sind sämtliche tragenden Bauteile in allen Bau-, Montage- und Endzuständen und unter Beachtung der Wechselwirkung zwischen Bauwerk und Baugrund im notwendigen Umfang zu erfassen. Die Vollständigkeit der statischen Berechnung erfordert auch ggf. Standsicherheitsnachweise für Baubehelfe (z. B. den Baugrubenverbau). Die Standsicherheit für Baubehelfe kann in einem gesonderten Abschnitt (oder völlig unabhängig) behandelt werden.

Grundsätzlich ist der Nachweis der Standsicherheit und der Gebrauchsfähigkeit unter Beachtung der jeweils gültigen Vorschriften zu führen.

Jede Berechnung muss ein in sich geschlossenes Ganzes bilden: Das heißt, aus anderen Berechnungen dürfen ohne Herleitung nur Werte übernommen werden, wenn die neue Berechnung eine schon vorhandene ergänzt. Der Inhalt der Berechnungen soll sich auf die Ausführung der maßgebenden Nachweise beschränken, also ohne Vorentwurfsermittlungen, Optimierungen, Alternativen o. Ä.

Rechen- und Bemessungsverfahren, die nicht allgemein bekannt und geläufig sind, sind – soweit in verbreitetem Schrifttum veröffentlicht und zugänglich – mit Angabe der herangezogenen Literatur zu belegen. Darüber hinausgehende Ansätze sind in vollständiger Entwicklung zu bringen bzw. einfach fotokopiert beizufügen.

Die Dokumentation der EDV-Berechnungen sollte dem Anhang zugeordnet werden. Es sind die aus den EDV-Nachweisen zu übertragenden relevanten Werte deutlich kenntlich zu machen (mindestens mit Hinweisen zu versehen und zu unterstreichen; vgl. insbesondere [15.4].

2.6 Schlussseite

Auf der Schlussseite hat der Beratende Ingenieur als verantwortlicher Aufsteller der statischen Berechnung mit Name, Anschrift und Datum zu unterschreiben. Gegebenenfalls ist auch der Name des zuständigen Sachbearbeiters anzugeben.

2.7 Positionspläne

Jeder statischen Berechnung sind Positionspläne beizufügen.

Positionspläne können auch gleichzeitig Konstruktionszeichnungen sein (z. B. Schalpläne o. Ä.). Auf den Positionsplänen müssen folgende Angaben enthalten sein:

- Achsen und Reihen
- Angabe der statischen Positionen, wobei z. B. für Decken der Buchstabe D gewählt werden kann (z. B. D 3.04 = Decke im 3. Obergeschoss, Position 4). Die Nummerierung kann aber auch zu einer erweiterten Kennzeichnung dienen, wenn bestimmte Gebäude innerhalb einer großen Bebauung oder einzelne Bauabschnitte gekennzeichnet werden sollen (z. B. D.A. 304 oder D.I. 304).
- Zur weiteren Kennzeichnung der einzelnen Positionen können auch folgende Bezeichnungen gewählt werden: U für Unterzüge, W für tragende Wände, St für Stützen, Fu für Fundamente.
  Die Angaben der statischen Positionen auf den Positionsplänen müssen mit denen der statischen Berechnung übereinstimmen.
- Es ist für jedes Geschoss ein Positionsplan vorzulegen.
- Angaben zu den aussteifenden Bauteilen (z. B. Anordnung von Ringankern, Ringbalken, Scheiben, Verbänden u. Ä.)
- maßstäbliche Angaben bezüglich besonderer Lasten (z. B. Dachpfosten auf Decke, Maschinenfundamente u. Ä.)
- Anordnung der Dehnungsfugen.

2.8 Anhang

Im Anhang sind folgende Unterlagen der statischen Berechnung je einfach beizufügen:

- gültige Baueingabepläne, die dem Bauantrag zugrunde liegen. Diese Pläne müssen die Unterschriften des Entwurfsverfassers und des Bauherrn tragen.
- Bodengutachten
- Allgemeine bauaufsichtliche Zulassungen der verwendeten Baustoffe, Bauteile, Bauarten u. Ä.
- Typenprüfungen
- verwendete (nicht allgemein zugängliche) Literatur
- Zustimmung im Einzelfall der obersten Bauaufsichtsbehörde zu Abweichungen gegenüber den allgemein anerkannten Regeln der Technik
- Nachweise der Befähigtkeitseignung (Schweißen, Leimen u. Ä.)
- Nachweis der Güteüberwachung für nicht auf der Baustelle hergestellte (überprüfbare) Bauteile (z. B. für Fertigteile, Holzhäuser in Tafelbauart u. Ä.)
- Dokumentation der EDV-Berechnungen.

2.9 Konstruktionszeichnungen

Die Konstruktionszeichnungen sind die maßgeblichen Grundlagen für die Ausführung eines jeden Bauwerks. Sie sind unverzichtbarer Bestandteil einer jeden statischen Berechnung.

2.10 Nachträge

Anlass zu Nachträgen können sein:

- Ergänzungen: wenn keine vollständigen Nachweise eingereicht wurden
- Änderungen: wenn sich Bauplanung oder konstruktive Absichten gewandelt haben
- Berichtigungen: wenn Mängel oder Fehler in der statischen Berechnung auszuräumen sind.

Nachträge können aus auszutauschenden oder aus zusätzlichen Unterlagen (Seiten bzw. Zeichnungen) bestehen.

2 Normen und Richtlinien

Nachfolgend sind Normen, Richtlinien u.a.m. zusammengestellt, die für die entsprechenden Kapitel und Abschnitte von Bedeutung sind. Hierbei sind neben den sog. „Weißdrucken" auch bereits zurückgezogene Normen, Normenentwürfe oder Vornormen aufgeführt.
Es wird jedoch darauf hingewiesen, dass Normen – auch als Weißdruck veröffentlichte endgültige Normen – nur dann verbindlich angewendet werden dürfen, wenn sie in der „Liste der Technischen Baubestimmungen" der jeweiligen Bundesländer aufgeführt bzw. aufgenommen worden sind. Im Zweifelsfall empfiehlt sich eine Nachfrage bei der zuständigen Bauaufsichtsbehörde.

Zu Kapitel 1 B Bauprozessmanagement

DIN	Teil	Ausg.	Titel
			Zu den Hochbaukosten
276		06.93	Kosten im Hochbau
277			Grundflächen und Rauminhalte von Bauwerken im Hochbau
	1	08.87	Begriffe, Berechnungsgrundlagen
	2	02.05	Gliederung der Nettogrundfläche (Nutzungsfläche, Technisch Funktionsfläche und Verkehrsfläche
	3	02.05	Mengen und Bezugseinheiten
18 960		08.99	Nutzungskosten im Hochbau
			Zur Ablaufplanung
69 900			Projektwirtschaft; Netzplantechnik
	1	08.87	Begriffe
	2	08.87	Darstellungstechnik
			Zum Projektmanagement
19 246		06.91	Messen, Steuern, Regeln – Abwicklung von Projekten – Begriffe
69 900			Projektwirtschaft – Netzplantechnik
	1	08.87	Begriffe
	2	08.87	Darstellungstechnik
32 736		08.00	Gebäudemanagement
69 901		08.87	Projektwirtschaft, Projektmanagement
69 902		08.87	Projektwirtschaft, Einsatzmittel
69 903		08.87	Projektwirtschaft, Kosten und Leistung, Finanzmittel
69 904		11.00	Projektwirtschaft, Projektmanagementsysteme, Elemente und Strukturen
69 905		05.97	Projektwirtschaft – Projektabwicklung
			Zum Qualitätsmanagement
EN ISO 9000		12.05	Qualitätsmanagementsysteme – Grundlagen und Begriffe (ISO 9000:2005)
EN ISO 9001		12.00	Qualitätsmanagementsysteme, Anforderungen (ISO 9001:2005)
EN ISO 9004		12.00	Qualitätsmanagementsysteme, Leitfaden zur Leistungsverbesserung (ISO 9004:2005)
EN ISO 10 007		12.04	Qualitätsmanagement – Leitfaden für Konfigurationsmanagement (ISO 10 007:2003)
			Zur Bemessung und Bauausführung
1045			Tragwerke aus Beton, Stahlbeton und Spannbeton
	2	07.01	Beton; Festlegung, Eigenschaften, Herstellung und Konformität
EN 1065		12.98	Baustützen aus Stahl mit Ausziehvorrichtung, Produktfestlegung, Bemessung und Nachweis durch Berechnung und Versuche

DIN	Teil	Ausg.	Titel
4235			Verdichten von Beton durch Rütteln
	1	12.78	Rüttelgeräte und Rüttelmechanik
	2	12.78	Verdichten mit Innenrüttlern
	3	12.78	Verdichten bei der Herstellung von Fertigteilen mit Außenrüttlern
	4	12.78	Verdichten von Ortbeton mit Schalungsrüttlern
	5	12.78	Verdichten mit Oberflächenrüttlern
4421		08.82	Traggerüste; Berechnung, Konstruktion und Ausführung
18 202		10.05	Toleranzen im Hochbau – Bauwerke
18 218		09.80	Frischbetondruck auf lotrechte Schalungen
18 216		12.86	Schalungsanker für Betonschalungen; Anforderungen, Prüfung, Verwendung

Zu Kapitel 3 Einwirkungen auf Tragwerke (Lastannahmen)

DIN	Teil	Ausg.	Titel
1055			Einwirkungen auf Tragwerke
	1	6.02	Wichten und Flächenlasten von Baustoffen, Bauteilen und Lagerstoffen
	2	2.76	Lastannahmen für Bauten, Bodenkenngrößen, Wichte, Reibungswinkel, Kohäsion, Wandreibungswinkel
	2 (E)	2.03	Bodenkenngrößen
	3	3.06	Eigen- und Nutzlasten für Hochbauten
	4	3.05	Windlasten
	4 Ber. 1	3.06	Berichtigungen zu DIN 1055-4:2005-03
	5	7.05	Schnee- und Eislasten
	6	3.05	Einwirkungen auf Silos und Flüssigkeitsbehälter
	6 Ber. 1	2.06	Berichtigungen zu DIN 1055-6:2005-03
	7	11.02	Temperatureinwirkungen
	8	1.03	Einwirkungen während der Bauausführung
	9	8.03	Außergewöhnliche Einwirkungen
	10	7.04	Einwirkungen infolge Krane und Maschinen
	100	3.01	Grundlagen der Tragwerksplanung, Sicherheitskonzept und Bemessungsregeln
1072		12.85	Straßen- und Wegbrücken; Lastannahmen
	Bbl.	5.88	Straßen- und Wegbrücken; Lastannahmen; Erläuterungen
4149		4.05	Bauten in deutschen Erdbebengebieten – Lastannahmen, Bemessung und Ausführung üblicher Hochbauten
18 218		9.80	Frischbetondruck auf lotrechte Schalungen
Fachbericht	101	3.03	Einwirkungen auf Brücken
Druckschrift der Deutschen Bundesbahn Nr. 804 (DS 804), Ausgabe 1.83: Vorschrift für Eisenbahnbrücken und sonstige Ingenieurbauwerke (VEI)			

DIN EN	Teil	Ausg.	Titel
1991			Eurocode 1: Einwirkungen auf Tragwerke
	1-1	10.02	Allgemeine Einwirkungen auf Tragwerke; Wichte, Eigengewicht und Nutzlast im Hochbau
	1-2	9.03	Brandeinwirkungen auf Tragwerke
	1-3	9.04	Schneelasten
	1-4	7.05	Windlasten
	1-5	7.04	Temperatureinwirkungen

DIN EN	Teil	Ausg.	Titel
	1-6	9.05	Einwirkungen während der Bauausführung
	2	5.04	Verkehrslasten auf Brücken
	2-7 (V)	7.00	Außergewöhnliche Einwirkungen (Vornorm)
	4 (V)	12.96	Einwirkungen auf Silos und Flüssigkeitsbehälter (Vornorm)
	5 (V)	10.00	Einwirkungen aus Kranen und anderen Maschinen (Vornorm)
12 812		9.04	Traggerüste – Anforderungen, Bemessung und Entwurf
13 782		5.06	Fliegende Bauten – Zelte – Sicherheit
13 814		6.05	Fliegende Bauten und Anlagen für Veranstaltungsplätze und Vergnügungsparks – Sicherheit

Zu Kapitel 5 Beton-, Stahlbeton- und Spannbetonbau

DIN	Teil	Ausg.	Titel
488	1	9.84	Betonstahl
1045			Tragwerke aus Beton, Stahlbeton und Spannbeton
	1	7.01	Bemessung und Konstruktion
	–	6.05	w. v. Berichtigung 2 zu DIN 1045-1
	2	7.01	Beton – Festlegung, Eigenschaften, Herstellung und Konformität/ Anwendungsregeln zu DIN EN 206-1
	A1	1.05	w. v. Änderung A1
	3	7.01	Bauausführung
	A1	1.05	w. v. Änderung A1
	4	7.01	Ergänzende Regeln für die Herstellung und Konformität von Fertigteilen
	100	2.05	Ziegelsteindecken
EN 206	1	7.01	Beton – Festlegung, Eigenschaften, Herstellung und Konformität
	A1	10.04	w. v. Änderung A1
	A2	9.05	w. v. Änderung A2
Fachbericht	100	2005	Beton
Fachbericht	102	3.03	Betonbrücken

DIN	Teil	Ausg.	Titel
1045		7.88	Beton- und Stahlbetonbau
	A1	12.96	Beton- und Stahlbetonbau, Änderungen A1
4227			Spannbeton
	1	7.88	Bauteile aus Normalbeton mit beschränkter oder voller Vorspannung
	A1	12.95	Änderung A1
	2	5.84	Bauteile mit teilweiser Vorspannung (Vornorm)
	3	12.83	Bauteile in Segmentbauart, Bemessung und Ausführung der Fugen (Vornorm)
	4	2.86	Bauteile aus Spannleichtbeton (Vornorm)
Anmerkung: Die Normen der Reihe 1045 und 4227 wurden Ende 2004 zurückgezogen.			

DIN EN	Teil	Ausg.	Titel
1992			Eurocode 2: Bemessung und Konstruktion von Stahlbeton- und Spannbetonwerken
	1-1	10.05	Allgemeine Bemessungsregeln und Regeln für den Hochbau
	1-2	5.97	Tragwerksbemessung für den Brandfall (Europäische Vornorm)
	2	10.97	Betonbrücken
	4	12.00	Stütz- und Behälterbauwerke aus Beton
Zu der Normenreihe DIN EN 1992 (Eurocode 2) ist noch ein Nationaler Anhang zu erarbeiten; nach dem gegenwärtigen Stand ist damit nicht vor Ende 2007 zu rechnen (vgl. *Harz:* Normen und Regelwerke; BetonKalender 2006).			

DAfStb-Hefte

Heft 220: Bemessung von Beton- und Stahlbetonbauteilen nach DIN 1045, Ausg. 7.88
Heft 425: Bemessungshilfen zu Eurocode 2 Teil 1, Ausg. 6.92
Heft 525: Erläuterungen zu DIN 1045-1, Ausg. 7.01
w. v. Berichtigung 1 zum DAfStb-Heft 525 (5.05)
Heft 526: Erläuterungen zu den Normen DIN EN 206-1, DIN 1045-2, DIN 1045-3, DIN 1045-4 und DIN 4226

DIN	Teil	Ausg.	Titel
1048			Prüfverfahren für Beton
	1	6.91	Frischbeton
	5	6.91	Festbeton, gesondert hergestellte Probekörper
1100	–	10.89	Hartstoffe für zementgebundene Hartstoffestriche
1164			Zement mit besonderen Eigenschaften
	10	8.04	Zusammensetzung, Anforderungen und Übereinstimmungsnachweis von Normalzement mit besonderen Eigenschaften
	11	11.03	Zusammensetzung, Anforderungen und Übereinstimmungsnachweis von Zement mit verkürztem Erstarren
	12	6.05	Zusammensetzung, Anforderungen und Übereinstimmungsnachweis von Zement mit einem erhöhten Anteil an organischen Bestandteilen
4030			Beurteilung betonangreifender Wässer, Böden und Gase
	1	6.91	Grundlagen und Grenzwerte
	2	6.91	Entnahme und Analyse von Wasser- und Bodenproben
4226			Gesteinskörnungen für Beton und Mörtel
	100	2.02	Rezyklierte Gesteinskörnungen
51043		8.79	Trass – Anforderungen, Prüfung
V 18 004		10.03	Anwendung von Bauprodukten in Bauwerken – Prüfverfahren für Gesteinskörnungen nach DIN V 20 000-103 und DIN V 20 000-104 (Vornorm)
V 18 998		11.02	Beurteilung des Korrosionsverhaltens von Zusatzmitteln nach Normen der Reihe DIN EN 934 (Vornorm)
V 20 000			Anwendung von Bauprodukten in Bauwerken (Vornorm)
	100	10.02	Betonzusatzmittel nach DIN EN 934-2
	101	11.02	Zusatzmittel für Einpressmörtel für Spannglieder nach DIN EN 934-4
	103	10.03	Gesteinskörnung nach DIN EN 12 620
	104	10.03	Leichte Gesteinskörnung nach DIN EN 13 055-1

DAfStb-Richtlinien

Richtlinie für Beton mit verlängerter Verarbeitbarkeitszeit (Verzögerter Beton), 1995
Vorbeugende Maßnahmen gegen schädigende Alkalireaktion im Beton (Alkali-Richtlinie), 2001
Betonbau beim Umgang mit wassergefährdenden Stoffen, 1996
Wasserundurchlässige Bauwerke aus Beton (WU-Richtlinie), 2003
Selbstverdichtender Beton (SVB-Richtlinie), 2004

DIN EN	Teil	Ausg.	Titel
196	1,2,3,5	5.95	Prüfverfahren für Zement
197		2.01	Zement
	1	8.00	Zusammensetzung, Anforderungen und Konformitätskriterien von Normalzement
	4	8.04	Zusammensetzung, Anforderungen und Konformitätskriterien von Hochofenzement mit niedriger Anfangsfestigkeit
450		5.05	Flugasche für Beton
	1		Definition, Anforderungen und Konformitätskriterien
934			Zusatzmittel für Beton, Mörtel und Einpressmörtel
	2	2.02	Betonzusatzmittel – Definitionen, Anforderungen, Konformität, Kennzeichnung und Beschriftung
	4	2.02	Zusatzmittel für Einpressmörtel für Spannglieder – Definitionen, Anforderungen, Konformität, Kennzeichnung und Beschriftung
	6	2.02	Probenahme, Konformitätskontrolle und Bewertung der Konformität
1008	–	10.02	Zugabewasser für Beton, Festlegung für die Probenahme, Prüfung und Beurteilung der Eignung von Wasser einschließlich bei der Betonherstellung anfallendem Wasser, als Zugabewasser für Beton
12 350			Prüfung von Frischbeton
	1	3.00	Probenahme
	4	6.00	Verdichtungsmaß
	5	6.00	Ausbreitmaß
	6	3.00	Frischbetonrohdichte
	7	11.00	Luftgehalte – Druckverfahren
12 390			Prüfung von Festbeton
	1	2.01	Form, Maße und andere Anforderungen an Probekörper und Formen
	2	6.01	Herstellung und Lagerung von Probekörpern für Festigkeitsprüfungen
	4	12.00	Bestimmung der Druckfestigkeit; Anforderungen an Prüfmaschinen
	5	2.01	Biegzugfestigkeit von Probekörpern
	6	2.01	Spaltzugfestigkeit von Probekörpern
	7	2.01	Rohdichte von Festbeton
	8	2.01	Wassereindringtiefe unter Druck
12 504			Prüfung von Beton in Bauwerken
	1	9.00	Bohrkernproben – Herstellung, Untersuchung und Prüfung unter Druck
	2	12.01	Zerstörungsfreie Prüfung – Bestimmung der Rückprallzahl
12 620		4.03	Gesteinskörnungen für Beton
12 878		9.99	Pigmente zum Einfärben von zement- und/oder kalkgebundenen Baustoffen – Anforderungen und Prüfverfahren
13 055			Leichte Gesteinskörnungen
	1	8.02	Gesteinskörnungen für Beton, Mörtel und Einpressmörtel
14 216	1	8.04	Zusammensetzung, Anforderung und Konformitätskriterien von Sonderzementen mit sehr niedriger Hydrationswärme

Zu Kapitel 6 B Schutz und Instandsetzung von Betonbauwerken

DIN	Teil	Ausg.	Titel
18 195	5	08.00	Bauwerksabdichtungen; Abdichtungen gegen nichtdrückendes Wasser auf Deckenflächen und in Nassräumen, Bemessung und Ausführung
DAfStb-Instandsetzungsrichtlinie: Schutz und Instandsetzung von Betonbauteilen			
	1	10.01	Allgemeine Regelungen und Planungsgrundsätze
	2	10.01	Bauprodukte und Anwendung
	3	10.01	Anforderungen an die Betriebe und Überwachung der Ausführung
	4	10.01	Prüfverfahren
ZTV-ING: Baudurchführung : Zusätzliche Technische Vertragsbedingungen und Richtlinien für Ingenieurbauten ZTV-Ing. (inkl. ZTV-Kor-Stahlbauten 2002) Dortmund: Verkehrsblatt, 2003			

Zu Kapitel 6 C Schutz von Stahlbauten

DIN	Teil	Ausg.	Titel
17 440		3.01	Nichtrostende Stähle
50 900			Korrosion der Metalle
	2	6.02	Elektrochemische Begriffe
50 902		4.94	Schichten für den Korrosionsschutz von Metallen
50 960			Korrosionsschutz: Galvanische und chemische Überzüge
	1	10.98	Bezeichnung in technischen Dokumenten
	2	1.06	Zeichnungsangaben

DIN EN ISO	Teil	Ausg.	Titel
1461		3.99	Durch Feuerverzinken auf Stahl aufgebrachte Zinküberzüge
2063		5.05	Thermisches Spritzen – Metallische und andere anorganische Schichten – Zink, Aluminium und ihre Legierungen
12 944		7.98	Korrosionsschutz von Stahlbauten durch Beschichtungssysteme
	1		Allgemeine Einleitung
	2		Einteilung der Umgebungsbedingungen
	3		Grundregeln zur Gestaltung
	4		Arten von Oberflächen und Oberflächenvorbereitung
	5		Beschichtungssysteme
	6		Laborprüfungen zur Bewertung von Beschichtungssystemen
	7		Ausführung und Überwachung der Beschichtungsarbeiten
	8		Erarbeiten von Spezifikationen für Erstschutz und Instandhaltung
14 713		5.99	Schutz von Eisen- und Stahlkonstruktionen vor Korrosion; Metallische Überzüge, Leitfaden

DASt-Ri.007	Richtlinien für die Lieferung, Verarbeitung und Anwendung wetterfester Baustähle, 1993, Deutscher Ausschuss für Stahlbau, Stahlbau-Verlagsgesellschaft, Köln

Zu Kapitel 7 A Mauerwerksbau

DIN	Teil	Ausg.	Titel
1053			Mauerwerk
	1	11.96	Rezeptmauerwerk; Berechnung und Ausführung
	2	11.96	Mauerwerk nach Eignungsprüfung; Berechnung und Ausführung
	3	2.90	Bewehrtes Mauerwerk; Berechnung und Ausführung
	4	2.04	Fertigbauteile
	100	8.06	Berechnung auf der Grundlage des semiprobalistischen Sicherheitskonzepts
4242		1.79	Glasbausteinwände; Ausführung und Bemessung
V 105	100	10.05	Mauerziegel mit besonderen Eigenschaften
V 106		10.05	Kalksandsteine mit besonderen Eigenschaften
EN 771			Festlegungen für Mauersteine
	1	5.05	Mauerziegel
	2	5.05	Kalksandsteine
	3	5.05	Mauersteine aus Beton
	4	5.05	Porenbetonsteine
V 4165	100	10.05	Porenbetonsteine: Plansteine und Planelemente mit besonderen Eigenschaften
V 18 151	100	10.05	Hohlblöcke aus Leichtbeton: Hohlblöcke mit besonderen Eigenschaften

DIN	Teil	Ausg.	Titel
V 18 152	100	10.05	Vollsteine und Vollblöcke aus Leichtbeton: Vollsteine und Vollblöcke mit besonderen Eigenschaften
V 18 153	100	10.05	Mauersteine aus Beton: Mauersteine mit besonderen Eigenschaften
V 20 000			Anwendungen von Bauprodukten in Bauwerken
	401	6.05	Regeln für die Verwendung von Mauerziegeln nach DIN EN 771-1
	402	6.05	Regeln für die Verwendung von Kalksandsteinen nach DIN EN 771-2
	403	6.05	Regeln für die Verwendung von Mauersteinen nach DIN EN 771-3
	404	1.06	Regeln für die Verwendung von Porenbetonsteinen nach DIN EN 771-4
Richtlinien			
Bemessung und Ausführung von Flachstürzen (Ausgabe: Juli 1982)			
Bauteile, die gegen Absturz sichern (Ausgabe: Juni 1985)			

Zu Kapitel 7 B Glas im konstruktiven Ingenieurbau

DIN	Teil	Ausg.	Titel
1055			Lastannahmen für Bauten
	1	7.78	Lagerstoffe, Baustoffe und Bauteile, Eigenlasten und Reibungswinkel
	3	6.71	Verkehrslasten
	4	8.86	Verkehrslasten, Windlasten bei nicht schwingungsanfälligen Bauwerken
	5	6.75	Verkehrslasten, Schneelast und Eislast
1249	1	8.81	Flachglas im Bauwesen – Fensterglas
	3	2.80	Flachglas im Bauwesen – Spiegelglas
	4	8.81	Flachglas im Bauwesen – Gussglas
	5	4.83	Flachglas im Bauwesen – Profilbauglas
	10	8.90	Flachglas im Bauwesen – chemische und physikalische Eigenschaften
	11	9.86	Flachglas im Bauwesen – Glaskanten
	12	9.90	Flachglas im Bauwesen – Einscheiben-Sicherheitsglas
1259	1	9.01	Glas – Begriffe für Glasarten und Glasgruppen
	2	9.01	Glas – Begriffe für Glaserzeugnisse
1286	1	3.94	Mehrscheiben-Isolierglas, luftgefüllt; Zeitstandverhalten
	2	89	Mehrscheiben-Isolierglas, gasgefüllt
4102		98	Brandverhalten von Baustoffen und Bauteilen
4242		1.79	Glasbausteinwände; Ausführung und Bemessung
4243		3.78	Betongläser
7863		4.83	Nichtzellige Elastomer-Dichtprofile im Fenster- und Fassadenbau, Technische Lieferbedingungen
18 174		1.81	Schaumglas als Dämmstoff für das Bauwesen
18 175		5.77	Glasbausteine
18 516	4	2.90	Außenwandbekleidungen, hinterlüftet – Einscheiben-Sicherheitsglas
18 545	1	2.92	Abdichten von Verglasungen mit Dichtstoffen – Anforderungen an Glasfalze
	2	2.01	Abdichten von Verglasungen mit Dichtstoffen – Dichtstoffe, Bezeichnungen, Anforderungen, Prüfung
52 292	1	4.84	Prüfung von Glas und Glaskeramik – Bestimmung der Biegefestigkeit, Doppelring-Biegeversuch an plattenförmigen Proben mit kleinen Prüfflächen
	2	9.86	Prüfung von Glas und Glaskeramik – Bestimmung der Biegefestigkeit; Doppelring-Biegeversuch an plattenförmigen Proben mit großen Prüfflächen

DIN	Teil	Ausg.	Titel
52 303	1	8.84	Prüfverfahren für Flachglas im Bauwesen – Bestimmung der Biegefestigkeit; Prüfung bei zweiseitiger Auflagerung
	2	83	Prüfverfahren für Profilbauglas im Bauwesen – Bestimmung der Biegefestigkeit; Prüfung bei zweiseitiger Auflagerung
52 324		2.84	Prüfung von Glas, Bestimmung der Transformationstemperatur
52 338		9.85	Prüfverfahren für Flachglas im Bauwesen – Kugelfallversuch für Verbundglas
52 349		77	Bruchstruktur von Glas für bauliche Anlagen
52 460		2.00	Fugen- und Glasabdichtungen – Begriffe

DIN EN	Teil	Ausg.	Titel
356		2.00	Glas im Bauwesen – Sicherheitssonderverglasung – Prüfverfahren und Klasseneinteilung des Widerstandes gegen manuellen Angriff
572	1	1.95	Glas im Bauwesen – Basiserzeugnisse aus Kalk-Natronglas – Definitionen und allgemeine physikalische und mechanische Eigenschaften
	2	1.95	Glas im Bauwesen – Basiserzeugnisse aus Kalk-Natronglas – Floatglas
	3	1.95	Glas im Bauwesen – Basiserzeugnisse aus Kalk-Natronglas – Poliertes Drahtglas
	7	1.95	Glas im Bauwesen – Basiserzeugnisse aus Kalk-Natronglas – Profilbauglas mit oder ohne Drahteinlage
1096	1	1.99	Glas im Bauwesen – Beschichtetes Glas – Definitionen und Klasseneinteilung
1288	1	9.00	Glas im Bauwesen – Bestimmung der Biegefestigkeit von Glas – Grundlagen
	2	9.00	Glas im Bauwesen – Bestimmung der Biegefestigkeit von Glas – Doppelring-Biegeversuch an plattenförmigen Proben mit großen Prüfflächen
	3	9.00	Glas im Bauwesen – Bestimmung der Biegefestigkeit von Glas – Prüfung von Proben bei zweiseitiger Auflagerung (Vierschneiden-Verfahren)
	4	9.00	Glas im Bauwesen – Bestimmung der Biegefestigkeit von Glas – Prüfung von Profilbauglas
	5	9.00	Glas im Bauwesen – Bestimmung der Biegefestigkeit von Glas – Doppelring-Biegeversuch an plattenförmigen Proben mit kleinen Prüfflächen
1748	1	4.98	Glas im Bauwesen – Spezielle Basiserzeugnisse – Borosilikatgläser
	2	4.98	Glas im Bauwesen – Spezielle Basiserzeugnisse – Glaskeramik
1863		3.00	Glas im Bauwesen – Teilvorgespanntes Kalk-Natronglas
10 204		8.95	Metallische Erzeugnisse – Arten von Prüfbescheinigungen
12 150	1	11.00	Glas im Bauwesen – Thermisch vorgespanntes Kalk-Natron-Einscheibensicherheitsglas – Definition und Beschreibung
12 337	1	11.00	Glas im Bauwesen – Chemisch vorgespanntes Kalk-Natronglas – Definition und Beschreibung
12 488		96	Glas am Bau-Verglasungsrichtlinien, Verglasungssysteme und Anforderungen für die Verglasung
12 600		4.03	Glas im Bauwesen – Pendelschlagversuch – Verfahren für die Stoßprüfung und Klassifizierung von Flachglas

EN ISO	Teil	Ausg.	Titel
527	3	10.95	Kunststoffe – Bestimmung der Zugeigenschaften – Prüfbedingungen für Folien und Tafeln
12 543		8.98	Glas im Bauwesen – Verbundglas und Verbund-Sicherheitsglas

prEN	Teil	Ausg.	Titel
572	7	10.03	Glas im Bauwesen – Basiserzeugnisse aus Kalk-Natronsilikatglas – Profilbauglas mit oder ohne Drahteinlage
12 150	2	9.01	Glas im Bauwesen – Thermisch vorgespanntes Kalk-Natron-Einscheibensicherheitsglas – Konformitätsbewertung
12 337	2	9.01	Glas im Bauwesen – Chemisch vorgespanntes Kalk-Natron-Silikatglas – Konformitätsbewertung
13 474	1	99	Glas im Bauwesen – Bemessung von Glasscheiben; Allgemeine Grundlagen für den Entwurf, Berechnung und Bemessung
	2	00	Glas im Bauwesen – Bemessung von Glasscheiben; Bemessung für gleichmäßig verteilte Belastungen

Zu Kapitel 8 Stahlbau

DIN	Teil	Ausg.	Titel
4132		2.81	Kranbahnen
18 800			Stahlbauten
	1	11.90	Bemessung und Konstruktion
	A 1	2.96	Änderung A 1
	2	11.90	Stabilitätsfälle, Knicken von Stäben und Stabwerken
	A 1	2.96	Änderung A 1
	3	11.90	Stabilitätsfälle, Plattenbeulen
	A 1	2.96	Änderung A 1
	4	11.90	Stabilitätsfälle, Schalenbeulen
	5	11.05	Verbundtragwerke aus Stahl und Beton – Bemessung und Konstruktion
	7	9.02	Ausführung und Herstellerqualifikation
18 801		9.83	Stahlhochbauten; Bemessung, Konstruktion, Herstellung
18 807			Trapezprofile im Hochbau; Stahltrapezprofile
	1	6.87	Allgemeine Anforderungen, Ermittlung der Tragfähigkeitswerte durch Berechnung
	A 1	5.01	Änderung A 1
	2	6.87	Durchführung und Auswertung von Tragfähigkeitsversuchen
	A 1	5.01	Änderung A 1
	3	6.87	Festigkeitsnachweise und konstruktive Ausbildung
	A 1	5.01	Änderung A 1
18 808		10.84	Stahlbauten; Tragwerke aus Hohlprofilen unter vorwiegend ruhender Beanspruchung

DIN EN	Teil	Ausg.	Titel
1993	1-1	7.05	Eurocode 3: Bemessung und Konstruktion von Stahlbauten – Allgemeine Bemessungsregeln und Regeln für den Hochbau
10 025			Warmgewalzte Erzeugnisse aus unlegierten Baustählen
	1	2.05	Allgemeine Technische Lieferbedingungen
	2	2.05	Technische Lieferbedingungen für unlegierte Baustähle
	3	2.05	Technische Lieferbedingungen für normalgeglühte/normalisierend gewalzte schweißgeeignete Feinkornbaustähle
	4	2.05	Technische Lieferbedingungen für thermomechanisch gewalzte schweißgeeignete Feinkornbaustähle
	5	2.05	Technische Lieferbedingungen für wetterfeste Baustähle
	6	2.05	Technische Lieferbedingungen für Flacherzeugnisse aus Stählen mit höherer Streckgrenze im vergüteten Zustand
10 027			Bezeichnungen für Stähle
	1	10.05	Kurznamen
	2	9.92	Nummernsystem

DIN EN	Teil	Ausg.	Titel
10 083			Vergütungsstähle
	1	10.91	Technische Lieferbedingungen für Edelstähle
	2	10.91	Technische Lieferbedingungen für unlegierte Qualitätsstähle
10 088	1	9.05	Verzeichnis der nichtrostenden Stähle
	2	9.05	Technische Lieferbedingungen für Blech und Band aus korrosionsbeständigen Stählen für allgemeine Verwendung
	3	9.05	Technische Lieferbedingungen für Halbzeug – Stäbe, Walzdraht, gezogenen Draht, Profile und Blankstahlerzeugnisse aus korrosionsbeständigen Stählen für allgemeine Verwendung
10 137	2	11.95	Blech und Breitflachstahl aus Baustählen mit höherer Streckgrenze im vergüteten oder im ausscheidungsgehärteten Zustand, Lieferbedingungen für vergütete Stähle
10 143		7.04	Kontinuierlich schmelztauchveredeltes Blech und Band aus Stahl; Grenzabmaße und Formtoleranzen
10 149	2	11.95	Warmgewalzte Flacherzeugnisse aus Stählen mit hoher Streckgrenze zum Kaltumformen, Lieferbedingungen für thermomechanisch gewalzte Stähle
10 164		3.05	Stahlerzeugnisse mit verbesserten Verformungseigenschaften senkrecht zur Erzeugnisoberfläche
10 210	1	4.03	Warmgefertigte Hohlprofile für den Stahlbau aus unlegierten Baustählen und aus Feinkornbaustählen, Technische Lieferbedingungen
10 219	1	4.03	Kaltgefertigte geschweißte Hohlprofile für den Stahlbau aus unlegierten Baustählen und aus Feinkornbaustählen, Technische Lieferbedingungen

DIN V EN V	Teil	Ausg.	Titel
1993	1-1	4.93	Eurocode 3: Bemessung und Konstruktion von Stahlbauten; Allgemeine Bemessungsregeln, Bemessungsregeln für den Hochbau
1994	1-1	2.94	Eurocode 4: Bemessung und Konstruktion von Verbundtragwerken aus Stahl und Beton; Allgemeine Bemessungsregeln, Bemessungsregeln für den Hochbau

DASt-Richtlinien

009	(1.05)	Empfehlungen zur Wahl der Stahlgütegruppen für geschweißte Stahlbauten
014	(1.81)	Empfehlungen zum Vermeiden von Terrassenbrüchen in geschweißten Konstruktionen aus Baustahl
103	(11.93)	Richtlinie zur Anwendung von DIN V ENV 1993-1-1 (Eurocode 3, Bemessung und Konstruktion von Stahlbauten); Nationales Anwendungsdokument
104	(2.95)	NAD (Nationales Anwendungsdokument): Richtlinie zur Anwendung von DIN V EN V 1994-1-1

DIN EN ISO	Teil	Ausg.	Titel
898	1	11.99	Mechanische Eigenschaften von Verbindungselementen aus Kohlenstoffstahl und legiertem Stahl – Schrauben
13 918		12.98	Schweißen – Bolzen und Keramikringe zum Lichtbogenbolzenschweißen
14 555		12.98	Schweißen – Lichtbogenbolzenschweißen von metallischen Werkstoffen

DVS-Merkblatt

0902 (7.88) Lichtbogenschweißung mit Hubzündung (Werkstoffe, Verfahren, Anwendungsbereich, Geräte)

VDI-Richtlinien	
2388 (7.95)	Kräne in Gebäuden – Planungsgrundlagen
3576 (7.95)	Schienen für Krananlagen – Schienenverbindungen, Schienenbefestigungen, Toleranzen (Entwurf)

DIBT-Mitteilungen
Anpassungsrichtlinie Stahlbau (12.98)
Bauaufsichtliche Zulassung Z-30.3-6 Bauteile und Verbindungsmittel aus nichtrostenden Stählen (9.98)
Mitteilungen 3/88 und 4/88 Angaben über das Brandverhalten von Verbundträgern und Verbundstützen (Klassifizierung)

Zu Kapitel 9 Holzbau

DIN	Teil	Ausg.	Titel
1052		8.04	Entwurf, Berechnung und Bemessung von Holzbauwerken – Allgemeine Bemessungsregeln und Bemessungsregeln für den Hochbau
1055	100	3.01	Einwirkungen auf Tragwerke – Grundlagen der Tragwerksplanung, Sicherheitskonzept und Bemessungsregeln
4070			Nadelholz
	1	1.58	Querschnittsmaße und statische Werte für Schnittholz, Vorratskantholz und Dachlatten
	2	10.63	Querschnittsmaße und statische Werte, Dimensions- und Listenware
4071	1	4.77	Ungehobelte Bohlen und Bretter aus Nadelholz – Maße
4074	1	6.03	Sortierung von Holz nach der Tragfähigkeit; Nadelschnittholz
	2	12.58	Gütebedingungen für Baurundholz (Nadelholz)
	5	6.03	Sortierung von Holz nach der Tragfähigkeit, Laubschnittholz

DIN EN	Teil	Ausg.	Titel
300		7.04	Platten aus langen, schlanken, ausgerichteten Spänen (OSB) – Definitionen, Klassifizierung und Anforderungen
350	2	10.94	Dauerhaftigkeit von Holz und Holzprodukten – Natürliche Dauerhaftigkeit von Vollholz – Leitfaden für die natürliche Dauerhaftigkeit und Tränkbarkeit von ausgewählten Holzarten von besonderer Bedeutung in Europa
387		4.02	Brettschichtholz – Universal-Keilzinkenverbindungen – Leistungsanforderungen und Mindestanforderungen an die Herstellung
636		11.03	Sperrholz – Anforderungen
912		2.01	Holzverbindungsmittel – Spezifikationen für Dübel besonderer Bauart für Holz
10 230	1	1.00	Nägel aus Stahldraht – Lose Nägel für allgemeine Verwendungszwecke
13 986		3.05	Holzwerkstoffe zur Verwendung im Bauwesen – Eigenschaften, Bewertung der Konformität und Kennzeichnung

DIN EN ISO	Ausg.	Titel
7094	12.00	Flache Scheiben – Extra große Reihe, Produktklasse C

DIN	Teil	Ausg.	Titel
96		12.86	Halbrund-Holzschrauben mit Schlitz
97		12.86	Senk-Holzschrauben mit Schlitz
488	1	9.84	Betonstahl-Sorten, Eigenschaften, Kennzeichen
571		12.86	Sechskant-Holzschrauben
976	1	12.02	Gewindebolzen – Metrisches Gewinde
7996		12.86	Halbrund-Holzschraube mit Kreuzschlitz
7997		12.84	Senk-Holzschrauben mit Kreuzschlitz
7998		2.75	Gewinde und Schraubenenden für Holzschrauben
68 364		11.79	Kennwerte von Holzarten; Festigkeit, Elastizität, Resistenz
68 800	2	5.96	Holzschutz; vorbeugende bauliche Maßnahmen im Hochbau
	3	4.90	Holzschutz; vorbeugender chemischer Holzschutz

Zu Kapitel 10 Bauphysik

DIN	Teil	Ausg.	Titel
1988	6	5.02	Technische Regeln für Trinkwasserinstallationen (TRWI) – Feuerlösch- und Brandschutzanlagen; Technische Regel des DVGW
4095		6.90	Dränung zum Schutz baulicher Anlagen
4102			Brandverhalten von Baustoffen und Bauteilen
	1	5.98	Baustoffe – Begriffe, Anforderungen und Prüfungen
	2	9.77	Bauteile – Begriffe, Anforderungen und Prüfungen
	3	9.77	Brandwände und nichttragende Außenwände: Begriffe, Anforderungen und Prüfungen
	4	3.94	Zusammenstellung und Anwendung klassifizierter Baustoffe, Bauteile und Sonderbauteile
	4/A1	11.04	Änderung A1
	5	9.77	Feuerschutzabschlüsse. Abschlüsse in Fahrschachtwänden und gegen Feuer widerstandsfähige Verglasungen; Begriffe, Anforderungen und Prüfungen
	6	9.77	Lüftungsleitungen; Begriffe, Anforderungen und Prüfungen
	7	7.98	Bedachungen; Begriffe, Anforderungen und Prüfungen
	9	5.90	Kabelabschottungen; Begriffe. Anforderungen und Prüfungen
	11	12.85	Rohrummantelungen, Rohrabschottungen, Installationsschächte und -kanäle sowie Abschlüsse ihrer Revisionsöffnungen; Begriffe, Anforderungen und Prüfungen
	12	11.98	Funktionserhalt von elektrischen Kabelanlagen
	13	5.90	Brandschutzverglasungen; Begriffe, Anforderungen und Prüfungen
	22	11.04	Anwendungsnorm zu DIN 4102-4
4108			Wärmeschutz und Energieeinsparung in Gebäuden
	2	7.03	Mindestanforderungen an den Wärmeschutz
	3	7.01	Klimabedingter Feuchteschutz; Anforderungen, Berechnungsverfahren und Hinweise für Planung und Ausführung; Berichtigung 1 (4.02)
	V4	7.04	Wärme- und feuchteschutztechnische Bemessungswerte
	V6	6.03	Berechnung des Jahresheizwärme- und des Jahresheizenergiebedarfs; Berichtigung 1 (3.04)
	7	8.01	Luftdichtheit von Gebäuden; Anforderungen, Planungs- und Ausführungsempfehlungen sowie -beispiele
	V10	6.04	Anwendungsbezogene Anforderungen an Wärmedämmstoffe, werkmäßig hergestellte Dämmstoffe; Berichtigung 1 (9.04)
	Bbl. 2	3.06	Wärmebrücken – Planungs- und Ausführungsbeispiele
4109		11.89	Schallschutz im Hochbau; Anforderungen und Nachweise
	A1	1.01	Änderung A1
	Bbl. 1	11.89	Ausführungsbeispiele und Rechenverfahren

DIN	Teil	Ausg.	Titel
	Bbl. 1/ A1	9.03	Änderung A1
	Bbl. 1/ A2	2.06	Änderung A2
	Bbl. 2	11.89	Hinweise für Planung und Ausführung, Vorschläge für einen erhöhten Schallschutz im eigenen Wohn- und Arbeitsbereich
	Bbl. 3	6.96	Berechnung von $R'_{w,R}$ … aus im Labor ermittelten Schalldämm-Maßen R_w
4701	V10	8.03	Energetische Bewertung heiz- und raumlufttechnischer Anlagen, Heizung, Trinkwassererwärmung, Lüftung
	Bbl. 1	2.02	Diagramme und Planungshilfen
	V12	2.04	Energetische Bewertung heiz- und raumlufttechnischer Anlagen im Bestand; Wärmeerzeuger und Trinkwassererwärmung
4844	3	9.03	Sicherheitskennzeichnung – Flucht- und Rettungspläne
14 011	V	6.05	Begriffe aus dem Feuerwehrwesen
14 090		5.03	Flächen für die Feuerwehr auf Grundstücken
14 095		8.98	Feuerwehrpläne für bauliche Anlagen (zus. Entwurf 4.06)
14 489		5.85	Sprinkleranlagen
14 675		11.03	Brandmeldeanlagen – Aufbau und Betrieb
18 005			Schallschutz im Städtebau
	1	7.02	Grundlagen und Hinweise für die Planung
	Bbl. 1	5.87	Schalltechnische Orientierungswerte für die städtebauliche Planung
	Bbl. 2	9.91	Lärmkarten, kartenmäßige Darstellung von Schallimmissionen
18 041		5.04	Hörsamkeit in kleinen bis mittelgroßen Räumen
18 093		6.87	Feuerschutzabschlüsse; Einbau von Feuerschutztüren in massive Wände aus Mauerwerk oder Beton; Ankerlagen. Ankerformen. Einbau
18 095			Türen; Rauchschutztüren
	1	10.88	Begriffe und Anforderungen
	2	3.91	Bauartprüfling der Dauerfunktionstüchtigkeit und Dichtheit
18 195			Bauwerksabdichtungen
	1	8.00	Grundsätze, Definitionen, Zuordnung der Abdichtungsarten
	2	8.00	Stoffe
	3	8.00	Anforderungen an den Untergrund und Verarbeitung der Stoffe
	4	8.00	Abdichtung gegen Bodenfeuchte und nichtstauendes Sickerwasser an Bodenplatten und Wänden. Bemessung und Ausführung
	5	8.00	Abdichtung gegen nichtdrückendes Wasser auf Deckenflächen und in Nassräumen, Bemessung und Ausführung
	6	8.00	Abdichtung gegen von außen drückendes Wasser und aufstauendes Sickerwasser, Bemessung und Ausführung
	7	6.89	Abdichtungen gegen von innen drückendes Wasser, Bemessung und Ausführung
	8	3.04	Abdichtungen über Bewegungsfugen
	9	3.04	Durchdringungen, Übergänge, Abschlüsse
	10	3.04	Schutzschichten und Schutzmaßnahmen
	100	6.03	Vorgesehene Änderungen zu Teil 1 bis 6
18 230			Baulicher Brandschutz im Industriebau
	1	5.98	Rechnerisch erforderliche Feuerwiderstandsdauer; Berichtigung (12.98)
	2	1.99	Ermittlung des Abbrandfaktors
	3	8.02	Rechenwerte
18 232			Rauch- und Wärmefreihaltung
	1	2.02	Begriffe, Aufgabenstellung
	2	6.03	Natürliche Rauchabzugsanlagen (NRA); Bemessungen, Anforderungen und Einbau
	4	4.03	Wärmeabzüge (WA); Prüfverfahren
	5	4.03	Maschinelle Rauchabzugsanlagen (MRA); Anforderungen, Bemessung

DIN	Teil	Ausg.	Titel
18 234			Baulicher Brandschutz großflächiger Dächer – Brandbeanspruchung von unten
	1	9.03	Begriffe, Anforderungen und Prüfungen; geschlossene Dachflächen
	2	9.03	Verzeichnis v. Dächer, welche Anforderungen von DIN 18 232-1 erfüllen
	3	9.03	– Durchdringungen, Anschlüsse und Abschlüsse von Dachflächen
	4	9.03	Verzeichnis von Durchdringungen , welche die Anforderungen ... erfüllen
18 599			Energetische Bewertung von Gebäuden – Berechnung des Nutz-, End- und Primärenergiebedarfs für Heizung, Kühlung, Lüftung, Trinkwarmwasser und Beleuchtung
	V1	7.05	Allgemeine Bilanzierungsverfahren, Begriffe, Zonierung und Bewertung
	V2	7.05	Nutzenergiebedarf für Heizen und Kühlen von Gebäudezonen
	V3	7.05	Nutzenergiebedarf für die energetische Luftaufbereitung
	V4	7.05	Nutz- und Endenergiebedarf für Beleuchtung
	V5	7.05	Endenergiebedarf von Heizsystemen
	...	7.05	
	V10	7.05	Nutzungsrandbedingungen, Klimadaten
45 642		6.04	Messung von Verkehrsgeräuschen
68 800	2	5.96	Holzschutz – Vorbeugende bauliche Maßnahmen im Hochbau

DIN EN	Teil	Ausg.	Titel
54	1-24	96-06	Brandmeldeanlagen (Normen über Komponenten)
832		6.03	Wärmetechnisches Verhalten von Gebäuden – Berechnung des Heizenergiebedarfs – Wohngebäude
12 101			Rauch- und Wärmefreihaltung
	1	6.06	Bestimmungen für Rauchschürzen
	2	9.03	Bestimmungen für natürliche Rauch- und Wärmeabzugsgeräte
	3	6.02	Bestimmungen für maschinelle Rauch- und Wärmeabzugsgeräte
12 207	1	6.00	Fenster und Türen, Luftdurchlässigkeit – Klassifizierung
12 354			Bauakustik – Berechnung der akustischen Eigenschaften von Gebäuden
	1	12.00	Luftschalldämmung zwischen Räumen
	2	9.00	Trittschalldämmung zwischen Räumen
	3	9.00	Luftschalldämmung gegen Außenlärm
	6	4.04	Schallabsorption in Räumen
12 524		7.00	Baustoffe und Bauprodukte – Wärmeschutztechnische Eigenschaften – Tabellierte Bemessungswerte
13 161 bis 13 171		01/06	Wärmedämmstoffe für Gebäude (Unterschiedliche Baustoffarten)
13 172		9.05	Konformitätsbewertung
13 501			Klassifizierung von Bauprodukten und Bauarten zu ihrem Brandverhalten –
	E2	6.06	mit den Ergebnissen aus den Feuerwiderstandsprüfungen, mit Ausnahme von Lüftungsanlagen
	3	3.06	mit den Ergebnissen aus den Feuerwiderstandsprüfungen an Bauteilen von haustechnischen Anlagen: Leitungen und Brandschutzklappen
	5	3.06	mit den Ergebnissen aus Prüfungen von Bedachungen bei Beanspruchung durch Feuer von außen
13 829		2.01	Wärmetechnisches Verhalten – Bestimmung der Luftdurchlässigkeit von Gebäuden – Differenzdruckverfahren (ISO 9972:1996, modifiziert)

DIN EN ISO	Teil	Ausg.	Titel
140			Messung der Schalldämmung in Gebäuden und von Bauteilen
	4	12.98	Messung der Luftschalldämmung zwischen Räumen in Gebäuden
	5	3.05	Messung der Luftschalldämmung von Fassadenelementen und Fassaden an Gebäuden
	7	12.98	Messung der Trittschalldämmung von Decken in Gebäuden
354		12.03	Akustik – Messung der Schallabsorption in Hallräumen
717			Akustik – Bewertung der Schalldämmung in Gebäuden und von Bauteilen
	1	1.97	Luftschalldämmung
	1/A1	8.04	Änd. 1: Rundungsregeln für Einzahlbewertungen u. Einzahlangaben
	2	1.97	Trittschalldämmung
	2/A1	8.04	Änd. 1: Rundungsregeln für Einzahlbewertungen u. Einzahlangaben
3382		3.00	Akustik – Messung der Nachhallzeit von Räumen
	E2	5.06	Akustik – Messung von Parametern der Raumakustik; Nachhallzeit in gewöhnlichen Räumen
3741		1.01	Akustik – Bestimmung der Schallleistungspegel von Geräuschquellen aus Schalldruckmessungen – Hallraumverfahren
3822	1	7.99	Akustik: Prüfung des Geräuschverhaltens von Armaturen und Geräten der Wasserinstallation im Laboratorium: Messverfahren
6946		10.03	Wärmedurchlasswiderstand und Wärmedurchgangskoeffizient – Berechnungsverfahren (Änderung A2; Entwurf 6.05)
10 077	1	11.00	Wärmetechn. Verhalten von Fenstern, Türen und Abschlüssen; Berechnung des Wärmedurchgangskoeffizienten (Entwurf 8.04)
10 211	E	6.05	Wärmebrücken im Hochbau – Wärmeströme und Oberflächentemperaturen – Detaillierte Berechnungen
	1	11.95	Allgemeine Berechnungsverfahren
	2	6.01	Linienförmige Wärmebrücken
12 569		3.01	Wärmetechnisches Verhalten von Gebäuden – Bestimmung des Luftwechsels von Gebäuden – Indikatorgasverfahren
13 789		10.99	Wärmetechnisches Verhalten von Gebäuden, spezifischer Transmissionswärmeverlustkoeffizient. Berechnungsverfahren
14 683		9.99	Wärmebrücken im Hochbau. Längenbezogener Wärmedurchgangskoeffizient. Vereinfachte Verfahren und Anhaltswerte
	E	6.05	wie vor

VDI	Teil	Ausg.	Titel
2569		1.90	Schallschutz und akustische Gestaltung im Büro
4100		9.94	Schallschutz von Wohnungen, Kriterien für Planung und Beurteilung

EnEV Verordnung über energiesparenden Wärmeschutz und energiesparende Anlagentechnik bei Gebäuden, vom 16.11.2001 (Energieeinsparverordnung – EnEV), in der Fassung der Ersten Verordnung zur Änderung der Energieeinsparverordnung von 2004

Regeln für Dachdeckungen mit Fachregeln für Dächer mit Abdichtungen – Flachdachrichtlinien – Stand 2001, Verlagsgesellschaft Rudolf Müller, Köln

Richtlinie für die Planung und Ausführung von Abdichtungen mit kunststoffmodifizierten Bitumendickbeschichtungen (KMB), November 2001

DeGA BR 0101: Deutsche Gesellschaft für Akustik; Memorandum: Die DIN 4109 und die allgemein anerkannten Regeln der Technik in der Bauakustik, vom August 2005

Zu Kapitel 11 Geotechnik

DIN	Teil	Ausg.	Titel
1054		1.05	Baugrund – Sicherheitsnachweise im Erd- und Grundbau
1055	2	2.76	Lastannahmen für Bauten; Bodenkenngrößen; Wichte, Reibungswinkel, Kohäsion, Wandreibungswinkel
1055 E	2	2.03	Einwirkungen auf Tragwerke – Bodenkenngrößen
4014		3.90	Bohrpfähle; Herstellung, Bemessung und Tragverhalten
4017 E		6.01	Baugrund – Berechnung des Grundbruchwiderstands von Flachgründungen
	1 Bbl. 1	1.04	Beiblatt 1
4017		8.79	Baugrund – Berechnung des Grundbruchwiderstands von Flachgründungen
	1 Bbl. 1	8.79	Beiblatt 1 – Erläuterungen und Berechnungsbeispiele
4019	1	4.79	Baugrund – Setzungsberechnungen
	1 Bbl. 1	4.79	Beiblatt 1 – Erläuterungen und Berechnungsbeispiele
4020		9.03	Geotechnische Untersuchungen für bautechnische Zwecke
	Bbl. 1	10.03	Beiblatt 1 – Anwendungshilfen, Erklärungen
4021		10.90	Baugrund – Aufschluss durch Schürfe und Bohrungen sowie Entnahme von Proben
4022	1	9.87	Baugrund und Grundwasser – Benennen und Beschreiben von Boden und Fels – Schichtenverzeichnis für Bohrungen ohne durchgehende Gewinnung von gekernten Proben im Boden und im Fels
4023		3.84	Baugrund- und Wasserbohrungen – Zeichnerische Darstellung der Ergebnisse
4023 E		9.03	Geotechnische Erkundung und Untersuchung – Zeichnerische Darstellung der Ergebnisse von Bohrungen und sonstigen direkten Aufschlüssen
4030			Beurteilung betonangreifender Wässer, Böden und Gase
	1	6.91	Grundlagen und Grenzwerte
	2	6.91	Grundlagen und Grenzwerte – Entnahme und Analyse von Wasser und Bodenproben
4084 E		11.02	Baugrund – Geländebruchberechnungen
4084		7.81	Baugrund – Böschungs- und Geländebruchberechnungen
	Bbl. 1	7.81	Beiblatt 1 – Erläuterungen
	Bbl. 2	9.83	Berechnungsbeispiele
4085 E		12.02	Baugrund – Berechnung des Erddrucks
4085		2.87	Baugrund – Berechnung des Erddrucks
	Bbl. 1	2.87	Beiblatt 1 – Erläuterungen
	Bbl. 2	6.89	Beiblatt 2 – Berechnungsbeispiele
4093		9.87	Baugrund – Einpressen in den Untergrund – Planung, Ausführung, Prüfung
4094	1	6.02	Baugrund – Felduntersuchungen: Drucksondierungen
	2	5.03	Baugrund – Felduntersuchungen: Bohrlochrammsondierung
	3	1.02	Baugrund – Felduntersuchungen: Rammsondierungen
	4	1.02	Baugrund – Felduntersuchungen: Flügelscherversuche
	5	6.01	Baugrund – Felduntersuchungen: Bohrlochaufweitungsversuche
4095		6.90	Dränung zum Schutz baulicher Anlagen
4123		9.00	Ausschachtungen, Gründungen und Unterfangungen im Bereich bestehender Gebäude
4124		10.02	Baugruben und Gräben – Böschungen, Arbeitsraumbreiten, Verbau
4126 E		8.04	Nachweis der Standsicherheit von Schlitzwänden
4128		4.83	Verpresspfähle (Ortbeton- und Verbundpfähle) mit kleinem Durchmesser – Herstellung, Bemessung und zulässige Belastung
4149		4.05	Bauten in deutschen Erdbebengebieten – Lastannahmen, Bemessung und Ausführung üblicher Hochbauten

DIN	Teil	Ausg.	Titel
4149	1	4.81	Bauten in deutschen Erdbebengebieten – Lastannahmen, Bemessung und Ausführung üblicher Hochbauten
	1 Bbl. 1	4.84	Beiblatt 1 – Zuordnung von Verwaltungszonen zu den Erdbebenzonen
4150	1	6.01	Erschütterungen im Bauwesen – Vorermittlung von Schwingungsgrößen
	2	6.99	Erschütterungen im Bauwesen – Einwirkungen auf Menschen in Gebäuden
17 892		1.05	Geotechnische Erkundung und Untersuchung – Laborversuche an Bodenproben
	1		Bestimmung des Wassergehalts
	2		Bestimmung der Dichte von feinkörnigen Böden
	3		Bestimmung der Korndichte, Pyknometerverfahren
	4		Bestimmung der Korngrößenverteilung
	5		Oldometerversuch mit stufenweiser Belastung
	6		Fallkegelversuch
	7		Einaxialer Druckversuch an feinkörnigen Böden
	8		Unkonsolidierter undrainierter Triaxialversuch
	9		Konsolidierte triaxiale Kompressionsversuche an wassergesättigten Böden
	10		Direkte Scherversuche
	11		Bestimmung der Durchlässigkeit mit konstanter und fallender Druckhöhe
	12		Bestimmung der Zustandsgrenzen
18 121	1	4.98	Baugrund, Untersuchungen von Bodenproben – Wassergehalt – Bestimmung durch Ofentrocknung
	2	8.01	Baugrund, Untersuchungen von Bodenproben – Wassergehalt – Bestimmung durch Schnellverfahren
18 122	1	7.97	Baugrund, Untersuchungen von Bodenproben – Zustandsgrenzen (Konsistenzgrenzen) – Bestimmung der Fließ- und Ausrollgrenze
	2	9.00	Baugrund, Untersuchungen von Bodenproben – Zustandsgrenzen (Konsistenzgrenzen) – Bestimmung der Schrumpfgrenze
18 123		11.96	Baugrund, Untersuchung von Bodenproben – Bestimmung der Korngrößenverteilung
18 124		7.97	Baugrund, Untersuchung von Bodenproben – Bestimmung der Korndichte – Kapillarpyknometer – Weithalspyknometer
18 125			Baugrund, Untersuchung von Bodenproben
	1	8.97	Bestimmung der Dichte des Bodens – Laborversuche
	2	8.99	Bestimmung der Dichte des Bodens – Feldversuche
18 126		11.96	Baugrund, Untersuchungen von Bodenproben – Bestimmung der Dichte nichtbindiger Böden bei lockerster und dichtester Lagerung
18 127		11.97	Baugrund, Untersuchungen von Bodenproben – Proctorversuch
18 128		12.02	Baugrund, Untersuchungen von Bodenproben – Bestimmung des Glühverlustes
18 129		11.96	Baugrund, Untersuchungen von Bodenproben – Kalkgehaltsbestimmung
18 130	1	5.98	Baugrund, Untersuchungen von Bodenproben – Bestimmung des Wasserdurchlässigkeitsbeiwerts – Laborversuche
18 132		12.95	Baugrund – Versuche und Versuchsgeräte – Bestimmung des Wasseraufnahmevermögens
18 134		9.01	Baugrund – Versuche und Versuchsgeräte – Plattendruckversuch
18 135 E		6.99	Baugrund, Untersuchungen von Bodenproben – Eindimensionaler Kompressionsversuch
18 136		11.03	Baugrund, Untersuchungen von Bodenproben – Einaxialer Druckversuch
18 137			Baugrund, Versuche und Versuchsgeräte – Bestimmung der Scherfestigkeit

DIN	Teil	Ausg.	Titel
	1	8.90	Begriffe und grundsätzliche Versuchsbedingungen
	2	12.90	Triaxialversuch
	3	9.02	Direkter Scherversuch
18 196		11.04	Erd- und Grundbau – Bodenklassifikation für bautechnische Zwecke

DIN EN	Teil	Ausg.	Titel
1536		6.99	Ausführung von besonderen geotechnischen Arbeiten (Spezialtiefbau) – Bohrpfähle
1537		1.01	Ausführung von besonderen geotechnischen Arbeiten (Spezialtiefbau) – Verpressanker
1538		7.00	Ausführung von besonderen geotechnischen Arbeiten (Spezialtiefbau) – Schlitzwände
12 063		5.99	Ausführung von besonderen geotechnischen Arbeiten (Spezialtiefbau) – Spundwandkonstruktionen
12 699		5.01	Ausführung spezieller geotechnischer Arbeiten (Spezialtiefbau) – Verdrängungspfähle
12 715		10.00	Ausführung von besonderen geotechnischen Arbeiten (Spezialtiefbau) – Injektionen
12 716		12.01	Ausführung von besonderen geotechnischen Arbeiten (Spezialtiefbau) – Düsenstrahlverfahren (Hochdruckinjektion, Hochdruckbodenvermörtelung, Jetting)
12 794		6.05	Betonfertigteile – Gründungspfähle
14 199		5.05	Ausführung spezieller geotechnischer Arbeiten (Spezialtiefbau) – Pfähle mit kleinen Durchmessern (Mikropfähle)
14 475 E		5.07	Ausführung spezieller geotechnischer Arbeiten (Spezialtiefbau) – Bewehrte Schüttkörper
14 490 E		2.09	Ausführung spezieller geotechnischer Arbeiten (Spezialtiefbau) – Bodenvernagelung
14 679		5.07	Ausführung spezieller geotechnischer Arbeiten (Spezialtiefbau) – Tiefreichende Bodenstabilisierung
14 689	1	4.04	Geotechnische Erkundung und Untersuchung – Bemessung, Beschreibung und Klassifikation von Fels – Bemessung und Beschreibung
14 731		12.05	Ausführung spezieller geotechnischer Arbeiten (Spezialtiefbau) – Baugrundverbesserung durch Tiefenrüttler
15 237 E		7.05	Ausführung von besonderen geotechnischen Arbeiten (Spezialtiefbau) – Vertikaldräns
22 476 E	1	4.05	Geotechnische Erkundung und Untersuchung – Felduntersuchungen – Drucksondierungen mit elektrischen Messwertaufnehmern und Messeinrichtungen für den Porenwasserdruck
22 476	2	4.05	Geotechnische Erkundung und Untersuchung – Felduntersuchungen – Rammsondierungen
22 476	3	4.05	Geotechnische Erkundung und Untersuchung – Felduntersuchungen – Standard Penetration Test
22 476 E	4	9.05	Geotechnische Erkundung und Untersuchung – Felduntersuchungen – Pressiometerversuch nach Ménard
22 476 E	5	9.05	Geotechnische Erkundung und Untersuchung – Felduntersuchungen – Versuch mit dem flexiblen Dilatometer
22 476 E	7	9.05	Geotechnische Erkundung und Untersuchung – Felduntersuchungen – Seitendruckversuch
22 476 E	10	8.05	Geotechnische Erkundung und Untersuchung – Felduntersuchungen – Gewichtssondierung
22 476 E	11	8.05	Geotechnische Erkundung und Untersuchung – Felduntersuchungen – Flachdilatometer
22 477 E	5	7.05	Geotechnische Erkundung und Untersuchung – Prüfung von geotechnischen Bauwerken und Bauwerksteilen – Ankerprüfungen

EC	Teil	Ausg.	Titel
1	1-1	10.02	Einwirkungen auf Tragwerke – Allgemeine Einwirkungen – Wichte, Eigengewicht und Nutzlasten im Hochbau
1	1-2	9.03	Einwirkungen auf Tragwerke – Allgemeine Einwirkungen – Brandeinwirkungen auf Tragwerke
1	1-4	9.04	Einwirkungen auf Tragwerke – Allgemeine Einwirkungen – Schneelasten
1	1-5	7.05	Einwirkungen auf Tragwerke – Allgemeine Einwirkungen – Windlasten
1	1-6	7.04	Einwirkungen auf Tragwerke – Allgemeine Einwirkungen – Temperatureinwirkungen
1	1-7	9.05	Einwirkungen auf Tragwerke – Allgemeine Einwirkungen – Einwirkungen während der Bauausführung
7	1	10.05	Entwurf, Berechnung und Bemessung in der Geotechnik – Allgemeine Regeln
7	2	9.99	Entwurf, Berechnung und Bemessung in der Geotechnik – Laborversuche für die geotechnische Bemessung
7	3	10.99	Entwurf, Berechnung und Bemessung in der Geotechnik – Felduntersuchungen für die geotechnische Bemessung

Zu Kapitel 12 A Straßenwesen

DIN	Teil	Ausg.	Titel
482		8.03	Straßenbordsteine aus Naturstein
483		4.04	Bordsteine aus Beton
1996	1–20	10.71 bis 12.92	Prüfung bituminöser Massen für den Straßenbau und verwandte Gebiete
1998		5.78	Unterbringung von Leitungen und Anlagen in öffentlichen Flächen; Richtlinien für die Planung
E 18 196		11.04	Erd- und Grundbau; Bodenklassifikation für bautechnische Zwecke
18 299		12.02	Allgemeine Regelungen für Bauarbeiten jeder Art
18 300		12.02	Erdarbeiten
18 315		12.00	Verkehrswegebauarbeiten; Oberbauschichten ohne Bindemittel
18 316		12.00	Verkehrswegebauarbeiten; Oberbauschichten mit hydraulischen Bindemitteln
18 317		12.00	Verkehrswegebauarbeiten; Oberbauschichten aus Asphalt
18 318		12.00	Verkehrswegebauarbeiten; Pflasterdecken, Plattenbeläge, Einfassungen
18 500		4.91	Betonwerkstein; Begriffe, Anforderungen, Prüfung, Überwachung
18 503		12.03	Pflasterklinker; Anforderungen und Prüfverfahren
18 915 bis 18 920		9.90	Vegetationstechnik im Landschaftsbau; Schutz von Bäumen, Pflanzenbeständen und Vegetationsflächen bei Baumaßnahmen

DIN EN	Teil	Ausg.	Titel
932	1–6	11.96 bis 1.00	Prüfverfahren für allgemeine Eigenschaften von Gesteinskörnungen
933	1–11	1.96 bis 3.04	Prüfverfahren für geometrische Eigenschaften von Gesteinskörnungen
1097	1–10	6.98 bis 03.03	Prüfverfahren für mechanische und physikalische Eigenschaften von Gesteinskörnungen
1317	1–6	7.98 bis 2.05	Rückhaltesysteme für Straßen

DIN EN	Teil	Ausg.	Titel
1338 bis 1340		8.03	Pflastersteine, Pflasterplatten und Bordsteine aus Beton
1341 bis 1343		4.02	Naturstein für Außenbereiche
1367	1–5	5.98 bis 11.02	Prüfverfahren für thermische Eigenschaften und Verwitterungsbeständigkeit von Gesteinskörnungen
1425 bis 1431		12.99	Prüfverfahren für Bitumen und bitumenhaltige Bindemittel
1433		4.03	Entwässerungsrinnen für Verkehrsflächen – Klassifizierung, Bau- und Prüfgrundsätze, Kennzeichnung und Beurteilung der Konformität
1744	1–6	5.98 bis 3.04	Prüfverfahren für chemische Eigenschaften von Gesteinskörnungen
1793	1–3	11.97	Lärmschutzeinrichtungen an Straßen – Prüfverfahren zur Bestimmung der akustischen Eigenschaften
1794		7.03	Lärmschutzeinrichtungen an Straßen – Nichtakustische Eigenschaften
12 271	3	9.02	Straßenbaustoffe, Oberflächenbehandlung
12 274	1–8	4.02 bis 8.05	Straßenbaustoffe, Dünne Schichten in Kaltbauweise
12 591 bis 12 596		4.00	Bitumen und birumenhaltige Bindemittel; Straßenbaubitumen, Anforderungen an Straßenbaubitumen
12 697	1–45	4.01 bis 08.05	Asphalt – Prüfverfahren für Heißasphalt
E 13 108	1–8 20–21	2.04 bis 5.04	Asphalt – Anforderungen

Technisches Regelwerk der FGSV

Merkblatt zur Umweltverträglichkeitsstudie in der Straßenplanung (MUVS) [2001]
Merkblatt über Luftverunreinigungen an Straßen ohne oder mit lockerer Randbebauung (MLuS-02) [2002/2005]
Merkblatt für Flächenbefestigungen mit Pflasterdecken und Plattenbelägen,
Teil 1: Regelbauweise (MFPl) [2003]
Merkblatt für Asphaltfundationsschichten im Heißeinbau (MAFS-H) [1997]
Merkblatt für Bodenverfestigungen und Bodenverbesserungen mit Bindemitteln [2004]
Hinweise zur Berücksichtigung des Naturschutzes und der Landschaftspflege beim Bundesfernstraßenbau (HNL-S 99) [1999]
Empfehlungen für Wirtschaftlichkeitsuntersuchungen an Straßen (EWS) [1997]
Empfehlungen zur Straßenraumgestaltung innerhalb bebauter Gebiete (ESG 96) [1996]
Empfehlungen für die Anlage von Erschließungsstraßen (EAE 85/95) [1985/1995]
Empfehlungen für die Anlage von Hauptverkehrsstraßen (EAHV) [1993/1998]
Empfehlungen für Radverkehrsanlagen (ERA 95) [1995]
Empfehlungen für Anlagen des ruhenden Verkehrs (EAR05) [2005]
Empfehlungen zur Straßenbepflanzung in bebauten Gebieten [1991]
Handbuch für die Bemessung von Straßenverkehrsanlagen (HBS) [2001/2005]
Richtlinien für die Anlage von Straßen (RAS)
Teil L: Linienführung (RAS-L) [1995]
Teil Q: Querschnitte (RAS-Q) [1996]
Teil N: Leitfaden für die funktionale Gliederung des Straßennetzes (RAS-N) [1988]
Teil K: Knotenpunkte (RAS-K)
Abschnitt 1: Plangleiche Knotenpunkte (RAS-K-1) [1988/2001]
Abschnitt 2: Planfreie Knotenpunkte (RAL-K-2) [1976/1991]
Aktuelle Hinweise zur Gestaltung planfreier Knotenpunkte außerhalb bebauter Gebiete (AH-RAL-K2) [1993]
Entwurfshinweise für planfreie Knotenpunkte an Straßen der Kategoriegruppe B (RAS-K-2-B) [1995]

Teil LP: Landschaftspflege (RAS-LP)
Abschnitt 1: Landschaftspflegerische Begleitplanung (RAS-LP-1) [1996]
Abschnitt 2: Landschaftspflegerische Ausführung (RAS-LP-2) [1993]
Abschnitt 3: Lebendverbau(RAS-LG-3) [1983]
Abschnitt 4: Schutz von Bäumen, Vegetationsbeständen und Tieren bei Baumaßnahmen (RAS-LP-4) [1999]
Teil Ew: Entwässerung (RAS-Ew) [2005]
Richtlinien für den Lärmschutz an Straßen (RLS-90) [1990/1992]
Richtlinien für passive Schutzeinrichtungen an Straßen (RPS) einschließlich Ergänzungen 1996 [1989/1996]
Richtlinien für die Markierung von Straßen (RMS)
Teil 1: Abmessungen und geometrische Anordnung von Markierungszeichen (RMS-1) [1993]
Teil 2: Anwendung von Fahrbahnmarkierungen (RMS-2) [1980/1995]
Richtlinien für Lichtsignalanlagen an Straßen (RiLSA) – Lichtzeichenanlagen für den Straßenverkehr – mit Teilfortschreibung 2003 [1992/1998/2003]
Richtlinien für den ländlichen Wegebau (RLW) [2005]
Richtlinien für bautechnische Maßnahmen an Straßen in Wassergewinnungsgebieten (RiStWag) [2002]
Richtlinien für die Standardisierung des Oberbaues von Verkehrsflächen (RStO 01) [2001]
Richtlinien für den ländlichen Wegebau (RLW) [1999]
Technische Prüfvorschriften für Mineralstoffe im Straßenbau (TP Min-StB), Sammelordner
Zusätzliche Technische Vertragsbedingungen und Richtlinien für die Bauliche Erhaltung von Verkehrsflächen – Asphaltbauweisen (ZTV BEA-StB 98/03) [1998/2003]
Zusätzliche Technische Vertragsbedingungen und Richtlinien für den Bau von Entwässerungseinrichtungen im Straßenbau (ZTV Ew-StB 91) [1991]
Zusätzliche Technische Vertragsbedingungen und Richtlinien für den Bau von Fahrbahndecken aus Asphalt (ZTV Asphalt-StB 01) [2001]*
Zusätzliche Technische Vertragsbedingungen und Richtlinien für Erdarbeiten im Straßenbau (ZTVE-StB 94) [1994/1997]
Zusätzliche Technische Vorschriften und Richtlinien für Tragschichten im Straßenbau (ZTVT-StB 95) [1995/2002]*
Zusätzliche Technische Vertragsbedingungen und Richtlinien für den Bau von Fahrbahndecken aus Beton (ZTV Beton-StB 01) [2001]
Zusätzliche Technische Vorschriften und Richtlinien für die Befestigung ländlicher Wege (ZTV-LW 99/01) [1999/2001]
Zusätzliche Technische Vertragsbedingungen und Richtlinien für den Bau von Pflasterdecken und Pflasterbelägen (ZTV P-StB) [2000]
Zusätzliche Technische Vertragsbedingungen und Richtlinien für den Bau von Schichten ohne Bindemittel im Straßenbau (ZTV SoB-StB04) [2004]
Technische Lieferbedingungen für Gesteinskörnungen im Straßenbau (TL Gestein – StB) [2004]
Technische Lieferbedingungen für Asphalt im Straßenbau, Teile:
– Güteüberwachung (TLG Asphalt-StB 01) [2001]*
– Mischgut für dünne Schichten im Kalteinbau (TLG Asphalt-DSK-StB 98/03) [1998/2003]
Technische Lieferbedingungen für Baustoffgemische und Böden zur Herstellung von Schichten ohne Bindemittel im Straßenbau (TL SoB-StB04) [2004]
Technische Lieferbedingungen für Baustoffgemische und Böden zur Herstellung von Schichten ohne Bindemittel im Straßenbau, Teil: Güteüberwachung (TL G SoB-StB) [2004]
Standardleistungskatalog für den Straßen- und Brückenbau StLK-StB [1980 ff.]
Weitere Angaben sind in „Der Elsner“ sowie in den „Veröffentlichungen der Forschungsgesellschaft für Straßen- und Verkehrswesen“, die regelmäßig im FGSV Verlag erscheinen, zu finden. Siehe auch www.fgsv-verlag.de.

* jedoch mit Änderungen durch den BMV mit ARS 9/2005

Zu Kapitel 12 B Schienenverkehrswesen

Eisenbahn-Bau- und -Betriebsordnung (EBO) – Bundesgesetzblatt 1967, zuletzt geändert 1993	
Verordnung über den Bau und Betrieb der Straßenbahnen (BOStrab)	
Richtlinien der Deutschen Bahn AG	
D 800	Netzinfrastruktur Technik entwerfen (Modulfamilie 800)
D 800.0110	Netzinfrastruktur Technik entwerfen; Linienführung, 1999
D 800.0120	Netzinfrastruktur Technik entwerfen; Weichen und Kreuzungen, 1999
D 800.0130	Netzinfrastruktur Technik entwerfen; Streckenquerschnitte auf Erdkörpern, 1997
D 80003	Bahnanlagen entwerfen – S-Bahnen, 1992 (teilweise ersetzt)
D 80009	Bahnanlagen entwerfen – Bahnhofsvorplätze und P&R-Anlagen, 1994 (teilweise ersetzt)
D 813.0101	Personenbahnhöfe planen, Planungsgrundlage und -grundsätze, 2005
D 813.0201	Personenbahnhöfe planen; Bahnsteige konstruieren und bemessen, 2005
D 820	Grundlagen des Oberbaus, 2000
D 82001	Oberbaurichtlinien für Regelspurbahnen, 2000
D 83601	Erdbauwerke planen, bauen und instand halten, 2000
Oberbaurichtlinien des Verbandes Deutscher Vekehrsunternehmen (OR)	

Zu Kapitel 13 A Wasserbau und Wasserwirtschaft

DIN	Teil	Ausg.	Titel
1185	1–5	12.73	Dränung, Regelung des Bodenwasser-Haushaltes durch Rohrdränung, Rohrlose Dränung und Unterbodenmelioration
2425			Planwerke für die Versorgungswirtschaft, die Wasserwirtschaft und die Fernleitungen
	5	10.83	Karten und Pläne der Wasserwirtschaft
	6	2.83	Karten und Pläne für den Gewässerausbau, den Hochwasser- und Küstenschutz
4044		7.80	Hydromechanik im Wasserbau; Begriffe
4047			Landwirtschaftlicher Wasserbau; Begriffe
	1	1.93	Allgemeine Begriffe
	2	11.88	Hochwasserschutz, Küstenschutz, Schöpfwerke
	3	3.02	Bodenkundliche Grundlagen
	4	2.98	Moorkultur
	5	3.89	Ausbau und Unterhaltung von Gewässern
	6	5.89	Bewässerung
	7	1.93	Erosionsschutz
	9	1.86	Entwässerung, Dränung
	10	9.85	Der Boden als Pflanzenstandort
4048			Wasserbau; Begriffe
	1	1.87	Stauanlagen
	2	7.94	Wasserkraftanlagen
4049	1	12.92	Hydrologie; Grundbegriffe
	2	4.90	Hydrologie; Begriffe der Gewässerbeschaffenheit
	3	10.94	Hydrologie; Begriffe zur quantitativen Hydrologie
	4	7.89	Hydrologie; Begriffe Küstengebiet
4054		9.77	Verkehrswasserbau; Begriffe
19 655		9.96	Bewässerung; Aufgaben, Grundlagen, Planung und Verfahren
19 657		9.73	Sicherung von Gewässern, Deichen und Küstendünen; Richtlinien
19 660		4.91	Landschaftspflege bei Maßnahmen der Bodenkultur und des Wasserbaus
19 661			Richtlinien für Wasserbauwerke
	1	7.98	Kreuzungsbauwerke; Durchleitungs- und Mündungsbauwerke
	2	9.00	Sohlenbauwerke; Abstürze, Absturztreppen, Sohlrampen, -gleiten, Stütz-, Grund- und Sohlschwellen
19 663		6.85	Wildbachverbauung; Begriffe, Planung und Bau

DIN	Teil	Ausg.	Titel
19 700			Stauanlagen
	10	7.04	Gemeinsame Festlegungen
	11	7.04	Talsperren
	12	7.04	Hochwasserrückhaltebecken
	13	7.04	Staustufen
	14	7.04	Pumpspeicherbecken
	15	7.04	Sedimentationsbecken
19 702		10.92	Standsicherheit von Massivbauwerken im Wasserbau
19 703		11.95	Schleusen der Binnenschiffahrtsstraßen
19 704			Stahlwasserbauten
	1	5.98	Berechnungsgrundlagen
	2	5.98	Bauliche Durchbildung und Herstellung
	3	5.98	Elektrische Ausrüstung
19 712	1	11.97	Flußdeiche
19 752		4.86	Wasserkraftanlage, Regelung für Planung und Betrieb
19 999		5.84	Begriffe im Wasserwesen, Übersicht über genormte Bedingungen

DVWK-Regeln

108	(1992)	Gestaltung und Nutzung von Baggerseen
125	(1986)	Schwebstoffmessungen
127	(1992)	Geschiebemessungen
128	(1992)	Entnahme und Untersuchungsumfang von Grundwasserproben

ATV-DVWK-Merkblätter

M 502	(2002)	Berechnungsverfahren für Staudämme – Wechselwirkung zwischen Bauwerk und Untergrund
M 503	(2001)	Grundlagen zur Überprüfung und Ertüchtigung von Sedimentationsbecken
M 603	(2001)	Freizeit und Erholung an Fließgewässern

ATV-DVWK-Arbeitsberichte

WRRL	(2003)	Relevante Themenbereiche der WRRL – Handlungsbedarf aus Sicht der ATV-DVWK
GB-2.5	(2000)	Morphodynamische Prozesse in Fließgewässern
GB-1	(2002)	Formen und Strukturen der Fließgewässer – Ein Handbuch der morphologischen Fließgewässerkunde
GB-1	(2003)	Gewässerlandschaften der Bundesrepublik Deutschland
GB-4.4	(2001)	Optimierung des Mitteleinsatzes bei der Sanierung von Fließgewässern unter ökologischen und ökonomischen Bedingungen – Methoden zur Evaluierung der Kostenwirksamkeit von Maßnahmen
WW1.5	(2003)	Wehre und Staue an kleinen und mittleren Fließgewässern
WW2.4	(2003)	Feststofftransportmodelle für Fließgewässer

DVWK-Merkblätter

202	(1991)	Hochwasserrückhaltebecken (2. Aufl.)
204	(1984)	Ökologische Aspekte bei Ausbau und Unterhaltung von Fließgewässern
209	(1989)	Wahl des Bemessungshochwassers
210	(1986)	Flussdeiche (unveränderter Nachdruck 1989)
213	(1988)	Sanierung und Restaurierung von Seen
215	(1990)	Dichtungselemente im Wasserbau
216	(1990)	Betrachtungen zur (n – l)-Bedingung an Wehren
219	(1991)	Ökologische Aspekte zu Altgewässern
220	(1991)	Hydraulische Berechnung von Fließgewässern
221	(1992)	Anwendung von Geotextilien im Wasserbau
222	(1991)	Mess-und Kontrolleinrichtungen zur Überprüfung der Standsicherheit von Staumauern und Staudämmen
223	(1992)	Asphaltdichtungen für Talsperren und Speicherbecken
226	(1993)	Landschaftsökologische Gesichtspunkte bei Flussdeichen

227	(1993)	Aussagekraft von Gewässergüteparametern in Fließgewässern, Teil I: Allgemeine Messgrößen, Nährstoffe, Spurenstoffe und anorganische Schadstoffe, biologische Kennwerte
228	(1996)	Aussagekraft von Gewässergüteparametern in Fließgewässern, Teil II: Summenparameter für Kohlenstoffverbindungen und sauerstoffverbrauchende Substanzen, Mineralstoffe, organische Schadstoffe, hygienische Kennwerte, Teil III: Probenahmen für physikalisch-chemische Untersuchungen
231	(1995)	Sicherheitsbericht Talsperren – Leitfaden
232	(1996)	Fischaufstiegsanlagen – Bemessung, Gestaltung, Funktionskontrolle
233	(1996)	Erholung und Freizeitnutzung an Seen – Voraussetzung, Planung, Gestaltung
240	(1996)	Fluss- und Landschaft – Ökologische Entwicklungskonzepte
241	(1996)	Modernisierung von Wehren
242	(1996)	Berechnungsverfahren für Gewichtsmauern
244	(1997)	Uferstreifen an Fließgewässern – Funktion, Gestaltung und Pflege
246	(1997)	Freibordmessung an Stauanlagen
247	(1997)	Bisam, Biber, Nutria – Erkennungsmerkmale und Lebensweisen – Gestaltung und Sicherung gefährdeter Ufer, Deiche und Dämme
248	(1998)	Feuchtgebiete – Wasserhaushalt und wasserwirtschaftliche Entwicklungskonzepte
249	(1998)	Betrieb von Verschlüssen im Stahlwasserbau
250	(1999)	Naturnahe Entwicklung von Seen und ihres Umfeldes
251	(1999)	Hochwasserwahrscheinlichkeit
252	(2000)	Gestaltung und Pflege von Wasserläufen in urbanen Gebieten

Zu Kapitel 13 B Wasserversorgung

Die maßgeblichen DIN-Normen zum Kapitel Wasserversorgung sind in den nachfolgend aufgelisteten DIN-Taschenbüchern aufgeführt.

DIN	Nr.	Ausgabe	Titel
Taschenbuch	12	01.00	Wasserversorgung 1: Wassergewinnung, Wasseruntersuchung, Wasseraufbereitung (Verfahren)
Taschenbuch	62	06.04	Wasserversorgung 2: Faserzement-, Guss-, Kunststoff-, Stahlbeton- und Stahlrohre für Wasserleitungen
Taschenbuch	63	06.04	Wasserversorgung 3: Rohrnetz und Zubehör
Taschenbuch	160	06.99	Wasserversorgung 4: Kupferrohre, Armaturen, Wasserzähler und Dichtmittel für Wasserleitungen
Taschenbuch	301	2000	Wasserversorgung 5: Produkte zur Wasseraufbereitung

Arbeitsblätter (Auswahl)

Auswahl von Richtlinien des DVGW: Arbeitsblätter, Merkblätter zu beziehen durch:
Deutsche Vereinigung des Gas- und Wasserfaches e. V. Technisch-wissenschaftlicher Verein, Josef-Wirmer-Straße 1–3, 53123 Bonn, Tel: 02 28/9 18 85

	Ausg.	Titel
W113	3.01	Bestimmung des Schüttkorndurchmessers und hydrogeologischer Parameter aus der Korngrößenverteilung für den Bau von Brunnen – Merkblatt
W115	3.01	Bohrungen zur Erkundung, Gewinnung und Beobachtung von Grundwasser
W118	7.05	Bemessung von Vertikalfilterbrunnen – Arbeitsblatt
W119	12.02	Entwickeln von Brunnen durch Entsanden – Anforderungen, Verfahren, Restsandgehalte – Merkblatt
W122	8.95	Abschlussbauwerke für Brunnen der Wassergewinnung – Arbeitsblatt
W123	9.01	Bau und Ausbau von Vertikalfilterbrunnen – Arbeitsblatt
W127	3.06	Quellwassergewinnungsanlagen – Planung, Bau, Betrieb, Sanierung, Rückbau
W213	6.06	Filtrationsverfahren zur Partikelentfernung, Teile 1 bis 6
W214		Entsäuerung von Wasser, Teile 1–4; verschiedene Herausgabezeitpunkte

	Ausg.	Titel
W223	2.05	Enteisenung und Entmanganung Teile 1–3
W300	6.05	Wasserspeicherung – Planung, Bau, Betrieb und Instandhaltung von Wasserbehältern in der Trinkwasserversorgung – Arbeitsblatt
W302	8.81	Hydraulische Berechnung von Rohrleitungen und Rohrnetzen, Druckverlusttafeln für Rohrdurchmesser von 40 bis 2000 mm – Arbeitsblatt
GW 303	12.86	Berechnung von Rohrnetzen mit elektronischen Datenverarbeitungsanlagen – Arbeitsblatt
W331	9.00	Auswahl, Einbau und Betrieb von Hydranten – Merkblatt
W358	9.05	Leitungsschächte und Auslaufbauwerke – Arbeitsblatt
W392	5.03	Rohrnetzinspektion und Wasserverluste – Maßnahmen, Verfahren und Bewertungen – Arbeitsblatt
W400-1	10.04	Technische Regeln Wasserverteilungsanlage (TRMV) – Teil 1 Planung; Arbeitsblatt
W400-2	9.04	Technische Regeln Wasserverteilungsanlage (TRMV) – Teil 2 Bau und Prüfung; Arbeitsblatt
W404	3.98	Wasseranschlussleitungen – Merkblatt
W405	7.78	Bereitstellung von Löschwasser durch die öffentliche Trinkwasserversorgung – Arbeitsblatt
W410	1.95	Wasserbedarfszahlen – Arbeitsblatt
W555	3.02	Nutzung von Regenwasser (Dachablaufwasser) im häuslichen Bereich – Arbeitsblatt
W610	5.81	Förderanlagen; Bau und Betrieb – Merkblatt

Zu Kapitel 13 C Kanalisation

Die maßgeblichen DIN-Normen zum Kapitel Kanalisation sind in den nachfolgend aufgelisteten DIN-Taschenbüchern aufgeführt:

DIN Taschenbuch 13, 13. Auflage, Beuth Verlag, Berlin 1999, Abwassertechnik 1; Gebäude- und Grundstücksentwässerung, Sanitärausstattungsgegenstände, Entwässerungsgegenstände

DIN Taschenbuch 50, 9. Auflage, Beuth Verlag, Berlin 2000, Abwassertechnik 2; Rohre und Formstücke für die Gebäudeentwässerung

DIN Taschenbuch 138, 6. Auflage, Beuth Verlag, Berlin 2003, Abwassertechnik 3; Kläranlagen, Abwasserreinigung

DIN Taschenbuch 152, 7. Auflage, Beuth Verlag, Berlin 2004, Abwassertechnik 4; Abwasserkanäle, erdverlegte Abwasserleitungen; Planung, Verlegung, Betrieb, Sanierung

DIN Taschenbuch 259, 3. Auflage, Beuth Verlag, Berlin 2001, Abwassertechnik 5; Rohre und Formstücke für Abwasserkanäle und erdverlegte Abwasserleitungen

Auswahl an Arbeitsblättern und Merkblättern

Die aufgeführten Arbeitsblätter sind enthalten im Regelwerk der DWA, Theodor-Heuss-Allee 17, 53773 Hennef (www.dwa.de).

	Ausg.	Titel
A105	12.97	Wahl des Entwässerungsverfahrens
A110	9.01	Hydraulische Dimensionierung und Leistungsnachweis von Abwasserkanälen und -leitungen
A111	2.94	Richtlinien für die hydraulische Dimensionierung und den Leistungsnachweis von Regenwasserentlastungsanlagen in Abwasserkanälen und -leitungen
A116	9.92	Besondere Entwässerungsverfahren, Unterdruckentwässerung – Druckentwässerung
A116-1	3.05	Besondere Entwässerungsverfahren; Teil 1: Unterdruckentwässerungssysteme außerhalb von Gebäuden
A117	3.01	Bemessung von Regenrückhalteräumen
A118	3.06	Hydraulische Bemessung und Nachweis von Entwässerungssystemen

	Ausg.	Titel
A125	9.96	Rohrvortrieb
A127	8.00	Statische Berechnung von Abwasserkanälen und -leitungen
A128	4.92	Richtlinien für die Bemessung und Gestaltung von Regenentlastungsanlagen in Mischwasserkanälen
A134	6.00	Planung und Bau von Abwasserpumpanlagen
A138	4.05	Planung, Bau und Betrieb von Anlagen zur Versickerung von Niederschlagswasser
A139	6.01	Einbau und Prüfung von Abwasserleitungen und -kanälen
A157	11.00	Bauwerke der Kanalisation
A166	11.99	Bauwerke der zentralen Regenwasserbehandlung und -rückhaltung – Konstruktive Gestaltung und Ausrüstung
A198	4.03	Vereinheitlichung von Bemessungswerten für Abwasseranlagen
M101	5.96	Planung von Entwässerungsanlagen, Neubau-, Sanierungs- und Erneuerungsmaßnahmen
M127	3.96	Teil 1: Richtlinie für die statische Berechnung von Entwässerungsleitungen für Sickerwasser aus Deponien – Ergänzung zu A 127
	1.00	Teil 2: Statische Berechnung zu Sanierungen von Abwasserkanälen und -leitungen mit Lining- und Montageverfahren
M143		Sanierung von Entwässerungssystemen außerhalb von Gebäuden Teile 1 bis 20: unterschiedliche Herausgabezeitpunkte
M145	11.00	Aufbau und Anwendung von Kanalinformationssystemen
M153	2.00	Handlungsempfehlungen zum Umgang mit Regenwasser
M159	12.05	Kriterien zur Materialauswahl für Abwasserleitungen und -kanäle
M165	1.04	Anforderungen an Niederschlagsabfluss-Berechnungen in der Stadtentwässerung
M167	7.95	Abscheider und Rückstausicherungsanlagen bei der Grundstücksentwässerung; Einbau und Betrieb
M176	2.01	Hinweise und Beispiele zur konstruktiven Gestaltung und Ausrüstung von Bauwerken der zentralen Regenwasserbehandlung und -rückhaltung
M177	6.01	Bemessung und Gestaltung von Regenentlastungsanlagen in Mischwasserkanälen: Erläuterungen und Beispiele

Zu Kapitel 13 D Abwasserreinigung und Schlammbehandlung

DIN	Teil	Ausg.	Titel
EN 858			Abscheideranlagen für Leichtflüssigkeiten (z. B. Öl und Benzin)
	1	2.05	Bau-, Funktions- und Prüfungsgrundsätze, Kennzeichnung und Güteüberwachung mit Änderung A1
	2	10.03	Wahl der Nenngröße, Einbau, Betrieb und Wartung
EN 1085		7.97	Abwasserbehandlung, Wörterbuch dreisprachige Fassung
EN 1825			Abscheideranlagen für Fette
	1	12.04	Bau- Funktions- und Prüfgrundsätze, Kennzeichnung und Güteüberwachung
	2	5.02	Wahl der Nenngröße, Einbau, Betrieb und Wartung
1999	100	10.03	Abscheideranlagen für Leichtflüssigkeiten Anforderungen für die Anwendung von Abscheideranlagen nach DIN EN 858-1 und 858-2
4261			Kleinkläranlagen
	1	12.02	Anlagen zur Abwasservorbehandlung
	2	6.84	Anlagen mit Abwasserbelüftung; Anwendung, Bemessung, Ausführung und Prüfung
	4	6.84	Anlagen mit Abwasserbelüftung; Betrieb und Wartung
	101	2.98	Anlagen ohne Abwasserbelüftung; Grundsätze zur werkseigenen Produktionskontrolle und Fremdüberwachung

DIN	Teil	Ausg.	Titel
EN 12 255	1 bis 16		Kläranlagen *verschiedene Norm-Teile mit unterschiedlichem Veröffentlichungsdatum*
EN 12 566			Kleinkläranlagen bis zu 50 Einwohnerwerten (EW)
	1	5.04	Werkmäßig hergestellte Faulgruben
	3	10.05	Vorgefertigte und/oder vor Ort montierte Anlagen zur Behandlung von häuslichem Schmutzwasser
DIN-Taschenbuch 138		5.03	Abwassertechnik 3 – Kläranlagen

Auswahl von Richtlinien, Merkblättern, Hinweisen der Deutschen Vereinigung für Wasserwirtschaft, Abwasser und Abfall e. V. ATVDV WK

Gesellschaft zur Förderung der Abwassertechnik, Theodor-Heuss-Allee 17, 53773 Hennef

ATV	vom	Titel
A 106	10.95	Entwurf und Bauplanung von Abwasserbehandlungsanlagen
A 122	6.91	Grundsätze für Bemessung, Bau und Betrieb von kleinen Kläranlagen mit aerober biologischer Reinigungsstufe für Anschlusswerte zwischen 50 und 500 Einwohnerwerten
A 123	6.85	Behandlung und Beseitigung von Schlamm aus Kleinkläranlagen
A 126	12.93	Grundsätze für die Abwasserbehandlung in Kläranlagen nach dem Belebungsverfahren mit gemeinsamer Schlammstabilisierung bei Anschlusswerten zwischen 500 und 5000 Einwohnerwerten
A 131	5.00	Bemessung von einstufigen Belebungsanlagen
A 198	4.03	Vereinheitlichung u. Herleitung von Bemessungswerten für Abwasseranlagen
A 201	8.05	Grundsätze für Bemessung, Bau und Betrieb von Abwasserteichanlagen
A 202	4.04	Chemisch-physikalische Verfahren zur Elimination von Phosphor aus Abwasser
A 203	4.95	Abwasserfiltration durch Raumfilter nach biologischer Reinigung
A 257	10.89	Grundsätze für die Bemessung von Abwasserteichen und zwischengeschalteten Tropf- oder Tauchkörpern
A 262	5.06	Grundsätze für die Bemessung, Bau und Betrieb von bepflanzten Bodenfiltern zur biologischen Reinigung kommunalen Abwassers
A 281	9.01	Bemessung von Tropfkörpern und Rotationstauchkörpern
M 204	10.96	Stand und Anwendung der Emissionsminderungstechnik bei Kläranlagen; Gerüche, Aerosole
M 205	7.98	Desinfektion von biologisch gereinigtem Abwasser
M 206	11.01	Automatisierung der chemischen Phosphatelimination
M 209	6.96	Messung der Sauerstoffzufuhr von Belüftungseinrichtungen in Belebungsanlagen in Reinwasser und belebtem Schlamm
M 210	9.97	Belebungsanlagen mit Aufstaubetrieb
M 256	2.01	Anforderungen an Betriebsmesseinrichtungen auf Kläranlagen; Teile 1–7
M 263	7.03	Empfehlungen zum Korrosionsschutz von Stahlteilen in Abwasserbehandlungsanlagen durch Beschichtungen und Überzüge
M 264	9.03	Messung des Durchflusses von Biogas aus der anaeroben Stabilisierung von Klärschlamm
M 265	3.00	Regelung der Sauerstoffzufuhr beim Belebungsverfahren
M 266	6.97	Steuern und Regeln des Trockensubstanzgehaltes beim Belebungsverfahren
M 268	2.97	Steuern und Regeln der N-Elimination beim Belebungsverfahren
M 269	3.00	Prozessanalysengeräte für N, P und C in Abwasseranlagen
M 271	8.98	Personalbedarf für den Betrieb kommunaler Kläranlagen
M 273	8.99	Einleiten und Einbringen von Rückständen aus Anlagen der Wasserversorgung in Abwasseranlagen
M 274	11.99	Einsatz organischer Polymere in der Abwasserreinigung
M 275	5.01	Rohrleitungen für den Bereich der technischen Ausrüstung von Kläranlagen

ATV	vom	Titel
M 368	4.03	Biologische Stabilisierung von Klärschlamm
M 601	4.96	Sicherstellung der Qualität und Wirtschaftlichkeit bei der Planung und Bauüberwachung von Anlagen zur Abwasser- und Abfallentsorgung

Zu Kapitel 13 E Umwelttechnik

DVGW Deutscher Verein des Gas- und Wasserfaches e. V.: Eignung von Wasser aus Fließgewässem als Rohstoff für die Trinkwasserversorgung; DVGW-Merkblatt W 251; 1996

Deutsche Vereinigung für Wasserwirtschaft, Abwasser und Abfall DWA: Indirekteinleitung nicht häuslichen Abwassers; Merkblatt DWA-M 115; November 2004

Bund/Länder-Arbeitsgemeinschaft Abfall (LAGA), Mitteilung 20: Anforderungen an die stoffliche Verwertung von mineralischen Reststoffen/Abfällen vom November 2003; enthält die noch gültigen Technischen Regeln (u. a. Zuordnungswerte) vom 6.11.1997

Zu Kapitel 14 A Bauvermessung

DIN	Teil	Ausg.	Titel
6403		2.76	Messbänder aus Stahl mit Aufrollrahmen oder Aufrollkapsel
18 700		7.97	Ziffern zur visuellen Ablesung für geodätische Instrumente und Geräte
18 702		3.76	Zeichen für Vermessungsrisse. Großmaßstäbige Karten und Pläne
18 703		11.96	Nivellierlatten
18 705		9.86	Runde Fluchtstäbe
18 709			Begriffe, Kurzzeichen und Formelzeichen im Vermessungswesen
	1	10.95	Allgemeines
	2	4.86	Ingenieurvermessung
18 710			Ingenieurvermessung
	1	10.98	Allgemeine Anforderungen
	3	3.99	Absteckung
	4	7.02	Überwachung
18 718		1.86	Arten und Bauteile von geodätischen Instrumenten; Begriffe
18 720		7.95	Verbindung zwischen Instrument und Stativ bei geodätischen Instrumenten
18 723			Feldverfahren zur Genauigkeitsuntersuchung geodätischer Instrumente
	1	7.90	Allgemeines
	2	7.90	Nivelliere
	3	7.90	Theodolite
	6	7.90	Elektrooptische Distanzmesser für den Nahbereich
18 726		7.96	Stative für geodätische Instrumente

Zu Kapitel 14 B Bauzeichnungen

DIN	Teil	Ausg.	Titel
201		5.90	Technische Zeichnungen; Schraffuren; Darstellung von Schnittflächen und Stoffen
406	10	12.92	Technische Zeichnungen, Maßeintragung; Begriffe, allgemeine Grundlagen
	11	12.92	Technische Zeichnungen, Maßeintragung; Grundlagen der Anwendung
	(E) Bbl.1	5.96	Ausgang der Bearbeitung an Rohteilen
	(E) A 1	6.94	Änderung 1
	12	12.92	Eintragung von Toleranzen für Längen- und Winkelmaße

DIN	Teil	Ausg.	Titel
919	1	4.91	Technische Zeichnungen für Holzverarbeitung; Grundlagen
1356	1	2.95	Bauzeichnungen; Arten, Inhalte und Grundregeln der Darstellung
1986	1	6.88	Entwässerungsanlagen für Gebäude und Grundstücke
6771	1	12.70	Schriftfelder für Zeichnungen, Pläne und Listen
6776	1	4.76	Technische Zeichnungen; Beschriftung, Schriftzeichen
18 000		5.84	Modulordnung im Bauwesen
18 702		3.76	Zeichen für Vermessungsrisse, großmaßstäbige Karten und Pläne
30 798	1	9.82	Modulsystem, Modulordnungen; Begriffe
	2	9.82	Modulsystem, Modulordnungen; Grundsätze
	3	9.82	Modulsystem, Modulordnungen; Grundlagen für die Anwendung
	4	4.85	Modulsystem, Modulordnungen; Zeichnerische Darstellung
40 900	2	3.88	Elektroinstallationen, graphische Symbole und Kennzeichen für Schaltzeichen *(wird abgelöst durch DIN EN 60 617 und DIN 40 719-2)*

DIN ISO	Teil	Ausg.	Titel
128	20	12.97	Technische Zeichnungen – Allgemeine Grundlagen der Darstellung; Linien, Grundregeln
	24	12.99	Technische Zeichnungen – Allgemeine Grundlagen der Darstellung; Linien in Zeichnungen der mechanischen Technik
3766		11.04	Zeichnungen für das Bauwesen – Bewehrungszeichnungen
4066		9.96	Zeichnungen für das Bauwesen; Stabliste
5456	1	4.98	Technische Zeichnungen, Projektionsmethoden; Übersicht
	2	4.98	Technische Zeichnungen, Projektionsmethoden; Orthogonale Darstellungen
	3	4.98	Technische Zeichnungen, Projektionsmethoden; Axonometrische Darstellungen
	4	6.02	Technische Zeichnungen, Projektionsmethoden; Perspektivische Darstellungen
10 209	1	1.91	Technische Produktdokumentation – Allgemeine Begriffe und Zeichnungsarten
	2	1.91	Begriffe für Projektionsmethoden

3 Literaturverzeichnis

Zu Kapitel 1 A Öffentliches Bau- und Umweltrecht

[1.1] Daub, M.: Bebauungsplanung, 3. Aufl. 1973, Kohlhammer-Verlag, Stuttgart

[1.2] Göderitz, J./Rainer, R./Hoffmann, H.: Die gegliederte und aufgelockerte Stadt, 1957, Verlag E. Wasmuth, Tübingen

[1.3] Handwörterbuch der Raumforschung und Raumordnung, 2. Aufl. 1970, Jänecke-Verlag, Hannover

[1.4] Hangarter, E.: Grundlagen der Bauleitplanung, 3. Aufl. 1996, Werner Verlag, Neuwied

[1.5] Rosenbach, H. J.: Einführung in das öffentliche Baurecht, 1978, Werner Verlag, Neuwied

[1.6] Schwentek, K.: Niedersächsische Bauordnung, 4. Aufl. 2005, Rehmbau, Heidelberg

[1.7] Architektenkammer Nidersachsen (Hrsg.): Baugenehmigung und Genehmigungsfreiheit in Niedersachsen, Hannover 2005

[1.8] Baugesetzbuch, Textausgb. m. Einf. von W. Söfker, 37. Aufl. 2005, Beck-Texte im dtv, München

[1.9] Wasserhaushaltsgesetz, Abwasserabgabengesetz ... Textsammlung 2005, Saxonia Verlag, Dresden 2005

Zu Kapitel 1 B Bauprozessmanagement

[1.20] Hrsg. Hauptverband der Deutschen Bauindustrie e.V.: KLR - Bau - Kosten- und Leistungsrechnung der Bauunternehmen. 7. aktualisierte Auflage, Wiesbaden und Berlin: Bauverlag GmbH; Neuwied: Werner-Verlag

[1.21] Hrsg. Deutscher Taschenbuch Verlag: VOB – Vergabe- und Vertragsordnung für Bauleistungen; HOAI – Honorarordnung für Architekten und Ingenieure, Beck-Texte im dtv, 22. Auflage 2003

[1.22] AHO e.V.: Projektmanagementleistungen in der Bau- und Immobilienwirtschaft, 2. Auflage, Berlin: AHO e.V. Januar 2004

[1.23] Kapellmann, K. D./Schiffers, Karl-Heinz.: Vergütung, Nachträge und Behinderungsfolgen beim Bauvertrag, 4. erweiterte Auflage, Neuwied: Werner Verlag. Januar 2000

[1.24] Langen. W./Schiffers, Karl-Heinz: Bauplanung und Bauausführung, 1. Auflage, Werner Verlag 2005

[1.25] Greiner, P./Mayer, Peter E./Stark, K.: Baubetriebslehre/Projektmanagement, 2. korr. Auflage, Braunschweig/Wiesbaden: Vieweg Verlag 2002

[1.26] Kapellmann, K. D.: Schlüsselfertiges Bauen, Rechtsbeziehungen zwischen Auftraggeber, Generalunternehmer, Nachunternehmer, 2. Auflage., Werner Verlag 2004

[1.27] Hrsg. Hauptverband der Deutschen Bauindustrie: Geräteliste (BGL) 2001 technisch-wirtschaftliche Baumaschinendaten. Wiesbaden: Bauverlag 2001

[1.28] Schulte, Karl-Werner (Hrsg.): Handbuch Immobilien-Projektentwicklung. Köln: R. Müller Verlag, 1996

[1.29] Korbion, H./Mantscheff, J./Vygen, K.: HOAI-Kommentar, 6. Auflage, München: C.H. Beck Verlag 2004

[1.30] Meyran, Gabriel: Optimierungsfragen der Baustelleneinrichtung. München: Technische Universität München. Lehrstuhl für Tunnelbau und Baubetrieb, Dissertation: D-20, 1973

[1.31] Hrsg. DIN Deutsches Institut für Normung e.V.: Vergabe- und Vertragsordnung für Bauleistungen (VOB), Ausgabe 2002. Berlin, Wien. Zürich: Beuth Verlag, 2005

[1.32] Ingenstau, H./Korbion,/Locher. H./Vygen, K.: VOB Kommentar – Teil A und B, Werner Verlag, 15. Auflage 2003

[1.33] Kochendörfer, B./Viering, M. G./Liebchen, J.: Bau-Projekt-Management, 2. Auflage, Teubner-Verlag, Juni 2004

[1.34] Zentralverband des Deutschen Baugewerbes e.V.; Hauptverband der Deutschen Bauindustrie e. V.; Industriegewerkschaft Bauen-Agrar-Umwelt: Arbeitszeit-Richtwerte Hochbau – ARH Tabellen, Neu-Isenburg: Zeittechnik-Verlag

[1.35] Hrsg. DIN Deutsches Institut für Normung e. V.; Aufgestellt vom GAEB und vom DVA: Standardleistungsbuch für das Bauwesen – STLB-Bau; Berlin, Köln: Beuth Verlag

[1.36] Baukosteninformationszentrum Deutscher Architektenkammern: BKI Baukosten 2004, Teil 1 und Teil 2, Müller Verlag 2004
[1.37] von der Damerau, H./Tauterat, A./Franz, R.: VOB im Bild, Hochbau- und Ausbauarbeiten, 17. Auflage, Köln: Rudolf Müller Verlag 2003
[1.38] von der Damerau, H./Tauterat, A./Stern, W.: VOB im Bild, Tiefbau- und Erdarbeiten. 17. Auflage, Köln: Rudolf Müller Verlag 2003
[1.39] Bundesrahmentarifvertrag für das Baugewerbe vom 4. Juli 2002 in der Fassung vom 29. Juli 2005
[1.40] Tarifvertrag zur Regelung der Mindestlöhne im Baugewerbe im Gebiet der Bundesrepublik Deutschland (TV Mindestlohn) vom 29. Juli 2005

Zu Kapitel 2 Mathematik und Bauinformatik *(siehe auch: Bauvermessung)*

[2.1] Bronstein, I. N./Semendjajew, K. A./Musiol, G. u. a.: Taschenbuch der Mathematik, 6. Auflage 2005, Harri-Deutsch-Verlag, Frankfurt
[2.2] Gelhaus, R./Ehlebracht, H.: Kleine Ingenieurmathematik,
Teil 1, WIT 29, 2. Auflage 1985
Teil 2, WIT 30, 2. Auflage 1984, Werner Verlag, Düsseldorf
[2.3] Stöcker, H. (Hrsg.): Taschenbuch mathematischer Formeln und moderner Verfahren, 4. Auflage, Sonderausgabe 2003, Harri-Deutsch-Verlag, Frankfurt
[2.4] Zeidler, E. (Hrsg.): Teubner-Taschenbuch der Mathematik, 2. Auflage 2003, Teubner Verlag, Wiesbaden
[2.5] Claus, V./Schwill, A.: DUDEN Informatik, 3. verb. Auflage 2003, Bibliographisches Institut, Mannheim
[2.6] Doberenz, W./Kowalski, Th.: Visual Basic NET, Grundlagen und Profiwissen, 1. Auflage 2004, Hanser Fachbuchverlag, München
[2.7] Isernhagen, R./Helmke, H.: Softwaretechnik in C und C++, Das Kompendium, 4. Auflage 2004, Hanser Fachbuchverlag, München
[2.8] Jacobson, R.: Microsoft Excel VBA, Auflage 2005, Microsoft Press Deutschland
[2.9] Schäpers, A. u. a.: C # Kompendium, 1. Auflage 2002, Markt + Technik Verlag, München
[2.10] Schneider, U./Werner, D. u. a.: Taschenbuch der Informatik, 5. Auflage 2004, Hanser Fachbuchverlag, Leipzig
[2.15] Rubin, H.: Ein einfaches, allgemeingültiges Lösungskonzept für lineare Differentialgleichungen beliebiger Ordnung mit konstanten Koeffizienten und mit analytischer Störungsfunktion, ZAMM 68 (1988) 9, 433-443
[2.20] Lawo, M./Thierauf, G.: Stabtragwerke. Matrizenmethoden der Statik und Dynamik, Teil 1: Statik, 1980, Vieweg Verlag, Braunschweig
[2.21] Szilard, R.: Finite Berechnungsmethoden der Strukturmechanik, Band 1: Stabwerke, 1982, Ernst & Sohn, Berlin
[2.22] Dietz, M./Falter, B.: Ebene Stabwerke auf MS-DOS-Rechnern, 3. Aufl. 1994, Werner-Ingenieur-Programme, Neuwied
[2.23] Falter, B.: Statikprogramme für Personalcomputer, 5. Aufl. 2006, Werner Verlag, Neuwied
[2.24] Meißner, U./Maurial, A.: Die Methode der finiten Elemente, 2. Aufl. 2001, Springer Verlag, Berlin
[2.25] Ramm, E./Hofmann, T.: Stabtragwerke, in: Der Ingenieurbau, Grundwissen (Hrsg.: Mehlhorn), Ernst & Sohn, Berlin 1995
[2.26] Werkle, H.: Finite Elemente in der Baustatik, 2. Aufl., Vieweg Verlag, Wiesbaden 2001
[2.27] Thieme, D.: Einführung in die Finite-Elemente-Methode, Verlag für Bauwesen, Berlin 1990
[2.28] Kemmler, R./E. Ramm, Modellierung mit der Methode der Finiten Elemente, Betonkalender 2001, Ernst & Sohn, Berlin 2001, 381-446
[2.29] Hartmann, F./C. Kalz: Statik mit finiten Elementen, Springer, Berlin 2002
[2.30] Werkle, H./Avak R.: Finite Elemente, in: „Stahlbetonbau aktuell, Praxishandbuch 2003", Bauwerk Verlag, Berlin 2003
[2.31] Werkle, H.: Konsistente Modellierung von Stützen bei der Finite-Elemente-Berechnung von Flachdecken, Bautechnik, Ernst & Sohn, Berlin 2000
[2.32] Werkle, H./P. Bock: Zur Anwendung der FEM in der Praxis – Fehlerquellen bei der Modellbildung und Ergebnisinterpretation, 4. FEM/CAD-Tagung, TH Darmstadt, 1996

Zu Kapitel 3 Einwirkungen auf Tragwerke (Lastannahmen)

[3.1] Holschemacher, K.: Lastannahmen nach neuen Normen, 2006, Bauwerk Verlag, Berlin

[3.2] Grünberg, J.: Grundlagen der Tragwerksplanung – Sicherheitskonzept und Bemessungsregeln für den konstruktiven Ingenieurbau. Beuth Verlag, 2004

[3.3] Meskouris/Butenweg/Renault: Beurteilung der Erdbebensicherheit von bestehenden Bauwerken. Der Prüfingenieur, Nr. 28, 2006

[3.4] Meskouris/Butenweg/Renault: Mehrstufiges Konzept für mehr Erdbebensicherheit. Deutsches Ingenieurblatt, Nr. 6, 2006

Zu Kapitel 4 A Baustatik

[4.1] Schneider, K.-J./Schweda, E.: Baustatik – Statisch bestimmte Systeme, WIT 1, 5. Aufl. 1999, Werner Verlag, Neuwied

[4.2] Rubin, H./Schneider, K.-J.: Baustatik – Theorie I. und II. Ordnung, WIT 3, 4. Aufl. 2002, Werner Verlag, Neuwied

[4.3] Schweda, E./Krings, W.: Baustatik – Festigkeitslehre, WIT 4, 3. Aufl. 2000, Werner Verlag, Neuwied

[4.4] Friemann, H.: Schub und Torsion in geraden Stäben, WIT 78, 2. Aufl. 1983, Werner Verlag, Neuwied

[4.5] Dimitrov, N.: Festigkeitslehre, in: Beton-Kalender, Teil 1, Verlag Ernst & Sohn, Berlin

[4.6] Duddeck/Ahrens: Statik der Stabtragwerke, in: Beton-Kalender, Teil 1, Verlag Ernst & Sohn, Berlin

[4.7] Lohse, G.: Knicken und Spannungsberechnung nach Theorie II. Ordnung, 2. Aufl. 1984, Werner Verlag, Neuwied

[4.8] Petersen, Ch.: Statik und Stabilität der Baukonstruktionen, 2. Aufl. 1982, Vieweg-Verlag, Braunschweig

[4.9] Schineis, M.: Festigkeitslehre, Skriptum, Fachhochschule München

[4.10] Ahlert, H.: Finite Elemente in der Stabstatik, 3. Aufl. 2000, Werner Verlag, Neuwied

[4.11] Wagner, W. /Erlhof, G.: Praktische Baustatik, Teil 1, 19. Aufl. 1994; Teil 2, 15. Aufl. 1998; Teil 3, 8. Aufl. 1997, Teubner Verlag

[4.13] Rothert, H./Gensichen, V.: Nichtlineare Stabstatik, 1987, Springer-Verlag, Berlin

[4.14] Rubin, H.: Baustatik ebener Stabwerke, in: Stahlbau-Handbuch, Band 1, Teil A, 3. Aufl. 1993, Stahlbau-Verlags-GmbH, Köln

[4.15] Mann, W.: Vorlesungen über Statik und Festigkeitslehre, 2. Aufl. 1997, Teubner Verlag

[4.16] Krätzig, W./Wittek, V.: Tragwerke, Bd. 1, 2. Aufl. 1993; Bd. 2, 2. Aufl. 1994, Springer- Verlag, Berlin

[4.17] Schweda, E.: Baustatik – Beispielsammlung, WIT 87, 1996, Werner Verlag, Neuwied

Zu Kapitel 4 B Tragwerksentwurf und Vorbemessung

[4.20] Arnold: Praktische Tragwerkslehre, Werner Verlag, Neuwied, 1987

[4.21] Becker: Tragkonstruktionen des Hochbaues, Teil 1 und 2, Werner Verlag, Neuwied, 1983 und 1987

[4.22] Mattheiß: Stahlbeton, Stahlleichtbeton, Spannbeton, Werner Verlag, Neuwied, 1977

[4.23] Mattheiß: Baugrund und Baustoffe, Werner Verlag, Neuwied, 1977

[4.24] Wormuth, R.: Grundlagen der Hochbaukonstruktion, Werner Verlag, Neuwied, 1977

[4.25] Rybicki, Rudolf: Faustformeln und Faustwerte, Teil 1, Werner Verlag, Neuwied, 3. Auflage

[4.26] Füg, D.: Stahltragwerke im Industriebau, VEB Verlag für Bauwesen, Berlin

[4.27] Herget, W.: Tragwerkslehre, Skelettbau und Wandbau, Teubner-Verlag, Stuttgart, 1993

[4.28] Büttner, Hampe: Bauwerk – Tragwerk – Tragstruktur, Band 1 und 2, E + S-Verlag

[4.29] Engel: Tragsysteme, DVA

[4.30] Führer/Ingendaaij/Stein: Der Entwurf von Tragwerken, Verlagsgesellschaft R. Müller, 2. Aufl., Köln, 1995

[4.31] Engel: Tragwerksysteme, DVA

[4.32] Salvadori/Heller: Tragwerk und Architektur, Vieweg Verlag

[4.33] Natterer u. a.: Holzbauatlas, Band 1 und 2, Rudolf Müller, Köln, 1996

[4.34] Hart/Sonntag u. a.: Stahlbauatlas
[4.35] Informationsdienst Holz, Hefte
[4.36] Merkblätter der Bearbeitungsstelle für Stahlverwendung, Düsseldorf
[4.37] Rosel/Witte: Hallen aus Stahl, DStV
[4.38] Rosel: Betonfertigteile
[4.39] Dubas, P./Gehri, E.: Stahlhochbau, Springer-Verlag, Berlin/New York, 1988
[4.40] Steinle/Hahn: Bauen mit Betonfertigteilen im Hochbau, Fachvereinigung Deutscher Betonfertigteilbau e. V.
[4.41] Kolbitsch, Andreas: Altbaukonstruktionen, Springer-Verlag, Wien/New York, 1988
[4.42] Guiten, H. v.: Tragkonstruktionen, Verlag der Fachvereine an der ETH Zürich

Zu Kapitel 5 A Beton

[5.1] Bundesverband der Deutschen Zementindustrie (Hrsg.): Beton – Herstellung nach Norm. 16. Auflage, Verlag Bau+Technik, Düsseldorf 2004
[5.2] Deutscher Ausschuss für Stahlbeton (DAfStb): Erläuterungen zu DIN EN 206-1, DIN 1045-2, DIN 1045-3 und DIN 1045-4. Heft 526 der Schriftenreihe des DAfStb; Beuth Verlag, Berlin, 2003
[5.3] Deutscher Beton- und Bautechnik-Verein (DBV): Betonherstellung und Verwendung nach neuer Norm. Verlag Ernst & Sohn. Berlin 2003
[5.4] Meyer, L.: Umsetzung der neuen DIN 1045 / Hinweise und Erfahrungen. Beton 55 (2005), Heft 1 und 2, S. 32–38
[5.5] Verein Deutscher Zementwerke (Hrsg.): Zement-Taschenbuch. 50. Auflage, Verlag Bau+Technik, Düsseldorf, 2002
[5.6] Weber, R.: Guter Beton/Ratschläge für die richtige Betonherstellung. 21. Auflage, Verlag Bau+Technik, Düsseldorf. 2005

Zu Kapitel 5 B Beton- und Spannstahl

[5.7] Schwarzkopf, M.: BSt 500 MA. das neue Mattenprogramm im Einklang mit DIN 1045-1. Bauingenieur, 12/2001, Springer Verlag
[5.8] Rußwurm/Fabritius: Bewehren von Stahlbeton-Tragwerken nach DIN 1045-1. Institut für Stahlbetonbewehrung. Düsseldorf, 2002
[5.9] Avak, R.: Baustoffe – Betonstahl, Spannstahl. In Avak/Goris (Hrsg): Stahlbetonbau aktuell, Jahrbuch 2006, Bauwerk Verlag, Berlin

Zu Kapitel 5 C Stahlbeton und Spannbeton

[5.10] Grünberg, J.: Sicherheitskonzept und Einwirkungen nach DIN 1055 (neu); in Avak/Goris (Hrsg.): Stahlbetonbau aktuell, Jahrbuch für die Baupraxis 2001, Werner Verlag, Neuwied/Beuth Verlag, Berlin
[5.11] Deutscher Ausschuss für Stahlbeton, DAfStb-Heft 425, Bemessungshilfen zum EC 2, Beuth Verlag, Berlin/Köln 1992
[5.12] Litzner, H.-U.: Grundlagen der Bemessung nach Eurocode 2 – Vergleich mit DIN 1045 und DIN 4227, Beton-Kalender 1996, Verlag Ernst & Sohn, Berlin
[5.13] König, G./ Liphardt, S.: Hochhäuser aus Stahlbeton. Beton-Kalender 1990, Verlag Ernst & Sohn, Berlin
[5.14] Brandt, B.: Zur Beurteilung der Gebäudestabilität. Beton- und Stahlbetonbau 7/76 und 3/77, Verlag Ernst & Sohn, Berlin
[5.15] Grasser, E./Thielen, G.: Hilfsmittel zur Berechnung der Schnittgrößen und Formänderungen von Stahlbetontragwerken, DAfStb-H. 240, Beuth Verlag, Berlin/Köln, 1991
[5.16] Avak, R.: Stahlbetonbau in Beispielen, DIN 1045 und europäische Normung Teil 1, 4. Aufl. 2004; Teil 2, 3. Aufl. 2005, Werner Verlag, Neuwied
[5.17] Reinhardt: Beton. Beton-Kalender 2002, Verlag Ernst & Sohn, Berlin
[5.18] Pieper, K./ Martens, P.: Näherungsberechnung vierseitig gestützter durchlaufender Platten im Hochbau. Beton- und Stahlbetonbau 6/66 und 7/67, Verlag Ernst & Sohn, Berlin

[5.19] Hahn, J.: Durchlaufträger, Rahmen, Platten und Balken auf elastischer Bettung, 14. Auflage, Werner Verlag, Neuwied, 1985

[5.20] Czerny, F.: Tafeln für Rechteckplatten. Beton-Kalender, verschiedene Jahrgänge, Verlag Ernst & Sohn

[5.21] Mattheiß, J.: Platten und Scheiben, Werner Verlag, Neuwied 1982

[5.22] Zilch, K./Rogge, A.: Bemessung der Stahlbeton- und Spannbetonbauteile im Brücken- und Hochbau. Beton-Kalender 2004, Verlag Ernst & Sohn, Berlin

[5.23] Kupfer/Grasser/Graubner/Harth/Pratsch/Georgopoulos: Bemessen unter Berücksichtigung begrenzter Plastizierbarkeit, in: Plastizität im Stahlbeton- und Spannbetonbau und innere Tragsysteme, Band 3, 1989, Verband Beratender Ingenieure, Landesverband Bayern, Eigenverlag

[5.24] DAfStb-Heft 525: Deutscher Ausschuss für Stahlbeton, Heft 525. Erläuterungen zu DIN 1045, 2003, Beuth Verlag

[5.25] Hegger/Roeser: Die Bemessung und Konstruktion von Rahmenecken, DAfStb-H. 532, Beuth Verlag, Berlin 2002

[5.26] Normenausschuss Bauwesen (NABau): Auslegungen zu DIN 1045-1; Stand 15.03.2006

[5.27] Herzog, M.: Vereinfachte Schnittkraftermittlung für umfanggelagerte Rechteckplatten nach der Plastizitätstheorie. Beton- und Stahlbetonbau 12/90, Verlag Ernst & Sohn, Berlin

[5.28] Schlaich/Schäfer: Konstruieren im Stahlbeton. Beton-Kalender 1998, Verlag Ernst & Sohn, Berlin

[5.29] Schlaich/Jennewein: Bemessen mit Stabwerkmodellen – Anwendungsbeispiele, in: Plastizität im Stahlbeton- und Spannbetonbau und innere Tragsysteme, Band 2, 1989, Verband Beratender Ingenieure, Landesverband Bayern, Eigenverlag

[5.30] Leonhardt, F.: Vorlesungen über Massivbau, Teile 1 bis 6, Springer-Verlag, Berlin

[5.31] Zilch/Curbach (Hrsg.): Einführung in die DIN 1045-1, Anwendungsbeispiel. 2001, Verlag Ernst & Sohn, Berlin

[5.32] Bieger, K.-W.: Stahlbeton- und Spannbetontragwerke nach Eurocode 2; 2. Auflage, Springer-Verlag, Berlin 1995

[5.33] Bender/Mark: Zur Querkraftbemessung bei Kreisquerschnitten. Beton- und Stahlbetonbau 2/2006 und 5/2006, Ernst & Sohn, Berlin

[5.34] Quast, U.: Stützenbemessung. Beton-Kalender 2004, Verlag Ernst & Sohn, Berlin

[5.35] Schießl: Rissbreitenbegrenzung, in: DAfStb-Heft 400, Beuth Verlag, Berlin/Köln 1988

[5.36] Kordina: Bewehrungsrichtlinien, Umlenkkräfte, in: DAfStb-Heft 400, Beuth Verlag, Berlin/Köln 1988

[5.37] Stoffregen/König: Schiefstellung von Stützen in vorgefertigten Skelettbauten. Beton- und Stahlbetonbau, 1/1979, Ernst & Sohn, Berlin

[5.38] Kordina/Nölting: Tragfähigkeit durchstanzgefährdeter Stahlbetonplatten. DAfStb-Heft 371, Verlag Ernst & Sohn, Berlin 1986

[5.39] Dieterle/Rostásy: Tragverhalten quadratischer Einzelfundamente aus Stahlbeton. DAfStb-Heft 387, Verlag Ernst & Sohn, Berlin

[5.40] Steinle: Zum Tragverhalten von Blockfundamenten für Stahlbetonfertigteilstützen. Vortrag Betontag 1981, Deutscher Beton-Verein, 1981

[5.41] Eligehausen/Gerster: Das Bewehren von Stahlbetonbauteilen – Erläuterungen zu verschiedenen gebräuchlichen Bauteilen. DAfStb-Heft 399, Beuth Verlag, Berlin/Köln, 1993

[5.42] Grasser/Kordina/Quast: Bemessung von Beton- und Stahlbetonbauteilen nach DIN 1045, Ausgabe 1978. DAfStb-Heft 220, 2., überarbeitete Auflage, 1979, Verlag Ernst & Sohn, Berlin

[5.43] Franz: Konstruktionslehre des Stahlbetons. Band I, Grundlagen und Bauelemente, 4. Auflage; Franz/Schäfer/Hampe: w. v. Band II, Tragwerke, 2. Auflage, Springer-Verlag, Berlin

[5.44] Fricke, K.-L.: Berechnung der Durchbiegung von Stahlbetonbauteilen: Praktische Anwendung im Ingenieurbüro; in: Avak/Goris (Hrsg.): Stahlbetonbau aktuell, Jahrbuch für die Baupraxis 2001, Werner Verlag, Neuwied/Beuth Verlag, Berlin

[5.45] Jennewein/Schäfer: Standardisierte Nachweise von häufigen D-Bereichen. DAfStb-Heft 430, Beuth Verlag, Berlin/Köln 1992

[5.46] Kordina/Schaaff/Westphal: Empfehlung für die Bewehrungsführung in Rahmenecken und -knoten. DAfStb-Heft 373, Beuth Verlag, Berlin/Köln 1986

[5.47] Ehrigsen, O./Quast, U.: Knicklängen, Ersatzlängen und Modellstützen. Beton- und Stahlbetonbau 2003, Heft 5 S. 249–257, Verlag Ernst & Sohn, Berlin

[5.48] Krüger/Mertzsch: Verformungsnachweise – Erweiterte Tafeln zur Begrenzung der Biegeschlankheit; in: Avak/Goris (Hrsg.): Stahlbetonbau aktuell, Praxishandbuch 2003, Bauwerk Verlag, Berlin
[5.49] Stiglat/Wippel: Platten. 3. Auflage 1983, Verlag Ernst & Sohn, Berlin
[5.50] Schwarzkopf, M.: BSt 500 MA, das neue Mattenprogramm im Einklang mit DIN 1045-1. Bauingenieur, 12/2001, Springer Verlag
[5.51] Reineck, K.-H.: Hintergründe zur Querkaftbemessung in DIN 1045-1 für Bauteile aus Konstruktionsbeton mit Querkraftbewehrung. Bauingenieur, 4/2001, Springer Verlag.
[5.52] Tue/Pierson: Ermittlung der Rissbreite und Nachweiskonzept nach DIN 1045-1. Beton- und Stahlbetonbau, 5/2001, Verlag Ernst & Sohn, Berlin
[5.53] Minnert/Majer/Mertens: Bemessung und Konstruktion von stumpf gestoßenen Fertigteilstützen. Beton- und Stahlbetonbau 2002, S. 202–211
[5.54] Wommelsdorff, O.: Stahlbetonbau, Teil 1, 8. Aufl. 2005, Teil 2, 7. Aufl. 2006, Werner Verlag, Neuwied
[5.55] König, G./Fehling, E.: Grundlagen zur Rissbreitenbeschränkung im Spannbetonbau. Beton- und Stahlbetonbau 12/1988, S. 317–323, mit Zuschrift und Erwiderung in 7/1989, S. 189–192
[5.56] König, G./Fehling, E.: Zur Rissbreitenbeschränkung bei voll oder beschränkt vorgespannten Betonbrücken. Beton- und Stahlbetonbau 1989, H. 7 S. 161–166, H. 8 S. 203–207, H. 8 S. 238–241
[5.57] Litzner, H.-U.: Grundlagen der Bemessung nach DIN 1045-1 in Beispielen, Beton-Kalender 2002, Verlag Ernst & Sohn, Berlin
[5.58] Kordina, K.: Zum Tragsicherheitsnachweis gegenüber Schub, Torsion und Durchstanzen nach EC 2 Teil 1 – Erläuterung zur Neuauflage von Heft 425 und Anwendungsrichtlinie zu EC 2. Beton- und Stahlbetonbau 4/1994, S. 97–100
[5.59] Kordina, K.: Zur Berechnung und Bemessung von Einzel-Fundamentplatten nach EC 2 Teil 1. Beton- und Stahlbetonbau 8/1994, S. 224–226
[5.60] Deutscher Ausschuss für Stahlbeton: Richtlinie zur Anwendung von Eurocode 2 – Planung von Stahlbeton- und Spannbetontragwerken; Teil 1, 1993; Teil 1-1, 1995; Teil 1-3, 1995; Teil 1-6, 1995; Beuth Verlag, Berlin/Köln
[5.61] Avak, R.: Stützenbemessung mit Interaktionsdiagrammen nach Theorie II. Ordnung; in: Avak/Goris (Hrsg.): Stahlbetonbau aktuell, Jahrbuch für die Baupraxis 1999, Werner Verlag, Neuwied/Beuth Verlag, Berlin
[5.62] Graubner/Six: Spannbetonbau; in: Avak/Goris (Hrsg.): Stahlbetonbau aktuell, Praxishandbuch 2006, Bauwerk Verlag, Berlin
[5.63] Steinle/Hahn: Bauen mit Betonfertigteilen im Hochbau. Beton-Kalender 1995, Verlag Ernst & Sohn, Berlin
[5.64] Hegger/Görtz: Nachträglich ergänzte Querschnitte mit horizontaler Fuge nach DIN 1045-1. Beton- und Stahlbetonbau 2003, Heft 5 S. 277–284, Verlag Ernst & Sohn, Berlin
[5.65] Paschen/Zillich: Versuche zur Tragfähigkeit stumpfgestoßener Stahlbeton-Fertigstützen. DAfStb-Heft 316, Beuth Verlag, Berlin/Köln 1980
[5.66] Paschen/Zillich: Der Stumpfstoß von Fertigteilstützen. Betonwerk + Fertigteil-Technik, 1980, S. 279–285 und S. 360–364
[5.67] Paschen/Stockleben/Zillich: Querzugbeanspruchung durch Mörtelfugen infolge Mörtelquerdehnung und Teilflächenbelastung. Betonwerk + Fertigteil-Technik, 1981, S. 385–392
[5.68] Müller/Sasse/Thormälen: Stützenstöße im Stahlbeton-Fertigteilbau mit unbewehrten Elastomerlagern. DAfStb-Heft 339, Beuth Verlag, Berlin/Köln, 1982
[5.69] Seiler/Kupfer/Manleitner: Stahlbetonfertigteile, Geschossdecken, Dachdecken und vergleichbare Bauteile mit Fertigteilen; in: DAfStb-Heft 400, S. 125-128, Beuth Verlag, Berlin/Köln 1988
[5.70] Mainka/Paschen: Untersuchungen über das Tragverhalten von Köcherfundamenten. DAfStb-Heft 411, Beuth Verlag, Berlin/Köln 1990
[5.71] Dieterle/Steinle: Blockfundamente für Stahlbetonfertigstützen. DAfStb-H. 326, Beuth Verlag, Berlin/Köln 1981
[5.72] Deutscher Beton-Verein: Beispiele zur Bemessung nach DIN 1045-1. Band 1: Hochbau, Verlag Ernst & Sohn, Berlin, 2002

[5.73] Grasser, E.: Grundlagen zur Ermittlung der Schnittgrößen; in: DAfStb-H. 400, Beuth Verlag, Berlin/Köln 1988

[5.74] Herzog, M.: Die Tragfähigkeit von Pilz- und Flachdecken. Bautechnik 1995, S. 516

[5.75] Zilch/Staller/Rogge: Bemessung und Konstruktion von Tragwerken aus Beton, Stahlbeton und Spannbeton nach DIN 1045-1. Der Bauingenieur 1997, S. 253–261

[5.76] Pardey, A.: Physikalisch nichtlineare Berechnung von Stahlbetonplatten im Vergleich zur Bruchlinientheorie. DAfStb-Heft 441, Beuth Verlag, Berlin/Köln 1994

[5.77] Friedrich, R.: Bemessungshilfen (zum Durchstanzen); in: Avak/Goris (Hrsg): Stahlbetonbau aktuell, Praxishandbuch 2004, Bauwerk Verlag, Berlin

[5.78] Stiglat, K.: Näherungsberechnung der Durchbiegungen von Biegetraggliedern aus Stahlbeton. Beton- und Stahlbetonbau 4/1995, S. 99–101

[5.79] Avak/Goris: Bemessungspraxis nach EUROCODE 2, Zahlen- und Konstruktionsbeispiele, Werner Verlag, Neuwied 1994

[5.80] Geistefeldt/Goris: Ingenieurhochbau – Teil 1: Tragwerke aus bewehrtem Beton nach Eurocode 2, Werner Verlag, Neuwied/Beuth Verlag, Berlin/Köln 1993

[5.81] Schmitz, U. P.: Statik; in: Avak/Goris (Hrsg): Stahlbetonbau aktuell, Praxishandbuch 2004, Bauwerk Verlag, Berlin

[5.82] Goris, A.: Bemessung von Stahlbetonbauteilen nach DIN 1045-1; in: Avak/Goris (Hrsg): Stahlbetonbau aktuell, Praxishandbuch 2006, Bauwerk Verlag, Berlin

[5.83] Schmitz/Goris: Bemessungstafeln nach DIN 1045-1. Ergänzte Auflage 2004, Werner Verlag, Neuwied

[5.84] Schmitz/Goris: DIN 1045 digital, 2002, Werner Verlag, Neuwied

[5.85] Goris, A.: Stahlbetonbau-Praxis nach DIN 1045 neu. Band 1: Grundlagen, Bemessung, Beispiele; 2. Auflage 2004, Bauwerk Verlag, Berlin; Band 2: Bewehrung, Konstruktion, Beispiele, 2006, Bauwerk Verlag, Berlin

Zu Kapitel 6 A Befestigungstechnik

[6.1] Fuchs, W./Breen, J./Eligehausen, R.: Concrete Capacity Design (CCD) Approach for Fastening to Concrete. ACI-Structural Journal, Vol. 92 (1995), No. 6, S. 794–802

[6.2] Eligehausen, R./Mallèe, R.: Befestigungstechnik im Beton- und Mauerwerksbau. Verlag Ernst & Sohn, 2000

[6.3] Deutsches Institut für Bautechnik, Berlin: Bemessungsverfahren für Dübel zur Verankerung im Beton (Anhang zum Zulassungsbescheid). Ausgabe Juni 1993

[6.4] European Organisation for Technical Approvals (EOTA): Guideline for European Technical Approval of Anchors (Metal Anchors) for Use in Concrete. 1997, Part 1: Anchors in General. Part 2: Torque Controlled Expansion Anchors. Part 3: Undercut Anchors. Annex A: Details of Tests. Annex B: Tests for Admissible Service Conditions, Detailed Information. Annex C: Design Method for Anchorages

[6.5] Eurocode No. 2: Design of Concrete Structures, Part 1: General Rules and Rules for Building. Final Draft, December 1988

[6.6] DIN V ENV 1992 Teil 1-1, Eurocode 2, Planung von Stahlbeton- und Spannbetontragwerken, Teil 1: Grundlagen und Anwendungsregeln für den Hochbau, Ausgabe Juni 1992

Zu Kapitel 6 B Schutz und Instandsetzung von Betonbauwerken

[6.20] Deutscher Ausschuss für Stahlbeton; DAfStb; DAfStb-Instandsetzungs-Richtlinie: Schutz und Instandsetzung von Betonbauteilen. Teil 1: Allgemeine Regelungen und Planungsgrundsätze. Teil 2: Bauprodukte und Anwendung. Teil 3: Anforderungen an die Betriebe und Überwachung der Ausführung. Teil 4: Prüfverfahren. Ausgabe Oktober 2001. Berlin : Deutscher Ausschuss für Stahlbeton, 2001

[6.21] Bundesanstalt für Straßenwesen; ZTV-ING: Baudurchführung: Zusätzliche Technische Vertragsbedingungen und Richtlinien für Ingenieurbauten ZTV-Ing. (inkl. ZTV-Kor-Stahlbauten 02) Dortmund: Verkehrsblatt, 2003

[6.22] Mitteilungen Deutsches Institut für Bautechnik ; DIBt ; Bauregelliste: Bauregelliste A, Bauregelliste B und Liste C (Ausgabe 2001/1). In: Mitteilungen Deutsches Institut für Bautechnik 32 (2001), Nr. 24 Sonderheft
[6.23] DBV-Merkblatt, Begrenzung der Rissbildung im Stahlbeton- und Spannbetonbau, Fassung September 1996, Deutscher Beton-Verein e.V., Wiesbaden
[6.24] DIN 18 195-5 Bauwerksabdichtungen, Teil 5: Abdichtungen gegen nichtdrückendes Wasser auf Deckenflächen und in Nassräumen, Bemessung und Ausführung, August 2000
[6.25] Forschungsgesellschaft für Straßen- und Verkehrswesen: Merkblatt für Schichtenverbund, Nähte, Anschlüsse und Randausbildung von Verkehrsflächen aus Asphalt (M SNAR). Ausgabe 1998. Köln: Forschungsgesellschaft für Straßen- und Verkehrswesen, 1998
[6.26] Technische Lieferbedingung für Reaktionsharze für Grundierungen, Versiegelungen und Kratzspachtelungen unter Asphaltbelägen auf Beton. 1999

Zu Kapitel 6 C Schutz von Stahlbauten

[6.51] Wesche, K.: Baustoffe für tragende Bauteile, Band 3 (Stahl, Aluminium), 2. Auflage 1985, Bauverlag, Wiesbaden und Berlin
[6.52] Nürnberger, U.: Korrosion und Korrosionsschutz im Bauwesen, Band 1 und 2, 1995, Bauverlag, Wiesbaden und Berlin
[6.53] Gellings, P. J.: Korrosion und Korrosionsschutz von Metallen, 1981, Carl Hanser Verlag, München und Wien
[6.54] Kaesche, H.: Die Korrosion der Metalle, 1990, Springer-Verlag, Berlin - Heidelberg - New York
[6.55] Katzung, W.: Korrosionsschutz von Stahlbauten, in Stahlbaukalender 2000, Hrsg. U. Kuhlmann, Ernst & Sohn, Berlin
[6.56] Katzung, W.: Richtlinie Korrosionsschutz von Stahlbauten in atmosphärischen Umgebungsbedingungen durch Beschichtungssysteme, 1999, Deutscher Stahlbau-Verband, Düsseldorf
[6.57] Katzung, W.: Korrosionsschutz von Stahlkonstruktionen durch Beschichtungssysteme, Merkblatt 405, Ausgabe 2005, Stahl-Informationszentrum, Düsseldorf
[6.58] Arbeitsblätter Feuerverzinken, 4. Auflage 1999, Institut Feuerverzinken GmbH, Düsseldorf

Zu Kapitel 7 A Mauerwerksbau

[7.1] Jäger, W./Schneider, K.-J./Weickenmeier, N.: Mauerwerksbau aktuell, Praxishandbuch 2006, Bauwerk Verlag, Berlin
[7.2] Schneider, K.-J./Schubert, P./Wormuth, R.: Mauerwerksbau, 6. Aufl. 1999, Werner Verlag, Neuwied
[7.3] Reichert, H.: Konstruktiver Mauerwerksbau, Bildkommentar zur DIN 1053, 7. Aufl. 1994, Verlag R. Müller, Köln
[7.4] Al Bosta, S.: Risse im Mauerwerk, 2. Aufl. 1998, Werner Verlag, Neuwied
[7.5] Mauerwerk-Atlas, 2. Aufl. 1986, Institut für int. Architektur – Dokumentation GmbH, München
[7.6] UNIPOR-Fachinformation, München
[7.7] Pfefferkorn, W.: Rissschäden an Mauerwerk, 1994, IRB Verlag, Stuttgart
[7.8] Irmschler, H.-J./Schubert, P./Jäger, W.: Mauerwerk-Kalender 2006, Verlag Ernst & Sohn, Berlin

Zu Kapitel 7 B Glas im konstruktiven Ingenieurbau

[7.40] prEN 1748-1: Glas im Bauwesen; Spezielle Basiserzeugnisse – Teil 1: Borosilikatglas (Okt. 1996)
[7.41] Glasfibel. Hrsg.: Bundesverband des deutschen Flachglas-Großhandels, 1983
[7.42] Allgemeine bauaufsichtliche Zulassung, Z-70.4-44, Glasfabrik Lamberts GmbH & Co. KG, LINIT-Profilbauglas für die Verwendung als Vertikalverglasung

[7.43] Wörner, J./Schneider, J./Fink, A.: Glasbau – Grundlagen, Berechnung, Konstruktion. Springer-Verlag Berlin/Heidelberg 2001
[7.44] Mitteilungen Deutsches Institut für Bautechnik, ISSN 0172-3006, 3. August 1998, 29. Jahrgang, Nr. 4
[7.45] Charlier, H.: Bauaufsichtliche Anforderungen an Glaskonstruktionen, Der Prüfingenieur Nr. 11 (1997), S. 44–54
[7.46] DIBt: Bauregelliste A, Bauregelliste B und Liste C (Ausgabe 01.2003). Mitteilungen des Deutschen Instituts für Bautechnik, Berlin 2003
[7.47] DIBt: Technische Regeln für die Verwendung linienförmig gelagerter Verglasungen, Ausgabe 09.1998, Mitteilungen des Deutschen Instituts für Bautechnik, Berlin 1998
[7.48] Petzhold/Marusch/Schramm: Der Baustoff Glas – Grundlagen, Eigenschaften, Erzeugnisse, Glasbauelemente, Anwendungen. Verlag für Bauwesen Berlin, 3. Auflage 1990
[7.49] Sedlacek, G./Blank, K./Laufs, W./Güsgen, J.: Glas im Konstruktiven Ingenieurbau, Bauingenieur Praxis, Ernst & Sohn, 1. Auflage, Berlin, 1999
[7.50] Technische Richtlinien des Glaserhandwerkes Nr. 19: Linienförmig gelagerte Verglasungen, Verlagsanstalt Handwerk GmbH, 4. Auflage 1999
[7.51] Bekanntmachung des Wirtschaftsministeriums Baden-Württemberg über den Verzicht auf Zustimmung, im Einzelfall für die Verwendung bestimmter nichtgeregelter Verglasungskonstruktionen vom Dezember 2003, Az.: 6-2600.0 § 21/2
[7.52] Linienförmig gelagerte Verglasung aus teilvorgespanntem Glas „ipasafe TVG“ und aus Verbundsicherheitsglas „ipasafe VSG aus TVG“, Allgemeine bauaufsichtliche Zulassung Z-70.3-55, Interpane Sicherheitsglas, Maybachstraße 5, 31135 Hildesheim
[7.53] Pieper, K./Martens, P.: Näherungsberechnungen vierseitig gestützter durchlaufender Platten im Hochbau; in: Beton- und Stahlbetonbau 6/66 und 7/67, Verlag Ernst & Sohn
[7.54] Hahn, J.: Durchlaufträger, Rahmen, Platten und Balken auf elastischer Bettung, 13., neu bearbeitete und erweiterte Auflage, Werner Verlag, 1981
[7.55] Aalami, B., Williams, D. G.: Thin Plate Design for Transverse Loading. Halsted Press Book, Wiley/New York, 1975
[7.56] Egner, K.: Untersuchungen zur Ermittlung der zulässigen Biegebeanspruchungen großer Glasscheiben bei verteilter Flächenbelastung; in: Berichte aus der Bauforschung, Heft 83, Berlin/München/Düsseldorf, Verlag Wilhelm Ernst & Sohn, 1973
[7.57] Hess, R.: Glasdickenbemessung – Berechnung von Einfach- und Isolierverglasungen unter Anwendung der Mebranwirkung bei Rechteckplatten großer Durchbiegung, Institut für Hochbautechnik, ETH Zürich, Oktober 1986
[7.58] Erläuterungen zu den „Technischen Regeln für die Verwendung von linienförmig gelagerten Verglasungen“, Mitteilungen DIBt 3/1999
[7.59] Auszug aus der Bekanntmachung des Wirtschaftsministeriums Baden-Württemberg über die Ergänzung und Änderung der Liste der Technischen Baubestimmungen (LTB) vom Oktober 2003 (Gemeinsames Amtsblatt Nr. 10 vom 30. 09. 2003)
[7.60] Charlier, H./Feldmeier, F./Reidt, A.: Erläuterungen zu den „Technischen Regeln für die Verwendung von linienförmig gelagerten Verglasungen“, Mitteilungen DIBt 3/1999

Zu Kapitel 8 Stahlbau

[8.1] DSTV-Ringbuch, DASt, Typisierte Verbindungen im Stahlhochbau, 1979, 1. Ergänzung 1984, Stahlbau-Verlagsgesellschaft, Köln
[8.2] Hart, F./Henn, W./Sonntag, H.: Stahlbauatlas, Geschossbauten, 2. Aufl. 1994, Verlagsgesellschaft Rudolf Müller, Köln
[8.3] Stahlbau Handbuch
Band 1: Grundlagen, Teil A, 3. Aufl. 1993
Teil B, 3. Aufl. 1993
Band 2: Stahlkonstruktionen, 2. Aufl. 1985, Stahlbau-Verlagsgesellschaft, Köln
[8.4] Stahl im Hochbau, Band 1, 15. Aufl. 1995, Verlag Stahleisen, Düsseldorf
[8.5] DSTV-Ringbuch, Stahlkonstruktionen (DETAIL Konstruktionstafeln)
[8.6] Klöppel, K./Möller, K. H./Scheer, J.: Beulwerte ausgesteifter Rechteckplatten
Band 1, 1960
Band 2, 1968, Verlag Ernst & Sohn, Berlin

[8.7] Müller, G.: Nomogramme für die Biegedrillknickuntersuchung frei aufliegender I-Träger, 1987, Stahlbau-Verlagsgesellschaft, Köln

[8.8] Vogel, U. /Heil, W.: Traglast-Tabellen für die Bemessung durchlaufender I-Täger, 2. Aufl. 1981, Verlag Stahleisen, Düsseldorf

[8.9] Kahlmeyer, E.: Stahlbau nach DIN 18 800 (11.90), Bemessung und Konstruktion, Träger – Stützen – Verbindungen, 3. Aufl. 1998, Werner Verlag, Neuwied

[8.10] Buchenau, H./Thiele, A.: Stahlhochbau
Teil 1, 21. Aufl. 1986
Teil 2, 17. Aufl. 1985, Teubner-Verlag, Stuttgart

[8.11] Maass, G./Hünersen, G./Fritzsche, E.: Stahltrapezprofile, 2. Aufl. 1999, Werner Verlag, Neuwied

[8.12] Friemann, H.: Schub und Torsion in geraden Stäben, WIT 78, 2. Aufl. 1993, Werner Verlag, Neuwied

[8.13] Roik, K./Lindner, J./Carl, J.: Biegetorsionsprobleme gerader dünnwandiger Stäbe, 1972, Verlag Ernst & Sohn, Berlin

[8.14] Roik, K./Lindner, J.: Einführung in die Berechnung nach dem Traglastverfahren, 1979, Nachdruck, Stahlbau-Verlagsgesellschaft, Köln

[8.15] Feige, A.: Das Traglast-Berechnungsverfahren, 1980, Verlag Stahleisen, Düsseldorf

[8.16] Vogel, U.: Plastische Bemessung ausgesteifter stählerner Stockwerksrahmen, 1971, Verlag Stahleisen, Düsseldorf

[8.17] Lohse, G.: Einführung in das Knicken und Kippen, WIT 76, 2. Aufl. 1994, Werner Verlag, Neuwied

[8.18] Lohse, G.: Knicken und Spannungsberechnung nach Theorie II. Ordnung, 2. Aufl. 1984, Werner Verlag, Neuwied

[8.19] Petersen, C.: Statik und Stabilität der Baukonstruktionen, 2. Aufl. 1982, Vieweg-Verlag, Braunschweig

[8.20] Scheer, J./Nölke, H./Gentz, E.: Kommentar zur DASt-Richtlinie 012 (Beulsicherheitsnachweis für Platten), 1979, Stahlbau-Verlagsgesellschaft, Köln

[8.21] Richtlinien für Stahlverbundträger, 1981, Beuth Verlag, Berlin

[8.22] Ergänzende Bestimmungen zu den Richtlinien für Stahlverbundträger vom März 1984 (Dübeltragfähigkeit und Kopfbolzendübel bei Verbundträgern mit Stahltrapezprofilen) und vom Juni 1991 (Neufassung des Abschnittes 9: Rissbreitenbeschränkung)

[8.23] Merkblatt 267 des Stahl-Informationszentrums, 4. Aufl. 1991, Düsseldorf

[8.24] Roik, K.: Verbundkonstruktionen, Kap. 11, in: Stahlbau-Handbuch, Bd. 1, 1982, Stahlbau-Verlagsgesellschaft, Köln

[8.25] Bucheli, P./Crisinel, M.: Verbundträger im Hochbau, Schweizerische Zentralstelle für Stahlbau (SZS), 1982, Zürich

[8.26] Kahlmeyer, E.: Stahlbau; Träger – Stützen – Verbindungen, 3. Aufl. 1990, Werner Verlag, Neuwied

[8.27] Petersen, C.: Stahlbau, 1. Aufl. 1988, Vieweg-Verlag, Braunschweig

[8.28] Zulassungsbescheid des Instituts für Bautechnik, Zulassungsnummer Z-30.44.1

[8.29] DSTV-Ringbuch, DASt, Typisierte Verbindungen im Stahlhochbau, 2. Aufl. 1978, 1. Ergänzung zur 2. Aufl. 1984, Stahlbau-Verlags-GmbH, Köln

[8.30] Oberegge, O./Hockelmann, H.-P./Dorsch, L.: Bemessungshilfen für profilorientiertes Konstruieren, 3. Aufl. 1997, Stahlbau-Verlagsgesellschaft mbH, Köln

[8.31] Oberegge, O./Rudnitzky, J./Hockelmann, H.-P.: Konstruktionsrichtlinien für den Stahlhochbau, Band 1, Kapitel 1, Verankerungen und Stützenfüße, 1987, Stahlbau-Verlagsgesellschaft mbH, Köln

[8.32] Mitteilungen des Deutschen Instituts für Bautechnik, Verlag Ernst & Sohn, Berlin Anpassungsrichtlinie Stahlbau, Herstellungsrichtlinie Stahlbau, 3. Auflage, Ausgabe Dez. 1998, 29. Jahrgang Sonderheft Nr. 11/2; Berichtigungen zur Anpassungsrichtlinie Stahlbau, Heft 6/1999, Seite 201; Änderung und Ergänzung der Anpassungsrichtlinie Stahlbau, Heft 1/2002, Ausgabe 12/2001

[8.33] Lindner, J./Gietzelt, R.: Zur Tragfähigkeit ausgeklinkter Träger, Stahlbau 54 (1985), S. 39 bis 45

[8.34] Lindner, J./Habermann, W.: Zur Weiterentwicklung des Beulnachweises für Platten mit mehrachsiger Beanspruchung, Stahlbau 57 (1988), S. 333–339, und 58 (1989), S. 349–351

[8.35] Rubin, H.: Näherungsweise Bestimmung der Knicklängen und Knicklasten von Rahmen nach DIN 18 800 Teil 2, Stahlbau 58 (1989), S. 103–109
[8.36] Fischer, M./Wenk, P.: Zur Frage der Abhängigkeit der Kehlnahtdicke von der Blechdicke beim Verschweißen von Baustählen, Stahlbau 8 (1985), S. 239–242
[8.37] Hünersen, G./Fritzsche, E.: Stahlbau in Beispielen, 4. Aufl. 1998, Werner Verlag, Neuwied
[8.38] Thiele, A./Lohse, W.: Stahlbau
Teil 1, 23. Aufl. 1997
Teil 2, 18. Aufl. 1997, Teubner Verlag, Stuttgart
[8.39] Rubin, H.: Interaktionsbeziehungen zwischen Biegemoment, Querkraft und Normalkraft für einfachsymmetrische I- und Kasten-Querschnitte bei Biegung um die starke und für doppeltsymmetrische Querschnitte bei Biegung um die schwache Achse. Der Stahlbau 47 (1978), S. 76–85
[8.40] Rubin, H.: Interaktionsbeziehungen für doppeltsymmetrische I- und Kasten-Querschnitte bei zweiachsiger Biegung und Normalkraft. Der Stahlbau 47 (1978), S. 145–151 und S. 174–181
[8.45] Roik, K., u. a.: Verbundkonstruktionen; Bemessung auf der Grundlage des Eurocode 4, Teil 1-1. Betonkalender seit 1993, Verlag Ernst & Sohn, Berlin
[8.46] Bode, H.: Euro-Verbundbau. Konstruktion und Berechnung, 2. Aufl. 1998, Werner Verlag, Neuwied
[8.47] Bode, H.: Verbundkonstruktionen. Stahlbau-Handbuch, Band 1, Kapitel 13, Stahlbau Verlagsgesellschaft, Köln 1992
[8.48] Bode, H., u. a.: Stahlverbundträger und -stützen nach Eurocode 4. Stahlbau-Verlagsgesellschaft, Köln 1994
[8.49] Lindner, J./Scheer, J./Schmielt, H.: Stahlbauten, Erläuterungen zu DIN 18 800 Teil 1 bis 4, 1995, Beuth Verlag, Berlin
[8.50] FEM – 9.341; Örtliche Trägerbeanspruchung, Ausgabe D – 10/1983
[8.51] BGV D6 – Unfallverhütungsvorschrift Krane (07.01)
[8.52] Petersen, C.: Stahlbau, Braunschweig/Wiesbaden 1994
[8.53] Petersen, C.: Statik und Stabilität der Baukonstruktionen, Braunschweig/Wiesbaden 1980
[8.54] Seeßelberg, C.: Kranbahnen – Bemessung und konstruktive Gestaltung, Bauwerk Verlag Berlin 2005
[8.57] Schwarze, K.: Bemessung von Stahltrapezprofilen nach DIN 18 807 unter Beachtung der Anpassungsrichtlinien Stahlbau, Bauingenieur 7/8 (1998) 347–356 und IFBS-Info 3.10.
[8.58] Eggert, H.: Stahlbaunormen – angepasst (u. a. DIN 18 807, T 1, 2, 3), Bauingenieur-Praxis, 1999, Verlag Ernst & Sohn
[8.59] Schwarze, K.: Numerische Methoden zur Berechnung von Sandwichelementen; Stahlbau 12 (1984)
[8.60] Jungbluth, O./Berner, K.: Verbund- und Sandwichtragwerke, Springer-Verlag, 1986
[8.61] Wölfel, E.: Nachgiebiger Verbund, Eine Näherungslösung und deren Anwendungsmöglichkeiten, Stahlbau 6 (1987)
[8.62] Berner, K.: Erarbeitung vollständiger Bemessungsunterlagen im Rahmen bautechnischer Zulassungen für Sandwichbauteile, Forschungsvorhaben DIBt, Berlin 1995
[8.63] Berner, K.: Praxisgerechte Nachweise zur Trag- und Gebrauchsfähigkeit von Sandwichbauteilen, Stahlbau 12 (1998)
[8.64] ECCS/CIB: European Recommendations for Sandwich panels, TC 7/W 56, 2001
[8.65] European Recommendations for Sandwich panels with mineral wool core material CIB (Conseil International du Bâtiment pour l'Etude), W 56, Publication 148
[8.66] Losert H.: Zum Tragverhalten der Stähle – St 37 (235) und höherwertige, insbesondere bei Wechselbeanspruchung und starker Kerbwirkung. 40 Jahre Studiengang Stahlbau, FH München.
[8.67] Losert H.: Der Maschinenschaden, Allianz Report für Risiko und Sicherheit 6/92; 3/93; 4/93. Analyse eines ungewöhnlichen Schadensfalles. Übersetzt ins Japanische und Russische.

Zu Kapitel 9 Holzbau

[9.1] Glos, P. u. a.: Konstruktionsvollholz, holzbau handbuch, Reihe 4, Teil 2, Folge 1, Info Holz, 1997

[9.2] Holzbau Kalender 2004, 3. Jahrgang 2004, Bruder Verlag, Karlsruhe, 2004
[9.3] Schulze, H.: Baulicher Holzschutz. holzbau handbuch, Reihe 3, Teil 5, Folge 2, Info Holz, 1997
[9.4] Lewitzki, W./Schulze, H.: Holzschutz, Bauliche Empfehlungen. holzbau handbuch, Reihe 3, Teil 5, Folge 1, Info Holz, 1997
[9.5] Gockel, H.: Konstruktiver Holzschutz, Bauen mit Holz ohne Chemie. Beuth Verlag, Berlin/Werner Verlag, Neuwied, 1996
[9.6] DIBt (Hrsg.): Holzschutzmittelverzeichnis, Schriften des Deutschen Institutes für Bautechnik (DIBt), 52. Aufl, Erich Schmidt Verlag, Berlin, 2004
[9.7] Schulze, H. u. a.: Beuth-Kommentare „Holzschutz", baulich, chemisch, bekämpfend; Erläuterungen zu DIN 68 800-2, -3, -4. Beuth Verlag, Berlin, 1998
[9.8] Steck, G.: Euro-Holzbau Teil 1, Grundlagen, Werner Verlag, Neuwied, 1997
[9.9] Blaß. H. J. u. a.: Erläuterungen zu DIN 1052:2004, DGfH-Innovations- und Service GmbH, München / Bruder Verlag, Karlsruhe, 2004
[9.10] Blaß. H. J. u. a.: Einführung in die Bemessung nach DIN 1052:2004, holzbau-handbuch, Reihe 2, Teil 1, Folge 10, Info Holz, 2004
[9.11] Steck, G.: 100 Holzbau-Beispiele nach DIN 1052:2004, Werner Verlag, 2005
[9.12] Blaß, H. J./Görlacher, R.: Querdrucknachweis nach DIN 1052. Bauen mit Holz 106, Heft 9, S. 38–44, 2004

Zu Kapitel 10 Bauphysik

[10.1] Cziesielski, E.: Bauphysik-Kalender 2002 und Folgejahre, Verlag W. Ernst, Berlin
[10.2] Liersch, K.: Bauphysik kompakt, 2006, Bauwerk Verlag, Berlin
[10.3] Gertis, Schew-Ram: Bauphysikalische Formelsammlung, 2006, Teubner Verlag, Stuttgart
[10.4] Ihle, C.: Erläuterungen zur DIN 4701 mit Wärmedämmung und Wärmeschutzverordnung, 2006, Werner, Neuwied
[10.5] Lohmeyer, G.: Praktische Bauphysik, 5. Aufl. 2005, Teubner Verlag, Stuttgart
[10.6] Lutz/Klopfer/Jenisch/Freymuth/Krampf/Petzold/Stohrer: Lehrbuch der Bauphysik, 5. Aufl. 2002, Teubner Verlag, Stuttgart
[10.7] Hohmann, R./Setzer, M. J./Wehling, M.: Bauphysikalische Formeln und Tabellen, Wärmeschutz – Feuchteschutz – Schallschutz, 4. Aufl. 2004, Werner Verlag, Neuwied
[10.8] Schulz, P.: Schallschutz, Wärmeschutz, Feuchteschutz, Brandschutz, 2002, DVA
[10.9] Arndt/Fasold/Veres: Wärmeschutz und Feuchte in der Praxis/Schallschutz und Raumakustik in der Praxis (2 Bde.), 2003, Verlag für Bauwesen
[10.10] Liersch, K.: EnEV-Praxis, 2005, Bauwerk Verlag, Berlin
[10.11] Cziesielski, E./Göbelsmann, M./Röder, J.: Einführung in die Energieeinsparverordnung, 2002, Verlag W. Ernst, Berlin
[10.12] Fasold, W.: Schallschutz und Raumakustik in der Praxis, 2003, Verlag Bauwesen
[10.13] Locher-Weiß, S.: Rechtliche Probleme des Schallschutzes, 2004, Werner, Neuwied
[10.14] Lotz, A.: Schimmelschäden vermeiden, 2004, IRB Verlag
[10.15] Arendt, C./Seele, J.: Feuchte und Salze in Gebäuden, 2. Aufl. 2001, Verlagsanstalt Alexander Koch
[10.16] Hausladen, G./Saldanke M./Nowak, W.: Einführung in die Bauklimatik, 2003, Verlag W. Ernst, Berlin
[10.17] Veith, J.: Bauakustik, 2. Aufl. 2003, expert Verlag
[10.18] Bock, H.-M./Klement, E.: Brandschutz-Praxis für Architekten und Ingenieure, 2006, Bauwerk Verlag, Berlin
[10.19] Klingsohr, K./Messerer, J.: Vorbeugender baulicher Brandschutz, 7. Aufl. 2005, Kohlhammer, Stuttgart
[10.20] Hass, R./Meyer-Ottens, C./Richter, E.: Stahlbau-Brandschutz-Handbuch. 1994, Verlag W. Ernst, Berlin
[10.21] Hass, R./Meyer-Ottens, C./Quast, U.: Verbundbau-Brandschutz-Handbuch, 1989, Verlag W. Ernst, Berlin
[10.22] Kordina, K./Meyer-Ottens, C.: Beton-Brandschutz-Handbuch, 2. Aufl. 1999, VBT-Verlag, Düsseldorf

[10.23] Kordina, K./Meyer-Ottens, C.: Holz-Brandschutz-Handbuch, 2. Aufl. 1995, Beuth Verlag, Berlin
[10.24] Löbbert, A./Thomas, K.: Brandschutzplanung, 4. Aufl. 2003, Verlag R. Müller
[10.25] Merschbacher, A.: Brandschutz, 2006, Verlagsgesellschaft Rudolf Müller
[10.50] ZDB: Merkblatt „Hinweise für die Ausführung von Abdichtungen im Verbund mit Bekleidungen und Belägen aus Fliesen und Platten für den Innen- und Außenbereich". Ausgabe August 2005 des Zentralverbandes des Deutschen Baugewerbes, Bonn
[10.51] Cziesielski, E./Lufsky, K.: Bauwerksabdichtungen, 5. Aufl. 2001, Teubner Verlag, Stuttgart/Wiesbaden
[10.52] ATV Regelwerk Abwasser-Anfall: Bau und Bemessung von Anlagen zur dezentralen Versickerung von nicht schädlich verunreinigtem Niederschlagswasser. Arbeitsblatt A 138, Januar 1990
[10.53] Muth, W.: Bauwerksdränung. Tagungsband des Instituts für das Bauen mit Kunststoffen (IBK), Nr. 245, 1999
[10.54] Cziesielski, E./Schrepfer, T.: Bauwerke aus wasserundurchlässigem Beton. Jahrbuch Stahlbetonbau aktuell – 2000. Beuth Verlag und Werner Verlag, Berlin/Neuwied
[10.55] Hohmann, R.: Fugenabdichtung bei wasserundurchlässigen Bauwerken aus Beton. Fraunhofer IRB Verlag, Stuttgart, 2005
[10.56] Cziesielski, E./Friedmann, M.: Keller aus wasserundurchlässigem Beton, Die Bautechnik, H.4, 1985
[10.57] Grunewald, J./Häupl. P.: Gekoppelter Feuchte-, Luft-, Salz- und Wärmetransport in porösen Baustoffen. Bauphysik-Kalender 2003, Verlag Ernst & Sohn, Berlin, 2003
[10.58] Springenschmid, R./Beddoe, R.: Feuchtetransport durch Bauteile aus Beton. Beton- und Stahlbetonbau, Heft 4, 1999
[10.59] Edvardsen, C.: Wasserundurchlässigkeit und Selbstheilung von Trennrissen im Beton. Deutscher Ausschuss für Stahlbeton, Heft 455, 1996
[10.60] Klopfer, H.: Wasserundurchlässiger Beton – bauphysikalisch gesehen; in: Ingenieur-Hochbau, Festschrift zum 60. Geburtstag von Erich Cziesielski. Werner Verlag, Neuwied, 1996
[10.61] Lohmeyer, G.: Ausbildung von Bauten aus WU-Beton. Aufsatz in: Lufsky, Bauwerksabdichtung, 5. Auflage, Teubner Verlag, 2001

Zu Kapitel 11 Geotechnik

[11.1] EWB: Empfehlungen Wechselwirkung Baugrund/Bauwerk bei Flachgründungen, Entwurf, 17. Fassung, 2001
[11.2] EAU: Empfehlungen des Arbeitsausschusses Ufereinfassungen, 9. Auflage, 1996, Verlag Ernst & Sohn, Berlin
[11.3] EVB: Empfehlungen Verformungen des Baugrunds, 1993, Verlag Ernst & Sohn, Berlin
[11.4] Hoffmann: Bautechnik 2/1958 S. 59–63
[11.5] Weißenbach, A.: Baugruben, Verlag Ernst & Sohn, Berlin
Teil I: Konstruktion und Bauausführung, 1975
Teil II: Berechnungsgrundlagen, 1985
Teil III: Berechnungsverfahren, 1977
[11.6] EAB: Empfehlungen des Arbeitskreises Baugruben, 3. Aufl. 1994, Verlag Ernst & Sohn, Berlin
[11.7] Grundbautaschenbuch, Hrsg. Smoltczyk, U.: Teil 2, 5. Auflage 1996
[11.8] Grundbautaschenbuch, Hrsg. Smoltczyk, U.: Verlag Ernst & Sohn, Berlin
Teil 1, 6. Auflage 2001
Teil 2, 6. Auflage 2001
Teil 3, 6. Auflage 2001
[11.9] Herth, W./Arndt, E.: Theorie und Praxis der Grundwasserabsenkung, 3. Auflage 1994, Verlag Ernst & Sohn, Berlin
[11.10] Schmidt, H.G./Seitz, J.: Grundbau; in: Betonkalender II/1998, Verlag Ernst & Sohn, Berlin
[11.11] Bartl, U.: Zur Mobilisierung des passiven Erddrucks in kohäsionslosem Boden. Diss. an der TU Dresden, 2004
[11.12] Franke, D.: Erddruck auf Querflügelmauern, Bauplanung – Bautechnik, Berlin, 1981 H. 2, S. 85–88

[11.13] Piakowski, A./Kowalewski, Z.: Application of Thixotropic Clay Suspensions for Stability of Vertical Sides of Deep Trenches without Strutting. Proc. of the Sixth International Conference on Soil Mechanics and Foundation Engineering, Montreal, 1965, Vol. II, S. 526 bis 529; Vol. III, S. 563–564
[11.14] Pregl, O.: Bemessung von Stützbauwerken; in: Handbuch der Geotechnik, Band 16; herausgegeben vom Institut für Geotechnik, Universität für Bodenkultur, Wien, 1990
[11.15] Sokolovski, V.V.: Statics of Granular Media. Pergamon Press, Oxford, 1965
[11.16] Winkler, A.: Ermittlung des Erddrucks im Bruchzustand bei Drehung einer Wand um den Kopfpunkt. Dissertation, TU Dresden, 2001
[11.17] Franke, D.: Beiträge zur praktischen Erddruckberechnung. Habilitationsschrift, TU Dresden, 1982
[11.18] Weißenbach, A./Hettler, A.: Berechnung von Baugrubenwänden nach der neuen DIN 1054, Bautechnik 12/2003 S. 857–874

Zu Kapitel 12 Verkehrswesen

[12.1] Schnabel, W./Lohse, D.: Grundlagen der Straßenverkehrstechnik und Straßenverkehrsplanung, 1997, Verlag für Bauwesen, Berlin
[12.2] Weise, G./Durth, W.: Straßenbau – Planung und Entwurf, 1997, Verlag für Bauwesen, Berlin
[12.3] Natzschka, H.: Straßenbau – Entwurf und Bautechnik, 2003, Verlag Teubner, Stuttgart
[12.4] Hessisches Landesamt für Straßenbau: Grundlagen und Berechnungsverfahren zur verkehrstechnischen Bearbeitung eines Knotenpunktes, Heft 37 der Schriftenreihe des Hessischen Landesamtes für Straßenbau, 1994, Wiesbaden
[12.5] Forschungsgesellschaft für Straßen- und Verkehrswesen: Handbuch für die Bemessung von Straßenverkehrsanlagen (HBS), 2001/2005, FGSV Verlag, Köln
[12.6] Bundesministerium für Verkehr: Schriftenreihe „Forschung Straßenbau und Straßenverkehrstechnik“, Bonn-Bad Godesberg
[12.7] Höfler, F.: Verkehrswesen-Praxis, Band 1 und 2, 2004/2006, Bauwerk Verlag, Berlin
[12.8] Grünig, R./Schuster, F.-O.: ZTV Beton-StB01-Kommentar, 2002, Kirschbaum Verlag, Bonn
[12.9] Straßenbau von A–Z (Loseblattsammlung), Erich Schmidt Verlag, Berlin
[12.10] Der Elsner, Handbuch für Straßen- und Verkehrswesen, Otto Elsner Verlagsgesellschaft, Darmstadt (erscheint jährlich)
[12.11] Wolf, G.: Straßenplanung, 7. Aufl. 2005, Werner Verlag, Neuwied
[12.12] Forschungsgesellschaft für das Straßen- und Verkehrswesen, Forschungsberichte
[12.13] Kaspar, H./Schürba, W./Lorenz, H.: Die Klothoide als Trassierungselement, 6. Aufl. 1985, Ferdinand Dümmlers Verlag, Bonn
[12.14] Krenz, A./Osterloh, H.: Klothoidentaschenbuch für Entwurf und Absteckung, 13. Aufl. 1978, Bauverlag, Wiesbaden
[12.15] Bundesministerium für Verkehr, Beispielesammlung „Planfreie Knotenpunkte“, bearbeitet von der Bundesanstalt für Straßenwesen
[12.16] Richter, D./Heindel, M.: Straßen- und Tiefbau, 2004, Teubner Verlag, Stuttgart
[12.17] Velske, S. /Mentlein, H./Eymann, P.: Straßenbautechnik, 5. Aufl. 2002, Werner Verlag, Neuwied
[12.18] Löther, W.: Straßenbau-Praxis, 2001, Bauwerk Verlag, Berlin
[12.19] Straube, E./Beckedahl, H.: Straßenbau und Straßenerhaltung, 8. Aufl. 2005, Erich Schmidt Verlag, Berlin
[12.20] Bull-Wasser, R. u. a.: ZTV Asphalt-StB01-Kommentar, 2003, Kirschbaum Verlag, Bonn
[12.21] Fiedler, J.: Grundlagen der Bahntechnik, 4., neu bearbeitete Auflage 1998, Werner Verlag, Neuwied
[12.22] Rudath, Taschenbuch für das Entwerfen und Abstecken von Gleisen und Weichen, 1974, Walhalla und Praetoria Verlag, Regensburg
[12.23] Deutsche Bahn AG, Vorschriftenwerke
[12.24] Floss, R.: ZTVE-StB 94-Kommentar, 1997, Kirschbaum Verlag, Bonn
[12.25] Sill, O.: Handbuch für Städtisches Ingenieurwesen, Bände I, II, III, Otto Elsner Verlagsgesellschaft, Darmstadt
[12.26] Straße und Autobahn, Kirschbaum Verlag, Bonn

[12.27] Straßenverkehrstechnik, Kirschbaum Verlag, Bonn
[12.28] Tiefbau, Ingenieurbau, Straßenbau (Zeitschrift), C. Bertelsmann Verlag, Gütersloh
[12.29] Straßen- und Tiefbau (Zeitschrift), Giesel Verlag, Isernhagen
[12.30] Asphalt (Zeitschrift), Giesel Verlag, Isernhagen
[12.31] Der Nahverkehr (Zeitschrift), Alba Fachverlag, Düsseldorf
[12.32] Internationales Verkehrswesen (Zeitschrift), Deutscher Verkehrs-Verlag, Hamburg
[12.33] Baier, R./Ackva, A./Baier, M.: Straßen und Plätze neu gestaltet (Loseblatt-Sammlung), Kirschbaum Verlag, Bonn
[12.34] Hutschenreuther, J./Wörner, Th.: Asphalt im Straßenbau, 1998, Verlag Bauwesen, Berlin
[12.35] Der Eisenbahn-Ingenieur, Tetzlaff Verlag, Hamburg
[12.36] Eisenbahntechnische Rundschau, Hestra-Verlag, Darmstadt
[12.37] DB Fachbuch, Zusammenstellung von Richtlinien für das Entwerfen von Bahnanlagen, Eisenbahn-Fachverlag, Heidelberg/Mainz 1982
[12.38] Fürmetz, R.: Der Gleisplan, 1985, Bauverlag, Wiesbaden
[12.39] Matthews, V.: Bahnbau, 2002, Teubner Verlag, Stuttgart
[12.40] Kolks, W./Fiedler, J.: Verkehrswesen in der kommunalen Praxis, 2003, Erich Schmidt Verlag, Berlin
[12.41] Schönborn, H.-D./Schulte, W.: Kommentar zu den RSA, Bd. 1 und 2, 2003, Kirschbaum Verlag, Bonn
[12.42] Kuczora, V.: Straßenentwurf mit CARD/1, 2004, Teubner Verlag, Stuttgart
[12.43] Wiehler, H.-G. u. a.: Straßenbau – Konstruktion und Ausführung, 3. Aufl. 1995, Verlag für Bauwesen, Berlin
[12.44] Steierwald, G./Künne, H.-D.: Stadtverkehrsplanung, 1994, Springer-Verlag, Berlin
[12.45] Darr, E./Fiebig, W.: Feste Fahrbahn: Konstruktion, Bauarten, Systemvergleich Feste Fahrbahn – Schotteroberbau, 1999, Tetzlaff Verlag, Hamburg
[12.46] Lichtberger, B.: Handbuch Gleis – Unterbau, Oberbau, Instandhaltung, Wirtschaftlichkeit, 2. Aufl. 2004, Tetzlaff Verlag/Hestra-Verlag, Hamburg
[12.47] Wittenberg, K.-D./Heinrichs, H.-P./Mittmann, W.: Kommentar zur Eisenbahn-Bau- und Betriebsordnung (EBO), 2004, Tetzlaff Verlag/Hestra-Verlag, Hamburg
[12.48] Freystein, H./Munke, M./Schollmeier, P.: Handbuch Entwerfen von Bahnanlagen, 2005, Eurailpress Tetzlaff-Hestra Verlag, Hamburg

Zu Kapitel 13 A Wasserbau und Wasserwirtschaft

[13.1] Taschenbuch der Wasserwirtschaft, 8. Aufl. 2003, Verlag Paul Parey, Hamburg/Berlin
[13.2] Herth, W./Arndt, E.: Theorie und Praxis der Grundwasserabsenkung, 3. Aufl. 1994, Verlag Ernst & Sohn, Berlin
[13.3] Deutscher Verband für Wasserwirtschaft und Kulturbau (DVWK): Feststofftransport in Fließgewässern – Berechnungsverfahren für die Ingenieurpraxis, DVWK-Schriften Nr. 87, 1988, Verlag Paul Parey, Hamburg und Berlin
[13.4] Schröder, R. C. M.: Technische Hydraulik, 1994, Springer-Verlag, Berlin/New York
[13.5] Graf, W. H.: Hydraulics of Sediment Transport, 1971, McGraw-Hill Comp., New York
[13.6] Lange, G./Lecher, K.: Gewässerregelung, Gewässerpflege – Naturnaher Ausbau und Unterhaltung von Fließgewässern, 2. Aufl. 1989, Verlag Paul Parey, Hamburg und Berlin
[13.7] Press, H./Schröder, R.: Hydromechanik im Wasserbau, 1966, Verlag Ernst & Sohn, Berlin
[13.8] Press, H./Bretschneider, H.: Hilfstafeln zur Lösung wasserwirtschaftlicher und wasserbaulicher Aufgaben, 11. Aufl. 1981, Verlag Paul Parey, Berlin
[13.9] Schröder, R.: Strömungsberechnung im Bauwesen, Teil I: Stationäre Strömungen, in: Bauingenieur-Praxis, Heft 121/1968, Verlag Ernst & Sohn, Berlin
[13.10] Schröder, W. (Hrsg.): Grundlagen des Wasserbaus, 4. Aufl. 1999, Werner Verlag, Neuwied
[13.11] Wersche, A. H.: Hilfstafeln zur Ermittlung des Brückenstaues und Bemessung von Maulprofilen aus gewellten Stahlblechen, 1968, Verlag Paul Parey, Berlin
[13.12] Naudascher, E.: Hydraulik der Gerinne und Gerinnebauwerke, 1992, Springer-Verlag, Wien
[13.13] Preissler, G., und Bollrich, G.: Technische Hydromechanik Bd. 1, 3. Aufl. 1992, Verlag für Bauwesen, Berlin/München
[13.14] Bollrich, G., u. a.: Technische Hydromechanik Bd. 2, 1989, VEB Verlag für Bauwesen, Berlin

[13.15] Kaczynski, J.: Stauanlagen – Wasserkraftanlagen, 2. Aufl. 1994, Werner Verlag, Neuwied
[13.16] Schröder, W./Römisch, K.: Gewässerregelung – Binnenverkehrswasserbau, 2001, Werner Verlag, Neuwied
[13.17] Lattermann, E.: Wasserbau in Beispielen, 1997, Werner Verlag, Neuwied
[13.18] LAWA: Länderarbeitsgemeinschaft Wasser; Leitlinien zur Durchführung von dynamischen Kostenvergleichsrechnungen (KVR-Leitlinien); LAWA-Unterausschuss Wirtschaftlichkeitsfragen in der Wasserwirtschaft/KVR-Leitlinie; München 2005
[13.19] Wasserwirtschaftsverband Baden-Württemberg (WBW) (Hrsg.): Leitfaden für den Betrieb von Kleinwasserkraftanlagen, 2. Auflage, 1994
[13.20] Giesecke J./Mosonyi, E.: Wasserkraftanlagen – Planung, Bau und Betrieb, 2. Auflage, 1998, Springer Verlag
[13.21] Zanke, U.C.E.: Hydromechanik der Gerinne und Küstengewässer, 2002, Parey Buchverlag, Berlin
[13.22] DVWK Regeln 120/1983
[13.23] DVWK Merkblätter 251/1999
[13.24] Maniak, U. (1997): Hydrologie und Wasserwirtschaft, 4. Auflage, Springer Verlag Berlin
[13.25] Plate, E (1993): Statistik und angewandte Wahrscheinlichkeitslehre für Bauingenieure. Verlag Ernst & Sohn, Berlin
[13.26] David, I. (2002): Grundwasserhydraulik. Vieweg Verlag
[13.27] Deutscher Verband für Wasserwirtschaft und Kulturtechnik DVWK (1999): Numerische Modelle von Flüssen, Seen und Küstengewässern. Schriften 127, Bonn
[13.28] Deutsche Vereinigung für Wasserwirtschaft, Abwasser und Abfall DWA (2002): Feststofftransportmodelle für Fließgewässer, Nr. 10., Hennef
[13.29] Forkel, C. (2004): Numerische Modelle für die Wasserbaupraxis: Grundlagen, Anwendungen, Qualitätsaspekte. RWTH Aachen, Institut für Wasserbau und Wasserwirtschaft, Heft 130
[13.30] Mewis, P. (2002): Simulation von Strömungen. In: Zanke, U.C.E.: Hydromechanik der Gerinne und Küstengewässer. Parey Verlag, Berlin
[13.31] Rausch, R./Schäfer, W./Wagner, C. (2002): Einführung in die Transportmodellierung im Grundwasser. Gebr. Bomtraeger Verlagsbuchhandlung, Stuttgart

Zu Kapitel 13 B/C/D Siedlungswasserwirtschaft

[13.42] ATV-Handbuch, Planung der Kanalisation, 4. Aufl. 1994, Verlag Ernst & Sohn, Berlin
[13.43] ATV-Handbuch, Bau und Betrieb der Kanalisation, 4. Aufl. 1995, Verlag Ernst & Sohn, Berlin
[13.44] itwh, DWD, FH Höxter: KOSTRA DWD 2000 Programm Version 2.01
[13.50] Mutschmann, J./Stimmelmayr, F.: Taschenbuch der Wasserversorgung, 13. Aufl. 2002, Vieweg Verlag, Wiesbaden
[13.51] Karger, R./Cord-Landwehr, K./Hoffmann, F.: Wasserversorgung, 12. Auflage, Teubner Verlag, Stuttgart, 2005
[13.52] Bieske, E.: Bohrbrunnen, 8. Aufl. 1998, Verlag R. Oldenbourg, München
[13.53] Grombach, P./Haberer, K./Trueb, F.: Handbuch der Wasserversorgungstechnik, 3. Aufl. 2000, Verlag R. Oldenbourg, München
[13.54] Pistohl: Handbuch der Gebäudetechnik Band 1, 5. Auflage, Werner Verlag, Neuwied, 2004
[13.55] Trinkwasserverordnung: siehe: http://bundesrecht.juris.de/bundesrecht/trinkwv_2001/
[13.55.1] Stein, D.: Instandhaltung von Kanalisationen, 3. Aufl. 1999, Ernst & Sohn, Berlin
[13.56] Wagner, V.: Beulnachweis bei der Sanierung von nichtbegehbaren, undichten Abwasserkanälen mit dem Schlauchverfahren. Diss. TU Berlin 1992
[13.57] Falter, B.: Praktische Vorgehensweise beim Standsicherheitsnachweis für Linersysteme in Abwasserkanälen. TIS H. 9 (1994), S. 13
[13.58] Falter, B.: Neue Aspekte bei der statischen Berechnung von Linern für die Kanalrenovierung. WasserAbwasserPraxis, H. 1 (1999), S. 24
[13.59] Lenz, J. (Hrsg.): Renovierung von Abwasserkanälen durch Lining, 2. Aufl. 2000, Vulkan-Verlag, Essen
[13.60] Anhang 1 der Verordnung über Anforderungen an das Einleiten von Abwasser in Gewässer (Abwasserverordnung – AbwV) vom 21. März 1997 (BGBl I, S. 566)

[13.61] Imhoff, K. u. K. R.: Taschenbuch der Stadtentwässerung, 29. Auflage, Oldenbourg Verlag, München 1999

[13.63] Leonhardt, G.: Einige Bemerkungen zum statischen und bodenmechanischen Konzept des ATV-Arbeitsblattes A 127. Korrespondenz Abwasser 31 (1984) 528

[13.64] Hornung, K.; Kittel, D.: Statik erdüberdeckter Rohre. Bauverlag Wiesbaden und Berlin 1989

[13.65] Arbeitsbericht der ATV-Arbeitsgruppe 1.5.5: Berechnungsansätze für die Rohrbelastung im Graben mit gespundetem Verbau. Korrespondenz Abwasser 44 (1997) 2233

[13.66] Kunststoffrohr Handbuch. Rohrleitungssysteme für die Ver- und Entsorgung sowie weitere Anwendungsgebiete (Hrsg.): Kunststoffrohrverband e.V. Bonn, 4. Aufl. 2000, Vulkan-Verlag, Essen

[13.67] Falter, B.: Standsicherheit von erdgebetteten Rohrleitungen. Kommentar zum ATV-DVWK-A 1. Hennef, GFA, 2004

[13.68] Pistohl, W.: Handbuch der Gebäudetechnik Band 1, 5. Auflage, Werner Verlag, Neuwied

[13.69] Richter, H.W. (Hrsg.): Instandsetzung von Rohrleitungen, Bd. 1: Rehabilitation von Druckrohrleitungen; Bd. 2: Sanierung von Abwasserleitungen und -kanälen, Vulkan-Verlag, Essen, 2004/2006

[13.75] Gesetz zur Ordnung des Wasserhaushalts (Wasserhaushaltsgesetz – WHG) vom 19.8.2002; BGBl. I vom 23.8.2002, S. 3245; zuletzt geändert 25.6.2005; BGBl. I, S. 1746

[13.76] Verordnung über die Qualität von Trinkwasser für den menschlichen Gebrauch (Trinkwasserverordnung – TrinkwV 2001) vom 21.05.2001; BGBl. I vom 28.5. 2001, S. 959; zuletzt geändert 25.11.2003; BGBl. I, S. 2304

[13.77] DVGW Deutscher Verein des Gas- und Wasserfaches e. V.: Eignung von Wasser aus Fließgewässern als Rohstoff für die Trinkwasserversorgung; DVGW-Merkblatt W 251; 1996

[13.78] Deutsche Vereinigung für Wasserwirtschaft, Abwasser und Abfall DWA: Indirekteinleitung nicht häuslichen Abwassers; Merkblatt DWA-M 115; November 2004

[13.79] Verordnung zur Umsetzung der Richtlinie 80/68/EWG des Rates vom 17. Dez. 1979 über den Schutz des Grundwassers gegen Verschmutzung durch bestimmte gefährliche Stoffe (Grundwasserverordnung – GrwV) vom 18.3.1997; BGBl. I, S. 544

[13.80] Gesetz zum Schutz vor schädlichen Bodenveränderungen und zur Sanierung von Altlasten (G. zum Schutz des Bodens, Bundes-Bodenschutzgesetz – BBodSchG) vom 17.03.1998; BGBl. I, vom 24.3.1998, S. 502; gilt seit l. März 1999; zuletzt geändert 9.12.2004; BGBl. I, S. 3214

[13.81] Bundesbodenschutz- und Altlastenverordnung (BBodSchV) vom 12.7.1999; BGBl. I vom 16.7.1999, S. 1554; zuletzt geändert 23.12.2004; BGBl. I, S. 3758

[13.82] Gesetz zur Förderung der Kreislaufwirtschaft und Sicherung der umweltverträglichen Beseitigung von Abfällen (Kreislaufwirtschafts- und Abfallgesetz – KrW-/AbfG) vom 27.9.1994; BGBl. I, S. 2705; gilt seit 6.10.1996; zuletzt geändert l.9.2005; BGBL. I, S. 2618

[13.83] Verordnung über das Europäische Abfallverzeichnis (Abfallverzeichnis-Verordnung – AVV) vom 10.12.2001; BGBl. I, S. 3379; gilt seit 1.1.2002; zuletzt geändert 24.7.2002; I, S.2833

[13.84] Verordnung über Verwertungs- und Beseitigungsnachweise (Nachweisverordnung – NachweisV) vom 10.09.1996; BGBl. I, S. 2705; zuletzt geändert 15.8.2002; BGBl. I, S. 3302

[13.85] Verordnung zur Bestimmung von überwachungsbedürftigen Abfällen zur Verwertung (BestüVAbfV) vom 10.09.1996; BGBl. I, S.1377; zuletzt geändert 2001; BGBl. I, S. 3379

[13.86] Verordnung zur Bestimmung von besonders überwachungsbedürftigen Abfällen (BestbüAbfV) vom 10.09.1996; BGBl. I, S. 1366; zuletzt geändert 1998; BGBl. I, S. 3956

[13.87] Länderarbeitsgemeinschaft Abfall (LAGA), Mitteilung 20: Anforderungen an die stoffliche Verwertung von mineralischen Reststoffen/Abfällen vom November 2003; enthält die noch gültigen Technischen Regeln (u.a. Zuordnungswerte) vom 6.11.1997

[13.88] Richtlinie 2000/60/EG des Europäischen Parlaments und des Rates vom 23. Oktober 2000 zur Schaffung eines Ordnungsrahmens für Maßnahmen der Gemeinschaft im Bereich der Wasserpolitik (Wasserrahmenrichtlinie – WRRL); ABI. Nr. L 327 vom 22.12.2000 S. 1; zuletzt geändert durch Beitrittsakte 2003

Zu Kapitel 14 A Bauvermessung

[14.1] Bauer, M.: Vermessung und Ortung mit Satelliten, 5. Auflage 2003, Wichmann-Verlag, Heidelberg

[14.2] Deumlich, F./Staiger, R.: Instrumentenkunde der Vermessungstechnik, 9. Auflage 2002, Wichmann-Verlag, Heidelberg

[14.3] Gelhaus, R./Kolouch, D. †: Vermessungskunde für Architekten und Bauingenieure, 2. Auflage 1997, Werner Verlag, Neuwied

[14.4] Hennecke, F./Meckenstock, H. J./Pollmer, G.: Vermessung im Bauwesen, 11. Auflage 1996, Dümmlers Verlag, Bonn

[14.5] Kahmen, H.: Vermessungskunde, 20. Auflage 2005, de Gruyter-Verlag, Berlin/New York

[14.6] Matthews, V.: Vermessungskunde,
Teil 1, 29. Auflage 2003
Teil 2, 17. Auflage 1997, Teubner Verlag, Wiesbaden

[14.7] Möser/Müller/Schlemmer/Werner (Hrsg.): Handbuch Ingenieurgeodäsie (8 Einzelbände), Auflagen 2000 bis 2006, Wichmann-Verlag, Heidelberg

[14.8] Scherer, M.: Vermessungswesen Multimedial, 2. Auflage 1998, Wichmann-Verlag, Heidelberg

[14.9] Witte, B./Schmidt. H.: Vermessungskunde und Grundlagen der Statistik für das Bauwesen, 5. Auflage 2004, Wittwer-Verlag, Stuttgart

Zu Kapitel 14 B Bauzeichnungen

[14.10] Darstellungs- und Vervielfältigungstechniken für Projektplanung und Projektdokumentation; Schriftenreihe des Bundesministers für Raumordnung, Bauwesen und Städtebau, 1983

[14.12] Empfehlungen zur Standardisierung von Bauzeichnungen; Forschungsauftrag des Bundesministers für Raumordnung, Bauwesen und Städtebau, 1983

[14.13] Bertig, R.: Räumliche Darstellungsmethoden nach DIN, Bericht zum Stand der Normung; in: Mitteilungen der Fachbereiche Architektur/Städtebau und Bauingenieurwesen der Universität GH Siegen, Heft 5, 1986

[14.14] Bertig, R.: Zeichnerische Darstellungen – Regeln nach DIN und ISO-Normen; in: das bauzentrum, Fachzeitschrift für Architekten und Bauingenieure, Heft 2, 1992

[14.16] Bundesgesetzblatt Teil I und Anlageband v. 22. 1. 1991, S. 58 ff.
Verordnung über die Ausarbeitung der Bauleitpläne und die Darstellung des Planinhaltes (Planzeichenverordnung – PlanzV 90 (12.90))

Zu Kapitel 15 Verzeichnisse

[15.1] Vereinigung der Prüfingenieure in Rheinland-Pfalz e. V.: Form und Inhalt statischer Unterlagen; Merkblätter Teile A und B, September 1985. Geschäftsstelle: 55543 Bad Kreuznach

[15.2] Dames, K.-H.: Rohbauzeichnungen, Bewehrungszeichnungen, Bauverlag Wiesbaden und Berlin, 1997

[15.3] Cziesielski, E.: Gebäudedehnfugen; in: Lehrbuch der Hochbaukonstruktionen, 3. Aufl., Teubner Verlag, Stuttgart 1997

[15.4] Bundesvereinigung der Prüfingenieure: Ri-EDV-AP-2001 (Richtlinie für das Aufstellen und Prüfen EDV-unterstützter Standsicherheitsnachweise, vpi, Ferdinandstr. 38–40, 20095 Hamburg, April 2001

4 Wichtige Adressen für das Bauwesen*)

Allgemein

Bundesarchitektenkammer, 10963 Berlin, Askanischer Platz 4, Tel.: 0 30/26 39 44-0, Fax: 0 30/ 26 39 44-90, E-Mail: info@bak.de

Bundesingenieurkammer, 10969 Berlin, Kochstraße 22, Tel.: 0 30/25 34-29 00, Fax: 0 30/25 34-29 03, E-Mail: info@bingk.de

Bundesverband der Prüfingenieure, Ferdinandstr. 47, 20095 Hamburg, Tel.: 0 40/3 03 79 50-0, Fax: 0 40/35 35 65, E-Mail: info@bvpi.de

DiBt Deutsches Institut für Bautechnik, 10829 Berlin, Kolonnenstr. 30, Tel.: 0 30/78 73 00, Fax: 0 30/ 78 73 03 20, E-Mail: info@dibt.de

DIN Deutsches Institut für Normung, 10787 Berlin, Burggrafenstraße 6, Tel.: 0 30/26 01-0, Fax: 0 30/ 26 01 12 31

Hauptverband der Deutschen Bauindustrie, 10785 Berlin, Kurfürstenstraße 129, Tel.: 0 30/2 12 86-0, Fax: 0 30/21 28 62 40, E-Mail: bauind@bauindustrie.de

Normenausschuss Bauwesen im DIN (NABau), 10787 Berlin, Burggrafenstr. 6, Tel.: 0 30/26 01-25 03, Fax: 0 30/26 01-11 80

Zentralverband Deutsches Baugewerbe, Kronenstraße 55–58, 10117 Berlin, Tel.: 0 30/2 03 14-0, Fax: 0 30/2 03 14-420, E-Mail: Bau@zdb.de

Bundesminister für Verkehr, Bau- und Wohnungswesen, 10115 Berlin, Invalidenstraße 44, Tel.: 0 30/20 08-0, Fax: 0 30/20 08-19 20

Informationszentrum Raum und Bau der Fraunhofer-Gesellschaft, 70569 Stuttgart, Nobelstraße 12, Tel.: 07 11/9 70 25 00, Fax: 07 11/9 70 25 08

Zu Kapitel 1 B Bauprozessmanagement

Gesellschaft für Immobilienwirtschaftliche Forschung e. V., 65185 Wiesbaden, Wilhelmstraße 12, Tel.: 06 11/33 44 970, Fax: 06 11/33 44 975, E-Mail: info@gif-ev.de

DVP Deutscher Verband der Projektmanager in der Bau- und Immobilienwirtschaft e. V., 10787 Berlin, Landgrafenstraße 14, Tel.: 0 30/25 12 21 86, Fax: 0 30/25 12 21 89, E-Mail: info@dvpev.de

agenda4-eCommunity e. V. c/o DV – Gesellschaft des Deutschen Verbandes für Wohnungswesen, Städtebau und Raumordnung mbH, 10117 Berlin, Georgenstraße 21, Tel.: 0 30/20 64 16 90, Fax: 0 30/20 64 16 91, E-Mail: info@deutscher-verband.org

Zu Kapitel 5 Beton-, Stahlbeton- und Spannbetonbau

Bundesverband der Deutschen Kies- und Sandindustrie e. V., Düsseldorfer Str. 50, 47051 Duisburg, Tel.: 02 03/99 23 90, Fax: 02 03/9 92 39 97 bzw. 98

Bundesverband der Deutschen Transportbetonindustrie e. V., Düsseldorfer Straße 50, 47051 Duisburg, Tel.: 02 03/99 23 90, Fax: 02 03/9 92 39 97

Bundesverband der Deutschen Zementindustrie e. V., Tannenstraße 2, 40401 Düsseldorf, Tel.: 02 11/43 69 26-0, Fax: 02 11/43 69 26-700

Bundesverband Deutsche Beton- und Fertigteilindustrie e. V., Schlossallee 10, 53179 Bonn, Tel.: 02 28/9 54 56-0, Fax: 02 28/9 54 56-90

Bundesverband Estrich und Belag e. V., Industriestr. 19, 53842 Troisdorf, Tel.: 0 22 41/4 20 41, Fax: 0 22 41/40 42 95

Bundesverband Kraftwerksnebenprodukte e. V., Niederkasseler Kirchweg 97, 40547 Düsseldorf, Tel.: 02 11/57 91 95, Fax: 02 11/57 95 24

Deutscher Ausschuss für Stahlbeton, im DIN Deutsches Institut für Normung, Burggrafenstr. 6, 10787 Berlin, Tel.: 0 30/26 01 20 39, Fax: 0 30/26 01 17 23

---

*) Adressen der obersten Baubehörden s. S. 7.77.

Deutscher Beton- und Bautechnik-Verein e. V., Kurfürstenstr. 129, 10785 Berlin, Tel.: 0 30/ 2 36 09 60, Fax: 0 30/23 60 96 23

Fachverband Betonstahlmatten, Kaiserswerther Str. 137, 40474 Düsseldorf, Tel.: 02 11/4 56 42 56, Fax: 02 11/4 56 42 18

Verein Deutscher Zementwerke e. V., Tannenstraße 2, 40476 Düsseldorf, Tel.: 02 11/4 57 81, Fax: 02 11/4 57 82 96

Zu Kapitel 6 Bauwerkserhaltung

Deutsches Institut für Bautechnik, 10829 Berlin, Kolonnenstraße 30, Tel. 0 30/78 73 00, Fax: 0 30/78 73 03 20, E-Mail: info@dibt.de

Deutscher Ausschuss für Stahlbeton (DAfStb), im DIN Deutsches Institut für Normung e. V., Burggrafenstraße 6, 10787 Berlin, Tel.: 0 30/26 01 20 39, Fax: 0 30/26 01 17 23, E-Mail: dafstb@din.de

Deutscher Beton- und Bautechnik-Verein e. V. (DBV), Kurfürstenstraße 129, 10785 Berlin, Tel.: 0 30/23 60 96-0, Fax: 0 30/23 60 96-23, E-Mail: info@betonverein.de

(EOTA) European Organisation for Technical Approvals, Kunstlaan 40 Avenue des Arts, 1040 Brüssel (Belgien), Tel.: 00 32/25 02/69 00, Fax: 00 32/25 02/38 14, E-Mail: info@eota.be

Zu Kapitel 7 A Mauerwerksbau

Bundesverband der Deutschen Kalkindustrie e. V., Annastr. 67–71, 50968 Köln, Tel.: 02 21/ 93 46 74-0, Fax: 02 21/93 46 74-10 bzw. 14, E-Mail: info@kalk.de

Bundesverband der Deutschen Ziegelindustrie e. V., Schaumburg-Lippe-Str. 4, 53133 Bonn, Tel.: 02 28/9 14 93-0, Fax: 02 28/9 14 93-28, E-Mail: info@ziegel.de

Bundesverband Kalksandsteinindustrie e. V., Entenfangweg 15, 30419 Hannover, Tel.: 05 11/ 2 79 54-0, Fax: 05 11/2 79 54-54, E-Mail: info@kalksandstein.de

Bundesverband Porenbetonindustrie e. V., Entenfangweg 15, 30419 Hannover, Tel.: 05 11/39 08 97-7, Fax: 05 11/39 08 97-90, E-Mail: info@bv-porenbeton.de

Deutsche Gesellschaft für Mauerwerksbau e. V., Kochstraße 6–7, 10969 Berlin, Tel.: 0 30/25 35 96-40, Fax: 0 30/25 35 96-45, E-Mail: mail@dgfm.de

Fachvereinigung Leichtbeton e. V., Sandkauler Weg 1, 56564 Neuwied, Tel.: 0 26 31/3 55 55-0, Fax: 0 26 31/3 13 36, E-Mail: info@leichtbeton.de

Industrieverband Werkmörtel e. V., Düsseldorfer Straße 50, 47051 Duisburg, Tel.: 02 03/9 92 39, Fax: 02 03/9 92 39-90, E-Mail: info@iwm-ev.de

Zu Kapitel 7 B Glasbau

Bundesverband Flachglas e. V., Mühlheimer Str. 1, 53840 Troisdorf, Tel.: 0 22 41/8 72 70, Fax: 0 22 41/87 27 10

Bundesverband Glasindustrie e. V., Am Bonneshof 5, 40474 Düsseldorf, Tel.: 02 11/4 79 61 34, Fax: 02 11/9 51 37 51

Bundesinnungsverband des Glaserhandwerkes (BIV), An der Glasfachschule, 65589 Hadamar, Tel.: 0 64 33/9 13 30, Fax: 0 64 33/57 02

Deutscher Stahlbauverband DTSV, Abeitsgemeinschaft Stahl und Glas, Sohnstraße 65, 40237 Düsseldorf, Tel.: 02 11/6 70 78 00, Fax: 02 11/6 70 78 20

FMPA Baden-Württemberg, Pfaffenwaldring 4, 70569 Stuttgart, Tel.: 07 11/6 85 33 23, Fax: 07 11/ 6 85 68 20

Gütegemeinschaft Mehrscheiben-Isolierglas e. V., Mühlheimer Str. 1, 53840 Troisdorf, Tel.: 0 22 41/ 87 27 30, Fax: 0 22 41/87 27 10

Institut für Fenstertechnik e. V., Theodor-Grietl-Str. 7–9, 83026 Rosenheim, Tel.: 0 80 31/26 10, Fax: 0 80 31/26 12 90

LMPA Sachsen-Anhalt, Große Steinernetischstr. 4, 39104 Magdeburg, Tel.: 03 91/5 69 20, Fax: 03 91/56 92 11

Materialprüfungsamt des Landes Brandenburg, Müggelseedamm 109, 12587 Berlin, Tel.: 0 30/ 64 18 60, Fax: 0 30/64 18 61 77

Materialprüfanstalt für das Bauwesen Hannover, Schönebecker Allee 2, 30823 Garbsen, Tel.: 05 11/ 762 43 62, Fax: 05 11/7 62 30 02

MFPA Leipzig, Hans-Weigel-Str. 2b, 04319 Leipzig, Tel.: 03 41/8 44 92 30, Fax: 03 41/84 49 23 99

MPA Nordrhein-Westfalen, Marsbruchstr. 186, 44287 Dortmund, Tel.: 02 31/4 50 20, Fax: 02 31/ 45 85 49

MPA Darmstadt, Grafenstr. 2, 64283 Darmstadt, Tel.: 0 61 51/16 23 51, Fax: 0 61 51/16 61 18

Zu Kapitel 8 Stahlbau

Bauen mit Stahl e. V., Sohnstr. 65, 40237 Düsseldorf, Tel.: 02 11/67 07-8 28, Fax: 02 11/ 67 07 8 29

Deutscher Ausschuss für Stahlbau, Sohnstr. 65, 40237 Düsseldorf, Tel.: 02 11/67 07-80, Fax: 02 11/ 67 07-820

Deutscher Stahlbau-Verband, Sohnstr. 65, 40237 Düsseldorf, Tel.: 02 11/6 70 78-00, Fax: 02 11/ 6 70 78-20

Deutscher Verband für Schweißen und verwandte Verfahren e. V., Aachener Str. 172, 40223 Düsseldorf, Tel.: 02 11/1 59 10, Fax: 02 11/1 59 12 00

Industrieverband für Bausysteme im Metallleichtbau e. V. (IFBS), Max-Planck-Str. 4, 40237 Düsseldorf, Tel.: 02 11/91 42 70, Fax: 02 11/67 20 34

Informationsstelle Edelstahl Rostfrei, Postfach 10 22 05, 40013 Düsseldorf, Tel.: 02 11/67 07-0, Fax: 02 11/67 07-3 44

Institut Feuerverzinken GmbH, Sohnstr. 70, 40237 Düsseldorf, Tel.: 02 11/69 07 65-0, Fax: 02 11/ 68 95 99

Institut für Sandwichtechnik – Mainz, FH Mainz (iS-mainz), Holzstraße 36, 55116 Mainz, Tel.: 0 61 31/ 2 85 93 14, Fax: 0 61 31/2 85 93 50

Stahl-Informations-Zentrum, Sohnstraße 65, 40237 Düsseldorf, Tel.: 02 11/67 07-8 46, Fax: 02 11/ 67 07-3 44

Zu Kapitel 9 Holzbau

Bund Deutscher Zimmermeister im Zentralverband Deutsches Baugewerbe e. V., Kronenstraße 55–58, 10117 Berlin, Tel.: 0 30/2 03 14-5 36, Fax: 0 30/2 03 14-5 60, www.bdz-holzbau.de

Deutsche Bauchemie e. V., Karlstraße 21, 60329 Frankfurt am Main, Tel.: 0 69/25 56-0, Fax: 0 69/ 25 16 09, www.deutsche-bauchemie.de

Deutsche Gesellschaft für Holzforschung e. V. (DGfH), Bayerstr. 57–59, 80335 München, Tel.: 0 89/ 51 61 70-0, Fax: 0 89/53 16 57, Postfach 31 01 31, 80102 München, www.dgfh.de

Gütegemeinschaft Nagelplatten e. V./Interessenverband Nagelplatten e. V., Gartenstraße 6, 37181 Hardeysen, Tel.: 01805 44 66 75, Fax: 0 55 05/50 98 61, www.nagelplatten.de

Holzabsatzfonds, Godesberger Allee 142–148, 53175 Bonn, Tel.: 02 28/3 08 38-0, Fax: 02 28/ 3 08 38-30, www.infoholz.de

Studiengemeinschaft Holzleimbau e. V., Gütegemeinschaft Holzleimbau e. V., Elfriede-Stremmel-Straße 69, 42369 Wuppertal, Tel.: 02 02/9 78 35 81, Fax: 02 02/9 78 35 79, www.brettschichtholz.de

Qualitätsgemeinschaft Holzbau und Ausbau e. V., Kronenstraße 55–58, 10117 Berlin, Tel.: 0 30/ 2 03 14-5 71, Fax: 0 30/2 03 14-5 61, www.qha.de

Zu Kapitel 10 Bauphysik

AIBau – Aachener Institut für Bauschadensforschung und angewandte Bauphysik gemeinnützige Gesellschaft mbH, 52072 Aachen, Theresienstr. 19, Tel.: 02 41/9 10 50 70, Fax: 02 41/9 10 50 720

Bundesarbeitskreis Altbauerneuerung (BAKA), 13187 Berlin, Elisabethweg 10, Tel: 0 30/4 84 90 78 55, Fax: 0 30/4 84 90 78 99

Bundesfachabteilung Bauwerksabdichtung im Hauptverband der Deutschen Bauindustrie, 10785 Berlin, Kurfürstenstr. 129, Tel.: 0 30/21 28 62 59, Fax: 0 30/21 28 62 50

Bundesministerium für Verkehr, Bau und Stadtentwicklung, 53175 Bonn, Robert-Schumann-Platz 1, Tel.: 0 18 88/3 00-0, Fax: 01 88 80/3 00-34 28

Bundesverband der Gipsindustrie, 64295 Darmstadt, Birkenweg 13, Tel.: 0 61 51/3 66 82-0

Bundesverband Glasindustrie und Mineralfaserindustrie, 40474 Düsseldorf, Am Bonneshof 5, Tel.: 02 11/47 96-1 34, Fax: 02 11/9 51 37 51

Bundesverband Porenbetonindustrie e. V., Entenfangweg 15, 30419 Hannover, Tel.: 05 11/3 90 89 77, Fax: 05 11/39 08 97 90

Bundesverband Rollladen + Sonnenschutz, 53177 Bonn, Hopmannstr. 2, Tel.: 02 28/95 21 000, Fax: 02 28/32 80 99

Deutscher Wetterdienst, Zentralamt, 63067 Offenbach, Kaiserleistraße, Tel.: 0 69/8 06 20, Fax: 0 69/8 06 22 44 84

Gesamtverband Dämmstoffindustrie GDI, 60386 Frankfurt, Ferdinand-Porsche-Str. 116, Tel.: 0 69/ 40 89 39 95, Fax: 0 69/40 14 37 22

Industrieverband Hartschaum, 69123 Heidelberg, Kurpfalzring 100a, Tel.: 0 62 21/77 60 71, Fax: 0 62 21/77 51 06

Institut für Sachverständigenwesen, 50672 Köln, Hohenzollernring 85–87, Tel.: 02 21/91 27-71 12, Fax: 02 21/ 91 27-71 99

Verband der Fenster- und Fassadenhersteller, 60594 Frankfurt, Walter-Kolb-Straße 1–7, Tel.: 0 69/ 9 55 05 40, Fax: 0 69/95 50 54 11

Vereinigung zur Förderung des Deutschen Brandschutzes, 48341 Altenberge, Theodor-Heuss-Str. 14, Tel.: 0 25 05/24 68

Zentralverband des Deutschen Dachdeckerhandwerks, Fachverband Dach-, Wand- und Abdichtungstechnik, 50968 Köln, Fritz-Reuter-Str. 1, Tel.: 02 21/ 39 80 38-0, Fax: 39 80 38-99

Zu Kapitel 11 Geotechnik

Bundesausschuss Leistungslohn Bau-Fachgruppe Erdbau, Abraham-Lincoln-Str. 30, 65189 Wiesbaden, Tel.: 06 11/9 70 25 00, Fax: 06 11/7 72 40

Deutsche Gesellschaft für Geotechnik e. V., Hohenzollernstraße 52, 45128 Essen, Tel.: 02 01/ 78 27 23, Fax: 02 01/78 27 43

Tiefbau-Berufsgenossenschaft, Technischer Aufsichtsdienst, Am Knie 6, 81241 München, Tel.: 0 89/ 88 97-5 00, Fax: 0 89/88 97-4 94

Zu Kapitel 12 Verkehrswesen

Arbeitsgemeinschaft der Bitumen-Industrie, ARBIT, Steindamm 55, 20099 Hamburg, Tel.: 0 40/ 2 80 29 39, Fax: 0 40/2 80 21 25

Asphalt + Bitumen Beratung c/o KOOB Agentur für Public Relations, Solinger Str. 13, 45481 Mühlheim a. d. Ruhr, Tel.: 02 08/46 96-0, Fax: 02 08/46 96-1 00

Bundesanstalt für Straßenwesen, Brüderstr. 53, 51427 Bergisch Gladbach, Tel.: 0 22 04/43-0, Fax: 0 22 04/43-6 73

Bundesfachabteilung Straßenbau im Hauptverband der Deutschen Bauindustrie, Geschäftsführer: Obering. U. Habermann, 10785 Berlin, Kurfürstenstr. 129, Tel. 0 30/2 12 86-2 63, Fax: 0 30/2 12 86-2 97

Bundesfachgruppe Straßen- und Tiefbau im Zentralverband Deutsches Baugewerbe, Geschäftsführer: Dipl.-Ing. H. Gscheiner, Kronenstr. 55–58, 10117 Berlin, Tel. 0 30/2 03 14-0, Fax: 0 30/ 2 03 14-4 20

Bundesverband der Baumaschinen-, Baugeräte- und Industriemaschinen-Firmen, Adenauerallee 45, 53113 Bonn, Tel.: 02 28/22 34 69, Fax: 02 28/22 56 01

Deutsche Bahn AG, Konzern, Potsdamer Platz 2, 10785 Berlin

Deutscher Asphaltverband e. V., Schieffelingsweg 6, 53123 Bonn, Tel.: 02 28/97 96 50, Fax: 02 28/ 9 79 65 11

Eisenbahn-Bundesamt (EBA), Vorgebirgsstr. 49, 53119 Bonn, Tel.: 02 28/9 82 60, Fax: 02 28/ 9 82 61 19

Forschungsgesellschaft für Straßen- und Verkehrswesen, Hauptgeschäftsstelle Bonn: Konrad-Adenauer-Str. 13, 50996 Köln, Tel.: 02 21/9 35 83-0, Fax: 02 21/9 35 83-73

Überwachungsgemeinschaft Gleisbau e. V. – Vereinigung für spurgebundene Verkehrssysteme – Hauptgeschäftsstelle Wiesbaden, Abraham-Lincoln-Str. 30, 65189 Wiesbaden, Tel.: 06 11/ 9 99 48 10, Fax: 06 11/99 94 88

Verband der Bahnindustrie in Deutschland (VDB) e. V., Jägerstr. 65, 10117 Berlin, Tel.: 0 30/ 20 62 89-0, Fax: 0 30/20 62 89-50

Verband Deutscher Verkehrsunternehmen (VDV), Kamekestr. 37–39, 50672 Köln, Tel.: 02 21/ 57 97 90, Fax: 02 21/51 42 72

Bundesfachabteilung Eisenbahnoberbau im Hauptverband der Deutschen Bauindustrie, Abraham-Lincoln-Str. 30, 65189 Wiesbaden, Tel.: 06 11/9 99 48 10, Fax: 06 11/99 94 88

Zu Kapitel 13 Wasserbau, Wasserwirtschaft und Siedlungswasserwirtschaft

Bund der Ingenieure für Wasserwirtschaft, Abfallwirtschaft und Kulturbau (BWK) e. V., Pappelweg 31, 40489 Düsseldorf, Tel.: 02 11/74 25 21, Fax: 02 11/74 25 21

Bundesverband Boden e. V., Software Center 3, 35037 Marburg, Tel.: 0 64 21/20 44 52, www.bvboden.de

Bundesverband der deutschen Gas- und Wasserwirtschaft, Josef-Wirmer-Str. 1, 53123 Bonn, Tel.: 02 28/2 59 80, Fax: 02 28/2 59 81 20

Deutscher Verein des Gas- und Wasserfaches, Hauptstr. 71/79, 65727 Eschborn, Tel.: 0 61 96/ 01 70, Fax: 0 61 96/48 11 52, www.dvgw.de

Deutsche Vereinigung des Gas- und Wasserfaches e. V. Technisch-wissenschaftlicher Verein, Josef-Wirmer-Straße 1–3, 53123 Bonn, Tel: 02 28/9 18 85, www.dvgw.de

Deutsche Vereinigung für Wasserwirtschaft, Abwasser und Abfall e. V. (DWA), Theodor-Heuss-Allee 17, 53773 Hennef, Tel.: 0 22 42/87 20, www.dwa.de

Fachgemeinschaft Guss-Rohrsysteme, Wittestraße 30 k, 13509 Berlin, Tel.: 0 30/43 57 25 80, Fax: 0 30/43 57 24 00, www.gussrohrtechnik.de

Fachverband Steinzeugindustrie e. V., Max-Planck-Str. 6, 50858 Köln, Tel.: 0 22 34/5 07-0, Fax: 0 22 34/5 07-2 04

Fachvereinigung Betonrohre und Stahlbetonrohre (FBS) e. V., Schlossallee 10, 53179 Bonn, Tel.: 02 28/9 54 56-54, Fax: 02 28/9 54 56-43, www.fbsrohre.de

Gütegemeinschaft Kunststoffrohre e. V., Dyroffstr. 2, 53113 Bonn, Tel.: 02 28/9 14 77-0, Fax: 02 28/ 21 13 09, www.krv.de

Güteschutz Kanalbau e. V., Linzer Str. 21, 53604 Bad Honnef, Tel.: 0 22 24/93 84-0, Fax: 0 22 24/ 93 84-84, www.kanalbau.com

Hafenbautechnische Gesellschaft (HTG), Dalmannstr. 1, 20457 Hamburg, Tel.: 0 40/3 28 51, Fax: 0 40/32 85 28 81

Ingenieurtechnischer Verband Altlasten e. V. (ITVA), Pestalozzistraße 5–8, 13187 Berlin, Tel.: 0 30/48 63 82 80, www.itv-altlasten.de

Ingenieurverband Wasser- und Abfallwirtschaft e. V. (INGEWA), Walramstr. 9, 53175 Bonn, Tel.: 02 28/37 30 97, Fax: 02 28/37 30 90

LAGA Bund/Länder-Arbeitsgemeinschaft Abfall, Vorsitz in den Jahren 2005 und 2006: Saarland, Geschäftsstelle: Ministerium für Umwelt Saarland, Keplerstraße 18, 66117 Saarbrücken, www.lage-online.de

Rohrleitungssanierungsverband (RSV) e. V., Postfach 340142, 45073 Essen, Telefon/Fax: 02 01/27 61 45, www.rsv-ev.de

RSV Rohrleitungssanierungsverband, Postfach 34 01 42, 45073 Essen, Tel./Fax: 02 01/27 61 45, www.rsv-ev.de

Steinzeug-Gesellschaft, Max-Planck-Str. 6, 50858 Köln (Marsdorf), Tel.: 0 22 34/50 70, Fax: 0 22 34/50 72 07

Tiefbau-Berufsgenossenschaft, Am Knie 6, 81241 München, Tel.: 0 89/88 97-01, Fax: 0 89/88 97-590, www.tiefbaubg.de

VUBIC Verband unabhängig beratender Ingenieure und Consultants e. V., Wallstraße 23/24, 10179 Berlin, Tel.: 0 30/2 78 73 20, www.vubic.de

Zu Kapitel 14 Bauvermessung/Bauzeichnungen

Bund der Öffentlich bestellten Vermessungsingenieure e. V. (BDVI), Luisenstr. 46, 10117 Berlin, Tel.: 0 30/2 40 83 83, Fax: 0 30/24 08 38 59, www.bdvi.de

Gesellschaft für Geodäsie, Geoinformation und Landmanagement e. V. (DVW), Am Badenberg 28, 79235 Vogtsburg-Oberrotweil, Tel.: 0 76 62/94 92 87, Fax: 0 76 62/94 92 88, www.dvw.de

Verband Deutscher Vermessungsingenieure e. V. (VDV), Weyerbuschweg 23, 42115 Wuppertal, Tel.: 02 02/7 16 05 79, Fax: 02 02/7 16 05 79, www.vdv-online.de

Normenausschuss Technische Grundlagen – Techn. Produktdokumentation im DIN, Burggrafenstr. 6, 10787 Berlin, Tel.: 0 30/26 01-0, Fax: 0 30/26 01-12 60

5 Allgemeine Tafeln

Prof. Dipl.-Ing. Karlheinz Tripler

Formate für Zeichnungen nach EN 20 216 (Deutsche Fassung 02.91)

Format Kurzzeichen	Maße (mm) beschnitten (B)	unbeschnitten (U)
4A0	1682 × 2378	1720 × 2420
2A0	1189 × 1682	1230 × 1720
A0*	841 × 1189	880 × 1230
A1*	594 × 841	625 × 880
A2*	420 × 594	450 × 625
A2.0	420 × 1189	450 × 1230
A2.1	420 × 841	450 × 880
A3*	297 × 420	330 × 450
A3.0	297 × 1189	330 × 1230
A3.1	297 × 841	330 × 880
A3.2	297 × 594	330 × 625
A4*	210 × 297	240 × 330
A5*	148 × 210	165 × 240
A6*	105 × 148	
A7*	74 × 105	
A8*	52 × 74	
A9*	37 × 52	
A10*	26 × 37	
A11*	18 × 26	
A12*	13 × 19	

* Hauptreihe A ISO 216 (1975)

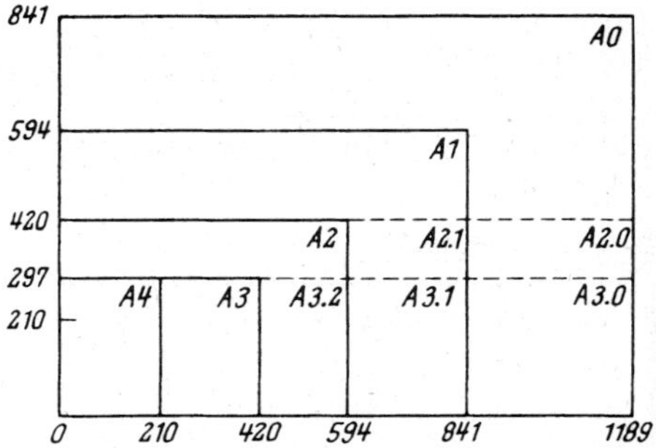

Bildung von Streifenformaten (A2.0, A2.1, A3.0, A3.1, A3.2) durch Kombination der Seiten zweier Formate.

Faltung auf Ablageformat A4 nach DIN 824 (3.81)

Blattgröße*)	Faltungsschema	Blattgröße*)	Faltungsschema
A 0 **841 × 1189** 1 m² (831 × 1179)	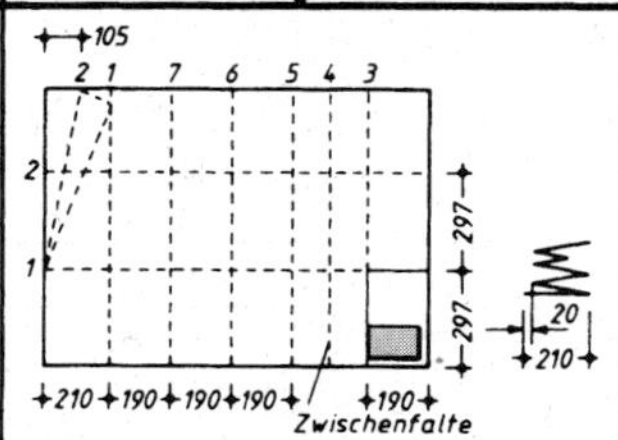	**A 2** **420 × 594** 0,25 m² (410 × 584)	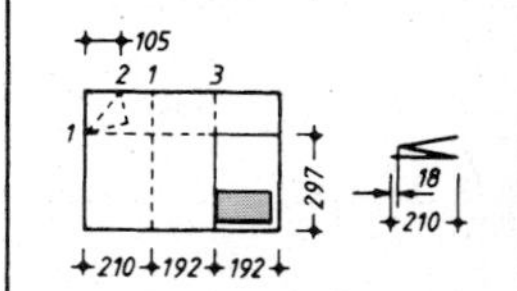
		A 3 **297 × 420** 0,125 m² (287 × 410)	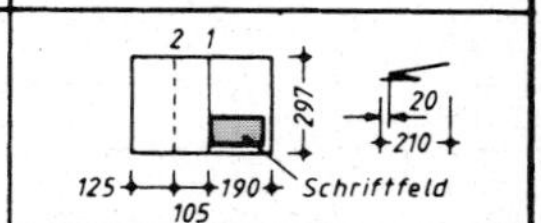
A 1 **594 × 841** 0,5 m² (584 × 831)	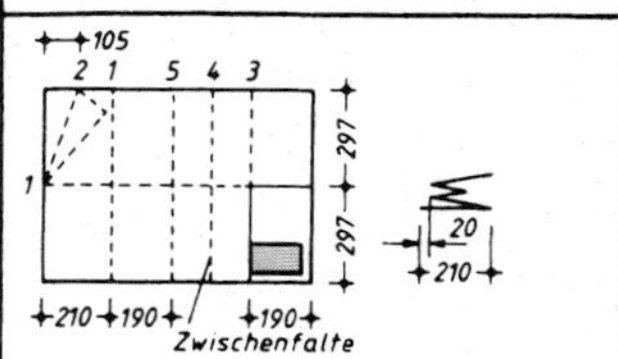	**A 4** **210 × 297** 0,062 m² (200 × 287)	*) ( ) Werte geben die Zeichenfläche an.

Sütterlin

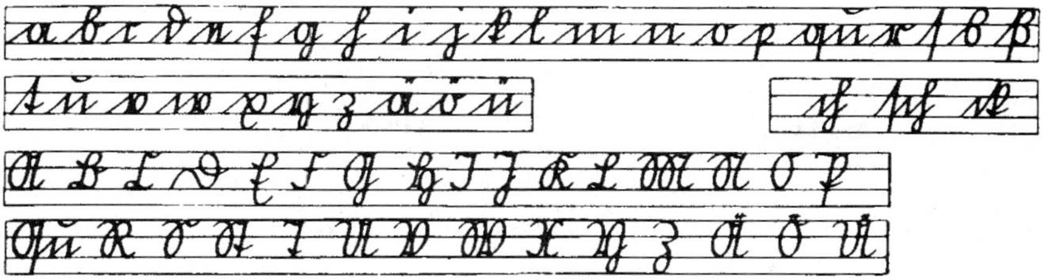

Römische Zahlen

I = 1	VII = 7	XL = 40	IC = 99	DC = 600
II = 2	VIII = 8	L = 50	C = 100	DCC = 700
III = 3	IX = 9	LX = 60	CC = 200	DCCC = 800
IV = 4	X = 10	LXX = 70	CCC = 300	CM = 900
V = 5	XX = 20	LXXX = 80	CD = 400	IM = 999
VI = 6	XXX = 30	XC = 90	D = 500	M = 1000

Griechisches Alphabet

Α α Alpha	*Β β* Beta	*Γ γ* Gamma	*Δ δ* Delta	*Ε ε* Epsilon	*Ζ ζ* Zeta	*Η η* Eta	*Θ ϑ* Theta
Ι ι Jota	*Κ ϰ* Kappa	*Λ λ* Lambda	*Μ μ* My	*Ν ν* Ny	*Ξ ξ* Xi	*Ο ο* Omikron	*Π π* Pi
Ρ ϱ Rho	*Σ σ* Sigma	*Τ τ* Tau	*Υ υ* Ypsilon	*Φ φ* Phi	*Χ χ* Chi	*Ψ ψ* Psi	*Ω ω* Omega

Druck- und Spannungseinheiten – Vergleich nach DIN 1080-2 (3.80)

international verständlich					international ungebräuchlich	
SI-Einheit	Einheiten außerhalb des SI-Systems nur für Druckangaben von Fluiden	Ausgewählte Vielfache der SI-Einheit	Einheit bezogen auf m²	Einheit bezogen auf mm²	Einheit bezogen auf cm² nur für Sonderfälle[1]	entspricht etwa den nicht mehr zulässigen bisherigen Einheiten
10^0 Pa		**Pa**[2]	**N/m^2**			
10^1 Pa						kp/m^2; mm WS
10^2 Pa	mbar[3]					
10^3 Pa		**kPa**	**kN/m^2**			
10^4 Pa					N/cm^2	Mp/m^2; m WS
10^5 Pa	bar					kp/cm^2; at
10^6 Pa		**MPa**	**MN/m^2**	**N/mm^2**		
10^7 Pa					kN/cm^2	kp/mm^2
10^8 Pa						
10^9 Pa		GPa	GN/m^2	kN/mm^2		

[1] Diese Einheiten stehen im Widerspruch zu internationalen Empfehlungen, z. B. ISO 1000. Sie sollten daher nur in Sonderfällen angewandt werden, z. B. in statischen Berechnungen, wobei Vergleichsgrößen in Einheiten der Spalten 3, 4 und 5 umzurechnen sind.

[2] Pascal. [3] 1 bar = 9,81 m (ca. 10,00 m) Wassersäule.

Einheitenbeispiele nach DIN 1080-1 (6.76); weitere Einheiten siehe DIN 1301-1 bis -3 (02.78 bis 10.02)

	Einheiten				Größe
1	m [1]	mm	cm	μm	Länge
2	m^2	mm^2	cm^2		Fläche
3	m^3	mm^3	cm^3	l	Volumen
4	m^4	mm^4	cm^4	–	Flächenmoment 2. Grades (früher: Flächenträgheitsmoment)
5	°	′	″	rad gon	Winkel – 1° = 60′ = 3600″; 1° = (π/180) rad 1 gon = (π/200) rad; 1 rad = 1 m/m
6	t	kg	g	mg	Masse, Gewicht (1 kg wirkt mit der Eigenlast 10 N)
7	t/m^3	g/cm^3	kg/m^3	g/l	Dichte (Masse/Volumen) 1 t/m^3 = 1 g/cm^3; 1 kg/m^3 = 1 g/l
8	s	min	h	d	Zeit (1 d = 24 h; 1 h = 60 min; 1 min = 60 s)
9	Hz				Frequenz (1 Hz = 1/s)
10	1/s				Kreisfrequenz, Winkelgeschwindigkeit
11	1/s	1/min			Drehzahl
12	m/s	km/h	m/min	cm/s	Geschwindigkeit
13	rad/s				Winkelgeschwindigkeit
14	m/s^2	cm/s^2			Beschleunigung
15	rad/s^2				Winkelbeschleunigung
16	m^3/s	L/s			Durchfluss, Volumenstrom
17	kN	MN	N [2]		Kraft; Einzellast; Schnittkraft (1 MN = 10^3 kN = 10^6 N)
18	kN/m				Streckenlast
19	kN/m^2				Flächenlast; Bodenscherfestigkeit (1 kN/m^2 = 1 kPa)
20	MN/m^2	N/mm^2			Spannung; Festigkeit (1 MN/m^2 = 1 N/mm^2 = 1 MPa)
21	kN/m^3				Wichte (= Eigenlast/Volumen)
22	MN/m^2	kN/m^2	MPa	kPa	Druck [3] (1 kN/m^2 = 1 kPa = 10^3 N/m^2)
23	MPa	kPa	Pa	bar	Druck [3),4] (1 bar = 10^5 N/m^2)
24	kN m	MN m	N m		Moment
25	W s	kW h	J		Energie; Wärmemenge (1 J = 1 N m = 1 W s)
26	kN m	N m	J		Arbeit
27	N s				Impuls
28	kW	W			Leistung; Energiestrom; Wärmestrom (1 W = 1 N m/s)
29	°C	K			Temperatur (0 °C = 273,15 K)
30	K	°C [5]			Temperaturdifferenzen und -intervalle
31	$W/(m^2 K)$				Wärmeübergangskoeffizient; Wärmedurchlasskoeffizient; Wärmedurchgangskoeffizient
32	W/(m · K)				Wärmeleitfähigkeit
33	dB [6]				Schallpegel

1) 1 m ist der vierzigmillionste Teil des über die Pole gemessenen Erdumfanges.
2) 1 N ist die Kraft, die einem Körper der Masse 1 kg die Beschleunigung 1 m/s^2 erteilt.
3) Bei Druckgrößen muss zusätzlich zur Einheit eindeutig angegeben werden, ob es sich um barometrischen Überdruck oder um Absolutdruck handelt (siehe auch DIN 1314 (2.77)).
4) Bei Messungen mit Druckmessgerät (Manometer).
5) Empfohlen für die Angabe von Celsiustemperaturen mit zulässigen Abweichungen, z. B. (20 ± 2) °C.
6) Dezibel ist keine Einheit nach DIN 1301, sondern dient zur Kennzeichnung von logarithmierten Größenverhältnissen, siehe DIN 5493 (02.93).

Achsenkreuz und positive Schnittgrößen nach DIN 1080 Teil 1 (6.76)

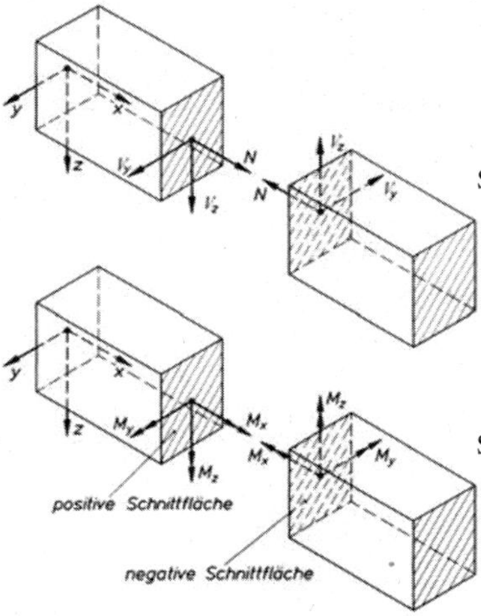

Schnittkräfte

Schnittmomente

Orientierung durch Koordinaten
(rechtwinkliges, rechtsdrehendes System *x*, *y*, *z*)

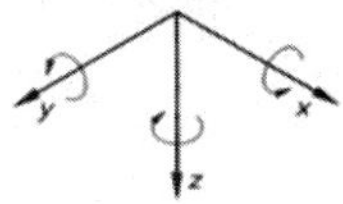

Hinweis
Querkraftkurzzeichen *V* angepasst (in DIN 1080 wird die Querkaft noch mit *Q* bezeichnet; s. u.).

Formel- und Kurzzeichen

Gegenüberstellung der Hauptzeichen nach DIN 1080 (6.76) und ISO 3898 (8.97)*)

Hauptzeichen ISO 3898	Bedeutung		Hauptzeichen DIN 1080
A	Fläche	area	*A*
a	Abstand	distance	*a*
b	Breite	width	*b*
d	Durchmesser	diameter	*d*
d	**Nutzhöhe**[1)]	**effective depth**	***h***
E	Elastizitätsmodul	modulus of elasticity	*E*
e	Exzentrizität	eccentricity	*e*
F	Kraft (Last, Schnittkraft)	action, force	*F*
f	**Festigkeit eines Materials**	**strength of a material**	***β***
G	Eigenlast	permanent action	*G*
G	Schubmodul	shear modulus	*G*
g	Eigenlast je Länge oder Fläche	distributed permanent action	*g*
h	**Querschnittshöhe**[1)]	**overall depth**	***d***[1)]
I	Flächenmoment 2. Grades	second moment of a plane area	*I*
i	Trägheitsradius	radius of gyration	*i*
L, *l*	Stützweite	span	*l*, *L*
M	Biegemoment	bending moment	*M*
N	Längskraft	axial force	N
P	**Vorspannkraft**	**prestressing force**	***V***
Q	**Verkehrslast**	**variable action**	***P***
q	**Verkehrslast je Länge oder Fläche**	**distributed variable load**	***p***
R	resultierende Kraft	resultant force	*R*
r	Radius	radius	*r*
S	Flächenmoment 1. Grades	first moment of a plane area	*S*
S	Schneelast	snow action	*S*
s	Schneelast je Länge oder Fläche	distributed snow action	*s*

1) Unterscheidung zwischen *d* und *h* ist insbesondere im Stahlbetonbau von Bedeutung.

*) In neueren Normen werden (überwiegend) die in der ersten Spalte genannten internationalen Kurzzeichen verwendet; Abweichungen zu DIN 1080 sind fett gedruckt gekennzeichnet.

Hauptzeichen ISO 3898	Bedeutung		Hauptzeichen DIN 1080
$\boldsymbol{T}$	**Torsionsmoment**	**torsional moment**	$\boldsymbol{M_T}$
t	Dicke	thickness	t
$\boldsymbol{V}$	**Querkraft**	**shear force**	$\boldsymbol{Q}$
V	Volumen	volumen	V
W	Windlast	wind action	W
w	Windlast je Länge oder Fläche	distributed wind action	w
γ	(Teil-)Sicherheitsbeiwert	(partial) safety factor	γ
ε	Dehnung	strain	ε
λ	Schlankheitsgrad	slenderness ratio	λ
ρ	Dichte (Masse je Volumen)	density	ρ
σ	Längsspannung	axial stress	σ
τ	Schubspannung	shear stress	τ

Abkürzungen von Nebenzeichen

Abkürzung	Bedeutung
abs	absolut
cal	rechnerisch (calculated)
const	konstant
crit	kritisch
ef	wirksam (effective)
el	elastisch
erf (req)	erforderlich (required)
est	geschätzt (estimated)
inf	unteres, niedrigeres (inferior)
lim	Grenze (Grenz-) (limit)

Abkürzung	Bedeutung
max	maximal, (Größt-)
min	minimal (Kleinst-)
nom	Nenn... (nominal)
pl	plastisch
red	reduziert
rel	relativ, bezogen
sup	oberes, höheres (superior)
tot	gesamt (total)
vorh, prov	vorhanden (provided)
zul	zulässig

Nicht genormte Einheiten (Auswahl)

Längenmaß	m
brit. inch (Zoll[1])	0,0254
preußischer Zoll	0,0262
bayerischer Zoll	0,29186
brit. foot	0,30488
preußischer Fuß	0,314
preußische Elle	0,667
brit. yard	0,914
	km
russischer Werst	1,06678
brit. statute mile	1,60943
Welt-Seemeile	1,85201
franz. See-Linie	5,556
neue geograph. Meile	7,420
dänische und preußische Meile	7,532
schwedische Neumeile	10,000
Meridiangrad	111,120
Äquatorgrad	111,306

Flächenmaß	m^2
square foot	0,093
square yard	0,836
preußischer Quadratfuß	0,0986
preußische Quadratrute	14,185
preußischer Morgen	2553
bayerisches Tagwerk	3407
brit./amerik. acre	4046,7
sächsischer Acker	5534
österreichisches Joch	5755,4
square mile	2588881

Raummaß	m^3
brit. quart	0,00145
Metzen	0,00344
brit. gallon	0,00455
cubic foot	0,02830
preußischer Scheffel	0,05496

[1] Siehe auch Umrechnungstafel nächste Seite.

Fortsetzung s. nächste Seite.

Raummaß (Forts.)	m^3
Eimer	0,06870
amerikanischer barrel	0,15900
Oxhoft	0,20600
Tonne	0,21980
Ohm	0,30900
Klafter	0,33800
cubic yard	0,76400

Gewicht	
Karat	0,205 g
brit. ounce	28,350 g
Unze	31,100 g
brit. pound	454,000 g
Zentner	50 kg
brit. short ton	907 kg
brit. long ton	1016 kg

Arbeit, Leistung, Energie, Wärme – Umrechnung

		kpm	kcal
Arbeit, Energie- oder Wärmemenge	Nm = J = Ws	0,102	$2{,}39 \cdot 10^{-4}$
	kNm = kJ = kWs	102	0,239
	kWh	$367 \cdot 10^3$	860
Leistung, Energie- oder Wärmestrom		kpm/s	kcal/h
	Nm/s = J/s = W	0,102	0,860
	kNm/s = kJ/s = kW	102	860
	kJ/h	0,0283	0,239

Vervielfachung von Einheiten

da	Deka	10^1	Zehn	M	Mega	10^6	Million
h	Hekto	10^2	Hundert	G	Giga	10^9	Milliarde
k	Kilo	10^3	Tausend	T	Tera	10^{12}	Billion

Teilung von Einheiten

d	Dezi	10^{-1}	Zehntel	μ	Mikro	10^{-6}	Millionstel
c	Zenti	10^{-2}	Hundertstel	n	Nano	10^{-9}	Milliardstel
m	Milli	10^{-3}	Tausendstel	p	Pico	10^{-12}	Billionstel

Umrechnung Zoll[1]/cm

Zoll		1	2	3	4	5	6[2]	7	8	9
	cm	2,540	5,080	7,620	10,160	12,700	15,240	17,780	20,320	22,860
1/16	0,1587	2,699	5,239	7,779	10,319	12,859	15,399	17,939	20,479	23,019
1/8	0,3175	2,858	5,398	7,938	10,478	13,018	15,558	18,098	20,638	23,178
3/16	0,4761	3,016	5,556	8,096	10,636	13,176	15,716	18,256	20,796	23,336
1/4	0,6350	3,175	5,715	8,255	10,795	13,335	15,875	18,415	20,958	23,495
3/8[2]	0,9525	3,493	6,033	8,573	11,113	13,653	16,193	18,733	21,273	23,813
1/2	1,2700	3,810	6,350	8,890	11,430	13,970	16,510	19,050	21,590	24,130
5/8	1,5875	4,128	6,668	9,208	11,748	14,288	16,829	19,368	21,908	24,448
3/4	1,9050	4,445	6,985	9,525	12,065	14,605	17,145	19,685	22,225	24,765
7/8	2,2225	4,763	7,303	9,843	12,383	14,923	17,463	20,003	22,543	25,083

[1] Britischer und amerikanischer Zoll (inch, in.). [2] Beispiel: $6\,{}^{3}/_{8}$ Zoll = 16,193 cm.

Maßtoleranzen nach DIN 18 202 (10.05)

Bei der Ausführung von Bauwerken und der Herstellung von Bauteilen sind Ungenauigkeiten bei der Fertigung bzw. Vorfertigung, beim Aufmaß und bei der Montage grundsätzlich nicht zu vermeiden. Die Einhaltung der hier beschriebenen Toleranzen ermöglicht das reibungslose Zusammenfügen von Bauteilen und wirkt sich vorteilhaft bei der Abnahme der Bauleistungen, z. B. nach VOB, aus.

Begriffe	
1. Maßtoleranz	Differenz zwischen Höchstmaß und Mindestmaß
2. Größtmaß	Höchst zulässiges Maß
3. Mindestmaß	Mindest zulässiges Maß
4. Grenzabweichung	Differenz zwischen Höchstmaß bzw. Mindestmaß und Nennmaß (hierzu Tabelle unten)
5. Nennmaß (Sollmaß)	Maß für Größe, Gestalt und Lage eines Bauteils oder Bauwerks, in *Zeichnungen* eingetragen
6. Istmaß	Durch *Messung* festgestelltes Maß
7. Istabmaß	Differenz zwischen Ist- und Nennmaß

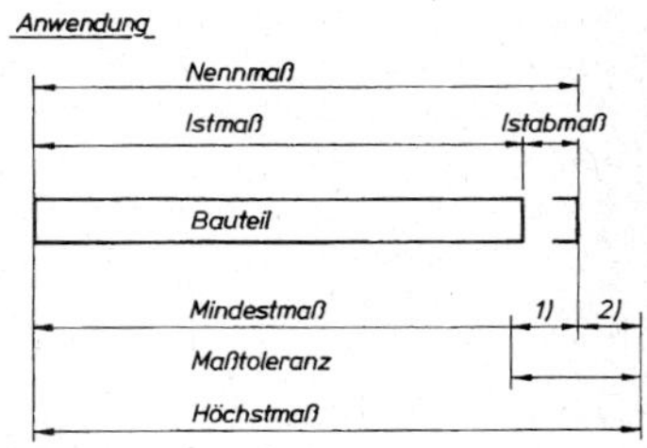

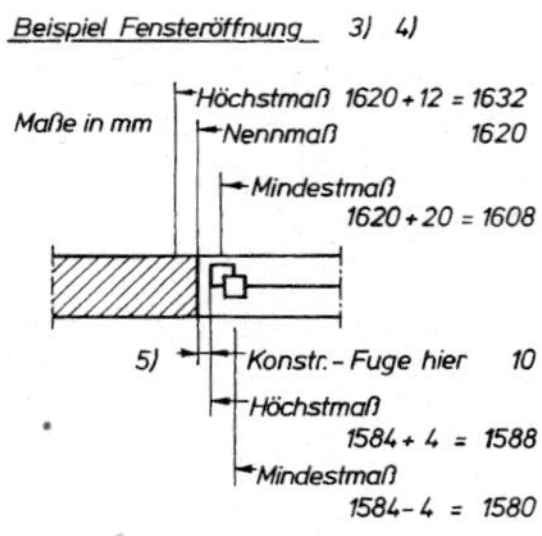

[1] Grenzabweichung (–)
[2] Grenzabweichung (+)
[3] Grenzabweichungen ± 12 mm, Maßtoleranz 24 mm.
[4] Fensterrahmen
Grenzabweichungen ± 4 mm, Maßtoleranz 8 mm.
[5] 1608 – (2 × 10) für 2 Fugen = 1588 mm.

Grenzabweichungen						
1	2	3	4	5	6	7
Bezug	Grenzabweichungen in mm bei Nennmaßen in mm					
	bis 1	über 1 bis 3	über 3 bis 6	über 6 bis 15	über 15 bis 30	über 30
Maße im Grundriss, z. B. Längen, Breiten, Achs- und Rastermaße	± 10	± 12	± 16	± 20	± 24	± 30
Maße im Aufriss, z. B. Geschosshöhen, Podesthöhen, Abstände von Aufstandsflächen und Konsolen	± 10	± 16	± 16	± 20	± 30	± 30
Lichte Maße im Grundriss, z. B. Maße zwischen Stützen, Pfeilern usw.	± 12	± 16	± 20	± 24	± 30	–
Lichte Maße im Aufriss, z. B. unter Decken und Unterzügen	± 16	± 20	± 20	± 30	–	–
Öffnungen, z. B. für Fenster, Türen, Einbauelemente	± 10	± 12	± 16	–	–	–
Öffnungen wie vor, jedoch mit oberflächenfertigen Leibungen	± 8	± 10	± 12	–	–	–

6 Stichwortverzeichnis*)

*) Nomenklatur wichtiger Begriffe des öffentlichen Baurechts siehe S. 1.2.

Raum für Notizen

Raum für Notizen

Raum für Notizen

Raum für Notizen

Raum für Notizen

Raum für Notizen

Raum für Notizen

Schneider, Bautabellen für Ingenieure, 17. Auflage

Inhalt der beiliegenden CD-ROM

● Zusätzliche Fachinformationen

- **Lastannahmen nach DIN 1055-3 (6.71), DIN 1055-4 (8.86), DIN 1055-5 (6.75)**
  Prof. Dipl.-Ing. Klaus-Jürgen Schneider
- **Holzbau nach DIN 1052 (04.88)**
  Prof. Dr.-Ing. Günter Steck
- **Normentexte**
  Normen der Reihe DIN 1045 (mit DIN EN 206-1) und DIN 18 800
  sowie DIN 1052, DIN 1054, DIN 1055-1, DIN 1055-100
  (Bezugsquelle: Beuth Verlag GmbH, Burggrafenstraße 6, 10787 Berlin; http://www.beuth.de)

● Programm IQ 100 B

IQ 100 ist ein Programm zur Berechnung ebener Stabwerke. Die Eingabe ist mit der Maus möglich; es folgt eine grafische Ausgabe. Das Programm hat folgenden Leistungsumfang:

- Theorie I. und II. Ordnung
- Berücksichtigung von Vorverformungen
- Momenten-, Querkraft- und Längskraftverformungen
- Beliebige Federn und Drehfedern
- Knicklasten, Knicklänge, Knickformen
- Profiltabellen
- Veränderlichkeit von Querschnittshöhe und -breite sowie von Längskräften gemäß Th. II. O.

● EDV-Tools für den Konstruktiven Ingenieurbau

Zu ausgewählten, in den Bautabellen behandelten Themenbereichen werden EDV-Berechnungs- und Bemessungshilfen angeboten. Sie umfassen die Bereiche:

- **Statik** Einfeldträger, Durchlaufträger, Rahmen, Spannungsermittlung Eulerknickstäbe, elastisch gebetteter Stab u.a.m.
- **Stahlbeton** z. B. Kriech- und Schwindbeiwerte, Gesamtstabilität, Bemessung für Biegung, Querkraft, Torsion, Spannungsermittlung im Gebrauchszustand
- **Stahlbau** Es können I-Profile, kreisförmige Hohlprofile und Rechteckprofile direkt aus Profiltabellen ausgewählt und hierfür bemessen werden.
- **Holzbau** Querschnittstragfähigkeit, Gebrauchstauglichkeit; stabilitätsgefährdete Bauteile; Verbindungsmittel, Ausklingungen
- **Mauerwerk** Längskraft-, Biegezug- und Schubkraftnachweise nach DIN 1053-100; Teilflächenpressung

● Fach- und Produktinformationen

- **Fa. Filigran** Trägersysteme — Flachdecken in Elementbauweise – Nachweis der Durchstanzbewehrung und der Verbundfuge; Informationen zu Elementdecken und -wänden
- **Fa. Scia** Software mit einer übersichtlichen CAD-Oberfläche zur Berechnung von 3D-Stabwerken, Faltwerken und Schalen nach FEM einschließlich Normnachweise für Stahl und Beton (DIN, EC, SIA ...).
  Scia-Demo-Version, limitiert auf 25 Stäbe / 2 2-D-Teile